国家出版基金项目
NATIONAL PUBLICATION FOUNDATION

国 家 出 版 基 金 资 助 出 版

中 国
食药用菌学

MEDICINAL AND EDIBLE FUNGI

中 国 食 用 菌 协 会
江苏安惠生物科技有限公司 主 办
黄年来 林志彬 陈国良 等 著

上 篇

上海科学技术文献出版社

图书在版编目(CIP)数据

中国食药用菌学 / 黄年来，林志彬，陈国良等著. —上海：上海科学技术文献出版社，2010.10

ISBN 978-7-5439-4534-0

Ⅰ.①中… Ⅱ.①黄… ②林… ③陈… Ⅲ.①食用菌类-基本知识②药用菌类-基本知识 Ⅳ.①S646

中国版本图书馆 CIP 数据核字（2010）第 194590 号

责任编辑：胡德仁
封面设计：钱永宁

中国食药用菌学

黄年来　林志彬　陈国良　**等著**

*

上海科学技术文献出版社出版发行
（上海市长乐路 746 号　邮政编码 200040）
全 国 新 华 书 店 经 销
江苏常熟市人民印刷厂印刷

*

开本 889×1194　1/16　印张 116.5　字数 3680 000
2010 年 10 月第 1 版　2010 年 10 月第 1 次印刷
ISBN 978－7－5439－4534－0
定价：498.00 元（上下篇）
http://www.sstlp.com

《中国食药用菌学》

编　委　会

中國食藥用菌學的出版
將給後人留下珍貴文獻

二〇一〇年九月廿日
張樹庭

张树庭

国际著名蕈菌学家
世界文化科学研究院 院士
国际生物技术学院 院士
世界生产力科学院 院士
国际热带菇类学会 主席

引

YIN

金秋十月，身上还沾带着江南丹桂的浓香，回到北国长春，却赶上了今年来得特别早的寒潮，看着窗外夹着雪花的细雨，让我从食用菌学术研讨会和食用菌产业大会的热议、访谈、参观一连串紧张匆忙的步伐中渐渐地冷静了下来……看着案头一个月来积压的文件，首先映入眼帘的是一大摞由陈惠先生和胡德仁编审送来的还带着浓浓油墨味的《中国食药用菌学》清样稿。出于专业的敏感与热爱，急忙拿起翻阅，先睹为快。翻着翻着，脑海中浮现出他们俩当初向我提议出版该书，让我审议编纂提纲、出版设想与规模，我为出版社撰写的推荐书和其间审阅、修改部分书稿的幕幕情景，我的思绪又回到了四年前……

陈惠先生作为该书的总策划人，作为主办方，在胡德仁编审的鼎力相助下，酝酿出版一本涵盖我国食用菌、药用菌最新科研成果，包括栽培技术、遗传育种、野菇驯化、菌种保藏、良种繁育、病虫防控、保鲜加工、产品开发等诸方面的科技专著。四年时间一眨眼过去了，100 多位专家、教授付出了巨大的精力，编纂了这部近 400 万字的巨著，现在终于面世了。

在中国人的传统观念中，一个药用菌领域最大企业的掌门人，引领企业不断提升，不断增值，不断完善，不断获益，足矣。何故要助推并亲自参与到这种和企业自身效益并无直接关系的公益事业中去呢？其实陈惠就是这样一个人！他在做强做大企业的同时，始终在探索着经营理念的创新、运作模式的改革、社会影响的扩大，又把文化建设作为创新成果的源泉，视其为企业的根基和发展的动力，精心打造着文化品牌。他们建成了我国第一座中华灵芝文化馆，倡导并一直推进着全国“小蘑菇 大产业”健康万里行的大型活动，特别是成功承办了“第五届国际药用菌大会”，大会的空前成功不仅展现了企业的力量，对科学的尊重和超凡的组织能力，树立了国人的良好形象，更在国际上赢得了赞誉。这次又主办这样大型科学巨著的编纂，更是在已取得种种业绩的基础上为文化建设添上了浓墨重彩的一笔。在另一个层面上，立体地展现了安惠和陈惠先生的胸怀。

中国食药用菌产业在经历几十年的徘徊进入“十一·五”之后，每年总产量以30%以上的速率得以发展，2009年总产量已达到了2020万吨，超千亿元的产值领跑于农业中除粮、油、菜、果之后的其他产业。一直以来并不受人们重视的这个小产业，其实在“粮、棉、油、麻、丝、茶、糖、菜、烟、果、药、杂”（毛泽东语）中的地位已十分突显！食药用菌生产不但为农民提供了致富之路，在许多县、市食药用菌已成为当地经济发展的重要产业。食药用菌既丰富了菜篮子的内容，更为可贵的是，对人体有良好的保健作用，所以又是一个健康产业。食药用菌产业不仅仅是实现农业废弃物资源化，推进循环经济发展，引领健康饮食的首选，更应该是国家食物安全体系的重要支撑。几千亿千克的秸秆，不只是饲料、肥料和燃料，更应该是工业，尤其是食药用菌产业的原料。这一利国、利民、利子孙的朝阳产业理应受到各界的重视，业内有识之士更应担起这份重任，从各方面呵护、推助、壮大她的发展。所以，我们需要更多引领产业的龙头企业，需要企业家；需要引领产业的高新技术，需要科学家；需要更多掌握专业技术的人才，需要知识！《中国食药用菌学》一书应运而生，生逢其时。

《中国食药用菌学》主要介绍了我国50多年来所取得的各种食用菌、药用菌最新科研成果，最先进的栽培技术与模式，珍稀新品种科研开发等内容。食药用菌的现代生物技术、分子生物选育技术、珍稀野生菌驯化科学技术等，在该书中都得以充分体现、记载与传承。

《中国食药用菌学》的出版，是对我国最近50多年来食药用菌科研、教学、推广经验的总结和知识的积累。她代表着目前我国食药用菌科研、教学、推广的最高水平，标志着世界最新科学技术在我国食药用菌界得以实践，结出的丰硕科技之果。她的出版，是我国几代食药用菌科技工作者多年的夙愿，也是我国食药用菌先进科学技术的结晶，她凝聚着我国千百万食药用菌科技工作者半个多世纪来对食药用菌事业的执着热爱与无私的奉献。

《中国食药用菌学》是一部全面、完整、系统记载我国食药用菌科学技术的大型科学专著，她的出版，填补了国内、甚至国际在食药用菌领域的空白，她的科学性、技术性、深度与广度性已达到国内、甚至世界先进水平。

本书邀请了黄年来、林志彬、陈国良三位资深专家领衔，有老、中、青三代百余人参与，共襄盛举，经成大事。

几位先生与我均是相熟多年的亦师亦友的同行。陈国良先生在20世纪60年代伊始即投身此道，可谓五十年如一日，孜孜不倦，笔耕不辍，从猴头菇栽培、猴菇菌片的研究获得国家发明奖，到如今的灵芝系列产品，他作出了自己的贡献，如今虽满头华发，还在从事着食药用菌的研究。

林志彬先生的名字是与灵芝联系最多的人之一，正像陈可冀院士对他的评价那样："Professor Zhibin Lin, a distinguished pharmacologist, has devoted a life-long study on Lingzhi, with his extraordinary insights on the culture, pharmacology, physiology, chemistry and clinical applications associated with Lingzhi……"。他把毕生献给了灵芝，正是他在灵芝诸方面的"非凡的洞察力"，使他登上了这一领域的巅峰！无论是他在名校校长的高位上，还是在平凡的实验台旁，他始终不变的是那对食药用菌业的执着！

黄年来先生可以说与我有着两代之交。我的导师周宗璜教授与年来先生早年即有往来。年来先生在20世纪80年代前后整整一个时期内是名噪业内的大家。且不说林林总总各种版本的出版物和脍炙人口的文章，仅《中国大型真菌原色图鉴》、《中国食用菌百科》两部著作就足以成为我国这一领域的奠基之作，他所带领的福建三明真菌研究所更是我国这一行业的“圣地”。无论是十多年前他作为两届全国人大代表，我们在北京饭店促膝畅谈时那勃勃英姿，还是如今时事变迁、风光不再后的略显憔悴，他始终不变的是对食药用菌业的深情！

在我国食药用菌界这三位可谓长者，但是作为这部巨著的编写团队可谓是生机盎然、活力无限！三位副主编都是活跃在一线的青年才俊，加上百余位的同行顶级专家、教授的通力合作，呼之欲出的这部巨著已绝不是那犹抱琵琶半遮面般的浅吟低唱，她是呼啸而来、山摇地动般的当代交响乐的华丽乐章！极致处细细看来是“桐花万里丹山路”，闭目聆听是“雏凤清于老凤声”——年轻一代清脆圆润的鸣声应和着老一代苍亮的呼叫更加悦耳动听！从这部巨著，从这个群体，我看到了中国食药用菌科学、中国食药用菌产业的希望，一直以来对后继无人的担忧一扫而空，“新笋已成堂下竹”，但我仍企盼着把发展空间更多地留给新人，中国食药用菌、食药用菌产业就会有更加辉煌的明天。

我也衷心祝愿《中国食药用菌学》的出版，能为我国食药用菌事业的再次腾飞作出更大贡献，为后人留下珍贵文献财富。付梓之前，不计工拙，亦不择言，信笔所至，聊作读者小引。

中国工程院　院士

中国菌物学会　理事长

中国食用菌协会　副会长

俄罗斯农业科学研究院　外籍院士

2010年10月

前　言

QIAN YAN

食用菌是人类重要的食物资源，其中有些菇菌还具有药用价值。食药用菌栽培业的出现和栽培技术的进步，是人类文明进步的产物，既充实了人类的物质生活，也促进了人类文明的发展。值得自豪的是，当今世界各地进行商业化推广栽培的十多种食用菌，大多起源于我国。

在世界菇业贸易中，我国已成为当今世界最大的食用菌生产国和出口国。据中国食用菌协会统计，到 2009 年底，我国菇菌年总产量已超过2 020万吨。在我国农业产值中，食药用菌产值仅次于粮、油、果、蔬，居第五位。在我国加入了 WTO 后，国外经济学家普遍认为，我国的特色农业(包括食用菌产品)，在今后的国际贸易中，将占有独特的竞争优势。因此，重视食药用菌的科学研究、新品种驯化开发、先进栽培技术的推广应用，以及食药用菌深加工产品的开发，已成为我国食药用菌业必然的发展方向与趋势。

随着科学技术的不断深入发展，怎样让先进的科学技术不断传承下去，最终转化为生产力以造福于人类。总结、积累前辈的经验，为后代留下珍贵的文献，是我们当代食药用菌科技工作者应尽的义务与责任。

历经四年的不懈努力，我国第一部全面、完整、系统地介绍我国食药用菌科研、教育、推广、生产现状、凝结着我国食药用菌业先进科学技术结晶的科学专著——《中国食药用菌学》终于与广大读者见面了。她的问世，是我国食药用菌业的一大喜事，是我国食药用菌界科研、教学、推广、企业之间团结协作、共同奋斗的丰硕成果，同时也实现了老一辈食药用菌科技工作者多年的夙愿。参与这部巨著编纂的有100多位全国顶尖专家，其中不仅有几十年来在食药用菌业科学前沿，默默辛勤耕耘、攻克难关，为品种改良、珍稀品种驯化不懈努力的泰斗级老专家；有在食药用菌教学阵地，孜孜诲人不倦，培育了一代又一代后起之秀的资深老教授；还有一大批不辞辛劳、勇挑重担，日夜奋斗在食药用菌科研及培植第一线的中青年学科带头人，是他们肩负着我国食药用菌的发展伟业。

《**中国食药用菌学**》全书共95章532节，近400万字。主要介绍了我国各种食用菌、药用菌最新科研成果、最新栽培技术与模式、珍稀新品种开发利用；食药用菌分类、营养生理、生长发育、生态习性、遗传育种、菌种繁育、品种驯化、菌种保藏技术、食药用菌病虫害防治、食药用菌产品保鲜与加工等方面内容。旨在向全世界宣传、推广我国食用菌、药用菌最新研究成果，普及推广最新生产栽培技术，更深入地了解食药用菌的营养成分和保健价值，展现作为传统中药组成部分之一的药用菌防治疾病的疗效，为人类健康服务。

《**中国食药用菌学**》所载文献，食药用菌界科研、教学、推广科技水平之高，涉及品种领域之广，参与撰写作者队伍之多，承载文献数量之大，记录实质内容之丰富，传承文献之实用，乃属空前。

《**中国食药用菌学**》内容丰富、观点明确、阐述清晰，具有较强的可操作性。既适宜广大食用菌、药用菌界科技工作者，生物科学、生物技术、生物工程、食品科学、农学及有关专业的科技工作者、教学工作者研究参考，又可供从事相关学科的研究者和生产者参考应用，同时，也是各大专院校、图书馆丰富馆藏不可或缺的典藏文献。

由于编者水平有限和时间仓促，书中不足和疏漏在所难免，谨请广大读者与同仁不吝赐教，批评指正，以便再版时更臻完善。

编　者

《中国食药用菌学》

目　录

MU LU

下篇

第一章　绪　论

DIYIZHANG XULUN

摘要：本章主要阐述食药用菌与食药用菌学的概念，介绍中国食药用菌发展史、中国食药用菌生产技术发展进程、食药用菌的价值、食药用菌产业发展状况及其在国民经济中的地位，并对中国食药用菌产业的发展进行了展望。

Introduction

Abstract: This chapter mainly introduces the concept of mushroom and mushroom science, its status in the national economy, which involving the development history of Chinese mushroom, the development process of Chinese mushroom technology, the value of mushroom, the industry development situation as well as the prospect on Chinese mushrooms industry development.

第一节　概　述

地球上的生物划分为三大域：真核生物域(Eukarya)、细菌域(Eubacteria)和古细菌域(Archaea/Archaebacteria)。真核生物域又分动物界(Kingdom Animalia)、植物界(Kingdom Plantae)和菌物界(Kingdom Fungi)。

菌物(Fungi/Fungus)是一类真核生物，特点是：有真正的细胞核，无叶绿素，不能进行光合作用；细胞壁多数含有几丁质和β-葡聚糖；营养方式为异养吸收型；以产生大量无性、或有性孢子的方式进行繁殖，一般有短暂的单核体阶段；单细胞或丝状多细胞为多核单倍体菌丝(同核或异核)，大多数无鞭毛；陆生性较强，腐生、共生或寄生。

菌物的物种估计在150万种以上，已被描述的种类约10万种。2008年出版的《菌物字典》第10版，记载了菌物界36纲，140目，560科，8 283属，97 861个种，并把菌物界划分为6个门，包括：子囊菌门(Ascomycota)、担子菌门(Basidiomycota)、壶菌门(Chytridiomycota)、小丛壳菌门(Glomeromycota)、微孢虫门(Microsporidia)和接合菌门(Zygomycota)。

食药用菌(Mushroom)古称蕈菌或菌蕈，俗称蘑菇，是一类具有肉质、胶质、木质、革质子实体，并有食用与药用价值的大型菌物，通常是指肉眼可见、可以用手直接采摘、大小达到厘米级、单个子实体重量为50mg以上的大型菌物。以往把大型菌物按用途分为食用菌、药用菌两大类(毒蘑菇另述)。随着科学技术的进步和产业的发展，传统当作蔬菜食用的食用菌经现代分离技术可提取出活性多糖、核酸、肽类、三萜类、生物碱等进而制成保健食品和药品，如香菇多糖已成为免疫增强剂和抗肿瘤辅助药物。又如传统的药用菌灵芝和冬虫夏草，经分离的生物活性物质提取物和利用生物工程技术发酵生产的菌丝体，已制成了各种口服液、菇精调味品、月饼、饼干、茶、酒等食品，既可食用又可药用，食药兼用，体现了大型菌物的药食同源特性，促进了菌物产业的多元化发展，充分发挥大型菌物在人类养生保健中的特殊作用。目前，90%～95%的食药用菌属于担子菌门(Basidomycota)的伞菌亚门(Agaricomycotina)，伞菌纲(Agaricomycetes)和银耳纲(Tremellomycetes)；5%～10%属于子囊菌门(Ascomycota)的盘菌亚门(Pezizomycotina)。

食药用菌有狭义与广义之分。狭义的食药用菌是指可供食用和药用且具有肉质、胶质、木质、革质子实体的大型菌物。中国把生长在木上的蘑菇称作“菌”、“菇”，而把土中长出的称作“蕈”。日本把“菌、蕈”两名词结合起来作为蘑菇的同义词。本书采用的食药用菌的定义是狭义范围内的菇蕈。

广义的食药用菌还包括食品工业中用于酿造的丝状菌物和酵母菌、制药工业上用于生产药品的各种丝状菌物，如酿造啤酒的酵母菌，制作奶酪的乳酸菌，生产青霉素的产黄青霉，生产各种酶制剂的曲霉、根霉。现代发酵工业中，制造单细胞蛋白质和菌丝蛋白质也多借助于菌物。

毒菌（Toadstool）是指有毒的大型菌物，也称毒蘑菇（Poisonous mushroom）。许多毒菌同时具有很高的药用价值，有些毒菌内含的毒素成分具有抗肿瘤作用。

食药用菌学（Mushroom science）是一门新兴的交叉学科，研究对象是具有食、药用价值的大型菌物，主要研究食药用菌生物学基础、育种与栽培技术、综合利用工程化技术，是与微生物学、园艺学、分子生物学、分子遗传学、营养学、现代药物学和基因工程、发酵工程、食品工程、制药工程、机械工程、化学工程、计算机工程等学科有机结合的一门新兴学科。

食药用菌学的主要研究内容包括食药用菌生物学和生产技术。食药用菌生物学的主要内容有形态学、生理学、分类学、遗传学、生态学等；生产技术有育种技术、菌种繁育技术、栽培技术、病虫害防治技术、发酵技术、保鲜与加工技术、干燥与杀菌技术、生物活性物质分离提取技术、制药工程技术、菌类保健食品加工技术和市场营销等。

我国的大型菌物资源丰富，估计有 2 万种以上，其中已经进行描述和研究的大型菌物种类有2 500种以上，具有食药用价值的种类有1 200多种（戴玉成、杨祝良等，2010，2009）。全世界人工栽培的食药用菌不超过 200 种，我国已经进行商业化生产的种类有 60 多种，大规模商业化生产的食药用菌有 25 种。随着食药用菌研究工作的深入开展及其利用领域与市场的开拓，其品种数目将会不断增多。

由于世界人口的急速增长与环境资源的日益恶化，能源和粮食的供应将日趋紧张，世界农业面临着前所未有的巨大压力，人们把解决世界粮食问题的希望寄托于一场新的科技革命。食药用菌被认为是通过生物作用将作物秸秆、木材废弃物转化为人类需要蛋白质的一条重要途径，有可能是解决人类食物短缺、环境污染和健康质量下降等问题的有效措施之一。特别是在发展中国家，研究食药用菌学和推动食药用菌产业的发展具有重大现实意义。

第二节　食药用菌发展简史

一、中国古代食药用菌发展史

食药用菌应用在我国有着悠久的历史。1977年，在浙江省余姚县河姆渡村挖掘出与稻谷、酸枣等收集在一起的菌类遗物，说明我国人民采集食药用菌的历史至少有5 000年了。河姆渡遗址是新石器时代（公元前5 000年前后）人类活动的遗址，当时人类尚无文字，故没有文字记录。

我国最早有食药用菌文字记载是在春秋战国时期。公元前四世纪，庄子在《逍遥游》中就有“朝菌不知晦朔”之句，其意是这种菌死亡非常之快，早晨是一个完好的菌，晚上就衰败了。说明我们的先人当时已开始观察菌类的生长习性了。战国初列子在《列子·汤问篇》中也说：“朽壤之上有菌芝者，生于朝，死于晦”。朽壤是有腐朽烂木的土壤，芝生长于其中。公元前 200～300 年的《尔雅翼》中已有“人君燕食，所加庶羞，有芝栭、蔆椇之属”的文字。《吕氏春秋·本味篇》中有“浸渊之草名曰土莫，和之美者……越骆之菌”的词语，表明我国在公元前 200～300 年已把食药用菌视为美味佳肴。西晋（公元 265～317 年）初，《抱朴子内篇·黄白》载有“夫菌芝者，自然而生”，表明当时人们已开始研究食药用菌生长了。

2000 多年前，我国已知道灵芝对人体有奇特功效。东汉时期（约 2100 年前）出版的本草著作《神农本草经》一书中，就有关于赤芝、青芝、白芝、黑芝、黄芝、紫芝、茯苓、木耳等多种药用菌功效的记载，其中关于灵芝功效：“益心气、解胸中结、补中、增智慧、不忘，延年神仙等”。《神农本草经》对灵芝等药用菌功效的记载，除神仙一说外，都已被现代药理研究所证实。之后历代编著的本草书中都有各种药用菌功效的记载。东晋人葛洪将芝类（古代菌、芝、蕈不分）分为石芝、土芝、草芝、肉芝、菌芝等五大类，每类又分几百种。陶弘景记述了当时出版的一本描述芝类的专著《芝草图》。这在《隋书》中也有记载，可惜已经失传。

明朝李时珍（1518～1593）编著的《本草纲目》中，记载的药用菌有 32 种，其中有灵芝、紫芝、茯苓、香菇、木耳、雷丸、马勃、竹菌等，记载的功效很具体、详细，和现代药理研究的结果基本吻合。清初编纂的《本草从新》、《本草纲目拾遗》等本草书均有冬虫夏草功效的详细记载。除全国性的本草书外，我国云南、贵州、四川、广东、福建等省还有地方性的本草书，如《滇南本草》等。这些本草著作中都有专门介绍一些仅在本地域民间应用的植物草药。如《四川中药志》中有凉山虫草、大团囊虫草功效的记录；《云南中药志》中有竹菌功效的记录；《黑龙江中药志》中有榆耳药效的记录……

唐代以后，我们的祖先逐渐了解食药用菌的生长规律并探索培养方法，如韩鄂（公元9～10世纪）所撰的《四时纂要·春令三日·种菌子法》，记载了原始栽培食药用菌的方法："取构木及叶于地埋之，常以泔浇，令湿，三两日即生。"又法："畦中下烂粪，取构木可长六七尺，截断，磓碎，如种菜法，于畦中匀布，土盖。水浇、长令润。如初有小菌子，仰杷推之。明旦又出，亦推之，三度后出者甚大，即收食之，本自构木，食之不损人。"这两种方法是食用菌段木栽培法的雏形，是在充分了解菌物生长条件等生物学知识的基础上创造出来的，也是我国现存最早关于人工栽培食药用菌方法的记载。唐代以后，食药用菌的人工栽培更为发展，至元代，王祯在《农书》中又提出了我国首创的香蕈段木栽培法。

1245年，浙江仙台陈仁玉著有《菌谱》一书，书中有合菌、松蕈、竹黄等各种菌的产地、性味、形状和食用方法的介绍，以及误食毒菌的解毒方法。书中"芝菌皆气出也"，其含意是各种菌蕈皆由气而生。说明当时人们可能看到了食药用菌孢子散发时呈雾状的情景，但还不知道这是菌蕈的孢子，认为是"气"。在古代，"气"被道家认为是能化生万物的原始物质。《菌谱》收载了11种菌，并描述了各种菌的产地、性味、形态，还介绍了叫"合蕈"的栽培方法，并描述了这种菌的生长特点："合蕈，邑极西韦羌山，高迥秀异。寒极雪收，林木坚瘦，春气微欲动，土松芽活，此菌候也。"强调春天是菌蕈生长的季节。又述："菌质外褐色，肌理玉洁，芳芗韵味，发釜鬲，闻百步外。菌盖多种，例柔美，皆无香，独合蕈香与味称。"所述的合蕈可能就是香菇。说明当时我国农民已经初步了解了食药用菌的生长习性，仔细观察了它们的形态特征，初步掌握了栽培方法。

《本草纲目》中列入的药用菌有32种，并详细叙述了这些菌的药效，其中有木耳、香蕈、茯苓、羊肚菌、榆耳、松蕈、天花蕈（可能是平菇）、蘑菇、鸡㙡、雪蚕（可能是冬虫夏草）等。清康熙时期（1662～1722年），香菇、木耳已成为大众食品，张家口、通州、重庆、武汉已成为食药用菌集散地。京都每斤香菇市价二钱四分，木耳每斤八分，而猪肉每斤价只有二分。乾隆时，浙江龙泉、景宁、庆元三县的菇民已达15万人。

西晋大文学家张华在《博物志》卷三中记载："江南诸山群中，大树断倒者，经春夏生菌，谓之椹……"。张寿橙认为，这段话证明西晋或西晋之前，长江以南广阔山场中，已有人砍树种香菇了。此处"断倒"即为砍，而"椹"是龙泉、庆元、景宁三县人对香菇生长了菌丝体后的原木（菇木）的独有称呼。表明中国香菇栽培历史至少已有1 800年。但是，吴学谦认为，张华的《博物志》记载"经春夏生菌，谓之椹"的"菌"不是香菇，因为香菇是秋冬季开始发生，也称冬菇，而且并无香菇原木"砍花"和"惊蕈"两大精要的记载，"断倒"的大树未经砍花，香菇极难发生（香菇原木砍花法栽培，坎多处蕈多如鳞，坎少处蕈就稀少），此"菌"可能是木耳（毛木耳或黑木耳），木耳在江南春夏雷阵雨后极易发生，而"椹"非特指香菇的原木。龙泉、庆元、景宁3县菇民同样将已长有菌丝体的原木（耳木）称之为"椹"。有关香菇人工栽培方法，业界人士和广大菇民普遍的观点是由一个叫吴煜的浙江庆元人首创。

据《槎东云川吴氏宗谱》记载，吴煜约生于南宋建炎年间（公元1127～1130年），兄弟6人，吴煜排行第三，后人尊称他为吴三公。他世居深山，发现一种菌蕈味鲜而无毒，常采以食之，且有强身之功。后来他又从被砍倒的树木上发现同样的菌蕈，大多从斧头砍过的坎中长出，坎多处蕈多如鳞，坎少处蕈稀少，这使他懂得山上的阔叶树木砍倒之后，经过人工"砍坎"（俗称"砍花"）是可种出香菇来的。吴三公初步了解这一自然生态现象后，在实践中进一步升华，最后总结出一套从如何选择场地到如何选用菇木，如何砍坎种菇和如何惊蕈催菇的人工栽培香菇生产技术。吴三公殁后，乡亲们感念他的功德，奉之为菇神，于宋度宗咸淳元年（公元1265年）在后广乡盖竹村建立一座"灵显庙"来祀奉吴三公。自明洪武以后，庆元后广乡西洋一带的棚户在西洋建造一座"吴判府庙"供奉吴三公父子。清雍正七年（公元1729年），后广村有部分菇民迁至西洋村后，于清乾隆三年（公元1741年）重建吴判府庙。近800年来，吴三公一直是一个受菇民世代祀奉的菇神。

最早关于人工栽培香菇生产方法的文字记载是宋淳熙十六年（1189）一位叫何澹（龙泉人，曾任御史中丞）写的《菌蕈》。何氏在书中详细、系统地记述了香菇的生产方法："……用干心木、橄榄木，名蕈樼（意同"椹"，即蕈樯），先就深山中砍倒扑地，用斧斑驳剉木皮上，候淹湿，经二年始间出，至第三年蕈乃通出，每经立春后地气发沾，雷雨震动，蕈交出木上，始采之，以竹篾穿挂，焙干，至秋冬之交再用工偏木敲击，其蕈间出，名曰'惊蕈'。惟经雨则出多，所制亦如春法，但不若春蕈之厚耳。大率厚而小者，香味俱佳。又有一种适当清明向日处间出小蕈，就木上自干，名曰‘日蕈’，此蕈尤佳，但不可多得。今春蕈用日晒干，同谓之日蕈，香味亦佳”。何澹这段文字，曾被明代出版的《菽园杂志》、《广东通志》和日本最古老的菌学著作《惊蕈录》引用过(张寿橙，1988)，这比元代著名农学家王祯于1313年所著《农书·菌子》要早一个多世纪。从这段文字中还可看出，原木人工栽培香菇的方法，早在800年前已经基本定型。

1245年，陈仁玉编著的《菌谱》记载：“向之丛林茂园，是生菌芝者，今则荒山一片矣。”表明这时食药用菌生产规模已经很大，在某些地区已损害了森林资源。元代学者王祯编撰的《农书》中也有类似的描述：“今山中种香蕈，亦如此法。但取向阴地，择其所宜木伐倒，用斧碎砍成坎，以土覆压之，经年树朽，以蕈碎锉，匀播坎内，以蒿叶及土覆之，时用泔浇灌，越数时，则以槌棒击树，谓之惊蕈。雨雪之余，天气蒸暖，则蕈生矣。虽逾年而获利，利则甚博，采讫，遗种在内，来岁仍发，复相地之宜，易岁代种。新采趁生煮食，香美；曝干则为干香蕈，今深山穷谷之民，以此代耕，殆天茁此品，以遗其利也。”从中可知，此时香菇的栽培方法较先前有了很大进步，知道用香菇子实体(子实体中有孢子)作种，播于坎内。这比宋朝陈仁玉《菌谱》说“芝菌皆气出也”的认识有了本质上的进步，也知道击树能促进子实体的产生(即惊蕈)，生产香菇已有明显利润(利则甚博)，已能作为农村产业，“以此代耕”了。

据叶耀庭《菇业备要》一书载：“明太祖朱元璋奠都金陵，因久旱求雨而食素，苦无素菜作下筷之物，刘伯温以菇进献太祖，太祖嗜之甚喜，旨令每岁置备若干。刘伯温属青田人，顾念龙、庆、青三县(当时景宁为青田属内，明景泰三年即1452年从青田分出，单独设县)田少山多，地瘠民贫，乘间奏请太祖，以种香菇为三县之专利。”1948年，庆元县长陈国钧在《菇民研究》一文中，对皇封专利一事，也作了类似的记录：“据传明太祖登基金陵之初，因祈雨食素……刘基进献处州土产香菇，帝食之甚悦，刘氏告以做香菇方法，帝尤奇之，传旨各地做菇。刘基为处州人，顾念此处属龙、庆、青三县，山多田少，民甚贫苦，惟长于做菇一道，乃乘间奏请种菇为三县人民专利，他县人不得经营此业。故龙、庆、景菇民得以赖菇业谋生，迄今六百余年历史。刘氏历来受菇民所称颂，获世人祀奉为菇神之一。”明清时期香菇已成为浙江龙泉、庆元、景宁地方的主要产业。每逢秋季，在种植香菇之前，到吴三公菇神庙烧香、祭拜，然后背着生产工具、行装到他们预先选好的江西、湖南、福建、安徽、贵州、四川等省的菇场种植，秋季砍树、砍花、建架，所收香菇就近售给经商南北货土产的商人。清同治8年(1872)《景宁县志》载：“乡民货香蕈者旧时皆于江右、闽、粤，今则远在川、陕、楚、湘。”1897年，《庆元县志》记载：“大抵庆邑之民多仰食于蕈山”、“老者在家，壮者在外，川、陕、云、贵无所不历跋涉之苦。”据《菇民研究》介绍，当时菇民人数庆元有6万人，占全县人口的70%，龙泉有2万人，景宁有4万人。福建是浙江菇农主要的香菇生产地。

15世纪时，日本有大量人员到中国学习各种先进生产技术和经验，我国的香菇栽培技术就此传到了日本。

灵芝，东汉学者王充在《论衡》一书中记载了紫芝的栽培方法，“芝生于土，土气和而芝草生”，并说“紫芝之栽如豆”，认为像种豆子一样种植。《隋书·经籍志》上就有《种神芝书一卷》，此书已亡失。古人种芝的情景在《本草纲目》中有这样的记述：“方士以木积湿处，用药敷之，即生五色芝，嘉靖中，王金尝生以献世宗。”到了清代，陈淏子《花镜》中有了进一步的叙述：“道家种芝法，每以糯米饭捣烂，加雄黄、鹿头血，包暴干冬笋，俟冬至日堆于土中自出；或灌入老树腐烂处，来年雷雨后，即可得各色灵芝矣。”

对于木耳的药用价值，《神农本草经》中指出：“桑耳黑者，主女子漏下赤白汁，血病症瘕积聚。”唐代苏敬等撰写的《新修本草》中记载了槐耳治疗痔疮的特效方。李时珍的《本草纲目》中记述了历代医书应用木耳治疗多种疾病的方法与疗效：“木耳生于朽木之上，性甘平，主治益气不饥，轻身强志，并有治疗痔疮、血痢下血等作用”，还列举了宣肠胃气、治风破血，治痔脱肛等症的验方。

木耳栽培方法始于唐代。《本草纲目》引用《药性论》(581～600年，甄权著)一书中的记载：“桑、槐、榆、柳、楮此五木耳也，软者并堪啖，楮耳人常食，槐耳疗痔，煮浆粥安诸木上，以草覆之，即生蕈尔。”甄权这里所说的蕈就是木耳。从这段文字中可知当时木耳的栽培方法很原始，也不知道有菌种，也没有掌握木耳的生长条件。

清代木耳已形成规模化生产，湖北郧县、房县，黑龙江省东宁县等已发展为木耳的重要产区。杨承禧等修的《湖北通志·黄州府志》记载：“木耳以罗田为专产，然它县亦有之”。《通城府志》载：“木蕊，即木耳也，上游诸郡枣阳、南漳、谷城、兴山、归州、巴东、长阳等处所出亦盛，而以郧县产者为最著名，世谓之郧耳。”南方的另一木耳产区是大巴山区的南江、万源、太平诸县，当时已有较完整的木耳栽培技术。《南江县志》记载：“著青岗树……头年卧山，次年立架，一经春雨，则茁生木耳。种耳之山称木耳厂……择山内五六年花栎、青岗用之，不必过大，每年十月内将树砍倒，纵横山坡上，雨淋日晒，次年二三月间将木立起，二三十根赞一架，再经淋晒，四五月内即出耳。”以上这些情况说明，当时我国木耳生产已形成相当大的规模。

平菇(侧耳类)在古代称为天花蕈。元代《农桑辑要》曾说，天花蕈“施之素食为最佳”。自宋、元以来，五台山出产的天花蕈，声名尤为卓著。元代《日用本草》、明代《广菌谱》中都有类似的记载：“天花蕈出五台山，形如松花而大于斗，香气如蕈，白色，食之甚美。”《滇南本草》第三卷对天花菌的药用性能作了详细记载：“天花菌，气味甘，性平。无毒。色白味佳。主治补中益气，健脾宽中，亦治小儿五疳虫疾，食之可化”。

草菇的人工栽培也是我国人民独创，起源于广东省韶关市南华寺的僧人。尽管草菇栽培只有200多年的历史，却已发展成为世界栽培食药用菌中的一大种类，以东南亚地区栽培最为广泛。据张树庭考证，东南亚各国栽培草菇的技术由我国华侨传入的，马来亚的贝克、泰国的贾拉里查兰纳也证实了这一点。因此，世界上又把草菇称为“中国蘑菇”。

茯苓在我国应用历史非常悠久。公元前136～250年的《吴谱本草》中就有关于茯苓药用价值的记载。汉朝刘安编著的《淮南子》书中有“千年之松，下有茯苓，上有菟丝”的叙述。明朝李时珍指出：“下有茯苓，则生有灵气如丝之形。”表明当时他已观察到菌丝了。《神农本草经》一书中有茯苓功效的详细记载。公元502年，《名医名录》载有：“今随州由用松木栽培茯苓”、“彼土人乃故斫松作之，形多小，虚赤不佳。自然成者，大如三、四升器，外皮黑而皱，内坚白，形如鸟兽龟鳖者良”的记载。公元659年《唐新修本草》记载有茯苓的功效。公元971年中国有将茯苓出口到阿拉伯国家，再由阿拉伯国家转运到非洲的记载。1078年，陈直撰《养老奉亲书》中有茯苓酒、茯苓食疗法的记载。1240年，周密撰《癸辛杂识》中有肉引法栽培茯苓的介绍：“道士郎如山云：茯苓生于大松之根，尚矣。近世村民乃择其小者，以大松根破而系于其中，而紧束之，使脂液渗入于内，然后择地之沃者坎而瘗之，三年乃取，则成大苓矣。”表明此时我国茯苓栽培技术已很成熟。1927年，浙江临安等地将鲜苓捣碎，裹于茂松根上接种。当时主产茯苓的地区为安徽、湖北、河南、福建，除供国内需求外，还大量出口到国外。

《本草纲目》木部集解：“出大松下，附根而生，无苗、叶、花、实，作块如拳在土底，大者至数斤，有赤、白两种……外皮黑而细皱，内坚白，形如鸟、兽、龟、鳖者良。虚赤者不佳。”又云：“主治胸胁逆气，忧恚惊邪恐悸……利小便。久服，安魂养神……益气功，保神守中”。茯苓如块蕈，生土中，如何寻觅？宋代《本草图经》记载有掘茯苓的方法：“以铁头锥刺地，如有茯苓，则锥固不可拔，于是掘土取之。”此法甚效，至今湖北省英山、罗田两县老农仍然使用此法，并根据其生态习性，发掘野生茯苓，野生茯苓常不直接着生在松根上，而以枯松根为“食基”，结苓于数尺之外。

从上述野生食药用菌的驯化栽培技术历史来看，当今世界上的6大食药用菌(双孢蘑菇、平菇、香菇、草菇、金针菇和木耳)中，除双孢蘑菇是法国1707年首先栽培外，其余5种都是我国首创。

二、中国近现代食药用菌生产技术发展史

19世纪末，我国食药用菌工作者开始用新法栽培食药用菌，并撰写出一批食药用菌培植的科技文献。1888年，北洋官报局翻译出版了《家菌种植法》和日本的《蕈菌栽培法》等书籍。1929年，胡昌炽撰写了《中国食用菌类及西洋蕈培养法》，王清水撰写了《人工栽培银耳秘法讲义》。1933年，余小铁编写了《菌蕈实验法》，潘志农著有《四季人工种菇大全》。1930年，黄希范用木屑栽培冬菇、平菇成功。20世纪30年代，杨新美在贵州眉潭调查研究白木耳的生长习性，1941年用人工芽孢菌种进行接种，但因长出的银耳极细小，没有商业价值，未能得到推广应用。

20世纪70年代以后，我国食药用菌生物学研究水平迅速提高，品种数量、单位产量和总产量均飞速增长。现在有些食药用菌如平菇、金针菇、银耳等的生物学效率达到100%或超过100%(以菇的鲜重、培养料干重计)。

目前，我国能商品化生产的食药用菌有60多种，如香菇、平菇、金针菇、草菇、巴西蘑菇、鸡腿菇、木耳、银耳、毛木耳、黄背木耳、灰树花、金耳、猴头菇、灵芝、桑黄、滑菇、黄伞、长根菇、鲍鱼菇、菌核侧耳、白灵菇、杏鲍菇、凤尾菇、双孢蘑菇、柳松菇、长裙竹荪、棘托竹荪、短裙竹荪、秀珍菇、大球盖菇、杨树菇、姬菇、蛹虫草、榆黄蘑、元蘑、金福菇、羊肚菌、裂褶菌等。栽培规模最多的品种是平菇、香菇、双孢蘑菇、木耳和金针菇。

(一)双孢蘑菇

双孢蘑菇是外来移植的食药用菌。1955年，上海市华漕农场蔬菜组陈梅朋等开始进行双孢蘑菇栽培技术研究，1956年用猪、牛粪代替马粪种植

双孢蘑菇获得成功。猪、牛粪代替马粪种植双孢蘑菇的技术关键是将猪、牛粪预先晒干、粉碎，再堆置发酵，解决了鲜猪、牛粪烂、黏，不能进行好气发酵的缺点，从而解决了大规模生产双孢蘑菇的原料问题。1957 年，陈梅朋用无菌方法采集双孢蘑菇孢子，用孢子繁殖菌种，栽培双孢蘑菇获得成功，结束了每年必须去欧美购买双孢蘑菇菌种的历史。1960 年后，双孢蘑菇生产逐渐在江苏、浙江、福建、广东、湖南、四川、山东等地发展。20 世纪 80 年代后，澳籍华人张树庭在中国推广双孢蘑菇培养料二次发酵；同时，国内双孢蘑菇生产单位开始改用匍匐型菌丝菌种，双孢蘑菇单产有了较大提高，播种面积进一步扩大。90 年代，福建省蘑菇推广站通过杂交选育出 As 2796 优良菌株，迅速提高了我国双孢蘑菇的产量和质量。

(二)银耳

20 世纪 40 年代，华中农业大学杨新美在贵州省用担孢子弹射法首次获得银耳纯菌种。1957 年，上海市农业科学院食用菌研究所从福建漳州分离获得银耳菌种，并进行木屑代料瓶栽，获得一定的产量。但随后银耳出耳率越来越低，单个银耳越长越小，甚至完全失去了生产价值。1963 年，上海市农科院食用菌所陈梅朋、三明真菌研究所黄年来等发现，银耳菌种中有两种形态的菌：一种是无丝状分枝的酵母状的菌；另一种是菌丝发达、呈香灰状色泽的菌。酵母状的菌能产生子实体，但子实体小，无经济价值；香灰状的菌丝生长迅速，但不形成子实体。福建三明真菌研究所徐碧如与上海市农业科学院陈梅朋将这两种菌种混合接种培养，在菌种瓶里 100%长出良好的银耳。揭示了银耳是一种需要依靠另一种真菌帮助分解木质素才能获得养分的伴生菌，并掌握了制种方法，为人工制种和栽培奠定了理论和技术基础。1964 年，上海市农科院食用菌所陈锡凤、浙江省粮食科学研究所娄朋寿等在浙江临安县榆前区进行生产性段木栽培银耳试验获得成功。而后，上海、杭州等城市用每年城市人行道树木修剪下来的树枝发展银耳生产，每 50 千克新鲜段木可产银耳0.7～1.0千克。但这样的产量经济效益非常低，难以普及推广。1979 年，古田农民姚淑先、戴维浩用福建三明真菌研究所选育的菌种 TR05，用塑料袋栽培银耳获得成功，每袋(9cm×35cm)产银耳(干)30～50g，生物学效率达 60%～80%，生长期只需 45～50 天，从而大大促进了银耳生产的发展，银耳生产迅速普及全国。

(三)香菇

中国现代食药用菌发展史以香菇的发展最具代表性。半个多世纪以来，中国香菇栽培技术经历了香菇菌种纯培养技术、塑料袋栽培技术、花菇培育技术 3 次重大变革。2009 年，全国香菇总产量达 343.5 万吨，约占全球香菇总产量的 85%。

20 世纪 40 年代，福建的胡昌炽、潘志农和浙江龙泉的李师颐开始切磋日本香菇技术的引进与改良，并开始香菇纯菌种栽培的初步试验。1956 年，我国香菇纯菌种由上海农业试验站陈梅朋研制成功；1965 年，中南真菌研究室罗宽华在粤北翁源试用段木纯菌种接种法获得成功，单产比砍花法提高 1～5 倍。香菇纯菌丝播种技术真正在全国大规模推广是 70 年代末到 80 年代初，龙泉、庆元、景宁等县 10 多万菇民利用传统砍花法的优势，结合菌丝播种技术，在段木上接种香菇纯培养菌种进行生产。浙江、福建、上海的科研单位随后从日本引进优良段木香菇菌种 241、135、7401、广香 9 号等，使香菇产量和质量得到进一步提高。食药用菌界内人士把这一改香菇孢子自然传播为香菇纯培养菌丝播种技术，称为香菇栽培史上第一次技术重大变革，即菌种纯培养技术革命。1964 年，上海市农业科学院食用菌研究所何园素等将玻璃瓶作容器培养香菇菌丝体再压成砖式菌块出菇。80 年代初，福建省三明真菌研究所通过杂交育种方法选育出了 Cr02 优良菌株，福建古田县采用塑料袋制成了木屑培养料菌棒，在大田荫棚里进行秋栽获得了成功，使几百年来一直用整木直接栽培香菇变为用木屑培养料栽培，即代料栽培，这是香菇栽培基质的重大变革。1988～1992 年，浙江庆元首次探明了花菇低产原因、摸清了花菇成因，发现花菇是子实体生长与生态环境条件共同配合的结果，空气相对湿度是影响花菇形成的关键外部因子，从而使花菇率明显提高。这是香菇栽培史上的第 3 次技术重大变革，即香菇质量提高技术上的革命。2008 年，上海市农科院联合福建、浙江、湖北 3 省香菇科研单位完成的成果《香菇育种新技术的建立与新品种选育》，荣获了国家科学技术奖二等奖。

(四)金针菇

我国在 20 世纪 80 年代初期市场上才有金针菇产品。在这之前，虽然各科研单位陆续分离出少量金针菇菌株，也做过一些瓶栽试验，但因产量低，未能进行规模生产栽培。从 1979 年开始，福建三明真菌研究所对金针菇生物学特性、栽培技术进行了系统研究。1982 年，郭美英、黄年来第 1 个选育出产品质量优良的金针菇菌株——“三明一号”，推广到全国 28 个省市。1986 年，她们又选育出“杂交19号”高产又优质的黄色金针菇优良菌株。同时上海市农科院食用菌研究所、四川省农科院、华中农业大学、山西原平农校、南京农业大学通过杂交也选育出FV293、F12、F19、华金26等优良菌株并进行推广。1989年，我国金针菇产量已达16万吨，成为世界上金针菇总产量最多的国家。

1988年，我国引进日本选育的白色金针菇菌株。1990年，广东深圳威可公司、福建晋江、漳州等地开始进行工厂化袋栽白色金针菇。1995年，许家庭、林光华首先进行工厂化再生法袋栽金针菇试验，之后逐步推广至全国各地。2003年，稳定栽培成功，至2009年，全国自动化、工厂化再生法袋栽厂家近500家，自动化、工厂化瓶栽生产厂家60多家，年产量达50多万吨，成为我国食药用菌栽培的主要种类之一。

（五）木耳

1980年前，我国主要用段木人工接种来栽培木耳，主要产区在湖北房县、保康、南漳县以及黑龙江的东宁、爱辉、牡丹江等地。20世纪90年代后，黑龙江、吉林、内蒙古等地试验用塑料袋春天制种、夏天长耳的栽培方法栽培木耳获得成功。1994年，辽宁朝阳市研发的黑木耳塑料袋地栽技术列入推广计划，并成立了技术推广中心。以后黑龙江、吉林等地又改进农民生产的组合方式，每村建立一个管理设施齐全、环境良好的耳场。耳农们租用设施较完善的公共场地栽培木耳获得良好的经济效益，每袋装500g干料的菌袋可收干木耳45～55g，产值达每袋1.5～2元，经济效益十分显著。

（六）平菇

平菇是侧耳属所有种类的总称，有几十个物种，包括数百个菌株，如糙皮侧耳、秀珍菇、凤尾菇、美味侧耳、金顶侧耳、栎侧耳、长柄侧耳、刺芹侧耳（杏鲍菇）、白灵菇、姬菇、鲍鱼菇等。刺芹侧耳自1993年起由福建三明真菌研究所郭美英、黄年来等引进栽培成功，1997年冬与福建农科院植保所李开本等共同建立基地，首次开发生产出杏鲍菇新品种，产品出口至日本。平菇在20世纪70年代前都用木屑代料瓶装栽培，生产成本较高，单位产量较低，每瓶350g鲜料产菇100g左右。1970年后，大多用塑料袋、棉子壳代料栽培。每50千克原料产菇50～75千克，少数可达到100千克。菌袋杂菌感染少，生产简便，也可用发酵培养料和未消毒生料栽培。由于栽培容易、产量高、味道好，经济效益显著，所以发展迅速。但由于平菇质嫩、易碎裂，所以未能大量出口。1980年起不断从国外引进新品种，先后引入了凤尾菇、佛罗里达平菇、姬菇、秀珍菇等品种。平菇已成为我国人工栽培量最多的食药用菌之一。

（七）茯苓

1949年前，我国用肉引法（用菌核切成块作为菌种）栽培。每50千克松段木可产茯苓1～1.5千克。1970年后改用人工培植菌种接种栽培，每50千克松段木可产茯苓3～4千克。福建等地大量用松树兜栽培，松树兜是锯去树干的松根，属森林废弃之物，栽培茯苓不需要材料费用，产量也非常高。目前，全国每年生产茯苓达15.9万吨左右。

20世纪70年代以后，我国还育成许多食药用菌新种。1982年，广东省微生物所人工栽培红托竹荪获得成功；1984年，昆明食用菌研究所刘正南金耳驯化获得成功；1998年，湛江驯化洛巴伊口蘑获得成功；2002年，福建三明真菌研究所开发巨大口蘑获得成功。近年来，我国驯化成功的食药用菌种已达60多种。

（八）食药用菌的药用研究与开发

我国食药用菌的药用研究始于20世纪60年代。1958年，上海市农业科学院食用菌研究所陈梅朋等分离得到了茯苓、猴头菇菌种，并通过栽培长出了子实体，1960年分离得到了灵芝菌种，也栽培成功。1970年，上海市农业科学院食用菌研究所陈国良、上海中药三厂朱振岳和上海医药工业研究院及30多家医院协作，合作研究灵芝的毒性、药理、临床效果和培养、制剂方法。试验结果表明，灵芝对人无毒、无不良反应，用灵芝子实体、灵芝菌丝体热水提取的浸膏粉制成的灵芝片对神经衰弱、冠心病、哮喘有良好效果。用热水提取、酒沉后的上清液制成的灵芝针剂对哮喘、再生障碍性贫血、血小板低下症、重症肌无力症有较好疗效。同年，灵芝片被正式批准作为临床药品应用。1971年，北京市灵芝研究协作组在北京医学院（现北京大学医学部）丛铮、林志彬主持下，对灵芝防治慢性支气管炎的疗效、机制进行了全面、系统地研究，并组织了治疗慢性支气管炎的临床试验组，结果证明，灵芝制剂对慢性支气管炎有明显疗效。1976年，中国医学科学院药物研究所杨云鹏研制的蜜环菌菌丝药品获得批准应用，治疗各种眩晕症等。1977年，上海市农业科学院食用菌研究所陈国良用猴头菇固体菌丝体制成猴菇菌片，治疗胃肠溃疡、各种慢性胃炎，疗效显著，被批准作为药品应用。1985年，广东省微生物所黄茂先研制成用安络小皮伞制成的药品——安络通，治疗三叉神经痛、坐骨神经痛、面神经麻痹等症。1985年，东北师范大学赵大明研制用云芝子实体提取物制成的药品——肝炎康、云芝胶囊。1983年，河南医药工业研究所与林志彬合作研制成功香菇多糖药片。1985年，福建三明真菌研究所林树钱等研制成功由层卧孔菌制成的“冠脉乐”药品。1987年，上海师范大学杨庆尧研制从云芝发酵菌丝体中提取的云芝糖肽（PSP）（这是一种治疗肿瘤药物）。1992年，南京中医药大学庄毅研究成功用槐耳菌固体发酵菌丝体制成有辅助治疗肝癌功效的槐耳冲剂。1987年，中国医学科学院药物研究所等单位从虫草中分离获得虫草拟青霉，经发酵培养，制成金水宝胶囊药品，治疗高脂血症、慢性支气管炎、性功能低下等疾病。

到目前为止，全国已被批准应用的食药用菌药品有增肌注射液、灵芝片、肝必复、云芝肝肽、至苓胶囊、云芝胶囊、云芝糖肽、蜜环菌片、亮菌片、猴菇菌片、安络痛、竹红菌软膏、猪苓多糖、银蜜片、金水宝、槐耳冲剂、乌灵菌粉等数十种。

我国有药用价值的食药用菌种类有600多种，已进行药效试验的有50多种，如灵芝、紫芝、树舌、密纹薄芝、茯苓、猪苓、蜜环菌、猴头菇、银耳、北虫草、虫草菌（虫草被毛孢）、云芝、层卧孔菌、白耙齿菌、槐栽、乌灵参、香菇、松杉灵芝、裂褶菌、竹红菌、竹黄、胶陀螺、安络小皮伞、亮菌（假蜜环菌）、桑黄、桦褶孔菌等。其中冬虫夏草、茯苓、猪苓、灵芝（赤芝、紫芝）、云芝等已先后被《中华人民共和国药典》（一部）收载，成为法定中药材。

在对食药用菌药品研发的同时，我国对食药用菌的药理药化研究也取得了较大的成就。从20世纪70年代开始，北京大学医学部林志彬、中国医学科学院药物研究所刘耕陶、上海医科大学张罗修等对灵芝的药理进行了系统研究。研究证明，灵芝有提高机体免疫功能，降低过高体液免疫水平，抑制肿瘤生长，降低放射和化疗药物对机体的损伤，提高肝脏、血液、骨髓DNA、RNA、蛋白质的合成能力，调节血脂，降低血压等功效，并明确灵芝抗肿瘤作用的机制是与灵芝提高机体免疫功能、抑制肿瘤血管新生等有关；降血压作用是与改善微血管循环有关。1980年，中国医学科学院药物研究所杨云鹏发起召开第一届全国药用菌学术讨论会，以后由林志彬主持、每3年召开一次，迄今已召开了9届。除全国药用菌学术交流外，我国还多次召开灵芝专题研讨会及各种药用菌的专门会议。我国一系列药用菌学术活动极大地促进了药用菌的研究，使我国广大药用菌科研工作者及时了解国内、国外的药用菌学术动态，掌握先进的研究方法，有力地促进了药用菌的研究。在进行各种药用菌学术交流的同时，我国药用菌工作者还编纂了多部药用菌科研著作，如林志彬编著的《灵芝的现代研究》（第一、二、三版）、《灵芝从神奇到科学》（中文版及英文版）、《*Ganoderma*：Genetics，Chemistry，Pharmacoloy，and Therapeutics》，徐锦堂编著的《中国药用菌学》，陈国良编著的《功效非凡的食用菌》、《灵芝与肿瘤》，刘波编著的《中国药用真菌》，卯晓岚编著的《中国药用真菌图鉴》等。这些药用菌专著都较全面反映了我国当代食药用菌的药用研究成果，推动了我国食药用菌事业的发展，也向世界展示了我国食药用菌研究的成就。

三、我国食药用菌产业技术发展历程

1. 科研部门研究与群众性创新技术相结合，解决了食药用菌关键技术

我国香菇、银耳、木耳、草菇栽培技术的改进是科研部门育种研究与菇民创新技术相结合的结果。以银耳为例，科研部门对银耳两个菌拌生关系的发现，奠定了人工制种的理论基础。菇农对银耳栽培方法的改进、塑料袋菌穴接种的发明，使银耳生产方法获得突破性的进展。银耳代料袋栽的成功，为香菇、木耳的栽培提供了创新技术。食药用菌研究成果促进了食药用菌基础研究和生产技术的进步。如福建轻工技术研究所王泽生等利用单孢杂交技术育成了产量、质量较原始菌种明显提高的蘑菇菌种；福建三明真菌研究所用杂交育种方法选育了三明19号金针菇菌种和香菇Cr02；庆元县食用菌研究所选育出了迟熟型中低温香菇品种241-4、939、9015等。这些新菌种长期以来成为我国蘑菇、金针菇和香菇生产的主要栽培品种。

2. 食药用菌迅速发展与新培养原料的引入密切相关

20世纪70年代前，我国食药用菌中的木腐菌用木屑进行栽培，许多地方用木材粉碎成木屑后再利用。由于需保护森林资源，国家不允许大规模砍伐森林来栽培食药用菌，从而限制了食药用菌的发展。1972年，河南省农业厅刘纯业试验用棉子壳代替木屑栽培平菇获得成功。棉子壳栽培既可减少粮食精料的用量，又比一般传统培养料明显增产，且生产方便。棉子壳原料来源广泛，又有增产效果。1980年，全国供销合作总社在河北晋县召

开了棉子壳栽培平菇推广现场会。之后经试验研究，又发现棉子壳不仅可用作木腐菌的培养料，也可作草腐菌的培养料，从而显著促进了我国香菇和其他食药用菌的生产。目前，我国一年要用去200多万吨棉子壳，棉子壳栽培食药用菌的生物学效率可达100%。自1983年起，福建农林大学进行了菌草栽培研究，用人工种植的菌草（橡草、芒萁等）粉碎成末栽培食药用菌，以解决我国某些地区资源不足的问题，现已取得一定的成效。

3. 食药用菌迅速发展与塑料技术的发展密切相关

20世纪80年代后，我国生产出了耐高温（100℃以上，不变性）的无毒聚乙烯、聚丙烯塑料，可用塑料袋代替玻璃瓶及段木进行栽培生产，使子实体直接从塑料袋中长出，解决了从培养容器中直接长子实体的难题。从而简化了生产工艺，并提高了产量，大大降低了生产成本，从而促进了我国食药用菌业的发展。

4. 食药用菌迅速发展与食药用菌生产机械开发密切相关

早期我国食药用菌生产大多采用家庭式的手工操作方法，十分费力，生产成本也高。20世纪80年代后，福建漳州、古田、福鼎，河南泌阳、兰考，中国农业机械化研究院等单位，大力开发小型食药用菌生产机械，使食药用菌菌种装料、接种基本实现了机械化，比原来完全手工操作效率提高了6～8倍，有力地促进了食药用菌生产的发展。现在食药用菌生产机械有碎屑机、装袋机、接种机、注水机、挖瓶机、增湿机、翻料机等30多种各类型机械，主要生产工序都可以用机械来代替，促进了我国食药用菌生产突飞猛进地发展。

5. 食药用菌工厂化栽培得到一定的发展

我国是食药用菌生产大国，但许多食药用菌的单位产量和质量与国外相比尚有一定的差距。大部分木腐食药用菌仍依靠自然条件及人工操作栽培，所产食药用菌产品品质不如工厂化栽培的好，产量也不稳定。从20世纪90年代开始，我国上海、福建、广东、江苏、辽宁、四川等地先后引进国外先进技术进行工厂化栽培。目前，我国已能利用国内生产的机械设备进行自动化、工厂化的周年袋栽和瓶栽生产。主要生产金针菇、杏鲍菇、真姬菇、滑菇、鸡腿菇等品种，能确保市场上鲜菇的周年供应。

6. 食药用菌交易市场的建立促进了我国食药用菌的发展

20世纪80年代后，我国在主要食药用菌产区，如庆元、古田、西峡、徐州、湖南等地组建了食药用菌交易市场。食药用菌市场的建立极大地方便了食药用菌产品的流通，解决了卖菇难的状况。目前，几乎所有的食药用菌生产县、市都有食药用菌交易市场，大部分食药用菌可通过食药用菌市场进行贸易。2000年10月，中国食药用菌商务网正式开通运行，极大地方便了食药用菌产品的交易，促进了食药用菌业的规模生产。

7. 学术交流推动了我国食药用菌生产技术的发展

自1981年起，我国每隔3年召开一次全国性食药用菌学术会议，交流先进学术研究成果和生产经验，展示新的研究成果和生产设备。每隔1～2年，还举行食药用菌单项生产技术为中心的学术交流活动。从1981年开始，上海市农业科学院情报研究所和昆明食用菌研究所分别创刊并出版了《食用菌》和《中国食用菌》专业期刊。之后江苏、浙江食用菌协会、上海市农业科学院情报研究所等单位又分别创办了《江苏食用菌》、《浙江食用菌》、《食用菌信息》、《食用菌市场》、《食用菌学报》等食药用菌专业刊物。1994年，中国食用菌协会创办了《中国食用菌信息》。全国性学术交流活动的开展和学术、科普期刊的出版，使我国科研人员、生产第一线人员研究成功的新技术、新菌种、新设计、新设备能及时得以交流和扩大应用，极大地推动了我国食药用菌生产技术和设备的改进，有力地促进了我国食药用菌业的快速发展。

1980年以来，食药用菌科技工作者们编纂出版了大量的食药用菌书籍，品种已超过1 000种。如戴芳澜1979年编著的《中国真菌总汇》，应建浙1982年编著的《食用蘑菇》，杨新美1989年编著的《中国食用菌栽培学》，上海市农业科学院食用菌研究所1991年编著的《中国食用菌志》，黄年来1993年编著的《中国食用菌百科》，贾身茂等1993年编著的《中国平菇生产》，陈士瑜1994年编著的《食用菌生产大全》，吴学谦、吴庆其1999年编著的《花菇代料栽培技术》，郭美英2000年编著的《中国金针菇生产》，朱兰宝2000年编著的《中国黑木耳生产》，黄年来2001年编著的《食用菌病虫害防治手册》，吴学谦2005年编著的《香菇生产全书》，贺新生等2007年编著的《野生蕈菌生物学特性与栽培技术》等。

中国目前已有上百所大学、科研机构专门培养食药用菌专科、本科、硕士、博士等各层次研究人才，为中国乃至世界食药用菌产业的发展储备了技术力量。

8. 成立食药用菌技术协会、产业协会、生产合作组织，组织农民生产

我国1981年成立了中国食用菌协会；1982年后，北京、福建、湖南、山西、浙江、河北、湖北、安徽等各省市相继成立地方食用菌协会；1983年，又成立了全国食用菌科技情报网。1986年，福建省古田县召开代料栽培食用菌机械化生产现场会，同年该县又举办了食用菌技术市场，展出230多个技术项目。1986年，国内第一个食用菌国家标准《黑木耳国家标准》获得批准；1988年，黑龙江省推行了《黑木耳菌种质量标准》；1996年，福建古田县制定了《香菇》、《银耳》地方标准；农业部颁发了《食用菌菌种暂行管理办法》；2003年后，浙江、湖南等省市又制定了木耳、香菇等菌种标准，并规范了标准化生产的要求。一系列生产规范标准为巩固现有生产成果，为今后的再次腾飞大发展提供了组织保证。

第三节　食药用菌的价值

在我国，食药用菌被誉为“山珍”；在美国等西方国家，食药用菌被称为“上帝的食品”；在日本，食药用菌被推崇为“植物性食品的顶峰”。据联合国粮农组织专家调查，谷物中赖氨酸含量不足，使蛋白质的合成失去平衡。在亚洲地区，每年造成的营养损失相当于231万吨蛋白质，使7 500万儿童发育滞缓或不满10岁而夭亡。发展食药用菌生产，也是大农业生产的重要一环，应放在重要位置上。

食药用菌作为一种食品具有明显的特点：第一，营养功能。能提供蛋白质、脂肪、糖类、矿质元素、维生素及其他生理活性物质。第二，嗜好功能。色、香、味俱佳，口感好，味道好，具有独特的鲜味，可以刺激食欲。第三，生理功能。有保健作用，参与人体的代谢，维持、调节或改善体内营养吸收的平衡，可作为一种生物反应调节剂，提高人体免疫力，增强人体防病治病的能力，从而达到延年益寿的作用。

评价营养价值，主要是蛋白质、脂肪、糖类、矿质元素、维生素和膳食纤维六大要素的比例和质量。食药用菌乃属高蛋白、低脂肪、低能量、富含多种矿质元素和维生素的功能性食品。

一、食药用菌的营养价值

食药用菌主要作为菜蔬食用。随着社会的进步和国民生活水平的不断提高，人们对饮食的绿色、天然和保健功能的追求越来越高，绿色、天然、功能性菌类食品越来越受到消费者的青睐。菌类食品的营养价值介于动物性食品和植物性食品之间，兼具动物性食品高蛋白和植物性食品低脂肪的优点，属名副其实的优质食品。

（一）蛋白质和氨基酸

蛋白质的含量和质量是评价食品质量的重要标准。食药用菌中蛋白质含量占其鲜重的4%～8%。

食药用菌不但蛋白质含量高，而且组成蛋白质的氨基酸种类齐全，一般含有17～18种氨基酸，其中含有7～8种人体不能合成又不可缺少的必需氨基酸，其中赖氨酸和亮氨酸含量较为丰富，这正是许多粮食作物所缺乏的。在评价蛋白质质量时，必需氨基酸占氨基酸总量的比例是一个重要指标，大多数食药用菌中必需氨基酸占氨基酸总量的40%以上，符合联合国粮农组织对优质食品的评价。另外，食药用菌蛋白质的消化率较高，70%的食药用菌蛋白质在人体消化酶的作用下，分解成氨基酸被人体吸收，如蘑菇干粉蛋白质超过42%，蛋白质消化率高达88.3%。食药用菌还含有多种呈味氨基酸，使食药用菌具有诱人的鲜味。

（二）脂肪

食药用菌的脂肪含量占其干重的1.1%～8.3%，平均为4%。与其他食品相比，食药用菌脂肪有3个突出的特点：①脂质含量较低，属低热量食物，但各种脂肪酸齐全。②非饱和脂肪酸的含量远高于饱和脂肪酸的含量，且以亚油酸为主。据分析，广泛栽培的几种主要食药用菌非饱和脂肪酸含量约占总脂肪酸含量的72.0%。③植物甾醇，尤其是麦角甾醇含量较高。麦角甾醇是维生素D的前体，它在紫外线照射下可转变为维生素D，可促进钙的吸收，预防佝偻病。

在日常饮食中，非饱和脂肪酸是必需的营养物质，而过多摄入动物脂肪酸对人体健康不利。食药用菌中含有的较低脂肪以及高比例的非饱和脂肪酸，对人体健康十分有益。

(三)糖类(碳水化合物)

糖类是食药用菌中含量最高的成分,一般占干重的40%～70%。伞菌类糖类含量为40%～50%,木耳、银耳等的含量为60%～70%。在食药用菌糖类中,营养性糖类含量为2%～10%,包括海藻糖(菌糖)和糖醇。这两种糖是食药用菌的甜味成分,它们经水解生成葡萄糖被吸收利用。食药用菌糖类中戊糖胶的含量一般不超过3%,但银耳、木耳戊糖胶的含量较高,银耳中戊糖胶的含量占其糖类的14%。戊糖胶是一种黏性物质,具有较强的吸附作用,可以帮助人体将有害的粉尘、纤维等排出体外。

食药用菌中还含有丰富的糖原(肝糖原)和甲壳素(壳多糖),后者是食药用菌膳食纤维的主要成分,其含量一般为干重的29.0%～55.0%。此外,常见食药用菌的粗纤维含量较多,以金针菇含量为最高,达137.2克/千克。粗纤维是膳食纤维的重要形式,是很好的膳食纤维来源。人体多摄入富含粗纤维的食药用菌,可预防多种疾病。如给糖尿病人以高纤维素膳食,可以减少对胰岛素的需要量,并能稳定病人的血糖浓度。

食药用菌含有丰富的真菌多糖,真菌多糖具有多种生理活性,可以抑制肿瘤的生长,具有很强的抗肿瘤活性。

二、食药用菌的药用价值

现代医药学研究表明,食药用菌中含有多种有效成分,如多糖类、三萜类、核苷类、呋喃衍生物类、甾醇类、生物碱类、多肽氨基酸类和脂肪类等,其中最主要的有效成分是多糖和三萜类。这些活性成分具有广泛的药理作用,如增强机体免疫功能、抗肿瘤、抗菌、抗病毒、抗辐射、调节心脏功能、降血脂、降血压、降血糖、降胆固醇、保肝、镇静、镇痛、催眠、清除自由基、抗衰老等。

(一)食药用菌多糖及其药理作用

1. 食药用菌多糖的结构和构效关系

具有生物活性的食药用菌多糖是从食药用菌中分离出,由10多个以上单糖糖苷键连接而成的高分子多聚物,是一类易溶于水而不溶于有机溶剂的化合物。纵观近年来的研究,食药用菌多糖的组成方式主要有以下几种:①以葡聚糖为主要组分。葡聚糖由β-(1,3)糖苷键连接的主链和β-(1,6)糖苷键连接的支链组成,如香菇多糖、茯苓多糖、云芝多糖、裂褶菌多糖等都是这种结构。②食用菌多糖中有少量多糖是由α-糖苷键连接的甘露聚糖为主的结构。③杂多糖,如冬虫夏草多糖,其中的单糖组分为半乳糖与甘露糖,两者之比为6:5,含少量蛋白质、有高度的分支结构。蛹虫草、灵芝、银耳中也有这种结构的多糖,它以β-(1,2)糖苷键连接的甘露糖为主干,支链由β-(1,6)糖苷键连接的半乳糖和β-(1,2)糖苷键连接的呋喃半乳糖构成。④糖蛋白和多糖肽。云芝多糖是以葡聚糖为主要组分的糖蛋白。彻底除去蛋白质或多肽后,其抗肿瘤活性将大大降低。糙皮侧耳多糖是一种多糖肽,其中多肽和多糖的含量分别是171.1μg/ml和138.8μg/ml。

随着高压液相色、红外光谱、气相色谱和质谱联用、核磁共振和质谱联用、喇曼激光光谱、X-衍射等先进分析技术的应用,食药用菌多糖的化学结构及构效关系方面的研究取得了一定进展:①糖苷键的键型与食药用菌多糖的生物活性有关。如裂褶菌和小核菌多糖中β-(1,3)糖苷键连接的*D*-葡聚糖具有抑制肿瘤活性,而α-(1,3)糖苷键连接的*D*-葡聚糖没有这种活性。灰树花多糖中,β-(1,3)糖苷键连接的*D*-葡聚糖能抑制S-180肉瘤细胞的增殖,而α-(1,4)糖苷键连接的*D*-葡聚糖和β-(1,6)糖苷键连接的*D*-葡聚糖没有这种活性。β-(1,6)-*D*-葡聚糖能增强β-(1,3)-*D*葡聚糖的活性,而α-(1,4)-*D*葡聚糖起反向调节作用。②糖链分支度对食药用菌多糖活性有影响。分支度(degree of branch,DB)是指平均每个糖单位所具有的分支数目,也称取代度(degree of substitute,DS),食药用菌多糖达到一定分支度时,才具有生物活性。如大多数食药用菌活性多糖中的β-(1,3)-*D*-葡聚糖,当分支度在0.2～0.33时生物活性较强。此外,硫酸化的真菌多糖不管硫酸取代基的分布怎样,当DB<1.3时,抗HIV活性明显降低。但并不是所有的食药用菌多糖的DB越高,活性越强。如真菌多糖pestalotan是高度分化的葡聚糖,DB值为2.8时活性很低。经过氧化还原处理将部分葡聚糖分支还原成羟基后,DB值虽然降至1.0,但抑瘤率却从57%提高到了92.3%。表明多糖的活性与DB大小密切相关,并且存在着最佳DB值。另外,Adachi等发现灰树花多糖的分支结构是宿主补体系统识别的位点,可能是灰树花多糖免疫活性的结构基础。③空间结构对食药用菌多糖的生物活性有影响。研究表明,食药用菌多糖的特异空间构象是其生物活性的基础。具有规则空间构象的真菌多糖一般生物活性较强,而且结构呈螺旋的多糖活性较高,呈带状的多糖活性较低,甚至没有活性,X-衍射结果显示,三

股螺旋构型是真菌多糖最具活性的空间构象。天然香菇多糖的空间结构为β-三股绳状螺旋立体结构，具有生物活性，但用脲或胍处理过的香菇多糖却没有活性。这种现象是由于脲或胍的作用改变了其空间构型而引起的。茯苓多糖的空间结构与香菇多糖相似，但无抗肿瘤活性，如果将其中的一些β-(1,6)侧链切除，则表现出强烈的抗肿瘤活性。X-衍射分析表明，此时它已形成三股螺旋构型。然而，灰树花多糖的空间结构与其活性似乎没有太大关系。④化学修饰对食药用菌多糖活性有影响。天然香菇多糖具有抗肿瘤活性，而硫酸化的香菇多糖具有抗 HIV 活性；天然甘露聚糖没有活性，但在硬脂酰化和磷酸酯化后获得抗肿瘤活性；右旋葡聚糖在棕榈酰化和磷酸酯化后也具有抗肿瘤活性。

2. 食药用菌多糖的药理作用

(1)抗肿瘤作用

食药用菌多糖的抗肿瘤作用是其最重要的生物活性之一，也是研究的热点。据文献报道，已发现 170 多种食药用菌的提取物能抑制 S-180 肉瘤及艾氏腹水瘤等肿瘤细胞的生长，并具有增强机体抗肿瘤作用。如云芝多糖已经作为辅助治疗肿瘤药物应用。香菇多糖可辅助治疗胃癌，疗效显著。猴头多糖、香菇多糖和茯苓多糖按相等比例混合后，再按一定比例配以甘草酸等制成的复合多糖，抑瘤效果明显高于单味香菇多糖。此外，灵芝多糖、灰树花多糖、裂褶菌多糖、姬松茸多糖、竹荪多糖等都具有较强的抑瘤活性。

(2)免疫调节功能

食药用菌多糖调节免疫功能的作用主要体现在以下几个方面：一是激活树突细胞、巨噬细胞，提高机体非特异性免疫功能。如灵芝多糖促进树突细胞的成熟、分化，增强其功能，还能提高单核巨噬细胞的吞噬功能。香菇多糖可使小鼠腹腔巨噬细胞的数量增加，银耳多糖、冬虫夏草多糖等均能增强腹腔巨噬细胞的吞噬功能。二是激活淋巴细胞。大多数食药用菌多糖在体内和体外都能激活 T 细胞，促进特异性 T 淋巴细胞毒细胞的产生，提高其杀伤力，如香菇多糖、冬虫夏草多糖、灵芝多糖、猴头多糖、裂褶菌多糖都能在体外增强淋巴细胞增殖的作用。三是促进干扰素(IFN)生成。香菇多糖能使血浆中的 IFN 浓度增大，云芝糖肽在 10～100μg/ml 时，能使正常人外周白细胞产生 IFN-α 和 IFN-γ 的能力分别提高 8 倍和 4 倍。四是促进生成白细胞介素(IL)，如银耳多糖(TP)不仅能增加正常小鼠脾细胞 IL-2 的产生，而且使老年小鼠脾细胞分泌 IL-2 的功能恢复。

(3)降血压、降血脂、降血糖功能

食药用菌多糖能改善冠状动脉功能，扩大冠状动脉流量，增强心肌供氧能力，降低血脂，预防动脉硬化，改善血液循环。如虫草多糖能增强血管弹性，调节心律失常；竹荪多糖能降低血压，减小心脏和血管压力；姬松茸多糖能降低血脂，提高耐缺氧能力；桦褐孔菌子实体中分离到的糖蛋白和水溶性多糖，均有明显的降血糖作用，尤其是桦褐孔菌多糖提取液降血糖作用时间可持续 48 小时。此外，还发现桦褐孔菌多糖提取液中的栓菌酸对非胰岛素依赖型糖尿病有显著疗效。上海市农业科学院食用菌研究所科研人员通过对比分析不同水提物组分对小鼠高血糖的效应，发现了鸡腿菇的 2 个有效组分，认定了鸡腿菇降血糖的有效部位，阐明了降糖活性因子的化学结构。

(4)抗胃溃疡与保肝作用

大多数食药用菌多糖对人体的消化器官具有保健作用。猴头菌多糖可促使胃液分泌、稀释胃酸，促使胃溃疡患者胃部溃疡面修复。灵芝多糖、茯苓多糖具有护肝解毒作用。

(5)其他药理作用

食药用菌多糖还具有抗氧化、延缓衰老、抗感染、抗辐射和修复损伤细胞、抗炎、祛痰、镇咳等功效。

(二)食药用菌三萜类化合物及其药理作用

三萜类化合物是一类难溶于水、易溶于有机溶剂的化合物，味苦，是食药用菌主要的活性成分之一。从食药用菌中提取分离到的三萜类化合物已达 100 多种，其中有的已被证实具有抗肿瘤和免疫调节等多种药理作用。

1. 三萜类化合物的结构

从食药用菌中提取、分离出多种三萜类化合物的结构来看，基本可分为高度氧化的羊毛甾烷型、3,4 开环羊毛甾烷型和葫芦烷型等 3 大类型。从灵芝中提取的 100 多种三萜化合物属于高度氧化的羊毛甾烷型，从茯苓中提取的 20 多种三萜化合物一部分属于羊毛甾烷型衍生物。还有一些属于 3,4 开环羊毛甾烷衍生物，从野生苦红菇中提取的苦红菇酸属于葫芦烷型的衍生物。

不同食药用菌所含的三萜类化合物的含量有所不同。桦褐孔菌菌核和发酵菌丝体的三萜类化合物分别为59.86mg/g 和94.92mg/g，樟芝发酵菌丝体为 30mg/g，茯苓菌核为9.67mg/g，灵芝子实体14.8mg/g,灵芝发酵菌丝体为0.1～2mg/g。

2. 三萜类化合物的药理作用

(1)灵芝三萜类化合物

灵芝三萜类化合物是灵芝主要的活性化学成分,主要具有降低血脂、保肝、抗氧化、抗炎、抗HIV病毒和疱疹病毒、抑制肿瘤细胞等活性。

①抗肿瘤活性:Toth等从赤芝菌丝体中提取了6个具细胞毒活性的三萜类化合物,能明显抑制小鼠肝肉瘤(HTC)细胞的增殖。Lin等也报道了从子实体中分离到的三萜类化合物具有较强的抑瘤活性。Tang等研究发现,灵芝酸T可引起肿瘤细胞线粒体功能紊乱,从而导致肺癌转移细胞的凋亡。黄书铭等进一步研究表明,赤芝中的三萜类成分对人肝癌生长有一定的选择性抑制作用。刘艳芳等报道了不同发酵阶段的灵芝菌丝三萜类成分与抗肿瘤作用的相关性,表明灵芝三萜在菌丝发酵后期才大量产生,然而并非培养时间越长,菌丝三萜的含量越高。当培养到一定时间后,菌丝三萜含量降低或只在组分间相对比例上发生变化。菌丝中三萜的种类与子实体相比相对较少,不同生长阶段菌丝中的三萜在组分、相对含量及各组分间的比例有所变化,其中2个组分峰的增高与其对肿瘤细胞的抑制作用呈反相关,另有几个组分峰的增高与对肿瘤细胞的抑制作用呈正相关。

②免疫调节作用:Kino等从赤芝子实体甲醇提取的生物活性组分中分离出三萜化合物灵芝酸A、灵芝酸B、灵芝酸C、灵芝酸D,发现这些化合物能明显抑制肥大细胞的组胺释放。Min等报道,灵芝醇、灵芝酮二醇和灵芝酮三醇能有效抑制补体激活的经典途径。进一步的构效关系研究表明,羊毛甾烷型三萜在C-3位的羰基是其活性必需基团,且抗补体活性与侧链上的羟甲基数成正比。但对赤芝三萜类的调节免疫功能机制阐述不一。周昌艳等研究发现,灵芝酸能促使荷lewis肺癌的豚鼠体内白细胞介素IL-2的含量上升,并提高其自然杀伤细胞(NK)的免疫活性,具有免疫促进功能。

③对心血管系统的调节作用:赤芝70%乙醇提取物具有抑制猪肾血管紧张素转换酶(ACE)的活性,从中分离出5种新的羊毛甾烷三萜及已知的5种三萜,这些化合物中有8种能抑制ACE的活性。用赤芝子实体制备的粉剂饲喂的自发性高血压鼠的血压比对照明显低,这表明粉剂里含有抑制血压升高的物质。此外,灵芝三萜还具有降低血液胆甾醇的作用。

④保肝、解毒作用:灵芝三萜能显著减轻动物实验性肝损伤,表明灵芝三萜类化合物具有明显的保肝作用。

⑤镇痛作用:Koyama等报道,用醋酸扭体法为活性筛选指标,从灵芝子实体的二氯甲烷提取物部分经硅胶柱色谱和HPLC制备得到4个具有镇痛活性的灵芝三萜类化合物,按剂量给药可产生较好的镇痛效果。

⑥抗氧化活性:从赤芝水煮提取物中得到含有三萜类成分的粗组分,观察该粗组分对联苯三酚诱导的红细胞膜氧化以及Fe(II)-抗坏血酸诱导的脂质过氧化反应的影响,受试物表现出剂量依赖性的抗氧化作用。灵芝总三萜和三萜组分在体内也有抗氧化作用。

(2)茯苓三萜类化合物

茯苓三萜类化合物具有抗肿瘤、抗炎症和免疫等作用。

①抗肿瘤作用:茯苓菌核提取的茯苓素(三萜的混合物)体外对小鼠白血病L1210细胞的DNA合成有明显不可逆的抑制作用。茯苓素对丝裂霉素、放线菌素D(更生霉素)、环磷酰胺、5-氟脲嘧啶等抗癌药有增效作用。

②抗炎作用:能抑制由12-氧-十四烷酰佛波醇-13-乙酸(TPA)引起的小鼠耳肿。

③免疫调节作用:茯苓素对小鼠的细胞免疫和体液免疫有相当强度的抑制作用,对于迟发型超敏反应和宿主抗移植物排斥反应,也有显著的抑制作用。

(3)其他三萜类化合物

草菇液体培养物的石油醚、乙酸乙酯和乙醇提取物中均含有粗三萜和黄酮类物质,各组分均有较高的抗肿瘤活性,且抗肿瘤活性与提取物浓度存在明显的量效关系。液体培养的茶薪菇菌丝体和培养液石油醚、乙酸乙酯和乙醇提取物中均含有三萜类物质,并具有较高的抗氧化活性和抑制人胃癌细胞株BGC-823增殖的作用。桦褐孔菌菌核的三萜类化合物中的白桦脂醇及其衍生物具有显著抗白血病、抗爱滋病病毒活性和抗黑色素细胞瘤活性。

(三)食药用菌其他有效成分的药理作用

1. 核苷

腺苷是以核苷和嘌呤为基本构造的活性物质。灵芝含有多种腺苷衍生物,都有较强的药理活性,能降低血液黏度,抑制血小板聚集,提高血红蛋白2,3-二磷酸甘油的含量,加速血液循环,提高血液对心、脑的供氧能力。香菇中核酸包括环磷酸腺苷(cAMP)、环磷酸鸟苷(cGMP)和环磷酸胞苷(cCMP)。cAMP是调节代谢的活性物质,香菇孢子提取物中的双链核糖核酸(dS-RNA)能诱导干扰素的分泌,可提高人体免疫力,有助于抗爱滋病和抗衰老。

2. 不饱和脂肪酸

在食药用菌所含的脂肪酸中,油酸等不饱和脂肪酸含量占70%左右。常食食药用菌可满足人体对不饱和脂肪酸的需要。

3. 活性肽与氨基酸

目前已在灵芝中发现了一些活性蛋白和活性肽,前者具有免疫调节作用,后者具有抗氧化功能。在常见食药用菌中,无论是游离氨基酸还是人体必需的氨基酸,都比蔬菜和水果高,具有较高的营养保健价值,可促进婴幼儿健康成长和智力发育。

此外,香菇中的另一种主要活性成分香菇嘌呤,具有一定的降血脂功能,还有抗病毒和解毒作用。

第四节 我国食药用菌产业现状

近十年来,我国食药用菌产业得到蓬勃发展。据中国食用菌协会统计,全国食药用菌总产量从2001年的781.9万吨增加到2009年的2 020.6万吨,不到10年内增加了158.4%,平均每年递增17.6%。目前,我国食药用菌总产量约占全球食药用菌总产量的78%,居世界第一位。虽然目前我国已成为世界食药用菌业第一生产大国和消费大国,但从人均消费量来看,与发达国家人均消费量还有一定的距离。2009年,全国食药用菌总产值为1 103亿元,比2001年增加了3.5倍。2009年,全国食药用菌出口量为52.86万吨,创汇13.07亿美元。

然而,我国食药用菌产业区域发展也不平衡。15年以前沿海省份的福建、浙江、江苏、广东的食药用菌产业发展较快,是中国食药用菌的主产省份。近10年以来显示出南菇北移和西移的趋势,山东、河南、河北、黑龙江、吉林、四川、湖北等省份逐渐成为产业发展的领头羊。

食药用菌产业已成为各地区域经济的农业支柱产业。目前,全国有1 000多个食药用菌种植村、500多个食药用菌基地县、100多个食药用菌亿元产值基地县、2 000多家食药用菌龙头企业,从业人员已达2 500多万人。如浙江庆元与龙泉、河南泌阳与西峡、福建古田、河北平泉、山东邹城、湖北随州、四川金堂、吉林汪清等食药用菌产业已成为当地农业支柱产业,食药用菌产值占农业总产值的40%~50%。

第五节 食药用菌业能促进农业生态循环和低碳经济发展

农林牧业生产的有机废料被食药用菌利用后,所产生的废料,恰恰又是农业、绿色植物的最优质肥料,在农林生产上得以循环利用。食药用菌栽培是现代生态农业、循环经济、可持续发展产业的一个重要组成部分。人们已认识到,具有真核多细胞的"菌物界"降解并吸收有机物的能力较强,生长发育速度快,在物质转化过程中起很大的作用。菌物生产、植物生产和动物生产现已形成了三足鼎立之势,而且菌物生产在三者中还起着综合利用和纽带作用。在农业生态系(agro-ecosystem)中,菌物生产理应受到人们的重视,是有机物质循环中不可或缺的一环。

农林牧业废料⇒食药用菌栽培⇒食物⇒人类、动物⇒废料⇒植物生产:作物、蔬菜、水果、林业、花卉等⇒废料⇒沼气⇒能源

食药用菌在整个农业生态链中属于还原者,是生产者(绿色植物)和消费者(人类、动物)之间搭建物质和能量循环的纽带。假如没有菌类生物和其他微生物,地球生态系统的完整性将被破坏,物质循环终止,人类不能生存。具体表现在:食药用菌菌丝体在纤维素酶的作用下,将动植物生产的副产物,如纤维素类物质进行降解,并将碳源转化成碳水化合物,氮源转化成氨基酸,使有机物进入食物链,进入新的生物循环。分解后的废料进入大田后,改善土壤理化结构,提高土壤腐殖质的含量,增加了土壤的持水保肥能力。同时,这些废弃培养料经处理后还可作为畜禽的饲料添加剂,可用来生产沼气及喂养蚯蚓,蚯蚓又可作为家禽

的饲料、鱼虾的饵料，家禽的粪便又可作为食药用菌栽培的基质，进入新的生物循环。正因为有食药用菌这一环节，才形成了一个多物种共生、多层次搭配、多环节相扣、多梯级循环、多层次增值、多效益统一的物质和能量体系，构成食物链和农业生态系统的良性循环，促进生态的可持续协调发展。食药用菌的环保功能体现在对自然界中动植物生产副产物，如作物秸秆和动物粪便的转化利用，清洁环境，控制立体污染，实现循环经济构想。

我国食药用菌产量最大是平菇，每个标准大棚（667m²）可以消化农业废弃物棉子壳 15～20 吨，栽培周期 3～4 个月，产鲜菇 15～20 吨，相当于0.3公顷耕地生产的产值，生产效率是大田生产的4.5倍。食药用菌还具有低耗水和高生物转化率的优点，与大田主要农作物玉米、水稻、小麦比较，食药用菌每生产1 000g产品消耗水2.7～4.0 升，而玉米、水稻、小麦需 370～1 000 升。在提供健康食药用菌产品的同时提供高质量的菌糠供农业生产。

食药用菌产业具有点草成金、化害为利、变废为宝的产业特点，生产成本低，周期短，效益高，投入产出比约为 1∶3～1∶5。在由“作物生产＋动物生产”二维要素构成的传统农业产业模式中引入食药用菌生产，能加速自然的物质循环、能量循环，有利于动植物副产物的资源化。利用动植物副产物进行食药用菌生产发展空间很大。据测算，我国每年动植物生产过程中约产生 30 亿吨废弃物，如将其中 10％用于食药用菌生产，至少可生产2 000万吨干食药用菌产品，由此所增加的蛋白质相当于1 200万～1 500万吨瘦肉，或1 900 万～2 000万吨鸡蛋，或7 000万～10 000万吨牛奶的蛋白质含量。

第六节 食药用菌产业展望

我国食药用菌在应用研究与生产方面，处于世界领先地位。但在基础研究、现代技术应用方面还存在一些薄弱环节，如基础研究落后于应用，生产方法较原始，产品质量较差、不稳定等。目前，生产上应用的食药用菌菌种，有不少是从国外引进的。日本等国家实行种苗法管理，许多从国外引进的菌种及其产品不能出口至日本。国外对产品的安全性要求已近乎苛刻的程度，使我国许多食药用菌产品无法出口。我国许多药用菌药效成分分离提取、质量标准亟待改进。此外，特有品种的专利保护和创新技术也是今后应予以重视的要点。我国必须从食药用菌生产大国向生产强国方向转型。我国广大食药用菌工作者应认清这一形势，积极应对国际形势的挑战，使我国食药用菌的研究和生产进入一个更高水平，真正展示我国食药用菌强国的魅力。

我国食药用菌在自然栽培模式、保健应用和药物开发等方面处于世界领先地位，但总体而言还有许多方面有待于提高。综观世界食药用菌产业发展趋势和分析我国食药用菌产业的现状和基础，我国食药用菌产业需持续发展，要像前 30 年那样取得辉煌成绩，最终使我国由食药用菌生产大国转变为食药用菌生产、技术创新强国，应明确我国食药用菌产业的未来发展方向是食药用菌的工厂化栽培和深加工技术，明确食药用菌产业的发展一定要凸现生态与循环利用的功能，这样才能更好更快地得以发展。

（黄年来、林志彬、陈国良）

第二章 食药用菌生物学基础

DIERZHANG SHIYAOYONGJUN SHENGWUXUE JICHU

摘要：食药用菌是可产生大型子实体的高等真菌。我国野生食药用菌资源丰富，已成为世界上食药用菌生产大国。食药用菌生物学是食药用菌科学研究、人工栽培和产品开发的理论基础，对生产和科研具有重要的指导意义。本章较详细地介绍了食药用菌的营养和药用价值、细胞组成和形态结构；较系统地阐述了食药用菌营养与代谢特点、生长规律、遗传学基础、育种途径、结实与发育以及食用菌生态学基础知识。

Mushroom Biology

Abstract: Mushrooms are a group of macrofungi that produce large fruit bodies and provide considerable benefits to humankind. China has abundant wild mushroom resources and is the world's largest producer of artificially cultivated mushrooms. Mushroom biology is the science concerned with mushroom research, cultivation and development, and provides important basic guidelines for the mushroom industry. This chapter consists of six sections that provide detailed descriptions of the morphological and structural characteristics of mushrooms, cellular composition, nutritional attributes and medicinal value. Basic information relating to mushroom nutrition and metabolism, growth rhythms, genetics, breeding methods, developmental cycles, fructification and ecology is systematically presented.

第一节 食药用菌的营养与药用价值

一、概 述

我国利用大型真菌具有悠久的历史。早在新石器时代，大约在公元前5000年前后，河姆渡遗址的居住区中发现了成堆的谷物、橡子、茭白、菌类、藻类等的残留物。据此推测，当时先民即已采食菌类，用以果腹充饥。公元前300年，《礼记·内则》记载周朝王室食事，王者"食所加庶，羞有芝栭"，菇类已成为宫廷美食。公元前239年的《吕氏春秋》又载有"味之美者，越骆之菌"。后魏贾思勰所著《齐民要术》一书中就记载了"菰鱼羹"、"缹淡"、"缹菌法"、"木耳菹"等食用菌烹调方法。东汉《神农本草经》中有青芝、赤芝、黄芝、白芝、黑芝、紫芝、茯苓、猪苓、雷丸等药用价值的记载。之后，历代本草及多种医药典籍记载的药用菌物种类不断增加。现代《中华本草》更是集我国中药之大成，记述的菌物药达35科、134种。现代药理研究证明，多种大型真菌中含有多糖、三萜类化合物等生理活性物质，具有抗炎、防癌、降血压、降血糖等医疗价值。

食用菌作为一种食品具有明显的特点，它具有以下3种功能：第一，营养功能。食用菌能提供蛋白质、脂肪、糖类、矿质元素、维生素及其他生理活性物质。第二，美味。食用菌色、香、味俱佳，口感好，具有独特的鲜味。第三，生理功能。食用菌有保健作用，可以作为一种生物反应调节剂，提高人体免疫力，增强人体防病治病的能力，从而达到延年益寿的作用。

评价食用菌的营养价值，主要是评价蛋白质、脂肪、糖类（碳水化合物）、矿质元素、维生素和膳食纤维六大要素的比例和质量。食用菌正是高蛋白、低脂肪、低能量、富含多种矿质元素和维生素的功能性食品。

食用菌的化学组成包括水分和干物质两大部分。干物质中主要有蛋白质、脂肪、糖类、矿物质等。食用菌的营养成分参阅本书附录。

二、食用菌的营养价值

食用菌主要作为菜蔬食用。随着社会的进步和国民生活水平的不断提高，人们对饮食的绿色、天然和保健功能的追求越来越高，绿色、天然的功能性菌类食品也就越来越受到消费者的青睐。菌类食品的营养价值介于动物性食品和植物性食品之间，兼具动物性食品高蛋白质和植物性食品低脂肪的优点，是名副其实的优质食品。

（一）蛋白质和氨基酸

蛋白质的含量和质量是评价食品质量的重要标准。食用菌中蛋白质含量通常占干重的20%～25%。总的来说，伞菌类蛋白质含量高于木耳、银耳。目前食品中蛋白质含量的测定一般采用凯氏定氮法，用测得的总氮量乘以6.25得到蛋白质含量。食用菌中含有较多的非蛋白氮，所以，计算食用菌中蛋白质的含量应以乘以4.38为宜。

食用菌不仅蛋白质含量高，而且组成蛋白质的氨基酸种类齐全，一般含有17～18种，并含有7～8种人体不能合成而又不可缺少的必需氨基酸，其中赖氨酸和亮氨酸含量较为丰富，这正是许多粮食作物所缺乏的。在评价蛋白质的质量时，必需氨基酸占氨基酸总量的比例是一个重要的指标。大多数食用菌中必需氨基酸占氨基酸总量的40%以上，符合联合国粮农组织对优质食品资源的定义。另外，食用菌蛋白质的消化率较高，大约70%的食用菌蛋白质在人体内消化酶作用下，分解成氨基酸被人体吸收，如蘑菇干粉蛋白质含量超过42%，蛋白质消化率高达88.3%。食用菌还含有多种呈味氨基酸，使食用菌具有诱人的鲜味。

食用菌被人们认为是“十分好的蛋白质和氨基酸的来源”。

（二）脂肪

与糖类和蛋白质相比，食用菌的脂肪含量较低。食用菌的脂肪含量占其干重的2%～4%。与其他食品相比，食用菌有3个突出的特点：①脂质含量较低，为低热量食物，而天然粗脂肪齐全。②非饱和脂肪酸的含量远高于饱和脂肪酸，且以亚油酸为主。据分析，目前广泛栽培的几种主要食用菌的非饱和脂肪酸含量约占总脂肪酸含量的72%。③植物甾醇尤其是麦角甾醇含量较高。麦角甾醇是维生素D的前体，它在紫外线照射下可转变为维生素D，能促进钙的吸收，预防佝偻病。

在日常饮食中，非饱和脂肪酸是必需的营养物质，而动物脂肪中所含的大量饱和脂肪酸摄入过多可能对人体不利。食用菌中含有较低的脂肪以及高比例的非饱和脂肪酸，是其作为健康食品的重要原因。

（三）糖类（碳水化合物）

糖类是食用菌中含量最高的成分，一般占干重的40%～70%。伞菌类糖类含量为40%～50%，而木耳、银耳等的含量为60%～70%。在食用菌糖类中，营养性糖类含量为2%～10%，包括海藻糖（菌糖）和糖醇。这两种糖是食用菌的甜味成分，它们经水解生成葡萄糖被吸收利用。食用菌糖类中戊糖胶的含量一般不超过3%，但银耳、木耳的戊糖胶的含量较高，银耳中戊糖胶的含量占其糖类的14%。戊糖胶是一种黏性物质，具有较强的吸附作用，可以帮助人体将有害的粉尘、纤维等排出体外。

食用菌中还含有丰富的糖原（肝糖原）和甲壳素（壳多糖），后者是食用菌膳食纤维的主要成分，其含量一般为干重的29%～55%。此外，常见食用菌的粗纤维含量都较多，以金针菇中含量为最高，达137.2g/kg。粗纤维是膳食纤维的一种重要形式，是很好的膳食纤维来源。膳食纤维被认为是有利于健康的食品成分。膳食纤维虽不能被人体消化吸收，但它具有多种生理功能：①促进胃肠蠕动，加速粪便排泄速度，故可预防便秘、肠癌发生；②吸附胆汁酸、胆固醇，降低血液中的胆固醇含量，加速脂质的排泄，从而具有预防高血脂、动脉硬化、冠心病、胆结石和肥胖症的功效；③加速尿中钾离子和血液中钠离子的排出，降低血压；④降低血糖，并改变外周组织对胰岛素的敏感性；⑤改变肠道系统微生物组成。多摄入富含粗纤维的食用菌，可预防多种疾病，符合当前国内外普遍倡导的改变膳食结构的要求。如给糖尿病患者以高纤维素膳食，可以减少其对胰岛素的需要量，稳定患者的血糖浓度。

食用菌中的可溶性多糖成分具有多种生理活性，特别是近年来发现，食用菌中的水溶性多糖成分可抑制肿瘤的生长，具有很强的抗肿瘤活性。

（四）矿质元素

食用菌含有多种矿质元素，其中许多是人体所必需的。矿质元素中，常量元素钾、磷、钙含量高，尤其是钾含量高。含钾量丰富的食用菌是治疗缺钾引起症状的良药。矿质元素参与构成骨骼、血红蛋白、细胞色素，维持体内渗透压和酸碱平衡，还作为酶的辅助因子对维持人体正常生理功能、促进生长发育、抵抗疾病起重要作用。食用菌中含有丰富的微量元素，并且对铁、锌、硒等元素有不同程度的富集作用。硒是人体必需的微量元素之一，可增加人体免疫功能，延缓衰老，保护肝脏，预防肿瘤和心血管疾病。

灵芝的锗含量是人参的3～4倍。锗虽然不是人体必需的微量元素，但有机锗具有保健、延年益寿、抗衰老、抗肿瘤等功效。

菇类不同，所含的矿质元素种类和含量有所不同。多项测定结果表明，子实体中含有钙、镁、磷、硫、钾、钠等大量元素。相对来说，伞菌子实体中钾和磷的含量最为丰富；木耳中钙和磷的含量最为丰富。食用菌还含有铁、铜、锰、锌等微量元素。多数食用菌铁的含量很高，锌与锰的含量也较为丰富。

（五）维生素

维生素是维持人体正常生理活动的必需物质，一般人体不能合成，必须由食物供给。维生素一般作为生物催化剂酶的辅助因子起作用，参与所有细胞的物质与能量变化过程。另外，维生素A、胡萝卜素、维生素C、维生素E等，还具有消除人体自由基、增强免疫力、防止衰老等功效。常吃食用菌可预防或减少维生素缺乏症，提高机体免疫力。

据报道，食用菌中含有多种维生素，如维生素A、维生素B_1（硫胺素）、维生素B_2（核黄素）、维生素B_5（泛酸）、烟酸（维生素B_3或维生素PP）、维生素B_6（吡哆醇）、维生素B_5（钴胺素）、维生素C（抗坏血酸）、生物素、叶酸、胡萝卜素、维生素D、维生素E等。胶质菌的胡萝卜素、维生素E含量高于肉质菌，而肉质菌中的草菇、香菇维生素总量高于胶质菌。

三、食用菌的药用价值

中国中医学自古以来就有“药食同源”理论。这一理论认为：许多食物既是食物也是药物，食物和药物同样能够防治疾病。许多食用菌既是美味佳肴，又具有独特的医疗保健作用。自东汉《神农本草经》问世以来，历代本草及其他医学典籍中记载的具有医疗保健价值的食用菌种类有数十种，千百年来在疾病治疗上得到了广泛应用。

具有良好医疗保健价值的大型真菌大致可以分为肉质、胶质和木栓质3大类。肉质菌和胶质菌主要用来食用，如巴西蘑菇、灰树花、香菇、鸡腿菇、茯苓、木耳、银耳等；木栓质菌、木质菌主要用于药用，如灵芝、树舌、桑黄、樟芝、桦褐孔菌、槐耳、云芝等。

现代医药学研究表明，食用菌中含有多种有效成分，如多糖类、三萜类、核苷类、呋喃衍生物类、甾醇类、生物碱类、多肽氨基酸类和脂肪类等。这些活性成分具有增强机体免疫功能、抗肿瘤、抗菌、抗病毒、抗辐射、调节心脏功能、降血脂、降血压、降血糖、降胆固醇、保肝护肝、健脾养胃、镇静、镇痛、催眠、益肠治痔、清除自由基、抗衰老等功效。本文主要介绍多糖和三萜类化合物的药用价值。

（一）食用菌多糖及其药理作用

1. 食用菌多糖的结构和构效关系

具有生物活性的食用菌多糖是从食用菌中分离出的由10个以上单糖以糖苷键连接而成的高分子多聚物，是一类能溶于热水而不溶于有机溶剂的化合物。食用菌多糖的组成方式主要有以下几种：①以葡聚糖为主要组分，葡聚糖由β-(1,3)糖苷键连接的主链和β-(1,6)糖苷键连接的支链组成。灵芝多糖、香菇多糖、茯苓多糖、云芝多糖、裂褶菌多糖等都是这种结构。②以由α-糖苷键连接的甘露聚糖为主的结构。属于这种结构的有蛹虫草多糖、银耳多糖。③杂多糖，如冬虫夏草多糖，其中的单糖组分半乳糖与甘露糖之比为6∶5，是含少量蛋白质、有高度分支结构的杂多糖，它以β-(1,2)糖苷键连接的甘露糖为主干，支链由大量的β-(1,6)糖苷键连接半乳糖和大量的β-(1,2)糖苷键连接的呋喃半乳糖构成。④糖蛋白和多糖肽。云芝多糖是以葡聚糖为主要组分的糖蛋白，彻底除去蛋白质或多肽后，其抗肿瘤活性将大大降低。糙皮侧耳多糖是一种多糖肽，其中多肽和多糖的含量分别是171.1μg/ml和138.8μg/ml。

随着高效液相色谱、红外光谱、气相色谱和质谱联用、核磁共振和质谱联用、喇曼激光光谱、X线衍射等先进分析技术的应用，食用菌多糖的化学结构及构效关系方面的研究取得了一定进展，主要有：①糖苷键的键型与食用菌多糖的生物活性有关。如裂褶菌和小核菌多糖中，β-(1,3)糖苷键连接的*D*-葡聚糖具有抑制肿瘤活性，而α-(1,3)糖苷键连接的*D*-葡聚糖没有抑制肿瘤的活性。在灰树花多糖中，β-(1,3)糖苷键连接的*D*-葡聚糖能抑制S-180肉瘤细胞的增殖，而α-(1,4)糖苷键连接的*D*-葡聚糖和β-(1,6)糖苷键连接的*D*-葡聚糖没有这种活性。令人费解的是β-(1,6)-*D*-葡聚糖能增强β-(1,3)-*D*-葡聚糖的活性，而α-(1,4)-*D*-葡聚糖则起反向调节作用。②糖链分支度对食用菌多糖活性有影响。分支度(degree of branch，DB)是指平均每个糖单位所具有的分支数目，也称取代度(degree of substitute，DS)。食用菌多糖达到一定分支度时，才具有生物活性。如大多数食用菌活性多糖中的β-(1,3)-*D*-葡聚糖，当分支度在0.2～0.33时生物活性较强。此外，硫酸化的真菌多糖不管硫酸取代基的分布怎样，当DB<1.3时，抗爱滋病(HIV)活性明显降低。但并不是所有的食用菌多糖的DB越高，活性越强，如真菌多糖pestalotan是一种高度分化的葡聚糖，DB值为2.8时活性很低。经过氧化还原处理将部分葡聚糖分支还原成羟基后，DB值虽然降至1.0，但抑瘤率却从57%提高到了92.3%。可见，多糖的活性与DB大小密切相关，并且存在着最佳DB值。另外，Adachi等发现灰树花多糖的分支结构是宿主补体系统识别的位点，可能是灰树花多糖免疫活性的结构基础。③空间结构对食用菌多糖的生物活性有影响。研究表明，食用菌多糖的特异空间构象是其生物活性的基础。具有规则空间构象的真菌多糖一般生物活性较强，而且结构呈螺旋的多糖活性较高，呈带状的多糖活性较低甚至没有活性。X线衍射结果显示，三股螺旋构型是真菌多糖最具活性的空间构象。天然香菇多糖的空间结构为β-三股绳状螺旋立体结构，具有生物活性，但用脲或胍处理过的香菇多糖却没有活性。这种现象是由于脲或胍的作用改变了其空间构象而引起的。茯苓多糖的空间结构与香菇多糖相似，但无抗肿瘤活性。如果将其中的一些β-(1,6)侧链切除，表现出强烈的抗肿瘤活性。X线衍射分析表明，此时它已形成三股螺旋构型。然而，灰树花多糖的空间结构与其活性似乎没有太大关系。④化学修饰对食用菌多糖活性有影响。天然香菇多糖具有抗肿瘤活性，而硫酸化的香菇多糖具有抗HIV活性；天然甘露聚糖没有活性，但在硬脂酰化和磷酸酯化后获得抗肿瘤活性；右旋葡聚糖在棕榈酰化和磷酸酯化后也具有抗肿瘤活性。

2. 食用菌多糖的药理作用

食用菌多糖具有抗感染、抗辐射、抗凝血、降血糖、预防和治疗肿瘤、抗疲劳等多种生物学功能，属于天然药用活性成分，具有重要的医疗价值和经济价值。

(1)抗肿瘤作用

食用菌多糖的抗肿瘤作用是其最重要的生物活性之一，也是研究的热点。据文献报道，已发现170多种食用菌的提取物能抑制S-180肉瘤及艾氏腹水瘤等肿瘤细胞的生长，同时有促进肝脏中蛋白及核酸的合成和骨髓细胞的造血功能恢复、促使机体细胞免疫和体液免疫功能增强的生物学效应。云芝多糖和灰树花多糖已经作为抗肿瘤的临床药物，表现出广谱抗瘤作用，是近年来颇为引人注目的抗癌免疫药物；香菇多糖与伏福定(UFT)合用可用于治疗胃癌，疗效显著；将猴头多糖、香菇多糖和茯苓多糖按相等比例混合后，再按一定比例配以甘草酸等制成复合多糖，抑瘤效果明显高于单味香菇多糖。此外，灰树花多糖、裂褶菌多糖、姬松茸多糖、灵芝多糖、竹荪多糖等都具有较强的抑瘤活性。

(2)免疫调节功能

食用菌多糖调节免疫功能的作用主要体现在以下几个方面。①激活巨噬细胞。蜜环菌多糖能增加免疫器官的重量，提高单核巨噬细胞的吞噬功能；香菇多糖可使小鼠腹腔巨噬细胞的数量增加，且在给药第5天后达到高峰；灵芝多糖、银耳多糖、冬虫夏草多糖等均能增强腹腔巨噬细胞的吞噬功能。β-(1,3)糖苷键连接的葡聚糖对巨噬细胞的激活过程包括：水溶性葡聚糖对巨噬细胞的激活作用是通过与巨噬细胞表面特异受体结合完成的，这种受体是一种补体Ⅲ型受体(CR3)。CR3受体有两个不同区域，一个与葡聚糖特异结合，一个与补体iC3b特异结合。CR3受体与葡聚糖结合后，可促进巨噬细胞对iC3b调理的靶细胞的吞噬作用，同时激活巨噬细胞中大量溶酶体的产生，以消化靶细胞。②激活淋巴细胞。大多数食用药用真菌多糖在体内和体外都能激活T细胞，促进特异性T淋巴细胞毒细胞的产生，提高其杀伤力。如香菇多糖、冬虫夏草多糖、蜜环菌多糖、灵芝多糖、猴头多糖、裂褶菌多糖都有在体外增强淋巴细胞增殖的作用。显示食用菌多糖可作为恢复并增强患者免疫功能的辅助性药物。③促进干扰素(IFN)生成。香菇多糖能使血浆中的IFN浓度增大，云芝糖肽在10～100μg/ml时，能使正常人外周白细胞产生IFN-α和IFN-γ的能力分别提高8倍和4倍。④促进生成白细胞介素(IL)。银耳多糖(TP)不仅能增加正常小鼠脾细胞中IL-2的产生，而且使老年小鼠脾细胞分泌IL-2的功能恢复。

多糖对淋巴细胞的激活作用及后续生物学效应包括：多糖链与辅助性T细胞(Th0)上的受体特异性结合，促使Th0分化成Th1和Th2细胞。多糖又诱导Th1和Th2分泌白细胞介素和干扰素。Th1分泌的干扰素IFN-γ和白细胞介素IL-2不仅促使自身的增殖，又能诱导杀伤性T细胞(TC)和迟发变态反应细胞(TDTH)的产生，发挥细胞免疫和免疫监视功能。Th2分泌的白细胞介素IL-4和IL-10能促使自身的增殖，同时可促使B细胞的形成，发挥体液免疫功能。

(3)降血压、降血脂、降血糖功能

食用菌多糖在降低血压、血脂和血糖方面有显著的作用。它们能有效增强冠状动脉功能，扩大冠体流量，增强心肌供氧能力，降低血脂，预防动脉硬化，改善血液循环。如虫草多糖能增强血管弹性，调节心律失常；竹荪多糖能降低血压，减小心脏和血管压力；姬松茸多糖能降低血脂，提高耐缺氧能力；在桦褐孔菌子实体中分离到的一种糖蛋白和水溶性多糖，均有明显的降血糖作用。尤其是桦褐孔菌多糖提取液，降血糖作用时间可持续48小时。此外还发现桦褐孔菌多糖提取液中的栓菌酸对非胰岛素依赖型糖尿病有显著疗效。上海农科院食用菌研究所的科研人员通过对比分析不同水提物组分对小鼠高血糖的效应，发现了鸡腿菇的2个有效组分，认定了鸡腿菇降血糖的有效部位，阐明了降糖活性因子的化学结构。在此基础上，建立了一整套提取鸡腿菇降糖物质的工艺条件，制成了国内首个以鸡腿菇为主要原料的辅助降血糖保健产品。据介绍，服用这种产品对需注射胰岛素的1型糖尿病疗效不佳；但血糖较高，甚至达糖尿病临界点的患者，连续服用1～3个月，降糖效果明显。

(4)健胃保肝作用

大多数食用菌多糖对人体的消化器官具有保健作用。猴头菌多糖可促使胃肠损伤黏膜修复，防止胃溃疡患者胃部溃疡面扩大。茯苓多糖提取物中含有层孔酸、茯苓酸等物质，具有护肝解毒作用。

(5)其他药理作用

食用菌多糖还具有抗氧化、延缓衰老、抗感染、抗辐射和修复损伤组织细胞等方面的功效。

(二)食用菌三萜类化合物及其药理作用

萜类化合物是一群以异戊二烯五碳结构为基本单元的化合物大家族，是各类型天然产物中最多的一类，迄今为止已发现的萜类化合物超过4万种。三萜类化合物含有6个异戊二烯五碳结构，是一类难溶于水、易溶于有机溶剂的化合物，味苦，是食用菌主要的活性成分之一。从食用菌中提取分离到的三萜类化合物已达100多种，其中有的已被证实具有抗肿瘤和免疫调节等多种药理作用。

1. 三萜类化合物的结构

从食用菌中提取、分离出的多种三萜类化合物的结构来看，基本可分为高度氧化的羊毛甾烷型、3,4开环羊毛甾烷型和葫芦烷型等3大类型。从灵芝中提取的100多种三萜化合物属于高度氧化的羊毛甾烷型，从茯苓中提取的20多种三萜化合物一部分属于羊毛甾烷型衍生物，还有一些属于3,4开环羊毛甾烷衍生物，而从野生苦红菇中提取的苦红菇酸属于葫芦烷型的衍生物。

不同的食药用菌，三萜类化合物的含量有所不同。桦褐孔菌菌核和发酵菌丝体的三萜类化合物分别为59.86mg/g和94.92mg/g，樟芝发酵菌丝体为30mg/g，茯苓菌核为9.67mg/g，灵芝子实体为14.8mg/g，灵芝发酵菌丝体为0.1～2mg/g。

2. 三萜类化合物的药理作用

(1)灵芝三萜类化合物

灵芝三萜类化合物是中药灵芝主要的活性成分，具有降低血脂、护肝排毒、抗氧化、抗菌抗炎、抗HIV病毒和疱疹病毒、抑制肝脏肿瘤细胞等生理活性，还有止痛、镇静等功效。

①抗肿瘤活性：Toth等从赤芝菌丝体中提取了6个具有细胞毒活性的三萜类化合物，能明显抑制小鼠肝肉瘤(HTC)细胞的增殖。Lin等也报道了从子实体中分离到的三萜类化合物具有较强的抑瘤活性。Tang等研究发现，灵芝酸T可引起线粒体功能紊乱，从而导致肺癌转移细胞的凋亡。黄书铭等进一步研究表明，赤芝中的三萜类成分对人肝癌生长有一定的选择性抑制作用。刘艳芳等报道了不同发酵阶段的灵芝菌丝三萜类成分与抗肿瘤作用的相关性，表明灵芝三萜在菌丝发酵后期才大量产生，然而并非培养时间越长，菌丝三萜的含量越高。当培养到一定时间后，菌丝三萜含量降低或只在组分间相对比例上发生变化。菌丝中三萜的种类与子实体相比相对较少，不同生长阶段，菌丝中的三萜在组分、相对含量及各组分间的比例都有所变化，其中两个组分峰的增高与其对肿瘤细胞的抑制作用反相关，另有几个组分峰的增高与对肿瘤细胞的抑制作用正相关。

②对免疫系统的调节作用：Kino等从赤芝子实体的甲醇提取的生物活性组分中分离出三萜化合物灵芝酸A、B、C、D，发现这些化合物能明显抑制伴刀豆球蛋白A等的肥大细胞的组胺释放。Min等报道，灵芝醇、灵芝酮二醇和灵芝酮三醇能有效抑制补体激活的经典途径。补体激活在器官移植后是致命的，因而此类赤芝三萜具有发展成为免疫抑制剂的潜能。进一步的构效关系研究表明羊毛甾烷型三萜在C-3位的羰基是其活性必需基团，且抗补体活性与侧链上的羟甲基数成正比。

但对赤芝三萜类的调节免疫功能机制阐述不一。周昌艳等研究发现，灵芝酸能促使带 Lewis 肺癌的豚鼠体内白细胞介素 IL-2 的含量上升，并提高其自然杀伤细胞（NK）的免疫活性，具有免疫促进的功能。

③对心血管系统的调节作用：赤芝的 70%乙醇提取物具有抑制猪肾的血管紧张素反转酶（ACE）的活性，从中分离出 5 种新的羊毛甾烷三萜及已知的 5 种三萜，这些化合物中有 8 种能抑制 ACE 的活性。用培养的赤芝子实体制备的粉剂喂饲自发性高血压鼠，血压明显比对照低，这意味着粉剂里含有抑制血压升高的物质。另一方面，灵芝三萜还具有降低血液胆甾醇的作用。

④保肝、解毒作用：灵芝三萜能不同程度地减轻动物肝损伤，表明灵芝三萜类化合物具有明显的保肝作用。

⑤镇痛作用：Koyama 等报道，以醋酸扭体法为活性筛选指标，从灵芝子实体的二氯甲烷提取物部分，经硅胶柱色谱和高效液相色谱法（HPLC）制备得到 4 个具有镇痛活性的灵芝三萜类化合物，按剂量给药可产生较好的镇痛效果。

⑥抗氧化活性：Zhu 等结合体外实验，用生物活性指导分离提取的方法对赤芝的抗氧化活性进行实验研究，从赤芝水煮提取物中得到含有三萜类成分的粗组分，观察该粗组分对联苯三酚诱导的红细胞膜氧化以及 Fe(II)-抗坏血酸诱导的脂质过氧化反应的影响。受试物表现出剂量依赖性的抗氧化作用。

⑦抑菌作用：体外抑菌试验显示，灵芝三萜类成分对金黄色葡萄球菌、大肠杆菌、产气杆菌、肠炎杆菌、枯草芽孢杆菌具有明显的抑制作用，在抗菌制剂应用方面有潜在的药用价值。

(2)茯苓三萜类化合物

茯苓三萜类化合物具有抗肿瘤、抗炎症和免疫调节等作用。

①抗肿瘤作用：国产茯苓菌核提取的茯苓素（三萜的混合物）体外对小鼠白血病 L1210 细胞的 DNA 合成有明显不可逆的抑制作用。茯苓素对丝裂霉素、放线菌素（更生霉素）、环磷酰胺、5-氟尿嘧啶等抗癌药有增效作用。

②抗肿消炎作用：能抑制由 12-氧-十四烷酰氟波醇、13-乙酸（TPA）引起的鼠耳肿。

③免疫调节作用：国产茯苓素可诱导小鼠腹腔巨噬细胞进入激活状态，激活的巨噬细胞体积增大，与外界接触面积大大增加，使其吞饮率比对照组增长几倍甚至十几倍，其溶酶体酶含量增多、蛋白质和 RNA 合成加强是与其吞饮、吞噬功能增强相适应的。茯苓素对小鼠的细胞免疫和体液免疫有相当强度的抑制作用，对于迟发型超敏反应和宿主抗移植物排斥反应，也有显著的抑制作用。

④止吐作用：茯苓三萜及其衍生物抑制蛙口服五水硫酸铜引起的呕吐。

⑤增强胰岛素活性作用：茯苓三萜类化合物使胰岛素的分化诱导活性增强，三萜化合物本身也有分化诱导活性。

(3)其他三萜类化合物

赵俊霞等利用草菇液体培养物的有机溶剂提取物进行抗氧化和抗肿瘤活性研究。结果表明，其石油醚相、乙酸乙酯相和乙醇相提取物中均含有粗三萜和黄酮类物质，各组分均有较高的抗肿瘤活性，且抗肿瘤活性与提取物浓度存在明显的量效关系。袁广峰等采用石油醚、乙酸乙酯和乙醇分别对液体培养的茶薪菇菌丝体和培养液进行抽提或萃取。结果表明，石油醚、乙酸乙酯和乙醇提取物中均含有三萜类物质，并具有较高的抗氧化活性和抑制人胃癌细胞株 BGC-823 增殖的作用。桦褐孔菌菌核的三萜类化合物中的白桦脂醇及其衍生物具有显著防治白血病、抗爱滋病病毒活性和抗黑素细胞瘤活性等特殊的功效。

（三）食用菌其他有效成分的药理作用

1. 核苷

腺苷是以核苷和嘌呤为基本构造的活性物质。灵芝含有多种腺苷衍生物，都有较强的药理活性，能降低血液黏度，抑制血小板聚集，提高血红蛋白 2,3-二磷酸甘油的含量，加速血液循环，提高血液对心、脑的供氧能力。香菇中核酸包括环磷酸腺苷（cAMP）、环磷酸鸟苷（cGMP）和环磷酸胞苷（cCMP）。cAMP 是一种能调节代谢的活性物质，具有抑制细胞生长和促进细胞分化的作用，可用于抗肿瘤，治疗牛皮癣以及冠心病、心绞痛等。香菇孢子提取物中的双链核糖核酸（dS-RNA）能促进干扰素的分泌，是提高血中干扰素浓度的诱发因子，使人体产生干扰病毒繁殖的蛋白质，可提高人体免疫力，有助于抗爱滋病和抗衰老。

2. 不饱和脂肪酸

不饱和脂肪酸也是人体必需的营养素。在食用菌所含的脂肪酸中，油酸等不饱和脂肪酸含量占到 70%左右。动物脂肪中虽然也含有一定量的不饱和脂肪酸，但饱和脂肪酸含量更高，若摄入过多，易造成高血脂、冠心病及动脉硬化等疾病。常食食用菌，既能满足人体对不饱和脂肪酸的需要，又能避免饱和脂肪酸过多所造成的危害。

3. 活性肽与氨基酸

已在灵芝中发现了一些活性蛋白和活性肽，前者具有免疫调节作用，后者具有抗氧化功能。在常见食用菌中，无论是游离氨基酸还是人体必需的氨基酸都较蔬菜和水果高，具有较高的营养保健价值，可促进婴幼儿健康成长和智力发育。

此外，香菇中的另一种主要活性成分香菇嘌呤，具有一定的降血脂功能，还有抗病毒和解毒作用。

第二节　食药用菌的形态结构

食用菌是指可以食用的具有显著子实体可供鉴别的大型真菌，包括食药兼用和药用的大型真菌。在1万多种大型真菌中，有2 000多种为食用菌。按照现代分类方法进行划分，食用菌全部属于菌物界、真菌门，绝大多数种类隶属于担子菌门，如双孢蘑菇、香菇、平菇、木耳、银耳、珊瑚菌、牛肝菌等，统称为担子菌；少数种类隶属于子囊菌门，如羊肚菌、块菌、冬虫夏草等，统称为子囊菌。

无论是担子菌还是子囊菌，都是由菌丝体、子实体和孢子3大部分组成。

菌丝体(mycelium)是食用菌的营养器官，是由管状细胞连接而成的丝状物，隐藏在诸如土壤、树木等不同的基质中，常为一般人所忽视。然而，只要生活条件适宜，它们可以无尽期地生活下去。菌丝体在基质中蔓延生长，分解基质，吸收食用菌生长所必需的水分、碳源、氮源、无机盐及维生素等营养物质，并将其暂时储藏在菌丝体内。一旦菌丝达到生理成熟，在环境条件适宜时，分化形成子实体。

子实体(fruit body)是食用菌的繁殖器官，是食用菌产生孢子的真菌结构。子囊菌的子实体称为子囊果，担子菌的子实体称为担子果。由于子实体常常生长在基质外，有较大体积以供食用而引人注目。和菌丝体相比，子实体生长期一般较短，庄子"朝菌不知晦朔"一语就是对食用菌的生命非常短暂的形象比喻。食用菌的子实体形态多样，大小不一，肉质或木栓质甚至木质，都是由特化的菌丝细胞组成。子实体生长到一定阶段会产生食用菌的种子——孢子(spore)，繁殖后代。

食用菌生长由孢子萌发形成菌丝体，菌丝体生理成熟后形成子实体，子实体成熟后产生新一代孢子。周而复始，生生不息。

大多数已被开发利用的食用菌在分类上属于担子菌门、伞菌纲。本节主要以伞菌类的食用菌为例介绍食用菌的形态结构。

一、食用菌细胞的形态结构

细胞是构成食用菌菌丝体和子实体的基本结构单元。食用菌细胞由细胞壁和包裹在细胞壁内的原生质体两部分组成。原生质体由原生质膜、细胞核、细胞质以及存在于原生质中的多种细胞器，如线粒体、核糖体、内质网、液泡、微管、类脂体、须边体等组成(图2—1)。

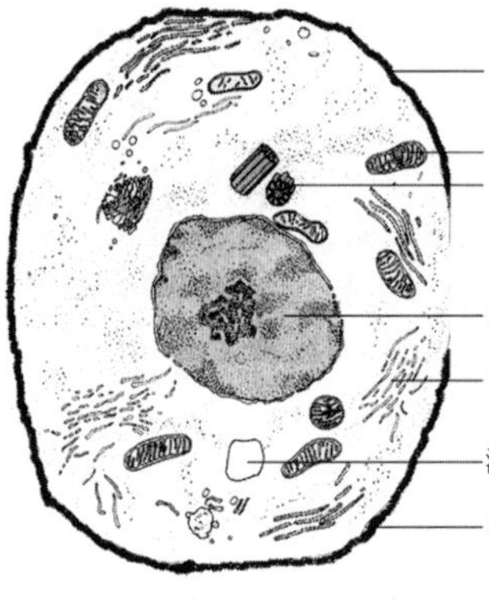

图2—1　食用菌菌丝细胞横切面示意图

(一)细胞壁(cell wall)

所有食用菌的细胞都具有质地坚硬的细胞壁，主要成分为几丁质(chitin)。细胞壁赋予细胞以刚性，并防止环境中的水过多进入细胞而将其胀破，起到保护细胞的作用。

有关食用菌细胞的细胞壁的超微结构的研究报道不多，且说法不一。其原因可能是由于不同分类地位种的细胞壁甚至不同发育时期细胞的细胞壁有差异所造成。

王镨等(2001)研究了香菇(*Lentinula edodes*)细胞壁的结构。研究表明，采用不同的组合酶对香菇的双核菌丝进行酶解，原生质的释放首先发生在菌丝顶端区域或菌丝交界处，然后发展到侧壁等其他部分。这与香菇菌丝的顶端生长方式一致，并根据酶解实验结果推断，香菇双核时期菌丝细胞壁的化学组成主要是1,3和1,4糖苷键连接的多糖类。通过电子显微镜观察,香菇双核菌丝细胞壁物质,可能是直接沉积在质膜上形成内层壁的。双核菌丝细胞壁的形态特征十分显著,细胞壁宽厚,有的区域宽厚程度甚至达到2μm,管状菌丝周壁呈波浪曲折状。根据细胞壁电子密度的不同而表现为不同的分层状况。外层细胞壁表现为浓密的电子密度,经酶解处理后常形如毛状覆被;内层宽厚,界限不清晰,由颗粒状或短纤丝状沉积物组成,电子密度较外层稀疏,按其电子密度大致可分为"密一疏一密"3个部分。壁物质沉积不均匀,排列不规则。香菇双核菌丝顶端部分的细胞壁比其他部分的细胞壁宽厚。在细胞壁附近的细胞质浓厚,其中富集圆球状的油脂类颗粒,尤其是在菌丝顶端部分,表现更为显著。这一现象应与菌丝的顶端生长相关。

杨瑞长等(1994)研究了香菇子实体不同生长发育阶段细胞超微结构的变化。结果表明,随着子实体的不断长大,组成子实体的细胞体积由小变大,细胞壁也由薄变厚。

陈体强等(1998)研究了灵芝(*Ganoderma lucidum*)和紫芝(*G. sinense*)的担孢子结构。在光学显微镜下可见孢子壁双层,外壁层透明,内壁层淡褐色或褐色。扫描电镜观察表明,灵芝、紫芝孢子壁均分内外两层,中间由以一定方式排列的支柱连结;两者孢子壁厚度分别为0.8～1.1μm和1.1～1.4μm;X射线能谱分析结果表明,灵芝孢子壁含有Mg、Al、Si、P、S、Cl、K、Ca、Fe、Ni等10种无机元素,以硅(19.01%)、钙(24.31%)为主,测定的硅含量为9.2 mg/g(ICP法)、钙含量为713μg/g(AAS法)。红外光谱分析比较表明,孢子壁提取物主要成分为几丁质,含量为52.08%～57.64%,硅和钙元素掺入几丁质使得孢子壁结构更加结实坚硬。

殷勤燕等(1995)研究了平菇(*Pleurotus ostreatus*)菌盖细胞的超微结构。电镜观察结果表明,组成菌盖的成熟菌丝细胞内可见界限明显的双层细胞壁,壁的宽厚不一致,管状菌丝周壁呈波浪曲折状。由于电子密度不同而表现为不同的分层状况,基本分为"密一疏一密"3个部分,壁物质沉积不均匀,排列不规则。

(二)原生质膜(plasmalemma,又称细胞膜)

所有食用菌的细胞都具有原生质膜。原生质膜与其他生物一样具有典型流体一镶嵌单位膜结构,主要成分为磷脂、蛋白质和糖类。与原核生物不同的是,食用菌的原生质膜中含有胆固醇、麦角甾醇等甾醇类物质(5%～25%),赋予膜更大的刚性,使原生质膜的机械强度显著增强,帮助膜承受更大的压力。

殷勤燕等(1995)在研究平菇菌盖细胞的超微结构时发现,平菇的原生质膜在电镜下结构清晰、完整,曲折不平滑,原生质膜折叠盘绕形成特殊囊状结构,即须边体,或质膜外泡。有的区域同时可见2个须边体,这是其他生物及真菌孢子中未发现的。和其他真菌一样,食用菌细胞的原生质膜不再具有电子传递和基团转移运输的功能,这些功能由线粒体来完成。原生质膜主要在物质传送、能量运转、激素合成、核酸复制等方面起主导作用。另外,真核微生物的细胞膜含有糖脂,具有细胞间识别受体的功能。

(三)细胞核(cell nucleus)

细胞核是食用菌细胞中最为醒目的重要细胞器,所有食用菌都有形态完整、有核膜包裹的细胞核。细胞核是细胞遗传信息的储存部位,也是其控制中心,它对细胞的生长、发育、繁殖和遗传、变异等起着决定性的作用。

每个食用菌细胞中含有1～2个或多个细胞核,以含有2个细胞核的居多。一般食用菌的细胞核较小,直径2～3μm,需要经过特殊染色才能在光学显微镜下看到。食用菌的细胞核外形为球形,由核被膜、染色质、核仁和核质4部分组成。食用菌含有多条染色体,不同种类含有的染色体数目可能不同(表2一1)。

表2一1 常见食用菌染色体数目

食用菌种类	染色体数目
香　菇	8
草　菇	11
糙皮侧耳	9
金针菇	7
双孢蘑菇	8
云　芝	4

(四)线粒体(mitochondrion)

线粒体是一种能进行氧化磷酸化反应的重要细胞器,是酶的载体和细胞活性中心。在线粒体中,将蕴藏在有机物中的化学潜能转化成生命活动所需要的生物能(ATP)。线粒体常被称为细胞的"动力站"。三羧酸循环、通过电子传递产生ATP以及氧化磷酸化均在线粒体上发生。线粒体的功能是将底物通过电子传递链和氧化磷酸化反应的耦联而实现呼吸产能。

殷勤燕等(1995)在研究平菇菌盖细胞的超微结构时发现，线粒体也有明显的双层膜结构。由于切片方向不同，其形状有圆形、椭圆形、长条形等，内外膜均平滑，不像其他生物、真菌那样明显可见内膜向内折叠成褶被形成嵴。平菇的线粒体未发现有嵴，这也许是放大倍数不够，或是内膜形成嵴的数量很少又很厚，故不易观察到。

周金树等(1991)研究了平菇线粒体的微细结构。在2万倍电子显微镜下观察，平菇细胞内线粒体数目很多，随机分布于细胞质中，近长柱形。在4万倍电子显微镜下观察，线粒体的内膜和外膜均为双层膜结构，特别是内膜形成向内凹陷的嵴。嵴呈多样性，有弯月形、半圆形、圆形以及多层的同心圆形等。也见到少量的线粒体内膜形成的嵴数量很少又很厚。在5万倍电子显微镜下可清楚看到，在嵴上面排列着颗粒状的基粒。平菇线粒体的嵴多数为板状嵴，少数为小管状嵴。两种类型嵴的出现说明不同生理生化功能状况的线粒体表现在嵴的形式上的不同。如果是新鲜的菌丝体，它的生理代谢、呼吸处在最旺盛状态，表现嵴型是板层状嵴，那些处在不旺盛状态下的菌丝体，表现出嵴是小管状嵴。这一点也说明平菇线粒体有别于其他生物细胞的个性特点。

杨瑞长等(1994)在研究了香菇子实体不同生长发育阶段细胞超微结构的变化时发现，随着香菇子实体生长，线粒体的体积由小变大，数量由少变多，颜色由深变浅。这些变化可能与线粒体载负的酶系不同及生理生化功能状况不同有关。

廖德聪等(2002)在电子显微镜下观察到多数松茸(*Tricholoma matsutake*)菌丝细胞中存在有大量线粒体，线粒体呈椭圆形，直径约为0.1μm，长约为0.2μm。线粒体周围有浓密的细胞质，这可能与线粒体的生理功能和菌丝的生理状态有关。

(五)核糖体(ribosome)

核糖体是存在于一切细胞中的无膜包裹的颗粒状细胞器，含有RNA和蛋白质，具有合成蛋白质的功能。根据核糖体所在位置的不同，分别称为细胞质核糖体和线粒体核糖体。细胞质核糖体游离分布于细胞质中，有的与内质网或核膜结合。线粒体核糖体集中分布于线粒体内膜的嵴间。

(六)内质网(endoplasmic reticulum，简称ER)

内质网是指细胞质中存在的有分支并相互沟通的、直径为40～70nm的膜管，以及许多扁平囊腔组成的不规则的网络系统，由脂质双分子层围成。食用菌细胞中内质网大多与核膜相连，但与植物细胞不同的是很少与原生质膜相连。内质网形态多样，除管状外，还有片状、袋状、囊状或泡状。其形状、大小与环境条件、发育阶段等有关。幼嫩菌丝中较多，主要成分为脂蛋白。被核糖体附着时形成粗糙型内质网(rough ER)，常见于菌丝顶端细胞中。反之，未被核糖体附着时，则为光滑型内质网(smooth ER)。内质网有许多重要功能，它能运输蛋白质、脂类，还可以使其他一些物质穿过细胞。脂类和蛋白质是由与内质网结合的酶和核糖体合成的。内质网也是细胞膜合成的主要场所。

(七)液泡(vacuole)

液泡是存在于食用菌细胞中由单层膜包裹的细胞器，其形态、大小随细胞年龄和生理状态而变化，一般老龄细胞中液泡大而明显。液泡中含有糖原颗粒、脂肪等储藏物及多种酶类。液泡不仅具有维持细胞渗透压、储存营养物等功能，而且还与溶酶体功能相似，可以把蛋白酶等水解酶与细胞质隔离，防止正常细胞受到损伤。

(八)糖原颗粒(glycogenosome)

糖原颗粒是食用菌菌丝和子实体细胞内储藏糖类的主要形式。杨瑞长等(1994)在研究了香菇子实体不同生长发育阶段细胞超微结构的变化时发现，当子实体菌盖形成时，出现糖原颗粒云集，并随着子实体的生长发育，其数量和分布密度不断增加。到子实体菌盖八成开伞时，有的细胞高度聚集糖原颗粒。尤其是在线粒体、细胞核和内质网周围云集密度更大。这为担孢子的生长发育和弹射准备了充足的能源，也使子实体更富营养价值。殷勤燕等(1995)在研究平菇菌盖细胞的超微结构时也证实了这种现象。

(九)桶孔隔膜(dolipore septum)

在光学显微镜下可见食用菌菌丝中的原生质由横隔分为规则或不规则的间隔，每个间隔成为一个细胞，内含1～2个或多个细胞核。细胞间的分割称为隔膜。对不同食用菌的超微结构研究表明，隔膜的结构多种多样，虽然有的简单，有的复杂，但所有的隔膜都是由菌丝壁向内生长而形成的。多数情况下，完全发育的隔膜在中央形成一个孔，隔膜相邻的菌丝腔里的原生质体通过小孔连接在一起。这种孔有时被不同的结构堵塞，但在不被堵塞时，这些小孔常常可以大到足以容许各种细胞器，包括细胞核自由通过。一般子囊菌的隔膜孔结构较为简单。但多数高等担子菌的隔膜孔结构较为复杂，隔膜孔周围的隔膜膨胀形成桶状结构，这种隔膜称为桶孔隔膜。钟恒（1994）详细研究了银耳双核菌丝的桶孔隔膜（图 2－2）。隔膜的存在可能是真菌适应陆地生活的结果，有隔菌丝往往更能抵抗干旱的环境。隔膜在防止菌丝损伤后细胞质的流失以及增加菌丝的强度等方面发挥作用。另外，由于隔膜在进化中比较保守，隔膜的形状和类型在担子菌乃至真菌的系统分类上也具有重要意义。

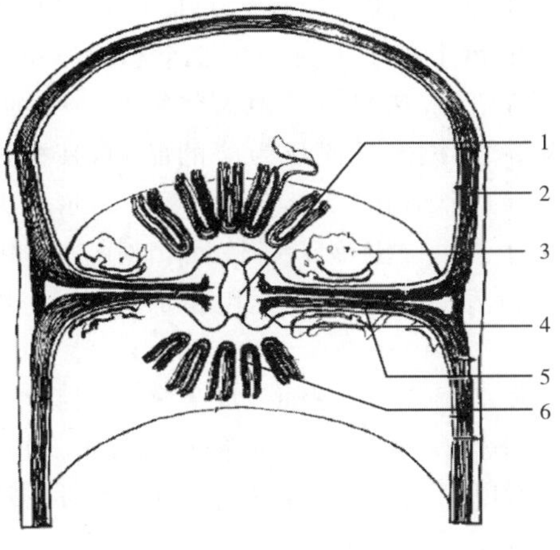

图 2－2 银耳双核菌丝桶状隔膜径向剖面

1.隔膜孔，2.细胞壁，3.内质网，4.隔膜上的膨大体，5.隔膜板，6.隔膜孔盖。

二、食用菌菌丝体的形态结构

食用菌孢子在适宜条件下萌发形成菌丝。菌丝是由管状细胞连接而成的丝状物，是菌丝体的构成单元。许多菌丝交织在一起构成的菌丝集合体称为菌丝体。菌丝体是食用菌自然存在的主要形式，食用菌的菌丝细胞有单核、双核或多核。食用菌菌丝多年生，可以无限生长。

（一）菌丝体的宏观形态

在马铃薯－葡萄糖－琼脂（PDA）平板上培养，绝大多数食用菌的菌丝呈白色，有些种类的菌丝呈灰白色或老后略带淡黄色，菌丝绒毛状（图 2－3）。根据菌丝在培养基上生长的位置，可以将食用菌的菌丝划分为气生菌丝（aerial hypha）和基内菌丝（substrate hypha）。生长在培养基表面和空间的菌丝称为气生菌丝，生长在培养基内的菌丝称为基内菌丝。

在 PDA 培养基上培养，不同食用菌的菌丝的培养特征往往表现出细微的差异，可以据此初步判断常见食用菌的归属。例如，平菇菌丝洁白、

图 2－3 平菇菌丝的宏观特征

浓密、粗壮，生长速度较快，气生菌丝较旺，一般不产生色素。香菇菌丝洁白、细密，气生菌丝弱，生长速度较平菇稍慢。双孢菇菌丝生长速度很慢，菌丝细密，初期白色，随着培养时间延长，菌丝略带淡黄色。金针菇菌丝洁白、细密，气生菌丝弱，生长速度较平菇慢。随着菌丝培养时间延长，菌丝会产生大量粉孢子，肉眼观察菌丝表面有粉质感，接种块周围也常分泌淡黄色水珠，容易形成小子实体。草菇菌丝灰白色或透明，似蛛网状，生长速度特别快，气生菌丝特别旺盛，菌丝上易产生红褐色的厚垣孢子。木耳菌丝白色，气生菌丝弱，生长速度较慢，菌丝表面也会产生白色分生孢子，而且菌丝易分泌褐色色素，使接种块周围的培养基变色。鸡腿菇菌丝白色或灰白色，有光泽，菌丝生长速度较快，气生菌丝较少且易成菌丝束，培养基常因菌丝分泌色素而带黑褐色。猴头菌丝白色或稍带淡黄色，以接种块为中心呈星芒状，生长速度很慢。蜜环菌菌丝灰白色，生长速度慢，常常形成红褐色至黑褐色的菌索。灵芝菌丝初期白色绒毛状，随着培养时间的延长，菌丝交织成致密膜状，紧贴培养基表面，接种块周围呈淡黄色。桑黄菌丝初期白色，后变黄色，菌苔厚，培养基变褐色（图 2－4）。樟芝菌丝初期白色，后变粉红色（图 2－5）。

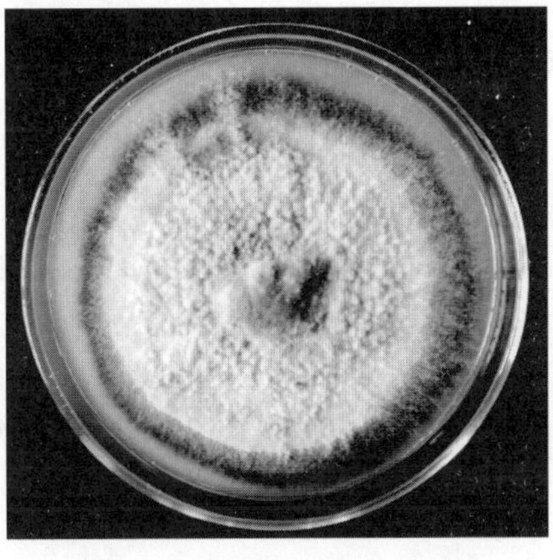

图 2－4 桑黄菌丝的宏观特征

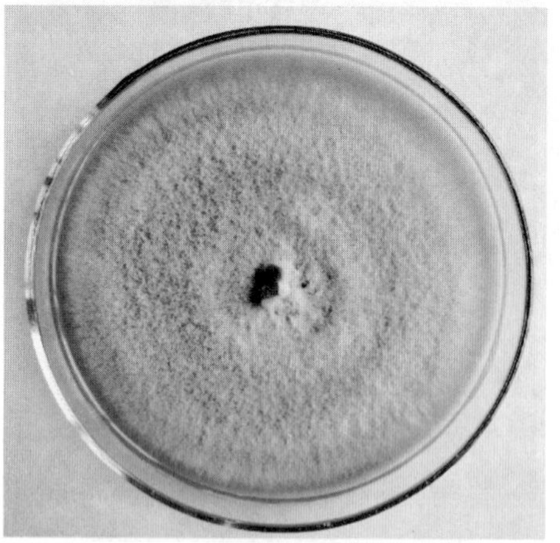

图 2－5　樟芝菌丝的宏观特征

(二)菌丝体的微观形态

在光学显微镜下观察，食用菌的菌丝多数无色，都是由管状细胞连接而成的丝状物。菌丝有间隔，有分支。气生菌丝的细胞一般细长，形状较规则，大小均匀；基内菌丝的细胞一般粗短，形状不规则，大小差别较大。

在电子显微镜下观察，食用菌菌丝细胞具有厚而坚韧的细胞壁，细胞壁内侧具有原生质膜，原生质体内含有细胞核、线粒体、内质网、核糖体、液泡等多种细胞器。食用菌细胞的细胞壁较厚，原生质膜曲折不平滑，有些地方折叠盘绕形成特殊囊状结构，即须边体，或质膜外泡。线粒体和内质网的形状多样，菌丝细胞之间具有隔膜，子囊菌多数为单孔状隔膜，高等担子菌的隔膜为结构复杂的桶孔隔膜。

1. 担孢子中细胞核数目及孢子萌发的多样性

食用菌担孢子的细胞核与担孢子萌发具有多样性。

张莉莉(1993)报道，黑木耳(*Auricularia auricula*)担孢子中单核担孢子占 74.5%，双核担孢子占 18.1%，三核担孢子占 3.7%，多核担孢子占 3.7%；毛木耳(*A. polytricha*)担孢子中单核担孢子和双核担孢子的比例分别为 97.9%和 2.1%。

林晓民等(1993)报道，侧耳属(*Pleurotus*)除了以单核担孢子为主(占96.12%～98.57%)外，还有含 2 个或 2 个以上细胞核的担孢子(占 1.43%～3.88%)，其中糙皮侧耳的 NP 品种含单个细胞核的孢子占 83.77%，2～5 个细胞核的担孢子的比率高达 16.23%。

许智勇等(2007)报道，金针菇(*Flammulina velutipes*)担孢子中，双核孢子占 80.2%，单核孢子占 7.5%，无核孢子占 12.3%。双核孢子中 2 个核靠得很近，并且双核担孢子中 2 个核具有同质性。单个担孢子萌发形成有隔膜、无锁状联合、多分枝的多核菌丝。邱贵根等(1994)报道，金针菇担孢子中，单核担孢子占 8%，双核担孢子占 92%。

鲍大鹏等(2000)研究了分别来自欧洲希腊的 Ag8、贵州省的 Ag9、四川省的 Ag10 和台湾省的 AgT 等柱状田头菇的担子和担孢子特征，Ag8、Ag10 和 AgT 每个担子上产生 4 个小梗的分别占 82.89%、88.33%和88.70%，每个担子上产生 2 个孢子梗的分别占17.11%、11.67%和11.29%；而 Ag9 的每个担子上只产生 2 个小梗。担孢子梗数为 4 的品种，其担孢子中大多数为 2 个细胞核，部分为 1 个；担孢子梗数为 2 的品种，其担孢子中大多数为 4 个细胞核，部分为 2 个，偶尔可见 6 核或 8 核孢子。与担孢子多核性相对应，食用菌每个担子萌发芽管并着生担孢子的个数也具多样性。

杨大智等(1996)报道，成熟的干巴菌(*Thelephora ganbajun*)担孢子有单核、双核、三核、四核和七核等现象，在孢子萌发过程中，也对应地出现 1 个芽管、2 个芽管、3 个芽管、4 个芽管和 7 个芽管等多芽管现象。

彭智华(1994)报道，双孢蘑菇(*Agaricus bisporus*)每个担子上多数是 2 个担孢子，也有 4 个担孢子、3 个担孢子及 1 个担孢子。李荣春等(2005)报道，双孢蘑菇 62%的担子产生 2 个担孢子，担孢子为双核异核体；35%的担子产生 3 个担孢子，其中 1 个担孢子为双核异核体，另外 2 个为单核同核体；3%的担子产生 4 个担孢子，它们都是单核同核体。陈济琛等(2005)报道，姬松茸(*Agaricus blazei*)每个担子上着生 4 个担孢子，偶见着生 3 个担孢子，未观察到其他着生情况。姬松茸担孢子 56.3%为双核，17.6%为单核，其他无明显核特征的占 26.1%。

2. 初生菌丝(primary hypha)与次生菌丝(secondary hypha)

研究表明，由于不同食用菌每个担子上产生的担孢子数以及每个担孢子中含有的细胞核数目、极性不同，孢子萌发形成的芽管以及由芽管发育而成的初生菌丝表现出多样性。多数食用菌，如平菇、香菇、毛木耳、黑木耳、裂褶菌(*Schizophyllum commune*)、灰盖鬼伞(*Coprinus cinereus*)等，多数担子上产生 4 个担孢子，担孢子以具有相同极性的单核为主。单核担孢子萌发形成含有一个或多个相同极性的细胞核，萌发形成单极性的初生菌丝。有些食用菌，如金针菇等，多数担子上产生4个同极性双核担孢子，孢子萌发后也形成单极性的初生菌丝。多数双孢蘑菇的每个担子上产生2个担孢子，其中多数是具有不同极性的双核体，也有一部分是同极性双核体，萌发后分别形成两极性或单极性的初生菌丝。

李荣春等（2004）研究了野蘑菇（*Agaricus arvensis*）担孢子萌发形成初生菌丝的过程。先从萌发孔形成管状突起，突起向一个方向逐渐伸长形成管状菌丝结构，随后在突起的另一方向也伸长形成两端都同时进行伸长生长的管状菌丝结构。当两端伸长的菌丝生长到约200μm时，菌丝除两端继续生长外，开始形成分枝。有的分枝深入到培养基中，有的在培养基表面，最后菌丝在不断生长的同时不断分枝，生长形成肉眼可见的幼小菌落（菌丝体），完成萌发过程。野蘑菇菌丝无锁状联合，多细胞，有分枝。幼嫩菌丝壁薄，原生质浓厚，细胞器丰富，菌丝细小，直径仅为4～7μm；老菌丝细胞壁厚，原生质稀薄，菌丝较粗，直径7～10μm。菌丝细胞内细胞核多个，常为5～10个，50个细胞细胞核的平均数为6.8个。

邓芳席（1995）研究了凤尾菇孢子萌发形成初生菌丝的过程。在液体培养基中，24～26℃下培养，几小时后孢子迅速吸水膨大，并出现颗粒状内含物。培养20小时，绝大部分孢子萌发。孢子可从一端萌发、两端萌发或其他部位萌发。从一端萌发的孢子，多数从一端长出1根棒状菌丝，个别孢子从一端同时伸出2根棒状菌丝。从两端萌发的孢子，有的同时从两端各伸出1根棒状菌丝，有的从一端长出棒状菌丝，达到孢子纵长的1.5～2倍时，孢子的另一端开始萌发。也有的孢子从一端和其他部位各伸出1根棒状菌丝，有的孢子只能从侧面萌发，长出棒状菌丝。凤尾菇孢子从一端萌发的为46%～70%，从两端萌发的为12%～18%，从其他部位萌发的为4%～10%。总萌发率为70%～86%。孢子萌发后形成初生菌丝。孢子萌发时，先长出突起，后伸长为棒状菌丝，菌丝直径约3.2μm。培养40小时，有的初生菌丝长至30μm左右，开始出现分枝，有的初生菌丝长至100μm以上才开始分枝。少数初生菌丝长至20μm时，靠近孢子基部约3μm处可观察到分隔，大多数初生菌丝长至50～100μm才观察到分隔。培养54小时左右，初生菌丝伸长，分枝增多，逐渐变细，直径约1.6μm。用显微镜观察，菌丝顶端细胞质浓，液泡小而分散或无液泡；菌丝中间到基部细胞质逐渐变淡，液泡由小变大。初生菌丝中没有发现锁状联合。

具有亲和能力的初生菌丝经过细胞质融合（质配）形成次生菌丝，多数次生菌丝是含有2个极性不同的细胞核的双核菌丝。

邓芳席（1995）研究了凤尾菇次生菌丝形成的过程。具有亲和能力的初生菌丝对峙培养6～8天，两条初生菌丝顶端细胞靠近，相互接触融合，形成双核体细胞。有的两条初生菌丝其他部位相互吸引，菌丝融合形成双核体细胞。菌丝融合后迅速生长，并不断分枝形成网状次生菌丝体。凤尾菇次生菌丝上形成很多锁状联合，几乎每个隔膜处都有锁状联合结构。

多数食用菌的初生菌丝没有锁状联合现象，没有结实能力。在PDA培养基上培养时，菌丝生长速度慢，菌丝稀疏，生长势弱。多数担子菌的次生菌丝具有锁状联合，具有结实能力，菌丝浓密、粗壮，生长势旺。

3. 锁状联合(clamp connection)

大多数担子菌的双核菌丝在进行细胞分裂时在细胞间隔处会形成一个锁臂状突起，称为锁状联合（图2—6）。锁状联合的形成过程见图2—7。首先，在细胞的两核之间生出一个喙状突起，双核中的一个移入喙状突起，另一个仍留在细胞下部。

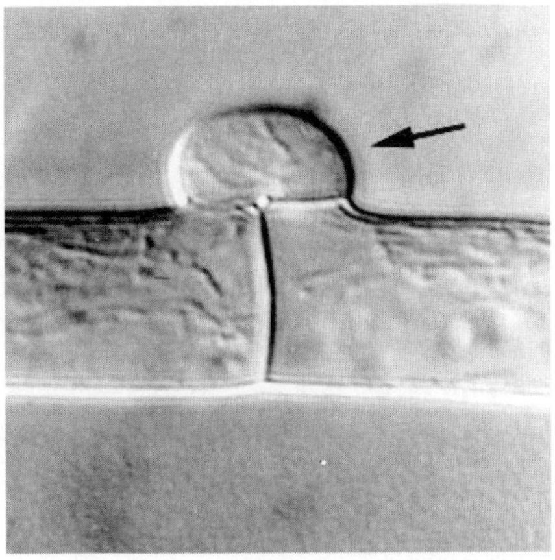

图2—6 菌丝锁状联合结构

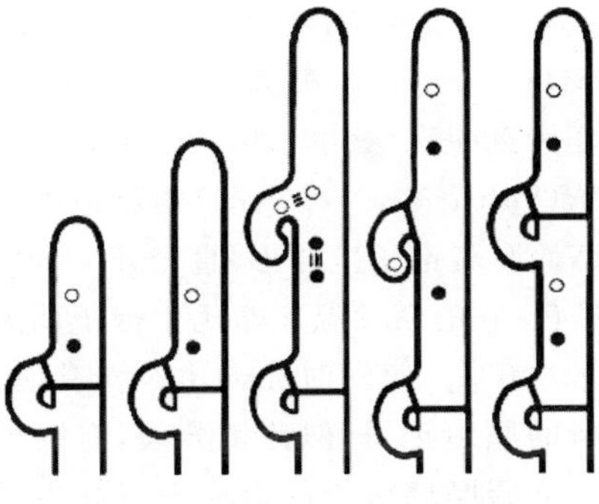

图2—7 担子菌锁状联合形成过程

2个核同时分裂，成为4个子核。分裂完成后，原位于喙状突起基部的一子核与原位于细胞中的一子核移至细胞上部配对。另外2个子核，一个进入喙突中，一个留在细胞下部。此时细胞中部和喙突基部均生出横隔，将原细胞分成3部分。上部是双核细胞，下部和喙突部暂为2个单核细胞。此后，喙突尖端继续下延与细胞下部接触并融通。同时喙突中的核进入下部细胞内，使细胞下部也成为双核。经如上变化后，4个子核分成2对，一个双核细胞分裂为2个。此过程结束后，在两细胞分隔处残留一个锁臂状结构，即锁状联合。这一过程保证了双核菌丝在进行细胞分裂时，每个细胞都含有两个异质（遗传型不同）的核，为进行有性生殖、通过核配形成担子打下基础。锁状联合是双核菌丝的一个形态特征，凡是产生锁状联合的菌丝均可断定为双核。锁状联合也是担子菌亚门的明显特征之一。

并不是所有的担子菌都具有锁状联合，如草菇、双孢蘑菇、姬松茸、红菇、乳菇等就没有锁状联合。极少数子囊菌的菌丝也形成锁状联合，如块菌。

4. 无性孢子（asexual spore）

未经减数分裂形成的孢子称为无性孢子。食用菌不像霉菌那样多数形成大量无性孢子，但有些食用菌在菌丝培养阶段会产生诸如厚垣孢子、粉孢子、芽生孢子、分生孢子等无性孢子。

（1）厚垣孢子（chlamydospore）

厚垣孢子是通过细胞质浓缩、细胞壁加厚形成的一种对不良环境具有较强抵抗能力的无性孢子。猴头、草菇、香菇、凤尾菇、双孢蘑菇和灰树花等食用菌都能产生厚垣孢子。

张筱梅等（2003）研究了猴头（*Hericium erinaceus*）的厚垣孢子。在多次培养中，发现猴头菌单、双核菌丝均可形成厚垣孢子。厚垣孢子白色，纺锤形，多端生、中生，双核菌丝产生的厚垣孢子大小为7～8μm×9～10μm，单核菌丝产生的厚垣孢子略小，大小为6～7μm×8～9μm。研究还表明，产生厚垣孢子多的菌株菌丝生长一般较慢，子实体产量偏低。因此，猴头菌育种中检测厚垣孢子数量可作为衡量菌株性状的一项指标。

对草菇（*Volvariella volvacea*）的厚垣孢子研究较多。草菇的厚垣孢子呈球形，直径40～60μm，红褐色至深棕色，它的萌发温度略比担孢子萌发的温度高，为39～40℃。萌发时先伸出一个芽管，有的膨大产生新的厚垣孢子，似芽殖分裂，有的形成次生菌丝体。草菇厚垣孢子的形成为草菇生活史上不可缺少的一环，是草菇的遗传生理特性，而不是仅仅因为遇到不良环境才产生的（林杰，1991）。

草菇菌丝在适宜温度下培养会形成大量红褐色厚垣孢子，低温不利于厚垣孢子形成。草菇的厚垣孢子和菌丝体都不耐干旱，但抗高温能力较强。厚垣孢子悬浮液经50℃处理24小时后仍有较高的萌发率。抗低温能力也较强，其悬浮液在10℃处理14天，萌发率未见下降；但在4℃下保藏，萌发率急剧下降。草菇厚垣孢子萌发的最适宜温度是40℃。草菇厚垣孢子适应pH范围较广，耐酸能力强，低pH似乎对厚垣孢子的萌发有促进作用，但高pH对厚垣孢子的活力有负作用。当pH高达11时，萌发率大大下降。草菇厚垣孢子萌发的最适pH为7（谢宝贵等，1996）。

邓芳席（1995）在凤尾菇原基形成的细胞学研究中发现，有的凤尾菇初生菌丝在长到60～95μm时，在菌丝中间或顶端，细胞质浓缩，细胞壁增厚，形成卵形或球状厚垣孢子。

（2）粉孢子（oidium）

粉孢子通常是由营养菌丝直接断裂形成的一种薄壁的无性孢子。余知和等（1998）研究了金针菇粉孢子的产生和特性。金针菇的初生菌丝和次生菌丝都能产生粉孢子，而且两种菌丝体形成粉孢子的过程基本一致。形成粉孢子的菌丝体首先出现清晰可见的透明隔，接着在透明隔处形成空泡，细胞质浓缩，空泡逐渐扩大，最后扩大的空泡消解，浓缩细胞质被释放出来，彼此分离或连接，两端变得圆滑，进而形成粉孢子。粉孢子由菌丝顶端向菌丝基部发生，分离或相连形成粉孢子链。金针菇的粉孢子主要由气生菌丝产生，培养基表面菌丝和基内菌丝很少产生粉孢子。粉孢子多呈圆柱或卵圆形，大小为3～9μm×2～4μm，少数呈圆形，在菌丝分支处形成的粉孢子为Y形，圆形和Y形粉孢子仅占10%左右。粉孢子很容易萌发，其芽管直径一般较粉孢子宽。粉孢子萌发的最适温度为20～30℃。初生菌丝产生单核的粉孢子，其极性与亲本菌丝相同；次生菌丝产生的粉孢子也为单核。未观察到双核或多核的粉孢子。次生菌丝产生的粉孢子一部分与组成双核体的一个亲本单核菌丝的交配型相同，另一部分与组成双核体的另一亲本单核菌丝相同。

（3）芽生孢子（blastospore）

芽生孢子是母细胞以出芽方式形成的无性孢子，常见于酵母菌无性繁殖。但在银耳菌丝的培养过程中，因外界环境因素的刺激在其边缘处可形成芽生孢子。银耳的担孢子和芽生孢子均为酵母状细胞，芽生孢子的直径比担孢子略大。银耳的芽生孢子为单核或双核，通过芽管萌发形成单核的丝状细胞，菌丝配对后可以形成双核，并具有锁状联合的双核菌丝。

(4)分生孢子(conidium)

分生孢子是真菌中最常见的无性孢子，是由菌丝分割或缢缩形成的具有特定形态的无性孢子。通常子囊菌和半知菌多数可产生分生孢子，但在担子菌中，只有少数食用菌菌丝或孢子生长过程中会产生分生孢子。

邓芳席(1995)报道，凤尾菇的次生菌丝培养16天左右，次生菌丝上形成很多顶端分生孢子。分生孢子形成时，先从次生菌丝上长出一根极短的分生孢子梗，然后在分生孢子梗顶端着生1个分生孢子。分生孢子梗呈圆柱形，长1～2μm，直径约1μm。分生孢子呈球状，直径3～4μm。

黑木耳的担孢子萌发有两种情形。当养分充足时，担孢子直接萌发出芽管，生长为菌丝。在不良环境条件下，担孢子常间接萌发，即担孢子萌发出芽管，芽管分枝，枝头上长出与担孢子相同极性的钩状分生孢子。或者担孢子萌发长出鹿角状的短芽，在其分叉的顶端又各生一个钩状分生孢子。钩状分生孢子萌发，生长为单核菌丝，进入生活史循环(杨新美，1988)。

(三)菌丝的组织体

活跃地进行营养功能的菌丝体，不管在基质内蔓延，还是在基质表面或空间生长，总是很疏松的。但是，有些食用菌在环境不良或繁殖时，组成菌丝体的菌丝变态发育后相互紧密地结合在一起，形成多样的专化营养结构。常见的组织体有菌丝束、菌索、菌核和子座。这些特化的组织体在繁殖、传播以及增强对环境的适应力等方面有重要作用。构成这些组织体的菌丝组织有两种形式：一种是疏丝组织，组成这种组织的菌丝或多或少相互平行排列，菌丝的典型长形细胞很容易一条条识别出来；另一种是拟薄壁组织，此组织的细胞椭圆形或近圆形，或多角形，与高等植物的薄壁组织相似，所以称拟薄壁组织。

1. 菌丝束(mycelial strand)

菌丝束是指某些真菌的菌丝平行排列生长，而且较为紧密地结合在一起形成的根状或细绳状结构(图2－8)。如双孢蘑菇、鸡腿菇和叉状炭角菌的菌丝往往在覆土层内形成白色的菌丝束，菌丝束的形成是原基产生的必备条件。

2. 菌索(rhizomorph)

菌索是指某些真菌的菌丝平行排列形成菌丝束，并在菌丝束外围分化形成皮层的根状或细绳状结构(图3－8)。如和天麻共生的蜜环菌生长时常形成大量红褐色的菌索，菌索老化时呈黑褐色。

菌丝束和菌索是某些真菌的菌丝生长时形成的特殊结构，这些结构是菌体吸收和运输营养的组织结构。同时菌丝束和菌索的形成可以增强菌体对不良环境的抵抗能力。

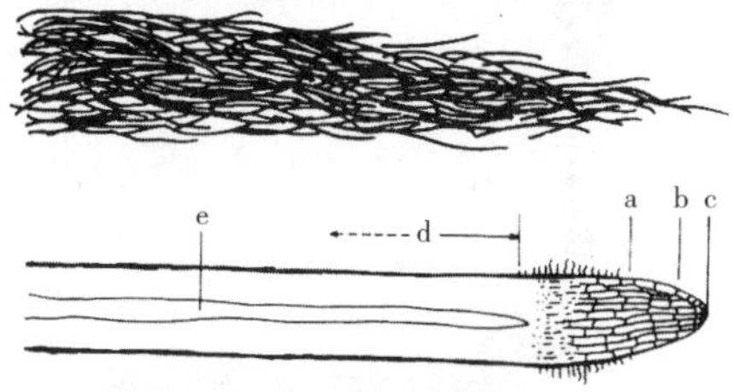

图2－8 菌丝束和菌索

A. 菌丝束示意图，B. 菌索示意图
a. 顶端，b. 伸长区，c. 营养吸收区，
d. 成熟变黑菌丝区，e. 菌髓。

3. 菌核(sclerotium)

菌核是由菌丝不断分化和密集结合而形成的坚硬的能抵抗不良环境的休眠体，同时又是糖类和脂类等营养物质的储藏体(图2－9)。菌核的内部结构可分为两层，即皮层和菌髓。皮层由紧密交错的具有光泽的厚壁细胞组成；菌髓由无色菌丝交错形成。菌核的形成可以增强菌丝对低温、干燥等不良环境的抵抗能力。菌核具有多种形态，色泽和大小差异也很大。能够形成菌核的真菌多为高等真菌，如子囊菌中的麦角菌和担子菌中的茯苓(*Poria cocos*)、雷丸、猪苓等，多数在地下形成。

图2－9 茯苓的菌核

4. 子座(stroma)

子座是由菌丝分化形成的膨大的团块状、垫状、棒状或头状的紧密结构(图2－10)。如冬虫夏草从菌核中长出棒状的柄部和头状的子座，在头部周围生有许多子囊壳。子座可由菌丝单独组

成,也可以由菌丝和寄主组织共同构成。子座成熟后,在它的内部或上部可发育出各种无性繁殖和有性繁殖的结构。

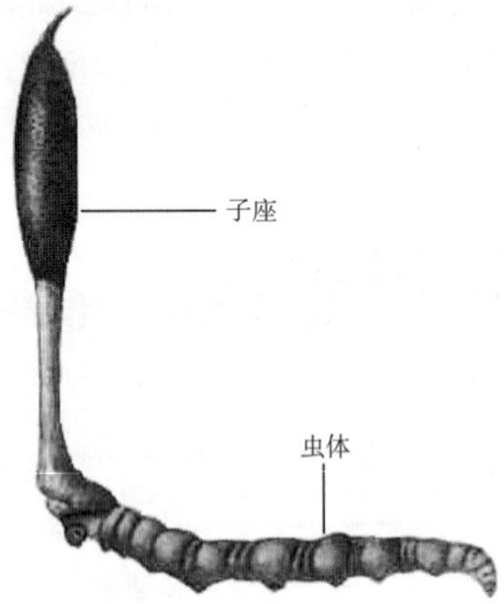

图 2—10 冬虫夏草(示子座)

(四)菌根(mycorrhiza)

Frank(1885)把植物根与真菌菌丝紧密结合而形成的共生体叫作菌根,植物和真菌的这种关系属于共生(symbiotism)关系。共生是两种不同的生物共同生活,彼此提供所需营养物质的互惠互利的生存方式。根据菌套的有无,哈蒂氏网的有无以及菌丝是否进入细胞内,可以将菌根划分为内生菌根(endotrophic mycorrhiza)和外生菌根(ectotrophic mycorrhiza)两大类。能与植物根系发生共生关系形成菌根的食用菌称为菌根食用菌(mycorrhizal edible mushroom)。

外生菌根是菌根真菌菌丝体包围宿主植物尚未木栓化的营养根形成的,其菌丝体不穿透细胞组织内部,而仅在细胞壁之间延伸生长而形成。它有以下几个主要特征:①在植物营养根表面形成一层由菌根菌的菌丝体紧密交织而成的菌套(mantle)。②在根部皮层细胞间隙,由于菌根菌菌丝体生长而形成类似网格状的结构,称为“哈蒂网”(Hartig net),在菌套表面可见许多外延菌丝。③由于菌根菌的作用,植物根部形态通常可变短、变粗、变脆,且有各种颜色变化,无根冠和表皮,也没有根毛(图 2—11)。外生菌根一般有一定形状和颜色,肉眼很容易发现,其形状及颜色随宿主植物根的颜色及菌根菌种类的不同而多种多样。有些种类的菌根颜色始终不变,但有些种类的菌根的颜色随着生长发育而发生变化。

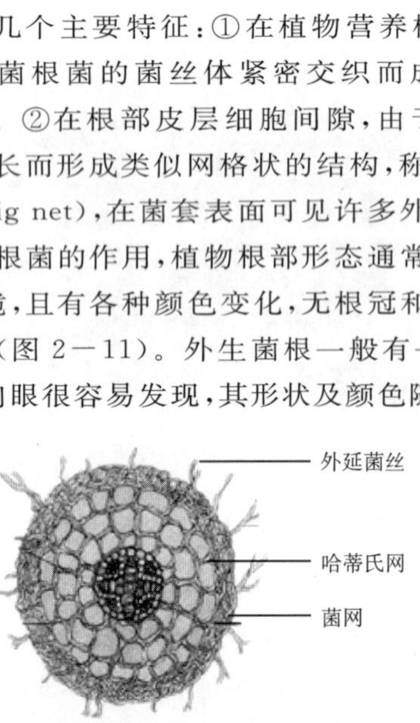

图 2—11 外生菌根剖面图

内生菌根的菌丝体可侵入细胞内部,而宿主植物的根一般无形态及颜色变化。在植物根的表面不产生菌套,仅有稀疏的外生菌丝,根毛仍可保留,菌丝体仍可在根部皮层组织的细胞间延伸,但不产生哈蒂氏网。它的菌丝可穿透细胞壁,进入细胞内部,并形成不同形状的吸器。内生菌根由于无特殊的形态变化,肉眼很难发现和区分(陈应龙等,1997)。

食用菌和植物形成的菌根大多数属于外生菌根。

卯晓岚(2000)在《中国大型真菌》一书中记录了我国大型真菌1 701种,隶属于 21 目、72 科、298 属。在这众多的大型真菌中,大约有 850 多种为外生菌根菌。常见的包括担子菌门的牛肝菌科(Boletaceae)、红菇科(Russulaceae)、鹅膏菌科(Amanitaceae)、丝膜菌科(Cortlinariaceae)、铆钉菇科(Gomphidiaceae)、鸡油菌科(Cantharellaceae)、珊瑚菌科(Clavariaceae)、口蘑科(Tricholomataceae)以及子囊菌门的块菌科(Tuberaceae)、地菇科(Terfeziaceae)等科中的食用菌,其中许多种,如美味牛肝菌、橙盖鹅膏、松口蘑、大红菇、块菌等,都是名贵的食用菌。

由于外生菌根的形成,菌根食用菌与宿主植物之间形成一种互惠互利的共生关系。外延菌丝在土壤中延伸,扩大了植物的吸收表面积,提高植物从土壤吸取水分及氮、磷、钾、钙等营养成分的能力;增强植物对干旱、土壤高温、由高浓度金属如硫、锰、铝等引起的极端土壤酸性的耐受性;保护植物免受某些侵害植物根的植物病原菌或线虫的危害。作为回报,菌根食用菌从植物体获得糖类和维生素。

遗传性亲和的菌丝互相融合,在土壤中构成了一个庞大的菌丝网。在自然界,同种树木或不同种树木之间,由于有共同的菌根菌,这些菌丝的相互融合使整个树林在地下连成一体,树木光合作用产生的糖类借助于这些相互联结的菌丝得以在树木之间重新分配。

外生菌根菌对营养要求有选择性,不能利用纤维素和木质素为其碳源,只能利用简单的碳源,使之不同于其他土壤真菌。外生菌根菌对寄主糖类的依赖性解释了这些真菌一旦离开寄主就不产生子实体。所以,目前多数菌根食用菌还难于进行人工栽培。西欧对黑孢块菌,我国对松口蘑,日本对美味牛肝菌的半人工栽培——菌根生物合成已取得一定进展，但尚无突破性或实用性的成果。

三、食用菌子实体的形态结构

食用菌的次生菌丝生长到一定阶段，如果温、湿、光、气等环境条件适宜，会扭结形成子实体原基。之后，原基逐渐发育为成熟的子实体。子实体形态多样，依据子实体形状大致可分为伞菌类、非褶菌(多孔菌)类、胶质菌(银耳、木耳、花耳)类、腹菌类和子囊菌类。除伞菌类外，其他类型的食用菌约占大型真菌总数的 30%，形态特征较为明显，易于分类，其中能够栽培或和人类关系密切的种类较少。伞菌类的食用菌种类最多，与食用菌栽培和人类关系密切，肉质、伞状的子实体，形态结构相似。现在能够栽培的种类多数属于此类。本节主要以伞菌类的食用菌为例介绍食用菌子实体的形态结构。

伞菌子实体形态多样，大多由菌盖、菌柄和附属物组成。典型伞菌子实体的形态结构模式图见图 2—12。

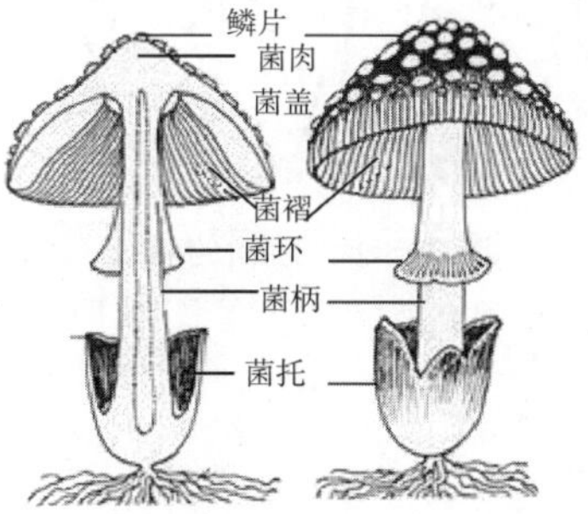

图 2—12 伞菌子实体形态结构模式图

(一)伞菌子实体的形态结构

1. 菌盖(cap)

(1)形状

常见的形状有半球形、斗笠形、钟形、扇形或近半圆形、杯状、平展、卵圆形、漏斗形等(图 2—13)。

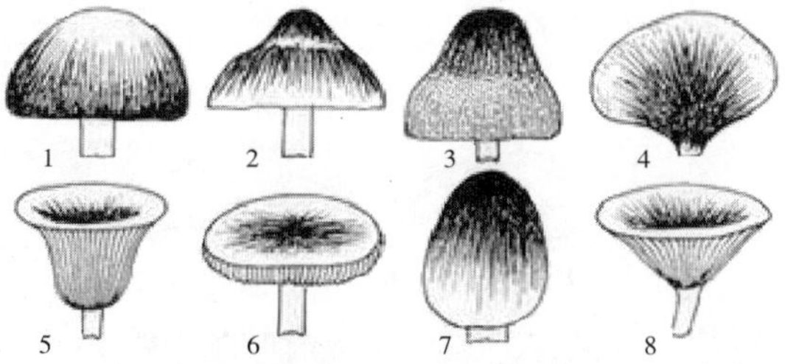

图 2—13 菌盖形状示意图

1. 半球形，2. 斗笠形，3. 钟形，4. 扇形或近半圆形，5. 杯状，6. 平展，7. 卵圆形，8. 漏斗形。

(2)菌盖的表面特征

菌盖表面光滑，具毛状条纹、具环纹、具块状鳞片、具角锥状鳞片，被纤毛状丛生鳞片、龟裂鳞片和具短纤毛等(图 2—14)。

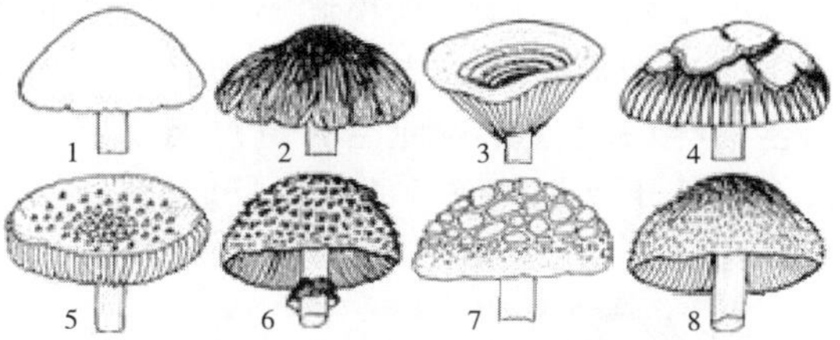

图 2—14 菌盖表面特征示意图

1. 表面光滑，2. 具毛状条纹，3. 具环纹，4. 具块状鳞片，5. 具角锥状鳞片，6. 被纤毛状丛生鳞片，7. 龟裂鳞片，8. 具短纤毛。

(3)菌盖的边缘特征

常见的边缘特征有边缘开裂且内卷、边缘波状、边缘翻卷和边缘有条棱等(图 2—15)。

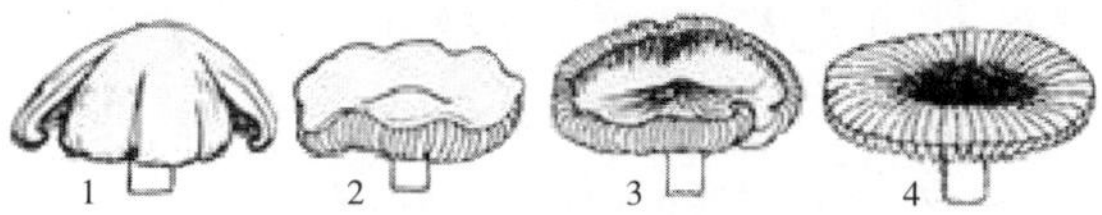

图 2—15 菌盖边缘特征示意图

1. 边缘开裂且内卷，2. 边缘波状，3. 边缘翻卷，4. 边缘有条棱。

(4)菌盖的大小

食用菌子实体的大小无统一标准。卯晓岚提议，将伞菌、多孔菌、腹菌及部分子囊菌子实体直径在 5cm 以下的称之小，5～10cm 的定为中等，10cm 以上的称为大或更大。一般情况下每种食用菌的子实体大小相对稳定，或有一定的变化范围。而黄年来的划分标准为大型 10cm 以上、中型 2.5～10cm、小型 2.5cm 以下，略有差异。

皮伞属中，有的品种子实体小如针头，可算微小；大秃马勃最大直径可达 100cm 以上，可称为特大或巨大。

(5)菌盖的质地

常见的有肉质、膜质、韧肉质、革质和胶质等。

(6)菌盖的色泽

常见的有白色、黄色、褐色、灰色、黑色、红色、紫色和绿色等。色素一般仅存在于表皮细胞，但有的延及菌肉。有的菌盖表面受伤后会变色。

2. 菌肉(context)

菌盖表皮下面是菌肉。大多数食用菌的菌盖表皮与菌肉结合紧密，难于分离，如香菇、双孢蘑菇等，但有些很容易分离，如平菇等。菌肉的构造通常有两种类型(图 2—16)。大多数食用菌的菌肉全部由丝状菌丝组成。只有少数食用菌，如红菇属和乳菇属中的一些种类，菌丝中有很多分枝的细胞变成膨大的泡囊，这些泡囊成群地遍布在菌肉里面，有时形成菌肉的主要部分，故红菇属等的子实体显得特别松脆易碎。这些种类的子实体受伤后会流出乳白色的液汁。菌肉多为白色，少数有色，有些种类的菌肉受伤后会变色。有无乳汁及菌肉伤后的变色反应，是分类上的重要特征。

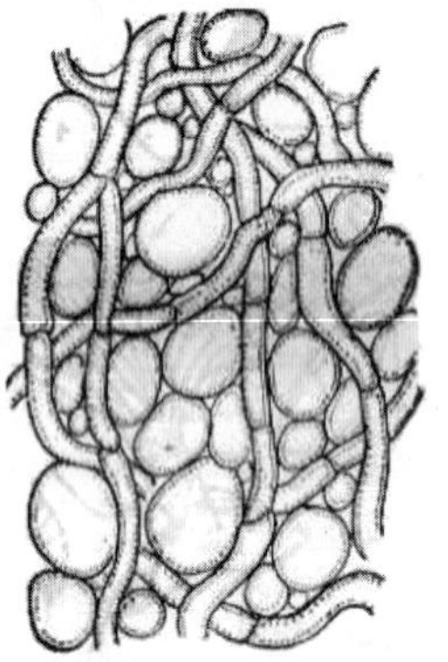
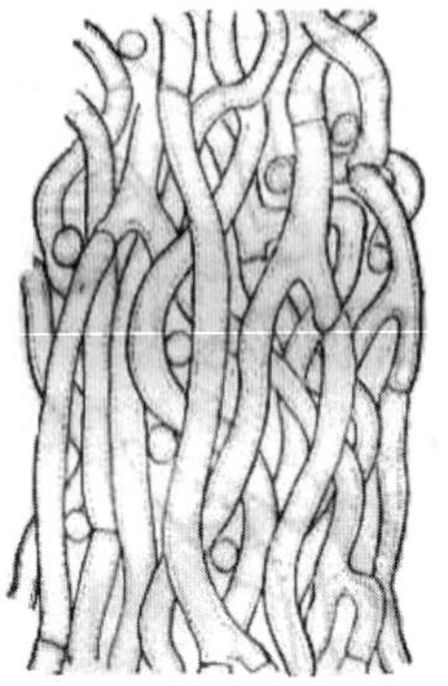

图 2—16 菌肉组织

左：泡囊状菌丝组织；右：丝状菌丝组织

3. 菌褶(gill)和菌管(tube)

菌盖下面呈辐射状排列的薄片称为菌褶(图 2—17)。多数伞菌菌盖下面是菌褶，但其中的牛肝菌和多孔菌类中许多种，其菌盖下面不是菌褶，而是向下垂直类似于蜂窝状的结构，称为菌管(图 2—17)。菌褶和菌管生于菌盖下表面，向地垂生。

图 2—17 食用菌的菌褶和菌管

上：菌褶；下：菌管

(1)菌褶的形状与排列

菌褶为刀片状，宽窄不一，从菌柄处向菌盖边缘辐射状排列。每一菌褶近菌肉一侧较厚，远离菌肉一侧较薄，使菌褶的横切面呈楔形。这种楔形构造有利于担孢子的释放。有些菌褶等长，但多数食用菌的菌褶不等长。有些食用菌的菌褶在远离菌柄处还有分叉。有些食用菌的菌褶间还有横向的脉络，在靠近菌柄一段相互交织成网状。食用菌的菌褶边缘也会呈现出不同的特征，通常全缘，也有呈锯齿或波浪状(图 2—18)。裂褶菌的菌褶沿褶缘纵裂为二，且二缘彼此向相反方向外卷，比较特别。

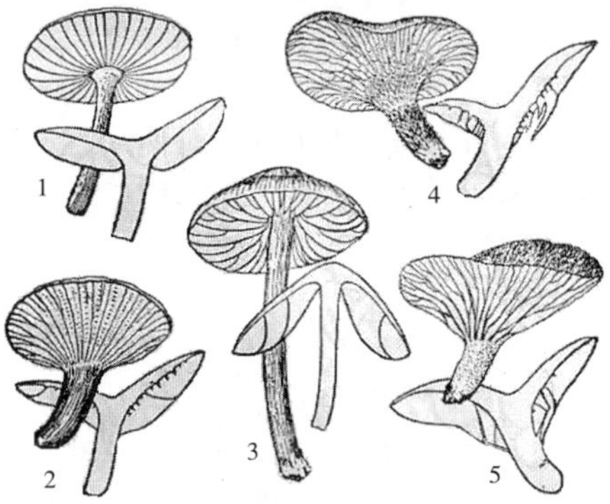

图 2—18 菌褶的特征

1. 等长，2. 褶间有横脉，3. 不等长，4. 网状，5. 分叉。

(2)菌褶的颜色

菌褶幼时多为白色，多数食用菌产生白色孢子，在子实体成熟时菌褶仍保持白色。但有些食用菌产生有颜色的孢子。随着子实体成熟，孢子在菌褶表面的子实层上产生，使菌褶的颜色呈现出粉红色、暗褐色、紫褐色，甚至黑色。有些食用菌菌褶的颜色是由于囊状体具色而形成的，如多汁乳菇(*Lactarius volemus*)的囊状体为淡黄色，常使菌褶带淡黄色。蜡伞属一些种类的菌褶颜色，由菌褶组织菌丝本身内所含色素形成。

(3)菌褶与菌柄的着生关系

菌褶与菌柄的着生关系常作为分类的依据，大致可分为 4 种类型(图 2—19)。

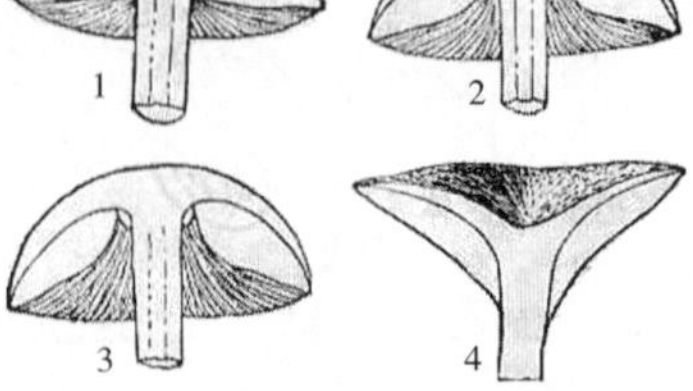

图 2—19 菌褶与菌柄的着生关系

1. 直生，2. 弯生，3. 离生，4. 延生。

直生(adnate):又名贴生。菌褶内端呈直角状着生在菌柄上,如鳞伞属。

弯生(sinuate):又名凹生。菌褶内端与菌柄着生处呈一弯曲,如口蘑、香菇等。

离生(free):又名游生。菌褶内端不与菌柄接触,如蘑菇属、草菇属。

延生(decurrent):菌褶内侧沿菌柄下延,如侧耳属、杯伞属。

(4)菌褶的内部构造

菌褶由子实层、子实下层和菌髓3部分组成。菌肉菌丝向下延伸形成菌髓,靠近菌髓两侧的菌丝生长形成狭长分枝的紧密区叫作子实下层,即子实层下面的菌丝薄层。再由子实层下层向外产生栅栏状的一层细胞即子实层。有菌褶的食用菌子实层在菌褶的表面,有菌管的食用菌子实层在菌管内侧(图2—20)。菌髓的构造具有一定的分类学意义。一般认为有两种基本的菌髓类型:同型菌髓和异型菌髓。同型菌髓由大致相似的菌丝组成,而异型菌髓在丝状细胞间还散布有泡囊状细胞。同型菌髓中菌丝细胞的排列又有同型规则型、同型不规则型、同型两侧型和同型逆向型等不同类型。

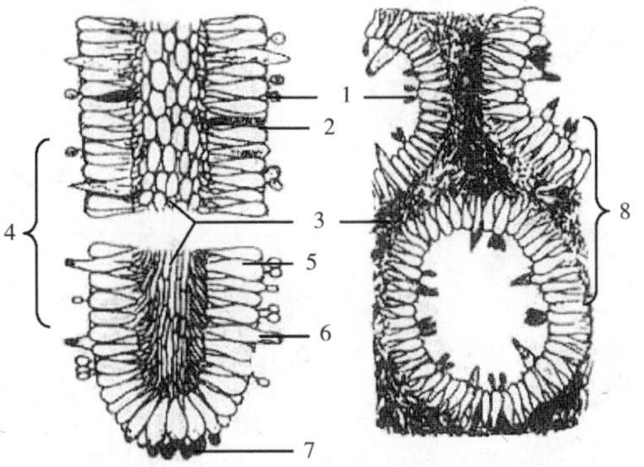

图2—20 菌褶和菌管的解剖图

左:菌褶;右:菌管,1.孢子,2.乳管,3.菌髓,4.菌褶,5.担子,6.囊状体,7.缘囊体,8.菌管。

(5)子实层

子实层是子实体上孕育孢子的结构。担子菌的子实层主要由担子、担孢子、囊状体组成。担子细胞是子实层中菌丝顶端细胞膨大形成的棒状细胞。担子成熟时,其中的2个细胞核发生配合,形成二倍体,接着进行减数分裂,形成4个单倍体的细胞核。多数担子菌的担子细胞顶端产生4个孢子梗,4个单倍体核通过孢子梗,分别进入4个孢子中,形成4个外生的单倍体的担孢子。担子中的细胞核向担孢子中迁移是随机的,有时也会出现多种异常情况。担子细胞间夹杂一些无性细胞,称为囊状体。囊状体的有无、位置、形状是分类的依据。子囊菌的子实层由子囊、子囊孢子和侧丝组成。子囊成熟时,其中的2个细胞核发生配合,形成二倍体,接着进行减数分裂,形成4个单倍体的细胞核。再进行一次分裂,每个子囊中含有8个单倍体的细胞核,形成8个内生的子囊孢子。子囊细胞间夹杂一些细长的无性细胞,称为侧丝(图2—21)。

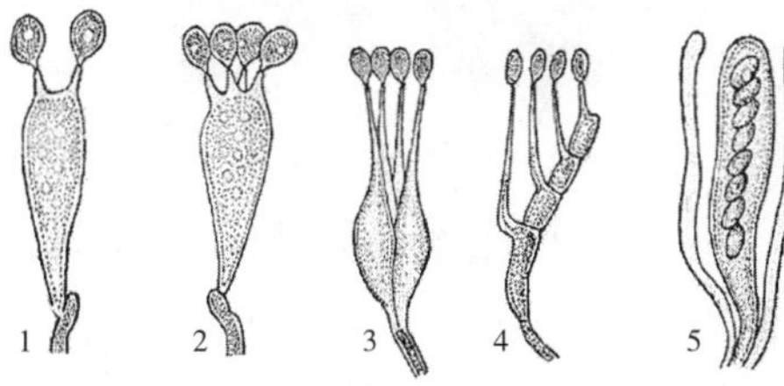

图2—21 担子和子囊的结构图

1、2.无隔担子,3.具纵隔担子,4.具横隔担子,5.子囊、子囊孢子和侧丝。

(6)子实层的发育类型

伞菌中菌褶的发育有两种类型,有的子实层同时发育,而有的不同时发育。多数伞菌子实层的发育属于前一种类型,这种类型的菌褶的横切面是楔形的,担子均匀地覆盖在菌褶表面,孕育成熟并释放出孢子。不同时发育的菌褶(通常称为鬼伞型菌褶)的两侧面是平行的,排列在这些菌褶上的担子逐层由上而下地成熟、孕育其孢子。接着在已释放孢子的地方产生一自溶带,把已释放孢子的菌褶毁坏掉,菌褶自溶。这可能与菌褶组织本身蛋白酶的活动有关。

(7)菌管

菌管是管状的子实层。多数非褶菌和伞菌中的牛肝菌科的食用菌菌盖下面为菌管。菌管的颜色、长短、排列方式,菌管间或菌管与菌肉间是否容易分离,菌孔的形状、大小以及与菌柄的着生关系是分类的重要依据。菌管的子实层分布在菌管的内壁上。

(8)孢子

孢子是食用菌产生的配子。大多数担子菌每个担子上产生4个孢子,成熟时,孢子有力地弹射出来,然后受地心引力的作用下落。子实体平放在白纸上时,孢子在白纸上沉积形成孢子印(图2—22)。这样的孢子印对确定孢子的颜色非常重要,而孢子的颜色是伞菌分类特别有价值的分类特征。多数孢子是无色的,但当孢子大量沉积时呈现固有的色泽。少数为粉红色、红褐色、黑褐色、黑色、紫色、黄色等。

孢子的大小和形状及表面特征在伞菌分类上也很重要。不同食用菌的孢子大小有所不同,同一食用菌的不同成熟度的孢子的大小也有差

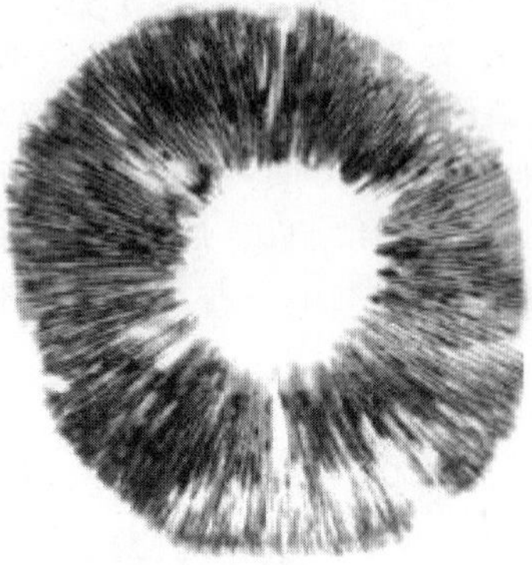

图 2—22　孢子印

异，一般为 5～10μm。伞菌种类很多，孢子的形状也多种多样。主要有椭圆形、卵圆形、长方椭圆形、宽椭圆形、长椭圆形、近四方形、近梭形、纺锤形、圆球形、星形、短圆柱形、柠檬形、棒形、五角星形、近球形、不等边长椭圆形、菜豆种子形、不正形、近肾形、瓜子形等。孢子表面特征也多种多样，多数平滑，但有的表面粗糙具小点、具小疣、具小瘤、含油滴、具盔状膜、具发芽孔、具网纹、具刺、具刺疣、具指状突起、具条纹、具刺棱等（图 2—23）。

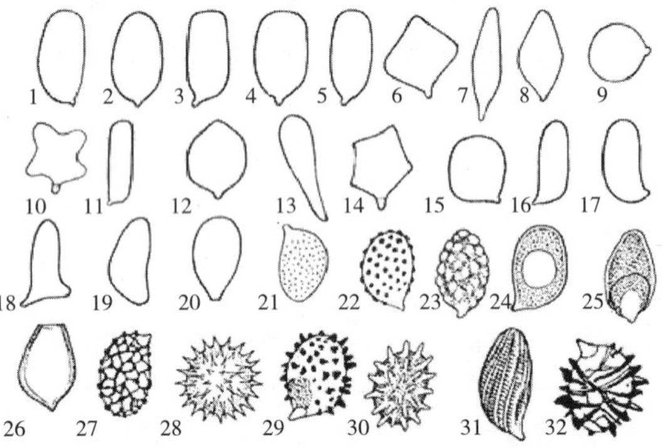

图 2—23　孢子的形态特征

1. 椭圆形，2. 卵圆形，3. 长方椭圆形，4. 宽椭圆形，5. 长椭圆形，6. 近四方形，7. 近梭形，8. 纺锤形，9. 圆球形，10. 星形，11. 短圆柱形，12. 柠檬形，13. 棒形，14. 五角星，15. 近球形，16. 不等边长椭圆形，17. 菜豆种子形，18. 不正形，19. 近肾形，20. 瓜子形，21. 表面粗糙具小点，22. 具小疣，23. 具小瘤，24. 含油滴，25. 具盔状膜，26. 具发芽孔，27. 具网纹，28. 具刺，29. 具刺疣，30. 具指状突起，31. 具条纹，32. 具刺棱。

4. 菌柄（stipe）及其附属物

(1) 菌柄

菌柄生长在菌盖下方，具有支持菌盖、输送水分和营养的功能。菌柄的形状、长短、粗细、颜色、质地因种而异。菌柄一般生于菌盖中部，称为菌柄中生。也有偏离菌盖中央或生于菌盖一侧，称为菌柄偏生或侧生。多数食用菌的菌柄为肉质，少数为纤维质、脆骨质。多数菌柄中实，少数中空或中松（内部为海绵质填充物）。有的菌柄较长，有的较短甚至无柄。菌柄直径变化很大，由几毫米到几厘米或更大。菌柄多数呈圆柱形，呈棒状、纺锤状、柱状、分枝、膨大具网纹、基部延伸根状、柄中生基部膨大近球形等（图 2—24）。菌柄表面一般光滑，少数菌柄上具网纹、棱纹、鳞片、茸毛或纤毛等。多数菌柄为白色，有的菌柄具颜色，与菌盖同色或不同。

(2) 内菌幕（partial veil）与菌环（annulus）

在菇蕾幼期，连接在菌盖边缘与菌柄之间的一层薄膜，称为内菌幕。由于内菌幕的存在，在开伞前菌褶不外露。随着子实体逐渐成熟，菌盖逐渐平展，内菌幕破裂后残留在菌柄上形成的一个膜质环状物，称为菌环（图 2—24）。有些种类的内菌幕部分残留在菌盖边缘，形成盖缘附属物。还有的种类的内菌幕韧性较强，在菌盖平展时难以破裂，而是连接在菌盖边缘和菌柄之间，形成蛛网状的菌环。菌环的大小、厚薄、单层或双层，以及

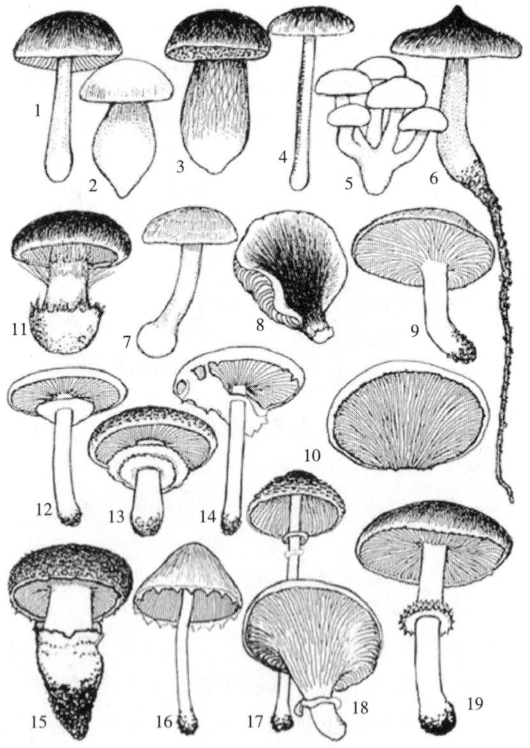

图 2—24　菌柄与菌环特征

1. 棒状，2. 纺锤状，3. 膨大具网纹，4. 柱状，5. 分枝，6. 基部延伸根状，7. 柄中生基部膨大近球形，8. 柄侧生，9. 柄偏生，10. 无柄，11. 蛛网状，12. 膜质单层，13. 双层，14. 易破碎，15. 生基部，16. 破碎后附菌盖边缘，17. 菌环可上下移动，18. 较厚，19. 齿轮状。

在菌柄上的着生位置因种而异，有的肥大，如双孢蘑菇，有的细小，如鸡腿菇。多数单层，如鹅膏菌。有的双层，如双环蘑菇。有的长在菌柄上部，称为菌环上位。有的生长在菌柄中部或下部，称为菌环中位或下位。多数菌环不能移动，但有的可以在菌环上上下滑动。多数菌环长久留在菌柄上，只有少数种的菌环易消失或脱落。

(3)外菌幕(universal veil)与菌托(volva)

在菇蕾发育幼期，包裹在整个菇蕾外面的一层薄膜，称为外菌幕。由于外菌幕的存在，在开伞前，菌盖、菌柄都不外露，菇蕾外形球形或卵形。随着子实体逐渐成熟，菌柄迅速延伸，外菌幕破裂后残留在菌柄基部形成一个膜质杯状物，称为菌托(图 2—25)。菌托的有无以及形态是分类的重要依据。菌托形状因种而异，主要类型有袋状(苞状)型、浅杯型、领口型、颗粒型、小托型、粉托型等。有些种类的外菌幕在子实体发育过程中全部消失，并不形成菌托。

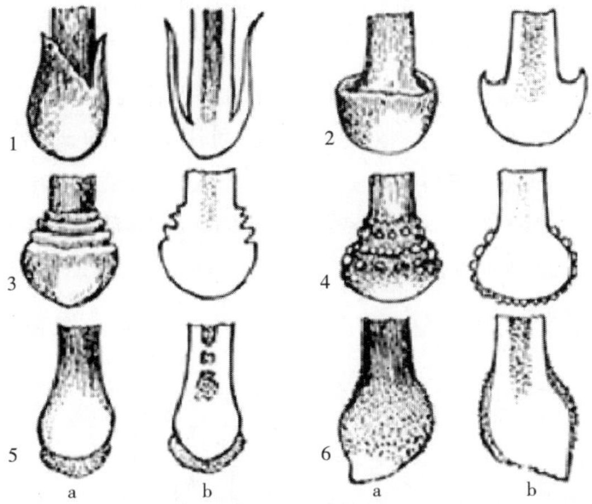

图 2—25 菌托特征

1. 袋状(苞状)型，2. 浅杯型，3. 领口型，4. 颗粒型，5. 小托型，6. 粉托型：a. 菌托，b. 菌托剖面。

(二)担子菌子实体的发育类型

担子菌子实体的发育可分为裸果型、被果形、假被果型和半被果型 4 种类型(图 2—26)。

1. 裸果型(gymnocarpous)

子实层从开始出现时就是裸露的，没有任何组织包裹。多数食用菌属于此种类型，如猴头、木耳、银耳、平菇、金针菇、灵芝、灰树花、红菇、牛肝菌等。

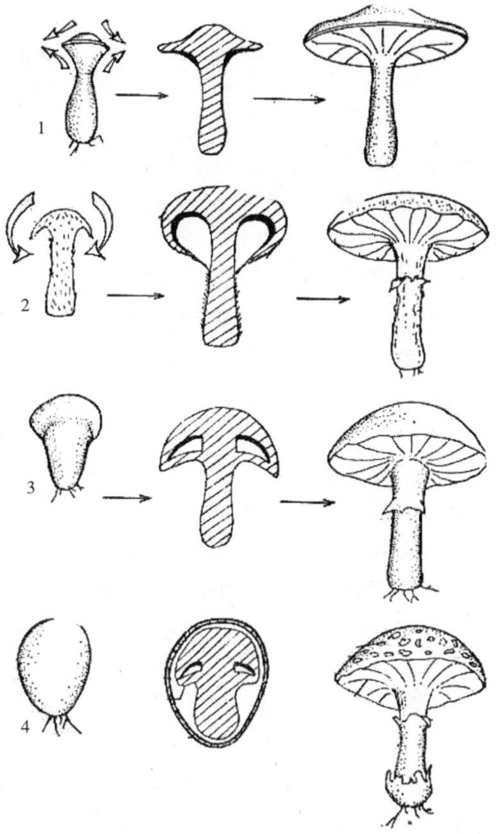

图 2—26 担子菌发育类型

1. 裸果型发育，2. 假被果型发育，3. 半被果型发育及仅具内菌幕，4. 半被果型发育，具内菌幕和外菌幕。

2. 被果型(angiocarpous)

子实层始终被包裹着，直至孢子成熟。常见的腹菌类属此类型，如马勃、灰包等。

3. 假被果型(pseudo-angiocarpous)

最初子实层形成时是裸露的。随后幼小菌盖边缘向菌柄内侧弯曲或幼菇菌柄向外扩展，形似被果型。子实体成熟时，菌柄伸长，菌盖平展，子实层又外露。蜡伞科、红菇科、牛肝菌科中的许多种类属于这种类型。

4. 半被果型(hemi-angiocarpous)

许多食用菌子实体发育属于这种类型。这些食用菌的子实体幼时或具有内菌幕，或具有外菌幕，或者两者都有。当子实体成熟时菌幕破裂，菌盖张开，子实层外露。

第三节　食药用菌的营养与生长

在适宜的条件下，食用菌不断吸收营养物质，进行生长和繁殖。一生需经历营养生长和生殖生长相互连续的两个阶段。从孢子萌发或菌种接种到培养料上开始，菌丝在基质内生长蔓延，直到菌丝开始扭结，这一生长阶段称为营养生长阶段。菌丝生长到一定程度并达到生理成熟，开始扭结形成原基、逐渐生长发育形成孢子，从原基形成到有性孢子产生这一生长阶段称为生殖生长阶段。营养生长是构建菌体，为生殖生长打基础；生殖生长是繁衍后代。

食用菌在利用营养、生长发育过程中包括分解代谢和合成代谢两个方面。营养物质通过细胞膜的吸收作用进入细胞内，或在食用菌胞外酶作用下成为小分子物质进入细胞内，再在胞内有序转化，将一种化学能转化为另一种化学能，如ATP。同时产生一些降解中间产物或前体物质，以维持生命活动和合成代谢所需，这就是分解代谢。在分解代谢中同样有糖酵解途径（EMP）、戊糖磷酸途径（HMP）和三羧酸循环途径（TCA）等。通过分解代谢获取细胞结构物质需要的前体物质和能量。食用菌获取能量主要靠有氧呼吸途径。呼吸作用的中心结构为线粒体，呼吸包括 3 个相互依存的步骤：三羧酸循环（TCA）、电子传递和氧化磷酸化。

食用菌将小分子物质如嘌呤、嘧啶碱基、有机酸及其他代谢物，合成细胞结构物质和一些次生代谢产物，这是合成代谢。分解代谢与合成代谢之间既相对独立又紧密联系，分解代谢中的许多小分子物质是合成细胞结构单元所需要的物质，有的是细胞组分中大分子物质，如多糖的结构单元。

一、食用菌的营养需求

所有食用菌都是化能异养型微生物，没有叶绿素，不能直接利用太阳能、二氧化碳和水合成糖类，生长发育需要的一切营养物质需要从外界摄取。

（一）营养物质

食用菌生长发育所需要的营养物质可分为碳源、氮源、无机盐和生长素 4 大类。

1. 碳源

为食用菌细胞的生长和新陈代谢活动提供碳素来源的营养物质称碳源物质。其主要功能：一是构成细胞的结构物质；二是供给食用菌生长发育的能量来源。碳素是食用菌菌体中含量最多的一种元素，占菌体成分的 50%～60%。食用菌吸收的碳源，大约有 20%用于合成细胞物质，80%用于维持生命活动所需要的能量。食用菌对碳素营养物质的需要量最大。

（1）碳素来源

食用菌能利用的碳源是有机碳，不能利用二氧化碳、碳酸盐等无机碳源。可利用的有机碳源非常广泛，包括各种糖、淀粉、果胶、纤维素、半纤维素、木质素、有机酸类和醇类等。其中对单糖、小分子有机酸和醇类等可直接吸收利用，而大分子的纤维素、木质素、淀粉等化合物，需要经过菌丝细胞所产生的胞外酶分解成葡萄糖、阿拉伯糖、木糖、果糖等简单糖类后，才能吸收利用。

（2）碳源利用

不同食用菌对不同碳源的利用能力不一样。如葡萄糖对于多数食用菌是利用较好的碳源，在含有葡萄糖的培养基上生长迅速，无适应期。而金针菇最好的碳源是淀粉，其次是葡萄糖、果糖、蔗糖。双孢蘑菇菌株“2796”最好的碳源是麦芽糖（见图 2—27）。

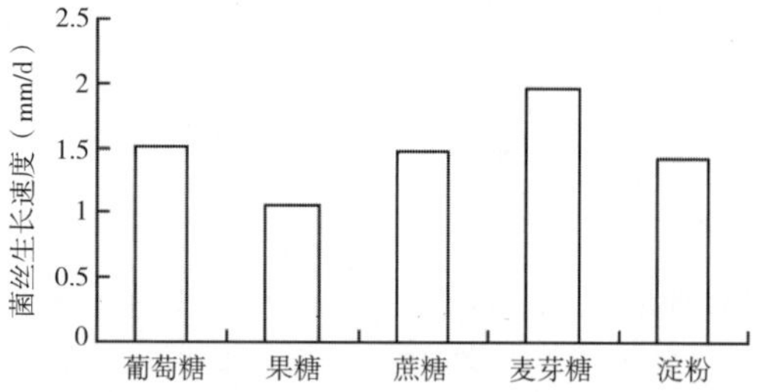

图 2—27　不同碳源对双孢蘑菇 2796 菌丝生长的影响

平菇、香菇、猴头菌、金针菇、黑木耳对纤维素、木质素都有一定的分解利用能力。对纤维素的分解能力以黑木耳最强。对木质素的分解能力以香菇最强，而双孢蘑菇对纤维素、木质素等多糖物质分解能力较弱，这类物质需经微生物发酵分解后才能利用。

生产中应根据不同食用菌对不同碳源的利用能力合理选择生产原料。如双孢蘑菇宜选用的栽培原料是麦秸和稻草，香菇宜选用木屑，平菇、金针菇宜选用棉子壳和玉米芯。为了促进菌丝在这类原料中快速生长，配制培养料时还应加入少量的白糖、葡萄糖等易利用的小分子碳源，作为食用菌生长初期的辅助碳源。以后食用菌菌丝会产生胞外酶，加速对纤维素等大分子物质的分解。

2. 氮源

氮素是合成食用菌细胞蛋白质、核酸和酶类的主要元素。

（1）氮素来源

食用菌可利用的氮源包括无机氮和各种有机氮。无机氮包括铵盐和硝酸盐，有机氮包括酵母膏、蛋白胨、牛肉膏和尿素、饼肥、黄豆粉、玉米面、麦麸、米糠、禽畜粪等。酵母膏、蛋白胨、牛肉膏因价格高，主要供试验和科研使用。生产上主要使用尿素、饼肥、玉米面、麦麸、米糠、禽畜粪等。其中麦麸因来源广泛、使用方便，成为栽培各种食用菌最常用的氮素来源。

（2）氮源利用

食用菌对不同氮源的利用能力不一样。多数食用菌利用较好的氮源是有机氮，有机氮在提供氮源的同时还可以促进碳源利用，有利于促进碳氮营养平衡。其中小分子氮源，如尿素和氨基酸能被菌体直接吸收，而大分子蛋白质需经胞外酶分解成氨基酸后，才能被吸收利用。

食用菌可以利用无机氮。相比之下，铵盐比硝酸盐更易被食用菌吸收利用。如果两者同时存在，食用菌一般先利用铵盐，后利用硝酸盐，这是因为氨是还原态的氮源物，硝酸盐是氧化态的氮源物。

（3）氮源浓度

培养基的氮源浓度对食用菌的菌丝生长有很大影响。一般来说，菌丝生长的最适氮源浓度为0.016%～0.064%。浓度过低，菌丝生长受到抑制；浓度过高，菌丝生长旺盛，生殖生长受到抑制。

为了提高培养料中的氮源浓度，生产上经常在培养料配制时添加尿素，但尿素在高温处理后易分解释放出氨和氰氢酸，使培养基的 pH 值升高，并有氨味，危害食用菌生长。因此，制种与熟料栽培的培养料中不宜添加尿素。食用菌发酵料栽培时可以添加尿素，但其浓度应控制在 0.1%～0.2%范围内，一般不超过 0.5%。

（4）碳氮比

碳和氮是食用菌需要的两大营养成分。食用菌在吸收利用碳和氮营养时，还需要合适的碳氮比（C/N）。碳氮比是指培养基中可给态的 C 和 N 的比例（包括大分子物质解聚后所产生的可溶性化合物）。多数食用菌适宜的碳氮比为20：1～30：1。碳氮比过高，菌丝成熟早，出菇早，但出菇少，质量差；碳氮比过低，菌丝生长浓密，但出菇晚。食用菌不同，对碳氮比的要求也不同。生产上应根据原料和食用菌种类灵活调节培养料配方。常见食用菌菌丝生长适宜碳氮比见表 2－12。

表 2－12 常见食用菌菌丝生长适宜碳氮比

食用菌种类	碳氮比
双孢蘑菇	17：1
灵　芝	23.6：1～31.1：1
香　菇	25：1～40：1
木　耳	30：1～40：1
金针菇	30：1
平　菇	20：1
猴　头	25：1
草　菇	20：1

3. 矿质元素

矿质元素是食用菌生命活动中的重要营养物质之一，包括磷、钾、硫、钙、镁等大量元素和铁、钴、锰、锌、钼、硼等微量元素。

矿质元素在食用菌生命活动中起着重要作用，有的存在于细胞质中调节菌体细胞的渗透压、pH 值和氧化还原电位，有的作为酶或辅酶的组成部分，或维持酶的活性，是酶的激活剂。各种矿质元素在食用菌生命活动中所起的作用见表 2－13。

表 2－13 各种矿质元素在食用菌生命活动中的作用

矿质元素		作　用
宏量元素	K	酶的激活剂，促进糖类代谢，控制原生质的胶态和细胞膜的通透性
	P	核酸、磷脂或辅酶的组成成分，参与磷酸化过程，生成高能磷酸化合物
	Mg	酶的活化剂，ATP 代谢
	S	氨基酸、维生素和含硫或巯基的酶等的组成元素
	Ca	酶的激活剂，质膜的组成成分
微量元素	Fe	细胞色素和辅酶的组成成分，在氧化还原反应中传递电子
	Cu	酶的激活剂和多酚氧化酶、抗坏血酸氧化酶的组成成分
	Mn	多种酶的激活剂，黄嘌呤氧化酶的组成成分，参与羧化反应
	Zn	酶的激活剂，参与有机酸代谢
	Co	维生素 B_{12} 的成分

食用菌生产中，在配制培养基时要注意添加 P、S、K、Mg、Ca 等大量元素，以促进菌丝生长，提高产量。这些元素可从磷酸二氢钾、磷酸氢二钾、硫酸镁、硫酸钙、石灰等化合物中获得，使用浓度以 100～500mg/L 为宜。Fe、Co、Mn、Mo、Zn 等微量元素需要量少（仅千分之几毫克），且广泛存在于水、麦麸、畜粪、麦秸、稻草、木屑、棉子壳等有机物中。除非有特殊要求，一般不必另外补充。

4. 维生素类

维生素是组成各种酶的活性成分，缺少维生素，酶失去活性，生命活动也就停止。在所有维生素中，以B族维生素和维生素H对菌类影响最大。维生素B_1（硫胺素）、维生素B_2（核黄素）是食用菌必需的生长素，缺乏时食用菌生长发育受阻，甚至不能出菇。某些食用菌不能合成维生素B_1，需要外源加入，适宜加入量为0.01～0.1mg/L。有些食用菌还需要微量的维生素B_5（泛酸）、维生素B_6（吡哆醇）、维生素B_{12}（氰钴氨素）、烟酸（维生素PP）、生物素（VH）、叶酸、尼克酸胺等。

5. 植物生长调节剂

植物生长调节剂是一类能够调控植物生长、发育和衰老的物质。这类物质含量甚微，但对植物的生长发育有重要影响。它们对植物细胞的分裂、伸长、分化和植物发芽、生根、开花、结实、休眠、脱落，以及性别的决定等都有重要的调节控制作用。

植物生长调节剂种类很多，有吲哚乙酸（IAA）、吲哚丁酸（IBA）、萘乙酸（NAA）、2,4-二氯苯氧乙酸（2,4-D）、赤霉素（GA3）、激动素（KT）、脱落酸（ABA）、乙烯（ETH）、油菜素内酯（BR）、6-苄基腺嘌呤（6-BA）、三十烷醇等。

近年来，大量研究表明，植物生长调节剂对食用菌菌丝体生长具有促进作用。吴邦平（1989）用不同浓度的NAA、6-BA和2,4-D对平菇菌丝及子实体进行处理，发现5～15mg/kg的浓度能促进平菇菌丝增长6.37%～13.96%；15mg/kg 2,4-D、5mg/kg NAA、15mg/kg 6-BA均使原基形成提早4天，采收时间提前4～6天，产量增加15.8%～31.48%；同时生物转化效率也明显提高，达到75%～85.13%。刘喜文等（1994）在猴头菌丝体发菌后用适当浓度和剂量的GA和2,4-D喷施于菌丝体上，与对照组相比，菌丝生长速度明显加快，生长周期缩短，生物效率提高；同时纤维素酶、多酚氧化酶的活性明显提高。证明生长调节剂能通过提高菌丝体酶的活性来促进碳供应和糖的吸收利用。

食用菌种类不同，植物生长调节剂所起作用也不同。据周魏等（2002）试验发现，在香菇营养生长阶段，6-BA、IAA、GA、三十烷醇等生长调节剂对菌丝稍有抑制或作用不明显（这一结果与生长调节剂在平菇、金针菇上相反），在子实体生长阶段尤其是二潮菇后喷施，才具有明显的增产效果。

关于植物生长调节剂对食用菌生长发育的调节机制，邱昌恩等（2002）在香菇研究中发现，6-BA促进香菇菌丝体生长，一方面是通过激活菌丝体一些胞外酶活性及提高菌丝体蛋白质、核酸含量，提高其代谢能力；另一方面调控香菇生长发育有关的基因表达。

营养条件对孢子萌发也有重要影响。如木耳担孢子萌发有两种方式：①直接发芽，孢子萌发后呈菌丝状。②不直接萌发为菌丝，而是先在担孢子中产生隔膜，隔成多个细胞，每个细胞长出1～2个小梗，小梗的基部粗，顶端细，上面可着生多个钩状分生孢子。培养基中糖的浓度是控制这两种萌发方式的主要因素。糖浓度在1%以下时，担孢子萌发产生分生孢子，而在1%以上以直接发芽为主。如果在含0.2%磷酸铵、2%纤维二糖的培养基上，木耳担孢子均直接发芽，发芽率达65%。将上述培养基中纤维二糖的浓度降为0.02%时，有78%的孢子产生分生孢子，而直接发芽率仅为0.1%。

（二）营养物质获得方式

原生质膜控制着细胞与外界的物质交换，物质要穿过原生质膜进入细胞，首先必须具有特定的大小、形状和溶解度。对于一些简单的小分子营养物质，如简单的糖、氨基酸、矿质元素等，可通过原生质膜被食用菌直接吸收，而对于复杂的大分子化合物，如纤维素、木质素、淀粉、蛋白质等，由于大小、形状等的限制，在它们被吸收之前，必须在食用菌的细胞外经过初步消化过程。食用菌获得营养的过程大体上包括消化和吸收两个步骤。营养物质的消化与吸收过程见图2—28。

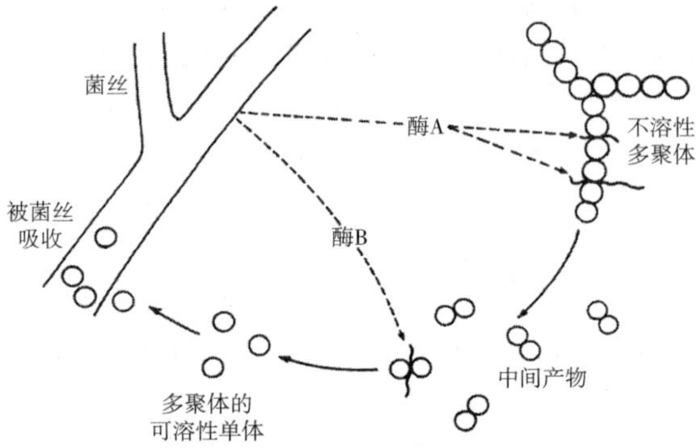

图2—28 营养物质的消化与吸收图

1. 消化

食用菌能分泌胞外酶，分解大分子化合物，使大分子变为小分子。这一过程是食用菌在吸收前的消化过程。

大分子的分解消化是一个逐步的过程，涉及到许多不同的酶，直到最后释放出简单的可溶性小分子，才能被食用菌吸收。如胞外酶对纤维素的分解包括3种酶的共同作用：C1酶作用于不溶性纤维素表面，使结晶纤维素链开裂，长链纤维素分子末端部分游离和暴露，从而使纤维素链易于水化；Cx酶作用于经C1酶活化的纤维素，分解β-1,4键生成纤维二糖、纤维三糖等；β-葡萄糖甘酶将纤维二糖、纤维三糖及其他低分子纤维糊精分解为葡萄糖。

2. 吸收

如果一种物质在大小、形状和溶解度方面能满足通过细胞原生质膜的条件，它以 3 种基本方式进入细胞中：自由扩散、协助扩散和主动运输。

（1）自由扩散

在没有其他分子协助的情况下，营养物质顺着电化学梯度进入细胞中的一种运输方式。这一过程不需要载体，不需要消耗能量，是一种简单的运输方式。一旦物质进入细胞，使细胞内外浓度梯度不再存在，自由扩散过程即终止。这种方式又称为被动运输。

（2）协助扩散

在细胞膜特异性载体蛋白协助下，营养物质顺着电化学梯度进入细胞的一种运输方式。这是被一种运输物质协助的主动运输过程，又称为促进扩散，这一过程也不需要能量。

（3）主动运输

在细胞膜特异性载体蛋白协助下，通过消耗能量，营养物质逆电化学梯度进入细胞的一种运输方式。

由于食用菌细胞具有主动运输系统，所以能将周围环境中少量的营养物质连续不断地运输进细胞而加以利用。

营养物质进入细胞的方式见图 2－29。

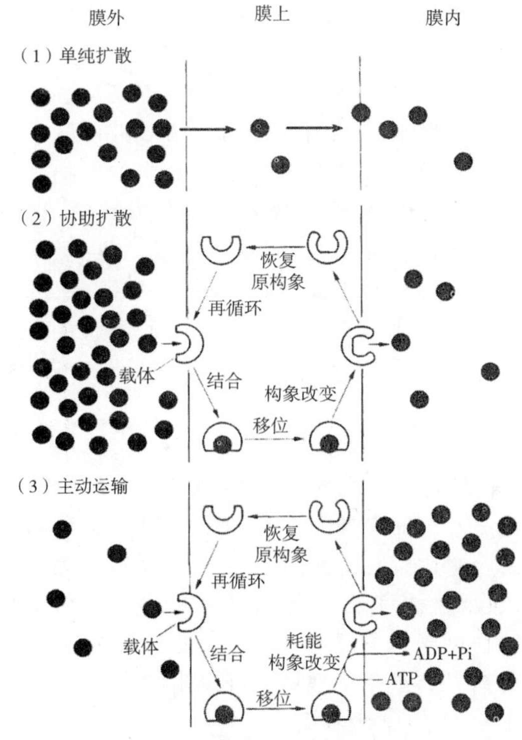

图 2－29 营养物质进入细胞的方式

几乎所有重要的离子通过主动运输被吸收，包括阳离子（如钾、镁、锰、铁和铅等）和阴离子（如磷酸根和硫酸根等）。K^+ 的吸收是显著的、高效率的，只要从呼吸过程中获得能量，K^+ 吸收可在浓度梯度达到5 000∶1 的状态下进行。

二、胞外酶对基质的降解

（一）培养基质中的大分子物质

食用菌属于异养型生物（heterotrophic organism），它们在自然生长状态和栽培条件下所利用的主要原料是树木、秸秆、棉子壳、玉米芯、木屑、麦麸等。这些原料的主要成分是纤维素、木质素、半纤维素、果胶质或蛋白质等大分子物质。例如，在完全成熟的木材中，纤维素约占 40％，半纤维素占 20％～30％，木质素占 30％～40％。在秸秆中，它们的含量分别是 30％～36％、15％～35％和18％～32％。它们是不溶于水或难溶于水的高分子物质，每个纤维素分子含 800～1 200个葡萄糖分子，相对分子质量为 60 万～150 万。

1. 纤维素

纤维素是植物细胞壁的主要组成成分，含碳量约占自然界有机体中碳总量的 40％。纤维素是由许多以 β-1,4-糖苷键连接而成的葡萄糖单糖的聚合体，在葡萄糖单糖上的第六碳原子呈反式连接，从而导致整个纤维素结构呈稳定的扁带状的微纤维，在微纤维之间还有牢固的氢键连接。天然纤维素具有一定的结晶区和无定形区，聚合度很大，一般为0.1万～1 万，结构紧密。纤维素分子结构见图 2－30。

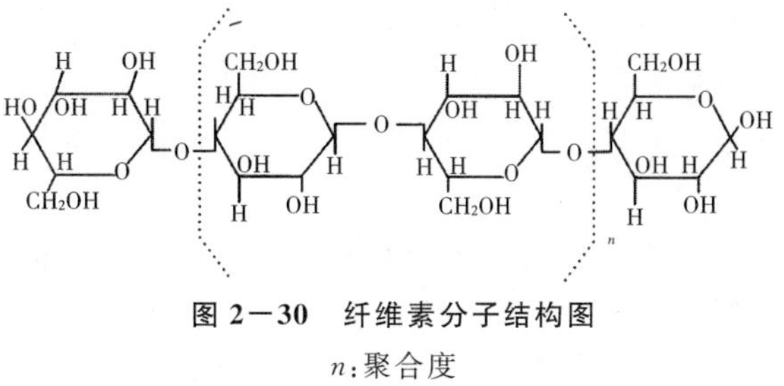

图 2－30 纤维素分子结构图

n：聚合度

2. 半纤维素

半纤维素不是均一聚糖，而是由许多不同的单糖聚合而成的混合体，大多带有支链。构成主链的单糖主要是葡萄糖、木糖和甘露糖，支链主要是阿拉伯糖、木糖、半乳糖、果糖、葡萄糖或葡萄糖酸等。

各种糖所占比例因原料不同而不同。木聚糖在半纤维素中所占比例最大，一般在 50％以上，有的占90%以上。这些糖之间分别以共价键、氢键、酯键或醚键相连接，结构复杂。

3. 木质素

木质素是由苯基丙烷为单体组成的天然聚合物，是维管束植物的主要成分。木质素是植物世界中仅次于纤维素的最丰富的有机高分子聚合物。在同一植物中，木质素的含量是恒定的，不同植物中木质素含量相差较大。例如，软木(针叶树)中木质素含量为27%～37%，而硬木(阔叶树)中木质素含量为16%～29%，草本植物中占14%～25%。它与纤维素、半纤维素被称为植物体的"三素"，植物光合作用所固定的CO_2有很大一部分被转化为木质素。

在木质素中，3个苯基丙烯烃单体经脱氢聚合而生成了木质素。这3个单体是3-(4-羟基丙基)-2-丙烯-1-醇(对-香豆醇)、3-(3-甲氧基-4-羟苯基)-2-丙烯-1-醇(松柏醇)、3-(3，5-二甲氧基-4-羟苯基)-2-丙烯-1-醇(芥子醇)。构成木质素的3个单体分子结构见图2—31。

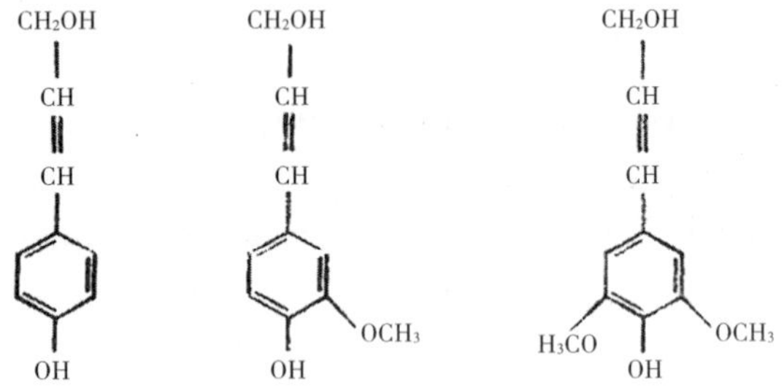

Ⅰ　　Ⅱ　　Ⅲ

图2—31　构成木质素的3个单体的分子结构

Ⅰ:3-(4-羟基丙基)-2-丙烯-1-醇(对-香豆醇)，Ⅱ:3-(3-甲氧基-4-羟苯基)-2-丙烯-1-醇(松柏醇)，Ⅲ:3-(3,5-二甲氧基-4-羟苯基)-2-丙烯-1-醇(芥子醇)。

4. 果胶

果胶是构成植物细胞间质的物质，它使邻近的细胞相连，虽在木材和秸秆中的含量不高，但是却起着非常重要的作用。它的降解有利于纤维素、半纤维素和木质素的降解。果胶是由*D*-半乳糖醛酸以α-1，4糖苷键连接形成的高分子物质，其中*D*-半乳糖醛酸的大部分(75%)羧基甲酯化。

5. 淀粉

淀粉是葡萄糖的多聚体，是一种可溶性直链淀粉和不溶性支链淀粉的混合物。淀粉在植物种子中含量很高，在农作物下脚料中含量较少。食用菌生产中除了菌种生产用的麦粒、玉米粒等基质外，其他原料如木屑、棉子壳、玉米芯等基质中淀粉含量一般很少。

6. 蛋白质

蛋白质是许多氨基酸通过肽键连接而成的大分子聚合物，是食用菌生产上的重要氮素来源物质，存在于玉米粉、麦麸、米糠、饼肥、畜禽粪等原料中。

(二)大分子物质降解的相关酶系

食用菌在其整个生命过程中能产生各种各样的酶，有些酶在菌丝体内起作用，参与各种代谢反应，称为胞内酶；有些被分泌到细胞外，用来分解自身所需要的营养物质，这些酶称为胞外酶。

食用菌培养基质中的大分子物质不能直接被食用菌吸收利用，必须首先分泌能降解大分子物质的各种胞外酶，通过这些酶的作用将大分子物质分解成可溶于水的小分子物质，然后被食用菌吸收利用。这些小分子物质进入细胞后，在胞内酶的作用下参与各种代谢活动。

没有胞外酶对基质的降解，食用菌无法生长和分化。食用菌分泌酶能力的大小和酶量的多少，很大程度上决定了食用菌生长的快慢、生长的好坏及子实体的形成和发育等。

1. 纤维素酶

纤维素的降解主要靠纤维素酶。纤维素酶是降解纤维素生成葡萄糖的一组酶的总称。它不是单种酶，而是起协调作用的多组分酶系。

目前普遍认为降解纤维素酶系由C1酶、Cx酶和*β*-葡萄糖苷酶组成。

C1酶:是对纤维素最初起作用的酶，它破坏纤维素链的结晶结构，起水化作用。即C1酶作用于不溶性纤维素表面，使结晶纤维素链开裂，长链纤维素分子末端部分游离，从而使纤维素链易于水化。目前采用滤纸酶活测定法(FPA法)测定C1酶的活性。

Cx酶:是作用于经C1酶活化的纤维素、分解β-1，4键的酶。主要包括内切β-1，4-葡聚糖酶和外切β-1，4-葡聚糖酶。内切型葡聚糖酶是从高分子聚合物内部任意位置切开β-1，4键，产生新的末端，主要生成纤维二糖、纤维三糖等。外切型葡聚糖酶作用于低分子多糖，从非还原性末端游离出葡萄糖。目前采用羧甲基纤维素酶(CMC)测定法测定Cx酶的活性。

β-葡萄糖苷酶:即将纤维二糖、纤维三糖及其

他低分子纤维糊精分解为葡萄糖的纤维素酶。

C_1 酶组分活力反映出食用菌分解天然纤维素结构的能力，Cx 酶组分是食用菌生长过程中获取碳源物质的主要限制因子。

上述 3 种酶之间有明显的协调作用。C_1 酶、Cx 酶和 β-葡萄糖苷酶协助降解纤维素的过程见图 2－32。

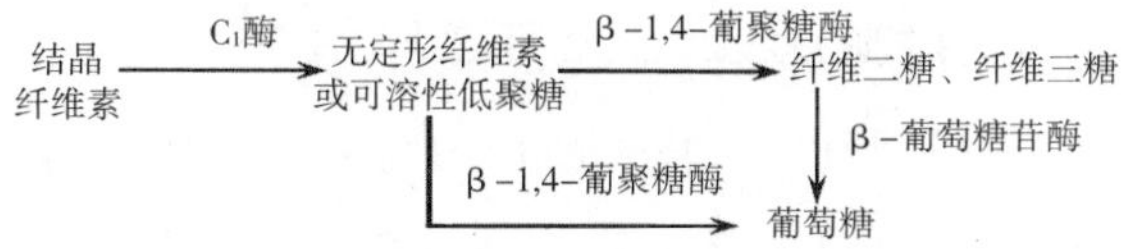

图 2－32 纤维素降解过程

2. 木质素酶

木质素由木质素酶降解。木质素是一种异质的不规则的聚合物，其结构、组分、种类和连接键类型多样，结构复杂，降解过程和相应的降解酶类也很复杂。木质素代谢途径见图 2－33。

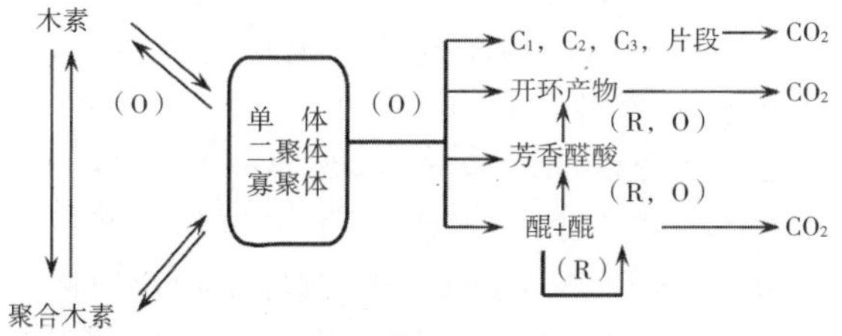

图 2－33 木质素的代谢途径

O(氧化反应)：Lip，MnP，laccase，活性氧，中介体。

R(还原反应)：醌还原酶，醛还原酶，酸还原酶。

参与反应的酶类包括木质素过氧化物酶（lignin peroxidase，Lip）、锰过氧化物酶（manganese peroxidase，MnP）、多酚氧化酶（以漆酶为主，laccase）、香草醛酸还原酶/醌还原酶。木质素降解过程主要是氧化反应，其中最重要的降解酶是 Lip、MnP、laccase。

木质素过氧化物酶：催化非酚类芳香族底物，以 H_2O_2 为最初底物。

锰过氧化物酶：催化酚类、胺类等依赖 Mn 的氧化，以 H_2O_2 为最初底物。

漆酶：含 Cu 的氧化酶，催化木质素相关酚类的电子氧化，尤其是丁香型木质素，形成酚氧基，导致 Cα 氧化，芳香基断裂以及侧链上 CαCβ 之间断裂，需 O_2 作为氧化剂。

3. 半纤维素酶

半纤维素由半纤维素酶降解。由于半纤维素所包括的化合物种类很多，半纤维素酶也各不相同，主要包括 β-葡聚糖酶、半乳聚糖酶、木聚糖酶和甘露聚糖酶、阿拉伯聚糖酶等。木聚糖由木聚糖酶水解，阿拉伯聚糖由阿拉伯聚糖酶水解。半纤维素比纤维素容易分解，但也需多种酶促反应才能完全水解。

半纤维素的降解首先被内切酶（葡聚糖酶、木聚糖酶等）分解而产生过度性短链，再被糖苷酶水解为单糖。半纤维素降解过程如图 2－34 表示。

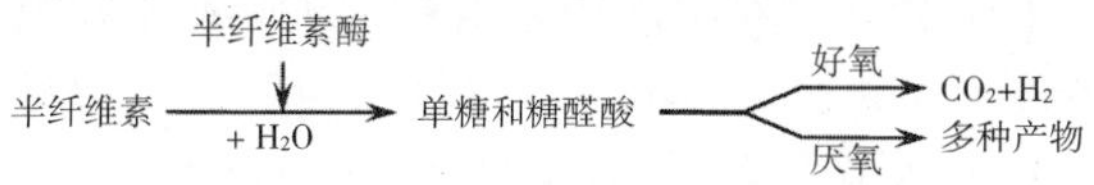

图 2－34 半纤维素降解过程

4. 果胶酶

降解果胶的酶称为果胶酶。它是一种诱导酶，包括两大类：一是催化果胶解聚的酶，它使果胶或果胶酸裂解成小分子；第二类酶是催化果胶分子中的酯水解的酶，它使果胶中的甲酯水解脱除，从而使果胶变成果胶酸。这类酶只有一种，称为果胶酰基水解酶。

第一类果胶酶又包括两类：一是作用于果胶的酶，包括聚甲基半乳糖醛酸酶和聚甲基半乳糖醛酸裂解酶；二是作用于果胶酸的聚半乳糖醛酸酶和聚半乳糖醛酸裂解酶。

果胶的降解在聚甲基半乳糖醛酸酶和聚甲基半乳糖醛酸裂解酶的作用下降解成为小分子物质，或在果胶酰基水解酶的作用下去除甲基而成为果胶酸。果胶酸再在聚半乳糖醛酸酶和聚半乳糖醛酸裂解酶的作用下降解成为小分子物质。这些小分子物质最后被细胞吸收和利用。

果胶酶普遍存在于植物和微生物中。目前研究得比较多和比较清楚的果胶酶是真菌产生的果胶酶，对食用菌果胶酶的系统研究还较少。

5. 淀粉酶

淀粉分解酶称为淀粉酶，是一系列与淀粉有关的酶的总称，包括 α-淀粉酶、β-淀粉酶、糖化酶和异淀粉酶等。α-淀粉酶又称淀粉 1,4-糊精酶，能够切开淀粉链内部的 α-1,4-糖苷键，将淀粉水解为麦芽糖，含有 6 个葡萄糖单位的寡糖和带有支链的寡糖。β-淀粉酶又称淀粉-1,4-麦芽糖苷酶，能够从淀粉分子非还原性末端切开 1,4-糖苷键，生成麦芽糖与极限糊精。糖化酶又称淀粉-α-1,4-葡萄糖苷酶。此酶作用于淀粉分子的非还原性末端，依次切开淀粉的 α-1,4-糖苷键，生成葡萄糖。此酶作用于支链淀粉后的产物有葡萄糖和带有 α-1,6-糖苷键的寡糖，作用于直链淀粉后的产物几乎全部是葡萄糖。异淀粉酶又称淀粉 α-1,6-葡萄糖苷酶、分枝酶,此酶作用于支链淀粉分子分支点处,将支链淀粉的整个侧链切下变成直链淀粉。

6. 蛋白酶

蛋白质在蛋白酶和肽酶的作用下被水解为肽和氨基酸,氨基酸直接进入细胞后参与细胞内的一系列脱羧、脱氨等复杂的生化反应。通常认为,胞外蛋白酶只有在基质中氮源、碳源或硫源有限的条件下才能被诱导出来。根据蛋白酶作用的最适 pH,胞外蛋白酶分为酸性、中性和碱性 3 种。营养菌丝中大多同时含有酸性蛋白酶和中性蛋白酶。蛋白质分解过程见以下程序。

$$\text{蛋白质}\xrightarrow{\text{蛋白酶}}\text{多肽}\xrightarrow{\text{肽酶}}\text{氨基酸}$$

(三)培养料发酵与基质降解

在食用菌生产中,鸡腿菇和双孢蘑菇必须采用发酵料栽培。其他一些食用菌(如平菇),发酵料栽培也是应用较广泛的一种方法。在发酵过程中,嗜热微生物对基质的降解可以为食用菌生长提供易于利用的营养物质,从而促进菌丝生长。微生物胞外酶活性与培养料中大分子物质降解量、培养料干重损失及培养料的发酵质量密切相关。

培养料发酵最有利于胞外酶分泌的温度是50℃左右。如棉子壳发酵 6 天时,胞外羧甲基纤维素酶、半纤维素酶、淀粉酶、漆酶和果胶酶 5 种胞外酶在 40～50℃时活性较高,60℃时活性较低,70℃以上活性消失。对应的培养料中木质纤维素降解量和培养料干重损失量,在发酵温度 40～50℃时最大,60℃时较小(梁丽琨,2002)。双孢蘑菇培养料后发酵时,分为两个阶段:一是巴氏消毒阶段,即培养料前发酵结束后拆堆进房,将菇房密封加温,在 60℃温度下保持 6～8 小时;二是通风控温阶段,即在巴氏消毒结束后,通风使堆温逐渐降至48～52℃,保持 4～7 天,这一阶段也是后发酵的最主要阶段。其机制是通过控制 50℃左右的温度,促使嗜热性微生物大量繁殖,促进培养料大分子化合物的降解与转化,为蘑菇提供高质量的培养料。

培养料发酵一方面可以促使嗜热微生物在发酵料中生长繁殖,促进培养料中纤维素等成分降解,为食用菌生长提供易利用的营养物质。另一方面随着微生物的利用,发酵料干重不断减少,从而减少食用菌可利用的营养物质,降低食用菌产量,这也是平菇菌丝在发酵料基质上比在生料和熟料基质上生长快,但产量低的原因。因此,培养料发酵要适度,一般棉子壳发酵料栽培平菇等食用菌时,适宜发酵时间一般为 5～7 天,玉米芯发酵适宜时间为 15～20 天。另外在发酵过程中为了促进有益微生物的大量繁殖,以提高培养料中的胞外酶活性,培养料需要保持较好的通气状态。发酵期间及时翻堆是控制培养料发酵质量的一个重要措施。

(四)食用菌生长与基质降解

食用菌对营养物质的利用与基质降解有直接关系。基质的降解主要体现在胞外酶活性上,大多数食用菌胞外酶活性变化和基质降解规律表现一致。食用菌胞外酶活力强弱与食用菌生长发育密切相关。

不同食用菌胞外酶活性不一样,胞外酶活力强的菌株,菌丝生长速度快。例如金针菇不同菌株间凡是漆酶活性高的菌株,菌丝生长速度快,培养时间缩短。鸡腿菇、秀珍菇、鲍鱼菇和杏鲍菇 4 种食用菌中,鸡腿菇 Cx 酶活性最高,鲍鱼菇最低。菌丝生长表现也是鸡腿菇菌丝生长速率最大,鲍鱼菇最小(陈军等,2006)。

胞外酶分泌相对较多,菌丝生长速度快。例如液体培养比固体培养菌丝生长速度快。通过对鸡腿菇、秀珍菇、鲍鱼菇和杏鲍菇等 4 种食用菌胞外酶活力分析发现,液体培养菌丝胞外酶活力都比固体培养高;培养 5 天时,培养液中纤维素总酶活力高出固体中的 2 倍以上(陈军等,2006)。

不同生长时期食用菌胞外酶活力大小不一样。据吴丹、刘小朋(2007)研究发现,糙皮侧耳在纤维废弃物上生长过程中,羧甲基纤维素酶(CMC酶)、半纤维素酶(HC 酶)在菌丝体阶段和原基期酶活性很低(0～2U 左右);在菇蕾期(菌盖 2cm 左右)之后,酶活性开始上升;在子实体迅速生长期间(幼菇—子实体成熟)酶活性迅速增加;子实体成熟期,培养基中出现酶活性高峰;在子实体采收后活性迅速下降。草菇子实体发育过程分为针头期、小纽扣期、纽扣期、蛋形期、伸长期、成熟期,蛋白酶活性在纽扣期最低,蛋形期开始上升,伸长期和成熟期上升明显,成熟期时的活性是伸长期时的 4 倍、蛋形期的 8 倍左右。过氧化氢酶活性从针头期到蛋形期缓慢上升,从蛋形期到成熟期突然急剧上升 15 倍左右。过氧化物酶活性从针头期到伸长期缓慢上升,从伸长期到成熟期也急剧上升。这些酶活性的增强可能为食用菌的旺盛生长提供了营养上的保障。

酶活力的强弱对出菇和产量有一定的影响。例如黑木耳与毛木耳在菌丝生长阶段均产生多酚氧化酶，分解基物中的木质素和其他酚类化合物供菌丝体生长利用。不同菌株产生多酚氧化酶的能力与结实能力有关，菌丝生长快的菌株则酶活高，酶活高且钝化快的出耳早、产量也高。

据报道，食用菌酶活性和抗杂菌性有关。黑木耳属抗霉性强、产量高的菌株，漆酶、多酚氧化酶、过氧化物酶活性普遍较高。这三类酶通过多种途径将木质素氧化分解为酚类，酚类继续被氧化为醌类物质。酚类是一种具有一定毒性的物质，在许多组织中具有防御外界虫类或杂菌侵染的功能。通过木质素的分解，一方面满足了木耳本身的生理需求，另一方面产生的酚类物质对杂菌的生长起到一定程度的抑制作用。低抗霉、低产量的菌株比高产量、高抗霉菌株具有更高的纤维素分解能力。纤维素酶分解后产生较多的还原糖，虽然还原糖有利木耳生长，但也有利于霉菌的产生。

同一种酶在食用菌不同生长发育时期，活性大小不一样。纤维素酶、半纤维素酶和木质素酶是食用菌生长发育过程中重要的几种酶，这几种酶在菌丝生长期和子实体生长期表现的酶活性不一样。许多研究表明，在菌丝生长期间，木质素酶活性出现高峰，在子实体生长前期较低，后期消失；纤维素酶、半纤维素酶的活性在菌丝体生长期间较低。随着子实体的形成和成熟，活性逐渐增强，子实体成熟时酶活性达到最大值，子实体采收后，酶活性下降，达到最小值。培养料成分可影响这几种酶活性大小，但不影响酶活性变化规律（图2—35）。

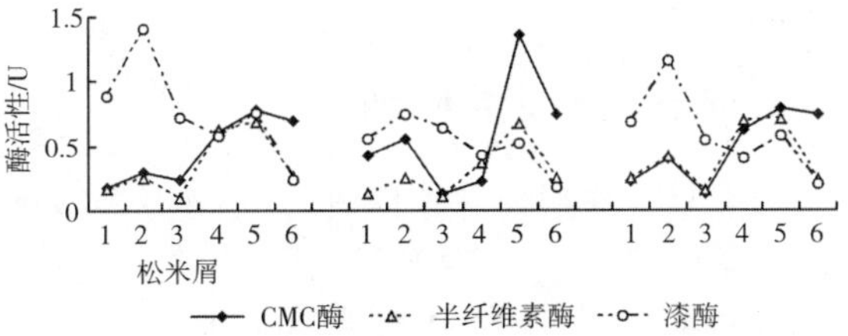

图 2—35　黑木耳不同生长期酶活变化

生长期分别为：1. 菌丝长至 1/3 菌袋时，2. 菌丝长至 2/3 菌袋时，3. 菌丝长满袋时，4. 原基出现，5. 子实体成熟，6. 采收后第 7 天。

食用菌胞外酶多数属于诱导酶，培养基质中一些物质能诱导酶的分泌。据报道，在培养基中添加枸杞子物质可促进云芝纤维素酶和半纤维素酶的产生和分泌，从而提高纤维素酶和半纤维素酶的活性。在培养基中添加硒，明显促进灵芝胞外酶的活性。对香菇的研究发现，培养基中加入少量的米糠，可诱导纤维素酶产生。据报道，这是菌体适应环境的结果，为了获得蛋白质中的氮素而产生的（North，1982）。

一些生长调节剂也是食用菌胞外酶的诱导物。李冠喜等（2003）选用 GA、KT、2，4-D、6-BA 等 4 种生长调节剂测定不同生长调节剂及其组合对白灵菇菌丝体生长的影响。结果显示，GA、2，4-D对菌丝生长均有很大的促进作用，并对白灵菇菌丝胞外纤维素酶、多酚氧化酶、淀粉酶、过氧化氢酶均有显著的促进作用。说明生长调节剂促进白灵菇的生长发育在代谢水平上的作用机制主要靠生长调节剂激活白灵菇的这些胞外酶的活性，来提高白灵菇对培养基中的纤维素、木质素、淀粉等物质的降解，提高白灵菇对这些营养物质的利用率，进而促进其生长发育。

三、食用菌的营养生长

从孢子萌发或者菌丝接种到培养基质上开始，菌丝在基质内生长蔓延，直到菌丝扭结形成原基。这一生长阶段称为营养生长阶段，即菌丝体生长阶段。

（一）菌丝生长特性

食用菌营养生长是以菌丝方式生长，菌丝生长一般从孢子萌发开始。孢子萌发一般先产生一短的芽管，即一段短菌丝，然后菌丝从这个生长点向各个方向蔓延生长，形成庞大的菌丝群体——菌丝体。

菌丝在生长伸长过程中具有顶端生长特性和分枝生长特性。

1. 菌丝顶端生长特性

食用菌菌丝一般呈管状，顶端部位呈圆拱形。菌丝的生长点在顶端，即其生长部位仅限于菌丝顶端的圆拱形区域，在直径均匀的后部管状区域几乎不再伸长。Gow（1994）指出，菌丝的生长速率在顶端最大，距顶端 1μm处的合成速率可能是 50μm 处的 50 倍。而在伸长区的基部，生长速率可能降为零。

（1）菌丝顶端生长中泡囊的作用

菌丝顶端生长的机制，目前普遍认为和顶端菌丝细胞内泡囊的聚集有关。在研究菌丝顶端细胞的超微结构时发现，在顶端 1～2μm 的顶部区域含有大量的原生质的泡囊（vesicle），缺乏其他细胞内含物。生长停止时，这些泡囊扩散开，分布在整个细胞中。只有当这些泡囊重新聚集在顶端时，生长才重新开始。例如，粗糙脉孢菌在 25℃下，每分钟顶端生长 40μm，估计3.75万个泡囊与质膜融合。菌丝生长点与泡囊见图 2—36。

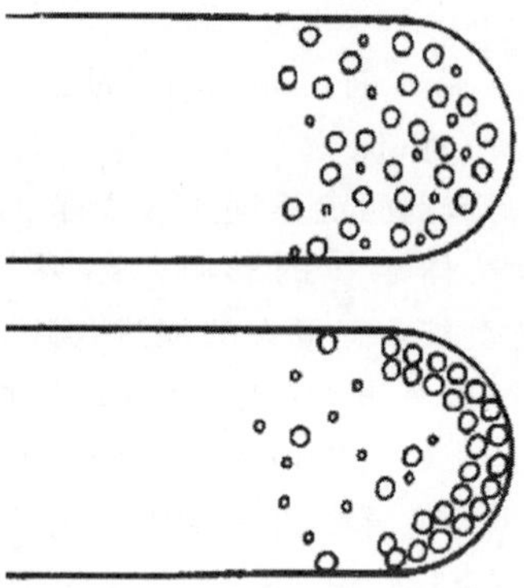

图 2—36　顶端菌丝细胞与泡囊

菌丝顶端泡囊聚集导致顶端的延伸生长。关于泡囊在菌丝顶端生长中的作用，有人提出它有三重性：①运输细胞壁溶解酶去破坏原来壁组成之间的键；②运输新的细胞壁物质，并在细胞壁合成酶的作用下并入细胞壁中，增加细胞壁的面积；③在生长期间增加原生质膜的表面积。菌丝顶端泡囊中含有丰富的多糖、几丁质合成酶类、细胞壁溶解酶类、细胞壁合成酶类以及一些合成细胞壁的前体物质等。当它们移向顶端与原生质膜融合后，释放它们的内含物并融合到细胞壁中(图 2—37)。

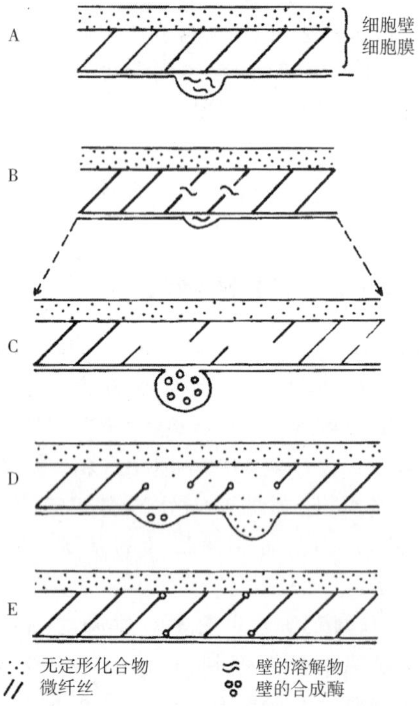

图 2—37　细胞壁生长

A. 含有细胞壁溶解酶的泡囊与原生质膜融合，B. 在胞壁溶解酶的作用下，胞壁原来组成之间的键被破坏，C. 含有合成酶的泡囊与原生质膜结合，D. 新细胞壁成分进入泡囊，或者由原生质膜释放出来的前体合成新的胞壁成分，E. 一个新的细胞壁单位形成。

顶端生长被认为是细胞壁水解、细胞壁合成和细胞壁膨压之间的动力平衡，破坏这一平衡会改变生长的模式。

(2)泡囊向顶端迁移的驱动力

菌丝顶端生长依赖于泡囊与原生质膜的融合，但是泡囊产生区域是在菌丝的亚顶端，泡囊是如何移向顶端呢？关于泡囊向顶端迁移的驱动力，目前认为和细胞质流、微管和电位势梯度有关：①细胞质的流动驱使和带动了泡囊移向顶端；②泡囊借助于顶端和亚顶端区域之间水的电位势梯度而驱动；③在菌丝细胞中，微管与菌丝生长方向平行，因此，可能微管运输泡囊到菌丝顶端。

细胞质的流动对菌丝生长来说非常重要。在正常情况下，菌丝中原生质流动很快。菌丝逐渐硬化的细胞壁和逐渐扩大的液泡压力，使菌丝内原生质从衰老的部位向顶端移动，同时满足了菌丝顶端生长所需的营养物质的供给。如果把菌丝顶端从菌丝上切下，那么，生长速度就缓慢下来。这证实了尽管菌丝顶端具备了生长的一切因素，如果缺乏营养物质的供给，也不能正常生长，而细胞质的流动可以源源不断地提供这些物质。

(3)菌丝养分输送

菌丝养分的输送是通过基质内的菌丝吸收，然后输送到菌丝的顶端。可用两种方法来测定：一种是用具荧光或放射性同位素进行示踪显影；另一种是用小培养皿装完全培养基，套在只装水洋菜的大培养皿中央，待菌丝从完全培养基中越过空档长入水洋菜平板后，对其顶端菌丝进行化学分析。通过上述两种方法都可证明菌丝是养分输送的管道。

2. 菌丝分枝生长特性

菌丝只有顶端部分才能生长，后端不能生长。如果一条菌丝只有一个顶端，可以想象其生长速度将会非常的缓慢，远远不能满足生长需要。而实际情况是菌丝生长蔓延速度非常快，它是如何实现的？菌丝是通过分枝来增加顶端数目，增加生长点数量，从而保证其较快的生长速度。菌丝分枝生长方式见图 2—38。

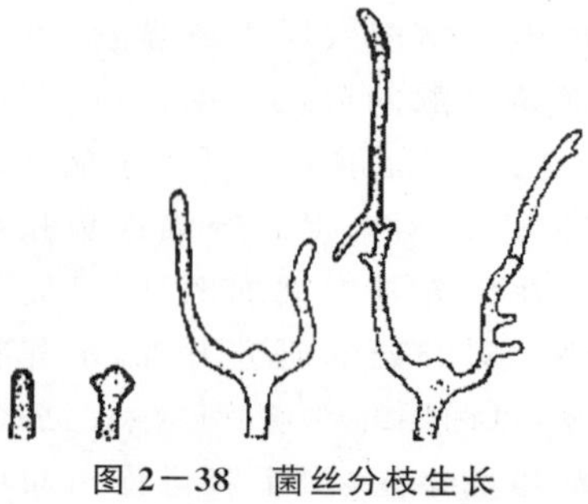

图 2—38　菌丝分枝生长

研究发现，菌丝在生长过程中，单个菌丝生长量是不变的，即菌丝顶端的数目总是与菌丝的长度和细胞质的体积保持一定的比例关系。当细胞质的体积变大，这种比例关系变化时，新的顶端产生了。单个菌丝生长量可用下式表示：

单个菌丝生长量(μm)＝菌丝总长度(μm)/菌丝顶端数

菌丝分枝生长是丝状真菌生长的一个共有特性，是丝状真菌菌丝生长蔓延的一个重要前提。一个简单的未分枝的菌丝，几乎沿着菌丝长度的任何一点产生分枝，第一次分枝上再产生第二次分枝，第二次分枝上再产生第三次分枝，如此连续不断。菌丝通过分枝增加顶端数目和向外生长蔓延，液体振荡培养时菌丝向各个方向快速生长，形成球状的菌丝体(称为菌丝球)。平面固体培养时菌丝向四周伸展，整个生长系统类似松柏树的树枝，最终形成圆形菌落(图2—39)。

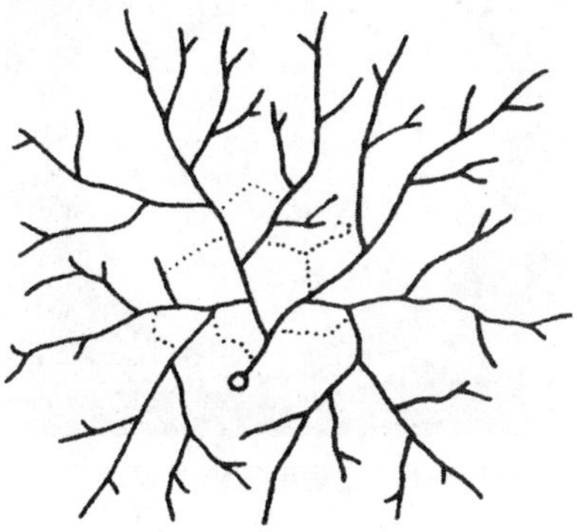

图2—39　菌丝生长系统

在一些种内，分枝是在隔膜之后形成的，可能是泡囊在朝向顶端迁移的过程中在隔膜后被吸引，而且开始积累，并启动细胞壁的水解、膨胀，其后形成分枝。在许多种内，隔膜的部位和分枝没有相关性。对此有人提出了两种基本假设来解释分枝形成的模式：一种认为泡囊和特殊的细胞质区段之间的电位势引起局部的泡囊积累；另一种认为当菌丝顶端泡囊与质膜合并的速率低于泡囊产生的速率时，泡囊大量积累，这样，一旦细胞质的体积超过临界量，过量的泡囊无论在菌丝的哪个部位，都将产生一个新的分枝。

营养水平对菌丝分枝影响很大。在缺乏营养的培养基上，分枝稀少；在营养丰富的培养基上，分枝稠密。但在一定的时间范围内，培养基的营养水平与菌落的扩展速度关系不密切，说明基质中的营养物质对于维持分枝行为非常重要。

自然条件下，菌丝通过分枝和顶端生长特性，可以逐渐形成很大的菌丝群体并向外扩展至很远，如人们常常发现的蘑菇圈现象。蘑菇圈是指蘑菇子实体在草原、林地上呈圈带状生长的生态学现象，其形成和菌丝顶端生长和分枝特性有关。蘑菇菌丝在地上生长时，通过分枝和顶端生长逐渐向外延伸，其菌落年复一年地向外扩大。随着时间的延长，菌落中间的菌丝因为营养缺乏和老化而逐渐死亡，只剩下周围一圈菌丝。随着年限的不断增进，菌丝圈也逐渐扩大。在土壤中人们看不见菌丝，当产生子实体并从地上长出蘑菇时，便形成一蘑菇圈。过去人们不知其形成原理，有人说是天上的仙女下来跳舞留下的脚印形成的，因而被称为仙女环。在同一蘑菇圈中可能同时存在2种(或2种以上)蘑菇。蘑菇圈的形状除圆形外，还有椭圆形、半圆形、弧形等，这主要取决于地形、土质、植物、水分等生态条件。蘑菇圈的大小由几米到几百米，据报道，最大的蘑菇圈达400m。

(二)菌丝生长的4个时期

食用菌菌丝在生长过程中，在不同阶段，生长表现不一样，生长速度也不一样。大致可划分为4个时期，即生长迟缓期、生长快速期、生长减速期和生长停止期。

1. 生长迟缓期

这个时期是指少量菌丝接种到培养基上后，由于菌丝转接过程中的机械损伤、接种前后环境的差异等，在开始培养的一段时间内，菌丝有一个适应过程，生长很缓慢。

迟缓期的长短与菌种类型、菌龄、培养基种类及接种前后环境如温度、湿度、培养基成分等差异程度有关。原来所处环境与新环境差别越大，迟缓期越长，反之越短。例如，在菌种生产中，由母种转接原种时，由于母种与原种培养基原料、培养基养分、物理性状等差异较大，菌丝定植萌发慢，迟缓期长；由原种转接栽培种，由于原种培养基与栽培种培养基原料、养分和物理性状相似，菌丝定植萌发快，迟缓期短；如果由母种直接接入栽培种甚至生产用培养料中，菌丝迟缓期更长，甚至不能定植萌发，导致死亡。

在培养环境和培养基成分等相似的条件下，液体培养时菌丝迟缓期一般1天左右，固体培养时迟缓期一般1～3天。

2. 快速生长期

生长迟缓期过后，菌丝适应了新的环境，开始进入快速生长期。菌丝生长速度表现为直线上升，日均生长量最大。

食用菌生产中，这一时期与菌丝生长量、菌丝养分积累、后期出菇状况关系十分密切。如果菌丝进入这个时期快、快速生长期维持时间长，菌丝生长量就大，养分积累多，为子实体发生和生长积蓄的营养多，后期形成的子实体多，且质量好、产量高。

因此，在食用菌生产中，应创造适宜的环境条件，尽可能地维持较长的菌丝快速生长期，以缩短菌丝培养时间。

3．生长减速期

菌丝经过一段时间的快速生长后，由于养分持续消耗、基质中氧气缺乏、对菌体本身有害的代谢产物积累等，菌丝生长进入减速期，表现为日均生长量越来越小。

食用菌生产中，为了促进菌丝快速生长，缩短减速期时间，需要及时改善菌丝生长环境。例如在食用菌菌种生产时，栽培种如果是用生料或者发酵料制作的，在栽培种生长的后期可以解开菌袋两端的绑绳，以改善菌袋内通气状况，促进菌种快速生长。同样，在香菇大袋花菇栽培过程中，为了保持菌丝较快生长，需要定期在菌袋上刺孔，以改善菌丝生长期间袋内通气状况，避免减速期的发生。在液体发酵培养中，近代采用连续培养方法，不断补充营养物质，同时，洗脱或排除有毒或老化物质，或不时纠正不适合的 pH 值，都可得到一定的效果。

4．生长停止期

随着生长时间的延长，菌丝生长越来越慢，最后进入生长停止期。这种现象在液体培养时表现尤其明显。这时菌丝干重逐渐减少，培养液中出现较多的 N、P。这是因菌丝老化自溶、菌丝细胞中的有机质分解而把 N、P 释放到培养液中所致。镜检可发现菌丝内液泡增多，储藏物质减少。

在食用菌生产上要尽可能避免生长停止期的发生，在菌丝长好后应及时使用或出菇。

（三）菌丝生长的测定方法

食用菌菌丝生长的测定，是鉴定菌种特性、迅速判别菌种质量的一个重要手段，在生产实践中具有重要意义。

食用菌生长测定方法很多，常用方法有如下几种。

1．菌丝长度测定法

将待测菌株点种于固体培养基平板中心，生长一定时间后在显微镜下用测微尺测定。测量时先在菌落边缘选一单根的菌丝侧枝处作参照点，定时测量其长度，可求出一定时间的菌丝生长速度（图 2—40）。

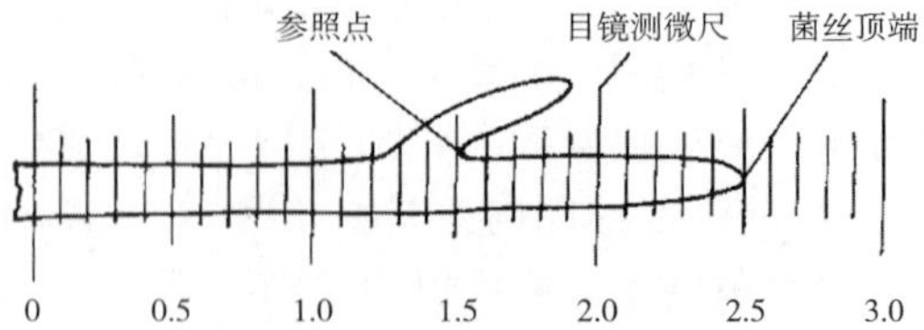

图 2—40　菌丝生长长度测定

2．菌落半径测定法

用圆孔管接种器将待测菌丝块切成一定大小的圆形小菌饼，将菌饼点接于固体培养基平板中央。接种后经过培养，待菌丝长出 0.5～1.0 cm 时，划一条生长速度测量起始线，继续培养若干天，再划一条生长速度测量终止线，将测量起始线与终止线距离除以天数。

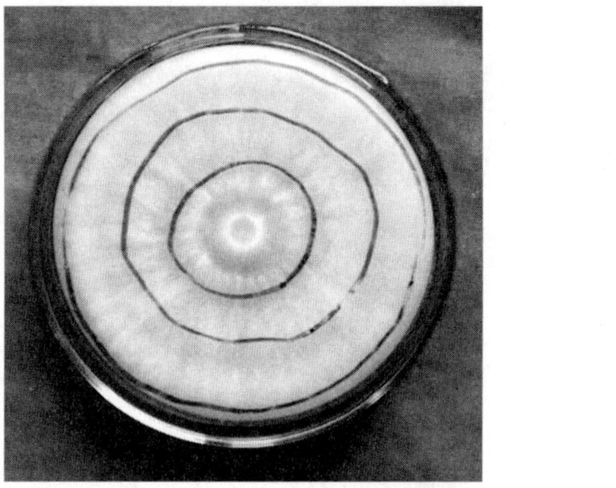

图 2—41　菌落半径增长速度测定

3．菌落直线扩展速度测定法

用一 U 形培养管，管长 40cm，内径 1.3cm，两端 5cm 处弯成 45 度角，内盛固体培养基达直径一半，两端加棉塞灭菌。凝固后从一端接种，测定生长长度，并计算生长速度（图 2—42）。

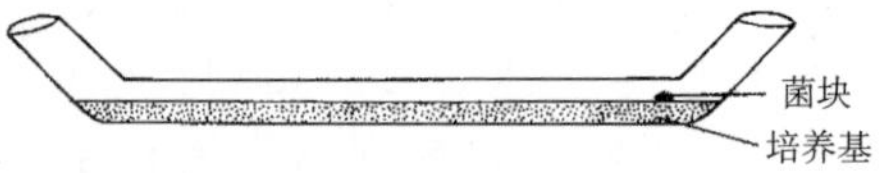

图 2—42　菌落直线扩展速度测定

目前食用菌生产中常用一种测定菌瓶或菌袋中菌落扩展速度的方法，与此法相似。定时在扩展边缘划线，然后测定两条线间的距离。此法简单，但不精确，常用来做初步测定。

4．菌丝干重测定法

通过测定单位体积培养液中菌丝体干重的方法，来表示菌体的生长量。这是测定菌丝物质较为直接而可靠的方法，但只适用于菌体浓度较高的样品，而且要求样品不含菌丝体以外的其他干物质。干重法的具体操作：将培养液中的菌丝过滤、洗涤，如菌丝较黏，也可采用离心方法，取得菌丝后在70～80℃条件下烘干秤重。

也可以用直接测定菌丝湿重法，省去烘干步骤。

5. 菌丝生物量间接测定法

根据已知菌丝含N量、RNA(核糖核酸)等的含量，通过分析样品中的全氮量或核糖核酸量而推算菌丝重量。例如，已知一般干菌丝含N 4.5%～8.5%，含RNA 2.0%～4.0%，据此通过分析样品中的全氮量或核糖核酸量，推算出菌丝重量。

(四)影响营养生长的环境因子

食用菌生长发育受内部因素的控制和外部因素的影响。内部因素由食用菌自身的遗传性所决定，外部因素是各种外界环境条件，包括物理因素、化学因素和生物因素等。曾有人提出，有25种因素不同程度地影响着食用菌的生长发育。影响营养生长的环境因子主要是水分、温度、光照、空气、酸碱度5个因素。每种环境因子对食用菌生长有其最适点、最高限和最低限，超过高限或低于低限，菌丝都不能生长，甚至会导致死亡。在食用菌生产中，只有充分了解各种食用菌所需要的环境因子，尽可能地满足它们的要求，协调好内外因素之间的关系，才能获得高产、稳产。

1. 水分

水分是影响食用菌营养生长的重要环境因子之一。水分是食用菌菌体的重要组成成分，菌丝体含水量通常在70%～80%；水又是菌体细胞内最重要的媒介，食用菌所需要的营养物质必须溶解到水中，才能被菌丝细胞吸收、输送、利用。同时细胞内的一切生化反应都是在水溶液中进行的。此外，由于水的比热高，又是热的良好导体，所以能有效地调节菌体细胞的内外温度。

影响食用菌营养生长的水分因子主要体现在基质含水量和空气相对湿度两个方面。

(1)基质含水量

菌丝生长在基质内，所需要的水分绝大部分来自基质，因此，基质含水量对营养生长的影响最大。基质含水量太多，影响基质通透性，造成通气不良，影响菌丝呼吸和生长，通常表现为菌丝生长速度慢、生长不均匀、前端生长不整齐、部分菌丝出现索状。基质含水量太小，不能满足菌丝生长对水分的需求，菌丝同样生长不好，通常表现为菌丝生长细弱、缓慢。只有基质含水量适宜时，菌丝才能生长正常，表现为菌丝洁白、均匀、粗壮、浓密、生长势旺盛。基质含水量对双孢蘑菇菌丝生长速度有显著的影响(图2—43)。

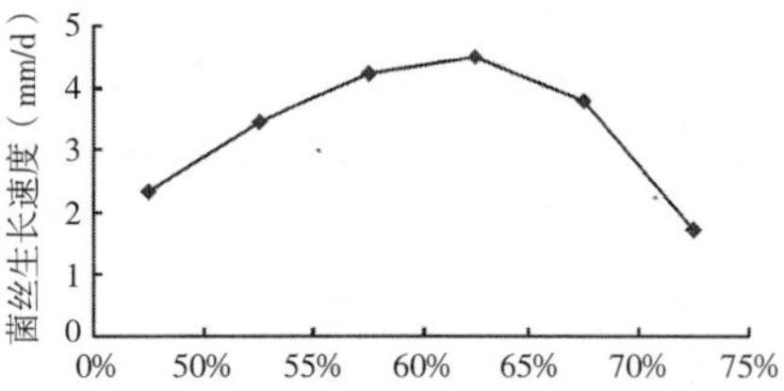

图2—43 基质含水量对双孢蘑菇2796菌丝生长的影响

食用菌代料栽培适宜的培养料含水量为60%～65%(指水分占湿料重的百分比)；段木栽培适宜的含水量为40%～45%。对于需要采取覆土措施的菇类，如双孢蘑菇、鸡腿菇等，还需要调节覆土含水量。覆土层也可以看成是菌丝生长的一种基质，适宜的覆土含水量为18%～20%。

培养料含水量的判断方法通常采用手握法，即手抓一小把配制好的培养料，稍微用力紧握，当指缝中有水渗出而不下滴即可，这时培养料含水量为60%～65%。这种方法简单方便，但需要有一定的经验。判断段木含水量主要观察断面裂纹，当断面有放射状裂纹即可。判断覆土含水量也通常采用手握法，即手握一小把土壤，手握成形、落地即散即可，这时土壤含水量约为18%左右。

(2)空气相对湿度

在菌丝生长阶段，多数情况下菌丝生长在一定的容器内，如试管、菌种瓶、塑料袋或塑料膜覆盖，菌丝与外界处于相对隔离状态，空气相对湿度对菌丝生长影响较小。但空气相对湿度对菌丝生长仍有一定的影响，如果空气湿度太大，会导致杂菌生长蔓延，致使培养料污染。生产上经常发现试管或菌种瓶棉塞上出现杂菌污染现象，而内部和接种块上没有污染，这是环境湿度太大所致；如果空气湿度太小，会导致培养料水分散失，影响菌丝生长。

菌丝生长期空气相对湿度一般控制在60%～70%较为适宜。

(3)孢子萌发与水分的关系

水分也是食用菌孢子萌发的首要条件。吸水是孢子萌发的第一步，孢子吸收足够的水分以后，其他生理作用才能逐渐开始。这是因为水分可使孢子壁膨胀软化，氧容易透过孢子壁，增加孢子的呼吸；水分可使孢子内凝胶状态的原生质转变为溶胶状态，使一系列酶发生作用，使代谢加强；水分可促进孢子内可溶性物质运输到正在生长部位，供呼吸或形成新细胞结构和组分的需要。孢子在干燥环境下不能萌发。

2. 温度

温度是影响食用菌菌丝生长的又一重要环境因子。食用菌的菌丝只有在一定的温度条件下才能生长。

(1)菌丝生长温度

不同食用菌菌丝生长需要的温度不一样。就大多数食用菌而言，适宜生长的温度差别不大。生长的温度范围一般在 5～35℃之间(草菇菌丝的生长温度范围为 12～37℃)，最适生长温度在 25℃左右(草菇最适温度为 28～33℃)。食用菌菌丝在适宜生长的温度范围内，从最低温度起，随温度升高，生长速度加快，到最适温度时，生长速度最快。温度若进一步升高，生长速度又逐渐变缓。超过最高温度时，食用菌菌丝不能生长，甚至死亡。从图2－44可以看出，双孢蘑菇菌丝最适宜生长的温度为 25℃左右。常见食用菌菌丝生长对温度的要求见表2－14。

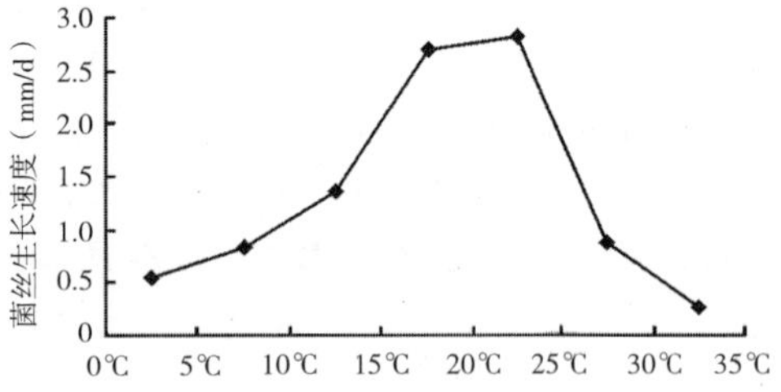

图 2－44　温度对双孢蘑菇 2796 菌丝生长的影响

表 2－14　常见食用菌菌丝生长温度要求

食用菌种类	菌丝生长温度(℃)	
	要求范围	最适温度
双孢蘑菇	6～33	24
香　菇	3～33	25
草　菇	12～37	28～33
平　菇	10～35	24～27
凤尾菇	10～35	23～28
鲍鱼菇	20～35	25～28
榆黄菇	14～35	23～28
金针菇	7～30	23
大肥菇	6～33	30
木　耳	4～39	30
毛木耳	8～40	22～32
银　耳	12～36	25
猴　头	12～33	21～24
滑　菇	5～33	20～25
口　蘑	2～30	20
松口蘑	10～30	22～24
茯　苓	10～35	28～32

(续表)

食用菌种类	菌丝生长温度(℃)	
	要求范围	最适温度
灵　芝	8～35	25～28
鸡腿菇	3～35	22～27
真姬菇	5～35	20～25
巴西蘑菇	10～37	23～27
蛹虫草	5～30	25
大球盖菇	5～36	24～28

需要说明的是，表 3－14 中所列的最适生长温度一般指食用菌菌丝生长最快的温度，但这个温度并不是生长最健壮的温度。在较高的温度下，营养物质消耗过快，食用菌菌丝的生长反而比低温下培养的要细弱。如双孢蘑菇的菌丝在24～25℃时生长速度最快，但稀疏无力，不如在 22℃时的菌丝体浓密健壮。因此，生产上为了培养健壮的菌丝体，培养温度应比最适温度低 2℃左右为宜。

(2)菌丝对温度的耐受力

菌丝对温度的耐受力普遍表现为耐低温不耐高温。菌丝对低温耐受力较强，大多数食用菌菌丝比较耐低温(草菇菌丝抗寒力很差，在 5℃条件下菌丝很快死亡)，通常在 0℃左右菌丝不会死亡。有些食用菌耐低温能力很强，如草原越冬口蘑菌丝体能耐－13.3℃低温，香菇菌丝体在菇木内能耐－20℃低温，黑木耳菌丝体在－40℃的低温下仍能在耳木中安全越冬。

据 Weete 报道，食用菌适应较低温度的能力与细胞膜的流动性有关，而流动性可通过脂肪酸的饱和度进行调节。Song 等在低温条件对香菇生长中脂肪酸含量变化的影响进行了研究。先把培养物在半固体和固体培养基上 25℃恒温培养 45 天，然后取一批在 15℃和 25℃下分别培养 12 小时，另一批在 5℃下处理 24 小时，再恢复到 25℃下培养。结果也发现低温胁迫后，葡萄糖和天冬氨酸转运增加，菌丝体内极性类脂的比例及其不饱和程度均增加，而几种磷脂的水平也有显著变化。

菌丝对高温耐受力很弱。大多数食用菌菌丝不耐高温，如香菇菌丝在 40℃时经 4 小时，42℃时经 2 小时，45℃时经 40 分钟即可失活。其他种类的食用菌菌丝与此类似，多数食用菌菌丝致死温度在 40℃左右。

(3)孢子萌发温度

食用菌孢子需要一定温度条件才能萌发。不同食用菌的孢子萌发温度不相同，如草菇孢子萌发的最适温度为 40℃，香菇孢子萌发的最适温度为 22～26℃，银耳担孢子为 20～25℃，双孢蘑菇担孢子为23～25℃，凤尾菇担孢子为22～26℃，黄伞担孢子为23～26℃。

了解温度对食用菌菌丝生长和孢子萌发的影响，对食用菌生产有十分重要的意义。比如，在菌丝生长阶段，多数食用菌的菌丝培养袋可以在一间培养室里一起培养。除了草菇，其他食用菌菌种最好在4℃下保存，这样既可避免零度下的脱水作用及形成冰晶对菌丝细胞的机械损伤作用，又可抑制新陈代谢活动。

3. 光照

食用菌菌丝在自然状态下生长于一定的培养基质中，如木材、秸秆、土壤或者人工培养基中，周围有一定的基质包围着，光线一般照射不到，这样的生长环境使菌丝形成独特的生长特性，即菌丝生长不需要光照。

(1)光照对菌丝生长的影响

食用菌菌丝生长阶段不需要光照。相反，光照对大多数食用菌菌丝生长反而不利。①光照降低菌丝生长速度。如蘑菇、平菇、猴头菌、灵芝、香菇等在有散射光条件下，菌丝生长速度比黑暗条件下减少40%～60%；光照强度越大对生长影响越大，如灵芝菌丝在黑暗条件下生长最快。随光照强度的增加，菌丝生长速度减慢，当光照强度增加到3 000 lx时，菌丝每天的生长量不及黑暗下的一半。②光照改变菌丝形态。一些食用菌菌丝在较强光照下容易发生形态变化。如平菇菌丝在较强光照条件下生长受到抑制，并容易出现断裂、组织化、扭结、形成菌皮等。生产上经常发现平菇菌袋向阳一面出现白色皮状组织，这是光照太强所致。猴头菌丝在较强光照条件下，菌丝生长不整齐，一些菌丝扭结形成星星点点的组织。③光照使培养基出现光毒现象。如光照可使蜜环菌培养基某些成分变成有毒物质。④光照加速菌丝老化。光照能促进某些食用菌菌丝细胞壁色素的转化和沉积，加速菌丝老化。如香菇菌丝在明亮的光线下很容易产生褐色菌膜；灵芝气生菌丝在光照条件下很容易形成革质化菌皮；双孢蘑菇2796菌丝在黑暗条件下生长良好，光照强烈抑制菌丝生长(图2－45)。

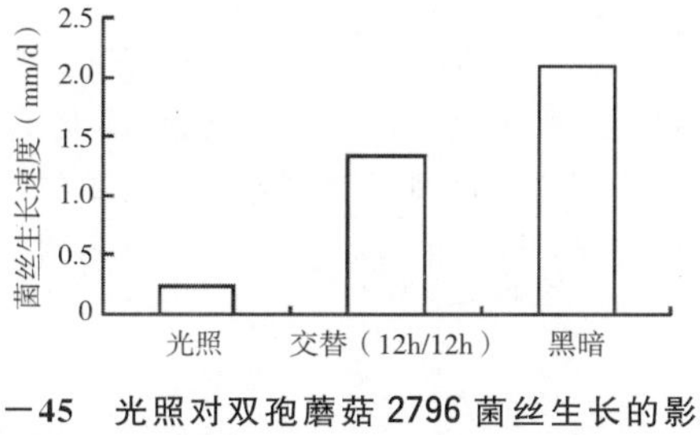

图2－45 光照对双孢蘑菇2796菌丝生长的影响

不同光质对食用菌菌丝生长的影响程度不一样，黄光对菌丝生长的抑制作用最强，依次为蓝光、绿光，红光抑制作用最小。

(2)光照对孢子萌发的影响

食用菌孢子萌发一般不需要光照，更不能直接照射，如将新鲜香菇孢子放在阳光下5小时，发芽率只有5%～6%。

光照对大多数食用菌菌丝生长产生不利影响。孢子萌发和菌丝生长阶段应保持黑暗状态。

4. 氧气与二氧化碳

食用菌的呼吸是吸收氧气，排出二氧化碳，为好氧性生物。食用菌长期处于CO_2浓度较高的环境中，不能正常生长。

不同食用菌对CO_2的耐受力不一样。据郭家选(2000)等测定，灰树花、灵芝、猴头菌和草菇V35菌丝正常生长的适宜CO_2浓度分别为：0.2%～2.8%(体积比，下同)、3.5%～11.1%、0.4%～2.1%和0.3%～10%。灰树花、猴头菌、草菇V35菌丝停止生长和死亡的CO_2浓度临界值分别为4.3%、5.7%和18.9%；而灵芝菌丝停止生长的CO_2浓度上限临界值为18.81%，菌丝死亡的CO_2浓度上限临界值大于20%。Tschierpe(1959)测定双孢蘑菇的菌丝在10%CO_2浓度下，生长量只及在正常空气下(CO_2为0.03%)的40%，CO_2浓度越高，产量越低。但据Zadrazil(1976)的研究，平菇菌丝体在CO_2浓度为20%～30%时的生长量，甚至比在一般空气条件下培养的还增加30%～40%。只有当CO_2浓度＞30%时，菌丝的生长量骤然下降。说明平菇能耐较高的CO_2分压。

在食用菌栽培过程中应充分考虑不同类型的食用菌菌丝生长阶段对CO_2浓度变化的敏感性问题，并根据其敏感性的强弱采取相应的人工调控措施。像双孢蘑菇、灰树花、猴头菌这些对高浓度CO_2极为敏感的菌类，除考虑培养料种类、质地、含水量、保水性对透气性和氧供应的影响外，还应采取一些通气措施以补充新鲜空气，如定时对培养室进行通风换气。随着菌丝生长和生物量的增加对栽培袋进行刺孔等，以降低CO_2浓度，促进菌丝的健壮生长，缩短生育周期，提高食用菌生产的生物学效益和经济效益。而平菇对CO_2耐受力比较大，对通气问题不用过多担心，平菇生产可以采用大袋种植，装袋时可以将料装得紧实一些等。

5. pH值

食用菌生长基质的酸碱度会影响到菌体细胞

内的酶活性、细胞膜的渗透性以及对金属离子的吸收利用能力，pH 值是影响食用菌新陈代谢的重要因素。pH 值是否适宜，对食用菌生长发育影响很大。

(1)菌丝生长的 pH 值

大多数食用菌喜欢在酸性环境中生长，适宜菌丝生长的 pH 在3.0～8.0之间，以6.0～6.5为宜。pH 大于7.0时，生长受阻，大于9.0时，几乎完全停止生长。但是食用菌不同，适宜生长的 pH 值也不同。常见食用菌菌丝生长对 pH 值的要求见表 2—15。

表 2—15　常见食用菌菌丝生长对 pH 值的要求

食用菌种类	菌丝生长 pH 值	
	要求范围	最适 pH 值
双孢蘑菇	5.0～8.5	6.8～7.0
香　菇	3.0～9.0	4.5～6.0
草　菇	5.0～11.0	6.8～7.2
平　菇	4.0～11	5.5～6.5
凤尾菇	5.8～8.0	5.8～6.2
金针菇	3.0～8.4	5.2～6.5
银　耳	5.2～7.2	5.2～5.8
黑木耳	4.0～7.0	5.0～6.5
猴头菌	2.4～7.5	4.0
灰树花	3.5～7.5	4.5～6.0
灵　芝	3.0～7.5	5.0～6.0
鸡腿菇	4.5～10.0	6.5～7.5
真姬菇	4.5～8.5	6.5～7.5
巴西蘑菇	4.5～8.0	6.0～6.8
大球盖菇	4.5～9.0	5.0～6.5
杏鲍菇	4.0～8.0	6.0～7.0
白灵菇	5.0～9.0	6.5

pH 是否适宜对食用菌菌丝生长影响很大。在常见食用菌中，以猴头菌最耐酸，它的菌丝体在 pH 2.4 时仍能生长，但不耐碱，pH>7.5时其菌丝难以生长。草菇最耐碱，在 pH 8 的草堆中菌丝体仍能很好地生长发育。一般木腐型食用菌喜偏酸性环境，如猴头、灵芝、香菇；草腐型食用菌喜中性至略偏碱环境，如双孢蘑菇、草菇、鸡腿菇。图 2—46显示 pH 值对双孢蘑菇 2796 菌丝生长的影响。

pH 对食用菌菌丝生长速度影响很大，如鲍鱼菇菌丝在 pH 5.02 培养基上的生长速度是 pH 10.26时的 7 倍多。

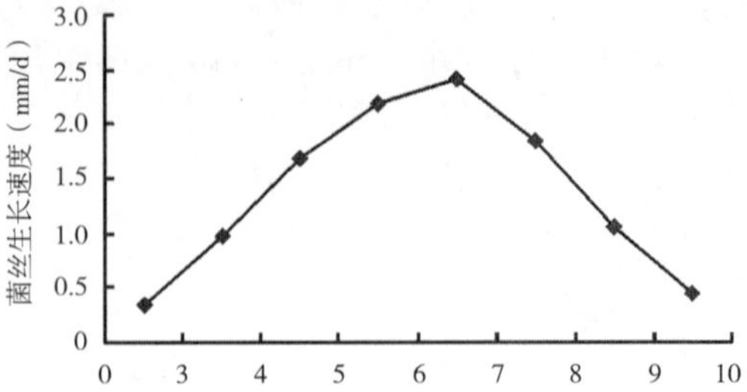

图 2—46　pH 值对双孢蘑菇 2796 菌丝生长的影响

(2)pH 值的测定

培养基 pH 值的测定，生产上通常采用简易的 pH 试纸方法：即液体培养基用广泛 pH 试纸直接测定；固体培养料在加 5 倍量水拌匀后，用力挤出料中一些水分，再用试纸测定，或将 pH 试纸直接夹入一小撮料中用力挤压测定。

(3)pH 值调节

pH 值调节是食用菌生产上的一项重要技术之一，调节 pH 值可用 10%NaOH 或石灰，及 10% HCl；稳定 pH 值可用 KH_2PO_4、K_2HPO_4 或石膏粉和 $CaCO_3$，KH_2PO_4 和 K_2HPO_4 的加入浓度分别为 0.3%，石膏粉和 $CaCO_3$ 加入浓度分别为 1%。母种培养基常用 NaOH、HCl 和 KH_2PO_4、K_2HPO_4 调节，原种、栽培种和生产用培养料常用石灰粉和石膏粉调节。

应注意，上面提到的最适 pH 值，是食用菌生长最适宜 pH 值，不是配制培养基时的 pH 值。在栽培过程中，高温灭菌一般会使培养基的 pH 下降0.2～0.4，菌丝生长过程中由于新陈代谢产生的有机酸(醋酸、琥珀酸、草酸等)也会使培养基的 pH 值下降，有些培养料在堆制发酵过程中由于微生物的活动也会使 pH 值下降。

鉴于 pH 值会有一定的下降，配制培养基时一般要将 pH 值适当提高。适当提高 pH 值还有利于控制真菌类杂菌的发生。比如，双孢蘑菇生长最适 pH 为6.8～7.0，将培养料 pH 调节到7.5，既能满足双孢蘑菇生长对 pH 值的要求，又能显著地抑制喜酸性的真菌生长和侵入。

食用菌孢子萌发对环境 pH 值也有一定要求。多数食用菌在 pH 3～8 之间萌发，以4.5～6.5时萌发最好，例如木耳担孢子萌发的最适 pH 为6.0～6.5，与其菌丝生长最适 pH 相比略偏中性。

第四节 食药用菌的遗传

食用菌的性状保持相对稳定，世代间相似，且代代相传，这就是食用菌遗传。变异是在一定条件下，子代与亲代之间以及子代与子代之间生物学性状出现差异的现象。在食用菌菌种保藏和生产过程中，在菌丝生长速度、菌落特征、生产性状等方面出现变化，意味着发生了变异。变异可分为遗传性变异和非遗传性变异。

遗传性变异是食用菌的遗传物质发生了不可逆的改变，产生了可以稳定遗传的性状改变。遗传性变异是基因突变的结果。食用菌在生长繁殖过程中，细胞发生旺盛的分裂；即使在菌种保藏过程中，细胞仍然进行缓慢的分裂活动。伴随着细胞分裂活动，遗传物质DNA发生复制。在DNA复制过程中，出现难以修复或者没有完全修复的DNA结构改变是不可避免的。在自然条件下，一般认为遗传物质结构的改变是随机发生的。当控制食用菌生长和生产性状的基因突变积累到一定程度，就表现出某些生长和生产性状的改变，也就是所说的发生了变异。基因自发突变的概率很低（约$10^{-6}\sim10^{-9}$）。采用一些促进基因突变的措施，如紫外线照射、亚硝酸等化学诱变剂等处理食用菌细胞群体，可以大大增加基因突变的概率，引起多种性状的改变（包括生产性状的正向、负向改变），进而从群体中筛选出少数具有优良性状的菌株。变异的另一个机制是重组。不同亲本菌株的染色体片段发生重组和交换，产生不同于亲代的DNA结构的改变。

非遗传性变异又称表型变异，是食用菌在一定环境条件影响下产生的非基因结构改变的变异。此外，菌种优良性状要充分表现出来，除了具备优秀基因以外，还要有与基因表达相适应的外界环境条件，如采取优化的栽培管理措施等可使优良菌种真正获得优质、高产。对于一个新选育的优良品种，要重新研究生物学特性和配套的生产管理措施，使其充分发挥基因优势，开发高产优质的生产潜力。

一、食用菌的性及交配系统

（一）食用菌的性

从遗传学角度讲，有遗传重组就是有性。食用菌存在有性繁殖，通过有性繁殖产生担孢子或子囊孢子等有性孢子，并可导致基因重组。通过基因重组（涉及到整个染色体组）即可让亲代的遗传基因有规律地分配到子代中，使子代保持遗传的稳定性，又可产生一定程度的变异，有利于物种的世代延续和进化。有性繁殖一般经过原生质融合（质配）、细胞核融合（核配）和减数分裂3个过程。对于多数担子菌来说，不产生类似高等动植物那样的专门的性器官，而是由可亲和的单核菌丝通过原生质融合形成具有两个不同遗传背景的细胞核的异核体，两个遗传组成不同的细胞核维持着1∶1的比例。异核体形成过程往往伴随锁状联合的形成过程。由锁状联合所形成的双核菌丝（异核体）并不立即发生细胞核融合（核配）。在自然条件下，异核体菌丝会维持很长的时间。异核体阶段是担子菌亚门食用菌生活史中的一个主要阶段，也是多数食用菌的一个特点。当食用菌的菌丝体已经充分生长，培养基质的营养和酸碱度以及外界温度等条件已经满足食用菌生殖生长时，由营养生长阶段转向生殖生长阶段。在生殖生长阶段，双核菌丝体分化形成具有特殊产孢结构的子实体。在子实体形成的同时，有性生殖的另两个阶段即细胞核融合与减数分裂也发生了，产生单倍体的有性孢子。

（二）食用菌的交配系统

根据同一种担孢子萌发生成的初生菌丝是否自身可孕，能否独立完成有性生活史，可将食用菌的交配系统分成同宗结合和异宗结合两大类。食用菌不同类型交配系统之间的差别，主要是由于不亲和性因子（交配型因子）的性质和数量的不同造成的。

1. 同宗结合

同宗结合是指同一个担孢子萌发生成的初生菌丝（同核菌丝体）即可结实，独立完成有性生活史。同宗结合可进一步分为初级同宗结合和次级同宗结合两类。

（1）初级同宗结合

初级同宗结合是指每个担孢子只含有一个细胞核或同样遗传背景的多个细胞核，单核担孢子萌发形成的同核菌丝体能完成有性生活史的全部过程。一般认为草菇属于这一类型。草菇的单孢分离物75%是可孕的。可以利用单孢分离的方法选育草菇生产菌株。另外，草菇的单孢分离物中存在着广泛的变异，存在大量菌丝生长速度和菌落特征异常的单孢分离物。生长正常的单孢分离物大概只占25%。单孢子菌株的经济产量差异较大。高产菌株一般菌丝浓密，气生菌丝多并能产生大量厚垣孢子。草菇的单孢分离物有部分(约10%)不具有结实性能，从担孢子萌发菌株选育草菇生产菌株时要注意。草菇也可进行杂交育种。不孕的孢子同核体菌株杂交后可孕。草菇菌丝没有锁状联合，一般只能根据菌丝体的形态特征、同工酶标记等作为杂交育种时亲本选择的标记。

(2)次级同宗结合

次级同宗结合是指每个担子上产生两个担孢子，每个担孢子内含有交配型不同的两个细胞核，双核担孢子萌发后形成多核的异核菌丝体。这种异核菌丝体可孕，不经不同来源菌丝的交配即可自行完成有性生活史。双孢蘑菇是次级同宗结合的典型代表。从理论上讲，可以从双孢蘑菇单孢分离物中选育高产优质生产菌株。但在选育时要注意，相当多的单孢分离菌株不出菇或不能良好出菇。说明双孢蘑菇经减数分裂发生遗传重组后单孢分离物的结实能力下降，产生了很多退化株。

对双孢蘑菇也可进行杂交育种。杂交育种首先要获得同核菌株。获得同核菌株可通过从双孢蘑菇单孢分离物中筛选和利用原生质体同核化的原理，建立双孢蘑菇原生质体同核化菌株系统，从原生质体再生菌株中筛选。由于双孢蘑菇担孢子的萌发率较低，从担孢子萌发菌株中筛选同核菌株的概率较低，而且单孢分离获得的同核体往往是异常的三孢或四孢的产物，不易将不孕的交配型因子纯合体和退化的异核单孢区分开来，因而难度较大。目前国内一般通过建立双孢蘑菇原生质体同核体杂交菌株系统来获得杂交亲本菌株。

2. 异宗结合

在异宗结合食用菌中，同一担孢子萌发生成的初生菌丝不能自行交配而结实，只有两个带有不同交配型因子的担孢子萌发生成的初生菌丝之间交配形成的次生菌丝才具有结实能力。异宗结合是担子菌有性生殖中更为普遍的方式，在已经研究的担子菌中，有90%属于异宗结合。常见的可人工栽培的食用菌中，异宗结合也占大多数。

根据控制交配型的不亲和性因子的数量，可把异宗结合进一步分为具有一对不亲和性因子的二极性或单因子系统，以及具有两对不亲和性因子的四极性或双因子系统两种类型。前者约占总数的25%，后者约占75%。

(1)二极性异宗结合

二极性异宗结合的交配型由一对不亲和性因子(A)所控制，一个子实体所产生的担孢子分为两种不同的交配型(A_1和A_2)。只有不同交配型的单核菌丝A_1与A_2之间的交配所形成的异核体才能完成有性生活史。子实体所产生的担孢子萌发形成的初生菌丝之间的随机交配所产生的次生菌丝，50%(A_1A_2)是可孕的，50%(A_1A_1、A_2A_2)是不孕的(表2—16)。在常见食用菌中，滑菇、大肥菇、黑木耳等属于二极性异宗结合。

表2—16 二极性异宗结合系统同一菌株担孢子间的交配反应

交配型	A_1	A_1	A_2	A_2
A_1	—	—	+	+
A_1	—	—	+	+
A_2	+	+	—	—
A_2	+	+	—	—

注："—"表示不亲和；"+"表示亲和。

不亲和性因子A位点具有多个复等位基因，如A_1、A_2、A_3……A_n。在进行有性生殖时，只有A位点基因不同的两单核菌丝体交配才能完成整个生活史。如具有A_1基因的菌丝体就不能和另一具有A_1基因的菌丝体配合，但可以和A_2、A_3、……A_n中的任何一个配合。A因子具有两个作用：①控制菌丝体融合；②控制细胞核的迁移。当不亲和基因分别是A_1和A_2的两种单核菌丝相遇后，相交处便发生融合，接着发生核的迁移，形成双核异核体菌丝细胞，进一步发育成异核菌丝体。该菌丝体具有结实性，能形成子实体。当子实体产生担孢子时，A因子发生分离，形成的4个担孢子中2个是A_1，2个是A_2。因此，同一品系的担孢子萌发而来的单核菌丝间杂交，杂交可孕率为50%。

(2)四极性异宗结合

四极性异宗结合的交配型由A和B两对不亲和性因子所控制，同一菌株所产生的担孢子分成A_1B_1、A_1B_2、A_2B_1、A_2B_2 4种交配型，只有A、B两个因子均不相同的单核菌丝间的交配所形成的双核菌丝($A_1A_2B_1B_2$)才能结实。在标准四极性食用菌，如裂褶菌或香菇的单核菌丝杂交时，将不同交配型的单核菌丝A_1B_1、A_1B_2、A_2B_1、A_2B_2分别培养好，进行对峙培养，结果出现4种反应类型(表2—17)。

表 2－17 标准四极性异宗结合系统同一菌株担孢子间的交配反应

交配型	A_1B_1	A_1B_2	A_2B_1	A_2B_2
A_1B_1	－	F	B	＋
A_1B_2	F	－	＋	B
A_2B_1	B	＋	－	F
A_2B_2	＋	B	F	－

表 2－17 中，"＋"代表 A、B 两位点等位基因均不相同的两种单核菌丝间的杂交反应，如 $A_1B_1 \times A_2B_2$ 等。杂交的结果形成可结实的、具有锁状联合的双核菌丝。两种单核菌丝进行对峙培养时，在两单核菌丝的交界处形成扇形杂交区。"－"代表 A、B 两位点等位基因完全相同的两种单核菌丝间的杂交反应，如 $A_1B_1 \times A_1B_1$ 等。当对峙培养时，两种菌丝生长在一起。"F"代表 A 位点等位基因相同而 B 位点等位基因不同的类型（A＝B≠），如 $A_1B_1 \times A_1B_2$ 等。这两种单核菌丝体杂交时，表现出半亲和性，隔膜溶解有细胞核迁移，可形成同源 A 异核菌丝体（$A_1B_1 + A_1B_2$）。该菌丝体每个细胞中，核的数目不定，没有锁状联合，不能形成子实体。同源 A 异核菌丝体在形态上没有气生菌丝，菌丝长势很弱。对峙培养时，两单核菌丝之间形成带状区域，该区域菌丝紧贴着培养基生长，所以称为扁平反应（flater action）。"B"代表 B 位点等位基因相同而 A 位点等位基因不同的类型（A≠B＝），如 $A_1B_1 \times A_2B_1$ 等。这两种单核菌丝体杂交也是半亲和性。杂交过程中没有细胞核的迁移，结果形成具假锁状联合的同源 B 异核菌丝体。该菌丝体也不能形成子实体。对峙培养时，两菌落交界处出现排斥现象，即在两菌落间形成一条几毫米宽的带状空白区，这一现象又称阻遏现象，其带状空白区又称为栅栏带（barrage zone）。

在研究二极性和四极性食用菌同一子实体所产生的担孢子间的亲和性时，发现杂交亲和率并不是 50％和 25％，而是常常高于这两个理论数据。比如，裂褶菌是典型的四极性食用菌，它的同株担孢子间的杂交亲和率约为 30％，最高的菌株可达 44％。要解释这种现象，还必须考虑不亲和基因的精细结构。详细地研究双因子控制系统，发现无论是 A 因子还是 B 因子，各自又由两个连锁的亚单位 α 和 β 构成，基因的亚单位也具有复等位基因。A、B 因子的特异性，取决于 α、β 亚单位上基因的特异性。裂褶菌两个亚单位存在的复等位基因有 $9A_\alpha$、$32A_\beta$，$9B_\alpha$、$9B_\beta$。每个因子中基因亚单位间在减数分裂时可发生交换和重组。例如，A_1 实际上可写成 $A_{\alpha1\beta1}$，A_2 为 $A_{\alpha2\beta2}$。在减数分裂同源染色体配对时，形成 $A_{\alpha1\beta1}$ 与 $A_{\alpha2\beta2}$ 的配对。当两亚单位之间发生交换时，产生的担孢子出现了重组型 $A_{\alpha1\beta2}$、$A_{\alpha2\beta1}$，$A_{\alpha1\beta2}$ 和 $A_{\alpha2\beta1}$ 可认为是 A_3 和 A_4，它们与 A_1、A_2 是可亲和的。B 因子也是一样的表现。如同一子实体产生的担孢子中，由于 α、β 亚单位间重组，不亲和基因的差异性增大，那么杂交亲和率必然提高。

同一菌株的后代间可亲和比率可用下式计算：$(1/2+p-p^2)\times(1/2+q-q^2)$，$p$、$q$ 分别表示 A、B 两因子各自两个亚单位的重组频率。如果 α 与 β 间不发生重组，式中：$p=q=0$，这时同一菌株所产生的担孢子间可亲和率为 1/4，即 25％，这是四极性食用菌理论杂交亲和率。事实上 α 与 β 之间可以发生一定的重组，即 p、q 不一定为 0。当 α、β 之间交换率为 2％，则亲和率为 27％；当重组率达到极大值，即 $p=q=1/2$ 时，同一菌株亲和率可达 50％。二极性交配型的食用菌也一样，A 因子也是由两个连锁的亚单位组成。当两个亚单位间不发生交换时，理论亲和率为 50％；当发生交换时，亲和率比 50％高。不同菌株后代间，即群体担孢子间的随机配对亲和率可用下式计算：$[(n-1)/n]\times[(m-1)/m]\times100\%$。式中 n、m 分别表示 A、B 因子的特异性数。A、B 因子的特异性数取决于 α、β 两个亚单位复等位基因数。以裂褶菌 4 个亚单位上的复等位基因数 $9A_\alpha$、$32A_\beta$、$9B_\alpha$、$9B_\beta$ 为例，裂褶菌 A 因子特异数是 $9\times32=288$ 个，B 因子特异数为 $9\times9=81$ 个。这样，自然群体中单孢子随机配对的亲和率就是 $\frac{(288-1)}{288}\times\frac{(81-1)}{81}\times100\%=98.4\%$。

可见，当 A、B 因子特异性数很大时，群体中担孢子随机配对的亲和率接近于 100％。目前已研究过的大多数担子菌品种间的杂交表明：无论是二极性食用菌还是四极性食用菌，不亲和性因子广泛存在复等位基因。关于香菇 A、B 特异性因子数目的报道很多，但数据之间很不相符。日本学者 Tokimot（1973）报道，日本香菇自然种群中特异性的交配型因子数为 A＝40，B＝63；而 Mori 等（1972）的报道，A 为 138，B 为 58。汪中文等（1996）对我国湖北省香菇自然种群交配型因子进行分析，从研究所用野生菌株的 62 个单核体中，得到 52 个特异性的 A 因子及 55 个特异性的 B因子。刘化民（1984）报道，香菇的不亲和因子 A有 41 个复等位基因，B 有 48 个复等位基因。从不同地区采集的子实体，其控制亲和性的等位基因是不同的，或者说差异很大，表明它们之间杂交亲和率很高，为杂交育种提供了广泛的育种材料。

3. 交配型基因的结构与功能

(1)担子菌交配型基因的结构

二极性交配系统的遗传结构相对简单，A 因子是唯一的控制因子，它实际上由两个紧密连锁的基因簇组成。四极性交配系统中，A 和 B 因子分别对应位于不同染色体上的两个交配型位点，A 位点的交配型基因编码两类含相似同源结构域（HD）的蛋白质，两种蛋白质形成异源二聚体，调节依赖 A 因子的发育过程。灰盖鬼伞 A 交配位点由两个紧密连锁的基因复合物 $A_α$ 和 $A_β$ 组成，包括 4 个基因对，分别为 a、b、c 和 d。a 和 b 之间有 7kb 的序列将它们分为 α 和 β 两个复合物，与遗传学上定位的 $A_α$ 和 $A_β$ 是对应的。α 复合物有一个基因对 a，β 复合物含有 b、c 和 d 3 个基因对。每个位点有多个复合等位基因，$A_α$ 有 9 个等位基因，$A_β$ 有 32 个等位基因（图 2—47）。担子菌 B 交配型位点与 A 一样，都是由 α 和 β 两个基因复合物（基因簇）组成。

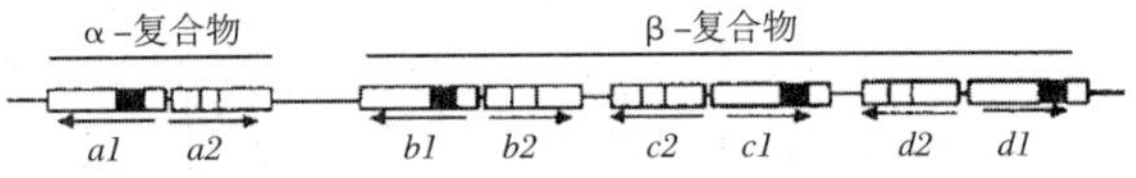

图 2—47　灰盖鬼伞 A 交配型位点原始结构模型

(2)担子菌交配型基因的功能

①A 位点的交配型基因的功能：A 位点的大多数交配型基因成对存在，并且由分别编码 HD_1 和 HD_2 的基因背向排列。在担子菌的性发育过程中，只有由来自不同位点的交配型基因编码的分别含 HD_1 和 HD_2 的蛋白质之间形成异源二聚体，才能完成调节作用。实际上，两个基因之间发生亲和反应必须符合不同位点、相同复合物、相同基因对、分别编码 HD_1 和 HD_2 等条件。A 基因产物之间的二聚化是决定其功能的关键步骤。A 位点基因调控的细胞核配对、核分裂和锁状细胞形成等发育过程与 HD_1-HD_2 异源二聚体有关。当两个可亲和的单核菌丝交配时，两者的 HD_1 和 HD_2 蛋白质相互识别并结合，具有转录因子的功能。两种蛋白质间的识别非常重要，其交配特异性是由 N-末端氨基酸序列决定的。蛋白质的二聚化作用发生在细胞质中，作为转录因子，与 DNA 结合必须转移到核内。这依赖于 HD_1 蛋白质中 C-末端存在的核内定位信号。所以，HD_2 蛋白质的同源结构域提供 DNA 结合区域，而 HD_1 蛋白质决定异源二聚体能否进入细胞核内。

②B 位点的交配型基因的功能：B 交配位点的交配型基因编码信息素及其受体，主要控制核的迁移和隔膜的溶解。真菌信息素受体基因编码的蛋白质二级结构很相似，都具有 7 个疏水的跨膜结构域，其作用是与信息素分子特异结合，并诱发下游基因的表达。真菌信息素基因编码的蛋白质中也存在保守结构，如 C-末端都有 CaaX 或类似结构，其中 C 表示半胱氨酸（Cys），a 表示脂肪族氨基酸，X 表示任何一种氨基酸。CaaX 是真菌信息素前体的特征结构，其作用是作为成熟过程中多肽 C-末端进行异丙基修饰的信号。修饰后的信息素是高度疏水的。所有的真菌信息素基因都编码相当大的前体分子，然后被加工成 9～15 个氨基酸的小肽。信息素与受体之间的反应是相当专一的，受体可以区分是否是由同一位点的基因编码的信息素，信息素受体的专一性决定于其二级结构或三级结构。在核迁移时，信息素基因转录水平达到最高，两个菌丝都产生大量的信息素分子。一个信息素分子可识别一个以上的其他等位基因编码的受体，一个受体也可以识别一个以上的其他等位基因编码的信息素分子。在配对过程中，只有两个可亲和的单核菌丝所产生的信息素和受体才能相互识别，导致一方产生的可扩散的信息素激活对方锚定在膜上的受体，使核移动到对方的细胞中。核迁移过程完成后，信息素水平下降。

（三）个体间体细胞不亲和性

个体间体细胞不亲和性又称异核体不亲和性、营养不亲和性，是指遗传上明显不同的个体在交接区产生特征性的拮抗反应，是真菌在营养生长过程中存在的一个自己或异己识别的机制或系统。食用菌个体间不亲和性反应的表现很多，如个体间交接处的菌丝有的浓密，有的稀疏；有的呈平帖型，有的呈棉絮状。在某些强烈的反应中，反应区的一边和两边出现明显的无菌丝带。有时反应区的菌丝产生露珠，有时背面产生深浅不一的色素。色素的深浅，露珠的多少，反应区的宽度、高度的不同等，是体细胞不亲和性的表现。体细胞不亲和性的强弱与个体间的亲缘关系是密切相关的，亲缘关系越远，遗传距离越大，体细胞不亲和性越强。体细胞不亲和反应往往是多种不同性状发生变异的综合表现，是一种由多基因控制的复杂的遗传特性。

真菌通过末端延伸、分枝和菌丝融合来形成菌丝体网络。不同的菌丝个体通过融合可以形成异核体。在异核体形成过程中，非已识别系统通过一系列蛋白因子的相互作用最终导致遗传背景不同的核不能形成稳定的异核体。通过菌丝融合形成异核化的菌丝受到 het 位点（异核体不亲和位点）控制。可亲和的个体间（所有的 het 位点都一样）可形成稳定的异核体并伴随细胞质的急剧流动；het位点不同的菌丝发生融合会诱发异核体不亲和导致菌丝分隔和死亡，在不同真菌中表型上有很大的共性。het位点不同的个体间的融合会使融合体快速分隔，最终使融合细胞死亡。细胞质液泡化是异核体不亲和性的典型特征。细胞融合30分钟后，细胞彻底被裂解。目前有两种调控异核不亲和的遗传系统：一种是等位系统，一种是非等位系统。在等位系统控制的情况下，只要待融合的两菌丝体在特定的het位点处拥有非纯合的等位基因，两菌丝体融合后就会诱发异核体不亲和。不管是通过转化还是通过杂交形成的局部二倍体，只要一个核内特定het位点处拥有不同的等位基因，该菌丝体的生长就会明显地被抑制，并伴随着菌丝分隔现象直至死亡。在非等位系统控制的情况下，两个不同het位点处的特定的基因产物间的相互作用，可以导致异核体不亲和性。非等位系统控制的异核体不亲和可以影响有性生殖。

个体间体细胞不亲和性可用于初步评估同种不同菌株之间遗传差异程度，主要用于排除同株异名或同名异株现象。发生明显拮抗作用的菌株属于不同菌株，反之可能为相同菌株。拮抗反应是不同菌株营养不亲和的表现。然而，营养不亲和性并非在所有情况下都会阻止真菌种间核融合。有时密切接触，或强制接触的不亲和类群菌株之间，甚至远缘种间菌丝融合过程中，可发生细胞核混合和遗传物质的更换，即发生杂交，如牧草内生菌不亲和菌株之间的菌丝融合，栗疫病菌不亲和品系间的遗传性重组，杏鲍菇与香菇的远缘杂交等。

二、食用菌的繁殖

食用菌的繁殖方式有无性繁殖和有性繁殖两种方式。

（一）无性繁殖

无性繁殖不经过两性细胞的配合就能产生新的个体。它的特点是能反复进行，产生个体多。大多数食用菌的无性繁殖是通过无性孢子如节孢子、芽孢子、厚垣孢子、分生孢子等来实现的（详见第二节）。这些孢子萌发后能形成新的个体。此外，菌丝片段通过菌丝尖端生长，成为大量菌丝体，也属于无性繁殖方式。

食用菌生长表现为菌丝顶端生长和分枝生长。一条菌丝片段，如果含有一个完整的菌丝细胞，可以通过顶端生长和分枝生长发育成为大量的菌丝体。在食用菌制种和栽培中，菌种的扩大培养是通过往新的培养基中接种菌丝片段，培养后获得大量菌丝体来实现的。食用菌子实体也是由菌丝体组成的。从子实体出发，通过组织分离获得食用菌菌丝体菌种，也是菌丝片段繁殖。菌丝片段繁殖为无性繁殖方式。长时间的无性繁殖容易产生变异，表现出菌丝生长和菌种生产性状的下降。为避免大量负突变的发生，菌种要避免反复转管培养，要经常复壮和选育，采取科学的方式进行菌种保藏。

（二）有性繁殖

食用菌的有性繁殖是经过不同性别细胞配合后产生一定形态的有性孢子来实现的。有性繁殖包括质配、核配和减数分裂3个阶段。质配是2个细胞的细胞质发生融合的现象；核配是将2个单倍体核融合为一个双倍体的合子核；减数分裂把合子核的染色体减半，又重新产生4个单倍体核。

食用菌通过形成有性的子囊孢子和担孢子来实现其有性生殖。

1. 子囊孢子

子囊孢子是子囊菌的主要特征，发生在子囊细胞内。子囊细胞由双核细胞的钩状侧枝发育而成。双核菌丝细胞的两个核融合（核配）成为双倍的合子核后，经三次细胞分裂，其中一次为减数分裂，染色体减半，结果在一个子囊里形成8个单倍体的核，进而发育成8个子囊孢子（详见第五节）。

2. 担孢子

担孢子是担子菌特有的特征，它外生在担子上。担子由双核菌丝细胞末端（呈棍棒状）发育而成。棍棒状的担子细胞经核配和二次细胞分裂，其中一次为减数分裂，染色体减半，形成4个单倍体的子核。每个子核分别进入担子上部所生出的4个小梗，之后4个梗发育成为4个担孢子。当担子内的核进行减数分裂时，性基因发生分离。异宗结合的食用菌形成两种或两种以上的交配型，由于不同交配型的细胞核分别进入担孢子，构成了不同性别的担孢子（详见第五节）。

三、食用菌的生活史

食用菌的典型生活史是指从有性孢子萌发开始，经过菌丝生长发育，形成子实体，再产生新一代有性孢子的整个生长发育过程。一般来讲，食用菌生活史是由孢子萌发、形成单核菌丝、发育成双核菌丝和结实性双核菌丝，进而分化形成子实体，再产生孢子这样一个有性循环过程。有些食用菌还有由分生孢子、厚垣孢子、粉孢子等无性孢子来完成的无性生活史，又称为无性循环、小循环。外生菌根菌的菌丝体发育是在共生植物的根尖细胞中完成的。

(一)食用菌生活的基本过程

1. 孢子萌发

(1)孢子的休眠

有些食用菌的有性孢子在萌发之前需要进入休眠期，只有导致孢子休眠的因素被克服，孢子才能开始萌发。休眠分为外源性休眠和内源性休眠两种。外源性休眠是孢子由于外部条件不适合繁殖而进行的休眠，一旦外部条件合适，就会进行萌发。外源性休眠是食用菌的一种自我保护机制，以避免在生活条件不适合的环境中萌发而难以完成生活史。内源性休眠在理想的条件下也不能萌发。该类休眠孢子主要是由于内部的，而不是外部的因素影响其萌发。

造成外源性休眠的原因主要有 4 种情况。一是孢子在不适合的温度、湿度、O_2和 pH 值下不能萌发；二是某些种类的休眠孢子往往需要不同的营养物质来萌发；三是由环境中存在的抑制剂决定其休眠；四是由于非寄主生物的存在与真菌孢子竞争营养或产生毒性物质抑制孢子萌发。

造成内源性休眠的原因可能有 3 种：①孢子萌发所需要的物质，如营养物、水、O_2或其他化合物不能进入细胞而造成某些孢子内源性休眠；②某些真菌的孢子含有抑制自身萌发的化合物；③由于呼吸或其他中间代谢途径的关键酶作用不正常，或者 RNA 和蛋白质合成受阻造成代谢障碍，使孢子不能萌发。

(2)孢子的激活

打破孢子外源性休眠和内源性休眠，激活孢子萌发有以下几种方式：①温度处理：热处理可以刺激许多种孢子萌发。如辐毛鬼伞(*Coprinus radians*)在 45℃处理 4 小时孢子萌发率可达 23%。②化学试剂处理：辐毛鬼伞采用糠醛、噻吩或吡咯等处理，孢子萌发率为 3%。黄褐裸盖伞的担孢子采用溶壁酶作用后，萌发率可达到 0.18%。双孢蘑菇子实体或菌丝体的浸出溶液，或者异戊酸、酪酸、丙酸(10×10^{-6})、醋酸(5×10^{-6})等的稀溶液刺激，都会显著提高双孢蘑菇担孢子的萌发率。③后熟：许多内源性休眠孢子要经过一定阶段的延迟才对激活处理有反应。④复合处理，即采用多种措施交替处理：湿润和干燥交替、高低温交替处理，对很多种真菌孢子萌发有效。对辅毛鬼伞采用热处理和化学试剂作用同时处理，孢子萌发率可高达 88%。灵芝的担孢子经过蝇蛆消化后，萌发率大大提高。

(3)孢子的萌发

孢子萌发大体上分为两个阶段：①孢子的膨胀期；②孢子的出芽过程。在孢子的膨胀期，由于吸水作用和新壁物质的合成，孢子体积增加，大多数孢子的直径增加 2～3 倍。孢子出芽是从孢子长出芽管，进而发育为初级菌丝的过程。一般一个孢子可萌发出一个或多个芽管，芽管依靠其顶端生长形成菌丝。孢子萌发需要一定的环境条件。适宜大多数食用菌孢子萌发的温度为16～24℃，pH 为 4.5～6.5。虽然一些食用菌种类的孢子依靠其自身储藏的营养可在纯水中萌发，但是多数孢子萌发需要一定的营养元素。

2. 单核菌丝发育

孢子萌发后一般形成单核菌丝，也叫初级或初生菌丝。单核菌丝细胞中只有一个单倍的细胞核。单核菌丝体中所有的细胞核都含有相同的遗传物质，故又称同核菌丝体。单核菌丝体能独立地、无限地进行繁殖，但异宗结合的食用菌单核菌丝一般不会形成正常的子实体。有些食用菌的单核菌丝体还会产生粉孢子或厚垣孢子等来完成无性生活史。另外，有些食用菌的孢子萌发时并不都呈菌丝状。如银耳担孢子以芽殖方式产生大量芽孢子，再由芽孢子萌发成单核菌丝。银耳担孢子萌发时有时首先形成一个略小的次生担孢子。这种次生担孢子在某些环境下又能形成一个三次担孢子，或分生孢子，或一个芽管。木耳的担孢子有时也不直接萌发为菌丝，而是先在担孢子中形成隔膜隔成多个细胞，产生钩状分生孢子，再由钩状分生孢子萌发成菌丝。

3. 双核菌丝形成

两条可亲和的单核菌丝配对后，细胞融合进行质配，发育成含有 2 个核的双(异)核菌丝(图 2—48)。在该过程中，第 1 步和第 5 步由不亲和性因子 A 控制，第 2 步到第 4 步由不亲和性因子 B控制。在担子菌，锁状联合过程保证了双核菌丝在进行细胞分裂时，每个菌丝细胞含有 2 个异质的核，为进行有性生殖，通过核配形成担子打下基础(见第二节)。异核菌丝能独立地和无限地进行繁殖，具有产生子实体的能力。担子菌双核菌丝的形成在早期进行，子实体也是由双核菌丝组成的。子囊菌双核菌丝在子囊产生前夕形成，子实体实际上是单核菌丝和双核菌丝的混合物，如羊肚菌的子实体。

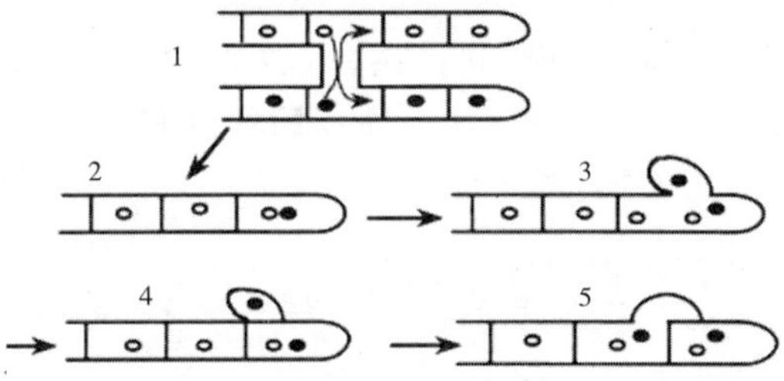

图 2－48　可亲和的单核菌丝发生质配

1. 单核菌丝融合（质配），2. 顶端菌丝细胞含有两个不同遗传背景的细胞核，3. 细胞核分裂，其中一个核迁移进入钩状细胞，4. 顶端细胞与钩状细胞间形成隔膜，将两细胞分开，5. 钩状细胞与亚顶端细胞接触沟通，其中的细胞核进入亚顶端细胞。

4．子实体的形成

双核菌丝在适宜的条件下进一步发育、分化，形成结实性双核菌丝，再互相扭结，形成子实体原基。原基一般呈颗粒状、针头状或团块状，是子实体的原始组织。原基的形成标志着菌丝体已由营养生长阶段进入生殖生长阶段。原基进一步发育形成菌蕾。菌蕾是尚未发育成熟的子实体，已有菌盖、菌柄、产孢等组织的分化，但未开伞成熟。菌蕾进一步发育成成熟的子实体。

5. 有性孢子的形成

在子实体中，双核菌丝的顶端细胞通过核配、减数分裂等一系列过程形成有性孢子。至此完成整个生活史。孢子释放后又开始新的一轮生活史。

（二）子囊菌食用菌的生活史

分类上属于子囊菌亚门的食用菌种类较少，块菌和羊肚菌是其中的代表。目前，这类食用菌的人工栽培比较困难。块菌是菌根菌，与植物根形成外生菌根，很难独立完成生活史。羊肚菌能够营腐生生活，其子实体发育的环境和营养条件比较苛刻，这是制约人工栽培的一个方面；另一方面，单核菌丝难以双核化，可能也是制约其结实的一个重要原因。

大块菌（*Tuber magnatum*）的生活史见图 2－49。大块菌有 A 和 B 两个交配型因子，属于双因子控制的四极性异宗结合类型。成熟的块菌子囊果散发出大量子囊孢子，随风飘散，在适宜基质中萌发形成单核的初级菌丝。初级菌丝在植物根尖定植，形成菌根。可亲和的单核菌丝发生菌丝融合，完成质配，产生双核菌丝。菌丝体充分发育后，在外界条件适合时菌丝扭结形成原基。组成原基的菌丝大部分仍然是单核菌丝，形成子囊孢子的产囊丝中发生可亲和细胞核的融合（核配），经过减数分裂和进一步发育形成单倍体的子囊孢子。可亲和的单核菌丝交配（受精）机制仍然没有研究清楚。组成原基的菌丝大部分为单核菌丝，只在产囊丝部分单核菌丝双核化。

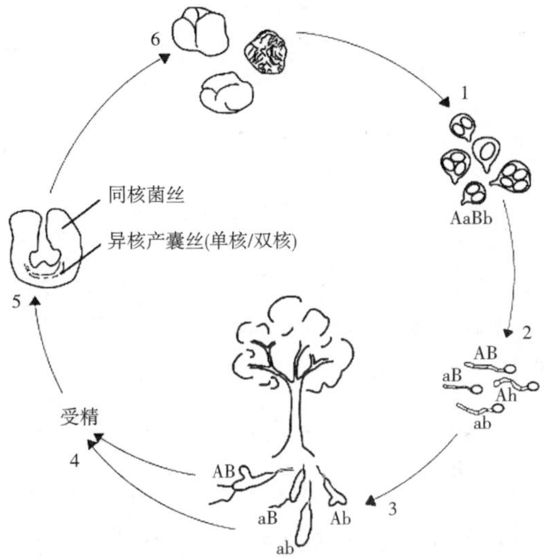

图 2－49　大块菌生活史

1. 成熟子囊果散发的子囊孢子，2. 子囊孢子萌发产生 4 种单核菌丝，3. 单核菌丝定植植物根尖，形成外生菌根，4. 可亲和的单核菌丝交配，5. 菌丝体扭结形成原基，6. 原基发育成成熟的子囊果。

羊肚菌（*Morchella* spp.）的单核菌丝和双核菌丝均可形成菌核。菌核形成是羊肚菌生活史中的一个重要阶段。虽然也有少数报道羊肚菌子实体也由菌丝体直接形成，不必经过菌核阶段，但大多数研究表明羊肚菌子实体一般由菌核发育而来。由单核菌丝产生的菌核可能也能直接形成子实体。菌核既可以发育为子实体，也可重新萌发形成菌丝。发育结果主要取决于环境条件。此外，羊肚菌的单核菌丝能够产生分生孢子，分生孢子可以重新萌发为菌丝。由子囊孢子和（或）分生孢子萌发得到的可亲和的菌丝能够发生质配形成双（异）核菌丝。组成子实体的菌丝大部分为单核菌丝，产囊丝细胞中会形成双核菌丝，进一步经过核配和减数分裂产生子囊孢子。羊肚菌与异宗结合伞菌生活史明显不同的是营养生长阶段，羊肚菌菌丝为同核菌丝，而异亲结合伞菌为异核菌丝（图 2－50）。

（三）担子菌食用菌的生活史

根据担子菌食用菌交配系统的特点，可将食用菌分为 4 种类型：初级同宗结合食用菌（如草菇

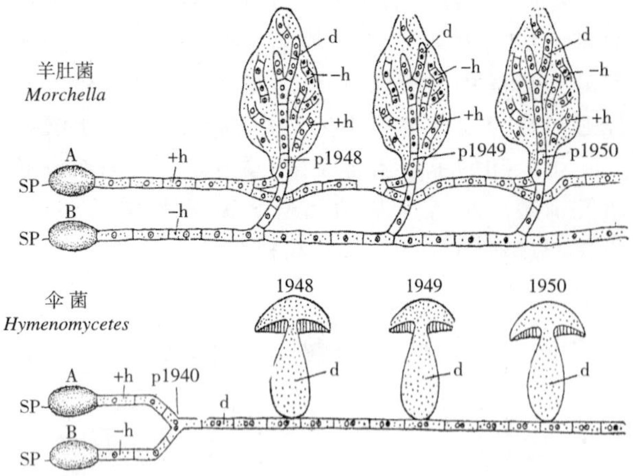

图 2—50　羊肚菌与异亲结合伞菌生活史差异

等)、次级同宗结合食用菌(如双孢蘑菇等)、二极性异宗结合食用菌(如黑木耳等)、四极性异宗结合食用菌(如香菇、平菇、银耳等)。

1. 初级同宗结合食用菌的生活史

初级同宗结合食用菌产生的担孢子单核菌丝自交可孕,单个担孢子萌发形成的初级菌丝含有一个细胞核或具有相同遗传背景的多个细胞核(同核体)。初级菌丝自行交配后形成次级菌丝,次级菌丝在一定条件下可以扭结形成原基,进而发育为成熟的子实体。核配和减数分裂发生在担孢子形成过程中,产生大量单倍体的子代担孢子。这类食用菌的代表是草菇。草菇的单核菌丝(初级菌丝)和双核菌丝(次级菌丝)均可形成无性的厚垣孢子,具有一个简单的无性生活史(图 2—51)。

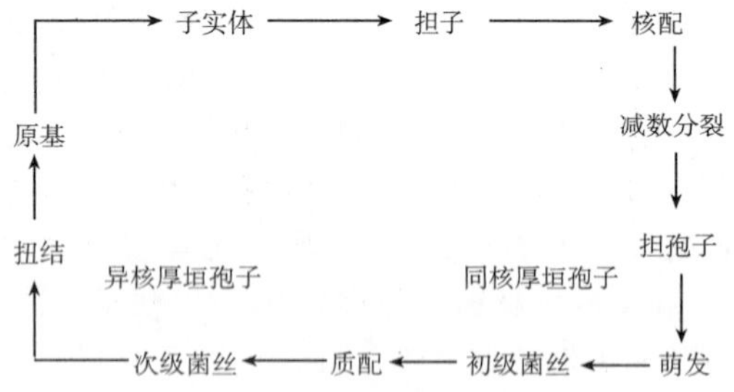

图 2—51　草菇的生活史示意图

2. 次级同宗结合食用菌的生活史

次级同宗结合的食用菌单个双核担孢子萌发后形成多核的异核菌丝体可孕,不需要不同来源菌丝的交配即可自行完成有性生活史。双孢蘑菇是典型的次级同宗结合的食用菌,但不同变种或品系的双孢蘑菇的生活史可能不同。双孢蘑菇可产生异核体担孢子(细胞核具有不同交配型基因,如“+”和“—”)和同核体担孢子(细胞核具有相同的交配型基因,“+”或“—”约各占 40%)。其中异核体担孢子萌发形成的异核菌丝具有结实能力,不需要与其他类型菌丝融合即可产生子实体。而同核担孢子萌发形成的同核菌丝不能结实。具有不同交配型基因的同核菌丝,首先发生菌丝融合(质配),形成异核菌丝。异核菌丝具有结实能力,可形成子实体(图 2—52)。

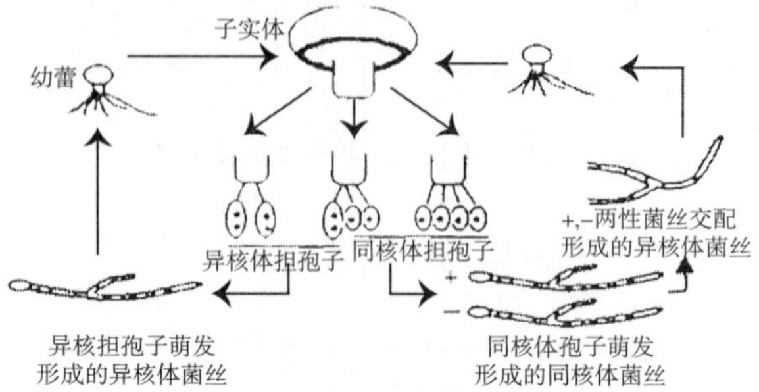

图 2—52　双孢蘑菇的生活史

3. 二极性异宗结合食用菌的生活史

二极性异宗结合食用菌可亲和单核体(A_1 和 A_2)交配形成的双核菌丝可孕,菌丝扭结形成原基,进而发育为成熟子实体。这类食用菌的生活史示意图见图 2—53。

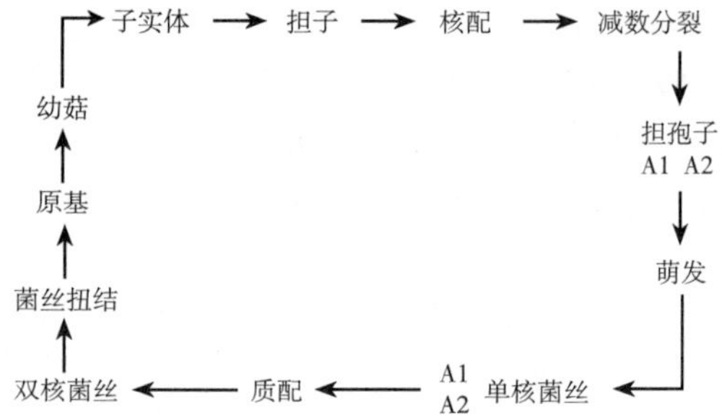

图 2—53　二极性异宗结合食用菌的生活史

4. 四极性异宗结合食用菌的生活史

四极性异宗结合食用菌可亲和单核体(A_1B_1 和 A_2B_2、A_1B_2 和 A_2B_1)交配形成的双核菌丝可孕,菌丝扭结形成原基,进而发育为成熟子实体。香菇、平菇、金针菇、银耳等都是四极性异宗结合的食用菌。这类食用菌的生活史示意图见图 2—54。

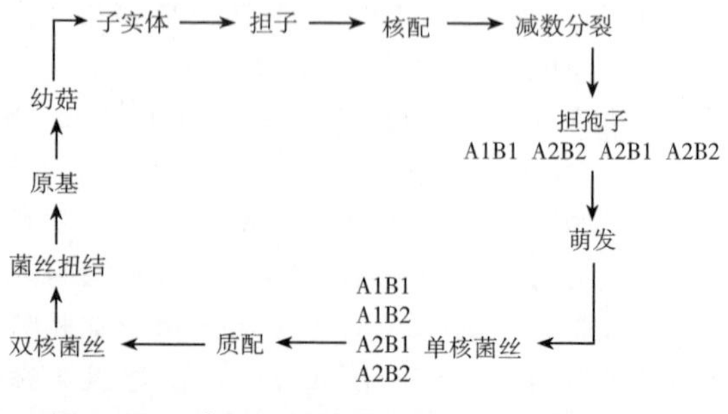

图 2—54　典型四极性异宗结合食用菌生活史

第五节 食药用菌的结实与发育

食用菌营养生长（菌丝生长）到一定程度并达到生理成熟，开始扭结形成子实体原基并逐渐长大成熟，产生孢子。从原基形成到有性孢子的产生这一生长阶段称为生殖生长阶段，即食用菌的结实与发育阶段。在食用菌的一生中，从菌丝生长转入子实体生长是一个质的变化。

一、子实体的分化与发育

食用菌菌丝体在养分和其他条件适宜的环境下，经过初生菌丝（单核菌丝）、次生菌丝（双核菌丝）和三次菌丝等不同的发育阶段，逐渐达到生理成熟而分化出子实体原基，进入子实体生长与发育阶段。食用菌子实体的形成，在形态学、细胞学和生理学方面会发生很大变化。

（一）形态学变化

食用菌子实体的分化和发育，从形态上大致可以划分为原基形成期、菌蕾生长期、子实体成形期、孢子成熟期等几个阶段（图 2－55）。

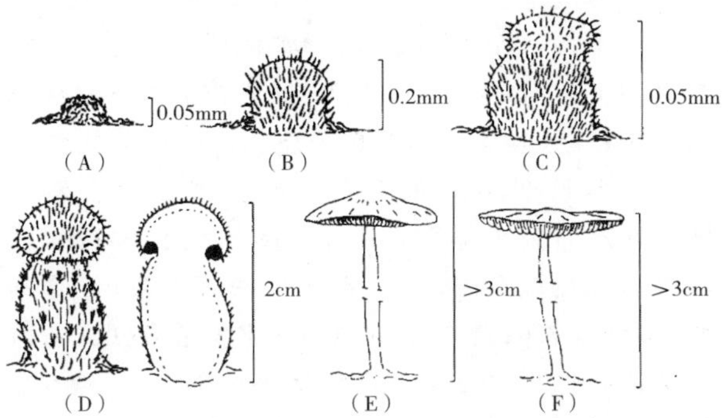

图 2－55 金针菇子实体发育过程示意图

A. 原基形成期，B～C. 菌蕾发育期，

D～E. 子实体成形期，F. 子实体成熟期。

原基由组织化的双核菌丝形成，一般呈颗粒状、针头状或团块状，是子实体的胚胎组织，内部没有器官分化，以后逐渐发育成菌蕾，分化出菌盖、菌褶、菌柄、菌幕等。原基是子实体发育的最初阶段，担子菌双核菌丝在适宜的条件下，很容易分化形成结实性双核菌丝，再互相扭结，形成子实体原基。

菌蕾是尚未发育成熟的幼小子实体，形态上已有菌盖、菌柄、产孢组织等器官的分化，但未开伞成熟。菌蕾由原基进一步发育形成。

子实体成形是指菌蕾进一步发育后，菌盖、菌柄、产孢组织等各器官均发育完整，达到成熟状态，这时子实体呈现出各自的形状和特征。双核菌丝的顶端细胞分化，通过核配、分裂等一系列过程形成有性孢子，但有性孢子尚未发育成熟。食用菌生产上指的“子实体采收适期”就在这个阶段。

有性孢子形成后很快发育成熟。成熟后的孢子具有各自特有的形状和颜色，产孢部位如菌褶、菌孔等也随孢子颜色变化而变化。成熟后的孢子大多能以主动弹射的方式释放出去，这时的子实体菌盖边缘变薄，逐渐向外翻卷，重量也随着孢子的释放而下降。

某些食用菌在子实体分化和发育时期，形态学变化被划分较多时期，如平菇分为原基形成期、桑葚期、珊瑚期、成形期、成熟期；草菇划分为针头期、细纽期（小纽扣期）、纽期（纽扣期）、蛋形期（卵形期）、伸长期、成熟期等。

（二）细胞学变化

在食用菌子实体的分化和发育过程中，菌丝在细胞学或遗传学上发生一系列变化。

首先菌丝细胞发生双核化。菌丝细胞双核化是子实体形成和发育的前提条件。孢子萌发后一般形成单核菌丝，单核菌丝细胞中只有一个单倍的细胞核，可以独立地、无限地进行生长蔓延，但由于单核菌丝体中所有细胞核含有相同的遗传物质，一般不会形成正常的子实体。只有两条性别不同、具有可亲和性的单核菌丝经过细胞质融合后，发育成含有两个核的双核异核菌丝，才具有产生正常子实体的能力。菌丝不经过双核化过程，子实体原基的分化和正常发育很难完成。

菌丝双核化后，分化形成子实体。子实体分化后正常发育还要经过核配、减数分裂等一系列变化，形成有性孢子。

担子菌（如香菇、金针菇、木耳、平菇等）单核菌丝形成后，生活期很短，两条单核菌丝很快结合形成双核菌丝，并以双核形态生长蔓延。双核阶段持续时间很长，一直持续到幼担子长成。担子菌的子实体在形成幼担子后，顶端菌丝中的双核进行核融合，形成双倍体单细胞核，再经减数分裂，形成 4 个单倍体的子核，同时担子顶端产生 4 个小梗，小梗顶端膨大形成担孢子原基。然后 4 个子核再分别通过小梗进入担孢子原基，最后发育成典型的 4 个担孢子，完成其生活史，进入单倍体单核世代(图 2—56)。双核菌丝是它的主要菌丝形态,子实体也是由双核菌丝所组成。

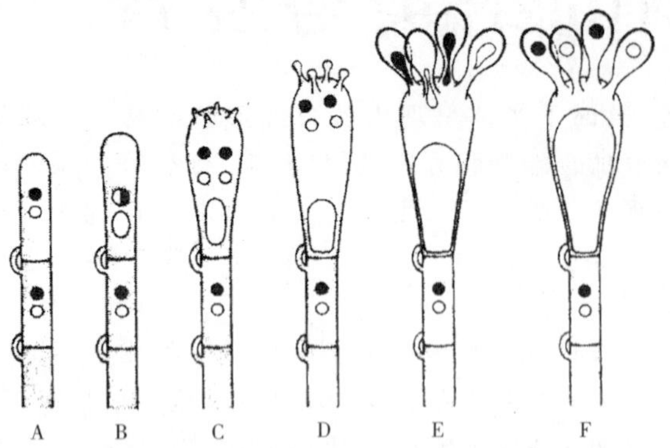

图 2—56　担子及担孢子发育过程示意图

A. 双核的菌丝顶端,B. 核配后的单核二倍体担子,C. 减数分裂后具 4 个单倍体核的担子,担孢子梗开始发育,D. 担孢子梗上产生担孢子原基,细胞核准备移入其中,E. 细胞核移入担孢子原基中,F. 高度液泡化的成熟的担子,其上着生 4 个单核的担孢子。

子囊菌(如羊肚菌、块菌等)单核菌丝体很发达,生活期很长,子实体原基也是由单核菌丝所形成。原基形成后的部分单核菌丝发生融合再形成双核化的产囊丝。产囊丝顶端的双核细胞伸长和弯曲,形成钩状体,其中的双核分裂产生 4 个子核。随后钩状体产生横隔,形成 3 个细胞,4 个子核进入 3 个细胞中。钩状体的顶部细胞(钩尖)和基部细胞(钩柄)是单核的,弯曲细胞(钩头)是双核的,此双核细胞即为子囊母细胞,最后发育成子囊。子囊母细胞中的双倍体核先经过一次减数分裂,再经过一次有丝分裂,形成 8 个子核,继而形成典型的 8 个子囊孢子(图 2—57)。子囊菌的双核菌丝在子囊产生前夕形成,单核菌丝是其存在的主要形态,子实体也是单核菌丝和双核菌丝的混合物。

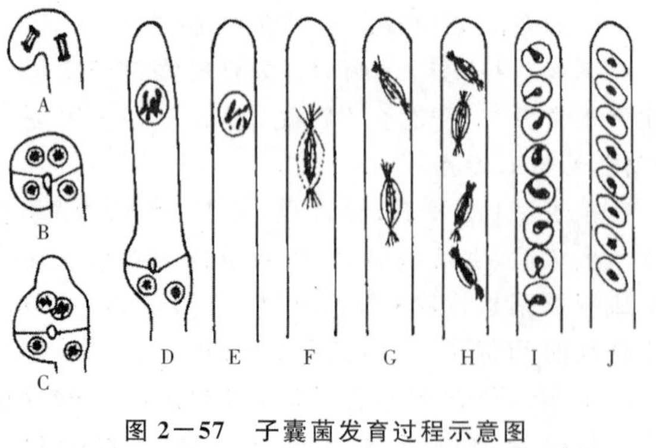

图 2—57　子囊菌发育过程示意图

A、B. 产囊丝钩的发育,C. 核配,D. 子囊母细胞时期,E. 双线期,F. 减数的第一次分裂,G. 减数的第二次分裂,H. 有丝分裂,I. 子囊孢子形成,J. 8 个孢子的子囊。

(三)生理学变化

食用菌由菌丝生长向子实体生长转化,在生理学方面发生很大变化。

首先对营养的要求发生变化。菌丝阶段一般需要较高的营养条件和较高的氮源浓度,子实体形成则要求较低的营养尤其是较低的氮源浓度。营养水平的适度下降有利于菌丝扭结分化,如培养基质中营养消耗至不适应菌丝继续生长时会刺激食用菌由营养生长向生殖生长转化。可以说氮源浓度的适度降低,是食用菌子实体形成的前提条件。

由菌丝生长向子实体生长转化,对温度要求也发生很大变化。多数食用菌子实体生长期要求的温度比菌丝生长期的温度低,如平菇菌丝生长最适宜温度是 24～27℃,子实体分化与发育最适宜温度是 13～17℃。温度降低是大多数食用菌子实体形成的前提条件。

有观点认为,适度的逆境有利于菌丝向生殖生长转化。在生长处于逆境时,细胞分裂速度、菌丝生长速度减缓,这时"孕激素"就会积累,大量"孕激素"积累促进菌丝向生殖方面转化。营养水平和温度的降低正是营造了某种逆境,刺激了子实体的形成。

食用菌由菌丝阶段向子实体阶段转化,在酶系方面也发生很大变化。纤维素酶、半纤维素酶和木质素酶是食用菌中重要的几种酶,这几种酶在菌丝生长期和子实体生长期表现的活性不一样。许多研究表明,食用菌在菌丝生长期间木质素酶活性出现高峰,在子实体生长后下降;纤维素酶、半纤维素酶活性在菌丝体生长期间较低,随着子实体的形成和成熟,活性逐渐增强。子实体成熟时酶活性达到最大值。子实体采收后,酶活性下降,达到最小值。酶系活性的变化说明菌丝优先利用木质素的降解产物,而子实体生长期以利用纤维素的降解产物为主。例如,双孢蘑菇菌丝大部分木质素(占 63%～92%)是在播种至开始出现针尖菇这段时间内消耗掉的,而 α-纤维素和戊聚糖在菌丝生长期间消耗很缓慢,但形成子实体后,消耗加快。

培养料成分影响酶活性大小,但不影响酶活性变化规律。例如,黑木耳在玉米芯、松木屑和常规木屑培养料经过不同处理,纤维素酶、木质素酶酶活性变化规律基本一致(彭强,2007),即随着黑木耳子实体的发育,纤维素酶和半纤维素酶的活性逐渐上升,在子实体成熟时活性达到最大值,子实体采收后活性达到最小值。木质素酶的活性变化与纤维素酶和半纤维素酶的变化相反，在菌丝生长阶段活性达到峰值，在子实体形成阶段急剧下降。

二、营养和环境对结实与发育的影响

食用菌属于异养型微生物，生长发育所需物质靠从外界环境中摄取。与菌丝生长一样，营养对食用菌结实与发育也有重要影响。

(一)营养对结实与发育的影响

1. 营养要求

食用菌菌丝生长和子实体生长阶段对碳素营养的要求不一样。例如，玉米秆培养基上，猴头菌菌丝生长很好，但迟迟不能出菇；香菇菌丝在栎树叶培养基上生长特别旺盛，但子实体却长期不能形成。其原因可能是上述培养基不能满足形成子实体所需要的营养条件。

许多研究表明，食用菌菌丝阶段以利用木质素的降解产物为主，而子实体生长期以利用纤维素降解产物为主。据吴丹、刘小朋(2007)报道，糙皮侧耳子实体在第一茬生长阶段培养基干重减少量为：非木质纤维素组分减少量占 42.39%，纤维素组分减少量占 34.41%。说明头茬子实体生长期间菌体主要以非木质纤维素组分和基质中的纤维素组分为碳源。在第二茬子实体生长阶段，纤维素降解量明显减少，为头茬子实体阶段纤维素降解量的 46.1%，非木质纤维素组分提供的营养物质仅占二茬菇期营养消耗量的 13.18%，子实体产量也大幅度下降。原因之一可能是基质中可以利用的非木质纤维素物质减少，不能满足子实体生长正常需求。在金针菇、榆耳、黑木耳、玉蕈、滑菇、香菇、银耳及其伴生菌等木腐型食用菌中，子实体阶段也主要靠纤维素的降解来提供碳源。

适宜的氮源浓度是食用菌子实体形成的前提条件之一，大多数子实体发生的最适氮源浓度为 0.016%～0.032%。浓度过高，会抑制子实体的发生。碳源浓度直接影响食用菌对氮源的利用，如果在氮源浓度高的情况下，同时提高碳源浓度，生殖生长的抑制就会缓和，因此培养基的碳氮比(*C*/*N*)要适当。

多数食用菌子实体发生适宜的碳氮比为30：1～40：1。碳氮比过高，不会形成任何菌蕾；碳氮比过低，虽出现许多原基，但它们常在成熟前停止发育。最适宜的碳氮比随营养而定。当碳素以葡萄糖形式提供时，通常近 30：1；以蔗糖形式提供时，更高些。

在自然条件下或人工段木栽培中，食用菌菌丝生长缓慢，其主要原因在于树木中的碳氮比过高(高达 260：1～600：1)，氮源太少，使食用菌生活周期过长(长达 2～3 年)。因此，以木屑、麦秸等原料进行代料栽培时一般要添加适量的米糠、麦麸、饼肥等，棉子壳的碳氮比较适合大多数食用菌菌丝的生长，不需要过多调节。

2. 对子实体形成与发育的影响

一些物质对食用菌子实体的形成有诱导作用。村尾泽夫发现，从链霉素中提纯的蛋白抑制剂 S-PI 可以抑制酸性蛋白酶活性，促进平菇、香菇和金针菇子实体的形成。S-PI 促进出菇的一个原因，可能是它间接地控制细胞中的能量代谢和碳素利用。此外，AMP、脂肪酸、天冬酰胺、尿素、氨等物质均能对担子菌子实体形成起诱导作用。据报道，环腺苷酸(cAMP)在菌体内累积到一定浓度时，诱导子实体的形成。如在长根鬼伞(*Copriuus macrorhizus*)中，cAMP 与子实体的形成有关，在形成子实体的菌丝中含腺苷环化酶、磷酸二酯酶，而不形成子实体的菌丝中缺少这些酶。在葡萄糖丰富时阻止 cAMP 水平上升，从而阻止子实体的形成。Smith, J. F 和 Hayes, W. A 于 1972 年证实，促使蘑菇子实体分化的物质是醋酸盐，在麦芽膏培养基中添加 0.01%的醋酸钠后，蘑菇菌丝体才能结实。

激素影响食用菌子实体的形成。1975 年，Turner 等用气相色谱法检出存在于双孢蘑菇复合培养基中的 9 种挥发性物质，并观察了它们产量的变化，发现其中只有乙烯与子实体发育有关。当子实体迅速长大时乙烯产量迅速升高，而且在相应的时间里纤维素酶和漆酶的活性也迅速增加，显示出子实体形态发育中生理和代谢的改变。

适宜浓度的矿质元素对食用菌子实体发育和产量有促进作用。据廖星昊等(2005)报道，在金针菇生长发育的培养基中添加钙成分能显著刺激金针菇子实体的生长，缩短出菇时间，提高产量和子实体含钙量。

碳、氮源对子实体的营养成分有一定影响。有实验指出，香菇培养基中粗蛋白含量差异导致子实体中各种氨基酸含量的差异。在侧耳基质中增加氮化物的含量，可明显提高子实体中氨基酸含量。

3. 营养物质的运输

子实体形成时，基质菌丝内的养分集中向子

实体输送。用荧光素测定，可见到子实体菌柄中央有一条较宽的养分输送带，一直延续到菌盖的菌肉下层，接近菌褶处。输送带细胞一般较长，细胞组织也较松散。一般在原基形成时，菌丝可以从培养基中吸收碳素营养供原基形成，而氮源需要由菌丝体的储藏物质供应。当菌盖和菌柄分化时，碳和氮都不能从培养基中吸收，要从菌丝细胞的储藏物质中获得。菌丝中的葡聚糖被分解成简单糖类来持续供应菌盖生长，有些小的发育不良的子实体中的养分也输送到旺盛生长的菌盖中去，本身萎蔫。如平菇原基分化出许多子实体，最后只是几个或十几个子实体发育良好，绝大多数的子实体萎蔫。每一个结构的形成为下一个结构的形成奠定物质基础。输送速度和相对湿度、菌龄大小、营养等条件有关。相对湿度大，子实体内水分蒸发慢，以水为介质的营养物质的输送速度慢；反之，输送速度就快。

(二)环境对结实与发育的影响

影响结实与发育的环境因子也是水分、温度、光照、空气、酸碱度等 5 个因素。

1. 水分

食用菌在出菇结实阶段，一方面菌丝在培养料中继续生长，吸收水分和营养，一方面形成的子实体生长在空气中。因此，这一阶段培养料含水量和空气相对湿度对食用菌子实体生长发育的影响很大。

(1)培养料含水量

对于大多数食用菌，子实体生长阶段要求的培养料含水量和菌丝生长阶段差不多，为 60%左右。培养料含水量太低，不能满足子实体分化对水分的需求，子实体难以形成。培养料含水量太多，会影响料内通透性，通气不良影响呼吸和代谢，子实体也不能形成。

(2)空气相对湿度

子实体生长阶段要求空气相对湿度比菌丝生长阶段高，适宜的空气相对湿度应在 85%～90%之间。空气相对湿度低于 70%，子实体生长会变缓，菇体表面因细胞水分散失而形成裂纹；低于 60%，子实体生长停止；低于 50%，已分化的幼菇会因脱水而枯萎死亡。所以，当菇蕾出现时需要提高菇房的空气相对湿度。但菇房湿度也不宜过高，如果超过 95%，会影响菇体的蒸腾速度，从而影响营养物质从菌丝向子实体的输送，进而影响子实体的发育。如果遇到高温高湿，还易招致病菌蔓延。

(3)湿度差

对于某些食用菌，湿度差也是影响子实体形成的一个因素。Matsumoto 等(1988)将 24℃、光照培养 40 天的香菇菌丝浸于 18℃的水中处理 24 小时，处理后培养物的呼吸量增加到处理前基础水平的2.5倍，2 天后原基形成，呼吸量降到基础水平。菌龄 90 天的菌丝结果也相同，香菇的呼吸作用显著加强。但菌龄 20 天的菌丝浸水处理后呼吸强度没有显著增加，也未能形成原基。说明浸水处理只能诱导生理成熟的菌丝形成子实体。

水分是影响子实体生长和发育的最重要环境因素之一。水分管理是食用菌生产上一项重要管理措施，水分管理的好坏与出菇潮次、产量、菇体质量密切相关。了解水分对食用菌结实的影响，对食用菌生产具有重要的指导意义。比如在香菇生产中，可以通过水分管理将菌袋或者段木基质中含水量适当调低，菌丝成熟后再进行浸水处理，既创造湿差又补充水分，以利于诱导香菇子实体的形成。同时在香菇子实体生长发育阶段，菇房也保持适度的干湿差，加速香菇菌盖表面水分散失，促进香菇向花菇发育。代料栽培食用菌出一茬或两茬菇后，由于培养料中水分消耗，再出菇很难或者出的菇质量差，这时可以通过菌袋补水措施，保证后期子实体正常形成。

2. 温度

温度是影响食用菌结实与发育的最重要因素之一。

(1)结实温度

食用菌不同，需要的结实温度差异很大。生产上根据结实对温度的要求不同，将食用菌分为 3 种类型。

低温型食用菌：子实体在低温条件下才能分化形成，子实体形成的适宜温度为 20℃以下，最适为 13～18℃。属于这种类型的食用菌种类最多，如金针菇、滑菇、香菇、双孢蘑菇、平菇、猴头等。这类食用菌适宜在秋冬季种植。

中温型食用菌：子实体分化最适温度在 20～24℃，这类食用菌适宜在春秋两季栽培，如银耳、木耳、灵芝等。

高温型食用菌：子实体在高温条件下才能分化和正常发育，分化的适宜温度在 30℃左右，如草菇。这类食用菌适宜在夏季栽培。

子实体分化温型的划分是人为的一种划分方法。在生产实践中，由于长期栽培与选育的结果，同一种食用菌不同品种子实体形成温度差异会很大。据此生产上又将这类食用菌划分为不同温型，如香菇按其子实体发生温度分为高温型(20～25℃)、中温型(15～20℃)和低温型(10～15℃)品种，另外还有一些中间型品种。常见食用菌结实与发育对温度的要求见表2—18。

表2—18 常见食用菌结实与发育温度要求

食用菌种类	适宜温度(℃)	
	结实温度	发育温度
双孢蘑菇	8～18	13～16
香　菇	7～21	12～18
草　菇	22～35	30～32
平　菇	7～22	13～17
凤尾菇	25～27	20～30
鲍鱼菇	24～27	26～28
榆黄菇	24～27	25～28
金针菇	5～19	8～14
大肥菇	20～25	18～22
木　耳	15～27	24～27
毛木耳	16～28	22～30
银　耳	18～26	20～24
猴　头	12～24	15～22
滑　菇	5～15	7～10
口　蘑	2～30	15～17
松口蘑	14～20	15～16
茯　苓	23～26	24～26

(2)结实低温诱导

多数食用菌子实体分化和发育的适宜温度比菌丝体生长偏低。如平菇菌丝生长最适宜温度是24～27℃，子实体分化与发育最适宜温度是13～17℃；双孢蘑菇菌丝生长最适宜温度是24℃，子实体分化与发育最适宜温度是13～16℃。其他如香菇、金针菇也大致如此。

一些食用菌，如香菇，子实体发生除受遗传控制外，低温诱导是出菇前的一个重要诱发条件。低温诱导香菇出菇的作用和机制目前还不清楚，有一种观点认为低温解除了高温对香菇原基发育的抑制(黄年来，1994)。近年来也有观点认为，由菌丝进入生殖生长是对逆境的一种反应，而适度的低温环境正是营造了某种逆境。可能是适宜的低温胁迫诱发和改变香菇子实体发生的某些因子。比如，通过离子浓度的变化与酶的活性改变香菇菌丝的生理代谢；或通过调节细胞内的基因表达影响子实体的生长发育。

(3)结实温差诱导

在子实体形成时，有些食用菌不但需要适宜的温度，同时还需要有一定的昼夜温差刺激，否则子实体不能分化。生产上根据子实体分化对昼夜温差的要求，分为两种类型：

①恒温结实型：没有昼夜温差，子实体可以分化，进而生长发育。这类食用菌包括木耳、草菇、灵芝、猴头菌、大肥菇、金针菇等。

②变温结实型：没有昼夜温差，子实体不能形成，如香菇、平菇等。香菇菌丝生长成熟后，除了要求偏低温度外，还要求10℃左右的昼夜温差刺激，子实体才能分化形成。

了解食用菌子实体生长与温度的关系，在生产上具有重要的指导意义。比如大多数食用菌营养阶段要求的生长温度比子实体阶段要求的温度高，食用菌栽培季节最好选择在秋季。在前期营养生长阶段，外界气温偏高，正好适宜菌丝生长。当营养生长结束进入结实期，外界气温下降，正好适宜出菇。这样栽培管理方便，易成功，产量高。秋季是食用菌栽培的最好季节。另外，应根据不同区域、不同季节选择不同温型的食用菌进行种植。

3. 光照

食用菌菌丝生长阶段不需要光照，有光对菌丝生长反而不利。在原基发生和子实体生长发育阶段，大多数食用菌需要一定的光照条件，即在一定的光照下才能完成生活史。只有少数种类如蘑菇、大肥菇和在地下发育的块菌，可以在完全黑暗条件下完成生活史。

(1)光照对子实体生长发育的影响

光照对子实体生长发育的影响主要体现在3个方面：促进子实体分化和生长发育；影响子实体的形态特征；光照强度影响到食用菌产量。

①光照促进子实体分化和生长发育：大多数食用菌菌丝生长完成后需要给予一定量的光照刺激，子实体才能形成和生长发育。Eger-Humme(1980)根据子实体分化和生长发育对光照的要求情况，把食用菌分为4种类型：第一种是子实体分化和生长发育不需要光照刺激。这类食用菌在整个生活周期中都不需要光的刺激，在完全黑暗条件下子实体可正常形成和发育，如双孢蘑菇、大肥菇。第二种是子实体分化不需要光照刺激，但后期进一步生长发育需要一定的散射光。如金针菇在黑暗条件下能形成子实体，但后期生长发育需要一定光照，否则，菇体畸形，只长菌柄，不长菌盖，不产生孢子。第三种是子实体除了形成时可短暂的黑暗外，其后发育都需要一定的光照。第四种是子实体自分化到后期进一步生长发育都需

要光照。大多数食用菌如平菇、香菇、草菇、木耳等属于第三或第四种类型。

食用菌生产上一般根据子实体分化和生长发育对光照的要求，把食用菌分为厌光型、喜光型和中间型 3 种类型。

②光照影响子实体的形态特征：光照不仅影响子实体的发生，还会影响子实体的色泽、菌柄长度和菌盖宽度的比例等。光照不足，子实体色泽淡、菌柄细、菌盖小。原基发生后，如果光照强度不足，生长的平菇菌柄细长，菌盖不能充分展开，菌盖色淡，品质差；灵芝色泽暗淡，光泽差；草菇呈灰白色。子实体的颜色一般随光照度的增加而加深。例如，黑木耳在15 lx以下呈白色，400 lx以上变为正常的黑褐色。一些菇类子实体的生长点具有一定的向光性，如灵芝菌盖的生长点，总是向有光源的一方延伸。改变光源入射方向会形成畸形子实体。

③光照强度影响食用菌产量：不同食用菌对光照强度的要求不一样。例如，香菇在10～40 lx，木耳在400～1 000 lx，银耳在400 lx左右产量最高，猴头菌在50 lx的散射光下分化原基，子实体的正常发育需要 200～400 lx的光照。

大多数食用菌子实体阶段只需要一定散射光，不需要直射光。直射光会抑制菌丝生长和对营养的吸收，使子实体表面硬化，品质变差。但木耳子实体的正常发育不但需要足够的散射光，还需要一定的直射光。

食用菌生产上只有满足不同食用菌对光照的不同需求，才能达到优质高产的目标。比如，栽培双孢蘑菇时，菇房只有保持黑暗或少见光的状态，才能得到菇体白、外观好的商品菇。菇房光线太强，会导致蘑菇子实体发黄、菇体变硬，商品质量下降。而栽培黄色品系的金针菇需要光线较少，菇房需要保持弱光条件，才能得到柄长、盖小、色白、质嫩的商品菇。光线太强，会导致菌柄变短、颜色加深、褐色部分增多、纤维化程度增加、商品质量下降。黑木耳子实体生长发育不仅需要大量的散射光，还需要一定的直射光。因此，菇房应保持较强的光照条件，即所谓的“花花阳光”的环境。

(2)光照诱导子实体形成的机制

光照对子实体的作用机制很复杂，并受其他环境因子或营养因子的影响，其作用机制目前还不十分清楚。

Leatham 等（1987，1992）在香菇试验中发现，置于黑暗环境中的培养基时常产生许多隐埋在其中的直径为 1～2mm 的原基，尽管这些原基像正常原基一样分泌出液滴，但这些原基既没有形成明显的色素，又不能发展成气生性原基，仅有经光照后的原基才能形成子实体。表明光照促使色素形成，而转色是香菇由营养生长向生殖生长转化的标志。光照刺激子实体形成仅发生在光敏期（light sensitive period），在菌丝生长晚期进行光刺激，不会形成子实体。若在光敏期内给予香菇足够强的光刺激，即使以后置于黑暗条件下培养，仍足以促使其形成原基，这说明在香菇发育过程中对光照具有“记忆”功能（memory of light exposure，LEM）。但黑暗中长出的原基色素含量少，常发育至扭结期停止生长。子实体是由那些在菌丝从营养生长向生殖生长过度以前已被激活的原基发育而来的。有报道称，光照与环腺苷酸（cAMP）的代谢调节有关，而 cAMP 是子实体形成的诱导物。另据报道，真菌中存在一种光受体，但受体吸收光照后如何激活原基形成，以及为什么一些化合物或营养物能改变光反应的原因尚不清楚。

研究结果表明，光照在长根鬼伞子实体形成过程中，至少在 3 个阶段中起着重要的作用：原基形成、原基分化和核融合及减数分裂。

①光对原基形成的诱导：一般鬼伞属形成子实体需要光。但光对长根鬼伞子实体原基形成的效应，随培养基成分不同而不同，而且也受变温（低温）的影响。在马铃薯蔗糖培养基中，即使在黑暗里也可形成子实体原基，在半合成培养基——胨、酵母提取液及葡萄糖培养基中，光照射对诱导长根鬼伞的原基形成是必不可少的。用低温（5℃）处理 24 小时也能诱导原基形成。就长根鬼伞而言，随着培养基组成的改变，或者是光，或者是变温（低温），对子实体原基的形成起着“开关”的作用。

②光对原基分化的诱导：长根鬼伞子实体原基形成后，子实体分化仍需光的诱导。光对子实体分化的诱导可以通过两次光照射来完成：第一次光照（FL）和第二次光照（SL）。每次光照至少需 2 小时，中间可有 44 小时的黑暗间隔。通过对子实体形态发生的观察，在 FL 照射后，原基顶端肥大，菌伞开始发育，与此同时，梗状原基从基部长出毛状菌丝，进行所谓脱分化。如果不给予 SL 照射，子实体不能成熟。如间隔时间太长（超过 240 小时），脱分化的毛状菌丝从基部达到伞的部分，即使再进行 SL 照射，成熟的数量也减少。因此可以认为，在子实体成熟与脱分化之间存在一种动态平衡。而 SL 照射对子实体的成熟也起着一种“开关”的作用。

③光对担子中核触合的诱导：FL 和 SL 两次

照射前后对担子中核行为变化进行观察发现，在SL照射前担子中的2个核都是$(n+n)$二核组，在SL照射后的12小时左右诱导核融合，此后即开始减数分裂。在核融合后约16小时，第二次分裂结束。

4. 氧气与二氧化碳

食用菌属于好气性真菌，在细胞的代谢过程中，有机物质通过耗氧的呼吸作用而被氧化分解。能量以ATP的形式被储存，供给菌丝生长和子实体发育。食用菌无论菌丝阶段还是子实体阶段，只有在良好的通气条件下才能正常生长。

与菌丝生长阶段相比，子实体阶段需要的氧气量更大。大多数食用菌子实体生长阶段CO_2浓度为0.04%。环境中CO_2浓度过高，对大多数食用菌子实体形成和发育具有很强的抑制作用。例如，灵芝子实体在CO_2浓度为0.1%的环境中，一般不形成菌盖，菌柄呈鹿角状分枝；CO_2浓度增到10%时，子实体形态极不正常，没有任何组织分化，甚至连皮壳也不发育。双孢蘑菇菇房中CO_2浓度大于1%时，子实体菌柄长、开伞早、品质下降；超过6%时，菌盖发育受阻，菇体畸型呈鼓锤状。猴头菌在CO_2浓度为0.1%时形成珊瑚状分枝。

金针菇在0.03%～6.8%的CO_2浓度范围内，随着CO_2浓度升高，形成的原基数量越来越少，菌盖直径也越来越小，而菌柄的长度越来越长。当CO_2浓度进一步提高，金针菇菌盖、菌柄发育都受到强烈抑制，形成畸形菇，并在菌柄上形成很多毛状物。

不同食用菌对CO_2的耐受力不同，同一种食用菌不同发育阶段对CO_2的耐受力也不同。一般由营养生长进入子实体分化这一时期，对氧的需求量较低，对CO_2的耐受力较强，甚至一定的CO_2浓度是子实体发生的必要条件。只有当原基形成后发育时，对CO_2浓度才敏感。例如，微量的CO_2浓度(0.034%～0.10%)对双孢蘑菇、草菇子实体的分化是必需的。但是一旦子实体形成后，由于子实体旺盛呼吸，它对氧气的需求也急剧增加，这时0.1%以上的CO_2浓度对子实体产生毒害作用。

对CO_2如何控制原基生长发育了解甚少，在原基发育过程中无疑需要大量的ATP合成UDP-葡萄糖和UDP-N-乙酰-葡萄糖胺(合成细胞壁的前体)。在此临界期，也许能量代谢的终端产物CO_2的积累能阻止ATP大量再生，由此抑制了子实体发育。

食用菌生产进入出菇阶段以后，为防止CO_2积储过多，菇房需要经常通风换气。这是食用菌栽培中确保子实体正常发育的一项关键措施。通风换气能补充菇房内的新鲜空气，排除过多的二氧化碳和其他代谢废气。但是也可以利用一定浓度的CO_2来提高食用菌产量和质量，如金针菇在0.06%～0.49%的CO_2浓度范围内，随CO_2浓度增大，菌盖直径变小，菌柄伸长。利用这一特性，可通过采取一些措施来调节环境中的CO_2浓度，以培养盖小柄长质嫩的优质商品金针菇。

5. pH值

子实体发生发育要求的pH值，一般是在菌丝生长适宜值的上限或下限，如香菇菌丝生长的适宜pH为4.5～6.0，而子实体发生的pH在3.5～4.5，双孢蘑菇菌丝生长最适pH为6.8～7.2，子实体生长的适宜pH为6.5～6.8。子实体阶段和菌丝体阶段的适宜pH值不一样。这是因为菌丝在生长发育过程中，不断产生有机酸或其他一些代谢产物，使周围pH值下降或上升，并逐渐不利于菌丝自身的生长，由此诱发子实体产生，以抵抗不良外界环境，产生孢子，传种继代。pH值的变化也是诱发子实体产生的环境因子之一。但子实体发育的适宜pH值不可能过多超过菌丝体正常生存的pH值范围。这是由于子实体的生长所需要的养分主要由菌丝体细胞内的储存物质供应，菌丝的生存和营养物质的释放是子实体发育的前提。

上述5个因子是食用菌子实体生长发育的主要环境因子。环境是一个综合体，各个因子是互相联系、互相影响和互相制约的。一个因子起了变化，会导致其他环境因子发生变化。控制环境条件时，必须有整体的观念，不能顾此失彼。

(三)其他特殊条件对结实与发育的影响

(1)覆土

绝大多数食用菌菌丝生长到一定程度后，在适宜的温、光、湿、气等环境条件下进入结实发育阶段。但有少数食用菌，如双孢蘑菇、鸡腿菇等，由菌丝生长转入生殖生长除了要满足上述条件之外，还需要覆土条件。不覆土，这类食用菌不出菇。在普通的栽培条件下，尽管培养料中的菌丝长得非常好，如果没有覆上合适的土壤，子实体一般不会发生。

覆土的作用至今众说不一。国内外许多学者一般认为有物理、化学和微生物5方面的作用：①覆土层具有机械支撑和固定子实体生长的作用；②覆土层具有保水作用，可以满足子实体生长发育对水分的需求。据报道，生产1 000g 双孢蘑菇需要2 000ml 水，这其中的一半是从覆土层中吸收的；③覆土层对菌床的小气候环境具有稳定和保护作用，防止培养料的温度和湿度发生急剧变化，保护菌丝和子实体的正常生长发育；④覆土后营养与二氧化碳浓度差异对子实体形成具有促进作用；⑤覆土层中微生物具有刺激作用。据报道(杜爱玲，1999)，覆土层中有许多有益微生物，如臭味假单孢杆菌等，它们的代谢产物对双孢蘑菇子实体的形成具有促进作用。

覆土是双孢蘑菇、鸡腿菇这类食用菌栽培管理中必不可少的环节。覆土质量的好坏，与子实体的发生、产量和质量有直接的关系。适宜的覆土材料有泥炭土、壤土、黏壤土等，这一类土壤结构疏松，透气性、吸水和持水性良好，干不成块，湿不发黏，喷水不板结，失水也不龟裂。黄泥土、砂壤土、砂土、黏土等不宜使用。

(2) 生物

①植物：一些共生型食用菌，如松口蘑(松茸)、美味牛肝菌、松乳菇、黑孢块菌等，生长发育离不开高等植物。这一类食用菌的菌丝体缠绕在根表或深入根内，与植物根部形成共生菌根。菌根的形成对食用菌和植物的生长发育都有促进作用，一方面食用菌从植物体内获取必要的糖类及其他营养物质，另一方面植物通过菌根中的菌丝提高对无机盐、含氮有机物等物质的吸收能力，两者通过形成菌根而彼此受益。属于这一类的食用菌至今还难以进行人工栽培。

②动物：少数食用菌，如冬虫夏草和鸡坳依靠动物帮助才能完成生活史。冬虫夏草是虫草菌丝寄生在鳞翅目、蝙蝠蛾科幼虫后形成的虫菌复合体，这种虫草菌对昆虫具有严格的寄生性。鸡坳是由白蚁栽培的，鸡坳菌常见于针、阔叶林中地上，或荒山坟地、玉米地中的白蚁巢上，其假根与地下黑翅土白蚁窝相连，从中吸收生长发育所需要的营养物质。由于鸡坳与白蚁之间、虫草菌与昆虫之间存在着特殊关系，至今仍无法人工栽培。

③微生物：少数食用菌如银耳、金耳等的生长发育离不开特殊的微生物。银耳菌没有分解纤维素、半纤维素的能力，甚至也不能很好地利用淀粉，它的生长发育必须依赖其伴生菌——“香灰菌”，才能从复杂的有机物中摄取养料，完成生活史。金耳的自然生长和发生，离不开耳友菌——“粗毛硬革菌”，没有粗毛硬革菌，金耳不能正常生长和结实发育。这种菌不但一直伴随着金耳菌丝的生长，而且还与金耳的菌丝共同形成一种奇特的复合性子实体——金耳子实体。

三、食用菌发育的遗传控制

子实体的形成与发育是食用菌生活史的一个重要组成部分，子实体的形成导致核融合、减数分裂(meiosis)和子实体内特殊细胞上有性孢子的产生。其过程是一个复杂的发育生理过程，除了受其固有的遗传因素控制之外，还受营养条件、环境条件的影响。

(一)交配型基因控制

食用菌子实体通常发育自双核菌丝体，也就是说只有在双核菌丝体上才能正常形成子实体，产生孢子。而双核体的形成受交配型基因调控，交配型基因控制着结实与发育过程。

食用菌的结实分异宗结合和同宗结合两种类型。大多数担子菌(如香菇、平菇、金针菇、木耳等)属异宗结合，其他少数食用菌(如双孢蘑菇)属于次级同宗结合。异宗结合食用菌具有单因子控制或双因子控制系统。单因子控制的食用菌的 A 因子控制整个食用菌生活史的亲和性；双因子控制的食用菌的 A 因子控制细胞核的配对和锁状联合的形成，B 因子控制细胞核的迁移和锁状联合的融合。只有 A 因子和 B 因子中的等位基因群都不同的单核菌丝体才能完成亲和，完成整个生活史。

在裂褶菌的交配型因子中，发现 A 因子由 Aα 和 Aβ 两段基因组成，Aα 包括 Y 和 Z 两个转录区，Aβ 含有 V 一个转录区，Y、Z、V 共同形成一个有活性的同源转录区，转录形成异二聚体，调节锁状联合的形成；B 因子也由 Bα 和 Bβ 两部分组成，其中 Bβ 包括 Bapl(1)、1(2)、1(3)和 Barl 4 个信息素基因和信息素受体基因，含有可亲和的信息素基因和信息素受体基因的 B 位点的配对具有活性，可以调节亲和配对中核的迁移。

分子生物学分析发现，交配型 A 位点编码同型结构域的转录因子 HD_1 或 HD_2(Kues U，et al，1994)，交配型 B 位点编码交配信息素(pheromones)及其受体(receptors)(Vaillancourt L J，et al，1997)。为了诱导双核体的形成和有性发育，不同交配型基因编码的可亲和性产物必须互相作用才能发挥作用。即来自不同 A 因子的 HD_1 蛋白与 HD_2 蛋白必须二聚化后才能形成有活性的转录因子复合物。类似的交配信息素也必须识别并结合来自另一个 B 位点的交配信息素受体。当同核体被来自另一个具有不同交配型 A 因子的基因转化时，可以起始子实体的发育。异源交配型 A 基因产物至少在两个阶段发挥了作用：

①诱导黑暗培养条件下菌丝扭结；②参与蓝光刺激下子实体的起始发育。

(二)子实体发育控制基因

子实体形成与发育受相关基因所控制。据报道，香菇子实体的发育由多个基因所控制，如开关基因 Su 使菌丝体发展为网状，其等位基因起阻遏作用。只有当子实体构造基因 fi、子实体发育基因 fb与 Su 同时存在时，才能产生正常的子实体。

目前一些在子实体阶段特异表达的基因或子实体诱导型的基因已相继分离得到，包括细胞色素 P450 基因 CYPA、septine 基因 SEPA、编码 ATP 合成酶 α 亚基的 ATPD 基因以及疏水蛋白基因 HYPA/ABH1、HYPB、HYPC/ABH2。另外，一些参与 *C*/*N* 代谢和基质降解的基因也被鉴定出来。据报道，从双孢蘑菇中分离到 9 条与子实体发生与成熟相关的 cDNA，其中有 4 条只在杂交种(Horst RU 1)子实体发生期表达，另 5 条在菌丝营养生长期表达；白色块菌(*Tuber borchii*)有 3 条 cDNA 片段(Tbf12、Tbf20 和 Tbf21)只在子实体发生期表达。马爱民采用 RAP-PCR 差异显示技术克隆了在平菇原基阶段差异表达的 3 条 cDNA 片段 POD1、POD2 和 POD3。经测序，确定 3 条差异片段长度分别为 745bp、482bp 和 477bp，并查明 POD3 为 HSP70 基因片段。

漆酶基因被反复指出参与了担子菌中子实体的起始发生。在香菇中，有两个漆酶基因在子实体发育的后期阶段有活性，在菌盖中活性尤其明显。细胞壁组分的多聚化以及胞外色素的形成过程，漆酶蛋白 Lacl 和 Lac2 被认为参与了作用，但它们在其中究竟发挥何种作用一直有争议。

茶树菇中 Aa-Pril 基因产物与其特定的膜受体结合促进菌丝的聚集。发育调控基因 PriA 在香菇原基中具有相当高的转录水平(Kajiwara S, et al,1992)。它的 N 端以一种独特的疏水序列 Cys-Aaa-Aaa-Xaa 结尾，C 端具有与内膜相互作用的信息。推测出的 PRIA 蛋白包含两套基元序列：一种是典型的“锌指”结构转录因子；另一种是发现于金属硫蛋白和表皮生长因子中的“锌聚集体(zinc cluster)”。这些结构属于胞外基质蛋白和膜整合型糖蛋白中的结构域(Ishizaki T, et al, 1999)。另外一个自香菇中分离的基因 PriB 包含一个“Zn(II)2Cys6 锌聚集体”，一种 DNA 结合结构域，该结构域在原基中含量很高。DNA 印迹分析表明，PriB 表现出特定的 DNA 结合活性。PriB 可能作为一种转录因子发挥作用。

能结合糖分子的凝集素蛋白也可能参与菌丝的聚集作用。子实体阶段特异表达的凝集素分子已经从许多物种中分离得到。其中双孢蘑菇中的凝集素基因 ABL 以及灰盖鬼伞中编码半乳糖凝集素的 cgl 1 和 cgl 2 基因已鉴定出来。

与子实体结构形成有关的其他蛋白质还有疏水蛋白分子。这些小的富含半胱氨酸的分泌蛋白，可以在菌丝表面聚集成疏水的棒状表层。疏水蛋白首先在裂褶菌中发现，以后在其他食用菌中相继被发现。

这些研究表明，在食用菌发育的不同时期，基因的表达也不同。在菌丝体生长期，与细胞运输有关的基因表达占优势；原基发生与菇蕾期，控制转导和转录的基因表达占优势；子实体期代谢途径的基因表达占优势。

第六节 食药用菌的生态

食用菌生态主要研究食用菌的自然生活状态及其生命活动规律，包括食用菌在自然界中的分布、食用菌在生态系统中的作用以及食用菌与其他生物的相互关系等。作为能够产生大型子实体的高等真菌，食用菌可以营腐生、共生和寄生生活，在自然界中分布广泛，在维持森林、草原等生态系统平衡和异生质生物降解等方面发挥着重要作用，与其他微生物、植物和动物发生复杂的相互作用。

一、食用菌的生态环境

总的说来，食用菌的生态环境以地理环境为主。野生食用菌的分布同地理纬度、海拔高度、地形地貌、植被类群、土地结构、降水、土壤酸碱度、土壤肥力、土壤微生物等有着密切的关系。生态环境是多种因素的综合体现。各环境因素有它本身的特殊作用，同时也相互影响。例如，降水对温度、基质含水量及空气湿度的影响，降水对氧气(特别是雷电时臭氧)的供应，土壤质地与蓄水能力的关系，地势、地形对温度、通风、光照的影响等。以腐生性为主，兼有共生型、寄生型或弱寄生型的异养性真菌、食用菌分布与气候、植被、土壤等有着密切关系。我国幅员辽阔，具有多种多样的气候类型，植物种类丰富，森林、草原、荒漠、草甸和沼泽资源丰富，分布广泛，土壤类型多样。丰富的地理环境决定了我国众多的野生食用菌种类和广泛的分布，是我国一类重要的生物资源。

(一)我国野生食用菌的分布

1. 东北地区

东北地区是指山海关以北、漠河以南、乌苏里江以西的地区，包括黑龙江、吉林和辽宁三省。东北地区属于寒温带和温带湿润、半湿润地区，冬长寒冷，夏短温暖，降水丰富；以冷湿的森林和草甸草原景观为主，有广阔的森林及森林草原地带。该地区野生食用菌丰富，有150种以上；菇类产量以最热月份7月份为最盛。该地区特色的野生食用菌有松口蘑(松茸)(*Tricholoma matsutake*)、长白山乳菇(*Lactarius changbainesis*)、加拿大虫草(*Cordyceps canadensis*)、月夜菌(日本亮耳菌)(*Lampteromyces japonicus*)、榆耳(*Gloeostereum incarnatum*)、元蘑(冻蘑)(*Pleurotus citrinipileatus*)、榛蘑(蜜环菌)(*Armillaria mellea*)、猴头菇(*Hericium erinaceus*)等。此外，黑木耳(*Auricularia auricula*)、香菇(*Lentinula edodes*)、牛肝菌类、血红铆钉菇(红蘑、松树伞、松蘑)(*Gcomphidius rutilus*)等也比较丰富。

2. 华北地区

华北地区东临黄海、渤海，北与东北地区和内蒙古地区相接，西边为洮河、岷山，南部以秦岭北坡和淮河为界。本区北部属中温带半干旱气候，南部为温暖半湿润季风气候，7月份气温由北往南由17℃递增至28℃。华北地区特色食用菌有河北省张北地区的口蘑，泰山的茯苓(*Wolfiporia extensa*)、灵芝(*Ganoderma* spp.)，地下菌类如太原块菌(*Tuber taiyuanense*)、承德高腹菌(*Gautieria chengdensis*)等，网纹灰包(*Lycoperdon perlatum*)等也常见。此外，还有香菇、黑木耳、银耳(*Tremella fuciformis*)、平菇(*Pleurotus* spp.)和猴头菇等。

3. 华中、华东地区

该区大致位于秦岭的余脉，包括长江中下游和南岭山地，东边闽浙丘陵。气候属于暖温带和亚热带的过度地带。雨量适中，四季分明，湿度南北有异。该区特色食用菌有松乳菇(*Lactarius deliciosus*)、竹黄(*Shiraia bambusicola*)等，在湖南至广西部分石灰岩地区分布的针阔混交林下，地下菌如须腹菌属(*Rhizopogor*)、软腹菌属(*Hymenogaster*)等较为普遍。此外，还有红菇(*Russula* spp.)、乳菇(*Lactarius* spp.)、鸡油菌(*Cantharellus* spp.)、牛肝菌类、蘑菇(*Agaricus* spp.)、香菇、草菇(*Volvariella volvacea*)、银耳、黑木耳、毛木耳(*A. polytricha*)和平菇等。

4. 西南地区

该区东北部与华北地区相连，以洮河为东界与华中、华东地区相接，西北部大致在玉树以南至怒江流域的左贡至云南的贡山，并抵国境线。南部西由尖高山经潞西再经文山至广西百色，北与华北区相界。本区东部云雾多，日照少，秋季多雨。西部高原寒冷，日照强烈，锈菌类的种群分化较为突出。二郎山以东受太平洋气流影响，其西受印度洋暖流影响。以云南为例，其气温季节变化不甚明显，干湿季节分明，大型菌物主要产于雨季。本区的横断山区是全国菌类最丰富的地区，高等真菌已报道的有1 800余种，特有属种也丰富。高原的向阴坡以针叶林和杜鹃林为主，林下的丝膜菌极为丰富，如紫丝膜菌(*Cortinarius caerulescens*)是美味食菌，同属的托腿丝膜菌(*C. callochrous*)含有杀伤果蝇物质。干巴菌(*Thelephora ganbajun*)是与云南松有菌根关系的美味食菌。高原的阳坡有发育良好的高山栎林，树干生长的金耳(*Tremella aurantia*)是保健食用菌。此外，黑木耳、毛木耳、银耳、红菇、乳菇、绿菌(*Chlorobium*)、鹅膏菌(*Amanita* spp.)、竹荪(*Dictyophora* spp.)、牛肝菌类、香菇、草菇等也很丰富。

云南由于地形地貌错综复杂，气候各地差异很大，形成了立体气候的特点。复杂多变的气候和地理条件孕育出了丰富多彩的植物区系和动物区系，使云南具有“植物王国”和“动物王国”的称号。在得天独厚的自然生态条件和多种多样的植被类型下，孕育了丰富多彩的食用菌资源，使云南成为全国野生食用菌种类最齐全、产量最高、品质最佳的省份，几乎中国乃至世界大多数的食用菌种类，都能在云南找到适宜的生长环境。云南省食用菌种类繁多，种质丰富。据不完全统计，在分类学上云南野生食用菌有2个门、11个目、35个科、96个属、850多个种，占全世界2 000种食用菌的43%，占中国食用菌938种的91%。

5. 华南和滇、藏南部热带区

该区位于我国的最南端，北与华中、华东地区和西南地区相接，南部包括海南诸岛。在行政区上包括我国台湾、海南、闽东南、两广中南部、滇南、滇西南、滇西北的马库和西藏的墨脱。本区已知鸡坳属有 9 种，是我国最丰富的地区。滇西的华鸡坳属（*Sinotermitomyces*）是本区与南亚热带兼有的属。海南笼头菌（*Clathrus hainanense*）和台湾鬼笔（*Phallus formosana*）及台湾记录的双节棍孢植生虫草（*Phytocordyceps ninchukispora*）等均显示了热带菌物生态的多样性。高山针叶林，以冷杉为代表的林带是高山丝膜菌属（*Cortinarius*）和丝盖伞属（*Inocybe*）较丰富的地区，后者有大量毒菌，采者宜慎。半高山苔藓林，也是伞菌类丰富的地区，红菇属（*Russula*）、乳菇属（*Lactarius*）不下百余种，其中不少可食用。云南西南部的片马与缅甸毗连，森林茂密，其林下的大量附生生物种类和附生菌类极为丰富，以竹生墨伞（*Coprinus bambusicola*）为特有代表。

6. 内蒙古地区

该区位于我国北部边陲，东临大兴安岭的西侧，南接华北地区，西邻狼山南端、沙漠东缘、贺兰山西麓，向南抵甘肃的乌鞘岭，在兰州附近与华北地区衔接。这一带地处寒漠，北临大碛，风物荒凉。本区的草原地带，5 月份返青，包括华北区的张家口以北。夏秋所产的蒙古口蘑（*Tricholoma mongolicum*）是著名的食用菌。内蒙古草原一望无际，草丛中生长的腹菌类，如大（秃）马勃（*Calvatia gigantea*），其直径可达 40cm。此外，还有多种草腐性菌类。

7. 边疆、西北地区

该区包括新疆的大部，西界、北界为国界，东接贺兰山，南连祁连山、昆仑山的北麓。本区大陆性气候非常明显，气温变化激烈，日照足，雨量少。最热月份 7 月份，以吐鲁番盆地为例，绝对最高气温可达 48℃。大漠风尘日色昏，在沙漠中难以找到大型菌类。在天山等有森林的湿润地区有多种羊肚菌、阿尔泰花耳（*Femsjonia altaica*）等。阿魏侧耳（*Pleurotus ferulae*）是生于阿魏的根际和茎基的美味食菌。草原上的伞菌类生命短暂，巨孢墨伞（*Coprinus giganteosporus*）在这种干旱的环境中生存。该区有大量的草原牧场，牧场境内的粪生菌物比较丰富。

8. 青藏高原地区

该区位于我国西南部，东接西南地区、华北地区，西部以国境线与阿富汗、巴基斯坦、印度、尼泊尔、锡金、不丹等国接壤。但不丹以东至云南及国境线，另属华南热带区。该区处在喜马拉雅山脉以北，菌物贫乏，但其南坡受孟加拉湾暖流的影响，出现很多温带和亚热带各类菌，如细柄南牛肝菌（*Austroboletus gracilis*）。高山雪线上的虫草属是本区和西南地区高山带的特有类群，如冬虫夏草（*Cordyceps sinensis*）、阔孢虫草（*C. crassispora*）和多轴虫草（*C. multiaxialis*）等。

（二）食用菌的生态类群

生态多样性是指生物在生态、生境上的多样化，是生物多样性的一个重要组成部分。在自然界，任何物种都不能孤立地生存，只能生长在与其他物种及其周围环境所构成的生态系统中，组成了地球上极为复杂的生态多样性。食用菌是一个具有重要经济和生态学意义的生物类群。按照营养类型来划分，食用菌可以概括地分为腐生型、寄生型和共生型 3 大类型。绝大多数食用菌是腐生菌；寄生型食用菌数量较少；共生型食用菌种类较多，它们的正常生长必须与宿主植物形成菌根，目前很难进行人工栽培。

1. 腐生性食用菌

（1）木腐真菌

生长在木材上的腐生真菌统称为木腐真菌。木腐真菌在食用菌中占有重要的地位，它们中很大一部分是很容易驯化栽培的重要食用菌，如木耳类、银耳、香菇、平菇类、金针菇、猴头菇、茯苓等。木腐真菌不仅可生长于各种腐木、树桩、树墩和枯枝上，也常见于一些富含木质素的其他物质上。例如，在森林中经常见到生长在松果上的耳匙菌（*Auriscalpium vulgare*），以及生长于栎果壳中的小菇（*Mycena* spp.）等。

不同食用菌对于木材组分分解能力是相当固定的。褐腐真菌分解木材中的纤维素，留下大部分未被降解的木质素，形成由褐色残留物组成的网状结构——褐腐，如担子菌亚门、层菌纲、非褶菌目的众多种类及伞菌目和花耳目的一些成员。多孔菌科（Polyporaceae）和粉孢革菌科（Coniophoraceae）的诸多成员也是典型的木材褐腐菌。白腐真菌在腐烂木质过程中几乎同时破坏多糖和木质素，能在一定条件下将木质的主要组分（木质素、纤维素和半纤维素）全部降解为二氧化碳和水。白腐真菌的种类很多，主要分布在革盖菌属（*Coriolus*）、卧孔菌属（*Poria*）、多孔菌属（*Polyporus*）、原毛平革菌属（*Phanerochaete*）、层孔菌属（*Fomes*）、侧耳属（*Pleurotus*）、烟管菌属（*Bjerkandera*）、栓菌属（*Trametes*）等。白腐真菌不仅可以降解木质素，而且对多种生物难降解的物质，如单苯类化合物、氯苯、苯胺、氯酚、联苯、硝基芳烃化合物、杂环化合物、氰化物、杀虫剂、除草剂、卤化物、塑料及聚合物、挥发性有机物、煤、多环芳烃、染料等也具有很强的生物降解能力，是地球生物化学循环的重要组成部分，在环境保护和饲料转化等方面具有重要作用。

(2)落叶及腐草生真菌

以落叶或腐草为生长基质的腐生真菌称为落叶及腐草生真菌，简称草生真菌。落叶及腐草生真菌是一个重要的真菌生态类群。在自然界，草菇往往生于腐草堆上；人工栽培时，可选用作物秸秆作为主要的培养料。森林地面累积物中落叶占半数，腐生于落叶上的真菌在落叶的分解过程中起着十分重要的作用。有些腐生于落叶上的真菌可在落叶上形成明显的菌丝束，有些小型伞菌如叶生皮伞(*Marfasmius epiphuyllus*)等可生于单独的一片落叶上。还有些小型伞菌可生于单独的一根松针上，这些均是大型真菌生态多样性的典型代表。草原环境中腐生于枯草上的真菌在草原物质循环中起着很重要的作用。

(3)粪生真菌

生长在动物粪便上的腐生真菌称为粪生真菌。动物粪便中含有大量的纤维素、半纤维素和木质素物质。由于肠道微生物的活动，粪便中的有机氮含量一般高于木材和秸秆，并含有较多的维生素、矿物质和生长刺激物质。这些物质是一些真菌适宜的营养源。此外，动物粪便的 pH 值也较适宜真菌生长。因此，动物粪便是不少真菌良好的生长基质。粪鬼伞(*Coprinus sterquilimus*)、灰白粪鬼伞(*C. stercorarius*)、肥脚白鬼伞(*Leucocoprinus cepaetipes*)、云南粪绣伞(*Bolbitius yunnanesis*)、粪缘刺盘菌(*Cheilymenia coprinaria*)等是自然界常见的粪生真菌。最初人们发现，双孢蘑菇出现于马厩中，并由此受到启发而探索出了用含有较多畜粪的培养料经发酵处理来栽培双孢蘑菇的人工栽培技术。

(4)土壤腐生菌

生于土壤上的腐生真菌称为土壤腐生菌，又称土生真菌。生于土壤的大型真菌种类很多，其中有些是腐生真菌，另有一些与土壤中的其他生物具有寄生或共生关系。隐花青褐伞(*Amanita manginiana*)、地星(*Geastram* spp.)、泡质盘菌(*Peziza vesicalosa*)等是典型的土生真菌。生于土壤的食用菌一般比木生、草生和粪生食用菌难驯化栽培。一方面是因为土壤的成分比较复杂，很难掌握生于土壤的某种食用菌适宜生长的土壤环境，或产生子实体的土壤成分及其比例。另外，有些生于土壤的大型真菌可能需要某一种或几种土壤微生物的伴生才能生长或产生子实体。如羊肚菌既可以与植物形成菌根，又可以腐生生长(*Hobbie* et al，2001)。该类土生真菌目前还很难大规模商业化栽培。有一些土壤腐生菌的子实体可在地上排列成很奇特的蘑菇圈。蘑菇圈的形成与菌落在地下的扩展有关。

2. 寄生性食用菌

寄生真菌能从活的有机体上获得营养，包括活体寄生菌和死体寄生菌两类。活体寄生菌只能从活的寄主体上获得营养，也称为专性寄生菌，不能营腐生生活；死体寄生菌也称为兼性寄生菌，寄生生活的结果是杀死寄主体或其局部组织。寄生性食用菌大多是死体寄生菌。它们可在活的寄主生物上营寄生生活，当寄主死亡后，又可在其上营腐生生活。

(1)植物寄生真菌

能在植物上营寄生生活的真菌称为植物寄生真菌。许多被认为是木腐菌的大型真菌，其实也具有一定的寄生性。例如，裂褶菌子实体广泛分布于各种腐木上，不少文献将其记述为木腐菌。其实它也可在活的树木上营寄生生活，并且是导致树木局部或全部死亡的原因之一。类似的例子还有糙皮侧耳(*Pleurotus ostreatus*)、黄伞(*Pholiota adiposa*)等。常见的植物寄生菌还有蜜环菌(*Armillaria mellea*)、假蜜环菌(*Ar. tabescens*)、栓菌(*Trametes* spp.)、二型云芝(*Coriolus biformis*)、核盘菌(*Sclerotinia sclerotiorum*)、竹黄(*Shiraia bambusicola*)、麦角菌(*Claviceps purpurea*)等。

(2)昆虫寄生真菌

寄生于昆虫体上的真菌称为昆虫寄生真菌。昆虫寄生真菌与虫体形成的复合体常被称为虫草。被寄生的虫体内部充满菌丝。这种充满菌丝的虫体也叫假菌核。所谓“草”，其实是从假菌核上长出的真菌子座。虫草属真菌有 350 多种，其中最具经济价值的当属中华虫草菌(*Cordyceps sinensis*)与蝙蝠蛾幼虫形成的复合体——冬虫夏草。

(3)真菌寄生菌

寄生于其他真菌上的真菌称为真菌寄生菌。寄生菇属(*Asterophora*)、蕈寄生属(*Nyctalis*)和偏脚菇属(*Claudopus*)的一些物种可作为这方面的典型代表。星孢寄生菇(*As. lycoperdoides*)广泛分布于我国福建等多个省份，夏秋季发生于树林中，寄生于稀褶黑菇(*Russula nigricans*)、黑菇(*R. adusta*)及密褶黑菇(*R. densifolia*)菌盖、菌褶和菌柄。人工栽培的双孢蘑菇，也经常发生星孢寄生菇危害。总状炭角菌(鸡爪菌)(*Xylaria sp.*)可生长在覆土方法栽培鸡腿菇(*Coprinus comatus*)的菌床上，严重时在菌床表面布满一层总状炭角菌子实体，是鸡腿菇生产中重要病害。

3. 共生性食用菌

共生是两种生物的密切联合，彼此得利或一方获利，对另一方也无害。有些共生真菌与其共生生物的关系已发展到了密不可分的程度，形成了难分彼此的共生体，如地衣和菌根。另外，还有些共生真菌虽然未与其共生生物形成共生体，但共生程度也相当高，离开了共生生物即不能生存或不能形成子实体。许多共生真菌不能或很难进行人工培养即是由于这种原因。

(1)地衣型真菌

地衣是一些真菌与藻类共生形成的复合体。能形成地衣的真菌称为地衣型真菌。大多数地衣型真菌都是小型真菌，人们用肉眼看到的是地衣共生体，而不能用肉眼区分出真菌和藻类。也有些地衣型真菌能在地衣上形成大型的子实体，如网肺衣(*Lobaria etigera*)。

(2)外生菌根菌

能与植物根共生形成外生菌根的真菌称为外生菌根菌。外生菌根菌基本上是大型真菌。外生菌根菌与植物根形成了密不可分的共生关系，目前很难成功人工栽培。如松茸与松属植物，块菌(*Tuber* spp.)与栎属植物，美味牛肝菌(*Boletus edulis*)与桦属植物等。外生菌根具有庞大的菌丝系统。少部分菌丝系统深入到植物的根组织中，更多的菌丝在根的周围基质中蔓延，形成菌鞘，是菌根的主要吸收器官。菌根菌依靠其特殊的酶系，可将土壤或其他基质中的一些不溶状态的矿质营养转变为可溶状态；有些菌根菌甚至可分解、吸收石头中的一些营养成分而供植物和菌根菌利用。因而，具有菌根的植物有更强的抗旱、耐瘠薄能力。此外，菌根还在促进植物生长发育、抗病，以及保持水土、维护生态系统的良性循环方面具有重要作用。

(3)真菌共生菌

与其他真菌营共生生活的真菌称为真菌共生菌。银耳是真菌共生菌的代表之一。自然条件下银耳必须与香灰菌(*Filobasidiella xianghujun*)共生才能形成子实体。与银耳近缘的金耳是另一种很特殊的真菌共生菌，其子实体由两个物种的菌丝组成。子实体表面为胶质化的金耳菌丝，核心部分是另一种真菌——粗毛革菌(*Stereum hirsutum*)的菌丝。金耳纯菌种有时能形成子实体，但出耳率极低。另外，银耳属还有一些种也能从其他真菌上获取营养，如脑状银耳(*T. encephala*)能生长在血痕韧革菌(*Stereum sanguinolentum*)上，黄金银耳(*T. mesenterica*)能生长在隔孢伏革菌(*Peniophora sp.*)上。也有研究表明，这些真菌间的关系属于互生，因为它们都能独立完成生活史。但伴生菌的存在能刺激这些银耳属真菌的菌丝生长和子实体生长发育。猪苓(*Polyporus umbellatus*)与蜜环菌间的关系可能也属于共生关系。人工栽培时把猪苓菌种接入含有蜜环菌菌丝的基质中，猪苓菌核依靠蜜环菌提供的营养而生长。但目前对猪苓与蜜环菌间的关系尚不十分清楚，还有许多问题需进一步研究。

(4)天麻共生菌

与天麻(*Gastrodia elata*)共生的真菌称为天麻共生菌。天麻属于兰科植物，无根系，叶片退化，没有叶绿素，不能进行光合作用。蜜环菌能和天麻块茎建立良好的共生关系，为天麻块茎生长提供营养。从天麻种子发芽的原球茎中已经分离到多种促进天麻种子萌发的真菌，统称为萌发菌。目前已鉴定出的萌发菌均属于小菇属(*Mycena*)，主要包括紫萁小菇(*M. osmundicola*)、兰小菇(*M. orchicola*)、石斛小菇(*M. dendrobii*)和开唇兰小菇(*M. anoectochila*)等。根据目前的研究，天麻靠先后与两类真菌(小菇和蜜环菌)共生而完成生活史。

(5)昆虫共生菌

与昆虫营共生生活的真菌称为昆虫共生菌。鸡纵菌和隔担耳属真菌是这类真菌的典型代表。鸡纵菌是鸡纵属(*Termitomyces*)真菌的通称，全世界已发现28种，中国已发现10余种。鸡纵菌生长在白蚁巢上，与白蚁共生。白蚁为鸡纵菌提供生存基质，而在白蚁窝内生长的鸡纵菌为白蚁提供丰富的营养——菌丝体，两者彼此依赖生存。近年来，鸡纵菌的人工栽培已经取得成功。这说明鸡纵菌脱离白蚁穴可以独立完成生活史。因此，鸡纵菌与白蚁的关系可以界定为互生；在白蚁穴特定环境也可以界定为共生。

隔担耳属(*Septobasidium*)真菌的子实体常呈膏药状或海绵状，下部为菌丝层，中有柱状、埂状或球状结构，上部为子实层。该属真菌常与介壳虫营共生生活。介壳虫生活于隔担耳属真菌子实体的菌丝层下面的树木枝干上。菌丝侵入到介壳虫体腔内形成卷曲的或结节的吸器，从介壳虫中吸收营养，介壳虫则从树木枝干中吸收营养。

二、食用菌在生态系统中的作用

(一)食用菌在森林生态系统中的作用

森林生态系统的保护和建设是环境保护的重要内容。环境保护和森林生态建设已成为我国的基本国策。随着生命科学和生态学的迅速发展，菌物作为森林生态系统中的植物共生生物、有机质分解力量和生物多样性的重要组成成分，越来越广泛地被人们所认识。菌物在森林生态系统的建立、演化和稳定发展等过程中具有不可忽视的功能，有时甚至起决定性的作用。

1. 食用菌对植物起源和森林形成的重要作用

植物起源于地球生命初期的光合单细胞生物，经水生到陆生、单细胞到多细胞、简单到复杂、低等到高等的演化和适应，形成了现今27万余种的植物界。化石记录和近年来的分子生物学研究表明，食用菌和光合生物远在10亿年前已开始建立了共生关系。食用菌不仅分解有机物，并且还参与岩石的风化分解，从中离析和汲取矿物元素供给植物，满足了初始登陆植物的基本营养需求，并使植物能适应陆地的环境而在各种生态条件下成功地定植下来。食用菌与光合生物的协同关系造就了今天地球陆地森林生态的多样性。许多陆地森林生态系统的重要建群树种及其所在科，如桦科(Betulaceae)、松科(Pinaceae)，水青冈科(Fagaceae)和龙脑香科(Dipterocarpaceae)等，都是专性菌根植物。这些树木离开菌根菌几乎不能生长，更谈不上建立种群并与其他物种组成群落。

2. 食用菌对森林生态中物流和能流的重要作用

食用菌在林木种间相互作用、森林多样性的维持、森林生态系统的稳定性、生产率和可持续利用、生物地球化学循环，甚至改善地球温室效应上均发挥着重大作用。食用菌通过改变森林土壤营养来源的可利用性和影响森林种群营养的相互关系，调节和影响森林生态系统的进程。植物生长代谢需要的磷大部分是由菌根菌提供的。菌根菌的磷代谢同时促进了植物的氮代谢作用。食用菌比植物含有更高的氮丰度。从森林中不断消亡的有机体上游离出来的氮等元素通过菌根的迅速吸收固定，可重新被植物利用。营腐生方式的食用菌是地球上最大碳源的纤维素、木质素和几丁质类物质的主要分解者。食用菌释放碳素和碳源调节的作用对地球碳化学循环不可或缺。此外，食用菌对森林中大量的病、弱、死树和枯枝落叶的分解作用与森林的生长直接相关，分解释放的营养元素以及这些营养元素返回森林土壤的速率决定了森林的生长率。

食用菌在贫瘠的土壤状态下为植物吸收矿物营养元素提供了有效的传输系统。菌根菌的外部菌索通过其表面对土壤物质的吸收，为宿主植物提供10%的钾、25%的锌、60%的铜，以及其他满足植物基本代谢的镁、硼、铁等微量元素。共生菌根菌能以腐生方式主动将矿化的元素转化为可利用的状态，以补充和保障植物的基本营养需求。在能源分配和平衡上，共生菌根菌为植物提供氨基酸和矿物营养，而植物则为菌物提供光合产物作为回报。菌根的共生能促进植物光合作用和增加同化产物。森林植物在地下形成的庞大和复杂的菌根菌生物量是森林的巨大碳源。菌根菌、植物根系及其他异养微生物的呼吸活动构成了地球碳平衡的重要部分。菌根菌将大气循环中的碳通过植物进入菌物体中。此外，菌根菌对环境中木质纤维素分解作用，对自然界中碳的循环起着更积极的作用。菌根菌的菌丝在地下相互连接而形成的网络，能使森林中的能源物质向最需配置碳素的地方输送。植物通过菌根菌在树种的种内和种间进行相互传递来调节整个森林能量，从而维护森林生态能量的平衡和保持食物链中能量的有效流动。

3. 食用菌维系着森林生态系统的稳定和发展

食用菌与植物的共生关系是森林生态系统的稳定和发展的基础，菌物多样性可以看作是生态稳定的指标之一。外生菌根菌能使森林关键树种松树，对环境中危险性生物因子或胁迫性非生物因素的抗性以及损害的补偿能力大大提高，从而维护生态系统的动态平衡和结构稳定。一些专性寄生生活的无叶绿素的森林寄生植物依靠菌根菌从其他绿色植物上获取碳源，而并不通过直接的寄生来生存。外生菌根菌能将更多的能量物质导入森林土壤，促使地下食物网的交流，而使土壤生物量增加，这对土壤肥力的影响是积极的。菌物生物多样性的减少或丧失，对森林生物多样性和食物链的影响是不可忽视的。

(二)食用菌在草原生态系统中的作用

草原上的食用菌大致可以分为两大类群：一

类是草本植物的地下寄生菌或腐生菌，其中寄生菌往往形成“蘑菇圈”；另一类是以草原动物的粪尿为主要基物的腐生型粪生菌。蘑菇圈是指同种蘑菇（偶尔伴生）在地上呈圈状生长的生态学现象，常发生在草原和林地上。这类真菌通过它们的生长代谢活动对相应的土壤一植物系统产生影响。蘑菇菌丝体具有对植物根系残体有很强的转化力，可增加土壤中植物生长所必需的小分子有机质和无机离子等营养元素。菌丝体生长所分泌的代谢产物对植物的生长也具有非常明显的促进作用。此外，蘑菇和植物营养方式的差别，也造成两者 O_2 和 CO_2 的互补性，对双方的生长发育均有利。蒙古口蘑和黄蘑（*Tricholoma gambasum*）蘑菇圈上植物生物量提高1倍左右，圈上优势植物羊草（*Leymus chinensis*）的出现频率、株高、株数、体内的氮、磷和叶绿素含量均明显增加，碳氮比和碳磷比下降，牧草的适口性明显改善。蘑菇圈土壤中的速效氮和速效磷含量显著增加，全氮和全磷也有不同程度的增加。

草原食用菌的菌丝体在地下交织，有助于络合土粒，使之形成团块结构，改善了土壤的保水性、透气性。草原土壤的食用菌菌丝体构成了草原巨大的生物量，对物质循环和转化、能量流动等发挥着重要作用，维系着草原生态系统的稳定和发展。

三、食用菌与其他生物的关系

自然界中的生物，不管是动物、植物，还是微生物，很少孤立存在，而是和其他生物共同混杂生活在某一环境中，作为生物群落的一个群体存在着。生物种群之间彼此相互作用，发生中性同生、有利关系（共生、协作、互生等）、有害关系（竞争、拮抗等）或者对一方有利、对另一方有害的关系（寄生、捕食等）。食用菌在自然生活中与微生物（病毒、细菌和其他真菌）、植物和动物发生着各种各样的联系，经过长期的适应性进化，形成了稳定或暂时稳定的关系，成为复杂生态系统中重要的组成部分。

（一）食用菌与病毒

病毒是严格活细胞内寄生的分子生物，离开其寄主不表现出生命特征，以有机大分子状态存在。20世纪80年代以来，国内对食用菌病毒的研究比较活跃，先后在香菇、茯苓、银耳、平菇等食用菌中发现或检测到了病毒或病毒样颗粒（virus like particle，VLP）。目前发现的食用菌病毒有球形、杆状等多种形态，大多数属于双链RNA（dsRNA）病毒，也有报道在香菇菌丝中发现直径34nm、含单链RNA（ssRNA）的球状病毒颗粒（沈学仁等，1992）。

超微结构及其他研究表明，食用菌病毒通常分布在菌丝细胞的原生质或液泡内，不规则聚合或有时在老菌丝中呈晶格状排列，并不与细胞核、线粒体等细胞器结合。病毒在菌丝分隔内的分布是不均一的，同一菌丝体的不同区域内病毒的滴定度可能有变动；在多种病毒感染的情况下，病毒间的比例也可能不同。病毒通过子实体、无性或有性孢子以及菌丝融合传播，在菌丝细胞间通过担子果和营养菌丝中的隔膜孔移动。

病毒与食用菌的关系比较复杂。双孢蘑菇、香菇和糙皮侧耳等平菇在人工栽培时经常发生病毒病，表现为菌丝生长减缓、产量下降、子实体畸形、子实体出现斑点或水渍状斑纹和条纹等症状。在这样的例子中，病毒与食用菌的关系是寄生。病毒的侵染引起了食用菌生长发育的异常。然而，食用菌生产中出现这些异常症状与病毒的关系比较复杂，许多食用菌病毒的感染是没有症状的。在紫孢侧耳（*P. sapidus*）、香菇和双孢蘑菇等食用菌中，同时存在多种不同形态的病毒样粒子，这些粒子与食用菌出现异常生产性状的关系没有研究透彻；在一些形态和生长正常的双孢蘑菇菌株中，以及从野生香菇子实体中都检出病毒样颗粒，这些病毒样颗粒与栽培出现的异常症状没有直接关联；食用菌病毒不像植物病毒那样容易进行人工传染。许多研究者用提纯的病毒接种健康的菌丝体均未获成功。

对食用菌病毒的研究还刚刚起步，对它的复制、调控及对寄主的作用还不十分清楚。由于病毒与其寄主的共进化性，至今还没有发现传播它的有效的自然载体。因此，有人认为食用菌病毒在某些方面对其寄主是有益的，或者说两者是互惠互利。寄主可以调控病毒的量，两者共同接受自然选择，在相互的克制中向对自身有利的方向发展。

（二）食用菌与细菌

食用菌属于微生物的范畴，子实体没有组织和器官的分化。然而，其大型子实体肉眼可见，组织和细胞内部具备其他微生物着生的足够空间。在自然生存状态和人工栽培过程中，食用菌与细菌发生着多种多样的相互作用。

1. 寄生性细菌

一些细菌能够以真菌菌丝细胞物质为营养，

它们与真菌之间的关系是寄生。在食用菌栽培中，由于细菌的寄生发生许多种细菌性病害，对食用菌生产带来巨大损失。研究最深入的例子是栽培双孢蘑菇的褐斑病病原细菌托拉斯假单胞杆菌(*Pseudomonas tolaasii*)。该细菌是土壤和基质的腐生细菌，在特定条件下可以攻击双孢蘑菇的子实体，产生几种胞外次生代谢产物，引起蘑菇细胞膜破裂，细胞内含物释放。细菌攻击引发蘑菇自我防护，胞内发生级联反应，最终产生化学屏障(黑素、苯醌)，从而蘑菇子实体产生棕色斑点(Soler-Rivaset et al,1999)。

2. 非有害关系的细菌

作为大型真菌，食用菌子实体表面、菌褶、菌柄、菌肉甚至菌丝细胞内，均会附着或侵入多种细菌。在子实体生长发育过程中，生命活动会产生不同的代谢产物分泌到细胞外，也会使小环境发生细微变化。在大块菌(*Tuber magnatum*)子囊果中分离出的细菌主要是 α-变形细菌(*α-Proteobacteria*)，子囊果发育过程中细菌数量逐渐减少。这些细菌对块菌与树木建立外生菌根，对子实体形成和发育可能发挥着重要作用。对红缘拟层孔菌(*Fomitopsis pinicola*)、木蹄层孔菌(*Fomes fomentarius*)、有色木齿菌(*Echinodontium tinctorium*)等的研究也发现了类似现象(Elena et al, 2007)。此外，一些类芽孢杆菌(*Paenibacillus* spp.)可通过菌丝损伤侵入到外生菌根菌双色蜡蘑(*Laccaria bicolor*)菌丝细胞内(Bertaux et al, 2003)。在勃氏块菌(*T. borchii*)菌丝体中发现了噬纤维菌-屈挠杆菌-拟杆菌(*Cytophaga-Flexibacter-Bacteroides*)群细菌(Elena et al, 2002)。胞内细菌在丛枝-胞囊真菌(AM 真菌)中的情况报道更多。这些胞内细菌与其真菌宿主的关系大多为共生或互生。

双孢蘑菇和一些假单胞细菌(*Pseudomonas* spp.)可能为互惠互生关系。在蘑菇栽培过程中，覆土层适合一些假单胞细菌的生长繁殖。细菌对双孢蘑菇由营养生长转向生殖生长是必需的，同时对双孢蘑菇菌丝的定植和扩散有利。野生羊肚菌与其周围土壤微生物的分布也有着密切的关系，尤其是细菌与羊肚菌的发生、生长和繁殖存在一定的利害关系。在栽培实践中发现，栽培时由原发生过羊肚菌的地表土加以覆盖，栽培容易成功。说明羊肚菌的栽培不仅要求覆土，而且要求覆土中含有刺激其结实机制的有益微生物。

(三)食用菌与其他真菌

食用菌与其他真菌之间的关系有寄生、共生和互生 3 种。对真菌寄生菌与其宿主的寄生关系研究最为深入。寄生真菌通常产生菌丝变态形式与其寄主真菌发生联系：缠绕、产生菌丝钉、产生或不产生附着胞和吸器。寄生真菌有的侵入到寄主菌丝内，有的不穿透菌丝。死体寄生的主要特征是伴随着菌寄生活动的进行而导致寄主细胞的同时或快速死亡；活体寄生是以形成一定的侵染结构(如吸器)从活体寄主真菌菌体上获得营养，往往并不伴随寄主细胞的快速死亡。食用菌栽培中经常发生一些真菌病害，对生产带来了很大危害。木霉属(*Trichoderma*)真菌是典型的真菌寄生菌。

对真菌之间的互生作用研究得不够深入。黄褐裸盖伞(*Psilocybe fasciata*)主要分布于中国和日本。其菌丝体和子实体均能产生活性色胺类物质，是一种神经致幻型真菌。指顶孢霉(*Acremonium strictum*)是黄褐裸盖伞的伴生真菌，两者的关系为偏利互生：指顶孢霉对黄褐裸盖伞没有明显的有利作用；黄褐裸盖伞对指顶孢霉的传播有益，其产生的活性色胺类物质可能对指顶孢霉具有保护作用(He et al,2006)。

银耳、金耳、猪苓等食用菌与其伴生菌的关系为共生，也有学者认为它们之间的关系应该是互惠互生。

(四)食用菌内生菌

内生菌(*endophyte*)是植物生态学一个重要概念，是指在其生活史的一定阶段或整个阶段生活于健康植物组织和器官内部的真菌或细菌，被感染的宿主植物(至少是暂时)不表现出外在病症(Stone,et al,2000)。内生菌和其宿主植物的生态关系包括互惠互利、中性同生、弱寄生、潜伏寄生或局部寄生等(Ghimire & Hyde, 2004)。

和其他生物一样，食用菌在自然界也和其他生物发生复杂而微妙的联系。很多种细菌和真菌危害食用菌生长发育，为栽培带来损失。它们与食用菌是比较明显的寄生关系。除了寄生关系以外，食用菌还和其他微生物发生非常复杂的非寄生关系。Watson(1955)采用组织分离方法，从红菇和乳菇(*Lactarius* sp.)健康子实体上分离出齿梗孢霉(*Calcarisporium arbuscula*)，他首先使用“内生菌”这一名词。齿梗孢霉可以生活于一些层菌纲真菌的子实体上，在相当长时间里不表现出任何症状。但是，当宿主子实体开始衰老时，齿梗孢霉也形成无性孢子，人们才能发觉其存在。齿梗孢霉和其宿主的关系为潜伏寄生或者弱寄生(Barnett & Lilly,1958;Nicot,1968)。指顶孢霉是半知菌类群的真菌，不产生大型子实体，以分生孢子繁殖个体。作为黄褐裸盖伞的伴生菌，指顶孢霉的分生孢子在黄褐裸盖伞子实体的菌肉、菌柄和子实层中很容易观察到，两者的关系为偏利互生（He et al，2006）。食用菌菌丝细胞内部生活的细菌研究目前还很薄弱，它们与食用菌的关系比较复杂，可能为共生、互生或潜伏寄生和弱寄生等。

在自然界，食用菌与其他微生物的关系非常复杂。实验室生态学研究无法准确还原复杂的自然生态关系；生物学研究更是以获得纯培养为原则。采用组织分离法从食用菌子实体分离菌丝体时，严格的组织消毒可能会排除部分内生菌的生长；那些生长缓慢或无法人工培养的细菌和真菌，往往会在食用菌菌丝体继代培养中遭到淘汰；对能够人工培养并生长迅速的内生菌，又会被区分为杂菌；而有些伴生真菌和食用菌的菌丝生长速度一致，往往又因为难以分离纯化而影响对双方的研究和利用。因此，提出食用菌内生菌的概念，将与食用菌生态关系密切、又不是明显寄生关系的其他微生物（细菌和其他真菌），界定为食用菌内生菌。加强对该类生物类群的认识和了解，对食用菌驯化栽培、生理生态、遗传育种、代谢产物开发利用等方面具有一定的理论和现实意义。

食用菌子实体虽然没有组织和器官的分化，但是其子实体大型可见，具备供其他微生物着生的足够空间。而且，多数食用菌不产生抗生素等有毒代谢物，在其生活一定阶段或全部阶段也不产生酸、碱物质而显著改变生活环境的 pH 值来抑制其他微生物的生存。多数食用菌生活于富含木质纤维素的基质中。对于木霉、青霉（*Penicillium* spp.）等真菌，对木质纤维素基质的分解利用速率较慢，与其他微生物间的利用竞争使它们在一定的时期能够共同生存、共同进化。在食用菌较长时间的营养生长和生殖生长过程中，与自然生态环境中很多种微生物（真菌、细菌等）发生联系。在一定时期内，食用菌和这些微生物形成稳定的中性或非有害关系，或者短期有害的关系，但不破坏食用菌繁殖子代的功能，都是可能的。

借鉴植物内生菌的研究成果，把那些与食用菌生态关系密切，不侵入食用菌子实体或菌丝体细胞内部，对食用菌生长和繁殖有益，或者不产生（或暂时没有产生）明显危害的微生物类群，界定为食用菌内生菌是合适的。食用菌内生菌与其伴生菌的生态关系可以为中性同生、互惠互生、偏利互生、弱寄生、潜伏寄生或者局部寄生等。

（五）食用菌与植物

食用菌能够以死亡的植物残体为基质营腐生生活，从活的植物体获得营养营寄生或弱寄生生活。以农业、林业生产的秸秆、段木、木屑等副产物为主要营养基质，规模化栽培食用菌更是我国的一个重要产业。森林、草原等生态环境中发生的各种具有食用和药用价值的野生食用菌，为人们提供了天然的保健食品。野生食用菌产品的出口创汇，也是发展经济的一个重要产业。

食用菌与植物的生理特性不同，在光、湿、温、气等方面具有一致性或互补性。食用菌与植物的伴生对双方都可产生有益作用。食用菌与农作物、蔬菜和树林的间作套种具有重要的生态意义和经济价值。玉米、甘蔗等高秆作物可以与平菇、木耳等食用菌间作套种，产生更大效益。日光温室的后坡和靠近山墙的空间，可以放置菌袋（棒）出菇。利用树木的遮荫可以在树林搭建菇棚、建造地沟或菇畦栽培食用菌。速生林地套种食用菌进行反季节栽培，更是做到了空间和资源的综合利用。植物基质经过食用菌的转化以后，废菌棒还田可以促进农业和林业生产。

食用菌巨大的生物量维持着森林、草原等生态系统的平衡和发展。食用菌能够与树木和多种草本植物形成菌根，营共生生活。研究这种共生生活方式，对经济树种的育苗造林等具有推动作用，也有助于目前尚不可人工栽培的食用菌人工驯化工作。

（六）食用菌与动物

多种昆虫、节肢动物等蛀食食用菌的菌丝体和子实体，对食用菌的人工栽培产生危害。老鼠等小型哺乳动物也会对食用菌栽培带来危害。在自然界，一些小型哺乳动物对块菌等食用菌的传播具有重要作用。森林中的小型哺乳动物如金花鼠、红背田鼠、黄松金花鼠、红背田鼠和袋鼯等以块菌为生，它们随处排放的大便中含有很多块菌孢子，粪粒中的孢子会被雨水冲刷聚集到土壤中的植物根部使其最终形成菌根。此外，这些真菌孢子通过这些小动物消化道后可能更容易萌发。自然界中动物的粪便是粪生真菌发生的重要基质。经过食用菌分解利用的植物基质又可以作为动物良好的饲料。一些毒菌产生的毒素等次生代谢产物可以开发为杀虫剂。

参考文献

[1] BERTAUX J, SCHMID M, CHEMIDLIN PRN, et al. In situ identification of intracellular bacteria related to Paenibacillus spp. in the mycelium of the ectomycorrhizal fungus Laccaria bicolor S_2 38N[J]. Appl Environ Microbiol, 2003(69): 4243-4248.

[2] ELENA B, CHIARA G, JOANNE B, et al. Occurrence and diversity of bacterial communities in Tuber magnatum during truffle maturation [J]. Environmental Microbiology, 2007, 9(9): 2234-2246.

[3] ELENA B, GIULIA R, ANNA P, et al. Competitive PCR for quantitation of a Cytophaga-Flexibacter-Bacteroides phylum bacterium associated with the Tuber borchii Vittad. mycelium[J]. Applied and Environmental Microbiology, 2002, 68(12): 6421-6424.

[4] GAMS W, DIEDERICH P, Põldmaa K. Fungicolous fungi. Mueller GM, Bills GF, Foster MS (eds) Biodiversity of fungi, inventory and monitoring methods[M]. Elsevier Academic Press, New York, 2004.

[5] VARMA A, ABBOTT L, WERNER D, et al(eds)Plant Surface Microbiology[M]. Springer-Verlag, Berlin, Heidelberg, 2004.

[6] GOW N A R, GADD G M. The growing fungus[M]. Chapman and Hall, Oxford, 1994.

[7] HE P, HE X, ZHANG C. Interactions between Psilocybe fasciata and its companion fungus Acremonium strictum[J]. Ecol Res, 2006(21): 387-395.

[8] HOBBIE E A, WEBER N S, TRAPPE J M. Mycorrhizal vs. saprotrophic status of fungi: the isotopic evidence[J]. New Phytologist, 2001(150): 601-610.

[9] ISHIZALD T, KANNO T, KAJIWARA S, et al. Increased heavy metal sensitivity of Escherichia coli producing the expression product of priA gend derived from the basidiomycete Lentinus edodes [J]. FEMS Microbial Lett, 1999(171): 141-146.

[10] KÜES U. Life history and development processess in the Basidiomycete Coprinus cinereus[J]. Microbiology and Molecular Biology Reviews, 2000(64): 316-353.

[11] MCGUIRE I C, DAVIS J E, DOUBLE M L, et al. Heterokaryon formation and parasexual recombination between vegetatively incompatible lineages in a population of the chestnut blight fungus Cryphonectria parasitica[J]. Mol. Ecol, 2005(14):3657-3669.

[12] PAOLOCCI F, RUBINI A, RICCIONI C, et al. Reevaluation of the life cycle of Tuber magnatum [J]. Applied and Environmental Microbiology, 2006, 72(4): 2390-2393.

[13] SOLER-RIVAS C, JOLIVET S, ARPIN N, et al. Biochemical and physiological aspects of brown blotch disease of Agaricus bisporus[J]. FEMS Microbiol Rev, 1999(23):591-614.

[14] STONE J K, BACON C W, WHITE J F. An overiew of endophytic microbes: endophytism defined. //Beacon CW, White JF. (eds.) Microbial Endophytes [M]. Marcel Dekker, New York, 2000.

[15] 敖常伟,惠明,李忠海,等.松乳菇营养成分分析及松乳菇多糖的提取分离[J].食品工业科技,2003,24(9):77-79.

[16] 白志明,杜月娴,张玉峰,等.醋糟料平菇蛋白质营养价值定量分析与评价[J].山西农业大学学报,1995,15(3):304-306.

[17] 白岚,樊金献.3种食用菌营养成分分析(简报)[J].河北科技师范学院学报,2008,22(1):78-80.

[18] 鲍大鹏,王南,谭琦,等.用荧光染色法对柱状田头菇(Agrocybe aegerita)子实体担子和担孢子的观察[J].南京农业大学学报,2000,23(3):57-60.

[19] 边世平.青海祁连黄蘑菇营养成分分析[J].营养学报,2005,27(5):439-440.

[20] 常明昌.食用菌栽培学[M].北京:中国农业出版社,2003.

[21] 常青,阮新,冯培勇.杏鲍菇子实体与深层发酵菌丝体营养成分分析[J]. 烟台教育学院学报,2005,11(4):90-90.
[22] 陈传红,李荣同,包水明,等.菌核侧耳人工驯化品种营养成分分析[J]. 食品工业科技,2006,27(3):177-178.
[23] 陈济琛,郑永标,林新坚,等. 姬松茸菌丝及担孢子核观察[J]. 南京农业大学学报,2005,28(4):144-146.
[24] 陈军,王雨净,夏志华.几种珍稀食用菌菌种纤维素酶系组分活性的比较[J].上海师范大学学报(自然科学版),2006(35):676-680.
[25] 陈立红,阎伟,刘建.草原蘑菇圈对牧草长势影响的初步分析[J].西北植物学报,2002,22(6):1421-1425.
[26] 陈体强,李开本,陈朝旭,等. 灵芝、紫芝担孢子及其孢壁的超微结构[J].福建农业学报,1998,13(4):33-38.
[27] 陈体强,种藏文,李开本,等.美味侧耳子实体与担孢子形态观察及其营养成分分析初报[J].食用菌学报,1997,4(1):51-54.
[28] 党建章,何宗智,郑雄敏.茶薪菇深层培养及其营养成分分析[J].食用菌学报,1999,6(3):37-39.
[29] 邓百万,杨海涛,李志洲,等.红汁乳菇子实体营养成分的测定与分析[J].食用菌学报,2004.11(1):49-51.
[30] 邓百万,陈文强.美味牛肝菌营养菌丝体与野生子实体品质分析[J].中国食用菌,2004,23(5):44-45.
[31] 邓超,邬敏辰.茶树菇深层发酵产物与子实体营养成分的分析[J].安徽农业科学,2007,35(5):1342-1343.
[32] 邓芳席.凤尾菇原基形成的细胞学研究[J].食用菌学报,1995,2(4):42-46.
[33] 刁治民.青海草地黄绿蜜环菌生态学特性及营养价值的研究[J].中国食用菌,1997,16(4):21-22.
[34] 冯颖,赵丽芳,陈晓鸣,等.翘鳞肉齿菌营养成分分析及价值评价[J]. 林业科学研究,1998, 11(5):498-501.
[35] 冯雪风,金卫根.菌核侧耳东华虎奶-1号的蛋白质与氨基酸成分分析[J]. 食用菌, 2007(5):58-59.
[36] 傅俊生,李得新,谢宝贵.杏鲍菇与香菇的远缘杂交研究[C].中国菌物学会第四届会员大会暨全国第七届菌物学术讨论会论文集,2008.
[37] 高建莉,禹志领,李绍平,等.灵芝三萜类成分研究进展[J].中国食用菌,2005,24(4):6-11.
[38] 宫志远,于淑芳,曲玲.棉子壳栽培杏鲍菇和阿魏蘑的营养分析与比较[J]. 食用菌学报,2003,10(1):21-24.
[39] 郭家选. CO_2 浓度对4种食用菌菌丝生长的影响[J].食用菌学报,2000,8(1):24-29.
[40] 郭孟璧,田茂军,李聪,等.人工培养裂褶菌营养成分分析研究[J]. 现代仪器,2006(1):22-24.
[41] 郭蔚华.西藏林芝地区部分野生食用菌营养成分初步分析[J].食用菌,1998(5):5-6.
[42] 郭孟璧,田茂军,李聪,等.人工培养裂褶菌营养成分分析研究[J]. 现代仪器,2006(1):22-24.
[43] 何晋浙,孙培龙,朱建标,等.香菇营养成分的分析[J].食品研究与开发,1999,20(6):44-45.
[44] 胡开辉,陈体强.植物病原真菌及食用菌病毒研究及进展[J].福建农业学报,1999,14(增刊):190-200.
[45] 胡乐琴,潘迎捷.食用菌分子转化研究状况[J].中国食用菌,2006,25(4):7-10.
[46] 黄年来.中国大型真菌原色图鉴[M].北京:中国农业出版社,1998.
[47] 黄年来.中国食用菌百科[M].北京:中国农业出版社,1993.
[48] 黄谚谚,林跃鑫,肖东,等.小美牛肝菌的营养成分研究[J].中国食用菌,1999,18(6):23-25.
[49] 黄谚谚,叶竹秋,林跃鑫.巴西蘑菇的营养成分分析[J]. 食用菌,2002(2):42.
[50] 姜林.泰山美味牛肝菌营养成分分析[J]. 山东农业大学学报,1998,29(2):236-238.
[51] 李冠喜,李玉娟,邵世光.影响白灵菇菌丝生长的几种激素的交互作用[J].食用菌,2003(4):7-8.
[52] 李彦鹏,梁振普,张小霞,等.食用菌病毒研究进展[J].中国农学通报,2006,22(8):408-413.
[53] 贾薇,张劲松,周昌艳,等.巴西蘑菇菌体深层发酵培养条件的优化及成分分析[J].菌物学报,2002,

21(4):573-579.
[54] 连宾,何绍昌,张林,等.新型食用真菌冬小包脚菇(Volvariella brumalis)的生物学特性及营养分析[J]. 西南农业学报,1998,11(1):126-128.
[55] 梁丽琨,倪新江,初洋,等.温度和添加物对棉子壳发酵过程的影响[J].食用菌学报,2002,9(3):26-30.
[56] 梁英,杨宏志,陈艳.富硒香菇、木耳营养成分分析[J]. 黑龙江八一农垦大学学报,2000,12(4):66-69.
[57] 李涛,刘鸿高,王元忠.黄褐牛肝菌子实体营养成分分析评价[J]. 玉溪师范学院学报,2006,22(3):39-42.
[58] 李慧蓉.白腐真菌生物学和生物技术[M].北京:化学工业出版社,2005.
[59] 李莉云,刘国振,贾建航. 担子菌交配型位点结构及交配型基因功能的研究进展[J]. 食用菌学报,1998,5(2):57-63.
[60] 李莉云,刘国振,刘丽娟. 担子菌交配型基因的克隆及功能研究进展[J]. 生物工程进展,1999,19(1):19-23.
[61] 李倩茹. 松乳菇营养评价及发酵工艺研究[D].中南林学院硕士学位论文,2002.
[62] 李荣春,Ralph Noble. 双孢蘑菇生活史的多样性[J]. 云南农业大学学报,2005,20(3):388-391.
[63] 李荣春,李林玉. 野蘑菇担孢子萌发和菌丝细胞学观察研究[J].微生物学杂志,2004(3):5-7.
[64] 李兴奎,王元忠.灰褐牛肝菌子实体营养成分分析[J]. 中国食用菌,2007,26(1):55-56.
[65] 李兴奎,王元忠.稀褶乳菇子实体营养成分的测定与分析[J].中国食用菌,2006,25(1):39-42.
[66] 李秀玉,颜耀祖,申荣段. 草菇减数分裂和担孢子形成细胞核行为[J]. 真菌学报,1991,10(1):72-78.
[67] 李宗义,李培睿,李雪梅. 侧耳、金针菇蛋白质的测定及营养价值比较[J].食用菌,2002(2):10-11.
[68] 廖德聪,陈强,辜运富,等. 松茸菌丝超微结构观察[J]. 四川农业大学学报,2002,20(4):383-386.
[69] 林杰. 草菇厚垣孢子生物学特性在生产实践中的应用[J].江苏食用菌,1991(3):28.
[70] 林树钱.中国药用菌生产与产品开发[M].北京:中国农业出版社,2001.
[71] 林晓民.大型真菌的生态多样性及分子鉴定[D].西北农林科技大学博士学位论文.2004.
[72] 林晓民,侯文邦,周丽鸿. 侧耳属真菌担孢子细胞核相研究[M]. 中国食用菌,1993,12(5):3-4.
[73] 林晓民,李振岐,侯军,等.大型真菌的生态类型[J].西北农林科技大学学报(自然科学版),2005,33(2):89-94.

[74] 林炎金,江枝和,陈大新. 姬松茸菇的营养成分研究初探[J].食用菌,2002(2):11.
[75] 刘鸿高,沙本才,杨桂芬,等.棉子壳栽培大白口蘑和杏鲍菇的营养分析和比较[J]. 中国食用菌,2007,26(2):34-36.
[76] 刘娟,马爱民,盛桂华,等. 银耳二型态细胞差异性的初步研究[J]. 微生物学通报,2007,34(5):880-884.
[77] 柳琪,滕葳,苏本玉.国内9种食用菌营养构成的分析[J].氨基酸和生物资源,1997,19(2):7-14.
[78] 刘莹.褐菇营养成分分析及玉米秸秆培养料研究[D].东北师范大学硕士学位论文,2007.
[79] 刘云派,刘小珍,吴莉宇,等.革质红菇营养成分分析[J]. 光谱实验室,2001,18(5):637-639.
[80] 刘振文,罗革彬.鲍鱼菇袋装栽培及营养成分分析[J].热带农业科学,2007,27(1):41-42.
[81] 刘智会. 红平菇液体菌种栽培技术和营养成分与多糖提取工艺[D]. 东北林业大学硕士学位论文,2006.
[82] 吕文英.黑木耳和毛木耳中无机营养元素含量的测定与研究[J].微量元素与健康研究,2007,24(4):31.
[83] 陆宁,檀华榕,杨勇胜.香菇中蛋白氨基酸成分分析[J]. 食品研究与开发,2002,23(6):94-95.
[84] 卯晓岚.中国大型真菌[M]. 郑州:河南科学技术出版社,2000.
[85] 梅文泉,董宝生,和丽忠,等.黄皮疣柄牛肝菌营养成分分析[J]. 中国食用菌,2005,24(1):25-26.
[86] 彭强.黑木耳培养料及营养生理特性研究[D].硕士学位论文.2007.
[87] 戚元成,王兰青,邱立发,等.真菌异核体不亲和性机制研究进展[J].微生物学通报,2007,34(2):

350-354.
[88] 秦俊哲，吕嘉枥. 食用菌储藏保鲜与加工新技术[M]. 北京：化学工业出版社，2003.
[89] 全雪丽，王焕军，石铁源，等. 松口蘑与栎松口蘑子实体营养成分比较[J]. 食用菌，2007(2)：54-55.
[90] 阮海星，张卫国，付家华，等. 香菇多糖及营养成分分析[J]. 微量元素与健康研究，2005，22(2)：35-36.
[91] 佘冬芳，樊卫国，徐彦军. 白灵菇和大球盖菇的营养分析与比较[J]. 食用菌，2007(4)：57-58.
[92] 沈爱英. 姬松茸子实体与菌丝体营养成分比较[J]. 食用菌，2002(4)：7.
[93] 申进文，贾身茂，吴洁洁，等. 金针菇营养成分研究[J]. 中国食用菌，1997，16(5)：36-38.
[94] 申进文，高玉千，李燕，等. 培养料微波灭菌对平菇子实体营养成分的影响研究[J]. 河南农业大学学报，2007，41(4)：414-417.
[95] 盛清，周彦钢，江月仙，等. 香菇脚的成分分析及其产品开发[J]. 食品研究与开发，1999，20(2)：48-50.
[96] 史琦云，邵威平. 8 种食用菌营养成分的测定与分析[J]. 甘肃农业大学学报，2003，38(3)：336-339.
[97] 宋慧. 小刺猴头菌化学成分研究及菌种鉴定[D]. 吉林农业大学博士学位论文，2003.
[98] 宋金俤，华秀红，林金盛，等. 棕色蘑菇主要特性及营养成分分析[J]. 食用菌学报，2007，14(2)：86-90.
[99] 谭爱华，张曙光，刘发志. 紫陀螺菌营养成分分析[J]. 食用菌学报，2001，8(4)：15-18.
[100] 陶明煊，王玮，王晓炜，等. 真姬菇营养成分生物活性物质分析及其多糖清除自由基活性研究[J]. 食品科学，2007，28(8)：404-407.
[101] 王波. 松口蘑与青冈蕈的生态和营养价值比较[J]. 食用菌学报，1995，2(1)：32-35.
[102] 王传福. 新编食用菌生产手册[M]. 郑州：中原农民出版社，2002.
[103] 王凤芳. 刺芹侧耳与常见食用菌中营养成分的比较[J]. 上海应用技术学院学报，2003，3(1)：48-51.
[104] 王俊明. 假大白菇、皱柄白马鞍菌生物学特性与营养成分的研究[D]. 西北农林科技大学，2004.
[105] 王茂胜，连宾，陈烨. 鸡油菌及其伴生真菌 LBJ016 营养成分对比分析[J]. 食用菌，2008(1)：46-47.
[106] 王明霞，管笪，经美德. 五株优良猴头菌营养成分的分析及其利用的研究[J]. 微生物学通报，1992，19(2)：68-72.
[107] 王丕武，王东学，李玉. 食用菌基因工程研究进展[J]. 吉林农业大学学报，2001，23(3)：23-27.
[108] 王错，许英，应求是，等. 香菇双核菌丝细胞壁结构研究[J]. 浙江农业大学学报，1992，18(3)：102-106.
[109] 汪维云，高学玲. 金针菇营养成分分析及饮料生产工艺研究[J]. 安徽农业大学学报，1996，23(4)：577- 579.
[110] 王晓炜，詹巍，陶明煊，等. 大球盖菇营养成分、抗氧化活性物质分析[J]. 食用菌，2007(6)：62-63.
[111] 王耀松，邢增涛. 冯志勇，等. 真姬菇营养成分的测定与分析[J]. 菌物研究，2006，4(4)：33-37.
[112] 王钊，梁瑞璋. 平菇优良菌种筛选及其营养成分研究[J]. 中国食用菌，1999，18(2)：9-11.
[113] 吴邦平. 激素对平菇菌丝生长及产量的影响[J]. 食用菌，1989，11(6)：18.
[114] 吴丹，刘小朋. 糙皮侧耳降解纤维废弃物的生理生化规律[J]. 广西轻工业，2007(10)：5-7.
[115] 吴巧凤，刘敬娟，陈京，等. 鸡腿菇营养成分的分析[J]. 食品工业科技，2005，26(8)：161-163.
[116] 吴素玲，孙晓明，王波，等. 双孢蘑菇子实体营养成分分析[J]. 中国野生植物资源，2006，25(2)：47-48.
[117] 吴学谦，李海波，吴庆其. 黄靛牛肝菌子实体营养成分分析评价[J]. 食用菌学报，2005，12(2)：19-23.
[118] 席守城. 中国地理环境与自然资源[M]. 北京：中国科学技术出版社，1992.
[119] 谢宝贵. 银耳遗传转化系统的建立及 3 个品质基因的转化[D]. 福建农林大学博士学位论文，2004.
[120] 谢宝贵，黄志龙，江玉姬. 平菇杂交研究初报[J]. 食用菌学报，1997，4(2)：5-10.
[121] 谢宝贵，江玉姬. 草菇单孢菌株培养特性观察[J]. 食用菌，1997，19(1)：11-12.
[122] 谢宝贵，江玉姬，刘文金. 草菇厚垣孢子研究[J]. 食用菌学报，1996，3(4)：25-29.

[123] 谢福泉,羿红,兰家细,等. 金顶侧耳子实体营养成分分析[J]. 食用菌学报,2007,14(2):81-85.
[124] 邢来君,李明春. 普通真菌学[M]. 北京:高等教育出版社,1999.
[125] 许智勇,林范学,熊杰,等. 金针菇担孢子核相及遗传属性的研究[J]. 菌物学报,2007,26(3):369-375.
[126] 严东辉,姚一建. 菌物在森林生态系统中的功能和作用研究进展[J]. 植物生态学报,2003,27(2):143-150.
[127] 颜明娟,江枝和,蔡顺香. 杏鲍菇营养成分的分析[J]. 食用菌,2002(2):11-12.
[128] 阎培生,边银丙,罗信昌. 高等真菌基因工程研究进展[J]. 食用菌学报,1997,4(2):47-53.
[129] 杨大智,朱启顺,段焰青,等. 干巴菌担孢子多核现象的研究[J]. 中国食用菌,1998,15(2):29-31.
[130] 杨革. 担子菌纲 8 种真菌的营养成分[J]. 无锡轻工大学学报,2000,19(2):173-176.
[131] 杨民和. 食药用菌与有益微生物相互作用效应研究进展[J]. 中国食用菌,1997,16(3):3-5.
[132] 杨瑞长,郑海歌,高君辉,等. 香菇不同生长发育阶段细胞超微结构的变化[J]. 上海农业学报,1994,10(4):33-37.
[133] 杨殉,冯俊明,龚国洪,等. 破壁灵芝孢子细胞的微观结构[J]. 贵阳中医学院学报,2004,26(4):46-48.
[134] 姚晓华,莫天砚,刘斌. 鳞盖红菇与正红菇成分分析及毒性实验[J]. 广西农业大学学报,1998,17(1):51-53.
[135] 殷勤燕,陈宗泽,袁毅,等. 平菇菌盖超微结构的研究[J]. 食用菌学报,1995,2(3);43-46.
[136] 俞苓,刘民胜,陈有容. 杏鲍菇子实体和菌丝体营养成分的比较[J]. 食用菌,2003(2):7-8.
[137] 余素萍 ,张劲松, 唐庆九,等. 不同发酵阶段的灵芝菌丝三萜类成分与抗肿瘤作用的相关性研究[J]. 菌物学报,2004,23(4):548-554.
[138] 袁广峰,徐瑞雅,张树斌,等. 茶薪菇培养物中粗三萜含量测定及抗氧化抗肿瘤活性研究[J]. 食用菌学报,2007,14(2):41-43.
[139] 张崇禧,郑友兰,李向高,等. 紫孢侧耳营养成分研究[J]. 吉林农业大学学报,1995,17(4):24-25.
[140] 张涪平,田发益,熊伟,等. 林芝地区松茸营养成分分析及松茸多糖的提取分离[J]. 氨基酸和生物资源,2007,29(3):1-4.
[141] 张敏,陈平. 香菇交配型基因的分析与应用研究进展[J]. 辽宁农业科学,2005(3):45-47.
[142] 张树庭,林芳灿. 蕈菌遗传与育种[M]. 北京:中国农业出版社,1997.
[143] 张筱梅,张焕英,张渊. 猴头菌单核菌丝厚垣孢子的观察[J]. 菌物学报,2003(3):436-440.
[144] 赵吉,邵玉琴,包青海. 草原蘑菇圈的土壤-植物系统研究[J]. 生态学杂志,2003,22(5):43-46.
[145] 赵建英. 金针菇营养成分分析[J]. 吕梁高等专科学校学报,2001,17(1):43.
[146] 赵俊霞,袁广峰,徐瑞雅,等. 草菇培养物中粗三萜和黄酮含量及抗氧化抗肿瘤活性研究[J]. 菌物学报,2007,26(3):426-432.
[147] 赵占军,陈茂盛,王贵娟. 双孢蘑菇 2796 菌丝生物学特性研究[J]. 中国食用菌,2003,22(6):25-27.
[148] 郑毅,余望,施巧琴,等. 茶薪菇人工栽培及营养成分分析[J]. 中国食用菌,1999,18(5):13-14.
[149] 种藏文,陈体强,李开本,等. 福建产巴西蘑菇的营养成分[J]. 食用菌学报,1999,6(2):53-56.
[150] 仲兆金,刘浚. 茯苓有效成分三萜的研究进展[J]. 中成药,2001,23(1):58-62.
[151] 周金树,刘淑卿,刘伟,等. 平菇线粒体微细结构的研究[J]. 中国食用菌,1991,10(4):16-17.
[152] 周庆珍,苏维词. 贵州野生多汁乳菇营养成分分析[J]. 营养学报,2003,25(2):169-170.
[153] 周选围,林娟,陈文强,等. 松茸子实体营养成分比较研究[J]. 食用菌学报,2002,9(4):40-43.
[154] 朱斗锡,何荣华. 羊肚菌人工与野生营养成分化验比较[J]. 中国食用菌,2002,21(2):33.
[155] 朱铭莪,薛泉宏,和文祥,等. 巴西蘑菇研究 I. 营养成分[J]. 西北农业学报, 1999,8(3):77-80.
[156] 朱萍,郭永红,丁晓雯,等. 4 种鲜牛肝菌成分分析[J]. 中国食用菌,2006,25(4):44-46.
[157] 朱晓琴, 熊智. 核桃壳与木屑栽培平菇的营养成分对比分析[J]. 中国食用菌, 2007,26(6):38-39.
[158] 朱晓琴,王秀娟,熊智. 野生香菇营养成分分析[J]. 中国林副特产,2007(2):10-11.

(何培新、王振河、杜爱玲)

第三章 食药用菌资源

DISANZHANG SHIYAOYONGJUN ZIYUAN

摘要:食药用菌是生物资源中的重要组成部分。食药用菌即可食用的高等真菌,既包括广义伞状子实体、被称之为蘑菇的类群,也包含那些子实体非伞状(如块状、珊瑚状、杵状、盘状、头状和不规则形)的可食用高等真菌,特别是肉质的担子菌类群(Basidiomycetes)。本章系统介绍我国食药用菌资源的概念、特点、自然与气候、影响大型真菌发生和分布的植被类型和主要植物种类。菌物中子实体大型(一般指裸眼可视的)真菌,泛指蘑菇或大型真菌,本章中所论述的均为大型真菌。我国大型真菌有3 800余种,其中伞菌类(Agaricales-sensu lato)1 600种,多孔菌类(Polyporales-sensu lato)1 300余种,腹菌类(Gasteromycestes-sensu lato)300 余种,木耳、银耳等胶质菌类(Gelatine fungi-sensu lato)100 余种,大型子囊菌类(Macro-Ascomycete) 400 多种。全球记载描述的大型食用真菌约2 000种。我国有记载的约 980 余种食用菌,尚有许多新分类群需要去发现、命名和描述。我国食用菌资源根据食用菌的生态习性大致可以分为 3 种生态类型,即腐生真菌类、共生真菌类和寄生真菌。腐生类真菌(Saprophytic fungi)包括木生类(Lignicolous fungi)、粪生类(Coprophilous fungi)、土生菌类(Geophilous fungi);寄生真菌(Parasitic fungi)包括虫生真菌(Entomophilous fungi)、蚁巢真菌(Termitomyces)和竹生真菌(Bambusicolous fungi);共生菌根(Symbiosis fungi)主要是指外生菌根真菌(Ectomycorrhizal fungi)。本章重点论述重要的食药用菌资源,包括虫草类真菌、羊肚菌类、块菌类、地花菌类、鸡油菌类、牛肝菌类、松茸类、毒菌类、食用地衣。对食用菌资源各主要分布区进行大致划分和论述,即西南食用真菌、华南食用真菌、东北食用真菌、华北食用真菌、西北食用真菌、华中华东食用菌及青藏高原食用菌资源区;各分布区都有各自代表和特色类群,这些类群不但对生态环境有重要作用,也是林下非木材林业经济的主要来源。本章还概略介绍了我国食药用菌资源的保护与持续利用,概述了珍稀濒危类群、重要类群的现状及其保护对策与可持续利用技术与方法,包括近年来实施食用菌原产地封闭式、疏林修剪等管理技术、人工感染与菌根苗合成技术、成熟宜林地种植增产技术及其发展趋势。

Edible Mushroom Resources

Abstract: Edible and medicinal fungi are an immensely important bioresource. Edible fungi belong to either the Basidiomycetes or Ascomyetes and include mushrooms which produce fruit bodies with well-defined caps and stipes, as well as sporophores that have irregular morphology (e. g. tuber-, coral-, pestle-, disc-shaped and so on). Defining characteristics This chapter introduces the notion of edible mushrooms as a bioresource, the special features of the resource, and associated climatic and vegetational features affecting mushroom distribution in natural habitats including symbiotic relationships between higher plants(host) and ectomycorrhizal fungi. More than 3 800 species of macro-fungi are distributed throughout China, including approximately 1 600 species belonging to the *Agaricales*-sensu lato, 1 300 species of *Polyporales*-sensu lato, 300 species of Gasteromycetes-sensu lato, about 100 species of gelatinous fungi-sensu lato (including *Auricularia* and *Tremella* et al.), and 400 macro-Ascomycetes. Approximately 2 000 species of edible macro-fungi have been recorded worldwide. 980 have so far been described in China, it is likely that there are many new species still undiscovered. Based on habitat, three distinct ecological types can be defined: saprophytic fungi (this group includes the lignicolous, coprophilous and geophilous fungi), parasitic fungi (comprises the entomophilous, ant's-nest (*Termitomyces*) and bambusicolous fungi), and symbiotic fungi (includes all the ecto-mycorrhizal fungi). Some important edible genera and species are introduced and emphasized in those sections devoted to *Cordyceps*. *Morchella Tuber*, *Albatrellus*. *Cantharellus*, boletes, the masutake-group, poisonous fungi and edible lichen resources. Each main geographical area in China is defined and discussed in terms of bioresource distribution: i. e. southwestern, southern, northeastern, north, northwestern, central and the Qing-Zang alpine region of China. Each region has characteristic and representative species that are essential for the maintenance of the local ecological environment, and also provide an alternative source of income for local farmers. The concept of conservation and sustainable utilization of edible fungi resources, especially edible ectomycorrhizal mushrooms, is introduced in this chapter. The current situation relating to rare and endangered taxa, conservation measures, and strategies for sustainable production and development are summarized and discussed. Conservation methods aimed at increasing natural production in areas where a particular bioresource already exists include the use of block management, forest thinning and shearing, artificial infection and mycorrhizal seedling synthesis, and the use of inoculants.

第一节　食药用菌资源概念与特点

一、概　念

食用菌(edible fungi)即可食用的高等真菌,包括被称之为蘑菇(mushroom)的广义伞状子实体的类群,也包括那些子实体非伞状(诸如块状、珊瑚状、杵状、盘状、头状和不规则形)的可食用真菌,特别是肉质的担子菌类(*Basidiomycetes*)(Hawksworth D L et al,1995; Kirt P M et al, 2001)。诸如伞菌目(Agaricales)的蘑菇属(*Agaricus*)、杯伞属(*Clitocybe*)、口蘑属(*Tricholoma*)、蜡蘑属(*Laccaria*)、侧耳属(*Plearotus*)、鬼伞属(*Coprinus*)、香蘑属(*Lepista*)、环柄菇属(*Lepiota*、大环柄菇属(*Macrolepiota*)、蚁巢菌属(*Termitomyces*)、湿伞属(*Hygrophorus*)、田头菇属(*Agrocybe*)、草菇(*Volvariella volvacea*)等,牛肝菌目(Boletales)的牛肝菌属(*Boletus*)、乳牛肝菌属(*Suillus*)、瘤柄牛肝菌(*Leccinum*)等;多孔菌类的地花菌属(*Albatrellus*)、耙齿菌属(*Irpex*)、树花菌属(*Grifola*)以及腹菌类(Gasteromycetes)的竹荪属(*Dictyophora*)、鬼笔属(*Phallus*)、马勃属(*Lycoperdon*)、秃马勃属(*Calvatia*)、硬皮马勃(*Scleroderma*)、须腹菌(*Rhizopogon*)等和子囊菌门(Ascomycota)的真菌[诸如块菌(*Tuber*)、沙漠块菌(*Terfezia*)、羊肚菌(*Morchella*)等]。还有分布在热带的斗菇属种,其地下可以形成重达10余千克的菌核,既可食用,也可药用。我国各地栽培的菰(*Zizania aquatica*)也是因为黑粉菌(*Ustiago esculenta*)和玉米黑粉菌(*U. maydis*)的寄生刺激植物组织使得菰的杆基膨大、组织鲜嫩成为普遍作为蔬菜食用的茭白。真菌中不乏兼有药用价值或具有药用功能的食用菌,甚至有些类群中还是具有毒性的真菌。在森林、草原等地啮齿类动物及蜗牛、昆虫、蚁、螨类等也以食用真菌为食,它们彼此间建立了相互依存的生态关系(Kirt P M,et al,2001)。

资源是人类漫长的社会实践中利用技术、积累知识和经验所取得的智慧的结晶(孙鸿烈,2000)。食用菌资源是自然资源及生物资源的重要组成部分。人类利用食用菌资源的程度依赖于对食用菌资源的认知和实践所积累的经验,以及所获得的知识和技术。随着对食用菌及其资源认识的不断加深,人类发掘利用食用菌也随之不断深化。可以预期在不远的将来,会打破动、植物为主的食物源格局,食用菌一定会在人类食物结构改善中承担更主要的角色,成为重要食物源之一。

二、特　点

作为自然资源的食用菌资源除了生物资源共有的共性外,还有其独到的特性。概括起来,食用菌资源具备如下的属性:具有可用性、多宜性、地域性、有限性、稀缺性、时效性、适应性和条件可再生性。

食用菌资源可以满足人类利用其功效和性能,即为其可用性。这种可用性随着科学技术进步和人们知识的发展而加深理解和实现持续发展。目前不可以利用或在一定条件下可以利用的领域或类群,随着科技的进步将逐渐被人类所认识和利用,从而获得和扩展其可用性。

一般而言,食用菌资源除了可用性外具有多宜性的特点,即可以运用于包括2个及其以上的方面或作用靶点。如地花菌科的地花菌[(*Albatrellus confluens*)(Alb, Schwein. :Fr.)] Kotl & Pouzar是树木重要的菌根真菌,不但可以食用(王向华等,2004),而且还含有一个作用于VR-1受体(与疼痛有关的重要受体)具有镇痛作用的地花菌素（刘吉开，2004），可以应用到镇痛药物制剂的研制方面来。诸如此类的例证不胜枚举。特别需要注意的是，目前肥胖症已成为世界性问题，无论是发达国家还是发展中国家发病率均呈快速上升趋势。全球有超过2.5亿成年人罹患肥胖症。另外至少有5亿人超重。肥胖和超重带来一系列健康问题，如心血管疾病、高血压、糖尿病等。其中脂代谢在维持人体内脂的合成和降解的平衡发挥着关键作用，此平衡一旦被打破即会引起超重和肥胖症。脂代谢调节剂可用来控制这些紊乱，有研究表明，多数食用菌具有调节脂代谢方面的作用。食用菌的作用潜力巨大，有待去挖掘开发。

食用菌资源具有一定的空间分布规律，具有明显的地域性。不仅各类群的地带性分布规律有很大差异，而且同一类群资源因不同属性的水平地带性生态条件以及规律的影响，也表现出很大的分布空间、时间的差别以及地域结构和地域组合的差异。地域性气候、水文、地质、其他生物（如组成森林物种类群的不同植被以及共生、寄生的动物、昆虫等）条件是地域性形成的主要影响因素。如著名的冬虫夏草（*Cordyceps sinensis*）分布于海拔3 200～4 800m 的具有蝙蝠蛾等幼虫可食的高山蓼等植物构成的高山草甸（应建浙、臧穆，1994）。蚁巢菌（*Termitomyces*）是与白蚂蚁共生的一类特殊真菌，仅分布于亚洲热带、亚热带的低山丘陵和热带非洲的大部地区，大致与白蚂蚁的分布一致。多数野生食用菌，特别是菌根性食用菌具有较强的地域性分布特点，大致与其共生的植物分布相一致。

作为自然资源任何一类食用菌资源在一定的空间和时间段内，资源量是一个有限的数量，绝不可能是无限量的，无论是人工可以栽培的腐生食用菌，还是共生或寄生的食用菌都没有例外。这就是资源的有限性。但在人类长期实践中可在人们获得和发展认知及运用创制的技术可以实现持续利用，这就是条件可再生性。如已经规模化人工栽培的木耳、香菇、侧耳、金针菇、茶树菇、金耳等可栽培食用菌，在我国有数百企业从事这方面的研发和生产。再如，欧洲著名法国黑孢块菌（*Tuber melanosporum*）的驯化栽培开始于18世纪，在20世纪70年代通过块菌树苗的人工合成和培育获得块菌人工栽培成功（Chevalier，1994，Hall，et al，2003）。之后在法国、意大利、西班牙等原产国建立了块菌种植园。目前全球最大的黑孢块菌种植园是1979年在西班牙建立的，面积达600公顷，至今仍发挥着重要作用。除了在本土国家实现了黑孢块菌的大规模商业化栽培外，黑孢块菌还被成功引种到摩洛哥、澳大利亚、新西兰、美国、加拿大、阿根廷、智利和以色列等国（Hall，et al，2003、2008）。我国对印度块菌的菌根及菌根合成的研究也取得了突破性进展。中国科学院昆明植物研究所高等真菌系统与资源研究组已获得华山松、板栗与印度块菌菌根苗的合成（Geng，et al，2009），人工栽培下的块菌生产指日可待。该研究组还利用独创的制种方法和菌根激化液技术，在原产地思茅松成熟林地采取开沟断根、喷施菌种、激化液等方法刺激树木生根，促进大量菌根形成，实现了在自然成熟林下多汁乳菇（*Lactarius volemus*）的持续增产。这些成功的事例预示着菌根食用菌的人工栽培突破已有的栽培模式和地域限制，实现人为干预下（或原生境栽培）的自然增产和持续发展。反映了科学技术的发展使有限的资源可以在人们充分认知和实施科学技术的条件下实现资源的再生，即可持续利用和发展。

在一定的时空范围内能够被人们利用的自然食用菌资源是有限的，而人们对食用菌资源的需求欲望是无限的，两者之间的矛盾构成了食用菌资源的稀缺性。稀缺度是衡量资源稀缺性的指标，用 $x=n/m$ 表示。式中：x 为某种（类）食用菌的稀缺度，n 为某个种（类）资源的需求量，m 为某种（类）资源的拥有量。稀缺性是食用菌生物量在一定时空范围内有限性的客观反映，是自然资源与社会需求之间的矛盾。随着人们对食用菌，自然生态林下野生食用菌的食疗兼顾作用的认识和知识的普及，人口的增长及生活水平的提高，食品多样化已成大势所趋，这种需求矛盾会越加强烈。如人们对冬虫夏草的需求，已经导致价格飙升，近十年翻了十几番。在欧洲，19世纪末，法国的块菌自然年产量达1 588吨，但在第一次世纪大战之后，法国块菌的年产量下降到现在的不到100吨，尽管可以实现人工种植，建立了数百公顷块菌种植园，挽救了物种的濒危绝灭。但由于生长周期长，投资较大，需求大，仍属于稀缺物种，价格不菲。尽管我国对块菌的认识并没有像欧洲那么久远和普及，但国产块菌面临着国际市场的强大需求，多年来商业化采集生境地受到严重破坏，又加之气候变暖、干旱、植被树种退化等多重压力下，自然产量日趋减少。可以预见，在未来10年内块菌将在商业化采集地濒危灭绝。因此，采取积极措施予以防范已刻不容缓。在已取得的菌根食用菌人工合成菌根和人工促繁的基础上，不断完善合成与保育促繁技术，加大食用菌生物学知识科普宣传，改变传统观念和采集方法和模式，发展菌根野生食用菌不但不会对森林植被造成负面影响，反之还会通过菌根的形成，实现与植物的共生来互惠互利促进树木生长，同时菌根技术也可以应用到荒山荒坡的复绿建设中，通过菌根树苗的造林促进生态植被的恢复和森林系统的稳定，相得益彰实现两者（生态与经济）平衡和持续发展。

第二节　食药用菌资源的自然条件

一、自然与气候

中国地处亚洲大陆东南部，地质地貌复杂，气候、土壤及植被类型多样。我国地形总体特点是西高东低。青藏高原平均海拔4 000～5 000m，气候寒冷，土壤瘠薄，植被单一，适合于耐瘠薄高寒的野生食用菌生长。西北及中部海拔1 000～2 000m的高原和盆地，特别是蒙古高原和帕米尔高原以东的广大内陆腹地，受东南和西南季风的影响较少，气候干旱，降水量少（大部分地区全年降水量<250mm），这些区域是荒漠和干旱草原大型真菌繁衍生长的区域。东南部地势低，主要是平原和海拔500m以下的丘陵。北回归线附近及以南广大地区终年处于高温，年降水量1 500～2 200mm，四季常绿，以热带、亚热带气候为主要气候特征，适宜于高温喜湿的真菌繁衍生长。这一区域内真菌物种丰富多样，在一个小生态环境范围内可发现几种甚至数十种真菌生长，但每一个种的生物量不大。北回归线以北的广大地区属于温带为主的气候特征，生长着以北半球温带分布为主的类群。长江流域及其东南部分地区气候属于亚热带，又有大量温带和亚热带种类交汇出现。广东、广西南部及云南南部以及西藏东南部的高山峡谷被热带、亚热带植被林覆盖，有利于热带和亚热带区域的大型真菌繁衍生长。一般而言，全国大部分地区降雨集中在全年气温比较高的6～9月份，期间气温、湿度等气候条件均有益于大多数食用真菌的繁衍生长，这段时间是野生食用菌集中出现的时期。

二、植被类型及植物种类

影响大型真菌发生和分布及其自然资源的因素除了气候、土壤条件外，植被类型和植物种类是一个不容忽视的重要生态因子，特别是那些菌根食用菌。我国植被类型多样，有12个主要植被类型（钱崇澍、吴征镒等，1956），即亚寒带针叶林（北纬46度以北的寒冷雪林带。主要树种有西伯利亚冷杉、西伯利亚松、樟子松、西伯利亚白桦、蒙古栎等），林下瘤柄牛肝菌（*Leccinum* spp.）、丝膜菌（*Continarius* spp.）、罗鳞伞（*Rozites*）、黏滑菇属（*Hebeloma* spp.）等一些属种较为多见；寒温带混交林（小兴安岭及长白山山地，树种以红松、白松、辽东栎、白桦等为主），除了出现上述种类外，还常见有口蘑属（*Tricholoma* spp.）以及鹅膏属菌类（*Amanita* spp.）、牛肝菌类（*Boletus* spp.）、杯伞菌（*Clitocybe* spp.）等；温带夏绿林（包括黄土高原东南部、华北及辽东和山东半岛，植被以旱生至中生的落叶栎类和油松为主），除了上述类群外，同时出现乳牛肝（*Suillus* spp.）、粉褶伞（*Rhodophyllus*）、红菇属（*Russula*）等；暖温型季雨混交林（包括秦岭以南、长江中下游及南方红黄壤区的山地，植物以马尾松、栓皮栎、麻栎、石栎、山毛榉、青冈等夏绿林及常绿阔叶林为主）；亚热带常绿林（包括四川盆地、云贵高原南部、两广北部及台湾、海南部分地区，植被有栲、石栎、樟、山茶、木兰、云南松、华山松、马尾松等）；热带亚热带季雨林（包括两广南部、福建南部、台湾、海南、云南南部低山地带，植物种类复杂，以楝科、无患子科、豆科、樟科、山茶科、山毛榉科等常绿热带植物为主），上述3种林下野生食用菌种类最为复杂多样，其中小菇（*Mycena*）、皮伞（*Marasmius*）、小皮伞（*Marasmiellus*）、棒瑚菌（*Clavulina*）、珊瑚菌（*Ramaria*）、湿伞（*Hygrocybe*）、蜡伞（*Hygrophourus*）、环柄菇属（*Lepiota*）、乳菇属（*Lactarius*）、红菇属、蚁巢菌属等一些热带典型菌类大量出现。高山、亚高山针叶林（以海拔1 600～4 000m的地带为主，以阴性常绿针叶树种为主，树种主要有冷杉、云杉、落叶松、杜鹃等），常见种类与寒温带混交林下属种相似；干旱山地森林草原、草原和荒漠混合性植被（干旱草原沙漠地区的高山地带为主，以干旱草原与森林交错、岛屿状出现为特点，植物种类有云杉、冷杉、油松、蒙古栎、白杨、白桦等木本植物，草地以芨芨草、早熟禾、猫尾草等构成干旱草原）；干草原及草地植被带（主要以干旱草原区植物为主）；荒漠及半荒漠灌丛；高原草地灌丛和高原冻土荒漠。上述环境条件以干旱为气候特征。在这种生境条件下，蘑菇属（*Agaricus*）、口蘑属（*Tricholoma*）、马勃属（*Lycoperdon*）、秃马勃属（*Calvatia*）、灰垂菌属（*Tulostoma*）、鬼伞属（*Coprinus*）、斑褶菇属（*Panaeolus*）、粪伞属（*Bolbitius*）等为主。其中草原最具有代表性的是蒙古口蘑(*Tricholoma mongolicum*)和黄皮美伞(*Calocybe gambosa*),其次为美味蘑菇(*Agaricus edulis*)、草地蘑菇(*A. pratensis*)、大紫蘑菇(*A. augustus*)、田野蘑菇(*A. arvensis*)、鳞盖白桩菇(*Leucopaxillus lepistoides*)、大白桩菇(*L. giganteus*)及腹菌类的一些类群。由于这些真菌要求的生境、植被和气候条件幅度较宽,特别能在较短时间的条件适宜情况下快速完成子实体形成阶段,因此常出现交叉分布或在小生态环境、小气候范围内呈斑点或岛屿状分布。

中国是世界公认的12个生物多样性丰富度最高的国家和地区之一。物种多样性约占世界总数的10%。自然界菌物种类150万种,被人们研究认识的或被记述的约7万余种,仅占5%。我国自然条件多样,物种数推算可达25万种。但目前已知记载的菌物物种数仅1万余种,实际存在远不止这些(刘培贵,1994)。

第三节 食药用菌资源的生态类型

菌物中子实体大型(一般指裸眼可视)真菌泛指蘑菇(mushrooms)或大型真菌(macrofungi)。本章节中所论述的均为大型真菌。我国大型真菌应有3 800余种(卯晓岚,2000)。其中广义伞菌类(*Agaricales-sensu lato*)1 600种,广义多孔菌类(*Polyporales-sensu lato*)1 300余种,广义腹菌类(*Gasteromycestes-sensu lato*)300余种,木耳、银耳等胶质菌类(*Gelatine fungi-sensu lato*)100余种,大型子囊菌类(*Macro- Ascomycete*)400多种。全球记载的大型食用菌约2 000余种,我国有记载的约980余种(卯晓岚,1999)。

根据食用菌的生态习性,大致可以分为3种生态类型,即腐生类真菌、共生类真菌和寄生类真菌。

一、腐生类真菌

根据生长基质可以分为如下3类:

1. 木生类(lignicolous fungi)

此类真菌生长以木材为生长基质,在立木、树桩、倒木或腐木上繁殖生长。其菌丝体分解纤维素、半纤维素、木质素的能力较强,导致生长的木质部呈现白色或褐色腐朽。全球记载这类生态型真菌约6 800多种,中国记载约1 200多种。绝大多数是非褶菌类,少数为伞菌类,较少数为胶质菌类和子囊菌类。最具有代表性的食药用真菌有灵芝(*Ganoderma lucidum*)、裂褶菌(白参)(*Schizophyllum commune*)、木耳、银耳、金耳、侧耳(阿魏菇、白灵菇、鲍鱼菇、金顶侧耳等)、金针菇(*Flammulina velutipes*)、草菇(*Volvariella volvacea*)、香菇(*Lentinula edodes*)、柱状田头菇(*Agrocybe cylindracea*)、球盖菇(*Stropharia rugosoannulata*)、黄伞(*Pholiota adiposa*)等。这些菌类也是常见的人工栽培食用菌。此外,还有很多种类可以驯化人工栽培,如干脐菇类(*Xeromphalina* spp.)、小奥德蘑(*Oudemansiella* spp.)、光柄菇(*Pluteus* spp.)、金钱菇(*Collybia* spp.)、牛舌菌(*Fistulina hepatica*)等。野生的木生类食用菌相对容易驯化为人工栽培。目前全球用于人工栽培的主要是这一类生态型真菌。人工栽培食用菌占全球食用菌消费总量的85%以上。然而野生木生类真菌中也有有毒真菌,如极易和木耳混淆的叶状耳盘菌(*Cordierites frondosa*),是一个含有卟啉类光敏毒素的常见毒菌,有时会在香菇、木耳栽培段木上发生(刘培贵等,1992);胶陀螺猪拱嘴(*Bulgaria inquinans*)误食后颜面见风曝光处肿胀、剧烈灼热疼痛(应建浙等,1994)。还有光盖伞(*Psilocybe*)、花褶伞(*Panaeolus*)、裸伞(*Gymnopilus*)等。这些木生的毒菌含有裸盖菇素(psilocibin)和脱磷酸裸盖菇素(psilocin),能引起神经性异常,比如幻觉、狂笑、手足乱舞等。

2. 粪生类(coprophilous fungi)

此类真菌适合于在牲畜粪或较肥沃的沃土枯草秸秆堆上生长。多见于鬼伞科(*Coprinaceae*)、粪锈伞科(*Bolbitiaceae*)、球盖菇科(*Strophatiaceae*)和蘑菇(黑伞)科(*Agaricaceae*)的部分种类,如鬼伞属(*Coprinus*)、半球盖菇属(*Stropharia*)、黑伞属(*Agaricus*)等。此类真菌与木生类真菌生态习性雷同,没有严格的鉴别界限,也比较容易驯化人工栽培。但粪生类真菌中有一些是有毒的种类,一定要准确鉴定后方可栽培食用。

3. 土生菌类(geophilous fungi)

这类真菌是指那些生于土壤,但不与植物形成菌根的类群,是以地表腐殖质层为营养的种类。主要是那些常见于非林地带的耕田旁、路旁等地带的真菌。如环柄菇(*Lepiota*)、粉褶伞(*Rhodo-*

phyllum)、杯伞(*Clitocybe*)、香蘑(*Lepista*)、蘑菇(*Agaricus*)、鬼伞属(*Coprinus*)、离褶伞(*Lyophyllum*)、竹荪(*Dictyophora*)、鬼笔菌(*Phallus*)、羊肚菌(*Morchella*)中的一些种。此类真菌与木生类的生态习性雷同,没有严格的鉴别界限,也比较容易驯化人工栽培。

二、寄生类真菌(parasitic fungi)

大型食用真菌中寄生类群真菌主要有3大类,即虫生真菌、蚁巢生真菌和竹生真菌。

1. 虫生真菌(Entomophilous fungi)

此类真菌繁殖生长在昆虫体上,如虫草属真菌(*Cordyceps*),其中最著名的有冬虫夏草(*C. sinensis*)、蝉花(*C. sobolifera*)以及广为栽培的蛹虫草(*C. militaris*)等,均可入药。

2. 蚁巢真菌(Termitomyces)

蚁巢真菌的种类与白蚁和睦共处,其生命活动均在白蚂蚁地下蚁巢中进行。至今对其生态学关系不甚明了。蚁巢真菌分布于东南亚热带和非洲热带地区。在我国常见有6个种,其中盾尖蚁巢菌(*T. clypeatus*)、蚁巢菌(*T. errhiizus*)、根柄蚁巢(*T. radicatus*)最为常见和美味。

3. 竹生类真菌(bambusicolous fungi)

这是一类特殊生态类真菌,专性寄生于高山竹类植物体上,如戈茨肉球菌(*Engleromyces goetzii*)、竹黄(*Shiraia bambuscola*)、竹生亚肉座菌(*Hypocrella bambusae*)和细亚肉球菌(*H. tenuispora*)。这些菌类是重要的抗肿瘤、消炎症的药用真菌,具有治疗前列腺癌症、皮肤白斑(白癜风)等疾病的药用潜力。

除了上述寄生类真菌以外,还有菌生真菌,如星孢寄生菇(*Asterophora lycoperdoides*)等。夏秋季生林中寄生于稀褶黑菇(*Russula nigricans*)、黑菇(*R. adusta*)及密褶黑菇(*R. densifolia*)的菌盖上或菌褶和菌柄部上。在系统分类和真菌生态关系研究上颇有研究价值。

三、共生真菌(symbiosis fungi)及外生菌根真菌(ectomycorrhizal fungi)

这是一类生于土壤中与植物形成菌根的生态类型真菌。这里主要是指能与植物形成外生菌根共生关系的类群。这类真菌不但具有生物间协同进化的研究价值,也具有重要的生态学意义。它们在植被恢复、土壤修复、荒山荒坡绿化以及工矿废地复绿中具有重要的研究和应用价值。目前,菌根及其技术已成为现代农林业经济和工矿业废地修复改造的新领域和新技术研究的热点,在欧美发达国家已普遍应用。菌根是由植物共生真菌的菌丝感染侵入到植物根部皮层外细胞间形成特殊结构的共生体。菌丝在根部形成菌套,在细胞间形成哈蒂网,并产生大量的囊状体(cystidia)和外延菌丝(emanating hyphae)。这些结构可提高树木吸收水分及氮、磷、钾、硫等矿物营养成分的吸收面积和吸收能力,同时大大提高树木在不良环境条件下的生存能力。菌根对于植物的生长发育有显著的促进作用,对工矿业土壤、废地的修复及抗酸、碱能力及对土壤中重金属离子具有吸附富集作用,起到消除不利因素、有助于植物正常发育生长的作用。菌根技术是通过人工合成菌根树苗,移植造林。菌根技术在植树造林和工矿废墟植被的恢复与重建、治理水土流失及土壤修复等方面起到事半功倍的作用。常使用的菌根真菌及其组合的有彩色豆马勃(*Pisolithus tinctorius*)[或硬皮马勃(*Scleroderma* spp.)和桉树 *Eucalyptus* spp.];乳牛肝(*Suillus* spp.)或蜡磨(*Laccaria* spp.)和松(*Pinus* spp.)或栎 *Quercus* 等组合。因地制宜(海拔、土壤 pH 及土壤重金属离子等)组合搭配选择不同菌根真菌和树种效果更加显著。特别是那些菌根食用菌与生境、树种的关系密切,也是森林树种的菌根菌,它们在森林植被的恢复、稳定与重建中起着不可或缺的作用。实施菌根食用菌育苗技术,在荒山荒坡及矿业废地种植可以起到两者兼顾的作用。在世界范围内广泛食用的野生食用菌中,菌根食用菌占很高的比例,经济价值也很高,诸如黑孢块菌(*Tuber melanosporum*)、印度块菌(*T. indicum-complex*)、松茸(*Tricholoma matsutake*)、鸡油菌(*Cantharellus cibarius*)、美味牛肝菌(*Boletus edulis*)、松乳菇(*Lactarius deliciosus*)、多汁乳菇(*L. volemus*)和干巴菌(*Thelephora ganbajun*)。它们既是美味的食用菌,也是树木的菌根真菌,在山地或矿区废墟建立菌根真菌种植园既可以修复土壤、预防与治理土壤流失、恢复植被,又可以惠及山地和矿区人民。如可在铜矿区土壤重金属铜含量达12.56g/kg的林下发现印度块菌踪迹(陈娟,2007),可见其抗重金属铜能力非同一般。加拿大、美国、荷兰、瑞典、德国等国家在矿业废墟复绿中广泛应用菌根技术。意大利、法国、新西兰、澳大利亚等国也先后建立起了块菌种植园,成功地向人们展示了这一菌根技术在农林业及农林业经济中应用的广阔前景。在我国,特别是西部广大山地植物种类丰富,菌根真菌多样性高，也是山地和矿业分布主要区域，这为实施西部山地和矿区废地复绿与植被重建提供了得天独厚的天时、地利条件。这项技术的实施既可以实现山地和矿区废地植被的恢复与重建，又可以增加林下非木材林产品，为山地和矿区山地人们增加经济收入，为实现山地和矿区的社会、经济、生态的可持续发展创造条件。

菌根真菌同时也是最具有开发利用的重要经济真菌，很多名贵珍稀食药用真菌类群均属于外生菌根真菌。主要类群有担子菌类牛肝菌科（Boletaceae）的牛肝菌属（*Boletus*）、乳牛肝菌属（*Suillus*）、瘤柄牛肝菌属（*Leccinum*）、褶孔牛肝菌（*Phylloporus*），红菇科（*Russulaceae*）的红菇属（*Russula*）和乳菇属（*Lactarius*）的类群，丝膜菌科（*Cortinariaceae*）的丝膜菌属（*Cortinarius*）、丝盖伞菌（*Inocybe*），白蘑科（Tricholomataceae）的口蘑属（*Tricholoma*），鸡油菌科（*Cantharellaceae*）的鸡油菌属（*Cantharellus*）、喇叭菌属（*Craterellus*），革菌科（*Thelephoaceae*）的簇扇菌（*Polyozellus*）、革菌属（*Thelephora*），珊瑚菌科（*Ramariaceae*）的丛枝瑚菌属（*Ramaria*）、锁瑚菌属（*Clavulina*）。子囊菌类中如世界著名的块菌属（*Tuber*）的种类，全球报道并被广泛承认的有70余种，我国记载有40余种，经过系统研究确认的有16种（陈娟，2007；Deng，et al，2009），最常见的是印度块菌。绝大多数外生菌根真菌可以和松科、壳斗科、榛科、桦木科、杨柳科等多种树木根系形成共生关系（邓晓娟，2009）。实施菌根性食用菌人工保育促繁增产技术和菌根合成技术两者兼顾，实现有效保护与合理持续利用协调发展，实现人类与环境和谐共存。菌根性食用菌由于分布地域的局限性，长期以来世界各国、各民族形成自己的食用菌文化，如日本对松茸情有独钟，法国、意大利对块菌分外青睐，德、英、西班牙、美国等欧美国家对美味牛肝菌、鸡油菌、松乳菇颇为嗜好，我国东北对榛蘑（蜜环菌）、内蒙和华北对草原的口蘑、玉皇蘑赞不绝口，云南人对干巴菌（革菌）美誉有加。经济全球化的快速发展带动了食文化及菌文化的相互渗透与交流。

为了便于论述，本章就我国境内几个重要类群（块菌类、松茸类、地花菌类、牛肝菌类、鸡油菌类、羊肚菌类、虫草菌类及有毒真菌资源）以及重要真菌资源分布区（大致分为华北真菌资源、西北真菌资源、东北真菌资源、华南真菌资源、华中华东真菌资源、西南真菌资源和青藏高原区资源）特点分别进行阐述。

第四节 重要类群的食药用菌资源

一、虫草类真菌资源

虫生真菌（entomogenous fungi），顾名思义为寄生于昆虫体上的真菌。在自然界中有许多种类的虫生真菌存在，大致可分为两大类：一类为自古以来人类即用作药膳之虫生真菌，如冬虫夏草、蝉花、僵蚕等；另一类为昆虫的天敌，利用此类虫生真菌来防治有害昆虫，如白僵菌、绿僵菌，以及专寄生于甲壳虫幼体（immature stage of scale insects）上的亚肉座菌（*Hypocrella*）（Liu，et al，2001）。一般来讲，虫生真菌主要是指虫生病原真菌（entompathogenic fungi），即那些在寄主正常生理条件下能直接侵入体内增殖和快速引起死亡的类群，它们以吸收昆虫体内的养分、分解寄主组织和（或）产生有毒代谢产物而杀死昆虫（梁宗琦，1996；蒲蜇龙和李增智，1996；耶夫拉霍娃，1982）。广义的虫生真菌概念，除昆虫病原真菌外，还包括不引起昆虫致命的真菌。此类真菌可降低寄主活力并使其衰弱，但不致死。专性寄生昆虫体表的虫寄生菌（entomparasitic fungi）通常不侵入到几丁质层，如虫囊菌目（Laboulbeniales）的上千种真菌，还有与各种昆虫共生的共生真菌（symbiotes），如多毛菌菌属（*Trichomycetes*）的真菌（梁宗琦，1996）。实际上，虫生真菌所指的“虫”已扩大到螨类、蜘蛛和蜈蚣等。

1. 生物学特性

①营养体：虫生真菌正常的营养体是丝状的菌丝体，但不同的种在一定条件下会出现各种菌丝变态。常见的变态菌丝或变形体有克氏多毛孢（*Hirsuteila kircheri*）的膨大菌丝；一些虫草菌（*Cordyceps* spp.）形成的内菌核及其中存在的胞芽；虫霉菌在寄主血腔中形成的虫菌体，以及在体外形成的假根和各种线虫捕捉菌形成的捕捉瘤、捕捉环、捕捉网和吸器等结构。

②繁殖体：虫生真菌分散在菌物界的各亚门中，其有性和无性的产孢结构及孢子具有各大类群（亚门）的特征。它们可形成游动孢子、孢子囊孢子、分生孢子、节孢子、芽孢子和厚垣孢子等。它们的产孢结构可以是分生孢子梗、孢梗束、分生孢子

盘和分生孢子器。产孢方式有内生菌丝型、外生菌丝型、内生芽殖型和外生芽殖型。其有性繁殖主要形成卵孢子、接合孢子和子囊孢子，个别形成担孢子。

③多型现象：虫生真菌的多型现象可归纳为3个类型（Carmichal，1981）：含两种以上形态不同的分生孢子，但其个体发育方式相同；具两类以上不同发育方式的分生孢子；具多型产孢体结构。

④生活史：虫生真菌生活史可分为有性繁殖和无性繁殖两个阶段，每个阶段又可分为营养生长期和繁殖期。不同种的虫生真菌的繁殖阶段不完全相同。除上述两个繁殖阶段外，尚不知有性阶段的半知菌的一些虫生真菌，如绿僵菌（*Metarhizium. anisopliae*）、球孢白僵菌（*Beauveria bassiana*）和细脚拟青霉等的生活史中包含有准性生殖过程。

2. 代谢产物

①杀虫素：昆虫病原真菌穿过寄主昆虫体壁进入血腔后，以争夺水分和养分干扰代谢、物理机械损害及毒素（杀虫素）作用等多种方式使寄主昆虫死亡。昆虫病原真菌能产生多种对昆虫具不同杀虫机制的杀虫素（Khachatourians，1991）。一些曲霉是典型的兼性昆虫病原真菌。它们能形成多种对昆虫有害的特异性次生代谢产物。如由黄曲霉（*Aspergillus flavus*）形成的黄曲霉毒素就是昆虫化学绝育剂。曲霉不仅影响昆虫的变态，而且可提高烟碱的杀虫效果，是一种有价值的激活剂。杂色曲霉（*Aspergillus verslcolor*）形成的杂烯亚胺对果蝇成虫有击倒作用（梁宗琦，1988）。细交链孢（*Alternaria tenuis*）形成的细隔孢氮杂酸（tenuazonic acid）是具有杀虫和杀草双重功能的生物活性物质。蛹虫草形成的虫草菌素引起寄主细胞核变性，对蚊幼虫有毒杀效果。金龟子绿僵菌产生的细胞松弛素可制备无核细胞，在降低寄主昆虫血淋巴液中巨噬细胞活动能力及被囊化作用上很有意义。

②具生物活性的代谢产物：作为一类虫生的资源真菌，其次生代谢产物除直接与昆虫的防治有关外，它们可以形成多种具有免疫调节、抗辐射、抗菌、抗病毒、抗血小板凝结、镇痛、镇静以及诱发产生干扰素等生理活性的多糖、核苷、类固醇、环状缩梭肽、吲哚类及其衍生物类和酶类等物质（焦彦朝等，1990）。能产生这类生物活性的虫生真菌中，虫草及其相关真菌占有特殊而重要的地位。著名的冬虫夏草和蛹虫草能够形成具有多种生理活性的类核酸物质（Lkumoto，et al，1991），这类物质具有广阔的应用前景。

3. 应用前景

①害虫的微生物防治：作为微生物杀虫剂的真菌类群，能成功地作为杀虫剂使用的虫生真菌种类为数不多，常见有白僵菌防治玉米螟虫、马铃薯象甲虫和松毛虫等；布氏白僵菌（*B. brongniaritii*）防治金龟子幼虫，金龟子绿僵菌防治蝉和白蚁等；汤普森被毛孢（*Hirsutella thompsonii*）防治柑橘锈螨，蜡蚧轮枝孢（*Verticillium lecanii*）防治温室蚜虫及介壳虫等，座壳孢（*Schersonia* spp.）防治粉虱等。如引入定殖可将布氏白僵菌引入牧草地金龟子虫群定居，使地方流行病虫害发病达数年之久得以彻底遏止。流行性疾病的人工诱发：如将莱氏野村菌（*Nomuraea rileyi*）的孢子制剂施入田间，可诱发大豆夜蛾类害虫流行性疾病提前发生，达到综合防治害虫的效果。通过密植免耕提高昆虫病原真菌孢子的密度，以增强对害虫的自然控制能力。

②植物病害的微生物防治：通过防治传毒昆虫以防治植物病害，如用白僵菌防治黑尾叶蝉进而达到控制水稻青黄矮病；通过控制媒介昆虫控制植物病害，如用白僵菌、绿僵菌、粉质拟青霉和蜡蚧轮枝孢控制小蠹虫以防治植物病原真菌；榆树长喙壳（*Ceratocystis ulmi*）通过昆虫取食幼榆树幼梢所造成的伤痕扩散进入树的树干；与植物病原真菌的拮抗竞争，可用白僵菌、绿僵菌和莱氏野村菌直接防治榆树枯萎病。

(3) 医药、化妆及保健食品等方面的应用：与其他微生物类似，虫生真菌在多个领域具有十分重要的作用。一些虫草如冬虫夏草、蝉花（*C. sobolifera*）、蝉拟青霉（*P. cicadae*）、大团囊虫草（*C. ophiglossoides*）和布氏白僵菌（*Beauveria bassiana*）等可直接作为药物而使用。蛹虫草产生的3-嘌呤核苷（虫草菌素）及其衍生物5-三磷酸盐虫草菌素在抗病毒和抗肿瘤的研究中有很好的应用前景。白僵菌形成的生物活性肽——白僵菌素，可用作精细化工制品。金龟子绿僵菌除形成杀虫素外，还产生吲哚类的衍生物——苦豆素，是一种好的免疫调节剂。粉被虫草（*C. pruinosa*）能形成抗辐射、抗血小板凝集及钙离子拮抗的生理活性物质——N6-(2-羟乙基)腺苷，这种物质对苏芸金杆菌（*Bacillu thuringinensis*）因辐射引起的伤害有明显保护效应（黄建中等，1992）。

4. 重要类群

据不完全统计，世界上已记载虫生真菌约100

属 800 多种。我国已报道 405 种，其中虫草属 80 种，捕食和寄生线虫的真菌 10 余种，寄生昆虫的真菌 215 种（林华峰，1998）。随着近年来研究的深入和拓展，虫生真菌的种类数量有明显增加，CABI 检索仅虫草属大约有 536 个种类名称记录，我国已报道的名称有 139 个之多（宋斌等，2006）。

虫草属（*Cordyceps*）的虫生真菌统称为虫草菌，是昆虫病原真菌中种类最多的类群。该属真菌绝大多数能感染昆虫，并从其头部或体表长出子座而构成虫、菌复合体——虫草，包括许多著名的食药用真菌，如世界著名的冬虫夏草，还有蛹虫草、蝉花、阔孢虫草、古尼虫草、九州虫草、珊瑚虫草等，它们或多或少具有某些冬虫夏草的药食用价值。白僵菌属、绿僵菌属、拟青霉属等在虫害防治应用上是较为重要的种类。下面分别对这些主要种类的资源状况进行简述。

图 3—1　冬虫夏草子实体

冬虫夏草是鳞翅目（Lepidoptera）、蝙蝠蛾科（Hepialidae）、蝙蝠蛾属（*Hepialus*）的虫草是蝙蝠蛾（*Hepialus armoricanus*）的幼虫被麦角菌目（Clavicipitales）、麦角菌科（Clavicipitaceae）、中华虫草菌（*Cordyceps sinensis*）菌丝寄生感染后形成的虫菌结合体。其无性型为中国被毛孢（*Hirsutella sinensis*），仅分布于我国西藏、青海、云南西北、四川西部、甘肃等地的高寒草甸（海拔 3 200～5 000m）的局部地区（杨大荣等，1993）。数百年来我国和亚洲人乃至全球的亚裔和华人把冬虫夏草视为与野生人参、鹿茸相媲美的名贵滋补中药材，享有极高的声誉。它药性温和，比其他种类的滋补品更具有广泛的药用和食用价值。长期以来是我国既可药用又可食用的高级滋补品，一年四季都可食用，对老、少、病、弱、虚者皆宜服用，无任何不良反应。冬虫夏草含有甘露醇、腺苷、虫草素、尿苷、麦角甾醇、虫草多糖、氨基酸等活性成分及微量元素（魏玲等，2003）。近年来发现冬虫夏草的功效越来越广泛。研究证明，具有调节免疫系统，改善呼吸系统、心血管系统、内分泌系统和肾脏的作用，具有抗肿瘤、抗疾病、抗病毒、促进造血和护肝作用，对中枢神经有镇静和抗惊厥作用，有调节脂类代谢、降血糖、抗疲劳、清除人体自由基、抗氧化、延缓衰老等功能（许超德，2006）。近几十年来由于人为采挖过度和生态环境的破坏，自然资源日趋减少，已被我国定为濒危物种和国家二级保护珍稀物种。目前许多生物制品公司利用菌丝体发酵培养，制成胶囊，以保健食品及药品销售。

蛹虫草又名北冬虫夏草、北虫草，是虫草属中分布范围较广的一个种，我国大部分省区均有分布。其子座于春秋季在半埋于林地上或枯枝落叶层下的鳞翅目昆虫蛹上长出。其无性型为蛹草拟青霉（*Paecilomyces militaris*）。蛹虫草作为传统珍贵中药材，对其药用价值早有认识。研究表明，蛹虫草具有与冬虫夏草极相似的作用，无不良反应，可以作为冬虫夏草的替代药用品（徐锦堂，1997）。蛹虫草含有腺苷、虫草素、尿苷、虫草酸和蛹虫草多糖等有效成分，具有抗肿瘤、抗病原微生物、抗疲劳，保护肝肾及呼吸系统，清除人体自由基，调节免疫系统和内分泌等功能（林群英等，2006）。我国是第一个对蛹虫草进行商业化栽培生产的国家，人工栽培已取得成功，但菌种退化问题仍然是制约蛹虫草产业化发展的重要因素（林群英等，2006）。

蝉花又名蝉草、蝉茸等，分类学上药用的蝉花实际包含大蝉草（*Cordyceps cicadae*）（金蝉花）和蝉拟青霉（*Paecilomyces cicadae*）（雌蝉花），是麦角菌科真菌大蝉草（*Cordyceps cicadae*）及其寄主蝉科昆虫山蝉（*Cicada flammata*）若虫的复合体（王春雷等，2006；徐红娟，2007）。蝉花是一种较珍贵的明目药物（刘波，1978），作为传统中药在历代本草中均有记载。主要分布在我国长江以南热带和亚热带地区的浙江、四川、云南、广西和江苏等地。有关资料介绍，蝉花含有肝糖原、虫草酸、多种人体必需氨基酸、*D*-甘露醇、多种生物碱、麦角甾醇和多糖等（刘波，1978；王春雷等，2006）。具有免疫调节、滋补强壮、抗疲劳、抗应激、镇静、催眠以及改善肾功能等作用（王春雷等，2006；徐红娟，2007）。

白僵菌是研究历史最为悠久、应用最为广泛的类群之一（李荣森、罗绍彬，1983）。该属最著名的虫生真菌是球孢白僵菌（*Beauveria bassiana*）和布氏白僵菌（*B. brongniaritii*）。白僵菌通过体壁、消化道和呼吸系统感染昆虫。易于人工培养，分生孢子在相对湿度 90% 和 28℃ 下最适宜萌发，在冷的干燥条件下保存 5 年仍有萌发能力。白僵菌可侵染15目149科52属700多种昆虫和螨类(季香云和杨长举,2003;梁宗琦,1996)。我国利用该菌防治农林害虫每年达66.7万公顷以上。另外在医药方面广泛应用的有著名的是僵蚕。僵蚕为蚕蛾科昆虫家蚕(*Bombyx mori*)4～5龄的幼虫因感染(或人工接种)白僵菌(*Beauveria bassiana*)致死的僵化虫体,又名白僵蚕、天虫。其味辛、咸,性平。功能祛风定惊、化痰散结。主治清风喉痹、小儿惊痫、瘰疬风痰等病症。此外,缫丝后的蚕蛹经接种白僵菌后发酵而制得僵蛹,近年来也有代替僵蚕用于临床。抗肿瘤实验表明,对接种肉瘤S-180的小鼠灌服20%和50%的水煎僵蛹液对肿瘤有抑制作用,但小白鼠体重有下降现象。也有实验证实,僵蚕所含蛋白质有刺激肾上腺皮质样作用。此外,僵蚕、僵蛹中所含的草酸铵含有对抗士的宁引起的小鼠强直性惊厥的有效成分。

绿僵菌是另一个广泛应用于生物防治的虫生真菌属。一般认为,该属包括1种2变种,即黄绿绿僵菌(*Metarhizium flavoviride*)、金龟子绿僵菌小孢变种(*M. anisopliae* var. *anisopliae*)和金龟子绿僵菌大孢变种(*M. anisopliae* var. *major*)(Tulloch,1976)。小孢变种寄生范围较广,除寄生在直翅目、鞘翅目、半翅目、膜翅目和鳞翅目的200余种昆虫外,还感染蜘蛛、蝇类和蚊子幼虫。大孢变种仅侵染独角仙类。绿僵菌通过芽管直接穿入虫体侵染。绿僵菌易于人工培养,目前,美国、巴西已有绿僵菌商品制剂,主要用于防治沫蝉、蛟白等。国内用它防治天牛、菜青虫、蚊子等(梁宗琦,1996)。

拟青霉多数能寄生在半翅目、同翅目、鞘翅目、双翅目等多种昆虫(蒲蜇龙,李增智,1996)。寄生范围广、毒力较强、研究较多,颇受重视的是粉质拟青霉(*Paecilomyces pruinosa*),在米饭培养基上生长良好,并形成分生孢子。田间实验对菜螟幼虫感病率达90%以上。另一种报道较多的是玫烟色拟青霉(*Paecilomyces fumosorseus*)。20世纪60年代日本曾用于防治桃小食心虫等害虫。我国研究发现,该菌在茶树害虫中寄生范围更为广泛(梁宗琦,1996)。

5. 展望

虫生真菌中有许多著名的药用真菌,具有广泛的食用和药用价值,应加大对虫草资源的保护和利用。同时,利用虫生真菌中的生物防治菌资源,加快开展有害昆虫的生物防治研究,利用这些天敌真菌对昆虫进行生物防治,不啻是一个既能达到防治目的,又不会破坏环境的好策略。

二、羊肚菌类资源

羊肚菌(*morels*)是自然界中一类特殊的大型真菌类群。显著特点是:除少数子囊果杯形外,其余大多数形似翻开的羊肚状或蜂窝状,或者吊钟形,使其非常容易与其他大型真菌区分。通常将其分别称为真羊肚菌(true morels)、钟形羊肚菌(bell morels)和杯状羊肚菌(cup morels)。在系统分类上包括羊肚菌属(*Morchella*)、钟菌属(*Verpa*)和皱盘菌属(*Disciotis*)的种类。广义的羊肚菌甚至包括子囊果头部呈脑髓状的类型,即马鞍菌科(Helvellaceae)的马鞍菌属(*Helvella*)和鹿花菌属(*Gyromitra*)种类,通常将其称之为假羊肚菌(false morels);狭义的羊肚菌仅指具有羊肚状或蜂窝状子囊果头部的一类蘑菇,即仅指羊肚菌属的种类(陈吉岳,2006)。

羊肚菌属的子实体由头部和菌柄两部分组成。为了和伞菌统一,习惯上也称为菌盖和菌柄。子实层覆盖在菌盖表面的凹坑内。凹坑形态、大小、颜色多样,棱纹呈网状或纵向排列,棱纹不育。子实层由子囊和侧丝组成。子囊孢子椭圆形,无色,单孢;侧丝线形,一般顶端稍膨大。子实下层有两层。上层由交错菌丝组织构成,下层由不规则膨大的角胞组织构成。菌盖基部与菌柄紧密相连,或者近中部与柄部相连,菌盖边缘伸展。菌柄圆柱形,白色或浅黄色,表面密被细小颗粒状物,基部稍膨大,有深浅不一的纵沟,空心。菌柄内外表面由不规则膨大的角胞组织构成。

羊肚菌类在食用菌中研究较多的和食用价值较高的是羊肚菌属的种类。本小节主要针对羊肚菌属的种类予以介绍。

1. 羊肚菌的物种多样性

羊肚菌类[羊肚菌科(Morchellaceae Reich),1834]有3个属:羊肚菌属、钟菌属和皱盘菌属,记载有38个种(Kirk等,2001)。

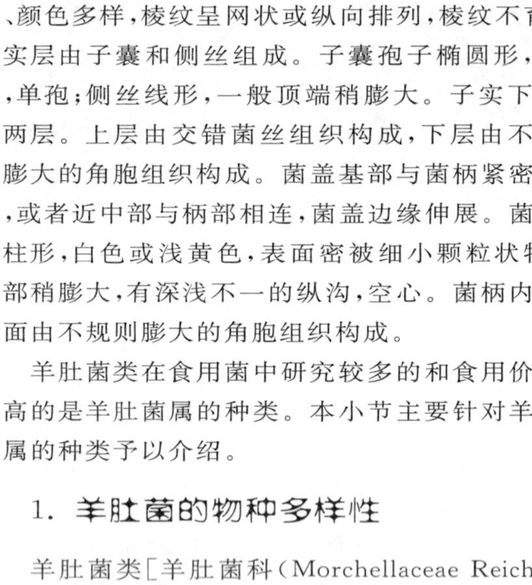

图3-2 羊肚菌(左),尖顶羊肚菌(中),半开羊肚菌(右)

①真羊肚菌——羊肚菌属:是羊肚菌科中最

大的一个属，全球约有 28 个种（Kirk 等，2001）。该属具有羊肚状或蜂窝状的菌盖，菌盖圆锥形至近球形，表面有明显的凹坑和棱纹，菌盖基部与菌柄顶端相连或者菌盖近中部与菌柄相连，边缘向外伸展，菌柄中空（Bessette 等，1997）。广泛分布于世界北半球的温带地区（O'Donnell等，1997；Kirk 等，2001），主要分布于欧洲、北美洲、亚洲，在我国主要分布于西南、西北、东北、华北等地。该属被 Fries(1822)认可以来，其分类地位和属下分类单元经历了很大变化。到目前为止，通过形态学证据揭示该属包括 3 个明显的属下分类群：黑色羊肚菌（*M. angusticeps*，*M. elata* 和 *M. conica*）、羊肚菌（*M. esculenta*，*M. crassipes* 和 *M. deliciosa*）和半开羊肚菌（*M. semilibera*）。最近的分子系统学证据支持羊肚菌属为一个单系群，是由羊肚菌组（yellow tan grey morels or esculenta clade）和黑色羊肚菌组（black morels or elata clade）两个姊妹群构成，这两个姊妹群分别由 13 个和 15 个种构成（O'Donnell 等，1997）。

②钟形羊肚菌——钟菌属：菌盖钟形或吊钟形，菌盖顶部光滑或顶针状皱折，子实层覆盖在菌盖表面。菌盖顶端内表面与菌柄顶端衔接，状如伞菌。为北半球广泛分布（Kirk 等，2001）的类群。国内分布在西藏、云南、吉林、黑龙江、陕西、新疆、湖北、贵州等。《菌物学词典（第 9 版）》记载 5 种（Kirk 等，2001）；我国已报道 3 个种（卯晓岚，1998、2000）。基于其子囊内只含有 2 个子囊孢子的独特性状，该属的一个种——*Ptychoverpa bohemica*（=*Verpa bohemica*）有时被当作一个独立的属（Boud.，1907）。

③杯状羊肚菌——皱盘菌属：菌盖浅杯状至浅盘状，子实层从中心向四周呈明显的辐射状皱褶或棱脉状，暗色，浅棕褐色至深棕褐色，具短柄或柄缺如。新鲜时具有明显的漂白粉气味。为北半球广泛分布（Kirk 等，2001）的类群。国内仅报道在贵州、福建等地有分布。《菌物学词典（第 9 版）》记载 5 种（Kirk 等，2001），我国只报道 1 种（卯晓岚，1998，2000）。通常认为该属只有一个种 *Disciotis venosa*（Bunyard，et al，1995）。

2. 羊肚菌资源的经济价值

羊肚菌类大多是美味食用菌，包括羊肚菌属的所有种类和钟菌属的多数种类，钟菌属的少数种类有毒。羊肚菌属的种类俗称羊肚菜、羊肚蘑、羊肚子、编笠菌、阳雀菌（张光亚，1984），均为珍稀野生名贵食药用真菌（Korf，1973；Royse 和 May，1990；张光亚，1984），具有较高的营养和药用价值（刘波，1978；应建浙等，1987；徐锦堂，1997），是全球 6 大最珍贵美味食用菌之一。在欧洲，被认为是仅次于黑孢块菌 *Tuber menlosporum* 的美味食用菌；在北美，被认为是最佳食用菌（Alexopoulos 等，1996）。羊肚菌在医药、食品、保健品、化妆品等领域具有较高的应用前景和价值（张广伦等，1999）。羊肚菌也是我国新兴的大宗出口野生食用菌之一。

①食用价值：羊肚菌肉质脆嫩，风味独特，营养丰富，是高营养的美味食用菌。羊肚菌子实体肉质脆嫩，味道鲜美，含有极为丰富的蛋白质，大量的人体必需氨基酸和多种维生素，高含量的铁、锌以及多种矿质元素，是餐桌上的美味佳肴（Mckellar & Kohrman，1957；Crisan & Sands，1978；应建浙等，1987；兰进等，1999）。羊肚菌中含有特殊的香味物质即稀有氨基酸，使之成为上等的调味品和食品添加剂（张光亚，1984；袁明生和孙佩琼，1993）。

②药用价值：我国明代李时珍（1578）《本草纲目》中就有"甘寒无毒，益肠胃、化痰理气"的记载（刘波，1978；应建浙等，1987；徐锦堂，1997）。羊肚菌具有较高的药效，其菌体内含有大量的多糖等有效成分，尤其是具有抑制肿瘤 S-180 的活性成分（宋淑敏等，1996），还含具有抗癌药理活性的多种微量元素（如有机锗，刘敏莉，1994），具有较强的抗肿瘤、抗癌作用（陈向东等，2002）。临床实验表明，羊肚菌不仅能增强人体免疫力，预防疾病，而且因含有血小板集落抑制因子（Tomita，1994）和抗心血管疾病的多种微量元素（刘敏莉，1994），对高血压、心脏病、糖尿病等多种疾病具有一定的预防作用和疗效；含有黑色素形成抑制剂（酪氨酸酶抑制剂）（Iwahara & Chayama，1995；Saeguea，1995），具有美容和抗衰老的功能（龙正海，1997）。

3. 羊肚菌的生态特性和营养特性

羊肚菌单生、散生或群生在阔叶林或针阔混交林地上，或者田间地头、溪沟、草地、荒坡、苹果园或庭院中及火烧迹地上。常见的伴生阔叶树种有白杨、柳树、柞树、栎树、椴树、白桦等。针叶树种有云杉、冷杉、油杉、华山松等。灌木主要有箭竹、忍冬、卫茅、小蘖、蔷薇、花楸等。草本植物以禾本科的白茅、牛筋草、狗尾草和龙舌兰科的龙舌兰等多年生或一年生植物为主，其次是部分草本双子叶植物杂草（兰进等，1999）。从属的角度来看，羊肚菌的发生对海拔高度要求不明显。但是，从种的角度来看，有的种分布范围很广，如羊肚菌

(*M. esculenta*)几乎不受海拔高度限制，有伴生树种的存在均有它的分布。有的种分布范围非常狭窄，如西藏羊肚菌(*M. tibetica*)的分布仅限于其模式产地的高海拔环境。羊肚菌的发生对土壤的要求不很严格，棕壤土、褐壤土、白壤土、红壤土、黄油土上均有羊肚菌发生。羊肚菌属于低温型真菌，适宜的气温为8～22℃。常在春季和早夏期间发生。羊肚菌的发生还与当年的降水直接相关(谢占玲等，2001)。

羊肚菌生态学研究中，最热门的是其所属营养生态类型问题，长期以来菌物学家们热衷这个课题。羊肚菌类被认为是腐生型真菌(Hawkswork, et al, 1995; Kirk, et al, 2001)。其依据是羊肚菌从死的有机物中获取营养。例如，在实验室中，羊肚菌能够在各种培养基上迅速生长出大量的菌丝(Heim, 1936; Brock, 1951; William et al, 1956; Robbins & Hervey, 1965; Litchfield, 1967; Delmas, 1974; Delmas & Poitou, 1974; Kaul, 1977)，偶然某些种还可能产生子囊果(Ower, 1982; Ower, et al, 1986, 1988)。在自然界，人们无意间发现，并记载羊肚菌类在受到使用除草剂、着火、树木死亡等干扰的地方产生，其诱导因素及其机制至今尚不清楚(Turnau, 1984、1987; Carpenter, et al, 1987; Weber, 1985; Parks & Schmitt, 1997)。另一种观点认为，羊肚菌类可能是兼性菌根菌。在近期的研究中，Buscot(1992)、Buscot, et al(1996)认为，羊肚菌类可明显地分为两种生态类型：①在含有丰富的可利用营养和低竞争压力的新近受到过干扰的土壤中为短命的腐生型真菌；②在高的营养竞争压力下稳定的生态系统中为多年生的共生型真菌。总之，有关羊肚菌的营养生态类型问题，人们对羊肚菌的生态认识经历了逐渐认识过程，即腐生菌－兼性菌根菌－腐生菌或者菌根菌(Buscot, Kottke, 1990; Buscot, 1992)。

4. 人工栽培

羊肚菌人工栽培一直是菌物学家和食用菌研究者们研究的热点。虽然有报道羊肚菌在实验室人工栽培成功，并申请了专利(Ower, 1982; Ower, et al, 1986, 1988)，但多年来效仿其方法没有人能在实验室重复栽培出羊肚菌，大多数研究者仅能在实验室琼脂培养基上培养获得羊肚菌菌丝体、菌核和其无性型——考氏孢属(*Constantinella*)的菌丝，始终无法获得子囊果(Brock, 1951; Robbins and Hervey, 1959; Volk and Leonard, 1990; Alexopoulos et al, 1996)。另有报道，Ower的助手Garry Mill于2005年终于实验重复栽培出羊肚菌，在美国建立了工厂化生产基地，并申报了专利。但由于技术保密，未能进行推广(朱斗锡，2008)。因此，到目前为止，羊肚菌的人工栽培仍然不能实现正常的规模商品化生产，羊肚菌的室内人工栽培问题尚未真正得到解决。

近年来，国内在羊肚菌的半(仿)人工(生态)栽培方面取得了可喜的进展。利用羊肚菌常见的伴生树种——杨树(*Populus* spp.)作为接种基质，在野外半人工条件下成功地栽培出羊肚菌(尖顶羊肚菌 *M. conica*)，取得了明显的经济效益，但仍然存在许多问题。如栽培当年产量较高，但逐年显著下降；栽培接种时需要大量的多年杨树树干作为栽培基质，大面积栽培需要砍伐大量的多年生杨树，毁林成本高，难以推广。目前仍不能实现可持续利用，且在栽培过程中添加了影响质量的高钙灰质材料，导致生长产出的羊肚菌口感下降。仍需不断探索和研究。

羊肚菌菌丝非常适宜于液体深层发酵培养(Gilrert, 1960)，并且羊肚菌菌丝体和子实体一样含有丰富的氨基酸，具有很高的营养价值(张光亚，1984；袁明生和孙佩琼，1993；张广伦等，1999)。许多研究者把目标转向羊肚菌菌丝体的发酵生产，并有许多产品问世，对解决羊肚菌的资源不足问题开辟了新途径。

目前投入市场的羊肚菌产品主要是采集的野生羊肚菌和部分半人工栽培尖顶羊肚菌，以及少量的羊肚菌制品和菌丝深层发酵后的菌丝体制品。

三、块菌类资源

块菌(truffles)是地下生真菌的统称，其成员隶属于真菌界的3个主要类群：接合菌门(Zygomycota)的内囊霉目(Endogonales)、子囊菌门(Ascomycota)的盘菌目(Pezizales)和大团囊菌目(Elaphomycetales)以及担子菌门(Basidiomycota)的腹菌类。接合菌门中的块菌被称为"豆状块菌"(pea truffle)，子囊菌门中的块菌被称为"真块菌"(true truffle)，担子菌门中的块菌被称为"假块菌"(false truffle)(Pegler, et al, 1993)。在我国西南地区块菌俗称"无娘藤"、"松露菌"、"土菇"、"隔山撬"、"松茅茯苓"、"猪拱菌"、"煤黑"、"老鼠饭"等。本节论述的块菌主要是著名的、较为广泛被接受的"真块菌"中的一个类群，即狭义块菌类——块菌属(*Tuber* F. H. Wigg.)。该属于1729年建立，其后选模式种(Lectotype species)为 *Tuber cibarium* Sibth.：Fr(＝*T. brumale* Vittad.)，分类学上隶属于子囊菌门(Ascomycota)，盘菌目(Pezizales)，块菌科(Tuberaceae)(Kirk, et al, 2001)。

块菌属是一类与温带主要植被建群树种松科、壳斗科、榛科、桦木科等多种树木根系形成共生关系的外生菌根真菌，产生地下生的子囊果，即英文中被称为“truffle”的真菌。其主要形态特征是子囊果地下生，表面光滑或具有疣突；产孢组织中实，具有白色大理石花纹状菌脉；子囊含 1～8 个子囊孢子，随机排列于产孢组织中；子囊孢子表面具有刺突或蜂窝状网纹（图 3－3）。

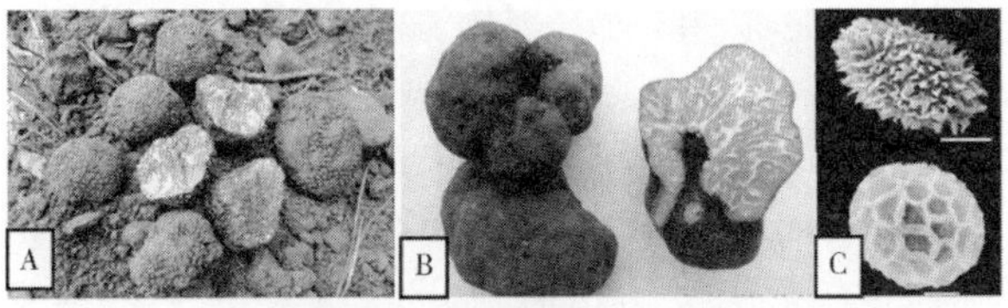

图 3－3 A.印度块菌新鲜子囊果；B.假喜马拉雅块菌新鲜子囊果；C.块菌属子囊孢子

1. 块菌属的经济价值

块菌属包含许多经济价值极高的种类，如欧洲的黑孢块菌（*Tuber melanosporum* Vittad.）和意大利白块菌（*T. magnatum* Pico），在欧洲被誉为“地下黄金”、“厨房里的黑钻石”、“上帝的食物”等。

块菌属成员含有丰富的氨基酸、蛋白质、维生素、矿物质元素、微量元素硒及多糖类。对比其他几种常见的食用菌，组成蛋白质的 18 种氨基酸含量达 13.0%，其中人体必需氨基酸 8 种含量占总氨基酸的 41.4%，赖氨酸和蛋氨酸在 1%以上，其余含量均接近 1%。块菌油含有 5 种脂肪酸，其中不饱和脂肪酸（亚油酸和油酸）含量最高，占总脂肪酸的68.3%，其次为硬脂酸，占 16%，软脂酸，占 14%。亚油酸、花生四稀酸为人体必需脂肪酸。还含有 α-雄烷醇的甾体化合物、鞘脂类化合物和鲜味物质成分（二甲基硫甲烷）。胱氨酸的含量在块菌属某些种类中的含量较高，其主要的脂肪酸是油酸、亚麻酸和棕榈酸（Beuchat，et al，1993）。麦角固醇和菜子甾醇等固醇类物质在块菌属中的含量也相当丰富，其含量还可以作为块菌属分类鉴定的生化指标（Harki，et al，1996）。此外，研究发现，在黑孢块菌（*Tuber menlanosporum*）及印度块菌中存在一种类似于信息素的 α-雄烷醇的甾体化合物（5α-androst-16-en-3α-ol）（Claus，et al，1981）。在未阉公猪的唾液和男性腋汗中以及女性尿液中都发现这种化合物的存在，据记载具有催欲的作用（刘吉开，2004）。民间采用块菌治疗体虚无力、面黄肌瘦、肠胃不适等疾病。

近年来，许多结构新颖的化合物相继从本属不同种类中提取出来（Gao，et al，2004）。新近分离得到 4 个新的鞘脂类化合物颇具药用价值。鞘脂类化合物参与调解细胞多种生物学过程，如生物信息传递和抗原抗体反应等，同时具有抗肿瘤、保护肝脏、调节免疫和增强免疫功能、提高体质等功能。

2. 块菌属物种多样性及分布

块菌属是北半球地区广泛分布的一个大属，全球已被描述的种类近 240 多个，被承认的有 70 多个。据文献报道，我国此属已记载约 40 余种（包括不合格发表、误定或异名）。近年来，笔者通过大量的野外调查、详尽的形态解剖特征观察及分子系统学的分析确认，分布在我国的块菌属种类有 16 种，包括脐凹块菌（*T. umbilicatum* Juan Chen & Liu P G）、阔孢块菌（*T. latisporum* Juan Chen & P. G. Liu）（Chen & Liu. 2007）、凹陷块菌（*T. excavatum* Vittad.）、波氏球孢块菌变种（*T. borchii* var. *sphaerosperma* Malencon）（Chen，et al，2008）；印度块菌（*T. indicum* Cooke & Massee＝*T. sinense* K. Tao & B. Liu、*T. formosanum* H. T. Hu、*T. himalayense* B. C. Zhang & Minter），假喜马拉雅块菌（*T. pseudohimalayense* G. Moreno et al，＝*T. pseudo-excavatum* Y. Wang，et al，）、会东块菌（*T. huidongense* Y. Wang）、夏块菌（*T. aestivum* Vittad.）、波氏块菌（*T. borchii* Vittad.）、加州块菌（*T. californicum* Harkn）、刘氏块菌（*T. liui* A. S. Xu）、辽东块菌（*T. liaotongense* Y. Wang）、莱氏块菌（*T. lyonii* Butters）、棕红块菌（*T. rufum* Pico：Fr.）、太原块菌（*T. taiyuanense* B. Liu）、中甸块菌（*T. zhongdianense* X. Y. He，H. M. Li & Y. Wang）（陈娟 2007）。大部分种类主要分布在我国西南地区（云南、四川、西藏、贵州），印度块菌在我国西南地区已经成为最主要的出口贸易种类，也是国产块菌（如无特殊说明，文中块菌均指块菌属的种类）中最为常见、分布最广、产量最大的种类。

新近的研究表明，东亚尤其是我国的块菌资源丰富且独特，尚存在大量的未被发现或描述的新分类群。许多种类虽然与欧洲和北美的种类非常相似，但是却有其自身的分布范围。相对于欧洲 200 多年的研究历史，我国对块菌的研究起步较晚，研究历史较短。在我国，人们早在新中国成立前就有采食块菌作为食物补品的习惯，但是直到 20 世纪 80 年代才得以研究报道，引起重视是近几年的事。就其物种多样性、分布、资源现状及生物量等都有待深入研究。系统全面的野外调查工作还有待继续和加强。

块菌属真菌是重要树木的外生菌根真菌，即在生活史中，与树木的根系形成特殊的共生关系——外生菌根(图 3—4),在森林生态系统中发挥着重要的作用。它们参与营养物质循环和代谢及水分的吸收,从而促进树木生长和发育,而树木通过光合作用也为块菌的生长和子实体的形成提供所必需的有机物质,两者相互依存、互惠互利。

图 3—4　印度块菌与华山松形成的外生菌根形态

在欧洲块菌属种类常见于水青冈属、栎属、椴树属、榛属等阔叶树种及松属(*Pinus*)等针叶树林下。在我国西南地区块菌常见于天然或次生的云南松林、华山松林、栎林、桦木林以及人工栽培的板栗林下。此外,在我国北方地区的天然次生桦木林下或人工栽培红松林下,也有块菌发生。但至今没有发现块菌属种类与其宿主植物有一一对应的专性共生关系。

块菌属广泛分布于北半球地区,整个欧洲地区都发现有块菌的分布(Riousset,et al,2001),其中西班牙、意大利、法国的研究资料最多。这一地区也是块菌种类很丰富的地区。亚洲(中国、印度、韩国、日本和土耳其)、美国(加利福尼亚州、俄勒冈州、纽约州、德克萨斯州)也有大量的块菌种类。最近在非洲北部也发现了 5 种块菌(Kahbar,et al,2007)。Jeandroz,et al,(2008)对现有的资料分析了块菌属的生物地理学,推测块菌可能起源于三叠纪(Trias/Jurassic)的劳亚古大陆(Laurasia)。

块菌属在我国主要分布于西南地区的云南和四川,在西藏东南部、东北的辽宁、吉林和内蒙古的东部,西北的甘肃、新疆、山西等地也有零星分布。其中四川省的会东、会理县及其附近地区是该省已知的块菌种类和数量分布相对集中的地区。云南滇中一线以北是云南省块菌分布的主要地区。块菌属种类因生长在地下,标本采集困难,已记载的分布一定程度上与研究者所在地有密切关系。块菌的实际分布区远较现在所记载的要广泛得多。

3. 块菌属的人工栽培

19 世纪末,法国的块菌自然年产量达到1 588 吨。第一次世纪大战后,法国块菌的年产量下降到现在的不足 100 吨(Callot,et al,1999)。自然产量的下降及国际市场对块菌需求的增长促使欧洲一些国家开始探索块菌的人工栽培。20 世纪 70 年代,欧洲著名的黑孢块菌率先在法国栽培成功,目前已经在全球很多国家实现了大规模商业化栽培。除了在本土国家(法国、意大利、西班牙)种植外,还被引种到摩洛哥、澳大利亚、新西兰、美国、加拿大,阿根廷、智利和以色列等国。然而,尽管已经成功栽培,但是每年收获的黑孢块菌产量从 20 世纪末呈下降趋势,不能满足市场需求(Hall,et al,2003)。

块菌人工栽培不仅具有重大经济效益,同时对缓解自然资源压力、保护野生物种多样性,维护森林生态系统平衡也有着十分重要的生态学意义。在各国政府的重视及资助下,人工栽培块菌已经成为南欧大部分国家发展乡村经济的重要途径。

在我国尤其是西南地区,块菌已经成为近年来大宗出口创汇较多的野生食用菌种类,但尚处于出售自然资源及其产品的状态。在过去 10 多年里,由于价格不断攀升,商业化地毯式的采集导致自然产量显著下降。经过我们数年的探索,利用块菌菌剂感染无菌幼苗,成功地合成了印度块菌和华山松、板栗(*Castanea mollissima*)的菌根幼苗,并得到菌根形态和分子方面的佐证(Geng,et al,2009),但大范围地推广与出产块菌子实体尚需时日,任重而道远。加强我国块菌属自然资源的生态、多样性、保护生物学的调查与研究,开展块菌菌根苗木的合成及人工栽培和种植园的建立是今后工作的重心。

图 3—5　法国的黑孢块菌块菌种植园

块菌菌丝生长极其缓慢,难以满足菌根感染合成的需求,应用菌丝接种还不能成为现实。目前,菌根化苗木的合成仍然是用子囊果制成子囊孢子悬浮液作为菌剂来接种,菌剂成本较高。筛选和优化培养基配方、培养条件获得块菌的纯培养来实现菌根苗的人工合成,这方面的工作还需进一步加强。

4. 块菌资源的保护、开发和利用

块菌属某些种类含有特殊的香味，是其他任何珍稀食用菌难于比拟的，备受国际市场青睐。在西欧、北美等开发利用块菌较早的国家，已形成规模产业，很多公司、工厂从事块菌的加工和深加工，生产出许多系列产品，如块菌油、块菌酒、块菌酱、块菌巧克力、块菌蜂蜜、香精、化妆品等。我国块菌的研发处于起步阶段，尚处于自采出售自然初级产品的粗放状况(图3—6)。

图3—6 欧美加工的块菌产品；我国市场出售的野生块菌

我国从20世纪90年代初开始大量出口块菌，在不足20年的时间里，块菌商业化采集使资源环境受到严重破坏，自然资源量显著下降。人们年复一年地盲目采挖，地被受到极大的破坏，有序的地下菌丝受到极大的干扰难以恢复，造成物种损失，珍贵物种处于濒危状态，严重的地区已导致灭绝。我国珍贵的地下真菌资源形势十分严峻，采取保护措施迫在眉睫。

基于多年大量的野外调查和研究工作，笔者提出几点保护与挽救措施：第一，加强对块菌资源的经营管理和保护。保护森林，禁止乱砍乱伐；适时适地进行包括块菌在内的野生食用菌生物学特性的科普宣传，使人们对块菌的生物学和生态学特性有更多的了解，提高保护意识；制定管理措施，严禁掠夺式的采集方法，严禁采集不成熟的幼块菌，彻底改变采集方法，引进或训练块菌狗、猪帮助寻找采集块菌，避免盲目的地毯式采挖。第二，人工保育和人工种植，扩大块菌的自然产量。实施人工保育促繁，大量建立人工块菌种植园，并通过有效管理来增加块菌产量。最后，加强科学研究和科普宣传，为保护和扩大块菌资源提供科学技术支撑。加强基础研究，搞清块菌的物种多样性及分布，开展块菌和树木共生的理论研究、块菌人工接种技术及其感染菌根合成的研究和技术的传授，为建立和管理块菌种植园，实现持续发展块菌种植业提供科学技术支撑。

四、地花菌类资源

地花菌类真菌主要是指担子菌类(Basidiomycota)的地花菌科(Albatrellaceae Nuss)所包含的种类。该类真菌的主要特征是子实体地生，单生、群生或丛生，肉质，具柄。菌盖圆形、扇形、肾形或不规则形，类白色、黄色、橙色、褐色、蓝色到黑色，光滑到有粗糙的鳞片，无环纹。子实层体孔状，白色到淡黄色。菌柄中生、偏生到侧生。菌肉白色到淡黄色，肉质或稍韧。菌丝系统一体型，生殖菌丝有或无锁状联合，担孢子椭圆形、阔椭圆形、泪滴状、纺锤形，平滑到双壁，有短疣突或具小刺，淀粉质或非淀粉质。

地花菌类包含的种类不多，全世界报道有33个种(郑焕娣，2006)，我国有21个种(邓叔群，1963；戴芳澜，1979；毕志树、郑国扬，等，1990；李茹光、赵大明，等，1991；卯晓岚、蒋长坪，等，1993；毕志树、郑国扬，1994；戴贤才和李泰辉，1994；袁明生和孙佩琼，1995；卯晓岚，1998；赵继鼎、张小青，等，1998；卯晓岚，2000；王向华和刘培贵，2002)。主要分布在云南、四川、西藏、甘肃、青海、广东、河南、吉林等省区，其中有5个种目前仅见于我国。我国西南分布种类最为丰富，共计有19个种(Zheng & Liu，2008)。由此推断，我国西南应该是现代地花菌类分布和物种多样性分化中心之一。尽管该类群的自然生物量较少，但资源特性鲜明。民间经过发酵软化处理，口感十分独特，具有重要的生态、经济和食药用价值。

地花菌类真菌无毒，均可作为食用菌。在市场上见到的有合生地花菌[*Albatrellus confluens* (Alb. & Schwein.)Kotl. & Pouzar](图3—7)、鸡冠状地花菌[*A. cristatus* (Schaeff.) Kotl. & Pouzar]、散放地花菌[*A. dispansus* (Lloyd) Canf. & Gilb.](图3—8)、黄鳞地花菌[*A. ellisii* (Berk.) Pouzar](图3—9)、蓝黄地花菌(*A. flettii* Morse ex Pouzar)、灰褐地花菌(*A. fumosus* H. D. Zheng & P. G. Liu)、褐栓地花菌[*A. pes-caprea* (Pers.: Fr.)Pouzar]、黑色地花菌[*A. skamanius* (Murrill) Pouzar]、蓝黑地花菌[*A. yasudai* (Lloyd)Pouzar]、云南地花菌(*A. yunnanensus* H. D. Zheng & P. G. Liu)。其中黄鳞地花菌最为常见，其子实体个体大，数量多，单个子实体重量近千克。其次是散放地花菌和合生地花菌，常见于市场，颇受欢迎。对地花菌属氨基酸含量的测定表明，合生地花菌含有16种氨基酸，干品含氨基酸的总量为9.04%，有人体必需氨基酸7种，占总量的40.04%，其他氨基酸9种，占总量的59.96%。鸡冠状地花菌含有17种氨基酸，干品氨基酸总量为9.76%，有人体必需氨基酸7种，占总含量的46.23%；其他氨基酸10种，占总含量的53.77%(袁明生和孙佩琼，1995)。

图 3－7　合生地花菌

图 3－8　散放地花菌

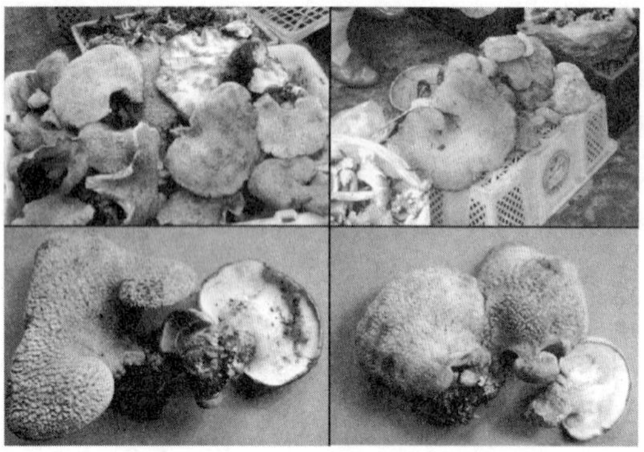

图 3－9　黄鳞地花菌

目前已经有多种结构新颖、具有特殊生物学活性的化合物从地花菌类真菌中分离提取出来，主要有奇果菌素（grifolin）及其衍生物、新奇果菌素（neogrifolin）及其衍生物、pyradine 及其衍生物、三异戊二烯酚（triprenyl phenol）等类型（Kawagishi，Tanaka，et al，1996；Szallasi，Biro，et al，1999；Nukata，Hashimotob，et al，2002；Hellwig，Nopper，et al，2003；Yang，Liu，et al，2003；刘吉开 2004；Ye，Liu，et al，2005），并开展了相应的活性研究，具有进行新药开发的广阔前景。它们的活性概括为以下几个方面：

①抑制细菌以及某些致病菌的生长（Zechlin，Wolf，et al，1981；Chaumont and Simeray，1982）。

②具有较高、有效的抗氧化活性（Nukata，Hashimotob，et al，2002）。

③体内抗伤害作用（杨为民、刘吉开等，2003）。

④抗癌、抗肿瘤活性（刘明华、卿晨等，2004；Ye，Liu，et al，2005；刘明华、肖顺汉等，2005；卿晨、刘吉开等，2005）。

⑤作用于人的 VR 受体，具有镇痛作用（Szallasi，Biro，et al，1999；Hellwig，Nopper，et al，2003；Yang，Liu，et al，2003；刘吉开，2004）。

⑥促进黑色素的形成（Kawagishi，Tanaka，et al，1996）。

⑦抑制一氧化氮合成（Quang，Hashimoto，et al，2005）。

由此可见，地花菌类在抗氧化、消炎、镇痛等药物研发方面具有广阔的前景。

除此之外，地花菌类还是松、栎、青冈、栲等木本植物的外生菌根菌，它们在生态系统稳定和促进植物生长发育起着不可或缺的作用。需要加强地花菌菌根方面的研究和应用。

五、鸡油菌类资源

鸡油菌（*Chantarelle*、Golden Chanterelle）又名黄丝菌、杏菌、黄菌、鸡蛋黄，是子实体杏黄色至蛋黄色或橙黄色、平展形至漏斗状、肉质、韧、菌褶延生的大型高等真菌。夏秋季分散或群生，稀近丛生。一般生长在灌丛林或针叶与阔叶混交林的空隙地上，主要与茅栗、栓皮栎、马尾松、马桑、盐扶木、板栗、化香、槐树、野花椒、救军粮、地瓜藤、构皮等植物共生（邹方伦和龙汉武，1998；邹方伦和姜山，2001）。

鸡油菌及其相关类群合称鸡油菌类真菌（cantharelloid fungi）。根据《真菌词典》《Dictionary of the Fungi》第 9 版，鸡油菌类真菌隶属于菌物界（Kingdom Fungi），担子菌门（Basidiomycota），担子菌纲（Basidiomycetes），伞菌亚纲（Agaricomycetidae），鸡油菌目（Cantharellales），鸡油菌科（Cantharellaceae）；科下划分 5 属，共计 92 种，其中鸡油菌属（*Cantharellus*）65 种、喇叭菌属（*Craterellus*）20 种、*Goossensia* 属 1 种、*Parastereopsis* 属 1 种、*Pterygellus* 属 5 种（Kirk，et al.，2001）、黏鸡油菌属（*Gloeocantharellus*）全球记载 4 种。*Cantharellus cibarius* 是鸡油菌目、科、属的模式种。据估计，全球鸡油菌年产量约 20 万吨，销售额达 16.2 亿美元（Wang and Hall，2004）。除具有重要的经济价值外，鸡油菌属真菌均为外生菌根真菌，在植树造林、生态修复及维持生态环境中的营养元素循环和环境监测等方面发挥着重要作用。此外，鸡油菌属在高等真菌系统演化中处于较为特殊的位置，是我国大型高等真菌生物多样性的关键类群之一，具有较高的学术研究价值（刘培贵等，2003）。

图 3—10 鸡油菌

我国已报道鸡油菌科 3 属：鸡油菌属、喇叭菌属和黏鸡油菌属。其中鸡油菌属 28 种 1 变种（邓叔群，1963；戴芳澜，1979；毕志树等，1990；应建浙、臧穆等，1994；李荣春，1996；毕志树等，1997；贺新生，1995；卯晓岚，1998、2000；王也珍等，1999；Zhang，2001；吴兴亮等，2002；Wei，et al，2008），即白鸡油菌（*C. albidus* Fr.）、金黄鸡油菌（*C. aurantiacus* Fr.）、极光鸡油菌[*C. aurora*（Batsch）Kuyper]、喇叭状鸡油菌（*C. buccinalis* Mont.）、淡白鸡油菌（*C. candidus* Sawada）、灰鸡油菌[（*C. carbonarius*（Alb. & Schwein.）Fr.]、肉味鸡油菌（*C. carneoflavus* Corner）、鸡油菌（*C. cibarius* Fr.）、鸡油菌鳞盖变种（*C. cibarius* var. *squamosus* A. Pöll apud J. Murr）、灰色鸡油菌（*C. cinereus* Pers.）、红鸡油菌[*C. cinnabarinus*（Schwein.）Schwein.]、地陀螺[*C. clavatus*（Pers.）Fr.]、*Cantharellus ferrugineus* Orton、喇叭菌（*C. floccosus* Schwein.）、褐色鸡油菌（*C. fuligineus* Corner）、漏斗鸡油菌[*C. infundibuliformis*（Scop.）Fr.]、薄黄鸡油菌[*C. lateritius*（Berk.）Singer]、淡黄鸡油菌（*C. lutescens* Fr.）、小鸡油菌（*C. minor* Peck）、乌鸡油菌（*C. multiplex* Underw.）、苍白鸡油菌（*C. pallidus* Yasuda）、烟色鸡油菌（*C. patouillardii* Sacc.）、银白鸡油菌（*C. prescotii* Weinm.）、近白鸡油菌（*C. subalbidus* A. H. Sm. & Morse）、喇叭鸡油菌[*C. tubaeformis*（Bull.）Gray]、疣孢鸡油菌（*C. tuberculosporus* M. Zang）、脐形鸡油菌[*C. umbonata*（J. F. Gmel.）Singer]、金柄鸡油菌（*C. xanthopus*（Pers.：Fr.）Duby）、云南鸡油菌（*C. yunnanensis* W. F. Chiu）。喇叭菌属 13 种（邓叔群，1963；戴芳澜，1979；张光亚，1984；戴贤才等，1994；毕志树等，1997；Zhang，2001；周文能和张东柱，2005），即白边喇叭菌（*Craterellus albomarginatus* Cooke）、金黄喇叭菌（*C. aureus* Berk. & M. A. Curtis）、灰色喇叭菌[*C. cinereus*（Pers.）Fr.]、棒状喇叭菌[*C. clavatus*（Pers.）Fr.]、喇叭菌[*C. cornucopioides*（L.）Pers.]、*C. crispus*（Sow.）Fr.、*C. floccosus* Schw.、绒盖喇叭菌（*C. humphreyi* Burt.）、变黄喇叭菌[*C. lutescens*（Pers.）Fr.]、芳香喇叭菌[*C. odoratus*（Schwein.）Fr.]、杵状喇叭菌（*C. pistillaris* Fr.）、细喇叭菌（*C. pustillus* Fr.）、小喇叭菌[*C. sinuosus*（Fr.）Fr.]。紫色黏鸡油菌（*Gloeocantharellus purpurascens*（Hesler）Sing.）仅在川滇一带针阔混交林下发现，是一个偶见于农贸市场的食用菌。从国内报道材料来看，西南作为全球鸡油菌资源最为丰富的地区之一，不仅种类多样，而且产量高，是我国西南地区每逢雨季农贸市场上常见的一类野生食用菌。除了内销以外，还是我国野生食用菌大宗出口创汇的种类。鸡油菌受到世界喜食野生蘑菇人们的普遍欢迎，每年大量鸡油菌复合群（*C. cibarius*-complex）以鲜品、速冻品或者干品形式出口到欧洲大陆和美国市场（Tian & Liu，2007）。在德国市场上，近 40％的商品鸡油菌产自中国云南省（吴家琛，陆辉，2006）。鸡油菌属和喇叭菌属均为全球广布属。两属的物种多样性以我国长江以南地区较为丰富，西南达 16 种之多（应建浙、臧穆等，1994）。

鸡油菌科绝大多数成员为美味食用菌，市场上常见的有鸡油菌、黄鸡油菌、小鸡油菌和喇叭菌等，其中鸡油菌和喇叭菌是著名的世界性食用菌，鸡油菌不但颜色悦目、香气浓郁、鲜美可口，而且营养丰富。据分析，100g 干鸡油菌中含粗蛋白 21g、脂肪 5g、糖类 64g、粗纤维 11g、灰分 8.6g（张光亚，1984）。富含人体必需的 8 种氨基酸，每 100g 干品中含苯丙氨酸 513mg、赖氨酸 230mg、苏氨酸 743mg、缬氨酸 354mg、亮氨酸 583mg、异亮氨酸 230mg、蛋氨酸 35mg、色氨酸 283mg（张光亚，1998）。富含胡萝卜素、维生素 A、维生素 C 和钙、铁、磷等多种钙质营养。中医认为，该菌性温味甘，有清目利肺、益肠胃的功效，经常食用可治疗维生素 A 缺乏所引起的皮肤粗糙或干燥症、角膜软化症、眼干燥症、夜盲症、视力失常、眼炎等疾病，预防某些呼吸道及消化道感染的疾病。鸡油菌子实体的乙醇提取物对小白鼠肉瘤 S-180 有抑制作用（刘波，1984）。喇叭菌子实体虽小，但菌肉稍干，含水较少，柔中有脆，味美可口。干品氨基酸总量为10.62％，含赖氨酸、苏氨酸、酪氨酸、谷氨酸、异亮氨酸、缬氨酸、胱氨酸、天冬氨酸、亮氨酸、脯氨酸、丝氨酸、蛋氨酸、组氨酸、丙氨酸、苯丙氨酸、精氨酸、甘氨酸等 17 种氨基酸，其中人体必需氨基酸 7 种，占总量的 49.72％，其他氨基酸 10

种，占总量的 50.28%（袁明生、孙佩琼，1995）。

我国鸡油菌类真菌的野生资源非常丰富，但该类群成员多为外生菌根菌，组织分离中常伴随其他真菌和细菌的污染，即使已获得纯培养菌株，皆因对其生理特性尤其是营养要求和培养条件缺乏系统和全面的认识，许多分离物在传代纯化培养中不能存活，目前对其利用仍依赖于野外采集。长期以来国内外虽有关于鸡油菌的纯培养分离、甚至半人工栽培的研究报道，但随后的研究表明，方法的可靠性和重复性较差（辛智海，1998）。鸡油菌的人工驯化研究尚处于起步阶段。邹方伦和姜山（2001）对贵州鸡油菌的应用与生物学特性进行了研究。结果显示，鸡油菌分布在海拔 250～1 750m 的地区；子实体生长期为每年的 5～8 月份，生长基物的 pH 为 5.8，生长温度为 15.2～30.6℃，光照强度为 650～1 650 lx，土壤湿度 31.39%～19.44%（土壤深度 1～10cm），土壤微量元素有铝、钡、铍、钴、铬、铜、铁、锰、镍、铅、锑、硅、钛、矾、铟；将分离的鸡油菌纯菌种接种于马尾松育苗中，能形成菌根，可使马尾松幼苗生长速度提高。卫亚丽等（2006）就鸡油菌的生物学、生态学特征以及系统分类研究现状进行了综述，指出鸡油菌菌丝体生长较耐低温，在 10～30℃ 均可生长，以 25～28℃ 最为适宜；子实体形成需要较高温度，在 28～31℃ 下比较容易形成和发育。尤丽华（1994）报道了对鸡油菌的驯化栽培技术。辛智海（1998a）成功地获得鸡油菌及其伴生细菌的纯培养，并对鸡油菌菌丝体的培养特征进行了观察和描述。辛智海（1998）详细介绍了鸡油菌的孢子分离法，并获得鸡油菌的纯培养菌株。试验结果表明，适量的活性碳有利于孢子萌发，伴生细菌对孢子萌发有明显刺激作用，两个子实体来源的孢子混合培养的分离效果明显好于单一子实体孢子的培养。异宗配合可能是另一个获得纯培养菌株要素之一。近年来的研究发现，鸡油菌除与植物共生外，还可以兼性腐生，在温度 20～24℃、pH 为 5.5～6.0、松针浸提液马铃薯培养基等条件下，栽培当年就能获得大量子实体原基。这些工作为探讨摸索鸡油菌培养与人工栽培奠定了一些基础（张林等，2007）。

关于鸡油菌类真菌前期开发利用方面，也有一些研究报道。有报道称，鸡油菌中的内醌蛋白多肽对聚合多聚腺嘌呤、胞嘧啶、鸟嘌呤及尿嘧啶有很高的酶活性（Wang，et al，2003）。对鸡油菌冷冻保鲜的研究表明，液氮速冻温度与汁液流失有密切关系，建议采用 －80℃ 以下温度进行快速冻结。冻品在 －26℃ 冰箱中冻藏 6 个月，解冻后的汁液流失率可降低至 2.7%（樊建，2004）。采用正交实验设计法研究了提取温度、时间、固液比（加水倍数）及木瓜蛋白酶 4 个因素对多糖提取率的影响，确定了最佳提取工艺为 40 分钟、80℃ 和 25 倍水，提取率可达 12.58%。薄板层析结果显示，鸡油菌多糖主要由葡萄糖、甘露糖、核糖组成（王茂胜等，2005）。有人采用正交实验研究了鸡油菌菌丝体多糖和胞外多糖的提取工艺。结果表明，提取温度 80℃、乙醇终浓度 85%、提取时间 40 分钟为多糖提取的最适条件，提取浓度可达 40.8μg/ml；6℃ 下 75% 乙醇终浓度醇析 4 小时为胞外多糖最适提取条件，提取浓度可达 45.63μg/ml（刘成荣，2008）。王茂胜等（2008）对鸡油菌子实体及其伴生真菌菌丝体的营养成分进行了比较。结果表明，伴生真菌菌丝体中微量元素含量与鸡油菌子实体基本一致，氨基酸含量大约是鸡油菌子实体的 2 倍，多糖含量低于鸡油菌子实体的多糖含量（8.28% 与 12.59%）。粗多糖由 3 种单糖组成，葡萄糖和半乳糖为共同组分，区别在于伴生真菌菌丝体含甘露糖，鸡油菌子实体含核糖。刘如运等（2008）采用同时蒸馏—萃取方法提取鸡油菌挥发油（获得率为 1.27%），并用气相色谱—质谱联用仪对鸡油菌挥发油的化学成分进行分析，分离并鉴定出了 32 个组分，主要成分是 1-辛烯-3-醇（33.42%）、2-辛烯-1-醇（17.25%）、棕榈酸（9.19%）、(E)-9-十八碳烯酸（4.82%）、亚油酸（4.56%）、3-辛醇（2.75%）、3-羟基-2-丁酮（2.24%）、已醛（2.03%）、2-环戊烯-1,4-二酮（1.52%）和 3-辛酮（1.39%）。车振明（2002）将蛹虫草、灵芝、鸡油菌 3 种食用菌按照一定比例混合后的提取汁浓缩制成口服液，对人体具有较好的减肥、美容和抗衰老作用，效果优于其中任何一种单一组分。Vinichuk & Johanson（2003）研究了菌根真菌对乌克兰森林生态系统沉积的放射性元素 ^{137}Cs 的吸收作用。结果表明，鸡油菌（*C. cibarius*）对 ^{137}Cs 有很好的吸收作用，子实体比菌丝体吸收效果更好。对铜、锌重金属离子也有很好的吸收富集作用（Alonso，et al，2003）。Mietelskia 等（2002）将乌克兰北部切尔诺贝利核电站放射污染地区野生鸡油菌的钚含量与非污染地区波兰和西班牙的钚含量进行了比较，结果显示污染区的钚含量是非污染区的 2 倍。研究中也证明外部辐射污染是导致鸡油菌组织中钚含量高的直接原因。由此表明，鸡油菌类在土壤的修复和环境监测等方面有着潜在的应用前景。

六、牛肝菌类资源

广义牛肝菌（boletes）除了包括具有菌管状子

实层体的肉质牛肝菌科和松塔牛肝菌科真菌外，还包括牛肝菌目下具菌褶的真菌类群，如桩菇属(*Paxillus* Fr.)、褶孔牛肝菌属(*Phylloporus* Quél.)和铆钉菇属(*Gomphidius* Fr.)等种类。世界上牛肝菌目类真菌约有 18 科 89 属，超过1 025 种(Kirk，et al，2001)。中国是牛肝菌种类最丰富的国家之一，已报道的种类有 400 多种(李泰辉等，2002、2003，Li，et al，2003)。我国可食用的牛肝菌类资源有 175 种，全国各地都有分布，云南等西南地区最为丰富(裘维蕃，1957；张光亚，1984；应建浙、臧穆，1994；李泰辉 2002；王庆彬，2004；臧穆，2005)。牛肝菌是我国食用菌种类最多、最复杂的类群，也是当地农贸市场上重要的农副产品(王向华等，2004；于富强等，2005；臧穆；2006)和出口贸易产品。

具菌管的食用牛肝菌资源按照孢子是否有纹饰分成两大类。孢子光滑的主要有牛肝菌属(*Boletus* Fr.)、褐小牛肝菌属(*Fuscoboletinus* Pomerl. & A. M. Sm.)、圆孔牛肝菌属(*Gyroporus* Quél.)、疣柄牛肝菌属(*Leccinum* Gray)、乳牛肝菌属(*Suillus* Gray)、粉孢牛肝菌属(*Tylopilus* P. Karst.)和绒盖牛肝菌属(*Xerocomus* Quél.)等种类。孢子具纹饰的种类主要有条孢牛肝菌属(*Boletellus* Murrill)和松塔牛肝菌属(*Strobilomyces* Berk.)等。

图 3—11 美味牛肝菌

可食用的牛肝菌属(*Boletus* Fr.)种类有 45 种，包括很多名贵的种类及中国特有种。美味牛肝菌(*B. edulis* sensu lato)是著名种类之一，在英语国家被称为牛肝菌王(king bolete)，在我国俗名有大脚菇、白牛肝菌、乔巴菌等。我国美味牛肝菌资源丰富，是主要的野生食用菌出口物种。对该种食药用性、生物学及活性成分等研究相对较多(李兴奎、王元忠，2007)。在我国传统应用中，是中药“舒筋丸”的主要成分之一，具有清热解烦、养血和中、追风散热、舒筋活血、补虚提神等功效。张华山等(2006)摸索出了美味牛肝菌最适合发酵的试验条件；人工栽培也在研究中(付绍春等，2008)。美味牛肝菌的近缘种铜色牛肝菌(*B. aereus* Bull.)、夏生牛肝菌[*B. aestivalis* (Paul.) Fr.]、网纹牛肝菌(*B. reticulatus* Schaeff.)和变柄牛肝菌(B. variipes Peck)同样是十分美味的种类，在销售过程中常有混淆。桃红牛肝菌(*B. regius* Krombh.)、小美牛肝菌(*B. speciosus* Frost)、美柄牛肝菌(*B. calopus* Pers.)、绒柄牛肝菌(*B. tomentipes* Earle)、灰褐牛肝菌[*B. griseus*(Quél.)Sacc. & D. Sacc.]、双色牛肝菌(*B. bicolor* Peck)等都是食用牛肝菌中较常见的种类，有些具有抗癌活性(张光亚，1999)，并含有较多对人体有益的成分(李兴奎，2007)。紫牛肝菌(*B. violaceo-fuscus* W. F. Chiu)也是一种美味的牛肝菌，为我国及东亚的特有种，但数量较少(王向华等，2004)。麻兵继等(2007)对其次生代谢产物进行了研究，从中分离鉴定出 6 个化合物。活性成分及生物学方面也在研究。具有我国资源特色的种类还有褐盖牛肝菌(*B. brunneissimus* W. F. Chiu)、橙香牛肝菌(*B. citrifragrans* W. F. Chiu & M. Zang)、斜脚牛肝菌(*B. instabilis* W. F. Chiu)、华丽牛肝菌(*B. magnificus* W. F. Chiu)、鳞柄牛肝菌(*B. squamulistipes* M. Zang)、黄褐牛肝菌(*B. subsplendidus* W. F. Chiu)和戴氏牛肝菌(*B. taianus* W. F. Chiu)等。

该属可食用的其他种类还很多，如白色牛肝菌(*Boletus albidus* Roques)、爱其逊牛肝菌(*B. atkinsoni* Peck)、黄牛肝菌(*B. auripes* Peck)、坚实牛肝菌(*B. firmus* Frost)、芳香牛肝菌(*B. fragrans* Vitt.)、网柄牛肝菌(*B. gertrudiae* Peck)、半白牛肝菌(*B. impolitus* Fr.)、考夫曼牛肝菌(*B. kauffmanii* Lohwag)、黄柄牛肝菌(*B. miniato-olivaceus* Frost)、深褐牛肝菌(*B. obscureumbrinus* Hongo)、饰柄牛肝菌(*B. ornatipes* Peck)、土褐牛肝菌(*B. pallidus* Frost)、红脚牛肝菌(红柄牛肝菌、粉见手、红葱)(*B. queletii* Schulzer)、假根牛肝菌(*B. radicans* Pers.：Fr.)、裂皮牛肝菌(*B. rimosellus* Peck)、红色牛肝菌(*B. rubeus* Frost)、毛脚牛肝菌(*B. tomentipes* Earle)、全褐牛肝菌(*B. umbrinus* Pers.)、蚀肉牛肝菌(*B. vermiculosus* Peck)、泽勒牛肝菌(*B. zelleri* Murrill)等。这些种类常在市场上混杂销售。目前对这些种类还没有深入的生物学及人工驯化研究。

褐小牛肝菌属(*Fuscoboletinus* Pomerl. & A. M. Sm.)可食用的有 7 种。它们是铜绿褐小牛肝菌[*F. aeruginascens*(Secr.) Pomerl. & A. M. Sm.]、腺点褐小牛肝菌[*F. glandulosus*(Peck)Pomerl. et A. M. Sm.]、淡灰褐小牛肝菌[*F. grisel-*

lus(Peck)Pomerl. & A. M. Sm.]、赭黄褐小牛肝菌[*F. ochraceoroseus*(Snell)Pomerl. & A. M. Sm.]、湿褐小牛肝菌[*F. paluster*(Peck)Pomerl.]、秋生褐小牛肝菌[*F. serotinus*(Frost)A. M. Sm. & Thiers]和最早在中国发现的松林小牛肝菌[*F. pinetorum*(W. F. Chiu)Teng]。

圆孔牛肝菌属(*Gyroporus* Quél.)可食用的种类约有4种(李泰辉等,2002,2003):蓝圆孔牛肝菌[*G. cyanescens*(Bull.)Quél.]、褐圆孔牛肝菌[*G. castaneus*(Bull.)Quél.]、紫褐圆孔牛肝菌[*G. purpurinus*(Snell)Singer]和中国特有的褐丛毛圆孔牛肝菌(*G. brunneofloccosus* T. H. Li, W. Q. Deng & B. Song),其中褐圆孔牛肝菌较为常见。

我国报道疣柄牛肝菌属(*Leccinum* Gray)可食用的种类至少有17种,其中著名美味的种类有橙黄疣柄牛肝菌[*L. aurantiacum*(Bull.)Gray]、黄皮疣柄牛肝菌[*L. crocipodium*(Letell.)Watling = *Leccinum nigrescens*(Richon & Roze)Singer]、远东疣柄牛肝菌[*L. extremiorientale*(Lar. N. Vassiljeva)Singer]、褐疣柄牛肝菌[*L. scabrum*(Bull.)Gray]。黑点疣柄牛肝菌(*L. atrostipitatum* A. H. Sm., Thiers & Watling)和红褐疣柄牛肝菌[*L. rufum*(Schaeff.)Kreisel]也是很好的食用菌,它们常被当作橙黄疣柄牛肝菌食用。此外,可食的还有皱盖疣柄牛肝菌[*L. duriusculum*(Schulzer)Singer]、全足疣柄牛肝菌[*L. holopus*(Rostk.)Watling)、显著疣柄牛肝菌(*L. insigne* A. H. Sm., Thiers & Watling)、苍白橄榄色疣柄牛肝菌(*L. olivaceo-pallidum* A. H. Sm., Thiers & Watling)、波特疣柄牛肝菌(*L. potteri* A. H. Sm., Thiers & Watling)、赭黄疣柄牛肝菌[*L. oxydabile*(Singer)Singer]、碎红疣柄牛肝菌(*L. roseofractum* Watling)、红点疣柄牛肝菌[*L. rubropunctum*(Peck)Singer]、皱顶疣柄牛肝菌[*L. rugosiceps*(Peck)Singer]、亚疣柄牛肝菌[*L. subglabripes*(Peck)Singer]、亚颗粒疣柄牛肝菌(*L. subgranulosum* A. H. Sm. & Thiers)和变色疣柄牛肝菌(*L. variicolor* Watling)等。其中远东疣柄牛肝菌成熟时菌盖表面不规则浅裂,在我国西南地区称为黄癞头,每逢雨季大量上市,十分常见,菌肉致密柔韧,色味俱佳。

乳牛肝菌属(*Suillus* Gray)[包括目前已归入乳牛肝菌属的小牛肝菌属(*Boletinus* Kalchbr.)]可食用的有25种(李泰辉等,2002),包括乳牛肝菌[*S. bovinus*(Pers.)Roussel]、点柄乳牛肝菌[*S. granulatus*(L.)Roussel]、厚环乳牛肝菌[*S. grevillei*(Klotzsch)Singer]、虎皮乳牛肝菌[*S. pictus*(Peck)A. H. Sm. & Thiers]、白黄乳牛肝菌[*S. placidus*(Bonord.)Singer]、亚黄乳牛肝菌[*S. subaureus*(Peck)Snell]和亚褐环乳牛肝菌[*S. subluteus*(Peck)Snell]等较常见的种类。紫红乳牛肝菌[*S. asiaticus*(Singer)Kretzer & T. D. Bruns]、昆明乳牛肝菌[*S. kunmingensis*(W. F. Chiu)Q. B. Wang & Y. J. Yao]等为亚洲或中国的特有种。乳牛肝菌(*Suillus* spp.)在松树林等针叶林中十分常见,但许多种类的风味并不太理想,如酸乳牛肝菌[*S. acidus*(Peck)Singer]有酸味,需要漂洗加工后方可食用。在人工或半人工栽培研究方面,褐环乳牛肝菌[*S. luteus*(L.)Roussel]可用催菇剂对其"菌塘"进行诱导出菇,可增加子实体发生数量,使用催菇剂与菌塘复壮结合处理可以使其子实体发生时间提早和增加出菇数量(应国华等,2006)。另据报道,褐环乳牛肝菌于2006年已在浙江人工栽培成功(应国华等,2006)。

图3—12 点柄乳牛肝菌

我国粉孢牛肝菌属(*Tylopilus* P. Karst.)的种类相当丰富,但明确报道可以食用的种类不多,不少种类的可食性并不明确,甚至还有许多未能命名的种类。文献记载可食用的种类有黑盖粉孢牛肝菌[*T. alboater*(Schwein.)Murrill]、铬黄柄粉孢牛肝菌[*T. chromapes*(Frost)A. H. Sm. & Thiers]、紫盖粉孢牛肝菌[*T. eximius*(Peck)Singer]、红褐粉孢牛肝菌[*T. ferrugineus*(Frost)Singer]、褐粉孢牛肝菌[*T. indecisus*(Peck.)Murrill、铅紫粉孢牛肝菌[*T. plumbeoviolaceus*(Snell & E. A. Dick)Snell & E. A. Dick]、绿盖粉孢牛肝菌[*T. virens*(W. F. Chiu)Hongo]等13种。王飞(2006)首次从绿盖粉孢牛肝菌中分离到了有芳环取代的烷酰氧基基团的麦角甾烷型甾体糖苷化合物。

我国报道绒盖牛肝菌属(*Xerocomus* Quél.)可食的种类有19种(李泰辉等,2002),如淡棕绒盖牛肝菌[*X. alutaceus*(Morgan)E. A. Dick & Snell]、褐绒盖牛肝菌[*X. badius*(Fr.)Kühner]、

红绒盖牛肝菌(*X. chrysenteron*(Bull.)Quél.]、粉状绒盖牛肝菌[*X. pulverulentus*(Opat.)E. J. Gilbert]、朱红绒盖牛肝菌[*X. rubellus*(Krombh.)Quél.]、砖红绒盖牛肝菌[*X. spadiceus*(Fr.)Quél.]、亚绒盖牛肝菌[*X. subtomentosus*(L.)Quél.]等。可食用的还有光柄盖牛肝菌[*X. cheoi*(W. F. Chiu)F. L. Tai]、黑斑绒盖牛肝菌[*X. nigropunctatus*(W. F. Chiu)F. L. Tai]、绒点绒盖牛肝菌[*X. punctilifer*(W. F. Chiu)F. L. Tai]、紫红绒盖牛肝菌[*X. puniceus*(W. F. Chiu)F. L. Tai]、长孢绒盖牛肝菌[*X. rugosellus*(W. F. Chiu)F. L. Tai]、云南绒盖牛肝菌[*X. yunnanensis*(W. F. Chiu)F. L. Tai]等我国特有或在我国最早发现的种类。以红绒盖牛肝菌较为多见。

种类较少的类群有以下种类:金孔金牛肝菌[*Aureoboletus auriporus*(Peck)Pouzar]、西藏金牛肝菌[*A. thibetanus*(Pat.)Hongo & Nagas]、辣牛肝菌[*Chalciporus piperatus*(Bull.:Fr.)Singer]、铅色圆牛肝菌[*Gyrodon lividus*(Bull.:Fr.)Sacc.]、皱孔圆牛肝菌[*G. merulioides*(Schwein.)Singer]、网柄粉末牛肝菌[*Pulveroboletus retipes*(Berk. & M. A. Curtis)Singer]、玉红牛肝菌[*Rubinoboletus ballouii*(Peck)Heinem. & Rammeloo]、玉红牛肝菌褐变种[*R. ballouii* var *fuscatus*(Corner)Heinem. & Rammeloo]和褐金孢牛肝菌[*Xanthoconium affine*(Peck)Singer)]等。暗褐网柄牛肝菌[*Phlebopus portentosus*(Berk. & Broome)Boedijn]也可食用,在盆栽条件下已成功长出子实体(纪开萍,2007)。

孢子有纹饰的牛肝菌类群中可食的种类约有10种,如金色条孢牛肝菌[*Boletellus chrysenteroides*(Snell)Snell]、木生条孢牛肝菌[*B. emodensis*(Berk.)Singer]、棱柄条孢牛肝菌[*B. russellii*(Frost)E. J. Gilbert]、红孢牛肝菌(*Porphyrellus porphyrosporus* E. J. Gilbert)[=假糙红孢牛肝菌(*P. pseudoscaber* Secr. ex Singer)]、混淆松塔牛肝菌(*Strobilomyces* confusus Singer)、绒柄松塔牛肝菌[*S. floccopus*(Vahl)P. Karst.]、光盖松塔牛肝菌(*S. glabriceps* W. F. Chiu)等。

牛肝菌目中具菌褶状子实层体并且可以食用的种类有19种,包括铆钉菇(别名肉蘑)[*Gomphidius viscidus*(L.)Fr.]、血红铆钉菇[*G. rutilus*(Schaeff.)S. Lundell]、斑点铆钉菇[*G. maculatus*(Scop.)Fr.]、玫红铆钉菇(*G. roseus*(Fr.)Fr.]和金黄拟蜡伞[*Hygrophoropsis aurantiaca*(Wulfen)Maire]等。卷边桩菇(*Paxillus involutus*(Batsch)Fr.]一般认为可以食用,它还是"舒筋散"中药的成分之一,有治腰腿疼痛、手足麻木、筋络不舒的功效。另外,我国褶孔牛肝菌属(*Phylloporus* Quél.)中有6个种和变种均有人采食(李泰辉等,2002),其中红黄褶孔牛肝菌[*Ph. rhodoxanthus*(Schwein.)Bres.]是国内外知名的食用菌,而美丽褶孔牛肝菌[*Ph. bellus*(Massee)Corner]在我国南方较常见。计炳生(2001)曾对铆钉菇进行了驯化栽培试验。

野生牛肝菌资源是我国野生食用菌市场的重要组成部分,仅广义美味牛肝菌在市场销售和农民创收方面产生了很大的影响,还有很多待挖掘的类群及食毒未明的种类,估计我国的野生牛肝菌食用菌资源数量可能超过600种,在所有的野生食用菌出口中产量和种类均排名第一,有巨大的开发潜力。牛肝菌属于菌根菌,目前还不可能像香菇、木耳那样大规模地栽培和生产,天然状态下的野生牛肝菌资源质量和产量得不到很好的控制,受虫害和菌寄生等严重情况时有发生,严重影响了品质。且随着人们需求的增加,对牛肝菌生态环境的破坏等原因使牛肝菌资源日益紧张。近年来,乳牛肝菌和黏盖牛肝菌菌种分离和人工驯化方面取得的成果对牛肝菌的野生变家养提供了重要的信息。另外,在野生牛肝菌新资源开发利用和研究深加工方面也开展了不少的探索(张华山等,2006),充分利用野生牛肝菌的食用菌资源。牛肝菌资源中也有一些有毒的种类。混淆食用有毒牛肝菌种类的事件时有发生,如红网牛肝菌(*Boletus luridus* Schaeff.:Fr.)中某些类含有毒蝇碱、蟾蜍素、光盖伞素等毒素,能引起幻觉和精神症状(马中富等,2007)。黄粉末牛肝菌[*Pulveroboletus ravenelii*(Berk. & Curt.)Murrill.]、中国粉孢牛肝菌[*Tylopilus sinicus*(W. F. Chiu)F. L. Tai]也是有毒的种类。在我国南方,有毒的网孢牛肝菌[*Heimioporus retisporus*(Pat. & C. P. Baker)E. Horak]和近网孢牛肝菌(*H. subretisporus*(Corner)E. Horak)较为常见,且产量较大,因误食这些牛肝菌而中毒事件常发生,在开发利用或采食野生食用牛肝菌时要多加小心。

另外,人们对许多野生食用菌的认识还不够深入,一些群众采食或文献记载可以食用的种类也有一定的毒性。如卷边桩菇[*Paxillus involutus*(Batsch)Fr.],一般认为它是食用菌,在东北及其他一些地区被广泛采食,但也有报道认为它有毒或生吃有毒,会引起胃肠道病症。这也许是由于误食了与之相似的黑毛桩菇[*Paxillus atrotomentosus*(Batsch:Fr.)Fr.]或其他有毒的类似种,也许它在某些特殊的生境中本身带一定的毒性,要熟透才能食用。采食野生食用菌一定要只食用当地群众长期食用且种类鉴别明确的食用菌,食毒性不明或没有把握准确鉴别的种类千万不要采食。

七、松茸类资源

松口蘑(*Tricholoma matsutake*)[S. Ito & S. (Imai) Singer](图 3—13)俗称松茸,属伞菌目(Agaricales),口蘑科(Tricholomataceae),口蘑属(*Tricholoma*,Singer 1986,Kirk,et al,2001)。市场上冠以"松茸 matsutake"的野生食用菌除了松口蘑外,还有傻松口蘑(*T. bakamatsutake* Hongo)、欧洲口蘑[*T. caligatum*(Viv.)Ricken]和巨膜口蘑[*T. magnivelare*(Peck)Redhead]等(臧穆,1990;刘培贵等,1999、2003;Cao,et al,2003;Yu,et al,2006)。它们和松口蘑在形态与系统发育上较为接近,合称为"松口蘑群(*Tricholoma matsutake* group)"(刘培贵等,1999;曹哲明,2003)。松口蘑群真菌,菌盖扁半球形至近平展,表面常附浅黄褐至黄褐色鳞片,幼时具灰白色至浅黄褐色绒质菌幕,常残留于盖缘。菌肉微甜至苦。具松口蘑特有气味,有时夹杂甜蜜等的刺激气味。菌褶短弯生,白色至灰白色,伤后渐变污白色或灰蓝色,具小菌褶。菌柄多等粗,少锥形,具宿存菌环。菌柄常附横向或纵向排列的鳞片,与盖色同。孢子印白色。菌髓菌丝近平行,少数种类具褶缘囊状体,常一侧膨出、瓶状或弯曲。担子多棒状,常四孢或双孢。孢子无色,透明,长椭圆形至亚球形(于富强,2008)。与松属、冷杉属、云杉属和铁杉等针叶树种,以及栎属、栲属、石栎属等阔叶树种具有共生关系(Kytövuori,1989;Smith,1979;Hongo,1960、1974;Ogawa,1976a、1976b、1977a、1977b、1978a、1978b、1979;Ohara and Ogawa,1982;Terashima,et al,1993;Shimazono,et al,1979;刘培贵等,1999、2003;Lefevre,2002;Rarunee,et al,2007)。

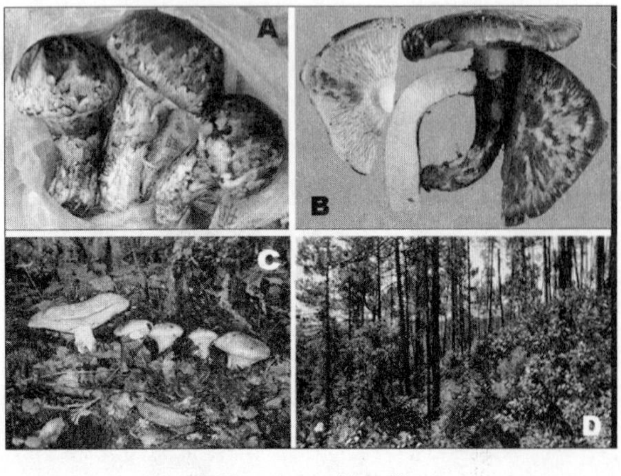

图 3—13 松口蘑

A、B. 新鲜子实体;C. 生境下的子实体;
D. 云南中甸松茸林地(高山松与黄背栎)

目前全球已报道的松茸类真菌有 15 种,即 *T. bakamatsutake*、*T. caligatum*、曲囊口蘑[*T. contorticystidium*(A. H. Sm.)F. Q. Yu]、甜味口蘑 *T. dulciolens* Kytövuori、黄褐口蘑(*T. fulvocastaneum* Hongo)、蓝灰口蘑[*T. glaucescens*(A. H. Sm.)F. Q. Yu]、无味口蘑[*T. inodorum*(A. H. Sm.)F. Q. Yu]、淡紫褶口蘑(*T. lavendulophyllum* F. Q. Yu)、长囊口蘑(*T. longicystidium* F. Q. Yu)、长孢口蘑[*T. longisporum*(Murrill)F. Q. Yu、*T. matsutake*]、*T. magnivelare*、松香口蘑[*T. nardosmium*(Ellis)F. Q. Yu]、西方口蘑[*T. occidentalium*(A. H. Sm.)F. Q. Yu]和黏柄口蘑[*T. viscidipes*(Peck)F. Q. Yu]。中国分布有 *T. bakamatsutake*、*T. fulvocastaneum*、*T. longicystidium* 和 *T. matsutake*(于富强,2008)。松茸类在北半球广布,是温带分布的类群,在亚热带和热带也有分布,以亚洲的中国、日本、韩国和朝鲜的产量为最高;欧洲的瑞典、芬兰、挪威和意大利,非洲的摩洛哥、阿尔及利亚以及美洲的加拿大、美国和墨西哥也具有一定数量相应种类的分布(Lefevre,1976;Smith,1979;Kytövuori,1989;Hongo,1960、1974;Wang,1995;Lefevre,2002;Rarunee,et al,2007)。松茸类在我国东北(吉林、辽宁)和西南(云南、四川、西藏)地区都有广泛分布,是自然资源相对较为集中的区域(臧穆,1990;弓明钦等,1999;刘培贵等,1999、2003;魏铁铮,2001)。

松茸类绝大多数种类为美味食用菌,市场上常见傻松口蘑(*T. bakamatsutake*)、欧洲口蘑(*T. caligatum*)、黄褐口蘑(*T. fulvocastaneum*)、淡紫褶口蘑(*T. lavendulophyllum*)、巨膜口蘑(*T. magnivelare*)、松口蘑(*T. matsutake*)和西方口蘑(*T. occidentalium*)等。其中 *T. matsutake* 是全球最为名贵的野生食用菌之一,在日本该菌以其独特浓郁的香味为当地食用菌市场所青睐,被誉为"菌中之珍品"。据记载,日本采食该菌迄今已有1 000多年的历史(Hosford et al,1997),形成了特色的松茸菌文化,具有很大的消费市场,每年需从其他国家进口3 000吨以上。松茸不但味道鲜美,还富含蛋白质、脂肪和多种氨基酸等营养成分。据分析,鲜品中含有 17%的粗蛋白、8.7%的纯蛋白、5.8%的粗脂肪、8.6%的粗纤维,7%的灰分;干品子实体中蛋白质含量为 11.0%,粗脂肪为 4.4%,粗纤维为 6.28%,糖类为56.28%,灰分为 9.47%;干品子实体中至少含有 15 种氨基酸,氨基酸总量为 7.399%,其中天冬氨酸 0.727%、苏氨酸 0.318%、丝氨酸0.270%、谷氨酸1.111%、甘氨酸0.400%、丙氨酸0.479%、胱氨酸0.220%、缬氨酸0.506%、蛋氨酸0.279%、亮氨酸0.660%、异亮氨酸1.068%、苯丙氨酸0.403%、酪氨酸0.303%、组氨酸0.246%、精氨酸0.409%。此外，松茸子实体还含有丰富的维生素 B_1、维生素 B_2、维生素 C、烟酸以及激素、松茸聚糖、甘露醇、松茸醇、异松茸醇等活性成分，具有强身、益肠胃、理气、化痰和驱虫等功效(周选围，2002)。

松茸人工栽培是长期以来的研究热点。日本研究人员致力于松茸栽培研究已有一个多世纪的探索，发表了大量论文，但子实体诱导这一难关始终无法突破。近年来，日本研究人员对多种外生菌根菌进行了人工菌根合成及子实体诱导的研究(Yamada，et al，2001)。松口蘑的人工菌根苗已可实现野外栽培，而且菌根能存活 4 个月左右，但移栽后的菌根苗还是出现菌丝体退化现象，子实体诱导并未成功。日本东京大学的研究人员对于快速诱导松口蘑人工菌根及人工菌塘的形成作了深入的研究(Ogawa，1976、1976、1977、1977、1978、1979)。据报道，在无菌土壤或人工基质条件下，将松口蘑菌液接种于发芽 1 个月的赤松苗木上，接种 3～4 周后赤松的侧根上能形成很典型的哈蒂氏网，诱导出人工合成菌根(Guerin，et al，2001)。正在对幼小的菌根苗是否具有外生菌根功能作进一步的研究。同时，还发现界面活性剂及植物油对松口蘑菌丝体的生长具有促进作用。这一发现对松口蘑人工菌塘的诱导具有重要意义(Vaario，et al，2002；Guerin，et al，2003)。瑞典农业科学大学正着眼于菌丝体的碳储存以及子实体诱导的研究，计划用核磁共振技术对松口蘑子实体形成过程及其菌丝体中碳的移动分配作长期性的跟踪研究，以便彻底揭开子实体形成之谜(Danell，2001；傅禄敏和李玉花，2003)。到目前为止，松茸子实体的栽培还是以仿生人工栽培(或半人工栽培)为主。即在自然环境下，通过人为营造适宜松茸子实体发生与发育所需条件，排除人为干挠，强化维护管理，进而达到稳定和提高林地内松茸产量的目的。研究内容主要包括：①松茸发生林地的管护。根据松茸对植被、光照、温湿度以及营养需求，对其发生林地实施相应的管理，如清理地表过多的腐殖质和枯枝落叶层，防止林地土壤有机质过度富集；清除过多的地表杂草，对灌木层和乔木层非松茸共生树种进行调整(包括齐根伐取、中截、打顶和枝条修剪等)，以增加地面温度和林地郁闭度；对共生树种采取择伐的方式，使其保持在一定的密度和树龄阶段。②通过接种的方式，人为地增加林地内松茸菌丝、菌根和菌塘(shiro)的数量，进而达到增产效果。接种方法有孢子接种法、菌丝接种法和菌塘菌根苗移植法等。孢子接种法和菌塘菌根苗移植法因受到自然资源和环境条件的限制，无法进行大规模接种。菌丝接种法在一定程度上受菌丝体自然生长速度缓慢的影响，目前多局限于小规模试验阶段。

近年来，随着市场需求的日益增加，松茸价格也逐年攀升，相应的保鲜、储藏、深加工也蜂拥而起。目前，我国市场上有松茸干品、盐渍品、松茸速溶冲剂、罐头、酱油、醋、调味品等产品应运而生，松茸保健酒的研究已有了一定进展，松茸提取物已广泛应用于食品饮料生产中。现代医学临床实验表明，松茸具有治疗糖尿病和抑制癌细胞增殖的特殊功能。其子实体热水提取物(多糖类物质)对小白鼠肉瘤 S-180 的抑制率高达 91.8%，对艾氏腹水癌的抑制率为 70%(应建浙和臧穆，1994)。蒋谷人等研究报道，松茸多糖可使小鼠脾脏增重为正常鼠的 5 倍，同时使脾组织中 cAMP 含量增高。高菊珍等的研究表明，松茸提取物(主要含多糖成分)可提高非特异性免疫和特异性免疫功能，同时还具有抗应激反应的作用(高菊珍，1997；周选围，2002)。

八、有毒真菌资源

菌物界中有一类菌物能产生对人体、动物和植物有毒害作用的毒素物质(包括次生代谢毒素物质)，这类菌物称为有毒菌物。包括毒蘑菇(大型担子菌和子囊菌)和麦角菌、曲霉、青霉、镰刀霉等小型子囊菌、半知菌等。本节着重介绍毒蘑菇和部分子囊菌的毒菌资源。

毒蘑菇又称毒菌或毒蕈，是担子菌或大型子囊菌中的那些食后能使人中毒，甚至丧命的一类真菌。人类对有毒菌物的认识最早始于 12 世纪中叶。公元 1250 年，陈玉仁的《菌谱》中就有“杜蕈者，生土中，俗言毒蛰氧所成，食之杀人，甚美有恶，宜有所黜”和“凡中其毒者必笑，解之宜以苦茗杂白矾，勺新水并咽之，无不立愈”的记载。明代潘之恒的《广菌谱》(1500)中，记述有安徽一带的大型毒菌。公元 1703 年吴林著《吴菌谱》记载：“出于树者为蕈，生于地者为菌，并是郁蒸湿气变化所生。故或有毒者，人食遇此毒多致死，甚疾速，其不死者犹能令烦闷，吐利良久始醒。”“治菌毒法，亦治枫树蕈，食之即令人笑不止。造地浆以治之，掘地作坑，以新汲水投坑中，搅令浊，少待其澄清，取饮即活，以解诸毒。”西方关于菌物的早期记述是对鹅膏菌的认识。西方较早记述食用菌和毒菌的书是比利时人 Steerbeck 所著的《菌物舞台》。

1. 我国的毒菌资源

有毒菌物尽管在菌物界中不是一个自然分类单元，而是由于人畜误食后引起中毒反应的共同性质人为地归为一类，对其资源的了解和研究有着重要的理论和实践意义。蘑菇毒素的分析研究工作始于 19 世纪 60 年代，首先从著名毒菌鹅膏的研究开始。到了 20 世纪 50 年代已经分离纯化鉴定出鹅膏毒肽（amatoxins）、鬼笔毒肽（phallotoxins）和毒伞素（virotoxins）等，从而有人因此而获得了 1927 年和 1964 年的诺贝尔化学、生理学奖，引起世人瞩目。据统计，全世界已知毒菇种类有2 000多种，在中国有近 200 种，分属于 26 科 58 属，危害大的约 40 余种，可致死的约 30 余种。有毒菌物资源极其丰富，是日臻急待深入开发利用的宝贵资源。

对于有毒菌物的鉴别，尤其是对有毒蘑菇的鉴别，民间方法很多，如颜色鲜艳、好看的或菌盖上长有疣子的有毒；不生蛆、不生虫的有毒；煮时使银器、大蒜、米饭变黑的有毒等。实践证明，这些说法对于某些毒蘑菇是适合的，但不能作为鉴别所有有毒蘑菇的可靠依据。最可靠的鉴别方法是从生物学性状着手，了解它们的外部形态、内部结构及生态习性等与它们的毒性、毒性化学成分结合起来鉴别。

下面对常见的主要毒蘑菇及其毒性成分、中毒机制予以简要介绍：

全球每年有因误食毒菌而中毒死亡的记录，其中绝大多数皆因误食有毒鹅膏菌所致。鹅膏属 *Amanita* 全球已知约 500 种，多数种为外生菌根菌；不少种可食是世界各地著名的食用菌；有些种剧毒。在我国，前人记载了鹅膏属真菌约 100 种（包括变种）。在深入研究了东亚、欧洲和北美有关鹅膏种的模式标本或权威标本的基础上，对采自我国目前存放于国内 6 个、国外 5 个标本室的鹅膏属标本作了研究。研究发现，在前人报道的国产鹅膏属真菌中，只有近一半的种名适用于国产标本。迄今，在我国可靠记载的鹅膏属真菌大约有 80 种，包括近来发表的 20 个新种（或变种）和 20 个我国的新记录种。除了可食用的红黄鹅膏[*A. hemibapha*（Berk. & Broome）Sacc.]、隐花青鹅膏（*A. manginiana* W. F. Chiu）、假褐云斑鹅膏（*A. pseudoporphyria* Hongo）、中华鹅膏（*A. sinensis* Zhu L. Yang）等为美味野生食用菌外，分布于我国的主要剧毒鹅膏有灰花纹鹅膏（*A. fuliginea* Hongo）、黄盖鹅膏（*A. subjunquillea* S. Imai）及其白色变种（*A. subjunquillea* var. *alba*）、欧氏鹅膏（*A. oberwinklerana* Zhu L. Yang & Yoshim. Doi）、致命鹅膏（*A. exitialis* Zhu L. Yang & T. H. Li）。剧毒鹅膏子实体中含有肽类毒素属于环肽化合物，误食毒素进入血液系统对人体肝脏和肾脏具有强烈的毁坏作用（刘培贵等，1993；杨祝良，2003、2005）。

（1）毒蝇鹅膏[*Amanita muscaria*（L.：）Pers.：Hook]

分布于吉林、辽宁、黑龙江和新疆阿尔泰山。属神经毒类，食后异常兴奋并产生幻觉。古代欧洲人利用这种特征作参战士兵的兴奋剂和药酒，或用于狂欢节上。最初的成分研究在 1869 年报道，但真正分离提纯出毒蝇碱是 1954 年由瑞士人 Eugster C. H. 完成。当时他利用1 250千克蘑菇子实体得出纯毒蝇碱 3～4g（收率0.000 3%）（Eugster，1960、1969），并鉴定出许多异构体。其中，L-(+)-(2S，3R′，5S)-毒蝇碱（muscarine）的毒性最大，通过对小白鼠的毒理实验得知 LD_{50} 为 0.23mg/kg（Bresnky，et al，1985）。另外，毒蝇鹅膏中还含有异鹅膏胺（muscimol）、鹅膏氨酸（ibotenic acid）和异鹅膏氨酸（muscazone）（水野卓等，1995）。日本北海岛大学的松本氏等（1958）曾选择性地进行人工合成毒蝇碱，并利用离体的青蛙心跳运动的增减得到证明（日本化学会，1992）。在黄色鹅膏（var. *formosa*）、白色鹅膏（var. *alba*）变种中 isoxazole 类毒性成分基本没有变化，为 0.17%～0.18%，但夏季采样的含量较高。长时间干燥保存可使毒性减退或丧失（山下衡等，1993）。

毒蝇碱可溶于水，毒性极强。由于它刺激副交感神经，引起心跳减慢减弱，加强腺体分泌，增强胃肠蠕动，发生平滑肌痉挛，瞳孔缩小，对中枢神经也有异常兴奋作用。误食后常表现为兴奋、产生幻觉，流汗、流涎、流泪，肺部水肿而呼吸困难，昏迷甚至死亡。

毒蝇碱除了在 *Amanita muscaria* 和 *A. pantherina* 中有分布外，在鹅膏科（Amanitaceae）以外类群中也有报道，如在丝膜菌科（Cortinariacae）的丝盖伞属（*Inocybe*），口蘑科（Tricholomataceae）的离褶伞属（*Lyophyllum*）、杯伞属（*Clitocybe*）、小菇属（*Mycena*）中的某些种均有一定的含量。有专家报道，在丛生离褶伞（*Lyophyllum connatum*）中含 0.012%，*Clitocybe gibba* 中含 0.01%～0.18%，*C. illudens*中含0.0075%，*C. rirulosa* 中含0.035%（山下衡等，1993）。

（2）毒鹅膏[*Amanita phalloides*（Fr.）Secr.]

该种分布于吉林、黑龙江、江苏、安徽、福建、广东、广西。据报道，在欧洲毒蘑菇中毒事件中有90%～95%是由于误食此菌而造成的，仅一个子实体足以让人致于死地。20 世纪 30 年代开始，Th. Wieland 等对它的环肽毒性成分进行了分析研究（Wieland, et al, 1978; 1983、Buku, et al, 1980）。根据其结构和性质可分为鹅膏毒肽（amatoxins）、鬼笔毒肽（phallotoxins）两种，前者为一类双环八肽，毒性比后者强 10～20 倍。有趣的是该属可食用的另一种 *Amanita rubescens* 中也含有 phallotoxins，动物实验证明仅投食 amatoxins 即可使动物产生中毒症状，可以断言 amatoxins 是毒鹅膏的主要毒性物质。目前已被纯化分离鉴定的天然产物有 α-amanitin、β-amanitin、γ-amanitin、ω-amanitin、三羟鹅膏毒肽酰胺（amaninamide）、一羟鹅膏毒素酰胺（amanullin）、一羟鹅膏毒肽羧酸（amanullinic acid）、羧基鹅膏毒肽酰胺原（proamanullin）、三羟基鹅膏毒肽（amanin）等 9 种，属于慢性毒素，一般中毒 9～12 天后死亡。近年来，用人工合成方法得到了 40 种以上的衍生物，并了解到 S=O 的有无和环肽的结构及其整个空间结构的变化均可影响其毒性。张志光等（1998）利用分布于我国湖南的灰花纹鹅膏（黑鹅膏）（*Amanita fuliginea*）为材料作了分析。结果表明，主要毒素成分为 α-amanitin（6 788.3 μg/g）和 β-amanitin（2 633.8 μg/g），含量比欧洲的 *Amanata phalloides* 所含 α-amanitin（1 757 μg/g）和 β-amanitin（1 607 μg/g）高出 1～3 倍（陈作红、张忠光等，1998）。鬼笔毒肽是一类双环七肽，天然产物有二羟鬼笔毒肽（phalloidin）、一羟鬼笔毒肽（phalloin）、一羟鬼笔毒肽原（prophalloin）、三羟鬼笔毒肽（phallisin）、羧基三羟鬼笔毒肽（phallacin）、羧基二羟鬼笔毒肽（phallacidin）和羧基一羟鬼笔毒肽（phallisacin）等 7 种，属于速效毒素。

关于 amatoxins 和 phallotoxins 的毒性机制，已有定论。Fiume 等（1966）经多年研究，观察到 amanitin 中毒的小白鼠肝细胞的核仁碎裂，并且细胞核中的 RNA 含量持续减少。进一步研究证明，体内或体外由 amanitin 处理的鼠肝细胞核的 RNA 合成被严重阻断，因此认为 amanitin 抑制 RNA 聚合酶活性（Fiume, et al, 1966），结果阻碍了蛋白质的合成。给实验动物少量 phallotoxins 毒素后立即引起肝脏肥大，造成明显的技能性障碍。Phallotoxins 与细胞中的 F 肌动蛋白（F-actin）进行专一性的相结合，极大地稳定了 F-actin 的结构（水野卓等，1995；陈作红等，1998；Wieland, 1977），促使 G 肌动蛋白（G-actin）聚合，从而打破 F-action 与 G-actin 的动态平衡状态。

该毒菌属于肝损伤型。食后潜伏期较长，一般为 6～12 小时。初期症状为恶心、呕吐、腹痛、腹泻，接着呼吸困难、面肌抽搐、肌肉痉挛，肝、肾细胞严重损坏，肝肥大或萎缩，昏迷致死。

Th. Wieland（1980）从本属另一种剧毒蘑菇白毒伞 *A. virosa* 中分离纯化出称为毒伞素（virotoxins）的一类化合物，共 6 种。其结构与 phllotoxins 相近，毒性机制也类似。

据报道，鹅膏科以外的一些毒蘑菇中也含有上述毒性成分，如盔孢菌（*Galerina fasciculata*）、秋盔孢菌（*G. autummnalis*）、褐鳞环柄菇（*Lepiota helveola*）等。

（3）月夜菌［*Lampteromyces japonicus*（Kawam.）Sing.］

该菌分布于中国东北和日本。外形、颜色上有时酷似香菇而被人误食。此菌还有一个特点，在暗处菌褶发出荧光，故得此名。中毒症状属胃肠型反应。经 Anchel、中西和松本等（1950、1961、1963）的研究，分离出相对分子质量为 264 的 3 种毒性成分：a. illudine S、b. isoilludine S 和 c. dihydrolludine S，并用 X 线衍射法鉴定出其空间结构（水野卓等，1995；日本化学会，1992；山下衡等，1993；Naganishi, 1963）。

成分 a 具有较强的抗癌活性。试验证明，按每 4 天给 5γ 的量即可医治小白鼠的艾利克腹水癌。但是，它的毒性极强，如在 12 小时内投0.6mg 的量即可使小鼠致死。LD_{50} 为 50mg/kg。由于毒性过强，目前尚未制成药物。成分 b 和 c 是 a 的衍生物，b 既没有毒性也没有抗癌活性. c 虽然没有抗癌活性，但被认为是和菌体发光有关的物质。后来又发现了 illudin M 成分，于 1968 年将这类物质进行人工合成。但毒性机制不详。

（4）墨汁鬼伞［*Coprinus atramentarius*（Bull.）Fr.］

在欧美被称作 Inky cap 的鬼伞是一类特殊的蘑菇类群。单独食用并不引起中毒，但在食用时或在食用后的 2～3 天内饮酒即可引起脸部红肿、心率加快、头晕、恶心、呕吐，并出现呼吸困难等现象。症状同乙醇中毒时服用的四乙基硫代尿咪一样，其毒性成分鬼伞素（coprine）由美国人 Hatfield 等（1936）分离得出，得率是 160mg/kg。进一步试验证明，鬼伞素的体内水解产物 1-aminocyclopropanal 为主要毒性物质（Lindberg, 1975），它对雄性实验动物的生殖细胞有直接影响，会减少精原细胞的发生和精巢的重量（水野桌等，1995；山下衡等，1993）。

至于毒性机制，虽然鬼伞中从未分离出双硫仑（disulfiram），但对它的作用已有所了解，主要是由乙醛氧化为醋酸盐时阻碍乙醛脱氢酶的作用(山下衡等,1993),从而增加血液中乙醛浓度而引起中毒。

双硫仑 Disulfiram 通过消化道较快地被吸收,并在 12 小时内达到血液中的最高浓度,在脂肪内可停留 1～2 个星期。如果血液中乙醇浓度达 5%～10%时,30 分钟内可出现上述中毒症状(日本化学会,1992)。

除了墨汁鬼伞外,同属的其他种类,如晶粒鬼伞(*C. micaceus*)、毛头鬼伞和口蘑科的黄绿口蘑(*Tricholoma flavovirens*)、棒柄杯伞(*Clitocybe clavipes*)、球盖菇科(*Strophariaceae*)的翘鳞伞(*Poliota squarosa*),牛肝菌科(*Boletaceae*)的褐黄牛肝菌(*Boletus luridus*)等也是"有条件的食用菌",也可引起双硫仑 disulfiram 式中毒。

(5)橘黄裸伞[*Gymnopilus spectabilis*(Fr.) Smith]

该菌广泛分布于各地的一种腐生菌。误食后引起神经精神型中毒症状,如醉酒一般,手舞足蹈,行动不稳,狂笑或产生幻觉,重者死亡。

古代墨西哥土族人在宗教仪式上常食用当地的一些小型伞菌而达到"神仙"般的梦幻感觉。经 Wasson 夫妇和 Heim、Singer 等真菌学家们的实地考察,发现他们所用的真菌是球盖菇属(*Stropharia*)、光盖菇属(*Psilocybe*)和锥盖伞属(*Conocybe*)的 20 多种小型蘑菇。后来瑞士 Hofman 等(1958)的分析结果得知,这些蘑菇中含有与 LSD(lysergic acid diethylamide,一种致幻剂,非菌类产物)相似的成分光盖伞素—二甲-4-羟色胺(psilocybin)及其水解产物光盖伞辛—二甲-4-羟色胺(psilocin)(Hofmann, et al, 1958),含量分别为 0.2%～0.46%和 0.005%(依产地季节有所变化)。

据研究,在裸伞中也含有上述两种物质。人服用 4～8mg 的光盖伞素 psilocybin(相当于干子实体 2g)即可产生幻觉。如服用量增至 5～15mg 时,有痛感乃至发生中毒症状。

有人认为裸伞的毒性与它的苦味成分有关,并分析、鉴定出其苦味成分裸伞菌素 gymnopilin A 和 B(Aoyagi, et al, 1983; Kusanoet, et al, 1986)。最近,Kusano 等(1986)从橘黄裸伞中分离得出另一种毒性(致幻)成分 cerevistrol。

食用致幻蘑菇所出现的症状较为复杂,产生异常的错觉(illusion)、幻觉(hallucination)、妄想(delusion)等症状。再加上因实验动物上很难再现这些感觉,因此对它的作用机制与应用方面的研究较为滞后。一般认为,毒性物质与 LSD 类似作用于中枢神经至脊髓,从而导致交感神经和生理功能变化(山下衡等,1993; Haigler, et al, 1977)。

在绿褐裸伞、条缘裸伞、喜粪光盖伞、粪生光盖伞、碟型斑褶菇、安地拉斑褶菇、紧缩斑褶菇和黄盖小脆柄菇等蘑菇子实体或菌丝中已检测到致幻物质 psillocybin(草野源次郎等,1985)的存在。

(6)鹿花菌[*Gyromitra esculenta*(Pers.) Fr.]

该菌因地区差异也有食用者,或者是分类上可能存在混乱,我国民间一般认为用开水泡可拔毒。但在欧洲中毒病死率为 14.5%～34.5%,仅荷兰 1957～1962 年 10 年间,在 138 名中毒患者中竟然有 100 人经治疗后死去(山下衡等,1993)。问题是鹿花菌的所有种是否都含有毒素鹿花菌素 gyromitorin,与此接近的类群如马鞍菌属(*Helvella*)、钟菌属(*Verpa*)、羊肚菌属(*Morchella*)、盘菌属(*Peziza*)等无论生食还是熟食均有中毒报道。

鹿花菌的毒性首先由 Bochm 和 Kueiz(1985)发现,命名为马鞍菌酸(helvelic acid)。Fries 等(1950)进行结构鉴定,发现它的水合物无毒性,并于 1969 年鉴定其化学结构,命名为鹿花菌素(gyromitorin)。研究指出,鹿花菌素的水解产物甲基联胺(MMH)为主要毒性物质。

MMH 对黏膜的刺激性大,通过皮肤也能吸收。给犬、猴等动物服 MMH,24 小时后 30%即可通过尿排除体外。对小白鼠的肝、胃、肠、膀胱有明显的损害作用,LD_{50} 为 1.24mg/kg。含毒素 0.0078%的水溶物给白鼠饮用后即能引起肝、肺、胆囊的癌变。报道指出,食用前如煮沸 10 分钟可去掉 99.5%的毒性,也可食用。

有关 MMH 的作用机制,认为是对 GABA 的代谢阻碍所造成的。MMH 对合成 GABA 相关的 glutamic acid decarboxylase(GAD)和 GABA transaminase(GABA-T)有抑制作用,从而制止 GABA 的产生。

除了鹿花菌以外,马鞍菌(*Helvella elastica*)、疣孢褐盘菌(*Peziza badia*)等中也含有相同的毒素成分。

(7)秋生盔孢菌[*Galerina autummnalis*(Peck) Smith et Sing.]

子实体较小的剧毒毒菌,形态上与蜜环菌(*Armillaria mellea*)、光帽鳞伞(*Pholiota nameko*)幼小子实体相近而易混食引起中毒。1957～1974 年,在日本有 17 例中毒患者,其中 3 人死亡。美国也有中毒报道,只是种类有所不同,是同属的 *Galerina fasciculata* 或 *G. venenata*。目前已证明,它们中也含有 amanitin 毒素(Tylen, et al, 1963),尽管在量上有所区别,秋生盔孢菌含

amanitin 为1.5mg/g(干),边缘盔孢菌 *G. marginata* 为1.45mg/g(山下衡等,1993;Johnson,et al,1963)。

该属真菌含有与鹅膏属相同的毒性成分,其毒性症状和机制与鹅膏类相同。经过 14～20 小时的潜伏期后,开始出现头晕、头痛、呕吐、腹泻、血压下降、昏迷,重症甚至死亡。

(8)光过敏类毒菌(Photosensitization poisonous fungi)

属于此类毒菌的共同特性是其子实体含有光过敏卟啉类物质,误食后见风曝光部位奇痒难忍、灼热疼痛,颜面红肿;重症者鼻腔、咽喉水肿,抢救延误也可窒息而死。这类菌有黑褐色、陀螺状的胶陀螺[*Bulgaria inguinans*(Pers.)Fr.]、黑褐色浅盘状、浅杯状的叶状耳盘菌[*Cordierites frondosa*(Kobay.)Korf.]、斯氏耳盘菌(*C. sprucei* Berk.)、黑皱盘菌[*Inonomimidotis fulvotingens*(Berk. & Curt.)Cash.]以及箭竹上生拟胶盘菌(*Myriodeiscus sparassoides* Boedija)(卯晓岚,1998、2000)。该类真菌常常在段木等树桩或腐木上发生,且其形态和颜色极似黑木耳,因此多有与黑木耳混淆误食中毒事件发生。在分类学上易于区别。该类毒菌属于子囊菌类,具有内生的子囊孢子;木耳属于有隔担子菌类,子实体产生担子和外生的担孢子。采用热水或碱性水浸泡光过敏类毒菌具大量的黑褐色色素析出,黑木耳则不会有此现象。应用此法易于鉴别(刘培贵等,1992)。

2. 毒性成分的鉴别及其生物活性

关于毒蘑菇的鉴别从古至今有各种各样的探索,仅在民间鉴别土办法就有几十种。但是,真正依据所含的化学成分进行鉴定却寥寥无几。现根据文献报道的几个毒蘑菇的化学鉴定方法作简要介绍:

(1)月夜菌(*Lampteromyces japonica*)的毒性鉴定

月夜菌与元蘑(*Panellus serotinus*)形态相似,用 $BaSO_4$ 液(3ml 纯水加 8ml 浓硫酸,再加 1g 溶解即可,10 日内有效。)容易鉴别。具体方法是在菌肉上滴 1～2ml $BaSO_4$ 溶液后,无颜色反应者为毒菌月夜菌,呈红紫色的是美味食用菌元蘑。

有专家利用月夜菌中所含的 acidphosphatase (ACP)酶活性高,而 carboxyesterase(CE)活性低,且能够特异性地染色的原理,用电泳法与含有同样酶的、形态特征上容易混淆的香菇、侧耳相区别(河野昌彦,1987)。

(2)毒性成分鹅膏毒肽 amanitins 的鉴别

毒性成分 amanitins 的鉴别曾用 Meixner test 法(Simmons,1980)。该方法比较简便。将新鲜蘑菇的汁液或抽出液滴在新闻纸上,使之吸收、干燥,然后再滴一滴浓盐酸,据呈色反应而决定。根据糟谷、山下等人对鹅膏 *Amanita* 属和其他毒蘑菇的测定,结果不十分明显,发现有中间类型和交叉现象(粕谷晶等,1980)。以浓缩的蘑菇汁液作材料,用氯仿/乙醚/醋酸/水之比为75∶33∶5作展开剂进行薄层层析,然后用 1% cinnamic aldehyde/乙醚喷雾,在盐酸蒸汽上显色。7 种鹅膏与 α-amanitin 标准品进行薄层层析,结果:只有白鹅膏(*Amanita virosa*)和毒鹅膏(*Amanita phlloides*)的 *Rf* 值接近标准样的0.19(山下衡等,1993)。

总之,毒性成分的鉴别方法尚未成熟,更没有一种简便、通用的方法。目前毒蘑菇的鉴别主要靠形态鉴别。

有的蘑菇本身并没有毒,但食用不适当也可引起不良反应。如尖顶羊肚菌(*Morchella conica*)、硫黄菌(*Laetiporus sulphureus*)、黄汁乳菇(*Lactarius chrysorheus*)、黑红菇(*Russula nigricans*)、蜜环菌(*Armillaria mellea*)、褐疣柄牛肝菌(*Leccinum scabrum*)等蘑菇生食容易产生中毒症状。而有的是因食用过多而引起中毒,如金黄枝瑚菌(*Ramaria aurea*)、毒蝇口蘑(*Tricholoma muscarium*)等。另外,一些人对某些蘑菇(如滑子蘑、香菇等)的孢粉有过敏现象。从严格意义上讲,这些均不属于毒蘑菇的范畴。

(3)毒蘑菇中毒预防

到目前为止,有关毒蘑菇的鉴别,还没有专门的识别方法来判定是否有毒。但在人类千百年的历史中,积累了许多相关实践经验。一般认为毒蘑菇有以下特征:颜色鲜艳、有恶臭异味、菌盖上长有疣突;不生蛆、不生虫;菌体受伤后流出乳汁且很快变色、有菌环和菌托、与银器或葱共煮使银器和葱分别变黑和青色、使牛乳凝固等。实践证明,这些说法对于某一种毒蘑菇是适合的,在某些条件下是合理的,但不能作为鉴别所有有毒蘑菇的通用方法,仍缺乏普遍性和科学依据。譬如"颜色鲜艳的蘑菇一般认为有毒",的确像毒蝇鹅膏、毒红菇等是有毒的,但是,金顶侧耳、硫黄菌、橙黄鹅膏等色泽鲜艳的蘑菇却味美可食。相反,白毒伞、鳞柄白毒伞纯白色,却剧毒。另云"虫蛀过的蘑菇为无毒",要知道动物和人的生理特性不完全相同,不能认为动物能吃的人就能吃。

目前鉴别毒蘑菇的科学、直接的办法是对蘑

菇进行形态学鉴定，同时依据经验或记录断定它是否可食或有毒。在野外采集蘑菇时用以下方法可以减少中毒的风险。

①采集蘑菇时，应认真观察每一个子实体标本。一些有毒蘑菇与食用菌很相似，采集时可能会放在一起。据报道，有些中毒死亡事件是由于误认为簇生沿丝伞是蜜环菌、月夜菌是亚侧耳而引起中毒。采集时把不同种类的蘑菇分开放，若发现有毒种类，不必把所有采集的蘑菇全扔掉。

②如果遇到不能确定的蘑菇，查阅采集鉴定手册或向菌物学家请教。食用前必须慎重。

③采集到与食用种类相似而鉴定不准的蘑菇时，可以采用对比孢子印的方法进行鉴别。如剧毒的鳞柄白鹅膏（*Amanita virosa*）和食用的野蘑菇（*Agaricus arvensis*）外形非常相似，但它们孢子印的颜色不同，前者是白色的，而后者是紫棕色。

④千万不要生食野生蘑菇：尽管有些是可以生吃的，但大部分不易消化，并且有些种类含有毒性物质，这些有毒物质只有在高温下才能被破坏掉。如羊肚菌、硫黄菌、蜜环菌、褐疣柄牛肝菌等蘑菇虽可食用，但生食也容易中毒。

⑤无论食用什么样的蘑菇，要留一部分生品冷藏起来作为标本，以便让菌物学家准确鉴定。

⑥许多中毒是由于食用部分腐朽或腐败而引起。因此把采集的蘑菇尽可能冷藏保存，否则最好吃的蘑菇也会因为变质而产生毒性。

⑦不要大量、过量地食用任何野生蘑菇：如金黄枝瑚菌、铆钉菇在大量食用时才会中毒。

⑧吃野生蘑菇时，尽量少喝酒或不喝酒，有的菌只有在喝酒的前提下才引起中毒，如鬼伞。

⑨有些蘑菇在某些地区是致命的毒蘑菇，而在其他地区却是食用菌，至今不知其原因。

⑩有些菌在新鲜和幼时是可食用的，变老、变腐或霜打后变为有毒，如蜜环菌、鸡腿蘑。

⑪有些蘑菇被认为是有毒的，但由于致幻的特殊性，即通过吃这类蘑菇发挥致幻活性，除非过度使用或出现预料之外而呈现中毒反应。

⑫不要采集小型棕色蘑菇，这些种类很难被一般人员鉴别。许多毒菌是小型棕褐色蘑菇，如丝盖伞等多数有毒。

⑬不要用不能确定的野生蘑菇招待婴幼儿、年老、体弱的患者。那些对健康成人无害的蘑菇可能对蘑菇毒素抵抗力低的群体有害，造成甚至死亡。

⑭有些人对食用蘑菇过敏。吃常见的食用菌也会突然呕吐、恶心、胃痛、泻肚、发热、发生荨麻疹；甚至吃蜜环菌、双孢蘑菇等有名食用菌也会发生过敏。

所谓毒蘑菇是指人类食用后引起中毒和死亡的大型菌物。有的毒性很强，无论怎样进行前处理，毒性都不减弱，误食后引起中毒的对象是所有人群；有的毒性也很强，但经煮熟、用盐水洗等前处理后毒性减弱或变为无毒性；有的毒性是有条件的，如大量或过量食用、与酒一起食用、抵抗力低的群体或食用已腐朽变质等才表现出毒性；有的毒性与蘑菇本身的生长阶段有关，如幼时可食，变老后有毒等；有的毒性有地域性、种族性或因人而异。就毒蘑菇的范围来讲，包括剧毒蘑菇、致幻蘑菇和部分食用菌。至今尚未找到确切的规律。零碎、片面经验不能应用于一般，但在某种场合下有时也可起到一定的作用。科学的方法是掌握各种毒蘑菇的特征、习性和有关其毒性的记载，经过分类鉴定后才可采食。有的不认识的蘑菇或不知其是否可食用，可采用毒理学实验方法，在实验动物上测定该蘑菇的急毒和长毒；另外毒蘑菇研究者应广泛深入林区、山区、草原民间，了解中毒情况，掌握和积累第一手资料，以便研究出科学、可靠的鉴别毒蘑菇的规律和方法。

3．有毒蘑菇资源的开发利用

毒菌资源种类丰富，分布广泛，深入研究和开发利用这类宝贵资源，在食品、医药、生物技术及生物防治等各个方面有广阔的应用前景。

（1）食用

据文献报道，有些毒菌在一定条件下可食，如毒蝇鹅膏（*Amanita muscaria*）干燥半年以上后加热食用或用水、盐水浸泡，剥掉盖皮可安全食用（山下衡等，1993）；豹斑鹅膏（*A. pantherina*），有人说干燥后可以食用，在古代西伯利亚地区曾经做参战士兵的兴奋剂，或泡酒饮用，或用其盖表皮卷烟抽（日本化学会，1992；山下衡等，1993）；鹿花菌（*Gyromitra esculenta*）的毒性成分（mnomethyl hydrazine）的沸点为83.5℃，食用前煮沸片刻即可去毒；胶鼓菌（*Bulgaria inquinans*）的卟啉（pophyrins）类物质经草木灰或碱水浸泡即可安全。除了直接食用外，蘑菇体内所含的一些可食用成分，如鹅膏菌（*Amanita* spp.）子实体内含增味成分或香气成分，毒蝇口蘑（*Tricholoma muscarium*）内增味成分的鲜度比味精（谷氨酸钠）高20倍。

（2）医药上的应用价值

①许多毒菌具有抗肿瘤作用：如鹅膏菌属的很多种类所产生的毒素 amnitins 对生活细胞具有强烈的破坏作用。由此人们推想用它或用其衍生

物选择性地杀死癌细胞，这是一种极具诱惑力的想象。实际上这项工作已有了一定的进展。Garna(1985)用 α-amanitin 医治了氨基偶氮甲苯(aminoazotoluene)诱发的小鼠皮肤肿瘤，β-amanitin 也有类似的应用例证。细网牛肝菌、毒红菇、毒粉褶菌等对艾氏腹水癌和肉瘤 S-180 的抑制率均为 100%；橘黄裸伞的提取物对人乳腺癌细胞的抑制率达到 98%以上。毒蝇伞、白棕口蘑、月夜菌也有明显的抗癌作用。

②可研发治疗神经和精神方面疾病的新药物：如毒蝇伞中的毒蝇物质主要作用于中枢神经系统，属于异噁唑类。有些国家用其作为梦幻剂或安眠药。这类物质广泛存在于其他有毒菌类中，如红毛锈伞、红菇、滑锈伞、红网牛肝菌等。光盖菇属(*Psilocybe*)等菌所含的幻觉类物质(gymnopilin A，B)对神经病的治疗和制作模型有一定的帮助，也可作晚期癌症病人痛苦的缓解剂。另外，大孢花褶伞、花褶伞、角鳞灰伞、橘黄裸伞等毒蘑菇被人误食后，引起彩色的视症和视觉紊乱，出现昏睡、狂笑、狂歌狂舞等。这些毒菌及其活性成分有望用于诊治精神疾病或开发成镇痛安神方面的药物，同时对这些毒菌的中毒机制的研究对揭开某些精神疾病的病因和本质有参考意义。

③深入挖掘民间对毒菌的传统应用：我国民间有用黄丝盖伞治疗湿疹、关节炎；用毛头鬼伞治疗消化不良、痔疮；用鳞皮扇菇与黄粉牛肝菌治疗外伤出血、跌打损伤；用臭黄菇、片鳞托柄菇等有毒菌组成的方剂舒筋丸治疗筋脉痉挛。

另外，通过对不同中毒类型蘑菇中的毒性成分和中毒机制的研究，可为治疗蘑菇中毒症提供有效的治疗依据和方法，降低致死率。

(3)生物技术上的应用

利用 phallotoxins 对 F-actin 的特异性结合原理，用荧光标记方法可做 F-actin 探针研究 F-actin 的存在、分布与定位以及细胞运输等。利用荧光标记的 phallotoxins 对肌肉结构的研究，amatoxins 对细胞核的形态、结构与功能的研究中也有意义。有人利用 α-amanitin 的 RNA 聚合酶专一性抑制特征用于发育动物学研究中，同时对真核细胞基因的结构、组织、功能与表达、调控研究也有重要意义。

(4)生物防治方面可开发新农林杀虫剂

鹅膏属、丝盖伞属、裸伞属等所含的毒素对一些农作物害虫有杀灭作用，毒菌在生物防治方面的开发利用也有广阔的前景。

九、食用地衣资源

尽管地衣是真菌与藻类的共生体，但是地衣的本质是真菌(一类特异化的真菌)。地衣体的生长形状(态)丰富多样，主要有叶状、枝状和壳状。不同种类的地衣体上还有许多特有结构，如粉芽、裂芽、杯点、假杯点、粉霜、衣瘿、绒毛等，这些特征是地衣分类的主要依据。地衣的生长形状及特有结构的有无几乎全由共生的地衣化真菌决定的。而且，地衣的有性繁殖结构实际上是共生真菌的有性繁殖结构。地衣真菌的孢子随风散落在合适的环境中，萌发后若遇到合适的共生藻形成地衣体，继续生长繁殖，否则会死亡。由于地衣分类学所依据的表型特征主要是由地衣共生真菌的种类决定的，因此地衣学家给予地衣的名字是地衣共生真菌的名字，叫作地衣型或地衣化真菌。

迄今全世界已经描述的地衣型真菌约有 500 个属，近 2 万种，绝大多数属于子囊菌。它们的分布极为广泛，从极地到赤道，从高山到平原，从森林到荒漠到处都有它们的存在。我国地广山多，气候多样，地衣种类繁多，资源蕴藏丰富。由于地衣特殊的生活方式和生存环境，地衣体中含有大量的次生代谢产物。迄今已知的地衣化合物约有 900 种，其中多数是地衣所特有的。地衣化合物在地衣体中的含量有时达到惊人的程度。松萝酸在梅衣科地衣中的含量为 0.2%～4%，在金黄树发衣中达到 8%。迄今已知地衣种类中，55%以上的种类具有抗菌活性。松萝酸是著名的地衣抗生素之一，在欧洲的许多国家有相应药品应用。地衣型真菌的细胞壁由不同的地衣多糖构成，许多地衣多糖，如脐衣素(GE-3)，被证明具有极好的抗癌和抗爱滋病能力，而且无任何不良反应。地衣也经常被用作高级香水的定香剂，也用于生产化学试剂，如石蕊化学试剂。在古代地衣是重要的染料来源。据说用于龙袍着色的黄色素就是来源于石黄衣。此外，地衣还是重要的饲用原料。驯鹿生活在寒冷的北极和亚北极地区，它们对于地衣的偏爱甚于豆饼。鹿蕊地衣是驯鹿的主要食物来源。麝又名香獐子，平时不以地衣为食，入冬以后地衣成为其主要生活食物来源。

地衣的物种多样性非常丰富，但是可食用的种类并不多。这主要是由于多数地衣生长极为缓慢，生物量有限；此外许多地衣体中的次生化合物含量非常高，使地衣体食用起来苦涩，而且过量的地衣化合物可能对肝脏有毒。可食用地衣须具备以下几个必要条件：①具有食用安全性，即对人体无毒无害；②具有可接受的食用口感；③个体形态较大，易于采集。据不完全统计，我国可食用地衣约有19种,全部是子囊菌地衣,分属于5个目、7个科、11个属。食用地衣具有极好的保健功能,由于共生特性,目前还不能够人工培养。

我国主要食用地衣种类有以下几种:

(1)美味石耳[*Umbilicaria esculenta*(Miyoshi)Minks]

又称脐衣、石衣、石木耳、山肤、石壁花等,属于石耳科,石耳目,茶渍纲。地衣体为单叶状,革质,呈圆片状,较厚,直径可达12cm或更大,有的可达30cm。幼时近于圆形,边缘分裂极浅;长大后常呈椭圆形,边缘有不规则浅裂。背面褐色、光滑或有时局部粗糙而无光泽,局部皮层偶尔呈斑点状脱落,露出白色髓层;下表面棕黑色至黑色,具细颗粒状突起,密生,同色之粗短而分枝的假根,以中央脐固着于基物上,以脐为中心有时具放射状粗壮脉纹。食用部位为叶状体,夏秋之交采收。可鲜食或采后晒干储存备用,除产地外均为干制品。干品用前须先泡发、除沙、去除背面毛刺,否则口感粗糙。石耳入馔,可炖、煨、烧、烩、炒或作汤菜,本身不显味,宜与呈鲜味原料相配,或套汤赋味,并用重油。成菜口感柔滑。菜肴如"石耳清蒸鸡"、"龙眼石耳"、"清蒸石耳"、"石耳炒肉片"、"石耳炖排骨"等。石耳具有极高的营养价值,含丰富的糖苷、胶质、铁、磷、钙及多种维生素,是滋阴润肺的高蛋白补品。李时珍曾在《本草纲目》中记载:"石耳气味甘平无毒。久食益色,至老不衰,利大、小便,明目益精。"赵学敏在《本草纲目拾遗》中载道:"以鸡汤下食香脆鲜美,味最甘香,为山珍第一。"

保健功效:清肺热、养胃阴、滋肾水、益气活血、补脑强心等。对肺热咳嗽、肺燥干咳、胃肠有热、便秘下血、头晕耳鸣、月经不调、冠心病、高血压等均有良好的食疗效果。对身体虚弱、病后体弱的滋补效果最佳。近代研究石耳有明显抗癌作用。民间男子食之益精增髓,女子食后清宫易孕。

生长环境:高山及极地到温带山地的悬崖石壁上。

产地:吉林、黑龙江、辽宁、江西、湖北、安徽、河南、云南等地。

(2)红腹石耳[*Umbilicaria hypococcinea*(Jatta)Llano]

又称红石耳、红腹脐衣、石耳子、黄底石耳,属于石耳科,石耳目,茶渍纲。地衣体单叶状,不规则圆形或椭圆形,直径3~5cm,裂片边缘瓣裂,微翘起,有时有小穿孔,干燥时易破碎。背面灰褐色,有灰白色粉霜,平滑或有不规则皱褶,有时中央裂片呈多叶型,上翘或直立,中央脐处稍突起,周边皮层脱落,白色髓层裸露。腹面近脐周围锈红色,周缘紫红色,暗褐色或近于黑色,腹面中部有一短柄,固着于基物上。食用部位为叶状体,夏秋之交采收,鲜用或晒干后备用。食用方法与石耳类同。

图3-14 红腹石耳

保健功效:健胃、消食、除胀、祛风湿等。

生长环境:高山岩石上。

产地:为中国特有种,产于陕西、山西等地。

(3)皮果衣[*Dermatocarpon miniatum*(L.)W. Mann]

又称白石耳、黑石耳,属于瓶口衣科,瓶口衣目,散囊菌纲。地衣体单叶状,极少呈复叶状聚生,质地坚硬,近圆形,直径3~7cm,厚约0.5mm,以下表面的中央脐固着于基物上。边缘分裂,裂片浅波状或撕裂状,向上稍翘起。上表面呈灰色,铅灰色至灰褐色,无光泽,被灰色粉霜,有浅凹陷,潮湿后不变色;下表面呈绣红褐色或深褐色,光滑或稍有皱褶,无假根。食用部分为叶状体,夏季雨后或细雨天采收,鲜用或晒干后备用。食用方法与石耳类同,可炖、煨、烧、烩、炒或作汤菜。本身不显味,宜与呈鲜味的原料相配,或套汤赋味,并用重油。

图3-15 皮果衣

保健功效:健胃消食、利水清胀、祛风湿、理气止痛等。

生长环境：生于河岸、溪沟旁的岩石上，常见于低山较湿润的环境。

产地：东北、河北、内蒙古、陕西秦岭、甘肃、青海、西藏、云南等地。

(4) 雪地茶[*Thamnolia subuliformis* (Ehrh.) W. L. Culb.]

又称雪茶、太白茶、太白针、石白茶、地茶等，属于霜降衣科，鸡皮衣目，茶渍衣纲。地衣体呈树枝状，高3～10cm，常聚集丛生。二至三叉或单枝上有小刺状分叉。乳白色或灰白色，长3～7cm，直径1～2mm，粗者呈扁带状，基部有断痕，先端渐尖，外表细致，略有皱纹凹点。断面中空。质稍柔软。以其地衣体供食。四季均可采挖，鲜用或晒干后备用。味淡，微苦，如果苦味较重可适当用热水浸泡去除。适于拌、炝、炖、烧、煮等，如"雪茶拌莴苣"、"雪茶炖牛肉"等。在民间用于泡茶饮用。早在明代，雪茶已成为木氏土司朝贡珍品，现时有多家公司生产盒装产品及饮料，是旅游馈赠亲友的佳品。《本草纲目拾遗》中记载："雪茶本非茶类，乃天生一种草芽，土人采得炒焙，以代茶饮烹食之，入腹温暖，味苦凛香美。"

图 3－16 雪地茶

保健功效：清热解渴，醒脑安神。治虚劳骨蒸、肺炎咳嗽、癫痫狂躁、神经衰弱、高血压。

生长环境：耐严寒，多产于海拔3 000～5 000m的高寒雪山、草地、石面上。

产地：云南、西藏、四川、陕西、新疆、东北、台湾等地。

(5)老龙皮

又称兜衣、石龙皮、石龙衣、青蛙皮、肺衣等。为茶渍纲、地卷目、牛皮叶科肺衣属地衣，包括裂芽肺衣、光肺衣、南肺衣、肺衣和网基肺衣。以地衣体供食。夏秋采收，鲜用或晒干后备用。适于炖、烧、蒸、烧汤，如"石龙衣炖肉"、"石龙衣烧腐竹"等。

裂芽肺衣[*Lobaria isidiosa* (Müll. Arg.) Vain.]：地衣体中型，叶状，呈不规则瓣裂，直径6～11cm。背面呈赭褐色，瓣缘微显淡红色，微有网肋突起，表面微有光泽。生有扁平的鳞叶状裂芽。

图 3－17 裂芽肺衣

保健功效：祛风败毒、消食健脾、利水消肿等。

生长环境：生于林区树干上或石壁和岩石表面。

产地：河北、黑龙江、湖北、四川、安徽、浙江、福建、云南、西藏、台湾等省区。

(6)光肺衣(*Lobaria kurokawae* Yoshim.)

地衣体中型至大型，叶状，直径18cm，薄而有韧性。背面具明显的凹凸，形成网肋状不平，周边具不规则的鹿角状伸展，间有不规则分叉。潮湿时呈灰绿色或橄榄色，光滑而微具光泽。腹面色浅，与背面凹处相应的凸出部分裸露，凹沟中密生黑色毛笔状短绒毛。生于山区的树干基部、树皮表面、岩石表面或土表，成片结成群落。

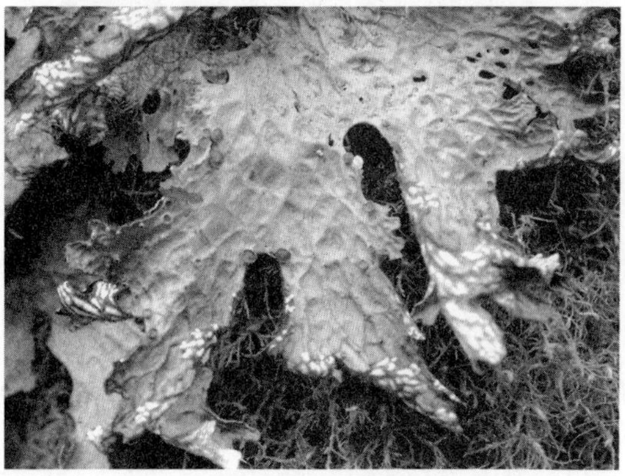

图 3－18 光肺衣

产地：东北、内蒙古、陕西、四川、云南、西藏、台湾等地。

(7)南肺衣(*Lobaria meridionalis* Vain.)

地衣体大型，叶状，直径10～20cm。叶状体呈不规则浅裂，裂瓣阔可达1.6cm，末端较钝。背面网脊明显而平整，纵向脊长于横向脊，裂片前端密被白色粉霜。无粉芽，多少有针状或珊瑚状裂芽。腹面近灰白色，密生茸毛。多生于山区林木的树干上。

主要产地：吉林、安徽、江西、福建、台湾等省区。

(8)肺衣[*Lobaria pulmonaria*(L.)Hoffm.]

地衣体大型，叶状，直径10～25cm。中央叶状体完整，周围呈掌状开裂，背面灰绿色，网状凹凸极明显，近中外缘有白色突起的粉芽，圆形，直径1.0～1.5mm。腹面呈深褐色，密生茸毛。生于针叶树的树桩基部或树干上，也见于岩石表面的苔藓丛中。

主要产地：吉林、黑龙江、河北、陕西、甘肃、四川、湖南、云南、台湾等省区。

(9)网基肺衣[*Lobaria retigera*(Bory)Trevis.]

叶状体中型至大型，直径8～15cm，较薄，周围不规则延伸，边缘多呈波状，裂瓣不明显，近缘外有时呈虫蚀状孔洞。背面灰褐色、橄榄绿色。腹面淡黄褐色，有密茸毛。粉芽呈颗粒状，突起于裂片的末端，白色，上仰。生于树干基部的干上或藓类丛中。

图3－19　网基肺衣

主要产地：河北、吉林、黑龙江、四川、广西、陕西、甘肃、云南、西藏、湖北、安徽、浙江、江西、福建、台湾等省区。

(10)聚筛蕊[*Cladia aggregata*(Sw.)Nyl.]

聚筛蕊属于石蕊科，茶渍目，茶渍纲。地衣体果柄中空，灌丛状，高4～10cm，枝体圆筒状，假轴式宽二叉多次分枝，表面平滑而具光泽，浅橄榄绿至淡褐色，具有椭圆形或不规则筛孔。子囊盘小颗粒状，黑褐色，聚集于果柄顶端。分生孢子器黑褐色，着生于细分枝末端。生于林下及林边土壤或与藓类混生。地衣体可食用，是云南省普洱一带民众所喜爱的食用地衣。常炒肉入食。也可作石蕊试剂的原料。具有抗癌、增强免疫力保健功效。

主要产地：云南、四川、西藏、贵州、江西、福建、浙江、西藏、台湾等省区。

图3－20　聚筛蕊

(11)松石蕊(*Cladonia fallax* Abbayes)

又称金刷把，属于石蕊科，茶渍目，茶渍纲。地衣体呈多回分枝、小灌木状，高5～7cm。顶部枝纤细，2～3次叉状分枝。基部灰白色，顶端淡黄或灰白色。表面光滑或有网状脊、纵向沟槽。生于高山树干基部。以其地衣体供食，夏秋采收，鲜用或晒干后备用。食前焯水去其苦味。适于炖、煨、烧、蒸、煮、做汤等烹制方法。菜肴如“松石蕊炖肉”、“松石蕊炖魔芋”等。具有镇惊安神、消炎止痛保健功效。

主要产地：四川、陕西等省。

(12)雀石蕊[*Cladonia stellaris*(Opiz.)Pouzar & Vězda.]

又称雀儿石蕊、太白花、岭石蕊，属于石蕊科，茶渍目，茶渍纲。地衣体早期消失，果柄枝状，中空，稍硬而脆，长5～8cm。全体呈圆柱形，分枝稠密，基部等长，以等长4～5或6叉分枝为主，2～3叉分枝为辅，枝腋中央穿孔，上部继续生长，基部渐次腐烂，上部浅黄绿色或浅灰绿色，下部灰白色或污灰色，无光泽，表面无皮层。生于高寒山地、针叶林下腐植质土或草地上。以其地衣体供食，全年可采收，鲜用或晒干后备用。适于炖、煨、烧、蒸、煮、做汤等烹制方法。菜肴如“雀石蕊炖猪肺”、“雀石蕊炝肝片”等。具有健胃、清热、调经、止血、清肝、明目等保健功效。

主要产地：黑龙江、吉林、辽宁、内蒙古、新疆、甘肃、陕西、四川、云南等省区。

图 3－21 雀石蕊

(13)细石蕊[*Cladonia gracilis*(L.) Willd.]

又称太白鹿角、匙石蕊、太白针、地蓬草等，属于石蕊科，茶渍目，茶渍纲。地衣体呈鳞片状，生于果柄基部和上部，表面灰绿色，里面灰白色。果柄粗壮，长 5cm。全体青绿色，周边延生呈掌状，上生多个子囊器。生于高山草地或树皮上。以其地衣体供食。全年可采收，鲜用或晒干后备用。适于炖、煨、烧、蒸、煮、做汤等烹制方法。

保健功效：清热明目、清肿解毒、利尿消肿等。

主要产地：内蒙古、吉林、黑龙江、陕西、四川、安徽、浙江等省区。

图 3－22 细石蕊

(14)中国树花(*Ramalina sinensis* Jatta)

中国树花属于树花科，茶渍目，茶渍纲。地衣体扇形叶状或呈灌丛状，直立，较坚硬，高 2～4cm，边缘浅波状，以基部固着于基物上。地衣体具背腹性，背面呈淡灰绿色或灰黄绿色，稍具色泽，有明显的网状或纵向皱褶，有时破裂成小穿孔。腹面呈淡黄绿色，带有淡玫瑰红色彩，生有明显的隆起脉纹，由基部向顶端呈放射状伸展，脉纹之间由于皮层破裂致使髓层露出，形似粉芽。以其地衣体供食，夏秋采收，鲜用或晒干后备用。食用方法与石耳相似，可炖、煨、烧、炒等。此外，同属的粉粒树花(*R. pollinaria*)俗称“石花”，分布于中国各地，可作药用。生于低山杂木林中树枝及树干上。具有抗癌、增强免疫力等保健功效。

主要产地：内蒙古、黑龙江、吉林、陕西、云南、西藏、台湾等省区。

图 3－23 中国树花

(15)丛生树花[*Ramalina fastigiata*(Pers.) Ach.]

又称树花、石花、树苔、树花菜，属于树花科，茶渍目，茶渍纲。地衣体灌木状丛生，坚硬、悬垂或直立，高 3～8cm，有时带青色或污绿色，基部固着于基物上，重复二叉状或不规则分枝。分枝条带状，扁平，宽 2～5mm，枝顶近圆柱形，通常平滑，有时有洼点或网状皱褶，有光泽。具子囊盘，子囊盘顶生于分枝上，直径 2～5mm，盘缘厚，隆起。地衣体可供食用，先用水稍煮后，凉伴食用，具有独特的香味。本种还被用于提取日化香料制剂，并且可作为抗生素提取的原料。大多生于树干或枯枝上，具有清热解毒、消炎止血、化痰止咳等保健功效。

主要产地：云南、四川、陕西、山东、湖南等省。

图 3－24 丛生树花

(16)亚洲小孢发[*Bryoria asiatica*(Du Rietz) Brodo & D. Hawksw.]

又称亚洲树发、黑丝带，属于梅衣科，茶渍目，茶渍纲。地衣体呈枝状或丝状，黄褐色或淡棕黑色，长可达20cm。枝呈粗线状，基部着生于树上，悬垂向下。小枝上着生多数小刺状枝，刺状枝细而短。有皮层，皮层菌丝平行于地衣体长轴。髓层无软骨质的中轴。子囊盘着生于分枝侧面，较少见。地衣体可供食用，夏秋采收，鲜用或晒干后备用。适于长时间加热的烹制方法。菜肴如"树发鱼片汤"、"虾茸酿树发"等。悬垂于多种阔叶树或云杉的树皮或树枝上。具有滋阴补肾、利水消肿、清心明目、止汗等保健功效。

主要产地：陕西、四川、湖北等地。

(17)槽枝衣[*Sulcaria sulcata*(Lév.)Bystrek]

又称沟树发、沟槽树发，属于梅衣科，茶渍目，茶渍纲。地衣体呈枝状或丝状，地衣体直立，灰白稍带褐色，枝侧有纵沟1条。生于树上。基部黑色，有光泽。皮层菌丝平行于地衣体长轴。髓层无软骨质的中轴。子囊盘顶着生于分枝侧面，较少见。可供食用，夏秋采收，鲜用或晒干后备用。食用方法与亚洲小孢发同。通常悬垂生于树皮或树枝上。具有滋阴补肾、利水消肿等保健功效。我国各地山区均有分布。

(18)长松萝(*Usnea longissima* Ach.)

又称树挂、天蓬草、天棚草、雪风藤、山挂面等，属于梅衣科，茶渍目，茶渍纲。为羽状分枝的丝状体，悬垂，柔软，长20～40cm，有些可达100cm，向下垂挂。主枝短，长约2mm，圆柱状，有环裂，二叉式丝状分枝。主枝及次生分枝只有稠密小纤毛，长短不齐，表面常具颗粒状小疣；中轴细，约占地衣体主、分枝直径的1/3，浅白色。地衣体可供食用，全年可采收，鲜用或晒干后备用。食用方法与亚洲树发相同，如"猪肚炖松萝"、"松萝炝白肉"等。通常附生于树皮或树枝上，多附生于针叶树枝上。

主要产地：内蒙古、吉林、黑龙江、陕西、甘肃、湖北、四川、云南、西藏、台湾等省区。具有舒筋活血、拔毒生肌等保健功效。

图3－25　槽枝衣

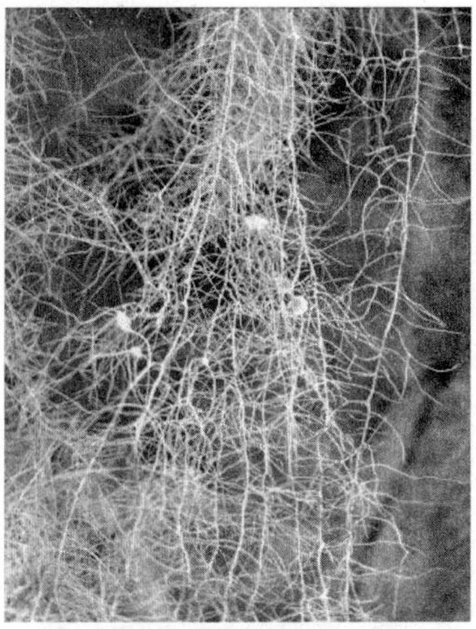

图3－26　长松萝

第五节　我国食药用菌资源的分布

我国地域辽阔，东西南北地质地貌、气候、植被等自然条件不同。根据自然气候等条件结合大型高等真菌在各主要分布区的特点，大致可分为西南、华南、东北、华北、华中、华东、西北及青藏高原7个真菌资源区。

一、西南大型真菌资源

西南地区包括四川省、云南省和贵州省。该区总的地形是西北高、东南低。本区内有世界年轻山系之一的横断山脉，横断山脉是我国最长、最宽和最典型的南北向山系，唯一兼有太平洋和印度洋气流影响的地区。横断山区地跨西藏东南、云南西部及北部和四川的西部。境内山川南北纵贯，东西并列，自东而西主要有邛崃山、大渡河、大雪山、雅砻江、沙鲁里山、金沙江、芒康山、澜沧江、怒山、怒江和高黎贡山等。因本区立体气候的特殊性，是泛北极植物区系和古热带植物区系的交汇地带，又加之立体地质地貌，常常仅数千米之内纵深切割，有高山峡谷到海拔5 000m以上的雪山，分布其间的动、植物和真菌种类无与伦比，热带、温带和寒带的真菌兼而有之。西南地区植物组成成分十分复杂，占全国植物种类80%以上。寒、温、热三带的植物及植被类型均有分布，植被分布的一般规律为从南到北随纬度的增加和海拔的升高，依次分布着热带雨林季雨林、热带稀树草原旱生植被；亚热带常绿阔叶林、混交林和针叶林、温带、寒温带针叶林，高山草甸。由于地形起伏大，自然条件复杂，植被的分布十分错综复杂。根据西南植被的分布情况，以及实地调查时记录各种生境情况，可将西南大型真菌的生境划分为 7 个类型：干热河谷稀树草地和灌丛、雨林季雨林、常绿阔叶林、针阔混交林、暗针叶林、高山灌丛及高山草甸、村镇田园耕作地。从低到高，呈现出山地垂直分布特点。西南地区良好的自然环境、多样化的植被类型和丰富的植物类群为孕育丰富的真菌资源特供了独特的自然条件，物种多样性是我国真菌资源最为丰富地区，占我国已知食用菌总数的 80% 以上。在西南已知的野生真菌资源1 830余种，可食用的种类 940 余种，具有药用价值的达 230 余种，菌根真菌 300 余种，毒菌 120 种，木腐菌 100 余种（应建浙等，1994；臧穆，1996、2006）。整体情况是分布在热带区域和亚热带区域低海拔区域的野生食用菌资源种的种类最为丰富，但自然产量少；分布在亚热带中高山带、温带、寒带区域种类相对较少，但生物量大，能够形成大批量商品的野生食用菌，仅云南滇中一带农贸市场上所见的野生食用菌就达 140 余种（王向华等，2004），成为近十多年来野生食用菌餐饮火爆的重要自然资源。

西南各地常见种有红蜡蘑［*Laccaria laccata*（Scop.：Fr.）Berk. & Broome］、多汁乳菇［*Lactarius volemus*（Fr.：Fr.）Fr.］、淡红丛枝瑚（*Ramaria hemirubella* Petersen & Zang）、堇紫丛枝瑚（*R. mairei* Dnk.）、绿菇（青头菌）［*Russula virescens*（Schaeff. ex Zant）Fr.］、蓝黄红菇［*Russula cyanoxantha*（Schaeff.）Fr.］、美丽红菇（*R. lepida* Fr.）。从高山针叶林到热带高山均有分布的琥珀乳牛肝菌［*Suillus placidus*（Bonorden）Singer］。除了高山及海拔较高的亚高山没有分布外，其他地区较为常见的有条纹蚁巢菌［*Termitomyces striatus*（Beeli）Heim］。除了在农贸市场上有大量的食用菌外，可偶然发现有毒种类混入其中，如铅紫粉孢牛肝菌（*Tylopilus plumbeoviolaceoides* Li, Song & Shen）、棕绿粉孢牛肝菌［*T. virens*（Chiu）Hongo］、皂味口蘑［*T. saponaceum*（Fr.）Kumm.］、细网牛肝菌（*Boletus satanas* Lenzl.）。

大型真菌地域性分布较强，为便于给出西南大型真菌资源的整体概貌，下面分几个重点区予以阐述：

（1）川西、滇西北高山草甸、高山箭竹林和寒温性针阔叶林区

此区包括滇西北部以西藏东南为界，东部与缅甸国界为限，包括迪庆藏族自治州、大理白族自治州、德宏傣族景颇族自治州、丽江市、保山市、楚雄彝族自治州的高山部分；四川北部以青海为限，东界以岷山、贡嘎山，包括阿坝藏族羌族自治州、甘孜藏族自治州和凉山彝族自治州以及邻近高山、亚高山地区。

在高山草甸及林缘草地海拔3 600～4 200m或以上生长着著名的冬虫夏草（*Cordyceps sinensis*（Berk.）Sacc.）、阔孢虫草（*C. crassispora* Zang, Yang et Liu）、糙表虫草（*C. aspera* Patouillard）。这些都是虫生真菌，虫体及子座均可入药。分布于东非及亚洲的戈茨肉球菌（*Engleromyces goetzii* Henn.）（Yang, 2005）、竹黄（*Shiraia bambuscola* Henn.）、竹生亚肉座菌［*Hypocrella bambusae*（Berk. & Br.）Sacc.］和细孢亚肉球菌（*H. tenuispora* Liu & Li）常发生在海拔3 200m 以上的高山箭竹类植物体上（Liu, et al, 2001；王向华等，2004）。

在高山寒温性针阔叶林区阳坡、半阳坡以高山栎、黄被栎种类最为丰富，阴坡、半阴坡分布着云杉、冷杉、落叶松、高山杜鹃等为主要树种。林下分布我国特有的网盖金牛肝菌（*Aureoboletus reticuleoceps* Zang, Gong & Yuan）、广义美味牛肝菌（*Boletus edulis* sensu Chui）、灰黑拟牛肝菌［*Boletopsis grisea*（Peck）Bondartse & Sing.］、形似红菇的红菇湿伞［*Hygrophorus russula*（Schaeff.：Fr.）Quél.］、立木枯桩着生的香菇［*Lentinula edodes*（Berk.）Pegler］、香味独特的簇扇菌［*Polyozellus multiplex*（Underw.）Murrill］和紫丁香蘑［*Lepista nuda*（Bull.：Fr.）Cooke］、大片丛生至簇生的荷叶离褶伞（冷菌）［*Lyophyllum decastes*（Fr.：Fr.）Singer］、美味而常见的喜山罗鳞伞［*Rozites emodensis*（Berk.）Moser］。誉满全球的松口蘑及其家族成员，如松茸［*Tricholoma matsutake*（Ito & Imai）Singer］、假松茸（*T. bakamatsutake* Hongo）、粗壮口蘑［*T. robostum*（Alb. & Show.：Fr.）Rick.］、黄褐口蘑（T. fulvocastaneum Hongo）等主要分布在川西、滇西北、黔东北一带，在这一带向南延伸也可发现它们的踪迹。它们不但是美味的食用或兼药用的野生真菌，而且绝大多数是林木的重要菌根真菌，在森林生态系统中维持生态平衡方面具有不可忽视的作用，是本区域具有代表性的主要常见成员。

（2）滇中和黔西高原区及滇黔石灰山（喀斯特）地区

这一地区主要由裸露、半裸露喀斯特地貌或以喀斯特石灰岩发育形成的土壤为主，海拔1 600～

3 200m。同时在气候及植被的综合作用下，发育着各种森林土壤类型，并反映出山地土壤垂直分布的特征。一般情况下云南松林下为山地红壤带，土壤肥力较高。半湿润常绿阔叶林下为山地黄棕壤带。湿性常绿阔叶林及硬叶常绿阔叶林下为山地棕壤带。海拔3 200m以上亚高山顶部灌丛草甸植被下，有机质积累少，土层较薄，形成亚高山灌丛草甸土。分布硬叶栎类和硬叶常绿阔叶林树种、半湿润常绿阔叶林、针叶林，从北到南分布有云南松、华山松、马尾松林带湿性常绿阔叶林、硬叶常绿阔叶林带，有云杉、冷杉为主的亚高山暗针叶林带，间有杜鹃黄背栎萌生灌丛等。

在这些植被林下主要分布梭柄菇[*Catathelasma ventricosum* (Peck) Singer]、紫丝膜菌(*Cortnarius purpurascens* Fr.)、松乳菇[*Lactarius deliciousus*(L.:Fr.)Gray]、红汁乳菇(*L. hatsudake* Tanaka)、稀褶乳菇(*L. hygrophoroides* Berk. & Curt.)、远东瘤柄牛肝菌[*Leccinum extremeiorientale*(L. Vass.)Sing.]、虎皮牛肝菌[*Suillus pictus*(Peck.)Sm. & Thiers]、小鸡油菌(*Cantharellus minor* Peck)、金黄喇叭菌(*Craterellus aureus* Berk. & Curt.)、喇叭菌[*Gomphus flousccos*(Schw.)Singer]、玉蕈离褶伞(九月菇)[*Lyophyllum shemeji*(Kawam.)Hongo]、朱细丛枝瑚菌(*Ramaria rubricattenuipes* Petersen & Zang)、红柄丛枝瑚(*R. sanguineipes* Petersen & Zang)，以及东亚特有的香气浓郁的香肉齿菌[*Sarcodon aspratum*(Berk.)Ito](刘培贵等，1992、1998；王向华等 2004)。云南各族人们最喜爱的干巴菌(革菌)，其中包括了干巴革菌(*Thelephora ganjun* Zang)和莲座革菌(*T. vialis* Schwein.)等。特别值得一提的是被誉为“厨房里的黑砖石”的块菌。块菌是目前国际食用菌市场上价值最昂贵的食用菌，其中印度块菌(*Tuber indicum* Cooke & Massee=*T. sinense* K. Tao & B. Liu、*T. formosanum* H. T. Hu、*T. himalayense* B. C. Zhang & Minter)、假喜马拉雅块菌(*T. pseudohimalayense* G. Moreno et al. =*T. pseudo-excavatum* Y. Wang, et al.)自然产量高，年均出口量达300余吨，供不应求。近年来由于连续采集，自然产量明显下降。还有可以栽培的裂褶菌(*Schizophyllum commune* Fr.)和有毒的圆花孢牛肝菌[*Heimiella retispora*(Pat. & Baker)Boedijn]等。

(3)大巴山脉和四川盆地地区

该区泛指岷江以东四川境内的广大地区，这是我国著名的巴蜀盆地，北高南低，海拔较低(300～600m)，属于农业发达区域。除了次生松林下盛产的松乳菇[*Lactarius deliciosus*(L.:Fr.)Gray]雨季大量上市外，由于盆地具备发展食用菌栽培的优越条件，成为栽培食用菌的重要区域，诸如木耳(*Auricularia auricula*)、银耳(Temella fuciformis Berk.)、双孢蘑菇(*Agaricus bisporus*)和冬季栽培的金针菇(*Flammulina velutipes*)，还有四季栽培的蜜环菌(*Armillariella mellea*)、在竹林中大量栽培的多种竹荪(*Dictyophora*)。

(4)热带雨林区及邻近热带区域的石灰山地区

这一地区主要包括北回归线附近及其以南的区域，主要是临沧、普洱市、文山一线以南的区域。文山红河一线以裸露的喀斯特地貌为主的季雨林，西双版纳则以热带北缘较典型的热带雨林为主，大型真菌种类最为丰富。在这一带比较常见的有深褐牛肝菌(*Boletus obscureumbrinus* Hongo)、细柄丝膜菌[*Cortinarius tenuipes*(Hongo)Hongo]、灰黑喇叭菌(*Craterellus cornucopiaoides* var. *pavisporus* Heinem.)、红榛色蜡伞(*Laccaria vinaceoavellanea* Hongo)、多皱乳菇(*Lactarius rugatus* Kuhner & Romagn)、辣味乳菇[*L. piperatus* (L.:Fr.)Pers.]，特别需要注意的是稀褶红菇[*Russula nigricanns*(Bull.)Fr.]是该区域常见的食用菌，极易和毒菌亚稀褶红菇(*R. subnigricanns* Hongo)混淆，前者菌肉伤后先变粉红，后变黑。在西双版纳及其周边市场大量出现的灰肉红菇(*Russula griseocarnosa* Wang, Yang & Knudsen)，曾被误定为*R. vinosa*，其显著特征幼嫩时菌肉即为灰黑色，是一种重要的食用菌，受到普遍关注(王向华等，2004、2009)，成为思茅及版纳热带标志性菌根食用菌，是一个很有开发前景的野生食用菌；还有亚洲丛枝瑚菌[*Ramaria asiatica*(Petersen & Zang)Petersen]、蓝顶丛枝瑚菌[*R. cyanocephala*(Berk. & Curt.)Corner]、刺孢扁枝瑚菌[*Scitynopogen echinosporus*(Berk. & Broome)Corner]、橘色硬皮马勃(*Scleroderma citrinum* Pers.)，以及可以人工驯化栽培的鳞盖斗菇[*Lentinus squarrosulus*(Mont.)Sing.]。最为典型的是亚洲、非洲热带区系与热带白蚂蚁和谐共处的蚁巢菌属(*Termitomyces*)的类群，如蚁巢菌[*T. eurrhizus*(Berk.)Heim]、盾尖蚁巢菌(*T. clypeatus* Heim)、球根蚁巢菌(T. bulborhizus T. Z. Wei, Y. J. Yao, B. Wang & Pegler)、白蚁谷堆蚁巢菌(*T. heimii* Natarajan)、端圆蚁巢菌(*T. tyleranus* Otieno)。它们不但味美鲜嫩，具有颇高的食用价值，而且还是研究动物与真菌协同进化的难得材料。然而至今蚂蚁与真菌生态关系及其机制仍不清楚。此外，云南人情有独钟的革菌(干巴菌类)在热带区域也有它们的替代种,如偶在滇中市场见到的,而在版纳一带较为常见的橙黄革菌(*Thelephora aurantiotincta* Corner)和日本革菌(*T. japonica* Yasuda ex Llooyd),但食性逊于滇中一带的干巴菌。

二、华南大型食用真菌资源

华南包括广东省、海南省、广西壮族自治区、福建省中南部、台湾、香港、澳门等地区。该地区地形由西向东南缓降,地貌以丘陵为主体,植被类型以热带、亚热带植被类型为主,由南至北,分为热带常绿季雨林、南亚热带常绿阔叶林和中亚热带常绿阔叶林。从低到高,还呈现出山地垂直分布特点。华南地区良好的自然环境、多样化的植被类型和丰富的植物类群为孕育丰富的真菌资源特供了重要的自然条件,其物种多样性仅次于我国真菌资源最为丰富的西南地区。在华南已知的野生真菌资源中,可食用的种类已逾400多种,已进行人工栽培的达50余种(毕志树等,1986、1986、1987、1990、1994、1997;黄年来,1978、1978、1988、1998;卯晓岚,2000;吴兴亮,2004、2004;吴兴亮和戴玉成,2005;赵继鼎和张小青,2000)。华南野生食用菌资源种类虽多,但自然产量小,能形成批量商品的野生食用菌种类相当少,市场上所见的野生食用菌大部分来自我国西南和东北地区。

1. 华南食用真菌资源的生物地理学特点

关于华南食用真菌的生物地理学研究十分匮乏,但从已知的食用真菌种类(及其他大型真菌种类)资源分析,华南地区食用真菌区系与我国西南食用菌区系有较密切的联系,多样性程度相似、共有种类也相当多,如蚁巢伞(鸡纵)属(*Termitomyces* R. Heim)种类。华南食用菌区系与我国东北、西北及华北食用菌区系有较大的差别,后者虽然也有许多相同的食用菌种类,但其多样性程度远比华南地区低。另外,笔者根据国内现有的标本资料显示,华南地区有不少大型真菌种类与以马来西亚为代表的东南亚大型真菌有较大的相关性,如在马来西亚等热带地区十分丰富的斗菇属(*Lentinus* Fr.)和革耳属(*Panus* Fr.)种类,在华南地区也十分丰富。其中的巨大革耳(巨大香菇、猪肚菇)[*Panus giganteus*(Berk.)Corner],也是首先在华南地区发现和驯化成功的,它在华南地区森林中十分常见。当华南和东南亚相关的大型真菌种类的可食用性被证明之后,可显示出这两个地区的食用菌资源有较强的生物地理学关系。

华南地区的野生食用真菌主要发生在常绿阔叶林、针阔叶混交林及针叶林中;少部分发生在灌丛、草地、农田及庭院。华南很少或基本没有较大面积的草原、荒漠和沼泽,因而发生在这些植被类型中的食用真菌种类极少甚至没有发现。

图3－27 广东省微生物研究所人工培养的巨大革耳(猪肚菇)标本

2. 华南重要食用真菌资源及与植被类型的关系

(1)灵芝科资源

灵芝是很重要的食药两用真菌类群,具有很好的保健(或食疗)作用。在华南各地群众都有采集灵芝的传统习惯,食用方式主要为单独煮水或与其他食物合用煮汤饮用。我国灵芝科种类已逾百种(吴兴亮和戴玉成,2005;赵继鼎和张小青,2000;周文能和张东柱,2005)。根据王冬梅等的研究(Wang, et al, 2005),排除几个异名后,华南地区已报道的灵芝科种类近90种,占全国已知种类的80%以上。由此可见,华南地区是现代灵芝科物种资源的分布中心。

在华南各地民间,灵芝属(*Ganoderma* P. Karst.)的种类作为"灵芝"笼统使用。该属在华南地区有68种(Wang, et al, 2005;吴兴亮和戴玉成,2005;赵继鼎和张小青,2000;周文能和张东柱,2005),比较著名的种类有树舌灵芝[*G. applanatum*(Pers.)Pat.]、南方灵芝[*G. australe*(Fr.)Pat.]、灵芝[*G. lucidum*(Curtis)P. Karst.]、紫芝(*G. sinense* J. D. Zhao, L. W. Hsu & X. Q. Zhang)、热带灵芝[*G. tropicum*(Jungh.)Bres.]和松杉灵芝(*G. tsugae* Murrill)等。华南假芝属(*Amauroderma* Murrill)的种类有19种,但至今已知有较明确利用价值的种类只有皱盖假芝[*A. rude*(Berk.)Torrend]、假芝[*A. rugosum* (Blume & T. Nees)Torrend]和黑肉假芝(黑假芝)(*A. nigrum* Rick)等3种。此外,灵芝科其他属中子实体表面具漆样光泽的成员也常混杂于灵芝属种类

中作灵芝销售和使用，包括长柄鸡冠孢芝[*Haddowia longipes* (Lév.) Steyaert]、咖啡网孢芝[*Humphreya coffeata* (Berk.) Steyaert]、福建假芝(*A. fujianense* J. D. Zhao, L. W. Hsu & X. Q. Zhang)、广西假芝(*A. guangxiense* J. D. Zhao & X. Q. Zhang)、弄岗假芝(*A. longgangense* J. D. Zhao & X. Q. Zhang)、二孢假芝[*A. subresinosum* (Murrill) Corner]等。

华南地区灵芝科的特有资源非常丰富。以华南作为模式产地的种类有26种，包括黑灵芝(*G. atrum* J. D. Zhao, L. W. Hsu & X. Q. Zhang)、闽南灵芝(*G. austrofujianense* J. D. Zhao, L. W. Hsu & X. Q. Zhang)、坝王岭灵芝(*G. bawanglingense* J. D. Zhao & X. Q. Zhang)、喜热灵芝(*G. calidophilum* J. D. Zhao, L. W. Hsu & X. Q. Zhang)、琼中灵芝(*G. chiungchungense* X. L. Wu)、密纹灵芝(*G. crebrostriatum* J. D. Zhao & L. W. Hsu)、大青山灵芝(*G. daiqingshanense* J. D. Zhao)、密环灵芝(*G. densizonatum* J. D. Zhao & X. Q. Zhang)、吊罗山灵芝(*G. diaoluoshanense* J. D. Zhao & X. Q. Zhang)、桂南灵芝(*G. guinanense* J. D. Zhao & X. Q. Zhang)、海南灵芝(*G. hainanense* J. D. Zhao, L. W. Hsu & X. Q. Zhang)、尖峰岭灵芝(*G. jianfenglingense* X. L. Wu)、黎母山灵芝(*G. limushanense* J. D. Zhao & X. Q. Zhang)、黄边灵芝(*G. luteomarginatum* J. D. Zhao, L. W. Hsu & X. Q. Zhang)、大孔灵芝(*G. magniporum* J. D. Zhao & X. Q. Zhang)、墨江灵芝(*G. meijiangense* J. D. Zhao)、奇绒毛灵芝(*G. mirivelutinum* J. D. Zhao)、重伞灵芝(*G. multipileum* Ding Hou)、小马蹄灵芝(*G. parviungulatum* J. D. Zhao & X. Q. Zhang)、多分枝灵芝(*G. ramosissimum* J. D. Zhao)、大圆灵芝(*G. rotundatum* J. D. Zhao, L. W. Hsu & X. Q. Zhang)、三明灵芝(*G. sanmingense* J. D. Zhao & X. Q. Zhang)、紫芝(*G. sinense* J. D. Zhao, L. W. Hsu & X. Q. Zhang)、茶病灵芝(*G. theaecolum* J. D. Zhao)、三角状灵芝(*G. triangulatum* J. D. Zhao & L. W. Hsu)和马蹄状灵芝(*G. ungulatum* J. D. Zhao & X. Q. Zhang)等。它们几乎都是华南(及华南附近)所特有的种类。

华南灵芝资源在灵芝开发利用研究及实际应用方面起到了非常重要的作用。华南的热带灵芝、重伞灵芝和南方灵芝十分常见；在广西、粤北等地，野生紫芝产量十分可观；其他的灵芝属种类和子实体表面具漆样光泽的鸡冠孢芝、网孢芝和假芝也往往作为“灵芝”采集、销售和利用，合起来的产量也相当可观。另外，世界最早的灵芝栽培菌种也来自华南的野生灵芝。早在20世纪50年代后期，邓叔群从福建中部采集灵芝并指导纯种分离，成功进行人工栽培试验。目前，广东省微生物研究所真菌标本馆仍保存着多份50年代由邓庄栽培的灵芝标本。

图3-28　人工栽培的灵芝标本

随着近年来对野生灵芝需求不断增大，加上人为的商业化炒作，华南野生灵芝资源正日渐减少。特别是在海南和广西的一些地区有人高价收购各种灵芝，这对这些资源造成极大的破坏和威胁。灵芝资源保护工作亟需加强。

华南的灵芝科种类主要发生在常绿阔叶林中，部分发生在混交林、灌丛及针叶林中有腐木的地方。有些灵芝种类对基物的植物种类有一定的偏好，如热带灵芝与重伞灵芝在长有台湾相思树的地方最为常见。

(2)虫草属资源

虫草属真菌也有不少种类具有重要食、药两用价值，华南的虫草种类资源也相当丰富。我国已知的虫草属种和变种共有131种，分布于华南地区的有68种(梁宗琦，2007；宋斌等，2006)。其中的蛹虫草[*Cordyceps militaris* (L.) Link]、蝉花虫草[*C. cicadae* (Miq.) Massee]、蚁窝虫草(蚁虫草)[*C. formicarum* Kobayasi]、古尼虫草[*C. gunnii* (Berk.) Berk.]、霍克斯虫草(*C. hawkesii* Gray)、九州虫草(*C. kyusyuensis* A. Kawam.)、珊瑚虫草(*C. martiarlis* Speg.)、垂头虫草(*C. nutans* Pat.)、大团囊虫草[*C. ophioglossoides* (Ehrh.) Link]、蛾蛹虫草(蛾蛹草)(*C. polyarthra* Z. Q. Liang & A. Y. Liu)、蜂头虫草[*C. sphecocephala* (Klotzsch ex Berk.) Berk. & M. A. Curtis]等均可以食药用。蛹虫草已在华南地区进行规模化商业栽培生产。另外，近年在华南新发现并于2008年发表的一个虫草新种——广东虫草(*C. guangdongensis* T. H. Li, Q. Y. Lin & B. Song)(Lin, et al, 2008)，经有关部门检测证明是一种新型无毒的食用菌，其虫草酸、虫草素、腺苷等活性成分均高于冬虫夏草和蛹虫草，极具开发价值，已经被驯化栽培成功，正在开发生产中。它是目前已知广东特有的种类。

尽管并非每种虫草都可以食用，但笔者认为，在众多食用性未明的虫草种类中，仍有不少可供食用的新品种有待研究和发现，它们有着重要的潜在应用价值。同时也必须指出，虫草属的个别种类有毒，利用时须加以注意。如江西虫草（*C. jiangxiensis* Z. Q. Liang，A. Y. Liu & Yong C. Jiang），俗称草木王，外用可解蛇毒，但忌内服，有较强毒性。

图 3—29 人工栽培的广东虫草

华南的虫草属种类主要发生在常绿阔叶林下，特别是比较阴暗潮湿的地方，部分发生在混交林、灌丛或竹林中，在针叶林中发生较少。

（3）蚁巢伞菌资源

在我国有明确分布的蚁巢伞属种类有 13 种，华南有 8 种，它们全部是美味的食用菌，包括球根蚁巢伞（*Termitomyces bulborhizus* T. Z. Wei，Y. J. Yao，B. Wang & Pegler）、盾形蚁巢伞（*T. clypeatus* R. Heim）、黑盖蚁巢伞（*T. entolomoides* R. Heim）、真根蚁巢伞［*T. eurrhizus*（Berk.）R. Heim］、中型蚁巢伞（*T. medius* R. Heim & Grassé）、小果蚁巢伞（鸡纵花）［*T. microcarpus*（Berk. & Broome）R. Heim］、粗柄蚁巢伞［*T. robustus*（Beeli）R. Heim］和条纹白蚁伞［*T. striatus*（Beeli.）R. Heim］。在华南，荔枝树下白蚁巢长出蚁巢伞的现象较常见，被当地人称为“荔枝菌”。又因其味道鲜美如鸡肉，又称为“鸡肉菌”。

蚁巢伞属的种类全部长于白蚁巢上或白蚁路上，与白蚁种类有一定的生态相关性。华南地区高温高湿，白蚁十分常见，蚁巢伞也相当常见。在有白蚁发生的森林（主要为阔叶林或针阔叶混交林）、公园、果园，甚至一般的庭院中都有可能出现。

（4）侧耳属资源

华南地区侧耳属［*Pleurotus*（Fr.）P. Kumm.］有 13 种。它们都可以食用，大多数为栽培种，如鲍鱼侧耳（鲍鱼菇）（*P. abalonus* Y. H. Han，K. M. Chen & S. Cheng）、短柄侧耳［*P. anserinus*（Berk.）Sacc.］、白黄侧耳（*P. citrinopileatus* Singer）、金顶侧耳（*P. citrinopileatus* Singer）、泡囊侧耳（*P. cystidiosus* O. K. Mill.）、杏鲍菇［*P. eryngii*（DC.）Gillet］、真线侧耳［*P. eugrammus*（Mont.）Dennis］、阿魏侧耳（阿魏蘑）［*P. ferulae*（Lanzi）X. L. Mao］、扇形侧耳［*P. flabellatus*（Berk. & Broome）Sacc.］、秀珍菇（*P. geesterani* Singer）、糙皮侧耳［*P. ostreatus*（Jacq.）Kumn.］、红侧耳［*P. djamor*（Rumph. ex Fr.）Boedijn］、肺形侧耳（凤尾菇）［*P. pulmonarius*（Fr.）Quél.］、粉红侧耳（*P. rhodophyllus* Bres.）等。

糙皮侧耳等栽培食用菌也常见于野外腐木上。其他的野生种类还有白侧耳［*P. albellus*（Pat.）Pegler］、贝盖侧耳［*P. calyptratus*（Lindblad）Sacc.］、木生侧耳［*P. lignatilis*（Pers.）P. Kumm.］和小白侧耳［*P. limpidus*（Fr.）Sacc.］。人工栽培的侧耳可长于纤维质较丰富或木质的基物上。野生状态下，它们也常长于阔叶林的腐木上或草堆上。采集野生侧耳种类时，要注意与外形相似但有毒的月夜菌［*Omphalotus japonicus*（Kawam.）Kirchm. & O. K. Mill.］的区别。

（5）牛肝菌类资源

华南地区牛肝菌类包括牛肝菌目下的桩菇（*Paxillus* Fr.）、褶孔牛肝菌（*Phylloporus* Quél.）和铆钉菇（*Gomphidius* Fr.）等，种类相当丰富。已报道的种类约有 240 种，约占我国已知种类的 60%。据记载，可食用的种类多达 110 多种。

华南牛肝菌属（*Boletus* L.）可食用的种类有 35 种左右，其中包括著名的铜色牛肝菌（*B. aereus* Bull.）、美味牛肝菌（*B. edulis* Bull.）、双色牛肝菌（*B. bicolor* Peck）、褐盖牛肝菌（*B. brunneissimus* W. F. Chiu）、灰牛肝菌［*B. griseus*（Quél.）Sacc. & D. Sacc.］、华丽牛肝菌（*B. magnificus* W. F. Chiu）、金柄牛肝菌（*B. ornatipes* Peck）、华美牛肝菌（*B. speciosus* Frost）、紫牛肝菌（*B. violaceofuscus* W. F. Chiu）等；还有在海南产量较大的金红牛肝菌（*B. rufoaureus* Massee）。

华南圆孔牛肝菌属（*Gyroporus* Quél.）可食用的种类有 5 种：暗紫圆孔牛肝菌［*G. atroviolaceus*（Höhn.）E. J. Gilbert］、褐丛毛圆孔牛肝菌（*G. brunneofloccosus* T. H. Li，W. Q. Deng & B. Song）、蓝圆孔牛肝菌［*G. cyanescens*（Bull.）Quél.］、褐圆孔牛肝菌［*G. castaneus*（Bull.）Quél.］和紫褐圆孔牛肝菌［*G. purpurinus*（Snell）Singer］。其中褐圆孔牛肝菌最为常见，褐丛毛圆孔牛肝菌迄今已知仅见于广东。

华南乳牛肝菌属（*Suillus* Gray）可食用的有

15 种，包括乳牛肝菌[*S. bovinus*(Pers.)Roussel]、点柄乳牛肝菌[*S. granulatus*(L.)Roussel]、厚环乳牛肝菌[*S. grevillei*(Klotzsch)Singer]、褐环乳牛肝菌[*S. luteus*(L.)Roussel]、虎皮乳牛肝菌[*S. pictus*(Peck.)A. H. Sm. & Thiers]、白黄乳牛肝菌[*S. placidus*(Bonord.)Singer]、亚黄乳牛肝菌[*S. subaureus*(Peck)Snell]和亚褐环乳牛肝菌[*S. subluteus*(Peck.)Snell]等。

华南疣柄牛肝菌属(*Leccinum* Gray)可食用的种类有 10 种，其中非常美味的种类有橙黄疣柄牛肝菌[*L. aurantiacum*(Bull.)Gray]、黄皮疣柄牛肝菌[*L. crocipodium*(Letell.)Watl. = *L. nigrescens*(Richon & Roze)Singer]、远东疣柄牛肝菌[*L. extremiorientale*(Lar. N. Vassiljeva)Singer]和褐疣柄牛肝菌[*L. scabrum*(Bull.)Gray]等。

华南地区粉孢牛肝菌属(*Tylopilus* P. Karst.)的种类相当丰富，但不少种类的可食用性并不明确，甚至还有许多未能命名的种类。文献记载可食用的种类有黑盖粉孢牛肝菌[*T. alboater*(Schwein.)Murrill]、绿盖粉孢牛肝菌[*T. chromapes*(Frost)A. H. Sm. & Thiers]、紫盖粉孢牛肝菌[*T. eximius*(Peck)Singer]、红褐粉孢牛肝菌[*T. ferrugineus*(Frost)Singer]、褐粉孢牛肝菌[*T. indecisus*(Peck.)Murrill]、铅紫粉孢牛肝菌[*T. plumbeoviolaceus*(Snell & E. A. Dick)Snell & E. A. Dick]、绿盖粉孢牛肝菌[*T. virens*(W. F. Chiu)Hongo]等 7 种。食用这些牛肝菌时务必审慎区别。

华南绒盖牛肝菌属(*Xerocomus* Quél.)的可食种类有 13 种，如淡棕绒盖牛肝菌[*X. alutaceus*(Morgan)E. A. Dick & Snell]、褐绒盖牛肝菌[*X. badius*(Fr.)Kühner]、红绒盖牛肝菌[*X. chrysenteron*(Bull.)Quél.]、粉状绒盖牛肝菌[*X. pulverulentus*(Opat.)E. J. Gilbert]、朱红绒盖牛肝菌[*X. rubellus*(Krombh.)Quél.]、亚绒盖牛肝菌[*X. subtomentosus*(L.)Quél.]等。

此外，华南可以食用的牛肝菌类中还有一些其他种类。孢子有纹饰的牛肝菌类群中可食的种类近 10 种，如金色条孢牛肝菌[*Boletellus chrysenteroides*(Snell)Snell]、木生条孢牛肝菌[*B. emodensis*(Berk.)Singer]、棱柄条孢牛肝菌[*B. russellii*(Frost)E. J. Gilbert]、混淆松塔牛肝菌[*Strobilomyces confusus* Singer]、绒柄松塔牛肝菌[*S. floccopus*(Vahl)P. Karst.]、光盖松塔牛肝菌[*S. glabriceps* W. F. Chiu]、红孢牛肝菌(*Porphyrellus pseudoscaber* Secr. ex Singer)等。其他可食的种类还有网柄粉末牛肝菌[*Pulveroboletus retipes*(Berk. & M. A. Curtis)Singer]、玉红牛肝菌[*Rubinoboletus ballouii*(Peck)Heinem. & Rammeloo]、黄孢绒盖牛肝菌[*Xanthoconium affine*(Peck)Singer]等。

华南牛肝菌目中具菌褶状子实层体，并且可以食用的种类有 10 余种，如铆钉菇属的 3 个种，即斑点铆钉菇[*Gomphidius maculatus*(Scop.)Fr.]、玫红铆钉菇[*G. roseus*(Fr.)Fr.]和血红铆钉菇[*G. rutilus*(Schaeff.)S. Lundell]；桩菇属的卷边桩菇[*Paxillus atrotomentosus*(Batsch)Fr.]，据记载可以食用，但要注意该属有几个有毒种类需加以区别；拟蜡伞属[*Hygrophoropsis*(J. Schröt.)Maire ex Martin-Sans]的金黄拟蜡伞[*H. aurantiaca*(Wulfen)Maire]，据记载可以食用；褶孔牛肝菌属[*Phylloporus* Quél.]中有 6 个种和变种，均有人采食，其中美丽褶孔牛肝菌[*P. bellus*(Massee)Corner]较常见。

虽然华南地区的牛肝菌种类非常丰富，但产量往往不大。一些乳牛肝菌的种类自然产量相对较大些，但该属的食用种类食用性不佳，有些还带有些酸味，甚至食后容易引起肠胃不适，食用前需经热水漂洗等处理。华南地区也有一些有毒的牛肝菌种类，利用时需要认真区分。如红色有毒的网孢牛肝菌(*Heimiella retispora*(Pat. & C. F. Baker)Boedijn)和近网孢牛肝菌[*H. subretispora* Corner]有可能与某些可食用的红色牛肝菌(*Boletus* spp.)相混淆。

目前华南各类牛肝菌还没有人工栽培，均为野生种类，多数与相应的植物形成外生菌根关系。食用牛肝菌中的牛肝菌属、圆孔牛肝菌属、疣柄牛肝菌属、褶孔牛肝菌属等种类主要发生在常绿阔叶林下，部分发生在针阔叶混交林、灌丛或竹林中，在针叶林中较少发生。乳牛肝菌的种类严格地生长在针叶林(主要为松树林)下，或长在混交林中的针叶树附近。松塔牛肝菌属(*Strobilomyces* Berk.)的种类在混交林、阔叶林及针叶林中均可生长。

(6)红菇科资源

红菇科(Russulaceae Lotsy)是野生食用菌中的又一大类群，在华南地区已知有 70 余种，其中红菇属(*Russula* Pers.)有 61 种，乳菇属(*Lactarius* Pers.)有 9 种。

可食用的红菇主要包括尖褶红菇(*Russula acrifolia* Romagn.)、烟色红菇[*R. adusta*(Pers.)Fr.]、铜绿红菇(*R. aeruginea* Fr.)、白红菇(*R. albida* Peck)、革质红菇[*R. alutacea*(Fr.)Fr.)、怡红菇[*R. amoena* Quél.]、红斑黄菇[*R. aurata*(With.)Fr.]、短柄红菇(*R. brevipes* Peck)、矮狮

红菇[*R. chamaeleontina*(Lasch)Fr.]、短孢黄绿红菇(*R. chloroides* var. *parvispora Romagn.*)、蓝黄红菇[*R. cyanoxantha*(Schaeff.)Fr.]、蓝黄红菇彼特卢变型(梨菇)(*R. cyanoxantha* f. *peltereaui* Singer)、美味红菇(*R. delica* Fr.)、密褶红菇(*R. densifolia* Secr. ex Gillet)、山毛榉红菇(*R. faginea* Romagn.)、乳白色红菇[*R. galochroa*(Fr.)Fr.]、棉粒红菇(*R. granulate* Peck)、异褶红菇[*R. heterophylla*(Fr.)Fr.]、全缘红菇[*R. integra*(L.)Fr.]、白菇[*R. lactea*(Pers.)Fr.]、鳞盖红菇[*R. lepida* Fr.]、淡紫红菇(*R. lilacea* Quél.)、纯黄红菇[*R. lutea*(Huds.)Gray]、厚皮红菇(*R. mustelina* Fr.)、黑红菇[*R. nigricans*(Bull.)Fr.]、黄白红菇[*R. ochroleuea*(Pers.)Fr.]、青黄红菇[*R. olivacea*(Schaeff.)Fr.]、沼泽红菇(*R. paludosa* Britzelm.)、美红菇(*R. puellaris* Fr.)、红色红菇(*R. rosea* Quél.)、朱红菇[*R. rubra*(Fr.)Fr.]、细皮囊体红菇(*R. velenovskyi* Melzer & Zvára)、菱红菇(*R. vesca* Fr.)、多隔皮囊体红菇(*R. veternosa* Fr.)、葡萄酒红菇(*R. vinosa* Lindblad)、变绿红菇(绿菇、青头菌)[*R. virescens*(Schaeff.)Fr.]、黄色红菇[*R. xerampelina*(Schaeff.)Fr.]等。此外,红菇属中的akaha粉柄红菇(*R. farinipes* Romell)、臭红菇[*R. foetens*(Pers.)Pers.]、拟臭红菇(*R. laurocerasi* Melzer)、点柄黄红菇(*R. senecis* S. Imai)等略带毒性或有不快气味的种类在华南地区也相当常见,也有部分群众用热水漂洗等方法去毒处理后食用,但食用并不普遍。

可食用的华南乳菇属种类包括橙红乳菇(*Lactarius akahatsu* Nobuj. Tanaka)、浓香乳菇[*L. camphorates*(Bull.)Fr.]、黄汁乳菇(*L. chrysorrheus* Fr.)、皱皮乳菇(*L. corrugis* Peck)、松乳菇[*L. deliciosus*(L.)Gray]、脆乳菇[*L. fragilis*(Burl.)Hesler & A. H. Sm.]、红汁乳菇(*L. hatsudake* Nobuj. Tanaka)、窝乳菇[*L. lacunarum*(Romagn.)J. E. Lang]、细质乳菇[*L. mitissimus*(Fr.)Fr.]、多汁乳菇[*L. volemus*(Fr.)Fr.]。红汁乳菇在粤北及广西等山地林区是最受欢迎的食用乳菇种类。

红菇科的种类大多与相应的植物形成菌根关系。华南及其邻近地区红菇属中的食用真菌大多生长在阔叶林及混交林,尤其是壳斗科(Fagaceae)植物的林中地上。在广东、广西、福建等的一些地区,可食用的"红菇"有较大的产量,当地群众有采食的习惯,并有鲜菇或干菇商品在市场上出售。华南乳菇属的红汁乳菇、松乳菇等几种产量较大的食用真菌主要生长在针叶林及针阔叶树混交林地上;其他的食用乳菇种类,如多汁乳菇、细质乳菇、黄汁乳菇等生长在阔叶林及混交林地上。

值得提醒的是,红菇科的一些种类有毒,不要随意采食。如生长在粤北山区的亚稀褶红菇(亚稀褶黑菇、亚黑红菇)(*Russula subnigricans* Hongo)是一种致命的毒蘑菇,它与可食用的黑红菇[*Russula nigricans*(Bull.)Fr.]十分相似。区别在于前者菌肉受伤时变红而不变黑,菌褶较密;后者菌肉受伤时先变红后变黑,菌褶厚而稀疏。亚稀褶红菇是我国湖南省最常见的致命毒蘑菇种类之一。在红色的种类中,毒红菇[*Russula emetica*(Schaeff.)Pers.]等有毒的种类与可食用的红色红菇相似,需特别注意区分。另外,红菇科的种类多为树木的外生菌根菌,可从有毒植物附近的树根吸收毒素,因此有毒植物附近的食用真菌种类也不能食用。

(7)鹅膏属资源

华南地区鹅膏属(*Amanita* Pers.)种类也较为丰富,有52个种。明确可食的不多,有毒的种类或食用性未明的种类占多数(杨祝良,2005)。据记载,可食用的种包括红黄鹅膏[(*A. hemibapha*(Berk. & Broome)Sacc.]、金疣鹅膏(*A. inaurata* Secr.)、隐花青鹅膏(*A. manginiana* Har. & Pat.)、新卵孢鹅膏(*A. neoovoidea* Hongo)、雪白鹅膏菌(*A. nivalis* Grev.)、厚环鹅膏(*A. pachycolea* D. E. Stuntz)、中华鹅膏(*A. sinensis* Zhu L. Yang)、褐黄鹅膏[*A. umbrinolutea*(Secr. ex Gillet)Bertill.]和灰鹅膏[*A. vaginata*(Bull.)Lam.]等10多种。

中华鹅膏在粤西及邻近的广西等地十分受欢迎。由于它每年多产于广东西江洪水泛滥季节,因而又叫"西水菌"。在西南地区非常受欢迎的美味食用真菌红黄鹅膏在华南地区产量较小,懂得食用方法的人不多。鹅膏属有毒种类很多,且十分常见,与一些可食用的鹅膏菌十分相似,是华南地区重大毒蘑菇中毒事件的主要毒菌类群,应特别警惕。华南地区最容易误食的剧毒鹅膏种类有致命鹅膏(*Amanita exitialis* Zhu L. Yang & T. H. Li)和灰花纹鹅膏(*A. fuliginea* Hongo)等。假褐云斑鹅膏(*A. pseudoporphyria* Hongo)和格纹鹅膏[*A. fritillaria*(Berk.)Sacc.]在华南地区虽然也有人采食。但研究表明,它们含有微量鹅膏肽类毒素(陈作红等,2003),也不宜食用。

华南鹅膏属的食用真菌多生长在阔叶林及混交林地上,其中最受欢迎的中华鹅膏常生长于有松树的树林中,它们多与相应的植物形成菌根关系。

图 3－30　中华鹅膏

(8)草菇属资源

草菇属(*Volvariella* Speg.)有多个美味的种类。华南地区已知可食用的草菇种类有银丝草菇[*V. bombycina*(Schaeff.) Singer]、拟托草菇[*V. pseudovolucea*(Berk. & Broome) Singer]、美丽草菇[*V. speciosa*(Fr.) Singer]、草菇[*V. volvacea*(Bull.) Singer]等 4 种,以草菇最为著名。

华南地区的草菇资源在世界草菇栽培史上有着极其重大的意义。据记载,广东曲江南华寺所产草菇早在康熙丁未年已成为当时进贡朝廷的贡品。在南华寺及其附近人工半天然栽培草菇的历史至少已有 200 多年,因此草菇又有"南华菇"之称。华南也是现代草菇人工栽培菌种和技术的发源地。20 世纪 60 年代初中国科学院中南真菌研究室(广东省微生物研究所前身)首创分离到草菇菌株的纯菌种,并建立了草菇纯种人工栽培技术,在华南地区收集和筛选多个适合人工栽培的优良品种。当年驯化的菌菇菌种 V7 和 V23 仍在生产中应用,特别是栽培菌种 V23,至今仍表现出良好的栽培特性与品质,可直接作为栽培的主要品种或作为培育新品种的种源。近年来研究人员还发现了一些与上述种类不同的未命名的草菇种类,它们在外观、温度适应性及抗逆性等方面各有所长,可作为今后改良栽培草菇品种的种质资源。

图 3－31　一种野生草菇

草菇属喜温、喜湿,野生情况下常腐生在禾本科草类植物的残体上,包括长在稻草堆和甘蔗渣等纤维素较丰富的基质上,也可长在在阔叶林的腐叶层上,个别也可长在木质的基物上。

3. 华南其他食用真菌资源与植被类型的关系

(1)其他伞菌类食用菌

华南地区其他可食用的伞菌类种类约有 100 种。例如,发生于林间地上或腐殖质上的种类有双孢蘑菇[*Agaricus bisporus*(J. E. Lange) Imbach]、巴西蘑菇(姬松茸)(*A. blazei* Murill)、林地蘑菇(*A. silvaticus* Schaeff.)、深凹杯伞[*Clitocybe gibba*(Pers.) P. Kumm.]、群生金钱菌[*Collybia confluens*(Pers.) P. Kumm.]、盾形金钱菌[*C. peronata*(Bolton) P. Kumm.]、舟湿伞[*Hygrocybe cantharellus*(Schwein.) Murrill]、木蠹蛾湿伞[*Hygrophorus cossus*(Sowerby) Fr.]、紫晶蜡蘑[*Laccaria amethystina*(Huds.) Cooke]、双色蜡蘑[*L. bicolor*(Maire) P. D. Orton]、漆蜡蘑[*L. laccata*(Scop.) Cooke]、红顶大环柄菇[*Macrolepiota gracilenta*(Krombh.) Wasser]、高大环柄菇[*M. procera*(Scop.) Singer]、粗鳞大环柄菇[*M. rhacodes*(Vittad.) Singer]、洛巴伊口蘑(*Tricholoma lobyense* R. Heim)等。蜡蘑属(*Laccaria* Berk. & Broome)的种类可与植物形成菌根,分布较广,可长于针阔叶树混交林、针叶林或其他较开旷的地方;双孢蘑菇和巴西蘑菇(姬松茸)以栽培为主;洛巴伊口蘑也可长于腐木上,已可人工栽培生产。

图 3－32　野生洛巴伊口蘑

长在林间腐木上的还有一些可以食用的种类,如金针菇[*Flammulina velutipes*(Curtis) Singer]、玉蕈(真姬菇)[*Hypsizygus marmoreus*(Peck) H. E. Bigelow]、香菇[*Lentinula edodes*(Berk.) Pegler]、长柄小奥德蘑[*Oudemansiella* longipes(P. Kumm.)Boursier]、黏奥德蘑[*O. mucida*(Schrad.) Höhn.]、宽褶小奥德蘑[*O. platyphylla*(Pers.) M. M. Moser]、长根奥德蘑[*O. radicata*(Relhan)Singer]、鼎湖鳞伞(*Pholiota dinghuensis* Z. S. Bi)、贝形圆孢侧耳[*Pleurocybella porrigens*(Pers.)Singer]、裂褶菌等。这些菇类大多数生长在阔叶林中的腐木或地下(树根等)埋木上,贝形圆孢侧耳生长在松树等针叶树腐木上,裂褶菌分布及适应性很强,可长于各类木质基物上,是最常见的食用菌之一。金针菇、玉蕈(真姬菇)和香菇以人工栽培为主。森林中仍有少量的野生香菇出现。20 世纪 60～70 年代在华南地区广东专家曾从著名的广东"北江香菇"中分离筛选出栽培性状良好、风味特别优良的"香 9"等优良本土香菇菌株。奥德蘑和长根奥德蘑也已有人工栽培,野外也较常见。

(2)其他非褶菌类食用菌

华南其他非褶菌类(包括食药两用菌)有 60 多种,其中不乏可食用性良好的种类,如多孔菌类的地花菌[*Albatrellus ovinus*(Schaeff.)Kotl. & Pouzar]、圆孢地花菌[*Bondarzewia montana*(Quél.) Singer]、鸡油菌(*Cantharellus cibarius* Fr.)、小鸡油菌(*C. minor* Peck)、金号角(*Craterellus aureus* Berk. & M. A. Curtis)、灰喇叭菌[*C. cornucopioides*(L.) Pers.)、宽鳞大孔菌[*Favolus squamosus*(Huds.)Ames]、牛排菌[*Fistulina hepatica*(Schaeff.)With.]、灰树花[*Grifola frondosa*(Dicks.)Gray]、雷丸菌[*Laccocephalum mylittae*(Cooke & Massee) Núez & Ryvarden]、硫黄菌[*Laetiporus sulphureus*(Bull.) Murrill]、洁丽香菇[*Lentinus lepideus*(Fr.)Fr.]、虎奶菇[*L. tuber-regium*(Fr.) Fr.]、云芝[*Trametes versicolor*(L.)Lloyd]、茯苓菌[*Wolfiporia cocos*(F. A. Wolf)Ryvarden & Gilb.]等;珊瑚菌类的杯珊瑚菌[*Clavicorona pyxidata*(Pers.) Doty]、冠锁珊瑚菌[*Clavulina cristata*(Holmsk.) J. Schröt.]、皱锁珊瑚菌[*C. rugosa*(Bull.) J. Schröt.]、豆芽菌(*Clavaria vermicularis* Batsch)、冷杉枝珊瑚菌[*Ramaria abietina*(Pers.) Quél.]、尖枝珊瑚菌[*R. apiculata*(Fr.) Donk]、黄枝珊瑚菌[*R. flava*(Schaeff.)Quél.]、光孢黄枝珊瑚菌[*R. obtusissima*(Peck)Corner]、红枝珊瑚菌[*R. rufescens*(Schaeff.)Corner]、枝珊瑚菌[*R. testaceoviridis*(G. F. Atk.)Corner]等;齿菌类的鳞盖肉齿菌[*Sarcodon scabrosus*(Fr.)P. Karst.]、珊瑚状猴头[*Hericium coralloides*(Scop.) Pers.]、猴头菌[*H. erinaceus*(Bull.)Pers.]等;革菌类的绣球菌[*Sparassis crispa*(Wulfen)Fr.]、莲座革菌(*Thelephora vialis* Schwein.]、卷缘齿菌(*Hydnum repandum* L.)、卷缘齿菌白变种[*Hydnum repandum var. albidum*(Quél.)Rea]等。此外,还有一些华南地区十分常见、但纤维质较重的可食用种类,如环柄香菇[*Lentinus sajor-caju*(Fr.) Fr.]、翘鳞香菇(*L. squarrosulus* Mont.)、猪肚菇和漏斗多孔菌[*Polyporus arcularius*(Batsch)Fr.]等,这些种仅在幼时可食。环柄香菇主要见于野生,栽培的"凤尾菇"虽然有不少人误用"*Lentinus sajor-caju*"这一学名,其正确学名应是肺形侧耳[*Pleurotus pulmonarius*(Fr.) Quél.](Li & Yao 2005)。在以上可食用种类中,灰树花、猴头菌、云芝和茯苓菌等食药两用菌有重要的经济价值,均可人工栽培生产。华南的野生云芝也十分普遍。巨大革耳(巨大香菇、猪肚菇)已可商业化生产。鸡油菌和绣球菌是非常著名的食用菌。

华南地区非褶菌类食用菌主要生长在各类树林中。上述非褶菌中,大孔菌属(*Favolus* P. Beauv.)、牛排菌属(*Fistulina* Bull.)、猴头菌属(*Hericium* Pers.)、绚孔菌属(*Laetiporus* Murrill)、杯珊瑚菌属(*Clavicorona* Doty)等生长在腐木上;雷丸菌属(*Laccocephalum* McAlpine & Tepper)和茯苓菌属(*Wolfiporia* Ryvarden & Gilb.)分别生长在竹子及松树树桩上,并能形成菌核。其他类群主要生长在地上,多数种类可以与相关的植物有菌根关系,形成共生菌根。

(3)异担子菌类食用真菌资源

在华南地区胶质的异担子菌类十分常见,目前已知可食用的野生种类有 20 种左右。其中黑木耳[*Auricularia auricula*(L.)Underw.]、毛木耳[*A. polytricha*(Mont.)Sacc.]、金耳(*Tremella aurantialba* Bandoni & M. Zang)、银耳(*T. fuciformis* Berk.)、橙黄银耳(*T. lutescens* Pers.)和黄金银耳(*T. mesenterica* Retz.)等均是著名的食用菌,并可人工栽培。只见于野生状态的种类还有角质木耳(*Auricularia cornea* Ehrenb.)、皱木耳[*A. delicata*(Fr.)Henn.]、褐黄木耳[*A. fuscosuccinea*(Mont.)Henn.]、黑皱木耳(*A. moelleri* Lloyd)、毡盖木耳[*A. mesenterica*(Dicks.) Pers.]、胶角耳[*Calocera cornea*(Batsch)Fr.]、掌状花耳(*Dacrymyces palmatus* Bres.)、斑点花耳[*D. tortus*(Willd.)Fr.]、齿盖假花耳(桂花耳)[*Dacryopinax spathularia*(Schwein.) G. W. Martin]、黑胶耳[*Exidia glandulosa*(Bull.) Fr.]、焰耳[*Phlogiotis helvelloides*(DC.)G. W.

Martin]、胶质刺银耳[*Pseudohydnum gelatinosum*(Scop.)P. Karst.]、头状金耳(*Tremella encephala* Pers.)、流苏状银耳(*Tremella fimbriata* Pers.)、茶银耳(*Tremella foliacea* Pers.)和叶银耳(*Tremella frondosa* Fr.)等。其中黑胶耳是子囊菌，也是毒菌，采食时需特别注意鉴别。

这些异担子菌类食用真菌大部分为常见种，多生长在潮湿阴暗的环境中。掌状花耳、斑点花耳、桂花耳、焰耳、胶质刺银耳等常生长在针叶树腐木上。其他种类野生状态下多生长在常绿阔叶林腐木上；而胶角耳多生长在针叶树腐木上，有时也可生长于阔叶树腐木上。毛木耳、胶角耳和桂花耳是野外最常见的种类，可生长在森林、公园、庭院及木柴堆等有腐木的地方。皱木耳也相当常见。

(4)子囊菌类的食用菌

华南子囊菌类食用菌(包括食药两用菌)有10多种，包括层轮炭球菌[*Daldinia concentrica*(Bolton)Ces. & De Not.]、黑脉羊肚菌(*Morchella angusticeps* Peck)、圆锥羊肚菌(*M. conica* Pers.)、宽肋羊肚菌[*M. costata*(Vent.)Pers.]、棱柄白色马鞍菌[*Helvella crispa*(Scop.)Fr.]、细柄马鞍菌(*H. elastica* Bull.)、泡质盘菌(*Peziza vesiculosa* Bull.)、竹黄(*Shiraia bambusicola* Henn.)、黑柄炭角菌[*Xylaria nigripes*(Klotzsch)Sacc.]和笔状炭角菌(*Xylaria sanchezii* Lloyd)等。

层轮炭球菌和竹黄生长在腐木和竹子上，其余多生长在地上，黑柄炭角菌常与白蚁巢发生联系，可在巢中形成菌核。羊肚菌(*Morchella* spp.)和可食用的马鞍菌(*Helvella* spp.)是非常美味的食用菌，但它们在华南地区的自然产量很低。

(5)腹菌类的食用菌

华南腹菌类的食用菌(包括食药两用菌)约有30多种，如白秃马勃[*Calvatia candida*(Rostk.)Hollós]、杯形秃马勃[*C. cyathiformis*(Bosc)Morgan]、头状秃马勃[*C. craniiformis*(Schwein.)Fr.]、袋形秃马勃[*C. saccata*(Vahl)Morgan]、大秃马勃[*C. gigantea*(Batsch)Lloyd]、长裙竹荪[*Dictyophora indusiata*(Vent.)Desv.]、短裙竹荪[*D. duplicata*(Bosc)E. Fisch.]、栓皮马勃[*Mycenastrum corium*(Guers.)Desv.]、褐皮马勃(*Lycoperdon fuscum* Bonord.)、光皮马勃(*L. glabrescens* Berk.)、网纹马勃(*L. perlatum* Pers.)、草地马勃(*L. pratense* Pers.)、赭色马勃(*L. umbrinum* Pers.)、白鬼笔(*Phallus impudicus* L.)、彩色豆马勃[*Pisolithus tinctorius*(Pers.)Coker & Couch]、黑根须腹菌(*Rhizopogon piceus* Berk. & M. A. Curtis)、红根须腹菌[*R. rubescens*(Tul. & C. Tul.)Tul. & C. Tul.]、网隙硬皮马勃(*Scleroderma areolatum* Ehrenb.)、大孢硬皮马勃(*S. bovista* Fr.)、多根硬皮马勃[*S. polyrhizum*(J. F. Gmel.)Pers.]、光硬皮马勃(*S. cepa* Pers.)、灰包菇 *Secotium agaricoides*(Czern.)Hollós=陀螺绿褶伞[*Chlorophyllum agaricoides*(Czern.)Vellinga]等。

腹菌类食用真菌大部分生长在地上或地面的植物残体上，有些为菌根菌。它们在华南地区的阔叶林、针叶林、混交林及较开旷的草地和庭院等地方都有可能发现。头状秃马勃、网纹马勃和彩色豆马勃等种类相当常见。腐生的长裙竹荪和短裙竹荪等种类已大量人工栽培。橙黄硬皮马勃(*Scleroderma citrinum* Pers.)也相当常见，虽然经常有群众采食，也有人食后中毒，其食用性还需进一步研究。据群众反映，生长于桉树下橙黄硬皮马勃有毒。但在我国西南则是常见的食用腹菌种类。

华南地区食用真菌资源十分丰富，人们对它们还没有全部认识，新的资源仍在不断被发现，新的野生品种仍有待进一步挖掘。通过资源的保护和可持续的开发利用，发挥出它更大的社会经济效益。过去研究人员从华南地区食用真菌资源中成功首创性地驯化出草菇、灵芝、猪肚菇及华南特有的广东虫草等多种优良栽培食用菌种类，今后华南地区食用真菌资源将会对促进食用菌产业的发展和提高人民生活水平等方面起到更加重要的作用。

三、中国东北食用真菌资源

东北包括东北三省和内蒙古东部区的锡林郭勒盟、昭乌达盟、呼伦贝尔盟、哲里木盟和兴安盟。常食和常见的食用大型真菌约150种以上。其中被誉为珍品、味美香郁和营养价值较高的有30余种(戴玉成、图力古尔，2007；李玉、图力古尔 2003；卯晓岚，1998；上海农业科学院食用菌研究所，1991)，如金顶侧耳(*Pleurotus citrinopileatus* Sing)、侧耳[*P. ostreatus*(Jacq.:Fr.)Quél.]、金针菇[*Flammulina velutipes*(Curt.:Fr.)Sing.]、榆耳(*Gloeostereum incarnatum* S. Iho et Imai)、鸡油菌(*Cantharellus cibarius* Fr.)、猴头菌[*Hericium erinaceus*(Bull.:Fr.)Pers.]、裂褶菌(*Schizophyllum commune* Fr.)、荷叶离褶伞[*Lyophyllum decastes*(Fr.)Singer]、蛹虫草[*Cordyceps militaris*(L.:Fr.)Link.]、木耳[*Auricularia auricula*(L.:Hook)Underw.]、毛木耳[*Auricularia polytricha*(Mont.)Sacc.]、蜜环菌[*Armillariella mellea*（Vahl.：Fr.）Karst.］、羊肚菌［*Morchella esculenta*（L.）Pers.］、紫丁香蘑［*Lepista nuda*（Bull.：Fr.）Cooke］、榆干离褶伞［*Lyophyllum ulmarius*（Bull.：Fr.）Reahead］、绣球菌［*Sparassis crispa*（Wuef.）Fr.］、亚侧耳（*Hohenbuehelia serotinus* Pers.：Fr.）、斑玉蕈［*Hypsizigus marmoreus*（Peck）Bigelw］、银耳（*Tremella fuciformis* Berk.）、灰树花［*Grifola frondosa*（Fr.）Gray］、香菇［*Lentinulas edodes*（Berk.）Pegler］、棕灰口蘑（*Tricholoma terreum*）、柠檬蜡伞（*Hygrophorus lucorum* Kalchbr.）、松口蘑［*Tricholoma matsutake*（S. Ito et Imai）Sing.］、铆钉菇［*Chroogomphus rutilus*（Schaeff.：Fr.）Miller］、美味牛肝菌（*Boletus edulis* Bull.：Fr.）等均为当地草原和林区百姓喜食的蘑菇。许多食用菌所以滋味鲜美，是与它含有丰富的氨基酸有关。经初步分析，一般食用菌含水分85%～90%、蛋白质3%、脂肪0.4%、糖类6%、无机盐类1%。食用菌尚含有较多的维生素、胡萝卜素等。例如，每克香菇中含维生素D原为大豆的21倍，是紫菜的8倍（李茹光，1998；上海农业科学院食用菌研究所，1991）。

东北地区食用菌按其生态类型划分为草原蘑菇和森林蘑菇两大类。草原蘑菇主要是指生长在内蒙古锡林郭勒草原、科尔沁草原和呼伦贝尔草原上的蘑菇；森林蘑菇指分布于东北大小兴安岭和长白山山脉不同森林中的蘑菇。

1. 草原蘑菇

分布于草原上的食用菌主要以口蘑属（*Tricholoma*）、蘑菇属（*Agaricus*）、蜡蘑属（*Laccaria*）、鬼伞属（*Coprinus*）的类群为主，如著名的蒙古口蘑（*Tricholoma mogolicum* Imai）主要分布在内蒙古锡林郭勒草原和呼伦贝尔草原，也是本地区的特有种（刘培贵等，1993）。夏秋季在草原上群生并形成蘑菇圈。蒙古口蘑子实体大型，菌肉肥厚、质地鲜嫩、味鲜香浓、香气纯厚、口感极佳，为享誉全球的著名珍贵食药兼用菌。因其具特有的菇香、味鲜美，历史上久负盛名，成为我国著名山珍"草八珍"之首，为品质最上者，畅销于国内外市场。蒙古口蘑名贵在其香味，含有大量的香脂和谷氨酸钠等挥发性物质及增鲜剂等，香味独特，远远就能闻到。蒙古口蘑性平，味甘，能宣肠益胃，具散热解表的功效。可治小儿麻疹欲出不出、烦躁不安等症，适用于消化不良、脘腹胀满、胃气痛、泄泻等症。在民间流传着许多单验方及食疗方。

蒙古口蘑营养十分丰富，所含营养素比较全面，多为人体所需。常食蒙古口蘑不但强身健体，少发病，延年益寿，还可降低血压，抑制胆固醇上升，预防肝炎，治疗软骨病，还具一定的防癌抗癌作用。蒙古口蘑蛋白质含量较高，其组成氨基酸中必需氨基酸含量丰富，占氨基酸总量的35.85%，组成平衡合理，可与植物食品和动物食品中氨基酸互补平衡，使各种氨基酸得到更有效的利用，因而具有很高的营养价值。药理学方面的研究多集中于蒙古口蘑凝集素及多糖，具有明显的抗肿瘤作用（吴恩奇、图力古尔，2006）。作为一种美味食用菌，蒙古口蘑长期以来的研究大多集中在分类学、驯化栽培、生态学及促生长激素作用方面（刘培贵、宋刚，1993）。近年来药理学方面的研究相应增多。王大为等采用超临界 CO_2 流体萃取技术脱除蒙古口蘑中脂类及色素物质，并研究其对蒙古口蘑多糖提取率的影响。通过正交试验方法确定了超临界 CO_2 流体萃取的最佳条件，为蒙古口蘑不饱和脂肪酸提取及提高蒙古口蘑多糖提取率提供了先进、可行的新技术。采用现代酶工程技术生产蒙古口蘑保健饮品，筛选出蒙古口蘑保健饮品最佳稳定的措施与工艺（王大为、吴恩奇、单玉玲、图力古尔，2006）。

另外，在稀树草原和草原地区的人工林中也偶有一些与森林蘑菇一致的种类，如常见的红菇属（*Russula*）、桩菇属（*Paxillus*）、乳牛肝菌属（*Suillus*）和鳞伞属（*Pholiota*）等。

2. 森林蘑菇

与草原蘑菇相比，无论种类还是生物产量，森林蘑菇所占比例较高。在不同的森林植被条件下食用菌的分布与产量有一定的差别，大致按照东北地区主要森林植被类型分别叙述。

村庄附近杂木林及灌丛：此地段一般人类活动比较频繁，主要代表性的生态环境为山坡杂木林、荒地、农田、村边、路旁、草地等。杂木林、次生林中的主要种类有木生的毛木耳、胶皱孔菌（*Merulis tremellosus* Schrad.：Fr.）、冠状锁瑚菌［*Clavulina cristata*（Holmsk. Fr.）Schroet.］、蜜环菌［*Armillariella mellea*（Vahl.：Fr.）Karst.］、革耳（*Panus rudis* Fr.）、黄盖脆柄菇［*Psathyrella candolleana*（Fr.）Smith］、北方小香菇（*Lentinellus ursinus* Karst.）、灰托柄菇［*Amanita vaginata*（Bull.：Fr.）Vitt.］、褐托柄菇［*A. fulva*（Bull.：Fr.）Quél.］、地鳞伞（*Pholiota terristris* Overh.）、黄环鳞伞［*Decolea flavoannulata*（Vassilieva）Horak］、软靴耳［*Crepidotus mollis*（Schaeff.：

Fr.)Gray]等。荒地、农田、村边、路旁、草地生长着腐生型或与草本植物根系共生的真菌，如羊肚菌[*Morchella esculenta*(L.)Pers.]、粗腿羊肚菌[*M. crassipes*(Vent.)Pers.]、硬柄小皮伞[*Marasmius oreades*(Gartn. et Mey. Fr.)Quél.]、黑白铦囊蘑[*Melanoleuca melaleuca*(Pers.:Fr.)Murr.]、野蘑菇(*Agaricus arvensis* Schaeff.:Fr.)、林地蘑菇(*A. campestris* L.:Fr.)、双环林地蘑菇(*A. placomyces* Peck)、假根蘑菇(*A. radicatus* Vitt.)、墨汁鬼伞[*Coprinus atramentarius*(Bull.:Fr.)Fr.]、晶粒鬼伞[*C. micaceus*(Bull.)Fr.]、田头菇[*Agrocybe pediades*(Pers.:Fr.)Fayod]等。其中，蜜环菌、羊肚菌、蘑菇为重要的食用菌。蜜环菌为东北地区普遍食用的优质野生菌，具有镇静、抗惊厥、增强耐缺氧能力以及增强机体免疫功能的作用(徐锦堂等,1997)。已经开发出蜜环菌糖浆、复方蜜环菌糖浆、蜜环菌浸膏、健脑露等保健药品(徐锦堂等,1997)，疗效接近天麻。临床上用于治疗神经衰弱、失眠、耳鸣、眩晕、四肢麻木及癫痫等疾病(刘吉开,2004)。羊肚菌一般早春4～5月份发生，味道鲜美，营养滋补，具有特殊药效与功效，成为人们备受欢迎的佳品。研究表明，羊肚菌具有促进生长发育、提高机体免疫力、促进造血、治疗脾肾虚弱、化痰理气、益肠消食、益智美容等功效。民间常用于治消化不良、痰多气短及其他呼吸道疾病，疗效显著(刘波,1984)。蘑菇含多种维生素，可以预防脚气、身体疲倦、食欲不振、消化不良以及妇女在哺乳期乳汁分泌减少。同时对身体虚弱、毛细血管破裂、牙床出血以及糙皮病、贫血症等也具有治疗作用(刘波,1984)。

3. 落叶阔叶林

主要树种为杨、柳、椴、槭、栎、榆、桦等阔叶树组成的林地，包括人工阔叶林或果园地，分布着腐生菌和部分外生菌根菌。如蛹虫草[*Cordyceps militaris*(L.:Fr.)Link.]、木耳[*Auricularia auricula*(L.:Hook)Underw.]、鸡油菌、猴头菌[*Hericium erinaceus*(Bull.:Fr.)Pers.]、金顶侧耳(*Pleurotus citrinopileatus* Sing.)、侧耳[*P. ostreatus*(Jacq.:Fr.)Quél.]、金针菇[*Flammulina velutipes*(Curt.:Fr.)Sing.]、榆耳)*Gloeostereum incarnatum* S. Iho et Imai)、裂褶菌(*Schizophyllum commune* Fr.)、荷叶离褶伞[*Lyophyllum decastes*(Fr.)Singer]、茶耳(*Tremella foliacea* Pers.:Fr.)、卷边齿菌(*Hydnum repandum* L.:Fr.)、紫晶蜡蘑[*Laccaria amethystea*(Bull.)Murr.]、紫丁香蘑[*Lepista nuda*(Bull.:Fr.)Cooke]、花脸香蘑[*L. sordida*(Fr.)Sing.]、靴状金钱菌[*Collybia peronata*(Bolt. Fr.)Kummer]、榆干离褶伞[*Lyophyllum ulmarius*(Bull.:Fr.)Reahead]、红蜡蘑[*Laccaria laccata*(Scop.:Fr.)Berk. et Br.]、黏小奥德蘑[*O. mucida*(Schrad. Fr.)Hohnel]、宽褶菇[*O. platyphylla*(Pers.:Fr.)Moser]、长根菇[*O. radicata*(Relh.:Fr.)Sing.]、短裙竹荪[*Dictyophora duplicata*(Bosc.)Fisch.]、卷边桩菇[*Paxillus involutus*(Batsch)Fr.]、翘鳞伞[*Pholiota squarrosa*(Pers.:Fr.)Quél.]、美丽包脚菇[*Volvariella speciosa*(Fr.:Fr.)Sing.]、灰光柄菇[*Pluteus atricapillus*(Batsch)Fayod]、库恩菇[*Kuheneromyces mutabilis*(Schaeff.:Fr.)Sing.]、多脂鳞[伞 *Pholiota adipose*(Fr.)Quél.]、金毛鳞伞[*P. aurivella*(Batsch.:Fr.)Quél.]、斜盖粉褶菌[*Rhodophyllus abortivus*(Fr.)Quél.]、紫丝膜菌(*Cortinarius purpurascens* Fr.)、傻口蘑[*Tricholoma caligatum*(Viv)Ricken.]等。其中木耳、猴头菌、侧耳、金顶侧耳、金针菇、榆耳、鸡油菌为该森林植被中的主要成员，前6种在东北地区普遍栽培。榆耳、金顶侧耳和胶陀螺是东北地区较有特色的种类。榆耳又称肉蘑，属于腐生真菌，野生多生长在家榆、春榆的枯枝、树洞中。实验证明，榆耳对大肠杆菌、福氏痢疾杆菌、铜绿假单胞菌(绿脓杆菌)、伤寒杆菌、产气杆菌、炭疽杆菌、金黄色葡萄球菌、枯草芽孢杆菌、肠炎沙门菌等均有明显的抑制作用(刘瑞君、李风珍,1990)。金顶侧耳俗名榆黄蘑，生于榆、栎、桦树倒木或树干上。具有滋补强壮之效，可治疗虚弱、萎症、痢疾，民间用于治疗肺气肿。经常食用其干菇或鲜菇，能补充赖氨酸不足，有利于病体康复，身体健壮，并可降低胆固醇(张影、包海鹰,2003)。胶陀螺(*Bulgaria inquinans*)夏秋季生长在桦树、柞树、榆树倒木和木桩上，常生长在遮阴面，雨后大量出现，有时在香菇、木耳段木上与之共同生长。在储木场或煤矿中阴湿避光的地方常出现此菌。胶陀螺虽然是一种过敏类毒菌，但其子实体含18种氨基酸、总量为6.84%，还含总糖17.07%、脂肪2.18%、蛋白质10.43%。食用时必须用热碱水充分搓洗，否则容易中毒，表现为嘴唇和见光受风部位红肿，疼痛难忍。胶陀螺目前有望能成为治疗银屑病等皮肤病的药物(包海鹰、李玉,2001)。

4. 针阔混交林

海拔800～1 000m生长针阔混交林，长白山地区针叶树种以红松为主，大兴安岭地区以落叶松为主，阔叶树种以栎、椴、槭、榆、桦、杨、柳为主。在这种植被类型中真菌资源比较丰富。食用菌有绣球菌[*Sparassis crispa*（Wuef.）Fr.]、亚侧耳（*Hohenbuehelia serotinus* Pers.：Fr.）、斑玉蕈[*Hypsizigus marmoreus*（Peck）Bigelw]、金耳（*Tremella aurantialba* Bandoni et Zang）、杯冠瑚菌[*Clavicorona pyxidata*（Pers.）Doty]、葡萄状枝瑚菌[*Ramaria botrytis*（Pers.）Ricken]、高大环柄菇[*Macrolepiota procera*（Scop. Fr.）Sing.]、变绿枝瑚菌[*Ramaria abietina*（Pers.）Quél.]、银耳（*Tremella fuciformis* Berk.）、灰树花、大杯伞[*Clitocybe maxima*（Mey.：Fr.）Quél.]、蓝丝膜菌[*Cortinarius caerulescens*（Schaeff.）Fr.]、紫绒丝膜菌[*Cortinarius violaceus*（L.：Fr.）Fr.]、同型红菇（*Russula sororia* Fr.）、辣乳菇[*Lactarius piperatus*（L.：Fr.）Gray]、铜绿球盖菇[*Stropharia aeruginosa*（Curt.：Fr.）Quél.]、橙盖鹅膏（*Amanita caesarea* Scop.：Fr.）、尖鳞伞[*Pholiota squarrosoides*（Peck）Scca.]、高丝膜菌（*Cortinarius elatior* Fr.）、猪苓[*Polyporus umbellatus*（Pers.）Fr.]、香菇[*Lentinula edodes*（Berk.）Pegler]、绒柄松塔牛肝[*Strobilomyces floccopus*（Vahl.：Fr.）Karst.]、棕灰口蘑（*Tricholoma terreum*）、竹荪（*Dictyophora indusiata*）、皱盖罗鳞伞（*Rozites caperata*）、珊瑚状猴头（*Hericium ramosum*）、小刺猴头[*Hericium caput-medusue*（Bull.）Pers.]、黑脉羊肚菌[*Morchella costata*（Vent）Pers.]、皱盖钟菌（*Ptycheverpa bohemica*）、灰鸡油菌（*Cantharellus cinereus* Fr.）、荷叶离褶伞（*Lyophllum aggregatum*）、赭盖鹅膏（*Amanita rubescens*）等。该分布区中绣球菌、亚侧耳、银耳、灰树花、香菇、斑玉蕈、橙盖鹅膏、棕灰口蘑、硫黄菌为重要的食用菌。其中，绣球菌、亚侧耳、银耳、灰树花、香菇、斑玉蕈已广泛栽培。皱盖钟菌有中毒记载，慎食用。橙盖鹅膏和棕灰口蘑为林木菌根食用菌。棕灰口蘑又称小灰蘑，味道鲜美，营养丰富，干品中测出16种氨基酸，总含量为10.37%，其中有人体必需氨基酸7种，含11种矿质元素（袁明生等，1995）。硫黄菌[*Laetiporus sulphureus*（Fr.）Murrill]是常见的毒菌。

5. 针叶林

长白山地区由鱼鳞云杉、红皮云杉、臭冷杉组成的纯针叶林，大兴安岭地区为油松、樟子松、落叶松林，包括人工针叶林，真菌种类也比较丰富，有豹皮香菇（*Lentinus lepideus* Fr.）、柠檬蜡伞（*Hygrophorus lucorum* Kalchbr.）、栎金钱菌[*Collybia dryophila*（Bull.：Fr.）Quél.]、松口蘑[*Tricholoma matsutake*（S. Ito et Imai）Sing.]、铆钉菇[*Chroogomphus rutilus*（Schaeff.：Fr.）Miller]、褐环乳牛肝菌[*Suillus luteus*（L.：Fr.）Gray]、点柄乳牛肝菌[*Suillus granulatus*（L.：Fr.）Kuntze]、美味牛肝菌（*Boletus edulis* Bull.：Fr.）、褐疣柄牛肝菌[*Leccinum scabrum*（Bull.：Fr.）Gray]、红汁乳菇（*Lactarius hatsutake* Tanaka）、美味红菇（*Russula delica* Peck）、空柄小牛肝[*Boletinus cavipes*（Opat.）Kalchbr）、奥氏蜜环菌[*Armillaria ostoyae*（Romagn）Herink.]、亚砖红沿丝伞[*Naematoloma sublateritium*（Schaeff.）P. Karst]、云杉胶鼓（*Sarcosoma amurense* Vass.）、变红蜡伞[*Hygrophorus erusescens*（Fr.）Fr.]等。除亚砖红沿丝伞有中毒记载外，松口蘑、柠檬蜡伞、铆钉菇、点柄乳牛肝、美味牛肝菌、奥氏蜜环菌为重要食用菌。除蜜环菌外，其他均属于外生菌根菌，一些种类多发生于人工林地。松口蘑主产于吉林省延边州和黑龙江省牡丹江，分布于赤松林。其他几种为当地经常采食的美味野生菌，一般山货市场上均可见到。柠檬蜡伞俗称小黄蘑，是东北地区销量较大的野生食用菌，分布于人工落叶松林。铆钉菇又称鸡血蘑、松树伞、红蘑，夏至秋季在松林地上，与赤松和油松形成菌根，大量成片生长。此蘑菇肉厚，食用味道较好，鲜食或晒干后食用。点柄乳牛肝别名黏团子，也生长于松林地上。美味牛肝菌分布量不大。而奥氏蜜环菌大量发生且备受欢迎，与蜜环菌混淆食用，通称榛蘑，是东北"小鸡炖蘑菇"的主要原料。

6. 岳桦林

仅在长白山海拔1 700～2 000m处有分布，由占绝对优势的岳桦组成的特殊的植被。随着海拔的升高，气温明显下降，加上林下草本层发达，此林带中的真菌比较少，物种单一。目前只采集到平盖靴耳（*Crepidotus applanatus*）、卷边齿菌（*Hydnum repandum*）、褐疣柄牛肝（*Leccinum scabrum*）、蜜环菌（*Armillariella mellea*）、褐环乳牛肝（*Suillus luteus*）、窝柄黄乳菇（*Lactarius scrobiculatus*）、亚洲小牛肝（*Boletinus asiaticus*）、赤褐鹅膏（*Amanita fulva*）、黑汁鬼伞（*Coprinus atromentarius*）、鸡油菌（*Cantharellus cibarius*）、空柄小牛肝菌（*Boletinus cavipes*）、绒盖牛肝菌（*Xerocomus subtomentosu*）、黑盖粉孢牛肝菌（*Tylopilus alboater*）等少数种类。此林带离生活

区较远，食用菌种类又稀少，因此这里几乎不受食用菌采集活动的干扰。

7. 高山冻原

长白山海拔2 000m 以上，环境开阔、风大、光照强、蒸发快，仅发现少数食用菌，如黑白铦囊蘑[*Melanoleuca melaleuca*(Pers. : Fr.) Murr.]、铦囊蘑[*M. evenosa*(Saccardo) Konrad.]、黄盖囊皮伞[*Cystoderma amianthinum*(Scop. : Fr.) Fayod]、黄基粉孢牛肝菌[*Leccinum chromapes*(Frost) Singer]、褐疣柄牛肝菌[*Leccinum scabrum*(Bull. : Fr.) Gray]、长白乳菇(*Lactarius changbainensis* Xie et Wang)、棒柄杯伞(*Clitocybe clavipes*)、灰鹅膏(*Amanita viginata*)、蜡蘑[*Laccaria bicolor*(Maire) Orton.)、粉绿红菇(*Russula chloroides* Bres.)、温泉乳菇(*Lactarius menquanensis*)等。此地段由长白山管理局划定为保护地段，不得进行采集活动，保护得较好。

四、华北大型食用真菌资源

(一)主要食用菌资源

华北地区位于北纬 32～42 度，东经 110～120 度。包括河南省、河北省、山东省、山西省、陕西省、北京市、天津市及内蒙古自治区的中部地区。主要地形有丘陵、平原、山地。平均海拔1 000m 以下，少数主峰3 000m，属典型的暖温带大陆性季风气候。全区降水量分布不均，沿海一带 500mm 以上，西部低于 500mm。全年降水量的 70%集中在夏季，森林资源少而分散，一般多为栎类、油松、侧柏、华北落叶松、云杉、樟子松、白杆、青杆、白桦、山杨等树种组成的次生林，其次为草原和农田。据调查，华北地区食用、药用菌资源较为丰富，隶属于 25 个目，68 个科，212 个属，约 432 个种。

对华北食用真菌的系统研究报道很少。从已知的食用真菌种类资源来分析，华北地区食用真菌区系与我国东北、西北及蒙古食用菌区系相联系，其多样性程度相似，共有种类也较多。又由于华北属典型大陆性气候，干旱是本区影响食用菌资源的重要因素，主要食用菌资源多样性程度远比华南、华中、西南地区低。优势科主要以白蘑科(Tricholomataceae)、红菇科(Russulaceae)、蘑菇科(Agaricaceae)、丝膜菌科(Cortinariaceae)、牛肝菌科(Boletaceae)、鹅膏菌科(Amanitaceae)、鬼伞科(Coprinaceae)等北半球温带成分为特色。在华北地区驯化栽培成功的食用菌也较少。

华北地区的野生食用真菌主要发生在落叶阔叶林、针阔叶混交林及针叶林中；部分发生在灌丛、草地、农田及庭院。有很大一部分食用菌与树木形成外生菌根。

(1)白蘑科资源

白蘑科(Tricholomataceae)是华北地区食用菌中最大的一个科，可食用者有 79 种。是该区分布最多的食药两用真菌，具有重要的保健或食疗功效。其中针阔叶林地发生的松口蘑(*Tricholoma matsutake*(S. Ito. et Imai) Sing.)和禾草类草原享誉全球的蒙古口蘑(*Tricholoma mongolicum* Imai)被视为上上品。它们菌肉肥厚，口感滑润、细腻，被视为菇中珍品。另外，白蘑科的一部分真菌可与树木和草本植物形成菌根，对生态系统的稳定发挥重要的作用。该科真菌广泛分布于阔叶林、针阔叶混交林下、腐木、草地上。采集白蘑科食用菌也是很多山区和牧区百姓的重要经济来源，如白口蘑[*T. album*(Schaeff. :Fr.) Kummer]、金黄褶口蘑[*T. auratum*(Fr.) Gill.]、白毛口蘑[*T. columbetta*(Fr.) Quél.]、黄褐口蘑[*T. fulvum*(DC. : Fr.) Rea.]、草黄口蘑[*T. lascivum*(Fr.) Gill.]、杨树口蘑(*T. populium* J. Lange)、多鳞口蘑(*T. squarrulosum* Bres.)、棕灰口蘑[*T. terreum*(Schaeff. : Fr) Kummer]、红磷口蘑[*T. vaccinum*(Pers. :Fr.) Kummer]等口蘑属的种类。除此之外，还有紫晶蜡蘑[*Laccaria amethystea*(Bull.) Murr.]、红蜡蘑[*L. laccata*(Scop. : Fr.) Berk. et Br.]、条柄蜡蘑[*L. proxima*(Boud.) Pat.]、香杏丽蘑[*Calocybe gambosa*(Fr.) Sing.]、紫皮丽蘑[*C. ionides*(Bull. :Fr.) Donk]、狭叶杯伞[*Clitocybe angustifolia*(Kauffm.) Bigllow.]、偏柄杯伞[*C. eccentrica* P. K. Bull.]、条缘灰杯伞[*C. expallens*(Pers. : Fr.) Kummer]、芳香杯伞[*C. fragrans*(Sow. : Fr.) Quél.]、肉色杯伞[*C. geotropa*(Fr.) Quél.]、杯伞[*C. infundibuliformis*(Schaeff. : Fr.) Quél.]、大杯伞[*C. maxima*(Gartn. ex Mey. :Fr.)]、香杯伞[*C. odera*(Bull. : Fr.) Quél.]、华美杯伞[*C. splendens*(Pers. :Fr.) Gill.]、五台山杯伞(*C. wutaishanensis* Liu, Rong et Jin.)、灰假杯伞[*Pseudoclitocybe cyathiformis*(Bull. :Fr.) Sing.]、丛生斜盖伞(*Clitopilus caespitosus* Pk.)、银白离褶伞[*Lyophyllum connatum*(Schum. :Fr.) Sing.]、褐离褶伞[*L. fumosum*(Pers. :Fr.) P. D.]、墨染离褶伞[*L. semitale*(Fr.) Kohner]、斑玉蕈[*Hypsizigus marmoreus*(Peck) Bigelw]，以及腐木生的褐褶缘奥德蘑(*Oudemansiella brunneomarginata* L. Vassilieva)、宽

褶奥德蘑[*O. platyphylla*(Pers.:Fr.)Moser]、长根奥德蘑[*O. radicata*(Relh.:Fr.)Sing.]、黄干脐菇[*Xeromphalina campanella*(Batsch.:Fr.)]、金针菇[*Flammulina velutipes*(Fr.)Sing.]、血红小菇[*Mycena haematopus*(Pers.:Fr.)Kummer)、洁小菇[*M. prua*(Pers.:Fr.)Kummer]、露点小菇[*M. rorida*(Scop.:Fr.)Quél.)、褐亚脐菇[*Omphalina epichysium*(Pers.:Fr.)Quél.]、黄白铦囊蘑[*Melanoleuca alboflavida*(PK.)Murr.]、白黄铦囊蘑[*M. arcuata*(Fr.)Sing.]、铦囊蘑[*M. cognate*(Fr.)Konr. et Maubl]、钟形铦囊蘑[*M. exscissa*(Fr.)Sing.]、条柄铦囊蘑[*M. grammnopodia*(Bull.:Fr.)Pat.]、黑白铦囊蘑[*M. melaleuca*(Pers.:Fr.)Murr.)、直柄铦囊蘑[*M. strictipes*(Kanst.)Schaeff.]、近条柄铦囊蘑(*M. substrictipes* kühn.)、堆金钱菌[*Collybia acervata*(Fr.)Gill.]、柠檬黄金钱菌(*C. citrine* Liu, Rong et Jin.)、梭柄金钱菌[*C. fusipes*(Bull.:Fr.)Quél.]、脐顶小皮伞(*Marasmius chordalis* Fr.)、绒柄小皮伞[*M. confuens*(Pers.:Fr.)Karst.]、硬柄小皮伞[*M. oreades*(Bolt.:Fr.)Fr.]、蒜味小皮伞(*M. scorodonius* Fr.)、柄毛皮伞菌[*Crinipellis stiptarius*(Fr.)Pat.]、白香蘑[*Lepista caespitosa*(Bres.)Sing.]、灰紫香蘑[*L. glaucocana*(Bres.)Sing.]、肉色香蘑[*L. irina*(Fr.)Bigelow]、灰褐香蘑[*L. luscina*(Fr.)Sing.]、紫丁香蘑[*L. nuda*(Bull.:Fr.)Cooke]、粉紫香蘑[*L. personata*(Fr.:Fr.)Sing.]、花脸香蘑[*L. sordid*(Schum.:Fr.)Sing.]、纯白桩菇[*Leucopaxillus albissinuss*(Peck)Sing.]、苦白桩菇[*L. amarus*(Alb. et Schw.)Kuehn.]、白桩菇[*L. candidus*(Bres.)Sing.]、大白桩菇[*L. giganteus*(Sow.:Fr.)Sing.]、白黄蜜环菌(*Armillaria albolanripes* Atk.)、黄绿蜜环菌[*A. luteovirens*(Alb. et Schw.:Fr.)Sacc.]、蜜环菌[*A. mellea*(Vahl.:Fr.)Karst.]、假蜜环菌[*Armillariella tabescens*(Scop.:Fr.)Sing.]。其中白蘑科中口蘑属(*Tricholoma*)、桩菇属(*Leucopaxillus*)、香蘑属(*Lepista*)、蜡蘑属(*Laccaria*)、丽蘑属(*Calocybe*)中的大部分真菌都是菌根菌。

图 3—33 蒙古口蘑

(2)红菇科资源

红菇科(Russulaceae)是林下常见的野生菌根菌食用菌。经初步鉴定,在华北地区已知可食用的红菇科真菌有 44 种,其中红菇属(*Russula* Pers. ex Gray.)31 种,乳菇属(*Lactarius* DC. ex Gray.)13 种。

图 3—34 铜绿红菇

红菇属中可食用的有烟色红菇[*Russula adusta*(Pers.)Fr.]、铜绿红菇(*R. aeruginea* Lindb.:Fr.)、大红菇[*R. alutacea*(Pers.)Fr.]、怡红菇(*R. amoena* Quél.)、黑紫红菇[*R. atropurpurea*(Krombh.)Britz.]、红斑黄菇[*Russula aurata*(With.)Fr.]、粉黄红菇(*R. chamaeleontina* Fr.)、黄斑绿菇(*R. crustosa* Peck)、蓝黄红菇[*R. cyanoxantha*(Schaeff.)Fr.]、褪色红菇[*R. decolorans*(Fr.)Fr.]、大白菇(*R. delica* Fr.)、黏绿红菇[*R. furcata*(Pers.)Fr.]、乳白绿菇(*R. galochroa* Fr.)、异叶红菇[*R. heterophylla*(Fr.)Fr.]、变色红菇[*R. integra*(L.)Fr.]、黄红菇[*R. lutea*(Huds.)Fr.]、绒紫红菇(*R. mariae* Peck)、赭盖红菇(*R. mustelina* Fr.)、稀褶黑菇[*R. nigricans*(Bull.)Fr.]、光亮红菇[*R. nitida*(Pers.:Fr.)Fr.]、黄白红菇[*R. ochroleuca*(Pers.)Fr.]、青黄红菇[*R. olivacea*(Schaeff.)Fr.]、沼泽红菇(*R. paludosa* Britz.)、假美味红菇(*R. pseudodelica* Lange.)、紫薇红菇(*R. puellaris* Fr.)、玫瑰红菇[*R. rosacea*(Bull.)Fr.]、红色红菇(*R. rosea* Pers.)、血红菇[*R. sanguinea*(Bull.)Fr.]、粉红菇(*R. subdepallens* Peck)、正红菇(*R. vinosa* Lindbl.)、绿菇[*R. virescens*(Schaeff. ex Zanted.) Fr.]、黄孢红菇[*R. xerampelina*(Schaeff. ex Secr.)Fr.]。

图 3—35　红汁乳菇

乳菇属中可食用的种类有粉褶乳菇(*Lactarius controversus* Fr.)、皱盖乳菇(*L. corrugis* Peck)、云杉乳菇变种(*L. deliciosus* var. *piceae* Smotl.)、松乳菇[*L. deliciosus*(L.:Fr.)Gray]、浅灰香乳菇[*L. glyciosmus*(Fr.)Fr.]、红汁乳菇(*L. hatsudake* Tanaka)、淡黄乳菇(*L. luteolus* Peck)、苍白乳菇[*L. pallidus*(Pers.:Fr.)Fr.]、辣乳菇[*L. piperatus*(L.:Fr.)Gray]、血红乳菇[*L. sanguifluus*(Paul.)Fr.]、尖顶乳菇[*L. subdulcis*(Pers.:Fr.)Gray]、香亚环乳菇(*L. subzonarius* Hongo)、多汁乳菇(*L. volemus* Fr.)。

图 3—36　毛头乳菇

乳菇属真菌口感较差，在华北地区采食乳菇并不普遍。红菇科真菌发生在落叶阔叶林、针阔混交林地，目前尚未见人工驯化的报道。绝大多数红菇科真菌可与树木形成外生菌根。

(3)蘑菇科资源

蘑菇科真菌在华北地区也是分布较多的食用菌，广泛分布于阔叶林、针阔混交林下，腐木、草地上，在草原上常形成蘑菇圈。采集蘑菇科真菌也是华北很多山区和农区百姓重要经济来源，已有部分种类可人工栽培生产。

华北蘑菇科真菌可食用、药用的计 42 个种类，主要种类包括田野蘑菇(*Agaricus arvensis* Schaeff.:Fr.)、大紫蘑菇(*A. auqustus* Fr.)、白鳞蘑菇[*A. bernardii*(Quél.)Sacc.]、双孢蘑菇[*A. bisporus*(Large)Sing.]、大肥蘑菇[*A. bitorquis*(Quél.)Sacc.]、蘑菇(*A. campestris* L.:Fr.)、小白蘑菇(*A. comtulus* Sacc.)、褐鳞蘑菇(*A. crocopeplus* Berk. & Br.)、淡黄蘑菇[*A. fissurata*(Moeller)Moeller]、红肉蘑菇(*A. haemorrhoidarius* Schw. et Kalchbr.)、雀斑蘑菇(*A. micromegethus* Peck)、白杵蘑菇(*A. nivescens* Moeller)、橙黄蘑菇(*A. perrarus* Schulzer)、双环林地蘑菇(*A. placomyces* Peck)、细褐鳞蘑菇(*A. praeclaresquamosus* Freeman)、草地蘑菇(*A. pratensis* Schaeff.:Fr.)、假根蘑菇(*A. radicata Vittadini Sensu* Bres)、紫蘑菇[*A. rubellus*(Gill.)Sacc.]、小红褐蘑菇(*A. semotus* Fr.)、林地蘑菇(*A. silvaticus* Schaeff.:Fr.)、白林地蘑菇[*A. silvicola*(Vitt.)Sacc.]、实柄菇(*A. solidipes* Peck.)、粗柄蘑菇(*A. spissicaulis* Moll.)、赭鳞蘑菇(*A. subrufescens* Peck)、绵毛蘑菇[*A. vaporarius*(Vitt.)Mos.]、麻脸蘑菇(*A. villaticus* Brond.)、白环柄菇[*Lepiota alba*(Bres.)Sacc.]、美洲环柄菇[*L. americana*(Peck.)Peck]、红顶环柄菇[*L. gracilenta*(Krombh.)Quél.]、褐顶环柄菇[*L. promineus*(Fr.)Bacc.]、亚白环柄菇(*L. subalba* Kuehn.:Orton.)、腹鼓孢环柄菇[*L. ventriosospora*(Schw.)Sing.]、裂皮白蘑菇[*Leucoagaricus excoriatus*(Schaeff.:Fr.)Sing.]、粉褶白蘑菇[*L. naucinus*(Fr.)Sing.]、高大环柄菇[*Macrolepiata procera*(Scop.:Fr.)Sing.]、突出大环柄菇[*M. prominens*(Fr.)Mos.]、粗鳞大环柄菇[*M. rachodes*(Vitt.)Sing.]、皱盖囊皮菌[*Cystoderma amianthinum*(Scop.:Fr)Fayod]、朱红囊皮菌[*C. cinnabarinum*(Alb. & Schw.)Fayod]、疣盖囊皮菌[*C. granulosum*(Batsch:Fr.)Fayod]、新皱盖囊皮菌(*C. neoamianthinum* Hongo.)、细环柄菇[*Lepiota clypeolaria*(Bull.:Fr.)Kummer.]。这些都是很好的食用菌。这些种类大多数生长在阔叶林下、腐木上、草地上，是常见的食用菌。其中双孢蘑菇已经广泛进行人工栽培。

(4)丝膜菌科资源

丝膜菌科(Cortinariaceae)是华北区的主要食、药用菌资源，可食用或毒食不明的种类有 29 种。丝膜菌科真菌中好多种是树木的外生菌根真菌，对于生态系统的稳定具有重要意义。

图 3－37 蓝丝膜菌

华北地区中可食用丝膜菌科的种类有白紫丝膜菌[*Cortinarius alboviolaceus*(Pers.:Fr.)Fr.]、阿美尼亚丝膜菌[*C. armeniacus*(Schaeff.)Fr.]、蜜环丝膜菌[*C. armillatus*(Fr.)Fr.]、褐黄丝膜菌(*C. brunneofulvus* Fr.)、蓝丝菌膜[*C. caerulescens*(Schaeff.)Fr.]、托柄丝膜菌[*C. callochrous*(Pers.)Fr.]、黄棕丝膜菌[*C. cinnamomeus*(L.:Fr.)Fr.]、光亮丝膜菌[*C. fuigens*(Alb. et Schw.)Fr.]、半被毛丝膜菌(*C. hemitrichus* Fr.)、紫光丝膜菌(*C. iodes* Berk. et Curt.)、圆锥丝膜菌(*C. jubarinus* Fr.)、多形丝膜菌(*C. multiformis* Fr.)、鳞丝膜菌[*C. pholideus*(Fr.)Fr.]、紫丝膜菌(*C. purpurascens* Fr.)、血红丝膜菌[*C. sanguineus*(wulf.)Fr.]、环带柄丝膜菌(*C. trivialis* Lange)、黄丝膜菌(*C. turmalis* Fr.)、白柄丝膜菌(*C. varius* Fr.)、黄环鳞伞[*Descolea flavoannulata*(L. Vassilieva)Horak]、波状滑锈伞[*Hebeloma sinuosum*(Fr.)Quél.]、暗金钱菌[*Phaeocollybia festivus*(Fries)Heim.]、皱盖罗鳞伞[*Rozites caperata*(Pers.:Fr.)Karst.]。还有一些毒食不明的种:球根白丝膜菌[*Leucocortinarius bulbiger*(Alb. et Schw.)Sing.]、小黏柄丝膜菌(*C. delibutus* Fr.)、帕氏丝盖伞(*Inocybe patouilardi* Bres.)、金黄表皮伞[*Descolea aureifolia*(Peck.)Schweiz]、淡黄褐黏滑菇(*Hebeloma ochroalbidum* Bonus.)、点瘤黏滑菇[*H. punctatum*(Fr.)Sacc.]。丝膜菌科的真菌绝大多数是树木的外生菌根真菌,而且多与阔叶树为主要共生者(卯晓岚,1998)。

(5)牛肝菌科资源

牛肝菌科(Boletaceae)是华北地区主要食用菌资源,具有较高的营养价值和保健功效,也有一定的药用价值。同时牛肝科的真菌又是北方针叶树和阔叶树的主要外生菌根真菌资源。牛肝菌科资源在华北区可食用和食性不明的有41种。

图 3－38 红网牛肝菌

在华北地区牛肝菌科真菌主要有蓝圆孔牛肝菌[*Gyroporus cyanescens*(Bull.:Fr.)Quél.]、紫红小牛肝菌(*Boletinus asiaticus* Sing.)、空柄小牛肝菌[*B. cavipes*(Opat.)Kalchbr.]、网柄小牛肝菌(*B. chrysenteroides* Snell)、淡灰小牛肝菌(*B. grisellus* Pk.)、小牛肝菌[*B. paluster*(Peck)Peck]、虎皮小牛肝菌(*B. pictus* Peck)、松林假牛肝菌[*B. pinetorum*(Chui)Teng]、网孢小牛肝菌(*B. russellii* Gilb.)、红黄褶孔牛肝菌[*Phylloporus rhodoxanthus*(Schw.)Bres.]、褐绒盖牛肝菌[*Xerocomus badius*(Fr.)Kiihner ex Gilb.]、红绒盖牛肝菌[*X. chrysenteron*(Bull.:Fr.)Quél.]、亚绒盖牛肝菌[*X. subtomentosus* (L.:Fr.)Quél.]、杂色绒盖牛肝菌[*X. versicolor*(Rostk.)Quél.]、黄粉末牛肝菌[*Pulveroboletus ravenelii*(Berk. et Curt.)Murr.]、美味牛肝菌[*Boletus edulis*(Bull.:Fr.)]、红柄牛肝菌[*B. erythropus*(Fr.:Fr.)Pers.]、坚实牛肝菌(*B. firmus* Forst.)、灰褐牛肝菌(*B. griseus* Forst.)、削脚牛肝菌(*B. queletii* Schulz.)、美网柄牛肝菌(*B. reticulatus* Schaeff.)、血红牛肝菌(*B. rubellus* Krombh.)、小美牛肝菌(*B. speciosus* Forst.)、黑盖粉孢牛肝菌[*T. alboater*(Schw.)Murr.]、锈盖粉孢牛肝菌[*T. ballouii*(Pack.)Sing.]、铜绿黏盖肝菌[*S. aeruginascens*(Secr.)Snell]、黏盖牛肝菌[*S. bovinus*(L.:Fr.)Kuntze]、短柄黏盖牛肝菌[*S. brevipes*(Peck)sing.]、点柄黏盖牛肝菌[*S. granulatus*(L.:Fr.)O. Kuntce]、厚环黏盖牛肝菌

[*S. grevillei*(Kl.)Sing.]、灰环黏盖牛肝菌[*S. laricinus*(Berk. in Hook.)O. Kuntze]、褐环黏盖牛肝菌[*S. luteus*(L.:Fr.)Gray]、亚褐环黏盖牛肝菌[*S. subluteus*(Peck)Snell ex Slipp & Snell]、白疣柄牛肝菌[*Leccinum albellum*(Pk.)Sing.]、黑鳞疣柄牛肝菌(*L. atrostipitatum* Smith.)、橙黄疣柄牛肝菌[*L. aurantiacum*(Bull.)Gray]、远东疣柄牛肝菌[*L. extroemiorientale*(L. Vass.)Sing.]、黑疣柄牛肝菌[*L. nigrescens*(Richon et Roze)Sing.]、褐疣柄牛肝菌[*L. scabrum*(Bull.:Fr.)Gray]、远东柄牛肝菌[*L. subglabripes*(Peck)Sing.]。毒性不明的种有亚绒毛柄牛肝菌(*Boletus subvelutipes* Peck.)。牛肝菌科的真菌因其与植物的共生形成菌根的生物学特性,迄今尚无人工栽培成功的报道,均为野生自然产生。

图 3-39 厚环乳牛肝菌

图 3-40 远东柄牛肝菌

(6)鹅膏菌科资源

华北地区鹅膏科(Amanitaceae)种类较为丰富,有 22 个种,但明确可食的只有 8 个种,有毒的种类或食性未明的种类占多数。毒菌可作为生物防治的重要开发资源,具有一定的药用价值。

图 3-41 毒蝇鹅膏菌

可食用的种类有白橙盖鹅膏菌[*A. caesarea*(Scop.:Fr.)Pers. ex Schw. var. alba Gill.]、橙盖鹅膏菌[*A. caesarea*(Scop.:Fr.)Pers. ex Schw.]、圈托鹅膏菌[*A. ceciliae*(Berk. & Br.)Bas.]、褐黄鹅膏菌[*A. crocea*(Quél.)Kiuhm. & Romagn.]、灰鹅膏菌[*A. vaginata*(Bull.:Fr.)Vitt.]、斑黏伞[*Limacella guttata*(Pers.:Fr.)Konr. et Maubl.]、白黏盖伞[*L. illinata*(Fr.)Maire]、白托柄菇(Amanita nivalis Grev.)。鹅膏菌科真菌主要生长在林地、草原,也是华北区主要外生菌根菌资源,多与栎树、白桦等阔叶树和云杉、冷杉等针叶树形成外生菌根。

(7)侧耳科资源

侧耳科(Pleurotaceae)也是华北地区的一个主要科。尤其是侧耳属[*Pleurotus*(Fr.)P. Kumm.]多为味道鲜美的食用菌,还有很好的医疗保健功效。部分种已驯化可进行人工栽培。该科真菌广泛分布于阔叶林内、针阔叶树混交林,生长在腐木上。

侧耳科可食用的种类主要有 15 个种,包括侧耳(平菇)[*P. ostreatus*(Jacq.:Fr.)Quèl.]、金顶侧耳[*P. citrinopileatus* Sing.)、黄白侧耳[*P. cornucopiae*(Puau.:Pers.)Roll.]、佛州侧耳(*P. florida* Eger.)、贝型圆孢侧耳[*Pleurocybella porrigens*(Pers.:Fr.)Sing.]、勺状亚侧耳[*Hohenbuehelia petaloides*(Bull.:Fr.)Schulz.]、亚侧耳[*H. serotina*(Pers.:Fr.)Sing.]、裂皮侧耳[*Pleurotus corticatus*(Fr.)Quél.]、贝壳状革耳[*Panus conchatus*(Bull.:Fr.)Fr.]、革耳(*P. rudis* Fr.)、黏香菇[*Lentinus adhaerens*(Alb. &Schw.:Fr.)Fr.]、红柄香菇(*L. haematopus* Berk.)、豹皮香菇[*L. lepideus*(Fr.:Fr.)Fr.]、沟香菇(*L. sulcatus* Ber.)、贝壳状小香菇[*Lentinellus cochleatus*(Pers.:Fr.)Karst.]。侧耳科的真菌除侧耳属真

菌味道鲜美外，其他口感均较差。

(8)鬼伞科资源

鬼伞科(Coprinaceae)是华北地区较大的一个科，幼时多数可食用，成熟时菌褶变黑时多无食用价值，且有毒性。本区可食用或食性不明的有22个种。

鬼伞科中在华北分布的可食用种有墨汁鬼伞[*Coprinus atramentarius*(Bull.)Fr.]、灰盖鬼伞[*C. cinereus*(Schaeff.)Cooke]、瓦鳞鬼伞(*C. clavatus* Fr.)、毛头鬼伞[*C. comatus*(Mull.:Fr.)Gray.]、家园鬼伞(*C. domesticus* Fr.)、白斑鬼伞(*C. ebulbosus* Peck)、光头鬼伞[*C. fuscescens*(Schaeff.)Fr.]、长根鬼伞[*C. macrorhizus*(Pers.:Fr.)Rea]、晶粒鬼伞[*C. micaceus*(Bull.)Fr.]、小孢毛鬼伞[*C. ovatus*(Schaeff.)Fr.]、褶纹鬼伞[*C. plicatilis*(Curt:Fr.)Fr.]、辐毛鬼伞[*C. radians*(Desm.)Fr.]、粪鬼伞(*C. sterquilinus* Fr.)、小假鬼伞[*Pseudocoprinus disseminatus*(Pers.:Fr.)Kuhner.]、白黄小脆柄菇[*Psathyrella candolleana*(Fr.)A. H. Smith]、喜湿小脆柄菇[*P. hydrophila*(Bull.:Fr.)A. S. Smith]、毡毛小脆柄菇[*P. velutina*(Pers.:Fr.)Sing.]、硬腿花褶伞(*Panaeolus solidipes* Peck)。毒食不明的种有白绒鬼伞(*Coprinus lagopus* Fr.)、枣红灰小脆柄菇[*Psathyrella spadiceogrisea*(Schaeff.)Mre.]、褐纤状鬼伞(*Coprinus brunneofibrillosus* Dennis.)、无环斑褶菇[*Anellaria sepulchralis*(Berk.)Sing.]，采食时需注意。鬼伞科真菌多生于腐木、草地、粪堆及腐殖质丰富的地段上。由于该科除毛头鬼伞味道鲜美外，多数食用价值不很高，并与啤酒同饮后有中毒的记载。食用时需特别慎重。

(9)草菇属资源

草菇属(*Volvariella* Speg.)真菌多数种味道鲜美，尤其是草菇[*V. volvacea*(Bull.:Fr.)Sing.]以菌肉脆嫩、味道鲜美更为著名。可以人工栽培。草菇属中在华北地区分布的可食用种有银丝草菇[*V. bombycina*(Schaeff.:Fr.)Sing.]、间型草菇[*V. media*(Schum.:Fr.)Singer]、矮小草菇[*V. pusilla*(Pers.:Fr.)Sing.]、美丽草菇[*V. speciosa*(Fr.)sing.]。其中美丽草菇也有中毒记载，采食时要特别注意。

(10)灵芝资源

灵芝是华北地区较为重要的食药用真菌。由于受环境的影响，华北地区灵芝资源较少，只有灵芝属(*Ganoderma* Karst.)的6个种：树舌灵芝[*G. applanatum*(Pers.)Pat.]、裂迭灵芝[*G. lobatum*(Schw.)Atk.]、灵芝[*G. lucidum*(Leyss.:Fr.)Karst.]、蒙古灵芝(*G. monglicum* Pilát)、紫灵芝(*G. sinensis* Zhao, Xu et Zhang)、松杉灵芝(*G. tsugae* Murr.)。灵芝属的真菌多生于腐木上，目前在华北地区已有人工栽培。

(二)华北其他食用菌资源及其与植被类型的关系

(1)其他伞菌类食用菌

华北地区其他可食用的伞菌种类约有32个种。如生于腐木上的狮黄光柄菇[*Pluteus leonius*(Schaeff.:Fr.)Quél.]、白光柄菇[*P. pellitus*(Pers.:Fr.)Quél.]、帽盖光柄菇[*P. petasatus*(Fr.)Gill.]、柳生光柄菇[*P. salicinus*(Pers.:Fr.)Murr]、灰光柄菇[*P. cervinus*(Schaeff.)Fr.]、粉黏粪锈伞[*Bolbitius demangei*(Quél.)P. A. Sacc. &D. Sacc.]、裂褶菌(*Schizophyllum commune* Fr.)、硬田头菇[*Agrocybe dura*(Bolt.:Fr.)Sing.]、湿黏田头菇[*A. erebia*(Fr.)Kuhner]、平田头菇[*A. pediades*(Fr.)Fayod]、田头菇[*A. praecox*(Pers.:Fr.)Fayod]、黄伞[*Pholiota adipose*(Fr.)Quél.]，以及金毛环锈伞[*P. aurivella*(Batsch:Fr.)Kummer]、白鳞环锈伞[*P. destruens*(Brond)Gill.]、绒圈环锈伞[*P. johnsoniana*(PK.)Atk.]、黄褐环锈伞[*P. spumosa*(Fr.)Sing.]、尖鳞环锈伞[*P. squarrosoides*(Peck)Sacc.]、地毛柄环锈伞[*P. terrigelna*(Fr.)Karst.]、斜盖粉褶菌[*Rhodophyllus abortivus*(Berk. &Curt.)Sing.]、桦木靴耳(*Crepidotus betular* Murr.)、黄茸锈耳(*C. fulvotomentosus* Peck)，还有一个黏锈耳[*C. mollis*(Schaeff.:Fr.)Gray]虽可食，但由于个体较小，食用意义不大。其中黄伞、裂褶菌和田头菇都可人工栽培。

既可食用，又可与云杉、冷杉形成外生菌根的有鸡油蜡伞(*Hygrocybe cantharellus* Schw.:Fr.)、寡味湿伞[*H. insipida*(Lge. ex Lundell.)Moser.]、青绿湿伞[*H. psittacina*(Schaeff.:Fr.)Kanst.]、淡色湿伞[*H. tristis*(Pers.)Fr.]、美褶蜡伞(*H. calophyllus* Karst.)、白蜡伞[*H. eburnesus*(Bull.:Fr.)Fr.]和狭叶拱顶伞(*Camarophyllus angustifolius* Murr.)、血红铆钉菇[*Chroogomphis rutilus*(Schaeff.:Fr.)O. K. Miller]、黏铆钉菇[*Gomphidius glutinosus*(Fr.)Fr.]、黏钉菇[*G. viscidus*(L.)Fr.]。铆钉菇科真菌可与冷杉、云杉、松等许多针叶树林形成外生菌根，同时其菌肉肥厚，味道较好。

(2)其他非褶菌类的食用菌

非褶菌类(Aphyllophorales)在华北地区分布

的食用、药用菌有14个科，37个种，其中可食用的有白鸡油菌（*Cantharellus albidus* Fr.）、鸡油菌（*C. cibarius* Fr.）、漏斗鸡油菌[*C. infundibuliformis*（Scop.）Fr.]、薄黄鸡油菌[*C. lateritius*（Berk.）Sing.]。鸡油菌类多数种味道鲜美，又是树木的外生菌根菌。灰喇叭菌[*Craterellus cornucopioides*（L.：Fr.）Pers.]可与云杉、山毛榉、栎等树木形成外生菌根。灰色锁瑚菌[*Clavulina cinerea*（Bull.：Fr.）Schrot.]、角拟锁瑚菌[*Clavulinopsis corniculata*（Fr.）Corner.]、龙须菌（*Pterula penicellata* Lloyd.）、杯珊瑚菌[*Clavicorona pyxidata*（Pers.：Fr.）Doty]，味较好。变绿枝瑚菌[*Ramaria abietina*（Pers.：Fr.）Quél.]稍有苦味。疣孢黄枝瑚菌[*R. flava*（Schaeff.：Fr.）Quél.]味较好，但也有毒性记载，采食时需注意，该菌可与冷杉、栎等树木形成外生菌根。棕黄枝瑚菌[*R. flavo-brunnescens*（Atk.）Corner]、红枝瑚菌[*R. rufescens*（Schaeff.：Fr.）Corner）、密枝瑚菌[*R. stricta*（Pers.：Fr.）Quél.]，味道微苦，具芳香气味，也是很好的食用菌。绣球菌[*Sparassia crispa*（Wulf.）Fr.]味道较好，多生于针叶树的腐根，并引起树木褐腐病害。多瓣革菌（*Thelephora multipartite* Schw.）既可食，又是树木的外生菌根菌。肉齿菌[*Hydnum repandum*（L.：Fr.）]味道比较鲜美，是一种优良野生食用菌。也可与栎、栗、榛等阔叶树形成外生菌根。皱瓣革菌[*Thelephora radiata*（Holmsk.）Fr.]、白齿菌[*Hydnum repandum* L.：Fr. var. *album*（Quél.）Rea.]味道好，可与树木形成外生菌根。小刺猴头菌[*Hericium caput-medusae*（Bull.：Fr.）Pers.]味道较鲜美，是我国名贵的食用菌。珊瑚状猴头菌[*H. coralloides*（Scop.：Fr.）Pers. ex Gray.]、猴头菌[*H. erinaceus*（Bull.：Fr.）Pers.]是我国宴席上的名菜，可增强人体免疫功能。假猴头菌[*H. laciniatum*（leers）Banker]味道较好。灰树花[*Grifola frondosa*（Fr.）S. F. Gray]味鲜美，具有防病保健功能。猪苓[*Grifola umbellate*（Pers.：Fr.）Pilat.]幼时可食，味道十分鲜美，又是著名中药材。黑柄拟多孔菌[*Polyporellus melanopus*（Sw.）Pilat]幼时可食，也可入药。蓝灰干酪菌[*Tyromyces caesius*（Schrad.：Fr.）Murr.]鲜嫩时菌肉柔嫩多汁，味香可口。红斑干酪菌[*T. fragilis*（Fr.）Donk]肉软汁多，味尚好。硫黄菌[*Laetiporus sulphureus*（Fr.）Murrill]幼嫩时可食，味道较好。朱红硫黄菌[*Laetiporus sulphureus*（Fr.）*Murrill var. miniatus*（Jungh.）Imaz.]幼嫩时可食，味道也比较好。桦剥管菌[*Piptoporus betulinus*（Bull.：Fr.）Karst.]幼嫩时可食。漏斗大孔菌[*Favolus arcularius*（Batsch：Fr.）Ames.]幼嫩时柔软可食。宽鳞大孔菌[*F. squamosus*（Huds.：Fr.）Ames.]幼嫩时可食。

（3）异担子菌类食用菌资源

木耳[*Auricularia auricula*（L. ex Hook.）Under-wood]、毡盖木耳（*A. mesenlerica* Pers.）、银白木耳（*A. polytricha* var. *argentea* Zhao et Wang）、褐毡木耳[*A. rugosisima*（Lev.）Nres.]、毛木耳[*A. polytricha*（Mont.）Sacc.]是常见的异担子菌类。木耳、毛木耳已广泛栽培。茶耳（*Tremella foliacea* Pers.：Fr.）、叶状银耳（*T. frondosa* Fr.）、银耳（*T. fuciformis* Berk.）、橙黄银耳（*T. lutescens* Fr.）、金黄银耳（*T. mesenterica* Retz.：Fr.）、焰耳[*Phlogiotis helvelloides*（DC.：Fr.）Martin]、小伞状花耳[*Dacrymyces deliquescens* var. minor（Peck.）]、胶角菌[*Calocera cornea*（Batsch.）Fr.]、桂花耳[*Guepinia spathularia*（Schw.）Fr.]都是华北地区重要的食用菌资源。多长在潮湿阴暗环境中的腐木上。毛木耳、胶角菌和桂花耳是野外较常见的种类。

（4）子囊菌类食用菌资源

子囊菌中味道鲜美的种有黑脉羊肚菌（*Morchella angusticeps* Peck）、尖顶羊肚菌（*M. conica* Fr.）、粗腿羊肚菌[*M. crassipes*（Vent.）Pers.]、小羊肚菌（*M. deliciosa* Fr.）、羊肚菌[*M. esculenta*（L.）Pers.]，这些种均为优良食用菌。还有黑马鞍菌（*Helvella atra Holmsk*：Fr.）、皱柄白马鞍菌[*H. crispa*（Scep.）Fr.]、裂盖马鞍菌（*H. leucopus* Pers.）、灰褐马鞍菌（*H. ephippium* Lév）味道均较好。马鞍菌（*H. elastica* Bull.：Fr.）、棱柄马鞍菌（*H. lacanosa* Afz.：Fr.），据记载可食，但也具有微毒的记载，食用时需注意。

图3－42　皱柄白马鞍菌

(5)腹菌类食用菌资源

腹菌类真菌在华北地区分布较广泛，它们大多在幼嫩时是味道较好的食用菌，多数种可与树木形成外生菌根。华北地区主要分布的种类有白鬼笔(*Phallus impudicus* L.：Pers.)、短裙竹荪[*Dictyophora duplicate*(Bosc.)Fischer]、长裙竹荪[*D. indusiata*(Vent.：Pers.)Fisch.]、浅黄根须腹菌(*Rhizopogon luteolus* Fr. et Nordg.)、黑根须腹菌(*R. piceus* Berk. & Curt.)、红根须腹菌[*R. rubescens*(Tul.)Tul.]、山西根须腹菌(*R. shanxiensis* Liu)、灰包菇[*Secotium agaricoides*(Czern.)Hollos]、黑紫马勃(*Lycoperdon atropurpureum* Vitt.)、褐皮马勃(*L. fuscum* Bon.)、小柄灰包(*L. pedicellatum* Peck)、多形马勃(*L. polymorphum* Vitt.)、冬季灰包[*L. pyemale*(Bull.：Pers.)Vitt.]、梨形马勃(*L. pyriforme* Schaeff.：Pers.)、粒皮马勃(*L. umbrinum* Pers.)、草地横膜马勃[*Vascellum pretense*(Pers. em. Quél.)Kreisel]、龟裂秃马勃[*Calvatia caelata*(Bull. et DC.)Morgan]、白秃马勃[*C. candida*(Rostk.)Hollos]、头状秃马勃[*C. cranliformis*(Scnw.)Fr.]、杯形秃马勃[*C. cyatniformis*(Rosc.)Morg.]、长柄秃马勃[*C. excipuliformis*(Pers.)Perclek.]、大秃马勃[*C. gigantean*(Batsch：Fr.)Lloyd]、紫色秃马勃[*C. lilacina*(Mont. et Berk.)Lloyd]、栓皮马勃[*Mycenastrum corium*(Guers.)Dcsv]、长柄静灰球菌(*Bovistella longi-pedicellata* Teng.)、铅色灰球菌(*Bovista plumbea* Pers.)、马勃状硬皮马勃(*Scleroderma areolatum* Ehrenb.)、大孢硬皮马勃(*S. bovista* Fr.)、星裂硬皮马勃(*S. geaster* Fr.)、多根硬皮马勃(*S. polyrhizum* Pers.)、太原块菌(*Tuber taiyuanense* Liu)、蜂窝孢猪地菇(*Choiromyces aleveolatus*)、刺孢地菇(*Terfezia spinosa* Harkn)、瘤孢地菇[*T. terfezioides*(Matt.)Trapp]、脑状腔地菇(*Hydnoboletes cerebriformis* Tul.)、棒形地勺菌[*Spathularia clavata*(Schaeff.)Sacc.]、黄地勺菌(*S. flavida* Pers.：Fr.)、网孢盘菌[*Aleuria aurantia*(Pers.：Fr.)Fuck.]，这些种多数生食会中毒。小疣地杯菌[*Geopyxis catinus*(Holmsk.：Fr.)Sacc.]、兔耳状侧盘菌[*Otidea leporine*(batsch. Fr.)Fuck.]、棕黑色菌(*Peziza brunneoatra* Desm. Ann.)、褐盘菌(*P. sepiatra* Cke.)、林地盘菌[*P. sylvestris*(Boud.)Sacc. et Trott.]、泡质盘菌(*Peziza vesiculosa* Bull.：Fr.)，据记载，可食，但也有记载有微毒，需慎食。

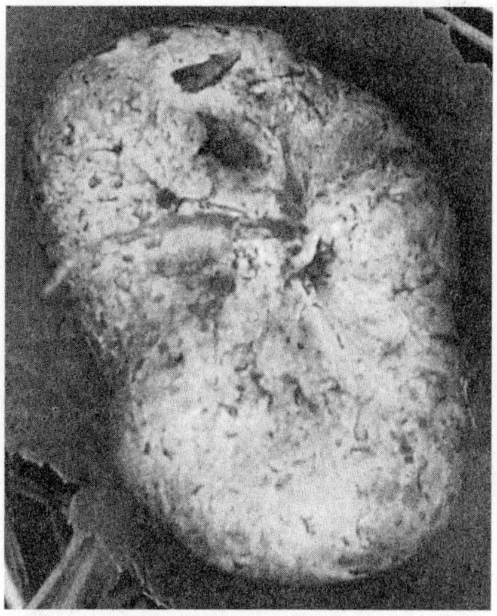

图 3－43 浅黄根须腹菌

华北地区食用真菌资源较丰富，但大多数人对食用菌资源认识不足。有很多食用菌，当地群众不采食，造成资源严重浪费。系统全面地调查还很不够，需要科研工作者开展科普宣传，进一步发掘和驯化开发。随着研究的深入将会有更多的资源见诸报道，不断促进华北地区食用菌产业的发展和提高人民生活水平发挥更重要的作用。

5. 华中华东区

此区包括湖南、湖北、江西、浙江、江苏、安徽、上海等省市。大部分地区属于亚热带气候及其植被类型，气温较高，降雨量充沛，森林分布较广，以常绿阔叶林为主，马尾松和毛竹林广布，大型真菌种类多，且繁殖生长季节长。但该区域人口稠密、人为活动频繁，这些因素对大型真菌的自然繁衍和生存有显著的影响。据记载，该区域分布的食用菌 350 余种，具有代表性的有草菇、香菇、银耳等腐木生食用菌。较为常见的有鸡油菌(*Cantharellus cibarius*)、正红菇(*Russula vinosa*)、梨红菇(*R. cyanoxantha* f. *peltereani*)、红绒盖牛肝菌(*Xerocomus chrysenteron*)、喇叭菌(*Comphus floccosus*)、棘托竹荪(*Dictyophora echino-volvata*)等。蚁巢菌(*Termitomyces*)在该区域也有分布，大致以长江为界，向东至台湾，向西可达西藏东南地区均有分布。药用真菌 150 种以上，如在安徽栽培较多的茯苓(*Poria cocos*)，以“安苓”而著名。另有竹黄(*Shiraia bambusicola*)、亚香棒虫草(*Cordyceps hawkesii*)和雷丸(*Omphalina lapidescens*)等分布。毒菌约有 90 余种，主要有灰花纹鹅膏菌(*Amanita fuliginea*)、小毒蝇鹅膏菌(*A. melleiceps*)、亚稀褶黑红菇(*Russula subnigricans*)和形似黑木耳的叶状耳盘菌(*Cordierites frondosa*)等(卯晓岚,1998)。

该区具有华南、华北、华北区的过度类群的区系特征,同时也具有诸多中国一日本真菌区系的重要种类,也是我国香菇、草菇、木耳、金针菇等人工栽培食用菌的重要生产地区。

6. 西北大型真菌资源

西北地区包括内蒙古西部、宁夏和甘肃及新疆大部。该区属于典型的内陆大陆性气候,雨量由东至西逐渐减少,整体雨量较少(不足250mm),植被由草原、干旱草原过渡到荒漠草原及荒漠和沙漠。由荒漠到戈壁又过渡到山地草原至森林。在该区分布的大型真菌较其他区域少,但有其特色,特别是以适应干旱、空旷荒漠生态环境为主的类群为常见种类。主要是禾草类菌根型大型真菌和腐生型粪生类真菌。计有70余属200余种,常见的属有蘑菇属(*Agaricus*)、口蘑属(*Tricholoma*)、环柄菇属(*Lepiota*)、马勃属(*Lycoperdon*)、秃马勃属(*Calvatia*)、灰锤属(*Tulostoma*),以及粪生的斑褶菇(*Panaeolus*)、鬼伞属(*Coprinus*)、粪伞属(*Bolbitius*)等。已知种类不止百种,本区具有代表性的有蒙古口蘑、香杏丽蘑、大白桩菇、田野蘑菇、草地蘑菇、大秃马勃(*Calvatia gigantea*)、灰锤(*Tulostoma jourdanii*)、灰包菇(*Secotium agaricodes*)、毛柄钉灰包(*Battarraea stevenii*)等(卯晓岚,2000)。根据植被及树种分布情况应该还有沙漠块菌(地菇类)(*Terfezia* spp.)类群。其中被当地民族称之为"口蘑"的除了蒙古口蘑外,尚有4属15种草原蘑菇,包括丛生白蘑(*Tricholoma conglobatum* Sacc.)、锈白蘑[*T. pessuundatum*(Fr.)Quél.]、黄皮美伞[*Calocybe gambosa* (Fr.)Donk],还有菇体硕大、含有杯伞素的大白桩菇[*Leucopaxillus giganteus* (Fr.) Singer]、鳞盖白桩菇[*L. lepistoides*(R. Maire) Singer],以及菌体肥厚、味美鲜嫩的美味蘑菇[*Agaricus edulis* (Vitt.)Moell & Shaeff.],并可驯化在农田玉米、高粱等农作物地间混栽培。此外、还有野蘑菇(*A. arvensis* Schaeff. ex Fr.)、白鳞蘑菇[*A. bernardii* (Quel.)Sacc.]、黄斑蘑菇(*A. xanthodermus* Genev.)、小蘑菇(*A. micromegethus* Pk.)、淡黄蘑菇(*A. fissuratus*)、大肥蘑菇[*A. bitorquis*(Quél.) Sacc.]、大紫蘑菇(*A. augustus*)、白杵蘑菇[*A. nivescens*(Moller)Moller](刘培贵等,1993)。这些多是土肥条件较好的农田、草原牧场附近出现的美味大型真菌。从生物区系地理分析来看,该区分布的大型真菌类群与中亚和欧洲有着强烈的联系。

图3—44　柄灰锤

在西北干旱半干旱区和荒漠地区特别有代表性的是一些腹菌类和沙漠特有的一些类群,如小地星[*Geastrum minus*(Pers.)Fisch.]、多形马勃(*Lycoperdon polymerphoum* Vitt.)、囊状秃马勃[*Calvatia saccata*(Vahl ex Fr.)Morg.]、铅色灰球菌(*Bovista plumbea* Pers.)、灰包菇[*Secotium agaricoides*(Czern.)Hollos.]、沙生蒙氏假菇[*Montagnea arenaria* (DC.) Zeller]、管腔菇包(*Gyrophragmium delilai* Mont.)、毛柄白钉包菇[*Battarraea stenenii*(Libosch.)Fr.]、白柄灰锤(*Tulostoma jourdanii* Pat.)、托柄灰锤(*T. volvulatum* Borsc.)、内蒙灰锤(*T. inttramongolicum* Liu)、百灵庙裂顶灰锤(*Schizostoma bailingmiaoense* Liu, Li & Du)、凳口裂顶灰锤(*S. dengkouense* Liu, Li & Du)、乌兰布和裂顶灰锤(*S. ulanbuhense* Liu, Li & Du)、裂顶灰锤(*S. laceratum Ehrenb.*)、沙灰锤(*T. sabulosum* Liu, Li et Du)、短柄灰锤(*T. brevistipitatum* Liu, Li et Du)(Liu,1984;赵震宇,2001)。这些类群中多数是干旱、半干旱沙漠或荒漠草原的特有类群。根据我国西北部地质地貌、偏碱性砂质土壤、植被及树种,还应该有与干旱荒漠植物半日花(*Helianthemum soongoricum*)(马毓泉等,1989)、沙拐枣(*Calligonum mongolicum*)、沙冬青(*Ammopiptanthus mongolicus*)、红柳(*Tamarix ramosissima*)、梭梭(*Haloxylon ammodendron*)和四合木(*Tetraena mongolica*)等植物与之共生的沙漠真菌。

图3—45　半日花与沙漠块菌

沙漠块菌(地菇类)(*Terfezia* spp.)是世界最著名的沙漠真菌。沙漠块菌是一类重要的沙生植物菌根真菌,不但在稳定沙漠生态系统中有着不容忽视的作用,同时还可以食用。据记载,具有和法国黑孢块菌(Périgord black truffle)一样含有同样功效的物质,即可以引起催情性欲的作用(aphrodisiac qualities)(Hall,et al,2003、2007)。利用荒漠、沙漠、草原真菌资源可以应用到荒漠、沙漠防风固沙造林中来,改善生态系统,这特别对于发展干旱、半干旱荒漠区域野生食用菌具有重要意义。

7. 青藏高原区

该区包括青藏高原的全部,即青海省和西藏自治区。是地球上海拔最高、地质年代比较年轻的高原。除了藏东南地区受印度洋暖湿气流影响外,绝大部分以地势高寒、光辐射强、生长季节短为自然气候特征。在此自然条件下种子植物和大型高等真菌的种类及其生长发育受到一定的限制,组成的类群相对简单。青藏高原区被几条高大的山脉分割,形成喜马拉雅山脉以北的藏北高原、川西高原、青海高原以及柴达木盆地和藏南谷地。藏北高原气候恶劣,植物稀少,对大型真菌了解相对甚少。仅在雨季时有蘑菇属(*Agaricus*)、鬼伞属(*Coprinus*)、裸盖伞(*Psilocybe*)等体型较小的真菌种类出现。青海高原是植被发育良好的区域,适合于蘑菇属等大型真菌子实体种类发生,如大肥菇(*Agaricus bitorquis*)、大紫菇(*A. augustus*)、野蘑菇、草地蘑菇等。川西高原及藏南谷地靠近横断山区处地势起伏高差悬殊。在高山雪线附近及其以上分布的虫草是本区高山带的特有代表种类,如著名的冬虫夏草(*Cordyceps sinensis*)、阔孢虫草(*C. crassispora*)等,其分布范围大致和高山蓼以及蝙蝠蛾科的高山蝙蝠蛾昆虫相一致(裘维蕃等,1998)。在高原草地也有蘑菇属、花褶伞属(*Panaeolus*)、马勃属(*Calvatia*)的大秃马勃(*C. gigantea*),环柄菇(*Lepiota*)等种类的出现。东喜马拉雅南坡及藏南谷地高山针叶林带,翘鳞肉齿菌(*Sarcodon imbricatum*)、蜜环菌(*Armilariella mellae*)、金暗环柄菇(金盖鳞伞)(*Phaeolepiota aurea*)、皱盖罗鳞伞(*Rozites caperata*)、环锈伞(*Pholiota* spp.)、丝盖伞(*Inocybe* spp.)、丝膜菌(*Cortinarius* spp.)、牛肝菌(*Boletus* spp.)等大量出现。在海拔较低的针阔混交林地,常见有油黄口蘑(*Tricholoma flavovirens*)、荷叶离褶伞(*Lyophyllum decastes*)、西藏金牛肝菌(*Aureoboletus thibetanus*)、皱盖罗鳞伞(*Rozites emodensis*)、鸡油菌(*Cantharellus cibarius-complex*)、圆瘤孢多孔菌(*Bondarzewia montana*)、绣球菌(*Sparassis crispa*)、毛木耳等的出现。在高山松、高山栎、云杉、杜鹃等林地还出产著名的松茸(*Tricholoma mastutake*)、松乳菇(*Lactarius deliciosus*)、黄皮瘤柄牛肝菌(*Leccinum crocipodium*)、褐白肉齿菌(*Sarcodon fuligineoalbus*)、刺孢硬皮马勃(*Scleroderma verrucosum*)、金耳、灵芝、硫黄菌等食药用菌。对于西藏真菌的研究相对比较清楚,据不完全统计,西藏的食用真菌有 415 种,药用真菌 238 种,毒菌 135 种;与树木有共生关系的外生菌根菌有 188 种(臧穆,1983、1996)。

第六节 食药用菌资源保护与可持续利用

食用菌作为一类小分子高蛋白、低脂肪、食疗兼顾的绿色生态食品越来越受到人们普遍欢迎。食用菌资源是生物资源的重要组成部分。它们在生态环境、植被系统稳定与发展,以及在食品和医药结构改善中的特殊意义,十分必要予以保护和实施可持续利用的发展战略。但由于食用菌类群所具有的生物学特性不同、自然生物量差异很大,分布地域、生态习性不同,所具有的作用及存在的现状也不同。因此首先要筛选与确认现阶段在我国食用菌,特别野生(菌根)食用菌中的珍稀濒危类群和重要的食用菌类群,同时实事求是地评估它们的现状。针对资源现状、生态习性及生物学特性采取对应措施,总结经验,提出与实施有效保护和可持续利用的科学理念和技术方法,这是本节所阐述的目的。

1. 我国珍稀濒危及重要食用菌类群及其现状

半个世纪以来随着我国真菌分类及资源调查工作的展开和深入,对大型高等真菌开展了系统分类、分布和利用的研究,积累了较多资料(Chiu,1945、1949;裘维蕃,1957;邓叔群,1963;戴芳澜,1979;Liu Bo,1984;李茹光,1991;李建宗等,1993;卯晓岚,1993、1998、1999、2000;应建浙、臧穆等,1994;臧穆,1996、2006;赵继鼎,1998;赵继鼎、张小青,2000;刘波,1992、1998;Zhuang,2001)。据统计，仅我国北回归线以南，迄今记载的高等真菌就有近1 200属，5 000余种（杨祝良和臧穆，2003）。乳菇属（*Lactarius*）的分类学研究仅我国西南有95个分类单元，22个新记录种，35个待发表的新种（王向华，2008）。迄今发表的地花菌属属下种类33种（郑焕娣，2006）。近期研究表明，在我国有19个种，其中3个新种（Zheng，et al，2008）。这些基础积累性工作为分析我国高等大型真菌的珍稀濒危及重要类群的筛选提供了必要的基础资料和依据。同时，随着全球气候变暖干旱、人口增长、自然环境恶化、资源的过度利用，有部分野生食用菌种群数量明显减少，甚至濒危或受到威胁。鉴于此，我国已展开了大型真菌生物多样性的关键类群的筛选和确认工作，把大型真菌生物多样性中的关键类群划分为3个等级，即濒危类群、重大科学研究价值类群和重要经济类群（刘培贵等，2003）。本节结合近几年的研究成果（梁宗琦，2007，杨祝良，2007；魏铁铮，2004；王庆彬，2004；郑焕娣，2006；陈吉岳，2006；梁俊峰，2007；陈娟，2007；王向华，2008），概括提出如下珍稀濒危及重要类群（endangered and important taxa in science and economy）以引起各方面的关注和重视。

子囊菌类（*Ascomycota*）中分布在海拔4 200m以上的著名中药材冬虫夏草（*Cordyceps sinensis*），与松、栎等具有菌根共生关系的印度块菌类（*Tuber indicum complex*），与昆虫、竹类形成特殊生态链的亚肉座菌类[*Hypocrella*（Liu et al，2001）]及生长于竹上的肉球菌（*Engleromyces goetzii*）和竹黄（*Shiraia bamboosicola*）；还有享誉全球的羊肚菌类（*Morchella* spp.）。

担子菌类（*Basidiomycota*）中的猪苓、茯苓、雷丸等都是重要药用真菌。除此之外，云南著名的美味食用菌干巴菌（*Thelephora vialis*-complex），分布于热带亚洲和非洲的蚁巢菌类（*Termitomyces* spp.）真菌，日本人酷爱的松茸群（*Matsutake*-group），蜚声海内外的蒙古口蘑（*Tricholoma mongolicum*）、鸡油菌类（*Cantharellus* spp.）、广义美味牛肝菌（*Boletus edulis* senso-lato）、乳菇属（*Lactarius* spp.）和红菇属（*Russula* spp.）的种类，地花菌类（*Albatrellus* spp.），鹅膏属中美味橙黄鹅膏（*Amanita hemibapha*）等，都是木本植物重要的外生菌根真菌。还有可以驯化栽培的腹菌类中美味食用菌竹荪类（*Dictyophora* spp.）和鬼笔（*Phallus* spp.）等（刘培贵等，2003）。

形成珍稀濒危类群原因主要有3个：一是生长发生的生态环境要求独特、地理分布区狭窄、自然种群数量稀少。如冬虫夏草、竹生菌和一些特有、寡种类群。二是气候变暖、环境恶化、植被退化，由此分布区逐步萎缩呈现岛屿式零星分布。绝大多数真菌在历史上的分布范围远比现代分布区要宽广得多，现代分布样式由于环境的变迁呈现岛屿式分布模式。三是人为活动、森林的砍伐及过度地商业化采集使其沦为濒危珍稀，如块菌类、蚁巢菌、蒙古口蘑、松茸、鸡油菌、牛肝菌等。实际上大多数珍稀濒危类群3种因素并存，相互重叠加剧了生存环境的恶化。如松茸类在我国广泛分布于东北和秦岭以南海拔在1 800～3 700m的高山、亚高山针阔叶林下。随着气候变暖、森林植被砍伐与退化，又加之20世纪80年代以来大规模长期的商业化采集出口。目前在东北偶然可以找到，现主要分布在滇西北、川西和藏东南及其周边狭窄区域（刘培贵等，1999）。蒙古口蘑分布于我国的东北、河北张家口以北以及内蒙古中东部，东起呼伦贝尔盟草原，西达包头以西地区，北达蒙古的阿尔泰地区和俄罗斯远东地区的广大草原区域（刘培贵等，1993）。根据实地考察，现在仅在呼伦贝尔盟、兴安盟、锡林郭勒盟一线草原零星分布，尚可找到它的踪迹，但已难以形成规模化的出口商品。再如块菌类是松、栎、栲、桦等重要树种的菌根真菌，由于含有特殊类化合物颇受意大利、西班牙、法国等人的青睐。自20世纪80年代中期在我国发现，90年代开始出口，在不足20年的时间里新的发生地不断发现，年销售量从不足20吨迅速发展到500多吨。近年来，随着高经济回报的刺激，大量投入人力采集，虽新的发生地也不断发现，但其年自然产量已下降到不足300吨。商业化采集地段已绝迹，分布范围整体不断萎缩。如果不采取措施，用不到10年或更短的时间块菌即将处于濒危（Yun Wang，et al，2007）。诸如此类例证不胜枚举。面对这种现状决不能掉以轻心，必须采取必要的措施来挽救这些珍贵自然资源，实现可持续发展。

2. 珍稀濒危及重要经济价值类群的保护与可持续发展

菌根性野生食用菌与树木之间是一种特殊的共生关系，不能实现纯人工意义上的栽培，还不能像腐生真菌一样实现完全的人工栽培（弓明钦等，2007），只能利用菌根性食用菌保育促繁增产技术制作专用菌种和菌剂，利用无菌感染的幼苗在培育期进行人工模拟自然条件进行“菌根合成”，或在适宜的森林植被内施播专用菌种和菌剂，旨在促进地下菌丝与菌根的形成，从而利用自然森林植被和结合植树造林进行人工保育促繁增产。这既是一项增加林下非木材林产品自然产量，为贫困山区少数民族增加经济收入，又可以促进森林植被恢复与重建，实现自然资源的可持续利用。同时，随着人类对菌根性食用菌认识的深入和技术的成熟、经验的积累，这项技术已逐步成为解决和缓和自然菌根性食用菌供需矛盾的重要途径，符合人类与自然和谐发展的宗旨。采取这些配套生物技术，可以实现持续利用，保育促繁，增加自然产量，造福一方山区百姓，实现人与自然和谐共存。

根据珍稀类群形成濒危的原因对症下药，可以实现有效保护和可持续发展和利用。应用的方法大致有3种：

(1)原产地封闭式管理技术

这种方法主要是对于那些菌根关系复杂而仍不十分清楚的类群，如松茸、干巴菌。松茸不是典型的植物外生菌根真菌(Wang, et al,1997；于富强,2007)，菌种培养和菌根人工合成较为困难。但采取松茸、干巴菌宜林地封闭式管护、维护松茸、干巴菌菌塘、规范科学采集、适当疏林和清理地表覆盖物等措施可以增加自然产量和实现持续发展，并已取得很好成果(弓明钦等,2007；苏开美、赵永昌,2007)。蒙古口蘑生长在以羊草为主的禾草草原上(刘培贵,1993)，由于生态环境不同程度受到破坏，资源越来越少。近十年来采取就地育草促繁已有新的进展(卯晓岚,2000)。国家的退耕还草政策和轮歇围栏放牧措施的实施有望逐步恢复蒙古口蘑的昔日产量，尚需加强落实。

(2)人工菌根合成技术

此套技术主要应用于典型的外生菌根真菌，已获得成功，如块菌、沙漠块菌、松乳菇等。块菌是一类典型的壳斗科、榛科、桦木科、松科等重要树种的外生菌根真菌。通过用孢子悬浮液的方法制成菌剂接种无菌幼苗已获得板栗、华山松块菌菌根幼苗，通过DNA分子测定确认人工合成菌根取得成功(Geng et al,2009)，并于2008年春季在昆明市团结乡等处土壤检测改造后移植上山建立了我国第一个块菌种植园。若干年(5年)后即可产出块菌。用此技术可以增加块菌的自然产量和实现块菌的持续发展。这在其他发达国家和地区已有成功范例(Hall,2007)。块菌的地下菌丝可以促进共生树种的幼苗对氮、磷、钾等营养物质及水分的吸收，建立起互利互惠的关系，可大大提高菌根树苗的抗逆性，增加树苗的成活率。可在荒山、荒坡造林恢复植被，废矿山地修复土壤，有利于形成稳定植被生态系统。同时又可以保障块菌的自然产量，实现可持续利用(刘润进、陈应龙,2006)。

图3－46 左:印度块菌子实体;
右:印度块菌接种的板栗幼苗

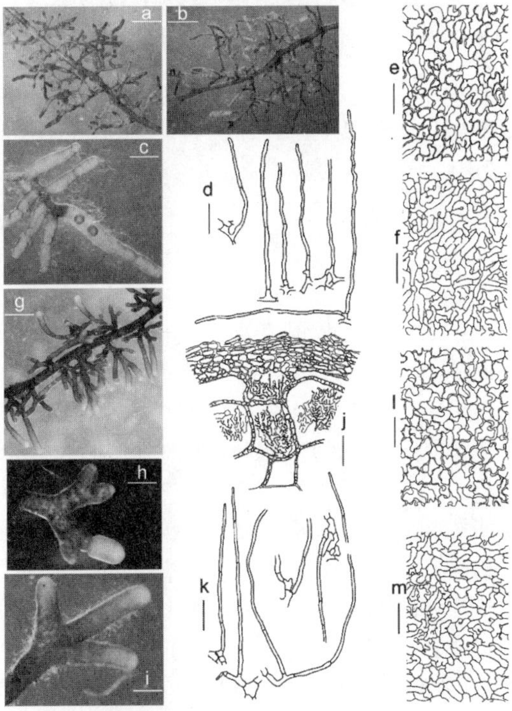

图3－47 印度块菌与板栗(a-f)和华山松(g-m)
合成块菌幼苗菌根形态及其形态解剖图

a～c.板栗菌根外形；d.菌根外延菌丝；e.马赛克状排列的皮层细胞外菌套；f.哈蒂氏网及内菌套菌丝；g～i.华山松菌根外形；j～m.菌根横切示外延菌丝及内外菌套皮层细胞。

(3)宜林地种植增产技术

该技术是在宜林地种植施播相应菌种，同时采取开槽断根促进发育形成更多的菌根以增加子实体的自然产量。野生乳菇类肉质肥厚、乳汁浓郁、口味特殊而鲜美，具有开窍醒神、健胃和中、固本强身、增强免疫力、排毒等功效。其提取物对防治中老年心血管硬化、提高人体抗性具有极高的价值。云南省普洱市主产的多汁乳菇(*Lactarius volemus*)，俗称奶浆菌，是乳菇属之一种。每年供不应求，价格不菲，成为内销、外贸出口的主导野生食用菌产品。由于连年过度采集，自然产量明显下降。中国科学院昆明植物研究所从2001年启动实施的

《菌根性野生食用菌乳菇(奶浆菌)人工保育促繁增产技术示范基地》项目取得了重要进展。

图 3－48　在思茅松林地种植基地成片产出的多汁乳菇

2005～2008 年连续 4 年基地内植被郁郁葱葱、树木生长茂盛,基地种植槽内及其周围乳菇(奶浆菌)子实体(菌体)成丛连片出现,一丛最少的有 16 个子实体,最多的达 28 个。与基地外同样林地形成一显明的对比。迄今项目组扩大重复试验达千亩以上,正在进一步重复验证扩大示范。该项目的实施对于菌根性食用菌在成熟宜林地实现人工保育促繁具有重要的生态学意义,也为其他菌根食用真菌类群的持续利用和就地种质资源保护具有重要的借鉴意义。

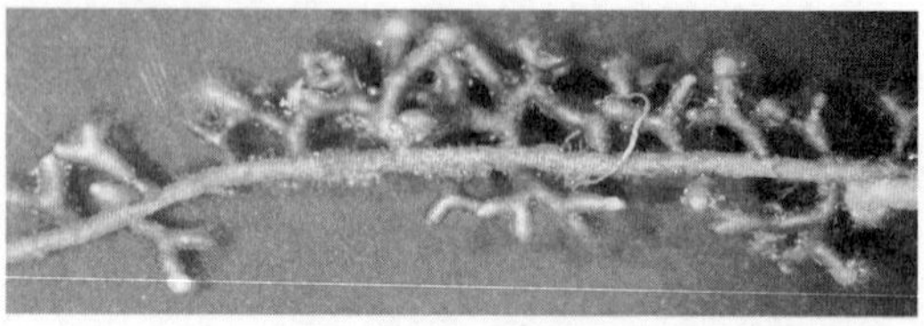

图 3－49　多汁乳菇与思茅松形成的菌根

参考文献

[1] 白淑兰,刘勇,周晶,等.大青山外生菌根真菌资源与生态研究[J].生态学报,2006,26(30):837-841.
[2] 白淑兰,阎伟,马荣华,等.大青山、蛮汗山外生菌根真菌资源调查[J].山地学报,2001,19(1):44-47.
[3] 包海鹰,李玉.胶陀螺营养成分分析[J].中国食用菌,2001,20(6):41-42.
[4] 毕志树,郑国扬,李泰辉.两种可食的野生侧耳记述[J].中国食用菌,1986(2):4.
[5] 毕志树,郑国扬,汤卫真,等.广东野生和栽培食用侧耳记述[J].中国食用菌,1987(5):26-27.
[6] 毕志树,李泰辉.广东省鳞伞属的种类记述[J].山西大学学报,1989,12(1):86-91.
[7] 毕志树,李泰辉.广东省鳞伞属的研究初报[J].真菌学报,1989,8(2):94-97.
[8] 毕志树,郑国扬,李泰辉.粤北山区大型真菌志[M].广州:广东科学技术出版社,1990.
[9] 毕志树,郑国扬,李泰辉.广东大型真菌志[M].广州:广东科学技术出版社,1994.
[10] 毕志树,李泰辉,章卫民,等.海南伞菌初志[M].广州:广东高等教育出版社,1997.
[11] 粕谷晶,山下衡,古川久彦.キノコ毒成分の检讨:第 10 回中毒研究会抄录集[C],1980.
[12] 曹哲明.松口蘑群系统发育重建与生物地理学研究[D].北京:中国科学院微生物研究所,2003.
[13] 车振明."三菌"复合保健口服液的功效研究(一)[J].食品科技,2002,23(12):69-70.
[14] 草野源次郎.キノコ毒成分[J].遗传,1985(39):32-36.
[15] 戴玉成,图力古尔.中国东北野生食药用真菌图志[M].北京:科学出版社,2007.
[16] 陈吉岳.羊肚菌科系统学、生态及生物地理研究[D].北京:中国科学院研究生院,2006.
[17] 陈娟.中国块菌属的分类与系统学[D].北京:中国科学院研究生院,2007.
[18] 陈向东,朱戎,兰进.羊肚菌研究进展[J].食用菌学报,2002,9(2):56-61.
[19] 陈作红,张志光,张平.我国 28 种鹅膏菌主要肽类毒素的检测分析[J].菌物系统,2003,22(4):565-573.
[20] 戴芳澜.中国真菌总汇[M].北京:科学出版社,1979.
[21] 戴贤才,李泰辉.四川省甘孜州菌类志[M].成都:四川科学技术出版社,1994.
[22] 德力格仓.大兴安岭松口蘑及其近缘种[J].食用菌,1983(4):2-3.
[23] 邓叔群.中国的真菌[M].北京:科学出版社,1963.
[24] 邓晓娟.中国西南块菌菌根形态学及其 DNA 分子 ITS 序列确认[D].北京:中国科学院研究生院,2009.
[25] 樊建,赵天瑞,李永生,等.鸡油菌液氮速冻温度与汁液流失关系研究[J].中国食用菌,2004,23(2):56-58.
[26] 傅禄敏,李玉花.松口蘑的研究热点[J].食用菌学报,2003,10(3):49-55.

[27] 付绍春,谭琦,陈明杰,等.美味牛肝菌生态特征和人工栽培进展[J].湖南林业科技,2008,35(5):66-68.

[28] 高菊珍,张红宇,乐开礼.松茸的免疫增强作用和抗应激作用研究[J].中药药理与临床,1997,13(1):38-39.

[29] 弓明钦,曹嘉相,苏联军,等.滇西保山地区的假松茸产量与环境关系研究[J].林业科学研究,1999,12(1):31-36.

[30] 弓明钦,陈羽,王风珍,等.松茸[M].昆明:云南科学技术出版社,1999.

[31] 弓明钦,仲崇禄,陈羽,等.菌根型食用菌及其半人工栽培[M].广州:广东科学技术出版社,2007.

[32] 贺新生.中国鸡油菌属记述[J].食用菌,1995(1):4-5.

[33] 河野昌彦,椎茸.ツキヨタケに关する法医学的研究[C].久留米医学会集谈会,1987.

[34] 黄年来.中国大型真菌原色图鉴[M].北京:中国农业出版社,1998.

[35] 黄年来.中国食用菌百科[M].北京:农业出版社,1993.

[36] 黄建中,梁宗琦,刘爱英.粉被虫草(Cordyceps pruinosa)无性型对苏芸金杆菌(Bacillus thuringinensis subsp. galleria)抗紫外辐射的保护效应[J].西南农业学报,1992,8(2):63-67.

[37] 计炳生,刘玉静.铆钉菇特征及其驯化栽培[J].食用菌,2001(4):14.

[38] 季香云,杨长举.白僵菌的致病性与应用[J].中国生物防治,2003,19(2):82-85.

[39] 焦彦朝,梁宗琦,刘爱英.虫草生物活性物质研究概况[J].贵州农业科学,1990(3):53-58.

[40] 兰进,曹文芩,徐锦堂.中国羊肚菌属真菌资源[J].资源科学,1999,21(2):56-61.

[41] 梁俊峰.中国环柄菇属分类学及其该属的分子系统学研究[D].北京:中国科学院研究生院,2007.

[42] 梁宗琦.虫生真菌多样性[J].生物多样性,1996,4(4):235-241.

[43] 梁宗琦.昆虫病原真菌的综合利用研究.中国虫生真菌研究与应用[M].北京:学术期刊出版社,1988.

[44] 梁宗琦,刘爱英,刘作易.中国真菌志(第32卷:虫草)[M].北京:科学出版社,2007.

[45] 李建宗,胡新文,彭寅斌.湖南大型真菌[M].长沙:湖南师范大学出版社,1993.

[46] 李荣春.云南的鸡油菌资源[J].中国食用菌,1996,15(4):18-20.

[47] 李荣森,罗绍彬.微生物防治害虫[M].北京:北京科学技术出版社.1983.

[48] 李茹光,赵大明,王翠婷.吉林省真菌志[M].长春:东北师范大学出版社,1991.

[49] 李茹光.东北地区大型经济真菌[M].长春:东北师范大学出版社,1998.

[50] 李泰辉,宋斌.中国食用牛肝菌的种类及其分布[J].食用菌学报,2002,9(2):22-30.

[51] 李泰辉,宋斌.中国牛肝菌已知种类[J].贵州科学,2003,21(2):87-95.

[52] 李泰辉,毕志树.粤北山区的两种可食红菇记述[J].中国食用菌,1986(3):26.

[53] 李兴奎,王元忠.灰褐牛肝菌子实体营养成分分析[J].中国食用菌,2007,26(1):55-59.

[54] 李玉,图力古尔.中国长白山蘑菇[M].北京:科学出版社,2003.

[55] 林华峰.虫生真菌研究进展[J].安徽农业大学学报,1998,25(3):251-254.

[56] 林群英,宋斌,李泰辉.蛹虫草研究进展[J].微生物学通报,2006,33(4):154-157.

[57] 栾庆书,金若忠,云丽丽,等.血红铆钉菇对土传病原抑菌性研究[J].辽宁农业科技,2005(6):13-16.

[58] 刘波.中国药用真菌[M].太原:山西人民出版社,1978.

[59] 刘波.中国真菌志(第2卷):银耳目和花耳目[M].北京:科学出版社,1992.

[60] 刘波.中国真菌志(第7卷:层腹菌目、黑腹菌目、高腹菌目)[M].北京:科学出版社,1998.

[61] 刘成荣.鸡油菌菌丝体多糖和包外多糖分离提取的工艺要求[J].赤峰学院学报(自然科学版),2008,24(4):39-40.

[62] 刘吉开.高等真菌化学[M].北京:中国科学技术出版社,2004.

[63] 刘明华,卿晨,刘吉开,等.Albaconol的抗肿瘤活性及对DNA拓扑异构酶II的影响[J].中国药理学通报,2004,20(11):1224-1228.

[64] 刘明华,肖顺汉,秦大莲,等.地花菌提取物Albaconol的抗肿瘤活性研究[J].中国药理与临床,2005,21(1):14-16.

[65] 刘培贵.内蒙古大青山高等真菌垂直分布规律及资源评价[J].山地研究,1992,10(1):19-24.

[66] 刘培贵,宋刚."口蘑"食菌研究札记[J]. 云南植物研究,1993,15(2):149-154.
[67] 刘培贵,杨祝良. 叶状耳盘菌——一种易与木耳相混淆的毒菌[J]. 中国食用菌,1992,11(1):27-29.
[68] 刘培贵. 内蒙古大青山高等真菌区系地理的初步研究[J]. 干旱区资源与环境学报,1992,7(2):110-119.
[69] 吴征镒. 云南生物多样性学术会议论文集[M]. 昆明:云南科学技术出版社,1993.
[70] 刘培贵. 我国西南拟白蘑属的分类[J]. 真菌学报,1994,13(3):181-187.
[71] 刘培贵,袁明生,王向华,等. 松茸群生物资源及其合理利用与有效保护[J]. 自然资源学报,1999,14(3):245-252.
[72] 郭辉军,龙春林. 云南的生物多样性[M]. 昆明:云南科学技术出版社,1998.
[73] 云南百科全书编委会. 云南百科全书[M]. 北京:中国大百科全书出版社,1999.
[74] 孙鸿烈. 中国资源科学百科全书[M]. 北京:中国大百科全书出版社,2000.
[75] 刘培贵,杨祝良,杨崇林,等. 云南哀牢、无量山区的虎掌菌类[J]. 中国食用菌,1992,11(3):28-29.
[76] 刘培贵,王向华,于富强,等. 中国大型高等真菌生物多样性的关键类群[J]. 云南植物研究,2003,25(3):285-296.
[77] 刘润进,陈应龙. 菌根学[M]. 北京:科学出版社,2006.
[78] 刘瑞君,李风珍. 榆耳的抗炎性研究[J]. 中国食用菌,1990,9(3):9-10.
[79] 刘如运,杨伟祖,刘剑锋,等. 鸡油菌挥发油化学成分分析[J]. 云南民族大学学报(自然科学版),2008,17(3):235-237.
[80] 龙正海. 羊肚菌的研究及其应用开发前景[J]. 中国生化药物杂志,1997,18(3):160-161.
[81] 麻兵继,阮元,刘吉开. 紫牛肝菌化学成分研究[J]. 中国中药杂志,2007,32(17):1766-1767.
[82] 马毓泉,富象乾,陈山,等. 内蒙古植物志(第 3 卷)[M]. 呼和浩特:内蒙人民出版社,1989.
[83] 马中富,王瑞儒,宋祖军. 急诊医学[M]. 北京:军事医学科学出版社,2007.
[84] 卯晓岚. 中国经济真菌[M]. 北京:科学出版社,1998.
[85] 卯晓岚. 中国大型真菌[M]. 郑州:河南科学技术出版社,2000.
[86] 卯晓岚,蒋长坪,欧珠次旺. 西藏大型经济真菌[M]. 北京:科学技术出版社,1993.
[87] 蒲蜇龙,李增智. 昆虫真菌学[M]. 合肥:安徽科学技术出版社,1996.
[88] 钱崇澍,吴征镒. 中国植被类型[J]. 地理学报,1956(22):37-92.
[89] 裘维蕃. 云南牛肝菌图志[M]. 北京:科学出版社,1957.
[90] 裘维蕃,于永年. 菌物学大全[M]. 北京:科学出版社,1998.
[91] 卿晨,刘吉开,刘明华,等. Albaconol 的抗肿瘤活性及对新生血管生成的影响[J]. 四川生理科学杂志,2005,27(1):43.
[92] 尚衍重. 内蒙古资源大辞典-菌类资源分册[M]. 呼和浩特:内蒙古人民出版社,1997.
[93] 水野卓、川合正允. キノコの化学・生化学[M]. 学会出版センター,1995.
[94] 宋斌,林群英,李泰辉,等. 中国虫草属已知种类及其分布[J]. 菌物研究,2006,4(4):10-26.
[95] 宋淑敏,邹作华,王洪荫. EF-11 营养液的研制及其保健作用的试验研究[J]. 食品科学,1996,17(7):52-57.
[96] 苏开美,赵永昌. 楚雄地区大型真菌及保育促繁技术[M]. 昆明:云南科学技术出版社,2007.
[97] 日本化学会,生物毒の世界[M]. 东京:大日本图书出版,1992.
[98] 上海农业科学院食用菌研究所. 中国食用菌志[M]. 北京:中国林业出版社,1991.
[99] 山下衡,古川久彦. キノコ中毒[M]. 共立出版株式会社,1993.
[100] 孙鸿烈. 中国资源科学百科全书[M]. 北京:中国大百科全书出版社,2000.
[101] 王春雷,芦柏震,侯桂兰. 中国蝉花的研究进展[J]. 中国药学杂志,2006,41(4):244-247.
[102] 王大为,单玉玲,图力古尔. 超临界 CO_2 萃取对蒙古口蘑多糖提取率的影响[J]. 食品科学,2006,27(3):107-110.
[103] 王大为,吴恩奇,图力古尔. 蒙古口蘑保健饮品生产工艺及稳定性的研究[J]. 食品科学,2006,27(10):239-241.
[104] 王飞,张凌,董泽军,等. 绿盖粉孢牛肝菌中一个新的甾体糖苷[J]. 云南植物研究,2006,28(3):

315-318.
[105] 王茂胜，连宾，梁宗琦，等. 鸡油菌多糖的提取及组成分析[J]. 重庆大学学报(自然科学版)，2005，28(7)：118-121.
[106] 王庆彬. 中国牛肝菌属形态分类和分子系统学研究[D]. 中国科学院研究生院，2004.
[107] 王向华，刘培贵. 云南野生贸易真菌资源及研究[J]. 生物多样性，2002，10(3)：318-325.
[108] 王向华，刘培贵，于富强. 云南野生商品蘑菇图鉴[M]. 昆明：云南科学技术出版社，2004.
[109] 王向华. 中国西南的乳菇属：分类、个体发育与区系地理[D]. 中国科学院研究生院，2008.
[110] 王云，谢支锡. 松口蘑初探[J]. 食用菌，1982(1)：7-8.
[111] 魏景超. 真菌鉴定手册[M]. 上海：上海科学技术出版社，1979.
[112] 魏玲，赵应华，郭遂. 冬虫夏草活性成分的含量研究概括[J]. 华西药学杂志，2003，18(5)：359-360.
[113] 魏铁铮. 松口蘑纯培养及其发生地土壤微生态的研究[D]. 延边大学，2001.
[114] 魏铁铮. 中国蚁巢伞属系统学研究[D]. 中国科学院研究生院，2004.
[115] 卫国，严徽瑾. 脑血管内皮细胞损伤在脑水肿发生中的作用[J]. 基础医学与临床，1994，14(1)：12.
[116] 卫亚丽，王茂胜，连宾. 鸡油菌研究进展[J]. 食用菌，2006，28(2)：1-3.
[117] 吴恩奇，图力古尔. 蘑菇凝集素及其研究进展[J]. 菌物研究，2006，4(4)：69-76.
[118] 吴兴亮，戴玉成. 中国灵芝图鉴[M]. 北京：科学出版社，2005.
[119] 吴兴亮，李泰辉，宋斌，等. 广西龙滩自然保护区大型真菌种类及其生态分布[J]. 贵州科学，2004，22(1)：31-46.
[120] 吴兴亮，朱胜国，李泰辉，等. 广西岑山老山自然保护区大型真菌种类及其生态分布[J]. 贵州科学，2004，22(1)：18-26.
[121] 吴兴亮，姜山，邹方伦. 贵州南部喀斯特地区非褶菌名录 I[J]. 贵州科学，2002，20(2)：87-88.
[122] 吴家琛，陆辉. 云南野生食用菌产业的发展前景及相关举措[J]. 西部林业科学，2006，35(2)：154-158.
[123] 谢占玲，牛小迎，叶成玉. 青海高原祁连山羊肚菌生态特性[J]. 食用菌，2001，23(4)：3-4.
[124] 徐红娟，毛先兵，朱华李，等. 中药蝉花的研究概况[J]. 重庆中草药研究，2007，56(2)：43-46.
[125] 徐锦堂. 中国药用真菌学[M]. 北京：北京医科大学、中国协和医科大学联合出版社，1997.
[126] 许朝德. 冬虫夏草的研究进展[J]. 菌物研究，2006，4(2)：60-64.
[127] 辛智海. 鸡油菌及其伴生细菌的组织分离[J]. 山地农业生物学报，1998，17(2)：92-95.
[128] 辛智海. 鸡油菌纯培养菌株的孢子分离[J]. 山地农业生物学报，1998，17(3)：135-139.
[129] 杨大荣，李朝达，杨跃雄，等. 云南高寒地区虫生真菌资源[M]. 北京：中国农业科技出版社，1993.
[130] 杨为民，刘吉开，卿晨，等. 地花菌素的体内抗伤害作用[J]. 中国药理学通讯，2003，20(2)：39.
[131] 杨祝良. 中国鹅膏属真菌资源[J]. 菌物系统，2003(22)：460.
[132] 杨祝良. 中国真菌志(第 27 卷：鹅膏科)[M]. 北京：科学出版社，2005.
[133] 应建浙，卯晓岚，马启明，等. 中国药用真菌图鉴[M]. 北京：科学出版社，1985.
[134] 应建浙，臧穆，宗毓臣，等. 西南大型经济真菌[M]. 北京：科学出版社，1994.
[135] 应国华，吕明亮，冯福娟，等. 褐环黏盖牛肝菌菌糖复壮及增产技术研究[J]. 中国食用菌，2006，25(4)：18-21.
[136] 耶夫拉霍娃. 昆虫病原真菌学[M]. 上海：上海科学技术出版社，1982.
[137] 尤丽华. 野生鸡油菌的驯化栽培初探[J]. 食用菌，1994(1)：16.
[138] 袁明生，孙佩琼. 四川蕈菌[M]. 成都：四川科学技术出版社，1995.
[139] 于富强，刘培贵. 外生菌根研究及应用的回顾与展望[J]. 生态学报，2002，22(12)：2218-2226.
[140] 于富强，刘培贵. 云南松外生菌根真菌的分离培养研究[J]. 植物研究，2003，23(1)：66-71.
[141] 于富强，刘培贵. 云南松林野生食用菌物种多样性及其保护对策[J]. 生物多样性，2005，13(1)：58-69.
[142] 于富强. 松口蘑群及其近缘种的分类学与系统学研究[D]. 昆明：中国科学院昆明植物所，2007.
[143] 臧穆. 松口蘑群及其近缘种的分类地理研究[J]. 真菌学报，1990，9(2)：113-127.
[144] 臧穆. 横断山区真菌[M]. 北京：科学出版社，1996.

[145] 臧穆,黎兴江,周远宽. 云南食用菌的生物多样性及其资源保护[J]. 中国食用菌,2005,24(6):3-4.
[146] 臧穆. 中国牛肝菌志[第 22 卷:牛肝菌科(I)][M]. 北京:科学出版社,2006.
[147] 张林,刘世农,涂祥闻,等. 鸡油菌兼性腐生生长的初步研究[J]. 贵州科学,2005(4):84-88.
[148] 张光亚. 云南食用菌[M]. 昆明:云南人民出版社,1984.
[149] 张光亚. 中国常见食用菌图鉴[M]. 昆明:云南科学技术出版社,1998.
[150] 张华山,李亚芳,余响华. 美味牛肝菌保健果饮的研究[J]. 食品研究与开发,2006,27(4):105-106.
[151] 张广伦,张卫明,李皓. 羊肚菌的研究与利用[J]. 中国野生植物资源,1999,18(1):1-4.
[152] 张树庭,卯晓岚. 香港蕈菌[M]. 香港:中文大学出版社,1995.
[153] 张影,包海鹰. 珍贵食药用菌金顶侧耳研究现状[J]. 吉林农业大学学报,2003(25):54-57.
[154] 赵继鼎,张小青,徐连旺. 中国真菌志(第 3 卷)[M]. 北京:科学出版社,1998.
[155] 赵继鼎,张小青. 中国真菌志(第 18 卷:灵芝科)[M]. 北京:科学出版社,2000.
[156] 赵震宇. 新疆食用菌志[M]. 乌鲁木齐:新疆科学技术卫生出版社,2001.
[157] 郑焕娣. 地花菌科的分类学与系统学研究[D]. 北京:中国科学院研究生院,2006.
[158] 中国科学院微生物研究所真菌组. 毒蘑菇[M]. 北京:科学出版社,1988.
[159] 周文能,张东柱. 野菇图鉴[M]. 台北:远流出版社,2005.
[160] 周选围. 松茸资源研究概况[J]. 食用菌学报,2002,9(1):50-56.
[161] 邹方伦,姜山. 贵州鸡油菌的应用与生物学特性的研究[J]. 贵州科学,2001,19(1):42-47.
[162] 邹方伦,龙汉武. 贵州鸡油菌的生态学特点及分布特征[J]. 贵州师范大学学报(自然科学版),1998,16(4):21-22.
[163] 朱斗锡. 羊肚菌人工栽培研究进展[J]. 中国食用菌,2008,27(4):3-5.
[164] ALEXOPOULOS C J,BLACKWELL M,MIMS C W. Introductory Mycology 4th edn. [M]. John Wiley & Sons Inc,1996.
[165] ALONSO J,GARCÍA MA,PÉREZ-LÓPEZ,et al. The concentrations and bioconcentration factors of copper and zinc in edible mushrooms[J]. Archives of Environmental Contamination and Toxicology,2003,44(2):180-188.
[166] AOYAGI F,MAENO S,OKUNO T,et al. Gymnopilins,Bitter principles of the Big-Laughter Mushroom Gymnopilus spectabilis[J]. Tetrahedron Lett,1983(24):1991-1994.
[167] BACON C W,HINTON D M. Microcycle conidiation cycle in Epichloe typhina[J]. Mycologia,1991,83(6):743-751.

[168] BESSETTE A E,BESSETTE A R,FISCHER D W. Mushrooms of Northeastern North America [M]. Syracuse NY:Syracuse University Press,1997.
[169] BEUCHAT LR,BRENNEMAN TB,DOVE CR. Composition of the pecan truffle(Tuber texense) [J]. Food Chemistry,1993(46):189-192.
[170] BINYAMINI N. Four Tricholomataceous fungi new to Israel [J]. Nova Hedwigia, 1984(40):67-68.
[171] BOEHM R, KUELZ E. Uber den giftigen Bestandteil der essbaren Morchel(Helvella esculenta) [J], Naunyn- Schmiedebergs Arch exp Path Pharmak, 1985(119):403.
[172] BROCK T D. Studies on the nutrition of Morchella esculenta Fries[J]. Mycologia, 1951(43):403-422.
[173] BUNYARD B A, NICHOLSON M S, ROYSE D J. Phylogenetic resolution of Morchella, Verpa, and Disciotis (Pezizales: Morchellaceae) based on restriction enzyme analysis of the 28S ribosomal RNA gene[J]. Mycol, 1995, 19(3):223-233.
[174] BUSCOT F. Stratégies écologiques et biologiques des morilles[J]. Cryptogam Mycol, 1992(13):171-179.
[175] BUSCOT F, WIPF D, BATTISTA D C, et al. DNA polymorphism in morels: PCR/RFLP analysis of the ribosomal DNA spacers and microsatellite primed PCR[J]. Mycol Res, 1996,100(1):63-71.
[176] BUSCOT R, KOTTKE I. The association of Morchella rotunda (Pers.) Boudier with roots of

Picea abies (L.) Karst[J]. New Phytologist, 1990, 116(3):425-430.

[177] CALLOT G, BYE P, RAYMOND M, et al. La truffe, la terre[M]. La vie, INRA, Paris, 1999.

[178] CAO Z M, YAO Y J, PEGLER D N. Tricholoma zangii, a new name for T. quercicola M. Zang [J]. Mycotaxon, 2003(85):159-164.

[179] CARMICHAL J W. Pleomorphism[J]. Biology of conidial fungi, 1981(1):135-143.

[180] CARPENTER S E, TRAPPE J M, AMMIRATI J. Observations of fungal succession in the Mount St[J]. Helens devastation zone, Canadian Journal of Botany, 1987(65):716-728.

[181] CHAUMONT J P, SIMERAY J. Antifungal properties of 225 Basidiomycetes and Ascomycetes with respect to 7 pathogenic fungi culture in vitro[J]. Crytogamie Mycologie 1982, 3(3):249-259.

[182] CHEN JI YUE, LIU PEI GUI. A new species of Morchella (Pezizales, Ascomycota) from southwestern China[J]. Mycotaxon, 2005(93):89-93.

[183] CHEN JUAN, WANG YUN, LIU PEI GUI. Two new records of Tuber (Pezizomycetes, Pezizales) from China[J]. Mycotaxon, 2008(104):65-71.

[184] CHEN JUAN, LIU PEI GUI, WANG YUN. Tuber umbrilicatum, a new species from China, with a key to the spinose-reticulate spored Tuber species[J]. Mycotaxon, 2005(94):1-6.

[185] CHEN JUAN, LIU PEI GUI, WANG YUN. Tuber latisporum sp. nov. and related taxa, based on morphology and DNA sequence data[J]. Mycologia, 2007,99(3):475-481.

[186] CHEN JUAN, LIU PEI GUI. Two new records of Tuber (Pezizomycetes, Pezizlaes) from China [J]. Mycotaxon, 2008(104):65-71.

[187] CHEVALIER G. Evolution des rescherches sur les plants mycorrhizes par la truffe et perspective de developement[J]. Giorn Bot Ital, 1994(128):7-18.

[188] CLAUS R, HOPPEN HO, KARG H. The secret of truffles: A steroidal pheromone[J]. Cellular and Molecular Life Sciences, 1981(37):1178-1179.

[189] CRISAN E V, SANDS A. Nutritional value of edible mushrooms. in The Biology and Cultivation of Edible Mushrooms. Part I [M]. New York: San Francisco London, 1978.

[190] DELMAS J. Les morilles, caractères, écologie, recherches en cours[J]. Horticulture et Marachage, 1974(149):23-30.

[191] DELMAS J, POITOU N. Introduction *à* I'étude des morilles en France[J]. Mushroom Sci, 1974(9):847-857.

[192] DANELL E. Current research on matsutake in Sweden. Abstracts of the 2nd International Workshop on Edible Mycorrhizal Mushrooms[M]. New Zealand: Christchurch, 2001.

[193] DENG XIAO-JUAN, CHENG JUAN, YU FU-QIANG, et al, Notes on Tuber huidongense (Tuberaceae, Ascomycota), an endemic species from China[J]. Mycotaxon, 2009(109):189-199.

[194] FIUME L. STIRPE. Decreased RNA content in mouse liver nuclei after intoxication with α-amanitin. Abiochem[J]. Biophys. Acta, 1966(1232):643-645.

[195] FRIESE W. Helvella esculenta[J]. Pharm zentrallalle, 1950(89):37-42.

[196] GAO JM, ZHANG AL, CHEN H, et al. Molecular species of ceramides from the ascomycete truffle Tuber indicum[J]. Chemistry and Physics of Lipids, 2004(131):205-213.

[197] GENG LI-YING, Wang XH, YU FQ, et al. Mycorrhizal synthesis of Tuber indicum with two indivigenous hosts, Castanea mollisima & Pinus armandii [J]. Mycorrhiza, 2009(19):461-467.

[198] GILBERT F A. The submerged culture of Morchella[J]. Mycologia, 1961(52):201-209.

[199] GUERIN-LAGUETTE A, VAARIO LM, MATSUSHITA N, et al. Growth stimulation of a Shiro-like, mycorrhiza forming, mycelium of Tricholoma matsutake on solid substrate by non-ionic surfactants or vegetable oils [J]. Mycological Progress, 2003, 2(1):37-44.

[200] HAIGLER H J, AGHAJANIAN G K. Serotonin receptors in the brain[J]. Fed Proc, 1977

(36):2159-2164.

[201] HALL IR, WANG Y, AMICUCCI A. Cultivation of edible ectomycorrhizal mushrooms[J]. Trends in Biotechnology, 2003(21):433-438.

[202] HALL IR, STEVEN L STEPHENSON, PETER K, BUCHANAN, et al. Edible and poisonous mushrooms of the world[M]. Christchurch: New Zealand Institute for Crop & Food Research Limited, 2003.

[203] HALL IR, BROWN G T, ZAMBONELLI A. Taming the Truffle, The History, Lore and Science of the Ultimate Mushroom[M]. Oregon: Timber press Inc, 2007.

[204] HARKI E, KLAEBE A, TALOU T, et al. Identification and Quantification of Tuber melanosporum Vittad. Sterols[J]. Steroids, 1996(61):609-612.

[205] HAWKSWORK D L, KIRK P M, SUTTON B C, et al. Ainsworth & Bisby's Dictionary of the Fungi [M]. 8th Edn. CAB International, Wallingford, 1995.

[206] HEIM R. La culture des Morilles[J]. Rev. Myc, 1936(2):19-25.

[207] HELLWIG V, NOPPER R, MAULER F, et al. Activities of prenylphenol derivatives from fruitbodies of Albatrellus spp. on the human and rat vanilloid receptor 1 (VR1) and characterisation of the novel natural product, confluentin[J]. Arch Pharm (Weinheim) 2003, 336(2): 119-126.

[208] HONGO T. Notes on Japanese larger fungi (15)[J]. Journ. Jap Bot, 1960, 35(3):83-89.

[209] HONGO T. Notes on Japanese large fungi (21)[J]. Journ. Jap Bot, 1974, 49(10):294-304.

[210] HUHNDORF S M, GLAWE D A. Pycnidial developmentfrom ascospores of Fenestella princeps [J]. Mycologia, 1990(82):541-548.

[211] INABA K, YOSHIDA T, TAKANO Y, et a1. An instance of the fruitingbody formation of Tricholoma matsutake. Environ[J]. Control in Biol, 1995, 33(1):59-64.

[212] JOHNSON B E, PRESTON J F, KIMBROUGH J W. Quantitation of amanitins in Galerina autrmmnalis[J]. ibid, 1976(68):1248-1253.

[213] KAHBAR L, CHEVALIER G, LAQBAQBI A. Truffe et trufficulture au Maroc: état actuel des recherches et perspectives. In: Reynal B, ed. Actes du colloques la culture de la truffe dans le monde [M]. Brive-La-Gaillarde, France: Imprimerie Georges Lachaise, 2007.

[214] KAUL T N. Physiological studies on Morchella species; 2-nitrogen utilization[J]. Mushrooms J, 1977(58):328-332.

[215] KAWAGISHI H, TANAKA A, SUGIYAMA K, et al. Pyradine-derivative from the mushroom Albatrellus confluens[J]. Phytochemistry, 1996, 42(2):547-548.

[216] KHACHATOURIANS G C. Physiology and genetics of entomopathogenic fungi. ln: Arora D. K. et a1. (ed.), Handbook of Applied Mycology. Vo1. 2: Humans, Animals, and Insects[M]. Marcel Dekker, Inc, 1991.

[217] KIRK P M, CANNORN P F, DAVID J C, et al. Ainsworth & Bisby's Dictionary of the Fungi [M]. 9th Edn. Wallingford: CAB International, 2001.

[218] Kusano G, Koike Y, INOUE H, et al. The Constituents of Gymnopilus spectabilis[J]. Chem Pharm Bull, 1986, 34(8):3465-3470.

[219] IKUMOTO T, SASAKI S H. Physilogically active compounds in the extracts from Tcchukaso and cultured mycelia of Cordyceps and lsaria[J]. Yakugaku Zasshi, 1991(111):504-509.

[220] LI TH, DENG WQ, SONG B. A New Cyanescent Species of Gyroporus from China[J]. Fungal diversity, 2003(12):123-127.

[221] LI XL, YAO YJ. Revision of the taxonomic position of the Phoenix Mushroom[J]. Mycotaxon, 2005(91):61-73.

[222] LIN QY, Li TH, Song B. Cordyceps guangdongensis sp. nov. from China[J]. Mycotaxon, 2008(103):371-376.

[223] LINDBERG P. Isolation and structure of coprine, a novel physiologically active cyclopropanome derivative from Coprinus atramentarius and its syndthesis via 1-Aminocyclopropanol[M]. JCS Chem. Comm, 1975.

[224] LITCHFIELD J H. Submerged culture of morel mushrooms mycelium[J]. Food Technology, 1976, 21(55):159-161.

[225] LIU BO. The Gasteromycetes of China[J]. Nova Hedwigia Heft, 1984(76):235.

[226] LIU PEI-GUI. Five New Species of Agaricales from Southern & Southeastern, China[J]. Mycotaxon, 1995(56):89-105.

[227] LIU PEI-GUI, DOI Y. The Hypocreaceae of China 1. Hypocrea pezizoides with pale green conidia from Southern Yunnan, China[J]. Bull Natl Sci Mus Ser B, 1995, 21(4):179-188.

[228] LIU PEI-GUI, WANG X H, LI Z Q, et al. Notes on the bambusicolous species of genus Hypocrella from southwestern China[J]. Mycotaxon, 2001(78):67-74.

[229] LIU PEI-GUI, WANG X H, LI Z Q. Notes on the Bambusicolous Species of the Genus Hypocrella from Southwestern China[J]. Mycotaxon, 2001(78):67-74.

[230] LIU PEI-GUI, WANG XIANG HUA, YU FU QIANG, et al. The Hypocreaceae of China IV. Some new records of the Genus Hypocrea from China[J]. Mycotaxon, 2002(82):463-474.

[231] LIU PEI-GUI. Notes on the key taxa of species biodiversity of macrofungi from China[C]. Proceedings of the Seventh Korea- China Joint Seminar of Mycology. Seoul, South Korea, 2005.

[232] LIU PEI-GUI, WANG XIANG HUA, YU FU QIANG, et al. Species diversity and their key taxa among the ectomycorrhizal macofungi in Yunnan, CHINA. The fifth internationall workshop of edible mycorrhizal mushrooms[C]. Abstract book, 2007.

[233] MCKELLAR R L, KOHRMAN E M. Amino acid composition of the morel mushroom[J]. Agaric Food chem, 1957(23):464-467.

[234] MELLO A, MURAT C, BONFANTE P. Truffle: much more than a prized and local fungal delicacy[J]. FEMS Micobiology Letters, 2006, 260(1):1-8.

[235] MIETELSKI JW, BAEZA AS, GUILLEN J, et al. Plutonium and other alpha emitters in mushrooms from Poland, Spain and Ukraine[J]. Applied Radiation and Isotopes, 2002, 56(2): 717-729.

[236] NOZOE S, Y KOIKE, KUSANO G. H. Seti, Structure of Gymnopilin, a Bitter Principle of an Hallucinogenic Mushroom, Gymnopilus spectabilis[J], Tetrahedron Lett, 1983(24): 1735-1736.

[237] NUKATA M, HASHIMOTOB T, YAMAMOTOA I, et al. Asakawab, Neogrifolin derivatives possessing anti-oxidative activity from the mushroom Albatrellus ovinus[J]. Phytochemistry, 2002(59):731-737.

[238] O'DONNELL K, CIGELNIK E, WEBER S N, et al. Phylogenetic relationships among ascomycetous truffles and the true and false morels inferred from 18S and 28S ribosomal DNA sequence analysis[J]. Mycologia, 1997(89):48-65.

[239] OGAWA M, OHARA H. Microbial ecology of 'Shiro' in Tricholoma matsutake (Ito et Imai) Sing. and its allied species. VIII. Tricholoma bakamatsutake in Quercus mongolica var. grosseserrata forest and Quercus serrata forests[J]. Trans Mycol Soc Japan, 1978(19):391-405.

[240] OGAWA M. Microbial ecology of 'Shiro' in Tricholoma matsutake (Ito. et Imai) Sing. and its allied species. II. Tricholoma matsutake in Pinus pumila var. yezoalpina forests[J]. Trans Mycol Soc Japan, 1976(17):176-187.

[241] OGAWA M. Microbial ecology of 'Shiro' in Tricholoma matsutake (Ito et Imai) Sing. and its allied species. III. Tricholoma matsutake in Picea plehnii forests[J]. Trans Mycol Soc Japan, 1976(17):188-198.

[242] OGAWA M. Microbial ecology of 'Shiro' in Tricholoma matsutake (Ito. et Imai) Sing. and its allied species. IV. Tricholoma matsutake in Tsuga diversifolia forests[J]. Trans Mycol Soc Ja-

pan, 1977(18):20-33.

[243] OGAWA M. Microbial ecology of 'Shiro' in Tricholoma matsutake (Ito. et Imai) Sing. and its allied species. VI. Tricholoma fulvocastaneum in Quercus serrata-Quercus acutissima forests[J]. Trans Mycol Soc Japan, 1977(18):286-297.

[244] OGAWA M. Microbial ecology of 'Shiro' in Tricholoma matsutake (Ito et Imai) Sing. and its allied species. VII. Tricholoma fulvocastaneum Hongo in Castanopsis cuspidata forest[J]. Trans Mycol Soc Japan, 1978(19):37-46.

[245] OGAWA M. Microbial ecology of 'Shiro' in Tricholoma matsutake (Ito. et Imai) Sing. and its allied species. IX. Tricholoma ponderosa in Pseudotsuga menzieii-Tsuga heterophylla forests [J]. Trans Mycol Soc Japan, 1979(20):370-382.

[246] OHARA A, OGAWA M. Microbial ecology of 'Shiro' in Tricholoma matsutake (S. Ito et Imai) and its allied species. XI Tricholoma caligatum in Cedrus libanotica forests[J]. Trans Mycol Soc Japan, 1982(23):365-377.

[247] OTANI Y. Tricholoma bakamatsutake Hongo collected in New Guinea[J]. Trans Mycol Soc Japan, 1976(17):363-365.

[248] QUANG D N, HASHIMOTO T, ARAKAWA Y, et al. Grifolin derivatives from Albatrellus caeruleoporus, new inhibitors of nitric oxide production in RAW 264. 7 cells[J]. Bioorg Med Chem, 2005,14(1):164-168.

[249] OWER R. Notes on the Development of The Morel Ascocarp: Morchelia esculenta[J]. Mycologia, 1982, 74(1):142-168.

[250] OWER R, MILLS G, MALACHOWSKI J. Cultivation of Morchella[R]. US Patent, 1986.

[251] OWER R, MILLS G, MALACHOWSKI J. Cultivation of Morchella[R]. US Patent, 1988.

[252] PARKS C G, SCHMITT C L. Wild edible mushrooms in the Blue Mountains: resource and issues[R]. Gen. Tech. Rep. Portland, OR: US Department of Agriculture, Forest Service, Pacific Northwest Research Station, 1997.

[253] PEGLER DN, SPOONER BM, YONG TWK. British Truffles: A Revision of British Hypogeous Fungi[M]. UK: Royal Botanic Gardens, Kew, 1993.

[254] RARUNEE S, BERNARD D, PIPOB L, et al. First record of Tricholoma fulvocastaneum from Thailand[J]. Mycoscience, 2007, 48(2):131-133.

[255] REDHEAD S A. Mycological observations on Hypsizygus and Tricholoma[J]. Trans Mycol Soc Japan, 1984(25):2-9.

[256] RIOUSSET L, RIOUSSET G, CHEVALIER G, et al. Truffes d' Europe et de Chine[M]. Paris: Institut National de la Recherché Agronmique, 2001.

[257] ROBBINS W J, HERVEY A. Wood extract and growth of Morchella[J]. Mycologia, 1965(57), 262-275.

[258] ROYSE D J, MAY B. Interspecific allozyme variation among Morchella spp. and its inferences for systematics within the genus[J]. Biochem Syst Ecol, 1990, 18 (7-8):475-479.

[259] SAEGUEA T. Skin-lightening cosmetics containing melanin formation inhibitor extracted from cultured basidiomycetes[R]. Jpn Kokai Tokyo Koho,1995.

[260] SHIMAZONO H, OGATA Y, YASUNAGA T, et al. Studies on Tricholoma fulvocataneum Hongo and T. bakamatsutake Hongo in broad-leaved forests in Miyazki Prefecture[J]. Trans Mycol Soc Japan, 1979(20):185-194.

[261] SIMMONS DM. The meixner test for amatoxins in mushrooms[J]. Clinical Toxicology, 1980 (16):401-402.

[262] SINGER R. The Agaricales in modern Taxonomy[M]. 4th ed. Keonogstein: Seven Koeltz Scientific Books, 1986.

[263] SMITH A H. The stirps caligata of Armillaria in North America[J]. Sydowia Beih, 1979(7):

368-377.

[264] SZALLASI A, BIRO T, SZABO T, et al. Sterner. A non-pungent triprenyl phenol of fungal origin, scutigeral, stimulates rat dorsal root ganglion neurons via interaction at vanilloid receptors [J]. British Journal of Pharmacology, 1999(126):1351-1358.

[265] TERASHIMA T, TOMIYA K, TAKAHASHI M, et al. Distribution and characteristics of shiros of Tricholoma bakamatsutake in a mixed forest of Pasania edulis and Castanopsis cuspidate var. sieboldii[J]. Trans Mycol Soc Japan, 1993(34):229-238.

[266] TERASHIMA T. Distribution and external morphology of mycorrhizal roots at shiros of Tricholoma bakamatsutake in a mixed forest of Pasania edulis and Castanopsis cuspidate var. sieboldii[J]. Trans Mycol Soc Japan, 1993(34):495-505.

[267] TIAN XF, LIU PG. Investigation of the gennus Cantharellus and its similar taxa [C]. In Abstract of the Fifth International Workshop of Edible Mycorrhizal Mushrooms, Chuxiong, 2007.

[268] TULLOCH M. The genus Metarhizium[J]. Transaction of the british mycological society, 1976 (66):407-411.

[269] TURNAU K. Post-fire cup-fungi of Turbacz and Stare Wiechy mountains in the Gorge Range (Polish Western Carpathians)[J]. Prace Bot, 1984(12):145-170.

[270] TURNAU K. An emergence of Morchella semilibera D. C. Fr. After application of Gesaprim 50 [R]. Zeszyty Naukowe Universytetu fagiellonskiego 834. Prace Botaniczne, 1987.

[271] TYLEN U E, SMITH A H. Chromatographic detection of Amanitatoxins in Glalerina venenata. ibid[R]. 1963, 55(3):358.

[272] VINICHUK M M, JOHANSON K J. Accumulation of 137Cs by fungal mycelium in forest ecosystems of Ukraine[J]. Journal of Environmental Radioactivity, 2003, 64(1):27-43.

[273] WANG D M, ZHANG XQ , YAO Y J. Type studies of some Ganoderma species from China[J]. Mycotaxon, 2005(93):61-70.

[274] WANG H X, NGAI H K, NG T B. A ublquitin-like peptide with ribonuclease activity against various polyhomoribonucleotides from the yellow mushroom Cantharellus cibarius[J]. Peptides, 2003, 24(4):509-513.

[275] WANG X H, YANG Z L, LI Y C, et al. Russula griseocarnosa sp. nov. (Russulaceae, Russulales), a commercially important edible mushroom in tropical China: mycorrhiza, phylogenetic position, and taxonomy [J]. Nova Hedwigia, 2009(88):269-282.

[276] WANG Y. Tricholoma matsutake. [D]. New Zealand: PhD thesis, University of Otago, Dunedin, 1995.

[277] WANG Y, HALL I R, EVANS L A. Ectomycorrhizal fungi with edible fruiting bodies I. Tricholoma matsutake and related fungi[J]. Economic Botany, 1997(51):311-327.

[278] WANG Y, HALL I R. Edible ectomycorrhizal mushrooms: challenges and achievements[J]. Canadian Journal of Botany, 2004,82(8):1063-1073.

[279] WANG YUN, LIU PEIGUI, CHEN JUAN, et al. China- a newly emerging truffle-Production Nation [C]. La Trufficultrue Dans Le Monde. Actes Du Colloque Brive-La-Gaillarde-2 Fevrier, 2007.

[280] WEBER N S, SMITH A H. A Fields Guide to Southern Mushrooms[M]. Ann Arbor: The University of Michigan Press, 1985.

[281] WEI TZ, ZHANG XQ, GUO LD. Cantharellus cibarius var. squamosus, a new record of China [J]. Mycosystema, 2008, 27(4):627-629.

[282] WILLIAM A, TRZCINSKI T, WILLIAM EENGELS L. La croissance du mycelium de la morille[J]. Mushroom Science, 1956(3):285-308.

[283] YAMADA A, OGURA T, OHMASA M. Cultivation of mushrooms of edible ectomycorrhizal fungi associated with Pinus densiflora by in vitro mycorrhizal synthesis I. Primordium and ba-

sidiocarp formation in open-pot culture[J]. Mycorrhiza, 2001(11):59-66.

[284] YANG, W M, LIU J K, QING C, et al. Albaconol from the mushroom Albatrellus confluens induces contraction and desensitization in guinea pig trachea[J]. Planta Med, 2003, 69(8): 715-719.

[285] YANG ZHU LIANG. Diversity and Biogeography of higher fungi in China[M]. In Evolutionary Geneticis (Ed. By Jiangping Xu)Norfolk. U.K.: Hroizon Biosciences, 2005.

[286] YANG Z L, ZANG M. Tropical affinities of higher fungi in Southern China[J]. Acta Botanica Yunnanica, 2003(25):129-144.

[287] YE M, LIU J K, LU Z X, et al. Grifolin, a potential antitumor natural product from the mushroom Albatrellus confluens, inhibits tumor cell growth by inducing apoptosis in vitro[J]. FEBS Lett, 2005, 579(16):3437-3443.

[288] YOKOYAMA R, YAMADA T. In vitro cultures of Tricholoma matsutake and Pinus densiflora [J]. Tran Mycol Soc Japan, 1987(28):331-338.

[289] YU F Q, WANG Y, LIU P G. Tricholoma lavendulophyllum, a new species from Yunnan, China[J]. Mycotaxon, 2006(95):305-308.

[290] ZECHLIN L, WOLF M, STEGLICH W, et al. Cristatic acid, a modified farnesylphenol from fruiting bodies of Albatrellus cristatus[J]. Liebigs Annalen der Chemie,1981(12):2099-2105.

[291] ZHANG X Q. 2001 Aphyllophorales in a broad sense[M]. New York: Mycotaxon LTD, 2001.

[292] ZHENG HUAN DI, LIU PEI GUI. Type studies on Albatrellus henanensis and A. jianfenglingensis[J]. Mycotaxon, 2005(93):257-263.

[293] ZHENG HUAN DI, LIU PEI GUI. Albatrellus yunnanensis, a new species from China[J]. Mycotaxon, 2006(97):145-151.

[294] ZHENG HUAN DI, LIU PEIGUI. Additions to our knowledge of the genus Albatrellus (Basidiomycota)in China[J]. Fungal Biodiversity, 2008(32):157-170.

[295] ZHUANG WY. Higher Fungi of Tropical China[M]. Itahca: Mycotaxon Ltd, 2001.

（刘培贵、李泰辉、图力古尔、赵遵田、白淑兰、陈娟、陈吉岳、王立松、魏铁铮、于富强、郑焕娣、邓春英、王冬梅、包海鹰、王海英）

第四章 食药用菌分类系统

DISIZHANG SHIYAOYONGJUN FENLEI XITONG

摘要：本章主要介绍了菌物在生物界的地位、菌物的分子生物学鉴定方法、菌物的命名规则和分类系统。首次按照 Kirk P. M. ,Cannon P. F. ,David J. C. & Stalpers J. A. at al(2008)编著《安氏和毕氏菌物字典》(第 10 版)(G. C. Ainsworth & Bisby's Dictionary of the Fungi,10th edition)的分类系统，全面介绍了子囊菌门中 178 个属、担子菌门中 1 097 个属的食药用菌分类系统地位。

The classification system of mushrooms

Abstract: This chapter describing in detail various aspects relating to the taxonomic status of fungi in the biosphere, identification of fungi using molecular methods, rules of nomenclature, and the taxonomic system applicable to edible and medicinal fungi. This chapter represents the first comprehensive translation into Chinese of the taxonomic system consisting of 178 genera of Ascomycota and 1097 genera of Basidiomycota according to Ainsworth & Bisby's Dictionary of the Fungi (10th edition), edited by Kirk, Cannon, David & Stalpers (2008).

第一节 菌物在生物界的地位

大多数菌物学家估计世界上的菌物有 150 万种以上。全世界已知菌物有 10 万余种，其中蕈菌有 1 万多种，我国已知达3 000种以上。

2008 年出版的《菌物字典》第 10 版把菌物界划分为 6 个门，36 纲，140 目，560 科，8 283 属，97 861个种。新系统 6 个门包括：子囊菌门(Ascomycota)、担子菌门(Basidiomycota)、壶菌门(Chytridiomycota)、小丛壳菌门(Glomeromycota)、微孢虫门(Microsporidia)和接合菌门(Zygomycota)。在字典中单独列出了芽枝霉门(Blastocladiomycota)和新丽鞭毛菌门(Neocallimastigomycota)等新门，但在“fungi”词条中没有承认。

蕈菌(mushrooms)是菌物界(Kingdom Fungi)中的大型生物类群，是一个习惯称呼，主要是担子菌门和子囊菌门中的大型种类。其中少数种类有性孢子生子囊中，属于子囊菌门(Ascomycota)；大多数种类有性孢子生担子上，属担子菌门(Basidiomycota)。

蕈菌中可以被人类食用或药用的种类被称为食药用菌。全球估计有2 000多种，中国有1 200多种。

对于生物的分类，1735 年，林奈(Linneaus)最先提出把生物界归入两界系统，菌物属于植物界菌物门。但早在 1728 年，A. de Jussieu 就提出，把菌物和地衣归入植物界下面同一个纲中的两个不同类群。1793 年，Persoon 也把菌物划到植物界中。从林奈时代直到 1950 年，这种两界系统的概念在 200 多年间基本没有发生变化。

1866 年，德国动物学家 E. H. Haeckel 在林奈的两界系统基础上建立了第三个界，他们把低等生物设立为原生生物界，把所有的单细胞生物、藻类、原生动物和菌物等都划入该界。该系统把生物划分为原生生物界、植物界和动物界。后来，Haeckel 注意到无核细胞和有核细胞的区别，他把无核的细菌和蓝细菌称为“无核类”(Monera)，仍保留在原生生物界内。

1938 年，Copeland 把“无核类”独立为一个新界，建立了一个四界分类系统，包括菌界(细菌和蓝细菌)、原生生物界(菌物和一部分藻类)、植物界和动物界。

1959 年，Wittaker 设立了另一个四界分类系统：原生生物界(细菌、蓝细菌、原生动物)、菌物界、植物界(包括绿藻和红藻)和动物界。

1969 年，Wittaker 把生物的四界系统发展为五界系统，首次将菌物单列为一个界。其五界系统包括原核生物界、原生生物界、植物界、菌物界和动物界。这个系统普遍被生物学和菌物学教科书采用。

1971 年，Moore 建议在界级之上增设“域”(dominion)，实际等于总界。他提出成立 3 个“域”：即病毒域、原核域和真核域，其中真核域包括动物界和植物界，植物界中分植物亚界和菌物亚界。

1979 年，中国昆虫学家陈世骧等根据生命进化历史的主要阶段，提出把生物划分为 3 个总界，共分为五界。这 3 个阶段是：无细胞阶段、原核阶段和真核阶段。无细胞阶段包括病毒；原核阶段包括细菌和蓝细菌，形成一个菌藻生态系统；真核阶段由植物、菌物和动物形成的生态系统。这个五界系统为：

非细胞总界(Superkingdom Acytonia)；
原核总界(Superkingdom Procaryota)；
　细菌界(Kingdom Mycomonera)；
　蓝细菌界(Kingdom Phycomonera)；
真核总界(Superkingdom Eucaryota)；
　植物界(Kingdom Plantae)；
　菌物界(Kingdom Fungi)；
　动物界(Kingdom Animalia)。

1970 年后，随着分子生物学技术在生物分类学方面的大量应用，分类学家将 rRNA 的碱基序列分析方法用于生物系统发育的分析之中。1977 年，Woese & Fox 提出 3 大超界的概念，他们把整个生物划分为细菌(Bacteria)、古菌(Archaea)与真核生物(Eukaryotes)3 大超界。

1988～1989 年，Cavalier Smith 提出了生物八界系统，先将生物分为真细菌界、真核总界。把根肿菌划到原生生物界，将卵菌和丝壶菌划到藻物界，把壶菌、接合菌、子囊菌、担子菌划为菌物界。该八界系统包括：

(1)细菌总界(Empire Bacteria)
①真细菌界(Kingdom Eubacteria)；
②古细菌界(Kingdom Archae bacteria)。
(2)真核总界(Empire Eukaryota)
①原始动物界(Kingdom Archezoa)；
②原生动物界(Kingdom Protozoa)；
③植物界(Kingdom Plantae)；
④动物界(Kingdom Animalia)；
⑤菌物界(Kingdom Fungi)；
⑥藻物界(Kingdom Chromista)。

八界系统是在生物界级水平上追求系统的自然性，减少了人为性的体现。较过去的系统有以下的变动：①古细菌从细菌中分出独立成界；②较混乱的原生生物界被拆散，分别归于原生动物界、藻界和 Archezoa 界；③过去菌物界中的黏菌和卵菌分别归入藻界和原生动物界。在生物八界系统发表以后，第 8 版《菌物字典》(Ainsworth & Bisby's, Dictionary of the fungi, 1995)和第 4 版的《菌物概论》(C. J. Alexopoulos, C. W. Mins & M. Blackwell's, Introductory Mycology, 1996)中引进了 rRNA 序列分析的内容，并部分地采用了八界系统。

1992 年，Patterson and Sogin 对 75 类有代表性生物分类单元的 16S rDNA 及其相关基因序列进行系统分析，提出了“域”的概念，将生物划分为：原核域(Domain Porotaryota)和真核域(Domain Eukaryota)。他把细菌界(Bacteria)和古细菌界(Archae)归入原核域，把原生生物界(Protozoa)、藻物界(Chromista)、植物界(Plantae)、菌物界(Fungi)和动物界(Animalia)归入真核域。

由于分子系统学和超微结构的深入研究，证明了 Wittaker 的菌物界在亲缘关系上是多元的复系类群(polyphyletic group)。原来处于菌物界中的卵菌、丝壶菌和网黏菌在亲缘关系上远离菌物，它们从菌物中被分出；而过去作为菌物界成员的裸菌(黏菌门)，包括根肿菌、网柄黏菌、集胞黏菌等在亲缘关系上也远离菌物。这样，Wittaker 的菌物界实际上只有壶菌、接合菌、子囊菌、担子菌和半知菌类，它们在亲缘关系上被认为是一元的单系类群(monophyletic group)。

第二节　菌物的分子生物学鉴定方法

分类特征是菌物分类的基础。菌物的形态特征复杂、变化不定，大多数种类的形态特征和生理生化指标，会随着环境的变化而不稳定，如蕈菌子实体的颜色、大小、形状、菌柄的有无、菌柄的长短、菌柄的位置、子实层厚度等，很多有形态差异其实可能是同一个物种。例如，灵芝属、侧耳属中同一个物种的形态变化多样；相反，许多无法用肉眼进行形态区分的种类，其实是不同的物种，如鹅膏菌属的白色种类，颜色、孢子大小形态相同，但却是一个不同的物种。因此，传统形态分类的方法可靠性不稳定。1950 年以来，随着生物化学、遗传学以及分子生物学等相关学科的发展，同时也是菌物分类学自身发展的客观需求，在菌物现代分类学中引入分子生物学技术的鉴定方法。例如，DNA 碱基组成[(G+C)mol%]、限制性片段长度多态性(RFLP)、随机扩增多态性 DNA(RAPD)、Southern 印迹分析、脉冲电场凝胶电泳(PFGE)，这些方法是获得 DNA 分子的一个宏观特征，相对而言其稳定性、可重复性不够理想，现已很少使用。

现在大量应用的方法有：核糖体大亚基、小亚基 rDNA(或 rRNA)序列测定、多基因序列分析、DNA 全序列分析等。通过总 DNA 的提取，用通用的引物在同样的条件下进行 DNA 分子的扩增，在公共的测序机构进行 DNA 序列测定，与世界各国测定的序列数据进行比对，可以比较不同标本 DNA 片段的碱基序列差异，对物种的鉴定就显得很客观、准确，重复性强，结果可靠度增加。

分子生物学方法具有操作简便，特异性高和准确性可靠等优点，但目前这些方法尚未普及到一般实验室的实际工作。由于这些方法仍处于研究应用阶段，不可能完全替代常规菌物形态鉴定的方法。这些分子生物学方法可与经典方法结合，利用国际 GenBank、MycoBank 等公共数据库，建立一种相对比较标准，可解决菌物分类中许多疑难问题。通过近 40 年的技术发展，已经显示出分子生物学技术在菌物分类领域具有很大的应用价值和应用前景。鉴于本书有专门的章节介绍分子生物学的方法，本章仅介绍 rDNA 的 ITS 序列分析方法。

rDNA 编码基因序列由于其进化过程中保守性较强，而且基因序列中存在着可变区和高变区，因此，rDNA 基因序列分析一直是菌物分类学家关注的热点。

菌物基因组 DNA 用已知的 DNA 序列片段为引物，用 PCR 方法扩增出 5′-末端的 rDNA 片段，纯化 PCR 产物，以 DNA 序列测定试剂盒直接测序，测序反应的混合物进行聚丙烯酰胺凝胶电泳、放射自显影，作为测试菌的标准序列，然后与供试菌的 rDNA 序列进行比较，从而判断它们之间的差异。

菌物的 rRNA 各亚基之间有一些基因间隔(intrangenic spacer，ITS)为高度重复序列，其序列的重复次数有显著的株间差异，可用适当的引物或探针以 PCR 或 Southern 杂交显示株间的多态性，用作种下的分类学指标。rRNA 的编码基因序列具有较强的保守性，所以最能反映菌物间的遗传关系，因此也是最理想的分类与鉴定指标之一。然而，要想获得足够数量全部单链 rRNA 的编码基因序列是较为困难的。

随着分子生物学研究的快速发展，产生了以 DNA 分子特征为鉴定依据的分子鉴定技术，这使得仅利用菌丝体材料，即可实现对真菌菌种的鉴定。在 20 世纪 90 年代以前，大型真菌分子的鉴定大多采用 RAPD 方法。由于 RAPD 技术在 PCR 扩增过程中使用了较短的引物，因而对 PCR 实验程序和条件的变化很敏感，导致了 RAPD 鉴定的重复性和可靠性较差。针对大型真菌菌丝体材料进行的每一次 RAPD 鉴定，都需要同时对菌丝体和子实体材料进行 RAPD 分析，不同条件下获得的 RAPD 分析结果缺乏可比性。

rDNA 的 ITS 区段是中度保守区域，其序列保守性基本上表现为种内相对一致，种间差异比较明显。这个特点是 ITS 区段的 DNA 序列非常适宜作为物种鉴定的分子依据。

根据 ITS 区段 DNA 序列和互联网上的生物信息资源，对大型真菌菌丝体进行分子鉴定的技术方法及其在生产上应用的可行性，对供试的几个待鉴定菌株进行物种鉴定；同时，通过实验测出供试真菌菌株 rDNA ITS 区段的 DNA 序列，可以进一步丰富 GenBank 等 DNA 序列数据库中的生物信息，为进一步认识供试真菌 rDNA ITS 区段的分子特征提供依据。

供试菌株包括标准菌株和多个待鉴定菌株。标准菌株分别分离来自国际公认的菌种鉴定和保藏机构，并经实验室出菇(或菌核)试验证实分别是原分离子实体(或菌核)所属物种的菌丝体与子实体。

在互联网上的 DNA 序列数据库中已登录有试验菌株的 rDNA ITS 区段的 DNA 序列，所以测出试验用菌株的 rDNA ITS 区段 DNA 序列后，可以运用 BLAST 软件与 DNA 序列数据库中的相应 DNA 序列进行同源性比较，从而得出分子鉴定结果，并根据标准菌株的分子鉴定结果，检验试验所采用分子鉴定方法的灵敏性、精确性与实际应用的可行性。

一、rDNA ITS 序列的测定

1. 大型真菌基因组 DNA(gDNA)的提取

可按下述方法提取基因组 DNA：

①取试管内斜面 PDA 培养基上或液体培养基内的菌丝体或子实体(干或鲜标本均可)，在液氮下充分研磨；

②将研磨好的样品分成两份，快速分置于两个离心管中，每管加 1ml 抽提缓冲液(预冷)，涡旋混匀；

③每管加 60μl 20%的 SDS，65℃温育 30 分钟

(10 分钟颠倒一次)；

④每管加 150μl 5M NaCl、130μl CTAB/NaCl 溶液，颠倒混匀，65℃温育 30 分钟(10 分钟颠倒一次)；

⑤每管再分成两管，加等体积的苯酚、氯仿、异戊醇，轻轻颠倒混匀，>1 万转，4℃离心 10 分钟；

⑥取上清液，加等体积的氯仿，轻轻颠倒混匀后>1 万转，4℃离心 10 分钟；

⑦取上清液加 1/10 体积的 3M NaAC，等体积的异丙醇(预冷)，－20℃放置 1～2 小时；

⑧4℃，>1 万转，离心 10 分钟，弃异丙醇，加 70%乙醇(预冷)500μl 洗两次，每次洗后都要 4℃离心 10 分钟，然后室温干燥；

⑨加 100μlTE，置 4℃溶解；

⑩加 8μlRNaseA 酶 4℃过夜，或 37℃温育 3～4小时；

⑪加等体积的氯仿颠倒混匀后，4℃>1 万转离心；

⑫取上清液－20℃保存。

备注：在抽提中可以反复抽提直至液体界面没有蛋白质和其他杂质。

提取结束后，先用 1%琼脂糖凝胶 1×TAE 电泳缓冲液电泳和凝胶分析仪初步检测基因组 DNA 的提取效果，然后用紫外分光光度法测定提取的基因组 DNA 的浓度。

2. rDNA ITS 区段的 PCR 扩增

用无菌去离子水将提取的菌丝体基因组 DNA 稀释至 20ng/μl，－20℃保存备用；dNTP、Taq 酶、$MgCl_2$，与 Taq polymerase buffer，由专业的生物工程公司提供。

通用引物 ITS1 和 ITS4(White et al,1990)被用于 rDNA ITS 区段的 PCR 扩增，由专业的生物工程公司合成。它们的序列是：

ITS1：TCCGTAGGTGAACCTGCGG

ITS4：TCCTCCGCTTATTGATATGC

PCR 反应体系(25μl)如下：

Taq polymerase buffer(10x，750mM Tris-HCl 200mM$(NH_4)_2SO_4$ 0.1%Tween-20)2.5μl

25mM $MgCl_2$ 2.0μl

2.5mM dNTP 1.5μl

2um primer 2μl

Taq DNA polymerase 1U

DNA(20ng/μl)2μl

不足 25μl 的体积用 H_2O_2 补足。

每次反应均以无菌去离子水替代模板 DNA 作为对照。

为优化 PCR 反应条件，本研究还设置了退火温度筛选试验。

PCR 扩增反应在 PTC-100 热循环仪上进行，除了特别说明的外，PCR 反应均采用如下热循环参数：

预变性：94℃　2 分钟
变性：94℃　40 秒
退火：58.9℃　40 秒
延伸：72℃　100 秒
补平：72℃　10 分钟
} 35 个循环

扩增产物用 1%琼脂糖凝胶在 1×TAE 电泳缓冲液中电泳，以凝胶成像系统检测并记录扩增产物在琼脂糖凝胶上的图谱。

3. PCR 扩增产物的回收与纯化

PCR 扩增产物经电泳和凝胶成像系统检测后，运用专业生物工程公司的小量胶回收试剂盒从含有扩增产物条带的琼脂糖凝胶上回收、纯化，具体操作依试剂盒的操作手册。

PCR 扩增产物经回收、纯化后分两种方法处理，其一是将纯化后的 PCR 扩增产物直接测序；其二是将纯化的 PCR 产物克隆后再测序。目的是探索简便、可行且精确的菌丝体分子鉴定方法。

4. PCR 扩增产物的克隆

(1)扩增产物与载体的连接

采用 pGEM-T Easy 质粒(美国 Promega 公司生产)为克隆载体，扩增产物与载体的连接反应体系(10μl)如下：

2xRapid Ligation Buffer　5μl

T4 DNA Ligase　1μl

pGEM-T Easy vector　1μl

DNA 3μl(35ng 或 25ng)

连接反应在室温下保持 1 小时，或于 4℃过夜。

(2)E. coli 感受态细胞的制备

大肠杆菌(*E. coli*)菌株 JM109 被用作克隆的受体菌，以 $CaCl_2$ 法制备大肠杆菌的感受态细胞，具体操作步骤如下：

从培养有大肠杆菌(*E. coli*)JM109 菌株的深冻培养基上挑取单菌落于含抗生素(氨苄青霉素，终浓度为 50μg/ml)和不含抗生素的两种 LB 固体培养基上培养，检查有无污染及菌株的活性。如果挑取的单菌落在含抗生素的培养基上可以生长，说明菌种已被污染；如果挑取的单菌落在不含抗生素的培养基上可以生长，说明菌种具有活性。只有未污染且有活性的菌种才可使用，继续下面的操作；

挑单菌落(直径 2～3mm)于盛有 5ml LB 液体培养基(不加抗生素)的试管中,放在 300 转/分钟、37℃的恒温摇床上摇床培养 16～20 小时;

取 500μl 上述摇床培养的菌液两份分别加到两个各盛有 50ml LB 液体培养基的容器中于 300 转/分钟、37℃的恒温摇床上摇动培养,约两小时后开始从其中的一个容器中取菌液检测 OD_{600} 值,当 OD_{600} 值达0.4时,立即把另一个容器放置在冰浴里 10 分钟,让细胞停止分裂;

将菌液转入经过冰浴的 50ml 聚丙烯管中,于 4℃、4 000 转/分钟离心 10 分钟;

弃上清液,将管倒置 1 分钟以使培养液流尽。加 10ml 冰冷的0.1mol/L $CaCl_2$ 悬浮沉淀,4℃ 4 000转/分钟离心 10 分钟;

弃上清液,将管倒置 1 分钟以使培养液流尽。每 50ml 的初始培养物用 2ml 冰冷的0.1mol/L $CaCl_2$ 重新悬浮沉淀。置 4℃保存备用,12 小时内使用效果最佳。

备注:感受态细胞的制备应保证无菌操作和低温条件;培养物处于生长对数期是制备感受态细胞的关键。

(3)*E. coli* 感受态细胞的转化及重组细胞的检验、筛选

E. coli 感受态细胞的转化

该步骤是将已与扩增产物连接的载体转化到感受态的 *E. coli* 细胞中,具体操作过程如下:

①吸取 200μl 的感受态细胞菌液转移到 2ml 的离心管中,每管加入 10μl 的连接产物,轻轻旋转,在冰浴中放置 30 分钟;

②将离心管转移到 42℃的水浴中热激 90 秒;

③快速将管转移到冰浴中,冰浴 1 分钟;

④每管加 800μl 的 LB 液体培养基,放在 37℃下摇动培养(转速不超过 225 转/分钟)45 分钟,使菌复苏;

⑤将 200μl 的上述菌液涂布于含 X-gal 及 IPTG 的氨苄 LB 平板培养基上,将平板放置于室温条件下,直至平板培养基表面的液体被吸收。含 X-gal 及 IPTG 氨苄 LB 平板培养基的制法是在事先制好的每一氨苄 LB 平板上加 40μl 的 X-gal储存液和 4μl 的 IPTG 溶液;

⑥倒置平板于 37℃培养 12～16 小时,待蓝白斑清晰后,挑取单个白色阳性菌落转入装有 5ml LB 液体培养基(含终浓度为 50μg/ml 的氨苄青霉素)的无菌试管中,300 转/分钟,37℃震荡培养 12 小时以备提取质粒(培养不要超过 16 小时)。

备注:蓝白斑检验的原理及 IPTG 和 X-gal 试剂的配制。

现在使用的许多载体(如 pUC 系列)都带有一个大肠杆菌 DNA 的短区段,其中含有 β-半乳糖苷酶基因(lacZ)的调控序列和前 146 个氨基酸的编码信息。这个编码区中插入了一个多克隆位点,它并不破坏阅读框,但可使少数几个氨基酸插入到 β-半乳糖苷酶的氨基端,而不影响功能。这种载体适用于可编码 β-半乳糖苷酶 C 端部分序列的宿主细胞。虽然宿主和质粒编码的片段各自都没有酶活性,但它们可以融为一体,形成具有酶学活性的蛋白质。这样,LacZ 基因上缺失近操纵基因区段的突变体与带有完整的近操纵基因区段的 β-半乳糖苷酶阴性的突变体之间实现互补,这种互补现象叫 α 互补。由 α 互补而产生的 Lacz+细菌易于识别.因为它们在生色底物 5-溴-4-氯-3-吲哚-β-*D*-半乳糖苷(X-gal)存在下形成蓝色菌落。然而外源 DNA 片段插入到质粒的多克隆位点后,几乎不可避免地导致产生无 α 互补能力的氨基端片段。因此,带重组质粒的细菌形成白色菌落。这一简单的颜色试验大大简化了在这种质粒载体中鉴定重组体的工作,仅仅通过目测就可以轻而易举地筛选数千个菌落,并识别可能带有重组质粒的菌落。然后通过小量制备质粒 DNA 进行限制酶切分析,就可以确证这些质粒的结构。

IPTG 溶液的配法:将 2gIPTG 溶于 8ml 的水中,用水调节到 10ml(浓度为 200mg/ml)。用 0.22nm 的一次性过滤器除菌,分装成 1ml 小份,储存在－20℃。X-gal 储存液的配法:将 Xgal 溶于二甲基甲酰胺中,配成 20mg/ml 浓度的溶液,装于离心管中,并以锡箔纸包裹储存于－20℃保存,该溶液不必过滤除菌。

X-gal 价格昂贵,可以将浓溶液直接涂布在事先置备的平板培养基表面上,而不是在全部培养基中都加入该种糖,这样可以节省开支。

小量质粒的抽提纯化

小量质粒的抽提纯化运用上海华舜生物工程有限公司的小量质粒抽提纯化试剂盒进行。具体操作依试剂盒的操作手册。

重组质粒的酶切鉴定

实验所用的 pGEMR-T Ease Vector 两端均有 EcoR I 酶切位点,所以只用 EcoR I 酶切、电泳即可达到鉴定目的。

酶切反应体系(20μl)如下:

10×Buffer(Buffer H)　2μl

EcoR I(10μl)　1μl

质粒 DNA　4μl

dH_2O　13μl

总体积　20μl

混匀上述反应体系的各成分后于37℃水浴，达2小时时加5μl 6×凝胶上样缓冲液，终止反应。取酶切产物15μl在1.5%琼脂糖凝胶(含溴乙锭)1×TAE电泳缓冲液中电泳，以凝胶分析仪观察酶切结果。

5. DNA测序

经酶切鉴定质粒中具有目的DNA片段后，以新鲜菌液穿刺接种于离心管中的LB固体培养基上，供测序；未经克隆的供试真菌材料，用纯化后的PCR扩增产物和引物直接测序。测序由上海生工生物工程公司完成。

二、供试菌株所属物种的分析与判断

对测得的供试菌株rDNA ITS区段DNA序列，运用GenBank中的BLAST工具软件在DNA序列，数据库中搜索同源DNA序列并进行比较分析，根据BLAST搜索和比较的结果，判断菌丝体菌种的物种或与其近缘的物种。

对于真菌18S rDNA序列的进化(Phyligenetic tree)树建，以NJ (Neighbor-joining)法构建为例简要说明：

软件包下载网址：

序列比对软件

bioedit：http://www.bio-soft.net/format.html

系统树构建软件包

Phylip：http://evolution.genetics.washington.edu/phylip/getme.html

系统显示软件

Treeview：http://taxonomy.zoology.gla.ac.uk/rod/treeview.html

1. 序列的整理及相似序列的获得

现以柱状田头菇菌株Agrocybe－1序列为例。测序后得到序列信息，经拼接后改成fasta格式，并放到一个txt文件中。

>Agrocybe-1

Aacgtaacaaggtttccgtaggtgaacctgcggaaggatcattaacgaataaacctcggtgggctcgatgctggccccttggggcatgtgca
ccgcctgtcgttctttatttcttctccacctgtgcaccctttgtaggcttgaaccgctttctttggcctttgggtcagtgttggggactgctgaatggg
ctatcccctaccgttcgagtctatgtttttacactatacaccattgttaaacctagaatgtcaaaggctctatgtgtgcctatctaaacgctatacaa
ctttcagcaacggatctcttggctctcgcatcgatgaagaacgcagcgaaatgcgataagtaatgtgaattgcagaattcagtgaatcatcgaat
ctttgaacgcaccttgcgctccttggtattccgaggagcatgcctgtttgagtgtcattacattctcaaccgtttgaattcttgaacggcttggactt
gggggtacttgtgccggccctaaaggtcggctccccttaaatgcattagctggtcgcccctctcgtgctgacttggtgtgataattctatttgcac
cgctttggcgtggatgctttttgggaggctgctttctaaccgtcccttgtggacagtagtctctttcattagaaagagcaatgacatctcttgacctc
aaatcag tagaacaccccccatttca

通过Genbank(http://www.ncbi.nlm.nih.gov/blast/)中的Blast，收索最相似序列或在GenBank中下载参考序列，选择Nucleotide-nucleotide BLAST (blastn)。将上述序列黏贴到输入框中，如下图：

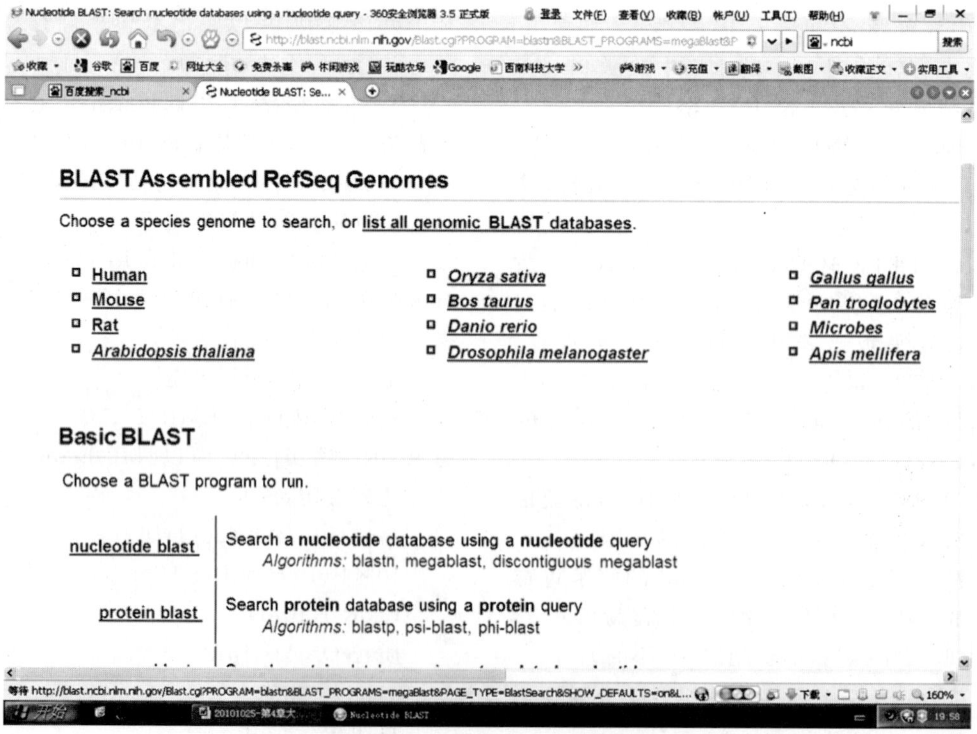

点击 nucleotide blast，进入下一页面。

将 Agrocybe－1 的序列复制到黏贴框中，由于我们用的是真菌的 its 序列所以在 choose search set 中选择 others(nr etc)，然后点击

按钮，进入下一页面：

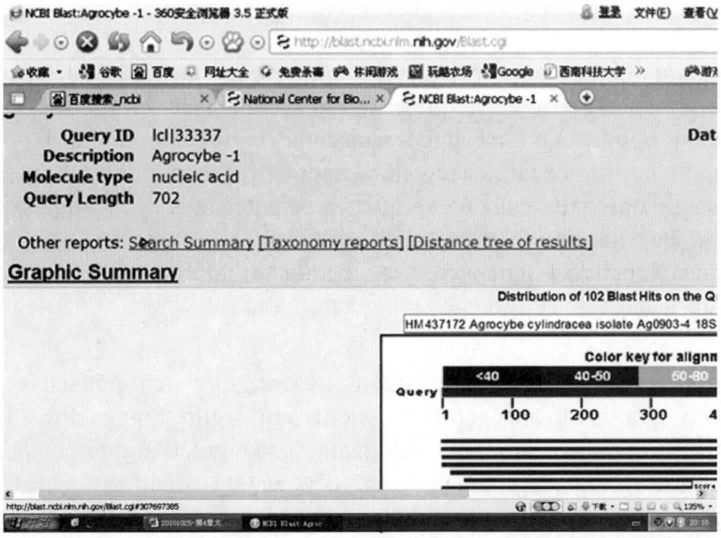

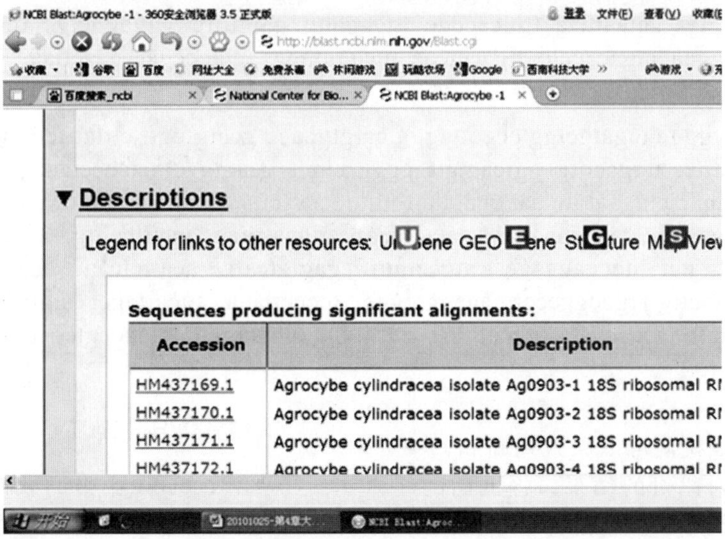

根据序列相似性大小，将相似性最大的序列下载下来。点击每个序列前方的连接，下载。选择 fasta 格式，并复制下来，与原来的 Agrocybe－1 放在一起形成一个 txt 文件。

>AY904341

tccgtaggtg aacctgcgga aggatcatta acgaataaac ctcggtgggt tcgatgctgg ccccttgggg gcatgtgcac cgcccgtcgt tctttatttc ttctccacct gtgcaccctt tgtaggcttg aaccgctttc tttggccttt gggtcagtgt tggggactgc tgaaatggct atcccctacc gttcgagtct atgtttttta cactacacac cattgttaaa cctagaatgt caaaggctct atgtgtgcct atctaaacgc tatacaactt tcagcaacgg atctcttggc tctcgcatcg atgaagaacg cagcgaaatg cgataagtaa tgtgaattgc agaattcagt gaatcatcga atctttgaac gcaccttgcg ctccttggta ttccgaggag catgcctgtt tgagtgtcat tacattctca accgtttgaa ttttgctatt tgaacggctt ggacttgggg gtactttgtg ccggccctaa aggtcggctc cccttaaatg cattagctgg tcgcccctct cgtgctgact tggtgtgata attctatttg caccgctttg gcgtggatgt tttttgggag gctgctttct aaccgtccct tgtggacagt agtctctttc attagaaaga gcaatgacat ctcttgacct caaatcacgt aggactaccc gctgaactta agcatatg

>AY168832

aaggatcatt aacgaataaa cctcggtggg tttgatgctg gccccttggg gcatgtgcac cgcctgtcgt tctttatttc ttctccacct gtgcaccctt tgtaggcttg aaccgctttc tttggccttt tgggtcagtg ttggggactg ctgaaatggc tatcccctac cgttcgagtc tatgtttttta cactacacac cattgttaaa cctagaatgt caaaggctct atgtgtgcct atctaaacgc tatacaactt tcagcaacgg atctcttggc tctcgcatcg atgaagaacg cagcgaaatg cgataagtaa tgtgaattgc agaattcagt gaatcatcga atctttgaac gcaccttgcg ctccttggta ttccgaggag catgcctgtt tgagtgtcat tacattctca accgtttgaa ttcttgaacg gcttggactt gggggtactt gtgccggccc taaaggtcgg ctccccttaa atgcattagc tggtcgcccc tctcgtgctg acttggtgtg ataattctat ttgcaccgct ttggcgtgga tgctttttgg gaggctgctt tctaaccgtc ccttgtggac agtagtctct ttcattagaa agagcaatga catctcttga cctcaaatca ggtaggacta cccgctgaac ttaa

>EU487011

catttagagg aagtaaaagt cgtaacaagg tttccgtagg tgaacctgcg gaaggatcat taacgaataa acctcggtgg gtttgatgct ggccccttgg ggcatgtgca ccgcctgtcg ttctttattt cttctccacc tgtgcaccct ttgtaggctt gaaccgcttt ctttggcctt cgggtcagtg ttggggactg ctgaaatggc tatcccctac cgttcgagtc tatgtttttt acactacaca ccattgttaa acctagaatg tcaaaggctc tatgtgtgcc tatctaaacg ctatacaact ttcagcaacg gatctcttgg ctctcgcatc gatgaagaac gcagcgaaat gcgataagta atgtgaattg cagaattcag tgaatcatcg aatctttgaa cgcaccttgc gctccttggt attccgagga gcatgcctgt ttgagtgtca ttacattctc aaccgtttga atttgaacgg cttggacttg ggggtacttg tgccggccct aaaggtcggc tccccttaaa tgcattagct ggtcgcccct ctcgcgttga cttggtgtga taattctatt tgcaccgctt tggcgtggat gttattttgg gaggctgctt tctaaccgtc ccttgtggac agtagtctct ttcatta

>AM237451

aaggatcatt aacgaataaa cctcggtggg ctagatgctg agccttgggg catgtgcacc tgcctgtcgt tctttatttc ttctccacct gtgcaccctt tgtaggcttg aaccgctttc tttggccttt gggtcagtgt tggggactgc tgaatgggct atcccctacc gttcgagtct atgtttttta cactatacac cattgttaaa cctagaatgt caaaggctct atgtgtgcct atctaaacgc tatacaactt tcagcaacgg atctcttggc tctcgcatcg atgaagaacg cagcgaaatg cgataagtaa tgtgaattgc agaattcagt gaatcatcga atctttgaac gcaccttgcg ctccttggta ttccgaggag catgcctgtt tgagtgtcat tacattctca accgtttgaa ttcttgaacg gcttggactt gggggtactt gtgccggccc taaaggtcgg ctccccttaa atgcattagc tggtcggccc ctctcgtgct gacttggtgt gataattcta tttgcaccgc tttggcattg gatgtttttt gggaggctgc tttctaaccg tcccttgtgg acagtagtct ctttcgagca atgacacctc ttgacctcaa atcaggtagg actacccgct gaacttaa

>AY763670

acgaataaac ctcggtgggc tcgatgctgg ccccttgggg catgtgcacc gcctgtcgtt ctttatttct tctccacctg tgcacccttt gtaggcttga accgctttct ttggcctttg ggtcagtgtt ggggactgct gaatgggcta tcccctaccg ttcgagtcta tgtttttac actatacacc attgttaaac ctagaatgtc aaaggctcta tgtgtgccta tctaaacgct atacaacttt cagcaacgga tctcttggct ctcgcatcga tgaagaacgc agcgaaatgc gataagtaat gtgaattgca gaattcagtg aatcatcgaa tctttgaacg caccttgcgc tccttggtat tccgaggagc atgcctgttt gagtgtcatt acattctcaa ccgtttgaat tcttgaacgg cttggacttg ggggtacttg tgccggccct aaaggtcggc tccccttaaa tgcattagct ggtcgcccct ctcgtgctga cttggtgtga taattctatt tgcaccgctt tggcatggat gtttttgggg aggctgcttt ctaaccgtcc cttgtggaca gtagtctctt tcgagcaatg acacctc

通过序列的比对，我们可以大致判断和 GenBank 上已提交的序列比对的结果。将上面的序列保存在一个 txt 文档中。开始进行下一步操作。

2. 序列的比对

采用 Bioedit 中带的软件 Clastal X，打开 Bioedit，输入已经保存的 txt 文件，得到下图：

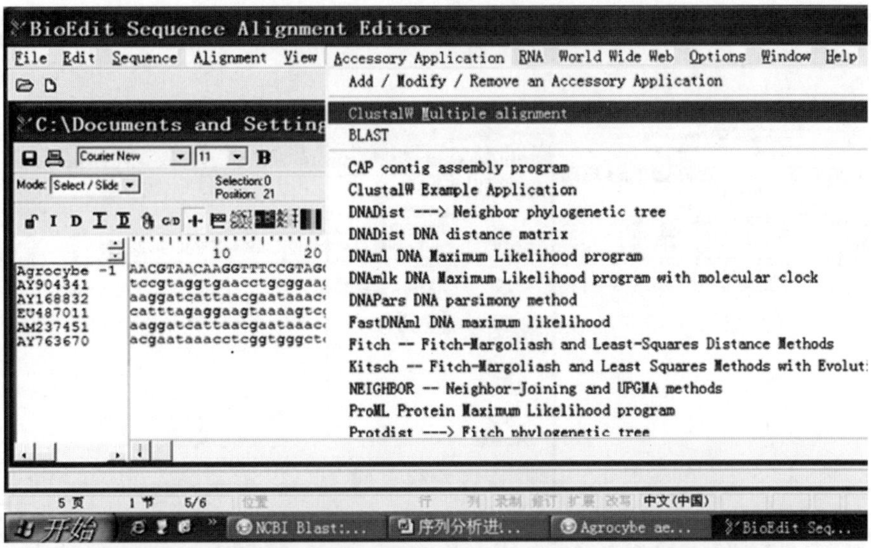

采用自带软件 Clastal 进行比对，如下图：

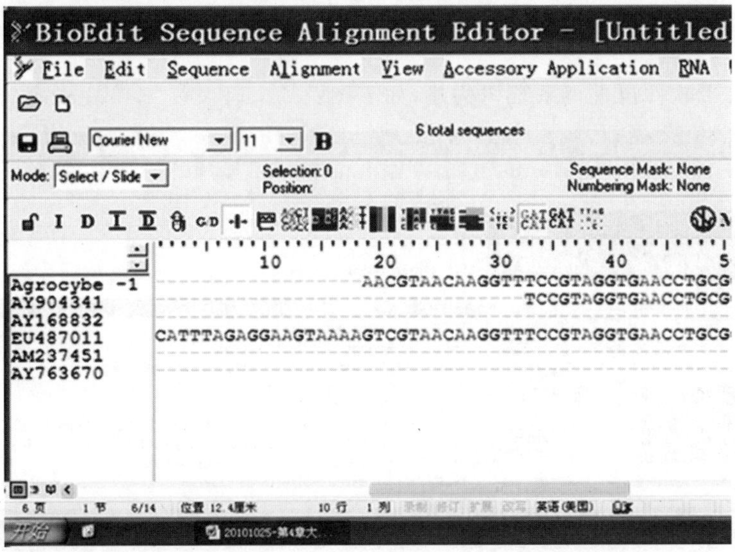

在“Mode”中选择“edit”，可以对序列进行编辑。删掉比对后相似序列中没有对应的序列，前后全部对齐，保存为 phy 格式文件。

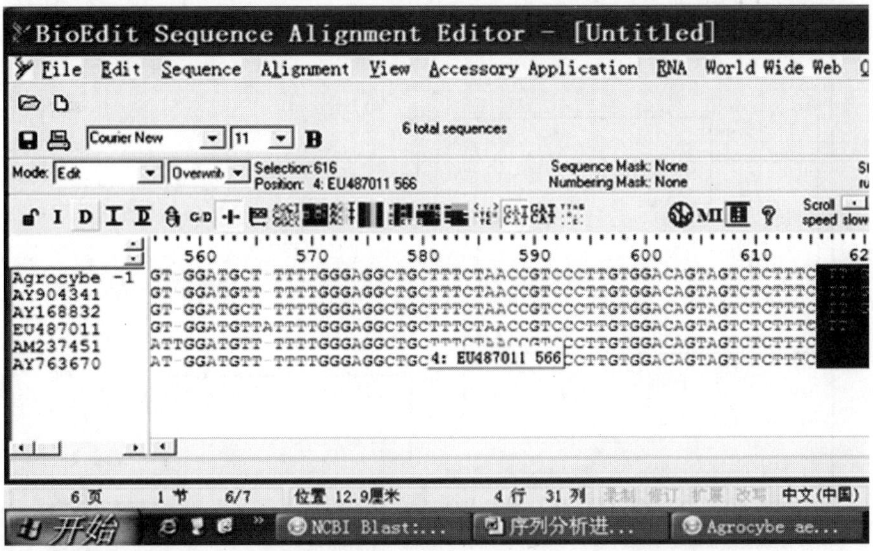

3．系统树构建

采用 bioedit 中自带软件包进行系统树构建，如下图：

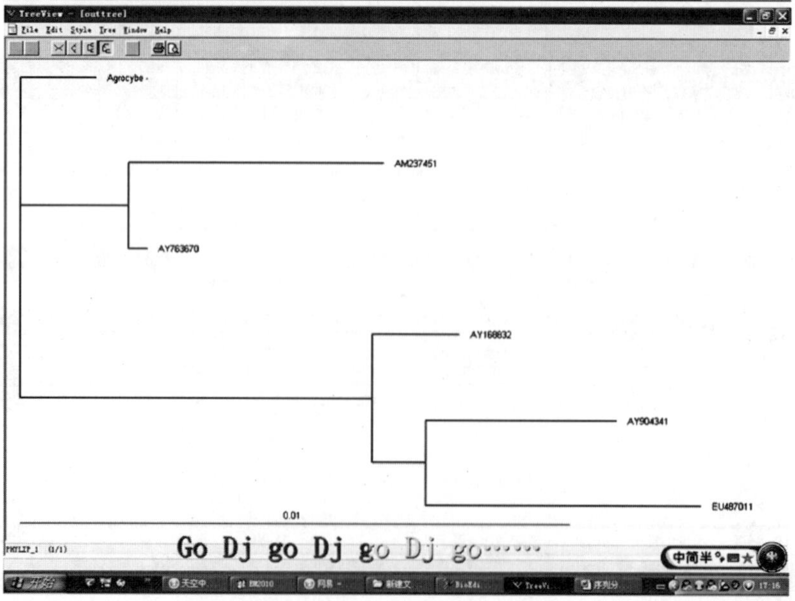

此即为最终的系统进化树。但还需对该树进行评价，需用 phylip 中的 bootstrap 进行，来验证每个分支的支持率，可将支持率通过 photoshop 软件添加到每个节点上。

4. 系统树的评价

将形成的 phy 格式文件 3. phy 拷贝到 phylip 文件目录中。打开 seqboot. exe 软件，并将 3. phy 输入，如下图：

```
E:\林琦\建树\phylip\phylip-3.69\exe\seqboot.exe

Bootstrapping algorithm, version 3.69

Settings for this run:
  D       Sequence, Morph, Rest., Gene Freqs?  Molecular sequences
  J  Bootstrap, Jackknife, Permute, Rewrite?  Bootstrap
  %     Regular or altered sampling fraction?  regular
  B       Block size for block-bootstrapping?  1 (regular bootstrap)
  R                   How many replicates?  100
  W              Read weights of characters?  No
  C                Read categories of sites?  No
  S      Write out data sets or just weights?  Data sets
  I             Input sequences interleaved?  Yes
  0       Terminal type (IBM PC, ANSI, none)?  IBM PC
  1        Print out the data at start of run  No
  2      Print indications of progress of run  Yes

  Y to accept these or type the letter for one to change
```

评价方式默认为 Bootstrap，重复次数 100 次。若要改动，直接输入前面的字母，然后改动即可。上面各项参数不用改动，直接输入“Y”。

```
E:\林琦\建树\phylip\phylip-3.69\exe\seqboot.exe

Bootstrapping algorithm, version 3.69

Settings for this run:
  D       Sequence, Morph, Rest., Gene Freqs?  Molecular sequences
  J  Bootstrap, Jackknife, Permute, Rewrite?  Bootstrap
  %     Regular or altered sampling fraction?  regular
  B       Block size for block-bootstrapping?  1 (regular bootstrap)
  R                   How many replicates?  100
  W              Read weights of characters?  No
  C                Read categories of sites?  No
  S      Write out data sets or just weights?  Data sets
  I             Input sequences interleaved?  Yes
  0       Terminal type (IBM PC, ANSI, none)?  IBM PC
  1        Print out the data at start of run  No
  2      Print indications of progress of run  Yes

  Y to accept these or type the letter for one to change
y

Random number seed (must be odd)?
7
```

然后随机输入一个奇数,如 7,回车。得到一个"outfile"文件。将该文件改名为"1"。打开软件 dnadist. exe,并将文件 1 输入,结果如下:

```
E:\林琦\建树\phylip\phylip-3.69\exe\dnadist.exe

Nucleic acid sequence Distance Matrix program, version 3.69

Settings for this run:
  D  Distance (F84, Kimura, Jukes-Cantor, LogDet)?  F84
  G          Gamma distributed rates across sites?  No
  T                 Transition/transversion ratio?  2.0
  C            One category of substitution rates?  Yes
  W                         Use weights for sites?  No
  F               Use empirical base frequencies?  Yes
  L                      Form of distance matrix?  Square
  M                   Analyze multiple data sets?  No
  I                  Input sequences interleaved?  Yes
  0            Terminal type (IBM PC, ANSI, none)?  IBM PC
  1             Print out the data at start of run  No
  2           Print indications of progress of run  Yes

  Y to accept these or type the letter for one to change
```

将 Analyze multiple data sets 项改为 100,其余不变。

```
E:\林琦\建树\phylip\phylip-3.69\exe\dnadist.exe

Nucleic acid sequence Distance Matrix program, version 3.69

Settings for this run:
  D  Distance (F84, Kimura, Jukes-Cantor, LogDet)?  F84
  G          Gamma distributed rates across sites?  No
  T                 Transition/transversion ratio?  2.0
  C            One category of substitution rates?  Yes
  W                         Use weights for sites?  No
  F               Use empirical base frequencies?  Yes
  L                      Form of distance matrix?  Square
  M                   Analyze multiple data sets?  Yes, 100 data sets
  I                  Input sequences interleaved?  Yes
  0            Terminal type (IBM PC, ANSI, none)?  IBM PC
  1             Print out the data at start of run  No
  2           Print indications of progress of run  Yes

  Y to accept these or type the letter for one to change
```

生成一个 outfile 文件,将其他改为 2。

打开软件 neighbor. exe,将刚才形成的文件 2 输入:

```
E:\林琦\建树\phylip\phylip-3.69\exe\neighbor.exe

Neighbor-Joining/UPGMA method version 3.69

Settings for this run:
  N       Neighbor-joining or UPGMA tree?  Neighbor-joining
  O                        Outgroup root?  No, use as outgroup species  1
  L         Lower-triangular data matrix?  No
  R         Upper-triangular data matrix?  No
  S                        Subreplicates?  No
  J     Randomize input order of species?  No. Use input order
  M           Analyze multiple data sets?  No
  0   Terminal type (IBM PC, ANSI, none)?  IBM PC
  1    Print out the data at start of run  No
  2  Print indications of progress of run  Yes
  3                        Print out tree  Yes
  4       Write out trees onto tree file?  Yes


  Y to accept these or type the letter for one to change
```

并将 Analyze multiple data sets 项改为 100，其余不变。随机数仍为 7。

```
E:\林琦\建树\phylip\phylip-3.69\exe\neighbor.exe

Neighbor-Joining/UPGMA method version 3.69

Settings for this run:
  N       Neighbor-joining or UPGMA tree?  Neighbor-joining
  O                        Outgroup root?  No, use as outgroup species  1
  L         Lower-triangular data matrix?  No
  R         Upper-triangular data matrix?  No
  S                        Subreplicates?  No
  J     Randomize input order of species?  No. Use input order
  M           Analyze multiple data sets?  No
  0   Terminal type (IBM PC, ANSI, none)?  IBM PC
  1    Print out the data at start of run  No
  2  Print indications of progress of run  Yes
  3                        Print out tree  Yes
  4       Write out trees onto tree file?  Yes


  Y to accept these or type the letter for one to change
m
How many data sets?
100
```

生成两个文件：outfile 和 outtree。将 outtree 改为文件 3，outfile 删除。

打开 consense. exe 软件，将文件 3 输入。

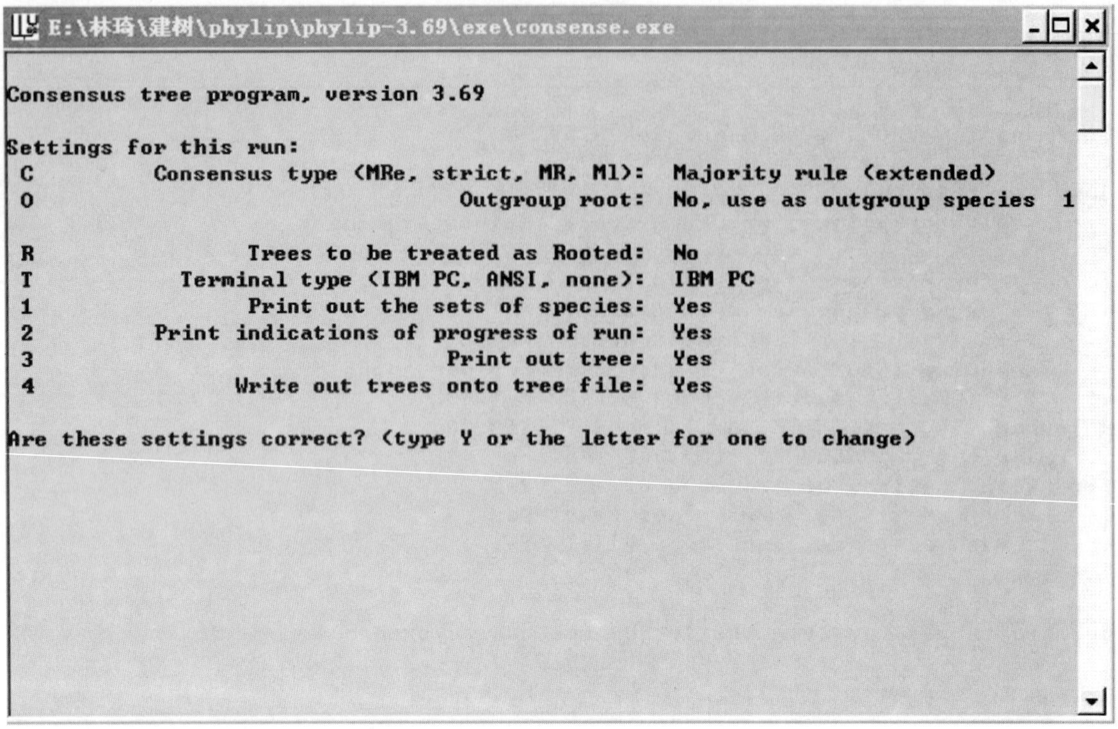

不用改动其他参数，按 Y 后得到两个文件 outfile 和 outtree。

采用 treeview 软件打开 outtree，并通过菜单 tree 进行外观的改变，得到如下结果，并显示“show internal edge labels”，结果如下图：

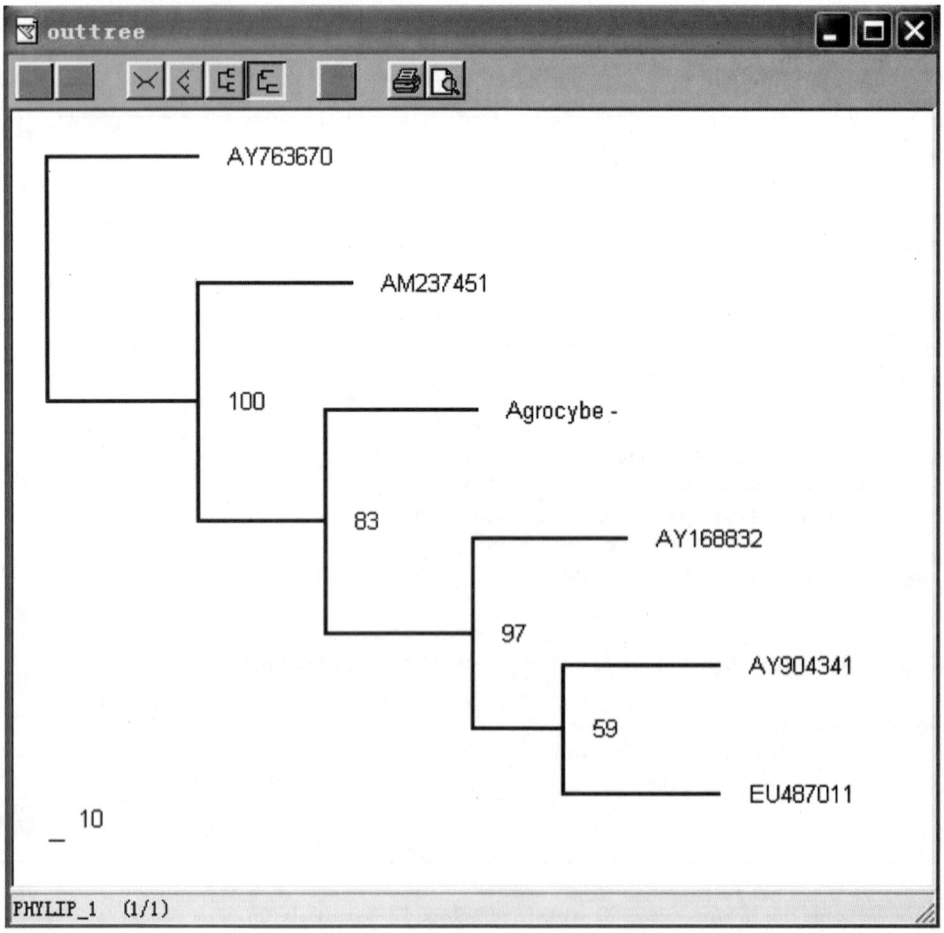

其中节点处的数值为支持率，将这些数值添加到最初绘好的进化树上。注意：虽然这也是一个进化树，但其树枝长度与进化距离是不等的。最初树的树枝长度与进化距离一致。

还有很多构建进化树的方法，限于篇幅，本节未一一予以介绍。

三、如何向 NCBI 提交序列

向 NCBI 提交序列常用的程序有两个，一个是在线提交的 BankIt，一个是用软件 Sequin。究竟用哪种办法，可根据不同的需要。

BankIt：(在线提交页面：http://www.ncbi.nlm.nih.gov/BankIt/index.html)

①适合单个或少量几个的提交。

②喜欢用在线的方式提交，无需下载软件。

③你的序列注释不复杂。

④提交你的序列时，不需要用到序列的分析。

Sequin(下载页面：http://www.ncbi.nlm.nih.gov/Sequin/index.html)

①提交的是批量而且比较复杂的序列。

②you are submitting mutation, phylogenetic, population, environmental, or segmented sets。

③喜欢图形的界面，有更多的选项和功能，可以批量修改。

④获得相关的分析工具。

这里简单介绍一下在线提交序列程序 BankIt，Sequin 也大同小异。

A. 进入 GenBank。

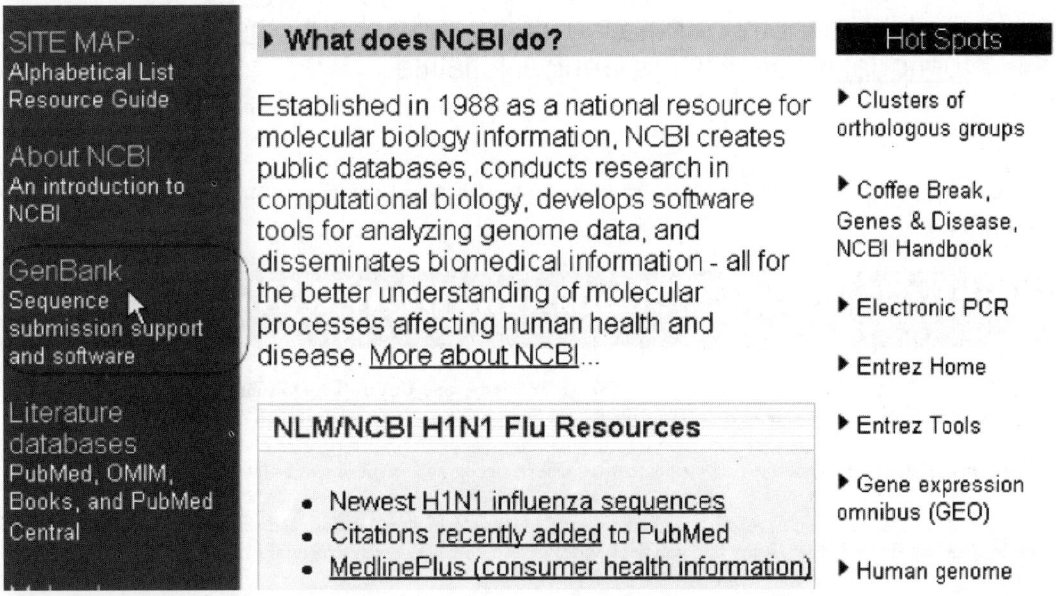

B. 左栏点击 Submit to GenBank

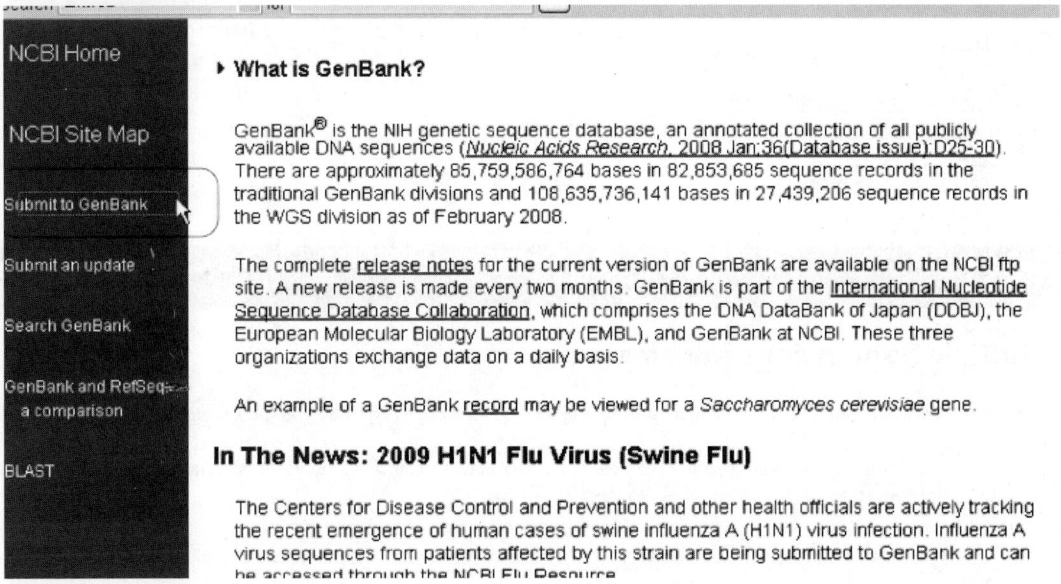

C. 左边出现几个工具的选择，点击 BankIt。在 BankIt 提交页面的最下面，填上你要提交的序列的长度，点 New。

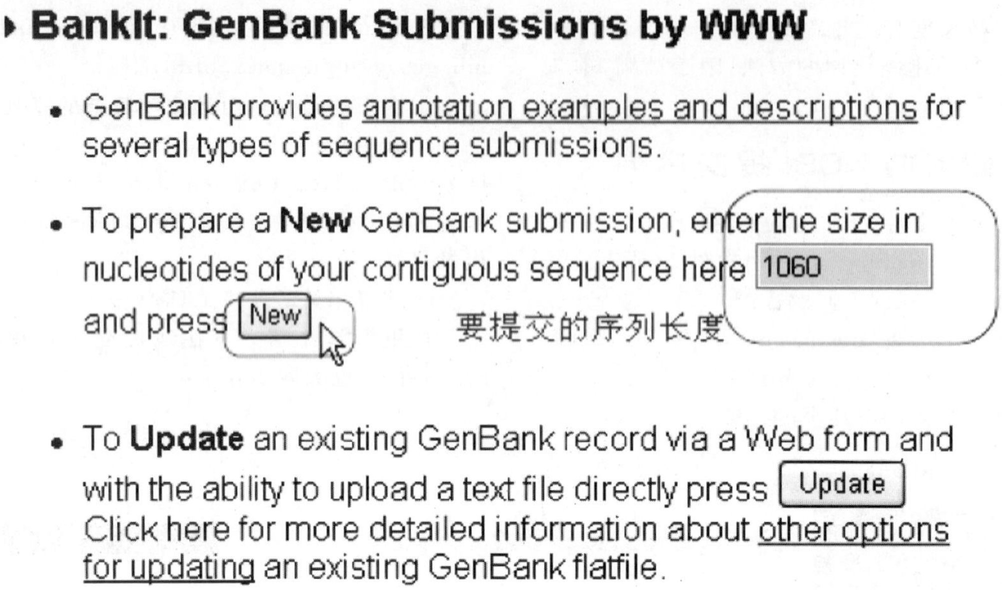

D. 点 New 后，会生成一个 bankit 号，记住这个号。下面根据需要填写一些必需的内容。名字、序列等之类。

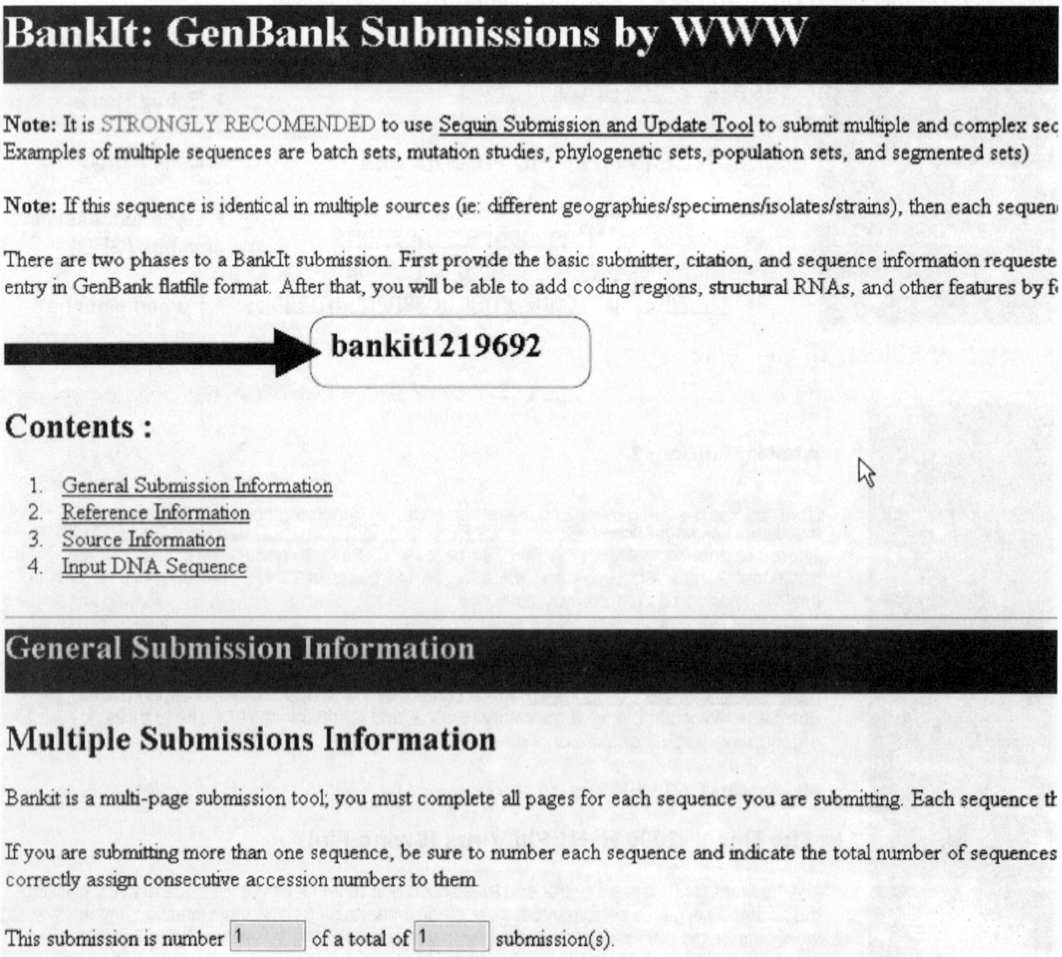

E. 填好资料后，你可以保存一份在你的电脑中。如果确认无误，点提交(Validate and continue)。

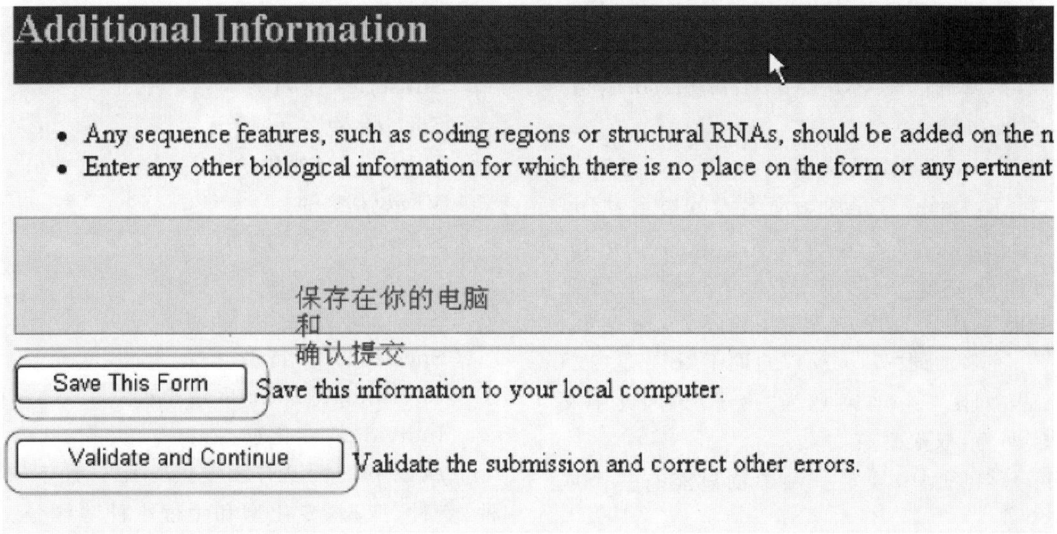

F. 如果你填的资料有误，或漏填了。就会有 ERROR 的提醒。像名字、电话、Email、序列等都是必须的。

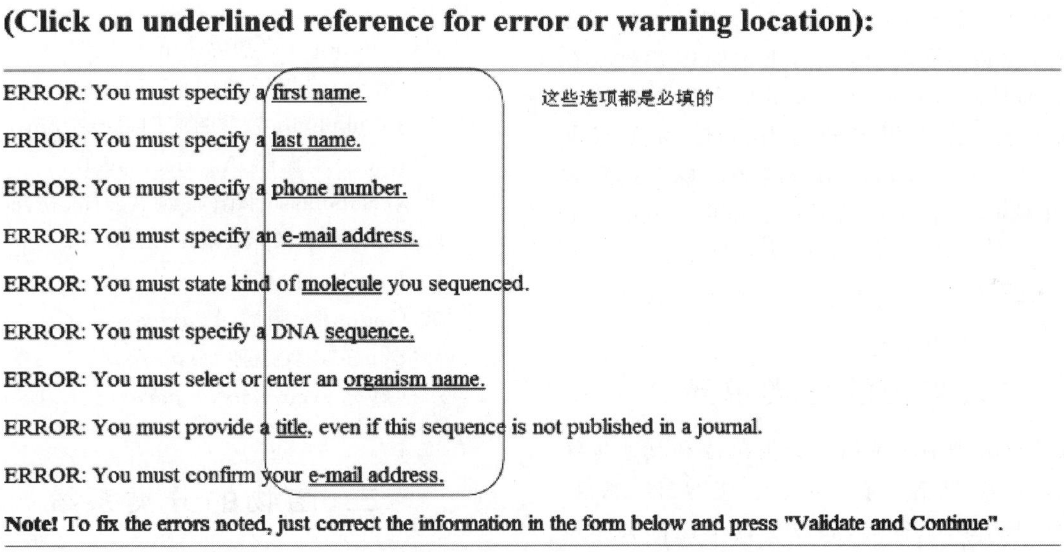

最后，NCBI 会给您发个邮件，过几个月后如果没有问题就能得到您的登录号了，如果有问题，NCBI 会用邮件和您联系。如果是用 Sequin，在填资料过程中可以随时保存，最后你只需把最后确认的文件向 NCBI 发封邮件就可以了。

第三节　菌物的命名和分类

一、菌物的命名

菌物种类繁多，而且分布在世界各地，因而单凭俗名很难起到交流的目的。俗名的另一个缺点是比较含糊，有时一个名称不是指一个种，而是指一群，如“虫草”，民间俗语是专指“冬虫夏草”，而分类学家是指“虫草属”。为了避免混乱，各国从事分类鉴定的人采用“双名制”的方法给生物命名。

林奈(Linneaus)对生物界的最大贡献，是他在 1753 年创立了“双名制命名法”。生物双名制的名字即为学名，现在广泛用于动物、植物、菌物、细菌等各类生物的命名。双名制的名字为拉丁文的两个词组成，第一个词是属名，属名的第一个字必须大写，第二个词是种名加词，种名加词的第一个字一律小写，最后加上命名人的姓名。

如：双孢蘑菇的学名是 *Agaricus bisporus* (J. E. Lange) Imbach。

其中："*Agaricus*"是属名，"*bisporus*"是种名加词。"(J. E. Lange)"是原始命名人的姓名，"Imbach"是通用学名命名人的姓名。属名"*Agaricus*"一词来自希腊语，词根是"agarikos"，意思是"伞菌、蘑菇"，用于真菌的属名，翻译为"蘑菇属、伞菌属"。种名加词"*bisporus*"的词干"bi-"是"二、双"的意思，词尾"-sporus"意为"孢子"。因此中文的学名翻译为：双孢蘑菇。

国际命名原则中规定一种菌物只能有一个属名和种名。

如果你对分类单元的作者引证不熟悉，你可能会奇怪地发现，为什么菌物的名称后面经常跟有不是斜体的附加姓名。描述一个物种的学者，其姓名就在那个分类单元之后直接引证。如果这个种被转移到不同的属里去，则种的作者就放在括号里，而且跟着有把这个种的作者姓名归放到那个属里去。菌物作者的适当引证，可在 Kirk and Ansell(1992)编辑的书中找到。现在国际官方菌物学网站：http://www.indexfungorum.org/Names/Names.asp 内列出了每个物种的准确命名人的详细信息，大家可在该网站查找正确的学名和命名人的姓名。

二、菌物的分类单元

在菌物分类中所应用的分类单位和其他生物中应用的一样，即界、门、亚门、纲、亚纲、目、亚目、科、亚科、属、亚属、种等，属以上的单位都有一定的词尾，如：

Kingdom 界
Subkingdom 亚界
Phylum 门：-mycota
Subphylum 亚门：-mycotina
Class 纲：-mycetes
Subclass 亚纲：-mycetidae
Order 目：-ales
Suborder 亚目：-ineae
Family 科：-aceae
Subfamily 亚科：-oideae
Tribe 群：-ieae
Subtribe 亚群：-inae
Genus 属
Subgenus 亚属
Section 组
Subsection 亚组
Series 列
Subseries 亚列
Species 种
Subspecies 亚种
Variety 变种
Subvariety 亚变种
Form 型
Subform 亚型
Special form 特型
Physiologic Race 生理小种
Individual 专化型

属以下一般没有固定的词尾。种下又分为亚种、变种、亚型、专化型和生理小种等区分。

现以双孢蘑菇 *Agaricus bisporus* (J. E. Lange) Imbach, Mitt. naturf. Ges. Luzern 15:15(1946)为例，说明它在菌物界的地位[按《菌物字典》2008]。

界(Kingdom)菌物界 Fungi
门(Phylum)担子菌门 Basidiomycota
亚门(Subphylum)伞菌亚门 Agaricomycotina
纲(Class)伞菌纲 Agaricomycetes
亚纲(Subclass)伞菌亚纲 Agaricomycetidae
目(Order)伞菌目 Agaricales
科(Family)伞菌科 Agaricaceae
属(Genus)伞菌属 *Agaricus*
种(Species)双孢种 *bisporus*
双孢蘑菇 *Agaricus bisporus* (J. E. Lange) Imbach

三、菌物的分类系统

(一)菌物分类学的主要历史发展时期

1. 大形态时期(公元前400年～公元1700年)

根据易于识别的宏观形态来鉴别生物，使生物有一定的名称，为查考方便而建立分类系统及其描述语言，又可称为术语描述期。

2. 小形态时期(1700～1860年)

显微镜的发明使得对菌物的观察由宏观形态进入微观形态，从而获取新的小形态学资料，如孢子、菌丝的形态特征，由此进入小形态时期。

3. 进化论时期(1860～1900年)

达尔文的巨著《进化论》的发表推动了菌物的

系统学研究和发展，在系统发育研究的基础上创立了许多分类系统。

4. 细胞遗传学时期(1900～1960 年)

利用细胞遗传学的资料丰富和改写系统分类，进入了细胞水平的研究。本时期又称实验生物学时期。

5. 分子生物学时期(1970～)

1970 年以来，由于科学技术的发展，特别是分子生物学的迅速发展，给予菌物分类学以巨大的推动。新技术、新方法越来越多地用于菌物分类的研究，例如 DNA 的碱基比率的测定、核酸杂交、氨基酸序列测定、氨基酸合成途径的研究、血清学反应、数值分类、光谱或色谱技术测定菌物代谢产物、菌物细胞细微结构等，这些都为菌物分类的研究开拓了新的前景。

(二)当前重要的分类系统

进入分子生物学时期后，分类学的研究呈现出异常活跃的状态。1973 年自 Ainsworth 系统发表后，在至今的 30 多年里将近有 10 多个重要的分类系统发表，呈现众家纷纭的状态。国际菌物学研究的权威机构——英国国际菌物研究所(international mycological institute)1995 年出版的第 8 版《菌物字典》中，就列举了十几个重要的分类系统。

在这些分类系统中，仍然是以生态环境、形态特征、细胞结构、生殖特性为主要分类依据，结合系统发育的规律来分类的。大都处于"人为分类"和"自然分类"相融合的状况。真正按亲缘关系和客观反应系统发育的分类方法对菌物进行"自然分类"，是菌物分类学中追求的最高目标。以分子生物学方法研究菌物各类群之间的亲缘关系，从而揭示它们之间系统发育的本质和进化关系，是解决目前菌物分类处于众家纷纭的较理想的方法。但是从目前菌物学科的发展水平看来，这只是分类学发展的一个方向。

(三)新的分类系统

菌物作为一界系统应归功于魏泰克(Wittaker)。他在 1959 年建立的四界系统中首次将菌物从植物界中独立出来，称为菌物界。1969 年，Wittaker 又将四界系统调整为五界系统，从而确立了菌物在生物界级系统中的地位。在其后的 20 年间，Wittaker 的界级系统得到了广泛的承认而用于教科书中。直到 1989 年 Cavalier-Smith 提出生物的八界系统后，把五界系统中的菌物界进行了调整，从而使八界系统中的菌物界仅包括壶菌、接合菌、子囊菌和担子菌，这就是人们常说的纯菌物(ture fungi)。

国内文献中，裘维蕃(1998)在《菌物学大全》对《菌物字典》第 8 版的分类系统进行了详细的介绍。卯晓岚(1998、2001、2009)、毕志树等(1990、1994)都采用了当时国际通用的菌物分类系统。贺运春(2008)在《真菌学》中对历史上各种分类系统作了全面的叙述，如 Bessey(1951)、Martin(1950)、Alexopoulos(1952、1962、1979)、Anisworth(1971)、Cavalier-Smith(1991)、《真菌字典》第 9 版等，全书分章节按照《真菌字典》第 9 版的系统对各门的物种进行了系统而详尽的介绍。

权威性的《菌物字典》第 8、9 版中，将原来的菌物界划分为原生动物(Protozoa)、藻界(Chromista)和菌物界(Fungi)，菌物界仅包括了 4 个门，即壶菌门、接合菌门、子囊菌门和担子菌门，将原来的半知菌改称为有丝分裂孢子菌物(mitosporic fungi)，后又改称为渐进菌类(Anamophic fungi)。在《菌物概论》4 版(1996)中，将有丝分裂孢子菌物放在子囊菌中。

表 4—1 《菌物字典》8、9、10 版菌物界分类系统比较

8 版(1996)	9 版(2001)	10 版(2008)
壶菌门 Chytridiomycota 壶菌纲 Chytridiomycetes 附：丝壶菌、根肿菌和卵菌	壶菌门 Chytridiomycota	Chytridiomycota 壶菌门 Chytridiomycetes 壶菌纲 Monoblepharidimycetes 单毛壶菌纲 Not assigned to a class 纲未确定
接合菌门 Zygomycota 接合菌纲 Zygomycetes 毛菌纲 Trichomycetes	接合菌门 Zygomycota 毛菌纲 Trichomycetes 接合菌纲 Zygomycetes	Zygomycota 接合菌门 Entomophthoromycotina 虫霉菌亚门 Kickxellomycotina 亚门 Mucoromycetina 毛霉菌亚门 Zoopagomycotina 捕虫霉菌亚门 Glomeromycota 小丛壳菌门 Glomeromycetes 小丛壳菌纲

（续表）

8 版(1996)	9 版(2001)	10 版(2008)
Ascomycota 子囊菌门 Hemiascomycetes 半子囊菌纲 Plectomycetes 不整囊菌纲 Pyrenomycetes 核菌纲 Leculoascomycetes 腔菌纲 Discomycetes 盘菌纲 Laboulbeniomycetes 虫囊菌纲	Ascomycota 子囊菌门 Ascomycetes 子囊菌纲 Neolectomycetes 新盘菌纲 Pneumocystidomycetes 肺炎菌纲 Saccharomycetes 酵母菌纲 Schizosaccharomycetes 裂殖酵母菌纲 Taphrinomycetes 外囊菌纲	Ascomycota 子囊菌门 Pezizomycotina 盘菌亚门 Arthoniomycetes 星裂菌纲 Dothideomycetes 座囊菌纲 Eurotiomycetes 散囊菌纲 Laboulbeniomycetes 虫囊菌纲 Lecanoromycetes 茶渍菌纲 Leotiomycetes 锤舌菌纲 Lichinomycetes 异极菌纲 Orbiliomycetes 圆盘菌纲 Pezizomycetes 盘菌纲 Sordariomycetes 粪壳菌纲 Saccharomycotina 酵母菌亚门 Saccharomycetes 酵母菌纲 Taphrinomycotina 外囊菌亚门 Neolectomycetes 新盘菌纲 Pneumocystidomycetes 肺炎菌纲 Schizosaccharomycetes 裂殖酵母菌纲 Taphrinomycetes 外囊菌纲
Basidiomycota 担子菌门 Telimycetes 冬孢纲 Hymenomycetes 层菌纲 Gasteromycetes 腹菌纲	Basidiomycota 担子菌门 担子菌纲 Basidiomycetes 锈菌纲 Urediniomycetes 黑粉菌纲 Ustilaginomycetes	Basidiomycota 担子菌门 Agaricomycotina 伞菌亚门 Agaricomycetes 伞菌纲 Dacrymycetes 花耳纲 Tremellomycetes 银耳纲 Not assigned to a class Pucciniomycotina 柄锈菌亚门 Agaricostilbomycetes 伞型束梗孢菌纲 Atractiellomycetes 小纺锤菌纲 Classiculomycetes 纲 Cryptomycocolacomyctes 隐菌寄生菌纲 Cystobasidiomycetes 囊担子菌纲 Microbotryomycetes 小葡萄菌纲 Mixiomycetes 混合菌纲 Pucciniomycetes 柄锈菌纲 Ustilaginomycotina 黑粉菌亚门 Ustilaginomycetes 黑粉菌纲
Fungi Imperfecti 半知菌类 Blastomycetes 芽孢纲 Hyphomycetes 丝孢纲 Coelomycetes 腔孢纲	Anamophic fungi 渐进菌类 未设纲、目、科等分类级别	Not assigned to a phylum 门未确定 Wallemiomycetes 节担菌纲 Not assigned to a class 纲未确定 Not assigned to an order 目未确定 Not assigned to a family 科未确定
		Microsporiodia 微孢虫门

2008 年 11 月出版了《菌物字典》第 10 版，对菌物分类系统进行了重大的修正，新设立了 2 个门级单位：Microsporidia 微孢虫门，Glomeromycota 小丛壳菌门。在 Ascomycota 子囊菌门中新设立 3 个亚门：Pezizomycotina 盘菌亚门（＝Ascomycotina 子囊菌亚门）、Saccharomycotina 酵母菌亚门、Taphrinomycotina 外囊菌亚门。在 Pezizomycotina 盘菌亚门（＝Ascomycotina 子囊菌亚门）包括 10 个纲：Arthoniomycetes 星裂菌纲、Dothideomycetes 座囊菌纲、Eurotiomycetes 散囊菌纲、Laboulbeniomycetes 虫囊

菌纲、Lecanoromycetes 茶渍菌纲、Leotiomycetes 锤舌菌纲、Lichinomycetes 异极菌纲、Orbiliomycetes 圆盘菌纲、Pezizomycetes 盘菌纲、Sordariomycetes 粪壳菌纲；Saccharomycotina 酵母菌亚门有 Saccharomycetes 酵母菌纲。Taphrinomycotina 外囊菌亚门有 4 个纲：Neolectomycetes 新盘菌纲、Pneumocystidomycetes 肺炎菌纲、Schizosaccharomycetes 裂殖酵母菌纲、Taphrinomycetes 外囊菌纲。在 Basidiomycota 担子菌门新设立 3 个亚门：Agaricomycotina 伞菌亚门、Pucciniomycotina 柄锈菌亚门、Ustilaginomycotina 黑粉菌亚门。在 Agaricomycotina 伞菌亚门，分 3 个纲：Agaricomycetes 伞菌纲、Dacrymycetes 花耳纲、Tremellomycetes 银耳纲，其中 Agaricomycetes 伞菌纲分为 Agaricomycetidae 伞菌亚纲和 Phallomycetidae 鬼笔亚纲，以及亚纲未确定的目；Pucciniomycotina 柄锈菌亚门中分 8 个纲：Agaricostilbomycetes 伞型束梗孢菌纲、Atractiellomycetes 小纺锤菌纲、Classiculomycetes 纲、Cryptomycocolacomyctes 隐菌寄生菌纲、Cystobasidiomycetes 囊担子菌纲、Microbotryomycetes 小葡萄菌纲、Mixiomycetes 混合菌纲、Pucciniomycetes 柄锈菌纲。Ustilaginomycotina 黑粉菌亚门中设 Ustilaginomycetes 黑粉菌纲。门的地位未划定的种类单独列入 Not assigned to a phylum 中。本书按照《菌物字典》第 10 版的新分类系统进行介绍。

四、菌物分类地位检索方法

在 http://www.indexfungorum.org/Names/Names.asp 网站上，可以搜索到每个物种详细的分类系统学信息。操作步骤为：

第 1 步：上 Google 网站的搜索页面，输入 Index Fungorum，点击搜索。

进入下面的页面：

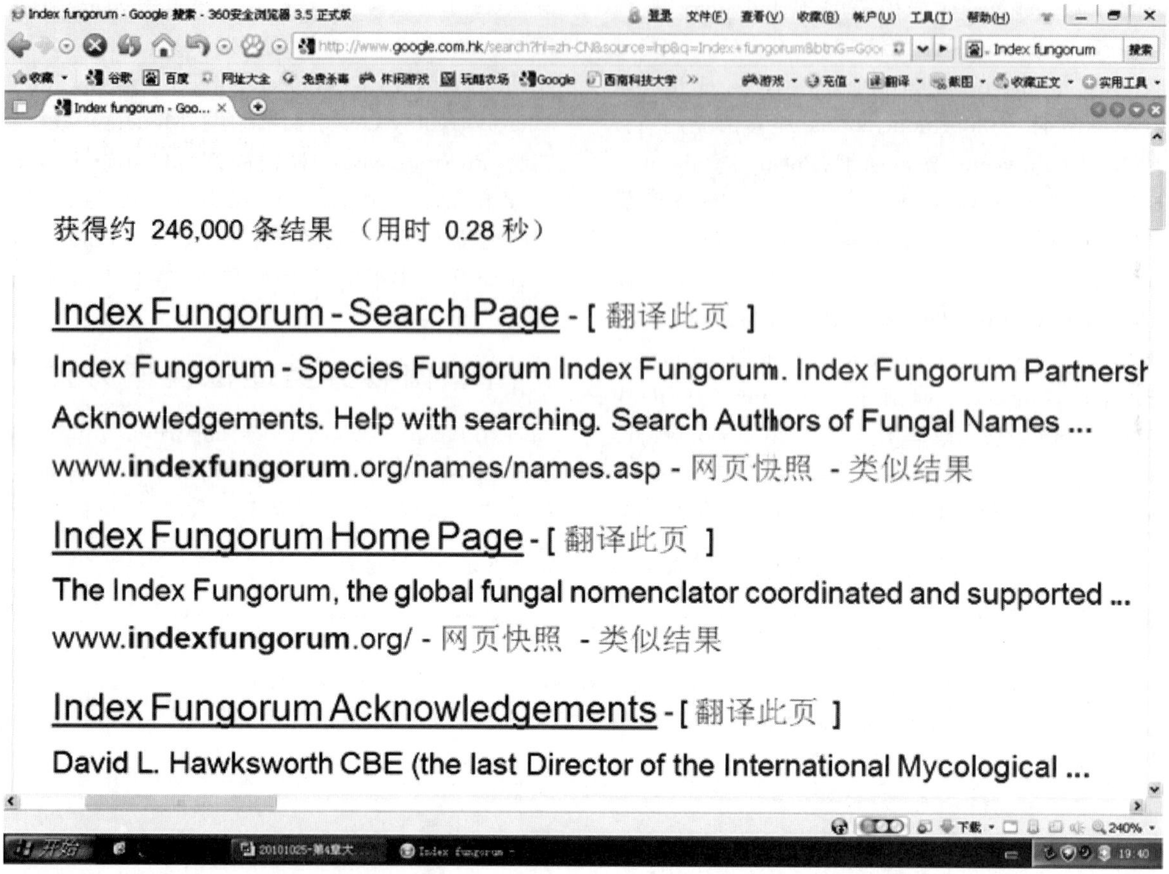

第 2 步：点击第一个词条 Index fungroum-Search Page，进入 Index fungroum 搜索网站的搜索页面。

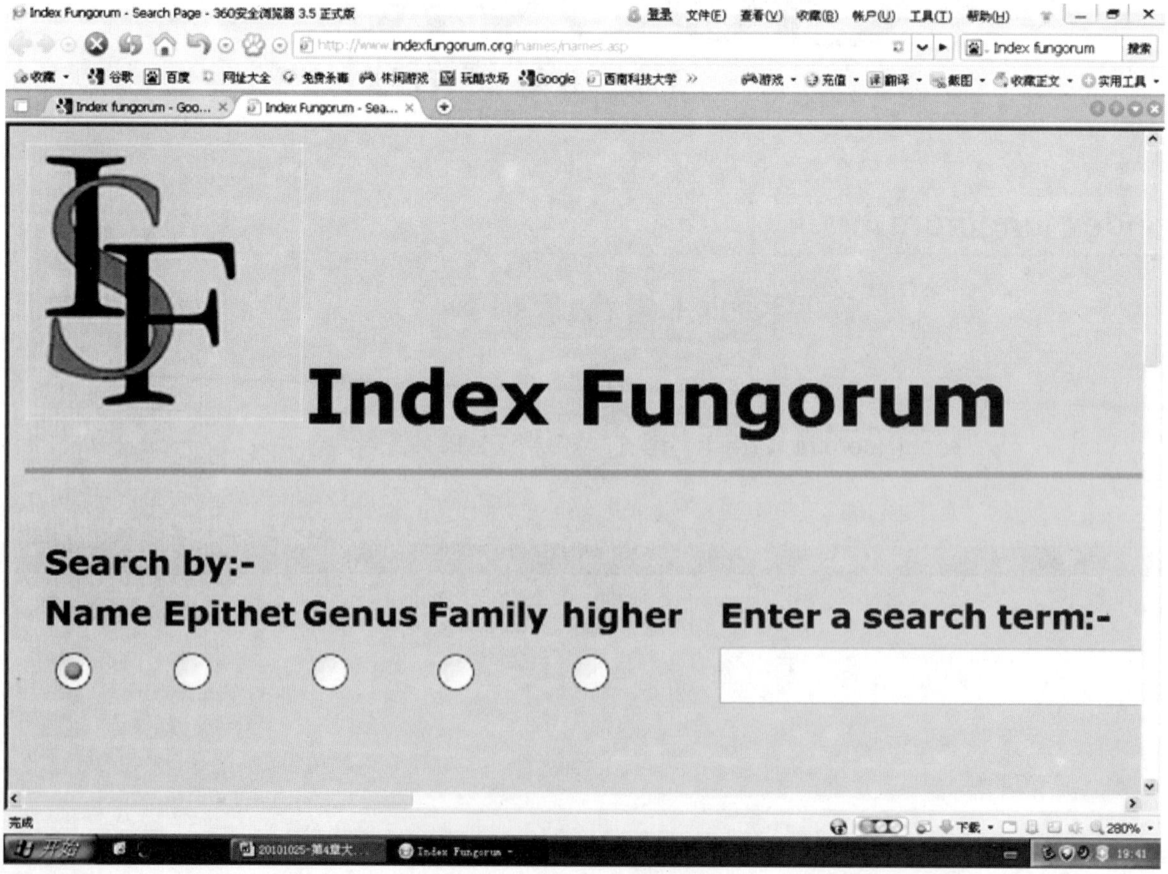

第 3 步：在搜索空格内输入要搜索的物种拉丁学名，可以是属名或双名，如键入拉丁文：蘑菇属 *Agaricus*，得到：

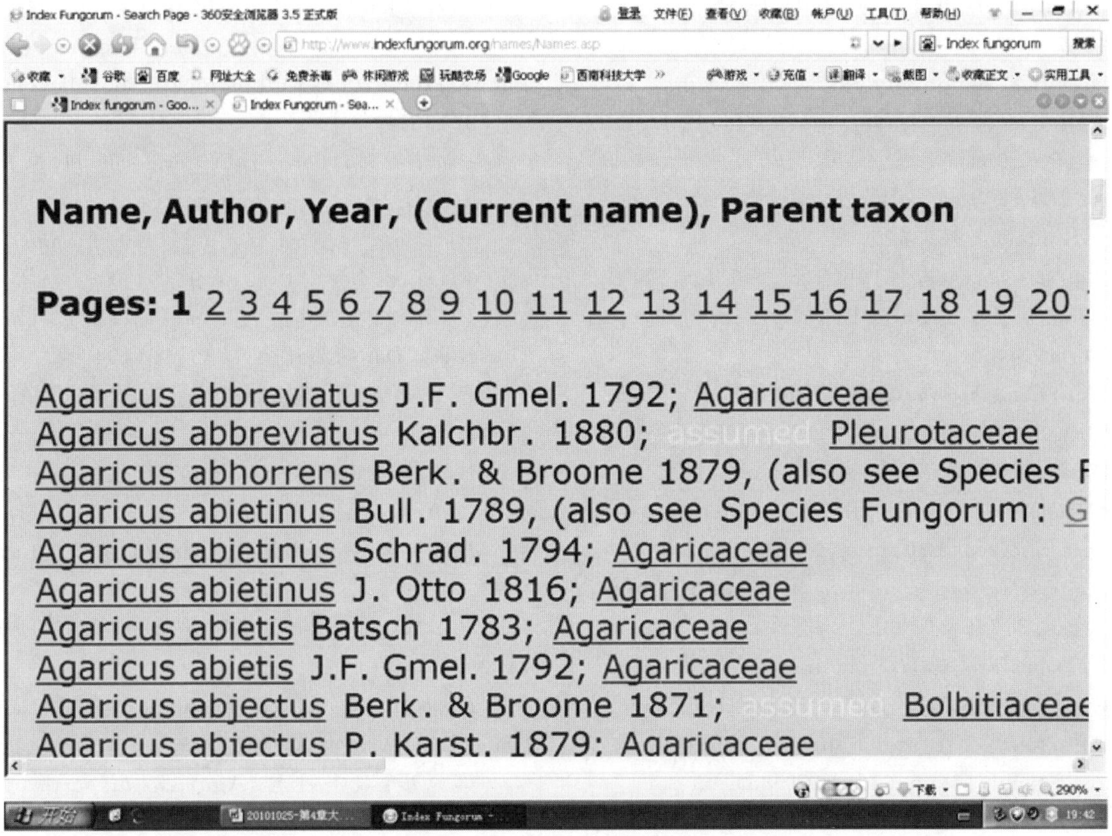

第 4 步：选择要查找的种名，并点击，如：*Agaricus bisporus*。得到：

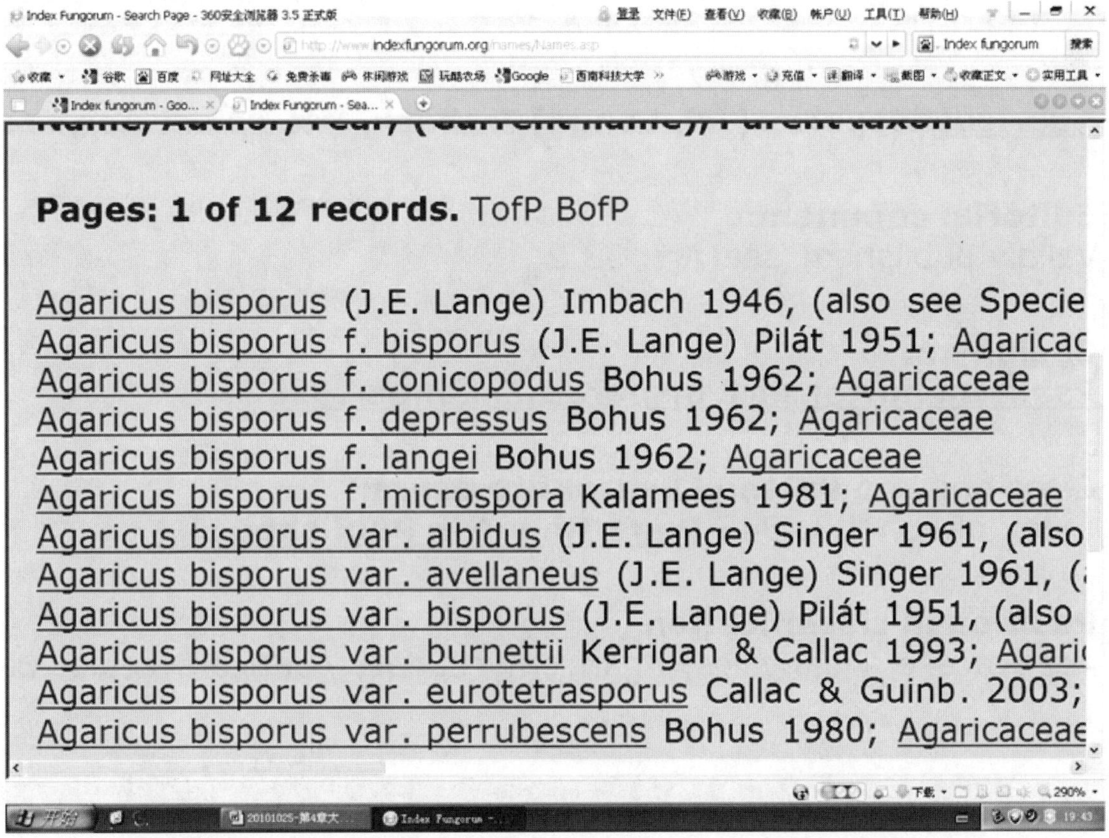

得到：双孢蘑菇的通用学名 Current Name 是：*Agaricus bisporus* (J. E. Lange) Imbach, Sborn. Nár. Mus. v Praze, Rada B, Prír. Vedy 7 (1):46(1951)。

同物异名 Synonymy 有：

Agaricus bisporus var. *albidus* (J. E. Lange) Singer, :30(1961)

Agaricus bisporus var. *avellaneus* (J. E. Lange) Singer, :29(1961)

Agaricus bisporus (J. E. Lange) Pilát, Sborn. Nár. Mus. v Praze, Rada B, Prír. Vedy 7(1):46 (1951) var. bisporus

Agaricus brunnescens Peck, Bull. Torrey bot. Club 27:16(1900)

Agaricus campestris sensu Cooke [Ill. Brit. Fung. 527 Vol. 4(1885)]; fide Checklist of Basidiomycota of Great Britain and Ireland(2005)

Agaricus campestris var. bisporus Kligman, Am. J. Bot. 3:746(1943)

Agaricus campestris var. hortensis Cooke [as 'campester'], Handbook of British Fungi:138(1871)

Agaricus cookeanus Bon [as 'cookeianus'], Docums Mycol. 16(no. 61):16(1985)

Agaricus hortensis (Cooke) Pilát, Sb. nár. Mus. Praze 7B(1):37(1951)

Agaricus hortensis (Cooke) S. Imai, J. Fac. agric., Hokkaido Univ. 43:258(1938)

Agaricus subfloccosus var. bisporus (J. E. Lange) Hlavá? ek, Mykologick? Sborník 28(4—6):68(1951)

Psalliota bispora (J. E. Lange) F. H. M? ller & Jul. Sch? ff., Annls mycol. 36(1):69(1938)

Psalliota bispora f. albida (J. E. Lange) Treschew, Dansk bot. Ark. 11:19(1944)

Psalliota bispora f. *avellanea* (J. E. Lange) Treschew, Dansk bot. Ark. 11:19(1944)

Psalliota campestris var. *hortensis* (Cooke) Lloyd, (1899)

Psalliota hortensis (Cooke) J. E. Lange, Dansk bot. Ark. 4(12):8(1926)

Psalliota hortensis f. *albida* J. E. Lange, (1939)

Psalliota hortensis f. *avellanea* J. E. Lange, (1939)

Psalliota hortensis var. *bispora* J. E. Lange, Dansk bot. Ark. 4(12):8(1926)

第 5 步：双击种名：*Agaricus bisporus* (J. E. Lange) Imbach，得到：

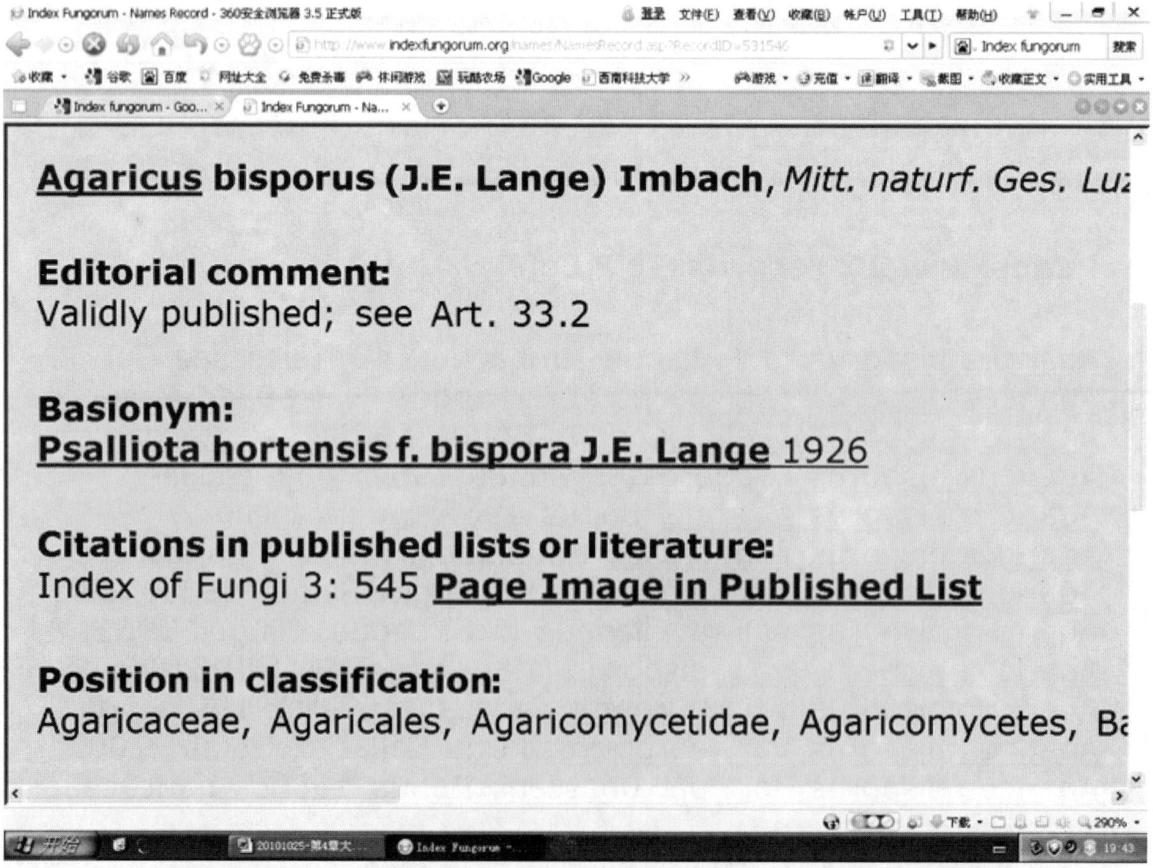

得到 *Agaricus bisporus* 的分类学地位 Position in classification：

伞菌科（Agaricaceae），伞菌目（Agaricales），伞菌亚纲（Agaricomycetidae），伞菌纲（Agaricomycetes），伞菌亚门（Agaricomycotina），担子菌门（Basidiomycota），菌物界（Fungi）。

第四节 子囊菌门（Ascomycota）

子囊菌门是菌物中最大的类群，已经被描述的物种有近 7 万种。有部分种类子实体较大，常与担子菌一起被称为“高等菌物”。具有大型子实体的子囊菌是美味的食药用菌，例如，冬虫夏草、竹黄、羊肚菌、块菌、盘菌、炭角菌、樱果盘菌，大多数子囊菌门的食药用菌多以其鲜美的香味、特别珍稀、价格昂贵而享誉全球。

子囊菌门与其他菌物门的典型特征区别是：产生子囊和子囊孢子。子囊（ascus-asci）：一种囊状细胞，是一个含有一定数量子囊孢子的袋状结构。子囊里面含有在核融合与减数分裂后，经细胞游离形成过程（free-cell formation）而产生的子囊孢子（ascospres）。每个子囊内的子囊孢子通常为 8 个，不同的菌种子囊孢子的数目不等，有的可以达到1 000多个。如果一种菌物在子囊内形成孢子，不论其他性状如何，它必定是一种子囊菌。子囊菌的菌丝有隔膜，显著的细胞壁，隔膜有单孔，并有沃尔宁体（Woronin bodies）。

一、分类系统

子囊菌门 Ascomycota 由 Caval.-Sm 在 1998 年建立，分为 3 个亚门，15 个纲，68 个目，327 个科，6 355 个属，64 163 个种。新设立的 3 个亚门：Pezizomycotina 盘菌亚门（＝Ascomycotina 子囊菌亚门），Saccharomycotina 酵母菌亚门，Taphrinomycotina 外囊菌亚门。

该门的分类系统如下：

Subphyla 1 Pezizomycotina盘菌亚门（＝Ascomycotina 子囊菌亚门）

Class 1 Arthoniomycetes星裂菌纲，Arthoniales 星裂菌目：Arthoniaceae 星裂菌科、Chrysotrichaceae、Melaspileaceae、Roccellaceae 等 4 科。

Class 2 Dothideomycetes 座囊菌纲，Dothideomycetidae 座囊菌亚纲：Capnodiales 煤炱菌目，Dothideales 座囊菌目，Myriangiales 多腔菌目；Pleosporomycetidae 格孢腔菌亚纲：Pleosporales 格孢腔菌目；亚纲未划定的目 Incertae sedis：Botryosphaeriales，Hysteriales 缝裂菌目，Jahnulales，Patellariales 胶皿菌目。

Class 3 Eurotiomycetes 散囊菌纲，Chaetothyriomycetidae 刺盾炱菌亚纲：Chaetothyriales 刺盾炱菌目，Pyrenulales 小核衣菌目，Verrucariales 瓶口壳目；Eurotiomycetidae 散囊菌亚纲：Coryneliales 棒囊菌目，Eurotiales 散囊菌目，Onygenales 爪甲团囊菌目；Mycocaliciomycetidae 巢衣菌亚纲：Mycocaliciales 巢衣菌目，Mycocaliciaceae 巢衣菌科。

Class 4 Laboulbeniomycetes 虫囊菌纲：Laboulbeniales 虫囊菌目，Pyxidiophorales 盖柄菌目。

Class 5 Lecanoromycetes 茶渍菌纲有 3 亚纲 subphya，12ord.，77 科，630 属，14 199 个种。包括 Acarosporomycetidae 微孢子菌亚纲，Acarosporales 微孢子菌目；Lecanoromycetidae 茶渍菌亚纲：Lecanorales 茶渍菌目、Peltigerales 地卷菌目地卷菌目；Ostropomycetidae 厚顶盘菌亚纲：Teloschistales 黄枝衣菌目、Agyriales，Baeomycetales，Ostropales 厚顶盘菌目、Pertusariales 孔鸡皮菌目。亚纲未划定：Candelariales，Umbiliacariales。

Class 6 Leotiomycetes 锤舌菌纲有：Cyttariales 樱果菌目，Erysiphales 白粉菌目，Helotiales 柔膜菌目柔膜菌目，Leotiales 锤舌菌目，Rhytismatales 斑痣盘菌目。

Class 7 Lichinomycetes 异极菌纲：Lichinales 异极菌目。

Class 8 Orbiliomycetes 圆盘菌纲：Orbiliales 圆盘菌目，Orbiliaceae 圆盘菌科。

Class 9 Pezizomycetes 盘菌纲，Pezizales 盘菌目，16 科，200 属，1 683个种。

Class 10 Sordariomycetes 粪壳菌纲

Hypocreomycetidae：Coronophorales，Halosphieriales，Hypocreales，Melanosporales，Microascales。

Sordariomycetidae 粪壳菌亚纲：Boliniales，Chaetosphaeriales 刺球菌目、Coniochaetales 毛孢壳目、Diaporthales 间座壳目、Ophiostomatales 蛇口壳目、Sordariales 粪壳菌目。

Xylariomycetidae 炭角菌亚纲：Xylariales 炭

角菌目。

未划定亚纲的目 Incertae sedis:Calosphaeriales、Lulworthiales、Melioales、Phyllachorales、Trichosphaeriales。

纲未划定的目:Lahmiales、Medeolariales 梭绒盘菌目,Triblidiales。

Subphyla 2 Saccharomycotina 酵母菌亚门

Saccharomycetes 酵母菌纲,Saccharomycetidae 酵母菌亚纲,Saccharomycetales 酵母菌目,13科,95属,915个种。

Subphyla 3 Taphrinomycotina 外囊菌亚门

Neolectomycetes 新盘菌纲,Neolectales 新盘菌目,Neolectaceae 新盘菌科,Neolecta 新盘菌属。

Pneumocystidomycetes 肺炎菌纲。

Schizosaccharomycetes 裂殖酵母菌纲,Schizosaccharomycetales 裂殖酵母菌目,Schizosaccharomycetaceae 裂殖酵母菌科。

Taphrinomycetes 外囊菌纲,Taphrinomycetidae 外囊菌亚纲,Taphrinales 外囊菌目,有2科,8属,140个种。

食药用菌中的子囊菌主要属于 Pezizomycotina 盘菌亚门(=Ascomycotina 子囊菌亚门)中的 Pezizomycetes 盘菌纲、Sordariomycetes 粪壳菌纲、Dothideomycetes 座囊菌纲、Leotiomycetes 锤舌菌纲、Eurotiomycetes 散囊菌纲。其中锤盘菌纲、粪壳菌纲、舌菌纲中的一些种类子囊果较大,常常被人们采食,属食(药用)用菌。

二、Pezizomycetes 盘菌纲

Pezizomycetidae 盘菌亚纲,Pezizales 盘菌目

Ascobolaceae 粪盘菌科:*Ascobolus* 粪盘菌属、*Ascophanus* 粪盾盘菌属。

Chorioactidaceae 裂杯菌科:*Chorioactis* 裂杯菌属、*Wolfina* 沃尔夫盘菌属。

Discinaceae 亚盘菌科:*Discina* 亚盘菌属、*Gymnohydnotry* 裸盘菌属、*Gyromitra* 鹿花菌属、*Hydnotrya* 地杯盘菌属、*Pseudorhizina* 伪根盘菌属。

Helvellaceae 马鞍菌科:*Acetabula* 棱柄盘菌属、*Balsamia* 树脂马鞍菌属、*Barssia* 巴斯马鞍菌属、*Cidaris* 克氏马鞍菌属、*Helvella* 马鞍菌属、*Macropodia* 高脚盘菌属、*Macroscyphus* 大杯菌属、*Pindara* 槟榔马鞍菌属、*Wynnella* 小丛耳属等。

Morchellaceae 羊肚菌科:*Disciotis* 脱顶菌属、*Morchella* 羊肚菌属、*Ptychoverpa* 挂钟菌属、*Verpa* 钟菌属。

Pezizaceae 盘菌科:*Amylascus* 粉杯盘菌属、*Boudiera* Cooke 波氏盘菌属、*Cazia* 咔氏盘菌属、*Hapsidomyces* 哈氏炭角菌属、*Hydnobolites* 块状盘菌属、*Iodowynnea* 蓝丛耳属、*Kimbropezia* 科布盘菌属、*Muciturbo* 黏盖盘菌属、*Mycoclelandia* 封闭绵毛盘菌属、*Pachyella* 厚盘菌属、*Pachyphloeus* 厚胶盘菌属、*Peziza* Fr. 盘菌属、*Plicaria* 叠盘菌属、*Rhodopeziza* 红盘菌属、*Ruhliandiella* 努氏盘菌属、*Sarcosphaera* 球肉盘菌属、*Sphaerozone* 弹球带菌属、*Terfezia* 地菇属、*Tirmania* 蹄氏菌属。

Pyronemataceae 火丝菌科:*Aleuria* 网孢盘菌属、*Cheilymenia* 缘刺盘菌属、*Humaria* 土盾盘菌属、*Humarina* 盾盘菌属、*Lamprospora* 假盾盘菌属、*Octospora* 八孢盘菌属、*Otidea* 侧盘菌属、*Scutellinia* 盾盘菌属、*Sepultaria* 地钵菌属、埋盘菌属、*Sowerbyella* 索氏盘菌属、*Sphaerospora* 圆孢毛盘菌属、*Tarzetta* 疣杯菌属、*Trichophaea* 长毛盘菌属。

Sarcoscyphaceae 肉杯菌科:*Aurophora* 金盘菌属耳盘菌属、*Cookeina* 毛杯菌属、*Donadinia* 唐氏盘菌属、*Galiella* 盖尔盘菌属、盔孢盘菌属、*Geodina* 地杯菌属、*Kompsoscypha* 艳丽盘菌属、*Korfiella* 可夫杯菌属、*Microstoma Bernstein* 小口盘菌属、*Nanoscypha* 小杯菌属、*Phillipsia* 歪肉盘菌属、*Pithya* 大口盘菌属、小艳盘菌属、*Plectania* 红盘菌属、暗色盘菌属、*Pseudopithyella* 假大口盘菌属、假微艳盘菌属、*Pseudoplectania* 假红盘菌属、假暗色盘菌属、*Sarcoscypha* 肉杯菌属、*Sarcosoma* 胶鼓菌属、*Selenaspora* 月亮孢属、*Thindia* 廷氏菌属、*Urnula* 革杯菌属、脚瓶菌属、*Wynnea* 丛耳属。

Tuberaceae 块菌科:*Tuber* 块菌属、*Choiromyces* 猪拱块菌属、*Dingleya* 定氏块菌属、*Labyrinthomyces* 盘旋块菌属、*Loculotuber* 小室块菌属、*Paradoxa* 反盘块菌属、*Reddellomyces* 土红块菌属。

二、Sordariomycetes 粪壳菌纲

Hypocreomycetidae 肉座菌亚纲

Hypocreales 肉座菌目

Nectriaceae:*Gibberella* 赤霉菌。

Bionectriaceae 生红凹壳菌科:*Shiraiella* 小竹黄菌属。

Clavicipitaceae 麦角菌科:*Aciculosporium* 针孢麦角菌属、*Beauveria* 白僵菌属、*Claviceps* 麦角菌属、*Epichloe* 香柱菌属、*Hypocrella* 小肉座菌属、*Konradia* 绿棒菌属、*Ascopolyporus* 子囊多孔菌属、*Cordyceps* 虫草属。

Hypocreaceae 肉座菌科：*Aphysiostroma* 无盘座菌属、*Arachnocrea* 蛛形肉座属、*Dialhypocrea* 离生肉座菌属、*Hypocrea* 肉座菌属、*Hypocreopsis* P. Karst 拟肉座菌属、*Hypomyces* 菌寄生菌属、*Podostroma* 肉座壳属肉棒菌属、*Protocrea* 原齿菌属、*Pseudohypocrea* 假肉座菌属、*Rogesonia* 罗格菌属、*Tilakidium* 提氏菌属。

Nectriaceae 凹壳菌科：*Nectria* 凹壳菌属。

Ophiocordycipitaceae 蛇头虫草科：*Ophiocordyceps* 蛇头虫草属。

Sordariomycetidae 粪壳菌亚纲

Sordariales 粪壳菌目

Lasiosphaeriaceae 毛壳菌科：*Apodus* 无柄毛壳属、*Lasiophaeria* 毛壳菌属。

Sordariaceae 粪壳科：*Boothiella* 布氏粪壳菌属、*Copromyces* 粪黏壳菌属、*Gelasinospora* 麻孢壳属、*Neurospora* 脉孢菌属、*Sordaria* 粪壳属。

Sordariales 粪壳目中科的地位未划定的属：*Phaeosporis* 刺孢盘菌属。

Xylariomycetidae 炭角菌亚纲

Xylariales 炭角菌目

Xylariaceae 炭角菌科：*Alocospora* 无孢炭角菌属、*Annulohypoxylon* 环纹炭团菌、*Anthostomella* 小花口壳属、*Barrmaelia* 巴氏炭角菌属、*Biscogniauxia* 双座炭皮菌属、*Camillea* 炭槌菌属、*Cannonia* 戡氏炭角菌属、*Daldinia* 轮层炭壳菌属、*Discoxylaria* 圆盘炭角菌属、*Engleromyces* 肉球菌属、*Entonaema* 胶球炭壳菌属、*Halorosellinia* 盐红炭角菌属、*Hypoxylon* 炭团菌属、*Kretzschmaria* 炭墩菌属、*Leprieuria* 癞头炭角菌属、*Nemania* 线炭角菌属、*Obolarina* 倒脂粒形炭角菌属、*Podosordaria* 柄粪壳菌属、*Poronia* 硬瘤炭角菌属、*Rosellinia* 炭豆菌属、*Sabalicola* 萨巴炭角菌属、*Ustulina* 焦孢炭角菌属、*Versiomyce* 变形炭角菌属、*Vivantia* 长命炭角菌属、*Wawelia* 瓦维炭角菌属、*Whalleya* 维氏炭角菌属、*Xylaria* Hill ex Schrank 炭角菌属。

三、Leotiomycetes 锤舌菌纲

Leotiomycetidae 锤舌菌亚纲

Cyttariales 瘿果盘菌目

Cyttariaceae 瘿果盘菌科：*Cyttaria* 瘿果盘菌属。

Helotiales 柔膜菌目

Geoglossaceae 地舌菌科：*Geoglossum* 地舌菌属、*Microglossum* 地棒菌属、*Trichoglossum* 毛舌菌属。

Helotiaceae 柔膜菌科：*Hymenoscyphus* 膜杯菌属。

Hyaloscyphaceae 晶杯菌科：*Albotricha* 白毛杯菌属、*Arachnopeziza* 蛛盘菌属、*Calycellina* 黄杯菌属、*Cistella* 小毛盘菌属、*Dasyscyphella* 小毛钉菌属、*Dasyscyphus* 毛钉菌属、*Hamatocanthoscypha* 钩刺盘菌属、*Hyaloscypha* 晶杯菌属、*Lachnellula* 长生盘菌属、*Lachnum* 粒毛盘菌属、*Lasiobelonium* 针毛盘菌属、*Parachnopeziza* 近蛛盘菌属、*Perrotia* 钝囊盘菌属毛盘菌属、*Pezizella* 拟盘菌属、*Phialina* 隔毛小杯菌属、*Polydesmia* 多丝盘菌属、*Proliferodiscus* 层出盘菌属、*Psilachnum* 短毛盘菌属、*Urceolella* 毛瓶菌属。

Rutstroemiaceae 蜡盘菌科：*Scleromitrula* 假核盘菌属。

Sclerotiniaceae 核盘菌科：*Ciboria* 块杯盘菌属、*Sclerotinia* 核盘菌属。

Leotiaceae 锤舌菌科：*Geocoryne* 胶盘菌属、*Leotia* 锤舌菌属。

Bulgariaceae 胶陀螺菌科：*Bulgaria* 胶陀螺菌属。

Rhytismatales 斑痣盘菌目

Cudoniaceae 地锤菌科：*Cudonia* 地锤菌属、*Spathularia* 地匙菌属、*Spathulariopsis* 拟地匙菌属。

Helotiales 柔膜菌目中科的地位未划定的属：*Ascocoryne* 囊盾盘菌属、*Chlorociboria* 绿杯菌属、*Cordierites* 耳盘菌属。

四、Dothideomycetes 座囊菌纲

Dothideomycetidae 座囊菌亚纲

Capnodiales 煤炱菌目

Capnodiaceae 煤炱菌科：*Scorias* 胶煤炱菌属。

Mycosphaerellaceae 球腔菌科：*Sphaerulina* 球孢菌属。

Pleosporomycetidae 隔孢腔菌亚纲

Pleosporales 隔孢腔菌目

科的地位未划定的属：*Shiraia* 竹黄菌属。

五、Eurotiomycetes 散囊菌纲

Eurotiomycetidae 散囊菌亚纲

Eurotiales 散囊菌目

Trichocomaceae：*Penicillium* 青霉菌属。

Elaphomycetaceae 大团囊菌科：*Elaphomyces* 大团囊菌属。

目的地位未划定的科：*Monascaceae* 红曲菌科：*Monascus* 红曲菌属。

第五节　担子菌门(Basidiomycota)

担子菌是菌物界中最高等的一个门,包括各种伞菌、多孔菌、耳类、鬼笔、马勃等各种食药用菌、毒菌,如蘑菇、多孔菌、珊瑚菌、地星、马勃、鬼笔、木耳、银耳。该门的真菌基本都是陆生种类,主要特征是由多细胞,有横隔膜的菌丝体组成,菌丝分为两种,初生菌丝体的细胞只有一个细胞核,次生菌丝体的细胞有两个核,两个核的次生菌丝体可以形成一种子实体,称为担子果(basidium)。担子果形态多样、大小悬殊,个体从毫克级到 100 千克级,质地上有胶质、炭质、革质、肉质、海绵质、软骨质、木栓质及木质等。经过有性繁殖过程,在担子上生成担孢子(basidiospores);也可以经过无性繁殖过程生成无性孢子或生芽繁殖。

担子菌门的真菌种类繁多、菇体巨大。有文献描述的有 3 万多种,估计种类在 10 万种以上。许多大型担子菌是营养丰富的食药用菌,它们除有食用价值外,还具有滋补和药用价值。许多可食用的担子菌含有多糖,能提高人体抑制肿瘤的能力以及排异作用。因此,目前担子菌已成为筛选抗肿瘤药物的重要资源,如香菇、猴头、灵芝、竹荪、鸡纵、平菇、桑黄、杨黄、各种层孔菌等;也有许多种类有毒。许多担子菌对人类是有益的,它们与植物共生形成菌根,有利于作物的栽培和造林,可以使植物生长加快、生物量提高,有利于地球生态系统碳库总量的增加;另一方面,有害的担子菌,如黑粉菌和锈菌等,会引起作物的黑穗病和锈病,造成严重的经济损失;有些担子菌能引起森林和园林植物的病害,许多大型腐生菌物界能导致木材腐烂,造成较大的经济损失。

一、分类系统

担子菌门 Basidiomycota 由 R. T. Moore (1980)建立。《菌物字典》第 10 版把担子菌门分为 3 亚门,16 纲,52 目,177 科,1 589属,文献有 31 515种;有 6 个"unassigned" classes 地位未确定的目。

新设立 3 个亚门:Agaricomycotina 伞菌亚门、Pucciniomycotina 柄锈菌亚门、Ustilaginomycotina 黑粉菌亚门。一个亚门地位未确定的纲 Incertae sedis(no phylum):Wallemiomycetes。新的分类系统如下:

Subphyla 1　Agaricomycotina 伞菌亚门,分 3 个纲。

Agaricomycetes 伞菌纲、Dacrymycetes 花耳纲、Tremellomycetes 银耳纲。

Class 1　Agaricomycetes Doweld(2001)伞菌纲,17 目,100 科,1147 属,20 951个种。

Agaricomycetidae 伞菌亚纲:Agaricales 伞菌目、Atheliales 艾塞里亚菌目、Boletales 牛肝菌目。

Phallomycetidae 鬼笔亚门:Geastrales 地星目、Gomphales 钉菇目、Hysterangiales 辐片包菌目、Phallales 鬼笔目。

亚门未确定的目:Auriculariales 木耳目;Cantharellales 鸡油菌目,Corticiales 伏革菌目;Gloeophyllales 黏褶菌目;Hymenochaetales 刺革菌目;Polyporales 多孔菌目;Russulales 红菇目;Sebacinales 蜡壳菌目;Thelephorales 革菌目;Trechisporales 糙孢伏革菌目。

Class 2　Dacrymycetes 花耳纲

1 目,1 科,9 属,101 个种。包括 Dacrymycetalea 花耳目,Dacrymycetaceae 花耳科。

Class 3　Tremellomycetes 银耳纲

分为 3 目,11 科,50 属,377 个种。包括 Cystofilobasidiales 囊丝担子菌目,Filobasidiales 丝担子菌目,Tremellales 银耳目。

Subphyla 2　Pucciniomycotina R. Bauer, Begerow, J. P. Samp, M. Weiss & Oberw. (2006)柄锈菌亚门,8 个纲,18 目,36 科。

Class 1　Agaricostilbomycetes 伞型束梗孢菌纲,2 目,3 科,10 属,47 个种:Agaricostilbales 伞型束梗孢菌目,Spiculogloeales 穗型霉菌目。

Class 2　Atractiellomycetes 小纺锤菌纲:1 目,2 科,10 属,34 个种。Atractiellales 小纺锤菌目,Atractogloeaceae, Hoehnelomycetaceae。

Class 3　Classiculomycetes 纲,1 目,1 科,2 属,2 个种。Classiculales 目,Classiculaceae 科,Classicula 属。

Class 4　Cryptomycocolacomyctes 隐菌寄生菌纲:1 目,1 科,2 属,2 个种,Cryptomycocolacales, Cryptomycocolacaceae 科,Cryptomycocolax 属。

Class 5　Cystobasidiomycetes 囊担子菌纲:3 目,3 科,7 属,14 个种,包括 Cystobasidiales 囊担子菌目、Erythrobasidiales 红担子菌目、Naohideales 目。

Class 6　Microbotryomycetes 小葡萄菌纲:4 目,4 科,25 属,208 个种,包括 Heterogastridiales

异腹菌目、Leucosporidiales 白锁掷孢酵母菌目、Microbotryales 小葡萄菌目、Sporidiobolales 锁掷孢酵母菌目。

Class 7 Mixiomycetes 混合菌纲：1 目，1 科，1 属，1 个种，包括 Mixiales 混合菌目、Mixiaceae、*Mixia*。

Class 8 Pucciniomycetes 柄锈菌纲：5 目，21 科，190 属，8 016个种，包括 Helicobasidiales 卷担子菌目、Pachnocybales、Platygloeales 泛胶耳菌目、Pucciniales 柄锈菌目、Septobasidiales 隔担耳菌目。

Subphyla 3 Ustilaginomycotina 黑粉菌亚门

Ustilaginomycetes 黑粉菌纲 3 目，12 科，62 属，1 115个种。包括 Urocystidiales 条黑粉菌目、Ustilaginales 黑粉菌目、Malasseziales。

亚门未划定的纲：Wallemiomycetes 节担菌纲，1 目，1 科，1 属，3 个种。包括 Wallemiales、Wallemiaceae、*Wallemia* 节担菌属：*W. ichthyophaga* Johan-Olsen (1887)；*W. muriae* (J. Kickxf.) Zalar & de Hoog(2005)；*W. sebi* (Fr.) Arx(1970)。

二、Subphyla 1 Agaricomycotina Doweld(2001)伞菌亚门

伞菌亚门分为 3 个纲：Agaricomycetes 伞菌纲、Dacrymycetes 花耳纲、Tremellomycetes 银耳纲。

(一)伞菌纲 Agaricomycetes Doweld (2001)

划分为 Agaricomycetidae 伞菌亚纲、Phallomycetidae 鬼笔亚门、和亚门未确定的目。有 17 目，100 科，1 147 属，20 951种。

1. Agaricomycetidae Parmasto(1986) 伞菌亚纲

划分为 3 个目：Agaricales 伞菌目、Atheliales 艾塞里亚菌目、Boletales 牛肝菌目。

Order 1 Agaricales 伞菌目

Agaricales Underw. (1899)伞菌目，分 33 科，413 个属，13 233种。包括大多数的食用菌、毒菌。

(1)Agaricaceae 伞菌科

包括的属有：*Abstoma* 无口腹菌属、*Acutocapillitium* 锐毛伞菌属、*Agaricus* 伞菌属、*Allopsalliota* 异阿利伞属、*Arachnion* 蛛孢属、*Arachniopsis* 拟蛛孢属、*Araneosa* 蛛网菌属、*Battarrea* 钉灰孢属、*Battarreoides* 假钉灰孢属、*Bovista* 静灰球属、*Bovistella* 小静灰球属、*Calbovista* Mores ex M. T. Seidl 丽静灰球属、*Calvatia* 马勃菌属、灰包菌属、*Calvatiopsis* 拟马勃属、*Chamaemyces* 矮伞属、*Chlamydopus* 粗柄包属、*Chlorophyllum* 绿褶伞、*Clarkeinda* 绿褶托菇属、*Clavogaster* 棒腹菌属、*Constricta* 纯条纹菌属、*Coprinus* 鬼伞属、*Crucibulum* 白蛋巢菌属、*Crucispora* 十字孢属、*Cyathus* 黑蛋巢菌属、*Cystoderma* 囊皮伞属、*Cystolepiota* 囊环柄菇属、*Disciseda* 脱顶马勃属、*Endoptychum* 内褶菌属、粉菇包属、*Floccularia* 毛头伞菌属、*Gasterellopsis* 拟小腹菌属、*Gastropila* 腹菇属、*Glyptoderma* 雕刻菌属、*Gymnogaster* 裸腹菌属、*Gyrophragmium* 管胶菇包属、*Heimiella* 圆花孢牛肝菌属、*Heinemannomyces* 黑氏伞属、*Hiatulopsis* 拟缝裂伞属、*Holocotylon* 全杯伞属、*Hymenagaricus* 膜伞属、*Hypogaea* 下伞属、*Janauaria* 叉栅伞属、*Japonogaster* 日本腹菌属、*Langermannia*、*Lasiosphaera* 脱皮马勃属、*Lepiota* 环柄菇属、*Lepiotophyllum* 叶环柄菇属、*Leucoagaricus* 白环伞属、*Leucocoprinus* 白鬼伞属、*Longula* 稍长伞属、*Lycogalopsis* 拟粉瘤菌属、*Lycoperdon* Pers. 马勃属、*Lycoperdopsis* 拟马勃属、*Morganella* 莫干伞属、*Mycenastrum* 树丝马勃属、*Mycocalia* 丽色伞属、*Nidularia* Fr. 鸟巢菌属、*Nidula* 红鸟巢菌属、*Phaeolepiota* 褐环柄菇属、*Queletia* 联孢菇属、*Ripartitella* 小瑞巴奇伞属、*Schizostoma* 裂顶柄灰包属、*Tulostoma* 柄灰包菌属、*Vascellum* 纤维质伞属、*Volvolepiota* = *Macrolepiota* 托环柄菇属、*Xerocoprinus* 绒鬼伞属。

(2)Amanitaceae 鹅膏菌科

包括的属有：*Amanita Pers.* 鹅膏菌属、*Limacella* 黏盖伞属。

(3)Amylocorticiaceae 粉伏革菌科

包括的属有：*Amyloathelia* 粉阿氏菌属、*Amylocorticium* 粉伏革菌属、*Ceraceomyces* 角菌属、*Irpicodon* 大耙齿菌属、*Podoserpula* 柄蛇革菌属。

(4)Bolbitiaceae 球柄菌科

包括的属有：*Agrogaster* 地腹菌属、*Bolbitius* 粉锈伞属、*Conocybe* 锥盖伞属、*Cyttarophyllopsis* 拟隔褶菌属、*Galeropsis* 拟盔孢菌属、*Gymnoglossum* 裸舌菌属、*Ptychella* 褶菇属、*Rhodoarrhenia* 红健伞菌属、*Tubariopsis* 拟假脐菇属、*Tympanella* 小鼓菌属、*Wielandomyces* 维兰德伞属。

(5)Broomeiaceae 雀麦伞科

仅有 *Broomeia* 雀麦伞属。

(6)Clavariaceae 珊瑚菌科

包括的属有：*Clavaria* Fr. 珊瑚菌属、*Cla-*

varia 珊瑚菌属、*Clavulinopsis* 拟锁瑚菌属、*Hyphodontiella* 小幕管菌属、*Manina* Adans 马尼娜菌属、*Ramariopsis* 拟枝瑚菌属、*Scytinopogon* 革枝瑚菌属、*Setigeroclavula* 刺毛仙湖菌属。

(7)Cortinaraceae 丝膜菌科

包括的属有：*Cortinarius* 丝膜菌属、*Cortinomyces*＝*Protoglossum* 丝幕伞属、*Cribbea* 筛丝幕菌属、*Cuphocybe* ＝ *Cortinarius* 丝膜菌属、*Descolea* 下垂伞属、*Descomyces* 下垂蘑属、*Nanstelocephala* 星头伞属、*Phaeocollybia* 褐金钱菌属、*Pyrrhoglossum* 火色舌菌属、*Quadrispora* 联孢伞属、*Rapacea* 芜菁菌属、*Rozites* 罗鳞伞属、*Stephanopus* 冠盖伞属、*Thaxterogaster*、*Volvigerum* ＝ *Cortinarius* 具托伞属。

(8)Cyphellaceae 挂钟菌科

包括的属有：*Asterocyphella* 星孢菌属、*Catilla* 碗菌属、*Cheimonophyllum* 冬生菌属、*Chondrostereum* 软韧革菌属、*Cunninghammyces* 克银汉菌属、*Cyphella* 挂钟菌属、*Gloeocorticium* 黏囊伏革菌属、*Gloeostereum* 胶黏韧革菌属、*Granulobasidium* 大担菌属、*Halocyphina* 盐瘤伞属、*Hyphoradulum* 幕辐伞菌属、*Incrustocalyptella* 硬壳杯革菌属、*Phaeoporotheleum* 褐硬毛孔菌属、*Seticyphella* 刺毛挂钟菌属、*Sphaerobasidioscypha* 球担杯菌属、*Thujacorticium* 崖柏伏革菌属。

(9)Cystostereaceae 囊韧革菌科(多孔菌目)

包括的属有：*Cericium* 蜡质菌属、*Crustomyces* 十字孔菌属、*Cystidiodontia* 双囊齿菌属、*Cystostereum* 囊韧革菌属、*Parvobasidium* 小担菌属。

(10)Entolomataceae 粉褶蕈科

包括的属有：*Calliderma* 丽菌属、*Claudopus* 偏脚菇属、*Clitopilus* 球杯伞属、*Entoloma* 粉褶菌属、*Rhodocybella* 小红盖伞属、*Rhodocybe* 红盖伞属、*Rhodogaster* 红腹菌属、*Rhodophana* 红突伞属、*Rhodophyllus* 红褶伞属、*Richoniella* 粉褶包菌属。

(11)Fistulinaceae 牛排菌科

包括的属有：*Fistulina* 牛舌菌属、*Porodisculus* 盘孔菌属、*Pseudofistulina* 假牛舌菌属。

(12)Gigaspermaceae 巨伞科

Gigasperma 巨伞属

(13)Hemigasteraceae 假腹菌科

Hemigaster 半腹菌属。

(14)Hydnangiaceae 轴腹菌科

包括的属有：*Hydnangium* 轴腹菌属、*Laccaria* 蜡蘑属、*Maccagnia* 马卡齿菌属、*Podohydnangium* 柄齿菌属。

(15)Hygrophoraceae 蜡伞科

包括的属有：*Camarophyllopsis* 拟拱顶菌属、*Camarophyllus* 拱顶菌属、*Chromosera* 肤色蘑属、*Chrysomphalina* 金色脐菇属、*Humidicutis* 湿皮伞属、*Hygrocybe* 湿盖伞属、*Hygrophorus* 蜡伞属、*Semiomphalina* 半亚脐菇属、*Ampulloclitocybe* 柄瓶杯伞。

(16)Inocybaceae 丝盖菇科

包括的属有：*Chromocyphella* 肤褶菌属、*Crepidotus* 靴耳属、*Episphaeria* 圆头盖菇属、*Flammulaster* 星火焰菇属、*Inocybe* 丝盖伞属、*Pellidiscus* 皮盘菌属、*Phaeosolenia* 褐管菌属、*Pleuroflammula* 侧火焰菇属、*Simocybe* 丝莫伞菌属、*Tubaria* 假脐菇属。

(17)Limnoperdaceae

Limnoperdon。

(18)Lyophyllaceae 离褶伞科

包括的属有：*Asterophora* 星形伞属、*Caespossus*＝*Lyophyllum* 草土菌属、*Calocybe* 丽杯伞属、*Hypsizygus* 高接合伞属、*Lyophyllopsis* 拟离褶伞属、*Lyophyllum* 离褶伞属、*Nyctalis* 菌寄生属、*Ossicaulis* 骨柄菌属、*Sinotermitomyces* 华蚁巢伞属、*Tephrocybe* 软白头菇属、*Termitomyces* 蚁巢伞属。

(19)Marasmiaceae 小皮伞科

包括的属有：*Amyloflagellula* 粉毛伞属、*Anastrophella* 直褶菌属、*Anthracophyllum* 炭褶菌属、*Aphyllotus* 无褶菌属、*Baeospora* 小孢属、*Calathella* 笼菇属、*Calyptella* 杯革菌属、*Campanella* 钟片菌属、*Cantharellopsis* ＝ *Gerronema* 拟鸡油菌属、*Caripia* 卡日披菌属、*Cephaloscypha* 头被菌属、*Chaetocalathus* 毛筐菌属、*Clitocybula* 小杯伞属、*Crinipellis* 毛皮伞菌属、*Cymatella* 芽伞属、*Cymatellopsis* 拟芽伞属、*Dactylosporina* 指孢伞属、*Deigloria* 德革伞属、*Epicnaphus* 圆头皮伞属、*Fissolimbus* 裂缘菌属、*Gerronema* 老伞属、*Glabrocyphella* 灰绿挂钟菌属、*Gymnopus* 裸菇属、*Henningsomyces* Kuntze 亨宁小伞属、*Hispidocalyptella* 赫斯皮达杯革菌属、*Hydropus* 水伞属、*Hymenogloea* 黏层伞属、*Lachnella* Fr. 毛盖伞属、*Lactocollybia* 乳金钱菌属、*Lampteromyces* 亮耳菌属、*Lecanocybe* 盆盖伞属、*Lentinula* 微香菇属、*Macrocystidia* 似大囊伞属、*Macrocystis* 大囊伞属、*Manuripia* 马努日菌属、*Marasmiellus* 微皮伞属、*Marasmius* 皮伞属、*Megacollybia* 大金钱菇属、*Metulocyphella* 心瘤伞属、*Micromphale* 微脐菇属、*Neonothopanus* 新假革菌属、*Nochascypha*、

Nothopanus 假革菌属、*Omphalotus* 光茸菌属、*Phaeodepas* 褐光菇属、*Pleurocybella* 侧伞属、*Pterospora* 翼孢菌属、*Rectipilus* 褶柄菌属、*Rhodocollybia* 红金钱菌属、*Setulipes* 细毛伞菌属、*Skepperiella* 小开帕格伞属、*Stipitocyphella* 刺挂钟菌属、*Stromatocyphella* 座盘挂钟菌属、*Tetrapyrgos* 四核菌属、*Trogia* 沟褶菌属。

(20)Mycenaceae 小伞科

包括的属有：*Dictyopanus* 网孔革菌属、*Favolaschia* 胶褶伞属、*Filoboletus* 丝牛肝菌属、*Flabellimycena* 扇小菇属、*Heimiomyces* 艾米小姑属、*Hemimycena* 半小伞属、*Hiatula* 缝裂伞属、*Mycena* 小菇属、*Panellus* 伞菇属、*Resinomycena* 树脂小菇属、*Tectella* 幕盖菇属、*Xeromphalina* 干脐菇属。

(21)Niaceae 尼阿菌科

包括的属有：*Cyphellopsis* 拟挂钟菌属、*Flagelloscypha* 须状菌属、*Maireina* 买瑞菌属、*Merismodes* 美瑞丝菌属、*Nia* 尼阿菌属、*Woldmaria* 荒原伞属。

(22)Phelloriniaceae 歧裂灰包菌科：2 属，2 种

Phellorinia 歧裂灰包属、*Dictyocephalos* 网格歧裂灰包属。

(23)Physalacriaceae 膨瑚菌科

包括的属有：*Armillaria* 蜜环菌属、*Cylindrobasidium* 柱担菌属、*Cyptotrama* 弯褶菌属、*Flammulina* 火焰菇属、*Oudemansiella* 小奥德蘑属、*Physalacria* 膨瑚菌属、*Rhodotus* 红菌属、*Strobilurus* 松果伞属、*Xerula* 干菇属。

(24)Pleurotaceae 侧耳科

包括的属有：*Agaricochaete* 刺毛伞菌属、*Cantharocybe* 蝇头菌属、*Hohenbuehelia* 亚侧耳属、*Pleurotus* 侧耳属。

(25)Pluteaceae 光柄菇科

包括的属有：*Chamaeota* 矮菇属、*Hyporrhodius* 下菇属、*Pluteus* 光柄菇属、*Volvariella* 草菇属、小包脚菇属。

(26)Psathyrellaceae 脆柄菇科

包括的属有：*Cystoagaricus* 囊盖伞属、*Gasteroagaricoides* 腹伞菌属、*Lacrymaria* 滴泪珠伞属、*Macrometrula* 大心菌属、*Mythicomyces*、*Psathyrella* 小脆柄菇属、*Rhacophyllus* 羽褶伞属、*Coprinellus* 小鬼伞、*Coprinopsis* 拟鬼伞属、*Parasola* 近地伞属。

(27)Pterulaceae 羽瑚菌科

包括的属有：*Actiniceps* 射瑚菌属、*Adustomyces* 焦黑瑚菌属、*Allantula* 短肠菌属、*Aphanobasidium* 隐担子菌属、*Chaetotyphula* 刺蒲瑚菌属、*Coronicium* 冠头瑚菌属、*Deflexula* 龙爪菌属、*Merulicium* 干瑚菌属、*Parapterulicium* 假羽瑚菌属、*Pterula* 羽瑚菌属、龙须菌属、*Pterulicium* 羽囊菌属、*Radulomyces* 根生瑚菌属、*Wiesnerina* 维氏瑚菌属。

(28)Schizophyllaceae 裂褶菌科

Auriculariopsis 拟木耳属、*Schizophyllum* 裂褶菌属。

(29)Stephanosporaceae 冠孢伞科

包括的属有：*Cristinia*、*Lindtneria* 林氏菇属、*Mycolindtneria* 平滑林氏菌属、*Stephanospora* 冠孢伞属。

(30)Strophariaceae 球盖菇科

包括的属有：*Agrocybe* 环锈伞属、田头菇属、*Brauniella*、*Flammula* 木菇属、*Galerina* 盔孢菌属、*Gymnopilus* 裸伞属、*Hebeloma* 黏滑菇属、*Hebelomina* 小黏滑菇属、*Hymenogaster* 层腹伞属、*Hypholoma* 垂幕菇属、*Leratiomyces* 乐氏菌属、*Naematoloma* 沿丝伞属、*Naucoria* 船革伞属、*Nivatogastrium* 雪白腹菌属、*Pachylepyrium* 厚褶伞属、*Pholiota* 鳞伞属、锈伞属、*Pseudogymnopilus* 假裸伞属、*Psilocybe*(Fr.) P. Kumm. 裸盖伞属、*Stagnicola* 立寄生菌属、*Stropharia* 球盖菇属、*Weraroa* 维拉伞属。

(31)Tapinellaceae 塔氏菌科

Pseudomerulius 假梅氏伞属、*Tapinella* 塔氏菌属。

(32)Tricholomataceae 口蘑科

包括的属有：*Aeruginospora* 铜绿孢菌属、*Amparoina*、*Arrhenia* 健孔菌属、*Arthrosporella* 小节孢菌属、*Asproinocybe* 粗糙丝盖伞属、*Austroclitocybe* 南方杯伞属、*Austroomphaliaster* 南方星脐菇属、*Callistodermatium* 丽皮菌属、*Callistosporium* 丽孢菌属、*Cantharellula* 小鸡油菌属、荷叶蘑属、*Catathelasma* 乳头蘑属、*Caulorhiza* 根柄菌属、*Clavomphalia* 棒脐菇属、*Clitocybe* 杯伞属、*Collybia* 金钱菇属、金钱菌属、*Conchomyces* 贝壳菌属、*Cynema* 狗牙齿菌属、*Cyphellocalathus* 笼头挂钟菌属、*Delicatula*、*Dendrocollybia* 树枝金钱菌属、*Dennisiomyces* 邓氏菌属、*Dermoloma* 批蘑属、*Fayodia* 发伞菌属、*Gamundia* 高缪伞属、*Haasiella* 哈氏伞菌属、*Hygroaster* 湿星伞属、*Lepista* 晶蘑属、*Leucocortinarius* 白丝膜菌属、*Leucoinocybe* 白丝盖伞属、*Leucopaxillus* 白桩菇属、*Leucopholiota* 白鳞伞属、*Lulesia*、*Melanoleuca* 铦蘑属、*Melanomphalia* 黑脐菇属、*My-*

cenella 微小菇属、*Mycoalvimia* 蜡黄伞属、*Myxomphalia* 黏脐菇属、*Neoclitocybe* 新杯伞属、*Omphaliaster* 星形脐菇属、*Omphalina* 亚脐菇属、*Palaeocephala* 璞盖伞属、*Peglerochaete* 配氏刺毛菌属、*Pegleromyces* 配氏菌属、*Phaeomycena* 褐小菇属、*Phyllotopsis* 拟褶伞属、*Physocystidium* 泡弯伞属、*Pleurella* 侧肋伞属、*Pleurocollybia* 侧金钱菌属、*Porpoloma* 波缘伞菌属、*Pseudoarmillariella* 假小蜜环菌属、*Pseudobaeospora* 假小孢伞属、*Pseudoclitocybe* 假杯伞属、*Pseudohiatula* 假缝裂伞属、*Pseudohygrophorus* 假蜡伞属、*Pseudolasiobolus* 假毛盖伞属、*Pseudoomphalina* 假亚脐菇属、*Resupinatus* 黑轮伞属、*Rimbachia* 瑞巴奇伞属、*Ripartites* 瑞帕提伞属、*Squamanita* 鳞鹅膏菌属、*Stanglomyces* 斯坦格伞菌属、*Stigmatolemma* 刺皮伞属、*Tricholoma* 口蘑属、*Tricholomopsis* 拟口蘑属、*Tricholosporum* 毛孢口蘑属。

(33)Typhulaceae 香蒲伞科

包括的属有：*Lutypha*、*Macrotyphula* 大香蒲菌属、*Pistillaria* Fr. 仙杖菌属、*Pistillina* 杵菌属、*Typhula* 香蒲伞属。

科未划定的属：

Amogaster 无形腹菌属、*Anellaria* 小环菇属、*Macrolepiota* 高大环柄菇属、*Melanophyllum* 黑伞属、*Metraria* 树心伞属、*Metrodia* 空心伞属、*Micropsalliota* 小环菇属、*Montagnea* 蒙塔菇属、*Neotholepiota* 新假环柄菇属、*Panaeolina* 疣孢斑褶菇属、*Panaeolopsis* 拟斑褶菇属、*Panaeolus* 斑褶菇属、花褶伞属、*Panaeopholiota* 拟鳞伞属、*Phaeogalera* 褐盔孢菌属、*Phaeomarasmius* 褐皮伞属、*Phlebonema* 脉线菌属、*Phyllogaster* 叶褶腹菌属、*Pleurotellus* 小侧耳属、*Plicatura* 折伞菌属、*Plicaturopsis* 拟折伞菌属、*Podaxis* 轴灰包属、*Podostrombium* 肉棒瑚菌属、*Pseudoauricularia* 假木耳属、*Rugosospora* 皱纹孢属、*Schinzinia* 肖乳香伞属、*Secotium* 裂伞属、灰菇包属、*Singerina* 辛格伞菌属、*Smithiogaster* 斯密斯腹菌属、*Smithiomyces* 斯密斯伞菌属、*Termiticola* 白蚁伞属、*Verrucospora* 疣孢属、*Xanthagaricus* 黄伞菌属。

Order 2 Atheliales 艾塞里亚菌目

Atheliaceae 艾塞里亚菌科，22 属，106 种。

该科的属有：*Amphinema* 粗毛革菌属、*Athelia* 艾塞利亚菌属、*Athelicium* 艾塞利亚伞属、*Athelidium* 小艾塞利亚菌属、*Athelopsis* 拟艾塞利亚菌属、*Butlerelfia*、*Byssocorticium* 棉状伏革菌属、*Byssoporia* 棉状孔菌属、*Digitatispora* 手指孢属、*Elaphocephala* 鹿角菌属、*Fibulomyces* 纤维菌属、*Hypochnella* 小下毛菌属、*Hypochniciellum* 微小下毛菌属、*Leptosporomyces* 薄孢菌属、*Lobuliciu* 裂片菌属、*Melzericium* 梅氏菌属、*Mycostigma* 刺菌属、*Piloderma* 毛皮菌属、*Pteridomyces* 牙蕨菌属、*Tylospora* 硬瘤孢菌属。

Order 3 Boletales 牛肝菌目

有 17 科，96 属，1 316 个种。

(1)Boletaceae 牛肝菌科

该科的属有：*Afroboletus* 非洲牛肝菌属、*Aureoboletus* 金牛肝菌属、*Austroboletus* 南方牛肝菌属、*Boletellus* 牛肝菌属、*Boletochaete* 刺毛牛肝菌属、*Boletus* Fr. 牛肝菌属、*Buchwaldoboletus* 布奇瓦德牛肝菌属、*Chalciporus* 刺孢牛肝菌属、*Chamonixia* 叶腹菌属、*Fistulinella* 小牛舌菌属、*Gastroboletus* 腹牛肝菌属、*Gastroleccinum* 腹疣柄牛肝菌属、*Gastrotylopilus* 腹瘤牛肝菌属、*Leccinum* 疣柄牛肝菌属、*Mycoamaranthus* 黄色牛肝菌属、*Octaviania* 球孢腹菌属、*Paxillogaster* 桩菇腹菌属、*Phylloboletellus* 小褶牛肝菌属、*Phyllobolites* 褶牛肝菌属、*Phylloporus* 褶孔牛肝菌属、*Pulveroboletus* 粉牛肝菌属、*Rhodactina* 红牛肝菌属、*Royoungia* 若杨牛肝菌属、*Rubinoboletus* 变红牛肝菌属、*Setogyroporus* 多毛圆孔牛肝菌属、*Singeromyces* 辛格牛肝菌属、*Sinoboletus* 华牛肝菌属、*Strobilomyces* 松塔牛肝菌属、*Tubosaeta* 刺管牛肝菌属、*Tylopilus* 瘤孢牛肝菌属、粉孢牛肝菌属、*Veloporphyrellus* 肿牛肝菌属、*Wakefieldia* Corner & Hawker 瓦氏牛肝菌属、*Xanthoconium* 金孢牛肝菌属、*Xerocomus* 绒盖牛肝菌属。

(2)Boletinellaceae 条孢牛肝菌科

Boletinellus 褶孔牛肝菌属、条孢牛肝菌属、*Phlebopus* 脉牛肝菌属。

(3)Calostomataceae 丽口包科

Calostoma 丽口包属。

(4)Coniophoraceae 粉盖牛肝菌科

Chrysoconia 金色蘑属、*Coniophora* 粉盖牛肝菌属、*Gyrodontium* 圆齿牛肝菌属。

(5)Diplocystaceae 二圆孢牛肝菌科

Astraeus 硬皮地星属、*Diplocystis* 二圆孢牛肝菌属、*Tremellogaster* 腹菌银耳属。

(6) Gasterellaceae 小腹菌科

Gasterella 小腹菌属。

(7)Gastrosporiaceae 腹孢菌科

Gastrosporium 腹孢菌属。

(8)Gomphidiaceae 铆钉菇科

Brauniellula、*Chroogomphus* 金色铆钉菇属、*Cystogomphus* 囊铆钉菇属、*Gomphidius* 似铆钉

菇属、*Gomphogaster* 铆钉腹菌属。

(9)Gyroporaceae 圆孢牛肝菌科

Gyroporus 圆孢牛肝菌属。

(10)Hygrophoropsidaceae 拟蜡伞科

Hygrophoropsis 拟蜡伞属、*Leucogyrophana* 白圆柱菌属。

(11)Paxillaceae 桩菇科

Alpova 光腹菌属、根腹菌属、*Austrogaster* 南方腹菌属、*Gyrodon* 圆孢菌属、*Meiorganum* 小桩菇属、*Melanogaster* 黑腹菌属、*Paragyrodon* 假环牛肝菌属、*Paxillus* 桩菇属、网褶菌属。

(12)Protogastraceae 原腹菌科

Protogaster 原腹菌属。

(13)Rhizopogonaceae 须腹菌科

Fevansia、*Rhizopogon* 络丸菌属、须腹菌属、*Rhopalogaster* 棍棒腹菌属

(14)Sclerodermataceae 硬皮马勃科

Favillea 细巢菌属、*Horakiella* 赫拉克菌属、*Pisolithus* 豆马勃属、*Scleroderma* 硬皮马勃属、*Sclerogaster* 硬皮腹菌属。

(15)Serpulaceae 蛇革菌

Austropaxillus 南方桩菇属、*Gymnopaxillus* 裸桩菇属、*Gyrophana* 圆炷菌属、*Neopaxillus* 新桩菇属、*Serpula* 蛇革菌属。

(16)Suillaceae 乳牛肝菌科

Fuscoboletinus 褐孔牛肝菌属、*Psiloboletinus* 裸牛肝菌属、*Suillus* Gray 乳牛肝菌属、*Truncocolumella* 小畸柱菌属、*Boletinus* 假牛肝菌属。

科的地位未划定的属

Coniophoropsis 拟粉盖牛肝菌属、*Corneromyces* 小角牛肝菌属、*Hoehnelogaster* 赫氏腹菌属、*Jaapia* Bres. 加皮牛肝菌、*Marthanella* 马氏.牛肝菌属、*Phaeoradulum* 褐色辐管菌属。

2. Phallomycetidae 鬼笔亚门

包括 Geastrales 地星目、Gomphales 钉菇目、Hysterangiales 辐片包菌目、Phallales 鬼笔目。

Order 4 Geastrales 地星目

Geastraceae 地星科

Geasteroides 齿地星属、*Geastrum* 地星属、*Myriostoma* 多口地星属、*Nidulariopsis* 拟鸟巢菌属、*Phialastrum* 杯垫菌属、*Pyrenogaster* 褐腹菌属、*Radiigera* 射腹菌属、*Schenella*、*Sphaerobolus* 弹球菌属、*Trichaster* 毛地星属。

Order 5 Gomphales 钉菇目

(1)Clavariadelphaceae 棒珊瑚菌科

Clavariadelphus 棒珊瑚菌属、*Beenakia* 贝纳克菌属。

(2)Gomphaceae 钉菇科

Araeocoryne、*Austrogautieria* 南方丽伞属、*Ceratellopsis* 拟小角菌属、*Delentaria*、*Destuntzia*、*Gautieria* 高腹菌属、*Gloeocantharellus* 黏鸡油菌属、*Gomphus*(Pers.)Pers. 钉菇属、*Protogautieria* 原高提菌属、*Pseudogomphus* 假钉菇属、*Ramaria* Fr. ex Bonord 枝瑚菌属、*Ramaricium* 小枝瑚菌属、*Terenodon* 柱齿菌属。

(3)Lentariaceae 木瑚菌科

Lentaria 木瑚菌属。

Order 6 Hysterangiales 辐片包菌目

(1)Gallaceaceae

Gallacea 高拉鬼笔属、*Hallingea* 哈林鬼笔属。

(2)Hysterangiaceae 腹片包科

Aroramyces、*Boninogaster* 美腹菌属、*Circulocolumella* 圆柱菌属、*Clathrogaster* 笼头腹菌属、*Hysterangium* 腹片包属、*Phallobata* 巴塔鬼笔属。

(3)Mesophelliaceae 中褶菌科

Andebbia 安德菌属、*Castoreum* 洁马勃属、*Gummiglobus* 树黏小球菌属、*Malajczukia* 马拉杰祖克菌属、*Mesophellia* 中褶菌属、*Nothocastoreum* 假洁菇属。

(4)Phallogastraceae 腹鬼笔菌科

Phallogaster 腹鬼笔菌属。

(5)Trappraceae 菱角鬼笔科

Trappea 菱角鬼笔属。

Order 7 Phallales 鬼笔目

2fam,26 属,88 个种

(1)Claustulaceae 小偏脚菇科

Claustula 小偏脚菇属、*Gelopellis* 胶皮菌属、*Kjeldsenia* 杰氏鬼笔属、*Phlebogaster* 腹射脉菌属。

(2)Phallaceae 鬼笔科,21 属,77 个种。

Anthurus 尾花菌属、*Aporophallus* 可疑鬼笔属、*Aseroë* 星头菌属、星头鬼笔属、*Blumenavia* 纳菇属、*Calvarula* 小马勃属、*Clathrus* 笼头菌属、*Colus* 蛇头菌属、*Dictyophora* = *Phallus* 竹荪菌属、*Echinophallus* 刺球鬼笔属、*Endoclathrus* 内笼头菌属、*Endophallus* 内鬼笔属、*Floccomutinus* 毛头蛇头菌属、*Ileodictyon* 栎果菌属、*Itajahya* 埃塔加亚鬼笔属、*Kobayasia* 小林块腹菌属、*Laternea* 侧柄鬼笔属、*Ligiella* 利氏菌属、*Linderia* 林氏鬼笔属、*Lysurus* 散尾鬼笔属、*Mutinus* 蛇头菌属、*Neolysurs* 新散尾菌属、*Phallus* 鬼笔属、*Protubera* 原块腹菌属、*Protuberella* 小原块鬼笔属、

Pseudoclathrus 假笼头菌属、*Pseudocolus* 假胶鬼笔属、三叉鬼笔属、*Simblum* 柄笼头菌属、*Staheliomyces* 豆鬼笔属、*Staurophallus* 十字鬼笔属。

3. 亚门未划定的目

亚门未划定的目：Auriculariales 木耳目、Cantharellales 鸡油菌目、Corticiales 伏革菌目、Gloeophyllales 黏褶菌目、Hymenochaetales 刺革菌目、Polyporales 多孔菌目、Russulales 红菇目、Sebacinales 蜡壳菌目、Thelephorales 革菌目、Trechisporales 糙孢伏革菌目。

Order 8 Auriculariales 木耳目

1 科，32 属，198 个种

Auriculariaceae 木耳科

Auricularia 木耳属、*Eichleriella* 盘革耳属、*Exidia* 黑耳属、*Exidiopsis* 拟黑耳属、*Fibulosebacea* 丝蜡耳属、*Heterochaete* 刺皮耳属、*Tremellochaete* 胶刺银耳属。

木耳目中科未划定的属：*Basidiodendron* 树枝担菌属、*Bourdotia* 波多耳属、*Ceratosebacina* 角管菌属、*Ductifera* 德克耳属、*Elmerina* 厄美菌属、*Endoperplexa* 内乱耳属、*Heteroacanthella* 异耳属、*Heteroscypha* 异杯耳属、*Metabourdotia* 后生耳属、*Microsebacina* 微蜡壳菌属、*Monosporonella* = *Oliveonia* 小独孔菌属、*Patouillardina* Bres.、*Phlogiotis* 焰耳属、*Protohydnum* 原齿耳属、*Protomerulius* 原梅氏耳属、*Protoradulum* 原根耳属、*Pseudohydnum* P. Karst. 假齿耳属、虎掌菌属、*Renatobasidium* 再生担子菌属、*Serendipita* 肉丝耳属、*Stypella* 柄耳属、*Tremellacantha* 鸡油菌状银耳属、*Tremellodendropsis* 拟树生银耳属、*Tremiscus* 别银耳属。

Order 9 Cantharellales 鸡油菌目

有 7 科，38 属，544 个种。

(1)Aphelariaceae 滑瑚菌科

Aphelaria 滑瑚菌属、*Phaeoaphelaria* 暗色滑瑚菌属、*Tumidapexus* 肿胀多毛菌属。

(2)Botryobasidiaceae 串担革菌科

Amaurodon 乌茸菌属、*Botryobasidium Donk* 串担革菌属、*Suillosporium* 乳孢菌属。

(3)Cantharellaceae 鸡油菌科

Cantharellus 鸡油菌属、*Craterellus* 喇叭菌属、*Goossensia* 戈氏菌属、*Parastereopsis* 假珊瑚菌属、*Pseudocraterellus* 假喇叭菌属、*Pterygellus* 小羽囊菌属。

(4)Ceratobasidiaceae 角担菌科

Ceratobasidium 角担菌属、*Oliveonia* 奥利瓦菌属、*Scotomyces* 暗色伞属、*Thanatephorus* 亡革菌属。

(5)Clavulinaceae 锁瑚菌科

Ceratella(Quél.)Bigeard & H. Guill. 小角菌属、*Clavulicium* 亚锁瑚菌属、*Clavulina* 锁瑚菌属、*Membranomyces* 美氏菌属、*Multiclavula* 多枝瑚菌属。

(6)Tulasnellaceae 胶膜菌科

Pseudotulasnella 假胶膜伞属、*Tulasnella* 胶膜菌属。

Order 10 Corticiales 伏革菌目

有 1 科，29 属，136 个种。

Corticiaceae 伏革菌科

Acantholichen 刺壁革菌属、*Ambivina* 细脉菌属、*Amylobasidium* 粉担菌属、*Corticirama* 冠头革菌属、*Corticium* Pers. 伏革菌属、*Cytidia* 脉革菌属、*Dendrocorticium* 树枝伏革菌属、*Dendrodontia* 树枝齿菌属、*Dendrophysellum* 树泡革菌属、*Dendrothele* 树头革菌属、*Erythricium* 赤色菌属、*Galzinia* 高氏菌属、*Laetisaria* 绚栓菌属、*Licrostroma* 白垫菌属、*Limonomyces* 沼泽菌属、*Marchandiomphalina*、*Melzerodontia* 梅氏齿菌属、*Mutatoderma* 变色革菌属、*Nothocorticium* 假伏革菌属、*Papyrodiscus* 纸革菌属、*Punctularia* 斑点革菌属、*Ripexicium* 瑞佩克斯革菌属、*Vuilleminia* 戊氏革菌属、*Waitea* 崴特革菌属。

Order 11 Gloeophyllales 黏褶菌目

1 科，8 属，33 个种。

Gloeophyllaceae 黏褶菌科

Boreostereum 北方韧革菌属、*Chaetodermella* 小毛刺菌属、*Gloeophyllum* 黏褶菌属、*Mycobonia* 美色菌属、*Mycothele* 乳头菇属、*Osmoporus* 香孔菌属、*Veluticeps* 绒柄菌属。

Order 12 Hymenochaetales 刺革菌目

2 科，48 属，610 个种。

(1)Hymenochaetaceae 刺革菌科

Asterodon 星伞属、*Aurificaria* 金果属、*Botryodontia* 串齿菌属、*Clavariachaete* 刺珊瑚菌属、*Coltricia* 集毛菌属、钹孔菌属、*Coltriciella* 小集毛菌属、小钹孔菌属、*Cyclomyces* 针环褶孔菌属、环褶孔菌属、*Cycloporus* 杯孔菌属、*Erythromyces* 赤色革菌属、*Fomitiporia* 嗜兰孢孔属、*Hydnochaete* Bress. 毛齿菌属、*Hymenochaete* 刺革菌属、*Inocutis* 核针孔菌属、*Inonotus* 针孔菌属、纤孔菌属、*Onnia* 昂氏菌属、*Phellinidium* 小木层孔菌属、*Phellinus* 木层孔菌素、针层孔菌属、*Phylloporia* 叶孔菌属、*Pseudochaete* 假刺革菌属、*Pyropol-*

yporus 褐多孔菌属、*Pyrrhoderma* 火色皮孔菌属。

(2)Schizoporaceae 裂孔菌科

Basidioradulum 辐担菌属、*Echinoporia* 刺球孔菌属、*Hyphodontia* 幕管菌属、*Leucophellinus* 白木层孔菌属、*Paratrichaptum* 假毛珊瑚菌属、*Poriodontia* 卧孔齿菌属、*Rogersella* 小若良菌属、*Schizoprora* 裂孔菌属、*Xylodon* 木菇属。

科的地位未划定的属

Atheloderma 艾塞利亚菇属、*Fibricium* 纤孔菌属、*Physodontia* 泡齿菌属。

Order 13 Polyporales 多孔菌目

13 科，216 属，1 801个种。

(1)Cystostereaceae 囊韧革菌科

Cericium 蜡质菌属、*Crustomyces* 十字孔菌属、*Cystidiodontia* 双囊齿菌属、*Cystostereum* 囊韧革菌属、*Parvobasidium* 小担菌属。

(2)Fomitopsidaceae 拟层孔菌科

Anomoporia 变孔菌属、*Antrodia* 薄孔菌属、*Auriporia* 耳孔菌属、*Buglossoporus* 紫草孔菌属、*Climacocystis* 顶囊孔菌属、*Dacryobolus* 泪珠孔菌属、*Daedalea* 迷孔菌属、*Donkioporia* 董克孔菌属、*Fomitella* 小层孔菌属、*Fomitopsis* 拟层孔菌属、*Ischnoderma* 薄皮孔菌属、*Laetiporus* 硫黄菌属、绚孔菌属、*Lasiochlaena* 毛盖孔菌属、*Neolentiporus* 新香菇孔菌属、*Nigrofomes* 黑层孔菌属、*Nigroporus* 黑孔菌属、*Osteina* 硬质菌属、*Parmastomyces* 帕氏孔菌属、*Phaeolus* 褐暗孔菌属、*Phaeotrametes* 褐栓菌属、*Piptoporus* 剥管菌属、滴孔菌属、*Postia* 陂氏孔菌属、*Pycnoporellus* 小密孔菌属、*Pycnoporus* 密孔菌属。

(3)Ganodermataceae 灵芝科

Amauroderma 乌芝属、*Elfvingia* 扁芝属、*Ganoderma* 灵芝属、*Haddowia* 鸡冠孢芝属、*Humphreya* 地伞属。

(4)Grammotheleaceae 线乳头孔菌科

Theleporus 革孔菌属。

(5)Limnoperdaceae 沼生灰包菌科

Limnoperdon 沼生灰包菌属。

(6)Meripilaceae 节毛菌科

Grifola 奇果菌属、树花菌属、*Henningsia* 亨氏菇属、*Hydnopolyporus* 齿多孔菌属、*Meripilus* 节毛菌属、*Physisporinus* 泡孢菌属、*Porotheleum* 乳头孔菌属、*Rigidoporus* 硬孔菌属。

(7)Meruliaceae 干朽菌科

Abortiporus 残孔菌属、*Acia* 缘齿菌属、*Amaurohydnum* 乌齿菌属、*Amauromyces* 乌菌属、*Aquascypha* 水杯菌属、*Bjerkandera* 烟管菌属、*Bulbillomyces* 球状菌属、*Cerocorticium* 角伏革菌属、*Chaetoporus* 刺毛孔菌属、*Chrysoderma* 金色菌属、*Cladoderris* 皱革菌属、*Clastoderma* 碎皮菌属、*Columnodontia* 柱状齿菌属、*Conohypha* 粉幕菌属、*Coralloderma* 珊瑚革菌属、*Crustoderma* 十字革属、*Cyanodontia* 蓝齿菌属、*Cymatoderma* 波边革菌属、*Diacanthodes* 重次菌属、*Flaviporus* 黄孔菌属、*Gelatoporia* 麻孔菌属、*Gloeoporus* 黏孔菌属、*Gyrophanopsis* 拟圆柱菌属、*Hyphoderma* Wallr. 幕革菌属、*Hyphodontiastra* 幕管星菌属、*Hypochnicium* 下毛菌属、*Irpex* 耙齿菌属、*Junghuhnia* 松氏菌属、*Lamelloporus* 片孔菌属、*Merulius* 干朽菌属、*Mycoacia* 尖菌属、*Mycoaciella* 小尖菌属、*Mycoleptodonoides* 类小齿菌属、*Oxydontia* 锐齿菌属、*Phlebia* 射脉菌属、*Pirex* 梨形菌属、*Podoscypha* 柄杯菌属、*Radulodon* 根生齿菌属、*Sarcodonitia* 类齿菌属、*Scopuloides* 光岩菌属、*Steccherinum* 齿耳属、*Stegiacantha* 盖鸡油菌属、*Stereopsis* 拟韧革菌属、*Uncobasidium* 钩担菌属。

(8)Phanerochaetaceae 显毛菌科

Amethicium 紫色菌属、*Antrodiella* 小薄孔菌属、*Australohydnum* 南方齿菌属、*Byssomerulius* 棉状干朽菌属、*Candelabrochaete* 黄刺毛菌属、*Ceriporia* 蜡卧孔菌属、*Ceriporiopsis* 拟蜡卧孔菌属、*Climacodon* 肉齿菌属、*Hyphodermella* 小幕革菌属、*Inflatostereum* 纤扇韧革菌属、*Meruliopsis* 拟干朽菌属、*Phanerochaete* 显毛菌属、*Phlebiopsis* 拟射脉菌属、*Porostereum* 孔韧革菌属、*Pulcherricium* = *Terana* 极美革菌属、*Terana* 软孔菌属。

(9)Polyporaceae 多孔菌科

Abundisporus 多孢孔菌属、*Amyloporia* 粉孔菌属、*Amyloporiella* 小分孔菌属、*Aurantiporus* 深黄孔菌属、*Australoporus* 南方孔菌属、*Austrolentinus* 南方香菇属、*Castanoporus* 粟孔菌属、*Cerrena* 齿毛属、下皮黑孔菌属、*Cinereomyces* 灰色伞属、*Coriolopsis* 拟革盖菌属、*Cryptomphalina* 隐脐孔菌属、*Cryptoporus* 隐孔菌属、*Cystidiophorus* 双囊孔菌属、*Daedaleopsis* 拟迷孔菌属、*Datronia* 达氏菌属、*Dentocorticium* 微小伏革菌属、*Dichomitus* 叉丝菌属、*Diplomitoporus* 二孢孔菌属、*Earliella* 春孔菌属、*Echinochaete* 刺毛球孔菌属、*Epithele* 乳头伞属、*Epithelopsis* 拟乳头伞属、*Faerberia*、*Favolus* P. Beauv. 大孔菌属、棱孔菌属、*Fibroporia* 线卧孔菌属、*Flabellophora* 小扇孔菌属、*Fomes* 层孔菌属、*Funalia* 毛栓孔菌属、

Fuscocerrena 毛齿孔菌属、*Globifomes* 小球层孔菌属、*Grammothele* 线乳头孔菌属、*Grammothelopsis* 拟线乳头孔菌属、*Hapalopilus* 彩色孔菌属、*Haploporus* Bondartesv & Singer 全缘孔菌属、*Heliocybe* 卷孔菌属、*Hexagonia* Fr. 蜂窝孔菌属、*Hirschioporus* 囊孔菌属、*Hymenogramme* 膜纹孔菌属、*Laccocephalum*、*Lentinus* 香菇属、斗菇属、*Lenzites* 褶孔菌属、革裥菌属、*Leptoporus* 薄孔菌属、*Lignosus* 木生孔菌属、*Lloydella* 笋革菌属、*Lopharia* 齿脉菌属、*Loweporus* 劳氏孔菌属、*Macrohyporia* 茯苓孔菌属、*Megasporoporia* 大孢孔菌属、*Microporellus* 小微孔菌属、*Microporus* 微孔菌属、*Mollicarpus* 软盖菌属、*Navisporus* 船形孢属、*Neolentinus* 新香菇属、*Oligoporus* 小孔菌属、*Pachykytospora* 厚孢孔菌属、*Panus* 革菌属、革耳属、*Perenniporia* 多年生卧孔菌属、*Podofomes* 有柄层孔菌属、*Polyporellus* 小多孔菌属、*Polyporus* Fr. 多孔菌属、*Poria* 卧孔菌属、茯苓菌属、*Porogramme* 线孔菌属、*Poronidulus* 孔鸟巢菌属、*Pseudofavolus* 假棱孔菌属、假大孔菌属、*Pseudopiptoporus* 假剥管菌属、*Pyrofomes* 火焰层孔菌属、*Royoporus* 若氏孔菌属、*Ryvardenia* 瑞瓦齿孔菌属、*Skeletocutis* 硬皮孔菌属、*Skeletohydnum* 硬皮齿菌属、*Sparsitubus* 管绣球菌属、*Spongioides* 绵孔菌属、*Spongipellis* 毡被孔菌属、*Stiptophyllum* 刺褶孔菌属、*Tinctoporellus* 小着色孔菌属、*Trametes* 栓菌属、*Trichaptum* 近毛菌属、*Tyromyces* 干酪菌属、*Vanderbylia* 万氏寄生革菌属、*Wolfiporia* 茯苓多孔菌属、*Xerotus* 干孔菌属、*Melanoporia* 灰黑孔菌属、*Taiwanofungus* 牛樟芝属。

(10)Sparassidaceae 绣球菌科

Sparassiella 小绣球菌属、*Sparassis* 绣球菌属。

(11)Steccherinaceae=Meruliaceae

(12)Tubulicrinaceae

Tubulicrinis 筒毛革菌属。

(13)Xenasmataceae 赞氏菌科

Clitopilina 杯帽孔属、*Xenasmatella* 小赞氏菌属、*Xenasma* 赞氏菌属、*Xenosperma* 异孢菌属。

Order 14 Russulales 红菇目

12 科,80 属,1 767 个种。

(1)Albatrellaceae 地花菌科

该科的属有:*Albatrellopsis* 拟地花菌属、白孔菌属、*Albatrellus* 地花菌属、*Corditubera* 珂氏块菌属、*Jahnoporus* 加氏多孔菌属、*Leucogaster* 白腹菌属、*Leucophleps* 白脉管菌属、*Mycolevis* 平滑菌属、*Polyporoletus* 多孔伞属、*Scutiger* 矩圆盾菌属。

(2)Amylostereaceae 粉韧革菌科

Amylostereum 粉韧革菌属。

(3)Auriscalpiaceae 耳匙菌科

Auriscalpium 耳匙菌属、*Clavicorona* 小冠瑚菌属、*Dentipratulum* 草生齿菌属、*Lentinellus* 小香菇属。

(4)Bondarzewiaceae 刺孢地花菌科

Amylaria 疣孢珊瑚菌属、*Amylonotus* 粉盖菌属、*Amylosporus* 粉孢菌属、*Bondarzawia* 刺孢地花菌属、*Gloiodon* 胶黏齿菌属、*Heterobasidion* 异担属、*Rigidoporopsis* 拟硬孔菌属、*Spiniger* 刺毛地花菌属、*Stecchericium* 柱齿菌属、*Wrightoporia* 平伏饰孢属。

(5)Echinodontiaceae 刺齿菌科

Echinodontium 刺齿菌属、*Laurilia* 绿菇属。

(6)Hericiaceae 猴头科

Creolophus、*Dentipellis* 微小齿菌属、*Hericium* Pes. 猴头属、*Laxitextum* 松肉菇属。

(7)Hybogasteraceae 块腹菌

Hybogaster 块腹菌属。

(8)Hydnaceae 齿菌科

Corallofungus 珊瑚齿菌属、*Cystidiodendron* 树生双囊菌属、*Dacrina* Fr.(1825)地胶齿菌属、*Dentinum* 小齿菌属、*Gloeomucro* 黏凸齿菌属、*Hydnum* 齿菌属、*Paullicorticium* 帕里伏革菌属、*Repetobasidiellum* 小满担菌属、*Sistotrema* Fr. 挫孔菌属。

(9)Lachnocladiaceae 茸瑚菌科

Asterostroma 星座菌属、*Dichantharellus* 岐鸡油菌属、*Dichopleuropus* 叉丝侧生菌属、*Dichostereum* 叉丝韧革菌属、*Lachnocladium* 茸瑚菌属、*Scytinostroma* 革垫菌属、*Stereofomes* 韧层孔菌属、*Vararia* 叉丝菌属。

(10)Peniophoraceae 笋伏革菌科

Amylofungus 粉菌属、*Dendrophora* 树生菌属、*Duportella* 杜氏菌属、*Entomocorticium* 粉褶丝幕菌属、*Gloiothele* 黏盖伞属、*Peniophora* 笋伏革菌属。

(11)Russulaceae 红菇科

Arcangeliella 小三角菌属、*Boidinia* 波迪菌属、*Cystangium* 囊褶菌属、*Dextrinocystis*、*Elasmomyces* 片腹菌属、*Gymnomyces* 裸腹菌属、*Lactarius* 乳菇属、*Macowanites* 红菇包属、*Martellia* 马特腹菌属、无索腹菌属、*Pseudoxenasma* 假赞氏菌属、*Russula* 红菇属、*Zelleromyces* 乳牛肝菌属。

(12)Stephanosporaceae 冠孢伞科

Cristinia、*Lindtneria* 林氏菇属、*Mycolindtneria* 平滑林氏菌属、*Stephanospora* 冠孢伞属。

(13)Stereaceae 韧革菌科

Acanthobasidium 刺担革菌属、*Acanthophysellum* 刺泡革菌属、*Acanthophysium* 刺囊菌属、*Aleurobotrys* 粉球革菌属、*Aleurocystidiellum* 小粉囊革菌属、*Aleurocystis* 粉囊革菌属、*Aleurodiscus* 盘革菌属、*Amylohyphus* 粉革菌属、*Amylosloromyces* 粉菇属、*Chaetoderma* 毛刺菌属、*Conferticiums* 密集牛肝菌属、*Coniophorafomes* 粉盖层孔菌属、*Dextrinocystidium*、*Gloeocystidiellum* 黏囊韧革菌属、*Gloeodontia* 黏齿革菌属、*Gloeomyces* 黏韧革菌属、*Scotoderma* 暗革菌属、*Stereum* 韧革菌属、*Xylobolus* 木球菌属。

Order 15 Sebacinales 蜡壳菌目

1 科，9 属，30 个种。

Sebacinaceae 蜡壳菌科

Craterocolla 杯红耳菌属、*Efibulobasidium* 不育担菌属、*Sebacina* 蜡壳菌属、*Tremellodendron* 树生银耳属、*Tremelloscypha* 杯银耳属、*Tremellostereum* 韧银耳属。

Order 16 Thelephorales 革菌目

2 科，18 属，269 个种。

(1)Bankeraceae 坂氏菌科

Bankera 坂氏菌属、*Boletopsis* Fayod. 拟牛肝菌属、*Hydnellum* P. Karst.（1879）亚齿菌属、*Phellodon* 栓齿菌属、*Sarcodon* 肉齿菌属。

(2)Thelephoraceae 革菌科

Botryobasidium Rick 串担革菌属、*Entolomina* 亚粉褶菌属、*Gymnoderma* Humb. 裸革菌属、*Hypochnopsis* 拟下毛菌属、*Lenzitopsis* 拟褶孔菌属、*Pleurobasidium* 侧担菌属、*Polyozellus* 乌茸菌属、*Pseudotomentella* 假绒毛菌属、*Skepperia* 开帕革菌属、*Thelephora* 革菌属、*Tomentella* Pat. 小垫革菌属、*Tomentellago* 伪小垫革菌属、*Tomentellopsis* 拟小垫革菌属。

Order 17 Trechisporales 糙孢伏革菌目

1 科，15 属 105 个种。

Hydnodontaceae 伪齿菌科

Brevicellicium 老豆菌属、*Dextrinodontia*、*Fibuloporia* 肋卧孔菌属、*Hydnodon* 伪齿菌属、*Litschauerella* 李氏菌属、*Luellia* 路氏菌属、*Sistotremastrum* 挫垫菌属、*Sistotremella* 挫银耳属、*Subulicystidium* 细锐囊皮菌属、*Trechispora* 糙孢革菌属、*Tubulicium* 筒毛菌属。

伞菌纲中亚纲、目、科的地位未划定的属：*Bridgeoporus* 桥孔菌属、*Cotylidia* 脐伞属、*Cyphellostereum* 挂钟韧革菌属、*Dacropsida*、*Dactyliporus* 泪孔菌属、*Intextomyces* 交织菌属、*Leifia* 平滑菌属、*Odonticium* 缘齿菌属、*Oxyporus* 锐孔菌属、*Repetobasidium* 满担菌属、*Resinicium* 树脂菌属、*Rickenella* 小瑞科伞属、*Skvortzovia*、*Timgrovea*。

(二)Dacrymycetes 花耳纲

花耳纲有 1 目，1 科，9 属，101 个种。

Order 18 Dacrymycetalea 花耳目

Dacrymycetaceae 花耳科

Calocera 胶角耳属、*Cerinomyces* 蜡色菌属、片花耳属、*Dacrymyces* 花耳属、*Dacryonaema* 泪丝耳属、*Dacryopinax* 假花耳属、*Dacryoscyphus* 泪花耳属、*Ditiola* Fr. 韧钉耳属、*Femsjonia* 胶杯菌属、*Guepiniopsis* 拟黏耳属、胶盘耳属、*Heterotextus* 异网耳属。

(三)Tremellomycetes 银耳纲

有 3 目，11 科，50 属，377 个种。包括 Cystofil-obasidiales 囊丝担子菌目、Filobasidiales 丝担子菌目、Tremellales 银耳目。

Order 19 Cystofilobasidiales 囊丝担子菌目

有 1 科，9 属，20 个种。

Cystofilobasidiaceae 纤囊担菌科

Cystofilobasidium 纤囊担菌属、*Mrakia* 马克耳属、*Xanthophyllomyces* 金褶耳属。

Order 20 Filobasidiales 丝担子菌目

1 科，1 属，4 个种。

Filobasidiaceae 丝担菌科

Filobasidium 丝担菌属。

Order 21 Tremellales 银耳目

9 科，38 属，个种。

(1)Carcinomycetaceae 藤黄耳科

Carcinomyces 藤黄耳属、*Christiansenia* 蝙蝠菌属、*Syzygospora* 连生孢菌属。

(2)Cuniculitremaceae

Cuniculitrema、*Sterigmatosporidium*。

(3)Hyaloriaceae 明木耳科

Hyaloria 明木耳属。

(4)Phragmoxenidiaceae 篱笆耳科

Phragmoxenidium 篱笆耳属。

(5)Rhynchogastremataceae 喙腹耳科

Rhynchogastrema 喙腹耳属。

(6)Sirobasidiaceae 链担菌科

Fibulobasidium 纤担菌属、*Sirobasidium* 链担菌属。

(7) Tetragoniomycetaceae 四角耳科

Tetragoniomyces 四角耳属。

(8) Tremellaceae 银耳科

Bulleromyces 大泡菌属、*Dictyotremella* 叉丝银耳属、*Holtermannia* 胶珊瑚属、*Neotremella* 新银耳属、*Sirotrema* 链洞耳属、*Tremella* Pers. 银耳属、*Trimorphomyces* 有毛耳属。

(9) Trichosporonaceae 刺孢耳科

Phyllopta 褶耳属、*Trichosporon* 刺孢耳属。

三、Pucciniomycotina 柄锈菌亚门

柄锈菌亚门 Pucciniomycotina 由 R. Bauer, Begerow, J. P. Samp, M. Weiss & Oberw. (2006) 建立，8 纲，18 目，36 科。

Class 1 Agaricostilbomycetes 伞型束梗孢菌纲

2 目，3 科，10 属，47 个种。

Agaricostilbales 伞型束梗孢菌目、Spiculogloeales 穗型霉菌目

Class 2 Atractiellomycetes 小纺锤菌纲

1 目，3 科，10 属，34 个种。

Atractiellales 小纺锤菌目

Phleogenaceae 锤耳科：*Phleogena* 锤耳属。

Class 3 Classiculomycetes 纲

1 目，1 科，2 属，2 个种。

Classiculales 目

Classiculaceae 科：*Classicula* 属

Class 4 Cryptomycocolacomycetes 隐菌寄生菌纲

1 目，1 科，2 属，2 个种

Cryptomycocolacales

Cryptomycocolacaceae 科：*Cryptomycocolax* 属。

Class 5 Cystobasidiomycetes 囊担子菌纲

3 目，3 科，7 属，14 个种，包括 Cystobasidiales 囊担子菌目、Erythrobasidiales 红担子菌目、Naohideales 目。

Class 6 Microbotryomycetes 小葡萄菌纲

4 目，4 科，25 属，208 个种。包括 Heterogastridiales 异腹菌目、Leucosporidiales 白锁掷孢酵母菌目、Microbotryales 小葡萄菌目。

Sporidiobolales 锁掷孢酵母菌目

Class 7 Mixiomycetes 混合菌纲

1 目，1 科，1 属，1 个种，包括 Mixiales 混合菌目。

Mixiaceae 混合菌科、*Mixia* 混合菌属。

Class 8 Pucciniomycetes 柄锈菌纲

有 5 目，21 科，190 属，8 016 个种，包括 Helicobasidiales 卷担子菌目、Pachnocybales、Platygloeales 泛胶耳菌目。

Platygloeaceae 泛胶耳科：Platygloea 泛胶耳属。

Pucciniales 柄锈菌目

Septobasidiales 隔担耳菌目。

四、Ustilaginomycotina 黑粉菌亚门

Ustilaginomycetes 黑粉菌纲

有 3 目，12 科，62 属，1 115 个种。包括 Urocystidiales 条黑粉菌目、Ustilaginales 黑粉菌目。

Ustilaginaceae 黑粉菌科：*Ustilago* 黑粉菌属，*Sporisorium* 坚轴黑粉菌。

Malasseziales

Exobasidiomycetes 外担菌纲

Exobasidiales 外担菌目

Exobasidiaceae 外担菌科：Exobasidium 外担菌属。

Entorrhizomycetes

Entorrhizales

Entorrhizaceae，2 属，15 种。有 *Entorrhiza*。

参考文献

[1] 毕志树，郑国扬，李泰辉，等. 广东大型真菌志[M]. 广州：广东科学技术出版社，1994.
[2] 毕志树，郑国扬，李泰辉，等. 粤北山区大型真菌志[M]. 广州：广东科学技术出版社，1990.
[3] 毕志树，李泰辉，章卫民. 海南伞菌初志[M]. 广州：广东高等教育出版社，1997.
[4] 邓叔群. 中国的真菌[M]. 北京：科学出版社，1964.
[5] 戴芳澜. 中国真菌总汇[M]. 北京：科学出版社，1979.
[6] 戴芳澜. 真菌的形态与分类[M]. 北京：科学出版社，1987.
[7] 贺新生. 食用菌物种分类地位检索方法[J]. 中国食用菌，2008，27(4)：55-56.
[8] 贺运春. 真菌学[M]. 北京：中国林业出版社，2008.
[9] 黄年来. 中国食用菌百科[M]. 北京：中国农业出版社，1993.
[10] 黄年来. 中国大型真菌原色图鉴[M]. 北京：中国农业出版社，1998.

[11] 李建宗,胡新文,彭寅斌.湖南大型真菌志[M].长沙:湖南师范大学出版社,1993.
[12] 李茹光.吉林省有用和有害的真菌[M].长春:吉林人民出版社,1980.
[13] 李玉,图力古尔.中国长白山蘑菇[M].北京:科学出版社,2003.
[14] 刘波.山西大型食用真菌[M].太原:山西高校联合出版社,1991.
[15] 卯晓岚.中国大型真菌[M].郑州:河南科学技术出版社,2000.
[16] 卯晓岚.中国经济真菌[M].北京:科学出版社,1998.
[17] 卯晓岚.中国蕈菌[M].北京:科学出版社,2009.
[18] 裘维蕃.菌物学大全[M].北京:科学出版社,1998.
[19] 邵力平,沈瑞祥,张素轩,等.真菌分类学[M].北京:中国林业出版社,1984.
[20] 邵力平,项存悌.中国森林蘑菇[M].哈尔滨:东北林业大学出版社,1997.
[21] 魏景超.真菌鉴定手册[M].上海:上海科学技术出版社,1979.
[22] 王云章,臧穆.西藏真菌[M].北京:科学出版社,1983.
[23] 邢来君,李明春.普通真菌学[M].北京:高等教育出版社,1999.
[24] 谢支锡,王云,王柏.长白山伞菌图志[M].长春:吉林科学技术出版社,1986.
[25] 徐梅卿,何平勋.中国木本植物病原总汇[M].哈尔滨:东北林业大学出版社,2008.
[26] 袁明生,孙佩琼.中国蕈菌原色图集[M].成都:四川科学技术出版社,2007.
[27] 袁明生,孙佩琼.四川蕈菌[M].成都:四川科学技术出版社,1995.
[28] 应建浙,赵继鼎,卯晓岚,等.食用蘑菇[M].北京:科学出版社,1982.
[29] 应建浙.中国药用真菌图鉴[M].北京:科学出版社,1987.
[30] 应建浙,臧穆.西南地区大型经济真菌[M].北京:科学出版社,1994.
[31] 周与良,邢来君.真菌学[M].北京:高等教育出版社,1986.
[32] 臧穆,李滨,郗建勋.横断山区真菌[M].北京:科学出版社,1996.
[33] 中国科学院青藏高原综合科学考察队.川西地区大型经济真菌[M].北京:科学出版社,1994.
[34] 中国科学院微生物研究所一室.真菌名词及名称[M].北京:科学出版社,1983.
[35] 中国科学院微生物研究所真菌组.毒蘑菇[M].北京:科学出版社,1976.
[36] 中国科学院微生物研究所真菌组.食用蘑菇[M].北京:科学出版社,1976.
[37] 阿历索保罗,明斯,布莱克韦尔.姚一建,李玉译.菌物学概论[M].北京:中国农业出版社,2002.
[38] HAWKSWORTH D L, AINSWORTH G C, SUTTON B C. Ainsworth & Bisby's Dictionary of the Fungi[M]. 7th ed. Kew, Commonwealth Mycological Institute, 1983.
[39] INGOLD C T. The Biology of Fungi[M]. 5th ed. Hutchinson London Melbourne Sydney Auckland Johannesburg, 1983.
[40] KIRK P M, CANNON P F, DAVID J C, et al. Ainsworth & Bisby's Dictionary of the Fungi[M]. 9th ed. CABI Bioscience, CAB International, 2001.
[41] ALEXOPOULOS C J, BLACKWELL M, MIMS C W. Introductory Mycology[M]. 4th ed. John Wiley & Sns, Inc, 1996.
[42] KIRK P M, CANNON P F, MINTER D W, et al. Ainsworth & Bisby's Dictionary of the Fungi[M]. 10th ed. CABI Bioscience, CAB International, 2008.
[43] DA SILVA MANUELA, Minter D W. Fungi From Brazil Recorded by Batiata and Co-workers[M]. CAB International, 1995.
[44] SCHÜBLER A. A new fungal phlyum, the Glomeromycota: phylogeny and evolution[J]. Mycol. Res, 2001, 105(12): 1418.

（贺新生）

第五章 食药用菌制种技术

DIWUZHANG SHIYAOYONGJUN ZHIZHONG JISHU

摘要:本章主要介绍了各种食药用菌制种技术,包括木腐菌、草腐菌和寄生、共生菌的制种技术,培养基配制,孢子分离,组织分离,菌木分离,母种、原种、栽培种的制种方法等方面内容。

Techniques for producing edible and medicinal mushroom spawn

Abstract: This chapter introduces spawn-producing technologies for all kinds of edible and medicinal mushrooms including wood- and straw-rotting mushrooms, parasitic mushrooms, mycorrhizal mushrooms and symbiotic mushrooms. These technologies include the preparation of culture media, spore isolation, mycelium isolation from the fruit body and growth substrate, and the preparation of stock cultures, pre-culture spawn and spawn.

第一节 概 述

利用菌种生产微生物产品,如酿酒、生产神曲、制作酱油、制作腐乳、肉引法生产茯苓,古代就有之,而用人工方法培养微生物菌种,是法国微生物学奠基人巴斯德(1822～1895)在酿酒时发现微生物之后才有之。20 世纪初,法国人 Constantin 和 Matruchot 发明了用孢子制作蘑菇菌种,当时法国严格保密,不对外公布。大约经过 10 年,才开始把蘑菇菌种卖给生产者。1918 年,美国人 Lambert 发明了纯培养蘑菇菌种的新方法,并毫无保留地将该菌种生产方法公开发表。从此,食用菌生产工作者开始用纯菌种生产食用菌。我国食用菌栽培历史非常悠久,但一直沿用原始的播种方法。葛洪(284～363)在《抱朴子内篇·黄白篇》中说:"夫菌芝者,自然而生。"意思是生产食用菌是不用种子的,是自己会生的。到唐宋时期,我国菇民开始认识到食用菌生产是需要菌种的,但认识很模糊,不知道菌种在哪里,如成书于唐末、五代时的《四时纂要》一书讲:"畦中下烂粪,取构木,可长六、七寸,截断、锤碎,如种菜法,于畦中匀布、土盖、水浇、长令润。初有小菌子……"。元代时,认识已有了进步,认识到菌种就在菌木上。元代中叶王祯著的《农书·农桑通诀》一书记载:"采讫,遗种在内,来岁仍复发。"湖南、江西交界的桂东县,至 1978 年时,仍在应用老式方法,在春夏之交,将茅屋顶所采之菌捣烂,撒于草堆上,旬内即可出菇,这是利用原始的菌种种植草菇。1936 年,李师颐制作香菇孢子菌种,取新鲜香菇菌褶,自然阴干,磨粉过筛,经发芽试验有效者,包装出售。他还生产菌木种,将出菇的菌木切成 0.5～1cm×2cm×4.5cm 木块作为菌种,李师颐将其称之为木引。20 世纪 30 年代后,欧洲人工制种方法通过我国留学人员逐步传到中国。早期留学法国的孙方蔚,在回国之前著《西洋菌栽培法》(1934),内容包括栽培技术、纯菌种培养及菌砖制作方法等。《中国食用菌年鉴》载:1930 年,杭州余小铁发售洋菇菌种。1927 年,上海福利公司代售英国蘑菇菌种;1930 年,余小铁生产了金针菇菌种;1933～1936 年,潘志农、黄范孝进行了金针菇、平菇、香菇菌种瓶栽。1956 年后,上海市农业科学院食用菌研究所生产了蘑菇、香菇、平菇、草菇、花脸蘑、木耳等纯菌种,并进行瓶装木屑菌种食用菌栽培。70 年代后,随着生产的扩大、深入,食用菌制种、选种、保种技术越来越完善。

食药用菌制种是制作食用菌、药用菌子实体和菌丝体的种子。农谚说:好种出好苗,好苗结好果。进行食用菌、药用菌生产,必需具有种质优良的食药用菌种子。

食药用菌制种可分为菌种分离与母种→原种→栽培种制种 3 个程序。

通过组织分离、孢子分离、基质分离获得,用试管基培养的最原始的菌种称为母种。

母种的特点是传代次数少、种质基因完好、种子纯，绝对不能有杂菌、病毒、害虫混杂。

用木屑、植物秸秆、稻草、麦草、棉子壳、麦麸、米糠、畜粪等含木质素、纤维素、蛋白质等成分为培养基，由试管母种繁殖扩大获得的菌种称为原种。

用木屑、植物秸秆、稻草、麦草、棉子壳、麦麸、米糠、畜粪等含木质素、纤维素、蛋白质等成分为培养基，由原种繁殖扩大获得的菌种称为栽培种。

通过长期传代保藏，菌种原来具有的细胞器可能会丢失或者遗传物质发生变化，有些菌可能会感染病毒，导致菌种的生产性状降低，这时需要重新分离，以获得性状良好的菌种。

食药用菌制种必须在无菌条件下，用无菌操作方法进行。无菌操作是在无菌条件下进行工作，在接种时不让杂菌进入菌种内。无菌操作接种应在接种箱（或接种室、超净工作台）内进行。每批菌种接种前，接种箱（或接种室、超净工作台）应彻底消毒，用0.1%高锰酸钾溶液，或0.1%苯扎溴铵（新洁尔灭）溶液等彻底擦洗。在超净工作台、接种室内接种，要戴口罩、穿工作鞋。操作时点好酒精灯。从菌种瓶上拔下的棉塞应放在预先准备的乙醇棉上或夹在手指间，不能乱放，以免棉头上沾上杂菌。接种时，菌种瓶口应先放在酒精灯火焰上缓缓过一下，以杀死瓶口上的杂菌。挟入菌种时，菌种瓶或试管口始终置在酒精灯的火焰旁，用火焰产生的无菌圈封住瓶口，不让杂菌进入瓶（或试管）内。所有接触到瓶（管）或菌种的工具，均需预先灼烧灭菌、冷却后，才可接触菌种。接好种后，仍将原来的棉塞塞入菌种瓶（或试管）口内。

制种有专用的制种设备。随着生产技术的提高，制种设备种类越来越多、越来越专业化。

第二节 制作菌种的生产设备

制种设备是制作菌种的机具、工具。常用的制种设备有接种箱（接种室、超净工作台）、灭菌锅、拌料机、装瓶机、装袋机、粉碎机、培养室、玻璃试管、灌装试管培养基用漏斗、菌种容器（菌种瓶、菌种袋）、接种工具等。

一、拌料机、装袋（瓶）机

拌料机是将配培养料的各种原料混合拌匀的机器，装袋机是将培养料装入菌种袋或瓶内的机器。拌料、装瓶、装袋机构造说明，请参见本书《食药用菌机械设备》一章。小型菌种厂，可手工拌料、手工装瓶（袋）。

二、接种箱、接种室、简易接种室、超净工作台

（一）接种箱和接种箱室

接种箱是由一个木制框架镶玻璃制成、可封闭、用于菌种接种（繁殖）的箱型接种室。接种时双手伸入箱内操作。接种箱体积一般为0.6m^{3}左右，体积小，容易消毒，容易创造无菌环境，可有效防止接种时杂菌的感染，还能减少有害物质对人体的伤害。

接种箱有双人接种箱、单人接种箱两种（图5－1～图5－2）。

图5－1 双人接种箱

图5－2 单人接种箱

双人接种箱可在两边操作，适宜于生产量较大的原种、栽培种厂家使用；单人接种箱体积小，适合于接种数量少的试管菌种用。

双人接种箱是一个下部为长方形箱架、上部为屋脊状的箱形小室。箱体底板长140cm×宽85cm左右，底板边缘有30cm高的侧板，侧板上方为屋脊状的框架。脊顶宽30～36cm。屋脊状框架两侧镶玻璃。箱体前后两侧侧板上各开两个15cm直径、可伸进手臂操作的孔，孔上缝上袖套，袖套口上缝橡皮筋，操作时可使袖套口箍住于手臂，防止杂菌进入箱内。接种时，手可伸入袖套内操作。

接种箱要放在非常洁净的接种室中，接种室地面应平整、光滑，不积尘埃，房高应达3.5m以上，门窗上设有过滤空气的窗纱。接种室、冷却室门窗应有窗纱，没有专用冷却室的，灭菌后的菌种袋（瓶）可直接放入接种箱或接种室中冷却。

(二)接种室

接种室面积 2～3m^2,高 2～2.5m。用木板或砖砌成。接种室不能过大、过高。过大、过高,消毒困难。接种室分外间缓冲室和内间操作室两部分。操作间宽和长 1.4m×2.2m 左右。缓冲间宽 1m 左右,长与接种操作间相同。接种间和缓冲间之间有移动门相通。缓冲室、操作室的上面部分(约 1.2m 高以上部分)为玻璃壁。接种操作间一侧有一直径 30cm 左右的孔,孔上用 12 层厚的纱布封口,起室内外交流过滤空气作用。封口纱布要经常洗换。操作间中间有接种用的平台,两侧有放菌种的瓶架。操作间和缓冲间顶上有日光灯和紫外线灯(图 5—3)。

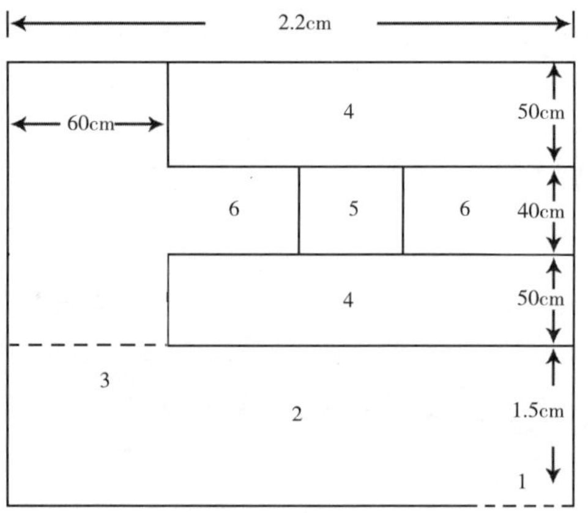

图 5—3 接种室平面图

1.与 3 移动门,2.缓冲室,4.放菌种瓶(袋)架子,5.接种台,6.凳子。

接种室地面必须光、平、滑,不积尘埃,容易清洁。

(三)超净工作台与超净工作台室

定型的接种用台,工作台台面上方有通过超滤膜的无菌空气从台里面持续不断地向外吹扫,从而使台面上方成为一个无菌洁净区,在工作台面上接种时,可防止杂菌感染。超净台有各种规格,可根据需要向生产超净工作台的工厂购买。

超净工作台要放在超净工作室内,要求与接种箱室相同。

(四)接种工具

接种工具是菌种分离、接种用的工具,有手术刀、刀片、厚背劈刀、接种钩、接种铲、尖头镊子、小榔头、酒精灯等。接种工具宜用不锈钢制成。

手术刀等刀口锋利,组织分离时作切割子实体用;厚背劈刀是专用于劈开菌木材、进行基质分离时用的工具。

接种铲:接种铲的柄部是一根直径0.2cm左右的不锈钢钢丝,长约 28cm,钢丝前端用榔头敲扁、成宽约0.8cm的铲体。铲体前端及两侧的口很薄、锐利,宜于铲取试管琼脂斜面的菌种。

接种钩也用不锈钢钢丝制成,长约 28cm,钩柄直径0.2cm左右,前端成弯钩状,弯钩宽、长均约 0.5cm,前端口薄而锐利,宜于分割菌种(图5—4)。

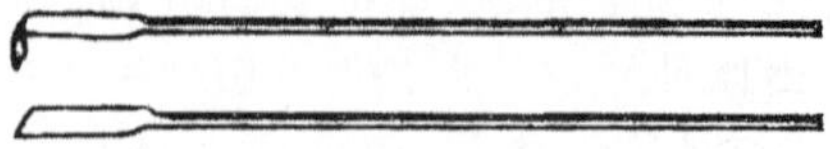

图 5—4 接种钩

尖头镊子:用于镊取组织分离、基质分离的菌体组织和菌材基质。

小铁榔头:用于分割基质木材。

酒精灯:火焰用于灭菌接种工具。

接种机:接种机是将菌种接入菌种瓶或菌种袋的机器,前端有接种头。接种时,接种头能转到原种瓶上方,下压,菌种压入接种头中,再转到被接菌种瓶或袋的上方,将菌种压入被接的瓶或袋中。接种机的工作范围必须无菌。

试管培养基灌装装置:上部是体积约 200ml 的盛培养基玻璃漏斗,玻璃漏斗下部为出液口,出液口上接培养基流通胶管。培养基塑胶管上有一个夹子,控制培养基灌装用。分装培养基时,将热熔的培养基倒入漏斗中,胶管出口处接试管,用手打开夹子,培养基即从胶管流入试管中。培养基灌好后,放开手,夹子即可自动夹住塑胶管,停止灌装(图5—5)。

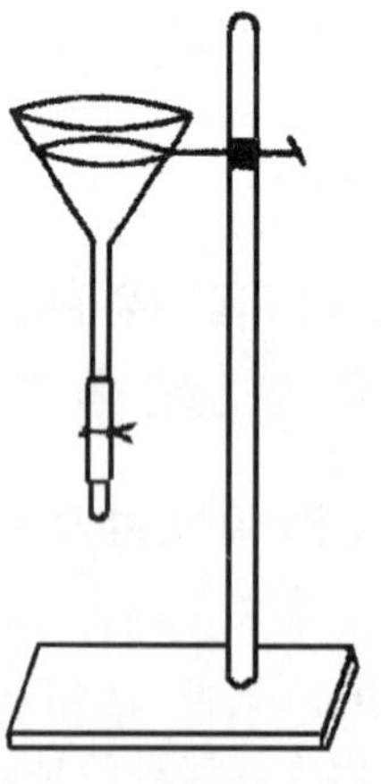

图 5—5 培养基灌装装置

(五)灭菌设备

灭菌设备是杀灭培养基(料)中的杂菌的设备。杀灭培养基(料)中杂菌有干热灭菌、湿热(热蒸汽)灭菌、高能射线辐照灭菌、微波灭菌等数种方法。微波灭菌未能彻底杀死的杂菌以后容易复活；射线灭菌：培养基中可能会产生大量的自由基，不利于菌丝生长，且辐射源不便普及；干热灭菌：热量穿透力较差，菌体蛋白不易变性，灭菌效果差。食用菌生产上大多采用高温湿热灭菌。高温湿热法灭菌设备有灭菌灶和高压灭菌锅两种。

1. 手提式高压灭菌锅

手提式高压灭菌锅是用于试管培养基灭菌和小型无菌操作器具的灭菌锅(图 5—6)。

图 5—6 手提式灭菌锅

手提式高压灭菌锅有锅体和锅盖两部分，锅盖上有压力表、安全阀、放气阀等部件，最大工作压力(温度范围)为 0.105MPa(121℃)温度。锅体较小、重量较轻，主要用于盛放消毒试管培养基用。具体操作方法请参阅本书《食药用菌机械设备》一章。

2. 立式高压灭菌锅

立式高压灭菌锅容量较手提式高压灭菌锅体积大，容积可达 40～60L，最大工作压力可达 222kPa，其基本构造、原理与手提式高压蒸汽灭菌锅相同，用于母种或少量原种制备。

3. 大型高压灭菌锅

大型高压灭菌锅有卧式圆形轨道式和卧式方形单门、卧式方形双门等几种。双门锅的门开在锅前后两端，锅靠墙安置，门分别朝向装瓶、装袋间和冷却空间方向。是定型锅，利用锅炉提供的蒸汽加温，最大工作蒸汽压力达 354～404kPa(135℃)，每锅可装 400 瓶(或 300 袋)～1 000瓶(750 袋)，消毒方便，但锅炉价格较高。国内工厂化生产食药用菌大多采用这种设备，国外也采用这种设备灭菌。

4. 组合式高压灭菌锅

灭菌锅放出热蒸汽后，锅内和瓶(袋)内因继续冷却而产生负气压，这样锅外、瓶(袋)外的空气就可进入锅内、瓶(袋)内。组合式灭菌锅灭菌和普通高压灭菌锅构造基本相同，但另有附属装置，该装置可在灭菌放气后导入过滤的无菌空气，避免放蒸汽后锅内和菌种容器内出现负压情况，避免冷却过程中含杂菌孢子的空气进入。

5. 灭菌灶(土蒸灶)

这种灶又叫常压灭菌灶，由砖和水泥砌成。有灶台、灭菌小屋、烟囱 3 部分组成。灶台为一平台，台中间埋放一口大铁锅，铁锅直径 90～100cm，可盛放 150～200L 水。灶体下为烧火的炉堂。灶台旁有连通灶堂的烟囱，烟囱高 6～8m。灶台上沿四周向上砌成小屋，小屋用砖、水泥、钢筋砌成，顶部呈弧形。小屋一侧开一小门，门大小为 45cm(宽)×120cm(长)左右，门是进出菌种瓶的通道口，门框上衬 1cm 左右厚的棉垫。门口两侧置两个铁环，灭菌时两个铁环间插一根横木，把门向里紧密顶住，以防灭菌时水蒸气溢出。小屋和烟囱之间的灶台上，放置一口可盛放 20～30 升水的小铁锅，灭菌时里面放水，加盖。当大铁锅内水将烧干时，可将小铁锅中的热水通过小屋墙边预置的孔向大铁锅里补水。补充的水一定要热水，否则会降低灭菌的质量。补充用的热水也可单独另砌灶烧成。灭菌小屋的基部和顶部，需各设一个可插温度计的小孔，以供灭菌时测量灶内温度使用。

土蒸灶既可烧煤，也可烧木柴、棉花秆、豆秸。烧棉花秆、豆秸的灶堂要比烧煤的灶堂大一些。

土灶大小和规格：灶体大小可根据生产需要而定。小的土蒸灶可灭菌菌种料瓶 500～600 瓶，或菌种料袋 300～400 袋；大的土蒸灶可灭菌菌种料瓶1 200瓶左右，或菌种料袋 800～1 000袋。灭菌袋(瓶)数如过多，灭菌就会不彻底，土蒸灶也容易损坏。

土灶造价低，燃料消耗量大，但灭菌数量大，应用效果较好，农村大多应用这种土灶灭菌(图 5—7)

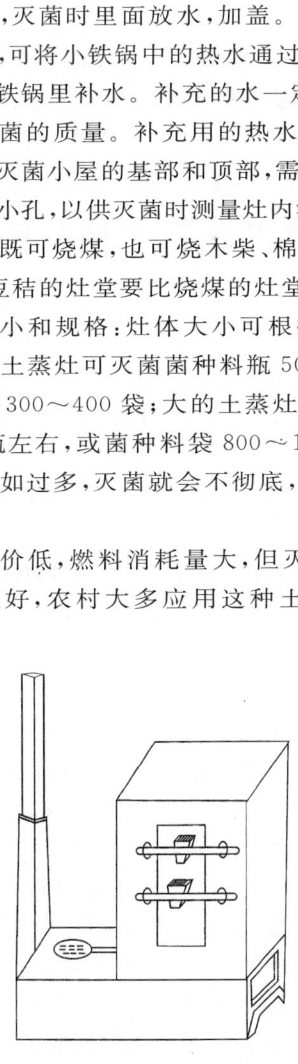

图 5—7 常压灭菌灶

上面所示的土蒸灶是土蒸灶的基本构型，不同地方的菌种生产单位常根据当地实际情况，在上述土蒸灶的基本构造上，衍生出多种不同外形的土蒸灶，如用钢板焊制成，盛水量比大铁锅更大的船形灶等。土蒸灶构造参阅本书《食药用菌机械设备》一章。

灭菌也可以不用灭菌灶，而在锅炉旁的水泥地面上用4～5层砖围砌成（宽）1.5m、（长）2m左右的框，地面四周设有钢筋钩。钢筋钩是捆扎包盖菌种瓶（袋）的塑料薄膜和锦纶布用的。框里地面上垫木板，木板离地面10cm左右，木板之间稍留一点缝隙，木板下面置蒸汽管，木板上放待灭菌的培养料袋或瓶，叠高1.5m左右。待灭菌的袋或瓶放好后，上面和四周用两层无缝的塑料薄膜包盖，再覆盖上建筑用锦纶布，并用绳子捆扎，上面用砖块压住，地面四周用砖块把锦纶布压紧。通入蒸汽灭菌时，要求温度保持100℃，持续10小时，灭菌后灭菌过的袋（瓶）放到冷却室，冷却后再接种。

6. 冷却室

冷却室是冷却刚灭菌好的菌种瓶（袋）的场所。冷却室必须非常清洁、无尘干燥。房屋要高，门窗上装薄纱，冷却时不使尘埃进入，避免冷却过程中感染杂菌和沾上尘埃。

三、消毒药剂及常用制种用物品

高锰酸钾（$KMnO_4$） 接种箱（室）消毒用；

甲醛（CH_2O） 接种箱（室）消毒用；

石碳酸（苯酚）（C_6H_6O） 器具消毒用；

乙醇（C_2H_6OO） 分离菌种时消毒种菇、菌木、器具用；

新洁尔灭（苯扎溴铵）（$C_{12}H_{38}BrN$） 器具消毒用；

过氧乙酸（$C_2H_4O_3$） 器具、接种箱消毒用；

升汞（HgCl） 菌种分离时消毒子实体、菌材用；

HCl，NaOH 调培养基pH用。

（1）消毒用乙醇配制

蛋白质遇到乙醇会变性沉淀，细菌从而被杀伤。乙醇浓度越高，蛋白质变性越快。但是，高浓度的蛋白质在和细菌发生作用时，能使表面蛋白质很快变性、凝固，从而阻止乙醇向细菌深部的渗透，使外面一层变性的蛋白质起保护细菌内部细胞器的作用，所以反而保护了细菌。而较低浓度的乙醇，不会使细菌表面的蛋白质快速凝固，能使乙醇深入到细菌内部，所以有更好的杀菌作用。实际消毒时，乙醇浓度一般都为75%。

（2）消毒升汞液的配置

子实体、菌材分离菌种进行表面消毒时，需要配置0.1%～0.2%浓度的升汞液。升汞在HCl中溶解度比在水中的溶解度高，所以配置0.1%～0.2%升汞液时，大多先将升汞溶解于浓盐酸中，然后再向浓盐酸中倒入蒸馏水稀释而成。如将1g升汞先溶于2.5 ml浓盐酸，摇动使之完全溶解，然后加水至1 000 ml即成千分之一浓度的升汞熔液。

（3）漂白粉液（次氯酸钙）和过氧乙酸的配制

一般是10g漂白粉加140 ml水即成。漂白粉是次氯酸钙[$(Ca(ClO)_2)$]，它在溶液中易变成氯化钙（$CaCl_2$），同时放出原子氧，原子氧杀菌能力很强，但次氯酸钙分子不稳定，容易变成$CaCl_2$和O_2。漂白粉水要随配随用。过氧乙酸消毒是因其乙酸分子中有一个多余的O（氧）原子，这个氧原子极不稳定，氧原子溢出过氧乙酸后有极强的杀菌能力。但氧原子极为活泼，会很快变为氧分子而失去杀菌能力。所以过氧乙酸也要随配随用。

冰箱：保存菌种用；

恒温箱：培养少量试管菌种用；

天平：台秤、电子天秤；

三角烧瓶、量筒、量杯、试剂瓶、pH试纸、酒精灯、离心机、温度计、湿度计、剪刀、镊子等。

四、培养室

培养室分试管菌种培养室和原种栽培种培养室。试管菌种培养室空间小，要求特别清洁，远离畜禽场，四周不准堆滋生螨、霉的有机垃圾。培养室内设置培养架，架宽45cm左右，上下层之间距离55cm左右，培养架设2～4层。为了控温、控湿，室内装有空调机、加热器、除湿机。原种栽培种培养室空间较大，室内置5～6层的菌种培养架。培养架架宽60cm，架与架之间距离为60cm，窗户要大些，便于通风、降温。原种、栽培种培养室同样要求清洁，周围无污水坑，没有垃圾。原种培养室需有加温设备、除湿设备和控温设备。

五、菌种容器

菌种容器有玻璃试管、菌种瓶、塑料袋3种。

玻璃试管是培养母种用的玻璃管。食用、药用菌菌种是一种丝状体，菌体体积远比细菌大，呼吸量也大，所以所用的玻璃管也要大。通常应用的试管为（直径）18～20mm、（长）180～200mm、白色、透明、耐高温的玻璃管。

菌种瓶是白色、耐高温的专用玻璃瓶，能耐135℃的高温。瓶体直径9cm，瓶高18cm，其中瓶颈高 4.5cm，瓶口直径 3.5cm，空瓶重量 425g 左右，容积 750ml。

菌种袋是透明的塑料袋，袋膜厚 0.045cm，压扁后，(宽)15～18cm×(长)24～37cm，材料有聚乙烯和聚丙烯两种。聚乙烯袋能耐 105℃左右高温，透明度差，但较柔软，灭菌后不易脆裂；聚丙烯袋能耐 130℃高温，透明，如袋内感染杂菌后，从袋外很容易观察到，但高温灭菌后易脆裂，接种后，搬动时要非常小心。

六、废菌物处理间(场)

菌种污染杂菌后，要及时从培养室取出，不可继续存放在培养室中。培养室中取出的污染菌种瓶要放到灭菌锅中灭菌后再将废料挖出。若不能灭菌，可在瓶内(或袋内)灌漂粉精水，然后再将袋或瓶中的废料挖出，并及时运到远离培养室的地方(距离至少 40～50m)，挖抗，深埋。深埋时，要一层废菌种料、一层石灰粉交替放置，再埋之，然后再用土覆盖，防止杂菌扩散。

七、冷　库

冷库是存放菌种的地方。菌丝长满瓶(袋)或液体菌种发酵好后又不能及时使用时，可暂放在 4℃左右的冷库中，以防止菌种继续生长、老化。但这样会增加菌种生产成本，所以菌种应按计划生产，菌种长好后要及时使用。

第三节　菌种分离与母种生产技术

制种是生产结菇性能好、生命力强、无杂菌感染、纯的菌种。

菌种是食用菌生产的最首要条件，只有优良的菌种才能获得好的收成。

同一食用菌的不同菌株，产量、质量可能会有较大差异。菌种在决定使用前，必须进行生产性状观察，生产性状良好的菌种才能用于生产。

菌种很容易感染霉菌、细菌、病毒等微生物(杂菌)，使用感染杂菌的菌种会使产量受到严重影响。潜伏性感染杂菌的菌种，外观上没有任何异样，但播种后，杂菌就会爆发。因此，菌种在使用前必须进行专门的纯度检验。

一、培养基原料

培养基原料是提供菌丝生长发育的基质，食药用菌菌丝从培养基质获得营养成分和水分才能生长。

食用药用菌培养基原料有葡萄糖、麦芽糖、蔗糖、琼脂、K_2HPO_4、KH_2PO_4、石膏粉、$CaCO_3$(碳酸钙)、维生素 B_1、维生素 B_2、维生素 B_{12}、木屑、棉子壳、玉米粉、麦麸、米糠、甘蔗渣、玉米芯、麦秸、稻草、木块(段木接种用)、豆秸、棉花秆、高秆植物秸秆、花生壳、豆壳等果壳粉、中药渣、酒糟、甘蔗渣、牛粪、马粪、鸡鸭粪等。凡含纤维素、半纤维素、木质素、淀粉、蛋白质、糖分而不含对食用菌菌丝生长有害的原料都可用于培养食药用菌菌种。含树脂、芳香成分的原料如松、杉木屑，芳香料植物秸秆，要经过发酵，将树脂、芳香成分挥发后才能用于制作培养基。木屑原料需存放几个月，或加水堆制发酵后使用为好。

下面简要介绍各种培养基原料在菌种培养基中的作用。

葡萄糖：葡萄糖富含有机碳源成分，为菌丝生长提供有机碳源成分和能量。纤维素、木质素、半纤维素、淀粉原料被食用菌菌丝利用时，首先要将其分解成葡萄糖后再利用。

麦芽糖、果糖、蔗糖也是食用菌菌种生长的碳源养分和能量提供者。

K_2HPO_4，KH_2PO_4：主要为菌种生长提供 P 元素。天然原料培养基中一般不缺乏 P 元素，但某些食用药用菌和菌丝生长速度较快的菌种需较多的 P 元素，这时培养基中需添加少量 K_2HPO_4 等原料。但仅需在斜面培养基中添加。

$CaCO_3$、$CaSO_4$(石膏粉)：在培养基中主要起减缓 pH 降低作用。同时也能为菌种生长提供 Ca 元素，天然培养基中有适量的 Ca 元素。

维生素 B_1、维生素 B_2、维生素 B_{12}：为食用菌菌种生长提供 B 族维生素。食用菌本身不能合成 B 族维生素，需要从培养基中吸收，但需要量极微。植物种子、麦麸、米糠、马铃薯、玉米等果壳、皮中含有的 B 族维生素完全足够食药用菌菌丝生长用。

琼脂：起凝结培养基作用，使培养基表面光平，能用肉眼较清楚地看清菌种中是否混有杂菌，特别是细菌的混入，这样有利于保证菌种的纯度。纯的琼脂培养基上菌丝不能生长。

木屑、甘蔗渣、酒糟、麦秸、稻草、豆秸、高秆植物、秸秆、花生壳等含有木质素、纤维素，半纤维素成分，食药用菌菌丝所分泌的纤维素酶、半纤维素酶、木质素酶可将这些成分分解为葡萄糖，从而能为食药用菌提供碳素养分和能量。这些原料中还含有少量蛋白质和其他含氮物质，还能为食药用菌种生长提供氮素养分，但这些原料中氮素养分含量甚低。用这些原料配培养基时，培养基中还应另加含有机氮高的原料，如麦麸、米糠、玉米粉、麦粉、棉子壳等。麦秸、稻草原料中含木质素成分较少，含纤维素成分较多，所以宜于培养草腐菌菌种。

棉子壳：除含有木质素、纤维素外，还含有丰富的有机氮成分和油脂。有机氮成分能为菌种提供氮源养分。少量油脂有促进菌丝生长的作用。

牛、猪、鸡、鸭粪含有丰富的纤维素、半纤维素和蛋白质成分，能为菌种生长提供氮素养分、碳素养分和能量。但牛、猪、鸡鸭粪中含有较多的尿酸、尿素酚等成分，这些成分对菌丝生长有抑制作用，所以要经过发酵，将这些成分分解后方可被利用。

马铃薯：含有丰富的蛋白质、淀粉、维生素、矿物质养分，为食药用菌菌种提供氮源、碳源、矿物养分和维生素成分及能量。马铃薯中所含的碳源成分是复杂碳源成分，利用速度较慢，不能适应母种快速生长的需要。马铃薯的培养基中还要添加较易吸收利用的葡萄糖作为碳源。

麦麸、米糠、麦粉、玉米粉：含有丰富的氮源养分和碳源养分，同时还含有丰富的维生素和少量脂肪，有促进菌丝生长的作用。单独利用麦麸、米糠、玉米粉培养菌种时，氮源养分过高，菌丝会徒长，结菌皮，这样的菌种不适合作菌种应用。麦麸、米糠、玉米粉只能作氮源添加物应用，以补充木屑培养基中氮源的不足。麦麸、米糠、麦粉、玉米粉蛋白质、油脂含量较高，容易霉变、变质，因此需干燥保存。

维生素成分不耐长期存放，长期存放容易变质。含维生素的原料——主要是果实类原料破碎后不能长期存放。

二、原始菌种分离和母种生产

原始菌种分离和母种生产有培养基配制、灭菌、种菇选择、孢子分离、组织分离、基质分离、接种、培养、菌种性状鉴定、杂菌检验等过程。

（一）培养基

培养菌种必须先配制好培养基，培养基有液体培养基、半固体培养基、固体培养基 3 类。根据培养基原料来源，又可分为天然培养基、合成培养基、半合成培养基 3 类。液体培养基营养成分溶解在液体中，培养菌种时，菌丝沉没于培养基中，营养成分大多是可溶性或呈微小颗粒状的容易吸收，菌丝生长速度快。半固体培养用于特种菌种的培养，如蜜环菌、假蜜环菌。固体培养基是在培养基中加入较多的琼脂、明胶使之成固体状。木屑、麦麸培养基、发酵粪草培养基也是固体培养基。天然培养基是完全用天然原料配制的培养基。用葡萄糖、KH_2PO_4、$MgSO_4$、氨基酸等人工制作的原料配制的培养基称为合成培养基，用已知成分和未知成分配制的培养基叫作半合成培养基。根据菌丝在培养基中表面生长、还是深入到培养基内部生长，培养基还可分为平面生长型和基质生长型两种。

1. 平面培养基

平面培养基是固体培养基，在可溶性培养基成分中或含微小颗粒的成乳浊状的培养基中添加能使培养基凝固的成分，使培养基成冻状，在试管、培养皿、克氏瓶中培养基成一平面。平面培养基内部缺乏空气，好气性的菌只能在培养基表面生长，且菌丝生长时有否感染杂菌一目了然，很容易鉴别。一般用于母种培养。平面培养基菌丝只在表面生长，表面氧分压高，菌丝生长迅速，所以菌丝容易衰老。母种培养基大多用平面培养基。

2. 基质培养基

基质培养基也是固体培养基。基质培养基原料大多是生产食药用菌子实体的原料，都是含木质素、纤维素的作物秸秆、木屑等农林副产品。为了使食药用菌生长更好，有时也要添加人工生产的原料，如糖、$MgSO_4$、KH_2PO_4、$ZnSO_4$、维生素、$CaCO_3$ 等。基质原料大多是迟效成分，培养后期培养基中仍含有可利用的养分，而且基质内氧含量低，无光照，菌种能保持较长时间而不衰老。基质培养基适宜培养原种、栽培种。

第 1 次从基质或子实体上分离的菌种是最原始的母种。母种菌种必需纯。母种应选择容易显示有否杂菌感染的培养基。琼脂斜面培养基是最容易显示杂菌感染的培养基，所以生产上大多选用这种培养基制作母种。

母种培养基基本配方：琼脂、马铃薯、葡萄糖。葡萄糖是菌种最易吸收的速效碳素养分。马铃薯含可溶性糖类（碳水化合物）21％、粗灰粉1.1％、粗蛋白 2.1％、粗脂肪 0.1％，可为食用菌菌种提供良好的氮源养分和碳素养分。马铃薯中的水溶性碳素养分，容易被吸收利用，其作用是维持菌丝中期生长对碳素养分的需要，同时也能为菌丝生长提供矿物养分。马铃薯也可用麦麸、玉米粉替代。琼脂在培养基中主要起凝固作用，凝固后培养基呈乳白色，表面光滑，菌丝生长状况一目了然，很易检出质量不好和感染杂菌的菌种。琼脂培养基所含碳源养分主要是速效的葡萄糖和马铃薯中的水溶性成分，在生长后期容易造成营养缺乏，而且菌丝长在表面，裸露在空气中，空气中的 CO_2 含量较基质内低，菌丝呼吸旺盛，生长快，菌丝很易衰老。从保持菌丝生命活力考虑，琼脂斜面培养基不是优良的培养基。若能确保菌种纯度，母种可采用基质培养基。由马铃薯、葡萄糖、琼脂制成的培养基称为 PDA 培养基。PDA 培养基上，加适量 KH_2PO_4、$MgSO_4$、酵母粉等成分制成的培养基，叫作加富培养基。

食药用菌有腐生、寄生、共生方式数种。不同方式生长的菌，其适宜培养成分各不相同。

3. 常用几种母种培养基配方

(1)PDA 培养基

葡萄糖 20g，马铃薯 200g，琼脂 20g，水1 000ml(蘑菇、香菇、平菇、金针菇等大多数食药用菌适用此培养基)。

(2)综合马铃薯，葡萄糖，琼脂培养基

葡萄糖 20g，马铃薯 200g，琼脂 20g，KH_2PO_4(磷酸二氢钾)2g，$MgSO_4$(硫酸镁)0.5g，水1 000ml(蘑菇、香菇、平菇、金针菇等大多数食药用菌也适用此培养基)。

(3)马铃薯酵母粉综合培养基

葡萄糖 20g，马铃薯 200g，酵母粉 5g，琼脂 20g，水1 000ml(虫草菌、菌根菌等适用)。

(4)葡萄糖、玉米(或麦麸)培养基

葡萄糖 20g，麦麸(或玉米粉)50g，琼脂 20g，水1 000ml(大多数食药用菌适用)。

(5)竹子煎汁培养基

竹枝叶 200g，马铃薯 200g，蔗糖 20g，琼脂 20g，水1 000ml。马铃薯加水煎煮 30 分钟，取汁，加入蔗糖 20g、琼脂 20g，加热至琼脂完全融化，再用热水调节至1 000ml，分装试管、消毒(培养竹黄菌用)。

(6)马铃薯加维培养基

马铃薯(去皮)200g，葡萄糖 20g，KH_2PO_4 3g，$MgSO_4$ 1.5g，维生素 B_1 10mg，琼脂 20g，水1 000ml(金耳)。

(7)马铃薯、玉米培养基

马铃薯(去皮，煮汁)200g，玉米粉 50g(加水煮、取汁)，葡萄糖 20g，琼脂 20g，水1 000ml(适宜于大多食药用菌)。

(8)马铃薯、麦芽汁培养基

马铃薯 200g，麦芽汁 20ml，酵母粉 2g，蛋白胨 5g，KH_2PO_4 1g，$MgSO_4 \cdot 7H_2O$ 0.5g，琼脂 20g，水1 000ml(适宜于寄生性食药用菌)。

(9)蛋白胨培养基

蛋白胨 2g，葡萄糖 20g，$MgSO_4 \cdot 7H_2O$ 0.5g，K_2HPO_4 1g，KH_2PO_4 0.06g，维生素 B_1 5mg，琼脂 20g，水1 000ml(适宜于寄生性食药用菌)。

(10)玉米、马铃薯、酵母膏培养基

玉米 30g(水煮，取汁)，马铃薯 200g，葡萄糖 20g，KH_2PO_4 0.3g，蛋白胨 5g，酵母膏 5g，琼脂 20g，水1 000ml(适宜于大多食药用菌)。

(11)综合 PDA 培养基

马铃薯 200g，葡萄糖 20g，KH_2PO_4 2g，维生素 B_1 10mg，琼脂 20g，水1 000ml(适宜于大多食药用菌)。

(12)山楂培养基

干山楂 10g，黑木耳原种 200g，马铃薯 200g，葡萄糖 20g，水1 000ml。制法：将山楂、黑木耳原种、马铃薯(切片)加水煮，取汁，再加葡萄糖、琼脂，煮至溶化，分装试管(培养松茸用)。

(13)葡萄糖蛋白胨培养基

葡萄糖 10g，蛋白胨 10g，水1 000ml，琼脂 20g(蛹虫草培养用)。

(14)马铃薯、木屑汁培养基

马铃薯 200g，杂木屑 100g，蔗糖 20g，琼脂 20g，水1 000ml。马铃薯、杂木屑加水煮，煮至薯片酥，过滤取汁，再加入琼脂，煮之熔化，再加入蔗糖，使之溶化，再补充水至体积为1 000ml(亚侧耳用)。

(15)马铃薯、元蘑培养基

马铃薯 200g，元蘑(干)100g，蔗糖 20g，琼脂 20g，水1 000ml。马铃薯、元蘑加水煮，取汁再加入蔗糖、琼脂，使溶化，补水至1 000ml(培养亚侧耳用)。

(16)豆饼粉、葡萄糖培养基

豆饼 50g，葡萄糖 20g，KH_2PO_4 3g，$MgSO_4$ 1.5g，维生素 B_1 10mg，琼脂 20g。豆饼粉用水泡软，取豆饼水用(亚侧耳用)。

(17)改良 PDA 培养基

马铃薯 200g，蚕蛹粉 5g，葡萄糖 20g，KH_2PO_4 1g，K_2HPO_4 0.5g，琼脂 20g，水1 000ml(培养蛹虫草黑柄炭角菌用)。

(18)马铃薯、酵母膏、松针培养基

马铃薯 200g(去皮，加水煮，取汁)，葡萄糖 20g，酵母膏 2g，麦麸 20g(加水煮、取汁)，松针 50g(加水煮、取汁)，琼脂 20g，总容积为1 000ml(竹黄菌培养基)。

(19)低琼脂PDA培养基

1 000ml培养基中加琼脂16～18g,马铃薯、葡萄糖用量与PDA培养基相同(培养蜜环菌)。

(20)马铃薯、蛋白胨培养基

马铃薯200g,葡萄糖20g,蛋白胨3g,鸡蛋15g,KH_2PO_4 1g,$MgSO_4$ 1g,复合维生素0.04g,琼脂20g。

(21)松针培养基

马铃薯200g,鲜松针200g,葡萄糖15g,磷酸二氢钾(KH_2PO_4)1g、琼脂20g。

(22)酵母膏麦芽糖培养基

麦芽糖10g,葡萄糖10g,酵母膏4g,磷酸二氢钾0.3g,硫酸镁0.2g,琼脂20g,水1 000ml(红菇用)。

(23)麦芽糖酵母培养基

酵母膏5g,麦芽糖15g,$MgSO_4$ 0.5g,KH_2PO_4 1g,琼脂20g,水1 000ml。

(24)酵母膏综合培养基

酵母膏1g,葡萄糖20g,蛋白胨2g,硫酸镁0.5g,磷酸二氢钾(KH_2PO_4)0.2g,磷酸氢二钾(K_2HPO_4)0.3g,琼脂20g,糠醛0.1g,水1 000g(适用于孢子萌发用)。

(25)酱油洋葱琼脂培养基

发酵酱油50ml,洋葱20g,琼脂20g,水1 000ml,洋葱加水煮沸5分钟,过滤取汁。

(26)外生菌根培养基

氯化钙0.05g,氯化钠0.025g,$MgSO_4$ 0.15g,KH_2PO_4 0.5g,K_2HPO_4 0.25g,$FeCl_3$(1%)1.2ml,维生素B_1 100mg,麦芽汁100ml,葡萄糖10g,琼脂20g,水1 000ml。

麦芽汁制法:大麦芽1 000g(芽刚穿出芽鞘),水3 000ml,60℃保温3小时,使淀粉糖化,糖化要彻底,要无淀粉(试管中加糖化液2ml,再滴碘液2滴,无蓝色反应表明淀粉已彻底糖化)。麦芽汁中加适量蛋清并煮沸,蛋清凝固后过滤,即可得澄清麦芽汁。

菌种分离时,有些分离材料可能会带有较多杂菌,如蜜环菌菌索、安络小皮伞菌索,这类食药用菌分离时,培养基上可能会长出大量细菌、霉菌而导致分离失败。分离这类食药用菌时,可在培养基中添加能抑制细菌和霉菌生长的抗生素。

(27)抗细菌培养基

母种试管培养基灭菌后,放入接种箱,待其冷却到45℃左右,琼脂还未凝固时,注入青霉素或庆大霉素。4万U/ml的庆大霉素或50mg青霉素注18mm×180mm培养基试管10支;也可用四环素粉抑菌,1 000ml-PDA培养基加50mg四环素片1片,加入后搅匀,使其溶解,然后清毒、应用。

(28)抗霉菌培养基

把制霉菌素片溶解在水中,然后趁培养基灭菌后还未凝固时,加入培养基中,每10支母种培养基加4万U(1ml)制霉菌素即可。但制霉菌丝也会抑制食药用菌菌种的生长,应用时必须控制用量。

4. 培养基制作

以PDA培养基和葡萄糖、玉米(或麦麸)培养基制作为例:

(1) PDA培养基

新鲜马铃薯去皮、去芽眼,切成薄片,200g马铃薯片加水1 000ml,煮到马铃薯酥而不烂时,过滤、取滤汁。滤汁中加入浸润的琼脂,煮至琼脂完全溶化,再加入葡萄糖,搅拌,使之完全溶解,用热水补充至总容积仍为1 000ml,乘热分装入试管中。分装试管时,培养基绝对不可沾到试管口边上,否则以后很易感染杂菌。培养基装量为试管长度的1/4。试管中灌入培养基后,管口用湿的纱布擦净,塞好棉塞。棉塞长3～3.5cm,2/3在管内,1/3在管口外。棉塞外缘应光洁,松紧适中,拔出棉花塞时应有"噗"的声音。消毒时以8～10管为一捆,立直放在高压消毒(灭菌)锅中消毒(灭菌)。

(2)葡萄糖、玉米(或麦麸)培养基

培养基中马铃薯由麦麸或玉米粉所取代,也是将麦麸(或玉米粉)加水煎煮,煮沸15分钟后,过滤,取其滤汁用。制作方法同PDA培养基。

5. 灭菌

灭菌是杀灭培养基中存在的各种杂菌。灭菌方式很多,目前生产上大多应用高温灭菌。高温灭菌的机制是通过高温使杂菌的细胞膜、染色体破碎,蛋白质凝固、酶失活,从而使杂菌死亡。杂菌种类很多,有细菌、酵母菌、放线菌、霉菌孢子、病毒等。细菌中有大肠杆菌、葡萄球菌、荚膜菌等。大肠杆菌是厌氧菌,在有空气(氧)的环境中不能生长繁殖。霉菌孢子、荚膜杆菌是呈休眠状态的菌,孢外有一坚固的细胞壁或荚膜,细膜质含水量低,极耐高温,不易杀死。江苏南通安惠生物科技有限公司实验室进行了实验,将霉菌孢子、枯草杆菌、酵母菌、多种土壤细菌放在直径9cm瓶子的木屑培养料中心,分别以100℃持续2小时、100℃持续4小时、100℃持续8小时、100℃持续12小时和128℃持续2小时灭菌处理,一般土壤细菌在100℃持续2小时全部死亡，霉菌孢子100℃持续4小时才全部死亡，夹膜菌到128℃持续1小时才全部死亡。培养基中灭菌效果还和培养料含水量、杂菌数量有关。杂菌数量多、含水量低，灭菌时间需更长些。原料干燥呈块状或有气泡时，灭菌效果就会大大降低。

灭菌前，锅中先加入适量的水，将培养基试管立放于灭菌锅中，试管上盖圆锅形、薄薄的不锈钢内盖，再盖好锅盖，拧紧螺帽，加热，压力升至0.035MPa(107℃)左右时，打开放气阀，缓缓放气，把锅中冷空气放尽。空气是热的不良导体，不容易加热，若冷空气不放尽，留在锅中，热蒸汽中混合冷空气，会出现锅中空气压力升高，而温度不高的状况，造成灭菌不彻底。

锅中冷空气留量对灭菌温度的影响，见表5－1。

表5－1 冷空气排放量与锅内压力、温度的关系

压力(MPa)	温度(℃)				
	完全排除	排除2/3	排除1/2	排除1/3	不排除
0.034	109	100	94	90	72
0.069	115	109	105	100	90
0.103	121	115	112	109	100
0.138	126	121	118	115	109
0.172	130	126	124	121	115
0.207	135	130	128	126	121

灭菌锅中冷空气是否放尽，可将放出的空气放在导热性好的冷物体表面，看是否能凝结成水珠来测定。当阀门放出来的空气呈水蒸气状，用金属片或手心放在阀门口出来的蒸汽上，金属片上或手心上有水珠时，表明锅中已没有冷空气了。若一次放气，冷空气不能放尽，可再继续加热，待蒸汽压升至0.035MPa时，再放气一次，直至冷空气放尽。冷空气放尽后再继续加热，直至升到需要的温度。试管琼脂培养基因容器直径小，温度容易传到试管中部，同时琼脂在高温下呈液体状，传热速度较快，因此灭菌时间不需很长，121℃持续40分钟即可。琼脂培养基灭菌时间不能过长，长时间高温会使琼脂分解，失去凝固作用，而且葡萄糖也会被破坏。灭菌结束后，需让蒸汽压自然下降，待压力降至零时，才可打开放气阀，放出热蒸汽。待压力指针回到零时，才可打开锅盖。

灭菌后待培养基稍冷却、还呈热熔状态时，倾斜放置，使培养基形成一个斜面。斜面上缘高度应在试管长度的2/3处。冬天，若在培养基温度很高时放置斜面，试管壁上容易凝结水珠，水珠流到培养基表面会形成水层，使培养基表面没有空气，不利于菌丝的生长。为防培养基表面凝结水珠，在放置斜面前，可在培养基试管的上面与下面先放一层薄棉花，使培养基慢慢凝固，试管壁温度慢慢降低，这样试管壁上不会形成水珠。让培养基形成斜面的目的是为了增加菌丝的生长面积。斜面培养基因内部没有空气，菌丝不能长到内部，只能在培养基表面生长。

(二)菌种分离与母种扩大繁殖

菌种分离是从食药用菌的子实体或孢子或生长基质上分离、培养出种质好、菌丝纯的菌种。

菌种分离有孢子分离、组织分离和基质分离数种。

菌种分离获得的菌种需要经过栽培、通过性状显著性测定等几个过程。经济性状优良、稳定的才可正式作为菌种使用。菌种分离获得的菌种是原始母种。原始母种可再扩大繁殖4～5次，以获得更多的2、3、4、5级母种。母种扩大繁殖次数不宜过多，次数过多，菌种纯度可能会降低，种性也可能发生变化。

1. 孢子分离

孢子分离包括有性孢子和无性孢子分离两种，目前大多采用有性孢子分离。有性孢子分离是用无菌的方法获取纯食药用菌的担孢子或子囊孢子。食药用菌的孢子绝大部分是单核单倍体孢子。孢子相当于高等植物的配子。孢子经过萌发得到单核的一次菌丝，两根异质(异性)的一次菌丝，经过质配后能得到能结子实体的双核菌丝(二次菌丝)，从而得到新的菌种。食药用菌有性孢子有无极性、双极性和四极性数种，其萌发的单核菌丝也有无极性、双极性、四极性数种。无极性是指孢子没有性别(＋、－)差别，单个孢子萌发的菌丝就能形成子实体。双极性是担孢子有正负两个级性，相当于高等植物的雌雄配子，这种食用菌单个孢子萌发的菌丝不能形成子实体，必须正负两个异质的单核菌丝结合后，才能形成子实体。四极性是同一个担子上产生的担孢子有4种不同的性别，即只有A、B两因子均不相同的单核菌丝A_1B_1、A_1B_2、A_2B_1、A_2B_2、交配形成的双核菌丝(A_1B_1、A_2B_2)才能结实，其他核相的结合均不能形成子实体。

有性孢子分离需要成熟的子实体和适宜产生孢子的生长条件。非适宜温度产生的孢子，饱满程度会降低孢子质量。孢子分离方法因子实体原材料的不同而不同。肉厚、菇形大的食药用菌，可

以割取部分组织块、置于孢子收集器中收集。菇形中、小的食药用菌，可将整个子实体悬吊在孢子收集器的上方，让其落下孢子。孢子分离也可直接从子实层刮取孢子。分离方法是取成熟、洁净的子实体，用接种在菌孔里面或菌褶面轻轻刮取孢子，然后移接斜面培养基上，用划线法接种，使孢子分散在斜面培养基上，放在 25℃下培养，孢子萌发后取生长良好的菌落扩大繁殖。孢子收集器可用具有棉塞的玻璃钟罩和瓷盘（或不锈钢盘）组成，也可用有棉塞的三角玻璃瓶组成。

孢子分离有单孢分离和多孢分离两种。

多孢分离：用接种针在有孢子的培养皿中蘸取孢子，然后在 PDA 培养基中做划线分离，再放在 22～25℃弱光下培养，8～9 天后孢子萌发，10～12 天时见菌落菌丝体。挑取无杂菌生长的菌落菌丝体放在新的 PDA 斜面培养基上培养，以后用此菌种繁殖，扩大栽培。用生长良好、有丰产优质特性的子实体做组织分离，固定其性状，以获得优良菌种。

单孢分离：用针筒吸取无菌水（10～50ml），注入有孢子的培养皿中，轻轻摇动，使成孢子悬液，注入在 PDA 培养基上，每皿（或每一试管）注入 1ml，轻轻摇动，使孢子分散，放在 22～25℃下培养。8～9 天后，孢子萌发，10～12 天后可见单个星芒状的菌落，这种菌丝是单核菌丝，不能产生子实体。在接种箱中，将单个孢子萌发的单核菌丝菌落移接在新的 PDA 培养基上，待菌落长至 3～4cm 直径时，将不同的两菌落，分别配对，挑放在同一培养皿的 PDA 培养基上，两个菌落生长接触后，接触处无拮抗线，菌丝粗而浓，表明两个菌落发生了交配。菌丝交配后作扩大培养，以后留一部分在试管菌种保存，其余分别制成原种、栽培种。最后观察生长情况，若子实体质量好、产量高，就将原种保留下来的试管菌种做菌种使用或保存。

(1) *蘑菇孢子的采集和分离*

蘑菇孢子采集：将成熟的蘑菇子实体插在无菌的孢子收集器中，再置于适宜的温度下培养，使孢子成熟、散落孢子，并收集。

孢子收集器组成：孢子收集器由直径 20cm、高 22～25cm 的具有棉塞的玻璃钟罩、25～28cm 直径的瓷盘（或不锈钢盘）、培养皿、不锈钢三脚架等零件组成。先在盘中铺 8 层厚潮润的纱布，上面放（口向上）培养皿，培养皿中放入不锈钢的三角插架 ，钟罩压于纱布上并将培养皿罩住，外面用纱布包扎，以便在移动时钟罩能和瓷盘连成一体，不会松动。

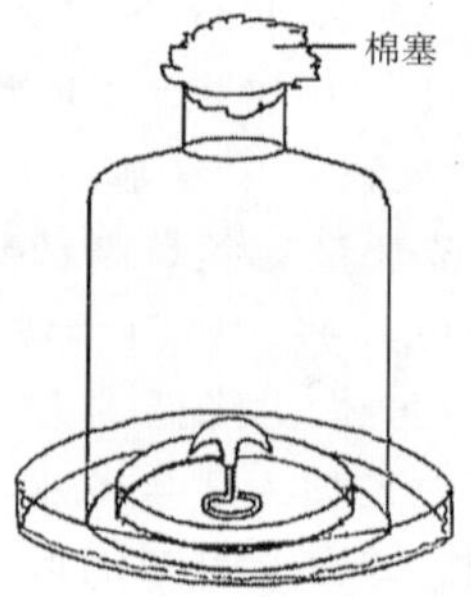

图 5－8　蘑菇孢子采集装置

孢子收集器灭菌：0.135MPa（128℃）蒸汽压下，持续 2 小时。

种菇选择：在生长第一或第二茬菇、气温 16℃左右时，选单生、肥大、生长势强、无病害的子实体。在子实体将要开伞时采下，盛放在清洁的玻璃烧杯中，上面盖清洁的纱布，携至无菌室，供采集孢子用。

孢子采集、分离：子实体表面用 75％乙醇浸润的纱布擦拭，再用灭菌的纱布吸去残留乙醇，然后插在孢子收集器的三脚架上，罩好钟罩，移至 16～18℃有弱光的培养室培养。必须在无菌箱中操作。第 2～3 天，培养皿中有大量黑色孢子时，将孢子收集器移至无菌室或无菌箱中，先弃去已下落孢子的子实体，再向有孢子的培养皿中注入无菌水，稀释孢子液，然后用接种针（先进行火焰灭菌）蘸取孢子稀释液，在 PDA 培养基上作“之”字形的连续划线，使孢子自起始端至后端逐步稀释，以获得分散的单个孢子的菌落。划线时切不可将培养基划破。孢子划线稀释后，迅即移至培养室培养。稀释的孢子液也可用事先灭菌过的针筒吸取，再注射在培养基上，摇动，使孢子液散开，然后放入培养室培养。孢子液稀释倍数以孢子萌发时能清楚地出现单个的菌落为止，尽量避免多个菌落混杂在一起。

孢子萌发培养：培养室温度要求 25℃左右，有散射光、清洁。培养 8～9 天后，可见培养基表面有星星点点的菌落出现。到第 11～12 天时，菌落呈星芒状。这时将若干个单独孢子菌落分别挑出放在各个 PDA 斜面培养基上，再放在 22℃左右温度下培养。菌丝长满试管后，可把符合丰产特征的试管菌种作进一步扩大、繁殖。孢子分离获得的菌种要通过栽培试验，产量、质量、经济性状优良的才可作为菌种。蘑菇子实体的结菇能力，即产量性状、菇的肥瘦状况与其菌丝特征有关。菌丝匍匐、密度稍稀的，结菇能力较强、丰产性明显，但子实体较为瘦小。菌种菌丝浓密、白、气生菌丝发达的，所结子实体肥壮，子实体碰伤后不易转成红褐色，但结菇性能相对较差。菌丝密度、爬壁能力中等的，菇的肥瘦也中等。目前生产上大多采用菌丝中间型的菌种。菌落菌丝不整齐、边缘有缺斑的则弃去。孢子分离时，究竟选用何种形态菌丝的菌种，需以选种的目的而定。

(2)猴头菇孢子的采集分离

猴头菇孢子收集方法基本与双孢蘑菇相同。猴头菇子实体十分肥大，肉厚，用整个子实体采收孢子时，往往因呼吸量大，孢子收集器中会充满水蒸气，子实体附着的少量杂菌孢子容易萌发繁殖，容易感染杂菌，同时孢子也不易散落。可用其带菌刺的部分组织块采收孢子。猴头菇周身布满菌刺，菌刺是长子实层的地方，同时也是容易接受尘埃的地方。采集猴头菇孢子时，可用锋利快刀削去表面0.5cm左右长的菌刺，以清洁菇体，留下2.5cm左右长的菌刺，使其产孢子。将要散落孢子的3～4cm大小的部分子实体插在孢子收集器的三脚架上，或吊在灭菌过的三角瓶中。插好或吊好子实体组织块后，仍用棉塞塞好钟罩口或三角瓶口，放于16～18℃的温度、有散射光的环境中培养。孢子散落后，用双孢蘑菇孢子分离方法，在PDA培养基上划线分离或用针筒吸取孢子液注射在PDA培养基上，摇动，使孢子液均匀分布于培养基表面。放在22℃左右下培养，7～8天后可见孢子萌发。12～13天时，挑取单个孢子的菌落放在斜面试管培养基上培养。猴头菇孢子具四极性，即孢子有A、a、B、b 4种，A和B或a和b孢子萌发的单核菌丝经过质配，获得的双核菌丝(次级菌丝，又叫作二级菌丝、二次菌丝)才能形成子实体，A和b、a和B孢子萌发的菌丝相互结合形成的二级菌丝，不能形成子实体。A和a、B和b孢子萌发的单核菌丝相互不能结合，不能进行质配。

猴头菇孢子结合和出菇试验：猴头菇孢子萌发后，挑取单个孢子萌发的单菌落培养，并将单菌落的菌丝试管编号，如一、二、三、四、五……，再将一号试管中单孢子萌发的单核菌丝和二、三、四、五……号试管中单个孢子的萌发单核菌丝分别挑放在同一空白培养基的试管中。试管中2个担孢子的菌落应保持一定距离，待2个菌落的菌丝长到接触时，观察结合情况。若2个菌丝结合，接触处边界最后无拮抗线，且从接触处再生长的菌丝比原来的菌丝粗壮、生长快，能在基质培养基(木屑、麦麸培养基上)上良好生长，在显微镜下观察有锁状联合的，表明已质配。若2个孢子所长出的菌丝在结合处始终有拮抗现象，结合处再长出的菌丝细弱无力，在显微镜下观察未见锁状联合的，表明2个菌丝没有结合，没有质配，这种菌丝今后不能形成子实体。质配成功的菌丝(二级菌丝)进一步培养、扩大繁殖后，挑放到木屑、麦麸等原料配制的基质培养基上培养(基质培养基的配制见《原种培养基制作》一节)，待菌丝长满塑料袋后，移至猴头菇栽培室，拔去棉塞，待其长菇。猴头菇栽培室要求温度14～18℃、有散射光、90%～95%的空气湿度、空气良好(二氧化碳含量低于0.3%)。猴头菇菌种袋移至栽培室7～10天后开始结菇，可连收3～4茬菇。猴头菇采收结束后，计算其单位培养料产量和猴头菇质量。菇大、比重重、色白、刺短的菇即为质量好的菇。通过产量、质量显著性测定和t值测定，产量、质量优良的菌种即是好的菌种，可以留作生产用。猴头菇(其他食用菌也可)也可用多孢分离法获得菌种。多孢分离法是对猴头菇子实体散落的孢子不予单个分开，而是把许多孢子混合在一起培养，孢子萌发后从中选菌丝生长好的菌落繁殖扩大而获得的菌种。但这种方法获得的菌种纯度较低，很可能混有杂菌，菌种性状变化也较大。要经过菌种繁殖、扩大、子实体培养，才能确定菌种性状的优劣。性状好、性状稳定的菌种才可用于生产。

(3)木耳孢子的采集和分离

木耳孢子的收集方法和猴头菇基本相似。

木耳的全耳和部分耳片组织都能散落孢子，可选择片大的部分木耳收集孢子。

木耳是胶质的子实体，干燥后还能吸收水分膨胀复原，复原后的子实体仍能散落孢子。子实体干燥后子实层外因有胶质保护，短时期内孢子不会失活。成熟干燥的木耳，只要没有经过高温烘烤，仍可用以孢子分离。

木耳孢子分离应在25℃左右下，采用成熟、清洁、无病虫害生长良好木耳片。耳片采下后，盛于清洁的烧杯中，送至无菌室或无菌箱中。小的耳片用全片，大的耳片用半片或1/4片。耳片依次放于4～5个灭菌过的无菌水杯中反复漂洗，尽最大限度洗去耳片表面黏着的杂菌孢子，然后用灭菌过的纱布吸干。漂洗过的耳片用不锈钢的钩子吊在灭菌过的三角瓶中，塞好棉塞，置于20～25℃、有散射光的培养室培养，让其散落孢子。耳片吊在瓶中1～2天后，孢子即会散落，此时可见瓶底有一层白色粉状物(孢子)。将白色孢子堆用接种针黏着，在试管或培养皿的PDA培养基上划线，让木耳孢子由密到稀地分布在培养基上，再放在24～26℃下培养，6～7天后可见孢子萌发，出现单个孢子的菌落。也可用无菌水稀释孢子，再注射在PAD培养基上，放在24～26℃下培养，6～7天后孢子萌发，出现单个菌落。9～10天后，挑取单个菌落的菌丝放在新的空白斜面培养基上培养，并分别编号。各编号菌落按猴头菇单核菌丝组合的方式组合培养。菌丝长好后，选择质配的双核菌丝进一步繁殖扩大，再进行基质培养基培养，再参照木耳子实体培养方法培养木耳，观察木耳生长情况和产量、质量。产量、质量好的菌种，即为优良的菌种，可留作以后生产应用。

(4)银耳的孢子分离

将刚成熟的新鲜银耳子实体移入接种箱（或接种室或超净工作台）内，依次在4～5个无菌水烧杯中漂洗，尽量洗去银耳耳片表面的杂菌孢子。再用无菌纸吸去耳片表面的水分，用无菌小刀将银耳耳片割成3～4cm大小，用不锈钢小钩将小耳片吊挂在灭菌的装有PDA培养基的、500ml大小的三角瓶中。种耳耳片离培养基表面应3cm左右。塞好棉塞，置于22℃左右、有弱光线的培养室中。24小时左右后培养基表面可有乳白色的粉状物，这就是银耳孢子。这时，在无菌条件下取出耳片，仍塞好棉塞，22℃左右培养，3～4天后培养基表面出现乳白色糊状菌落，此即为银耳芽殖体（习惯叫芽孢）。将银耳芽殖体再转接到新的PDA斜面培养基上，22℃左右培养，7～10天后PDA培养基上长满浅白色或稍带米黄色的银耳芽殖体菌落，此银耳芽殖体即可作为母种应用。银耳芽殖体有时可发育为银耳菌丝，银耳菌丝纯白色、毛短、浓、直立，几乎不向四周扩展。银耳芽殖体要和银耳的伴生菌——香灰菌丝一起生长才能结出银耳子实体。制银耳菌种时，除需有银耳芽殖体或银耳菌丝种外，还应有香灰菌菌种。香灰菌可能是炭角菌的无性阶段，属子囊菌纲，有多个种。香灰菌需和相应的银耳菌种配合应用才能长出良好的银耳子实体，香灰菌种要用基质分离的方法获得。

(5)香菇孢子分离

取生长良好、无病虫杂菌、第一潮或第二潮的菇。待菇盖边缘近开展时采下，携至准备室。切去菌柄，放入接种室（或接种箱、或超净工作台），菇体表面用75%乙醇棉轻轻擦拭，进行表面消毒，然后放入孢子收集器中，移入18～20℃培养室培养。1～2天后收集孢子的培养皿中有白色粉末状物，将孢子收集器移至接种室或接种箱，取出香菇子实体，再将培养皿中的香菇孢子进行多孢分离或单孢分离培养。

(6)灵芝的孢子分离

灵芝极易产生孢子，但灵芝孢子壁厚，萌发困难，一般情况下，孢子萌发率不到3%。孢子密度低，单孢、双孢、三孢时孢子几乎全部不会萌发；孢子密度高，萌发的概率可提高。灵芝的发酵液有助促进孢子的萌发。

灵芝子实体是全裸型子实体，菌管外无包膜，菌管口很易感染杂菌。孢子分离时，子实体必须保持清洁。

孢子收集器：长、宽、高为20cm×30cm×10cm左右的纸盒。纸盒内放一个预先灭菌过的瓷盘，外面用4层纱布包好，经125℃、持续半小时灭菌，再烘干，然后置于接种箱中。

孢子采集：选菌盖厚、生长良好、无病虫感染、菌盖边缘嫩黄色圈将完全消退时的灵芝。手握菌柄，采下灵芝（不可用手握住菌盖），放在盘中，将盘移入工作室。用消毒镊子镊住菌盖，在离菌盖2cm处将菌柄剪下，把剪下的菌盖放入已消毒过的接种箱内，用75%乙醇浸润的药棉对灵芝菌盖和菌柄作表面消毒，然后再用无菌纱布擦去残留乙醇。然后菌孔面朝下，放在纸盒中的瓷盘上，仍盖好纱布，移于25～28℃温度下培养。1～2天后，灵芝菌盖下有大量棕黑色孢子。灵芝孢子也可用双孢蘑菇孢子收集器收集。

孢子分离：将PDA培养基试管、接种工具和散落孢子的纸盒移至接种箱或超净工作台。接种箱、超净工作台应预先消毒。镊去灵芝菌盖，用接种针黏取灵芝孢子，移接在PDA试管培养基上。为了提高萌发率，可在PDA试管培养基上预先加入0.5～1ml灵芝发酵液，然后移至22～25℃培养室培养。10～15天后，孢子开始萌发。

灵芝孢子分离时，较易感染杂菌，可用加入抗生素的PDA培养基。孢子萌发后要及时将菌丝挑放在新的空白PDA培养基上继续培养。

灵芝菌种的鉴别：灵芝孢子分离很易感染杂菌，孢子分离获得的菌种需要鉴别。PDA培养基上生长的灵芝菌丝，生长20天左右后，菌丝逐渐变成棕黄色、平伏、纤维化。孢子分离时若环境中无其他近似灵芝的革质菌类，这种菌就是灵芝菌丝。若菌丝生长期不转黄棕色，不纤维化，很可能是杂菌，应弃去。

(7)蛹虫草的孢子分离

取生长良好、清洁、成熟的蛹虫草子座（子实体），用清洁的盛器盛好，送至接种箱。在接种箱中，用75%乙醇浸润的纱布擦拭子座表面，再用干的、灭菌过的纱布吸干。用灭菌过的刀片将子座纵剖开，用接种针挑取子囊放在培养基上，碾开子囊，塞好棉塞，放在20～22℃下培养。6～7天后，孢子萌发，继续培养至12～13天，菌落长至2～3cm直径时，挑放在另外新的斜面培养基上培养，即可获得蛹虫草母种。

蛹虫草母种菌丝长好后要进行选择。蛹虫草

菌种和其他食药用菌不同，菌种变化很大，有些菌种菌丝生长很好，但就是不结子座。北虫草宜选色泽红棕色较多的菌丝作菌种。

蛹虫草菌丝在培养过程中，细胞器容易发生变化或丢失，DNA 中的某些核苷酸也会丢失，或结构发生改变，结子实体的性能也会发生变化，子座产量降低，甚至不结子座，在菌丝形态上气生菌丝逐渐增多，色泽变白。每隔一年或两年，甚至半年不到要重新分离菌种。菌丝色泽容易转黄，匍匐菌丝多、脱氢酶活性强的菌种结子实体的性能一般较强，产量高，这样的试管菌种可进一步扩大培养。

(8)茯苓的孢子分离

茯苓子实体一般在菌核上形成，有时也可在菌材上形成。茯苓子实体极小，菌盖极薄。栽培时茯苓子实体很少发生、见到。孢子分离时要专门培养茯苓子实体。

分离方法：第 1 步是培养子实体，第 2 步是分离孢子。首先选取大小中等、表面光洁的茯苓(菌核)，表面用水洗净(注意不要损伤茯苓皮)，阴干至无游离水，放在一湿润的纱布上，将茯苓菌核罩在清洁的具塞钟罩中，放于清洁、有光、空气湿度 90%～95%的环境中。为防止纱布发霉，纱布可事先放在 50ml/L 的金霉素溶液中浸湿。10 天左右后，茯苓(菌核)上长出平伏于菌核表面的子实体。茯苓属卧孔菌，卧伏于菌核上的子实体有菌孔。采下的子实体用灭菌的不锈钢钩吊在有 PDA 培养基的三角瓶中，放在 22℃下培养。2～3 天后，即有大量孢子落在三角瓶的培养基上。将有孢子的三角瓶移于 22℃培养室培养，7～8 天后，即有星芒状的菌丝长出。这时，选菌丝生长快、灰白色、不特别浓的菌落挑放在另一新鲜 PDA 培养基上培养，所长出的菌丝可作茯苓母种。

(9)羊肚菌的孢子分离

在接种箱外，用清水清洗羊肝菌子实体 2～3 次，在接种箱(或超净台上)中再用无菌水冲洗羊肚菌子实体 4～5 次，用无菌纱布吸干水分，再用 75%乙醇药棉反复擦洗羊肚菌子实体表面及凹陷处，最后剪去菌柄。菌盖在 75%乙醇中浸 30～60 秒，用无菌纱布吸去子实体上的乙醇，置无菌研钵中，用锤将羊肚菌子实体研碎成浆状，挑去不能研碎的碎片，加无菌水制成孢子悬液。用接种钩挑取孢子悬液涂于含抗生素的斜面培养基斜面上，放在 22～25℃培养。2～3 天后孢子萌发，4～5 天后孢子长成 1cm 左右菌落，菌丝白色、稀。用接种针挑取单个羊肚菌菌落于斜面培养基上继续培养，培养温度 22～25℃。8～10 天后，菌丝长满试管斜面，菌丝粗，有气生菌丝和匍匐菌丝。

(10)红菇的孢子分离

采收已成熟红菇子实体，要求菇体清洁，无虫或虫少，携至接种箱，用接种针挑取清洁、无虫的菌褶 4～5 片，黏贴于灭菌的空试管壁上，塞好棉塞，放在 22～25℃有散射光的环境中培养。1～2 天后，菌褶上撒下孢子，掉在试管壁或试管底，用接种针蘸取孢子，用划线法接种于培养基上，放在 22～25℃培养。4～5 天后，若见培养基面上有酵母状、水珠状物，或霉菌菌丝生长时，说明该试管斜面已被污染，应弃去。若未见杂菌生长，菌丝长满管后可分离扩大繁殖，以获得更多菌种。菌种长好后，用低温保存。

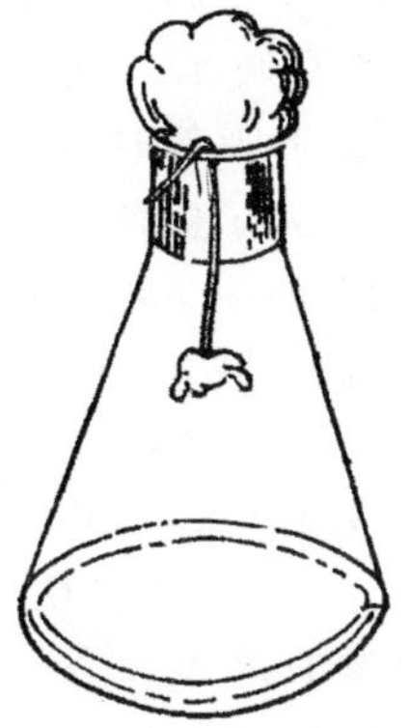

图 9 木耳孢子采集

(11)平菇、金针菇等无性孢子分离

平菇、金针菇、木耳、银耳等很多食用菌、药用菌在不利于有性繁殖时，可产生分生孢子、芽孢子、节孢子、粉孢子等无性孢子。草菇菌丝菌龄较长时，会长出棕色的厚垣孢子。银耳、金耳菌丝能产生芽殖体。冬虫夏草、蝉花的菌丝能产生大量的粉孢子，只要条件合适，绝大部分食用菌能产生无性孢子。这些孢子有的是双核，有的是单核。这些无性方式繁殖的孢子也可作为菌种繁殖应用。无性孢子只要条件适合也能萌发出菌丝。两根异核的单核菌丝经过质配也可形成双核菌丝，进一步形成子实体。无性孢子也可以分离获得菌种，其制种过程和有性孢子分离制种相同。但目前除银耳、金耳外，还没人用这种方法分离制备菌种。

2. 孢子分离注意事项和孢子分离设备

① 孢子分离很容易混杂各种霉菌的孢子：霉菌孢子壁较薄，孢子萌发时间一般比担子菌食药用菌孢子早。分离后 4～5 天见到的、且以后生长的菌丝稀、细，生长速度特别快的，这很可能是霉菌孢子萌发的菌丝，应予以淘汰。

② 食药用菌孢子萌发的时间、萌发率和孢子浓度有关:孢子浓度高,萌发时间短,萌发率高;单孢子萌发时间长,萌发困难。食药用菌孢子萌发需要有一定的CO_2浓度和激素。CO_2和激素浓度过低,孢子不易萌发或不萌发。CO_2、激素是孢子萌发前自己产生的。孢子浓度低,呼吸产生的CO_2和同一面积上积累的激素量少,孢子不易萌发。1981年,上海市农业科学院食用菌研究所科研人员用单孢子分离器采集400多个香菇孢子,并做了萌发试验,结果无一成功。前述各种食用菌萌发时间是孢子已稀释后的萌发时间;未稀释时,孢子萌发时间会明显缩短。

③ 壁厚的孢子,如灵芝孢子,萌发较困难,萌发率低;猴头菇等孢子壁薄的孢子,萌发较容易。

食用菌孢子非常微小,一般长5~7μm,直径3~4μm。在显微镜下观看时,往往会受载玻片上水液厚度的影响,看到了液面的孢子,而漏见了液面下层的孢子;或看到了下层的孢子,而未见到上层的孢子。孢子萌发时间有早有晚,萌发早的,培养后3天在孢子上产生芽状突起,但到肉眼能看见菌落需7~8天;萌发晚的,培养8~9天后孢子上才出现芽突,15~20天才见菌落。若晚萌发的菌落正好和早萌发的菌落叠在一起,两个菌落会混合在一起,操作者一般无法辨别培养基上看到的菌落,究竟是单孢子菌落还是多孢子菌落。要真正做单孢子选育种研究,最好应用单孢分离仪或毛细管分离法分离的单孢子。

④ 单孢分离仪分离:单孢分离仪是专门分离单个孢子的显微镜操作仪,在物镜下有挑孢子的操作杆,操作时在显微镜下用操作杆(针)将单个孢子挑出,放在盖玻片上,以后再移入预先标记好的培养基位置上,再放入培养室培养。

⑤ 毛细管分离:在酒精灯、煤气灯或乙炔灯上,将玻璃管拉成毛细管,毛细管直径几十个微米。用无菌操作法将所要单孢分离的孢子用无菌水稀释,稀释到孢子分散,不聚集,每毫升含孢子百万个左右,肉眼视之呈无色透明状。操作时将长毛细管折断成6~10cm长的短毛细管,竖直立在孢子稀释液中。孢子能通过毛细现象随孢子液进入毛细管中。孢子液进入毛细管后取出毛细管,逐一放在显微镜下观察,看见毛细管中有单个孢子,记下孢子在毛细管中的位置,在标记的地方将毛细管折断,然后放在PDA培养基上,置25℃下培养。15天左右可见菌落产生,这样的菌落是单孢子菌落。

3. 组织分离

组织分离是无性繁殖。从食药用菌子实体上切取一块组织(营养体)移植至试管培养基上,使其萌发菌丝以获取菌种。组织分离培养基一般不用木屑、麦麸或粪草基质培养基。基质培养基有细菌污染时不易检出。基质培养基是迟效、复杂成分的培养基。子实体上切取的组织块,细胞已分化,分解纤维素、木质素的酶活性很低,在长出菌丝时,分解、利用木屑、粪草复杂成分的能力很弱,所以用基质培养基作组织分离培养时,子实体组织块上往往不能很好地长出菌丝,组织块会饿死或生长不良。组织分离一般只用PDA培养基或特殊PDA培养基。

组织分离菌种的原理:除特殊种类外,食药用菌子实体上的组织大多是分化程度极低的组织,离体时组织内的菌丝可转化为脱分化的全能性营养菌丝,可以成为新的菌种。

有些食药用菌的子实体,在生长后期,某些组织可出现明显的分化,从而丧失繁殖营养菌丝的能力。红菇属、乳菇属的食药用菌子实体完全成熟后组织大多已分化,细胞大多呈泡囊化,原生质稀少,组织脆,子实体中的细胞已丧失分裂繁殖能力,不能在培养基上生长菌丝,很难用这些属的食用菌子实体进行组织分离获取菌种。灵芝等多孔菌,子实体木质化程度高,子实体生长后期,组织中的菌丝大多已分化,分化成纤维化程度极高的骨骼菌丝、联络菌丝,少数为生殖菌丝,表面细胞也都角质化,细胞中几乎全被液泡充填,没有原生质,细胞失去吸收营养、分裂繁殖能力。所以灵芝等木质化程度高的食药用菌应在子实体还未完全分化时分离,其余时间的灵芝子实体组织不能用于组织分离来获取菌种。

在各种食药用菌子实体中,菌柄部分细胞分化最早,完全成熟的子实体不宜用菌柄作组织分离的材料。食药用菌子实体各组织中,分化时间较早、分化程度较高的部位为菌柄。其次为菌柄顶部的菌肉,再其次为菌褶上部和边缘的菌肉。组织分离应尽可能取分化程度低的组织或菌褶。菌根菌因需要高等植物根际提供特殊的营养成分才能生长发育,必须用含特殊活性成分的培养基进行子实体组织分离,以获取菌种。

(1)香菇的组织分离

种菇标准:种菇要在气温14~18℃、长第一潮或第二潮菇时采收。种菇要求肉厚,菇群生长良好,子实体6~7分成熟。另外整个菌棒的香菇生长都要良好。采下后放在清洁的玻璃杯中,或用清洁的白纸包好,携至接种室或无菌箱中,用无菌操作进行组织分离。

分离方法:子实体表面用75%乙醇药棉擦拭,

用经火焰灭菌并冷却的解剖刀或刀片削去菌皮，将菌肉或菌褶（未开伞的菇）分割成绿豆粒大小的组织块或菌褶，用尖头镊子镊取菌肉组织块，移接在空白的PDA培养基试管中，放在22～24℃下培养，菌膜已开裂的子实体，不能切取菌褶。第2～3天时可见组织块上或菌褶有白色菌丝长出，到第12～15天时，菌丝已布满整个试管斜面。菌丝长好后选菌丝生长好、菌丝前端生长整齐的，移接于另外新的空白斜面培养基上培养，以后再进一步扩大繁殖菌种、栽培。新分离的菌种在正式生产前需做菌种性状鉴定，经济性状好的菌种即为好的优良菌种，才可用于生产。

（2）木耳的组织分离

种耳选择：在第一、二批生长木耳的菌棒（或菌袋）中选，选木耳生长好、无病、无虫害，6～8分成熟度的木耳。木耳采收前，停止喷水，使耳片微干，然后采下。采下耳片后，放入清洁的烧杯中或用白纸包好，携至接种箱或接种室，用无菌操作法分离菌种。

分离方法：用75%乙醇棉球擦拭耳片，杀灭耳片表面杂菌。然后切去耳片表面层，用火焰灭菌冷却后的手术刀，削取1～2mm大小的内层组织，移至PDA斜面培养基上。把分离的组织块放在22～24℃下培养，5～6天后组织块上会长出菌丝。认真观察菌丝生长情况，菌丝生长整齐，符合正常木耳菌种特征的，可作为选种对象。当菌丝长满试管后，再进一步繁殖扩大并栽培，使其长耳，鉴定菌种的生产性状。经济性状良好的，即可留作生产用种。

干的、清洁成熟的耳片也可用于菌种分离。方法：将干耳片用无菌水浸泡，使耳片泡胀，复原新鲜状后，再用新鲜耳片组织分离方法分离。

（3）茯苓的组织分离

茯苓组织分离都用菌核。选皮色较淡、未完全成熟的无病斑的菌核，先用灭菌水洗净菌核外皮，再在无菌箱中用75%乙醇药棉擦拭菌核表面，用灭菌的刀切开菌核，再挖取黄豆粒大小内部菌核组织一块移植于PDA培养基上，22～25℃培养。7～10天后，菌核块上即会长出菌丝，菌丝白色或稍暗、浓或稀，生长速度快。

（4）北虫草组织分离

取清洁、前端头部还未明显膨大、未成熟的子实体（子座），放在无菌箱中，置3～4个盛无菌水的烧杯，将北虫草子座依次在3～4个无菌水杯中漂洗，洗去表面黏着的杂菌孢子，用无菌纱布吸干，再用75%乙醇棉擦拭子座表面，用干的无菌棉吸干，用无菌解剖刀剖开子座，并割取髓部菌丝组织，移接与PDA培养基上，22～25℃无光培养。不时观察生长情况，2～3天后组织块上会有菌丝长出，15～20天后菌丝长满斜面。菌种菌丝生长整齐，无杂菌，橘黄色菌丝多的作为菌种，用于扩大培养。

（5）菌索分离

有些食药用菌如蜜环菌、假蜜环菌、安络小皮伞等菌，有发达的菌索。菌索外层是鞘，内部为菌丝，内部的菌丝是没有分化的菌丝。菌索也可作为菌种分离的材料。

A.蜜环菌的菌索分离：取白色或浅灰色、嫩的蜜环菌菌索。在接种箱中，用4～5个盛无菌水的烧杯依次反复漂洗，用无菌纱布吸干，用75%乙醇棉擦拭表面，用无菌纱布吸干，用解剖刀或刀片将菌索髓鞘剖开，用无菌镊子镊取里面的菌丝，放在抗细菌的PDA培养基上，置20～25℃下培养。

蜜环菌菌丝在PDA培养基上会向基内生长。幼嫩的菌丝上在黑暗中可见到明显的蓝色荧光。根据这一特点，能鉴别所分离的菌种是否为蜜环菌菌种。蜜环菌分离扩大时，菌龄一定要短，菌索呈乳白色或奶黄色时分离扩大。

B.黑柄炭角菌的菌索分离

培养基：宜使用加富PDA培养基。

分离方法：将黑柄炭角菌菌索用无菌水反复冲洗，再用75%乙醇棉擦拭菌索表面，把菌索切成3mm长的小段，接种于加富PDA培养基上。培养基中最好含有抗生素，放在25℃下培养。7天后菌丝布满培养基。菌丝浓密，灰白色，气生菌丝发达，逐渐形成菌索。菌索一边生长，一边长粗。粗壮明显的菌索是优质黑柄炭角菌的特征。

（6）菌菌共生食用菌的菌种分离

有些食用菌需要有另一种菌伴生为其提供营养才能生长菌丝，形成子实体，产生担孢子，自己不能独立形成子实体，完成生活史循环。如银耳菌种有酵母状芽殖体（芽孢）和短绒状不发达菌丝两种类型的营养体，这两种类型菌分解木质素、纤维素的能力都很弱，自己不能分解木质素、纤维素，从中吸取养分。要依靠一种叫香灰菌的半知菌与其伴生，分解木质素、纤维素，然后为其提供营养与生长激素，这时银耳芽殖体才能发育为白色短绒状、不发达的菌丝，随后进一步形成子实体。金耳需依靠粗毛硬革菌的与其伴生，分解木质素、纤维素为其提供营养与生长激素，从而使金耳芽殖体发育成菌丝，随后再形成子实体。长银耳的基质中必定同时存在香灰菌丝和银耳菌丝；长金耳的基质中也必定同时存在粗毛硬革菌和金耳菌丝。金耳子实体中外层是金耳菌丝组成的组织，里层是粗毛硬革菌。培养金耳、银耳时，必须要伴生菌同时存在，且应有适当比例。菌种中若没有伴生菌或伴生菌比例过高，金耳或银耳不能形成或生长不好。

①银耳的组织分离：取生长良好、耳片厚、未散孢子的银耳，表面用75%乙醇消毒，用无菌解剖刀将耳片纵切，用解剖刀挑取里面薄层组织，再用接种针挑放在培养基上。22℃培养3～5天后，培养基上长出芽殖体，15天左右可能长出短绒状的银耳菌丝，然后再挑放在PDA试管中，这种菌有银耳味。银耳菌种也可用菌木分离和菌袋分离。

香灰菌的分离：取银耳生长良好，长第一、第二批银耳的耳袋（或耳木），在无菌箱中割去表面的银耳子实体，用接种钩钩取银耳的子实体基部灰白色的菌丝（或用刀挖取耳木上、耳片基部小片木块）接种在PDA培养基上。放在25～28℃培养数天后，接种块（或木块）处可长出白色或银灰色的、爬壁力很强的、生长速度较快的菌丝。这种菌丝在显微镜下视之分枝成羽毛状，无锁状联合，这就是香灰菌丝。接种块旁也可长出芽殖体。银耳原种制种需要将银耳芽殖体和香灰菌丝混合接种在原种瓶中才能成为银耳的原种。

银耳菌和香灰菌两种菌混合培养的，香灰菌丝长至试管斜面2/3时，接种点处银耳芽殖体会长成小白毛团，并分泌先是无色，后变棕红色的液体，基部成为耳芽状，这时可暂时放在15～18℃保存，或用于接种原种。香灰菌丝生长快，且能向四周生长。银耳芽殖体只在接种处生长，若两种菌混合接种、培养，经过几次移植后，有些菌种可能只有极少量，甚至没有银耳芽殖体，这样的银耳菌种，银耳长不好。目前大多将银耳芽殖体和香灰菌丝分开培养。

②金耳菌的组织分离：金耳菌种分离主要采用组织分离方法获取菌种。在没有理想子实体的情况下，也可用菌袋分离或菌木分离。

金耳的组织分离。选耳大、色泽正常、未开片、无病虫害的子实体（鲜品、新鲜干品均可），干的耳片放在无菌水中浸透。耳片用无菌纱布吸去表面水分，用75%乙醇进行表面灭菌，再切开或撕开耳片，露出浅白色的糙毛硬革菌的内层和黄色的外层金耳菌组织。分离时，挑取内外层交接处、既有金耳菌又有粗毛硬革菌、谷粒大小的组织一块，放置斜面培养基上。18～25℃下培养，一天后组织块上菌丝萌发，2天后菌丝长上培养基斜面。菌丝先白色后变成淡黄色至黄色，4～5天后有色素水分泌，7～8天后，菌丝长满斜面，并交织成毛毡状。毛毡状层外缘有黄白色菌斑，进一步培养，在表面和试管边缘会形成豆粒大小、橙黄色或黄白色的胶质小子实体。7～10天后，菌丝长满试管，可作为母种使用。若暂时不用，宜放在4～6℃的冰箱中保存。

③金耳的孢子分离：采集清洁、成熟、生长良好的金耳子实体，自然风干，分离时用无菌水反复冲洗子实体表面，再用无菌干纱布吸干，用手术刀将耳片切成2～3cm长的小块，穿在灭菌后的不锈钢钩上，吊于有培养基的三角瓶中。耳瓣的表面向下，塞好棉塞，放在17～22℃下培养。当耳瓣表面出现霜状物，培养基表面出现孢子印时，取去金耳子实体。金耳孢子放在25℃下培养，2天后，培养基表面出现乳白色、黏稠、酵母状的菌落。继续培养2天后，酵母状芽殖体菌落变成污白色，进一步分离纯化，即可得金耳酵母状菌种。

酵母状芽殖体在斜面培养基上较难转化为菌丝，但在培养基含水量低、温度较低时，培养时间长的条件下，也可能转化为菌丝。菌丝初期浅白、细弱，并向基内生长，气生菌丝不旺盛，稍呈平伏状、有绒毛、白色、疏松。

粗毛硬革菌的菌丝体分离：在金耳菌种瓶中长金耳子实体的部位，取豆粒大的浅黄色菌丝块，接种在斜面上，可得到粗毛硬革菌丝。取菌落前端纯的菌丝，接种在斜面培养基上培养。如此经2～3次分离纯化即可得纯的粗毛硬革菌菌种。粗毛硬革菌进一步扩接到木屑培养基上，放在25℃下培养，20天后便可长满瓶，这就是粗毛硬革菌菌种。

4. 基质分离

基质分离是从食药用菌生长过子实体的培养基基质上分离菌种。长过子实体的段木也是基质。

基质中的菌丝在生长子实体之前，生命力强、生长势旺盛，作为菌种分离材料时，菌丝很快会萌发生长。长过子实体后的基质，其中的菌丝已老化，生命力弱，进行分离时，菌丝萌发时间会延迟。基质中的菌丝当失去产生子实体能力时，萌发、抗杂菌的能力也会大大降低，往往不能萌发菌丝。

基质中，尤其是野生食药用菌的基质中，如朽木材中很可能混合生长着其他木材腐生菌，所以必须严格选材。树皮表面无杂菌生长的菌木才可作分离的基质材料。

草腐菌（如蘑菇、草菇、毛头鬼伞、鸡腿菇等）子实体的基质中（粪草、土中）也有该种食药用菌的菌种，但这些食药用菌和各种杂菌，尤其是细菌混生在一起，进行菌种分离时，培养基中需要添加抗生素,或配制较低 pH 值的培养基,抑制细菌的生长,然后进行分离。草腐菌现在已不用基质分离。

基质分离一般用于野生食药用菌,人工栽培的食药用菌都用组织分离方法分离。

(1)香菇菌的基质分离

菌材选择:基质分离应选择香菇生长良好或香菇虽未见生长良好,但菌丝纯、基质色泽单一、木质松软、色泽浅白,树皮上不长其他杂菌(蕈)的菌棒来分离。

分离方法:选子实体和菌丝体生长良好的菌棒,用锯子锯下约 3cm 长一段,削去表面树皮,然后送至接种箱内。在箱内,用 75%乙醇棉球擦拭菌材木质部表面和两端锯面,用消毒过的劈刀削去菌材 0.5~1cm 厚的表面部分,再用小榔头、厚壁刀将里面的菌材劈成火柴梗粗细,并用剪刀剪去两端部分,放在灭菌过的培养皿中。厚背刀每次劈菌材之前必须先经火焰灭菌,再冷却,以达到无菌操作和不烫伤菌丝。然后用镊子将火柴梗大小的菌材接于 PDA 试管培养基上,放在20~22℃培养室内培养,连续观察菌丝生长情况。培养基上长出水珠状物和颜色异于香菇菌丝状物时,表明已污染杂菌,这种试管应弃去。试管培养基上无杂菌生长,小菌材旁长出和香菇菌丝相同的白色菌丝时,表明已长出了香菇菌丝。香菇菌丝一般在分离后 4~5 天才长出,以后也不会产生分生孢子。菌丝长满试管后,可用于扩大繁殖。

基质分离的香菇菌种必须先进行出菇栽培试验,方法和香菇栽培相同。香菇菌种长出香菇后,表明香菇菌种分离成功。未通过栽培试验的菌种有可能不是香菇菌种。香菇菌种种质是否优良,需通过菌种比较试验、数理统计(性状显著性测定)才能得到肯定。

(2)其他食药用菌的基质分离

其他木腐菌的基质分离同香菇的基质分离方法。草腐菌不用基质分离。

5. 寄生菌、菌根菌的菌种分离

有些食药用菌是专主寄生菌,如竹黄、竹红菌、竹菌、冬虫夏草,它们只能在特定的竹子上或虫体上产生子实体。食用菌中有许多是菌根菌。菌根菌能为高等植物吸收土壤中的矿物成分、水分和生长素类物质,使高等植物得以良好地生长。有些高等植物自己单独不能生长、发育,有了菌根菌的帮助才能正常生长。高等植物能为菌根菌提供有机营养成分使其能生长子实体,如松茸、红菇、乳菇、鸡油菌等。

(1)竹黄、竹红菌菌种分离

取竹子上长的竹黄(或竹红菌)子座,携至接种箱,放入 3~4 个无菌水杯子中反复漂洗,用无菌纱布吸干,再用 75%乙醇棉球对竹黄(或竹红菌)作表面消毒,用无菌解剖刀纵切,割取里面谷粒大组织一块,置于竹黄菌斜面培养基上,放在 20℃下培养。7~10 天后,培养基表面会长出橘黄色的菌丝。经 45~60 天,菌丝长满斜面,气生菌丝发达,可作为竹黄母种应用。

(2)红菇的菌种分离

红菇子实体成熟后(开始产生孢子),菌盖组织已泡囊化,组织块很难萌发出菌丝。红菇子实体组织分离,必须取幼小时的子实体菌盖,即子实体组织还没有泡囊化的组织块。分离时,用清洁盛器将红菇子实体送至工作室,用清洁纱布擦净子实体表面,再放入接种箱。在箱内,用 75%乙醇药棉擦拭子实体表面,再用刀切开,用接种钩取靠近菌盖的部分菌褶,移殖在抗细菌的 PDA 培养基上,放在 25℃下培养。2~3 天后,菌丝即生长,7~8天后已形成菌落。若无杂菌混杂生长,即可进行扩大繁殖。

红菇现尚无人工栽培。

(3)松口蘑的组织分离

松口蘑(松茸)菌种培养基中需要添加一些活性成分。

松口蘑菌种分离宜用山楂培养基。

分离方法:取菌膜未破裂的松茸子实体,表面用无菌纱布擦拭清洁,再用 75%乙醇棉擦拭表面,然后用解剖刀分别切取菌褶或菌肉,放在黑木耳、山楂培养基上,放在 22℃下培养。松口蘑菌褶部分分离的成活率可达 100%。菌柄基部分离成活率仅 33%。菌盖内菌肉分离的成活率最低。生长速度:菌褶分离的,日平均生长速度为0.6mm,菌丝浓密,白;菌肉分离的,菌丝日生长速度为 0.33mm;菌柄基部分离的,日生长速度为1.8mm,但菌丝极稀疏。

(4)冬虫夏草的寄主分离

冬虫夏草的寄主是虫草蝙蝠蛾,长在海拔 3 500m左右的西藏和靠近西藏的云、川、青几省的高山草甸上。冬虫夏草子座长成时,虫体中已充满冬虫夏草菌菌丝(成为菌核)。虫体中还混杂生长其他各种杂菌,用寄主(虫体、菌核)分离菌种时,还需从分离的菌种中检选出冬虫夏草菌。DNA 检测认为中国被毛孢是冬虫夏草的无性世代,但用中国被毛孢培养虫草蝙蝠蛾时,从未长出过子实体。中国被毛孢菌落菌丝青灰色,球壳状,气生菌丝极不发达,几个月才长 1~2cm,长菌丝的培养基呈青褐色。

冬虫夏草菌核分离时会分离到虫草拟青霉、虫草头孢菌。前者菌落呈青霉菌状；后者菌丝纯白色、气生菌丝呈短绒状，有大量分生孢子。这两种菌也有良好药理作用，现也作药品应用。前者制成的产品叫金水宝，后者制成的产品叫宁心宝，这两种菌很好培养。

分离方法：取子座新鲜、幼嫩的虫草菌核（充满菌丝体的虫草），表面用清洁纱布拭净，再用0.1%升汞水液擦拭，进行表面灭菌，再用干的灭菌纱布吸干，然后用无菌解剖刀剖开菌核（充满菌丝的虫体），用锋利的解剖刀挖取菌核髓部组织一块，置于虫草斜面培养基上22℃培养。3～5天后，菌核分离的培养基上会长出各种菌丝，其中最多的是虫草头孢菌和中国的拟青霉。挑出这两种菌的菌落放在新的斜面培养基继续培养，分离纯化，可得虫草头孢菌或中国拟青霉菌种。分离后，若分离的寄主组织开始不长菌丝，直至10多天后才有少量青灰色菌丝，2～3个月后长成的菌落呈球壳状，青灰色的是中国被毛孢。

(5)蛹虫草的寄主分离

蛹虫草能在多种寄主体上生长，最容易寄生的是鳞翅目的蛹。人工分离繁殖新菌种时大多用榨蚕蛹。

蛹虫草菌丝有多态性，一种菌丝色较白，气生菌丝较发达，易产生分生孢子，这种菌结子实体能力差；另一种菌丝，气生菌丝橘黄色，菌丝密度、生长速度不及白色菌丝，这种菌丝结子实体能力较强。菌种分离时应挑取后一种形态的菌丝作种。

菌种分离方法：取子座幼小的菌核分离，分离方法与冬虫夏草菌的分离相同。

6. 检杂

菌种中的杂菌，若数量少，生长条件不适杂菌生长，同时菌种自身生命力很强时，杂菌不会表现出来。但当菌种衰老或因生长条件不良时，里面被感染的杂菌就会表现出来。有时表面看似很纯的菌种，里面可能已混杂着杂菌，所以菌种必须进行杂菌检查。杂菌检查有肉眼观察和培养检验两种方法。杂菌表现明显的可用肉眼检验。方法是：母种分离接种后，在开始一星期内，每2～3天检查一次，菌种旁如有细菌和霉菌生长，该菌种应及时弃去。霉菌的特征：菌丝细、稀，有多种色泽，生长快；细菌的特征：菌落水珠状，半透明。细菌生长温度高，在22～25℃时，细菌可能会潜伏不长，从而被漏检。检查细菌时，把菌种放在33℃左右下培养5～7天，这样细菌就容易被检出。确认无杂菌、病毒感染的母种才可用于扩大繁殖。

肉眼检查杂菌必须及时，在刚分离时每天需观察、检查。当目的菌生命力强，生长势旺盛，而杂菌数量少和培养温度较低时，杂菌生长很慢，从而可能被目的菌种所掩盖。

杂菌的培养检验：杂菌种类很多，有霉菌、有害细菌、无害细菌、放线菌、病毒等。不同的杂菌需不同的培养基成分，不同的水、气、温、光和pH条件。检验杂菌时应用不同的培养基和不同的培养条件（表5－2）。

表5－2 不同类别杂菌的培养基要求和温度条件

杂菌类别	培养基成分	pH	温度	空气
细菌	牛肉膏1.0g，蛋白胨1.0g，NaCl 0.5g，琼脂1.8g，水100ml	7.0～7.2	28～37℃	好气
枯草杆菌	牛肉膏1.0g，蛋白胨1.0g，NaCl 0.5g，琼脂1.8g，水100ml	7.0～7.2	28～32℃	好气
酵母菌	蛋白胨0.5g，酵母膏0.3g，葡萄糖1g，麦芽汁0.3ml，琼脂1.8g，水100ml	5.5～6.5	28～32℃	嫌气、好气
放线菌	可溶性淀粉2g，KNO_3 0.1g，KH_2PO_4 0.05g，NaCl 0.05g，$MgSO_4 \cdot 7H_2O$ 0.05g，$FeSO_4 \cdot 7H_2O$ 0.001g，水100ml，琼脂1.8g	7.0～7.2	低温型4～15℃ 中温型28～37℃ 高温型55～65℃	好气
霉菌	葡萄糖或蔗糖3g，Na_2PO_4 0.3g，KH_2PO_4 0.1g，琼脂1.8g，水100ml	5.5～6.5	25～28℃	

检验方法：将一小块试管菌种挑放在10ml的无菌水中稀释、搅匀，再用吸管吸取0.5ml稀释液，滴在检验用的培养基上，然后放在适宜的温度下培养。若有杂菌生长，表明该菌种混杂有杂菌，这样的菌种不能应用。

检验杂菌用的培养基必须随用随配。配制时间长的培养基，表面干涸，感染的杂菌不易生长出来，有可能会被错检。

有些食用菌也可能感染病毒。病毒生长在感染菌种的细胞里，随菌种生长而繁殖。菌种生命力强时，可不表现出症状，但病毒会对食用菌产量、质量造成巨大的损失。

检验病毒不需要特殊的条件，只要给予被检验的菌种以不良的生长条件，促使菌种老化，生命力降低，病毒就会表现出来。检验病毒时培养基成分应贫乏，葡萄糖用量12g/1 000ml，马铃薯100g/1 000ml，琼脂20g/1 000ml。检验病毒时，把需检验的菌种挑放在检验用的PDA培养基上，待菌丝萌发后，移置在28～30℃较高温度的培养室中培养，促使菌丝早衰，以便让病毒表现出来。试管菌种中若出现空斑，前端呈缺刻状，生长极不整齐，或菌丝特别细、稀，表明该菌种可能潜伏有病毒。为进一步确诊是否感染病毒，可将生长不良、可能感染病毒的菌种再检验一次。即挑取菌丝稀、细，有缺刻，或有空斑处的菌种移接在新的PDA培养基上，再如上述方法培养。若仍出现上述现象，表明这种菌种已感染了病毒，应予以淘汰。

有些食用菌含有内生菌。内生菌是生长在子实体里面，对食用菌生长不产生危害，大多还有一定的促进生长的作用，如鸡油菌、红菇都有内生菌共生。菌种分离时很难把内生菌分离去除，而且分离去后，该食用菌就生长不良。有些食用菌有共生菌或靠生菌，如银耳必须要与香灰菌共生在一起才能形成子实体。金耳必须要与粗毛韧革菌共生才能形成子实体。猪苓的生长必须靠蜜环菌提供养分，猪苓菌种分离时往往同时会分离到蜜环菌。进行野生菌菌种分离时，必须注意观察，那种反复分离不去，对所要食用菌菌种生长又无阻抑作用的菌，很可能就是内生菌或共生菌。对这样的内生菌、共生菌，可不必除去或不必分离得十分干净。

7. 母种扩大繁殖

母种扩大生产需要原始母种。母种培养需要母种培养室、试管斜面培养基、接种箱（或接种室或超净工作台）和接种工具（接种铲、接种钩）。母种菌丝长满管后要及时用于扩大接种。不能及时应用时，宜放在低温、避光处保存。

（1）母种扩大接种

在超净工作台或接种室内，用无菌操作方法，用接种铲、接种钩把上一代需扩大的母种斜面纵横分割成40～50块，用接种铲轻轻挑取分割好的小块菌种（菌丝下稍带培养基），移植在空白的PAD培养基上，再放入母种培养室培养。母种可重复扩大繁殖3～4代。

（2）母种培养

母种培养要求与菌种分离培养相同。母种培养时，试管下需垫薄薄一层棉花，试管上盖纱布，以防止培养室温度骤升骤降而损害菌种生长。母种培养应满足菌丝生长需要的水、气、温、光等条件。

温度：母种培养温度一般为22～25℃，个别高温菌种和低温菌种要求更高的温度和较低的温度。草菇菌种要求培养温度较高，需28～30℃；灵芝菌种需要25～28℃；金针菇、亚侧耳要求达20～22℃。同一种菌种，温度高，菌丝生长速度较快，但菌丝弱。温度低，菌丝生长速度较慢，但菌丝较粗壮。高于35℃，所有菌种都停止生长，甚至死亡。草菇菌种在低于10℃时，细胞中的酶失活，菌丝会死亡。

空气湿度：母种培养室空气湿度应保持65%～70%。>75%时，可开窗通风降低湿度或用除湿机除湿；空气湿度<60%，培养基表面会失水，会促使菌丝老化。空气湿度长期低于60%时，室内地面应适量泼水，或用加湿器增湿，以提高空气湿度（图5－10）。

图5－10 离心加湿器

光照：菌种培养不需要光线，过强光线会抑制菌丝生长，促使菌丝老化。但光线有助于空气流动，降低杂菌发生率，每天应有3～4个小时的弱光照，光强度以能视物即可。除工作人员工作时外，其余时间均应关灯。

空气：菌种培养需要较多的二氧化碳浓度。培养基中氧气浓度太多（氧分压高）会促使菌丝老化；但二氧化碳浓度也不能超过5%，最好在3%左右（普通室外空气中CO_2的含量一般为0.03%），否则会抑制菌丝生长。培养室中的CO_2浓度会影响培养容器中CO_2的浓度。培养室CO_2浓度过高，培养容器中的CO_2浓度会更高。培养室要每天开窗1～2小时，保持空气良好状态。母种在分离后，15天左右就会长满菌种试管，菌丝近长满试管时，可用于扩大接种。长满菌丝的试管不宜长期置于20℃以上温度中。20℃以上温度，菌丝呼吸旺盛，培养基中的速效养分很快被耗尽，菌丝会出现“饥饿”状态，同时有害代谢废物也会增多，菌丝容易衰老，从而降低菌种的质量。菌种长满管后若不及时应用，应在菌丝近长满全管前，转移至4～8℃温度下保存。4～8℃时菌丝生长极慢，呼吸量低，养分消耗少，菌丝不易衰老。试管转移至4～8℃保存时，棉塞上应用较厚的牛皮纸包住，保护棉塞，不使其松动和沾染灰尘，然后放在专用的木盒中，并编上菌号、保存日期，予以妥善保存。

第四节 制作原种的生产技术

试管母种移植在木屑、麦麸或粪草等主要含木质素、纤维素培养基上培养的菌种叫作原种。原种的作用是扩大菌种数量，并使菌种逐步适应木质素、纤维素等复杂培养基原料的生长环境。

图 5－11 食用菌原种

(一)原种培养基

自然界中食药用菌生长在由木质素、纤维素、半纤维素构成的枯死木材和粪草原料上。培养基中只有很少易被吸收的葡萄糖、氨基酸成分。食药用菌菌丝中有纤维素酶、木质素酶、半纤维素酶、蛋白质酶等酶，这些酶能将纤维素、半纤维素、木质素分解为葡萄糖，将蛋白质和其他含氮化合物分解成氨基酸，然后吸收利用。食药用菌菌丝长期在速效培养基上培养时，菌丝因不需要分解木质素、纤维素、半纤维素等复杂成分，相应的酶产量减少，活力也会降低。母种直接接种到生产用的原料上时，会因纤维素酶等分泌能力低、活力弱，生长非常缓慢。尤其当接种到未经高温灭菌，木质素、纤维素没有高温水解，没有速效性养分的培养料上时，几乎不能生长。原种培养基能使菌丝中的酶得到应用锻炼。原种培养基是迟效培养基，菌丝边生长边分解养分，菌丝长满瓶时，其中的养分没有完全被消耗。同时菌丝没有裸露在空气中，没有照到光，菌丝细胞壁不会角质化，原生质丰富。此外基质培养料中间，氧含量低，呼吸强度低，自由基水平低，菌丝不易衰老。原种接种到复杂成分培养基上时，菌丝很容易萌发、生长。

原种培养料水分必须适中。水分高，菌丝细胞原生质稀，菌丝抗逆力弱，高温时容易衰退；水分高，菌丝生长快，菌丝容易衰老；水分少，细胞体积小，原生质浓，细胞分裂繁殖速度慢，但菌丝抗逆力强。比重轻、疏松的培养料，因料中空气量多，菌丝呼吸旺盛，菌丝生长快，但菌丝容易衰老；比重轻的培养料，水分散失快，培养料含水量必须较高，否则会因水分不足而使菌丝生长不良；比重重的培养料，料中空气量少，菌丝生长慢，含水量应稍低些。一般原料质地较坚实的料，含水量以58%～60%为宜；原料质地较轻的原料，如甘蔗渣培养料，含水量应达70%～72%，棉子壳等比重稍轻的料，含水量以62%～65%为宜。

食药用菌有木腐菌和草腐菌两类，原种培养基也有木腐菌培养基和草腐菌培养基两类。

1. 木腐菌培养基的配制

含有木质素、纤维素、半纤维素，含氮化合物和不含杀菌或抑菌成分的木屑、枯木、棉子壳、农作物秸秆、果壳等原料都可作为木腐菌菌种的原料。松木、杉木、樟木、桉树等树材和木屑含有抑菌和杀菌的成分，一般不直接用其作菌种原料。松、杉、樟木屑用作培养料时，必须预先发酵。发酵时，应先浇水，使其含水量达60%左右，再堆制。经过2～3个月高温发酵后可除去其抑菌、杀菌成分，可用作原种培养料。损害菌丝生长的松节油等成分，也可以用高温蒸煮的方法进行解除。方法是：将木屑调节至含水量65%左右，再放入锅中，加热至沸，保持6～8小时即可。食用菌生长的木屑以分解较缓慢的硬质木屑为好；质地轻、软，容易分解利用的木屑培养木腐菌菌种时，后期菌丝容易衰退。稻、麦秸或其粉碎物做培养料时，因其培养基中缺乏木质素，而其中的纤维素、半纤维素又极易被分解、利用，培养后期培养基较易萎缩、出水，菌丝很易衰老。同时稻、麦草中又缺乏木质素，菌丝中的木质素酶得不到锻炼，这种材料一般不宜作木腐菌原种的制种原料。

木腐菌培养基配方可因地因原料而配制，常

用原料培养基配方有：

①木屑、麦麸培养基

阔叶树木屑78%，麦麸（或米糠）20%，蔗糖1%，石膏粉1%，含水量60%左右（用手握料，指缝间可见有水印），自然pH。

②木屑、玉米粉培养基

阔叶树木屑80%，玉米粉19%，石膏粉1%，含水量58%～60%，自然pH。

③棉子壳、麦麸培养基

棉子壳88%，麦麸10%，蔗糖1%，石膏粉1%，含水量62%～63%，自然pH。

④棉子壳、木屑、麦麸培养基

棉子壳50%，阔叶树木屑39%，麦麸10%，石膏粉1%，含水量60%，自然pH。

⑤玉米芯、麦麸培养基

玉米芯80%，麦麸19%，石膏粉1%，含水量65%，自然pH。

⑥竹基培养基

短穗竹竹屑75%，玉米芯10%，米糠10%，蔗糖2%，KH_2PO_4 0.5%，$MgSO_4$ 0.5%，$CaCO_3$ 2%（竹黄培养基）。

⑦棉子壳、玉米粉、培养基

棉子壳88%，玉米粉10%，蔗糖2%。（平菇培养基）

⑧半固体培养基

玉米粉160g，葡萄糖10g，水1 000ml。制备时将玉米粉和葡萄糖混匀，用少许冷水将玉米粉浸润、搅散，再用沸水冲泡，边加水边搅拌，直至完全糊化，然后分装于瓶中，灭菌（蜜环菌、假蜜环菌培养基。）

⑨枝条水溢培养基

1.2cm×2cm大小的枝条块（桑、榆、桦、枫、柞树的枝条剪成）150g，玉米粉30g，葡萄糖10g，混合，加水搅拌，装于瓶中。装大半瓶料再加水至瓶肩，使培养料沉没于水中，再塞棉塞，灭菌（蜜环菌培养基）。（配培养基前，枝条块需浸水12小时，至心部浸湿）

⑩竹屑、松针培养基

竹屑40%，松针15%，木屑23%，玉米粉20%，石膏粉1%，蔗糖1%，含水量60%（竹黄菌培养基）。

⑪木屑、松针培养

除竹屑改为木屑外，其余成分与竹屑松针培养基相同（菌根菌培养基）。

⑫棉子壳、麦麸、石灰培养基：

棉子壳87%，麦麸8%，石灰5%，料水比：1∶1.3。先堆制发酵，一天后装袋、灭菌（草菇培养基）。

食用菌种类很多，大多腐生性食用菌都适宜用上述第(1)至第(5)种培养基培养。少数特殊的菌种可用其他培养基培养，也可试验其他新的原料配制的培养基培养。

⑬麦粒培养基

将大麦（或小麦或玉米或小米）洗净，加水浸没麦子，煮，使麦粒吸水，胀胖。麦粒吸水胀至将要破裂时，倒在水泥地上凉干。每百千克湿麦粒加石膏粉2 000g，混合，装于瓶中。麦粒菌种不能装得满，装量为瓶高的2/3，装好后再塞上棉塞，灭菌、接种。麦粒既可作草腐菌培养基，也可作木腐菌种培养基。

⑭木块、枝条块培养基

木块或枝条块培养基是用阔叶树木块或短枝条段或竹片加50%左右麦麸、木屑培养料配制成的培养基质，一般木块或短枝条段大小为1.2cm×2cm。树皮要薄。木块培养基一般做段木接种应用。

木块、枝条菌种培养基配方：

木块（或枝条段）50%，木屑、麦麸培养料50%。做种前将木块放于5%米糠水中煮，煮到木块无白心。木屑、麦麸培养料配制和常规原种料一样。装瓶时将木块和70%木屑、麦麸料混合，装于瓶中，装好后，将余下的30%木屑、麦麸料盖在培养料表面，压平，使木块固定，不滚动，洗净瓶口，塞好棉塞即成。

木块（枝条块）培养料用于段木生产食用菌用。段木块（或枝条块）菌种接种于段木时，由于木块组织紧密，不会松散，也不易干燥，所以接种时较木屑菌种损伤小，也不易干燥失活，接种成功率高。

木块（枝条块）菌种培养时间应比木屑菌种多7～10天，这样才能使菌丝在木块中充分长透。

菌种原料的木屑中往往会混杂有杀菌、抑菌作用的成分，新鲜木屑宜堆制发酵一段时间后再应用为好。麦麸、棉子壳因含有易氧化变质的蛋白质、脂肪，新鲜的麦麸、棉子壳宜储放在干燥环境处，存储时间不宜太长。

培养基中的木屑，在拌料前应用筛子筛过，拣去大块木块和有尖角、硬刺的杂物，以免装袋时将塑料袋刺破。

2. 草腐菌培养基

草腐菌食药用菌主要有双孢蘑菇、大肥菇、球盖菇、林地菇、姬松菇、草菇、银丝草菇、鸡腿蘑（毛头鬼伞）等。草腐菌菌种可用麦秸、棉子壳、稻草、猪牛粪做培养料。各种草腐菌的原种粪草培养料大都需经过不同程度的发酵，其中蘑菇、大肥菇、球盖菇、林地菇等原种培养料发酵时间稍长，鸡腿蘑原种培养料发酵时间稍短。草菇、银丝草菇原种培养料也应适度发酵、熟化，也可用不发酵的原料做培养料。

（1）粪草菌种培养料发酵

粪草料发酵，目的是让培养料中的高温放线菌和纤维素、半纤维素、木质素分解菌大量繁殖，分解原料中的纤维素成分，使麦秸更易被蘑菇菌丝所分解利用，同时，部分杀死有害杂菌；消除畜禽粪中存在的尿酸、酚等抑菌成分，以利蘑菇菌丝生长。蘑菇菌种培养料的发酵和蘑菇栽培料发酵基本相同。原种料在接种前还要进行高温灭菌，高温灭菌能使培养料进一步熟化、分解。原种料与栽培料相比，发酵时间较短，发酵时畜粪用量比栽培料少，发酵温度可比栽培料低，

蘑菇菌种发酵培养料的原料配比是：麦草（麦秸）48%，晒干粉碎的猪牛粪 50%，石膏粉 2%。麦草要新鲜，不霉烂，发酵时堆温要能升得高。发酵前先把麦草截成 2～3 段，用水浇湿，预湿 1～2 天，然后选一场地建堆。场地要易排水、不积水。堆大小为宽 2m，高 1.6～1.7m，长度随堆制量而定。料堆体积小，堆内温度容易散失，堆温升不高，培养料不能很好地熟化。料堆体积太大，料堆中心会缺乏空气，会使堆内进行嫌氧发酵，堆温也升不高，粪中的有害物质也不能通过氧化而清除。嫌气发酵还会产生有害食用菌生长的成分，如硫化氢、氨等。堆制发酵时，堆基上先放一层 30cm 左右预湿的麦草，再放一层干的、粉碎的猪牛粪和石膏粉，并泼水，这样逐层向上堆高，直堆到1.6～1.7m 高为止。浇水量以手紧握粪草时，有水渗出，堆建好后堆基四周有少量红水渗出为好。用水量一般是粪、草干重的 2.5倍。堆好后的堆、脊部应呈龟背形，四边垂直。堆顶部和堆四周盖一层草帘予以保温。发酵正常时，第 2～3 天，堆内温度即可升至 70～72℃，堆顶有热蒸汽散出。发酵至第6～7 天时，堆温开始下降，此时即可翻堆。翻堆方法：将培养料逐段耙下，将耙下的料抖松，粪草拌和，补充水分，直至用手紧握时，手指间稍有水滴下（含水量 60%左右）为止，水分调节好后再建堆。培养料经过第一次发酵后，培养料变软，容易被压坚，易造成厌气发酵，所以第一次翻堆后再建的堆应比第一次的堆要缩小，堆高1.5m 左右、宽 1.5m 左右即可。翻堆的目的是让发酵堆中间有充足的氧和水分，以利培养料持续地进行高温发酵、熟化麦秸，分解粪中有害蘑菇菌丝生长的尿酸、酚类物等成分。开始堆制时，因材料松、透气好，7～8 天翻一次堆。随着培养料熟度的提高，透气性能随之降低，以后几次翻堆间隔时间应逐渐缩短，从 5～6 天翻一次堆，减至 4～5 天翻一次堆。培养料发酵时，要消耗堆中的氧气，发酵时间长，堆中的氧气会因为消耗过多而容易产生厌气发酵，培养料中的有害食药用菌生长的成分不能彻底分解、清除。堆中间如出现青黑色时，表明这部分料的地方空气不够，产生了厌气发酵。出现这种情况时，要缩短翻堆时间，堆体积要缩小，也可用铁管向堆中间打几个通气孔，以增加堆中部氧的供给。发酵 20～25 天，麦草呈灰褐色，无粪臭时可终止发酵。终止发酵时，将堆耙开，抖掉培养料中的粪块（粪块的传热速度慢，以后容易造成灭菌不彻底），但可保留培养料总重量 20%左右的粪屑，再晒干、储存之。制种时，将发酵过的麦草截成 2～3cm 长，再加 1%石膏粉，并加水拌和。加水量以两手指挤压培养料时，有水印渗出为度，然后装瓶、灭菌。

菌种培养料发酵可用机械堆制发酵，也可用人工堆制发酵。目前大型制堆、翻堆机价格昂贵，且菌种料用料量较少，大多用人工堆制发酵。

（2）棉子壳培养料的发酵

棉子壳是十分良好的原种、栽培种的培养料，棉子壳要新鲜。发酵前先将棉子壳放在阳光下晒 1～2 天，并不时翻动，然后堆制发酵。堆时，50 千克原料中加石灰粉 500～1 000g，再加水。加水量以手握紧料时，手指间有少许水滴下为止。堆大小为宽 1.2～1.3m、高 1.2m。堆 2～3 天时，堆温可达 72～75℃。5～6 天后，将堆耙开、抖松，并补充水分至用手紧握料时，手指间仍有水渗出，重新堆制，堆大小同前。4～5 天后再翻堆。共堆制 15 天左右后，即可将堆耙开、晒干。用时，加水拌和，含水量 60%左右，再装于菌种瓶中，灭菌，接种；或在发酵结束后直接装入菌种瓶中，灭菌接种。装瓶要求和木屑、麦麸培养料相同。

棉子壳菌种料可作为蘑菇、草菇、大肥菇等各种草腐菌和各种木腐菌菌种的培养料。

（3）稻草菌种培养料

稻草菌种培养料主要用于培养草菇、银丝草菇菌种。将未经发酵的稻草截成 2～3cm 长，加 0.5%尿素和 5%的麦麸，再调节水分至 60%左右（用手紧握料时有 1～2 滴水滴下），再堆 1～2 小时，使水分完全吸入稻草秆中，这时即可装入瓶中。每 750ml 大小的菌种瓶，可装稻草料（湿重）350g 左右。

稻草也可作蘑菇、大肥菇、球盖菇、姬松茸等种的菌种料，也应如麦秸那样发酵。发酵稻草做蘑菇菌种培养料时，培养后期菌种料容易萎缩，菌丝生命力也会下降。有麦草的地方很少用稻草作蘑菇等种的菌种原料。

(4)菌根菌培养基

牛肝菌、红菇、鸡油菌等菌根菌生长时，还要吸收植物根际分泌的成分，这些成分都是维生素等活性成分。在配制培养基时，应在普通培养基基础上，再添加松针、维生素等原料。

(二)原种制瓶(袋)

原种用塑料袋或菌种瓶作菌种容器。菌种瓶较塑料袋为优，不易感染杂菌，菌丝生长也较良好。塑料袋制原种大多在交通运输不便、玻璃瓶缺乏的地方应用。

1. 菌种料装瓶和装袋

木腐菌培养料有手工装和机装两种，草腐菌只有手工装。手工装料时，一手拿住瓶子或塑料袋，一手将培养料往瓶口内或袋内塞，要不断上下振动，最后用平弯的压板将培养料(铁片或木板制成)压紧。原种装瓶机、装袋机大多用螺旋推进式装瓶机和装袋机。机器装瓶、装袋时，将拌好的培养料倒入装瓶(袋)机的料斗内，瓶口或袋口套在送料管口外，开动机器，培养料顺送料管内的螺旋片送入瓶或袋中。装料时，瓶底或袋底要用力抵住，以便让装入瓶(或袋)中的培养料有一定的坚实度。培养料松，培养料中空气量多，菌丝呼吸旺盛，菌丝生长快，培养料养分消耗更快，水分散失也快，菌丝容易衰老；培养料过坚实，料内空气量过少，菌丝生长会非常缓慢。用瓶子装料，培养料装到瓶肩，培养料(湿料)装量为420～430g。塑料袋装料，装到离袋口8cm左右，重量：体积比为0.55左右。装好培养料后，表面用平弯的铁片钩将表面培养料压平，防止表面培养料松动，最后用1.2cm直径的尖头锥形棒在培养料中打一个洞。打洞的目的是为了接种后菌种可较快地长满全瓶(全袋)，同时灭菌也较彻底。

瓶子装料后，瓶口、瓶颈内外、瓶身外要用清水洗净污物、晾干，塞好棉塞。塑料袋装料后，袋口外套上一塑料颈套，袋口由颈套内穿出，翻于颈套外，再用橡皮筋箍住，使之成瓶口状，再塞上棉塞。

螺旋式装袋机的装料管可根据塑料袋大小更换。螺旋式装袋机4人一组，每小时可装600～800袋。

图5—12 螺旋式装袋机

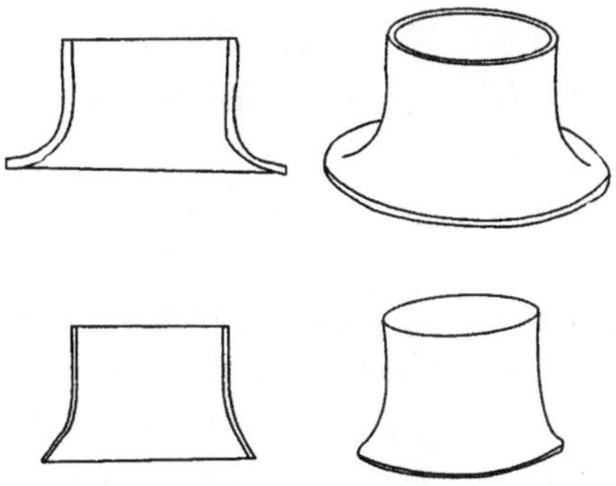

图5—13 菌种袋塑料套环

2. 棉塞

棉塞是菌种瓶内外空气交换的过滤装置。食药用菌菌丝生长时，菌种料中CO_2浓度不应太高，过高的CO_2浓度会抑制菌丝生长。棉塞具有过滤空气的效用，菌种呼吸时释放的CO_2，能通过棉塞向瓶(袋)外释放，同时，通过棉塞又能让瓶(袋)外的空气补充到瓶内，以提高菌种瓶(袋)中氧气的浓度。瓶(袋)内外交换空气时，外面空气中的杂菌又不会进入袋内。

棉花是热的不良导体，消毒时往往不能将棉塞中间的杂菌孢子全部杀死。江苏安惠生物科技有限公司实验室试验，棉塞中的霉菌孢子经2小时、0.155MPa蒸汽压灭菌，棉塞中的霉菌孢子还有少量萌发。因此，所有做棉塞用的棉花，必须干燥，不得霉变。棉花是由棉纤维组成，含有许多蛋白质成分，也是食药用菌菌丝生长的培养料，在有水分存在时，棉塞上很容易生长杂菌。棉塞会吸收菌丝呼吸释放的水分，在环境潮湿、菌龄长的情况下，棉塞很容易生霉。原种菌龄不应超过2个月，同时用作棉塞的棉花，不能脱脂，以降低吸水性能。

3. 制棉塞

取一片棉花,宽 7～8cm,重 6.5g 左右,平摊在左手上,用右手将棉花片边缘由外向里折叠,叠成直径 5cm 左右的棉片,边缘要光洁。然后用右拇指抵住棉片中心,用左手指将右手拇指周边的棉片收拢,并捏紧,然后塞于瓶口内。棉塞 1/3 应在瓶口外,2/3 应在瓶口内,表面较光洁,松紧度和试管菌种或菌种料袋相同。这样的松紧度既能起到过滤空气作用,棉塞又不会脱落。

(三)灭菌

灭菌是杀死培养料中所有的细菌、霉菌和休眠状态的杂菌孢子。灭菌原理是使杂菌的细胞膜、细胞结构破坏,蛋白质凝固,从而杀死之。

塞好棉塞后,将培养料的瓶或袋放入灭菌锅中灭菌。灭菌有高温灭菌、高能射线辐射灭菌、微波灭菌等数种,目前生产上应用的主要是高温灭菌。少量用辐射灭菌。高温灭菌,菌种料瓶(袋)放入灭菌锅时,应整齐地排列,行与行之间应有稍许空隙,这样,灭菌时蒸汽能在锅中顺利流动,使各个角落有相同的热度。菌种料瓶(袋)放入锅中后,通入蒸汽或烧水加温。高压灭菌,灭菌时间一般为 128℃(0.155MPa),持续 2 小时;常压土锅灭菌升温要快,要在 4～5 小时内达到灭菌温度,以尽快终止杂菌的生长。常压灭菌,温度达到 100℃后再保持 8 小时以上。常压灭菌容易出现锅中水烧干的现象,锅中热水不足时应向锅中补加热水。常压灭菌结束后,需待锅内温度降至人能操作时,再移出灭菌的瓶或袋。未灭菌的培养料很容易自然发酵,使培养料变质,培养料装瓶(袋)后要迅即灭菌。

高温灭菌时,热量不是迅即传入培养料中心的,而是缓慢传入。含水量较低、坚实的培养料,传热速度更慢。灭菌时间应以最高温度达到培养料中心的时间和最耐热杂菌孢子耐受高温时间的能力来决定。

高温灭菌时,杂菌完全被杀死的时间还和杂菌密度有关。杂菌和杂菌孢子密度高,杂菌完全死亡的时间长(表 5－3)。

表 5－3 各种杂菌耐受温度的能力

菌 类	致死温度(℃)	时间(分钟)
大肠杆菌	60	10～30
假单胞杆菌	53	25
金黄色葡萄球菌	60	70
芽孢杆菌	100	200～800
霉菌孢子	100	200～300
肉毒杆菌	100	300

高温灭菌的目的不仅仅是为了杀灭培养基中的各种杂菌,同时还为了使培养基中大分子的复杂有机物水解,转化成分子量较小、易被食药用菌吸收利用的养分,以利于菌丝生长。在实际生产上,一般原种培养料的灭菌时间为 128℃,保持 2 小时,或 100℃,保持 8 小时,再闷4～5 小时。若培养料原料生过霉菌,灭菌时间应延长 0.5 小时和 2 小时。原种料瓶灭菌后,高压灭菌锅压力降至零时,才可打开放气阀,渐渐放出蒸汽。待压力表降至零时打开锅盖,待锅温降至人能操作时,将菌种瓶(袋)移入清洁、干燥的冷却室冷却,待瓶中心冷却到 30℃左右时可进行接种。冷却室中放置时间短,接种时杂菌感染率低。

灭菌注意事项:

(1)高温灭菌:灭菌开始时,压力表指针开始达到 0.5 千克(0.05MPa)时应放气,把锅中原先存有的冷空气,通过热蒸汽把其挤出,使压力表指针回归于零,这时可关闭阀门,再继续加热,直至达要求的温度。

(2)常压土锅灭菌时,锅的密闭性能差,冷空气很快被水蒸气挤压溢出锅外,不必专门释放冷空气。土锅灭菌,因灭菌时间长,锅中水可能被烧干,不能再继续产生蒸汽。灭菌时应随时观察锅中水位,若锅中的水不足以维持到灭菌结束时,应向锅中加适量热水(不可添加冷水,加冷水会使锅温降低,使菌种料的温度形成高、低不均的隔层,从而降低灭菌效果)。

(3)高压蒸汽灭菌结束后,不能马上打开锅盖。灭菌时随着锅内蒸汽压的升高,瓶内的压力也随之升高,灭菌结束时瓶内压力非常高,若放气早,放气快,锅中压力下降快,瓶内压力下降慢,这样会使瓶内外出现较大的压力差,将棉塞冲掉。高压灭菌时,压力表指针需降到零时,才可缓缓放气、开盖。锅盖开启后,若发现棉塞潮湿,可仍将锅盖盖上,并留出少许缝隙,以便在冷却时,能用锅内余热将棉塞烘干。如仍未能烘干,可在接种时将吸湿的棉塞弃去,换上预先灭菌过的干燥的棉塞。

(四)原种接种

1. 一般原种接种

原种接种是在无菌条件下,用接种钩将试管母种的菌种移接到灭菌过的原种料瓶(袋)中,使菌种在原种料瓶中进一步扩大繁殖。试管母种的菌龄要适中,即菌丝将要长满管至长满管 15 天左右时用于扩大接种。菌种菌丝形态要正常。

接种方法：将冷却至30℃以下的原种料瓶、试管母种、接种工具全部搬入接种室或接种箱内，再用接种专用烟雾熏蒸剂熏蒸半小时；或放置一器皿，在皿内先放5g高锰酸钾，再加10ml 40%的甲醛，使之反应，产生新生态氧杀死杂菌，半小时后喷20ml氨水，消除刺激性气味，然后接种。接种箱、接种室消毒时，不会伤害预先放入箱内（或接种室内）的菌种。紫外线透过普通玻璃的能力很低，杀菌的烟雾剂不能穿过棉塞进入试管中。接种时，用接种钩将斜面菌种分割成3～4块，再将分割的菌种块放入原种料瓶或袋中，每瓶放一块。接种依照无菌操作要求进行（详见前面概述的无菌操作）。接种好后，瓶（或袋）口再塞上棉塞。全部接种好后，移出箱门或移出接种室，待箱中气味基本散除后，再移出接种好的原种瓶，搬入原种培养室培养。

2. 蜜环菌原种接种

在无菌条件下，用接种钩将蜜环菌母种割成4～5段。一瓶蜜环菌原种料瓶中挑入一段，稍压，使菌种块深入料中接触到游离水，塞好棉塞，放在22℃下培养。避光培养25天左右，菌索即可长到瓶底，半个月内，菌种还未衰老前用于接生产种。

3. 银耳、金耳原种接种

银耳是两种菌互生的真菌，其中一种菌是银耳菌种，另一种现在还未知其名称，因形态、色泽似香灰状，暂用名叫香灰菌。只有两种菌一起生长时，才能形成子实体。银耳菌一般是用其芽殖体（芽孢），芽殖体在试管斜面上一般呈酵母状。银耳菌菌丝短、纯白色、短绒状。菌种老、培养基含水量低，温度低于16℃时，芽殖体有时会转变为菌丝状。银耳原种接种时要将银耳芽殖体（或银耳菌丝）和香灰菌的试管菌种同时接种在一个瓶中，让其混合生长。接种方法：在银耳芽殖体试管中倒入无菌水，将芽殖体用接种铲刮于水中，再倒入香灰菌种瓶中，用镊子将银耳芽殖体搅和在香灰菌丝中。一瓶香灰菌种内倒入4～5支银耳芽殖体菌种，接种时取蚕豆粒大小一块搅和的菌种接于原种瓶中即可。也可将银耳菌丝体或芽殖体和香灰菌丝生长良好的母种接种于原种培养料瓶中。银耳芽殖体或银耳菌丝的接种量应占接种量的90%，香灰菌丝的接种量（含量）约占10%，否则，以后的菌种中会只有香灰菌丝，银耳菌丝过少，银耳就长不好。金耳原种接种：金耳菌种也需要伴生菌——粗毛硬革菌为其提供营养，才能形成子实体。制作金耳原种也要将金耳芽殖体和粗毛硬革菌一起挑放在一个原种瓶中。接种方法同银耳接种。

（五）原种培养

原种培养需要满足温、气、光、湿度4个条件。

温度：一般食药用菌菌种生长温度为24～25℃，但培养室实际控制温度应在22℃左右。菌丝生长时会产生热量，瓶内温度可能比培养室温度高2～3℃。菌种培养不需要有温差处理（表5—4）。

表5—4 各种食药用菌菌种生长的适宜温度

菌种名称	适宜生长温度	最低生长温度	不宜生长温度	死亡温度
香　菇	22～24℃	8℃	＜12℃、＞28℃	＞35℃
猴头菌	22～24℃	8℃	＜12℃、＞28℃	＞35℃
灵　芝	24～26℃	10℃	＜15℃、＞32℃	＞37℃
草　菇	28～30℃	15℃	＜18℃、＞32℃	＜15℃ ＞37℃
金针菇	20～22℃	4℃	＜10℃、＞28℃	＞32℃

空气：原种培养也要注意空气条件。原种能适应较高二氧化碳浓度的空气条件，但培养料内二氧化碳含量过高时，菌种生长也会被抑制。菌种袋（瓶）培养料内二氧化碳浓度究竟超过多少会抑制菌种生长，目前还没有人做过测定。笔者曾对蘑菇菇床培养料内二氧化碳浓度做过测定。菇床培养料中的二氧化碳量一般达空气总量5%以上；液体发酵时，发酵液二氧化碳含量也在3%左右。以此推理，3%的二氧化碳含量不会抑制菌丝生长。培养室内二氧化碳浓度过高，会使原种瓶内的二氧化碳浓度升高，从而抑制菌丝的生长。因此，原种培养时，培养室中的二氧化碳浓度也不能过高。培养室每天需开窗1～2小时，培养室应保持人入室后感觉舒服的程度。

光照：原种菌丝生长不需要光，但可给予微弱的光线，微弱的光线不会抑制菌丝生长，且有利于室内空气的流动，棉塞上不易产生杂菌。

空气湿度：菌种培养室空气湿度以60%～70%为宜。空气湿度超过85%，同时又通风不良时，棉塞上容易发生霉菌。梅雨季节培养室内应按装去湿机，或放石灰粉。培养室空气湿度长时期低于60%时，菌种表面培养料会过多散失水分而使菌丝萎缩和降低菌种生命活力。培养室长期低于60%时，应向地面泼水或开动加湿器，以增加空气湿度。

一般食用、药用菌原种培养期约为30天；草菇原种培养期只需12～20天。麦粒菌种培养时，在菌丝封面后，要进行摇瓶，努力将瓶中的麦粒摇散，把已长菌丝的麦粒和未长菌丝的麦粒充分混合，以加速菌丝生长。摇瓶时，尽量不让麦粒接触瓶塞。菌种长满瓶后再过4～5天，可用于扩大接种生产种。

原种长好后应进行检选，选符合该食药用菌生长特征的菌种瓶（袋）作为进一步繁殖用种。正常的菌种，菌丝生长整齐，培养料变成浅棕色，贴瓶壁的菌丝没有空斑状表现，拔去棉塞后能闻到一股特有的菌种味；草菇菌种菌丝十分稀淡，其培养料表面会有红棕色的厚垣孢子；蜜环菌原种菌丝密度要高，嫩灰黄色，在黑暗中可见明亮的荧光。

（六）原种培养时注意事项

培养室内及周围环境应保持清洁，及时清除过时的菌种。菌种用完后，菌种瓶架需用0.1%高锰酸钾液或苯扎溴铵（新洁尔灭）液擦洗并通风干燥。菌种培养室周围50m范围内，不得堆放废菌种和培养料，不得有霉菌和螨虫滋生的霉烂物。

温度低，菌丝生长慢，但不会损害菌丝生命活力；温度高，菌丝生长快，但菌丝生命力弱。培养室温度超过28℃时，应通过白天关门窗、水泥地上泼水、晚上开门窗和开空调机的方法降低室温，同时降低菌种瓶的密度。

原种长到瓶底时，即可用于扩大繁殖栽培种。所有原种一般只繁殖一代。原种数量不足时，可再扩大接种一次。扩大接种繁殖的原种为二代原种。二代原种和栽培种没有本质区别，仅对菌种的质量要求较严格而已。原种菌龄不得超过60天。

原种的杂菌检查。原种中杂菌的感染率比试管母种高。原种培养料杂质多，原料含菌量多，且常有块状物，灭菌常存在着不彻底现象，且培养时间长，因受高温伤害而未死亡的杂菌孢子经较长时间后，会复苏而萌发、感染菌种。因此，原种在接栽培种之前应进行杂菌检验，检验方法和试管母种相同。

第五节　制作栽培种的生产技术

栽培种由原种扩接繁殖而成。用于直接生长子实体或播种于菌床上的菌种叫栽培种，或叫生产种。

栽培种在栽培前制种。

食药用菌栽培种的培养原料、装瓶（袋）、接种、灭菌、培养方法和原种生产基本相同。栽培种数量多，菌种用塑料袋制种。栽培种菌袋一般比原种大，但无固定要求。一般塑料袋规格为（宽）15～17cm×（长）33cm。

栽培种原料用量大，食药用菌生产者往往因地制宜选用原料，即当地哪种原料丰富，就用哪种原料或几种原料的混合物当原料。木腐菌生产方面，有几种专门用于制作菌种的高秆植物。

（一）栽培种培养基

1. 木腐菌培养基

木腐菌栽培种培养基与原种基本相同。常用培养基有下列数种：

①木屑、麦麸培养基

见原种培养基配制①。

②木屑、玉米粉培养基

见原种培养基配制②。

③棉子壳、麦麸培养基

见原种培养基配制③。

④棉子壳、木屑、麦麸培养基

见原种培养基配制④。

⑤玉米芯、麦麸培养基

见原种培养基配制⑤。

⑥中药渣培养基

中药渣75%（以干重计），玉米粉23%，石膏粉1%，过磷酸钙1%，含水量58%～60%。

⑦棉花秆糠或豆秸秆糠（或花生壳、甘蔗渣、黄豆秸、高粱秆糠）培养基

棉花秆糠或豆秸秆糠（或花生壳糠、高粱秆、黄豆秸糠或甘蔗渣）80%，玉米粉19%，石膏粉1%，含水量60%。

棉花秆糠、豆秸秆糠是由豆秸秆和棉花秆用粉碎机粉碎而成，糠屑似木屑粗细。

中药渣原料变化大。中药渣在沸水煎煮时，药材中的营养成分和有害食药用菌生长的成分随煎液消失，对食药用菌菌丝已无杀伤作用，其残留成分只有木质素和纤维素，所以在添加玉米粉等含氮源丰富的原料后，菌种能良好生长。

⑧麦粒培养基

麦粒菌种培养基的制作与原种相同（见原种麦粒培养基制作）。麦粒菌种播种于蘑菇菇床时，菌种应用培养料覆盖，不让麦粒菌种直接裸露在

料外空气中。裸露在料外时，麦粒上很容易长霉菌。

⑨杂草、玉米粉(或麦麸)培养基

高秆杂草(粉碎)糠 78%(或高秆糠 39%、木屑 39%)，玉米粉(或麦麸)20%，石膏粉 1%，蔗糖 1%，含水量 60%。

⑩竹基培养基、枝条水溢培养基、竹屑松针培养基、木屑松针培养基与原种相同。

⑪木片(木条)培养基

取松木或桑枝或栎木等阔叶树木，去皮，锯成长 8～10cm、厚×宽为 1cm×2cm 的木片，晒干，备用。用时，将木片浸于 5%米糠和 2%的蔗糖水中，浸泡约 24 小时，木片心部要求达到湿润，水分达到要求后捞起置于空盆中。另外，同时配玉米粉(或麦麸)20%，木屑 78%，蔗糖和石膏粉各 1%，含水量 60%的木屑、玉米料培养基。以木屑、玉米料培养基 20%，木片重 80%的比例，将两者混合，尽量使木屑料黏着于木片上，用线绳将木片捆扎如塑料袋大小。捆好后，将盆中多余的木屑、玉米料嵌入捆扎的木片中，装入菌种塑料袋中，用 0.025MPa 蒸汽压(125℃)灭菌 2 小时，或常压灭菌 10 小时，灭菌后冷却、备用(茯苓栽培用)。

近年来，由于国内食药用菌生产的迅速发展，培养食药用菌的原料呈现供不应求的状态。为此，福建省农科院菌草研究所进行食药用菌培养料代用料的研究，研究芒萁(一种蕨类植物)、斑茅(甘蔗属)、象草(禾本科狼尾草属)、芦苇(禾本科、芦苇属)、五节芒(禾本科)、拟高粱(禾本科高粱属)等纤维素含量高、质较坚硬、质地近似木材的高秆植物的种植和食药用菌栽培。高秆植物生长较快、产量高，667cm²(亩)可年产 500 千克左右。高秆植物栽培食药用菌时，食药用菌产量接近木屑培养料的产量，但表现为前期产量高，后期产量较低状况。全部用芒萁等原料培养香菇等木腐菌时，香菇等菇的质量较差。若部分应用芒萁等高秆草本植物栽培，产量、质量和木屑原料基本相近，现已在部分地方推广应用(表 5—5)。

表 5—5 芒萁等食药用菌代用料的主要养分含量比较(%)

原料名称	粗蛋白质	粗脂肪	纤维素木质素	可溶性糖类(碳水化合物)	粗灰分
杂木屑	1.5	1.1	71.2	25.4	—
棉子壳	4.1	2.9	69.0	2.2	11.4
斑　茅	2.75	0.99	62.5	—	9.56
芒　萁	3.75	2.01	72.1	—	9.62
象　草	5.91	—	68.88	—	9.6
芦　苇	3.19	0.94	72.5	—	9.53
五节芒	3.56	1.44	55.1	—	9.42
拟高粱	4.17	—	49.47	—	7.78

(续表)

2. 草腐菌培养基

草腐菌栽培种培养基完全与草腐菌原种相同。

3. 培养料装袋和装瓶

生产木腐菌栽培种的装袋机有两种，一种是小型的螺旋式推进装袋机，一种是大型的充填式装袋机。

螺旋式装袋机装袋：方法和要求与原种装瓶(袋)相同(详见制种设备)。

冲填式装袋机装袋方法：将拌好的培养料放入斗内，开动机器，培养料从盛料盘中自动刮入装料管，工作人员用手工将菌种袋套在装料管上，盛料盘随即转动使装料管对准管上方的冲头，然后由冲头将培养料压入袋内。每转动一格，装满一袋。培养料装入塑料袋后，取下装好料的袋，擦去袋口内外污物即可(图 5—14)。

图 5—14 冲压式装袋机

塑料袋袋口有两种处理办法，一种是用锦纶线将袋口扎紧；另一种方法：用颈套套在袋口上，做成似瓶口那样，再塞上棉塞。香菇、银耳因子实体从袋身长出，菌袋长至 40～50cm，需在袋体上预先开好接种穴，袋口用线扎紧。接种穴在制菌袋时用直径 1.5cm 的锥形铁管刺成，刺好后再用胶布将接种穴口封住。香菇、银耳菌袋也可以在接种时，边开接种穴，边接种，然后贴胶布封口。

蘑菇栽培种的稻麦草培养料和草菇原种的稻草培养料，全用手工装瓶(袋)。

4. 灭菌

灭菌方法与原种相同。

5. 接种

栽培种接种是在无菌条件下，取桂圆样大小的一块原种，移植到栽培种的瓶或袋中。要求接入穴内，再塞好棉塞或用胶布封好接种穴口。

用于接种栽培种的原种，一般菌龄(从接种日开始起算)不超过2个月，草菇菌种不超过1个月。棉塞上应无霉菌点，瓶(袋)壁上无菌丝缺斑，菌丝整齐。原种瓶送入接种箱前，整个原种瓶应放在0.1%高锰酸钾液中浸，并把棉塞揉捏使其湿润，这样即使棉塞上有杂菌、灰尘，在接种箱中也不会飞扬。若菌龄老或棉塞头上有怀疑的霉菌孢子，又无良好原种时，接种时应敲破瓶底(袋底)，从底部取种，不可将上部菌种戳碎、戳乱，不让可能有杂菌的上部菌种混到纯净的下面部分菌种中去。原种用去2/3以上时，余下的菌种弃去不用。

银耳菌种接种：取原种瓶中子实体生长良好、菌龄在25～40天的菌种。在接种箱中钩去银耳子实体，用接种铲将上半瓶菌种搅碎拌和，用小匙掏取一小匙搅碎，搅和的原种接种在栽培种培养瓶中或菌袋穴中，塞上棉塞或贴好胶布即成。若原种瓶银耳子实体生长不良，在钩去银耳子实体后，银耳原种中应再添加银耳芽殖体。方法：取银耳芽殖体试管菌种，倒入无菌水，用接种钩将银耳芽殖体刮入水中，搅匀，再倒入原种瓶中，然后用接种铲将银耳芽殖体与香灰菌搅和，再接在栽培种瓶中或袋中，一瓶原种瓶应加两管银耳牙殖体。

金耳菌种接种：将原种瓶中金耳子实体打碎成小粒。然后接在待接栽培种瓶中，或将金耳耳基打碎，并和旁边粗毛硬革菌搅碎拌和，再一起接在栽培瓶中。

栽培种大多在接种箱或接种室内接种，有些食药用菌生产单位因接种量大，菌袋搬运不方便，在简易临时接种室内接种。方法：在培养室内某一角，地面用塑料薄膜铺好，上面用连接的塑料薄膜围成小屋，可密闭，面积3～4m²，内置1.1m高接种台和工作台各一张，椅子2把。接种前先用0.5%高锰酸钾擦拭工作台，台上放酒精灯、胶布、钻孔棒等。栽培种料瓶(料袋)灭菌后，随即搬到临时接种室冷却。搬入临时接种室后，袋上和空气中用苯扎溴铵(新洁尔灭)药液喷雾或点燃接种专用的烟雾熏蒸剂消毒。24～48小时后瓶内温度降至30℃以下时，接种人员可进入临时接种室接种。接种时工作人员需戴好工作帽、手套，然后再在酒精灯旁与接原种那样接种。接种后撤去薄膜，接好的菌种留放在原处，让其生长。临时接种室接种一次可接1 000～2 000袋，接种量大，同时可省去一次菌种料袋搬运程序，因此也可减少杂菌感染的机会，但工作非常辛苦，这种方法目前仅在部分地区应用。

6. 栽培种的培养

栽培种的生长条件和原种几乎完全相同，也需要25℃左右的温度，较好的空气条件，65%左右空气湿度，黑暗或微弱的散射光。草菇、灵芝栽培种需要28～30℃和25～26℃培养温度，在气温低于适宜温度时，需用人工加温培养。栽培种培养大多在夏季高温季节，需要防高温。菌种生长时产热量非常大，空调机降温很难达到降温要求，需要通过管理控制高温。夏季培养栽培种，菌袋放置密度要稀，上下袋之间应放置小竹杆，使上下层之间有1cm左右的空隙，以利散温。菌袋墙堆高不超过8袋。菌袋也可以按“井”字形或“△”字形排放，防止菌丝生长产热时热量来不及散发而烧伤菌丝。高温时培养室屋面需盖草帘，白天草帘上喷水，晚上大开门窗，尽量不使培养室温度超过30℃。室温超过30℃时，白天可对着菌袋喷冷水水雾，喷水量以停止喷水2小时后，棉塞上或菌袋身上水分能蒸发，棉塞、菌袋仍干燥为度。每天上、下午各喷1次。

7. 胶囊菌种

日本、韩国在20世纪80年代末，研制出了一种定型的胶囊式香菇菌种。菌种培养料由木屑、麦麸等原料组成，在固体发酵罐或浅盘中发酵培养，菌丝长到一定阶段后，在无菌条件下装入胶囊，再继续培养并让菌丝完全长成，再把胶囊压制在塑料蜂窝板上，用泡沫透气盖封口。一块蜂窝板上可压制500～600粒胶囊菌种，生产过程全部自动化、机械化，香菇菌种生产也因此实现了标准化。胶囊菌种用于接种香菇代料菌棒时，只要把胶囊菌种压制到香菇菌棒上即可，接种方便、速度快，接种室条件也比较低，只要进行空房消毒，做到一般的卫生工作即可。胶囊菌种接种后成活率也较高，成活率可达99%。胶囊菌种可保存2个月，很适宜长距离运输，且成本也较低。2000年，我国浙江丽水县吴学谦、吴克甸等从韩国引进了这种技术，现已有胶囊菌种生产。

8．液体菌种

液体菌种可替代传统的瓶装或袋装的固体培养基菌种用来接种。目前，北虫草、金针菇、平菇、香菇等许多食药用菌已有用液体菌种接种。

液体食药用菌菌种培养参阅本书《食药用菌液体发酵技术》一章。

液体菌种接种：待接种的固体菌棒、菌种料瓶、液体菌种、接种工具放入接种箱或接种室后，密闭门，用高锰酸钾加甲醛使产生新生态氧以灭菌，用量为每立方米空间用高锰酸钾 7g，40％浓度的甲醛 10ml。熏蒸灭菌后，过半小时喷氨水，氨水用量为 $15ml/m^3$，使刺激性气味消失。接种时，接种枪吸取菌液，再注射到待接的菌种料瓶或菌种料袋中，或将接种枪连接菌种储罐的出液口上，通过气压差将液体菌种压入接种枪，再注射到菌种料瓶（或袋）中。少量接种时，可用手工将液体菌种倒入待接瓶中，每瓶（袋）接种量为 10～20ml。一袋有多个接种穴的，每穴接 7～8ml 菌种。接好后用胶布封好接种穴口，或在瓶口上塞上棉塞。液体菌种菌龄要求正处在快速生长期，菌种储存时间最好不超过一星期。接种枪是专门用于接液体菌种的工具，枪上有刻度，可吸菌液也可注射菌液，头部尖锥形。按键一按，枪中吸入的菌液即注射到栽培种料瓶中。

9．液-固联合发酵制种

液-固联合发酵制种是先将固体菌种培养料制成颗料，培养料由草粉、木屑、麦麸、棉子壳（需粉碎）再加特殊的保水树脂配成，再压制成颗粒。该颗粒有很大的抗压力，在旋转搅动时不会碎裂。颗粒制成后放入发酵罐，通入蒸汽灭菌。灭菌后接入液体菌种，进行通气发酵，通入的空气由高效除菌系统除菌，由罐底部轴孔进入罐体轴上，搅拌浆上有出气孔，使空气均匀地进入发酵罐，发酵时间 7～10 天。菌丝长好后，送入灭菌室包装，再送到生产单位播种。暂时不用的，可放入 6～8℃冷库中暂时保存。

10．食药用菌固体发酵制种

固体发酵制种是将固体培养基放入发酵的滚筒中，然后接入液体菌种。接种后保持一定的温度并通气，同时使固体菌种料不停地在滚筒中转动，使菌种不断得到氧气，以达到快速生长，其发酵产物可以做菌种用，也可加工后做保健食品。

固体菌丝体发酵，培养基大多是易被菌丝分解、吸收利用的原料，如玉米粉、麦麸、米糠、棉子壳、玉米芯、麦草糠，很少用木屑做培养料，颗粒大小不超过 1mm，以防止灭菌不彻底。稻草、玉米秆、棉子壳等原料需预发酵，原料的 $C:N=20:1$ 左右，含水量 65％左右。一般食用菌发酵温度在 22℃左右，发酵 5～7 天。发酵结束后，培养料中充满菌丝，具有目的菌特有的气味为止，再让其静置 24 小时，培养基上会长出浓密的菌丝，此时即可应用。

第六节　选种技术

选种是从人工栽培的食药用菌或野生食用、药用菌中选取产量高、质量优良，或具有某一良好生长特性和生化特征的子实体，进行组织分离或孢子分离，以获取优良菌种。选种要在食用菌生长第一、第二批子实体生长良好时进行。

食药用菌是低等生物，细胞分化程度低，单个细胞离体时细胞能进行独立生命活动，细胞呈单个状态或丝状小段时，单个变异的细胞可不受其他正常细胞的制约，变异细胞容易成活，容易得到变异的菌种。食药用菌变异是无定向的，其中有优良性状的变异，也有不良性状的变异，选种是选取其优良的变异。在自然条件下的变异大多是渐变，要通过不断的选种，将一系列渐变积储成性状显著的突变。生物进化是通过不断的变异和选择，淘汰不良变异，选择（保留）优良变异，即根据适者生存，最适者最能得到发展的原则实现的。

从人工栽培的食药用菌中选种，首先要非常熟悉原来菌种（出发菌种）的生长特性、产量、质量等特点。选种时不断观察子实体生长情况。子实体个大明显、生长快、质量优或有明显某一特点或表现出抗高温等优良性状时，将这一子实体采收，放在接种箱中进行组织分离（组织分离方法见菌种分离）。组织分离获得的菌种再进行原种、栽培种扩大繁殖。培养的菌种适宜于子实体生长时，再进行栽培培养。子实体生长后分别采收，统计分析新分离菌种的产、质量等经济性状的可靠性。经济性状确实优良的，用组织分离方法重新获得菌种，固定其遗传性状，并用于生产。

许多研究者发现，食药用菌的经济性状和菌丝的形态特征有关。菌丝锁状联合多，菌丝分枝密度高，菌丝短，菌丝匍匐，粪草培养料或木屑麦麸(或玉米、或棉子壳)培养基色泽容易变成棕色,子实体或菌丝体中多酚氧化酶活性强的结菇性能强。菇受伤后伤口处变成浅棕色,表示该菇的多酚氧化酶活性高。结菇性能高的菇可能瘦小,菇之所以瘦小可能和结菇数量多有关。菌丝锁状联合少、菌丝分枝度稀、气生菌丝发达、菌丝中多酚氧化酶活性低、粪草培养料或木屑麦麸培养料转色差的种结菇性能较差。选种时除要观察菇体肥瘦、菇质量好坏和菇体中多酚氧化酶活性外,在分离菌种后还要观察菌丝的形态特征,观察菌丝上的锁状联合、分枝密度、菌丝长短、气生菌丝是否发达、基质培养基转色程度、多酚氧化酶活性、漆酶活性、酯酶、同工酶,过氧化物同工酶的酶谱,这样能选出优良的菇种。测定菌丝多酚氧化酶可用液体发酵培养菌丝。用菌丝形态特征、酶谱、酶活性作为选种标准之一,虽还未得到完全肯定,但可作为一个参考依据。

选种有定向选择和随机选择两种。

定向选择是有目的地朝着人们要求的方向培养、选择,从中选择符合要求的菌种。如要选择耐高温的蘑菇菌种,可把蘑菇栽培在温度较高的环境中,这样具有耐较高温度性状的菌种会长得较好,不耐较高温度的菌种长得较差。将长得较好的菇用作种菇,即是选择了耐高温的菌种。选择要求适宜于某种特定培养基原料生长的种,应用这种特殊的培养基培养,在这种培养基上长得好的,就是适宜于这种特殊培养的种。

定向选种要连续选,将认为优良的菌种播种后,从中再选择种性表现(菌丝形态特征、酶特征、结菇性能)优良的种菇作为菌种,再播种。这样可以将逐步微小的变异累积成巨大的变异,以获得优良菌种。

定向选种一般用组织分离方法分离菌种。同宗结合和双极性种可用有性繁殖方式留种。四极性异宗结合的食药用菌,单胞萌发的菌丝在交配后,原来的性状会有较大的变化,原来的性状很难固定,一般不用这种方法作选留种。

选种也可用单个双核细胞进行。将菌丝体或子实体组织打碎,使其成单个细胞或菌丝小段,将单个细胞或小段菌丝稀释,接种在培养皿中。萌发的菌落呈单菌落状态,从中选择不同形态的菌落分离扩大,测定反应菌种产、质量性状的酶谱,再进一步繁殖菌种,然后进行出菇栽培,从中选择质量高的优良菌株。

也可用孢子选种。将孢子稀释、萌发,挑取不同形态的菌落,培养后观察菌丝形态、生长特点,酶谱具有高产特征的菌落繁殖扩大、栽培,生产性状优良的即为好的菌种。

待选菌种的栽培必须在标准的培养条件下培养。培养基成分(配方)、气温、通风、水分等条件必须和正常培养相同,必须与原来的菌种作对照。培养条件不同,产、质量可能会出现明显差别,如粪草发酵时间长,所长出的蘑菇子实体明显小,产量低。每个新菌种的栽培小区应达 5 个以上,每一小区面积、栽培袋应多于1 000袋或(100 个 m^2),每个小区每次分别采收。产量、质量按商品生产要求进行统计。栽培结束后,用生物统计方法进行产、质量显著性测定。

第七节 育种技术

育种是通过单孢杂交、细胞杂交,物理、化学因子等强力诱变,使食药用菌的孢子或营养菌丝的种性(遗传物质)发生变异。把发生变异的菌种进行栽培,选出变异优良的菌种,再用组织分离法把优良遗传性状固定。

一、单孢杂交

单孢杂交是用两个有一定遗传距离的食药用菌(大多是同种不同系或同属不同种)孢子,通过单孢分离仪分离或毛细管分离获得单个孢子(单孢分离仪分离和毛细管分离方法参见前面孢子分离注意事项和孢子分离设备),然后将两个不同种萌发的菌落一起接在一个培养皿中。待两个菌落蔓延至相互接触时,细心观察交接处的菌丝特征。两菌落在交接处没有明显界线,交接处上长出的菌丝粗而浓,置显微镜下观察,有锁状联合时,表明两个菌株的菌丝已发生质配,形成了双核菌丝(二次菌丝),说明能产生子实体。

单孢杂交成功后,应再分离到适宜的试管培养基和基质培养基培养。菌丝生长期间和长好后,观察菌丝分枝密度、长度、锁状联合、细胞器密度和多酚氧化酶各种酶活性、菌丝粗细、基质料变色状况,从中选择比较好的组合。把众多菌丝性状表现好、具有高产优质标志的双核菌丝分别制种、扩大培养、最后栽培,记录产量、质量状况,栽培结束时进行生物统计、产量显著性测定。产量、质量提高明显的种,再进行组织分离获取第 2 代菌种。组织分离能将亲代的遗传性状较完好地保留，可以把亲本的优良性状固定。菌种再次分离获得后，进行较大规模的培养，用产量、质量最好的菌种作对照。经显著性测定，产量、质量明显高于对照的，表明选种成功。

二、诱 变

诱变有物理诱变和化学诱变两种。

食药用菌细胞在紫外线、$^{60}Co\gamma$ 射线等高能射线作用下，RNA、DNA 的碱基序列会发生改变。RNA、DNA 碱基序列发生改变后，食药用菌细胞或是死亡，或是遗传性状发生改变。遗传性状改变是无定向的，而且在初期还可能不稳定，要通过连续几代的栽培观察，才能选出性状较好的变异，最后才能选出优良的变异菌种。

根据实践经验，菌株要达到有效的性状改变，照射后细胞的死亡率一般达到 90%左右。根据细胞死亡率 90%的要求，可以确定诱变的适宜照射强度。一般孢子、菌丝的紫外线照射剂量是 25W 的灯、15～30cm 距离、照射 20 分钟左右。原生质体的照射时间为 30 秒左右。$^{60}Co\gamma$ 射线照射剂量 0.9～9Gy。但根据实际情况还要通过预试验，找到细胞 90%死亡率的剂量，然后再照射。

（一）紫外线诱变处理

紫外线是波长在2 200～2 800的光波，用于诱变处理的光波为波长2 600左右的紫外线。菌丝细胞核对这一波段的紫外线吸收率最高，最容易发生变异。当紫外线照到细胞时，能使 DNA 因吸收大量能量而发生断裂或失去某一碱基，从而发生异变。

处理方法：照射前先将无菌采收下来的孢子（体细胞也可）用 2%蔗糖液稀释，稀释后孢子的浓度应为 10^7/ml 左右。把孢子注入培养皿中。孢子液层深度 1cm 左右，随后将盛孢子液的培养皿置于接种箱或接种室的摇床上。箱或室内置紫外线灯，揭去培养皿盖，再关上接种箱或接种室门。可见光的光线能使紫外线照射发生变异的孢子恢复到原来状态。进行紫外线诱变时，在诱变处理的接种箱或接种室的玻璃门外，需盖上 4 层厚的黑布，使箱内或室内无光，防止照射后发生光复活。然后打开紫外线灯和摇床，边摇动边照射。当达到预定的剂量后，关闭紫外线灯，摇床停止摇动，盖上皿盖，仍放在原来地方，保持黑暗状态。保持一段时间的黑暗是防止照射变异的菌丝 DNA 结构又恢复到原来状态，即防止光复活。照射后第二天用针管吸取处理过的孢子液 0.5ml，注射在空白 PDA 培养基中。摇动培养皿，使孢子液均匀分布在培养基上，使孢子萌发时能呈单菌落状态。把注射孢子稀释液的培养皿移于 25℃下培养。孢子萌发后将菌落挑到另外的培养皿中，有性差别的孢子每一培养皿挑入 2 个菌落，2 个菌落之间距离 2～3cm，连挑 20～30 个培养皿，培养皿挑得越多，选到优良变异的概率越高。挑好处理过的孢子后，放在 25℃下培养。待 2 个菌落的菌丝蔓延生长到接触后，观察 2 个菌落靠接后，是否长出粗壮的菌丝。长出的菌丝较粗，在显微镜下观察见到有锁状联合，表明菌丝已进行质配。把已质配的菌落移植到 PDA 培养基试管上培养。没有性差别的孢子，每一培养皿中挑一个孢子，待菌丝长满管后，显微镜观察处理孢子所长菌丝的形态特征和多酚氧化酶活性，从中选比较满意的种，再进一步扩大、繁殖，再进行栽培，测定该菌种的经济性状。

紫外线照射诱变也可用于双核菌丝。方法是：在无菌条件下，将试管斜面菌种挑放在盛有无菌水的三角瓶中，瓶中有豆粒大的碎玻璃珠。强烈振荡瓶子，使碎玻璃珠将菌丝打断，然后用吸管吸取含菌丝片断的菌液，放在灭菌培养皿中，再置紫外线灯下照射。照射量为 30cm 距离、30W、15～30 分钟，要求 90%菌丝不能成活。照射后 12 小时放置不动，12 小时后用无菌水稀释。要求处理菌液倒在培养基上培养后，菌落呈单个状。放在 26℃下培养，萌发后，分别挑单个菌丝片断形成的菌种，放在 PDA 培养基试管中培养。菌丝长好后，观察菌丝形态特征、锁状联合密度、酶活性，将可能有优良经济性状的菌落扩大繁殖，然后再分别制成原种、栽培种并栽培。子实体采收后进行数理统计，产、质量、性状显著优异的，再扩大栽培，进行经济性状品比试验。经连续 2～3 代栽培比较，产量、质量确实优异的可作为正式生产用种。

（二）同位素射线照射处理

$^{60}Co\gamma$ 射线是原子裂变时释放出来的高能射线，能使 DNA 发生断裂、碱基移位，DNA 结构发生改变，从而使被照射物死亡或发生遗传变异，从而获得新的物种，现在广泛应用于微生物育种。射线有 α 射线、γ 射线、β 射线数种。用于微生物育种的射线大多是放射性元素^{60}Co 放出的 γ 射线。处理时，将无菌采收的孢子液置于玻管中，取 5～6 管放于$^{60}Co\gamma$ 射线源中辐照。辐射距离 50cm。辐照强度 0.9～9Gy，辐射时间为 10 分钟、30 分钟、60 分钟、120 分钟几个级别。照射结束后取出辐照菌种，用无菌水稀释。稀释倍数以孢子

萌发后，单个菌落能分开为止。再用针管吸取孢子液 0.5ml，注射在空白的 PDA 培养基上，放在 25℃下培养。孢子萌发后，再将萌发的菌落挑放在另一空白培养基上，每一皿中挑 2 个菌落，连挑几十皿。然后再培养观察 2 个菌落菌丝结合情况。以下试验步骤与紫外线照射诱变相同。

同位素辐照诱变也可以用单个双核菌丝细胞处理。单个双核细胞用粉碎机粉碎双核菌丝获得，辐照方法与孢子辐照相同，但剂量较低。

（三）化学诱变

化学诱变是用化学诱变剂促使食药用菌遗传性状发生改变，以获得新菌种的处理方法。

化学诱变剂是能使正在分裂的细胞染色体发生断裂、移位、重组、核苷丢失，从而使菌株的遗传状况发生改变的化学物质。常用的化学诱变剂有秋水仙素、芥子、烷化剂、氯化锂、亚硝基化合物、碱基类似物等。

秋水仙素诱变：秋水仙素等化学诱变剂应先进行高温灭菌。试验时取孢子 1g，加蒸馏水 50ml，置于 28℃中，使孢子萌动，3 天后孢子开始萌动。把开始萌动的孢子液移入空白灭菌的试管中，每管加 2ml，再加入秋水仙素。孢子液中的秋水仙素浓度应达到 1%、3%、5%和 7%，作用 30～120 分钟。秋水仙素处理后，向孢子处理液中加入大量无菌水，稀释秋水仙素，使之停止作用，然后再离心，弃去上清液。沉淀物再用无菌水洗涤 2 次。再在无菌箱中用针管吸取处理的孢子液 0.5ml，注射在 PDA 培养基上，放在 25℃下培养，使孢子萌发菌丝。把萌发的菌丝挑放在空白 PDA 培养基上，每一皿挑两个孢子的菌落，两孢子的菌落距离为 2～3cm。把挑放好的孢子菌落再放在 25℃下培养，观察两孢子菌丝结合情况。凡结合后菌丝上出现锁状联合现象，表明已结合。以下步骤与紫外线灯处理试验相同。

化学诱变也可用双核菌丝的单细胞菌丝片断作为材料。

（四）选育菌种的经济性状测定

选出的菌种种性是否优良，需进行栽培观察。选育的菌种栽培试验时，必须防止试验误差，必须设试验对照。对照菌种应是当地最常用的优良的菌种，培养料、培养条件、温湿度、水分、光照、气候应和对照种相同。试验小区应按设计要求安排。小区试验后，经济性状表现优良的，应再进行区域栽培试验，观察小区试验选出的菌种在较大范围内的经济性状表现。通过区域试验，经济性状表现均为良好者，才能正式作为生产用种。

小区试验排列的最简单的方式是拉丁方排列。拉丁方排列要求每栽培区域有某一参试菌种，这样可消除位置差别而造成的位置误差。拉丁方排列方式见表 5－6。

表 5－6　参试菌种拉丁方的排列表

A	B	C	D	E
B	C	D	E	A
C	D	E	A	B
D	E	A	B	C
E	A	B	C	D

表中 A、B、C、D、E 是各个试验小区的符号。代表各参试菌种在不同栽培区位置。A、B、C、D、E 位置中有一个种是对照种，即是当地生产上最常用的种。

区域试验是小区试验的扩大，是将所选菌种在不同的地区进行栽培比较，用较大规模的生产鉴定所选菌种是否优良。区域试验要选 4～5 个地区，每一地区有 3～4 个栽培点，每一栽培点的栽培数量应有1 000～2 000 袋或 100～200m^2。选种方法获得的菌种通过 1～2 年、1～2 区域次栽培试验，均连续表现出优良经济性状的才可作为生产用种。杂交育种获得的菌种，因亲本的遗传物质会持续地相互排斥，所以要经过更长时间、更多代数的培养栽培才能稳定。到性状稳定后才可以正式应用。参与试验的菌种栽培条件必须一致。

三、原生质体融合

体细胞杂交都用原生质体融合方法，用两个不同亲本双核体的营养菌丝，通过溶壁处理，获得细胞原生质体，然后再使两个不同的原生质体靠拢、接触、融合，成为融合子。在融合子培养基上加入促生壁剂，使融合子生壁，形成完整细胞。将复壁的完整细胞放在培养基中培养，长成菌丝，进一步繁殖扩大、栽培，观察各个融合子的生长特点、经济性状。再从众多的融合子菌种中选出性状良好的菌株。

Weibull 于 1953 年首先提出了原生质体的定义：细胞在去掉细胞壁后，余下的由原生质体膜包围着的原生质体部分，称为原生质体（protoplast）。原生质体基本保持原细胞结构、活性和功能，但由于缺乏坚韧的细胞壁，失去了细胞的刚性而呈球形，且对环境条件尤其是渗透压特别敏感。去除细胞壁的方法有机械法、非酶分离法和酶法。在实际工作中绝大多数采用酶法。酶法脱壁时间短,效果好。原生质体技术是近年来迅速发展起来的细胞生物工程育种新技术。1957年,Eddy等首次用蜗牛酶溶解酵母菌细胞壁,分离到原生质体。1958年,Emerson等用蜗牛酶和半纤维素酶得到了丝状真菌的原生质体,从而奠定了真菌原生质体技术的实验系统。1972年,Devies等成功分离裂褶菌原生质体。在食用菌中应用最早的是Davies和Wessels对双孢蘑菇和草菇的研究。

食用菌育种技术的研究,近年来发展相当迅速。特别是原生质体技术研究在理论和应用上取得了很大进展。这一技术在食用菌上的应用,主要经历了3个发展时期(谭琦等,2000):即20世纪70年代的起步阶段,主要研究从不同种类的食用菌菌丝体、孢子或子实体中制备原生质体的条件;从80年代开始,主要从事原生质体融合为内容的研究;随着细胞工程技术和分子生物学技术的不断发展,到了90年代,食用菌原生质体技术研究进入了一个新的发展阶段,这一阶段的主要特点是以脱去细胞壁的裸露原生质体为材料,开展外源基因的导入和转化,DNA的分离与纯化,RFLP和PCR技术的应用,基因文库的构建等多个层次的研究,并取得了许多令人瞩目的进展。

(一)原生质体技术在食用菌育种上的应用

1. 原生质体再生

食用菌原生质体的再生,首先是原生质体的细胞壁再生,然后是再生壁的细胞经细胞分裂到菌丝状态。从理论上讲,含有一个完整细胞核的食用菌原生质体,都具有回复成一个完整结构和功能细胞的潜能。但是,原生质体再生后并不是每个原生质体都能实现其细胞全能性。原生质体的生理状态和外界因素是决定原生质体再生成功与否的两大关键因素,如培养条件、培养方式、培养基成分、稳定剂种类、浓度、培养温度及pH等这些都对原生质体再生起着重要作用。用食用菌菌丝制备原生质体,经过再生,回复发育成菌落,这种菌落的菌丝可称为原生质体的无性繁殖。

利用原生质体的无性繁殖,在食用菌遗传育种中有以下几个作用:①通过对食用菌生产性菌株原生质体的无性繁殖,可以选育获得生产性状改良的生产性菌株。潘迎捷等(1989)在香菇原生质体的无性繁殖研究中发现,香菇原生质体的无性繁殖系在产量和菇的性状上出现了不同程度的变异,分析认为这些变异有的是遗传变异,有的是对环境适应上的变异。这些变异为菌种改良提供了重要依据。此外,Yumi(1985)和肖在勤(1989)等从平菇和凤尾菇原生质体再生无性系中获得了高产新菌株。刘振岳等(1994)对紫孢侧耳进行原生质体再生获得356个无性系,并发现在再生后代中产生了新的遗传变异,发现再生无性系菌株比原始出发菌株生物效率平均提高30.3%。Sonnenberg(1988)研究也发现,双孢蘑菇原生质体无性繁殖株在形成子实体数目上高于原始菌株。②应用于食用菌的老化生产菌株提纯复壮上。佐佐木尧(1984)从金针菇的双核菌丝制备的原生质体再生无性系中发现了菌落形态突变株、黄色素等生化突变株。原生质体制备和再生培养技术,对品种改良和新品种选育,具有潜在的应用价值。

2. 以原生质体为材料进行食用菌的诱变育种

以原生质体为出发材料,结合常规诱变技术,可以进行食用菌的诱变育种工作。由于食用真菌生活史的特殊性,在食用菌的营养生长过程中,食用菌细胞中的两个细胞核,并没有进行细胞核的融合,而是独立存在于子细胞中,同时食用菌菌丝为多细胞,不适宜作为诱变育种的材料。食用菌孢子虽然是单细胞,而且大多为单核,但孢子的细胞壁厚,诱变剂不易穿透,诱变效果不甚理想。食用菌的原生质体在去除细胞壁后,等于失去了屏障,外界因素原本对它就有影响,再加上用诱变剂诱变,对原生质体的变异作用更强,可以提高诱变强度,增加诱变力度,提高诱变概率,使菌株变异的幅度大大加强,有可能从中筛选出变异特性更强、性状改变更大的菌株。原生质体再生均是从单个细胞出发的,与食用菌其他材料(菌丝、孢子)相比有很多优越性,原生质体诱变育种已成为原生质体育种的一种方法。原生质体诱变经常会引起菌株较多形态变异,如孢子颜色、菌落形态不同等。在进行原生质体诱变再生育种时,结合分离形态突变株,可以在短期内获得超敏高产菌株。

在原生质体诱变中,诱变剂可分为物理诱变和化学诱变两大类。从文献报道来看,选择物理诱变剂的较多,多数物理诱变采用紫外线或γ射线;而化学诱变主要采用亚硝基胍(NTG)、甲基磺酸乙酯(EMS)、硫酸二乙酯(DES)和亚硝基甲脲等化学试剂。1986年,Mukherjee等进行草菇的原生质体诱变选育获得高产品种,是首例丝状真菌原生质体诱变育种。以后原生质体诱变有很多的成功报道,如刘国振等以紫外线诱变原生质体,筛选出增产、早熟、抗逆性强、菇型改变、效益提高的香菇菌株。该系统产生的营养缺陷型突变株，为原生质体融合研究提供了遗传标记型材料。许囊中等报道，用无孢平菇菌株 P22 原生质体进行紫外线诱变处理，筛选出一株中低温型、高产、菇型好的无孢平菇突变菌株。陈文良（1986）用紫外线诱变育种方法，培育出高产、优质的北京大木耳新品种，鲜耳生物学效率达到 66.23%～82.08%，耳片也增大、增厚，其他物理诱变剂研究也有重要进展。周宗俊等（1993）用金针菇菌丝原生质体再生及 γ 射线诱变育种技术，育成 F8815、F8817 等金针菇新品种。韩业君等（2004）在草菇 V23 原生质体形成和再生的最佳原生质体制备基础上，分别用紫外线（UV）、$^{60}Co\gamma$ 射线、硫酸二乙酯（DES）对原生质体进行复合诱变，经初筛、复筛获得耐常规低温（4℃）10 天的菌株 VH3。栽培实验证明，VH3 在 26℃下的生物学效率明显优于 V23（CK），且差异极显著。同工酶分析表明，VH3 过氧化物同工酶、酯酶同工酶谱带数量及酶活性均发生变化；RAPD 实验显示，VH3 相对于 V23 的变异系数为0.213。VH3 菇体正常，味道鲜美。氨基酸组成分析表明，除总氨基酸和谷氨酸含量 VH3 高于 V23 外，其他氨基酸差异不明显。由此可见，原生质体诱变育种已成为原生质体育种的一个重要应用方向。

（二）原生质体融合技术

原生质体融合也称细胞杂交、细胞融合或体细胞杂交，是指细胞通过介导和培养，在离体条件下用人工方法将两个不同种的细胞通过无性方式融合成一个细胞，或合成多核的杂交细胞的过程。原生质体融合技术起源于 20 世纪 60 年代。1960 年，法国的 Karski 研究小组在两种不同类型的动物细胞混合培养中发现了自发融合现象。1974 年，匈牙利的 Ferenczy L 等采用离心力诱导的方法，报道了白地霉营养缺陷型突变株的原生质体融合，从而使原生质体融合技术成为微生物育种的一项新技术，并从微生物种内融合扩展到种间的融合。

原生质体的融合方法经历了一个逐步改进和完善的过程。早期使用的有 $NaNO_3$ 法、高钙高 pH 法、PEG 法等，后来相继发展了 PEG 与高 Ca^{2+}、高 pH 值相结合的方法（也简称 PEG 法）、电融合法以及聚集微束激光法。目前，广泛使用的是 PEG 法和电融合法。1974 年，华裔加籍科学家高国楠（Kao）发现聚乙二醇（PEG：polyethyleneglycol）能促使植物原生质体融合。当加入一定分子量的 PEG 时，融合效率较病毒诱导法提高1 000 倍以上。Kao 经过研究发现，PEG 在融合过程中起着稳定和诱导凝集作用。后来又发现还有许多其他化学剂可使细胞凝集并融合，如磷酸盐、高级脂肪酸衍生物、脂质体等，不过还是以聚乙二醇的效果较好。1975 年以后，利用 PEG 诱导细胞融合逐渐发展成为规范的重要化学融合方法。另外，PEG 法的好处是没有品种间、属间、科间的特异性或专一性，动植物间的限制也被打破。不过 PEG 法对细胞毒性较大，极大地影响了融合率和融合后细胞的存活率。这种方法一直沿用至今，即使到了细胞电融合技术业已成熟的今天，PEG 法仍然以其低廉的实验成本和相对较高的融合率，在许多实验中依然被大量应用着。

电场融合是目前最流行的物理诱导融合法，它是 20 世纪 80 年代初迅速崛起的细胞融合技术。原生质体在融合液中的接触和融合会受到外电场的作用强度、融合液组成（如渗透剂种类、Ca^{2+}，Mg^{2+} 浓度、添加的化学物质、pH 值等）的影响。电场融合的最适条件，分别需要具体材料，在实验中不断加以探索而提高。电融合因其操作简便、快速、融合同步性好，尤其是与微培养技术相结合，将会是非常有前途的技术体系。

原生质体融合是生物技术在食用菌遗传育种中的重要应用。由于这一技术能打破由性不亲和性造成的遗传障碍，从而为进行种属间的远缘杂交开辟了广阔的前景。但是，在原生质体融合中必须对亲株进行遗传标记，这不仅需要花费很多时间和物力，而且在高等担子菌中有一些遗传标记，如营养缺陷型和代谢缺陷型，在遗传上往往是不稳定的，经过几代后发生回复突变，而失去使用价值。更重要的是在传统上这些遗传标记主要是通过各种物理和化学的诱变处理获得的，经这些方法处理后，由于基因突变，虽然能得到一些营养缺陷型或代谢缺陷型的变异株，但这些基因往往可能与控制产量与质量性状的基因是连锁的，有的本身就可能是控制产量和质量性状基因的一个部分。因此，在得到营养缺陷型或代谢缺陷型的同时，往往也会引起许多不利于生产性状的突变。这种突变无法实现应用原生质体融合技术培育新菌种的目的。在食用菌以提高产量、改善品质和增加抗性为目的的原生质体融合中，应避免采用以诱变处理得到营养缺陷型或代谢缺陷型突变株的传统方法，应尽量采用亲株本身具有的生态、形态和生化等自然标记性状，这样可以大大提高由原生质体融合实现基因重组或互补的频率，有利于保存融合子中亲本双方的优良性状，克服因诱变造成对亲本优良性状带来的不利影响。在食药用菌原生质体融合中可以采用自然生态标记、形态标记、自然抗药性标记、灭活原生质体标记和同工酶标记等标记方法。

自然抗药性标记：抗药性是原生质体融合中的一个重要遗传标记。在细菌中抗药性基因往往是由质粒所携带的，在食药用菌中抗药性的遗传机制还不清楚，可能与线粒体上的抗性基因有关。潘迎捷等（1991）的研究发现，香菇、平菇等食用菌对抗细菌类的抗生素，如青霉素、链霉素、卡那霉素和庆大霉素均有较强的耐受性，有的甚至可以耐到1mg/ml以上的浓度。但对一些抗真菌类或抗代谢类药品，却表现出不同程度的敏感性，如栽培香菇对放线菌酮的耐受能力只有5μg/ml，而虎皮香菇可耐到50～60μg/ml。

形态标记：在香菇、平菇和金针菇等四极性异宗配合的高等担子菌中，亲合的单核体在种内杂交产生异核体时，菌丝体中会形成锁状联合这一特殊的形态标记。这一标记很容易通过显微观察把单核体和双核体加以区别，而且单核体与双核体在菌落形态与菌丝生长速度上也有明显的不同。潘迎捷等（1991）采用单核体做亲本，以融合后异核体形成锁状联合作为筛选标记的技术路线，成功地构建了数百株不同组合的香菇种内原生质体融合子，其中有些融合子表现出较好的生产性状。还发现有些在常规杂交中不易配对形成异核体的单核亲本，通过原生质体融合后，获得异核体的频率大大提高。

灭活原生质体的标记：在融合中灭活的一个亲本原生质体与另一亲本菌株的原生质体融合，仍然能形成重组体。在单亲株灭活融合中，被灭活的菌株可以不加任何遗传标记，而只需对活菌株进行标记，可减少融合前对亲本菌株进行遗传标记的工作量，而且这种方法还具有经灭活后，参与融合时不易发生同源染色体融合的优点。灭活原生质体的方法有很多，常用的有紫外线灭活、热灭活（50～52℃）和化学灭活（碘乙酰胺）等。

同工酶标记：同工酶是一组由不同肽链亚基组成，但具有相同催化功能的蛋白质分子。这种蛋白分子结构上的差异使得食用菌株同属、种之间，或同一种内菌株会形成不同的电泳区带，这种特有的酶谱区带型是鉴定这些菌株的分子基础。两个具有不同区带型的亲本菌株融合后，通过基因重组或互补，会在融合子中形成新的区带型。新的区带型为挑选融合子提供了容易识别的生化标记，而且在相同组合的不同融合子中，由于基因互补和重组的差异，受基因控制的肽链合成和组合也会有所不同。在融合子中会出现不同的区带类型，这样为分析融合子的遗传变异提供了可靠的信息，可进一步筛选出具有明显双亲特点的融合子。福建轻工所应用同工酶做遗传标记，成功地筛选出双孢蘑菇的种内融合子（王泽生，1991）。

DNA标记：与形态标记和同工酶分析相比，DNA分子标记有以下优点：不受环境因素的影响；不受基因表达与否的限制；取样不受组织器官的限制；DNA分子标记的数量几乎是无限的；许多DNA分子标记是共显性的，对一些隐性经济性状选择十分方便。DNA分子标记为融合子的鉴定提供了一个有力工具。施庆利等（1994）以RAPD（randomly amplified polymorphic DNA）技术为主，比较分析了黑木耳种间融合子与其亲本菌株的扩增差异。结果显示：种内融合子的大部分谱带与两亲本谱带呈对应关系，并有一条新带产生，表明该融合子是双亲原生质体融合的种内杂种。陈明杰等（1997）应用RAPD技术与聚类分析方法，对香菇细胞融合菌株F1及亲本S1、465进行遗传分析。根据DNA扩增的指纹图谱，估算融合子与亲本的DNA相似系数，并构建遗传相关性聚类图。结果表明，RAPD技术与聚类分析方法可应用于香菇细胞融合菌株的遗传鉴定。

融合技术可以使亲本的整套基因组有效地混合起来，使基因重组成为可能，尤其在从有性杂交不亲合的种间和属间，转移部分优良性状及转移或改良细胞质基因控制的某些性状方面，具有广阔的前景。通过以PEG作促融剂的化学方法和以电融合为基础的物理方法，先后在食用菌的种内和种间构建出一批融合子。如上海市农业科学院食用菌研究所构建出的香融1、香融2及香菇与虎皮香菇的种间杂种（谭琦等，2000），曾荣等（1995）获得了虎皮香菇和金针菇（属间）融合子。肖在勤、谭伟等（1998）报道，以金针菇和凤尾菇（科间）为材料，获得融合子菌株，并从中选育出食用菌科间细胞融合新品种金凤2—1等。

（三）利用原生质体再生过程中产生的单核体作为育种材料

单核体是香菇、平菇等异宗结合食用菌杂交育种中的基本遗传材料（Chang 1987；徐天惠1987）。在常规育种中主要从子实体中收集担孢子，由其萌发得到具有不同交配型的单核体，这种单核体交配后，通过性亲合因子的结合，得到能形成子实体的异核体（Chang 1975，Miles and Chang 1986 ）。Wessel（1976）在研究裂褶菌原生质体时发现，从双核菌丝中释放出的原生质体，再生后会形成双核和单核两种类型的菌丝体。

谭琦等（1999）利用原生质体单核化技术，以香菇栽培种 Lel 和野生种 70 为亲本，通过原生质体单核体杂交选育出申香 8 号。它具有优质、高产、抗逆性强和栽培适应性广等特点，已开始在我国香菇主产区应用，成为香菇主栽品种之一。甘炳成等（2006）以香菇菌株精选和武香作为亲本制备单核原生质体，将两个亲本的单核原生质体进行杂交。对杂交菌株与亲本菌丝长势和长速、产量、子实体形态、氨基酸含量等农艺性状进行比较，获得了农艺性状较优良的菌株 JW1 和 JW3。

（四）食用菌原生质体融合方法

食用菌原生质体融合不仅可在种内各品系间，属内各种系间，甚至不同属之间进行，但亲缘距离远的融合子，在以后的栽培中，不同亲本的遗传物质因相互排斥，又回复到亲本特性的概率较高，要经过较长时期的选择，性状才能稳定。原生质体融合也可用活的原生质体和灭活的原生质体进行融合。

1. 原生质体融合过程

选择出发菌株→出发菌株培养→菌丝体洗涤→溶壁，制备原生质体→加聚合剂，促原生质体融合→融合原生质体生壁→融合子检验→菌种培养→生长性状检验→稳定性观察等几个过程。

2. 选择出发菌株

原生质体融合首先要选好出发菌株。出发菌株应具备选择者所要求的特性，两个出发菌株的优良性状应能互补，如一个菌株特别耐高温，另一菌株产量质量性状好。最好两个亲本菌株各有明显的遗传标记，如两个亲本菌株各有某一营养缺陷，如一个亲本是苏氨酸营养缺陷型，另一亲本是胱氨酸营养缺陷型，或者是一种不抗青霉素，另一种不抗链霉素。亲本有遗传标记的，在检验时融合子容易被检出。

3. 出发菌株培养

根据经验，菌丝生命力强，容易得到良好的原生质体。原生质体杂交融合成功率高，一般可达 40%。在融合前两个亲本的菌种应在 PDA 斜面培养基上培养，或用马铃薯葡萄糖液体培养基摇瓶培养。PDA 培养基上培养的菌龄 10 天左右，液体摇瓶培养菌龄 3～4 天。要求菌丝都在生长加速期。

4. 菌丝体洗涤

培养好的菌种，从培养基中取出后用蒸馏水洗涤，洗去所携带的培养基成分。方法：1g 湿菌丝体中加 100ml 蒸馏水，反复振荡，再用薄的一层无菌棉过滤。滤去杂质，滤得菌丝体。

5. 细胞壁酶解条件预试

正式溶壁前要进行溶壁条件试验，以确定采用酶种类、酶浓度、溶壁温度、溶壁时间。细胞壁溶解酶有溶壁酶、蜗牛酶、纤维素酶、混合酶等数种。目前一般用浓度 1% 或 2% 的溶壁酶，或 1% 浓度的溶壁酶加 1% 浓度的纤维素酶或蜗牛酶。溶壁温度一般为 28～30℃，溶壁时间为 1.5～2 小时。酶浓度高、溶壁时间长；温度高，溶壁率较高，但原生质体质量差，所得融合子质量也差；溶壁时间短，温度低，酶浓度低，其溶壁率也低。选择适宜的溶壁条件对溶壁成功率有重大作用。在每一条件预试后，对溶壁后产物镜鉴，观察溶壁率。镜检时，产物先用 0.1% 中性红染色，25 分钟后观察。未有染色的说明原生质体是活的，被染色的表明原生质体已死亡。镜检发现原生质体数量多，存活率高的，表明该溶壁条件较好。

细胞溶壁后，细胞失去细胞壁的保护，对外界环境很敏感。当环境渗透压偏高或偏低时，细胞外的细胞膜极易被破坏，造成胞质外溢而使细胞解体。因此需提供一个渗透压近似细胞质渗透压的环境。

溶壁时，被溶壁的细胞置于稳渗液中，稳渗剂可以用蔗糖、甘露醇、$MgCl_2$、KCl 等配成。稳渗剂浓度大多为 0.5～0.6M。食用菌溶壁时，所用的稳渗剂大多为 0.5mol/L 甘露醇，或 0.6M 的蔗糖溶液。

6. 溶壁制备原生质体

根据溶壁预试结果，取最适溶壁条件溶壁。先洗涤菌丝，离心除去上清液，收集菌丝体，再加入已用膜滤过的溶菌酶液，酶浓度一般为 1%～2%。现在大多用溶壁酶，处理条件大多为 28℃，定时轻轻摇动，使菌体充分悬浮，溶壁后取样镜检。视野中原生质体占 90% 时终止酶解，反应时间为 1.5～2 小时。作用结束后，用无菌棉滤去未溶壁的菌丝。取含有原生质体的滤液，置离心机中 800～4 000 转/分钟离心 10 分钟，弃去上清液，取失去细胞壁的原生质体——沉淀物。沉淀物用灭菌过的 0.6M 蔗糖液重悬离心，洗涤 2 次，提纯原生质体。加稀释无菌水适量，要求原生质体浓

度达到 10^6 个/毫升。将两种亲本原生质体，分别加入灭菌的 0.6M 蔗糖液制成原生质体悬液，悬液原生质体浓度为 10^6 个/毫升，将两种原生质体悬液各取 1ml，以 1∶1 的比例混合，用 4 000 转/分钟离心 10 分钟，除去上清液，再逐滴加入用 50mmol $CaCl_2$ 配制分子量为1 500～6 000 的聚乙二醇溶液。现在大多用分子量6 000的聚乙二醇（PEG 6 000），处理 30 分钟，处理结束后，用 1 500～4 000转/分钟离心 10 分钟，去上清液，沉淀物再用0.6M蔗糖溶液洗涤并离心，弃去上清液。然后将沉淀物——原生质体放在融合子筛选培养基上，放在 25℃下培养，使其生长菌丝，并检验杂交融合情况。筛选培养基，根据出发菌株遗传特性配制。

（五）融合子检验

融合子检验是检验培养基上所生长的菌丝是否是两个亲本菌丝杂交产生的菌丝。检验菌丝是否是杂交融合体有多种方法：

1. 拮抗试验

培养皿中灌入 PDA 培养基，冷凝后，培养皿中部一个点接拟融合子生长的菌丝，另一个点接亲本菌丝。两面相距 1cm，放在 25℃下培养。在两种菌丝交接处产生拮抗、有分界线现象的，且长时间不会消除拮抗现象的，表明中间的菌丝是融合子产生的菌丝。

2. 营养缺陷型试验

若两个亲本，一个是苏氨酸营养缺陷型，另一个是胱氨酸营养缺陷型，那么配制一种缺乏苏氨酸和胱氨酸的培养基，然后接种拟融合子菌丝种。若拟融合子生长菌丝能在这种培养基上生长，表明该菌丝是两种亲本的融合子长出的菌丝。

3. 抗药性试验

亲本是抗某一药物的菌，融合以后，判断所长菌丝是否还有抗药性。所长菌丝没有抗药性了，表明所长菌丝是融合子的菌丝。

浙江省农科院园艺所范雷法、潘慧娟等进行香菇、平菇原生质体融合试验时，采用不抗潮霉菌素的香菇种和抗潮霉菌素、但灭活的平菇菌原生质体，灭活温度 60℃，灭活时间 1.5 小时。用这两种原生质体融合处理，处理后将拟融合子涂在含 20μg/ml 潮霉菌素的培养基上，能在这培养基上生长的菌丝必定是融合子菌丝。香菇菌丝不能在含潮霉菌素培养基上生长，灭活的平菇原生质体也长不出菌丝。

4. 同工酶试验

取拟融合子培养菌丝和两个亲本的菌丝，进行某一同工酶酶谱观察。若拟融合子菌丝的同工酶谱和两个亲本的同工酶谱有较明显差别，表明拟原生质体融合的菌丝确是两个亲本细胞的融合体。

5. 融合子稳定性观察

原生质体融合得到的菌丝，两个亲本遗传距离都较远，在以后的培养过程中，两种亲本的遗传物质很容易相互排斥，所以开始性状很好的菌种，以后很可能逐渐回复到某一亲本的性状方面。培养条件适宜某一亲本的，其杂交后代往往偏向某一亲本。亲缘关系越远，在以后的世代中遗传物质相互排斥的现象越严重。融合子菌种要经过长时期的观察，发现遗传性状确是稳定的，才可用于大规模生产。

参 考 文 献

[1] 吕作舟. 食用菌栽培学[M]. 北京：高等教育出版社，2005.
[2] 徐景堂. 中国药用真菌学[M]. 北京：北京医科大学、中国协和医科大学联合出版社，1997.
[3] 周雅冰. 紫木耳 金耳栽培新技术[M]. 上海：上海科学技术文献出版社，2005.
[4] 李冠喜，王钰. 白灵菇品种的拮抗与品种鉴定[J]. 中国食用菌，2000(2)：17.
[5] 朱志能，张译文. 黑柄炭角菌的菌种分离及其培养特性[J]. 中国食用菌，2005(5)：15.
[6] 张翠霞，孟庆国. 食用菌液体菌种在生产和使用中应注意的问题[J]. 中国食用菌，2004(4)：49.
[7] 蒋中海. 中国松口蘑资源及繁殖技术的研究[J]. 中国食用菌，2006(3)：8.
[8] 全丽丽，付明杰. 长白山区松口蘑组织分离比较试验[J]. 中国食用菌，2007(3)：13.
[9] 刘延安，刘晓芳. 巴里坤野生蘑菇天 A_2 号菌株培育及栽培研究[J]. 中国食用菌，2007(3)：17.
[10] 邓明贵. 蜜环菌抗杂菌分离及快速培养技术[J]. 食用菌，2005(1)：22.

[11] 任玉凤,杨晓峰. 食用菌母种污染的纯化[J]. 食用菌,2005(1):15.
[12] 王波. 松口蘑栽培新技术[M]. 上海:上海科学技术文献出版社,2005.
[13] 陈慧,王丙忠. 黄伞杨树菇茶新菇栽培技术[M]. 上海:上海科学技术文献出版社,2005.
[14] 王波,鲜灵. 鸡腿菇周年栽培新技术[M]. 上海:上海科学技术文献出版社,2005.
[15] 王波,鲜灵. 黄背木耳 白背木耳栽培新技术[M]. 上海:上海科学技术文献出版社,2005.
[16] 陈士瑜. 侧耳类栽培新技术[M]. 上海:上海科学技术文献出版社,2005.
[17] 杨国良,张淑霞. 灰树花栽培新技术[M]. 上海:上海科学技术文献出版社,2005.
[18] 贺新生,王茂辉,王茂如. 最新10种蕈菌栽培新技术[M]. 上海:上海科学技术文献出版社,2005.
[19] 王波. 羊肚菌人工栽培新技术[M]. 上海:上海科学技术文献出版社,2005.
[20] 曹德宾,孙庆福,王世东. 绿色食用菌标准化生产与运销[M]. 北京:化学工业出版社,2004.

(陈国良、陈明杰)

第六章　菌种保藏技术

DILIUZHANG JUNZHONG BAOCANG JISHU

摘要：本章主要介绍各种菌种的保藏方法，包括营养菌丝体保藏、斜面菌种低温保藏、液体石蜡油保藏、基质培养基菌种保藏、液氮超低温保藏；孢子保藏；砂土管保藏，滤纸、冷冻真空干燥保藏等方面内容。

Strain preservation techniques

Abstract: This chapter describes the methods used for including the preservation of vegetative mycelium on agar slant cultures at low temperatures, in mineral oil, on solid substrates such as sawdust, under liquid nitrogen, and spore preservation using the sandy clay tube and freeze drying.

第一节　概　述

菌种保藏是运用物理、生物手段让菌种处于完全休眠或半休眠状态，使在长时间储存后仍能保持菌种原有生物特性和生命力的菌种储存措施。

菌种在生命活动、菌种繁育时，由于受外界不良条件、病毒的伤害，往往会发生退化。如长期高温会使菌丝生命力降低；传代次数增加，会使某些细胞器减少甚至丢失；接种时菌种常会受到消毒药剂和火焰高温的伤害而发生退化；接种挑选菌种时可能在无意中造成某一形态的菌丝比例增多，而另一形态的菌丝减少；长期传代、繁殖菌种很可能被病毒侵染。如此种种情况，都会使菌种发生退化。保种可降低发生变异的频率。保种另一层意义是，保藏某一菌种的某些特殊遗传性状（遗传基因），这些性状对当前生产可能无经济使用价值，但以后或者可作为育种材料。

菌种保藏是通过降低基质含水量、降低培养基营养成分、或利用低温或降低氧分压的方法抑制食药用菌的呼吸、生长，抑制其新陈代谢，使其处于半休眠状态或全休眠状态，以显著延缓其菌种衰老速度，降低发生变异的机会，从而使菌种保持良好的遗传特性和生理状态。

菌种保藏有营养体菌丝体保藏和休眠体孢子保藏两类。食药用菌是一种孢子繁殖的菌类。食药用菌的有性繁殖方式和其他生物不同，其他生物是雌雄两性配子核配进行有性繁殖；细菌等裂殖生长的低等生物没有有性繁殖；食用菌是（十）、（一）两性孢子萌发为菌丝后，通过质配进行交配，而在形成有性孢子前再进行核配，完成二性结合。食药用菌孢子大多具有 4 个极性，4 个极性的孢子可有多种结合（交配）方式，会有多种交配结果。有 4 个极性的孢子，其有性繁殖的后代，生产性状可有多种表现，变异性较大。优良的菌种经有性繁殖后，后代不一定优良，有 4 个极性孢子的食药用菌生产时不用孢子繁殖留种，一般用组织分离，即无性繁殖来留种。即使双极性或单极性同宗结合的食用菌，其有性繁殖的后代，生产性状与原来菌种也会表现出较大的差别。生产上选定的菌种一般用菌丝体繁殖，菌种保藏也只用菌丝体的菌种作为保藏材料。

肉质食用菌子实体的组织中菌丝分化程度不高，这些菌类的子实体组织在脱离母体、置于培养基上时，该组织很快会脱分化，像营养菌丝一样生长。理论上讲肉质食用菌子实体组织在绝对休眠条件下，也可作为菌种材料来保存。

孢子保藏只用于那些有特殊遗传特性的食用菌，目的是为了保存一些特殊遗传基因，以丰富选种材料。

菌种保藏有营养体保藏和孢子保藏两类。

营养体菌丝体保藏有斜面菌种低温暂时保藏、斜面菌种石蜡油阻隔空气保藏、基质原料保藏、生理盐水保藏、蒸馏水保藏、营养液保藏和液氮超低温保藏等数种。

孢子保藏有滤纸干燥保藏和真空冷冻干燥保藏两种方法。

第二节　营养体菌丝体的保藏

营养体菌丝体保藏的菌种，营养生长不能很旺盛，生长速度不能非常快。培养基营养成分丰富，温度较高，生长速度快的菌种，衰老速度也快。衰老的菌丝作菌种保藏时，保藏后菌丝复活程度较差，生长势也不好，菌种容易退化。营养体保藏的菌种，培养基营养成分应略贫乏，含水量和培养温度应稍低些。这样，菌丝生长速度较慢，生长势也不会太旺盛，菌丝衰老速度也慢。

菌丝体——营养体在干燥条件下会失水而死亡，菌丝体菌种不能用滤纸干燥保藏和冷冻真空干燥保存法保藏。

一、斜面菌种低温保藏

培养基：一般菌种用 PDA 培养基。葡萄糖 18g，马铃薯(去皮)200g，琼脂 20g，水1 000ml，pH 自然。特殊菌种用特殊培养基，详见《食药用菌制种技术》母种培养基部分。

接种：接种保藏菌种用的菌种，菌丝应健壮。用前端的菌丝作接种材料。接种时要防止火焰高温、消毒药液对菌种的伤害。

培养：应以适宜温度或略低于最快生长温度的温度培养。蘑菇、香菇菌种应在 22℃左右温度培养，灵芝等高温菌种应用 25℃左右温度培养。培养时试管表面用 8 层厚的纱布或薄棉被覆盖，避光。

保藏菌种质量要求：菌丝生长整齐，菌丝长到培养基面积 2/3 时。

病毒检验：食用菌常会感染病毒，在菌丝良好生长状态下，病毒会在菌丝中呈潜伏状态。保藏用的菌种，接种时应多接若干支试管，培养时，应将部分试管放在高于正常生长温度 5～8℃条件下培养，观察高温下培养的菌种、菌丝生长是否整齐。若有空斑、缺刻状表现，所有的菌种都不可用于菌种保藏。

保藏方法：用牛皮纸或硫酸纸将试管棉花塞包好，放在清洁的小木盒中。木盒上注明菌种的名称、菌号、保存日期、经手人姓名，再放在 4℃冰箱中保藏。保藏菌种的冰箱不要经常开启，保持温度稳定。

试管放在小木盒的目的是为了防止冰箱开启时，保藏菌种免受忽高忽低温度的影响和降低光照程度，防止光照造成菌丝细胞壁过度纤维化，延缓菌种的衰老。

斜面菌种在 4℃条件下，新陈代谢并未完全停止，还有低水平的呼吸，会消耗养分，也会失去水分，所以不能长期保存。斜面菌种保藏可保存半年。保藏日期到期后，可转接在新的斜面培养基上再培养，获得的菌种可用于生产或再放冰箱保存。

草菇菌种不耐低温，保藏温度不能低于 15℃。但草菇菌种用石蜡油保藏时，也可在 10℃下保藏。

二、斜面菌种液体石蜡油保藏

1. 石蜡油的保藏方法

石蜡油保藏是用灭菌并除去水分的液体石蜡油灌入母种试管中，使菌体与空气隔绝，以降低其生命活动水平，并阻止水分散失的方法来保藏。石蜡油保藏，油层下氧含量低，菌丝呼吸水平极低，培养基营养消耗速度极慢，菌种不易老化、退化，可较长时间保藏。

石蜡油保存分石蜡油灭菌、脱水处理、灌石蜡油、封口等几个步骤。

石蜡油脱水、灭菌处理：将纯度高的石蜡油盛于三角烧瓶中，用 8 层厚纱布包口，放在高压灭菌锅中，152kPa(128℃)蒸汽压灭菌 1 小时。第二、第三天时，再各灭菌一次，然后放入 120℃烘箱中，烘烤，除去石蜡油中的水分，一般烘烤 2～3 小时。也可在较低温度下，放置较长时间使其脱水。石蜡油呈透明状时，表示油中已无水分，可用于菌种保藏了。

灌石蜡油：保存时，用无菌操作方法将灭菌、脱水石蜡油灌入保藏的菌种试管中，应沿试管壁流下，以防止灌油时进入大量空气。石蜡油的高度应高出斜面顶部 1cm，不使保藏时因石蜡油蒸发而露出培养基。

封口：封口是为了阻止石蜡油的蒸发。封口有橡皮塞封口、软木塞封口和棉花塞封口等几种。橡皮塞、软木塞封口方法是：橡皮塞、软木塞预先经 152kPa、持续 2 小时高压灭菌，试管菌种灌好石蜡油后，用灭菌过的橡皮塞或软木塞塞上，弃去原来的棉塞。封口时将固体石蜡熔化，浇在管口和橡皮塞或软木塞间的壁缝隙处。采用棉花塞封口时，先将露在试管口外的棉花大部分剪去，再将熔化的固体石蜡趁热浇在棉塞上，石蜡凝结后即可。然后立放在 4℃左右、清洁的冰箱中保存(图 6—1)。

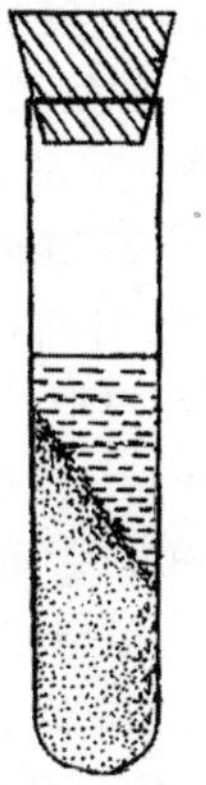

图6—1　石蜡油保藏菌种

2. 石蜡油保藏菌种的使用

石蜡油保藏的菌种可保存2～3年。使用时，应先进行菌种活化。方法：在无菌箱中用接种钩挑取保藏菌种斜面一块，稍悬空在石蜡油油面上面，让过多石蜡油流去，其间不可碰到火，再移接在空白斜面培养基上，放在25℃下培养，让菌丝慢慢恢复生长。待菌丝长到近试管底部时，再在无菌箱中，从活化菌丝的顶端挑取活化的菌丝，放在新的空白斜面培养基上培养。待菌丝长满试管培养基后即成。

三、基质培养基菌种保藏

基质培养基保存是用原种、生产种的培养基保存菌种。基质培养基中有丰富的迟效性养分，菌丝会边分解培养基中复杂养分边利用生长。保存后期，菌丝不会因过度饥饿(营养缺乏)而衰退。基质培养基容器一般比较大，培养基中，氧分压较低，CO_2分压较大气中高，环境条件稳定、细胞壁纤维化程度低，菌种不易衰老。

培养基配方与正常原种相同，但培养料应稍坚实。培养料的含水量应比生产用培养料含水量低2%左右。培养基较坚实，含水量较低，可降低菌丝生长速率，降低培养基中空气含量、降低呼吸强度，从而延缓衰老。

1. 基质保藏菌种培养料

速效养分、氮源养分应比普通菌种稍低。常用的有以下几种：

(1)木屑、玉米粉培养料

阔叶树木屑82%，玉米粉16%，石膏粉2%，含水量58%左右。

(2)木块、木屑培养料

木屑混合培养料(木屑78%，玉米粉20%，石膏粉2%，含水量56%)60%，直径1cm×长1～2cm，含水量45%左右的树枝条40%。培养料装瓶时，取70%的混合培养料和全部枝条培养料混和，装入瓶中，装好后，再将剩余的30%混合培养料盖在表面，压平、固定下部枝条培养料。

(3)棉子壳、木屑培养料

棉子壳40%，阔叶树木屑44%，玉米粉14%，石膏粉2%，含水量60%。

(4)发酵麦草培养料

蘑菇菌种用的纯发酵的麦草料98%，石膏粉2%，含水量58%左右(用于蘑菇、鸡腿菇保藏)。

2. 容器和装料

广口瓶，容积200或150ml，瓶口直径2.8～3.2cm，培养料装量90～110g(湿重)，棉花塞需离培养料表面至少5cm。

3. 灭菌

灭菌时间、温度：152kPa(128℃)蒸汽压，保持2小时。

4. 菌种接种培养与普通原种基本相同

培养条件：20～22℃，无光或弱光，空气湿度65%，培养室空气良好。待菌丝长满瓶后保存。保藏时，用灭菌橡皮塞更换棉塞。处理方法与石蜡油保存法相同。

5. 保藏

先放入小木箱中，再置于无光、空气湿度不超过70%、2～6℃的冰箱或冷库中保存。

基质培养料是迟效培养料，能维持菌种较长生存时间，保藏时间可达2～3年。

四、蒸馏水保存

蒸馏水保存菌种的原理目前还不清楚，可能是食用菌菌丝细胞壁较坚牢，游离水不能大量进入菌丝细胞内；蒸馏水中无营养成分，因此菌丝新陈代谢极慢，从而延缓衰老。

保存方法：取250ml三角烧瓶，装入70ml不加琼脂的马铃薯、葡萄糖培养液，或某食用菌的专门培养基，常规灭菌、接种，用120转/分旋转式摇床震荡培养5～7天(液体菌种详细培养方法，参见液体菌种培养部分)。待菌球充满液体培养基，培养液成透明状为止。培养结束后，将菌丝球移接于无菌蒸馏水的12mm×160mm的试管中，每管放数十个菌球，再用灭过菌的橡胶塞塞住管口，用石蜡封住橡胶塞边缘缝隙，放在4～8℃下保存。该法可保存菌种2年左右。

蒸馏水也可用斜面菌种保存。保藏时，在超

净台中，用接种钩、接种铲将斜面菌种切割成米粒大小，然后把米粒大小的斜面菌种移放在蒸馏水保藏管中，每管放7～8粒菌种，其余操作方法和液体菌球种相同保藏。

五、液氮超低温保存

液氮内的温度为－196℃，在－136～－196℃下，食药用菌菌丝生长、呼吸、新陈代谢处于完全停止状态，菌丝不会衰老，从而能使菌种保存很长时间而不退化。液氮超低温保藏菌种，需有液氮罐、菌种保存管和保存液。常用PDA培养基菌种或麦粒培养菌种。保存容器可用冻存管或安瓿管。保种程序：①培养菌种。②菌种中加入保存液。③预冷。④放入液氮罐。

1. 菌种准备

在耐低温的5ml容积的冻存管中，加入1ml PDA培养基或其他适宜培养基，用0.147MPa蒸汽压灭菌30分钟。冷却后接入要保存的菌种，放在25℃左右温度下培养，待菌丝长满培养基表面时用于保藏。也可将预先培养好的琼脂斜面菌种分割成小块，再放入冻存管中或安瓿管中保藏。也可用大麦粒菌种。大麦粒菌种保藏是在超净台上，将长好菌的麦粒镊取放在冻存管或安瓿中。冻存管或安瓿中镊入菌种后加入保存液，马上塞上塞子或置于酒精灯上溶封安瓿口，然后移入液氮罐中保藏。保存液是一种有降低保存时产生冰晶作用的液体。

2. 加保存液

液氮超低温保藏。菌丝在温度骤降、骤低时，细胞壁、细胞膜容易受伤害，需要在菌种中添加菌种保存液。

目前，通用的保存（护）液是甘油和蒸馏水1∶9的混合液或5%二甲亚砜。保存液配置后应灭菌。保存时，将保存液倒入冻存管或安瓿中，液面应高出菌种面1cm，然后盖好冻存管口或溶封安瓿口，夹在专用的菌种管管夹上，编好号。在预冷冰箱中以每分钟降1℃的速度降至零下36℃，然后迅速放入－196℃液氮罐中的液氮内。液氮管保藏菌种原则上不限时间长短。

使用菌种时，液氮内取出的菌种必须迅速使冻存液溶解。慢慢升温，会使菌丝胞膜伤害、裂解，从而使保藏菌种死亡。取液氮保藏种前应先备好38～40℃的水，水量应足够大，以防止所保存的菌种放入后水浴温度降低。保存液溶解后可以直接用于接种。液氮保存菌种时，应戴好橡皮手套，防止液氮溅到皮肤而遭受冻伤。

六、营养液保藏法

营养液配制：马铃薯汁（200g新鲜去皮马铃薯，切成薄片，加水1 000ml，煮到薯片酥，取汁）约900ml，葡萄糖16g，磷酸二氢钾0.3g，硫酸镁0.15g，最后补加蒸馏水使总容积至1 000ml。每一12mm×160mm的试管中灌入营养液5ml，用棉塞塞管口，在111kPa蒸汽压下灭菌40分钟。冷却后，在超净台中移入待保存的菌种。菌种在移入前，先用接种钩将其分割成绿豆粒大小，每管移入7～8粒，同时用灭菌过的软木塞或橡皮塞更换棉塞，然后放入4℃左右冰箱中保存。保存期间菌丝还会微量生长，可在液面形成菌膜，并向管壁上方生长，一般可保存2～3年。

七、生理盐水保藏法

先在试管中加入生理盐水，用棉塞塞住管口，在152kPa蒸汽压下灭菌40分钟。冷却后，在无菌箱中，将斜面菌种切割成绿豆粒大小，并移置灭过菌的生理盐水管中，每管放7～8粒。菌种放入生理盐水管中后，用灭过菌的软木塞或橡皮塞塞好管口，再放入4℃左右冰箱中。该法可保存1年左右。

第三节　孢子的保藏

食用菌有有性孢子（担孢子、子囊孢子）和无性孢子（分生孢子、粉孢子、节孢子）几种。有性孢子和无性孢子都有遗传繁殖功能，都可作为种源用于菌种保藏。但保藏的孢子以后必须经过培养、孢子萌发、两根单核菌丝结合、产生有性后代、子实体生长良好的才可用于生产。

孢子保藏是将孢子附着在载体上，再放入低温、干燥的环境内，使孢子成休眠状态的保藏。这种保藏又叫载体保藏。食药用菌孢子孢壁很厚，原生质浓，成休眠状后能耐受恶劣的环境条件，适宜载体保藏。菌丝体不能抵御长期干燥的条件，不能用载体方法进行保存。载体有砂土、滤纸等，彻底清洗、烘干的木屑、树脂也可作为载体。保藏的孢子在遇到适宜温度、水分时，又会复苏萌发生长。载体保存的孢子可保存3～7年。一般的食药用菌孢子到使用时，萌发率可达到60%～70%。

孢子壁较薄的孢子，经长期干燥保存后萌发率可能不到10%。

孢子保藏有砂土管保藏、滤纸保藏和冷冻真空干燥保藏等数种。

一、砂土管保藏

砂土管保藏是将孢子搅拌到中性的砂土中，然后放入试管中保藏，砂土由砂和土构成。保藏时砂土需先进行水洗，使砂土中没有任何有害成分，pH值中性，砂土粒大小要求通过60～100目筛。

砂土处理：①取较细的河沙，先用自来水反复冲洗，烘干，拣去杂质，磁铁吸去铁屑，再用10%盐酸浸24小时，再用清水洗涤至中性，烘干。用60目筛子过筛。②非耕作层的贫瘠土，用清水洗，再用蒸馏水洗至pH呈中性，烘干，用100目筛子筛过。将砂和土按2∶1或4∶1比例混合(图6—2)。

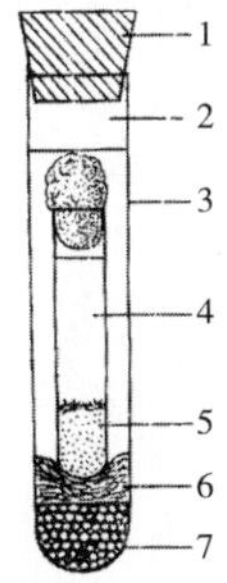

图6—2 砂土管保藏法

制管：将拌匀的砂土装入试管内，装量为试管长度的1cm左右，塞好棉塞，高压锅热蒸汽灭菌或干热灭菌。干热灭菌温度为162℃，持续3小时；蒸汽灭菌，在128℃蒸汽压下灭菌2小时。灭菌必须彻底。灭菌后抽取3～5支砂土管做无菌检验，确证无菌后才可正式用于菌种保藏。

接种保藏：将孢子收集器收集的担孢子或菌种斜面上的分生孢子、厚垣孢子，用接种针、接种匙挑放在灭过菌的砂土管中。接种量要求使砂土中的孢子含量每立方厘米达千万至亿个，孢子密度高，保藏成功率高。接好种后，用灭过菌的橡胶塞代替棉塞塞住试管口。胶塞与试管口缝隙处用溶解的石蜡密封，使之不通空气，然后放在盛有干燥剂的干燥器中保藏。干燥剂有硅胶、无水氯化钙、生石灰等。干燥容器是一个底部放干燥剂的大号试管，也可是加入干燥剂的干燥瓶。干燥器应放在4℃左右环境中，干燥容器保藏的孢子可保存7～10年。使用砂土管时，在超净台中将含有孢子的砂土接到培养基上，保温培养，孢子萌发后再按不同极性将菌丝组合交配，使其变成可结实的双核菌丝。然后再培养、栽培，观察生产经济性状。经济性状较高的菌种，可作为正式菌种应用。

二、滤纸保藏

滤纸大小为1cm×3～4cm。用普通白纸包好或分散放在试管或培养皿中，灭菌备用。滤纸松散放的目的是在灭菌时，热量容易穿入到纸层里面，灭菌可彻底。同时取清洁的试管，每管内放入干燥变色硅胶10粒左右，塞好棉塞，用121℃高压灭菌。灭菌后放入70～80℃烘干箱中烘10分钟，烘去管内水分，备用。收集孢子时，孢子收集器中先放入灭过菌的滤纸，让子实体上散落的孢子落到滤纸上，或从有分生孢子的菌种中挑取孢子放在滤纸上，然后把滤纸放入灭过菌的安瓿中，塞好棉塞，再放入干燥容器中或干燥试管中。有孢子的安瓿在干燥剂中放置一星期左右后，滤纸上残留水分也都会蒸发。然后将安瓿管在火焰上溶封，再放入低温保存。

三、冷冻真空干燥保藏

冷冻、真空、干燥保藏是用低温、真空、干燥手段，使食用菌的生理活动处于极低水平，从而不会产生营养饥饿和变异，以达到长期保存的目的。

(1)准备安瓿

安瓿长10cm，管径0.8～1cm。安瓿放入2% HCl中浸泡10小时左右，再用蒸馏水冲洗3～4次，然后烘干，塞上棉塞，用111kPa高压蒸汽灭菌30分钟。

(2)保护剂

没有保护剂的孢子在冻干过程中很容易受到伤害，应在孢子液中加入保护剂。保护剂有脱脂牛奶、血清等。牛奶作保护剂时，应该先脱脂。脱脂方法：将牛奶加热至70℃左右，加热30分钟，再放入冰箱中，这时奶脂即上浮，吸去奶油，再放在76kPa蒸汽压力下灭菌15分钟。

(3)真空冷冻

将刚收集或收集不久的孢子挑放在灭菌过的脱脂牛奶中，振摇，使呈悬浮液，然后用灭菌过的吸管吸取孢子浓度为$10^{7\sim8}$/ml、体积为0.2～0.3ml孢子悬浮液，注入到安瓿瓶中，再塞上棉塞，然后放入由冰和乙醇(比例为1∶1)组成的冷却剂中冷冻，使安瓿温度降到－60～－70℃。

(4)减压干燥

取出冷冻的安瓿，把瓶壁外表面的冷凝水擦干，放入真空干燥容器中抽真空。抽真空速度要快，要求菌种冻块不熔化，真空度达26.6Pa后，再继续抽6～8小时，使水分全部抽掉。这时可溶封，即在离管口2～3cm的地方燃烧加热安瓿颈，使安瓿玻璃熔化变软、缩拢，成为一个密封的容器。溶封后用真空检测仪检查真空度，空安瓿内出现蓝色荧光的，表示真空度已达到要求。然后放在4℃左右或适温下保存。真空、冷冻、干燥保藏可保藏菌种10～20年。

冷冻、真空、干燥保藏的菌种需使用时，向安瓿瓶中倒入无菌生理盐水（0.6%浓度的盐水），摇动，使孢子形成悬浮液，然后移接在培养基上即可。冷冻真空保藏只适宜保藏休眠状态的孢子（有性孢子和无性孢子）。

参考文献

[1] 徐景堂，兰进. 中国药用真菌学[M]. 北京：北京医科大学、中国协和医科大学联合出版社，1997.
[2] 诸葛健，王正祥. 工业微生物实验技术手册[M]. 北京：中国轻工业出版社，1994.
[3] 周雅冰. 紫木耳 金耳 栽培新技术[M]. 上海：上海科学技术文献出版社，2005.
[4] 王波，鲜灵. 黄背木耳 白背木耳栽培新技术[M]. 上海：上海科学技术文献出版，2005.
[5] 杨国良，张淑霞. 灰树花栽培新技术[M]. 上海：上海科学技术文献出版社，2005.
[6] 吕作舟. 食用菌栽培学[M]. 高等教育出版社，2005.
[7] 袁建平，马立芝. 杏鲍菇液体菌种保存方法试验[J]. 食用菌，2005(5)：18.

（陈国良）

第七章 食药用菌遗传育种

DIQIZHANG SHIYAOYONGJUN YICHUAN YUZHONG

摘要：本章主要介绍食药用菌的性与交配系统、诱变育种、交配育种、原生质体融合育种、基因工程育种等方面内容。通过分析一些成功的育种实例，介绍食药用菌遗传育种的理论与实践。

Genetics and Breeding of Edible and Medicinal Mnshrooms

Abstract: This chapter consists of five sections that describe in detail various aspects relating to the breeding of edible fungi including sex factors and mating systems, mutation, cross-breeding, protoplast fusion and genetic engineering. The principles and practices associated with genetic manipulation and breeding of edible fungi are defined by analyzing selected examples of successful breeding.

何谓遗传？"种瓜得瓜，种豆得豆"，"龙生龙，凤生凤"，物种代代相似的现象即为遗传。何为变异？"一母生九子，九子各有别"，这种子代与亲代之间以及子代相互之间的不同即为变异。遗传和变异是对立统一的一对矛盾，它们相辅相成，缺一不可。遗传是生物生存和繁衍的基础，它使物种相对稳定；变异是生物进化的动力，它造就了生物大千世界。遗传是相对的，变异则是绝对的，没有变异就不能研究遗传。

和其他生物一样，食用菌的遗传与变异也符合对立统一规律。从统一角度来看，食用菌的遗传性是很稳定的，它的种性不会因一般环境条件的变化而发生变异。例如，营养、水分、湿度、温度、酸碱度、光线和二氧化碳等环境因子的变化一般只会影响食用菌子实体的形状、大小、色泽和产量等，而不容易导致食用菌种性的改变，即不能造成可遗传的变异。可遗传的变异只有两类，即遗传基因的重组和基因突变所导致的变异。例如，白色双孢菇的祖先是浅棕色或奶油色的。1927年，在栽培奶油色双孢菇的菇床上变异出了一丛纯白色、菌盖光滑的双孢菇，现在世界各国栽培的白色双孢菇都是由这种偶然发生的变异种繁殖出来的(Kligman，1950)。此外，在生产上应用的还有白色金针菇、白色木耳、白色灰树花、白色真姬菇等新品种，都是遗传性状很稳定的变异菌株。平菇的产孢缺陷型也是可以遗传的变异，无孢平菇的子实层不能产生担孢子，只能通过菌丝体的转接即无性繁殖来保持其不产孢子的变异性状。

第一节 食用菌的性与交配系统

什么是性(sex)？性是基因的遗传重组。这是国际著名学者Lederberg(1946)对细菌"性"的定义。本节主要论述食用菌的"性"行为和交配系统。

高等生物的雌雄个体交配后，双亲的遗传基因发生重组，造就了子代的多样性。食用菌与高等植物相似，有性生殖导致的基因重组让亲代的遗传基因有规律地分配到子代中，使子代既保持遗传的稳定性，又产生一定程度的变异，有利于物种的世代延续及不断进化。例如，食用菌子实体产生的担孢子，就是减数分裂中染色体或基因重组的产物。

在有性生殖方面，食用菌与高等植物相比，有若干不同之处：第一，高等植物的有性生殖是通过雌、雄配子直接融合来实现；食用菌则是通过不同交配型担孢子生成的初生菌丝融合而实现。第二，高等植物雌、雄配子来自两个不同双倍体细胞的减数分裂，而食用菌不同交配型担孢子来自一个双倍体细胞的核(由两个可亲和的单倍体核融合形成)。第三，高等植物的基因分离在配子形成时虽然已经产生，但与分离基因相关的表型性状通过检测分析杂交子代才能确认；食用菌的基因分离直接表现于担孢子单倍体，可以提前辨别。例如，一个营养缺陷的担孢子单倍体可以被基本培养基检测出来。第四，在高等植物生活史中，细胞中的双倍体核占据时间较长，而食用菌的异核体细胞占据时间较长，双倍体核占据时间较短。

了解食用菌的性特征和交配系统（表 7—1）在遗传育种上很有用处。例如，属于异宗结合的菇种，其单孢子萌发的同核菌丝不能形成子实体，只有不同性因子单核菌丝所形成的异核体才可结实。属于同宗结合的菇种，其单孢子萌发的菌丝多数可以形成子实体，例如草菇和双孢蘑菇。

表 7—1 常见食用菌的性特征

种名	每担子孢子数	每担孢子核数	同核菌丝		异核菌丝		性特征	
			细胞核数	可否结实	细胞核数	锁状联合	性因子	性类别
裂褶菌	4	1	1	否	2	有	A、B	双因子四极异宗
平菇	4	1	1	否	2	有	A、B	双因子四极异宗
香菇	4	1	1	否	2	有	A、B	双因子四极异宗
金针菇	4	1	1	否	2	有	A、B	双因子四极异宗
毛木耳	4	1	1	否	2	有	A、B	双因子四极异宗
银耳	4	1	1	否	2	有	A、B	双因子四极异宗
蜜环菌	4	1	1	否	2	有	A、B	双因子四极异宗
草菇	4	1	多核	可	?	无	?	初级同宗
双孢菇	2	2	多核	否	多核	无	A	单因子次级同宗
大肥菇	4	1	多核	否	2	无	A	单因子二极异宗
黑木耳	4	1	1	否	2	有	A	单因子二极异宗
滑菇	4	1	1	否	2	有	A	单因子二极异宗

食用菌也可以通过无性生殖方式繁殖个体。例如，草菇的厚垣孢子、金针菇的粉孢子、木耳的钩状分生孢子、银耳的芽孢子等，这些无性孢子在合适条件下可萌发出新的菌丝体并生成子实体。无性生殖在生产实践中应用广泛，如食用菌子实体、菌核的组织分离，菌种的转接培养等。

一、异宗结合

食用菌的交配系统分为两大类，即异宗结合（heterothallism）与同宗结合（homothallism）。世界上约有 5 000 种担子菌，已研究过有性生殖的 500 个种中约有 90％为异宗结合，其余 10％为同宗结合。

在异宗结合菌中，同一担孢子萌发生成的初生菌丝带有一个不亲和的细胞核，不能自行交配。只有两个不同交配型的担孢子萌发生成的初生菌丝之间的交配，才能完成有性生活史。

根据控制交配型的不亲和性因子是一对还是两对，异宗结合可进一步分为两种类型。具有一对不亲和性因子的为二极性或单因子系统（bipolar or unifactorial system），约占总数的 25％。具有两对不亲和性因子的为四极性或双因子系统（tetrapolar or bifactorial system），约占总数的 75％。

（一）二极性异宗结合

大肥菇、木耳和滑菇都是单因子二极性异宗结合。每个子实体产生的孢子分为 A_1 和 A_2（或 Ax、Ay）两类，它们由一对交配因子（一对等位基因）决定。同一交配型的孢子配合，如 $A_1 \times A_1$ 时不亲和（－），只有带不同 A 因子的菌丝如 $A_1 \times A_2$ 交配才亲和（＋）。同菇体担孢子间配对，亲和与不亲和的比例为 1∶1（表 7—2）。

表 7—2 同一菇体担孢子交配结果

担孢子	A_1	A_2
A_1	－	＋
A_2	＋	－

（二）四极性异宗结合

裂褶菌、平菇、香菇、金针菇、毛木耳等都是双因子四极性异宗结合。下面以平菇的生活史为例，阐述四极性异宗结合及交配系统。

1. 四极性异宗结合菌的生活史

所谓生活史，指的是从担孢子萌发，经生长发育又生成担孢子的生命循环过程（图7—1）。

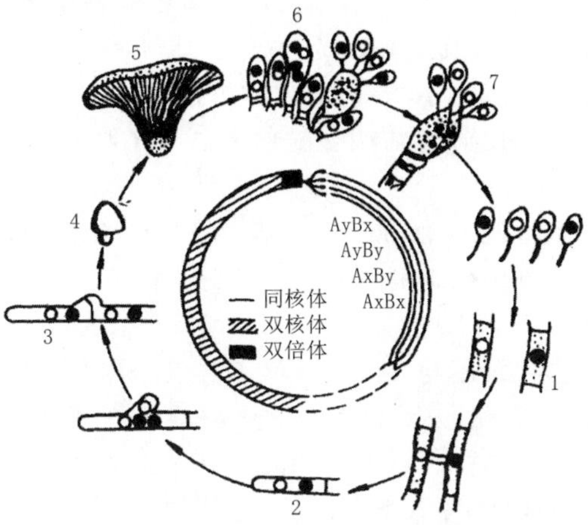

图7—1 四极性异宗结合菌（平菇）的生活史

1.单核菌丝，2.双核菌丝，3.锁状联合，4.菇蕾，5.成熟子实体，6.子实层，7.担子及担孢子。

图7—1中1：平菇的一个子实体成熟时，弹射出4种担孢子，表示为A_1B_1、A_2B_2、A_1B_2和A_2B_1；A和B代表控制性交配的双因子（2个基因），表示为1、2，代表A、B各有一对等位基因。4种担孢子都可以萌发生成单核菌丝（同核体），但是只有2个基因型不同的单核菌丝才能进行细胞质融合（质配），形成异核的双核菌丝，简称为异核体（heterokaryons）。

图7—1中2～3：异核体不断进行细胞分裂，每2个细胞的接合处都具有异核体的典型特征——锁状联合。在电子显微镜下，平菇异核体的锁状联合十分清晰（图7—2）。

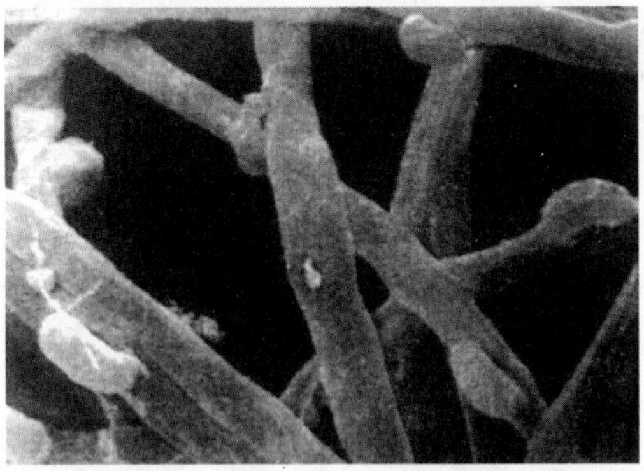

图7—2 平菇异核菌丝的锁状联合

图7—1中4～5：在适宜条件下，双核体菌丝由营养生长转为生殖生长而形成菇蕾，继而分化成具有菌柄、菌盖、菌褶的完整子实体。在担子菌的异核体中，2个遗传基因不同的细胞核维持着1∶1的比例，双核起着类似于高等生物二倍体核那样的遗传互补作用。镜检菌丝锁状联合的有无，可视为交配是否成功或是否结实的重要标志。

图7—1中6～7：处于子实体菌褶部位的双核菌丝细胞形成原担子细胞，两核开始核配，染色体加倍为双倍体。双倍体细胞形成后很快进行减数分裂，染色体减半，一个担子细胞发育成4个单倍体孢子。在此过程中发生了"性"行为，即双亲细胞核的遗传基因发生了重组。

2. 四极性异宗结合菌的交配

平菇的4类担孢子（A_1B_1、A_2B_2、A_1B_2和A_2B_1）可各自萌发成单核菌株，它们相互之间进行交配（表7—3），只有1/4（25%）的组合能够亲和，表示为"＋"，所形成的异核菌丝具有锁状联合，栽培结实出菇。3/4（75%）的组合不亲和，表示为"－"，不能形成具有锁状联合的异核菌丝，栽培不能结实出菇。

表7—3 四极性担孢子组合交配结果

担孢子	A_1B_1	A_2B_2	A_2B_1	A_1B_2
A_1B_1	$A_1A_1B_1B_1$ （－）	$A_1A_2B_1B_2$ （＋）	$A_1A_2B_1B_1$ （－）	$A_1A_1B_1B_2$ （－）
A_2B_2	$A_1A_2B_1B_2$ （＋）	$A_2A_2B_2B_2$ （－）	$A_2A_2B_1B_2$ （－）	$A_1A_2B_2B_2$ （－）
A_2B_1	$A_1A_2B_1B_1$ （－）	$A_2A_2B_1B_2$ （－）	$A_2A_2B_1B_1$ （－）	$A_1A_2B_1B_2$ （＋）
A_1B_2	$A_1A_1B_1B_2$ （－）	$A_1A_2B_2B_2$ （－）	$A_1A_2B_1B_2$ （＋）	$A_1A_1B_2B_2$ （－）

需要指出，四极性异宗结合菌控制性交配的A、B双基因，各由α、β两个亚基因所构成，即A包括$A_α$和$A_β$，B包括$B_α$和$B_β$。在子实体担子中发生减数分裂时，亚单位之间的染色体可发生交换而产生次级重组体。例如，A_1的亚单位结构为$A_{α1β1}$，A_2的亚单位结构为$A_{α2β2}$，染色体交换可产生重组体$A_{α1β2}$和$A_{α2β1}$。它们与原有的A_1及A_2不同，是新的等位基因A_3和A_4，可与A_1或A_2亲和。B基因的α、β亚单位等位基因也会出现类似情况。由此可见，对四极性菇种而言，如果其A、B因子的α亚单位和β亚单位之间发生了重组，那么用同一菌株的担孢子单核菌株交配，可亲和子代的比例不会刚好为25%，而是或多或少＞25%。

此外，在广阔复杂的自然环境中，A、B交配因子可能自然存在着复等位基因。例如，$A_3A_4B_3B_4$或$A_5A_6B_5B_6$等。因此，不同地域来源的同一菇种的担孢子单核体之间交配，亲和率应该较高。

二、交配型分析

裂褶菌是野生的食药兼用担子菌，是研究分析双因子四极性交配模式的典型种，有关方法和数据很有借鉴意义。

（一）裂褶菌简介

裂褶菌子实体较小（图7—3），菌盖直径0.6～4.2cm，扇形或肾形，白色至灰白色，质韧，被有绒毛或粗毛，有多个裂瓣。菌肉白色，薄。菌褶窄，从基部辐射状生出，白色或灰白色，有时淡紫色，沿边缘纵裂而反卷。菌柄短或无。孢子无色，棒状，5～5.5μm×2μm。春至秋季生于阔叶树和针叶树的枯枝及腐木上，分布广泛，繁殖迅速。裂褶菌是白腐菌，是段木栽培香、木耳、毛木耳或银耳的竞争性"杂菌"。

云南民间常把裂褶菌子实体同鸡蛋炖服，治白带有效。云南产的裂褶菌气香味鲜，称之"白参"，食用有滋补、强身作用。裂褶菌富含多糖。经试验证明，有抗癌作用，对小白鼠肉瘤S-180及艾氏癌的抑制率均为70%，对大白鼠吉田瘤和小白鼠肉瘤37的抑制率为70%～100%。

图7—3　裂褶菌子实体的形态

（二）交配型分析方法

1. 测定极性

收集某一个裂褶菌子实体的担孢子，做成多孢子悬浮液，以稀释分离法培养，获得无锁状联合的单核菌株并编号。随机选择一个单孢菌株作为测交菌株，分别与源于同一子实体的其他单孢菌株（姐妹株）交配。通过40～50对交配反应，统计4种交配反应类型的比例。如果有25%的配对为亲和性（有锁状联合），或结实与不结实的比例为1∶3，可基本明确裂褶菌为四极性交配系统。

2. 测定交配型

测定步骤如下：

①将测定菌株1（T_1）的交配型定为A_1B_1。

②能与T_1发生亲和反应的单孢菌株定为测交菌株2（T_2），其交配型为A_2B_2。

③将所有不与T_1亲和的单孢菌株与T_2交配，发生亲和反应的菌株交配型为A_1B_1（表7—4中的菌株5）。

④将既不与T_1亲和，又不与T_2亲和的菌株（表7—4中的菌株3）定为测交菌株3（T_3），其交配型定为A_1B_2。

⑤将既不与T_1亲和，又不与T_2亲和的其他菌株与T_3交配，亲和的菌株（表7—4中的菌株4）的交配型为A_2B_1，而不亲和的菌株（表7—4中的菌株6）交配型为A_1B_2。

表7—4　四极性菌未知菌株交配型的确定

单孢菌株	$T_1(A_1B_1)$	$T_2(A_2B_2)$	$T_3(A_1B_2)$	测出的交配型
2	+			A_2B_2
3	−	−		
4	−	−	+	A_2B_1
5	−	+		A_1B_1
6	−	−	−	A_1B_2

（三）交配与分析

将不同交配型的裂褶菌单核菌丝A_1B_1、A_2B_2、A_1B_2和A_2B_1分别于培养基平板上培养，然后分别均匀切取每一种单核菌丝的一小块菌丝体，在培养基平板上分成4区配4对菌块：$A_1B_1×A_2B_2$、$A_1B_1×A_1B_2$、$A_1B_1×A_2B_1$、$A_1B_1×A_1B_1$，两菌块间距约3mm（图7—4）。

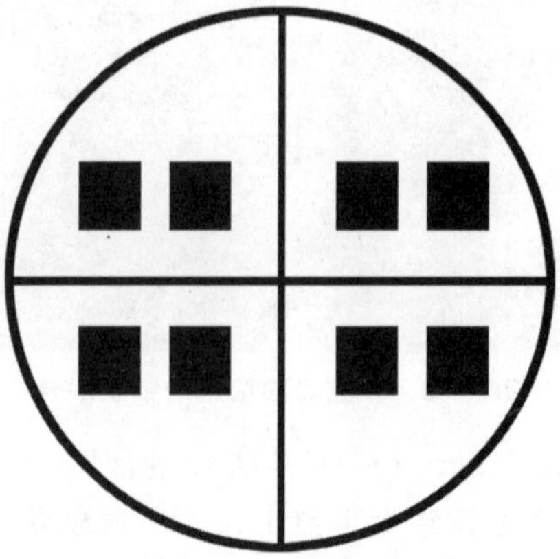

图7—4　四极性菌配对方法

经过培养，同一子实体4种不同担孢子单核

菌株间的交配，产生了菌落形态上有明显区别的"＋"、"－"、"F"、"B"4 种不同的交配反应（图7－5与表 7－5）。

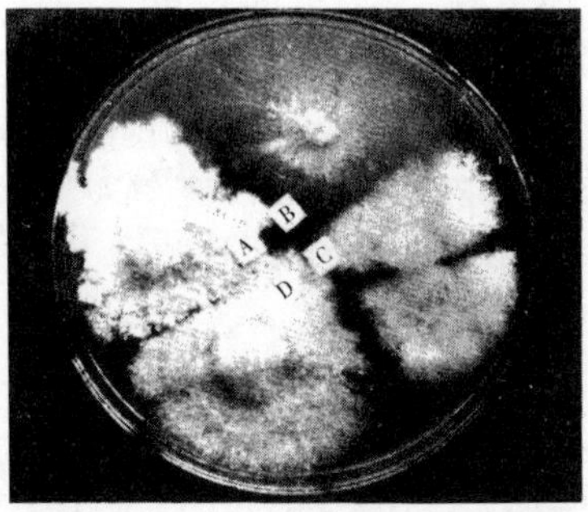

图 7－5　四极性交配的 4 种反应类型

表 7－5　标准型四极性系统同一菌株担孢子间的交配反应

单孢菌株	A_1B_1	A_2B_2	A_1B_2	A_2B_1
A_1B_1	－	＋	F＊	B＊＊
A_2B_2	＋	－	B	F
A_1B_2	F	B	－	＋
A_2B_1	B	F	＋	－

注：＊Flat，产生"平贴型"菌落；
＊＊Barrage，交合区有沟状"栅栏"，两边菌丝互相排斥。

对图 7－5 及表 7－5 中所示的 4 种交配反应说明如下：

A 区为"＋"反应，配对两个单核体的交配因子 A 不同，B 不同（A≠、B≠），异核体菌丝具有锁状联合并结实。异核细胞分裂增殖的过程如图 7－6 所示。

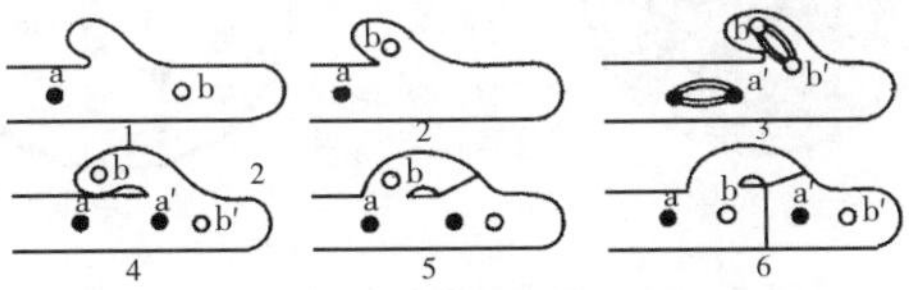

图 7－6　异核菌丝锁状联合的形成过程

图 7－6 中 1～3：每个异核体细胞中有 a、b 两核，细胞分裂时产生一个短分枝，b 核移入短分枝有丝分裂为子核 b 和 b'，a 核则在原地有丝分裂为子核 a 和 a'；

图 7－6 中 4～5：细胞短分枝向主细胞弯曲而形成锁环，子核 b 通过它进入主细胞与子核 a 相汇合，子核 b'与 a'相汇合，形成新隔膜，将 a、b 与 a'、b'隔开而产生新的尖端细胞。

利用相差显微镜观察，多数担子菌的异核细胞在 28℃条件下每隔 2～3 分钟核分裂 1 次（从双核消失到 4 核再现），生成一个新的具有锁状联合的细胞。

B 区为"F"反应，配对两个单核体的交配因子 A 同，B 不同（A＝、B≠），气生菌丝很少，菌丝平贴（flat），无锁状联合，不结实。

C 区为"B"反应，配对两个单核体的交配因子 A 不同，B 同（A≠、B＝），两种菌丝相互排斥，中间有一道称为栅栏（barrage）的沟。异核体菌丝产生假锁状联合（pseudoclamp connection），不结实。有研究表明，A 不同的异核菌丝可以形成钩状细胞。但由于 B 相同，钩状细胞不能与次顶端细胞融合，由此称为假锁状联合（图 7－7）。

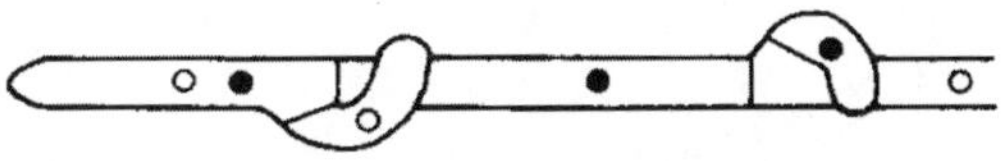

图 7－7　假锁状联合的形成

D 区为"－"反应，配对两个单核体的交配因子 A 相同，B 相同（A＝、B＝），两种菌丝长在一起，什么反应也没有，菌丝无锁状联合，不结实。

现将裂褶菌四极性交配反应的区别要点概括为表 7－6。

表 7－6　四极性交配反应的区别要点

交配组合	交配反应	锁状联合		结实否
		形成否	真或假	
$A_1B_1\times A_1B_1$ (A＝B＝)	－	否		否
$A_1B_1\times A_1B_2$ (A＝B≠)	F	否		否
$A_1B_1\times A_2B_1$ (A≠B＝)	B	可	假	否
$A_1B_1\times A_2B_2$ (A≠B≠)	＋	可	真	可

在裂褶菌这种标准型的四极性菌中，同一个子实体担孢子单核体之间的交配，4 种基因型（A≠B≠、A＝B＝、A＝B≠、A≠B＝）所对应的 4 种反应（＋、－、F、B）形态明确可分，比例基本一致，即为 1∶1∶1∶1。如果以是否结实而论，则结实与不结实的比例为1∶3。这表明 A 和 B 两个基因没连锁（各自固定在不同的染色体上），遵从孟德尔遗传学独立分离及自由组合定律。

三、核迁移与应用

在研究实践中，非标准型四极性菇菌的交配反应与裂褶菌有所不同，即 4 种基因型（A≠B≠、A＝B＝、A＝B≠、A≠B＝）没有明确对应的 4 种形态反应（＋、－、F、B），菌落形态仅表现"＋"、"－"2 种。结实检测，结实与不结实的比例为1∶3。按遗传学独立分离及自由组合定律分析，3/4 即占总数 75％的不结实交配，实际上包含了 3 种不亲和类型 A＝B＝、A≠B＝、A＝B≠。如何在遗传水平上区分这 3 种不亲和类型，可根据核迁移试验来确定。

(一)核迁移概念

核迁移是指一种菌丝的细胞核可迁移至另一种菌丝的细胞内，并能在受核菌丝细胞内迅速向前移动的过程（图7—8）。对于异宗结合的菇种，两个基因型不同的单核体必须形成稳定的异核体，才有可能完成有性生活史。核迁移是两个可亲和的单核体实现异核化的必要步骤。

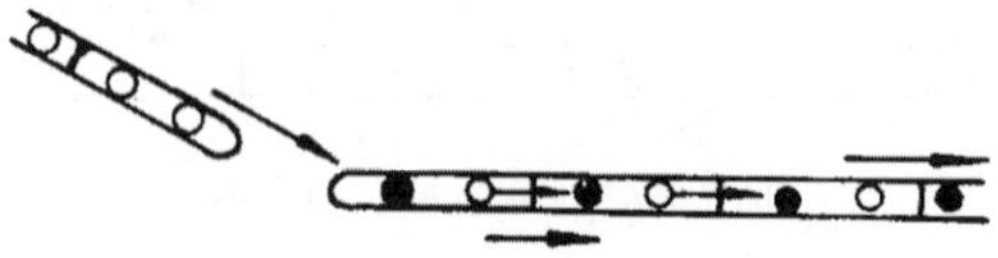

图7—8 细胞核的迁移与异核菌丝

在核迁移过程中，如果两种单核菌丝体的核能相互迁移为双程迁移，核只能过去不能过来的迁移为单程迁移；无论是单程核迁移还是双程核迁移，在两种菌丝的交合区都可呈现核迁移反应或异核化现象。据研究（Burnett，1975），配对菌株的遗传背景不同，两个单核体接触后发生核迁移和异核化区域的大小、形状等会有所差异（图7—9）。

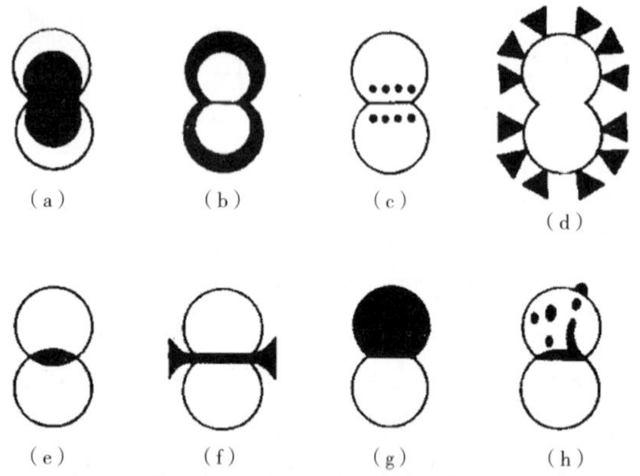

图7—9 异核化的不同反应类型

图中黑色区域表示异核菌丝体扩展的形态和范围：在（a）、（e）中，异核菌丝在对峙区域形成；（f）以对峙区为中轴向外扩展；（b）、（d）在菌落外围的顶端细胞形成异核区；（c）的异核化区域短暂易变；（g）是一方菌丝体的核单向迁移；（h）也是一方菌丝体的核单向迁移，但是异核区分散且不规则。

(二)核迁移的检测

检测核迁移有两种方法：

1. 形态观察

即锁状联合形成与否的观察。制作A、B两个平板。按图7—10所示，在A平板上接种被测菇菌的单核菌丝AxBx，B平板上接种另一单核菌丝AyBy。待长满平板后，取B平板上一小块菌丝体放在A平板的一角上。培养1小时后，于不同时间在A平板上打洞，按时间顺序将打洞的琼脂块取出，依次放在C平板上，然后逐一检查每一菌块上是否有锁状联合。如果有锁状联合，说明AyBy的核进入到AxBx菌丝中了。

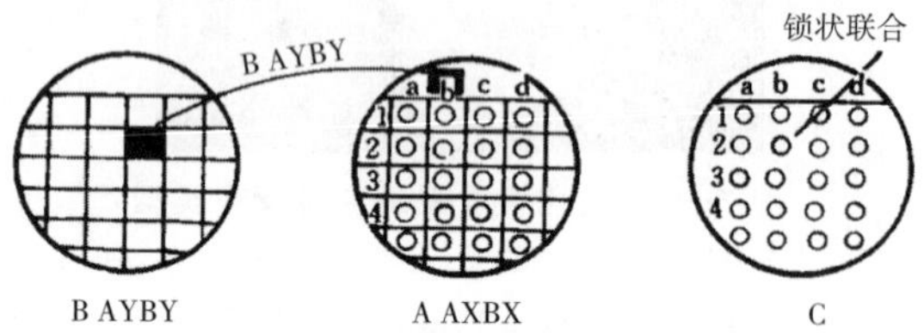

图7—10 检测核迁移的形态观察法

2. 遗传检测

即基因互补检测。如图7—11所示，采用一株营养缺陷型单核菌株和一株正常的单核菌株。先在完全培养基平板上将营养缺陷型菌株培养至长满全皿，然后将正常菌株接种于中央部位。过一段时间后定时横向打孔取样，并按顺序移植到基本培养基上观察其能否生长。能生长者说明正常型菌株的核已迁移到营养缺陷型菌株中去；不能生长者说明正常菌株的核还没有迁移过去。

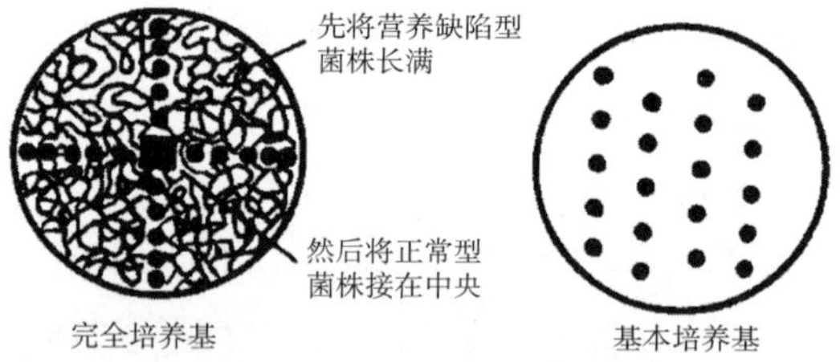

图7—11 检测核迁移的遗传检测法

不同菇菌的核迁移速度有所不同，一般为每小时0.5～10mm。但是，异核菌丝的延伸也可由菌丝生长造成。如何确定是核迁移？必须在测定核迁移速度的同时，也要测定菌丝的生长速度。精确测定菌丝生长速度，必须采用测定生长速度的专用试管，还要注意培养温度对菌丝生长的影响。测得上述两种“速度”数据后，用核迁移速度除以菌丝尖端生长速度即得到相对速度，也就是核迁移速度相当于菌丝生长速度的倍数。检测裂褶菌和鬼伞菌的几个种，其核迁移速度（NM）比其菌丝尖端生长速度（TG）快3.8～23.3倍（NM/TG），两者有显著区别（表7—7）。

表 7—7 几种担子菌的核迁移速度

菇菌名称	温度（℃）	核迁移速度(NM)	菌丝尖端长速(TG)	速度比值(NM/TG)
裂褶菌（*Schizophyllium commune*）	22	0.5	0.13	3.8
白绒鬼伞（*C. lagopus*）	28	1.0	0.25	4.0
长根鬼伞（*C. macrorhizus*）	30	3.5	0.15	23.3

核迁移是受交配型因子控制的过程。在四极性系统 4 种交配型的不同组合中，只有 A≠B≠、A=B≠两种组合也就是 B≠的组合才发生核的迁移，即核迁移是由 B 因子所控制。只有当 B 位点处于异等位基因状态时，核迁移过程才会发生。

核迁移必须穿过菌丝细胞间的隔膜。担子菌的细胞间隔膜为圆顶形构造（图 7—12），其结构复杂，通常不允许核穿过去。

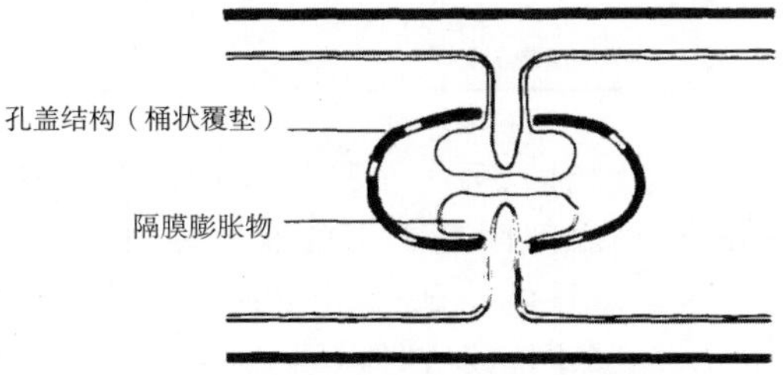

图 7—12 担子菌的细胞间隔膜构造

核为什么能在菌丝细胞内迅速迁移？有一种假说认为，当核移动到隔膜处时，隔膜会迅速打开让核通过，这是隔膜简单化的过程。这一过程需要 β-1,6 葡聚糖酶的酶。这种酶能将隔膜分解使之简单化。由于 A=B≠的菌丝隔膜被简单化的机会显著大于 A≠B=的菌丝，所以在 B 因子不相同的异核体中，核迁移能顺利进行。

（三）核迁移的应用

在非标准型四极性菌的交配型分析中，如果要知道产生“—”反应的 3 种类型中，哪一种属于 A=B≠，哪一种属于 A≠B=，哪一种属于 A=B=；或者在标准型四极性菌的交配型分析中，某些反应类型不太典型，需要进一步予以确证，可采用核迁移试验方法。

将来自于同一菇菌子实体的 *n* 个单核菌株在平板上逐一两两配对（每一平板可配 4～5 对），从中找出有“＋”、“—”反应（不同交配型）的 2 对 4 个单核菌株 3、6、9、12。在平板上进行这些单核菌株之间的交配测试，结果如表 7—8 所示。

表 7—8 4 个不同交配型菌株的交配结果

菌株编号	3	6	9	12
3	—	＋	—	—
6	＋	—	—	—
9	—	—	—	＋
12	—	—	＋	—

从表 7—8 可知，3×6、9×12 为“＋”反应，其余交配反应均为“—”。如何判断 3、6、9、12 为 A、B 中的哪一类型呢？在四极性菇菌中，A 因子控制菌丝的融合，即只有 A≠的配对才能发生菌丝的融合；B 因子控制核的迁移，即只有 B≠的配对才能产生核迁移。据此，可以用以下 4 步交配反应来判明各组合 A 因子和 B 因子的相同或不同。

第 1 步：

3— / 12— —第一次交配→ 3 / 12（上：—9；下：—6） —第二次交配→ 3 / 12（上：9＋·＋；下：6＋·＋）

第 1 步交配反应结果的含义为：12 与 3 是相同 A。根据是 3/12、3/9、6/12 的第一次交配为“—”，而第二次交配 3^{9+}、12^{6+} 为“＋”，说明 3 的核移到 12 中去了。然而原来 3/6 反应为“＋”，所以判断 3/12 是相同 A（A=B≠）。

第 2 步：

3— / 9— —第一次交配→ 3 / 9（上：—12；下：—6） —第二次交配→ 3 / 9（上：—12·—；下：—6·—）

第 2 步交配反应结果的含义为：3 与 9 是相同 B，12 与 9 又是 A≠B≠，所以 3 与 9 是 A≠B=。

第 3 步：

6— / 9— —第一次交配→ 6 / 9（上：—12；下：—3） —第二次交配→ 6 / 9（上：12＋·＋；下：3＋·＋）

第 3 步交配反应结果的含义为：6 和 9 的核可以迁移，可知 6 与 9 是 A=B≠，判断 6 与 12 是 A≠B=。

第 4 步：

6— / 12— —第一次交配→ 6 / 12（上：—9；下：—3） —第二次交配→ 6 / 12（上：9—·—；下：3—·—）

综合上述交配结果，3 与 12 是 A=B≠，3 与 9

是 A≠B=，6 与 12 是 A≠B=，3 与 6 是 A≠B≠，9 与 12 是 A≠B≠。

假设 3 为 A_1B_1，则可推断 6 为 A_2B_2，9 为 A_2B_1，12 为 A_1B_2。

图 7－13 归纳了上述测试反应的程序和结果。

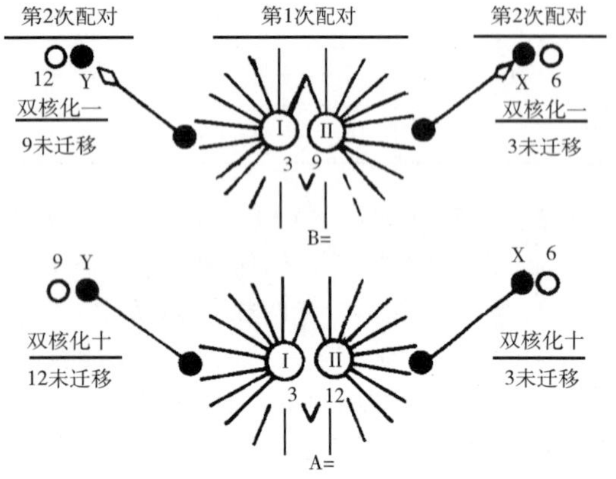

图 7－13　测试 A、B 因子在单核菌丝中的不相容性

四、体细胞间的不亲和与拮抗反应

在营养平板上，对峙培养遗传上不同的菇菌双核体菌株，可在菌丝交合区产生拮抗反应。这种反应的作用是防止遗传上明显不同的个体间的融合，以保持个体在基因型和性状遗传上的稳定性。这里所指的遗传上明显不同的个体，不仅包括分类学上不同种的双核体，也包括同一种内交配型不同的双核体，还包括交配型相同但其他座位上基因不同的双核体。

例如，收集野外或人工培养的某一子实体产生的担孢子，适当稀释后将其分散到适宜的琼脂平板上。培养数天后，将具有锁状联合的孤立菌落分离至新的平板上并转接数次，获得源于同一双核体的多个同核双核体。将两个不同的同胞双核体，以及一个同胞双核体与其亲本双核体（结实的菌株）分别配对，配对双方的距离约 1cm。培养 4～6 周后，如果个体间属于体细胞不亲和类型，则在菌丝交接处会出现明显的反应区（interaction zone）。反应区的菌丝表现多种，有的甚为浓密，有的稀疏地交织，有的呈平贴形，有的为棉絮状。在某些强烈的反应中，反应区的一边和两边出现明显的无菌丝带。有时，反应区的菌丝产生露珠，有时背面产生深浅不一的色素。色素的深浅、露珠的多寡以及反应区的密度、宽度、高度的不同，都是体细胞不亲和的表现。

一般说来，分类学上不同的种，即便是同属的不同种，其体细胞不亲和性反应都很明显，这就是"种间屏障"。出现体细胞不亲和性反应的"下限"在哪里？研究表明，在亲缘关系十分接近、遗传相似程度极高的所谓全同胞（full-sib）双核体之间，也普遍发生体细胞不亲和性反应。所谓全同胞双核体，指的是由同一双核菌丝体形成子实体后的减数分裂产物担孢子，两两配对后形成的多个双核体。

根据 E. Kay 和 R. Vilgalys（1992）报道，用随机选择的 3 个糙皮侧耳双核菌丝体所产生的 42 个、39 个和 49 个全同胞后代进行 3 次试验，结果分别有高达 93%、95%直至 100%的全同胞个体产生不亲和（拮抗）反应（表 7－9）。

表 7－9　几种担子菌的全同胞个体间的体细胞不亲和率

菇菌名称	体细胞不亲和率（%）
糙皮侧耳（*Pleurotus ostreatus*）	93～100
拟层孔菌（*Fomitopsis cajanderi*）	83
松杉暗孔菌（*Phaeolus schweinitzii*）	2

由一个核相同、另一个核不同的两个双核体产生的担孢子之间配对产生的双核体，称为半同胞（halfs sib）双核体。显然，半同胞双核体之间的遗传差异大于全同胞双核体，因此，半同胞双核体间的不亲和反应也更为明显。

总之，体细胞不亲和性的强弱与个体间的亲缘关系密切相关。亲缘关系越远，遗传距离越大，则体细胞不亲和性越强，反之亦然。用同一双核体的菌块自身配对（self pairing），两者之间完全没有反应区，能十分和谐地融为一体。一般而言，遗传距离不同的个体间的体细胞不亲和性大致呈如下趋势：

不同种个体间＞种内交配型不同个体间＞半同胞双核体间＞全同胞双核体间＞同胞双核体/亲本双核体＞自身配对（无反应）。

五、同宗结合

在担子菌中，同宗结合是类似"雌雄同体"的繁殖方式，即单个担孢子萌发的菌丝能完成生活史。同宗结合又可分初级同宗结合（primary homothallism）和次级同宗结合（secondary homothallism）两种类型。

（一）初级同宗结合

例如，草菇每个担子内的双倍体核减数分

裂产生 4 个单倍体核，分别形成 4 个担孢子。每个担孢子虽然只有 1 个核，但是其萌发后可形成多核菌丝（图 7－14），进而结实完成有性生活史。

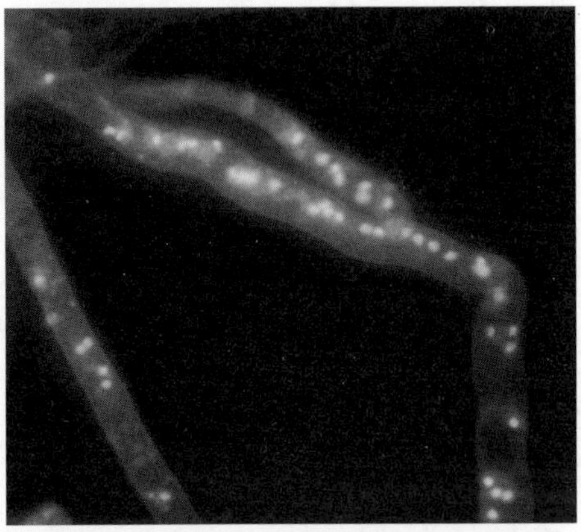

图 7－14　草菇的多核菌丝（荧光染色）

为什么草菇担孢子内的一个核能完成有性生活史？1971 年，S. T. Chang 和 C. K. Yau 提出了 4 种可能的解释：

①交配型因子“＋”和“－”在减数分裂时不分离，每个担孢子无论是双核还是单核都能萌发生成多核菌丝体，每个细胞核同时含有“＋”和“－”交配型因子，因而能够结实完成生活史。

②不存在交配型因子 A_1 和 A_2，细胞核无性别差异。担子柄内的细胞核融合及减数分裂，只是一种无遗传学意义的退化残迹，或是生活史中必经的一个阶段而已。

③存在交配型因子 A_1 和 A_2，但是两者皆处于相同染色体上，因而多核菌丝体中的遗传作用互相抵消。

④存在一对交配因子 A_1 及 A_2，两者具有相当强度的连锁（linkage），偶尔发生不等价染色体交换，可产生 A_1 及 $A_1A_2A_2$ 或 A_2 及 $A_1A_1A_2$ 的重组体。这些重组体菌株不孕，含 A_1 或 A_2 因子的菌株不正常，而含 $A_1A_2A_2$ 或 $A_2A_1A_1$ 因子的菌株外观正常。

上述草菇担孢子能完成有性生活史的 4 种可能解释只是理论假设，有待确切的研究证明。

（二）次级同宗结合

双孢蘑菇正常担子上仅有 2 个担孢子，因此得名“双孢蘑菇”。其多数担孢子含减数分裂 4 个核中的 2 个核，但是偶尔也能产生 3 孢、4 孢甚至 5 孢的担子（图 7－15）。1992 年，在美国加州分离出了双孢蘑菇的“4 孢变种”。1995 年，Phillippe 提出了双孢蘑菇生活史（图 7－16）。

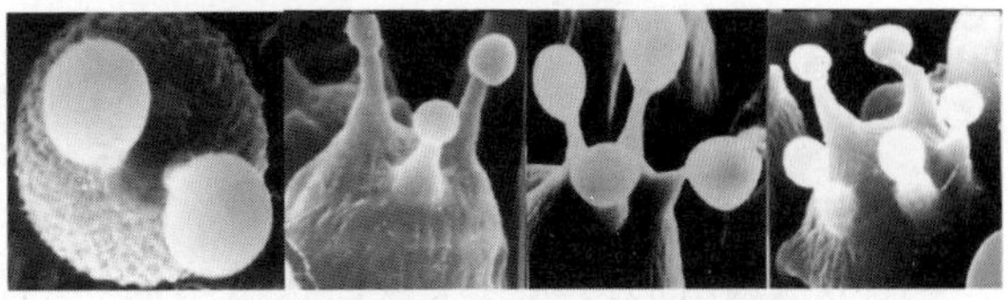

图 7－15　蘑菇的双孢、3 孢、4 孢及 5 孢担子

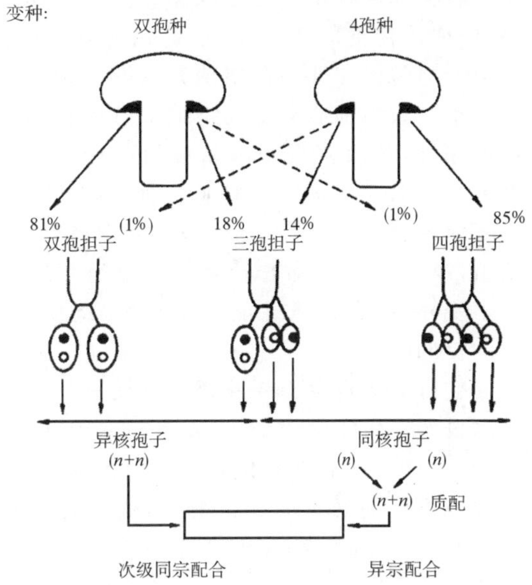

图 7－16　双孢蘑菇的生活史

应指出，蘑菇科中的其他种，如大肥菇、野蘑菇、褐蘑菇等都是 4 孢蘑菇。

根据图 7－16 所示，双孢蘑菇与 4 孢蘑菇的担孢子统计结果为：双孢蘑菇 2 孢担子（异核）占 81％，3 孢担子占 18％，4 孢担子占 1％；四孢蘑菇 4 孢担子（单核）占 85％，3 孢担子占 14％，双孢担子占 1％。双孢担子弹出的担孢子萌发出初级菌丝即是异核体（$n+n$），自身可出菇，这是同宗结合的特征；四孢担子弹出的是单核担孢子，萌发出的初级菌丝是同核体（n），同核体之间须经融合质配形成异核的（$n+n$）次级菌丝才能出菇，这是异宗结合的特征。杂交研究表明，4 孢担子性状相对于双孢担子性状是显性的，而 3 孢担子介于两者之间。

研究得知，双孢蘑菇的交配系统受 A_1 和 A_2 一对交配因子控制，即担孢子含有不同的交配因子（A_1+A_2）才自体可育。如果担孢子含同样的交配因子（A_1+A_1 或 A_2+A_2），则自体不育。多伦多大学生物系的 Xu 等（1993）采用随机扩增多态性 DNA 技术（RAPD），对双孢蘑菇的交配因子进行了染色体与 DNA 水平上的研究，成功地将其交配因子定位在双孢蘑菇最大的基因连锁群——1 号染色体上，所用的遗传标记距交配因子位点有 35 个遗传图距（约 600kb）。

第二节　食用菌的诱变育种

食用菌栽培的产量与质量性状由基因（遗传物质）和环境（栽培条件）两个因素所决定。菌株的生长表型和性状特点是基因和环境相互作用的结果，但遗传物质是基础，是内因，占主导地位。

由于遗传保守性使食用菌天然发生杂交的概率非常小。人为制造突变或重组来打破食用菌的遗传保守性，是改良食用菌品种的途径之一。德国真菌学家 Esser 曾提出“协调育种”的技术路线。其主要内容有 3 个：第一要有基因突变；第二是基因重组；第三是综合筛选。突变和重组可以使物种产生变异，综合筛选才能获得高产、优质、适应性强的目的菌株。

突变可分为自发突变和诱发突变。前者是指生物体自然发生的遗传变异，发生频率很低，真菌一般为 $1\times10^{-6\sim8}$；后者是指人工采用物理、化学方法处理生物体而诱发的遗传变异，优点是可显著提高突变频率，加快育种速度。

一、遗传物质基础

遗传变异的物质基础需要从分子水平来阐述。

（一）DNA 分子结构

1944 年，Avery 等从肺炎双球菌的转化试验中发现，决定生物性状的因子是 DNA（脱氧核糖核酸）而不是蛋白质，证明 DNA 是遗传物质。1953 年，Watson 和 Crick 又确定了 DNA 分子的双螺旋结构，由此阐明遗传的机制是 DNA 分子的半保留复制，从而开创了分子遗传学这一划时代的学科领域。

DNA 分子由脱氧核糖核酸组成，脱氧核糖核酸由脱氧核糖、磷酸和 4 种碱基组成。这些碱基是胸腺嘧啶（T）、胞嘧啶（C）、鸟嘌呤（G）和腺嘌呤（A）。在 DNA 两条单链的相对位置上，碱基有互补配对关系（图 7－17），即 A 与 T、C 与 G 相互对应。碱基的这种对应关系称为“互补法则”。

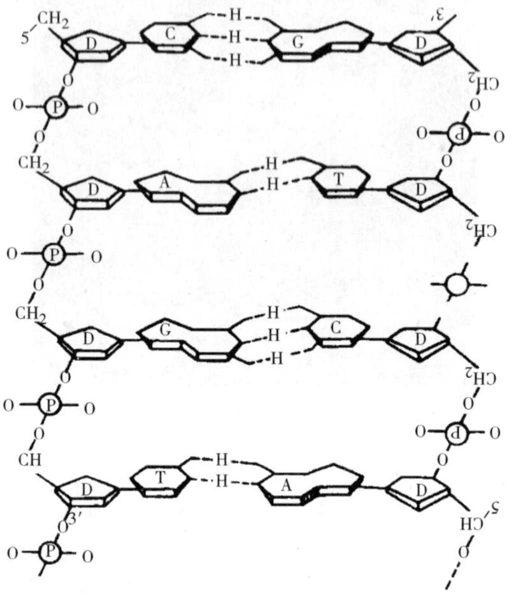

图 7－17　DNA 分子的平面结构

磷酸（P）和脱氧核糖（D）在 DNA 链的外侧，碱基（A：T、C：G）；在链的内侧互补配对，两条链通过碱基的氢键相连接。

（二）基因与表达

基因是遗传物质的最小功能单位。从分子水平而言，基因是 DNA 分子中负载遗传信息的特定核苷酸序列。基因包括结构基因和调控基因等多种形式。DNA 链中的遗传信息控制生物的某种表型性状，主要通过 DNA 的复制、转录和翻译而使基因得以表达来控制的。不同的食用菌之所以有不同的形态特征和生理代谢，就在于它们的遗传基因各不相同。

基因决定蛋白质的结构和功能。基因的化学成分是 4 种脱氧核苷酸，蛋白质的化学成分是 20 种氨基酸。脱氧核苷酸单链中每 3 个碱基为一组遗传密码，可形成 $4^3=64$ 组密码，对应于 20 种氨基酸绰绰有余。

DNA 主要存在于细胞核内，蛋白质却是在细胞质内的核糖体上合成，需要 RNA（核糖核酸）作为信使把核内 DNA 的遗传信息转录到核外，在核糖体－RNA和转运 RNA 的帮助下，由不同的三联体密码转译为各种氨基酸。氨基酸序列的不同决定了蛋白质的复杂性，进而也就有了生物性状的多样化。DNA 的复制、转录和转译等生物化学过程如图 7－18 所示。

遗传信息的传递（从基因到蛋白质）经历两个阶段：第 1 阶段为转录，按照 DNA 转录链的遗传密码顺序合成 mRNA；第 2 阶段为转译，tRNA 把氨基酸运载到核糖体上，核糖体沿着 mRNA 移动，氨基酸顺序由 mRNA 的密码顺序决定，氨基酸由肽键连接成多肽链。

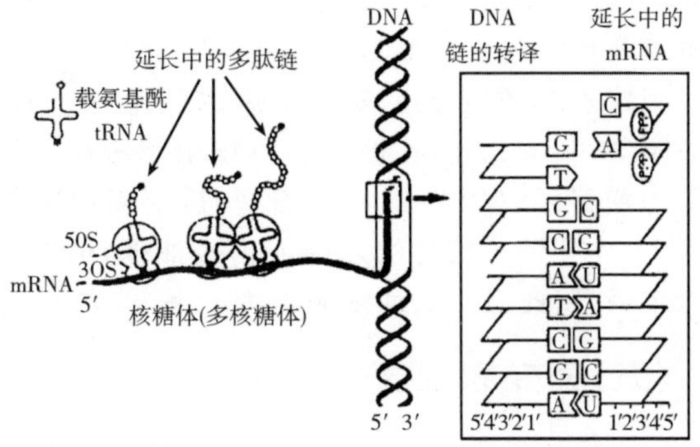

图 7—18 DNA 的复制、转录和转译

二、物理诱变

食用菌菌种选育的主要方法有两种。第一，通过比较筛选获得具有优良性状的菌株；第二，在菌株间进行杂交产生并利用新的变异。育种者的目标是要把控制重要商品性状的基因组合在一起，以获得既高产、优质又具抗性的商品菌株。

(一)紫外线

育种实践中应用最方便、最广泛的物理诱变因素是紫外线。这种光线的波长稍短于可见光中的紫光，波长范围为 136～390nm。它是一种非电离辐射，能使被照射物质分子或原子中内层电子提高能级，但并不获得或失去电子，不产生电离。紫外线诱变的最佳波长范围是 200～300nm，以 260nm 左右最佳。之所以能引起杀菌或诱变，主要是由于遗传物质 DNA 吸收紫外线而受影响。一般 15W 低功率紫外灯放出的光谱较集中于 260nm，适用于进行诱变。如果用 30W 以上的高功率紫外灯，放出的光谱较平均分散，诱变效果反而不如低瓦灯好。

(二)诱变原理

紫外线的生物学效应主要在于它可引起 DNA 的变化。DNA 强烈吸收紫外线，尤其是 DNA 链上的碱基对。对紫外线嘧啶比嘌呤敏感得多，几乎要敏感 100 倍。紫外线引起 DNA 结构变化的形式很多，如 DNA 链断裂、DNA 分子内和分子间的交联、核酸与蛋白质的交联、胞嘧啶和尿嘧啶的水合作用以及嘧啶二聚体的形成。特别是后者。实验证明，受紫外线照射的胸腺嘧啶溶液改变了原来对紫外线吸收的特征，实际上已形成了另一种产物。经元素分析、相对分子质量测定、结晶形态分析和红外光谱分析，证明它是胸腺嘧啶的二聚体。它的变化过程是两个胸腺嘧啶的双键先分别变为单键，在变成单键的碳原子之间的新键处相互连接，并在两个嘧啶环上相应的 C_5 和 C_6 原子间的 C 键处形成处于两个胸腺嘧啶间的环状键(图 7—19)。

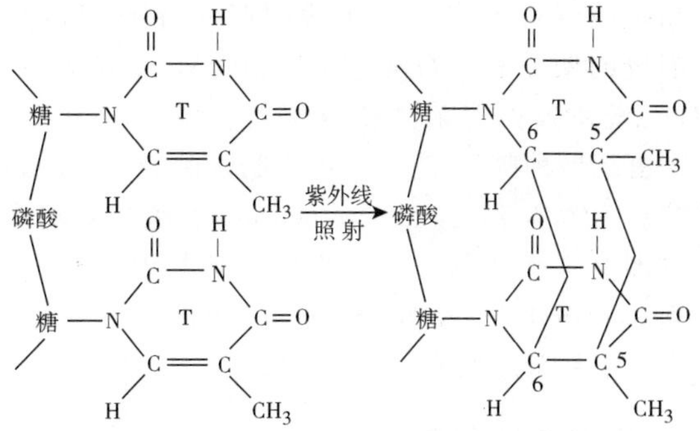

图 7—19 胸腺嘧啶二聚体的形成

胸腺嘧啶二聚体的形成有重要的生物学意义。前面已经谈过，当 DNA 复制时，双链须先变成单链，然后各自再与附近的碱基形成互补链，两链之间嘧啶二聚体的交联会阻碍双链的分开和复制。同侧链上相邻胸腺嘧啶二聚体的形成，会阻碍碱基的正常配对。在正常情况下，胸腺嘧啶应与腺嘌呤配对，但两个相邻胸腺嘧啶的连接可能改变这种情况，足以破坏腺嘌呤的正常掺入。复制会在这一点上突然停止或错误地进行。如新生成的 DNA 单链改变了的碱基顺序，则在随后的复制过程中，已改变的 DNA 链仍以自身为模板进行复制，进而产生一个在两条链上碱基顺序都有错误的分子，其结果是基因突变。

紫外线除造成 DNA 两条单链之间胸腺嘧啶二聚体的形成外，还会导致 DNA 一条单链上相邻胸腺嘧啶的交联、胞嘧啶水合、氢键断裂、DNA 链断裂等变化。

(三)光复活作用

光复活在自然界是一种比较普遍的现象，是生物细胞对紫外线损伤的修复功能。经紫外线照射后，食用菌细胞有两种类型的光复活：一种是直接光复活，即经过可见光照射后大部分 DNA 损伤可以恢复，甚至已显示死亡的细胞也能复活。这种光复活作用是通过光激活酶而发生的，这种酶可以使胸腺嘧啶二聚体解开而重新成为单体，一种特异的酶制剂在蓝光下，可以打断 DNA 中的胸腺嘧啶二聚体达 90%。另一种复活称为间接光复活，也称为黑暗复活。其原因是细胞在黑暗中减慢了大分子合成过程，这样有利于某些生物体产生恢复 DNA 损伤的酶，而这种酶的产生是不需要可见光的。该过程包括特殊的核酸酶把含有胸腺嘧啶二聚体的 DNA 双链变成单链、切断二聚体、修复、复制形成新的 DNA 双螺旋。

光复活能力的强弱，不同的菌甚至同一种菌的不同品系都有差异。对于那些有光复活能力的菌，照射以后必须避免把孢子悬液放在长波紫外光和短波的可见光中。实践中可用此原理，用致死剂量的紫外光与日光(300～500W)反复交替处理，以增加被处理菌的变异幅度。导致光复活的光谱范围各种菌也不一样，如大肠杆菌为375nm，灰色链霉菌为435nm。波长＞525nm，一般影响不大。所以照射后可以在黄光或红光下操作(黄光波长535～585nm，橙光586～654nm，红光646～760nm)，并避光培养。

(四)诱变剂量

各种菌类对紫外线的敏感程度差异很大，可以相差成千上万倍。例如，有一种抗辐射的小球菌(*Micrococcus radiodurans*)，如用紫外线照射致死90%，需要的光照强度为7 000 erg/mm²；而对大肠杆菌(*E. coli*)来说，致死90%只需1erg/mm²。两者相差7 000倍。适宜诱变剂量一般选择在致死率90%～99.9%。近年来为了得到有利于生产的正突变型菌株，往往采用致死70%～80%的低诱变剂量。致死率按下式计算：

$$致死率=\frac{诱变前总菌数-诱变后活菌数}{诱变前总菌数}\times 100\%$$

除上述以致死率表示诱变的相对剂量外，还可以用物理仪器测定绝对剂量，单位用erg/mm²表示。由于用仪器测定不便，一般不用能量这一绝对剂量单位，而是用时间作为相对的剂量单位。生物体所受射线的剂量决定于灯的功率、灯和生物体的距离及照射的时间。灯的功率是固定的，灯的距离如果也是固定的话，那么，剂量和照射的时间成正比关系，也就是说可以用照射时间作为相对剂量。

紫外线的剂量可以通过延长照射时间或缩短距离而增加。短于灯管长度的1/3的距离内，强度和距离成反比关系；在这距离以外，则与距离的平方成反比关系。按照上述关系，适当地增加距离并延长照射时间，可以得到和缩短距离并减短时间相等的效果。在射线的杀菌和诱变作用方面，只要总的剂量不变，一般并不因为处理时间的长短而效果不同。另外，只要总的时间相同，分次处理和一次处理的效果也基本相同。例如，连续处理10秒的杀菌和诱变作用，和照射两次、每次5秒的效果基本相同，只要两次处理的时间不是相隔太久。

诱变一般采用15W功率的紫外线灯，距离固定在30cm左右。用这样的功率和距离时，使各种微生物细胞致死90%～99.9%所需的时间随微生物种类而不同。一般微生物营养体在紫外线下暴露3～5分钟即可死亡，芽孢或孢子在10分钟左右也可死亡。革兰阳性菌和无芽孢菌比较容易杀死。用紫外线诱变抗生素产生菌的气生孢子时，一般照30秒～2分钟，诱变枯草杆菌和短小芽孢杆菌的营养体以得到营养缺陷型时，照射时间一般为1～3分钟。紫外线杀菌能力虽然强，但穿透力比较弱，因此只有表面杀菌能力。

(五)诱变原生质体

原生质体由于没有细胞壁的遮蔽而对紫外线较敏感，但用双核菌丝制备的原生质体对紫外线的反应曲线有“平台现象”，在诱变试验时应予注意。据周伏忠等(1992)报道，金针菇双核菌丝制备的原生质体，对紫外线诱变有较强的抵抗能力。致死曲线比担孢子或单核菌丝制备的原生质体对紫外线的反应曲线下降坡度要小得多。在0～30秒，曲线下降到66%存活率水平，可见此期致死的原生质体是单核的(约占44%)；在30～105秒，曲线下降甚缓，表现“平台现象”(图7－20)，可能是双核互补所致，其机制有待研究；105秒以后，曲线又迅速下降，可能此时双核损伤过重，导致原生质体不能再生。

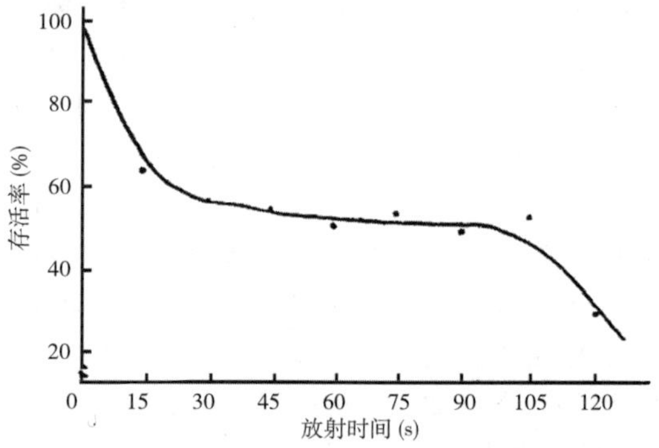

图7－20 原生质体对紫外线的反应曲线

物理诱变因素除紫外线外，还有X射线、γ射线、快中子、α射线和超声波等，在育种研究中也经常应用，但所需设备较贵重，应用不太方便，因此不再一一介绍。

三、化学诱变

化学诱变因素和辐射一样能起基因突变或染色体畸变。有关研究发现，从最简单的无机物到最复杂的有机物中都可以找到具有诱变作用的物质，但诱变效果显著的仅极少数。

(一)化学诱变剂

根据化学诱变因素对DNA的作用机制，可分为3类：

第1类是与一个或多个核酸碱基发生化学变化，引起DNA复制时碱基配对转换而引起变异。此类诱变剂如亚硝酸、硫酸二乙酯、甲基磺酸乙酯、硝基胍、亚硝基甲基脲等。

第2类诱变剂可在DNA分子上减少或增加一两个碱基，从而引起碱基变化点以下全部遗传密码转录和翻译的错误。此类物质如吖啶类化合物。

第3类是天然碱基的类似物，它们可以掺到DNA分子中而引起变异，如5-溴尿嘧啶、5-氨基尿嘧啶、8-氮鸟嘌呤和2-氨基嘌呤等。

第1类与第2类化学诱变剂可直接与DNA发生化学反应，然后通过细胞繁殖及DNA的复制而实现碱基对的转换。这类诱变剂可作用于代谢活动十分缓慢的真菌孢子、细菌芽孢、游离的噬菌体，甚至离体的DNA；第3类不能直接与DNA发生反应，必须通过活细胞的代谢才能掺入到DNA分子中发生诱变作用。

（二）亚硝酸诱变

亚硝酸的作用机制主要是脱去碱基上的氨基，如A、C、G分别脱去氨基而成为H（次黄嘌呤）、U（尿嘧啶）、X（黄嘌呤）等，复制时它们分别与C、A、G配对。前面两种情况可以引起碱基对的转换（图7－21）而造成突变，而且AT→GC、GC→AT的转换已经得到证实。由于X的分子结构只能与C配对，不能与T配对，所以它不能引起GC→AT的碱基对转换而造成突变。此外，亚硝酸还会引起DNA两链之间的交联引起DNA结构上的缺失作用，目前对这方面的机制还不太清楚。

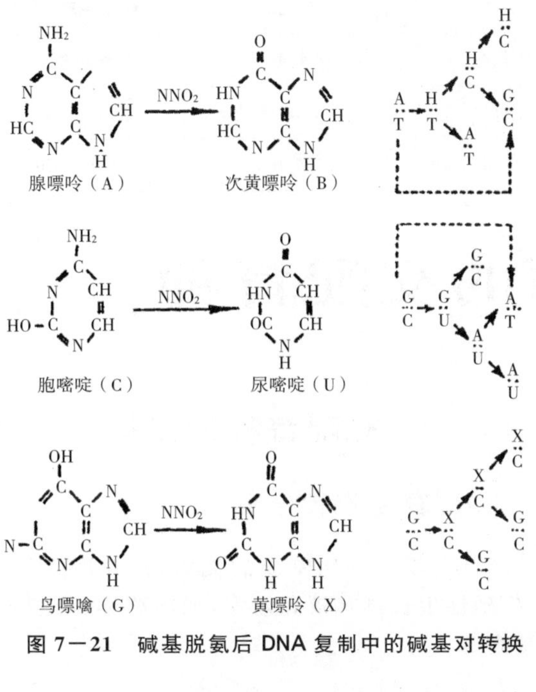

图7－21 碱基脱氨后DNA复制中的碱基对转换

亚硝酸不稳定，易分解为水和硝酸酐（$2HNO_2 \rightarrow N_2O_3 + H_2O$），硝酸酐还继续分解释放出NO和$NO_2$（$N_2O_3 \rightarrow NO\uparrow + NO_2\uparrow$）。由此要采用在临用前将亚硝酸钠在pH4.5的醋酸缓冲液中生成亚硝酸的方法，反应为：$NaNO_2 + H^+ \rightarrow HNO_2 + Na^+$。

菌体经一定时间处理后，可用稀释来中止反应，或用氢氧化钠（NaOH）、磷酸氢二钠（Na_2HPO_4）来中和剩余的亚硝酸（HNO_2），也可将作用物吸入中性缓冲液中。诱变剂量可用处理时间来控制，存活率开始有一段较长延迟时间，以后与处理时间成直线关系。由于HNO_2容易挥发，所以处理时须用密封小瓶进行。

（三）诱变实例

以食用菌孢子为材料，具体方法如下：

①配制1mol醋酸缓冲液：秤取6.12g冰醋酸，加蒸馏水到100ml；秤取8.2g醋酸钠，加蒸馏水到100ml。将醋酸钠溶液徐徐加入到醋酸溶液中，到pH4.5为止（约为1∶1）。

②配制0.6mol亚硝酸（$NaNO_2$）溶液：秤取$NaNO_2$ 4.14g，加蒸馏水到1ml。

③配制0.7mol磷酸氢二钠（Na_2HPO_4）溶液（pH8.6）：秤取9.94g Na_2HPO_4加蒸馏水到100ml。

以上3种溶液使用前需灭菌。

取食用菌孢子悬浮液2ml（10^6/ml），加入1ml 0.1mol亚硝酸钠溶液和1ml pH4.5缓冲液，27℃保温，这时亚硝酸钠的浓度为0.025mol。处理10分钟（可根据需要定时间）后，取出2ml加入到10ml 0.07mol、pH8.6的磷酸氢二钠溶液中。这时pH下降到6.8左右，诱变作用中止（$HNO_2 + Na_2HPO_4 \rightarrow NaNO_2 + NaH_2PO_4$）。

将处理后的孢子悬液适当稀释，取0.2ml涂完全培养基平皿，于28℃培养7～10天。长出菌落后根据需要筛选突变体。

四、突变体的筛选

诱变的目的是获得突变体。突变的类型包括形态变异、色素变化、酶活性的提高、抗药性及营养缺陷型等。本节介绍营养缺陷型的筛选与应用。

所谓营养缺陷型，是指经过诱变失去某些营养物质（如氨基酸、维生素、核酸碱基等）合成能力的变异菌株。这类变异株只有在基本培养基中补充了所需营养时才能生长。营养缺陷型菌株在工业上可用来生产氨基酸、核苷酸类物质；在生化研究中可用来了解氨基酸、核苷酸的生化合成途径；在遗传研究中可作为杂交、转化、转导或基因克隆的遗传标记菌株。鉴于营养缺陷型变异菌株如此有用，故对筛选及鉴定方法作较为详细的介绍：

（一）营养缺陷菌株浓缩

在诱变后的孢子或原生质体群体中，营养缺陷型发生的频率一般为百万分之几，有的甚至更低。因此，需改变群体中原养型与营养缺陷型两者的比例，使后者相对增加而便于检出，此过程称为浓缩。

丝状真菌营养缺陷型的浓缩可用菌丝过滤法。原理是在基本培养液中，原养型的孢子会萌发长出菌丝来，而缺陷型则不会萌发。将培养一段时间的培养物过滤，可以淘汰大部分原养型菌丝而起到浓缩作用。例如，将紫外线诱变过的孢子悬浮培养在基本培养液中，振荡培养 18 小时后用灭菌脱脂棉过滤，滤液涂抹完全培养基培养，生出的菌落中有较高比例的营养缺陷型。

（二）营养缺陷型的检出

对于担子菌的菌丝，可采用逐个检出法将营养缺陷型与原养型分开。这种方法是将诱变后的菌株逐一编号，每株菌同时转接基本培养基（mm）和完全培养基（cm）后，放在 28℃下培养 7～10 天。凡在完全培养基上生长而在基本培养基上不长者，初步判断为营养缺陷型。为保证检出效果，应注意以下两个问题：

一是琼脂的纯化：制备基本培养基用的琼脂必须纯净。琼脂成分主要是多糖，含少量钙、镁、钠、钾等矿物质和生长素。纯化的方法是将市售琼脂用 45℃以下温水浸洗 2 次，可去掉水溶性杂质、无机盐、生长素和色素等。然后用流动自来水冲洗 2～3 天，至颜色变白为止，拧干，用 95％乙醇浸泡过夜。次日取出拧干乙醇，将琼脂裹于纱布中晾干备用。

二是防止菌落蔓延：为防止菌丝蔓延影响检出和鉴定，需在培养基中加入去氧胆酸钠抑制菌落的生长。

（三）营养缺陷型的鉴定

营养缺陷型可能需要氨基酸，也可能需要核酸碱基或维生素，到底缺哪一种需要进行鉴定。例如，可将多种氨基酸组合排列，纵横分为 9 组，然后把它们分别加到基本培养基中，1～5 组每组含 4 种氨基酸；6～9 组每组含 5 种氨基酸，每种氨基酸同时存在于两组中。如某菌株仅在 2 组、8 组培养基上生长，经查表知其为赖氨酸缺陷型。如增加核苷酸与维生素缺陷型的筛选，将这些物质组合到表 7～10 中即可。

另一种鉴定方法是在配制基本培养基时，将 20 种氨基酸分别依次缺少一种而使其中含其他 19 种氨基酸。后接种上待测菌株，经培养在哪种培养基上不生长即需要加该种氨基酸。这种方法的好处是可以一次同时将需要 2 种以上氨基酸的菌株鉴定出来。

表 7－10　氨基酸组合及用量

组　合	第 1 组	第 2 组	第 3 组	第 4 组	第 5 组
第 6 组（mg/L）	丙氨酸 40	精氨酸 20	天冬酰胺 70	天冬氨酸 70	半胱氨酸 120
第 7 组（mg/L）	谷氨酸 90	谷酰胺 90	甘氨酸 40	组氨酸 80	异亮氨酸 70
第 8 组（mg/L）	亮氨酸 70	赖氨酸 70	蛋氨酸 70	苯丙氨酸 80	脯氨酸 60
第 9 组（mg/L）	丝氨酸 50	苏氨酸 60	色氨酸 100	酪氨酸 90	缬氨酸 60

第三节　食用菌的交配育种

物种发生遗传性变异的原因，除基因突变外还有基因重组。重组主要通过有性生殖过程来实现。生物交配是为了获得物种遗传上的基因重组，食用菌也不例外。来自不同亲本的两个单倍体核融合后发生遗传物质的减数分裂，在此过程中基因发生分离、自由组合或基因交换。重组或杂交可以产生杂种优势，使食用菌的新个体产生不同于其亲本的性状。

一、交配育种的目标

1. 提高生物转化率

增强食用菌利用基质的能力，营养性生长旺盛，生殖性生长具有较高效率，如出菇早、菇潮齐、产量高等。

2. 改善菇体品质

使菇体表现为柄短、菇形好、色泽与口感受消费者欢迎等。例如，不释放担孢子的平菇，解决了菇农呼吸道过敏问题，有十分重要的商品生产价值。

3. 增强环境适应性

增强食用菌的生活力或抗逆性，使之更能适应不良环境。实践证明，在一定范围内杂交重组的双亲间亲缘关系、生态类型差异越大的，杂交后代所形成的杂种优势越强。例如，日本的育种学家从尼泊尔、不丹等位于喜马拉雅山脉的地方采集野生香菇，带回日本与当地栽培的香菇进行杂交改良品种，获得良好效果。这是日本香菇产率高、品质好、商品竞争力强的原因之一。

4. 固定杂种优势

食用菌生活史的显著特点是其无性世代的质配阶段较长，而其有性世代的核配及减数分裂仅在子实体形成过程中短暂地发生于菌褶组织中。因此，有价值的食用菌杂种一旦育成，即可通过菌丝体的无性繁殖来固定杂种优势。例如，无孢平菇的无孢性状就是依赖其菌丝的无性繁殖而保持的。食用菌不像高等动植物那样必须进行有性生殖，食用菌的杂种优势可以通过无性繁殖即组织分离得以较长时间的保留。

综上所述，杂交育种是选用已知性状的亲本进行优化组合，在预见性和方向性上比诱变育种前进了一步，是目前食用菌育种实践中最主要、最有用的方法。

二、无孢平菇的选育

张树庭等(1985)育成了不释放孢子的佛州侧耳，笔者所在的研究组(1987)育成了无孢子的美味侧耳。这些品种在生产实践中发挥了重要作用。平菇这种无孢性状是怎么控制的？其遗传规律又如何？尤美莲等(1989)进行了研究，证明无孢突变基因是隐性的，其分离比率符合一对非连锁隐性基因的控制模式。此研究成功地运用了交配型育种以及原生质体单核化等技术。

(一)单核菌株

进行无孢平菇的有性交配育种研究，首要条件是获得交配型清楚的单核体(表7—11)。

表7—11 平菇单核体的遗传背景

株号	交配型	产孢基因	获得方法
Pf1	A_2B_2	隐性	无孢双核菌丝经胆酸盐诱发单核化
Pf4	A_1B_2	显性	有孢双核菌丝经原生质体单核化
Pf5	A_2B_1	隐性	同上
Pf8	A_2B_1	隐性	从产孢子实体上分离的单孢菌株
Pf9	A_1B_1	隐性	同上
Pf11	A_1B_2	隐性	同上
Pf272	A_2B_1	显性	从Pf4×Pf8子实体上分离的单孢菌株

(二)交配出菇

将不同交配型的单核体菌丝进行组合培养。若交配成功，镜检菌丝有锁状联合特征，将这样的双核菌丝接种到培养料上，25℃发菌后，降温到20℃，并间歇给予光照刺激出菇。

(三)无孢鉴定

对大量菇体样品的初筛采用检查孢子印的方法；复筛采用光学和电子显微镜检查。无孢菇体的鉴定标准是菌褶的担子上无孢子或仅有少数败育的孢子。检查担子中细胞核的数目，是用核酸的专一性荧光染料4’,6-二脒基-2-苯基吲哚浸染菌褶组织。

(四)结果与分析

1. 基因组合与产孢表型

在单核体之间进行交配获得双核体，其子实体产孢表型如表7—12所示。

表7—12 单核体间的交配与产孢表型

组　合	亲本基因型	产孢表型
1	Pf5(A_2B_1+Pf11(A_1B_2)	不产孢
2	Pf5(A_2B_1)+Pf4(A_1B_2)	产孢
3	Pf8(A_2B_1)+Pf11(A_1B_2)	不产孢
4	Pf8(A_2B_1)+Pf4(A_1B_2)	产孢

表7—12结果显示，组合1与组合3均形成无孢子实体；而组合2与组合4均生成有孢子实体。比较组合1与组合2，两种组合中都有亲本Pf5，但Pf5+Pf11与Pf5+Pf4所产生的子实体表型不同，前者产生无孢子实体，后者产生有孢子实体。

由此得出结论，Pf5载有隐性无孢突变基因，当它与可亲合的另一个无孢基因载体Pf11交配时，即隐性基因纯合时无孢性状才得以表达；当Pf5与载有显性有孢基因的Pf4交配时，因显性基因的表达而产生有孢子实体。比较组合3与组合4，规律类似。

Pf8＋Pf4组合所生成的子实体大量产孢，从中分离出单孢菌株Pf272与Pf11测交，获得的子实体仍弹射孢子。

2．交配型分离率

随机选用单核菌株与4种交配型的测试菌株交配，目的是检测亲代交配型基因经过减数分裂后在子代中发生分离的频率，进而确定佛州侧耳的交配控制类型。在交配实验中共选用94个被测株，其中86个被测株与4个测试株亲和，生成具有锁状联合的双核体，其余8株不与测试株发生交配反应（原因不明）。统计的分离率有些误差。4种交配型出现的理论频率应为1∶1∶1∶1，实际频率如表7－13所示。

表7－13　交配类型在子代中的分离频率

菌株号 交配型	Pf9 A_1B_1	Pf1 A_2B_2	Pf11 A_1B_2	Pf5 A_2B_1	χ^{2*}	P^{**}
频率	20	10	29	27	10.15	0.02～0.01

* $\chi^2=[(a-t)2/t]$，a＝交配类型的实际频率，t＝交配类型的理论频率；

** P为概率，P值越高，可能性越大。

在子代中出现了4种交配类型，其中A_1B_2和A_2B_1是亲代的两种交配型，另外的A_1B_1和A_2B_2是经减数分裂后在子代中新产生的两种交配型，这是非连锁基因自由分离的结果。由此表明佛州侧耳是A、B双因子非连锁的异宗结合控制系统。

3．测交试验分析

从Pf272＋Pf11双核体产生的子实体上分离出230个单孢菌株，与Pf11（A_1B_2）回交，其中有63株（理论上A_2B_1亲合株占1/4）发生亲和反应并结实，结果如表7－14。

表7－14　测交试验分析结果

测试株	被测试株	子实体产孢结果			χ^2	P
Pf11 (A_1B_2)	63株 (A_2B_1)	无孢(16)		有孢(47)	0.005	0.95～0.90
			或			
		无孢(16)	中等(29)	有孢(17)	0.30	0.90～0.80

杂合体的两种孢子与隐性亲本回交，理论上应出现产孢、无孢1∶1的比率；回交结果是产孢双核体与无孢双核体出现3∶1(47∶16)的分离比率。回交出现产孢和无孢两种双核体子代，表明单核体亲本Pf11携带的无孢基因为隐性，只有纯合时才得以表达。此外，结实的子代又可细分为3个等级，且无孢、中等产孢与大量产孢的比率约为1∶2∶1(16∶29∶17)，似乎表明佛州侧耳的野生型产孢基因是不完全显性，其与隐性基因杂合时表现为中等产孢，两个显性基因纯合时大量产孢。

对无孢子实体的细胞学检测表明，大多数担子上无孢子甚至无小梗，偶尔发现十几个丛生的担子上各具有一个发育不成熟的孢子。用核酸染料DAPI染色后在显微镜下检测，发现担子中有2个或4个核。担子中有4个核以及测交时双核子实体（Pf272＋Pf11）产生4种交配型孢子的现象表明，无孢突变并不影响担子中的减数分裂过程。电镜照片（图7－22）显示，无孢子实体的担子上无小梗和孢子，很可能是由于小梗缺如而影响了担孢子的形成。

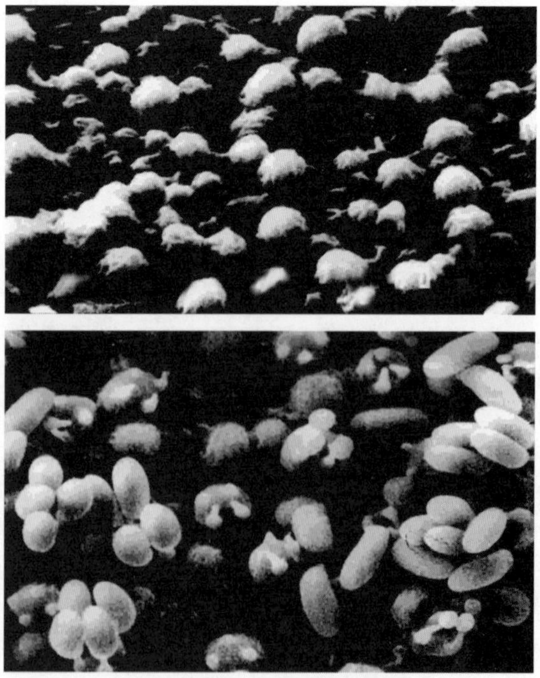

图7－22　平菇子实体菌褶的电子显微镜照片
上图：无孢子实体的担子上无小梗和孢子；
下图：有孢子实体的担子上有小梗和孢子。

栽培实践表明，平菇无孢菌株和有孢菌株在菌丝生长速率上无显著差异，但是子实体形态和产量差异较大，无孢平菇子实体菌柄偏于中生（图7－23），菌盖较薄而易开裂，口感脆嫩柔软。由此认为，与产孢有关的一对等位基因纯合时，除不产孢外，还对平菇的其他生物学性状有些影响。

图 7－23 无孢平菇子实体菌柄偏于中生

三、双孢蘑菇育种方法

早期双孢蘑菇育种均采用多孢分离方法，但这种方法改良菌株的进程缓慢。Sinden（1981）报道了采用多孢筛选法获得 A6 菌株的经过。前后经过近 30 年的努力，但 A6 也不是理想的菌株。我国采用多孢筛选法也约有 30 年，但始终没有留下明显进步的菌株。这是因为多孢分离获得的菌株在遗传上均一性大于变异性，从理论上不合理，难以获得具有明显变异性状的菌株。

单孢分离比多孢分离具有更大的概率筛选出明显变异的新菌株，尽管单孢分离是一种费时的工作。原福建省轻工业研究所（1983）从一些菌株中分离了近千个单孢培养物，获得了 10 株具有较好种性的新菌株，其中“闽 1 号”菌株曾在省内外广泛使用。

虽然孢子分离选种曾经为双孢蘑菇商业性栽培提供了许多重要的菌株，但是这些菌株仍然存在难以克服的缺点：高产的菌株常常不优质，而优质的菌株常常不高产。为了选育兼具高产与优质特性的菌株，育种者很自然地着眼于杂交方法的研究。

杂交育种在动植物育种中的应用已有长久的历史，也取得了巨大的成就。杂交育种在双孢蘑菇育种中迟迟没有应用，原因是在技术上有两个障碍：一是双孢蘑菇遗传机制特殊，大多数孢子是自身可育的；二是鉴别杂种的技术效率低。随着对双孢蘑菇遗传系统的深入研究，杂交育种工作有了新进展。

（一）遗传相关性的应用

19 世纪，法国纯培养的双孢蘑菇菌种问世，并于 1915 年传入美国。纯培养技术可使某一生产性状理想的菌种得以很好地保存，因而人们不再主动地从自然界中发掘新种质资源，即使偶然发现也不保种。长此以往，随着野生环境变化，本来种类繁多的双孢蘑菇自然种质资源趋于枯竭。

由于可供选择的遗传标记很少，利用营养缺陷型和异核菌丝所表现的一般显性遗传标记颇困难，妨碍了食用菌的杂交育种。

生化基因位点的变异可作为其显性标记，并可用来检测同核体，以进一步确定在相应的纯合育种材料之间的核交换，也可用来将双孢蘑菇各菌株归划为不同基因型类型。采用电泳方法定量地估算许多不同菌株间的遗传变异，可深入了解菌株间的分类关系。遗传相关性最小的菌株间杂交可以丰富遗传多样性，并可控制某一数量性状的杂合位点以及纯合位点的最佳结合。

D. J. Royse（1982）对双孢蘑菇 162 个试验菌株和 34 个生产用菌种中已知的等位基因酶蛋白变化进行了比较，对这些菌株间的关系有了进一步的深入了解，并提出了改进双孢蘑菇数量性状的选育方案。其研究方法及结果如下：

（二）材料和方法

1. 菌株

试验所用的双孢蘑菇菌株由宾夕法尼亚州大学及菌种制造商提供，这些菌种来自世界各地。用以下基本方法进行分离：①组织分离；②单孢分离；③多孢分离。收集的原始菌种用液氮保存，或在马铃薯葡萄糖酵母膏琼脂培养基（PDYA）上于 2～3℃保藏，60 天左右转管一次。

2. 电泳

从菌丝培养皿中挑出琼脂块，接种在装有 100ml 马铃薯、葡萄糖、酵母膏、肉汁培养基（PDYB）的 250ml 烧瓶中。待菌丝在此液体培养基中生长 2～4 周以后，过滤出菌丝体，置于装有少量 0.05mol Tris HCl 缓冲液（pH7.1）的试管内（12mm×75mm），用于同工酶分析。

平板淀粉凝胶电泳按 May 等（1979）的方法，染色采用 Allendorf 等（1977）的方法。

3. 同工酶和基因名称

检测 4 种多形态酶（代表 5 个位点），即醇脱氢酶（ADH）、谷氨酸丙酮酸转移酶（ADH）、磷酸甘露糖异构酶（MPT）和肽酶（PEP-LLL）。基因名称按 May 等（1979）的方法命名，缩写的大写字母代表酶的名称，第一个大写字母表示专门编码该酶的遗传位点。若编码该酶的位点不止一个，则另加字母表示（如 PEP 酶）。某一位点的等位基因以它们的同质体蛋白产物为原点，按其向正极或负极的相对迁移率来标记。这种表示方法是相对于定为 100 的一个等位基因（通常是最常见的等位基因）的同质体蛋白来说的。

4．遗传相关性

按同工酶的变化，把供试双孢蘑菇菌株划分成 27 类基因型。遗传相似系数的计算按 Rogers（1972）方法，将 27 类基因型两两配对，计算出每一对基因型之间的遗传相似系数。依照各类基因型 5 个位点上的等位基因值，进行阶梯式比较，并画出用遗传相似系数来表示相关关系的分枝图。合并最相似的基因型类，并重新计算出合并后的新类的等位基因值，然后再计算出新的相似值。把最相似的两类基因型合并。在阶梯式比较中，新的等位基因值要用每一类基因型样本量加权。例如，由第 5、7、8 类基因型组成的新类，其样本量为 3。

（三）结果与分析

供试的 34 个菌株仅属 5 种基因型类。根据 5 个位点上等位基因酶蛋白的变化，27 类基因型的遗传相似系数以阶梯式列于表 7－15。从 0.23（低值）到 0.90（高值），相似系数为 1.0 时，两类基因型被看成是完全相同。

表 7－15　双孢蘑菇 27 类基因型的遗传相似系数

基因型类	2	3	4	5	6	7	8	9	10	11	12	13	14	15	16	17	18	19	20	21	22	23	24	25	26	27	遗传相似 χ	最高值
1	.50	.63	.30	.40	.83	.33	.50	.30	.40	.43	.53	.50	.60	.43	.50	.53	.70	.60	.70	.80	.50	.50	.60	.43	.40	.80	.53	.83
2		.43	.50	.70	.53	.70	.80	.60	.90	.70	.45	.70	.50	.80	.70	.33	.70	.90	.80	.70	.80	.80	.60	.90	.60	.60	.56	.90
3			.40	.43	.45	.35	.53	.35	.33	.55	.90	.63	.50	.55	.43	.90	.63	.43	.43	.43	.43	.43	.83	.35	.33	.53	.51	.90
4				.50	.33	.50	.40	.43	.60	.50	.43	.50	.70	.40	.30	.33	.40	.50	.50	.50	.30	.30	.30	.40	.50	.50	.44	.70
5					.36	.90	.90	.90	.80	.60	.43	.70	.60	.70	.53	.35	.60	.60	.50	.40	.63	.63	.60	.60	.63	.50	.60	.90
6						.40	.46	.26	.43	.50	.53	.46	.56	.46	.60	.35	.53	.63	.73	.83	.53	.53	.43	.45	.43	.76	.51	.83
7							.80	.80	.80	.70	.43	.60	.50	.70	.60	.28	.53	.60	.50	.40	.63	.63	.53	.60	.63	.40	.57	.90
8								.80	.70	.70	.53	.80	.50	.80	.63	.45	.70	.70	.60	.50	.73	.73	.70	.70	.53	.60	.65	.90
9									.70	.53	.35	.63	.50	.63	.43	.33	.50	.50	.40	.30	.53	.53	.53	.50	.53	.40	.51	.90
10										.60	.35	.60	.60	.70	.60	.23	.60	.80	.70	.60	.70	.70	.50	.80	.70	.50	.61	.90
11											.63	.90	.40	.80	.80	.45	.73	.70	.50	.50	.63	.63	.73	.60	.63	.60	.62	.90
12												.63	.50	.59	.53	.80	.53	.45	.45	.45	.45	.45	.73	.38	.35	.53	.51	.90
13													.50	.80	.73	.53	.80	.70	.50	.50	.63	.63	.80	.60	.63	.70	.64	.90
14														.40	.43	.40	.50	.60	.50	.60	.43	.43	.40	.43	.53	.60	.51	.70
15															.63	.45	.63	.70	.60	.50	.73	.73	.73	.70	.53	.50	.62	.80
16																.33	.80	.70	.50	.50	.70	.70	.60	.60	.70	.63	.58	.80
17																	.53	.33	.33	.33	.33	.33	.73	.25	.23	.43	.42	.90
18																		.70	.50	.50	.70	.70	.80	.60	.70	.70	.63	.80
19																			.70	.80	.70	.70	.60	.83	.60	.60	.64	.90
20																				.90	.60	.60	.40	.70	.40	.80	.57	.90
21																					.50	.50	.40	.63	.40	.80	.55	.90
22																						.80	.60	.70	.80	.53	.60	.80
23																							.60	.70	.60	.53	.59	.80
24																								.53	.50	.50	.59	.83
25																									.50	.50	.58	.90
26																										.53	.54	.80
27																											.58	.80

（χ—平均相似数，是各相似数相加后的平均值）

表中所列 27 类基因型仅代表了 34 个菌株内所有总变异的一部分，总的基因型有可能在 2 万种以上。

表中数据是每一类基因型与所有其他基因型之间的遗传相似系数的平均值。例如，第 15 类基因型的平均遗传相似系数值是把第 15 类与其他 26 类基因型之间的相似系数相加再除以 26 所得。所有 27 类中，第 17、第 4 类基因型平均遗传相似系数值最低（分别为 0.42 和 0.44）。从表中可查知每一类基因型与其他各类基因型之间的最高遗传相似系数值，如第 4 和第 14 类的“最高遗传相似系数值”最低，表明它们与其他基因型之间有较大的差别。第 17 类与第 26 类、第 10 类之间的遗传相似系数值最低（仅 0.23），这是因为第 10 类和第 26 类是平滑型白色双孢蘑菇，而第 17 类是棕色类型菌株，即差异较大，遗传相似系数值最低。

图 7－24 是表示各类基因型之间关系的分枝图。根据 5 个生化位点上的等位基因值，画出 27 类基因型遗传相似分枝图。每类基因型中包括的菌株数从 1 到 70 不等。属同类基因型的菌株，其菌伞色泽大体相同。第 2、18、22 类例外，属于这 3 类基因型的菌株形成的菌伞的颜色分别为白色和奶油色、灰白色和奶油色、白色和奶油色。用作商品栽培的菌株，其基因型类属划圈标出。

某一物种内遗传变异的性质和范围取决于繁殖方式。在生产上，双孢蘑菇主要是无性营养繁殖，缺乏分裂重组或很少有突变，因而某菌株一般一直保持其纯系的特性。如果进行有性繁殖即孢

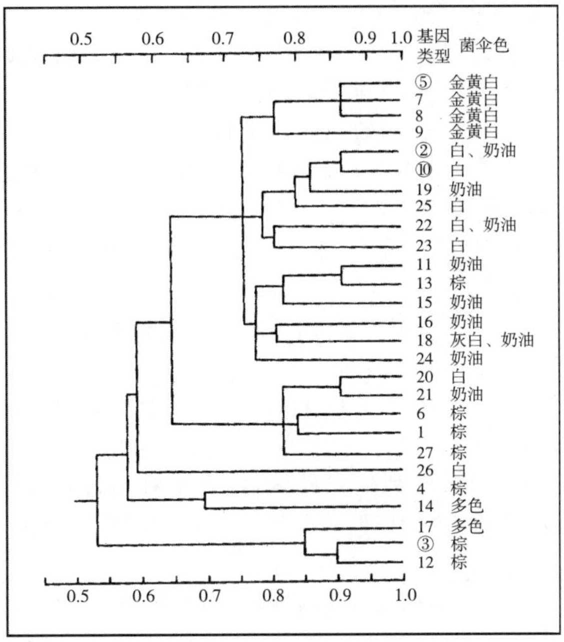

图 7－24 遗传相似分枝图

子分离，则会发生基因重组和突变。经过多年以后，菌株的纯度降低。但是，双孢蘑菇占优势的双孢担子（异核孢子）导致高度自交，这种繁殖方式很难实现基因杂合，显示双孢蘑菇的遗传性状较其他菇种稳定。这为单孢分离试验所证实，也就是说 90％的单孢分离材料由于是异核的，无法用于杂交。

杂合位点的多少与生物体的生长优势呈正相关。例如，由两个自交亲本（指生长调节位点高度纯合的亲本菌株）杂交产生的子代一般总是比双亲有更强的生长优势。双孢蘑菇的同核体相当于所说的自交系。

同工酶的变化可以反映出控制生产性状，如抗病性、产率等基因位点的变化。培育染色体组有最大杂合性的新菌株，可靠的途径是在有最大基因型差异的同核体之间进行杂交。确定遗传性差异的综合办法是利用图 7－24，并参考表 7－15 中的数据。如果育种目标是大型白色双孢蘑菇，可逐一比较灰白色与大的金黄白双孢蘑菇之间的遗传相似系数。从表 7－15 查知，这两类之间遗传相似系数最低值为0.40（第 20 类与第 9 类）。用这两类菌株的同核体进行杂交产生的后代具有最大的遗传异质性。在交配试验中选择某几种特定的生产性状是一个复杂多变的过程，但菇盖色泽始终是白色的。

根据以上论述和有关遗传育种知识，总结出以下较为通用的双孢蘑菇育种程序：

①从世界各地收集遗传特性各不相同的菌株，包括野生种。

②通过显微单孢分离、多孢稀释分离或用原生质体分离等方法，从四分体中选择可能是同核体的培养物。

③用同工酶分析法对同核体进行鉴定。

④单核体相互交配后，在融合线处分离出可能是异核体（F_1）的培养物，它的同工酶位点上应有与亲本不同的遗传差异。

⑤栽培出菇，并进行同工酶分析，检测是否为杂种。

⑥选择单孢后代，以利用减数分裂重组或分离。

⑦选用新基因型的单孢子 F_2 代，回复至上述第 4 步。

⑧进行生产性试验，鉴定抗病性、生产率等性状。

上述育种程序的优点是确保每一步骤都有相应的可鉴别的同工酶标记。在以前这是办不到的。

四、荷兰蘑菇育种实例

荷兰是双孢蘑菇生产的先进国家，大部分菇场主要集中在东南部，闻名于世的霍斯特（Horst）试验站位于双孢蘑菇产区的中心、阿姆斯特丹东南160千米处。试验站由仪器设备完备的实验室、办公室，以及堆肥工场和 16 间菇房（其中 8 间为 120m^2 的大菇房，8 间为 25m^2 的小菇房）组成。自 1977 年起，该试验站一直是农业部的一个机构，但其资金的 50％由栽培者资助。

Horst 试验站的堆肥场里有 4 条发酵隧道，每条隧道的容量为 4 吨堆肥。后发酵和发菌期间可以改变某些控制条件。大菇房里，双孢蘑菇栽培在由悬臂结构支撑的床架上。有 5 层菇床，每层菇床划分成 16 个长 2m、宽0.65m 的试验小区。全部试验是在完全相同的栽培条件下进行比较的，又接近实际生产规模，能得出较为科学的重要结论并可直接用于实践。下面介绍育种实例：

（一）双孢蘑菇

Horst 试验站的 Fritsche 利用双孢蘑菇不育单孢菌株配对杂交，以恢复可育性为标记选育杂种，于 1981 年首先获得纯白色双孢蘑菇和米色双孢蘑菇品系间杂交的品种 U1 和 U3。此杂交种曾在各国广泛栽培。Fritsche（1986）在退休前撰文总结了他在 Horst 试验站工作 30 年的双孢蘑菇育种成就，对有志于这方面研究的后来者具有重要参考价值。

Fritsche 从 1957 年 1 月开始，在汉堡跟随森布许教授进行双孢蘑菇菌种的选育工作，当时仅仅是选育较优良的菌株。进行多孢子培养较省事，但是不同孢子长出的菌丝融合在一起，即使有优良遗传因子的单孢子也不能表现其特性。从双孢蘑菇中分离出大量单孢子相当麻烦，但是可以从众多培养物中筛选出有新遗传性状的菌株。例如，原基畸形的 nr. 59 菌株能发育出子实体，但是无菌柄，类似马勃而不像伞菌。后来它的子实体形状又有变异。他把第 1 种类型称为 59a，第 2 种类型称为 59b。在栽培 59b 的菇箱中，长出了一种块状子实体，重 350g。后经组织分离培养，获得第 3 种类型 59c，子实体重量最高达1 800g，可以切片、油煎，做成美味的炸肉排配菜。但是采收过晚时内部变成棕色。此外，59c 在其菌丝繁殖时很快退化成 59b 型。59b 的子实体形状呈白色马勃状，用其与产生正常棕色子实体的菌株杂交，在后代中出现了正常形状的白色子实体。

1975 年前后，荷兰开始用机械采菇，当时只有米色菌株适应收割机。但是制罐业抱怨这种双孢蘑菇品质恶劣。例如，同白色菌株对比，米色菌株的菇体在加工后失重较多，菌盖不白，制成的罐头外观欠佳。制罐业要求 Horst 试验站通过杂交育种，提供结合白色和米色菌株的优良性状的蘑菇。

双孢蘑菇偶然会出现自身不育的单核担孢子或同核体担孢子，这类菌丝的生长比异核体的慢得多。两株同核体是否能亲和相配，在菌丝营养生长阶段表现不出来。必须测验其组合后产生子实体的能力。结果发现，作为对照的单孢子菌株不产生或极少产生子实体，而某些组合能产生大量子实体。因而可以利用不育单孢菌株配对杂交，以恢复可育性为标记选育杂种。

从 17 对组合所产生的子实体上，分别采集孢子并分离出 40 个第 1 代（F_1代）单孢菌株。经再次栽培出菇，又分离了 680 个第 2 代（F_2代）单孢菌株。这些菌株再经栽培，从中筛选优良的新品种。经过 6 年的努力，于 1981 年选育出纯白色双孢蘑菇和米色蘑菇的杂交品种 U1 和 U3。

U1 和 U3 结合了白色和米色亲本的性状。如 U1 菇体兼有白色亲本的圆形菌盖和米色亲本较大的外形；U1 的菌盖光滑像白色亲本，在不良条件下也会有少许鳞片，但因呈白色而不易察觉。

U3 也有白色亲本的白而平滑的菌盖，而粗菌柄像米色亲本。此外，U3 对覆土类型反应强烈，用干燥轻质覆土，菇体小；用湿重覆土，菇体大。

U1 和 U3 杂交种在欧洲各国广泛栽培几年之后，发现 U1 菌株发生了变异，如菌盖趋于扁平，柄和盖的连接处产生空心使菇盖易于脱落，单产明显下降等。为了使 U1 复壮，Horst 试验站作了很多努力。Fritsche 到 1986 退休前，几乎都为了这个问题而工作，曾经采取以下措施：

①用两个原始的同核菌株配对，产生新的异核体菌种，沿用 U1 菌号投放市场，但未获得理想的重建异核体。

②用原生质体克隆 U1，再生菌株硬开伞，产量低。

③在子 3 代中分离单孢菌株，筛选出了有希望取代 U1 的新菌株。

有学者指出，U1 菌株的育成和改良有以下几个问题：

①配对育种依靠概率，以出菇对比为筛选的唯一手段，成功率低。虽进行了各种“复壮”试验，但效果甚微。

②U1 菌株是米色蘑菇与白色蘑菇的两个同核体配对而得的异核体（F_1），其所含的两个异源核未曾经过核配，因此 F_1代用于出菇可能不稳定。

③使用原始的两个同核体配对重建新的异核体，不能视为 U1 的复壮，也不应该沿用 U1 菌号。

（二）大肥菇

Fritsche 还研究了大肥菇（*A. bitorquis*），成功地从大肥菇中选育出生产菌株 Horst B30。大肥菇的优点是抗病毒病。此外，显示其与双孢蘑菇的重要区别是要求较高的出菇温度（约高 5℃）。

不同的大肥菇菌株，其产、质量有很大差异。例如，1 号菌株的子实体具有大肥菇典型的外形特征，菌柄粗短，菌盖平坦或稍有凹陷。6 号菌株的子实体菌柄较长，菌盖较隆起。两者相比，后者较好，菌柄太短容易沾土，并且不易采收。菌盖凹陷，外观不好。

为了获得担孢子，把清洁的子实体（具有薄而未破的菌幕）置于培养皿中的金属丝上，用玻罩盖好。器皿需事先在 150℃ 消毒 2 小时。大约 3 天后孢子散出，孢子印在冰箱中储藏。为了进行单孢子培养，用灭菌蒸馏水制成孢子悬浮液稀释数倍后把少量悬浮液与琼脂培养基混合，倒进培养皿中进行培养。大约 10 天后，挑取有可能是单孢子发育而成的小菌落，转移到试管斜面再培养。大肥菇单孢子菌株的菌丝生长属于紧贴型。

下一步工作是将单孢子菌株相互交配，生产异核菌丝体，然后进行选择性栽培。子实体大小、形状、颜色、鳞片和其他性状不但受遗传基因的控制，也受环境条件的影响，需要有经验的研究者进行细致的观察比较，才有可能选育出与亲本不同的新菌株。初筛是将菌株播种于 0.07m^2 的小菇箱里，内铺2.5千克经后发酵的培养料。复筛是再将初筛选出的菌株播种于0.2m^2的菇箱中进行测试。之后在1.3m^2的小区中重复2次，最后在6m^2小区中测试。

采用Eger(1962)的半皿测试法，检测k26和k32菌株生长差异。把培养皿放在相同条件之下，k26的菌丝生长旺盛。在栽培室中，这两个k系菌株表现出与培养皿里一样的差异。k26很容易长入覆土层，从基质长出后几乎布满覆土表层，需大量通风才能产生原基。而k32的菌丝需较长时间才能长透覆土层。如果过早通入新鲜空气，原基会发生在覆土层深处。Horst k26比k32容易发菌生长，而后者容易出菇。此外，k26的菌柄基部宽，k32的逐渐变细。k32的子实体容易采收，废弃物少。k26和k32的杂交组合为Horst k46，该菌株在澳大利亚广泛栽培。

最好的菌株接照格罗宁根Sprenger研究所的制罐品质标准检验，参加评定的还有技术专家和销售部门的人员。选出最佳菌株，扩大播种面积，在菇场中进行生产水平的比较鉴定，确认是优良菌株后申请专利。1975年，第一批大肥菇杂交种Horst k26和k32进入市场，Darmycel公司用Horst试验站把这两个已获得专利权的菌种进行大规模商业生产。

（三）野蘑菇

野蘑菇(*A. aruensis*)生长在牧草地里，形态特征是菌幕类似嵌齿轮，要求比双孢蘑菇低3℃左右的栽培温度。

选育野蘑菇的动机来自罐头厂。厂家经常从牧草地上采集野蘑菇，菇体的颜色从近白色到深黄色，有强烈的茴香味，这是野蘑菇的特点，受到消费者的欢迎。罐头厂要求Horst试验站探讨野蘑菇的栽培方法。

1978年，微生学家Bas开始执行蘑菇属(*Agaricus*)各个种的分类研究计划。在4年中，他从采集的野蘑菇子实体上分离出46个组织培养物。Horst试验站获赠这些野生种质资源后，即对各菌株进行栽培试验。在18～20℃的0.07m^2菇箱中，46个菌株中的大多数产生的菇体不超过10个，有的能产生20个以上的菇体，其中最好的一个菌株产生了40个菇体。之后对此高产菌株进行了重点栽培。

栽培野蘑菇的一个大问题是其菌丝在培养料中生长缓慢，而在麦芽汁琼脂培养基上生长得快。这是否与pH高低有关呢？在铺有不同pH琼脂培养基的平皿中央接种，约2周后测定菌落直径，发现在pH 5.0～5.6时菌丝生长最好。于是，在27千克堆肥中加过磷酸钙(含46%P_2O_5)使之pH下降，接种后置于0.27m^2菇箱中发菌，覆土后保持18～20℃，第5～6周采菇记产量。结果表明，以加1%过磷酸钙的培养料产菇量最高，接种时pH约为6.5，对照培养料为7.5；加2%过磷酸钙的培养料(pH为6.3)产菇量显著降低。但是，pH最低时菌丝生长并不差。

出菇期间的最后2个星期，将菇箱从18～20℃和15～16℃的2个栽培室合并到18～20℃的栽培室。3个菌株对温度的反应不同：源自野生菇arv. 21的2个菌株在较低温度下产量最高；而源自野生菇arv. 34的1个菌株在较高温度时产量最高。在6周的采菇期内，最高产量超过9kg/m^2；某些菇箱延长采收期5周，一共采收11周，产量接近15kg/m^2。这一产量与双孢蘑菇相比虽说不高，却显示了野蘑菇用于生产的希望。在50年前，双孢蘑菇在9周的采收期内仅能产菇6～10kg/m^2。

五、我国蘑菇育种实例

福建省蘑菇菌种研究推广站采用同工酶电泳法，分析双孢蘑菇菌株间的亲缘关系及预测双孢蘑菇杂交菌株的特性，建立了一套行之有效的酯酶同工酶(EST)检测技术，获得了双孢蘑菇杂交菌株As2796，成为我国食用菌遗传育种研究最成功、经济效益最大的典范。据该站王泽生报道，As2796作为我国双孢蘑菇的当家品种已长达10多年，占全国蘑菇栽培面积的90%以上，经济效益巨大。

1989年，福建省蘑菇菌种研究推广站的科研人员应用6种同工酶检测了蘑菇的3个典型栽培菌株，即高产菌株(H)、优质菌株(G)、中间型菌株(HG)单孢子分离物的同工酶电泳表型。结果发现，既有亲本类型又有变异类型，但基本局限在H、G、HG和S(不育)4大类型中，变异发生的方向和程度主要受菌株遗传特性的影响，也受菌株生理状态或所处环境条件的影响。变异的趋势是H→HG→G。随着同工酶表型的变异，变异株的生长类型、栽培性状及子实体质量也发生变化。试验表明，H型(米色，高产)同核不育株(Hs)与G型(白色，优质)同核不育株(Gs)配对杂交，获得G1-5、HG1-2、HG4、HG5等异核体，其中只有HG4和HG5呈典型杂合体(暂定为F_1)，荷兰的U1杂交菌株即属于HG4型。从HG4和HG5所结菇体上分离的单孢子2代(F_2)中，几乎包括所有传统菌株类型(H、HG、G)与多种重组类型(HG6～HG17)、同核不育型(Hs,

HGs,Gs)和杂合类型(HG4,HG5)。子1代的HG4型和HG5型以及子2代的HG4型和HG5型杂交菌株均可表现出亲本的一些性状,是杂交育种所希望的目标菌株。蘑菇杂交菌株As2796就是从HG4型杂交子2代中选育出来的。下面介绍杂交育种程序:

1. 酯酶同工酶标记的杂交育种程序

种质收集
↓
同工酶电泳分析菌株亲缘关系
↓
遗传相似值小且具优良性状的菌株
↙ ↘
H型菌株 G型或HG1-2型菌株
↓ 同工酶检测 ↓
Hs型不育单孢株 G型或HGs型不育单孢株
↘ ↙
配对培养
↓
双亲本接合区分离物
↓
尖端菌丝
↓
同工酶鉴定HGx杂合体(F_1)
↓
出菇试验
↓
分离孢子(F_2)筛选目的菌株

2. 优良品种As2796的选育程序

亲本02 亲本8213
↓ 单孢分离与同工酶检测 ↓
361-2(HS型)不育单孢 As165(GS型)不育单孢
↘ ↙
W95-2杂种1代(HG4型)
↓同工酶检测、出菇试验、单孢分离
As2796杂种2代(HG4型)

(一)种质收集

杂交育种所用的亲本应该有些遗传距离,即遗传相似性越小,越有可能产生优势互补。否则很难获得具有杂种优势的优良子代。需要广泛地收集种质资源,包括栽培菌株和野生菌株,建立种质库乃至构建基因文库,这对于双孢蘑菇的杂交育种至关重要。据报道,法国和美国加州已分离并利用了野生双孢蘑菇菌株,我国(王波,2002)在西藏地区高原草甸上也分离到了野生双孢蘑菇。

收集来的双孢蘑菇种质材料可以是孢子或子实体组织分离培养物,采用多种方法予以保藏。双孢蘑菇种质类型的叫法多样,有分为栽培菌株与野生菌株的,有分为双孢菌株和4孢菌株的,有分为棕色菌株、浅棕色菌株、奶油色菌株、米色菌株和白色菌株的,也有的分为匍匐型菌株、气生型菌株和中间型菌株。双孢蘑菇种质的鉴定可用同工酶电泳、DNA的限制性片段长度多态性(RFLP)分析、随机扩增多态DNA(RAPD)标记分析等,也可以用聚类统计方法分析菌株间的遗传相似性及种群间存在的遗传差异性。

(二)菌株类型

经过长期人工栽培,对双孢蘑菇的种性有了较多了解。根据双孢蘑菇栽培特性、鲜菇质量和罐头加工等差异,把双孢蘑菇菌株大致分为高产类型、易褐变类型、中产类型、优质类型和不育类型(表7—16)。

表 7—16 双孢蘑菇不同类型菌株的特性

类型＼特点	单产与菇潮	菌盖与菌柄	菌褶与颜色	罐藏质量评价
高产型	出菇早，较高产	扁平凹顶，有鳞片，柄髓软	较宽大，褐色或红褐色	组织松软，色灰暗，菌柄空心，高收缩率
优质型	出菇迟，较低产	圆滑，柄短，致密，无鳞片	较窄小，肉色或淡粉色	组织致密，色淡黄，风味好，低收缩率
中间型	结菇早，产量中等	盖圆光滑，柄中等粗	浅褐色或粉红色	组织密度及收缩率中等，色泽淡黄或土黄
易褐型	结菇早，非常高产	厚而圆，中等致密，柄直细	较宽大，褐色且蔓延	深灰色，收缩率高，罐藏质量差
不育型	菌丝生长缓慢，细弱，不结菇			

一个新分离或新杂交培育的菌株，能否结菇？质量怎样？是否高产？以前只能靠多次、大量的栽培试验来比较筛选目的菌株，工作量大、周期长、费用高且不方便。如果能在实验室早期从分子水平找到可用于预测新菌株生产性状的指标，将大大减轻筛选压力，提高选育种的工作效率。

酶是基因的直接产物，又是性状表现的调控者。特性明显不同的双孢蘑菇菌株之间在某些同工酶遗传基础上存在着差异，可以将酯酶同工酶电泳带型作为菌株特性鉴定和育种检验的指标。以同工酶电泳区带的迁移率（R_m）为依据，可以分析比较食用菌种质的同工酶类型差异、推定基因型变异。把表型完全一致的菌株归于同一基因类群，当比较的酶多于一种时，取各遗传相似值的平均数作为二基因类群间的总遗传相似值。基因类群间的遗传相似程度系统树的计算与绘制用类平均聚类法，把遗传相似值最相近的基因类群组合成新类群，再计算该类群与其他类群间新的遗传相似值，进一步把最相似的类群组合在一起，直到所有类群配成一个家系为止。以系统树反映菌株间的种内亲缘关系。

福建省蘑菇菌种研究推广站采用此技术，对150个从国内外收集的各类型菌株作了酯酶同工酶电泳检测分析，把有规律的特定区带定为标记区带，把具相同标记区带的同工酶类型归于同一大类型，再和菌株栽培表现类型相比较，发现同工酶电泳表型与菌株特性表型存在着相关性（表 7—17）。

表 7—17 双孢蘑菇菌株特性和酯酶同工酶电泳带型

菌株类型	高产型	优质型	中间型	易褐型	不育型
同工酶带型	H 型	G 型	HG1-2 型	H2 型	S 型

（三）不育株的分离与鉴定

分离同核不育单孢菌株常用的方法为：①从四孢变种的子实体上分离单孢培养物。②从正常双孢菇上取群体孢子，做成稀释悬浮液，涂抹平皿培养，挑选生长相对较弱的小菌落，其有可能是不育单孢的培养物。采用这些方法，从 14 个异核亲本中分离出 2 578 个单孢培养物，其中生长弱、慢的有 374 株，占 14.5%。再经同工酶电泳鉴定，有 158 株为 S 型（不育型），占单孢分离物的 6.1%。栽培试验表明，大多数 S 型培养物在堆肥中生长很弱或基本不生长，即使生长了也未见结菇。酯酶同工酶电泳表明，这些不育菌株的同工酶均表现为一些电泳区带的缺失，这与用 DNA 的 RFLP 及 RAPD 鉴定的研究结果一致。

（四）配对及杂合子鉴定

按杂交育种的通用原理，配对杂交要选择遗传相似值小、具有相对优良性状和不同遗传标记的菌株进行组合。据王泽生报道（1990），配对杂交效率受培养基成分的影响，即同一配对组合在不同培养基上配对可表现为亲和，也可表现为不亲和（表 7—18）。

表 7—18 不同培养基对同核体配对杂交亲和性的影响

配对组合＼培养基	Ⅰ	Ⅱ	Ⅲ	Ⅳ
A(73－1×21－2)	5－	2－	1－	1－
B(386－9×156－3)	5＋	0－	0－	1－
C(388－5×165)	4＋	0－	0－	1－
D(388－5×93－4)	3＋	1－	0－	1－

注：①培养基Ⅰ～Ⅳ分别为麦麸培养基、PDA、PDA＋10%啤酒、PDA＋0.1%烟酸；②1～5 表示菌丝的生长速率由小到大，"0"代表形成拮抗性；③"＋"表示同工酶鉴定显示已有杂交亲和，"－"代表不亲合。

表 7—18 数据表明，麦麸培养基最佳，菌丝生长速率快于其他培养基，而且发生杂交的比例也高得多。这说明各组合的亲和性不但受性因子控制，也受培养基成分的影响，麦麸培养基或食用菌堆肥培养基适用于配对杂交。对于不易发生杂交

的组合，亲源关系可能较远。

通常把配对组合的培养物成对地接种在培养基上，凡两种培养物间不形成拮抗线，则此组合可能是遗传亲和的。从其菌丝融合区域分离3个菌丝块，转移到新鲜培养基上培养10天左右，对生长快的分离物，在无菌条件下用显微操作器上的微型打孔器分离菌丝尖端扩大培养。约有250个配对组合发生了可能亲和的现象，从互相作用区域分离出750个菌丝块，经菌丝尖端分离扩增后进行同工酶鉴定，有175个组合产生了具有双亲杂合酶谱的异核体杂种 F_1。经栽培试验，有84个组合产生的杂种 F_1 恢复了结菇能力，并产担生孢子。对这些担孢子进行单孢分离，获得了重组体 F_2。

同核体亲本 H1、H2、Hs1、Gs2、异核体亲本 G1、HG2、杂合体菌种(F_1)HG4、HG5 的酯酶同工酶(Est)聚丙烯酰胺凝胶电泳图谱(王泽生，2000)见图7－25。

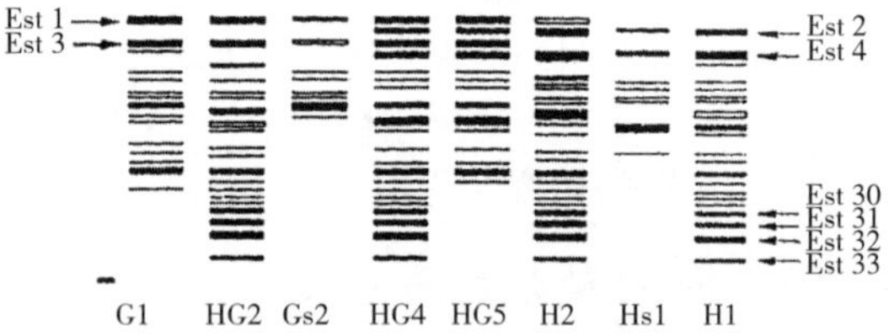

图7－25 酯酶同工酶电泳图谱

(五)同工酶检测技术

所谓同工酶，是指能催化相同生化反应而结构及理化性质不同的酶分子。1959年，Market 用电泳分离法首次发现了动物的乳酸脱氢酶具有多种分子形式，并将其称为“isoenzyme”或“isozyme”，即同工酶。已发现了数百种具不同分子结构的同工酶。

检测同工酶，广泛采用凝胶电泳法，有聚丙烯酰胺凝胶电泳(PAGE)系统、琼脂糖凝胶电泳(AGE)系统和淀粉凝胶电泳系统等。电泳方式有卧式平板、垂直柱状和垂直平板等。按电泳性质又分有不连续系统、SDS系统、等电聚焦系统等。电泳是利用同工酶分子结构不同、氨基酸序列或组成有差异而引起酶分子带电，分子形状、大小等差异，使同工酶在同一电泳系统中具有不同的电荷或不同的电荷数。又经过凝胶分子筛的过滤(不连续系统和浓缩效应)，从而分离成迁移率(R_m 值)不同的区带，经过组织化学染色等，显示出酶谱。酶谱可制成干片归档，也可拍照保存。酶谱的定性可通过 R_m 值测量比较进行分析，利用薄层色谱扫描仪如CS-930双波长薄层扫描仪等，能对酶谱进行定性和定量的自动分析处理。

同工酶是基因的直接产物，主要是由不同等位基因或不同基因位点编码的，同工酶的电泳表型是基因型的反映。它不仅是生理生化的指标，而且是可靠的遗传标记。可以成功地区分种一级分类单位，也可鉴定未知真菌。以食用菌为材料研究或应用过的同工酶类有数十种，应用最广泛的有酯酶(EST)、乙醇脱氢酶(ADH)、多酚氧化酶(PO)、过氧化物酶(POD)、肽酶(PEP)等。

同工酶鉴定技术一般包括3个步骤：样品提取、凝胶电泳和染色观察。

1. 样品制备

供试菌株接种于PDA培养基斜面上，22～25℃培养15～20天，取出用接种刀刮下菌丝，按1∶3∶0.5的比例混合菌丝、0.1m磷酸缓冲液和石英砂，置冰浴中研磨成匀浆，0.4万～1万转/分钟离心20分钟取上清液，按5∶1∶1的比例混合上清液、40%蔗糖和0.01%溴酚蓝溶液，作为电泳样品置冰箱备用。子实体取制罐用鲜菇的盖或褶组织5～10g冰浴研磨成匀浆，以下同菌丝制作。

2. 电泳

这里主要介绍常用的聚丙烯酰胺凝胶垂直板状电泳(PAGE)。它的最大优点是可以通过选择单体浓度或单体与交联剂的比例，得到不同孔径的凝胶，以适合于分离不同相对分子质量、不同结构的酶蛋白。应用中多采用不连续电泳，即通过浓缩胶的浓缩效应和分离胶的筛分效应，将同工酶分成一条一条狭窄区带。分辨率比琼脂糖凝胶、淀粉凝胶高。

(1)分离胶制备

备好洗涤干净的垂直板状电泳槽，装好胶模，然后制备分离胶。用pH 8.9 Tris-HCl缓冲液加上Acr-Bis液、TEMED、蒸馏水混匀，再加10%过硫酸铵，迅速摇匀，灌胶，并用蒸馏水封住胶面，静置聚合。待聚合完全后，倒去胶体上端的水层，用细滤纸条吸干胶层上的残余水迹。分离胶的浓度以9%为宜。

(2)浓缩胶制备

用pH 6.7 Tris-HCl缓冲液加Acr-Bis液、TEMED、蒸馏水，再加10%过硫酸铵(或4%维生素 B_2)并摇匀，灌胶于已聚合好的分离胶上，插入样品模卡，静置聚合(加4%维生素 B_2，经光照聚合)。

(3)装槽点样

拆去样品模卡，装槽，注入电泳缓冲液(pH 8.3 Tris-甘氨酸)，每个样品孔点样75μl。

(4)电泳

电泳槽置于3℃下120V电泳20分钟后稳压4小时左右，在溴酚蓝指示带离底部1cm时停止电泳。

3. 染色观察

拆下电泳板块，用蒸馏水边淋洗边，转移板状凝胶至染色盘中，倾去蒸馏水，加染色液染色。不同的同工酶的染色配方不同，有的对温度、光照等因素还有特别要求，可查阅有关文献。

第四节 原生质体的融合育种

原生质体融合育种技术有3方面的优点：第一，通过原生质体再生，可以较快速地获得同核菌株用于杂交。这种菌株是无性操作的产物，在遗传上比有性生殖产生的同核菌株更接近于亲本。第二，细胞壁不亲和的配对杂交组合或亲缘关系相近的食用菌种间，如食用菌与大肥菇，可以通过去壁产生原生质体融合而实现杂交。第三，原生质体还可以作为外源基因的受体。

一、原生质体制备

把食用菌的菌丝体、子实体组织或孢子置于适合的溶壁酶液中，在适宜的温度、pH条件下，经一定时间的酶解，降解掉细胞壁后即可游离出由细胞膜包围的球状体，即原生质体。失去细胞壁保护的原生质体对渗透压敏感，低渗透压条件下易破裂。原生质体形成率受制备材料的类型与生理状态、溶壁酶类型与浓度、溶壁酶液的稳渗剂成分、浓度、pH、酶解温度及时间等因素的影响。选择适宜的条件是制备大量高活力、易再生的原生质体的关键。

以菌丝体为材料制备食用菌原生质体包括菌丝培养，原生质体制备、分离、纯化与镜检几个步骤。首先，把食用菌菌丝块接种于装有液体完全培养基的三角瓶中，在24℃下静置培养5～10天，把菌丝体取出沥干，并用0.6mol氯化钾溶液冲洗2遍，用滤纸吸干。按0.5g鲜重菌丝加1ml溶壁酶的比例混合，在24℃下溶解2～6小时，定时取样镜检，并用血球计数板计算原生质体形成率。当形成率达每毫升10^7个左右时提纯。原生质体悬液经无菌脱脂棉或玻璃棉丝过滤。滤液经每分钟5 000转，离心10分钟，弃上清液，沉淀下来的原生质体用等量稳渗液稀释，可重复离心一次，即得原生质体精制悬液。原生质体的去壁情况可以加入萤光增白剂等予以检验(壁成分可染上色)，也可以用低渗处理检验原生质体的破裂情况来初步判定去壁效果。原生质体活力检验可以加0.1%中性红染色，染上者为失活。

有研究探讨了菌龄、溶壁酶、稳渗剂和酶解条件对原生质体形成的影响。

(一)菌丝菌龄

用不同菌龄的菌丝制备原生质体的结果差异很大。菌龄太小，生成的菌丝量少，形成率低。菌龄过大，形成的原生质体少而且变形多，有时甚至只产生菌丝碎片。以培养5～7天的菌丝制备的原生质体形成率高，活力大，耐精制提纯。

(二)溶壁酶

单一酶对食用菌菌丝体去壁的作用不明显，多酶混合液的作用也不理想。目前有效的均为木霉产生的酶系。我国广东省微生物所生产的溶壁酶、丹麦产的Novozymo234酶等均属此类，但效果有别。据报道，复合酶系中若含过量的蛋白水解酶等会破坏细胞膜结构而降低原生质体活力，并影响再生。

(三)稳渗剂

稳渗剂分无机和有机两大类，不同的稳渗剂对原生质体形成率影响很大。常用的0.6mol氯化钾，效果较好。

(四)酶解条件

适宜的条件是使溶壁酶处于最佳活力状态。由于加入的溶壁酶量大，故pH多保持自然，约5.6。温度偏低，原生质体形成慢，反之快。但温度偏高，原生质体极易破裂，形成率反而下降。食用菌以24℃为宜。酶解时间以2～4小时形成率高。时间短，形成率低；时间太长，原生质体也易产生变形，活力下降，甚至破裂，形成率也不高。推测酶解温度太高或时间太长均易破坏原生质体的膜结构，导致变形、破裂。

食用菌菌丝体酶解后，原生质体的释放不同步且形式多种。在显微镜下观察酶解时，菌丝体发生了质壁分离，其内含物剧烈收缩形成明显的边界。随着细胞质的流动逐渐从菌丝尖端或侧面释放出来，也有从菌丝片段断面释放出来，呈圆球状（图7－26）。

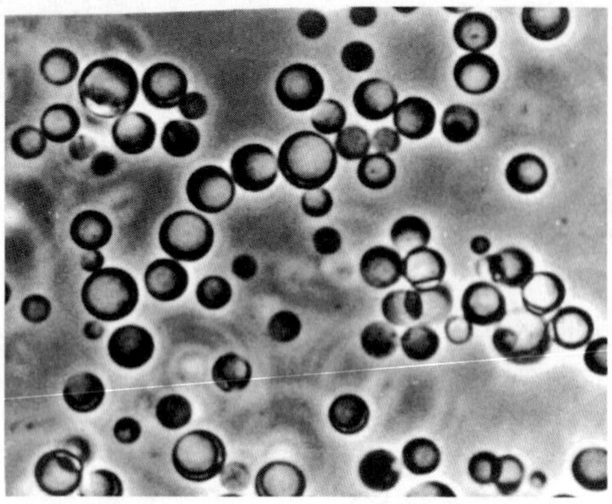

图7－26　蘑菇菌丝酶解释放的原生质体

原生质体大小相差较大（4～16μm），尤其是菌丝的菌龄较大时，偏大的原生质体多含大液泡，偏小的多呈透明状。无离子水低渗处理后，透明状的原生质体最先破裂，其次为含大液泡的原生质体，中等大小（8μm左右）且内含物较多的原生质体可以膨大数倍于原来的直径后才破裂。中性红染色时，中等大小的原生质体不易染上，表现出较强的活力。推测偏小的原生质体缺少细胞核或细胞内含物不完整，而偏大且含大液泡的原生质体可能是已发生某种生理变化的结果。

综上所述，以菌丝体为材料制备食用菌原生质体的适宜条件是取幼龄（5～7天）菌丝体加入0.6mol氯化钾配制的1.5%溶壁酶（广东省微生物所产），pH5～6，于24℃下酶解2～4小时，原生质体形成率可达每毫升2.4×10^{7}个。原生质体大小较均匀，活力高。

二、原生质体再生

食用菌的原生质体融合育种的重要一环是必须使原生质体再生成具细胞壁的菌丝细胞。这样，才能对产生的同核体或融合子进行遗传鉴别、筛选与利用。原生质体再生培养有液体和固体培养两种形式。食用菌用固体培养基加上原生质体包埋（双层法）效果较理想，常用2%琼脂作包埋剂。

（一）再生率

将精制提纯的食用菌原生质体制成悬液，原生质体浓度约为每毫升1×10^{5}个。取0.5ml加入液体再生培养基中培养（A），另取同量原生质体样品加3倍无离子水稀释后加入同一种再生培养基中培养（B），分别在24℃下培养，定时取样镜检再生效果，按下式计算再生率：

$$再生率=\frac{A中原生质体萌发数-B中原生质体萌发数}{0.5ml悬液中的原生质体数}\times100$$

取适量再生培养12～24小时的原生质体悬液涂布于固体再生培养基上继续培养10～20天。当显微镜下观察到原生质体再生成小菌落、尚未与其他菌落相连接时，用微型打孔器显微操作分离。可用菌丝生长速率、菌落形态、同工酶或核酸电泳等指标分析再生结果。

食用菌原生质体的再生受到再生培养基成分、稳渗剂种类与浓度、培养温度等因素的影响，甚至和制备时用的溶壁酶种类与浓度、酶解时间、温度条件等均有关系。有些溶壁酶系含有较多的蛋白水解酶，能破坏细胞膜结构而影响再生。酶解时间长或温度高虽然可以在一定程度上提高形成率，但原生质体活力受到影响，有些产生变形，甚至破裂，不利于再生。

双孢蘑菇在常用的食用菌原生质体再生培养基上难以再生细胞壁，而在含蘑菇堆肥成分的培养基上能获得5%左右的再生率（王泽生等，1990）。这表明双孢蘑菇的细胞壁成分或结构与其他食用菌有较大差别；还表明蘑菇堆肥中含有适于双孢蘑菇再生细胞壁的某种成分。

原生质体在液体再生培养基上培养12～24小时萌发出芽管后再涂布于固体再生培养基上培养，比直接涂布培养更早出现肉眼可见的小菌落。这可能是液体培养状态更适于原生质体萌发出芽管的缘故。

不同的稳渗剂成分明显影响再生率，还影响原生质体再生的形态。不适宜的稳渗剂导致原生质体呈球状分裂，甚至不再生出菌丝体。对原生质体再生过程的显微观察结果表明，在液体或固体再生培养基上的再生形式相似。

再生不同步，快的20小时后即萌发出芽管，24小时长成菌丝，有的已分枝成小菌落状；慢的24小时后才萌发出芽管。原生质体再生的形态多种，有的萌发出芽管即长成菌丝（图7－27），有的先分裂出一个近球状的细胞，由此再分出芽管、菌丝，也有的分裂成串珠状。培养基成分，尤其是稳渗剂适宜时，再生形式以前两种为主。部分原生

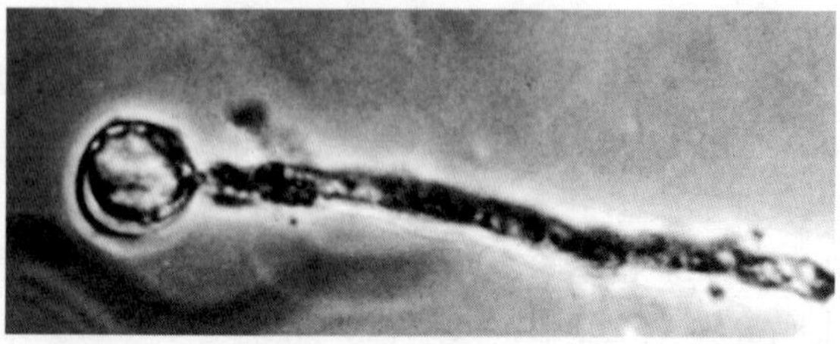

图7－27　原生质体再生出菌丝

质体会不断膨大，胞内液泡也随之增大，尤其是稳渗剂不适时常发生。未见这种原生质体再生，时间延长多破裂。

用同工酶或核酸电泳技术分析，发现一些双孢蘑菇原生质体的再生株是单核或同核体（Castle等，1987；Sonnenberg 等，1988）。再生菌株的酯酶同工酶聚丙烯酰胺凝胶电泳表型大多与亲本相同（王泽生等，1990），属于异核体可育株。少部分再生株有区带缺失表现，与随机分离单孢子获得的同核体不育株的电泳表型相似。另外，再生的同核体与单孢子分离的同核体在生长速率与菌落形态上也有相同特点，即生长缓慢，菌落形态与正常的异核体菌株有较明显差异。这表明可以通过菌丝原生质体再生法获得同核体株用于常规杂交，不必担心从担孢子分离的同核体因经历了减数分裂可能发生某种遗传变异，或丢失亲本的某些优良基因。此法不必通过栽培收获孢子，因而比用单孢子分离筛选同核体更快速、简便。也有报道，经过原生质体再生的菌株由于曾经受过剧烈的环境压力（去壁过程等）而在菌丝生长或栽培中表现出某种不良性状（Fritsche，1991）。用原生质体再生法获得食用菌同核体的频率一般为 10％左右，高的可达 30％。

综上所述，双孢蘑菇原生质体再生的较适宜条件是在 0.6mol 蔗糖的堆肥培养基上于 24℃下培养 10～20 天。原生质体预培养后再涂布于固体培养基上，能加快再生菌丝生长，再生率可达5％左右。

堆肥培养基配方：堆肥 75g（用浸汁），磷酸二氢钾（KH_2PO_4）2.0g，蔗糖 20g，蛋白胨 2g，硫酸镁（$MgSO_4 5H_2O$）0.5g，维生素 B_1 0.5g，细胞壁制剂 200ml，水 800ml，pH 自然。固体平皿加琼脂 20g。

细胞壁制剂：秤取静置液体培养的食用菌菌丝体 40g，用0.6mol 稳渗液洗涤 1～2 次，加 500ml pH4 的0.1mol磷酸缓冲液，120℃灭菌 30 分钟，浓缩至 300ml，匀浆后，每分钟4 000转离心。可获细胞壁制剂约 200ml。

三、原生质体融合

在食用菌的不育株的配对中，有大约 50％的组合因细胞壁不亲和而无法杂交。而且与其他食用菌相比，双孢菇种质资源显得十分贫乏，与亲缘关系相近的食用菌种，如大肥菇杂交也存在不亲和的问题，应用原生质体融合技术可以克服这些障碍。

常用的食用菌原生质体融合方法有化学融合法和电融合法。检出融合子常用的标记有生态学与形态学标记，有抗性或营养缺陷型、同工酶或核酸电泳等遗传标记。

用含 $CaCl_2$ 30％的聚乙二醇（PEG4000）、pH 8.5作为融合剂进行食用菌原生质体融合。融合子经过 0.6mol 甘露醇洗涤去除 PEG 毒性后，置于再生培养基培养 10～20 天，把肉眼可见的小再生菌落分别移至新鲜的 PDA 培养基继续培养。凡菌丝生长速率恢复正常的分离株均选出作同工酶检测。用酯酶、多酚氧化酶、细胞色素氧化酶、过氧化物酶和乙醇脱氢酶同工酶的聚丙烯酰胺凝胶电泳检测融合子。凡电泳表型表现出杂合的或互补型的分离株被鉴定为融合株。融合率计算为：

融合率％＝融合株数/加入的原生质体数×100％

试验结果表明，食用菌原生质体在不同浓度的 PEG-Ca^{2+} 系统中的凝聚速度不同。例如，当用30％PEG 时，Ca^{2+} 浓度太小，凝聚速度较慢；浓度太大，速度快而且成堆结团。一般用0.02mol的 $CaCl_2$ 较好，原生质体融合率可达 10^{-5}～10^{-6}。同一亲本或不同亲本的原生质体融合子在堆肥培养基上均可再生。但是通常只有不同亲本的原生质体融合成的异核体杂种才可能恢复正常的生长速率。从再生培养 15 天左右的平皿上挑取的单菌落多属此类型。同工酶电泳检测结果表明，有的融合株明显具有双亲的标记酶位点，有的呈某一异核亲本的表型。与可亲和的单核菌丝配对杂交产生的杂种子一代相比，同工酶表型更加多样，这可能是原生质体融合引起核基因组高频重组的结果。栽培试验结果表明，并非所有的异核体融合株均恢复结菇能力，这种现象与可亲和组合单孢株杂交的结果类似。它暗示细胞壁的亲和性与结菇能力之间并无必然的关系，它们可能由不同的基因位点控制。恢复结菇能力的菌株，除部分子实体畸形外，多数正常。有的融合株明显结合了双亲的某些特点。

电融合技术对原生质体损伤小，融合频率高，还能利用原生质体进行外源目的基因或细胞质成分导入的研究，为食用菌的远源杂交提供了一条可能的途径。例如，可采用电融合技术进行双孢蘑菇与大肥菇的种间杂交，目标是培育出抗蘑菇病毒、耐高温又具双孢蘑菇风味的新菌株。

四、原生质体转化

食用菌的原生质体育种呈现两大趋势。一是通过同核单孢的原生质体，在抗逆性较强或具有其他优良性状的野生株与“近乎纯种”的商业品种之间实现杂交，进而选出优良的生产用种。

另一趋势是运用原生质体为 DNA 片段的受体

细胞进行转化育种。事实上，转化比杂交可更直接地对食用菌的基因组进行改造。这种方法改进食用菌农学性状的目的性、选择性更强。原生质体阳性转化，一般通过营养缺陷互补、表型互补或显性标记的方法进行选择。但食用菌的营养缺陷型突变株很难获得，而且突变菌株由于生理上的缺陷，生长缓慢，培养困难。因此，以抗药性作为显性标记是转化实验中较为可行的方法。外源 DNA 片段导入原生质体的手段包括：PEG/$CaCl_2$ 介导；LiCl 介导，但该法的转化效率不如 PEG/$CaCl_2$ 介导法；电转化；用基因枪将 DNA 直接注入原生质体。

Sorthern 分析和亚克隆试验表明，大多数丝状真菌的转化为整合转化，而且转化 DNA 整合不需要广泛的序列同源性。整合有同源重组和非同源重组两种类型。然而在食用菌中，正如以往研究发现，重组行为极少在该物种中发生，无论是核基因组还是线粒体基因组。20 世纪 90 年代初期进行的食用菌原生质体转化实验鲜有成功的报道。当然，当时这方面的转化技术尚不完善，采用的是效率相对较低的 PEG/$CaCl_2$ DNA 片段介导法，而且连接大肠杆菌的抗潮霉素转化载体的 pAN7 启动子是来自非食用菌属的曲霉。

到了 20 世纪 90 年代中期，荷兰的 Van de Rhee 的努力使原生质体转化研究有了较大进展。虽然转化子选择标记仍以潮霉素（hygromycin）抗性作标记，但此时的转化载体已有了食用菌的启动子 Abgpd2，终止子为 pA2H 或 pA2H-tl，转化方法改用电转化，载体在转化前用单切酶切成线状，提高了转化的效率。Van de Rhee 等人还曾尝试将造成蘑菇褐变的酪氨酸基因的反义 DNA 序列与潮霉素抗性基因进行共转化，以期抑制子实体中酪氨酸酶的活性，达到保鲜的目的。结果在转化株的子实体中用探针仍可检测到稳定存在的导入 DNA 片段。

一个有价值的食用菌的转化株的获得必然包括 3 个技术环节：外源 DNA 片段的成功导入、该片段在受体细胞中的稳定表达，以及该基因控制的性状在子代中的稳定遗传。但到目前为止，外源 DNA 在受体细胞中的稳定表达还很难做到，而且克隆到的直接控制食用菌表型性状的目的基因为数甚微。食用菌的原生质体转化育种研究仍有许多工作要做。

五、原生质体单核化技术

细胞壁是阻碍遗传及生理生化研究的屏障，因此脱壁的原生质体可以成为一种用途很广的实验系统。原生质体作为真菌学研究的内容已有30 多年。利用原生质体单核化技术，可以从异宗结合的某一双核体中重新分离出组成该双核体的两个单核体亲本。过去曾采用过机械、化学、饥饿 3 种单核化方法，这几种方法各有缺点。例如，机械方法处理仅有少数细胞存活，很难同时获得 2 种核型的细胞（Fries & Aschan，1952）。化学方法处理所用的药物不但有某种程度的毒性，而且没有一种化学药物具有普遍有效的单核化效果（Miles & Raper，1956；Takemaru，1964a、1964b）。Leal-Lara & Hummel（1982）用含少量磷酸盐和镁离子的甘氨酸培养基分离单核菌株，虽对 5 种 14 个菌株有效，但这种方法也存在培养条件过于严格、操作步骤太繁琐的缺点。

尤美莲、张树庭（1991）用原生质体技术对 3 个属的异核菌株进行了单核化研究，均成功地分离出组成每个异核体的 2 种单核体。鉴于原生质体单核化技术在食用菌遗传育种及生理生化研究中有多方面的潜在用途，特予以介绍。

（一）试验菌株

试验用菌株见表 7－19。

表 7－19　单核化研究所用的菌株

种　类	菌株组合	核相与标记
香　菇	3421＋1351	异核体
凤尾菇	21＋36 21	异核体 单核体，ade-
佛州侧耳	67＋11 67	异核体 单核体，ade-
灰盖鬼伞	5104＋5026 5104	异核体 单核体，ade-

（二）培养基

①MYG 培养基：麦芽浸汁 10.0g，葡萄糖4.0g，酵母浸汁 4.0g，琼脂 14g，蒸馏水 1L。

②PDY 液体培养基：马铃薯粉 24.0g，酵母浸汁 2.0g，蒸馏水 1L。

③基本培养基：天冬酰胺 2.0g，葡萄糖20.0g，盐酸硫胺 0.12g，磷酸氢二钾 1.0g，磷酸二氢钾 0.46g，硫酸镁 0.5g，琼脂 14.0g，蒸馏水 1L。

（三）原生质体的释放和再生

所有菌株均在 MYG 固体培养基平皿上培养。根据各种菌的生长需要，在不同温度条件下培养 7～14 天。菌丝长满后连同培养基搅碎成菌丝片段转接种于 PDY 培养液保温 2～6 天。原生质体的释放量取决于最佳菌龄的掌握，收获时间的长短因菌种不同而异。用一镍网过滤收取培养物并用灭菌的甘露醇洗涤 2 次。将收获的菌丝体用棉绒吸干水分并秤重，1g 菌丝体加入 3～5ml 用 0.6mol/L 甘露醇配制的浓度为 20mg/ml 的溶壁酶液（广东省微生物所产）。在 30℃条件下缓慢振动（100 转/分钟）保温 2～4 小时，裂解液经注射针管中的棉柱过滤除去菌丝残片，滤出液经离心（每分钟1 400转，10 分钟）收集原生质体。将离心管中的上清液轻轻吸出，加入 0.6mol/L 的甘露醇重悬浮并洗涤原生质体。

通过血球计数器计数并调整原生质体浓度约为每毫升 1×10^4 个，涂布于含有 0.6mol 甘露醇的高渗透压 MYG 平皿上，使原生质体再生。

一般而言，原生质体的释放取决于 3 个主要因素：菌丝细胞的生理状态、溶壁酶和渗透稳定剂（Peberdy，1989）。对原生质体有研究经验的学者大都体会到，幼龄或生长迅速的菌丝体易于释放原生质体且产率高。溶壁酶由长梗木霉（*Trichoderma longibrachiatum*）产生，用于担子菌的原生质体制备很有效。甘露糖作为渗透压稳定剂对原生质体的制备及再生均较适用。用上述体系制备原生质体效果颇佳，灰盖鬼伞原生质体的密度高达每毫升 4.4×10^7 个。在难于溶壁的菌种如香菇和金针菇中，原生质体的收率也较高。

原生质体的再生率较高，最高的如佛州侧耳达 9.6%，最低的是香菇异核体（34 421＋1 315）原生质体，再生率仅为 0.96%。

双核体与单核体的再生时间显著不同。再生平皿上先出现的大型菌落基本为双核体（图 7－28），出现较迟的小型菌落一般为单核体。这表明，菌落再生时间的先后是鉴别双核体与单核体的关键因子。有些研究者未能从再生的原生质体中分离出单核原生质体的原因，可能是没有掌握双核体与单核体的再生时间不同这一重要规律。为了避免双核体与单核体混合生长，应将早期再生的较大菌落移走，为后来再生的单核体菌落生长留出空间。

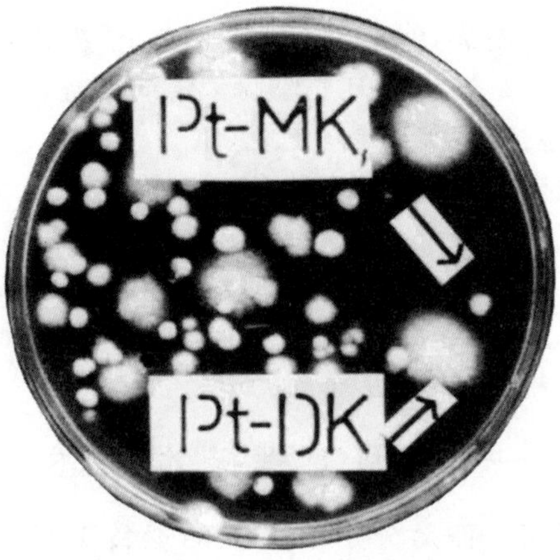

图 7－28　双核体与单核体的再生菌落

Pt-MK：单核体再生菌落较小；

Pt-DK：双核体再生菌落较大。

六、再生单核体的交配型鉴定

单核体的确定是根据它没有锁状联合，而其交配型的鉴定需通过交配试验。交配试验中，随机选用由原生质体再生的一株单核体与其任何一个亲本单核体进行交配。虎皮香菇和金针菇没有亲本单核体，所以随机选用一个原生质体单核体作为交配对象。交配时 2 个不同的接种块相距约 5mm。培养 6～12 天后，挑取交合区的菌丝镜检，根据有没有锁状联合确定交配亲合与否。

交配型是食用菌最重要的遗传特性之一。来源于同一种菌丝体的再生原生质体姐妹株不是减数分裂的产物，不会发生交配型基因的重组。根据配对试验，证明所有的原生质体单核菌株均与亲本的两种交配型相同，没有新的交配型出现。此外，还对佛州侧耳原生质体单核体的营养缺陷型标记、菌丝生长速度和菌丝形态与其亲本单核体进行了比较。结果表明，原生质体单核体与亲本单核体没有任何差异。

Burnett 用电镜检查及生化研究发现（1979），真菌菌丝的细胞壁中有一种有限的从尖端至较末端的结构，可能影响原生质体的释放量及原生质体中所含的核数目。经相差显微镜观察，原生质体中核的分布为：单核、双核及无核的原生质体分别为 29.6%、10.4%和 60%。由此看来，一个原生质体中核的数目与两个可亲和核的核距及释放原生质体的菌丝位置有相关性。

来自 3 个属的不同双核菌株，单核体检出率均超过总再生菌落数的 45%。在这些菌株中，从虎皮香菇 1 号野生菌株中分离出单核体的比例最高，占再生菌落总数的70.1%；而从佛州侧耳（67＋11）异核体中分离出的单核体比例最低，占再生菌落总数的 46.0%。在所有供试菌种的双核体菌株中都分离出了两种交配型的单核体。从理论上讲，从一个双核体中分离出的两种交配型数量应相等，但两种交配型在大多数情况下并不呈1∶1的比例。这种不平衡反映出单核体的再生率有差异。

七、再生单核体的应用

无孢平菇对于免除孢子过敏是很有价值的。但是由于不产孢子，难于得到与其他优良品种进行杂交的单核体。还有一些目前不能栽培的名贵野生食用菌，如松口蘑等，得到单核体也不方便。原生质体单核化技术的应用，使这些困难迎刃而解。

原生质体融合是获得食用菌种间或属间杂种的可行途径。但是，融合子的鉴定一直没有简便可靠的办法。目前已采用的鉴定融合子的方法包括：①锁状联合的检测；②同工酶生化分析；③DNA探针及聚合酶链反应（PCR）鉴定；④子实体性状比较；⑤子代担孢子的遗传分析。这些方法各有局限性。在所有关于融合产物的分析报告中，仅在某些属间融合产物中以极低的比例发现了锁状联合（Toyomasu，1989）。同工酶分析的可靠性取决于生化位点的建立（Stasz 等，1988），但

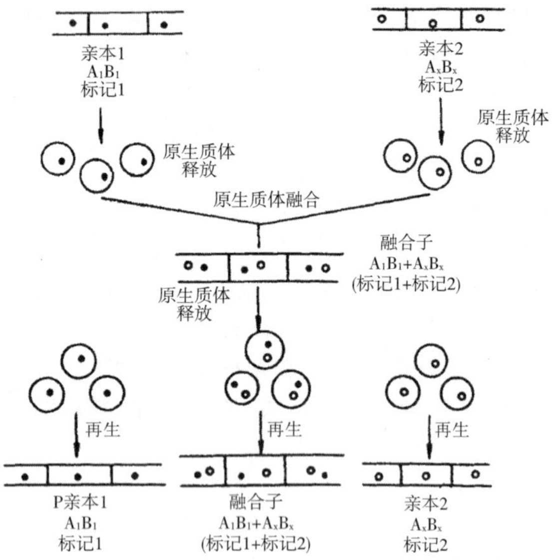

图 7—29 原生质体单核化技术鉴定融合子原理

从事食用菌育种的研究者往往不注重生化位点的建立，因为这类工作较为繁杂且技术上也有问题。子实体的形成被认为是融合成功的最有说服力的证据，但是又不可能排除单核结实的可能性。因此，原生质体单核化技术更为有意义的应用是鉴定原生质体融合子，其原理及试验程序如图7—29。

由亲本甲（单核体、交配型 A_1B_1、遗传标记 1）和亲本乙（单核体、交配型 A_2B_2、遗传标记 2）组成融合子异核体，经原生质体化并再生后，对出现的菌落进行交配型试验和遗传标记分析，即可区分出亲本甲、亲本乙和融合子异核体。Kirimura 等（1989）用这样的分析方法，从黑曲霉（*Aspergillus niger*）和绿色木霉（*Trichoderma viride*）的融合子中分离出两个亲本单核体。此例表明，对于鉴定食用菌异核融合子，原生质体单核化技术是一种直观有效、很有说服力的新方法。

原生质体单核化技术提供了从异核体中分离 2 个不同单核株的途径。这种技术与常规的单孢分离法相比有 2 个优点：一是不需要子实体从缩短分离单核体的周期；二是单核体未经减数分裂，其基因型不发生分离，有利于保存亲本的遗传特性。例如，某亲本双核体的交配型组合为 AxBx＋AyBy，经过结实过程中的减数分裂，可产生 4 种交配型的单核体，即 AxBx、AyBy、AyBx、AxBy，结果是稀释了亲本基因型。采用原生质体单核化技术，可以重新获得两种亲本基因型 AxBx、AyBy。可以认为，用原生质体再生法获得的同核不育株是无性繁殖的产物，不发生变异，可直接用于配对杂交。

第五节 基因工程育种

自从 1983 年世界第 1 例转基因植物（genetically modified plant，GMP）——烟草问世以来，转基因技术为人类解决粮食、药品和环境等问题开辟了一条新的途径，已在农业生产、动物饲养和医药研究等诸多领域得到了广泛的应用。目前，世界上约有 120 多种转基因抗除草剂、抗虫、抗病以及品质改良的作物新品种（品系）相继进行了中间试验和环境释放，同时转基因动物、转基因微生物的研究也取得了重大进展（赵姝娴等，2007）。

基因工程在食用菌中的应用主要包括以下两个方面：一是利用食用菌作为新的基因工程的受体菌，生产人们所期望的外源基因编码的产物（即作为生物反应器）。这是因为食用菌安全可食且具有很强的外源蛋白分泌能力，利用食用菌作为新的受体菌表达外源蛋白将更安全、产物更易于纯化。二是利用基因工程技术定向培育食用菌新品种，包括抗虫、抗病、优质（富含蛋白质、必需氨基酸或延长货架寿命等）的新品种，以及将编码纤维素或木质素降解酶的基因导入食用菌体内，以提高食用菌菌丝对栽培基质的利用率或开发新的栽培基质，最终提高食用菌的产量和质量（阎培生等，1997）。

一、基因工程技术概述

基因工程是分子水平上的遗传工程。主要包括目的基因的标记与分离，目的基因与载体连接构建新的重组 DNA，然后通过原生质体融合、转化、转导或 DNA 分子杂交技术等转移到受体

细胞中进行正常复制和表达，从而产生遗传物质和性状的转移和重新组合，获得人们所期望的新种。

(一)目的基因分离

分离基因的方法有理化方法或噬菌体摄取法，以取得供体细胞内的目的基因，或用化学、酶促方法人工合成目的基因。

(二)目的基因体外重组

这个过程需有2种酶的参与。一种为限制性内切酶，是一种水解DNA的磷酸二酯酶，目前主要用相对分子质量＜10万的限制酶，在Mg^{2+}存在下专一性强。另一种为连接酶，用于修复双链DNA分子上的缺口或裂口，是通过合成邻近核苷酸之间的磷酸二酯酶链修复"缺口"，或单链DNA的裂口，重组过程是用特异的限制性内切酶切割供体及载体的DNA，所得的DNA片段通过黏接末端对应碱基间的氢键组合到一起，再经DNA连接酶的作用，将切口接合起来，成为一个完整的重组的DNA分子。

(三)载体

载体即运载基因的工具。体外重组的DNA分子通过基因载体进入受体细胞，才能进行复制和表达。载体可以通过细菌质粒传递，也可以通过某些噬菌体、病毒或线粒体DNA传递。在大肥菇线粒体中发现有类质粒DNA(pl-DNA)，有专家探讨利用食用菌线粒体DNA作为载体。

(四)转化

有些食用菌育种者利用基因枪或原生质体电融合等技术把目的基因片段不植入载体而直接转入受体细胞中进行外源基因表达。

(五)复制表达

基因工程的最后一个关键在于"目的"基因(重组DNA或外源DNA)在受体细胞中的复制和扩增，表达出新的遗传性状。

(六)新菌株筛选

重组基因所表达出的新性状是否符合要求需要做大量的筛选工作，从大量个体中筛得具有理想性状的个体，才能加以繁殖和利用。

二、食用菌基因工程技术

最早报道的食用菌基因转化是1991年。Challen等(1991)利用PEG法把外源DNA导入双孢蘑菇的原生质体中，获得转化子。随后又相继报道了几例食用菌，如双孢蘑菇、平菇、草菇、杨树菇和香菇的转化试验(Royer et al，1991；Sato et al，1998；孙丽等，2001)。目前在食用菌的转化研究中存在的问题主要有：①假阳性菌落的干扰；②外源DNA整合率不高；③外源基因整合后表达率不高；④转化子不稳定。影响转化的主要因素是低整合率和低表达率。为提高整合率和表达率，通过改进转化方法、转化材料、标记基因、启动子，以期提高转化率，建立一个完善的食用菌转化体系。现就主要的筛选标记、启动子、转化方法、整合方式阐述食用菌遗传转化。

(一)筛选标记

食用菌的筛选标记主要有3种类型：营养缺陷型标记、抗生素抗性标记、代谢物抗性标记。最常用的筛选标记是营养缺陷型标记、抗生素抗性标记，而代谢物抗性标记有应用前景。

1. 营养缺陷型标记

营养缺陷型标记基因来自宿主本身，因而这种转化属于同源转化，标记基因的启动子也是该基因原有的启动子，这种转化不存在甲基化现象。已用于食用菌转化研究的营养缺陷型标记基因有ura1(二氢乳清酸)基因、pabl(P-氨基苯甲酸)基因、trp2(色氨酸)基因，它们已成功地应用于杨树菇(Noel et al，1994)、灰盖鬼伞(Granado et al，1997)、双孢蘑菇的遗传转化(Van De Rhee.，et al，1996)。由于是同源基因，能够引导载体在染色体的同源部位整合，避免了甲基化，有利于基因的表达。无论是从转化率的角度还是从转基因安全性的角度，营养缺陷型标记都是一种优良的选择标记。然而，食用菌营养缺陷型菌株的不易获得，限制了这种筛选标记的应用。

2. 抗生素抗性标记

抗生素筛选标记在植物、动物、真菌转化中已广泛应用。在食用菌转化研究中使用过的抗性标记基因有潮霉素抗性基因(Hygr或hpt)、腐草霉素抗性基因(Phk)、博来霉素抗性基因(Bler)。应用最多的是潮霉素抗性基因Hygr，已经在平菇、香菇、双孢蘑菇中获得表达，在香菇的转化中效果较好(Sato et al，1998；孙丽等，2001)。

3. 代谢物抗性标记

这是一种新的筛选标记。Veal和Casselton

(1985)从灰盖鬼伞中分离出5-FI抗性菌株，获得trp3的突变基因$trp3^{iar}$。$trp3^{iar}$可以导致对代谢物5-FI(5-fluoroindole，5-氟基吲哚)的抗性，是第1个分离自担子菌的阳性标记基因。1998年，Jia等将$trp3^{iar}$作为筛选标记用于平菇和草菇的转化，得到了5-FI抗性转化子。这个标记基因来自担子菌本身，对食用菌来说属于近同源基因转化，不易甲基化，更易于表达，因此在食用菌的转化上很有应用前景。

(二)启动子

启动子是控制基因转录的上游元件。转录调控是基因表达最为重要的一环。启动子是转化系统的重要成分。在食用菌转化领域，对启动子的研究主要集中于使用强启动子和同源启动子。1989年，Casselton等研究灰盖鬼伞的转化时，发现来自两株担子菌的TRP基因可以在灰盖鬼伞中表达，而来自子囊菌构巢曲霉(*Aspegillus nidulans*)的TRP基因在灰盖鬼伞中不能表达，推测其原因是担子菌不易识别外源启动子。该实验首次报道了异源基因和异源启动子对担子菌转化的影响。1994年，Schunen在研究裂褶菌的转化时，用裂褶菌的GPD基因的启动子控制来自链霉菌的标记基因ble，得到了较高的转化率(104个转化子/μg DNA)。当改用构巢曲霉的GPD启动子时，得不到转化子。此研究显示了同源启动子的重要性，也说明虽然担子菌和子囊菌同属于丝状真菌，但它们的调控结构存在很大的差异。同时，Schuncn也指出，尽管同源启动子重要，表达的基因也有关系。但用裂褶菌的GPD启动子转化另一个异源基因却失败了，说明并不是所有的异源基因都能得到表达，也说明GPD启动子并不能转录所有的外源基因。Chen (2000)转化双孢蘑菇时，比较了3个不同启动子对转化的影响。这3个启动子分别是双孢蘑菇的GPD启动子、构巢曲霉的GPD启动子和花椰菜病毒35S启动子，转化率分别为15%、1%和0%。Miranda (1996)转化双孢蘑菇时，也比较了双孢蘑菇的GPD启动子和构巢曲霉的GPD启动子对转化的影响，结果两者没有很大区别，转化率为1～5个转化子/μg DNA。Chen和Miranda的试验显示出转化结果受到多种因素的影响，不仅是启动子。其他如所使用的载体、方法、材料，甚至是个人的操作，都有可能影响转化效果。分析许多实验后，人们一般认为使用转化菌本身的调控元件比较好。目前在食用菌转化上所用的启动子主要有ras基因启动子和GPD基因启动子。

(三)转化方法

食用菌转化方法多借鉴成功的动物、植物、微生物转化方法，主要有以下几种：

1. PEG法

PEG(polyethylene glycol，聚乙二醇)最早用于植物矮牵牛和烟草原生质体的转化，以后经过不断改进，发展成为常用的转基因方法，在动物、植物、微生物转化中广泛应用。PEG是细胞融合剂，能使细胞膜之间形成分子桥，促进细胞之间的接触与融合；或者通过引起细胞表面电荷紊乱、干扰细胞间的识别，从而促进外源基因进入细胞。PEG法操作简便，结果稳定，重复性好，无须昂贵的设备，对原生质体的损伤相对较小，是食用菌转化中应用最多的一种方法，在双孢蘑菇、平菇、草菇中有成功应用。但其转化率较低，一般为10^{-5}～10^{-6}(孙丽等，2001)。

2. 电激法

电激法是利用高压脉冲作用，在原生质体膜上电激穿孔，形成瞬时通道，引导外源DNA的摄入。1979年，Zimmerann发明此法，以后经过不断改进，现已广泛使用。1991年，Challen等首先应用此法把编码二清乳氢酸脱氢酶基因URA1转入同源的杨树菇营养缺陷型菌株中，获得转化子。接着有人用于双孢蘑菇和平菇的转化。与PEG法相比，电激法操作更为简便，需要的DNA也较少，不仅可电激原生质体，还可电激菌丝体、完整细胞。但电激法对转化体的损伤较大，而且仪器昂贵，其转化率同PEG法相比，没有明显提高。

3. 限制性酶介导整合法

限制性酶介导整合法(Restriction enzyme-mediated integration，REMI)是在传统的PEG法基础上加以改进而成，能较大地提高转化率。转化时加入某种限制性内切酶。限制性内切酶穿过细胞膜和核膜，进入核内，在染色体的特定位点切割染色体DNA，产生切口和自由单链，单链与同样被酶切割成线状的载体连接，载体被整合到染色体上。Schiestl和Petes于1991年首次在酿酒酵母转化上成功应用。1992年，Kuspa和Loomis等对盘基网柄菌(*Distyostelium discoideum*)转化时，改进了此法，并使之固定成为一种新的转化方法。1997年，Granado用REMI法转化了担子菌灰盖鬼伞。Granado探讨了不同的酶、不同的酶浓度、载体线性化与非线性化、同源片段等因素对

REMI 法转化率的影响。认为 REMI 法能否提高转化率很大程度上取决于所使用的酶及其浓度。对不同的转化体,其适宜的酶和酶浓度不同,要经过实验确定。一般低浓度有利于提高转化率,高浓度会降低转化率。但酶浓度高低对原生质体活性无影响。1998 年,日本的 Sato 等将 REMI 法应用于香菇转化,并获得转化子。这是第 1 例获得成功的香菇转化试验。REMI 法能大幅度地提高整合率,因而大幅度提高转化率。担子菌的转化同其他丝状真菌一样,以整合型为主,只有整合到染色体上,外源基因才能稳定遗传。食用菌转化率低的原因之一是整合率低。因此,REMI 法在食用菌转化领域很有应用前景。Hirano 等比较了普通 PEG 法与 REMI 法在香菇转化中的效果。结果表明,后者转化率比前者提高 10 倍。REMI 法的缺点是易引起突变,因而产生假阳性。

4. 农杆菌介导转化法

农杆菌转染是天然的遗传工程体系,已广泛应用于植物的转化。1998 年,De Groot 等首次用农杆菌转化几株丝状真菌,其中包括双孢蘑菇,但双孢蘑菇的转化率很低,只有 3×10^{-7}。原因可能与双孢蘑菇原生质体再生率低有关,也可能与使用了异源启动子有关。De Groot 转化双孢蘑菇时用了曲霉的启动子。2000 年,Chen 等改进了转化方法,直接用双孢蘑菇的幼嫩菌褶组织与农杆菌共培养,获得了 30%～40%的转化率。Chen 使用的启动子是双孢蘑菇的 GPD 基因启动子。2001 年,Thomas 等同样用农杆菌转化了双孢蘑菇的菌丝体和担孢子萌发菌丝,获得了稳定的转化子。与其他几种转化方法相比,农杆菌介导的转化法有其独到之处。首先,它是借用天然的转化模式。农杆菌在长期的进化中,已经建立了一套完整高效的侵染体系,在经过改进和提高的基础上,对农杆菌的侵染体系善加利用,可以达到理想的转基因效果。对于食用菌的转化农杆菌介导法可以以菌丝组织为转化材料,因而避免了以原生质体为转化材料的缺点。食用菌原生质体制备比较困难,再生率又低,这是食用菌转化率低的一个重要原因。其次,农杆菌转化可产生稳定的单拷贝整合,而其他方法更容易产生多拷贝整合,而多拷贝整合常常导致基因沉默。表明农杆菌介导转化是一个很有希望的转化和分子研究方法。

(四)整合方式

早期的几例转化实验表明,食用菌的转化同其他丝状真菌一样,以整合型为主,整合率的高低直接影响到转化的效果。在研究如何提高整合率时,人们着重探讨了同源整合以及整合位点对基因表达的影响。Mooibroak(1990)在对模式菌株裂褶菌的研究中详尽地讨论了同源基因和异源基因转化的整合特点,并发现了甲基化现象。Mooibroak 用同源基因 TRP 为筛选标记,构建一个转化载体,用潮霉素抗性基因(hpt)构建另一个转化载体,将它们共转化到一株色氨酸缺陷型裂褶菌中,得到色氨酸原养型转化子。对这些转化子进行分析,结果 75%的色氨酸原养型转化子的染色体带有 hpt 基因片段,其中只有 5%的表现出潮霉素抗性。进一步的分析表明,整合的 hpt 基因及其两端的调控序列发生严重的甲基化,而同时整合的同源基因无甲基化现象。在 hpt 基因的载体上连接一段同源基因片段时,整合后 hpt 基因产生轻微的甲基化或不甲基化。此实验还证明同源基因的转化易产生同源整合,异源基因的转化易产生非同源整合。转化载体完全是外源 DNA 时,整合后甲基化严重,带上一段同源基因时可以降低外源基因甲基化程度。推测其原因是同源基因整合容易发生在编码区,异源基因容易整合到染色体的甲基化区域,同源基因与异源基因的融合,有利于引导异源基因在编码区整合。虽然许多真菌的转化因同源片段而提高,但在灰盖鬼伞中,即使是同源基因的转化,也以非同源整合为主,且同源整合率不因同源片段的加长而有所提高。在双孢蘑菇的研究中,证明同源整合率为 60%,但转化率却未因此而提高。这表明影响转化的因素很复杂。

(五)提高食用菌转化效率的可能措施

1. 引入特殊序列,构建高效表达载体

外源基因表达与整合位点有关,可以在载体上引入整合介导区。整合介导区是与受体基因 DNA 有某种同源性的 DNA 序列,能有效地引导载体发生同源整合。基因转录与染色质的高级结构有关,只有处于活性染色质部位的基因才能转录表达。基因座位控制区(LCR)是一种顺式调控元件,具有稳定染色质疏松结构的功能,使相关基因在基因组任何位置都能得到表达。在 LCR 结构域中含多种反式因子的结合位点,具有增强子样功能。带有 LCR 结构域的基因都能高效表达。细胞核基质支架附着区(MAR)构建策略是利用染色质高级结构的特点,以改进转基因稳定性和提高表达率的一种方法。将 MAR 连接到外源基因两侧,可使外源基因成为一个独立的转录单元,

减少周边序列的影响。有研究表明，引入 MAR 后，转基因稳定性大大提高，可明显降低因插入位点而造成的位置效应。

2. 增强子的正确利用

增强子在转化外源基因表达中具有重要作用，合理使用增强子可以提高外源基因的表达水平。

3. 优化先导序列、提高翻译效率

翻译同样是调控外源基因表达的重要环节，3 端的翻译先导序列对翻译效率起着重要作用。先导序列的长度和二级结构被认为是重要的决定因素。此外，筛选合适的同源启动子、选用同源标记基因、采用农杆菌转化方法等方面也是将来研究的重点。通过各方面条件的优化，方能建立起一个高效、简便易行的食用菌转化系统（胡乐琴，2006）。

三、食用菌基因工程转化实例

（一）香菇农杆菌介导人胰岛素原基因（BCA）的转化

1. 供试菌株与质粒

大肠杆菌 DH5α、质粒 pCB-BCA、香菇 L0071、根癌农杆菌菌株 EHA105 均为福建农林大学菌物研究中心保藏；质粒 1300-pEGFP 和 pB-Hg 为福建省蘑菇菌种研究推广站赠送。

2. 重组质粒 1300-BCA 的构建

（1）质粒 pCB-BCA 和 1300-pEGFP 的提取

将含有质粒 pCB-BCA 和 1300-pEGFP 的大肠杆菌 DH5α 分别接种至 20m 的 LB 液体培养基中，37℃ 100 转/分钟振荡培养过夜。用 Biospin Plasmid DNA Extraction Kit 提取质粒 pCB-BCA 和 1300-pEGFP。

（2）BCA 基因的扩增

以 Biospin Plasmid DNA Extraction Kit 提取的质粒 pCB-BCA 为模板，用引物 KBCA 和 XBCA 对质粒进行 PCR 扩增，反应体系如下：

10×PCR Buffer(Mg^{2+} Plus)2.5μl
dNTP Mixture(各 2.5mmol)2.0μl
Primer KBCA(20μmol)1.0μl
Primer XBCA(20μmol)1.0μl
TaKaRa Taq(5U/μl)0.3μl
pCB-BCA 2.5ng
ddH20 Up to 25.0μl

反应条件：94℃预变性 5 分钟，94℃变性 45 秒，52℃退火 45 秒，72℃延伸 1 分钟扩增 35 个循环，最后 72℃延伸 10 分钟。

（3）BCA 基因的回收

用 UNIQ-10 柱式 DNA 胶回收试剂盒直接对 PCR 扩增产物回收。回收的片段为 5 和 3’分别加上 KpnⅠ和 XbaⅠ酶切位点的 BCA 基因片段。

（4）酶切反应

用 KpnⅠ和 XbaⅠ分别对质粒 1300-pEGFP 和上一步回收的 PCR 产物双酶切，37℃反应 6 小时。反应体系如下：

质粒 1300-pEGFP/PCR 产物 50ng
KpnⅠ(10μ/μl)2.5μl
XbaⅠ(15μ/μl)2.5μl
10×M buffer 5.0μl
ddH_2O Up to 50.0μl

（5）DNA 片段的回收与纯化

将 50μl 酶切产物进行琼脂糖凝胶电泳。电泳结束后，用 UNIQ-10 柱式 DNA 胶回收试剂盒按照上海生工生物工程技术服务有限公司的产品使用说明分别对 1300-pEGFP 酶切后的大片段和 PCR 产物酶切后的片段进行回收纯化。

（6）连接反应

选用大连宝生物工程有限公司的 DNALigation Kit《Mighty Mix》对回收的片段进行连接，构建成重组质粒 1300-BCA。具体步骤如下：将质粒载体 25fmol(50ng)与插入 DNA 片段 250fmol 配制成 DNA 混合溶液 10μl。加入与 DNA 溶液等量的 Ligation Mix，混合均匀。16℃反应 30 分钟。

（7）大肠杆菌感受态细胞制备

①挑取新鲜的 *E. coli* DH5α 单菌落，接种到 30ml LB 液体培养基中。放在 3℃ 100 转/分钟振荡培养至 OD_{600} 约为 0.4。

②将菌液分装到 7ml 无菌离心管中，每管 5ml，冰浴 10 分钟。然后放在 4℃下，4 100转/分钟离心 10 分钟，以回收细胞。

③弃上清液，并将管倒置 1 分钟以使残液流尽。

④每 5ml 初始培养液用 3ml 冰水预冷的 0.1mol/L $CaCl_2$-$MaCl_2$ 溶液(80mmol/L $MgCl_2$，20mmol/L $CaCl_2$)重悬细胞沉淀。

⑤再在 4℃用4 100转/分钟离心 10 分钟，重新回收细胞。

⑥弃上清液，将管倒置 1 分钟使残液流尽。

⑦每 5ml 初始培养物用 1ml 冰水预冷的 0.1mol/L $CaCl_2$ 重悬细胞沉淀，并分装至无菌 Eppendorf管中，每管 200μl。

⑧将获得的大肠杆菌感受态细胞保存在-70℃的超低温冰箱中。

(8)细菌的转化

①用冷却的无菌枪头向200μl感受态细胞悬液中加入DNA连接产物,每管加入10μl,轻轻振荡以混匀内容物,冰浴30分钟。

②将离心管放入预热至42℃的数显恒温水浴锅中,静置水浴90秒。

③快速将管转移到冰水中,冰浴1~2分钟。

④每管加800μl LB培养基,并转移至37℃摇床上,100转/分钟振荡培养4分钟,使大肠杆菌复苏,并表达质粒编码的Kan抗性标记基因。

⑤将200μl振荡培养后的菌液涂布至Kan浓度为50μg/ml的LB平板上。倒置平板,于37℃培养过夜。

(9)重组质粒的提取

挑取阳性克隆,接种到30ml Kan浓度为50μg/ml的LB液体培养基中,37℃振荡培养过夜。用Biospin Plasmid DNA Extraction Kit提取重组质粒1300-BCA。

3. 重组质粒pBHg-BCA的构建

(1)质粒pBHg和1300-BCA的提取

将含有质粒pBHg和1300-BCA的大肠杆菌DH5α分别接种至20ml的LB液体培养基中,37℃100转/分钟振荡培养过夜。用Biospin Plasmid DNA Extraction Kit提取质粒pBHg和1300-BCA。

(2)BCA基因表达框的扩增

以质粒1300-BCA为模板,用引物BamH GPD和Sal 35S对质粒进行PC扩增,扩增的片段为BCA基因表达框(包括双孢蘑菇的GPD启动子、BCA基因和35S终止子)反应体系,反应体系同2.1.2。反应条件为:94℃预变性5分钟,94℃变性45秒,58℃退火45秒,72℃延伸2分钟,扩增35个循环,最后72℃延伸10分钟。

(3)BCA基因表达框的回收

用UNIQ-10柱式DNA胶回收试剂盒直接对PCR扩增产物回收。回收的片段为5'和3'分别加上BamHI和SalI酶切位点的BCA基因表达框。

(4)酶切反应

用BamHⅠ和SalⅠ分别对质粒pBHg和上一步回收的PCR产物双酶切,3℃反应6小时。反应体系如下:

质粒pBHg/PCR产物 50ng

BamHⅠ(15u/μl) 2.5μl

SalⅠ(15u/μl) 2.5μl

10×T buffer 7.5μl

ddH_2O Up to 50.0μl

(5)DNA片段的回收与纯化

将50μl酶切产物进行琼脂糖凝胶电泳。电泳结束后,用UNIQ-10柱式DNA胶回收试剂盒按照上海生工生物工程技术服务有限公司的产品使用说明,分别对pBHg酶切后的大片段和PCR产物酶切后的片段进行回收纯化。

(6)连接反应

选用大连宝生物工程有限公司的DNA Ligation Kit《Mighty Mix》对回收的片段进行连接,构建成重组质粒pBHg-BCA。

4. 质粒转化农杆菌

将质粒pBHg-BCA转入农杆菌EHA105中。转化步骤:

①挑取农杆菌单菌落接种至10ml含Rif 50μg/ml的LB培养基中,放在28℃下100转/分钟振荡培养2天。

②取1ml新鲜的菌液转入10ml含Rif 50μg/ml的LB培养基中,放在28℃下100转/分钟振荡培养6小时,至OD_{600}=0.4~0.6。

③将菌液分装至2个7ml离心管中,5 000转/分钟4℃下离心10分钟,收集菌体。

④弃上清液,并将离心管倒置1分钟以使残液流尽。用5ml无菌水重悬菌体,5 000转/分钟4℃下离心10分钟后弃去上清,以洗去残留的培养基。再重复清洗2次。

⑤用1ml 10%甘油重悬菌体,并分装至无菌Eppendorf管中,每管100μl。-70℃保存备用。

⑥取3~10μl纯化的质粒pBHg,加入100μl细菌悬液中,混匀。

⑦将混合液移入1mm的电激杯中,冰浴10~20分钟。

⑧1 440V,25μF,250Ω电激。

⑨将电激后的菌液转入无菌Eppendorf管中,冰浴10~20分钟。

⑩加入900 ml LB液体培养基,放在28℃下100转/分钟振荡培养过夜。

⑪取100μl菌液涂布至Kan浓度为50μg/ml的LB平板上,放在28℃下培养2天。

5. 农杆菌转化香菇

①挑取含目的质粒的农杆菌接种至5ml Kan浓度为50μg/ml的基本培养基中,放在28℃下100转/分钟振荡培养2天。

②取1ml菌液至20ml基本培养基中,放在

28℃下100转/分钟振荡培养至OD_{600}=0.5～0.8。

③5 000转/分钟4℃离心收集菌体，用50ml含300μmolAS的诱导培养基重悬菌体。

④将细菌悬液放在28℃下100转/分钟振荡培养3～6小时，至OD_{600}=0.5，以诱导农杆菌毒力的表达。

⑤将切好的大小约为1cm的幼嫩菌褶组织块完全浸入菌液中，侵染20分钟。

⑥侵染完毕后，将组织块取出，用无菌滤纸将表面残留的菌液吸干。

⑦将组织块接种至共培养基上，暗培养3天。

⑧将有菌丝萌发的组织块转接至Cef浓度为400μg/ml、潮霉素浓度为10μg/ml的PDA平板上，进行初筛。

⑨将初筛中能生长的菌块转接到潮霉素浓度为20μg/ml的PDA平板上，进行复筛。

⑩用未引入目的基因的农杆菌菌株，按同样步骤转化，作为对照。

⑪转化子的验证。

6. 结果

通过对香菇转化子的PCR验证，可以看到，1号、2号转化子扩增出了和阳性对照相同的BCA基因条带，3号则没有扩增出相应的条带。阴性对照为空白保证了试验的可靠性。将测序结果在NCBI上比对后，发现在所测得的序列中63～239bp的这段碱基序列与BCA基因完全吻合的序列。这一结果进一步证明，将BCA基因成功转入香菇中。

(二)高赖氨酸蛋白基因(lys)转化银耳

赖氨酸是人体必需氨基酸，必须从食物中摄取，对婴幼儿生长发育十分重要，它能促进儿童智力发育。银耳是一种滋补食品，药用价值很高，但营养价值不高，蛋白质含量低，尤其是赖氨酸含量低。本项研究拟通过基因工程技术来改良银耳的营养品质，提高银耳的食、药用价值。

1. 高赖氨酸蛋白基因(lys)银耳表达载体构建

(1)供试菌株与质粒

大肠杆菌DH5*α*、质粒pBRlys、pBI121均为大连本实验室保藏。

(2)限制性内切酶、连接试剂盒均为大连宝生物公司产品。

(3)质粒DNA提取

采用碱裂解法。酶切反应：pBRlys、pBI121分别用HindIII和Bam HI双酶切。酶切反应体系为(50μl)：10×缓冲液K2.5μl、质粒DNA30μl、HindIII和BamHI各2μl，加蒸馏水补至50μl。放在37℃下反应4小时。

(4)DNA回收

取20μl酶切产物进行琼脂糖凝胶电泳，切胶回收pBRlys的12.8kb片段(host DNA)和pBI121的0.87kb片段(insert DNA)。胶回收步骤如下：用干净的手术刀割下含所要回收DNA的琼脂块，放入1.5ml离心管中。每100mg琼脂糖凝胶加入400μl Binding Buffer，置于50～60℃水浴10分钟，使胶彻底融化。加热融胶时，每2分钟混匀一次。将融化的胶溶液转移到套放于2ml收集管的UNIQ-10柱中，室温放置2分钟。8 000转/分钟室温离心1分钟。取下UNIQ-10柱，倒弃收集管中废液，将UNIQ-10柱放回收集管中，加入500μl Wash Solution，1万转/分钟室温离心30秒。重复步骤4一次。取下UNIQ-10柱，倒弃收集管中废液，将UNIQ-10柱放回收集管中，1万转/分钟室温离心15秒。将UNIQ-10柱放入一根新的洁净1.5ml离心管中，在柱膜中央加30μl Elution Buffer，室温放置2分钟。1万转/分钟室温离心1分钟，收集离心管中的液体。

(5)连接反应

选用大连宝生物公司的Ligation Kit。将host DNA与insert DNA按1：3比例混合制备成7μl DNA溶液，加入等体积的溶液(含T4 DNA Ligase)，充分混匀，16℃反应10小时。

(6)转化

感受态细胞制备：挑取新鲜的*E. coli* DH5*α*单菌落，转到含有30ml LB培养基三角瓶中，于37℃振摇培养(150转/分钟)至OD_{600}约为0.4。将培养物转移到一个无菌的、用冰预冷的7ml离心管中，在冰上放置10分钟，使培养物冷却至0℃。放在4℃下4 000转/分钟离心10分钟，倒弃培养液，倒置离心管1分钟以使最后的痕量培养液流尽，回收细胞。每5ml初始培养液用3ml预冷的0.1mol/L $CaCl_2$-$MgCl_2$溶液(80mmol/L $MgCl_2$、20mmol/L$CaCl_2$)重悬细胞。放在4℃下4 000转/分钟离心10分钟，倒弃上清液，并将离心管倒置1分钟沥尽液体，得细胞沉淀物。每5ml初始培养物加入0.2ml预冷的0.1mol/L$CaCl_2$重悬细胞，放于-20℃冻存。转化：取感受态细胞悬液200μl转移到无菌离心管中，每管加入10μl DNA连接产物，轻轻旋转以混匀内容物，在冰中放置30分钟，随后于42℃的静置水浴90秒。快速将离心管转移到冰浴中冷却1～2分钟。每管加800μl SOC培养基，用水浴将培养基加温至37℃，然后将管转移到摇床上，温育45分钟，使细菌复苏表达质粒编码的抗性标记基因。取转化液200μl涂布含50μg/ml卡那霉素的LB琼脂培养基。以pBI121质粒为阳性对照，不加质粒为阴性对照。倒置平皿，于37℃培养过夜。

（7）重组质粒的鉴定

酶切鉴定：挑取阳性克隆单菌落接种于含卡那霉素的LB培养基，37℃培养过夜，提取质粒，用Hind III和Bam HI双酶切，琼脂糖电泳。

PCR鉴定：提取阳性克隆质粒，以P35S启动子5'端引物（Primerl：5'-CACAGATGGT-TAGAGAGGCT-3'）和lys基因3'端引物（primer2：5'-AAGGTAAGCCTCAACAGCCT-3'）进行PCR。PCR反应体系如下：

dMTP Mixture 4μl　10×PCR Buffer(Mg^{2+})5μl
Primer 10.5μl　Primer 20.5μl
Template 1μl　TaKaRa Taq 0.25μl
灭菌蒸馏水38.75μl

反应条件为：94℃变性45秒，52℃退火45秒，72℃延伸60秒，30个循环。

分别提取质粒pBR-lys、pBI121和重组质粒pCB-lys，用限制性内切酶BamHI和Hind III消化。电泳结果表明，可从pCB-lys切出800bp左右的片段，与pBI121的P35S启动片段一致。pCB-lys不能切出pBR-lys的Pubi片段（2.2kb左右）。用P35S上游引物和Lys下游引物对pCB-lys进行PCR，以pBI121为对照。PCR结果显示，对照pBI121不能扩增，而pCB-lys可扩增出1 300bp左右的片段，说明Lys基因与P35S连在一起。上述结果表明，银耳表达载体pCB-lys构建成功。

2. 高赖氨酸蛋白基因（lys）转化银耳及转化子鉴定

（1）供试菌株

银耳芽孢Tau8ll菌株为本实验室诱变获得的肌醇缺陷型菌株。pCB-lys为该实验室构建，*E. coli* DH5α该实验室保存菌种。

（2）培养基

鉴别培养基（IM）：MM培养基灭菌后添加过滤除菌的肌醇溶液至终浓度1pg/ml。本实验所用生化试剂及酶制剂均购自TaKaRa（大连）公司。

（3）质粒DNA提取

用碱裂解法（金冬雁，1992）。

（4）银耳芽孢染色体DNA提取

用氯化苄法（朱衡，1994；江玉姬，2000）。

（5）银耳芽孢原生质体制备

参阅谢宝贵（2004）资料。

（6）转化

原生质体TPB悬浮液（10^9/ml）分装成0.1ml，加入质粒DNA 30μg，混匀，加入内切酶Hind III（终浓度0.5U/μl），混匀，冰浴5分钟。加入20μL PEG4000/S，混匀，冰浴5分钟。再加入1ml PEG4000/S，混匀，25℃水浴处理1小时。水浴后40℃热激20分钟，离心沉淀原生质体，加再生培养基（RM）1ml，并涂RM和SRM平板，每皿涂布0.1ml。放在25℃恒温培养7天，挑取抗性克隆。

（7）营养缺陷型鉴定

液体培养基鉴定：配制MM、IM、CM液体培养基，灭菌后分别接入Tau811、转化子菌株的芽孢悬浮液，在25℃ 120转/分钟的摇床上振荡培养10天。观察培养液是否变浑浊以确定菌体生长与否。

固体培养基鉴定：配制MM、IM、CM平板培养基，每个平板分成4个区，1和2区划线接种Tau811，3区接种转化子Tau811-1，4区接种转化子Tau8ll-2。接种后25℃培养10天，观察菌落生长情况。

（8）抗药性鉴定

配制CM培养基，灭菌后冷却到60℃左右加入潮霉素。设置5个处理，潮霉素终浓度分别为0μg/ml、25μg/ml、50μg/ml、100μg/ml和150μg/ml。倒平板，冷却后，在培养皿底部贴上18格纸，1号格接种对照菌株Tau811，2～18格接种转化子1～17（从众多转化子中随机挑选17个克隆）。接种后25℃培养10天，观察菌落生长情况。

（9）分子检测

分别检测核糖体DNA（rDNA）间隔区PCR；转化子的GUS基因PCR；转化子的hpt基因PCR；转化子的35S启动子PCR；转化子的Lys基因PCR；转化子的35S启动子与Lys基因联合PCR；转化子的Tnos终止子PCR。

（10）结果

本项研究采用Hind III介导转化，获得数百个抗性菌落。随机挑取70个菌落保藏，编号分别为Tau811-1～70。银耳芽孢的菌落形态与酵母菌类似。为了确定抗性菌落是由Tau811转化产生的，本实验用转化的受体细胞Tau811（肌醇缺陷型，基础培养基MM中不加肌醇不能生长）与抗性菌株Tau811-1和Tau811-2进行对比，分别测定其在CM（完全培养基）、IM（添加肌醇的基础培养基）和MM（基础培养基）的生长能力。实验结果表明，抗性菌株Tau811-1和Tau811-2与转化受体菌株一样，在CM和IM都能生长，而在MM不能生长，说明抗性菌株Tau81l-1和Tau811-2也是肌醇缺陷型。

PCR 检测结果:转化子携带有 P35S 启动子、Lys 基因、GUS 基因、t 基因、Tnos 终止子。转基因银耳芽孢对潮霉素的抗性水平可达到 150ug/ml 上,大部分转化子检测到 GUS 活性。

通过液体培养,7 个转基因菌株的氨基酸总量和赖氨酸含量都比受体菌株 Tau8ll 高,氨基酸总量增幅 2.5% ~ 20.5%,增幅最高的菌株是 Tau811-16;赖氨酸增幅 3.6% ~ 16.6%,增幅 15%以上的菌株有 3 个,分别是 Tau811-4、Tau811-16 和 Tau8ll-17,其中 Tau8ll-16 增幅最高,达到 16.6%。

参考文献

[1] ZIMMERMANN V, SCHEURICH P. The cell fusion of method with electro-mechanical fusion [J]. Planta, 1981(151):26-32.

[2] 张树庭.食用菌遗传育种[R].石家庄:长城食用菌技术开发中心,1983.

[3] VEAL D, CASSELTON L A. Regulation of trypto phan metabolism in Coprinus cinereus:Isolation and characterisation of mutants resistant to 5-fluoroindole[J]. Arch Microbiol, 1985(142): 157-163.

[4] CASTLE A J,HORGEN P A,ANDERSON J B. Restriction fragment length polymorphisms in the mushrooms Agaricus brunnescens and Agaricus Bitorquis[J]. Appl Environ Microbiol,1987,53(4):8162-8221.

[5] CASTIE A J,HORGEN P A,ANDERSON J B. Crosses among homokaryons from commercial and wild-collected strains of the mushroom Agaricus brunnescens(A. bisporus)[J]. Appl Environ Microbiol,1988(54):1643-1648.

[6] CASSELTON L A, FUENTE HERCE A. Heterologous gene expression in the basidiomycete fungus Coprinus cinereus[J]. Curr Genet, 1989(16):35-40.

[7] WANG H C,WANG Z S. The prediction of strain characteristics of Agaricus bisporus by the application of isozyme electrophoresis[J]. Mushroom Science,1989,12(1):87-100.

[8] ROYER J C, HORGEN P A. Towards a transformation of the edible basidiomycete Agrocybe aegerita with the URA1 gene characterization of integrative events and rearranged free plasmids in transformation[J]. Current Genetics,1991,22(1):53-59.

[9] SCHIESTL R H, PETES T D. Integration of DNA fragments by illegitimate recombination in Saccaromyces cevevisiae[J]. Proc Natl Acad Sci,USA,1991,88(17):7585-7589.

[10] 潘迎捷.单核原生质体在食用菌遗传育种中的应用[J].食用菌,1991(3):5-6.

[11] 张树庭,Mils,杨国良译.食用蕈菌及其栽培[M].保定:河北大学出版社,1992.

[12] KUSPA A, LOOMIS WF. Tagging developmental genes in Dictyostelium by restriction enzyme-mediated integration of plasmid DNA[J]. Proc Natl Cad. Sci, USA,1992(26):12649-12653.

[13] KHUSH RS,BEEKER E,WACH M. DNA amplification polymorphisms of the cultivated mushroom Agaricus bisporus[J]. Appl Environ Microbiol,1992(58):2971-2977.

[14] 金冬雁,黎孟枫译. 分子克隆实验指南[M](第 2 版). 北京:科学出版社,1992.

[15] ANDERSON JR,李一民译.双孢蘑菇分子育种技术的进展[J].国外食用菌,1992(1):30-32.

[16] 潘迎捷,陈明捷,汪邵月,等.香菇单核原生质体制备和再生菌丝交配型测定[J].上海农业学报,1993,9(3):11-14.

[17] CHALLEN M P,ELLIOTT T J,KUES U,et al. Expression of A mating type genes of Coprinus cinereus in a heterologous basidiomycete host[J]. Mol Gen Genet,1993(241):474-478.

[18] KERRIGAN RW. Meiotic behavior and linkage relationships in the secondarily homothallic fungus Agaricus bisporus[J]. Genetics,1993(133):225-236.

[19] PERRY CR,SMITH M,BRITNEILL CH,et a1. Identification of two laccase genes in the cultivated mushroom Agaricus bisporus[J]. J Gen Microbiol,1993(139):1209-1218.

[20] SCHUNCN FHJ. Highly-effient transformation of the homobasidiomycete S. commune to Phleomycin resistance[J]. Curr Gent, 1994(26):179-183.

[21] 朱衡,瞿峰.利用氯化节提取适于分子生物学分析的真菌 DNA[J].真菌学报,1994,13(1):34-40.

[22] 潘迎捷,陈明捷,汪邵月,等.单核和同核原生质体技术在食用菌遗传育种上的应用[J].食用菌学报,1994,1(2):56-62.

[23] 马爱民,贺冬梅,潘迎捷.双孢蘑菇同核原生质体育种技术研究 I.同核原生质体的分离与鉴定[J].食用菌学报,1995,2(3):1-5.

[24] 王泽生,王贤樵.双孢蘑菇重要标记位点研究进展[J].中国食用菌,1994,13(2):20-21.

[25] CHOW CM,YAGUE E,RAGUZ S,et al. The CEL3 gene of Agaricus bisporus codes for a modular cellulase and is transcriptionally regulated by the carbon source[J]. Appl Environ Microbiol, 1994(8):2779-2785.

[26] NOEL T, LABARERE J. Homologous transformation of the edible basidiomycete Agrocybe aegerita with URA1 gene: characterization of integrative events and of rearranged free plasmids in transformants[J]. Curr Genet,1994(25):432-437.

[27] 马爱民,贺冬梅,凌霞芳,等.双孢蘑菇同核原生质体育种技术研究Ⅱ.同核原生质体的杂交[J].食用菌学报,1995,2(4):11-17.

[28] SONNENBERG A S M,DE GROOT PWJ,SCHAAP PJ,et al. Isolation of expressed sequence tags of Agaricus bisporus and their assignment of chromosomes[J]. Appl Environ Microbiol,1996, 62 (12):4542-4547.

[29] D. van de Rhee MD . Highly efficient homologous integration via tandem exo-β-1, 3-glucanase genes in the common mushroom[J]. Agaricus bisporus Curr Genet,1996(30):166-173.

[30] VAN DE RHEE MD, GRACA PMA, HUIZING HJ, et al. Transformation of the cultivated mushroom,Agaricus bisporus, to hygromycin B resistance[J]. Mol Gen Genet, 1996, 250 (3): 252-258.

[31] 张树庭,林芳灿.蕈菌遗传与育种[M].北京:中国农业出版社,1997.

[32] 阎培生,边银丙,罗信昌.高等真菌基因工程研究进展[J].食用菌学报,1997,4(2):47-53.

[33] GRANDAO JD, KERTESZ-CHALOUPKOVAK, AEBI M, et al. Restriction enzyme-mediated DNA integration in Coprinus cinereus[J]. Mol Gen Genet,1997,256(1):28-36.

[34] Jia JH. Transformation of the edible fungi,Pleurotus ostreatus and Volvariella volvacea[J]. Mycol Res, 1998,102(7):876-880.

[35] Sato T. Transformation of the edible basidiomycete lentinus edodes by restriction enzymemediated DNA integration of plasmid DNA Biosci[J]. Biotechnol Biochem62,1998(12): 2346-2358.

[36] DE GROOT MJA. Agrobacterium tumefaciensmediated transformation of filamentous fungi[J]. Nature biotechnology,1998(16):839-842.

[37] SATO T. Transformation of the edible basidiomycete Lentinus edodes by restriction enzymemediated DNA integration of plasmid DNA[J]. Biosci Biotechnol Hiochem,1998, 62(12):2346-2358.

[38] 陈美元,廖建华,王泽生.双孢蘑菇 3 种类型菌株的 RAPD 扩增研究[J].食用菌学报,1998,5(4):6-10.

[39] 曾伟,宋思扬.双孢蘑菇的分子遗传育种[J].微生物学通报,1999,26(4):301-304.

[40] 曾伟,宋思扬,王泽生.双孢蘑菇及大肥菇的种内及种间多态性 RAPD 分析[J].菌物系统,1999,18(1):55-60.

[41] STOOP JMH,MOOIBROEK H. Advances in genetic analysis and biotechnology of the cultivated button mushroom (Agaricus bisporus)[J]. Appl Microbiol Biotechnol,1999,52(4):474-483.

[42] 孔祥君,王泽生.中国蘑菇生产[M].北京:中国农业出版社,2000.

[43] 江玉姬,谢宝贵.草菇 DNA 提取方法初探[J].福建农业学报,2000,15(2):61-64.

[44] HIRANO T. Efficient transformation of the edible basidiomycete Lentinus edodes with a vector using a glyceraldehyde-3-phosphate dehydrogenase promoter to hygromycin B resistance[J]. Mol

Gen Genet,2000(263):1047-1052.
[45] 卯晓岚.中国食用菌物种资源回顾与展望[J].中国食用菌,2000,19(增刊):9-13.
[46] 许广波,傅伟杰.双孢蘑菇的栽培现状及其研究进展[J].延边大学农学学报,2001,23(1):69-72.
[47] 孙丽,许伟宏. PEG 介导下香菇的转化[J].植物学报,2001,43(10):1089-1092.
[48] THOMAS SPM, LAVRIJSSEN B. Transformation of the cultivated mushroom Agaricus bisporus using T-DNA from Agrobacterium tumefaciens[J]. Curr Genet,2001(39):35-39.
[49] 罗信昌.蘑菇分离物的 DNA 指纹鉴别[J].中国食用菌,2001,20(3):3241.
[50] 李荣春.双孢蘑菇遗传多样性分析[J].云南植物研究,2001,23(4):444-450.
[51] 王丕武,王东昌.食用菌基因工程研究进展[J].吉林农业大学学报,2001,23(3):23-27.
[52] 李荣春.双孢蘑菇分子标记研究进展[J].微生物学通报,2002,29(2):64-67.
[53] 刘祖同,罗信昌.食用蕈菌生物技术及应用[M].北京:清华大学出版社,2002.
[54] 齐向辉,周国英.分子标记技术在真菌上的应用(综述)[J].河北职业技术师范学院学报,2003,17(3):72-76.
[55] 王泽生,陈美元,廖剑华,等.双孢蘑菇部分 cDNA 文库的构建及筛选[J].菌物学报,2004,23(1):63-65.
[56] 杨国良.蘑菇生产全书[M].北京:中国农业出版社,2004.
[57] 谢宝贵.银耳遗传转化系统的建立和 3 个品质基因的转化[D]. 福建农林大学,2004.
[58] 李荣春.双孢蘑菇生活史的多样性[J].云南农业大学学报,2005,20(3):387-391.
[59] 胡乐琴,潘迎捷.食用菌分子转化研究状况[J].中国食用菌,2006,25(4):1-4.
[60] 赵姝娴,林俊芳,王杰,等.安全选择标记的转基因食用菌研究进展[J].食用菌学报,2007,14(1):55-61.
[61] 喻义赣.香菇农杆菌介导人胰岛素原基因(BCA)的转化[D]. 福建农林大学,2009.

(杨国良、范雷法)

第八章 分子生物学技术在食药用菌中的应用

FENZI SHENGWUXUE JISHU ZAI SHIYAOYONGJUN ZHONGDE YINGYONG

摘要：本章在阐明食用菌DNA分子标记基本原理的基础上，以秀珍菇为例详细介绍了核糖体RNA基因间隔区多态性(ITS)、随机扩增多态性(RAPD)、简单重复序列间隔区扩增多态性(ISSR)、序列相关扩增片段多态性(SRAP)、特征序列扩增片段多态性(SCAR)等DNA标记的试验技术与统计分析方法，概述了食用菌DNA分子标记技术在菌种鉴别(包括杂种、融合子、转化子)、亲缘关系和遗传多样性研究、系统进化与遗传变异分析、基因定位与克隆、遗传图谱构建等方面的应用。食用菌分子生物学技术的另一个应用是定向育种，在基因水平上改造食用菌品种，或以目标性状连锁的分子标记进行辅助选择育种，提高育种的效率。本文在阐明食用菌分子标记辅助育种的原理、目标性状的标记方法之后，详细介绍了分子标记在亲本选择、后代早期选择及杂交种鉴定上的应用。在食用菌基因工程育种方面，介绍了载体构建、转化方法，并以草菇、蘑菇和银耳为例介绍食用菌的基因工程育种成果。

Application of Molecular Biology Techniques in Edible Fungi

Abstract: The basic principles, experiment technic and statistics method of edible fungi molecular marker which included RAPD, ISSR, SRAP, SCAR and ITS, were fully introduced in this chapter. An overview was presented for molecular marker applications in strains identifying (including hybrids, fusant and transformant), genetic relationship and diversity, phyletic evolution and genetic variation, gene mapping and clone, genetic linkage construction. The another important application of molecular biology technic was directive breeding, this technic could be used for modification special characters at gene level, and could be used for selection descendant with molecular marker linking to object character (molecular marker assisted selection) to increase breeding efficiency. After introduce the principle of marker assistanted selection and methord of marker making, the application of molecular marker in selecting breeding parents, descendant ealier selection and hybrids identifying were described. In genetic engineering breeding aspect, vector construction and transformation methods were introduced detail in this chapter. The genetic engineering breeding achievements of *Volvariella volvcea*, *Agricus bisporus* and *Tremella fuciformis* were summarized.

第一节 概 述

分子生物学是从分子水平角度研究生命本质的一门学科，它以核酸和蛋白质等生物大分子为研究对象，研究其组成、结构和功能，进而阐明遗传、生殖、生长和发育等生命基本特征的分子机制，从而为认识、利用和改造生物奠定理论基础和提供新的手段。核酸是一种生物大分子，由简单的小分子核苷酸排列组合编码遗传信息，通过翻译合成具有特异氨基酸排列组合顺序和空间结构的蛋白质，这些蛋白质有的作为菌丝细胞的组成成分，有的作为细胞新陈代谢各种生化反应的催化剂——酶，由此构成生物的多样性和生物个体精确地生长发育和代谢调节控制系统。一个基因或一段DNA序列(DNA fragment)编码一种蛋白质。一个生物体的每一个细胞都带有相同的基因组(genome)。双孢蘑菇的基因组约有30兆个碱基对(base pair)，含有1.0万～1.2万个基因，分布在13条染色体中。基因的表达可分为两类，即组成型表达(Constitutive expression)和诱导型表达(Inducible expression)。组成型表达的基因在不同的细胞、不同生长发育阶段一直表达，而诱导型表达的基因则需要一定的条件诱导才能表达。有的蛋白质在不同的细胞、不同的组织、不同的发育阶段都存在，有的是在特定的组织、某一生长发育阶段或特定的环境条件下才存在。DNA和蛋白质都可以作为分子标记应用于品种鉴别和遗传育种研究。由于蛋白质是基因表达的产物，基因表达在不同细胞、不同组织、不同生长发育阶段有差异，同时也受环境条件的影响，作为分子标记(molecular marker)的稳定性、重复性不好。所以，现代分子生物学技术通常以DNA为研究对象。

食用菌的营养体菌丝和构成子实体的菌丝都是异核菌丝(heterokaryotic mycelium)。过去的论著认为草菇是同宗结合菌类(homothallism)，最新的研究证明草菇也是异核体(heterokaryon)(傅俊生，2010)。食用菌异核菌丝的每个细胞含有两类核，它们的遗传组成不同，每个核都是单倍体。这两类细胞核都含有一个完整的基因组，两套基因组之间的大部分碱基序列相同，但有一些片段的碱基序列存在差异，这就是多态性片段(polymorphic fragments)。分子标记就是基于多态性片段来开发的，把它与经典遗传学结合起来，可进行数量性状主效基因座定位(QTLs，quantitative trait locus)，也可应用于分子标记辅助育种(molecular marker assisted breeding)。

分子生物学技术除了应用于识别食用菌之外，还可以应用于新品种选育，包括分子标记辅助育种和基因工程育种两个方面。分子标记一方面可指导选择亲本，提高获得超越亲本后代的可能性，另一方面也可以对大量的配对组合进行早期鉴别，提高育种效率。基因工程技术一方面可用于调控基因的表达，抑制不良性状的表达，另一方面可以把外源基因转化食用菌，使之获得新的性状。虽然食用菌的基因工程技术起步较晚、发展较慢，但近年来已取得一些有益的进展。

第二节 食用菌DNA分子标记技术与应用

一、食用菌DNA分子标记技术概述

(一)食用菌遗传标记

遗传标记(genetic marker)是指可追踪染色体、染色体某一节段或者某个基因座在子代中传递的任何一种遗传特性。它具有两个基本特征，即可遗传性和可识别性。高等动植物的遗传标记主要有4种类型：形态标记(morphological marker)是以个体外部形态特性为基础的标记；细胞学标记(cytological marker)是以染色体的形态、结构、染色体染色带形为基础的标记；生化标记(biochemical marker)是以同工酶或等位酶为基础的标记；DNA分子标记(DNA molecular marker)是以DNA多态性为基础的标记。前3种遗传标记都是以基因表达的结果(表现型)为基础的，是对基因的间接反映，而DNA分子标记是DNA水平直接检测结果。

遗传标记在食用菌遗传育种、品种鉴别等研究领域已广泛应用。锁状联合作为形态标记广泛应用于杂交育种。同工酶作为生化标记应用于双孢蘑菇杂交的辅助选择育种卓有成效，培育了高产优质新品种“AS2796”。然而，细胞学标记方面，由于食用菌的细胞核很小，染色体更小，很难观察其形态、结构及带型，未见有应用报道。DNA分子标记由于具有稳定可靠、简单迅速等优点，已在食用菌中被广泛应用。

(二)DNA分子标记的特点

理想的分子标记需要具备以下条件：①具有高的多态性；②共显性遗传，即利用分子标记可鉴别异核体中杂合基因型和纯合基因型；③能够明确辨别等位基因；④分布于整个基因组中；⑤选择中性(无基因多效性)；⑥检测手段简单、快速；⑦开发和使用成本低廉；⑧在实验室内和实验室间重复性好(便于数据交换)。

DNA分子标记虽然不能满足理想的分子标记的所有条件，但是，与形态学标记和生化标记相比，它的优越性是显而易见的，具体表现为：①直接以DNA的形式表现。食用菌的不同生长阶段、不同组织材料均可以使用，不受季节、环境限制，不存在表达与否等问题；②数量极多，遍布整个基因组，可检测的基因座位几乎是无限的；③多态性高。不同群体间或不同个体间存在许多等位变异，无需人为诱导或创造；④表现为中性，与目标性状的表达无关；⑤许多标记表现为共显性的特点，能区别同核体和异核体。

食用菌的DNA分子标记技术有多种，目前常用的技术有：①随机扩增多态性DNA(randomly amplified polymorphic DNA，RAPD)；②简单重复序列间隔区(inter-simple sequence repeat，ISSR)；③序列相关扩增多态性(sequence-related amplified polymorphism，SRAP）；④序列特异性扩增区（sequence-characterized amplified region，SCAR）；⑤核糖体基因转录间隔区的限制性内切酶酶切片段多态性（restriction fragment length polymorphism of internal transcribed spacer，ITS-RFLP）；⑥扩增片段长度多态性（amplified fragment length polymorphism，AFLP）；⑦单核苷酸多态性（single nucleotide polymorphisms，SNP）。这些技术既有上述一些共同特性，又具有一些各自的特点。

二、主要 DNA 分子标记实验技术

食用菌 DNA 分子标记试验包括试验材料准备、DNA 提取、PCR、电泳检测、多态性片段分析等过程，每个步骤都会影响试验的结果。

（一）试验材料准备

食用菌分子标记是检测细胞内的 DNA。菌丝和子实体均可用于分子标记检测试验，为了提取高质量的 DNA，要求试验材料幼嫩。

1. 菌丝准备

菌种转接在 PDA 试管斜面培养基上活化7～10 天，再转接至 PDA 试管斜面培养基上培养至满管。用接种耙耙碎菌块，接入 250ml 三角瓶液体培养基中，每个菌株各接种数瓶，置于 120 转/分钟摇床上适温培养。用纱布过滤收集菌丝，再用蒸馏水冲洗，收集到的菌丝放在滤纸上吸干水分后，用电子天平秤取菌丝。每份 1g 并用滤纸包好，保存于－70℃冰箱内备用。如果没有超低温冰箱，也可在普通冰箱的－20℃短期存放。

如果试验需要的 DNA 较少，可以直接从 PDA 试管斜面培养基上刮取菌丝进行 DNA 提取。

2. 子实体准备

大部分食药用菌子实体都是肉质组织，适合于提取 DNA，小菇蕾的组织更幼嫩，提取效果更好。灵芝的子实体木质化严重，取材时最好切取菌盖边缘的生长组织。

从菇场采集的子实体材料用不锈钢小刀切成小块后用塑料薄膜袋装好放于－70℃冰箱内备用。

（二）DNA 提取

CTAB 法普遍适用于食用菌提取 DNA。十六烷基三乙基溴化铵（CTAB）是一种去污剂，可溶解细胞膜，它能与核酸形成复合物，在高盐溶液中可溶。当盐溶液浓度降低到一定程度时，CTAB 核酸复合物从溶液中沉淀析出，通过离心可将它与蛋白、多糖类物质分开。CTAB 溶于乙醇或异丙醇，而核酸则不溶。在 CTAB 核酸复合物中加入乙醇或异丙醇，通过离心可收集沉淀 DNA、弃除 CTAB。CTAB 法提取食用菌 DNA 的具体方法如下：

取 1g 菌丝放入研钵，加入液氮迅速研磨成粉末，转入 7ml 的离心管，放入 65℃预热的抽提液[2%（m/v）CTAB，100mmol/L Tris-HCl，pH 8.0，20mmol/L EDTA pH8.0，1.4mol/L NaCl] 2.5ml 中，加巯基乙醇 50μl，上下震荡，使蛋白质变性沉淀；65℃水浴 1 小时，隔 20 分钟振荡 1 次，加入 2.5 ml 的氯仿/异戊醇（24/1）混匀，除去蛋白质；8 000转/分钟，4℃离心 10 分钟，取上清液到 7ml 管；加 1/5 体积 65℃预热的 CTAB/NaCl（100 ml 溶液含 NaCl 4.1g、CTAB 10g）混匀，加入等体积的氯仿：异戊醇（24∶1）混匀；1 万转/分钟，4℃离心 10 分钟，取上清液，加入2.5 ml的 CTAB 沉淀液（100ml 溶液含 CTAB 1g、1m/L 的 pH 8.0 Tris-HCl 5ml、0.5m/L 的 pH 8.0 EDTA 2ml），颠倒混匀。65℃水浴 1 小时至沉淀可见；1.2 万转/分钟，4℃离心 10 分钟后，小心去除上清液；用0.5ml无菌水溶解沉淀；加入 0.25ml 饱和酚和 0.25ml 氯仿：异戊醇（24∶1），混匀；1.2 万转/分钟，4℃离心 10 分钟，取上清液，加入 2 倍体积预冷的无水乙醇，混匀，－20℃冰箱放置 30 分钟；1.2 万转/分钟，4℃离心 10 分钟；弃上清液，70%乙醇洗涤沉淀 2 次，自然风干，用 50μl 无菌水溶解，－20℃保存备用。

笔者单位实验室用该方法提取了香菇、蘑菇、金针菇、平菇、草菇、杏鲍菇、白灵芝等 20 多种食用菌的 DNA，效果都很好。图 8－1 是秀珍菇菌丝体 CTAB 法提取的 DNA。

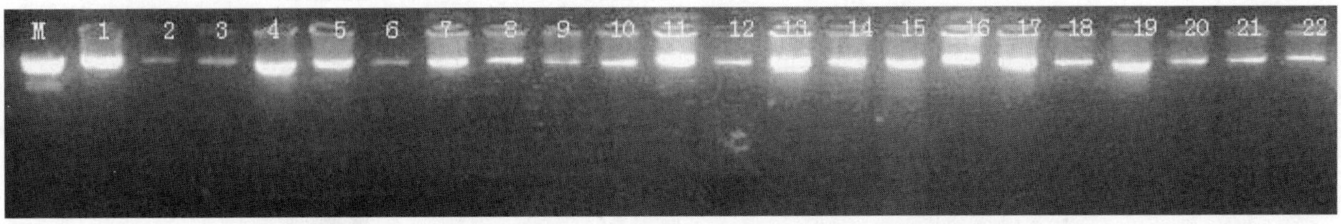

图 8－1　CTAB 法从秀珍菇菌丝中提取的总 DNA 电泳分析

M：分子量标记（λDNA/*Eco* RI＋*Hind* Ⅲ），1～22 为 22 个秀珍菇菌株的 DNA

用CTAB法提的DNA，电泳条带单一整齐，无明显弥散，表明DNA无甚降解，基因组DNA较完整。在后续研究时，用无菌水溶解DNA容易，没有不溶的黏稠物，溶液呈无色透明。

（三）PCR技术

一个基因就是一段DNA。由于基因在基因组中仅一个或少数几个拷贝，无法直接检测。1985年，美国Cetus公司人类遗传研究室Kary Mullis及同事发现并研制成功一种新技术，即聚合酶链反应或多聚酶链反应（polymerase chain reaction，PCR），它是一种对特定的DNA片段在体外进行快速扩增的新方法，可以在数小时内把一个或几个拷贝、无法检测的DNA片段扩增10^6～10^7倍，达到可以方便检测的数量。这一技术当年被Saiki等应用于β-珠蛋白基因扩增和镰刀状红细胞贫血的产前诊断。随后，应用热稳定的Taq DNA聚合酶开发了自动化程度很高的PCR仪，使该技术迅速成为现代分子生物学研究的常规技术。

DNA分子标记技术是建立在聚合酶链反应（polymerase chain reaction，PCR）的基础上，PCR是食用菌分子标记技术的核心。

1. PCR原理

PCR类似于DNA的天然复制过程，其特异性依赖于与靶序列两端互补的寡核苷酸引物。PCR由变性——退火——延伸3个基本反应步骤构成，如图8－2所示。①模板DNA的变性：模板DNA经加热至93℃左右一定时间后，使模板DNA双链或经PCR扩增形成的双链DNA解离，使之成为单链，以便它与引物结合，为下轮反应作准备；②模板DNA与引物的退火（复性）：模板DNA经加热变性成单链后，温度降至55℃左右，引物与模板DNA单链的互补序列配对结合；③引物的延伸：DNA模板——引物结合物在TaqDNA聚合酶的作用下，以dNTP（三磷酸碱基脱氧核苷酸）为反应原料，靶序列为模板，合成一条新的与模板DNA链互补的链。如此反复进行，每一次循环所产生的DNA均能成为下一次循环的模板，每一次循环都使2条人工合成的引物间的DNA特异区拷贝数扩增一倍，PCR产物得以2^n的指数形式迅速扩增，如图8－3所示。经过25～30个循环后，理论上可使基因扩增10^9倍以上，实际上一般可达10^6～10^7倍。

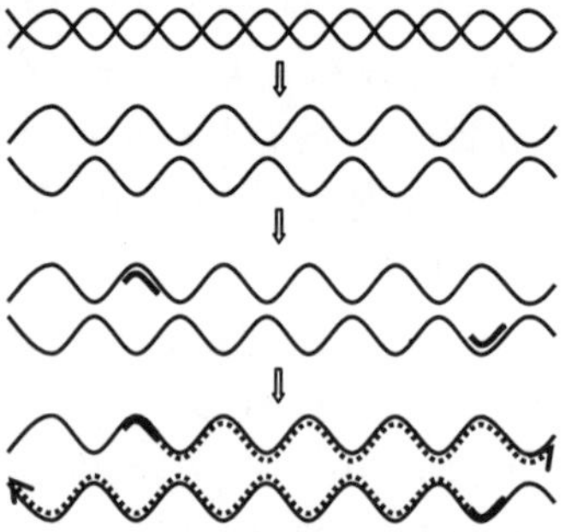

图8－2 PCR反应的3个步骤

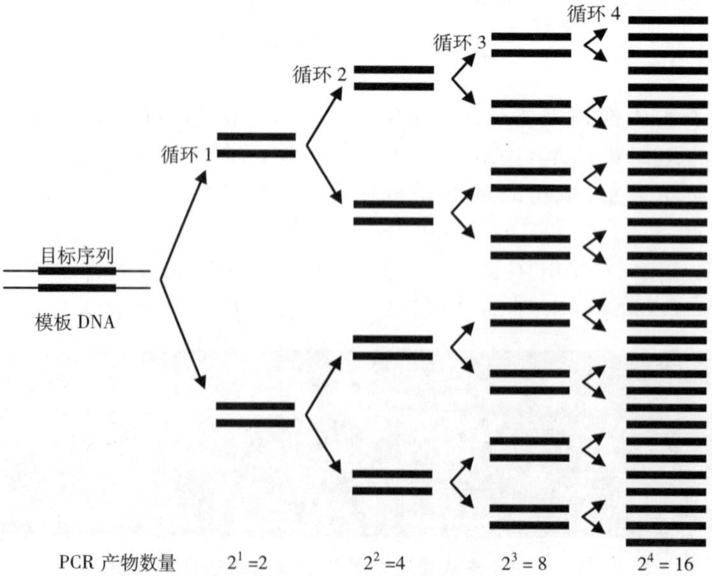

图8－3 PCR产物指数增加

2. PCR 反应主要成分

参加 PCR 反应的物质主要有 5 种，即引物、酶、dNTP、模板和 Mg^{2+}。

(1)引物

引物是 PCR 特异性反应的关键，PCR 产物的特异性取决于引物与模板 DNA 互补的程度。理论上，只要知道任何一段模板 DNA 序列，就能设计互补的寡核苷酸链作引物，利用 PCR 可将模板 DNA 在体外大量扩增。

设计引物应遵循以下原则：

①引物长度：15～30bp，常用为 20bp 左右。

②引物扩增跨度：以 200～500bp 为宜，特定条件下可扩增长至 10kb 的片段。

③引物碱基：G+C 含量以 40%～60%为宜。G+C 太少，扩增效果不佳；G+C 过多，易出现非特异条带。ATGC 最好随机分布，避免 5 个以上的嘌呤或嘧啶核苷酸的成串排列。

④避免引物内部出现二级结构，避免两条引物间互补，特别是 3'端的互补，否则会形成引物二聚体，产生非特异的扩增条带。

⑤引物 3'端的碱基，特别是最末及倒数第二个碱基，应严格要求配对，以避免因末端碱基不配对而导致 PCR 失败。

⑥引物中有或能加上合适的酶切位点，被扩增的靶序列最好有适宜的酶切位点，这对酶切分析或分子克隆很有好处。

每条引物的浓度 0.1～1μmol 或 10～100pmol，以最低引物量产生所需要的结果为好。引物浓度偏高会引起错配和非特异性扩增，且可增加引物之间形成二聚体的机会。

(2)酶及其浓度

目前有 2 种 Taq DNA 聚合酶供应，一种是从栖热水生杆菌中提纯的天然酶，另一种为大肠杆菌合成的基因工程酶。催化一典型的 PCR 反应约需酶量 2.5U(指总反应体积为 100μl 时)。浓度过高，可引起非特异性扩增；浓度过低，合成产物量减少。

(3)dNTP 的质量与浓度

dNTP 的质量与浓度和 PCR 扩增效率有密切关系，dNTP 粉呈颗粒状，如保存不当易变性失去生物学活性。dNTP 溶液呈酸性，使用时应配成高浓度后，以 1M NaOH 或 1M Tris-HCL 的缓冲液将其 pH 调节到 7.0～7.5，小量分装，－20℃冰冻保存。多次冻融会使 dNTP 降解。在 PCR 反应中，dNTP 应为 50～200μmol/L，尤其是注意 4 种 dNTP 的浓度要相等(等摩尔配制)，如其中任何一种浓度不同于其他几种时(偏高或偏低)，就会引起错配。浓度过低会降低 PCR 产物的产量。dNTP 能与 Mg^{2+} 结合，使游离的 Mg^{2+} 浓度降低。

(4)模板(靶基因)DNA

模板 DNA 的质量是影响 PCR 的关键因素，用 CTAB 法提取的 DNA 通常可符合 PCR 要求。但如果提取操作不当，往往会出现 RNA、蛋白质、盐离子或酚残留过多，影响 PCR 反应。

DNA 和 RNA 在 260nm 处有最大的吸收峰，蛋白质在 280nm 处有最大的吸收峰，盐和小分子则集中在 230nm 处。可根据样品对上述 3 个波长光线的吸收情况来判断 DNA 的质量。正常的模板 DNA的 OD260/OD280 为1.8左右。如果>1.8，说明含有 RNA 较多；如果<1.8，说明有蛋白质残留。OD260/OD230 正常值应在 2.0～2.5 之间，如果<2.0，说明盐离子或酚残留较多。

(5)Mg^{2+} 浓度

Mg^{2+} 对 PCR 扩增的特异性和产量有显著的影响，在一般的 PCR 反应中，各种 dNTP 浓度为 200μmol/L 时，Mg^{2+} 浓度为 1.5～2.0mmol/L 为宜。Mg^{2+} 浓度过高，反应特异性降低，出现非特异扩增，浓度过低会降低 Taq DNA 聚合酶的活性，使反应产物减少。

3. PCR 反应条件的选择

PCR 反应条件为温度、时间和循环次数。

(1)温度与时间的设置

基于 PCR 原理 3 步骤而设置变性－退火－延伸 3 个温度点。在标准反应中采用三温度点法，双链 DNA 在 90～95℃变性，再迅速冷却至 40～60℃，引物退火并结合到靶序列上，然后快速升温至 70～75℃，在 Taq DNA 聚合酶的作用下，使引物链沿模板延伸。对于较短靶基因(长度为 100～300bp 时)可采用二温度点法，除变性温度外、退火与延伸温度可合二为一。一般采用 94℃变性，65℃左右退火与延伸(此温度 Taq DNA 酶仍有较高的催化活性)。

①变性温度与时间：变性温度低，解链不完全是导致 PCR 失败的最主要原因。一般情况下，93～94℃ 1 分钟足以使模板 DNA 变性。若低于 93℃，需延长时间，但温度不能过高，因为高温环境对酶的活性有影响。此步骤若不能使靶基因模板或 PCR 产物完全变性，会导致 PCR 失败。

②退火(复性)温度与时间：退火温度是影响 PCR 特异性的较重要因素。变性后温度快速冷却至 40～60℃，可使引物和模板发生结合。由

于模板DNA比引物复杂得多，引物和模板之间的碰撞结合机会远远高于模板互补链之间的碰撞。退火温度与时间取决于引物的长度、碱基组成及其浓度，以及靶基序列的长度。对于20个核苷酸，G+C含量约50%的引物，55℃为最适退火温度。引物的退火温度可通过以下公式帮助选择：

Tm值（解链温度）=4(G+C)+2(A+T)

退火温度=Tm值-(5～10℃)

在Tm值允许范围内，选择较高的退火温度可大大减少引物和模板间的非特异性结合，提高PCR反应的特异性。退火时间一般为30～60秒，这足以使引物与模板之间完全结合。

③延伸温度与时间：Taq DNA聚合酶的生物学活性：

70～80℃ 150核苷酸/秒/酶分子；

70℃ 60核苷酸/秒/酶分子；

55℃ 24核苷酸/秒/酶分子；

高于90℃时，DNA合成几乎不能进行。

PCR反应的延伸温度一般选择在70～75℃之间，常用温度为72℃，过高的延伸温度不利于引物和模板的结合。PCR延伸反应的时间，可根据待扩增片段的长度而定，一般1Kb以内的DNA片段，延伸时间1分钟已足够。3～4Kb的靶序列需3～4分钟；扩增10Kb需延伸至15分钟。延伸时间过长会导致非特异性扩增带的出现。对低浓度模板的扩增，延伸时间要稍长些。

(2)循环次数

循环次数决定PCR扩增程度。PCR循环次数主要取决于模板DNA的浓度。一般的循环次数选在30～40次之间，循环次数越多，非特异性产物的量也随之增多。

4. PCR反应特点

(1)特异性强

引物与模板的结合及引物链的延伸是遵循碱基配对原则的，Taq DNA聚合酶具耐高温性，使反应中模板与引物的结合（复性）可以在较高的温度下进行，结合的特异性大大增加，被扩增的靶基因片段也能保持很高的正确度。再通过选择特异性和保守性高的靶基因区，其特异性程度就更高。

(2)灵敏度高

PCR产物的生成量是以指数方式增加的，能将皮克($pg=10^{-12}g$)量级的起始待测模板扩增到微克($ug=10^{-6}g$)水平。能从100万个细胞中检出一个靶细胞；在病毒的检测中，PCR的灵敏度可达3个RFU（空斑形成单位）；在细菌学中最小检出率为3个细菌。

(3)简便、快速

PCR反应用耐高温的Taq DNA聚合酶，一次性将反应液加好后，在DNA扩增仪（又称PCR仪）上进行变性—退火—延伸反应，一般在2～4小时完成扩增反应。扩增产物一般用电泳进行分析。

(4)对样品的纯度要求低

与酶切及转化对DNA的纯度要求相比，PCR对模板DNA的纯度要求较低。食用菌菌丝体或子实体提取的DNA粗制品均可作为扩增模板。

(四)凝胶电泳分析

1. 凝胶电泳的原理

PCR产物需要通过凝胶电泳并进行染色后才能观察和分析。电泳常用的介质有琼脂糖(1%～2%)和聚丙烯酰胺(6%～10%)。后者分离效果好、条带比较集中，但是操作较为复杂，目前普遍使用琼脂糖凝胶电泳。

不同大小、不同形状和不同构象的DNA分子在相同的电泳条件下（如凝胶浓度、电流、电压、缓冲液等），有不同的迁移率，可通过电泳使其分离。凝胶中的DNA可与溴化乙锭(EB)或Glodenview荧光染料结合，在紫外线照射下发出荧光。电泳后的凝胶在紫外灯下可看到荧光条带，借此可分析实验结果。

2. 凝胶电泳实验技术

①在凝胶成形模具两端放好隔板，用滴管吸取融化的琼脂糖封好缝隙。将选好的梳子放好，梳子底部与模具之间留1mm空间。

②秤取琼脂糖（根据试验所需的凝胶浓度确定用量）放入250ml的三角烧杯中，加入100ml 1×TAE缓冲液(0.04mol/L Tris HAc、0.002mol/L EDTA)，混匀后，将烧瓶置于微波炉或电炉上，加热煮沸，直至琼脂糖完全溶解。

③琼脂糖完全溶解后，将其置室温下冷却至70℃左右，再加入荧光染料（溴化乙锭，10mg/ml）5μl，混匀后，即将凝胶溶液倒入胶板铺板。

④室温下凝胶完全凝固，约需30分钟。卸去两端的隔板，拔出梳子，将胶板放入电泳槽中。

⑤在电泳槽中加入1×TAE缓冲液，以高出凝胶表面2mm为宜。

⑥DNA 样品与点样缓冲液(0.25%溴酚兰、40%蔗糖)混合,用移液枪进行点样。

⑦接通电源,调节电压(根据凝胶的长度确定电压,一般是 3～5V/cm)。以溴酚蓝即将离开凝胶前结束电泳。

⑧将凝胶板取出,置于凝胶成像系统内进行观察结果与拍照。

3. 影响 DNA 电泳的几个因素

①DNA 分子的大小:线性 DNA 分子的迁移率与其分子量的对数值成反比。

②琼脂糖浓度:一定大小的 DNA 片段在不同浓度的琼脂糖凝胶中的迁移率不同。相反,在一定浓度的琼脂糖凝胶中,不同大小的 DNA 片段的迁移率也是不同的。若要有效地分离不同大小的 DNA,应采用适当浓度的琼脂糖凝胶。

③DNA 分子的形态:在同一浓度的琼脂糖凝胶中,超螺旋 DNA 分子迁移率比线性 DNA 分子快,线性 DNA 分子比开环 DNA 分子快。

④电流强度:每厘米凝胶电压不超过 5V。若电压过高,分辨率会降低。只有在低电压时,线性 DNA 分子的电泳迁移率与所用电压成正比。

(五)随机扩增多态性 DNA(RAPD)

1. 原理

食用菌不同品种,它的基因组 DNA 序列存在广泛的多态性,多态性位点可以是存在于整个基因组的各个位置。RAPD 的基础是 PCR,RAPD 技术可以用于检测不同品种的 DNA 序列多态性。与常规 PCR 不同的是:RAPD 引物的长度仅有常规 PCR 的一半左右,通常是 10 个碱基;引物的核苷酸序列不是根据模板 DNA 序列来设计的,而是按照引物设计的原则设计出一套引物。目前已有 2 000 多条引物可供选择,并且有一些公司专门生产 RAPD 引物。RAPD 采用单引物 PCR,而不是常规 PCR 用的双引物;RAPD 的扩增区段 DNA 序列是未知的,因此在研究 RAPD 标记时必须大量筛选引物。

为了说明 RAPD 的原理,下面的示意图(图 8—4)是 5 个不同品种同一个等位基因的多态性检测结果。S1～S5 是 5 个不同品种,500bp 扩增区的两端各有 10 个序列相同、方向相反的碱基序列,在 5'端正链 DNA 与引物序列互补,3'端是负链 DNA 与引物序列互补。如果 S1 和 S2 的等位基因序列相同,两个品种都可以扩增得到 500bp 片段,经过电泳可检测出两个品种的条带位置相同,如图 8—4a 所示。S3 品种的一个引物结合序列发生变异而不能与引物结合,不能进行扩增,如图8—4b所示。S4 品种在扩增区内插入了一小段 DNA,扩增获得的片段长度比 S1 的长一些,如图 8—4c 所示。S5 品种是在扩增区内缺失了一小段 DNA,扩增获得的片段长度比 S1 的短一些,如图 8—4d 所示。

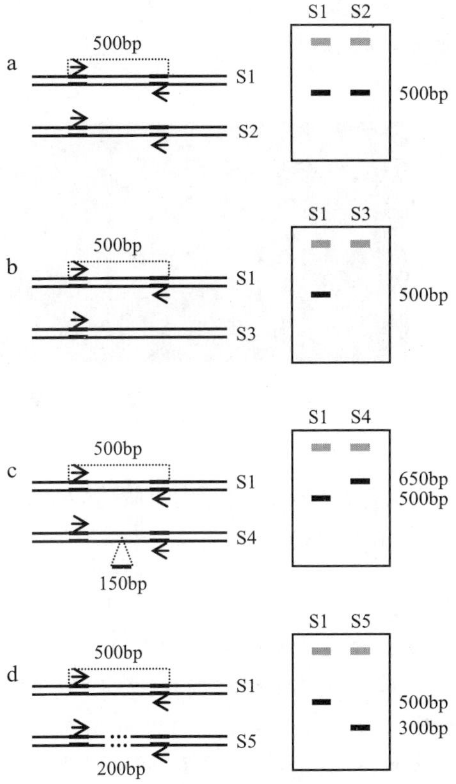

图 8—4 品种间遗传多态性的 RAPD 检测

食用菌基因组的碱基数在 30Mbp 左右或更多,十分庞大。如果碱基是随机排列,则平均间隔 4^{10}(1Mbp 左右)个碱基就有一个 RAPD 引物结合位点,可扩增的区段很多。由于 RAPD 是采用单引物扩增,可扩增区段还存在引物结合位点的组合问题,扩增产物复杂多了,如图 8—5 所示。

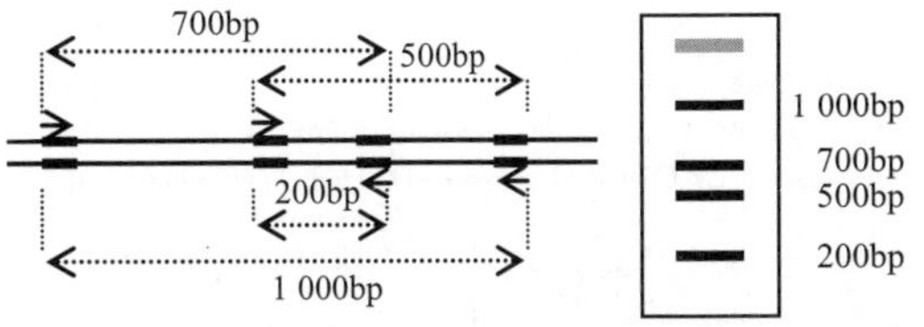

图 8—5 有多个引物结合位点的 RAPD 检测

RAPD 扩增产物相当复杂,有的是等位基因多态性产生的,有的是不同引物结合位点组合而产生的,但它们都可用于检测遗传多态性。

2. 试验技术

(1)RAPD 扩增体系组成

模板 DNA 30ng,引物 0.4μmol/L,dNTPs 0.25mmol/L,$MgCl_2$ 2.5mmol/L,Taq DNA 聚合酶 2.5U,PCR 缓冲液 1×,总体积 25μl。

(2)RAPD 扩增条件

94℃预变性 7 分钟;94℃变性 1 分钟,34℃退火 1 分钟,72℃延伸 2 分钟,35 个循环,最后 72℃延伸 10 分钟。

(3)秀珍菇的 RAPD

笔者单位实验室对收集到的 36 个秀珍菇菌株进行了 RAPD 试验,均获得扩增,并表现出多态性(图 8－6),可以看出不同菌株有较大的差异,说明 RAPD 可用于菌株的鉴别。笔者单位实验室曾经对上述菌株进行 ITS-RFLP 试验和 ITS 序列分析,已确定Pl. g 0003、Pl. g 0006、Pl. g 0009、Pl. g 0016 和Pl. g 0026 等 5 个菌株是平菇,不是秀珍菇,可见 RAPD 不能用于分类地位的判断。

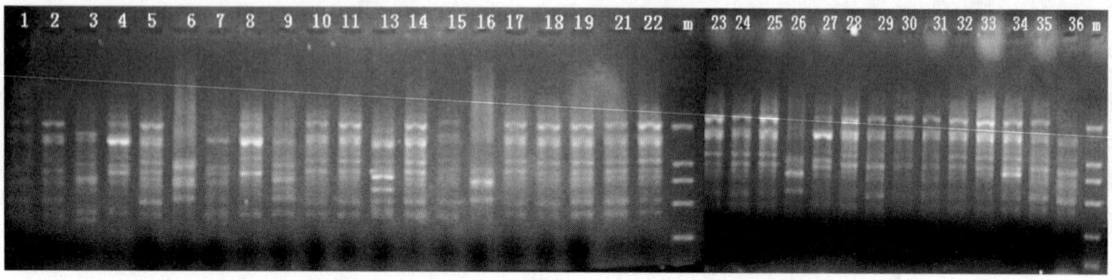

图 8－6　秀珍菇菌株间 RAPD 多态性检测结果

注:引物为 S23,AGTCAGCCAC。

(六)简单重复序列间隔区标记技术(ISSR)

1. 原理

真核生物的基因组中普遍存在一些由(CA)、(AT)、(GGC)等基序串联重复的 DNA 序列,其长度一般在 100bp 以内,称为简单重复序列(simple sequence repeat,SSR)。两个 SSR 序列之间的序列称为简单重复序列间隔区(inter-simple sequence repeat,ISSR)。ISSR 标记是利用真核生物基因组中广泛存在的 SSR 序列,设计各种能与 SSR 序列结合的 PCR 引物,对两个相近、方向相反的 SSR 序列之间的 DNA 区段进行扩增。ISSR 扩增也是用单一引物,引物的 5'端用 5～8 个碱基序串联,在 3'端加 2～4 个选择性碱基,以对具有相同重复形式的许多 SSR 座位进行筛选,使得最终扩增出的 ISSR 片段不致太多。用图 8－7 来说明ISSR的原理。

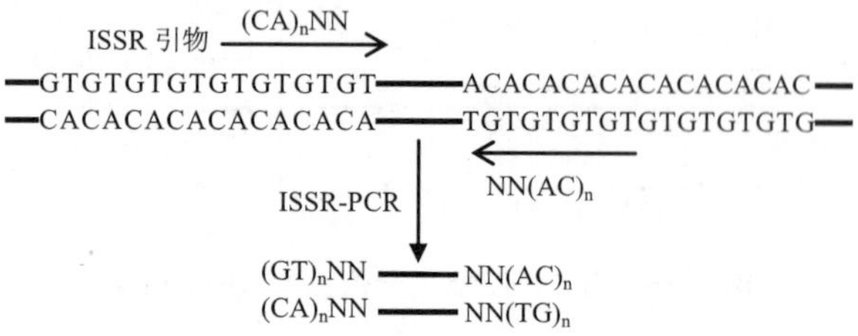

图 8－7　ISSR-PCR 及其产物

ISSR 扩增产物与 RAPD 一样,也很复杂。有的是同一个重复间隔区的多态性片段,有的是不同引物结合位点组合而产生的,如图8－8所示。

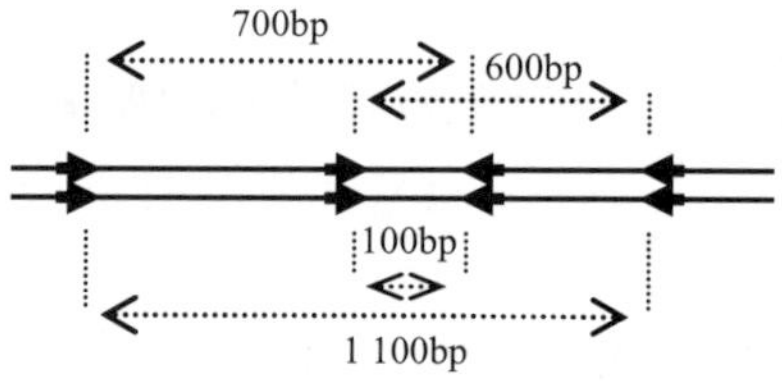

图 8－8　有多个引物结合位点的 ISSR 检测

注:➡和⬅表示 SSR 序列。

2. 试验技术

(1)ISSR 扩增体系组成

模板 DNA 30ng,引物 0.4μmol/L,dNTPs 0.2mmol/L,$MgCl_2$ 2.0mmol/L,Taq DNA 聚合酶 2.0U,PCR 缓冲液 1×,总体积 25μl。

(2)ISSR 扩增条件

94℃预变性 5 分钟;94℃变性 1 分钟,48℃退火 1 分钟,72℃延伸 1 分钟,35 个循环,最后 72℃延伸 10 分钟。

(3)秀珍菇的 ISSR

对笔者单位实验室收集到的 36 个秀珍菇菌株进行 ISSR 试验,从图 8－9 可以看出不同菌株有较大的差异,与 RAPD 的试验结果相似,但多态性不如 RAPD 多,表现为较稳定。ISSR 可用于菌株的鉴别。ISSR 不能用于分类地位的判断。

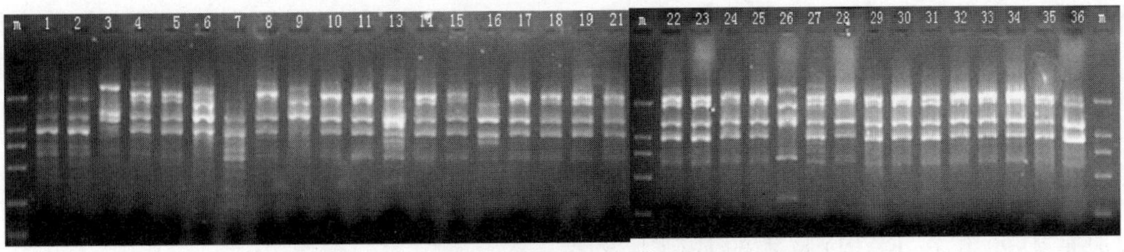

图 8—9 秀珍菇菌株间 ISSR 多态性检测结果

注：引物为 ISSR13，GAGAGAGAGAGAGAGAC。

（七）序列相关扩增片段多态性标记技术（SRAP）

1. 原理

食用菌基因组中有数万个基因，基因的上游有启动子，启动子与转录区之间有一段保守性较差的非转录区，转录区包含有外显子与内含子序列。Li 与 Quiros 的研究发现，在启动子区普遍存在 AATT 序列，外显子的上游普遍存在 CCGG 序列，于是在 2001 年开发出一种新型的基于 PCR 的标记系统，即 SRAP（Li，2001）。该标记是通过独特的引物设计对 ORFs（Open Reading Frames）进行扩增。上游引物长 17bp，5'端的前 10bp 是一段填充序列，紧接着是 CCGG 核心序列及 3'端 3 个选择碱基，对外显子进行特异扩增。下游引物长 18bp，5'端的前 11bp 是一段填充序列，紧接着是 AATT 核心序列及 3'端 3 个选择碱基，对内含子区域、启动子区域进行特异扩增（柳李旺，2004）。因不同个体、物种的内含子、启动子及间隔区长度不同而产生多态性。该标记检测简单，重复性好，每对引物都能够产生适度的多态性标记，而且其中一部分是共显性标记，能够比较容易地分离目的标记并测序等。图 8—10 是 SRAP 的原理示意图。

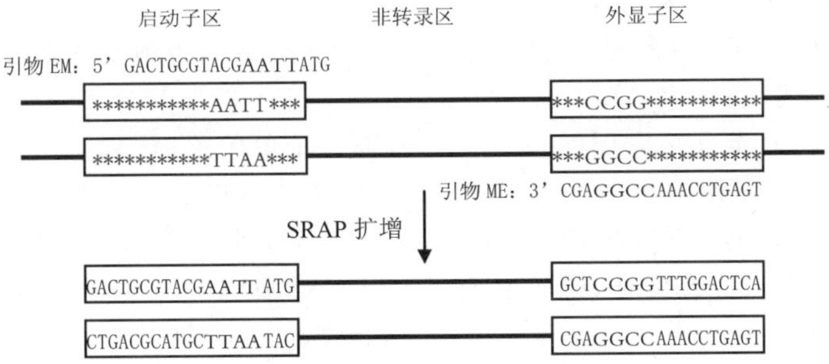

图 8—10 SRAP 的原理示意图

2. 试验技术

（1）SRAP 扩增体系组成

模板 DNA 30ng，上游引物 0.2μmol/L，下游引物 0.2μmol/L，dNTPs 0.1mmol/L，$MgCl_2$ 2.5mmol/L，Taq DNA 聚合酶 2.0U，PCR 缓冲液 1×，总体积 25μl。

（2）SRAP 扩增条件

SRAP 扩增反应程序：94℃ 预变性 5 分钟；94℃ 变性 1 分钟，35℃ 退火 1 分钟，72℃ 延伸 1 分钟，5 个循环；94℃ 变性 1 分钟，50℃ 退火 1 分钟，72℃ 延伸 1 分钟，35 个循环，最后 72℃ 延伸 10 分钟。

（3）秀珍菇的 SRAP

36 个秀珍菇菌株的 SRAP 多态性检测结果与 RAPD、ISSR 相似，它不能用于分类地位的判断。菌株之间有较高的多态性，并且较为稳定，可用于菌株的鉴别（图 8—11）。

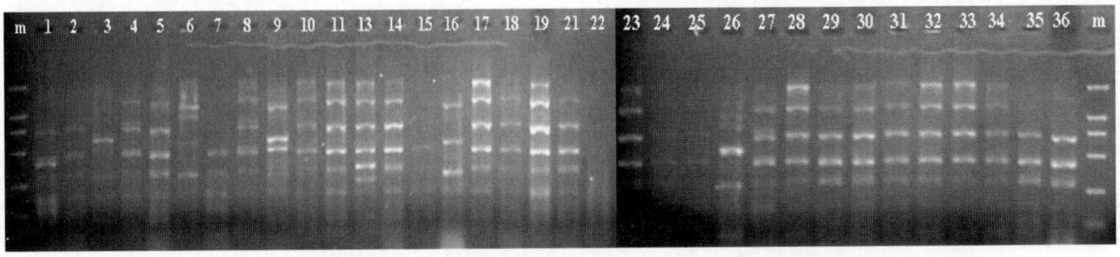

图 8—11 秀珍菇菌株间 SRAP 多态性检测结果

注：上游引物为 TGAGTCCAAACCGGAGC，下游引物为 GACTGCGTACGAATTTGC。

(八)特征序列扩增片段多态性标记技术(SCAR)

1. 原理

SCAR(sequence characterized amplified regions)标记是1993年在RAPD技术的基础上发展起来的,基本流程是将RAPD标记片断从凝胶上回收并进行克隆和测序,根据其碱基序列设计一对特异引物(18~24碱基);也可对RAPD标记末端进行测序,在原RAPD所用10碱基引物的末端增加14个左右的碱基,成为与原RAPD片断末端互补的特异引物。SCAR标记一般表现为扩增片断的有无,是一种显性标记,当扩增区域内部发生少数碱基的插入、缺失、重复等变异时,表现为共显性遗传的特点。若待检DNA间的差异表现为扩增片段的有无,则可直接在PCR反应管中加入溴化乙锭,通过在紫外灯下观察有无荧光来判断有无扩增产物,检测DNA间的差异,从而省去电泳的步骤,使检测变得更方便、快捷,可用于快速检测大量个体。相对于RAPD标记,SCAR标记所用引物较长且引物序列与模板DNA完全互补,可在严谨条件下进行扩增,因此结果稳定性好、可重复性强。由于上述优点,SCAR标记成为目前分子标记在育种实践中能直接应用的首选标记。实际上,它是标记辅助育种中可以直接应用的一类标记。根据SCAR原理,可以把稳定性较差的RAPD标记、ISSR标记、SRAP标记等转化为稳定性好的SCAR标记。

2. 试验技术

(1)标记片段的回收

在RAPD、ISSR、SRAP扩增之后,经过琼脂糖凝胶电泳,在长波的紫外光下用干净的手术刀把目标DNA条带连同琼脂糖凝胶一起割下,放入1.5ml离心管中。用UNIQ-10柱式回收试剂盒回收目标DNA条带,每100mg琼脂糖凝胶加入400μl Binding Buffer,置于50~60℃水浴中10分钟,使胶彻底融化。加热融胶时,每2分钟混匀一次。对于高浓度的胶(1.5%~2.0%),每100mg胶加入700μl Binding Buffer,融胶时间可以延长到15分钟,以保证凝胶全部融化。将融化的胶溶液转移到套放于2mL收集管的UNIQ-10柱中,室温放置2分钟,8 000转/分钟室温离心2分钟。

取下UNIQ-10柱,倒掉收集管中废液,将UNIQ-10柱放回收集管中,加入500 μl Wash Solution,1万转/分钟室温离心30秒,重复这一步骤一次。取下UNIQ-10柱,倒掉收集管中废液,将UNIQ-10柱放回收集管中,10 000转/分钟室温离心15秒。

将UNIQ-10柱放入一根新的洁净1.5ml离心管中,在柱膜中央加30μl Elution Buffer或双蒸水,室温或37℃放置2分钟,1万转/分钟室温离心1分钟。离心管中的液体即为回收的DNA片段,可立即使用或保存于-20℃备用。

笔者所在实验室从秀珍菇的RAPD、ISSR、SRAP扩增结果中回收了6个多态性片段(表8-1)。

表8-1 回收的秀珍菇多态性片段

编号	标记片段名称	标记来源	引物	标记片段长度
1	Plg-me5-em3-6-850	SRAP	me5-em3	575
2	Plg-me5-em3-3-600	SRAP	me5-em3	537
3	Plg-s22-26-680	RAPD	s22	476
4	Plg-issr15-16-450	ISSR	issr15	266
5	Plg-issr2-22-700	ISSR	issr2	470
6	Plg-issr13-7-600	ISSR	issr13	606

(2)感受态细胞的制备

①从37℃培养6~10小时的DH5α菌液中挑取一个单菌落,转到一个含有30 ml LB培养基的50ml三角瓶中,于37℃ 200转/分钟培养2小时以上至大肠杆菌处于对数生长期。

②吸取5ml细菌培养液到7ml离心管中,冰上放置10分钟。

③于4℃ 4 000转/分钟离心10分钟,倒掉上清液,回收细胞。

④用3ml预冷的0.1mol/L $CaCl_2$-$MgCl_2$溶液重悬细胞沉淀。

⑤重复步骤③。

⑥用2ml冰预冷的0.1mol/L $CaCl_2$溶液重悬细胞沉淀。

⑦吸取200μl感受态细胞悬液到无菌离心管中,加入8μl连接后的pMD 18-T载体,轻轻旋转混匀,在冰上放置30分钟。

⑧离心管在42℃静置水浴90秒。

⑨将离心管快速转移到冰浴中,冷却2分钟。

⑩加入800μl 37℃预热的LB培养基,37℃ 50转/分钟摇床培养1小时,使细菌复苏。

⑪吸取20μl已转化的感受态细胞到含有20mM $MgSO_4$和50μl氨苄青霉素、40μl X-Gal、8μl IPTG的LB琼脂平板(90mm)中,涂布均匀。

⑫平板室温静置10分钟至液体被吸收,将平板倒置于37℃培养箱中培养24小时至菌落可见。

(3)连接

将回收的标记 DNA 片断按照 DNA 连接试剂盒(TaKaRa 公司)说明书的方法连接到载体 pMD 18-T Vector 上。连接反应组成与条件如下:

pMD 18-T vector (50ng)　1μl
标记 DNA 回收溶液　4μl
Solution I　5μl

16℃连接 5～8 小时后用于转化。

(4)转化

在 1.5ml 离心管中加入上述连接产物溶液 10μl 和 100μl 感受态菌液,冰浴 30 分钟,轻轻摇动离心管 2～3 次,充分混匀。冰浴后将离心管转入 42℃水浴中热激 90 秒。然后立即冰浴 3～5 分钟,加入 890μl LB 培养基,在 37℃振荡(150rpm)培养 60 分钟。取 0.1ml 涂布于含有 50μg/ml 氨卞青霉素(Amp)的 LB 平板培养基上,37℃培养过夜,观察转化后菌丝的生长状况。

(5)阳性克隆的检测(菌落 PCR)

用灭菌过的牙签从 37℃培养过夜的转化平板(图 8－12)上挑取白色菌落,蘸到 10μl 灭菌的 ddH_2O中,混匀后取其中的 2μl 用于作为 PCR 扩增的模板。PCR 的其余组分如下:$MgCl_2$ 1.5mM;dNTP 0.2 mM;M13 正向和反向通用引物各为 0.2μl;Taq 酶 1U。PCR 的程序如下:94℃预变性 8 分钟,再按 94℃变性 1 分钟,54℃复性 1 分钟和 72℃延伸 90 秒的程序进行 30 个循环,最后 72℃延伸 10 分钟。电泳检测,如果扩增片段长度与回收时的长度相近,则为阳性克隆,如果没有扩增出条带或片段长度不符,则为假阳性,不能用。图 8－13是秀珍菇 3 个标记片段克隆的检测结果,可看出,“1”和“15”两个转化子的 PCR 片段长度与回收的长度不符,是假阳性克隆。

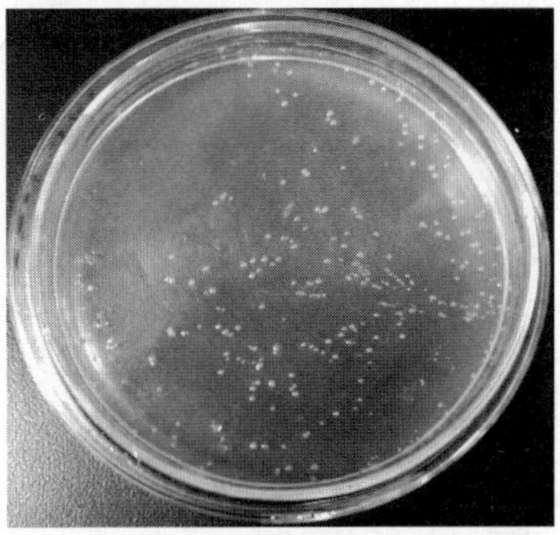

图 8－12　感受态细胞转化结果

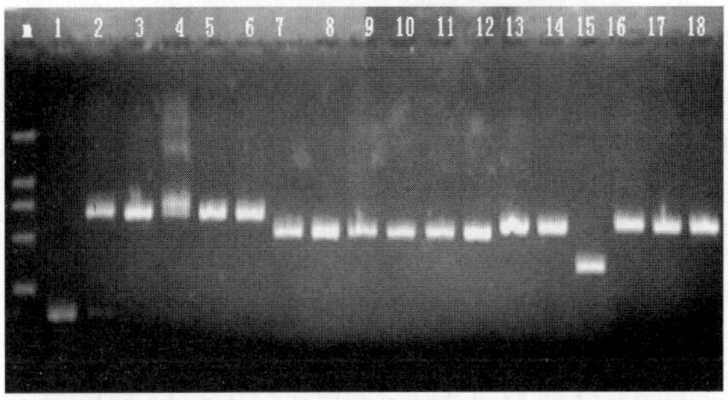

图 8－13　3 个标片段抗性菌落的 PCR 检测结果
1～6 是 me5-em3-6-850 转化子的 PCR;7～12 是 s22-26-680 转化子的 PCR;13～18 是 me5-em3-3-600 转化子的 PCR。

(6)测序

培养阳性克隆,提取质粒 DNA,委托生物公司测序。获得的序列用 DNAMAN 软件分析所测的序列是否包含原有引物。上述 6 个多态性片段测序结果如下:

Plg-me5-em3-6-850

TGCCAAGCTTGCATGCCTGCAGGTCGACGATT TGAGTCCAAACCGGAAG GCGATGTCCACTC
GGTGAGAGTGTCTGGCGTATGGGCCCAGGATTGCGAAGGAAGATGATTCAAGGGGTACTAA
CCCTCTCCAGACTTGCAAGTTGGAGACGAGCAACGGCTGCTTGGAATTTCTGACTTCTCATC
TTCAAATCCTTACGAAGTGAATCAGTGGTTAATCGATTACGCCGTGCGTGTTCTGTGCGTGT
TCTACAATGTTACATCTTGTTTTGTCCTAGGGGTTAAGGGGTTAAACACGAGACCCGTAGA
CATCCTTTGCTTCCACGCCTCCCTGGCCTTTTCGGAGGTTGGCTTGCGCCCATCTAGAAACCG
ATGAGCATCTTCGTTGAAAAGGACATAGTCATCGTTATGAACTTACTTTTTAATCCTAATG
GATTCAATTTGAATGAAGCCCGAGGTATCAGTGGGCTCGAAGCCACCGAGCTCGTCCATCGA
TGATCGTGCTCATCGTAGAGACCCTGTGGCAGTATAAATGAGACGTGGGCTTTGAAGTACT
TTATGACATACCTCGGAACTCTCGCGCCCTTCGATCACAACGTTACCCTTGTACAGTTTCAA
ACGGACCAATCCATTGACGGTCCTTTGGCTGGCTGGAATCGCTGCGCAGACGAATTCGCGTT
CAGGCGTGAAAAAATGTCCATTGTACAGAATTCTGCCGAGCTCGATGGTAACGAACTGGTC
TCGTAAGCGCGGACATTACGATCAAGAGTAAGACCCTCCAAATCGATGTGAGCTGCGCGGA
GGATGGTAGCGCCGGGAGACTCGTAGCATCCTCGGGATTTTACGCCGATAAATCGGTTCTC
AACGAT GTCAATTCGTACGCAGTC AATCTCTAGAGGATCCCCGGGTACCGAGCTCGAATT
CGT(575bp)

Plg-issr15-16-450

CGGCCAGTGCCAGCTTGCATGCCTGCAGGTCGACGATTCACACACACACACACACACACACAC
ACACACACACA CACACACACACACACAG CATAAGCTCAAGTCTCGCACCGACACCTATCCCT
CCCACGCACCGAAGCAGCCAATGCATGGGACGAACGTGGAAGAGATAATCCATAATTCATTA
ATCATTTAATCTACCGGCTATCATAGAACCATGCTAGCTATACGGCATACGGCATACGGGAT
CGATTGTCGATTCTCGAAACACTAATGTCCGTTCTCATGAAAGGCGTGGCGCGGACTAGGGG
CACGAAGAACCGGTCTGTGTTTGGTAGGTGCTGTTGAGTAGATAAGTAATGTGGGGAATGA
GAGGCTGGAAGTTCTTCGAGGGTAGGTAAAGTTCATGTTCTTCCCTAGAACTGTATCTGTGG
GAGGCTCGTTGGAGGGCCTCGCACGAACTGTGTGTGTGTAATCTCTAGAGGATCCCCGGGTA
CCGAGCTCGAATTCGTAATCATGGTCATAGCTGTTTCCTGTGTGAAATTGTTAT (266bp)

Plg-me5-em3-3-600

GCCAAGCTTGCATGCCTGCAGGTCGACGATT TGAGTCCAAACCGGAAG CCAGGTGAGTTACC
CATCTCAACAGCATAAATAGGCCCAGCTAATCTCATACACAGATGGCCAGCTAGAGTCGATG
ATGATGATGACATCCGCACGTAATGCCAATCTCCCTGCCCTTTTGGCAGATGATACCGCTCTA
CGCAATAAAGTATCTGGAATTGTCGACATTCTGGCCAAGTTCAGCCGAGAGGACACACGGCG
TCTTGCTCGTTTTGGCGAGTTTGAGCCTAGTTCAGAGATTAAATTAGGTCTCGAGGTAGAAC
TCGCACGTTTGGACGACTGTTACTATCAAAAGCTATGCATCAGCTCTCGGCCACTGTGTTAG
TCGACCGCAATCCTTCATTCTATGACAAATTCTGCTTCATGGCATATCATACGGTTGTGCTG
GAACCTCCAAAATCTGAAATAGTCTGGTCGTCTTTCATCCTGCAGCAACCACTGTCGATGCA
GATACACCTATACTCGCTGGTGTTGTAGAAAAGATATTTCAGTACACCACGCCGCTATTCAC
GGGTATCTTCTTGGGTATTCGGTCCTTCCAACCA GTCAATCGTACGCAGTC AATCTCTAGA
GGATCCCCGGGTACCGAGCTCGAATTCGT(537bp)

Plg-issr2-22-700

AGTGCCAAGCTTGCATGCCTGCAGGTCGACGATT CTGACAACAACAACAACA GATTGAAGA
CTTTGCTGGCTTTTGGACAGTCGAGGGTGCTGGCCAAGGCTTATAGTCTTTAAGAACTGCTC
AATGATTTGGCAGAACAGGATTGAGGGCAATGGAACAAGCTCCTTTGCAGATGTTGGACAT
GAAATGACCTCCTGGCAATCTGAGTCCAGCATGTGCTTTATAAATTGCCCAGTAATTCCATA
GCCATTGGGAATGTCTGGATGGCATAGTCTTTCAATTGTCTTTAGCAGTCGGTGATTGAGGA

TTGGATCTGAGAATGATGATAATGATAATAAAGGCTTTGAAGCTAATAAGTTCATATTAGA
TGTCAACCAATCTCCTGGCTTCATAAGTAACCAGGAAATGGCTAAATTGGACATTCTGTTGA
AATTTGTGCCATCAGCAGTATTCTCATACACAACAAATCCATGCAGCAGCATCAAAAGCAAA
GGAAAGAACTGTGCATCAAATGCACCTTCATCTCCAAAGGCCTGAGACAGAGTAGTGAGTGC
TGGGGTCACCACTGTGGGATATGGCCCGATGATGTGCAGGGTGTATCTTGCTTCCAAAAAGA
TGTCATGAATTCTATCAGAAGAAGCATTGAGAAGGGCCTGCAGAACAGAATGCGCAAACTT
GGCAACATTGATGTTGACATTGTGAATGTATATATCATCCATGTTATGACTTGCCAGTG TG
TTGTTGTTGTTGTCTA ATCTCTAGAGGATCCCCGGGTACCGAGCTCGAATT(470bp)

Plg-issr13-7-600

GCCAGTGCCAAGCTTGCATGCCTGCAGGTCGACGATT GAGAGAGAGAGAGAGAC AGGTGTG
AGGACGAAGGAATACACCTGGCGCAAATAGGCTCGTCCTTTTGCTCTGCCTCTCCTTCTCTCC
CCAAAGATGGGATGGCCGAGCCAATCTGGCGCGTTTACGGTCCCGACTAGTCCGCCCTTACGC
TGGGCGCTCTCCCCCACAGGTCCCTTTCCCGACTTTCTCCTCGAAAGTACTTATAGTACGAGA
ACGACAAATGTCACGACGTCCTGTTGCCACACTTCTCACTCGTCGGGGAGCACACGATTGGCT
ATTTGCGCTAGCGCGATGGGTCCCTCGCATGGACTGATAGATCTCTCGAACTGGGCCTCTACC
ATGGCCTGCGATCGACCCAACCCATCTCGCAAAGATTCACATTTCAAAATTTCAAACTTTAA
GCTCAACGTTCAAACGTTTAACGTTCGACCGTTCAGCGTTTTCCACATTTCAACCCTCCAACT
CGAGTCTTTCTCGTATGAAACACCCTTTCCAGGACCGAATATGAAGGGAATGTGCATTGCGA
CGACAGTTCGGACGCATCTTTTTCATCAACAGAGTTGGCAATTCGCGCCCCATTCGTGTCATT

ACGCGGGGCAAATATGTTTATTCTGTTGCTCCCTCTGA GTCTCTCTCTCTCTCTC AATCTCT AGAGGATCCCCGGGTACCGAGCTCGAATTCGTAATCATGGTCATAGCTGTTTCCTGTGTGAA (606bp)

Plg-s22-26-680

CGATAGCAGTGCAGCTTGCATGCCTGCAGGTCGACGATT TGCCGAGCTG AACGACCTTACTG AAAAAGTCGTTGTAGATGCGGGGATACGTGACTTGCGGGTCGTGCTGGAGCTATGTTAGGC TCCATTCGCCAAACTCGAGGGTGTGCCTACCTTAATATGACAGGCTTCCACCTCCCAGTCTGA CGACACCTGCGGCTTCGATATCTTCCAATAGCCCTTTCTCCTGCTATTCGGTCAGGCCAAAAA AACACAGCAACGCCGTATTCAAAGAAGACCACGGGGAAGGCCCAAGGCAAATAACCATATGG AACGCCATGTCTTCACGGAAGGAAGCGAAGGATACGAGTTTCGTCACGGTTATTGCACTATA CACATCACCGACTCGGATCTGGCGTTTGTTTTCATTCAATGCTCTCAATGAGAACGCTTTGT ATTGATCACGTCGCAATTCCAAGTATGTTTGGGATGTTGGAAGAGCGGGTGATGGCCTCCGA CCAGATAAAATGGTGGAGGTCGTAACGCTGTACTCGTGTTCTGCCTCTCTCAACTTCGTAGG CTAGCCTTGACATTATGCATCCTGGCAGGCAGTCAGCCTCTACATGATAATAATGGTGCCTA TACACACCAGAATTTGACGATATCAGAAAGAGTGCTCACTGGTCTTGAAGACTCATCGAGCG AACAGCTCGGCACCAGAAG CAGCTCGGCA AATCTCTAGAGGATCCCCGGGTACCGAGCTCGA ATTCGTAATCATGGTCATAGCTGTTTCCTGTGTGAAATTGTTATCCGCTCACAATTCCACAC AACATACGAGCCGGAAGCATAAAGTGTAAAGCCTGGGGTGCCTAATGAGTGAGCTAACTCA CATTAATTGCGTTGCGCTCACTGCCCGCTTTCCAGTCGGGAAACCTGTCGTGCCAGCTGCATT AATGAAT(476bp)

字符底纹标注为引物序列。

(7)SCAR标记的引物设计

根据RAPD、SRAP、ISSR片段的测序结果，用Primer 5.0设计SCAR引物，引物长度以18～24bp为宜。

引物设计应遵循以下原则：

①引物长度以18～24bp为宜。太短会降低退火温度，影响引物与模板配对，从而使非特异性增高；太长则比较浪费，且难以合成。

②引物中(G+C)含量控制在40%～60%之间。按下式粗略估计引物的解链温度 Tm = 4(G+C)+2(A+T)。

③4种碱基应随机分布，在3'端不能是连续3个G或C，因这样易导致错误配对。

④引物3'端最好与目的序列阅读框架中密码子第一或第二位核苷酸对应，以减少由于密码子摆动产生的不配对。

⑤在引物内，尤其在3'端应不存在二级结构。

⑥两引物之间，尤其在3'端不能互补，以防出现引物二聚体，减少产量。两引物之间最好不存在4个连续碱基的同源性或互补性。

⑦引物5'端对扩增特异性影响不大，在引物设计时可加上限制酶位点、核糖体结合位点、起始密码子、缺失或插入突变位点以及标记生物素、荧光素、地高辛等。通常应在5'端限制酶位点外再加1～2个保护碱基。

⑧引物不能与模板结合位点以外的序列互补，所扩增的产物本身无稳定的二级结构，以免产生非特异扩增，影响产量。

SCAR引物设计好后，可委托生物公司合成。

根据上述6个多态性片段的序列，利用Primer 5.0软件设计了表8－2所列的6对SCAR引物。有的SCAR引物忠实于原引物，在5'端包含原引物的序列并向内延伸8～14个碱基，有的是

表8－2 秀珍菇SCAR标记引物

标记名称	标记来源	引物序列	引物长度
SCAR1	Plg-me5-em3-6-850	F:5'-AGAGTGTCTGGCGTATGG-3'	18 bp
		R:5'-ATTGACATCGTTGAGAACC-3'	19 bp
SCAR2	Plg-issr15-16-450	F:5'-CACCGACACCTATCCCTC-3'	18 bp
		R:5'-TCTCATTCCCCACATTACTT-3'	20 bp
SCAR3	Plg-me5-em3-3-600	F:5'-AGTTACCCATCTCAACAGCA-3'	20 bp
		R:5'-TTGGAAGGACCGAATACC -3'	18 bp

（续表）

标记名称	标记来源	引物序列	引物长度
SCAR4	Plg-issr2-22-700	F:5'-TGAGGGCAATGGAACAAG-3'	18 bp
		R:5'-TTTTGGAAGCAAGATACACC-3'	20 bp
SCAR5	Plg-issr13-7-600	F:5'-TGTGAGGACGAAGGAATAC-3'	19 bp
		R:5'-CAGAGGGAGCAACAGAAT-3'	18 bp
SCAR6	Plg-s22-26-680	F:5'-GCTGAACGACCTTACTGAA-3'	19 bp
		R:5'-TACGACCTCCACCATTTT-3'	18 bp

根据内序列设计 SCAR 引物。

（8）SCAR 标记的检测

①SCAR 标记 PCR 组成成分

反应体积 25μL，其中 2.5 μl 10 × buffer，1.5mmol/L $MgCl_2$，2μL 12.5mmol/L dNTPs，1U Taq DNA 聚合酶，0.5μL 10μmol/L 上、下游引物，20ng 基因组 DNA，用 ddH_2O 补足体积。

②SCAR 标记 PCR 程序

94℃预变性 5 分钟；94℃变性 1 分钟，××℃（不同的引物需优化确定）退火 1 分钟，72℃延伸 1.5分钟，30 个循环；最后 72℃延伸 10 分钟。

③退火温度优化

由于各个 SCAR 标记的引物序列不同，退火温度也不同，需要对退火温度进行优化。根据公式 $Tm=4(G+C)+2(A+T)-5$ 计算理论退火温度，再用温度梯度进行优化。秀珍菇的 6 个 SCAR 标记的退火温度优化结果如下：SCAR1 62℃，SCAR2 65℃，SCAR3 70℃，SCAR4 66.5℃，SCAR5 64.4℃，SCAR6 64.4℃。

④秀珍菇的 SCAR 标记分析

用 6 个 SCAR 标记对 36 个秀珍菇菌株的检测结果如图 8－14 所示。

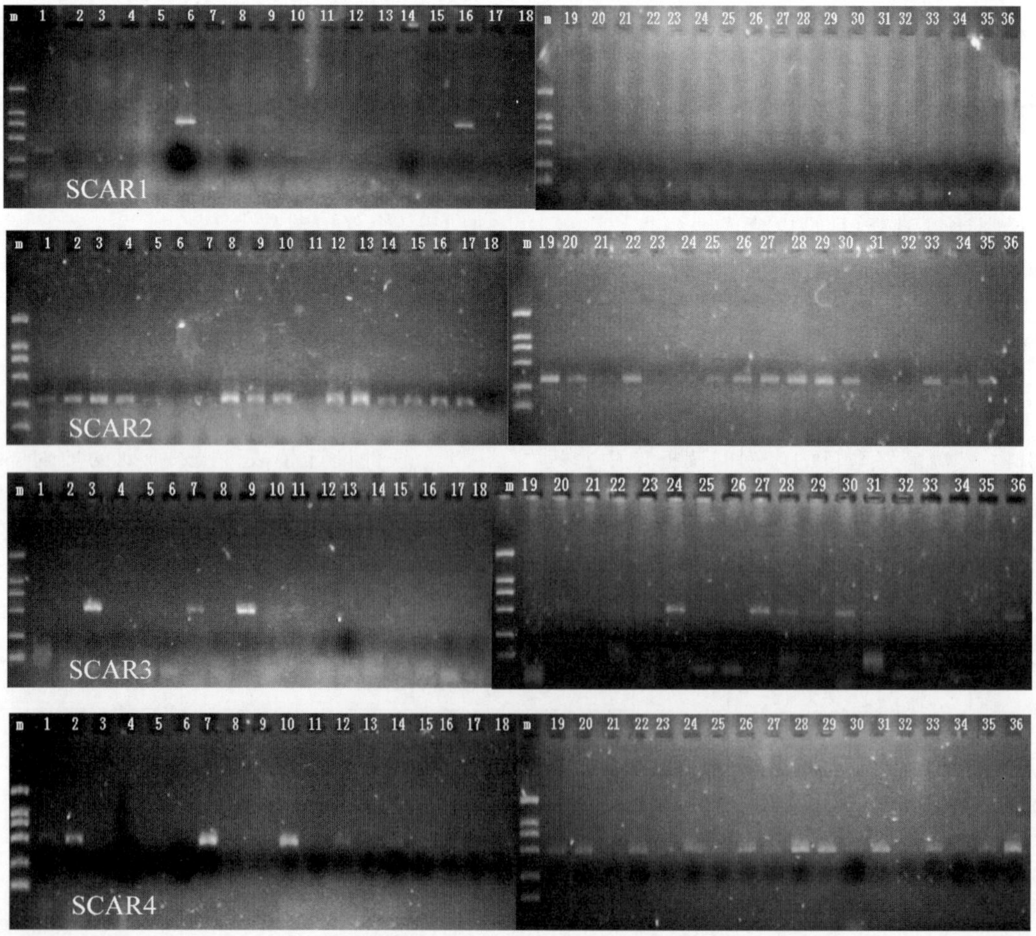

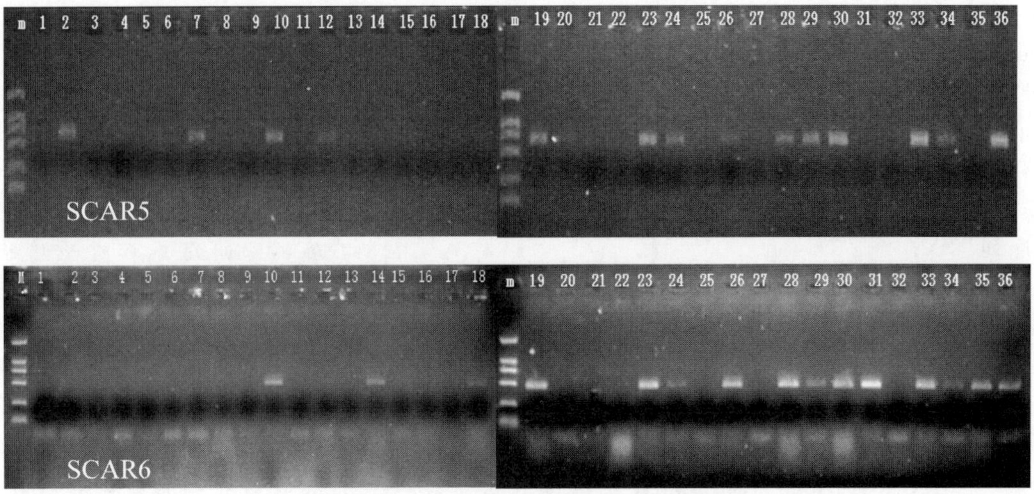

图 8－14 秀珍菇 36 个菌株的 SCAR 检测

(九)核糖体 RNA 基因多态性标记技术

1. 原理

核糖体是细胞内合成蛋白质的细胞器，它由几十种蛋白质和 4 种 RNA 构成，能按照 mRNA 的信息将氨基酸高效精确地合成蛋白质。构成核糖体的 RNA 称为 rRNA，编码 rRNA 的 DNA 称为rDNA。4 种 rRNA 分别是 5S rRNA、18S rRNA、5.8S rRNA 和 28S rRNA，为之编码的 DNA 分别为 5S rDNA、18S rDNA、5.8S rDNA 和 28S rDNA。18S rDNA、5.8S rDNA 和 28S rDNA 是一同转录的，称为一个转录单元。转录单元还包括在 18S rDNA 上游的一段外转录间隔区 1(external transcribed space 1，ETS1)，在 18S rDNA和 5.8S rDNA 之间的一段不编码 rRNA 的序列，称为内转录间隔区 1(internal transcribed space 1，ITS1)，在 5.8S rDNA 和 28S rDNA 之间的内转录间隔区 2(ITS1)，在 28S rDNA 下游的外转录间隔区 2(ETS2)，如图 8－15 所示。一个转录单元包括 EST2、18S rDNA、ITS1、5.8S rDNA、ITS2、28S rDNA 和 ETS1，它们一起转录产生一个前体 RNA，在 rRNA 成熟过程中 ETS1、ETS2、ITS1 和 ITS2 被降解，产生成熟的 18S rRNA、5.8S rRNA 和 28S rRNA。5S rDNA 是在另一个转录单元中。真菌染色体上的 rDNA 转录单元通常是多个串联在一起，两个转录单元之间有一个非转录间隔区(non-transcribed space，NTS)，NTS 和 ETS 构成基因间间隔区(intergenic spacer，IGS)，它将相邻的两个重复单位隔开，在转录时有启动和识别作用。

ETS1	18S rDNA	ITS1	5.8S rDNA	ITS2	28S rDNA	ETS2	NTS	ETS1	18S rDNA

图 8－15 核糖体 rRNA 基因结构组成

18S rRNA、5.8S rRNA 和 28S rRNA 是核糖体重要组成成分，其碱基序列的变化容易使核糖体的功能丧失，所以进化速度慢，碱基序列保守。这 3 个 RNA 基因中，5.8S 基因仅有 100 多个碱基，信息量少，并且高度保守，不足以反映生物进化；18S rDNA 和 28S rDNA 序列中既有保守区又有可变区，有一定的保守性，18S rDNA 的长度通常是几百或1 000多个碱基，并且有一定的保守性，可以反映属以上的分类单位，28S rDNA 较长，研究较困难。由于 ITS 区不加入成熟核糖体，它的变化不会影响核糖体的功能，所以受到的选择压力较小，进化速率较快，在绝大多数的真菌中表现出了极为广泛的序列多态性。同时 ITS 序列长度适中，长度为1 000bp 到＜300bp 大小不等。可以从不太长的序列中获得足够的信息，可广泛用于属内种间或种内群体的系统学研究。此外，可以利用 18S rDNA、5.8S rDNA 和 28S rDNA 的序列保守性来设计食用菌的 ITS-PCR 通用引物。

目前应用于食用菌的 rDNA 分子标记主要是有 ITS 序列测定分析和 ITS-PCR-RFLP 两种。近年来，也有一些研究开始使用 IGS 的序列分析和 RFLP 作为分子标记(张金霞，2004；黄晨阳，2005)。

2. 试验技术

(1)ITS 扩增

ITS-PCR 扩增反应体系：1μl 模板(含 30 ng DNA)，2.5 μl 10× buffer 缓冲液，2μl dNTP(each

2.5mmol/L)，1μl P1(10μmol/L)，1μl P4(10μmol/L)，0.3μl Taq DNA Polymerase(5U/μl)，用 ddH_2O 将总体积补至 25μl。

下列 4 条引物普遍应用于食用菌的 ITS 扩增，P1＋P2 用于扩增 ITS1，P3＋P4 用于扩增 ITS2，如果用 P1＋P4 则可扩增出ITS1＋5.8S rDNA＋ITS2 的序列。

P1：5′—TCC GTA GGT GAA CCT GCG G

P2：5′—GCT GCG TTC TTC ATC GAT GC

P3：5′—GCA TCG ATG AAG AAC GCA GC

P4：5′—TCC TCC GCT TAT TGA TAT GC

ITS-PCR 扩增反应程序：94℃预变性 5 分钟；94℃变性 45 秒，55℃退火 45 秒，72℃延伸 1 分钟，35 个循环，72℃延伸 10 分钟。

ITS 扩增产物的检测：取 ITS 扩增产物 5μl 加上 2μl 6×溴酚蓝上样缓冲液，混匀，进行 1.0%琼脂糖凝胶(含 Goldview™ DNA 染料)电泳，160V 恒压电泳 1 小时，通过紫外凝胶成像系统观察并照像。

笔者所在实验室研究了 36 个秀珍菇菌株的 ITS，用引物 ITS1 和 ITS4 对 36 株秀珍菇的基因组 DNA 进行特异性扩增，扩增区段包括 ITS1，5.8s和 ITS2。结果如图 8－16 所示，36 株秀珍菇菌株的 ITS 都能很好的扩增，扩增的片段长度均为 680bp 左右，没有多态性。

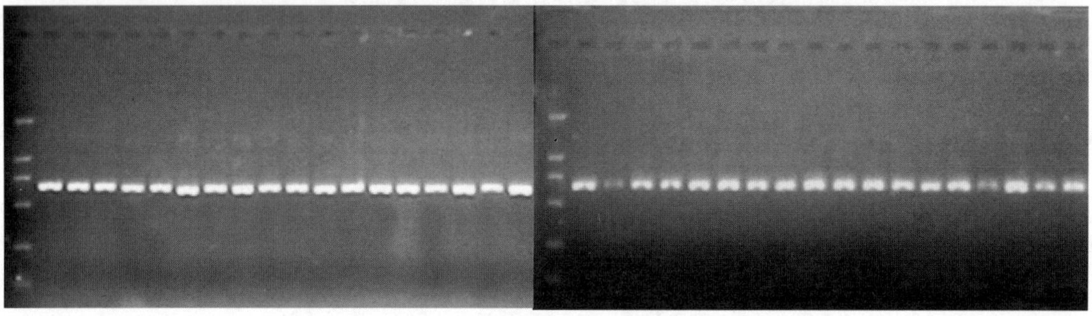

图 8－16　秀珍菇菌株的 ITS-PCR 片段

(2)ITS-RFLP 分析

从 NCBI 上查找试验食用菌的 ITS 序列，或对研究的食用菌进行 ITS 序列测定，然后用 DNAMAN 软件进行酶切位点和酶切片段长度分析。

取 ITS-PCR 的扩增产物 6μl，10×buffer 1μl，按限制性内切酶的使用说明书推荐的用量加入(如*Hae* Ⅲ 10 U/μl 0.4μl)，用 ddH_2O 将总体积补至 10μl。在 37℃水浴 4 小时。

取酶切产物 10μl 加上 2μl 6×溴酚蓝上样缓冲液，混匀，2.0%琼脂糖凝胶(含 Goldview™DNA 染料)电泳，120V 恒压电泳 2 小时，紫外凝胶成像系统观察并照像。如果酶切片段长度与该食用菌一致，可以说明它们是同一种食用菌。

笔者所在实验室研究 36 个秀珍菇菌株的 ITS-RFLP 分子标记，首先从 NCBI 下载了侧耳属主要食用菌的 ITS 序列，用 DNAMAN 软件进行酶切位点及酶切片段长度分析。发现它们都具有 *Hae* Ⅲ 酶切位点，并具有酶切片段长度多态性。36 个秀珍菇菌株的 *Hae* Ⅲ 酶切结果如图 8－17 所示。

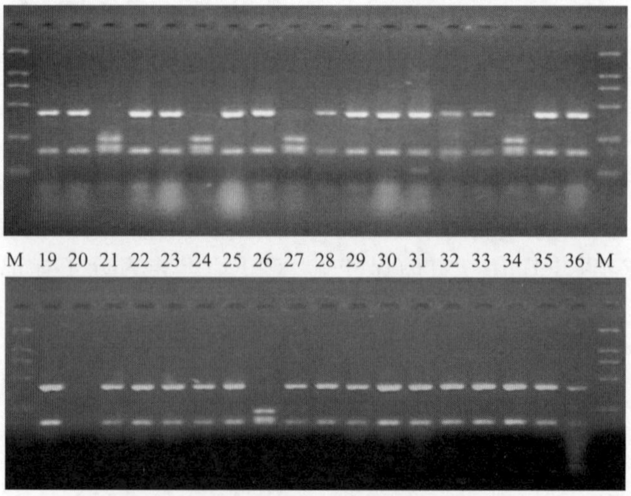

图 8－17　秀珍菇的 *Hae* Ⅲ酶切电泳图

ITS-*Hae* Ⅲ酶切可把 36 个秀珍菇菌株分为两类，第 1 类是由 Pl. g 0003、Pl. g 0006、Pl. g 0009、Pl. g 0016 和 Pl. g 0026 等菌株组成；其余菌株组成第 2 类。

对从 NCBI 下载平菇的 ITS 序列进行 *Hae* Ⅲ酶切片段长度预测，平菇的酶切片段长度分别是：244、197、180 和 57bp，其中 197bp 和 180bp 片段仅差 17bp，根据琼脂糖电泳的分辨率，这两个片段电泳无法分开，电泳结果出现一条带。此外，57bp 的酶切片段由于太小，电泳的速度与溴酚蓝相当，无法显示出来。为此，平菇 ITS 的 *Hae* Ⅲ酶切产物经过电泳应该显示出 2 条带，而不是 4 条带。图 8－17 中的 Pl. g 0003、Pl. g 0006、Pl. g 0009、Pl. g 0016 和 Pl. g 0026 等 5 个菌株的电泳结果与平菇相同。

同样，对从 NCBI 下载的凤尾菇 ITS 序列进行 *Hae* Ⅲ酶切片段长度预测，酶切片段长度为 430、182 和 57bp。与平菇一样，57bp 的酶切片段电泳无法显示。图 8－17 中的 Pl. g 0001、Pl. g 0002、Pl. g 0004、Pl. g 0005 等 31 个菌株与凤尾菇相同。

根据图 8－17 的结果，笔者单位实验室收集保藏的 36 个秀珍菇菌株存在同名异种问题，其中有 31 个菌株是凤尾菇、5 个菌株是平菇。此外，出菇试验也进一步证实了 ITS-RFLP 的结果，秀珍菇就是凤尾菇，凤尾菇在小菇阶段采收就是现在市场上的秀珍菇。确切地说，秀珍菇是一个商品名称。

(3)ITS 序列测定

一般地讲，不同种食用菌之间的 ITS 序列有较大的差异，但同一种食用菌不同菌株（或品种）染色体上的 ITS 序列是一致的。为此，ITS 序列测定仅需要把 ITS-PCR 产物直接送生物公司测定。但是，像猴头菇的一些品种的 ITS 存在多态性，其 PCR 产物无法直接测序，需要将 PCR 后的 ITS 连接到质粒上转化大肠杆菌，每个克隆仅有一个 ITS 片段，获得的多态性克隆再送生物公司测序。克隆方法如下：

①材料与试剂

大肠杆菌：DH5α。

胶回收：用 UNIQ-10 柱式回收试剂盒（上海 Sangon）。

质粒：pMD18-T 载体（TaKaRa 公司，大连）。

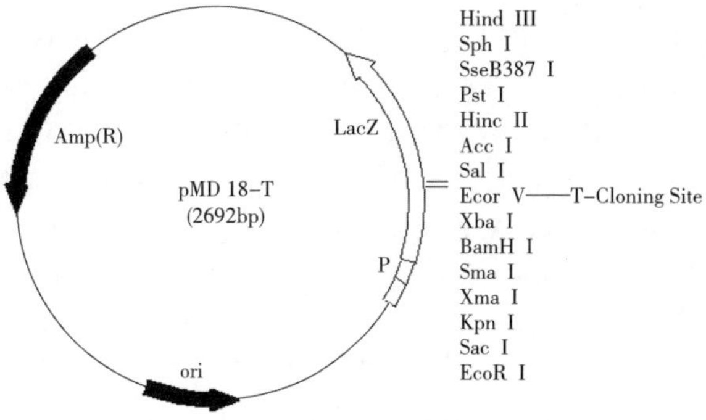

图 8－18 pMD18-T 载体结构示意图

②ITS-PCR 产物回收

ITS-PCR 产物的回收方法参阅前面有关章节。

③与载体的连接

采用 TaKaRa 的 T 克隆试剂盒，连接方法参阅前面有关章节。

④感受态细胞的制备与转化

参考前面有关章节。

⑤阳性克隆的筛选与 ITS 序列测定

A. 取出平板于 4℃ 放置 24 小时，使菌落显色。携带野生型质粒的克隆含有 β-半乳糖苷酶活性，菌落呈蓝色；携带重组质粒的克隆无 β-半乳糖苷酶活性，菌落呈白色。用接种环挑取白色菌落，划线至新的 LB 平板上扩大培养备用。

B. PCR 验证阳性克隆（菌液 PCR 验证）。用接种环从平板培养基上挑取一环菌，蘸到 500μl 灭菌的 ddH20 中，混匀后放入沸水浴 5 分钟，取其中的 1μl 用于 PCR 扩增的模板。用 ITS 引物进行 PCR，如果 PCR 产物经琼脂糖凝胶电泳后，片段长度与该食用菌的 ITS 长度相同，则可确定该克隆带有 ITS 序列。

C. 把获得的阳性克隆提取质粒后可送生物公司测序。

Pl. g0001 与 Pl. g 0007 的 ITS 序列如下：

AAGGATCATTAATGAATTCACTATGGAGTTGTTGCTGGCCTCTAGGGGCATGTGCACGC
TTCACTAGTCTTTCAACCACCTGTGAACTTTTGATAGATCTGTGAAGTCGTCCTTCAAGTCG
TCAGACTTGGTTTGCTGGGATTTAAACGTTTCGGTGTGACAACGCAGTCTATTTACTTAACA
CACCCCAAATGTATGTCTACGAATGTCATTTAATGGGCCTTGTGCCTATAAACCATAATACA
ACTTTCAACAACGGATCTCTTGGCTCTCGCATCGATGAAGAACGCAGCGAAATGCGATAAGT
AATGTGAATTGCAGAATTCAGTGAATCATCGAATCTTTGAACGCACCTTGCGCCCCTTGGTA
TTCCGAGGGGCATGCCTGTTTGAGTGTCATTAAATTCTCAAACTCACATTTATTTGTGATGT
TTGGATTGTTGGGGGTTGCTGGCTGTAACAAGTCGGCTCCTCTTAAATGCATTAGCAGGACT
TCTCATTGCCTCTGCGCATGATGTGATAATTATCACTCATCAATAGCACGCATGAATAGAGT

CCAGCTCTCTAATCGTCCGCAAGGACAATTTGACAATTTGACCTCAAATCAGGTAGGACTAC
CCGCTGAACTTAA

Pl. g0003 与 Pl. g 0006 的 ITS 序列如下：

AAGGATCATTAATGAATTCACTATGGAGTCGTTGCTGGCCTCTAGGGGCATGTGCACG
CTTCACTAGTCTTTCAACCACCTGTGAACTTTTGATAGATCTGTGAAGTCGTCTTTCAAGTC
GTCAGACTTGGTTTGCTGGGATTTAAACGTCTCGGTGTGACAACGCAGTCTATTTACTTAA
CACACCCCAAATGTATGTCTACGAATGTCATTTAATGGGCCTTGTGCCTATAAACCATAATA
CAACTTTCAACAACGGATCTCTTGGCTCTCGCATCGATGAAGAACGCAGCGAAATGCGATAA
GTAATGTGAATTGCAGAATTCAGTGAATCATCGAATCTTTGAACGCACCTTGCGCCCCTTGG
TATTCCGAGGGGCATGCCTGTTTGAGTGTCATTAAATTCTCAAACTCACTTTGGTTTTTTTC
CAATTGTGATGTTTGGATTGTTGGGGGCTGCTGGCCTTGACAGGTCGGCTCCTCTTAAATGC
ATTAGCAGGACTTCTCATTGCCTCTGCGCATGATGTGATAATTATCACTCATCAATAGCACG
CATGAATAGAGTCCAGCTCTCTAATCGTCCGCAAGGACAATTTGACAATTTGACCTCAAAT
CAGGTAGGACTACCCGCTGAACTTAA

Pl. g0009 的 ITS 序列如下：

AAGGATCATTAATGAATTCACTATGGAGTTGTTGCTGGCCTCTAGGGGCATGTGCACGC
TTCACTAGTCTTTCAACCACCTGTGAACTTTTGATAGATCTGTGAAGTCGTCTCTCAAGTC
GTCAGACTTGGTTGCTGGGATTTAAACGTCTCGGTGTGACTACGCAGTCTATTTACTTAC
ACACCCCAAATGTATGTCTACGAATGTCATTTAATGGGCCTTGTGCCTTTAAACCATAATAC
AACTTTCAACAACGGATCTCTTGGCTCTCGCATCGATGAAGAACGCAGCGAAATGCGATAA
GTAATGTGAATTGCAGAATTCAGTGAATCATCGAATCTTTGAACGCACCTTGCGCCCCTTG
GTATTCCGAGGGGCATGCCTGTTTGAGTGTCATTAAATTCTCAAACTCACTTTGGTTTCTT
TCCAATTGTGATGTTTGGATTGTTGGGGGCTGCTGGCCTTGACAGGTCGGCTCCTCTTAAAT
GCATTAGCAGGACTTCTCATTGCCTCTGCGCATGATGTGATAATTATCACTCATCAATAGCA
CGCATGAATAGAGTCCAGCTCTCTAATCGTCCGCAAGGACAATTTGACAATTTGACCTCAA
ATCAGGTAGGACTACCCGCTGAACTTAA

Pl. g0026 的 ITS 序列如下：

AAGGATCATTAATGAATTCACTATGGAGTTGTTGCTGGCCTCTAGGGGCATGTGCACGC
TTCACTAGTCTTTCAACCACCTGTGAACTTTTGATAGATCTGTGAAGTCGTCTCTCAAGTC
GTCAGACTTGGTTGCTGGGATTTAAACGTCTCGGTGTGACTACGCAGTCTATTTACTTAC
ACACCCCAAATGTATGTCTACGAATGTTATTTAATGGGCCTTGTGCCTATAAACCATAATA
CAACTTTCAACAACGGATCTCTTGGCTCTCGCATCGATGAAGAACGCAGCGAAATGCGATAA
GTAATGTGAATTGCAGAATTCAGTGAATCATCGAATCTTTGAACGCACCTTGCGCCCCTTGG
TATTCCGAGGGGCATGCCTGTTTGAGTGTCATTAAATTCTCAAACTCACTTTGGTTTCTTT
CCAATTGTGATGTTTGGATTGTTGGGGGCTGCTGGCCTTGACAGGTCGGCTCCTCTTAAATG
CATTAGCAGGACTTCTCATTGCCTCTGCGCATGATGTGATAATTATCACTCATCAATAGCAC
GCATGAATAGAGTCCAGCTCTCTAATCGTCCGCAAGGACAATTTGACAATTTGACCTCAAAT
CATGTAGGACTACCCGCTGAACTTAA

⑥秀珍菇与平菇的 ITS 序列测定

为了进一步判断图 8－17 中第 1 类、第 2 类是否分别为侧耳和凤尾菇，选择 Pl. g 0001、Pl. g 0003、Pl. g 0006、Pl. g 0007、Pl. g 0009 和 Pl. g 0026 等 6 个菌株进行 ITS 序列测序，其中 Pl. g 0001 与 Pl. g 0007，Pl. g 0003 与 Pl. g 0006 的 ITS 序列没有差别。

把上述 6 个菌株的 ITS 序列与 NCBI 上的侧耳{*Pleurotus ostreatus*（ACCESSION：DQ077884）}、凤尾菇［*Pleurotus pulmonarius*（ACCESSION：AY450349)］的序列进行比对，Pl. g 0003、Pl. p 0006、Pl. g 0009 和 Pl. g 0026 4 个菌株的 ITS 序列与平菇的几乎一样，只相差几个碱基（序列阴影部分），说明第一类确实是平菇；Pl. g0001 与 Pl. g 0007 与凤尾菇同源性很高，第 2 类的菌株应该是凤尾菇。收集到的36 个供试菌株都是国内目前广泛应用于生产的栽培菌株，其中 31 个菌株同归于第 2 类，是凤尾菇。

(十)DNA 指纹统计与分析

选用 RAPD、ISSR、SRAP 等进行分子标记研究时均需要进行引物筛选，有些引物可能没有扩增产物，有的引物虽然可扩增，但没有多态性，这些引物均不能用于分子标记研究。

把筛选出来的引物对试验品种进行扩增，将重复性好、强度较高、清晰可辨、能体现菌株间差异的条带确认为标记条带。

1. 多态性分析

多态性是对遗传变异的一种计量，是指群体内多态性基因座的比率。电泳获得基因组扩增图中的每一条带(DNA 片段)均代表了模板 DNA 上与引物互补的一对结合位点。先将相同引物 PCR 扩增产物中电泳迁移率一致的标记条带确认为同一条带，扩增阳性记录为“1”，扩增阴性记录为“0”，把图形资料转换成数据资料，统计形成“0/1”表型数据矩阵，根据该数据矩阵统计算出各种类的多态位点数和位点总数，利用多态位点与检测到的总位点之比，求算出多态位点百分率 P (Percentage of polymorphic sites)，以多态位点百分率来估算遗传分化的水平。多态位点百分率 P 计算公式为：

$P=k/n(100\%)$

式中：P 为多态位点百分率，k 为多态性位点的位点数，n 为测定的位点总数。

2. 聚类分析

对形成“0/1”表型数据矩阵输入 DPS 数理统计软件中，采用 Jaccard 聚类距离中的类平均法(UPGMA 法)进行聚类分析，按以下公式计算相似性系数或相异系数，并根据计算结果自动生成能体现各菌株间遗传距离的树状聚类图。

计算公式：$Sij=2Nij/(Xij+Xi+Xj)$ 或 $D=(Xi+Xj)/(Xij+Xi+Xj)$

公式中 Sij 表示菌株 i 和 j 的相似性系数，D 表示菌株 i 和 j 的相异性系数，Xi 表示 i 菌株所独有的带数；Xj 表示 j 菌株所独有的带数；Xij 表示 i 和 j 菌株各自出现的共有的带数总和；Nij 表示 i 和 j 菌株两者共有的带数。

用 Sij 值进行聚类分析时，Sij 的范围为 0～1；当 Sij 越接近于 1 时，表示两菌株间的相似性程度越高；当 Sij 越接近 0 时，表示两者的相似性程度越低。用 D 值进行聚类分析时，D 的范围也为 0～1。当 D 越接近于 1 时，表示两菌株间的差异程度越高；当 D 越接近 0 时，表示菌株间的差异程度越低。当两个菌株的 Sij 值小于 1 或 D 值大于 0 时，可以判定它们是不同的菌株。当两个菌株的 Sij 值等于 1 或 D 值等于 0 时，表明它们的遗传距离很近，同物异名的可能性很大。

根据不同食用菌的具体情况选定一个适当的阈值即可在遗传聚类图上进行聚类，聚为同一类的菌类遗传距离相对较近，不同类的菌株遗传距离相对较远。聚类结果往往可以体现同一菌类不同菌株的变异、进化和地域性等特点。

四、食用菌 DNA 分子标记技术的应用

(一)在菌种鉴别上的应用

食用菌菌种、菌株的质量好坏直接关系到食用菌产业能否良性发展。目前食用菌行业缺乏统一管理，菌种管理混乱，菌种退化、老化，品种混杂，同种异名、同名异种等问题严重。分子标记技术为这一难题提供了快速、准确的鉴定手段，可以快速、灵敏、准确地用于食用菌的菌种、菌株鉴定。

在众多的分子标记技术中，RAPD 标记技术以其快速、简便、多态性检出率高等优点得到广泛应用。在对食用菌品种总的 DNA 进行 RAPD 分析的基础上，寻找其特异的 RAPD 标记，建立该种的 DNA 指纹图谱，可作为品种鉴定的分子学依据。

Khush 等(1992)用 RAPD 技术分析双孢蘑菇的野生和栽培品种，在 8 个异核体中识别出 7 个不同的基因型，说明 RAPD 标记在遗传研究中的通用性和对菌株指纹识别的有效性。Zhang 等(1995)用 RAPD 标记对 15 个香菇菌株进行分析，其中 13 个菌株的 DNA 指纹各异，2 个菌株谱带一致，说明 RAPD 标记可用于鉴别香菇菌种，并可用于香菇育种和菌种改良。陈明杰等(1996)利用 AP-PCR 和 RAPD 技术对 3 个草菇菌株进行鉴别，其结果与用草菇菌株 V34 基因文库中的中等重复序列为探针进行 RFLP 分析，及对编码核糖体 5.8SrRNA 的 DNA(rDNA)进行 PCR 扩增后的产物进行限制性内切酶长度多态性分析(PCR-RFLP)的结果一致。

贾建航等(1999)利用 RAPD 和 AFLP 技术对经过空间诱变的香菇菌株及其对照进行了 DNA 指纹分析，从分子水平上证明了突变体的获得，为栽培菌株的空间诱变提供了分子证据。曾东方等(2000)利用 RAPD 技术，制备了我国主产区野生松茸的 DNA 指纹图谱，以期了解不同生境下松茸的遗传变异，并为纯培养物的鉴定提供依据。李三暑等(2002)利用 RAPD 分析 4 个姬松茸和 2 个

双孢蘑菇菌株，通过系统聚类把这 6 个菌株分为 3 类，鉴别出了姬松茸和双孢蘑菇在 DNA 上的区别，为进一步定位、分析富镉基因奠定分子生物学基础。这些结果都说明 RAPD 分子标记技术在菌种鉴定和遗传关系分析方面的应用是十分普遍而且可靠的。

其他标记在食用菌菌株鉴定和遗传关系分析上的应用也有不少报道。张引芳等(1994)应用 RFLP 技术鉴别未知菌株 S1001 和 S1002 是否为鳞翅目蛹虫草菌，她以引物 ITS1 / ITS4 对 rDNA 的 5.8S+ITS 区段进行 PCR 扩增，扩增产物纯化后用 DNA 限制性内切酶酶切，获得 ITS-RFLP 图谱，并同 ATCC 模式菌株的 RFLP 图谱进行比较。结果证明，两个待鉴定菌株与 ATCC 菌株之间在 rDNA 区域具有明显的结构差异，进而推断两个待鉴定菌株不隶属于鳞翅目蛹虫草菌。

赵锦等(1999)以 rDNA 的 ITS 区为分子指标，采用特异引物 LH2 和 Dla 扩增出了冬虫夏草(有性阶段)、中国被毛孢(无性阶段)、中国拟青霉(无性阶段)、古尼拟青霉(*Paecilomyces gunnii* Liang)(无性阶段)ITS1 区的全部序列和 5.8Sr DNA的部分序列。分析表明，冬虫夏草与中国被毛孢的序列相似性为 97.8%，与中国拟青霉、古尼拟青霉的种间相似性分别为 72.6%和72.99%，从分子水平证明了中国被毛孢是冬虫夏草的无性型。

(二)在亲缘关系和遗传多样性研究中的应用

利用分子标记所揭示的多态性，通过各种统计分析方法计算相似系数，进行聚类和排序分析，确立供试菌株的亲缘关系或进行种内遗传多样性研究。有关这方面的研究有很多报道。

Castle 等(1987)曾以 RFLP 为标记进行双孢蘑菇及大肥菇(*Agaricus bitorquis*)种内和种间多态性研究。Molina 等(1992)用 PCR—RFLP 对 *Lentinus* spp.，*Lentinula edodes* 等的 18SrDNA 和 ITS1-5.8SrDNA-ITS2 区域进行分析，所有 Lentinula edodes 菌株的限制性图谱相同，而与 *Lentinus* spp. 的有明显的区别。rDNA 限制性多态性支持将香菇属(*Lentinula* 从 *Lentinus*)中分出来而独立成属。Bunyard 等(1994)用 PCR-RFLP 对羊肚菌属(*Morchella*)的 rDNA 大亚基(28S)进行分析发现，所有供试菌株都存在限制性片段长度多态性，依据 RFLP 构建的系统发育树表明，黑色羊肚菌和黄色羊肚菌是不同的分类群。Nichoalson 等(1997)对香菇属，属的 rDNA 进行 PCR-RFLP 分析，发现香菇为单元的属，属内存在遗传多样性。

阎培生等(2001)利用 rDNA-RFLP 和 RAPD 对黑木耳菌株进行了鉴定和遗传多样性分析。结果表明，ITS 的 HaeⅢ 和 MspⅠ 酶切电泳图谱和筛选的 RAPD 引物与标记可用于黑木耳菌株的快速鉴定；供试黑木耳菌株的 rDNA 相似系数是已分析的食用菌中相似系数最低的种类，表明黑木耳菌株拥有丰富的遗传多样性。陈永久等(1997)对来自青藏高原 3 个区域的 13 个冬虫夏草样本进行了 RAPD 分析，发现来自同一地方的样本间遗传差异甚微，同一区域不同地方的样本间遗传差异较大，不同区域样本间的遗传差异最大。

张云武等(1999)应用 RAPD 技术对滇西北地区冬虫夏草、阔孢虫草和蛹虫草进行遗传分化研究，表明虫草群体中存在着显著的地区差异性。陈作红等(2000)用 RAPD 方法分析了采自湖南莽山的 26 种鹅膏菌属真菌的种间遗传多样性并探讨了它们之间的亲缘关系。孙文波等(2000)用 RAPD 技术对红菇子实体和分离菌体的 DNA 多样性进行分析。结果表明，3 个分离菌株和红菇子实体之间的 DNA 相似性非常高。红菇子实体和对照菌株(风尾菇和金针菇)之间的 DNA 相似性差距基本上反映了红菇与对照菌株之间的种属差距，推测 3 个红菇分离菌株是同一个种。

赵明文等(2003)利用 RAPD 技术对生产中常用的灵芝属 8 个菌株的亲缘关系进行分析。结果表明，8 个菌株在较低的相似水平上可以分成 3 个明显不同的组：第 1 组包括黑芝、松杉灵芝、圆芝、灵芝 0770 和韩国灵芝；第 2 组包括密纹灵芝和紫灵芝；第 3 组为树舌灵芝。这一结果与经典分类结果基本相符，表明 RAPD 技术可用来区分生产中一些常用的灵芝种，同时说明灵芝生产用种之间遗传差异较大，可能是造成灵芝产品研究比较混乱的重要原因。

鲍大鹏等(2001)应用同工酶技术、rDNA-PCR-RFLP(核糖体 DNA 扩增片段限制性内切酶分析)和 RAPD 方法，对 7 个来源于不同地域的柳松菇菌株进行遗传多样性分析，证明了不同地域分布的柳松菇菌株有丰富的遗传多样性。李荣春等(2001)应用 AFLP 指纹技术对双孢蘑菇的 20 个野生菌株和 5 个栽培品种的遗传多样性进行了研究。结果表明：在野生菌株之间存在着明显的遗传差异；大多数单孢分离的菌株具有与母本一致的遗传物质；野生菌株间的遗传变异大于栽培品种间的变异；在双孢蘑菇的遗传多样性分析中，AFLP 技术是非常有效的工具。

(三)在系统进化与遗传变异分析中的应用

分子标记为物种进化和分类提供了分子水平的证据,对种、种间及种内在分子水平的鉴别和演化关系的研究具有重要意义。DNA 标记所检测的是基因组 DNA 水平上的差异,因而它非常稳定、客观。近年来,利用分子标记技术从 DNA 水平上对属间、种间的亲缘关系、起源及发展进化等进行了研究探讨,并取得了较大进展。

David S. Hibbett(1992)利用 PCR 扩增特定片段的 rDNA 和 mtDNA 片段,根据酶切片段多态性图谱研究香菇菌种系统发育。王镭等(1997)采用 RAPD 技术对中国香菇 10 个野生种和 2 个栽培种进行遗传差异测定,认为我国的香菇野生资源存在着较大的遗传差异。詹才新等(1997)对不同来源且具有代表性的 16 个金针菇菌株进行了 RAPD 分析,并将它们分为 4 大类,各大类的类间和类内菌株的遗传变异程度较大。但从整个被测试的 16 个菌株来看,它们之间的遗传变异并不丰富。他认为将 RAPD 技术应用于不同菌株间遗传差异的研究,具有反应迅速、不受外界环境条件影响,能从 DNA 分子水平上揭示菌株间的遗传差异等优点。

秦国夫等(1996)对中国蜜环菌(*Armillaria mellea*)的 5 个生物种与欧洲种 *A. gallica* 和 *A. ostoyae* 进行 RAPD 图谱及系统聚类分析,揭示了中国 5 个种及其与欧洲生物种之间的分子系统学关系,将 7 个种分为 4 个群,证明 RAPD 可以作为研究食用菌进化关系的一种手段。郭力刚等(2000)分析了在不同国家和地区栽培的 8 个秀珍菇菌株的农艺性状,利用 RAPD 技术构建其树状遗传聚类图,从分子遗传学角度分析了现有秀珍菇菌株间的遗传差异。结果表明,这些菌株存在较大的遗传差异,为秀珍菇育种做了一些必要的基础工作。

阎培生等(2002)利用 RAPD 标记以银耳属的 2 个种为外类群研究了木耳属 8 个种的分子系统发育关系。结果表明,木耳属和银耳属分别为单一的分类单元,木耳属的 8 个种被分成 3 个明显不同的组,种间发育关系表明角质木耳和毛木耳应是两个不同的种而非同种异名,子实体横切面中髓层的有无并不表明不同种间亲缘关系的远近。马富英等(2002)对侧耳属 18 个种 52 个菌株及 3 个其他属的菌株的 28SrDNA 5'端进行 PCR-RFLP分析。结果表明,菌株间的相似系数为0.569～1.000,并将侧耳分为 5 大类,为侧耳属的分类鉴定和系统发育关系研究提供了分子水平的证据。目前,在食用菌系统发育关系研究中以分子标记作为依据的还有灵芝属(*Ganoderma*)、块菌属(*Tuber*)、虫草属(*Cordyceps*)等。

(四)在遗传育种及杂交子、融合子、转化子的鉴定中的应用

在食用菌育种中,杂交子、融合子与转化子的准确鉴定是至关重要的环节,分子标记技术为杂交子、融合子、转化子的鉴定提供了可靠的依据。

刘国振等(1995)对平菇、香菇及其原生质体融合子进行 RAPD 分析,在融合子的谱带中有 64 条与平菇相同(相似系数 S1＝70.6%),14 条与香菇相同(S1＝33.6%),26 条为双亲与融合子所共有。这表明此融合子为真融合子,只是从双亲获得的遗传信息不等。

王淑珍等(2003)利用液体培养 4 天的灵芝菌丝体和培养 3 天的糙皮侧耳菌丝体为材料,在 PEG-Ca^{2+} 系统中诱导原生质体融合,获得 19 株融合子,选取两个融合子及亲本菌株的基因进行 RAPD 分析。结果表明,两亲本的核物质在融合子中发生了重组,并影响酶蛋白的表达,而融合子在 DNA 水平上更接近灵芝。

肖在勤等(1998)对凤尾菇和金针菇科间融合子——金凤 2-1 及其衍生物进行 RAPD 分析,5 个融合子菌株均含有与金针菇和凤尾菇同源的遗传物质,从而证实金凤 2-1 是真正的融合子菌株。

詹才新等(1995)以金针菇不同亲本菌株及其杂交种为材料进行 RAPD 分析后,认为 RAPD 技术可鉴别出真伪杂种。罗信昌等(1995)用 10 个随机引物对木耳杂交子、融合子亲本进行了 RAPD 分析。结果显示,种内大部分谱带与亲本谱带成对应关系,并由一条新带产生,表明该融合子是双亲原生质融合的种内杂种,RAPD 技术可用于木耳杂交子和原生质体融合子的鉴定。贾建航等(1997)采用 Gene Pulser Ⅱ电击系统将香菇 DNA 导入平菇单核原生质体,利用基因互补原理获得了能出菇的转化子 1－1 和 13－48,并利用酯酶同工酶和 RAPD 技术对转化子进行了鉴定。

(五)在遗传图谱构建和基因克隆及基因定位中的应用

近年来,分子标记已用于食用菌的遗传作图。Kerrigan 等(1993)建立了一个集同工酶、RFLP、

RAPD、rDNA重复序列以及少量外部表型性状等多种标记的双孢蘑菇遗传连锁图。混合标记连锁图的建立为进一步分析双孢蘑菇的遗传行为、定位和克隆有关基因提供了一个很好的参照系。Larraya等（2000）以RAPD标记为主，辅以RFLP、同工酶、表型（交配因子）标记，进行了糙皮侧耳遗传图谱的构建，得到了189个位点的遗传图谱，分属11个连锁群。该图谱覆盖的基因组总长度为10000.7cM（厘摩尔根，centi-Morgan），标记间平均距离为5.3cM。范学林（2008）以野生香菇菌株HW21的131个孢子单核体为作图群体，采用RAPD、ISSR、SRAP和SSR标记技术，筛选到277个符合1∶1分离的分子标记，通过MapMaker 3.0软件构建了香菇混合分子标记遗传图谱，图谱中包括94个RAPD标记、53个ISSR标记、104个SRAP标记、16个SSR标记及2个交配型座位MatA、MatB。构建的连锁图分为14个连锁群，覆盖基因组总长度2 944.1cM，平均每条连锁群覆盖长度210.3cM，相邻分子标记间平均图距为10.7cM。图距最小的是LG10中SSR标记F107～400与F33～170之间的距离为0.4cM；最大的是LG8中RAPD标记S47～1 290与S42～1 400之间的距离，为36.8cM。连锁图中一共出现16个距离＞20cM的间隙。

高密度的遗传连锁图可用于设计育种对策，定位感兴趣的基因，特别是控制数量性状的主效基因座，分析在食用菌中普遍存在的染色体长度多态性的分子基础等。Xu等（1993）以RFLP标记为辅，将交配型基因定位于双孢蘑菇最大连锁群（染色体Ⅰ）上，并进一步证明子实体的形成虽然有赖于交配型基因，但交配亲和并不能保证子实体形成。Loftus等（1995）找到了一个与双孢蘑菇子实体颜色性状强度连锁的RAPD标记。Sonnerberg等（1996）将从cDNA文库中分离得到的ESTS定位于双孢蘑菇相应的染色体上，其中包括合成酶、漆酶、纤维素酶等已被克隆测序的与双孢蘑菇菌丝的生理生化特性相关的基因。研究发现rDNA在染色体中拷贝数的不同可导致相同的染色体的长度在不同菌株中发生变化。他们用RFLP标记、标记染色体法将ich1基因定位在染色体XⅡ上，并将其克隆。

谢宝贵等（2004）用群体分离分析法从200个随机引物中筛选出一个扩增片段与金针菇子实体白色基因连锁，并成功转化一个与金针菇子实体颜色紧密连锁的SCAR标记。张永强等（1999）将来源于同一木耳子实体的10个单孢萌发而成的单体按其所属的交配型分为两类，每类各5个，构成A1、A2两个基因池，用33种单引物、20种双引物进行RAPD混合集群分析。发现引物OPE19号能在这两个基因池间产生多态性，其中一条特异性谱带仅在A2基因池扩增产物中存在。说明通过大量引物筛选，可以找到与A因子座位连锁RAPD标记。

宋思扬等（2000）应用RAPD技术进行差异显示，得到一个与双孢蘑菇子实体品质相关的DNA片段克隆，并应用点杂交及RFLP技术对其区分两类菌株的有效性进行了检测。陈美元等（2003）利用RAPD对双孢蘑菇正常菌株及其丛生变异菌株基因组DNA进行研究，找到一个与双孢蘑菇丛生变异可能相关的DNA片段，将其克隆并测序。结果表明，该片段可能的部分开放阅读框（ORF）与多种生物的二氢硫辛酰胺脱氢酶（DLDH）的部分氨基酸序列有较高的同源性，由此提出了一个双孢蘑菇丛生变异的分子机制假设。

第三节　食用菌的分子育种

目前食用菌的育种方法主要有野生种驯化、杂交育种、诱变育种、原生质体融合育种和基因工程育种等多种。野生种驯化是从野生子实体中分离获得菌丝体，经过栽培试验，筛选获得优良菌种。这种育种方法需要分离获得大量的菌株，从中选出高产优质的品种，只能从现有的菌株中筛选，不能创造出新的种性。诱变育种是通过物理或化学的手段，促进变异，再从众多的变异体中筛选出好的品种，这是一种随机性很强的育种方法，需要大量的筛选才有可能获得好品种。原生质体融合育种是用于远缘杂交、克服“种间性隔离”的技术，20世纪80年代在食用菌广泛研究，但由于在有丝分裂过程中有些染色体会丢失，融合子不稳定，未得到广泛应用。杂交育种是一种有效的品种改良技术，它可以组合双亲的优良性状、甚至会表现出杂种优势，培育出超越亲本的杂交种。

近年来食用菌分子生物学技术已取得一些有益进展，逐步进入分子育种水平。分子育种（molecular breeding）是指在经典遗传学和现代分子生物学、分子遗传学理论指导下，将现代生物技术手段整合到经典遗传育种方法中，结合表现型和基因型筛选，培育优良新品种。分子育种包括分子标记辅助育种(marker assisted selection，MSA)和基因工程育种两个方面。分子标记辅助育种是把分子标记应用于亲本选择、新品种的早期筛选与杂种鉴定，从而缩短育种周期，提高育种效率。基因工程育种是按人们的预想、经过周密的设计，在基因水平上改造食用菌的遗传物质，按人们的意志创造所需新品种。这是一种定向改造食用菌的遗传性状的育种方法，大大提高了育种的目的性、精确性和可操作性。

一、食用菌的分子标记辅助育种

杂交育种是一项耗工耗时的工作，获得优良品种可谓是"可遇不可求"，有人从事杂交育种数十载也未育出好品种，其中原因主要在于随机性与盲目性。食用菌育种包括3方面的重要工作。首先是对育种材料进行遗传多样性和亲缘关系分析，确定育种亲本；其次是通过适当的方法把目标性状集合到后代中，采用有效的方法从众多的后代中筛选出优良品种；第三是对新品种进行鉴定。上述3方面的工作都可以应用现代分子标记技术作为辅助措施，尤其是建立与目标性状紧密连锁的分子标记，通过检测标记来判断目标性状，可大大减少工作量，降低育种盲目性，达到定向改良品种。

(一)质量性状及其分子标记方法

1. 质量性状鉴别

质量性状(qualitative character)是指分离群体中表现为不连续变异而显示质的差异的性状，它由一个或少数几个基因控制。

金针菇的子实体颜色，有的品种是黄色、有的是白色。谢宝贵等(2004)对金针菇"FL19"(黄色种)和"8801"(白色种)进行原生质体单核化研究，从"FL19"分离获得77个原生质体单核化菌株，从"8801"获得23个，对这些单核体菌株的交配型基因进行测定。结果表明，两个亲本菌株的A基因、B基因都存在着3个复等位基因，FL19的基因型为 $A_1A_2B_1B_2$，8801的基因型为 $A_2A_3B_2B_3$。FL19的原生质体单核体菌株Y63(A_1B_1)、Y66(A_1B_1)与8801的原生质体单核体菌株IM02(A_2B_3)、IS02(A_3B_2)进行杂交，获得4个有锁状联合的异核体菌株，A(Y63×IM02)、B(Y63×IS02)、C(Y66×IM02)、D(Y66×IS02)，出菇实验结果。表明这4个异核体的子实体均为黄色，金针菇子实体颜色。黄色性状对白色性状显性。应用单孢分离技术，从异核体菌株A、B、C、D的担孢子分离获得单孢菌株As、Bs、Cs、Ds系列共107株，其中As系列37株、Bs系列22株、Cs系列25株、Ds系列23株。以原生质体单核体菌株Y26(A_2B_2)、Y66、IM02、IS02作为测试菌株与上述107个单孢菌株进行配对，获得206个有锁状联合的异核体，经过出菇实验观察子实体颜色，分析结果表明，金针菇子实体颜色为单基因控制，FL19基因型为CC，表现型为黄色；8801的基因型为cc，表现型为白色；异核体菌株A、B、C、D的基因型均为杂合基因Cc，子实体为黄色。X^2分析结果还显示，子实体颜色基因与交配型A基因、B基因不连锁。

廖剑华等(2007)以双孢蘑菇白色菌株As2796和棕色菌株ARP159为亲本，通过单孢分离获得双亲的不育菌株，配对杂交获得6株杂种子一代(F1)，从F1的子实体分离单孢不育菌株，与两亲本的不育菌株进行回交，获得杂交菌株。出菇观察，杂交菌株子实体的颜色，分析菇体颜色的分离比例。结果表明，菇体颜色受一对基因控制，棕色为显性、白色为隐性。

食用菌的性状属于质量性状还是数量性状，有时根据分类依据不同而有变化。例如金针菇子实体颜色，如果把它分为黄色和白色两类进行研究时，它是质量性状；如果把黄色的深浅进行研究时，F2群体子实体颜色有的深、有的浅，呈现连续分布，它属于数量性状。

2. 质量性状的分子标记方法

质量性状是由一个或少数几个基因控制的，目前对性状的认识远远超过对其基因的认识，也就是说控制性状表现的基因通常是未知的。质量性状分子标记是寻找与质量性状基因紧密连锁的DNA片段，把它作为分子标记用来检测质量性状。建立质量性状分子标记的方法主要是分离群体分组混合分析法(bulked segregation analysis，BSA)。

BSA法的原理是将分离群体中的个体依据研究的目标性状(如金针菇子实体黄色与白色，不亲和性因子 A_1 和 A_2)分成2组，在每组群体中把各个个体的DNA等量混合，形成2个DNA池(混合物)。由于分组时只对目标性状进行选择，所以两个DNA池理论上主要在目标基因存在差异，其他基因都有。用RAPD、ISSR、SRAP、AFLP等技术对2个DNA池进行多态性检测，获得多态性片段，经过验证后可得到目标性状的分子标记。

谢宝贵等(2004)用 BSA 法构建了黄色基因和白色基因 2 个 DNA 池，从 200 个随机引物中筛选出一个与金针菇子实体白色基因连锁的 RAPD 标记。该标记对 88 个菌株进行 PCR 验证，55 个带有白色基因的菌株(其中 46 个 W 单核菌株、3 个 WW 异核菌株、6 个 WY 异核菌株)都能扩增出 $S375_{1800}$ 片段，32 个带有黄色基因(其中 29 个 Y 单核菌株、3 个 YY 异核菌株)的菌株相反，1 个黄色子实体的菌株出现异常。该 RAPD 标记的扩增片段测序之后重新设计特异引物，成功地把它转化成操作简单、特异性和稳定性均好的 SCAR 标记(图 8－19、图 8－20)，可以用于金针菇子实体颜色早期鉴别的分子标记。

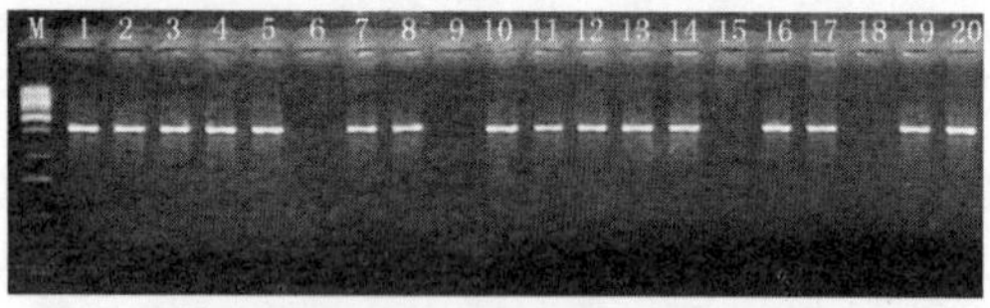

图 8－19　SCAR 应用于金针菇单孢菌株的子实体颜色基因型

注：6、9、15、18 单孢菌株携带黄色基因，其他菌株携带白色基因。

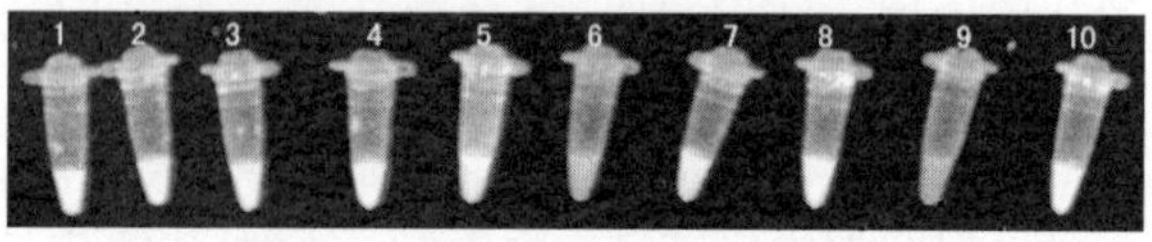

图 8－20　SCAR 荧光检测

注：6、9 单孢菌株携带黄色基因，其他菌株携带白色基因。

对于双孢蘑菇子实体颜色性状的分子标记，Loftus 等(1995)找到了一个与它有紧密连锁的 RAPD 标记。

食用菌不亲和性因子也是一种质量性状，也可以建立分子标记。张永强等(1999)将来源于同一木耳子实体的 10 个单孢萌发而成的单体按其所属的交配型分为 2 类，每类各 5 个，构成 A_1、A_2 2 个基因池，用 33 种单引物，20 种双引物进行 RAPD 混合集群分析，发现引物 OPEl9 号能在这 2 个基因池间产生多态性，其中一条特异性谱带仅在 A_2 基因池扩增产物中存在。说明通过大量引物筛选，可以找到与 A 因子座位连锁 RAPD 标记。

(二)数量性状及其分子标记方法

1. 数量性状鉴别

数量性状(quantitative character)是指分离群体内表现为连续变异不显示质的差异的性状，如产量、栽培周期、品质等性状。它由多基因控制的，共同作用决定了表型特征，其"量"常常可以用一定的方法来测量。在一个群体中数量性状的测量值呈正态分布，表型是连续的变异，没有明确的界限，且受环境影响较大。例如，金针菇的产量受培养基、栽培条件、管理方法等的直接影响。数量性状由于是多对基因作用的结果，每对基因的作用是符合孟德尔法则的。但由于多对基因作用的累加以及环境因素的影响，使得遗传规律十分复杂，不再符合孟德尔法则，必须借助统计学方法加以研究。

2. 数量性状的分子标记方法

数量性状是由许许多多微效基因共同控制的，这些基因在染色体上不一定均匀分布，通常成簇存在。每一簇微效基因对数量性状的表现有较大的贡献，可以把一簇微效基因当成是一个基因座(quantitative trait locus，QTL)，但它不等于一个基因。数量性状分子标记是寻找与数量性状基因座紧密连锁的 DNA 片段，把它作为分子标记用来检测数量性状，通常称为 QTL 定位(QTL mapping)。通过统计学方法分析 DNA 分子标记与数量性状表型值的关系，将 QTL 逐一定位到连锁群的相应位置。为此，QTL 定位要求建立高密度的连锁图(标记间平均距离＜15～20cM)，并且目标性状在群体中分离明显，符合正态分布。

(1)QTL 定位的一般步骤

①选择亲本

尽可能选择性状表现差异大、亲缘关系较远(即亲本之间的 DNA 多态性高)的材料，以保证杂交后获得的作图群体基因型差异大，以及分离群体中各个体出现较大的表型差异。

②选择作图群体

在食用菌遗传连锁图研究中，作图群体(mapping population)均采用单孢分离群体(single spore isolates，SSI)，即从杂交种的担孢子分离获得的单孢菌株群体。

③构建遗传图谱

目前用于构建遗传图谱的分子标记有 RAPD(random amplified polymorphic DNA)、RFLP(restriction fragment length polymorphism)、AFLP(amplified fragment length polymorphism)、SSR(Simple sequence repeat)、ISSR(Inter simple sequence repeat)和 SCAR(sequence characterized amplified regions)。在这些种类的分子标记中，SCAR 标记由于所用引物较长且引物序列与模板 DNA 完全互补，可在严谨条件下进行扩增，因此结果稳定性好、可重复性强。由于上述优点，SCAR 标记成为目前构建遗传连锁图的首选标记。

脉冲场凝胶电泳(PFGE)、酵母人工染色体(YAC)和细菌人工染色体(BAC)等分析和克隆大片段DNA的技术的发展,高等生物基因组的物理作图已成为可能,并已在人类、拟南芥菜、水稻中大规模展开,但在食用菌上还未见报道。利用已知的物理图谱,人们将可以更为有效地进行基因克隆,这将是食用菌QTL研究的一个发展趋势。目前,脉冲电泳以在食用菌核型分析上有所应用,已见报道的有金针菇(Kim,2000)、平菇(Larraya,1999)、香菇(曾东方,1996)等。

④选择合适的分离群体类型

在作物上应用的分离群体按照其遗传稳定性,分为暂时型和永久型两种类型。暂时型,例如F2群体、回交(backcross, BC)群体等;永久型,例如重组近交家系群体(recombination inbred lines, RIL)和加倍单倍体群体(doubled haploids, DH)等。但由于食用菌的生活史与作物不同,在作物上应用的分离群体有些不适用于食用菌。目前,在食用菌群体上,使用较多的是测交群体,即作图群体与单核测试菌株(monokaryotic testers)杂交所得。该群体由于引入了单核测试菌株,而该单核测试菌株的遗传背景不清楚,可能导致某些性状在分离群体中不能充分分离,因此,分析结果有可能不全面。为使性状尽可能充分分离,一般要求使用3~5个单核测试菌株,建立多个分离群体,尽可能减少测试菌株的影响。另一种是F2群体,即在已知作图群体交配型的基础上,可亲和单孢之间随机杂交而获得的群体。该群体相当于作物上的F2群体,两者不同点在于,食用菌可无性繁殖,故可以保证F2群体的遗传稳定性作为永久群体,而作物上的F2群体,是有性繁殖,它含有杂合基因型,性状易分离,不易保存,是暂时型群体。F2群体中,除极少数与交配因子紧密连锁的基因不能完全分离外,其他的基因都可充分分离。

⑤检测分离群体中每一个体的标记基因型和数量性状值。

⑥分析标记基因型和数量性状的值的关联性,确定数量性状基因位点在染色体上的相对位置,估计与数量性状基因位点有关的遗传参数。

(2)QTL定位的分析方法

数量性状是连续变异的,无法明确分组,QTL定位不能套用孟德尔遗传学中的连锁分析方法,必须应用统计分析方法。根据个体分组依据的不同,现有的QTL定位方法可以分成两大类。一类是以标记基因型为依据进行分组,称为基于标记的分析法(marker based analysis, MBA)。如果某个标记与某个(些)QTL连锁,那么在杂交后代中,该标记与QTL间会发生一定程度的共分离,于是该标记的不同基因型在(数量)性状的分布、均值和方差上将存在差异。检验这些差异,就能推知该标记是否与QTL连锁。另一类QTL定位方法,是以数量性状表型为依据进行分组,称为基于性状的分析法(trait based analysis, TBA)。在一个分离群体中,选择高低2种极端表型的个体,分成2组。若某个标记与QTL有连锁,则它的基因型分离比例在两组中都会偏离孟德尔规律。检验这种偏离,能推知该标记是否与QTL连锁。TBA中还有一种更简单的做法,称为混合分离分析法(bulked segregation analysis, BSA),它是将高、低两组极端表型的个体的DNA分别混合,形成2个DNA池,然后分析两池间的遗传多态性。在两池间表现出差异的标记即被认为与QTL连锁。TBA法,可以减少分子标记分析的费用,但它只能用于单个性状的QTL定位,且灵敏度和准确度都较低。因此,TBA法目前用得不多,主要采用MBA法。现有的MBA方法大体上可分成3类。

第一类:均值比较法(mean comparison, MC),即比较同一标记座位上不同基因型间数量性状的均值差异。若差异显著,则表明有QTL与该标记连锁。其优点是简单直观,但不能估计QTL的具体位置和效应。

第二类:性状-标记回归法(trait-marker regression, TMR),即将个体的数量性状表型值对单个标记或多个标记的基因型进行回归分析。TMR法通常不能给出QTL位置和效应的估计值,但根据各标记回归系数的显著性,能够判断出可能存在QTL的染色体区域。这种性质可用于育种中的标记辅助选择(marker assistedselection, MAS),即利用连锁标记对目标QTL的跟踪选择。

第三类:性状-QTL回归法(trait-QTL regression, TQR),即将个体的数量性状表型值对被检QTL的基因型进行回归分析。QTL的基因型需根据其相邻的单侧标记或双侧标记的基因型加以推断。若回归关系显著,表明该QTL存在,并能估计该QTL的位置和效应。

(3)食用菌QTL研究概况

QTL定位必须建立在有高密度的遗传连锁图的基础上,而目前具有高密度的遗传连锁图的食用菌种类还不多,限制了QTL定位在食用菌中的应用。见报道的有双孢蘑菇、平菇和金针菇。

Kerrigan等(1991)应用分子标记技术,绘制了双孢蘑菇连锁群图谱。在此基础上,Moquet等

(1999)用双孢蘑菇的一抗性菌株与一敏感菌株杂交，发现了对托拉斯假单胞菌(*Pseudomonas tolaasii*)抗性的QTL。该抗性QTL与褐色等位基因PPC1(piler-pellis color gene)紧密连锁，位于ADH和PPC1标记之间，距PPC1标记1.3cM。

Larraya等(2000)主要应用RAPD和RAPD-RFLP分子标记技术，以80个单核同源菌株作为作图群体绘制了平菇(*Pleurotus ostreatus*)高密度遗传连锁图谱。在此基础上，测定了80个同源单核菌丝分别在SEM和稻草基质培养基上的生长速率和5个测交群体双核菌丝在SEM培养基上的生长速率，明确了双核菌丝的生长速率为连续变化的数量性状，受多个数量基因座位(QTLs)和环境因子的共同作用。将平菇的整个基因连锁图分为成对共显性标记界定的109个区段，测试每个区段是否存在QTL的影响，应用最小二乘法的复合区间定位法对控制平菇菌丝生长速率的QTL进行了定位。研究发现，单核菌丝在SEM培养基上生长速率的QTLs在4号和8号染色体上，对总生长速率变异的贡献率为38.46%；在稻草基质上培养时，分别位于4号、6号、8号染色体上，对菌丝生长速率变异的贡献率为41.19%。研究表明，平菇双核体在SEM培养基上培养时，有12个QTLs对双核菌丝生长速率有重要影响，它们分布在平菇的各条染色体上，每个QTL对菌丝生长速率变异贡献率不同，在19.51%～39.14%。Larraya等(2002)还用最小二乘法的复合区间定位法对控制平菇早熟度、温度对早熟度的影响、温度对第一潮菇产量的影响、子实体数量、子实体平均重量、冷藏时质量的减少和子实体颜色等QTL进行定位，发现有18个QTLs控制产量性状，分布在不同连锁群上，对产量变异贡献率为5.70%～48.36%。其中位于7号染色体的一个产量QTL对产量性状的贡献率最大，为48.36%。10个QTLs控制品质性状，但是对品质性状变异贡献率较低(Larraya,2003)。

高巍(2007)应用RAPD、ISSR、SRAP 3种分子标记转化为14个SCAR标记，以120个单孢菌株为作图群体，构建金针菇的遗传连锁图谱。在此基础上，李博等(2009)对金针菇的遗传连锁群进行扩充，对45个标记(42个SCAR标记及A、B因子，子实体颜色性状)进行连锁分析，有35个标记存在连锁关系，构成8个遗传连锁群，每个连锁群有2～11个标记，总长度为785cM。连锁群长度范围为31.1～269.1cM，相邻两标记间的平均距离为29.0cM；以F2分离群体为作图群体，以F2模式对43个标记(42个SCAR标记和子实体颜色性状)进行连锁分析，有36个标记存在连锁关系，构成11个遗传连锁群，总长度为558.1cM。连锁群长度范围为23.8～193.5cM，相邻两标记间的平均距离为21.5cM。通过频数分布分析，菌丝生长速度、菌柄长度、菌盖大小均呈正态分布，符合数量性状特点。利用QTL分析软件QTL Network-2.0对以上的QTL进行分析，检测到一个控制单核菌丝在栽培料培养基上生长速度的QTL(*q*MGRS1)，和一对上位效应位点(*q*MGRS5-i,*q*MGRS8-j)，qMGRS1对单核菌丝在栽培料中生长速度的变异贡献率为13.8%；检测到一个影响双核菌丝在PDA培养基上生长速度的一对上位效应位点(*q*MGRP2-i和*q*MGRP3-j)。

范学林(2008)以采自湖北省神农架国家自然保护区腹地的野生香菇菌株HW21为亲本双核体，用常规交配试验及OWE-SOJ技术、核迁移试验等对其所产生的238个担孢子的交配型进行了准确鉴定，从中选取分属于A_1B_1、A_2B_2、A_1B_2和A_2B_1等4种基本交配型的113个担孢子及属于次级重组体的18个担孢子，构建了一个总数为131个孢子单核体规模较大、遗传多样性较为丰富的作图群体，构建包括RAPD、ISSR、SRAP和SSR标记在内的香菇混合分子标记遗传连锁图谱。同时还选取2个野生菌株、2个栽培菌株的原生质体单核本或孢子单核体作为测交单核体，与作图群体的孢子单核体交配，获得了4个系列的测交双核体。测定了每个测交双核体的菌丝生长性状、农艺性状、胞外酶活性等30个性状指标，利用Wingtlcart 2.5软件中的复合区间作图法(CIM)进行检测，以置换测试法确定不同性状的显著性阀值，定位了28个性状共78个QTL。各性状中检测出的QTL多数在1～4个之间，发现QTL最多的性状是单核体菌丝长速(PDA培养基)Mo-MGRP，一共发现8个QTL。14条连锁群中，除了LG_9、LG_{12}、LG_{13}和LG_{14}没有检测到QTL外，其他连锁群均检测到数目不等的QTL，其中LG_3中检测到的最多。QTL分布不均匀，主要集中在连锁群LG_1、LG_2、LG_3和LG_8上。检测出的QTL中有59个成簇分布，占全部QTL的72.0%，成簇分布QTL所控制的性状基本上存在显著或极显著相关性。单个QTL的贡献率在6.95%～63.66%之间，平均贡献率为17.29%，其中超过20%的主效QTL有23个，占全部QTL的28.05%。QTL的长度(95%置信区间)在2.8～28.7cM之间，平均11.02cM。用Qtlnetwork 2.0软件中的Bayesian-M CMC作图方法对香菇30个性状的QTL进行了分析，以验证CIM方法。发现了QTL，检测出17个性状的26个QTL，除少数几个性状的QTL外，其他QTL全部被CIM法检测到，而且两者共同发现的QTL具有基本相同的标记区间、在连锁群上的位置以及相差不大的QTL长度、贡献率和加性效应。通过MCMC方法对香菇全基因组扫描，发现有4个性状存在6对上位性互作的QTL，贡献率在3.58%～36.84%之间，平均为18.65%。

（三）分子标记在亲本选择上的应用

杂交育种的目标是把亲本的优良性状聚合到杂交种上，同时也期待超越亲本，获得杂种优势(hybrid vigor)。也就是说，优良性状聚合是第一目标，获得杂种优势是第二目标。上述两个目标的实现都与亲本选择在关。

1. 亲本性状选择

开展杂交育种之前通常已经确定了育种目标，一般是以高产、优质、抗病等为育种目标。近年来食用菌工厂化栽培发展迅速，适合于工厂化栽培的专用品种选育，其育种目标除了高产、优质、抗病等性状之外，还要求栽培周期短、产量集中、颜色好、朵形美等。为了达到聚合优良性状为一体，要求2个(或多个)亲本各拥有一些优良性状，并且能互补。例如，某一亲本产量高、栽培周期短，产量集中，但颜色深、菇盖薄。为了改良这两个不良性状，需要选择另一个具有颜色浅、菇盖厚的亲本，达到性状互补。

利用分子标记来检测目标性状，仅需要检测试验材料是否带有标记，如果是阳性，则与其紧密连锁的目标性状也是阳性。例如，金针菇子实体白色是由于它带有隐性基因c，为了培育白色品种，需要选择2个带有c基因的单孢菌株进行配对，而单孢菌株通常不形成子实体或难以形成子实体，无法确定它携带的是白色基因c还是黄色基因y。应用分子标记，仅需要提取单孢菌株的DNA，通过SCAR标记PCR，如果能获得扩增，可确定它是携带c基因；如果不能扩增，则携带的是y基因。对于数量性状，可检测与数量性状基因座紧密连锁分子标记，如果是阳性，则该基因座存在。

2. 亲本遗传背景选择

作物育种实践表明，亲缘关系远的亲本杂交，获得具有杂种优势的可能性大。为此，要求两亲本的亲缘关系越远越好。亲缘关系的远近可用遗传背景的差异来分析，两亲本遗传背景的多态性越多，亲缘关系远，反之则近。一般说，亲缘关系与菌株来源的地理位置有直接相关，分别来自南方和北方的2个品种，它们的亲缘关系远。如果2个品种来自同一地区，它们的亲缘关系近一些。在育种实践中，第一步是收集种质资源，随后进行评价，发掘一些优异性状，但难以确定各品种之间的亲缘关系。

基因型不同的品种，或亲缘关系不同的物种，基因组内核苷酸序列存在差异。亲缘关系越远，差异越大。RAPD、ISSR、SRAP及AFLP等都可对基因组进行扫描，发现品种之间的差异。为此，通过检测品种间的分子标记多态性，应用统计学方法计算相似系数，进行聚类和排序分析，可确立供试品种的亲缘关系或遗传背景多样性。作者所在实验室完成了香菇、黑木耳、毛木耳、平菇、凤尾菇、鲍鱼菇、秀珍菇等25种食药用菌1 648个菌株的RAPD、SRAP和ISSR分子标记研究，分析了这些菌株的亲缘关系，下面以凤尾菇为例说明。

首先用不同的RAPD、ISSR、SRAP引物对凤尾菇菌株进行PCR，选择多态性好的引物对全部菌株进行PCR检测。本试验用了10个RAPD、ISSR、SRAP引物对9个菌株的基因组DNA进行PCR扩增，共扩增出116条较为清晰的DNA条带，片段大小在0.1～3kb之间(图8－21)。

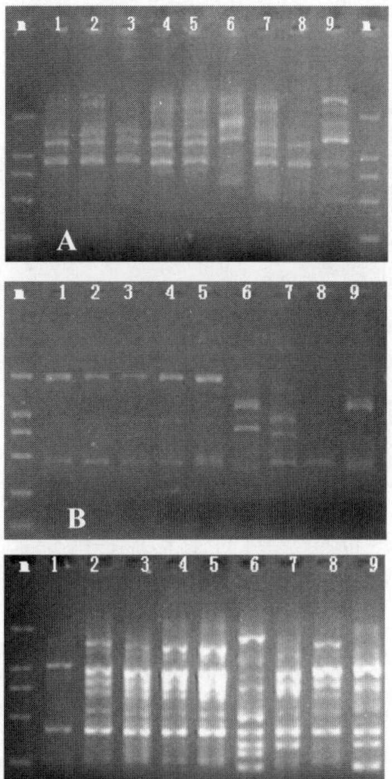

图8－21 凤尾菇的RAPD、ISSR及SRAP部分引物PCR结果

注：A. RAPD/S10，B. ISSR/13，C. SRAP/me3-em6。

电泳获得的每一条带(DNA片段)代表模板DNA上与引物互补的一对结合位点，同一引物扩增产物中电泳迁移率一致的条带被认为属于同一位点，其产物按扩增阳性记为"1"，扩增阴性记为"0"，形成"0-1"数据表，从而把图形资料转换成数据资料，并输入 EXCEL2003 中建立特征数据矩阵。根据 0-1 矩阵图统计求算出各物种的多态位点数和位点总数，利用多态位点与检测到的总位点之比，求算出多态位点百分率 P (Percentage of polymorphic sites)，以多态位点百分率来估算遗传分化的水平。

其计算公式为 $P=\frac{\text{多态位点数}}{\text{检测到的位点总数}}$

将统计 DNA 条带形成"0-1"数据输入 DPSv 3.01 版统计分析软件中，用 Jaccard 聚类距离中的类平均法(UPGMA)进行聚类，自动生成各菌株的遗传聚类图和相异系数表。

相异系数：$a=1-2n_{xy}/(n_x+n_y)$，其中 n_x 和 n_y 分别代表个体 x 和个体 y 经分子标记 *PCR* 反应扩增产生的条带数，n_{xy} 代表个体 x 和个体 y 经分子标记 *PCR* 反应扩增产生的共有条带数。9 个凤尾菇菌株的分析结果如图 8－22 所示。从图中可方便判断各菌株间的亲缘关系，如 Pl. 0001 与 Pl. 0006 的亲缘关系较远，Pl. 0002 与 Pl. 0003、Pl. 0004 与 Pl. 0005 的亲缘关系较近(熊芳，2008)。

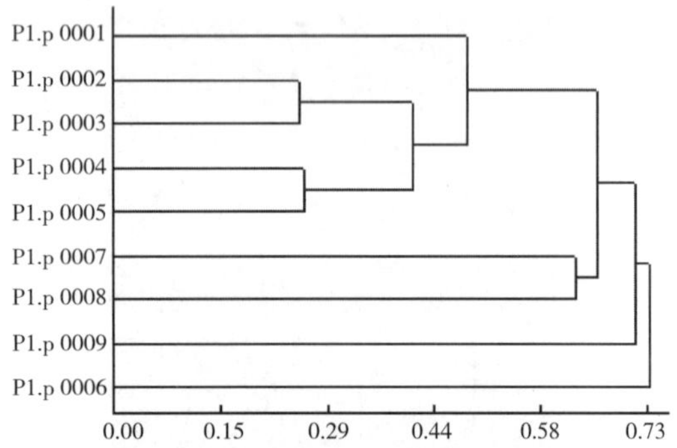

图 8－22　凤尾菇菌株的聚类分析结果

(四)分子标记辅助后代选择

食用菌的杂交育种，在亲本选择之后进行单孢菌株分离，随后把单孢菌株进行配对，分离纯化后得到杂交种。杂交种目标性状的表现不仅取决于两亲本，还取决于不同的单孢菌株。任何两个可亲和的单孢菌株通过配对均可得到杂交子。杂交育种是从众多的杂交子中筛选出符合育种目标的新品种，筛选工作的效率决定了育种效率。

食用菌的大部分性状(如产量、子实体颜色)需要通过出菇试验才能确定，耗工耗时，还受季节制约。分子标记辅助选择可在实验室内通过检测标记进行推测目标性状，初步筛选出一批有希望的杂交子再开展出菇试验，可大大提高育种效率。

对于质量性状，只需在实验室内检测与其紧密连锁的分子标记就可基本确定目标性状。分子标记检测的准确性取决于该标记与目标性状基因的连锁强度，紧密连锁，准确性高；遗传距离远，准确性较差。

对于数量性状，杂交种的选择一般有 4 种方法。①表型值选择：把表型值作为基因型的一个近似值，通过对目标性状的表型进行测量，筛选出好品种，这是一种最为经典、最为可靠的方法。②标记值选择：采用的分子标记与数量性状基因座紧密连锁，标记值是个体 QTLs 加性效应值的一个近似值，其近似程度取决于那些分子标记的加性遗传方差占总的加性遗传方差的比例。③指数选择：把表型值与标记值的信息综合起来构建一个选择指数，作为杂种后代的选择依据。④基因型选择：它是对与每一个 QTL 紧密连锁的分子标记进行选择，把 QTL 当作一个目标性状基因。作物育种研究表明，通过基因型选择之后再进行表型选择，育种效率较高。

(五)分子标记辅助杂种鉴定

在食用菌育种中，杂交种的准确鉴定是至关重要的环节。大部分食用菌(香菇、平菇、金针菇等)有锁状联合，它是一种形态标记，鉴定杂交种行之有效。但是，草菇、蘑菇、姬松茸、茯苓等食用菌没有锁状联合，杂交种的鉴定缺乏形态标记。杂交的本质是组合了 2 个亲本的遗传物质，应用分子标记可准确鉴定杂交种。

作者所在实验室将草菇 2 个匍匐型单孢菌株单 26、单 28 进行杂交配对，尖端菌丝细胞分离纯化后得到一气生型菌株 2628(图 8－23)。RAPD 标记(图 8－24)和 SRAP 标记(图 8－25)的 DNA 指纹表明，2628 继承包含了单 26 和单 28 的遗传物质，是一株杂交种。经过出菇试验，杂交菌株 2628 与当前主栽品种相比，子实体外观好，产量高，生物学转化率达到 33.4%。

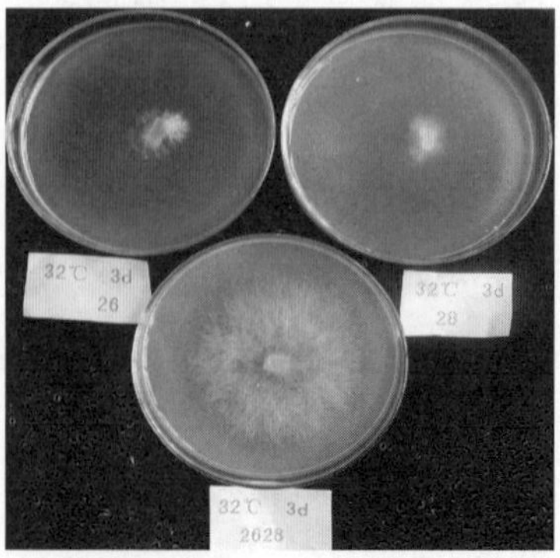

图 8－23　两个单孢菌株及其杂交菌株的菌落

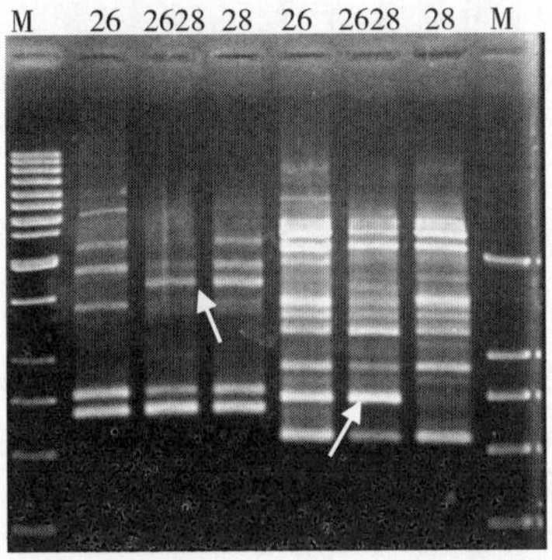

图 8—24　杂交菌株及其配对单孢菌株的 RAPD 分析

第 2～4 泳道采用引物 S15，第 5～7 泳道采用引物 S361

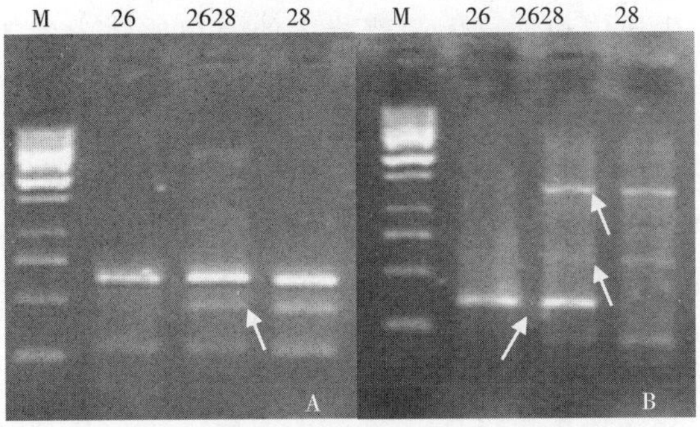

图 8—25　杂交菌株及其配对单孢菌株的 SRAP 分析

注：A. 引物 Me7-Em16，B. 引物 me1-Em14。

二、食用菌基因工程育种

食用菌基因工程育种是按照人们预先设计好的蓝图，从分子水平上对基因进行体外操作，将外源基因加工后插入到质粒载体中，转化受体细胞并使目的基因得以扩增和表达，从而实现定向改造食用菌品种，得到所需的目标性状或基因工程产品的技术。

基因工程育种包括外源基因的克隆、载体构建、遗传转化、转基因菌株的筛选与鉴定等过程。

（一）目标基因的获得（克隆）

食用菌基因工程育种是定向改造性状的方法，需要根据育种目标来确定需要改造的基因，目标基因可来自品种自身，也可来自其他生物。不管目标基因的来源，获得目标基因的方法有 3 种，即人工合成、直接分离、逆转录法。这些方法与其他生物相同，本文不再赘述。

（二）载体构建

目标基因需要整合到载体质粒中再转化到受体细胞中。目前食用菌没有天然的质粒可以使用，主要以细菌质粒为基本结构，插入真菌来源或其他来源的筛选标记和表达盒。

1. 选择标记研究

选择标记的功能是在选择压力下把转化体选择出来。为此，首先要在选择培养基中加入选择剂，产生一种选择压力，使未转化细胞不能生长、发育。其次是选择标记基因的产物对选择剂产生抗性，使转化细胞不受选择剂的影响，能正常生长、发育，从而把转化子选择出来。已报道的食用菌选择标记有如下 4 类：

（1）营养缺陷型标记

营养缺陷型标记是通过将野生型等位基因作为载体的元件，以营养缺陷型菌株作为受体。当载体质粒转化到受体细胞内后，能够使营养缺陷型菌株转变为原养型，从而在基础培养基上生长。用营养缺陷型基因作为选择性标记基因，筛选转化子具有高效、简单、本底很低的特点，还能引导载体质粒整合到染色体的同源部位（Challen M P，1991）。已报道的食用菌营养缺陷型标记基因有 *ura*1（二氢乳清酸）基因、*pab*1（p-氨基苯甲酸）基因以及 *trp*2（色氨酸）基因，它们已成功地分别作为杨树菇（Noel T，1994）、灰盖鬼伞（Granado J D，1997）、双孢蘑菇（Miranda D，1996）遗传转化的筛选标记用于转化子的筛选。然而分离这些营养缺陷互补型的菌株很困难，有些食用菌，如草菇、糙皮侧耳（Jia J H，1998）很难获得营养缺陷的突变型菌株，而且以营养缺陷型作为筛选标记容易产生回复突变，这种筛选标记在食用菌上较难利用。

（2）抗生素抗性标记

抗生素抗性标记已在植物、真菌遗传转化子的筛选上广泛使用。它是利用表达载体上的抗生素抗性基因，如卡那霉素抗性基因（Kan^r）、潮霉素抗性基因（Hyg^r）、腐草霉素抗性基因（Phl^r）、博来霉素抗性基因（Ble^r），在培养基中添加抗生素进行筛选，这种标记能克服以营养缺陷型为筛选标记的缺点。目前食用菌遗传转化上使用的主要抗生素抗性筛选标记是潮霉素 B 抗性基因（Miranda D，1996；Chen X，2000）。

（3）除草剂和杀菌剂抗性标记

这两种标记已在植物遗传转化中广泛使用，在食用菌遗传转化上使用也有一些报道，如 Bialaphos 抗性基因（*Bar*）（Noel T，1994；Yanai K，1996）、杀菌剂 Carboxin 抗性基因（Cbx^r）（Honda Y，2000）。这类抗性基因可应用于一些对抗生素不敏感的食用菌，如糙皮侧耳对潮霉素不敏感（Noel T，1994）。

（4）代谢产物抗性筛选标记

这是一种新的筛选标记，可以克服某些食用

菌对抗生素不敏感或抗生素和除草剂作为筛选标记时对食用菌有毒性的缺点。把外源的功能基因转入受体并在受体得到表达，如从灰盖鬼伞中分离到的 *trp*3[iar] 基因，该基因是抗氟基吲哚(5-fluoroindole，5FL)代谢的。草菇和糙皮侧耳对潮霉素不敏感。而对 5FL 十分敏感，把 *trp*[iar] 转入草菇和糙皮侧耳时，这两种食用菌能对 5FL 产生抗性达到筛选的目的(Honda Y，2000)。

此外，自 1994 年 Clalfie 首次在异源细胞表达绿色荧光蛋白(GFP)以来(Chalfie M，1994)，GFP 标记得到应用。GFP 基因通常作为报告基因用于检测外源基因在受体细胞的表达，也有把它作为筛选标记应用。1999 年，周炜等在裂殖酵母表达了 GFP，证明 GFP 可应用于真核微生物。Chen X 等人(2000)以潮霉素为选择性标记转化蘑菇，经过改造的 EGFP 已进入基因组，但没有表达。他们认为可能是 mRNA 加工错误或密码偏好问题。

2. 启动子

目前已分离的并用于食用菌遗传转化研究的启动子主要有 2 种：ras 启动子和 gpd 启动子。Ras 基因是从香菇分离到的(Hori K，1991)，后来在鬼伞中也分离到 ras 基因(Osamu Ishibashi，1993)，该基因编码 217 个氨基酸，中间含有 6 个内含子，能激活腺苷酸环化酶的活性，参与调节细胞中 cAMP 水平，在菌丝生长和子实体形成过程中有很高的转录水平。ras 启动子是 ras 基因表达的调控序列，含有 1 个 CAAT 盒 、1 个 CACCC 盒、2 个连续的 CACCC 盒及富含 CT 序列(Hori K，1991；Kajiwara S，1992)。ras 启动子已用于构建外源基因的表达载体转化香菇、双孢蘑菇、糙皮侧耳、灰盖鬼伞等食用菌(Yanai K，1996；Granado J D，1997；Ogawa K，1998；Hirano T，2000)。已证实，ras 启动子具有较强的调控外源基因表达的作用，如调控 Gus 基因在糙皮侧耳上的表达(Yanai K，1996)。

gpd (Glyceraldehyde-3-phosphate dehydrogenase)基因是糖酵解途径的关键酶基因，它的调控序列(即 gpd 启动子)具有很强的调控异源基因表达的作用，它最早从酿酒酵母中分离获得(Bitter G A，1984)。Gpd 启动子富含 CT 序列，并具有 CAAT 和 TATA 盒(Hirano T，1999)，已作为双孢蘑菇外源基因 hpt，草菇、糙皮侧耳外源基因 trp3[iar] 的启动子用于食用菌的转化，已证实该启动子具有很强的调控外源基因表达的作用(Jia J H，1998；Miranda D，1996)。Hirano T 等(2000)从香菇中分离了 gpd 基因，作为香菇外源基因表达的同源启动子。实验结果证实，gpd 基因启动子比 ras 启动子具有更强的调控外源基因表达的能力。

(三)遗传转化方法

食用菌的遗传转化已进行了多种途径的尝试，包括 PEG 介导转化、电激转化、基因枪转化、限制性内切酶介导转化、农杆菌介导转化等。

1. PEG 介导转化

PEG(polyethylene glycol)介导转化法最早应用于矮牵牛和烟草的转化，以矮牵牛悬浮细胞的原生质体和烟草无菌苗分离的原生质体为受体，在 PEG 的协助下把裸露的 DNA 直接转入原生质体中。PEG 介导的主要原理是 PEG 能使细胞膜之间或 DNA 与细胞膜之间形成分子桥，促使细胞接触和黏连，或是通过引起表面电荷紊乱，干扰细胞间的识别，有利于细胞间的融合或外源 DNA 的进入。应用该法对双孢蘑菇、糙皮侧耳、草菇等食用菌的遗传转化已有多篇报道(Chakraborty B N，1990；Challen M P，1991；Peng M，1993；Jia J H，1998；Yanai K，1996；王春晖，1999)。主要方法是把 250μl 的原生质体与 10～20μg 的质粒 DNA 混合，加入 100μg/ml 的肝素和 50μl PEG 缓冲液(60% PEG 4 000，10mM $CaCl_2$，10mM Tris，pH 7.4)，混匀后，置冰上 45 分钟，再加入 1ml 的 PEG 缓冲液，于 22℃下保温 15 分钟，离心收集原生质体并在选择培养基(含有抗生素的 PDAM 或 PDAS 培养基)上筛选转化子。以 PDAM 培养基的糙皮侧耳原生质体再生率(12.29%)略高于以 PDAS 为培养基的原生质体再生率(11.93%)。然而这两种再生率均比产黄青霉的再生率(60%)低得多，其原因可能与真菌的种类有关(Peng M，1993)。PEG 介导的主要特点是操作简单，但 PEG 对原生质体有一定的毒性，变异率高，且转化率也比较低。

2. 电激法

电激法是利用高压电脉冲作用，在原生质体膜上"电激穿孔"(Electroporation)，形成可逆的瞬间通道，促进外源 DNA 的摄取。自 1979 年 Zimmerann 发明该法以来，经过多年的研究和改进，已广泛应用于动物、植物的遗传转化。电激法最早应用于杨树菇的遗传转化，把编码二氢乳清酸脱氢酶基因 ura1 导入同源的杨树菇营养缺陷型突变菌株中，获得正常表达的杨树菇(Challen M P，1991)。双孢蘑菇、糙皮侧耳等也用该法进行遗传转化，获得转化子(Chakraborty B N,1990；Peng M,1993；Miranda D,1996；Stoop J M H,1999)。具体方法：将400μl原生质(密度为1×10^8/ml，悬浮在PDAM培养基中)移入间距为0.2cm的电激杯中，置于冰上，加入10μg的质粒DNA，于冰上放置10分钟后，施加电场(Ec＝1.8～3.2KV/cm，阻抗100～1 000Ω，电容0.25～25μF)进行电激。电激在原生质体膜上造成可恢复性小孔，DNA从小孔进入细胞，并整合到基因组中。电激后，在悬浮液中加入5ml PDBM培养基，并在冰上放置10分钟，再置于22℃下培养3～5天，移入选择培养基中筛选转化子。不同的食用菌最适电场强度不同，在电容25μF、阻抗800Ω条件下，糙皮侧耳(Peng M,1993)的最适脉冲电场强度为2.6～2.8KV/cm。在电容25uF、阻抗200Ω条件下，双孢蘑菇(Miranda D,1996)的最适电场强度为0.45KV/cm。在电激处理时加入PEG并没有提高转化率，电激法的转化率和PEG介导法的转化率相差不大(Peng M,1993)。但是电激法比PEG法操作更为简单方便，且所需DNA量少。电激法经改良后，可直接在带壁的植物组织和细胞上打孔，将外源DNA直接导入植物细胞，这种技术称之为"电注射法"。该方法已在丝状真菌粗糙脉胞霉和产黄青霉的菌丝和分生孢子的遗传转化上应用，并取得成功(Chakraborty B N,1990)，在食用菌上的应用尚未见报道。

3. 基因枪法

基因枪法又称微弹轰击法(Microprojectile bombardment)。自Klein TM等1987年首次利用钨粒对洋葱组织进行轰击试验以来，该法已被广泛应用于植物的遗传转化。它的主要原理是将外源DNA包被在微小的金粒或钨粒表面，然后微粒在高气压下被高速射入受体细胞或组织。微粒上的外源DNA也随之被带入细胞并整合到植物染色体上并得到表达，从而实现基因的转化。该法在丝状真菌上有许多成功的报道(Bhairi S M,1992；Christiansen S K,1995；Bills S N,1995)，在双孢蘑菇上有报道(Li A,1993)。其主要操作方法是利用常规方法培养并收集菌丝，用匀浆器搅拌食用菌菌丝20～30秒(3 000转/分钟)，把匀浆后的菌丝均匀地平铺在2 mm厚的培养基上。把制备好的质粒DNA包裹在金粉或钨粉上形成微弹，微弹均匀涂布在弹头前部凹穴中。然后用基因枪轰击培养基上的菌丝，再将被轰击的培养基及菌丝(约$6cm^2$)分割成约$1cm^2$大小的菌块，置于选择培养基(含有抗生素的PDA培养基)中进行菌丝的再生培养。基因枪法转化不受原生质体制备及再生的限制，可直接采用菌丝体(Bhairi S M,1992；Li A,1993；Bailey A M,1993)、夏孢子(Li A,1993)、子实体(Li A,1993)作为受体进行转化。

4. 限制性内切酶介导的DNA转化法

限制性内切酶介导的DNA转化法(Restriction Enzyme-mediated DNA Integration, REMI)是20世纪90年代发展起来的一种能较大幅度提高转化率的方法。Schiestl R H等于1991年第一次在酿酒酵母上成功地使用该法。1992年，Kuspa A等在盘基网柄菌上改良了该方法。对异孢旋孢腔菌(Lu S,1994)、白假丝酵母(Brown J D H,1996)和灰盖鬼伞(Granado J D,1997)、香菇(Sato T,1998)应用此法进行遗传转化均能有效地提高转化率。在香菇转化系统中加入50 U的限制性内切酶*Sal* I和2.5μg的pLC1-hph质粒，转化率由没有加酶时的6%增加到加酶后的60%，提高了10倍，有些真菌的转化率可提高20～60倍(Sato T,1998)。此法的主要原理是限制性内功酶穿透细胞膜和核膜在特异的酶切位点活体切断染色体DNA，产生的染色体DNA末端会在宿主细胞酶系的作用下与限制性内功酶切断的线性化的质粒DNA相连接。该法也可作为REMI标签对功能基因进行分离(Granado J D,1997)。以香菇为例，操作方法是取100μl悬浮在STC缓冲液中的香菇原生质体(密度为1×10^8/ml，约1g香菇菌丝制得)，加入150μl的STC缓冲液和2.5μg的pLC-hph质粒，再加50 U的限制性内切酶(*Sal* I)，轻轻混合后在冰上静置20分钟。可用两种方法处理这种混合液，第一种方法是在混合液中加入2ml的PEG溶液(60% PEG 4000，10mM Tris-HCl，pH7.5，10mM CaCl)，轻轻摇匀后在冰上静置20分钟，轻轻加入10mlSTC缓冲液；另一种方法是在混合液中加入62.5μlPEG溶液，轻轻混匀后在冰上静置20分钟，加入3.125ml PEG溶液，混合后在室温下放置20分钟，最后加入10ml STC缓冲液。处理完毕，分别离心(1 200转/分钟)10分钟。所得原生质体悬浮在4ml的MS液体培养基中，于25℃下静置培养2～4天。第二种处理方法的转化率比第一种方法高3倍(Sato T,1998)。

5. 农杆菌介导法

根癌农杆菌(*Agrobacterium tumefaciens*)是

革兰阴性的土壤杆菌，它浸染双子叶植物的受伤部位并形成冠瘿瘤。在冠瘿瘤形成过程中，农杆菌只留在植物细胞间隙中，其环状质粒 Ti 上的 T-DNA在细菌内被加工、剪切、复制后转入植物细胞并随机插入到植物的基因组中。农杆菌介导的遗传转化系统是一种天然有效的遗传工程系统，已广泛应用于双子叶植物和单子叶植物的遗传转化研究上。1998 年，Groot 等首先把农杆菌介导法应用于真菌的遗传转化。他以真菌的分生孢子和菌丝为受体，成功地把 T-DNA 转入泡盛曲霉、哈济氏木霉、粗糙脉胞霉和双孢蘑菇中（Groot M J A，1998；Gouka R J，1999）。在真菌上，农杆菌介导的转化率比传统的 PEG 法的转化率提高 600 倍（Groot M J A，1998）。Chen X 等（2000）利用改进的农杆菌介导法对双孢蘑菇子实体进行转化并获得成功，大大简化了蘑菇遗传转化的技术工艺，并且能显著提高双孢蘑菇的转化率。农杆菌介导转化的操作方法：利用三亲交配法或直接转化法把构建好的双元载体转入农杆菌菌株中，选择好食用菌的外植体（菌丝、子实体、孢子、原生质体），把外植体和农杆菌进行共培养，农杆菌的浓度一般为 10^7 个/毫升，共培养液一般需加入一定浓度的肌醇（100～150mg/L）和乙酸丁香酮（100～150μM）。于室温下培养 2 天之后转移到含有 200mM 头孢噻吩霉素的培养基上杀死农杆菌，然后把食用菌外植体转移到选择培养基（含有抗生素的 PDA 培养基）中筛选转化子。农杆菌介导法具有转基因比较稳定、拷贝数低、转化率高等优点，是值得推广行之有效的食用菌转化方法。

6. 锂离子及超声波介导转化

Ito 于 1983 年等用各种离子溶液处理酵母细胞后再进行 DNA 转化，发现一价碱性阳离子 Cs^+ 和 Li^+ 能明显促进酵母细胞吸收外源 DNA。Chen 等（1992）在锂离子介导的基础上进行改进，建立了一步转化法，可在酵母菌的静置期转化，并且技术简单，转化效率稳定。锂离子介导转化能对完整的酵母细胞进行 DNA 转化，不需要制备原生质体。

笔者研究了银耳芽孢的 LiAc 转化法、超声波转化法和物化结合转化法，不需要制备原生质体，用带壁的细胞进行转化。7.5～30μg 质粒 DNA 进行转化，上述 3 种方法的转化率分别为 304、750 和2 688个转化子/μg DNA。用微量的质粒 DNA（60ng）进行超声波转化，转化率最高可达 1.7 万个转化子/μg DNA。

（四）食用菌基因工程育种技术的应用

1. 抗冷冻蛋白基因转化草菇

郭丽琼等（2005）用 RT-PCR 技术从瑞典北极云杉卷叶蛾幼虫中扩增出抗冷冻蛋白基因，利用基因枪法遗传转化草菇。PCR 检测和 Southem 杂交结果证明，抗冷冻蛋白基因已整合进草菇基因组。低温胁迫试验结果表明，转基因草菇具有较强的耐低温能力。转基因草菇生物学特性观测结果显示，大多数草菇转化子的生长速率明显地慢于对照的宿主菌株，多数转化子的菌丝也明显地比宿主菌丝细弱。转化子筛选结果表明，用 3 轮转化子筛选程序，即第一轮在固体培养基上筛选、第二轮和第三轮在液体培养基中筛选，有利于获得真实转化子和淘汰假转化子。转基因草菇一代低温胁迫结果证明，转基因草菇后代仍然具有较强的低温耐受能力，说明转基因草菇的耐低温性能在世代之间是稳定的。

2. 高赖氨酸蛋白基因提高银耳芽孢的赖氨酸含量

朱虎等（2004）用 CAMV35S 启动子驱动高赖氨酸蛋白基因（lys），构建了 lys 基因银耳表达载体 pCB-lys。限制性内切酶介导法（REMI）把 pCB-lys 转化银耳酵母状分生孢子。营养缺陷型鉴定和显微形态观察都表明转化子是银耳酵母状分生孢子。目的基因特异引物 PCR、潮霉素抗性测定对转化子进行了验证。测定了转化子的 GUS 活性，结果大多数转化子都是阳性，说明外源基因可在银耳酵母状分生孢子细胞中表达。测定了 7 个转化子的氨基酸和赖氨酸含量，转基因菌株都比受体菌株 Tau811 高，氨基酸总量增幅2.5%～20.5%，赖氨酸增幅3.6%～16.6%。

3. 反义开伞基因转化草菇

谢宝贵、罗联忠（2004）、杨龙武（2008）克隆了一个草菇开伞相关基因片段，构建反义表达载体，通过热激法将开伞反义表达载体 pCB-Opn39 导入根癌农杆菌 C58 中，利用优化的农杆菌介导法，将反义载体导入受体草菇 H104。经过筛选与分子鉴定，获得了开伞速度显著变慢转化子 6 号。出菇试验初步结果显示：转化子蛋形期采收后的开伞时间要 23 小时以上，是对照受体菌株的 2.3 倍多（图 8－26）；在菇床面上要 26 小时左右。该研究结果表明，开伞反义基因在一定程度上起到了控制草菇开伞的作用。

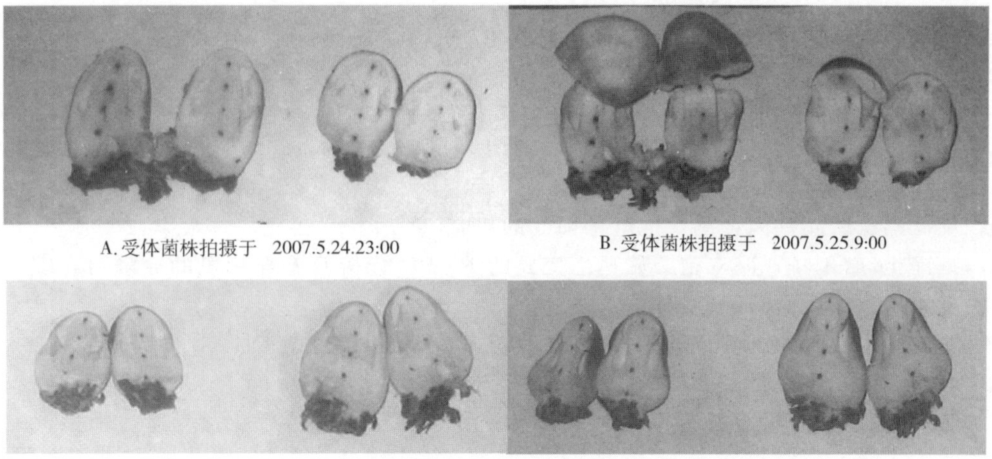

A.受体菌株拍摄于 2007.5.24.23:00　B.受体菌株拍摄于 2007.5.25.9:00

C.转化子 6 号拍摄于 2007.5.2 4.23:00　D.转化子 6 号拍摄于 2007.5.25.21:40

图 8－26　转反义基因草菇的开伞试验

4. 反义 PPO 基因转化蘑菇

谢宝贵、蔡志欣（2009）通过已公布的双孢蘑菇多酚氧化酶的 cDNA 序列设计引物并克隆该酶的基因。对这个基因进行生物信息学分析表明，该基因全长2 060 bp，其中含有 6 个内含子，除去 6 个内含子外含有1 707 bp，编码 568 个氨基酸，为酪氨酸酶。同时对蘑菇的抗药性和适用的外源基因启动子进行了探索。结果表明，蘑菇对潮霉素很敏感，低浓度（35μg/ml）就可以完全抑制蘑菇菌丝的生长，内源启动子 *A. bisporus gpd* 启动子对外源基因的启动能力很强，转化阳性率高达 35％。而花椰菜病毒 CaMV 35S 启动子在双孢蘑菇中不能正常启动外源基因的表达，转化阳性率为 0％。

在表达载体的构建上，以 *A. bisporus gpd* 为反义酪氨酸酶基因的启动子、以 PBHG 为骨架，构建了酪氨酸酶的反义表达载体 PBGH-antisenseP-PO，并通过农杆菌侵染转化蘑菇 AS2796，对 5 个转基因菌株（PA1～PA5）进行了多方面的鉴定。潮霉素抗性检测结果表明，转化子能够在潮霉素浓度高达 100μg/ml 的平板上生长，外源基因能稳定地整合到蘑菇的基因组中，且不因无性繁殖而丢失。多酚氧化酶活性测定结果，5 个转基因菌株的多酚氧化酶活性比受体菌株 AS2796 的酶活性降低了 20％～45％，同工酶酶谱条带少，颜色较对照浅。5 个转基因菌株的上述结果表明，反义酪氨酸酶基因的表达抑制了酪氨酸酶基因的表达，使转基因菌株中的多酚氧化酶表达水平大大低于野生型 AS2796。转基因菌株子实体的褐变情况如图 8－27、图8－28所示。

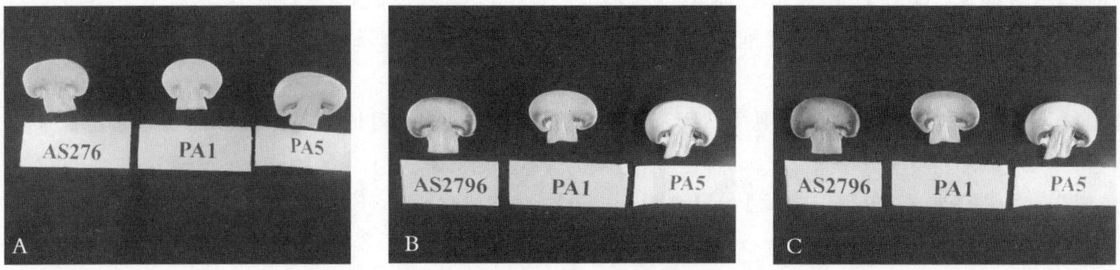

图 8－27　转基因蘑菇菌株的自然褐变试验

注：A. 纵切后拍摄，B. 18 小时后，C. 30 小时后。

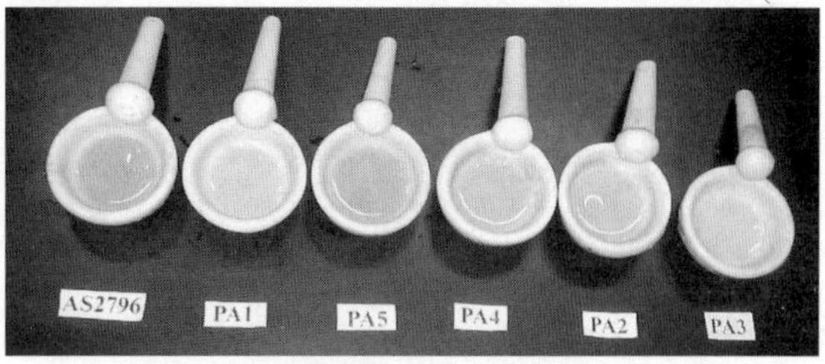

图 8－28　转基因蘑菇子实体研磨后褐变情况

参考文献

[1] 鲍大鹏，王南，陈明杰，等. 采用 ARDRA 和 RAPD 对柳松菇(Agrocybe aegerita)菌株遗传多样性的分析[J]. 上海农业学报，2001，17(1)：18-22.

[2] 蔡志欣. 反义酪氨酸酶基因抑制双孢蘑菇褐变的研究[D]. 福州：福建农林大学，2009.

[3] 陈美元，王泽生，廖剑华，等. 双孢蘑菇丛生变异的 RAPD 分析及差异片段的克隆[J]. 厦门大学学报(自然科学版)，2003，42(5)：657-660.

[4] 陈明杰，赵绍惠，张树庭. 用分子生物学技术对草菇进行菌株鉴别[J]. 真菌学报，1996，15(2)：129-134.

[5] 陈永久，王文，杨跃雄，等. 冬虫夏草随机扩增多态 DNA 及其遗传分化[J]. 遗传学报，1997，24(5)：410-416.

[6] 陈作红，张志光. 鹅膏菌属真菌的 RAPD 分析及亲缘关系的研究[J]. 菌物系统，2000，19(1)：51-55.

[7] 范学林. 香菇分子遗传图谱构建和数量性状座位(QTL)分析[D]. 武汉：华中农业大学，2008.

[8] 傅俊生. 草菇遗传规律研究[D]. 福州：福建农林大学，2010.

[9] 高巍. 金针菇 SCAR 标记遗传连锁图的构建[D]. 福州：福建农林大学，2007.

[10] 郭力刚，冯志勇，谭琦，等. 秀珍菇菌株遗传差异研究初报[J]. 食用菌学报，2000，7(4)：4-7.

[11] 郭丽琼，林俊芳，熊盛，等. 抗冷冻蛋白基因遗传转化草菇的研究[J]. 微生物学报，2005，45(1)：39-43.

[12] 黄晨阳，张金霞，郑素月. 刺芹侧耳(Pleurotus eryngii)rDNA 的 IGS2 多样性分析[J]. 农业生物技术学报，2005，13(5)：592-595.

[13] 黄留玉. PCR 最新技术原理、方法及应用[M]. 化学工业出版社，2005.

[14] 贾建航. 香菇 DNA 导入平菇原生质体及转化子鉴定研究[J]. 食用菌学报，1997，4(4)：5-10.

[15] 贾建航. 香菇空间诱变突变体的分子生物学鉴定研究[J]. 菌物系统，1999，18(1)：22-24.

[16] 李博. 金针菇遗传连锁图的构建及菌丝生长速度的 QTL 定位[D]. 福州：福建农林大学，2009.

[17] 李荣春. 双孢蘑菇遗传多样性分析[J]. 云南植物研究，2001，23(4)：444-450.

[18] 李三暑，林新坚. 姬松茸和双孢蘑菇不同菌株的 RAPD 扩增研究[J]. 食用菌学报，2002，9(3)：1-4.

[19] 廖剑华，陈美元，卢政辉，等. 双孢蘑菇子实体颜色的遗传规律分析[J]. 菌物学报，2007，26(增刊)：138-140.

[20] 刘国振，刘振岳，贾建航，等. 用 RAPD 方法对平菇、香菇属间原生质体融合子的研究[J]. 遗传，1995，17(5)：37-40.

[21] 柳李旺，龚义勤，黄浩，等. 新型分子标记——SRAP 与 TRAP 及其应用[J]. 遗传，2004，26(5)：777-781.

[22] 罗联忠. 草菇开伞基因克隆及反义表达载体构建[D]. 福州：福建农林大学，2004.

[23] 罗信昌. 分子生物学技术在菇类研究中的应用[J]. 食用菌学报，1995，2(4)：1-10.

[24] 马富英，罗信昌. 28SrDNA PCR-RFLP 分析在侧耳属系统发育研究中的应用[J]. 华中农业大学学报，2002，21(3)：201-205.

[25] 秦国夫，贺伟，沈瑞祥. 中国蜜环菌生物种的 RAPD 分析[J]. 真菌学报，1996，15(1)：26-33.

[26] 瞿礼嘉. 现代生物技术导论[M]. 北京：高等教育出版社，2004.

[27] 宋思扬，曾伟，陈融，等. 一个与双孢蘑菇子实体品质相关的 DNA 片段的克隆[J]. 食用菌学报，2000，7(3)：11-15.

[28] 孙文波，李海鹰，王桂文，等. 应用 RAPD 鉴定红菇组织分离菌株的探索试验[J]. 广西科学，2000，7(3)：222-224.

[29] 王春晖，喻初权，张志光. 外源 DNA 片段导入原生质体的研究[J]. 食用菌学报，1999，6(4)：1-6.

[30] 王镭，谭琦，陈明杰，等. 从 DNA 水平上分析香菇不同菌株的遗传差异[J]. 食用菌学报，1997，4(4)：21-24.

[31] 王淑珍.灵芝与糙皮侧耳原生质体融合子基因组 RAPD 分析[J].食用菌学报,2003,10(1):1-5.

[32] 肖在勤.金针菇与凤尾菇科间原生质体融合研究[J].食用菌学报,1998,5(1):6-12.

[33] 谢宝贵,江玉姬,吴文礼.金针菇子实体颜色的遗传规律研究[J].菌物学报,2004,23(1):79-84.

[34] 谢宝贵,刘维侠.金针菇子实体颜色的分子标记[J].福建农林大学学报.2004,33(3):363-368.

[35] 熊芳.分子标记鉴别侧耳属 10 种食用菌种质资源的研究[D].福州:福建农林大学,2008.

[36] 阎培生,蒋家慧,罗信昌,等.黑木耳菌株的分子鉴定与遗传多样性[J].莱阳农学院学报,2001,18(4):297-301.

[37] 阎培生,蒋家慧.利用 RAPD 标记构建木耳属种间关系的研究[J].菌物系统,2002,21(1):47-52.

[38] 杨龙武.草菇开伞反义基因应用初探[D].福州:福建农林大学,2008.

[39] 赵锦,王宁.冬虫夏草无性型的分子鉴定[J].中山大学学报,1999,38(1):121-123.

[40] 赵明文,陈明杰.灵芝生产用种的亲缘关系研究[J].南京农业大学学报,2003,26(3):60-63.

[41] 詹才新,朱兰宝,杨新美.利用 RAPD 技术评估金针菇种质资源[J].食用菌学报,1997,4(1):1-7.

[42] 詹才新,朱兰宝.RAPD 技术在金针菇杂交育种中的应用[J].食用菌学报,1995(1):7-11.

[43] 张永强,罗信昌.木耳交配型混合集群 RAPD 分析[J].菌物系统,1999,18(2):192-196.

[44] 张引芳,法郎西斯莫林娜.RFLP 在鳞翅目蛹虫草菌鉴别中的应用[J].食用菌学报,1994,1(2):21-24.

[45] 张金霞,黄晨阳,张瑞颖.中国栽培白灵侧耳的 RAPD 和 IGS 分析[J].菌物学报,2004,23(4):514-519.

[46] 张云武,陈永久,沈发荣,等.滇西北地区冬虫夏草和阔孢虫草的遗传分化研究[J].菌物系统,1999,18(2):176-183.

[47] 曾东方,罗信昌,陈升明.珍稀共生食用真菌松茸 DNA 指纹研究[J].园艺学报,2000,27(3):223-225.

[48] 曾东方.香菇的电泳核型分析[J].微生物学杂志,1996,16(3):61-62.

[49] 朱虎.高赖氨酸蛋白基因转化银耳研究[D].福州:福建农林大学,2004.

[50] 朱玉贤,李毅,郑晓峰.现代分子生物学(第 3 版)[M].北京:高等教育出版社,2007.

[51] 周炜.绿色荧光蛋白基因在裂殖酵母中的表达[J].湖北大学学报(自然科学版),1999,21(1):73-75.

[52] BAILEY A M, MENA GL, HERRERA-ESTRELLA L. Transformation of four pathogenic Phytophthora spp. by microprojectile bombardment on intact mycelia[J]. Current Genetics, 1993,23(1):42-46.

[53] BHAIRI S M, STAPLES R C. Transient expression of the β-Glucuronidase gene introduced to Uromyces appendiculatus uredospores by particle bombardment[J]. Phytopathology, 1992(82):986-989.

[54] BILLS S N, RICHTER D, PODILA G. Genetic transformation of the ectomycorrhizal fungus Paxillus involutus by particle bombardment[J]. Mycological Research, 1995,99(5):557-561.

[55] BITTER G A, EGAN KM. Expression of heterologous genes in Saccharomycete cerevisiae from vectors utilizing the glyceraldehydes-3-phosphate dehydrogenase gene promoter[J]. Gene, 1984, 32(2):263-274.

[56] BROWN J D H, SLOBODKIN I V, KUMAMOTO C A. Stable transformation and regulated expression of an inducible reporter construct in Candida albicans using restriction enzyme-mediated integration[J]. Molecular and General Genetics, 1996,251(1):75-80.

[57] BUNYARD B A, NICHOLSON M S, ROYSE D J. A systematic assessment of Morchella using RFLP analysis of the 28S ribosomal RNA gene[J]. Mycologia, 1994,86(6):762-772.

[58] CASTLE A J, HORGEN P A, ANDERSON J B. Restriction fragment lenghth polymorphisms in the mushroom Agaricus brunnescens and Agaricus bitorquis. Appl Envion Microbiol,1987,53(4):816-822.

[59] CHALFIE M, TU Y, EUSKIMBEN G, et al. Green fluoresent protein as a marker for gene expression[J]. Science,1994(263):802-805.

[60] CHAKRABORTY B N, KAPOOR M. Transformation of filamentous fungi by electroporation [J]. Nucleic Acids Research, 1990,18(22):6737.

[61] CHALLEN M P, RAO B G, ELLIOT T J. Transformation strategies for Agaricus bisporus. In: Van Griensven LJLD (ed) Genetics and Breeding of Agricus[M]. Wageningen: Pudoc, 1991.

[62] CHEN X, STONE M, SCHLAGNHAUFER C, et al. A fruiting body tissue method for efficient Agrobacterium-mediated transformation of Agricus bisporus[J]. Applied and Enviromental Microbiology, 2000,66(10):4510-4513.

[63] CHEN D C, YANG B C, KUO T T. One-step transformation of yeast in stationary phase[J]. Curr. Genet, 1992,21(1):83-84.

[64] CHRISTIANSEN S K, KUNDSEN S, GIESE H. Biological transformation of the obligate plant pathogenic fungus, Erysiphe graminis f. sp hordei[J]. Current Genetics, 1995,29(10):100-102.

[65] DOOLYI KIM, YUTAKA TAMAI, TOMONORI AZUMA,et al. Analysis of the electrophoretic karyotype of Flammulina velutipes[J]. The Japan Wood Research Society, 2000(46):466-469.

[66] GOUKA R J, GERK C, HOOYKAAS P J J, et al. Transformation of Aspergillus awamori by Agrobacterium tumefaciens-mediated homologous recombination [J]. Nature Biotechnology, 1999,17(6):598-601.

[67] GRANADO J D, KERTESZ-CHALOUPKOVA K, AEBI M, et al. Restriction enzyme-mediated DNA integration in Coprinus cinereus[J]. Molecular and General Genetics, 1997,256(1):28-36.

[68] GROOT M J A, BUNDOCK P, HOOYKAAS P J J, et al. Agrobacterium tumefaciens-mediated transformation filamentous fungi[J]. Nature Biotechnology, 1998,16(9):839-842.

[69] HIBBETT D S. Evolutionary relationships of Leutinus to the polyporaceae evidence from restriction analysis of Enzymatical amplified ribosomal DNA[J]. Mycologia, 1992,83(4):425-439.

[70] HIRANO T, SATO T, OKAWA K, et al. Isolation and characterization of the glyceraldehydes-3-phosphase dehydrogenase gene of Lentinus edodes[J]. Bioscience Biotechnology and Biochemistry, 1999,63(7):1223-1227.

[71] HIRANO T, SATO T, YAEGASHI K. et al. Efficent transformation of the edible basidiomycete Lentinus edodes with a vector using a glyceraldehydes-3-phosphate dehydrogenase promoter to hygromycin B resistance[J]. Molecular and General Genetics, 2000,263(6):1047-1052.

[72] HONDA Y, MATSUYAMA T, IRIE T, et al. Carboxin resistance transformation of the homobasidiomycete fungus Pleurotus ostreatus[J]. Current Genetics, 2000,37(3):209-212.

[73] HORI K, KAJIWARA S, SAITO T, et al. Cloning, seguence analysis and transcriptional expression of a ras gene of the edible basidiomycete Lentinus edodes[J]. Gene, 1991,105(1):91-96.

[74] ITO H, FUKUDA Y,MURATA K, et al. Transformation of intact cells treated with alkali cations[J]. J. Bacteriol, 1983(153):163-168.

[75] JIA J H, BUASWELL J A, PEBERDY J F. Transformation of the edible fungi, Pleurotus ostreatus and Volvariella volvacea[J]. Mycological research, 1998, 102(7):876-880.

[76] KAJIWARA S, SHISHIDO K. Characterization of the promoter region of the basidiomycete Lentinus edodes Le. Ras gene[J]. FEMS Microbiology Letters, 1992, 92(2):147-150.

[77] KERRIGAN R W, HORGEN P A, ANDERSON J B. A genetic linkage map for Agaricus bisporus[M]. In L. J. L. D. van Griensven(ed.),Genetics and breeding of Agaricus. Pudoc., wageningen. The Netherlands,1991.

[78] KERRIGAN R W, ROYER J C, BALLER L M, et al. Meiotic behavior and linkage relationship in the secondarily homothallic fungus Agaricus bisporus[J]. Genetics, 1993(133):225-236.

[79] KHUSH RS, BECKER E, WACH M. DNA amplification polymorphisms of the cultivated mushroom Agaricus bisporus[J]. Appl Envion Microbiol, 1992(58):2971-2977.

[80] KUSPA A, LOOMIS W F. Tagging developmental genes in Dictyostelium by resriction enzyme-mediated integration of plasmid DNA [J]. Proc. Natl. Acad. Sci, USA, 1992, 89 (18):

8803-8807.

[81] LARRAYA L G, PÉREZ. Molecular karyotype of the white rot fungus Pleutotus ostreatus[J]. Appl. Environ. Microbiol., 1999(65):3413-3417.

[82] LARRAYA L M, PÉREZ G, RITTER E A G. Pisabarro, and L. Ramírez. Genetic linkage map of the edible basidiomycete Pleurotus ostreatus[J]. Applied and Environmental Microbiology, 2000, 66(12):5290-5300.

[83] LARRAYA L M, IDARETA E, ARANA D E, et al. Pisabarro, and L. Ramírez. Quantitative trait loci controlling vegetative growth rate in the edible basidiomycete Pleurotus ostreatus[J]. Applied and Environmental Microbiology, 2002, 68(3):1109-1114.

[84] LARRAYA L M, ALFONSO M A G. Pisabarro, and L. Ramírez. Mapping of genomic regions (quantitative trait loci) controlling production and quality in industrial cultures of the edible basidiomycete Pleurotus ostreatus [J]. Applied and Environmental Microbiology, 2003, 69 (6): 3617-3625.

[85] LI A, HORGEN P A. Attempts to develop a transformation system in Agricus bisporus, utilizing particle bombardment and several other novel approaches[J]. Cultivated Mushroom Research Newsletter, 1993(1):11-16.

[86] LI A, ALTOSAAR I, HEATH M C. et al. Transient expression of the beta-glucurondase gene delivered into urediniopores of Uromyces appendiculatus by particle bombardment[J]. Can Journal Plant Pathology, 1993, 15(1):1-6.

[87] LI G, QUIROS C F. Sequence-related amplified polymorphism (SRAP), a new marker system based on a simple PCR reaction:its application to mapping and gene tagging in Brassica[J]. Theor Appl Genet, 2001(103):455-461.

[88] LOFTUS M G, LODDLER S C, LEGG E J, et al. Molecular mushroom breeding. In: Elliott TJ, Science and Cultivation of Edible Fungi[M]. The Netherlands: Balkema, Rotterdam, 1995.

[89] LU S, LYNGHOLM L, YANG G, et al. Tagged mutations at the Tax 1 locus of Cochliobolus heterosporus by restriction enzyme mediated integration[J]. Proc. Natl. Acad. Sci. USA, 1994, 91(26):12649-12653.

[90] MOLINA F L, SHEN P, JONG S H, et al. Molecular evidcnce supports the separation of Lentinula edodes from Lentinus and relaled genera[J]. Can J Bot, 1992(70):2446-2452.

[91] MIRANDA D, VAN DE RHEE, PAULA MA GRACA, et al. Transformation of the cultivated mushroom, Agricus bisporus, to hygrmycin B resistance[J]. Molecular and General Genetics, 1996, 250(3):252-258.

[92] MOQUET F, DEAMERGER C, MAMOUN M, et al. A quantitative trait locus of Agaricus bisporus resistance to Pseudomonas tolaasii is closely linked to natural cap color[J]. Fungal Genetics and Biologyrg, 1999(28):34-42.

[93] NICHOLSON M S, BUNYARD B A, ROYSE D J. Phylogeny of the genus Lentinula based on ribosomal DNA restriction fragment length polymorphism analysis[J]. Mycologia, 1997, 89(3):400-407.

[94] NOEL T, LABARERE J. Homologous transformation of the edible basidiomycete Agrocybe aegerita with the URA1 gene: characterization of integrative events and of rearranged free plasmids in transformation[J]. Current Genetics, 1994, 25(5):432-437.

[95] OGAWA K, YAMAZAKI T, HASEBE T. et al. Molecular breeding of the basidiomycete Coprinus cinereus strains with high lignin-decolorization and -degradation activities using novel heterologous protein expression vectors[J]. Applied Microbiology and Biotechnology, 1998, 49(3):285-289.

[96] OSAMU ISHIBASHI, KAZUO SHISHIDO. Nucleotide sequence of a ras gene from the basidiomycete Coprinus cinereus[J]. Gene, 1993, 125(2):233-234.

[97] PENG M, LEMKE PAUL A, SHAW JOSEPH J. Improved condition for protoplast formation and transformation of Pleurotus ostreatus[J]. Applied Microbiology and Biotechnology, 1993,40(1):101-106.

[98] SATO T, YAEGASHI K, ISHLL S. et al. Transformation of the edible basidiomycete Lentinus edodes by restriction enzyme-mediated integration of plasmid DNA[J]. Bioscience Biotechnology and Biochemistry, 1998, 62(12):2346-2350.

[99] SCHIEST R H, PETES T D. Integration of DNA fragments by illegitimate recombination in Scharomyces cerevisiae[J]. Proc. Natl. Acad. Sci, USA, 1991, 88(17):7585-7589.

[100] SONNERBERG A S, DE GROOT P W, SCHAAP P J, et al. Isolation of expressed sequence tags of Agaricus bisporus and their assignment to chromosomes[J]. Appl Envion Microbiol, 1996,62(12):4542-4547.

[101] STOOP J M H, MOOIBROEK H. Advance in genetic analysis and biotechnology of the cultivated mushroom, Agricus bisporus[J]. Applied Microbiology and Biotechnology, 1999, 52(4):474-483.

[102] XU J, KERRIGAN R W, HORGEN P A, et al. Localization of the mating type gene in Agaricus bisporus[J]. Appl Envion Microbiol, 1993(59): 3044-3049.

[103] YANAI K, YONEKURA K, USAMI H, et al. The integrative transformation of Pleurotus ostreatus using Bialaphos resistance as a dominant selectable marker[J]. Bioscience Biotechnology and Biochemistry,1996, 60(3):472-475.

[104] ZHANG Y, MOILINA F L. Strain typing of Lentinula edodes by random amplified polymorphic DNA assay[J]. FEMS Microbiol Lett, 1995,131(1):17-20.

（谢宝贵）

第九章 食药用菌液体发酵技术

DIJIUZHANG SHIYAOYONGJUN YETI FAJIAO JISHU

摘要：本章主要介绍常规液体发酵食药用菌的发酵技术、所需设备，同时对液体发酵的应用前景提出了建设性意见。

Liquid Fermentation Technology of Edible and Medicinal Mushrooms

Abstract: The chapter introduces conventional liquid fermentation technologies and the equipment necessary for culturing edible and medicinal mushrooms. It also considers the future prospects for liquid fermentation systems.

第一节 概　述

液体发酵培养是让菌体在特定的培养液、一定温度和通气条件下，快速生长和合成目的物的培养，目的产物可以是菌丝体，也可以是代谢产物。菌丝体可作为液体培养的菌种，也可用作固体栽培的菌种和生产保健食品、药品的原料。发酵液中有菌丝生长产生的各种代谢产物，如真菌多糖、多肽、核酸、氨基酸、抗生素、甾醇、核苷类等物质，这些物质都是食药用菌的有效成分，有抗癌、抗衰老、调节免疫功能、安神、治疗消化道溃疡、保肝等作用。将这些代谢产物提取分离，或直接浓缩、加工后，可制成保健食品或药品。

液体发酵培养又叫深层培养。液体发酵培养食药用菌菌丝体起源于美国。1947 年，Itumleld 用液体深层发酵培养蘑菇（*Aguricus bispirus*）菌丝。1953 年，Siuess 用液体发酵培养（Agaricus bisporus）羊肚菌（*Morchella isculenta*）菌丝做调味剂。1958 年，上海植物生理研究所微生物研究室焦瑞生等以获得食用菌菌丝体为目的，进行了侧耳、蘑菇菌丝体的液体发酵培养。1961 年，陈国良在上海市农业科学院食用菌研究所进行了平菇、茯苓等液体菌丝体培养，发现各种食用菌中，茯苓菌丝生长最快、得率最高，发酵液几乎全部转化成菌丝体。1975 年，中国医学科学院药物研究所杨云鹏等进行了蜜环菌发酵培养，并研制成蜜环片（药品）。1977 年，陈国良用猴头菇菌的固体培养物研制成猴菇菌片（药品）。自 20 世纪 70 年代后，我国先后进行了香菇、冬虫夏草、云芝、安络小皮伞、茯苓、猪苓、银耳、猴头菇、灵芝、层卧孔菌、白耙齿菌、竹荪等食药用菌的发酵研究。液体发酵培养的菌丝体大部分制成了药品或保健食品，如河南省医药工业研究所用香菇菌（*Lentinus edodes*）发酵，制成了香菇多糖片；中国医科院药物所用蝙蝠蛾拟青霉菌发酵，制得了金水宝胶囊；浙江省中医研究所用虫草头孢菌（*Cophalosporium sinenses*）发酵制成了宁心宝；上海师范大学用云芝（Coriolus versicolor）发酵菌制成了云芝糖肽；山西省医学工业研究所用蝙蝠蛾被孢霉制成了致灵胶囊；福建三明真菌研究用层臣孔菌发酵液制成的冠脉乐片，用银耳菌（*Tremalla fuciformis*）发酵液制成了银耳孢子糖浆；长春中医学院用白耙齿菌（*Irpex lactous*）发酵物制得了肾炎康；广东省微生物研究所以安络小皮伞菌（*Marasmins androsacens*）发酵物制得了安络痛片；南京中医学大学用槐栓菌固体菌丝体制成了槐茸冲剂等 10 多个药品和保健食品。药用菌发酵菌丝体或发酵液制成的药品或保健食品大多有提高免疫功能、增进食欲、改善睡眠、保肝、消除疲劳、增强体质的效果。香菇、蛹虫草、金针菇、平菇等食用菌已采用发酵法生产液体菌种。但由于我国食药用菌生产大多以家庭为生产单位，生产规模小，与工业化生产的液体食药用菌菌种使用不配套，运输距离远，储存、使用时间长，在静置条件下发酵液中缺乏空气，菌丝体会发生自溶死亡现象，最终导致接种后杂菌感染率高。因此，目前液体发酵培养食药用菌除蛹虫草等少数几个品种外，大多还未能得以普及应用。

第二节　食药用菌液体发酵的设备

食药用菌液体发酵培养过程包括试管斜面培养、三角瓶液体摇瓶培养、种子罐液体培养、发酵罐发酵、发酵产物后处理等环节。这些培养过程中都需要有相应的设备。

一、母种培养设备

食用菌母种培养需要玻璃试管、灭菌锅、超净工作台和培养室(箱)。

二、摇瓶培养设备

液体菌种摇瓶培养是将盛液体培养基的三角瓶放在摇床上不停地摇动,使氧气更多地溶入发酵液中,从而使菌丝迅速生长。摇瓶培养设备主要包括三角瓶、摇床。三角瓶有500、1 000、3 000ml数种,一级摇瓶用较小的瓶子,二级摇瓶用较大的瓶子。摇床有往复式、旋转式、旋转倾斜式等多种。往复式摇床因菌丝体对瓶壁会发生强烈地冲撞,菌丝体易受到损伤,同时三角瓶中的液体培养基也易溅到瓶口封口的纱布上,容易造成杂菌污染。往复式摇床适宜培养耗氧量低、摇瓶速度慢、细胞壁较厚的菌体。对于细胞壁较薄的菌丝(如草菇),不适宜用往复式摇床培养。旋转式摇床,瓶内培养基会沿着瓶壁旋转,不发生冲击,有利于菌丝生长。旋转倾斜式摇床,摇床振幅更大,摇动时进入培养液的空气量更大,更有利于菌丝生长。食药用菌用摇瓶培养时,应根据不同食药用菌细胞特点和生长特点选用不同的摇床。旋转式、往复式摇床能满足食药用菌菌丝生长时对空气的需求,食药用菌发酵时,很少使用旋转倾斜式摇床。

图 9—1　控温旋转式摇床

摇床有自动温度调节控制和依靠发酵培养室控制两种。摇床需放在环境清洁、有紫外线灯的摇床室内,空气湿度控制在65%左右。

三、种子罐、发酵罐

发酵需要种子罐、发酵罐和供气系统及空气压缩机(简称空压机)、空气过滤器(滤去空气中杂菌孢子)、管路等附属设施。

种子罐、发酵罐是一个圆柱形的罐子,罐内盛放发酵液(培养液),以培养菌种或培养菌体和获得发酵液,其构造分罐体、罐盖与附属装置3部分。盖上有轴封、玻璃视窗、进料管、排气管、接种口、压力表、搅拌轴、马达等。罐体双层,夹层中可通入冷水、热水,以调节发酵液温度。罐体上有进气口、补料口、补碱口、补酸口、补消沫剂口、取样口,以及冷、热水进出管、温度计孔。罐底有出料口和排污口。搅拌器是一个有叶板的装置,旋转时能搅动发酵罐中的发酵液,使通入发酵液的空气均匀地分布到发酵液中,让罐内菌丝得以均衡生长。罐身内壁有挡板,搅拌时可改变发酵液流向,有分散发酵液、增加空气进入发酵液量的作用。

发酵液黏度大时,发酵液泡沫就多。泡沫多,发酵液容易上溢到盖面孔隙中,造成跑料和污染。泡沫多、发酵液黏度大,会降低二氧化碳(CO_2)排出速度和氧的扩散速率。因此,发酵液中泡沫多时,需通过消沫剂添加口补加消沫剂加以消除。

轴封是罐盖和搅拌轴密封的装置,其作用是不让轴转动时发生漏气、漏水、漏油而污染发酵液。轴封上有马达,马达是轴搅动时的动力设备。

发酵时,菌丝不停地呼吸,要消耗氧气(O_2),排出二氧化碳,要不停地输入新鲜空气,排出罐内的废气。进气管、排气管是发酵液补充空气、排出废气的管子。输入发酵罐的空气要通过无菌过滤,以除去空气中的杂菌。氧是一种在水中难溶的气体,在25℃时,水中的氧浓度通常为0.265mol/L,而菌体只有在氧含量大于临界值时(不影响菌丝生长时的最低氧含量),才能维持菌丝的正常生长。如在25℃时,霉菌的临界氧浓度为0.022mol/L,发酵时,水中的氧只能维持菌丝较短时间生长用,要不断输入空气。同时,输入空气能促进发酵液中二氧化碳的排出。二氧化碳会影响细胞膜的结构,过量的二氧化碳会导致膜流动性与表面电荷发生改变,从而抑制细胞生长。通气方法有两种:一种是由空气压缩机将无菌空气压入浸没于发酵液中的、管身上有通气孔的螺旋形管中,无菌空气由管身上的通气孔进入发酵液,再由搅拌器将空气在发酵液中搅匀，使其均匀分布于发酵液中。另一种是从罐底将无菌空气通入罐内，再由搅拌器将无菌空气均匀分配于发酵液中。直接由罐底通入罐内，再通过搅拌分散空气的通气方式，发酵罐罐身应瘦长，空气压力高，压入发酵液的空气量多。空气压力一般要达到101.2kPa。

图 9-2　空气压缩机

为防止罐外杂菌进入罐内，发酵时发酵罐内应处于正压状态，罐内空气压力应比罐外高49kPa左右。压力还能提高氧气在发酵液中的溶解度。但压力也不能过高，压力升高时，二氧化碳在发酵液中的溶解度比氧气溶解度升高得更快。在101.2kPa时，二氧化碳在发酵液中的溶解度会比常压条件下氧的溶解度高30倍。空气压力更高时，会使发酵液中的二氧化碳含量猛烈地提高。发酵液中的二氧化碳含量过高，会严重阻碍菌丝的生长。

温度计孔、视窗、取样管、消沫器和补酸补碱口具有测量发酵液温度、观察发酵液动态、取样检测和消除泡沫、调节pH值等作用。

进入发酵罐的气体必须先通过空气过滤器、除尘除菌器和油水分离器，使空气纯净后才可使用。空气首先由吸气口吸入粗过滤器，吸气口要安置在环境清洁、纯净的地方，口置在高处、向上。粗过滤器由玻璃丝、活性炭等作过滤介质。高压空气经过粗过滤后，由于空气与过滤介质摩擦而使温度升得很高，需由空气压缩机压入空气冷却器冷却。空气冷却后会有油、水挤出，需经过油水分离器脱去油水，再压到空气储罐。空气储罐可使空气进一步冷却，并使整个空气系统进行缓冲。然后过总过滤器，总过滤器的过滤介质由玻璃丝、棉花、活性炭等组成。过滤介质必须先进行高压蒸汽灭菌，灭菌后再用热空气吹干。经过总过滤除菌器除菌的空气，在进入发酵罐之前，还必须通过一个与罐体相连的小型分过滤器，再进行一次过滤、除菌。分过滤器是空气进入发酵罐之前的最后一道关。过滤介质有超细玻璃丝、石棉纤维等数种。过滤器应经常进行灭菌处理。

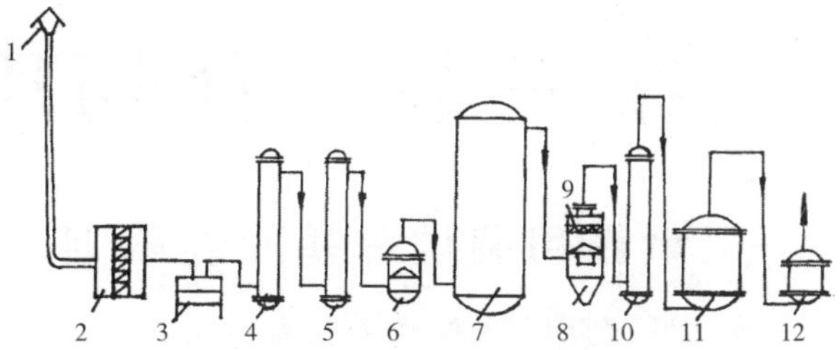

图 9-3　空气净化系统图

1.空气吸气口，2.粗过滤器，3.空气压缩机，4.一级空气冷却器，5.二级空气冷却器，6.分水器，7.空气储罐，8.旋风分离器，9.丝网除沫器，10.空气加热器，11.总空气过滤器，12.分过滤器。

种子罐由一级种子罐和二级种子罐两个级别。一级种子罐体积小，体积仅50～100L；二级种子罐体积大，体积一般为300～500L。一二级种子罐构造完全相同，仅体积大小不同而已。二级种子罐是用一级种子罐培养的发酵液作种子，其作用是培养更多的菌种。

一二级种子罐培养的菌丝体也可作为接种固体食用菌菌种用。

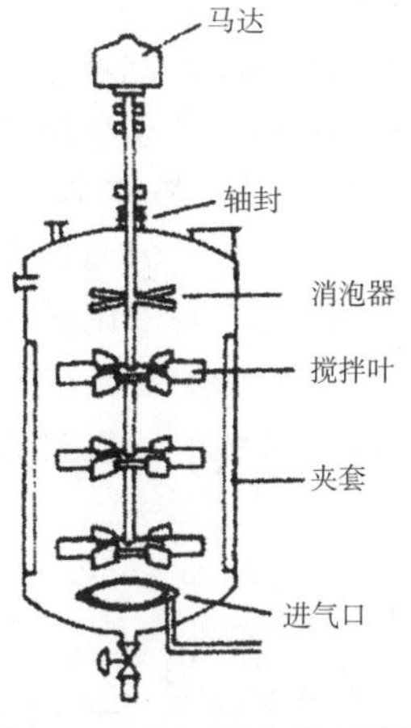

图 9-4　种子罐结构示意图

发酵罐有1.5吨、5吨、30吨、100吨、300吨数种，现在药用菌发酵最大发酵罐不超过30吨。30吨以上大多用于抗生素、味精、溶剂生产。大型发酵罐发酵生产的菌丝体不适宜作固体培养的菌种使用。菌丝体经过多次转罐发酵后，菌丝体生存能力、纯度下降，作为菌种使用易感染杂菌，杂菌会出现暴发性生长。同时，菌种数量过多，短时间内来不及使用，菌丝生命力会下降，也容易感染杂菌。

除了发酵罐、种子罐等设备之外，还应有相应配套的附属设备：油罐、酸碱液罐、补料罐、储液罐、压滤机、离心机、真空干燥器、薄膜浓缩器、喷雾器等设备。储液罐应有冷却装置，以免在储存时发生变质。

第三节　食药用菌培养基的配制

一、食药用菌培养基配制原则

食用菌、药用菌发酵培养基需要碳源养分、氮源养分、生长素和矿物质等。

1. 碳源养分

碳源养分是菌丝体组成成分之一，又是菌丝体生长发育的能量来源。食用菌能利用有机态碳，即还原态的碳素养分，如葡萄糖、淀粉、纤维素、木质素等。食用菌不能利用氧化态的无机态碳源物质，如 CO_2、CO、$CaCO_3$、$(NH_4)_2CO_3$ 中的碳。食用菌可利用的碳源养分有葡萄糖、蔗糖、麦芽糖、阿拉伯糖、果糖、蔗糖、棉子糖、糊精、淀粉和纤维素等，有些食用菌还能利用低浓度的乙醇、柠檬酸、醋酸等有机酸。糊精、淀粉、纤维素需要经过食药用菌分泌到胞外的各种酶分解为葡萄糖、蔗糖等单糖、双糖后才可利用。大多数食药用菌最宜利用的是葡萄糖，其次为果糖、麦芽糖或阿拉伯糖等，而另一些食用菌适宜利用阿拉伯糖、麦芽糖、果糖，其次为葡萄糖。培养基中葡萄糖用量一般比较高，但也不能过高。葡萄糖含量过高，会显著提高培养基渗透压，不利于菌丝生长。同时，葡萄糖能显著提高菌丝呼吸强度，过多消耗氧。葡萄糖含量过高时，培养基中的氧就会不足，阻碍菌丝生长。

2. 氮源养分

氮源物质有各种氨基酸、蛋白胨、酵母膏、玉米浆、豆饼粉、麦麸、米糠和各种植物果实的加工副产品。氨基酸可以被食药用菌直接吸收利用。蛋白胨、酵母膏、玉米浆、麦麸和米糠中的蛋白质，需要靠食药用菌分泌出的蛋白酶将其分解为氨基酸后才可利用。麦麸、米糠、玉米浆中除含有丰富的氮源养分外，还含有食药用菌生长所需要的矿物元素和维生素。食药用菌也能利用 $(NH_4)_2SO_4$、NH_4NO_3 等无机态氮和尿素，但生长较差。

不同的食药用菌最适宜生长的有机氮源也有所不同。有些食药用菌最善于利用蛋白胨为氮源物，有些食药用菌最善于利用酵母膏为氮源物，有些食药用菌最善利用天冬氨酸为氮源物。不同食药用菌究竟最适宜利用哪种氮源物，需要通过培养实验才知道。

食药用菌发酵培养时，培养基中的碳素含量和碳氮比有一个适宜的需要范围，适宜的含氮量为 0.016%～0.064%，适宜的碳氮比为 22～30：1，即含有 22～30g 纯碳物质的有机碳化合物中，需含 1g 纯氮的氮源物质。

3. 矿物质养分

矿物质养分是指一些矿物元素。食用菌菌丝生长需要的矿物质养分有 P、K、S、Na、Ca、Mg、Fe、Mn、Mo、Ni 等，一般需要 23 种矿物质养分，其中 P、K、S、Ca、Mg 等元素需要量较大，一般达 0.1%以上，叫常量元素。另一些元素需要量甚微，需要量只有百万分之几或千万分之几，叫微量元素。矿物质养分在食药用菌发酵培养中主要起辅酶的作用，使酶保持良好的生物活性。磷(P)还是细胞核核酸的构成成分。磷又是磷酸根的构成成分，磷酸根的化学键在和其他有机成分结合和解离时，会吸收和释放大量的能量，是菌丝生命活动的能量库。

食用菌需要的矿物养分也是动、植物生长、发育需要的养分，所以用动、植物原料做培养基，基本上含有这些矿物养分，但食药用菌菌丝生长速度比高等动植物的生长速度快，对 P、Mg 等元素的需要量比一般动植物多。某些食药用菌培养基中还要添加 P、Mg 等元素，如磷酸二氢钾、硫酸镁(KH_2PO_4，$MgSO_4$)等。

4. 维生素

维生素有维生素 A、维生素 B、维生素 C、维生素E、叶酸等，B 族维生素包括维生素 B_1、维生素 B_2、维生素 B_6、维生素 B_{12}，食药用菌不能自己合成，需依靠培养基予以供给。植物果皮中 B 族维生素的含量很丰富，因此用麦麸、米糠、玉米粉、棉子壳作培养基的原料时，B 族维生素不必再另外添加。

食药用菌液体培养基配制时要考虑渗透压。渗透压过高，会使菌丝体失水而使生长受到抑制。决定渗透压大小是单位体积中的分子数量，而不是物质的重量。分子数量越多，渗透压越高。糊精分子量比葡萄糖大 20～30 倍，20～30g 的糊精才相当于 1g 葡萄糖的渗透压。无机盐因分子量小，少量无机盐就能使渗透压有很大的提高。因此在配制培养基时，营养成分浓度不宜过高，尤其是小分子成分浓度更不可过高。

二、食药用菌的培养基

(一)斜面培养基

食用菌斜面培养基有PDA培养基、综合PDA培养基等数种。

①PDA培养基:葡萄糖20g,马铃薯200g,琼脂20g,水1 000ml。PDA培养基的制作方法,参阅本书《食药用菌制种技术》一章。

②综合PDA培养基:葡萄糖20g,马铃薯200g,KH_2PO_4 1.5g,$MgSO_4 \cdot 7H_2O$ 0.75g,琼脂20g,水1 000ml。

③蔗糖20g,麦麸30g,$NaNO_3$ 2g,KH_2PO_4 2g,琼脂20g,水1 000ml。

④马铃薯200g,麦粒200g,葡萄糖20g,蛋白胨3g,琼脂20g,KH_2PO_4 1g,$MgSO_4$ 1g,维生素B_1 10 mg。(制法:将麦粒和马铃薯一起放入锅中,加水煮到麦皮胀破,过滤,取汁,再加入葡萄糖、蛋白胨等成分,再加琼脂煮溶,并用热水调节总体积至1 000 ml。)(蛹虫草培养基)。

⑤马铃薯200g,葡萄糖20g,蚕蛹粉5g,KH_2PO_4 1g,K_2HPO_4 1g,琼脂20g,水1 000 ml(黑柄炭角菌)。

⑥酵母膏3g,蛋白胨2g,葡萄糖20g,马铃薯50g,维生素B_1 10mg琼脂20g,水1 000 ml,pH 6.0(鸡油菌)。

⑦土壤浸出汁1 000ml,酵母膏3g,葡萄糖10g,琼脂20g(紫花菌)。

⑧豆芽100g,马铃薯100g,葡萄糖20g,KH_2PO_4 1g,K_2HPO_4 1g,琼脂20g,水1 000 ml(猴头菌)。

(二)摇瓶培养基

①葡萄糖20g,马铃薯200g(马铃薯去芽眼、去皮,切成薄片,加1 000ml水,置火上煮至酥而不烂,取汁)。

②葡萄糖20g,马铃薯100g,麦麸50g,水1 000 ml。(马铃薯切成薄片和麦麸一起加水煮,煮沸20分钟后过滤取滤汁,再加入葡萄糖)。

③葡萄糖20g,马铃薯200g,KH_2PO_4 2g,$MgSO_4 \cdot 7H_2O$ 1g,水1 000ml。

④葡萄糖10g,豆饼粉10g(豆饼粉需经80目筛,筛去大颗粒),淀粉10g,酵母粉2g,KH_2PO_4 1g,$MgSO_4 \cdot 7H_2O$ 0.5g,水1 000ml。

⑤葡萄糖10g,麦麸50g,玉米粉20g,水1 000ml(将麦麸、玉米粉混合,加水,煮沸20分钟后,过滤取汁,再加入葡萄糖)。

⑥黄豆粉30g,葡萄糖30g,蛋白胨2g,KH_2PO_4 0.5g,$MgSO_4$ 0.5g,维生素B_1 10mg,水1 000ml(蛹虫草)。

⑦酵母膏4g,葡萄糖20g,K_2HPO_4 1g KH_2PO_4 0.1g,维生素B_1 10mg,水1 000 ml(鸡油菌)。

⑧蔗糖20g,黄豆粉10g,玉米粉20g,酵母粉2g,$(NH_4)_2SO_4$ 1g,KH_2PO_4 0.5g,$CaCO_3$ 1g(姬松茸)。

培养基配好后装入三角烧瓶中,装量为瓶体积的1/4或1/5。500ml的三角瓶装液体培养基125~100ml。培养基不可装得过满。装得过多,摇瓶时,包封瓶口的纱布或绒布容易被溅湿,易感染杂菌。瓶口用8层纱布,或2层纱布中间加一薄层棉花,或用2层绒布包扎瓶口,再用橡皮筋捆住。用121℃蒸汽灭菌30分钟。

(三)种子罐培养基

种子罐培养基和三角瓶培养基基本相同,但种子罐培养基中颗粒状物利用程度要比三角瓶中好。种子罐培养基中可放较多比例的豆饼、玉米粉等原料。

常用培养基有以下几种:

①葡萄糖20g,马铃薯100g,麦麸50g,总容积1 000ml(马铃薯、麦麸置于锅中,加水煮沸,取汁用)。

②葡萄糖20g,玉米粉20g,KH_2PO_4 2g,$MgSO_4 \cdot 7H_2O$ 1g,维生素B_1 10mg。

③玉米粉40g,葡萄糖10g,KH_2PO_4 2g,$MgSO_4 \cdot 7H_2O$ 1g,蛋白胨2g,维生素B_1、维生素B_2各10mg,水1 000ml。

④玉米粉50g,麦芽汁100ml,葡萄糖15g,琼脂2g,水1 000ml(适合蘑菇、草菇)。

⑤马铃薯200g,蔗糖20g,黄豆粉15g,KH_2PO_4 2g,$MgSO_4 \cdot 7H_2O$ 1g,维生素B_1、维生素B_2各10mg,水1 000ml。

⑥葡萄糖20g,玉米粉20g,麦麸10g,pH自然,水1 000ml。

⑦玉米粉20g,蔗糖10g,麦麸10g,棕榈酸2g,KH_2PO_4 1g,$MgSO_4$ 0.5 g,维生素B_1 100mg,水1 000 ml(姬松茸)。

⑧葡萄糖40g,玉米浆20ml,豆饼粉15g,水1 000 ml。

种子罐培养基装量一般为空罐体积的65%。

(四)发酵罐培养基

发酵罐培养基和种子罐培养基基本相同,但发酵罐体积大，一次耗用原料量多，生产时应考虑成本。生产上常用较廉价的原料，用糖蜜、红糖、蔗糖代替葡萄糖。糖蜜是蔗糖厂或甜菜糖厂生产蔗糖后、不能结晶析出蔗糖的下脚料，里面含有50%左右蔗糖和蛋白质。红糖是没有脱色、没有精制的蔗糖原料，含有较多的铁(Fe)元素和蛋白质。

三角瓶培养基、种子罐培养基配方很多。不同的食药用菌最适培养基成分不同，甚至同一种食药用菌由于目的产物的不同，其发酵培养基成分也不相同。究竟哪种原料、哪种配比最适宜目的菌种培养，要通过试验才能得出。对单一培养基成分可通过单因子试验得到，如在相同的无碳源培养基中，分别添加不同的碳源成分（葡萄糖、麦芽糖、果糖、糊精）进行培养，观察哪种碳源养分下菌丝体生长最好，即可知道该菌种的最适碳源养分。但在多因子作用下，究竟哪种成分效果最好，因不同成分之间有相互作用，不能通过简单的试验来了解，要进行多因子比较试验。生产上一般需通过正交试验来了解食药用菌最适宜的发酵培养基组成。

（五）培养基灭菌

培养基灭菌，液体发酵培养比固体发酵培养更为严格。液体发酵培养时，培养基处在搅拌情况下，杂菌的生长、繁殖速度更快，培养基中如有少量杂菌会造成生产失败。在培养基实罐灭菌前一般先进行空罐灭菌，空罐灭菌能使发酵罐死角灭菌较彻底。空罐灭菌前，对空罐进行预湿，有死角的管道、阀门应预先拆卸，清洗管道内的死角，罐底中所结的垢状物应铲除，然后通入蒸汽，用121℃ 0.105MPa蒸汽，持续30分钟灭菌。然后吸入培养基进行实罐灭菌。实罐灭菌也用121℃蒸汽，持续30分钟。实罐夹套升温时，适当开动搅拌器，使培养料受热均匀，以防固形物沉于罐底结垢，影响灭菌效果。当罐温达到95℃、蒸汽直接输入发酵罐或种子罐时，关闭搅拌器，以达到良好的灭菌效果。灭菌结束后，夹套中应输入冷水，使培养基冷却，然后再接种。

第四节　食药用菌的发酵

一、食药用菌发酵条件

食药用菌发酵培养需有一定的温度、pH和通气条件，同时保持一定的黏度，发酵时要不断观察培养基变化情况。连续发酵时，应不停地补充碳源、氮源养分。培养基pH过高或过低时，需通过补加酸液或碱液进行调节，以使培养基酸碱度保持在最适水平。泡沫多，将要溢到盖时，应加消泡剂消泡。不时调节温度至最适生长温度，保持规定的通气量和罐压。

（一）pH值

食药用菌属高等真菌，其中木腐菌大多喜微酸性条件，草腐菌喜中性或微碱性条件。草菇生长培养基适宜的pH为7～7.5；蘑菇pH为7.0左右；灵芝、猴头菇、云芝等pH为5.5～6.5。糖类发酵后代谢产物大多呈微酸性。氮素养分代谢后，大多呈微碱性。pH会影响细胞膜的电荷、膜的稳定性以及细胞吸收营养成分的能力。同时，pH过低或过高，会使菌丝细胞表面蛋白质发生变性，改变细胞分泌到胞外的酶活性，从而影响营养物质的可给态。pH变化还会影响金属离子的利用，镁离子(Mg^{2+})、磷酸根在酸性条件下呈游离状态；在碱性条件下会形成不可溶的复合物，这时菌体就不能利用。菌丝衰老、自溶时，由于发酵液菌体蛋白量增加，氨态氮增多，发酵液pH也会上升。操作中如感染细菌，也会使发酵液pH上升。食用菌发酵时，应随时观察pH变化，低于或高于设定的pH时，应及时向罐内添加碱液或酸液。碱液一般为0.5mol的碳酸氢钠或氢氧化钠(NaOH)，酸液一般为1mol的盐酸。

（二）黏度和消沫

培养基应有一定的黏度。黏度大，生长的菌球小、实心、密，作菌种使用时，菌丝生命力强，生长速度快。黏度小，生长的菌球大，菌球往往空心。空心的菌球作菌种使用，生长速度慢，菌球萌发率低。发酵液黏度低，可在发酵液中添加少量琼脂、淀粉、果胶或羟甲基纤维素等增稠剂。但黏度不能太高，黏度太高，发酵液溶氧能力低，且容易产生泡沫。泡沫太多时，发酵液容易溢到发酵罐管道、管孔内，容易引起杂菌感染。泡沫还会影响发酵液中氧的溶解量，还影响搅拌效果，且很容易引起杂菌污染。发酵液出现大量泡沫时，要添加消沫剂。消沫剂有玉米油、米糠油、豆油、棉子油、鱼油等各种动植物油、泡敌（聚氧乙烯氧丙烯甘油）和十八醇等高级醇。植物油不能过多使用，否则会影响后处理和阻碍氧的溶解性。灵芝深层发酵消沫油的用量一般为0.03%～0.035%。

（三）温度

大多数食药用菌生长的适宜温度为25℃左右，草菇、灵芝等少数高温食药用菌最适生长温度为30℃或28℃。发酵液低于适宜生长温度，或因菌丝生长产热而使发酵液高于培养菌种要求的适宜温度时，应向夹套内输入热蒸汽或冷水，使发酵温度调节到适宜生长的温度。

（四）通气

食药用菌发酵生长时需要呼吸，产生能量，供菌丝生长发育之需，因此需不断地提供氧，并放出二氧化碳。发酵液中二氧化碳浓度超过5%时，要通入更多的新鲜空气，排出二氧化碳含量高的废气。在正常情况下，发酵开始时，通气量为每分钟1∶0.5～1∶1V/V（气体体积与液体体积比）。发酵中、后期，菌丝大量生长时，通气量一般为每分钟1∶1～1.5V/V。发酵液黏度太高，泡沫多，会影响氧的溶解度。细菌感染会消耗大量的氧，使氧含量降低。在发酵过程中应随时观察发酵液中氧含量的变化，随时调节发酵罐中的通气量。若发酵液受到杂菌感染必须终止发酵、放罐，弃去发酵液，发酵罐经严格灭菌后重新进行发酵。

（五）搅拌

为使通入发酵罐的空气均匀分散到发酵液中，并提高其溶氧系数，发酵液需不断地搅拌，搅拌还能使菌丝断裂，提高细胞分裂速度。但搅拌不能过快，转速过快，菌丝断裂、损伤过甚，不利于菌丝生长。这时搅拌速度过快带来的溶氧量的增加益处还不及搅拌对菌丝的损伤作用大。有些食用菌不宜于快速搅拌，甚至不能进行搅拌，只能用底部通气的方法补充溶氧量。为了掌握发酵液中含氧量和菌丝呼吸、氧气利用情况，可将溶氧电极插入发酵液，以测定发酵液的含氧量和排出气体中的氧含量。食药用菌发酵时，搅拌速度一般为140～220转/分钟；芽孢菌发酵，搅拌速度一般为220～260转/分钟。

（六）黏度

摇瓶培养时，要求形成的菌球小。菌球大，菌球中心的菌丝会缺氧和缺营养，这对菌丝生长不利。菌球大的菌种接种时，生长速度也慢。摇瓶培养时，形成菌球的大小和培养液黏度有关。培养液（发酵液）黏度稍大，形成的菌球小。提高培养液黏度可在培养液中加增稠剂。增稠剂一般用1%～3%的藻酸或1%的羧甲基纤维素，也可加适量的淀粉或1%～2%的琼脂。培养液黏度也不能过高，否则，发酵液泡沫会增多，这样会弄湿棉塞容易染菌。

食药用菌发酵培养需要众多生长条件予以配合。单一生长条件对食药用菌生长的作用，可通过单因子试验得以了解。多因子共同作用时，发酵条件的掌握比较困难，需要进行多因子联合试验。正交试验设计可比较容易找到最适的条件组合。

二、食药用菌的发酵培养

食药用菌发酵培养，可分试管菌种培养、三角瓶摇瓶培养、种子罐发酵培养、发酵罐发酵培养和后处理等几个过程。

（一）试管菌种培养

液体发酵食药用菌因菌丝不停地在发酵液中被搅动，若菌种被感染杂菌，即使是污染量极少，也会在发酵液中迅速扩散、繁殖，从而导致发酵失败。因此，液体发酵要求菌种的纯净度远比固体培养严格，要绝对无杂菌。在正式发酵前，对菌种进行纯度鉴定，确证无杂菌感染的才可用于生产。菌种有否杂菌感染的鉴定方法参见《食药用菌制种技术》一章。

食药用菌发酵培养时，菌种生命力必须强。生命力强，菌丝生长速度快，抗杂菌感染能力也强。在摇瓶培养或发酵罐培养时，用于接种的菌种应正处于快速生长期的菌种。试管菌种在长满试管前，生长状态正处于快速生长期。食药用菌是丝状真菌，其生长仅限于分枝的顶端，不同于细菌的一分为二、二分为四，以倍增速度繁殖的裂殖生长。食药用菌没有对数生长期，只有生长延滞期、迅速生长期、稳定期和衰退期几个阶段。延滞期是受伤害细胞较多的菌丝逐渐恢复细胞活性，大量积累养分的阶段，这时期细胞分裂速度较慢；迅速生长期，菌丝顶端细胞代谢旺盛，分裂速度快，对环境变化敏感；稳定期是新生细胞和死亡细胞数相等的阶段，这时期营养物质消耗较多，代谢物积累，抑制了菌丝生长；衰退期是活细胞数下降、死亡细胞数增加阶段。

试管菌种扩大接种：经鉴定无杂菌的试管菌种，在超净台中接种在新的斜面培养基上。接种方法与《食药用菌制种技术》一章中所述试管菌种接种相同。接种后，放在适宜生长的温度下培养，试管上遮盖黑布或多层纱布，不让试管菌种照到强光，并保持稳定的温度。待菌丝长到近斜面端部时，即菌丝正处于快速生长末期时，可扩接于三角瓶液体培养瓶中。

（二）三角瓶摇瓶培养

三角瓶摇瓶培养分一级摇瓶培养和二级摇瓶培养。摇瓶培养是为发酵罐发酵培养种子，同时也可通过摇瓶培养，了解菌种需要最适培养基和发酵条件。二级摇瓶培养培养基成分应和一级摇瓶培养的培养基成分基本相同。前后两次发酵的培养基成分不同，差别较大时，菌丝细胞中的酶又需经过一段时间的诱导，才能达到原来生长旺盛期水平，这样会延长潜伏生长期。二级摇瓶培养的培养条件也应和一级摇瓶培养相同。一级摇瓶培养用试管斜面菌种接种，瓶子容积较小。二级摇瓶培养用一级摇瓶培养的菌种做种，瓶子容积应稍大些。

一级摇瓶培养：先配制培养基（培养基配制见前面介绍），500ml 的三角瓶装 100～120ml 培养基，用 2 层绒布或 8 层纱布包扎瓶口，放在0.111 MPa 高压蒸汽锅中灭菌 40 分钟。灭菌时间不能过长，否则单糖类物质容易被破坏。

表 9—1　葡萄糖在高温下的破坏情况

葡萄糖浓度（%）	温度（℃）	灭菌时间（min）	葡萄糖损失率（%）
76	121	15	24
81	115～118	20	18.2
93	100	30	8.0
99	113	20	6

三角烧瓶摇瓶培养：在无菌箱中，将刚长好的试管菌种接到已灭菌的三角瓶液体培养基中。接种时，试管斜面表面的菌丝用菌种铲割成米粒大小。一支试管菌种接一个三角瓶。接种后，瓶口仍用 8 层纱布或 2 层绒布包好，取出接种箱，放在保温的摇床上，摇瓶培养。

摇瓶速度：往复式摇床 100 次/分钟左右，振幅 5～7cm；旋转式摇床 140～160 次/分钟。温度视菌种而定，一般食药用菌培养温度为 24～26℃，空气湿度为 65%左右。摇床室要求无光、清洁、空气良好。培养 3～5 天，如发酵液变得透明，菌球已相互密接，pH 降至4.5左右时，即可用于扩大接二级摇瓶种。摇瓶培养的菌球用于接种时，应用匀浆器将菌丝打成片断，或在三角瓶中加碎玻璃再振摇将菌球打碎。菌球打碎后，菌丝断裂，菌丝端部数增加，生长速度加快。二级摇瓶培养也可用小型自动发酵罐培养。小型自动发酵罐体积一般为 1～5L，发酵条件可以预先设定，自动控制。小型发酵罐大多用于试验发酵菌株生长条件所需。

摇瓶菌种的杂菌检查：扩大接种用的摇瓶菌种需进行杂菌检查。把菌种接种在马铃薯麦粒培养基上（见前面斜面培养基④）培养，培养温度28℃，若有杂菌即弃去不用。同时发现瓶壁上有黄、绿、灰色霉菌孢子时，或培养基不透明、混浊，或有臭味、奇样异味的，表明该菌种已被杂菌感染，不可应用。

二级摇瓶培养：用的三角瓶比一级摇瓶培养的三角瓶大，一般为1 000ml 或3 000ml，发酵培养液装量 250～750ml。二级摇瓶用一级摇瓶培养的液体菌种做种，接种量 5%。应在超净工作台上接种，在酒精灯旁，将菌种从瓶口倒入瓶中。

二级摇瓶菌种的培养温度、摇瓶速度、菌种标准、检验方法与一级摇瓶相同。

（三）种子罐培养

种子罐培养是将液体培养基放入种子罐中，然后输入空气、搅拌、保温，让菌丝在种子罐中生长。

种子罐培养也有一级种子罐和二级种子罐之分。一级种子罐体积稍小，用二级三角瓶发酵的菌种做种子。二级种子罐体积较大，用一级种子罐培养的菌种做种子。

1. 培养基灭菌接种

一级种子罐培养：培养基配好后（培养基配置见前面介绍），灌入种子罐中，50L 的种子罐最多装培养基 33L，然后密闭种子罐进料口，夹层中通入热蒸汽，将培养基预热至 95℃，关闭夹套蒸汽，再从进气口通入蒸汽、加热灭菌。灭菌温度121℃，持续 30 分钟。灭菌结束后，夹套进冷却水冷却，压力<50.6kPa 时输入无菌空气保压，同时启动搅拌器。待温度降至 25℃时，准备接种。

接种：种子罐接种量 3%～5%，30L 培养基需菌种液1 000～1 500ml。接种前在接种室或超净工作台上，将数瓶长好菌的三角瓶液体菌种倒入一个容积足够大、灭菌过的血清瓶空瓶或其他玻璃瓶中，塞上塞子，拿到种子罐旁。种子罐接种时需用燃烧乙醇的专用环形圈置于接种口周围，点燃乙醇，使接种口上方形成无菌圈。打开接种密封口，然后将菌种倒入菌种罐中，再旋紧接种封罐口。种子罐接种时，罐压应保持正压状态，以防止打开接种口时杂菌进入种子罐。

2. 一级种子罐菌种培养

种子罐接入菌种后，通入空气，控制罐温（该菌适宜生长温度)和罐压进行培养。刚接种时和发酵前期通气量以每分钟 1∶0.5V/V 即可,罐压保持 50.6kPa,搅拌轴转速 140～180 转/分钟。种子罐夹层内通入蒸汽控制罐温,发酵时随时注意罐内泡沫情况。若泡沫冒到罐盖时,应向发酵液中添加消泡油或泡敌;菌丝生长旺盛时,通气量要求液气比每分钟为 1∶1V/V。发酵液中二氧化碳浓度不应超过 5%,浓度超过 5%,细胞表面电荷会改变,某些酶活性被抑制,菌丝生长减缓。但发酵液中二氧化碳浓度也不要过低。氧含量过高,菌丝呼吸过分旺盛,养分消耗多,自由基含量也增加,菌丝会早衰。酸碱度降至 pH 5.5以下时,应向罐内添加碱液,保持 pH 在 5.5～6.5,并随时观察菌球密度,以测定菌丝生长速度。发酵时间 5～7 天,发酵液中残糖低于 0.5%、发酵液清澈、气味正常、发酵液中菌球密度已达到相互密接、菌球数量达到发酵液体积 50%左右时,即可用作固体菌种接种使用,或接入二级种子罐作菌种使用。

一级种子罐发酵时间不能太长。发酵时间长,菌球密度停止增加时,说明菌种生长已进入衰退期。这样的菌丝体用作菌种,生长速度缓慢,且易感染杂菌。

3. 二级种子罐菌种培养

二级种子罐培养基成分应尽量和一级种子罐培养基相同,这样可缩短菌丝对培养基的适应期,缩短菌丝生长潜伏期,让菌丝尽早进入快速生长期。

二级种子罐培养基灭菌并冷却到 25℃左右时,通过压差法接入一级菌种,接种量为 10%(V∶V)。接种量大,可缩短生长潜伏期。

二级种子罐接入菌种后,调节通气量、罐温和罐压。通气量、罐温、罐压要求基本和一级种子罐发酵相同,要求菌体快速生长。食药用菌发酵液温度常保持 25℃左右或该菌的适宜温度,并和一级种子罐一样随时观察菌丝生长情况,调节 pH,消除泡沫。待达到一级种子放罐标准时,放出种子液,或作发酵罐种子使用,或作固体菌棒接种使用。

(四)发酵罐发酵

发酵罐发酵和种子罐培养菌种的培养基、培养方法基本相同。发酵罐用二级种子罐培养的菌丝作菌种。为了缩短发酵罐发酵时间,提高经济效益和降低杂菌污染率,应增加接种量。发酵罐的接种量一般为发酵液的 15%～20%(V∶V)。发酵罐体积一般为 5～30 吨。培养基配置基本和种子罐相同。但每一种菌种有其适宜的培养基、适宜的原料和原料配比。所发酵的菌种究竟适宜哪种原料、哪种配比,可通过试培养得知。发酵液装量 65%,通气量 1∶1～1.5∶1(V∶V),罐温 25 ℃左右,高温菌 26～28℃,搅拌速度140～160 转/分钟,罐压 0.3～0.5kg/cm²。

发酵罐发酵时间一般为 5～7 天。菌体基本停止生长、菌丝开始自溶、胞内有机氮物质大量释放到胞外、菌丝变细、无芽头、pH 不降反而上升时,即为发酵终点。

培养液(发酵液)的菌丝含量测定:菌丝发酵培养是否良好,生长是否正常,可用测定菌丝含量的方法测定。测定菌丝含量有湿重法、体积比和干重法 3 种:

湿重法:秤沉淀下来的菌球湿重和上清液湿重比。

体积比法:是取一定体积量的发酵液进行离心,倒出上清液,然后计算沉积物和上清液的体积比。

干重法:是将沉淀下来的菌球用蒸馏水反复清洗,直至洗出液呈无色透明为止,再烘干,计算 100ml 发酵液中菌丝的干重。

(五)发酵终点控制

发酵液中菌丝或代谢物达到最大量时可考虑放罐。放罐时间不一定是菌丝完全停止生长或大量细胞自溶的时候,应根据发酵物用途而定。作为菌种使用,应在快速生长末期放罐;若要其代谢物,应到稳定后期、衰退前期放罐。这时菌丝完全停止生长或菌丝开始大量自溶,pH 上升,菌丝变细,原生质体出现噬碱性,细胞中出现空泡,菌丝锁状联合减少,菌球出现中空。

(六)食药用菌发酵的杂菌预防

液体发酵最怕杂菌污染。杂菌污染后,不仅会使本次发酵失败,还会使以后的发酵不正常。食药用菌发酵必须严格防止杂菌感染。

(1)感染杂菌的可能途径

①菌种带有杂菌。

②发酵罐罐体、管道、夹套、连接缝因长期使用、锈蚀而产生微孔渗漏。

③发酵罐管道相互串联。

④发酵罐管道连接缝处、罐身内的挡板、支撑点形成死角,灭菌不彻底。

⑤罐底、管道有积垢。

⑥放罐后清洗不彻底,管道弯头处有堆积物。

⑦空气过滤器过滤物充填坚实度不均匀,空气有短路流通。

⑧培养基灭菌不彻底,培养基中有颗粒状物。

⑨泡沫太多,泡沫中的空气是热的不良导体,泡沫中若有杂菌,不易被杀死。

(2)杂菌污染原因分析

被杂菌污染后,要进行原因分析,寻找原因,找出防污染的具体措施。

①多个发酵罐,甚至整个工厂发酵罐发生杂菌污染,可能是空气过滤器失效造成。

②个别发酵罐发生杂菌感染,可能是菌种带杂。

③在发酵中期带杂,可能和补料、调 pH 和管路消毒不彻底有关。

④个别发酵罐产生污染,可能是设备有问题。设备腐蚀产生微孔造成的污染,每次发酵时,污染时间会向前推移。

⑤发生耐热性芽孢杆菌污染,多数由设备灭菌不彻底造成。

⑥污染球菌、酵母菌可能是冷凝水或罐外空气进入罐内所造成。

⑦培养基平板上出现浅绿色菌落(革兰阴性杆菌),可能是冷却管或夹套渗漏所造成。

⑧污染霉菌大多和灭菌不彻底有关。

(3)杂菌预防

①菌种在使用前需进行严格无菌检验,一般可用马铃薯、麦粒制作的斜面培养基检验。必要时可应用霉菌、酵母菌培养基、细菌培养基、放线菌培养基进行杂菌培养,确证无杂菌后才可用于接种。

②发酵设备、管件要按规定时间进行检查。空罐、夹套管路要用水压机和气压的方法检验,观察其是否有渗漏。罐底、弯角处、管道内的积垢应随时清除。

③培养基中粗的颗粒状物应用纱布滤去。不使用发霉变质过的培养基原料。

④对发生染菌的空罐,在发酵液培养基投入之前,需用甲醛进行空罐灭菌。甲醛用量为每一立方米体积用 40%浓度的甲醛 0.12～0.17L。也可向罐内灌罐体积 2/3 的水,再加热到 115℃,保温 2 小时灭菌。

三、食药用菌发酵物后处理

食药用菌发酵物发酵结束后,需要把菌丝和发酵液分开、干燥、磨粉,然后或直接应用,或在提取其有效成分后应用。

(一)发酵物的分离、干燥

发酵物中有菌丝体和发酵液两部分。发酵液中有固形培养基残余物和菌丝代谢产物,菌丝代谢产物大多是有经济价值的物质。分离菌丝体和发酵液大多用板框压滤法过滤分离。板框压滤机压滤时,先将发酵液泵入滤框,开动压缩机压缩滤框。这时由于压榨的作用,发酵物中的发酵液通过滤膜逐渐从板框中流向下面的沟槽,再集中汇集到出口阀门,流入收集池。压滤后留在滤框中的饼状菌丝体再烘干、磨粉。

收集池中收集的发酵液,离心分离,弃去沉淀物,再真空减压浓缩、喷雾干燥,得干粉。

烘干、磨粉的干菌丝体粉和喷雾干燥的发酵液粉可直接制作保健食品,也可提取多糖或腺苷等成分。

(二)粗多糖的提取和测定

食药用菌菌丝体中和发酵液中有多种有效成分,目前从菌丝体中提取的主要是多糖。

(1)多糖的提取

取 10g 灵芝干菌丝体粉,加 120ml 蒸馏水煮沸,保持沸腾 1 小时,过滤取汁。残渣再加 10 倍量蒸馏水,保持沸腾 1 小时,取滤汁。2 次汁液合并,加热、蒸发浓缩至总体积 20ml,相对密度 1∶1.05左右,静置、冷却,加浓缩液体积 3.5 倍量 95%浓度的乙醇,使乙醇浓度达 72%左右。静置、冷却 12 小时以上,多糖物沉淀于底部,过滤得沉淀物,即为粗多糖。在 80℃减压、烘干、磨粉,即为粗多糖干品。

(2)标准曲线的绘制

秤取 90℃烘至恒重的葡萄糖 1g,置于 100ml 的容量瓶中,加水至刻度,振摇数十下。从中吸 1ml,移置于空的 100ml 容量瓶中,再加水至刻度,得万分之一的葡萄糖溶液,振摇,使匀。取空白、清洁试管 10 支,每管中分别吸入万分之一浓度葡萄糖液 0.1、0.2、0.3……1.0ml 和蒸馏水 0.9、0.8、0.7……0ml,使每管总体积均为 1ml,每管中再分别吸入 6%的苯酚液 1ml 和浓硫酸 6ml,静置 30 分钟,然后用分光光度计比色测定 OD 值,分光光度计滤光片波长 625μm,绘制标准曲线。

(3)样品测定

取粗多糖干品 1g,用 20～30ml 热蒸馏水溶解,再定容至 100ml。吸 1ml 至 100ml 容量瓶中,再定容至刻度,成为大约相当于葡萄糖为万分之一至万分之二的溶液。取 9 支空白试管,分成 3 组,每组吸取样品稀释液 0.1ml、0.2ml、0.3ml和蒸馏水 0.9、0.8、0.7ml,再按上项"分别吸入 6%苯酚液 1ml……测 OD 值"操作,然后根据样品 OD 值,从标准曲线上找出样品液葡萄糖含量,再计算出多糖含量。

四、食药用菌其他发酵方法

发酵的方法很多。除传统的逐步放大法发酵外，还有控制培养法、分批培养法（间隙法）、连续发酵法、补料分批培养法、载体培养法和固体发酵等数种。

（1）控制培养法

控制培养法是用计算机控制培养发酵。该方法是在发酵罐中置多个探测器，探测发酵液中的各种数据。经计算机分析，即时了解发酵罐中菌体生长状态和各种发酵参数，及时发出反馈信号，再通过控制器将发酵罐中的各种参数迅即调节到最佳状态，使菌丝始终处于良好的生长环境中，以达到最好的发酵效果。

（2）连续发酵法

发酵时向发酵液中持续不断地输入新的培养基（发酵液），持续地输出发酵液，这叫连续发酵。食药用菌菌丝发酵培养时，培养基中各种原料的浓度不能太高，浓度太高会阻抑菌丝生长。发酵时菌丝会释放代谢产物，代谢产物也会阻抑菌丝生长，浓度越高，阻抑作用越甚。所以发酵时，向发酵液中持续不断地输入新培养基，持续的输出发酵液，使发酵液持久地保持在菌丝良好生长状态。这样，食药用菌能持久地保持快速生长状态，可以提高发酵效率。连续发酵是根据这个原理制订的。连续发酵采用连消塔这种专业设备。其工作方式是，液体培养基少量而连续不断地进入连消塔的高温杀菌管，实现短时间瞬时杀菌，然后再连续不断地输入发酵罐，同时不断输出已发酵好的发酵液。用连续发酵法发酵时，当菌丝进入快速生长期，发酵液中某种营养成分不足时，或要求多糖、腺苷等代谢物达到衡定含量时，应向发酵罐中输入新培养基，同时输出发酵液，使发酵液连续不断地发酵。连续发酵的发酵条件和常规发酵相同。

（3）载体培养法

将发酵的微生物或酶固定在多孔材料板上，把载有微生物或酶的多孔板浸于发酵液中，给于一定的温度、空气条件使其发酵。发酵结束后，挤出发酵液，提取所需的发酵产物。该方法主要用于酶的发酵。

（4）固体发酵

固体发酵是一种传统发酵。过去，人们用固体发酵培养微生物获得发酵产品，如古代的神曲发酵、制酶、制酱、制酒。过去柠檬酸也用固体发酵，食用菌菌丝体菌种生产实际上也是固体发酵。

固体发酵方法有两种：一种是浅盘发酵；另一种是滚筒式发酵。浅盘发酵是将培养基放在浅盘中，菌种接种于培养基表面，加盖后放于适宜发酵的温度下发酵。经一定时间后，发酵菌的代谢物大量积累，这时可将发酵物取出或进一步提取发酵物的某一成分，或直接应用，如柠檬酸发酵和5406菌（放线菌，一种菌肥）的培养。

滚筒式发酵是将培养料放入滚筒式发酵器（罐）中，经灭菌、接种后，滚筒中的培养料不断被滚动、搅散，同时保持目的菌要求的温度和不间断地输入无菌空气。经过6～7天发酵培养后，培养料中充满菌丝。

滚筒式发酵时，细长的菌丝不断被打断，断面多，菌丝生长点也多。因此，菌丝生长速度比静置培养速度显著增快。滚筒式发酵好的菌丝体可作为保健食品、药品原料，也可作菌种利用。

固体发酵因菌丝生长速度快，培养时间短，大多使用菌丝容易分解利用的培养料，如玉米粉、麦麸、米糠、棉子壳、玉米芯、稻麦、草糠等，较少用分解吸收迟缓的木屑、豆秸等原料。若需利用豆秸等原料时，要预先粉碎成不超过1mm大小颗粒。为了方便灭菌或灭菌彻底，稻草、玉米秆、棉子壳等原料最好预先进行堆制，高温发酵。培养料的C∶N比以22∶1～25∶1为宜，含水量62%，一般食药用菌固体发酵温度为25℃左右。发酵结束时，培养料中充满菌丝体，且具有菌丝特有的气味。静置一天后，培养基上会出现浓密的毛状菌丝，培养料会结成块。

第五节 展 望

液体发酵培养食药用菌菌丝体，生长速度比固体培养快许多，且生长条件容易控制，产品质量稳定。发酵培养的菌丝体，所含一般营养成分不低于固体培养基的子实体，许多有营养价值、有保健功能的成分甚至超过了子实体。但在风味方面和某些特殊成分方面，发酵培养的菌丝体和子实体还有差别。如灵芝菌丝体中三萜类成分的含量远低于灵芝子实体中的含量，这可能是灵芝两个不同的生长阶段，代谢过程不同之故。液体发酵的菌丝体还不能完全代替子实体。根据食药用菌发酵培养菌丝生长速度快、质量容易控制、在某些营养价值和保健价值方面超过子实体这一优点来看，食药用菌发酵培养今后是一个发展方向，值得深入研究。研究发酵条件（包括培养成分）对菌丝体有效成分的关系和提高得率的培养方法，以进一步提高经济效益。同时，食用菌液体培养的菌丝体作为菌种使用，也应成为研究的重点，同时研究小型化设备和菌种保存措施、自动化接种，这样可大大提高接种质量和接种效率。

参考文献

[1] 徐景堂．中国药用真菌学[M]．北京：北京医科大学、中国协和医科大学联合出版社，1997．
[2] 诸葛健，王正祥．工业微生物实验技术手册[M]．北京：中国轻工业出版社，1994．
[3] 陆建明，张锡凤．食用菌液体菌种制备和研究进展[J]．中国食用菌，2003(6)：15-18．
[4] 张翠霞，孟唐国，冯华．食用菌液体菌种在生产和使用中应注意的问题[J]．中国食用菌，2004(4)：49-51．
[5] 惠丰立，魏明，刘征．黄伞菌丝深层发酵培养的优化[J]．中国食用菌，2004(2)：48-50．
[6] 郑伟，乐超绍，刘世玲．蜜环菌深层液体发酵条件研究[J]．中国食用菌，2004(2)：50-51．
[7] 胡文彬，马海乐，周存山．桑黄菌液体发酵培养及发酵条件研究[J]．中国食用菌，2006(3)：49-53．
[8] 林增梓，付永前，曾宪肾．食用菌液体菌种发酵终点的简便检测方法[J]．中国食用菌，2006(4)：25-27．
[9] 周建树，李士怡．灰树花深层发酵条件的研究[J]．食用菌，2005(1)：10-11．
[10] 王稳，朱忠贵，李萍萍．食用菌液体菌种的几种实用检测方法[J]．食用菌，2005(1)：20-21．
[11] 王丽娥，赵文娟，秦涛．食用菌液体菌种发酵罐规范化操作规程[J]．食用菌，2009(2)：62-63．
[12] 朱忠贵，李萍萍，王稳，等．竹醋液对金针菇液体发酵菌丝体生产的影响[J]．食用菌，2005(5)：12-14
[13] 王颖，汝守华．组合式吹氧生产液体菌种方法的探讨[J]．食用菌，2003(3)：15-16．
[14] 黄清荣，王淑芳，刘风华．白平菇液体菌种生产及出菇试验[J]．食用菌，2003(3)：17．
[15] 刘映淼，王兰青．香菇液体菌种固化技术研究[J]．食用菌，2009(1)：16-17．
[16] 潘慧娟，吴应美，范雷法，等．姬松茸深层发酵生产胞外多糖的碳氮源研究[J]．中国食用菌，2006(2)：44-46．
[17] 王青云，王发祥，石标．广东野生红菇液体发酵条件研究[J]．中国食用菌，2006(2)：34-36．
[18] 王谦，张亚从，赵洁．外源激素对液体培养下大球盖菇菌丝生长影响[J]．中国食用菌，2009(5)：32-33．
[19] 李翠翠，尉玉晓，郭立忠．桑黄液体发酵培养基优化的初步研究[J]．中国食用菌，2009(2)：46-48．
[20] 张翠霞，孟庆国．食用菌液体菌种在生产和使用中应注意的问题[J]．中国食用菌，2004(4)．
[21] 王青云，王发祥，石木标，等．广东野生可食红菇液体发酵条件研究[J]．中国食用菌，2006(2)：34-37．
[22] 虞磊，沈业寿．培养方式对蜜环菌胞内多糖合成和抗眩晕症活性影响的研究[J]．中国食用菌，2006(2)：37-39．
[23] 夏晓静，李明．碳氮源对杏鲍菇菌丝体胞外多糖产量影响的研究[J]．食用菌，2009(5)：16-18．

（陈国良、张广才）

第十章 食药用菌机械设备

DISHIZHANG SHIYAOYONGJUN JIXIE SHEBEI

摘要：食药用菌机械设备包括食药用菌生产机械设备和粗、深加工机械设备。本章主要介绍食药用菌生产机械设备，如预真空灭菌机械设备、空气过滤洁净机械设备、液体菌种机械设备、隧道式集中发酵机械设备、人控气候周年工厂化栽培技术和设备等；重点介绍加工新机械设备，如减压冷藏保鲜技术、热泵联合干燥技术、淋水式杀菌机械设备和臭氧技术、微波技术、挤压膨化技术、冻干技术、超细粉体技术、微胶囊技术、超临界流体萃取技术等方面内容。

Facilities and equipment for mushroom production

Abstract: This chapter introduces various equipment items and setups used in edible and medicinal mushroom production including the vacuum autoclave and systems for air filtration, liquid spawn production, tunnel composting, and controlled year-round mushroom production under factory conditions. It also focuses on basic and advanced equipment and facilities for mushroom processing, and processing techniques. These include the application of low pressure-low temperature techniques for retaining product freshness, drying using hot air pumps, disinfection of water used for spraying purposes, ozone treatment, microwave irradiation, extrusion swelling, freeze-drying, use of superfine powders, microencapsulation and supercritical fluid extraction.

第一节 概 述

一、我国食药用菌机械设备发展概况

中国食药用菌机械设备的发展是和中国食药用菌生产发展密不可分。20 世纪 70 年代末 80 年代初，随着中国食药用菌（以白木耳、香菇为代表）代料栽培技术和塑料袋栽培技术的推广和发展，使食药用菌生产得到了很大发展，食药用菌生产摆脱和缓和了菌、林矛盾。这种食药用菌栽培技术的创新对食药用菌生产产生了深远的影响，使食药用菌生产由农村、山区走向平原、城市，成为农民脱贫致富的新兴产业和农村副业的重要组成部分，具有重大的生态学意义和社会意义。

与此同时也促进了食药用菌生产和加工机械的发展，反过来机械化也促进了食药用菌生产的规模化、集约化和产业化发展。我国食药用菌机械设备发展可分为 3 个阶段。

第 1 阶段——1979～1990 年。随着银耳、香菇代料和塑料袋栽培技术的推广和发展，福建省机械研究院（福建省农机化所）与古田县农机厂研发了白木耳生产主要机具、食用菌生产关键设备、蘑菇生产主要机具（5 种），这些设备的开发主要适用于食用菌生产专业户和兼业户，每天（班）生产 3 000～5 000 袋的规模。

第 2 阶段——1991～2000 年。20 世纪 90 年代初，台资在福建漳州一带创建白背毛木耳“太空包”墙式立体栽培场。在它的栽培模式及配套设备的示范带动下，加上这种栽培模式和配套设备投入资金不大（相对于工厂化周年栽培）、机械化程度较高，生产规模属大、中型，仿学的企业逐渐增多。为此，福建省机械研究院与漳州兴业食用菌机械厂（现兴宝食用菌机械有限公司）联合研发、鉴定了容积式冲压装袋机。随后开发了以装袋机为关键设备的单、双机装袋（短袋、长袋）生产线和使用空气过滤洁净技术开发的接种生产线。以上设备的开发主要适用于上规模的大、中型食药用菌生产企业，每天（班）装袋 1 万（单机生产线）～2 万（双机生产线）。

第 3 阶段——2001～2008 年。台资、日资在我国大城市郊区（上海、深圳、北京等）建立了以

工厂化周年栽培模式生产食药用菌的企业。由于采用人工模拟生态环境，智能化调控技术和光、电、机一体化生产设备，可做到每天定量生产多个品种的鲜菇，满足国内外超市、客商的需要。这种工厂化周年栽培模式是最具现代化农业特征的产业化生产方式，和依靠自然气候一家一户的传统食用菌生产模式截然不同，显示出生产规模、技术、产量、质量、市场等综合优势，以及国家政策的引导和资金上的支持，展现了宽广的发展前景。此后仿学的企业大量涌现，如连云港国鑫医药设备公司、漳州兴宝（原兴业）食用菌机械厂研发生产了瓶栽的工厂化周年栽培设备、程序控制联合装瓶的成套设备，以满足我国不同层次规模企业对设备的需求。与此同时，有关机械设备生产厂也填补了相关设备，如代料加工设备、大型培养料筛选设备、废料袋脱袋分离机、离心增湿机、超声增湿机、臭氧发生器、小型自走式颗粒料翻堆机、大型电动轮式粪草类培养料翻堆机、液体菌种接种生产设备、胶囊固体菌种设备、食药用菌粗加工设备等。此外，草腐类食药用菌机械设备的研发力度随着工厂化周年栽培模式的发展也在加强。

（一）食药用菌生产机械设备发展概况

1. 木生类食药用菌生产机械设备发展概况

遵循选、改、创的方针，经过 30 年（1979～2009 年）的历程，我国的食药用菌机械设备得到长足的发展，现可提供多种设备。

①食药用菌生产专业户需要的小型成套栽培设备（以搅龙式装瓶、装袋机为核心的设备），装袋能力：700 袋/小时、0.5 万袋/班（10 小时）。

②食药用菌生产企业需要的大、中型成套栽培设备（以容积式冲压装袋机为核心设备），装袋能力：1 200袋/小时、1 万袋（单机生产线）～2 万袋（双机生产线）/班（10 小时）。

③工厂化周年栽培（瓶栽）成套设备（以振动式联合装瓶为核心设备）。装瓶能力：3 000～6 000瓶/小时、3 万（单机生产线）～6 万瓶（双机生产线）/班（10 小时）。

④代料加工设备，如枝桠材切片机、切碎机，秸秆、芦苇、果枝、菌草切碎机，稻、麦秸切段机，以及废菌袋脱袋分离机、小型颗粒料（棉子壳、甘蔗渣、废菌料）翻堆机。

⑤高压、常压蒸汽灭菌设备，如小型高压灭菌锅、大中型高压灭菌器、大型预真空高压蒸汽灭菌器（程序控制）和不同产汽量的高压、常压蒸汽锅炉。

⑥接种机械设备，如采用空气过滤、洁净技术的短袋人工接种（固、液体菌种）生产线，接种能力：2 300～4 000袋/小时；4 头菌瓶自动接种（固、液体菌种）生产线接种能力4 800～6 000瓶/小时。

⑦培养、栽培有关设备：如不同产气量的间隙式、真空管式、沿界面式、电解水式臭氧和臭氧水发生器；离心增湿机、超声增湿机；热风机（热源为热水、蒸汽、烟道气）；工厂化周年栽培人工模拟生态环境智能调控系统（一台电脑可对 128 间菇房进行实时监控）和菇房换气节能热交换设备；微喷灌设备、菇筒注水机械；菇房保温、隔湿、高温冷库板材等。

由上可看出，我国木生类食药用菌生产机械设备除个别设备，如工厂化周年瓶栽设备中液体接种等高效生产设备正在研发外，已接近国际水平，有些还有创新，如开发了适用长袋（香菇袋）的冲压式装袋机、适合金针菇专用的双冲压装袋机、小型自走式颗粒料翻堆机、枝桠材切碎机等。在海外华侨和联合国粮农组织亚太培训中心（福州）以及各省国际培训班带动下，我国木生类食药用菌生产设备已销往世界 10 多个国家，如马来西亚、印尼、菲律宾、越南、泰国、巴基斯坦、伊朗、蒙古、朝鲜、加拿大、澳大利亚、南非、巴布内新几内亚等。有的企业如漳州兴宝机械食用菌机械厂每年销往国外的食用菌设备占销售额的 1/3。当前在国家发展规模化、集约化、产业化等现代农业的政策导向和资金支持下，食药用菌生产由传统生产方式向现代化农业（工厂化周年栽培方式）转变步伐加快，食用菌栽培机械设备发展迎来了第二个春天。

2. 草腐类食用菌生产机械设备发展概况

我国草腐类食药用菌生产机械设备与木生类食药用菌生产机械设备相比，落后许多，虽然以双孢蘑菇为代表的草腐类食药用菌在农艺上推广了二次发酵技术、标准化菇房和规范化栽培模式，平均单产有了很大提高，但仍属于靠自然气候栽培、专业户生产的模式，受自然气候影响较大，产量不稳定。福建省机械研究院于 1986 年 12 月鉴定的蘑菇生产主要设备（5 种），如半机械化翻堆机，翻堆质量好，能满足农艺要求，但工效提高不多，且劳动强度仍显大。加上一年只用上一个月时间和购买力等原因，得不到推广。其他如撕草机和小型蒸汽发生器也有类似情况。20 世纪 80～90 年代，我国从意大利、荷兰、美国等国家先后引进了9条大型双孢蘑菇工厂化生产线，但由于技术、市场、管理等原因，只有山东九发公司成功运行外，其余被迫停产或弃用。进入21世纪，中国经济持续发展，城市化速度加快，农村人口向城市转移，农村乡镇企业的发展使食药用菌产区农村用工紧张，工资上涨，增加了食药用菌生产成本，菇农和政府管理部门急需能代替露天操作的粪草培养料翻堆作业的设备。为此，2003年，河北大学生命科学院与固安县康益食用菌有限公司研发了隧道式集中后发酵工艺与部分设备。随后上海市农技推广服务中心与南汇食用菌有限公司研发成功隧道式集中全发酵工艺与部分设备。2005年，中国农机院现代农业设备科技股份有限公司开发了MJ1700型双孢蘑菇复合基料翻堆机，该机属电动轮式翻堆机，翻堆滚筒是固定的，但对翻堆作业场地要求较高，最好是水泥地。为了提高对翻堆作业场地的适应性，并强化工作部件，2008年漳州兴宝食用菌机械厂与福建省机械研究院合作开发了SFDG-60型履带自走式翻堆机，该机翻堆能力为60吨/小时，翻堆滚筒可液压升降，可替代100多个强劳力的翻堆作业，可在排干水后的水稻田进行翻堆作业，大大提高了对翻堆作业场地的适应性和通过性。与此同时，厂院合作于2008年研发出与培养料制备有关的设备，如大型稻麦秆切断机、摆动式培养料抛料机。

21世纪初期，草腐类食药用菌生产机械设备受到政策导向和资金支持，以及木生类食药用菌工厂化周年栽培模式迅速发展的影响，2003年以来发展较快，但仍需在品种上补齐和产品性能上、可靠性上加以提高和创新，如双孢蘑菇菌种的规模化生产成套设备、粪草培养料规模化生产成套设备、覆土材料专业化生产成套设备等。食药用菌工厂化周年生产在很大程度上依靠机械设备的支撑，而机械设备的改进、创新，促进工厂化周年生产的发展和菌种、培养料、覆土等标准的建立，反过来工厂化周年生产的发展也对菌种管理、食用菌产业标准——食药用菌产销制度的建立，创造有利条件，也给草腐类食药用菌生产机械设备的发展插上腾飞的翅膀。

鉴于在20世纪80～90年代引进多国双孢蘑菇工厂化生产流水线的失败和成功的前车之鉴，虽在市场需求、企业经营实力、对工厂化周年生产观念、国产化机械设备支撑等方面不能同日而论，但仍需在机械设备经济合理配套、食药用菌产品品种市场定位、市场开拓、生产管理、企业人才培养和培训，以及企业内部人才和设备的挖潜方面投入更多的精力，使草腐类食药用菌工厂化周年生产得到健康地发展。

(二)食药用菌加工机械设备发展概况

食药用菌加工机械设备的发展是依靠食药用菌生产的发展和国内外市场的需求而发展的。20世纪80年代主要发展和生产食药用菌粗加工设备，如食药用菌干燥设备(白木耳、香菇)、盐渍设备和罐藏设备。20世纪90年代至21世纪初，发展和生产冻干设备、热泵干燥设备、真空油炸设备、黑木耳压块设备、香菇分等大包装生产线、孢子粉破壁设备、中药提取设备、真空浓缩设备和喷雾干燥设备。

我国的农产品加工业(食药用菌加工业)是充满希望和生机的产业，农产品加工业不同于单纯的农业，也有别于单纯的工业，即包含农业也包含工业。发展农产品加工业需要适于加工的农产品、先进的机械设备、现代化管理运营机制和营销手段，这三者相辅相成缺一不可。只有将这三者有机结合起来，方能将我国食药用菌产品的资源优势转化为商品优势和经济优势，真正实现农产品加工业的现代化，实现食药用菌生产强国的战略目标。

1. 食药用菌粗加工机械设备发展概况

20世纪90年代发展和生产冻干设备、热泵干燥设备、真空油炸设备、黑木耳压块机、香菇分等大包装生产线和速冻设备等，其中烟道管式干燥机是油、柴两用机，干燥过程由程序控制干燥温度、风量、时间，控制器可储存8条干燥程序供用户选择。每条程序可设定1～4阶段干燥工序，系统设有燃烧机运行程序和停电保护程序、双重超温保护光电监控安全系统。该机代表了干燥机的现代机型水平。其中回转式杀菌设备为罐藏制品高温杀菌设备，该设备能使罐头在杀菌过程中处于回转状态，罐头受热均匀，传热效率高，可大大缩短杀菌和冷却时间。杀菌全过程由程序控制系统控制主要参数，如压力、温度和回转速度，均可自动调节记录，属节能型杀菌设备，该机代表杀菌设备现代水平。此外还有全自动托盘软罐头充填封口机，该机从自动落盘、充填到封口均为连续全自动，并附有光电装置，保证封口图案对齐，并可加装打印日期装置。该机代表托盘软罐头充填封口设备的现代化水平。

由上可看出食药用菌粗加工设备，有的是专用设备，有的是借用设备。总体上已接近国际水平，但自主研发、创新少。

2. 深加工机械设备发展概况

20世纪90年代，我国食用菌深加工产品主要是一二类保健品，食用菌多糖的保健功效在国内外已得到认可。食用菌多糖作为保健食品、药品和作为功能食品的原料，利用其开发食药用菌功能食品具有宽广的市场前景。在此大背景下，我国近年来食药用菌保健品大量涌现，全国有近200多厂家从事菌类产品的生产，有近700多种产品进入商品化生产。但对外出口主要以食药用菌提取物精粉（粗多糖）为主，使用的设备多为中药提取、浓缩、喷雾干燥设备，工艺多为热水提取。提取过程采用酸法、碱法、酶法或微波、超声波辅助法；提取罐常采用动态多功能提取罐，并带有热回流、油水分离等功能；新开发的提取设备，如固定床循环动态进级逆流提取设备；浓缩设备常采用真空低温浓缩或真空多效浓缩设备；干燥设备多采用喷雾干燥设备，它的优点是浓缩液的干燥和粉碎工序可同时在一台设备内完成。目前已有专门用于生产食用菌精粉、粗多糖的喷雾干燥机，其优点是在生产精粉、多糖过程中可不用掺糊精。

总之，食药用菌深加工设备，主要借用中药提取、浓缩和干燥设备。随着我国中药现代化步伐的加快，中药制剂新技术应用和相关新设备的研发、生产，必将对食用菌深加工产品的安全、质量的可控、稳定提供强有力的机械设备支撑。

第二节　木生食药用菌栽培机械设备

一、原料加工机械

食药用菌代料栽培技术和袋料栽培技术的推广和发展，以及两者相互促进，使食药用菌生产摆脱和缓和了菌、林矛盾，走向平原、城市，成为农、林副业的重要组成部分，具有重大的生态学意义和社会意义，同时也促进了食药用菌生产机械的发展；反过来机械化也促进了食药用菌生产的集约化、规模化和产业化的发展。

食药用菌代料栽培是利用各种农、林副产品和下脚料为主要原料（枝桠材、木屑、棉子壳、甘蔗渣、稿秆和菌草等），添加一定量的辅料（如麦麸、糖、石膏等），制成培养料，来代替传统的栽培料（原木和段木），进行各种食药用菌的生产。在代料和袋料栽培中，必须依靠机械把原料粉碎成一定粒度的颗粒（3～8mm），以适应制种和栽培的需要。粉碎工艺有两种：一是将枝桠材切片，稿秆切段晒干后，制备培养料时，再集中粉碎。二是把以上两工序放在一台设备中，一次完成。后者适用于小规模专业户生产，前者适用于规模生产。

（一）枝桠切片机

1. 用途和构造

该机用于林业砍伐剩余物——枝桠材的切片加工。为适应不同直径的枝桠材的切片，该机有不同型号，但结构基本相似，主要由工作部件（动刀盘）、喂入装置、传动机构和机架等组成（图10－1）。

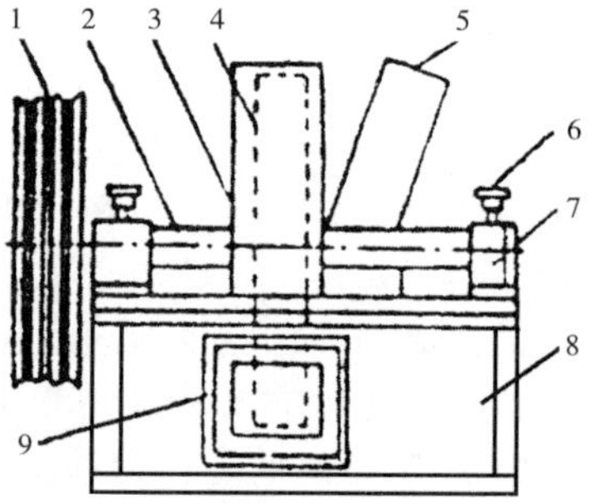

图10－1　木材切片机的构造

1. 三角皮带轮，2. 主轴，3. 罩壳，4. 刀盘，5. 喂料斗，6. 黄油杯，7. 轴承座，8. 机架，9. 出料口。

2. 工作原理

动力通过三角皮带传动使刀盘转动，枝桠材从喂入斗喂入后，在转盘上的动刀片与支架上的定刀片配合下，把枝桠材切削成一定厚度的木片。被切下的木片由圆盘的另一侧排出掉在机壳内，在安装在圆盘侧面上的刮板作用下，由机下方出料口被迅速抛出。

3. 主要技术参数

MQ-700型切片机切片能力：3 000千克/小时；
配套电机功率18kW；
外形尺寸：800mm×700mm×900mm。

4. 使用注意事项

①切片厚度的调整：通过调节动刀片伸出刀盘面的距离，以达到改变切片的厚度。一般距离为3～5mm，盘上各动刀刃口伸出的距离应一致，

否则影响切片质量和厚度。

②切割间隙调整：通常调节动、定刀片间隙达到。切割间隙一般为0.3～0.8mm，间隙过大增加切割的阻力和机身的振动，并有堵刀现象发生。

③切片机与动力机传动三角带要保持适当紧度，可通过移动动力机位来调整。

④喂料要均匀：枝桠材外表黏有泥砂时，应摔打去除后再喂料，以防加快刀片的磨损。

⑤定期检查刀片锋利程度：一般工作4小时后进行检查，动刀片切钝后，刀片应在专用的磨刀机上刃磨，使刃口保持一直线，否则将增加动刀消耗，降低切割质量。一台切片机应配2～3副动刀片以便及时更换，提高工效。定刀片工作约一个月刃磨。

⑥切片时，喂入口及出料口正中方向不可站人。严禁不停机进行清理调整。停机前应停止投料片刻，使机自清机内碎木片。

⑦按使用说明书要求，定期对轴承进行润滑。较长期停机时，应及时清除机上污物和残留碎木片。

(二)木片粉碎机

1. 用途和构造

该机主要用于粉碎木片、谷物、稻草、豆秸和玉米芯等原材料的作业。该机是锤片式粉碎机，对粉碎的物料湿度敏感性小，调节粉碎粒度方便，构造简单，使用维修方便，生产率高，但动力消耗大，常采用钢板焊接结构。锤片式粉碎机有侧筛式、环筛式和侧、环筛式，后者生产率较高，但筛片易磨损。该机主要由喂料斗、粉碎室、转子、锤片、齿钣、筛片、排料风扇和传动装置等组成(图10—2)。

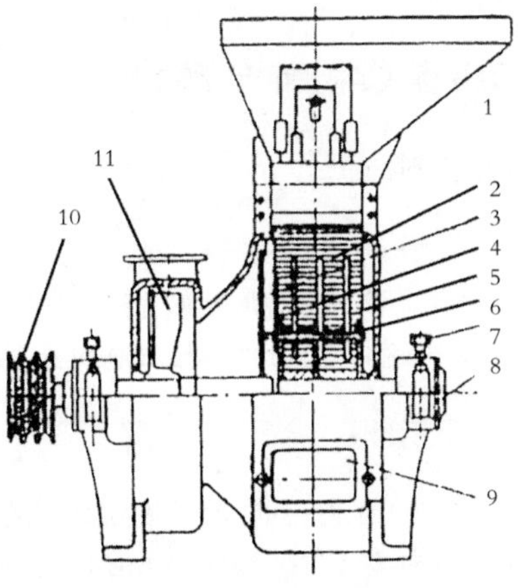

图10—2 木片粉碎机

1.喂料斗，2.齿板，3.侧筛，4.小刮板，5.锤片，6.锤锁，7.黄油杯，8.轴承座，9.检查窗，10.三角皮带轮，11.排料风扇。

2. 工作原理

工作时，物料从进料斗进入粉碎室，先受到高速旋转的锤片打击而飞向齿板，与齿板发生撞击而被弹回，再次受到锤片打击和齿板撞击。经反复多次打击和撞击后，物料逐渐被粉碎成较小的颗粒由筛孔通过。在风扇形成的吸入气流作用下，经管道排出。

3. 主要技术参数

9FT40型粉碎机，粉碎能力300千克/小时，配套电机功率7.5kW。

4. 使用注意事项

①锤片是该机的主要工作部件，也是易损件。中国锤片标准采用矩形片状锤片，分标Ⅰ型和标Ⅱ型两种。它们的长×宽×高为：120mm×40mm×5mm和180mm×50mm×5mm。目前小型粉碎机多采用标Ⅰ型锤片。当锤片尖角磨损至锤片宽度的1/2时，需要换边或调头，此时决不可将锤片安装错位，以防产生机身振动。

②筛子(筛片)的用途是通过筛孔的大小来筛分控制物料的粗细度，筛孔直径常为5～9mm。筛子按配置位置不同分环筛、底筛和侧筛。环筛和底筛安装在转子四周，呈圆弧形，侧筛安装在转子侧面，呈圆形，优点是使用寿命长，缺点是换筛不方便。环筛和底筛的优缺点与侧筛相反。

③集粉方式对粉碎机工作性能影响很大。以集料室集料效果最好，布袋集料次之，离心式集粉器集料最差。

④起动前，检查各部位螺栓是否拧紧，三角带张紧度是否适当，手动皮带轮主轴是否灵活；起动后，检查转子转向是否正确，转速正常后喂料，工作中应经常检查轴承温度，温度应<70℃。停机前，应先停止喂料，待机中物料基本排净再停机。

(三)枝桠材切碎机

1. 用途和构造

该机用于枝桠材的切片、粉碎的联合作业，它将切片和粉碎作业集于一机的设备。该机从外形上看与切片机相似，但有不同点：①在动刀盘的背面安装了4排锤片，在圆周上均匀分布；同时与锤片销轴相隔45度处，安置了4个宽风扇叶片。②在锤片与风扇叶片外围安装了环形筛，使切片室、粉碎室和风机壳三者合一，结构紧凑，很受菇农欢迎。

2. 工作原理

被切下木片在共同的机壳(粉碎室)内,被锤片粉碎,同时粉碎物料被风扇叶片产生的气流推向环筛,穿过筛孔排出机外。

3. 主要技术参数

MQF-420Q 切碎机:切碎能力为1 000千克/小时;配套电机功率为 18.5kW;

吨料电耗≤12kW·h;

外形尺寸(长×宽×高):650mm×600mm×650mm。

4. 使用注意事项

该机动、定刀片的间隙调整和刃磨与切片机同;锤片的换边和调头与粉碎机同;该机起动前、后和停机前、后注意事项,参看切片机和粉碎机有关事项。

(四)稿秆、芦苇、桑橘枝条、菌草切碎机

1. 用途与结构

该机用于稿秆的切断和粉碎,是将切断和粉碎工序作业集于一机的设备。该机从外形上看与木片粉碎机相似(图 10－3)。不同点:①喂入口位于靠近轴线的一侧,稿秆由轴向水平喂入。②增加由动刀和定刀组成的初切装置,解决了长稿秆直接粉碎时易缠绕主轴的弊病。作业时先将稿秆直接切成 10～20mm 的碎段,后经锤片粉碎成颗粒状物料。③机中采用环、侧筛以增加筛孔面积,在机上方加设一进料斗,以适应不同的物料。

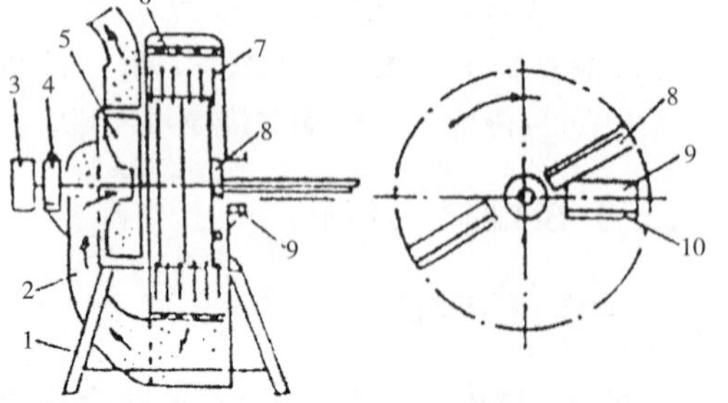

图 10－3 稿秆切碎机

1. 机架,2. 风扇接管,3. 皮带轮,4. 轴承座,5. 风扇,6. 筛子,7. 锤片,8. 动刀,9. 喂入口,10. 定刀。

2. 工作原理

粉碎稿秆时,由轴向喂入口喂入。先由动刀片切成小段后,进入粉碎室粉碎,由风扇产生的负压把粉碎的物料吸出筛孔排出机外。

3. 主要技术参数

420 型植物秸秆、枝条切碎机的切碎能力为600～1 000 千克/小时;

配套电机功率:18.5～22kW。

4. 使用注意事项

该机动、定刀片的间隙调整和刃磨与切片机相同,锤片的更换和调头与粉碎机相同。起动前、后和停机前、后注意事项参看切片机和粉碎机有关事项。

(五)原料筛选机

1. 用途和构造

主要用于培养料的筛选,以清除培养料中混入的大木片、石块、铁丝、螺钉、螺母等,使装袋、装瓶机在作业中不产生故障。使用冲压式装袋机时更应注意培养料要经筛选,以保证装袋作业正常进行。该机主要由筛选框、曲柄连杆往复机构、过筛底板、机架和电机组成。大型的筛选机还配有输送带机构。

2. 工作原理

小型筛选机由人工把培养料铲入筛选框中进行筛选。大型筛选机用装载机把培养料铲入筛选框中。

3. 主要技术参数

小型筛选机筛选能力:3 吨/小时;配套电机功率:2kW;

大型筛选机筛选能力:8 吨/小时;配套电机功率:4.5kW。

(六)废菌袋粉碎分离机

1. 用途和构造

主要用于废菌袋的废料松碎和袋料分离,以利废料再利用。该机主要由破袋粉碎机构、袋料分离机构、碎料输送机构、机架和电机组成。

2. 工作原理

用人工把废菌袋投向入口处,在破袋粉碎机构和袋料分离机构作用下,碎料由输送机构出口处送出,废碎塑袋由另一出口抛出。

3. 主要技术参数

粉碎分离能力:6 000～8 000 袋/小时;配套电

机功率：5.1kW。

二、培养料制备机械

培养料制备机械包括原料筛选机、培养料搅拌机、装瓶机、装袋机和灭菌设备。不同国家和地区对机械化、自动化程度要求不同，可分为3种形式：第一种是以专业户和兼业户为主的生产形式。培养料搅拌、装瓶、装袋作业用人力，菌种瓶、袋用高压灭菌锅灭菌、灭菌栽培袋用常压灭菌灶进行灭菌。第二种是用搅拌机拌料，人力小车送料，用简易装瓶装袋机进行装瓶和装袋，料的松紧度由人工控制，菌种瓶、袋用高压锅灭菌，栽培袋用常压灭菌灶灭菌，生产规模较大，机械化程度较高。第三种是把原料筛选，培养料搅拌、装瓶、装袋、灭菌4个工序作业用一生产线联起来，瓶和袋内培养料的松紧度可由人工设定机械控制，并可在瓶和袋内的培养料上自动打穴。当前，我国广大农村木腐菌的培养料制备机械化程度介于第一种和第二种形式之间，前3个工序需要10个人，每小时可生产500袋或瓶，人均生产50瓶（袋）/小时，福建省古田县大甲乡的香菇生产即属此类型。第三种形式的培养料制备4个工序需劳力6人，每小时可生产1 000～1 200袋或3 000～4 000瓶，人均生产200袋（600～1 000瓶）/小时。以下介绍国内生产的主要培养制备机械。

（一）培养料搅拌机

1. 用途和构造

该机是用于木腐菌栽培中培养料的主料、辅料和水的均匀混合搅拌。目前常用的卧式搅拌机为WJ-70型培养料搅拌机，见图10—4。

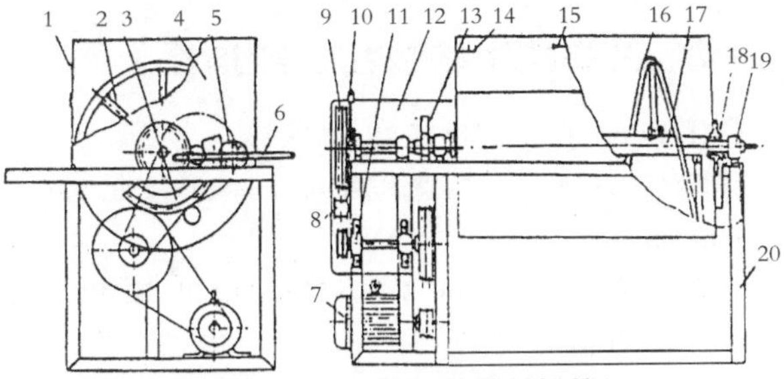

图10—4 WT-70型培养料搅拌机

1.搅拌筒盖，2.螺带撑杆，3.扇形齿轮，4.搅拌筒，5.卸料齿轮，6.摇手把，7.电机，8.张紧轮，9.皮带轮，10.离合器操纵杆，11.轴承座，12.轮罩，13.传动齿轮，14.插销，15.拉手，16.皮带，17.搅拌轴。

该机主要由搅拌筒、搅拌空心螺带、传动机构、卸料装置和机架组成，并附有卸料小车。

2. 工作原理

动力通过传动机构带动搅拌轴的回转，通过螺带撑杆带动正、反空心螺带运动，把中、外层的培养料带到搅拌筒的中、上部撒下进行混合，并兼有使培养料轴向位移充分混合作用，达到规定的搅拌时间后停机，转动手摇柄使搅拌筒卸料口转向下方，利用物料自重下落进行卸料，用专用手推车推走。

3. 使用注意事项

①开机前，应使离合器处于分离位置，用手扳动螺带，搅拌轴应能自由转动，无卡住现象。转动卸料齿轮上的手摇柄时，搅拌筒应能轻松转动。按规定要求向各润滑点加润滑油。

作业前按配比要求把原、辅料和水按比例倒入筒内，少量辅料可用水溶化加入。电机应空载起动，待运转正常后，方可接合离合器进行搅拌作业。

②WJ-70型搅拌机每次可投放主、辅料70千克，按配比要求加水（30升）后，搅拌3分钟即可达到混合均匀要求。切断离合器，转动卸料手柄进行卸料。搅拌筒恢复原位后，即可进行下次搅拌作业。每次制备100千克培养料需15分钟，每小时可搅拌400千克培养料。

③WJ70型、WJ100型卧式培养料搅拌机为小型搅拌机，与ZDP-3、GE型装瓶、装袋两用机配套使用，适用于个体专业户。

SHHL-0.6型（0.6m^3）、SHHL-1.2型（1.2m^3）、SHHL-2型（2m^3）、SHHL-4型（4m^3）卧式培养料搅拌机为中大型搅拌机，与SZDY-1000型冲压式装袋机和振动式装瓶机配套使用。

（二）搅龙式装瓶、装袋机

1. 用途和构造

该机用于将拌匀后的固体培养料装填到一定规格的瓶、袋中。根据装填计量方式，分为人工手动控制和自动控制两类；按装填后有否打孔穴，可分为人工附加打穴和机械自动控制打穴两种；按装填后有否压瓶盖和扎捆袋口，可分为人工附加压盖、扎袋口和机械自动压盖、扎袋口两类。中国大部分地区使用人工手动控制装填计量，人工控制装料松紧度和打穴，人工进行压盖或塞棉花和扎捆袋口的方式。常用的机型有ZDP-3型、GE型装瓶装袋机；自动化程度较高的装瓶机型，如日产KPAC-50-2型全自动装瓶机和国产SZPL-16型装瓶联合机，可自动完成送瓶、装料、打穴和压盖等工序；自动化程度较高的装袋机，如中国产

SZDY-1000 型食药用菌培养料冲压装袋机，可自动完成装料、压料和打穴等工序。图 10－5 为 ZDP-3 型装瓶装袋两用机。该机主要由料斗、搅拌器、输送器、传动装置、操纵机构和机架等组成。

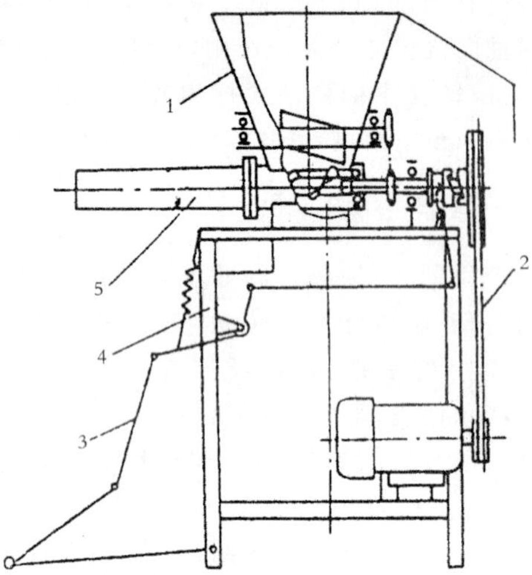

图 10－5　ZDP-3 型装瓶装袋两用机

1. 料斗，2. 传动系统，3. 操纵系统，4. 机架，5. 送料器。

2. 工作原理

根据需要把一定规格的瓶或袋套在搅龙套上，接合动力使搅龙轴转动，料斗内培养料在旋转的搅拌器和搅龙的作用下，被挤压推送出搅龙套而进入瓶或袋内。随着培养料进入容器的增多和被挤实，容器逐渐装满退出。容器内培养料的装填量和松紧度，根据要求由人工控制完成装填作业。

3. 主要技术参数

ZDP-3 型、GE 型装瓶装袋机装袋能力：700 袋/小时；装瓶能力：500 瓶/小时。

配套电机功率（单相）：1.1kW。

4. 使用注意事项

①根据栽培农艺要求，选择适宜直径的瓶、塑料袋、相应的搅龙套和搅龙，更换时，应先拆卸搅龙套，再拆下搅龙。应注意搅龙与转轴的螺纹连接常采用右旋螺纹连接，搅龙轴上有一矩形平台，专供拆卸时使用。

②装料时，应将袋底和瓶底与搅龙套端部接触，并给予袋、瓶底一定的压力，随进料而慢慢地退出。

③作业时，应均匀向料斗内加料，不应一次加料过多，以防料架空。当料偶尔架空时应及时用竹、木棒拨动料斗内培养料，并防止竹、木棒被搅拌器卷入机内。严禁用手直接伸入料斗内拨动培养料，以防事故发生。

④作业前，应对链条、齿轮、离合器拨叉槽和各铰链点加注机油。每班作业后，应清除机内外杂余物。季节性停机后，应对轴承、链条或齿轮进行清洗保养。

（三）SZDY-1000 型食药用菌培养料冲压装袋机

1. 用途、适用范围和构造

该机适用于每天装 0.5 万～1.2 万短塑料袋、固体培养料的半自动装料作业。该机用机械代替了装袋作业中最繁重的装料、压料工序，劳动强度低，功效高。使用时需 4～5 人（1 人铲料，1 人套袋，2 人取袋套环、塞棉花，1 人搬周转筐到灭菌车），加料可用人工也可用输送带。

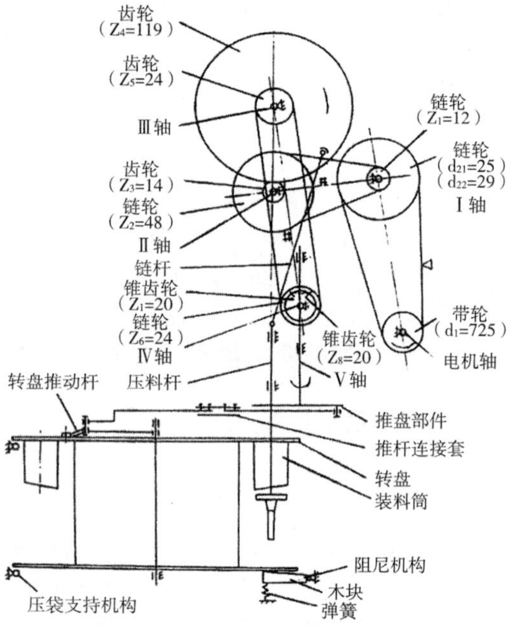

图 10－6　装袋推盘机构运动示意图

2. 主要技术参数和性能指标

①型式：容积式冲压装袋；

②外形尺寸：（长×宽×高）＝1 338mm×1 395mm×1 880mm；

③配套动力：Y100-4 三相异步电机 3kW；

④净重：480 千克；

⑤操作人员：5 人；

⑥塑料袋型式和规格：折角式塑料袋，袋口宽 170mm，袋长 370mm，袋厚 0.045～0.050cm。

⑦主要性能指标：装料后袋料直径×高度：110～150mm×180～400mm，在袋料中心冲压出一接种锥孔，长度为 120mm；

袋料重量算术平均值最大偏差≤50g；

生产率≥1 000 袋/时 4～5 人。

3. 工作原理

该机靠培养料自重下料，靠容积定量和以冲压压料。具体流程：转盘上均布8个加料口，通过转盘的间歇转动，每次间歇转动45度而分为8个工位。其中4个工位为工作工位：第一工位为套袋工位，由人工套袋；第二工位为装料工位，套上袋子的加料口转到加料工位后，料箱中的搅拌器把培养料搅落到塑料袋中；第三工位为压料压穴工位，装满料的袋在压盘作用下进行压料和压穴；第四工位为卸袋工位，压成一定高度的料袋转到卸袋工位后，夹袋机构在凸轮作用下松开夹袋扣，料袋靠自重落到下转盘上，由人工取袋、套环和塞棉团。整个装袋作业由转盘的4个工位完成，人工只需套袋、取袋，劳动强度低。

4. 使用注意事项

①新机使用前或转移新工作场所时应严格检查电机转向，决不能反向工作。一般在机上有电机转向的明显标志。

②该机使用的培养料以木屑为主，棉子壳、甘蔗渣、稿秆和菌草的比例多少，应以塑料袋能否装满料和不产生压料不实现象为准。

③每班作业应在班前和班中，对连杆付、齿轮付、凸轮付、链轮付和各润滑点加注机油。随时清扫盘上洒落的培养料。

④严禁在班间休息期间，外人搬动转盘，防止机构错位产生事故。

⑤作业中使用的培养料应经筛选，以防料中夹带金属异物和过大的木片，造成事故。

(四)SZPZ-16型振动式装瓶机

1. 用途和构造

主要用于塑料栽培瓶和菌种瓶的培养料装瓶作业。

该机主要由承料箱、供料框、送供料框机构、升框机构、振框机构、压料机构、机架、气缸和电机组成。

2. 工作原理

倾斜刮板送料机把料送到该机的承料箱后，直接落到供料框，此时用人工脚踩下踏板（升喇叭口板踏板），通过杠杆机构提升喇叭口板后，在人工送入周转筐（16瓶）到该机喇叭口的正下方，把脚收回后，在弹簧作用下，喇叭口分别套向框中瓶口。此时触动一行程开关推动供料框到落料口板的上方，在框中4排搅拌器的搅动下，供料框中的料迅速下落到16个瓶中。在料落下的同时，托框板在振动电机的作用下上下振动，使瓶中料密度增加，落料达到设定的时间后，在曲柄连杆的作用下，压料杆下行压实瓶中料，同时也压出接种锥孔。压料杆下压过最低点后，并上行到上死点停止，此时触动一行程开关把供料框后移至承料箱的下方不动。此时用脚踩踏板提升喇叭口板后，用人工把已装好料的周转筐（16瓶）拖出，并把待装料的周转筐送入落料板的正下方，此时完成塑料瓶装料的一个循环。该机装瓶能力较高，装瓶质量好，只是送框取框仍需人工周转。该机适用于劳动工资较低的地区的中、大型食用菌工厂化周年栽培场。

3. 主要技术参数

SZPZ-16型振动装瓶机装瓶能力：3 000～4 000瓶/小时；

配套电机功率：1.75kW；适用塑料瓶直径（内）：58mm（容量850ml）；65mm（容量1 100ml）；75mm（容量1 400ml）；机重320千克。

(五)太空包(折角塑料袋)培养料装袋生产线

该生产线由一台PSS-30型振动筛选输送机、一台SHHL-0.6型、SHHL-1.2型、SHHL-2型隔仓式培养料搅拌混合机或液压翻斗搅拌机和1～2台SZDY-1000型培养料冲压装袋机组成(图10－7)。

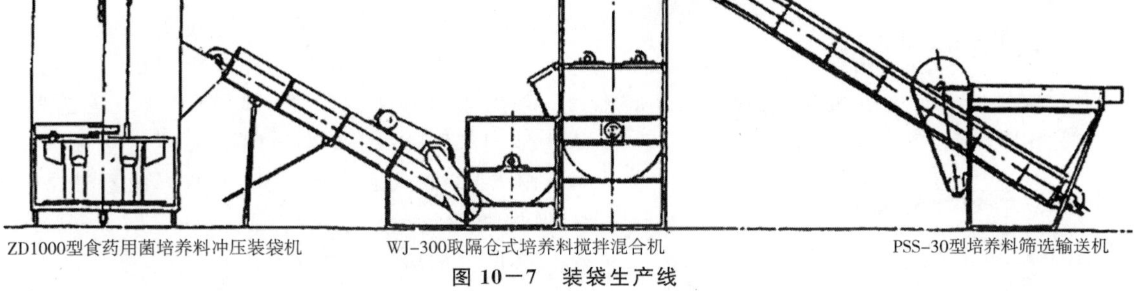

图10－7 装袋生产线

该生产线的原料供应可用麻袋、料筒定量供料，也可用装载机定量供料。原料经筛选后由输送带送到隔仓式搅拌混合机的上仓，在上仓停留期间加辅料及水，下仓排空料后，扳动杠杆手柄，即可把上仓的待混物料全部翻落到下仓，进行定时搅拌混合，节约了加料、水的时间。此外，在混合机的出料口加一集料器，目的是把混合机的间歇出料改成连续出料的混合机，使与其配套的1～2台装袋功能连续工作。该生产线装袋能力为1万袋(单机)～2万袋(双机)/班(10小时)。如每班需生产4万～8万袋/小时，可采用多条装袋生产线或采用4～8m^3的培养料混合搅拌机，配以4～8台冲压式装袋机和上方双螺旋自动供料和自动回料的装袋生产线。

(六)装瓶生产线

该生产线以振动式联合装瓶机为核心设备。根据客户每天需装瓶的数量配以2m^3、4m^3、8m^3的液压翻斗搅拌混合机形成每班(10小时)生产1万～8万瓶/班的装瓶生产线。该生产线中振动式联合装瓶机由PLC微型程序控制器控制，触摸屏液晶显示，可完成周转筐的送框(瓶)、装瓶、压盖工序，并可做到故障显示，远距离指导故障排除，是光、机、电集成的设备。

第三节　食药用菌培养料灭菌设备

食药用菌生产中各种培养料的灭菌通常采用蒸汽湿热灭菌，它是利用饱和的水蒸气遇到待灭菌物料冷凝时，释放出大量潜热(2 261J/ml水)的物理特性，对物料进行加热，使存在于培养料中的杂菌及其芽孢的蛋白质凝固变性，进而达到灭菌的目的。

蒸汽湿热灭菌按灭菌温度、压力不同，可分为常压灭菌和高压灭菌。高压灭菌通常采用的蒸汽相对压力为0.049～0.147MPa，温度为110～127℃，高压灭菌时间短、能耗少，培养料养分破坏少，但设备投资较大。各级菌种的培养基灭菌常用高压灭菌。常压灭菌时间长、能耗大，但设备简单、投资少，生产性培养料灭菌数量大，常用常压灭菌。

一、高压灭菌设备

高压灭菌容器是采用一定厚度钢板制成的耐压、密闭容器。为确保使用安全，必须按有关规定审批方可生产，经有关检验程序及耐压检验合格后才可出厂。根据容器外形，分为圆筒形和矩形；根据容器安置的形式，分为立式、卧式和手提式；根据使用的能源，分为电热型、燃油型、煤型和柴型。

(一)小型高压灭菌锅

1. 煤、柴高压灭菌锅

以煤、柴为燃料对灭菌锅直接加热，利用容器内水的沸腾产生蒸汽来灭菌，见图10－8。

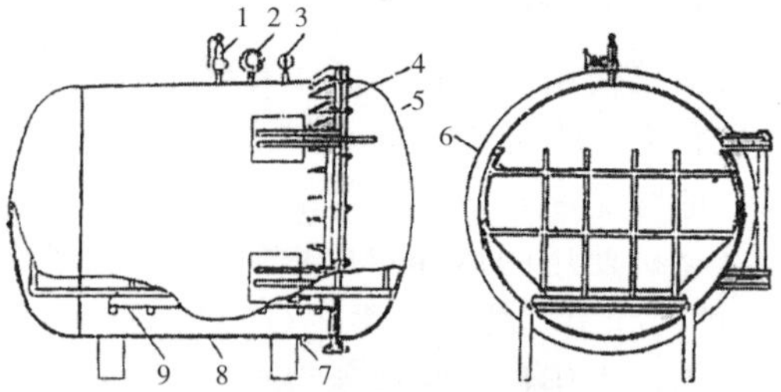

图10－8　高压蒸汽灭菌锅构造

1.安全阀，2.放气阀，3.压力表，4.密封垫圈，5.锅盖，6.灭菌篮车，7.排水管接头，8.锅体，9.导轨。

2. 电热高压灭菌器

采用电热管加热。电热管直接安装在蒸汽发生器内。当通电后即对周围的水加热，产生的蒸汽通过管道或直接通入灭菌容器内进行灭菌。为了达到自动控制压力和温度，有的灭菌器上还设有继电控制设备，控制灭菌器在所需的温度、压力范围内工作，如YXQ·WYZ1600-ⅡR卧式圆形压力蒸汽灭菌器。

(二)中型高压灭菌器

1. 高压蒸汽灭菌器

利用锅炉产生蒸汽通过管道和阀门，进入灭菌容器内，进行灭菌。图10－9为YXQ·WG-32型单门灭菌器。

各种形式的高压灭菌器(锅)上都装有蒸汽压力表、安全阀、放气阀，有的还安装疏水阀和温度表。此外，也采用橡胶密封垫和机械紧固或蒸汽压力紧固方法密封器(锅)口。卧式灭菌器有单、双门区别，双门灭菌器用于灭菌后对被灭菌物有较高的洁净度要求。中、大型灭菌器外常有保温夹套，夹套外包覆有保温材料，以增加保温效果和降低灭菌房内温度。

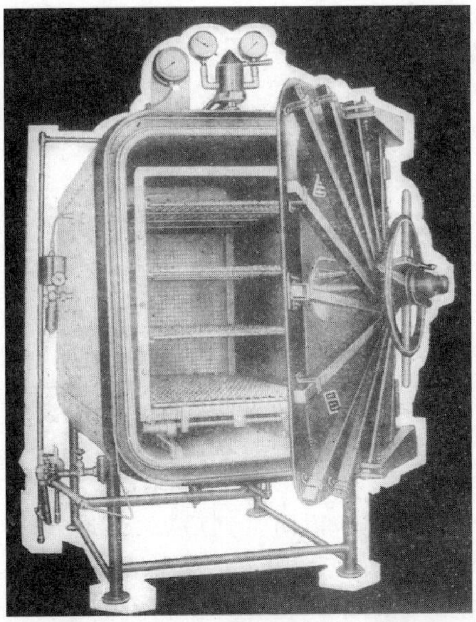

图 10－9 YXQ·WG-32 型单消毒器

1. 器身，2. 沉淀罐，3. 单向阀，4. 器室阻油器，5. 夹套阻油器，6. 进气阀，7. 蒸汽过滤器，8. 压力调整阀，9. 安全阀，10. 压力式指针温度计，11. 压力真空表，12. 蒸汽控制阀，13. 压力表，14. 器门心消毒车，15. 排气口，16. 排气口。

(三)大型高压灭菌器

现代化灭菌设备具有较高的自动控制性能和较好的密封结构，如当器内压力低于大气压时(冷却时)，供气回路自动关闭，并自动输入经过过滤净化的空气进行冷却，以防菌瓶、袋内部污染。这种设备灭菌门为电动，由充气橡胶密封，灭菌器的升温、保温、定时停止供汽和输入洁净空气均为自控。如国鑫医疗设备有限公司生产的 GXMQ 系列快速冷却高压消毒器和日产 TKK-A 系列高压灭菌器。灭菌容积：1.2～30m³；装瓶量：180～9 000瓶(瓶容量 850ml)；灭菌容积：18～42m³，装袋量：3 024～7 056袋(袋直径 110mm、高 200mm)。整个灭菌工序由抽真空到破真空需 3 小时，是常规灭菌周期的 50%。出灭菌器时，瓶(袋)温 70℃。预抽真空再通蒸汽可做到节能，节省蒸汽 30%左右，灭菌彻底，无灭菌死角，营养损失少。

二、常压灭菌设备

常压灭菌设备具有设备简单、投资省、灭菌量大等特点。适合当前农村以聚乙烯和聚丙烯为包装原料的塑料栽培袋、菌种袋培养料灭菌的需要，是农村常采用的方法。缺点是灭菌时间长、养分损失多、热效率低、燃料消耗多和砖砌灭菌仓易开裂。灭菌温度 98～100℃，达到灭菌温度后保温 8～10 小时。

大规模的栽培袋和菌种袋培养料的灭菌，由于量大，为了提高功效、减少搬运破损和污染，常采用周转筐和手推车等辅助器具。

(一)小型灭菌灶

该灶由灶身和灭菌锅组成(图 10－10)。灶身用砖砌成，灶上安放铁锅或钢板焊接锅。灭菌仓的型式有木框架式、板仓式和砖砌式，菇农多采用木框架式灭菌仓。该仓用厚为 3cm 的杉木板制成框架，框架高 20cm，呈方形，框架大小与锅口大小相适应，每 3 只框架为一组，每组中仅最低层的框架设有栅底。根据菌筒的数量可采用 2～4 组框架，在框架外围包以双层塑料薄膜，下部用砂袋压边，以保持整个灭菌仓密闭。

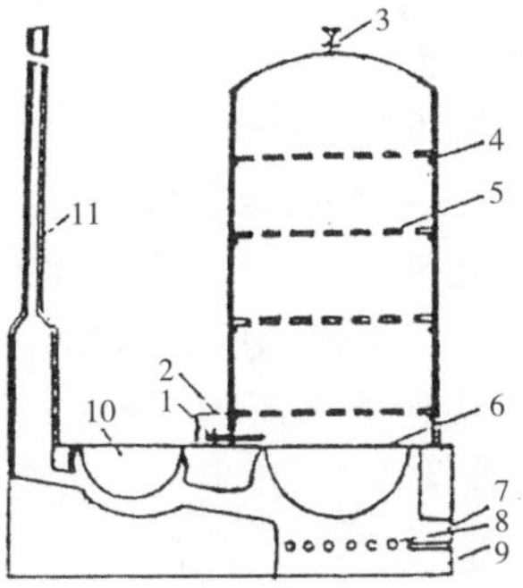

图 10－10 灭菌灶构造示意图

1. 加水阀，2. 加水池，3. 放气阀，4. 搁档，5. 搁板，6. 主锅，7. 炉门，8. 护栅，9. 灰门，10. 热水锅，11. 烟囱。

(二)中型灭菌灶

主要适用于 0.5 万左右短栽培袋(太空包)的常压灭菌。灶身由砖砌成，灶口上放置 5 个汽油桶组成的常压蒸汽发生器，其中 3 个横放在灶上方作为蒸汽发生桶，2 个桶放在 3 个桶的凹陷处，作为热水补给桶。灭菌仓为落地式，在灶身附近地面上用砖叠成 10cm 高的矩形方台。按周转筐的规格，方台在地上成矩形排列，内装待灭菌短袋的周转筐放在 4 个方台的角上，成有序层层堆叠的矩形方堆，在方堆外覆以双层塑料膜或涂胶帐蓬帆布，四周压以砂袋，在砂袋四周设置排水沟即成。蒸汽用塑料管由蒸汽发生桶端面引出，从灭菌仓下部进入仓内。这种灭菌仓放、取周转筐十分方便，一次灭菌可达 0.3 万～0.8 万袋。关键是蒸汽量要足，仓内冷空气排除要彻底。

(三)隧道式常压灭菌房

这种灭菌房是大型灭菌器，适用于大规模栽培袋培养料的灭菌，一次灭菌可达万袋。为节省造价，常把 2～3 个灭菌房并列建造，房内、外铺有轻型铁轨，供配套的灭菌车进、出之用。此种灭菌房常用钢板焊成，在其外围覆盖保温材料。灭菌房一般长 9m，宽2.2m。"太空包"灭菌生产线上的灭菌房与上述结构相似。灭菌房的蒸汽由锅炉供给，一次灭菌万袋的灭菌房需 1 吨蒸汽/时的锅炉与之配套。此类型灭菌房对大、中型食用菌栽培场较适用。

三、灭菌设备使用注意事项

使用高压灭菌器(锅)前，应仔细阅读产品使用说明书，了解器(锅)的构造和操作步骤，这是正确安全使用的首要条件。灭菌锅的操作步骤如下：

加水 → 装料 → 密闭 → 加热 → 灭菌 → 冷却干燥 → 出料

①加水：除灭菌器外，各种型式灭菌锅必须在操作前向锅内加水至规定水位。

②装料：常压、高压灭菌设备的菌瓶、短袋和长袋的堆放，应遵守相互间留有适当的间隙、整齐排放的原则，以利蒸汽流通，确保灭菌效果一致、彻底。长菌袋应井字形堆叠，堆叠层数不超过 5 层。

③密闭：用螺栓紧固锅盖时，应对称分次逐渐拧紧，以不漏汽为原则。也不要拧得过紧，以延长密封圈使用寿命。

④加热：灭菌锅自身能产生蒸汽，而灭菌器由外部通入蒸汽。当灭菌锅或灭菌器随着蒸汽量增加，压力和温度逐渐上升。当锅内压力升至0.049 MPa 时，应打开排气阀，排除锅内冷空气。当锅内汽压升至与之相应的温度，并保持不变时，关闭放气阀。如未排净锅内空气，不能在规定的压力达到相应的灭菌温度，灭菌效果将受到影响。锅内冷空气排放与温度的关系见表 10－1。

表 10－1　高压蒸汽灭菌锅(器)内冷空气排除程度与温度的关系

蒸汽压力(MPa)	冷空气排出不同程度时锅内气体温度(℃)				
	完全排出	排出 2/3	排出 1/2	排出 1/3	排出为 0
0.034	109	100	94	90	72
0.069	115	109	105	100	90
0.103	121	115	112	109	100
0.138	126	121	118	115	109
0.147	127	122			

⑤灭菌：排净锅内空气后，关上排气阀。当压力达到所需数值后，按灭菌要求保持压力一定时间，直至灭菌结束。各类灭菌物所需的压力、温度与时间关系见表 10－2。为确保灭菌彻底，一般比表中规定的时间长些。

表 10－2　常用灭菌物的灭菌压力、温度、时间

灭菌物种类	蒸汽压力(MPa)	温度(℃)	灭菌时间(min)
器皿类	0.098	120	20
棉花纱布类	0.098	120	30～60
琼脂培养基	0.098	120	30～40
木屑类菌种瓶	0.098～0.147	120～127	60～90
粪草类菌种瓶	0.147	127	90～120
聚丙烯菌种袋	0.098～0.147	120～127	60～90

⑥冷却干燥：达到灭菌、保压时间后，停止供汽和加热，按需要采用自然冷却或缓慢打开放汽阀。待压力降为零后，再隔 1～2 分钟方可开启器盖。对有真空设备的灭菌器可进行真空干燥后，再打开器盖。对常压、高压灭菌锅应趁热出锅，以避免棉塞受潮。

第四节　食药用菌接种器具与设备

接种工序是整个生产过程中的重要工序，接种成功率的高低，对食用菌生产的经济效益影响极大。接种工序不仅要完成接种的机械动作，而且要在接种过程中不能有杂菌混入，以免造成接种失败。杂菌、孢子属微生物，肉眼难以见到，有效的接种程序应规范化。接种器具和设备的作用是尽量以机械操作代替人工操作，其目的不仅是减轻操作人员的劳动强度和提高工效，更重要的是尽量减少人为和人体的污染程度。

一、常用的接种器具

食药用菌菌种移接工具绝大部分用不锈钢丝锻制和用碳钢制造后进行镀铬或镍表面处理，手柄部位常用塑料注塑成型。接种工具可购买也可自制，如接种刀、扒、铲、环、针、匙和镊等。接种室内常用的器具有医用解剖刀、手术刀、乙醇灯、搪瓷方盘、培养皿、广口瓶(装乙醇、棉球)、接种针插座和菌种瓶架等。

二、接种箱

接种箱又名无菌箱，是一个可密闭的箱子。在箱中进行化学和物理灭菌消毒后，箱内成为无菌状态，可在其中进行无菌操作(接种)，防止杂菌污染。接种箱按使用形式不同，可分为常用型和专用型两类。常用型又可分为单人作业式或双人作业式两种。专用型接种箱按作业特点不同而制造，如长菌袋（菌筒）接种箱、液体菌种接种箱等。

（一）木质接种箱

箱体通常采用木质结构，双人接种箱上部的前后观察窗均安装玻璃，便于操作。观察窗应保持 70 度倾斜面，观察窗应做成可以开启的，以便放入或取出物品。必要时，在箱的两侧开侧门。观察窗下面是木挡板，挡板上留有 2 个配有移门的操作孔，孔口装上布袖套。双手伸入箱内操作时，布套松紧带能紧套手腕处。接种时，乙醇灯燃烧会使箱内温度升到 40℃ 以上。为便于散发热量，在顶板和两侧应留排气孔，孔径为 60～80mm，并覆以 8 层纱布过滤空气。在接种箱内顶部，一般装日光灯和紫外线灯各一支。箱体大小，单人接种箱以一次能放入 60～80 只 750ml 菌种瓶为宜；双人接种箱以一次能放入菌种瓶 120～150 只为宜，过大、过小都不好。箱内除放接种器具和物品外，应避免存放其他物品。接种箱的结构、大小见图 10－11。单人接种箱的大小（长×宽×高）为 1 200mm×650mm×600mm，顶宽 400mm。

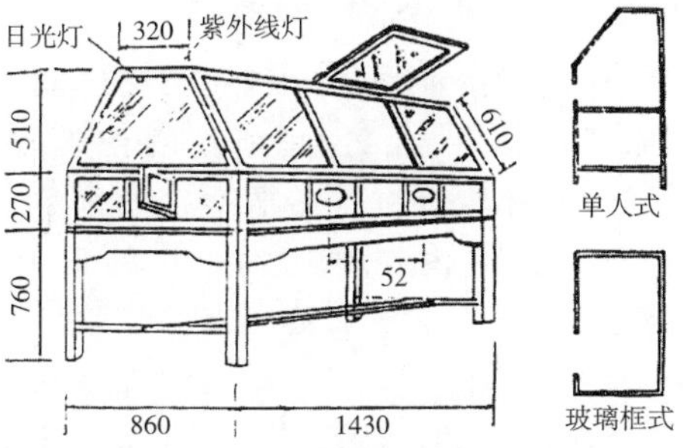

图 10－11 木质接种箱（单位：mm）

（二）有机玻璃接种箱

上海有有机玻璃接种箱，基本结构与木质相同，但密封性强，可在一定真空度下进行操作。在箱内设有储冰室，可为气温较高的地区提供较低温接种条件和菌种暂存场所。

（三）香菇长菌袋（菌筒）接种箱

特点是箱内装有转轮，转轮宽度等于菌袋的长度，以存放一定数量的菌袋。转轮垂直安放在转轮室内，菌袋可从转轮室后部的料门进出堆放。转轮室分成 4 个室，作业时，整个转轮的 3 个室堆放菌袋，另 1 室供接种后的菌袋堆放。直径 1m 的转轮室一次可堆放香菇长菌袋约 80 袋。此接种箱与常用型基本相同，只是长菌袋堆放形式不同而已。香菇长菌袋接种箱示意图见图 10－12。由于接种箱制造容易，移动方便，灭菌消毒彻底，操作者工作条件好，使用较普遍。缺点是箱容积小，操作有些不方便，生产效率也低些。

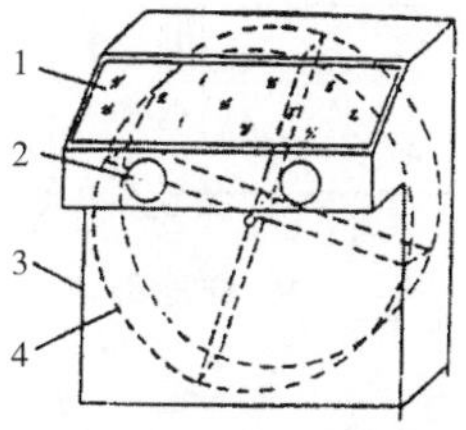

图 10－12 香菇长菌袋接种箱

1. 玻璃箱，2. 操作孔，3. 转轮箱，4. 转轮。

各种接种箱灭菌消毒时，可采用药品喷雾熏蒸法和紫外线消毒法配合进行。将待接种的已灭菌过的菌瓶、袋及接种工具、菌种等放入箱内后，用 0.25％苯扎溴胺（新洁尔灭）或 5％石碳酸或过氧化氢（双氧水）喷雾，再用高锰酸钾 5g 倒入烧杯中，加入 40％甲醛溶液 8ml（以每立方米容积计），立即关闭箱子，熏蒸灭菌半小时即可接种。如同时用紫外线灭菌灯照射半小时，消毒更彻底。也可用气雾消毒剂或用臭氧发生器对接种箱消毒，该法使用方便，灭菌效果好。

三、净化工作台

也称超净工作台，它是提供局部无尘无菌工作环境的空气净化设备。净化工作台按净化气流的流动方向不同，可分为水平层流式和垂直层流式；按工作台的结构不同，可分为单人作业式和双人作业式，后者又有双人对置作业和双人平行作业之分。

（一）净化工作台的构造和特点

主要由工作台，粗、高效过滤器，风机，静压箱和支承机架等组成。图 10－13 为双人平行作业用的水平层流式净化工作台。由于工作台长，适于大批量接种使用，操作方便。空气首先经过粗过滤器进入离心风机，并由离心风机进入静压箱，使气流均匀分布通过高效过滤器，形成水平层流再次进入净化工作区，在区内获得洁净的空气环境。一般工作区的净化空气流速为 0.3～0.6 米/秒。新机流速较高，可通过调压器改变风机的转速。当工作一定时间后空气流速低于 0.3 米/秒时，可调高风机转速。如无法通过提高风机转速达到提高空气流速时，可清洗粗过滤器解决。有的机上设有微压表，当微压表上指针由绿区进入红区时，说明应清洗粗过滤器或更换高效过滤器。有的机上还在操作区外缘设有高速空气幕，保护操作区不受外界气流的干扰。

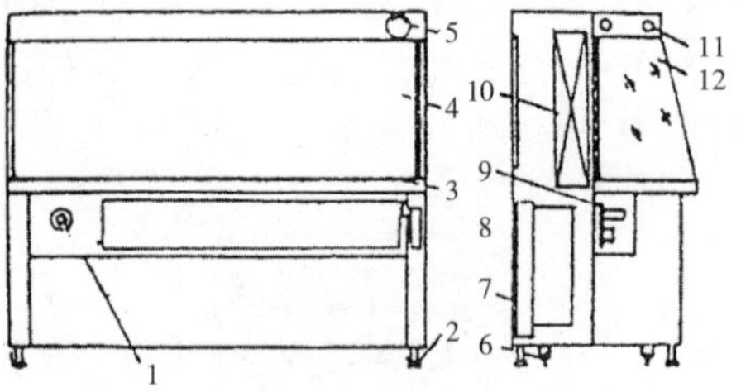

图 10－13 JW-CJ-IC 标准型双人净化工作台

1. 风机组调压器，2. 固定支承座，3. 工作台面，4. 网板，5. 微压表，6. 转轮，7. 粗过滤器，8. 风机组，9. 电气箱，10. 高效过滤器，11. 日光灯，12. 侧玻璃。

（二）净化工作台工作原理

空气通过工作台的粗、高效过滤器中的多孔纤维状过滤介质时借助碰撞、扩散和静电等作用将空气中的悬浮粒子和细菌截留，从而达到空气净化。由于采用平行层流充满整个操作空间，并以一定的速度通过操作区，可以达到操作区内空气净化的目的。

（三）净化工作台的使用

①净化设备的洁净级别，我国采用《空气洁净技术措施》中的规定。净化工作台的操作区空气洁净度可达《空气洁净技术措施》中的 3 级。一般要求净化工作台安装在比其操作区空气洁净度低 2 级的洁净室，即 300 级。

②使用前应提前 20 分钟开机。工作台面禁放不必要物品以保持工作区内洁净气流不受干扰。操作时，操作者的头部和手应尽量置于接种材料的下风侧，并严禁做发尘量大的动作，如摇头、拍打衣服和快步走动等。工作结束后，移去接种材料再停止运转。

③根据环境的洁净度和设备使用的长短，一般间隔 3～6 个月，定期把粗过滤器拆下清洗。当操作区风速＜0. 3m/s 时（或微压计指针在红区时），说明此时高效过滤器内的容尘量已趋于饱和，空气过滤芯已失效，应予更换。

四、半自动菌瓶接种机

该机主要用于栽培菌种瓶和栽培瓶的接种。适用于容量 750～1 400ml、瓶口直径 30～75mm 的玻璃瓶和塑料瓶的木屑菌种接种工作。接种量可以调节，人工拔棉塞或盖和手持瓶接种，生产率为 1 000 瓶/小时。接种机内侧安装 1 支 20W 紫外线灯。接种机进行接种工作时，需要在洁净条件下接种，同时，该机最好在 300 级洁净室内使用。国产的 2BSJ-100 型和日本 GS-1 型半自动菌瓶接种机即属该机型。

五、全自动菌瓶接种机

用于栽培菌种瓶和栽培瓶的接种，由 GS-I 型半自动菌瓶接种机、旋转机械手开、关盖机和送瓶机组成，适用于容量为 750～1 400ml、瓶口直径 52～75mm 的塑料瓶木屑菌种接种工作。接种量可调节，接种生产率为 2 000 瓶/小时。该机在接种工作时，应配有自净器，使接种局部空间得到洁净空气。同时，该机最好在 300 级洁净室内使用，电耗为 310W，如日本生产的 RS-2000 型单头全自动菌瓶接种机和 LS-6000 型 4 头全自动菌瓶接种机。

21 世纪初国内已能生产 GXJZ-6000 型和 SJZG-16 型 4 头全自动接种机（固体），该机由接种主机、送框（瓶）机构和出框（瓶）机构组成，并由 PLC 微型程序控制器程控。电压 220V，接种生产率 6 000 瓶/小时；配套电机功率 200W。韩国、日本应用液体菌种接种可用 8 头、16 头同时接种，接种能力由 6 000 瓶/小时提高到12 000瓶/小时。我国液体菌种研究有较长的历史，但缺乏规模化生产成功经验与技术。需加强在工厂化、规模化生产中应用液体菌种的研发。

六、无菌室

在室内进行接种操作的相对洁净区间或房间叫无菌室或叫接种室。这里所指的相对洁净，是指特定的空间环境没有不希望存在的微生物。就是说，需要在此室内控制达到一定的无菌程度。微生物控制对象主要是细菌和真菌。空气中它们的粒径大约在0. 2μm 以上，常见的细菌在0. 5μm 以上，一般多附于其他物质上，并依靠这些物质吸取营养及水分，以维持生命。这种粒子也称为生物粒子。对于浮游在空气中的生物粒子可用高效过滤器，用过滤空气的方法加以控制，以达到净化空气的目的。这是目前最有效又最经济的手段，已广泛用于生物洁净室的微生物污染控制技术，包括食品、生物制品、制药、手术室、生物实验室、微生物研究及宇航等领域。由于我国食用菌栽培绝大多数是利用自然气候的，不可能做到常年使用无菌室，故我国常采用室内化学灭菌消毒法，也可达到《国际空气洁净度标准》（草案）规定的有关洁净度等级。按《空气洁净技术原理》一书分析，大气菌浓（生物粒子浓度）和大气尘浓的比约为 1∶10万，一般大气菌浓可取 2 000～3 000个/立方米。人也是发菌源，单位时间发菌量约为每分钟 1 000 个/人。因此，用化学法得到的无菌室在使用中由于人工操作，不断增加无菌室的生物粒子浓度，而经机械、物理法得到的洁净室，在操作过程中，空气过滤不断进行，且在高效过滤器前，可达更高级别的空气洁净度，这就是为什么这种无菌室在许多领域中广泛使用，而用化学法达到无菌只能在短时间内使用的原因。《国际空气洁净标准》草案、《美国联邦空气洁净标准》和我国《空气洁净技术措施》规定的标准见表10－3。

表10－3 国际、美国、中国空气洁净度标准

《国际空气洁净度标准》	《美国联邦标准》209B	《中国空气洁净技术措施》规定	空气中生物与非生物粒总数≥0.5μm的所有粒子最大数(个/升)	空气中生物粒子数，单位容积空气中悬浮生物粒子最大数(个/升)	表面沉降生物粒子指标24小时内的最大数(个/m^2，周)
Ⅰ	不控制	不控制	不控制	不控制	不控制
Ⅱ	100 000	3 000	3 500	0.088 4	323 000
Ⅲ	10 000	300	350	0.017 6	64 600
Ⅳ	100	3	3.5	0.003 5	12 900
Ⅴ	10	0.3	0.35	0.001 4	5 200

(一)化学灭菌无菌室

这种无菌室如图10－14所示，指以化学灭菌为主的接种室。无菌室的面积视生产规模而定，一般不宜过大，有4～6m^2即可，高度不要超过2～2.2m。这样既有利于进行清洁工作，也可保持无菌状。室内地面、墙壁均应平整光滑，如水泥墙面要涂刷油漆或防水、防霉涂料，也可用塑料面板和杀菌瓷面砖装修。无菌室的门要和工作台保持一定距离，通常采用左右移动的拉门。如工作台用单、双人操作的超净工作台代替，效果更好。为提高无菌室的密封性能，室内可采用双层玻璃窗，窗内侧设黑色布帘。在拉门上部门对面墙角距地面200mm处，各开一通风窗，装上活动栅板风口，并附以无纺布或8层纱布，以调节通风量和温度，工作结束后关闭活动栅板。无菌室应位于灭菌、冷却室和培养室之间，以便使菌袋在灭菌冷却后移入无菌室。接种后即可移入培养室，室外要有一缓冲间，供工作人员换衣帽、换鞋和洗手等准备工作用。缓冲间门要和接种室门错开方向，并避免同时开门，以防外界空气直接进入无菌室。有条件的可设2～3个缓冲间，灭菌效果更好。在无菌室和缓冲间上方各装一支30～40W的紫外线灭菌灯和40W日光灯，灯管与台面相距0.8m，不超过1m。有条件时在室内多装1～2个紫外线灯更好。缓冲室内应备有专用无菌工作服、帽、拖鞋及供清洗用消毒液，有关电线均应设在室外或天花板上。要强调的是应重视人在进入无菌室前的人身净化和操作注意事项，这对于化学灭菌的无菌室尤为重要。

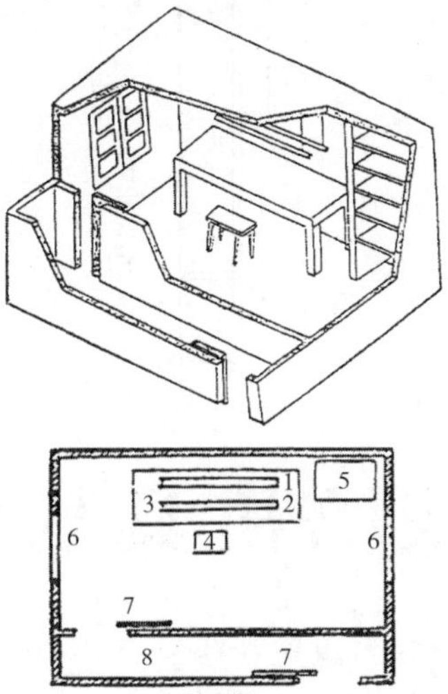

图10－14 化学灭菌的无菌室

1.紫外线灭菌灯，2.日光灯，3.工作台，4.凳子，5.瓶架，6.窗，7.推门，8.缓冲间。

无菌室要经常保持清洁，使用前先用紫外线灯灭菌15～30分钟，或用5%苯酚(石碳酸)、3%甲酚(煤酚皂)喷雾后再开紫外线灯灭菌。空气灭菌消毒15～30分钟后，移入准备接种的培养基及有关用品，再开紫外线灯15～30分钟，密闭20～30分钟后，工作人员更换无菌服入室内进行操作。无菌室在使用后也可用甲醛熏蒸，进行彻底灭菌。一般使用10～30天后彻底熏蒸一次即可，具体可视接种数量、外界环境来确定熏蒸的间隔时间。无论使用什么药剂、灭菌程序，都应通过灭菌消毒效果检验。一般使用数个放有葡萄糖琼脂培养基平面玻璃皿，在室内各点一定高度上放置玻璃皿，并顺次打开皿盖30分钟，然后盖上皿盖后连同对照玻璃皿一起置于30℃培养箱培养3天，观察菌落数。每个玻璃皿杂菌落数不超过3个为合格(1万级)。不合格者应找原因，再进行实验直到合格为止。

(二)机械和物理灭菌无菌室

是用过滤空气的办法，把室内悬浮的尘埃粒子和生物粒子除掉的无菌室，也叫洁净室。洁净室按气流形式分为层流式和乱流式。层流是指气流流线平行单一。按层流流向又可分为垂直流与水平流层两种(图 10－15)。由于乱流式气流方向是可变的,存在涡流和死角,故较层流的洁净级别低,可达1 000级至 100 万级。一般工业上多采用乱流式,而医疗、科研等部门多采用层流式。食用菌接种室常在旧建筑上改造,需增添有技术走廊的乱流洁净室。生物洁净室是指工作区达到一定洁净度、温度、湿度和气流速度指标要求的房间。一般工作区空气洁净度要求 100 级;温度 23～25℃;相对湿度 50%～65%;水平层流动气流速度:0.4 米/秒～0.5 米/秒。

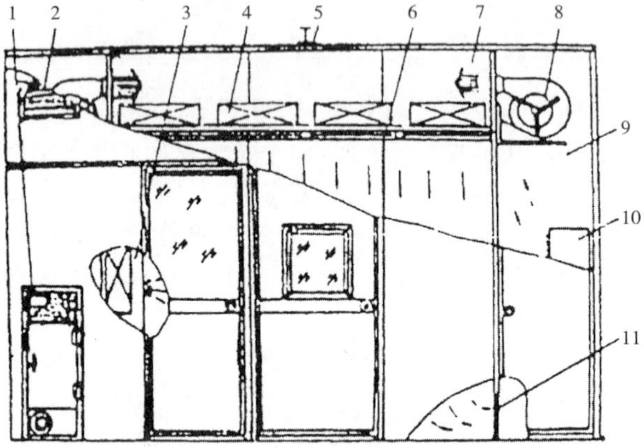

图 10－15　KCJ 系洁净室结构图

1. 电控柜,2. 新风口,3. 风淋室,4. HEPA 滤器,5. 顶储,6. 尼龙均压层,7. 静压箱,8. 离心风机,9. 空调机房,10. 空间机组,11. 回风口。

七、栽培袋接种生产线

本生产线是由周转筐(筐中放 16 栽培袋)、18～20m 不锈钢链板输送带、2 台层流罩、2 台自净器、2 个铝合金回风口和 2 台电解水式臭氧发生器组成,见图 10－16。

生产线占地 $45m^2$;接种室 $35m^2$(7m×5m);技术走廊:$10.5m^2$(7m×1.5m)。接种室空气洁净度可达 10 万级,接种区间(即层流罩下区间)空气洁净度可达《美国联邦标准》209E 级。该生产线适用于栽培袋的固、液体接种,固体菌种接种能力为 12 人 2 300 袋/小时;液体菌种接种能力为 4 人 4 600袋/小时。

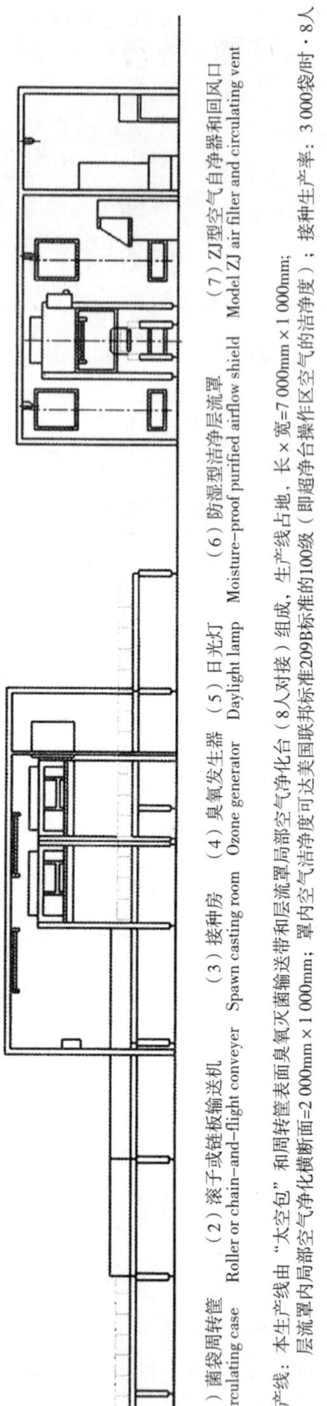

图 10－16　栽培袋接种生产线示意图

第五节　食药用菌培养、栽培机具与设备

一、室内空气灭菌、消毒设备

(一)紫外线灭菌灯

用来产生紫外线的装置叫紫外线灯。按用途可分为保健和灭菌紫外线灯;按波长分为长波紫外线和短波紫外线:波长为 2 900～4 000Å 的紫外线叫长波紫外线,波长为 1 800～2 900Å 的紫外线叫短紫外线。长波紫外线用于保健治疗,短波紫外线用于灭菌。在短波紫外线中,波长为 2 500～

2 650Å时灭菌最强，因此常选用 2 537Å 作为紫外线灭菌用波长代表。1Å＝10^{-10}m＝0.1nm。

紫外线照射的能量较低，不足引起原子的电离，仅产生激发作用，使电子处于高能状态而不脱开。紫外线灭菌机制是促使细胞质变性。当微生物被紫外线照射时，只有在菌体吸收了紫外线后，才能显示出灭菌作用。在细菌细胞内能吸收紫外线的物质是部分氨基酸和核酸，而构成细胞的绝大部分蛋白质，因其具有透明性而不易吸收紫外线。只有当照射一定时间吸入紫外线后，才产生光化学作用引起细胞内成分，特别是核酸、原浆蛋白、酯的化学变化，使细胞变性，从而导致细菌死亡。

各种微生物对紫外线的耐受力以真菌孢子最强，细菌次之，最弱的是微生物生长体细胞。灭菌剂量一般以照度和时间表示，被照射单位面积上所接受的杀菌能量称为杀菌辐射照度，以 5mW/cm^2为准，如革兰阴性菌需每分钟 15W·500mm，若距离为 100mm，仅需 10 秒可全部杀死，以此为参照。杀灭其他细菌所需时间为1.5～5 倍；芽胞细菌为10～40 倍；酵母菌为 3～6 倍；霉菌为 5～50 倍。

紫外线属低能量的电磁辐射，穿透力很差。影响紫外线灭菌的因素有以下几点：

①空气中尘粒与湿度：当空气中含 800～900个尘粒/立方厘米时，灭菌效果降低 20%～30%；当相对湿度由 33%增至 56%时，灭菌效果减到原来的 1/3。

②环境温度：大多数灯管设计在 25～40℃条件下工作。如外界温度由 27℃降至 4℃时，输出能量要降低 65%～80%。

③紫外线对固体的穿透力：凡可见光不能透过的物质，紫外线也不能透过，紫外线(2 537Å)对石英的穿透力最高可达 70%～80%，但玻璃中存在氧化铁会阻挡紫外线，如波长在3 000Å 以下的紫外线无法透过 2mm 的玻璃窗，3mm 厚的有机玻璃或醋酸纤维酯(照像底片材料)仅可透过10%～20%；对聚氯乙烯薄膜开始可透过 30%以上，但经 6 小时照射后，由于薄膜变性透过率<3%。因此，用紫外线灭菌、消毒仅限于物体表面和空气。

④紫外线管使用时要保持清洁，灯管上的灰尘、污痕和油渍都会减弱紫外线辐射量。应经常用纱布蘸无水乙醇擦净灯管，擦净后不得用手触摸灯管部分。灯管平均寿命 2 000 小时，达到后必须更换，否则影响杀菌效果，甚至无效。一般 10～30m^2的房间需 30W 灯一支，照射 30 分钟后，挂上黑窗帘遮光 30 分钟效果较好，能避免紫外线的光复效应，也可防止紫外灯产生的臭氧对人体的危害。

(二)臭氧发生器(内容参看本章第十节关于《臭氧技术及应用》)

图 10－17 移动式臭氧发生机

二、室内空气调节设备

空气调节是在一定空间内保持空气的温度、相对湿度、洁净度和气流速度(简称四度)，在一定范围内变化的调节技术(简称空调)，能达到空气四度的调节设备叫空气调节设备。

(一) 空调系统的分类

根据空调的用途及其对空调的要求、空调负荷特点以及使用情况，空调系统一般分成 3 类。

①集中式空调系统：此系统是空调最基本的方法。特点是空气处理设备集中在空气处理室内，冷源设在冷冻机房，处理后的空气用风道送到各空调房间，便于集中管理、维护。图 10－18中虚线框内第Ⅰ区为空调区，在此区内应保持空气规定的参数。第Ⅱ区为空调的输送和分配部分，主要是指管道和送风口与回风口。第Ⅲ区为空气处理部分，它包括对空气进行过滤净化、加热、冷却、加湿和减湿等各种处理及通风机设备，并可根据内部环境需要，利用自动调整装置进行调节。第Ⅳ区是空气处理设备的冷热源部分，包括制冷系统和供热系统。此系统要专人操作，机房占地面积较大，但运行可靠，室内参数稳定。

②局部式空调系统：它实际上是将空气处理和冷冻机、风机等组合在一起的整体机组，称为空调机组或空调器，可直接将该机组放在要求空调的房间内进行空调，也可放在相邻的房间用很短的风道与该房相连。一般来说该系统可满足不

同房间的不同送风要求，使用灵活，移动方便。对房间小、各房间相距较远更为适合。

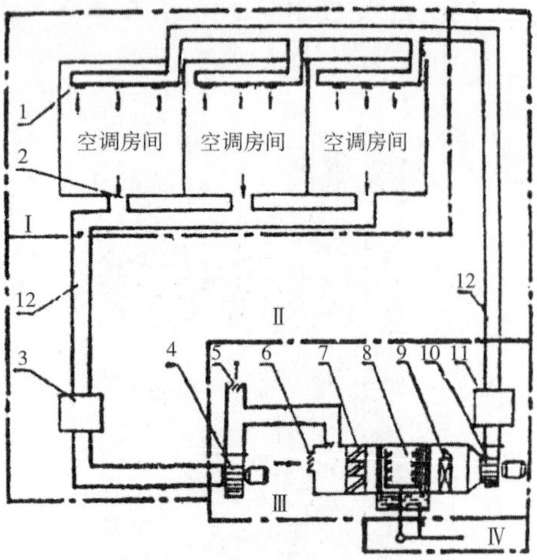

图 10－18　空调系列示意图

1.送风口，2.回风口，3.回风消声器，4.回风机，5.排风口，6.新风口，7.过滤器，8.喷风室，9.加热器，10.送风机，11.送风消声器，12.送风管道。

③混合式空调系统：此系统具有集中处理的空调箱和风道，同时又在各空调间设有局部处理装置，如诱导空调系统、风机盘管加新风系统等都属此类。此类系统与集中式相比，省去了回风管，缩小了送风断面，同样能利用再循环空气，因而可减少建筑面积。

国外大型工厂化全年生产食用菌的单位常采用混合式空调系统或集中式空调系统。我国常采用局部式空调系统，用于接种室、菌种培养室和栽培室的空气调节。

(二)食用菌工厂化周年栽培房的各项环境参数控制

在栽培房中温、湿、光、气任何一因素的变化会影响其他因素的变化，因此控制方式应由单因素控制转变为多因素智能控制。我国现已开发了相应的监控管理软件，其主要功能：

①远距离实时显示、监视、调控每间栽培房内的温度、湿度、CO_2等浓度参数。

②实现多达 128 间栽培房的实时监控，并能自动存储各栽培房的数据并以曲线显示。

③可设定各项控制参数，超界限值时自动弹出报警画面。

④具有停电保护功能，停电时各参数不丢失。

⑤采用进口美国 DALLAS 专用芯片和 YD 系列探头，数字信号传输性能稳定。

广州市兆晶电子科技有限公司专门开发了高效节能管理方便的 HLC-D 数码漩涡低温空调机组，机组中使用 EMERSON 最先进的变流量数码漩涡压缩机和获得专利的精密数码电气控制系统，温控精度可达±0.1℃。节能效果与传统空调设备相比，可节能 26%～43%。

在栽培房制冷送风方面，尚处在百花齐放的状态。从理论上讲，在栽培房中空气流动对层架式立体栽培房来说，应以栽培房整个墙面送风和整个墙面回风为好，以使栽培房内气流呈现水平流动，才能避免空气流动死角产生。应在这方面多做些探索，以使菇房每一个生长单体环境参数基本一致，进而提高栽培房的平均产量，增加整体经济效益。

(三)暖风机

能提供比周围环境温度高的热空气的设备称为暖风机。按热源的不同可分为电热式、蒸汽或热水式、燃油式和煤、柴式。

在食用菌栽培过程中，为了满足食用菌对周围空气温度、湿度的要求，除了使用空调机(器)外，在广大农村还用经济、便宜的蒸汽或热水式暖风机和煤、柴式热风机。

1. 蒸汽或热水式暖风机

(1)用途和构造

主要用于塑料大棚和食用菌栽培室热风的供给以提高大棚和室内的温度，满足食用菌生长对环境温度的要求。

此暖风机主要由轴流通风机、散热器及百叶窗等部分组成(图 10－19)。

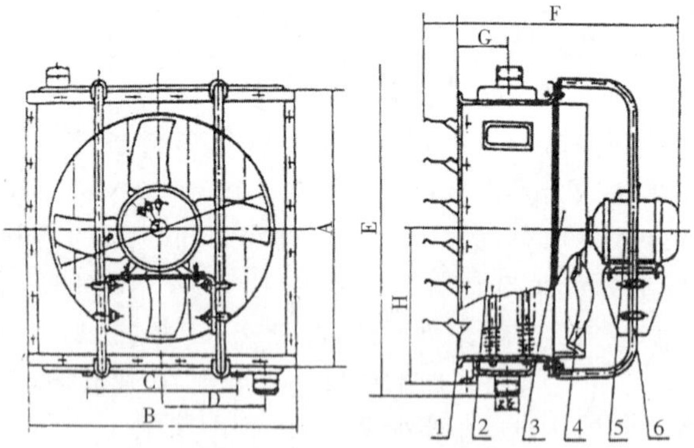

图 10－19　NC/B 型暖风机外形 1 图

1.百叶窗，2.散热器，3.集风器，4.叶轮，5.电动机，6.支架。

(2)工作原理

NC/B 型暖风机是以蒸汽或热水为热媒，在散热器中，热媒由上部接管进入，经下部接管排出。热量由管壁传至翅片，由轴流风机吹出的冷空气经散热器的翅片，由此获得热量后送入采暖房间。主要技术参数见表 10－4。

表 10－4 主要技术参数

产品规格	送风量(kg/h)	最大放热量(kJ/h)		电机功率(kW)	平均出风速度(m/s)	重量(kg)
		蒸汽 0.1×10^6 Pa	热水 130～70℃			
NC/B-30	3000	112 860	39 710	2.2	7.2	54
NC/B-60	6000	209 000	85 690	4	6	97
NC/B-90	9000	300 960	121 220		6.4	126
NC/B-125	12500	522 500	238 260		7.4	212

(3)使用与维护

① 散热器及其他空气流道必须保持清洁，定期由压缩空气或水清洗。

②使用热水为热媒时，所用水应经软化处理。

③暖风机使用 2～3 年后，用化学试剂除去内腔水垢。

④夏天不用时，加热器内腔应灌满水，以减少生锈。

⑤注意在蒸汽或热水管路上，以及回水管路上装闭塞球形阀，用蒸汽为热媒时，应在冷凝水管路上装疏水器。

2．煤、柴式暖风机(或称热风炉)

主要由炉膛、蛇形钢管热交换器和风机组成。

其工作原理是在炉膛燃烧的煤或木柴的烟气，由蛇形钢管通过烟囱排出。排出烟气的同时，加热了炉膛和蛇形钢管，冷空气在风机鼓吹下，经过炉膛和蛇形钢管四周，由此获得热量后，吹向需要暖风的房间。有的暖风机内还装有增湿装置，以增加暖风中的湿度。

(四)增湿机

在使用单独制冷的空调器或暖风机时，虽然栽培房内温度达到要求，但湿度偏低，常使用增湿机来增加室内湿度，以达到栽培食用菌需要的湿度。

增湿机根据雾化原理不同可分为离心撞击式和超声波式。这两种形式增湿机都能产生 10μm 以下的雾粒，依靠蒸发表面积增加，加速水分汽化，这两种增湿机在增湿过程中也降低了周围的温度。而电热蒸汽增湿机能增加周围环境温度。按安装位置不同，增湿机又可分为固定式和移动式 2 种。

1．离心撞击式增湿机

①构造：ZSM-2.5 型增湿机主要由全封闭式电动机、甩水盘、提水器、栅栏、风扇和塑料储水桶组成(图 10－20)。提水器入水端设有一字形进水道，进水道口处有两个方向相反的唇形斜面。提水器的上方为甩水盘，盘的下侧中部沿圆周分布 6 个风叶片，盘的上侧部分套装在由支架固定的铜栅栏内。电动机两端均有轴伸部分，一端安装提水器、甩水盘，另一端安装雾滴运载风扇。电动机由支架固定安装在塑料储水桶内，使提水器、甩水盘和风扇等运转部件均处于悬置状态。为便于空气流动，塑料储水桶壁上开有若干气孔。塑料储水桶的水位由浮子控制。当桶内水位下降时，浮子即随之降落而带动橡皮阀将进水口打开，使水进入储水桶；当储水桶水位上升到一定程度时，浮子升起带动橡皮阀，关闭进水口，这样可保持储水桶内一定的水位高度，以满足增湿机工作的需要。

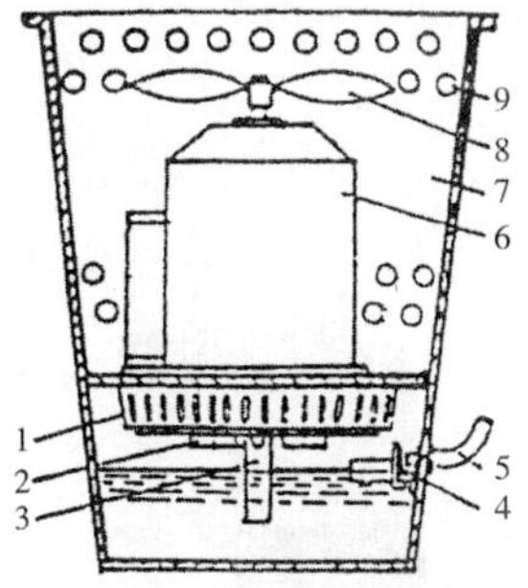

图 10－20 ZSM-25 型增湿机

1. 铜栅栏，2. 甩水盘，3. 提水器，4. 浮子，5. 进水管，6. 电机，7. 储水桶，8. 风扇，9. 气孔。

②工作原理：该机是利用离心撞击雾化原理进行工作的。当增湿机接通电源后，电动机便带动提水器、甩水盘、风扇同步作高速旋转。由于提水器下端浸在水中，因此水受到两个唇形斜面的作用，由斜面产生的推力使水进入提水器进水道中，直至甩水盘上平面。由于离心力作用，水形成薄膜从中心向四周扩散至边沿，最后形成无数小水滴向外甩出。甩水盘下侧的 6 片风叶在高速旋转中，产生向四周扩散的气流，进一步提高从甩水盘甩出的水滴运动的速度。设置在甩水盘外缘的铜栅栏，使高速飞向铜栅栏的水滴，在碰撞中被再次粉碎成更细的雾滴。在增湿机的顶部，电动机轴上安装着运载风扇，它将已经破碎成的雾滴向高处吹送，在吹送过程中由于雾滴很小很快蒸发成水蒸气分子，混入空

气中，从而增加了菇房的湿度。

③使用注意事项：增湿机中的水可用自来水，用塑料管接入；也可用水面比机中水面高的水桶，用塑料管接通机上的进水管接入。运转一定时间后，按说明书要求对电动机等运转部件进行保养。增湿机可安装成固定式或移动式。

主要技术参数：最大增湿量：2.5 千克/小时；增湿率：在 80～100m^3 的菇房内，20 分钟内相对湿度可≥90%；雾粒直径为 10μm 左右；配用电机为单相交流；电压：220V；功率：40W；转速：2 950 转/分钟；机重：8 千克。

该机也可用来喷洒对金属没有腐蚀性的化学杀菌剂，对密闭的房间、大棚和温室进行空气和四周墙壁表面灭菌消毒。

2. 超声波式增湿机

利用超声振动在水中的气化作用，使水直接雾化的设备叫超声波式增湿机。该机主要由超声频振荡器、压电元件换能器、水位限制器、电磁阀、风机和水槽组成（图 10－21）。

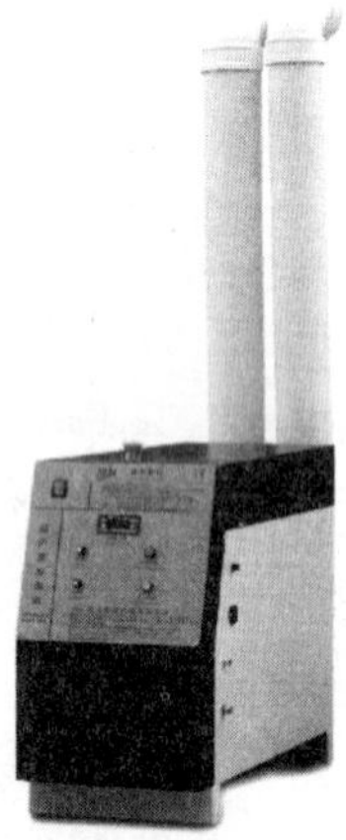

图 10－21　超声波增湿机

工作原理：当超声频振荡器的电讯号经放大后，通过压电元件换能器使压电陶瓷振子振动。并将振动传给一定深度的水，靠辐射压和直进水流使水面凸起，周围发生水空化作用。这种空化作用产生的冲击波和振动子上超声振动不断反复振动的结果，可在水面上注起有限振幅的表面张力波，这种波头的飞散使水雾化。一般 20W 功率可使水雾化 0.3～0.5 升/小时，雾滴直径1.5～3μm。

浙江省佳为环境科技有限公司生产的 CSB 系列超声增湿机，加湿量为 3 升/小时、6 升/小时、9 升/小时、30 升/小时；功率为 300W、600W、900W、3 000W；雾滴直径为1～5μm。

超声波式加湿机有固定式和移动式之分。如果在可移动的小车上装上一储水桶用塑料管与固定式加湿机的进水管相接，即成为移动式超声波式加湿机。

3. 高压雾化增湿机

离心撞击式增湿机产生的机雾点较大，10μm 左右，且粒谱直径范围变化大；超声波式增湿机耗电量大，且要求用软化水，否则增湿量锐减。高压雾化增湿机在金针菇栽培房中使用，雾滴直径与超声增湿机产生的雾滴直径差不多，产雾量大。但由于雾化压力高达 20MPa，故对增湿用水洁净度有一定要求，在增湿系统中有过滤系统，以保持喷头有较长的寿命。该类型增湿机在我国台湾、日本等使用。

三、空调栽培房节能热交换器

在全年室内食药用菌的栽培中，室内温、湿度调节是通过空调机的自动控制或人工控制实现的。食用菌在生长过程中，不断地排出 CO_2。为了控制 CO_2 含量<0.1%，必须要通风。一般通风量为每平方米栽培面积需 10～15m^3/h。这样必然增加新风的进入量。为了控制室内温度在一定的范围，必须增加空调机的工作时间，多消耗电能。为了节能常常把排出室外的空气和进入室内的新空气预先经过热交换器，使排出室外的冷空气（夏天）或热空气（冬天）经过热交换器降低进入室内的新风（夏天）或提高进入室内的新风（冬天）温度。实际上这种热交换器是一个节能器。这种热交换机热交换率一般>70%，可减少空调耗电量约 20%。该机为吊顶型，适用于 150～200m^3 的空间。我国生产的有漳州远大制冷技术应用有限公司生产的 YDXHBX 系列热交换机和浙江省佳为环境科技有限公司生产的 JW-AVQR 系列热交换机。

节能热交换器的主要技术参数见表 10－5。

表 10－5　节能热交换器的主要技术参数

型　号	新风量(m^3/h)		温度回收率(冬季)		噪声(dB(A))		额定电压	额定功率	额定电流	净重
	高	低	高	低	高	低	(V)	(W)	(A)	(kg)
YDXHBX-D1.5T	150	90	70	72	38	30	220	78	0.7	9.3
YDXHBQ-D1.5T			/	/						
YDXHBX-D2T	200	150	70	72	38	32	220	134	1.8	10
YDXHBQ-D2T			/	/						

四、室外栽培给水增湿设备

（一）微喷灌设备

微喷灌兼具有喷灌和滴灌的优点，又可克服两者缺点，所以近几年来在国内外很快得到推广应用。它利用低压管道，将水通过微喷头，呈雾状进行喷洒。一般只湿润作物周围的土地，加之微喷头流量小，所需压力小，故用的微喷灌管道小得多，一般采用塑料硬管或塑料软管即可。这种喷洒机具有投资省、省水、省劳力、增产、可调节局部气候、对地形环境适应性强等优点。微喷灌也是一种比较先进的食用菌栽培给水增湿的方法，也可对栽培环境降温、调节栽培区间的小气候。需要说明的是，虽然微喷灌也是以喷撒水雾滴方式增加湿度，但其过程与增湿机增湿不同。前者主要是靠雾粒湿润渗透土壤表面，靠土壤表面水分蒸发增加空气中的湿度；而后者是直接由超微的水雾滴蒸发而增加湿度。为了减少微喷灌直接对食用菌子实体的喷洒水雾滴影响，一般采用提高工作压力使喷出的雾点尽量小，以减轻对子实体不利的影响。

1. 微喷灌增湿系统的组成

①水源：水源的水质应符合食用菌补水增湿的要求，不应带有过多的悬浮固体颗粒，以减少喷嘴堵塞的可能性。

②控制首部：包括泵站、压力调节器、阀门和过滤器等。泵站包括水泵、动力机（电机或柴油机）、围栏和机房等。其作用是给管道水加压，使之具备必要的工作压力。在有足够自然水可以利用的地方或从有供水系统（如城市自来水系统）取水的情况下，可以不设泵站（图 10－22）。

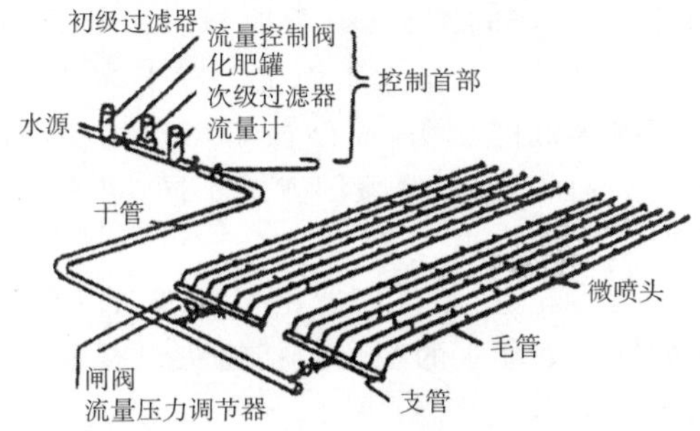

图 10－22 微喷灌系统的主要组成部分

③输配水系统：其作用是将压力水按喷洒需要输送菇场（棚、房）。输配水系统包括输水管道、配水管道和控制设备。输水管道一般分成干管和支管两级。配水管一般叫毛管，也就是直接安装微头的管道，常用软或半软塑料管。控制设备的作用不仅在于控制流量，还包括控制压力，它应能给每根毛管按需水计划输送必要的流量，还应能克服由于地形起伏和水流阻力所造成的压力不均，使每根毛管尽可能地有相同的工作压力。采用的部件有闸阀、截止闸和压力调节器等。

④微喷头：微喷头是微喷灌增湿系统的最关键部件，作用是将其中的水流粉碎成细小水滴，尽可能均匀地喷洒在射程范围之内，并在空中消散水流的压力。由于工作压力较低，流量较小，射程也较近，所以微喷头一般体积小。大多数微喷头是塑料压注成形的，有的只有一个零件，最多的也只有 3～4 个零件，只有少数微喷头用金属制成。微型喷灌增湿系统按其配水管道在使用季节中是否移动，分为固定式和移动式两种。固定式微喷灌增湿系统的干管和支管一般埋在地下，毛管常悬挂在支架上，这种系统在单位面积上铺设管道数量较大，投资也相应提高。移动式微灌增湿系统的毛管是周期性移动的或连续移动的。一套毛管可以先后在好几个位置工作，这样大大提高了毛管及微喷头的使用效率，从而降低单位面积造价。

2. 微喷头

(1)微喷头的结构与分类

微喷头也是喷头的一种，具有体积小、压力低、射程短和雾化好等特点。小的微喷头的外形大小只有 5～10mm，大的也仅 10mm 左右。其结构简单，多数用塑料一次压注成形，复杂一些也只有 5～6 个零件。也有金属做的或采用一些金属零件。

微喷头按其喷洒湿润的图形可以分为全圆喷洒和扇形喷洒两种。

①全圆喷洒微喷头：单个微喷头喷洒湿润的面积是圆形的，像一般喷头那样可使整个圆面积能均匀地喷到雾滴水。

②扇形喷洒的微喷头：单 4 个微喷头喷洒湿润的面积是一个或多个扇形，各扇形的中心角不相同。这种微喷头只能用于局部喷洒，因其组合后不容易得到均匀的水量分布，所以不适用于全面喷洒。由于一些子实体、菌棒、菌块的树干不希望经常处于湿润状态，因此常将扇形的缺口对准不需湿润的部位。

微喷头按工作原理可分为射流式、离心式、折射式和缝隙式。后 3 种没有运动部件，在喷洒时，整个喷头各零件固定不动，因此统称固定式微喷头（图 10－23）。

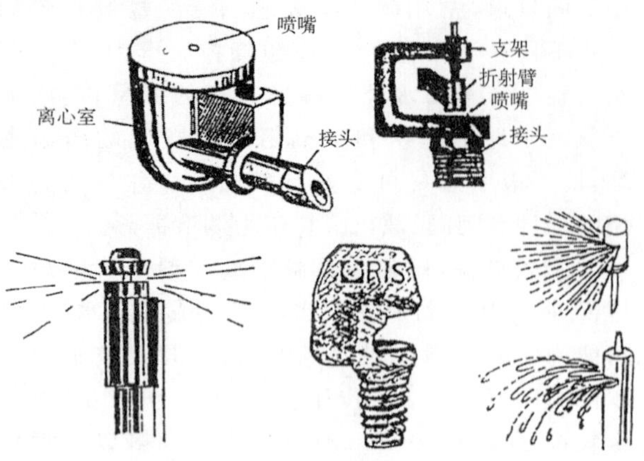

图 10－23　微喷灌灌喷头型式

1. 离心式微喷头，2. 射流式微喷头，3. 内支撑折射式微喷头，4. 扇形喷洒的折射式微喷头，5. 缝隙式微喷头。

(2)微喷头的技术参数

①工作压力：微喷头正常工作需要一定的压力。一般以喷头前压力作为标准，称为工作压力。工作压力的大小直接影响射程、雾化程度、水量分布图和工作可靠性等。微喷头的工作压力一般为50～300kPa，常用工作压力为100～200kPa。

②喷嘴直径(d)：喷嘴是微喷头控制喷洒流量的部件，同时也控制水流的喷射方向，有时也影响雾化程度。喷嘴直径均＜2.50mm。

③喷水量(g)：单位时间内一个微喷头喷出的水量，有时也称单喷头流量，常用单位为 L/h。单个微喷头流量一般＜300L/h。

④射程(R)：射程是雾点所能喷到最远处（即湿润边界）离喷头的距离，一般以米为单位。微喷头射程可按雨量收集筒的水深为0.15mm/h 的最远处离喷头中心距离来计算。微喷灌主要作为一种局部给水增湿方法，不要求微喷头具有很大的射程，一般为0.4～0.5m～6～7m。影响射程的因素有工作压力、喷嘴直径、喷射仰角、安装高度等。在相同压力下，喷嘴直径大，喷水量大，射程就远。喷射仰角从负值向上增加，射程也增加。仰角为30～32 度时，射程最大。安装高度较高的喷头，由于其水粒在空中飞行的时间长一些，因而可增加一些射程。

⑤喷灌强度(p)：是指单位时间喷洒到地面上水的深度，一般常用单位为 mm/h。如果不考虑水滴在空中的蒸发与漂失，一个喷头的平均喷灌强度以喷头的喷水量 g 与喷头的湿润面积 A(m^2)的比值表示。

⑥雾化程度：微喷头喷出的雾化程度一般很高，其水滴直径一般在 200～1 000μm 范围内，降落速度为0.7～3.0m/s，这对环境增湿、降温有利。例如，LWP 型两用微喷头是射流式和折射式两用喷头。喷嘴直径有 1.1mm、1.3mm、1.5mm 3 种规格，工作压为 50～200kPa，喷水量为 32～75L/h。只要将折射臂取下，可改装成折射式喷头。例如，WP 型低压塑料微喷头有 3 种规格，有单向和双向折射式微喷头。由于结构简单、安装使用方便，现已在我国 10 多个省市使用。该型式喷头用于食用菌露天栽培场，对增湿和栽培场小气候调节有显著效果。WP 型微喷头水力性能见表10－6。

表 10－6　WP 型微喷头水力性能

型号	工作压力(kPa)	喷水量(L/h)	喷洒直径(m)	单喷头雨强(mm/h)	备注
WP-1	100	37.5	2.64	9	单向
WP-2	100	61.7	92	3	双向
WP-3	100	48.7	2.89	8	近似全圆

3. 微喷灌增湿系统的使用

①控制首部位置的选定：主要考虑水源位置和管网布置的方便。如果以井水为水源，且井位可以任意选定，最好把井位和控制首部一起布置在地块的中心，这样喷头的水头损失小、运行费用低、便于管理。

②管道系统的布置：布置管道系统时，要综合考虑水源位置、地形、地势、主要风向和风速、栽培布置等因素。在技术上和经济上进行比较，选择最佳方案。一般管道系统分成干管、支管和毛管三级。一般支管采用轮灌，常在管进口处安装阀门，以控制支管水压，毛管直接安装喷头。在平地上，干管和支管一般布置在所控制地块的中间向两边分水，各级管道互相垂直，并使毛管与畦的方向一致。在坡度较大的山丘地面，支管应按主坡度方向布置，毛管按等高线布置，应避免逆坡，从而可使毛管上的微喷头工作压力和喷水量较均匀。

③微喷头选择：微喷头的选用主要根据食用菌的种类、栽培间距、土壤质地与入渗能力，以及食用菌栽培的需水量大小而定。对于黏性土要选用喷灌强度低的喷头，而砂质土可选用喷灌强度高的喷头。此外，根据喷洒方式不同，可采用圆形或扇形喷洒的喷头。

④喷头配置：喷头配置是否合理，直接影响喷洒均匀性。微喷头的配置包括喷头组合形式和喷头间距确定。

微喷头的组合原则是，每一喷头的喷洒面积应与临近喷头的喷洒面积有一定的重复，并有较高的均匀度。常用的喷头组合形式有正方形、正三角形、矩形、等腰三角形等几种。在喷头射程相同的情况下，喷头组合形式不同，喷头间距、毛管间距和喷头的有效控制面积也不同(表 10－7)。

表 10－7 喷头间距、毛管间距与有效控制面积的关系

喷洒方式	图形编号	组合形式	毛管间距(b)	喷头间距(Q)	有效控制面积(S)
全圆	a	正方形	$1.42R$	$1.42R$	$2R^2$
	b	正三角形	$1.5R$	$1.73R$	$2.6R^2$
	c	矩形	$1.0\sim1.5R$	$0.6\sim1.2R$	$0.6\sim1.8R^2$
	d	等腰三角形	$1.2\sim1.5R$	$1.0\sim1.2R$	$1.2\sim1.8R^2$
扇形	e	矩形	$1.37R$	R	$1.73R^2$
	f	等腰三角形	$1.86R$	R	$1.86R^2$

从表上可以看出，全圆喷灌的正方形和正三角形组合，有效控制面积大，但在有风情况下，不能保证灌水的均匀性。在有风的情况下，可采用矩形和等腰三角形组合，其间距视风力大小和喷罐的均匀性要求而定。

经许多单位使用表明，采用微喷灌增湿设备，一般可提高一倍以上工效，劳动强度降低，收入增加。

(二)香菇菌棒的补水设备

香菇代料栽培的菌棒(长塑袋)或菌块，经过几潮出菇后，内部水分消耗较大，此时需要通过人工补水，来补充培养基内的水分，使菌丝恢复营养生长，促进子实体形成。由于菌棒或菌块表面有较厚的菌皮，外部喷水一般不易进入培养基内，故补水方法常采用浸水法和注水法。浸水法是将菌棒或菌块搬运叠放于浸水沟渠或水槽内。为防止上浮，需在菌棒、菌块上方加盖木板、石块等重物，以淹没为度。浸水时间按培养基含水量达到要求为准，一般需要浸数小时或更长的时间，然后再搬回菇场(房)排放。这种浸水法需要有较大容量的浸水沟渠，操作费工费时，也易引起养分流失。注水法是利用一定压力的水源，如自来水通过注水器注入菌棒、菌块。采用注水法不仅省工省时，而且可避免菌棒、菌块在搬运中产生碎裂和浸水中引起的养分损失。

针头式注水器有单管多孔和多针头两种。

1. 针头式注水器

①单管多孔注水器常用于菌棒注水。单管多孔注水器由长度 350～400mm、外径 5mm、内径 3mm 的不锈钢管或黄铜管加工制成，管的尾端焊上水管接头和喷雾器喷杆内螺纹接头，以便与压力供水管相连接。管的头部加工成尖锥形，并封死；管壁上从头部起，按孔距 35mm 等距交错钻 3 行直径0.6～0.8mm小孔，总长度为 280mm 左右。对菌棒注水前，应先用尖头直径 6mm 元钢或 8 号铁丝从菌棒端面中心插入打孔，插孔深度大约为菌棒长度的 3/4，然后将注水器插入菌棒孔中，将压力水或带有氮源的水注入菌棒，注到需要的水量为止。

②多针头注水器常用于菌块的注水。多针注水器采用孔径较大的 16 号兽医针头 4～6 枚，等距直线排列焊接在钻有与兽医针头相通小孔的铁管上。钢管直径为 10mm，壁厚 1mm，长度按菌块大小确定，一般为 300mm 左右。钢管中部焊上进水接头，两端焊死。使用时将针头从菌块表面刺入，压力水经铁管通过针头注入菌块。有的把 4 根钢管等距与一根纵管焊接，后把针头等距焊在横向排列的 4 根管上，即成为针头呈方形的管上排列的多针头注水器。

2. 多管针式注水器

实际上是利用喷雾器(单管喷雾器)把水打到一个多排连通的分配器，注水器上焊有多个(20～40)喷雾器上通用的出水座。借用多条手动喷雾器的喷杆胶管组件，与分配器上出水座连接。喷杆上按孔距 35mm 等距交错钻 3 行直径0.6～0.8mm小孔，喷杆在 280～300mm 处截断，杆头部焊上尖锥顶，即成多管针式注水器。使用方法与单管多孔注水器相同。由于设备简单，使用方便，一次可同时对数个菇筒进行注水，工效较高。

3. 加压注水器

把菌棒放入内装水或混有营养液的圆筒形密封容器内，加水至容器满溢为止，加盖后用单管式喷雾器通过器上接头向器内注水。保持一定时间后，开盖后取出菌棒。该法是浸水法的改进，可缩短浸水时间，提高菌棒浸水工效。加压浸水时间与水压成正比，可通过试验确定。

五、病虫害防治机械

食药用菌栽培中病虫害的防治有多种方法，主要分为化学防治法、物理防治法和生物防治法。使用最广泛的为化学药剂喷雾和烟雾防治法。机动喷雾机和烟雾机有高、中、低压喷雾机和常温烟雾机和热烟雾机之分。当前农村食药用菌病虫害防治应用广泛的是手动喷雾器，也可用于喷洒清水，以调节菇房的湿度，以及向香菇长菌袋(菇筒)进行压力注水。物理防治法有黑光灯和双色光诱光灯。

(一)物理防治机具

1. 黑光灯

701 型黑光诱虫灯用于诱杀大多数的菇蚊、菇

蝇、菇蛾等害虫。构造简单、安装方便、防治成本低，诱虫效果比普通电灯或日光灯好。

①主要构造：由黑光灯管、防雨罩、灯架、挡虫板、害虫收集器和支架组成。黑光灯与普通照明日光灯管相同，只是灯管内壁的荧光粉不同。挡虫板用2～4片的玻璃或铁皮制成，与黑光灯管等长。害虫收集器装在黑光灯下，利用旧缸、铁锅、盆钵等就地取材。支架可用竹杆或木棍搭成，以便悬挂黑光灯。

②工作原理：接通电源时，在灯管两端电极间的高压电场作用下，管内氩气电离而放电，温度上升，由汞气化电离逐渐取代氩气放电，发出波长为2 537Å的紫外线。这种紫外线激发管内壁的荧光粉，发射出3 500Å波长的紫外线。利用昆虫的趋光性和紫外线的杀菌性，诱杀于灯下，落入收集器内。

2. 双色光诱虫灯

利用不同波长组合的双光源灯叫双色光诱虫灯。各种害虫对不同波长光的选择性不同，用长短波长组合的双光源比单波光源灯效果好得多。国产双光源灯是在同一灯管内涂有一部分发出白光、一部分发出黑光的荧光粉，称为单管双色灯。试验证明，双色诱虫灯诱虫的种类多，诱虫量也远远超过黑光灯。

（二）化学药剂喷洒机具

1. 人力背负式喷雾器

3WB-16型人力背负式喷雾器主要由药液桶、液压泵、进出水阀和喷洒部件等组成。喷雾量为0.55～0.75升/分钟，雾滴直径100～300μm，1人操作，移动方便。为适应不同体力，此型喷雾器的药桶有3种规格，即10L、14L和16L。常用工作压力为0.29～0.39MPa。

2. 单管式喷雾器

3WD-0.55型单管式喷雾器是一种压力较高的喷洒药液的机具。常用工作压力为0.686MPa，最大工作压力可达0.98MPa，机身无药桶，可用塑料桶代替。作业时，2人操作。可配30m左右的胶管在菇房内进行喷药或喷水。由于工作压力较人力背负式高2倍左右，因而雾化性能好，可在喷杆上安装双喷头进行作业，喷杆组件与背负式喷雾器通用。

（三）机动喷雾机

略。

第六节 草腐类食药用菌生产机械设备

一、草腐类食药用菌生产机械设备

（一）草腐类食药用菌生产技术模式和设备

国外双孢蘑菇早期培养料堆制发酵称早期发酵，在室外要堆制28～30天，翻堆5～6次。1947年，荷兰首先实现双孢蘑菇生产机械化。随后法国、意大利、美国等国也实现了生产机械化。Sinden和Hauser于1950年研发成功二次发酵技术工艺。以后逐步完善配套的机械设备，即室外发酵（一次发酵）采用大型翻堆机，室内发酵（二次发酵）采用隧道式集中发酵。配套设备有摆动式抛料机、装载机、疏松机、输送机、高压离心风机和锅炉等。

随着欧美发达国家的环保意识加强，把室外发酵部分改变成隧道发酵，形成隧道式集中全发酵技术。此技术由意大利人发明，法国、荷兰于20世纪70年代在生产上成功使用，以后逐渐推广。90年代在欧洲基本上不再使用室外发酵用的翻堆机，而使用隧道式集中前发酵，隧道中循环气流和排出的气流经水处理，以使气流中的氨气溶解在水中，使生产场区环境大为改善。

集中全发酵技术配套设备为大功率25kW稻麦秆、粪肥混合机，外排气、循环气水处理系统，以及前面介绍的隧道式集中发酵相关设备。同时为了提高工厂化周年生产菇房的利用率，实现了隧道式集中发菌（又称三次发酵），使每年栽培次数由6次提高到8次。此外还研发成功菌种与堆料混合、压块、塑膜包合封口联合机，可压制成方便转运的料块，到异地栽培出菇。

我国双孢蘑菇栽培自从1935年前后由西方引种栽培以来，到今已有70年多的历史。在这70多年的栽培历程中，双孢蘑菇栽培技术和设备有了较大的革新和发展。1935～1978年期间由于培养料堆制方法仍引用国外的长期发酵法，平均产量维持在每平方米4.5千克左右，与欧美等国家的双孢蘑菇单产相差很远。1978年香港中文大学张树庭在国内传授了双孢蘑菇培养料二次发酵技术，使双孢蘑菇单产大幅度提高（单产提高20%～30%）。此后，双孢蘑菇二次发酵技术得到大面积、大范围的推广，对促进内地双孢蘑菇生产发展具有重要作用。在此期间福建省轻工所蘑菇菌种推广站育成了性能优异的杂交菌株 2796 系列，在福建和国内推广。以二次发酵技术为核心的规范化栽培模式及标准化菇房的推广，对促进国内双孢蘑菇的生产发展具有重要作用。

目前，我国双孢蘑菇平均单产为每平方米 8～12 千克。20 世纪 80 年代中期，福建省轻工所翻译出版了（荷）P·J·C·Vedder 著的《现代蘑菇栽培学》，在书中介绍了欧洲以二次发酵技术为核心的工厂化周年栽培双孢蘑菇的新工艺和配套机械设备，这对我国实现双孢蘑菇工厂化栽培及配套机械设备具有启发、指导和借鉴参考的价值。90 年代中期，山东九发食用菌有限公司从国外引进了双孢蘑菇隧道式集中全发酵技术和设备，进行了双孢蘑菇培养料集中全发酵生产，使双孢蘑菇单产有了很大提高，经济效益和社会效益显著。近年来受到木生食用菌工厂化周年栽培发展的影响和双孢蘑菇产区对机械设备的需求推动下，有关部门（大学、农技推广中心）和农机科研单位研发成功用于生产的隧道式集中二次发酵技术、隧道式集中全发酵技术和部分设备，以及用于室外发酵设备（大型翻堆机）。

双孢蘑菇工厂化周年栽培培养堆料生产模式有两种，第一种模式是粪草堆料室外发酵用大型翻堆机，室内发酵采用隧道式集中后发酵及配套设备。第二种模式是把室外发酵改成隧道式集中前发酵及配套设备。国外由第一种模式过度到第二种模式大约经过了 30 年的时间。追究其原因，主要是第一种模式的投资仅为第二种模式的 1/2～1/3。鉴于我国在相当长的时间内仍是一个发展中国家和我国目前双孢蘑菇生产现状，预期我国的过度期也会相当长。在过度期间两种模式同时发展，从业的企业家可根据自身的资金能力、技术力量、原料来源和环保的要求，选择生产堆料的不同模式和规模。

随着我国不同模式、不同规模的专业堆料生产企业的出现和发展，我国原有的双孢蘑菇生产专业户、小菇场购进发酵好的堆料，甚至购进发好菌的堆料或压成块适于搬运的堆料，他们只需要进行铺床覆土和出菇管理，这样把专业堆料生产企业或大菇场的优势与双孢蘑菇生产专业户和小菇场的灵活性结合起来，这对提高堆料质量、单产、菌种的管理和食用菌的产、销、履历制度建立，工厂化周年生产的发展创造有利条件。

（二）草腐类食药用菌（双孢蘑菇）培养料（堆料）的农艺要求

双孢蘑菇培养料制备工艺是二次发酵工艺，不管一次发酵（前发酵）是采用翻堆机翻堆发酵，还是采用隧道式集中前发酵，或二次发酵采用隧道式集中后发酵，还是采用分散式在菇房内层架上进行二次发酵，其发酵结束后需要达到的理化指标都是一样的（表 10－8）。

表 10－8　双孢蘑菇培养料发酵结束后的理化指标

判断项目	一次发酵标准	二次发酵标准
秸秆纤维	硬、有很强的抗拉力	柔软，有一点抗拉力，有弹性
气味	有少量氨味和厩肥臭味	有新鲜的甜香味
手感	黏性强、滑，粪肥易黏手	完全没有黏性、不黏手、有弹性
渍出液	不透明	透明
N(%)	1.8%～2.0%	2.0%～2.4%
C/N		16～17
pH	7.5～8.0	6.8～7.4
NH_3(%)	0.15%～0.4%	<0.04%
含水量(%)	70%～72%（握紧从手指间渗出水滴）	65%～68%（握紧从手指间不滴水）

二、草腐类食药用菌培养料制备设备

（一）稻麦秆打捆机

①用途和构造：主要用于稻麦秸的打捆（方捆、圆捆）作业，以便运输到需要稻麦秸秆的地方。按作业方式可以分为移动式和固定式。移动式打捆机（方、圆捆）由拖拉机牵引在农场上连续完成稻麦秸的捡拾收集、打捆、放捆作业的机具。固定式打捆机（方捆）在稻麦秸集中固定场地由人工喂入稻麦秸，间隙地完成打捆作业的机具。

移动式打捆机主要由捡拾喂入部件、秸秆压缩部件、打结部件和动力部分（拖拉机或电动机）组成（图 10－24）。

图 10－24　THB2060 打捆机

②工作原理：由与拖拉机前进方向垂直的捡拾弹齿排，把田间稻麦秸捡拾到台面上，然后用液

压机构把秸秆压缩，并用打结机构进行打结，最后由推捆机构把方捆推出。固定作业打捆机的稻麦秸喂入由人工喂入，动力机部分由电动机代替。

③主要性能指标和技术参数见表10－9。

表10－9 TH13系列打捆机主要性能和技术参数

名称 \ 型号	THB2060	THB3060
草捆截面尺寸	32cm×42cm	36cm×48cm
草捆长度	30～100cm(可调)	30cm×120cm(可调)
捡拾宽度	144cm	180cm
弹齿排数×齿数	4×64	4×80
活塞冲程×次数(打击次数)	60cm×92次/分钟	60cm×90次/分钟
配套动力	25～50马力拖拉机	35～80马力拖拉机
动力输出轴转速	540r/min	540r/min
作业速度	4～10km/min	4～15km/min
打捆能力	400～600捆/小时	500～800捆/小时

(二)稻麦秆切断机(铡草机)

1. 用途和构造

主要用于稻麦秸的切断作业。根据结构不同，可分为圆盘式和滚筒式。

该机主要由秸秆定速压送机构、动刀盘、变速机构、出草风机、机架和电机组成，见图10－25。

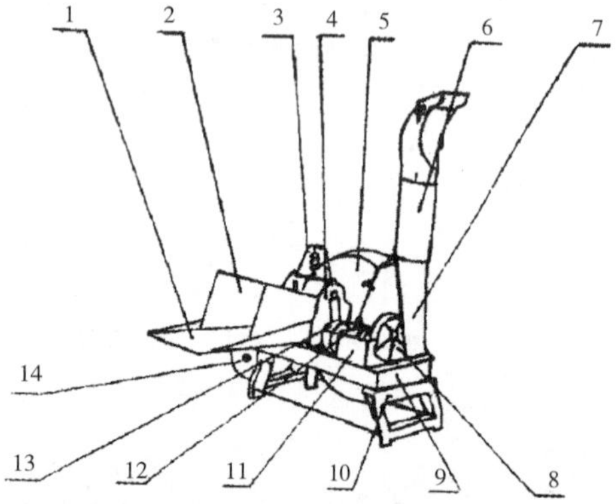

图10－25 93ZP-1.6型铡草机结构简图

1. 入草槽，2. 入草槽防护罩，3. 弓形架，4. 草辊支架，5. 左上罩，6. 出草口，7. 右上罩，8. 齿轮支架，9. 底盘，10. 机腿，11. 变速箱，12. 变位手柄，13. 伞轮箱，14. 电机。

2. 工作原理

稻麦秸用人工纵向送入草槽，在上下压草轮的强制压送下，定速送向刀盘进行切割。切断的秸秆在风机叶片气流作用下，由出草口吹出。

3. 使用注意事项

①切草长度：圆盘式切断机可切成15mm和35mm两种规格；通过变速手柄的不同位置选择。将秸秆滚筒式可将秸秆切段，长度可在15～80mm之间选择。

②动刀片根据刀口锋利情况，适时进行刃磨。刃磨时需用磨刀机，以保证刀口角度和直线度。

③人工喂入秸秆量要均匀，根据电机转速高、低时响声，调整喂入量，以防死机。

④作业中注意主轴的温度不能高过70℃，对应的润滑点应及时添加机油和黄油。

⑤排除故障时，应首先切断电源。

⑥说明：双孢蘑菇采用隧道式集中前发酵时，要求稻麦秸长度为5～10cm；使用翻堆机进行室外翻堆机作业时，要求稻麦秸长度小于50cm。一般用圆盘锯片对压缩成方捆的草捆进行对半锯断、预湿后切段捆绳。

(三)MJ1700型电动轮式大型翻堆机

1. 用途和构造

主要用于粪草培养料室外发酵(一次发酵)的翻堆作业。翻堆的目的是使堆料中的主、辅料混合均匀，促进秸秆发酵均匀、软化吸水、挑翻弄短，添加辅料、水和排除堆内的氨气和CO_2。

该机主要由翻堆大滚筒、传送小滚筒、风扇滚筒、支架、电机变速传动机构和行走操向机构组成(图10－26)。

图10－26 MJ1700型翻堆机

2. 主要技术参数

作业速度：0～3.3m/min；

配套动力：16kW电机；

堆垛宽×高：2m×1.3～1.5m；

外形尺寸(长×宽×高)：5 235mm×3 000mm×2 517mm。

3. 工作原理

翻堆作业时，由于机身以一定速度前进，翻堆大滚筒的拨齿首先挑起堆前稻麦秸向后抛去，由传送小滚筒接力传送到风扇滚筒。在风扇的抛送和气流吹送下，稻麦秸落在新堆上，经尾部的压板进一步压实成新堆。

4. 使用注意事项

①该机进行翻堆作业时，配有两个辅机：一个是成型机，一个是建堆机。成型机是在翻料机开始工作时把成型机放在翻堆机的尾部，以阻挡开始翻堆时向后抛撒的秸秆，以防向后抛撒的秸秆四散，形不成断面垂直的整齐堆头。当形成堆头后成型机作用结束，等待翻堆机进行下一条堆翻堆时，再把成型机推向机身尾部。成堆时间很短，大约 2～3 分钟。

建堆机是将该机放在翻堆机前方，与翻堆机前方联结。装载机把预湿的稻麦秸（或已预混好的堆料）装入建堆机方框中，由于方框是无底的，当方框被翻堆机推动前进时，稻麦秸是不移动的，被翻堆机向后翻抛而建成新堆。当框中堆料消耗差不多时停机，再由装载机把预湿的稻麦秸放入方框中，达到一定程度时，再开动翻堆机。如此重复作业，即可建成定宽定长的料堆。如装载功能做到不间断连续供料，翻堆机可以连续进行建堆作业。

②该机是电动轮式翻堆机，机身较重，适合在有电源的水泥作业场地上进行翻堆作业。有条件时最好建有防雨棚（或钢结构屋盖），且作业场地成长方形，堆长方向最好在 50m 以上，这对提高翻堆机翻堆效率有利。

③稻麦秸原料如是外地运来，且压缩成方捆，最好先用圆盘锯将方捆对半锯开，使稻麦秸长度＜500mm，这对秸秆的预湿和翻堆时功率消耗有利。

（四）SFDG-60 型履带自走式粪草培养料翻堆机

1. 用途和构造

主要用于双孢蘑菇粪草培养料室外发酵（一次发酵）翻堆作业。

该机主要由翻堆大滚筒、抛料风扇小滚筒、机架、柴油机、减速机构、履带行走机构和操纵台等组成（图 10－27）。

图 10－27 SFDG-60 型履带自走式翻堆机示意图

2. 特点

①翻堆能力强，每小时可翻堆 60 吨，可替代 100 多个劳力。

②行走机构采用橡胶履带，接地压力≤45kPa，对作业场地坚硬度要求不高，可在排干水的稻田上进行翻堆作业。适应我国翻堆场地现状。

③动力采用柴油机，翻堆大滚筒可液压升降，离地面间隙可达 390mm，故该机转移作业场地的通过性大大提高。

④由于采用橡胶履带和特殊变速装置，可以 2.6km/h 时速转移场地，且不破坏公路路面，同时进行翻堆作业时，转弯半径小，非作业时间短。

⑤该机经更换大滚筒后，可变为颗粒料有机肥翻堆机，一机多用。

⑥该机动力为 60kW，可对不切稻草的堆料进行翻堆。

（五）隧道式集中二次发酵房

1. 用途和构造

主要用于双孢蘑菇堆料的集中二次发酵（后发酵）工序作业。

本发酵房主要有一定隔热性能（$k \geq 0.05 w/m^2 \cdot ℃$）的多孔混凝土砌块或聚氨酯（或聚苯乙烯）泡沫彩钢夹心板建成。天花板如用水泥浇注而成，则在其上必须铺一层 25～30cm 厚的矿渣棉作隔热材料，在房内、外安装有门、温度传感器、中效过滤器、循环空气调节风门、高压风机、蒸汽管、栅格通气地板（图 10－28）。

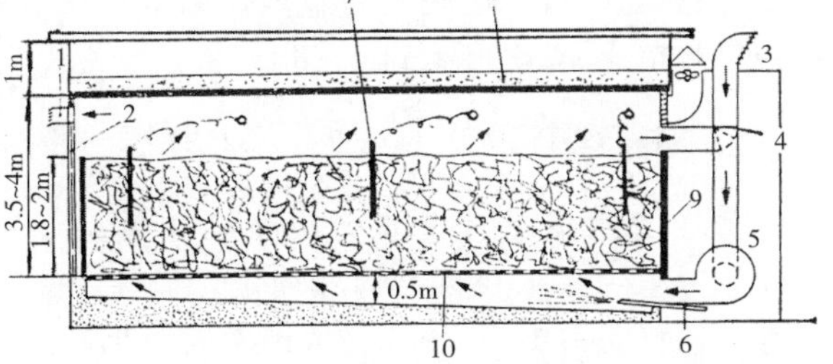

图 10－28 隧道式集中二次发酵房示意图

1. 出口，2. 门，3. 过滤器，4. 调节风门，5. 风扇，6. 蒸汽管，7. 温度传感器，8. 顶部保温层，9. 后墙保温层，10. 栅格地板。

大门应由隔热材料制成，大门后应另加一可拆卸的木板矮墙，以防堆料压在大门上造成关闭不严现象。栅格地板全部空隙约相当地板面积的 25%，在栅格地板下有一循环风通道。为了使空气压力和风量在栅格沿隧道长度方向上分布均匀，应使风道底部向空气入口处倾斜 2%，同时可在风道入口排出冷凝水和洗刷发酵房用水。排出口必须气密，并装有开关。栅格地板与风道下平面（水泥面）应保留0.5m的距离，风道下水泥面应设有保温层。

2. 工作原理

进行后发酵时，应趁热将前发酵合格的堆料均匀地抛撒在有孔的发酵房底板上。一般堆料高度2m左右，关门后适当通风供氧，使嗜温菌类快速繁殖、代谢而升温，利用堆料自身产生的发酵热完成巴氏灭菌。寒冷季节，在发酵初始阶段，需要在有孔地板下吹入一些热蒸汽，以启动高温微生物自然发酵过程。隧道内料层和空间设有温度探头，以便观测并调控温度、湿度。探头设置在料堆两端中央的上层、中层、下层，以及空气的排出口等部位。如果料温超过规定值，可增加循环风中新风的比例来降温。由于料堆的密度和厚度不一致，造成料堆个别地方有嫌气情况，这是所不希望的。在向隧道房中装料时，应采用摆动式抛料机和装载机以达到较好的集中二次发酵效果，后发酵时间约7天（168小时）。

3. 隧道式集中后发酵工艺及配套设备的优点

①不必在栽培房中进行高温、高湿条件下的巴氏灭菌，对建筑设施、附属设备、电力器件不会造成损坏。

②保温效果好，能有效地利用培养料发酵热、能耗少、效率高。

③利用集中二次发酵的隧道房进行集中发菌（也称第三次发酵）。发好菌的培养料可直接上床覆土出菇，这样可以达到提高栽培室的栽培次数，由一年栽培4～5次提高到6～8次。

4. 注意事项

①隧道式集中后发酵房截面尺寸为宽3～4m，高3.5～4m，长度随装料量而定。1吨一次发酵好的堆料需占1.1～1.2m²地面空间。据统计，二次发酵期间约损失20%～25%，三次发酵（走菌期间）损失重量7%～10%。如要每周得到重量50吨长满菌丝的堆料，则必须装入前发酵堆料75～80吨。如隧道式集中发酵房截面尺寸已定，长度也可以计算出来。

②根据资料统计，二次集中发酵每吨堆料每小时需150～200m³循环风量。为了满足堆料对空气的需求和能克服2m厚的堆料层阻力，循环风机的风量为隧道房内堆料吨数×200m³，风机全压为20kPa。

③隧道式集中后发酵时间（约168小时）有关参数见表10－10、图10－29。

表10－10 后发酵时间与料温关系

发酵时间（h）	0	24	32	38	62	86	110	134	142	158	168
堆料温度（℃）	35	57	57	51	49	49	45	43	43	42	23

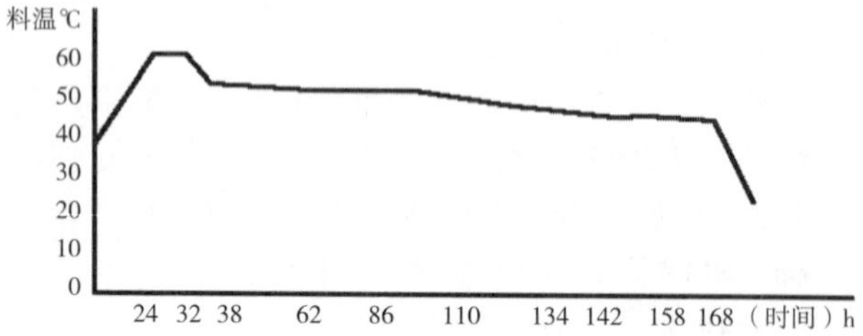

图10－29 隧道房后发酵房料温、时间曲线

一般而言，开机时先以循环风为主，以尽快提升料的温度进行巴氏消毒。但为了避免缺氧发酵，要求在循环风中加入5%～10%的新风。据资料统计，每吨堆料每小时需要新风量20～50m³。后发酵20小时后堆料中高温菌类开始大量繁殖，料温由35℃左右提升到57～60℃（巴氏消毒温度），在此温度范围保持20小时。如温度高于60℃，即通入较多的新风，以使料温下降。巴氏灭菌结束后，多通新风使堆料温度缓降到45～50℃。在此温度范围内进行5～6天的发酵腐熟。在此期间通过增加新风量反复调节，即可保持温度缓慢下降。158小时后，将循环风全关闭，只给新风降温排氨，10小时后料温下降到30℃以下尽快出料、铺床接种。如堆料暂时不出料，必须吹新风降温，以避免因料温回升感染杂菌的危险。

④集中二次发酵是堆料通过各种嗜温微生物的活动促进堆料变化的生物学过程，集中二次发酵房的建筑隔热效果和机械设备很重要。这个过程在较大程度上受料温度控制和空气的温度、空气的更新以及隧道内风量分配的影响，因此，机械设备越好，二次发酵过程的工艺参数控制越准确。例如，风机风压选择太低，循环风的穿透性差，温控困难。又如在隧道房中进料时，如摆动式抛料机抛料不均匀也会影响风量的均匀分布，造成发酵死角。从业者应对设备选用和使用应给予足够的重视。

⑤表10－10和图10－29所列的集中二次发酵时间和料温的控制曲线和数据，只是针对一定数量堆料和一定的堆料配方而言，各地集中二次发酵在温度上尽可能不超过上述范围。二次发酵

时间的长短可能和上列数据有所不同，这取决于堆料氮、含水量、堆料结构和配方。

(六)摆动式抛料机

1. 用途和构造

主要用于隧道集中一、二次发酵时，将粪草培养料在发酵房中进行抛撒作业。

该机主要由承料斗、刮板输送机、疏松轮、集料斗、摆动架、输送胶带、液压控制机构、行走操向机构、机架和动力变速机构组成(图 10—30)。

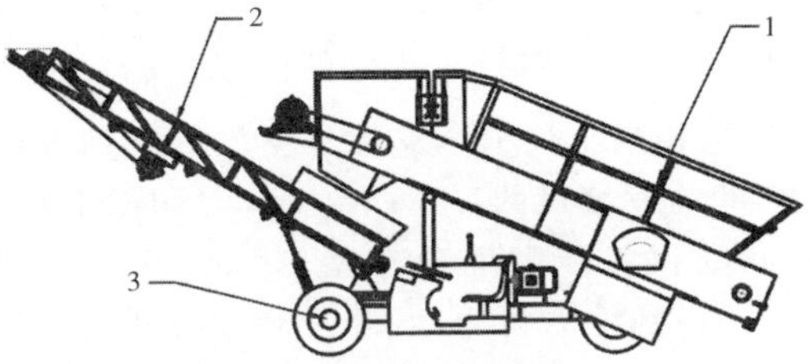

图 10—30 摆动式抛料机

1. 承料斗，2. 摆动架，3. 行走机构。

2. 工作原理

用装载机叉斗把粪草培养料装入该机的承料斗上，在刮板输送机和疏松轮作用下，均匀地把粪草培养料拨抛入集料斗上，再在输送胶带和摆动升降机构作用下，把培养料有序、均匀地抛撒在发酵房地板上。

当培养料堆叠一定高度后，该机后退一定距离，重复以上动作，直到把培养料抛撒、堆满发酵房一定高度为止。

3. 使用注意事项

①该机应与装载机配合默契，以不让该机出现无料抛撒为准。不均匀抛料会形成料层厚度不均匀，体现在料层阻力不均匀，进而造成料层截面供气不均匀，影响发酵的均匀性，形成个别死角，影响发酵质量。

②该机对发酵房进行抛撒装填培养料时，必须连续操作直到对该房的装填作业完成。不能停顿，否则会造成培养料隔层，影响发酵质量。

(七)培养料集中播种、混合、压块、塑料薄膜包合封口联合机

1. 用途和构造

主要用于二次发酵合格的堆料与麦粒种，以一定比例混合进行容积式压块和塑料薄膜包合封口的作业。

该机主要由双螺旋混料机构、容积式压块机构、塑料薄膜包合封口机构、传动机构、电机、机架组成。

2. 特点

生产的料块可以方便地转运至栽培场地进行走菌、脱膜层架床栽或铺地覆土栽培。该工艺适合公司＋农户的模式，农户只需提供栽培场所和栽培管理，无需考虑培养料的发酵和接种。这种模式便于菌种的管理、培养料的专业化生产和食用菌的产、销履历制度的建立。

(八)双孢蘑菇培养料隧道式集中全发酵工艺及设备

1. 概述

国外自 1950 年研发成功二次发酵工艺后，逐步完善配套的机械设备，即室外发酵(一次发酵)采用大型翻堆机，室内发酵(二次发酵)采用隧道式集中二次发酵房。随着对环境保护意识的加强，欧美等国把室外发酵部分也变成隧道式集中发酵模式，形成隧道式集中全发酵技术和配套设备。

2. 隧道式集中全发酵房构造

集中式全发酵房分集中前发酵房和集中后发酵房 2 种，其构造基本一样，请参看前节内容，在此不再详述。由于堆料经前发酵体积缩小 40%，所以在前发酵房中进料高度应掌握在 2.5～3m，隧道房的长度也相应长些。具体长度可根据二次发酵后重量损失和培养料初始混合后，堆料的容重计算出前发酵初始装入堆料重量，然后确定前发酵隧道房长度。例如，确定每次提供全发酵后的堆料 50 吨后，前发酵隧道房的容积应能容 80 吨堆料的容积比较适宜，前发酵隧道房规格为长 19m、宽 4m、高 4.5m，后发酵隧道房规格为长 17m、宽 4m、高 4.5m。前隧道房空间及料堆中设有温度探头，与隧道房外的控制仪及通风系统联动，通过调整新风与循环风的比例即可达到堆料发酵所需要的氧气和温度。

3. 隧道式集中全发酵技术工艺(前发酵技术工艺)

按配方使用稻麦秸、粪肥、水混合机把混合好的堆料用输送带和摆动式抛料机把堆料均匀地装填入隧道式发酵房，堆料高度控制在 2.5～3m。如无混合机设备，也可用一台大功率铡草机把稻麦秸切成 5～10cm 后，人工喷水预湿，粪肥组分也

预湿，然后用装载机将草粪肥混合成假堆，假堆发热，并视具体情况适当加水。2～3 天后用输送带和摆动式抛料机送入第一栋集中前发酵房，在此房中堆料中心温度控制在 75～80℃，风机通气次数和通气量根据料温而定。维持 4 天后，用装载机、输送带和摆动式抛料机换房（翻堆）到第二栋前发酵房。换房后同样要求通过控制通风次数和通风量来控制堆料中心温度在 75～80℃，维持 3 天后。换房（翻堆）到第三栋前发酵房。换房后同样要求通过控制通风次数和通风量来控制堆料中心温度在 75～80℃。维持 3 天后，堆料即完成前发酵阶段，转入后发酵阶段（此阶段工艺参看前节内容）。在换房时如发现需补加水和石膏时，可在输送带上补加。

4. 隧道式集中全发酵技术配套设备

①稻麦秸、粪肥组分、水混合机：在该机内配有切草装置，配用电机功率 25kW。

②锅炉：产生蒸汽量视不同季节、地区和规模不同而不同。

③疏松机：将堆料装入后，能起自行疏松作用。

④轮式装载机：用来铲运发酵房堆料和堆料换房之用。

⑤皮带输送机：用于粪草堆料的输送。

⑥高压离心风机：用于隧道式集中发酵房的内外空气循环，前发酵每个隧道需 3～5kW 功率离心风机，后发酵每个隧道需 13～18kW 的离心风机。

⑦空气过滤器：二次发酵隧道房所需的新风，需经中效过滤器（1mm）过滤送入。

⑧摆动式抛料机：在堆料转房时，用轮式装载机把堆料倒入疏松机内。先将堆料疏松后，送到输送带上，输送带再将堆料送至摆动式抛料机的承料斗上，再用摆动式抛料机将堆料左右、上下均匀地抛在隧道式发酵房内。

⑨电控柜：用程序控制或手控按设定的温度、时间发酵曲线通过控制循环风量和新风量的比例来达到。

说明与分析

①一个典型的集中全发酵场需建 3 个前发酵隧道房和 2 个集中后发酵房。按集中前发酵天数 10 天（4 天＋3 天＋3 天），集中后发酵天数 7 天计，满负荷运行 1.5 个月，集中全发酵房可产出堆料次数 7 次，每年出料次数＝7×8＝56 次，每次出料按 50 吨计，每年出料为＝56×50＝2 800 吨。按每平方米铺 0.1 吨堆料计，可供 2.8 万 m^2 栽培面积；按每每平方米铺 70 千克堆料计，可供 4 万 m^2 栽培面积。

②每台翻堆机翻堆能力按 50 吨/小时，室外发酵翻堆 3 次按 10 天（4 天＋3 天＋3 天）计，一台翻堆机 10 天可翻料

$$\frac{50\times8\times3=1\ 200\text{吨（单班 8 小时）}}{50\times16\times3=2\ 400\text{吨（双班 16 小时）}},$$

一个月可翻$\frac{3\ 600\text{吨}}{7\ 200\text{吨}}$，一年可翻$\frac{21\ 600\text{吨}}{43\ 200\text{吨}}$。该翻堆机发酵量相当于集中全发酵基本组合中前发酵房（3 座）的前发酵量的 7.7～15.4 倍。考虑到翻堆机纯翻堆量和实际翻堆量有差别，取 10 倍量较合理，即一台翻堆能力为 50 吨/小时的翻堆机，其前发酵（室外发酵）产出堆料量相当于 30 座集中前发酵房的堆料产出量。

每条前发酵房造价按 10 万～15 万元计，30 座前发酵房造价需要 300 万～450 万元，而一台翻堆机造价仅为 16 万元。考虑到翻堆机需水泥翻堆作业场地 1 万平方米和钢结构屋顶的造价，总造价约为 150 万元。

由上可看出，前发酵采用翻堆机来完成，后发酵采用集中后发酵房完成比前、后发酵都采用集中全发酵房可节约 1/2～1/3 的投资。由上分析可知为什么欧洲自 1960 年开始，推广二次发酵工艺和配套设备后，到 1990 年共用了将近 30 年的过度期才基本用集中前发酵房代替使用大型翻堆机进行室外发酵的原因。据资料介绍，2008 年法国仍有大型双孢蘑菇堆料生产企业采用翻堆机进行室外前发酵。

③如果采用 SFDG-60 型履带自走式翻堆机，可以不用水泥面作业场地，则建一座双孢蘑菇堆料专业生产企业可大幅度减少投资。

④双孢蘑菇培养料专业生产企业可根据当地具体情况、技术力量和资金能力，选择不同模式、不同规模组织生产。

⑤据资料介绍，目前在欧洲一个双孢蘑菇堆料生产企业用于环保设施的资金约占总投资的 1/5。

第七节　食药用菌储藏保鲜设备

随着食药用菌人工栽培技术的推广、普及和新品种的开发，食药用菌产量大幅度增加和人民生活水平的提高，鲜菇消费市场正在大、中城市迅速扩大。20 世纪 90 年代以来我国向国外鲜菇出口也呈上升趋势。无论是从节能降耗（生产 1 千克干菇需消耗 2 千克木材），还是从出口创汇方面

来看，发展保鲜菇生产有重要的经济和社会意义，保鲜的目的是延长市场鲜销菇的货架寿命和粗加工前的保鲜期。

保鲜技术的原理：食药用菌保鲜原理与果蔬保鲜原理一样，是在不破坏菇体正常的功能前提下，通过控制和调节采后菇体的生理、生化活动，使代谢处于维持正常生命活动的下限水平，以减少营养物质的消耗、防止失水过快、阻止褐变、延缓衰老，从而达到保鲜目的。

保鲜方法分冷藏保鲜法、气调保鲜法、化学保鲜法和辐射保鲜法，目前应用较广泛的是冷藏和气调保鲜法。

一、冷藏设备

冷藏的原理是通过降低环境温度来抑制鲜菇的呼吸代谢，延长保鲜时间，保持鲜菇的鲜度。降低环境温度还有抑制腐败性微生物的作用。

冷藏装置是将生产冷量的制冷机械与消耗冷量的设施结合在一起的技术装置，它利用机械制冷方法，以降低冷藏环境内的温度。一般食用菌保鲜要求环境内温度在5℃±2℃。

冷藏装置按其容量大小、用途和特性，可分为冷库、运输式冷藏装置和冷柜等3类。以上3类是组成鲜菇储藏、运输、销售缺一不可的冷藏链装置。

鲜菇保鲜用冷库大部分属高温小型冷库，库储量在20吨左右，一般设在鲜菇产地或附近的集贸市场，大多利用旧有建筑进行改造而成简易冷库或建造组合式冷库以利搬迁之需。

1. 冷库的结构

①防湿隔热结构：采用砖、石或混凝土结构，加防潮层、隔热层。墙壁和地面可用混凝土加固，并加防潮层和隔热层，墙壁和天花板的热面也要设防潮层，并与地面防潮层连接，使整个库内不受外界潮气影响。隔热层敷设在防潮层内侧，在隔热层内侧，再涂抹一层水泥或其他保护材料，如铝板或涂塑钢板。防潮层必须敷设在墙壁、地面和天花板接触温度较高的一面，可用沥青、树脂或塑料等材料，以防库外的热空气进入隔热层，遇冷凝结成水，聚集在隔热层。库内两室之间的隔墙隔热，如相邻两室温差小于4℃时，可以不敷设隔热材料。现代冷库为单层式，便于使用叉车和托盘搬运。

②冷藏库隔热层材料：有两类。一类属于可透水汽的隔热材料，如玻璃棉、谷壳、矿渣棉和膨胀珍珠岩等。使用此类隔热材料需要有外面防潮层以隔绝水汽的穿透。否则，水汽穿过隔热层很容易进入库内，致使起不了隔热作用。另一类是利用不透气的材料做成隔热层，如泡沫聚苯乙烯、泡沫聚氨酯和泡沫玻璃等都是不吸潮的隔热材料。选择隔热材料要根据价格、施工、劳力、建筑的寿命和长期使用中电耗等因素综合考虑。

③装配式库体：采用预制成包括防潮层和隔热层的库体构件，在平整好的地面现场组装。好处是施工方便快捷、搬迁方便，缺点是造价较高。

④聚氨脂泡沫塑料喷涂：对现有的砖或混凝土库房或房间内喷涂氨酯发泡塑料，既防潮又隔热。也可采用块状泡沫聚苯乙烯或聚氨酯做隔热材料。见图10—31与图10—32。

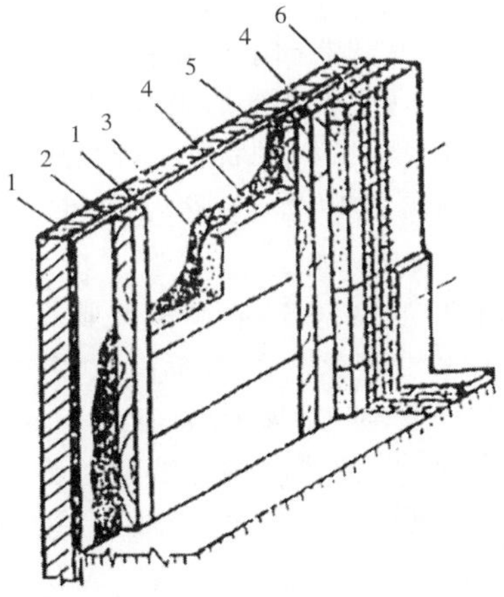

图10—31 用聚苯乙烯泡沫塑料的墙壁绝热结构

1.水泥抹面，2.砖墙，3.防潮层（二毡三油），4.聚苯乙烯泡沫塑料（1 000mm×500mm×95mm），5.木龙骨（木条60mm×95mm），6.铁丝网，7.水泥勒脚（高700mm，厚40mm）。

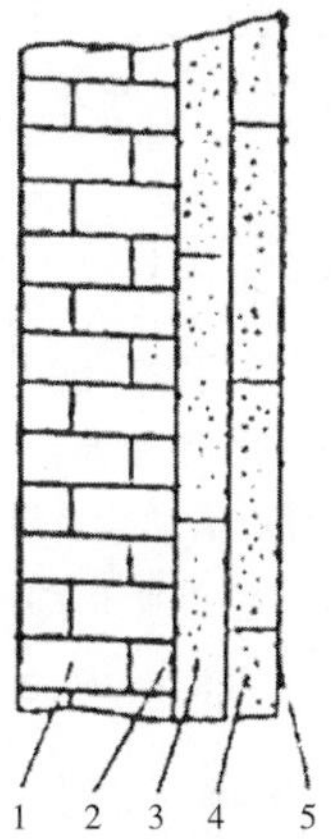

图10—32 用泡沫玻璃的墙壁绝热结构

1.砖墙，2.水泥沫面层和沥青结构层，3.第1层泡沫玻璃，4.第2层泡沫玻璃，5.水泥抹面层。

2. 冷库的制冷系统

①冷却方式：分为制冷剂直接蒸发冷却和载冷剂（一般为盐水）间接冷却两种，小型冷库常采用前者。将制冷剂的蒸发器直接装在冷藏室内，利用制冷剂的蒸发来直接冷却冷藏室内的空气，通过冷空气去冷却鲜菇。优点是总的传热温差小，冷却速度较快，因而普遍使用。冷藏室内的冷却方式按室内空气运动方式，分为自然对流及强制对流两种。自然对流冷却是采用各种形式的冷却排管（蒸发器），因排管附近的空气被冷却，温度降低，相对密度（比重）变大，因而引起室内空气自然对流。强制对流冷却采用空气冷却器（冷风机），室内空气在风机作用下，流经空气冷却器，并在室内循环流动，冷却速度较自然对流的快。

采用空气冷却器时，室内空气流速应保持在0.5m/s以下，以免鲜菇干缩损耗过大。与自然对流蒸发器相比，冷风机的优点是传热系数可提高3～5倍，室内温度均匀，蒸发温度与库内温度差小，制冷机运转效率高。

②氟利昂制冷系统：在高温冷藏库中，尤其是小型冷库中被广泛采用。系统由压缩机、冷凝器、膨胀阀和蒸发器等组成，由管道连接成一个封闭系统。工作原理：液态的制冷剂通过膨胀阀后，压力降低，处于低压状态的制冷剂在进入蒸发器后，吸收周围空气和储藏物的热量而汽化，然后制冷剂被压缩机压缩到冷凝器中，与冷却介质进行热交换，被冷凝为液态并周而复始地循环。循环结果使蒸发器周围空气的热量被不断吸收，从而使库内温度降低（图10－33）。

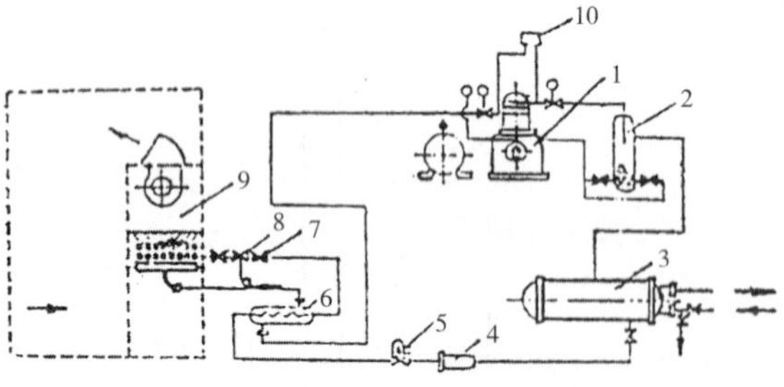

图10－33 氟里昂制冷系统

1.压缩机，2.油分离器，3.水冷式冷凝器，4.干燥过滤器，5.电磁阀，6.汽液热交换器，7.截止阀，8.热力膨胀阀，9.蒸发器箱，10.高低压力继电器。

③冷库的制冷量确定：制冷能力过小，入库鲜菇不能迅速冷却，影响保鲜效果；制冷能力过大，会造成能源浪费。确定冷库制冷能力，是以冷却系统的日常负荷（产品热＋呼吸热＋穿透热＋库房通风＋开门损失）和其他热源释放热量的总和为依据进行计算的。例如：一间长5.5m、宽2.8m、高2.8m、面积15.4m^2、体积为43.2m^{3}的小型冷库，设四周墙壁的导热系数K值为0.25，库顶K值为0.32，地面K值为0.4，欲存放鲜香菇3.2吨，产品温度为16℃，包装物18.5吨，室外温度为20℃，需要在1小时将产品温度从16℃降至库内储藏温度3℃，在不考虑其他热源的前提下，按计算公式（从略）计算每小时的热负荷，需购买每小时能产生225 099kJ制冷能力的制冷设备。如需要在12小时内，将产品以16℃降至3℃，则需购买每小时能产生制冷量为225 099/12＝18 758kJ的制冷设备。

选择制冷设备的制冷量大小要综合考虑。如上例，库容体积为43.2m^{3}的冷库，每立方米每小时需要的制冷量为18 758/43.2＝434kJ，可按此数据根据已有的库容近似地推算出所要购置的制冷设备每小时的制冷量。一般库容面积100m^2、高度为2.8m的小型冷库，可储放20吨保鲜菇。

3. 冷库的使用管理

①预冷后入库：预先使鲜菇的温度降低，以减少冷却系统的热负荷。通常采用冷风冷却，在1℃下处理12～24小时后的鲜香菇，即使在20℃下储藏，保鲜时间也比未处理的长2倍。

②要求库温恒定：库温不可波动太大，以免刺激菇体呼吸强度上升；相对湿度要保持在85％～90％，太低会使鲜菇失水加快；库内有通风系统时，应酌情通风。

③单独存放：在存放鲜菇的冷库内，不能同时存放水果，因为水果在低温下仍能产生一定量的乙烯等还原性气体，会使鲜菇产生褐变。

④预先升温出库：鲜菇出库前，需先在库内升温，可减少鲜菇温度与外界气温的温差，防止菇面结露，以延长出库后的货架寿命。

⑤简易冷藏的其他方法：冷库投资较大，使用受到一定限制，以下介绍几种简易冷藏保鲜法。A.空调降温保鲜法：将鲜菇运至有空调设备的小房内，迅速降温至20℃以下，可延长保鲜期。此法适用于一时不能运走或加工的鲜菇保鲜。B.短期休眠法：采后鲜菇在20℃下置放12小时，再经1℃冷风处理24小时，可使鲜菇暂时处于休眠状，然后于20℃储运，可保鲜4～5天。此法适用于产区有冷库而无冷藏运输车的情况。

二、气调保鲜储藏设备

气调储藏是新发展的现代保鲜技术。根据储藏系统内气体成分调节方式不同，可分为自然降氧和人工降氧。前者将鲜菇储藏在有一定透气性的容器内，利用鲜菇自身呼吸作用，使氧气浓度下降，二氧化碳浓度上升，逐步达到内、外稳定状态的一种保鲜方法；后者是先向储藏系统内充入二氧化碳、氮等惰性气体，并适当除去一些二氧化碳。此法有利于快速调整储藏系统内气体成分，并能随时进行监控和调节。根据控温方式，气调储藏可分为常温气调和冷藏气调，后者是在普通冷藏库外增加气调设施，能同时控制储藏系统内的温、湿度和气体成分，使保鲜效果更好。

（一）气调储藏设备

气调储藏也称 CA 储藏。它是在密封储藏系统内，控制所含氧和二氧化碳的浓度，使其在较小范围内变化的保鲜技术。在气调的同时，对温度进行控制，以达到较好的保鲜效果的装置称为气调冷库。气调冷库是气调保鲜技术发展的主要方向。常见的气调库有两种形式：一种是冲气式气调冷库；另一种是循环式气调冷库。

1. 冲气式气调冷库

利用冲气式气体发生器（又称高温燃烧制氮机）产生一定浓度的氮和二氧化碳，持续送入库内。这种方法降氧和增加二氧化碳较快，冷藏库气密性要求低，储藏中可随时出库或观察，但所需费用较高。一个完整的气调库除了要求制冷系统和气密性等条件外，还需降氧机、CO_2脱除机、气压调节器和气体分析仪等。

2. 再循环式气调冷库

将库内空气引入催化燃烧制氮机内（又称循环式气体发生器），把 O_2 变成 CO_2，降 O_2 和增加 CO_2 快。但对冷藏库气密性要求高，中途可出库或观察，所需费用相对较低。库内所需设备除气体发生器不同外，其他设备与冲气式气调冷库同。

采用气调式冷库储藏香菇最适宜气体组成为氧气 1%～2%、二氧化碳 40%、氮气 58%～59%，温度 20℃，保鲜期 8 天。

（二）减压冷藏设备

把一般的冷藏库经密封处理后，增加有关设备如真空泵、增湿机和通风设备，组成减压冷藏系统，可对库中的空气压力、温度、湿度和通风等参数进行精确控制。如减压系统的操作压力为101.3kPa 时，氧的分压也差不多是常压的 1/10 即2.1%，依靠减压可以对库内气体成分进行精确控制，可取得显著的保鲜效果。它与气调冷藏库的不同点：在减压系统中，不需供应其他气体，减压系统能快速排除冷藏鲜菇的田间热和呼吸热，并使全部保鲜菇保持温度一致，也能排除菇体内有害的气体——乙烯和其他气体。减压系统操作灵活，使用方便，只需按实际需要调节开关，即可达到要求的条件。必要时可随时打开库门出货或检查，而气调储藏做不到这一点。

（三）薄膜包装冷藏设备

此法属自然降氧的简易气调冷藏。它是利用塑料薄膜如低密度聚乙烯、聚氯乙烯等对水蒸气和气体的不同透性来包装和密封鲜菇。通过一定时间后包装系统内即建立稳定状态，氧和二氧化碳浓度达到平衡，即呼吸率等于渗透率。薄膜包装冷藏具有材料省、储藏方便、费用低、卫生美观等优点，袋面还可以印刷商标、说明，以提高商品价值，现已广泛用于鲜菇的保鲜储藏、运输和零售的各个冷藏环节。薄膜材料以低密度聚乙烯效果较好，薄膜厚度在 40～70μm 之间，以 70μm 保鲜效果较好。对香菇，薄膜包装在 20℃下可保鲜 5 天；6℃下可保鲜 14 天；1℃下可保鲜 18 天，基本上能满足香菇的保鲜要求。必须注意，鲜菇在采后应在 20℃处理 12 小时，再放到 1℃冷空气中降温处理 1 小时以上后装袋，应使菌褶朝上，热合封闭袋口。此外，在相同情况下，袋中气体以二氧化碳或氮气置换时，温度控制在 6℃可保鲜 25 天，保鲜效果更好（表 10－11）。

表 10－11 包装方法对香菇货架寿命的影响

包装方法（20cm×26cm 聚乙烯薄膜袋）		货架寿命(d) 1℃	6℃	20℃
薄膜厚度（密封包装）	20μm		15	4
	30μm		17	5
	40μm		20	5
	80μm		30	7
不包装		7	4	2
薄膜开孔	4 孔	15	13	4
	8 孔	12	9	3
	12 孔	10	7	3
非密封包装		18	14	3
密封包装		22	17	5
置换为二氧化碳		35	25	7
置换为氮		30	25	6

三、化学保鲜技术

某些化学药品能抑制鲜菇的酶活性、防止异味产生、延缓衰老和防止变质。不同的化学物质，使用方法和作用方式有很大差别，常与其他保鲜方法结合，联合产生作用，能产生其他保鲜方法所不能解决的问题。

（一）二价铁离子保鲜剂

在硫酸亚铁、氯化亚铁和溴化亚铁等二价铁化合物中，加入抗坏血酸或柠檬酸，使二价铁化合物保持稳定的同时，使其混合的水溶液或干粉对鲜菇进行保鲜，有较好的效果。

（二）盐水处理保鲜

将鲜菇放入 0.6%的盐水浸泡 10 分钟，捞出沥干装袋。在 10～25℃条件下，经 4～6 小时变亮白，可保鲜 3～5 天。

（三）复合保鲜液保鲜

在 0.1%焦亚硫酸钠、0.2%氯化钠、0.1%氯化钙的复合保鲜液中浸泡 15 分钟，沥干放入袋中，在 16～18℃条件下可保鲜 4 天，在 5～6℃条件下可保鲜 10 天。

（四）多种作用保鲜剂和纸塑复合材料

用纸塑复合材料做成的包装容器如波纹盒、包装袋，由于能对容器内水分进行调节，故较单独使用塑料薄膜材料包装鲜菇有更好的保鲜效果。如在盒、袋中同时加入袋装的无毒植物去异味剂、山梨酸、亚硫酸钠（多酚氧化酶抑制剂）、*L*-抗坏血酸（过氧化物酶的竞争性抑制剂）、硫酸钠（脱氧剂）等多种功能保鲜剂，会产生较好的保鲜效果。

四、辐射保鲜技术

辐射储藏技术是利用电离射线处理所产生的生物和生理效应，使食品储存期得以延长的储藏技术。此技术是继传统的物理、化学方法之后，又一发展较快的食品储藏新技术和新方法。经联合国粮农组织、世界卫生组织和国际原子能机构的联合专家委员会审查认为：经平均剂量在 10kGy 以下辐照处理的任何食品都是安全的，不存在毒理学或营养学方面的任何问题。

^{60}Co 辐照储藏。采用 1～2kGy 剂量的辐照处理，会对造成酶变的大多数微生物进行杀灭和抑制，并可抑制呼吸强度和体内酶的活性，从而延缓后熟期。此法与冷藏、化学储藏相结合，可以收到协同效果，降低药剂用量和辐射剂量，把药物残留和辐射损伤降低到最低限度，延长鲜菇的保鲜期，也能保证其食用安全性。此法设备投资大，限制了应用范围。

综上所述，各种保鲜效果比较：减压储藏＞气调储藏＞冷藏。如减压、气调、化学储藏与冷藏储藏结合效果更好。当然保鲜效果的好坏也与采收的适时、搬运小心、运输容器的科学合理有密切的关系。

第八节　食药用菌初（粗）加工机械设备

食药用菌加工业是充满希望和生机的产业，也是一个新兴的产业。据 2000 年统计，我国农产品加工业仍然是一个新兴产业，总产值和出口创汇与世界先进水平相比存在较大的差距，一些发达国家农产品加工业与农产品产值之比大都在 2.0∶1～3.7∶1，农产品加工率平均在 30%以上。而我国为 0.4∶1，农产品加工率在 2%～6%。一些发达国家农产品加工业产值超出了电子工业、汽车工业、化学工业，成为近年来发展最快的产业之一。美国市场上有 3 500 多种产品含玉米或玉米副产品的成分，玉米湿法加工业产值达 110 亿美元，仅玉米原粉和玉米原饮料每年出口达 1 000 亿美元。法国农产品加工业近 10 年来，平均每年增长速度为 11.5%，1997 年达 1 149 亿美元，农产品加工产值为化学工业的 1.7 倍，汽车工业的 2 倍。与先进国家相比，我国的差距是显著的，但同时也表明，我国农产品加工业（包括食用菌加工业）是充满希望的产业。农产品加工业不同于单纯的农业，也有别于单纯的工业，同时包含了农业工业。发展农产品加工业需要适于加工的农产品、先进的机械设备和现代化管理运营机制和营销手段，这三者相辅相成缺一不可。只有将这三者有机结合起来，才能将我国的食药用菌产品资源优势转化成商品优势和经济优势，真正实现农产品加工业的现代化，实现食药用菌强国的战略目标。

初（粗）加工技术是指食药用菌经加工后，外形基本不变，仍能用视觉分辨出是属于何种菇类的加工技术，如干燥技术、腌制技术、罐藏技术、真空油炸技术和气流膨化技术等。

一、食药用菌干燥设备

食药用菌的干制目的是通过不同干燥原理减少鲜菇中含水量，抑制菇体内酶活性，使菇体内固形物达到微生物不能利用程度，从而达到长期保存的目的。复水后，基本上能恢复原状。食药用菌干制加工不仅是一项重要的储藏手段，还具有十分重要的商品学意义。食用菌干制品中，香菇干制品出口量大，占有突出的地位，其干制品工艺要求高，商品标准要求全面。因此，本节以干燥原理、工艺和设备均以香菇干制品为主进行介绍，其他菇类大同小异。

（一）食药用菌干燥原理和干燥工艺流程

1. 干燥原理

鲜菇通过热风加热使表面水分蒸发，并被热风带走，菇体内水分通过毛细管作用移到表面。水分由内到外的不断转移直至干燥到要求的含水量为止。鲜菇一般含水量为75%～90%，体内水分以游离水、胶体结合水和化合水3种不同状态存在。游离水一般占全部水分的60%以上，流动性大、易排除；胶体结合水是水和胞内物质结合成胶体态的水，干燥时只被排出部分，作为商品的干菇含水量为10%～13%，这部分水就是胶体结合水；化合水是以分子态水与菇体内有关的物质结合在一起，此部分水干燥时不会被排除。鲜菇在干燥时，能除去的水分为菇体中的游离水和部分胶体结合水。

鲜香菇在干燥过程中重量和体积明显变轻、变小；菌褶颜色由白色变成淡黄色或米黄色，菌盖表面由浅褐色变成茶褐色；香味产生；体内其他成分也发生变化，如麦角甾醇转化为维生素D_2。

2. 干燥前对采摘的要求

优质的鲜菇是获得优质干菇的物质基础，鲜菇含水量越低，干制出的干菇质量越高。采菇前一天不要喷水，最好半天采菇一次，目的是使鲜菇在卷边时即被采摘下来，这样可使干菇中的厚菇比例大幅增加。采菇时即进行分等，采后6小时内要进行摊晒干燥，否则会降低干菇质量等级。

3. 干燥工艺流程

①修剪菇柄，挑选分级：将小菇、畸形菇等不宜干燥的菇剔出，将菇形完整、符合干制的菇剪掉柄，将薄菇与厚菇分开，以便向筛盘排放。

②上筛：将分等的鲜菇排在筛盘上，菌盖朝热风和热量辐射来的方向排放。

③预晒：干燥前若有太阳，先晒2～3小时，这样即可节省能耗又能减少鲜菇的含水量，同时也能促进维生素D_2的转化。

④入房：把排放厚菇的筛盘放在最先受到热风干燥和热量辐射来的位置，薄菇、小菇放在后面的位置。

⑤干燥：排放鲜菇的筛盘在干燥房（箱）内安置后，即可开动干燥设备输送热风。鲜菇水分一边蒸发一边开始脱水。首先是蒸发鲜菇表面的水分，即表面干燥，这样破坏了表面水分与内部水分的压力平衡，促使内部水分转移到表面保持平衡，这种现象叫内部扩散。移到表面的水分又蒸发掉，如此反复，直干燥到含水量达到要求为止。干燥，首先从菇伞边缘开始慢慢移至肉质厚的中心部。由于菇柄和菇伞肉质不同，即使同一菇伞，中心部肉质厚而边缘薄，其水分的内部扩散和表面蒸发速度不同。烘干工艺是围绕使鲜菇内部水分扩散转移速度和表面蒸发速度基本上达到平衡而制定的。平衡控制后，脱水容易，干燥制品质量高。如果长时间达不到平衡，外形和色泽达不到要求，干燥制品质量差。这个平衡由热风的温度和风量来控制，在不同的干燥期，热风的温度和风量参数是不同的。在干燥鲜菇时，如果温度在45℃以上，通风量不够时，鲜菇表面细胞组织破坏，阻塞了与体内联系的毛细管，常会发生煮菇现象，菇伞成黑色，菌褶倒伏并成土黄色，干燥制品质量低劣。但也不能过分加大通风量，以促进表面蒸发加速，这样会造成能耗加大，干燥成本上升。干燥开始时也不能使起烘温度过低，因为在适宜的温度能加速鲜菇的后熟作用，促使开伞，使厚菇变薄菇。通常起烘温度不能低于35℃，35℃时菌丝停止生长。在干燥过程中切忌温度急剧变化，温度要慢慢地改变，每小时温度急剧变化8℃以上会发生不良现象。温度急降时，香菇会收缩，伞缘会向内倒卷，形态不整，菌褶也会倒塌；温度急升时，水分会集中在菌褶，不但菌伞会变黑褐色，菌褶也会倒伏。根据鲜菇在干燥过程中体内含水量的变化，改变热风的温度和通风量，达到科学合理地干燥香菇。香菇的干燥工艺过程可分为预备干燥期、恒速干燥期、干燥后期和干燥完成期4个阶段。

①预备干燥期：此期的鲜菇含水量应为75%～80%，相当于晴天采摘的段木菇含水量。如雨天采摘的段木鲜菇或木屑鲜菇含水量在90%左右，可在阳光下或通风处预凉、晒，使其水分降为75%～80%。也可放在烘房（箱）中，在温度为35℃的热风中烘干1～4小时，使其含水量降至75%～80%。

②恒速干燥期：在此干燥期内，鲜菇体内部分水扩散速度和表面蒸发速度基本相等。干燥温度为40～50℃，时间为10～12小时。此时期鲜菇经软化，又随着时间加长，体内水分的蒸发、硬化由菌伞边开始，向中心肉厚部分推移。此期菇盖定形。由于此期菇心还有水分，温度最高才达50℃，故菌褶还不会显出淡黄色。

③干燥后期：此期菇体内水分开始减少，游离水基本排尽，部分结合水在此期干燥过程中逐渐排掉。鲜菇体内水分移动速度明显赶不上表面蒸发速度，通风量可适当减少以节约能源。此期干燥温度为50～55℃，和菇体内、外温度趋于一致。干燥时间3～4小时。此期菌褶呈淡黄色，开始产生香味。

④干燥完全期：此期主要目的是去除菇体心部（菇柄与伞部交接处内部）的残留水分和部分结合水。温度为58～60℃，干燥时间1～2小时，热风进行内循环，不再进新风，循环风量可减至中、小程度，使菇体内的酸与酶作用产生香气。此期结束时，干菇体内含水量达到储藏标准和出口标准：≤13%（图10－34）。

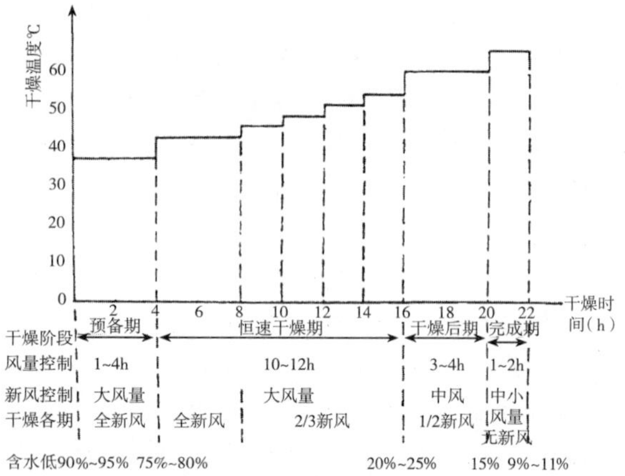

图10－34　鲜香菇干燥过程图

（二）食药用菌干燥设备的分类

1. 按干燥原理分类

有热风干燥、远红外干燥、热泵干燥和冷冻真空升华干燥等。热风干燥是通过干热风对物料进行由外到内加热，使其中水分通过物料表面蒸发，被热风带走进行干燥；远红外干燥是通过具有一定范围波长的远红外射线的穿透照射，使物料内外同时加热，使水分通过物料表面蒸发而被流动空气带走进行干燥；热泵干燥也属热风干燥，干燥过程中，物料的水分蒸发所需热量来自水蒸气凝结时放出的热量；冷冻真空干燥是通过对速冻物料在真空环境下，物料中的水分直接由固体（冰）升华成水蒸气，被真空泵抽走进行干燥。前两种干燥均是对物料（鲜菇）进行加热进行干燥的，在干燥过程中香菇体内氨基酸与糖相互作用和香菇体中的鸟苷酸在酶作用下，产生色变和香味。

由于这些作用是不可逆的，所以前两种干燥法复水后不能恢复干燥前的状态；而后一种干燥是在低温下进行的，复水后基本上能恢复干燥前的状态。热泵干燥，恢复差些。冻干法设备费和加工费远比前两种高。

2. 按对干燥介质（空气）是否直接加热分类

分直接加热式和间接加热式两种。直接加热式干燥设备是指热源直接对空气加热而进行干燥的设备，如炭火简易干燥箱和电热式干燥机；间接加热式干燥设备是指热源通过热交换器来间接加热空气而进行干燥的设备，如柴、煤烟道管式干燥机、蒸汽管式干燥机、燃油管式干燥机和热水管式干燥机。以上干燥机中柴、煤烟道管式干燥机的干燥费用最低，在我国使用最广，本节将作重点介绍。在有条件的地区，如已有锅炉和地热水的地区，也可采用蒸汽管式和热水管式干燥机。在燃油和电价低廉的地区，燃油管式和电热式干燥机也可使用。由于这两种机型自动化程度高，一人可管几台干燥设备，干燥质量高、可靠，在我国有的地区和国外使用很广。

3. 按干燥介质的热源分类

分柴、煤、燃油、热水、蒸汽和电等热源干燥机。

4. 按干燥介质流动的方向分类

分垂直气流式和水平气流式两种。垂直气流式的干燥介质流动方向与干燥筛盘成垂直。由于气流通过多层干燥盘时受到较大的阻力，且由于物料空隙大小不同影响气流的均匀性，故风功能耗较大，不同高度筛盘上鲜菇干燥速度不够均匀；水平气流式能部分克服上述缺陷。

（三）烟道管式干燥机

由柴、煤、燃油燃烧后产生的热烟气，通过烟道管式热交换器（散热器）加热空气，用风机把干热空气对鲜菇进行干燥作业的设备叫烟道管式干燥机。这类干燥机能适应多种能源，构造简单、易制造，有条件的地区使用燃油燃烧器和电脑，可对干燥过程进行程序控制，自动化程度高；条件差的地区使用柴、煤等燃料进行人工控制干燥作业，投资少、干燥成本低。20 世纪 90 年代前后在借鉴国外干燥设备基础上，我国开发了第 2～3 代烟道管式干燥机，这些设备在清灰、干燥过程自动化、系列化和组装结构上有很大提高，其中 CGH 型油、柴两用全自动干燥机可代表当前烟道管式干燥机的水平（图 10－35）。

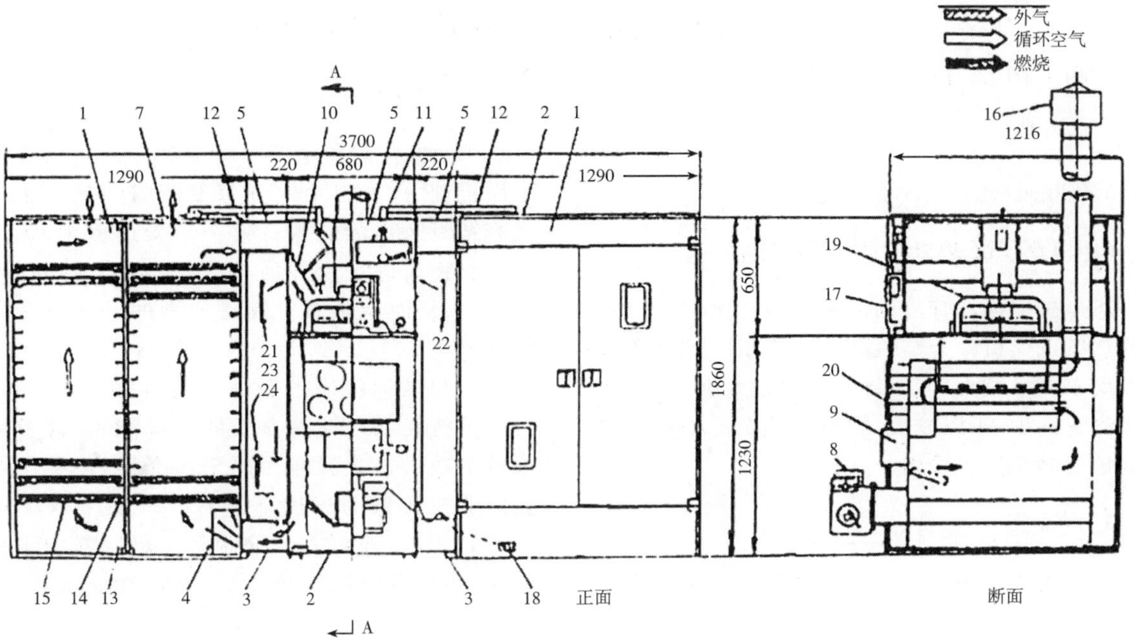

图 10－35　CGH 型燃油柴两用干燥机

1. 干燥箱，2. 热交换器，3. 热风导管，4. 扩散板，5. 热风回收管，6. 热风循环装置，7. 顶部排湿窗，8. 燃油燃烧器，9. 加柴口，10. 风门调节器，11. 风门调节柄，12. 排湿窗驱动杆，13. 干燥盘支架柱，14. 干燥盘支架，15. 干燥盘，16. 烟囱，17. 电子式温度调节器，18. 温度传感器，19. 送风机，20. 清灰门，21. 左新风口遮板，22. 右新风口遮板，23. 热风截流板，24. 热风管上间隙口。

1. 构造与特点

主要由燃油、柴两用热风炉，左、右干燥箱，电子温度调节器，干燥过程微型程序控制器，排湿口，新风口和热风循环风口联动装置等组成。

①燃油、柴热风炉：由燃油燃烧器、回形圆管热交换器、烟囱、双速高压轴流风机、清烟灰口和加柴窗口组成。

②左右干燥箱：由可拆卸的 6 块保温板组成，箱内装有干燥盘支架、支架柱和 60 个塑料干燥盘或铁丝干燥盘。干燥盘下部热风进口处装有热风扩散板，以使远、近端热风分布均匀。

③电子温度调节器和干燥过程程序控制器：由温度传感器、温度数字显示器、时间继电器、燃油供油电磁阀、温度控制线路板和微型程序控制器组成。控制器内储 8 条干燥程序可供用户选择，也可自编程序，每条程序可设定 1～4 个阶段干燥工序，面板设有温度、时间、状态等功能显示、双重超温保护、光电监控安全系统，系统设有停电保护程序及燃烧机运行程序。

④风口联动装置：由干燥箱顶部排湿百叶窗，排湿窗驱动连杆，新、旧风门和风门调节手柄组成。控制风门调节手柄的位置，可达到联动调节排湿百叶窗开口大小和新、旧风量比例。

⑤该机特点：燃油和柴均可单独使用，也可用柴升温、用燃油控温配合使用。干燥程序设定后，整个干燥过程的温度、时间、风量（3 档）可自控，干燥结束后蜂鸣器提醒。干燥作业方便轻松，一人可同时管理 2～3 台干燥机。干燥盘可在系列各型号机型通用。干燥箱为组合式，拆装、运输方便。

2. 工作原理

干燥程序设定后，开动机器轴流风机工作，并自动起动燃烧器。自动点火装置点火 3 秒钟后，燃烧器开始喷油进行燃烧，热烟道气经管式热交换器排出房外。在轴流风机作用下，冷空气在风压下流经热交换器外表，把空气加热成热干空气，经热风炉底部向左右 2 个干燥箱底部送去。经热风扩散板扩散，使热风均匀由下而上地通过干燥盘，把鲜菇的水分带走，由顶部的排湿风口排出。按设定的干燥程序，能自动控制干燥的温度、时间、风量，直至干燥结束。用木柴作燃料进行干燥作业，与一般烟道管式干燥机操作没有什么区别。

3. 主要技术参数

一次干燥量450千克/14～18小时；燃油耗量：3.5L柴油/小时；耗电量：750W；干燥盘60个，盘尺寸为1.2m（长）×0.6m（宽）。每平方米干燥盘可摊晒10千克鲜菇。

4. 价格

3.2万元/台。

（四）蒸汽（热水）管式干燥机

通过热交换器管道内的蒸汽或热水对空气加热的热风干燥机称为蒸汽管式干燥机。该类干燥机一次干燥量较大，可干燥1～5吨食用菌。由于需要购置锅炉，投资较大，在有地热资源地区和已有锅炉的罐头厂可采用。

1. 构造

主要由供热系统、物料运载小车和干燥房等组成（图10－36）。

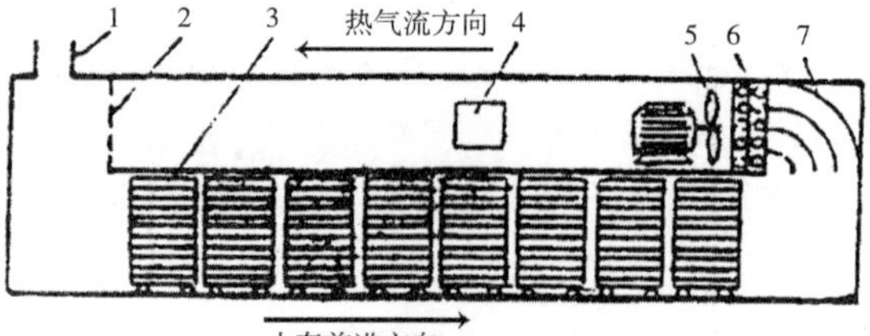

图10－36 隧道式干燥机结构

1. 接湿口，2. 余热回收装置，3. 运载小车，4. 冷风口，5. 风机，6. 散热器，7. 导风板。

2. 工作原理

利用锅炉蒸汽通过盘管翘片式热交换器将新鲜空气加热成热空气，在风机输送和导风板的导向下，热风成水平流向，通过安置在运载小车筛盘上的鲜菇进行干燥。隧道式蒸汽管式干燥机常采用逆流式干燥法，即在干燥区内的热风方向与运载小车前进方向相反。逆流式干燥法同样可对部分热风再次循环使用，而将其余部分向外排出。干燥区长度为10～15m，在干燥区内热风入口处与出口处温度有差别，一般在干燥初期温差5～10℃，在干燥后期相差2～3℃。在干燥区内应安装两个温度表，以防在近风头处温度太高，风尾处温度太低。可调换运载小车在干燥区的位置加以解决。

3. 注意事项

在干燥区内温差大，应特别注意鲜菇在起烘前的含水量，尽量使鲜菇的含水量控制在75%～80%。可通过对鲜菇在干燥前预晒、预凉或在干燥机中开风机吹风2～4小时来达到。

（五）热泵干燥机

1. 特点

①热泵干燥机也是一种热风干燥机。在热泵干燥过程中，物料中水分蒸发所需的热量来自蒸汽凝结时放出的热量。整个干燥过程中，无须对介质和物料进行额外加热，因而不必附加任何发热装置，从而使热泵干燥法比别的干燥方法能够降低能耗20%。

②与其他气流干燥法不同，它主要是通过对气流进行脱水来获得介质的载湿能力，能够在常温以下获得强载湿能力的干燥介质，使得干燥作业能够在较低的温度下进行。一般干燥温度为15～45℃，这样可有效抑制待干燥物料中细菌的滋生，防止蛋白质受热变性、含糖物质受热结焦、易熔物质受热熔融、有生命的种子受热失效，以及物料个体变形、变色和芳香类物质的逃逸等。这对干燥后有色泽要求的白木耳、竹荪、北虫草和双孢蘑菇等食用菌与干燥后对复水性有要求的毛木耳、黑木耳等食用菌更显示出优点。由于干燥温度低，干燥时间一般为热风干燥时间的1.5～2倍，这是该机型的缺点。

③许多热泵干燥机没有加热装置，气流在密闭绝热系统中（机仓内）循环。无废气排放，仓内流出的水是由露滴集合的清澈的蒸馏水，不会对环境造成丝毫影响，噪声也在60dB（A）以内，是一种环保型的干燥设备。

2. 构造和工作原理

①构造：该机主要由压缩机、蒸发器、冷凝器、主风机、辅助风机和物料台车所组成（图10－37）。

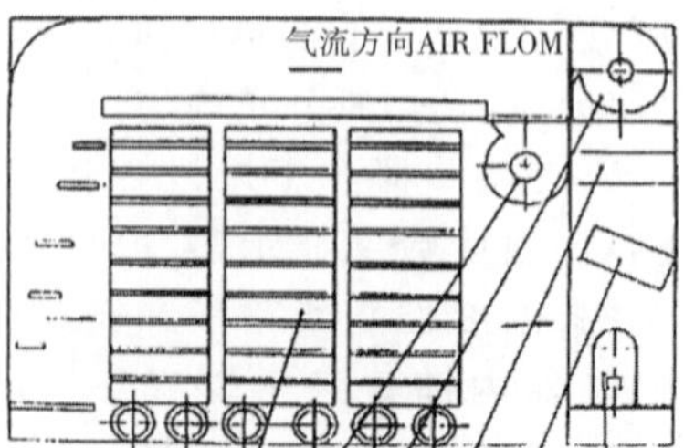

图10－37 热泵干燥机

1. 压缩机，2. 蒸发器，3. 冷凝器，4. 主风机，5. 辅助风机，6. 物料台车。

②工作原理：风机驱动空气按风道引导的走

向在密闭仓内循环。热泵装置先通过其蒸发器从空气中吸取热量，使空气的温度迅速下降到露点以下。此时，空气中的水蒸气在蒸发器翅片上凝露析出水来，析出水被导向仓外，制冷介质通过冷凝器，把从空气中吸收的热量用来加热被脱了水的空气，使空气升温成为载湿能力很强的干热空气。此后，此空气被主风机驱动经导风板均匀地通过待干燥物料，物料中水分子吸收热量，从物料表面逸出而被气流带走，载湿的空气再进入蒸发器进行凝露析出水分。如此循环最终使物料得到干燥。

3. 使用注意事项

据热泵干燥的特点，对那些在干燥后有色泽、复水形状和活性有效物质保留要求的食用菌和物料，应进行试验选择合适干燥温度和时间。干燥前物料的预处理、热风干燥、操作管理如同操作一台除湿机，十分简便。

(六)真空油炸干燥设备

特点是干燥速度快，约 30 分钟；油炸产品含油率低，约 20%(一般常压油炸为 40%)；真空油炸温度低，约 80～120℃，对食用菌成分破坏少；炸后体积缩小少。

(七)气流膨化干燥设备

与挤压膨化原理基本相同，即物料在瞬间由高温、高压突然降到常温、常压，物料水分突然汽化、发生闪蒸现象，产生类似爆炸现象，使物料呈海绵状结构，从而完成气流膨化干燥过程。气流膨化物料的含水率控制在 13%～15%，加热可用蒸汽、电加热，加热温度为 170～220℃，膨化压力为0.6～0.8MPa。膨化干燥后的食用菌可作为休闲食品。此外，还可用微波加热技术使含有一定水分的食药用菌干品在大功率微波设备加热下，在短时间内使物料体内水分蒸发而膨化干燥。由于膨化是在常压下进行，故膨化率比气流颗粒膨化率小些。这两种膨化的产品均可做休闲食品，与真空油炸品比较，优点是不含油。

(八)干燥设备的选择

①10 万袋香菇栽培专业户可选用每次可干燥 500 千克和 100 千克左右的干燥机各 1 台，以供出菇初期和旺期干燥之用。

②从能源价格、运费、设备折旧费、热效率、干燥品质、数量、工人文化素质和工资进行综合经济分析，决定选什么型式的干燥机。一般烟道管式干燥机的加工费用按 2005 年计：柴或煤为 2.8～3.2 元/千克干香菇；燃油或电 5～7 元/千克干菇。

③一般组合式烟道管式干燥机最大的干燥量为 500 千克鲜菇。如每天干燥量大于 500 千克，可选择两台 500 千克干燥量的干燥机或选择干燥 500 千克和 250 千克的干燥机各一台。两台 500 千克的干燥机可搭配一台 50～100 千克的小型干燥机一台，以供大型干燥机在干燥后期把未全干香菇集中到小型机中进行完成期的干燥，这样可以节能和降低干燥费用。在实际干燥作业生产中，切记不能贪大求详，量力而行。

④对珍稀、野生食药用菌可采用冷冻升华真空干燥设备，可得到营养成分几乎无损失、复水性能极好的冻干产品，可供国内、外较高档次的消费者和客户的需要。

⑤为了降低干燥成本、提高干燥质量和缩短干燥时间，针对不同品种食药用菌可选用联合干燥法，如热风—微波、热泵—微波等。

(九)干制品包装前处理设备

①包装的目的：为使食药用菌干制品达到商品流通、运输和储藏的目的，要对干制品进行大、小包装和内、外包装。通过包装防止外界湿气和空气渗入。干制品含水量超过 13% 后，会加速氧化反应，如脂类氧化、维生素破坏、氨基酸的分解，酶的活性也增加，使干制品的陈化速度加快。应选择气密性和坚固性均佳的包装材料如聚乙烯、聚丙烯和复合包装材料，必要时采用真空充氮复合膜包装或在内包装袋中放入袋装脱氧剂或干燥剂，进一步提高安全储藏时间。当然，储藏也应考虑低温(＜15℃)、避光储藏。

②包装前处理：作为商品流通的干制品小包装，应满足商品的规格、数量、卫生和安全性要求。包装前应对干制品进行分等、除尘和发丝、分检、金属异物的去除等包装前处理。

③包装前处理对环境的要求：为了防止干制品在前处理期间增加含水量，需对前处理车间的空气进行洁净处理。空气洁净度要求达到 10 万级；空气相对湿度低于 50%；温度低于 24℃，空气流动速度小于等于0.5m/s。用冷凝式除湿机难以达到如此低的相对湿度，可用溴化锂转轮除湿机(化学除湿法)。

④干制品前处理的一般工艺流程和所需的设备，见图 10—38。

统菇集中,均匀送出（振动喂料器,倾斜输送带）→ 分等(按直径)（滚筒或平面分等机）→ 除尘除发丝碎片（气吸式去杂机）→ 人工检出泥菇、破损菇、畸形菇（分检输送机）→

检查金属异物（金属异物探测器）→ 小包装秤重、塑料袋封口或外加纸盒包装［小包装生产线(电子秤、封口机、真空充氮包机)］→ 外包装(装箱)（手　工）→ 封　箱（封箱机）→

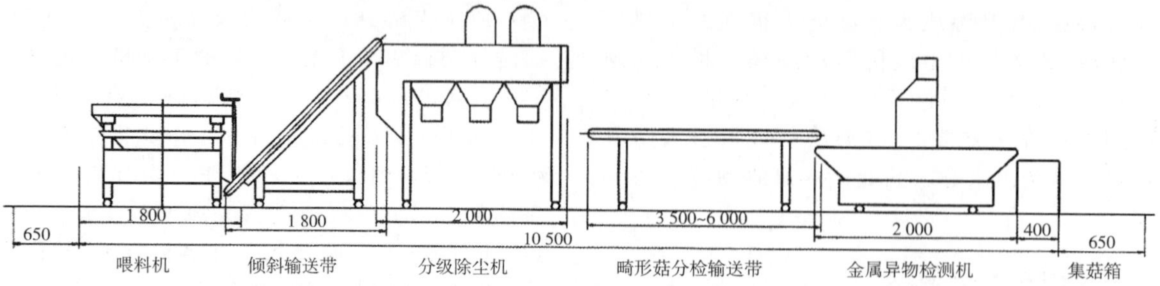

生产线占地(长×宽×高)：12m×2.5m×2.5m；生产线设备消耗功率：3.5kw；生产能力：150~200kg/h

图 10－38　香菇干品大包装生产线(本生产线由 5 台设备组成)

二、食药用菌腌制机械设备

(一)罐藏设备

1. 夹层锅

夹层锅的结构见图 10－39。

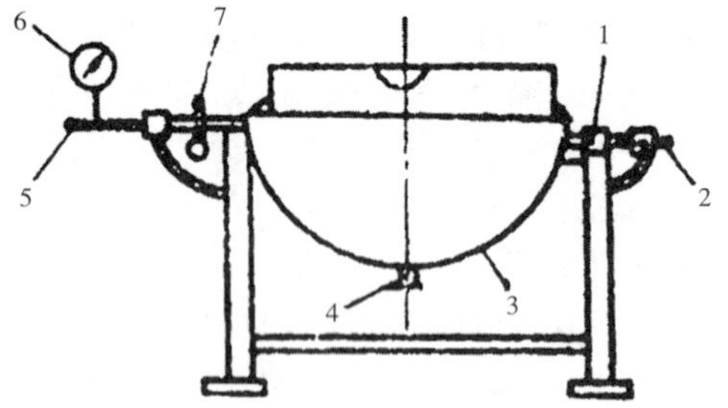

图 10－39　可倾式夹层锅

1. 填料盒，2. 冷凝水排出管，3. 锅体，4. 排出阀，5. 进气管，6. 压力表，7. 倾斜装置。

①用途和构造：常用于罐头物料的热烫、预煮、调味料的配制及熬煮一些浓缩产品。夹层锅按操作不同有固定式和可倾式 2 种。

锅体为半球形(夹层)焊接壳体，内层是不锈钢，外层为一般碳钢，全部锅体用轴颈直接伸接在支架两边的轴承上。轴颈是空心的，蒸汽管由此伸入夹层中，周围加填料构成填料盒，锅体可绕蒸汽管倾复。

②工作原理：将预煮物料由人工或机械方式送入锅内，按工艺要求通入蒸汽并调定锅温进行预煮。预煮结束，摇动手轮倾斜锅体出料。

③使用注意事项：A. 及时排出夹层内的冷凝水，以提高热效率。必要时在冷凝水排出口安装疏水阀。B. 在填料盒有蒸汽溢出时，应压紧填料。

2. 连续刮板带式预煮机

①特点和构造：能适应多种物料的预煮。在水中有沉的、浮的或半浮半沉的物料，形状规则的或不规则的物料都适用；物料经预煮后的机械损伤也较少。缺点是设备清洗较困难，占地面积大，一旦链带卡在槽内，检修不方便。

该机主要由不锈钢槽、刮板链带、蒸汽管、传动系统和机架组成(图 10－40)。

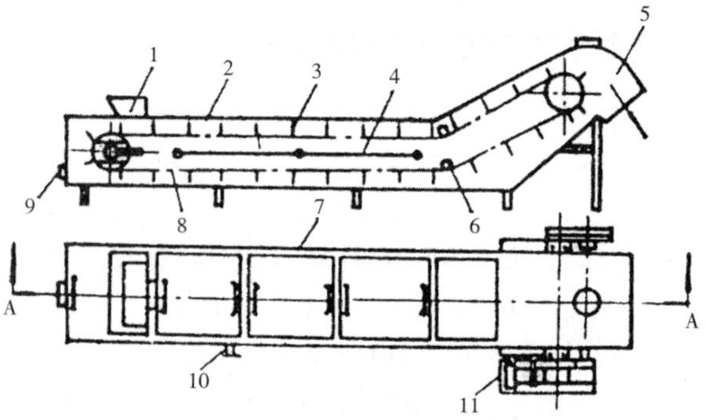

图 10－40　刮板带式连续预煮机

②工作原理：物料由升运机送到料斗 *1* 中，落到刮板链带上。钢槽中盛满水，水由蒸汽吹泡管 *4* 直接加热。由于链带的移动把物料从进料口送至卸料斗 *5* 卸料，在这过程中物料被加热预煮。吹泡管 *4* 上开有吹气孔，小孔的分配原则是近料口多些，这样可使刚进物料迅速上升到预煮温度。为使蒸汽不直吹物料，小孔应在两侧多些、朝上少些，加热蒸汽压力应大于 405.2kPa。钢槽倾斜向排污口，以利排污和排净槽水。溢流管 *10* 是稳定槽内水位而设置。预煮时间可通过改变链带速度来达到。

③主要性能和技术参数：生产能力：2.14 吨/小时(蘑菇)；链带速度：0.01m/s；预煮时间：8 分

钟；蒸汽压力：405.2kPa；电机功率：1.5kW；外形尺寸：7030mm×700mm×1 000mm。

3. 螺旋式连续预煮机

①特点和构造：该机结构紧凑，与其他形式机器相比，在同等生产能力时，外形尺寸小，因而占地面积小，提高了车间利用率。整个设备只有螺旋体是运动体，转速低，运转平稳。同时实现自动控制较易，先进的螺旋预煮机已实现了温度、pH、加料、预煮时间和回水的自控。蘑菇罐头产量较多的荷兰、法国等国家，也多采用这种形式的预煮机。缺点是适应多品种生产能力比刮板带式预煮机差些。在进料段由于物料上浮，使螺旋中充填系数较低，一般为50%左右；而刮板带式的可达80%～90%。由于螺旋中心轴较长，需用壁厚和直径大的无缝管制造，增加了设备成本。该机由螺旋部件、筛网圆筒、机槽、出料转斗、传动部件和机架所组成(图 10—41)。

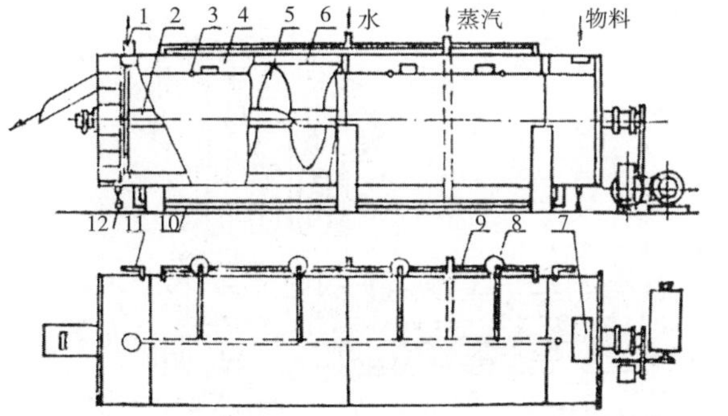

图 10—41 螺旋式连续预煮机

1. 排汽口，2. 螺旋轴，3. 铰链，4. 机壳，5. 螺旋叶，6. 筛网圆筒，7. 进料口，8. 重锤，9. 进水管，10. 蒸汽进管，11. 溢流管，12. 排水口。

②工作原理：由进水管加入冷水至溢流管溢出水位，后由进气管通入蒸汽，把冷水加热至 96～100℃。接通电源使螺旋轴转动，然后由提升机把蘑菇送至进料口连续进料。此时，蘑菇在筛网圆筒内边预煮边由螺旋叶推进至出料转斗中，随螺旋轴一起转动，把预煮后的蘑菇带入出料斜槽，由斜槽滑入冷却槽冷却。调节螺旋转速可得到不同的预煮时间。

③主要性能和技术参数：生产能力：3 吨/小时(蘑菇)；物料预煮时间：8～9 分钟；蒸汽压力：300kPa；主电机功率：2.2kW，转速可在 120～1 200转/分钟范围内调速，开盖电机功率，0.6kW；外形尺寸：6 300mm×1 800mm×2 800mm。

4. 滚筒式分级机

①特点和构造：该机是一种连续分级设备，在罐头生产中常用于蘑菇分级。蘑菇经预煮与冷却后，再按规格大小分级。该机分级效率较高。主要由不同孔径组成的滚筒、摩擦轮、收集料斗、传动机构和机架组成(图 10—42)。

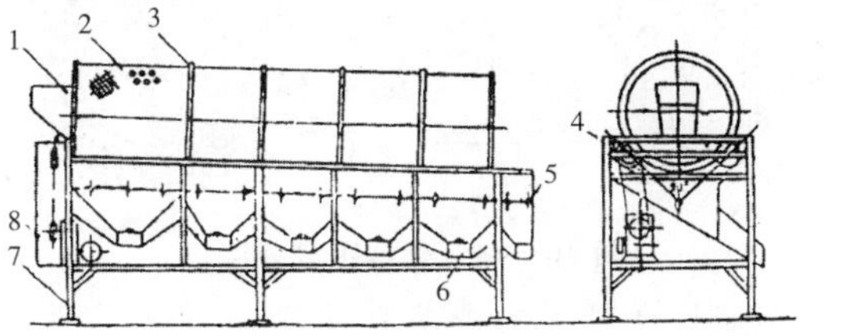

图 10—42 滚筒式分级机

1. 进料斗，2. 滚筒，3. 滚圈，4. 摩擦轮，5. 铰链，6. 分级出料斗，7. 机架，8. 传动系统。

②工作原理：物料由进料斗均匀喂入，在滚动的滚筒内滚动。滚筒壁上分布不同孔径的筛孔，大小不一的物料在滚动中，经孔径落下，分别收集达到分级的目的。滚筒的转动由电机驱动，经蜗轮减速、链传动至摩擦轮，通过摩擦轮与滚圈的摩擦带动滚筒转动。当筛孔被物料堵塞时，通过清筛木滚轴清理。

③主要性能和参数：GT_5C_8 型蘑菇滚筒式分级机生产能力：2 500 千克/小时；菇盖直径可分(mm)18、20、22、24、27、27 以上共 6 级；滚筒转速：18 转/分钟；滚筒直径：900mm；配备电机功率：1.1kW；外形尺寸：6 500mm×1 650mm×2 500mm。

5. 蘑菇定向切片机

该机是生产片状蘑菇罐头的主要设备。用于按蘑菇菌盖形态的垂直切片，并按正片与边片分离，分别由出料斗排出。

6. 蘑菇定量装罐机

①特点和构造：本机为颗粒状容杯式装料机(图 10—43)，它由储料筒 *1*、定量杯 *12*、放料阀门开启机构 *11*，进出罐转盘 *9*、*6*、传动机构和机架组成。这种装罐机具有结构简单、生产率高等特点，但装罐量偏差较大。目前我国手工装罐还比较普遍，机械装罐可减低劳动强度、提高生产率、能保证应有的卫生条件，是装罐工序发展的必然趋势。

②工作原理和过程：当空罐由进罐转盘 *9* 送至定量杯下面时，空罐触及行程开关，启动微电机转动，通过电机上凸轮驱动活动阀门开启机构，使活动阀门 *10* 打开，定量杯中物料落入空罐中，装料容器被星形拨盘 *5* 带至出罐转盘上。由于阀门开启臂触及关闭销杆 *17*，使阀门关闭定量杯底部出料口，定量杯进到第二次料，又重复以上过程。该机生产率：78 罐/分钟。

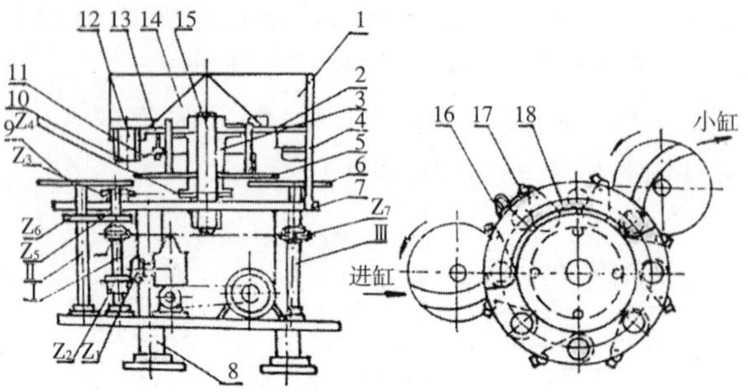

图 10－43 蘑菇定量装罐机

1.储料筒，2.旋转圆盘，3.套轴，4.角钢支架，5.星形拨盘，6.出罐转盘，7.固定圆盘，8.立柱，9.进罐转盘，10.活动阀门，11.活动阀门开启机构，12.定量杯，13.活动阀门轴，14.圆锥体，15.主轴，16.开阀小轴，17.关闭销杆，18.档板。

7．封罐设备

罐头封罐是把装满内容物的罐口封闭，有利于保存、运输。罐头封罐通过封罐机完成。封罐机是罐头食品生产过程中的重要设备之一。

(1)封罐机的类型

按操作方式分为手动式、半自动式和自动式。手动封罐机的送罐、配盖和卷边密封全部由手工操作，封罐速度慢，劳动强度大，封罐质量不易稳定，多用于实验室和乡镇企业。按罐身在封口时，随压头转和不转可分两种类型，后者对密封多汤汁罐头较合适。

半自动封罐机由手工送罐、配盖，卷边密封由机械完成，生产效率不高，广泛用于乡镇企业。全自动封罐机的送罐、配盖、卷边密封等3个工序一经调试好，全部由机械完成，封罐速度快、质量好，但造价高、机构复杂，大、中型罐头企业采用此设备。

自动封罐根据封头可分为单封头、双封头、四封头、六封头全自动封罐机。封头越多，生产率也越高。自动封罐机又可分为真空自动式、非真空自动式和预封机。真空自动封罐机又可分为两种形式：一种是封罐机直接与真空系统用管道连接，在卷边密封前，在罐内造成一定真空度后，立即密封；另一种是蒸汽喷射式，在落盖到罐体上后密封头在拨盘上有许多蒸汽小孔，齐向盖和罐体间喷蒸汽，驱去罐顶隙空气，并充满顶隙，立即卷边密封，冷却后在罐内形成一定真空。这两种真空自动封罐机用于实罐车间的封口作业，前者应用更为广泛。非真空封罐机一般作为空罐封底用。如作为封盖机用，应配备排气箱，用蒸汽驱除罐顶隙空气后，立即密封，冷却后罐内即能达一定真空度。预封机的用途是将罐盖预卷合在实罐体上，卷合松紧度应以不能用手开启，但又能从罐头内排出气体为宜。预封机必须配备排气箱和在高速封罐机生产线上使用。蒸汽喷射式排气比真空泵抽气的排气质量好，同时罐头经预封后，从排气箱通过对冷凝水也不易掉进罐内。用此种封罐方法可以提高罐头质量。

此外，还可根据容器材料来区分封罐机类型，如马口铁封罐机、玻璃罐封罐机等。还可从罐形来区分封罐机类型，如圆罐封罐机、异形罐封罐机等。

(2)GT_4B_2型真空自动封罐机

①特点和结构：该机是具有两对卷边滚轮的单封头全自动真空封罐机。大量应用于罐头生产实罐车间，能对各种圆形罐进行真空封盖，并具有自动进罐装置，自动分盖进盖、无罐不进盖自动装置，自动打代号装置。还具有无盖时各配合机构的传动全部停止的保护机构。

该机主要由链带式自动送罐机构、自动配盖机构、卷边机头、真空系统、电气控制装置、卸罐机构、自动传运系统和机身等部分组成(图 10－44)。

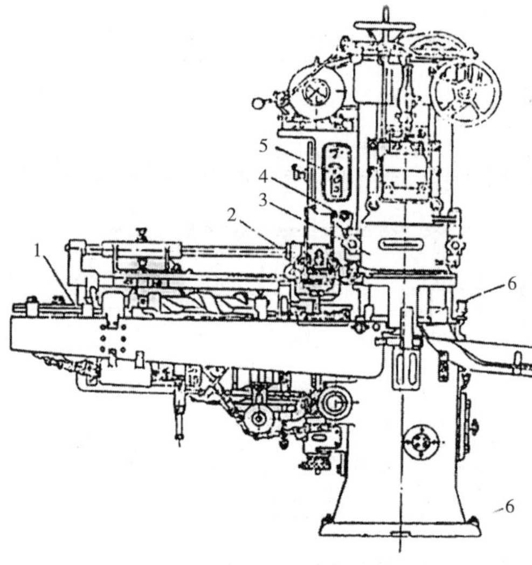

图 10－44 GT_4B_2 型真空自动封罐机

②主要性能和参数：生产能力：42 罐/分，适用罐径 75～115mm、罐高 50～126mm 的罐体封罐；配双级水环式真空泵，抽气率：1m³/min、极限真空 97kPa；主电机功率：1.5kW；真空泵电机功率：4kW；外形尺寸：1 210mm×1 416mm×1 880mm。

③封罐机选用原则：必须将各类型封罐机的特殊性和普遍性结合起来，全面分析后选用。

A.必须满足罐头生产工艺要求，生产线各机台的生产能力应相匹配。

B.选用技术上先进、价格合理、体积小、维修方便、劳动强度低、能一机多用的设备，但也要和生产量相吻合。

C.符合食品卫生条件、易拆装、清洗方便。

D.尽量采用有较先进的自控机构、安全联动机构。

E. 根据封罐机的主要技术性能来选择。

(3)使用注意事项

封罐机是罐头生产主要设备之一，罐头的密封质量依赖于封罐机性能的稳定、可靠性和对它的操作正确性来保证。应严格执行操作程序，经常对它进行检查、校验和调整，才能达到满意的封罐质量，保证正常生产。

8. 卧式杀菌锅

①用途和结构：该机为用压缩空气作反压力的卧式间歇杀菌设备，供已封罐的实罐杀菌之用(图 10－45)。该机为一个平卧的圆柱筒体，筒体两端为椭圆形封头，右端封头有铰链结构，可以启闭。锅底部有两根平行轨道，可供杀菌篮小车进出之用。蒸汽从锅底部进入到锅内的两根平行管道(上有吹泡小孔)对锅进行加热，蒸汽管在导轨下面。在锅体上安装有安全阀、压力表、温度计和各种记录仪表等，以便对工作温度给定值的变化进行自动记录、自动调节、控制杀菌所需蒸汽量。一般情况下，直径 102mm 以上的罐头在 116℃以上的温度杀菌时，需要反压冷却，为了防止跳盖，玻璃罐头也需用反压冷却。

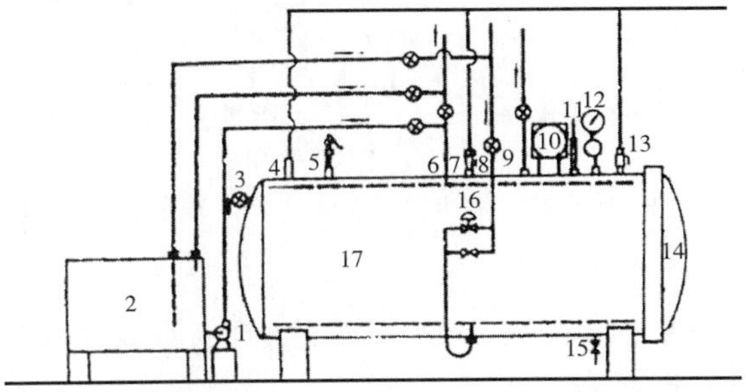

图 10－45 卧式杀菌锅装置图

1. 水泵，2. 水箱，3. 溢流管，4、7、13. 放空气管，5. 安全阀，6. 进水管，8. 进气管，9. 进压缩空气管，10. 温度记录仪，11. 温度计，12. 压力表，14. 锅门，15. 排水管，16. 薄膜阀，17. 锅门。

②主要性能和参数：GT_7C_5 卧式杀菌锅生产能力：1 500 罐/次(104 号罐)；耐压：202.7kPa；外形尺寸：3 869mm×1 850mm×2 100mm；设备重量：2 400 千克。

9. 全水回转式杀菌设备

缩短杀菌时间的措施之一是提高杀菌温度。据资料可知，温度增加 10℃，达到同样杀菌效果的时间仅为原来的杀菌时间的1/10以下；另一措施是提高加热介质对被杀菌罐头的传热率。据此理论开发了多种高温短时杀菌设备，回转式杀菌设备是其中重要的一种。

这种设备能使罐头在杀菌过程中处于回转状态，杀菌的全过程由程序控制系统自动控制，杀菌过程的主要参数如压力、温度、回转速度等均可自动调节记录。由于杀菌过程中杀菌篮及罐头的回转，加上加热介质过热水是用泵强制循环的，故罐头受热较均匀，传热效率高，可大大缩短罐头的杀菌和冷却时间(表 10－12)。对高黏度、半流体和热敏感的食品不会产生罐壁部分过热形成黏结，这对改善产品的色、香、味，减少营养成分损失有很大的现实意义。该设备所用的热水可以重复利用，节省了蒸汽，减少了能耗(表 10－13)。

表 10－12 回转式和静置式杀菌时用汽量比较

单位(千克)

	回转式(四篮)	静置式	备注
第一次 升温耗汽量 杀菌耗汽量 需蒸汽量	 513 240 753	 2045 118 2163	罐型：307×113 制品：小虾 杀菌时间：回转式 6 分钟 静置式 25 分钟 设静置杀菌消耗基数为 100% 按 12 次/天杀菌计算
第二次以后 升温耗汽量 杀菌耗汽量 需蒸汽量 每天所需蒸汽量	 54 240 298(14%) 4032(15%)	 2045 118 2163(100%) 25956(100%)	
每天消耗蒸汽量之差	21924		

表 10－13 回转式和静置式杀菌情况比较

物 料	罐型	回转式		静置式	
		杀菌时间(min)	杀菌温度(℃)	杀菌时间(min)	杀菌温度(℃)
青 豆	307×409	4.90	126.7	35	115.6
胡萝卜	307×409	3.40	126.7	30	115.6
甜 菜	307×409	4.10	126.7	30	115.6
芦 笋	307×409	4.50	132.2	16	120.0
芦笋(片、段装)	307×409	4.00	132.2	15	120.0
盐水芦笋	307×409	5.20	126.7	50	115.6
蘑菇汤	603×700	19.00	126.7	—	120
卷心菜	307×409	2.75	132.2	40	115.6
炼 乳	300×314	2.25	93.2	18	115.6

该设备主要由储水锅（上锅）与杀菌锅（下锅）、动力传动系统、管路系统、杀菌篮及监测控制装置所组成（图 10－46）。该设备属间歇杀菌设备，操作要求高，有效容积相对小些。

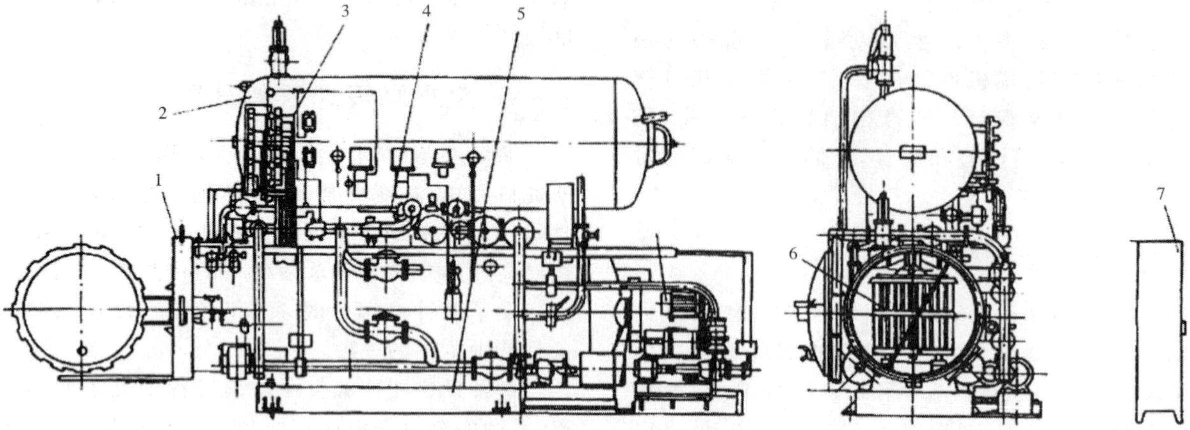

图 10－46　全水式回转杀菌机

1.杀菌锅，2.储水锅，3.控制管路，4.水汽管路，5.底盘，6.杀菌篮，7.控制箱。

储水锅为密闭卧式储罐，供应热水和回收热水由热水泵强制循环。为减轻锅体腐蚀，锅内壁采用阴极保护。为了降低蒸汽加热水时的噪声，并使锅内的水温一致，蒸汽经喷射式混流器后才注入水中。杀菌锅置于储水锅下方，是该机的主要部件，它由锅体、门盖、回转体、压紧装置和托轮部件组成。回转体转速可在 6～36 转/分钟内无级调速。

全水回转式杀菌锅主要缺点是设备较复杂、设备投资大、杀菌准备时间较长、杀菌过程温度冲击较大、放置罐头的空间有效空间较小。

10. 淋水式杀菌设备

①用途和构造：该机是以封闭的循环水为工作介质，用高速喷淋方法对罐头进行加热、杀菌及冷却的卧式高压灭菌设备。该机结构简单、温度分布均匀、适用范围广，受到各国普遍重视。

该机可用于果蔬、肉类、鱼类、蘑菇和方便食品等的高温杀菌，被灭菌的容器为马口铁罐、铝罐、玻璃罐和蒸煮袋（软罐头）等。该机杀菌工作参数：温度：20～145℃；工作压力：0～0.5MPa。

该机主要由杀菌锅体、水分布器、门盖储水区、热水泵和热交换器组成。

②工作原理：在加热产品时，循环水通过间壁式换热器由蒸汽加热；在产品冷却时，循环水通过热交换器由冷却水降低温度。该机的过压控制和温度控制是完全独立的，调节压力的方式由向锅内注入或排出压缩空气而达到；由程序控制器控制温度、压力、时间，不论产品种类、罐型和大小，灭菌程序操作过程均可完全自动化。结构见图 10－47。

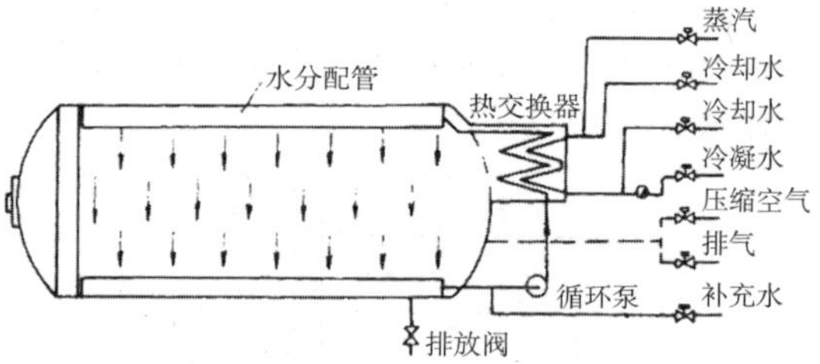

图 10－47　淋水式杀菌机工作原理示意图

③特点

A. 杀菌温度分布均匀稳定，提高杀菌效果，改善产品质量。

B. 加热的蒸汽与冷却水不与循环水接触，消除了热冲击，尤其适用于玻璃罐容器。

C. 水量、动力消耗少。

D. 设备结构简单，维修方便。

11. 蘑菇罐头生产流水线及其设备

为使对食药用菌罐藏食品生产机械化有完整的认识，根据蘑菇罐头生产工艺流程而采用的蘑菇罐头生产流水线及配套设备进行介绍设备见图 10－48。

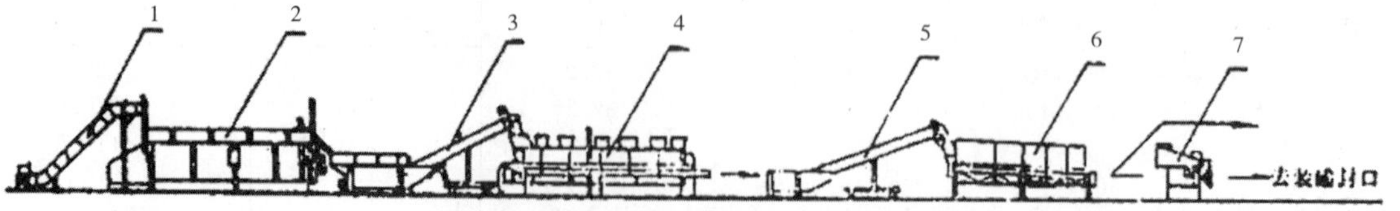

图 10－48　蘑菇罐头生产设备流程简图

1.斗式提升机，2.连续预煮机，3.冷却升运机，4.带式检验台，5.升运机，6.蘑菇分级机，7.定向切片机。

①原料蘑菇先经清水清洗，一般用流送槽送至带孔的斗式提升机进料口，通过提升把水漏掉，同时把蘑菇提升到连续预煮机的进料口。

②蘑菇在连续预煮机内预煮，预煮液用0.07%～0.1%柠檬酸液以护色，蘑菇与溶液之比为1∶1.5，预煮时间为5～8分钟，以煮透为准。

③预煮后的蘑菇在冷却升运机上，边喷洒冷水，边被提升至带式分检台。

④在分检台上将泥根、长柄菇、畸形菇和病虫害斑点菇等分检出来。

⑤分检后的蘑菇通过提升机送至分级机入口，进行分级。需切片的蘑菇用人工倒入定向切片机，淘洗一次装罐。也可用装罐机装罐碎菇片，不同级别的蘑菇分别装罐。

⑥加汁封罐。用2.3%～2.5%沸盐水配入0.05%柠檬酸过滤成汤水加入罐内，用加汁机或高位罐均可。用人工把加好汤水的罐头放在输送带上，送至封罐机处及时封罐。

⑦封好罐的罐头，用人工装入灭菌小车上的篮中，推送至高压灭菌锅中进行灭菌和反压冷却。出锅后擦干水迹，经胀罐检验后用贴标机贴标签、打生产日期，用装箱机装箱，用封箱机封箱。

第九节　食药用菌深加工机械设备

一、概　述

食药用菌通过加工和下脚料的综合利用，可使资源得到多种利用。如香菇、平菇等食药用菌通过加工和综合利用后，可获得10种以上的产品，从干制品、盐渍和罐藏品到饮料品、调味品、休闲食品、保健食品（粉剂、片剂、口服液、胶囊）、药品、化妆品。使原来不少废弃物（杀青水、菇柄、碎菇片等）通过加工得到充分利用，不但扩大了产品的花色品种和消费范围，也提高了原料经加工后的附加值。一般食药用菌经初（粗）加工后，可使产品产值提高2～3倍；而经深加工后，可使产品产值提高5～10倍，个别产品产值可提高100倍以上，如保健品和医药品。因此，食药用菌深加工是食药用菌加工的发展方向。

深加工技术（包括工艺和设备）指的是利用物理、化学的方法，采用科学先进的分离提取技术，提取食药用菌中有效活性成分的技术。所谓食用菌深加工产品，从产品外表特征上看，反映不出加工前某种食药用菌的外形特征，只能通过物理、化学方法检验其所含成分的指标，如食药用菌所含的多糖、多肽、生物碱、萜类化合物、甾醇、苷类、酚类、核苷酸、氨基酸、维生素和激素等。

食药用菌活性有效成分是指食药用菌物料中所含对机体具有某种特殊生理作用的成分，如灵芝中的多糖类、三萜类、麦角甾醇和有机锗等化合物，姬松茸中的多糖类、核糖核酸类、外源凝集素、甾醇类和脂质类等化合物，香菇中的核苷类（香菇素）、蘑菇核糖核酸、香菇多糖等化合物。食药用菌物料是食药用菌子实体、固体发酵菌丝体和液体发酵菌丝体的统称。

二、食药用菌有效活性成分的一般提取方法

一般来说，食药用菌有效活性成分的提取是指从食用菌物料中将有效化学成分提出的过程。所得到的提取液（物）中通常含多种理化性质相似的化合物，提取只是为进一步分离、精制、纯化提供原料，也为食用菌深加工产品提供主要原料。

食药用菌有效成分的一般提取法为溶剂提取法，溶剂不同提取的成分也不同。除溶剂法外，还可以利用其他化学试剂和物理方法如层析等。无论用什么方法提取，首先应掌握食用菌所含有效活性成分的理化性质，尤其是对不同溶剂包括酸、碱等的溶解性能，以及提取分离的原理，这样才可以灵活运用，而不拘于一法。

当前对食药用菌有效活性成分的种类、结构、生理作用和各种成分之间影响，有的尚未十分明确，有的尚需进一步研究。食药用菌深加工产品大都使用溶剂，尤其是水提取液或其浓缩液、浸膏和浸膏粉，作为主要原料进行生产。用提取液或经初步分离而制成的产品有灵芝口服液、灵芝饮片、灵芝多糖胶囊、云芝肝泰冲剂、肾炎康胶囊、猴菇菌片、胃乐新冲剂、灰树花多糖胶囊（保力生）、银孢多糖胶囊和香菇菌多糖等。

利用食药用菌提取液，科学地添加调味剂、甜味剂、酸味剂、香味剂、填充剂（琼脂和淀粉）和防腐剂，可生产出各种食用菌饮料、浸膏、调味品、保健酒、休闲食品、营养品、保健品和化妆品等。

（一）溶剂提取法

利用溶剂从食药用菌物料中把所需要的成分溶解出来，而对其他成分则不溶或少溶的方法。

（二）选择溶剂的理论根据

水与油不相混溶，共存时分为两相，油和水基本上是两个极端。其他化合物包括溶剂和食药用菌有效化学成分，性质虽各不相同，但就其对水和油中的溶解行为来讲，也在这两个极端以内，即有的性质近于水，有的近于油。近于水的性质叫亲水性，近于油的性质叫亲脂性。亲水性强的的化合物在水中的溶解度较大，亲脂性强的化合物在油中的溶解度较大。亲水性或亲脂性的强弱和化合物的结构直接有关。简言之，在大多数情况下，凡化合物与水的结构相似，就具有亲水性；与油脂的结构相似，就具有亲脂性。这就是所谓“相似者相溶”原则。水的结构特点是相对分子质量小，具有羟基，极性大。油脂的结构特点正好与水相反，分子较大，以酯链代替了羟基，极性小。以常见的溶剂和水及油相比，可以看出，各种溶剂有一定程度的亲水性或亲脂性。如乙醇的分子比较小，有羟基，与水的结构很相似，所以能与水任意混溶。丁醇和戊醇分子中有羟基，保持与水近似的性质，但分子逐渐变大，与水的性质逐渐疏远，所以它们虽然能溶解在水里，水也能溶解在丁醇或戊醇里，但这两种相互溶解有一定的限度。在它们互溶达到饱和状态后，丁醇与戊醇即与水分层。丙酮的分子也比较小，分子中的羰基是一个极性基团，所以丙酮的亲水性强，与水能完全互溶。乙醚和乙酸乙酯的性质，与乙醇比起来区别大些。一方面相对分子质量增大，但增大不太多；另一方面醚键和酯键和油脂接近些，所以它们基本上属于亲脂性的溶剂。只是相对分子质量不是太大，分子中虽然没有羟基，但还有氧，仍然保持了一定程度的亲水性。氯仿、苯和石油醚是烃类或氯烃衍生物，分子中根本没有氧，而且相对分子质量也比较大，所以它们和油脂的性质相近，属于亲脂性强的溶剂。这些溶剂的亲水性或亲脂性的强弱顺序表示如下：

←—亲脂性　石油醚、苯、氯仿、乙醚、乙酸乙酯、丙酮、乙醇、甲醇、水　亲水性→

同理，食药用菌中的有效化学成分也可通过结构估计它们的这种性质。例如，苷类（如皂苷）的分子中糖的部分含极性的羟基较多，能表现出强亲水性，而苷元因分子中非极性部分大，属于亲脂性化合物。生物碱是亲脂性化合物，而生物碱盐能够离子化，加大了极性变成亲水性化合物。鞣质是多羟基的衍生物，列为亲水性化合物。油脂、挥发油、蜡、脂溶性色素等，都是强亲脂性成分。

总之，不同的溶剂具有一定程度的亲水性和亲脂性，各种食用菌的有效成分也同样具有一定程度的亲水性和亲脂性，只要它们在这方面性质相当，就会在其中有较大的溶解度。这是提取有效化学成分时，选择溶剂的根据之一。然而，“相似者相溶”只是一条经验规律，它虽然可以解释一些溶解现象和帮助选择溶剂，但它的相似概念是比较含糊的。若从溶剂分子与溶质分子间相互作用力出发，可使这一概念较为清晰。

物质分子之间存在着吸引力，称为范德华力。这种力比原子间的化学键力小得多，它随分子间的距离增大而迅速减少。范德华力主要由分子间存在的定向作用力、诱导作用力和分散作用力组成。不同的物质，这 3 种作用力以不同比例组成了范德华力。对于极性很强的物质，定向作用力较大。对于非极性物质，主要是分散作用力。对于一般极性物质，分散作用力也起着决定性作用。在这 3 种作用力中，诱导作用力仅居于次要的地位。所有的物质中都存在分散作用力。表 10－14 为几种常用溶剂的范德华力组成。

表 10－14　几种常用溶剂的范德华力组成

物　质	定向作用力（%）	诱导作用力（%）	分散作用力（%）
H_2O	77.0	4.0	19.0
CH_3OH 甲醇	63.4	14.0	22.2
C_2H_5OH 乙醇	55.0	12.6	32.4
C_6H_{14}	0	0	100

物质的溶解与溶质和溶剂间的范德华力以及溶质或溶剂本身间的范德华力有关。一般说来，溶质和溶剂间的范德华力越大，溶质越易溶解，溶解度越大，非极性溶质溶于非极性溶剂主要靠分散作用力。溶质和溶剂间的分散作用力越强，非极性溶质在非极性溶剂中溶解度也越大。非极性溶质不易溶于强极性的溶剂中，是因溶剂本身分子间的范德华力远大于溶质与溶剂分子间的引力。所以如油脂、挥发油等不能溶解在水中。同理，极性溶质分子也不易溶于非极性溶剂中，所以一般生物碱盐、有机酸盐、糖类、鞣质等亲水性成分不溶于苯、氯仿、石油醚中。至于极性溶质在极性溶剂中的溶解度问题，情况较复杂，常常涉及溶质与溶剂发生化学变化和形成氢键，不能单纯用范德华力来解释。

（三）溶剂的选择

应选择符合条件的溶剂，首先必须弄清食药用菌物料中所含的化学成分（包括有效成分和杂质）性质、结构，以及溶剂的极性，以及它们之间的关系等。提取的溶剂通常应具备以下3个条件：①对有效成分溶解度大，对杂质溶解度小。②不与有效成分起化学反应。③价廉、易得、安全、浓缩方便等。

溶剂的极性常以介电常数 ε 来表示（表10－15）。溶质的极性常以偶极矩 μ 表示，μ 与 ε 呈正比关系。溶剂的极性和它们的亲脂性和亲水性相当。

表 10－15 常用溶剂的极性和介电常数

溶 剂	石油醚	苯	乙醚	氯仿	乙酸乙脂	丙酮	乙醇	甲醇	水
介电常数(ε)	1.9	2.3	4.3	5.2	6.1	21.5	26.0	31.2	80.0
极性	依次增强								

1. 水

水是典型的强极性溶剂（ε＝80），是价廉、易得、使用安全，对食药用菌物料穿透力大的溶剂。在水溶液中，水分子自身形成氢键的趋势很强，有极高分子内聚力（缔合力）水分子的存在，可使其他物料分子间（包括同种分子与异种分子）的氢键减弱，而与水分子形成氢键。水还能使溶质分子的离子键解离，这就是所谓“水合作用”。水合作用促使蛋白质、核酸、多糖等生物大分子与水形成了水合分子或水合离子，从而促使它们溶解于水或水溶液中。食药用菌物料中的亲水性成分，如生物碱盐、苷类、氨基酸、蛋白质、鞣质、分子不太大的多糖类、单糖、有机酸盐、无机盐等都能被水提出。水提取法可分为冷水、热水、酸水和碱水提取法。一般说冷水提取杂质较少，提取时间较长；热水提取效率高，但杂质较多；酸水提取可使游离生物碱与酸生成盐类而增加其溶出量；碱水提取可使酸性成分和内脂成分被提出。水提取液易变质，发霉，不易保存，而且水沸点高，水提取液蒸发、浓缩时间长；含多糖类多的提取液黏度大，过滤、浓缩困难。

2. 亲脂性有机溶剂

如石油醚、苯、乙醚、氯仿等溶剂属于这一类。可提取亲脂性成分，如挥发油、油脂、植物甾醇、内脂、某些生物碱及某些苷元（如甾体苷元、黄酮、蒽醌等）。这些溶剂提取的优点是选择性强、提出的亲脂成分较纯、沸点低、浓缩回收方便。缺点是挥发性大、损失较多、多易燃烧（氯仿除外）、一般有毒、价格较贵、提取设备要求较高，它们亲脂性强，不易透入物料组织，往往需要进行长时间反复提取。如果物料中含有较多水分，更难提取完全。因此，在大量提取时，直接应用这类溶剂有一定的局限性。

3. 亲水性有机溶剂

一般是指极性较大、与水能混溶的溶剂如甲醇、乙醇、丙酮等，具有较大的介电常数（ε 约为10～30），它们能诱导非极性物质产生一定的偶极矩（即产生一定的极性），使后者溶解度增加，如乙醇分子可极化苯分子，故苯能溶于乙醇中。由于极性有机溶剂有这些性质，它们对食药用菌物料所含各类成分溶解性好，对细胞穿透力也较强，提取成分比较全面。在此类溶剂中，乙醇溶液具有水、醇两者的提取性能，即能用来提取物料中的极性成分，也可用来提取某些亲脂性成分。如改变乙醇的浓度，可使食药用菌物料中各种成分溶于其中。例如挥发油和游离生物碱可溶于95％乙醇，皂苷和黄酮苷可溶于60％～70％乙醇，强心苷和鞣质可溶于40％～50％乙醇，生物碱盐类和蒽醌及其苷可溶于20％～30％乙醇。总之，乙醇浓度越大，溶解亲脂性成分越多；乙醇浓度越小，溶解亲水性成分越多。

用乙醇作提取溶剂的优点：①提取时间短、溶出杂质（如蛋白质、多糖）少。②用量较少，且大部分可回收再用。③提取液不易发霉。④价廉、毒性小、来源方便。缺点：易燃烧。

乙醇是最常用的有机溶剂。

（四）溶剂提取法分类

①按溶剂的种类分为水提取法和有机溶剂提取法。后者又分亲水性有机溶剂提取法和亲脂性有机溶剂提取法。

②按溶剂的状态（动、静态和温度）来分浸渍提取法、渗漉提取法和煎煮提取法。

③按提取工艺分为单级浸出提取法、多级浸出提取法、连续逆流浸出提取法。

采用水提取法制成的制剂，有口服液、粉剂冲剂、片剂和胶囊剂等。采用乙醇提取法制成的制剂，有针剂、酒剂、流浸膏剂和浸膏剂等。

（五）水提取制剂的特点

①水浸提制剂具有食药用菌所含的各种有效成分，因此具有各种有效成分的综合作用，与同一种食药用菌提取的单体化合物相比，有些不仅疗

效较好，有时能呈现单体化合物所不能起到的治疗效果，也就是说其粗提取物活性很强，而越纯化，活性越低。这说明一种生物活性指标可能是多种成分彼此协同作用而达到的。如姬松茸中有多种抗肿瘤活性物质（多糖类、核酸、外源凝集素“ABL”、甾醇类、脂质类）；灵芝中也有多种抗肿瘤活性物质（多糖类-β-*D*-葡聚糖、三萜类、有机锗）；香菇和灰树花等也是如此。

②不同的浸提工艺和设备所得的浸提液质量不同，不能仅看其浸出固形物的得率多少，而要看固形物中有效活性成分的多少。

③对尚未明确某种食药用菌所含的有效成分来说，浸提制剂是一种比较适宜的剂型，即有利于发挥某种食用菌的保健、医疗作用，也有助于应用现代科学方法进一步分析、提高。

④水提取液中常含有糖类、蛋白质、氨基酸等营养物质，有利于微生物生长，易发生霉变。因此，提取时间较长时，应加入少量防腐剂防腐。

⑤采用液体深层发酵法生产食药用菌粗多糖产品。由于某些品种食药用菌菌丝产生的多糖会分泌到菌丝外，分布在液体培养基中称胞外多糖，反之称胞内多糖，因此提取前处理也不相同。前者需从培养液中提取，后者需从分离后的菌丝体中提取。

⑥食药用菌水提取液经分离、浓缩、干燥所得的粉状物称为某种食药用菌的精粉；食药用菌水提取液经醇沉后的沉淀物，经分离、浓缩、干燥所得的粉状物称为某种食用菌的粗多糖粉。直接用食药用菌子实体粉碎而成的粉状物称该种食用菌的原粉。

灰树花精粉的热水提取率一般为10%～15%；
姬松茸精粉的热水提取率一般为30%左右；
灵芝精粉的热水提取率一般为6%～7%。

利用食药用菌子实体或菌丝体中有效成分提取物制成的保健品和药品，其中有77.2%从子实体中提取的；有20.8%从菌丝体中提取；有2%是从深层发酵液中提取。

三、食药用菌物料的预处理和设备

目的是为物料的浸提、分离、浓缩操作和提高综合效益提供有利条件。

（一）食药用菌物料的质量检查

1. 物料应纯净

指食药用菌物料中不得夹杂其他杂质，如泥土、蛀虫等。

2. 物料应无霉变

食药用菌物料含水量应＜13%，无霉变现象，个别应剔除。

3. 物料应无污染

指食药用菌子实体在干燥过程中，为了增白而施加不适当的处理。如白木耳用硫黄熏蒸处理，培养料辅料中化学残留物残留在子实体中。

（二）食药用菌物料的粉碎

粉碎是使用机械力将食药用菌物料粉碎成适宜程度的操作过程。也可用其他方法将食药用菌孢子粉（已成超微粉状态）破壁。

1. 粉碎的目的

①增加物料的表面积，以促进溶剂对物料的溶解，提高物料的生物利用度。

②加速物料中有效成分的浸出。

2. 粉碎方法和设备

（1）食药用菌子实体粉碎方法

①用锤片式粉碎机对子实体进行粉碎，通过改变筛片的孔径以调节物料粉碎的程度。子实体含水分太多时，具有韧性不易粉碎，应在粉碎前适当干燥。通常用水提取时，物料应粉碎成粗粉5～2.5mm（4～8目）；用有机溶剂提取时，物料粉碎略细些，为0.85mm（20目）。

②用药材切片机对子实体进行切片，切片厚度为3～5mm。

（2）食药用菌固体发酵物和菌丝体粉碎法

用松碎机对物料进行松碎，即可达到预粉碎要求。松碎机实际上是一种低转速无筛的粉碎机。它结构松散的固体发酵物只起松散作用不起粉碎作用。

（3）食药用菌深层液体发酵菌丝体的破碎方法

①机械破碎法：破碎液体发酵菌丝体常常选择机械法。此法处理量大、破碎速度快，也是工业上常用的方法，如搅拌球磨机、高压均质机、超声波粉碎机和叶轮均质分散机等。这些设备常设有冷却装置，以保证发酵菌丝体温度在一定限制之下。在试验室常用高速组织捣碎机、高速均质分散机。

A. LM-20型卧式搅拌球磨机（图10—49）

该机主要由搅拌轴或盘对菌丝体和玻璃球进行搅拌，依靠球与球、球与筒壁的滚压、碰撞产生

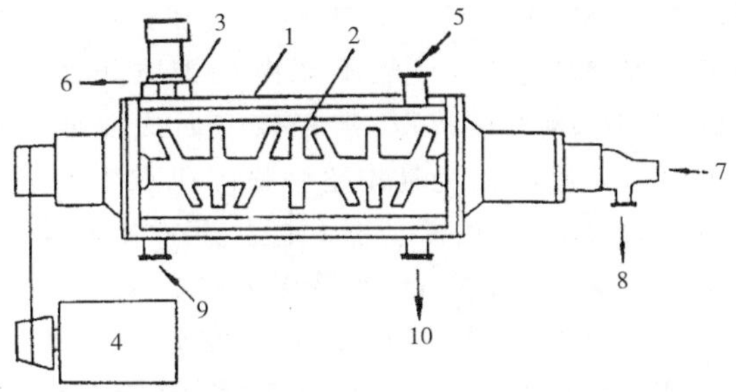

图 10—49 Netzsch LM-20 珠磨机

1. 附有冷却夹套的圆筒形磨室，2. 附有冷却装置的搅拌轴和圆盘，3. 环形振动狭缝分离器，4. 变速马达，5、6. 料液进口和出口，7、8. 搅拌部分冷却剂进口和出口，9、10. 磨室冷却剂进口和出口。

的挤压、剪切力，达到破碎菌丝体的目的。该机的筒壁和搅拌臂是空心的，以供冷却之用。筒中的玻璃球介质的用量多少和直径大小、搅拌速度、菌丝体悬浮液连续流量，并根据被破碎的菌丝体物料的机械物理性质和温升来确定的。

B. 高压匀质机(图 10—50)

该机是利用柱塞泵产生的高压 30～70MPa，迫使菌丝体悬浮液通过针形阀。由于突然减压和高速撞击所产生的剪切、挤压力，造成菌丝体细胞破裂。该机的破碎能力受压力、温度和通过针形阀的次数有关，也和菌丝体的品种、培养环境和菌丝体悬浮液的浓度有关。实验表明，提高工作压力、通过针阀次数、悬浮液浓度，降低温度均可促进菌丝体破碎程度。

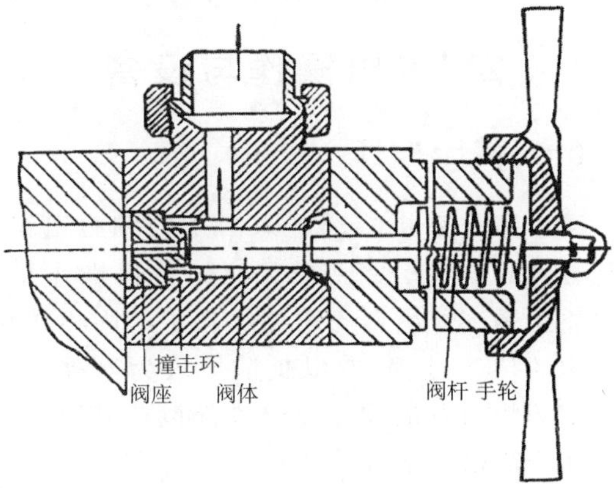

图 10—50 高压匀浆器的排出阀

在使用中应注意悬浮液的温升不得大于50～60℃，以保证有效成分的活性，保持细胞破碎程度高，且细胞碎片少，以利于过滤分离操作。均质机一般工作压力为 50MPa 左右。

另一种破碎方法是将菌丝体悬浮液冷却至—20～—30℃，使液中形成许多小冰晶体后，经均质机加压，悬浮液从高压阀射出。细胞破碎主要是由于小冰晶体磨损和包埋在冰中的菌丝体变形所引起的，主要用于实验室中。优点是适应性广，破碎率高，细胞碎片少，活性成分保留率高。

C. 叶轮匀质分散机(图 10—51)

该机是一种高效、匀质分散机，分为间隙式和连续式 2 种。间歇式均质分散机由叶轮转子、定子和与转子同轴转动的电机所组成。

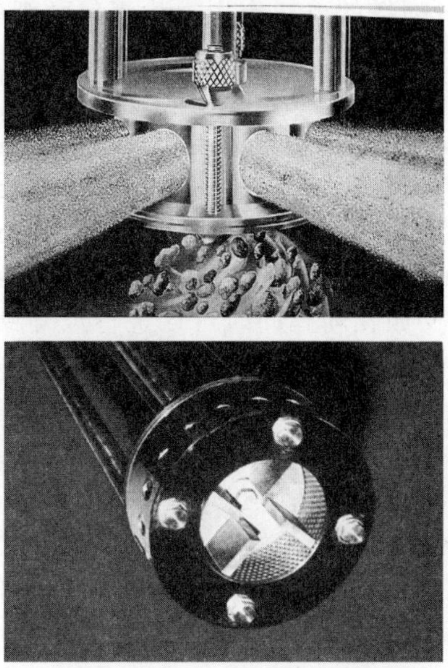

图 10—51 叶轮均质分散机

工作时，在叶轮高速转动时在叶轮的上、下面产生压力差，悬浮液由容器底部连续地进入定子的吸入口，由叶轮径向甩向四周，并与定子内壁碰撞。由于转子与定子间隙很小，液体绝大部分由定子四周的圆孔射出，遇到器壁后下降，转向定子吸入口流去。这样不断循环，使菌丝体受到强制性冲击、挤压、摩擦等作用，从而达到破碎、均质的目的。

容器及分散器的技术参数：容器容积有 100ml(实验室用烧杯)至 2 500L(生产用)各种规格，一次处理量大约是容器的 2/3 悬浮液。黏度越高，处理量越少。容器筒体高度与直径之比为1∶10。

连续式叶轮匀质分散器由装在同一根轴上的若干个叶轮、管道定子和电机组成。工作原理与间歇式基本相同。该机的优点是菌丝体的破碎在管道内进行，工作连续操作方便，并且不起泡，串联叶轮数量与一级匀质分散器需要循环次数相同。

D. 超声波粉碎机

该机利用超声波产生的空穴闭合作用，使悬浮液受到强烈的冲击波，使液中菌丝体受到强烈剪切作用，使细胞变形，胞内液体产生流动增压，使细胞膜破裂。超声波破碎机通常在 15～25kHz 频率下操作。工作时产生的振荡容易引起悬浮液温度剧烈上升，应在容器夹套内通入冷却液进行冷却。不同品种的菌丝体，超声波处理的效果不同。在规模生产中冷却能耗较大，常用于小批量和实验室。

E. 气流粉碎法

物料在高速气流作用下，在颗粒与颗粒之间，颗粒与器壁之间相互激烈地冲击、碰撞、磨擦，以及气流对物料的剪切作用下粉碎成微细的粒子，同时进行均匀混合。气流粉碎的特点：a. 粉碎比大，粉碎颗粒成品的平均直径在 $5\mu m$ 以下。b. 能粉碎低熔点和热敏性物料。由于压缩空气在喷嘴处膨胀时是吸热过程，故粉碎过程中不会造成温度上升。c. 在干燥过程中可以实现多元联合操作。例如，利用热干压缩空气同时进行粉碎和干燥操作；又如在粉碎同时可以进行混合操作或包囊处理。d. 可以实现无菌操作，特别适于药物和保健品的干式超微粉碎。e. 在进行超微粉碎时，其微粉颗粒粒谱直径窄。f. 结构紧凑、简单、磨损小、易维修，但动力消耗大、设备价贵。

气流粉碎机的型式较多，有扁平室气流粉碎机、对冲式气流粉碎机、靶式气流粉碎机和立式O型喷射式气流粉碎机等。

①扁平室气流粉碎机：该机结构如图 10－52 所示。粉碎室呈扁圆形，沿着它的圆壁等距离地设置若干个喷嘴 4，喷嘴方向外切于假想的圆，将粉碎分成靠周边的粉碎区和中间的分级区。它一般采用压缩空气作为动力介质，把物料和压缩空气本身一齐由喷嘴喷出，并在粉碎室内被加速，使颗粒间和颗粒与室壁间相互冲击、摩擦，同时又受气流的剪切作用，进而达到超微粉碎。由于大、小不同的颗粒在粉碎旋转中离心力不一样，大颗粒被甩向外壁进行再次粉碎；小颗粒随气体进入中心部的倒锥形出料管 7，经气、固分离装置分离后，固体微粉被袋式捕集器捕集。

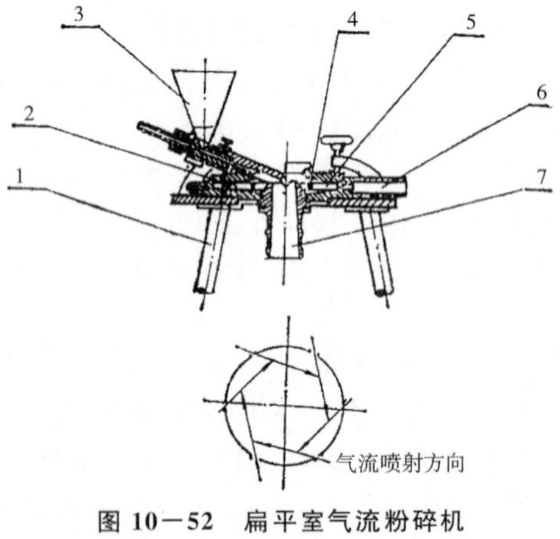

图 10－52　扁平室气流粉碎机

1. 支脚，2. 粉碎室，3. 料斗，4. 喷嘴，5. 喷嘴环轮，6. 气体入口，7. 出料管。

食药用菌有效活性成分不仅存在于子实体和菌丝体内、外，也可能存在于孢子内部。食药用菌孢子粉孢壁较坚韧，一般不能由几丁质和葡聚糖构成（多糖壁）直接提取，需经破壁后提取或直接作为保健品使用。气流式超微粉碎机在生产上用于破壁效果较差，用振动磨和搅拌磨效果较好，如用于灵芝孢子粉破壁，但须降温处理。

②非机械破碎法：有多种非机械法适用于菌丝体悬浮液的菌丝体破碎，如酶解、冻结和融化、化学溶胞法等，但某些方法应用有一定限制。

酶解法是研究较广泛的一种方法。它利用酶反应分解破坏细胞壁上特殊的键，从而达到破壁的目的。酶解法的优点是专一性强，发生酶解条件温和。溶菌酶是应用最多的一种酶。酶水解费用较贵，一般只适用于小规模实验室研究。

③破碎率的测定

A. 直接测定法：利用显微镜或利用电子微粒计数仪可以直接读出完整细胞量，可用于破碎前的细胞计量。破碎后的计量可用染色法来区别破碎的细胞，以便于计数，进而得出破碎率。

B. 间接测定法：

a. 通过细胞破碎后，测定悬浮液中细胞内含物的增量来估算破碎率。通常将破碎后的细胞悬浮液离心，测定上清液中蛋白质含量或酶的活力，与未破碎前的数值比较，得出破碎率。

b. 利用破碎前后导电率的变化来测定破碎率。导电率是随着细胞破碎率增加，呈线性增加。实际测定时应预先采用其他方法进行标化。

四、浸出操作与设备

（一）浸出操作

浸出操作系指溶剂进入溶质的细胞组织、溶解其有效成分后，变成浸出液的全部操作过程。它实质上是溶质由食药用菌物料中的固相转移到液相中的传质过程，它以扩散原理为基础。一般食药用菌物料有效成分浸出过程包括下列相互联系的几个阶段。

1. 浸润

当食药用菌物料颗粒与浸出溶剂混合时，浸出溶剂首先附着物料颗粒表面使之湿润，然后通过毛细管和细胞间隙进入细胞组织中。不然附着于物料颗粒表面的溶剂无法浸出其有效成分。一般食药用菌物料组织中组成的物质大部分带有极性基团，如蛋白质、淀粉、纤维素等，故极性溶剂如水和乙醇易通过细胞壁进入物料颗粒内部，而非极性溶剂如乙醚、氯仿等，较难湿润。用非极性溶剂浸出时，食药用菌物料应先进行干燥，因为潮湿的物料不易为非极性溶剂湿润。用水、乙醇等极性溶剂浸出时，物料应先脱脂，油脂多的物料不易被极性溶剂湿润。物料浸润过程的速度与溶剂性质、物料表面状态、比表面状态、比表面积，以及物料内毛细孔状况、大小、分布，浸出温度，压力等有关。

2. 溶解

溶剂通过细胞壁进入细胞内后，可溶性成分逐渐溶解，胶性物质由于胶溶作用，也转入溶液中或膨胀生成凝胶，促使细胞内渗透压升高，因而使更多的溶剂渗入其中，并使细胞胀裂，造成浸出的有利条件。但这一过程需要一定时间，其速度决定于物料与溶剂的特性。一般疏松物料较快，但溶剂为水时速度较慢。水能溶解晶质及胶质，故其浸出液多含胶体物质而呈胶体液。乙醇浸出液含有较少胶质，非极性溶剂浸出液不含胶质。

3. 扩散

溶剂溶解有效物质后形成浓溶液，具有较高的渗透压，从而形成扩散点，不停地向周围扩散其溶解成分，以平衡其渗透压，这是浸出的动力。通常在物料表面附有一层很厚的溶液层，称扩散"边界层"，浓溶液中的溶质向物料颗粒表面"边界层"扩散，并通过这些"边界层"向四周的稀溶液中扩散。这种完全由于溶质分子浓度不同而扩散的称为分子扩散。在扩散过程中有宏观的溶液湍流而加速扩散的称为涡流扩散。浸出操作过程中，两种类型扩散均有，后者有实效意义。有资料表明，溶质扩散速度与食药用菌物料的粉碎度、表面状态、扩散过程中的浓度梯度、扩散时间、溶液的温度成正比，与溶液的黏度、溶质的相对分子质量成反比。

由上可知，浸出操作的关键在于保持在浸出过程中最大的浓度梯度，否则，其他影响浸出速度的因素将失去作用。因此，在选择浸出工艺和设备时，应以在浸出过程中保持最大的浓度梯度为原则。

(二)影响浸出的因素

食药用菌物料的有效成分浸出，主要受下列因素的影响。

1. 浸出溶剂

溶剂的质量、溶解性能及某些理化性质对浸出的影响很大。水为最常用的极性浸出溶剂之一，极性大，溶解范围广。它对食药用菌物料中的极性物质如生物碱盐、苷、水溶性有机酸、多酚类、糖类、氨基酸等都有较好的溶解性。水质的硬度与浸出效果有关，一般应用蒸馏水或经离子交换的纯水。水质硬度大，会影响上述有效成分的浸出。

乙醇也为常用的有机浸出溶剂，它为半极性溶剂，溶解性能介于极性与非极溶剂之间，可以溶解水溶性的某些成分，如生物碱及其盐类、苷、糖等，又能溶解非极性溶剂所溶解的一些成分，如酯类、挥发油、芳烃类化合物等。选用乙醇与水不同比例混合液作溶剂时，有利于选择成分的浸出。为了增加溶剂的浸出效果或增加浸出制剂的稳定性，有时也应用一些浸出辅助剂，如适当用酸可以促进生物碱的浸出；适当用碱可以促进某些有机酸的浸出。溶剂具有适宜的 pH 值也有助于增加制剂中某些成分的稳定性。此外，应用适宜的表面活性剂常能提高溶剂的浸出效果。

2. 物料的粒度

物料粒度越小，扩散表面积越大，扩散速度越快。细粉比粗粉更易浸出，但过细的物料并不能提高浸出效率。相反，物料过度粉碎会使大量的细胞破碎，使浸出过程变为"洗涤浸出"为主。许多不溶性高分子物质进入浸出液中，使浸出液与料渣分离困难，以致造成制剂的混浊或损失。

3. 温度

浸出温度升高，扩散速度加快，对加速浸出操作有利。一般物料的浸出在溶剂沸点以下，或在接近沸点温度进行。在沸腾状态下，固液两相具有较高的相对运动速度，促使物料边界层更薄，或边界层更新较快，有利加速浸出操作过程。提高浸出温度虽可以增加浸出物的量，凝固蛋白质及灭酶等，但温度必须控制在物料有效活性成分不被破坏的范围内。过高的浸出温度所得的浸出液，往往含无效物质较多，稳定性差。如酒剂用热浸渍制备时，浸出液应经过适当沉降处理，以保持成品澄清度。

4. 浓度梯度

浓度梯度是指物料颗粒组织内的浓溶液与外面周围溶液的浓度差。浓度梯度越大，浸出速度越快。适当地扩大浸出过程的浓度梯度，有助于提高浸出效率。在选择浸出工艺与浸出设备时，应以能创造出最大的浓度梯度为根据。一般连续逆流浸提的平均浓度梯度比一次浸提的大些，浸出效率也较高。用浸渍法时，采用搅拌或强制浸出液循环等方法也有助于扩大浓度梯度。

5. 压力

有些食用菌干物料坚实，浸出溶剂较难浸润。提高浸取压力有利于增加浸润过程的速度，使物料组织内更快地充满溶剂和形成浓溶液，促使较早发生溶质扩散过程。当物料组织内部充满溶剂后，加大压力对扩散速度没有什么影响。

（三）浸出方法、浸出工艺

1. 浸出方法

浸出的基本方法有煎煮法（热水浸出法）、浸渍法和渗漉法。

①煎煮法：系将切碎或粉碎成适当粒度的食药用菌物料置于容器中，加水浸没物料浸润一定时间后，加热至沸并保持微沸浸出一定时间，分离煎出液。物料依上法继续煎出数次，收集煎出液，用离心固、液分离或沉降、过滤。低温浓缩至规定浓度，再制成有关制剂。食药用菌物料浸提前浸润时间一般为20～60分钟。浸提时间一般为1～2小时，通常浸提2～3次。浸提法适用于物料有效活性成分能溶水，且对湿、热较稳定的物料。有时，为了保持浸出成分的活性，水提取温度可在沸点以下。热水浸提法是浸提食药用菌物料有效活性成分和制备一部分散剂、片剂、冲剂及注射剂的基本方法之一。热水浸提的成分比较复杂，除有效成分外，杂质往往也浸出较多，尚有少量亲脂性强的物质由于“助溶”、“增溶”作用而溶出。这对进一步分离、纯化带来麻烦。凡物料中有效成分属于水溶性的才宜选用热水提取法。反之，则用其他方法。

②浸渍法：系将切碎或粉碎成适当粒度的食用菌物料置于容器中，加入定量溶剂浸没物料并盖密，时时振摇，在常温、暗处浸渍3～5天或规定时间，使有效成分充分浸出。倾出上清液用布过滤，压榨残渣并使残液尽可能压出与滤液合并，静置24小时滤过。

本法的浸出是在定量的浸出溶剂下进行的，浸液浓度代表一定量的物料，对浸液不应进行稀释和浓缩。药酒浸渍时间较久，常温浸渍多在14天以上，热浸渍（40～60℃）一般为3～7天。浸渍法适用于黏性物料、无组织的物料和新鲜物料或遇热易挥发和有效成分易被破坏的物料。此法简单易行。由于浸出效率低，对有效成分含量低的物料和制备浓度较高的制剂时，用渗漉法为宜。

③渗漉法：系将粉碎成适当粒度的食药用菌物料放在柱形漏斗容器中，在物料上部连续添加溶剂使其渗过物料颗粒，并由下部流出浸出液的一种浸出法。当溶剂在重力作用下，由上而下地通过物料时，上层溶剂（较稀的浸出液）取代下层的溶剂（较浓的浸出液），造成了浓度梯度，使扩散能较好地进行。由于采用动态浸出有效成分的提取工艺，浸出效果优于浸渍法，而且也省略了大部分固、液分离时间和操作，适于制备高浓度浸出制剂的制备，也可用于物料有效成分含量较低的提取。但此法对物料的粒度要求较高，溶剂用量较大，操作不当会影响浸出效率，甚至影响渗漉过程的正常进行。此外，此法对新鲜及易膨胀的物料、无组织的物料也不宜采用。

采用渗漉法应注意以下几点：

A. 食药用菌干物料应事先用溶剂均匀湿润，密闭放置一定时间后，装入渗漉器内，物料粉碎粒度在5目（4mm）左右。

B. 物料装入器内时，应均匀松紧一致，加入溶剂时应最大限度地排除物料颗粒间隙中的空气。溶剂应高出物料上表面，放置一定时间后才开始渗漉。

C. 制备浓浸膏时，收集物料量的85%的初漉液另器保存，续漉液经低温浓缩后与初漉液合并，调整至规定浓度标准，静置后取上清液。

D. 制备浸膏时，全部渗漉液应在低温浓缩至稠膏状。该法可与以上基本浸出法结合浸出，以提高浸出效率。

2. 浸出工艺

选择适宜的浸出方法和有效的浸出工艺，对浸出制剂的质量、浸出效率与经济效益的提高十分重要的，常用的食药用菌物料浸出工艺有以下几种：

①单级浸出工艺：该工艺系将食药用菌物料和溶剂一次加入提取器中，经一定时间提取后，放出提取液并排出料渣。溶剂为水时一般采用热水提取；溶剂为乙醇时可用浸渍法或渗漉法。料渣中的乙醇或其他有机溶剂，先经回收然后再将渣排出。单级浸出工艺的浸出速度是变化的，开始速度大，以后逐渐降低，最后达到平衡时浸出速度等于零。单级浸出工艺常用间歇式提取器，这种类型提取器较多，如多能提取器。

②多次浸出工艺：也称重复浸出法。它是将

物料置于浸出罐中，将一定量的溶剂分次加入浸出罐中进行浸出。也可将物料装于一组浸出罐中，新溶剂先进入第一浸出罐，与物料接触浸出，从罐中流出浸出液，再放入第二浸出罐。这样依次通过全部浸出罐，浓浸出液由最后一个浸出罐流入接受容器。当罐内物料有效成分浸出完全时，关闭罐的进入液阀门，卸出料渣回收溶剂备用。这样依次关闭直至各罐浸出结束。此法是将多次浸渍与重复浸渍结合，特点是能利用固、液两相的浓度梯度和尽可能减少料渣吸收浸出液所引起的损失，故浸出效率高，生产周期短，常用于食药用菌酒剂生产。

③连续逆流浸出工艺：此工艺系将物料放入沿圆周布置、并按一定方向转动的 10 多个浸出器中，而溶剂沿反向向浸出器定量喷淋或加入溶剂。在浸出器中对物料可采用渗漉、浸渍和煎煮法进行浸提，对排列有序的诸多浸出器中的物料来说，可形成连续逆流浸出。与一次浸出相比具有如下优点：A. 浸出率较高。B. 浸出液浓度也较高。C. 浸出速度快。此工艺浸出具有稳定的浓度梯度，且固液两相界面的边界层变薄，或边界层更新快，从而加快浸出速度。

(四)浸出设备

1. 多能式提取器

该设备是单级浸出工艺常用的间歇式提取设备。

①用途、特点和构造：该设备具有多种用途，可供食、药用菌的水提取、醇提取、挥发油提取、有机溶剂的回收。适用于渗漉、温浸、回流、循环浸渍、加压或减压浸出等浸出工艺，因此称为多能提取器。本设备除罐体外，还有泡沫捕集器、热交换器、冷却器、油水分离器、气液分离器、管道过滤器，以及温度、压力检测的显示和控制装置等附属装置(图 10—53)。

②工作原理：多能提取器的整个过程在密闭的循环系统内完成，可进行常压提取，也可进行高温、高压提取或减压低温提取。按提取要求可分以下提取方式。

A. 温浸、煎煮和动态提取：如属水提，按比例把水和预浸的子实体颗粒装入罐内后，向罐内通蒸汽直接加热，按需要开动搅拌器。当温度达到提取工艺温度后，停止进汽，改向夹层通蒸汽，进行间接加热，以维持温度在规定范围内。如属醇提，则全部用夹层通蒸汽方式进行间接加热。

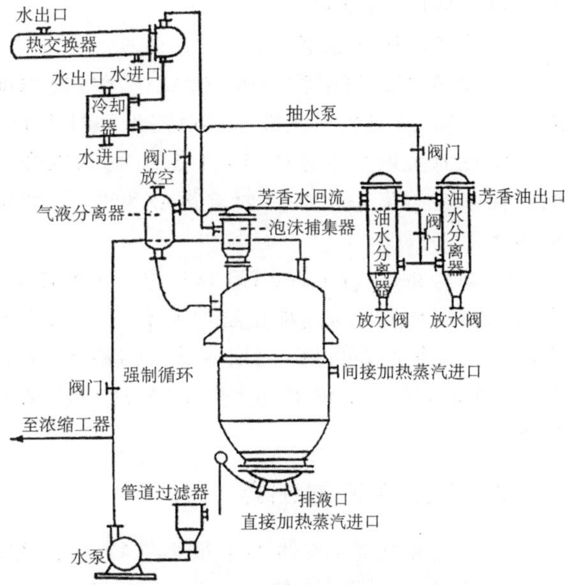

图 10—53 多能提取器示意图

B. 强制循环、加压渗浸：为提高提取效率，可用泵将罐体下部流出提取液强制打回罐内。固液两相在罐内有相对运动，强化对流扩散，从而加速浸出过程，循环渗浸 48 小时，其浸出率较渗漉法提高 2.5 倍。此法对含淀粉多和黏性较大的提取液不适用。

C. 回流循环：在提取过程中，罐内必然会产生大量蒸汽，这些蒸汽由排出口经泡沫捕集器，到热交换器进行冷凝，再进冷却器进行冷却。然后进汽液分离器进行气液分离，使残余气体逸出，液体回到提取罐内，如此循环直至提取终止。把提取液从下部放液口放出，经管道、过滤器过滤，用泵将提取液输送到浓缩工段进行浓缩。该方法主要用于有机溶剂，如乙醇、氯仿等浸出或用于石油醚脂浸出。加热提取时，虽能加速提取过程并提高浸出率，但是物料受热时间长，对提取有效成分质量有影响。

D. 提取挥发油(吊油)：在一般水提或醇提时，通向油水分离器的阀门必须关闭，只有在提取挥发油时方可打开。加热方法与水提法基本相似，所不同的是提取液蒸汽经冷却器再冷却后，由于冷却器与气液分离器的阀门通道已关闭，而进入油水分离器进行油水分离，使挥发油由油出口流出，芳香水从回流水管经气液分离器进行气液分离，残余气体通向大气，液体流回到罐体内。两个油水分离器可交替工作。吊油进行完毕，对油水分离器内残留而回流不了的部分提取液，可以从器底部放水阀放出。

该设备提取时间短、生产率高；应用范围广；罐底采用气压自动排渣快而净，操作方便，劳动强度低；设有集中控制台控制各项操作，便于实现提取作业机械化、自动化。

③煎煮操作注意事项

A. 煎煮食药用菌物料颗粒大小适中，提取前需经预浸润，放罐内煎煮放水应以淹没物料为准。

B. 煎煮温度按工艺要求，煎煮的时间、次数根据实验确定。第一次煎煮要求透心为准，一般煎煮两次。

C. 对轻的物料上面用重物压住，以免浮起。直火加热罐应加假底，避免物料焦化。若煎出液需要进一步精制，可以将提取液滤过后冷藏，静置6～12小时，取上清液滤过经浓缩再进一步精制处理。

2. 连续逆流浸出器

①特点和构造：该器类型很多。特点是浸出过程连续逆流进行，加料和排渣自动完成；本器系密封操作，可常温渗漉，也可加热浸出；可用水提取也可用醇渗漉，对物料的粒度适应性较好，但细小的物料应先经浸润膨胀，这样可以防止出料困难和溶剂对物料颗粒的穿透率下降，影响浸出的正常进行。喷淋渗漉式连续逆流浸出器也称平转式连续逆流浸出器。此器中溶剂均匀喷洒到物料的表层，并渗漉而下与物料接触，浸出可溶物(图10－54)。该器由12个扇形料格构成的圆盘、喷淋装置、浸出液储槽、传动装置和机身组成。圆盘由传动装置带动沿顺时针水平转动。在扇形料格底部呈漏斗状，漏斗上部为筛网，底筛部分与扇形料格成铰结状，另一侧可以开启，借筛底的两个滚轮分别支承在储液槽上的内、外轨上。当扇形料格随圆盘转运到11格位置时(出渣位置)，滚轮内外轨断口落下，料格底筛随之开启卸下料渣。随着圆盘转动，滚轮随上坡轨道上升进入轨道，筛底重新复位(第10格为复位格)。浸出液储槽位于扇形料格下面。固定不动，承接浸出液，此槽分10格，分别在第1、2、3、4、5、6、7、8、9、12格的下槽底有引出管，槽内有加热管，通过循环泵与喷淋装置相连接。喷淋装置由喷淋板和输液管组成，可将循环液喷淋到扇形料格内物料上面浸出。

②工作原理：物料由第9格进入，回转到第11格位置卸料渣。溶剂由第1、2格进入，其浸出液由泵打进第3格。随着圆盘转动，按此方式沿逆时针方向至第8格。第9格是刚投入的干物料，用第8格出来的少部分浸出液喷淋其上起浸润作用，其浸出液与第8格出来的浸出液汇集一起排出。第12格为淋干格，此格不喷淋液体，由第1格转运来的料渣中积存的浸出液在此沥入待液槽，

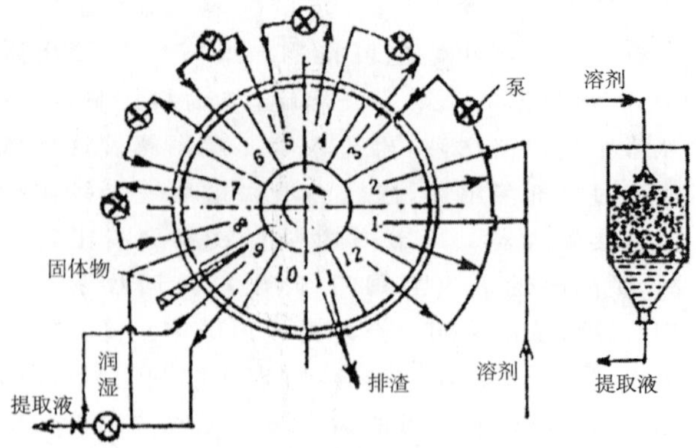

图10－54　平转式连续逆流浸出器示意图

并泵入第3格使用。料渣由第11格排出后，送入一组辅助的压榨器和溶剂回收装置，以回收料渣中的浸出液及残存的溶剂。此器优点是结构紧凑、设备体积小、生产能力大、能量消耗低、操作简单。与粉碎机和输送机配合，为浸出过程自动化创造了条件。

③主要技术参数

盘外径：725mm；内径：410mm；料格高度：250mm；容积：60L；盘速：0.16～1转/时；浸出率：90％～95％(热水提取)

浸出液中悬浮粒子含量一般＜0.05％。

五、分离操作和设备

食药用菌的浸提液也是一种悬浮液，常为固体(子实体或菌丝体碎片、沉淀物及其他固体杂质)和液体(含可溶性成分的浸出溶液)的混合物。把悬浮液中的固、液进行分离的操作叫分离操作。分离方法一般分3种：沉降虹吸法、过滤法、离心分离法。沉降法是在液体介质中，固体物借自身重量下沉。然后将上层澄清液虹吸出来，从而达到固体与液体分离的目的。当固体与液体的比重相差悬殊，且固体含量较多，易下沉时，用沉降法是基本可行的，但工效低，分离不彻底。浸提液中固体物含量少而轻小时，应采用过滤法或离心法。

(一)过滤分离法和设备

过滤法是指悬浮液通过一个多孔介质，使其中固体粒子去除或部分去除，达到固、液分离的方法。通常把安装这种多孔介质的装置称过滤器或过滤设备。过滤的目的以有效成分的物态而定，如有效成分可溶于溶剂而呈溶液，滤除溶液中的不溶性固体杂质，获取含可溶性成分的澄清液体；若有效成分为固体的沉淀物，过滤后取其让截留的固体物。

1. 过滤介质

过滤介质是过滤设备上极其重要的组成部分，称为过滤设备上的心脏。它安装在设备的固定构件上，具有截留固体颗粒而让液体通过的功能。通常过滤介质俗称滤材，应按下列要求选用。

①澄清滤出液能有效地阻挡微粒物质。

②不会发生或很少发生突然的或累积式的阻塞。

③具有适当的耐清洗和反冲洗能力。

④具有一定的机械强度、耐化学腐蚀能力和微生物作用。

⑤具有较高的过滤速度。

⑥对溶液中可溶性物质吸附尽量小。

过滤介质按过滤机制可分为表层过滤介质和深层过滤介质。表层过滤介质的代表是滤布，液体通过滤布，固体物被截留在滤布表面上；深层过滤介质的代表是沙滤，过滤介质层较厚，固体粒子由于多种作用力作用的结果，使在穿入介质一定厚度后被截留。在实际过滤中，上述两种过滤机制同时存在，只不过有主次之分而已。

常用的滤材有：A. 编织过滤介质：不同材质、不同编织方法的滤布，如纱布、麻布、棉布、绸布、帆布、尼龙绸等；不同金属材质不同编织方法的金属滤网。B. 非编织过滤介质（也称无纺过滤介质）：滤纸、滤毡、过滤衬垫和无纺布等。C. 刚性多孔过滤介质：微孔陶瓷、金属陶瓷、多孔塑料。D. 松散固体过滤介质：硅藻土、膨胀珍珠岩、纤维素、石棉、活性炭等。

2. 影响过滤速度的因素

①悬浮液黏稠性越大，过滤的速度越慢。可提高温度使黏度下降提高过滤速度。

②滤材的毛细管越长、孔径越小和孔数越少，过滤速度越慢。

③滤床面上下的压力差越大，过滤速度越快。常用增压和真空过滤法提高过滤速度。

④滤渣（滤饼）层厚度大，过滤速度慢，可通过改变静态过滤为动态过滤解决。

⑤悬浮液中存在大分子的胶体物质，如菌丝发酵液，易引起滤孔阻塞，影响滤速。实验表明，过滤介质孔积率改变10%，过滤速度变化近3倍。可通过选用合适的助滤剂，以防止滤孔被堵塞，提高过滤速度。

一般助滤剂为固体助滤剂，如纸浆、硅藻土、膨胀珍珠岩、滑石粉和活性炭等。加入助滤剂的方法有两种：A. 将助滤剂混入待滤液中，搅拌均匀，可使部分胶体物被破坏，在过滤过程中，形成一层较疏松的滤层，使滤液较易通过并滤清。B. 先在过滤介质上覆盖一层助滤剂，然后进行过滤。在选择助滤剂时，应注意对浸提液中的有效成分的影响，如活性炭会对某些活性成分有较大的吸附性。

3. 过滤设备

①压滤器：该设备是利用压力差进行表面过滤的设备。主要由过滤介质、多孔空心圆柱支撑体、压滤器体和加压泵等组成（图10－55）。悬浮液经加压泵加压后，进入器体，通过包在圆柱支撑体外围的滤材进行过滤。滤渣附在外层，滤过液自上端压出。下端进口处可接清洗水，滤完后即将清洗液压入进行冲洗。将空心支撑体换成陶瓷质或金属质的砂滤棒。这种滤器制作简便，操作易掌握。缺点是过滤面积小、过滤量不大，限于小规模生产或实验室中使用。

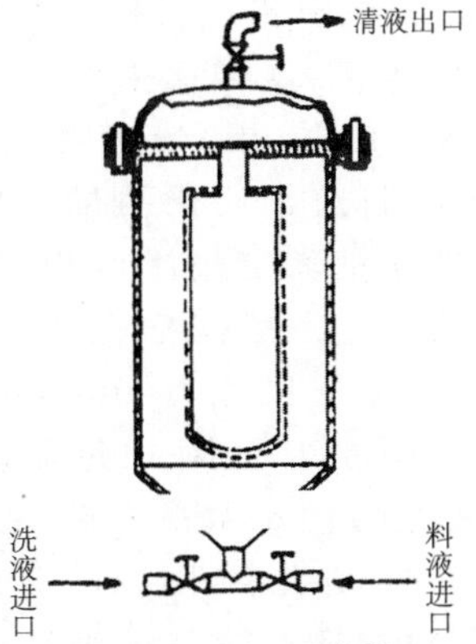

图10－55 压滤器

②压滤机：根据工作的连续性可分为间歇型和连续型。间歇型压滤机如板框式压滤机；连续型压滤机如罐式连续压滤机。

A. 板框式压滤机：可分为全自动式及半自动式两大类。全自动板框压滤机是指所有的板框的开合、压紧、进料、洗涤、卸饼、滤布再生吹气等作业全部由计算机控制自动进行，而半自动（包括手动）有较多或全部工序作业由人工操作；按板框构造分为平板框式和凹板框式（又称为厢式），常用后者。根据滤板配置方式分为直式和卧式，卧式较直式更易操作和维修，更易向大型化方向发展，现有最大的过滤面积已达100m²以上，而立式仅达40m²。按压紧滤框、滤板的方式分手动、机械和液压压紧，大型机用液压法。根据机中有无压榨过程分为压榨式和无压榨式。根据有无吹气脱干滤饼水分过程可分为有吹气脱干型和无吹气脱干型。实际压滤机由上述各种型式交叉组成多种型号。

a. 构造：主要由若干块滤板和滤框组成的过滤室、滤浆加入系统、滤饼洗涤系统、卸浆系统、滤布洗涤系统、液压系统和机体等组成。

b. 工作原理：凹板框式压滤机工作原理见图 10－56。压滤机工作时，由于液压油缸作用，将所有凹板框压紧在固定尾板端，使相邻的滤框之间形成滤室，悬浮液由固定尾板的入液口以一定压力进入，并借助压力完成固、液分离。待滤过液不再流出时，即完成脱水过程，此时即可停止给料，并洗涤滤饼，以除去各种水溶性杂质。洗涤结束后，带压流体（气或水）进入压榨膜内腔，借助压榨膜的膨胀对滤饼进行压榨。如果机上带有吹干装置，压榨结束后自控系统自动将气阀打开，进行压气脱干。压气脱干结束后，通过液压系统松开滤板，滤饼借自重脱落，并由设在滤板下的皮带输送机运走，卸饼后一般需进行滤布清洗，以防滤布堵塞。至此，完成整个压滤过程。厢式压滤机的相邻两块凹形滤板构成一个滤室，这样比平板板框式机减少了体积和重量。滤框（板）的材质可为铸铁、钢、橡胶、塑料等。目前常用聚丙烯或聚乙烯方形滤框。根据过滤量确定过滤面积，进而确定滤框的数量和大小。一般滤框有几十片，滤框厚度 50mm 左右，滤框尺寸为 600mm 左右，工作压力202.7～810.6 kPa。对难过滤的发酵液过滤常采用助滤剂方法来解决。助滤剂常用矽藻土和膨胀珍珠岩，前者多孔性好，过滤速率快但价较贵，后者则相反。微晶纤维性能介于以上两者之间，原料来自植物纤维，对食用菌提取液和菌丝发酵液过滤比较适合。应注意的是助滤剂只适用于不需要滤渣的过滤。我国目前生产上对菌丝发酵液和部分提取液的固液分离大多仍用半自动板框压滤机，全自动压滤机因价格贵使用较少，但前者劳动强度大，有逐步被我国推广的微孔精密过滤机代替的趋势。

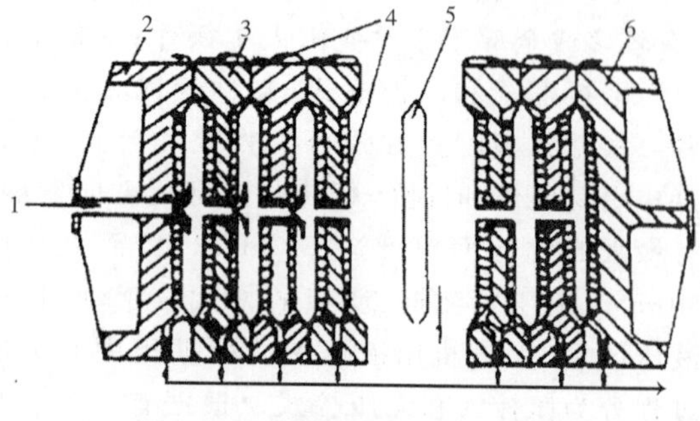

图 10－56　板框压滤机的工作原理

1. 矿浆入料口，2. 固定尾板，3. 滤板，4. 滤布，5. 滤饼，6. 活动头板。

B. 微孔精密过滤机：该机系属气压罐式连续压滤机型之一。

a. 特点和构造：该机过滤元件是精密微孔过滤管，是高分子烧结型刚性过滤介质，属深层烧结多孔体蜂窝型结构。通过改变过滤管的材料和微孔的直径，可耐酸、碱、盐、大部分有机溶剂，过滤不同尺寸的悬液物及细菌和大肠杆菌，并可用气－水反吹法再生，再生率高，阻力增加慢，机械强度好，使用寿命长。该机的过滤、洗涤、吹干、卸渣可自动控制，劳动强度低；低压过滤，动力消耗少；直立管式结构，加压密闭过滤，单位空间过滤面积大，占地面积小。

b. 操作流程（图 10－57）：

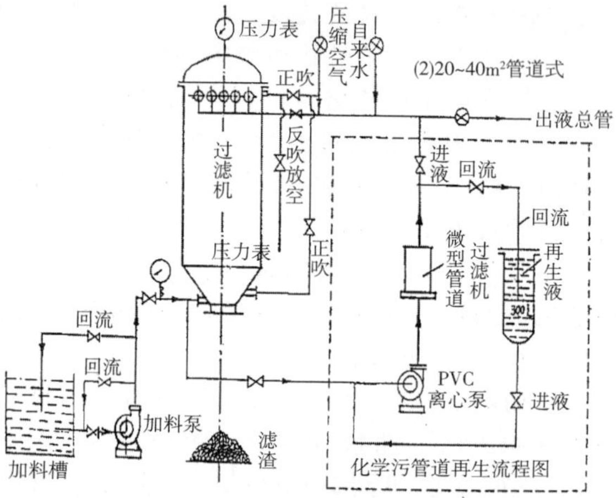

图 10－57　微孔精密过滤机操作流程

（a）打开悬浮液进料阀、原液回流阀、滤过液出口阀。关闭自来水进口阀和反吹进气阀。

（b）开动进料液泵，把料槽内悬浮液压入机体内过滤。对新机应先清洗微孔管和对其进行蒸汽和乙醇消毒后使用。控制回流流量、控制过滤压力，至少需有 10～30 分钟的低压起滤时间，起滤压力不超过 0.02MPa；对 1～0.5mm 的悬浮物过滤，其压力在 30 分钟内缓升到0.03～0.1MPa；对颗粒大的悬浮液，其压力可缓增加到0.15～0.20MPa。切不能突然将压力升高，以致使微孔管马上堵塞，造成再生困难。

（c）过滤时间的控制：经过一定时间过滤后，微孔管的外壁滤渣变厚，出液口滤过液流量相应降低。流量明显降低时，可关闭加料液泵停止过滤，滤渣厚度的掌握以易卸渣、清洗为度。针对不同物料应通过实验确定。

（d）回流：过滤停止后，打开罐体最低回流阀，将罐体内余液放回到加料槽内，并打开进气管上的正吹阀，以加速回流以避免滤渣剥落。

（e）洗涤：对需要洗涤的滤渣，由水泵把自来水打进罐体，操作过程同上述 a 至 d 点。

（f）滤渣吹干：洗涤水回流后，可将压缩空气正吹,打开进气阀,以0.5～0.8MPa的压力吹干。微孔管中滤液由出液管排出,吹干时间一般为20分钟。

(g)反吹下渣:通过气缸打开排渣口,关闭5组滤液出口阀中的4组,然后打开储气缸的进气阀,进气阀打开1～2秒,迅速关闭。如此连续5～6次卸渣。这组的微孔管卸渣后,关闭此组出液阀,打开另一组出液管阀门进行反吹卸渣,直至5组微孔管卸渣结束为止。注意采取不同几组微孔管一起反吹卸渣,此时微孔管反吹卸渣效果不好,影响下次流量和缩短使用寿命。

(h)微孔再生:打开自来水进水管对每组微孔管湿润后,马上关闭,然后重复压缩空气反吹下渣操作几次后,即可达微孔管再生要求。

(i)维修:使用3个月至半年后,微孔管径反吹再生无效后,应拆开罐盖,取出排管放在酸、碱液中浸泡一定时间,再用压缩空气反吹数次。经中和后,用水清洗后再用。如经酸、碱处理再生无效,需更换新微孔管。

(j)保养:停止使用前,必须反复进行清洗干净,最好用自来水灌到罐体内,淹没微孔管,以防没有反吹净的颗粒在微孔内、外干化。长期不用,每周应换水一次或二次,以免产生水垢,影响下次过滤流量。

对难以过滤的发酵液和部分悬浮液,可通过使用助滤剂方法加以解决:(a)预涂0.5～1mm助滤剂,作为过滤管与液渣的隔离层。(b)以1%～3%的助滤剂均匀混到待滤液中,随悬浮液一起过滤。这样所形成的滤渣层由于混有助滤剂,空隙增加、比阻明显下降。

精密微孔过滤机适用于难滤料液,其固体颗粒在0.5～10μm之间或颗粒虽大于10μm,但颗粒非刚性易变形,且有黏性,固体浓度大于10mg/L的料液。该机可作为超滤机的前处理过滤设备。

(二)膜过滤分离和设备

1. 膜过滤原理和分类

在流体压力差作用下,利用膜对分离组分的尺寸选择性,将大于膜孔尺寸的微料及大分子溶质截留,使小于膜孔尺寸的粒子或溶剂透过滤膜,从而达到分离目的。与用滤布、滤纸分离悬浮在气、液中固体颗粒相比,它们的分离原理几乎是一样的。只是膜过滤所截留的微粒更小。

通常根据滤膜孔径或被截留的微粒的最小粒径大小,膜过滤可分为微孔过滤和超滤两大类。严格讲,彼此之间并没有明显的界限。它们截留粒子大小尺寸范围见图10－58。

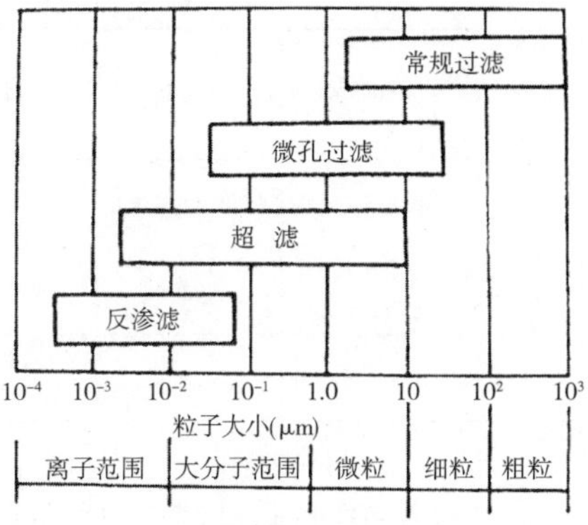

图10－58 几种过滤方法截留粒子大小的范围

常规过滤能截留大于0.5μm的颗粒。它是靠滤饼层内颗粒的架桥作用,才能截留如此小的颗粒,而不是直接靠过滤介质孔隙截留,因为纤维编织的滤布孔隙通常有几十微米。

微孔过滤截留微粒范围是0.05～10μm,多用于滤除细菌和细小的悬浮颗粒。从粒子大小看,它是常规过滤的延续。

超滤截留的微粒经范围为0.01～1μm,相当相对分子质量在0.05万～30万的各种蛋白质分子或相当粒径的胶体微粒。这种液体的渗透压很小,在透过溶剂的同时,也会透过小分子溶质,而将大分子溶质截留,它与微孔过滤之间没有明确分界。

反渗透截留的粒经范围0.001～0.01μm,即可截留相对分子质量小于500的有机分子。

2. 膜过滤的特点

和常规滤饼过滤不同,微孔过滤和超滤所截留的微粒和溶质大分子,并不在膜面形成滤饼,仍悬浮于料浆中或以溶质形式保留于料浆中,常将膜前的物质称为增浓液,透过滤膜部分称滤过液或渗透液(图10－59)。反渗透与其他膜过滤区别在于,它所施加的过滤压力必须大于溶液的渗透压,一般在2～10MPa,因而对设备要求较高。目前主要用于海水淡化。几种膜分离过程比较见表10－16。

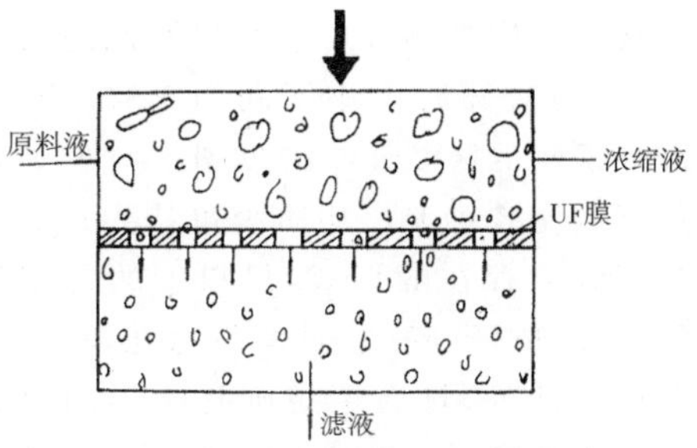

图10－59 膜过滤原理示意图

表 10－16 几种膜分离过程的比较

种类	推动力（压力差）(MPa)	分离机制	透过物	截留物
微孔过滤	1.0	颗粒大小，形状	水、溶剂、溶解物	悬浮物颗粒、纤维
超滤	0.1～10	分子特性、大小、形状	水、溶剂	胶体大分子
反渗透	1.0～10	溶剂的扩散传递	水、溶剂	溶质、盐（悬浮物、大分子、离子）

特点：

①和常规过滤相同，膜过滤中，特别是浓缩分离中，无相变过程，故能耗低。

②常规过滤在过滤细微物料前，常添加絮凝物等，而膜过滤则无此必要，从而能降低成本，也减少其他物质可能引起的二次污染。

③膜过滤对待过滤液没有特别的温度要求，适宜热敏感或热不稳定物质的常温膜过滤，如食用菌提取液和菌丝发酵液的第二次分离。

④膜过滤可用于浓缩操作。

3. 滤膜

膜过滤技术关键在于滤膜。要求滤膜具有高过滤率和截留性能，还要求较好的机械强度、化学稳定性、热稳定性、寿命长、易清洗等。

①滤膜的材料：纤维素酯膜是目前使用最多的膜材。该类膜材能耐热，亲水性强，孔径均匀，价格低，适用于水溶液、油类、酒类除微粒（澄清）和除菌。其中最常见的如醋酸纤维素膜，它的最大特点是不吸附蛋白质、核酸等生物分子，滤速快，产品回收率高等。但它易受微物生侵蚀，化学稳定性差，pH 适应范围窄，不耐高温。因此开发出能耐弱酸弱碱和一般溶剂的聚酰胺类膜和可适用于过滤酸、碱、有机溶剂和耐高温的聚四氟乙烯膜。除以上材料外，还有用聚砜、聚碳酸酯、聚酯、聚丙烯晴、聚乙烯醇醛等材料制成的膜。

②滤膜结构：过滤用的高分子多孔滤膜从结构上可分均质膜和非均质膜。非均质膜在其正面有一层起分离作用的较为紧密的薄层称有效层，其厚度只占总厚度的1%左右，其余部分为孔径较大的多孔支撑层。有效层孔径可在制造滤膜时加以改变，以适应筛滤大小不同的颗粒。非对称的醋酸纤维素膜的横断面结构见图 10－60。非均质膜常用于超滤装置上。均质膜可认为是非均质膜中有效层独立存在的形式，最典型的是聚碳酸酯制成的核径迹微孔膜，它具有贯通孔，在厚度上均匀不分层。此外，具有不规则孔结构的热凝胶沉淀膜也属均质膜，此类结构型膜常用于微孔过滤装置上。

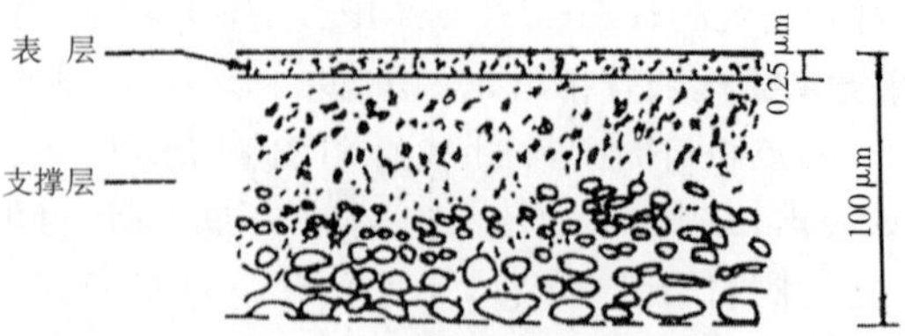

图 10－60 CA 膜的断面结构

③滤膜类型：可分为板式、管式和中空纤维 3 种型式。板式滤膜是具有一定幅宽的板状膜。管式过滤膜是指过滤膜直接覆盖在多孔支撑管（如金属、陶瓷、编织棒）的内壁或外壁上，可分为内压式和外压式管滤膜；中空纤维式膜是指直径在 1mm 以下的空心丝状过滤膜。板状膜、管状膜常用于微孔过滤装置上；中空纤维膜、板状膜常用于超滤装置上。

4. 微孔膜过滤设备

①用途和构造：该设备主要用于悬浮液的澄清和滤菌。如食用菌浸制酒、口服液的澄清和灭菌，常作为超滤设备的前处理设备。主要由微孔膜过滤器、液泵和进出口阀门、管道所组成。微孔膜过滤器有单层板式、多管式、注射器式和多岐管式等。单板式微滤器用于生理盐水、葡萄糖注射液及口服保健液等除菌除微粒，器径有 90mm、142mm、293mm，处理量 20～100 升/小时。多管式微滤器由 3～20 根微滤管密封在耐压圆筒内所构成，主要处理比单板式滤器处理量更大的样液。以上两种滤器常为工业上使用。注射器式微滤器用于实验室的少量样液的除菌、除尘的超净处理。多岐管式滤器多用于实验室的多样品的同时处理。微滤器的材料常用不锈钢、有机玻璃、塑料及聚四氟乙烯等。

②特点和应用：A. 设备简单，只需要微孔滤膜和一般过滤装置即可进行操作。B. 操作简便快速，适合同时处理多个样品。C. 分离效率高，重现性好。因膜孔比超滤大，流速快，且可在同一片微孔膜上进行分离、洗涤、干燥、测定等操作，不会因样品的转移导致损失。D. 微滤膜很薄，因而吸附少。缺点是易堵塞，需用超细玻璃纤维滤膜作为前滤膜。

微孔滤膜孔径在 0.025～14μm 范围内，操作压力在 6.89～68.9kPa 之间，孔径为0.45μm的微孔滤膜用得最多，常用来进行水的超净化处理、注射液的无菌检查、饮用水的细菌检查、电子工业的超净处理。由于微孔滤膜过滤技术的独特优点，已逐渐取代许多经典手段而成为独立的分析和分析方法，从电子工业到空间技术，从家庭生活到生物工程，微孔膜过滤有其用武之地。

超细玻璃纤维滤膜一般由玻璃纤维、玻璃粉经聚丙烯酸胶黏剂黏结而成，厚度 0.25～1mm，属深层型滤膜。多用于气体的超净处理，有时又称空气超净过滤纸。该膜化学稳定性好，除氢氟酸外能耐受各种化学试剂和有机溶剂，不吸收空气中水分。该膜的流速比一般微孔滤膜大，对颗粒的截留量也比微孔滤膜大，截留率＞98％。但截留分辨率不如微孔滤膜，故常与微孔滤膜配合使用，作为它的预过滤介质，以提高微孔滤膜的过滤效率和延长使用寿命。用超细玻璃纤维滤膜制成的高效空气过滤器广泛用于食用菌接种房、超净工作台、制药车间、手术室、病房、精密仪表车间、电子工业的空气净化处理；在药物代谢或其他微量测量中和收集细胞沉淀，比超速离心法更方便、可靠，为适应多方面应用开发的特种滤膜，如低萃出物滤膜、结合测定滤膜、预灭菌膜等。

③操作注意事项

A. 膜的可靠支撑和滤器的密封。

B. 过滤系统的密封性检查，按微孔膜给出的气泡点数据进行气泡点检查。

C. 滤膜的预湿润：未完全润湿的滤膜会影响有效过滤面积及检测试验的准确性。使用微孔过滤设备时，应对样液进行预滤，预滤应使用超细玻璃纤维滤膜。

D. 过滤系统中采用正压过滤，以防空气造成二次污染。

E. 过滤系统的清洗和消毒：为防止滤过液再污染，应对过滤系统进行仔细清洗和消毒。除聚氯乙烯膜外，大多数滤膜可进行热压消毒，消毒前滤器必须干燥，以防消毒时膜中水分汽化而压破滤膜。一般滤器可放在高压消毒器消毒，对管道间的滤器，可通蒸汽消毒。对不宜或不便加热消毒的滤器和滤膜，可用 2％～3％的甲醛水溶液浸泡 24 小时或环氧乙烷气体消毒。

F. 串滤技术：又称选滤技术。悬浮液通过孔径自大而小相串联的滤膜进行分离的过程叫串滤。串滤装置通常在同一滤器内，重叠放置数层滤膜，第 1 层用超细玻璃纤维滤膜，然后依次放置不同孔径的滤膜，在相邻两层微孔滤膜间各放 1～2 层涤纶筛网或超细玻璃纤维滤膜作为隔离层。

5. 超滤膜过滤设备

①用途和特点：本设备属分子级、膜分离设备。它以超滤膜为分离介质，依靠膜两侧的压力差作为推动力来分离溶液中不同相对分子质量的物质，进行选择性分离，用于分级、提纯、浓缩、脱盐等工序。超滤设备截留的微粒尺寸为 0.01～0.1μm，通常溶液中的溶质相对分子质量为 0.05 万～30 万，是唯一能用于分子分离的设备。可用来分离蛋白质、酶、核酸、多糖、多肽、抗生素、病毒等。超滤设备的优点是没有相转移，无需添加任何强烈化学物质，可以在低温下操作，过滤速度快，便于做无菌处理，所有这些都能使分离操作简化，避免了生物活性物质的活性下降和损失。

②分类和构造：按滤膜外形状态可分板式、管式、螺卷式和中空纤维式。

A. 板式：板式装置的基本部件是过滤板，它由在一多孔筛板或微孔板的两面各黏一张超滤膜组成，过滤板有矩形和圆形。按放置方式有密闭型和敞开型。敞开型是将若干块滤板和夹板相互间隔安装在一起，与板框机结构类似。夹板面上具有冲压波纹，使液体在通道中通过形成湍流，以减少浓差极化现象。密闭型是用全封闭的组合超滤膜，与相应的超滤器配套使用，适于 100L 左右样液的过滤。

B. 管式：按管流通方式分单管和管束；按管流动方式有管内流式和管外流式；按管的形式有直通管式和狭沟管式。目前趋向采用管内流管束装置。管子是膜支撑体，有微孔管和钻孔管。微孔管采用微孔环氧玻璃管或玻璃纤维环氧树脂增强管，钻孔管采用增塑管、不锈钢管和铜管，用人工钻孔或激光打孔。管式超滤装置由于结构简单、适应性强、压力损失小、透过量大，清洗、安装方便，并能耐高压，适于处理高黏度和稠厚液体物料，故比其他型式应用更为广泛。

C. 螺旋卷式：主要部件是螺旋卷超滤器，由滤膜、支撑膜、膜间材料依次围绕一中心管卷紧而成的超滤膜组件。料液在膜表面通过后，进入多孔间隔材料沿轴向流动，而透过液在螺旋卷中顺螺旋向中心多孔管流出。将第 1 个卷滤膜组与第 2 个卷滤膜组顺序连接装入压力容器，即构成一卷绕式超滤部件。螺旋卷式的特点是过滤面积很大、湍流情况良好，耐压强度大，但料液流道窄，流速难于调节，固体悬浮物会发生严重结垢，阻力大，因此限于供反渗透操作之用。

D. 中空纤维式：将内孔径为 50～1.5μm的中空纤维膜束的两端胶合在一起形似管板，装入一耐压管状容器内，即成为一中空纤维式超滤组件。根据料液在中空纤维内、外流动方式分内流式和外流式。外流式寿命长、清洗方便，一般常采用外流式（图 10－61、图 10－62）。

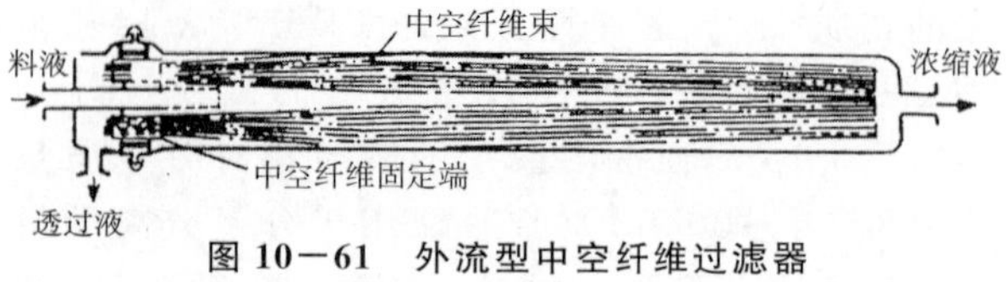

图 10－61　外流型中空纤维过滤器

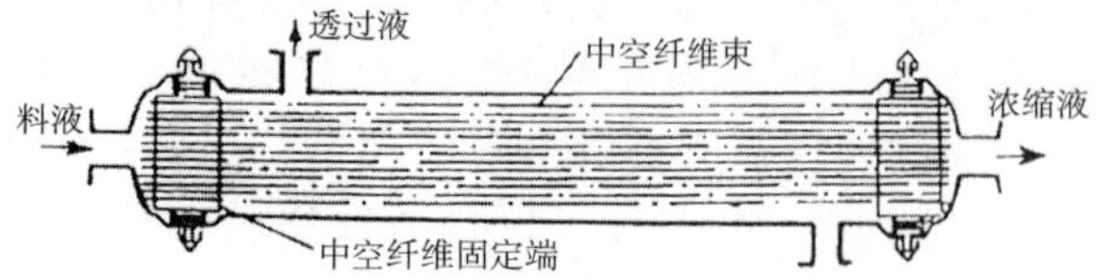

图 10－62　内流型中空纤维过滤器

超滤设备主要由若干个超滤组件、液泵、料液槽、浓缩液槽和滤过液槽组成。根据对超滤中滤过液不同分离要求，如要求滤过液中微量物质去除和达到最低限量或要求达到增浓料液的要求，要对超滤设备中的若干个超滤组件进行不同配置，如一级一段循环式、一级多段连续式、一级多段循环式和多级多段等配置，以达到不同的分离要求。

③影响超滤流速和选择性的因素

A. 浓度：浓度低的溶液较浓度高的溶液不易形成凝胶层，因此低浓度溶液超滤速度快。

B. 分子的形状和大小：相对分子质量小的溶质滤速较快，相同相对分子质量的珠状分子比链状分子滤速快。

C. 搅拌程度：增强膜面液体的搅动，能破坏在膜表面形成的浓度梯度，可加快滤速。

D. 温度：温度升高，料液黏度下降，滤速快。

E. 压力：只有在溶液浓度很低时，增加压力可使滤速加快。

F. pH 值：一些蛋白质溶液在其等电点附近时滤速低，应尽可能调节 pH 值，使其偏离等电点。

G. 溶质的溶解度：溶解度低，料液易生成凝胶层，因而滤速慢。如以乙醇为沉淀剂的料液中，乙醇含量越高，滤速越低。

H. 溶质间的相互影响：溶液中同时含有几种物质时，其中大分子物质可能形成次级膜，影响小分子物质通过。当溶液中含有表面活性物质时，可使聚集的分子囊束分散，使截留率下降，滤速加快。

④超滤设备的操作要求和后处理：对新超滤组件，应按说明书提供的参数，对组件进行破损和过滤效果检查，后进行净化处理，对管道也应进行蒸汽消毒，如超滤器不大，滤膜又耐热，可进行高温灭菌。如不耐热，可选用化学药物灭菌，如 5% 甲醛、70% 乙醇、<20% 环氧乙烷、5% 过氧化氢、0.1% 过氧乙酸等。

超滤组件运行一定时间后，被截留微粒和大分子溶质在膜面上沉积一定厚度，使滤速大大降低。为了恢复生产能力，需定期清洗、再生，有时为了防止微生物在膜面上滋生和造成污染，也需对超滤组件进行清洗。一般先采用机械物理方法清洗，如采用高速注水冲洗膜面，或用水气混合流体冲洗膜面。对不同型式超滤组件也有不同清洗方法，如对管式超滤组件可用海绵球冲擦膜面，效果较好；如滤器和滤膜允许反面注水清洗，效果更好。有时单用物理方法清洗尚不理想，需配制适当的化学药剂进行清洗，如用盐水、稀酸、碱、稀氧化剂等。有时也用生物方法进行再生，如用添加各种酶的再生液浸泡，然后再用大量水洗，可恢复流速。超滤膜组件一般性能比较稳定，若操作正确，通常可用 1～2 年。暂时不用的超滤组件，清洗后可保存在 30% 甘油、2%～3% 甲醛的溶液中，以保护滤膜。

超滤设备上的超滤组件产品说明书上一般都注明操作压力、消毒条件、流量等参数。使用前必须全面了解，才能正确操作。在食用菌深加工业中，超滤多用于活性多糖、活性多肽的截留和溶液的澄清，操作压力为 0.05～0.5MPa。

（三）离心分离法和设备

1. 离心分离原理

离心机分为过滤式、沉降式与分离式 3 种基本类型。利用离心力从悬浮液中分离固体颗粒，也可以从混浊液中分离重液和轻液，或用来使悬浮液中固体颗粒按其粒径大小进行分级，这是其他过滤机所无法完成的。离心过滤机主要部件为一快速旋转鼓，转鼓安装在垂直或水平的轴上，由电机带动。悬浮液进入转鼓内随着转鼓旋转，在惯性离心力作用下实现固液分离。转鼓上可有孔，也可无孔。有孔的转鼓壁内覆以滤布或筛网，滤液被甩出，固体颗粒被截留在鼓内，这种操作称为离心过滤。无孔的转鼓内发生离心沉降作用，此时悬浮液中密度较大的固体颗粒沉积在转鼓内壁，而密度较小的液体汇集于中央并不断引出，这种操作称为离心沉降。如果是浑浊液，则两种液体按轻、重分层，重者在外，轻者在内，各自从适当的径向位置引出，这种操作称离心分离。为表明离心机分离能力大小，常采用离心力与重力之比表示，称为相对离心力，又称离心分离因数。根据分离因数大小，可将离心机分为以下 3 类：

常速离心机：分离因数<3 000（一般为 600～1 200）。

高速离心机：分离因数＝3 000～5 000。

超速离心机：分离因数＞5 万。

最新式的离心机的分离因数可高达 50 万以上。它是用来分离胶体颗粒及破坏乳浊液等。分离因数的极限值取决于转动部件的材料强度。在离心机内，因离心力远大于重力，所以重力作用可忽略不计。离心过滤机的滤饼含水率可在 10％以下，为其他类型过滤机所不及。

2. 离心过滤机选型方法

选型的根据是悬浮液中的颗粒大小和分布，以及颗粒形状、可变性和悬浮液的黏度等。也就是一般称为滤饼的内在渗透性的基础上来选择。内在渗透性有具体的测定方法，在此省略。在测定待滤液的内在渗透性后，可根据下列经验进行选择：

①内在渗透性每分钟＞117.7cm^4/kg，选用连续进料离心过滤机。

②内在渗透性为每分钟 5.89～117.7cm^4/kg，选用刮刀下料离心过滤机。

③内在渗透性为每分钟0.12×10^{-2}～5.89cm^4/kg，选用三足式离心过滤机。

④内在渗透性为每分钟＜0.12×10^{-2}cm^4/kg，选用离心沉降式过滤机。

3. 离心过滤设备

按过滤的连续性可分为连续式离心过滤机和间歇式离心过滤机。从结构上看，连续式离心过滤机的转鼓中悬浮液的轴向保持是靠颗粒滤饼，故转鼓无鼓缘，而间歇式离心过滤机是靠鼓缘保持的。

①连续式离心过滤机：推进式离心过滤机是连续式离心过滤机中最常用的机型。机中采用的过滤介质为金属滤网，滤网最小孔径为 100μm。这种过滤机只能分离悬浮液中大于 100μm 的颗粒。由于食药用菌浸提液中的固体颗粒要比连续离心过滤机的操作下限 100μm 要小得多，金属滤网无法生产孔隙直径为 1μm 或者更小的滤网，加之增加滤布后还要求滤饼对滤布不发生相对移动，这些条件只有选用间歇式离心机才能达到，故连续式离心机只作简略介绍。

②间歇式离心过滤机

A. 三足式离心过滤机：主要由半封闭圆柱形转鼓、底盘、外壳、支柱底座和传动机构等组成（图 10－63）。转鼓支撑在三足架上，故称为三足式离心过滤机。转鼓顶部的围边称为鼓缘，圆柱部分钻有孔，其内侧衬有一层或多层金属滤网，它是作为袋式滤布在转鼓中的支撑物。转鼓由主轴连接传动装置，再通过滚动轴承装于轴承座上，轴承座与外壳均固定于底盘上，用 3 根摆杆悬挂于 3 根支柱的球面座上，摆杆上套有压缩弹簧以承受垂直方向的动负荷，电动机也装于底盘上，主轴端部皮带轮上装有离心式离合器和刹车装置。在转鼓转的前、后，将悬浮液自顶端加入，滤过液通过布袋流出，固体颗粒截留在布滤袋内，停机后用人取出滤饼或更换滤袋方法卸出滤饼。三足式离心机结构紧凑，机身矮，悬挂点高于机体重心，稳定性好，操作平稳，进出料方便，占地面积小，常用于悬浮液的固液分离。该机转速在 1 500 转/分钟左右，分离因数为 300～3 500g，可用于分离悬浮中直径为 0.01～1.0mm 的颗粒和结晶物质。适用于经常更换悬液的场合，并可获得较低含水量的滤饼。缺点是处理量有限，劳动强度大。该机有 SS-450、600、800、1000、1200 等型号。

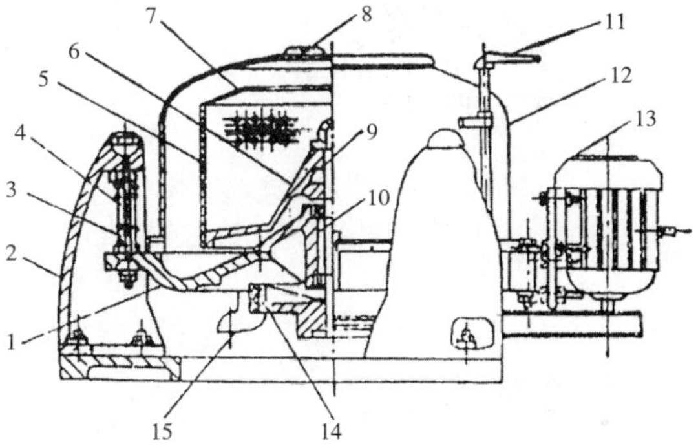

图 10－63 三足式离心机示意图

1. 底盘，2. 支柱，3. 缓冲弹簧，4. 摆杆，5. 鼓壁，6. 转鼓底，7. 栏液板，8. 机盖，9. 主轴，10. 轴承座，11. 制动器手柄，12. 外壳，13. 电动机，14. 制动轮，15. 滤液出口。

B. 三足刮刀下卸料式离心过滤机：该机特点是在转鼓低速时将刮刀插入滤饼中，由转鼓底部卸出滤饼，但不能将滤布滤饼去除干净，改用气动卸饼装置去除余饼渣。由于该机型形成的圆柱形滤饼，上薄下厚而颗粒较大，为此还有卧式刮刀卸料式离心机，其形成滤饼均厚，卸料时不必减速。缺点是卸料时间长。较先进的机型为虹吸式刮刀离心过滤机，其结构与卧式刮刀离心机相似，由于在转鼓底部外侧多了一个虹吸室，使滤液在此室内产生一个恒定不变的压头，在清洗残余滤饼时利用此压头进行反清洗，以保证过滤正常进行。

4. 离心沉降分离机

借助离心力的沉降和溢流作用，对密度不同

而又互不相溶的液体及悬浮液，进行分离的离心机称离心沉降机，它有以下几种：

①高速管式离心机：该机是能产生高强度离心场的离心沉降分离机。具有很高的分离因数(1.5万～6万)，转鼓转速可达0.8万～5万转/分钟。为了尽量减少转鼓所受的应力和给悬浮液中固体微粒有较长的沉降时间，转鼓成管形。见图10－64。

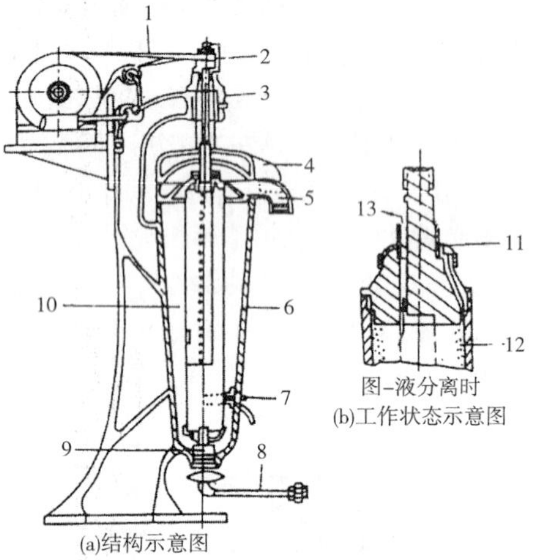

图10－64 高速管式离心机

1.平皮带，2.皮带轮，3.挠性轴，4.轻液排出管，5.重液排出管，6.机座，7.制动器，8.料液入口管，9.导轴承，10.转筒，11.石棉垫塞，12.沉淀物，13.清液出口。

管式高速离心机生产能力小，但能分离普通离心机难以分离的物料，如分离乳浊液及含有稀少微细颗粒的悬浮液。乳浊液或悬浮液由底部进料管进入转鼓，鼓内有径向安装的筋板，以便带动液体迅速旋转。处理乳浊液时，液体分轻、重两层，各由上部分不同出口流出。如处理悬浮液时，只用一个液体出口，而微粒附着于鼓壁上，经一定时间后，停机取出。目前此种设备转筒半径在10cm以下，转速为1万～1.6万转/分钟，分离因数为1.5万～6万，转筒中允许积存的含液固形物不得超过6千克，故要求悬浮液中固体粒子浓度不宜超过0.5%。该机可用于菌丝浸提液分离菌丝碎片、蛋白质和多糖沉淀物。

②碟片式离心机：碟片式离心机是在管式离心基础发展起来的离心机沉降分离设备。在转子中串上许多重选的钢质碟片，缩短了颗粒沉降的距离，提高了分离效果(图10－65)。在碟片上钻有数个孔，供在转动时悬浮液通过孔向上移动，经离心将轻、重液分离，重液沿机壁出口流出，轻液沿内侧的出口流出，渣沉积在转子外缘。根据排渣方式碟片式离心机可分3种类型。

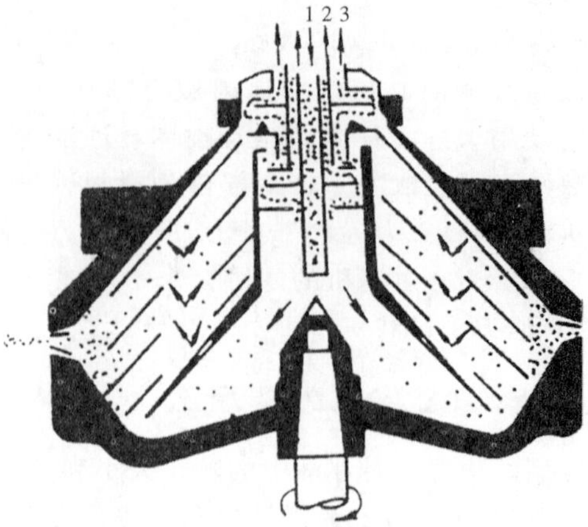

图10－65 SX型离心机转子

1.料液进口，2.轻液进口，3.重液进口，4.排渣口。

A.标准型：该机型无特殊排渣装置，每次操作后需拆除碟片，进行人工排渣，碟片上不带孔。主要用于液—液分离或固体含量极少的固液分离。

B.自动间隙排渣型：该机型转子由上下两部分组成，可定期开启，使沉降物借离心排出，碟片上不带孔。主要用于含固形物较高的固液分离。

C.连续排渣型：转子外缘装有若干个喷嘴，操作过程中可连续排出含液量较高的流动性渣液。用于固—液—液分离时，碟片上带孔；用于固—液和液—液分离时，碟片上不带孔。其中SX型机(圆周喷嘴型)最高转速为6 500转/分钟，分离因数0.6万～1.1万。可用于发酵液的菌丝体分离、澄清发酵液。在土霉素生产中，每台离心机处理量4～5m^3，相当于4台70m^2的板框压滤机的加工能力。在味精生产中，用连续型离心机回收菌体，湿菌浓度可由5%提高到50%。在酶制剂生产中，发酵液经离心处理，可使溶液中菌体浓度由10^8个/毫升降至10^3个/毫升，分离液无需再处理即可直接用于纯化酶类。

③螺旋卸料离心机：它是一连续操作式固—液分离设备。其转动部分由转鼓与螺旋两部分组成，见图10－66。螺旋与转鼓内壁间隙很小，转动时，由其间的差动变速器使两者间维持约1%的转速差。料液由中心管加入到螺旋中部，圆柱部分为沉降区，圆锥部分为甩干区。在离心力作用下，固形物沉降于鼓壁上，液体由左侧溢流孔排出。调节溢流挡板上溢流口位置、转鼓转速和进料速度，可改变固形物含水量和液体澄清度，生产能力也随之改变。

特点：A.悬浮液浓度变化不影响分离效率，且适应范围广，含固量从1%到50%的悬浮液的分离都适用。B.适应固体颗料大、小、广。C.占地面积小、处理量大。D.对难于沉降的固体颗粒，可通

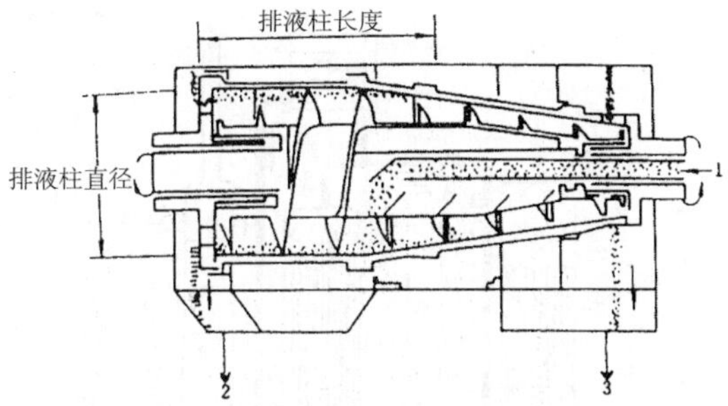

图 10－66 螺旋卸料离心机结构与操作示意图

1. 料液进口，2. 液相出口，3. 固相出口。

过调节转速差来提高分离效率。E. 可加入凝聚剂，以加快固体沉降作用。

高速螺旋卸料离心机转速 3 000～6 000 转/分钟，分离因数为 3 000～4 000，分离固体颗粒为 1～6μm，操作压力 0.1～1.0MPa，是一种连续操作固—液分离设备，各工序可在同一时间内连续进行，是一种高效、适应性强及应用范围广的离心分离机，最适宜处理难分离的黏性大物料，如发酵液的菌体分离。还有能用于固—液—液分离的螺旋卸料离心机，在此从略。

六、浓缩操作和设备

食药用菌物料经浸提和分离后，有效成分仍在很稀的浸提液中存在，既不能直接应用，也不利于制备其他制剂。通常经蒸发过程获得缩小体积的浓缩浸提液，因此蒸发过程也是浓缩过程。

（一）蒸发和影响蒸发的因素

蒸发系指用加热的方法，使溶液中溶剂气化，从而提高溶液的浓度，促进溶质析出的工艺操作。用于蒸发的设备又叫蒸发器。蒸发可分为沸腾蒸发与自然蒸发。溶液的溶剂在沸腾条件下气化叫沸腾蒸发；溶剂在低于沸点情况下气化叫自然蒸发。沸腾蒸发速度远远超过自然蒸发，生产上多采用沸腾蒸发。沸腾蒸发需要外界对溶液提供热量，热量供给是通过热的外部传导和溶液内部的对流和热辐射方式进行的。在生产中往往是 2 种或 3 种传热方式同时相伴进行，称为复合传热。在蒸发水提取液时，常用水蒸气加热，叫加热蒸汽或一次蒸汽，从提取液蒸发出的蒸汽叫二次蒸汽。如将二次蒸汽利用作为其他蒸发器的热源时，此类蒸发称多效蒸发。

有诸多因素影响蒸发：

①传热温度差：指加热温度与溶剂沸点温度之差，提高温度可加快蒸发速度。

②蒸发面积：根据蒸发公式得知，蒸发速度与蒸发面积成正比。

③搅拌：液体的气化程度在液面总是最大，故液面浓度高、黏度大，易使液面产生结膜现象，不利于蒸发，必须搅拌以加快蒸发速度。

④蒸汽浓度：在温度、液面压力、蒸发面积不变情况下，蒸发速度与蒸发时液面上大气中溶剂蒸汽浓度成反比。蒸汽浓度大，溶剂分子不易逸出，蒸发速度慢；反之则快。

⑤液面上大气压力：据蒸发公式得知，蒸发速度与压力成反比。常采用减压蒸发。

（二）减压蒸发和设备

在常压下蒸发水提取液时，由于水分蒸发温度较高，会影响提取液中有效成分的活性，采用减压蒸发可克服此缺点。减压蒸发又称真空蒸发。系指在蒸发器中，通过抽真空办法以降低其内部压力，使液体沸腾温度降低的蒸发操作。一般减压蒸发温度要求 50～70℃。

图 10－67 为一般中药厂使用的 SPB-913-09 型真空浓缩罐示意图，用于水提取液的浓缩。罐身为长柱形，分上下两段。浸提液受热后产生二次蒸汽，沿罐壁方向进入气液分离器，其中夹带的液体又流回罐内，而水蒸气经射流真空泵抽走，并在罐内形成真空，形成减压蒸发。罐身下部有 3 排盘管式加热管、出液口和取样阀门。罐盖上设有放气阀，用于出液时破坏真空时使用。使用时先将罐内各部分洗净，然后通入蒸汽进行罐内消毒，打开放气阀门和出液口阀门，使空气、冷凝水逸出，然后关闭 2 个阀门，开动真空泵抽真空。真空度达 0.065MPa 左右，抽入提取液，达到浸没加热管后，停止抽液，开蒸汽加热。注意温度不能太高，否则会造成浸提液随二次蒸汽跑出。浓缩样液达到要求后，先关蒸汽阀门、真空泵，再打开放气阀后，由罐下部排出浓缩液。

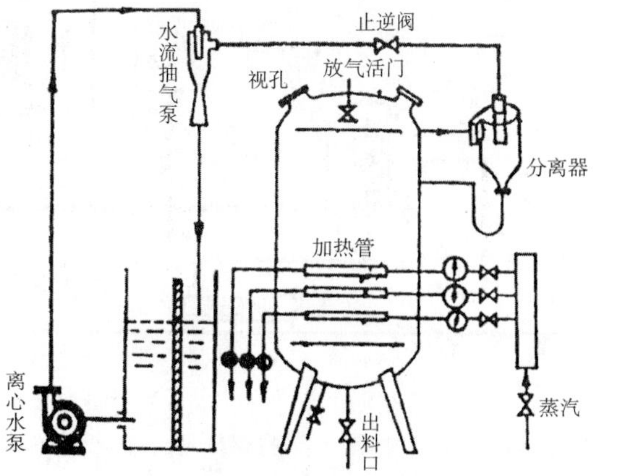

图 10－67 真空浓缩罐

（三）薄膜蒸发和设备

使液体形成薄膜而进行的蒸发叫作薄膜蒸

发。薄膜蒸发能加速蒸发的原理是在减压条件下，液体形成薄膜而具有极大的汽化表面积，热量传播快而均匀，没有液体静压的影响，能较好地防止物料过热现象。它具有使提取液受热温度低、时间短、蒸发速度快、可连续操作和缩短生产周期等优点。薄膜蒸发有两种方式：一是使液膜快速流过加热面而蒸发；另一是使提取液剧烈地沸腾，产生大量泡沫、以泡沫内外表面为蒸发面进行蒸发。后一方法使用较为普遍。

图 10－68 为一常用大型薄膜蒸发器。欲蒸发的提取液经输液管，通过流量计进入预热器预热后，自预热器上部流出，由底部进入列管蒸发器，被蒸汽加热后，即剧烈沸腾并形成大量泡沫，泡沫与水蒸气的混合物自汽沫出口进入气液分离器中。此时将汽沫分离成浓缩液和蒸汽，浓缩液经分离器下出口阀流入浓缩液储罐，水蒸气经二次蒸汽导管进入预热器的夹层中供预热提取液之用。多余的废气进入混合冷凝器中冷凝后，冷凝水由出口排出，未冷凝的废气自冷凝器顶端排至大气中。此器若加热管太长、蒸发量过大或操作不当，可能产生局部干壁现象，结垢后会降低传热效果。浸提液经此蒸发器后，可浓缩到相对密度(比重)1.05～1.10。此外，有一种刮板式薄膜蒸发器，它是利用旋转的刮板将提取液在器壁上分散成均匀的薄膜，而蒸发的一种设备，适于制取高黏度(300Pa•s 以下)浓缩液和对热敏感的物料浓缩。

(四)离心薄膜蒸发和设备

利用高速旋转形成的离心力将液体分散成均匀薄膜，进行蒸发的叫离心薄膜蒸发。

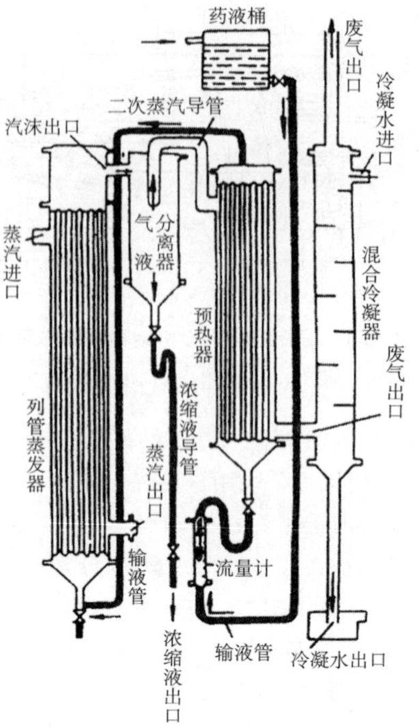

图 10－68　大型薄膜蒸发器

离心薄膜蒸发器是一种新型高效蒸发设备。它利用离心分离和薄膜蒸发两种原理，在离心力作用下，具有液膜厚度薄(0.1mm)、传热系数高，可达 16.74MJ/(m^2•h•℃)、设备体积小、蒸发强度大、浓缩比高(15～20 倍)、物料受热时间短(仅为 1 秒)，以及浓缩时不易起泡、结垢和蒸发室易于拆卸清洗等优点，适于食用菌物料水提取液的浓缩，对热敏性物料的水提液的浓缩效果好。

该设备主要由稀药液槽、管道过滤器、平衡槽、离心薄膜蒸发器、浓缩液罐、水力喷射泵等部件组成(图 10－69)。

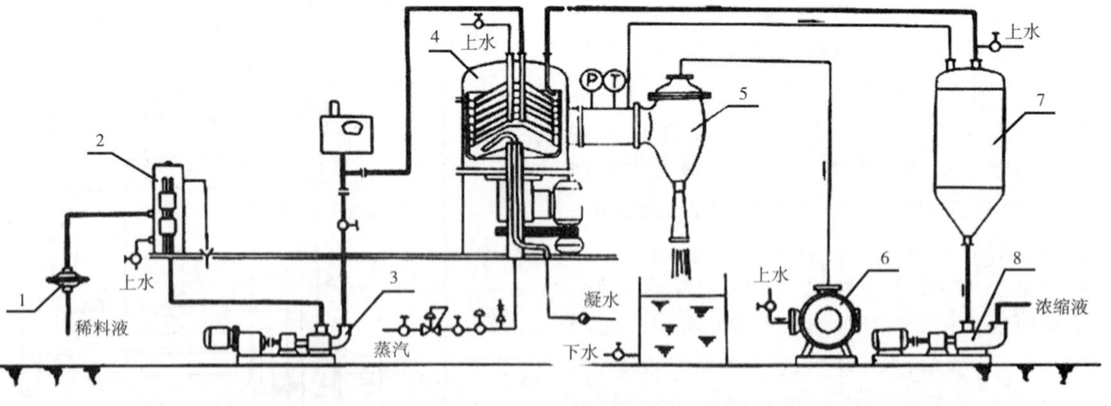

图 10－69　离心薄膜蒸发器

1.管道过滤器，2.平衡槽，3.进料螺杆泵，4.离心薄膜蒸发器，5.水力喷射器，6.加压水泵，7.浓缩液储罐，8.出料螺杆泵。

操作过程：浸提液经管道过滤器过滤后进入平衡槽，平衡槽内装有 2 个浮阀，上面一个阀通入浸提液，它能保持进入蒸发器的流量稳定；下面一个阀是安全装置，一旦料液中断，槽内液位下降，阀门自动打开，自来水流入槽内，保证蒸发器主机不会因断料液而造成蒸干和结焦现象。进入蒸发主机的料液流量，通过进料螺杆泵予以调节，并通过流量计显示流量，再经预热器预热后，进入离心薄膜蒸发器内进行真空浓缩。通过控制加热蒸汽压力或进料速度，达到预定的工艺浓缩要求。经浓缩后的料液借离心力作用流至浓缩液储罐，通过出料螺杆泵将浓缩液送至后工序。为防止热敏物料受热破坏、结焦，该设备安置了蒸汽喷射器，可制备负压蒸汽，经自控装置和手控使蒸汽压力保持在0.05～0.65MPa（真空度）范围，蒸汽温度保持在70～110℃。真空由水力喷射器提供，喷射高压水由高压水泵提供，高压水压力为0.4～0.6MPa。蒸发器内二次蒸汽由射流真空泵吸入，迅速冷凝后排入水槽内。如两次蒸汽不是水蒸气而是溶剂蒸汽，价值较高，需要回收，应采用间接冷凝法回收溶剂。

该设备适于热敏性物料的浸提液浓缩，对黏度高、易发泡的浸提液也有较大的适应性。浓缩比控制在10倍左右较合适，即能保持高的蒸发强度，又不致发生积垢现象。国产LZ-2.6型薄膜蒸发器真空度为0.079MPa，加热蒸汽压力在0.02MPa，物料进料温度45℃，进料流量1 100千克/小时，此时的蒸发能力大于900千克/小时，浓缩比大于5.5。

（五）蒸发设备的选用

根据浸提液的特性选择设备。

1. 耐热性

浸提液中的活性成分大多对温度有严格要求，属热敏性物质。应选用蒸发温度低、浓缩时间短的薄膜蒸发设备。

2. 积垢性

浸提液在加热后，若在加热面形成积垢，会大大降低传热效果，影响蒸发效果，应采取防垢措施。可选用管内流速很大的升膜式蒸发设备和强制循环的蒸发设备，如刮板薄膜蒸发设备。或采用电磁防垢、化学防垢，也可采用方便清洗加热室积垢的蒸发设备。

3. 发泡

含泡多的浸提液在蒸发时大量液体随二次蒸汽进入冷凝器，造成浸提液损失。采用管内流速很大的升膜式或强制循环式蒸发器，用高速的气体来冲破泡沫。

4. 结晶性

浸提液在浓缩过程中有结晶生成。要选择强制循环或有搅拌的蒸发设备，用外力使结晶保持悬浮状态。

5. 黏滞性

浸提液的黏滞性大大妨碍了传热面的热传导，造成温差增大，甚至局部产生结焦现象。对此类物料应选择强制循环或刮板薄膜蒸发设备，使黏稠物料迅速离开加热表面。

以上只是从浸提液的性质来选择不同类型蒸发器。选用时还要全面衡量，如浓缩比、浓缩后得率、热效率、清洗操作方便、能耗小和经济性等。

七、干燥操作和设备

干燥是利用热量使湿物料中的水或溶剂气化除去，从而获得干燥物品的工艺操作。食用菌物料的浸提液经分离、浓缩后，尚需进一步干燥以提高成品或半成品的稳定性和储藏性，便于进一步处理，如干燥后的物料粒度不够需粉碎后成为粉剂，进而加工成片剂和胶囊。

（一）干燥原理和影响干燥的因素

干燥过程是指水分从湿物料内部借扩散作用到达表面，并从物料表面受热气化的过程。带走水蒸气的气体叫干燥介质，通常为空气。通常干燥介质除带走水蒸气外，还供给水分汽化的热量。要使干燥过程继续下去的必要条件是，湿物料表面水蒸气压力一定要大于干燥介质中水蒸气分压。压差越大，干燥速度越快。干燥介质除应保持与湿物料的温度差及较低的含湿量外，尚需及时地将湿物料气化的水蒸气带走以保持一定的气化推动力。

干燥过程分3个阶段：初始干燥阶段特点是当温度上升时，物料表面气化速度也增加，此时物料内部水分扩散速度大于表面气化速度。等速干燥阶段特点是物料内部水分扩散速度等于表面气化速度，在此阶段内干燥速度决定表面气化速度，故凡影响表面气化速度的因素，都可影响干燥速度；降速干燥阶段特点是物料内部水分扩散速度小于表面气化速度，物料干燥速度主要决定于物料内部水分扩散速度，能影响表面水分气化的因素，对干燥速度没有影响，主要取决于干燥物料本身的结构、形状和大小。不同的物料在干燥过程中，以上干燥3个阶段都存在，只不过各阶段的干燥时间不同，通过实验可以确定。根据不同物料对干燥温度的限制，制订合理的干燥工艺，既保证干燥成品的质量，也缩短干燥时间。

影响干燥速度的因素有以下几点：

1. 物料的性质

包括物料内部结构、外部形状、料层的厚薄及水分存在的方式。如颗料物料内外的毛细孔多的物料，比表面大的物料、料层薄的物料、游离水在所含水分中比例多的物料干燥速度快。

2. 干燥介质的性质

包括介质的温度、湿度和流速。在适当的范围内提高介质的温度、降低湿度和提高介质流速均可提高干燥速度。所谓适当的范围是指物料允许的干燥温度和经济、合理的降低湿度和提高流速。

3. 干燥方法

物料在干燥过程中处于静置状态、接触干燥气流面积小、水蒸气被带走慢，这些都使干燥速度变慢，反之则快。如流化干燥、喷雾干燥，物料处于动态、比表面积大、接触干燥气流面积大，干燥速度快。

4. 压力

指干燥介质的压力，压力与蒸发量成反比。减压干燥是提高干燥速度的有效手段。

(二)接触干燥和设备

接触干燥是指被干燥的物料，直接与加热面接触，利用热传导原理进行加热干燥的方法。此法适用于化学性质稳定的浸提浓缩液和黏稠性液体的干燥。

鼓式薄膜干燥机（又称滚筒式干燥机）是常用的接触干燥设备。分单鼓式和双鼓式，也可在减压情况下使用。单鼓式薄膜干燥机见图 10－70。图中鼓即为表面光滑的干燥鼓，蒸汽由空心转鼓轴端引入进行加热。鼓由传动装置缓慢转动，由离心泵把浓缩液不停地送入凹槽，溢流液经鼓面再流回储液槽时，在鼓面黏附了一层浓缩液。此层浓缩液受热迅速蒸发，当转至刮刀处浓缩液已完全干燥，被刮刀刮下而落入接受器中。可通过改变鼓转速或浓缩液浓度来控制干燥程度。干燥成品呈薄片状易粉碎，干燥作业可连续进行。若在转鼓干燥鼓面装上密封外壳，便可在减压条件下进行干燥作业，此时可进行热敏感浓缩液的干燥。

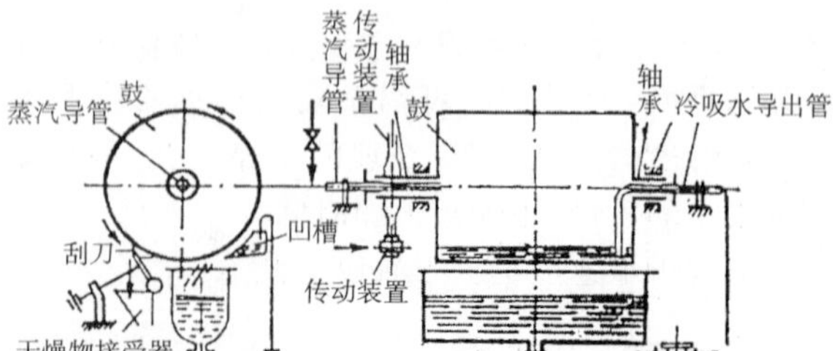

图 10－70　单鼓式薄膜干燥器

(三)气流干燥和设备

利用热空气流对物料进行干燥称为气流干燥。气流干燥原理是通过控制气流的温度、含湿量和流速来达到干燥的目的。按干燥介质（空气）加热形式和热源，深加工产品常采用蒸汽管式和燃油管式干燥机（详见本章第八节，一、食用菌干燥设备）。根据干燥气流流动方向和干燥规模大小，又可分为箱式和隧道式。

气流加热干燥一般温度较高，物料静置受热，干燥时间较长。食用菌浸提浓缩液活性物质受热易变性，故不宜采用此种设备干燥。

(四)真空干燥和设备

在负压条件下进行的干燥叫真空干燥。在负压条件下，可使水汽化温度低于 100℃。根据物料对干燥温度的要求，采用相应的负压进行干燥，从而保证干燥物料的质量。

真空干燥机主要由干燥柜、冷凝器、冷凝水收集器和真空泵组成（图 10－71）。真空干燥的温度低、干燥速度较快，干燥的物料呈疏松海绵状易于粉碎。整个操作过程系密闭操作，可避免物料的污染和变质分解，适于热敏性的提取浓缩液的干燥。柜式真空干燥机属间歇式干燥设备，物料干燥所需的热量由干燥盘接触传热提供，尤其是物料成固体状态时，接触面减少，干燥时间显然增加。为防止盘内装液太多，泡液溢盘外，一般盘内浓缩液不能放太多，故此设备一次干燥量有限。如对真空度要求不高的热敏物料，可选用水环真空泵或射流真空泵，可以省掉水蒸气冷凝器。

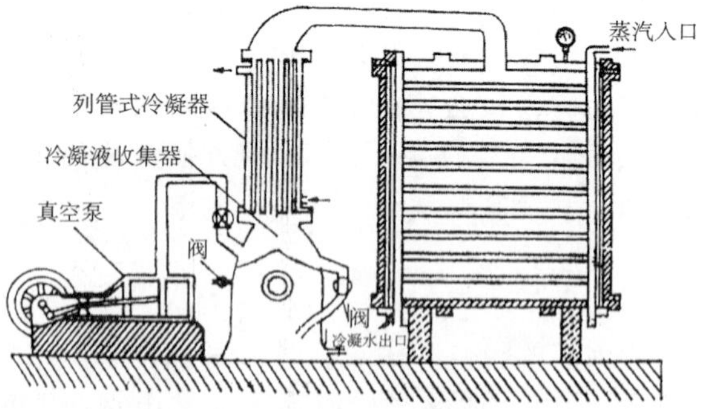

图 10－71　真空干燥解

(五)喷雾干燥和设备

喷雾干燥是流化技术用于液态物料干燥的良好方法。喷雾干燥的原理是将被干燥的浸提浓缩液经雾化器喷头雾化成细小雾滴，使液体干燥面积增加极大。当雾滴直径为 10μm 时，每升液体雾化后的雾滴总表面积可达 500m^2。当与干燥介质热空气相遇时，进行热交换，能使雾滴中的水分在数秒内完成水分蒸发，并干燥成为粉状或颗粒状干燥成品。

喷雾干燥的干燥速度快，成品质量较高，成品为多孔状溶解度好，干燥后的粉末细，不需再粉碎加工，使干燥、粉碎两个工序在一台设备内完成。整个干燥过程中由于雾滴中水分汽化需吸收热量，雾滴本身与周围空气温度迅速下降，因而喷雾干燥适用于一些热敏感浓缩液的干燥。

喷雾干燥的干燥效果取决于雾滴的大小。雾滴小、雾滴总面积大，干燥速度快、效果好。雾滴大小与雾化器性能有关。雾化器按驱动方式分为气动和电动。按雾化原理可分为离心式、压力式和气流雾化式。我国使用压力式雾化器较多，它适用于黏性浓缩液，动力消耗少，但需附有高压液泵；气流式雾化器适用于任何黏度或稍带些颗粒的浓缩液，但动力消耗大；离心式雾化器动力消耗介于上述两者之间，但造价较高，适于高黏度或带颗粒的浓缩液。

图 10－72 为一般喷雾干燥机结构示意图。浓缩液自导管经流量计至喷头后，压缩空气（0.38～0.47MPa）进入雾化器的涡流器推动转盘转动。利用离心雾化浓缩液，雾滴进入干燥室后，遇到被预热至 280℃左右的热空气，进行热交换后很快被干燥成细粉落入收集器内，部分沉降慢的粉末随湿热空气进入气、粉分离室后捕集于布袋中，湿热废气自排气口排出。一般热风进干燥室后，经热交换温度下降至 120～150℃。雾滴由于水分蒸发需要向热空气和本身吸取热量，一般温度为 70～80℃。食用菌的浸提浓缩液中的活性成分大多数为活性多糖。当前浸提液绝大多数采用一般喷雾干燥机干燥。由于多糖的软化点较低，易吸湿，雾化器的结构和转速适应性较差，雾点的直径粒谱较宽，常产生黏壁现象。尤其是在器顶部热风分

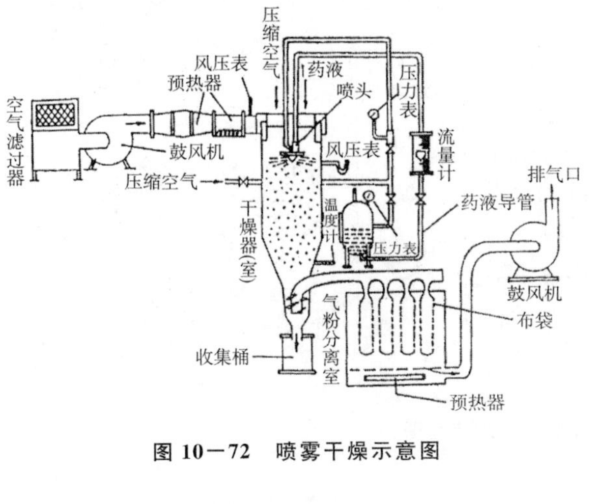

图 10－72　喷雾干燥示意图

配器附近产生物料焦化现象和器底部的收集器内产生软化吸湿结块现象。加上器内干燥热风温度在 120～150℃，清扫黏壁物料最快也要每天清扫一次，这样有一部分物料处在高温时间 8 小时以上。有资料表明，食用菌活性多糖的相对分子质量一般＞10 万，如长期处于高温环境下，高分子多糖、肽类有效成分大部分热解，发生键链断裂、扭曲后失去活性。

（六）远红外干燥和设备

远红外（波长5.6～1 000μm）干燥系辐射干燥法。系利用远红外辐射元件发出的远红外波，被物料吸收后，使其分子和原子产生共振，进而转变成热量而使物料本身温度升高，使水迅速气化，从而达到干燥目的。许多物料，尤其是有机物、高分子物料和水等，在远红外波长区有很宽的吸收带，各种物料有各自能产生共振的远红外波长，在此波长内产生共振，热量转换率高，所以远红外干燥速度快，节约能源，装置简便，干燥质量好，干燥速度是热风干燥的 5～10 倍。远红外辐射元件型式很多，一般由 3 部分组成：金属基体或陶瓷基体、在基体表面涂敷远红外辐射层和热源。对涂敷层要求辐射的波长在远红外区，且波长稳定，辐射率高，同时要求热源发出的热量通过基体传递到涂敷层。目前常用的远红外辐射元件为碳化硅电热板，也有用氧化钴、氧化锆、氧化铁和氧化钇混合构成的电热板。后者的辐射波长为 2～50μm 远红外波。此外还有氮化物、硼化物、硫化物等为涂料的辐射元件。

（七）微波干燥和设备

微波干燥系辐射干燥法。微波是指频率为 300MHz～300kMHz 的电磁波。目前常用的微波加热频率为 915MHz 与2 450MHz。微波加热的原理是利用高频电磁波使物料极性分子进行高频振动，造成分子间摩擦进而产生热量。极性越强的分子（介电常数越大），振动也越大，产生的热量也越多，水是极性较强的分子，产生热效应也越高。微波加热不同于一般的加热，而是对物料内、外同时加热，这是其他加热法根本无法做到的。微波干燥具有以下优点：

①能高效利用能源，可节约电能 1/3 以上。如用电热干燥，耗电 100kW·h，而用微波干燥同量、同含湿量的物料，耗电仅 20kW·h，可达到同样干燥程度。

②干燥速度快，时间短。

③产品质量好，干燥时表面温度不很高，对表面无损害，这是由于不对周围空气加热，表面氧化少，表面色泽保持好。同时产品表面易形成多孔性结构，复水性好。

④干燥过程也是杀菌过程。

⑤厂房利用率高。同样的厂房面积，微波干燥的生产能力是传统干燥设备的3～4倍。

缺点：一次性投资大、耗电能大等。从经济上考虑，对于含水率高的物料，单纯采用微波干燥设备不一定好。常与其他干燥方法联合干燥，如热风—微波干燥、远红外—微波干燥和油炸—微波干燥等，而微波干燥常用于物料含水率＜20%时的干燥。值得注意的是微波真空干燥机由于利用微波、真空干燥法的优点，干燥的产品不仅质量好、时间短，且复水性也好，仅次于冷冻升华干燥的产品。

有一种隧道式微波干燥器，也称连续式谐振腔干燥器。被干燥的物料通过输送带连续输入，经微波加热干燥后连续输出，从箱式谐振腔两端输送带出。入口处设有防止微波能泄漏装置，在箱体顶端设有抽风装置，以便及时排出气化的水蒸气。图10—73为连续式多谐振腔干燥器加热图。根据单位时间内需要干燥物料的水分，选择合适功率的磁控管，组成多管并联的谐振腔式连续加热干燥器。磁控管的功率为5kW、10kW、20kW、30kW几种。

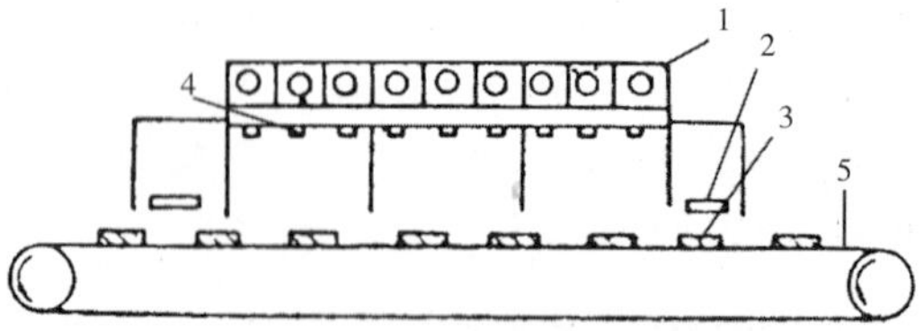

图10—73　连续式多谐振腔加热器

（八）冷冻升华干燥和设备

冷冻干燥系指将被干燥的物料冷冻成固体，在低温减压条件下，利用冰的升华，使冰直接由冰升华为水蒸发而除去，以达到干燥目的。

冷冻干燥的物料整个干燥过程在零度以下完成的，干燥成品呈海绵状，易于溶解。适用于对热敏感的物料，如酶、激素、血浆、抗生素、蛋白质类药品、蜂王浆，以及一些呈固体而临用前溶解的注射粉剂。此法干燥设备昂贵，干燥成本是一般热风干燥的5倍，虽然干燥质量是所有干燥法中最好的，但仍需全面综合考虑选择。

八、食药用菌精粉、粗多糖提取新工艺和设备

（一）食药用菌精粉、粗多糖提取新工艺

传统的水提醇沉工艺存在有效活性成分有不同程度损失，浸膏在干燥过程中因长时间高温受热，使多糖、肽类成分发生键链断裂、扭曲而失活，极大地降低应有的效用。多糖动态水提取新工艺克服了上述工艺缺点，其工艺流程如下：

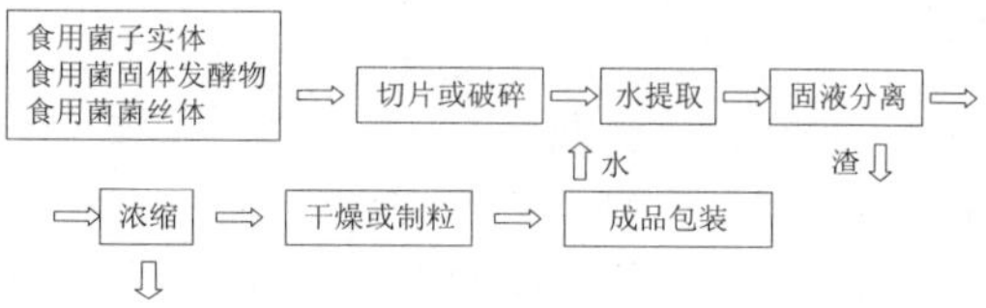

（二）食药用菌精粉、粗多糖动态水提取生产线

按新工艺要求，配备合适、性能先进的设备，组成多糖（粗）动态水提取生产线。该生产线由5部分组成（图10—74）。

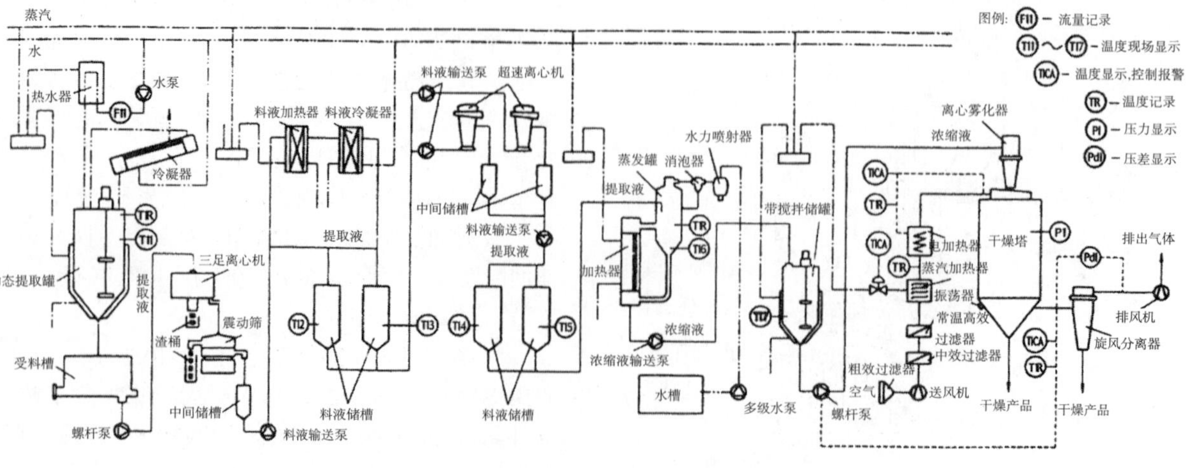

图10—74　中药动态水提取生产线流程图

1. 粉碎

对子实体可用切片机或粉碎机切片或粉碎，对固体发酵物用松碎机松碎。切片厚度或粉粒度为3～5mm，不可松碎得太小。对菌丝体用捣碎机破碎，目的是增加表面积，以提高提取率。

2. 动态水提取

用95℃热水温浸1～2小时。浸提设备为带搅拌的蒸汽夹套加热提取锅，温度不宜过高，目的是不使淀粉过分裂解糊化，否则下步操作对固液分离、浓缩、干燥均不利。浸提过程中开动搅拌器能降低浸提物周围溶质的浓度，增加扩散系数，缩短提取时间，提高提取率。新工艺提取时间为1～2小时，可一次提取完成，用水量也降低。

3. 固液分离

分离过程采用三级分离设备。由三足式下卸渣离心过滤机、三维振动筛过滤机和澄清型超速管式离心机完成固液分离，可得到基本不含悬浮颗粒的澄清液。固液分离是提取多糖(粗)的技术关键。①离心过滤机分离得到的沉渣呈半干性状态(含水分10%)，这样减少了多糖的分离损失；②振动筛分离将大于160目(>85μm)的悬浮粒子过滤掉，可减少超速管式离心机的负荷；③超速管式离心机可将微小渣物、悬浮物、淀粉等分离掉，便于以后浓缩和喷雾干燥操作，避免或减少结焦、黏壁现象出现。超速管式离心机可部分替代自然沉淀和醇沉工艺，速度快，可避免多糖和肽类损失。

4. 蒸发浓缩

采用单效垂直长管式外部加热型减压自然循环蒸发器。蒸发器的加热器为一般结构的单列固定管板式热交换器，装在蒸发器外侧，从而降低蒸发器的高度。由于蒸发器没受到蒸汽加热，提高了进、出口的温差，加快了溶液的自然循环速度。蒸发器顶部装有挡板式泡沫捕集器，使气、液分离好，解决了多糖提取过程中易结垢、发泡等缺点。该机具有结构简单、装卸清洗方便、不易结垢等优点。

5. 干燥

采用先进的喷雾干燥系统设备，设定了一些不稳定成分、无变化的干燥条件的微粒化技术和防止内壁附着技术，特别适合于活性多糖成分的干燥，具有操作简单、性能稳定、调控方便、可实现自动化操作等优点(详见本章第九节(五)喷雾干燥和设备)。为了符合GMP要求，干燥机的进风系统加装了中效过滤器和常温高效过滤器，保证干燥空气的洁净度在10万级以上，且保持干燥室在微正压下工作，避免在干燥过程中漏入未过滤的空气。

6. 生产线使用说明

①该生产线的提取核心是温浸和动态提取。在搅拌器转速不变情况下，针对不同食用菌浸提物料，在提取之前应对温浸的温度和时间做一组正交试验，以确定最佳参数，充分发挥设备特点，提高提取率和取得节能效果。

②用该生产线生产多糖口服液时，为了达到较高的澄清度，需将经过二级分离后的提取液，通过板式换热器使提取液冷却，以便析出更多的不溶物，使超速管式离心机分离掉更多的沉淀物，以提高提取液的澄清度。也可采用分离2次或分离时减少流量的办法。对于提取液中的悬浮物，不同制剂有不同的要求，且悬浮物含有大量有效成分，分离掉太多悬浮物将降低应有的功效。为此，可根据要求在超速管式离心机上增加变频器，以改变离心速度，从而达到不同的分离效果。经过澄清的提取液可根据口服液浓缩比要求经浓缩后，装瓶、封口、灭菌和包装，即得口服液产品。生产片剂时，提取液不必经过澄清分离，只需二级分离后，就可进行浓缩、喷雾干燥，干燥后的粉剂加入适当添加剂后，经压片、包装和灭菌后即得片剂产品。

(三)食药用菌精粉、粗多糖动态水提取生产线的优点

①温浸动态水提取工艺提取时间短，有效成分提取充分，淀粉、糖分浸出少，有利于分离浓缩。

②三足离心分离机机械刮落下卸渣，提取液分离充分，卸渣不污染车间环境。

③超速管式离心沉降分离替代了自然沉淀和醇沉工艺，速度快，避免了多糖和肽类的损失。

④蒸发浓缩考虑到多糖易结垢和发泡的特点，该生产线能消泡，清洗维修方便。

⑤喷雾干燥充分考虑到多糖软化点低、吸潮特点，采用多种防范装置。浓缩液在干燥过程中，有效活性成分损失少，减少了污染，提高成品内在质量，成品流动性好，溶解性好。

⑥生产线在密封状态下生产，符合GMP生产的要求。

⑦生产线解决了在水提醇沉的传统工艺生产中多糖活性成分失活和丢失多的问题，提高了多糖(粗)的得率和内在质量。

第十节 高新技术在食药用菌工程上的应用

一、臭氧技术在食药用菌工程上的应用

(一)臭氧的理化特性,消毒灭菌机制和优点

1. 臭氧的理化特性

臭氧(O_3)是氧(O_2)的同素异形体,是具有刺激性特殊气味的、呈浅蓝色不稳定气体,密度为1.68(空气为1),臭氧略溶于水(3%)。在标准压力和温度下(STP),溶解度比氧大13倍,比空气大25倍。臭氧稳定性极差,在常温下可自行分解为氧气,所以臭氧不能用容器储备,只能现场生产立即使用。臭氧在水中分解速度比在空气中快得多,在有杂质的水中,臭氧会迅速地恢复到氧气。常温下,在蒸馏水中臭氧的半衰期大约为25分钟,在二次蒸馏水中,20℃状态下经85分钟臭氧分解,只剩10%。臭氧在大气中半衰期为50分钟。臭氧对人有毒,国家规定大气中允许浓度为$0.2mg/m^3$。臭氧是广谱性杀菌剂,可杀灭细菌繁殖体和芽孢、病毒、真菌等,可破坏肉毒杆菌毒素。

2. 灭菌机制

臭氧灭菌属生物化学氧化反应。通过破坏细菌、病毒的细胞膜和核糖核酸等聚合物,使细菌的代谢功能和繁殖过程遭破坏,达到灭菌的作用。湿度增加可提高杀灭率,这是由于在湿度条件下细胞膜膨胀变薄,其组织易被臭氧破坏。

3. 臭氧消毒灭菌的特点

与常规消毒法比较,臭氧消毒灭菌有如下特点:

①广谱高效:广谱是指臭氧即可杀灭细菌繁殖体、芽孢、病毒、真菌,还可破坏肉毒杆菌和毒素,属溶菌类型;高效是由于臭氧呈弥散形,灭菌时能扩散到室内或箱体每一个角落,无灭菌死角。不像紫外灭菌灯只有照射到的地方空气和表面才能被消毒灭菌,灭菌速度比紫外线灭菌快1~2倍,比药物消毒灭菌快8~12倍。当水中的臭氧浓度达到1mg/L以上,空气中臭氧浓度达$10mg/m^3$,密闭30分钟以上,灭菌率可到90%以上;臭氧浓度达$30mg/m^3$,灭菌率可达99%。国际卫生组织对消毒灭菌剂的功效进行对比,消毒灭菌效果依次为臭氧、次氯酸、二氧化氯、次氯酸根、紫外线。

②洁净:臭氧在消毒灭菌过程中最终生成物为氧气、水和CO_2等无害物,没有二次污染。这是臭氧消毒灭菌突出的优点,被誉为绿色消毒技术。

③方便:将臭氧发生器接上电源,设定开、关机时间,便可在设定的时间内进行消毒灭菌,不需要对消毒空间做任何善后处理,如通风处理。

④经济:与其他消毒灭菌方法比较,具有很大的经济性。如对$1m^3$的水进行消毒灭菌,仅需氧气、水、电成本约0.5元;消毒灭菌1 000m^3空间仅需用电1kW/h,对空间内物体表面消毒灭菌也仅需用电2kW/h。如此低廉的消毒运行成本是其他消毒灭菌方法无法达到的。

⑤多功能:臭氧除具有消毒灭菌功能外,还有很强的防霉、除腥臭异味和脱色、保鲜功能,对原料及辅料的防霉、防蛀作用明显,对垃圾场、污水处理厂、屠宰场除臭十分有效。臭味的主要成分是氨(NH_3)、硫化氢(H_2S)、甲硫醇(CH_3SH)等,经其氧化分解后的生成物没有气味;对食用菌增白、保鲜效果明显。保鲜原理:一是使菇体代谢活动降低,二是可分解代谢活动产生的催熟剂乙烯。

(二)对臭氧消毒灭菌效果和使用安全的观点

我国卫生部2002版《消毒灭菌规范》第162页有关臭氧部分对臭氧灭菌作用作了肯定,并对适用范围(水的消毒、物品表面消毒、空气消毒)、使用方法(诊疗用水消毒、医院污水处理、游泳池水处理、空气消毒、表面消毒及注意事项)作了具体使用量的规定。

国家食品药品监督管理局颁发的《制药行业GMP认证指南》中对臭氧灭菌作用作了如下介绍:科学研究表明,臭氧有极强的杀菌作用,臭氧对细菌有极强的氧化作用。臭氧氧化分解了细菌内部氧化葡萄糖所必需的酶,从而破坏细胞膜,将它杀死,多余的氧原子会自行重新结合成普通的氧分子,不存在任何有毒物质残留,故称"无污染消毒剂"。它不但对各种细菌(包括肝炎病毒、大肠杆菌、铜绿假单胞菌及杂菌等)有极强的杀灭能力,而且对杀死霉菌也很有效。

1995年,日本将臭氧归类于"已存在添加剂名单"。

1995年,法国公开臭氧规则特别核准。同意臭氧在水溶液中可漂白鱼类内脏部分。

1996 年，澳大利亚食品标准法案中，包括使用臭氧为“食品添加剂”。

1997 年，美国食品与医药管理局修改了一直把臭氧作为“食品添加剂”限制使用，允许不必申请即可在食品加工、储藏中使用臭氧，并声明：在美国利用臭氧处理食品“符合一般认为安全”规定（GRAS）。该声明是臭氧技术应用到食品行业的里程碑。此后美国对臭氧在农业和食品科技方面的应用，利用臭氧提高食品质量、改进食品加工技术等方面进行了许多研究和报告。这对美国和许多国家食品加工技术进步及提高食品质量起到了巨大的推动作用。

（三）臭氧发生方法

按原理分为电晕放电法（真空管电晕放电法、沿界面放电法、缝隙放电法）、电化学法（电解纯水法）和光化学法（紫外线照射法）。前两种放电法应用较多。

1. 电晕放电法

利用两级间的高压交变电场，使通过电场含氧气体产生电晕放电（即无声辉光放电），在电场中高能电子撞击氧气，使 O_2 分解为氧原子 $e+O_2 \rightarrow 2O+e$，经三体碰撞产生臭氧分子 $O+O_2+M \rightarrow O_3+M$，式中 M 为有催化作用的其他气体分子。该法产生的臭氧能耗低，臭氧产生量大，但产生臭氧浓度比电化学法低。该法主要用于医学、食品行业、农业种植、养殖业。

2. 电化学法

使用直流电源电解含氧电解质，例如用固体聚合物电解质膜（PEM 膜），复合电极电解去离子水（电导率≤5μs/cm）可得浓度＞14%、成分纯的臭氧。本法产生的臭氧浓度高，故在水中溶解度也高，该法可制得 5～13mg/L 的臭氧水，且能耗低。主要用于医学、食品行业、农业种植、养殖业等。

3. 光化学法

利用短波紫外线照射空气后可产生臭氧的原理（大气中的臭氧层即按此原理形成），经试验得知波长为 1 849Å 的紫外线产生臭氧最多。据此制得的紫外灯管并与空气过滤器和风扇组成臭氧发生器。此法产生的臭氧不受温度影响，对湿度也不敏感，易通过对灯光功率的线性控制来控制臭氧产量。但此法产生的臭氧量低，一般用于需要臭氧量少的地方，如实验室少量样品的杀菌、除臭等。

（四）臭氧浓度、产量及检测方法

臭氧浓度与产量是臭氧发生器重要技术性能指标，这两项指标也是管理监督部门必测项目。在多种臭氧浓度测定中，以靛蓝法中靛蓝二磺酸钠（LDS）分光光度法应用最广，它已被国家环保局和国家标准局正式批准为全国环境检测部门统一采用的方法。该法具有灵敏度高、重复性好、受干扰少等优点。一般企业单位常用碘量法和臭氧检测管法测臭氧浓度。

1. 碘量法

根据碘化物被臭氧氧化成碘的氧化原理来测定的。游离碘的定量测定可根据淀粉—碘复合指示剂用滴定法来完成，或用电量法和光度法来检测，检测灵敏度 2mg/L。此法受大多数氧化剂干扰。

2. 臭氧检测管法

检测浓度范围分为高浓度 $1\ 000 \times 10^{-6}$、中浓度 10×10^{-6}、低浓度 3×10^{-6} 3 种，用于检测空气臭氧浓度。适于现场使用，测定简便。但精度低（为±15%）。

在室温状态下（25℃，1atm）$1 \times 10^{-6} = 2mg/m^3$；在 0℃时，1atm 下 $1 \times 10^{-6} = 2.14mg/m^3$；臭氧水在标准状态下（0℃，1atm）为 $1 \times 10^{-6} = 1mg/L$。

（五）臭氧发生器气源和选择

产生臭氧的主要原料是氧气，气源质量至关重要。臭氧发生器按气源不同可分为氧气型、空气型、带自身制氧机型 3 种。气源中含氧量、温度、相对湿度等因素直接影响臭氧产量。在一定含氧量条件下，相对湿度对臭氧产量影响最大。为得到稳定的高质量的臭氧，气源最好用纯氧（工业用瓶装氧气或液态氧）、以空气为气源的臭氧发生器。由于使用时受到环境条件的影响，臭氧产量差别会很大。实验表明，用未经过干燥处理的空气作气源的臭氧发生器，其臭氧产量夏天可能只有冬天的 50%或更少，所以这种臭氧发生器的臭氧产量数据必须要有环境条件说明，即使是带小型制氧机的臭氧发生器，臭氧产量也受环境影响。在夏天湿热环境下的臭氧产量比冬天干寒环境下小 30%。当然经过干燥处理的空气为气源的臭氧发生器，臭氧发生量还是十分稳定的。

臭氧发生器常用气源可按下列原则选择。

①氧气源（瓶装氧气可达 98%以上含氧量）：适用于对臭氧产量、臭氧浓度要求较高的中、小型

纯净水、矿泉水、饮料企业。一般选用臭氧产量在50g/h以下的设备。

②富氧气源(用制氧机制氧,氧气含量可达90%以上):适用于对臭氧产量大、臭氧浓度高的大型纯净水、矿泉水、制药厂、饮料厂和食品厂。选用臭氧产量在100g/h以上的设备。

③干燥空气源:适用于臭氧浓度要求低、臭氧产量要求大的场合,如制药车间和食品加工车间的空间消毒、食品加工用水、游泳池、水产养殖、污水处理等企业。空气气源是经过空压机、过滤机、冷干机、吸干机等处理后的空气气源。

④未经处理的空气气源:适用于环境较干燥或消毒要求不十分严格场合,如除臭、除霉场合,可直接使用空气气源。

(六)臭氧的应用

臭氧具有极强的氧化能力,氧化能力仅次于氟,而高于氯,具有极强的消毒灭菌作用、脱色、去除腥臭异味和分解作用。广泛用于水处理、化学氧化、医疗卫生和农业栽培、保鲜、食品加工、食药用菌生产等方面。

①接种室、培养室、栽培室的空间臭氧气体消毒灭菌。建议:10~20mg/m^3。

②接种人员手、衣服和接种器械的臭氧和臭氧水消毒灭菌。建议:30~40mg/ m^{3}或4~7mg/L。

③菇房增湿用水的臭氧消毒灭菌。建议:4~7mg/L。

④鲜菇包装前采用臭氧或臭氧水进行保鲜处理。建议:10~20mg/ m^{3}或4~7mg/L。

⑤对食用菌用臭氧水清洗可降解农药残留。

⑥用臭氧和臭氧水对食用菌进行处理可达增白效果。

⑦在深加工方面,用臭氧对食用菌有效成分进行结构修饰。

臭氧技术应用历史不长,有许多方面尤其在食用菌生产和加工方面尚需不断探索和实践。在实践中应使用精度高、检测方便的臭氧含量检测方法和仪表,使测出的数据重复性好、可信度高。臭氧在食药用菌方面的应用必会掀起应用高潮,并对食药用菌生产和加工的技术进步将产生推动作用。

(七)臭氧发生设备

南京纯涯机电技术研究所产FCY系列臭氧空气消毒器,属真空管型电晕放电产生臭氧的设备。

杭州荣欣电子设备有限公司产CFK-K系列开放式缝隙型臭氧发生器属缝隙型电晕放电产生臭氧的设备。

武汉同源环保设备有限公司产PEM系列电解水臭氧发生器属电化学型产生臭氧设备。

二、微波技术在食药用菌工程上的应用

(一)微波基本知识和加热特性

微波是波长1mm~1m的超高频电磁波。为避免使用中相互干扰,工业上目前只有915MHz和2 450MHz被广泛使用。微波是电磁波,它具有电磁波的诸如反射、透射、干涉、衍射、偏振以及伴随着电磁波进行能量的传输等波的特性。在微波领域中通常应用所谓"场"的概念来分析系统内的电磁波的结构,并采用功率、频率、阻抗、驻波等作为微波测量的基本量。微波传播时,具有"似光性"直线传播,遇金属表面发生反射,微波能量分布具有空间分布性质,并具有高频特性中的集肤效应、辐射效应和相位滞后效应。微波常用金属做成矩形或圆形金属管,又叫波导管,用它传播微波能量。常用吸收微波功率很少的物质做容器和反应器材料如聚四氟乙烯、聚丙烯、玻璃等,通常把被微波加热的物料叫介质。因介质的极性大小不同,不同程度地吸收微波能量,也称有耗介质。微波对介质的穿透性随微波的频率增高而减少。微波对介质加热一般选择在能穿透的基础上进行加热的,微波加热的特点:

①透入物料内部的能量被物料吸收,转变成热量,形成微波独特的加热方式,也叫整体加热。这种加热方式有利于物料的干燥。微波加热具有加热均匀、热转换率高、加热时间短的特点。

②加热惯性小,加热状态可无惰性地随之改变,有利于自动控制生产需要。

③在物料低水分(<20%)情况下,干燥效率高于其他常规方法干燥、节能,且具有选择性加热的特点。

④在微波干燥的同时也进行灭菌。

了解微波加热的特点和优点,不能误认为凡是需要干燥的场合都应该使用。微波干燥技术上可行的,不等于工程上可行,还应考虑工程设备投入和产出效益、设备运转、维修和产品质量等一系列问题。以上仅就降低生产成本、节能等单项指标评价微波干燥法的经济性。

(二)热风—微波和热泵—微波联合干燥在食药用菌干燥中的应用

①热风—微波联合干燥食用菌子实体:食药

用菌鲜品含水分比较多，为75%～90%。目前食用菌的干燥常采用烟道管式热风干燥机，干燥时间较长，尤其在干燥后期，菇体内水分很难扩散到表面，故菇体水分在小于20%～25%时，改用微波干燥，一般会缩短5小时以上。尤其肥厚菇体和胶质多的耳类，更能显示缩短干燥时间的优点。

②热泵—微波联合干燥食药用菌子实体：对于菇体干燥后有色泽要求（如白木耳、双孢蘑菇、竹荪等）和复水要求（如黑木耳、毛木耳等）的菇类，可选用热泵—微波联合干燥。热泵干燥的温度为15～35℃，适合热敏的物料和有色泽、复水要求的物料。物料经热泵干燥到含水量为20%左右时，改为微波干燥可发挥不同干燥原理的特点，可达到对干制品的干燥质量要求，也可缩短干燥时间。干燥任何物料都有其最适合的干燥工艺，如物料本身含水分很少，可一次用微波进行干燥，如微波干燥竹荪、菊花等。

（三）微波对储藏中返潮的干制品和炸制品的复干

一般用塑料袋储藏的食药用菌干制品，由于空气中的水分可逐渐透过包装塑料膜，使干品含水率上升至15%～18%，加上环境温度上升，给一些真菌和昆虫滋长创造条件。为此，需进行热风复干，时间一般2小时左右。而采用隧道式箱型微波加热器复干受潮干制品只需5分钟，通过复干生产线即可达到复干和灭菌双重目的。复干也可用于油炸食药用菌休闲食品的最终干燥和复干操作，都显出节能、节时的优点。

（四）微波在食药用菌保健酒的催熟工序上的应用

保健酒（白酒）经单台或多台（串联）管道式液体微波加热设备进行保健酒催熟后，效果显著，可消除酒的辣味，使酒更柔和、绵软、光滑可口。尤其是低档酒经微波处理后，质量提高更为显著。

催熟机制：

①水与酿酒关系极大。微观水不以自由分子存在，而是由3～4个或更多水分子以氢键缔合在一起形成“团状”，称缔合态水，其与乙醇混合并非完全均匀和紧密，这是刚蒸出和勾兑出新酒出现“淡味”、“燥味”的原因。通过微波处理后，可使缔合水拆散成单分子，与醇键结合成紧密醇化物，并与乙醇呈香、呈味成分复合，产生陈化效果，对勾兑的酒，淡水味将大大减轻。

②微波处理的热效应（50℃左右）能加速醇化过程，处理一次相当储酒3个月的效果。

③微波的非热效应能提供酒的氧化、酯化能量和促进这一系列反应过程，使酯化过程大大缩短。

（五）微波膨化食药用菌生产有特色的休闲食品

①用食药用菌子实体、菌丝体原粉生产休闲食品：食药用菌原粉的蛋白质含量24%～36%，属植物性蛋白。其可逆变性的温度和时间区域极其狭窄，不利于膨化加工，需添加一定量的谷物淀粉、添加剂和发泡剂，加水搅拌、预煮、成形和预干燥成含水率20%左右、经微波加热膨化成含水率5%～8%的食用菌膨化休闲食品。倘若膨化制成即食方便食品，含水率只需降到20%左右时，即可真空包装。

②食药用菌子实体原形膨化食品：首先将子实体进行真空脱水，加压、喷涂蛋白液后，进行微波膨化处理。膨化工艺参数需优化选择。

（六）利用微波生产食药用菌的托盘软罐头食品

生产食药用菌盐水软罐头的重要工序，一是杀青，一是灭菌。

①杀青的目的是灭酶、护色。传统杀青常用沸水，杀青时间较长，杀青后菇体养分流失较大，且杀青水排放污染河流。采用微波杀青，可避免养分流失，减少失重，劳动条件改善。曾有人用600W微波炉对平菇进行70℃、1.5分钟；80℃、1分钟；90℃、0.5分钟的杀青处理，其抑制过氧化酶的效果与在100℃热水中杀青5分钟或蒸汽中杀青3分钟的效果相同。微波杀青和热水杀青相比，菇体中氨基酸含量提高30%，杀青菇可溶性固形物含量提高100%左右，且菇体变色不明显，质地不软烂，效果良好。除此以外，对山核桃、板栗进行微波灭酶处理都取得灭酶、杀虫的实用效果，彻底解决了常温储藏酸败的难题。

②微波杀虫、灭菌的机制：菇体中的微生物受到微波热效应和非热效应的共同作用，使其体内细胞中的蛋白质和核酸等生理活性物质发生变异，细胞膜的渗透性遭到破坏，从而导致微生物体发育异常直致死亡，进而达到对菇类软罐头进行杀虫灭菌的目的。用比热力灭菌低的温度对菇类软罐头进行微波灭菌，能达到同样灭菌效果。一般对软包装进行微波照射处理3分钟，温度75～85℃即可。灭菌时，托盘软罐头放在微波灭菌输送线上（隧道式箱型加热器），连续进行，工作条件好。而传统热力灭菌时间需1.5小时，灭菌温度

121℃，灭菌工序是间歇式。

（七）微波在口服液、胶囊、片剂灭菌上的应用

食药用菌深加工保健品如口服液、胶囊、片剂、粉剂，包装后都要进行灭菌处理，使产品达到卫生标准。

①口服液：一般常用 10ml 玻璃瓶罐装后，经 105℃蒸汽高压灭菌 30 分钟，通常破瓶率为 5%～7%。而用 5.2kW 微波灭菌设备对瓶装口服液进行灭菌，灭菌时间 3 分钟，温度 80℃，灭菌能力 3 万瓶/时，瓶子无漏液和爆裂，经检查全部合格。在常温下放置 18 个月后，仍全部符合国家卫生标准。且瓶内不出现沉淀，用微波设备代替蒸汽高压灭菌，生产 2 个月后可收回微波灭菌设备投资。

②胶囊、片剂、粉剂灭菌：一般常用^{60}Co辐射灭菌效果较好，但日本及欧州国家对保健品、食品用经^{60}Co辐射灭菌有许多限制，影响产品的出口。用微波对用塑料袋包装好的胶囊、片剂、粉剂进行灭菌可以代替^{60}Co灭菌，灭菌成本也可大幅度降低。

此外，对奶粉、红曲粉的微波灭菌已经用于生产。对用塑料袋包装的食品进行微波灭菌时，为避免加热胀破袋子，可将塑袋预封口，用微波进行灭菌处理后，再进行封口。

三、真空油炸技术在食药用菌干燥上的应用

（一）真空油炸原理

果蔬真空油炸是在减压状态下，果蔬中水分汽化、温度降低，使之能在短时间内迅速脱水，以实现在低温条件下对果蔬进行油炸干燥。干燥介质是油而不是空气。

（二）真空油炸特点和真空充氮包装生产食药用菌脆片休闲食品

1. 特点

①真空油炸干燥是在低温（90℃左右）下对食用菌进行油炸脱水，可避免高温对食品营养成分的破坏。

②真空油炸具有广泛的适应性，尤其对含水量高的果蔬原料更具有独特的效果，能有效地保持果蔬的原色原味，提高果蔬食品的档次。目前主要应用于水果类、蔬菜类、干果类。

③真空油炸食品的含油率在 18%以下，含水率在 1.8%左右，而一般常压油炸食品的含油率在 40%～50%。这对嗜好油炸食品的消费者无疑是个好信息。

④低温油炸食品可防止食用油的劣化变质，不必在油中加入抗氧化剂，可提高炸油的利用率，且节油效果明显。

⑤在真空状态下，果蔬细胞间隙中的水分急剧汽化膨胀，体积迅速增加，间隙扩大，具有良好的膨化效果，使之果蔬酥脆可口，并具有良好的复水性。

（三）果蔬脆片生产线

生产线中可配备 ZL-30 型连续真空油炸脱油机，也可配备 ZL-10 型双罐交替真空油炸脱油机，生产能力分别为 30 千克脆片/小时和 10 千克脆片/小时。其他设备包括喷淋式洗果机、切片机、甩干机、真空加压浸糖罐、调理台、冷却塔、夹层锅、水泵、提升机、输送带、真空充氮包装机、储油罐、辅助设备及管路等。

四、挤压膨化技术在食药用菌干燥中的应用

（一）挤压膨化加工技术原理

借助挤压机的变距螺杆的推动力，将物料向前挤压，物料受到搅拌混合和摩擦以及高剪切力作用，使得淀粉粒体解体。同时筒腔内温度上升（150～200℃），压力可达 1MPa 以上，物料在腔内通常停留 10 秒以下，然后从一定形状模孔瞬间挤出，由高温、高压状态突然降至常压，其中游离水在此压差下急骤汽化（闪蒸），水的体积可膨胀大约 2 000 倍，膨化瞬间谷物结构发生变化，使生淀粉（β-淀粉）转化成熟淀粉（α-淀粉），蛋白质变性，酶活性纯化，同时变成层状疏松海绵体，物料（谷物）体积膨大到几倍到几十倍。

（二）挤压膨化加工特点

①应用范围广，可加工成各种形状的膨化和强化食品。

②生产效率高，集供料、输送、加热、成形为一体，又是连续生产，生产能力每小时几十千克到十几吨。

③原料利用率高，无污染。

④营养损失小，有利于消化吸收。由于挤压膨化加工属高温短时间的加工过程，膨化物料中营养成分几乎不破坏。膨化后体积变大，成多孔海绵状，分子结构也变化，可促进人体对膨化物料的消化吸收。

⑤口感好，食用方便，膨化食品松脆可口，海绵状组织吸水力强。不管直接食用或加水、加奶冲调，食用均较方便。

⑥不易回生，保质期长，便于储藏。

(三)用挤压膨化加工法生产具有不同食药用菌口味的膨化休闲食品

①把谷物淀粉与食药用菌子实体或菌丝体干粉以一定比例混合，加水搅拌成含水分15%～20%的物料，经挤压膨化加工后，喷涂调料进行烘干，即成有食药用菌风味的膨化休闲食品。也可使物料经挤压机挤出不膨化的含水分在8%～12%的半成品，后经油炸膨化，也可再经喷涂调料后烘干，即成油炸膨化食用菌休闲食品。

②用挤压膨化加工法膨化北虫草、大米(小麦)、培养料，制成具有保健功能的膨化米片和各种口味的保健膨化食品。采摘北虫草后的培养料一般作废料抛弃，现可把它制成能满足人们色、香、味佳的膨化保健食品，且附加值高。

③用挤压膨化加工法，直接膨化收获一二潮后的菌袋培养料，制成高蛋白牲畜饲料。

经短时高温、高压、高剪切处理后的膨化饲料，具有诱人的香味，而培养料中原有菌丝体的不良生味已排除。经预算，每千克高蛋白膨化饲料加工费约0.1元，售出批发价0.20元。若一个每天采摘5 000袋的周年栽培金针菇厂，由于利用废弃培养料加工成膨化饲料，每年可增收15万元，符合可持续发展的要求。

五、冻干技术在食药用菌干燥中的应用

冷冻干燥技术是一项获得高质量干制品的干燥技术，可长期保持原有物料的色、香、味、形、营养成分及质量特征的高新干燥技术。到目前为止，冻干制品的质量是用其他干燥方法生产的干制品无法达到的。

(一)冻干产品的特点

①冷冻干燥是在水的三相点以下的状态($P<$610. Pa，$T<+0.0098$℃)进行干燥的，物料不仅处于缺氧环境中，而且对应的平衡温度很低。因此，这种干燥过程对易氧化和热敏感物料干燥特别有利，可较好地保持生物制品的活性和药品、保健品中的有效活性成分，以及食品的色、香、味。

②物料中的水在快速冻结后形成的冰晶为纯净水，溶解在水中的无机盐等不可能随冰晶升华，仍留在物料中。当物料中冰晶升华后，留下众多细小空洞，物料表面也不会出现硬化现象。冻干制品可基本上保持原有固体质量和外形，复水后能较好地恢复原有物料的性质和形状。

(二)冷冻干燥技术的特点

①物料冷冻必须速冻，在短时间内降到－30℃以下，使形成的冰晶尽量小或成玻璃态水，以免损伤细胞膜，使胞内物质外泄，影响产品质量和风味。

②物料中冰晶升华需要供给热量，此热量大小应控制在物料表面冰晶升华所需热量，又不能使冰晶溶化成水。随着表面冰晶升华，使升华干燥深入物料内部，加热板的热量辐射和传导由于物料外部的干燥，趋于困难。因此，冻干时间比一般热风干燥长，通常为10多小时，有的可达几十小时。如果采用微波穿透加热使内部冰晶迅速升华，打破升华干燥中、后期干燥层壁垒，可大大缩短干燥时间，一般微波冻干时间为一般冻干时间的1/3～1/9，这样可降低综合干燥成本。

③冻干过程是在高真空、低温冰点以下进行的，操作必须配备高真空设备和制冷设备，致使设备费用高，能耗大，加工费用高。

(三)冻干设备

采用冻干技术生产食药用菌冻干产品不存在设备和工艺上的问题，冻干产品在国际市场上需要量日益增加，尤其是日本和西欧等发达国家。国内只限于快速食品中的蔬菜配料和调味品。虽然冻干产品加工成本高，但售价也高。冻干食品在国际市场的价格是热风干燥食品的4～6倍，一般税利30%左右。100m^{2}的冻干设备价在200万元(国产设备)～358万元(进口零部件、传感器和材料)。一般冻干双孢蘑菇时间为12小时左右；每平方米干燥盘可铺放鲜菇10～11千克；17～18千克鲜菇可冻干成1千克冻干菇；冻干成本85元/千克干菇，售价180元/千克。

六、食药用菌深加工技术的现状、发展目标和高新技术在深加工工程上的应用

(一)食药用菌深加工技术的现状和发展目标

食药用菌深加工产品属中药和保健品的范畴，其提药、制药工艺与中草药相同，存在的问题也大同小异。中国是中药的发源地，历史悠久。由于传统提药、制药工艺和设备落后，长期以来，

出口以药材饮片为主，中成药、保健品很少，只占国际交易量的5%左右。近年来，中药出口甚至出现连续下滑趋势。与此同时，洋中药进口却持续增加。造成这种现状的原因是多方面的。中药现代化是中药走向国际市场的基础，传统中草药的提药方法因工艺复杂、流程长、提取温度高、时间长和能耗大等固有缺陷，对人们正确理解和掌握中草药的药理、药效等重要问题产生很大困难，也导致现有中成药质量难以控制、疗效难以稳定、实验结果重复性差等现象，这与现代医药学的严格要求极不适应。中药现代化是指将传统的中药特点和优势与现代高新技术结合，按照国际上认可的标准规范，对中药进行研究开发，生产、管理使之适应当今国际社会发展的需要。现代中药应具有三效（高效、速效、长效），“三小”（剂量小、毒性小、不良反应小）以及“三便”（便于储存、便于携带、便于服用）等特点。要使中药走向国际市场，必须解决产品质量好，药理、药效清楚，有效成分可控及疗效稳定等问题。而这些问题无一不与制药、原药有关，传统提药、制药工艺必须改革，以高新机械设备武装。当前，对中药现代化起关键性作用的高新技术是超细粉体技术、微胶囊技术和超临界流体技术。其他如指纹图谱技术、大孔树脂吸附技术、脂质体技术、高通量筛选技术和靶向技术等。以上这些高新技术在中药提药、制药领域的应用，将解决传统中药在这方面存在的难题，实现现代中药的“三效”“三小”和“三便”，使中药提药、制药在10～15年内实现中药现代化、国际化的跨越式发展目标。

（二）超细粉体技术在食药用菌深加工工程上的应用

（1）超细粉体概述和一般特性

根据我国超细粉体技术的现状和国情，常把粒径100%小于30μm（过450目的粉体）的粉体称超细粉体。超细粉体通常又分为微米级粉体（粒径处于30μm→1μm）、亚微米级粉体（粒径处于1μm→0.1μm）、纳米级粉体（粒径处于100nm→1nm）。广义上纳米材料和微米材料在性质上差别很大，尤其材料处于亚微米级及纳米级状态时，其尺寸介于原子、分子与块（粒）状材料之间，故有人称之为物质第四态。超细粉体与常规块状材料相比，具有一系列优异的物理、化学及表面与界面性质。超细粉体表面大，表面活性高。单个超细颗粒往往处于不稳定状态，它们之间由于相互吸引，导致团聚形成稳定状态。这一现象产生又使其比表面积减少，活性降低，其表面与界面特性又趋于大块材料，因而使用效果差。为充分利用超细粉体表面积和界面特性，必须采取改性处理，使其处于良好、充分的分散状态。只有这样才能取得良好的使用效果。

（2）食药用菌子实体、菌丝体干品和浸提物精粉、粗多糖粉经超细化后，制成速溶茶、胶囊和压片

中药（菌药）经超细化后，由于比表面积大大增加，使中药（菌药）的利用率、吸收率和疗效得到提高，还可达到服用方便。日本首先把超细粉体技术应用到中药材（菌药材）中。中药材煎煮服用只能利用其中有效成分的一部分。目前，日本及东南亚有些国家已将中药材（菌药材）超细化到30～50μm以下（450～300目以上），分别制成冲剂、胶囊、片剂直接服用，解决了中药使用方便和吸收率问题，大大提高了中药材（菌药材）利用率及疗效。不仅内服药如此，外用药也可大幅度地提高，使用十分方便。如黄连经超细化到10μm以下后，外用时向皮肤内渗透率与300μm相比，可成倍地提高。可以预计，灵芝等药用菌子实体、菌丝体和孢子粉经超细化后，不但在内服上能提高利用率、吸收率和疗效，而且在外用上还可扩大它的疗效，如防脱发促生发，护肤祛斑，还可进行鼻腔、皮下给药。人体最细的血管直径为4μm，粒径＜0.3μm的颗粒可以进入血液循环，粒径＞0.1μm的颗粒可以进入骨髓，粒径小于5μm的微粒可通过肺，甚至某些品种药物的亚微米级和纳米级的粉体，可直接注射到血管中，以提高疗效。再者纳米级微粒更易通过肠胃黏膜和鼻腔，甚至皮肤的角质层，使口服、鼻腔给药、透皮吸收的生物利用率得以提高。综上所述，药用菌在微细粉碎加工和加工后的应用仍有很多工作等待人们去实践和探索。

中草药（菌药材）超细粉碎的难点，在于物料中含纤维较多，采用超低温粉碎成本太高，难于被药厂接受。我国现已开发出以JK系列型强剪切研磨细断机为主的高纤维中药材（菌药材）粉碎生产线，粉碎细度d_{50}＜15μm（＞800目）；生产能力20千克/小时；价格75万元/生产线。此生产线的特点是在常温下进行粉碎，不破坏物料中活性有效成分。另有MZFL-50型超细粉碎生产线，粉碎能力：30～80千克/小时；配套电机功率：46kW；粉碎细度：300～3 000目，可连续生产，参考价65万元/线。

（3）超细粉碎香菇柄、灵芝柄生产膳食纤维

按膳食纤维定义，香菇柄和灵芝柄适于制成膳食纤维。此外，由于菇柄中还含有相当多的活

性有效成分，与其他膳食纤维相比，不但具有膳食纤维生理功能，还具有所含有效成分的生理功能。进入21世纪，城市居民由于饮食习惯发生了很大变化，已出现摄入膳食纤维不足现象，加上脂肪、蔗糖摄入增加，肥胖症、糖尿病、动脉硬化症、冠心病和恶性肿瘤的发病率有所增加，不但在老年中发生，在中青年甚至儿童中也有所发生。开发膳食纤维有其必要性和紧迫性。

①将菌柄粗粉碎后加一定量水搅拌，放入挤压膨化机中进行高温短时间高剪切挤压处理，使大分子不溶性纤维组分长链部分断裂，转变成可溶性组分，这样可增加产品的持水性和膨胀性，也可改变色泽风味。对挤压后的粗粉需经干燥、粉碎、过筛后，即得膳食纤维产品。此产品可掺入焙烤和膨化食品中，起双重保健功能。

②也可将香菇柄经3%的醋酸浸泡软化，再加入调味品进一步加压、加热以促进一步软化。经热风干燥至含水分20%～30%，放到压片机中压制成薄片，并进一步干燥至含水率5%左右，即可得色、香、味俱佳的香菇柄膳食纤维休闲食品。

(三)微胶囊技术在食药用菌深加工工程上的应用

微胶囊技术是用一种成膜材料把固体或液体包覆使之形成微小粒子的技术。得到的微小粒子叫微胶囊，此微小粒子大小在微米至毫米范围。把包在胶囊内部的物质称为囊心，囊心可以是固体，也可以是液体和气体。微胶囊外部由成膜材料形成的包覆膜，称为壁材。壁材通常用由天然的或合成的高分子材料组成。根据囊心的性质、用途不同，可采用一种或多种壁材进行包覆，囊心与壁材的溶解性必须不同，比如水溶性囊心，只能用油溶(疏水)性壁材包覆。

①破壁孢子粉用水溶性天然高分子材料包覆，可以防止外泄在孢子表面的油脂氧化和保持良好的分散状态，以利于自动化包装机包装。

②灵芝等药用菌精粉的有效成分中的三萜类，味道极苦，经微胶囊包覆后，可起到掩盖不良味道的作用。掩盖苦味的包覆法常采用包结络合法，它是用β-环糊精做微胶囊包覆材料，是一种在分子水平上形成的微胶囊，也是近几年来应用较广的制备微胶囊的物理方法。β-环糊精是环状糊精，其分子外形似一个空心锥台，中心洞穴直径为0.7～1.0nm，有亲水性的外表和疏水性的内腔，因此可与具有适当大小形状的疏水性囊心分子通过非共价键的作用，形成稳定包合物。囊心材料一般为油性香料、色素及维生素等。灵芝精粉与β环糊精以不同比例混合，可得呈不同程度苦味的分子包埋微胶囊产品。一般在灵芝提取浓缩液中加入一定比例的β-环糊精，均匀混合后喷雾干燥可脱苦味。

③用灵芝柄、香菇柄制成的膳食纤维，在单独食用时有发涩的感觉。经用能溶于水和弱酸的壳聚糖包覆后，膳食纤维的分散性良好。壳聚糖有去毒和在肠中给双岐杆菌创造有利繁殖环境作用，经包覆后的膳食纤维除可增加食用菌膳食纤维功能以外的功能，还可增加适口性。

④把药用菌的有效成分用亲水性半透性壁材包覆，囊心的药用菌有效成分通过膜壁而释放出来，释放速度可通过改变壁材的化学成分、厚度、硬度、孔径大小等加以控制。这样可使菌药通过微胶囊技术达到长效的目的。

⑤利用微生物为原料制备微胶囊。一般把发酵、酿造业和抗生素厂产生的大量酵母等工业副产品，经过水解蛋白酶处理以增加酵母菌细胞壁柔性和通透性。如细胞膜强度低时，可用甲醛或戊二醛溶液处理，使胞壁硬化，以达到所要求的半透膜通透性和强度。酵母菌胞内含有脂肪，与亲油性囊心材料有亲合力。把囊心材料与干酵母混合，依靠酵母半透膜内、外的囊心材料浓度差形成扩散梯度进行扩散，也可用加温、加压法加速扩散过程。当胞内、外囊心材料的浓度达到平衡时，可通过离心分离、干燥，即可得以微生物壁膜为壁材的微胶囊产品。囊心材料可用小分子的中、西药，香料、染料、食品色素、维生素以及杀虫剂、除草剂、杀菌剂、植物生长调节剂等多种囊心材料。这种利用微生物制备微胶囊技术，已在许多领域中得到实际的应用，在农业领域中应用最广。天然存在的微生物胶囊无毒、可生物降解、尺寸大小均匀(一般在10～50μm)，只要来源易得，成本很低，不失为一种制备微胶囊的好材料。

(四)超临界流体萃取技术在食药用菌深加工工程上的应用

(1)超临界流体萃取技术研究现状

超临界流体萃取技术是近年来较快发展的新技术。此技术是利用某些物质(主要是一些低沸点，在常温常压下呈气态的物质，如CO_2等)处于超临界状态下(在临界压力和临界温度以上)所具有的优良溶剂特性(较强的溶解能力)来分离固相或液相混合物，最终达到提纯目的单元操作技术。该技术在很大程度上避免了传统中药在提药、制药过程中的缺陷，为我国中药现代化提供了一条全新的途径。在国外，尤其在日本中草药(菌药)

的超临界流体萃取技术研究经过20世纪80年代的大量投入后，到90年代末，多数工作转入到公司中，学术界研究已不多见，而公司的行为往往是严格保密的。据了解，在日本诸如食品、原料、天然药物、保健品及化妆品中，许多产品都用到高质量的超临界提取物作原料或添加剂，大大提高了相关产品的质量和档次。我国有关学者经过10多年的努力，已对近百种中草药进行过小试、中试和工业化应用，也有不少产品问世，较为成功的例子有青蒿素和丹参酮的提取，但在药用菌方面的试验尚少。

(2)中草药(菌药)的超临界CO_2萃取技术及主要特点

超临界CO_2提取的本质特征，是用无毒、无残留的CO_2代替水和有机溶剂作提取介质，并在接近室温的条件下萃取。只要改变温度或压力就可使溶质在CO_2中的溶解度发生很大的改变，从而为高选择性提取和分离及高质量产品的获取提供了可能。其最大的优点是可将萃取、分离(精制)和去除溶剂等多个单元操作过程合为一体，大大简化了工艺流程，提高了生产率，并对环境不造成污染。从已取得的研究结果看，超临界CO_2提取或结合其他一些物理分离手段，具有以下优点。

A. CO_2无色、无味、无毒，且通常条件下为气体，无溶剂残留问题，用它作萃取剂获得绝对安全健康的天然原料成为易事。

B. 萃取温度接近室温，整个提取分离过程在暗场中进行，对那些湿热、光敏的物料和芳香物料的提取特别适合，在很大程度上避免了常规提取过程中常发生分解、沉淀等现象，能最大程度地保持各组分的原有特性，为明确药效成分提供了方便，为进一步阐明药理提供了技术保证。

C. 具有流程简单、步骤少、耗时短、省去了某些分离精制步骤、生产周期短、效率高等优点。例如传统的索氏抽提一般需48小时才能完成，如用超临界流体萃取法处理相同材料只需10分钟。

D. 超临CO_2的溶解能力和渗透力强，扩散速度快，且是在连续流动条件下进行。萃取物材料只需10分钟，不断地移走，提取完全，能充分利用宝贵的中药资源。

E. 超临界CO_2的溶解能力随温度和压力的改变而改变较大，因此通过改变温度和压力来实现选择性分离，特别是与其他物理分离手段(超临界精馏、吸附)联用时，能实现高选择提取。

F. CO_2只对溶质起作用，不改变溶质之外的任何成分或原料基体，因此不会产生任何新的三废物质，对环保极为有利。

G. CO_2价廉易得，其临界温度(31.06℃)和临界压力(7.39MPa)低，操作上易于实现，可循环使用，产品成本大为降低。

H. 用纯CO_2提取后的料渣，有时还能综合利用，充分发挥综合效益。如抽提薏米油后的薏米粉，提取麦胚芽后的麦胚，提取生姜油后的生姜粉等，都可再做功能食品或饲料。

特别值得一提的是，由于超临界CO_2提取与分离一体化，可通过合适的工艺设计，将极性不同于目标物的组分“去头、去尾”，对那些有效成分进行分析跟踪，从而既可得到可控的制剂原料，又可避免因药材(菌材)的来源不同而带来的种种困难。

目前，超临界CO_2萃取技术用于中草药(菌药)提取主要有提取分离、提取分离浓缩、脱除有机溶剂和去除杂质等。提取的主要形式有纯CO_2提取(包括液体和超临界CO_2提取)、超临界CO_2流体、夹带剂提取及反向提取等。这些方法可进一步与精馏、吸附等其他物理分离手段合为一体，可得到高选择性、高纯度的产物。这种高纯度有效成分含量提取物的获得在中成药(菌药)制药方面具有极其重要的意义。借此可减少药物的体积，提高传统剂型(特别是硬膏剂、软膏剂、栓剂、控释剂等)的载药量和控制药物中有效成分的含量，并使药效保持稳定，从而大大拓宽了中药制药的创新范围和原料中间体的使用领域。萃出物收集根据药物卫生要求，必须在无菌箱中进行。

(3)超临界CO_2萃取技术提纯食药用菌有效成分和脱除有害溶剂

食药用菌中的有效成分可用超临界CO_2萃取技术，从精粉中分离出纯度较高的三萜类活性有效成分。食药用菌中为数众多的多糖类活性成分，因极性较大，单用纯CO_2提取无效。需与夹带剂并用，才可“去头、去尾”地把多糖中真正具有活性的多糖成分提取、分离出来，也可对粗多糖提取物中残留的杂质和溶剂，与精馏、吸附等物理分离手段结合，获得高选择性和高纯度的活性有效成分多糖药用产品。用此原料制药可达到高效的目的。

超临界CO_2流体技术能从菌药或菌药原料(粗提物)中去除残留溶剂和有害杂质。传统的去杂、纯化工序不仅费时、费力、成本高，而且很难达到现代药物的高纯度要求。纯CO_2提取本身不存在溶剂残留问题，而对于用传统提取方法得到的粗产品中常常含有机溶剂和有害成分，采用SC-CO_2选择性提取技术，可以有效地除去溶剂和有害成分，达到允许的范围以内。

(4)利用超临界 CO_2 流体快速膨胀，对食药用菌孢子粉进行破壁

食药用菌孢子粉大多由几质和网状纤维交织而成，坚而韧，用机械、化学、物理和生物方法破壁都有其优缺点。用超临界 CO_2 流体作为介质，利用其高渗透性渗透到细胞内部，然后将超临界 CO_2 流体和孢子粉由喷管高速喷出，环境压力由 70 多个大气压降到一个大气压，孢子内的超临界 CO_2 急剧膨胀，从而达到破壁的目的。此破壁是常温破壁，不会对孢内活性有效成分造成破坏，且没有有害物残留。

(5)超临界干燥和造粒

传统的生化药物和菌药的干燥、造粒方法有喷雾干燥、研磨、冻干等。这些方法对于热敏性、易变性的生化药、菌药来说存在各自的缺点。喷雾干燥产生的颗粒粒径在 5μm 以上，同时由于高温操作，在干燥过程中活性物质(如肽类)容易失活，致使产品的质量下降；研磨过程产生的颗粒粒径在 5～50μm，粒径分布范围较宽，且易使蛋白变性；冻干过程可产生理想的粒径范围，但粒径分布宽，且会使部分蛋白质变性。而超临界 CO_2 萃取干燥一个显著的特点，是干燥过程中，即脱除水或其他溶剂的过程中，不存在由于存在毛细管表面张力作用而导致微观结构改变(如孔道塌陷等)。在超临界状态下不存在表面张力，可以得到粒径小、粒谱直径分布窄的颗粒。这一特点在超细药物制备方面大有作为。它的另一个特点是干燥温度低，不破坏任何有效成分。

(6)超临界重结晶

利用超临界重结晶对粗品中有效成分进行纯化处理，是近年来备受关注的新技术。超临界重结晶具有普通溶剂重结晶和超临界萃取的双重优点，既可得到高纯度产品，又不对环境造成污染。一般经过 3～5 次结晶可将产品的纯度提高数倍甚至数十倍。国外已采用此法对一些药物进行提取、浓缩。国内最近也有这方面的报道，如对传统醇提得到的银杏黄酮粗品中的银杏内酯进行超临界重结晶、浓缩取得了很大成功，银杏内酯的含量由原来的 6% 提高到 80% 以上的高纯度，且可将其中的有毒银杏酸去除。可预见超临界重结晶技术将在我国菌业制药行业中发挥越来越大的作用。

(7)超临界 CO_2 萃取菌药中有效成分时夹带剂的使用及 CO_2 微孔系的应用

中药(菌药)有效成分复杂，除脂溶性部分外，尚有许多中等极性部分，甚至很多有效成分是水溶性分子量较大的部分，近年来越来越受到人们的重视。但对癌症和心脑血管等疾病有显著疗效的多糖类、皂苷类、黄酮类等几乎无能为力。为了充分发挥超临界 CO_2 的萃取优势，夹带剂在中药(菌药)萃取中显得十分重要。研究表明，要保证菌药的疗效，大部分中药(菌药)的萃取用到夹带剂，因此要求中药萃取装置必须有夹带剂的系统。为了不将夹带剂带入下一步处理，如浓缩、萃取装置，最好带有三级分离装置，以便更好地分离夹带剂。根据中药申报及工业化要求，夹带剂最好是乙醇。除了分离手段联合运用技术外，也可采取超临界 CO_2 微乳体系，极具前途。在超临界 CO_2 中引入非离子表面活性剂，用于水溶性成分的提取，比用乙醇作为夹带剂的萃取结果好得多，如全氟聚醚碳酸铵(PFPE)能使 CO_2 与水形成分散性很好的微乳液，从而把超临界 CO_2 技术的应用范围扩展到水溶液体系，使强极性化合物的萃取成为可能。

实现中药(菌药)现代化，首先要实现中药萃取、分离过程现代化。超临界 CO_2 萃取等新技术是中药现代化的基础。由于其在中药(菌药)萃取分离中的优势，成为中药(菌药)萃取、分离过程现代化的关键技术之一。国家肯定了这一技术的先进性，并从政策导向的角度在积极推进，很多单位或企业也在引进或应用，超临界 CO_2 萃取技术在中药(菌药)中的应用成为一大热点。

(8)超临界 CO_2 萃取设备

A. 小型实验室(生产)设备：HA121-50-01 型超临界 CO_2 萃取设备，也称一萃二分一循环式，即一台萃取釜，容量 1L；两台分离釜；一个精馏柱；配双柱塞调频高压泵，工作压力 50MPa；流量 20L/h；温度控制：室温～85℃(水循环)，室温～150℃(油循环)，精度±2℃。

B. 中型实验室(生产)设备：HA221-40-48 型，超临界 CO_2 萃取设备，也称二萃二分一循环式，即两台萃取釜，各为 24L；两台分离釜；一个精馏柱；配三柱塞调频高压泵，工作压力 40MPa，流量：400L/h，温度控制同 HA121-50-01 型。

参考文献

[1] 闵绍恒. 食用菌生产技术与设备[M]. 上海：上海科学技术文献出版社，1991.

[2] P.J.C维德. 福建省轻工所译. 现代蘑菇栽培学[M]. 北京:中国轻工业出版社,1984.
[3] 刘遐. 我国食用菌工厂化生产发展若干重要问题一、二、三[J]. 食用菌, 2005(1-3).
[4] 黄建春. 双孢蘑菇培养料集中发酵技术[J]. 食用菌,2005(4).
[5] 杨国良. 堆肥隧道后发酵与蘑菇高产技术[J]. 中国食用菌,2004(1).
[6] 杨国良. 新型蘑菇堆肥发酵隧道的应用[J]. 食用菌市场,2008(4)
[7] 蔡宝昌,罗兴洪. 中药制剂新技术与应用[M]. 北京:人民卫生出版社,2006.
[8] 储金宇. 臭氧技术及应用[M]. 北京:化学工业出版社,2002.
[9] 刘仲栋. 微波技术在食品工业中的应用[M]. 北京:中国轻工业出版社,1998.
[10] 张裕中. 食品挤压加工技术与应用[M]. 北京:中国轻工业出版社,1998.
[11] 李凤生. 超细粉体技术[M]. 北京:国防工业出版社,2000.
[12] 梁治齐. 微胶囊技术及应用[M]. 北京:中国轻工业出版社,1999.
[13] 韩德乾. 农产品加工业的发展与新技术应用[M]. 北京:农业出版社,2001.
[14] 张裕中. 食品加工机械设备[M]. 北京:中国轻工业出版社,2000.
[15] 张峻. 食品微胶囊、超微粉碎加工技术[M]. 北京:化学工业出版社,2005.
[16] 曹凤国. 超声加工技术[M]. 北京:化学工业出版社,2005.
[17] 郭孝武. 超声提取分离[M]. 北京:化学工业出版社,2008.
[18] 董方言. 现代实用中药新剂型新技术[M]. 北京:人民卫生出版社,2007.
[19] 谢香琼. 现代中药制剂新技术[M]. 北京:化学工业出版社,2004.
[20] 吴镭. 药物新剂型[M]. 北京:化学工业出版社,2002.
[21] 朱盛山. 药物新剂型[M]. 北京:化学工业出版社,2003.
[22] 李青山. 现代药学实验技术[M]. 北京:中国医药科技出版社,2006.
[23] 李福成. 冻干食品[M]. 北京:中国轻工业出版社,1998.
[24] 廖传华. 超临界 CO_2 流体萃取技术-工艺开发及其应用[M]. 北京:化学工业出版社,2004.
[25] 张军合. 食品机械与设备[M]. 北京:化学工业出版社,2008.
[26] 张洪斌. 药物制剂工程技术与设备[M]. 北京:化学工业出版社,2003.
[27] 卢晓江. 中药提取工艺与设备[M]. 北京:化学工业出版社,2004.
[28] 郑建仙. 功能食品学[M]. 北京:中国轻工业出版社,2006.
[29] 曹光明. 中药浸提物生产工艺学[M]. 北京:化学工业出版社,2009.

(蔡津生)

第十一章 食药用菌病虫害防治

SHIYAOYONGJUN BINGCHONGHAI FANGZHI

摘要：食药用菌从菌丝生长到菇体发育全过程中，易遭受病、虫、螨类的危害和不良环境的影响，导致减产甚至绝收。如防治不当或滥用农药，都会使产品农药残留超标，降低产品质量。本章重点介绍在人工代料栽培过程中易出现的病虫种类、发生规律和防治方法。强调食药用菌病虫害的生态防治、农业防治和物理防治的重要性，并较详细介绍多种低毒、高效农药品种及其正确的使用方法，旨在引导生产者树立正确的病虫防控理念，在控制病虫害的同时，确保产品安全。

Control of pests and diseases of edible and Medicinal Mushrooms

Abstract: During development from vegetative mycelium to fruiting bodies, mushroom fungi are easily affected by adverse environments, pests (e. g. mites) and disease, resulting in reduced or even zero yields. Improper use or abuse of pesticides may result in residue concentrations in the mushrooms that exceed permitted levels, and will reduce the quality of the product. This chapter introduces the main mushroom pests and diseases encountered during artificial cultivation, the underlying causes responsible for pest and disease outbreaks, and control methods. The importance of biological, agricultural and physical methods for controlling mushroom pests and diseases is emphasized. Details of many kinds of low-toxicity and efficient pesticides, together with the correct application methods, are provided to help mushroom producers employ effective pest and disease control measures and ensure safe mushroom products.

第一节 食药用菌主要病害与防治

食用菌在生长、发育或运输、储藏过程中，受病原生物的侵害，或受到不良环境因素的直接影响，引起外部形态或内部构造、生理功能等发生异常变化，严重时引起子实体或菌丝体死亡，其结果使食用菌产量降低，品质变坏，甚至导致生产失败。

按照病害是否由病原生物引起，食用菌病害分为两大类：侵染性病害（病原病害）和非侵染性病害（生理病害）。

一、侵染性病害

食用菌受到其他有害微生物的侵染而引起的病害称为侵染性病害，也叫病原性病害。侵染性病害能通过一定途径传播，也就是说病害的发生往往是由少到多，由点到面，由不严重到严重。侵染性病害具有明显的扩张蔓延特性。

使食用菌致病的一类生物称为病原物。病原物主要有真菌、放线菌、细菌、病毒等；与食用菌争夺营养，污染菌种基质、栽培基质、段木基质等有害的微生物称为杂菌，或称竞争性杂菌。病原物使得食用菌致病称为致病菌，致病菌有一个侵染过程，这个过程一般分为侵入、潜育和发病 3 个时期。侵入期指病原物侵入到食用菌体内并与之建立寄生关系。病原物侵入以后，必须与食用菌建立寄生关系，才有可能进一步发展而引起病害。外界环境条件、寄生状态和反应以及病原物侵入量的多少和致病力的强弱等因素，都有可能影响病原物的侵入或寄生关系的建立。潜育期是指病原物的侵入和初步建立寄生关系到出现明显症状所需要的时间。发病期指症状出现后病害进一步发展的时期。病害发展到一定的时期，病原物可产生孢子（真菌病害）或其他繁殖体，进一步传播蔓延病害。

(一)竞争(侵入)性杂菌

1. 丝状菌物

丝状菌物是对食用菌危害较多、危害较重的一类菌,丝状菌物主要有木霉、青霉、曲霉、褐色石膏霉等。丝状菌物的主要特点:经常出现无性阶段,不发生或很少发生有性阶段,没有表现完全生活循环,其繁殖大多数靠无性阶段的分生孢子进行。营养体是有隔膜的菌丝体,从菌丝体上形成分化程度不同的分生孢子梗,梗上产生分生孢子。

1)绿色木霉(*Trichoderma viride*)

(1)症状

绿色木霉是侵害食用菌培养基质最严重的竞争性杂菌。凡是适合食用菌生长的培养基质均适宜木霉菌丝的营养需求,一旦接种面上落入了木霉孢子,孢子迅速萌发形成菌丝。木霉菌丝初期呈纤细、白色絮状,菌丝生长快速,2 天后产生出绿色的分生孢子团,将料面覆盖,使食用菌菌丝失去营养而停止生长,菌袋报废。木腐菌中的香菇、平菇和金针菇等的木屑培养基和草腐菌的粪草培养基易被木霉侵染;栽培木耳和灵芝的段木也易受木霉的侵染,袋式栽培中因破袋或袋底黏合不严,留存的小孔隙也易引发木霉侵染。在发菌期间木霉菌丝与食用菌菌丝交接处往往形成一条深褐色的拮抗线,显示出某种品种对木霉的抗性。

绿色木霉也是侵害食用菌菌丝体和子实体的病原菌。一些抗性较弱和发菌速度较缓慢的食用菌品种易被木霉侵染,如灰树花等品种在发菌后期和出菇期,受不良的环境影响,抗病性下降,极易被木霉侵染。木霉菌丝分泌的毒素能抑制食用菌菌丝生长,使菌丝萎缩、泛黄、成水渍状并溶化消失。当菇体被木霉侵染后,在侵入点出现浅褐色的水渍状病斑,随病情扩展病斑向周边扩大,快速蔓延至整个菇体,菇体被病菌菌丝包裹,并布满绿色孢子层,菇体萎缩腐烂。

(2)病原

木霉又称绿霉。常见种类有绿色木霉(*Trichoderma viride* Pers.),属子囊菌门(Ascomycota),粪壳菌纲(Sordariomycetes),肉座菌亚纲(Hypocreomycetidae),肉座菌目(Hypocreales),肉座菌科(Hypocreaceae)和康氏木霉(*T. koningii* Oudem)。木霉菌落开始时为白色,致密,圆形,向四周扩展,菌落中央产生绿色孢子,最后整个菌落全部变成深绿或蓝绿色。菌丝白色,透明有隔,纤细,宽度为 1.5～2.4μm。分生孢子梗直径 2.5～3.5μm,垂直对称分枝。分枝上可再分枝,分生孢子单生或簇生,圆形,绿色,产孢瓶体端部尖削,微弯,尖端着生分生孢子团,含孢子 4～12 个;分生孢子无色,球形至卵形,2.5～4.5μm×2～4μm。康氏木霉分生孢子呈椭圆形或卵圆形,个别短柱状,菌落外观浅绿、黄绿或绿色。

(3)传播途径和发病条件

木霉菌丝体和分生孢子广泛分布在自然界中,通过气流、水滴侵入寄主。通常菌落扩展很快,特别在高温高湿条件下几天内木霉菌落可遍布整个料面。木霉菌丝在温度 4～42℃下都能生长,在 25～30℃生长最快;孢子在温度 10～35℃萌发,15～30℃萌发率最高,25～27℃菌落由白转绿只需 4～5 天,高湿环境对菌丝生长和萌发有利。在基质内水分达到 65%和空气湿度 70%以上,孢子能快速萌发和生长,孢子萌发要求相对湿度 95%以上,但在干燥环境下也能形成;菌丝生长 pH 为 3.5～5.8,pH 在 4～5 条件下生长最快;菌丝较耐二氧化碳。在通风不良的菇房内,木霉菌丝能大量繁殖快速地侵染培养基、菌丝和菇体。木霉菌丝能快速分解富含淀粉、纤维素和木质素的有机残体,并能寄生于生活力较差的食用菌菌丝和菇体上。

栽培多年的老菇房、带菌的工具和场所是主要的初侵染源,已发病所产生的分生孢子,可以多次重复侵染。在高温高湿条件下,重复侵染更为频繁。

(4)防控方法

①场地卫生,减少病源:保持生产场地环境清洁、干燥,无废料和污染料堆积。拌料装袋车间应与无菌室有隔离,防止拌料时产生的灰尘与灭过菌的菌棒接触。

②减少破袋是防治杂菌污染的有效环节:用于熟料栽培的菌袋要求是:聚丙烯袋厚度在 0.04～0.05cm以上,聚乙烯袋厚度 0.06～0.065cm以上,袋子面无微孔,底部缝接密封好,装袋时应防止袋底摩擦造成破袋。

③科学调制配方,防止营养过剩:配制培养料时,尽量不加入糖分,防止培养料酸化;平衡碳氮比,防止氮源超标。

④菌袋灭菌彻底,防止留下灭菌死角:在整个灭菌过程中防止中途降温和灶内热循环不均匀现象。常压灭菌需要 100℃保持 10 小时以上;高压灭菌需 125℃保持 2.5 小时以上。等温度降低,菌袋收缩后才能开门取出。

⑤菌袋密封冷却,快速接种:出锅后的菌袋要避免与外部未消毒的空气接触,并及时在接种室接种。适当增加用种量,以菌种量多的优势减少

木霉侵染机会。

⑥保持菌种的纯净度和生命力：具有纯净、适龄的菌种和具旺盛活力的菌种是减少杂菌源和降低木霉侵染的基础保证。

⑦确保接种室和接种箱清洁无菌：接种环境高度清洁，可有效地降低接种过程的污染率。接种室应设有缓冲间，在菌袋进入之前要进行消毒，在接种前用40%二氯异氰尿酸钠熏蒸，能有效地消除木霉孢子。有条件的地方尽量用洁净台放入接种室内接种。

⑧调温接种，恒温发菌：在人工调温的接种室内，以20℃低温下接种能降低菌种受伤后因呼吸作用而上升的袋内温度，降低因高温伤害菌丝，提高菌种成活率和发菌速度；22～25℃恒温发菌可有效降低由温差引起的空气流通而带入杂菌。

⑨发菌期勤检查，及时拣出污染袋：发菌期多次检查发菌情况，发现污染袋应及时拣出，以减少重复污染。

⑩出菇期干湿交替，保持通风：适当降低空气湿度，减少浇水次数，防止菇棒长期在湿度大和不通风的环境下出菇。水分管理上应干湿交替，菌棒要在较低的湿度环境下养菌，在菇体转潮期不应天天浇水，保持一定干燥程度。

⑪保持出菇场所清洁卫生：采菇后及时摘除残菇、断根和病菇，及时清除染病菇棒。

⑫做好菇房和覆土材料的消毒处理

A. 菇房在废菇棒清除后和使用前进行消毒处理。菇房地面消毒可用50%咪鲜胺锰盐或用30%百・福(菇丰)配制500倍的清水进行地面清洗，也可用高锰酸钾和甲醛混合后产生的气雾熏蒸菇房空间，杀灭空气中的木霉菌丝残体和孢子。在菇房使用前一天再次进行空气消毒，用移动式大功率臭氧消毒机处理菇房空气4～6小时，可有效杀灭空气中所有的微生物的孢子和菌丝体，菇房开窗通气4小时后开始使用。

B. 覆土材料可用50%咪鲜胺锰盐或用30%百・福(菇丰)配制1 500倍的清水进行拌料，再闷堆5天使用。覆土材料经药剂处理后可有效地杀灭土中木霉菌，降低发菌期的发病率。经过20天以上的作用，药性已分解，可有效地降低出菇期菇体农药残留量。经试验得出：30%百・福(菇丰)1 500倍处理的培养料或覆土料长出的子实体经药剂量残留检测，均无药剂残留测出，说明该药用在覆土或栽培基质的预处理环节上是安全的。

C. 在出菇期菇床或菇袋及子实体上出现木霉侵染时，出菇间歇期宜选择低毒的和安全的药剂防治。可用40%二氯异氰尿酸钠防治，将制剂稀释1 000倍后喷雾于料面上，间隔3～5天再次用药防治，能较好地控制木霉菌丝侵染和繁殖。

2)曲霉(*Aspergillus*)

(1)症状

在食用菌熟料生产发菌过程中，曲霉的污染量也很大，尤其在春夏季的多雨时期，空气湿度偏高时，在菌种瓶瓶口棉花塞灭菌时受潮，极易受到黄曲霉污染。曲霉孢子较耐高温，在灭菌过程中，常因温度不稳定或保持时间不够，导致灭菌不彻底，基质中的曲霉孢子未杀死。发菌10多天后，在瓶口或袋壁内出现斑斑点点的绒毛状菌丝，后形成黄色或深褐色的粉末状分生孢子。曲霉孢子易黏附在瓶颈上的棉花塞上，也能在老种块上繁殖。在南方多雨地区，培养基质可周年发生曲霉污染。

(2)病原

侵害食用菌培养基质的曲霉主要有黄曲霉(*Aspergillus flavus* Link)，属子囊菌门(Ascomycota)，散囊菌纲(Eurotiomycetes)，散囊菌亚纲(Eurotiomycetidae)，散囊菌目(Eurotiales)，发菌科(Trichocomaceae)。有黑曲霉(*A. niger* Tiegh.)、灰绿曲霉(*A. glaucus*(L.) Link)。曲霉菌丝有隔、无色、淡色，或表面凝集有色物质，为多细胞霉菌。在幼小而活力旺盛时，菌丝体产生大量的分生孢子梗。分生孢子梗长短不一，直立粗糙，生于足细胞上，并通过足细胞与营养菌丝相连。分生孢子梗顶端膨大成为顶囊，近球形至烧瓶状，顶囊表面长满一层或两层辐射状小梗(初生小梗与次生小梗)。最上层小梗瓶状，顶端着生成串的球形分生孢子。以上几部分结构合称为"孢子穗"。曲霉分生孢子为单胞，球形，卵圆形；孢子呈黄、绿、褐、黑等各种颜色，因而菌落也呈现各种色彩。

黄曲霉分生孢子呈放射状，分生孢子梗直立粗糙。顶囊近球形至烧瓶状。单层小梗或双层小梗，同时生在一个顶囊内，分生孢子球形或近球形，大小3.5～5μm。黑曲霉分生孢子头褐黑色、放射状，分生孢子梗长短不一。顶囊球形，双层小梗。灰绿曲霉菌落初为白色，后为灰绿色，分生孢子椭圆形至球形，淡绿色。

(3)传播途径和发病条件

曲霉菌分布广泛，能在有机残体、土壤、水等环境中生存，分生孢子随气流飘浮扩散。孢子萌发温度在10～40℃之间，最适生长温度为25～35℃。培养基含水量在60%～70%时生长最快。培养基含水量低于60%时，生长受到抑制。孢子较耐高温，在100℃下灭菌10～12小时或125℃下维持3.0～3.5小时才能彻底杀灭基质内的曲霉孢子。PDA琼脂培养基上常因棉塞受潮后感染黄曲霉。在麦粒或棉子壳培养基中常因水分偏多、麦粒和谷皮开裂而遭受曲霉侵染。

(4)防控方法

①降低发菌温湿度:接种和发菌温度控制在20～25℃,发菌室空气湿度低于60%,保持良好的通风状态,能有效地控制曲霉的繁殖速度,降低危害程度。

②减小基质中速效性营养成分:在高温高湿季节生产时,应在配方中减少麦麸含量,更不宜添加糖分。

③灭菌操作过程中防止棉花塞受潮:接种时发现有湿潮的棉塞,应及时更换灭过菌的干燥棉塞,接种时应认真检查菌种瓶的棉花塞上是否长有曲霉。长有曲霉的菌种,不可使用。用于接种的菌种瓶口或试管的前端都需在酒精灯火上熏烧,烧除瓶壁上的曲霉等杂菌,棉花塞也应拔出放在酒精灯上燃烧,并将棉塞表面黏附的尘埃烧除才可使用此瓶菌种。

3)产黄青霉(*Penicillium chrysogenum* Thom)

(1)症状

在富含麦麸、米糠等速效性营养的代料培养基上常出现产黄青霉污染;用于栽培灵芝的小段木培养基,在发菌和埋土出芝过程也易受产黄青霉侵染。侵染初期培养基上出现白色绒状菌丝,随之转变为黄色,产生黄色霉菌层,其症状类似黄曲霉。

(2)病原

产黄青霉属子囊菌门(Ascomycota),散囊菌纲(Eurotiomycetes),散囊菌亚纲(Eurotiomycetidae),散囊菌目(Eurotiales),发菌科(Trichocomaceae)。分生孢子梗表面光滑,长150～350μm,宽3～3.5μm,有2～3个分枝,帚状枝不对称,有长短不等的副枝,其上长出梗基和小梗。小梗4～6个轮生,其上产分生孢子链。分生孢子椭圆形,2～4μm×2.8～3.5μm,表面光滑。菌落生长较快,圆形,致密绒状或略呈絮状,白色边缘上有放射状沟纹,表面常有黄色至柠檬色液滴渗出,并有水溶性黄色素扩散至培养基中。

(3)传播途径和发病条件

产黄青霉菌丝和分生孢子广泛分布于自然界中,其分生孢子通过气流、水滴带入培养基中。菌丝在15～40℃之间都能生长,孢子在15℃以上萌发,在20～35℃之间长速较快,15℃以下生长速度减慢。在基质内水分达到65%和空气湿度70%以上,孢子能快速萌发和生长,pH为3.5～6时,菌丝生长最为适宜。产黄青霉分泌的毒素能抑制菌丝生长,培养基被产黄青霉污染后报废。遇高温高湿的季节产黄青霉发生量大,危害严重。常用的多菌灵类的杀菌剂不能有效抑制产黄青霉生长。

(4)防控方法

参照木霉防控方法。

4)褐色石膏霉(*Papulaspora byssina*)

(1)症状

褐色石膏霉是草腐菌和覆土类品种的常见竞争性杂菌和病原菌。发病初期培养基质表面或覆土层面上出现浓密的白色菌落。随着菌落的不断扩大,中心菌落的菌丝由白色渐转变为肉桂色,最后形成褐色粉末状的菌核。

(2)病原

褐色石膏霉又名黄丝葚霉(*Papulaspora byssina* Hotson.),属子囊菌门(Ascomycota),粪壳菌纲(Sordariomycetes)。褐色石膏霉有菌丝和菌核两种形态。菌丝初为白色,后渐变褐色。菌核由球形的细胞组成,组织紧密,球形或不规则,用手触及有滑石粉状感觉。

(3)传播途径和发病条件

草腐菌基质在高温高湿环境、偏碱性的条件下易发生褐色石膏霉菌。如蘑菇培养料在发酵过于熟化、料中氨含量偏高、水分偏多、温度偏高的情况下,容易出现褐色石膏霉菌危害。在蘑菇覆土后土面上易出现大片褐色石膏霉菌块,在草菇二潮菇后料面上也易发生褐色石膏霉菌块。病菌抑制食用菌菌丝生长,推迟出菇时间,发生量大时产量受到影响。褐色粉末状的菌核在空气中传播,成为下一茬侵染的病原。

(4)防控方法

①掌握发酵料的腐熟程度,在发酵后期不应加入石灰等碱性材料。

②高温期栽培时宜适当减少培养料中氮肥含量,降低料中含水量。

③以通风、避光和减少单位面积投料量(高温期播种时)的方式降低发菌期菇房温度。

④当菇床出现褐色石膏霉菌块时,应及时挖出病块,病块处不浇水让其干燥。待病菌消除后再浇水促菇。

5)可变粉孢霉

(1)症状

在草腐菌发菌期和覆土期,菇床上易出现可变粉孢霉污染。发病初期,可变粉孢霉菌丝由培养料内经土缝向表面生长,菌丝白色,短而细,呈现出棉絮状的菌丝丛,严重时可铺满土层表面。经过一段时间,菌丝变为灰白色。到生长后期,灰白色粉状菌丝转变为橘红色颗粒状分生孢子。

(2)病原

可变粉孢霉又称棉絮状杂菌(*Oidium variabilia*),属子囊菌门(Ascomycota),垂舌菌纲(Leotiomycetes),垂舌菌亚纲(Leotiomycetidae),白粉菌目(Erysiphales),白粉菌科(Erysiphaceae)。菌丝无色,多分隔。分生孢子梗短、直立、不分支,分生孢子粉粒状、囊生、橘红色。生长后期菌丝也能断裂成粉孢子。

(3)传播途径和发病条件

蘑菇上可变粉孢霉发病大多发生在秋菇覆土前后、春菇土面调水阶段。在培养料只做一次发酵的菇床上,可变粉孢霉发生量较多。病菌在10～25℃之间、湿度偏高环境中生长较快。可变粉孢霉在土面大量发生时,会影响蘑菇菌丝的生长和子实体的形成,病区菇表现出菇小、菇稀或不出菇,明显影响蘑菇的产量与质量。可变粉孢霉来源于粪草基质和富含有机质的土中及地表水中。未经二次发酵培养料和未经消毒处理的覆土材料是病菌的主要来源。

(4)防控方法

做好草腐菌的二次发酵处理,利用后发酵升温期60～70℃的高温杀灭病菌;覆土材料宜用30%百·福(菇丰)或50%咪鲜胺锰盐2 000倍拌土,也可用5%甲醛(福尔马林)0.5L/2.8m²,并在药液中拌入125g高锰酸钾进行土壤处理。药剂处理的土壤堆制5天后使用。春菇调水期可用40%噻菌灵4 000倍液喷雾于菇床表面,以控制出菇期的病菌发生和危害。

6)唇红霉

(1)症状

唇红霉是草腐菌发菌期容易出现的一种杂菌。发病初期,在覆土表面或培养料里产生一层细密的白色菌丝,和蘑菇菌丝相似。随着菌龄的变化,菌丝转化为鲜艳的水红色,最后变成浅黄褐色。短时间内可蔓延至整个菇床,产生孢子时呈粉状。在覆土的裂缝中,开始出现的菌落是白色棉絮状的菌丝。唇红霉会抑制蘑菇菌丝生长,染上这种杂菌后,会造成严重减产。

(2)病原

唇红霉又称红色白地霉,病原菌为变紫丝内霉[*Sporendonema purpurascens* (Bonord.) E. W. Mason & S. Hughes],属子囊菌门(Ascomycota)。菌丝棉絮状,分生孢子呈红色、粉状。

(3)传播途径和发病条件

孢子靠风、水和土壤等传播,在水泥地板裂缝和土缝内,特别是储藏覆土的地方,滋生着病菌菌丝和孢子。病菌由培养料带入菇房,高温、高湿、通风不良以及覆土中石灰的含量过高,都有利于该病菌发生。

(4)防控方法

参照可变粉孢霉防控方法。

7)黄毁丝霉(*Myceliophthora lutea* Costantin)

(1)症状

黄毁丝霉是草腐菌出菇期发生的病害。菇房发生黄毁丝霉后,常在培养料中出现黄色粉末状菌斑,并散发出浓烈的霉味。黄毁丝霉能分泌溶解蘑菇菌丝的酶类,侵入菌丝。料内黄色颗粒状物质就是由该菌菌丝体与被溶解的蘑菇菌丝体组成的。有黄毁丝霉出现的地方,蘑菇菌丝萎缩,出菇困难,或出现很少的僵菇。

(2)病原

病原菌为黄毁丝霉,又名黄蚀丝霉或黄霉病,属子囊菌门(Ascomycota),散囊菌纲(Eurotiomycetes),散囊菌亚纲(Eurotiomycetidae),爪哇团囊菌目(Onygenales),爪哇团囊菌科(Onygenales)。菌丝初呈白色,后变黄色至淡褐色,绒毛状。分生孢子梗不规则分枝,分生孢子无色,单胞,球形至梨形,顶生或间生,单个或成短链,常具基痕。

(3)传播途径和发病条件

该杂菌孢子主要通过培养料带入菇房。培养料腐熟过度,料过厚、过湿,喷水过多,菇房通风不良,空气相对湿度过高等情况下容易发生。黄毁丝霉孢子抗性很强,一般的发酵和消毒不能完全杀死,是一种很难根除的杂菌。

(4)防控方法

参照可变粉孢霉防控方法。

8)白色石膏霉[*Scopulariopsis fimicola* (Costantin & Matr.) Vuill]

(1)症状

白色石膏霉是草腐菌培养料制作不良的一种指示菌。发病初期,在覆土表面产生白色斑块状的浓密菌丝,并在病菌中心呈现出石膏状粉粒,发展后期变为粉红色。病菌发生量大时,病菌可穿透发菌层,在发菌层背部也可见病斑。长有病菌的附近,蘑菇菌丝生长受到抑制。

(2)病原

病原菌为白色石膏霉,又名粪生梨孢帚霉,属子囊菌门(Ascomycota),粪壳菌纲(Sordariomycetes),肉座菌亚纲(Hypocreomycetidae),小囊菌目(Microascales),小囊菌科(Microascaceae)。菌落初期白色,成熟后变水红色(或粉红色),手感如面粉状粉粒,菌丝白色,有分枝,分隔。气生菌丝形成匍匐绳索状。分生孢子卵形至球形,基部平切,无色;分生孢子梗上有环痕,聚集在一起时呈粉红色。

(3)传播途径和发病条件

白色石膏霉菌能产生大量孢子，以孢子形式生存于土壤和有机残体中，孢子借气流、水源和土壤等传播。堆肥发酵期间如堆温偏低、氮肥偏多、堆料的酸碱度过高(pH8.2以上)，在发菌期培养料易产生白色石膏霉菌。病菌与蘑菇竞争营养，阻碍蘑菇菌丝生长。

(4)防控方法

参照可变粉孢霉防控方法。

9)黄霉菌

(1)症状

黄霉是产生黄色菌丝的病菌，主要侵染草腐菌培养料。这些病菌常在覆土下长成一层，或在堆肥中形成圆形的菌落。菌丝初期呈白色、疏松、网状，随后变金黄色粉末状，并散发出浓厚的霉味，也常分布于整个堆肥中。当感染的堆肥受到搅动时，大量孢子随空气飘动。播种时带入这些霉菌，对蘑菇的产量影响很大，出现不正常的僵菇。这些杂菌一旦在菇房定植下来，就很难根除。也寄生于蘑菇、银耳等子实体上，造成子实体腐烂。

(2)病原

病原菌包括：①黄色金孢霉(*Myceliophthora lutea* Costantin)，属子囊菌门(Ascomycota)，散囊菌纲(Eurotiomycetes)，散囊菌亚纲(Eurotiomycetidae)，爪哇团囊菌目(Onygenales)，爪哇团囊菌科(Onygenales)；②硫色金孢霉[*Chrysosporium sulfureum* (Fiedl.) Oorschot & Samson]属子囊菌门(Ascomycota)，散囊菌纲(Eurotiomycetes)，散囊菌亚纲(Eurotiomycetidae)，爪哇团囊菌目(Onygenales)，爪哇团囊菌科(Onygenales)；③瘤孢霉(*Sepedonium* sp.)属子囊菌门(Ascomycota)，粪壳菌纲(Sordariomycetes)，肉座菌亚纲(Hypocreomycetidae)，肉座菌目(Hypocreales)，肉座菌科(Hypocreaceae)；④侧孢霉(*Sporotrichum* sp.)属担子菌门(Basidiomycota)，伞菌纲(Agaricomycetes)，多孔菌目(Polyporales)，拟层孔菌科(Fomitopsidaceae)。这些真菌都产生黄色的菌丝，菌丝具横隔，分枝，分枝上生单个或双叉或数个丛生的短细枝，在短细枝顶端生出单个球形的厚垣孢子。厚垣孢子数量极多，最初无色，后期黄色至金黄色，外壁粗糙，呈明显的瘤状突起。分生孢子纤细，轮状分枝，有时分枝稀疏，分生孢子梨形或长椭圆形至卵形。

(3)传播途径和发病条件

该杂菌广泛分布于土壤及大型真菌子实体中，靠空气传播孢子。厚垣孢子散落在菇房角落，发生过该杂菌的菇房，不易消除病菌的厚垣孢子。在栽培时厚垣孢子容易萌发，形成新一轮栽培期的病害。培养料腐熟过度、料过厚、过湿、通气不良、菇房湿度过高，都有利于该病菌发生。

(4)防控方法

培养料采用二次发酵，是防止该杂菌很有效的办法。菇房栽培前严格进行消毒，可用蒸汽高温消毒，也可用高锰酸钾加甲醛熏蒸处理。

10)白色木霉

(1)症状

白色木霉是段木栽培中侵害段木、与食用菌争夺营养的有害菌。白色木霉从接种口的露出部和段木树皮损伤部以及香菇菌丝露出部侵入，在受害处初期形成白色斑块，后期变为黄褐色。病菌抑制食用菌菌丝生长，使香菇产量减少。当白色木霉在段木内占优势后，菌棒出现退菌现象，严重的菌棒报废。

(2)病原

病原菌为 *Trichoderma album* Preuss.，属子囊菌门(Ascomycota)，粪壳菌纲(Sordariomycetes)，肉座菌亚纲(Hypocreomycetidae)，肉座菌目(Hypocreales)，肉座菌科(Hypocreaceae)。菌丝和孢子无色，孢子梗呈树枝状分枝。分生孢子在树枝状菌丝尖端形成孢子团。

(3)传播途径和发病条件

白色木霉分布于潮湿和腐朽的段木或树皮上，水分多的段木和潮湿场地孢子易萌发。菌丝在高温下生长较弱，31℃时停止生长。梅雨季节最易发生。梅雨期过，气温上升，段木干燥，菌丝活动降低，发生量减少。

(4)防控方法

①搭荫棚排放菇段木，防止段木日晒雨淋，这是防止白木霉孢子萌发的主要方法。

②菇场要选择通风良好、排水容易的场所，以利段木水分蒸发和干燥。

③在段木上出现白色木霉时，停止向段木浇水，及时用40%噻菌灵3 000倍喷雾于段木上，隔5天再用40%咪鲜胺锰盐2 000倍喷雾防治。

11)枝霉菌被病

(1)症状

枝霉菌被病是高温高湿环境下覆土栽培食用菌的竞争性杂菌。发病初期，在土层面上出现一团白色的棉絮状的菌落。随着病菌菌丝在床面上扩展生长，菌丝层加厚，形成一层厚实的白色菌被，气生菌丝生长时高达1～2cm。被病菌笼罩下的地方，菌丝生长受抑制，造成菇柄软腐死亡。地栽蘑菇、平菇、草菇和鸡腿菇等食用菌，出二潮菇后易发生此病菌。

(2)病原

病原菌为葡萄枝孢霉[*Hypomyces aurantius* (Pers.) Fuckel 1860],属子囊菌门(Ascomycota),粪壳菌纲(Sordariomycetes),肉座菌亚纲(Hypocreomycetidae),肉座菌目(Hypocreales),肉座菌科(Hypocreaceae)。病菌菌丝白色、棉絮状,大量发生时铺满床面,似一层厚棉被。孢子梗直立,分枝,小梗呈轮枝状生长,菌丝及孢子梗较粗壮,分生孢子也较大,并可分隔成双细胞。

(3)传播途径和发病条件

病菌生活在有机质丰富的土壤中,随覆土带入菇房。在温度较高、培养料含水量大和空气湿度大的条件下,病菌菌丝生长迅速,气生菌丝很快铺满培养料表面,向菇床浇水时,病菌随水流动在菇床上重复侵染危害。在树林内地面栽培的或是地势低洼的栽培床发病较重。

(4)防控方法

参照可变粉孢霉防控方法。

2. 接合菌门

接合菌门营养体丝状,菌丝多数无分隔,无性孢子为接合孢子。细胞壁的主要成分是甲壳质。无性繁殖多数产生孢囊孢子,成熟的孢子大多数能直接迅速萌发;有性繁殖为同型或异型配子囊接合产生接合孢子。危害食用菌较严重的为毛霉目、毛霉科的根霉和毛霉。

1)根霉

(1)症状

根霉以菌丝和孢子侵染木腐菌的熟料培养基,在秋季高温时期菌袋生产时,常遇根霉侵染危害。有的菌种场根霉污染率达40%以上,已成为高温期间制袋生产的主要病菌之一。

在熟料培养袋中,根霉一旦接触培养料,菌丝萌发,迅速繁殖。随培养料温度升高,根霉生长速度加速,短期内菌袋中长满了灰白色发亮的参差不齐的菌丝。形成孢子后在培养基表面出现许多圆球状小颗粒,小颗粒初为灰白色或黄白色,再转变成黑色,到后期出现黑色颗粒状霉层。在接种时带入的根霉,快速萌发侵占接种面,而后萌发的食用菌菌丝失去了营养,不能生存,导致接种失败。因破袋侵入的根霉菌丝与食用菌菌丝接触时,在交接处形成明显的拮抗区。

(2)病原

根霉属于接合菌门(Zygomycota),毛霉目(Mucorales),毛霉科(Mucoraceae)。危害食用菌最常见的根霉为黑根霉[*Rhizopus stolonifer* (Ehrenb.)Vuill]。菌丝白色透明,无横隔,在培养基内形成葡萄状,每隔一段距离长出根状菌丝,称之为假根。假根发达,分枝多,褐色,两节间距离1~3mm,能从基质中吸取水分和营养物质。孢囊梗从假根上生出,丛生、不分枝,淡褐色,250~4000μm×24~42μm,其顶部膨大为孢子囊。孢子囊初为黄白色,后变为黑色,直径65~350μm,膜上有小结晶,易消融,内有许多孢囊孢子。当孢子成熟后孢囊壁破裂而释放出来。孢子形状不对称,近球形、卵形或多角形,表面有线纹,褐色或蓝灰色,5.5~13.5μm×7.5~8μm。

(3)传播途径和发病条件

根霉为喜高温的竞争性杂菌。广泛分布于空气、水塘、土壤及有机残体中。菌丝能分解吸收富含淀粉、糖分等速效性养分基质。熟化的培养基在高温期间接种和发菌时极易遭受侵害。而生料和发酵料不易遭受根霉侵害。25~35℃是根霉繁殖活跃期,20℃以下菌丝生长速度下降。根霉抗药性强,多菌灵、托布津等农药,不易控制根霉生长。pH在4~7范围内,菌丝生长较快。

香菇菌丝能在被根霉侵染过的培养基中继续生长,但养分吸收转化不完全,菌棒板结,开袋后转色困难,泡水后易散筒。平菇菌袋被根霉侵染后,平菇菌丝生长不齐、菌丝稀少,出菇后菌袋又易被木霉侵染。根霉菌丝在金针菇培养基中,菌丝生长浓密,有时难以与金针菇菌丝区别,以致当成金针菇菌种使用而造成大范围污染而报废。

(4)防控方法

参见木霉的防控方法。

2)毛霉

(1)症状

毛霉是夏秋季侵染食用菌培养料的高温性杂菌。在PDA培养基中常因棉花塞吸潮后并沾上培养基时,毛霉菌能在2天内从棉塞上长出菌丝,再侵染培养基。很快在PDA培养基面上布满杂乱的菌丝和灰色的孢子囊。富含淀粉的发酵料在发酵期间遇高温,毛霉菌丝快速繁殖,使培养料结块成团。经毛霉污染的培养料,食用菌菌丝生长受到抑制。

(2)病原

侵害食用菌的毛霉主要是总状毛霉(*Mucor racemosus* Bull),又名长毛霉、黑色面包霉,属接合菌门,毛霉目,毛霉科。菌落在PDA上培养,浅黄褐色,薄棉絮状,无横隔。孢囊梗具有短的、稀疏的假轴状分枝。孢子囊直径20~100μm,囊轴近球形,17~60μm×10~45μm。孢囊孢子近球形、宽椭圆形,单个无色,聚集在孢囊中呈灰色,5~8.5μm×4~7μm。接合孢子球形,有粗糙的突起,直径 70～90μm。配囊柄对生，无色，无附属物。形成的大量厚垣孢子，其形状、大小不一致。

（3）传播途径和发病条件

毛霉孢子广泛存在于空气、水源、土壤和有机残体中。温度在 20～40℃时，孢子和菌丝能在富含速效性培养基上萌发和生长。在香菇、平菇培养料中，麦麸含量在 20%以上、水分偏多的状况下易引发毛霉生长。被毛霉侵染过的培养料，虽经灭菌，其菌丝分泌的毒素仍能抑制食用菌菌种萌发和发菌。棉子壳在未充分晒干的情况下极易被毛霉侵染而板结成块，不能再使用。

（4）防控方法

参照木霉和曲霉防控方法。

3. 子囊菌门

子囊菌门的主要特征是营养体很发达，菌丝有隔膜，少数单细胞。许多子囊菌的菌丝体交织在一起成为疏丝组织或拟薄壁组织，并构成各种结构，如子囊果的包被、菌核、子座等。无性繁殖产生分生孢子。有性繁殖产生子囊和子囊孢子，在每个子囊内有 8 个子囊孢子。子囊菌门中对食用菌有危害的是核菌纲和盘菌纲，最严重的有链孢霉、胡桃肉状菌等竞争性杂菌。

1）链孢霉（红色面包霉）

（1）症状

链孢霉是高温季节菌种和菌袋生产中的主要杂菌。生产场所存在菌源，菌袋生产操作不规范，极易引发链孢霉菌侵染危害。链孢霉菌丝生长快速，试管内菌丝 2 天长满，第 3 天产生橘红色分生孢子，第 5 天菌丝透过棉花塞在试管口长出橘红色的孢子团。孢子粉随着空气扩散到其他菌袋袋口和破袋处重复感染，或随工作人员手、衣服表面等携带到另一菌种房重复污染。高温季节生产的香菇、平菇、茶树菇、金针菇等菌袋极易遭受链孢菌侵染危害。

（2）病原

链孢霉又称好食脉孢霉（*Neurospora sitophila* Shear & B. O. Dodge），属子囊菌门（Ascomycota），粪壳菌纲（Sordariomycetes），粪壳菌亚纲（Sordariomycetidae），粪壳菌目（Sordariales），粪壳菌科（Sordariaceae）。分生孢子梗直接从菌丝上长出，与菌丝无明显差异。梗顶端形成分生孢子，并以芽生方式形成长链，链可分枝，分生孢子链外观为念珠状。生长后期菌丝也可断裂成节孢子。分生孢子卵圆形或球形，无色或淡色。菌丝初为白色或灰色，绒状，匍匐生长，分枝，具隔膜，后逐渐变成粉红色，并在菌丝上层产生粉红色粉末。有性繁殖产生子囊孢子，子囊壳近球形或卵形，簇生或散生，暗褐色至黑色。子囊圆柱形，有孔口，内有 8 个子囊孢子。子囊孢子初为无色，后变成暗褐色，有纵行叶脉状花纹。菌落初期为白色粉粒状，后期呈粉红色，绒毛状。

（3）传播途径和发病条件

链孢霉在自然界中广泛分布，在富含淀粉和糖分的有机质上菌丝生长快速，在高温期常见于潮湿的玉米芯表面长出链孢霉孢子。病菌耐高温，在 25～35℃下生长快速。培养基含水量在 60%～70%之间长势良好，快速形成孢子团。在密闭的瓶内菌丝生长瘦弱，难以形成孢子。pH 在 5～8 时较适宜生长。

（4）防控方法

搞好菌种和发菌场所的清洁卫生。一旦发现个别菌袋长出链孢霉菌，立即用薄膜袋套上，放入灶膛内烧毁。

参照木霉防控方法。

2）胡桃肉状菌［*Diehliomyces microsporus*（Diehl & E. B. Lamb.）xikey］

（1）症状

胡桃肉状菌是高温期发生在蘑菇床上危害性很强的竞争性杂菌。近年来也发生在秋季金针菇发菌袋上，病菌吸收金针菇营养，抑制金针菇生长。高温季节生产的四孢蘑菇或春夏季生长的双孢蘑菇，经覆土后和出菇期，在土面上冒出团状的胡桃肉状小颗粒，初期白色，后渐转变为红褐色，并散发出刺激性的漂白粉味道。如在覆土期长出病菌，很快在菇床上蔓延，蘑菇菌丝逐步萎缩，无蘑菇长出；如在出菇期出现病菌，蘑菇产量下降。经胡桃肉状菌侵染的菇房，病菌较难清除，每年较易发病。

（2）病原

胡桃肉状菌又名狄氏裸囊菌、脑菌、假块菌，属子囊菌门（Ascomycota），盘菌纲（Pezizomycetes），盘菌亚纲（Pezizomycetidae），盘菌目（Pezizales）。菌丝白色粗壮，有分隔、分枝。子囊果由菌丝组成，致密、有脉络及空隙，外形呈胡桃肉状或牛脑状，表面有不规则皱褶。菌块初期为白色小点，许多小点堆集成菌团或菌块。菌块形状不规则，表面呈脑状，皱纹似核桃仁，直径可达 1～5cm，群生。

（3）传播途径和发病条件

病菌主要来源于土壤，由覆土材料带入菇床。子囊孢子在 16℃以上萌发，20～35℃时侵染力最强，发病最快；15℃以下和 35℃以上菌丝难以生长；喜高湿环境，培养基含水量 70%、菇房空气湿度85%以上，孢子迅速萌发形成菌丝。胡桃肉状菌只侵染蘑菇菌丝和金针菇菌丝，未见侵染其他品种。在堆料中氮肥偏高和发酵过熟的状况下更易诱发病菌发生。在蘑菇和金针菇同时栽培的产区，病菌循环污染，病源不易根除。

在蘑菇未产菇之前发病，蘑菇产量将减产50%～100%，在出2潮菇后发生，减产30%以上。四孢蘑菇栽培的高温季节，常受胡桃肉状菌侵染。在秋季金针菇的制种和发菌期间，胡桃肉状菌侵染金针菇培养基，并与金针菇菌丝共同生长。在金针菇菌丝发满袋后，胡桃肉状菌在菌袋壁上扭结，出现粒状的菌块，形似金针菇原基，开袋后在袋口冒出硕大的菌块，金针菇难以生长。

(4)防控方法

①已发病的蘑菇老菇房宜改种其他木腐菌类。

②推广河泥砻糠作覆土材料，消除病原。

③在二次发酵期间，保持菇房70℃高温并维持7小时以上，杀死菇房内的胡桃肉状菌孢子。

④一旦发病，菇房内停止浇水，挖除病菌块，并在病灶处撒上菇丰或施保功粉剂，再填补上干净的覆土材料，待下潮菇蕾冒出时再浇水管理。

3)鱼籽菌病

(1)症状

鱼籽菌是污染草腐菌培养料、阻碍食用菌菌丝生长的竞争性杂菌。发生在播种后的发菌期间，初期料草上长出模糊稀疏的菌丝，随后菌丝消失，出现一些鱼籽状的小颗粒，呈乳白色或黄白色，表面光滑，较硬，分散于培养料中。杂菌发展快速，短期内蔓延整床。发生过鱼籽菌的菇床，蘑菇菌丝生长受到影响，长势较弱，并影响到出菇，使产量降低。

(2)病原

病原菌(*Aphanascus composticus* sp. nov)。子囊果圆形，直径500～600μm，初为白色，继而变黄褐。子囊破裂放出子囊孢子，子囊孢子圆形，有细刺，直径18～20μm。

(3)传播途径和发病条件

鱼籽菌主要生存于各种有机质中。在培养料水分偏高、料温偏低、发酵不彻底时，病菌随培养料带入菇房，在发菌时培养料继续发酵，此时温度也适合鱼籽菌繁殖。

(4)防治方法

①培养料进行二次发酵，利用发酵温度杀灭病菌。

②培养料含水量过高时，在翻堆时可摊开晾晒后继续堆制发酵。

③秋季较高气温下播种，料层应薄些，防止料温升高，影响散温和降温。

4)总状炭角菌(*Xylaria pedunculata*)

(1)症状

总状炭角菌菇体形似鸡爪，被称为鸡爪菌，病菌主要寄生于鸡腿菇菌丝上。初期在菇床覆土层中长出细小的棒状小枝梗，长大后形成丛生状的褐色子实体，子实体呈爪状或近似鸡冠状。掰开土层可见到病菌基部长有粗壮的菌索，直深入鸡腿菇菌丝层。长有鸡爪菌的菇床，鸡腿菇菌丝逐步消退，不再出菇。在连种多年的鸡腿菇菇房，经覆土后易造成鸡爪菌优先长出，鸡腿菇菌丝营养被鸡爪菌转化吸收，鸡腿菇失去出菇能力。当鸡腿菇长出1潮菇后，随着鸡爪菌长出，鸡腿菇也不再长出。在PDA培养基上培养鸡爪菌，菌丝量稀少，极易形成索状菌丝，很快形成子实体。鸡爪菌已成为危害鸡腿菇生产较严重杂菌。

(2)病原

总状炭角菌属子囊菌门(Ascomycota)，粪壳菌纲(Sordariomycetes)，粪壳菌亚纲(Sordariomycetidae)，粪壳菌目(Sordariales)，炭角菌科(Xylariaceae)。子实体多丛生或簇生，分枝柱状或稍偏，上部呈指状或鹿角状，爪状或类似鸡冠状，淡土黄色，后期变暗褐色，顶钝或尖而不孕。菌柄基部色淡或污白色，似有一层细绒毛。子囊壳呈点状凸起。子囊长圆柱形，100～150μm×6～8μm。子囊含8个子囊孢子，光滑无隔，11～14μm×5.6μm，近椭圆形。

(3)传播途径和发病条件

总状炭角菌初侵染源来自于土壤带菌，随菇床覆土带入菇床内。其子囊孢子能在老菇房土壤内生存，成为再侵染源。病菌喜高温高湿，温度20～35℃之间，生长快速。在基质内湿度60%以上，菇房空气湿度80%以上，长势旺盛。温度低于20℃以下发生量减少，15℃以下不能形成子实体。目前还没有总状炭角菌侵染其他食用菌的报道。

(4)防控方法

①老菇房应用不同品种轮种2年以上，防止连种造成重复侵染。

②覆土材料选用河泥砻糠土或水稻田的深层土或山地的生土，覆土使用前用百·福或咪鲜胺锰盐1 000倍拌料处理，杀灭土壤中的病菌后再覆土。

③推广熟料栽培，适当推迟秋季栽培时间，在早春宜提早制袋，适温发菌，控温出菇，15～25℃出菇环境能有效降低病菌发生和危害程度。

5)橄榄绿霉菌

(1)症状

橄榄绿霉菌多发生在草腐菌的培养料上。病

菌菌丝初期灰色，随着菌龄增大变成白色。菌丝多时呈棉毛状，菌丝生长不久后，可以找到子实体(子囊壳)。子囊壳绿色至褐色，大小如针头，状似蚕粪，生长在富含氮肥的发酵料草上。病菌抑制蘑菇菌丝生长，患病区蘑菇菌丝生长细弱，出菇少或不出菇。

(2)病原

病原菌为橄榄绿毛壳(*Chaetomium globosum* Kunze 1817)，属子囊菌门(Ascomycota)，粪壳菌纲(Sordariomycetes)，粪壳菌亚纲(Sordariomycetidae)，粪壳菌目(Sordariales)，炭角菌科(Xylariaceae)，毛壳菌科(Chaetomiaceae)。有球毛壳(*Chaetomium pilosum* C. Booth & Shipton)和嗜热毛壳霉(*Chaetomium thermophilum* La Touche)。初期菌丝体淡灰色，棉絮状，浓密。成熟时菌丝体变为暗绿色至橄榄绿霉色，并形成分散、有毛的子囊壳，具有一簇顶生、不分枝的毛，通常有一孔口。子囊棒状，易消失。子囊壳表生、球形，子囊有柄、棒形、壁薄，成熟时融化。子囊孢子单细胞，无色或暗褐色，卵圆形、柠檬形或椭圆形，且或多或少侧扁。

(3)传播途径和发病条件

橄榄绿霉菌多生存于腐烂的有机残体中，由培养料带入菇房，在富含淀粉和糖分的堆肥上菌丝快速生长，一般在播种后2周内出现。后发酵期间堆肥发热过甚，料温过高(62℃以上)，有利于这种病菌生长。在后发酵期间，由于菇床表面的新鲜空气不足或者进入堆肥内部的空气受阻(堆积得太紧太实)，使堆肥中的含氨量高，氧气不足，甚至处于厌氧状态，更适于该菌生长。

(4)防控方法

①掌握好二次发酵程度，避免厌氧发酵。发酵时菇房要定时通风换气，受感染的堆肥可延长后发酵时间。在延长发酵期间，要控制温度(60℃以下)和供给大量的新鲜空气。

②控制好培养料中的氮肥含量，适当减少禽畜肥含量，可明显减少橄榄绿霉菌发生量和危害程度。

③土壤用50～62℃蒸汽灭菌1小时，可以杀灭病菌孢子。

6)环纹炭团菌

(1)症状

俗称黑疔菌，主要发生在段木栽培的香菇、木耳和灵芝的阔叶树段木上。年初(1～2月份)接种的段木，发菌至5～6月份，在段木树皮的龟裂处和断面等处出现黄绿色的小菌落和分生孢子堆，这是病菌的无性世代。菌落不断生长，多个菌落互相连接成大片菌团。8～9月份黄绿色菌落逐渐消失，长出黑色的子座，子座很快成熟。重合形成"黑疔"。段木长了黑疔以后，材质变脆，香菇、黑木耳菌丝生长完全受到抑制。当年子座发生较少，第2年大量发生。

(2)病原

病原菌为[*Annulohypoxylon annulatum* (Schwein.) Y. M. Ju, J. D. Rogers & H. M. Hsieh 2005]，属子囊菌门(Ascomycota)，粪壳菌纲(Sordariomycetes)，粪壳菌亚纲(Sordariomycetidae)，粪壳菌目(Sordariales)，炭角菌科(Xylariaceae)。子座半球形至瘤形，直径5mm左右，往往互相连接而不规则。初期草绿色，后咖啡色，最终变黑，炭质。子囊壳近球形，直径0.8～1.1mm。上部突出子座外，顶端平截形成圆盘，中央有疣状孔口，子囊圆筒形，孢子部分60～75μm×5～6μm，柄长35～55μm。成熟的子囊孢子黑色，7.5～9μm×3～4.5μm，多为不等边椭圆形。老熟的子囊孢子常常破裂，裂开的子囊孢子显示有内外两层壁。外层壁黑色、硬脆，内层壁无色，膜质柔软。

(3)传播途径和发病条件

病菌多寄生于阔叶树的枯木上，成熟的子囊孢子弹射出来，在当年接种的段木上萌发芽生长。7～9月份，在树皮龟裂处和截杆断面上出现黄绿色的分生孢子层。分生孢子借风、雨水传播，产生过分生孢子的一团菌丝继续生长，形成子座并不断地产生出子囊孢子。环纹炭团在高温高湿的条件下容易发生，孢子萌发时要求空气湿度在95%以上，温度5～35℃，pH为3.0～8.0。早春阳光直射，段木温度升高是诱发病菌感染的原因。

(4)防控方法

①搞好菇场环境卫生，消除菇场杂草、灌木，减少侵染源，加强菇场通风，变换菇木的堆形以降低菇场湿度。

②感染严重的段木应隔离或烧毁。

③在发病初期使用浓度为500μg/ml的噻菌灵、咪鲜胺锰盐1 000倍液喷雾能抑制环纹炭团菌子囊孢子萌发和菌丝生长。

7)黑轮层炭壳菌

(1)症状

黑轮层炭壳菌又名炭球，是香菇、木耳段木栽培的污染菌。段木受侵染后，5～7月份，在树皮的伤口和断面产生黄绿色物体，至8月份时被这黄绿色物体所覆盖，不久消失。在段木感染过的地方形成淡褐色斑块，在段木里面的污染部位与香菇菌丝之间有黑褐色分界线。

(2)病原

病原菌为[*Daldinia concentrica* (Bolton)

Ces. & De Not.]。属子囊菌门(Ascomycota),粪壳菌纲(Sordariomycetes),粪壳菌亚纲(Sordariomycetidae),粪壳菌目(Sordariales),炭角菌科(Xylariaceae)。菌(子座)半球形至不规则瘤状,集聚成较大的团块,直径1~3cm,表面红黑色或黑褐色,无柄或近有柄,木质较硬。每个小菌的上面平滑,圆盘状、小丘型,中央是释放孢子的小突起。子囊圆筒形,内含8个子囊孢子,子囊孢子阔椭圆形,暗褐色。

(3)传播途径和发病条件

病菌主要腐生在阔叶树木材上。段木栽培时,杂菌孢子最初由空气、害虫和雨水传播,每年5~8月发生,第一年数量较少,第二年盛夏数量剧增。越冬孢子遇到降雨、气温在20~25℃时大量释放。温度在21~35℃、空气相对湿度95%以上时,最适合该菌的孢子萌发和菌丝生长。病菌在段木上营腐生生活,与食用菌菌丝争夺水分和营养,影响香菇的产量和质量。

(4)防控方法

参照环纹炭团菌防控方法。

8)香菇段木黑腐病

(1)症状

黑腐病是引起香菇段木腐烂变黑的一种病害。被感染的段木韧皮部出现淡褐色,后转变为青绿色,最后变为黑色,并发出特殊的臭味。发病后期树皮易脱落,常出现黏菌感染。

(2)病原

病原菌主要是:①黑肉座菌[*Hypocrea nigricans* (S. Imai) Yoshim. Doi],属子囊菌门(Ascomycota),粪壳菌纲(Sordariomycetes),肉座菌亚纲(Hypocreomycetidae),肉座菌目(Hypocreales),肉座菌科(Hypocreaceae);②分生孢子阶段为哈济木霉[*Trichoderma harzianum* Rifai],属子囊菌门(Ascomycota),粪壳菌纲(Sordariomycetes),肉座菌亚纲(Hypocreomycetidae),肉座菌目(Hypocreales),肉座菌科(Hypocreaceae);③施氏肉座菌[*Hypocrea schweinitzii* (Fr.) Sacc.],属子囊菌门(Ascomycota),粪壳菌纲(Sordariomycetes),肉座菌亚纲(Hypocreomycetidae),肉座菌目(Hypocreales),肉座菌科(Hypocreaceae);④分生孢子为长梗木霉(*Trichoderma longibrachiatum* Rifai),属子囊菌门(Ascomycota),粪壳菌纲(Sordariomycetes),肉座菌亚纲(Hypocreomycetidae),肉座菌目(Hypocreales),肉座菌科(Hypocreaceae);⑤幕氏肉座菌(*Hypocrea muroiana* I. Hino & Katum.),属子囊菌门(Ascomycota),粪壳菌纲(Sordariomycetes),肉座菌亚纲(Hypocreomycetidae),肉座菌目(Hypocreales),肉座菌科(Hypocreaceae)。病菌子实体直径4~12mm,厚1~2mm,以基部着生在段木上,相互重叠成不整齐的栅条状。成熟时表面波曲状,散生暗色的小粒点,未成熟的灰绿色,不久由茶褐色变成黑褐色,内部肉质白色。

(3)传播途径和发病条件

病菌生存于枯木和富含腐殖质的土壤中,冬季暖和,梅雨季节多发,高温高湿易引发病菌侵入,发生此病。雨后段木被害处能观察到此菌的孢子。这是病菌的孢子世代,剥开树皮会发现有紫褐色带状的线,即香菇菌丝体被杀死的痕迹。长时间处于直射光照下的段木,香菇菌丝死亡部分逐渐扩大,紫褐色线条会更清楚。

(4)防控方法

①在冬季树木休眠后树液停止流动之后才能砍伐,并保持60天以上的菇木抽水干燥期后再开始接种。

②选择通风和排水方便的菇场。堆码发菌时,段木之间的距离应尽量加宽,堆码期间要翻堆。接种穴上涂蜡封口,防止积水。

③菇场要搭遮阳棚,防止日光直射菇木。温室栽培也要用遮阳材料遮蔽。如果害菌轻微发生,把段木移到荫凉处,可使段木恢复健康。

9)疣孢褐地碗菌

(1)症状

疣孢褐地碗菌多发生于蘑菇、鸡腿菇、大球盖菇和平菇生料栽培时的菇床上。在经过较长时间发菌或出菇期的覆土层面上长出一颗一颗圆形、似碗状的子囊盘,初现时为近圆形,中间有一开口,长大后开口成碗状、无柄的子实体。子实体呈肉色,后期边缘开裂呈花瓣状。地碗菌发生量大的菇床,食用菌菌丝生长受抑制,子实体减少或不出菇。

(2)病原

病原菌(暗褐盘菌)(*Peziza badia* Pers.)属子囊菌门(Ascomycota),盘菌科纲(Pezizomycetes),盘菌科亚纲(Pezizomycetidae),盘菌科目(Pezizales),盘菌科(Pezizaceae)。子囊盘较小,丛生,无柄,深杯状,暗褐色,直径3~6cm。子囊上部圆柱形,向下渐细,形成长柄,孢子部分90~150μm×12~16μm。孢子单行排列、椭圆形,有明显小疣,无色或稍有色,一般含两个油滴,18~21μm×8~10μm。侧丝细长,浅黄色,有横隔,顶部稍膨大。

(3)传播途径和发病条件

疣孢褐地碗菌生存于土壤和有机物质上。病

菌随栽培料进入菇床，也可由孢子随水和空气传入菇床，经一段时间繁殖后发病。在有机质丰富、菇房湿度较大、通风较差的条件下易发生。

(4)防治方法

①选择地势高、通风好的栽培场地，防止畦面积水引发疣孢褐地碗菌发生危害。

②培养料进行二次发酵，消灭培养料中的病菌。

③覆土材料选用河泥砻糠土或水稻田的深层土或山地的生土，覆土使用前用百·福或咪鲜胺锰盐1 000倍液拌料处理，杀灭土壤中的病菌后再用于覆土。

4. 担子菌门

担子菌是真菌中最高等的一个亚门，其最基本的特征是产生担孢子，它由特殊的产孢体即担子产生。担孢子通常为单核、单元体。数目常有定数，往往是4个。担子菌的菌丝一般分枝相当发达。大多数担子菌在自然条件下以有性繁殖为主。食用菌竞争性杂菌种类主要集中在层菌纲，包括伞菌目和非褶菌目的多种菌类。

1)鬼伞

(1)症状

鬼伞是夏季高温期发生于粪草菌类培养料上的竞争性杂菌。在蘑菇、草菇、鸡腿菇、球盖菇，甚至在平菇棉子壳培养料内都可长出鬼伞。堆料发酵不透或氨气较多，堆肥在发酵期间受到暴雨淋湿后，料温下降，都将造成鬼伞爆发。鬼伞菌丝稀疏，在鬼伞生长的菇床表层见不到菌丝，只见到一簇簇的鬼伞小蕾从中冒出，很快成熟开伞并流出黑汁。鬼伞会与蘑菇菌丝竞争，影响蘑菇产量。

(2)病原

侵害食用菌的鬼伞主要有毛头鬼伞[*Coprinus comatus* (O. F. Müll.) Pers.]，属担子菌门(Basidiomycota)，伞菌纲(Agaricomycetes)，伞菌亚纲(Agaricomycetidae)，伞菌目(Agaricales)，伞菌科(Agaricaceae)。有长根鬼伞[*Coprinus macrorhizus* (Pers.) Rea]、墨汁鬼伞[*Coprinus atramentarius* (Bull.) Fr.]和粪污鬼伞[*Coprinus sterquilinus* (Fr.)]。鬼伞菌丝白色，子实体早期白色，很快变黑并液化。

(3)传播途径和发病条件

鬼伞在自然界中广泛分布，孢子和菌体生存于秸秆和厩肥上，由空气、水流和培养料带菌造成危害。鬼伞喜高温高湿，在20～40℃之间生长迅速，20℃以下发生较少。菌丝pH在4～10之间均能生长。培养料氮肥含量偏多会促进鬼伞菌丝生长。

(4)防控方法

选用新鲜未霉变的培养料，在高温期发酵时加强通气，防止雨淋，减少氮肥使用量。培养料发生鬼伞时，应在其开伞前及时拔除，防止孢子传播引发再次污染。

2)肉红色粪锈伞

(1)症状

肉红色粪锈伞大多发生在棉子壳发酵堆上。菌丝浓白，生长速度快，在10～30℃可长出菇体。菇体成丛状，呈肉红色，菇盖直径4～8cm，厚度0.2～0.5cm，菇体开伞后即枯萎，孢子萌发重复污染培养基。被肉红色粪锈伞污染的培养基，会影响食用菌菌丝萌发与产量。

(2)病原

肉红色粪锈伞[*Bolbitius demangei* (Quél.) Sacc. & D. Sacc.]，属担子菌门(Basidiomycota)，伞菌纲(Agaricomycetes)，伞菌亚纲(Agaricomycetidae)，伞菌目(Agaricales)，粪锈伞科(Bolbitiaceae)。在稻草、棉子壳或废棉等栽培基质发酵期间，堆温温度偏低又长期堆制，易发生肉红色粪锈伞。

(3)防控方法

参照鬼伞防控方法。

3)褐轮韧革菌

(1)症状

褐轮韧革菌是黑木耳段木上普遍发生的害菌。初期革菌子实体平铺耳木表面，后期边缘反卷，往往相互连接呈覆瓦状。菌盖表面有绒毛，栗褐色，边缘浅灰褐色，有数圈同心环沟，外圈绒毛较长，最后渐变成淡色。在食用菌段木栽培中危害香菇、木耳和银耳，与食用菌争夺水分和营养，影响菌丝正常生长，造成减产。

(2)病原

褐轮韧革菌[*Stereum ostrea* (Blume & T. Nees) Fr.]俗称金边蛾，属担子菌门(Basidiomycota)，伞菌纲(Agaricomycetes)，红菇目(Russulales)，韧革菌科(Stereaceae)。子实体胶质，黑褐色，有辐射状皱褶或皱疣，在潮湿的环境中呈淡褐色，呈脑髓状皱曲。担孢子近椭圆形。担孢子发芽速度快，温度达到20℃在24小时内全部萌发，有亲和性的菌丝间融合，形成双核菌丝，很快完成生活史。

(3)防控方法

参照香菇段木黑腐病防控方法。

4)多孔菌

(1)症状

此杂菌多发生在香菇、木耳栽培的段木树皮

内层及表面。菌丝呈暗褐色细线状，纵横扩展似筛网状分布于树木上。

（2）病原

病原菌为多孔菌[*Phellinus gilvus*（Schwein.）Pat.]，属担子菌门（Basidiomycota），伞菌纲（Agaricomycetes），多孔菌目（Polyporales），多孔菌科（Polyporaceae）。该菌子实体先在树皮龟裂部和木材断面发生，膏药状扩展，下面半圆形、贝壳状扁平，有皱褶革质的伞，多数菌伞较厚，伞宽2～10cm，厚2～5mm，菌伞背面密生黄褐色的毛，有环状沟。菌的断面分上下两层。可借其中鲜黄色薄层与其他菌区分开来。伞下面有一些深2～3mm的微细孔，初为黄色，老熟后变为褐色。

（3）传播途径和发病条件

该菌在香菇接种后，早期就会发生，尤其在原木干燥不好、老龄新鲜木料更易发生。通风条件差、湿度高发生也较多，选用好的段木发生率就会较少。由于该菌侵染的部位比香菇菌丝深，因此其发病时间比香菇迟半年左右。

（4）防控方法

参照香菇段木黑腐病防控方法。

5）干朽皱孔菌

（1）症状

此杂菌多发生在香菇、木耳栽培的段木树皮内层及表面。段木砍伐接种当年的5～7月份为病菌感染期，翌年的5～7月份发病，秋天后病菌子实体干燥脱落、腐烂、死亡。在通风差、湿度大的条件下发生严重。如段木表面温度较高，病菌的生长期提早，并侵入段木较深的部位。病菌对香菇、木耳菌丝危害严重，局部发生量大时造成子实体减产，严重时绝收。

（2）病原

病原菌为干腐皱孔菌[*Serpula lacrymans*（Wulfen）J. Schröt.]，属担子菌门（Basidiomycota），伞菌纲（Agaricomycetes），多孔菌目（Polyporales），干朽菌科（Meruliaceae）。子实体平伏，宽可达10～20cm或更大，新鲜时松软肉质，干后呈革质。子实层表面呈不连续的皱褶状、小颗粒状或平滑，个体之间有相当的差异。子实体边缘薄、绢丝状，白色至淡奶油色，其后淡红紫色、黄褐色，最后深褐色。孢子无色，卵圆形。

菌丝体生长发育温度为10～30℃，最适温27℃。通风差、湿度大的条件下发生严重。

（3）防控方法

适期砍树，即树叶30%变黄到发芽前为砍树适期。这时树木含水量少，树皮和树干结合紧。气温低不利杂菌繁殖，害菌发生较少。5～7月份温度回升，这种菌易侵染菇木，需严格对感染的菇木进行隔离。害菌感染严重的菇木应予烧毁。菇场的通风和除湿对防治此菌也十分重要。

6）采绒革盖菌

（1）症状

采绒革盖菌又名云芝，大多发生在香菇段木上。初期段木表面出现白色粒状菌丝，进一步扩大后形成扇形子实体。香菇接菌后当年的6～8月份易发生此菌危害，翌年5～7月份大量发生。从梅雨季节到盛夏，通风差、温湿度高，蒸发量又小的场地，发生这种杂菌较多。杂菌一旦侵入段木内，菌丝迅速生长，木材腐烂，段木被这种菌侵染后香菇就不能生长。

（2）病原

病原菌为[*Trametes versicolor*（L.）Lloyd]，属担子菌门（Basidiomycota），伞菌纲（Agaricomycetes），多孔菌目（Polyporales），多孔菌科（Polyporaceae）。为半圆形—扇形，一端扇轴的地方着生在段木上。革质至木栓质，无柄，子实体长径1～10cm，短径1～6cm，厚1～2mm，扇的表面有灰色、黄褐色、黑褐色的环纹，边缘薄，呈完整或波浪状。生有全部黑色或灰褐色白短毛，丝绒状。扇的下面有白色至灰色的沉淀物，有许多菌管覆瓦状排列，孢子近腊肠形或圆筒形，无色，平滑。

孢子萌发和菌丝生长的最适温度28～30℃或以上，此菌感染段木时需要高温高湿的条件。

（3）防控方法

菇场要选择在常有山风、谷风吹的山间平地，空气流动的地方。露地栽培香菇，要用树枝遮荫，割去菇场段木四周的杂草。林内栽培香菇，要割除林缘的小灌木和杂草，以利通风，这样可大大减轻危害。

7）桦褶孔菌

（1）症状

桦褶孔菌是香菇段木上的杂菌。多生于槭、椴、桦、杨及阔叶树的枯干及段木上，偶尔也生于云杉等针叶树的枯木上，使木材白色腐朽。该菌侵入香菇段木后，菌丝生长迅速，阻碍香菇菌丝生长，与香菇菌丝争夺养分，造成香菇减产。种菇第一年，此菌的子实体发生很少，一般第二年夏天在段木上发生较多，与采绒革盖菌发生的环境条件相似。在当年夏天，通风差、高温高湿、日光直射的环境下发生。菌丝生长的适温为8～38℃，在高温高湿情况下易发生。

（2）病原

病原菌为*Lenzites betulina*（L.）Fr.，属担子菌门（Basidiomycota），伞菌纲（Agaricomycetes），

多孔菌目（Polyporales），多孔菌科（Polyporaceae）。子实体菌盖革质或较硬，无柄，半圆形，覆瓦状，大小5～10cm，厚0.5～1cm，背面密生绢丝状绒毛，灰白色到浅褐色，有狭而密的环纹，干后呈土黄色或深肉桂色。菌肉白色至土黄色，菌褶白色。

（3）防控方法

参照采绒革盖菌防控方法。

8）红栓菌

（1）症状

红栓菌危害多种阔叶树木，引起木材腐朽。被侵害处开始呈橙色，后期为白色腐朽。在香菇、木耳栽培的段木上，常出现此菌。

（2）病原

病原菌为朱红菌［*Pycnoporus coccineus* (Fr.) Bondartsev & Singer］，属担子菌门（Basidiomycota），伞菌纲（Agaricomycetes），多孔菌目（Polyporales），多孔菌科（Polyporaceae）。子实体朵小，扁半球形、扁平、无柄，新鲜时肉质，干后变为木栓质。菌盖直径2～11cm，厚0.5～1cm，表面橙色至红色，后期稍退色，变暗，无环纹，有细绒毛或无毛，稍有皱纹。菌肉橙色，有明显的环纹，遇氢氧化钾变黑色，管孔面红色，分布密度为2～4个/毫米。此菌的主要特征是子实体从外到内都是鲜艳的橙色至红色。

（3）传播途径和发病条件

5～9月间多见于第二年耳木上，阳光直射的耳木也有发生。菌丝生长速度快，生长的温度范围在10～50℃之间，适宜的温度为35～40℃。

（4）防控方法

参照采绒革盖菌防控方法。

5. 细菌

（1）症状

污染食用菌培养料的细菌种类很多，分为抗热（嗜热）性细菌、中温性细菌和低温性细菌。细菌污染后培养料表现为水渍、湿斑、酸败、湿腐、黏液和腐烂等症状，闻之有酸臭味。

在高温季节，常发生于PDA培养基或谷粒及麦粒培养基上。嗜热细菌未被杀灭，接种后细菌快速繁殖，PDA培养基上出现湿斑，接着出现细菌菌浓或菌斑，菌种被细菌包围，菌丝无法生长。谷粒及麦粒被污染后，表现为充水、水渍，接着渗出黏液，散发出腐烂性的臭味，至使菌种成批损失报废。熟料栽培的菌袋，常因营养高、水分足，接种或发菌期受中温性细菌污染，菌袋培养基局部出现湿斑，食用菌丝无法愈合，菌丝生长缓慢，出菇期延迟，产量下降；在低温和通气不良时堆制，堆温难以及时上升而造成细菌性发酵，至使培养料黏结，颜色变黑，散发出酸臭味。细菌繁殖所产生的毒素强烈抑制菌丝萌发和生长，在生产中常因细菌污染导致大量菌种和培养料报废。

（2）病原

细菌属原核生物界，单细胞，细胞核无核膜，有球形、杆形和螺旋形3种基本形状。对食用菌危害较为常见的细菌种类有枯草杆菌黏液变种（*Bacillus-subitilis* var. *mucoides*）、蜡状芽孢杆菌黏液变种（*Bacillus cereus* var. *mucoides*）、假单孢杆菌（*Pseudomonas* spp.）、黄单胞杆菌（*Xanthomonas* spp.）和欧文氏杆菌（*Erwinnia* spp.）等。

（3）传播途径和发病条件

细菌广泛分布于自然界中，在食用菌培养基质、地表水、土壤和空气中都有其芽孢和菌体存在。芽孢较耐高温，常因高压灭菌不彻底或灭菌温度不够或灭菌时间不足，接种后细菌再次生长。发菌期菇房卫生条件差，菇房通气不良，湿度偏大时都会诱发细菌的污染。对细菌危害认识不足，对细菌污染防控不严，导致产量和质量受到严重损失。

（4）防控方法

①培养基灭菌完全，彻底杀灭培养基中的一切生物，防止高压锅漏气或产生死角，规范灭菌程序。

②母种或原种必须纯种培养，不用带有杂菌的菌种转管。

③发菌室保持干燥通风，清空菇房后用40%二氯异氰尿酸钠1 000倍液冲洗菇房，并用高锰酸钾和甲醛熏蒸，再通风凉干后使用。菇房在使用前，用移动式大功率臭氧消毒机处理菇房空气4～6小时，可有效杀灭空气中所有微生物的孢子和菌丝体，菇房必须开窗通气4小时后使用。

④低温期培养料应放入塑料大棚内堆置发酵，利用阳光升温和保温。在料中加入2%的石灰用以抑制发酵期间细菌繁殖。

6. 酵母菌

（1）症状

酵母菌是引起食用菌淀粉类培养基变质的杂菌。酵母菌幼小菌落的特征是潮湿、黏滑。高温期制作母种时，操作不慎易被酵母菌污染，斜面上出现乳白色的具有皱褶小菌团；生产蚕蛹虫草所用的米饭培养基在高温时生产，极易受酵母菌侵染而报废；麦粒和谷粒菌种被酵母菌污染后引起酸败，菌丝生长稀弱或停止生长，导致菌种报废。

(2)病原

引起蘑菇菌种变质的酵母有红酵母[*Rhodotorula rubra*(Schimon)F. C. Harrison],属担子菌门(Basidiomycota),柄锈菌亚门(Pucciniomycotina),小葡萄菌纲(Microbotryomycetes),锁掷孢酵母菌目(Sporidiobolales)。橙色红酵母[*Rhodotorula aurantiaca* (Saito) Lodder]属担子菌门(Basidiomycota),柄锈菌亚门(Pucciniomycotina),小葡萄菌纲(Microbotryomycetes),锁掷孢酵母菌目(Sporidiobolales)。黑酵母(又称出芽短梗霉)[*Aureobasidium pullulans* (de Bary) G. Arnaud]属子囊菌门(Ascomycota),座囊菌纲(Dothideomycetes),座囊菌亚纲(Dothideomycetidae),座囊菌目(Dothideales),座囊菌科(Dothioraceae)。有时也可以找到酵母属(*Saccharomyces*)属子囊菌门(Ascomycota),酵母菌纲(Saccharomycetes),酵母菌亚纲(Saccharomycetidae),酵母菌目(Saccharomycetales),酵母菌科(Saccharomycetaceae)。假丝酵母属(*Candida*),属子囊菌门(Ascomycota),酵母菌纲(Saccharomycetes),酵母菌亚纲(Saccharomycetidae),酵母菌目(Saccharomycetales)。广泛分布于土壤、水果、蔬菜、谷粒,甚至蘑菇子实体上。

(3)防控方法

①谷粒种在拌料前用5%石灰水浸泡2天,捞起冲洗后装瓶灭菌。

②菌种经高温高压灭菌,无菌接种,恒温发菌,减少酵母菌的侵染机会。

7. 放线菌

(1)病状

放线菌不会大批污染,仅个别瓶出现不正常的特征。例如,麦粒外面有白色粉状斑点,很容易误认为是碳酸钙或石膏的粉斑,或出现白色纤细的菌丝,很难和蘑菇菌种区分开,或菌丝白色,大量吐水,形成干燥发亮的膜状组织。某些种会交织产生类似子座那样的结构,多数种会产生土腥味。

(2)病原与发生规律

放线菌是单细胞的菌丝体,引起蘑菇菌种变质的常见放线菌有白色链霉菌(*Streptomyces albus*)、腐土链霉菌(*Streptomyces humidus*)、粉味链霉菌(*Streptomyces farinosus*)、链霉菌(*Streptomyces* sp.)、诺卡氏菌(*Nocardia* sp.)。在琼脂培养基上,菌落表面多呈紧密的绒状、坚实多皱,长孢子后呈粉末状。放线菌的细胞细长,中间不分隔。放线菌菌丝有两种,一种在培养基内部,为基内菌丝或营养菌丝,有吸收营养的作用;另一种在培养基表面,向空气中伸出,是气生菌丝。有些气生菌丝生长到一定时期,末端会分化出孢子丝。孢子丝断裂后,随水或风散布开,在适宜的环境中萌发成新的菌丝体。

放线菌主要存在于土壤和厩肥中,以很小的球形孢子或纤细的细胞碎片繁殖。

(3)防控方法

参照酵母菌防控方法。

(二)致病菌

1. 丝状菌物

会引起食用菌病害的真菌集中在丝状菌物类。丝状菌物的特点是分生孢子不产生在分生孢子盘或分生孢子器内。代表性病菌有的疣孢霉、轮枝霉、头孢霉等致病菌。

1)蘑菇褐腐病

(1)症状

蘑菇褐腐病是蘑菇世界性病害,褐腐病又称白腐病、湿腐病、湿泡病和有害疣孢霉病。蘑菇褐腐病侵染双孢蘑菇后,发病症状可分为4种:一是当病原孢子数量大时,蘑菇菌丝形成菌索时即受侵染,在菇床表面形成一堆堆白色绒状物,即是褐腐病的菌丝和分生孢子,有时直径可达15cm以上。绒状物由白色渐变为黄褐色,此时已产生厚垣孢子,表面渗出褐色水珠,最后在细菌的共同作用下腐烂,有臭味产生。二是子实体原基分化时被褐腐病菌侵染,原基致病后形成类似马勃状的组织块,初期白色,后变黄褐色,表面渗出水珠并腐烂。三是子实体分化后被侵染,菇体表现为畸形,菇柄膨大,菇盖变小,菇体部分表面附有白色绒毛状菌丝,后变褐色,产生褐色液滴。四是子实体生长后期被侵染,不表现畸形,仅在子实体表面出现白色绒毛状菌丝,后期变为褐色病斑。

有资料报道,褐腐病菌不仅侵害蘑菇,还侵害香菇、草菇、平菇、灵芝、银耳等食用菌。

(2)病原

病原菌为有害疣孢霉[*Hypomyces perniciosus* Magnus,(1888)],属子囊菌门(Ascomycota),粪壳菌纲(Sordariomycetes),肉座菌亚纲(Hypocreomycetidae),肉座菌目(Hypocreales),肉座菌科(Hypocreaceae)。分生孢子梗短,呈轮状分枝,顶端单生无色的分生孢子,8~40μm×3~8μm。无性孢子两种形态:一是薄壁分生孢子,二是双细胞的厚垣孢子。厚垣孢子单生,上细胞球形,壁厚有瘤,18~20μm×14~17μm;下细胞壁薄,无色,10~14μm×9~12μm。

(3)传播途径和发病条件

有害疣孢霉是土壤真菌，孢子可在土中存活几年，初侵染源来自于土壤。孢子和菌丝在15～32℃萌发生长，在菇房内通过喷水、工具、害虫、人工操作等传播。菇房内通气不良、温度高、湿度大时，病菌极易暴发，低于10℃和高于32℃很少发病。在发酵过程中孢子经55℃4小时、经62℃2小时即死亡。蘑菇从病菌侵染到症状出现需要12天以上，生长中的蘑菇菌丝能刺激疣孢霉孢子萌发。在第一潮菇生长时发生病害，其病源往往来自覆土材料或旧菇床材料的带菌引发。长出几潮菇后发病，可能是由水、工具及昆虫等带菌传播引起发病。

(4)防控方法

①菇房消毒：及时清除菇房废料，彻底消毒后空置一段时间，不要等待进新料时再清理前季废料。有条件的菇房可通蒸汽消毒，在70～75℃下持续4小时后通风干燥。菇床架材料宜用钢材和塑料等无机材料制成，经冲洗和消毒后，孢子不易生存。

②覆土消毒：选取不含有食用菌废料的土壤。可选取稻田20cm以下的中层土或河泥土，经太阳暴晒后使用。取用发病区土壤时宜用杀菌剂处理，如用咪鲜胺锰盐或噻菌灵配成2 000倍液喷雾，边喷边翻土，后建堆盖膜闷5天后再使用。推广河泥砻糠覆土技术，可有效地降低土壤带菌机会。

③培养料病菌处理：在发病区栽培，培养料宜用杀菌剂拌料处理，如1 500～2 000倍的40%噻菌灵或30%百·福。菇床出现症状时，及时挖除病灶，撒上杀菌剂或石灰让其干燥，病区内不要浇水，以防止孢子、菌丝随水流传播。

④出菇期发病时，在出菇间歇期或早春浇水时用药防治，可用咪鲜胺锰盐或噻菌灵配成2 000倍喷雾于菇床面，间隔5天后再次用药。用药5天后开始采菇，菇体药剂残留限量，噻菌灵控制在40mg/L以内，咪鲜胺锰盐控制在2mg/L以内。

2)干泡病

(1)症状

干泡病又名轮枝霉病，主要危害双孢蘑菇，蘑菇各发育阶段均会发病。如在蘑菇未分化期感病，感病后幼菇形成一团小的、干瘪的灰白色的干硬球状物，因此称为干泡病。此症状与湿泡病相比，其颜色偏深、体块较小、质地较干，无液滴、无臭味、不腐烂。在子实体分化后期感病，致使菇形不完整，菌盖小部分分化或菌柄畸形，菌盖歪斜，病菇上着生一层细细的灰白色病菌菌丝。分化完全的菇体感病，菌盖顶部长出丘疹状的小凸起，或在菌盖表面上出现蓝灰色病斑。

(2)病原

干泡病原菌有真菌轮枝霉[*Lecanicillium fungicola* (Preuss) Zare & W. Gams, *Mycol. Res.* 112(7): 818 (2008) var. *fungicola*]，属子囊菌门(Ascomycota)，粪壳菌纲(Sordariomycetes)，肉座菌亚纲(Hypocreomycetidae)，织球菌科(Plectosphaerellaceae)。菌褶轮枝霉[*Simplicillium lamellicola* (F. E. V. Sm.) Zare & W. Gams, *Nova Hedwigia* 73(1-2): 42 (2001)]属子囊菌门(Ascomycota)，粪壳菌纲(Sordariomycetes)，肉座菌亚纲(Hypocreomycetidae)，肉座菌目(Hypocreales)，Cordycipitaceae。蘑菇轮枝霉[*Lecanicillium psalliotae* (Treschew) Zare & W. Gams 2001]属子囊菌门(Ascomycota)，粪壳菌纲(Sordariomycetes)，肉座菌亚纲(Hypocreomycetidae)，织球菌科(Plectosphaerellaceae)。营养菌丝匍匐，有隔，分枝，无色或淡色。分生孢子梗直立，有隔，分枝。第一轮分枝轮生、对生或互生；第二轮分枝轮生，二叉分枝或三叉分枝在第一轮分枝上。以后的分枝近似。顶生小分枝通常呈瓶状且顶部尖锐。分生孢子无色，单生在小梗上或簇生成头状，外面有一层水膜，球形、椭圆或卵圆形。

(3)传播途径和发病条件

干泡病的初侵染源来自覆土材料，而分生孢子是再次侵染源。休眠的菌丝可以存活相当长的时间。轮枝菌的分生孢子包着极黏的黏液，正是这种黏液把孢子黏附到尘埃、蝇类、螨类和采菇者身上而传播，喷水也是散播病原菌和孢子的重要途径，水分带着孢子流淌到菇床和地面进一步传播。轮枝菌孢子萌发的温度为15～30℃，发病的最适温度为20℃左右，在20℃时从感病到出现畸形症状大约为10天，而菌盖出现病斑只要3～4天。分生孢子寄生在双孢蘑菇子实体上，轻度感病表现为原基菌柄基部、上部和菌盖上出现褐色斑点或条痕。受害的菇柄常一侧弯曲，严重时畸形。

(4)防治方法

参照蘑菇褐腐病防控方法。

3)蘑菇褶霉病

(1)症状

褶霉病又名头孢霉病和菌盖斑点病，主要侵害蘑菇的菌褶。发病初期，菌褶颜色变黑，菌褶连结成一块。随后病症向菌柄和菌盖蔓延，后期在病灶处出现白色的病原菌菌丝体。患病后的菇体发僵，停止生长。近年来，褶霉病在福建漳洲产菇区呈上升趋势，对产量和品质构成很大的威胁。

（2）病原

褶霉病病原为菌褶头孢霉[*Simplicillium lamellicola* (F.E.V. Sm.) Zare & W. Gams 2001]，属子囊菌门(Ascomycota)，粪壳菌纲(Sordariomycetes)，肉座菌亚纲(Hypocreomycetidae)，肉座菌目(Hypocreales)。白扁丝霉[*Cephalosporium album* Preuss]属子囊菌门(Ascomycota)，粪壳菌纲(Sordariomycetes)，肉座菌亚纲(Hypocreomycetidae)，肉座菌目(Hypocreales)。两种病原都能寄生在香菇和蘑菇的菌褶上，致其发病。分生孢子梗从菌丝中生出，直立短小，不分枝，顶端生球形或卵形的分生孢子。分生孢子相继断脱，由所分泌的胶状物质黏结成小球形，无色，单细胞。

（3）传播途径和发病条件

初侵染源来自土壤，菇房残留病原菌是再侵染源。在出菇温度(12～25℃)和湿度较大的菇房内容易发生褶霉病。病菌孢子又随水、空气、昆虫及人为的传播扩大发病范围及加重病害程度。

（4）防控方法

参照蘑菇褐腐病防控方法。

4）枝霉菌被病

（1）症状

覆土畦栽的鸡腿菇、滑子菇和平菇等易被枝霉菌被病感染发病。初期在畦面上出现白色气生状的菌丝，菌丝生长旺盛，常在2～3天内布满畦面，受害的料面不再有新菇长出。病菌菌丝侵染菇体，菌丝沿着菇柄往菇盖蔓延，使菇体长满白色的病菌菌丝。受害菇体菌柄呈现水渍状软腐现象，严重时菇体倒伏或腐烂。

（2）病原

枝霉菌被病病原为葡萄枝孢霉[*Hypomyces aurantius* (Pers.) Fuckel]，属子囊菌门(Ascomycota)，粪壳菌纲(Sordariomycetes)，肉座菌亚纲(Hypocreomycetidae)，肉座菌目(Hypocreales)，肉座菌科(Hypocreaceae)。分生孢子不易与分生孢子梗分离。病菌生存于有机质丰富的土壤和有机残体中，用营养丰富的土壤作覆盖材料，极易发生此病。在温度20～30℃、菇房湿度达到90%以上时容易发病。床架立体式袋栽方式不易发病。

（3）防控方法

①使用水稻田中下层土或山林土作覆土材料，能有效地减少病菌源。

②出菇期间，降低覆土层湿度，加大菇房通风量。

③病害发生时用30%百·福1 000倍喷洒病区，并使之干燥几天。待病症消失后，再浇水促菇。

5）指孢霉软腐病

（1）症状

指孢霉软腐病又名蘑菇软腐病和树状轮枝孢霉病，病菌侵染蘑菇、平菇和鸡腿菇等是覆土类食用菌。菌床发病初期，料面或覆土层上会长出一厚层白色棉状菌丝，在温度湿度条件适宜时，常将菌床覆盖形成棉絮状菌被，易被误认为是平菇菌丝。菌床感病严重时，受害部位平菇等原基不能形成或受到抑制，并进一步侵害正在生长的子实体。子实体发病时，从菌柄基部开始，逐渐向上传染，呈现淡褐色软腐症状。受害严重后，菌柄及菌褶处长满白色病原菌丝，或病菇连同其着生的菌床部位，均被病原菌丝呈蛛网状包围覆盖，最终造成病菇全体呈淡褐色软腐状。病原菌丝后期变成淡红色，发病中心部位有紫红色色素产生。平菇感染此病后，子实体一般不发生畸形，也不散发臭味，但手触病菇即倒；发病较轻尚未出现软腐症状的病菇，其生长发育受阻，外观呈污黄白色，无生气，与正常健康菇有明显区别。

（2）病原

病原菌为指孢霉[*Hypomyces rosellus* (Alb. & Schwein.) Tul. & C. Tul., Annls Sci. Nat., Bot., sér. 4 13:12(1860)]，属子囊菌门(Ascomycota)，圆盘菌纲(Orbiliomycetes)，圆盘菌亚纲(Orbiliomycetidae)，圆盘菌目(Orbiliales)，圆盘菌科(Orbiliaceae)。病原菌丝白色，气生菌丝生长旺盛致密，棉絮状。分生孢子梗从气生菌丝上直接长出，细长，稀疏。分生孢子小梗呈轮状分枝，顶端尖细，其上单生或簇生1～3个分生孢子。分生孢子无色或呈淡黄色，长卵形或梨形，大小为5～20μm。

（3）传播途径和发病条件

病原菌是一种弱寄生的土壤真菌，喜酸性、潮湿和有机质多的环境，在肥沃的苗床、菜园土以及表层土壤中存在最多。病原菌可随培养料或土壤直接侵入菌床，分生孢子可随气流、昆虫、病菇和水溅作用传播扩散。病原菌分生孢子在20℃时萌发率最高，25～30℃时对萌发不利，遇高温(60～70℃)易死亡。病原菌丝生长适温为25℃，最适pH为3.4(生长范围为2.2～8.0)。分生孢子萌发和菌丝生长最适于饱和的湿度。平菇菌床直接与带菌的土壤接触时，或采用露地阳畦、室外塑料大棚和日光温室作菇场，或在中温高湿的人防工事内栽培时，该病容易发生。

（4）防控方法

①必须对直接与菌床接触的地面、土壤做好消毒处理。

②长菇阶段的菌床，采用干湿交替的水分管理，并保持良好的通风换气环境。转潮期间，除做好床面清理外，还应定期用1%～2%石灰清液喷洒，以防菌床酸化过重。

③该病一旦发生，应暂停喷水，立即通风降湿，并摘去病菇，耙除病原菌被，清理污染的覆土或更换。

6）平菇青霉病

（1）症状

平菇青霉病是寄生于平菇子实体上的一种病害。幼菇发病时常从顶向下呈黄褐色枯萎状，生长停止，表面长出绿色粉状霉层。病菌初期侵染生长瘦弱的幼菇，发病后再侵染邻近生长正常的子实体，菇体从菌柄基部发生黄褐色腐烂症状，并由基部向上发展。在环境条件差、菇体抗性下降时，菇体易受青霉菌侵染而出现病害。

（2）病原

病原菌为青霉菌（*Penicillium*），属子囊菌门（Ascomycota），散囊菌纲（Eurotiomycetes），散囊菌亚纲（Eurotiomycetidae），散囊菌目（Eurotiales），发菌科（Trichocomaceae）。菌丝白色、绒状，分生孢子梗从菌丝上长出，直立、具叉状对称分枝，呈扫帚状，小梗顶端的分生孢子链状生长。分生孢子单细胞，无色，近圆形，直径2.4～4μm。分生孢子成形后，菌落呈蓝绿色粉状。

（3）传播途径和发病条件

培养料过酸（pH为4）、含水量不足、空气相对湿度过低（50%）以及菇蕾丛生密度过大，而水分、养分供应不上、幼菇生长瘦弱的情况下，或残留的菇根未及时清除时，才受此病侵染而发病。

（4）防控方法

①安排好栽培季节，防止极端温度对菌丝体的伤害，引发病菌侵染危害。

②发现病菇、弱幼菇及时清除，集中处理，预防病菌扩散、蔓延、危害健康子实体。

③菇床上发生青霉病菌后停止浇水促菇，让菇床适当干燥，抑制病害蔓延。等温度适宜时再浇水催菇。

7）草菇褐痘病

（1）病状

草菇褐痘病是侵染草菇的一种病害。被害菇体异常肿大，呈畸形。幼菇菇柄及菇伞被感染时，菇柄逐渐肿大，表面具脉络状隆起，故称为肿柄病。后期菇体上渗出褐色液滴，又称为褐痘病。病菇最后黑化腐败，倒伏覆土表面。

（2）病原

病原菌为青霉菌[*Hypomyces perniciosus* Magnus，1888]，属子囊菌门（Ascomycota），粪壳菌纲（Sordariomycetes），肉座菌亚纲（Hypocreomycetidae），肉座菌目（Hypocreales），肉座菌科（Hypocreaceae）。分生孢子梗短而直立，轮枝型。病菌可产生两种形态孢子：一为薄壁分生孢子，双细胞无色，8～40μm×3～8μm；另一种为双细胞单生的厚垣孢子，其上细胞为褐色球形、厚壁有瘤，18～20μm×14～17μm，下细胞为薄壁，无色，10～14μm×9～12μm。

（3）传播途径和发病条件

此种厚垣孢子可经由草菇呼吸代谢气体及草菇幼期子实体抽出液刺激而发芽，它可存活在土壤中达数年之久，是主要的感染源。其孢子多靠空气、昆虫、工作人员及用具等传播。该病菌菌丝在8℃时即可生长，21～28℃为适合生长的范围，24℃为最适合，32℃以上不能生长。该病菌在高温、高湿及通风不良的环境条件下易发生，该病为高温性发生病害，气温一旦下降，病势随之减弱。

（4）防治方法

①注重菇房清洁卫生。

②菇房要通风，使空气清洁、流畅。

③工作人员及生产用具，也应注意清洁。

8）银耳红粉病

（1）症状

银耳红粉病会使银耳子实体腐烂，银耳子实体感病后，耳片不能放开，呈萎缩状，失去光泽，长出一层粉红色粉状霉层。子实体变色腐烂，不能再形成新的耳基。

（2）病原

病原菌为粉红单端孢霉菌[*Trichothecium roseum* (Pers.) Link]，属子囊菌门（Ascomycota），粪壳菌纲（Sordariomycetes），肉座菌亚纲（Hypocreomycetidae），肉座菌目（Hypocreales）。菌丝匍匐，絮状具横隔，扩展快，初为白色，渐转为粉红色，可产生分生孢子。分生孢子梗直立，不分枝，无横隔或具1～2个横隔。梗端稍膨大，分生孢子自梗端单生，成熟后可在梗端顶聚集在一起。分生孢子长椭圆形或倒卵形，橙红色或粉红色，双细胞，大小为12～18μm×8～10μm。

（3）传播途径和发病条件

病菌分布于各种有机质残体上，孢子由空气传播，造成初次侵染。通过喷水和人员操作等途径，可造成再次侵染。高温、高湿、通风不良等条件下容易发生该病。此病主要发生在用代料进行瓶栽或袋栽的银耳子实体上。

（4）防治方法

①菇房应控制适宜的温度和空气湿度，注意

通风，促使银耳健壮生长，提高抗病力，控制红粉病发生。

②选用优良的菌种，特别是生活力强的菌种，可有效预防红粉病的发生。

③发生过银耳红粉病的老菇房和床架，要用甲醛熏蒸消毒。每立方米空间用甲醛 10ml，加入高锰酸钾 5g，熏蒸 12 小时。

④及时割除已发生红粉病的病耳，并带出菇房外烧毁。

9）银耳僵缩病

（1）病状

银耳僵缩病是银耳发生普遍和危害较大的一种病害，不论是用段木栽培，还是用代料瓶栽、袋栽，都有该病发生。患病后银耳耳基形成后僵缩不长，淡褐色，小耳片皱缩不能张开和长大，呈菜花状。耳基部分受侵染，一部分僵缩，一部分仍可继续开片。在潮湿条件下，僵耳表面很快长出一层白色粉状物，此为病菌的分生孢子梗和分生孢子。银耳僵缩病主要危害银耳、蘑菇、草菇等。

（2）病原

病原菌为轮枝孢霉菌（*Verticillium*），属子囊菌门（Ascomycota），粪壳菌纲（Sordariomycetes），肉座菌亚纲（Hypocreomycetidae），织球菌科（Plectosphaerellaceae）。银耳子实体发病后可产生大量呈白色粉状的分生孢子。分生孢子小梗轮生状，分生孢子无色、单细胞、椭圆形。病菌能形成微菌核，呈黑色的小颗粒。

（3）传播途径和发病条件

病菌生活在土壤和有机质上，以菌丝和菌核越冬。土壤和培养料的病菌是初侵染源。通过喷水、人员操作、害虫等进行传播，银耳染病后产生的分生孢子，会造成再次侵染。高温高湿条件有利于病害的发生和蔓延。

（4）防治方法

①选用优良菌种，控制银耳菌丝和香灰菌丝的适宜比例，可有效地预防银耳僵缩病的发生。

②降低菇场温湿度，子实体原基形成和生长阶段调控好适宜的温度和湿度。

10）香菇蛛网丝枝霉病

（1）病状

香菇蛛网丝枝霉菌又称褐斑病、菌盖斑点病、凹斑病，易侵害夏季覆土的香菇。子实体生长期发病时，菌盖上出现褐色稍凹陷的病斑，形状大小不一，病斑边缘的颜色较深，中间部位灰白色，有时病斑出现裂纹。在潮湿条件下，病斑表面长出灰白色霉状物，菌肉组织溃烂。也危害蘑菇、平菇、猴头等子实体。

（2）病原

病原为蛛网丝枝霉菌[*Lecanicillium aphanocladii* Zare & W. Gams，Nova Hedwigia 73(1-2)：27(2001)]，属子囊菌门（Ascomycota），粪壳菌纲（Sordariomycetes），肉座菌亚纲（Hypocreomycetidae），肉座菌目（Hypocreales），丛壳菌科（Nectriaceae）。气生菌丝有分隔和分枝，灰白色，在分隔处或沿匍匐菌丝的两侧，产生分生孢子梗，瓶梗状，单生、对生及轮生，梗端着生分生孢子。分生孢子卵圆形，单胞光滑，无色，成熟后瓶梗很快萎缩成线状。

（3）传播途径和发病条件

该病菌生活在土壤、有机质上。一旦进入菇房，分生孢子靠气流、喷水、操作工具及菇蚊等昆虫扩大传播。菇房高温高湿及通风不良有利该病的发生，长江流域春菇和夏菇发生较重。

（4）防治方法

①协调好菇棚保水与通气之间的关系，夏菇宜安排砂土上栽培，棚上遮荫要好，并要保持良好通风。

②防止棚内发生菇蚊和菇蝇害虫，以杜绝害虫带菌。

③及时清除病菇并集中处理，防止病菌孢子扩大传播。

11）草菇菌核病

（1）症状

草菇菌核病是一种会使草菇子实体罹病的病害。发生在草菇播种后菌丝生长阶段，从草料中长出白色羽毛状菌丝，随之在草堆表面形成大量的小菌核，会使草菇菌丝生长受抑制，甚至不能出菇。子实体被侵染后，表面湿润，有黏性，继而腐烂。在罹病子实体上，有小黑点或颗粒，这是病原菌产生的小菌核。

（2）病原

病原菌为无性世代的罗氏白绢小菌核菌[*Athelia rolfsii* (Curzi) C. C. Tu & Kimbr.，Bot. Gaz. 139(4)：460(1978)]，属担子菌门（Basidiomycota），伞菌纲（Agaricomycetes），伞菌亚纲（Agaricomycetidae），阿太菌目（Atheliales），阿太菌科（Atheliaceae）。菌丝白色，疏松或集结成线性紧贴于基物上，形成菌核。菌核表生，球形、卵形、椭圆形或不规则形，黑色，直径 0.5～1.0mm，有时大达 3mm，平滑而有光泽如油菜籽。初形成时白色，后变成黄褐色，构成细胞多角形，直径 6～8μm。表面的细胞色深而小，且不规则。分生孢子梗橄榄色，分生孢子纺锤形或新月形，有分隔，中间 2 个细胞往往较大，色较深，两端色较浅。

(3)传播途径和发病条件

病原菌生长的适宜温度为11～35℃，最适25～32℃，在同样条件下有利菌核形成。菌丝pH在3.2～9.6都能生长，以pH为7最合适。日光对病原菌有抑制作用。菌核在干土表面经日光照射133小时逐渐失去活力，145～170小时后死亡。在35℃高温干燥条件下，菌核可存活4个月之久；若沉入水中，温度30℃能存活1年。可见该病菌喜低温潮湿的环境，高温、干燥、日光暴晒均不利于该病原菌的生存。病原菌的分生孢子萌发后在有植物性纤维的材料上生长最为有利。病原菌侵入草菇后，很快引起组织坏死，造成菇体腐烂。

(4)防治方法

①播种前用5%石灰水浸泡稻草2天，捞起冲洗后播种。

②发病初期用菇丰500倍喷雾杀菌，可效控制病害蔓延。

12)金针菇基腐病

(1)症状

金针菇基腐病又名灰霉病、拟青霉病，常发生于工厂化袋式栽培的金针菇上。病害主要发生在菇基部，严重时也往盖部蔓延。子实体生长发育阶段，菇柄基部初期呈现水渍状斑点，后渐变黑褐色至黑色腐烂，腐烂后子实体倒伏。发病区多在菇房不易通风的四角处，往往成丛成堆发生，病害大量发生时导致生产停止。

(2)病原

病原菌为瓶梗青霉(*Paecilomyces*)，属子囊菌门(Ascomycota)，散囊菌纲(Eurotiomycetes)，散囊菌亚纲(Eurotiomycetidae)，散囊菌目(Eurotiales)，发菌科(Trichocomaceae)。菌丝白色，粉状。菌落呈粉红色。孢子梗从气生菌丝上长出，呈对称分叉。分生孢子椭圆形、单细胞、无色。

(3)防控方法

①改善栽培条件，加强菇房通风，出菇期二氧化碳含量控制在$5\sim7\times10^{-3}$。

②适当减少菇房菌袋排放量，降低菇房温度是减少病害发生和降低病害严重度的有效途径。

③加强菇房的消毒处理，空菇房可通入70℃蒸汽消毒2个小时，并用高锰酸钾和甲醛熏蒸5小时以上。

2. 接合菌门

接合菌亚门中引起食用菌病害的真菌属于同一个目——毛霉目。毛霉目的菌丝发达，分为生于基物内的营养菌丝和生于空气中产生繁殖体的气生菌丝。对食用菌产生危害的有纺锤孢伞菌霉、贝勒被孢霉、大毛霉菌等致病真菌，可引起滑菇、蘑菇、平菇等食用菌发病。

1)滑菇萎缩病

(1)症状

滑菇萎缩病是滑菇子实体真菌性病害之一。初期在滑菇菌盖表面产生白色的菌丝，不久出现辐射状、细直、针状的孢子囊梗，子实体逐渐失去活力、退色、萎缩，停止生长。

(2)病原

病原菌为纺锤孢伞菌霉[*Spinellus fusiger* (Link) Tiegh.]，属接合菌门(Zygomycota)，毛霉目(Mucorales)，须霉菌科(Phycomycetaceae)。孢子梭形，32～44μm×9～14μm，接合孢子生长在膨大而弯曲呈钳状的配囊柄上，直径400～600μm。菇房内相对湿度高、空气不流通时容易发病。

(3)防治方法

对菌床喷水不能过多，及时通风换气。

2)蘑菇菇脚粗糙病

(1)症状

菇脚粗糙病主要发生在蘑菇生长后期的一种病害。罹病蘑菇菌柄表层裂开，变得很粗糙。菌柄和菌盖变色，后期变成褐色。在罹病蘑菇的菌柄和菌褶上可看到一种粗糙、灰色的病菌菌丝体，它可以传播到周围的覆土上。发病症状和软腐病有些相似，有些病菇呈现畸形。发育后期感染的，菌柄稍微变色，菌盖表面的褐斑有时有一个黄色的圆圈。

(2)病原

病原菌为贝勒被孢霉(*Mortierella bainieri* Costantin)，属接合菌门(Zygomycota)，被孢霉目(Mortierellales)，被孢霉科(Mortierellaceae)。菌丝白色，包囊梗直立，中部以下膨大，孢子囊球形，无囊轴，膜易破，成熟时消融。孢囊孢子单细胞，球形，有刺，6～9μm×4～5μm。接合孢子为一厚层交织菌丝所包被。

(3)传播途径和发病条件

该病原菌属土壤真菌，菇脚粗糙病病菌喜湿，产生的孢囊孢子很容易由风和水传播，也能由覆土带入菇房。病菌潜育期短，侵染次数较多。低温潮湿环境对病害发生有利。

(4)防控方法

参照蘑菇褐腐病防控方法。

3)平菇毛霉软腐病

(1)病状

毛霉菌会侵染平菇子实体，病菇呈淡黄褐色水渍状软腐。一般多从菌柄基部开始发生，逐渐向上发展，个别也有从菌盖开始发生，软腐后的子实体表面黏滑，但无恶臭气味。病菇表面的病菌在喷水后不易看到。

(2)病原

病原菌为大毛霉菌(*Mucor mucedo* Fresen.)，属接合菌门(Zygomycota)，毛霉目(Mucorales)，毛霉科(Mucoraceae)。菌丝丛呈灰黄色、无假根，菌丝粗壮，无隔膜；孢囊梗不成束。繁茂成层，直立，顶生孢子囊。孢子囊球形，初形成时为黄白色，囊膜易破裂而放出孢囊孢子。孢囊孢子的数量很大，单细胞，近圆形，比青霉菌的分生孢子大1～2倍。在孢囊梗的基部有分枝，为小孢子囊梗，着生一个小型孢子囊。

(3)传播途径和发病条件

该病多发生在室内及露地畦栽的平菇上。特别是菇棚在高温高湿、通风不良、菌床长期积水、子实体过熟未采的条件下容易发生。

(4)防控方法

①浇水后菇床料面不留积水，及时通风。

②及时防治菇蝇蚊等虫害。

3. 子囊菌门

子囊菌亚门中能引起食用菌子实体病害的真菌较少，主要有子囊菌纲、长喙壳科的银耳长喙壳，引起银耳刚毛病。

银耳刚毛病

(1)症状

银耳子实体上长出黑色小刚毛。病耳泡松率低、色泽差，质量和等级下降。

(2)病原

病原菌为银耳长喙壳[*Ophiostoma epigloeum* (Guerrero) de Hoog，Stud. Mycol. 7:45(1974)]，属子囊菌门(Ascomycota)，粪壳菌纲(Sordariomycetes)，粪壳菌亚纲(Sordariomycetidae)，蛇口壳目(Ophiostomatales)，蛇口壳科(Ophiostomataceae)。子囊壳刚毛状，散生或群生，基部埋于耳片的表层，褐色至几乎黑色，球形，宽0.14～0.16mm。子囊壳壁为假薄壁组织，颈黑色，顶端近透明，纤细，长500μm或更大，基部0.04～0.05mm，顶端直径0.015～0.02mm或更大，由平行的、有横隔的菌丝组成，顶端无色。子囊早溶，子囊孢子埋入球形黏液中，圆柱形，稍弯曲，两端钝圆，1～1.5μm×3～4.5μm。

(3)传播途径和发病条件

耳房在甘薯和甘蔗产区容易发生，夏秋高温、高湿时子囊孢子容易寄生在耳片上。靠风和水传播。

(4)防控方法

①栽培房远离甘薯和甘蔗产区。

②避开高温期制种和栽培，菇房使用前和使用后应严格消毒灭菌，降低病源。

③栽培房门窗挂上70目的防虫网，防止蚊虫带菌传播。

4. 担子菌门

担子菌门中能引起食用菌病害的有多孔菌科的罗氏白绢菌，会使草菇发生白绢病害。

草菇白绢病

(1)症状

白绢病造成草菇子实体腐烂。初期在培养料上长出一圈一圈的棉絮状白色菌丝体，比草菇菌丝粗壮、浓厚，抑制草菇菌丝生长。随后病菌继续侵害菇体基部，并向整个菇体蔓延，菇体出现黏湿状，最后菇体腐烂。

(2)病原

病原菌为罗氏白绢菌[*Athelia rolfsii*(Curzi)C. C. Tu & Kimbr.，Bot. Gaz. 139(4):460(1978)]，属担子菌门(Basidiomycota)，伞菌纲(Agaricomycetes)，伞菌亚纲(Agaricomycetidae)，阿太菌目(Atheliales)，阿太菌科(Atheliaceae)。担子棍棒形，形成在分枝菌丝的尖端，9～20μm×5～9μm，顶生小梗2～4个。小梗长3～7μm，微弯，产生担孢子。担孢子亚球形、梨形或椭圆形，无色单细胞、平滑，基部稍歪斜，5～10μm×3.5～6μm。

(3)传播途径和发病条件

病菌危害子实体，在其上产生菌核，是该病的感染源。土壤和培养料中的病原菌菌核在菇床上萌发生长，造成初次侵染。喷水、工具和昆虫等传播病菌，是再次侵染源。菇体一旦被感染，病菌蔓延生长极快。

(4)防控方法

①稻草或麦秸用5%～7%的石灰水浸泡2天，棉子壳料可堆积发酵4天以上。

②覆土用3%的甲醛消毒，用量为土壤重量的0.03%，处理后用塑料布覆盖闷堆5天后再使用。

③病菌感染部位用5%石灰水处理或撒少量石灰粉，对控制病害蔓延有一定效果。

5. 藻界

水绵霉是藻界对食用菌危害较严重的真菌，会使多种食用菌产生病害。

1)水霉菌被菌

(1)症状

在覆土栽培的食用菌出菇过程中，高温高湿状况下容易发生此病。发病初期，菇床料面上出现白色稀疏丝网状的菌丝体。条件适宜时，菌丝生长迅速，形成一层厚实且具韧性的菌被，菌被有明显的丝织物感觉，不易撕开扯断，菌被覆盖下的菇体生长受抑制，严重者菇体腐烂死亡。培养料受侵染后，呈水湿状，并变黑腐烂。中高温型品种如鸡腿菇、姬松茸、茶树菇、球盖菇等易受水霉菌被菌侵染发病。

（2）病原

病原为水绵霉（*Isoachlya*），属藻界（Chromista），卵菌门（Oomycota），卵菌纲（Oomycetes），水霉亚纲（Saprolegniomycetidae），水霉目（Saprolegniales），水霉科（Saprolegniaceae）。菌丝生于基物内，分枝多而较细，生于基物表面的分枝少而粗大。无性生殖在菌丝顶端呈棍形的游动孢子囊。初生游动孢子有鞭毛 2 根，从孔口游出，充分表现出两游现象。新孢子囊可从旧孢子囊的基部形成。有性世代产生藏卵器和雄器，藏卵器生有卵球数个，分别受孕而形成卵孢子，卵孢子萌发生孢子囊。

（3）传播途径和发病条件

病原来自土壤和水源。在高温高湿菇棚内，覆土层上易发病。用营养丰富的菜园土作为覆土材料和不流动的塘水浇菇较易发病。

（4）防控方法

①覆土材料宜用山地土或水田土，经暴晒后使用。

②用清洁水拌料和浇菇。

③发病初期用 40%咪鲜胺锰盐或 30%百·福1 000倍喷雾，间隔 5 天喷 2 次后能有效地控制病情。

6. 细菌

在食用菌栽培过程中，细菌可污染培养料，使之变质、发臭、腐烂。有些细菌还会寄生于食用菌子实体，引起寄生性病害，造成减产或绝收。细菌致病的特点是在子实体上形成菌脓，使其腐烂、死亡。

1）平菇褐斑病

（1）症状

细菌性褐斑病是秀珍菇和平菇等常见性病害。初期菌盖上出现颜色较浅淡小点，逐渐发展成为椭圆形或梭形褐色病斑。病斑大小为 2～4mm，发病较重时菇盖上病斑较多，有时病斑会连接成块。有时菌柄也可发病，出现褐色病斑。病菌只危害菌皮，不深入菌肉，潮湿条件下病斑表面有一薄层菌脓。病菇的形状不改变，也不会引起腐烂。

（2）病原

病原菌为托拉斯假单胞杆菌（*Pseudomonas tollasii* Paine），菌落圆形，直径 2～4mm，乳白色，稍隆起，表面光滑，边缘整齐，具有明显的荧光反应。典型的菌体在一极或两极具有一或多根鞭毛。

（3）传播途径和发病条件

病菌广泛分布于空气、土壤、水源和培养料中。20℃以上，通风不良，湿度大，特别是子实体表面处于水湿状态时极易发病。当菇房空气湿度超过 90%，通气不良，凝聚在菇盖上的水分得不到及时蒸发，在长期潮湿的状况下，菇体组织抗性降低，导致细菌侵入发病。

（4）防控方法

①适当降低菇房内湿度，加大通风量，是减少细菌性病害的有效方法。

②药剂防治：出现病状时要及时用药，控制病害程度。可用对细菌防效较好的药剂，如二氯异氰尿酸钠 500 倍加农用链霉素 500 倍，施药前后对菇床停水 1 天，用药液量 10g/m²。间隔 3～4 天再次用药，连续用 3 次以上，能有效地控制病害的蔓延。

③用清洁水浇菇，及时清除病菇和废料，保持菇场清洁干净。

2）菇体腐烂病

（1）症状

食用菌子实体长期受假单胞杆菌侵染后出现的腐烂现象。发病初期，在菌盖或菌柄上出现淡黄色水渍状斑点，在高温高湿条件下，病斑扩展迅速，引起菌盖或菌柄呈淡黄色水渍状腐烂，并散发出难闻的臭味。近年来在金针菇、鸡腿菇、杏孢菇、滑菇、秀珍菇、平菇和蘑菇等多种菇体生长过程中，易出现细菌性腐烂症状。

（2）病原

病原菌为荧光假单胞杆菌或假单胞杆菌（*Pseudomonas* sp.）。菌落乳白色，圆形，表面光滑、黏性，具有荧光反应。

（3）传播途径和发病条件

病原菌广泛存在于有机质、不洁净的水源和土壤中。浇菇时使用了不洁净的水，病菌大量繁殖，导致子实体发病。若菌袋口长期积水，原基受淹，易引发腐烂病。菇房内高温高湿也是发病的重要条件。

（4）防控方法

①用洁净水拌料，控制发菌期培养料水分。

②出菇期适当降低菇房空气湿度，加强通风，浇水时防止菌袋和菇盖积水。

③选用季节性品种，适温发菌，适温出菇。

④发病时，停止向菇床浇水，加强通风，并在菇床和菌袋上喷施 500 倍农用链霉素，能有效减

轻病害症状。

3)平菇黄斑病

(1)症状

平菇黄斑病又名黄菇病,由假单胞杆菌引起的一种平菇病害。初期在菇盖边缘出现零星黄色小斑点,斑点不断扩大使整朵菇黄化。病菇上分泌黄色水滴,同时停止生长,严重时整丛菇发病。病菇呈水渍状,稍有黏糊状菌脓,但不腐烂。黑色平菇和秀珍菇较易感染黄斑病,发病后菇体色差明显,品质下降,失去商品性。

(2)病原

病原为假单胞杆菌(*Pseudomona agarici*)。在春秋季大棚内菌袋排放量大、温度高、湿度大、通气不良时,黄斑病容易发生和流行,严重时多潮菇都发病。生料栽培比熟料栽培,子实体更易发病,且病情严重。菇棚温度低于20℃、湿度80%以下不易发病。

(3)防治方法

①选用抗黄斑病品种,在适宜的季节栽培。

②菇房菌袋排放量不应密集堆垛,袋层间要有间隔,每袋之间也要有空隙,利于气体交换,不易产生热量和积累过高的二氧化碳。棚顶要装排风扇,降低菇棚空气湿度。

③注意浇水方式,浇水后及时开门通风。待菇盖上的积水吸收或晾干后才能关门。

④发病后及时摘除病菇,停止浇水,加强通风,在棚内喷雾40%二氯异氰尿酸钠和链霉素500倍液,隔5天后再次施用。地面喷施3%石灰水可有效地控制病害蔓延。

4)香菇褐腐病

(1)症状

香菇褐腐病引起香菇子实体褐色腐烂的一种病害。发病初期,新长出的菇蕾上出现黄褐色小点。随着子实体长大,病斑扩大,在病斑处渗出黄色液汁,并有臭味。出现病症后子实体停止生长,菌盖、菌柄和菌褶变褐色,最后腐烂。

(2)病原

病原菌为荧光假单胞杆菌(*Pseudomonas fluoresens* Migula)。病菌在香菇组织的细胞间隙中繁殖,该病多发生于含水量多的段木或菌筒上。在夏季覆土的香菇上发病较多,在气温20℃以上的菇棚春季发病较明显。

(3)防治方法

①选择地势较高、排灌水方便的场地,在土质疏松的砂土栽培。

②夏季栽培选用耐高温的品种,用清洁的水浇菇。

③发病后及时摘除病菇,停止浇水,加强通风,在棚内喷雾40%二氯异氰尿酸钠和链霉素500倍,隔5天后再次施用。地面喷施3%石灰水可有效地控制病害蔓延。

5)蘑菇黄色单孢菌病

(1)症状

黄色单孢菌病是引起蘑菇萎缩和腐烂的一种病菌。发病时先在菌盖表面产生褐色斑块,随着菇体的生长,褐色斑块逐渐扩大,且深入菌肉,直至整个子实体全部变成褐色至黑褐色且萎缩死亡,最后腐烂。

(2)病原

病原菌为田野黄色单孢菌(*Xanthomonas campestris*),为革兰阴性杆菌,菌体杆状,长1～2μm,宽0.6～0.8μm,栅状排列。菌落淡黄色,光滑,边缘整齐。

(3)传播途径和发病条件

近年来蘑菇黄色单孢菌病呈多发状,尤其是棕色蘑菇发病较普遍,多发生在冬菇的低温期。在棚温10℃左右时病菌易感染幼小子实体,从开始出现褐色斑块到整个菇体变成黑褐色死亡的时间为4～6天。病菌扩散较快,随采菇人员的接触及浇水而传播。从发现第一个发病子实体到菇床普遍感染约20多天。该病仅侵染子实体,对菌丝并无危害。

(4)防治方法

①冬季菇房加温期间应定期通风,浇菇水宜用接近菇棚温度的水,防止过高的温差刺激引发病害。

②发病时用农用链霉素500倍量或多抗霉素2 000倍液,间隔3天,连续施用3次以上,可抑制病情蔓延。

6)蘑菇干腐病

(1)症状

干腐病是引起蘑菇干枯死亡的一种病菌。发病时子实体正常分化,但长出2天后生长停止,菇体颜色暗淡失去光泽,菇盖皱缩,菇柄伸长。病状严重时菇盖歪斜,菇体干枯,逐渐萎缩死亡。病菇菌盖与菌柄接触处有一个明显的暗褐色病斑,将菌柄纵向撕开可发现有一条暗褐色的变色组织。菇盖硬而脆,刀切菇体有砂粒状感觉。发病的菌丝在土面蔓延,菌丝粗糙成索状,随后带病菌丝蔓延而发病。

(2)病原

病原为假单孢杆菌(*Pseudomonas* sp.),菌体杆状,两端钝圆,端生鞭毛。菌落圆形,白色。病原顺着蘑菇菌丝传播,病状蔓延速度每天约0.6cm。干腐病在江苏北部和山东等地地表栽培的蘑菇出菇期容易发病。

(3)防治方法

①选择地势较高、排灌水方便的场地,土质疏松的砂土栽培。

②在病区宜用层架栽培,切断病菌传播途径,用清洁的地下水浇菇。

③发病后及时摘除病菇,挖深沟隔离病区,停止浇水,在棚内喷雾 40%二氯异氰尿酸钠和链霉素 500 倍,隔 5 天后再次施药。地面喷施 3%的石灰水可有效地控制病害蔓延。

7)金针菇褐斑病

(1)症状

金针菇褐斑病又名黑斑病和斑点病,是引发金针菇菌盖表面产生褐色斑点的病害。发病初期菌盖上出现零星针状小斑点。随着菇盖长大,病斑随之扩大,色泽加深,严重时菌柄也出现斑点。菌褶很少受到感染。病斑处水渍状,稍有臭味。白色菇种更易感病,严重时整丛菇体感病,失去商品价值。

(2)病原

病原菌为托兰斯假单孢杆菌(*Pseudomonas rolasii*)和假单孢杆菌(*Pseudomonas* sp.)。初秋高温期制袋的金针菇在出第一潮菇时就会发生褐斑病,在春季第三潮菇上也易发病。黄色金针菇在出菇温度 14℃以上发病较快,工厂化栽培中袋栽菇在排袋多、通气性差、二氧化碳含量较高的菇房内发病严重。

(3)防治方法

①在温度低于 28℃以下时开始生产出菇袋,以减少发菌期病菌侵染和出菇期的病害。

②工厂化出菇房,出菇期温度控制在 6～8℃,定期换风,二氧化碳含量控制在 7×10^{-3},能有效减少病害的发生。

③加强菇房消毒处理。空菇房可通入 70℃蒸汽消毒 2 个小时,并用高锰酸钾和甲醛熏蒸 5 小时以上。发病严重的菇房应晾干后空置一段时间再使用。

7. 黏菌

1)食用菌黏菌病

(1)症状

黏菌是引起夏季高温性食用菌畸形或腐烂的一种病害。近年来夏秋季生长的平菇、灵芝、四孢蘑菇、巴西蘑菇、竹荪、草菇、香菇、毛木耳和茶树菇等品种常被黏菌侵染危害,覆土栽培的比袋栽发生普遍,且更加严重。发病初期在覆土层面上出现黏糊的稀疏的网状菌丝,其菌丝会变形运动,扩展迅速,1～2 天内蔓延成片。菌丝爬向菇体,将菇体包裹,严重的致菇体软腐死亡。病情较轻的致菇体畸形,并在菇体上产生黏菌的褐色子囊。黏菌从耳片边缘侵入子实体。其原生质体迅速在耳片上蔓延,形成网状菌脉,耳片表面产生一层胶样黏质物,最后耳片解体、腐烂,呈黏液状。黏菌能在菌袋上蔓延并很快侵入袋内培养料中,培养料被害后出现腐烂和不出菇症状。

黏菌菌落颜色有白色、黄白色、橘黄色和灰黑色等;其形状有网络状、发网状等。菌丝消失后出现黄褐色或深褐色的孢囊果。

(2)病原

病原菌为黏菌,黏菌的营养体是一团多核的没有细胞壁的原生质团,繁殖体形成有细胞壁的孢子。危害食用菌的黏菌类群主要是发网菌(草生发网菌 *Stemonitis*)属原生生物界(Protozoa),阿米巴门(Amoebozoa),黏菌纲(Myxogastrea),发网菌目(Stemonitida),发网菌科(Stemonitidaceae)。绒泡菌(*Physarum*)属原生生物界(Protozoa),阿米巴门(Amoebozoa),黏菌纲(Myxogastrea),发网菌目(Stemonitida),绒泡菌科(Physaraceae)。煤绒菌(*Fuligo*)属原生生物界(Protozoa),阿米巴门(Amoebozoa),黏菌纲(Myxogastrea),发网菌目(Stemonitida),绒泡菌科(Physaraceae)。彩囊钙丝菌[*Badhamia utricularis* (Bull.) Berk.],属原生生物界(Protozoa),阿米巴门(Amoebozoa),黏菌纲(Myxogastrea),发网菌目(Stemonitida),绒泡菌科(Physaraceae)。常见的发网菌孢子囊为分散的小丛,圆柱形,有柄,高 4.5～9mm,深肝褐色。柄黑色,长 0.8～2mm,生于膜质孢囊基上。囊轴近达孢子囊顶尖。孢丝深褐色,形成表面网。网眼多角形,宽 8～20μm。孢子有微细小刺,淡灰紫色,7～10 个成群,直径 1～10μm。孢子在 15～25℃萌发,15～25℃形成原生质团,20～30℃形成孢囊。直径 6～8μm。

(3)传播途径和发病条件

营养丰富的有机质是黏菌发生的基础,高温高湿的环境是黏菌快速繁殖的条件。温度在15～30℃、菇房湿度 85%以上、覆土面积水的情况下,黏菌生长迅速并很快形成孢子。孢子会随水、空气和昆虫等传播再次侵染危害。在老菇房和出菇期较长的品种上较易发生黏菌危害。

(4)防控方法

①搞好老菇房环境卫生,清除栽培废料,掀掉塑料膜进行晒棚,利用阳光中的紫外线杀菌,可有

效减少次年黏菌发病率。

②发病后菇床应停止浇水，挖除病区培养料，撒上石灰让其干燥，喷洒500倍高锰酸钾溶液和农用链霉素，经3～5天后再次用药防治，连续用药3次以上才能有效地控制黏菌的蔓延。

③适当增强菇房光线强度，降低温湿度，保持通风状态也能抑制黏菌的生长。

8. 病毒

真菌病毒（mycovirus）在食用菌细胞内广泛存在。具有致病性的病毒浓度较低时，菇体不出现病状，待病毒浓度达到一定的程度时菇体和菌丝才出现一系列病变。受病毒侵害并表现出症状的有蘑菇、香菇和平菇等食用菌。

1）*蘑菇病毒病*

（1）症状

病毒引起蘑菇的病害又叫勒法郎士病、褐色病、X病、菇脚渗水病和顶枯病。双孢蘑菇感染病毒后，孢子发育变态，孢子下陷，由正常的瓜子形变成弯月形。菌丝生长稀疏，PDA培养上表现为淡薄，不易长满斜面。在培养料内菌丝表现为吃料慢，菌丝稀疏发黄，发菌不均匀，覆土层内菌丝稀少，菇床面上出菇不均匀，严重时菌丝腐烂，菇床上形成一个无菇区。菌柄细长弯曲或菌柄膨大，菌柄上出现水渍状条纹或褐色斑点。子实体明显变小，有的畸形，菌盖小且提早开伞，病菇呈灰白色或浅棕色，菇体重量减轻。发病轻时，无明显症状，但产量下降。

（2）病原

菇床上第一潮发病主要是菌种带毒而引发。蘑菇病毒病可以通过健康菌丝与带病毒菌丝的融合及担孢子传播。蘑菇细胞内可有一种或几种病毒粒子共存，目前已分离出的蘑菇病毒有MV1，直径25nm，球状；MV3，直径19.50 nm，杆状；MV4，直径35nm，球状；MV5，直径50nm，球状；MV6，直径17.35nm，棒状。

（3）防控方法

①选用无病毒的菌种，应向有资质的企业和科研单位引种。

②严格消毒接种工具，接种室用过氧乙酸熏蒸能有效地杀死病毒孢子。

③发生病菇的菇房要严格消毒，可通入70℃蒸汽熏蒸2小时以上，空闲一段时间后再使用。

④及时治病防虫，减少病毒传播途径。

2）*香菇病毒病*

（1）症状

香菇病毒普遍地存在于子实体中。在未发病的情况下，带病毒的菌丝在生长速度或子实体产量上均没有什么差异。发病后菌丝在PDA上表现为菌落发黄，菌丝只在种块上向上伸长，难以在培养基上吃料，发菌速度慢，且稀疏。在栽培袋上则产生退菌斑，即菌丝尚未发到底，上面的菌丝已开始消退，产生一块块秃斑。开袋后，菌棒气生菌丝少，难以转色。出菇期症状表现为菌柄肥大，菌盖球形，或是菇体细小而薄，提早开伞。

（2）病原

香菇病毒有6～7种，分为球形、丝状和棒状3大类。丝状病毒样粒子大小为17nm×200～1 700nm；球状病毒样粒子大小为28nm×280～300nm等。大部分香菇菌株中都检出丝状病毒样粒子，子实体比菌丝体更能检出丝状病毒样粒子。不论是野生香菇还是栽培的香菇中都检出球状病毒样粒子，没有发现无病毒样粒子的香菇。检出棒状病毒样粒子的香菇菌株较少，检出率也低。在这些病毒样粒子中，球形粒子含有核酸和蛋白质，39nm具有双链核糖核酸，丝状粒子只有蛋白质，没有核酸。

最近几年随着中国香菇生产的发展，各省都发现被病毒侵染的香菇菌种。王鸣歧认为，香菇病毒有致病性，会严重影响香菇产量。陈明杰等发现上海地区带病毒的香菇菌株申香1号（Shv-1），该菌丝发酵液中有两种等轴对称，直径为25nm和30nm的病毒样粒子。

病毒主要靠菌丝和孢子传播。若用带毒的菌种接种，或带毒的担孢子落到无病的菇床上，都会导致发病。

（3）防控方法

参照蘑菇病毒病防控方法。

3）*平菇病毒病*

（1）症状

菌丝生长速度慢，稀弱、发黄或吐黄水。出菇阶段表现为菇盖畸形、发僵、不向上开张或菇盖较小，并出现明显的水渍状条纹、转潮时间推迟，且第二、三潮出的菇形状同样会出现畸型。将带病菇体分离培养出菇时，还会表现出同样的症状，即可初步诊断为病毒病菌株。

（2）病原

病原为直径24nm的球形病毒。经提取得到多个双链核糖核酸（ds RNA）片段，以黄瓜花叶病毒ds RNA为参照物测得相对分子质量为1.3×10^6、1.10×10^6、0.98×10^6和0.85×10^6，4个主要ds RNA电泳带、衣壳蛋白为2个片段，相对分子质量为2.2万和4.4万，发病较重的样品可获得浓度较高的病毒。

(3)传播途径和发病条件

菇场环境卫生差，使用劣质菌种易引起平菇病毒病的发生。平菇的球形病毒可以通过担孢子和菌丝的互相融合而传播。

(4)防控方法

参照蘑菇病毒病防控方法。

9. 酵母菌

红银耳病

(1)症状

红银耳病是一种会使银耳子实体变红的病害。被侵染的耳片局部变粉红色，后逐渐扩大到整朵子实体及相邻的其他子实体变红，耳基完全失去再生能力。

(2)病原

病原菌为浅红酵母(*Rhodotorula pallida* Lodder)，属担子菌门(Basidiomycota)，柄锈菌亚门(Pucciniomycotina)，小葡萄菌纲(Microbotryomycetes)，锁掷孢酵母菌目(Sporidiobolales)。夏秋高温生产，气温高于25℃以上，耳房在高湿和通风不良的条件下，容易导致红银耳病大量发生。发病后传染极快，往往数天之后全棚银耳都被感染。病原菌主要通过风、雨水、昆虫(菇蚊)等传播，也可以通过手和采耳工具接触感染。

(3)防控方法

①在气温下降至25℃以下开始栽培，减少高温对菌丝的危害。

②搞好耳房的环境卫生，耳房用2%过氧乙酸消毒处理。

③发病前喷洒苯扎溴铵(新洁尔灭)、土霉素有预防作用。发病后喷3%的高锰酸钾，可以控制红耳病的蔓延。

二、非侵染(生理)性病害

食用菌的非病原病害主要是由不适宜的栽培环境条件或不适当的栽培措施所引起。如培养料的营养比例、含水量、pH值、空气湿度、光线、二氧化碳等出现极端性不合理情况时，致使食用菌产生生理障碍，出现多种变态、菌丝生长不好、子实体畸形或萎缩，质量降低、产量下降。生理性病害由于不存在致病菌，这类病害不会传染。

1. 畸形菇

菇体在成长过程中受到不良环境的影响后较易长成畸形菇。如平菇在二氧化碳含量过高的状况下，长出团状的菜花型的“块菌”。改善通气条件时，又可从团状的原基中分化出完整的菇盖和菇柄，恢复正常生长。金针菇在坑道内中栽培，在坑道缺氧、二氧化碳浓度较高的情况下，只长成尖头状的纤细绒毛。工厂化栽培的杏鲍菇，在较高的二氧化碳浓度下，不易分化菇盖或菇盖上出现瘤状突起物，影响菇的商品性。草菇在出菇阶段，如把薄膜直接盖在菇体上会引起菇体无菇盖现象。香菇原基在菌袋内生长，受到薄膜挤压会造成畸形，覆土栽培的品种，如蘑菇、球盖菇等菇蕾被过大过硬土粒压迫，都易使菇体出现畸形。猴头菇、真姬菇在缺氧状况下也易出现畸形现象。

防控方法

(1)出菇棚内的出菇袋数不应过多，棚顶和两侧宜安装通气扇，定时换气。掌握不同品种的对二氧化碳的适应值，有条件的菇房应配备二氧化碳控制箱，防止缺氧造成菇体畸形。

(2)一旦发现畸形菇，立即改善通气状况，使之尽早恢复正常生长。畸形严重的原基应尽早摘除，让其重新分化生长出正常的菇体。冬季加温时应在菇房外烧炉子，再用暖气管送暖气至室内，防止室内直接烧煤炉消耗氧气，增加一氧化碳和二氧化碳含量，造成菇体中毒，变色畸形。

2. 地雷菇

覆土栽培的蘑菇、巴西蘑菇和鸡腿菇等品种，有时原基在覆土层下或在基质中形成，受到基质挤压后，子实体无柄，成块状或球状，形似地雷。地雷菇从料中拱起过程中，周边的菌丝断裂，菇蕾生长受到影响。

防控方法

(1)菇床进料和覆土时，避免料内和菌丝层内掺入泥土，防止菌丝体在料内泥土中扭结出菇。

(2)栽培基质含水量不能过高。水分偏高，可在覆土前通风透气，降低料内湿度后再覆土。覆土的土质要疏松，土粒大小适宜，含水量适中，促使菌丝一次上土，在土面扭结出菇。在出菇期间应保持土层湿润，防治土层干燥、菌丝干缩、造成料内出菇。

(3)料内出现地雷菇时，及时连根拔除，压平料面盖上土层。

(4)使用适龄菌种，尽量在料面播种，防止打洞接种引起料内长菇。

3. 空根白心

子实体菌柄变成白色疏松的髓，有时髓收缩或脱落成中空现象，会严重影响食用菌的质量和产量。如双孢蘑菇、姬松茸和大球盖菇等品种都易产生空根白心。气温超过18℃时，子实体迅速生产，此时如果喷水少，菇房空气相对湿度在90%以下，覆土层的粗粒水分偏少，形成下湿上干，菌盖表面水分蒸发量大，菌柄中由于缺水会产生空根白心现象。

防控方法

温度过高，在夜间或早、晚应通风降温；出菇时调足水分，使粗大土粒含水量达到20%～22%；每采收一潮菇后，应喷一次重水，使粗土粒在整个秋菇盛产期能够不断地得到水分的补充；子实体生长期间，菇房相对空气湿度应保持在90%。

4. 温度不适证

有些品种在出菇期间遇到较大的温差刺激，造成生理失调，导致菇体畸形或死亡，称之为温度不适证。季节性栽培的品种在季节转换时，容易遭遇温差的影响。如草菇在20℃以下，易萎缩软化和死亡；灵芝在15℃以下菇体容易长成棒状；杏鲍菇在温差较大或温度偏高时易出现畸形或腐烂；中温蘑菇在26℃以上易死菇；鸡腿蘑在春季温差大时，极易出现成批死菇；云芝在8℃以下原基增厚、不易开片；真姬菇在25℃以上只长原基、不能分化出菇体；中低温平菇在高温下长出厚实的菌皮或长成“鸡爪式”菌盖；蘑菇子实体生长时突遇10℃以上温差，致使菌柄与菌盖生长不均衡，菌膜分离开裂，露出菌褶，即“硬开伞”现象。

防控方法

（1）选择出菇温度广泛、抗性强的品种。

（2）提高保护设施水平，夏天以地表覆土栽培为主，冬天大棚用双膜覆盖保温，降低温差，使菇体在较适宜的温度范围中生长。

（3）遇到季节不适宜时，尽量以菌袋的形式越冬或越夏，菇床上需遮荫干燥、覆厚土的形式越夏。到温度适宜时，再脱袋出菇。

5. 药害症

食用菌菌丝和子实体对有些药剂敏感，容易致畸或致死。如用硫黄熏蒸菌种，易造成菌种死亡。甲基托布津、百菌清、敌敌畏和马拉硫磷等农药杀菌性很强，用于拌料易抑制菌丝生长。在出菇期喷施敌敌畏，致使原基死亡、菇体畸形或长期不出菇。用多菌灵在灵芝、猴头菇和毛木耳上拌料及喷雾，易引起菌丝生长受抑制和子实体畸形僵化。pH在5以下的酸性杀菌剂喷雾在菇盖上，易使菇盖出现黄化、色斑或僵化死亡。

防控方法

（1）应选择安全的专用农药，严格掌握用药时间和剂量。

（2）一旦出现药害，用清水多次冲洗，及时摘除受害菇体，让其重新分化和生长。

6. 肥害症

生产配方中的碳、氮比例失调，尤其是氮肥偏多时，菌丝和菇体极易出现病态。如平菇菌丝在麦粒培养基中菌丝生长旺盛，但长不出子实体。香菇、平菇等培养基中麦麸比例过多，菌皮增厚，不易长菇。蘑菇在堆料时氮肥偏多、氨味浓重的培养基内，菌种不能萌发和吃料，甚至被氨气熏死，全部培养料报废。

防控方法

（1）合理调制配方，严格控制氮肥使用量。减少或不使用尿素、硫铵等含氮化肥，多用有机氮肥如饼肥、麦麸或豆粉等。

（2）发现氮肥偏多且抑制菌丝生长时，需及时将培养料取出，掺入新料重新发酵，重新播种。

7. 着色症

有些品种受环境不良因素刺激后，菇体表现出变色症状。如平菇子实体生长过程中，受到一些敏感的农药刺激后，菌盖变成黄色或呈现黄色斑点。当平菇吸收了煤炉加温中产生的二氧化碳气体，菇盖上会出现蓝色条纹或蓝色斑点。蘑菇子实体被覆土中含有铁锈的水滴溅上后会产生铁锈色斑。猴头菇在较强的光线照射下，菇体呈现粉红颜色。杏鲍菇菇盖在水分偏多的情况下会出现水渍状条纹。

防控方法

（1）不宜用煤炉在出菇房内加温，应用管道送热蒸汽的形式增温。

（2）在出菇期不宜施用农药。

（3）在阴雨天菇房不宜浇水。

（4）猴头菇在出菇期应避免强光照，防止菇体变色。

三、线虫病

危害食用菌的线虫属无脊椎的线形动物门、侧尾腺口纲、垫刃目（垫刃亚目、滑刃亚目）和小杆目线虫。杆型线虫（*Rhabditida*）是危害食用菌的主要线虫；滑刃线虫（*Aphelenchida*）以刺吸菌丝体造成菌丝衰败；垫刃线虫（*Tylenchida*）在培养料中较少，但在覆土层中较普遍，危害性较轻。另在灰树花出菇袋内发现一种线虫（学名不祥），体长达3～6mm，取食其菌丝，危害甚重。

（一）危害状

线虫危害多种食用菌菌丝，依被害程度由高

向低排列的菇种有：蘑菇、凤尾菇、草菇、银耳、木耳、草菇、灰树花、平菇、香菇、茶树菇、鸡腿蘑、球盖菇等。蘑菇受线虫侵害后，菌丝体变得稀疏，培养料下沉、变黑，发黏发臭，菌丝消失，不出菇。幼菇受害后萎缩死亡。香菇脱袋后在转色期间受害，菌筒产生“退菌”现象，最后菌筒松散而报废。草菇菇蕾受小杆类线虫危害后变为黄褐色，枯死，子实体被害后开始变黄，以后转为褐色，最后整个腐烂，腥臭。木耳被线虫危害后会造成流耳和烂耳。银耳受害后造成鼻涕状腐烂。线虫数量庞大，每克培养料密度可达 200 条以上，其排泄物是多种腐生细菌的营养，被线虫危害过的基质腐烂会散发出腥臭味。由于虫体微小，肉眼无法观察到，常误认为是杂菌危害，或是高温烧菌所致。

(二)主要种类

1. 垫刃亚目(Tylenchina)

蘑菇菌丝线虫(*Ditylenchus myceliophagus* Goodey)，又名噬菌丝茎线虫。

(1)形态特征

隶属垫刃目，垫刃科，茎线虫属。

口针长 9～10μm，背食道腺开口接近口针基部，侧线每侧各 6 条，后食道球非常大。雌虫生殖腺 1 条，有后子宫囊；雄虫侧尾腺在交合伞稍前。雌虫体长 0.6～1.0mm；雄虫体长0.58～0.99mm，交接刺长 19μm，导刺带长9.4μm。虫体大小和生殖腺长度受营养和温度的影响。

(2)发生规律

18℃最适合蘑菇菌丝线虫繁殖，26℃繁殖几乎停止。完成生活史，13℃需要 40 天，18℃26 天，23℃11 天，低于 13℃繁殖很慢，50℃时干燥状态下虫体进入休眠期。线虫可在菇床床板的缝隙、菇房覆土以及外界土壤中存活，含水量大的腐殖质料中都有线虫分布。线虫能在水膜表面蠕动，有时大量线虫群集在覆土或菌体上，互相缠绕成一个闪烁、扭曲的螺旋体。在菇床上被线虫危害程度达 10%左右，症状不明显而不引起注意。危害程度达 30%以上，防治困难，产量损失较严重。塘水、旧菇房、工具和昆虫都是线虫的携带者。浇水、采菇、害虫活动是造成线虫传播的主要途径。

2. 滑刃亚目(Aphelenchina)

1)蘑菇滑刃线虫(*Aphelenchoides compositicola* Franklin)，又名堆肥滑刃线虫。

(1)形态特征

隶属垫刃目，滑刃科，滑刃属。

头部比虫体窄一些，3 条侧线，口针长 11μm，口针纤细、基部球小。食道的前体部圆柱形，中食道球大、椭圆形，食道腺叶长度约为体宽的 3 倍，后子宫长度约为阴门至肛门之间的 1/2 或 2/3，尾部圆锥形，腹部具一个尾尖突。交合刺成对，交合刺的背缘向腹面弯曲。具 3 对尾乳突，泄殖腔后一对，尾中部一对，尾端一对。雌虫体长 0.45～0.62mm；雄虫体长 0.41～0.58mm，交接刺长 21μm。

(2)发生规律

从卵到成虫，18℃需 10 天，28℃8 天，在 25℃中繁殖比在 15℃、20℃和 30℃中更迅速。普遍存在于堆肥和土壤中，散布在菇床、培养料、蘑菇菌丝及子实体上，性比不等，雌虫偏多，在水中有聚集现象。

2)菌丝腐败拟滑刃线虫

(1)形态特征

隶属垫刃目，拟滑刃科，拟滑刃属。

体环间隔约0.8μm，侧线 2～6 条，头部几乎不突出，口针长 11μm，无基球。食管较粗，中食管呈球椭圆形，很发达，其中心有大的月牙形瓣门。阴道与体纵轴成直角，阴唇略隆起，前生殖腺发达，卵巢前端无反折，卵巢基部有 18～20 个细胞包围输卵管，成一集结的细胞群，子宫宽大，后阴子宫囊长度为体宽的 3～4 倍。直肠长度为肛门部体宽的 2 倍，尾部短，圆锥形，尾部半圆，幼虫尾部有腹侧尾乳突。雌虫体长0.58～0.82mm；雄虫体长 0.56～0.82mm，交接刺长 28μm，导刺带长 13.5μm。

(2)发生规律

以土壤真菌为食，能损害蘑菇。25℃只需 40 小时就能完成胚前发育，18.3～21.1℃时在蘑菇上的数量 8 周可增加 5 万倍。存在于蘑菇培养料中，也曾在柑橘等作物的根部发现。

3. 小杆目(Rhabditida)

小杆线虫(*Rhabditis* spp.)。

(1)形态特征

隶属小杆目，小杆科。

无口针，雌成虫体长 484～900μm，最宽处 24μm。卵长 22μm～30.8μm，椭圆形。雌虫多，雄虫少。雄虫比雌虫小一半。

(2)发生规律

在食物充足情况下，每条雌虫一次可产 12 枚虫卵。在银耳生长的温度范围(18～23℃)内，10 天可繁殖一代。在月平均气温 15.4℃时，一代约 20 天，在 20℃时约 10 天，6～8 月气温越过 30℃，银耳线虫大量死亡。

(三)防控方法

线虫的防治应贯彻“预防为主,综合防治”的方针。应采用农业、物理、化学等手段,进行综合防治。

1. 农业防治

①降低培养料内的水分和栽培场所空气湿度,恶化线虫的生活环境,减少线虫的繁殖量,是减少线虫危害的有效方法。

②选择未栽培过蘑菇的场所栽培蘑菇,这样的场所大量存在蘑菇线虫的可能性相对较小。多年连续使用的栽培场所,环境卫生必须保持清洁,生产结束后及时清除废料,对栽培场所进行全面清洗消毒,促进早期产量,缩短出菇时间。

③忌用不洁水拌料和浇菇。如水源不干净,可加入适量硫酸铝(明矾)沉淀净水,除去线虫后再用。流动的河水、井水较为干净,池塘死水含有大量虫卵,常导致线虫泛滥危害。

④严防家禽、家畜、老鼠、蚊、蝇等进入栽培场所,保持栽培用具清洁。

⑤采用轮作制,如菇稻轮作、菇菜轮作、轮换菇场等方式,都可减少线虫的发生和危害程度。

⑥将栽培料进行高温堆制二次发酵处理(70℃保持5～7小时),可杀死栽培料中的线虫及虫卵。利用栽培料发酵后的余热(55℃保持10小时),对覆土培养料进行杀虫处理。然后降温至48℃以上保持5～7天。二次发酵杀灭线虫成功的关键是让菇房内各个部位均能达到所要求的温度。

2. 药剂防治

①菇净中含有杀线虫的成分,按1 000倍喷施能有效地杀死料中和菇体上的线虫。

②用磷化铝熏蒸菇房和培养料,剂量为6g/m³,菇房封闭2天后打开通气。

③菌种上床后,密切注视培养料中的线虫动态。一经发现线虫,即用0.001%～0.05%碘液滴在病斑上,不使其扩大。

第二节 食药用菌主要虫害与防治

侵害食用菌的虫害种类繁多。据统计,有15个目的昆虫能直接侵害食用菌的菌丝和子实体,还有多种动物以食用菌的菌丝和子实体为食物,两者合计种类达90多种。营养丰富的栽培基质为虫害生长和繁殖提供了良好的食源,许多害虫初期以腐熟的有机质为食源,如跳虫、螨虫、瘿蚊、线虫、白蚁和蚤蝇等昆虫都喜食腐熟潮湿的有机质。经发酵熟化后的基质散发出特有的气味,吸引昆虫在料里产卵和繁殖。当菌丝生长时这些害虫转向取食菌丝体,随后危害菇蕾和子实体。有些害虫成了食用菌栽培期的终身害虫。

食用菌遭遇害虫侵害后,造成培养基变质、杂菌滋生,菌丝量减少或消失、萎缩或腐烂,子实体出现斑点、缺刻、干枯、萎缩、死亡等现象。害虫侵害面广,食性杂,虫体小,隐蔽性强,繁殖量大,暴发性强。螨虫、瘿蚊、菇蚊从培养基质、菌丝到菇体都能取食危害,在培养基表面和深层均有虫体分布取食危害。

菇房(菇棚)适宜的出菇环境也为害虫的生存提供了优越的条件。多种食用菌发菌温度在10～30℃,出菇温度15～30℃,培养基水分65%左右,空气湿度在85%左右。在此条件下,害虫繁殖和危害的速度也达到最佳值。在适宜的条件下,害虫消除了冬眠期和越夏期,生活周期缩短,繁殖代数增加,加重了危害程度。

一、双翅目害虫

本目包括蝇蚊类昆虫。蚊蝇类的典型特征是体小至中型,口器为刺吸式、舐吸式,具膜质,前翅一对,后翅退化成平衡棒。幼虫无足型,蛹多为围蛹。有11个科的昆虫与食用菌生产关系较密切,包括许多食用菌上主要的害虫。本节介绍本目最主要的害虫类别。

(一)多菌蚊

属于双翅目,长角亚目,菌蚊科,多菌蚊属。该属有古田山多菌蚊(*Docosia gutiuushana*)、中华多菌蚊(*Docosia sinensis*),俗称菇蚊或菇蛆。以古田山多菌蚊为主要优势种。

1. 形态特征

①成虫:体长3.5～4.5mm,翅与腹部等长,头嵌入胸末,不凸起,单眼通常远离眼眶,眼后无鬃毛,前胸背板上具稀疏刚毛。口器通常短于头部,若口器细长,则M脉和CuA脉完整且分叉,M脉与CuA脉连接于横脉h或接近h,Rs与R分离超过h处;M主脉存在,Sc脉游离;R_{2+3}消失,横脉r-m几乎水平;R_1不到r-m 3倍长,Rs基部清晰、翅膜

具不规则排列的微毛，长毛消失，细胫毛不规则排列，中背片光秃。侧背片光秃，后基节近基部具许多后侧毛，后光秃至顶。

②卵：卵通常椭圆形，乳白色。幼虫借助于一个几丁质的小助卵器破壳。

③幼虫：通常细长，老熟幼虫体长4～6mm。体白色，有一明显的黑色头囊。头囊密闭，不可伸缩，上颚相对，处同一平面上。

④蛹：大多在室内化蛹，有茧或无茧，一般在附近有菌的土壤里、黑暗中，有时会在疏松的茧里化蛹。蛹期十分短。

2. 危害状

菌蚊是食用菌栽培中最重要的害虫之一。其幼虫直接危害食用菌菌丝和菇体，如蘑菇、姬松茸、茶树菇、杏鲍菇、白灵菇、金针菇、秀珍菇、灰树花、毛木耳、黑木耳、银耳和平菇等多种品种都是多菌蚊的取食对象。多菌蚊尤其喜食秀珍菇菌丝、钻蛀幼嫩菇体，造成菇蕾萎缩死亡。幼虫危害茶树菇、金针菇、灰树花时常从柄基部蛀入，在柄中咬食菇肉，造成断柄或倒伏。幼虫咬食毛木耳、黑木耳、银耳耳片，导致耳基变黑黏糊，引起流耳和杂菌感染。成虫体上常携带螨虫和病菌，随着虫体活动而传播，造成多种病虫同时发生危害，对食用菌产量和质量造成很大的损失。

3. 发生规律

菌蚊适宜于中低温环境下生活。在温度0～26℃之间完成正常的生活周期，以15～25℃为活跃期。成虫喜欢在袋口上及菌床上飞行交尾，适温下成虫寿命较长，可达3～5天。在食源丰富、温度适宜的条件下，成虫产卵100～250粒。秋季的11～12月份、春季3～6月份是多菌蚊的繁殖高峰期。当温度在10～22℃时，卵期5～7天；温度在18～26℃时，卵期3～5天，孵化期7～10天。幼虫4～5龄，幼虫期10～15天，初孵化的幼虫丝状，群集于水分较多的腐烂料内。随着虫龄的增长边取食边向料内、菇体内钻蛀。老熟幼虫爬出料面，在袋边或菇脚处结茧化蛹，以蛹的形式越夏。冬季大棚内幼虫正常取食，延长生长期，无明显的越冬期。

4. 防控方法

①合理选择栽培季节与场地：选择不利于多菌蚊生活的季节和场地栽培。在多菌蚊多发地区，把出菇期与多菌蚊的活动期错开，同时选择清洁干燥、向阳的栽培场所。栽培场周围50m范围内无水塘、无积水、无腐烂堆积物，这样可有效地减少多菌蚊寄宿场所，减少虫源也就降低了危害程度。

②多品种轮作，切断菌蚊食源：在多菌蚊高发期的10～12月和3～6月份，选用多菌蚊不喜欢取食的菇类栽培出菇，如选用香菇、鲍鱼菇、猴头菇等。用此方法栽培两个季节，可使虫源减少或消失。

③重视培养料的前处理工作，减少发菌期菌蚊繁殖量：生料栽培的蘑菇、平菇等易感菌蚊的品种，应对料中和覆土用药剂处理，做到无虫发菌、少虫出菇，轻打农药或不打农药。如蘑菇在经2次发酵后，播种前向料面喷施4.3%高氟氯氰·甲阿维（菇净）或25%除虫脲2 000倍液，驱避发菌期成虫产卵和消灭料内幼虫，在覆土后结合喷施调菇水时再用菇净1 000倍液喷雾，可防治出菇期多种害虫繁殖危害。

④物理防控，诱杀成虫：在成虫羽化期，菇房上空悬挂黄光杀虫灯，每隔10m挂一盏灯。晚间开灯，早上熄灭，诱杀大量成虫，可有效减少虫口数量。在无电源的菇棚可用黄色黏虫板悬挂于菇袋上方，待黄板上黏满成虫后再换上新虫板。

⑤药剂控制，对症下药：在出菇期经常观察料中虫害发生动态。当发现袋口或料面有少量多菌蚊成虫活动时，结合出菇情况及时用药，将外来虫源或菇房内始发虫源消灭，能消除整个季节多菌蚊虫害。在喷药前将能采摘的菇体全部采收，并停止浇水一天。如遇成虫羽化期，要多次用药，直到羽化期结束。选择对人和环境安全的药剂，如菇净、Bti（苏云金杆菌）、甲胺基阿维菌素等低毒农药。

药剂使用方法：菇净和甲胺基阿维菌素用量为1 000倍，Bti（苏云金杆菌）可用4 000～8 000 ITU/μl悬浮剂，或0.8万～1.6万ITU/mg可湿性粉剂，100～150g制剂，加水50L喷雾。整个菇场要喷透，喷匀。注意事项：①用Bti需在气温18℃以上，宜傍晚施药，可发挥杀虫最佳效果。②对家蚕、蓖麻蚕毒性大，不能在桑园及养蚕场所附近使用。③不能与杀菌剂混用，应避光、荫凉、干燥保藏。④随配随用。从稀释到使用，一般不要超过2小时。

（二）闽菇迟眼蕈蚊

闽菇迟眼蕈蚊（*Bradysia minpleuroti* Yang et Zhang）属双翅目，眼蕈蚊科（或眼菌蚊科），异名黄足菌蚊。

1. 形态特征

①成虫：雄虫体长2.7～3.2mm，暗褐色，头部色较深，复眼有毛，眼桥小，眼面3排，触角褐色，长1.2～1.3mm，第四鞭节长是宽的1.6倍，顶端部短粗；下颚须基节较粗，有感觉窝，有毛7根，中节较短，有毛7根，端节细长毛8根。胸部黑褐色，翅淡烟色，长1.8～2.2mm、宽0.8～0.9mm，前缘脉(C)、亚前缘脉(Sc)和径脉(R)很粗，M柄微弱，末端二分支成“U”字形，平衡棒淡黄色，有斜列小毛。足的基节和腿节污黄色，转节黄褐色，胫节和跗节暗褐色，前足基节长0.4mm，腿节与胫节长各为0.6mm，跗节长0.7mm，胫节的胫梳1排，梳6根，爪有齿2个。腹部暗褐色，尾器基节宽大，基毛小而密，中毛分开不连接，端节小，末端较细，内弯，有3根粗刺。雌虫较大，体长3.4～3.6mm；触角较雄虫短，长1mm；翅长2.8mm，宽1mm；腹部粗大，端部细长，阴道叉褐色，细长略弯，叉柄斜突。

②卵：长圆形，长0.24mm、宽0.16mm，初期淡黄色，半透明，后期白色，透明。

③幼虫：初孵化体长0.6mm，老熟幼虫6～8mm，体乳白色，头部黑色，圆筒形。

④蛹：在薄茧内化蛹，蛹长3～3.5mm，初期乳白色，后期黑色。

2. 危害状

闽菇迟眼蕈蚊主要侵害南方地区秋冬季毛木耳、鲍鱼菇、凤尾菇、蘑菇等。以幼虫咬食菌丝、原基和菇体，被害后造成退菌、原基消失、菇蕾萎缩、缺刻和菇体孔洞等危害状。被害部位呈糊状，颜色变黑，菇质呈现黏糊状，继而感染各种病菌，造成菇袋污染报废。

3. 生活习性

闽菇迟眼蕈蚊在福建漳州、龙海、莆田等地发生多，危害重。温度低于13℃时，幼虫活动缓慢。温度在16～26℃之间，幼虫大量取食和繁殖。在此期幼虫期10～15天、蛹期4～5天、成虫3～4天、卵期6～7天，产卵量100～300粒，以蛹或卵的形式越夏，以蛹或幼虫的形式越冬。每年发生2～3代。

4. 防控方法

参照多菌蚊防控方法。

(三)异型眼蕈蚊

异型眼蕈蚊(*Phyxia scariei* Hopk)属眼蕈蚊科(或眼菌蚊科)。

1. 形态特征

①成虫：雄虫体长1.4～1.8mm，褐色，复眼黑色、裸露、无眼桥，触角16节，下颚修1节，有毛4根，翅淡褐色，R脉与R_S至M_{1+2}间约占2/3。腹部末端的尾器宽大，端节短粗。顶端钝圆，有毛。雌虫体长1.6～2.3mm，褐色，无翅。

②卵：乳白色，椭圆形。

③幼虫：蛆形，体长5～7mm，乳白色，头部黑色。

④蛹：离蛹，黄褐色。

2. 危害状

此虫主要分布在北美和欧洲，以及我国的北京、河北等地。幼虫危害双孢蘑菇、平菇、灰树花、金针菇、榆黄菇等菌丝和子实体，也咬食黄瓜、番茄、马铃薯等块茎。

3. 生活习性

异型眼蕈蚊在河北等地一年发生3～4代，雌虫产卵100～200粒，从产卵到羽化的发育历期约18天，雄虫比雌虫羽化早1～2天。幼虫共4龄，卵期为3～4天，幼虫期10～12天，蛹期为3～4天。一般在4月初至5月中旬为成虫羽化期。各代幼虫出现时间为：第1代4月下旬至5月下旬，第2代6月上旬至下旬，第3代7月上旬至10月下旬，第4代(越冬代)10月上旬至来年4月底5月初。

4. 防控方法

参照多菌蚊防控方法。

(四)平菇厉眼蕈蚊

平菇厉眼蕈蚊(*Lycoriella pleuroti* Yang)属眼蕈蚊科(或眼菌蚊科)。

1. 形态特征

①成虫：雄虫体长约3.3mm，暗褐色。触角16节，第4节长为宽的2.5倍，腹部末节尾器尖锐细长。雌虫体长3.3～4mm，腹末一对尾须端节近似圆形。

②卵：淡黄色，椭圆近圆形。

③幼虫：体长4.6～5.5mm，头黑色，胸及腹部乳白色。

④蛹：长2.4～3mm，初化乳白色，渐变为淡黄色，羽化前为褐色至黑色。

2. 危害状

平菇厉眼蕈蚊主要危害蘑菇、平菇、香菇、凤尾菇、鲍鱼菇、杏鲍菇、金针菇、茶树菇、银耳、毛木耳等多种食用菌。幼虫喜食菇类菌丝体、子实体原基，破坏菌袋、菌棒，也危害菌种、培养料。成虫具趋光性，喜食腐殖质，常在菇房培养料上爬行、交配和产卵。

3. 生活习性

该虫在大部分地区可周年发生危害，无越冬期。在北方地区菇房内的虫量高峰期集中在春季和初夏，露地栽培场高峰期在5月～6月份。在上海地区，该虫在菇房及野外能以各种虫态越冬。18～22℃时完成1代只需21天。适温下的单雌产卵75～120粒。蛹的腹部呈灰黄色、体液化。干燥时卵经0.5～1天皱缩干瘪，幼虫经3小时死亡率达60%以上。

4. 防控方法

参照多菌蚊防控方法。

（五）蘑菇眼蕈蚊

蘑菇眼蕈蚊（*Bradysia* sp.）属眼蕈蚊科（或眼菌蚊科），又名多齿眼菌蚊或尖眼菌蚊，俗名小黑蚊子、小苍蝇。

1. 形态特征

①成虫：雄虫体长2.2mm，雌虫平均长3.06mm。体黑色，复眼发达，在头顶连接成眼桥。触角丝状，细长，16节。

②卵：卵圆形，初为淡黄绿色，平均长0.22mm，宽0.14mm。

③幼虫：初孵化的幼虫平均长0.76mm、宽0.1mm，老熟幼虫长5.5mm、宽0.5mm。白色透明，咀嚼式口器发达。幼虫有4龄。

④蛹：裸蛹。初白色，后渐变为黄褐色。

2. 危害状

蘑菇眼蕈蚊是上海地区危害双孢蘑菇的优势种，还危害平菇、凤尾菇、黑木耳、香菇、猴头菇等。平菇、凤尾菇最易被危害。成虫不直接造成危害，但可携带多种病菌、线虫、螨虫。幼虫取食培养料，造成退菌；取食菌丝，切断幼菇与菌丝间的联系，使幼菇枯萎死亡；取食子实体，在菇体上造成孔洞、缺刻。一般春菇危害较重。

3. 生活习性

蘑菇眼蕈蚊在上海地区菇房内一年可发生多代，世代重叠严重。温度在25℃左右，繁殖一代需21天，18～22℃需31～34天。10℃成虫不飞翔，幼虫也停止取食，不活动。成虫活泼善飞，有趋光性，对双孢蘑菇也有很强的趋性。能从远处飞来产卵。喜在靠近覆土的菇柄处产卵。

4. 防控方法

①注意环境卫生：彻底清除菇房内外的垃圾、粪肥、废弃的培养料，尤其是虫菇、烂菇、菇根不要堆积在菇房内外任虫发生，要及时销毁，消灭虫源。

②药剂控制参照多菌蚊防治方法。

（六）真菌瘿蚊

瘿蚊属长角亚目，瘿蚊科，菌瘿蚊属。危害食用菌的瘿蚊有真菌瘿蚊（*Mycophila fungicola*）、异翅瘿蚊（*Heteropera pygmaen* Winnertz）。以真菌瘿蚊为常见种。

1. 形态特征

①成虫：成虫似细小家蝇，体长1.07～1.12mm，展翅1.8～2.3mm。触角念珠状，每节上都有环生，放射状细毛。头黑色，复眼较大，左右连接。腹、足和平衡棍为橘红色或淡黄色。腹部可见8节，末节有2个尾突状外生殖器。足细长，基节较短，胫节长而无端距。前翅透明，翅脉简单。足有4根或5根纵脉。

②卵：长圆锤形，长0.23～0.26mm，初产时呈乳白色，以后慢慢变为橘黄色。

③幼虫：幼虫呈纺锤形蛆状，有性繁殖孵化的幼虫，体长0.20～0.30mm，白色；无性繁殖破壳复生的幼虫，长1.3～1.46mm，淡黄色（从母体中带的色素）；老熟幼虫体长2.3～2.5mm，橘红色或淡黄色，无足，在中胸腹面有一个端部分叉的红褐色或黑色的剑骨。

④蛹：蛹倒漏斗形，前端白色，半透明，后端腹部橘红色或淡黄色，蛹长1.3～1.6mm。头顶2根毛，随着时间的延长，蛹的复眼和翅芽转为黑色。

2. 危害状

瘿蚊危害期主要在秋冬春季的中低温时期，以幼虫侵害多种食用菌的菌丝和菇体。在丰富的食源中，幼虫以幼体繁殖，很快在培养料和菇体的菌褶内爬满幼虫，幼虫咬食菌丝和菇体。带虫的菇体降低了商品性。瘿蚊幼虫也能携带杂菌，致使病菌在伤口上侵入而引发病害。

3. 生活习性

在温度5～25℃，瘿蚊能取食菌丝和菇体并以母体繁殖，3～5天繁殖一代。每只雌虫产出20多条幼虫，虫口数量迅速递增，很短时间在菇床的料面和菇体中出现橘红色的虫体。遇干燥时，虫体密集结成球状，以保护生存。待环境适合时，球体瓦解，存活的幼虫继续繁殖。幼虫喜潮湿环境，在潮湿的培养基上虫体可爬行，在干燥处虫体很快失水死亡。虫体可用自身卷曲的弹力，向远处迁移。温度在5℃以下时，以幼虫形式在料中休眠越冬。在30℃以上时，虫体转为蛹的形式越夏，等温湿度适宜时成虫产卵，进入下一世代繁殖。成虫羽化多在午后4时前后，少量在上午10时左右。成虫羽化2～3小时后雌雄交尾，雄虫交尾后不久死亡，雌虫交尾后短期内在培养料间产卵或在菇床土缝间产卵。每处产卵2～3粒，每只雌虫可产10～28粒。产完后在1～2天内死亡，未经交配的成虫寿命为2～3天。卵在室温18℃、相对湿度20%～30%时，卵期4天左右。室温0～10℃、相对湿度10%～15%时，幼虫经过11～13天，老熟幼虫进入料表层或土块表面处做土室化蛹。羽化的蛹体不断地左右蠕动，再过1～3小时后羽化。在室温18～20℃、相对湿度在68%～75%时，蛹期3～7天。

4. 防控方法

蘑菇培养料宜进行二次发酵，杀死料中的虫卵，减少出菇期的虫源。平菇栽培尽量用熟料。发菌场所保持适当的低温和干燥，能有效地控制瘿蚊危害，在常年发生瘿蚊危害的老菇房内栽培蘑菇，培养料和覆土材料预先需拌药处理，可有效地减少瘿蚊危害。

出菇期药剂防治参照多菌蚊防治方法。

（七）广粪蚊

广粪蚊（*Cobolidia fuscipes* Meigen）属双翅目，粪蚊科。

1. 形态特征

①成虫：体长1.7～2.1mm，体黑亮、少毛，是小型粗壮的蚊类。头小，触角短粗，棒状，共10节。单眼3个，复眼发达。胸部高而隆起，翅长1.5mm、宽0.6mm，灰色，翅端较圆，足粗短。腹部圆筒形，有7节。

②卵：长0.11～0.2mm，宽0.12mm，初产乳白色，孵化前变亮，长圆形，表面光滑。

③幼虫：刚孵化出的小幼虫体长0.3mm，色稍白灰；老熟幼虫体长1.8mm，体稍扁，淡灰褐色。头黄色，头后缘有一黑边。触角棒状，有小分支。体13节，背面可见11节。

④蛹：裸蛹，体长1.7～3.2mm，褐色，气门明显。

2. 危害状

以幼虫危害平菇培养料、菌丝、原基和菇体。高温时期，毛木耳及平菇的原基和耳片遭受幼虫危害。被害后造成培养基松散、黏糊，失去出菇能力。耳片被害后造成缺刻、孔洞和流耳，随之被绿霉等杂菌感染。

3. 生活习性

15～30℃是粪蚊活动期。秋天危害较轻，春夏季危害严重。以4～6月份的毛木耳和平菇受害严重，虫体以老熟幼虫和蛹在培养料中越冬。以蛹的形式越夏。

4. 防控方法

参照多菌蚊防控方法。

（八）草菇菌蚊

危害草菇的菌蚊有多种，如折翅菌蚊（*Allactoneura* sp.）、中华新蕈蚊（*Neoempheria sinica*）、小菌蚊（*Sciophila* sp.）、金毛尖眼蕈蚊（*Lycoriella auripila*）等，属双翅目，菌蚊科。

1. 形态特征

（1）折翅菌蚊

①成虫：雄虫体长5.5～6.5mm，雌虫6～6.5mm，体黑灰色，有灰毛。头顶黑色，有光泽，复眼大，几乎占据了整个头部。触角长2mm，共16节。

②卵：梭形，长0.5mm、宽0.16mm。

③幼虫：乳白色，12节，长15～16mm。头黑色三角形，老龄时前胸背面有一对“八”字形褐斑。

④蛹：灰褐色，长5～6mm，腹末附有化蛹时蜕下的皮壳。

（2）中华新蕈蚊

①成虫：黄褐色，体长5～6.5mm。头部黄色，触角中间到头后部有一条深褐色纵带穿过单眼中间，单眼2个，复眼大，紧靠复眼后缘各有一前宽后窄的褐斑。触角长，鞭节14节。下鄂须褐色，3节。胸部发达，背板多毛并有4条深褐色纵带，中间两条长，呈“V”字形。前翅长5mm、宽1.4mm，其上有褐斑。足细长，胫节末端有一对距。腹部9节，1～5节背板后端均有深褐色横带，中部连有深褐色纵带。

②卵：椭圆形，顶端尖，背面凹凸不平，腹面

光滑。

③幼虫：初孵时体长1～1.3mm，老熟时10～16mm。头壳黄色，胸和腹部淡黄色，共12节，气门线深色波状。

④蛹：体长5.1mm、宽1.9mm。初蛹乳白色，后渐变淡褐色至深褐色。

(3)小菌蚊

①成虫：淡褐色，头部颜色较深，体长4～6mm。

②幼虫：长筒形，灰白色，体长10～13mm，头部骨化为黄色。

(4)金毛尖眼蕈蚊

①成虫：体暗褐色，长2.5～4mm。复眼在触角之间，左右相连成眼桥，眼桥有4个(个别为3个)小眼。触角16节，鞭节各节具明显的颈。下颚须3节，各节均具毛。前翅发达，长约2.6mm，中脉端部呈"U"形，中脉柄细弱。后翅退化为平衡棒。3对足细长，胫节端各有一对距。雌虫腹部粗，末端尖。雄虫体型略小于雌虫，腹部末端有铗状抱握器。

②卵：椭圆形，长0.2～0.27mm。乳白色，表面光滑，孵化前卵壳端头呈黑色。

③幼虫：初孵化幼虫长0.6mm，老熟幼虫4.6～5.5mm，头黑色。胸部和腹部乳白色，12节。

④蛹：离蛹。初化的蛹乳白色，逐渐变为淡黄色，羽化前为褐色至黑色。雄蛹长2.3～2.5mm，雌蛹长2.9～3.1mm。

2. 危害状

菌蚊的卵、幼虫、蛹主要随培养料或覆土进入菌床，成虫直接飞入菇房繁殖产卵。菌蚊成虫不直接危害蘑菇，但常携带病菌和线虫、螨类出入菇房。幼虫危害蘑菇的菌丝体和子实体，多爬行于菌丝之间咬食菌丝，使菌丝减少，培养料变黑、松散、下陷，造成出菇困难。出菇以后，幼虫从菇柄基部蛀入取食，并蛀到菇体内部，形成孔洞和隧道，以原基和幼菇受害最为严重。虫口数量大的部位，幼菇发育受到抑制，被害菇变褐后呈革质状，或群集蛀空菌柄，使被害菇变软呈海绵状，最后腐烂。

3. 生活习性

菌蚊成虫的盛发期在3～4月份和10～11月份，有很强的趋腐性和趋光性。成虫的卵多数产在培养料缝隙表面和覆土上，很少产在菇体上。幼虫喜在15～28℃的温度下活动，生长发育较好。老熟幼虫多在土层缝隙或培养料中做室化蛹。菌蚊食性杂，喜腐殖质，常集居在不洁净之处，如垃圾、废料、死菇和菇根上。

4. 防控方法

①搞好培养料二次发酵，高温杀虫，封闭发菌，缩短出菇期。

②搞好菇房内外卫生，栽培场远离污物堆积场所，及时清除草菇废料，采取高温或药剂熏杀菇房中的残存虫源。

③药物防治参照多菌蚊防治方法。

(九)短脉异蚤蝇

蚤蝇属双翅目，芒角亚目，蚤蝇科。危害食用菌的蚤蝇种类有白翅蚤蝇(*Megaselia* sp.)、东亚异蚤蝇(*Megaselia spiracularis* Schmitz)、蘑菇蛇蚤蝇(*Puliciphora fangicola* Yang et Wang.)和短脉异蚤蝇[*Megaselia curtineura* (Brues)]等。以短脉异蚤蝇对食用菌的危害最为普遍和严重。

1. 形态特征

①成虫：体长1.1～1.8mm，雌成虫一般比雄成虫稍大，体黑色或黑褐色。头、胸、腹、平衡棍黑色。足、下鄂须土黄色。复眼深黑色，大，馒头型，两复眼无接触。触角3节，基部膨大呈纺锤形，触角芒长。胸部大，中胸背板大，向上隆起呈驼背形。翅透明，翅长过腹，翅脉前缘基部3条粗壮，中脉及其他脉细弱。腹部8节，圆筒形，除末节外，各节几乎等粗，末节有2个尾状突。足基节、腿节粗肥，各节密布微毛。

②卵：圆至椭圆形，白色，表光滑。

③幼虫：蛆形，无足，体长2～4mm，无明显头部，体有11节痕，乳白至蜡黄色，前端狭、后端宽，体壁多有小突起。

④蛹：围蛹，长椭圆状，两端细，黄至土黄色，腹面平而背面隆起。

2. 危害状

主要以幼虫咬食中高温期的食用菌菌丝和菇体。平菇和秀珍菇在发菌期极易遭受幼虫蛀食，菌袋内菌丝被蛀食一空，只剩下黑色的培养基，致使整个菌袋报废。蚤蝇只蛀食新鲜的富含营养的菌丝，长过菇的菌丝或菌索未发现被害现象。幼虫蛀食菇体形成孔洞和隧道，使菇体萎缩、干枯失水而死亡。

3. 生活习性

短脉异蚤蝇耐高温，在气温15～35℃之间的

3～11 月份为活动期，尤其在夏秋季 5～10 月份进入危害高峰期。在大棚保温设施条件下，春季 3 月中旬、棚内温度达 15℃以上时，开始出现第一代成虫，成虫体小、隐蔽性强，往往进入爆发期后才被发现。成虫不善飞行，但活动迅速，善于跳跃，在袋口上产卵，7～10 天后幼虫孵化出，幼虫钻蛀菌袋内咬食菌丝。第二代成虫在 4～5 月份产卵。到第三代以后出现世代重叠现象。在 15～25℃之间，约 35～40 天繁殖一代。在 30～35℃ 20～25 天繁殖一代。幼虫期 7～10 天，老熟幼虫钻出袋口，在培养基表面、袋壁和菇柄上化蛹，蛹期 5～7 天，成虫期 5～8 天，卵期 3～4 天。11 月份后以蛹在土缝和菇袋中越冬。高温平菇、草菇、蘑菇和鸡腿菇等菇是短脉异蚤蝇的取食对象，尤其是平菇，在开袋后遭至蚤蝇危害，只长第一潮菇。若发菌期被蚤蝇蛀食，只剩下培养料。在南京地区，夏秋季平菇遭短脉异蚤蝇危害严重，常常是几个大棚连遭侵害，导致菌袋报废，生产停止。

4. 防控方法

①菇房应远离垃圾场地，及时铲除菇房四周杂草，减少蚤蝇的寄居场所。

②发菌袋与出菇袋不宜同放在一个栽培棚，以免成虫趋向发菌袋产卵危害。虫口发生量大的菌袋要回锅，灭菌后重新接种。及时清除废料，虫源多的废料要运至远处或是烧毁，防止虫卵继续繁殖危害。

③菌袋发菌期如有成虫在袋口处活动，应及时用药防治，可用磷化铝熏蒸 10 个小时，在纱窗上喷雾菇净。幼虫钻入菇袋内，需将菌袋从菇房取出消毁。

(十)白翅型蚤蝇

白翅型蚤蝇(*Megaselia* sp.)属蚤蝇科。

1. 形态特征

①成虫：体小，长 1.4～1.8mm，体黑色。最明显的特征是停息时体背有两个小白点，此是翅折叠在体背而成。头扁球形，复眼漆黑色，触角近短圆柱状，上有长芒，3 节，暗红色。单眼 3 个，下颚须黄色。胸部高大而隆起，中胸背板大，盾片小，呈明显的倒三角形。翅白色，短，径脉粗壮。足深黄至橙色，腿、胫、跗节上密布微毛，中后足胫节末端各有一条距，跗节 5-5-5 式。

②幼虫：乳白色至蜡黄色，蛆式，长2～3mm。

2. 危害状

主要危害一些高温菇类，如鲍鱼菇、高温平菇、大杯蕈等。发生特点表现为来势凶猛、危害严重，只危害小菇蕾或菌丝。

3. 生活习性

一般发生在 6～7 月初。幼虫从菇蕾基部侵入，在菇柄内取食，咬食柔嫩组织，使菇体组织变成松散的海绵状，最后整个菇蕾全被咬空。幼虫老熟后在覆土层或培养料表层内化蛹。

4. 防控方法

参照短脉异蚤蝇防控方法。

(十一)杂腹菇果蝇

杂腹菇果蝇(*Mycodrosophila poecilogastra*)属双翅目，果蝇科，菇果蝇属。

1. 形态特征

①成虫：小型而色淡的蝇类，成虫体长一般 3～4mm。淡黄至黄褐色，头大，复眼多为红色，单眼 3 个，触角第三节大呈椭圆形，触角芒多为羽状或具一列长栉毛，口器舐吸式。胸部大，腹部较短。足和体上均有一些刚毛。翅透明，常有色斑。

②卵：小而椭圆，白色，背侧有 2～10 个丝状物或 2 个膜质突起。

③幼虫：蛆形，前端较窄，前气门突出，端有几个分支，后气门在一对管状突起上。

④蛹：围蛹。圆筒形，前气门和后瘤突发达。

2. 危害状

是夏秋季危害平菇、木耳等食用菌的害虫。主要以幼虫咬食平菇、毛木耳和黑木耳原基和耳片，造成子实体萎缩和烂耳、菌块发生水渍状腐烂，导致杂菌污染。

3. 生活习性

杂腹菇果蝇生活周期短、繁殖率高。在 10～30℃之间能正常生活，成虫喜欢在死亡的菇体和培养基上取食和产卵。幼虫在木耳基部和菌袋口化蛹。虫体以蛹和卵的形态越冬和越夏。

4. 防控方法

参照蚤蝇防控方法。

(十二)黑腹果蝇

黑腹果蝇(*Drosophila melanogaster* Meigen)属果蝇科。

1. 形态特征

①成虫：黄褐色，腹末有黑色环纹。复眼有红、白色两种变型，体长 5mm 以下。触角第三节圆形，腹部粗短，臀式小。

②卵：乳白色，长约 0.5mm，背面前端有一对触角。

③幼虫：乳白色，蛆形，体长 4.5～5.5mm。

④蛹：围蛹，初期为白色而软化，后渐硬化，变为黄褐色。

2. 危害状

主要以幼虫危害毛木耳、黑木耳等种类的子实体和菌丝，造成烂耳和子实体萎缩、干瘪等，并导致杂菌污染，菌棒（或菌袋）发生水渍状腐烂，严重影响木耳的产量和质量。

3. 生活习性

黑腹果蝇生活史短，繁殖率高，每年可繁殖多代，适温范围广，10～30℃成虫都能产卵和繁殖。30℃以上，成虫不育或死亡。10℃由卵到幼虫需经 57 天，15℃需要 18 天，20℃时需要 6 天左右，在 25℃仅需 4～5 天。成虫喜欢在烂果、发酵料上取食和产卵。幼虫孵化后取食菌丝、子实体，老熟后爬至较干燥的菌袋壁上化蛹。

4. 防控方法

①根据成虫喜欢在烂果、发酵料上取食和产卵的特性，在菇房出现成虫时，取一些烂果或酒糟放在盆内，倒入 80%敌敌畏1 000倍液诱杀成虫。

②参照蚤蝇防控方法。

（十三）毛蠓

毛蠓（*Psychoda* sp.）又称蛾蚋、菇蛾蠓。属长角亚目，毛蠓科或蛾蠓科，蛾蚋属。

1. 形态特征

体长 3～5mm，体色灰褐色。翅膀布满灰色的细毛，翅面具不明显的白色细小斑点。触角长。形态酷似蛾类，微小至小型，体翅多毛，翅常呈梭形，纵脉多。

2. 危害状

毛蠓是中高温期在食用菌培养基中生活的小蠓虫。被毛蠓幼虫取食后的培养基变黑，呈黏糊状并散发出臭味。被害处杂菌增多，无法出菇。

3. 生活习性

当菇棚中温度达 20℃以上，湿度达 85%以上，出菇袋中培养料松散，水分过多，菌丝抗性下降时，较易引发毛蠓取食危害。幼虫常几十只群集一起取食，不易活动，就地化蛹，成虫微小，不善飞翔，把卵产在基质腐烂处。培养基干燥时幼虫易死亡，幼虫还能钻入木耳原基或耳片的缝隙处以及伞菌类的菌褶内部，影响菇体品质。

4. 防控方法

参照多菌蚊防控方法。

（十四）家蝇

家蝇（*Musca domestica* L.）属双翅目，蝇科。

1. 形态特征

①成虫：体长 5～8mm，灰褐色，复眼红褐色。雄蝇复眼在额部几乎接近，雌蝇两眼分离。胸部有 4 条等宽黑色纵纹，一对翅。腹部正中有黑色纵纹。

②卵：乳白色，呈香蕉形，长约 1mm。卵壳的背面有两条嵴，嵴间的膜最薄，卵孵化时壳在此处裂开，幼虫钻出。

③幼虫：或称蝇蛆，呈锥形，前端尖，后端钝圆，有明显的体节，通常为 11 节。1～3 龄幼虫的体色逐渐由透明、乳白色变为乳黄色。初孵幼虫，体长约 2mm，3 龄老熟幼虫体长 8～12mm。

④蛹：长椭圆形，长约 6.5mm，初化蛹时黄白色，几小时后变红褐色，羽化前呈黑褐色。

2. 危害状

在培养料堆积发酵期间，家蝇成虫产卵于堆料中，幼虫群集于料面取食。在高温期覆土栽培的草菇、蘑菇等，当原基形成、菇蕾成长时，成虫产卵于菇体上，幼虫取食原基造成原基消失和腐烂，幼菇菇柄被蛀食，使菇体发黄、萎缩、倒伏。夏季草菇料发酵不彻底，虫子卵带入菇房，出菇时菇房内幼虫暴发，成虫也飞满菇房。夏季培养料拌料和装袋期间，在料内放入糖和麦麸，会吸引大量的家蝇成虫取食和产卵，家蝇也会钻入菌种瓶内产卵危害。

3. 生活习性

气温上升至 15℃以上时，成虫开始活动。在 25～35℃之间家蝇快速繁殖，世代周期为 10～15 天。每只雌成虫产卵 600～800 粒。

4. 防控方法

①发酵料应及时翻堆和进行二次发酵，利用发酵高温杀灭家蝇虫卵。在培养料中加入25%除虫脲4 000倍，可显著减少发酵期的蚊蝇产卵危害，可减少环境污染。

②发菌室宜封闭，用空调控温，遮光，防止家蝇飞入产卵危害。

二、鞘翅目害虫

鞘翅目通称甲虫，属有翅亚纲、全变态类。多数种类属于世界性分布，如步甲、叶甲、金龟甲和象甲科的某些种类；少数种类主要分布于热带地区，至温带地区种类渐少，如虎甲、吉丁甲、天牛和锹甲科的某些种类；个别种类分布仅局限于特定范围，如水生的两栖甲科仅分布于中国的四川、吉林和北美的某些地区。

形态特征：体小至大形。复眼发达，常无单眼。触角形状多变。体壁坚硬，前翅质地坚硬，角质化，形成鞘翅，静置时在背中央相遇成一直线，后翅膜质，通常纵横叠于鞘甲壳虫翅下。成、幼虫均为咀嚼式口器。幼虫多为寡足型，胸足通常发达，腹足退化。蛹为离蛹。卵多为圆形或圆球形。危害食用菌的害虫分布在拟步行虫科、露尾甲科、扁甲科、谷盗科、窃蠹科、花蚤科、隐翅甲科、吉丁甲科、大蕈甲科等。

(一)黑光伪步甲

黑光伪步甲(*Ceropria induta* Booth et Cox)又称鱼儿虫或黑壳子虫，属鞘翅目，拟步行虫科。

1. 形态特征

①成虫：体长9～12mm，长椭圆形，初羽化时黄白色，后变为蓝褐色。鞘翅具有青、蓝、紫多种色的金属光泽。

②卵：椭圆形，长0.8～0.9mm，乳白色，表面光滑。

③幼虫：老熟幼虫体长9.5～12mm，灰褐色，体背部有黑色圈。

④蛹：裸蛹，初化蛹为乳白色，后变为黄白色。

2. 危害状

黑光伪步甲在长江以北地区主要侵害段木栽培黑木耳，成虫和幼虫都能咬食生长期的耳片。被害后的耳片凹凸不平或被咬食成孔洞，也取食储藏期的黑木耳。在南方地区，成、幼虫主要咬食储藏期的灵芝。灵芝菌盖被害后，形成中空，菌盖内部充满绒毛状、似头发丝状的黑褐色粪便。

3. 生活习性

黑光伪步甲在长江地区一年发生1～2代。成虫自9月份开始在树洞、石缝或在干菇内越冬，4～6月出来继续取食和产卵。幼虫活动期5～11月份。雌成虫产卵30～80粒。成虫善爬行，不善于飞翔，受惊后有假死现象，有群集性，昼伏夜出。幼虫活动性大，食量大，一朵灵芝盖内有4～6只幼虫，10多天即将菌盖食蛀一空。

4. 防控方法

①保持菇房清洁干净，及时清除废料和表土层，铲除菇房周围杂草，减少成虫的越冬场所。

②保持耳杆清洁，防止烂耳，常检查耳杆和耳片是否有被害状。如发现有虫害，应及时防治。灵芝在收割时也要勤检查，发现有虫眼的灵芝要及时挑出，扒开菌盖，将虫体消灭。防止带虫储藏。

③菇体生长期，如有成幼虫危害，及时用菇净1 000倍喷雾，药后3天检查死亡率。如有少量虫体存活，仍需用药防治。

(二)脊胸露尾甲

脊胸露尾甲[*Carpophilus dimidiatus* (Fabricius)]又名米出尾虫和米露尾虫，属于鞘翅目，露尾甲科。

1. 形态特征

①成虫：体长2～3.5mm。倒卵形至两侧近平行。表皮淡栗褐色至黑色，鞘翅有一淡黄色宽纹，自肩部斜至翅内缘端部。触角第2节远短于第3节。前胸背板横宽，近基部1/3最宽，侧缘弧形。两鞘翅合宽大于其长。前背折缘上的刻点粗而密，刻点间光滑。前胸腹板在两基节之间略隆起，无中纵脊。

②卵：长0.5～1.0mm，宽0.2～0.3mm，呈肾形。初产时乳白色，有光泽，表面光滑或略粗糙。卵壳薄而透明，随胚胎发育变为淡黄白色。

③幼虫：初孵幼虫0.3～0.5mm，乳白色，透明；老熟幼虫体长5.0～6.0mm，宽1.0～1.1mm；淡黄白色，腹部肥大，表皮有光泽且具多量微小尖突。触角3节，短于头长，基部后方各有相连的色斑2个，色斑后方有单眼2个。上颚臼叶内缘有多量简单的弱骨化齿，下颚叶端部的刚毛尖长。第9腹节的臀突2个，近末端突然收缩，且臀突间狭而呈圆形。气门环双室状，各有骨化气门片，中

胸气门位于前、中胸之间侧面的膜质部上，第 1 至 8 腹节气门位于背侧部，第 1 对气门位于腹节前部的 1/3 处，其余气门位于腹节中部。

④蛹：裸蛹，长 2.0～3.5mm，宽 1.0～1.3mm。乳白色，有光泽。胸、腹部多粗刺，粗刺上有微毛，头部隆起，有多量微毛，无粗刺。

2. 危害状

此虫分布广泛，世界各地均有发生。食性杂，幼虫蛀食多种储藏期间的粮食、干果和食用菌干品，灵芝、香菇、木耳等食用菌均可被蛀食。蛀食子实体造成孔洞和隧道，并充满黑色柱状粪便。

3. 生活习性

脊胸露尾甲在热带及亚热带地区一年发生 5～6 代，以成虫群集于菇体内或在仓库内隐蔽处越冬。每年的 5～10 月份为活动盛期。越冬成虫多在 3 月份开始产卵，每只虫产卵 175～225 粒。低龄幼虫咬食菇体外表，长大后蛀入菇体内部，可把菇体蛀空。室内饲养观察及实地调查数据表明，每代历期 35～40 天，卵历期 3～5 天，幼虫期 18～20 天，蛹期约 8 天。成虫夏季寿命 63 天，冬季 200 天。在夏季适宜时 18 天即可完成一代，冬季低温需 150～200 天才可完成一代，世代重叠现象明显。成虫行动迟缓，但飞翔力较强，喜在黄昏时飞出仓外寻找食物，并能在田间生活。有趋光性、群居性和假死性。

4. 防控方法

①子实体采收后及时烘干包装，在烘烤后期温度控制在 50～65℃，经 5～7 小时能将虫卵烘死。烘干后及时装入密封的容器内，既防潮又可防止成虫进入产卵。

②储藏期发现虫害，将干品再次烘干，或放入零下 5℃的冰箱 7～10 天，各虫态均被冻死。

(三)锯谷盗

锯谷盗[*Oryzaephilus surinamensis* (Linnaeus)]属鞘翅目，锯谷盗科。

1. 形态特征

①成虫：扁长椭圆形，深褐色，长 2～3.5mm，体上被黄褐色密的细毛。头部大三角形，复眼黑色突出，触角棒状 11 节。前胸背板长卵形，中间有 3 条纵隆脊，两侧缘各生 6 个锯齿突。鞘翅长，两侧近平行，后端圆。翅面上有纵刻点列及 4 条纵脊，雄虫后足腿节下侧有 1 个尖齿。幼虫扁平细长，体长 3～4mm，灰白色，触角与头等长，3 节，第 3 节长度为第 2 节 2 倍，胸足 3 对，胸部各节的背面两侧均生一暗褐色近方形斑，腹部各节背面中间横列褐色半圆形至椭圆形斑。

②幼虫：体长 4～4.5mm，细长筒形，灰白色。

③卵：长约 0.57 mm，椭圆形，一端稍细且弯曲。

④蛹：体长约 3mm，雌蛹的肉刺为 3 节，雄蛹为 2 节。

2. 危害状

锯谷盗发生面广，世界各地均有发现。杂食性强，其成虫和幼虫均能蛀食用菌干品、粮食、药材等。食用菌被蛀食后造成破碎和孔洞，失去商品性。

3. 生活习性

温度 15～35℃是成虫和幼虫活动期，25～30℃时完成一代为 20～30 天。南方地区一年发生 4～5 代，北方地区一年发生 2～3 代。成虫在仓库缝隙或菇体内越冬。每只雌成虫可产卵 50～300 粒。雌成虫期一般为 6～10 个月，幼虫期12～75 天，蛹期 6～12 天，卵期 3～7 天。锯谷盗的危害程度随被取食物的含水量增加而加大。在温度 30℃、相对湿度 80%的条件下，整个世代周期缩短，代数增加，危害程度加重。成虫、幼虫的抗药性很强，一般药剂难以杀死。

4. 防控方法

参照脊胸露尾甲的防控法。

(四)土耳其扁谷盗

土耳其扁谷盗[*Cryptotesres turcicus* (Grouvelle)]属鞘翅目，扁甲科。

1. 形态特征

①成虫：体长扁形，雄虫体长1.62～2.71mm；雌虫体长1.5～2.1mm。全体赤褐色，有显著光泽。头部唇基前缘近圆形。复眼圆形，黑色，较突出。触角 11 节，丝状细长，胫节末端较膨大。前胸背板近方形，前缘角稍带圆形，后缘角较尖。雄虫跗节 5-5-4 式；雌虫跗节 6-5-5 式。

②卵：长0.4～0.5mm，椭圆形，乳白色。

③幼虫：老熟幼虫体长 3.5～4.5mm，长形，触角 3 节，前胸腹面具丝线 1 对，端部略向内弯，顶端具长刚毛，毛端略弯。

④蛹：长 2mm 左右，淡黄白色。

2. 危害状

幼虫和成虫均能蛀食香菇、草菇等干品，还蛀食谷物等食品。危害后造成菇体孔洞，破碎失去商品性。

3. 生活习性

视各地区温度变化，每年发生 3～6 代。成虫在取食的物品中越冬。成虫产卵于食物中，雌成虫产卵 20～80 粒。老熟幼虫用蛀食的粉屑做成薄茧化蛹。此虫为高温性害虫，在温度 32℃、湿度 90%时一代周期只需 28 天。在 21℃以下需 80～100 天。

4. 防控方法

参照脊胸露尾甲防控方法。

(五)长角扁盗甲

长角扁盗甲(*Cryptotestes minutes* Oliver)属鞘翅目，扁甲科，遍及全世界，国内各地都有分布。

1. 形态特征

①成虫：体长约 1.5mm，呈长扁形，暗褐色至暗赤褐色，密生黄白色的细毛，略带光泽。头呈三角形，头顶中央有一细的纵隆起线。雄虫触角丝形，雌成虫呈念珠状。

②卵：呈椭圆形，长 0.4～0.5mm，乳白色。

③幼虫：体长约 3mm，淡黄色，头部扁平，淡赤褐色，侧眼 3 对，前胸腹面有一对丝线，其端部游离，末端刚毛短而直，不明显。

④蛹：长 1.5～2mm，淡黄色，头顶宽大，复眼淡黄褐色。

2. 危害状

幼虫蛀食香菇、草菇、平菇、猴头、黑木耳等干品，还危害稻谷、玉米、小麦、豆类、面粉等，成虫也可蛀食。

3. 生活习性

长角扁盗甲一年发生 3～6 代，以成虫在破碎的菇屑、碎谷中越冬。成虫善飞翔。此虫发育的最适温度为 32℃，最适相对湿度 90%。32℃下完成一代的发育需 28 天，27℃下需 40～50 天，21.5℃下需 80～100 天。雌虫产卵 16～80 粒。

4. 防控方法

参照脊胸露尾甲防控方法。

(六)大谷盗

大谷盗(*Tenebroides mauritanicus* Linnaus)属鞘翅目，谷盗科。

1. 形态特征

①成虫：扁平，长椭圆形。长 6～10mm，深褐色或黑色。头前伸，额略凹，上唇与下唇前缘两侧着生黄色毛，上颚发达，触角棒状。前胸背板前角向前突出或齿状，基部窄缩，后角尖，前胸与鞘翅以短柄相连接。鞘翅长是宽的 2 倍，两侧近平行，末端圆，刻点明显，各行间又有 2 行刻点，幼虫体细长略扁，长 20mm。腹部 3～7 节，较宽，灰白色，节上生有刚毛，两侧刚毛较长。头前口式，有“V”形头盖缝。中后胸背部各有 1 对小骨片，片上有 1 个小黑点，中后胸和腹部 1～8 节的翅区各有 1 个肉质小乳突，腹部 1～8 节各有 1 对泡状突起，第 4 节有骨化臀板。臀板有 2 个粗而圆的尾突。气孔 2 室，呈环形。

②卵：细长椭圆形，乳白色，长约 1.5mm。

③幼虫：长约 1.9mm，体呈长扁平形，白色或灰色，头部黑褐色，第二、第三背面各有黑褐色斑点一对，尾端有着生钳状附器。

④蛹：体长 9mm，黄白色。腹部生细毛。

2. 危害状

大谷盗是危害干香菇的主要仓库害虫之一。成虫、幼虫除取食干香菇外，还咬穿、破坏包装物，引起其他害虫入侵危害。

3. 生活习性

成虫在温带一年发生 2 代，在热带一年发生 3 代，产卵期 2～14 个月。在 27℃的气温下，从卵到成虫约 67 天。以成虫越冬，多在仓库缝隙、包装袋缝和香菇碎末中越冬。幼虫多在包装物缝隙和板缝中化蛹与潜伏。

4. 防控方法

参照脊胸露尾甲的防控法。

(七)赤拟谷盗

赤拟谷盗(*Tribolium castaneum* Herbst)属拟布行虫科，此虫遍及全世界。

1. 形态特征

①成虫：体长 3～3.7mm。体呈扁平长椭圆形，赤褐色，有光泽。头部扁宽，前缘两侧扁而突

出。触角棍棒状,11节,末端3节显著膨大。

②卵:呈椭圆形,长约0.6mm,宽约0.4mm,乳白色,表面粗糙无光。

③幼虫:老熟幼虫体长6~7mm,呈细长。圆筒形而稍扁,头部黄褐色。口器黑褐色,胸足3对,呈淡黄色。

④蛹:体长4mm,呈淡黄白色,头部扁圆形。前胸背板上密生小突起,近缘疣多,上生褐色细毛。

2. 危害状

危害香菇、木耳,还危害面粉、麦麸、干果等。成虫身上有臭腺分泌臭液,会使谷物污染。

3. 生活习性

每年发生4~5代,在东北每年只发生1~2代。成虫群集在各种包装物、仓库内的缝隙中越冬。雌虫一年平均产卵300多粒,寿命200天以上。幼虫一般6~7龄,最多可达12龄。幼虫期28~80天,蛹期4~14天。最适温度28~30℃。在0℃以下时,5天后各虫态均死亡。

4. 防控方法

①子实体采收后及时烘干包装,在烘烤后期温度控制在50~65℃,经5~7小时能将虫卵烘死。烘干后及时装入密封的容器内,既防潮又可防止成虫进入产卵。

②储藏期发现虫害,将干品再次烘干,或放入零下5℃的冰箱7~10天,各虫态均被冻死。

(八)烟草甲

烟草甲(*Lasioderma serricorne* F.)属鳞翅目,窃蠹科。

1. 形态特征

①成虫:体长2.5~3mm,体呈宽椭圆形,背部隆起,赤褐色,全体布满黄褐色的细毛,有光泽。复眼大,圆形,黑色。

②卵:长0.4~0.5mm,长椭圆形,淡黄白色,表面光滑,一端有若干微小突起。

③幼虫:老熟幼虫体长4mm,蛴螬形,淡黄白色,密生丝状金黄色的细长毛。头部淡黄色,无眼,腹部末节无肛门前骨节。

④蛹:体长约3mm,椭圆形,乳白色。头弯向下,前胸背板后缘角向两侧显著突出,腹部略弯向腹面,腹末两节的两侧各有一小肉突。

2. 危害状

烟草甲遍及世界各地,在国内分布在江苏、浙江、安徽、江西、湖北、湖南、河北、山东、四川、云南等地。该虫主要以成虫和幼虫取食香菇干品,造成缺刻。

3. 生活习性

一年发生3~6代,以幼虫越冬。20℃下完成一代需要120天左右,在25℃下只需50天,在30~35℃下仅需35天。幼虫4龄。雌虫产卵平均100粒,卵单产于子实体及碎屑中。成虫有假死性,善飞行,喜黑暗、弱光。

4. 防控方法

参照脊胸露尾甲防控法。

(九)窃蠹

窃蠹(*Lasioderma serricorne*)属鞘翅目,窃蠹科。

1. 形态特征

①成虫:体长2~6mm。红或黑褐色。卵圆形,体表具半竖立毛。头部被前胸背板覆盖。触角9~11节,端部3节明显膨大。上颚短宽,三角形;上唇明显,但非常小。前胸背板前端圆,后缘弧形相连。鞘翅具明显的纵纹。足细长,前足基节窝开放,基前转片外露,后足基节横宽,具沟槽,可纳入腿节。跗节5-5-5,腹部可见5节。

②卵:长椭圆形,长约0.5mm,淡黄色。

③幼虫:蛴螬型,触角2节,腹部各节背面具横的小刺带。

④蛹:椭圆形,长约3mm,乳白色。前胸背板后缘两侧角突出。复眼明显。

2. 危害状

以幼虫和成虫蛀食多种食用菌干品和粮食干品,危害食用菌干品造成孔洞,严重时内部被蛀空,只剩粉末。

3. 生活习性

在灵芝干品中常年发现成虫和幼虫侵害。在温度5~35℃,成虫和幼虫均能取食危害。窃蠹是近年来灵芝干品中的主要害虫。

4. 防控方法

参照脊胸露尾甲防控法。

(十)食菌花蚤

食菌花蚤(*Mordellistena* sp.)属鞘翅目,花蚤科。

1. 形态特征

①成虫：体型小，近似长椭圆形。体长平均为2.1mm，体宽1.8mm。体暗色、赤褐色或栗褐色。触角、下唇须、下颚须及足均为淡褐色或棕黄色。体背及腹面密生灰白色短茸毛，尤以背面纳毛较多。

②幼虫：一般圆筒状，或短或粗壮，5～16mm，通常短于10mm。白色，有足。

2. 危害状

食菌花蚤是夏季高温时期侵害食用菌的甲虫。成虫群集于菇体表面，咬食菇体、培养基和菌丝。咬食菇盖造成孔洞和缺刻。近年发现覆土栽培食用菌在初夏期常遭食菌花蚤危害，如球盖菇、灵芝、平菇等，在毛木耳菌袋上也发现有食菌花蚤危害菌丝和耳片。

3. 生活习性

在温度20～30℃期间，大棚内湿度在85%以上，尤其是光线较暗的大棚内，成虫群集量较多，受惊后成虫迅速逃离。

4. 防控方法

①适当降低菇棚内空气湿度，提高光线强度，能有效地降低花蚤的危害程度。

②发现虫害及时用菇净1 000倍喷雾，能及时驱赶成虫，杀死幼虫。

(十一)黄斑露尾甲

黄斑露尾甲(*Carpophilus hemipterus*)属鞘翅目，露尾甲科。

1. 形态特征

①成虫：身体长卵形，长2～4mm，赤褐色，多细毛，有光泽。触角11节，末端3节明显膨大呈球状。鞘翅短，不全部盖住腹部，腹部末端有2节外露，故有露尾甲之名。在鞘翅基部和端部两侧各有黄色或黄红色的斑纹，因此取名为黄斑露尾甲。

②卵：长椭圆形，长约1mm，乳白色，半透明，表面粗糙。

③幼虫：长约3mm。幼虫期约10天。

④蛹：长约3mm，乳白色，有光泽，身上有许多刺。

2. 危害状

以幼虫蛀食菌丝，被蛀食的菌丝体形成隧道，幼虫排出的粪便造成菌袋污染和报废。

3. 生活习性

黄斑露尾甲分布广泛，除个别省区外，我国其他地方均有分布。成虫咬破菌种袋进入袋内取食菌丝并产卵于菌丝体中，幼虫取食菌丝。在25℃恒温下幼虫期达60天以上，蛹期10～15天，成虫期70天以上。成虫善飞，每年发生数代。如冬天温度适宜，仍可继续活动并繁殖；温度降低时以老熟幼虫、蛹或成虫越冬。田野的树皮、土壤表层之下以及仓库等处，都是越冬场所。

4. 防控方法

①加强菌种房卫生管理，定期在菌种房内喷500～1 000倍菇净以杀死外来虫源。菌种房保持干燥、密封，减少人员进出次数，防止菌袋在菌种房内出菇。

②发现有害虫，及时拣出菌袋处理，防止害虫在室内繁殖。

(十二)隐翅甲

隐翅甲(*Oxytelus batiuculus*)属鞘翅目，隐翅甲科。

1. 形态特征

①成虫：体长0.5～23mm，黑色，体狭长，鞘翅很短，后翅大，纵横折叠完隐藏于鞘翅下，腹部的6～7节露出。

②幼虫：体细长，除无翅外，形似成虫。

2. 危害状

成虫和幼虫食性杂，能咬食菌丝、菇体或咬食基质内的跳虫和菇蚊幼虫。成虫活动性强，在菌袋和菇床上迅速爬行。6～9月份的高温期是隐翅甲的活动盛期。

3. 防控方法

参照食菌花蚤防控法。

(十三)背条隐翅甲

背条隐翅甲(*Oxytelus vicinus* Sharp)属鞘翅目，隐翅甲科。

1. 形态特征

①成虫：体狭长，1.5～6mm，扁平，头大，触角9～11节。鞘翅很短，后翅发达，纵横折叠完全隐

藏于鞘翅下。足粗短，腹节各节能弯曲，可见腹板6～7节，腹部末端有突状附器。

②幼虫：体细长，除无翅，外形似成虫，腹部第9节有尾突1对。

2. 危害状

主要危害平菇、蘑菇、香菇等。幼虫在食用菌内取食发育，成虫多聚集在菌盖上。

3. 生活习性

危害食用菌的幼虫多在出菇期发生，成虫爬行速度很快。成虫和幼虫都可危害，咬食菌丝和子实体。

4. 防控方法

参照食菌花蚤的防控法。

（十四）六星吉丁甲

六星吉丁甲（*Chrysobothris succedanxa* Saunders）属鞘翅目，吉丁甲科。

1. 形态特征

①成虫：体长10mm，墨绿色，有紫黑色光泽。头部带青蓝色，上面中央有细的纵隆线。前胸有细的横皱纹，鞘翅有纵脊线及6个淡色的圆凹点。

②幼虫：体长15mm，头黑色，胸部乳白色，前胸背板横椭圆色。后方有3条分歧的纵沟。

2. 危害状

成虫喜白天活动，在段木向阳部分容易发现。幼虫生活在段木的形成层中，蛀食菌丝体使之形成曲折的隧道，孔道底部常形成云纹状细纹。老熟幼虫在木材内建造袋形的蛹室化蛹。

3. 生活习性

一年发生1代，以老熟幼虫在树干木质部内越冬。在翌年4月份化蛹，5月份出现幼虫，老熟幼虫于10月份开始越冬。成虫每天在10～16时最活跃，并有假死性，无趋光性。交尾产卵前咬食叶片补充营养，寿命20天左右。卵散产于树干阳面的树皮裂缝、伤痕、结疤等处，每一雌虫可产卵7～22粒。

4. 防控方法

①接种前将段木集中堆好，每立方米用磷化铝30～40g，以塑料薄膜将堆垛覆盖严实，密闭熏蒸24小时。

②在栽培过程中，在被害段木上从它排出粪便的位置可找出被害部位。用锋利的尖刀隔皮戳洞，向洞中注入菇净500倍液。

③诱杀成虫。

（十五）凹黄蕈甲

凹黄蕈甲（*Dacne japonica* Crotch）又名细大蕈甲、凹赤蕈甲，属鞘翅目，大蕈甲科。

1. 形态特征

成虫：体长3～4.5mm，长椭圆形，有光泽。头部黄褐色，触角11节，褐色。复眼大，圆球形。前胸背板宽大于长，黄褐色，中间较深。鞘翅基内缘各有1对方形黑斑，鞘翅基半黄褐色，端部黑色。足黄褐色，较细。自肩角斜向中缝有红黄色斑纹相接，且红黄色斑纹在鞘翅背几乎形成“凹”字形，故名凹黄蕈甲。幼虫：初孵化长0.8mm，老熟5～6mm，黄白色，头部棕褐色，足淡黄色。

2. 危害状

成虫和幼虫食性杂，能咬食多种食用菌和其他食物。成虫危害段木和代料栽培的香菇、灵芝和木耳等。成虫从段木裂缝或孔洞边缘啃食菌丝体，子实体发生后转移到菌柄和菌盖上取食。幼虫多从表皮蛀入木质部或菌袋内，纵横交错地蛀食菌丝体和子实体，形成弯曲的孔道，对食用菌的产量和品质影响很大。

3. 生活习性

一年发生2代，在室内可发生3～4代，以老熟幼虫和成虫越冬。4月上旬开始活动，4月中旬至5月下旬产卵。成虫有假死性，喜群居，5月下旬至6月孵化为幼虫，6月下旬化蛹，7月下旬羽化为成虫，8月中旬交尾产卵。

4. 防控方法

①做好栽培场所的卫生，铲除菇棚周边杂草，减少虫害中间寄主。

②发现有凹黄蕈甲的子实体，放入5℃以下冷库3～5天，能将害虫冻死。

③带虫的段木或子实体可用磷化铝密封熏蒸杀虫。

三、鳞翅目害虫

本目包括蛾、蝶两类昆虫。属有翅亚纲、全变态类。绝大多数种类的幼虫危害各类栽培植物，体形较大者常食尽叶片或钻蛀枝干。体形较小者往往卷叶、缀叶、结鞘、吐丝结网,或钻入植物组织取食危害。成虫多以花蜜等作为补充营养,或口器退化不再取食,一般不造成直接危害。形态特征:体小至大形。成虫翅、体及附肢上布满鳞片,口器虹吸式或退化。幼虫蠋形,口器咀嚼式,身体各节密布分散的刚毛或毛瘤、毛簇、枝刺等,有腹足2~5对,以5对者居多,具趾钩。多能吐丝结茧或结网。蛹为被蛹。卵多为圆形、半球形或扁圆形等。危害食用菌的害虫分布在谷蛾科、夜蛾科和螟蛾科3个科内。

(一)食丝谷蛾

食丝谷蛾(*Hapsitera barbata* Christoph)属鳞翅目,谷蛾科。又名蛀技虫。

1. 形态特征

①成虫:体长5~7mm,展翅14~20mm。体灰白色。触角丝状,头黑色,密具白毛。复眼发达,黑色,内侧各有一丛浅白色绒毛。下颚须3节,第2节粗而长,具鳞毛。前胸背板暗红色,密被灰白色鳞毛。前翅具3条不规则的横带,后翅缘毛显著。胸部腹面暗红色,具灰白色鳞毛。足浅黄色,着生鳞毛和长毛。前足胫节末端具1距,中、后足胫节末端具2对长距。腹部7节,每节后缘密被鳞毛。

②卵:乳白色至淡黄色,圆球或近圆球形,光滑透明,直径0.5mm左右。

③幼虫:初孵幼虫体长0.4~0.8mm,乳白色或淡黄色。老熟幼虫18~23mm,头部棕黑色,中、后胸背板浅黄色。胸足3对,腹足5对。腹足趾钩列为二横带式。

④蛹:被蛹,棕黄色。头部及翅芽黑棕或深棕色。蛹长9~11mm,宽2mm左右。每节的前缘和中部各有一横列粗刺,后缘具一横列细刺。

2. 危害状

食丝谷蛾在北方地区主要蛀食段木黑木耳、银耳及香菇段木培养基。近年在江苏一带发现在段木灵芝、蜜环菌棒、代料灵芝和平菇的培养基及菇体上取食危害。在覆土灵芝上,食丝谷蛾钻蛀芝体,将粪便排到灵芝盖上,芝内容物被食空只剩下外壳。食丝谷蛾蛀食平菇和培养基,钻入培养袋咬食培养基和菌丝,将菇袋蛀成隧道,并将粪便覆盖在表面形成一条条黑色的蛀道。虫口密度大时每袋有5~10条幼虫,对食用菌产量造成很大的损失。

3. 生活习性

食丝谷蛾在江苏一带一年发生2代。越冬幼虫在3月份活动,取食出菇期菌袋,7~8月份出现第二代成虫,8~10月是第二代幼虫危害高峰期。因此,在同一大棚连续排袋出菇的菌袋在8~10月受害最重。在温度下降至11℃以下时,幼虫开始吐丝与粪便、培养基黏合一起做茧。温度回升到14℃时幼虫又开始取食。14~30℃是谷蛾活动时期,平均温度25℃、相对湿度80%,卵期7~8天,幼虫期45~48天,蛹期17~20天,成虫期7~9天。雌虫产卵70~120粒。成虫将卵产在培养基表面和袋口处,初孵化的幼虫能迅速爬入菌袋内蛀食菌丝和培养基,幼虫的群集性较强,能在同一袋中出现多条虫体。幼虫常聚集出菇口取食,原基和菇蕾被食空,无法出菇。随后粪便污染而引发杂菌侵害,导致出菇袋报废。

4. 防控方法

①及时清除越冬期废弃菇袋,消灭越冬虫源。

②药剂防治:在成虫羽化期和幼虫孵化期用药,能提高杀虫效果。用1 000倍菇净喷雾,从羽化或是孵化期的初期至末期的10~20天内用药2~4次,可有效地降低当代成、幼虫数量和下一代虫源,降低危害程度。

(二)夜蛾

夜蛾属鳞翅目,夜蛾科。危害食用菌的夜蛾有平菇尖须夜蛾(*Bleptina* sp.)和平菇星狄夜蛾(*Diomea cremeta* Butler)。

1. 形态特征

①成虫:体长11mm,翅展25~26mm。雄蛾暗紫褐色,雌蛾暗褐色。触角丝状,各节基部暗褐,端部灰白,各节两侧端均具1细刺,下唇须向上,灰黑色,基节小,第2节甚大,第3节细小,第3节基部和端部白色。头部、胸部和腹部第1、2节背面均有厚密鳞毛丛,雄蛾尤为发达。雄蛾腹部末节后缘和一对抱器上也各有长鳞毛丛,钩形突显露。雄蛾翅紫黑褐色,有光泽,杂有黄色细鳞。雌蛾后翅散布黄鳞较多,翅面黑纹明显,前后翅均散布有黄色乃至白色斑纹和点列。前翅基线、内线、中线和外线各为双线,基线黄色向外弯曲,其中贯有细黑线纹,内线和中线不完整,均仅在前端显现一段黄色曲纹,后方为黑白点纹(雌无此白点),翅中或有两道不明显的黑色双线纹。

②卵:橘子形,菜绿色,后期转为黄褐色。卵

表有隆起纵脊 40 余条，达到顶部的只有 10 余条，纵脊间有 20 多条细密的横脊相连。

③幼虫：末龄幼虫体长 25～30mm。头部黑褐色，有光泽，侧单眼黑褐色，头颅两侧毛基周围淡黄色，两侧各呈现 6 个淡黄斑。

④蛹：体长 11～13mm，红褐色。胸部腹面的翅芽和足肢常暗绿色。体表有少许刻点，头顶纵脊两侧刻点密布，腹末有短刺 2 对。雌雄蛹的鉴别：雄蛹生殖孔、肛孔分别位于第 9 和第 10 腹节，两者之间距离较近；雌蛹生殖孔位于第 8 腹节上，第 9 腹节腹面中部向前凸，且该处与第 8 腹节无明显分界线，肛孔位于第 10 腹节。第 9 至第 10 腹节腹面中部分界模糊，两孔距离较远。

2. 危害状

平菇尖须夜蛾以平菇菌丝和菇体为食。而星狄夜蛾杂食性强，能以多种食用菌为食物。如幼虫咬食平菇子实体，将菇片咬成缺刻、孔洞并污染上粪便。在无菇可食时，幼虫咬食菌丝和原基，使菌袋无法出菇。幼虫群集在灵芝的背面，咬食芝肉，形成凹槽、缺刻，幼小的灵芝常被食尽菇盖，剩下光柄。夜蛾常在 7～10 月份暴发，对高温期栽培的食用菌产量和质量造成很大的损失。

3. 生活习性

江、浙、皖一带 5～6 月出现第一代幼虫，主要侵害平菇和灵芝子实体；第二代幼虫发生在 7～8 月份，以取食灵芝为主；第三代在 9～10 月份，以取食平菇为主。以蛹的形式越冬。翌年温度上升至 16℃以上时，成虫开始产卵于培养料和菌盖上。幼虫 5 龄，3 龄后进入暴食期，幼虫期 12～15 天。蛹期 12～18 天，卵期 4～6 天，成虫期 4～12 天。幼虫喜高温，在温度 30～37℃的大棚内均能正常取食。

4. 防控方法

在夜蛾危害时期，经常检查菇体的背面，在量少时用人工捕捉。量大时用 1 000 倍菇净喷雾，用药一次可杀死当代幼虫。

(三)印度螟蛾

印度螟蛾也称印度谷螟[*Plodia interpunctella*(Hubner)]，属鳞翅目，螟蛾科。

1. 形态特征

①成虫：雌虫体长 5～9mm，翅展 13～16mm；雄虫体长 5～6mm，翅展 14mm。头部灰褐色，头顶复眼间有一伸向前下方的黑褐色鳞片丛。下唇须发达，伸向前方。前翅狭长，内半部 2/5 为黄白色，外半部约 3/5 为棕褐色，并带有铜色光泽。后翅灰白色，半透明。

②卵：椭圆形，长约0.3mm，乳白色，一端尖，表面粗糙，有许多小粒状突起。

③幼虫：老熟幼虫体长 10～13mm，淡黄白色，腹部背面带淡粉红色，头部黄褐色，每边有单眼 5～6个。前胸盾及臀板淡黄褐色。颅中沟与额沟长度之比为 2∶1。腹足趾钩双序中全环。雄虫第八腹节背面有 1 对暗紫色斑点。

④蛹：体长约 6mm，细长形，橙黄色。腹末着生尾钩 8 对，以末端近背面的 2 对最长。

2. 危害状

以幼虫蛀食多种食用菌干品。造成菇体孔洞、缺刻、破碎和褐变。菇体上充满臭味的粪便。幼虫还取食多种食物的干品、糖果等食品。

3. 生活习性

一年发生 4～8 代，适宜温度为 24～30℃。高于 30℃时，完成一代约 40 天，其中幼虫期 20～25 天，蛹期 7～10 天，卵期 2～10 天，成虫期 8～14 天。雌虫产卵 150 多粒，卵产在菌盖上或菌褶中。初孵化幼虫蛀食菌盖，后钻入菌褶中危害。老熟幼虫在包装物、仓库角落结茧化蛹越冬。

4. 防控方法

参照脊胸露尾甲防控方法。

(四)地老虎

危害食用菌的地老虎有黄地虎(*Agrotis segetum* Schiffer-muller)、小地老虎(*Agrotis ypsilon* Rottemberg)和大地老虎(*Agrotis tokionis* Butler)。属鳞翅目，夜蛾科。

1. 形态特征

①黄地老虎：成虫体长 14～19mm，翅展 32～43mm。前翅黄褐色，肾状纹的外方无黑色楔状纹。卵半球形，直径 0.5mm，初产时乳白色，以后渐现淡红斑纹，孵化前变为黑色。老熟幼虫体长 32～45mm，淡黄褐色。腹部背面的 4 个毛片大小相近。蛹体长 16～19mm，红褐色。

②小地老虎：成虫体长 16～23mm，翅展 42～54mm。前翅黑褐色，有肾状纹、环状纹和棒状纹各一。肾状纹外有尖端向外的黑色楔状纹与亚缘线，内侧 2 个尖端向内的黑色楔状纹相对。卵半

球形，直径 0.6mm，初产时乳白色，孵化前呈棕褐色。老熟幼虫体长 37～50mm，黄褐至黑褐色。体表密布黑色颗粒状小突起，背面有淡色纵带。腹部末节背板上有 2 条深褐色纵带。蛹体长 18～24mm，红褐至黑褐色，腹末端具 1 对臀棘。

③大地老虎：成虫体长 20～23mm，翅展 52～62mm。前翅黑褐色，肾状纹外有一不规则的黑斑。卵半球形，直径 1.8mm，初产时浅黄色，孵化前呈灰褐色。老熟幼虫体长 41～61mm，黄褐色，体表多皱纹。蛹体长 23～29mm，腹部第 4～7 节前缘气门之前密布刻点。

2. 危害状

地老虎侵害天麻、茯苓和灵芝等覆土栽培类药用菌。幼虫咬食天麻子粒或茯苓菌块，造成孔洞和缺刻。幼虫咬断蜜环菌菌索，切断天麻养分来源，造成死麻和烂麻。幼虫咬食灵芝菇蕾，造成畸形菇和死菇。

3. 生活习性

长江流域，地老虎年发生 5～6 代。以老熟幼虫、蛹及成虫越冬。每雌产卵 800～1 000 粒。成虫对黑光灯及糖醋酒等趋性较强。幼虫食性杂，昼伏夜出，动作敏捷，生性残暴，能自相残杀。15～30℃时，幼虫期 18～67 天。地老虎喜欢温暖潮湿的环境，在地势低洼、雨水充足、保水性强的壤土或砂壤土条件中，发生量大，危害严重。

4. 防控方法

①选择向阳干燥的地方作为栽培场所，能有效地减少地老虎的发生。

②用糖醋液诱杀成虫：糖 6 份、醋 3 份、白酒 1 份、水 10 份、90％的敌百虫 1 份调均，分成几个盆，放入菇场的不同角落诱杀成虫。

③在幼虫的 3 龄期内，用 1 000 倍的菇净喷杀。

（五）香菇阔尾蛾

香菇阔尾蛾［*Morophagoidea ussuriensis* (Caradja)］，俗名香菇大谷蛾。属鳞翅目，谷蛾科。

1. 形态特征

①成虫：体长约 10mm，翅淡黄色，带有几个醒目的黑色斑点，有光泽。

②卵：卵长约 0.4mm，初为乳白色，逐渐变淡黄色，最后成为灰色。

③幼虫：体长约 15mm，头部宽约 2mm，为黑褐色，有光泽，成熟的幼虫略带有青蓝色，体表面可见小黑点。

④蛹：蛹长约 8mm，茶褐色，雄蛹尾部有一对粒状的隆起物。雌蛹可见有一纵向的沟状物。

2. 危害状

幼虫取食香菇子实体，从菇柄基部或中间部位蛀入，或从菌盖上蛀入，或从菌褶之间蛀入，也危害菇木。

3. 防控方法

参照食丝谷蛾防控法。

（六）紫斑螟

紫斑螟（*Pyralis farinalis* Linnaeus）属鳞翅目，螟蛾科。别名粉缟螟蛾、紫斑螟、大斑粉螟等。

1. 形态特征

①成虫：雌成蛾体长 12～15mm，翅展 25mm 左右，雄蛾小。复眼黑褐色，表面具灰白色网纹，下唇须发达。前翅宽大，呈三角形，翅上近内横线和外横线各具一白色波状纹，纹的中段外突。内横线以内，外横线以外赤褐色，两线间浅黄色。后翅浅黄褐色，也生 2 条白色波状线。

②卵：长 0.9mm，扁圆形，浅黄白色。

③幼虫：末龄幼虫体长 20～25mm，头赤褐色，胸部、腹末背面灰黑色，胴部浅黄白色。气门椭圆形，气门片黑褐色至黑色。

④蛹：长5.8～12mm，亮棕红色，全体密生小刻点，有 6 个尾钩。

2. 危害状

以幼虫危害香菇、木耳等子实体的干品，还危害面粉、饼干、干果、豆类、油菜籽等。

3. 生活习性

1 年发生 2～4 代，以幼虫在仓库缝隙中或食物里作硬薄茧越冬。翌春化蛹，6 月越冬成虫出现。初羽化为成虫 1～2 天开始产卵，卵多产在粮食颗粒间或缝隙中，产卵期 1～10 天。气温 24～27℃、相对湿度 89％～100％，卵期 5～7 天，幼虫期25～60 天，蛹期 7～11 天，每代历期 41～75 天，成虫寿命 7～10 天，幼虫共 8 龄。初孵幼虫嗜食成虫尸体或粮食碎屑，24 小时内找不到食物即被饿死，幼虫喜群集，2～3 龄后吐丝缀粮粒或碎屑筑成坚固的巢，幼虫潜伏其中危害，老熟后爬到缝隙中作茧化蛹。

4. 防控方法

①子实体采收后及时烘干包装，在烘烤后期温度控制在50～65℃，经5～7小时能将虫卵烘死。烘干后及时装入密封的容器内，既防潮又可防止成虫进入产卵。

②储藏期发现虫害，将干品再次烘干，或放入零下5℃的冰箱内7～10天，各虫态均被冻死。

（七）粉斑螟

粉斑螟（*Ephestia caulella* Walker）属鳞翅目，螟蛾科。

1. 形态特征

①成虫：翅展14～16mm。复眼棕褐色。前翅狭长，深灰色，略带黄色，在中央近基部有1条淡色波纹。后翅灰白色。

②卵：球形，乳白色，表面粗糙，有很多微小的凹点。

③幼虫：长约14mm。头部赤褐色，身体灰白色，中部较粗，两端较细，幼虫期约35天。

④蛹：体长约7.5mm，淡黄褐色，末端背面有6个尾钩，蛹期约7天。

2. 危害状

幼虫危害香菇、木耳等干菇，在大豆、玉米、棉子、干果和中药材等中也有发现，以幼虫取食为主。

3. 生活习性

雌蛾产卵较多。在温度20℃条件下，完成一代约需60天；在25℃仅需40多天。成虫交配后1～2天产卵于粮食表面或包装物品的缝隙中。成虫寿命可达15天左右。一年发生4代左右。

4. 防控方法

参照紫斑螟防治法。

（八）地中海螟蛾

地中海螟蛾（*Ephestia kuehniella* Zeller）属鳞翅目，螟蛾科。

1. 形态特征

①成虫：体长12～17mm，翅展17～24mm。淡灰色，腹部灰白色。前翅狭长、灰色，并带2条波浪形的横带；后翅灰白色，半透明。

②卵：圆球形，乳白色，表面粗糙。

③幼虫：成熟的幼虫体长15～20mm，灰白色，腹部背面带有桃红色。头部棕红色，腹足趾钩全环双序。

④蛹：体长6.5～9mm，细纺锤形。复眼黑色，腹末有尾钩6个。

2. 危害状

以幼虫危害食用菌干品和粮食。

3. 生活习性

1年发生2～4代。气温18～20℃，完成1代需80～104天，其中卵期7～14天，幼虫期56～70天，蛹期17～20天。25～30℃完成1代需35～55天，以幼虫越冬。雌虫产卵100～490粒。

4. 防控方法

参照紫斑螟防治法。

四、等翅目害虫

等翅目昆虫通称白蚁，分类学上简称"螱"，为社会性昆虫。生活于隐藏的巢居中，有完善的群体组织，由有翅和无翅的生殖个体（蚁后和雄蚁）与多数无翅的非生殖个体（工蚁和兵蚁）组成。白蚁是食用菌中的著名害虫。等翅目昆虫体小至中型。头小或大，极度骨化，咀嚼式口器。触角念珠状，多节。有翅的个体前后翅的形状、大小略相等，分飞后翅脱落，雌雄交配，选择栖居场所。母蚁腹部后期膨大，专司生殖。常建成巨大蚁巢（称白蚁冢）。主要危害房屋建筑、枕木、桥梁、堤坝、森林、果园和农田。

侵害食用菌菌丝和基质的白蚁有黑翅土白蚁（*Odontotermes formosanus* Shiraki）、家白蚁（*Coptotermes formosanus* Shiraki）和黄翅大白蚁（*Macrotermes barneyi* Ligh）等。

1. 形态特征

口器咀嚼式。触角念珠状或丝状。体软，色淡。与较高等的膜翅目（Hymenoptera）的蚁并不近缘。渐变态，经一系列若虫期。等翅目的社会等级明显，分工明确（生殖蚁、不育的工蚁、不育的兵蚁）。雌、雄白蚁都自受精卵发育而成。白蚁胸腹之间没有像蚁那样的细腰，两对膜翅几乎等大，脱落时沿一缝裂开，只剩翅基附着在胸部。

2. 危害状

在食用菌中以土栖性的黑翅土白蚁危害最为严重。土白蚁蛀食多种段木栽培的食用菌、覆土及地面排袋的食用菌菌袋。如白蚁蛀食香菇和木耳段木，破坏段木的树皮并蛀空木质部，导致失水和营养基质被毁而无法出菇。茯苓在下种后即吸引白蚁蛀食种木，茯苓生长时白蚁又蛀食。白蚁在松木筒上糊设泥表，使菌丝生长受阻，萎蔫死亡。白蚁还蛀食放于地表处出菇的平菇、香菇筒袋，将筒袋蛀成隧道和不规则的孔洞，严重时全袋蛀空，只剩下外壳。白蚁还蛀食覆土栽培的竹荪、杏鲍菇、茶树菇等菌袋，使之减产甚至绝收。白蚁危害面广，在长江地区的食用菌常遭白蚁侵害。

3. 生活习性

白蚁是一种具有较复杂社会性组织与分工的群栖性昆虫。每个巢中有不同功能的白蚁，如蚁后、工蚁和兵蚁，它们分工明确，各司其职，危害食用菌的蚁种为工蚁。白蚁到巢外取食时，先用泥土和排泄物等混合筑成隧道式的通道，经通道找到各种食源。每年 4～12 月份，温度 10～37℃之间是白蚁活动期，4～6 月份是白蚁分群繁殖期，蚁后的生命长达 10 多年。在壮年期，昼夜能产数千粒卵，卵孵化期 30 多天。一个蚁巢经 3～4 年的繁殖后再分巢繁殖。

4. 防控方法

①选用无蚁源之地种植：在旱地和靠近树林地表腐殖质丰富的场所，蚁量多，种植后常遭白蚁侵害，而水田和多年种植的老菜地，蚁源较少或无蚁害。

②挖深沟防蚁：对于必须搭建在多蚁区的菇棚，应在菇棚四周挖一条深 50cm、宽 40cm 的封闭沟，沟内常年灌水，切断白蚁过道。

③对于蛀入菌袋内的白蚁，可将菌袋从土中挖出，用水浸泡 10 小时后捞起排袋，可浸死袋内的白蚁，又可起到补水的作用。对蚁穴，可用菇净 500～1 000 倍液注入穴内，杀死穴内的白蚁。

五、弹尾目害虫

弹尾目属于无翅亚纲节肢动物门的一目，俗称跳虫，遍布全世界。常大批群居在土壤中，多栖息于潮湿隐蔽的场所，如土壤、腐殖质、原木、粪便、洞穴，甚至终年积雪的高山上也有分布。体微小，长形或圆球形。无翅，身体裸出或被毛或鳞片。头下口式或前口式，能活动。复眼退化，每侧由 8 个或 8 个以下的圆形小眼群组成，有些种类无单眼。触角通常 4 节，少数 5 节或 6 节。第 3、4 节有时又后天性分为无数小节，或有特殊的感觉器。头部触角后方另有一感觉器，称触角后器。口器咀嚼式，陷入头部，上颚和下颚包在头壳内。腹部 6 节：第 1 节腹面中央具一柱形腹管突（或称黏管），有吸附的作用；第 4 或第 5 节上有成对的 3 节弹器，其基节互相愈合。平时弹器弯向前方夹在握弹器上。跳跃时，由于肌肉的伸展，弹器猛向下后方弹击物面，使身体跃入空中，故名跳虫。弹尾目昆虫常常在生态系统中充当大型有机物的分解者，它们可以分解枯枝落叶等有机质，维护生态平衡。

危害食用菌的跳虫种类有角跳虫（*Folsomia fimefaria* Linne）、长角跳虫（*Entomobrya sauteri* Borner）、球角跳虫（*Hypogastrura matura*）、菇紫跳虫（*Hypogastrura armata* Nicol.）、菇疣跳虫（*Achorutes armalus* Nie.）、黑角跳虫（*Entombrya sauteri* Bornor）、黑扁跳虫（*Xenyalla longauda* Folson）、姬圆跳虫（*Sminthurinus aureus bimaculata* Axeson）和紫跳虫（*Hypogastruta communis* Folson）等。

1. 形态特征

跳虫体形较小，体长1.0～1.5mm，最长不超过 5mm。淡灰色至灰紫色，有短状触须，身体柔软，常在培养料或子实体上快速爬行。尾部有弹器，善跳跃，跳跃高度可达 20～30cm，稍遇刺激即以弹跳方式离开或假死不动。体表具蜡质层，不怕水。幼虫白色，体形与成虫相似，休眠后蜕皮，多群居，银灰色如同烟灰，故又名烟灰虫。

①角跳虫：也称短角跳虫，体长 1～1.4mm。圆筒形，白色，头部褐色。触角与头等长，体被有短细毛。弹器约同触角等长，具两齿。

②黑角跳虫：长角跳科，体长 2mm 左右。触角和体表有黑色斑点，弹器约为体长的一半，与触角等长，触角分 4 节。

③紫跳虫：紫跳科，体长 1.2mm 左右。身体近圆筒形，头部较粗大，触角比头颈短，弹器短而末端圆形。成虫蓝灰色。

④姬圆跳虫：圆跳科，体长 1.1mm 左右。胸环节明显，5、6 腹节可辨，触角较头长，共 4 节，体色灰黑。弹器基节与端节长约 5∶2，端节有锯齿。

2. 危害状

跳虫食性杂，危害广，取食多种食用菌的菌丝和子实体，同时携带螨虫和病菌，造成菇床二次感染，常在夏秋高温季节爆发。跳虫取食菌丝，导致菇床菌丝退菌。菇体形成后，跳虫群集于菇盖、菌褶和根部咬食菌肉，造成菇盖遍布褐斑、凹点或孔道。排泄物污染子实体，引发细菌性病害。跳虫暴发时，菌丝被食尽，导致栽培失败。

3. 生活习性

温度上升至15℃以上，跳虫开始活动。长江中游一年发生6～7代，4～11月份是跳虫繁殖期。中间寄主是腐败的植物、杂草等有机物。在食用菌中以草腐菌受害严重，春播的高温蘑菇和秋播的中温蘑菇、鸡腿蘑、球盖菇等覆土栽培的种类受害严重。蘑菇播种后，其气味吸引跳虫在料内产卵，发酵不彻底的草料内带有大量成活的虫卵。跳虫自幼虫到成虫都取食危害。一代周期约30多天，雌虫产卵100～800粒。由于虫体小，颜色深（如灰色的角跳虫），隐蔽性较强，在培养料中无法观察到。一经施药后，虫体跳出落入地面上形成一层虫体。高温栽培的蘑菇，尤其是地坑式菇床，跳虫发生大，危害严重。段木栽培的黑木耳，跳虫危害后会造成流耳。

4. 防控方法

①保持栽培场所卫生：在夏季种植之前，先将栽培场及菇房清洗干净，再用硫黄熏蒸。清除菇房外围20m之内的杂草、垃圾，填平坑洞，防止积水引发跳虫繁殖。

②培养料需高温处理：蘑菇栽培料要进行二次发酵，杀灭料中虫源。

③出菇期防治：高温期栽培，培养料和覆土材料都需要用药物处理，防止发菌期和出菇期跳虫危害。可在培养中拌入25%的除虫脲4 000倍，防治发酵期和发菌期的虫害。在覆土材料中拌入25%的除虫脲4 000倍，可防治出菇期害虫。用药后距出菇期还有15天以上，菇体药剂残留量低，在0.03mg/L以内，处于日本的最低限量（0.1mg/L）之内。出菇期发现虫害，在采完菇后用药处理，可结合浇结菇水放入1%甲氨基阿维菌素1 000倍量防治。

六、食用菌螨虫

螨虫属于节肢动物门、蛛形纲、蜱螨亚纲、蜱螨目的一类体型微小的动物。身长一般在0.5mm左右，有些小到0.1mm，大多数种类小于1mm。危害食用菌的螨虫种类繁多，各地区、各品种上出现的螨虫种类又有所不同。据邹萍1985年报道，在从香菇、黑木耳、双孢蘑菇、平菇等采集的螨类标本上鉴定，有10个科，分别是蒲口螨科、肉食螨科、尾足螨科、寄螨科、巨螯螨科、囊螨科、蒲螨科、乙线螨科、粉螨科、食甜螨科。如在南方蘑菇栽培区以嗜木螨（*Caloglyphus* sp.）、有害长头螨（*Dolichocybe* sp.）、兰氏布伦螨（*Brennandania lambi* Krozal）为主，而江苏一带以粉螨科的腐食酪螨（*Tyrophagus putrescentiae* Schrank）为主。另外，近几年在黑木耳和毛木耳上危害严重的是木耳卢西螨。

（一）腐食洛螨

腐食酪螨（*Tyrophagus putrescentiae* Schrank）属于粉螨科，食酪螨属。

1. 形态特征

①成螨：体型卵圆，柔软光滑，体长0.28～0.42mm。污白或乳白色，雄小于雌。体前区与体后区有一横缢缝分界。无眼、无触角，口器为钳状螯肢。躯体上生长许多刚毛。足4对，跗节末端生一爪。

②卵：白色，长椭圆形，长0.08～0.12mm。

③幼螨：体乳白色，体型与成螨相似，体长0.12～0.15mm，足3对。

④若螨：体型与成螨相同，第1龄若螨体长0.20～0.22mm，第2龄若螨体长0.32～0.36mm，足4对。

2. 危害状

螨虫取食多种食用菌的菌丝体和子实体。在蘑菇、金针菇、茶树菇、草菇上危害最为普遍和严重。当螨虫群集于菇根部取食菌根，致使根部光秃，菇体干枯而死亡。危害菌丝造成退菌、培养基潮湿、松散，只剩下菌索，培养基失去出菇能力。螨虫携带病菌，导致菇床感染病害。茶树菇发菌期常遭螨虫危害，造成退菌，引发杂菌滋生，菌袋报废。金针菇发菌期也常遭螨虫危害而导致发菌失败。

3. 生活习性

螨虫从幼螨、若螨到成螨的成长过程中，都在取食危害。螨虫喜高温，15～38℃是繁殖高峰。温度在5～10℃时，虫体处于静置状态；温度上升至15℃以上，虫体开始活动。20～30℃，一代历期15～18天，每只雌螨产卵50～200粒，有些螨能幼体生殖，因此繁殖量大，繁殖速度快。螨虫以成螨和卵的方式在菇房层架间隙内越冬，在温度适宜和养料充分时继续危害。菇房一旦出现螨虫，短期内难以控制，连续几年都会出现螨虫危害。

4. 防控方法

①选用无螨菌种：种源带螨是导致菇房螨害

暴发的主要原因。菌种厂应保证菌种质量，提供生活力强的纯净菌种。菇农应到有菌种生产资格的菌种厂购买菌种。

②培养料和菇房需经二次发酵处理：利用二次发酵的高温杀死培养料中的螨虫，同时也可杀灭菇房尚存的虫源。菇房层架宜用无机型材料，以减少螨虫的滋生场所，也便于消毒处理。

③选用安全高效杀螨剂：出菇期出现螨虫时，采净菇床上菇体，用4.3%菇净稀释1 000倍液喷雾，过5天后再用10%浏阳霉素乳油1 000～1 500倍稀释液均匀喷雾，可在1～2周内保持良好防效。在下一潮菇的间歇期视螨虫量和危害程度，用甲氨基阿维菌素1 000倍液或240g/L螺螨酯（螨危）悬浮剂3 000～5 000倍液喷雾一次，以此控制螨虫的危害。

（二）木耳卢西螨

木耳卢西螨（*Luciaphorus aurlculoriae* Gao et al.）属于蜱螨目，前气门亚目，矮蒲螨科，卢西螨属。

1．形态特征

雌螨的前足体与颚体间有一类似“颈”的囊状部分，额体可缩入前足体内。气门狭长，彼此远离，呈“V”形。胫跗节Ⅰ粗大，强烈骨化，顶端具一发达的爪。

①未孕雌螨：体黄白色，大量个体聚集在一起时呈锈红色粉末状。体长0.147mm，宽0.075mm，椭圆形。

②怀孕雌螨（即膨腹体）：呈球形。一般直径1.27～2.79mm，初晶莹无色，后呈白至乳白色，常聚在一起。

③雄螨：颚体退化，不取食，足Ⅳ向后成弧状弯曲，交配时用以握持雌螨，寿命比雌螨短。

2．危害状

卢西螨取食菌丝和子实体。在毛木耳栽培整个阶段均可危害，无论是母种、原种还是栽培袋、耳片均可被害。此螨害主要危害特点是：在菌袋内或耳片处，肉眼可见大量晶莹剔透的白色颗粒，球形，大小不一，形似鱼子、尿素。这些颗粒是交配后的雌螨后半体膨大而成的球形体，卵在内发育成成螨。菌丝受卢西螨危害后，造成退菌、培养基发黄发黏，松散，最后成褐色的菌渣，没有养分也没有菌丝，整个菌袋报废。出耳期间，卢西螨聚集在耳背基部的皱褶里，耳片汁液被取食后耳片收缩、干枯、变薄泛黄，生长缓慢或停止，萎焉死亡。

3．生活习性

卢西螨在20～35℃下能生长繁殖，以25～30℃为宜。在20、25、30、35℃下，一代历期分别为21～33天、10～15天、7～10天、6～9天。该螨营卵胎生，每只雌螨产卵80～160粒。卵在雌螨膨腹体内孵化成成螨后，成螨可在母体内交配之后从膨腹体内钻出，取食菌丝或直接形成膨腹体繁殖下一代，看到白色的颗粒是在繁殖的螨体。雌螨喜高湿环境，在干燥的环境中可以存活30多天，这是因为雌螨的膨腹体内还有丰富的营养可以提供成螨生活一段时间，并且在干燥失水时膨腹体的体壁会变厚，能防止水分散失，使膨腹体内的子代滞留于母体中以度过不良环境。残存在废料上的膨腹体会随着昆虫、风雨和人的传播进入其他耳房，造成该地区大规模发生。

4．防控方法

①选用无螨菌种：种源带螨是导致螨害爆发的主要原因。菌种厂应保证菌种质量。防止卢西螨随菌种传播扩散到其他地区。

②栽培环境有螨是引起卢西螨暴发的另一重要原因：卢西螨对不良环境有很强的抵抗力，必须及时清除废料，搞好环境卫生。

③调整栽培时间：卢西螨喜高温，可以推迟出耳时间，避开繁殖最适温度，可有效控制该螨的危害。

④立即清除带螨菌袋，带离耳房焚烧掉，减少虫量。

⑤药剂防治：参照腐食酪螨防治方法。

七、蠼　螋

蠼螋属于有翅亚纲革翅目，蠼螋科。蠼螋俗称“耳夹子虫”，又名剪刀虫。革翅目是中小型昆虫，体形略扁。咀嚼式口器。前翅短，革质，作截断状；后翅大，半圆形，膜质。腹端有强大尾铗状尾须，不分节。栖土石、树皮、杂草中，杂食性或肉食性。成虫有护卵和若虫的习惯。本目昆虫多为夜行性，白天伏于土壤中、石块下、树皮上、杂草间。虽有翅，但很少飞翔。少数种类有趋光性。

我国分布最广的是原蠼螋（*Labidura riparia*），该种是世界共有的种。我国各地常见的种类还有红褐蠼螋（*Forficula scudderi*）及日本原螋（*Labidura japonica*）。蠼螋多喜欢晚上活动，白天常隐匿于土中、石下、树皮、树洞或落叶杂草中，对农田作物没有很大的影响，但却是食用菌的重要害虫，能危害竹荪、草菇、平菇菌丝，影响菌丝体扭结现蕾，咬食子实体，形成凹塘和缺刻。严重时能食尽菇体。

1. 形态特征

①成虫：头呈扁阔形，通常有"Y"形盖缝，顶部扁平或隆凸。缺单眼，复眼大小不一。触角10～50节不等，脆弱易断，前胸背板紧接头后，鞘翅和翅发达，盖住中胸背板。前翅短截，后翅纵褶如扇，藏于鞘翅之下，只露出革翅的翅柄，后翅展开时呈宽卵形，有放射状的翅脉。足通常较短，部分种类细长，腹部11节，第11节由臀板代替。雄性可见10节，而雌性由于第8、9节隐藏不见，只可见到8节。腹端有尾夹，雌夹简单而直，雄夹发达多变化。

②若虫：与成虫相似。若虫个体较小，触角节数少。

③卵：球形。

2. 危害状

蠼螋从若虫到成虫均能侵害食用菌的菌丝体和子实体。尤其是种在地面又经覆土栽培的食用菌品种最易遭受蠼螋危害，如平菇、竹荪、草菇、蘑菇、木耳类等被蠼螋取食危害。成虫、若虫可钻入覆土层咬食菌丝，也咬食菌蕾和菇体，造成菇蕾被食尽。大的菇体表面被咬食成孔洞，缺刻，严重时还钻入菇体内部将菌肉吃空，只剩外壳。菇场内虫口密度大时也会造成严重的损失。

3. 生活习性

蠼螋每年发生的代数因各地域温度差异而不同。成虫昼伏夜出，活动迅速。食性较杂，有些种类具有肉食性。成虫卵产于土中，雌虫常守护其上，孵化后仍有保护子代的特性。

4. 防控方法

①做好菇房四周的清洁卫生工作，在菇房的走道和角落撒上石灰，切断其通道。

②在夜间用应急灯或电筒照射，捉拿成虫。

③虫口密度大时，菇采收后，喷施500～1 000倍液菇净。可驱杀成虫。

八、蓟　马

蓟马(*Hoplothrips fungosus*)危害食用菌的种类较多，但分类上多数属缨翅目，皮蓟马科，俗称黑蝇、小红虫，分布于全国各地。危害黑木耳、香菇等露地和棚栽的食用菌。

1. 形态特征

①成虫：体长1.5～2.2mm，体黑褐色，翅2对，边缘具长缨毛，前翅无色，仅近基部较暗。头略呈方形，3个单眼呈三角形排列在复眼间。触角8节，第3节长是宽的2倍，第3～5节基部较黄。复眼为聚眼式。口器为锉吸式，左右不对称。腹部末端延长成管状，称尾管。

②卵：长约0.45mm，长椭圆形，黄色。

③若虫：4龄，无翅，初孵若虫浅黄色，后变红色，触角念珠状，尾管黑色。

④蛹：围蛹，浅红色，翅芽显露。触角伸向头两侧，色深。

2. 危害状

蓟马取食菌类孢子、菌丝体或腐殖质汁液，并传播病毒及病害。成虫和若虫群集性强，日间活动，行动敏捷，能飞善跳。露地和大棚栽培的木耳、灵芝、香菇、平菇、鸡腿菇等易受蓟马危害。成虫和若虫用锉吸式口器锉破木耳表皮，吸取汁液，使耳片扭曲皱缩，不能伸展，严重时造成流耳。危害菌丝体使菌丝消失，危害幼菇使菇体萎缩死亡。

3. 生活习性

以若虫在露地的草根部或地表下10cm处越冬。日均温度8℃时开始活动，发育繁殖适温为10～30℃，最适温度15～25℃。福建、浙江等南方地区终年危害。成虫产卵时把产卵器插入耳片表皮下，卵散产在表皮下的耳肉内或段木内、培养料细缝里。春夏秋3季各虫态世态重叠，群体量大，食用菌受害严重。

4. 防控方法

①消灭越冬虫源：结合防治其他害虫，清除田块及其周围田块中的杂草、枯枝落叶，有助于减少或消灭越冬虫源。

②大棚使用银灰膜覆盖，对蓟马有忌避作用。用蓝色的黏虫板悬挂在菌袋之间，具有诱捕和预测作用。

③化学防治：掌握若虫始盛期和出菇间歇期喷施，用25%除虫脲3 000倍液或25%噻嗪酮1 000倍液喷雾，持效期长。也可使用70%吡虫啉可湿粉2 000倍液，或鱼藤精400倍液，或1%甲氨基阿维菌素苯甲酸盐1 000倍液。不同药剂隔一周左右交替使用，杀虫效果明显。

九、蛞　蝓

蛞蝓属软体动物门，腹足纲，柄眼目，蛞蝓科，又名鼻涕虫。蛞蝓科种类广布于欧洲、亚洲、北美和北非。陆生。体柔软，外形呈不规则圆柱形。壳退化为一石灰质的薄板，被外套膜包裹而成内壳。有尾嵴。体呈灰色、黄褐色或橙色。身体经常分泌黏液，爬行后留下银白色的痕迹。生活于阴暗、潮湿处。白昼潜伏，夜晚和雨天外出活动。雌雄同体，交尾产卵。取食植物的嫩叶嫩芽，为蔬菜、果树、烟草、棉花等的敌害。

危害食用菌的蛞蝓主要种类有野蛞蝓（*Agriolimax agrestis* Linnaeus）、双线嗜黏液蛞蝓（*Philolomycus bilineatus* Bonson）、黄蛞蝓（*Limax flavus* Linnaeus）等 3 种。危害最为严重的是双线嗜黏液蛞蝓。

1. 形态特征

①野蛞蝓：体长 30～60mm，宽 4～6mm。体表暗灰色、黄白色或灰红色，少数有不明显的暗带或斑点。触角 2 对，暗黑色，外套膜为体长的 1/3，其边缘卷起，上有明显的同心圆线生长线，黏液无色。

②黄蛞蝓：体长 100mm，宽 12mm。体表为黄褐色或深橙色，并有散的黄色斑点，靠近足部两侧的颜色较淡。在体背前端 1/3 处有一椭圆形外套膜。

③双线嗜黏液蛞蝓：体长 35～37mm，宽 6～7mm。体灰白色或淡黄褐色，背部中央和两侧有 1 条黑色斑点组成的纵带，外套膜大，覆盖整个体背，黏液为乳白色。

2. 危害状

蛞蝓危害各种食用菌，咬食原基和菇体，造成孔洞和缺刻，并留下黏液，严重影响菇体的商品性。蛞蝓爬行于菇床中，携带和传播病害，常造成杂菌从伤口侵染引发多种病害。

3. 生活习性

蛞蝓昼伏夜出，白天躲藏于菇床、菇箱和石块底下，夜晚出来取食。除了取食食用菌的子实体外，还取食蔬菜、花卉和其他植物。蛞蝓一年繁殖一代，在 15～30℃之间都可危害。卵多产于土粒缝隙中，堆成 10～20 粒的卵块，卵为白色，小粒，具卵囊；也产在杂草及枯叶上。黄蛞蝓产卵在盆钵、土块、石下面。孵化后幼体待秋后发育为成虫。喜潮湿。生活在阴暗潮湿的墙缝、土缝、土块等地方。

4. 防控方法

①在菇房地面和四周撒上干石灰粉，无土面露出，减少蛞蝓躲藏场所。

②人工捕捉。在夜间和阴雨天，乘其出来取食时捕捉。

③在蛞蝓大发生时，将菇提前采摘后喷施 500 倍菇净，可将蛞蝓杀死。

十、红蚂蚁

红蚂蚁（*Tetramorium* sp.）属膜翅目，蚁科。蚂蚁为典型的社会性昆虫，有严格社会分工，工蚁负责采集食物、饲喂幼蚁及蚁后。下面主要介绍工蚁的形态特征。

1. 形态特征

体长3.2mm 左右，橙红至暗红色。腹部、触角柄节，各足腿节褐色。体上直立毛简单，不形成三叉。头部（不包括上颚）长稍大于宽，近四方形，头顶及两侧具纵条纹，其间有短横纹。复眼小，卵圆形，黑色，位于头侧的中部，无单眼。触角 12 节，其上着生密毛，棒节 3 节，第一、二棒节等长，第三棒节为第二棒节的 2 倍，具触角沟。唇基具纵条纹，其后缘延伸于触角基部之间，中央具单纵脊。上颚具纵条纹，咀嚼缘具 6 齿，端部 2 齿较大，下颚须 4 节。胸部与头（包括上颚）长约相等，前胸前端较宽，前侧角显著，前、中、后胸背板具网状脊纹，前中胸背板沟不明显，中、后胸背板沟上方明显，两旁凹进，后胸背板狭而短，胸腹节背面中部和后缘两侧具粗刺 2 对，位于中部者较长，中央具点刻。各足胫节上有一简单的距。腹部椭圆形，光滑，外露 4 节。腹柄具 2 结节，第一结节长大于宽，前端有柄；第二结节呈横卵圆形，宽稍大于长，比第一结节宽。

2. 危害状

在高温期覆土栽培的食用菌，如大球盖菇、鸡腿菇、平菇等，发菌期极易遭受红蚁侵害。红蚁群集于培养料表面，咬食菌丝、传播病虫害。引发培养料和菌丝体感染杂菌。

3. 防控方法

①在蚂蚁活动区的山地种植覆土类食用菌，应做好栽培场的清理工作，场内多撒些石灰。培养料少用麦麸和糖，避免红蚂蚁取食危害。

②在发菌后期出现蚁害，可用菇净 1 000 倍液喷雾驱杀蚂蚁。

十一、鼠　妇

危害食用菌的鼠妇（*Armadillidium vulgare*

Latreille)又名潮虫和西瓜虫。属节肢动物门，甲壳纲、等足目、鼠妇科。鼠妇科的昆虫用腮呼吸，而腮只能在湿润的环境中运作，鼠妇居住在潮湿的地方。第一触角短小，后7对胸肢变成步足，血呈白色。生活在潮湿、温暖、有遮蔽的场所，昼伏夜出，具趋光性、假死性。鼠妇外壳有层薄薄的油，不易被蜘蛛网等黏住。在我国大多数地区都有分布，在田间，主要危害黄瓜、番茄、油菜等。

1．形态特征

①成虫：体长10～14mm，体宽5～6.5mm。长椭圆形，共13节，灰褐色，头部具1对线状触角。胸部8节，各节具1对足，腹部具7对腹足，尾节末端为2个片状突起。雌成虫体背暗褐色，隐约可见黄褐色云状纹，每节后缘具白边，雄虫较青黑。

②卵：近球形至卵形，黄褐色。

③幼虫：初孵幼虫白色，半透明，长1.3～1.5mm，宽0.5～0.8mm，后逐渐变深。形态与成虫近似，仅大小、体色不同。

2．危害状

鼠妇主要危害覆土栽培的食用菌品种，如巴西蘑菇、大球盖菇、平菇、鸡腿菇、木耳等。鼠妇啃食发酵过的培养料和菌丝体、菇蕾和耳芽，并能从菌褶中钻入侵害菌盖，造成孔洞和缺刻。严重时菇床上群集大量的成体鼠妇取食危害，被害食用菌产量和质量受到较大影响。

3．生活习性

在3月份菇棚内温度高于10℃以上时，鼠妇开始取食活动。在6～10月份高温、高湿的菇棚内，大量繁殖危害。其幼体在雌虫的胸腹前端孕育，每雌体可产小鼠妇50～200只。成体活动迅速，昼伏夜出，受惊后卷缩成团呈假死现象。

4．防控方法

①保持菇房清洁卫生，及时清除死菇烂袋。在各角落处撒上石灰，切断鼠妇活动通道。

②鼠妇发生量大时，用1 000倍菇净喷雾能有效地杀灭鼠妇，降低危害程度。

十二、马　陆

马陆属节肢动物门，多足纲，圆马陆科。身体多节，头部有触角。生活在潮湿的地方，大多以枯枝落叶为食。危害食用菌的主要是约安巨马陆（*Prospirobolus joannsi*）。

1．形态特征

体节两两愈合（双体节），除头节无足，头节后的3个体节每节有足1对外，其他体节每节有足2对，足的总数可多至200对。头节含触角、单眼及大、小腭各一对。体节数各异，从11节至100多节，体长2～280mm。除一个目外，所有马陆有钙质背板。自卫时马陆并不咬噬，多将身体蜷曲，头卷在里面，外骨骼在外侧。许多种可具侧腺，用分泌刺激性的毒液或毒气以防御敌害。

2．危害状

马陆主要取食食用菌发酵料中的腐殖质、菌丝体和幼小的菇蕾。被害的菌床培养料变黑发黏、发臭，并散发出马陆特有的骚味。菇蕾被咬食成孔洞或缺刻，并留下骚味，严重时整个发菌期的培养料被毁，菇房中骚味难闻。

3．生活习性

菇房内温度15℃以上时，马陆开始活动。尤其是在夏季多雨季节，菇房内湿度达90%以上时，马陆群集于培养料或菇袋取食，并散发出难闻的骚味。

4．防控方法

①保持菇房清洁卫生，适当降低培养料和菇房内的空气湿度，增加光线强度，可减少马陆的危害。

②马陆发生量较大时，可用菇净1 000倍液喷施于料面和整个菇房，杀死和驱赶马陆。

十三、老　鼠

老鼠有家鼠和田鼠等种类，属于啮齿目，鼠科。鼠科分布于世界各地，体小轻盈，是体型最小的啮齿类之一，尾部具缠绕性。鼠科成员适应不同的生存环境，形态和习性多样化。典型的鼠科成员形态和习性与家鼠类似。

1．形态特征

老鼠体长6～30cm，尾通常略长于体长，其上覆以稀疏毛，鳞环可见。体毛柔软，个别种类毛较硬。背部黑灰色、灰色、暗褐色、灰黄色或红褐色，腹部一般为灰色、灰白色或硫磺色。后足相对较长，善游泳的种类趾间有皱形蹼。

2．危害状

在食用菌的菌种生产和菇袋的发菌期间易遭受鼠害。尤其是麦粒菌种在发菌期间被老鼠找到后能拔掉瓶口棉塞或咬破薄膜袋咬食麦粒。老鼠携带多种病菌，被害后的菌袋往往因被杂菌污染而报废。在高温期间被老鼠耙出的培养基上常长出链孢霉，污染整个发菌室，迫使生产中断。在田间栽培的品种如茯苓、灵芝、天麻等，老鼠会钻入培养料中打洞，咬断菌丝和原基，传播病害，严重时菇床上一片狼籍，甚至绝收。

3. 生活习性

老鼠昼夜活动，黄昏和黎明是两个活动高峰。在室内白天老鼠也外出觅食。

4. 防控方法

①保持发菌场所和菇房清洁卫生，不能在菇房内外堆放生活垃圾。菌种房要有能封闭的门窗，防止老鼠侵入危害。

②养猫防鼠：在菇场内养猫是防止鼠害的安全有效的生物防治方法。禁止在培养料上投放毒鼠药，以免发生菌丝吸收后引发人食后二次中毒。

十四、蜗　牛

蜗牛属无脊椎动物软体动物门，腹足纲，柄眼目，蜗牛科。蜗牛有一个比较脆弱的、低圆锥形的壳。视种类不同，壳有的左旋，有的右旋。头部有两对触角，后一对较长的触角顶端有眼，腹面有扁平宽大的腹足，行动缓慢。足下分泌黏液，降低摩擦力以帮助行走，黏液还可以防止蚂蚁等一般昆虫的侵害。蜗牛生活在比较潮湿的地方，在植物丛中躲避太阳直晒。在寒冷地区生活的蜗牛会冬眠，在热带生活的种类旱季也会休眠，休眠时分泌出的黏液形成一层干膜封闭壳口，全身藏在壳中。当气温和湿度合适时又会出来活动。

1. 形态特征

蜗牛的整个躯体包括贝壳、头、颈、外壳膜、足、内脏、囊等，身背螺旋形的贝壳，其形状各异，大小不一，有宝塔形、陀螺形、圆锥形、球形、烟斗形等。眼睛长在触角上。

2. 危害状

蜗牛食性杂，能取食多种食用菌品种和蔬菜茎叶。危害食用菌时，用尖锐小齿舐食食用菌子实体，造成许多孔洞和缺刻。在潮湿环境下，蜗牛爬行过的菌盖上还会留下一道白色透明的分泌物。

3. 生活习性

危害食用菌的蜗牛种类较多，有灰蜗牛、同型巴蜗牛、江西巴蜗牛和华蜗牛等。其中灰蜗牛一年发生1～1.5代。寿命达24个月。每年的4月份，温度达20℃以上时，蜗牛开始活动，11月份进入越冬期。

4. 防控方法

①在蜗牛活动盛期，用人工捕捉的方式，可消灭大量蜗牛。

②在蜗牛的躲藏地，撒上石灰或5%食盐水进行驱杀；也可用特殊灭蜗牛的专用农药。

第三节　食药用菌病虫害综合控制方法

在食用菌进入设施化、专业化、周年化、产业化栽培的时代，随着培养基质中速效性营养成分的增加，环境条件的改善，产量、质量大幅度提高的同时，病虫害的种类也随之变化，有些种类的危害性在增加。在一些老产区、老菇房内病虫危害严重，出现菌丝无法生长或是无法出菇，并由此污染整个环境，迫使停产。在栽培上牢固地树立病虫害防控意识，把防治病虫害的措施结合于栽培程序之中，用生态、物理和化学的方法将病虫害危害程度控制在最低限度内，确保食用菌产品的原生态、营养性和安全性。

(一)病虫害发生的特点

①菌丝和子实体营养丰富，水分充裕、气味浓重，缺乏保护层，病虫易于侵染。食用菌以高蛋白、低脂肪、低纤维、好口感而赢得众生欢迎，也成为众多微生物和昆虫的嗜好。同时每个品种都会散发出各自特有的菌类香味，菌丝和子实体表层没有相应保护层，极易成为各种生物的食物，病虫迅速繁殖成庞大群体，使食用菌生产遭受严重影响。

②侵害食用菌的病虫种类多，危害重。据初步统计，侵染培养料、菌丝体和菇体的杂菌、病菌和害虫达100多种。各种病菌和害虫在不同的季节以不同的方式与食用菌争夺营养，侵害菌丝和菇体。全国每年有20%以上的培养料和菇体为此而报废，直接经济损失达100亿元以上。

③栽培基质营养丰富，在提高子实体产量的

同时也为病虫繁殖提供了良好的食源。多种昆虫和杂菌以腐熟的有机质为食源，如跳虫、螨虫、瘿蚊、线虫、粪蚊、白蚁和蚤蝇等都喜食腐熟潮湿的有机质，经发酵熟化后用于栽培蘑菇、草菇和鸡腿蘑的草腐料散发出特有的气味，吸引昆虫在料里产卵。在食源丰富的条件下，螨虫、瘿蚊以母体繁殖方式在短时间内快速增殖后代，在30～40 天内暴发成灾。经灭菌熟化的木腐菌基质成为竞争性杂菌快速繁殖的基地，如木霉、根霉、链孢霉孢子落入基质内能快速繁殖，与食用菌争夺养料，而同时接种的菌种生长速度只有根霉的 1/30，木霉的1/20，接种面被杂菌侵染后食用菌菌种失去营养源而无法生长，导致菌袋报废。

④适宜的出菇环境为食用菌提供良好的生长条件，同时也为病虫快速繁殖提供优越的条件。多数食用菌发菌温度为 20～26℃，出菇温度 10～25℃，培养基水分 65%左右，出菇房湿度 85%以上。人工创建的适宜于菌丝和子实体生长的环境，更适合病虫生存和繁殖，病虫繁殖和危害的速度也达到最快值。在中温环境条件下，所有昆虫生长周期缩短，繁殖代数增加，并且消除了冬眠期和越夏期。

⑤食用菌与病原杂菌同属于微生物，生理特性大致相同，差异性较小，需求性一致；食用菌与病原杂菌在营养需求上、生长环境条件方面表现一致，它们相伴相随，难以分开。许多杀菌药剂在杀菌的同时也伤害食用菌的菌丝和子实体。如用甲基硫菌灵和百菌清拌料，易抑制菌丝生长。多菌灵对灵芝、猴头、木耳等菌丝有抑制作用，施敌敌畏后常抑制出菇或长成畸型菇。

⑥培养基质上携带多种病虫源，绝大多数杂菌和有害昆虫的寄主都是农作物的残体。如稻草、棉子壳、禽畜粪便携带大量病菌孢子、菌体、螨虫和蚊蝇等虫卵。因此，需要培养基做灭菌或发酵处理，以消灭或减少病虫源的基数，减少病虫害危害程度。

⑦病虫分布广，隐蔽性强，食性杂，体形小，繁殖快，暴发性强，药剂难以控制。多数致病菌在栽培者尚未观察到时，已在培养基内萌发繁殖。一旦发现已造成危害。在发菌期中期无法用药防治，拖延至出菇期时已无菌丝存在。在出菇期由于培养基有一定厚度，有的病害深入基质内，施触杀性药剂不能使病菌完全与药剂接触，药效难以显效。如细菌性黑斑病和黄菇病等需用药 3 次以上才能控制病情。螨虫、瘿蚊、菇蚊从培养基质、菌丝到菇体中能取食危害，在培养基表面和里层都有虫体分布取食危害。有的病害如胡桃肉状菌和鸡爪菌一旦发生，无药可治。

⑧有的病虫同时入侵、交叉感染。菇蚊、菇蝇携带螨虫和病菌，在取食和产卵时传播病毒、螨虫和病菌。疣孢霉菌会使蘑菇发病，病菇又引发细菌和线虫入侵危害，随后菇体腐烂发臭，污染整个菇房和环境。

（二）病虫害的综合控制

食用菌生产从培养基制作、菌丝生长到菇体生长发育以至干品的储存过程中，都易遭受病虫的侵害。因此在防治上也应从各环节切入，环环相扣，处处把关，采取生态防控、物理防治、药剂预防等多种方式将病虫控制在萌芽阶段，确保安全出菇。

1. 生态调控

①木腐菌与草腐菌宜分场所制种和栽培：草腐菌类菌种的制种和栽培需将培养料经发酵处理。发酵期间，病菌和蚊蝇类常在料中繁殖，同时木腐菌的菌种也处于发菌期，在同一时间和同一环境下生产，病虫害易被交叉感染，容易在木腐菌制种时造成污染。如蚤蝇极易侵入平菇发菌袋内产卵繁殖，同时在发菌室内重复侵害，难以根除。只有分开场所，分别制种和栽培，才能保持木腐菌类菌种场和栽培场地的清洁卫生。

②换茬、轮作、切断病虫食源：上季发生过致病性强的病害或虫害的栽培房不应连续栽培同一种品种，以防止同一种病虫再度暴发。如春季鸡腿菇床上发生了鸡爪菌，秋季在同一菇房应安排鸡爪菌不适宜生长的菇种，切断病菌传播链，从根本上消除病菌再发生机会。

③培育生活力强和具抗病性品种：抗性强的品种体现出品种的遗传优势，菌种的生活力和纯度由供种单位的生产技术和条件所决定。种植者在引用优良菌种的同时，更要了解品种的适温性，选择适宜季节出菇，才能更好地体现品种的高产性和抗病性。

④保持环境清洁干燥：保持菌种场、栽培场清洁、干燥、透气，是提高成品率的基础条件。在生产过程中污染菌袋不能积压，应及时清除，水沟通畅、空气清新、水源干净。这样场内杂菌数量少，接种和发菌期间感染的概率也随之降低。

⑤菇房内的品种与栽培应具一致性：为了便于栽培管理和病虫防控，在环境条件一致的菇房内宜栽培统一品种、同一接种期和出菇期，以便采用统一栽培措施，如温度调节、水分管理、病虫防治等环节上能达到统一性和有效性。

2. 物理控制

①强化基质灭菌或消毒处理，保证熟化菌袋的纯净度。菌袋灭菌期间常压100℃维持8～10小时，高压125℃维持3～3.5小时。灭菌期间要保持温度平稳，不应低于要求的温度指标，如中途因停电或是其他原因造成温度下降，应延长灭菌时间予以补救，杀死基质内的一切微生物菌体和芽孢。所用的菌袋韧性要强，无微孔，封口要严实，装袋时操作要细致，防止破袋。这些都是减少污染的重要措施。

②规范接种程序，严格无菌操作。菌种生产应按照无菌程序操作，层层把关，严格控制，生产出纯度高、活力强的菌种。最好灭菌灶安排进袋口和出袋口门，中部隔断，出口处连接种室，冷却后，在洁净台内接种。操作人员穿戴好工作服，确保接种室高度无菌。

③安全发菌、防止杂菌害虫侵入菌袋。发菌室应具备恒温条件，视品种的温性要求，温度调节在最适宜菌丝生长范围以内，防止温差过大而引起菌袋水分蒸发、空气调换频繁、杂菌入侵污染。同时应遮光培养，减少蚊蝇飞入产卵危害。

3. 化学防治

①培养料用药剂预防处理：大规模生产栽培场周年性循环生产，场内的空气杂菌含量较高，污染途径也较多，有必要在培养料中加入微量杀虫灭菌剂，以有效地抑制竞争性杂菌繁殖，提高菌袋成品率。如用50%噻菌灵和咪鲜胺锰盐2 000倍液，可抑制木霉等杂菌的发生量。30%菇丰2 000倍液拌料也能有效抑制木霉、根霉、曲霉的发菌。用25%的除虫脲拌入草腐菌的发酵料中，能有效杀灭粪草发酵期和发菌期的蚊蝇和跳虫等害虫。

②覆土材料需消毒处理：土壤能吸水保湿，刺激菇体形成，但土壤也是许多病菌和昆虫滋生场地，使用前必须用化学药剂进行杀菌灭虫处理。覆土材料宜用河泥砻糠土。河泥在嫌气状况下，好气性致病菌少，且保湿性好，在2～3潮菇内基本不用浇水也能保持土壤水分。对于取自旱地土和水田土的材料，应用5%石灰拌土后再在太阳下暴晒几天，在使用前5～7天，再喷施杀菌剂30%菇丰2 000倍或50%噻菌灵或咪鲜胺锰盐2 000倍和杀虫剂4.3%菇净1 000倍，用薄膜覆盖闷置5天后使用。

③出菇间歇期防虫治病：在出菇间歇期、料面无菇时用药。在出菇期间不宜用药，以防止菇体药害和药剂残留超标。同时应选择高效低毒的生物性药剂，如应选用Bti、甲氨基阿维菌素、农用链霉素和菇净等安全药剂。

第四节 食药用菌常用消毒剂使用方法

1. 酒精(Ethyl alcohol)

①分子式：C_2H_6O

②其他名称：ethanol

③化学名称：乙醇

④理化性质：无色透明，具有特殊香味的液体(易挥发)，密度比水小，能与水以任意比互溶(一般不能做萃取剂)，是一种重要的溶剂，能溶解多种有机物和无机物。密度为0.789g/cm^3，相对密度(水=1)为0.79，相对蒸气密度(空气=1)为1.59，熔点为-117.3℃，沸点为78.3℃，在水中的溶解度为15.9pKa，20℃时黏度为1.200MPa.s。与水混溶，可混溶于醚、氯仿、甘油等多数有机溶剂。呈弱酸性(或中性)，pH在6.9～7.0之间。

⑤毒性毒理：对人刺激性小，对物品无损害，属微毒类。兔急性经口毒性LD_{50}为7 060mg/kg，急性经皮毒性LD_{50}为7 340mg/kg，大鼠吸入10小时的LC_{50}为37 620mg/m^3。家兔眼睛500mg刺激，重度刺激。家兔经皮开放性刺激试验15毫克/24小时，轻度刺激。

⑥使用方法：杀灭菌体使蛋白质变性，但不能杀死细菌芽孢和真菌孢子。主要用于菌种袋、菌种瓶表面的擦洗、接种工具的浸泡、接种人员的手面消毒等处理。消毒用时需将浓度为95%的原液稀释成70%～75%的浓度。酒精灯燃烧时用95%的浓度。应选用医用或食用型乙醇，不能用工业乙醇或甲醇代替。

2. 高锰酸钾(Potassium permanganate)

①分子式：$KMnO_4$

②其他名称：灰锰氧，PP粉。

③理化性质：紫黑色针状结晶，密度2.703g/cm^3，熔点270℃，20℃时在水中的溶解度为6.38g/100ml。

④毒性毒理：高锰酸钾有毒，且有一定的腐蚀性。吸入后可引起呼吸道损害。溅落眼睛内，刺激结膜，重者致灼伤。刺激皮肤后呈棕黑

色。浓溶液或结晶对皮肤有腐蚀性，对组织有刺激性。

⑤使用方法：可杀死细菌体和菌丝片断，但不能杀死芽孢和孢子。高锰酸钾用作食用菌环境消毒和擦洗菌袋，接种工具的浸泡消毒，使用浓度以1 000～2 000倍液为宜。高锰酸钾与甲醛混合后产生氧化反应，散发出的甲醛气体有强烈的杀菌作用，常用于接种室和培养室的空间消毒。使用时先将高锰酸钾按甲醛的半量加入陶瓷或搪瓷容器，然后将规定量甲醛（加适量水稀释，以增加环境中的湿度）慢慢加入其中。此时混合液自动沸腾，从而使甲醛气化。每立方米空间按甲醛溶液30ml、高锰酸钾 15g、水 15ml 计算用量。关上门熏蒸 2 个小时可杀灭房内的细菌繁殖体、霉菌菌体和病毒，房间使用前应开门窗通气。

3. 甲醛(Formaldehyde)

①分子式：CH_2O

②其他名称：福尔马林、蚁醛、甲醛溶液、aldehyde formique、aldeide formica、formalin。

③理化性质：纯品无色，具有刺激性和窒息性的气体，商品为其水溶液。熔点为－92℃，沸点为－19.4℃，相对密度（水＝1）为0.82，相对蒸汽密度（空气＝1）为1.07，蒸汽压为13.33kPa（－57.3℃），燃烧热为2 345.0kJ/mol。易溶于水，溶于乙醇等多数有机溶剂。本品易燃，具强腐蚀性、强刺激性，可致人体灼伤，具致敏性。其蒸汽与空气可形成爆炸性混合物。遇明火、高热量引起燃烧爆炸。与氧化剂接触猛烈反应。

④毒性毒理：大鼠急性经口毒性 LD_{50}（半致死量）为 200～800mg/kg，兔急性经皮毒性 LD_{50} 为2 700mg/kg，大鼠吸入毒性 LC_{50} 为 590mg/m^3，人吸入毒性 LC_{50} 为 60～120mg/m^3。

甲醛的作用机制是凝固蛋白质，直接作用于有机物的氨基、巯基、羟基、羧基，生成次甲基衍生物，从而破坏蛋白质和酶，导致微生物死亡。

⑤使用方法：甲醛气体的产生，以氧化法最为简便和实用。先将高锰酸钾按甲醛的半量加入陶瓷或搪瓷容器，然后将规定量甲醛（加适量水稀释，以增加环境中的湿度）慢慢加入其中，此时混合液自动沸腾，使甲醛气化。每立方米空间按甲醛溶液 30ml、高锰酸钾 15g、水 15ml 计算用量。

4. 过氧乙[醋]酸(Peroxy-acetic acid)

①分子式：$C_2H_4O_3$

②其他名称：过醋酸、过氧醋酸、PAA、过乙酸、peracetic acid。

③理化性质：无色液体，有强烈刺激性气味。熔点为 0.1℃，沸点为 105℃，20℃时相对密度（水＝1）为1.15，25℃时饱和蒸汽压为 2.67kPa，闪点为 41℃。溶于水、乙醇、乙醚、乙酸、硫酸。本品易燃，具爆炸性，具强腐蚀性、强刺激性，可致人体灼伤。

④毒性毒理：该品对眼睛、皮肤、黏膜和上呼吸道有强烈刺激作用。吸入后可引起喉、支气管的炎症、水肿、痉挛、化学性肺炎、肺水肿。接触后可引起烧灼感、咳嗽、喘息、喉炎、气短、头痛、恶心和呕吐。由于原液为强氧化剂，具有较强的腐蚀性，不可直接用手接触。配制溶液时应佩戴橡胶手套，防止药液溅到皮肤上。对金属有腐蚀性，不可用于金属器械的消毒。

⑤使用方法：过氧乙酸是一种普遍应用、杀菌能力较强的高效消毒剂，具有强氧化作用，可以迅速杀灭各种微生物，包括病毒、细菌、真菌及芽孢。浸泡：拖地的拖把用浓度为0.04％的溶液浸泡 1 小时；接种工具洗净后用0.5％的溶液浸泡 30～60 分钟。擦拭：将原液稀释成0.2％的溶液擦拭用于消毒接种的原种和菌袋的瓶口或袋口表面。对接种箱和桌子表面进行消毒，用浓度为 0.2％～1％的溶液，擦拭后保持 30 分钟，即能达到杀菌目的。喷雾及熏蒸：将原液稀释至 0.2％～0.4％，关闭门窗，采用喷雾或加热熏蒸消毒方法，使其较长时间悬浮于空气中，对空气中的病原杂菌起到杀灭作用。熏蒸时，常用浓度为 1g/m^3。喷雾或熏蒸后密闭 20～30 分钟即可达到消毒目的。然后开窗通风 15 分钟后方可进入，以减少过氧乙酸给人体带来的刺激及不适感。

5. 二氧化氯(Chlorine dioxide)

①分子式：ClO_2

②其他名称：亚氯酸酐、氯酸酐。

③理化性质：红黄色有强烈刺激性臭味气体。11℃时凝聚成红棕色液体，－59℃时凝结成橙红色晶体。11℃时密度为 3.09。易溶于水，同时分解，很难与水发生化学反应（水溶液中的亚氯酸和氯酸只占溶质的 2％）；在水中的溶解度是氯的 5～8 倍。溶于碱溶液而生成亚氯酸盐和氯酸盐。

④毒性毒理：大鼠急性经口和经皮毒性都是5 000mg/kg。

⑤使用方法：二氧化氯消毒剂是一种高效强力广谱杀菌剂。可以灭杀一切微生物，包括细菌繁殖体、细胞芽孢、真菌、分枝杆菌和肝炎病毒、各种传染病菌等。是液氯、漂白粉精、优氯净、次氯酸钠等氯系消毒剂最理想的更新换代产品。对微

生物的杀菌机制为：二氧化氯对细胞壁有较强的吸附穿透力，可有效地氧化细胞内含巯基的酶，快速抑制微生物蛋白质的合成来破坏微生物。0.1mg/L下即可杀灭所有细菌繁殖体和许多致病菌，50mg/L 可完全杀灭细菌繁殖体、肝炎病毒、噬菌体和细菌芽孢。在低温和较高温度下杀菌效力基本一致，pH 适用范围广，能在 pH2～10 范围内保持很高的杀菌效率，对人体无刺激。二氧化氯主要用于食用菌生产中的空气、水、接种工具、环境等消毒处理，使用浓度为 100～500mg/L。

6. 来苏尔(Lysol)

①分子式：C_7H_8O

②其他名称：甲酚皂溶液、saponated cresol Solution。

③理化性质：由甲酚 500ml、植物油 300g 及氢氧化钠 43g 配成。无色或灰棕黄色液体，久储或露置日光下颜色变暗，有酚臭。可溶于水(1∶50)，能与乙醇、氯仿、乙醚、甘油混溶，可溶于碱性溶液。2%的水溶液呈中性。

④毒性毒理：大鼠经口 LD_{50} 为 207mg/kg，经皮 LD_{50} 为 750mg/kg。大鼠吸入甲酚的饱和蒸汽 8 小时，无死亡。人的甲酚经口(MLD)为 50mg/kg，对黏膜和皮肤有腐蚀作用，需稀释后应用。

⑤使用方法：能杀灭多种细菌，包括铜绿假单胞菌(绿脓杆菌)及结核杆菌，但对芽孢作用较弱。1%～2%水溶液用于手和皮肤消毒。2.5%溶液浸泡拖把 30 分钟和拖洗地面能杀灭杂菌菌体。3%～5%溶液用于接种用具和菌袋表面消毒。

7. 石炭酸(Phenol)

①分子式：C_6H_6O

②其他名称：羟基苯、酚。

③化学名称：苯酚。

④理化性质：常温下为无色晶体。低熔点(43℃)密度为1.071。在空气中放置及光照下变粉红，有特殊气味，沸点181.84℃。有腐蚀性，常温下微溶于水，易溶于乙醇、乙醚、氯仿、甘油、二硫化碳等有机溶液。温度高于 65℃时，能跟水以任意比例互溶，其溶液沾到皮肤上用乙醇洗涤。暴露在空气中呈粉红色。

⑤毒性毒理：大鼠经口毒性 LD_{50} 为 530mg/kg。对人有毒，有腐蚀性，要注意防止触及皮肤。

⑥使用方法：苯酚为一种原浆毒，能使细菌细胞的原生质蛋白发生凝固或变性而杀菌。浓度约 0.2%即有抑菌作用，大于 1%能杀死一般细菌，1.3%溶液可杀死真菌。用 3%～5%溶液浸泡拖把和拖洗地面能杀灭杂菌菌体，也可用于接种用具和菌袋表面消毒。

8. 苯扎溴铵

①分子式：$C_{12}H_{38}BrN$

②其他名称：溴化苄烷铵、bromo geramine、benzalkonium bromide。

③化学名称：十二烷基二甲基苄基溴化铵。

④理化性质：常温下为白色或淡黄色胶状体或粉末，低温时可能逐渐形成蜡状固体。带有芳香气味，但尝味极苦。密度0.96g/cm^3～0.98g/cm^3。水溶液振摇时产生多量泡沫，具有耐热性，可储存较长时间而效果不减。易溶于水、乙醇，微溶于丙酮，不溶于乙醚、苯，水溶液呈碱性反应。

⑤毒性毒理：大鼠口服急性 LD_{50} 为 400mg/kg，鱼类 LD_{50} 为15.0mg/kg。该品毒性极低。无积累性毒性。1 000mg/kg 对皮肤也无很大刺激性。

苯扎溴铵为季铵盐阳离子表面活性广谱杀菌剂，杀菌力强，对皮肤和组织无刺激性，对金属、橡胶制品无腐蚀作用，不污染衣服，性质稳定，易于保存，属消毒防腐类药剂。

⑥使用方法：0.1%溶液广泛用于接种环境的消毒。接种工具置于0.5%的溶液浸泡 30 分钟，可杀灭各种致病菌。忌与肥皂、盐类或其他合成洗涤剂同时使用，避免使用铝制容器。

9. 必洁仕

①化学名称：二氧化氯消毒剂。

②毒性毒理：该消毒剂为无毒级产品。使用后，无农药残毒残留，无致畸致癌物，不呛人，保证操作者安全。

③使用方法：可用于食用菌实验室、接种室(接种箱、接种帐)、培养室(培养车间)、菇房(菇棚)的消毒。也可用于种植食用菌各个环节的消毒。把本消毒剂 A 剂药片投放到 B 剂溶液中，即刻产生消毒气体，对空间和物体表面消毒。接种箱消毒用 1 片A 剂+3ml B 剂，熏蒸 40 分钟；环境消毒每立方米用 1 片 A 剂+5ml B 剂，熏蒸 60 分钟；另可以配制成消毒液喷洒，或擦洗消毒，对多种杂菌有显著的防治效果。

10. 石灰(Calcium oxide)

①分子式：CaO

②其他名称：生石灰。

③化学名称：氧化钙。

④理化性质：石灰为不规则的块状物，白色或

灰白色，不透明，质硬，粉末白色。易溶于酸，微溶于水。暴露在空气中吸收水分后，逐渐风化而成熟石灰。沸点 2 850℃，熔点 2 580℃，不溶于醇，溶于酸、甘油。相对密度（水＝1）为 3.25g/cm^3～3.38g/cm^3。

⑤毒性毒理：该品属碱性氧化物，与人体中的水反应，生成强碱氢氧化钙并放出大量热，有刺激和腐蚀作用。与酸类物质能发生剧烈反应。具有较强的腐蚀性。

⑥使用方法：食用菌生产中利用石灰的碱性消毒环境，用 2%～3%的浓度拌料提高基质中的 pH 值，抑制细菌发酵，促进培养料熟化。

第五节 食药用菌低毒杀菌剂使用方法

1. 百·福

①其他名称：菇丰。

②毒性毒理：属低毒杀菌剂，制剂大鼠急性口服 LD_{50}为3 160mg/kg，经皮为5 000mg/kg。为触杀性杀菌剂。

③剂型：30%百·福可湿性粉剂（10%百菌清与 20%福美双复配剂）。

④理化性质

A. 百菌清（Chlorothalonil 打克尼尔）。

化学名称：四氯间苯二甲氰。

分子式：$C_8N_2Cl_4$

稳定性：在通常储藏条件下稳定，对碱和酸性水溶液以及紫外光的照射都稳定。

毒性：原药大鼠急性口服 LD_{50}＞10 000mg/kg，兔急性经皮 LD_{50}＞10 000mg/kg。对兔眼有严重刺激作用，对某些人的皮肤有明显的刺激作用。对鱼的毒性大，对虹鳟鱼半数耐受量极限（TLm）（96 小时）为0.25mg/kg，蓝鳃鱼 TLm（96 小时）0.38mg/kg，对蜜蜂和鸟类低毒。

作用机制：该品使真菌细胞中的 3-磷酸甘油醛脱氧酶失活，与该酶体含有半胱氨酸的蛋白质结合，破坏酶的活力，使真菌细胞的新陈代谢受到破坏而丧失生命力。

B. 福美双（Thiram）

化学名称：四甲基二硫代秋兰姆。

其他名称：秋兰姆、赛欧散、阿锐生、捷姆、塞仑。

毒性：属低毒杀菌剂。原粉大鼠急性经口 LD_{50}为 780～865mg/kg，小鼠急性经口 LD_{50} 为1 500～2 000mg/kg，对皮肤和黏膜有刺激作用。对鱼类有毒，对蜜蜂无毒。

理化性质：纯品为白色无味结晶体（工业品为淡黄色粉末，有鱼腥气味），相对密度为1.29；熔点 140～146℃；溶解度（室温）：水中约 30mg/L，丙酮 80g/L，氯仿 230g/L，乙醇＜10g/L。

稳定性：长期暴露在空气，热及潮湿环境下易变质，遇酸易分解。

⑤使用方法：百·福（菇丰）对木霉、青霉、根霉、黄曲霉、毛霉、链孢霉、轮枝霉、疣孢霉、褶霉病和许多细菌性病害有很强的抑制和铲除作用。用于多种木腐菌培养料的生料拌料、熟料拌料和生长期的多种致病菌的防治。

A. 拌料处理：适用于香菇、平菇、金针菇、灵芝、猴头菇、毛木耳、黑木耳、茶树菇、白灵菇、杏鲍菇、滑菇等品种的拌料处理。在拌料的清水中加入1 500～2 000倍的菇丰溶液（即 100ml 药剂兑水 150～200 升），将药水与干料拌均匀。将培养料装袋灭菌，灭菌的温度宜控制在 100～120℃之间。经菇丰拌料过的培养料，绿霉、青霉、根霉、毛霉、黄曲霉、链孢霉等霉菌的萌发受到明显抑制。

B. 覆土材料处理：先将土粒捣细晒干，在使用前 5～7 天将土粒摊开，用菇丰 3 000 倍喷施于土壤再建堆，闷堆 3～5 天，病菌杀灭后用于覆盖料面。

C. 菇房消毒：在菇架、地面等空间喷施菇丰 100～500 倍，可杀灭残留在菇房内的病菌。

2. 噻菌灵（Thiabendazole）

①分子式：$C_{10}H_7N_3S$

②其他名称：特克多、涕必灵、噻苯灵、Tecto、TBZ、Bioguard、Mertect、Mintezol、594-F、597-F 等。

③化学名称：2-（噻唑-4-基）苯并咪唑。

④理化性质：纯品为白色无味粉末，熔点 304～305℃。工业原药为白色粉末，有效成分含量为 98.5%，熔点 296～304℃。该剂在室温下不挥发，加热至 310℃升华。pH 值不同，在水中溶解度也不同：25℃ pH 为 2.0 时，约 10^4mg/L，pH5～12 时，低于 50mg/L。室温丙酮中溶解度为 28g/L、苯2.3g/L、氯仿 0.8g/L、甲苯 93g/L、二甲基亚砜 800g/L、二甲基甲酰胺 39g/L。该剂在水、酸、碱溶液中均较稳定。

⑤毒性毒理：对人、畜低毒，属低毒杀菌剂。原药对大鼠急性口服 LD_{50} 为6 100mg/kg，对小鼠3 810mg/kg；对小鼠急性吸入毒性试验中无死亡例。对鱼低毒，鲤鱼 TLm(48 小时)＞40pmg/L。对鸟也有低毒，鹌鹑 LC_{50} 为14 500mg/kg。无致畸、致癌、致突变作用。

为内吸性杀菌剂，杀菌谱与多菌灵相同。与苯丙咪唑类药剂有正交互抗药性。

⑥剂型：40％可湿性粉剂，450g/L 悬浮剂。

⑦使用方法：能有效地控制由子囊菌、担子菌、丝状菌物引起的病害，兼具治疗和保护作用。用于食用菌防治蘑菇褐腐病。用40％可湿性粉剂拌于覆土或喷淋菇床，用量为0.4～0.6g/m^2；用500g/L 悬浮剂拌料，用量为20～40 克/100 千克料，喷雾用量为0.5～0.75g/m^2。

3. 咪鲜胺(Prochloraz)

①分子式：$C_{15}H_{16}Cl_3N_3O_2$

②其他名称：并灭菌、施保克、丙氯灵、Sportak、Trimidal、Mirage、Abarit、Octare、Omega、BTS 40542。

③化学名称：N-丙基-N-[2-(2,4,6-三氯苯氧基)乙基]-1H-咪唑-1-甲酰胺。

④理化性质：纯品为白色结晶，熔点38.5～41.0℃，20℃时蒸汽压为76μPa。25℃时溶解度为(g/L)：丙酮3 500、氯仿2 500、甲苯2 500、乙醚2 500、二甲苯2 500、水0.0053。在常温及中性介质下稳定，对光、浓酸和碱不稳定。原药为97％黄褐色液体。

⑤毒性毒理：对人、畜低毒，对大鼠急性经口 LD_{50} 为1 600mg/kg，小鼠2 400mg/kg；对大鼠急性经皮 LD_{50} 为5 000mg/kg 以上。对鸟低毒，雄野鸭 LD_{50} 为313mg/kg。对虹鳟鱼 LC_{50} 为1mg/kg。

该品为高效、广谱、低毒咪唑类杀菌剂，具有内吸传导、预防保护治疗等多重作用。通过抑制甾醇的生物合成而起作用，在植物体内具有内吸传导作用。

⑥剂型：450g/L 水乳剂。

⑦使用方法：对多种作物由子囊菌和半知菌引起的病害具有明显的防效，也可以与大多数杀菌剂、杀虫剂混用，均有较好的防治效果。食用菌用于防治蘑菇褐腐病。将咪鲜胺拌于覆土或喷淋菇床0.4～0.6g/m^2。

4. 农用链霉素(Streptomycin sulfate)

①分子式：$C_{21}H_{39}N_7O_{12}$

②化学名称：O-2-甲氨基-2-脱氧-α-L-葡吡喃糖基-(1→2)-O-5-脱氧-3-C-甲酰基-α-L-来苏呋喃糖基-(1→4)-N1,N3-二脒基-D-链霉胺硫酸盐。

③理化性质：白色或类白色粉末，无臭或微臭。易溶于水，微溶于乙醇，不溶于甲醇、氯仿和丙酮。

④毒性毒理：属低毒杀菌剂，原药大白鼠急性经口 LD_{50}＞9 000mg/kg。可引起皮肤过敏反应。农用链霉素有内吸作用。

⑤剂型：72％可溶性粉剂。

⑥使用方法：可防治多种细菌和真菌性病害。主要用于食用菌出菇期间的细菌性病害的防治，对平菇黄斑病、金针菇黑腐病、杏鲍菇腐烂病用500倍喷雾，连续用药2～3次可将病害控制。

5. 二氯异氰尿酸钠(Sodium dichloroisocyanurate)

①分子式：$C_3O_3N_3Cl_2Na$

②其他名称：优氯净、优氯特、优氯克霉灵。

③理化性质：白色粉末或颗粒，密度为0.74g/ml。有氯味，有刺激性气味，易溶于水。干品长期储存，有效氯下降甚微。是一种性能稳定的强氧化剂和氯化剂。

④毒性毒理：对人、畜低毒，人经口 LDLo(人经口最低致死剂量)为3 570mg/kg，小鼠急性经口 LD_{50} 为2 270mg/kg，兔经皮 LD_{50} 为3 160mg/kg。鲤鱼 LD_{50} 为5.56mg/kg，虾 LD_{50} 为15.6mg/kg，罗非鱼 LD_{50} 为7.2mg/kg。眼刺激实验为100毫克/24小时，反应轻微。为腐蚀品，对眼睛、黏膜、皮肤等有灼伤危险，严禁与人体接触。

⑤剂型：40％可溶性粉剂，66％烟剂。

⑥使用方法：对食用菌栽培过程中易发生的霉菌及多种病害有较强的消毒和杀菌能力。用于防治平菇木霉菌。拌料用量为40～48克/100千克干料。还可用于菇房杀霉菌，66％烟剂熏蒸菇房，剂量为3.96～5.28g/m^3。

6. 硫黄(sulphur)

①分子式：S

②其他名称：胶体硫、Cosan、Elosal、Thiolux 等。

③化学名称：硫。

④理化性质：黄色粉末，相对密度为2.07，在115℃时熔化成黄色易流动液体，在160℃时变黏、变黑。它的同素异构体中以正交晶体硫最稳定，熔点112.8℃，另一斜晶体硫，熔点119℃。通常为两者的混合物，熔点115℃，30℃时蒸汽压为0.53MPa。不溶于水，微溶于乙醇和乙醚。结晶物溶于二硫化碳，无定形物不溶于二硫化碳。此物

易燃，易被水缓慢分解。硫黄能挥发，在高温下特别明显，熔融即升华。

⑤毒性毒理：对人畜低毒，但其蒸汽及硫黄燃烧后发生的二氧化硫对人体有剧毒。50%悬浮剂对大鼠急性经口毒性 $LD_{50}>10g/kg$。

⑥剂型：45%悬浮剂、50%悬浮剂。

⑦使用方法：有杀菌、杀螨和杀虫作用，对介壳虫类也有较好的防治效果。其杀菌杀虫效力与粉粒大小有密切关系。粉粒越细，效力越大。但粉粒过细，容易聚结成团，不能很好分散，影响药效。常用于菇房的熏蒸消毒，用药量为 $7g/m^3$，高温高湿可提高熏蒸效果。

第六节 食药用菌低毒杀虫杀螨剂使用方法

1. 4.3%高氟氯氰-甲阿维

①其他名称：菇净。

②剂型：4.3%高氟氯氰-甲阿维乳油。

③毒性毒理：高效氟氯氰菊酯：急性经口 $LD_{50}>580mg/kg$；急性经皮 $LD_{50}>2\ 000mg/kg$。

甲氨基阿维菌素苯甲酸盐：大鼠急性经口 $LD_{50}>126mg/kg$；急性经皮 $LD_{50}>126mg/kg$。

4.3%高效氟氯氰菊酯·甲氨基阿维菌素苯甲酸盐乳油：大鼠急性经口 $LD_{50}>1\ 260$（雄性鼠）/1 710（雌性鼠）mg/kg；急性经皮 $LD_{50}>5\ 000$（雄性鼠）/5 000（雌性鼠）mg/kg。

④防治对象：属高效低毒型杀虫、杀螨和线虫的杀虫剂，对成虫击倒力强，对螨虫的成螨和若螨都有快速作用。对食用菌中的夜蛾、菇蚊、蚤蝇、跳虫、食丝谷蛾、白蚁等虫害都有明显杀灭效果。

⑤使用方法：可用于拌料、拌土处理，用量为1 000～2 000倍。浸泡菌袋用量为2 000倍左右。菇床杀成虫，喷雾用量为1 000倍，杀幼虫用量为2 000倍左右。

2. 甲氨基阿维菌素苯甲酸盐（Emamectin benzoate）

①分子式：Bla：$C_{49}H_{75}NO_{13}C_7H_6O_2$

Blb：$C_{48}H_{73}NO_{13}C_7H_6O_2$

②其他名称：甲维盐、埃玛菌素。

③化学名称：4'-表-甲氨基-4'-脱氧阿维菌素苯甲酸盐。

④理化性质：原药为白色或淡黄色结晶粉末。熔点：141～146℃。溶于丙酮和甲醇，微溶于水，不溶于己烷。稳定性：在通常储存条件下稳定。

⑤毒性毒理：是从发酵产品阿维菌素 B_1 合成的新型高效抗生素杀虫剂，具有超高效、低毒（制剂近无毒）、无残留、无公害等生物农药的特点。

⑥剂型：1%乳油、1.6%乳油、1.9%乳油、5%水分散粒剂。

⑦使用方法：甲维盐对很多害虫具有很高的活性。对鳞翅目昆虫的幼虫和螨类的活性极高，既有胃毒作用又兼触杀作用，防治食用菌中螨虫、线虫和菇蚊等。1%乳油用量为1 500～2 500倍。

3. 螺螨酯（Spirodiclofen）

①分子式：$C_{21}H_{24}Cl_2O_4$

②其他名称：螨危、Envidor、螨威多。

③化学名称：3-(2,4-二氯苯基)-2-氧代-1-氧杂螺[4,5]-癸-3-烯 4-基-2,2-二甲基丁酯；季酮螨酯。

④理化性质：外观白色粉状，无特殊气味，熔点：94.8℃，20℃蒸汽压 $3\times10^{-7}Pa$，20℃密度 $1.29g/cm^3$。溶解性（物质/1 000ml 溶剂，20℃）：正己烷中20，二氯甲烷中>250，异丙醇中47，二甲苯中>250，水中0.05。

⑤毒性毒理：大鼠急性经口 $LD_{50}>2\ 500mg/kg$，急性经皮 $LD_{50}>4\ 000mg/kg$；季酮螨酯通过抑制害螨体内的脂肪合成，破坏螨虫的能量代谢活动，最终杀死害螨。它是一种全新的、高效非内吸性喷雾处理杀螨剂，与其他现有杀螨剂不存在交互抗性问题，对多种螨类有很好防效和出色的持效性。

⑥剂型：240g/L 悬浮剂。

⑦使用方法：属于新型季酮酸类杀螨剂。既杀卵又杀幼螨，特别适合于防治对现有杀螨剂产生抗性的有害螨类。240g/L 悬浮剂稀释3 000～5 000倍用于防治菇床中的螨虫。

4. 磷化铝（Aluminium phosphide）

①分子式：AlP

②其他名称：aluminum monophosphide、Detia、phostoxin。

③理化性质：浅黄色或灰绿色结晶、粉末或片状，无味，相对密度2.85（15℃）。熔点2 000℃（分解），相对分子质量为57.95，微溶于冷水，遇水能生成等量的磷化氢。溶于乙醇和乙醚，与无机酸可剧烈反应，与王水接触易发生爆炸和燃烧，不熔

融。在空气中加热到700℃以上可被氧化成氧化铝和磷酸铝，至1 000℃才升华。

④毒性毒理：对人畜高毒。磷化铝中毒机制是作用于细胞酶，影响细胞代谢，发生内窒息。除对胃肠道有局部刺激腐蚀作用外，主要作用于中枢神经系统、心血管系统、呼吸系统及肝肾。以中枢神经系统受害最早、最严重。急性毒性：LD_{50} 20mg/kg（人经口）。人接触磷化氢浓度为409～846mg/m^3时，0.5～1小时致死，处于浓度为1 390mg/m^3时，可立即死亡。

⑤剂型：56%片剂、85%粉剂。

⑥使用方法：磷化铝由赤磷和铝粉烧制而成。杀虫效率高、经济方便而应用广泛。可熏蒸防治人工栽培食用菌的多种害虫，如菇螨、菇蝇、菇蚊、跳虫和线虫等，以2～3m^3空间放药1片为宜。熏蒸时人需立即离开，隔2天后开门窗通气后才能入内。

5. 浏阳霉素（Liuyangmycin）

①分子式：$C_{41}H_{66}O_{12}$

其中 CH_2CH_3，R_3，R_4 分别代表甲基、乙基

②其他名称：大环四内酯类抗生素。

③理化性质：纯品为无色棱柱状结晶。易溶于苯、醋酸乙酯、氯仿、乙醚、丙酮，可溶于乙醇、正己烷等有机溶剂，不溶于水。

④毒性毒理：大白鼠急性经口大于1万mg/kg，经皮大于2 000mg/kg。无致畸、致癌、致突变性。但该药剂对鱼毒性较高，对鲤鱼 LC_{50}<0.5mg/L，属高毒，对天敌昆虫及蜜蜂比较安全。

⑤剂型：20%复方浏阳霉素乳油、10%乳油。

⑥使用方法：浏阳霉素为一触杀性杀虫剂，对螨类具有特效。使用浓度为1 000～3 000倍。

6. 苏芸金杆菌以色列变种（Bacillus thuringiensis Israelensis，简称BTI）

①有效成分：苏芸金杆菌以色列变种、血清型H-14。

②杀虫毒理：BTI、血清型H-14和有毒晶体，被蚊类幼虫摄食后可导致蚊幼体内钾、钠离子失衡，出现血毒症而死亡。

③剂型：7 000ITU/mg母药、1 200ITU/mg可湿性粉剂、5 000ITU/μl制剂。

④使用方法：一般以1～2g/m^2、5 000ITU/mg制剂喷洒为宜。

7. 噻嗪酮（Buprofezin）

①分子式：$C_{16}H_{23}N_3OS$

②其他名称：扑虱灵、优乐得。

③化学名称：2-叔丁基亚氨基-3-异丙基-5-苯基-1，3，5-噻二嗪-4-酮。

④理化性质：白色晶体。熔点104.5～105.5℃，难溶于水，易溶于有机溶剂。对酸和碱稳定，对光和热稳定。

⑤毒性毒理：大鼠急性经口 LD_{50}>2 198mg/kg。具有触杀和胃毒作用。

⑥剂型：25%乳油、25%可显性粉剂、40%胶悬剂。

⑦使用方法：作用机制为抑制昆虫几丁质合成和干扰新陈代谢，致使若虫蜕皮畸形、缓慢死亡。可用来防治跳虫、菇蚊幼虫。25%可湿性粉剂使用浓度为2 000～3 000倍。喷药1～2次，两次喷药间隔15天左右。

8. 除虫脲（Diflubenzuron）

①分子式：$C_{14}H_9ClF_2N_2O_2$

②其他名称：敌灭灵、灭幼脲1号、伏虫脲。

③化学名称：1-(4-氯苯基)-3-(2，6-二氟苯甲酰基脲。

④理化性质：纯品为白色结晶，原粉为白色至黄色结晶粉末。不溶于水，难溶于大多数有机溶剂。对光、热比较稳定，遇碱易分解，在酸性和中性介质中稳定，对人、畜、鱼、蜜蜂等毒性较低，属于无公害农药。

⑤毒性毒理：大、小鼠急性经口 LD_{50}>4 640mg/kg。大鼠经皮 LD_{50}>1万mg/kg。

⑥剂型：20%悬浮剂，50%、25%可湿性粉剂，5%乳油。

⑦使用方法：除虫脲为苯甲酸基苯基脲类除虫剂，主要起胃毒和触杀作用。害虫接触药剂后，不能在蜕皮时形成新表皮，虫体畸形而死亡。可防治鳞翅目害虫、菇蚊、菇蝇等。在幼虫期使用25%可湿性粉剂2 000～3 000倍的药液喷雾，可杀死幼虫，并有杀卵作用。

此外，双氧水（H_2O_2）杀菌效果好，无残留毒素。

第七节 食药用菌病虫控制器使用方法

1. 臭氧发生器

臭氧是一种有气味的浅蓝色气体，氧的同素异形体，相对分子质量为48，具有广谱高效杀菌作用。利用强氧化性，在较短时间杀灭细菌繁殖体、芽胞、真菌及病毒等一切病原微生物，对室内空气和物品表面达到理想的消毒与杀菌效果。其杀菌效果与过氧乙酸相当，强于甲醛，杀菌力比氯高1倍。快速的气味可以驱除对气味较敏感的小动物和昆虫，如老鼠、蟑螂等(表11－1)。

表11－1 臭氧消毒器的类型及主要性能

性能类型	适用范围(m^3)	消毒时间(min)	消耗功率(W)	体积(mm^3)
FCY-3	25～30	60	≤40	340×165×70
FCY-3A	50～100	60	≤100	470×208×100
FCY-5A	100～200	60	≤260	220×560×450
FCY-5B	100～200	60	≤260	220×350×600
可移动式	适用于规模化工厂化生产			
外接管道式	适用于规模化工厂化生产			
内置风道式	适用于大规模工厂化生产			

臭氧消毒的特点：

①灭活速度比紫外线快3～5倍，比氯快300～600倍。②灭活率随臭氧浓度的增加而提高。③消毒时不消耗氧气，还原快。④无消毒死角，凡空气能到达的地方都能达到有效消毒。⑤不需要辅助药剂。⑥使用方便安全。⑦适用于接种室、培养室、出菇室等场地的空气消毒。

2. 诱虫灯

①原理：利用趋光、趋波、趋色、趋性信息的特性，将光的波段、波的频率设定在特定的范围内，近距离用光、远距离用波，加以昆虫本身产生的性信息引诱成虫扑灯，被频振式高压电网触杀，落入接虫袋内。

②使用方法：在成虫羽化期，菇房上空悬挂杀虫灯，每间隔10m挂一盏灯。晚间开灯，早上熄灭，诱杀大量的成虫，可有效减少虫口数量。

③型号：PS-15Ⅱ(普通、光控)、PS-15H(普通、光控)、PS-15Ⅲ(光温)。

3. 黏虫板

①原理：多种害虫成虫对黄色敏感，具有强烈的趋黄性。中外科学家经过多年试验，通过色谱分析确认了某一特殊黄色具有最好诱虫效果。采用这种特殊黄色配以特殊黏胶，开发研制出高效黄色黏虫板。实践表明，诱杀效果非常显著。

②使用方法：从开袋或出菇期开始使用，不间断使用可有效控制害虫发展。每666m^2(每亩)悬挂25cm×15cm黄板30块。在菇床上方20cm处悬挂。

第八节 食药用菌正确使用农药的标准

表11－2 中国在食用菌上使用的农药方法与残留标准

农药名称	防治对象或用途	药剂有效成分用量或浓度	施药方法	每季作物最多使用次数	安全间隔期/天	MRLs标准/(mg/kg)	备注
百菌清＋福美双	疣孢霉菌 木霉菌	0.09～0.18g/m^2	喷雾 拌料 拌土	2	6	2、5 3、3	参照欧盟、日本药残标准
多菌灵	褐腐病	2～2.5g/m^2	拌土	1		1、3	参照欧盟、日本药残标准
二氯异氰尿酸钠	平菇 木腐病	40～48g/100kg干料	拌料				未查到药残标准
	菇房霉菌	3.96～5.28g/m^3	点燃				
氟虫腈	菌蛆	1.5～2.0g/100m^2	喷雾			0.02	澳大利亚药残标准

（续表）

农药名称	防治对象或用途	药剂有效成分用量或浓度	施药方法	每季作物最多使用次数	安全间隔期/天	MRLs标准/(mg/kg)	备 注
甲氨基阿维菌素苯甲酸盐+高效氯氟氰菊酯	菌蛆、螨	0.13～0.22g/100m²	喷雾	2	4		未确认药残标准
咪鲜胺	白腐病、褐腐病	0.4～0.6g/m²	拌土 喷雾			2	参照欧盟药残标准
咪鲜胺锰盐	褐腐病	0.4～0.6g/(m²·次)	喷雾	2	8	2	均匀喷雾在培养料上
噻菌灵	湿泡病	200～400mg/kg	拌料	1	65	10	制包前将药均匀拌于木屑中
		0.5～0.75g/m²	喷雾	1	55		参照日本药残标准

表 11－3　日本在食用菌上使用的农药方法与残留标准

农药名称	防治对象或用途	稀释量或使用量	施药方法	使用次数	使用时期	MRLs标准/(mg/kg)
50%苯菌灵水剂	木霉菌	稀释1 000倍(原木栽培)	段木喷洒	≥3	收获前30天	
		培养基重量的0.02%(香菇菌床栽培)	拌料	1		
		0.008%(金针菇)				
		0.01%～0.02%(滑菇)				
		0.01%～0.02%(平菇)				
		0.008%～0.02%(其他食用菌类)				
80%杀螟硫磷乳剂(MEP)	天牛类	稀释350倍(段木)	喷洒	≥2	成虫生长初期或产卵期	花菇0.05 其他0.5
		稀释40倍(段木用冠木)				
10%苏芸金杆菌的芽孢杆菌及结晶毒素水剂(BT)	蛾类	1 000倍(香菇)	喷洒	≥3	害虫生长初期，截止到香菇发菌前14天	
		200倍(香菇)	涂抹在形成菌种的器皿内	1	菌种接种前	
23.5%除虫脲水剂	蕈蚊类	375倍，1.5L/m²(洋蘑菇)	喷洒在土壤表面	1	覆土时，截止到收获前21天	
布氏白僵菌	双簇污天牛	段木中每10株1片(香菇)	架在段木上		产卵期或成虫生长初期	

表 11－4　其他国家在食用菌上使用的农药与残留标准(mg/kg)

农 药	欧 盟		日 本			美国	加拿大	澳大利亚
	野生	栽培	洋蘑菇	香菇	其他食用菌			
阿维菌素	0.01	0.01	0.01	0.01	0.01			
百菌清	0.01	2	1	5	5	1	1	
吡虫啉			0.5	0.5	0.5			
除虫脲			0.1	0.05	0.05	0.2		0.1
敌敌畏	0.1	0.1				0.5		0.5
多菌灵	0.1	1	3	3	3		5	10
福美双	3	3						

（续表）

农药	欧盟		日本			美国	加拿大	澳大利亚
	野生	栽培	洋蘑菇	香菇	其他食用菌			
氰虫腈								0.02
高效氟氯氰菊酯	0.5	0.02						
克菌丹	0.1	0.1	5	5	5			
咪鲜胺	0.05	2						3
灭蝇胺	0.05	5	5	5	5	1	8	
噻菌灵	0.05	10	60	2	2	40		0.5
噻嗪酮			0.5	0.5	0.5			
杀螟硫磷	0.5	0.5						0.5
杀螨特	0.01	0.01	0.1	0.1				
杀螨酯	0.01	0.01	0.01	0.01	0.01			
四螨嗪	0.02	0.02	0.02	0.02	0.02			
氧化铜			1	1	1			
氧化乐果	0.2	0.2	1	1	1			
西维因			3	3	3			
烟碱、尼古丁			2			2	2	
乙酰甲胺磷	0.02	0.02	1	1	1			
异菌脲（扑海因）	0.02	0.02	5	5	5			

参考文献

[1] 罗信昌，王家清，王汝才. 食用菌病虫杂菌及防治[M]. 北京：农业出版社，1992.

[2] 黄年来. 食用菌病虫诊治（彩色）手册[M]. 北京：中国农业出版社，2001.

[3] J. T. 弗莱彻，R. F. 怀特，R. H. 盖泽（王明秀、黄年来校）. 蘑菇病虫害防治[M]（第 2 版）. 北京：农业出版社，1993.

[4] 张学敏，杨集昆，谭琦. 食用菌病虫害防治[M]. 北京：金盾出版社，1994.

[5] 曾宪森，王明祖. 食用菌病虫害防治技术[M]. 广州：广东科学技术出版社，2000.

[6] 黄年来. 中国食用菌百科[M]. 北京：农业出版社，1993.

[7]《中国食用菌》编辑部. 中国食用菌，1988-2008.

[8] 罗佳，庄秋林. 福建食用菌双翅目害虫的种类、危害及防治[J]. 福建农林大学学报（自然科学版），2007，36(3)：237-240.

[9] 宋金俤，徐华潮. 多菌蚊的生活习性与发生规律[J]. 食用菌，2002(5)：32-33.

[10] 宋金俤. 多菌蚊对茶树菇的危害及其防治[J]. 食用菌，2002(6)：37-38.

[11] 宋昌琪，潘跃星，徐火忠，等. 性诱剂在蔬菜害虫测报上的应用[J]. 昆虫知识，2004，41(1)：77-78.

[12] 叶建人，林恩玲. 菇蚊空间分布型与抽样技术要点[J]. 中国食用菌，1994，13(1)：32-33.

[13] 王亚维，张国洲. 农业害虫农业防治和物理防治方法的研究[J]. 安徽农业科学，2003，31(1)：120-122.

[14] XU HUA CHAO, WU HONG, YU XIAO XIA. New chinese record of the genus Docosia with a description of a new species (Diptera, Mycetophilidae)[J]. Acta Zootaxonomica Sinica, 2003, 28(2): 343-348.

[15] WANG YI PING, WU HONG, XU HUA CHAO. Study of systemic status of Mycetophilidae [J]. 浙江林学院学报，2003，20(1)：32-36.

（宋金俤、曲绍轩、马林）

第十二章
食药用菌保鲜与加工

SHIYAOYONGJUN BAOXIAN YU JIAGONG

摘要：食用菌营养丰富，含水量高，组织脆嫩，因此鲜菇容易老化、破损、变色、腐烂变质。为了减少损失，增加效益，收获后的菇菌应采用适当的保鲜（储藏）或加工措施，以便延长上市时间，改善产品风味和拓展市场。本章较详细地介绍食用菌储藏与加工特性、食用菌保鲜与加工原理、食用菌保鲜与加工技术，包括食用菌干制、盐渍、罐藏与速冻加工技术。

Storage and Processing of Edible Fungi

Abstract: Edible fungi have the tendency towards postharvest deterioration, tissue damage, discoloration and putrescence due to their high water content and crisp tissue texture. In order to reduce deterioration and maintain postharvest quality, appropriate preservation treatments and storage conditions need to be adopted so that the shelf-life is prolonged, the product taste is maintained, and the market expanded. This chapter consists of 10 sections describing in detail various aspects of edible fungi storage and process including principles and techniques of edible fungi preservation and processing(drying, salting, canning, and rapid freezing).

第一节　食药用菌保鲜与加工特性

一、形态特征及其保鲜与加工特性

菌类的形态包括孢子、菌丝体、子实体等 3 种主要形式。孢子是微小的有性繁殖单位，在适宜的条件下萌发成管状的丝状体，每根丝状体称为菌丝。生长在基质内的大量丝状物是菌类的营养体，称为菌丝体。子实体是从菌丝体上产生的，是产生有性孢子的繁殖结构。通常所说的食用菌，往往专指食用菌的子实体。子实体的形态特征直接影响保鲜加工措施的实施与菌类储藏保鲜或者加工的效果。绝大多数食用菌属于担子菌，其子实体像一把小伞，一般将其统称为蘑菇，通常由菌盖、菌褶或菌管、菌柄、菌环、菌托等组成。

担子菌子实体形态多样，有圆柱形、二叉分枝形、珊瑚形、扁平形、扁平而边缘卷起、广贴生半圆形、壳状半圆形、扇形、匙形、花瓣形、无柄伞形及有柄伞形等。其中，有柄伞形分为柄中央生、柄偏心生和柄侧生，而无柄伞形分为平展形、平展形背部隆突、三角形、蹄形、贝壳形、覆瓦形等。

担子果的大小差异悬殊，小的只能用显微镜才能看到，大的直径可达 1m 以上，重达数千克。担子果的质地多种多样，如胶质、纸质、革质、肉质、海绵质、软骨质、木栓质、木质等。最常见的如双孢蘑菇、草菇、巴西蘑菇、鸡腿菇、香菇、黑木耳、银耳、平菇、杏鲍菇、白灵菇、金针菇、真姬菇、杨树菇、猴头菇、灰树花等人工栽培的食用菌，以及各种牛肝菌、多孔菌、珊瑚菌、马勃、地星、鬼笔、蛋巢菌等野生食用菌都属于担子菌。

新鲜菇类营养丰富，含水量高，组织脆嫩。所以鲜菇容易老化、破损、变色、腐烂变质。

新鲜菇类是活的有机体，采收后仍进行呼吸作用。在存放期间，菇体的呼吸作用要消耗呼吸底物，同时释放呼吸热。这是食用菌储藏保鲜期间发生失重（自然消耗）和变质过程的重要原因。

（一）菌盖、菌肉与成熟度

1. 菌盖与菌肉

菌盖是子实体的帽状部分。因食用菌种类不同，形状千姿百态，有的在幼时和成熟时也不一样。基本形状通常以成熟时为标准，常见有钟形或圆锥形、斗笠形、半球形、平展形、漏斗形、中凸形、中凹形、中脐形、花瓣形等。

菌盖皮层或角质层下面和菌柄内部的组织称为菌肉，一般由长形的菌丝细胞组成，有些种类如红菇属(*Russula*)有膨大的球形或卵圆形的细胞，分散在长形的菌丝细胞之间。菌肉的颜色、厚薄、气味和菌丝形态多有差异。乳菇属(*Lactarius*)的一些种类受伤后流出乳汁并变成蓝色。菌盖的形状、颜色、附属物、边缘特征等是伞菌分类的重要依据(图 12—1)。

图 12—1　菌盖特征

1. 半球形，2. 斗笠形，3. 钟形，4. 扇形或近半圆形，5. 杯状，6. 平展，7. 卵圆形，8. 漏斗形，9. 表面光滑，10. 具毛状条纹，11. 具环纹，12. 具块状鳞片，13. 具角锥状鳞片，14. 被纤毛状丛生鳞片，15. 龟裂鳞片，16. 具短纤毛，17. 边缘开裂且内卷，18. 边缘波状，19. 边缘翻卷，20. 边缘有条棱。

2. 成熟度

食用菌的成熟度有两种表示方法，即生物学成熟期与食用成熟期(商品成熟期)。蘑菇的生物学成熟标准与商品上的成熟标准，在有些食用菌中是一致的，如香菇、金针菇、真姬菇、杨树菇和各种平菇；在有些食用菌中有较大的差别，如草菇、双孢蘑菇、姬松茸、鸡腿蘑、滑菇等。

(二)菌褶或菌管

菌褶或菌管是生长在菌盖下面的子实层体，少数蘑菇(如牛肝菌、灵芝和灰树花等多孔菌)为管状的菌管，多数蘑菇为褶片状的菌褶。菌褶或菌管排列疏或密，等长或不等长，形状有网状、叉状，褶间具有横脉以及菌管呈放射状排列等。

菌褶边缘通常完整光滑，但有的呈波浪状、锯齿状、颗粒状等褶缘。菌褶与菌柄连接方式有离生(如草菇、双孢蘑菇、鸡腿蘑)、直生(如真姬菇、滑菇)、延生(各种平菇)、弯生(如香菇、金针菇)等。这些性状也是伞菌分类的依据。

菌褶的内部组织称为菌髓，通常由长形的菌丝细胞组成。红菇属和乳菇属菌髓的长形菌丝细胞中还分布有大量的泡囊状细胞。菌髓中的菌丝排列方式因菌种的不同而不同，可分为规则型、交错型、正两侧型和反两侧型 4 种类型。

菌褶是子实体上最容易破损的部分。菌褶的颜色往往由孢子(如草菇、双孢蘑菇)或囊状体(如多汁乳菇)决定。

菌褶是影响商品价值的重要因素之一，要尽

量避免菌褶破损或变色。

(三)菌柄、菌环、菌托

1. 菌柄

菌柄在菌盖下面,有中生、偏生或侧生之分,与菌盖不易分离或极易分离。伞菌菌柄的形状、质地、表面附属物的有无、基部形状以及与菌盖着生位置等因品种不同而有差异。菌柄质地有肉质、蜡质、纤维质、半纤维质或脆骨质(软骨质)等。菌柄颜色多种,形状也各不同,如圆柱状、棒状、纺锤状、杆状、粗筒形、圆头形、假根形等。菌柄表面平滑或有纤维条纹、腺点、网纹、陷窝,或有多种附属物,如鳞片、碎片、茸毛、颗粒、纤毛等。菌柄中实或中空,基部呈齐头、圆头、尖头或膨大成球形等。

菌柄多为中生,直立或弯曲扭转。有的品种短柄或无柄;有的菌柄光滑,有的具有鳞片或条纹。

除了竹荪、金针菇、姬菇、杏鲍菇、真姬菇、杨树菇的菌柄以外,大多数食用菌的菌柄的口感较差,在储藏加工前,应作适当处理。如干制香菇的原料菇,应剪去部分菌柄或完全剪除菌柄,再将剪柄后的香菇和菌柄分别进行加工。

2. 菌环和菌托

有些蘑菇的菌柄上还有菌环和菌托。菌环是内菌幕遗留在菌柄上的环状物,常在菌柄的上部,有各种形状,单层、双层或齿轮形。菌托是包裹子实体的外菌膜遗留在菌柄基部的袋状物或杯状物。由于种的不同或外菌幕发育强弱不同等原因,菌托的形状有苞状、杯环状、鳞片状、粉状、环带状等。

种类不同的食用菌,应根据其储藏保鲜与加工原料的食用成熟标准决定是否见到菌环或菌托时再采收,采收后的处理也有区别。双孢蘑菇是有菌环的菌类,但必须在内菌膜尚完整时采收,一旦见到菌环,其食用价值、商品价值明显降低。草菇、竹荪均具有菌托。对于草菇,必须在外菌膜尚完整时采收;而对于竹荪,需要见到菌托后再采收加工。

二、化学成分及其保鲜与加工特性

菌类含有人体需要的多种营养物质,其中包括仅存在于菌类中的一些特殊营养物质(如蘑菇多糖、香菇素等)。这些营养物质在储藏保鲜与加工过程中会产生一系列物理的、化学的、生化的变化,并由此引起菌类储藏保鲜与加工性能的改变和营养成分的变化。菌类的化学成分包括水分和干物质两大部分。干物质主要包括糖类(碳水化合物)、蛋白质、脂类和矿物质。

(一)水分

鲜菇(鲜耳)含水量一般在85%~90%。不同种类的食用菌含水量是不同的,即使是同一种菌类,其鲜菇(鲜耳)的含水量也有相当大的变化,这种变化主要决定于培养基(料)的组分,以及水分管理措施等因子。例如,用废棉栽培的平菇、凤尾菇的含水量比用稻草栽培的相同菌类的含水量少。了解这种差别,有利于选择最佳储藏保鲜方法或者加工工艺生产优质产品。

菌类子实体中的水分按其存在状态可分为两部分:一部分是束缚水(包括胶体结合水和化合水);另一部分是自由水,也称游离水。束缚水是指结合于细胞内亲水物质中的水分,含量比较稳定,即使高温干燥也不容易蒸发,低温也不容易结冰。自由水存在于菌类细胞内和细胞间隙中,不稳定,在低温条件下能够结冰,在高温干燥条件下容易蒸腾散失。

在菌类储藏保鲜或加工过程中,水分的变化主要是自由水含量的变化。

水分是影响菌类鲜度、嫩度和风味的极其重要的成分之一。保鲜储藏过程中,如果自由水蒸腾散失过多,会使鲜菇外观萎蔫、干瘪,风味变劣。相反,如果自由水含量过高,影响菌类保鲜储藏的稳定性,容易滋生霉菌,导致子实体腐烂变色、变质。在高温季节,后一种现象更加严重。

影响子实体水分散失的重要因素是温度和空气相对湿度。在菌类保鲜储藏期间要特别注意对环境温度和空气相对湿度的控制。在进行干制加工时,应注意缓慢升温和同步排湿,以便用最少的能量加工出最好的产品。

(二)干物质

食用菌的干物质中有90%~97%是有机物。干物质的含量在各种食用菌间差异较大,其组成与食用菌的栽培(发生)场所有密切关系。一般来说,食用菌中木腐菌类的糖类含量较多,而草腐菌类、林地生菌类的蛋白质含量较高。

1. 蛋白质

食用菌蛋白质的含量约占可食用部分鲜重的4%,占可食用部分干重的20%~30%,含量是大白菜、番茄、白萝卜等常见蔬菜的3~6倍,是香蕉、甜橙的4倍。

食用菌中的含氮物质(蛋白质、氨基酸、酰胺)

对食用菌加工品的色、香、味和加工工艺有一定影响，如酶促褐变、遇金属变色等。含酪氨酸的蘑菇子实体能在酚氧化酶的作用下进行氧化，产生黑色物质。

2. 脂类

食用菌子实体中含有脂肪、卵磷脂和固醇等脂溶性化合物。食用菌中脂肪含量一般在10%以下，平均为8%。含有较多的不饱和脂肪酸，有明显的降血脂作用。食用菌中脂肪的性质类似植物油，含有较多的不饱和脂肪酸，如油酸、亚油酸等，对降低人体血脂有明显的好处。菌类固醇中的麦角固醇是维生素D的前体物质，经紫外线照射后变成维生素D_2，可以防止因缺乏维生素D_2引起的多种疾病。

3. 糖类(碳水化合物)

食用菌中糖类的含量约占可食用部分干重的50%～70%。在糖类中，海藻糖(菌糖)和糖醇的含量分别达到3%，这两种糖是食用菌的甜味成分。当菇类成熟时，菌糖分解为葡萄糖。葡萄糖是食用菌子实体呼吸作用的基质之一，所以食用菌在储藏保鲜过程中糖类容易损失。食用菌子实体中戊糖胶的含量一般在3%以下，但在有些种类(木耳、银耳等胶质菌)中含量较多。银耳子实体中戊糖胶的含量约占其糖类的14%。戊糖胶是胶黏性物质，在进行胶质菌干制加工过程中，翻动次数不可太多，以免形成"拳耳"。

食用菌中还含有丰富的糖原(肝糖)和真菌(甲壳素)几丁质，后者是一种极好的膳食纤维。

4. 矿物质

食用菌子实体中含有多种矿物质元素，通称灰分。菌类灰分中的钾、磷含量最高，其次是钙和铁。人们适当摄入这些物质，对于成骨、造血和平衡体液是十分必要的。菌类灰分在食用菌中比较稳定，在储藏加工过程中变化较少。

5. 维生素

菌类子实体中含有多种维生素。大多数食用菌含有维生素B_1、维生素B_2、维生素B_5、维生素B_6、维生素B_{12}、维生素C、生物素、叶酸，以及麦角固醇(维生素D的前体物质)等。含维生素A的食用菌种类较少，常见菌类中只有鸡油菌、蜜环菌、猴头菌的维生素A含量较多。

人体对于维生素的需用量较少，但是不可缺少。通常将维生素分为两类：脂溶性维生素和水溶性维生素。

维生素B_1、维生素B_2、维生素B_5、维生素B_6、维生素B_{12}、维生素C均属于水溶性维生素。维生素B_1、维生素B_2在酸性溶液中较稳定，耐热，但在碱性和中性环境中易被破坏。维生素C是一种不稳定的维生素，易溶于水，不耐热，在抗坏血酸酶的作用下，易被氧化破坏。其氧化过程的快慢与抗坏血酸酶的含量及其活性、氧气的含量、环境温度和pH值有关。一般来说，当抗坏血酸酶的含量高，活性大，环境温度比较高，氧气充足，在中性或碱性介质中氧化反应快，损失较多。因此，在储藏加工过程中，可以采用漂烫抑制抗坏血酸酶的活性，或者采用排气密封，减少氧气供应，或配制酸性汤液，以及采取低温保藏等措施，抑制维生素C氧化作用，减少维生素C的损失。以上措施，同样有利于维生素B_1、维生素B_2的保存。另外，铜、铁离子对维生素C的氧化有促进作用。在食用菌储藏加工过程中应该避免使用铜、铁器具。

香菇是富含维生素D_2的菇类。但是，没有经过阳光干燥的干香菇中维生素D_2含量，每克只有19～100IU。经阳光照射60分钟后，每克干香菇中维生素D_2的含量可达1 000IU。在进行香菇干制加工时，通常采用先晒后烘烤的脱水加工工艺，以便提高干香菇中维生素D_2的含量。

维生素E和维生素K是两种储藏加工性能较好的脂溶性维生素。而胡萝卜素(维生素A原)在碱性介质中更稳定，且耐高温，漂烫和杀菌均无多大影响，在罐头加工、盐渍加工或速冻加工中损失较少。但是，维生素E和维生素K在加热时遇氧也被氧化，不宜长时间干制，以免损失太多。

6. 呈味物质

食用菌味道鲜美，风味独特。近年来，国外学者对香菇、双孢蘑菇、松口蘑(松茸)等菌类的鲜味物质和香味物质进行了比较深入的研究。发现这些菌类的香味来自一系列挥发性8碳化合物，而鲜味来自不挥发性含氮化合物。

(1)鲜味物质

菌类的鲜味与菇体中所含的多种游离态氨基酸和糖类中的*D*-阿拉伯糖、甘露糖等有关。在氨基酸中，谷氨酸和天冬氨酸呈鲜味，甘氨酸、丝氨酸、脯氨酸、丙氨酸等呈甜味。

5′鸟苷酸(5′-GMP)是决定香菇风味的核苷酸。核苷酸在新鲜香菇中的含量虽然很少，但是，当香菇干燥后或将香菇放入温水浸泡后，能够促进核糖核酸分解，包括鸟苷酸在内的核苷酸含量增加了。同时，核苷酸在其分解酶的作用下会进一步分解成没有鲜味的核苷。为了避免核苷酸被分解，应该设法抑制核苷酸分解酶的作用，使核糖核酸分解酶保持较高的活性，从而保持香菇的美味。在浸泡干香菇时，将水温控制在60～70℃，可以达到这一目的。

另外，香菇中还含有多种氨基酸，其中包括含量较多的味精成分——谷氨酸。当谷氨酸与鸟苷酸同时存在时，能够发挥协同增效作用，进一步增加香菇的鲜味。

(2)香味物质

一系列挥发性8碳化合物是菌类的香味物质，包括1-辛醇、3-辛醇、3-辛酮、1-辛烯-3-酮、1-辛烯-3-醇、2-辛烯-1-醇、松菇醇、香菇香精等。

新鲜香菇虽然没有干香菇那么香，但它同样含有香味物质的前体——含8碳的醇类和含硫基的物质。干香菇的强烈芳香味由香菇香精产生。香菇香精在新鲜香菇中几乎检测不出来。在干燥和(或者)烹调过程中，香菇酸通过酶促反应和非酶反应生成香菇香精(图12—2)。

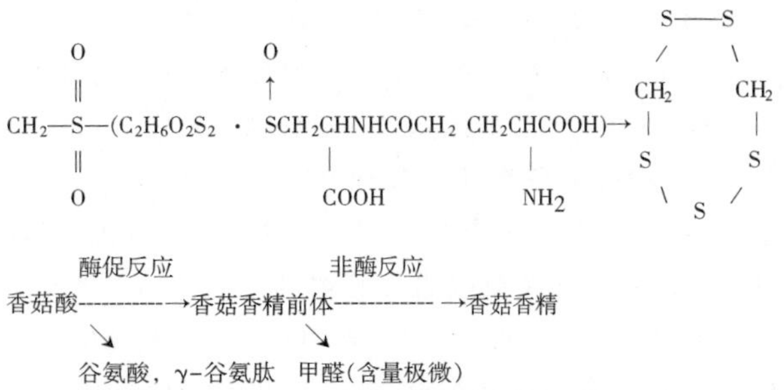

图 12—2 从香菇酸生成香菇香精

从图12—2可以看出，这个反应的初期还生成谷氨酸(味精成分)，在其最终阶段还产生甲醛。以前在香菇中发现含有甲醛曾经被看作是食品安全方面的问题。但它的含量极微，可以放心食用。

第二节 食药用菌储藏保鲜原理

食用菌的保鲜储藏是食品保藏方式之一。如保藏措施不当，食品会败坏变质。食用菌在储藏保鲜中仍然是有生命的机体，而且，正是依靠食用菌对不良环境和致病微生物的抵抗性，才使其得以延长储藏期，保持品质，减少损耗。食用菌的这些特性称为抗病性和耐储性。

食用菌采收后，同化作用已经停止，呼吸作用(异化作用)直接或间接地影响着各种生理生化过程，也影响其呼吸作用和有害代谢。食用菌采收后呼吸作用越旺盛，各种生理生化过程变化越快，生命终止也越早。这说明在食用菌储藏、运输中抑制呼吸作用和各种代谢强度的必要性。但是，只控制呼吸作用和其他新陈代谢的量变还是不够的，运输期间还必须保持新鲜食用菌正常的新陈代谢过程，防止发生有害代谢。

食用菌储藏时也要控制环境条件，通过控制环境条件来控制呼吸作用和有害代谢。同蔬菜储藏一样，食用菌储藏必须先有适于储藏的产品。首先要选择适于储藏的菌株，其次要注意菇场的自然条件和栽培条件。选择菌种并合理栽培才能获得具有较好耐储性、抗病性的优良产品，为以后的储藏保鲜打下良好的基础。在储藏期间，把储藏条件控制在最适宜的水平，尽可能延缓呼吸作用和有害代谢，才能完成食用菌储藏保鲜的任务。

一、采后呼吸作用

采收的食用菌已经离开了培养基，同化作用已经停止，但还是活的有机体，还在继续进行生命活动，呼吸作用成为新陈代谢的主导过程。呼吸作用与各种生化过程有着密切的联系，并制约着这些过程，从而影响食用菌在储藏过程中的品质变化，也直接影响食用菌储藏保鲜的技术关键。

(一)呼吸作用与食用菌储藏的关系

呼吸要消耗呼吸底物，呼吸底物的消耗是食用菌储藏中发生失重(自然消耗)和变味的重要原因之一。从消耗呼吸底物角度来看，呼吸作用是消极的，所以储藏物中要尽量降低食用菌的呼吸强度，以减少呼吸底物的消耗。但呼吸不只是消极的，还有其更重要的积极意义。食用菌的呼吸有多条途径，每条途径有许多中间环节组成，各有特定的酶系统所催化，形成一系列特定的中间产物。许多中间产物是重新合成新物质的原料，通过这些物质转变，使糖代谢与脂肪代谢、蛋白质及其他许多物质的代谢联系在一起。呼吸作用会影响到食用菌子实体的后熟、衰老、抗病、愈伤等各种过程，也就是在食用菌储藏中密切影响到食用菌耐储性、抗病性的发展和变化。

当食用菌遭受微生物侵袭、机械伤害或遇到不适环境条件时，能通过激活氧化系统，加强呼吸作用而产生自卫反应。这是食用菌抗性的基础。几乎所有的环境要素(包括病虫害)引起的损伤都会激发受害部位及其周围组织的呼吸活性增强，引起一系列生化反应的增强，这些生化反应直接关系到损伤部位形成防卫层，产生并积累一些对病菌有毒的物质，合成与细胞分裂有关的成分，从而起到修补和恢复受损组织及阻止微生物扩大侵染的作用。

在储藏实践中，应随时了解储藏产品呼吸的量变和质变，及时予以适当的调节控制。

呼吸强度是衡量呼吸作用强弱的指标。通常以一定温度下每千克样品在1小时内释放的CO_2或吸收O_2的毫克数或者毫升数来表示。

呼吸作用中释放CO_2或吸收O_2的容积为呼吸商（RQ）或呼吸系数。单以已糖作为呼吸作用的底物时，$RQ=1.0$；有机酸的氧化程度比较高，单以有机酸作为呼吸作用的底物时，$RQ>1$；脂肪是高度还原性物质，以脂肪作为呼吸作用的底物时，$RQ<1$；硬脂酸被氧化时，$RQ=0.69$。当然，无氧呼吸所占的比重越大，RQ值也越大，释放的能量反而越少。因此，根据呼吸商可大致了解无氧呼吸的程度。

RQ值只能综合反映呼吸作用的总趋势，不能准确指出呼吸底物的种类和无氧呼吸的程度。

（二）影响食用菌呼吸作用的因素

1. 种和品种

在相同或相似的环境条件下，不同食用菌的呼吸强度和呼吸热不同（表12－1），同一品种的食用菌中不同菌株间也有差异。例如，在25℃条件下，金针菇的呼吸强度为631.74（mlCO_2/kgFW·h），平菇为572.60（mlCO_2/kgFW·h），香菇为252.07（mlCO_2/kgFW·h）。一般说来，在相同的温度条件下，子实体比菌丝体呼吸强度大，高温发生型种类比低温发生型种类呼吸强度大，肉质、胶质菌类比木栓质菌类呼吸强度大。

表12－1 3种食用菌的呼吸强度

（单位：mlCO_2/kgFW·h）

温度（℃）	金针菇	平菇	香菇
21	678.42	510.37	224.06
23	665.97	546.46	289.42
25	631.74	572.60	252.07
28	623.50	570.64	294.08
30	619.75	555.49	392.11
33	617.75	546.16	415.45
35	625.51	485.47	429.46
37	583.56	459.80	423.23
39	513.48	441.13	410.78

2. 成熟度

平菇（糙皮侧耳）子实体在不同发育阶段和不同部位的呼吸强度有差异。桑葚期的呼吸强度为343.52（mlCO_2/kgFW·h），珊瑚期为345.38（mlCO_2/kgFW·h），成形（扇形）期为607.17（mlCO_2/kgFW·h），成长期为691.34（mlCO_2/kgFW·h），成熟期为434.62（mlCO_2/kgFW·h），孢自释放期为509.77（mlCO_2/kgFW·h）。上述结果表明，从桑葚期到成长期，子实体逐渐生长发育，呼吸强度逐渐加大，至成长期达到高峰。子实体生长发育至成熟期时，呼吸强度明显下降；子实体大量弹射孢子时，呼吸强度又达到一个高峰。

对成长期子实体不同部位的呼吸强度的检测结果表明，菌盖的表皮、菌肉、菌褶的呼吸强度分别为200.14（mlCO_2/kgFW·h）、66.90（mlCO_2/kgFW·h）、710.12（mlCO_2/kgFW·h）。以菌褶的呼吸强度最高。在成熟期菌褶的呼吸强度可以达到842.63（mlCO_2/kgFW·h）。

3. 温度

温度是影响呼吸作用最重要环境因素之一。在一定范围内，温度升高，酶活性增强，呼吸强度也因此增大。低温能够降低呼吸作用的速率，减少蘑菇的呼吸消耗和呼吸热。但是，并不是储藏温度越低越好，必须根据储藏对象对于温度的敏感程度，在不出现冻害的前提下，尽量降低储藏温度，而且不宜将多种蘑菇储藏在同一温度下。另外，储藏温度长时间或者大幅度波动会刺激蘑菇中水解酶的活性，提高呼吸作用的速率，增加呼吸消耗和呼吸热，缩短新鲜蘑菇的货架期，影响储藏效果。

4. 空气成分

空气成分是影响呼吸作用的另一个重要环境因素。降低空气中氧气浓度（O_2分压）或增高二氧化碳浓度（CO_2分压），呼吸作用均会受到抑制。较高的二氧化碳浓度，不仅能够抑制呼吸作用，还能够对抗乙烯的产生和阻止乙烯发挥作用，产生良好的保鲜效果。但储藏环境中二氧化碳的浓度过高，会抑制呼吸酶活性，从而引起代谢失调，这就是所谓的二氧化碳中毒，它的危害甚至比缺氧障碍更严重。当储藏环境中的O_2分压过低（$<8\%$）时，局部组织细胞代谢紊乱，也会对储藏中的新鲜蘑菇造成伤害，直到大量腐烂。在高度缺氧时，储藏中的新鲜蘑菇还有可能被梭状芽孢杆菌等产毒菌、致病菌污染危害。不过氧气和二氧化碳之间

有拮抗作用。二氧化碳毒害可因提高氧气浓度而有所减轻，在低氧气中高二氧化碳的毒害更甚。

5. 机械损伤和病虫害

任何机械损伤，即使是轻微的挤伤或压伤，也会引起呼吸加强。病虫害的影响与机械伤害相似。当食用菌受到病菌侵害时，寄主组织会产生保卫反应，主要表现是呼吸加强。在鲜菇市场提倡净菇上市，定量分装，并且选用具有一定强度的包装容器，避免新鲜蘑菇在储藏、运输和销售环节中的机械损伤。

以上是影响食用菌呼吸作用的主要因素。采取措施降低新鲜蘑菇的呼吸强度，把鲜菇维持在缓慢、正常的生命活动之中，即是食用菌储藏保鲜的理论根据。

二、蒸腾与结露

刚采收的新鲜食用菌，含水量因品种和采收前的水分管理不同而有很大的差别，但含水量普遍较高，一般为90%左右。水分通过菇体表面以气体状态散失到大气中的过程称为蒸腾作用。菇体和果蔬的水分蒸腾散失，与一般水分的蒸发有着本质区别，它们是受生命活动制约的生命过程，而且在收获后的储藏期间仍不断地进行。

菇体中含有大量的水分，在生长过程中因蒸腾作用散失的水分可由子实体的基内菌丝体从培养料（培养基）中吸收的水分来补偿。在储藏期间的蒸腾作用是单向的，散失的水分得不到补充，这对食用菌储藏带来一系列的不良影响。

（一）蒸腾作用对储藏的影响

蒸腾作用对食用菌储藏的影响是复杂的，主要表现是失重、失鲜、代谢功能紊乱及降低耐储性和抗病性等。

1. 失重与失鲜

食用菌子实体中大量水分的存在使细胞膨胀，组织坚挺脆嫩，富有光泽和弹性。如果储藏中蒸腾失水过多，子实体将很快萎蔫，即失重和失鲜。失重主要是因失水造成食用菌重量方面的损失，也叫"自然消耗"；失鲜是食用菌质量方面的损失，综合表现为食用品质和商品价值的降低。

2. 代谢功能紊乱

采收后的食用菌中各种营养成分的水解、吸收、转移及各种酶的作用、核心作用的气体交换等一系列生理活动，是在水的参与下进行的。在储藏中蒸腾失水过多，破坏正常的代谢过程，危及安全储藏。

3. 耐储性和抗病性降低

蒸腾大量失水，可以导致子实体萎蔫、细胞膨压降低、菇体组织机械结构变劣、正常代谢过程遭到破坏、水解过程加快、互相作用加强、呼吸基质改变及有害物质积累等现象发生。这些现象都会降低食用菌的耐储性和抗病性。

采收后，食用菌子实体少量散失水分，对于菌类安全储藏并无多大影响，有时反而有利。例如，细胞少量脱水，细胞膨压稍微下降，组织比较柔软，能够减少储藏运输过程中子实体的机械损伤。作为干制加工原料的鲜菇和鲜耳，采收后进行适当的晾晒或者烘烤脱水，不属于上述蒸腾失水讨论的范畴。

（二）影响蒸腾作用的因素

蒸腾作用与食用菌的种类、子实体成熟程度有关，还与环境条件，包括温度、湿度、风力、气压、光照等有关。菌类子实体蒸腾作用的物理过程是水分蒸发。影响水分蒸发的因子也影响菌类子实体的蒸腾作用。

1. 食用菌种类和成熟度

食用菌的种类不同，蒸腾作用也不相同，菌株间也有差异。即使是同一品种，如果成熟度不同，蒸腾作用也有很大的差异。这种差异往往是由于菌类子实体的表面状况及其细胞保水能力决定的。一般来说，侧耳类（如糙皮侧耳、短柄侧耳、金顶侧耳、白黄侧耳、裂皮侧耳、栎平菇、小白侧耳、贝形侧耳、肺形侧耳、粉红褶侧耳、漏斗状侧耳、美味侧耳、灰白侧耳、榆干侧耳等）子实体的蒸腾作用较强，其他伞菌类（包括阿魏侧耳、杏鲍菇 、白灵菇）子实体的蒸腾作用次之，胶质菌子实体的蒸腾作用较弱，菌核的蒸腾作用最小。又如肉质伞菌的子实体随着子实体的发育、成熟度的递进、菌盖逐渐长大，蒸腾作用也逐渐增强，主要是表面积（蒸腾面积）增加的结果。

2. 空气相对湿度

菌类蒸腾作用的直观表现是水分从菇体扩散到空气中，而空气从含水物料中获得水分的能力，决定于空气的湿度饱和差。湿度饱和差成为影响菌类子实体蒸腾作用的直接环境因素。

一般来说，菇体细胞含有大量水分，相对湿度可以看成100%。当储藏环境的相对湿度低于100%时，由于湿度饱和差的存在，必然产生蒸腾现象。如上所述，直接影响菌类蒸腾作用的是空气的湿度饱和差，而且空气从菇体吸收水分的能力与湿度饱和差呈正相关。由于空气的饱和湿度是随着温度而变化的，因此湿度饱和差和相对湿度也随着温度而变化。在储藏实践中经常通过测定相对湿度来了解空气的干燥程度。温度一定时，相对湿度小，表明空气干燥，湿度饱和差大，空气的吸水能力强，导致菇体水分蒸发快。

3. 温度

如上所述，环境温度对菌类蒸腾作用的影响，除了温度本身直接影响菌类子实体的生命活动外，主要是间接影响空气的湿度饱和差。空气的饱和湿度随温度的上升而增大(表12—2)，温度的改变也会引起相对湿度和湿度饱和差的改变。一般来说，高温会促进菌类的蒸腾作用，而低温有利于抑制菇体的蒸腾作用和水分的散失。

表12—2　某一温度时水的饱和汽压

温度(℃)	0	10	20	30	50	70	90
饱和蒸汽压(kPa)	0.61	1.23	2.34	4.24	12.30	31.20	70.10

饱和水汽压是饱和空气下产生的压力。饱和水汽压间接反映大气中的水汽压力，是温度的系数。温度越高，空气中的水分子数量越多；反之，温度越低，空气中的水分子数量越少。

4. 通风

空气流动对菌类蒸腾作用的影响，主要是间接影响空气的相对湿度。菌类蒸腾作用本身能够使储藏环境的湿度不断提高，并逐渐趋向饱和，从而减少自身的蒸腾失水。通风能够不断地降低储藏环境的湿度，从而促进蒸腾作用。风力越大，也就是气流速度越快，蒸腾越强。因此，采用通风库储藏食用菌时，应该注意调节风速和风量。

5. 光照

光照对菌类蒸腾作用的影响，主要是光照本身对蒸腾生理的作用。例如，光照刺激一些酶的活性和呼吸作用等。另外，光照常常伴随热量而来。热可以使菌类子实体本身和环境温度升高，从而间接影响菌类的蒸腾作用。在菌类保鲜期间应避光储藏。

(三)结露及其预防

当采收后的菌类子实体用塑料薄膜封闭储藏时，膜内常有水珠凝结，即所谓结露，俗称“出汗”。结露的原因是气温降到露点(指空气中饱和水气开始凝结结露的温度)以下，过多的水气从空气中析出而在物体表面凝结成水。

1. 结露类型

(1)大堆产品有时结露

新鲜蘑菇堆放在一起，不容易通风和散热，堆内的温度高于堆表面的温度，即堆内外产生了温差和堆内的空气湿度比较高。当这种温暖湿润的空气移动到大堆产品表面时，会容易产生“出汗”现象。

(2)塑料薄膜内的产品有时结露

用塑料薄膜封闭储藏时，菌类子实体产生的呼吸热，内部温度高于外部温度，内部湿度也高于外部湿度。包装用的塑料薄膜正处在冷热的交界处，塑料薄膜内侧常常有水珠凝结。内外温差越大，凝结的水珠也越大、越多。

(3)储藏场所的温度波动也易产生结露现象

结露不利于菌类的保鲜储藏，容易滋生致病微生物，造成堆内或者膜内产品发热，最终导致蘑菇腐烂变质。

2. 结露的预防

防止结露的措施是设法消除或者尽量缩小储藏环境内外的温差。采收后的菌类子实体不宜采用大堆堆码，排放不要过分紧密，要留有一定的空隙或者留通风孔，以便排除呼吸热。采用塑料薄膜包装封闭储藏时，应该控制环境温度，使其稳定在安全温度范围内，切忌库温忽高忽低，以免膜内大量结露。再设法消除或者尽量缩小温差预防结露。在包装物内衬垫吸潮纸或吸湿剂，也是安全储藏新鲜蘑菇的有效措施之一。

三、采后生理生化变化

采收后的菌类子实体，在生理上表现为呼吸作用增强，酶系和糖含量等发生变化，使其化学组成改变。在形态上表现为失水、萎蔫、菌柄伸长、开伞、菌褶发育、弹射孢子、产生异味、褐变、液化、自溶，甚至腐烂。有时虽未变质，但已严重影响蘑菇子实体(食用菌)的商品价值。

(一)后熟作用

食用菌的后熟作用是指采收后的菌类子实体继续生长发育，进行有氧呼吸，消耗菇体内的营养物质，表现为开伞、孢子形成与弹射、纤维化等。虽然后熟是菌类的一种正常生理现象，但直接影响食用菌的食用价值和商品价值。

菌类的后熟与乙烯含量有关。对于菌类，乙烯是菌丝进入生理成熟后正常的代谢产物，被溶解在细胞质中，作用于细胞的代谢过程。乙烯能够提高细胞的呼吸活性，从而促进细胞内的各种生化反应，加快子实体生长，以致开伞。乙烯在菌类中的含量虽然很少，但作用明显。菌类子实体中大约只要 10^{-9} mol/L 浓度的乙烯，就能够产生明显的生理效应：激发呼吸作用和促进菌类子实体后熟。因此，乙烯被认为是一种具有催化作用的激素物质。食用菌在成熟过程中释放乙烯，并随着子实体的逐渐成熟而增加释放量。当孢子形成时，乙烯释放量达到最大值；孢子释放后，乙烯释放量明显下降。据报道，双孢蘑菇菌幕破裂之后，孢子大量形成时，菌褶由浅红色变成棕红色，菇体内的乙烯含量最高。孢子弹射后，乙烯含量下降。在乙烯的作用下，加速菌类子实体的后熟与衰老，使蘑菇的耐储性下降。乙烯的产生和积累对于鲜菇的储藏是不利的。生产中可以通过调节或者改善储藏条件，延缓菇体产生乙烯的速度，或者抑制已经产生的乙烯的活性。例如，采用减压储藏法可以使菇类细胞中产生的乙烯不断被排出，能有效地抑制乙烯的积累，使乙烯保持在生理活性水平以下，延缓菌类子实体的后熟与衰老，从而延长鲜菇的货架期。利用饱和高锰酸钾溶液（湿式气体净化系统）吸收冷库内的乙烯，或者利用活性炭柱（干式气体净化系统）循环洗涤冷库内的空气，也能够达到目的。

食用菌的后熟进程依品种而异。草菇的后熟进程最快。在蛋形期采收的草菇，1～2 小时后菌柄显著伸长，顶破外菌幕，3～4 小时就会开伞。开伞后的草菇、双孢蘑菇、巴西蘑菇、鸡腿菇等，子实体由脆嫩的肉质变为粗糙的纤维质，产生有色孢子，风味变劣，降低或者丧失商品价值。香菇、平菇、杏鲍菇、白灵菇、金针菇、真姬菇、杨树菇等也有明显的后熟现象。如果采收后处理不当，经过 3～5 天会因过分成熟（过熟）而开始潮解、自溶，甚至腐烂，失去商品价值。

（二）酶活性的变化

采收后的新鲜蘑菇仍继续进行生命活动，同化作用已经停止，呼吸作用成为新陈代谢的主导过程。呼吸作用是在许多复杂的酶系统参与下，经过许多中间反应环节进行的生物氧化一还原过程。不同种类的酶起不同的催化作用，各种酶活性的变化表明其分解代谢的变化。例如，脱氢酶活性增强，会提高鲜菇的呼吸强度，加快鲜菇的后熟与老化进程；多酚氧化酶能够促进鲜菇产生褐变；转化酶的水解活性加强，可导致鲜菇糖量降低，酸度增加。酶起不同催化作用的这种特性，称为酶的专一性。在菌类储藏保鲜中采用的许多措施，目的是适当抑制酶活性，使菌类在缓慢的、正常的生命活动状态下，延缓鲜菇的后熟与老化进程。

双孢蘑菇采收后在常温下储藏 24 小时，过氧化物酶和多酚氧化酶活性不断提高。其中多酚氧化酶与色素的形成有关，它能够将蘑菇子实体内的酚类化合物氧化成醌类化合物，后者可以进一步形成深色复合物质，即所谓的酶促褐变。发生酶促褐变的前提条件是底物（如酪氨酸）、酶（如酪氨酸酶）和氧气同时存在并互相接触。当菇体受到机械损伤而使细胞破碎时，酶促褐变加剧。在蘑菇储藏期间，6-磷酸葡萄糖脱氢酶活性很快下降，磷酸果糖激酶、葡萄糖磷酸异构酶和甘露醇脱氢酶活性的下降比较缓慢。这些酶活性的变化会导致代谢途径的改变，从而影响营养物质的消耗和菇体变质。

不同的菌类，其酶系统的组成与活性是不同的。平菇、杏鲍菇、白灵菇的多酚氧化酶的活性较弱，不像双孢蘑菇那样产生明显的酶促褐变。但是，平菇中的脱氢酶活性特别高，所以极不耐储藏。

储藏中的鲜菇在条件不适时，菇体表面或者创口处的色泽逐渐加深，变成绿色、褐色以至黑色，这种变化称为"褐变"。褐变不仅影响鲜菇的商品质量，同时还降低鲜菇的营养价值，甚至完全丧失食用价值。所谓褐变，是一系列化学变色反应的总称。就化学本质而言，可以分为酶促褐变和非酶促褐变（自然氧化）两大类。

1. 酶促褐变

酶促褐变是在多种酶（尤其是多酚氧化酶）的催化下产生的变色反应。当多酚氧化酶与酚类化合物（底物）和氧气同时存在并且互相接触时，会将无色的含酚基化合物氧化成为醌（红色至褐色的醌可以与氨基酸的衍生物形成深色的复合物）。这一大类催化变色反应的酶，如酪氨酸酶、儿茶酸酶等，以铜、铁离子作为辅酶。在菌类保鲜或者加工中，应尽量减少破损，并避免使用铜、铁器具，以免加剧鲜菇的酶促褐变。

2. 非酶促褐变

非酶促褐变主要是指发生在糖类、氨基酸、各种含氧化合物以及有机酸之间的复杂的化学反应。脂肪中的不饱和脂肪酸也能够发生氧化反应。在氧化反应过程中，菇体逐渐变成褐色或者棕色，并且产生烂稻草味或臭味。这种现象，在多种食用菌的干制品储藏期间经常发生。此外，蘑菇的自然色素也会因为自然氧化而变色，其结果是导致菌类在储藏中失去商品原有的色泽。

在大多数情况下，酶促褐变和非酶促褐变经常是同时进行的。但是，酶促褐变可以被维生素C、柠檬素或其他有机酸和热处理所抑制；非酶促褐变容易被高温、金属离子和一些微生物代谢产物所“催化”。避免使用金属器具，低温储藏抑制微生物活动，可以减少自然氧化反应的发生。

（三）糖的变化

葡萄糖、甘露糖和菌糖（海藻糖）是食用菌菌丝体和子实体呼吸作用的主要底物。随着储藏时间的延长，呼吸作用将上述糖类氧化成水和二氧化碳，从而使菇体失重、失鲜（风味变劣）。此外，在储藏过程中，多聚糖的种类也发生变化，造成菇体纤维化。

（四）蛋白质与氨基酸的变化

采收后的菇体，蛋白质水解酶活跃，它可以使蛋白质降解成氨基酸，从而改变菇体的风味。有些游离氨基酸可以被氧化成有色的醌类化合物，导致菇体褐变。

（五）脂类的变化

大多数脂类存在于细胞膜上，它与菇类在储藏期间的抗逆性有关。如草菇含有大量的饱和脂肪酸，在10～15℃条件下，经过一定的处理，具有较强的抗逆性，可以安全储藏3～4天。但在低温冷藏时，由于菇体细胞膜结构受到破坏，透性增强，细胞液外渗，导致菇体液化自溶，呈冻害状，从而失去商品价值。

（六）水分的变化

蘑菇含水量高达85%～95%。由于菇体组织疏松，在储藏过程中，蒸腾作用可导致菇体失水，萎蔫发皱，影响商品外观。菇体失水过多，会影响食用菌的风味。如果通风不良，蒸发出来的水分积在菇体表面，使蘑菇呈水浸状。这种情况有利于微生物在菇体表面繁衍，使菇体出现斑点或者腐烂。

第三节　食药用菌采收包装和运输

一、采收分级与包装

采收是食用菌栽培的最后环节，也是食用菌储藏加工的最初环节。鲜菇、鲜耳的采收标准以及采收方法是否适当，直接影响食用菌的储运损耗和加工品品质。认真做好采收工作，为食用菌的储藏或加工提供优质原料。

在确定某种食用菌的采收标准、采收时间和采收方法时，应考虑到鲜菇、鲜耳的去向（是就地鲜销，还是保鲜或加工），以及保鲜加工的方式、方法和设备等，否则会造成损失。如准备长途运输，又无调温运输工具时，应适当提早采收。低温季节成熟的食用菌（如金针菇、低温平菇、香菇等）可稍迟采收；而高温季节成熟的食用菌（如草菇、鸡腿菇等）要偏早采收，且应在黎明前气温较低时采收，以免日出后菇体温度升高，增加储运过程中调控温度的难度，影响储运效果。

采收后的子实体仍然是活的机体，其表面组织是一道天然屏障。若这道屏障损伤破坏，新鲜蘑菇就会失去自然的抵抗力，易感染病菌，造成腐烂变质。在食用菌的采收、储运过程中，应尽量减少或避免一切损伤，保护好子实体的抗病性和耐储性。

（一）采收标准和采收方法

1. 双孢蘑菇的采收

采菇是双孢蘑菇栽培生产的最后环节，采菇技术不仅对产量和品质有影响，而且对下潮菇的产量也有很大影响。采菇的技术及原则是：①采菇前4小时内不要喷水，以免手捏部分变色；②从菇床上采下菇时，用手轻捏菇盖，轻轻下压并旋转取出；生长成丛、大小不一致时，要用干净的刀片切下要采的菇，保留其他菇；③边采菇边切去带覆土的菇脚（轻采快削），以免菇脚上的覆土染在菇盖或菇柄上，影响商品外观；④国内外市场对鲜菇的要求是，只要在销售期间菇膜不裂开，菇越大、市场越好，价越高。而加工成罐头的菇，菇直径在2.5cm以上，菇越小市场越好，价越高。因此，采收时必须依据销售市场决定采菇的大小；⑤采菇太早，产量低；采菇太迟，蘑菇品质下降，且影响下潮菇的生长。

2. 草菇的采收

作为商品的草菇，要求菌膜未破裂，外观呈蛋形。这时肉质幼嫩，风味佳。菌盖突破包膜后，菌柄尚未伸长，这时肉质也还幼嫩，但风味略差，不适宜作为制罐原料，但仍可制作干品草菇。菌柄充分伸长、菌盖开伞的菇已无商品价值。

草菇栽培正值高温季节，生长迅速，从原基形成到开伞只需 4～6 天，从破膜到开伞仅需数小时。为获高质量的草菇，必须及时采收。采收的标准是未破膜。如果采收过早，子实体尚未充分长大，影响产量。准确判断采收标准，及时采收是获得高产优质的关键。判断采收标准可用手捏，用手指轻捏子实体的中上部，如果有松软的感觉，说明快破膜了。如果还是硬实的感觉，说明尚可再长大。对于有经验的菇农，也可用眼判断。子实体的中上部略有凹陷的时候，说明已快开伞了，必须及时采收。

采收时一手按住菇体周围的培养料，一手将菇轻轻摇动，捻离草料。要防止损伤菌丝和邻近的小菇，切忌将菇拉出，以致牵动及损伤菌丝，造成周围小菇死亡。也不宜用剪刀剪取，否则基部部分遗留于草料面上，会造成腐烂，引起病虫害。成丛生长的草菇，可选择适宜的小刀从菇的基部切割，采大(已经达到采收标准)留小(未达到采收标准)，留下幼菇继续生长。草菇生长在高温高湿的季节，如果动作过大，常导致小菇死亡。对于成丛生长的草菇，如已达到采收标准时，最好整丛菇一起采收。

3. 鸡腿蘑的采收

鸡腿蘑长至七八成熟，子实体长 7～10cm，菌盖没有变松仍然包裹紧凑结实、无鳞片翻卷现象、菌盖光滑、洁白或有少量褐斑时，应及时采收。一旦菌盖变松，菌褶变黑，充分成熟即开伞。开伞后菌盖会自溶成墨汁状液体，只残留菌柄部分，失去了商品价值。

采收时，手指捏着菌柄基部，轻轻旋转拔起。采收后的菇脚(菌柄)坑，用土填好，且不留菇脚，以免生霉腐败，招致病虫害。

鸡腿蘑储藏期较短，采下的幼菇在 4℃的温度下 7 天内不会自溶。12℃时，幼龄的子实体仅能保存 4 天。因此，子实体采收后应及时鲜销或及时进行盐渍、制罐、干制等加工。

4. 香菇的采收

香菇生长到什么程度采摘最合适，首先取决于鲜菇去向。如果以鲜菇上市，可在其开伞七至八分、菌盖边缘仍然稍微内卷时采收。如果准备干制加工，生产优质干香菇，采摘标准依香菇发生季节而定。气温较高时应适当提早采收。

花菇(冬菇)：开伞五至六分，在菌膜部分破裂时采收。

厚菇(香菇)：开伞六至七分，在菌膜全部破裂、菌盖边缘明显内卷时采收。

薄菇(香信)：开伞七至八分，在菌膜全部破裂、菌盖边缘仍然稍微内卷时采收。

鲜香菇干制加工过程中，开伞程度约增加 1 分左右。适当提早采收可获得最好的加工效果。香菇大量发生时，尤应适当提早采收。

采摘香菇时，可用手指钳住菇柄根部，轻轻旋起即可。注意不要碰伤未成熟的菇蕾，并且尽量使菌盖边缘和菌褶保持原貌，既要把香菇完整地摘下来，又不可撕破菇木的树皮或菌棒的菌皮。

采收香菇，不可用大箩筐或麻袋、塑料袋等盛装，以防止鲜菇过分挤压变形，或因通气不良而变色变质。最好用小提篮盛装，每篮装鲜香菇 5 000g左右为宜。采满一篮后，及时摊开晾晒，然后再去采摘。

5. 木耳的采收

生长中的黑木耳子实体，颜色深褐，耳片边缘内卷，有弹性，耳根扁宽。随着耳芽逐渐长大，耳片颜色逐渐变浅，耳片舒展变软，肉质肥厚，耳根收缩变细，而且子实体腹面(光面)开始产生白色粉末状担孢子，表明黑木耳子实体已经成熟，应及时采收。

新鲜湿润的黑木耳耳片滑腻，不易整朵采摘。一般在雨后天晴或暂停人工喷水后，待木耳晾至半干(耳片已干，耳基尚润)时采摘。最好是在耳片全干，晴天晨露未干时采摘。如过干，先喷水，让耳片稍润后再采摘，否则容易弄碎耳片。这样采摘的木耳，含水量较少，容易晒干，不会出现“拳耳”，碎耳也少，有利于提高干耳产量和质量。

采摘木耳时，用手指将整朵木耳连同耳基一起捏住，稍微扭动一下，即可将木耳完整地采摘下来。不可乱抓耳片，硬性拉扯，以免将木耳拉成碎片，且残留在耳杆上的耳片耳根容易腐烂，影响耳芽再生。

对于不同季节长出的木耳，采收要求稍有不同。小暑前生长的春耳和处暑后生长的秋耳，可以采大留小(子实体达到采收标准者为大，未达到采收标准者为小)。这时气温较低，虫害少，留下幼耳仍可继续生长。伏天生长的伏耳，要求大小一起采摘。伏天气温高，害虫多，留下的幼耳常被害虫吃掉。当大多数伏耳达到采收标准时，大小一起采摘。

6. 平菇的采收

平菇的采收标准是菌盖充分展开，颜色由深逐渐变浅，下凹部分开始出现白色毛状物，尚未弹射孢子或开始弹射孢子。采收过早，影响产量；采收过迟，菇盖边缘卷缩破裂，菇柄老化粗硬，质量下降，食味变劣，重量减轻，且影响下批菇生长。

采收方法不当，往往会破坏平菇的外形。采收时，一手轻按料面，一手捏住菌柄，将菇旋转扭下。也可用刀平贴料面，将平菇割下。平菇常叠生或丛生，采收时应整丛采收，轻拿轻放，防止损伤菇体，也不要过分伤害培养料。一潮菇采完后，应清理床面，将死菇和残留在培养料中的菇根捡净，以利于形成下一潮菇。

7. 杏鲍菇的采收

当杏鲍菇的菌盖平展、孢子尚未弹射、菌盖直径与菌柄直径一致或稍小于菌柄直径时，就要及时采收。第一潮菇采收后，应及时清理料面，停水养菌 4～5 天，再调节好菇房的温、湿度和通风等条件。相隔 14 天左右，还可采收第二潮菇。杏鲍菇的产量主要集中在第一潮菇，占总产量的 70%以上。第二潮菇朵型小，菌柄短，产量低。工厂化栽培只采收一潮菇。管理得当，杏鲍菇袋栽的总生物效率可达 50%～60%。如将采收一潮菇的菌袋再脱袋覆土栽培，可明显提高二潮菇的产量。

8. 白灵菇的采收

白灵菇从现蕾到采收需 10～15 天。应在菌盖内卷、边缘圆整且未散射孢子时采收。采收时用手指捏住菌柄，轻轻旋下即可。鲜销的白灵菇每个 150g 左右最受市场欢迎。白灵菇生长周期较长，产量较低，一般采一潮菇的生长周期要 120～170 天，生物学效率为 30%～40%。如采收后采取覆土栽培，有相当比例的菌袋还能出第二潮菇。

9. 金针菇的采收

金针菇供食用的主要部位是脆骨质的金针菜状的菌柄，故菌柄又长又嫩者为优。金针菇的采收以菌盖已经开伞，但菌盖边缘仍稍内卷，菌盖呈笠状或球面状，菌盖直径在 1cm 以内，菌柄长度达 13～16cm 时，为最适采收期。若在幼菇菌柄未完全伸长前采收，产量极低。若待菌盖完全平展，甚至在边缘呈波浪状时才采收，金针菇变成菌柄扭曲肥胖的水胖菇，虽然产量增加了，但食味不佳，不符合商品要求。

采收金针菇时，一手握住菌袋或菌瓶，一手轻握菇丛基部，稍稍旋转即可整丛拔下。金针菇一般可采收 4 批左右，但产量多集中在头两批菇。后两批菇产量低，质量差（菌柄参整不齐），经济上不合算，生产中常栽培至采收两批菇为止。刚采收的金针菇应按照菌盖靠近菌盖的顺序整丛摆放，或切根分级后用小袋（每袋 100～150g）包装直接上市。

10. 滑菇的采收

当滑菇子实体充分长大但尚未开伞时，应停止喷水。如喷水后立即采收，容易使滑菇子实体黑根。滑菇子实体从原基分化到采收一般需要 15 天左右。每次采菇后及时清理好菌盘表面，清除滑菇残根和死菇，暂时停止向菌盘喷水，盖上塑料薄膜，防止菌盘表面干燥，稍微提高培养温度，以利于菌丝积累更多的营养，出好下茬菇。

（二）分级与包装

1. 分级意义及标准

（1）分级的意义

①优质优价：分级后鲜菇（鲜耳）的品质、色泽、大小、成熟度、新鲜度、清洁度及损伤程度等基本上是一致的。优质以优价来奖励、促进食用菌产品向标准化、规范化、商品化的方向发展。

②减少浪费：鲜菇（鲜耳）等级分明，好坏不混，不必翻选，又可按等级决定其用途，充分发挥产品的经济价值。

③便于包装远销：同规格的产品包装一样，运输储藏时便于堆积，方便管理。

④满足国际市场的需要：刚采收的鲜菇、鲜耳只是一般产品。只有经过整理、分级后才能作为商品上市，可以保证一定的规格标准进行对外贸易，如我国草菇、金针菇、松口蘑等鲜菇出口外销都需进行严格的挑选分级。

（2）分级标准

各种食用菌供食用的部分不同，采收标准也不一样。没有一个统一的分级，只能按照各种食用菌品质的要求分别制定标准。鲜菇、鲜耳通常根据子实体的大小、重量、颜色、形状、成熟度、新鲜度、清洁度、病虫感染和机械损伤等方面的差异进行分级。通常分为 1～5 级。一级品具有本产品的典型形状、成熟度和色泽，没有可能影响该产品固有风味的内部缺点，大小一致，并且包装排列整齐，允许有 5%的误差（数目或重量）。二级品与一级品具有同样的品质，允许在形状、大小上稍次于一级品，可根据市场或合同要求进行包装（整齐排列或不需要排列），允许误差为 10%（混入下一等级的产品少于总数目或重量的10%)。一级品和二级品适于外销,其他等级适于就地鲜销或加工。现以双孢蘑菇、草菇为例,介绍鲜菇的分级标准。

双孢蘑菇商品的一般要求是菇形圆整、无病斑、菇柄长短基本一致,菇柄长度等于或者小于菇柄的直径,菇脚切口平整且与柄垂直,菇盖紧扣菇柄,不开伞。分级标准依客户不同而有所不同,一般用于加工罐头的鲜菇分级标准见表12－3,鲜草菇的分级标准见表12－4。

表12－3 用于加工双孢蘑菇罐头的鲜菇分极标准

级别	大小(cm)	标　准
A	1.5～2.5	菇形完整、不开伞,无病斑、虫孔,柄短口平
B	2.5～3.5	菇形完整、不开伞,无病斑、虫孔,柄短口平
C	3.5～4.5	菇形完整、不开伞,无病斑、虫孔,柄短口平
D	4.5以上	菇形完整、不开伞,无病斑、虫孔,柄短口平
F	混杂	菇形不完整、部分开伞,有病斑、虫孔

表12－4 鲜草菇的分级标准

级别	菇体形态
一级	大、实菇粒
二级	中、实菇粒;大、松菇粒
三级	中、松菇粒;大、中裂皮菇
菇花	菇蕾包被部分裂开或周围脱开不超过0.5cm
级外	小、实菇粒;包被脱开超过0.5cm的菇花

注:大菇粒:菇粒周长8～11cm;钮期的子实体。
中菇粒:菇粒周长6～8cm;钮期的子实体。
小菇粒:菇粒周长5～6cm;钮期的子实体。
裂皮菇:菇蕾包被已裂,但未脱开;蛋形期的子实体。
菇花:包被部分裂开或周围脱开不超过0.5cm;伸长期的子实体。

食用菌分级主要是手工操作,也有采用机械传送和手工挑选相结合。先将产品放在传送带上,边移动,边分级(初步分级),然后再进一步按大小分级。小规模生产可用手工一次性分级,但分级的误差较大,对商品的一致性不能达到满意的程度。大规模生产用分级机,依产品的大小分级,如草菇、蘑菇用穿孔带大小分级机,由一条每个部分有大小孔或网眼的传送带进行分级。

2. 包装容器的规格与要求

鲜菇包装是使产品标准化、商品化、保证安全运输和储藏的重要措施。有了合理的包装,就有可能使新鲜食用菌在运输途中保持良好的状态,安全抵达目的地。运输中需经多次搬移和震动,合理的包装可以减少因互相摩擦、碰撞、挤压而造成机械损伤,减少水分蒸发,避免子实体堆积发热而引起腐烂变质。

包装容器兼有容纳和保护鲜菇的作用。其材料应质轻坚固,无不良气味,可就地取材,价廉易得;容器大小应适当,以利于堆放和搬运;容器内应平整光滑,不致造成损伤,同时要求易于保持清洁。容器的材料有木板、竹片、柳条、纤维板、瓦楞纸和塑料等。容器可制成箩筐、桶和箱子。木箱、木桶弹力大,耐压,可多次使用,但价格较贵。瓦楞纸箱重量轻而价格低廉,也比较耐压,箱壁用树脂和石蜡涂被,以防止吸水而失去强度,也可多次使用。

鲜菇是易腐败的商品,包装容器要有孔洞,以利于通风和散热。

包装容器标准化在对外贸易上十分重要。标准化容器可以降低处理和运输费用,便于储运,确保最高效率。近年来广泛采用的集装箱也是鲜菇包装标准化的方向。

新鲜食用菌的去向包括鲜销、远途运输后储藏保鲜、罐藏或干制加工等。用于罐藏加工或盐渍加工的原料菇,可用0.6%食盐溶液或0.06%～0.1%的焦亚硫酸钠等溶液进行液态储运。

小包装便于零售,是为大规模自选售货提供方便的包装形式。最好在产地包装,这样能减轻运输重量。因包装前要经过挑选分级,剔除不可食部分,菇类小包装后一定要采用冷藏运输,以免途中腐烂变质,影响商品质量。纸袋、纸塑袋、塑料薄膜食品袋、塑料或泡沫塑料板制成的浅盘食品盒等是常用的小包装容器。包装容器应有透明的部位,以利于顾客挑选。每个包装要标明商品名称、重量或数量、品种、产地等。小包装应再装入大包装或集装箱中,便于储运和存取。

二、运　输

(一)安全运输与储藏保鲜的关系

食用菌从产地采收到储藏地点、收购站或零售摊点,从农村到城市,以及地区之间的调剂都要经过一定路程的运输。为了减少鲜菇在运输途中损伤或败坏,必须缩短运输时间、减少中转环节。如铁路运输有快运货物列车,专门办理鲜活货物的运输,随到随运,效果很好。产于我国四川甘孜地区的松口蘑主销日本,由于品种名贵,常用飞机空运。

准备运输的菇类必须适当提早采收,以保证品质,而且尽可能快速运输,才能达到安全运输的目的。根据鲜菇的种类、运输距离、运输季节、运输工具以及储藏加工途径的不同,分别进行预冷、药剂处理、包装等不同处理,才能提高运输效率,并对食用菌的储藏保鲜起重要作用。

(二)运输设备及技术要求

1. 运输设备

短途运输由城郊菇场到市区,目前多用农用货车和卡车,或者搭乘客车捎带;长途运输多用汽车、轮船、火车,也有用飞机空运的。汽车运输,装载量适中,且装卸较为灵活、快速,适于城乡之间调运。由于鲜菇有高度易腐性,如果公路路况不好,行车颠簸较大,鲜菇容易遭受损伤,引起变质,造成损伤。水路运输最大的优点是平稳,装载量大,运费较低,但速度较慢。铁路运输具有运载量大、平稳、快速的优点,但需用机械保温车组,并以快运货物列车形式运送。

2. 运输的技术要求和管理

新鲜菇类的特点是活的有机体,水分多,组织脆嫩,易破损,易腐烂。一切处理应慎重,尽量减少中间环节,缩短运输时间,才能确保运输安全。

①交运的食用菌要合乎运输标准,没有任何败坏,成熟度和包装应符合规定,并且新鲜、完整、清洁及没有机械损伤和病虫害。

②快装快运、现卸现提,以保证质量。

③装运时堆码要注意安全稳当,要有支撑和垫条,防止运输途中移动或倾倒。堆码不宜过高,堆间应留有适当的空间,以便通风散热。

④装运应避免撞击、挤压、跌落,尽量做到快速平衡运输。

⑤装运应简便迅速,尽量缩短采收至交运的时间。

⑥如用敞篷车(船)运送鲜菇,需用防水布或芦席覆盖,以免日晒雨淋。

⑦鲜菇运输容器应适当通风。

⑧在装载鲜菇之前,应仔细清扫运输工具,彻底消毒,以确保卫生。

⑨鲜菇最好单仓、专车或专船储运,以确保其固有的风味和食品安全卫生。

⑩用保温车(船)运输鲜菇,可采用低温(4℃左右)、高湿(空气相对湿度85%左右)的环境条件,并注意适当通风,以抑制呼吸,减少损耗,防止萎蔫,保持新鲜,实施安全运输。

第四节　食药用菌储藏保鲜技术

鲜菇因其味道鲜美、脆嫩而为人们所喜爱。有些菇类一旦加工,风味和营养价值大大降低,例如松口蘑、蘑菇,其干品的色、香、味及营养价值均不及鲜品。搞好鲜菇的储藏保鲜对于保证鲜菇的市场供应以及加工后产品的风味、质量都十分重要。

食用菌的储藏保鲜是食品保藏方式之一,如保藏措施不当,食品会败坏变质。食用菌在储藏保鲜中仍然是有生命的机体,而且正是依靠食用菌活体所具有的对不良环境和致病微生物的抵抗性,才使其得以延长储藏期,保持品质,减少损耗。

食用菌采收后,同化作用已经停止,而呼吸作用(异化作用)仍直接或间接地影响各种生理生化过程,也影响耐储性、抗病性的发展变化。食用菌采收后呼吸作用越旺盛,各种生理生化过程变化越快,生命终止也越早。这说明在食用菌储藏、运输中抑制呼吸作用和各种代谢强度的必要性。但是,只控制呼吸作用和其他新陈代谢的量变还是不够的,运输期间还必须保持新鲜食用菌正常的新陈代谢过程,防止发生有害代谢。

一、冷藏保鲜技术

冷藏是行之有效的储藏方法。少量鲜菇保鲜,可在捡选、切根、分级包装后再预冷、冷藏;大量鲜菇保鲜,应在预冷库中捡选、切根、分级与包装。在保证子实体不冻结的情况下,储藏温度越接近冻结温度,储藏保鲜时间越长。食用菌的冷藏温度一般为0～6℃,相对湿度为85%～90%。

(一)双孢蘑菇冷藏保鲜技术

储藏蘑菇的最适温度为0℃,储藏期1～2周。美国规定的蔬菜最适储藏条件中,蘑菇为0℃,相对湿度90%。蘑菇的冰点因干物质含量而异,如干物质为6.4%时,冰点为-0.7℃;干物质为7.8%时,冰点为-0.9℃。短时间的冻结不会影响鲜菇的直接食用。但将其移入较高温度下放一段时间后,呼吸强度明显上升。

(二)香菇冷藏保鲜技术

1. 适时采收

原料菇在采收前2～3天停止喷水。采收后整菇晾晒或用35℃热风脱水至含水量75%,即每100千克鲜菇干至83～88千克。整菇在1～5℃冷库中预冷24小时,使菇体内外温度均匀,降低鲜菇呼吸强度。需要剪柄的鲜菇，预冷 24 小时后在 1～5℃环境中剪柄。

2. 分级装筐

按菌盖大小分级，依次为：L 级：盖径＞5.5cm；M 级：盖径4.5～5.5cm；S 级：盖径4.0～4.5cm。各等级鲜菇定量装筐（专用塑料筐）。

3. 包装储运

通常在外运前数小时进行包装。按商品规格要求将冷藏菇装入聚乙烯袋，秤重并抽气密封，装入泡沫保鲜箱，在低温下（1～5℃）储运。在空气相对湿度 80%～85%、温度 1℃条件下，可储藏 14～20 天。

短距离销售的冷藏菇出库时，先在 20℃下放置 8～12 小时，然后上市。此步骤可缩小温差，防止菇表结露。远销冷藏菇必须用冷链储运，进入超市置于低温货架销售。

（三）草菇冷藏保鲜技术

1. 适时采收

在蛋形期的初期采收，早晚各采收 1 次，必要时每天多次采收。

2. 修整分级

逐个修整，按大、中、小分级装筐，每筐 5 千克左右。

3. 通风去湿

在 20℃环境下，晾至菇表不黏手为准，约失重 5%。

4. 中温储运

筐箱周围用冰块降温，外用聚乙烯袋包裹，或用冷藏车装载，调温 15～20℃，可安全储运 3～4 天。

5. 注意事项

草菇冷藏温度不可低于 10℃，以 15～20℃为宜。采收与修整分级时最好戴塑料薄膜手套。采收后 1 小时内送至 15～20℃的冷库中，可提高保鲜效果，延长草菇的货架期

二、低温气调储藏保鲜技术

（一）CA 储藏

采用调节储藏环境中气体成分和浓度的办法进行产品保鲜的储藏方法，叫作气调储藏，简称 CA 储藏。气调储藏主要是调节储藏环境中氧气与二氧化碳的比例，有时加入氮气。气调储藏是当前国际上水果生产中广为应用的现代化的储藏方法。适当降低空气的氧气分压和提高二氧化碳分压，有利于抑制菇体或植物的新陈代谢和微生物的活动，这是气调储藏的理论根据。在控制气体组成的同时保持适宜的低温条件，可以使菇类获得最好的储藏效果。

不同的食用菌，气调储藏所要求的气体指标有差异。目前研究较多的蘑菇的气调储藏，氧气含量降至 2%，二氧化碳含量升至 10%左右，可以延长储藏时间。

（二）MA 储藏

塑料薄膜封闭气调法也称简易气调法或限气储藏法，简称 MA 储藏。在全国各地超市的冷柜内，经常可以看到用保鲜盒、保鲜袋包装的各种新鲜蘑菇，如双孢蘑菇、鸡腿蘑、香菇、木耳、姬菇（小平菇）、真姬菇（蟹味菇）、杏鲍菇、白灵菇、金针菇、滑菇等等。这些都是利用 MA 储藏鲜菇的形式。MA 的储藏效果，与鲜菇的成熟度、采收方法、采后预处理、包装材料和包装方法有关。例如，双孢蘑菇 MA 储藏的鲜菇直径大小以 30～40mm 为宜，通过轻采快削，用0.05mm、防雾 PE（聚丙烯）薄膜材料包装，每袋装菇约为总容积的 80%，储藏第 3 天单面打孔 2 个，可有效降低双孢蘑菇储藏过程中的褐变程度。双孢蘑菇 MA 储藏中，采后适当进行预处理，鲜菇用 12mmol/L 半胱氨酸、0.05%抗坏血酸、0.15%无水亚硫酸钠浸泡 8 分钟，可以显著提高储藏保鲜效果，抑制鲜菇褐变、鲜菇破膜开伞。

用 CA 储藏或者 MA 储藏时，保持适宜的低温条件（除草菇为 15℃以外，其他食用菌均为0～5℃），可以使鲜菇获得最好的储藏效果。

三、其他保鲜技术

食用菌的储藏保鲜，除了上述冷藏和低温气调储藏两种方式以外，还有辐射处理、化学药品或植物生长调节剂处理、电磁处理及减压保鲜等多种方法。

（一）辐射处理

辐射处理用于食用菌储藏保鲜的研究工作是 1963 年斯塔登开创的。40 多年来，这方面的工作取得了很大的进展，特别是在抑制蘑菇及草菇破膜、开伞方面，取得了很好的效果。

利用这种新技术保藏食品有其优越点。和食品冷冻保藏的方法比较，能节约能源；和化学物质处理保藏食品的方法比较，无化学物质的残留物。所以说，辐射处理是一种较好的保藏食品的物理方法。但是，日本食品卫生法规定，不得用^{60}Co对食品进行照射，进口时需提供无放射性辐射证明。据中国食品土产进出口商会最新消息，日本厚生劳动省从2008年5月29日起，对我国部分商品追加放射性物质检测。同时，我国食用菌产地主要在农村，一般不具备辐照条件，因此这种保鲜技术实用范围有较大的局限性。

（二）减压储藏

减压储藏是气调冷藏的进一步发展，是果蔬及其他许多食品保藏的一项新技术。这种新技术最早应用于番茄、香蕉的储藏，效果明显。现已证明，减压储藏对许多食用菌也很有效。

减压储藏的原理是降低气压，使空气中各种气体组分的分压（含量）相应地降低。实际上创造一个低氧气分压的条件，从而起到类似气调储藏的作用。

减压处理基本上有两种方式：定期抽气式（静置式）和连续抽气式（气流式）。前者是在储藏容器抽气达到要求的真空度（如10 132.5Pa）后，停止抽气，以后适时补氧气和抽气，以维持规定的低压。这一方式的不足之处是不能随时排除容器内的有害气体（如乙烯、乙醛、乙醇等）。连续抽气式是在整个装置的一端用抽气泵连续不断地抽气排空，另一端不断地输入高湿度的新鲜空气，控制抽气和进气的流量，促进整个系统保持一定的真空度。

（三）化学药品或植物生长调节剂处理

利用化学药品或植物生长调节剂处理产品进行储藏保鲜的研究工作开展得较早，现已筛选出几种效果较理想的化学药品和植物生长调节剂，可供生产上应用。

可供选用的化学药品和植物生长调节剂有焦亚硫酸钠或亚硫酸钠、氯化钠、硫代硫酸钠、吲哚乙酸、萘乙酸、抗坏血酸、比久等。有机抗菌剂有山梨酸（霉菌抑制剂）、苯甲酸（0.05%，对酵母的影响大于霉菌，对细菌效力极弱）、苯甲酸钠（0.07%～0.1%）、柠檬酸（抑制细菌的影响大于酵母）。

亚硫酸盐溶液在微偏酸性（pH为6）条件下，对酚酶抑制的效果最好。

目前，食用菌储藏加工中应用较多的有柠檬酸、焦亚硫酸钠和氯化钠、维生素C及比久等，它们均有抑制菇类变色、开伞和败坏的作用。

上述药物的使用浓度通常很低，有的为0.1%，有的只有百万分之几。各种食用菌所适合的药物及其使用浓度，须经过试验决定，切忌盲目套用，以免造成损失。同时根据产品的销路，选用销售市场允许采用的方法。如用硫代硫酸钠漂白的蘑菇呈纯白色，这种产品（包括盐水菇和罐藏菇）只能内销或出口销往东南亚一带，无法进入美国市场，美国禁止进口漂白的蘑菇。

常用的化学药品和植物生长调节剂处理保鲜储运技术有以下几种：

①稀盐酸处理：用0.05%的稀盐酸溶液浸泡菇体，短期储藏，可达到抑制褐变、减少开伞的（保鲜）目的。

②盐水处理：将鲜菇放入0.6%的盐液中，浸泡10分钟后，捞出沥干水分，装在塑料袋内。在10～25℃条件下，经4～6小时，袋内蘑菇可成亮白色，这种鲜菇状态可保持3～5天。

③焦亚硫酸钠处理：先用0.01%焦亚硫酸钠溶液漂洗菇体3～5分钟，再用0.05%～0.1%焦亚硫酸钠溶液浸泡半小时，然后捞出沥干，装进塑料袋储存，在10～15℃条件下，保鲜效果好，色泽可较长时间保持洁白。若储存温度>30℃，仅能保鲜1天，以后逐渐变色。

④比久处理：比久是植物生长延缓剂。用0.001%～0.1%比久溶液浸泡鲜菇10分钟，沥干，储存于塑料袋内，在室温5～22℃条件下，蘑菇可储存8天，可有效地防止褐变，延缓衰老，保持新鲜。

在生产中将稀盐酸处理与焦亚硫酸钠处理，或将盐水处理与焦亚硫酸钠处理合用，效果更好。滤水干运或带药液湿运均可。

第五节　食药用菌盐渍与蜜饯加工技术

目前，国内盐渍加工的食用菌品种主要为盐水蘑菇、盐水滑菇（珍珠菇）、盐水平菇、盐水姬菇、盐水松乳菇、盐水牛肝菌和盐水猴头菌等；糖渍加工的食用菌产品主要是金针菇蜜饯、平菇蜜饯、银耳蜜饯、木耳蜜饯及香菇蜜饯等。盐水蘑菇可以作为罐藏蘑菇的原料，从而缓解罐头工业原料不足的矛盾。近年来，盐水蘑菇和盐水平菇也是我国大宗出口的食用菌产品之一。

在我国部分地区，也有把采集到的野生食用菌腌渍保藏的习惯，但加工量小。

一、盐渍与蜜饯加工原理

(一)盐渍原理

食用菌盐渍加工时，常将鲜菇预煮(杀青)后再用饱和盐水浸泡，旨在增加菇体细胞膜的渗透性，尽快终止菇体细胞内生物化学变化(如酶促褐变)，最大限度地保存菇体的营养价值与商品价值。同时，盐渍加工还利用食盐溶液的高渗透压对微生物的抑制或破坏作用，使菇体免遭其害而得以较长时间的保藏。

盐渍加工的食用菌产品含盐量可达25%，可以产生15 198.38kPa的压力，远远超过一般微生物的细胞渗透压，致使微生物无法从盐渍产品中吸取营养物质而生长繁衍，而且还能使微生物细胞内的水分外渗，造成“生理干燥”现象，使微生物处于休眠或死亡状态。

(二)蜜饯加工原理

食用菌蜜饯加工(糖渍)，是增加菇体的含糖量、减少含水量，使制品具有较高的渗透压，阻止微生物的活动，从而使制品得以保存。与果蔬蜜饯一样，食用菌的蜜饯含糖量必须达到65%以上，才能有效地抑制微生物的作用。严格地说，含糖量要达到70%以上才安全。含糖量70%的制品渗透压约为5 066.25kPa，微生物在这样高渗透压的食品中无法获得它所需要的营养物质，而且微生物细胞原生质会因脱水收缩而处于生理干燥状态，无法活动。虽然不会使微生物死亡，但也迫使其处于假死状态。只要蜜饯制品不接触空气，不受潮，其含糖量不会因吸潮而稀释，蜜饯制品可以久储不坏。

糖还具有抗氧化作用，有利于制品色泽、风味和维生素等的保存。糖的抗氧化作用主要是由于氧在糖液中的溶解度小于在水中的溶解度，并且糖浓度的增加与氧溶解度呈负相关，也就是糖的浓度越高，氧在糖液中的溶解度越低。由于氧在糖液中的溶解度小，因而也有效地抑制了褐变。

二、盐渍加工技术

(一)盐液的准备

食盐品质的好坏对盐渍产品的质量具有重要影响。食用盐常不同程度地含有杂质，其中化学性质活泼的有钙、镁、铁的氯化物和硫酸盐等，化学性质不活泼的有水和不溶物。食盐中的不溶物主要是指泥沙等无机物及一些有机物，包括硫酸钙、碳酸钙等。在盐溶液中，镁离子浓度达到0.15%～0.18%时，即可觉察出苦味，钙离子会导致产品质地粗硬，甚至在菇体表面留下斑痕，损伤外观。

普通食盐，特别是粗制晒盐，微生物的污染极为严重，常常混有嗜盐细菌、霉菌和酵母菌或含有沙子。在盐渍加工中，应使用精制盐。若没有这个条件，应将盐水煮沸后静置片刻，取其上清液过滤备用。

一般地说，10%的盐液即可使微生物的生长繁殖受到抑制。但在食用菌的盐渍加工中，没有蔬菜腌渍加工中的乳酸发酵过程，因而不会产生具有防腐作用的酸类。同时，菇类盐渍加工中很少使用食品防腐添加剂，盐液浓度一般在22%左右。用盐量按下列公式计算：

$$S=P(Y+W)/(100-P)$$

式中：

S为100千克原料菇(鲜菇)应加食盐千克数；

P为盐液与盐水菇体中的食盐浓度百分率；

Y为鲜菇含水百分率(如鲜菇含水90%，$Y=90$)；

W为盐渍加工100千克鲜菇预计加入清水千克数。如果采用腌渍加工，且只加食盐，不加清水，则上式为：

$$S=PY/(100-P)$$

式中：

P为盐液浓度(%)；

Y为菇内水分(%)；

S为100千克原料菇应加食盐的千克数。

用于蘑菇盐渍加工的盐水应有不同的梯度，随着盐渍时间的延长逐渐加大盐液浓度。如果一开始就将蘑菇放入高浓度的盐液中，菇体会在过大的“盐析”作用下出现死菇色，菇体组织骤然失水，使菇体外表紧缩，产生皱皮。同时，因盐液浓度过高，会延长菇体组织与盐液中可溶性物质的交换平衡时间，影响盐水菇的品质。生产实践表明，将杀青后的菇体先放入转色盐水(浓度为8%～10%)中，使其自然渗透。待菇色转变成正常的黄白色后，再用较高浓度的盐液浸渍，能使加工后的盐水菇具有较好的商品外观。

(二)盐渍工艺

1. 工艺流程与技术要点

(1)工艺流程

采收→分级→清洗→漂烫(杀青)→冷却→盐

渍→调酸装桶→成品。

（2）技术要点

①采收与分级：供盐渍用的菇体，必须适时采收。采收时应轻摘轻放，以便保持菇体完整、无破损，菇柄要求切削平整，拣弃染病菇、虫蛀菇、斑点菇、畸形菇等。

菇体的分级，可以按照客户要求或按照各种食用菌的通用等级标准，依菌盖直径、柄长、菇形等指标。即使客户要求是统菇，也应把大小菇分开，在杀青时才能掌握好时间，以保证杀青质量。

从采收到分级尽可能快地连续作业，运送时不能挤压，减少菇体破损。如果运送时间较长，最好先用0.6%盐水浸泡，或用冷藏车运输。

②清洗：清洗的作用是洗去菇体表面的泥沙、杂质，漂白菇体表面，防止鲜菇的氧化和褐变。通常在1%盐水中清洗菇体。野生食用菌，如榛蘑、美味牛肝菌等，菇体表面通常杂质较多，有时还有蚊蝇，可用1%盐水反复冲洗。对于双孢蘑菇，先用清水充分冲洗菇表，然后浸入0.03%～0.05%的焦亚硫酸钠溶液中，漂白护色10分钟，再用清水冲洗3～4次，充分清洗掉菇体吸附的焦亚硫酸钠（国家卫生标准规定二氧化硫的残留量不得超过0.002%）。

③杀青：杀青兼有驱除菇体组织中的空气，破坏酶蛋白活性，防止褐变；杀死菇体细胞，破坏细胞膜结构，增强细胞透性，有利于盐分渗入组织；以及软化组织，缩小体积，增加塑性，便于加工等作用。

最好用钢精锅杀青。若没有钢精锅，也可以用铁锅，但不能生锈，否则菇体会变黑。先把水烧沸，再倒入蘑菇（菇量以水量的30%～40%为宜），边煮边轻轻上下翻动，使菇体杀青均匀。捞出浮在表面的泡沫，煮至蘑菇熟而不烂，即可捞起冷却。杀青时间应视菇的种类和大小而定。通常，双孢蘑菇、白灵菇需要8～10分钟，平菇6～8分钟，金针菇、美味牛肝菌3～5分钟，榛蘑1～2分钟。

鉴别蘑菇杀青生熟的方法很多，通常采用剖视法或冷水沉浮法。剖视法是切开菇体观察，熟蘑菇的剖面为浅黄色，生蘑菇的剖面为白色。冷水沉浮法是把蘑菇捞出后放入冷水中，下沉者为熟菇，上浮者仍是生菇。

④冷却：冷却的作用是终止热处理。若冷却不透，热效应继续作用，会使蘑菇的色泽、风味、组织结构受到破坏，在盐渍时容易霉烂、发臭、变黑。

冷却的方法是将杀青后的蘑菇立即放入流动的冷水中，或用4～5只水缸连续轮流冷却。

⑤盐渍：先配制好22～24波美度（波美度是过去用于间接表示比重的单位，现改用密度表示）。在15℃下，1波美度相当于1.007g/cm³的盐水，由2层纱布过滤去除杂质。把充分冷却的蘑菇浸入盐液中，经过1～2天，盐分慢慢渗入菇体，盐液的咸度会降至15～16波美度。这时应转缸，把蘑菇捞出转到22波美度的盐水中浸泡，再经2天，再转缸1次，用23～25波美度盐液，1周后菇体咸度可达22波美度。通过转缸可以使盐分均匀分布并排除不良气体。

由于转缸的工作量大，而且浪费食盐，目前也不转缸，直接加盐，即每天测定盐液咸度，直接加入精盐，使盐液咸度升到22波美度，直到盐液咸度不再下降，维持在22波美度。

在盐渍过程中，要用竹笪（竹帘）把蘑菇压下，使盐水没过菇面，以免露出水面的蘑菇变黑甚至腐烂。

检查蘑菇的咸度是否达到22波美度，可捞起少量蘑菇放入配好的22波美度盐液中。若下沉，证明蘑菇已达22波美度；若上浮，咸度还没达到，需要继续盐渍。

⑥调酸与装桶：用调酸（pH为3～3.5）饱和盐水装桶。调酸饱和盐水配制方法：99份饱和盐水加1份调酸剂。调酸剂配方为：偏磷酸钠55%、柠檬酸40%、明矾5%。如果用调酸剂调节仍不能使盐液pH降至3.5，可再单独加入柠檬酸。

装桶时，在包装桶内先倒入少许上述盐水（以防倒菇时碰坏蘑菇），按一定的重量标准倒入盐渍好的菇体，再加满上述盐水，压下内盖，把菇体压没液面，并旋紧外盖，贴好标签，进库储存。定期检查产品质量及盐液。若盐液咸度不够或酸度不够，应及时调整。

2. 盐渍过程中腐败变质原因及防止措施

食用菌在盐渍过程中或在较长一段时间储藏后（3个月以上），经常出现以下几种情况。

（1）醭膜或菌花

醭膜是灰白色或乳黄色、具有皱纹的膜状物，浮在盐液面上，是由产膜酵母菌或伪酵母菌在盐液表面生长所产生的。菌花是乳白色、光滑的膜状物，是由酒花酵母菌产生的。这些微生物属好气性、抗盐耐酸的微生物，能够氧化糖、乙醇、醋酸及乳酸等而生成二氧化碳和水，对盐水菇的品质有不良的影响。

控制这些微生物活动，有两个方法：

①加满盐水，旋紧盖子，隔绝空气，形成无氧状态，使这些好气性微生物因缺氧而不能生长。

②盐水咸度升到22波美度以上，pH降至2.5以下，也可再加入0.05%～0.1%的防腐剂（苯甲酸或苯甲酸钠）。

(2)上层菇体腐烂发臭

菇体浮出液面，接触空气，促进了细菌活动，分解菇体营养产生吲哚、甲基吲哚、硫醇、硫化氢等有毒气体，产生恶臭。

克服办法：注意不让菇体浮出液面，用竹笪、卵石压住。

(3)菇体慢慢变黑

杀青不彻底，菇体没煮熟，菇体内的酶没有完全被破坏，在蛋白质水解酶的作用下，蛋白质水解成氨基酸，氨基酸中的酪氨酸在酪氨酸酶的作用下氧化生成黑蛋白。此外，细胞中的氨基酸与还原糖作用，也可以生成黑色物质，使菇体变黑。

克服办法：

①杀青要彻底，菇体煮到熟而不烂。

②装桶时，加入0.4%～0.5%的柠檬酸，可使菇体呈淡黄色。

(4)菇体变蜡黄色，盐液浑浊、发酸、变味

这是由于盐渍时盐液浓度太低，乳酸菌和异型乳酸菌进行发酵活动，降解菇体，产生乳酸。克服办法是注意检查咸度，控制在22波美度以上。

(三)盐渍加工实例

1. 蘑菇

将采下的新鲜蘑菇及时削平菇柄，并分级，然后按下列工艺进行加工。

(1)漂洗护色

先用清水洗去菇表的泥沙杂质，捞起浸入0.03%～0.05%的焦亚硫酸钠溶液中，经常上下翻动，护色10分钟。最后捞入清水中漂洗3～5次，以洗去残留菇表的焦亚硫酸钠。

(2)漂烫(杀青)

先把水烧沸，再倒入漂洗过的蘑菇，边煮边上下翻动。捞去浮在表面的泡沫，煮至蘑菇熟而不烂，即可捞起冷却。一般水沸后8～10分钟可煮熟。锅里的水可连续煮5～6次，再换清水。漂烫水可用浓度5%～6%的盐水，也可以用清水。

(3)冷却

将漂烫后的蘑菇立即放入流动的冷水中冷却，或用4～5只水缸连续轮流冷却。

(4)盐渍

盐渍方法有两次盐渍法和多次加盐盐渍法两种。

①两次盐渍法：冷却后沥去清水，先把菇放到浓度为15%～16%的盐水中盐渍3～4天，使盐分向菇体中自然渗透，蘑菇逐渐“转色”，称为“定色”。然后将蘑菇从15%～16%盐水中捞起，沥干，再放到23%～25%盐水内。有条件的，在开始几天最好每天转缸1次，如盐水浓度低于20%，应立即加盐补足，或倒出一部分淡盐水，倒入饱和盐水调整。盐渍7天后，当缸内盐水浓度不再下降，稳定在22波美度左右时，即可装桶。

②多次加盐盐渍法：将冷却后的蘑菇装入木桶(或陶瓷缸中)，加入8～10波美度盐水至淹没蘑菇，用竹笪或木板把蘑菇压在液面下面，防止蘑菇浮起露在空气中腐烂而变黑、发臭。经盐渍4～6天，咸度会降至2～3波美度，蘑菇由灰白色逐渐转白色，又再慢慢转黄色。当蘑菇色泽转到浅黄色或黄色时，及时提高咸度，防止发酵过度变酸。为了方便，可以直接加食盐(最好用精盐)。盐渍的盐最好分批加入，逐渐加大咸度，可使盐分渗入组织的速度加快，缩短达到平衡的时间，而且蘑菇舒展饱满，富有弹性。盐渍的具体方法是：每天加入一定量的食盐(为菇和盐水总重量的4%～5%)，使咸度每天提高4～5波美度，直到咸度稳定在22波美度以上时，停止加盐。为了检查蘑菇组织与盐液咸度是否达到平衡，可捞取少量蘑菇放入配好的22波美度盐水中。若下沉，证明已达到平衡；若上浮，还没有达到平衡，要继续盐渍。一般来说，盐渍过程需要20天，每100千克菇(漂烫后的重量)需用35～40千克食盐。

(5)装桶与调酸

将已盐渍好的盐水蘑菇捞起，沥去盐水，约5分钟后秤重，装入塑料桶内。根据塑料桶的型号大小，每桶定量装入25千克、40千克或50千克。然后在桶内灌满新配制的22波美度的盐水，用0.4%～0.5%柠檬酸溶液调节pH至3～3.5，并加盖封存。或用柠檬酸、偏磷酸钠、明矾配制调酸饱和盐水，pH调节至3～3.5，再灌入桶内。

2. 草　菇

(1)采收

草菇长到鸡蛋大小(蛋形期)、饱满、光滑、伞盖与伞柄即将破裂时质量最好。开伞后不宜做盐水草菇。采后立即整理菇脚，削去杂质。

(2)清洗

用清水漂洗，洗去菇体表面的泥沙。

(3)杀青与冷却

将洗净后的草菇放入沸水中煮3～5分钟，以煮透菇体中心为度。煮后立即捞起放入冷水中，冷却至菇体中心凉透为止，否则容易长霉、腐败。

杀青时可用清水煮，也可用5%～7%盐水煮。

(4)盐渍

盐渍按一层盐一层菇的顺序装缸。装至大半缸时，向缸内倾入饱和盐水(100ml 水加 40 千克盐煮沸溶解，用纱布过滤，冷却，取清液倒入缸内)。盐渍时饱和盐水一定要没过菇层，上面压重物。草菇露出盐水，会在空气中变色、腐烂。

(5)转缸

在盐渍过程中要转一次缸，以促使盐分均匀，排除不良气体。如有气体生成，说明盐度不够，还需加盐。

采用此法盐渍草菇，20 天左右即可调酸装桶外运，草菇可安全保藏 2～3 个月。

(6)食用

把盐渍草菇放在清水中浸泡脱盐，或在 0.1%柠檬酸液中煮 8 分钟脱盐，再在清水中漂酸，即可食用。

3. 平菇

(1)采收

当菌盖白色或近白色、边缘稍内卷、担孢子尚未大量释放(一般子实体形成 3～5 天)时即可采收。通常平菇八成熟时采收为好。采收太早，影响正常生长，产量低；采收太迟，菌盖易裂，肉质脆而老化，孢子大量释放，品质降低。

(2)菇体的整理及清洗

采下的平菇，用刀削根，削平削齐，留柄 2～3cm。要根据客户要求分级，即使对方要求统菇，也要按大小分开，这样加工时才能保证质量。叠生菇体必须分成单叶，菇盖尽量保持完整，破碎率控制在 5%以内。然后用清水浸泡洗涤，洗去尘埃、泥沙等杂质。

(3)杀青

用旺火把水烧沸，将洗净的平菇放入沸水中，每次投入量不要太多，一般每 100L 水加 10～20 千克鲜菇，水沸后再煮 5～10 分钟，视菇体大小而灵活掌握。当菌柄中部无夹生的白心，就可捞出，绝对不要达到烂的程度。煮时要用铝漏勺轻轻翻动，使菇生熟一致。10 千克鲜平菇经杀青后，重 9 千克左右。

(4)冷却

煮熟后立即捞出放入冷水中冷却，要快冷，冷透至菇体内的温度不超过 16℃。冷却后全部沉入水中，说明煮熟。如果浮起不下沉，撕开菇柄，肉色不变，应捞出重煮 1 次。

(5)盐渍

把充分冷却后的平菇捞起，沥干水分，置于大缸内进行盐渍。一层盐一层菇，菇层厚约 5cm，最好用精盐(100 千克鲜菇加 24 千克盐)。装满后注入饱和盐水，使咸度为 22～24 波美度。然后在缸面盖一层纱布，加上竹笪，再压上石头。经常测定盐水咸度。盐水咸度低于 22 波美度时，及时加盐。一般盐渍 15 天即可包装。

(6)装桶与调酸

把盐水菇捞出，放入包装桶内，加入调酸饱和盐水。调酸饱和盐水制法：99 份饱和盐水加 1 份调酸剂。调酸剂配方为：柠檬酸：偏磷酸钠：明矾＝50：42：8。调酸盐水加入量应按客户要求，通常以浸没菇体为度。包装前检查盐水的 pH 值与咸度，冬季 pH 为 3.5 以下，夏季 pH 为 3 以下，达不到时用柠檬酸调整。如果咸度达不到 22 波美度，需再添加食盐，调整到 22 波美度，否则易变质腐烂。

4. 凤尾菇

(1)菇体处理

将菇体按等级分开，切平菇柄，留柄长 3cm，用清水洗净。

(2)杀青与冷却

配制 10%盐水，在锅内烧沸，倒入洗净的凤尾菇，水开后再煮 1 分钟左右。煮沸时间不能过长，否则影响菇形复原。煮后立即投入冷水中冷却，换水或用流水冲凉，要冷却透。每 100 千克鲜菇可得熟菇 90 千克左右。

(3)盐渍

在缸底铺一薄层盐，加一层菇(约 5cm 厚)。这样一层盐一层菇装缸，最上一层还要多撒些盐。加盐量按 50 千克鲜菇加 12 千克精盐。装完后灌注盐水，按 100L 水加入 24 千克盐及 200g 柠檬酸配制盐水。盐水高出菇面，压上一片竹笪，再压重物，使菇体不要露出液面，盖上纱布以免落入尘埃等杂物。

(4)倒缸

浸渍 7 天后倒缸，使菇体盐渍均匀，并检查盐水浓度是否达到 22 波美度。如果浓度偏低，可按上述配方加入盐水。14 天后再倒 1 次缸，将盐水的浓度调到 22 波美度。

(5)装桶与调酸

将盐渍好的凤尾菇捞出沥干，至卤水断线不断滴时秤重装桶，加入调酸的饱和盐水(pH 降至 2.5～3.5)。先用内盖浸没菇体，再旋紧外盖，密封储运。

(6)装桶

盐渍凤尾菇是外贸出口的主要方式。凤尾菇

比平菇更适宜盐渍。凤尾菇菌盖有韧性，不易破裂，菌柄较短，去柄率仅为平菇的1/3。盐渍品风味好，适口性强。

进行盐渍加工的平菇、凤尾菇，必须当天采收，当天加工。最好在菇场（菇房）附近就地加工，以减少破损，减少运输费用，实现优质高效的加工目标。

5. 金针菇

(1)清理菇体

采后及时切去根部，用清水洗净，沥干。

(2)护色处理

金针菇（黄色种）采后，见光易氧化褐变，颜色加深，从而降低商品质量。因此采后应尽快进行护色处理。将洗净后的金针菇浸入0.05%焦亚硫酸钠溶液中，护色处理10分钟。经常上下翻动，使菇体均匀。捞出后用清水冲洗3～5次，洗去残留的焦亚硫酸钠。

(3)杀青与冷却

杀青用水中加入0.2%柠檬酸和10%食盐，水：菇为5：1～10：1。在锅内用旺火把杀青水烧沸，放入已经护色的金针菇，水沸后杀青3～5分钟，捞出用冷水迅速冷却。

(4)盐渍

把经杀青的金针菇放入塑料桶或缸内，加入饱和盐水，并在饱和盐水内添加2%的柠檬酸。盐水必须淹没菇体，用竹笪压下菇体，绝不能让菇体浮出液面，以防腐烂。每天测定盐水浓度。若咸度降至20波美度以下，加盐到22波美度。经过7～10天，菇体咸度可与盐液咸度达到平衡。

(5)装桶与调酸

已达平衡的金针菇，捞起装入统一规格的塑料桶内，加入调酸的饱和盐水，即在饱和盐水中加入0.5%的柠檬酸。盐水必须加满，盖上内盖，把菇体压没液面，旋紧外盖，贴上标签，入库储存。

6. 猴头菌

(1)菇体整理

将鲜猴头菌切去带苦味的菌柄（菌带），用清水洗净。

(2)护色处理

用0.05%～0.1%焦亚硫酸钠溶液浸泡10～20分钟，使菇体变白色。用2份溶液浸泡1份鲜菇，这样可以使菇体充分接受溶液。接着用清水冲洗3～5次。

(3)杀青与冷却

用9%的盐水煮3～5分钟，这种盐水可连用3～5次，但每次应加入适量的盐。杀青后即用冷水冷却。

(4)盐渍

在缸内先撒一层盐，再铺一层菇，一层菇一层盐装缸，盐和鲜菇的比例为40：100，最后注入饱和盐水。经过20天左右的盐渍，菇体咸度达到20～22波美度时，便可装桶。

(5)装桶与调酸

一般用塑料桶分装。将盐渍好的猴头菌从缸内捞出，沥干至滴卤断线不断滴时秤重。按规定重量装入塑料桶内，然后加入调酸的饱和盐水，至盐水pH为3～3.5，盖上桶盖，在桶外注上标记和代号，入仓保存或运销。

7. 滑菇

(1)采收标准及菇体整理

滑菇以尚未开伞、菌盖直径2～4cm、柄长3～4cm为采收标准。

把采下的鲜菇根部切齐，保留嫩柄1～3cm，切去老化部分，挑出异色菇、虫菇、破损菇，并分级。用1%盐水洗涤黏附菇表的泥土杂物，洗净，捞出沥干。

(2)杀青与冷却

先在锅内放15%盐水，盐水沸腾后把滑菇倒入，大火煮1～2分钟后捞出。50千克盐水加20千克鲜菇，并不断搅动，使菇体均匀地煮熟。杀青盐水只能使用3次，而且在第2、3次时，酌情加入精盐。杀青后立即捞到冷水中充分冷却。

(3)盐渍

滑菇的盐渍有一次盐渍法和两次盐渍法。

①一次盐渍法：菇盐比例为10：7或10：8。先在容器底部撒上1cm厚的盐，再放上2cm厚的滑菇。这样一层盐一层菇相间，直到装满容器为止，再加2cm厚的盐封面，盖竹笪后上压石块，再注入饱和盐水淹过盖竹笪1cm，以防菇体浮出盐水而腐烂、变色。盐渍时间为25～30天。

②两次盐渍法：第1次盐渍10天，倒缸后第2次再盐渍20天。菇盐比例各为10：4。第1次的盐渍水第2次不能再用。其余操作方法与一次盐渍法相同。

(4)装桶与调酸

盐渍好的滑菇色泽正常、菇体完整、鲜嫩挺实、无异味、无霉变腐败。成品装桶前沥干盐水，每桶装70千克成品菇。装桶前先在桶底撒一层盐，然后一层菇一层盐，最上层菇用盐覆盖。每桶用盐5千克。装好后注入调酸（pH降至2.5～3.5）饱和盐水。盖严桶盖，桶外标明品名、等级、毛重、净重和产地代号。

（四）蜜饯加工技术

1. 蜜饯生产工艺

（1）分级

加工蜜饯时，要求制品品质一致，需用成熟度、大小一致的原料。成熟度和大小不一，需要不同的煮制时间，如混在一起，品质无法统一，质量降低。

（2）菇体整理及切分

鲜菇需经挑拣，剔除病菇、虫菇、斑点菇及严重畸形菇。削去老化的菇柄或带基质的柄蒂。用清水漂洗干净，蜜饯产品是直接食用的，绝对不能混有杂质，以保证食品卫生。然后用不锈钢刀把菇体切成小块，以利于缩短糖煮时间，也便于食用。一般切成3～4cm见方。

（3）杀青

与盐渍加工中原料菇的杀青操作相同。

（4）菇坯腌制

菇坯是以食盐为主腌渍而成的，有时加少量明矾或石灰等使之适度硬化。食盐有固定新鲜原料成熟度、脱去部分水使菇体组织紧密、改变细胞组织的渗透性、以利于糖渍时糖分的渗入等作用。

菇坯的腌制过程有腌渍、暴晒、回软和复晒。主要是腌渍，盐渍液用10%左右的盐水，可再加0.1%～0.3%的明矾和0.25%～1%的石灰，盐渍需2～3天。大多数食用菌加工蜜饯时不需要进行腌制处理。

（5）保脆和硬化

保脆和硬化处理是将菇体放在石灰、氯化钙或亚硫酸钙等稀溶液中，浸渍适当时间。也可以在腌坯时或腌坯漂洗脱盐时，加少量石灰和明矾等硬化剂进行硬化保脆。菇体经过硬化保脆，可避免在糖煮时软烂、破碎。

（6）硫处理

蜜饯加工中为了获得色泽明亮的制品，可在糖渍前进行硫处理。即将菇体浸于含0.1%～0.2%二氧化硫的亚硫酸溶液中数小时。经硫处理后，在糖渍前，用清水漂洗，去除剩余的亚硫酸溶液。大多数食用菌蜜饯加工不进行硫处理。

（7）染色

为了增加食用菌蜜饯的色泽，常需人工染色。染色用的食用色素有天然色素和人工色素两类。天然色素直接取自植物组织，如姜黄、栀子黄、胡萝卜素、叶绿素等。天然色素因着色效果较差，使用也多不便，生产上正逐渐被人工色素所替代。

人工色素有3 000多种，但食用无害的却为数不多。为了保障人体健康，各国都有法定的食用色素，我国规定暂作食用的人工色素有苋红素（苋紫）、胭脂红（大红4R）、胼黄（柠檬黄）、靛蓝（酸性靛蓝）和苏丹黄等5种。其中胼黄和靛蓝混合调配，可调作绿色色素使用。使用人工色素不可过量，以免失真和影响风味。以上色素的用量为色素液浓度不超过0.01%。

菇体染色时可直接浸入色素液中着色，或将色素溶入稀糖液中，使菇体在糖制的同时也进行着色。为了增进染色效果，常以明矾作媒染剂。

（8）糖渍

糖渍是蜜饯加工的主要操作工序。蜜饯类加工方法，大致为加糖煮制（糖煮）和加糖腌渍（蜜制）。

大多数食用菌可采用加糖煮制法。该法糖渍时间短，加工迅速。加糖煮制可分为敞煮和真空煮两种。敞煮又有一次煮成和多次煮成之别。

一次煮成是把菇体与糖液合煮，一次煮成。多次煮成是把菇体与糖液合煮，分2～5次煮。第1次煮制的糖液浓度约为40%，煮沸2～3分钟，冷却8～24小时；第2次煮制时糖浓度增加10%，如此反复进行糖渍。

（9）烘晒和上糖衣

干态蜜饯糖渍后进行烘烤或晾晒，制品干燥后含糖量应接近72%，水分含量不超过20%。

干燥后蜜饯浸入过饱和糖液中沾湿，立即捞起，再进行一次烘晒，使其表面形成一层透明状糖质薄膜。该操作称为上糖衣。大多数食用菌可通过上糖衣而提高品质。也可在糖煮后，待蜜（饯）坯冷却至50～60℃时，均匀地拌上白砂糖粉末，俗称“粉糖”，即得蜜饯成品。

（10）整理与包装

食用菌蜜饯在干燥过程中易结块，要加以整理。蜜饯的包装应以防潮、防霉为主，最好用罐头瓶密封包装。也可用塑料袋、塑料盒密封包装。若用纸盒包装，也需用塑料袋密封。

2. 蜜饯加工实例

（1）小白平菇

①配方：新鲜小白平菇80千克，白糖45千克，柠檬酸0.15千克。

②选料：选八九分成熟、色泽正常、菇体完整、无机械损伤、朵形基本一致、无病虫害、无异味的合格菇体为坯料。

③制坯：用不锈钢小刀将小白平菇菇脚逐朵修削平整，菇柄长不超过15cm，规格基本一致。

④灰漂：将鲜菇坯料放入5%石灰水中，每50千克生坯需用70L石灰水。灰漂时间一般为12

小时。用竹笪把菇体压入石灰水中，以防上浮，使坯料均匀浸灰。

⑤水漂：将坯料从石灰水中捞起放于清水缸中，冲洗数遍，将灰渍与灰汁冲净，再清漂 48 小时。期间换水 6 次，将灰汁漂净为止。

⑥燎坯：将坯料置于沸水锅中，待水再次沸腾、坯料翻转后，即可捞起回漂。燎坯也称预煮（杀青）。

⑦回漂：将燎坯后的坯料放在清水池中回漂 6 小时，期间换水 1 次，然后喂糖。也有将此道工序省去，燎坯后直接喂糖。

⑧熬制糖浆：以每锅加水 35L 计。煮沸后，将 65 千克白糖缓缓加入，边加边搅拌，再加入0.1%柠檬酸，直至加完拌匀，烧沸 2 次即可停火。煮沸中，可用蛋清或豆浆水去杂提纯，用 4 层纱布过滤，即得浓度为 38 波美度的精制糖浆。若以折光计校正糖液浓度，约为 55%，pH 为3.8～4.5。

⑨喂糖：把晾干水分的坯料倒入蜜缸中，加入冷的精制糖浆，浸没坯料。喂糖 24 小时后，将菇捞起另放。糖浆倒入锅中熬至 104℃时，再一次喂糖 24 小时。糖浆量宜多，以坯料能在蜜缸中搅动为宜。如行话所说："糖浆要宽，坯料要松。"

⑩收锅：也叫煮蜜。将糖浆与坯料一并入锅，用中火将糖液煮至"小挂牌"，至温度达到 109℃时，舀入蜜缸，蜜置 48 小时。由于是半成品，其蜜置时间可长达 1 年而不坏。如急需食用或出售，至少需蜜置 24 小时。如果一时销售不完，仍可回缸蜜置保存。

⑪起货：也称再蜜。将新鲜糖浆熬至 114℃，再与已蜜置的坯料一并煮制。待坯料吃透蜜水，略有透明感，糖浆温度仍在 114℃左右时，捞出坯料放入粉盆（上糖衣的设备）。待坯料冷至 50～60℃时，均匀地拌入白糖粉（粉糖），即为成品。

⑫成品检验：成品检验标准如下：

A. 规格：菇形自然，均匀一致。

B. 色泽：浸白色。

C. 组织：滋润化渣，饱糖、饱水。

D. 口味：清香纯甜，略有平菇风味。

（2）凤尾菇

凤尾菇蜜饯制作与小白平菇蜜饯的加工工艺基本一致，下面 3 点需加以注意：

①制坯：用不锈钢小刀将凤尾菇菇脚修削成尖形，状如凤头嘴角，以提高产品的外观品质。

②套色：该工序应放在前面讲的"回漂"与"熬制糖浆"工序之间。产品套色与否，应根据消费者的喜好，若不套色，该工序可省去；若需套色，按下面工艺进行。

套色有"冷套"和"热套"两种方法。"冷套"是在回漂后套色；"热套"是回漂后将坯料用热水适当加温，再滤起套色。一般以热套效果较好。套色用的色素不得超出国家规定的标准。套色时要搅拌色水，使坯料吃透，边煮沸，边搅拌。当坯料放入冷水中浸泡不退色时，即可捞出沥干（多余色素液可留用）。注意火不能过大、过猛，煮的时间不能过长。食用色素以天然黄色素为好，尽可能不用人工合成的色素。

③成品检验标准：

A. 规格：菇朵均匀一致，体形完整。

B. 色泽：浸白色至浅赭色，或淡黄色。

C. 组织：滋润化渣，饱糖、饱水。

D. 口味：清香纯甜，略有凤尾菇风味。

（3）银耳

选取优质银耳，置于 70～80℃温水内浸泡 30～40 分钟。耳片充分吸水散开后，用手将耳片撕下，撕成 2～3cm 大小。沥干耳片，晒 30 分钟，稍晾干，以利于糖渍。以湿耳片 1 千克、白糖 3 千克的比例混匀后，在铝锅内加热，控制火候，徐徐搅拌。待糖全部化开成黏稠状时，依次加入0.3%柠檬酸（以湿耳重量计）、0.2%琼脂、0.2%香兰素，糖分变稠时起锅，糖渍时间为 40～60 分钟。将糖渍银耳摊放在瓷盘内，分开耳片，晾干，冷凝后，即可包装。

（4）木耳

①木耳糖加工工艺：将赤砂糖 500g 置于铝锅中，加水少许，以小火煎熬到较稠厚时，加入木耳细粉 200g，调匀，即停火。趁热将糖倒在表面涂过食用油的大搪瓷盘内，待稍冷，将糖压平，用刀切成小块；冷却后，即成棕黑色木耳糖。木耳糖为保健食品，有清肺解毒功用。

②木耳蜜饯加工工艺：选用优质鲜木耳，切去耳基部分，冲洗干净，将大小不一的耳片切成宽 1cm 左右的条状，晾晒 1 小时，以利于糖渍。如果选用干耳，需放在 70～80℃的温水中浸泡 30～40 分钟，待耳片充分吸水散开后，再切成条状。

按鲜耳1 000g、糖3 000g的比例，拌和均匀，放入铝锅或铁锅中煮，控制火候，前期温度可高些，后期要用文火加热，并徐徐搅拌。待糖溶化后，依次加入 0.3%（以湿耳重量计）柠檬酸和0.2%琼脂。待糖液熬至黏稠时（约 38 波美度），即可起锅，加热时间为 40～60 分钟。

煮制结束后，捞起沥干糖液，放在瓷盘中，分开耳片，在 60～70℃下烘 1～2 小时。烘至表面干燥、手捏无糖液挤出时，即可装入塑料袋内，密封保藏，谨防受潮。为了不使耳片黏结成块，也可上糖衣(粉糖),效果更好。

(5)金针菇蜜饯制作技术

将残次金针菇及加工罐头金针菇的下脚料加工成蜜饯,具有一定的经济价值,可充分利用金针菇,减少浪费。

①热烫:将金针菇洗净,在90～100℃的热水中漂烫1～3分钟,立即冷却,沥干水分。

②硬化保脆:用0.5%的氯化钙溶液浸泡漂烫好的金针菇3小时,菇水比为1∶1.5,再漂洗干净,沥干水分。此工序也可省去。

③浸冷糖液:将沥干水的金针菇浸泡在40%的冷糖液中,时间为3～5小时。

④糖煮:配制65%的糖液,煮沸,把冷糖液浸渍好的金针菇倒入,大火煮沸,再以文火(以微沸为度)熬制1～2小时,再加入1%的柠檬酸,继续熬煮至糖液浓度达70%左右(用糖量计测定)、外观呈金黄透亮时即可出锅。

⑤烘干包装:将上述金针菇摊放在瓷盘上,放入烘房(箱)内,于50～60℃下烘约5小时。要经常翻动,至蜜饯晶莹透亮、基本不黏手时,即可取出晾冷,用玻璃纸包好,再装入塑料袋中。

金针菇蜜饯酸甜可口,色泽金黄透亮,具有一定的"咬劲",营养丰富,尤受儿童、妇女的欢迎。

(6)金针菇糖渍技术

选用质量好的金针菇,置于蒸笼中杀青后,取出晾晒1～2天,然后加入白砂糖,用量为金针菇重量的30%。边晾边拌,第4天即成,再加入少量香油调味便可装箱存放。也可把杀青后的金针菇用70%的糖水煮10分钟,捞出后沥去多余糖液,晾晒至半干,便可装袋保存。

(7)蘑菇

①选料:制作蘑菇蜜饯的原料,应选无病斑、无虫蛀、未开伞、菇体中等大小的蘑菇。留柄0.5cm左右,洗净。

②盐水浸泡:将采收后的蘑菇立即投入1%～2%的食盐水中浸泡4～6小时,以增强菇体的硬度和驱除菇体的异味。

③杀青:将盐水浸泡过的蘑菇倒入沸水中煮沸10分钟左右,立即冷却,以破坏菇体中的氧化酶,防止菇体褐变,同时也增加菇体的韧性。

④修整:通过修整,使原材料大小一致,外形美观、整齐,以利于加工与销售。

⑤漂洗护色:将修整好的菇体浸入0.02%焦亚硫酸钠溶液中,浸泡8～10分钟。

⑥漂洗:用清水浸泡菇体,冲洗去残留的焦亚硫酸钠药液。

⑦糖渍:在清洗干净的菇体中加入40%的糖液,糖渍24小时。然后滤出糖液,调糖度至50波美度,煮沸10分钟左右,浸泡24小时。

⑧糖煮:采用逐渐加糖的方法将菇体煮制至呈透明状时,立即停止。糖液的终点浓度应达到65波美度以上,浸泡24小时。

⑨烘烤:把糖煮好的菇体捞出沥干,放入烘房中烘烤,烘烤温度为70℃左右,至菇体呈透明而不黏手时停止。

⑩包装:用塑料袋密封包装,即为成品。

⑪产品质量检验。

A. 外观和口感:色泽:浅琥珀色或金黄色,透明有光泽;外形:美观别致,具有蘑菇外形特征,在规定期限内不返砂、不流糖;口感:柔韧而不坚硬,甜酸适口,后味悠长,无不良气味或杂味。

B. 理化指标:可溶物65%～70%,水分14%～18%。

C. 卫生指标:大肠杆菌群为≤30个/100克;细菌总数为≤750个/克;致病菌不得检出;食品添加剂符合GB 2760-81规定。

(7)香菇

香菇蜜饯以香菇柄为主要原料制作而成,口感软润,酸甜可口,无纤维感,呈浅褐色。

①选料浸泡:选择无褐变、无霉变、有香菇香味、大小适中的菇柄。将菇柄在清水中浸泡4～6小时,以达到纤维初步软化和去除异味的目的。

②压干整形:浸泡后捞出,剪去蒂头,剔除不合格的菇柄,经清水漂洗干净后在压干机上压至水分含量65%左右。将大小不一的菇柄切成长2cm、厚0.5～1cm的条,使外形美观,同时便于以后煮制和烘干。

③加糖煮制:先配制50%的糖液,再倒入整形后的菇条,于锅中烧煮,不断搅拌。糖液与菇条比例约为1∶1,每10分钟加3%的糖,糖液浓度煮至68%左右时即可出锅。整个煮制时间约1小时,前期温度可高些,后期以文火烧煮。在煮制过程中,注意控制糖的浓度和温度,特别是终点时糖的浓度要低于65%,以保证成品不软化,较有咬劲。糖浓度高于70%时,易焦糖化。煮制过程温度太高,也容易加剧产品的褐变。

④烘干包装:煮制结束后,捞起沥干糖液,于烘盘中在60～70℃下烘1.5～2小时。烘至表面干燥、手捏无糖液挤出、食用无纤维感时为宜。烘干程度影响产品的口感,需特别注意。烘干后应及时包装,密封保藏,谨防受潮。

若用整菇制蜜饯,质量更佳。最好选用尚未开伞的菇蕾或菇丁做原料,加工方法同上。

第六节 食药用菌干制加工技术

食用菌干制也称烘干、干燥、脱水等，它是在自然条件或人工条件下促使菇体中水分蒸发的工艺过程，也是一种既经济又大众化的加工方法。其优点是：干制设备可简可繁，生产技术容易掌握；可以就地取材、就地加工；干制品耐储藏，不易腐败变质；食用菌干制有利于解决食用菌周年上市问题。

一、干制原理

食用菌干制是将菇（耳）中的水分减少，将可溶性物质的浓度增高到微生物不能利用的程度。同时，使菇体本身所含酶的活性受到抑制，从而使食用菌干品能够长期保存。

二、干制技术

（一）菌类选择

适宜脱水的菌类干制后不影响品质，有的还能增进风味与适口性，如口蘑、香菇、猴头菌、榛蘑、毛木耳、黑木耳、银耳、灵芝、竹荪等。

有些菇类干制后风味略减，适口性也稍差，但仍可干制销售，如平菇、凤尾菇、草菇、金针菇、滑菇等。

另一些菇类经干制后风味大减，适口性差，一般不进行脱水保藏，这类菌有松茸（松口蘑）、榆黄蘑等。

（二）菌类预处理

为了提高干菇质量，要适期采收。采收过早，产量低；采收过迟，质量低、风味差。采摘方法应得当，采下来的菇体要清洁、完整。采摘前不宜浇水，野外生长的菇类或室外栽培的食用菌应在雨前采集。在烘前应去掉菌柄下部泥土或培养料等杂物，去掉菇根，用清水洗涤菇体（必要时），剔除畸形菇、病虫菇及菌盖与菌柄脱离、开伞菇，并适当分级，以利于均匀干燥。

采后的菇体仍继续进行生命活动，后熟作用会使品质下降，特别是草菇在数小时内会破膜、开伞。再者，酶促褐变和非酶促褐变会使菇体颜色加深。因此，为获得高品质的干制品，在脱水前对菇体进行预处理是十分必要的。但许多食用菌脱水厂没有预处理工艺。

目前常采用的预处理方式有以下几种：

1. 杀青

杀青是把菇体投入沸水中煮透，抑制菇体酶活性。处理时间比加工盐水菇的杀青时间略短，一般为 2～8 分钟。杀青结束必须迅速冷却。杀青后菇体软化，含水量相对提高，脱水时间也要延长。同时，由于菇体已软化，干燥后很难保持菇体的原来形状，影响外观。因此，这种杀青方法实际上很少应用。

2. 热处理

把菇体按常规排放在烤筛上，放入烘箱中，关闭排湿窗（孔），迅速使烘烤温度升高到 64±2℃，热处理 20～30 分钟，以破坏菇体内的酶活性，抑制菇体后熟及酶促褐变。然后大量通风降湿降温，再进行常规烘烤作业。热处理时，排湿窗是关闭的，菇体不会因突然失水而形成硬壳。该方法无须增添设备，操作简易，值得推广应用。

3. 二氧化硫处理

（1）熏硫法

这种方法是将食用菌直接用硫黄燃烧产生的气态二氧化硫在熏硫室或塑料帐内进行熏蒸。

（2）浸硫法

是用一定浓度的亚硫酸或亚硫酸盐溶液浸泡菇体。亚硫酸（盐）的浓度以有效二氧化硫计算，一般要求占菇体原料及溶液总重量的0.1%～0.2%。工业用亚硫酸含有效二氧化硫浓度一般为 6%。亚硫酸盐呈微碱性，碱性溶液可促使原料中维生素 C 分解，而且二氧化硫在碱性溶液中不易释放出来。因此，常加入一定量的柠檬酸或盐酸，将溶液调节成微酸性。

（三）干制技术要点

鲜菇烘烤前在太阳下晒数小时，可节约能源。香菇烘烤前晾晒，紫外线的作用可使菇体中的麦角甾醇变为维生素 D，从而提高香菇的营养价值。

1. 鲜菇的摆放

在烘烤前切除菌柄，进行整形，按鲜菇的厚薄、大小、干湿分类。按菇体的自然生长状态排放在烤筛上（一般是菌褶朝下，过熟者菌褶朝上）。凡是薄的、小的、较干的应置于热源的远处、高处；厚的、大的、较湿的应置于热源的近处、低处。

2. 调换位置

在烘烤过程中，应当调换烤筛的上下、左右、前后、里外的位置，使其均匀受热，加速干燥，提高烘烤质量。

3. 烘房或脱水机的预热

鲜菇进烘房前或放进脱水机前，要预热烘房，使烘房温度达40～45℃，脱水机内的温度也要控制在40℃左右。这样，当大量鲜菇进入烘房或脱水机后，烘房或脱水机的温度才不至于下降太多，使之能达到35～50℃。

4. 烘烤温度的控制

烘烤温度一般从35℃开始，每小时增高1～2℃，逐步升温。经7～8小时鲜菇水分散发30%左右，12～13小时后可散发50%左右。此后每小时增温2～3℃。当温度升至60～65℃时，水分可散发70%以上。这时应将温度降至50～55℃，继续烘烤2～3小时即可。烘烤温度最高不得超过75℃。在鲜菇含水量过大时应将升温速度放慢。整个烘房的温度上下不得相差7℃，要避免由于温度骤然上升导致菌褶出水、菌褶倒曲、菇体软熟或变焦烂等现象。

5. 鲜菇脱水的控制

在整个烘烤过程中，要调整通风口和排风口的开启程度，保持一定的换气量，以加速鲜菇脱水，同时又要充分利用余热回收，减少能耗。

(四)干菇储藏方法

菇体组织具多孔性特点，干制品在空气中很快吸湿而回潮。干制后的食用菌干制品应按规定的标准进行分类，并按不同的类别将干品储藏于密封的容器或塑料袋中，然后将塑料袋热压封口或密封容器口，放到清洁、干爽、低温的库房储藏。在储藏一段时间后要抽样检查。如果含水量超过13%，需重新烘烤，直至达到要求标准为止。

(五)干制加工实例

食用菌种类不同，其加工工艺要求及方法也略有差异。下面介绍各种食用菌的干制技术。

1. 香菇

干香菇是香菇的最主要商品形式。香菇干制后，能产生菇香，又能长期保存。干香菇需求量最大的市场是香港，每年销售外来干香菇占国际贸易量的60%～70%。其次是新加坡和美国。最大的香菇出口国是中国，其次是日本。我国干香菇产量和出口量均居世界第一，然而出口干香菇的单价位居世界第三(日本第一，韩国第二)。究其原因主要是质量问题，其中包括鲜菇质量和干制质量。为提高我国香菇的市场竞争能力，一方面应重视优质栽培技术，另一方面要提高加工(干制)质量。品质优良的干香菇，应具备5个方面的性状：香味浓郁；菌褶黄亮，菌面茶褐色；菇形圆整，表面光滑；肉质肥厚，菌边内卷；菇柄短。香菇干制技术的好坏直接影响到香菇干品的香味、颜色、形状。

(1)鲜香菇在烘烤过程中性状的变化

①重量与体积变化：段木菇：冬菇5～8千克烘1 000g干菇，春菇8～10千克烘1 000g干菇；木屑菇：冬菇7～10千克烘1 000g干菇，春菇13千克烘1 000g干菇；去柄木屑菇：冬菇10～12千克烘1 000g干菇，春菇10～14千克烘1 000g干菇。

体积变化主要表现为菌盖明显缩小，菌柄长度缩小不明显。一般要求干香菇柄长不超过菌盖的半径，在修剪菌柄时，要适当剪短一些，待烘干后，柄长方能不超过菌盖的半径。否则，要重新剪柄。

②颜色变化：在正常烘烤情况下，菌褶由白色变成淡黄色和米黄色，菌盖表现由浅褐色变成茶褐色。这一变化主要是菇体内的氨基酸与糖相互作用的结果。

③香味的产生：干香菇中的香味是一种环状含硫化合物。香味物质是在烘烤过程中由香菇酸在酶的作用下产生的，一般在温度50℃以上较易产生。晒干的香菇没有香味就是这个原因。

(2)香菇干制技术

①采收时间：干香菇品质的好坏主要是由鲜菇的形态决定的。首先要在最佳时期采收。一要防雨淋。被雨淋的香菇要保持菌褶及菌盖的颜色十分困难。二要提前采收。

香菇的采收标准以五至八分开伞为宜，采收过晚，商品价值下降。鲜香菇干燥时，开伞程度要增加一分左右。因此，提前采收可获得最佳效果。春季香菇大量发生时，尤其应适当提早采收。标准如下：冬菇：开伞五至六分，在膜部分破裂时采收；香菇：开伞六至七分，膜破时采收；香信：开伞七至八分，菌盖边缘仍稍内卷时采收。

②干制的前处理技术

A. 采收后立即干制：将采收的鲜香菇迅速运往干燥室，立即装入烘筛中干燥。没有送入干燥室的鲜香菇不要堆积，应放入预备烘筛中，置日光下或通风处，以免菇体失去原有色泽、菌褶倒伏、变色，甚至腐烂。选择干燥机(图12—3)时，容量很重要，要求干燥能力强。

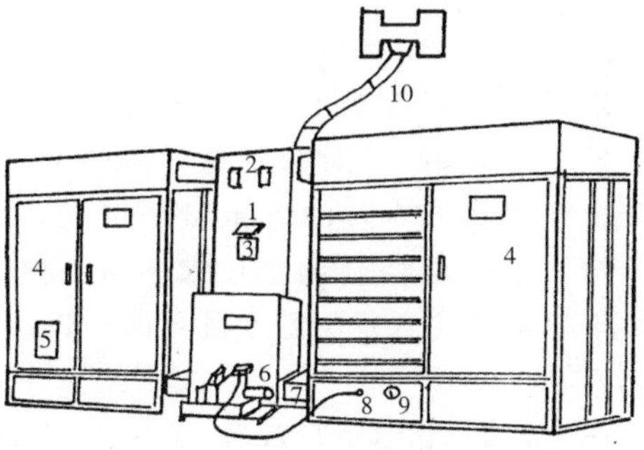

图 12－3 油电两用双柜式干燥机

1. 鼓风机，2. 风门开关，3. 起动器，4. 干燥箱，5. 观察窗，6. 燃烧器，7. 风道，8. 温度调节器，9. 温度计，10. 烟囱。

B. 分级装筛：按鲜香菇的大小、厚薄分别装筛，单层摆放，可缩短干燥时间，提高成品质量，也有利于干香菇分级包装。

C. 合理摆放：分级装筛后，将香菇合理摆放于干燥机内。现以 15 层的干燥机为例说明摆放方法：上段（11～15 层）：放小香菇；中段（4～10 层）：放质量好的中叶、大叶香菇；下段（1～3 层）：放质量较差的大叶香菇。干燥机主要为纵吹型热风机。按这样摆放，在干燥初期，干燥室内上下有 10℃的温差。当初期温度为 45℃时，上部仅为 30～35℃，且湿度分布相反，上部湿度高于下部，干燥时下段快，上段慢。为了解决这一问题，应将质量差的大叶菇放在下段，小香菇放在上段，将质量好的中叶、大叶香菇放在中段（中段是通风量、温度等条件最好的位置）。采用与菇形吻合的摆菇方式。在烘烤过程中，香菇具有随热风流向变形的性质，合理利用这一性质，可生产出品质好的干香菇（图 12－4）。

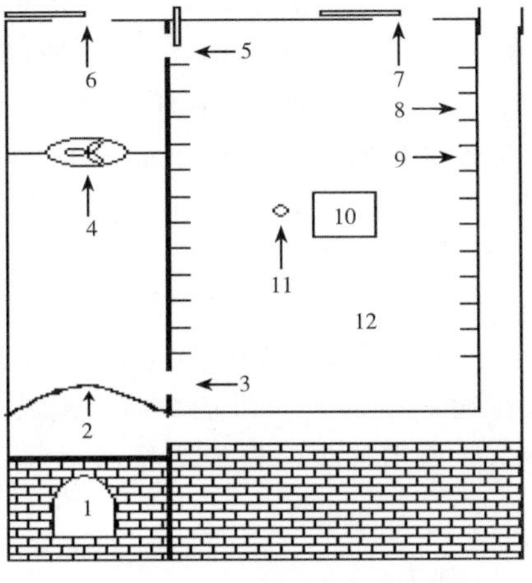

图 12－4 简易烘房结构图

1. 灶膛，2. 铁锅，3. 热风，4. 风机，5. 循环风窗，6. 进风窗，7. 排湿窗，8. 烟囱，9. 烤筛支架，10. 观察窗，11. 温度计插孔，12. 烘房。

对完全开伞的劣质菇，菌盖向下、菌柄向下放置，菌盖薄，有向上卷的趋势。对适时采收的普通香菇，菌盖向上、菌柄向下放置较合理（图 12－5）。

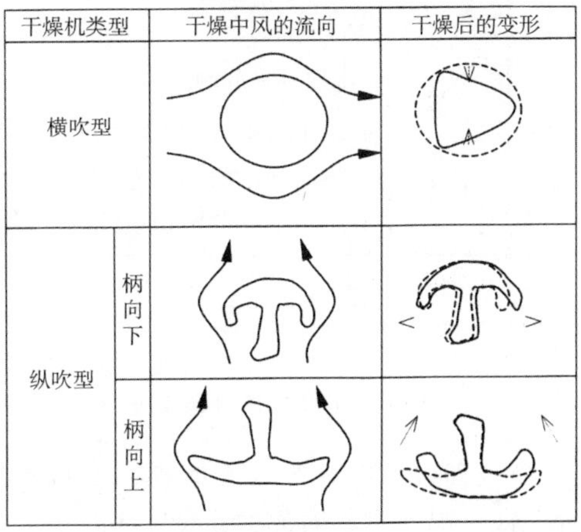

图 12－5 香菇随热风流向变形示意图

水平风向的干燥机，因热风流向从香菇侧面过往，易使干菇变成饭团状，且菌褶倒伏。香菇干燥机应采用纵吹型（上吹式）送风。

③干燥技术：为了使干香菇的菌盖、菌褶接近鲜菇的大小、形状和颜色（菌褶为金黄色或粉黄色，菌盖有光泽），需要选用合适的干燥设备和掌握科学的干燥技术。

A. 选择适用的干燥机：干燥机应能够调节温度、风量及吸排气量，通过适当的调控，能使水分从菇体表面平衡蒸发（外扩散），既快又好地完成干制加工。

B. 选用合理的干制程序：设定程序的原则：干燥温度为 40～65℃；每次升温不超过 5℃；吸、排气口按全程干燥预定的 18 小时均匀分成 3 段，即全开、半开、全闭各 6 小时，这样安全实用。设定程序应注意以下几点：以初期温度、最终温度、升温幅度的设定来决定干菇质量；雨后菇的质量尤其受干燥方法的影响，晴天菇不像雨天菇对温度那样敏感。表 12－5 是设定程序的例子。

表 12－5 香菇干燥程序

	雨后菇干燥程序		晴天菇干燥程序	
	程序Ⅰ	程序Ⅱ	程序Ⅰ	程序Ⅱ
初期温度	40～45℃	55℃/h→45℃	45℃	50℃
最终温度	55～60℃	60℃	60℃	65℃
升温速度	1.0～1.5℃/h	1～2℃/h	1～2℃/h	1～2℃/h

程序Ⅱ所需时间较短，但前处理（55℃）以1 小时为限，否则易失败。

晴天菇干燥程序Ⅱ与程序Ⅰ相比，干燥时间缩短了，干菇质量相当，只是颜色稍深。

C. 干燥过程与干燥机的使用。图 12－6 是香菇干燥过程示意图。

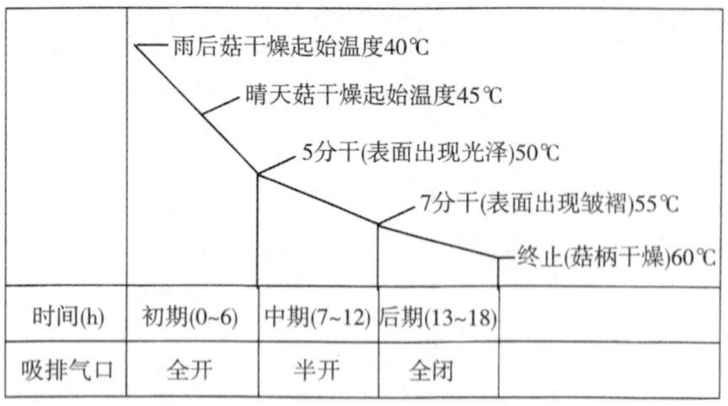

图 12－6　香菇干燥过程示意图

干燥过程可大致分为 3 个时期。现以干燥箱上段香菇(由观察窗察看)的状态为基准来说明各时期的特点及其操作要点。

初期:在短时间内蒸发大量水分。干燥箱上部水气接近饱和状态,需用干燥的强风把水分排出箱外,吸、排气口全开,强送风,起始温度 40～45℃。中期:是决定干菇形状的重要阶段(五至七分干)。进入中期的标准是:菇体表面干燥,开始出现光泽,菌褶开始变成淡黄色。吸、排气口半开,中等强度送风,温度 50～55℃。后期:为干燥菇体内部水分阶段。水分慢慢蒸发,以一定温度的干燥热风送入干燥室为宜。后期标准:菌褶干燥,呈淡黄色,菌盖边缘卷缩,重量为鲜重的 12%～14%,吸、排气口全闭(全循环),送风减至最弱,最终温度 60～65℃。终止标准:菌柄干燥。未完全干燥便终止,干菇生产率固然较高,但易发霉、受虫蛀,且卖价低;相反,过度干燥(取数个干菇于手中,振动时发出"咔啦咔啦"响声),干菇生产率低,易碎。

④香菇干片加工技术:特大的春菇被雨淋后变得肿泡,直接(整菇)干制需要烘烤 24 小时以上,耗能多且单价低,不合算。这样的鲜香菇,应切除菌柄,把菌盖切成 3mm 厚的薄片再干燥。虽然重量减少了 20%左右(菌柄重量),但干燥时间约 5 小时,为原来的 1/4,且单价较高,较合算。切片时,如果斜切,肉厚增加,单价更好。

⑤分级上市:干香菇可按菌盖大小、厚薄、颜色、菌柄长短等进行分级。小规模生产的香菇要仔细分级是困难的,但至少应按大(3～5cm)、中(2～3cm)、小(1～2cm)、花菇、厚菇、薄菇、等外菇初步分级,再上市,以便获得较好的经济效益。目前,日本市场上的干香菇有 22 个等级,粗分为花冬菇(亮花菇)、茶花冬菇(暗花菇)、冬菇(厚菇)、香菇、香信、特大菇、小菇、切片菇粒及等外品 10 种规格。

2. 木耳

不论是黑木耳还是毛木耳,干耳与鲜耳的品质风味没有变化,而且对其耳形要求不高。木耳的烘干主要是降低木耳的含水量予以保藏,没有香菇那样要求严格控制烘干技术参数。但是,木耳在烘干时也要注意避免温度过高而烤焦。

(1)采收

正在生长的幼耳,颜色深褐(有的品种颜色较浅),耳片内卷,有弹性。成熟后的木耳颜色转淡,耳片舒展变软,肉质变厚,富有弹性,耳根由大变小,耳柄收缩,耳片腹面产生粉末状孢子。对于袋栽的木耳,应及时采收并干制;对于段木栽培的木耳,应开始控水,停止喷水3～5 天。待耳片七八成干时采摘,并进一步干制。

(2)干制方法

①日晒:采耳后必须及时晒干。鲜耳上溅有泥沙、草叶等杂物,须先用清水漂洗干净,再烘干或晒干。晒干是干制最常用的方法。将木耳均匀地撒在晒席上,晒席架应离地面,或摊在纱网上,在太阳下暴晒 2～3 天,便可以收藏。在摊晒期间不宜过多翻动木耳,以免卷成拳耳。夏天害虫较多,应将伏耳多晒一段时间,以晒死耳片中的害虫,或使其从耳片中爬到外边。阴雨天应将湿耳放在室内摊开晾干,等到天晴时再晒干。一般8～10 千克鲜耳可晒1 000g干耳。若遇连续雨天,可将采摘的鲜耳铺在干耳上,按1 000g干耳与 500g 湿耳混匀,摊开。干耳可以很快吸收鲜耳的水分,避免因雨天不能及时晾晒而造成烂耳。

②烘烤:大量种植木耳的耳场或产区,可建造烘干房或购买脱水设备进行脱水。在烘烤中温度不宜急剧升高,以防止木耳被烤焦,一般可在35～60℃下烘烤。当烘烤至七八成干时,可上下、里外翻动,以促使干燥均匀。在烘干过程中,如有木耳黏结成块,可以喷清水使其回潮离散,然后继续烘干。

(3)储存

干耳分级后可装入塑料袋中,密封后置于木箱内,放在通风干燥处。可用少量二硫化碳装在玻璃瓶中,瓶口用棉花松松地塞住,让气体散发出来驱杀害虫。

3. 银耳

(1)采摘与整理

当耳片基本展开(耳片展开 80%)、没有包心、色白、呈半透明状、手感柔软而富有弹性时应及时采收。采收前 1～2 天停止喷水,使耳片稍稍收边、干爽。适时采收的银耳干制后，朵形自然、饱满。采收过早，耳瓣坚挺，没有充分展开，包心，产量低；采收过晚，耳瓣柔软、萎缩，透明而无弹性，边缘发黏，局部开始呈糊状，晒干后色泽差。采下银耳后，应清除泥沙杂物及夹带的培养基，削去黄色的耳基后及时干制。

(2)干制方法

①日晒：采下的新鲜银耳，可将耳基朝下一朵朵地排在竹筛上，在太阳下暴晒，经4～5天可干燥。检查干燥情况，可用指甲掐耳基，若已坚硬，无指甲痕，表明已干燥。

②烘烤：晒干法较适宜于小批量干制，而且干制品的颜色偏黄，色泽较差。在大批量干制时，要用烘房或烘箱，生产率高，而且产品色泽洁白，品质好。银耳烘烤时须严格控制温度，不得超过60℃。刚开始烘烤时，银耳含水量高，温度要控制在35～40℃，通风排水气。每3～4小时升温5℃，待水分逐步散失后，耳片变硬，可升到50℃左右烘干。温度过高、过低都会影响产品的品质。温度偏低，干燥时间延长，也降低产品的品质。温度偏高，耳片会很快干燥，而耳根内仍潮湿，特别是大朵银耳，表面已形成一层硬壳时，朵内还是糊状，造成耳片连结，失去圆整的朵形，甚至烤焦耳片，使干银耳浸泡后不能够恢复新鲜银耳柔软而富有弹性的商品特征。

在生产中，有许多银耳脱水专业户为了使烘烤的银耳洁白，使用硫黄熏耳，这样导致菇体含硫成分增加，而且污染环境，不符合无害化生产原则，现在已明令禁止。

4. 蘑菇

生产脱水蘑菇的设备投资、包装费用比加工蘑菇罐头要低，产品色泽、外观及浸水膨胀后的风味能保持蘑菇固有的特色，颇受消费者欢迎。

(1)整菇的干制

①日晒：将蘑菇放在阳光下暴晒。开始时将菌盖朝上，半干时将菌柄向上直到全干，不要堆叠。

②烘烤：新鲜蘑菇经过漂洗护色、沥干水分后，按等级分别摊放在烘筛上，菇盖朝上。烘房温度开始时控制在35℃左右，经过2～3小时，温度控制在55～60℃，直至烘干。最终产品的含水量控制在13%以下。

③膨化干燥法：将蘑菇放在膨化锅内，增加压力，突然降压，使蘑菇子实体所含水分立即爆出。此法脱水比常规烘干法节能40%。

膨化干燥的蘑菇，食用时在开水中泡5分钟即可，且仍保持蘑菇原有的风味和质地，维生素含量比常规脱水的高，特别是维生素 B_1。这种方法也可用来做方便菜，打开包装即可食用。

(2)脱水蘑菇片

脱水蘑菇片是我国传统出口产品之一，很受外商青睐。生产脱水蘑菇片的原料，可以用优质菇，也可用次品菇。鲜菇经漂洗护色后，纵切成2.5～3.0mm厚的薄片，摊放在烤筛上，不要重叠。开始烘烤时，温度控制在30～40℃，然后每小时升温2～3℃，使温度提高到50～60℃，慢慢干燥。干燥时，温度不能急剧变化，要循序缓慢地使其干燥。干燥的切片菇以边角不卷起、指甲掐不进、抓起来“沙沙”作响为度。切片干燥通常需3～4小时或更长一些。鲜菇的干燥率因原料含水量、品质而异，大体上每100千克鲜菇可得干菇片15千克左右。干菇片含水量应在10%～12%。干菇片很易吸湿回潮，应立即趁热保存在密封的防潮容器内，然后分级包装。

5. 草菇

草菇生长很快，采后3～4小时便会破膜、开伞，及时采摘与加工是提高产品质量的关键。草菇应在蛋形期采摘。下面介绍几种草菇干制法：

(1)日晒

用竹片刀或不锈钢刀将草菇纵剖为二，切成苞被处仍相连接的两半，切面朝上排列在竹筛上，在烈日下暴晒至干。此法干制的草菇味不鲜，色泽暗淡，而且因热度不够，常因后熟作用而开伞，品质差。

(2)烘烤

①逐步升温法：用竹片刀或不锈钢刀将草菇切成相连的两半，切面口朝下排列在烤筛上。烘烤开始时温度控制在45℃左右，2小时后升高到50℃，七八成干时再升到60℃，直至烤干。该法烤出的草菇干，色泽白，香味浓，但还会因后熟作用而使菌柄继续伸长脱出苞被外，外观形态差。

②二温程烘烤法：用不锈钢刀将草菇纵切成相连的两半，切面朝下排于烤筛上。先将烘箱(或烘房)温度升到64±2℃，再放入烤筛，对鲜草菇进行热处理20～30分钟，钝化(或破坏)菇体内酶系统，抑制菇体生长及酶促褐变。随后迅速将温度降至50℃烘烤至干。在第二阶段(50℃)，必须尽可能保持恒温，若温度变化太大(10℃)，菇体色泽会变黑，品质降低。此外，在烘烤过程中，温度绝对不能超过80℃，哪怕是几分钟，也会使菇体液化、菇体发黑、菇形变差，甚至完全没有商品价值。

该法烤出的草菇色泽洁白，香味浓郁，外观形态优良，菌柄不会脱出苞被而形似开伞。

③远红外线烘干法：将菇体纵切成相连的两半，切面朝向光源，温度控制在40～65℃，其他技术要点同上。

6．金针菇

选取未开伞、色浅、质地嫩的金针菇，切根分级，整齐地排在蒸笼内。蒸10分钟后小心地整丛取出，排放在烤筛上，送入烘房烤干，温度控制在40～50℃。干燥后的金针菇，放在室内返潮20～30分钟，使其略为软化，防止破碎。用线把干菇扎成小把，装入塑料袋内密封存放。食用时用开水泡开，能保持固有风味。

7．猴头菌

当子实体长满菌刺、尚未大量散发孢子时及时采摘并干制。采摘过晚，孢子散发，菇体发黄，味苦。

(1)日晒

按大小分级，菌柄朝下排放于筛上或席上，在太阳下暴晒数日。晒干的菇体颜色呈深褐色或浅褐色。也可用线绳将猴头菌串起来，悬挂于干燥、通风的地方，让其自然阴干。

(2)烘烤

开始烘烤的温度控制在35～40℃，同时打开进风口、排气窗。每隔1～2小时提高温度4～5℃，最高升至60℃左右，直至烘干为止。随着菇体含水量的减少，进风口和排气窗应逐渐关小。采用烘烤法干制的猴头菌，色、香、味俱佳。烘干后，略为回潮返软，装入塑料袋中密封保藏。

8．竹荪

竹荪素有"菌中皇后"、"真菌之花"的美称。竹荪以干制品上市，其等级划分与色泽关系很大。菇体洁白为上品。与色泽差（发黄）的干品相比，每千克价格相差几十元至上百元。而菇体色泽取决于干制技术。

(1)及时采摘

无论长、短裙竹荪，只要菌裙完全散开说明生长已成熟，一定要及时采收。在一般湿度条件下，从菌蛋破壳到子实体成熟只需45～90分钟。竹荪菌体娇嫩，容易腐烂，上午8～10时破壳长出菌裙，下午就会萎缩，孢子液（墨绿色）流出，沾污菌裙。在福建，当竹荪破壳、伸出菌柄、菌裙略微撒下时采摘。

(2)预处理

采后剥去菌托，并用小刀纵划孢托（注意深浅，避免划破菌裙），然后剥去孢托，只保留完整菌柄和菌裙。菌体在空气中放置30～60分钟，因部分失水，菌裙会张开撒下。竹荪菌柄很脆，易碎，菌裙与菌柄连接不牢，应轻拿轻放，防止菌裙脱落。

(3)干制方法

①日晒：在竹席上薄薄涂上一层色拉油，把竹荪排在竹席上，柄放直，裙张开，置于太阳下暴晒。在晒的过程中不要翻动菇体，以免损坏破碎。晒干后轻轻拿起，适当返潮后，按一定重量规格，用红线扎成小捆，装入聚乙烯塑料袋中密封保存。晒干的竹荪干品往往色泽较黄，品质较差。

②烘烤：用上述方法把竹荪排在烤筛上，烘干温度的控制先由低到高，后由高到低。开始时，温度控制在40℃。烘至半干时，温度升至60℃。烘烤至八九成干时，再把温度降至40℃，直至烘干。这样的控温程序烘烤出的竹荪色泽洁白，香味浓郁。

包装、储藏方法同上。

第七节　食药用菌罐藏技术

罐头工业是食品工业的重要组成部分。罐头加工有利于开发和利用食品资源（包括食用菌资源），为人类长期而稳定地提供经久耐藏、携带方便、营养丰富、食用卫生的食品。

一、罐藏原理

罐藏食品能较长时间保藏，一是罐藏容器是密封的，隔绝了外界的空气和各种微生物；二是密闭在容器里的食品经过杀菌处理，罐内微生物的营养体被完全杀死，幸存下来的极少数微生物孢子如果是好气性的，由于罐内形成一定的真空缺氧条件而无法活动。但是，如果是厌气性菌类，罐藏品仍有变质的危险。一般来说，罐藏品有一定的保藏期限，一般是2年，更长时间的保藏没有太大意义。

二、罐藏技术

食用菌制罐工艺主要包括原料准备、容器准备及罐藏加工。本节重点讨论罐藏加工中装罐至杀菌冷却的工艺流程及技术要点。

(一)工艺流程

原料验收→护色装运→漂洗→预煮(漂烫)→冷却→修整分级→装罐注汁→排气密封→杀菌→冷却→质量检验→包装储存。

(二)技术要点

1. 原料验收

按原料标准在原料基地验收,整批原料不合格的不得验收进厂。

2. 护色装运

将验收合格的原料切除黏有泥土或培养料的菌柄,立即(采收后0～4小时)投入0.03%硫代硫酸钠溶液中,洗去泥沙和杂质,捞出后再倒入装有0.06%硫代硫酸钠溶液的蘑菇专用桶中浸泡护色,用洁净白布或竹帘覆盖,不使鲜菇露出液面,加盖运回罐头加工厂。

3. 漂洗脱硫

原料菇运到厂后立即从护色液中捞出,用流水漂洗45～60分钟,除尽残留的护色液,即所谓漂洗脱硫(国家规定二氧化硫残留不得超过0.002%)。

4. 漂烫杀青

漂烫的主要目的是排除子实体中的氧气,破坏子实体中酶的活性及抑制由酶引起的生化反应(如酶促褐变);软化组织,保持菇体鲜嫩,增加弹性,减少脆性,便于装罐。同时,漂烫兼有进一步清洗脱硫的作用。

用夹层锅漂烫时,先将水加热至80℃左右,再加入0.1%的柠檬酸,加热至沸,按15份漂烫液加10份鲜菇的比例投入原料菇。沸水漂烫时间为8～10分钟,以熟透为准。熟透后捞出用清水迅速冷却。

夹层锅内的漂烫液只能连续使用3次。

使用连续漂烫机时,柠檬酸浓度为0.07%～0.1%,漂烫时间为5～8分钟,以熟透菇心为准。

5. 修整分级

漂烫后迅速冷却。漂烫要求熟透,冷却也要冷透。冷透菇心后再按原料规格和产品质量要求严格进行挑选分级和切分修整。修整时将不合格的整菇(开伞、脱柄、脱盖、盖形不完整及有少量斑点的蘑菇)作碎片处理或切成菇片。

6. 空罐准备

罐头食品生产过程中,装罐前除按食品种类、性质、产品要求及有关规定合理选用容器(种类、形状和大小等)外,由于容器在加工、运输和储存过程中常附有灰尘、微生物或其他污垢,必须清洗干净,消毒沥干,以保证容器的清洁卫生,提高罐藏食品杀菌效率。

小型企业的容器一般人工清洗,大多数先在热水中刷洗,而后再在沸水中消毒30～60秒钟。在大型企业中,用机械清洗,用沸水或蒸汽消毒。清洗消毒后容器不可久留,应立即装罐,避免再次污染。

(1)铁罐清洗

用于清洗铁罐的洗罐机种类较多,有链带式洗罐机、滑动式洗罐机和旋转式洗罐机。一般清洗过程是先用热水冲洗,再用蒸汽消毒30～60秒钟,然后倒置或横卧沥干。

(2)玻璃罐(瓶)清洗

要清除玻璃罐(瓶)壁上的油脂和污物,可采用温水浸洗和高压水喷洗相结合的方式。

清洗玻璃罐(瓶)时常需使用洗涤剂。回收的旧瓶常黏有食品碎屑和油脂,需用2%～3%的氢氧化钠溶液在40～50℃下浸泡5～10分钟,以洗净脂肪和贴商标的胶水,使瓶的内外都很光洁。洗净油污、中和酸性、洗净有机物和无机物、杀灭微生物,可配制混合洗涤剂清洗旧玻璃罐(瓶),其主要成分为1%～5%的氢氧化钠溶液。采用70℃的3%～4%氢氧化钠、1.5%磷酸钠和2%～2.5%的偏硅酸钠组合而成的混合液,清洗8～10分钟,效果极好。清洗旧瓶时碱液浓度有时可提高到5%,清洗新瓶时1%即可。此外,也可采用无水碳酸钠、磷酸氢钠或合成洗涤剂。还可采用含氯石灰(漂白粉)水溶液进行清洗,以提高杀菌能力。工业用漂白粉中含25%～30%的有效氯,使用时可先将1份含氯石灰和2份水充分混合成浓浆,再加5～6份水拌和,静置24小时后取上层透明的绿色溶液依所需浓度配制成溶液。

洗净的玻璃罐(瓶)常需再用90～100℃热水进行短时冲洗,以除去碱液并进行补充消毒。也可用蒸汽,但蒸汽效果不如热水。

7. 装罐注汁

原料菇经修整分级后再洗涤1次,即可装罐。装罐应注意以下几点:

①净重与固形物重量必须符合标准。净重包括罐内食品的固形物重量和汤汁重量。净重误差不得超过3%,但每批平均不能低于标准净重。

②按不同的等级分别装罐,绝对不允许各等级混装。

③鲜菇在罐内的分布、排列要均匀一致,如金

针菇一律将菌盖朝上，菌柄朝下，稍扭曲于罐中。

④鲜菇罐头的汤汁，沸水配盐量2%～3%，另加柠檬酸0.05%～0.1%，过滤后装罐。

⑤对鲜菇罐头注汤汁时，一般预留顶隙5～8mm。

原料装罐有手工操作，也有机械操作，大多数罐头厂采用机械操作。手工装罐有部分工序也采用自动化，如传送带运送空罐到长形工作台的装罐工人面前，两边工人伸手即可取到空罐，手工装料(固形物)后将其送到中间的输送带上，传给注液机注汤汁。

装罐机和注液机的类型很多，从半自动到全自动，有供特殊原料专用的，也有通用的，还有装罐注液在同一机械上进行的。在选择这类机械时，应注意下列事项：装罐量准确、均匀；不会使汤汁或原料黏留在罐口部位，以免影响密封；自动控制，有罐必装，无罐不卸料；设备上的各种管道和食品通道畅通，便于清洗；适宜多种原料和多种罐型的装罐注汁；操作简便，容易控制；与食品接触的部位用不锈钢或其他抗腐蚀的材料制成。

8. 排气密封

(1)排气目的

原料装罐注液后，在封罐之前要进行排气。目的是：

①除去罐头内容物(固形物和汤汁)所含的空气，以避免金属容器受腐蚀，延长罐头的储藏寿命。

②排气密封后，杀菌时罐体不易破裂或跳盖。

③保持一定的真空度，抑制罐内残存好氧微生物的生长。

④避免食品氧化变质、变色，保持营养成分不被破坏。

⑤排气密封后，罐头内部保持真空状态，可使实罐底盖维持一种平坦或略内陷的状态。这是良好罐头食品的外部特征，以利于消费者挑选。

(2)排气方法与设备

罐藏加工中排气方法有下列3种：

①装罐前将原料预热，趁热装罐，趁热封罐。此法可在水浴锅中进行。

②原料装罐注汁后，加上罐盖(不密封)或不加盖，加热排气后再封盖。可在长形水箱、长形通道式排气箱或转盘式传送排气箱中加热排气。

③真空封罐可采用真空封罐机封盖。

(3)罐头真空度

罐头真空度是罐头内外的大气压力差。从安全生产来考虑，对小型罐可以达到较高的真空度(40～50.6kPa)，而对大型罐应保持较低的真空度(30.4～40kPa)。大罐中的真空度过高会造成严重的罐体变形，罐壁受到过大压力而向内瘪陷。

影响罐头真空度的主要因素：

①罐头顶隙：顶隙即罐头顶部的空隙，即是罐头内容物与盖子之间的空隙。同样的密封温度，顶隙较大的罐头，真空度较高；顶隙小的，真空度较低。但超出一定限度，顶隙内的残余气体太多，真空度反而下降。顶隙一般以5～8mm为宜。

②密封温度：加热排气后，罐内温度越高，又能及时密封，真空度也越高。

③气温和气压：气温升高，罐内真空度会相应降低。

④海拔高度：海拔升高，罐内真空度也会下降。

(4)罐头密封

①金属罐的密封：用于金属罐密封的封罐机种类很多，罐头食品加工厂可根据罐头类型、生产能力、投资能力选用合适的封罐机。目前，最常见的封罐机有3种类型，即半自动封罐机、自动封罐机和真空封罐机。

半自动封罐机的工作特点是人工加盖，将罐头紧压在封罐机压头和托底板或升降板之间，而后封罐。其卷边密封方式有两种类型：一是罐头本身随压头自转；二是罐固定在压头和托底板间不能转动。后一种类型对密封多汤汁罐头颇为适宜。因罐身不转动，可避免罐内汤汁在离心力作用下外溅而造成产品净重不足。

自动封罐机有多种类型，如单封头、双封头、四封头、六封头及更多封头的全自动封罐机。封头越多，生产能力越高。

真空自动封罐机的工作特点是密封时罐头进入封罐机的密封室中，由连接在真空泵上的管道把罐内空气抽出，再密封。

②玻璃罐的密封：玻璃罐与铁罐不同，其密封的方法也不同。玻璃罐本身因罐口边缘造型不同、罐盖形状不同，密封的方法也多种多样。

卷封式玻璃罐封口可采用手扳封罐机，其扳柄顶端装有一只滚压轮，玻璃罐由托底盘上升时与罐盖压头吻合，玻璃罐由旋转的压头带动，再在滚轮推压下将罐盖密合在罐口上。

旋转式玻璃罐封罐可采用手工或旋盖拧紧机。旋盖拧紧机系单机头间歇自动拧盖设备，由机架、输罐、抱罐、拧盖等部分组成。使用这种设备可以大大减轻劳动强度，生产能力每分钟可达50罐以上。

抓式玻璃罐密封可用蒸汽喷射式抽真空的方式，使罐内顶隙形成一定的真空度，然后用抓式封口机使盖边紧压于罐口下缘而得到密封。

③软罐头的密封：常用的封边方法有高频密

封法、热压密封法和脉冲密封法。高频密封法仅适用于制造复合薄膜袋或软罐头，因其封边内表面上有水或油附着时，不易相互紧密结合。

热压密封法虽可克服高频密封法的弱点，但密封强度较差，此法仅适用于聚乙烯类、防潮玻璃纸和聚乙烯复合薄膜材料。最简单的是用烙铁进行热压密封。

脉冲密封法兼有高频密封法和热压密封法的优点，操作方便，几乎适用于各种薄膜的密合，结合强度大，密封强度也胜于高频密封法和热压密封法。

现在常用于软罐头密封的设备有简单热封机、真空或真空充气热封机、脉冲真空包装机等。

9. 罐头食品的杀菌和冷却

罐头食品杀菌的目的是杀死食品中的致病菌、产毒菌、腐败菌，并破坏食物中的酶使食品储藏2年以上而不变质。用热力杀菌时必须注意尽可能保存食品品质和营养价值，最好还能做到有利于改善食品品质。

(1)杀菌方法和装置

罐头食品加热杀菌可在装罐前或装罐后进行，可分为预杀菌——无菌装罐和罐头杀菌两大类。前者首先在热交换器或刮板热交换器内将液态或带固体的液态食品进行高温短时或超高温瞬时杀菌的热处理，对食品品质影响的程度较小，但必须在无菌或几乎无菌的环境中进行装罐，以免食品遭到再次污染，至少应能降到最低程度。食品装罐后杀菌，即通常所谓的罐头杀菌。它的生产费用低廉，而成品质量尚能达到消费者的要求，绝大多数罐头食品采用此法生产。食品种类不同，对杀菌温度的要求不同，大致可分为100℃以上和100℃以下两大类：温度在100℃以下的杀菌在常压下进行，称为常压杀菌，有时也称为巴氏杀菌；温度在100℃以上，称为高压杀菌，是常用的高温杀菌方法。罐头食品杀菌还可以按照所采用的杀菌设备和操作技术而有所不同，分为金属罐、玻璃罐和软罐头的杀菌等。现将常见杀菌技术和设备大致概括如图12—7所示。

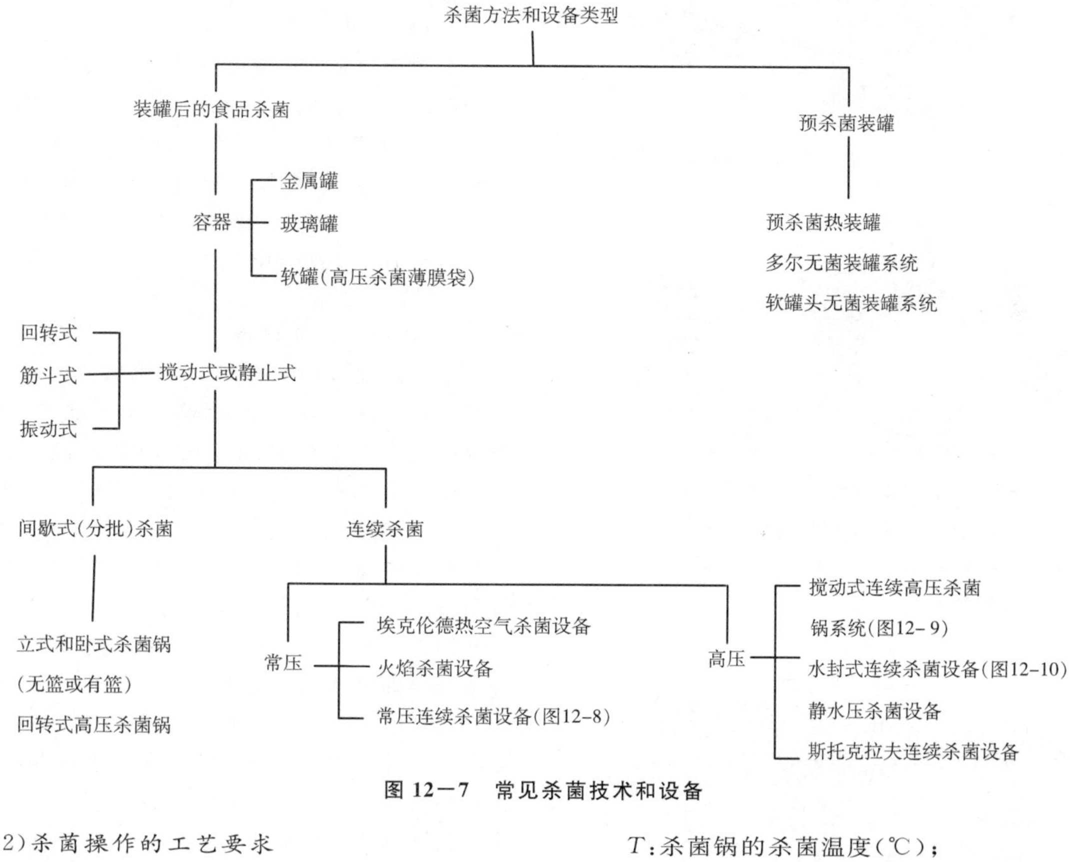

图12—7 常见杀菌技术和设备

(2)杀菌操作的工艺要求

在杀菌操作过程中，罐头食品的工艺条件主要由温度、时间、反压力3个主要因素组合而成。在工厂中常用杀菌式表示对杀菌操作的工艺要求。

$$\frac{\tau_1-\tau_2-\tau_3}{T}P$$

式中：

T：杀菌锅的杀菌温度(℃)；

τ_1：杀菌锅加热升温，升压时间(分钟)；

τ_2：杀菌锅内杀菌温度保持稳定不变的时间(分钟)；

τ_3：杀菌锅内降压降温时间(分钟)；

P：杀菌加热或冷却时杀菌锅内使用反压的压力(Pa)。

杀菌式表明罐头食品杀菌操作过程中可以分为升温、恒温和降温3个阶段。升温阶段是将杀菌锅的温度提高到杀菌式规定的杀菌温度(T℃),同时要求将杀菌锅内冷空气充分排除,保证恒温杀菌时蒸汽压与温度充分一致的阶段。为此,升温阶段的时间不宜过短,否则达不到充分排气的要求,杀菌锅内还会有气囊残存。恒温阶段是保持杀菌锅温度稳定不变的阶段,此时要注意的是杀菌锅温度升高到杀菌温度(T℃)时并不意味着食品温度也达到了杀菌要求,实际上食品尚处于加热升温阶段。对流传热型食品的温度在此阶段常能迅速上升,甚至到达杀菌温度;而传导型食品升温极为缓慢,甚至于加热杀菌停止和开始冷却时尚未能上升到杀菌温度。降温阶段是停止蒸汽加热杀菌并用冷却介质冷却,同时也是杀菌锅排气降压阶段。

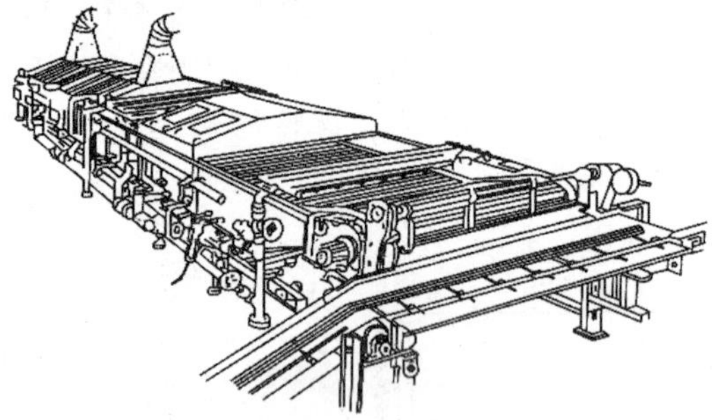

图12－8　单层式常压连续杀菌设备

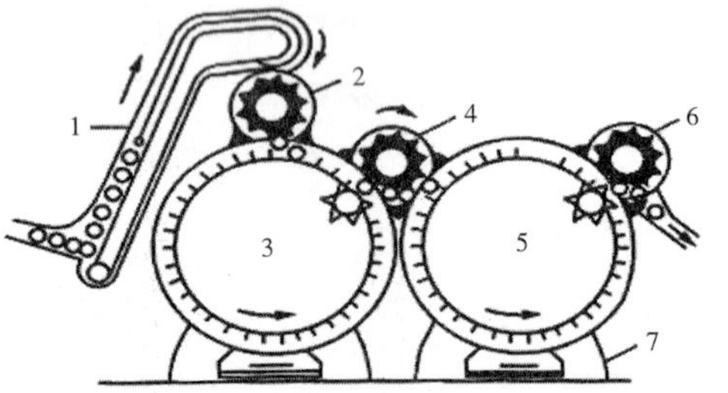

图12－9　连续式高压杀菌锅剖视

1. 提升机,2. 进罐气封旋转阀门,3. 加热杀菌锅,4. 中转气封旋转阀门,5. 冷却锅,6. 出罐气封旋转阀门,7. 旋转架。

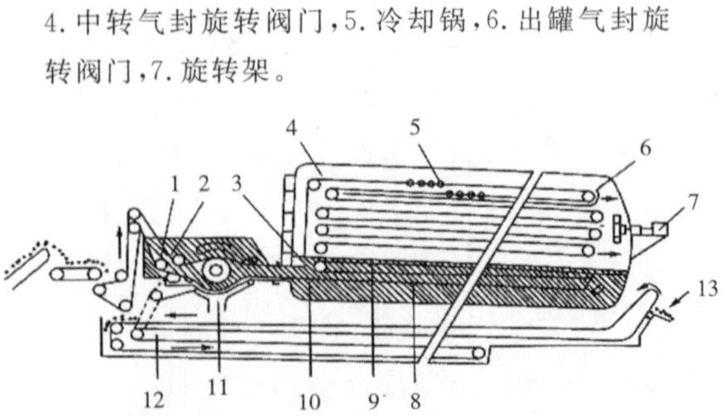

图12－10　水封式连续杀菌设备

1. 水封,2. 传送带,3. 杀菌锅内液面,4. 蒸汽室,5. 传送带上的罐头,6. 换向导轨,7. 供蒸汽和空气混匀用的风扇,8. 蒸汽和水的分隔板,9. 预冷水,10. 转移孔,11. 水封式转动阀门,12. 空气或水冷却,13. 出罐处。

为保持食品风味和食品品质,冷却速度越快越好,但要防止罐头爆裂或变形。罐内温度下降缓慢,内压较高,外压突然降低常会出现爆罐现象,因此冷却时还需加压(即反压)。如不加反压,放气速度应减慢,以使杀菌锅和罐内压力差不至过大。为此冷却需要一段时间(视情况而异)。

850g罐装盐水蘑菇罐头常用的杀菌式如下:

$$\frac{10'-30'-10'}{121℃}80.9\sim101.1\text{kPa}$$

(3)金属罐的杀菌

金属罐可采用静置高压杀菌锅进行罐头杀菌,其传热介质为热蒸汽。为了保证罐头在纯蒸汽介质中杀菌,开始加热时应缓慢升温,排净锅内空气,以免锅内温度分布不均,从而出现部分罐头杀菌不足的现象。在杀菌过程中,为了保证锅内加热均匀,应敞开泄气阀,保持蒸汽不断外逸,促进锅内蒸汽处于不断循环流动状态。同时还应及时排除锅底冷凝水,以免浸于水中的罐头达不到预期的杀菌效果。

(4)金属罐杀菌后的冷却

杀菌结束后,罐头可在锅内进行部分或充分冷却,必须注意罐内外压力差的变化。冷却方式有普通冷却和空气反压冷却两种。一般来说,小型罐头用较低的温度杀菌时不一定要用反压冷却。直径102mm以上的罐头在116℃以上杀菌时以及直径小于102mm的罐头在121℃以上杀菌时,需要反压冷却。

(5)冷却水加氯问题

罐头冷却过程中有时由于机械原因或因罐盖胶圈暂时软化造成暂时性或永久性缝隙,尤其是当罐头在水中冷却时间过长,以致罐内压力下降到开始形成真空的程度,这时罐头可能在内外压力差(真空度)的作用下吸入少量冷却水,并因水不洁而导致微生物污染,成为储运过程中腐败变质的根源。反压冷却使用清洁水(即微生物含量极低的水)的问题必须引起重视。罐头冷却用水必须符合国家饮用水标准。

次氯酸盐和氯气为罐头工厂冷却水常用的消毒剂。巴什福德建议以水中残余氯含量1mg/L和接触时间20～30分钟为宜,但残余氯含量的标准应根据具体情况而定(一般加至残余氯含量1～2mg/L,细菌数量可以维持在安全水平)。

(6)玻璃罐装食品的杀菌和冷却

玻璃罐装食品可用立式或卧式杀菌锅进行静置高压杀菌。静置高压杀菌有如下特点:杀菌和冷却均在水中进行;需要具备压缩空气以维持杀菌器内的压力与罐内压力平衡,以免容器破裂或跳盖；在溢流管道上要有一个自动控制阀来维持必要的压力，且杀菌温度与压力分别控制。

玻璃罐装食品在杀菌时间到达后开始冷却，但冷水不能直接和玻璃罐接触，以防爆裂。冷却的同时仍应送入压缩空气，用适当的反压避免在罐内压力过高的冲击下跳盖。冷却水同样需添加次氯酸盐或通入氯气消毒，必须符合国家饮用水标准。

罐头杀菌后应立即冷却，但也不要冷却到过低的温度，一般冷却到40～50℃为止，以便利用余热蒸发罐头表面的水珠，避免锈蚀。实际操作温度视外界气候条件而定。

10. 罐头食品的检验与储存

(1)罐头检验

①检验目的：一是测定罐头杀菌条件是否充分；二是找出罐头败坏的原因。

②检验内容：一是细菌检验；二是理化性质检验；三是感官检验。

③检验步骤：逐瓶检查，入库罐头，抽样送检。取样方法：按生产班次抽样，每3 000罐抽1罐，每班每个产品不得少于3罐，分别送检，作感官检验、理化检验和微生物检验(细菌学检验)。细菌学检验步骤如下：

杀菌冷却至50℃→擦罐或利用余热干燥容器表面→35～37℃，5～7天，保温培养→逐罐检查。如有胀罐，说明杀菌不足，应查明原因，以便纠正。

(2)罐头食品的储存

①储存方式：罐头在仓库中的储存有散堆与包装两种形式。

②储存管理：罐头在储存中要避免过高或过低的温度，更要避免剧烈的温度变动。库内要有适当的通风换气条件。在储存期间应经常检查，拣出损坏漏罐，避免污染好罐。

(三)罐藏加工实例

1. 蘑菇罐头

蘑菇罐头是我国菇类主要出口商品，年出口量居世界首位，主要销往德国、法国、瑞典、日本、新加坡和我国港澳地区。国内生产的蘑菇罐头有整菇、纽扣菇、菇片、碎菇等品种，对罐型有一定要求，出口蘑菇罐头用马口铁罐。近年来，由于国内蘑菇罐头市场兴起，也开始出现玻璃罐。蘑菇罐头生产工艺如下：

(1)选料

供制作罐头的蘑菇要经过严格的挑选，菌盖直径不能超过4cm，菌柄长1cm，要求无褐斑、无虫蛀、无霉变，并要清除表面泥沙杂物。

(2)漂洗护色

罐装蘑菇在习惯上以色白为上品，加工的蘑菇首先要进行漂白处理。通常在0.03%焦亚硫酸钠中漂洗几分钟后捞出，再浸入0.1%焦亚硫酸钠溶液中护色至菇体洁白。在护色时经常上下翻动，使之均匀，护色时间不能过长，否则会使蘑菇风味变差。也可用稀盐溶液护色。将蘑菇分级后，浸入浓度为0.6%～0.8%的盐液中运往加工厂。盐液可减少水中氧的含量，抑制酶促褐变，达到护色的目的。浸泡时间不得超过6小时。

(3)预煮(杀青)

预煮通常采用夹层锅，小厂也可用不锈钢锅或搪瓷锅，水与菇之比为3∶2。水沸后，把菇放入锅内，煮沸10～15分钟(夹层锅煮5～8分钟)，视菇体大小、采摘时间或成熟度不同而有差异，一般以煮至熟而不烂为度。预煮时间不可太长，以免失水太多，组织硬化，失去弹性。有的用5%～7%盐水进行预煮，可使菇体肉质结实，不变形；有的用0.2%柠檬酸溶液进行预煮，兼有漂白作用，但应经常调整酸液浓度并定期更换，以防菇色变暗。预煮后，熟菇的重量比鲜菇下降35%～40%，体积为原来的40%，菌盖收缩率为20%左右。

(4)冷却

预煮后，及时放在流水中冷却，冷却时间以30～40分钟为宜。冷却时间太长，菇汁浸出，风味、香气均下降。冷却至手触没有热感时，捞起并沥干水分。

(5)分级和修整

装罐前，进行分级、修整。采用滚筒式分级机或机械振荡式分级机进行分级。分级标准按煮熟后的菇体大小来分级。整菇罐头的分级标准是：一级菇在1.5cm以下；二级菇为1.5～2.5cm；三级菇为2.5～3.5cm；四级菇在3.5cm以上，一般不超过4cm。要求菇体形态完整，无严重畸形，允许有少量裂口、小修整、轻度薄皮及菇柄轻度起毛。将各级菇倒在台板上，从中挑出不合格的褐斑菇、薄皮菇、畸形菇和碎菇，分别将它们加工成片菇和碎菇。大畸形、大薄片、大空心、轻度机械损伤及修整面积较大且深者，菌盖直径在4.5cm以下的，可纵切成3.5～5mm的薄片，加工成切片菇罐头。菌盖直径超过4.5cm的大菇及脱柄、脱盖、开伞但菌褶未发黑者，均可加工成碎菇罐头。整菇从顶部呈“十”字形切开，再加工成片状，菌柄横切成5mm厚。在蘑菇罐头加工过程中出现一些碎菇是不可避免的，一般整菇与碎菇的比例为6∶4～7∶3，随原料新鲜度、泡水时间长短、原料采收期及连续化操作程度而异。中期采收的菇比初、末期所采收的整菇比率大。

(6)装罐

装罐时应做到同一罐中大小均匀，不得混级。装罐量的多少常常取决于蘑菇的收缩率，通常为47.5%～51%。收缩率与菌种和预煮时间有关。固形物含量越高，收缩率越低；加热杀菌时的收缩与预煮时间成反比。罐藏蘑菇储藏过程中的收缩率随盐分浓度的增加而加大，但最终达到平衡。装罐的填装高度，玻璃罐比罐口低13mm(即顶隙13mm，下同)，马口铁罐比罐口低6mm。表12－6是几种不同罐型的装罐量。

表12－6　不同罐型的装罐量

罐型	净重(g)	规定固形物(%)	整菇装罐量(g)	片、碎菇装罐量(g)
761	198	58	120～125	115～120
9124	850	53.5	480～490	470～480
15173	2840	63.8～68	1890～1960	1900～2000

(7)注液

装罐后，注入盐液，加盐量为菇体重和汤液重的2.5%。在盐液中通常要加0.05%柠檬酸。在盐液中加入0.1%～0.2%的维生素C，有抗氧化作用，能保护菇色。此外，还可加入0.1%谷氨酸钠(味精)，以提高鲜味。注入罐内的盐液要浸没蘑菇，不能留有空隙。盐液入罐温度不得低于85℃，罐内中心温度不能低于50℃，以保证罐内形成真空。

(8)排气、密封

采用加热排气时，排气10～15分钟，罐内中心温度要求达到75～80℃，方可开始封罐。15173罐型的中心温度达到70～75℃即可。如采用真空封罐机封罐，在注入85℃盐液后，立即送入封罐机内进行封罐，封罐机的真空度维持在66.67kPa。

(9)杀菌、冷却

蘑菇易从菌床堆肥中感染耐热芽孢杆菌，该菌适宜生长温度为45～55℃，以pH在6～7较为适宜，杀菌不彻底容易造成蘑菇罐头酸败。杀菌方法通常是将罐头放在高压杀菌器内、在98～147kPa压力下，维持20～30分钟。杀菌温度和时间依罐型而定。如采用间歇式高压杀菌，其工艺条件如表12－7所列。

表12－7　不同罐型的杀菌式

罐　型	杀　菌　式
761	10′—23′—5′/121℃
6101	10′—23′—5′/121℃
7114	10′—23′—5′/121℃
9124	10′—27′—5′/121℃
15173	15′—35′—10′/121℃

杀菌结束后出罐，置空气中冷却到60℃，再放到冷水中冷却到40℃。也可采用反压冷却，这样能缩短冷却时间，有利于保持蘑菇的色、香、味，但反压冷却法的杀菌效果不如冷水冷却法。

(10)检验入库

①检验目的：一是测定罐头杀菌条件是否充分；二是找出罐头败坏的原因。

②检验内容：一是细菌检验；二是理化检验；三是感官检验。

③检验步骤：逐瓶检查，入库罐头，抽样送检。取样方法：按生产班次抽样，每3 000罐抽1罐，每班每个产品不得少于3罐，分别送检，作感官检验、理化检验和微生物检验(细菌学检验)。细菌学检验步骤如下：杀菌冷却至50℃→擦罐或利用余热干燥容器表面→35～37℃、5～7天保温培养→逐罐检查。如有胀罐，说明杀菌不足，应查明原因，以便纠正。

(11)注意事项

①护色装运

A. 在采收和运输过程中严防机械损伤。

B. 采收后于3小时内快速运往罐头厂加工，或用0.6%稀盐水浸泡，或用0.03%焦亚硫酸钠漂洗护色后装入垫有塑料布的菇箱内，再运往罐头厂。

C. 蘑菇在采收、运输和整个工艺过程中，必须尽量避免菇体长时间露于空气中。严格防止蘑菇与铁、铜等金属器皿接触，也应避免蘑菇长时间在护色液或水中浸泡，以减少风味损失。

②漂洗脱硫：蘑菇护色液普遍采用低浓度的焦亚硫酸钠漂洗护色，但焦亚硫酸钠若在菇体中残留过多，一则影响蘑菇风味，二则也有一定的毒性。目前趋向用清水或盐水浸泡护色。如果采用焦亚硫酸钠护色，必须充分漂洗脱硫。

③蘑菇预煮：要快速升温煮沸，以煮熟为准。冷却时用流水快速冷却，以减少营养与风味损失。

④片菇及碎菇：蘑菇切片(碎)后必须及时装罐加工。

⑤高温短时间杀菌：蘑菇罐头的杀菌基本属于对流传热，升温时间10～15分钟，不论罐头大

小，罐内中心温度很快可接近或达到杀菌锅内的温度。蘑菇罐头宜采用高温短时间杀菌，这样开罐后汤液清，菇色较稳定，组织也较好，空罐腐蚀轻。装罐时应做到同一罐中大小均匀，不得混级。

⑥预留顶隙：装罐量的多少常常取决于蘑菇的收缩率，通常在47.5%～51%。收缩率与菌种和预煮时间有关，固形物含量越高，收缩率越低。加热杀菌时的收缩与预煮时间成反比。罐藏蘑菇储藏过程中的收缩率随盐分浓度的增加而加大，但最终达到平衡。装罐的填装高度，玻璃罐比罐口低13mm，马口铁罐比罐口低6mm。

2. 草菇罐头

工艺流程：鲜菇验收→修整预煮→冷却漂洗→挑选分级→装罐→加汤液→排气密封→杀菌冷却→培养检验。

(1)原料验收

必须严格按鲜菇等级标准进行验收，标明等级，分别装在干净的容器中。

(2)修整

剔除杂物、开伞、破头等不合格菇。用小刀将菇根基部泥沙、草屑等清除干净，修削面保持整齐光滑，然后立即用清水漂洗干净。

(3)预煮与冷却

用夹层锅或铝锅预煮，清水烧沸后，将草菇置于沸水中预煮2次(水与菇之比为2∶1)。第1次煮5～8分钟。用冷水漂洗，再换水煮5～8分钟，预煮后用清水或流动水迅速冷却与漂洗。如收购点离加工厂较远，可先采取粗加工，方法是将修整好的草菇放入沸水中预煮5～7分钟，然后用冷水迅速冷透，装入干净的塑料桶内，加入2.5%的盐水和2%的柠檬酸溶液，立即送往加工厂。

(4)挑选分级

完整草菇分大、中、小3级，供加工整菇罐头，装罐。破裂等碎菇可供作切片菇罐头。大菇为横径3～4cm，直径(菇体高，下同)5cm；中菇为横径2～3cm，直径4cm；小菇为横径1.5～2cm，直径3cm。

(5)装罐

525g的罐头瓶装菇260～270g，315g的罐头瓶装菇150～160g。

(6)加汤液

用热水49L，加入1 000g食盐、25g柠檬酸。待食盐充分溶化后，用绒布或6～8层纱布过滤，汤液的温度控制在70～80℃，加至离瓶口1cm。

(7)排气、密封

加汤液后的罐头采用加热排气法，排气10～15分钟，罐内中心温度为75～80℃时方可密封。罐内真空度要求达到46.67～66.67kPa。

(8)杀菌、冷却

封罐后把罐头立即送入杀菌锅杀菌(如选用立式杀菌锅，将水预热，水温控制在60℃左右，锅内水高于罐头10～15cm)。

杀菌公式：30′～60′—反压冷却/118℃，罐中心温度冷却至40℃以下。

(9)培养检验

将杀菌后的罐头用纱布擦干净，堆放在培养室内，在30～35℃下培养5～7天。每批罐头中抽样进行生物指标检验，合格者出厂。

(10)注意事项及要求

①草菇属高温型菇，而且是在夏季出菇，温度高，采后极易开伞或破膜，必须及时采取措施(快速预煮)，终止草菇的生命活动，防止其继续生长。在距加工厂远的产区，可就地预煮冷却后及时带汤运回工厂。严防煮熟的草菇在运输途中酸败变质。

②清晨采菇时，禁用煤油灯照明，以防煤油沾污，影响整批菇的风味。装鲜菇的包装物要洁净，禁用混有其他化学药品(农药、化肥等)的包装物。

③草菇罐头易产生酸败物质，工艺流程要快速，工作器具必须严格清洗消毒，杀菌时间与温度必须严格控制。

3. 金针菇罐头

金针菇制成的罐头食品价格通常是蘑菇罐头价格的4～5倍，是国际市场上的畅销品种，被视为名贵的高级食品。金针菇罐头的加工工艺简单，一般食用菌厂、食品加工厂只要添置少量设备即可生产。

(1)物质准备

①主要设备：封口机、磨浆机、加热或真空排气设备、高压杀菌锅、钢精锅、温度计及部分厨房用具等。

②水质要求：生产用水必须经防疫部门卫生检查合格(符合国家饮用水标准)，透明澄清，无悬浮物，无臭异味，无致病细菌，无寄生虫卵等。

③材料要求：供罐头加工的鲜菇必须是当天采收的一级、二级菇；精盐要洁白干燥，纯度在99%以上；柠檬酸要洁白，呈颗粒状或粉末状的高纯度结晶。

(2)质量标准

①感官指标

A. 色泽：菇盖白色至乳黄色，菇柄乳黄色至黄色，汤汁透明清晰，允许含有不引起浑浊的少许碎屑。

B. 品质：菇盖软滑，菇柄脆嫩，具有金针菇固有的鲜味和香气，无异味。

C. 组织形态：整装菇形态完整。一级品菇盖未开伞，直径0.8cm以下，柄长13～15cm；二级品菇盖直径1.5cm左右，允许半开伞，柄长9cm以上。菇柄基部色泽较浅，无病虫，无斑点。

D. 杂质：不允许存在。

②理化指标

A. 净重250g、500g装的罐头，允许误差±3%，每批平均不低于净重。

B. 固形物不低于净重的55%。

C. 氯化钠(食盐)含量控制在2%以下。

D. 汤汁pH为4左右。

E. 重金属含量。每千克制品中，锌含量低于200mg/kg，铜含量低于10mg/kg，铅含量低于2mg/kg。

③微生物指标：无致病菌及其他微生物作用所引起的腐败征象。

④罐型：260g、520g玻璃罐，容器质量应符合部颁标准。

(3)加工工艺

①原料验收与修整：原料的验收标准：未开伞，菇盖直径0.8cm以下；菌柄长10～15cm，上部白色，基部1/3呈淡黄色至黄色，嫩而脆；菇形完整，无畸形，无机械损伤，无病虫斑点，无异味。整丛的金针菇，剪去菇根，再切去褐色部分，剔除不合格菇并分级。

②护色处理：用0.05%焦亚硫酸钠溶液或0.6%盐水漂洗2次，再用流水冲洗多次，洗去残存的焦亚硫酸钠溶液，二氧化硫残留量不超过0.002%。

③预煮杀青：金针菇洗净后及时进行杀青处理，以杀死菇体细胞，破坏酶系统，并使组织软化，增强弹性，以便于装罐。方法是：将鲜菇放在100℃的0.06%柠檬酸溶液或5%食盐沸水中(菇和溶液比为1∶4)预煮3～5分钟(从投菇后水沸起计时)，以菇体中心熟透为准。预煮液可使用3次(第2次、第3次应适当调酸或调盐浓度)。

④冷却漂洗：杀青后迅速捞起，投入清水中冷却，再投入生理盐水中进行脱色，漂洗时间不宜超过1小时。

⑤拣选分级

A. 整装菇A级：菇盖直径0.8cm以下，未开伞，柄长13cm左右，白色至乳黄色。

B. 整装菇B级：菇盖直径1.0cm左右，柄长9cm以上，基部色较深，但不呈褐色。

C. 段装菇：菇柄基部切下的褐色部分切段装作"肉絮"罐头，柄段的长短基本一致。

D. 金针菇酱：不合格的等外菇及菇根等可用磨浆机打碎作酱。

⑥罐盖打字：按规定，全国统一采用厂代号、年、月、日、班及产品代号顺序排列法打字或印字，字迹要清晰，不得压透。

⑦煮胶圈嵌盖：将胶圈置沸水中煮1～2小时，然后嵌在马口铁盖内，再将上好胶圈的盖置于沸水中煮几分钟。

⑧配制汤液：锅内加水10L，精盐250g，煮沸后加入柠檬酸50g，使pH为4左右，再用4～6层纱布过滤。

⑨空罐处理：将瓶放在40～50℃水中刷洗干净，移入60～70℃的水中洗涤，再逐瓶倒入1/5瓶的清洁热水冲洗，倒置于盘中，趁热取用，不宜放凉，以免注汤液排气时炸瓶。

⑩过磅装罐：520g玻璃罐装金针菇不得少于290g；260g玻璃罐装金针菇145g。装罐前再次检查空罐是否干净，有无破裂。手工装罐时应注意造型美观。

⑪注汤液：装好罐后及时注入70℃左右的汤液，至离瓶口5mm处，随即加上橡皮圈盖，但不盖紧，将罐放入排气蒸笼内加热排气。

⑫排气封罐：采用加热排气法。当罐头瓶的中心温度达80℃、汤液涨至瓶口、空气已被基本排除时，及时将罐头放在封口机上封口。真空抽气密封时压力46.67～53.33kPa。封好口的罐置杀菌筐内保温准备杀菌。

⑬高温杀菌：将装有罐头瓶的杀菌筐放在高压杀菌锅内加温或通入蒸汽杀菌，在98kPa压力下保持30分钟，然后反压冷却。杀菌公式为10′～30′～10′/121℃。在杀菌锅水中加0.05%亚硝酸钠可防止铁盖生锈。

⑭冷却涂漆：杀菌后的罐头，要求在40分钟内逐级冷却到罐内中心温度40℃以下。冷却后，将罐盖罐身的水珠擦干。国产马口铁罐盖最好涂上防锈漆保护，以免在存放时生锈。

⑮保温打检：将冷却到35℃左右的罐头立即搬入保温培养室，在37±2℃下培养5～7天。用自行车钢条逐瓶敲打罐盖检查，剔除变质漏气、浊音等不合格罐。合格者贴商标，入库存放。

⑯开罐评审：每批罐头按1%～3%抽样，开罐品评。按照成品质量标准评比，要严格把关，以保证产品质量和信誉。

(4)注意事项

在加工过程中,忌与铁质、铜质容器和器皿接触,以防变色。上面介绍的工艺是以玻璃罐头瓶为容器的金针菇罐头加工工艺。若以马口铁罐为容器,上述的加工要点也适用。

4. 香菇罐头

目前香菇的主要加工手段是干制。为增加香菇商品的花色品种,也可把香菇加工成罐头,以提高经济效益。

(1)原料菇的选择与处理

选菇色正常、大小适中、无病虫害、无霉变、无畸形、无破碎损伤的新鲜香菇,用清水洗去(必要时)菇表及菌褶内的杂质,剪去柄下部木质化部分,留1cm左右。大菇切成3块,中菇切成2块,小菇不切。

(2)预煮与冷却

将菇体放在5%盐水中煮8～10分钟,或用0.05%柠檬酸溶液预煮,菇与溶液的重量比为1∶5。煮透,外观呈半透明状,捞起放入冷水中冷透,沥干水后装罐。

若来不及加工,可将经过预煮的菇放在酸盐液中暂时保存。酸盐液的配方为:水100L、盐18千克,明矾150g,再用柠檬酸调pH至3～4。或用5%食盐,加0.1%山梨酸和0.05%苯甲酸钠混合物,用柠檬酸调pH至3～4。

装罐时要用清水充分漂洗去盐分和化学防腐剂。

(3)汤液配制与装罐注液

①汤液配方:预煮菇汤70%、水27.5%、精盐2.5%,外加0.05%柠檬酸。配好后用4层纱布过滤,加热至80℃后注入罐中。

②装罐注液:按不同的罐型要求,定量加入香菇,然后注入配好的汤液,液面距罐口5mm。若用塑料铝箔包装制软罐头,注液也应留出空隙。

(4)排气与封罐

加热排气,使罐中心温度达到75～80℃,排气8～15分钟。若用塑料铝箔包装,也要把内容物加热至70～80℃排气。排气后趁热密封。

(5)杀菌与冷却

罐型为284g和397g的罐头,杀菌公式为10′～23′～10′/121℃;罐型为850g的罐头,杀菌公式为10′～30′～10′/121℃,反压冷却。杀菌后迅速冷却至37～40℃。

(6)保温打检

将冷却后的罐头立即搬入保温培养室,在35～37℃下培养7天左右,逐罐敲打罐盖,检查胀罐、漏气、浊音等不合格罐,将合格罐装箱入库。

(7)开罐评审

经保温打检过的合格罐头,检查罐头外形,抽样开罐品评。要求产品色泽淡黄,汤液清晰,有香菇特有的香味。

5. 银耳罐头

(1)原料的选择及处理

选择朵大、片厚、色白的银耳,放入干净的凉水中浸泡40分钟,使之充分吸水展片。然后去蒂、去杂,将耳片撕成2～3cm见方,冲洗干净,稍滤干装罐。

(2)装罐

将经过处理的银耳装入金属螺旋盖的广口瓶中,装至瓶高的1/3～1/2,一般1 000g干耳可装200瓶(300g装的罐头瓶)。

(3)制糖液及注液

汤液通常用20%糖水。先准确称取白糖倒在铝锅中,然后倒入5倍量的沸水,再加入0.05%柠檬酸(不可多加,酸在高温时易使糖液的颜色变深)。将铝锅放在大铁锅中进行水浴,加热至微沸,用4层纱布过滤后,趁热加入罐头瓶中,至离罐口5mm处。

(4)排气与密封

将加了糖液的罐头瓶放在蒸笼中,用橡皮垫圈垫在螺旋盖中,并盖在瓶口上,不必拧紧,以利于排气。然后将蒸笼盖严,大火加热使蒸笼内的蒸汽快速达到100℃时,开始计时间。45分钟后,取下蒸笼,用毛巾包着将螺旋盖拧紧,放在沸水中浸泡20分钟后取出,用毛巾擦干净,放在干燥荫凉处,使之自然冷却,即可食用。

(5)注意事项

装罐前,罐头瓶、橡皮垫及螺旋盖一定要洗干净。另外,若螺口瓶、螺旋盖没有损坏,可回收继续使用,但橡皮垫圈不宜再用。

上述方法适用于家庭或小批量生产。若需大量生产,除银耳处理及糖液制备外,其他工艺要求可参阅平菇罐头加工工艺。

6. 滑菇罐头

滑菇在我国种植较少,但在国际市场上(特别是日本)与金针菇一样畅销。随着出口贸易和国内市场要求的增加,滑菇罐头生产将会增多。这里简单介绍日本滑菇罐头的生产工艺。

(1)分级

滑菇罐头分级没有统一标准。表12－8是日本山形县罐头协会的滑菇罐头分级标准。

表 12－8　日本山形县滑菇罐头标准

类　别	等级代号	菌盖直径(mm)	菌柄长度
未开伞菇体	T	10 以下	为菌盖直径的 2/3 以下
	S	10～16	
	M	16～22	
	L	22～28	
开伞菇体	F	20 以下	比菌盖直径稍短
	E	20～30	
	J	30～50	

要求菇体无病斑、无虫蛀、无破损、无重大畸形。

(2)装罐

将水洗后的滑菇按罐型要求装入罐内。常用几种罐型的内容量标准如表 12－9 所示。

表 12－9　滑菇罐头内容量标准

罐型	固形物(g)	内容总量(g)
4 号	200	400
5 号	90	200
6 号	140	270

该工艺没有预煮阶段。装罐经加热处理后，菇体内水分向外渗出，使固形物重量减轻，装罐时装入量比标准内容量多些，一般增加 75%～80%。例如，4 号罐内容量为 200g，应加入鲜滑菇 350g，再加水 50ml，使内容总量达到 400g。装罐时要特别注意不要混入杂物。

(3)排气与封罐

装罐后送入排气箱进行排气。排气时要求罐中心温度达到 85℃以上，4 号罐排气 15～20 分钟，6 号罐排气 10～15 分钟，排气完后趁热封罐。排气温度要控制好。温度过高，滑菇或汤液容易流出；温度太低，排气不充分，影响产品质量。

(4)杀菌

封罐后立即杀菌，杀死罐内腐败性微生物。杀菌有煮沸杀菌和蒸汽杀菌两种。只要杀菌彻底，效果是相同的。必须掌握好杀菌时间。杀菌时间太长，滑菇的色泽不好；杀菌时间太短，杀菌不彻底。如果杀菌温度是 100℃，4 号罐需 1 小时，6 号罐需 40 分钟。

滑菇与其他食品不同，虽然经 100℃杀菌 1 小时，但为了达到充分杀菌的目的，杀菌 1 小时后，降温慢些为好。经过排气、封罐的罐头必须当天杀菌，不可放到第 2 天。

(5)冷却

杀菌后的罐头放在流动的冷水中分段冷却 1 小时，取出后擦干。

(6)保温打检

冷却后的罐头，经 35℃培养 1 周后，用检验棒轻轻敲打，根据声音来判断合格与否。

(7)装箱

每箱装 4 号罐 48 听，或 6 号罐 96 听。不要把不同等级的混装到一个箱里，箱外注明规格和厂名后，封箱打包。

(四)罐头常见败坏现象及其原因

罐头食品败坏的现象和原因很复杂，现将常见的败坏分为 3 类并简单予以说明。

1. 罐形变化的败坏

(1)胀罐

细菌作用产生气体而形成的内压使罐头的底盖向外突出，这种胀罐根据发生阶段的不同有轻微和严重胀罐之分。

①撞胀：罐头外形正常。如将罐头抛落撞击，能使一端底盖突出；如施加压力，底盖即可恢复正常。

②弹胀：罐头一端或两端底盖稍向外突出。如施加压力，可以保持一段时间的向内凹入的正常状态。

③软胀：罐头的两端底盖都向外突出。如施加压力，可以使其正常。但是除去压力，立即恢复外突状态。

④硬胀：这种胀罐最严重，施加压力也不能使其两端底盖平坦凹入。

胀罐的形成是由于细菌的存在和活动产生气体，导致罐头内容物发生恶臭味和产生毒物。

轻微的胀罐(如撞胀或弹胀)也可能是由于装罐过量、排气不够或杀菌时热膨胀所致，这种胀罐无害。

⑤氢胀：这也是一种胀罐，外形与上面的胀罐一样，发展的阶段也是一样。但胀罐的原因不一样，它是由于罐壁的腐蚀作用而释放出氢气，产生内压，使罐头底盖外突。这种胀罐多发生在酸性菇类罐头中，如汤液中加了太多的柠檬酸，且用马口铁包装的罐头，常发生这类胀罐。这类胀罐不危及人体健康。

(2)漏罐

由罐头缝线或孔眼渗漏出部分内容物。这是由于封盖时缝线形成的缺陷，铁皮腐蚀生锈穿孔，或由于腐败微生物产生气体而引起过大的内压。损坏缝线的密封，或机械损伤，都可造成这种漏罐。

(3)变形罐

罐头底盖不规则出现峰脊状，很像胀罐。这是由于冷却技术掌握不当，消除蒸汽压过快，罐内压力过大造成严重张力而使底盖不整齐地突出，冷却后仍保持其突出状态。这种情况一冷却就形成，而不是在罐头储存过程中形成的。罐内并无压力，如稍加压力即可恢复正常。这种类型对罐内菇体品质无影响。

(4)瘪罐

多发生于大型罐上，罐壁向内陷入变形。这是由于罐内在排气后，真空度增高、过分的外压或反压冷却等操作不当造成的。对罐内菇体品质无影响。

2. 理化性状败坏

这类败坏主要表现在菇体变色、变味等。菇体变色形成的原因很多，例如，储藏时间过长，菇体内含硫物质与铁皮腐蚀下来的铁反应产生黑色物质，污染菇体。菇体内的单宁也可与铁皮起反应产生黑色物质。

罐头铁皮的腐蚀是一种电化学作用。防止方法：充分预煮、排气；留有的顶隙对氢气有足够的容纳量；罐头尽量储存在低温干燥地方，用适当的马口铁材料。

菇类罐头也常发现异味现象。在原料预处理过程中，由于卫生条件太差或过分拖延时间，使产品在微生物的作用下产生异味。容器气味的污染也会产生异味，如用松、杉木箱装运菇体及金属容器接触菇体等。如果容器内部在制作中污染机油、柴油、汽油等，会带来严重的异味。此外，菇体也会因酶在热处理时没被破坏，在储藏时发生酶促生化反应，使菇体败坏而产生异味。

3. 微生物引起的败坏

(1)杀菌不彻底引起的败坏

杀菌不彻底致使某些微生物得以幸存，在适宜的条件下，微生物活动起来。产生气体的形成胀罐；不产生气体的，罐头外形无变化，而罐内菇体腐败，如酸败。这类败坏是由于微生物在杀菌过程中没有完全被杀死，有的虽严格执行了杀菌操作要求，但由于原料过分受污染，大量细菌存在而使杀菌达不到要求。

(2)漏罐引起的败坏

由于封罐机调节不当，形成缝线缺陷；或因杀菌操作不慎，造成缝线松弛；或因冷却水过分污染，冷却时罐内吸入污水；或因处理不当，损害密封缝线等，引起外界微生物侵入罐内，产生败坏。

(3)杀菌前的败坏

在原料准备时间过久，微生物的繁殖而导致严重败坏。杀菌后只不过停止继续败坏，已形成的败坏仍保留在罐中。

第八节 食药用菌速冻加工技术

将漂烫冷却的食用菌子实体置于低温环境下，使其迅速通过冰晶形成阶段，然后放置在低温冷库中冻藏的加工方法，称为食用菌速冻加工。

现在，我国生产的肉、鱼、禽、虾等速冻制食品，已远销国外。速冻食用菌食品也将随着我国国民经济不断发展和人民生活水平不断提高而迅速发展，成为我国食品工业中的一项重要产品。

一、速冻加工原理

微生物的生长繁殖和食用菌内固有酶的活动常是导致子实体腐败变质的主要原因。经过漂烫杀青、速冻后冻藏的食用菌，自身已丧失了活力，酶解作用完全中止；同时，子实体中的水冻结成冰后，使微生物无法利用子实体中的水分与营养(水变为冰的实际效果，与脱水干制的效果相仿)；冻藏又造成了一个低温(－18℃左右)的环境，使腐败微生物无法活动，使产品得以保藏。

二、速冻加工技术

速冻蘑菇是我国食用菌出口的产品之一。由于采用快速冻结的先进设备和科学工艺，可在30～40 分钟内完成冻结过程，使冻品的中心温度达到－18℃，从而使蘑菇在冻结过程中所发生的各种现象达到最大限度的可逆性，使速冻蘑菇较大程度地保持鲜菇的营养价值和风味。

(一)工艺流程

原料挑选→护色装运→漂洗脱硫→大小分级→漂烫→冷却→精选和修整→排盘和冻结→挂冰衣→包装冷藏。

(二)技术要点

1. 原料挑选

速冻蘑菇主要是外销,原料菇必须根据出口要求严格挑选。原料必须新鲜,色白,菇体完整,无病虫害,无杂质,无异味;菇盖直径 2～5cm,圆形或近圆形,无明显畸形,表面光滑,无鳞片,无斑点,无机械损伤,不得开伞,但允许菌幕与菌柄即将脱离而未裂开,菌褶未变黑的轻微薄皮菇;菌柄切削平整,长度≤1cm,切面无空心、无缺刻、不起毛、无变红等现象。总之,宜挑选外观鲜美、品质上等的鲜蘑菇作为原料菇。

2. 护色装运

蘑菇采收后,由于呼吸作用、蒸腾作用和酶促褐变等原因,容易失重、萎蔫、变色或变质,导致鲜菇质量下降。为有效地抑制上述现象发生,采收后尽可能在 2～4 小时内加工。如果蘑菇房离加工厂较远,采收后要立即(一般在 3 小时内)进行护色处理,并及时装运至工厂加工。

鲜菇护色方法有以下 2 种:

①稀薄食盐溶液护色装运:蘑菇采摘后浸入浓度为 0.6%～0.8%食盐溶液中运至加工厂。根据食盐对酚酶的钝化作用,需要 20%的浓度才行,但这会严重影响蘑菇风味和品质。生产中使用低浓度盐液,可减少水中氧的含量,而且氯离子也可阻止酚酶对底物的作用,从而减缓褐变。采用此法,要求从浸泡到加工不得超过 6 小时。

②亚硫酸盐溶液处理:常用的亚硫酸盐有亚硫酸钠、焦亚硫酸钠等。为防止蘑菇氧化褐变、有效地抑制氧化酶的活性,采收后先用 0.03%焦亚硫酸钠溶液漂洗 1 次,再移入 0.06%焦亚硫酸钠溶液中浸泡 2～3 分钟,换清水运至加工厂。加工厂若远离菇房,可在当地进行护色处理后,捞起用塑料薄膜袋盛装,并套以木桶或木箱,扎口快速运至厂内。

3. 漂洗脱硫

近年来,随着食品工业的发展,食品卫生要求日益严格,亚硫酸盐用于护色,目前在美国已完全禁用,日本部分厂家尚有应用,我国也不主张应用。必须应用时,应严格掌握好护色液浓度和护色时间,既要达到护色效果,又要避免产品含硫量太高。

经过亚硫酸盐护色处理后的蘑菇,进厂后随即捞出移入流水中漂洗脱硫,将蘑菇中二氧化硫的含量降至国家标准(二氧化硫残留量≤0.002%)范围内。通常漂洗 30 分钟即可。

4. 大小分级

为便于漂烫和销售,蘑菇护色、漂洗后应立即按大小分级。

根据速冻蘑菇销售习惯,成品大小规格按菇盖直径大小可分为大、中、小 3 个级别。大级菇 36～45mm,中级菇 26～35mm,小级菇 15～25mm。鲜菇含水量较高,漂烫后水分外溢,菇体缩小约 5mm,因此,原料菇(鲜菇)直径应比成品菇相应增大 5mm 左右。

在按大小进行分级的同时,检查和剔除不合格菇及杂质。护色液的护色作用一般仅能维持数小时,因此护色处理后的蘑菇要尽快进行大小分级,边护色,边漂洗,边分级,边漂烫,边冷却,尽量缩短蘑菇在空气中的暴露时间,以免影响护色效果。

5. 漂烫与冷却

漂烫可用倾式夹层锅或连续式漂烫机,也可用白瓷砖砌成的漂烫槽(池),通入蒸汽管加热连续漂烫。通常 150L 水每次投料以 15 千克为宜,漂烫液可添加 0.3% 的柠檬酸,将 pH 控制在 3.5～4.0。沸煮时间:大级菇2.5分钟,中级菇2.0分钟,小级菇1.5分钟。为了保证漂烫质量,在漂烫过程中,应注意水质混浊度及 pH 值变化情况,随时更换漂烫液。

为了保持蘑菇固有的良好风味,漂烫与冷却要紧密衔接。可将蘑菇连同所装竹篓一同移入 3～5℃流动冷却水池中或碎冰水槽中冷却 15～20 分钟,以最快的速度使漂烫后的菇体温度降至 10℃以下。生产中要经常注意冷却池中冷却水的温度,适时加冰降温。

6. 精选和整修

精选和整修是保证产品质量的重要一环。漂烫、冷却后的蘑菇可倒在清洁的不锈钢台面上进行精选,剔除脱柄菇、掉盖菇、畸形菇、开伞菇、变色菇、菌褶变黑菇等不合规格的劣质菇。对于泥根、柄超长、起毛或斑点菇应进行整修。对于特大菇和缺陷菇,经修整后可作为生产速冻片菇加以利用。

7. 排盘和冻结

(1)排盘

将蘑菇精选和整修后,即进行速冻。为使蘑

菇能在短时间内快速冻结，必须采用排盘散冻。冻结前，先将菇体表面附着的水分滤干，单层摆放在冻结盘中，同时用沸水消毒过的毛巾拭干盘底积水，然后进行速冷。

(2)速冻

将单层摆放的蘑菇连同冻结盘置于螺旋冻结机入口处的不锈钢网状传送带上，传送带由下部进入后旋转上升，由上部传出。传送带的运行速度可随冻品的排盘厚度和工艺要求进行调节。冻结温度为－40～－37℃，冻结时间30～45分钟，冻品中心温度达－18℃。

8．挂冰衣

挂冰衣是指在速冻处理后的菇体表面裹一层薄冰，可使菇体与外界空气隔绝，防止蘑菇干缩、变色，保持冻品外观色泽，延长储存时间。如冷链运输条件特别好，而且不需要延长储存时间，也可不挂冰衣，速冻后直接包装冷藏。

挂冰衣多在螺旋冻结机出口处的低温车间内进行。将经过冻结的蘑菇(有互相黏连的先用小木槌轻轻敲开，使之成单个菇粒)，立即倒入小竹篓中，每篓盛装约2 000g，随同竹篓一起浸入2～5℃的清洁水中。2～3秒钟后立即提出竹篓，倒出蘑菇，菇体表面很快形成一层透明的薄冰衣。速冻蘑菇的冰衣厚度以薄为好，过厚影响外观，一般以增重8%～10%为宜。为防止挂冰衣的冷水结冰，在操作过程中，每隔一定时间，可添加适量清水，使冷水温度维持在2～5℃。

9．包装和冷藏

(1)包装

包装是为了保护商品性状、便于保管和运输。包装通常结合挂冰衣工序同时进行。包装常按出口规格要求分为0.5千克/袋和2.5千克/袋两种，用无毒、耐低温塑料袋盛装。采取边挂冰衣、边装袋、边秤重、边封口的流水作业法，随后装入双层瓦楞纸箱内。纸箱必须牢固，表面涂布防潮涂料，箱内衬垫防潮纸，箱中整齐地排列一定的袋数，箱口用封口纸黏牢固。箱外印刷品名、规格、生产日期、生产厂家等，随即搬入低温冷库(冻库)冷藏。在包装过程中，包装车间温度要低，包装操作迅速准确，避免冻品回温，造成冰衣溶化，影响品质。

(2)冷藏

为了使速冻蘑菇在较长时间内安全储藏不变质，必须在低温冷库中冷藏。储藏期冷库温度应稳定在－18℃，库温波动不超过1℃，相对湿度95%，湿度波动不超过5%。同时，速冻蘑菇应避免与有挥发性气味或腥味的冻制品储藏在一起，并要掌握好安全期，执行先进库先出库的原则。经常检查冻品的品质变化和库内温度变化，发现问题及时处理。

加工合格、管理得好的速冻蘑菇，一般可安全储藏3～12个月。

三、个体冻结法及速冻设备简介

(一)个体冻结法

颗粒状食品，不论是蔬菜、虾肉，还是蘑菇、草菇，原先都是先行包装，冻结成块。现采用先个体冻结后再包装的方法，这样从袋内倒出食品非常方便。个体冻结时，散体食品(如蘑菇)常有相互黏连现象。故包装前从冻结盘中倒出的食品常先用粗碎机将相互黏连的成品进行机械离散，也可用小木槌敲散，再进行包装。

(二)速冻设备简介

1．鼓风速冻室

可供分批冻结用的鼓风速冻室。

2．隧道式速冻设备

是用输送带或小推车进行连续冻结的隧道式鼓风速冻设备。手推车到达隧道式速冻设备末端时食品业已完全冻结，手推车可以直接送往冻库内保藏。

3．回旋式速冻设备

生产线用回旋式输送带式速冻设备，可以和连续生产线组合在一起，适宜冻结散体食品。

螺旋冻结机(图12－11)冻结室为方形的直立井筒体，装食品的浅盘自下而上移动，在传送过程中完成冻结。一般可用于冻结青豆、蘑菇等颗粒食品。

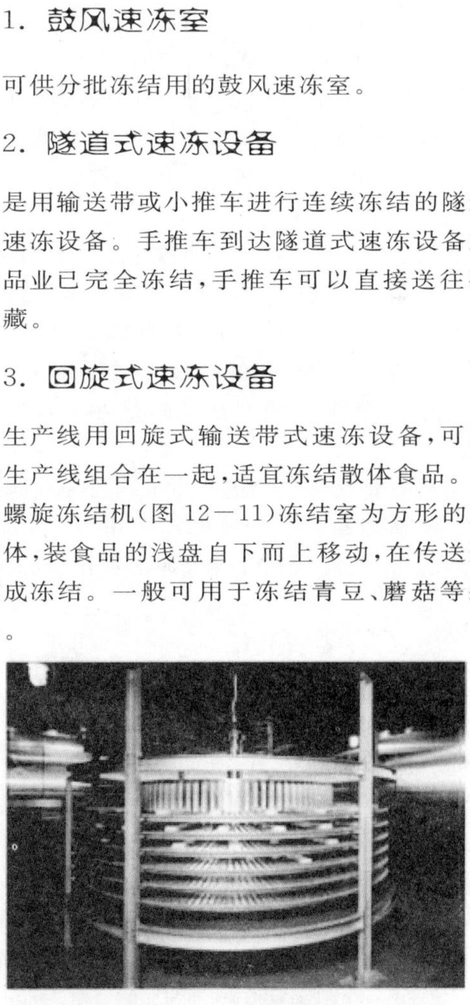

图12－11 螺旋冻结机

第九节 食药用菌深加工技术

随着科学技术的不断进步，人们生活水平不断提高，人类一直探索寻找能改善生物功能、使人类更健康、精力更充沛、可延年益寿的新物质资源和膳食结构。

近年来，人们发现食药用菌是一种天然营养保健品资源，食用和药用价值更受到重视。食用菌类食品集营养性、天然性、安全性、药用性于一身，有着巨大的优势和市场潜力。迄今已研制成许多食用菌类功效食品（Functional Food）、休闲食品类绿色食品，例如平菇、金针菇、银耳饮料、猴头菇口服液、猴头菇蛋黄酱、香菇蒜蓉酱、香菇松、茯苓八珍糕、茯苓夹饼、银耳茯苓八宝粥等。

传统意义上的食用菌加工，一般是指干制、盐渍、罐藏和速冻加工。就其本质而言，只是一种食用菌保藏的手段，其商品性质（包括蘑菇形态和风味）并未发生变化。食用菌深加工是指采用不同的加工工艺，使蘑菇制成品的商品外观和内在品质出现根本性变化，并具有各自的商品属性。食用菌深加工有极为丰富的内涵。根据商品性质和市场的不同，可以划分为食品类、保健食品类和真菌药剂。

食品类包括老年食品、儿童食品、功能食品、运动员食品、美容食品、旅游食品等。保健食品包括营养口服液类、保健饮料类、保健滋补酒类、速溶茶类、浸膏糖浆类、保健胶囊类、蘑菇精粉类、菌粉类、孢子粉类等。灵芝孢子粉是孢子粉的唯一代表。

菌粉主要是深层发酵产物的干制品，蘑菇精粉是子实体经超低温粉碎的超细粉末。灵芝粉、香菇粉、灰树花粉、虫草菌粉、姬松茸粉、猴头菇粉等都属于菌粉类。

精粉表面积大，吸收好，较之菌粉能更好地保存生理活性成分，故在保健食品生产中格外引人瞩目。目前生产的精粉有"灵芝精粉"、"虫草精粉"、"牛肝菌精粉"以及"富硒蘑菇精粉"等。精粉和菌粉除直接服用外，又是保健食品生产基料的重要来源。

真菌多糖是一类具有重要药用价值的生物活性物质，受到国内外食用菌界和药学工作者的重视。目前，已经广泛开发应用的真菌多糖种类很多，有安络小皮伞多糖、灵芝多糖、云芝多糖、香菇多糖、虫草多糖、桑黄多糖、枸杞多糖、猪苓多糖、蝉花多糖、灰树花多糖、姬松茸多糖、猴头菇多糖、金针菇多糖、鸡腿菇多糖、蜜环菌多糖等。

真菌药剂是药用真菌与临床医学相连接的桥梁，一直为我国药学工作者所重视。自 1985 年实施《药品管理法》以来，经省、部批准生产的真菌单方或复方药剂有"香云肝泰片"、"珍合灵片"、"心肝宝胶囊"、"胃乐新"、"复方树舌片"和"竹红菌软膏"等 100 多个品种。加强真菌药剂的研制与开发，对人类保健事业和发展食用菌深加工都具有重要意义。

食药用菌深加工涉及到菌物学、发酵科学、食品工程学、生理学、营养学、医学、药学、预防医学、生物化学、生产管理学等多个学科。为适应国际大市场竞争，开发高品位产品涉及到多种高新加工技术。推动这门产业的健康发展，不但要有各学科专业技术人员和管理人员的合作，还应设立专业研究机构，在高等院校培养专业人才，才能更好地促进食药用菌深加工的发展，形成新的产业结构，使我国食药用菌产业走上新台阶。

参考文献

[1] 陈一资. 食品工艺导论[M]. 成都：四川大学出版社，2002.
[2] 蒋冬花，许朝渊，张萍华，等. 3 种保鲜剂对香菇保鲜效果[J]. 食品科学，2004，25(9)：194-197.
[3] 罗云波，蔡同一. 园艺产品储藏加工学(储藏篇、加工篇)[M]. 北京：中国农业大学出版社，2003.
[4] 陆中华，陈俏彪. 食用菌储藏与加工技术[M]. 北京：中国农业出版社，2004.
[5] 刘超，徐宏青，王宏. 双孢蘑菇辐照保鲜研究[J]. 安徽农业科学，2002，30(6)：848-850.
[6] 闵绍桓. 食用菌生产机械与设备[M]. 上海：上海科学技术文献出版社，1991.
[7] 吕作舟. 食用菌保鲜与加工[M]. 广州：广东科学技术出版社，2004.
[8] 吕作舟. 食用菌栽培学[M]. 北京：高等教育出版社，2006.

[9] 谢宝贵，吕作舟，江玉姬．食用菌储藏与加工实用技术[M]．北京：中国农业出版社，1994.
[10] 杨新美．食用菌研究法[M]．北京：中国农业出版社，1998.
[11] 叶蕙，陈建勋，余让才，等．γ辐照对草菇保鲜及其生理机制的研究[J]．核农学报，2000，14(1)：24-28.
[12] 张树庭，Miles P G．食用蕈菌及其栽培[M]．保定：河北大学出版社，1992.
[13] 赵晋府．食品工艺学[M]．北京：中国轻工业出版社，1999.

（吕作舟）

第十三章 中国食药用菌生产贸易现状与展望

ZHONGGUO SHIYAOYONGJUN SHENGCHAN MAOYI XIANZHUANG YU ZHANWANG

摘要：本章主要介绍了我国近年来食药用菌生产总量与产值，出口量与创汇总值，并对国内外食药用菌消费市场进行了评析与展望。

Current Status and Future Prospects of the Edible and Medicinal Mushroom industry in China

Abstract: This chapter is comprised mainly of commercial data relating to edible and medicinal mushroom production in China in recent years, assessments of the value of crop yields, and an appraisal of the levels and value of mushroom exports. The present status of commercial mushroom markets, and the future prospects for the mushroom industry, in both China and worldwide are discussed and evaluated.

第一节 概 述

中国是认识和利用食药用菌最早的国家，早在公元前 5000～4000 年的旧石器时代，中国人已采食蘑菇了。

中国也是食药用菌栽培最早的国家，多种食药用菌栽培起源于我国，同时也是食药用菌栽培种类最多的国家。

食用菌作为天然营养食品，不仅味道鲜美，而且营养丰富，含有人体必需的 8 种氨基酸、14 种维生素及多种矿物质成分和功效成分。经常食用可全面调节人体生理功能，促进新陈代谢，是人类理想的保健食品。菌类食品作为功能性食品具有巨大的开发潜力。

据中国食用菌协会统计，1978 年，我国食药用菌总产量为 6 万吨，仅占当年世界食用菌总产量的5.7%。1979 年改革开放以后，我国食药用菌产业发展十分迅速。1988 年，我国食药用菌总产量已达 70 万吨，跃居世界第一。1990 年，是我国食药用菌生产发展的重大转折点，总产量超越了 100 万吨大关。以后几乎每年以 15%的速度递增，2003 年，一举突破了1 000万吨大关。2009 年，全国食药用菌总产值达 1 103 亿元，在农业产业中生产总值仅次于粮、油、果、蔬，居第五位，成为世界食用菌业第一生产大国与出口大国，占世界总产值的 70%以上。食药用菌产业已成为我国重要的农业支柱产业和创汇产业。

我国食药用菌产业经历了 30 年的快速发展，已基本完成了数量的扩张，迎来由数量型向质量型增长的转型，由生产大国向食药用菌强国转变。

第二节 我国食药用菌产量与产值

我国 2005～2009 年食药用菌产量与产值，请参阅表 13－1。

表 13－1　全国各省市 2005～2009 年食药用菌产量与产值

地区＼年份	2005 年		2006 年		2007 年		2008 年		2009 年	
	产量（吨）	产值（万元）	产量（吨）	产值（万元）	产量（吨）	产值（万元）	产量（吨）	产值（万元）	产量（吨）	产值（万元）
北京市	36 247	23 831	66 171	42 356	—	—	13 8071	73 193	140 436	98 263
天津市	56 515	24 847	55 100	22 800	57 200	—	66 400	—	68 050	—
河北省	861 845	410 000	1 126 130	494 226	1 340 323	600 517	1 541 816	732 465	1 907 685	1 003 886
山西省	55 000	41 000	55 600	42 000	95 475	43 000	124 115	55 900	98 670	56 500
内蒙古自治区	—	—	—	—	—	—	—	—	—	—
辽宁省	502 080	180 095	501 566	188 549	529 133	237 758	672 619	308 288	690 786	343 917
吉林省	456 310	210 000	477 100	255 000	527 210	320 000	605 190	354 800	937 030	556 000
黑龙江省	547 737	258 831	547 737	258 831	751 216	336 297	1 033 640	487 000	1642 690	667 680
上海市	62 092	43 486	66 029	49 012	76 772	61 481	85 191	76 817	88 280	79 179
江苏省	1 004 005	234 000	1 247 000	401 000	1 314 433	505 167	1 580 462	464 904	1 576 161	652 896
浙江省	620 000	380 000	660 000	420 000	760 000	500 000	850 000	550 000	950 000	650 000
安徽省	320 224	119 022	356 196	177 059	517 607	56 256	517 607	56 256	625 769	201 945
福建省	1 783 400	646 300	1 810 649	73 700	1 860 204	807 473	1 916 680	792 797	1 969 752	868 244
江西省	420 000	150 000	450 000	160 000	500 000	175 000	550 000	195 000	600 000	212 000
山东省	1 326 080	544 800	1 544 720	638 500	1 826 400	750 900	1 918 200	768 600	2 061 400	1 236 800
河南省	2 014 281	751 947	2 123 824	954 356	2 253 724	1 024 346	2 353 141	1 042 069	2 260 694	1 132 996
湖北省	611 650	244 660	676 177	270 471	818 512	327 405	855 545	376 440	869 808	391 414
湖南省	580 000	350 000	620 000	380 000	680 000	430 000	690 000	435 000	650 000	390 000
广东省	455 000	418 000	581 850	658 200	600 594	581 253	652 378	619 320	710 952	678 541
广西壮族自治区	341 650	130 200	446 624	179 697	537 893	239 596	648 680	289 864	758 497	424 193
海南省	—	—	—	—	—	—	—	—	—	—
重庆市	58 911	23 565	61 083	—	—	—	49 200	—	52 780	22 167
四川省	678 000	271 300	802 200	308 000	1005 000	407 000	802 400	363 500	937 800	422 000
贵州省	—	—	40 500	61 400	23 320	45 695	18 560	22 272	30 940	282 400
云南省	55 690	149 590	66 075	174 385	77 580	193 171	69 900	300 000	69 753	350 000
陕西省	470 013	235 007	338 214	151 142	445 883	230 951	480 938	252 375	466 019	280 900
甘肃省	—	—	—	—	—	—	—	—	—	—
青海省	—	—	—	—	—	—	—	—	—	—
宁夏回族自治区	14 084	4 477	19 715	5 602	14 554	4 584	14 860	8 624	16 287	8 116
新疆维吾尔自治区	15 180	9 830	30 720	20 895	35 854	24 486	36 203	24 456	34 749	23 072
总　计	13 345 994	5 854 788	14 770 980	6 387 181	16 648 887	7 902 336	18 271 796	8 649 940	20 214 988	11 033 109

从表 13－1 中可以分析发现，我国 2006 年总产量比 2005 年增长了 11.1%，产值增长了 10.9%；2007 年总产量比 2006 年增长了 11.5%，产值增长了 12.5%；2008 年总产量、产值比 2007 年均增长了 10.9%；2009 年总产量比 2008 年增长了 11.1%，产值增长了 12.8%。由此可见，我国食用菌总产量，每年基本保持在 11%的速度稳步递增。目前，我国食药用菌产量、产值基础均较高，若想进一步扩大产量、增加产值，必须在现有基础上加大科技投入，改良品种，改进生产设施，加大投资，完善栽培技术，使我国食药用菌产量更上一层楼。

我国前 10 名食药用菌 2005～2009 年产量，请参阅表 13－2。

表 13－2　全国前 10 名食用菌品种 2005～2009 年产量(吨)

地区	年份	香菇	平菇	双孢蘑菇	金针菇	草菇	黑木耳	毛木耳	鸡腿菇	茶薪菇	姬菇
北京市	2005	3 365	16 129	1 019	6 782	889	469	—	197	314	640
	2006	11 701	23 804	7 144	6 719	1 033	6 750	—	463	687	698
	2007	32 141	32 609	11 319	9 403	1 592	22 058	—	1 744	582	23
	2008	38 917	33 579	11 262	10 007	707	22177	—	2241	747	—
	2009	42 671	48 064	3 676	15 186	890	4 867	—	1 339	2 807	—
天津市	2005	6 000	30 000	—	—	—	—	300	150	—	5 000
	2006	4 000	35 000	—	4 000	—	100	—	—	200	—
	2007	6 000	2 800	1000	5000	—	200	—	—	3000	—
	2008	15 000	25 000	1 500	5 000	—	1 000	—	—	1 800	1 000
	2009	15 600	26 200	1 350	5 200	—	800	—	—	200	480
河北省	2005	107 059	337 088	392 29	110 981	3 514	15 429	6 500	36 191	100	131 243
	2006	177 144	462 506	34 599	82 427	4 434	7 265	21 575	43 759	350	182 116
	2007	224 961	502 483	64 712	133 129	6 853	—	31 820	49 527	775	169 223
	2008	217 208	542 268	76 858	185 213	15 873	—	32 731	35 416	150	174 172
	2009	341 604	794 939	75 673	194 946	6 826	57 464	—	43 610	—	183 392
山西省	2005	3 479	28 700	3 009	3 630	190	4 000	—	100	—	—
	2006	3 580	28 600	3 210	3 630	190	4 100	—	100	—	—
	2007	4 600	68 900	5 300	2 630	300	2 00	—	100	—	600
	2008	5 980	89 570	6 890	3 419	390	2 600	—	130	—	780
	2009	5 150	71 000	5 200	2 740	350	2 160	—	100	—	610
内蒙古自治区	2005	—	—	—	—	—	—	—	—	—	—
	2006	—	—	—	—	—	—	—	—	—	—
	2007	—	—	—	—	—	—	—	—	—	—
	2008	—	—	—	—	—	—	—	—	—	—
	2009	—	—	—	—	—	—	—	—	—	—
辽宁省	2005	134 775	193 069	5 478	1 093	510	1 499	—	2 924	—	530
	2006	98 820	220 801	7 563	2 081	3 320	3 952	—	2 346	30	336
	2007	125 356	225 458	10 894	2 614	12	6 102	—	2 829	30	942
	2008	206 717	256 903	17 645	10 381	—	10 002	—	4 109	46	81
	2009	310 293	205 579	12 049	12 808	—	10 142	—	3 047	—	104
吉林省	2005	45 000	105 000	2 500	4 000	—	250 000	—	1 000	—	—
	2006	47 000	125 000	3 000	4 500	—	280 000	—	1 100	—	—
	2007	30 000	135 000	250	4 600	—	320 000	—	500	—	—
	2008	30 000	155 000	250	5 000	—	350 000	—	1 500	—	—
	2009	20 000	180 000	100	7 000	—	685 000	—	1 800	—	—
黑龙江省	2005	13 080	150 000	12	23 000	—	350 000	—	25	—	—
	2006	13 080	150 000	12	23 000	—	350 000	—	25	—	—
	2007	13 800	113 000	78	22 300	—	534 650	—	3 000	—	—
	2008	19 800	15 900	870	1 900	—	897 500	—	3 000	—	—
	2009	81 660	86 300	—	7 600	—	1 242 500	—	—	—	—

（续表）

地区	年份	香菇	平菇	双孢蘑菇	金针菇	草菇	黑木耳	毛木耳	鸡腿菇	茶薪菇	姬菇
上海市	2005	6 578	7 948	14 897	13 198	4 613	—	—	800	500	4 483
	2006	8 525	10 559	15 370	11 095	3 528	—	—	800	346	800
	2007	7 356	5 000	15 930	22 312	4 830	—	—	1 500	1 000	3 273
	2008	5 197	7 000	14 719	23 259	6 168	—	—	100	500	5 000
	2009	5 571	4 000	18 872	26 946	5 803	—	—	—	216	4 000
江苏省	2005	17 640	519 679	184 947	136 253	15 173	6 495	9 208	38 629	6 412	—
	2006	24 278	461 517	198 912	180 236	16 240	4 435	9 230	38 751	800	—
	2007	31 877	499 403	393 628	190 533	22 650	5 145	20 948	35 750	1 085	—
	2008	69 520	680 605	481 533	216 467	32 210	3 266	23 675	3 924	2 103	—
	2009	66 560	626 274	488 748	258 748	40 968	4 086	23 223	36 092	2 425	540
浙江省	2005	330 000	100 000	32 000	100 000	3 000	20 000	3 000	2 000	2 000	5 000
	2006	350 000	90 000	30 000	100 000	3 000	20 000	3 000	4 000	3 000	75 000
	2007	380 000	100 000	40 000	138 000	4 000	30 000	4 000	5 000	4 000	10 000
	2008	380 000	100 000	40 000	140 000	4 000	57 000	4 000	10 000	15 000	10 000
	2009	410 000	110 000	40 000	140 000	4 000	70 000	5 000	15 000	20 000	10 000
安徽省	2005	31 120	87 695	69 082	21 868	40	16 421	71 945	2 056	1 412	315
	2006	29 055	148 867	53 363	10 967	1 020	8 910	77 185	3 510	1 093	5 300
	2007	43 075	94 360	68 140	13 985	1 023	1 812	82 289	3 800	1 120	5 428
	2008	43 075	94 360	68 140	13 985	1 023	1 812	82 289	3 800	1 120	5 428
	2009	—	—	—	—	—	—	—	—	—	—
福建省	2005	387 200	139 700	321 800	40 600	31 400	28 000	221 900	17 400	108 700	—
	2006	402 000	127 700	339 800	32 300	27 300	7 700	259 000	23 320	128 600	—
	2007	461 321	37 230	371 668	32 435	16 926	41 384	225 918	7 810	139 229	—
	2008	424 991	44 823	311 053	38 539	17 996	44 976	220 537	23 700	191 791	—
	2009	50 264	173 257	33 349	60 669	553	9 486	8 160	546	3 000	1 446
江西省	2005	140 500	170 100	4 345	7 000	5 500	5 000	8 000	11 000	50 700	300
	2006	145 500	181 100	9 395	8 000	6 000	5 500	8 500	11 500	52 700	800
	2007	100 000	146 000	120 000	8 000	6 000	5 000	8 000	11 000	50 000	—
	2008	115 000	150 000	130 000	10 000	6 000	6 000	10 000	12 000	56 000	—
	2009	115 000	170 000	100 000	20 000	9 000	8 000	12 000	13 000	76 000	—
山东省	2005	155 100	531 000	262 500	95 700	62 500	31 100	2 800	86 600	400	18 500
	2006	173 900	543 200	272 100	106 900	148 400	57 800	3 600	123 400	900	4 600
	2007	191 300	597 500	396 000	229 000	163 200	63 600	4 000	150 000	11 000	6 000
	2008	172 100	623 700	322 800	242 200	151 500	78 800	5 200	122 500	35 600	6 600
	2009	150 003	715 400	244 700	272 200	932 000	115 500	50 100	125 500	47 900	28 500
河南省	2005	333 562	630 389	140 572	61 224	15 017	70 400	517 760	55 744	7 006	10 215
	2006	342 097	674 133	146 660	90 217	15 606	109 852	504 921	91 888	3 175	2 640
	2007	344 550	749 213	272 968	66 043	60 703	162 004	294 251	124 431	1 415	5 495
	2008	400 343	666 726	301 755	77 904	126 000	144 343	321 216	132 597	705	276
	2009	416 378	767 952	223 043	79 308	61 888	208 322	210 216	108 487	385	10 163

（续表）

地区	年份	香菇	平菇	双孢蘑菇	金针菇	草菇	黑木耳	毛木耳	鸡腿菇	茶薪菇	姬菇
湖北省	2005	217 000	139 100	37 800	28 900	300	111 600	4 000	2 640	100	—
	2006	280 360	119 000	56 000	31 000	1 100	116 000	650	890	500	—
	2007	378 500	110 000	64 870	29 000	350	161 962	600	200	300	—
	2008	398 600	124 500	48 650	3 200	150	167 800	1 350	180	1 100	—
	2009	438 600	112 050	34 050	33 500	120	145 240	4 560	165	2 400	—
湖南省	2005	85 000	110 000	52 000	45 100	4 180	2 320	12 600	4 200	6 500	53 400
	2006	97 000	130 000	54 000	55 000	4 200	2 500	16 000	4 500	7 000	65 000
	2007	116 300	128 580	56 000	54 700	4 010	2 710	12 500	5 770	6 800	56 500
	2008	148 400	165 320	4 500	71 200	7 200	5 620	15 400	7 820	6 400	83 200
	2009	136 600	137 620	44 100	94 000	5 200	8 050	23 870	4 120	9 460	67 110
广东省	2005	33 600	107 800	13 350	82 500	124 500	—	5 850	11 500	5 500	5 600
	2006	26 000	121 100	18 910	103 700	123 800	—	61 240	25 600	6 000	5 500
	2007	28 000	130 100	18 010	140 760	142 780	10	6 184	24 000	6 400	5 500
	2008	23 500	171 300	7 300	162 400	141 310	—	6 838	27 130	7 200	2 700
	2009	24 900	185 004	7 210	173 768	151 908	—	7 022	28 486	8 413	2 549
广西壮族自治区	2005	—	—	—	—	—	—	—	—	—	—
	2006	55 014	22 920	274 058	19 766	1 892	11 291	6 940	4 458	4 544	—
	2007	69 472	24 344	349 114	22 053	1 802	22 082	8 758	2 438	4 432	—
	2008	90 367	32 341	353 248	21 421	2 486	44 322	22 244	4 553	5 357	—
	2009	94 169	78 489	430 977	16 334	3 393	19 132	23 193	10 321	3 360	—
海南省	2005	—	—	—	—	—	—	—	—	—	—
	2006	—	—	—	—	—	—	—	—	—	—
	2007	—	—	—	—	—	—	—	—	—	—
	2008	—	—	—	—	—	—	—	—	—	—
	2009	—	—	—	—	—	—	—	—	—	—
重庆市	2005	26 440	11 057	11 359	4 382	—	4 570	1 000	103	—	—
	2006	22 210	11 046	10 262	8 780	—	3 450	—	—	—	—
	2007	9 880	10 526	9 299	3 916	—	13 480	—	—	—	—
	2008	9 017	14 890	10165	7 145	—	3 811	—	—	—	—
	2009	7 660	18 757	8 350	7 517	—	3 971	3 525	2 500	300	—
四川省	2005	40 200	100 900	96 600	38 000	—	3 500	255 200	5 000	—	108 500
	2006	50 200	110 200	117 600	42 000	—	—	315 200	600	—	130 500
	2007	56 500	130 200	148 700	46 000	—	—	409 700	9 000	—	156 600
	2008	70 500	150 800	101 700	65 000	—	—	237 100	13 500	—	107 900
	2009	75 500	18 100	82 300	78 500	—	—	305 000	18 500	—	131 000
贵州省	2005	—	—	—	—	—	—	—	—	—	—
	2006	6 500	1 0000	7 000	4 500	—	2 000	—	—	75	800
	2007	1 600	4 500	1 200	300	10	50	600	350	500	200
	2008	1 300	4 800	600	200	—	30	450	250	350	400
	2009	4 500	7 200	1 200	400	—	50	800	500	1 500	1 000

（续表）

地区	年份	香菇	平菇	双孢蘑菇	金针菇	草菇	黑木耳	毛木耳	鸡腿菇	茶薪菇	姬菇
云南省	2005	8 500	7 000	5 000	850	—	600	300	2 000	100	—
	2006	10 000	20 000	4 000	2 000	10	1 000	2 000	40	100	—
	2007	11 000	22 000	4 200	2 200	20	110	2 000	30	1 000	—
	2008	1 200	22 870	4 500	6 200	20	50	50	40	1 500	20
	2009	4 800	23 000	4 800	6 000	130	450	460	140	1 500	450
陕西省	2005	251 406	148 582	6 592	382	100	40 490	—	1 864	20	2 700
	2006	97 084	119 076	14 882	1 591	20	74 106	—	1 045	75	800
	2007	206 306	122 367	10 108	1 399	190	45 698	10	2 370	200	1 598
	2008	202 403	140 942	11 459	1 685	60	63 893	—	2 420	412	1 622
	2009	198 925	124 608	8 465	2 015	—	70 607	434	494	415	961
甘肃省	2005	—	—	—	—	—	—	—	—	—	—
	2006	—	—	—	—	—	—	—	—	—	—
	2007	—	—	—	—	—	—	—	—	—	—
	2008	—	—	—	—	—	—	—	—	—	—
	2009	—	—	—	—	—	—	—	—	—	—
青海省	2005	—	—	—	—	—	—	—	—	—	—
	2006	—	—	—	—	—	—	—	—	—	—
	2007	—	—	—	—	—	—	—	—	—	—
	2008	—	—	—	—	—	—	—	—	—	—
	2009	—	—	—	—	—	—	—	—	—	—
宁夏回族自治区	2005	—	7 085	5 619	—	—	—	—	—	—	—
	2006	500	11 606	6 907	—	—	—	—	—	—	—
	2007	—	8 839	5 125	—	—	—	—	—	—	—
	2008	1 080	8 130	5 443	—	—	—	—	—	—	—
	2009	1 713	6 977	4 404	—	—	—	—	—	—	—
新疆维吾尔自治区	2005	310	4 300	1 650	2 350	—	210	—	1 660	—	—
	2006	1 460	18 250	2 190	3 650	—	—	1 340	450	—	40
	2007	1 820	20 050	2 430	5 650	—	—	1 434	720	—	42
	2008	1 900	20 100	2 500	5 750	—	—	1 455	750	—	42
	2009	1 800	20 000	2 200	5 200	—	—	1 200	600	—	20

从表13—2中可以看到，在生产量前10名食用菌品种中，10个品种全部拥有的只有浙江、安徽、山东、河南、湖南5个省份；拥有9个品种的有河北、江苏、福建、江西、湖北、广东、广西、云南、陕西9个省份（市、自治区）。拥有8个品种的有北京、山西、辽宁和上海4个省份（市）。

由此可见，各省（市）食药用菌产量由于受地理环境、品种、区域、消费理念、生活习俗等影响，差异较大。如何选择适宜本省本地区栽培的食药用菌品种，提高单位面积产量，增加产值，是各个区域食药用菌研究工作者面临的新的挑战和课题。

我国食药用菌总产量前10名的省份分别是河南省、山东省、福建省、河北省、黑龙江省、江苏省、浙江省、四川省、吉林省和湖北省。以2009年为例，2009年全国总产量为20 205 988吨，前10名省份总产量为15 113 020吨，占全国总产量的75%。具体产量与产值请参阅表13—3。

表13—3　我国食用菌产量前10名省份

名次	地区	总产量(吨)	产值(万元)
1	河南省	2 260 694	1 132 996
2	山东省	2 061 400	1 236 800
3	福建省	1 969 752	868 244
4	河北省	1 907 685	1 003 886
5	黑龙江省	1 642 690	667 680
6	江苏省	1 576 161	652 896
7	浙江省	950 000	650 000
8	四川省	937 800	422 000
9	吉林省	9 370 300	556 000
10	湖北省	869 808	391 414

＊本节表中有关数据均由中国食用菌协会提供。

随着我国经济的快速发展，广大消费者越来越认识到多吃食用菌有利于身体健康，食用菌消费市场将会大幅度快速增长。食药用菌消费市场的繁荣需求，将会促进我国食药用菌产业的迅速发展。食用菌消费市场将会以国内市场为主，国外市场为辅，国内食药用菌消费市场将进一步主导我国食药用菌市场价格。

第三节　我国食药用菌对外贸易现状

我国食药用菌产品出口将成多元化发展，有中国特色的珍稀菇类产品，如以灵芝、冬虫夏草为主的药用菌产品，将会被越来越多的地区和人民接受与喜爱。

我国食用菌出口主要以双孢蘑菇、香菇、木耳、松茸和美味牛肝菌为主。2006 年，我国食药用菌出口数量为 60.38 万吨，创汇首次突破 10 亿美元大关，达 11.21 亿美元。

目前，我国出口食药用菌共有 7 大类 34 个品种。2008 年末，我国食药用菌出口数量达 536 641 吨，出口金额达122 314万美元，出口数量、出口金额再创新高，分别比入世前（2000 年）增加了 73.9%和137.3%，是 1988 年的3.22倍和4.42倍。2009 年虽然受到全球金融危机的影响，我国食药用菌出口数量和金额分别减少到381 593吨和105 688万美元，但总体来说较入世之前仍有较大的发展。

由于各国的饮食消费习惯不同，我国食用菌出口传统上形成了日本、欧美、香港和东南亚 3 大出口市场。

日本：主要以香菇、木耳、银耳为主。

欧盟和美国：主要以双孢蘑菇、羊肚菌、美味牛肝菌和鸡油菌等野生菌为主，少量进口平菇、滑菇和香菇。从长远出口趋势分析，我国食药用菌产品在欧美市场上占有率将会逐年增加与提高。

香港、东南亚：主要以香菇、木耳、银耳为主。

值得一提的是：俄罗斯是仅次于美国购买我国双孢蘑菇的第二大出口市场，增长潜力巨大。

根据我国海关总署资料统计：2005 年，我国食药用菌出口数量为 62.84 万吨，出口金额为 9.64 亿美元；2006 年，我国食药用菌出口数量为 60.39 万吨，出口金额为 11.21 亿美元；2007 年，我国食药用菌出口数量为 71.47 万吨，出口金额为 14.25 亿美元；2008 年，我国食药用菌出口数量为 68.28 万吨，出口金额为 14.53 亿美元；2009 年，我国食药用菌出口数量为 52.86 万吨，出口金额为 13.07 亿美元。

全国各省市 2005～2009 年食药用菌出口量与创汇额，请参阅表 13－4。

表 13－4　全国各省市 2005～2009 年食药用菌出口量与产值额

年份 / 地区	2005 年		2006 年		2007 年		2008 年		2009 年	
	出口量（吨）	产　值（万美元）	出口量（吨）	产　值（万美元）	出口量（吨）	产　值（万美元）	出口量（吨）	产　值（万美元）	出口量（吨）	产　值（万美元）
北京市	1 512	172	1 421	94	—	—	150	32	1 200	420
天津市	960	18	—	—	—	—	—	—	—	—
河北省	108 640	5 005	121 825	6 094	114 060	8 150	139 000	8 354	162 712	15 518
山西省	2 520	400	2 600	450	2 520	360	3 276	468	2 850	410
内蒙古自治区	—	—	—	—	—	—	—	—	—	—
辽宁省	92 350	10 800	96 233	8 606	75 405	27 046	70 231	7 837	79 186	10 365
吉林省	22 500	2 600	25 000	2 800	21 000	2 400	18 600	1 750	16 000	1 500
黑龙江省	—	—	—	—	—	—	—	—	16 000	8 176
上海市	—	—	—	—	—	—	—	—	—	—
江苏省	8 251	195	10 090	9 035	11 000	9 500	54 652	5 638	63 182	6 318
浙江省	50 000	15 000	50 000	15 000	50 000	15 000	50 000	15 000	50 000	15 000
安徽省	32 295	2 802	16 700	1 735	1 860	1 798	1 860	1 798	—	—
福建省	436 000	35 400	—	42 000	—	—	—	51 000	—	—

（续表）

地区 \ 年份	2005年		2006年		2007年		2008年		2009年	
	出口量（吨）	产　值（万美元）	出口量（吨）	产　值（万美元）	出口量（吨）	产　值（万美元）	出口量（吨）	产　值（万美元）	出口量（吨）	产　值（万美元）
江西省	—	—	—	—	100 000	3 300	120 000	4 000	5 000	160
山东省	128 600	12 236	153 600	16 030	220 000	1 800	210 000	16 000	200 000	21 000
河南省	27 540	2 802	50 010	5 199	935 496	9 037	86 518	6 176	70 275	7 196
湖北省	110 097	6 881	90 000	9 000	112 000	13 800	142 000	17 500	156 000	21 100
湖南省	15 000	2 800	16 200	3 200	18 225	3 600	16 000	3 000	12 000	2 800
广东省	158 000	18 350	182 000	20 380	210 208	26 597	193 600	21 235	211 000	24 278
广西壮族自治区	40 802	10	15 146	1 330	35 103	3 161	28 217	3 800	233	196
海南省	—	—	—	—	—	—	—	—	—	—
重庆市	—	—	—	—	—	—	—	—	—	—
四川省	—	—	—	—	—	—	—	—	—	—
贵州省	—	—	—	—	9 688	4 850	2 100	630	—	—
云南省	8 862	8 827	8 049	9 139	8 061	8 566	5 063	8 001	4 737	7 812
陕西省	2 005	500	—	—	—	—	3 000	2 100	28 000	2 000
甘肃省	—	—	—	—	—	—	—	—	—	—
青海省	—	—	—	—	—	—	—	—	—	—
宁夏回族自治区	—	—	—	—	—	—	—	—	—	—
新疆维吾尔自治区	6 000	—	—	—	—	—	—	—	—	—

* 本节表中有关数据均由中国食用菌协会提供。

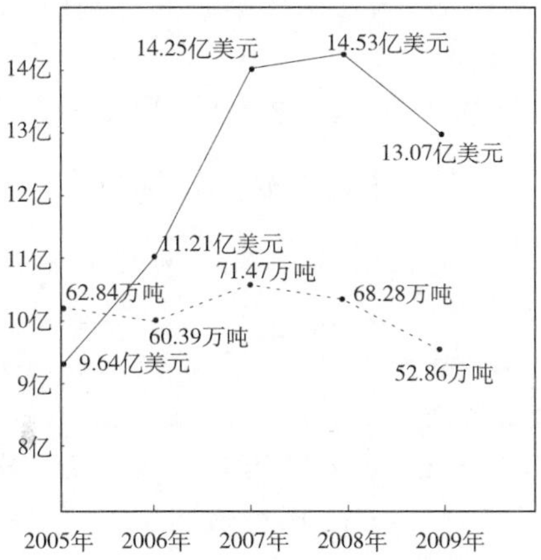

图13－1　2005～2009年出口数量与创汇额

从图13－1可以看出，我国食药用菌出口量2007年达最高峰，2008～2009年逐步下滑，2009年的出口量甚至比2005年还低。我国食药用菌产品出口受阻，除受全球金融风暴、次贷风波影响外，还与进口国各种食品安全标准与产品质量指标有关。研究分析适宜食药用菌进口国食品安全标准与产品质量指标，同样是摆在我国食药用菌生产者、研究者与食药用菌经营者面前的又一课题，值得引起政府各方面的重视。

目前，世界食用菌的市场值达250～280亿美元，药用菌市场值达80～90亿美元，野生菌市场值达30亿美元，具有巨大的市场潜力。目标市场可分为东亚、南亚、北美、欧盟、独联体、中亚等6个区域，其中东亚、北美、欧盟等国是世界食药用菌生产和消费的主要地区，也是我国食药用菌产品最重要的销售市场。此外，还需通过提高产品质量，在维持现状的基础上，逐步扩大市场份额。而南亚、独联体、中亚地区食药用菌市场刚刚形成，发展前景十分看好。今后需加大市场开发力度，进一步促进对上述地区的食药用菌产品的出口。

第四节　我国食药用菌贸易与持续发展

一、社会需求

食药用菌国内贸易能起到引导生产、扩大消费、增加就业、促进经济与社会发展、提高人民生活水平的重要作用。

从开拓内贸市场的角度出发，我国食药用菌国内贸易应从数量增长方式向质量增长方式转变。食药用菌供销的快速发展，能进一步扩大国内需求，增强消费，对食药用菌产业发展起拉动作用。

①据有关资料显示，我国已进入老年社会，而食药用菌产品非常适宜老年人食用，既能改善老年人的饮食结构，又能提高老年人的免疫力；既能补充营养，增进食欲，又能保健康，延年益寿。目前，我国老年人每年以5.4%的速度在递增。保守地估计，我国仅老年人口的增长，食药用菌每年的需求将增加约80万吨，再加上相关的保健食品、药品开发，适宜老年人服食的食药用菌产品市场前景十分广阔。

②经统计，到2009年末，我国农民数量约有7.5亿，占我国总人口的57%。虽然目前农民收入水平仍处在较低水平，但近年来，中央出台了一系列惠农政策，农民收入显著增长，个别地方农民已经迈入富裕型阶段。农村消费向高端化方向发展已趋必然，可为食药用菌消费市场提供更广阔的上升空间。

③食药用菌产品逐渐成为餐饮业主角。例如，北京仙鹤楼酒店的菜谱中，菌类菜比例高达30%。在沈阳、大连等城市大、中、小餐馆的菌类菜比例平均占到总菜谱的12%、16%和11%，全国已登记注册的“食药用菌专业餐厅”已达到100多家。随着生物技术的提高，更多的珍稀野生菌驯化成功，并逐步进入餐饮市场，更加丰富了消费者的选择空间。今后，随着餐饮业的发展以及食药用菌烹饪方法的普及与推广，食药用菌餐饮消费市场前景将会越趋兴旺。

④拓展食药用菌深加工产品，开发食药用菌新产品，开发新型食药用菌保健饮料，风味食品和休闲食品，以及高档次保健食品、调味品、菌类美容护肤制品等都是促进食药用菌消费的有效途径。对新产品开发大力支持与扶持，早日让产品投放市场，满足消费者的需要。

⑤2010年7月28日，国家发展与改革委员会公布了《农产品物流冷链发展规划》，计划到2015年，使我国冷库总容量将在现有880万吨的基础上增加1 000万吨，建成一批效率高、规模大、技术新的跨区域冷链物流配送中心。使果蔬冷链流通率达到20%以上，流通环节产品腐损率降至15%以下。这一计划的设施，将会促使大量食药用菌鲜品推向市场，满足全国人民对新鲜食药用菌的消费需求，从而更能促进我国食药用菌产业的发展。

⑥据有关专家预测，食药用菌全球需求量约3 000～4 000万吨，而目前全球食药用菌产量只能满足消费需求的50%～60%。世界食药用菌市场还有很大的上升发展空间。

二、科学规划指导

①我国食药用菌产业要以科学发展观为指导，以开放创新为动力，以科技进步为支撑，积极打造知名品牌，加快建设现代化食药用菌产业体系和基础设施体系，壮大食药用菌产业经济规模，转变食药用菌产业经济增长方式，形成极具国际竞争力的特色产业。

②科学制定发展规划，强化规划引导功能，适时编制相关配套的分领域规划，形成食药用菌产业经济发展的规划体系，推进食药用菌产业的可持续发展。

在当今激烈竞争的社会里，我国食药用菌企业是否能生存和发展，不仅取决于对食药用菌资源简单的占有和垄断，还取决于先进的经营理念、加工技术和设备的不断更新和提高、信息的及时交换，最重要的一点是能否将食用菌文化和企业经营有机地结合，这样才能使食药用菌产业做大做强，让自己的企业占有一席之地。

在未来的数年内是我国食药用菌产业大发展的黄金时期，这预示着国际食药用菌产业发展重心将由欧美、日本、韩国逐渐转移至我国。我国食药用菌产业将由生产大国向生产强国转变，我国食药用菌产业整体水平必将得到大幅度提升。

三、标准化的制定

制定和推行食药用菌标准是一项“系统工程”，涉及产地环境、种质优劣、原材料质量、操作技术、杂菌及病虫害防治、采收方法、储运加工、包装、流通等各个环节。此外，怎样推广食药用菌的国内与国际认证，提高食用菌质量安全档次，加强食用菌监测管理，建立质量追溯制度，保障食药用菌安全水平等都应制定规划。

目前，我国已初步建立了以上各个环节的食药用菌标准化体系，已发布实施的食药用菌国家标准有23项，行业标准有62项，地方标准有163项；先后在北京、上海、武汉、济南建立了4个食药用菌质量监督检验测试中心；具备食药用菌产品及其质量检测能力的质量检测中心，数量已超过60个。对提高食药用菌质量发挥了重要促进作用。今后，应大力推进标准化、规模化生产，加强产品质量的监管，从而确保产品质量安全。

四、加强育种研究

加强育种等科学研究，提高新菌株选育能力是我国食药用菌研究工作者应予以重视的课题。

目前,我国食药用菌育种水平明显落后于发达国家。自育品种的综合农艺性状和商品现状还不够理想,同时菌种生产秩序还有待规范。规模化是实行专业化、标准化生产的前提,标准化是提高产品质量的根本保证。

此外,全世界共有2 000多种野生食用菌,我国就有 981 种。在可人工栽培的 92 种食药用菌中,有 24 种是我国驯化成功的。

驯化新的种类并进行商业化栽培,是我国食药用菌事业发展的重要途径。我国的野生食药用菌种质资源中,还有相当多的种有待于驯化。今后如何保护和培育野生食药用菌资源,保障野生食药用菌资源增长,已成为必须考虑的新课题。

五、拓展市场

改革开放 30 年来,我国初步形成了以农副产品批发市场为核心的食药用菌流通体系。农副产品批发市场是食药用菌产品经营者之间进行批量交易的重要场所,是农户小生产与大市场背景下农业市场化和食药用菌产品区域流通发展的较好途径。

专业市场是经销食药用菌产品的特色批发市场。专业市场虽然经销商品单一、顾客单一,但其产品级别多,批发比重较大,有利于买卖双方信息收集和节省交易费用。因此,应最大限度地发挥专业市场的作用,使专业市场真正起到产业的辐射带动作用。

食药用菌产业市场形成的整体社会效益(包括菌需物资、餐饮消费等行业),对国民经济发展有重要作用,特别是在当前全国大力推进社会主义新农村建设,食药用菌产品能使农业增效、农民增收,有益于地区发展“白色农业”、“循环农业”,这对国民经济增长可发挥较大的贡献。截至 2007 年底,全国亿元以上农产品批发市场有1 551个,其中亿元以上农产品综合批发市场有 830 个,而亿元以上专业市场有 721 个,批发业务成交额从 2000 年的1.1万亿增长到 2009 年 4 万多亿元。

食药用菌批发市场建设应考虑市场对食药用菌产品的辐射力。目前我国已经建立了以专业批发市场为依托,以综合市场相辅助的市场流通体系,使食药用菌专业市场对产业发展起到了辐射带动的作用。食药用菌批发市场不但具备交易、结算等流通功能,同时还具备降低流通费用、保证社会经济效益最大化的公益功能,市场不发达所导致的食药用菌产品在流通不畅和一定程度的混乱现象,必将降低流通效率,政府有关部门及企业对此应给予足够的重视,想方设法予以疏通与解决,使食用菌贸易经营畅通无阻,指导促进广大消费者正确消费,从而有力拉动内需。

六、食品安全

随着人民生活水平的提高,人们环境意识、健康意识逐渐增强,食品安全性越来越受到人们的重视。然而产品质量问题乃是长期困扰我国食药用菌产品发展的瓶颈问题。我们应努力让食品质量安全水平得以不断提高,这样才能使我国食药用菌产业保持健康发展。

如何解决食药用菌产品的食品安全问题,当务之急是建立一套符合我国食药用菌产业发展需求的食药用菌产业标准,即如何从食药用菌生产源头抓起,建立符合国内外消费者需求的,从食药用菌生产、加工、流通、零售直至消费者的各个环节全过程可追溯和监控的产销履历制度,这一点非常重要,关系到整个规划的成功与失败。

从长远理念来看,绿色壁垒的初衷是保护环境和人类健康,通过制定实施相应的规则和技术标准,可以起到保护人类自身的安全和健康,有利于人类社会和经济的可持续发展。绿色壁垒所采用的技术标准通常是以先进的生物技术、环保技术为基础,通过绿色壁垒的实施,促进和提高食药用菌技术水平和产品质量,这样更有利于中国食药用菌产业持续高效发展,有利于产业升级和产品竞争力的提升。

与此同时,我国食药用菌企事业应严格依照国家有关规定,建立标准、规范、稳定的食药用菌原材料基地,这是中国食药用菌生产做大、做强的必经之路。保证农产品质量安全是各级政府的职责,也是生产者的义务。科研部门应事先提供优良菌种,传授科学的栽培方法,切实保证食药用菌产品的安全性。

七、出口对策

针对我国目前食药用菌出口贸易现状,为了进一步拓展对外贸易的市场渠道,笔者认为应努力做好以下几点工作:

①我国食药用菌出口企业应严格执行国家食品卫生管理法律、法规,加强企业生产管理,积极采用 ISO9001 体系、HACCP 体系等先进食品卫生质量安全自控体系,保证产品质量安全,提高产品质量,树立企业形象,建立企业信誉。

②加强对我国食药用菌出口企业的指导、完善相关法律,进行食品生产安全性的宣传,增强企业生产安全性意识。

③研究国外食品技术法规和实施情况。密切

关注欧美、日本等主要食药用菌进口国的食品法规修订情况，尽快了解和熟悉新食品安全法规的具体内容和有关要求，分析其制定原理，并对规定尽快按要求组织生产，采用积极的应对措施，变被动为主动，避免不必要的损失。

④加强食药用菌行业协调管理，是促进食药用菌出口健康、有序发展的重要环节。要以中国食药用菌行业协会为核心，制订行业规范、增强企业自律，规范出口经营，持续、稳步地发展食药用菌出口。建立出口市场信息分析部门，积极收集国外相关生产、消费、流通和政策的动向，以便及时应对国外市场可能出现的变化，始终保持我国食药用菌产品出口的主导地位。

（陈　惠、曹斌、刘自强）

部分食药用菌精品选辑

（选辑照片均由本书作者提供）

A 竹　荪
B 红托短裙竹荪
C 棘托竹荪
D 宜宾竹海长裙竹荪
E 长裙竹荪
F 青川短裙竹荪
G 黄裙竹荪

灵 芝

A

B

C

A 云　芝
B 杨　黄
C 草　菇

A 银丝草菇
B 黑木耳
C 高大环柄菇
D 硫黄菌
E 宽叶绣球菌
F 焰　耳
G 胶鼓菌

A 火木针层孔菌　D 血　耳
B 窄盖针层孔菌　E 草　菇
C 松针层孔菌　F 鲍氏针层孔菌

A

B

C

D

E

F

G

H

A 野生菌　E 灰树花
B 龟纹秃马勃　F 彩色豆马勃
C 猴头菌　G 亚侧耳
D 硫黄菌　H 牛舌菌

A 野生蜜环菌
B 鲍鱼菇
C 金顶侧耳
D 金针菇
E 榆　耳

A

B

C

D

E

F

G

H

A 松　茸
B 银　耳
C 茶树菇
D 毛木耳
E 双孢田头菇
F 香　菇
G 红汁乳菇
H 栎金钱菌

A 鸡纵菌
B 罗鳞伞
C 黄　伞
D 正红菇
E 野生菇

A

B

C

D

E

F

A 虎掌菌
B 绣球菌
C 硫黄菌
D 白耙齿菌
E 蒙古口蘑
F 巨大口蘑

A 平 菇
B 黄菊菇
C 安络小皮伞
D 黄绿蜜环菌
E 黄绿蜜环菌
F 金针菇
G 印度块菌

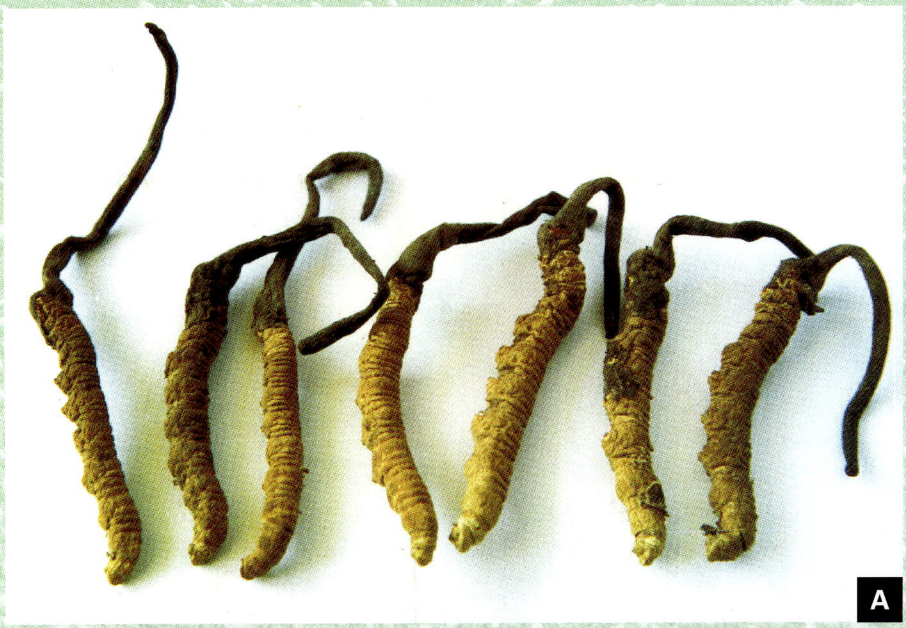

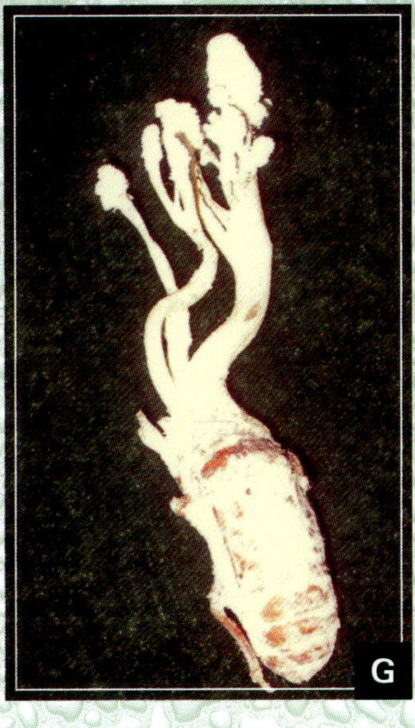

A 虫　草
B 九州虫草
C 人工栽培蛹虫草
D 鳞翅目蛹上的细脚棒束孢
E 蛹虫草
F 野生蛹虫草
G 蝉　花

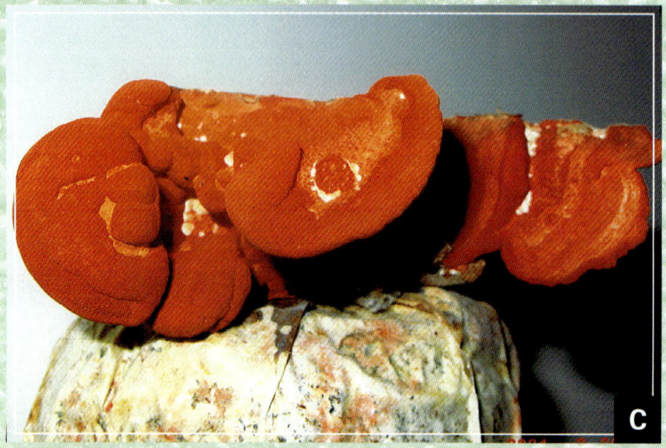

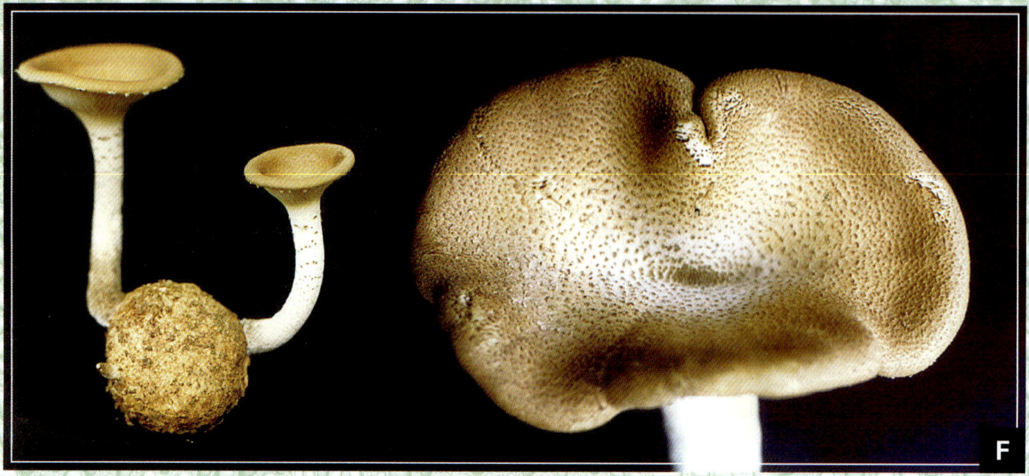

A 胶陀螺
B 胶陀螺
C 红栓菌
D 红栓菌
E 亚侧耳
F 虎奶菇

A

B

C

D

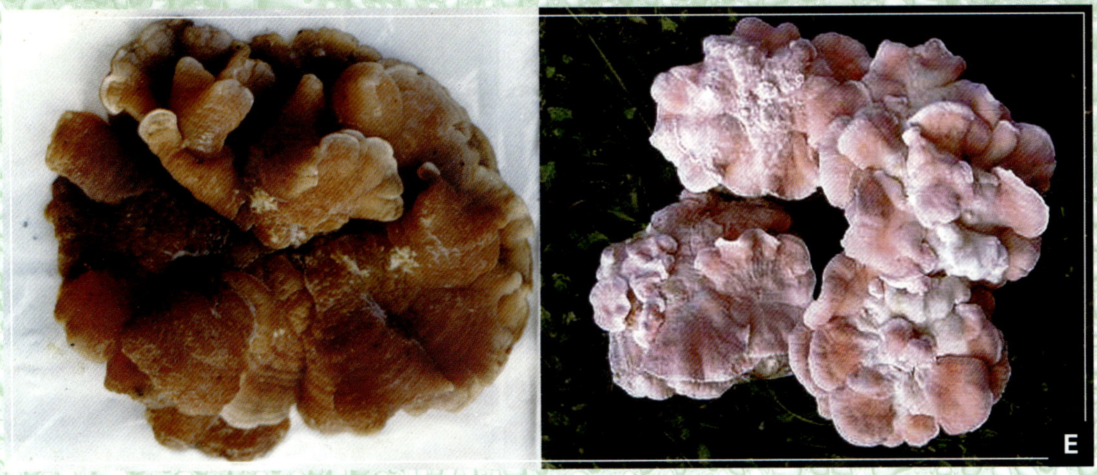
E

A 大杯香菇
B 乌苓参
C 雷 丸
D 花脸香蘑
E 榆 耳

A 金　耳　　D 竹　黄
B 杏鲍菇　　E 黄　伞
C 裂褶菌　　F 荷叶离褶伞

国家出版基金项目
NATIONAL PUBLICATION FOUNDATION

国　家　出　版　基　金　资　助　出　版

中　国
食药用菌学

MEDICINAL AND EDIBLE FUNGI

中 国 食 用 菌 协 会
江苏安惠生物科技有限公司　主 办
黄年来　林志彬　陈国良　等 著

下　篇

上海科学技术文献出版社

第十四章　巴西蘑菇

DISHISIZHANG BAXI MOGU

摘要：巴西蘑菇是一种珍稀食药用菌，营养丰富，具有抗癌、降压等药效。本章主要介绍巴西蘑菇的生物学特性、人工栽培技术、发展历程、营养成分以及科研、产业进展等内容，并对今后巴西蘑菇产业的发展提出了建议。

Agaricus brasiliensis

Abstract: *Agaricus brasiliensis* Murrill is a rare edible and medicinal fungus, which is highly nutritious, and is reported to have anticancer and anti-hypertensive functions. This chapter consists of five sections describing in detail various aspects of *A. brasiliensis* including biological features, artificial cultivation techniques, and nutritional properties. Progress in *A. brasiliensis* research and cultivation in China is reported, and proposals put forward for the future development of the *A. brasiliensis* mushroom industry.

第一节　概　述

一、巴西蘑菇学名及分类地位

巴西蘑菇又名姬菇、姬松茸、小松菇、小松口蘑、阳光蘑菇、柏氏蘑菇、巴西菇。

拉丁学名：*Agaricus brasiliensis* Fr.，*Linnaea* 5：509(1830)。

属名"*Agaricus*"一词来自希腊语，词根是"agarikos"，意思是"伞菌、蘑菇"，用于真菌的属名，翻译为"蘑菇属、伞菌属"。种名加词"*brasiliensis*"的词根是"Brasil"，意思是"巴西"。中文直接译成"巴西蘑菇"。

同物异名：*Agaricus brasiliensis* Wasser，M. Didukh，Amazonas & Stamets，in Wasser，Didukh，Amazonas，Nevo，Stamets & Eira，(2002)；*Agaricus brasiliensis* Mont.，*Annls Sci. Nat.*，Bot.，sér. 4 5：361(1857)[1856]；*Agaricus blazei* Murrill，4：193(1945)。

分类地位：菌物界(Fungi)，担子菌门(Basidiomycota)，伞菌纲(Agaricomycetes)，伞菌亚纲(Agaricomycetidae)，伞菌目(Agaricales)，伞菌科(Agaricaceae)。

二、中国巴西蘑菇发展历程

巴西蘑菇属中温偏高菌类，原产于北美南部和巴西等南美地区。1975 年，日本室内高垄栽培法首次获得成功，经改良确立了现在的大规模人工栽培方法。1992 年，福建省农科院食用菌中心引进了该菌种，江枝和、杨佩玉对巴西蘑菇进行了全面的研究，并在国内首次人工栽培成功。

巴西蘑菇栽培方式主要有袋栽、箱栽和床栽。江枝和等研究认为，箱栽产量最高，平均生物学效率达 39.11%；其次是床栽，生物学效率为 29.13%；袋栽的产量最低，平均生物学效率仅 16.8%。床栽产量比箱栽低，但是成本低，方便省工，适合国内栽培条件。任爱民等在介绍巴西蘑菇特征特性和对环境条件要求的基础上，从栽培季节、栽培设施、培养料配方、培养料堆制、播种、发菌管理、覆土、出菇管理、采收和转潮、病虫害防治等方面总结出了一套适合西北地区栽培巴西蘑菇的技术，平均产量达每平方米 6～8 千克。殷霈瑶等也探索出了适于北方大棚栽培巴西蘑菇的生产技术。另外，利用双孢蘑菇工厂化栽培设施、巴西蘑菇的周年栽培等技术的实现也促进了巴西蘑菇产业的发展。

福建省农科院江枝和、肖淑霞等通过辐射选育出产量高、品质优、镉含量低的巴西蘑菇低镉品种 J_3，该成果获得了福建省 2006 年度科学技术二等奖。胡润芳通过组织分离和孢子培养，选育出子实体白色、遗传性状稳定、产量高、商品性状好的巴西蘑菇新菌系“白系1号”。

巴西蘑菇干品具有浓郁杏仁香味，美味可口，含有多种营养物质，多糖和蛋白质极为丰富，特别富含精氨酸和赖氨酸。近年来，巴西蘑菇已被医学界证实具有抗癌作用。我国已加强了对巴西蘑菇的药理成分、功能物质的作用机制等多方位的研究。巴西蘑菇的抗肿瘤成分有多糖、核酸、外源凝集素、甾醇和脂肪酸，研究最多的是多糖。研究表明，菌丝体的粗蛋白质、粗多糖含量均略高于子实体，氨基酸含量与子实体相似。巴西蘑菇菌丝体多糖和子实体多糖均有抗肿瘤活性。另据报道，曹剑虹等将巴西蘑菇的提取物 E-1 灌入小白鼠胃内，对小白鼠移植性肿瘤（S-180）有明显的抑制作用。

三、中国巴西蘑菇产业发展现状

我国的巴西蘑菇产业发展已有十几年了，其间历经了潮起潮落的局面。20 世纪 90 年代，由福建省农业科学院引种栽培巴西蘑菇获得成功，为我国发展巴西蘑菇创造了先机。此后经过科研人员和相关部门的努力推广，巴西蘑菇的栽培面积不断扩大。我国生产的巴西蘑菇，相对于日本、韩国等国家质优价廉，日本等国家的客户竞相收购，求大于供，致使收购价格不断攀升，呈现产销两旺的局面，极大提高了农民的生产积极性。1995 年之后，由于巴西蘑菇的栽培面积不断增加，产量也逐步提高，年产量已超过国际市场需求量，产大于销，导致宏观调控失控，价格暴跌，菇贱伤农。

据福建省食用菌办的统计，2003～2007 年福建省巴西蘑菇鲜菇产量为2.5～3.68万吨。许多巴西蘑菇专业户远赴云南、安徽、湖北、贵州等地区发展巴西蘑菇。由于这些地区人力、材料、政策扶持等优势，促使巴西蘑菇产业迅速发展壮大，弥补了其他地区的减产态势。从整体上说，我国的巴西蘑菇生产处于较好的状态，价格逐步趋于稳定。对巴西蘑菇多年发展的态势分析，发展巴西蘑菇产业不仅要加强基础科学、加工的研究与应用，加速国内市场的培育步伐，还要发挥宏观调控机制的指导作用，有步骤、分阶段地发展，切忌盲目上马，逐步建立规范化栽培模式，使巴西蘑菇栽培朝着高产、优质、高效的方向迈进。

第二节　巴西蘑菇的生物学特性

一、形态特征

巴西蘑菇由菌丝体和子实体两部分组成（见图 14－1）。菌丝体是营养器官，菌丝白色，绒毛状，气生菌丝旺盛，爬壁强，菌丝直径为 5～6μm（图 14－2）。菌丝体有初生菌丝、次生菌丝两种。菌丝不断生长发育，各条菌丝之间相互连接，呈蛛网状。

图 14－1　巴西蘑菇子实体形态

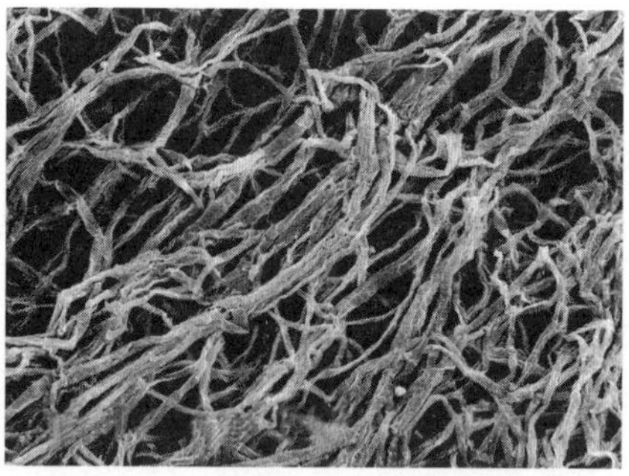

图 14－2　巴西蘑菇菌丝形态

子实体是繁殖器官，能产生大量担孢子，即生殖细胞。子实体由菌盖、菌褶、菌柄和菌环等组成。子实体单生、群生或丛生，伞状。菌盖直径3.4～7.4cm，最大的达 15cm。原基呈乳白色。菌盖初时为浅褐色，扁半球形，成熟后呈棕褐色，有纤维状鳞片（图 14－3）。菌盖厚0.65～1.3cm（图 14－4），菌肉白色，菌柄生于菌盖中央，属中央生，近圆柱形，白色，初期实心，中后期松至空心。柄长5.9～7.5cm，直径0.7～1.3cm，一般子实体朵重 20～50g，大的达 350g。菌褶是孕育担子的场所，位于菌盖下面，由菌柄向菌伞边缘放射状排列，白色，柔软，呈刀片状（见图 14－5）。成熟后慢慢会产生斑点，生长后期变成褐色。菌褶宽 2～5mm，菌褶初期为粉红色，后期呈咖啡色。菌褶表面着生子实层、担子和囊状体，经扫描电镜观察，担子无膈膜，棍棒形，外表有不规则网状形，担子间子间囊状体，长圆

图 14－3　巴西蘑菇子实体上有纤维状鳞片和菌膜

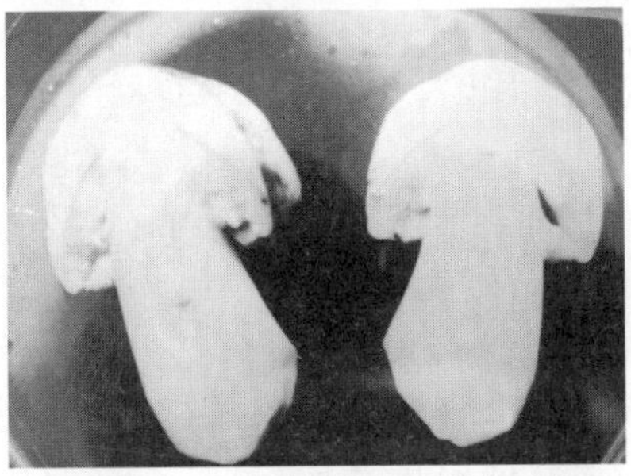

图 14－4　巴西蘑菇子实体解剖图

柱形，大小10.9～5.3μm（图 14－5）。顶部有 4 个瓶状小梗，每个梗上着生一个短椭圆形担孢子，大小4.33μm×3.67μm（图 14－6），孢子光滑（图 14－7），孢子印棕褐色（图 14－8）。

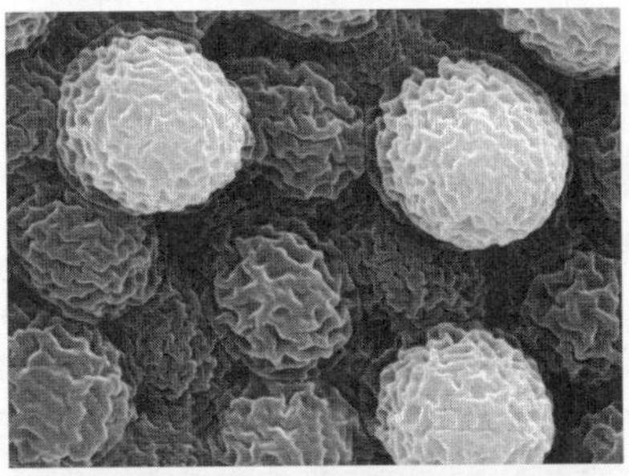

图 14－5　巴西蘑菇囊状体形态

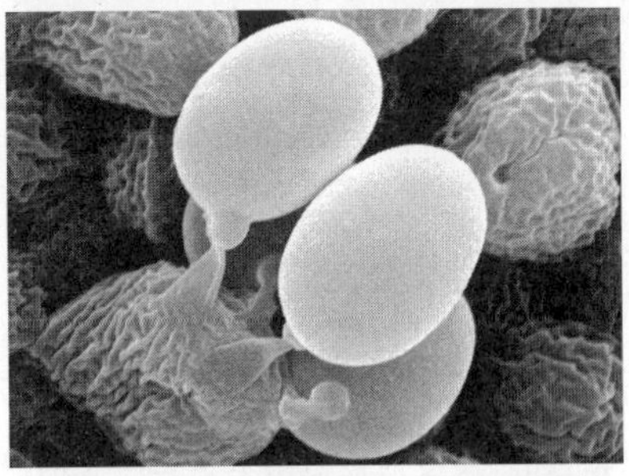

图 14－6　巴西蘑菇担孢子形态

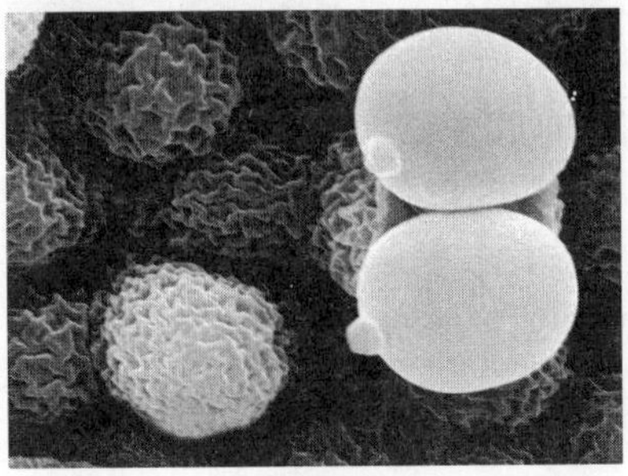

图 14－7　巴西蘑菇孢子大小、形态

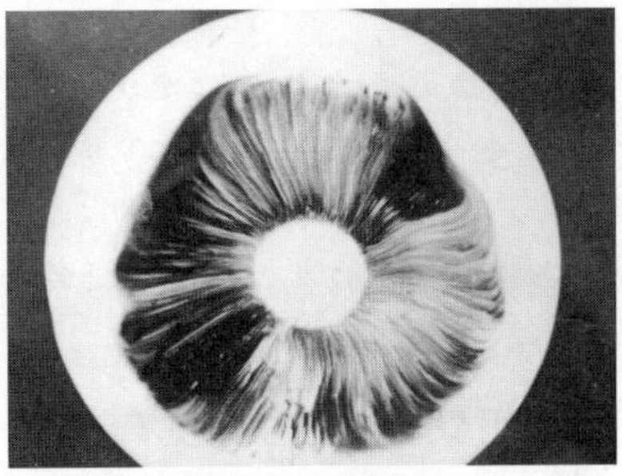

图 14－8　巴西蘑菇孢子印

二、巴西蘑菇的分布和生态习性

（一）分布

巴西蘑菇是夏秋发生的草腐、好气性真菌，属中温偏高菌类，原产于美国加利福尼亚州南部和佛罗里达州海边含有畜粪的草地上，以及巴西东南部圣保罗市周边的草原，秘鲁等国也有分布，我国也有这种野生菇。

（二）生态习性

（1）巴西蘑菇是一种腐生菌

巴西蘑菇没有叶绿素，不能进行光合作用，完全依赖培养料中的营养物质来生长发育，其主要吸收培养料中木质素、纤维素、半纤维素和牛粪、猪粪、豆饼粉、麦麸、菜饼、尿素等物质的糖类（碳水化合物）和有机氮、无机氮。野生巴西蘑菇主要生长在含有腐草、畜粪的草地上。长江流域地区，适宜生长时间为 10～12 月；子实体适宜生长温度 18～21℃。自然界中分解木质纤维素主要靠真菌，利用巴西蘑菇菌丝分解培养料，将木质纤维素等物质转化为人类需要的蛋白质，同时也使草地中的物质大循环得以顺利进行，维持了生态平衡。在实际栽培中，适宜的培养料有稻草、棉子壳、圆叶决明、羽叶决明、花生秆，玉米秆、甘蔗渣等各种野生牧草。现在普遍利用稻草、麦秸、甘蔗渣、棉子壳、猪牛等各种畜禽粪肥、木屑和野生牧草等合成培养基来栽培。

（2）巴西蘑菇具有很强的分解基质能力，其菌丝能分泌胞外酶降解纤维素、半纤维素等物质

巴西蘑菇对纤维素、半纤维素等的分解能力非常强，通过酶的分解作用，不仅产生自身需要的各种营养物质，同时还产生各种代谢产物，特别是有机酸，如草酸、醋酸、琥珀酸等，使基质中的 pH 值下降，适宜于菌丝体和子实体的生长发育。

（3）巴西蘑菇是一种好氧菌

巴西蘑菇对于空气和湿度的要求与蘑菇接近，为好气性真菌。菌丝体及子实体生长需要新鲜空气，呼出二氧化碳。出菇期间，子实体的呼吸作用旺盛，更应注意通风，排除有害气体，否则菌

丝萎缩，小菇死亡。

(4)巴西蘑菇菌丝生长不需要光线，子实体形成最好能有散射光的刺激

菇房光线也不宜过亮，实验证明，适当的亮光可提高菇体质量。但光线过强，会使菇体表面干燥，品质下降。

(三)巴西蘑菇的生长发育的条件

巴西蘑菇菌丝体和子实体生长发育的条件，主要是营养、湿度、温度、空气、酸碱度和光照等。在不同的发育阶段要求不同的上述条件。

1. 营养

营养是巴西蘑菇子实体形成的物质基础。巴西蘑菇是一种腐生菌，属于粪草生食用菌。不能进行光合作用，完全依赖吸收培养料中的营养物质生长发育。

①碳源：巴西蘑菇的碳源主要来自稻草、茭白秆(叶)、麦秸、棉子壳、甘蔗渣、玉米芯、羽叶决明、圆叶决明中的纤维素、半纤维素等有机物。这些有机物通过菌丝体分泌的酶，分解为简单的糖类，为生长发育提供碳源营养。巴西蘑菇可广泛利用各种碳源包括单糖类、双糖类，其中单糖类，如葡萄糖最容易被巴西蘑菇菌丝利用；其次是双糖类，如蔗糖；最差的是淀粉和废糖蜜。纤维素、半纤维素等不能直接被巴西蘑菇菌丝吸收利用，需由菌丝分泌各种酶，将这些物质分解成小分子化合物，再加以利用。在制备PDA培养基时，一般加葡萄糖和蔗糖碳源(图 14—9)。

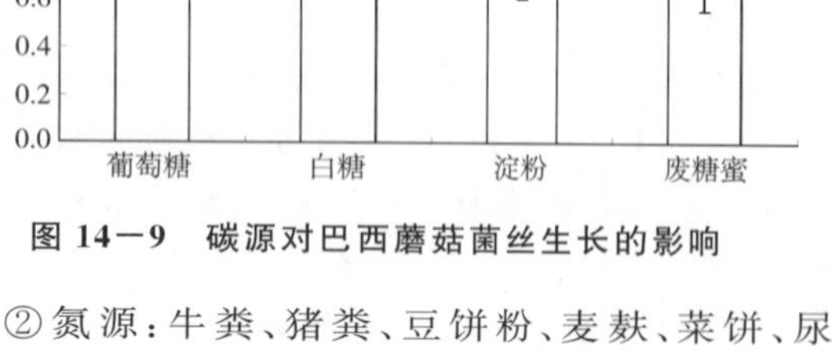

图 14—9　碳源对巴西蘑菇菌丝生长的影响

②氮源：牛粪、猪粪、豆饼粉、麦麸、菜饼、尿素、碳氨、复合肥等通常作为巴西蘑菇的有机氮来源。在培养料发酵过程中，氮素被堆料中的微生物利用，转化为菌体蛋白质，经菌丝分解后成为供巴西蘑菇生长发育所需的氮源营养。巴西蘑菇菌丝可吸收利用麦麸、玉米粉、花生饼中的氮素，也能利用铵态氮，如硫酸铵、氯化铵。

研究发现，巴西蘑菇营养生长阶段所需的氮源浓度以1.27%～2.42%为宜。若含氮量低于1.27%，菌丝生长受到影响；子实体发育阶段，培养基中含氮量以1.48%～1.64%为宜，高浓度的氮反而对子实体的分化和生长不利。

碳源和氮源的比例即碳氮比(C/N)，是巴西蘑菇子实体生长发育中的一个重要营养指标。经试验发现，在菌丝生长阶段，碳氮比以31：1～33：1为好；在生殖生长阶段，最适宜的碳氮比是40：1～50：1。氮含量过高会抑制原基分化，而原基发育取决于培养料的碳含量和氮含量。碳过多、氮过少对巴西蘑菇子实体都受影响。相反，碳含量低、氮含量高也会抑制巴西蘑菇菌丝、子实体的生长。

③矿质元素：巴西蘑菇菌丝、子实体所需的矿物质元素主要有磷、硫、钙、钾、锌等。

2. 温度

①温度对巴西蘑菇子实体生理生化的影响：巴西蘑菇子实体在新陈代谢过程中所产生的物理和化学变化，均会因温度变化受到影响。在代谢过程中，需要有多种酶参与，而不同酶类的活性均有各自最适宜的温度范围，过高或过低均会降低各种酶的活性，从而影响物质的合成分解。

②巴西蘑菇孢子散放最适宜的温度是25～26℃。超过29℃，即使子实体已相当成熟，也会抑制孢子的散发。在制种时应特别注意。

③温度对巴西蘑菇菌丝生长的影响：菌丝生长的温度范围为15～32℃，最适宜温度为22～23℃，在这个温度范围菌丝生长旺盛，洁白而粗壮，爬壁力强。据测定，22～23℃时，菌丝日生长速度为0.16～0.25mm；在26℃时每天生长0.2～0.33mm；在29℃时，每天生长为0.22～0.38mm，菌丝生长速度最快，但菌丝较弱，老化快，菌丝未长到管底就开始萎缩变黄；32℃时菌丝生长速度减慢，每天生长0.17～0.18mm；15～19℃时，每天生长0.08～0.12mm，菌丝稀疏弱(图 14—10～图 14—11)。

图 14—10　温度对巴西蘑菇菌丝生长的影响

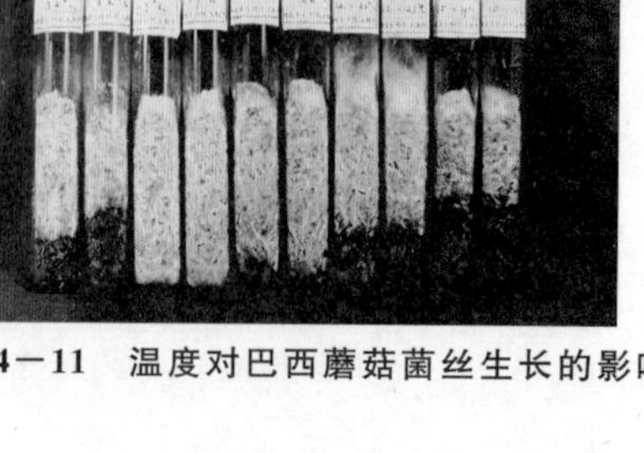

图 14—11　温度对巴西蘑菇菌丝生长的影响

④温度对巴西蘑菇子实体发育的影响：巴西蘑菇在16～26℃均能出菇，以18～21℃最适宜，25℃以上子实体生长快，从扭结至采菇只需5～6天，但菇薄、轻；温度在16～17℃，出菇迟，从扭结到采菇需要11天；而在18～21℃适温下，从菌丝扭结到采收需7～8天，菇体强壮。

3. 酸碱度

(1)酸碱度对巴西蘑菇菌丝生长的影响

培养料消毒前pH 3.5～8.5时，巴西蘑菇菌丝均能生长，以pH 7.5时生长最快，日长速度为0.27～0.34mm；pH为6.5和5.5，菌丝日长速度为0.23～0.27mm和0.21～0.24mm；pH为3.5和8.5时，菌丝生长最慢，日长速度为0.17～0.19mm和0.17～0.18mm。巴西蘑菇的培养料必须调好适宜的pH值，否则会影响巴西蘑菇菌丝的生长(图14—12)。

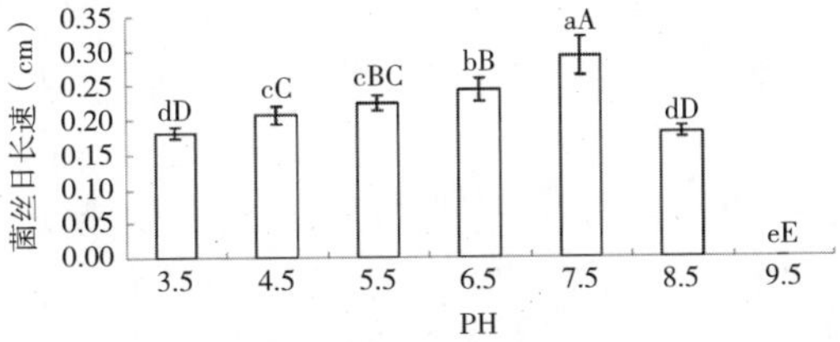

图14—12 酸碱度对巴西蘑菇菌丝生长的影响

(2)酸碱度对巴西蘑菇扭结个数的影响

培养料消毒前，pH为3.5～8.5，巴西蘑菇均都能扭结。培养料pH为6.5时扭结个数最多，为57～62个；pH为7.5，扭结个数为53～60个；pH为5.5和4.5，扭结个数分为24～32个和10～18个；扭结个数最少的是pH为3.5的培养料，为1个；pH 9.5时不扭结。说明高pH不适宜形成子实体，对扭结有一定抑制作用(图14—13)。

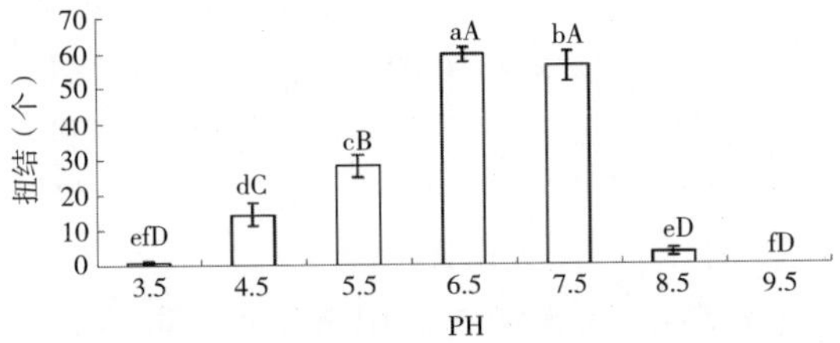

图14—13 酸碱度对巴西蘑菇扭结个数的影响

4. 水分

水是生物体的重要组成部分，巴西蘑菇菌丝体、子实体的含水量为87%～95%。水分也是营养吸收、物质代谢的主要成分。只有在适宜的水分条件下，新陈代谢才能正常进行。巴西蘑菇需要的水分主要来自培养料、覆土和空气。在巴西蘑菇菌丝、原基分化、子实体形成阶段培养料含水量非常重要，水分不足或过多都会抑制菌丝、子实体生长发育。不同发育阶段，对水分的需求不同。

(1)水分对巴西蘑菇菌丝生长的影响

研究发现，巴西蘑菇培养料的适宜含水量为65%，菌丝每天生长速度为0.49～0.55mm和0.57～0.61mm。含水量在55%时，菌丝生长较慢，测定每天生长速度为0.27～0.32mm。料含水量在75%时，菌丝生长较慢，每天生长0.44～0.55mm。水分低，菌丝生长慢，稀疏无力；含水量过高导致菌丝生长因供氧不足而抑制(图14—14)。

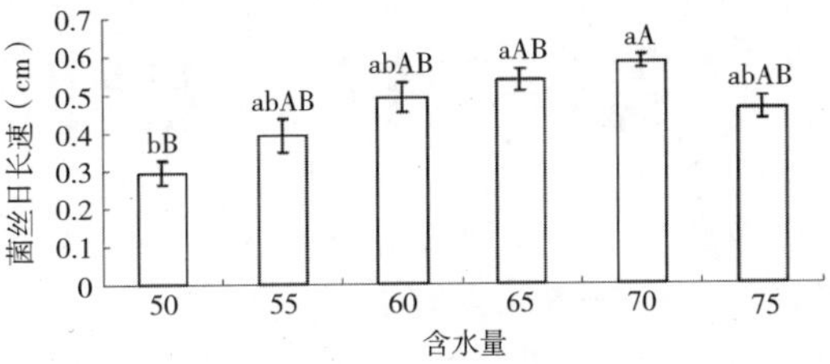

图14—14 含水量对巴西蘑菇菌丝生长的影响

(2)水分对巴西蘑菇扭结个数的影响

研究出现，培养料含水量在55%～75%时巴西蘑菇均能扭结，含水量50%时不能扭结，最适宜的含水量为65%～70%，其扭结个数分别为38～44个和52～60个，并且子实体产量最高。生产中培养料含水量应调至65%左右，否则影响巴西蘑菇产量(图14—15)。

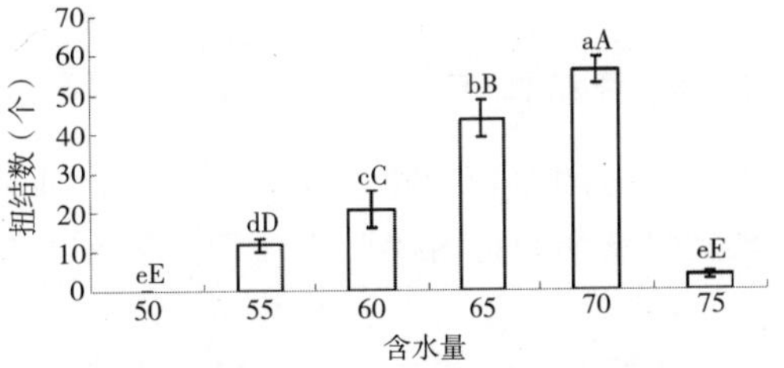

图14—15 含水量对巴西蘑菇扭结个数的影响的影响

(3)空气相对湿度对子实体经济性状的影响

空气的相对湿度对子实体的生长有着重要作用。研究表明，空气相对湿度在85%～95%时，巴西蘑菇子实体的菌盖大，宽5.6～5.8cm，菌盖厚1.2～1.3cm，柄粗1.3～1.4cm，菌柄长5.9～6.1cm，朵重40～45g；空气相对湿度在80%～85%，子实体菌盖宽3.4～5.3cm，菌盖厚0.9～1.0cm，菌柄长6.5～7.5cm，菌柄粗0.9～1.0cm，朵重17.5～25.0g。表明菇房相对湿度控制好坏，对子实体经济性状和产量有直接影响。

5. 光线

巴西蘑菇菌丝生长阶段可在黑暗中生长发育，而子实体形成时需要一定散射光刺激，才能促进其发育。但光线不能过强，否则会影响子实体的生长。

6. 氧气

巴西蘑菇是一种好氧菌，菌丝生长不断吸收氧气，呼出二氧化碳。在堆料过程中，培养料会不断产生二氧化碳、硫化氢、氨气等。这些气体超过一定浓度，会抑制菌丝生长和子实体形成。栽培中必须有良好的通风设备，排除有害气体，补充新鲜空气。

(四)木质纤维素的降解与转化

研究发现，在栽培前期，巴西蘑菇降解木质素的速率大于纤维素和半纤维素，这对纤维素和半纤维素的降解十分有利；非木质纤维素组分主要在菌丝生长阶段被利用，而木质纤维素是子实体生长发育阶段的主要碳源。整个栽培过程中，巴西蘑菇生长发育所需要的82%～84.50%的碳源来自木质纤维素。巴西蘑菇能够降解棉子壳和麦草木质纤维素复合体中大部分组分，而且巴西蘑菇降解的有机物质绝大部分被菌体的呼吸过程消耗掉。

第三节　巴西蘑菇的栽培技术

巴西蘑菇生长周期长，受环境影响大，必须认真抓好巴西蘑菇生长发育各个阶段的管理，创造适宜的生长发育条件，才能取得高产量、高效益。

一、培养料堆制发酵

1. 原料

可用于栽培巴西蘑菇的原料有稻草、麦秸、豆秸、玉米秸、甘蔗渣、棉子壳等。要求栽培原料新鲜、无霉变，预先收集晒干备用。栽培辅料有牛、马、猪粪(干)及米糠、化肥、石膏粉、碳酸钙、石灰粉等。

2. 培养料配方

不同地区的原料不同，在实际生产中，种植户应因地制宜选用合适的栽培原料来制作栽培料。

①稻草42%，棉子壳42%，牛粪(干)7%，麦麸6.5%，钙镁磷1%，碳酸钙1%，磷酸二氢钾0.5%。

②稻草47.25%，牛粪(干)47.25%，花生饼2%，过磷酸钙0.75%，碳酸钙1%，糖1%，尿素0.75%。

③稻草41%，牛粪(干)10%，蔗渣40.5%，麦麸6%，钙镁磷1%，碳酸钙1%，磷酸二氢钾0.5%。

④稻草42%，棉子壳42%，牛粪(干)7%，麦麸6.5%，钙镁磷1%，$CaCO_3$ 1%，KH_2PO_4 0.5%。

⑤稻草31%，甘蔗渣15%，木刨花12%，棉子壳4%，菜子饼1.5%，麦麸4%，干牛粪22%，尿素0.4%，复合肥0.5%，沸石粉6.5%，过磷酸钙1.1%，石灰2.0%。

⑥稻草40%，木刨花13%，棉子壳4%，菜子饼2%，麦麸4%，干牛粪27%，尿素0.4%，复合肥0.5%，沸石粉6.2%，过磷酸钙1.1%，生石灰1.8%。

⑦稻草85%，菜子饼4%，麦麸2%，复合肥1.6%，尿素0.8%，过磷酸钙1.6%，石膏2.8%，石灰2.2%。

⑧茭白叶(秆)31%，稻草18%，甘蔗渣9%，麦麸5%，牛粪26.8%，尿素0.5%，复合肥0.6%，沸石粉6.2%，过磷酸钙1.1%，生石灰1.8%。

⑨茭白叶(秆)32%，牛粪20%，油菜秆7%，木刨花6%，麦麸5%，尿素0.6%，复合肥0.7%，稻草20%，沸石粉5.7%，过磷酸钙1.2%，生石灰1.8%。

3. 培养料一次发酵

在巴西蘑菇播种前12～25天进行堆料。堆料前一个晚上备料，将草预湿，牛粪拌湿，以不滴水为准。堆料时，先在水泥地或在地上放几根木棍或竹棍，然后铺上一层20cm预湿后的草料，宽度根据气候来定，温度低堆宽一些，温度高堆窄一些，一般宽1.3～1.8m，长度不限。然后在上面铺上一层牛粪，厚度根据牛粪用量来定，如此反复堆置，最顶层盖稻草。堆间每隔2m插上通气筒，以利于料堆上下透气，堆完后插上温度计观察。如下雨，可用塑料薄膜遮盖，雨后一定要掀膜，以利通气发酵，防止厌气发酵。培养料从堆制到进房，需翻4～5次，其间隔时间应根据天气情况而定，堆温变化灵活掌握，整个发酵期12～21天。堆后2～3天堆温可上升至70～80℃，早晚可见到堆顶上冒出雾状水蒸气。堆后4～6天，温度下降到

65℃左右，可进行第一次翻堆，同时加入过磷酸钙，其作用除增加钙元素外，还能促进微生物分解，使培养料的pH不致变化过大。堆后2～3天不见雾状水汽，说明堆料太干，应在干的地方适当浇水。堆后3～4天温度还上升不到70℃，说明发酵不良，应重新翻堆，查明原因，采取补救措施。第一次翻堆后4～5天进行第二次翻堆，加入石膏粉及碳酸钙，以增加钙，中和发酵过程中产生的碳酸铵，改善培养料的物理性状。这次翻堆，可适当缩小料堆，高度不变。整个堆料过程翻堆4～5次，一般间隔3～4天，翻堆时通常不加水。最后一次翻堆时间间隔2～3天，翻堆后，用手紧捏料，以指缝见有水印为宜，隔2天后进菇房上床。

4. 培养料二次发酵

把经一次发酵后的培养料迅速搬进菇房，堆放在已消毒过的中间层床架上，厚度自上而下层递增(0.3m、0.33m、0.36m)。培养料上床后，关闭门窗，让其自然升温，然后视料温上升情况决定加热方式。春季由于气温低，菇房中产生的热量少或不能升温，进房后需立即采取加温措施。秋季栽培的菇房可通过启闭门窗，调节吐纳气量，促其自热。当温度达50～52℃时保持3～5天(视料的腐熟程度而定)。待料温趋于下降时再用蒸汽发生炉加热，使菇房上升到60～62℃，保持8～10小时。秋季栽培，在巴氏消毒后，菇房温度可继续保持在50℃左右3～5天，培养料继续后发酵。二次发酵后期，如培养料腐熟程度不足或仍有氨味，需继续在50～52℃培养，直到氨味消失，达到腐熟为止。

二、粪草栽培

(一)室内栽培

1. 季节安排

栽培季节的安排应根据巴西蘑菇菌株特性、当地气温及具体的设备来安排。巴西蘑菇菌丝生长最适温度为22～23℃，子实体发育适宜温度为18～21℃，出菇期为2～3个月。北方地区春栽安排在3～5月份，秋栽一般为7～9月份。我国幅员辽阔，栽培季节应根据当地自然条件适当推迟或提前，选择适宜出菇温度。

2. 场地选择

菇房场地应选择交通方便、离水源近、周围较开阔、有足够的堆肥场、地势高、排水或排污方便、水电设施完善的地方建造。菇房朝向应坐北朝南，利于通风换气，又可提高冬季室温，避免春秋季节干热的南风直接吹到菇床，还可以减少西斜日晒。周围环境清洁卫生，附近无产生有毒气的工厂等污染源，以避免不洁灰尘、病原微生物等侵害。

3. 菇床设计及菇床规格

两侧采菇的床面宽1.5m左右，单侧采菇的床面宽度不宜超过0.8m。层数一般5～6层，底层离地面10～15cm，层间距离以0.6～0.65m为宜，最高一层距房顶1.0m左右。每间菇房栽培面积以100～200m^{2}为宜。

4. 播种前准备及播种

①进房：进房前一天，关紧菇房门窗，堵塞拔风筒，门窗缝隙也要用纸条糊严。每立方米用甲醛(福尔马林)10ml、高锰酸钾5g熏蒸。菇房熏蒸1天，即打开门窗，通气后进料上床。

②铺料：料面铺平，稍稍拍紧，菇料每平方米20～22千克。待料温降至26℃时即可播种。

③播种：播种前检查菌种质量，带杂菌、带病毒、菌丝弱的不能用。菌种长透瓶后3～4天即可播种，播种量为干料的2%～6%，散播。播完后关上菇房门。

5. 覆土材料的选择和处理

①材料选择：覆土的土壤应选用团粒结构、保蓄水能力强、通气性好、肥力中等的土壤，粗土粒直径1.5～2.0cm，细土直径0.5～1.0cm。覆土所用土粒的pH在7.5～8之间，pH过低会影响巴西蘑菇的产量和品质。国内常用覆土材料有砂壤土、菜园土、江边土、池塘土、水稻土。

②处理：覆土是巴西蘑菇栽培上非常重要的环节，覆土土质的好坏直接影响产量和质量。覆土材料一般选用田土和泥炭土。田土应选用刚种过水稻的耕作表层以下的土壤。先把泥土预先暴晒发白，消毒后备用。也可采用预先养十的方法，即选用团粒结构好的田土或砂壤土，每3m^{3}土壤加入风干牛粪100千克、石灰100千克，混匀，浇透水，覆盖保湿堆积，15～20天后晾干，用碎土机打成碎土粒，晒干备用。近年来，应用低或无重金属和农药残留的泥炭土作覆土材料，产量高，品质好，有利于生产无公害产品。

③覆土：巴西蘑菇菌丝生长发育成子实体，需要较高湿度和良好的空气。覆土能减少培养料水分蒸发，提高表层培养料湿度，调节料中氧气和二氧化碳的比例，改变菌丝体营养条件，促进子实体形成。此外，土粒对菇体还起支撑作用。播种后15～20天，菌丝长透后或2/3即可覆土。先覆粗

土，厚3～3.5cm，再覆0.5～1.0cm细土。

6. 菇房管理

要获得高产、优质巴西蘑菇，必须加强菇房管理。

(1)播种后的管理

播种后是培养菌丝的关键阶段。菇房温度应控制在22～26℃，空气相对湿度为80%左右。通风应由小到大，刚播种后3～5天不通风，以利菌丝在料面上迅速生长，定植于料中。待菌丝生长旺盛，呼吸强度大，需氧量增加时，逐步加大通风。菌丝深入培养料1/3后，增加通风次数，促使菌丝向下生长，同时还可抑制杂菌。通风不良，菌丝变黄，易长绿霉、石膏霉等，应根据菌丝生长情况灵活掌握通风次数。

(2)播种后发生的问题及解决方法

①出现问题：播种后菌种不能恢复生长或不吃料，主要原因是培养料偏干或氨气过多pH过高，培养料发酵不好，理化性质差，发黏并有酸臭味，料中带有许多厌氧杂菌等，均会影响菌种的恢复和定植。

②解决方法：如果培养料偏干，则应喷水，调节好湿度，用报纸覆盖，以保持料面湿度。约一星期后，可以看到菌丝恢复生长；如果菌丝干死，需要重播。若是氨气造成菌丝不萌发，则要翻料，并喷5%甲醛(福尔马林)，再通风2～3天让氨臭味消失。试播成活后，才可大面积播种。若培养料偏湿并有杂菌，应撬松培养料，增加通风，降低湿度，促进菌丝迅速吃料并压倒杂菌。

(3)出菇前管理

从覆土到出菇，主要管理工作是促使粗土中菌丝粗壮浓密，土粒不被菌丝板结，粗细土间形成子实体原基。覆土后菌丝生长好坏、子实体形成量及速度与土粒水分和菇房通风状况密切相关。覆土后3～4天应关紧门窗，待菌丝长上粗土时通风换气，通风量由小到大。如土层太干，菌丝上土慢，减少通风或推迟通风，适当向地上喷水，提高空气相对湿度，造成空气新鲜、湿润的环境，促使菌丝迅速爬土。应避免菇房闷气，否则菌丝易形成一团一团的棉花絮、一段时间后又变黄、萎缩，影响出菇。若土层太湿，空气相对湿度超过96%，再遇到高温，易长出胡桃肉状菌，使栽培失败。所以每天都要到菇房观察，出现问题及时解决、补救。

①覆土后菌丝不上土及解决方法：A. 覆土后菌丝不上土的原因：a. 菌丝尚未长透料底；b. 覆土层过酸或过碱，泥土本身带有有害物质；c. 气温和空气湿度偏低；d. 所喷的水流到下面料中了。B. 解决方法：a. 待菌丝长透料底再覆土，使菌丝上土整齐有力；b. 土层偏酸用1%石灰水喷调，偏碱可用2%磷酸钙调节；c. 减少通风，注意保温，每天向空间及床面喷2～3次薄水，保温保湿促使菌丝向上部生长；d. 如喷水造成料面菌丝萎缩，应停喷水，加强通风，使料面菌丝恢复。

②覆土层菌丝旺长和结菌被的解决方法：覆土后若气温高，空气湿度大，容易产生菌丝旺长冒土并局部结菌被。

解决方法：A. 停止喷水，加强通风，降低菇房空气湿度和覆土表面湿度，直至表土发白。待菌丝不再旺长，再慢慢喷水调湿；B. 菌被包土不必挖掉割破，也不要喷重水冲击，只要降低湿度，不喷水，过一段时间就会长出蘑菇。

③覆土后及出菇前后易长胡桃肉状菌：胡桃肉状菌初期在料面为棉絮状、奶油色的菌丝，入料后抑制巴西蘑菇菌丝的生长，使菌丝萎缩变灰。后期，覆土层上会出现一粒粒红褐色外观似胡桃肉的子囊果，培养料暗褐色，湿腐状，具含氯石灰(漂白粉)气味。胡桃肉状菌子实体直径0.5～3.0cm或更大，群生，近球形，不规则至盘状，表面有不规则的皱纹，似胡桃仁，苍白，淡黄色至奶黄色或褐红色，子囊孢子能抗高温。胡桃肉状菌存在土壤、旧菇房、感病的培养料和菌种中。

土壤偏酸，菇房高温、高湿，通风不良的情况下易发生胡桃肉状菌。

(4)出菇后管理

原基形成期不要喷水，保持菇房空气相对湿度达92%～95%，有适当散射光，以促进原基进一步分化。菌盖形成期，开始喷细水，根据天气状况决定喷水次数，一般喷1～2次。空气相对湿度达到90%～92%时，适当通风，增加散射光。伸长期管理，喷细水，一般喷2～3次，保持空气相对湿度90%～92%，适当通风，增加散射光。成熟期管理：根据天气决定喷水，一般1天喷1～2次水，保持空气相对湿度88%～90%。

7. 采收、加工及分级标准

(1)采收

菌膜离开菌柄0.5～1.0cm、菌膜未破时采收。如果开伞，品质大幅度下降，价格低。一般每天采收3～5次(根据气候来定)，采收前停止喷水1～2天。鲜菇在2～6℃下可保藏4～6天。

(2)烘干

①采收后削去菇脚，刷掉泥砂，把菇排在烤筛中，略关烘箱门。初始温度为35～40℃，鼓风，保持8～10小时；温度，升至40～50℃后，保持该温

度，至菇含水量为9%～11%时即可装袋包装。这样烤出来的菇香浓，颜色淡黄，观感及品质都好。

在烘干过程中应避免温度太高，水分蒸发太快，否则使菇变黑，影响品质及经济效益。

②温风二次干燥干制技术：巴西蘑菇多糖含量高，吸附水能力强。为避免焦化和外干内湿，可采用温风二次干燥法制干。工艺流程：自然风脱水——温风一次干燥——停烘走水——温风二次促干。具体做法：将净化处理后的鲜菇摊于筛篾上，进烘房，先自然温度风干脱水4～6小时，然后逐步加温，每小时升温2℃，到45～50℃，恒温干燥至色泽固定，再继续升温至60℃保持7小时，从烘房中取出并摊晾"走水"24小时(让菇体深部水分外散)，后于50～60℃再烘2～3小时至足干成品。一般每8～9千克鲜菇制优质干菇1千克。干制全过程，无论自然风还是热风均需用鼓风机吹成循环流动风。

③把烘干的干菇迅速分级：注意轻拿轻放，避免破损影响外观品质。分级后迅速装入塑料袋中，放在干燥、荫凉处保存。

A. 一级：菌盖直径3.5cm以上，菌盖圆整，柄粗，菌膜未破，不带土，柄浅黄色。

B. 二级：菌盖直径2.0～3.4cm，菌盖圆整，柄粗，菌膜未破，不带土，柄浅黄色。

C. 三级：菌盖直径2cm以下，菌盖圆整，略有些畸形，柄不带黑点；

D. 等外菇：丁菇(菌盖直径0.9cm以下)及开伞菇。

(3)盐渍

具体盐渍操作方法，请参阅本书《食药用菌保鲜与加工》一章。

(二)室外畦床栽培法

1. 菇场的选择

栽培场地应选择避风向阳、水源方便、进料方便、地势高爽、排水畅通、荫凉通风、冬暖夏凉、土质肥沃的田地，酸碱度中性至微酸性，上搭荫棚。

2. 搭盖荫棚

荫棚可用茅草、稻草、编织的草帘、木棍和竹筒搭成，荫棚高2m，宽度和长度不限，坐北朝南。

3. 准备地床

上床之前栽培地先用锄头翻松，畦宽0.8～1.0m，畦长不限，畦高10cm，畦四周挖33cm深、40cm宽的畦沟，以利排水。地床南北向，以利通风换气。

4. 堆料、翻堆、播种及发菌管理

堆料及翻堆方法同室内栽培。播种前先将地床消毒，运来培养料后盖上塑料膜。播种时将培养料抖松、铺平，待料温下降至26～28℃时播种。播种后轻压床面，盖上塑料薄膜，促使菌丝在培养料中定植生长，防止杂菌污染。地床上用竹子搭一环形棚架，竹杆间距50～70cm，中心高度60cm。播种后3～5天为菌丝定植阶段，要保持棚内温度适宜、小气候稳定。若温度太高，易闷坏菌种。可在夜间打开两头的薄膜或略掀起背风处薄膜以透气降温，勿让风直接吹向床面而导致菌种枯干。播种后5～7天菌丝已进入培养料，通风可大些，以减少料面水分，促使菌丝向料内生长。通风时必须防止塑料膜上水珠滴入料中而影响菌丝生长。培养15～25天后菌丝长透培养料时即可覆土，覆土应较室内栽培时厚，这样保湿性能好，菌丝洁白，出菇多，质量高。

5. 出菇期管理

播种后35～45天即可出菇。水分管理应根据菇的大小、多少、菌丝生长发育情况及气候条件调节。喷水后要通风，待土表水分稍干后关门，以防止菌丝在闷湿条件下衰老。喷水时间为早上和傍晚，每天喷两次，以保持适当湿度。

6. 管理中应注意的事项

秋季，特别是10月底和11月初常常突然出现高温，11月下旬气温突然下降。如管理不当，容易遇到以下几个问题。

菌丝萎缩：秋菇前期喷水较多。如喷水不当，流到培养料里，会影响菌丝呼吸，菌丝生活力降低，严重时菌丝逐渐萎缩，甚至死亡。出现这种情况，可采取通风、料中用扦打洞散发水分等补救措施。

高温死菇：巴西蘑菇子实体生长范围为16～28℃，最适出菇温度为18～21℃。如果菇房室温持续数天在26～28℃以上，秋菇会变黄死亡，尤其刚出土的子实体更易死去。在这期间要密切注意天气预报，根据气温变化及时采取措施，保证正常生长。如果发生死菇，多开窗，加强通风，停水降温。在出菇期间菇房温度持续超过33℃，若不注意通风(湿度大)易导致小菇蕾枯萎死亡。

低温死菇：气温在16℃左右时，早晨过早喷水，易造成死菇。在这种季节一般应在早上9时半以后喷水。

硬开伞：在温度突变或昼夜温差过大的情况下，未成熟的子实体菌膜易与菌柄脱落，形成硬开

伞。低温时喷水过多,也易产生硬开伞。在低温期间不要对床面喷水过量,夜间注意关紧门窗,防止冷风吹袭菇房。

二氧化碳病:巴西蘑菇正常生长发育需要吸收氧气,排出二氧化碳。菇房长期通风不良,氧气不足,导致二氧化碳浓度增高,会影响子实体正常生长发育。二氧化碳浓度过高时,菇柄伸长,菇盖缩小,形成钉头菇或部分幼菇死亡。主要原因是通风不足,应加强通风。

培养料养分不足:培养料养分不足,势必影响菇体的正常生长发育,导致部分萎缩死亡。培养料营养不足主要原因:①培养料配方不当,氮源不足;②培养料铺料偏薄,致使后期营养不足而死菇;③培养料堆制不符合要求。堆料时没有掌握好稻草的水分,水分过多通气不良,易造成厌气发酵。水分过少使霉菌迅速繁殖,或料温没有控制好,如料温升不到60℃,发酵不彻底;或料温在70℃以上并持续高温,使培养料中的养分大量消耗。

水分管理不当:巴西蘑菇各个生长发育时期对水的要求不同。出菇前期子实体多,气温高,覆土层和培养料水分蒸发量大。对覆土层如不及时补足水分,幼小子实体会枯萎死亡;出菇水或保菇水喷施过量,渗漏至培养料引起积水,致使菌丝萎缩,培养料发黑,造成土层上扭结后的小菇养分供应不足而死亡;高温时期喷水过多,菇房相对湿度超过95%,由于缺氧而导致小菇蕾死亡。

覆土过早、采收不当:有些菇农为了达到提早出菇,在菌丝尚未长到整个培养料的2/3时进行覆土,会造成第三批后的各潮菇营养不足而枯萎;采收及其他管理不慎,易致机械损伤造成死菇。

病虫危害和农药使用不当:病虫危害和用药不当会造成死菇。常见病虫有胡桃肉状菌、菇蝇、菇螨、线虫等,这些病虫一旦在菇床上发生会引起死菇。在出菇期间防治病虫害时滥用农药或用药浓度过高,也是发生大量死菇的一个重要原因。

7. 采收后的管理

从开始采菇到菇潮结束60~83天,每潮相隔14~19天,第一潮占总产量46.20%~49.33%,第二潮占总产量26.22%~34.8%,以后每潮逐渐减少。每次采完菇后要拣掉菇床中的菇脚、死菇,以防杂菌污染。同时要补土,停水3~5天,以后管理方法同上。

三、熟料袋栽覆土栽培法

1. 熟料栽培方

①圆叶决明64%,麦麸18%,牛粪15%,碳酸钙1%,糖1%,磷酸二氢钾0.6%,硫酸镁0.4%,pH调至8.0。

②棉子壳60%,麦麸8%,牛粪29%,碳酸钙1%,糖1%,磷酸二氢钾0.6%,硫酸镁0.4%,pH调至8.0。

③稻草39%,牛粪39%,碳酸钙1%,糖1%,磷酸二氢钾0.6%,硫酸镁0.4%,麦麸19%,pH调至8.0。

④稻草42%,棉子壳42%,牛粪(干)7%,麦麸6.5%,$CaCO_3$ 1%,KH_2PO_4 0.5%,钙镁磷1%。

⑤稻草43%,牛粪(干)50%,花生饼粉2%,$CaCO_3$ 1%,$CaSO_4$ 2%,尿素0.75%,过磷酸钙0.75%,KH_2PO_4 0.5%。

⑥稻草40%,蔗渣40%,牛粪(干)10%,麦麸6.5%,$CaSO_4$ 1%,$Ca(OH)_2$ 1%,钙镁磷1%,KH_2PO_4 0.5%。

以上配方中,棉子壳、稻草、牛粪预湿,堆制12~24小时再加其他辅料,充分拌匀,含水量63%~68%,pH为8.0左右,装袋,塞棉花,灭菌,接种后搬进培养室发菌。培养室温度为26~28℃。经过35~40天可长满全袋,即可覆土。管理方法与生料栽培相同。

⑦芦苇粉熟料堆料发酵培养基配方:

A.干芦苇粉60%,麦麸20%,谷壳15%,黄豆粉3%,碳酸钙1%,石灰粉1%。

B.干芦苇粉50%,干牛粪20%,谷壳15%,麦麸10%,黄豆粉3%,碳酸钙1%,石灰粉1%。

配方中芦苇粉由鲜芦苇秆用粉碎机加工而成,颗粒粗细以0.2~0.3cm为宜。牛粪要事先碾碎,两者均需晒干备用。

预堆前,先将谷壳预湿1~2天,沥去多余水分,与芦苇粉等其他原料(除石灰粉外)混合搅拌均匀。将石灰粉置于水中,搅拌后取其上清液将培养料调湿拌匀,料水比为1∶1.3~1∶1.4。将拌匀的料堆成宽、高各1.0m,长度不限的料堆。每隔40~50cm设一个直径为8~10cm垂直通气孔。待堆内温度上升到70℃以上并开始下降时翻堆,翻堆后重新建堆发酵。经过2次翻堆,当料温第3次升至60~70℃时拌匀,即可装袋。预发酵需10~15天,春栽时间略长、秋栽时间略短。

2. 菌筒制作

(1)装袋、灭菌

采用宽15cm、长55cm聚乙烯塑料袋,每袋干料约0.8千克,湿料1.8~1.9千克。用装袋机装袋,装袋宜稍结实,以免翻堆时菌袋受污染。常压灭菌灶 100℃以上维持 12 小时。

(2)接种

灭菌后的菌筒搬入冷却室中冷却。待料筒温度降至 28℃后，将菌筒和菌种及接种器具移置于接种室内，关闭门窗，打开紫外线灯，并用气雾消毒剂进行消毒，无菌操作接种，一般单面接种，接 4 穴。

(3)培养

如春栽，将菌袋以柴片式堆叠，堆温控制在22～25℃。当接种口菌丝圈直径达 5～6cm、堆内温度高于 25℃时，进行翻堆，并改为“井”字型堆叠。秋栽接种后应即以“井”字型堆叠，每层 2 袋，每堆8～10 层。堆间留出一定间距，敞开门窗，加强通风透气。35～60 天后菌丝可长满袋。

(4)场地选择与管理

巴西蘑菇可在水田或旱地栽培，要求交通方便、近水源、环境清洁、远离污染源。场地需搭建类似栽培香菇、毛木耳的荫棚，棚顶可采用芒萁遮阳，四周用芦苇或稻草编成草帘围住，以二阴八阳为宜。棚高 2m，长、宽根据场地及栽培数量而定。一般每 667m^2 可栽培 500～600 袋。荫棚内需整畦，畦宽约 90cm（菌筒长度的两倍加 10cm），畦高 20cm，长依场地情况而定。畦面必须整平，畦与畦之间留 30～40cm 宽的走道。畦面、畦沟及场地周围洒上少量石灰粉，并用水将畦面浇透，旱地栽培还应预防白蚂蚁危害。每两畦为一组，畦两侧每隔 1.2m 插上拱形竹片围住畦面，中间高度 1.8m，上盖塑料薄膜用于防雨和调节畦面小气候。

菌袋下地及覆土：按蘑菇栽培工艺准备好粗、细土，粗土粒1.5～2.0cm、细土粒0.5～1.0cm。将两种规格的土粒分别置于簸箕中，在 1%石灰水中浸到无白心，再沥干备用。在长满菌丝的菌筒四周均匀地打 20 个直径0.2～0.3cm、深 4.0～5.0cm 的透气孔，剥去袋膜，横排在畦面上，每畦排 2 行。菌筒间隔1.5～2.0cm。用粗土粒填满菌筒之间的缝隙及盖住畦两侧、两端菌筒，同时在菌筒表面也盖一层土粒，最后在畦面上盖一层细土粒，全部覆土厚度控制在 3～4cm。

出菇管理：覆土后 3～5 天内紧闭薄膜，让菌丝尽快向覆土内蔓延。此后掀开畦两端的薄膜，增加通气量。这一阶段要密切观察覆土湿度。覆土表面发白时，用喷雾器向畦面喷水，以表面土粒捏之扁而不散、且以不黏手为宜。待菌丝向上蔓延至覆土的 1/2～2/3 时，将畦两侧薄膜掀起 50cm，增加通气量。畦面上普遍能见分布均匀的菌丝时，向畦面喷一次重水，喷水量为每平方米 0.2升。3～5 天后，白色菇蕾陆续发生，此时常向畦面轻喷雾状水，使覆土及菇蕾保持湿润。根据气温情况，通过薄膜的掀、盖，使空气相对湿度保持在 85%～95%，温度控制在 18～28℃。覆土后 10～15 天出菇，一潮菇采毕，应整平畦面，停水4～6 天，再重复上述管理。

(5)采收

采收标准同上。

四、栽培新技术新方法

1. 栽料配方

栽培料配方：稻草1 000千克，尿素 12 千克，过磷酸钙 10 千克，石膏 10 千克，石灰 5 千克。

选择干燥无霉变晚稻草进行前处理：①预堆。建堆前 2 天将稻草充分吸足水分，在平坦的地面上铺上一层稻草，宽 2.3m、厚 0.2m，并撒上一层石灰，浇足水后再铺上第二层，同样处理后用脚踏实。其他层按同样方法处理堆叠起来，直至堆高至 1.5m、长度不限的长方堆。草堆最后用农膜覆盖，保持 2 天。②建堆。经 2 天预堆后，稻草干湿一致即可建堆，按宽2.3m、高1.5m、长度不限的长方形建堆，在第 3～7 层均匀撒上过磷酸钙、尿素、石膏等。尿素预留 30%在第一次翻堆时用。建堆后顶部成龟背形，如果在室外建堆应注意防雨。③翻堆。为使发酵均匀，培养料需几次翻堆。建堆后 3 天料温高达 65～70℃时即可进行第一次翻堆，以后每隔 2 天翻堆一次。在第一次翻堆时把原来留出的 30%尿素加入，并按建堆方法重新建堆。重新建堆时，要注意构巩料堆的透气洞（一般洞间距离为 20cm），增加氧气，有利发酵。同时稻草要干湿搭配，上下里外调换，保持料堆高度，堆宽缩至 2m。第二次翻堆后料中有大量放线菌生长，料温保持在 55℃左右。经 5 次翻堆即可腐熟，此时没有粪臭味（应根据气温、料温的变化灵活调整翻堆的间隔时间）。

播种及栽培管理方法如常规。

2. 波浪式覆土

菌丝吃料基本完全后，即可覆土。覆土时，应根据菇床的尺寸，相应地把覆土层整成为“波浪”状，每床、畦面上可有 2～3 个“波峰”，波峰土层厚为 5～10cm，这样可适当增加覆土层表面积，有利于菌丝扭结，多出菇、出壮菇。

3. 稻草覆盖出菇

把稻草切成3～5cm长度，用水浸湿。覆土后，把浸湿的稻草稀疏地覆盖在覆土层表面。此方法首先有利于覆土层的保湿，保持土层疏松，促进菌丝扭结。同时有稻草的覆盖，扭结的小菇藏在稻草下面，可以阻止水直接喷到小菇上造成的死菇。

五、病虫害防治

巴西蘑菇易遭胡桃肉状菌、棉絮状菌、白色石膏霉、绿霉菌、脉孢霉菌；跳虫、菇蝇、蛞蝓、螨虫、线虫等病虫害危害。预防与诊治方法，请参阅本书《食药用菌病虫害防治》一章。

第四节　巴西蘑菇的化学成分、药理作用与临床应用

一、化学成分及营养价值

巴西蘑菇（又称姬松茸、梁金菇）是一种食药兼用的大型真菌。菇体脆嫩滑爽，具有杏仁味，美味可口，含有丰富的营养物质以及多种生物活性物质，如活性多糖、麦角甾醇类、凝集素等。近年来的研究发现，巴西蘑菇多糖具有很强的抗肿瘤活性，同时还具有提高机体免疫力、降低血糖及血脂、抗风湿、保护肝脏等作用。

1. 巴西蘑菇多糖（*Agaricus Blazei* Murill Polysaccharides，ABM-P）

通常采用水提醇沉法提取巴西蘑菇多糖。将巴西蘑菇的子实体或菌丝体烘干、粉碎、过筛。子实体、菌丝体分别按1∶10、1∶30的加水量，提取温度100℃，提取5小时（用草酸或草酸胺浸提效果更好），提取液离心后取上清液，上清液加热浓缩至比重1∶1.05，加入4～5倍容积的95%乙醇，过夜，再离心去上清液，沉淀物用蒸馏水加热溶解，加入Savage试剂，过夜去除蛋白，取上清液，加入5倍容积95%乙醇沉淀多糖，再离心，弃去上清液，所得沉淀即为多糖。

有学者采用水提醇沉和凝胶电泳、亲和层析等方法，从巴西蘑菇子实体中分离纯化得到6种具有抗癌活性的水溶性多糖：FII-a、FII-b、FII-c、FIII-2-b、FIV-2-b、FV-2-a。进一步采用IR和核磁共振光谱（NMR）分析，发现其抗肿瘤活性成分主要为FIII-2-b，是由葡聚糖和蛋白组成的多糖蛋白，其中糖含量约50.2%，蛋白质约43.3%，前者主要为（1→6）-β-*D*-葡聚糖及约6.7%的糖醛酸，单糖构成比例为葡萄糖∶半乳糖∶甘露糖∶木糖约为100∶5∶1∶4；后者富含Asx、Glx、Ala、Leu和Pro等氨基酸。另两种活性多糖FIV-2-b和FV-2-a也均具有显著的抗肿瘤活性，但含量极低。而FII-a、FII-b、FII-c均为抗肿瘤活性较弱的多糖蛋白。让FIII-2-b的糖和蛋白质分离后，发现两者的抗肿瘤活性均降低，提示FIII-2-b的抗肿瘤活性来源于多糖与蛋白质的结合。

有学者采用气相色谱-质谱（GC-MS）、高效液相色谱（HPLC）等方法，对巴西蘑菇菌丝体中抗肿瘤活性多糖的化学特性进行了分析。结果表明，菌丝体粗总多糖蛋白（MP-B-2）的相对分子质量为16.5万，其中主要含有甘露糖与木糖，单糖组成的摩尔比为甘露糖∶木糖＝15∶1。MP-B-2含有全部17种氨基酸，并富含酸性氨基酸。此外，还含有较多数量的丝氨酸、苏氨酸、甘氨酸、丙氨酸、赖氨酸和脯氨酸等，硫氨基酸和芳香族氨基酸含量相对较少，由此表明分子具有较高的极性。巴西蘑菇粗总多糖蛋白中的肽链是以苏氨酸和丝氨酸中的羟基通过*O*-苷键与糖链共价结合，证实MP-B-2为多糖蛋白共价复合体的化学性质。

对从巴西蘑菇子实体中提取、经酸处理的活性多糖ATF（acid treatd fraction）进行了层析纯化和核磁共振（NMR）分析。结果显示，ATF的相对分子质量约17万，主要活性成分为（1→4）-α-*D*-葡聚糖和（1→6）-β-*D*-葡聚糖，两者的比例约1∶2，而ATF中活性最高的成分HM3-G相对分子质量约38万，葡聚糖含量超过90%，主要是具（1→6）-β-*D*-葡聚糖分支的（1→4）-α-*D*-葡聚糖，两者比例约1∶4。采用分级醇沉得到的巴西蘑菇粗多糖，用琼脂糖凝胶层析柱分离纯化可得到ABM-Ⅰ、ABM-Ⅱ、ABM-Ⅲ 3种多糖组分，ABM-Ⅰ为白色固体，ABM-Ⅱ和ABM-Ⅲ为黄色固体。三者均易溶于水、甲酸、氨水和稀盐溶液等，不溶于乙醇、乙醚和丙酮等有机溶剂，无甜味，无挥发性，水溶液透明，pH6.0左右。部分理化性质见表14－1。进一步对其主要活性成分ABM-Ⅰ的分

子结构进行分析，显示其为 α-(1→6)吡喃型 *D*-葡聚糖，并含有少量结合蛋白，结果与 FⅢ-2-b 结构一致。

表 14－1 巴西蘑菇多糖组分 ABM-Ⅰ、ABM-Ⅱ和 ABM-Ⅲ的部分理化性质

理化性质	巴西蘑菇多糖组分		
	ABM-Ⅰ	ABM-Ⅱ	ABM-Ⅲ
性　状	白色粉末	淡黄色粉末	淡黄色粉末
水溶性	可溶	可溶	可溶
苯酚-硫酸反应	＋	＋	＋
咔唑-硫酸反应	—	—	—
碘-碘化钾反应	—	—	—
紫外吸收(280nm)	吸收	不吸收	不吸收
比旋度	＋62.5	＋44.3	＋5.5
相对分子质量($\times10^5$)	＞20	14	3.8
占粗多糖的百分比(％)	28.96	16.2	8.7

“＋”：阳性；“—”：阴性

有学者采用气相色谱法对巴西蘑菇菌丝体干粉依次经水和碱液提取所得的多糖中的单糖组成进行了分析，其中命名为 HWSP 的组分，以甘露醇、葡萄糖为主，兼含有半乳糖、岩藻糖、木糖、鼠李糖和痕量的阿拉伯糖；组分 CAASP 为含有少量甘露糖和木糖的葡聚糖；组分 CAWSP 以木糖、阿拉伯糖和葡聚糖为主，还含有少量半乳糖和甘露糖；组分 HAWSP 的葡萄糖含量最高，还含有较多的阿拉伯糖和一定量的木糖和甘露糖，以及痕量的岩藻糖。虽然目前对巴西蘑菇多糖活性成分基本结构已有较多研究，但对其结构与活性的关系却研究得比较少。同时，由于真菌多糖活性常随高级结构的改变而改变，故对其构效关系还需进一步研究。

2. 麦角甾醇类(*Agaricus Blazei* Murill Ergosterols)

用热水提取出巴西蘑菇菌丝体水溶性成分(主要是活性多糖类)后，对其残渣用 85％乙醇、丙酮、正己烷依次进行分步提取，经硅胶层析柱分离纯化，并经 S-180 荷瘤小鼠模型筛选后又得到 6 种抗癌活性物质。其中以组分 3 的抑瘤活性为最强，给予 S-180 荷瘤小鼠腹腔注射每天 50mg/kg，可使瘤重抑制率达 78.3％。进一步采用紫外、红外、质谱和核磁共振(NMR)波谱分析，对其进行分子结构鉴定，证实巴西蘑菇菌丝体醇提物中的主要抗肿瘤活性物质是麦角甾醇类。

3. 其他成分

巴西蘑菇具有较高的营养价值。据测定，干菇粗蛋白质含量为43.9％，糖质含量为41.56％，是香菇的 2 倍以上。此外，纤维素为 8％，灰分为 8％，脂肪为 2％，1 克干菇含维生素 B_1 为 0.5mg，维生素 B_3 与烟酸各 55mg；以亚油酸为主的不饱和脂肪酸占 70％～80％。已测定的 17 种氨基酸总量为干重的19.22％，其中 50.18％为人体必需氨基酸，高于其他食用菌。对深层发酵培养的菌丝体氨基酸成分分析表明，巴西蘑菇发酵菌丝体含有 18 种氨基酸，富含促进儿童生长、发育和增加智力的精氨酸和赖氨酸；菌丝体氨基酸总量为干重的 21.37％，必需氨基酸占氨基酸总量 39.7％。

二、药理作用

巴西蘑菇是一种药食兼用的珍稀菌种，虽已作为功能性健康食物引起了人们的注意，但对其药理学及临床研究尚属起步阶段，大多集中在活性多糖的抗肿瘤作用及机制，而对其他活性成分，如甾醇类、植物凝集素等的药理学作用及机制更是知之甚少。

1. 抗肿瘤作用

实验研究证明，从巴西蘑菇子实体和菌丝体中提取的多糖、甾醇等活性成分，对肿瘤细胞未见明显的细胞毒作用，但可通过抑制肿瘤细胞增殖、诱导肿瘤细胞凋亡、抑制肿瘤新生血管、增强机体免疫力，从而产生抗肿瘤效应。

(1)抑制肿瘤细胞增殖

有报道称，采用集落形成法、MTT 比色法、生长曲线法证实，巴西蘑菇菌多糖对 SGC-7901 细胞成集落数有抑制作用($P<0.01$)，其 IC_{50} 为31.25mg/ml，具有剂量依赖性。有学者将巴西蘑菇子实体粗多糖经 DEAE-纤维素柱分离，制得 ABP-II-α 和 ABP-II-β两种组分，体外试验显示，ABP-II-α 和 ABP-II-β对白血病细胞增殖均有明显抑制作用，ABP-II-β作用尤为显著，20～100μg/ml 浓度下作用 48～72 小时，抑制率达 100％；0.8μg/ml浓度下，不同作用时间抑制率分别为2.20％(24 小时)、42.23％(48 小时)、76.1％(72 小时)，具有剂量和时间依赖性。从巴西蘑菇子实体中得到的酸处理活性多糖(acid treated fraction，ATF)，可获得具有显著抗癌活性的 NK 细胞浸润，植入双癌系统的 BALB/c 小鼠中的远缘癌细胞。ATF 还可在体外通过诱导细胞程序性死亡而防止癌细胞的生长。此外研究还表明，ATF 可引起 Meth A 癌细

胞S期的缺失，而不影响正常脾单核细胞。表现对癌细胞的选择活性。

(2)诱导肿瘤细胞凋亡

有学者观察了水提醇沉法提取的梁金菇多糖，诱导人类早幼粒细胞白血病细胞系HL-60细胞凋亡的影响。结果表明，0.2～1.2g/L梁金菇多糖对HL-60细胞生长有明显的抑制作用，可诱导肿瘤细胞发生凋亡，其机制与上调胱冬裂酶(caspas)3基因表达有关。Kobayashi H等从巴西蘑菇中分离出的潜在抗肿瘤物质β-(1-6)-*D*-葡聚糖，对体外培养的人类卵巢癌细胞系HRA细胞有细胞毒作用，作用机制是通过抑制细胞增殖及线粒体激活的细胞死亡途径来增强p38MAPK的活性、放大细胞凋亡级联反应。Talorete等研究表明，巴西蘑菇水提物可抑制人类乳腺癌细胞系MCF7细胞增殖，此作用可能与API基因调节复合物有关。应用流式细胞术分析巴西蘑菇多糖对Bel-7402细胞凋亡情况、细胞p53蛋白的表达以及肿瘤细胞内Ca^{2+}水平的变化，发现治疗组细胞凋亡率和细胞内Ca^{2+}水平显著升高($P<0.01$)，而细胞内P53蛋白的表达无显著差异。透射电子显微镜观察显示出细胞凋亡的典型形态学变化，证明巴西蘑菇多糖具有诱导Bel-7402细胞凋亡的作用。进一步探讨诱导细胞凋亡过程发现，巴西蘑菇多糖对P53蛋白的表达不产生影响，而与免疫系统的激活和细胞内游离Ca^{2+}水平升高有密切关系。应用流式细胞分析仪和透射电子显微镜等技术发现，巴西蘑菇多糖诱导K562肿瘤细胞48～72小时，G_0/G_1期细胞数增加，开始引起细胞凋亡。96小时时，处于S期的细胞明显增多，阻止了细胞从S期进入G2/M期，使细胞周期延长，对细胞增殖抑制作用显著增强，并且48～72小时的K562肿瘤细胞呈现典型的细胞凋亡特征。提示巴西蘑菇多糖可能是通过影响细胞周期、诱导细胞分化和细胞凋亡发挥抗肿瘤作用。对巴西蘑菇子实体多糖对肝癌细胞株SMMC-7721细胞的诱导凋亡研究表明，在药物浓度为0.625～1.25g/L时，肿瘤细胞出现凋亡现象，进一步提示，巴西蘑菇多糖促进肿瘤细胞内凋亡基因Bcl-2的表达，是其诱导细胞凋亡的主要机制。

(3)抑制肿瘤新生血管

从巴西蘑菇分离出的麦角甾醇，可通过抑制肿瘤新生血管而抑制肿瘤生长。在此基础上，进一步分离出抗血管生成物质A-1，对其进行Lewis肺癌荷瘤小鼠抗肿瘤和抑制血管生成试验。结果表明，口服A-1物质50mg/kg、100mg/kg、300mg/kg具有抑制肺部肿瘤生长和转移作用。有学者用氯仿和甲醇从巴西蘑菇中提取出脂类成分，通过硅胶色谱柱用乙腈和甲醇3∶2洗脱，用H^3标记，核磁及质谱鉴定为麦角固醇，用麦角固醇400mg/kg、800mg/kg连续灌胃20天，不但明显抑制S-180实体瘤荷瘤小鼠肿瘤的生长，而且不产生一般肿瘤化疗药物诱导机体产生的减轻体重、附睾脂肪组织重量减少、胸腺及脾脏重量减少、白细胞减少等症状，提示其抗肿瘤活性不是细胞毒作用，而是直接抑制实体瘤诱导的血管生成。

(4)抗突变作用

突变与肿瘤的发生密切相关，巴西蘑菇中的多糖等成分具有抗突变作用。有学者对巴西蘑菇潜在致突变和抗突变作用进行了动物实验评价，以丝裂霉素(MMS)体外诱导中国仓鼠肺细胞(V79)微核突变为阳性对照。结果表明，4℃、25℃、60℃3种温度下，AB97/29型巴西蘑菇子实体和菌丝体水提物及巴西蘑菇产品AB-PR及AB-SP均未显示出任何遗传毒性。AB-SP 60℃水提物预防给药、治疗给药及同时给药3种给药方案，均对MMS诱导V79微核突变显示了抗突变作用，AB-PR预防给药具有抗突变作用。通过巴西蘑菇多糖对小鼠染色体畸变和微核形成影响实验，证明其具有较强的抗突变作用。巴西蘑菇多糖能显著抑制染色体畸变和微核形成，抑制率随剂量增加而升高。用水提醇沉法得到的巴西蘑菇粗多糖，对环磷酰胺诱导小鼠骨髓细胞微核突变也有抑制作用。将巴西蘑菇多糖作用于紫外线损伤的黑腹果蝇，能显著提高紫外线辐射后果蝇的抗突变能力，降低了F_1代果蝇畸形率，且多糖浓度与抗突变能力呈正相关。

2. 增强机体免疫力

巴西蘑菇中的水溶性多糖、麦角甾醇等成分对细胞免疫和体液免疫具有调节作用。

采用MTT法检测巴西蘑菇多糖体外与肝癌细胞Bel-7402 48小时的细胞毒作用，以及与小鼠脾细胞共培养上清液，对Bel-7402细胞48小时的抑制作用。结果表明，巴西蘑菇多糖体外无直接细胞毒作用，不同浓度的小鼠脾细胞共培养上清液，体外对Bel-7402细胞生长均有抑制作用，以低剂量组作用最显著，抑制率为39.65%。说明巴西蘑菇多糖可通过增强小鼠脾淋巴细胞功能，抑制Bel-7402细胞的生长。不同浓度的小鼠脾细胞共培养上清液，诱导Bel-7402细胞凋亡发生数明显高于无多糖刺激的脾细胞共培养上清液组，表明巴西蘑菇多糖可通过增强小鼠的细胞免疫功能，诱导肿瘤细胞凋亡。有学者从免疫学方面探讨了巴西蘑菇多糖防治胃癌的作用和机制。证明巴西蘑菇多糖可以增强胃癌大鼠的巨噬细胞吞噬功能，促进IL-1的分泌，效果优于香菇多糖；同时可以促进IL-2分泌、增强NK细胞杀伤活性，提高胃癌大鼠生存质量。推测巴西蘑菇多糖通过促进淋巴细胞的功能，包括分泌一些活性物质（如细胞因子），以抑制肿瘤的形成。

树突细胞（dendritic cell，DC）是已知体内功能最强、唯一能活化静息T细胞的专职抗原提呈细胞，在调节机体的免疫应答和抗肿瘤方面起着重要作用。巴西蘑菇水溶性蛋白多糖可显著上调共刺激因子CD80和CD86分子，及主要组织相容性复合物-Ⅱ类分子（MHC-Ⅱ）的表达，并可促进小鼠骨髓细胞衍生的DC成熟，显示其免疫调节作用。口服巴西蘑菇提取物A-1物质30mg/kg、100mg/kg、300mg/kg可抑制Lewis肺癌荷瘤小鼠脾淋巴细胞、CD^{4+}、CD^{8+} T细胞的减少，增加侵入肿瘤组织CD^{8+} T细胞及自然杀伤细胞（NK）的数量。干燥巴西蘑菇沸水提取物25mg/kg小鼠腹腔注射，可增加脾细胞溶血空斑、Mac-1、CD^{25+}细胞的数量及腹腔巨噬细胞和脾细胞IL-6和IL-1 βmRNA的表达。从巴西蘑菇中提取的多糖成分FIII-2-b，每天10mg/kg腹腔连续注射30天，能抑制皮下移植MethA肿瘤细胞荷瘤小鼠肿瘤的生长、恢复5-氟尿嘧啶（5-FU）所抑制的间三硝基氯苯诱导荷瘤小鼠产生的延迟性高敏反应（PC-DTH），增强绵羊红细胞介导的脾淋巴细胞溶血素生成，增加脾、胸腺指数，显著增加脾淋巴细胞T淋巴细胞亚群中的Thy 1.2$^-$、$L_3T_4{}^-$、asiolo GM1$^+$细胞数，轻微增加$L_3T_4{}^-$/Lyt2$^+$比率。抗肿瘤效果可能与改变Thy 1.2$^-$、$L_3T_4{}^-$、asiolo GM1$^+$细胞比例有关。此外，巴西蘑菇粉末在体外可通过激活补体替代途径来激活人类血清的补体系统。

有报道巴西蘑菇粗多糖成分具有明显的抗肿瘤作用。进一步考察了巴西蘑菇中提取的活性多糖蛋白FIII-2-组分，即（1→6）-β-*D*-葡聚糖蛋白对Meth A纤维肉瘤的抑制作用与机制。结果显示，每天以10mg/kg的剂量连续30天给已植入Meth A癌细胞的小鼠注射FIII-2-b，可中度抑制Meth A癌细胞的生长，而将FIII-2-b与5-氟尿嘧啶（5-FU）合用，可强烈抑制移植癌的发展，可恢复由5-FU抑制小鼠氯化三硝基苯所致迟发性超敏反应，但它并不能增加正常小鼠的PC-DTH反应。FIII-2-b不仅增强由脾细胞介导的山羊红细胞溶血、增加胸腺指数及脾细胞数量，还可消除由5-FU产生的负影响。注射FIII-2-b的患癌小鼠脾Thy1.2、L_3T_4及唾液GM1活性细胞数量与仅注射生理盐水的对照组相比显著增加，同时L_3T_4/Lyt2还表现出增加的趋势。提示FIII-2-b的抗肿瘤作用机制与增强免疫细胞功能、提高机体对肿瘤细胞的免疫力密切相关。

有学者考察了正常小鼠口服巴西蘑菇水溶性多糖（主要成分为α-1，6及α-1，4葡聚糖）后，淋巴细胞中T-细胞亚型，小鼠脾淋巴细胞中Thyl.2，L_3T_4及Lyt2活性细胞的数量显著增加。由此认为巴西蘑菇多糖不仅可用来治疗癌症，还可开发制成功能性食物用以预防癌症的发生。

巴西蘑菇多糖还可作为免疫佐剂协同其他药物共同发挥作用。通过给鸡口服、注射巴西蘑菇多糖，研究对鸡疫苗免疫力和红细胞免疫力的影响。结果表明，巴西蘑菇多糖作为免疫佐剂可以提高鸡特异性体液免疫功能和疫苗保护率，使免疫力维持持久，但未见明显量效关系。在疫苗免疫初期，适当剂量的巴西蘑菇多糖能提高红细胞C3b受体花环率，增强红细胞免疫功能。研究提示：巴西蘑菇多糖可在一定程度上抵抗以环磷酰胺为诱变剂诱导的机体细胞突变作用，但不能完全消除。李兴玉等研究表明，巴西蘑菇多糖可与人端粒酶反义核酸协同诱导HL-60细胞凋亡。由上可见，巴西蘑菇多糖的抗肿瘤机制：一方面与其他真菌制剂相似，主要通过激活机体免疫系统，依靠机体自身的免疫力来发挥作用；另一方面它还可诱导癌细胞的程序性死亡，对癌细胞具有选择活性。

3. 促进骨髓造血

（1）促进骨髓干细胞/祖细胞增殖

临床上许多疾病导致患者白细胞减少，或放疗、化疗引起患者白细胞明显降低。如何治疗白细胞减少是临床上需要解决的问题。目前临床上应用的药物大多有持久性差，价格高，不良反应大及不易控制等缺点。发掘一种效果好、作用持久、来源广、成本低廉、不良反应小的调节造血功能的药物是当今之所需。从脐带采集的脐血中含有丰富的造血干细胞和祖细胞，可用于考察巴西蘑菇多糖对脐血单个核细胞的增殖活化作用。

研究发现，脐血单个核细胞在梁金菇多糖作用下，表现出增殖效应。在0～10^3ng/ml中，最佳剂量为10^3ng/ml。同时还发现，在梁金菇多糖（LJPS）0～10^3ng/ml剂量范围内，10%诱导上清液调控生成的CFU-Gt的集落，随着剂量的增大而增多，r=0.9959（P<0.01）。剂量>10^3ng/ml，CFU-GM的产率开始下降。表明最佳剂量也为10^3ng/ml，这与LJPS促脐血单个核细胞（CBMC）增殖情况一致。研究结果证明：LJPS可通过刺激CBMC增殖活化，促进CBMC中CFU-GM的生成，从而调节造血功能。我国科研人员认为，巴西蘑菇多糖对急性非淋巴细胞白血病、慢性肝炎、消化道肿瘤均有一定的治疗作用；对正常小鼠骨髓造血干细胞有促进形成作用；对小鼠移植性肿瘤S-180的抑制作用，其免疫活性源于可增加宿主脾、胸腺指数，增加或激活机体T-淋巴细胞、巨噬细胞，从而增强机体的免疫能力。

(2)改善放、化疗所致骨髓毒性

巴西蘑菇多糖有改善放疗或化疗所致骨髓抑制等毒性作用。巴西蘑菇多糖0.4g/kg腹腔连续注射3天，可促进经^{60}Co γ射线照射损伤的BALB/c小鼠外周血白细胞恢复、GM-CFU增殖、提高血清造血因子活性、促进正常小鼠骨髓GM-CFU产率增加。巴西蘑菇多糖还可促进造血干、祖细胞生成、人脐血单个核细胞GM-CSF基因表达。

4. 肝脏保护作用

研究表明，巴西蘑菇有效成分能促进慢性乙型肝炎患者肝功能恢复。在巴西蘑菇多糖对四氯化碳染毒兔肝脏的保护效应，及其毒性反应的研究表明，一定剂量范围内的巴西蘑菇多糖不但对动物无毒害作用，反而能提高对肝脏保护作用，尤其是显著降低肝脏的丙氨酸氨基转移酶水平。研究显示，巴西蘑菇多糖通过刺激肝细胞DNA的合成，使肝细胞增殖，同时提高抗氧化酶活性，保护肝细胞膜完整性，减少其破损，抑制血清和血浆中丙氨酸氨基转移酶和天冬氨酸氨基转移酶活性的升高。对大鼠肝库普弗细胞花环形成实验表明，巴西蘑菇多糖可提高四氯化碳所损伤的肝库普弗细胞形成率和吞噬率。提示：巴西蘑菇多糖可减弱四氯化碳毒性，并保护库普弗细胞Fc受体，提高细胞免疫活性。

多数抗肿瘤药物对肝脏有毒性，而巴西蘑菇多糖具有保护肝脏作用。给家兔人工皮下注射50%四氯化碳染毒，制造肝损伤模型，再皮下注射巴西蘑菇多糖溶液0.2ml(千克，体重)，连续注射7天，能够降低染毒兔的死亡率，减轻肝组织受伤程度和防止肝细胞的破坏，明显降低四氯化碳染毒兔丙氨酸氨基转移酶和门冬氨酸氨基转移酶升高的幅度。

5. 改善胃肠功能

胃肠道功能障碍是肿瘤患者放、化疗常见的不良反应，巴西蘑菇具有调理胃肠道作用。巴西蘑菇提取液6g/kg、9g/kg、12g/kg 1次灌胃给药，可显著促进正常小鼠的胃肠运动；巴西蘑菇提取液6g/kg连续灌胃3天，对新斯的明负荷小鼠引起的胃肠亢进有显著的拮抗作用；连续灌胃10天，可明显改善生大黄粉致脾虚模型小鼠的体征和体重；连续灌胃8天，可显著抑制脾虚小鼠的胃肠运动，使脾虚小鼠的肠胃运动趋于正常。显示：调整胃肠功能及健脾胃的良好功效。

有学者考察了食用巴西蘑菇提取物(ABMK)对肿瘤患者化疗后免疫功能及其生活质量的影响。宫颈癌、卵巢癌、子宫内膜癌患者10例，用卡铂(30mg/m^2)联合依托泊苷(300mg/m^2)，或卡铂联合紫杉醇(75mg/m^2)，每3周一次，连续至少3个周期。联合口服ABMK患者的NK细胞活性高于联合口服安慰剂组，改善了化疗的不良反应，食欲减退、脱发、情绪不稳定性及虚弱等方面也都强于安慰剂组。

6. 抗炎抗氧化作用

巴西蘑菇还具有抗菌和抗炎等药理作用。巴西蘑菇(AbM)水提物对感染6B型肺炎链球菌小鼠有保护作用。接种前24小时给予AbM水提物，作用效果最佳，AbM水提物还可增加此模型小鼠血清细胞因子MIP-2和TNT-α含量。提示：巴西蘑菇提取物对人类细菌和其他感染可能有治疗和预防作用。腹腔注射巴西蘑菇多糖40mg/kg、80mg/kg、160mg/kg，可明显抑制二甲苯所致小鼠耳急性炎症、角叉菜胶所致大鼠关节肿胀、小鼠棉球肉芽肿亚急性炎症和大鼠佐剂关节炎等多种炎症模型的炎症反应。对巴西蘑菇多糖抗炎作用的研究结果表明，巴西蘑菇多糖对二甲苯所致小鼠耳壳肿胀、角叉胶所致大鼠足肿胀、小鼠棉球肉芽肿等炎症模型均具有明显的抑制作用，并且有很好的量效关系。对液体发酵胞外多糖的体外抗氧化活性研究表明，巴西蘑菇多糖对羟基自由基和超氧自由基均有很强的清除作用。刘新海等对多糖发酵液胞内多糖的抗疲劳研究表明，巴西蘑菇多糖能明显延长小鼠游泳时间与耐缺氧时间。巴西蘑菇子实体热水提取物，对非胰岛素依赖型糖尿病大鼠β细胞数减少也具有改善作用。它是通过改善受损胰腺的功能和增加β细胞数而对大鼠糖尿病产生治疗作用。

三、临床应用

1. 恶性肿瘤的辅助治疗

放、化疗是恶性肿瘤治疗的重要手段之一，但放、化疗后可产生骨髓造血抑制、肝脏毒性、胃肠道反应等不良反应。巴西蘑菇及其多糖、甾醇类等有效活性成分通过激活机体T淋巴细胞、巨噬细胞等免疫细胞，促进IFN、IL-2等细胞因子分泌、增强机体的免疫能力；促进骨髓造血干细胞增殖、肝脏保护、促进胃肠消化功能等作用，有效地缓解恶性肿瘤放疗或化疗所致上述不良反应，在抗肿瘤作用方面也可与化疗药物产生协同效应。

2. 功能性健康食物

能改善糖尿病、高脂血症、动脉粥样硬化、风湿病、慢性肝病等疾病的临床症状。

（章国良）

第五节 展 望

(一)加强基础研究，提高效率与品质

巴西蘑菇的栽培管理技术不断优化改良，但从当前的发展来看，还需进一步深入研究。首先，食用菌的发展导致大量森林被砍伐，出现“菌林矛盾”。通过代料栽培技术的研究，寻找多种栽培原料，以缓解原材料资源短缺。其次，巴西蘑菇栽培中的重金属富集，特别是镉元素富集，导致子实体中重金属含量超标，这是阻碍巴西蘑菇对外贸易的一个重要的因素。再次，从目前的栽培现状看，巴西蘑菇的病虫害相当严重，特别是多年生产的菇房。病虫害的频繁发生，导致产品品质低下，产量不稳定。因此，必须通过对巴西蘑菇生产中的关键技术进行攻关，建立标准化生产体系，保证巴西蘑菇产业的健康发展。

发展巴西蘑菇的生产，必须加强以下几个方面：①栽培基质的优化，提高生物学效率的技术研究；②建立巴西蘑菇标准化生产技术体系；③探明有害物质，特别是重金属富集规律及控制关键技术的突破；④新型生物农药的研制和病虫害的治理关键技术的研究。

(二)利用现代科学手段，加快新品种的选育

利用现代科学手段，对巴西蘑菇种质资源遗传多样性和亲缘关系进行评价鉴定，选育出适合不同地区生产和产业化升级的优良巴西蘑菇品种迫在眉睫。

(三)加强精深加工技术研究

充分利用现代科学的新成果、新技术，深入研究功能性物质的提取、分离纯化技术，以及保健品、药品的开发，为巴西蘑菇的精加工、开发新产品、提升产业层次提供科学依据和技术后盾。

参 考 文 献

[1] 陈智毅，李清兵，吴娱明，等. 巴西蘑菇的食疗价值[J]. 中国食用菌，2001，20(4)：4-6.
[2] 隅谷利光. 巴西蘑菇[J]. 黄年来，译. 中国食用菌，2001，20(1)：6-8.
[3] 黄年来. 巴西磨菇值得研究和推广[J]. 中国食用菌，1994，13(1)：11-13.
[4] TALCOTT JA, CLARK JA, LEE IP. Measuring perceived effects of drinking an extract of basidiomycetes Agaricus blazei Murill: a survey of Japanese consumers with cancer[J]. BMC Complement Altern Med, 2007(7)：32.
[5] 邹祥，胡昌华，章克昌. 富锌巴西蘑菇形态变化及生物活性[J]. 西南师范大学学报，2004，29(4)：698-701.
[6] 张琴，谢丽源，董艳珍. 巴西蘑菇多糖研究进展[J]. 微生物学杂志，2002，22(6).
[7] 孙培龙，魏红福，杨开，等. 巴西蘑菇多糖的分离纯化与理化性质研究[J]. 中草药，2006，37(2)：190-193.
[8] 童庆祝，赵康虎，陈虹. 巴西蘑菇多糖化学分析和生物活性研究进展[J]. 中国武警医学学报，2007，18(6)：443-445.
[9] 林跃鑫，叶竹秋，黄谚谚，等. 巴西蘑菇 Agarocis Blazei Murill 胞外多糖的分离纯化[J]. 药物生物技术，2003，10(4)：238-241.
[10] 赵彦丽，张巧珍，刘常金. 巴西蘑菇抗肿瘤多糖的理化特性研究[J]. 食品研究与开发，2003，24(3)：26-28.

[11] 林跃鑫,叶竹秋,黄谚谚,等. 巴西蘑菇 Agarocis Blazei Murill 水溶性多糖的部分理化性质的研究[J]. 食品科学,2002,23(9):31-33.

[12] 曲秀梅,范丽英. 巴西蘑菇多糖的含量测定[J]. 局解手术学杂志,2004,13(2):141.

[13] 姜荷,谷文英. 巴西蘑菇菌丝体多糖体外抗肿瘤活性的研究及结构初探[J]. 中草药,2005,36(11):1616-1618.

[14] 高虹,谷文英,丁霄霖,等. 巴西蘑菇菌丝体中抑瘤活性甾醇的分离和结构鉴定[J]. 食品研究与开发,2004,27(6):52-54.

[15] 高虹,程薇,何建军,等. 巴西蘑菇菌丝体中抗肿瘤活性物质提取工艺的比较[J]. 湖北农业科学,2008,47(9):1077-1080.

[16] 高虹,谷文英,丁霄霖. 巴西蘑菇发酵菌丝体醇提物的抑瘤活性[J]. 食品与生物技术学报,2006,25(6):54-57.

[17] ZILIOTTO L, PINHEIRO F, BARBISAN LF, et al. Screening for in vitro and in vivo antitumor activities of the mushroom Agaricus blazei[J]. Nutr Cancer,2009,61(2):245-50.

[18] TAKAKU T, KIMURA Y, OKUDA H. Isolation of an antitumor compound from Agaricus blazei Murill and its mechanism of action[J]. J Nutr, 2001,131(5):1409-1413.

[19] ITOH H, ITO H, AMANO H, et al. Inhibitory action of a (1->6)-beta-D-glucan-protein complex (F III-2-b) isolated from Agaricus blazei Murill ("himematsutake") on Meth A fibrosarcoma-bearing mice and its antitumor mechanism[J]. Jpn J Pharmacol, 1994,66(2):265-71.

[20] GONZAGA ML, BEZERRA DP, ALVES AP, et al. In vivo growth-inhibition of Sarcoma 180 by an alpha-(1->4)-glucan-beta-(1->6)-glucan-protein complex polysaccharide obtained from Agaricus blazei Murill[J]. Nat Med (Tokyo), 2009,63(1):32-40.

[21] KOBAYASHI H, YOSHIDA R, KANADA Y, et al. Suppressing effects of daily oral supplementation of beta-glucan extracted from Agaricus blazei Murill on spontaneous and peritoneal disseminated metastasis in mouse model[J]. J Cancer Res Clin Oncol, 2005,131(8):527-38.

[22] YU CH, KAN SF, SHU CH, et al. Inhibitory mechanisms of Agaricus blazei Murill on the growth of prostate cancer in vitro and in vivo[J]. J Nutr Biochem, 2008(14).

[23] GAO L, SUN Y, CHEN C, et al. Primary mechanism of apoptosis induction in a leukemia cell line by fraction FA-2-b-ss prepared from the mushroom Agaricus blazei Murill[J]. Braz J Med Biol Res, 2007,40(11):1545-1555.

[24] 张涵,吕圭源,周桂芬. 巴西蘑菇抗肿瘤药理研究进展[J]. 时珍国医国药,2007,18(5):1237-1238.

[25] 刘常金,王六生,陆丽霞,等. 巴西蘑菇抗肿瘤活性研究[J]. 食品工业科技,2001,22(4):10-11.

[26] 刘常金,陈野. 巴西蘑菇多糖的抗肿瘤作用机制初探[J]. 食品科学,2005(26):79-83.

[27] 袁丽铭,忻茜,李兴玉. 巴西蘑菇多糖诱导 K562 肿瘤细胞凋亡的研究[J]. 食用菌学报,2005,12(3):38-42.

[28] 孙延庆,陈彻,席亚明. 梁金菇多糖对白血病原代细胞促凋亡作用的分子机制研究[J]. 中医研究,2007,20(4):15-17.

[29] 席亚明,王镜. 梁金菇多糖对荷瘤鼠的抗肿瘤作用和免疫功能影响[J]. 华西医学, 2005,20(1):41-42.

[30] 杨大雷,张星星. 梁金菇多糖对 K562 细胞凋亡及相关分子表达的影响[J]. 实用癌症杂志, 2002,17(6):577-579.

[31] 王月颖,刘正国,李兴玉. 梁金菇多糖诱导(人类慢性髓性白血病(CML)细胞株)K562 细胞凋亡的研究[J]. 中国中药杂志, 2002,29(12):1170-1173.

[32] 陈彻,郝军,楚惠媛,等. 富硒巴西蘑菇提取物-硒蛋白多糖处理小鼠血清对 K562 细胞凋亡的影响及机制[J]. 中国新药杂志, 2007,16(17):1361-1364.

[33] 杨大雷,张星星. 梁金菇多糖诱导肝癌细胞凋亡及对 BCL 表达的影响[J]. 陕西医学杂志, 2001,31(12):1076-1077.

[34] 陈彻,王镜,李兴玉,等. 梁金菇促人急性早幼粒细胞白血病细胞系(HL- 60) 细胞凋亡研究[J]. 中

国新药与临床杂志，2002,21(6):349-352.

[35] KIMURA Y, KIDO T, TAKAKU T, et al. Isolation of an anti-angiogenic substance from Agaricus blazei Murill: its antitumor and antimetastatic actions[J]. Cancer Sci, 2004,95(9):758-64.

[36] GUTERREZ ZR, MANTOVANI MS, EIRA AF, et al. Variation of the antimutagenicity effects of water extracts of Agaricus blazei Murrill in vitro[J]. Toxicol In Vitro, 2004,18(3):301-9.

[37] MARTINS DE OLIVEIRA J, JORD BQ, RIBEIRO LR, et al. Anti-genotoxic effect of aqueous extracts of sun mushroom (Agaricus blazei Murill lineage 99/26) in mammalian cells in vitro[J]. Food Chem Toxicol, 2002,40(12):1775-1780.

[38] 刘常金,谷文英. 巴西蘑菇多糖的免疫调节作用[J]. 无锡轻工大学学报,2002,21(2):167-169.

[39] 李兴玉,袁丽铭,吴镔,等. 国产巴西蘑菇多糖诱导细胞刺激因子基因表达的研究[J]. 食用菌学报,2005,12(1):1-8.

[40] 方春晖,林志彬. 巴氏蘑菇提取物对小鼠离体脾淋巴细胞功能的影响[J]. 中国食用菌,2002,21(3):29-31.

[41] 孙艳辉,侯相麟,李兴玉. 巴西蘑菇多糖对小鼠脑组织表达粒-巨噬细胞集落刺激因子的影响[J]. 中国临床药理学与治疗学,2004,9(7):799-802.

[42] CHAN Y, CHANG T, CHAN CH, et al. Immunomodulatory effects of Agaricus blazei Murill in Balb/cByJ mice. J Microbiol Immunol Infect, 2007,40(3):201-8.

[43] JOHNSON E, FRLAND DT, SAETRE L, et al. Effect of an extract based on the medicinal mushroom Agaricus blazei murill on release of cytokines, chemokines and leukocyte growth factors in human blood ex vivo and in vivo[J]. Scand J Immunol, 2009,69(3):242-50.

[44] SUGITA K, KABASHIMA K, TOKURA Y. Agaricus blazei Murill augments keratinocyte production of bioactive cytokines capable of promoting antigen-presenting capacity[J]. J Dermatol, 2008,35(6):373-376.

[45] TALORETE TP, ISODA H, MAEKAWA T. Agaricus blazei (class Basidiomycotina) aqueous extract enhances the expression of c-Jun protein in MCF7 cells[J]. J Agric Food Chem,2002,50(18):5162-5166.

[46] NAKAJIMA A, ISHIDA T, KOGA M, et al. Effect of hot water extract from Agaricus blazei Murill on antibody-producing cells in mice[J]. Int Immunopharmacol, 2002,2(8):1205-1211.

[47] MURAKAWA K, FUKUNAGA K, TANOUCHI M, et al. Therapy of myeloma in vivo using marine phospholipid in combination with Agaricus blazei Murill as an immune respond activator[J]. J Oleo Sci, 2007,56(4):179-188.

[48] KASAI H, HE LM, KAWAMURA M, et al. IL-12 Production Induced by Agaricus blazei Fraction H (ABH) Involves Toll-like Receptor (TLR)[J]. Evid Based Complement Alternat Med, 2004. 1(3):259-267.

[49] YUMINAMOCHI E, KOIKE T, TAKEDA K, et al. Interleukin-12- and interferon-gamma-mediated natural killer cell activation by Agaricus blazei Murill[J]. Immunology, 2007, 121(2):197-206.

[50] SORIMACHI K, AKIMOTO K, IKEHARA Y, et al. Secretion of TNF-alpha, IL-8 and nitric oxide by macrophages activated with Agaricus blazei Murill fractions in vitro[J]. Cell Struct Funct, 2001,26(2):103-108.

[51] KUO YC, HUANG YL, CHEN CC, et al. Cell cycle progression and cytokine gene expression of human peripheral blood mononuclear cells modulated by Agaricus blazei[J]. J Lab Clin Med, 2002,140(3):176-187.

[52] KIMURAN, FUJINO E, URABE S, et al. Effect of supplementation of Agaricus mushroom meal extracts on enzyme activities in peripheral leukocytes of calves[J]. Res Vet Sci, 2007,82(1):7-10.

[53] BERNARDSHAW S, HETLAND G, ELLERTSEN LK, et al. An extract of the medicinal mush-

room Agaricus blazei Murill differentially stimulates production of pro-inflammatory cytokines in human monocytes and human vein endothelial cells in vitro[J]. Inflammation, 2005,29(4-6):147-153.

[54] ELLERTSEN LK, HETLAND G, JOHNSON E, et al. Effect of a medicinal extract from Agaricus blazei Murill on gene expression in a human monocyte cell line as examined by microarrays and immuno assays[J]. Int Immunopharmacol, 2006,6(2):133-143.

[55] 赵荣杰,赵正林,王丹,等. 巴西蘑菇多糖的抗炎作用[J]. 延边大学医学学报,2004,27(1):19-22.

[56] 王璇,王晓岚,邱丽颖. 巴西蘑菇抗病毒作用研究动向[J]. 海峡药学,2008,20(12):1-3.

[57] 叶竹秋,林跃鑫. 巴西蘑菇抑菌作用的初步研究[J]. 食品科学,2001,22(4):22-24.

[58] 霍俊锋,汉丽梅,马吉飞. 巴西蘑菇水溶性多糖对镉中毒小鼠组织器官损伤的保护作用研究[J]. 黑龙江畜牧兽医,2008(7):85-87.

[59] 孙亦阳,杨兆芬,沈业寿,等. 巴西蘑菇多糖对r射线辐射小鼠肝细胞损伤的防护作用[J]. 中华放射医学与防护杂志,2006,26(6):591-593.

[60] 李兴玉,刘丹丹,魏立强,等. 巴西蘑菇多糖对造血干、祖细胞生成的影响[J]. 中国临床药学杂志. 2004,13(4):204-207.

[61] 吕海容,李兴玉. 梁金菇多糖对人脐血单个核细胞增殖活性的增强效应及作用机制的实验研究[J]. 天津中医药,2007,24(4):336-338.

[62] 宋宝根,孙延庆. 梁金菇多糖对脐血单个核细胞增殖活化的研究[J]. 中国中药杂志,2006,31(12):1034-1035.

[63] 吕海容,李玉明,王镜. 梁金菇多糖对人脐血单个核细胞生成白介素-2 的影响[J]. 天津中医药,2006,23(6):157-159.

[64] BERNARDSHAW S, LYBERG T, HETLAND G, et al. Effect of an extract of the mushroom Agaricus blazei Murill on expression of adhesion molecules and production of reactive oxygen species in monocytes and granulocytes in human whole blood ex vivo[J]. APMIS, 2007,115(6):719-725.

[65] WATANABE T, NAKAJIMA Y, KONISHI T T. In vitro and in vivo anti-oxidant activity of hot water extract of basidiomycetes-X, newly identified edible fungus[J]. Biol Pharm Bull, 2008,31(1):111-117.

[66] IZAWA S, INOUE Y. A screening system for antioxidants using thioredoxin-deficient yeast: discovery of thermostable antioxidant activity from Agaricus blazei Murill[J]. Appl Microbiol Biotechnol, 2004,64(4):537-542.

[67] HETLAND G, JOHNSON E, LYBERG T, et al. Effects of the medicinal mushroom Agaricus blazei Murill on immunity, infection and cancer[J]. Scand J Immunol, 2008,68(4):363-370.

[68] PADILHA MM, AVILA AA, SOUSA PJ, et al. Anti-inflammatory activity of aqueous and alkaline extracts from mushrooms (Agaricus blazei Murill)[J]. J Med Food, 2009,12(2):359-364.

[69] BERNARDSHAW S, HETLAND G, GRINDE B, et al. An extract of the mushroom Agaricus blazei Murill protects against lethal septicemia in a mouse model of fecal peritonitis[J]. Shock, 2006,25(4):420.

[70] KIM GY, LEE MY, LEE HJ, et al. Effect of water-soluble proteoglycan isolated from Agaricus blazei on the maturation of murine bone marrow-derived dendritic cells[J]. Int Immunopharmacol, 2005,5(10):1523-1532.

[71] BERNARDSHAW S, JOHNSON E, HETLAND G. An extract of the mushroom Agaricus blazei Murill administered orally protects against systemic Streptococcus pneumoniae infection in mice [J]. Scand J Immunol, 2005,62(4):393.

[72] CHEN L, SHAO H. Extract from Agaricus blazei Murill can enhance immune responses elicited by DNA vaccine against foot-and-mouth disease[J]. Vet Immunol Immunopathol, 2006,109(1～2):177-182.

[73] SORIMACHI K, IKEHARA Y, MAEZATO G, et al. Inhibition by Agaricus blazei Murill fractions of cytopathic effect induced by western equine encephalitis (WEE) virus on VERO cells in vitro[J]. Biosci Biotechnol Biochem, 2001,65(7):1645.
[74] ELLERTSEN LK, HETLAND G. An extract of the medicinal mushroom Agaricus blazei Murill can protect against allergy[J]. Clin Mol Allergy, 2009(7):6.
[75] AHN WS, KIM DJ, CHAE GT, et al. Natural killer cell activity and quality of life were improved by consumption of a mushroom extract, Agaricus blazei Murill Kyowa, in gynecological cancer patients undergoing chemotherapy[J]. Int J Gynecol Cancer, 2004,14(4):589-594.
[76] HSU CH, HWANG KC, CHIANG YH, et al. The mushroom Agaricus blazei Murill extract normalizes liver function in patients with chronic hepatitis B[J]. J Altern Complement Med, 2008,14(3):299-301.
[77] SORIMACHI K, AKIMOTO K, KOGE T. Inhibitory effect of Agaricu blazei Murill components on abnormal collagen fiber formation in human hepatocarcinoma cells[J]. Biosci Biotechnol Biochem, 2008,72(2):621.
[78] GRINDE B, HETLAND G, JOHNSON E. Effects on gene expression and viral load of a medicinal extract from Agaricus blazei in patients with chronic hepatitis C infection[J]. Int Immunopharmacol, 2006,6(8):1311.
[79] CHEN L, SHAO HJ, SU YB. Coimmunization of Agaricus blazei Murill extract with hepatitis B virus core protein through DNA vaccine enhances cellular and humoral immune responses[J]. Int Immunopharmacol, 2004,4(3):403.
[80] HSU CH, LIAO YL, LIN SC, et al. The mushroom Agaricus Blazei Murill in combination with metformin and gliclazide improves insulin resistance in type 2 diabetes: a randomized, double-blinded, and placebo-controlled clinical trial[J]. J Altern Complement Med, 2007,13(1):97-102.
[81] KIM YW, KIM KH, CHOI HJ, et al. Anti-diabetic activity of beta-glucans and their enzymatically hydrolyzed oligosaccharides from Agaricus blazei[J]. Biotechnol Lett, 2005,27(7):483.
[82] LEE IP, KANG BH, ROH JK, et al. Lack of carcinogenicity of lyophilized Agaricus blazei Murill in a F344 rat two year bioassay[J]. Food Chem Toxicol, 2008,46(1):87-95.
[83] SUEHIRO M, KATOH N, KISHIMOTO S. Cheilitis due to Agaricus blazei Murill mushroom extract. Contact Dermatitis, 2007,56(5):293.
[84] 黄年来.姬松茸及药效[J].江苏食用菌,1994(3):20-30.
[85] 黄年来.姬松茸及药效[J].江苏食用菌,1994(4):30-31.
[86] 江枝和.姬松茸[J].中国食用菌,1993(3).
[87] 黄大斌.姬松茸生物学特性研究初报[J].中国食用菌,1994(13):12-15.
[88] 李毅.姬松茸高产栽培技术关键[J].中国食用菌,1998,17(5):35.
[89] 江枝和,朱丹,杨佩玉.姬松茸生物学特性的研究[J].食用菌学报,1996,3(3):5-13.
[90] 江枝和,朱丹,杨佩玉.姬松茸制种料与产量相关性研究简报[J].食用菌学报,1997,4(2):43.
[91] 江枝和,朱丹,杨佩玉.姬松茸菌株的特性及栽培要点[J].食用菌,1995(3):16-17.
[92] 吴少风.芦苇粉熟料袋栽姬松茸技术[J].食用菌,2004,26(1):26.
[93] 江枝和,朱丹.3 种培养料栽培的姬松茸氨基酸分析[J].食用菌学报,1999,6(2):30-34.
[94] 江枝和,朱丹,杨佩玉.姬松茸栽培工艺研究[J].食用菌学报,1997(3):45-50.
[95] 薛景珍,江汉湖.姬松茸北方栽培技术[J].食用菌,2003,25(1):29-30.
[96] 黄年来.18 种珍稀美味食用菌栽培[M].北京:中国农业出版社,2001.
[97] 林炎金,江枝和.姬松茸菇的营养成分研究初探[J].食用菌,1994,16(5):11-.
[98] 江枝和,朱丹,杨佩玉.姬松茸的栽培技术[J].食用菌学报,1999,6(1):33-38.
[99] 江枝和,朱丹,杨佩玉.姬松茸主要生活条件与栽培工艺的研究[J].中国食用菌,1997,16(3):11-12.
[100] 任爱民,刘明军.西北地区姬松茸的栽培技术[J].甘肃农业科技,2005(6):33-34.
[101] 殷霈瑶,吕淑芝.北方大棚栽培姬松茸的栽培[J].特种经济动植物,2003,6(5):41-42.

[102] 郭倩,凌霞芬.利用双孢蘑菇工厂化设施栽培姬松茸初探[J].中国食用菌,2003,22(1):11-12.
[103] 吴朝聘,杨彩霞.姬松茸在几种家畜类培养料上的生长发育及产量效应[J].陕西农业科学,2002,(9):27-28.
[104] 叶春福,宋笑微.芒屑栽培姬松茸试验初报[J].食用菌,2006(1):22.
[105] 李三暑,江枝和,杨佩玉.福建省姬松茸镉污染状况及其防治[J].江西农业大学学报,2000,22(1):94-97.
[106] 李三暑,雷锦桂.镉、磷、钙在姬松茸细胞内的积累和分布特征及其交互作用[J].食用菌学报,2001,8(4):93-97.
[107] 李三暑,张晓俊,颜明娟,等.不同镉污染改良剂对姬松茸床栽和袋栽的影响[J].广西农业生物科学,2000,19(4):251-254.
[108] 李三暑,雷锦桂,陈惠成.镉对姬松茸细胞悬浮培养的影响及其在细胞中的分布[J].江西农业大学学报,2001,23(3):329-331.
[109] 翁伯琦,江枝和,黄挺俊,等.姬松茸^{60}Co辐射菌株J_3若干特性研究[J].中国农业科学,2003,36(9):1065-1070.
[110] 江枝和,翁伯琦,黄挺俊,等.^{60}Co辐射诱变姬松茸突变株J_3的氨基酸分析与比较研究[J].西北农业学报,2003,12(3):129-132.
[111] 翁伯琦,江枝和,林勇,等.^{60}Co辐照诱变对姬松茸菌丝生长及其细胞形态结构的影响[J].核农学报,2003,17(6):434-437.
[112] 江枝和,翁伯琦,黄挺俊,等.^{60}Co辐射诱变姬松茸突变株J_3中蛋白质的营养评价[J].核农学报,2003,17(1):20-23.
[113] 江枝和,翁伯琦,王义祥,等.^{60}Co射线辐照对姬松茸菌丝体细胞超微结构的影响[J].电子显微学报,2006,25(5):435-439.
[114] 江枝和,翁伯琦,肖淑霞,等.^{60}Co射线辐照姬松茸孢子对其子实体脂肪酸含量的影响[J].核农学报,2004,18(3):228-229.
[115] 翁伯琦,江枝和,宾文,等.^{60}Co辐射诱变对巴氏蘑菇(姬松茸)子实体多糖组分与结构变化的影响[J].菌物学报,2007,26(1):106-114.
[116] 江枝和,翁伯琦,林 勇,等.^{60}Co辐射诱变姬松茸突变株J_3中蛋白质营养评价在不同代的遗传效应[J].核农学报,2004,18(6):465-467.
[117] 黄挺俊,翁伯琦,肖淑霞,等.^{60}Co辐射诱变姬松茸突变株J_3子实体不同部位的氨基酸分析研究[J].食用菌学报,2005,12(4):13-16.
[118] 雷锦桂,江枝和,翁伯琦,等.姬松茸J3与原菌株J1子实体油中脂肪酸组成的比较研究[J].西南师范大学学报,2006,32(5):71-73.
[119] 江枝和,翁伯琦,黄挺俊,等。^{60}Co辐射诱变姬松茸突变株J3的氨基酸分析与比较研究[J].西北农业学报,2003,12(3):129-132.
[120] 钱友安.松溪姬松茸有机栽培的实践[J].食用菌,2005(1):30.
[121] 方晓翠,杨志雷,梁旭清,等.双孢蘑菇、野蘑菇和姬松茸的过氧化物酶和酯酶的同工酶分析[J].中国食用菌,2002,21(4):34-36.
[122] 郭倩,潘迎捷,周昌艳,等.姬松茸菌株种质资源多样性的初步研究[J].食用菌学报,2003,10(1):12-16.
[123] 胡润芳,黄建成,林衍铨,等.姬松茸特异新菌系"白系1号"的选育及高产栽培研究J].江西农业大学学报,2002,24(6):838-839.
[124] 黄年来,王建宝.姬松茸——具有神奇功效的食用菌[J].中国果蔬,2001(1):31.
[125] 沈爱英,谷文英.复合酶法提取姬松茸子实体多糖的研究[J].食用菌,2001,23(3):7-9.
[126] 沈爱英,谷文英.姬松茸子实体水溶性多糖提取工艺的研究[J].中国食用菌,2002,21(1):15-17.
[127] KAWAGISH H. Fractionation and antitumor activity of the water soluble residue of Agaricus blazei fruiting bodies[J]. Carbohydrate res,1989,186(4):267-273.
[128] KAWAGISH H. Isolation and properties of a lection from the fruiting bodies of Agarius blazei

Murill[J]. Carbohydrateres,1988,183(2):150-154.
[129] TAKESHI T. Isolation of an antiitumor compound from Agaricus blazei Murill and its mechanism of action[J]. J Nutr,2001,131(4):1409-1413.
[130] MIZUNO T. Antitumor activity and some properties of water soluble polysaccharides from the fruiting boay of A blazei Murill[J]. Ag6c Biol chem,1990(11):2889-2896.
[131] 黄谚谚,叶竹秋,林跃鑫. 巴西蘑菇的营养成分分析[J]. 食用菌,2000,22(1):42.
[132] 杨梅,周小兰,施巧琴. 姬松茸多糖提取方法的研究[J]. 福建师范大学学报,1998,14(1):85-89.
[133] 沈爱英. 姬松茸子实体和菌丝体营养成分比较[J]. 食用菌,2002,24(4):7.
[134] 杨梅,林琳,张其昌. 姬松茸菌丝深层培养及氨基酸分析研究[J]. 中国食用菌,1997,6(3):41-43.
[135] 史刚荣. 姬松茸研究现状和展望[J]. 浙江食用菌,1997,84(4):38-39.
[136] 江枝和,翁伯琦,雷锦桂,等. 姬松茸新菌株 J3 的细胞生物学鉴定与菌盖不同部位微量元素含量分析[J]. 电子显微学报 2009,28(5):453-457.

（江枝和）

第十五章　白灵侧耳

DISHIWUZHANG BAILING CEER

摘要：白灵侧耳是南欧—北非—中亚内陆地区春末夏初生长的品质极为优良的一种大型肉质伞菌，也是干旱草原上具有代表性的珍稀食用菌，民间习称阿魏蘑或天山神菇。20 世纪 80 年代，白灵侧耳驯化栽培成功，90 年代中后期实现规模化栽培，从此白灵侧耳栽培技术迅速普及。进入 21 世纪以来，白灵侧耳工厂化栽培技术快速崛起，至 2009 年，中国白灵侧耳总产量达到 20.48 万吨，白灵侧耳产业就像一颗闪烁的星星，在我国食药用菌产业中焕发着耀眼的光辉。本章较全面、系统地阐述中国白灵侧耳的发展历程、现状、生物学特性、菌种繁育、常规栽培技术、工厂化栽培技术以及白灵侧耳的营养与药用价值。在总结研究成果和生产经验的同时，突出介绍了有推广价值的新技术、新工艺、新材料、新设施，为白灵侧耳产业又好又快发展提供参考。

Pleurotus nebrodensis

Abstract: *Pleurotus nebrodensis*, a large fleshy agaric mushroom of excellent quality, grows in Southern Europe, North Africa and inland regions of Central Asia in late spring and early summer. It is a rare and highly-valued edible fungus growing in arid grassland and is also called the Asafetida mushroom or Tianshanshengu. It was successfully cultivated in the 1980s and produced on a large scale in the mid- and late 1990s. At the beginning of the 21st Century, cultivation of the mushroom was rapidly popularized and, in 2009, industrial production of *P. nebrodensis* in China reached 204800 tons. *P. nebrodensis* cultivation has played an important role in the edible mushroom industry. This chapter consists of six sections describing in detail various aspects of *P. nebrodensis* including cultivation history, the current situation relating to *P. nebrodensis* in China, biological features, strain production and breeding, conventional cultivation techniques, industrial production techniques, nutritional attributes and medicinal properties. This chapter emphasizes new techniques, materials and facilities that have been developed on the basis of research data and production experience, and provides a good reference for further rapid expansion of the *P. nebrodensis* industry.

第一节　概　述

一、白灵侧耳学名及分类地位

白灵侧耳又名：天山神菇、翅鲍菇、白灵芝菇、克什米尔神菇、阿魏蘑等。

学名：*Pleurotus nebrodensis* (Inzenga) Quél., *Enchir. fung.* (Paris)：148(1886)。

属名"*Pleurotus*"一词来自希腊语，其词源是"pleura"，意思是"肋骨、侧生"，用于真菌的属名，翻译为"侧耳属"。种名加词"*nebrodensis*"系地名"Nebrodi"的拉丁语化，在意大利西西里岛北部 Parco Regionale dei Nebrodi 的一个小山，是该物种的产地。Nebrod 是古希腊英雄 Nimrod 的希腊语名字，在《旧约圣经》(公元前 3 世纪)的希腊语译本中发现。据拉丁原文，该菌的中文学名可译成"那波德侧耳"，中文根据颜色和形状翻译成"白灵侧耳"。

同物异名：*Agaricus nebrodensis* Inzenga, *Funghi sicil.* 1：no. 11(1866)；*Dendrosarcus nebrodensis* (Inzenga) Kuntze, *Revis. gen. pl.* (Leipzig) 3：464 (1898)。

分类地位：菌物界(Fungi)，担子菌门(Basidiomycota)，伞菌纲(Agaricomycetes)，伞菌亚纲(Agaricomycetidae)，伞菌目(Agaricales)，侧耳科(Pleurotaceae)。

二、白灵侧耳栽培历史

白灵侧耳是一种腐生或寄生性菌类，在自然界中常生长在伞形科阿魏植物根茎上。20 世纪 50 年代初，法国、印度和德国的科学家进行了驯化栽培及遗传分类方面的研究。1974 年印度在克什米尔分离到阿魏菇天然菌株，并在段木上驯化栽培成功。1974 年法国的 Cailleux 和 Diop 进行阿魏侧耳的驯化栽培试验，从阿魏菇子实体上分离到菌株，驯化栽培成功(陈忠纯，1986)。

我国早在 1983 年，中国科学院新疆生态与地理研究所的科技人员，就对该菇进行组织分离和驯化栽培，获得成功，并于 1985 年通过鉴定。因其生长在阿魏植物上，当时取名阿魏蘑(*Fleurotus erngnii*)。1991 年 3 月在乌鲁木齐召开的全国第二届食用菌新技术交流会上，新疆农科院微生物研究所发表了《阿魏蘑及其水培法研究》的论文，该文所描述的菇体形态及颜色，与现在白灵侧耳相似。1996 年元旦，北京市通州地区从新疆引进白灵侧耳菌种，进行试验栽培获得成功。1997 年成立北京金信食用菌公司，进行大面积生产。其产品投放市场后受到消费者的青睐，引起专家学者的关注。1998 年 3 月 27 日，时任国家商业部部长、中国食用菌协会会长的潘遥，为此菇题词：“稀世珍品白灵侧耳、益智增寿献人间。”中国著名食品专家杜子端题词：“白灵菇稀世珍品、增智美容抗衰老。”中国科学院微生物研究所卯晓岚研究员挥笔“金楼迎春玉兰花，信息喜报白灵侧耳”。1999 年 9 月 9 日，国际蕈菌生物技术服务中心主任张树庭教授挥笔：“开发白灵菇、志在五大洲”，对白灵侧耳给予极高的评价。中国食用菌协会授予白灵侧耳为“全国名优产品”称号，并被中国保健科学技术学会列为“推荐产品”。

第二节 白灵侧耳的生物学特性

一、白灵侧耳的形态特征

(一)菌丝体形态

白灵侧耳菌丝体是一根根很细微的管状菌丝组成的，宽 3.0～6.0μm，菌丝中有横隔膜。隔膜中间有桶状膜孔。白灵侧耳菌丝体在平板培养基中，菌丝体白色，菌落舒展、均匀、稀疏。

白灵侧耳菌丝有单核菌丝、双核菌丝和三生菌丝的区别。

①单核菌丝(初生菌生)：担孢子吸水膨胀萌发形成为单核菌丝。白灵侧耳单核菌丝分枝多，在培养基中菌丝体较疏松，不一致，不均匀，呈绒毛状。

②双核菌丝(次生菌丝)：是由同核菌丝体或异核菌丝体的初生菌丝相互融合而成，菌丝分枝较单核菌丝少，生长速度较单核菌丝快。白灵侧耳双核菌丝在两个细胞隔膜处留下明显的钩状突起，即有锁状联合现象。

③三生菌丝体：形成子实体的一些组织化菌丝，包括菌盖、菌柄、菌肉等部位的菌丝体。

(二)子实体形态

野生状态下，白灵侧耳的形态多样性非常丰富，有掌状、扇状、匙状、马蹄状等。子实体多单生。菌盖初凸出，后平展，白色或米黄色，有时有不规则或放射状暗细小条纹，直径 6～13cm。盖缘初内卷，后平展，在干旱低温环境下，菌盖常发生龟裂，露出白色菌肉，其上产生白色鳞片。菌肉白色，肥厚，中部厚 0.3～6cm 或以上，向边缘渐薄。菌褶白色或灰白色，密集，子实体成熟时菌褶竖立，长短不一，渐延生。菌柄偏心生至近中央生，长 2～6cm，粗 3～6cm，上下等粗或上粗下细，表面光滑，肥壮，球柱状，白色。菌柄实心，菌肉质地脆嫩、细密，经烹调，呈现特有的脆嫩风味。孢子印白色，孢子无色，光滑，长椭圆形至椭圆形，大小为 11～16μm×5～8μm，有内含物。

阿魏侧耳[*Pleurotus ferulae* Lanzi]子实体中等稍大，菌盖直径 5～10cm，扁球形，渐平展，最后下凹成漏斗状，初期褐色后渐浅，干时有龟裂斑纹，幼时内卷，光滑。菌褶白色延生。菌柄长 3～8cm，粗 1～3cm，偏生，白色，内实，向下渐细。孢子无色，光滑，长椭圆形，大小为 12～14μm×5～6μm，有内含物。

白灵侧耳和阿魏侧耳两者在形态上的差别：白灵侧耳主要是掌状形或偏漏斗状，而阿魏侧耳主要是漏斗状或偏漏斗状；白灵侧耳菌柄较阿魏侧耳短、粗；白灵侧耳菌肉较阿魏侧耳较厚。阿魏侧耳抗性强，但生长速度慢，要求生长温度低，产量低；白灵侧耳生长速度较快，要求生长温度稍高，产量较阿魏侧耳高。从整体上来看，白灵侧耳和阿魏侧耳都存在生长速度慢、要求生长的温度低、抗杂菌能力弱、产量低等问题。在市场上，白灵侧耳较阿魏侧耳更受欢迎。

白灵侧耳子实体发育的形式一般分为以下5个时期：

①原基期：当菌丝生理成熟时，受低温变温刺激，菌丝开始在表面扭结，形成白色米粒原基，此期为原基期。

②菇蕾期：随着菌丝米粒状小点不断增大，逐渐分化出丛状子实体原基，呈小球状，个数多，此时期为菇蕾期。

③幼菇期：球状子实体原基不断增长，菇体组织不断分化生长，逐渐由球形转变为贝壳状，表面平展光滑，背面开始有少量菌褶出现。在菌盖发育和生长的同时，菌柄也不断地生长发育，呈肥壮的球柱形，最终菌柄长至正常子实体大小。

④展盖期：菌柄生长至圆柱形以后，菌盖不断扩展，呈边缘内卷的圆形或近圆形。随着菌盖的不断加大，逐渐形成菌盖应有形状。

⑤成熟期：当菌盖成形之后，菌盖边缘逐渐展开，菌褶逐渐变黄，张开，孢子开始散落，菇体进入成熟期。

二、白灵侧耳的分布和生态习性

(一)分布

白灵侧耳是 Inzenga 于意大利北部西西里岛发现的伞形科植物上的一种伞菌，主要分布在西西西里岛北部地区和东部埃特纳火山海拔1 200～2 000m的石灰土地区。此后，在南欧、中非和北非，包括法国、西班牙、土其耳、捷克、匈牙利、摩洛哥、哈萨克斯坦、印度的克什米尔地区和以色列等地均有发现(陈忠纯，1991，1994，1996；曹玉清等，1985)。

在我国，白灵侧耳野生分布于新疆伊犁、塔城、阿勒泰、托里和木垒等地区(卯晓岚，大型经济真菌，2000)。

(二)生态习性

白灵侧耳的生态习性归纳起来有以下4个方面。

①白灵侧耳属木腐菌类：没有叶绿素，不能进行光合作用，靠分解吸收枯木中木质素、纤维素、半纤维素、有机氮等营养物质而生长发育。野生白灵侧耳自然生长于阿魏植物的枯根和枯茎上，也有报道生长在刺芹、拉瑟草等植物的枯茎上。

②白灵侧耳是低温菌：野生白灵侧耳春末至夏初专性寄生或腐生于药用植物阿魏的根茎上。属于低温发生型菌类。

③白灵侧耳是好氧菌：白灵侧耳子实体的生长发育需要新鲜的空气。从野生白灵菇生态环境中可以清楚推测，空气中二氧化碳浓度较低时才能够获得外观十分美丽的商品菇。故栽培中必须对出菇房内的空气，定时通风换气，以防止累积过高浓度二氧化碳，否则菇容易产生畸形，菌盖反翘。

④白灵侧耳喜光照：野生白灵侧耳菌丝在地表下层内蔓延时，几乎不见光。到了春季雪化，空气湿度提高，温差刺激下，白灵菇突然“冒”出地面。新疆地区日照时间相当长，表明该物种相对其他菌类需要较强的光照，这是长期野化的结果。因此，栽培过程应该模仿当地的环境气候条件，才能够获得高产。

(三)生长发育条件

白灵侧耳菌丝和子实体的生长发育条件包括营养和环境两方面，其中环境条件涉及温度、水分、空气、pH 值等。在栽培过程中，只有满足了白灵侧耳的生长发育条件，才能获得优质、高产的产品。

1. 营养条件

白灵侧耳是一种木腐类大型真菌，属异养型生物，体内无叶绿素，不能进行光合作用，只能依靠菌丝细胞分泌的各种胞外酶的作用来分解和利用自然界现成的或人工调制的营养物质。李玉等(2008)研究表明，白灵侧耳整个生育期的胞外酶活性变化具有明显的阶段性。滤纸酶、羧甲基纤维素酶和半纤维素酶活性在菌丝生长阶段较低，现蕾后活性急剧增强；酸性蛋白酶和中性蛋白酶活性在菌丝生长阶段比较稳定，现蕾前相对较低，子实体生长阶段这两种酶的活性又明显增强。整个生长阶段酸性蛋白酶的活性明显高于中性蛋白酶的活性。

营养是提供合成原生质和代谢产物原料，也是白灵侧耳维持自身生命活动的能量来源和建造自身有机体的物质基础。增减培养料中营养成分的种类、数量和比例等对白灵侧耳的生长和产菇速度，以及产量、质量等有直接影响。白灵侧耳的营养主要包括碳源、氮源、无机矿质营养和维生素等。野生白灵侧耳的主要营养源来自阿魏植物的根茎。人工栽培的白灵侧耳以棉子壳、麦粒、玉米芯等作为营养源。

(1)碳源

能提供碳素营养的物质叫碳源，是白灵侧耳生长最重要的营养源，是合成糖类(碳水化合物)和氨基酸的原料，也是重要的能量来源。白灵侧耳的主要碳源有植物枯茎(特别是阿魏植物的枯干)、各种阔叶树木屑、农作物秸秆(如稻、麦、玉米、地瓜、花生等的茎叶)、谷粒(如小麦、玉米、高粱)以及麦麸、米糠等。这些营养物质在一定的配比条件下，在白灵侧耳胞外酶作用下，将大分子化合物分解成简单的可溶性糖类(碳水化合物)，给白灵侧耳提供养料并积累水分。白灵侧耳不能利用二氧化碳、碳酸盐等无机碳。凡单糖、有机酸和醇等小分子化合物可直接为白灵侧耳所利用，而纤维素、半纤维素、木质素、果胶质、淀粉等大分子化合物不能直接吸收。白灵侧耳菌丝对碳源的利用具有选择性，对葡萄糖、麦芽糖利用最好，菌丝生长速度快，菌丝生长浓白，旺盛；蔗糖、果糖、乳糖次之。以可溶性淀粉作碳源时，菌丝生长快，但长势差，菌落稀薄。

(2)氮源

能提供氮素营养的物质叫氮源。氮源是碳素以外最重要的营养源，是白灵侧耳合成蛋白质和核酸所必不可少的主要原料，也是能量来源之一。在菌丝生长阶段有机氮对菌丝生长的促进优于无机氮。酵母膏和蛋白胨含有各种氨基酸，可直接被菌丝利用，而且使用这些多组分复合氮源时，白灵侧耳菌丝生长较快，生物量较高。使用无机氮源时，菌丝必须利用无机氮合成其需要的各种氨基酸，而某些氨基酸几乎不能或完全不能合成。因此，白灵侧耳虽然能利用无机氮，但生长缓慢。如以硝酸钠和硝酸铵为氮源进行白灵侧耳液体发酵时，生物量较低；而以蛋白胨和玉米粉为氮源时，生物量较高，以蛋白胨最佳，豆饼粉与它差别不显著。

(3)无机盐

无机盐也称矿物质营养，是白灵侧耳生命活动中不可缺少的营养物质，主要元素有磷、钾、钙、镁和铁、钼、锌、硼等。

磷不仅是核酸和能量代谢中的重要组成部分，也是碳代谢中不可或缺的元素。没有磷，碳和氮就不能很好地被利用。在配制白灵侧耳培养基质时，需要加入0.1%～0.3%的磷酸氢二钾或磷酸二氢钾、过磷酸钙或钙镁磷复合肥等。

钾在细胞组成、营养物质的吸收及呼吸代谢中也十分重要。木屑、秸秆等含有丰富的钾，已足够白灵侧耳生长的需要，一般不用另外添加。在母种培养基中加入适量钾，有利于菌丝生长。

钙对促进菌丝体的生长和子实体的形成是十分重要的。钙能平衡钾、镁、钠等元素，当这些元素存在过多，钙能与其形成化合物，从而消除这些元素对白灵侧耳生长的有害作用。培养基中使用石膏等还可中和酸根，稳定培养基中的酸碱度。

镁对磷酸转移酶活化效果比其他金属离子大得多。镁作为必要元素参与ATP、磷酸以及核酸、核蛋白等各种含磷化合物的生物合成。缺镁，细胞的生长就会停止，核糖体和细胞膜就会被破坏。

铁是组成白灵侧耳体细胞中过氧化氢酶、过氧化物酶、细胞色素、细胞色素氧化酶的组成成分。铁参与生产自由能的呼吸作用，从而也影响能量运行的一切生理作用。

白灵侧耳菌丝对无机盐的利用具有选择性，KH_2PO_4、$ZnSO_4$、$MgSO_4$和$CaSO_4$对白灵侧耳菌丝生长有不同程度的促进作用，而$FeSO_4$、Na_2SO_4、K_2SO_4等对白灵侧耳菌丝生长有不同程度的抑制作用。

李正鹏等选取KH_2PO4、$MgSO_4$、$CaSO_4$ 3种无机盐和玉米粉、葡萄糖、酵母粉、黄豆粉作为变量，在第一次正交试验的基础上进行第二次正交试验，以确定液体发酵最适培养基组合。通过方差分析，选定最佳无机盐组合为KH_2PO_4 0.3%，$MgSO_4$ 0.10%和$CaSO_4$ 0.1%。二次正交试验结果确定最适培养基组合为：玉米粉3.0%、葡萄糖1.0%、酵母粉0.1%、黄豆粉2.0%、KH_2PO_4 0.3%、$MgSO_4$ 0.1%和$CaSO_4$ 0.1%。

(4)生长素

生长素又叫生长因素、生长因子。它是对白灵侧耳营养生长和生殖生长有明显影响的物质，如维生素B_1、生长刺激素三十烷醇、核酸、α-萘乙酸等。与大多数食用菌一样，白灵侧耳菌丝本身不能合成维生素B_1，只能从培养基中吸收。配制白灵侧耳母种培养基时，一般每升加入10μg；栽培种培养基中含有一定量的维生素B_1，所以配制栽培种或栽培菌棒的培养基时，无须另外加入。

2. 环境条件

(1)温度

温度是白灵侧耳生长发育的重要因素，不同生长阶段对温度的要求也不一样。了解和掌握白灵侧耳生活各阶段对温度的要求是十分重要的。白灵侧耳出菇温度较低，是一种低温型食用菌。菌丝在0～32℃范围内都能生长，在0～25℃温度范围内，随着温度上升，菌丝长势越来越好，生长速度加快。适宜温度23～25℃，最适温度23.8℃。超过27℃时，菌丝生长速度减慢，长势变弱。在35℃以上菌丝停止生长。菇蕾分化温度为0～13℃，子实体生长适宜温度为12～18℃。栽培试验结果表明，不同菌株之间略有差异，一般出菇管理掌握在12～18℃范围内，原基分化温度为5～13℃。白灵侧耳耐低温的能力强，在0℃下放置1年以上或－10℃的条件下，其生活力仍然不受多大的影响。低于10℃的低温刺激有利于子实体分化。人工栽培时，在低温条件下，白灵侧耳子实体生长虽较缓慢，且不易开伞，较耐储藏，此时子实体菌盖更肥大，菇肉更肥厚结实，商品性极高。在较高的温度条件下，菌柄较长，菌盖易开伞，子实体较瘦小，易发黄，商品性差。当温度＞23℃以上，高温高湿条件下，菇体极易腐烂、发臭。

气温是指自然的室内或室外温度。菌温是指培养基质内菌丝活动的温度，也称品温。堆温是指带有活动菌丝的菌筒、菌袋在堆叠时的小空间内的温度。3种温度间有着密切联系，共同影响白灵侧耳菌丝和子实体的生长。纯培养的菌丝体菌温随着菌丝不断的生长、新陈代谢的加强而升高。在菌丝生长达到最旺盛时，菌温往往比环境气温高出2～3℃。带有活动菌丝的菌袋、菌瓶堆叠得越挤，堆叠数量越多，方位角越死，堆温也越高；菌丝生长越旺盛，堆温也越高；气温偏高，堆温也随之升高。由于白灵侧耳秋季栽培常在高温季节利用塑料袋或玻璃瓶培养菌丝体，其品温对外界的气温及堆温高低的感应变化快，加上新陈代谢随菌丝生长而加强，管理者应经常注意这“三温”之间的关系，防止“烧菌”、“烧堆”造成损失。

在单一恒温条件下，白灵侧耳难以形成子实体。要想得到理想的子实体，必须给予恒温和变温的管理手段。当菌丝体达到生理成熟时，需要自然或人为地突然对白灵侧耳菌丝体给予短暂的低温变温刺激，迫使白灵侧耳繁殖后代，产生繁殖体。

(2)水分与湿度

水是白灵侧耳的重要组分，也是白灵侧耳生命活动的物质基础。不论是菌丝体或是子实体都含有90%的水分。同时，水又是营养吸收及营养物质运输的载体，白灵侧耳整个生长过程都离不开水。只有在适宜的水分条件下，白灵侧耳才能进行正常的新成代谢。短期缺水，白灵侧耳菌丝会处于休眠状态，长期缺水必定死亡。水分不足或过多都会阻碍白灵侧耳的生长发育。不同的发育阶段，对水分的要求不同。菌丝生长阶段，对培养基中含水量有严格的要求，而子实体阶段扭结期(原基期)，较高的相对湿度(90%～95%)有利于菌丝体扭结和原基的形成。幼菇生长发育期，较低的空气相对湿度，菇体的发育更加结实。如在空气相对湿度70%～80%的条件下，菇体增大，朵形美丽。子实体生长发育的适宜相对湿度为85%～95%。过湿和高温环境(23℃以上)往往引起菇体发黄、腐烂。在较低空气相对湿度(70%左右)条件下，子实体能够正常生长和发育，但生长速度较慢，子实体较小，产量较低，且菇盖易产生龟裂和表皮形成鳞片等。

生产中，培养基配制的料水比为1∶1.1～1∶1.3。目前，白灵侧耳栽培以木屑、棉子壳、玉米芯等为主料。由于主料的种类不同，粗细度、软硬度不同，制作成的培养基吸水能力有很大的差异。如玉米芯吸水性比木屑强，硬质树种木屑吸水性能比松软质树种木屑差，粗木屑吸水性比细木屑差等。由不同材料配制栽培培养基时，料水比变化幅度也较大，在装袋或装瓶时正常培养基含水量应掌握在60%～65%。含水量过高会导致基内氧气不足而影响菌丝生长，同时，杂菌污染也易增多；培养基过干，菌丝生长慢且无力。

由于白灵侧耳子实体个头大，菌肉厚且致密，和阿魏蘑、杏鲍菇等一样，具有相对较强的抗干旱能力。

(3)光线

白灵侧耳菌丝生长不需要光线，菇蕾分化需要一定的散射光。光线太弱，在5 lx以下，子实体发育很差；50～100 lx条件下，子实体能正常成形与发育，但往往菌柄偏长；光线在300～800 lx下，子实体发育正常；在500～2 000 lx的照度条件下，菇柄变短，菌肉结实肥厚，生产的菇商品性高。阳光直射和完全黑暗环境均不易形成子实体。另外，在子实体生长阶段阳光直射或光线太强，容易造成子实体失水，菌盖表面发生龟裂，影响成品菇的商品性。应尽量避免阳光直射。

(4)通气

白灵侧耳属好气性菌类，菌丝和子实体生长发育都需要新鲜的空气。在不通风的菇房中，子实体生长缓慢或变黄，菇房CO_2浓度超过0.5%时，容易产生畸形菇体，如羊肚菌状或玫瑰状子实体。

(5)酸碱度

野生白灵侧耳生长在伞形科大型草本植物的根茎上，如刺芹、阿魏等。其根系的土壤属微碱性土壤，pH在7.8左右。研究表明，白灵侧耳的菌丝可在pH为5～11的基物上生长，适宜pH为5.5～7.5，最适pH为6.6。

第三节　白灵侧耳的菌种繁育

一、中国白灵侧耳菌种选育

白灵侧耳是我国科技人员驯化和培养的优良菌种。1983年，曹玉清、牟川静等在塔城、托里、阿尔泰、木垒的山地和山前平原、冲积扇的阿魏滩上均采到了标本，经组织分离和驯化栽培试验，获得 K_{001}、K_{002}、K_{005} 3 个菌株。经栽培试验，于 1983 年 9 月在罐头瓶内 3 个菌株先后出菇。1986 年 5 月 23 日采集到木垒县的 K_{111}，经鉴定为阿魏侧耳托里变种。继之，陈忠纯、吴政声（1991、1993、1994）又以 K_{002} 为出发菌株，经栽培后选择菇形好、色白、菌盖厚的子实体，收集孢子，分离单孢后配对，从 71 个配对中，于 1989 年 11 月选育出了 KH_2 菌株。陈忠纯（1996）又从 KH_2 菌株栽培的子实体中分离到几株性状较好的菌株，编号为 K_2、K_3、K_5 和 K_{190}，在福建、新疆等地推广。

北京金信食用菌有限公司栽培白灵菇使用的菌种是赵炳从木垒带来，原名阿魏侧耳，栽培后经卯晓岚先生鉴定，认为是白灵侧耳。随着我国食用菌产业的发展，白灵侧耳成为各地栽培的珍稀新品种，栽培区域广泛，产量迅猛增长。为了满足白灵菇生产的需要，中国科技人员对白灵侧耳菌种进行了广泛而深入的研究，筛选出许多优良的菌株。按照子实体形态分类，分为掌状菌株、扇形菌株、贝壳形菌株、马蹄形菌株等。近几年北京、天津、河南、内蒙、河北等地栽培的白灵菇，主要品种多是由这两个和其经栽培后组织分离的菌种。目前，白灵菇菌种编号较多，有些是从野生分离的，有些是人工栽培后分离的，但很少有选育过程文章的发表。

由于各地使用不同的名称，菌种生产时随意性冠名，导致白灵侧耳栽培菌株混乱，同种异名和同名异种现象严重。谭琦等（2006）利用分子生物学技术对中国 6 个白灵菇（*Pleurotus nebrodensis*）商业菌株的 DNA 指纹图谱分析，结果表明 6 个供试白灵菇商业栽培菌株为同一个种——*P. nebrodensis*。张金霞等（2004）对保藏于中国农业微生物菌种保藏管理中心（ACCC）的白灵侧耳菌株进行 RAPD 和 IGS 分析，将北京、河南、山西、福建等省收集的 20 个白灵侧耳 *P. nebrodensis* 栽培菌株，根据拮抗反应和农艺性状分为 4 组，对组内菌株进行了 RAPD 和 IGS 分析。结果表明，各组内菌株间无差异，生产上大量栽培使用的掌状菌株，绝大多数与供试菌株 ACCC51342 相同，ACCC51060 是唯一栽培的马蹄状菌株。胡清秀等收集了来自全国各地的 12 个白灵侧耳菌株进行栽培，实验表明：12 个菌株产量存在一定差异，其中一个菌株子实体形状为马蹄状，其余属于掌状形菌株，其形态特征、生长发育期以及酯酶同工酶谱等无显著差异。白灵侧耳从遗传物质分析，菌株间差异不大，但受传代次数、菌种培养技术等因素影响，菌株间产量、质量存在一定差异。生产者购买菌种时应尽量从可靠的菌种生产单位或科研单位引进，引进生产的菌种应经过生产实验后，才能大面积栽培。

二、菌种培养与生产

白灵侧耳菌种培养方法与其他普通食用菌相同，制种方法请参见本书《食药用菌制种技术》一章。

第四节　白灵侧耳的栽培技术

一、生产场所的选择及菇场布局

（一）生产场所的选择

白灵侧耳生产场所的选择应注意以下几个方面：

第一，菇场附近有良好的运输条件，交通便利，道路完好；

第二，菇场较开阔，有足够的地方建菇房、堆料操作场、办公室及工作人员宿舍；

第三，菇场地势较高，通风良好，雨季不会淹水或受潮；

第四，菇场附近无产生有毒气体的工厂，最好远离居民住房或畜舍，保证环境的清洁；

第五，有清洁的水源和电力供应。

（二）菇场布局

一般来说，中小规模的菇场规划，基本以现有房屋为主体，再搭建少量其他临时建筑满足生产需求。但生产设施要配套，布局要合理。

第一，规划菇场时，须明确划出生产区和生活区。生产区要有原料仓库、灭菌锅炉房、配料室、冷却室、接种室、培养室、产品包装室、冷藏室及办公室等；生活区是生产工人的主要生活场所，要有保证工人生活需要的各种设施。

第二，原料室、拌料室应与冷却室、接种室、培养室隔开。尽量减少原料、辅料对接种室和培养室的污染。特别是部分原、辅材料，如麦麸、米糠等，往往存在害虫和携带杂菌。如相距太近，容易造成培养袋和出菇期间病虫害危害。

第三，分区布置与生产流程相匹配，如原、辅材料储藏室和拌料室、装袋间、灭菌室应配套连接。

第四，接种室、培养室、出菇室既要相连接配套，又要使出菇室与培养室有一定的距离。

第五，菇房的建筑要求及构造：每个菇房的栽培面积在150～200m^2之间较为理想。菇房长7～13m，宽6～7m。也可以把菇房的长度加长一点，具体视现有场所房屋而定。

二、季节性栽培技术

在国内，目前白灵侧耳的规模化生产大多数采用季节性袋料栽培模式。由于白灵侧耳生育期长达80～120天，对于季节性生产，一般只能一年栽培一次。长江以南地区在8～10月份生产菇袋，1～3月份出菇；而黄河以北的地区栽培季节主要是6～8月份生产菇袋，11月至春节前出菇；也可以在9～10月份生产菇袋，2～4月份出菇，出菇期相对较短，价格较低。

采用塑料薄膜大棚代替菇房栽培食用菌，具有建造容易、成本低廉、保温保湿性好、能利用太阳能、有散射光能以及容易造成昼夜温差等优点。目前，这种栽培设施在食用菌生产中应用越来越普遍。塑料薄膜菇棚结构形式多样，常用的有两种。

(1)日光温室大棚

日光温室大棚又称墙式薄膜菇棚，适合于北方寒冷地区。菇棚要求坐北朝南，光照充足。日光温室一般跨度5～9m，高2～3.5m，长40～60m，包括后墙、东西山墙、后坡、前坡、拱梁、门、通风窗和防寒沟等结构。为了防止出现极端气候对生产造成损失，对于北方日光温室大棚一般增设加温设备。同时，为满足食用菌出菇阶段对高湿度的要求，在日光温室内要增设自动喷雾设备，雾滴越细越好，当然成本也会相应增加。

日光温室大棚栽培白灵侧耳的优点在于投资相对较少，较容易保持空气相对湿度，冬季易于保温，特别是在北方和南方冬季温度最低月份，仍能正常出菇。

(2)拱式薄膜菇棚

建棚地点要求能避风，冬季向阳，夏季可遮阳。棚架材料可用竹、木或钢材，框架高2.5～3.5m，周边高2～2.5m，长12m，宽4～5m，顶部搭成弧形斜坡，以利流水。框架搭好后覆盖聚乙烯薄膜，外面再盖上草帘，或者外盖一层遮阳网，以防阳光直晒，也有利于控制棚内温度。东西侧棚顶各设1个拔风筒，棚的东西两侧面正中开门，门旁设上下通风窗。棚外四周1m左右开排水沟，挖出的土用来压封薄膜下脚。普通薄膜菇棚由于保温效果差，夏季炎热，冬季寒冷，因此，拱式薄膜菇棚栽培白灵菇适宜在长江以南使用。要提前做好生产规划，以便使菇期间棚与白灵侧耳出菇温度相吻合。

另一方面，南方栽培白灵侧耳，若在竹木资源丰富的山区大量使用竹梢、小木棍等，可以大大降低生产成本。一个长10m、宽6m的菇棚可栽培白灵侧耳1万～1.2万袋，需投资500～1 500元。

(一)栽培原料选择

1. 培养料选择与配制原则

白灵侧耳在自然界主要发生于伞形科大型草本植物，如刺芹、阿魏、拉瑟草等植株的根茎上，白灵侧耳是一种腐生菌，有时也兼有寄生的性质。经过人工栽培不断的驯化和改进，现能利用阔叶树的木屑、棉子壳、甘蔗渣、麦麸为原料进行栽培。

2. 常用培养基配方

生产上常用的配方有：

①棉子壳64%，杂木屑18%，麦麸12%，玉米粉5%，石灰粉1%～2%。

②棉子壳60%，玉米芯17%，麦麸20%，玉米粉3%，石灰粉1%～2%。

③棉子壳80%，麦麸12%，玉米粉7%，石灰粉1%～2%。

④棉子壳40%，杂木屑40%，麦麸10%，玉米粉8%，石灰、石膏各1%。

⑤稻草57%，棉子壳10%，木屑13%，麦麸10%，玉米粉8%，石灰、石膏各1%。

⑥木屑或棉子壳、甘蔗渣78%，麦麸12%，玉米粉8%，红糖、石膏各1%，含水量掌握65%，pH6～7最佳，温度偏高时可在料中加入0.5%的石灰以防治培养料酸胀。

⑦棉子壳39%，杂木屑39%，麦麸或米糠20%，石膏1%，碳酸钙1%。每50千克干料加干酵母片25g和过磷酸钙250g，含水量65%。pH自然。

⑧棉子壳80%，木屑10%，米糠8%，石膏1%，碳酸钙1%。每50千克干料加入干酵母片25g和过磷酸钙250g，含水量65%。pH7左右。

⑨经堆制腐熟的阔叶树木屑78%，米糠、麦麸20%，蔗糖1%，石膏粉1%，每50千克干料加干酵母片25g和过磷酸钙250g，含水量55%～65%。pH 6.5～7。

可在配方中添加磷酸二氢钾0.2%、硫酸镁0.2%，少量微量元素和一些杀菌剂，如1 500倍菇丰用以控制发菌期的杂菌。

(二)培养料的配制

按上述配方比例秤重或换算成体积比，充分搅拌均匀，料水比控制在1∶1.1～1∶1.3。初学者可参考各地生产企业或专业户的培养料配置与填料的方法。每次应充分搅拌培养料，含水量均匀、一致，达到所要求的湿度后可以开始分装培养料。

另一种栽培工艺是，将主料先建堆发酵，再添加辅料装包灭菌。对白灵侧耳栽培料进行发酵处理，有改进菌丝营养状态、提高菌丝生长速度、提高产量的作用。发酵时，原料中可加入发酵剂混合发酵，待主料发酵好后再添加辅料装袋灭菌。具体方法如下。

依据上述培养基配方计算所需主料需要量，加水拌匀，含水量在55%～60%。当料充分湿润后，堆成宽1.2～1.5m，高1.0～1.2m，长度不限的长条形料堆，料堆四周用3～5cm粗的木棒打孔，孔深至底，孔间距0.4～0.5m，然后用草帘或麻袋将料堆盖严、发酵。当温度升到55℃左右时，保持1～2天，进行第一次翻堆。翻堆后再堆成原来的形状，打孔覆盖，料温再升到55℃时，进行第二次翻堆。以后，每天翻一次，需翻4～5次。当培养料呈棕褐色，腐熟均匀，颜色一致，质地松软，富有弹性，有浓香酒糟味，料内有一定量的“放线菌”时，说明料已发酵成功，即散堆降温，调节料含水量至60%～62%，即加入其他辅料，拌匀进行后装袋。堆料发酵时应注意：

①掌握适当水分：料的含水量控制在60%左右。如果加水过多，超过70%，会发生厌氧发酵，培养基变酸、变臭、发黄，料温上升缓慢：若含水量低于50%，会出现“冒烟现象”，产生霉味，严重破坏营养物质。

②控制适宜的料温：发酵过程是促进有益菌、减少有害菌的过程。有益菌(如加入的发酵剂和自然存在的有益菌)属嗜热微生物，适宜温度为55～68℃，多数有害菌适宜生长的温度为25～28℃。

③保证充分的氧气：发酵剂内含的微生物具有好氧性，只有在充足的氧气条件下才能大量繁殖，加速物质转化，为白灵侧耳提供较好的培养料。

(三)菌棒制作

白灵侧耳的菌棒制作方法与一般食用菌相同，方法请参见本书《食药用菌制种技术》一章。

(四)菌丝培养阶段

将接过种的菌袋及时搬运到培养室。培养期间，应在遮阳黑暗条件下，发菌培养，温度为22～26℃，不超过33℃，空气湿度保持在70%左右，经常通风换气。经过40天菌丝可以长满菌袋。

白灵侧耳菌丝长满袋后不能立即出菇，此时菌袋松软、菌丝稀疏，必须经过一定时间的后熟管理。在23～27℃、湿度65%～70%的环境下再培养40～50天，使菌丝浓白、菌袋坚实，从而储藏足够养分，达到生理完全成熟，这个过程为菌丝后熟过程。只有经过后熟过程培养才能正常出菇。培养期间应经常检查菌丝和杂菌生长情况。

(五)出菇管理

1. 搔菌、催蕾、疏蕾

将经过后熟期处理的菌袋，解开袋口，用刀片刮去表面的老菌种块及老菌皮，再将袋口扎好，不要过紧，这一操作称为搔菌。搔菌后将袋口重新系上，稍用力向外拉扯袋口，同时拉大昼夜温差，进行催蕾管理。

白灵侧耳属于低温变温结实性菇类，子实体分化时对温度要求严格，必须有10℃以上的温差刺激。经过后熟期处理的菌袋，如果不进行温差刺激，在适宜的环境条件下自然出菇，会出现出菇不整齐、产量低的现象，给出菇管理带来较大难度。因此，经过搔菌处理的菌袋，人为采取催蕾措施，刺激白灵侧耳子实体分化，可使出菇整齐，提高产量。催蕾是白灵侧耳生产中常用的一项关键技术。

催蕾方法：将搔菌后的菌袋置于18～22℃恒温培养5天左右，使菌丝恢复生长，然后，放在0～13℃的低温下处理10～15天，给予低温刺激。然后将菇房温度控制在10～15℃，空气相对湿度为85%～90%，光照强度600lx以上，空气新鲜条件下，经过10～15天即可现蕾。

疏蕾：菌袋现蕾后，将袋口松一下，促进小菇蕾正常生长。待菇蕾长到豆粒大小时，将塑料袋袋口全部撑开，并用锋利小刀进行疏蕾。留一个生长健壮的菇蕾，其他菇蕾全部清除掉，注意操作时不能损及留下的菇蕾。当留下的菇蕾长到乒乓球大小时，将塑料袋袋口反卷或将多余的袋口剪掉，与料面保持一致高低。

2. 幼菇期管理

①温度：温度是影响白灵侧耳生长的一个重

要环境条件。白灵侧耳子实体生长的最适宜温度为12～15℃。栽培时，通过安排适宜的生产季节，保证出菇所需的正常温度，可明显降低白灵侧耳生产成本，提高产品的产量和质量。出菇期间，菇房温度长期低于8℃或高于20℃，对白灵侧耳生长极为不利，应尽力予以避免。

②水分：白灵侧耳出菇阶段要求菇房的空气相对湿度较高，为85%～90%。每天向菇房空中或墙面、地面喷细雾水，切勿将水喷在子实体上，否则白色子实体上会留下黄色斑点，影响白灵侧耳商品价值。如空气相对湿度过高，再加高温，子实体会腐烂；空气相对湿度过低时，子产体开裂，影响白灵侧耳外观。

③空气：白灵侧耳是好气性食用菌，在子实体生长阶段新陈代谢旺盛，需要大量的氧气。应加强菇房通风换气，以确保菇房空气新鲜，二氧化碳浓度控制在0.1%以下。由于通风和保湿相矛盾，要求通风的同时，进行喷水加湿。

④光线：白灵侧耳出菇阶段要求较强的散射光条件，以600～2 000 lx为宜。通过调节菇房的遮荫物，保证适宜的光照强度。菇房光线不足，易产生畸形菇，如菌柄细长、菌盖小等症状。

3. 成菇期管理

如果外界条件适宜，白灵侧耳从现蕾到子实体采收约需15天。此时管理的重点是调节好菇房温度，如菇房温度较低，白灵侧耳菌盖不易展开；菇房温度较高，菌盖变薄，影响美观。为了保证子实体正常生长，保持菇房空气相对湿度。喷水时，不要喷到子实体上。在此阶段，光线可以稍强一些，但不能直射，加强通风换气，同时调整好通风和保湿这对矛盾。

总之，在成菇期阶段，协调温度、湿度、光照、通风4个条件，创造白灵侧耳生长最适环境条件，以获得品质优良的子实体产品。

(六)采收

采收要点：当白灵侧耳菌盖充分展开、边缘内卷，孢子未大量释放时采收。要轻采、轻拿、轻装，减少机械碰撞与损伤，用利刃削平菇柄，毛刷刷净菇体杂物，并剔除畸形、破损和带病虫的菇。要求菌盖完整，菌盖(手掌形)7～13cm，菇色洁白，菌肉坚实，柄长不超过3cm。

一般每袋可产1个菇，每个菇的重量为150～250g。经过进一步的管理可出两潮菇。白灵侧耳采收后要及时清理干净，防止污染。白灵侧耳菇体洁白，肉厚，含水量较低，有利于运输。采收后应及时包装鲜销或加工处理。在正常温度下，从幼菇形成到成熟约需15天。气温低，生长慢，但菇质密，质量好；气温高，生长快。平均生物转化率(产量)60%～80%。

(七)其他栽培方法的出菇管理技术

1. 普通民房栽培白灵侧耳的管理

利用普通民房进行出菇栽培，优点是栽培场地为现成设施，无须增加过多的投人，生产成本较低，很适合一般农户小规模栽培。缺点是占用空间及场地较大。由于大多使用旧房，湿度、温度不好控制，且旧房往往通风、透光条件不大理想，应注意通过适当的办法予以解决，扬长避短。

(1)旧房的选用及清理、消毒

使用普通民房做出菇的场所，应有通风透光条件，还应有较好的保湿性能。一般来说，砖木结构、砖混结构的民房保温效果较好。使用前，应进行清理和清洗。清洗之后，封闭门窗及墙壁裂缝，用必洁士、克霉灵等气雾消毒剂进行熏蒸；也可用硫黄按每立方米10g的用量，放在点燃的木炭上让其缓慢燃烧，密闭熏蒸12～14小时。熏蒸前，通常先用清水将室内墙壁喷湿，以提高消毒效果。

由于旧房中常常潜伏着各种害虫，在熏蒸杀虫之前，还可以用80%敌敌畏800倍液对菇房进行全面喷雾，或使用熏蒸杀虫剂如磷化铝，每立方米空间1～2g，密闭熏蒸24～36小时。由于磷化铝有剧毒，使用时应十分注意：先将房间的门窗、墙壁裂缝用双层报纸糊好、封严，留1个门作为出口。操作人员一定要戴防毒面具和手套，再从里往外投药，投药后迅速撤离菇房，封好房门，用双层报纸糊好门缝。3天后再打开门窗通风2小时后，才可入内。

(2)出菇管理

菇房经熏蒸杀虫、消毒之后，再打开门窗通风，即可将培养室中已发生原基的菌袋陆续移往出菇房。培养室的管理在出菇阶段应加大通风量，增加光照刺激。特别是白天要密闭门窗，夜间打开门窗降温，以加大昼夜温差，刺激菌袋中菇蕾的发生。

对菌袋要逐日检查，将已长原基的菌袋从培养室中取出移入出菇房中进行出菇管理。出菇管理的做法是：先将栽培袋口用刀片割去，露出原基后，用锋利的刀片将培养袋上多余的原基割去，留下1个健壮者。保持空气相对湿度90%～95%，保持光照500～2 000 lx，在这样的条件下菇体生长健壮、洁白。出菇期间还应注意出菇室内温度的变化。在秋冬季条件下栽培，白灵侧耳在气温高于20℃时，容易变黄，菇体软腐，应特别注意。在20℃以上的高温条件下应加大通风量，降低空气相对湿度，喷水改为早晚低温时进行。为了防止菇蚊、蛾虫等害虫危害，可在地面撒放一些石灰粉或杀虫双可湿性粉剂；对于门窗等通风口，应全部安装防虫纱网，防止成虫从室外飞入菇房危害。另外，菇蕾修剪的下脚料、菌皮和出菇后的旧菇袋应及时从出菇房中撤出去，以防止害虫滋生。

菇房出菇时往往湿度较难控制，如湿度不够，可通过增加喷水次数来解决。具体做法是：用背负式喷雾器用清水向地面、空中、墙壁上喷雾；在温度较低的条件下，允许直接向菇袋和菇蕾浇水。大型栽培菇场可以使用踏板式喷雾器或机动喷雾器喷雾增湿。

2. 人防工事栽培白灵侧耳的出菇管理

人防工事进行白灵侧耳栽培，必须具备一定的人工光照条件，洞内光照一般不得低于300 lx。否则，菌柄易发生徒长、抽长、变形等。

①在温度调节方面，主要结合通风换气进行调节。秋末冬初，外界气温高，洞内气温低，宜在早、晚通风换气，以保持菇房内较稳定的温度，以利于白灵侧耳菇体的生长。隆冬季节气温下降到较低水平，往往人防工事菇房中的温度高于洞外气温，应尽量选择午间气温较高的时间进行大通风，以免菇房中温度剧烈下降。冬末初春时节，通风时间宜选择洞内外温差不大时。春夏之交，气温回升较快，人防工事中温度低于洞外气温，应尽量选择每天洞外气温的最低时间进行通风换气，达到换气而不引起洞内温度剧烈升高的效果。

②在湿度管理方面，人防工事中栽培白灵侧耳湿度较易保持，每天喷水次数视空气相对湿度变化而定。若相对湿度维持90%～95%，可以不必补水增湿；若湿度大于95%，达到100%左右，应加强通风排湿；若空气相对湿度低于90%以下，应每天及时补水。向地面、洞壁、培养架、菌袋、空中喷水增湿，以确保空气相对湿度达到95%左右，确保菇蕾正常生长和发育。

③在通风管理方面，人防工事一般居于地层、岩石之中，通风换气条件差。在栽培过程中，经常由于缺少新鲜空气，CO_2积累过多，造成白灵菇菌丝体和子实体生长不正常。因此，加强通风管理，保证栽培空间空气新鲜是十分重要的条件。人防工事的通风调节一般采用自然通风和机械通风两种方法。自然通风经济简便，但通风量较小，往往满足不了栽培的要求，一般需配置机械通风，才能取得较好的效果。机械通风有固定式通风和移动式通风等方式，前者通风不经济，同时容易产生死角；后者相对送风灵活，能够避免死角产生，经济有效。人防工事采用的通风机有离心式和轴流式两种类型，离心式风机产生的风压大，风量小，送风距离远，适合较大的地道和坑道使用；轴流式风机送风量大，风压低，送风距离短，适宜于小型人防工事。

3. 覆土地栽出菇管理

常规白灵侧耳栽培模式一般是立体墙式栽培，该种植模式菇品商品性好，但产量低。提高白灵侧耳的产量，覆土地栽是一个理想的模式。但有的菇农采取这种方法，效果不够理想，有的出菇很慢，有的产量很低，有的出菇周期很长，还有的商品性很差。菌袋经过后熟期的搔菌处理后，可进行覆土出菇管理；或者出一潮菇后再采用覆土处理，进行二潮菇出菇管理。覆土出菇管理方式主要有以下6种方式。

(1)双排菌袋墙式覆土出菇方式

菌墙覆土出菇方式是在双排菌袋出菇方式的基础上加以改进而成的。经过后熟期的菌袋或一潮菇后的菌袋，先将一端用小刀划开口或将袋口解开，去掉端面的塑料膜；另一端在端口处将端面的塑料膜全部去掉，但袋身的塑料膜不动，两排菌袋之间留10～20cm宽的空隙用来填土，两排菌袋摆放7～10层高，中间填土略高于菌袋。填土后在土层中灌水，以后保持土壤潮湿，在菌袋两端解口处出菇。这种出菇方式解决了菌袋后期易失水的矛盾，出菇多，产量高，菇形好。缺点是大菇、马蹄形菇及等外菇较多。

(2)双排梯形墙式覆土出菇方式

是在双排菌墙覆土出菇的基础上演变出来的，高度可增加至1.5～1.8m，菌袋可摆放近20层高，从而有效地提高了空间的利用率。但是，中间土层厚，菌袋高，堆内温度易上升，菇形不美观，易出特大形菇。

(3)全脱袋地埋覆土出菇方式

将菌袋外表塑料膜全部去掉，大棚内挖畦，将菌袋埋入土中，菌袋上方覆土厚2～3cm。优点是菌袋不失水，菌丝可从土中吸取水分和养料，出菇多且菇体大，产量高。缺点是土中病虫害多，菇形不易控制，易出厚菇、大菇，菇质差，菇形不好。

(4)半脱袋覆土出菇方式

将菌袋两端多余的塑料膜割除，留住袋身塑

料膜，在大棚内将菌袋直立相挨排放，袋与袋空隙内填入碎土，菌袋上端不覆土。优点是菌袋失水慢，出菇较多，出菇期较长。缺点是菌袋直立，菇形不易平展，菇柄易增长，优质菇率稍低。

(5)单排菌袋中间环切墙式覆土出菇方式

这种出菇方式是双排菌袋墙式覆土出菇方式的改进技术。先将菌袋一端用小刀划开口或将袋口解开，去掉端面的塑料膜；另一端用小刀划开口或将袋口解开，去掉端面的塑料膜，将菌袋中间的塑料膜用小刀环切 3～5cm，在出菇场内顺势摆放成多排，排与排之间留 50～60cm 宽的过道。每摆放一排后在菌袋空隙处填入潮湿的泥土，摆 5～7 层，排与排之间的走向以通风容易、行走方便为宜。最上一层的菌袋上将泥土整理成沟槽状，在沟槽内注入清水。这种出菇方式解决了菌袋后期易失水的矛盾，出菇多，产量高，菇形好。

(6)菌袋内直接覆土出菇

将菌袋直立摆放在事先整理并消毒的畦上，在菌袋的上部填入消毒处理的土壤，厚度 2～3cm，土层注入消毒营养水溶液并保持土层湿润。这种出菇方式解决了菌袋后期易失水的矛盾，定向定量出菇，菇形好，优质菇率高，产量高。

覆土出菇管理要注意温度、湿度、光照、通风 4 个条件之间协调，创造白灵侧耳生长最适环境条件。

①菌袋发满菌后，先进行催蕾处理。等到菌袋表面已呈现小白点，但还没有形成小菇蕾时，再进行覆土处理。这样经过不长时间，在土层表面会均匀现蕾。不进行催蕾处理，直接覆土，会造成出菇很慢，或不出菇的现象；菌袋端面上已有成型的小菇蕾后再覆土，显得有点晚，会造成菇体大小不匀，形状不一，菇体带泥土等不利因素。

②菌袋间必须用细土塞紧，用水灌透，不要留下空隙。如果塞土不紧，一是极易形成地雷菇；二是在覆土时若混入了感染杂菌的菇袋，会导致整畦菇袋遭受绿霉等杂菌污染。

③出菇时若温度偏高，通风必须良好，否则易造成因通风不良而造成病害，引发菇体黄烂，杂菌滋生。

④成熟菇体应及时采收。不可任其生长过大，否则会与其他菇体争夺营养，造成其他菇体生长不良。

⑤覆土时菇袋间隙应在 5cm 以上，不可过紧，以保证单个菇体有足够的生长空间，防止菇体因生长过密，造成相互挤压而变形。

⑥菌袋覆土不宜太厚。以略微盖住菌头为宜，否则会因土层太厚造成出菇困难，影响产量及品质。

⑦头茬菇出完后，应将畦表面的老菌皮耙掉，连续通风 4～5 天，盖上一薄层新土，再灌入营养水，用小水灌注，维持较好的通气条件。若条件适宜，经 15～20 天，第二茬白灵侧耳即可出菇。白灵侧耳采取覆土地栽，可出菇 2～3 茬，生物转化率可达 80%～100%，是提高白灵侧耳产量的主要栽培方式。

(八)栽培中应注意几个问题

1. 根据市场选用品种

有些地方不管销售地域、品种特性盲目引种，造成产后销售不对路，价格低，效益差。目前国际市场需掌形、菌柄短的品种；国内市场需求漏斗形、长菌柄的品种。

2. 科学规划，适时栽培

当前白灵侧耳属于高档菇品，同时也是一个季节性非常强的菇种。菇房内温度超过 20℃很难出菇，对于一般的生产者来说，应根据当地的气候特征，选择好栽培季节，并根据白灵侧耳的生物学特性，规划好菌种(母种、原种、栽培种)生产和栽培时间。

3. 培养纯度高、生活力强的优质菌种

制种过程中的杂菌污染直接影响菌种质量，常常导致生产失败。预防措施：①应到从事菌种研究部门和质量有保障的菌种专业生产单位引进菌种；②菌种扩繁次数不宜过多；③培养基配制过程中严格把关；④灭菌时菌种瓶或袋不能堆得太紧，冷空气要排干净；⑤接种操作应严格无菌操作规程；⑥定期观察菌种的生长、污染情况，及时采取有效措施加以控制。

4. 掌握好栽培技术、科学管理出菇

①科学添加水分，培养基含水量达到 55%～60%；②讲究接种技巧，适当加大接种量，严格预防杂菌感染；③根据菌袋成熟早晚，分批管理，催菇棚和养菇棚分开。适时加大温差刺激，促进菇蕾分化。

(九)栽培常见畸形菇的发生原因

白灵侧耳产品在元旦至春节前后上市，品质最优，菇价最好。各地栽培者摸准市场脉搏，争取多产菇，产好菇。但常发生延迟出菇、不出菇或出畸形菇的难题，成为栽培者共同关切的焦点。

畸形菇降低产品等级，甚至失去商品价值，影响栽培者经济效益，这个问题普遍存在。常见的畸形菇有菌盖紧抱不展的“拳头状”，柄粗、盖小的“花瓶状”，盖凹陷边裂外卷的“破碗状”，盖窄长的“牛舌状”，盖面斑点的“麻脸状”，盖中瘤肿突起的“胀腹状”，菌盖与菌柄紧连的“蝴蝶状”，盖弯曲不平的“波边状”，盖面纵裂沟缝的“花菇状”，数菇并生的“莲花状”。此外，还有菇体萎缩形、菇体偏黄变色形等。畸形菇的发生，究其原因是培养环境条件与白灵侧耳生理要求不相适应。关键在于出菇期温、湿、光、气协调不好，管理技术操作失误等。下面进行具体分析，并提出避免畸形菇发生的相应措施。

1. 房棚结构不合理

现有白灵侧耳栽培场所有室内菇房和野外菇棚。建造简陋，结构不合理。有的菇房门窗单向，有的通风口开在墙体上半部，致使室内空气不流通；有的塑料大棚两旁虽设有通风口，但通风口朝着菌墙两端；也有的虽然开有通风口，但为了保温，始终没打开。由于棚内空气不流通，造成严重缺氧，致使好气性的白灵侧耳变成畸形。

2. 菌墙垒叠欠妥

菌袋垒墙太高，10 袋一码，超过 1m；有的菌墙之间填入黏性土壤，不透气；有的填土后浇水不足、偏干；有的菌墙码垛过于密集，中间不填土；有的垒墙时，袋头割膜不得法，入墙部分只割 1/3，太少，而露外一端反而割膜，菌丝体露空不保湿。这样子实体生长发育必然受到抑制。比如北方菌袋叠墙，袋间填土水分不足，进入寒冬加温催蕾时水分偏干，菌袋内的含水量少，使菌丝体脱水，出现菌盖不展或萎缩状态的畸形菇。黏性土壤板结，透气性差，对菌丝体不能起调节作用，反而阻碍正常的生理生殖。

3. 先天性营养缺陷

有 4 种表现：①配方中原辅料棉子壳、麦麸陈年受潮霉变，养分降解，配方中含氮物质麦麸用量偏少，菌丝生长前期无不良反应，到长菇期不能满足要求；②培养基酸败；③菌袋内水分蒸发，菌丝体脱水。这些属于先天性营养不良，产出菇盖边波状或不展盖、色偏黄不白的畸形菇。

4. 出菇日期把握不准

常因栽培者求菇心切，菌丝生理没成熟进入人为催蕾，造成早产畸形。

5. 催蕾技术没到位

菌丝生理成熟后还需要 0～13℃低温刺激 10～15 天，这期间还要进行 5～7 天的 10℃以上温差刺激，才能逼使原基发生分化成菇蕾。这是白灵侧耳与众不同的一个特性。栽培者常因没掌握这个独特种性，低温蹲菌期不足，温差刺激不够，与生殖期理化要求不协调，导致子实体发育受到抵制而变形。有的在 12 月上旬进棚催蕾时，为了保温，缺少通风，棚内严重缺氧，造成催出的尽是菇柄长达 20cm，菇盖紧锁不展的“拳头菇”。

6. 疏蕾未引起重视

有人看到菇蕾丛生喜出望外，明知菇蕾太密，舍不得摘掉。有人担心摘一个蕾会连累其他；也有人留蕾太多。由于忽视疏蕾，出菇互相拥挤，因此出现孪生蝴蝶形、牛舌状、驼背菇等变异体态。

7. 长菇期管理不善

菇蕾出现后逐步分化成子实体，在这长菇期间常因温、光、气调节不好，导致菇体发育倚斜侧长，或驼背或盖面凹陷，或斑点麻脸，色变，或因采收过期，菇体超大，不符合等级。

三、白灵侧耳工厂化栽培

我国食用菌生产依然停留在分散、小农作坊式生产模式。2009 年全国生产量高达2 020万吨，产值达1 103.3亿元。如此庞大的销售量，要靠市场的良性循环才行。我国小生产与大市场、大流通的矛盾日益突出，分散性种植的生产格局、盲目生产、不确定的栽培品种数量和产量导致小生产很难与食用菌大市场相衔接。

随着现代科学技术向食用菌产业渗透，自 20 世纪 80 年代中期开始引进国外设备和技术进行食用菌工厂化生产以来，我国食用菌工厂化生产快速发展，特别是北京、上海、广东、福建、江苏、浙江等发达省(市)，每年建成多家日产 1 吨以上的食用菌工厂。这种生产模式设备先进、管理规范、操作标准，产品质量高。白灵侧耳工厂化栽培近年来发展很快，北京格瑞拓普生物科技有限公司、北京天吉龙食用菌有限公司、北京金信食用菌有限公司等工厂化、周年化生产白灵侧耳，日产在 3 吨以上。

(一)工厂化生产冷负荷特点分析

在白灵侧耳的栽培过程中，需要对培养室和出菇室进行制冷降温。培养室是接种后进行菌丝培养的场所，菇房温度保持在 22℃，相对湿度为

60%左右。培养室主要的热量来源为菌丝的呼吸和从室外补充新风的热量。发菌初期，菌丝的生长速度较慢，呼吸所产生的热量较少，通风换气次数少。在菌丝培养中后期，菌丝生长代谢逐渐旺盛，呼吸热不断增加，需增加单位时间内的通风次数。菌丝满袋后，菌丝代谢减少，通风次数也随之减少。培养过程中必须根据食用菌菌丝的不同发育时期进行调整。当菌丝生理成熟后，转入出菇室进行诱导出菇。温差（10℃）刺激是诱发子实体原基形成的主要因素，辅以昼夜温差刺激、光诱导以及增加空间的相对湿度，可促进子实体原基的形成。在原基分化阶段，食用菌菌丝由于受到外界环境刺激，菌丝从营养生长转入生殖生长，此时，制冷主要为室内降温所要冷却的热量以及原基分化所产生的热量。一般来说，子实体发育的适宜温度为13～15℃，比子实体分化所需要的温度略高一些。当原基形成后，随着子实体慢慢长大，呼吸热也逐渐达到极大值，需要根据温度的变化以及子实体生长情况及时进行降温和通风。另一方面，食用菌在培养和出菇过程中进行呼吸，产生的大量的 CO_2。过高的 CO_2 浓度造成菌丝生长生理障碍，并影响到食用菌子实体的形成。菇房必须配备机械通风设备，这对于对 CO_2 敏感的好氧性食用菌品种白灵侧耳尤其重要。

（二）工厂化栽培技术

1. 工艺流程

目前，国内白灵侧耳工厂化规模栽培企业几乎都采用搔菌法栽培，工艺流程见表15－1。该栽培工艺栽培周期较长，生产过程耗能较高，与金针菇、杏鲍菇等栽培品种相比，生产风险相对较高，这也是制约该品种进一步发展的瓶颈。因此，该技术工艺还有待进一步完善或革新。

表15－1　白灵侧耳工厂化栽培工艺流程

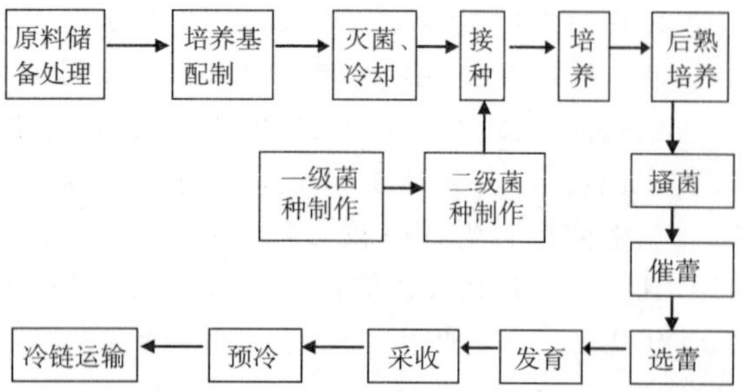

白灵侧耳整个生产周期为90～120天（视菌株和对温度的控制而不同）。一般情况下，工厂化生产仅采收一潮菇，因此生产管理始终要围绕尽可能提高这一潮菇的产量和品质，以提高企业运营的经济效益。据统计，白灵侧耳大规模栽培，平均每袋或者每瓶产量为180～250g。

2. 布局与设施

工厂化栽培白灵侧耳工序较多，生产布局的合理与否关系到白灵侧耳的产量、质量和生产效率，最终体现在生产成本和经济效益上。

（1）栽培地点的选择

栽培场所的选择是否适宜，关系到栽培管理的难易、工效的高低、污染率以及经济效益。栽培场所选择应考虑下面几个方面：①清洁水源：水质的优劣，关系到食用菌污染率的高低及质量的优劣。要求水源充足，水质优良，远离村舍、畜禽场所以及产生有毒物质的工厂，以免周围地下水和河流水污染。②交通便利：食用菌在生产过程中，需要大量原材料进入生产基地；同样，基地生产的食用菌也需要及时运往销售市场，在选择栽培场所时要考虑到交通是否便利，是否能够满足一定型号的货车进出需要。此外，也不能选择与高速公路相临的区域，由于高速公路路面过往车辆众多，在局部区域产生过高的汽车尾气排放，造成局部环境污染，可能影响到食用菌产品品质。③充足的电力：食用菌生产过程中需要一定的机械设备，这些设备要有充足的电力供应作为保证。④栽培地形的选择：应该选择地势平坦的地方，同时，栽培区要排水良好。

（2）原辅材料的储备地

栽培白灵侧耳的原料以木屑或棉子壳等为主料，以麦麸、米糠、石膏或碳酸钙为辅料，分为室内和室外储藏。储藏场所均为水泥地，同时在设计时要考虑便于大型货车进出和提高工作效率。

（3）培养基配制车间

设置破碎机、大型搅拌机（二级搅拌或三级搅拌）、小型高压灭菌锅（菌种制备使用）、大型高压灭菌锅（栽培袋灭菌使用）。破碎机紧靠室内外储藏地。整个培养基配制车间面积要求200（每天生产1吨）～600m^2（每天生产4吨左右）或以上。多为工棚结构，但要注意建筑工棚的安全性。

（4）培养基灭菌和冷却

填料后的栽培袋置入专用塑料周转筐内，重叠在周转小车上，直接推入双门隧道式高压灭菌锅内灭菌。周转小车从灭菌锅前门进入，灭菌后从灭菌锅的后门拉出，进入极干净的冷却室内进行自然冷却或强制性冷却。

（5）接种室

冷却后，将周转小车直接拉入接种室。接种室的设计是否合理关系到整个食用菌工厂化栽培的成败，目前接种室的设计有正压和静压两种。无论哪一种设计，接种室内地面、墙壁等均应该光洁，以防止尘埃沉积。接种室应和冷却室相临。室内可放置常规单人接种箱，或者采用正压过滤接种室开放式接种。尽量保持接种室内相对无菌状态是降低污染率的有效途径。另一方面，接种过程中尽可能减少人员进出，避免由于人员流动带来杂菌污染。

(6)菌种培养室

菌种培养室一般应紧挨接种室，采用角铁组合成的培养架。要求水泥地面，并且要极其干净。内安置冷热空调机；在南方潮湿的环境条件下，要配置必要的除湿设备，避免由于空间相对湿度过大引起菌种污染率上升。一般菌种培养室的面积为 40～60m²，能够存放 0.7 万～1 万瓶菌种的层架，以便周转使用。

(7)培养房

主要用于接种后栽培袋的菌丝培养和后熟管理。目前，对于工厂化生产企业，倾向于采用相对较大的培养室培养，目的是一方面降低建筑成本，另一方面利于工业化操作，减少人员使用数量，从而降低生产成本。面积为 250m² 左右。全年室内温度在 15～25℃范围内可任意调控。如果采用塑料袋栽培，库内需放置 6～8 层栽培架数列(也可以采用可移动式栽培架，便于机械化操作)，层与层之间的距离为 40cm 左右。每间摆放量控制在 5 万袋左右。根据计划日生产量、单产重量、培养天数及栽培架上存放的数量，确定培养间数。

(8)出菇房、包装间、储藏间

出菇房尽可能紧靠培养房。食用菌生产是密集型大规模生产，需要大量的人力，尤其是体现在出菇管理阶段。出菇房的大小应适宜，以提高出菇产量和品质，同时兼顾工作效率。白灵侧耳出菇需要温差刺激，室内温度设计要求在 4～18℃范围内可任意调控，同时，需要配置湿度控制、通风控制以及光照控制装置。目前大部分生产企业采用“网格墙式栽培”。网格内径为 12.4cm × 12.4cm。根据房间高度决定栽培层数，顶层距离天花板 100cm 左右。出菇房内还应紧靠包装间(8℃)及冷藏间室(2～3℃)。

培养房和出菇房之间温差较大，在进行食用菌菇房规划时，一定要实行分区管理，不能混合排列。实行分区管理能提高生产效率；另一方面，在培养区与出菇区分别安装隔热风幕机，可使菇房内外环境隔开，杜绝冷暖空气对流形成结雾，保障开门作业不影响菇房内温度回升，避免由于温度梯度引起的能量传递，从而达到节约能源的目的。

(9)菇房保温

建议新建的冷库式菇房，选择现代冷藏库结构。虽然投资额较大，但减少大量的土建工程，具有快速、简洁、保温效果好等特点。目前，中国农业科学院通过借鉴国外室外保温出菇棚，结合我国温室技术，成功开发出具有自主知识产权的大棚式食用菌专用菇房，成本仅仅为新建冷库房的 1/4，已在北京等地区推广使用。当然，也可以进行旧厂房改建，有些地方采用 5cm 厚的聚苯乙烯板材(自熄)，进行分隔和吊顶。该方法由于保温层裸露在外面，随着栽培时间的延长，保温层由于本身有一定的吸湿能力，导致保温效果越来越差，生产耗电成本加大。最好采用专用保温板。此外，还要设置定时自动控制进、排气量。

(10)制冷系统

在选择制冷方案时，需要根据工程的具体情况，如热源、电源、所需的冷量、菇房设计及食用菌品种等多种因素，同时结合当地的气候条件和水源情况，进行全面的比较。根据投资、占地面积、能量消耗以及运行管理难易等指标，经济合理地确定制冷方案和选择制冷机的形式。

另一方面，能否平稳供电，是周年工厂化栽培白灵侧耳的前提。尤其是夏季高温季节，各库式菇房制冷量能否达到设计温度要求，是白灵侧耳工厂化栽培成功的基础。制冷设备选择是否合理也是低成本生产的关键。在国内，大多数白灵侧耳企业均采用水冷式制冷系统。此外，为了保证白灵侧耳工厂化周年生产，还要配备必要的备用发电机组，以防止突然停电。

除了上述技术要求之外，在某种程度上和整个栽培卫生环境密切相关连。栽培后废料、培养过程的污染物处理场所合理设置、栽培环境的好坏是白灵侧耳工厂化栽培的又一关键内容。

3. 栽培原料的选择

国内所有白灵侧耳周年栽培企业大多选用木屑和棉子壳作为栽培主料，再添加些辅料(麦麸或米糠、玉米粉、石膏等)进行生产。同时，也可以根据当地资源获取是否容易，确定合适的栽培配方。

主料：用软质阔叶树木屑或棉子壳做主料。棉子壳除了作为碳源、氮源之外，还起着改善培养基透气性和具有较高吸水性能的三重作用。选择适宜含绒量，断绒少，手握之稍有刺感，农药残留较少，灰白色的棉子壳为宜。在实际生产中，要考虑到主料的物理性状，如颗粒粗细、吸水率、材质孔隙度以及干燥度等。

氮源源料：白灵侧耳栽培生育期较长，一般情况下用米糠、麦麸、玉米粉当作氮源源料，在生产中要注意麦麸和米糠的质量和新鲜度。白灵侧耳菌丝体先以米糠及麦麸中的淀粉作为碳源；同时，又作为氮源，起双重作用。添加玉米粉具有较明显的增收效果。购置时，要注意质量，注意防潮，防止结块。

4. 培养基配方

不同生产厂家有不同的培养基配方，各有优劣，配方组成：

配方1：棉子壳43%，木屑30%，麦麸17%，玉米粉5%，石膏1%，过磷酸钙1.0%，石灰3%。

配方2：棉子壳60%，阔叶树木屑23%，麦麸10%，玉米粉5%，石膏1%，石灰2%，过磷酸钙1%。

以上配方任选一种，含水量应控制在62%～65%，灭菌后pH达7.0～7.5。

5. 培养料的配制方法

白灵侧耳工厂化栽培，每日生产栽培袋数量在数千袋甚至上万袋。为了减轻劳动强度，一般采用搅拌机进行强制性机械搅拌，使棉子壳充分预湿。此外，还有其他附属设备。主、辅料一般要用相应容器进行衡量。

规模化生产，一般栽培基质含水量控制在62%～65%。还要考虑所栽培品种、季节、袋口径、填料的高低、出菇房的保温性能、内循环风机的功率（风速、风压）、市场销售的淡、旺季、栽培主材料的持水性能和培养基密度等因素。具体做法：先将不同重量换算成相应体积，采用不同体积容器来量取培养料各组分材料。不同培养基质栽培主材料往往因其物理性、化学性质存在差异，其配制时材料吸水速度不一，为了提高吸水速度和均匀性，一般采用机械搅拌，采用双螺旋搅拌机搅拌效果更均匀，不会发生死角。在机械外力的挤压下，使不易吸水的材料，如棉子壳经过20分钟的搅拌就能够充分吸足水分（棉子壳不用预湿）。每次搅拌量不宜太多，在搅拌过程中材料之间会产生摩擦，发热，引起细菌增殖，pH降低，有酸败的倾向。料太多，有可能使料温上升过快，造成酸败。所以有的厂家选择多级搅拌，有的进行二级搅拌，甚至三级搅拌，目的都是为了培养料各组分充分搅拌均匀，含水量一致，不酸败。这是企业化栽培成功的重要基础工作之一。

6. 制袋、灭菌、接种

白灵侧耳的装料制袋、灭菌、接种方法与普通食用菌相同，方法请参见本书《食药用菌制种技术》一章。

7. 培养

培养室的温度由风机和室外制冷机组进行自动控制，菌丝培养环境温度为22～24℃，相对湿度为60%～70%。代谢过程所需要的新鲜空气，由新风补充系统补充。白灵侧耳产生的代谢产物由安装在培养室下墙脚的轴流式风扇排除。一般正常情况下30～40天满袋，当菌丝长满菌袋后，培养温度降低至20℃左右，促进菌丝生理成熟。继续培养30～50天，栽培袋逐渐进入生理成熟，这一阶段称为白灵侧耳菌丝的"后熟培养"。

8. 催蕾、选蕾、出菇管理

（1）搔菌、催蕾

白灵菇属于低温变温结实性菇类，子实体分化时对温度要求严格，必须有10℃以上的温差刺激。经过后熟期处理的菌袋，如果不进行温差刺激，在适宜的环境条件下自然出菇，出菇不整齐，产量低，给出菇管理带来较大难度。因此，经过搔菌处理的菌袋，人为采取一些措施，刺激和诱导白灵菇子实体分化，可使出菇整齐，提高产量。搔菌、催蕾是白灵菇工厂化生产工艺中一项关键技术。正常情况下具体做法为：当菌丝达到生理成熟时。开始搬运到出菇房进行搔菌、催蕾处理。催蕾方法：白天在14℃温度下培养，晚上在4℃温度下培养，每日2小时给予1 000～1 500 lx光照度诱导，相对湿度保持在85%～90%。在低温、散射光和高湿度等环境的刺激下，大约15天，就能够形成子实体原基，可明显看到栽培袋培养基的表面不定点发生的子实体原基。

（2）选蕾与出菇管理

当白灵侧耳子实体原基形成、温差刺激结束后，将出菇房内的温度调整为13～15℃，并每日2小时给予800～1 500 lx光照度诱导，相对湿度调整为90%～95%，进行出菇培养。同时，根据原基形状和大小，对原基进行选择。为保证选蕾安全，一般保留1～2个菇蕾。当菇蕾生长一段时间后，确定是菇形好、颜色白时，再去掉其他菇蕾。为提高白灵侧耳产品的品质，一般单个栽培袋仅生长一个。

出菇管理是一项十分细致的工作，而且子实体对环境变化很敏感，生产者要有很强责任心。将栽培架上不同位置的栽培袋，根据各栽培袋内菇蕾发育状态进行上下、前后、左右人为调整，使同一范围的菌袋处于同一生长状态。并根据不同季节、天气状况（晴天还是雨天）、市场价格的变动等调整各栽培室的温度、相对湿度及新风补充量。

这要通过长期的实践，详细观察菇蕾形态上微小的变化，做出准确判断，及时调整，才能够获得优质、高产。如俗语说：学会和菇“对话”，这是一项长期经验积累的过程。

9．采收

当菇体七八分成熟，即菌盖完全展开，边缘还保持内卷，孢子尚未弹射之时，为最佳采收期，此时菇体外观洁白，菇质致密有弹性，质量较好。早采产量低，迟收品质差。为了保证菇盖美观不弄脏，采用白色吸水纸包装，每小箱 5 千克。将包装后的白灵侧耳推入专用冷藏间，预冷。预冷的目的是使包装后塑料袋内中心鲜菇温度和预冷间温度基本一致。预冷时间不足，质量下降。经过预冷后包装箱在出货前再盖上盖板，封胶带。国内所有企业产品通过长途运输，由过路大巴捎带或者通过火车托运等方式直达对方批发商所在城市。

白灵菇采收后的栽培料，用破碎机破碎，暴晒，备用。有的添加部分新料再用于平菇、鸡腿菇、草菇、双孢蘑菇等二次栽培；或者将废料经过发酵，作为有机肥料，实现循环利用。

10．工厂化栽培存在问题

白灵侧耳是近几年发展起来的新兴菇类，由于其形态洁白、营养丰富、味道鲜美，一直是食用菌市场中的“皇后”，产品也走俏国内外市场。但从目前状况看来，白灵侧耳产业发展现状不尽人意，突出表现为：生产成本较高，栽培工艺不够成熟，菌丝分化成蕾对温度要求严格，至今尚未有简化季节性栽培技术。白灵侧耳工厂化生产存在的最大问题是生产周期长，投资风险相对较大。

白灵侧耳生产周期相当长，长满菌袋需要 30～40 天，还要有 30～50 天的后熟阶段，而且时间越长，出菇质量也就越好。北方冬季市场价格低迷，其他季节优质白灵侧耳价格相对比较高。只要质量好，在上海、北京、广州等大城市还是有相当的销量（每千克 20～36 元）。从目前栽培情况来看，白灵侧耳栽培包出蕾的比例相对比较低，即使出蕾了，能顺利发育一级商品菇的比例更少；此外，有时还会受到自然气候变化的影响；生产投入资金占用时间长，总的看来经济效益并不理想。如何提高出蕾数，提高一级菇比例是当务之急。

自然季节栽培的白灵侧耳蜂拥上市，价格从 12 月下旬开始下落，进入 1 月份后，价格一落千丈，甚至低于生产成本。这种状况一直延续到 4 月份才结束。进入 5 月份白灵侧耳价格开始上扬，国庆节前后，市场价格进入高价格的月份，但延续时间较为短暂。纵观全年白灵侧耳鲜菇市场价格，波动过于激烈。

国内白灵侧耳工厂化周年规模栽培，无论哪种技术路线，均是一项高投入、高产出、高科技的系统工程。在栽培之前，必须进行充分论证。能否获得经济效益，很大程度上取决于经营人才的管理水平和市场价格的变化。

第五节　白灵侧耳的营养价值

白灵侧耳的食用、药用价值

白灵侧耳子实体脆、可口，香味浓郁，并具有镇咳、消炎、防治肿瘤等药效。现代药理学研究表明，白灵侧耳中所含的真菌多糖能增强人体免疫功能，具有抗病毒、抗肿瘤、降低胆固醇含量、防止动脉硬化的作用。白灵侧耳是最具有开发潜力的十大珍稀食用菌之一，为当今最佳天然绿色保健食品，受到市场的广泛欢迎。

1．子实体营养含量

据国家食品质量监督检验中心分析（表 15－2），白灵侧耳含糖类 43.2%，蛋白质含量达 14.7%，脂肪 4.3%，菌类多糖 1.9%。在蛋白质中含有 18 种氨基酸，谷氨酸含量达 1 707mg/100g，精氨酸含量达 1 002.3mg/100g，其中人体必需的 8 种氨基酸齐全（表 15－3）。此外，白灵侧耳子实体含有丰富的 P、K、Na、Ca、Mg、Fe、Zn 等人体必需的常量元素和微量元素。尤其是含有抗肿瘤元素 Se，鲜菇含 Se 量为 0.01～0.02mg/kg（干白灵菇含 Se 量为 0.09～0.19mg/kg）。P、K、Na、Ca、Fe、Cu、Se 等元素随着子实体的发育含量降低，而 Mg、Zn、Co、Ni、Cr 等元素的含量提高。

表 15－2　白灵侧耳营养成分（干重计）

项　目	测定值	项目	测定值(mg/kg)
蛋白质	14.7%	钾	16.398
糖类（碳水化合物）	43.2%	钠	190
脂肪	4.31%	钙	98
粗纤维	15.4%	镁	597
灰分	4.8%	锰	2.2
维生素 C	26.4mg/100g	锌	17.5
维生素 E	>0.02mg/100g	铜	3.2
多糖（以葡萄糖汁）	19.0mg/g	磷	5190
		硒	0.068

表 15—3　白灵侧耳氨基酸的含量(单位:mg/100g)

检验项目	测定值	检验项目	测定值
天冬氨酸	1174.9	亮氨酸	790.2
苏氨酸	450.4	酪氨酸	241.3
丝氨酸	450.2	苯丙氨酸	447.85
谷氨酸	1707.0	赖氨酸	569.0
甘氨酸	555.7	氨	468.7
丙氨酸	562.3	组氨酸	213.5
胱氨酸	47.5	精氨酸	1002.3
缬氨酸	674.6	脯氨酸	699.6
蛋氨酸	154.8		
异亮氨酸	470.1	合计	10679.9

2. 子实体不同发育时期营养成分变化

白灵侧耳子实体发育过程中营养成分略有变化(表 15—4～表 15—6):①鲜白灵菇子实体的氨基酸总量1.725%～2.374%,随着子实体的发育,蛋白质总量减少。8 种必需氨基酸的含量为 0.880%～1.156%,3 个阶段子实体的必需氨基酸含量占总氨基酸含量(E/T)分别为:菇蕾期 44.1%,发育期 49.1%,成熟期 51.0%。可见,随着子实体的发育,必需氨基酸的比例增大。

表 15—4　白灵侧耳不同生长期营养成分的差异

项　目	菇蕾期	发育期	成熟期
水分(%)	88.43	89.37	89.24
粗蛋白(%)	4.23	3.98	2.92
粗纤维(%)	—	0.91	1.12
灰分(%)	0.85	0.81	0.68

**表 15—5　白灵侧耳子实体(鲜)
不同发育时期的氨基酸含量(%)**

氨基酸	菇蕾期	发育期	成熟期	氨基酸	菇蕾期	发育期	成熟期
天冬氨酸	0.197	0.200	0.123	苏氨酸	0.134	0.124	0.079
丝氨酸	0.119	0.112	0.07	缬氨酸	0.121	0.121	0.091
谷氨酸	0.305	0.282	0.193	甲硫氨酸	0.032	0.252	0.230
甘氨酸	0.106	0.102	0.070	异亮氨酸	0.236	0.233	0.184
丙氨酸	0.182	0.186	0.156	亮氨酸	0.176	0.164	0.115
胱氨酸	0.036	0.037	0.031	酪氨酸	0.082	0.071	0.047
组氨酸	0.052	0.042	0.031	苯丙氨酸	0.101	0.097	0.070
精氨酸	0.216	0.182	0.144	赖氨酸	0.127	0.103	0.064
脯氨酸	0.067	0.066	0.027				

**表 15—6　白灵侧耳子实体(鲜)不同发育时期
矿质元素含量(mg/kg)**

矿质元素	菇蕾期	发育期	成熟期	矿质元素	菇蕾期	发育期	成熟期
P	600.00	500.00	600.00	Mn	0.47	0.38	0.20
K	6803.75	5693.46	5150.22	Cu	1.53	1.21	0.54
Na	154.98	162.27	110.29	Co	0.09	0.1	0.11
Ca	3.90	2.04	1.76	Ni	0.40	0.54	0.56
Mg	33.66	34.2	33.88	Se	0.02	0.02	0.01
Fe	7.00	1.98	1.98	Cr	0.52	1.62	3.03
Zn	5.52	6.05	6.80				

3. 菌丝体营养含量

从表 15—7 可以看出,无论是发酵液还是菌丝体,氨基酸均较丰富,含有全部人体必需氨基酸(除色氨酸待测以外)。由于样品酸水解过程造成色氨酸分子结构的破坏,检不出色氨酸。固体样品中含有 14 种氨基酸,其中人体必需氨基酸占总量的52.43%,比例超过了总氨基酸的一半,其中苯丙氨酸比例最高,约占20.72%。菌丝体中谷氨酸和苯丙氨酸含量最高,分别占总氨基酸的12.41%和10.86%。发酵液中含有 10 种氨基酸,其中人体必需氨基酸占总量的47.59%,而发酵液中胱氨酸和苯丙氨酸含量最高,分别占总氨基酸浓度的 35.54%和 15.06%。

表 15—7　白灵菇液体培养菌丝体中氨基酸含量

氨基酸名称	菌丝体培养过程中质量分数(%)	发酵液中质量浓度(mg/ml)
天冬氨酸	0.493	0.10
苏氨酸	0.356	0.05
丝氨酸	0.364	/
谷氨酸	1.356	0.06
甘氨酸	1.055	0.03
丙氨酸	0.413	0.09
胱氨酸	0.216	0.59
缬氨酸	0.826	/
蛋氨酸	0.767	/
异亮氨酸	0.887	0.18
亮氨酸	1.099	0.22
酪氨酸	/	/
苯丙氨酸	1.187	0.25
赖氨酸	0.607	0.09
组氨酸	0.344	/
色氨酸	/	/
精氨酸	0.957	/
脯氨酸	/	/
总　量	1.093	1.66

第六节　白灵侧耳的药理与应用

白灵侧耳富含的真菌多糖，有着很高的药用价值，具有解毒功能，对癌症等均有显著功效（黄年来，1998）。据赵祁等报道（2001），阿魏菇子实体能有效地增强小鼠的非特异性免疫功能，维护小鼠机体内环境的稳定，保持正常的生理活动；邓春生等（2002）也报道，阿魏侧耳子实体多糖具有提高机体非特异性免疫功能和特异性细胞免疫功能。日本《产业新闻》还报道了真菌多糖具有抑制爱滋病病毒侵袭淋巴细胞和在细胞中增殖的功能，在抗肿瘤方面有着极大的开发价值。

白灵菇富含维生素、不饱和脂肪酸、微量元素、氨基酸及粗纤维等，可作为极佳的保健品，还可作为预防骨质疏松、高血脂等的功能食品。同时其中的多糖具有防癌、抗癌，增强人体免疫功能等作用。

一、白灵菇多糖提取与纯化

白灵菇生物活性有效组分真菌多糖的含量很高，近年来，白灵菇多糖的药用价值及其应用受到广泛关注。

1. 白灵菇多糖提取

白灵菇多糖可以从子实体、液培菌丝体、液培发酵液中提取。常用水提取法和碱提取法提取。用稀碱溶液提取时，一般加入硼氢化钠或硼氢化钾等以防止多糖的降解。应用水提取法耗时且效率低，而应用酸碱提取法提取易破坏多糖的空间结构及活性，如能采用酶类对白灵菇菌丝体和子实体进行预处理，有利于糖类物质的溶出和分离，从而提高多糖的提取率；或者借助超声波、微波等辅助手段提高多糖的提取率。

用水或稀碱提取的白灵菇粗多糖一般含有大量蛋白质、培养液中小分子物质、色素以及核酸等杂质需要去除。常用的去蛋白的方法有 Sevag 法、三氯乙酸法、三氟三氯乙烷法、BECM 法、酶法以及酶法结合 Sevage 法等。Sevage 法是经典的除蛋白方法，但复杂、费时且样品损失较大。常用的脱色方法有离子交换法、氧化法、金属络合物法、吸附法（纤维素、硅藻土、高岭土、活性炭等），DEAE-纤维素是目前最常用的脱色方法，通过离子交换柱不仅达到脱色目的，而且可以进行多糖分离。

2. 白灵菇多糖纯化与结构鉴定

李永泉等（2003）采用 Sevag 法除去白灵菇菌丝体粗多糖中的蛋白，确定了最佳除杂蛋白的 3 因素参数：V 样品 ∶ V 氯仿-正丁醇＝2 ∶ 1，V 氯仿 ∶ V 正丁醇＝2 ∶ 1，抽提时间 40 分钟；粗多糖用离子交换纤维素 DEAE-cellulose 32 柱纯化，然后将所得浓缩液用 Sephadex G2100 于室温下进一步纯化，最后得多糖纯品，含糖量 83.22%。采用聚丙烯酰胺凝胶垂直板电泳法对多糖进行纯度鉴定，再用紫外光谱进一步分析，确定其不含蛋白质和核酸等杂质。最后通过红外光谱和核磁共振分析，确定了多糖 PNMP 的单糖组成为甘油、阿拉伯糖、半乳糖、甘露糖和葡萄糖；糖苷键连接方式有 1→3 和 1→6，其中主链是 1→3 键，侧链是 1→6键。

甘勇等（2001）以阿魏菇子实体和菌丝体为实验材料，采用水浸法提取阿魏菇粗多糖。与李永泉不同的是，其用 CTAB 络合、乙醇沉淀、NaCl 溶液溶解、透析的方法，对粗多糖进行纯化，紫外光谱分析鉴定多糖为均一组分，通过凝胶渗透色谱法得子实体多糖数均相对分子质量为 141 088、重均相对分子质量为 142 897，单糖组成为木糖、半乳糖、葡萄糖。

董洪新等（2004）采用凝胶渗透色谱和光散射联用法（GPC-LS）测定了酸提所得的白灵菇子实体纯多糖的相对分子质量，其中数均相对分子质量为 141.8 万、重均相对分子质量为 196.5 万，比甘勇提取的多糖相对分子质量大近 10 倍。多糖含量为94.1%的白灵菇纯化多糖的单糖组成为鼠李糖、木糖、葡萄糖、半乳糖和甘露糖。

二、白灵菇多糖功效

1. 白灵菇多糖免疫活性功能

赵祁等（2001）报道了阿魏菇子实体能有效增强小鼠的体液免疫功能（$P<0.05$），且有剂量依赖关系。当剂量为 25mg/kg 时，溶血素含量提高 55%；剂量为 1 250mg/kg时，提高 67%；剂量为 2 500mg/kg时，提高约 120%，成梯度上升趋势。当剂量为1 250mg/kg时，相对于其他剂量，小鼠的红细胞 C3BR 花环率明显提高，IC 花环率有所下降，说明阿魏菇对红细胞免疫功能刺激的最佳剂量为1 250mg/kg。但阿魏菇对非特异性免疫功能、细胞免疫功能无明显影响。邓春生等（2002）采用碳粒廓清试验、淋巴细胞转化试验以及肿瘤坏死因

子(TNF)的诱生及其活性检测试验,观察阿魏侧耳子实体和菌丝体水溶性多糖的免疫活性。结果表明,阿魏侧耳子实体多糖(剂量为 20 mg/kg)PF-WP1 具有提高非特异性免疫功能和特异性细胞免疫功能;其菌丝体水溶性粗多糖 PFWP2 和子实体水溶性纯多糖 PFWP3 提高免疫活性不明显,有可能纯化的 PFWP3 不是活性级分,也可能是 PFWP3必须和其他级分混合才能表达活性。具体原因有待于研究。甘勇等(2001)报道,子实体粗多糖 A、菌丝体粗多糖 B 在巨噬细胞吞噬作用试验、迟发型变态反应试验、白细胞介素 22(IL22)的诱生与检测试验中均有显著效果,而由子实体多糖纯化后所得到的多糖 A1 免疫活性不显著。

2. 抗氧化活性功能

郑琳等(2003)研究了白阿魏侧耳人工栽培子实体在不同条件下提取的各不同组分对于 Fenton 反应生成的·OH^- 均具有一定的清除作用。从阿魏侧耳水溶性粗多糖的抗氧化效果来看,热水提取多糖对·OH^- 和·O_2均有效清除作用。李永泉等(2003)报道了白阿魏菇菌丝体多糖(PNMP)对 $Fe^{2+}+H_2O_2$ 体系产生的·OH^- 清除效果比较显著,抑制·OH^- 所致的过氧化的发生,保护膜系统免受·OH^-损伤,防止膜脂质过氧化的发生,维持膜的流动性,减轻线粒体肿胀和红细胞溶血的发生,维持正常的生理功能。PNMP 还对邻苯三酚自氧化速率有明显的抑制作用,说明 PNMP 具有较强的抗氧化作用。

李书倩等报道(2007)了白灵菇多糖抗氧化性质的研究,从白灵菇子实体与菌丝体中提取的粗多糖对氧自由基的清除能力。研究表明,同样浓度下,白灵菇子实体粗多糖清除氧自由基的能力略高于菌丝体。尽管随着浓度的增长,清除率可能还会有所提高,但总体来说,白灵菇粗多糖清除氧自由基的活性不高。利用反应法测定白灵菇子实体与菌丝体粗多糖对羟基自由基的清除活性,试验结果表明,白灵菇子实体粗多糖与菌丝体粗多糖在较低浓度时会产生清除羟基自由基的活性。随着浓度的增高,清除羟基自由基的能力不断上升,并呈一定的剂量一效应关系,最终浓度 47.9μg 时,子实体与菌丝体多糖的羟基清除率达 64.86%和66.22%。说明白灵菇子实体与菌丝体粗多糖的羟基自由基清除活性比较高,是一种很好的抗氧化物质。

3. 抗肿瘤作用和抗肿瘤机制

2002 年,宋旭红等(2002)报道用新疆阿魏蘑菇不同剂量水提取物对肿瘤细胞生长及蛋白合成产生不同程度的影响。水提物使用剂量为 0.1g/ml时对各类型肿瘤细胞株的生长及蛋白质合成均有明显抑制作用($P<0.05$,$P<0.01$)。研究结果还显示:不同剂量组阿魏蘑菇醇提物对各类型肿瘤细胞的生长及活体细胞蛋白合成也有不同程度的抑制作用($P<0.05$,$P<0.01$),尤其以 MGC2803、SP2A21 及 Q3 细胞株为明显,0.1g/ml 为最佳作用剂量。值得一提的是,醇提物对正常肝细胞的存活量未见影响,却能促进正常肝细胞蛋白质的合成。2003 年,宋旭红等又进一步研究了新疆阿魏菇提取物对肿瘤细胞 P53 蛋白表达的影响,从细胞凋亡角度研究其抗肿瘤机制。阿魏菇醇提物及水提物作用于人宫颈癌 HeLa 细胞、人胃腺癌 MGC2803 细胞、人肝癌 Q3 细胞后,可出现明显的 P53 蛋白表达水平上调,尤以醇提物的作用明显。新疆阿魏蘑菇水提物及醇提物的剂量为 0.1g/ml,对瘤细胞的杀伤作用最明显;不同剂量的水提物及醇提物分别作用 12 及 24 小时后,均观察到 4 种类型肿瘤细胞胞核固缩,DNA 浓缩并向核膜靠拢,形成浓染致密颗粒,并有典型凋亡小体出现,凋亡细胞百分比均明显高于阴性对照组。阿魏蘑菇提取物对人肺腺癌 SPC2A21 细胞 P53 蛋白的表达没有影响。阿魏蘑菇提取物中的各组分可协同作用诱导肿瘤细胞促凋亡基因的表达,从而达到抗肿瘤的目的。同时,研究中还发现,不同肿瘤细胞株、不同作用时间可致 P53 蛋白表达出现不同程度的改变,即存在细胞株和作用时间的差异。

白灵菇多糖不仅仅存在于子实体中,经发酵获得的菌丝体和发酵液也是多糖的主要来源之一。经液态深层发酵培养获得的白灵菇菌丝体和发酵液,其营养价值和有效成分与子实体相当,并且液态深层发酵法具有生产周期短、生长条件易控制、产量高等优点,相对传统方法更易实现大规模产业化、周年化生产。该方法以价格低廉的玉米淀粉、麦麸,或者一些农林业有机废弃物质为原料,经液态深层发酵将这些有机物质分解转化成优质蛋白质、真菌多糖等,在生产食品、药品及保健品的同时,也能消除环境污染,实现零排放,经济、社会意义极其显著。

参考文献

[1] 邓叔群. 中国的真菌[M]. 北京:科学出版社,1963.
[2] 黄年来. 18 种珍稀美味食用菌栽培[M]. 北京:中国农业出版社,1996.
[3] 卯晓岚. 中国大型真菌[M]. 郑州:河南科学技术出版社, 2000.
[4] 陈忠纯. 阿魏侧耳的研究[J]. 干旱区研究,1991,8(2):94-95.
[5] 陈忠纯,林汝楷. 侧耳属种间有性杂交研究[J]. 食用菌学报,1998, 5(2):8-12.
[6] 胡润芳,薛珠政. 白灵侧耳菌丝营养生理特性研究[J]. 食用菌学报,2005,12 (3) :21-2.
[7] 胡润芳,黄建成,种藏文,等. 白灵菇的生物学特性及栽培要点[J]. 福建农业科技,2000(6):31.
[8] 王振河,王斌,武忠伟,等. 31 个白灵菇菌株的培养特性及亲缘关系初探[J]. 食用菌,2007,29(3):20-21.
[9] 胡润芳,薛珠政. 白灵侧耳菌株间的 RAPD 分析[J]. 福建农业学报,2006,21(4):346-349.
[10] 胡润芳,薛珠政. 白灵侧耳菌丝生长与培养条件的相关性研究[J]. 北方园林,2006(3):147-148.
[11] 张渊,王谦. 白灵侧耳木质素酶、纤维素酶高活性菌株的诱变选育[J]. 河北大学学报,2005,25(6):654-658.
[12] 李静,李明. 白灵菇亲本及诱变杂交子代菌丝生长及酯酶同工酶分析[J]. 安徽农业科学, 2007,35(29):9198-9200.
[13] 庞书香, 张继南, 陈红霞. 白灵菇生物学特性、经济价值和高产栽培技术[J]. 安徽农业科学,2007,35(10) :2890-2891.
[14] 牟川静, 曹玉清, 马金莲. 阿魏侧耳一新变种及其培养特征[J]. 菌物学报,1987,6(3):153-156.
[15] 陈忠纯. 阿魏侧耳驯化初报[J]. 中国食用菌, 1986(2):16-17 .
[16] 谭琦,ROMAINE CP,SCHLA GN HAUFER C,等. 中国 6 个白灵菇(Pleurotus nebrodensis)商业菌株的 DNA 指纹图谱分析[J]. 食用菌学报,2006,13(1):13-19.
[17] 张金霞,黄晨阳,中国栽培白灵侧耳的 RAPD 和 IGS 分析[J]. 菌物学报,2004,23(4):514-519.
[18] 卯晓岚. 中国微生物志[M] . 郑州:河南科学技术出版社, 2000.
[19] 林春, 陈保生, 李荣春. 白灵菇研究进展[J]. 微生物学杂志,2004, 24(3):46-49.
[20] 上海农科院食用菌研究所. 中国食用菌志[M]. 北京:中国林业出版社,1991.
[21] 尚晓冬,李明容. 白灵侧耳交配型遗传研究[J]. 食用菌学报,2006,13 (2) : 1-4.
[22] 王波,李雪玲. 白灵侧耳优良菌株筛选及 ITS 序列标记[J]. 西南农业学报, 2004,17(6):766-768.
[23] 王波,唐利民. 白灵侧耳(白灵菇)种质资源评价[J]. 菌物学报,2002,2(3):502-503.
[24] 霍云凤,王振河,王斌. 白灵菇不同栽培菌株的酯酶同工酶多态性分析[J]. 安徽农业科学, 2005, 33(4):614,645.
[25] 李正鹏, 魏凤娟. 白灵菇液体菌种培养条件研究[J]. 中国农学通报,2006,22(9): 315-317.
[26] 陈忠纯. 阿魏侧耳的栽培技术[J]. 干旱区研究,1994,11(2):65-68.
[27] 陈忠纯. 我国阿魏侧耳的驯化与栽培[J]. 食用菌学报,1996,3(4):11-14.
[28] 贾身茂,秦淼森. 我国阿魏蘑的驯化与栽培[J]. 中国食用菌,2006,25(3):37.
[29] 陈文良, 刘宇, 王丽珍. 白灵侧耳菌袋不同后熟期对其产量的影响[J]. 食用菌, 2004,26(6):24-25.
[30] 王磊,蔡德华. 白灵侧耳栽培菌株遗传多样性研究[J]. 江苏农业科学, 2006(6):351-353.
[31] 辛晓林, 黄清荣,王淑芳. 白灵侧耳子实体多糖抗肿瘤活性研究[J]. 江苏农业科学,2003(4):83-84.
[32] 蒋宁,刘红锦. 白灵菇高产栽培培养料配方及生物转化率试验[J]. 江苏农业科学,2007(2):168-169.
[33] 侍丽霞. 白灵菇后熟管理及催蕾技术[J]. 农业知识,2005(12):27-28.
[34] 张长青,王红英. 白灵菇菌丝培养特性研究[J]. 江苏农业科学,2004(2):80 -81.
[35] 赵桂云,崔巍. 白灵菇菌丝生长的最适 pH 值和温度的测定[J]. 中国食用菌,2002,21(5):18-19 .
[36] 罗惟希,万伍华,彭瑜. 白灵菇培菌积温与催蕾时间的相关研究[J]. 食用菌,2007,29(5):36-37.
[37] 陈文良. 白灵菇的营养价值和开发前景[J]. 食用菌,2000,22(3) :40.

[38] 申进文,阎永先.白阿魏蘑栽培技术初探[J].中国食用菌,2001,20(2):15.
[39] 宁丽,郭立忠.阿魏菇与白灵菇蛋白质的营养评价[J].莱阳农学院学报,2006,23(4):309-311.
[40] 杨梅,陈凌华.白灵菇的深层培养及菌丝体氨基酸组分分析[J].福建师范大学学报,2006,22(11):77-81.
[41] 许金国,郑泉.白灵菇多糖及总氮含量的测定[J].食用菌,2003,25(5):8-9.
[42] 胡顺珍,许梅,贾乐.白灵菇产胞外多糖液体培养条件优化[J].食品工业科技,2007,28(7):76-78.
[43] 肖淑霞.白灵菇中蛋白质的营养评价[J].食用菌,2003,25(4):44-45.
[44] 宁丽,郭立忠.白灵菇子实体的氨基酸及多糖含量的测定[J].青岛农业大学学报,2007,24(2):94-96.
[45] 马淑凤,刘长江.白灵菇子实体多糖提取工艺的优化[J].食品科技,2005(10):33-36.
[46] 甘勇,吕作舟.阿魏蘑多糖理化性质及免疫活性研究[[J].菌物系统,2001,20(2):28.
[47] 辛晓林,张桂春.白灵侧耳发酵全液多糖提取及抗肿瘤活性研究[J].食品科学,2007,28(9):540-541.
[48] 李书倩,辛广.白灵菇多糖抗氧化性质的研究[J].鞍山师范学院学报,2007,9(2):27-29.
[49] 马淑凤,李铁超.白灵菇多糖研究进展[J].安徽农业科学,2005,33(7):1264-1265,1268.
[50] 李书倩,马淑凤.白灵菇深层发酵工艺的研究[J].浙江农业科学,2006(1):21-23.
[51] 曾小龙.白灵菇提取液对小鼠胃排空的影响[J].中国食用菌,2006,25(6):27-28.
[52] 董洪新,吕作舟.阿魏侧耳酸提水溶性多糖的研究[J].微生物学报,2004,44(1):101-103.

（胡清秀）

第十六章 鲍鱼菇

DISHILIUZHANG BAOYUGU

摘要：鲍鱼菇的人工栽培始于20世纪70年代，是我国夏秋季生产的特色抗虫型食用菌品种。本章较系统地阐述了鲍鱼菇的分类、生物学特性、营养价值和药用价值、菌种繁育、代料栽培技术，特别是一些新模式和新技术（规模化袋栽模式、覆土栽培模式以及发酵料栽培模式等）。

Pleurotus cystidiosus

Abstract: *Pleurotus cystidiosus* has been cultivated since the 1970s. It is grown in China during the spring and summer, and a special feature of the mushroom is its insect resistance. This chapter consists of five sections describing in detail various aspects of *P. cystidiosus* including the taxonomic status of the mushroom, biological features, nutritional attributes, medicinal properties, spawn production, and artificial cultivation modes, especially more recent innovations relating to bag cultivation, casing technology and composting.

第一节 概 述

鲍鱼菇又名：台湾鲍鱼菇、榕树菇、平菇、台湾平菇、黑鲍菇、高温平菇等。

学名：*Pleurotus cystidiosus* O. K. Mill.，*Mycologia* 61：889（1969）。

属名"*Pleurotus*"一词来自希腊语，其词源"pleura"意思是"肋骨、侧生"，用于真菌的属名，翻译为"侧耳属"。种名加词"*cystidiosus*"的词干"kystis-"意思是"囊、袋"，词尾"-diosus"意思是"神圣的"。中文文献常称为囊盖侧耳或盖囊侧耳。分子系统学研究表明，侧耳属中所有产生黑色分生孢子液的种类都属于同一个种。

同物异名：*Antromycopsis broussonetiae* Pat. & Trab.，*Bull. Soc. mycol. Fr.* 13：215（1897）；*Antromycopsis macrocarpa*（Ellis & Everh.）Stalpers，Seifert & Samson，*Can. J. Bot.* 69（1）：7（1991）；*Pleurotus abalonus* Y. H. Han，K. M. Chen & S. Cheng，*9th Int. Sci. Congr. Cultivation of Edible Fungi*：168（1974）；*Pleurotus cystidiosus* subsp. *abalonus*（Y. H. Han，K. M. Chen & S. Cheng）O. Hilber，*Mitteilungen der Versuchsanstalt für Pilzanbau der Landwirtschaftskammer Rheinland Krefeld-Grosshüttenhof* 16：58（1993）；*Pleurotus cystidiosus* subsp. *abalonus*（Y. H. Han，K. M. Chen & S. Cheng）O. Hilber ex O. Hilber，in Hilber，*The Genus Pleurotus（Fr.）Kummer*，（2）（Kelheim）2：46（1997）；*Pleurotus cystidiosus* O. K. Mill.，*Mycologia* 61：889（1969）subsp. *cystidiosus*；*Pleurotus cystidiosus* O. K. Mill.，*Mycologia* 61：889（1969）var. *cystidiosus*；*Pleurotus cystidiosus* var. *formosensis* Moncalvo，*Mycol. Res.* 99（12）：1480（1995）；*Stilbum macrocarpum* Ellis & Everh.，*J. Mycol.* 2（9）：103（1886）。

分类地位：菌物界（Fungi），担子菌门（Basidiomycota），伞菌纲（Agaricomycetes），伞菌亚纲（Agaricomycetidae），伞菌目（Agaricales），侧耳科（Pleurotaceae）。

20世纪70年代初开始，我国的台湾省就开始栽培鲍鱼菇。福建三明真菌研究所等单位从1972年开始进行野生鲍鱼菇的采集、菌种分离、驯化栽培等研究并取得成功。现在，鲍鱼菇在我国的福建、广东、海南、浙江、四川等地均有不同规模的栽培。长江以北地区也开始引种栽培。鲍鱼菇已成为我国的一个夏秋季特色食用菌品种。

第二节　鲍鱼菇的形态特征

鲍鱼菇与盖囊侧耳的质地和味道基本相同，都是侧耳属的高温型食用菌。两者都可以在斜面培养基菌丝上形成白色的分生孢子梗束，孢子梗束的顶端先分泌无色液滴，其后液滴逐渐变黑，内含大量的双核孢子或单核孢子。另外，在成熟的子实体和柄状体上也容易形成黑色无性分生孢子液。据此，曾经有学者将鲍鱼菇与盖囊侧耳归为同一个种。后来，台湾学者郑燮、韩又新经过系统的研究，发现台湾普遍栽培的鲍鱼菇与盖囊侧耳并非同一个种，而是一个新种。

鲍鱼菇与盖囊侧耳有很明显的区别。首先，两者的菌盖大小与颜色、菌褶颜色都不同。鲍鱼菇的菌盖直径为 3～24cm，暗灰色至污褐色，表面有细的绒毛，菌褶黄白色，有明显的暗褐色边缘。盖囊侧耳的菌盖直径为 7～15cm，褐色，表面有细密的鳞片，菌褶白色至黄褐色。其次，两者的侧囊体、缘囊体、盖囊体、柄囊体等的特征不同。鲍鱼菇的侧囊体呈梭形至棍棒状，大小为 38～50μm×6.0～8μm；缘囊体浅褐色、厚壁；盖囊体刚毛状，成群，散生于菌丝顶端，壁较厚，在氢氧化钾溶液中呈苍褐色到暗褐色；柄囊体与盖囊体相同。盖囊侧耳的侧囊体呈棍棒状至喙状，梭形到中部膨大，大小 24～57μm×8.5～17μm；缘囊体透明，薄壁；盖囊体棍棒状至圆柱状，壁薄至稍厚，在氢氧化钾溶液中呈污黄色至褐色；盖囊侧耳没有柄囊体。最后，两者的经济价值也有一定的差别。

此外，鲍鱼菇的外观与平菇极为相似，所以国际上的“鲍鱼菇”又泛指侧耳属的一些商业化栽培的种类。1983 年，黄年来指出，国际上被称为“鲍鱼菇”的至少有 4 种。一是日本鲍鱼菇，所指的是糙皮侧耳；二是印度鲍鱼菇，所指的是凤尾菇；三是泰国鲍鱼菇，其形态和盖囊侧耳相似，可能是盖囊侧耳的变种和不同的生态型；四是台湾鲍鱼菇，虽说是鲍鱼菇，但也混杂一部分盖囊侧耳。

第三节　鲍鱼菇的生物学特性

一、形态特征

鲍鱼菇单生或丛生。菌盖直径 3～24cm，菌盖初期黑色，后为灰黑色或黑褐色，最后变为暗灰至污褐色，扇形至平展，表面光滑、干燥，边缘初内卷，后期展开，最后下凹，呈浅漏斗状。菌肉淡黄色，厚 5～15mm。菌褶间距稍宽，延生，呈有规则排列，长短宽窄不一，有横脉，色泽乳白至浅黄色，并有明显的暗褐色边缘，其下延与菌柄相连处形成黑色环。菌柄中偏生，内实，质地致密，灰黑色，粗短，长 3～8cm，直径 1～3cm。孢子印乳白色，担子 50～65μm×7.0～8.5μm，有 4 个担子小梗，每个担子上着生 4 个担孢子。担孢子椭圆形，光滑，透明，大小为10.5～13.5μm×3.8～9.0μm。缘囊体大小为 23～28μm×7.0～8.5μm，棍棒状至亚柱形，壁稍厚，淡褐色。侧囊体大小为38～50μm×6.0～8.5μm，梭形、棍棒状或担子状，薄壁，透明。菌盖表面有大量的盖囊体，大小为24～40μm×6.0～10.5μm，刚毛状，亚柱形至近棒状，厚壁，苍褐色至暗褐色。柄囊体与盖囊体相似。菌肉菌丝体具有锁状联合。

鲍鱼菇的菌丝白色，气生菌丝比较旺盛，在琼脂培养基上呈放射状生长，后期或遇温度降低时，可形成大量的孢子梗束。孢子梗的顶端分泌无色液滴，然后液滴逐渐变黑。在温度低于 22℃ 的情况下，在成熟的子实体、未分化成子实体的柄状体或原种等固体培养基上也会有黑色分生孢子液产生。液滴内部含有大量的双核细胞或单核细胞的无性分生孢子。菌丝培养延长到一定时间后，孢子梗束上的黑色液滴会逐渐干掉，有的孢子梗束会发育成子实体。鲍鱼菇的分生孢子呈长椭圆形或丝状，丝状细胞之间具有锁状联合。分生孢子成链状发生，单个孢子大小为 14～16μm×5.2～6.4μm。另外，鲍鱼菇的单核菌丝也可以形成无性分生孢子。

二、生态分布

（一）寄主

野生鲍鱼菇主要生长在榕树、刺桐、凤凰木、番石榴、法国梧桐等树木的腐木上。

（二）地理分布

野生鲍鱼菇主要分布在我国的台湾、福建、广东和浙江等南方热带地区，在欧洲、北美洲也有野生鲍鱼菇分布。

(三)鲍鱼菇的生活史

鲍鱼菇的生活史同其他多数木腐菌一样，由子实层产生担子和担孢子，担孢子萌发的单核菌丝经配对融合，完成质配，形成具有锁状联合的双核菌丝。在一定的环境条件下，双核菌丝扭结成子实体原基，再由原基发育成子实体。子实体的子实层上的担子内完成核配和减数分裂后，产生 4 个担孢子。另外，双核菌丝或组织体(子实体或未分化成子实体的柄状体上)在一定条件下可以产生无性黑色分生孢子液，内含大量的无性分生孢子，分生孢子可以萌发成双核或单核菌丝。双核菌丝可以形成子实体，单核菌丝经亲和配对，约 25%形成具有锁状联合、可育的双核菌丝。鲍鱼菇与所有侧耳属种类一样，是四极性异宗结合菌类。

(四)菌丝和子实体生长期的营养与代谢特点

鲍鱼菇菌丝体对纤维素和木质素都有很强的分解能力。野生状态下，生长基质碳氮比较高，达到 75∶1 以上，但菌丝生长慢，生活周期长。研究表明，鲍鱼菇菌丝在碳氮比为 25∶1～30∶1 的培养基中生长迅速、健壮，营养物质积累多，有利于高产。因此在人工栽培时，应在基质中加入米糠、玉米粉或麦麸等精料，使碳氮比达到鲍鱼菇良好生长发育的要求。

用棉子壳、木屑、甘蔗渣、高粱壳、玉米芯和稻、麦草均可以栽培鲍鱼菇。试验表明，主料中搭配 25%～40%的阔叶树木屑的配方最为理想。

另据报道，在 PDA 培养基中添加一定量维生素 B_1 和维生素 B_2，菌丝生长速度明显加快，且菌丝浓密、旺盛。

(五)影响鲍鱼菇生长和繁殖的理化因素

1. 温度

菌丝体生长适宜温度范围为 15～35℃，最适温度 24～28℃。菌丝体耐高温不耐低温，培养温度低于 15℃，菌丝生长停止。低于 22℃，菌丝体生长明显缓慢，且斜面或瓶口极易产生黑色孢子液。温度越低，黑色分生孢子液越多。而黑色分生孢子液产生越多，菌丝体的生长越受抑制。在 24～28℃的范围内，菌丝生长旺盛，黑色分生孢子液极少。如果培养温度超过 33℃，菌丝体生长极快，但菌丝淡薄，营养不足；培养温度高于 35℃，菌丝生长停止。

子实体原基分化和发育的温度范围为 15～35℃，最适温度 25～30℃。环境温度低于 10℃和高于 35℃，子实体原基不易形成。环境温度低于 22℃，子实体生长缓慢，但菌肉厚实。高于 30℃，子实体原基生长很快，采收不及时，菌盖很快变薄、老化。

另外，鲍鱼菇属变温结实型菌类，5～10℃的温差刺激有利于原基分化，菇体质量也较好。

2. 水分与湿度

鲍鱼菇属喜湿性菌类，耐干旱能力较弱，因此水分和湿度是鲍鱼菇菌丝生长和子实体发育的重要因子。鲍鱼菇的培养料，含水量以 63%～65%为宜。培养料含水量低于 55%，菌丝生长缓慢且长势弱。培养料含水量高于 70%，会引起基质氧气含量过低，菌丝体生长不良，过高的含水量菌丝体还容易腐烂死亡。一般来说，以粗颗粒材料为主的培养料含水量以 63%～65%为宜；以细颗粒材料为主的培养料含水量以 62%左右为宜。

菌丝体培养期间，要求空气相对湿度60%～70%。如果环境相对湿度低于 60%，容易导致培养基内部的水分蒸发，对菌袋后期出菇不利。环境相对湿度高于 75%，加上空气不流通，极易造成菌袋的感染。在春季雨天制袋时尤其要注意。

子实体的分化和发育期间，要求菇房内相对湿度达到 80%～95%。出菇期间湿度过低，子实体发生后，生长会受到抑制。空间湿度高于 95%，容易出现长柄的畸形菇。

3. 光照

菌丝生长阶段不需要光线。子实体的分化和发育需要光线刺激。一般 200～500 lx 的散射光就能诱导子实体原基的分化。散射光越弱，子实体色泽越浅，甚至呈黄褐色；散射光越强，子实体色泽越深。

4. 氧气与二氧化碳

充足的氧气对鲍鱼菇菌丝生长和子实体的分化发育都很重要。但鲍鱼菇菌丝体生长阶段能够忍耐高于正常空气的二氧化碳浓度。但当二氧化碳浓度大于 3%时，菌丝生长量就会骤然下降。子实体分化与发育阶段对空气中的氧含量特别敏感。如果环境中的氧气含量过低，鲍鱼菇就会发育成长柄无盖或长柄盖小、扭曲的畸形子实体，失去商品价值，这是鲍鱼菇有别于侧耳属其他品种的显著特征。

5. 酸碱度

鲍鱼菇菌丝在 pH 为 5.5～8 的培养基中均能生长，以 pH 为 6.0～7.5 最为适宜。鲍鱼菇的制袋时间主要在春夏季，培养基偏酸容易遭到各种霉菌的侵扰，导致菌袋污染。特别是春季气温较低，鲍鱼菇菌丝萌发较差时更是如此。一般情况下，将灭菌前的培养料酸碱度调到 pH8～9.5 最为适宜。

第四节　鲍鱼菇的栽培技术

我国台湾省从 20 世纪 70 年代初开始了鲍鱼菇的商业化栽培。福建三明真菌研究所等单位从 70 年代开始进行鲍鱼菇的野生驯化和栽培试验，经过近十多年努力，已经形成了成熟的鲍鱼菇袋栽技术。至今不但南方广大地区实现了鲍鱼菇的大面积栽培，而且在北方的多数地区通过各种设施也能够进行鲍鱼菇的规模化生产。鲍鱼菇主要有袋栽、脱袋覆土栽培和发酵料栽培 3 种栽培方式。

一、鲍鱼菇的袋栽技术

鲍鱼菇袋栽技术的基本步骤是配料⟶装袋⟶灭菌⟶接种⟶菌丝培养⟶子实体培养⟶采收⟶整理包装或加工。

(一)菌种制作

我国大部分地区的鲍鱼菇栽培均是在较低温度条件下制种，在较高温度条件下进入制袋和出菇管理。由于鲍鱼菇菌丝体在低温条件下产生黑色分生孢子液会抑制菌丝体的正常生长。因此，鲍鱼菇的制种过程与其他多数食用菌有不同的地方。

1. 母种制作

母种常用的培养基以马铃薯、葡萄糖、琼脂为主，添加其他成分的培养基。

(1)常用配方

配方 1：马铃薯 200g，葡萄糖 20g，琼脂 20g，水1 000ml，pH 自然。

配方 2：马铃薯 200g，葡萄糖 20g，琼脂 20g，磷酸二氢钾 1.5g，硫酸镁 0.5g，水 1 000 ml，pH 自然。

配方 3：马铃薯 200g，葡萄糖 20g，蛋白胨 3g，磷酸二氢钾 1.5g，硫酸镁 0.5g，琼脂 20g，水 1 000ml，pH 自然。

配方 4：马铃薯 200g，葡萄糖 20g，蛋白胨 3g，磷酸二氢钾 1.5g，硫酸镁 0.5g，琼脂 20g，水1 000ml，维生素 B_1 或维生素 B_2 20mg，pH 自然。

配方 5：马铃薯 200g，木屑 100g，葡萄糖 20g，蛋白胨 3g，磷酸二氢钾 1.5g，硫酸镁 0.5g，琼脂 20g，水1 000ml，维生素 B_1 或维生素 B_2 20mg，pH 自然。

配方 6：麦麸或玉米粉 100g，葡萄糖 10g，琼脂 20g，磷酸二氢钾 1.5g，硫酸镁 0.5g，水1 000ml，维生素 B_1 或维生素 B_2 20mg，pH 自然。

(2)母种制作与培养

鲍鱼菇母种的培养基配方还有很多，其制作方法与其他木腐菌的方法一样，本节不作详述。母种移接入斜面培养基以后，应立即贴上标签，于培养室或恒温箱中保温培养。培养室或恒温箱的温度要控制在 24～28℃ 的范围内，同时空气相对湿度控制在 60%～70%，培养空间还要保持一定的通风换气。如果培养环境温度低于 24℃，母种长满斜面的时间可能长达 1 个月，并且还会出现过多的黑色分生孢子液滴。只有在适宜的培养温度条件下，菌丝体才会生长旺盛，洁白浓密。

2. 原种与栽培种制作

(1)常用配方

配方 1：棉子壳 86%，麦麸和米糠 10%，石膏 1%，蔗糖 1%，石灰 2%。

配方 2：棉子壳 66%，木屑 20%，麦麸和米糠 10%，石膏 1%，蔗糖 1%，石灰 2%。

配方 3：棉子壳 88%，玉米粉 8%，蔗糖 1%，石膏 1%，石灰 2%。

配方 4：木屑 78%，麦麸或米糠 18%，蔗糖 1%，石膏 1%，石灰 2%。

配方 5：木屑 40%，棉子壳 40%，麦麸或米糠 16%，蔗糖 1%，石膏 1%，石灰 2%。

配方 6：小麦粒 83%，木屑 10%，麦麸 3%，碳酸钙 1%，石膏 3%。

鲍鱼菇的原种或栽培种的配方有很多，各地可结合本地的实际情况，因地制宜地采用最合适的配方进行制种。

(2)原种与栽培种的制作与培养

鲍鱼菇的原种与栽培种的配方以及制作方法与其他侧耳属一样。因有专门的章节叙述，这里不作详述。本节只强调菌种的培养方法。

接好种的原种或栽培种应立即放入弱光或无光的培养室进行保温培养。与母种的培养条件一样,培养室温度应控制在24～30℃,最好是24～28℃,空气湿度控制在60%～70%。同时保持一定的通风换气条件。一般接种后3～5天菌丝恢复生长,5～7天菌丝长入料内,35天左右菌丝满瓶。在菌种培养过程中,应经常对菌种的培养状态、室内温度等进行检查,采用适当的措施保障菌种的培养条件。如发现有杂菌,应及时淘汰或处理。

(二)栽培季节

鲍鱼菇是高温食用菌,其菌丝生长与子实体发生发育均需要24～30℃的温度。温度低于20℃,不利于菌丝的萌发和子实体发育。实际栽培中,在较高温度季节进行鲍鱼菇的出菇管理,才有利于降低产品的成本。因此,菌种的制作与菌袋的生产需要放到低温或中低温的季节进行。各地应根据鲍鱼菇的最佳自然温度来确定鲍鱼菇的生产计划。一般来说,南方广大地区,制袋时间应在3月中旬～6月中旬进行,5月初至9月底为出菇季节。北方地区的制袋时间为4月中旬～6月中旬,出菇时间安排在6月初至8月底。

(三)栽培种培养料的配制

栽培鲍鱼菇的原材料来源非常广泛。各种木屑(包括经过2个月以上自然堆积的松杉木屑)、农作物秸秆(稻麦草、油菜秆等)、高粱壳、花生壳、玉米芯、中药渣、甘蔗渣、油菜壳、棉子壳、棉渣以及各种菌草等均可单独和搭配作为主料,添加适当比例的粮食或粮食加工副产物(米糠、麦麸、玉米粉、黄豆粉等)栽培鲍鱼菇。培养料配方中还应添加石灰、石膏等作为培养料的酸碱度调节剂,菌丝培养和出菇期间,菌袋免遭杂菌的侵扰。实践证明,以棉子壳、木屑为主料栽培的鲍鱼菇,产量高、质量好。

培养料配方

配方1:棉子壳50%,木屑40%,玉米粉3%,米糠5%,石膏1%,石灰1%。

配方2:棉子壳27%,木屑33%,玉米芯28%,玉米粉5%,米糠5%,石膏1%,石灰1%。

配方3:棉子壳27%,木屑33%,高粱壳30%,玉米粉8%,石膏1%,石灰1%。

配方4:玉米芯30%,高粱壳30%,木屑27%,玉米粉5%,米糠或麦麸5%,石膏1%,石灰2%。

配方5:甘蔗渣30%,棉子壳25%,高粱壳30%,米糠或麦麸12%,石膏1%,石灰2%。

配方6:稻草粉30%,棉子壳25%,玉米芯30%,米糠或麦麸12%,石膏1%,石灰2%。

配方7:花生壳(粉碎)30%,棉子壳25%,玉米芯30%,米糠或麦麸12%,石膏1%,石灰2%。

配方8:稻草粉30%,棉子壳24%,木屑30%,玉米粉3%,米糠或麦麸10%,石膏1%,石灰2%。

配方9:中药渣30%,棉子壳25%,木屑29%,玉米粉3%,米糠或麦麸10%,石膏1%,石灰2%。

配方10:棉子壳94%,玉米粉3%,石膏1%,石灰2%。

配方11:木屑80%,玉米粉5%,麦麸或米糠12%,石膏1%,石灰2%。

配方12:棉渣42%,玉米芯36%,木屑10%,米糠或麦麸8%,过磷酸钙1%,石膏1%,石灰2%。

(四)菌袋生产

鲍鱼菇的菌袋生产方法与普通食用菌基本相同,但接种后接种穴处需留有空隙,否则菌丝不易萌发。方法请参阅本书《食药用菌制种技术》一章。

(五)菌袋培养

培养鲍鱼菇的培养室应具备通风、保温、保湿、无虫害和干净卫生的条件。培养室周围应去除杂草和污水沟,同时培养室内地面和墙壁应用低浓度烧碱或含氯石灰(漂白粉)消毒。培养室内可直接墙式码袋,也可搭成层架,多层码袋。培养室菌袋码放要根据室温和培养阶段来定。一般来说,春季气温偏低,菌袋码袋层数要多,密度要大,以利于加温;夏季5～7月份气温高,码袋层数要少,密度要低,以利于散热。在菌袋培养后期,由于菌丝分解培养料,产生和吸收小分子糖类,会产生大量的热量,菌袋间的温度就会升高,高出室温3～4℃。要注意散热,不能产生"烧袋"现象。菌袋码放时还应注意随时留操作走道,以便观察管理。

1. 培养温度和湿度调节

菌袋接种到菌丝长至菌袋的肩部,培养室温度要控制在24～28℃,最低温度不能低于22℃,以利于菌丝萌发与生长。以后由于菌丝生长自身产热,菌袋之间的温度会逐渐上升,应将室温降低2～4℃,以免局部温度过高,造成"烧袋"。温度管理的主要措施包括抢温接种、室内加温、通风换气、翻袋等，要结合室内外的气温情况灵活处理，保障鲍鱼菇生长过程对温度的需求。

培养室的相对湿度应控制在60%～70%。相对湿度不足，应在室内洒水或用加湿机加湿。相对湿度高于70%，应采取降湿措施，如在地面放置干石灰或直接开启除湿机。

2. 培养室空气与光线调节

在菌丝生长阶段，虽然可以忍耐3%的二氧化碳浓度，但当袋内二氧化碳含量超过5%时，菌丝生长会受到抑制，生长速度明显变慢。在鲍鱼菇菌丝生长的中后期，随着菌丝量的增加，菌丝呼吸作用会消耗大量的氧气，释放出大量的二氧化碳，增大了袋内和室内的二氧化碳浓度，二氧化碳浓度可能超过3%。如果不及时进行通风换气，菌丝生长就会受到影响。在管理措施上，应视室内外气温情况，采取换气措施。在接种后7天内，以保温为主，不通风。7天以后，气温较低时可少量通风，气温较高，应加大通风量。菌丝生长后期，气温偏低时可每天通风一次，每次30分钟左右；气温高时应敞开培养室，自然通风。

鲍鱼菇菌丝生长阶段不需要光线，黑暗和弱的散射光都适合菌丝培养。培养室应避免直射光。

3. 菌袋培养检查

在菌丝培养过程中，应定期对菌袋生长情况进行检查。发现污染菌袋应及时清理并高温灭菌后处理，避免杂菌散发污染场地。在菌袋培养中后期，经常检查室内和袋间温度情况。一旦温度过高，应及时翻袋。菌袋长满后，应及时移入菇房/棚进行出菇管理。

(六)出菇管理

1. 菇棚建造

鲍鱼菇子实体发生和发育需要充足的通气条件，菇棚通风不好，会严重影响菇体质量，鲍鱼菇会发育成菌柄粗长、菌盖小而卷曲的畸形子实体。利用闲置房屋作为出菇场所尤其要注意。最简单的菇棚就是选择泥土地面，搭建空间高度2.2m左右的菌棚，上盖塑料膜加双层遮阳网或直接盖草帘，四周挂草帘，保湿又通风。菌棚大小根据地势地形而定。一般一个菌棚的面积最好在100～200m^2。

2. 排袋与出菇管理

排袋前一周左右，将棚内地面整平，地势低洼的菇棚还应在菇棚四周开好排水沟，在地面撒上石灰提高地面酸碱度。如菌袋采用墙式排袋，视气温情况码袋。初夏气温偏低时，可码袋6～8层，其他时间码袋4～5层，菌墙之间留1m宽的操作道。

3. 催蕾

首先去掉封口纸，去掉部分袋口的纤细子实体原基。然后加大空间湿度到85%～95%。可在地面洒水，也可向空间喷水(不能直接对袋口喷水)，视气温情况，每天喷1～2次，保持菌袋料面湿润即可。出菇期间如果温度超过35℃，应加大菇房四周的通风，可以在棚顶和四周草帘上喷水降温，必要时去掉棚顶塑料膜，加厚棚顶草帘隔热降温。反之，如果温度低于20℃，要加厚四周草帘进行保温。要尽量保持棚内(或室内)温度在25～30℃。一般7～10天，袋口就会形成粗壮的子实体原基。

4. 出菇期管理

待子实体菌盖长至2cm以上时，应加大菇房湿度(必要时可对袋口直接喷水)，空间湿度保持在90%～95%。另外鲍鱼菇出菇期间，菇棚内部通气良好是出优质菇的关键因素。菇棚(房)通风不畅，会造成子实体发育不良，大量产生畸形菇。因此在出菇管理过程中，必须时刻保持菇棚内部的通风换气。一般开袋后8～12天即可采收。

5. 采收

当子实体长到菌盖近平展，边缘变薄，但稍有内卷，孢子即将散发时，应及时采收。采收时一手按住培养料，一手捏住菌柄轻轻转动，将菇采下。采完一潮菇后，将料面清理干净，待菌丝恢复2～3天后，进行喷水管理。间隔12天左右，可长出下一潮菇。正常情况下，一般可采收4～6潮，生物转化率可达100%左右，生产周期3个月左右。

用于加工的鲍鱼菇产品应根据加工的质量和规格要求进行采收。

6. 鲍鱼菇的覆土栽培技术

覆土栽培是提高袋栽鲍鱼菇产量的一种有效方法。袋栽鲍鱼菇从第三潮开始，菌袋培养料的养分和水分消耗较多，菌丝体开始老化，菇的产量和质量均大幅度下降，菌盖小而薄，畸形菇多，转潮也慢。这时，将菌袋进行脱袋覆土，可大幅度提高鲍鱼菇的产量和质量。

(1)畦床与覆土材料准备

鲍鱼菇的抗病虫害能力较强，鲍鱼菇覆土材

料的选用和处理方法不像双孢蘑菇等草腐土生菌那样严格，一般团粒结构和持水性较好的菜园土、果园土、草地土、水稻土以及稻草合成土、谷壳合成土、塘泥合成土、牛粪发酵土、菌渣发酵土等都可用作鲍鱼菇的覆土材料。以腐殖质含量较多的土壤覆土栽培效果好。

将表土 5cm 以上的土壤去掉，取土，打碎成直径 2cm 以下的颗粒，拌入 1%～2%的生石灰备用。

畦床可建在菇棚内，也可建在遮阳效果好的农作物行间或林果园下。一般畦床宽 50～120cm，长应以地势、棚向和需要而定。畦的深度以排袋方式而定。如果采取立袋排放，深度一般为 25cm 左右；如果采取横袋排放，深度为 15cm 左右。在南方地区，如果畦床在农作物行间或林果园下，应在畦床上方 100cm 以上处搭好遮雨棚（最好用草帘搭建，以便于对畦床管理），避免雨水浸透菇体，引起菇体水分超标甚至腐烂变质。同时畦床周围还应开好排水沟，避免大量的雨水灌入畦内，引起菌丝体窒息死亡和虫害的大量发生。如果畦床在菇棚内，只要在平地上用砖块围成畦床就可以了。畦床建好后，应先往畦内撒一层生石灰粉，然后浇一次透水备用。农作物行间或林果园下的畦床还要对畦底和四壁喷洒 300～500 倍敌敌畏灭虫。

（2）脱袋覆土

将采收 2～3 潮后的菌袋脱去塑料袋，按直立或横放的方式排入畦床内。菌袋之间间距为 2～4cm，空隙用土壤填上，菌袋上面再覆 2～3cm 土，然后向畦内浇一次重水并用湿土盖上露出的菌袋。为了保湿和避免出菇后土壤污损子实体，也可在畦面覆盖一层 3～5cm 厚的稻麦草。稻麦草使用前应预先用 2%的石灰水浸泡 24 小时以上，稍沥干即可铺上畦面。

（3）出菇管理

鲍鱼菇的脱袋覆土管理主要是做好畦床的保湿、控温和通风换气。首先应根据土壤的干湿情况进行管理。一般来说，覆土后 3～5 天，菌袋菌丝开始恢复生长，这时不需要喷水。经10～15 天，子实体原基就可形成。这段时间如果土面不发白，可不喷水。土面发白，就要少量多次喷水，同时，保持畦面空间湿度在 85%～95%。其次是控温管理。对于农作物行间或林果园下的畦床，一方面要防止雨水对菌床的浸渍，另一方面，又要保持畦床温度在 24～32℃，这时要根据天气情况，灵活管理。通常，畦床上方用草帘搭建的遮阳棚最方便温度管理。在盖有塑料薄膜加双层遮阳网的大棚，要利用棚的两头和裙边塑料薄膜的掀、揭进行温度调节。最后是空气的调节。鲍鱼菇出菇时需要充足的氧气供应，氧气不足，会造成长柄、盖卷的畸形菇。如果畦床上盖有塑料薄膜加双层遮阳网的大棚，棚的四周 1～1.2m 的塑料膜应全部卷起，只有遮阳网垂地，早晚还应将遮阳网裙边卷起，才能满足鲍鱼菇的通气要求。在其他菇棚及林果园下的畦床，如果采用草帘遮阳遮雨，不需特别管理；如果采用塑料薄膜遮雨保湿，管理方法与大棚一样。另外，结合畦床水分管理，可向畦床土壤补充维生素 B_1、磷酸二氢钾、尿素等营养。补充方法是在每潮菇采收、清理完菇脚后，按每升水加入 5mg 维生素 B_1、1g 磷酸二氢钾，喷洒土面和幼菇，也可按每升水加入 5mg 维生素 B_1 和 5g 尿素喷洒土面（不能喷在幼菇上）来增加营养，提高产量。脱袋覆土栽培，可以再采收 2～3 潮菇，产量可比单一袋栽提高 30%～50%。

二、鲍鱼菇发酵料栽培技术

发酵料栽培是鲍鱼菇的一种节能栽培法，最适合在北方全年病虫害发生极少的地区推广应用。其栽培季节和培养料配方与袋栽法相同。不同的是，该法使用的培养料不是经过高温灭菌，而是经过自然堆制发酵，将发酵好的培养料散热后直接装成大袋或直接铺料播种发菌，然后直接覆土出菇。

（一）培养料堆制发酵

1. 堆料时间安排

长江以南地区，应在 3～5 月份安排堆料，长江以北地区在 4 月初开始堆料并完成堆制过程。这时，自然气温一般稳定在 15～25℃，空间杂菌少，有利于发酵保温。

2. 发酵

选择远离厕所、禽畜粪场和草堆等的干净平整的硬化地面场所，根据生产规模的大小搭建遮阳棚。将主料与辅料、添加剂加水（按 70%的水分计算）拌匀后，建成 1.2m 宽、1～1.2m 高、长度不限的料堆。堆料完成后在料堆表面喷洒一次 300～500 倍的敌敌畏，防止虫卵的发生。然后在堆上盖一层经 2%石灰水浸泡 24 小时的草苫。

当堆内（离料表面 20cm 深处）温度达到 65℃时，维持 24 小时，进行第一次翻堆。翻堆方法是将堆内层料翻到外层，表层料翻到中心。按此方法翻堆 3 次，每次翻堆后均在料堆表面喷洒 300～500 倍敌敌畏。同时在最后一次翻堆时，如果培养料的 pH 值过低，应拌入 1%～3%不等的生石灰，将培养料的 pH 调至 8.5～9。另外，注意培养料水分的变化，如果水分含量过低，应加水补足至 70%。

堆料完成后，应检查料是否堆好。一是闻料的气味，堆制成功的培养料有蘑菇料特有的气味。如果发现培养料有刺鼻的氨味，应将培养料多翻几次并通风摊晾进行散氨或在料中喷洒过磷酸钙水进行中和。二是检查料的颜色，堆制好的培养料应成咖啡色或褐色。三是检查料的水分含量，合适的含水量应是用手紧握料，指缝间有 1～2 滴水滴下。水分不足，应用 1%以下的石灰水配合料的酸碱度进行调节。

（二）播种发菌

培养料堆制完成后，先进行拆堆散热，待料温降到 25～30℃时，可装袋播种或直接在畦内播种。

1. 装袋发菌

（1）装袋

用 25cm×45cm×0.03cm 或 23cm×43cm×0.03cm 的聚乙烯筒袋，按 15%～25%的菌种比例，一层料一层种，边装料边播种的方式进行装袋和播种。装袋时要注意菌袋两头要有封口菌种，装袋后两头扎口，但不能过紧，以便菌丝萌发时进行换气。菌袋装好后应立即运至发菌房/棚进行培养。

（2）发菌场所的处理

在放入菌袋前，发菌场所应提前 7～10 天分别用 300 倍敌敌畏和 600 倍的百菌清喷洒。放袋前 2～3 天，在地面和四周墙壁用 2%的石灰水上清液喷洒，以提高环境酸碱度。发菌场所要求能够通风换气，有条件的应在发菌房/棚顺菌墙方向安装 2～3 台排气扇。同时门窗等处应加挂高密度防虫网，同时用黑布遮光。

（3）排袋发菌

将菌袋移入发菌房/棚。发酵料装袋后，还会继续进行低温发酵。如果菌袋像一般的菌袋那样密集排放，菌袋会产热，温度超过 35℃就会烧菌。为了避免菌袋生热、烧菌，应将每个菌袋充分隔开。采用墙式多层码袋，应距墙 1～1.2m，每个菌袋之间留 2cm 左右的空隙，每层菌袋用直径 2cm 的竹竿隔开。

菌袋培养期间，要加强对菌袋的发菌检查。一是检查发菌房和菌袋间的温度，温度过高，应加强通风换气；二是检查菌袋污染和虫害发生情况，发现污染和有虫卵的菌袋应立即清出处理；三是检查发菌场所有无虫卵危害，一旦发现，应立即使用杀虫剂进行灭杀，不能让虫害产卵、孵化、蔓延。

经过 25 天左右，菌丝即可满袋。

2. 畦内发菌

在出菇棚内向下挖或用砖块砌宽 80～120cm 的畦，撒上适量的生石灰粉。在畦内铺上 3cm 厚的发酵料，在料面均匀播入总量 30%的菌种。然后铺上约 10cm 厚的发酵料，再均匀播入 30%的菌种，再铺上 10cm 厚的料，播 40%的菌种于发酵料表面，稍压平，每平方米用种量在 1 千克左右。上盖一层报纸或 3cm 厚经 2%石灰水浸泡沥干的稻草以便遮光、保湿。5～7 天后，可揭开覆盖物，加强通风换气，同时保持棚内湿度 70%左右。30 天左右，菌丝长满菌床。

3. 出菇管理

当菌丝满袋或满床后，去掉菌袋两头或畦面老的种皮或种块，用白天密闭菇棚、夜晚开窗通风的方法，拉大菌棚内的温差至 5～10℃，以刺激子实体原基的发生。待菌袋两头或菌床出现大量的原基后，停止温差刺激，保持棚内稳定的温度、湿度和通风条件，否则会使子实体发育受阻。

菌袋或菌床上有密集的原基发生后，如遇 30℃以上的高温，会造成大量的菇蕾萎缩死亡，所以应采取地面浇水，棚顶喷水，加盖草帘，晴天早晚和夜间通风，阴雨天全天通风等措施，保持菇房温度在 24～28℃，不能超过 30℃。另外采取早晚向地面喷重水和向空间喷细雾的方式保持空间相对湿度在 85%左右，以促使菇蕾的正常生长发育。

当子实体菌盖横径达到 2cm 以上时，鲍鱼菇对水分、通风等的需求会不断加大，这时需要每天向培养料和子实体直接喷水，使菇房相对湿度达到 90%左右。但菌袋和菌床喷水的轻重应有所区别。对菌袋及其空间，可直接喷重水；对菌床及其空间，应采取少量多次的方法喷水，以免造成菌床局部积水，使菌丝窒息死亡。另外，要使菇棚保持充足的通风，促使子实体正常发育。若通风不良，不但会造成长柄、卷盖的畸形菇，还会在湿度过大的情况下，菌床或子实体发生一些生理性病害或浸染性病害。当然，也不能通风过量，造成料面和菇体严重失水、萎缩。应结合天气情况，灵活管理。

4. 采收

子实体的采收方法与袋栽法采取一致。但在菌床采收时，应及时将死菇、菇脚、老菌皮和散落的培养料清理干净，以免这些有机物在菌床上遇水腐烂，遭致病虫害大量发生。一般鲍鱼菇发酵料栽培可采收3～5潮菇，生物学效率可达90%左右。

第五节 鲍鱼菇的食药用价值

由于黑色的分生孢子梗束具有特殊的驱避蚊蝇效果，鲍鱼菇在夏秋季栽培时，虫害对它的影响极小，机会为零，无须施用任何杀虫剂。因此，鲍鱼菇具有夏秋季填补其他食用菌空白的优势特点。鲍鱼菇耐储藏，同时适于鲜销和制罐。

鲍鱼菇菌盖肉质肥厚，菌柄粗壮，脆嫩爽口，具有明显的鲍鱼风味，营养十分丰富。据分析，子实体干品中含粗蛋白19.2%，粗脂肪13.49%，粗纤维4.8%，可溶性糖16.61%，精氨酸1.30%，赖氨酸1.09%，氨基酸总量21.87%，其中人体必需氨基酸8.65%，均高于其他侧耳类食用菌。长期食用鲍鱼菇可有效提高人体的肌肉活力，减少人体脂肪累积。另外，由于鲍鱼菇含有较高的赖氨酸，有利于少年儿童的生长发育和智力提高。鲍鱼菇也有利于中老年人保持体力和精力，长期食用鲍鱼菇能有效提高人体免疫力，增强防病抗病能力。

参考文献

[1] 雷明锋.鲍鱼菇的生物学特性及栽培技术要点[J].现代园艺，2006(7):41.
[2] 方白玉，郑列宜，吴熙文.鲍鱼菇袋栽高产技术[J].食用菌，2002,24(4).
[3] 杨大林.鲍鱼菇的生物性特性及栽培技术[J].北京农业，2002(4):18.
[4] 杨大林.鲍鱼菇的栽培技术[J].现代农业，2001(6):17.
[5] 吴建坤.鲍鱼菇优质高产栽培技术要点[J].食用菌，2007,29(1):51.
[6] 邰连春.鲍鱼菇生物学特性及优质高产栽培[J].特种经济动植物，2008,11(1):41-42.
[7] 刘宇.不同配方培养料栽培鲍鱼菇比较试验[J].食用菌，2007,29(6):31.
[8] 赵彦杰.不同碳、氮源对鲍鱼菇生长的影响研究[J].植物营养与肥料学报，2005,11(6):858-861.
[9] 黄春燕.环境因素对鲍鱼菇菌丝生长的影响[J].山东农业科学，2006(1):36-38.
[10] 张柏松.培养基pH对鲍鱼菇菌丝生长的影响[J].食用菌学报，2007,14(4):62-64.
[11] 韩丽荣.鲍鱼菇栽培适温性试验[J].食用菌，2007,29(4):18.
[12] 韩丽荣.不同培养料配方栽培鲍鱼菇试验[J].食用菌，2005,27(2):19.
[13] 蔡德民，许秀菊. 鲍鱼菇优质高产栽培新技术[M]. 成都：天地出版社，2008.
[14] 贺新生.野生蕈菌生物学特性与栽培技术[M].北京：中国轻工业出版社，2007.

（曾先富）

第十七章　草地蘑菇

DISHIQIZHANG CAODI MOGU

摘要：本章主要介绍草地蘑菇生态习性和驯化栽培技术等内容。

Agaricus pratensis

Abstract: This chapter is essentially an introduction to the ecological characteristics and artificial cultivation techniques relating to *Agaricus pratensis*.

第一节　概　述

草地蘑菇外观雅致，味道鲜美，是草原地区重要的食用菌之一，是我国青藏高原草地上的著名野生食用菌。自然发生于每年的7～8月份，深受当地居民的欢迎。

第二节　草地蘑菇的学名及分类地位

学名：*Agaricus pratensis* Schaeff.，*Fung. Bavar. Palat.* 1：96(1762)。

属名“*Agaricus*”一词来自希腊语，词根是“agarikos”，意思是“伞菌、蘑菇”，用于真菌的属名，翻译为“蘑菇属、伞菌属”。种名加词“*pratensis*”意思是“生于草地的”。中文学名译为“草地蘑菇”。

同物异名：*Agaricus pratensis* Scop.，Fl. carniol.，Edn 2(Wien)2：419(1772)。

分类地位：菌物界(Fungi)，担子菌门(Basidiomycota)，伞菌纲(Agaricomycetes)，伞菌亚纲(Agaricomycetidae)，伞菌目(Agaricales)，伞菌科(Agaricaceae)。

第三节　草地蘑菇的形态特征

子实体中等或有时较大。菌盖直径4～10cm，初期半球形，后期渐伸展。盖面近白色、灰白色至淡粉灰色，有平伏小鳞片，有些中部龟裂。菌肉白色，至微紫红色，顶部厚，边缘薄。菌褶初期近白色、灰白色，后期变暗褐色至紫褐色，稍密，离生，不等长。菌柄棒状，长4～10cm，粗1～1.5cm，白色或与菌盖同色，光滑、内实，伤处变暗粉红色，基部稍膨大。菌环单层、白色、膜质、较厚，生于柄中部，易脱落，常不留痕迹。孢子印深褐色。孢子椭圆形至宽椭圆形、暗褐色、光滑、非淀粉质，6.5～9μm×5～6μm。担子棒状，17～23μm×5～7μm，有4个孢子，无侧囊体。缘囊体短棒状，12～18μm×8～11μm，无色，褶髓近平行型。菌盖层平伏，部分上翘，直径约4μm，无锁状联合。

图17—1　草地蘑菇

第四节 草地蘑菇的生态习性与分布

草地蘑菇夏秋季节生于草原、草地以及落叶林内地上，单生、群生或丛生，有时形成蘑菇圈。伴生植物主要有羊茅（*Festuca ovina*）、苔草（*Carex acufa*）、异燕麦属（*Helictotrichon Besser*）、草原糙苏（*Phlomis pratensis*）、棘豆属（*Oxytropis*）、欧洲针茅（*Stipa pennata*）、针茅（*Stipa capillata*）、嵩草（*Cobresia*）等。

我国主要分布于青海（果洛、玉树、祁连、西卜沙林、泽库、河南、刚察、共和）、西藏、四川、山东、安徽、山西、湖北、辽宁等地。

第五节 草地蘑菇的驯化栽培

草地蘑菇的驯化栽培研究报道较少，我国在这方面的研究更少。王俊燕（2004）报道了分离驯化栽培草地蘑菇的初步研究结果，以下为驯化栽培技术。

（一）母种制作

草地蘑菇孢子和组织分离在 PDA、麦芽酵母等普通培养基上不能生长或生长不良。适宜于草地蘑菇母种分离的培养基配方：

①鲜草地蘑菇 180g，葡萄糖 20g，琼脂 20g，水 1 000ml。

②木素 2g，鲜草地蘑菇 100g，葡萄糖 10g，蛋白胨 5g，酵母膏 2g，牛肉膏 1g，琼脂 20g，水1 000ml。

培养基灭菌与接种方法同常规。接种后的适宜培养温度为 20～25℃。多孢分离法得到的菌种的菌丝生长速度快于组织分离，在 20℃下 16 天可长满斜面。

（二）原种、栽培种制作

原种、栽培种的培养基可采用双孢蘑菇常用的麦粒菌种配方，也可采用牛粪棉子壳配方：牛粪 30%，经堆制发酵的棉子壳 60%，过磷酸钙 1%，麦麸 7%，蔗糖 1%，石灰 1%。

培养基灭菌与接种方法同常规。接种后的适宜培养温度为 21～24℃，菌丝一般 24～25 天可长满瓶。

（三）培养料配方与灭菌

草地蘑菇栽培料配方：牛粪 30%，马粪 30%，经堆制发酵的棉子壳 39%，过磷酸钙 0.5%，麦麸 0.5%，培养料含水量调至 65%，pH 自然，在 1.47×10^5Pa 压力下灭菌 2 小时。

（四）播种、覆土与出菇管理

经灭菌后的培养料采用混播法播种，播种量为培养料重的 15%，料厚 18～20cm。播种后，覆盖一层厚 3cm 左右的菜园土，温度宜控制在 15～25℃，保持覆土潮湿。

高寒地区采用大棚床式栽培，棚内外温差大，自然湿度良好，栽培管理主要是调控棚内的温度。当白天棚内温度达 28℃时，应放下棉被盖在棚上以阻止温度继续升高；当夜间温度低时，应盖被保温，使棚内温度不低于 10℃。土缝间菌丝快要长到表面时，加强通风。连续通风 3 天后，根据覆土湿度喷出菇水，棚内自然湿度 85%～90%，促使菌丝扭结和出菇。

参 考 文 献

[1] 王俊燕. 草地蘑菇的分离驯化研究[J]. 食用菌学报，2004，11(2)：32-36.
[2] 曾光富，熊维全，廖志勇. 阿坝州野生草地蘑菇调查[J]. 食用菌，2008(2)：16.

（蔡为明）

第十八章　草　菇

DISHIBAZHANG CAOGU

摘要：草菇是著名的食用菌，起源于我国南方，人工栽培已有 300 多年的历史。草菇栽培技术经历了 20 世纪 60 年代前的半人工栽培、60 年代以草种为纯培养菌种的室外稻草生料堆式栽培、70 年代的纯菌种接种废棉室内栽培、80 年代泡沫房温室床架栽培的发展过程，90 年代开始了袋式栽培。草菇菌种的选育经历了从自然选育、组织分离、单孢分离到生物技术育种的过程。本章较全面、系统地阐述了中国草菇的发展历程、现状，草菇的生物学特性、菌种繁育、各种典型的栽培模式与新技术，草菇的营养与药用价值以及对中国草菇产业近半个世纪的发展进行了全面回顾与总结，同时对草菇产业的发展前景进行展望。

Volvariella volvacea

Abstract: *Volvariella volvacea*, the straw mushroom, is a well-known edible fungus that has been cultivated artificially in South China for over 300 years. Straw mushroom cultivation technology has experienced five stages of development: semi-artificial cultivation pre-1960s, outdoor raw-straw stacking cultivation with straw-grown spawn during the 1960s, indoor cotton waste cultivation using pure-culture spawn inocula during the 1970s, bed cultivation in styrofoam-constructed growing houses during the 1980s, and large-scale bag cultivation during the 1990s. Progress in the breeding of the straw mushroom has been achieved using natural selection, tissue isolation, single-spore isolation, and modern biotechnological methods. This chapter consists of seven sections describing in detail various aspects of the straw mushroom including cultivation history, the present status of the mushroom in China, biological features, spawn production, commonly adopted cultivation modes, nutritional attributes and medicinal properties. The development of straw mushroom industry in China over the past half-century, and the prospects for the future, are comprehensively reviewed and summarized.

第一节　概　述

一、学名及分类地位

草菇又名：稻草菇、兰花菇、秆菇、麻菇、中国蘑菇、美味草菇、美味苞脚菇、贡菇、家生菇、广东菇等。

学名：*Volvariella volvacea* (Bull.) Singer, in Wasser, *Lilloa* 22:401(1951)[1949]。

属名"*Volvariella*"一词来自拉丁语，其词根是"volva"，"vulva"，意思是"罩子、子宫、菌托"，词尾"-ella"意思是"小形的"，用于真菌的属名，翻译为"小包脚菇属"。种名加词"*volvacea*"的意思是"似菌托的"。根据拉丁原文，该菌的中文学名应该翻译成"似菌托小包脚菇"。中文原来就有草菇一词，所以中文学名称为"草菇"。

同物异名：*Agaricus volvaceus* Bull., *Herb. Fr.* 6: tab. 262 (1786); *Agaricus volvaceus* Bull., *Herb. Fr.* 6: tab. 262 (1786) var. *volvaceus*; *Amanita virgata* Pers., *Tent. disp. meth. fung.* (Lipsiae): 18 (1797); *Vaginata virgata* (Pers.) Gray, *Nat. Arr. Brit. Pl.* (London) 1: 601 (1821); *Volvaria volvacea* (Bull.) P. Kumm., *Führ. Pilzk.* (Zwickau): 23, 99 (1871); *Volvariopsis volvacea* (Bull.) Murrill, *N. Amer. Fl.* (New York) 10 (2): 144 (1917)。

分类地位：菌物界(Fungi)，担子菌门(Basidiomycota)，伞菌纲(Agaricomycetes)，伞菌亚纲(Agaricomycetidae)，伞菌目(Agaricales)，光柄菇科(Pluteaceae)。

二、中国草菇发展历程

(一)草菇的起源

有史料为证,草菇起源于中国,距今已有300多年的历史。道光二年(1822年)阮元等篡修《广东通志·土产篇》引《舟车闻见录》:“南华菇:南人谓菌为蕈,豫章、岭南又谓之菇。产于曹溪南华寺者名南华菇,亦家蕈也。其味不减于北地蘑菇。”道光二十三年(1843年)黄培燦篆修《英德县志·物产略》中也有同样记述:“南华菇:元(原)出曲江南华寺,土人效之,味亦不减北地蘑菇。”又据福建《宁德县志》载:“城北瓮窑禾朽,雨后生蕈,宛如星斗丛簇竞吐,农人集而投于市。”可见,草菇原本是生长在南方腐烂禾草上的一种野生食用菌,由南华寺僧人首先采摘食用的。

(二)栽培技术发展历程

南华寺僧人栽培草菇始于何时,没有明确记载。在明代俞宗本著《种树书》中,有“正月种蕈,取烂谷禾截断,埋于水地,围草盖,常以米泔浇之则生”记载,文中没有提及是何菇种。但从以烂谷禾为基质,在水田作菇场,并在菇床加盖草被这些特点来看,可以推断是草菇。因此,推测中国草菇的栽培应该是始于明代。同治十三年(1874年),林述训筹修的《韶州府志》第十一卷有这样记载:“国朝例贡曲江南华菇四箱,由抚署檄县采办。”可见同治年间。南华寺的草菇已盛名遐迩,并年有岁贡。

草菇栽培在民间的推广,大约也是在同治年间。《韶州府志》第11卷记载:“贡菇,产南华寺,味香甜。种菇,以早稻秆堆积,清水浇之,随地而生。今乡人效种颇多,惟马坝、沙溪、狗耳岭得曹溪水者尤佳。”

草菇栽培方法及经营情况,在《英德县续志·物产略》(1930年)中有详细的记载:“秆菇,又名草菇,稻草腐蒸所生;或间用茅草亦生。光绪初,溪头乡人始仿曲江南华寺制法,秋初于田起畦,而四周开沟蓄水,其中用牛粪或豆麸(冈麸)撒入,以稻草踏匀,卷为小束,堆置畦上,五六层,作一字形,上盖稻草,旁亦以稻草围护,以免侵风雨,且易蒸发。半月后,出蓓蕾如珠,即须采取,剖开焙干。若过时不采,则开如伞形,俗名‘老菇婆’,其价顿贬。每年草菇登场,人辄往各村收买,贩往韶州、乌石或运往省地售之。”

草菇的另一个栽培发源地是湖南浏阳县。该地以往盛产苎麻,草菇生长在沤烂之麻秆或麻皮上,故名“浏阳麻菇”,为当地著名特产。同治十二年(1873年),王汝惺等篆修《浏阳县志·物产》记载了苎麻上草菇的发现及人工栽培的发展过程:“县西南割麻后,间生麻菌,亦不常有也”;“割麻后,覆以牛粪,翌年春末夏初生蕈”;“县西南青草牙祭为盛产区”。

草菇在东南亚各国栽培流行主要是由华侨所推动。据马来亚人Baker JA(1934)和泰国Jalaricharana K(1950)的研究,大约在1932年,由华侨将栽培草菇的方法带到马来西亚,抗战期间,发展迅速,十年间遍及东南亚和北非,成为热带地区主要食用菌之一。因为草菇栽培的故乡在中国,故草菇在世界上享有“中国蘑菇”(Chinese mushroom)之称。

草菇的人工栽培在20世纪60年代之前几乎停留在这种草堆式栽培状态,产量很低,生物转化率只有7%左右。

(三)栽培技术的变革

1962年以后,香港中文大学张树庭教授以及中国著名真菌学家邓叔群教授所领导的中国科学院中南真菌研究室(现为广东省微生物研究所),对草菇相继开展了一系列的调查研究。从田间栽培技术和菇农的调查访问开始,继而进行生理学、细胞学、形态和遗传的研究。随着草菇基础研究的开展,草菇在栽培方法上也发生了改变。最早是以草种为人工培养的纯培养菌种,采用室外稻草生料堆式栽培。这种方法虽然设备简单、成本低,但产量低且不稳定,生物学效益平均只有7%。20世纪70年代开始采用废棉室内栽培草菇,产量大幅度提高。接着王琪祖等采用废棉、棉子壳室内(塑料大棚或蘑菇房)层架立体栽培草菇,草菇生物效率大幅度提高,与稻草相比增产近2倍。江西信丰也在这个时期发展草菇纯菌丝小草把栽培及发酵料床式栽培,草菇产量明显提高。80年代广州市郊区开始用保温泡沫房或砖瓦房床架栽培。同一时期,江西信丰县食用菌科技开发中心也开始进行泡沫房温室床架栽培。其主要优点有:①产量高,纯稻草生物转化率普遍较堆草栽培提高2倍以上;②泡沫房的保温保湿性能好,人工调控能力好,可实行周年栽培;③采用无土栽培和纯稻草栽培,产品不带泥沙,口味鲜美;④无须建堆发酵过程,采用整草散铺,操作简便。这种栽培方法既可用于工厂化集约栽培,也可利用农舍改建成菇房,以家庭为单位栽培。80年代末90年代初,江西省信丰县创造了袋栽草菇工艺,袋栽草菇产量稳定,方法简便。栽培草菇的培养料灭菌方式经历了一次发酵(堆制)、二次灭菌(堆制加巴氏灭菌)、室内巴氏消毒处理等方式。以稻草为主料,二次发酵床架式栽培草菇的生物学效率一般为10%～20%,比室外堆栽提高2～3倍,但对于大面积栽培,培养料发酵处理需要花大量的劳动力。广东等地推广的室内巴氏消毒处理栽培法,一年可栽培草菇18～20个周期,以废棉为主料,生物学效率达25%～35%。20世纪90年代初,广东省农业科学院何焕清与广东省增城一农民共同开展中药渣栽培草菇试验并获得成功,增加了草菇栽培原料来源,在广东已广泛应用。至今为止,不同的地理区域,形成了不同的草菇栽培模式,但因草菇特有的种性和生态习性使草菇栽培的产量始终未有突破,且稳定性较差,仍然没有形成一个稳产高产的产业化、规范化栽培模式。

三、产业发展现状

草菇的栽培起源于我国,距今已有300多年的历史,世界草菇主产在中国东南沿海各省及东南亚诸国。我国是世界上草菇主产区之一,历年产量居世界之首。20世纪60年代,我国大规模人工草菇栽培开始,栽培技术有较大提高,栽培方法越来越多,初步改变了草菇生产"靠天吃饭"的落后状态。70年代广东省率先开展了草菇栽培技术的创新和科研,从菌种的选育、原料的配制和生产管理技术,都有很大进步,产量大大提高。据不完全统计,1979年全国草菇总产量达3.8万吨,占全世界草菇总产量77%。80年代,栽培技术更有长足的进步,旧法栽培发展到新法栽培,单一的室外栽培发展到室内、大棚栽培,传统的单一稻草栽培发展为多种原料混合栽培,使草菇的栽培面积、区域、范围不断扩大,并逐渐向北方推移。90年代中后期,随着食用菌栽培技术的突飞猛进和不断创新,草菇熟料、半熟料栽培技术日趋完善,形成系统化、理论化,使草菇的栽培蓬勃发展,异军突起。据中国食用菌协会统计,2009年,我国草菇总产量已达40多万吨。随着草菇生物学效率的提高和总产量的增加,草菇重新成为城乡菜篮子亮丽的风景,成为农村致富、农民增收的新的经济增长点。近几年来,我国的草菇大多向欧美等地区出口。

随着我国新农村建设的推进,国家对农业投入的加大,基于草菇生产原料来源广阔、生产成本低、生产周期短和栽培技术逐渐成熟,我国草菇业的优势将更加突出,发展前景十分广阔。虽然我国在草菇栽培方面取得了巨大的成就,但我国草菇业仍然存在产品结构单一、附加值低,育种工作滞后,草菇标准化生产和产品质量监督机制尚未建立和健全,草菇保鲜技术仍未突破,行业协会和专业合作组织尚未建立或完善等诸多问题,一直制约草菇产业的升级发展。

草菇是一种高温型菌类,且鲜菇的货架期短,过去仅在我国南方的广东、福建、浙江、江苏、海南、广西、湖南等地栽培种植并在当地销售,北方草菇市场一直没有得到发展。进入21世纪,北方各省市场有引种草菇的尝试,如北京蓝波绿农科技有限公司成功批量生产草菇,实现草菇的"南菇北移"。

第二节　草菇的生物学特性

一、形态特征

草菇由菌丝体和子实体两部分组成。菌丝体是草菇的营养器官,在基质中生长、繁殖,起着吸收、运输、积累营养的作用。担孢子萌发形成菌丝,浅白色或淡黄色,透明或半透明,分枝有横隔。菌丝中有的细胞膨大,形成红棕色的厚垣孢子,圆球形或椭圆状,直径35～45μm(图18－1)。菌丝有粗细之分。粗的为主枝,细的为侧枝。主枝宽约13.4μm,侧枝宽5.9～9.2μm。菌丝细胞的长短也不一致,最短的46.2μm,最长的达390.6μm,细胞与细胞之间有明显的横隔膜。每个隔膜中间有狭隘的桶形孔道,利于细胞核的通过。菌丝没有锁状联合。草菇的菌丝细胞多核,每个细胞内细胞核的数目不定,最少的有3个,最多的达35个,通常为5～15个。细胞核呈圆形或椭圆形;大小不等,最大的直径可达5.04μm,最小的只有1.68μm。在菌丝细胞内,细胞核的分布没有规则,有时几个结集在一起,有时均匀地分布在细胞质中,有些是在细胞的正中,有些贴近细胞壁。

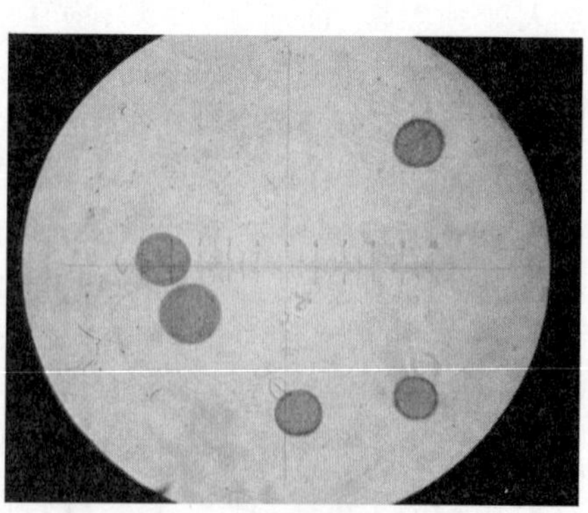

图18－1　草菇厚垣孢子

子实体是草菇的繁殖器官，由菌丝体扭结发育形成。草菇子实体刚形成时为白色小点，1～2天长到手指大小的菌蕾。过3～4天形成蛋形的子实体。再经1～2天后，由于菌柄的继续伸长，菌盖突破外围菌膜而伸展出来，便是成熟的伞形草菇（图18－2）。草菇子实体由菌盖、菌褶、菌柄、菌托组成（图18－3）。草菇子实体单生、群生。菌盖近钟形，直径为5～19cm，完全成熟后伸展成圆形，中部稍凸起，边缘完整，表面有明显的纤毛，近边缘呈鼠灰色或褐色，中部色深，具有放射状条纹，菌肉白色，细嫩。菌褶着生于菌盖下面，片状，初为白色，成熟后为淡红色，最后变为红棕色。菌褶排列稍密、离生、不等长，有全片、3/4片、1/2片和1/3片等。每片菌褶由3层组织构成，最内层称为髓层，中层称为亚子实层，最外层因有孢子，故称为子实层。子实层上形成担孢子。担孢子呈淡棕色、椭圆形、表面光滑、厚壁、有孢脐，孢子印铁锈色（图18－4）。菌柄着生在菌盖下面的中央，近圆柱形，长5～18cm，直径0.8～1.5cm，白色或稍带黄色，光滑、肉质、内实。菌托（苞脚）位于菌柄基部，是由外菌幕破裂后形成的，杯状，边缘不规则地开裂，厚膜质，鼠灰色或灰褐色，基部带黄白色。

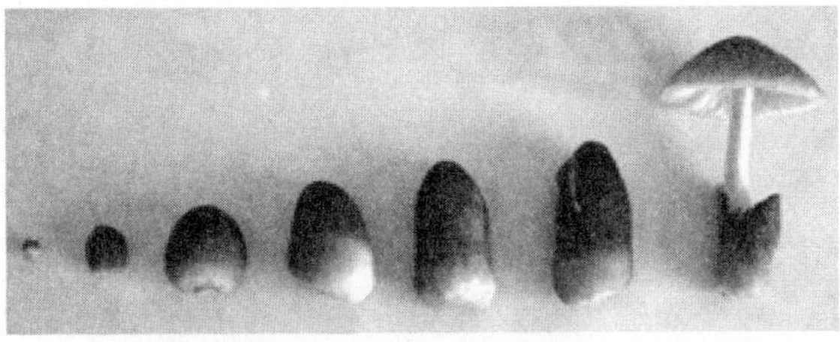

图18－2 草菇子实体发育的各个时期

1.针头期，2.扭结期，3～4.蛋形期，5～6.伸长期，7.成熟期。

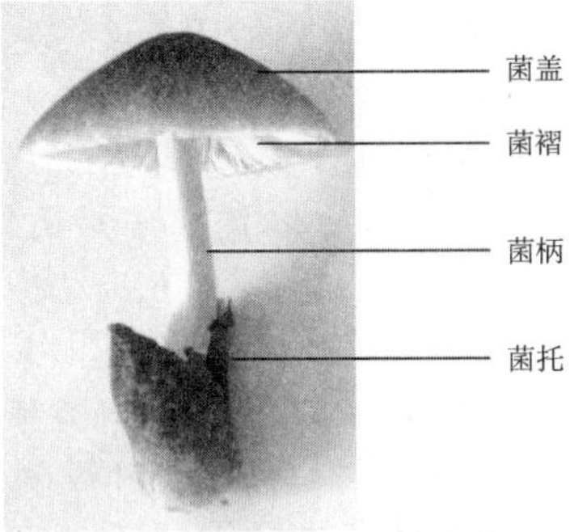

图18－3 成熟的草菇子实体

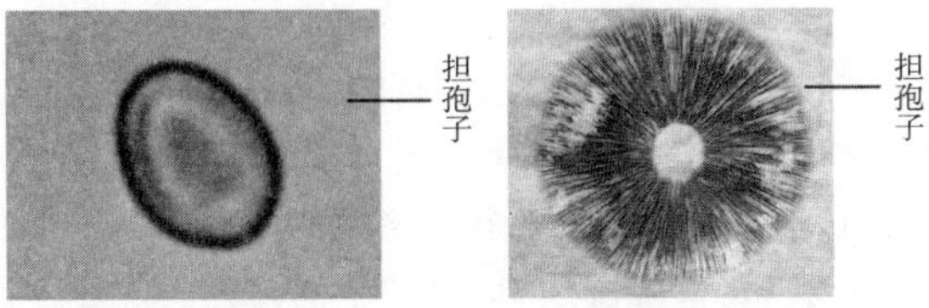

图18－4 草菇孢子及孢子印

二、草菇的生态习性

草菇是腐生性真菌，适于在高温多湿的环境中生长，一般腐生于温暖潮湿的稻草、麦秸、废棉、蔗渣及其他禾本科死亡的植物体上。在野外，当草菇子实体成熟时，其担孢子弹射到空气中或地面上，通过风吹或动物的携带，广泛地散布在田野或树林中。如果遇到适宜的环境条件，孢子很快萌发、生长，并形成子实体。如果环境条件不适宜，草菇的孢子难以萌发。有时即使萌发成菌丝，若遇到不适宜的环境，也难以进一步形成子实体。

三、生长发育条件

草菇生长发育的条件包括营养、水分、温度、空气、光照、酸碱度（pH）等因子。在栽培管理中只有满足草菇生长发育的条件，才能获得高产、优质的草菇。

1. 营养

营养是草菇子实体形成和发育的物质基础。草菇是一种腐生真菌，主要依靠菌丝分泌各种酶，分解纤维素、半纤维素，吸取糖类（碳水化物）和含氮化合物，以及少量的无机盐、维生素等。

（1）碳源

凡是可以构成细胞和代谢产物中碳素来源的营养物质称为碳源。其主要作用是构成细胞物质和供给草菇生长发育所需要的能量，是草菇最重要的营养源之一。碳是草菇中含量最多的元素，约占菌体成分的50%以上。自然界中的碳源可分为无机态和有机态两类，草菇等食用菌均不能利用无机态碳，只能利用有机态碳，如葡萄糖、蔗糖、麦芽糖和有机酸等小分子有机物，以及纤维素、半纤维素、木质素和淀粉等高分子有机物。小分子有机物可直接被草菇细胞所吸收利用，而高分子有机物不能被直接吸收，必须先由菌丝体分泌出相应的水解酶将它们降解为小分子物质后才能被吸收利用，如纤维素、半纤维素和淀粉酶的降解，使之成为葡萄糖等单糖后才能被草菇菌丝所吸收。虽然很多糖类都能被草菇菌丝吸收利用，但试验表明，山梨糖、乳糖等为碳源时，菌丝生长差，甚至不长，而葡萄糖和它的聚合物为碳源时，菌丝生长量最大。在稻草、麦秸、废棉及棉子壳等农作物秸秆中含有大量的纤维素和半纤维素，草菇菌丝可通过分泌纤维素酶和半纤维素酶把它们降解为葡萄糖后加以利用。稻草、麦秸、废棉等农作物副产品是栽培草菇的良好碳源。不过，稻草、麦秸等秸秆中的纤维素、半纤维素虽高，但由于它们的特殊结构，这些纤维素和半纤维素分解较慢或难于分解，因而不能及时满足菌丝生长的需要。因此，在利用这些秸秆作碳源时，最好将它们作适当处理（如石灰水浸泡、微生物发酵等）后再用。

(2)氮源

氮素是草菇最重要的营养成分之一，也是草菇合成蛋白质和核酸所不可缺少的主要原料。提供氮素来源的营养物质称为氮源。草菇生长发育所需的氮源分为有机氮和无机氮两大类。能为草菇利用的无机氮主要是硫酸铵、硝酸铵等无机盐。有机氮主要是尿素、氨基酸、蛋白胨、蛋白质等。草菇菌丝可直接吸收氨基酸和尿素等小分子的有机氮，不能直接吸收蛋白质等高分子有机氮。高分子的蛋白质必须经过菌丝分泌的蛋白酶分解成为氨基酸后才能被菌丝吸收利用，天冬氨酸是草菇生长最适宜的氮源。

培养基中的氮源浓度对草菇的营养生长和子实体的形成有很大的影响。一般在菌丝生长阶段，培养基中的含氮量以 0.016%～0.064%为宜。含氮量低，菌丝生长受阻碍。在子实体发育阶段，培养基中的含氮量以 0.016%～0.032%为宜，氮的浓度过高时反而会抑制草菇子实体的分化和发育。

氮源的利用也受碳源等其他营养物质浓度的影响。据报道（张树庭，1975），在培养基中添加酵母提取物可提高各种氮素的利用，其中以谷氨酰胺和天冬素的促进效果最显著，其次是硫酸铵、硝酸铵及硝酸钠等。在草菇的培养基中，碳氮比(C/N)要适当。一般认为，在营养生长阶段，碳氮比要小些，以 20∶1～30∶1为宜。而在生殖生长阶段，碳氮比要大些，以 40∶～50∶1 为宜。在农副产品中，可供草菇利用的有机氮源有麦麸、米糠、棉子壳、豆饼、蚕蛹、酵母液、玉米浆以及禽畜粪便等。这些氮源在栽培草菇的培养料中单独或搭配使用，效果好。

(3)矿质元素

草菇所需要的矿质元素主要有磷、钾、钙、镁、硫等无机盐，常用的无机盐有磷酸二氢钾、磷酸氢二钾、硫酸钙、碳酸钙及硫酸镁等。这些无机盐元素的主要功能是构成细胞成分，作为酶的组成部分以维持酶活性以及调节细胞的渗透压等。其中硫是合成半胱氨酸和蛋氨基酸所必需的元素，也是合成维生素 B_1、生物素及某些代谢产物所必需的；磷存在于腺苷三磷酸(ATP)、核酸和卵磷脂中，对菌丝的新陈代谢有着非常重要的作用；钾在某些酶系统中起协调因子的作用；镁是许多代谢过程的酶所不可缺少的激活剂。这些无机元素在培养基中的适宜浓度为 100～500mg/L。草菇对微量元素，如铁、钴、锰、锌、钼等元素的需求甚微，它们在培养基中需要的浓度一般在 0.01～1μg/L。一般来说，上述较大量的无机元素，在秸秆、废棉等培养料中有一定的含量，基本上能满足草菇生长发育的需要，但有时也要根据培养料的不同而适当添加钙、磷、镁等元素，以促进草菇菌丝的生长发育。微量元素在天然培养料和普通水中已含有足够量，不必添加。

(4)维生素类

这是草菇生长发育不可缺少而需要量又甚微的一类特殊的有机物。维生素既不是作为细胞的结构物质，也不作为能源，主要是用作起转化作用的辅酶，在新陈代谢中起重要作用。草菇生长发育所需的维生素主要是维生素 B_1，其作用是作为羧化酶的辅酶，如果培养基中缺少维生素 B_1，菌丝生长缓慢，并抑制子实体发育。它在培养基中的浓度一般以 0.1～10mg/L 为宜。此外，草菇生长还需要维生素 B_7、维生素 B_2 等维生素。维生素在马铃薯、麦芽汁、酵母提取物和米糠等原料中含量较多。因此，用这些材料配制培养基时无须再添加。但这些维生素多不耐高温，在 120℃ 以上高温下极易破坏。在培养基灭菌时，应适当降低温度或缩短时间。

2. 水分

水是草菇菌丝和子实体细胞的重要组成部分，一般鲜草菇的含水量达 90%左右。水也是草菇新陈代谢、吸收营养不可缺少的基本物质。草菇在生长发育的各个阶段都需要水分，而在子实体发育时需要量更大。培养料所含的水是草菇所需水分的最重要的来源，只有培养基中含有足够的水分时，子实体才能正常地形成。草菇培养料的含水量在 65%～75%较为适宜。培养料中的水分由于蒸发或子实体吸收而减少，必须经常喷水补充。

草菇在生长发育过程中，也要求生长环境保持一定的空气相对湿度。在菌丝生长阶段，一般要求空气相对湿度低些，以 70%左右为宜。在子实体分化发育阶段，要求较高的空气相对湿度，一般要求在 85%～95%。如果空气相对湿度低于 60%，子实体发育停止。当空气相对湿度降至 40%～50%时，子实体不再分化，即使已分化出来的小菇蕾也会枯死。应当指出，尽管在子实体发育阶段要求较高的空气相对湿度，但也不能过高，最好不要超过 95%。相对湿度过高，不仅容易引起杂菌生长，而且阻碍菇体的蒸腾作用，而这种作用又是细胞原生质流动和营养物质运输的促进因素。所以，如果湿度过高，也会因蒸腾作用受阻而影响子实体的正常发育。同时，菇房空气湿度过高，也容易造成子实体腐烂。

3. 温度

草菇属于典型的高温型菌，对外界温度的反应相当敏感，一切代谢活动只有在适温中才能活跃地进行。草菇生长发育的不同阶段，对温度的要求不同。

温度对草菇孢子萌发的影响：研究试验表明，将草菇担孢子放在盛有培养基的培养皿内，分别置于 20℃、25℃、30℃、40℃、45℃保温培养。48小时后观察萌发情况，发现草菇孢子在 20℃ 和 25℃下不萌发，在 30℃下只有少量萌发，在 40℃时萌发百分率达到最高，在 45℃时萌发百分率急剧下降。

温度对草菇菌丝体生长的影响：草菇菌丝生长的温度范围是 10～43℃，适温为 30～39℃，最适生长温度为 33～36℃。在低于 15℃或高于42℃时，菌丝生长会受到强烈的抑制，10℃停止生长，呈休眠状态，5℃的低温或 45℃的高温可导致菌丝死亡。

温度对草菇子实体分化的影响：草菇子实体分化时要求的温度比菌丝体生长的温度低些。子实体分化发育最适气温为 27～31℃，子实体生长最适温度 28～32℃。平均气温在 24℃以下子实体难以形成，21℃以下的低温或 45℃以上高温以及突变的天气，小菇蕾都会萎缩死亡。在适温范围内，菌蕾在偏高的温度中发育快，很易开伞，菇体小而质次；在略微偏低的温度中发育稍慢，长势好，不易开伞，菇体大而质优。

4. 空气

氧气和二氧化碳也是影响草菇生长发育的重要因素。一般空气中，氧气的含量约为 21%，二氧化碳含量约为 0.03%。草菇菌丝在呼吸时吸收氧气而排出二氧化碳，空气中二氧化碳浓度过高，必然会影响草菇的呼吸活动和生长发育。草菇是好气性真菌，生长发育过程要求较充足的氧气，如果空气不流通，氧气不足，会抑制草菇菌丝的生长和子实体的发育。草菇在子实体分化阶段，对氧气要求量稍低，此时空气中的 CO_2 浓度适当高些（0.034%～0.1%），反而对子实体的分化有利。一旦子实体形成后，呼吸作用旺盛，对氧气需求急剧增加。这时，空气中 CO_2 浓度达到0.1%时，对子实体产生毒害作用，导致子实体发育畸形，甚至完全抑制子实体的形成。

5. 光照

草菇孢子的萌发不需要光照。草菇菌丝体的生长也完全不需要光照，在完全黑暗条件下，菌丝可以正常地生长，直接的光照反而会抑制菌丝的生长。草菇子实体发育阶段需要适量的散射光，在黑暗条件下，虽然草菇能形成正常子实体，但适当的光照对子实体的形成有促进作用。试验证明（张树庭），子实体发育阶段的最适光照为50 lx。如果在室外栽培草菇，选择树荫之地或加以人工遮光是必要的。此外，光照还可影响子实体的光泽和颜色。光线强，草菇子实体的颜色深黑而发亮；光照不足，草菇子实体的颜色灰黑而暗淡，有时近乎灰白色。

6. 酸碱度(pH)

草菇喜欢偏碱性的培养基质。虽然草菇菌丝在 pH 为 4～10 的范围均可生长，但菌丝生长的最适 pH 为7.5，孢子萌发的最适 pH 为7.0～7.5。在 pH 为8.0的培养料中，草菇菌丝和子实体均能正常生长发育。在草菇生产中，培养料的 pH 一般调至8.0～8.5。为了使菌丝在比较稳定的 pH 范围内生长，在配制培养基时，可添加适量的磷酸二氢钾和磷酸氢二钾等缓冲物质，也可添加适量的碳酸钙作中和剂。

第三节 草菇的菌种繁育

草菇的菌种繁育请参阅本书《食药用菌制种技术》一章。

第四节 草菇的栽培技术

一、草菇床式栽培

草菇床式栽培是目前最常用的草菇栽培方式，在室内进行。其工艺流程是：原料准备→浸料→堆制发酵→铺料→二次发酵→播种→菌丝期管理→喷催菇水→出菇期管理→采收→清料、打扫菇房。

(一)培养料选择

1. 主要原料

栽培草菇的主要原料有废棉渣、棉子壳、稻草、小麦秸、中药渣、剑麻渣等。

(1)废棉渣

又叫废棉、破子棉、落地棉、地脚棉,来源于棉纺厂、轧花厂、弹花厂的下脚料,含有破碎的棉子壳或棉子仁及棉秆屑等,是目前最理想的草菇栽培原料。废棉渣的等级较多,价格相差也较大。初栽培者一定要注意,不要购买质次价高的产品。一般情况下,质次、杂质多的废棉渣发热量大,适宜气温低时栽培;质量好、纤维多、短绒多的废棉渣发热量均匀,保水性能好,适宜气温较高时栽培。有经验的废棉渣供应商和栽培者,往往会根据气温的变化和栽培季节的变化将不同等级的废棉渣按适当比例配合使用,这样较易获得理想的产量。

(2)棉子壳

又称棉子皮。棉子壳是草菇制种最理想的原料,也是营养较为丰富的草菇栽培原料。栽培草菇时,以棉绒较多且长的棉子壳最好。阳畦栽培时,棉子壳是较为理想的原料;床栽时,棉子壳不如废棉渣好,主要是棉子壳保温、保湿性能较差,栽培中后期发热量不足,在气温较低时较难获得理想的产量。

(3)稻草、小麦秸

稻草、小麦秸原料丰富,是传统的草菇栽培原料,曾一度因废棉渣、棉子壳的应用而使其用量大为减少。近年来,由于废棉渣、棉子壳供应紧张,价格较高,稻草及小麦秸的用量有较大幅度的增加。由于稻草、麦秸的物理性状较差,且营养缺乏,与废棉渣、棉子壳混合使用是增加产量的关键。

(4)中药渣

中药渣是20世纪90年代初期因废棉渣、棉子壳价格大幅度上升时,科研工作者和菇农共同试验发现的草菇栽培原料,成为广东栽培草菇的第三大主要原料。中药渣与稻草等原料相比有如下优点:用于种菇的药渣经药厂提取有效成分,实际上经过了高温消毒,含水量适中,运回菇场后适当拌些石灰后即可使用,保水性能也优于稻草;种菇后,作为有机肥,肥力也比稻草好,深受菜农、果农、花农的欢迎。

(5)其他

剑麻渣也是栽培草菇的理想原料。但剑麻是生长在热带、亚热带的一种龙舌兰科植物,在中国只有广东的雷州半岛、海南、云南等部分地区出产,剑麻渣是剑麻加工厂的废料,栽培草菇的产量及品质都比稻草好,但数量有限,栽培量较少。此外,甘蔗渣也曾用于草菇栽培,但不很理想,已较少使用。目前草菇栽培中只在袋式栽培时使用,使用量不超过培养基总量的30%。

2. 辅助原料

与栽培其他食用菌相比,草菇栽培较少使用辅料。用棉子壳、废棉渣、中药渣栽培草菇时,通常只添加石灰即可。用稻草栽培时,除加石灰外,有时还添加麦麸、细米糠、干牛粪、鸡粪、石膏、营养土及磷酸二氢钾、磷酸氢二钾、硫酸镁等。麦麸、细米糠只在袋式栽培时添加,床栽时添加麦麸、细米糠极易引起杂菌污染。此外,一些菇农还添加增产素。

(二)栽培季节与栽培品种

1. 栽培季节

草菇属高温型菌类,在自然环境条件下,通常在日平均气温达到24℃以上、日夜温差较小时才能栽培。在广东珠江三角洲地区没有保温、加温条件时,在4月下旬至10月中旬栽培草菇较适宜。若采用泡沫板菇房或砖瓦房内贴泡沫板并有加温设施,可周年生产,目前广东栽培草菇90%以上为周年栽培。广东北部地区通常在5月中旬气温才较为稳定,没有保温条件的菇房在5月中下旬才能开始栽培,9月中旬结束。国内其他地方在没有保温条件的菇房栽培时,最好日平均气温在25℃以上,日夜温差较小时才栽培,通常是5月下旬至8月下旬。我国各地气候差异较大,栽培时一定要根据当地的气候特点,结合草菇的生物学特性安排栽培时间。没有保温条件、纬度高、海拔高、日夜温差大的地区难于进行草菇栽培。

2. 栽培品种

目前栽培的草菇主要有两大品系:一类称为黑草菇,主要特征是子实体包皮(未开伞时)为鼠灰色,呈卵圆形,不易开伞,货架期相对较长,抗逆性稍差,对温差变化特别敏感,由于基部相对白草菇小,容易采摘;另一类是白草菇,常被人称为港式草菇,主要特征是子实体包皮灰白色或白色,菇体基部较大,蛋形期呈圆锥形,包皮薄,易开伞,出菇快,产量高,抗逆性较强,相对黑草菇采摘要困难一些。

广东大量栽培的黑草菇有 V23、V5、V6、V981、V202 等，白草菇有 V844、V17、屏优 1 号、VP53、粤 V1 等。草菇跟其他食用菌一样，对品种、菌株的命名没有统一的规则，同名异种、同种异名的现象普遍存在，菇农引种或栽培时，最好先试种再扩大栽培。

此外，还有一种在分类上与草菇同属的种称为银丝草菇，属中温型菌类，出菇温度 15～30℃，最适温度 20～28℃，子实体白色或淡黄色，产生银丝状的纤毛，不易开伞，在 4～8℃冰箱保存不会失活自溶，肉质细嫩，口味尚可。

（三）栽培场地及其消毒

1. 栽培场地

草菇床式栽培在室内进行。可在专门搭建的草菇房，也可利用闲置的房屋如闲置的农舍、猪舍等改建而成的菇房进行栽培。改建的菇房可搭床架，也可直接在地面栽培。无论选用哪种栽培场地，都要求房内有散射光，能保温保湿，通风换气。

室内栽培草菇有利于保温保湿，减少害虫、杂菌的危害，产量较为稳定。草菇主产区如广东草菇栽培 90%以上是在室内进行，并可以周年栽培的菇房。广东的草菇专用菇房有两大类：一类以杉木、杉木片、竹、薄膜、保温泡沫板为材料搭建；另一类是先建砖瓦房，在菇房内搭床架。

（1）泡沫板菇房的搭建

泡沫板菇房有多种规格，主要有 4 种：第 1 种有两排床架，每排床架 4 层，菇房长×宽为 5m×2.2m，面积 11m² 左右，房顶中间高约 2.8m，菇房房顶两边高约 2.3m。先将搭菇房的场地平整，在地上设地炉供加温用，地炉铺设好后，上面再铺厚 3～5cm 的水泥。一些菇农为了节省开支，设地炉后先不铺水泥，待搭好菇房后铺一层 1～2cm 厚的水泥沙浆地面。搭菇房的地上部分时，通常先搭床架，后盖薄膜和泡沫板。床架框架用杉木搭建，木方规格一般为 4cm×4cm 或 3cm×5cm。床架宽约 70cm，设 4 层床架，层间距离 45cm 左右，底层离地面 35cm 左右，顶层离屋顶边缘距离 50cm 左右，离屋顶最高处约 100cm。两排床架间距 65cm 左右。床架搭好后，在床架外侧及顶部覆盖厚 0.06cm 的聚丙烯薄膜。盖好薄膜后再封泡沫板，泡沫板厚以 3cm 为宜，薄膜接口处用塑料胶布封口，两块泡沫板接口处用杉木片压实，钉牢，最后开设门窗。门通常高×宽为1.7m×0.65m，窗通常为高×宽为 0.4m×0.5～0.6m。

第 2 种菇房屋顶是圆形的。除屋顶外，其他结构与第 1 种菇房相同。

第 3 种菇房，房内有 3 排床架，2 个过道。房屋的规格为长×宽 5m×4m，面积 20m²。房内两边床架的规格与第 1 种菇房相同，过道也相同，中间一排床架宽 100cm 左右，门窗规格与第 1 种菇房相同。

第 4 种结构是，房内有 4 排床架，2 个过道。房屋的规格：长×宽为 5m×4.8m，面积 24m²。门窗结构规格与第 1 种菇房相同。

泡沫板房内的加温炉的建造：在过道离门口约0.7m处砌一个直径0.3m、深0.5m的地下炉灶，炉底有炉栅、进风口和排气口。进风口有管道通至菇房外，排气口与管道相连，沿过道一直伸至菇房的另一边墙外。管道的一半在地表下面，一半在地表上面。炉的上部用水泥板盖盖严，炉内的热量经管道散发在菇房内，产生的烟由管道排出菇房外。

泡沫板菇房的屋顶除封薄膜和泡沫板外，通常还盖些野草或黑纱网，有条件的最好盖石棉瓦。

（2）砖瓦房的建造

砖瓦房种草菇与泡沫房相比，室内环境条件更加稳定，但造价往往是泡沫房的两倍以上。建造方法：先用砖砌房子，规格：6m×4m，即 24m²，边高 2.8m，顶高 3.5m，盖铁皮瓦或石棉瓦。菇房内 2 排床架，床架宽约 1m，共 5 层，层间距离 0.45～0.5m，底层离地0.4m，顶层离边高0.5m，离层顶高1.2m左右。设一门，高×宽为1.8m×0.7m，设上、下 2 排窗。砖房砌好后，在屋顶铺 3cm 厚的泡沫板，再铺一层薄膜，最后搭床架。搭床架的材料、搭法可参照泡沫房床架搭法。

（3）原有房屋的改造

原有房屋改造的方法依栽培方式的不同而有差别。采用地面畦栽时，将菇房打扫干净，增设通风窗，最好在房顶和四周铺薄膜，以利于保温保湿，延长栽培时间。采用床架栽培的，若要周年栽培，菇房内要贴泡沫板，铺薄膜，再搭床架。若只在夏秋两季栽培，菇房内铺薄膜即可，然后再搭床架，床架规格可参考砖瓦房内床架。

2. 栽培场地的消毒

栽培前要认真打扫卫生，打开门窗，通风换气 2 天以上。然后用消毒剂如气雾消毒剂、高锰酸钾、石灰等熏蒸或喷洒。对栽培过的菇房消毒更应彻底，必要时，还要喷低毒杀虫剂。无论用哪一种消毒剂，都必须严格按消毒剂使用方法和要求进行消毒，并保证产品达到食品安全要求。

(四)床式栽培

1. 以废棉渣或棉子壳为主原料的床式栽培

(1)浸料、堆制发酵

将废棉渣浸入石灰水中,每 100 千克废棉渣加石灰 3~5 千克左右,浸透后捞起建堆。每次堆制发酵的培养料不少于 200 千克(干重计),盖上薄膜,发酵 2 天左右。含水量 65%~70%即可搬入菇房。进房前若 pH 低于 8,通常加适量石灰调至 pH 为 9~10。

图 18-5 废棉渣室内床栽草菇

(2)二次发酵

将经过堆制的废棉渣拌松、拌匀,搬进菇房,铺在培养架上,料厚 5~7cm。夏天气温高时,适当铺薄些;冬季气温低时,适当铺厚些。一般每 50 千克干废棉渣堆制后可铺 $4m^2$ 左右。铺好料后,向菇房内通入蒸汽或放煤炉,使培养料温度达到 65℃,维持 4~6 小时,然后自然降温。降至 45℃左右时打开门窗,待料温降至 36℃左右时播种。冬季反季节栽培时料温在 38~42℃播种较好。

草菇床式栽培最好进行二次发酵,二次发酵能杀灭菇房及培养料中的害虫及有害杂菌,减少栽培过程中害虫及杂菌的危害。同时,有利于高温放线菌等有益微生物的大量繁殖,使培养料腐熟,更利于草菇的生长,容易获得高产。

二次发酵加温方法有 3 种。第 1 种是用多功能蒸汽发生器、锅炉或油桶加热,产生蒸汽通入菇房内,使菇房升温。第 2 种是用煤炉加温,将生好火的煤炉放入菇房的过道上,$10m^2$ 的菇房放 4~6 个煤炉,每个煤炉用 4~6 个蜂窝煤。第 3 种是用地炉加温,一些菇房有加温地炉,可放入生好火的煤,让其自然燃烧。每间菇房通蒸汽的量和时间或加煤的数量因菇房的结构、密封程度及气候条件等而有所不同,栽培者应在生产过程中总结经验,确定煤的用量。通常情况下,菇房保温效果好、气温高时,煤的用量相对较少,加温时间也相对较短;反之,煤的用量增加,加温时间加长。

在气温较低或菇房内最低层床架离地面低于 30cm 时,二次发酵时床架底层与顶层的温度有时可相差 10℃左右。底层培养料的温度较低,无法达到减少害虫及杂菌的危害的目的,难于达到二次发酵应有的效果。通常二次发酵铺料时,将底层用的培养料放在中层,与中间层培养料堆在一起。待二次发酵结束后,播种前将中间层培养料的一半移至底层即可。

(3)播种

草菇床式栽培采用撒播法播种。料温降至 36℃左右时(低温,反季节栽培时 38~42℃),即可播种。将草菇菌种从菌种瓶挖出,袋装种可将塑料撕烂,并将菌种块轻轻弄碎。无论瓶装还是袋装的菌种,必须将菌种表面的一层菌种挖出弃去不用。播种时,均匀地将菌种播在培养料表面,通常先用总种量的2/3播种,以免起初播种量太多而菌种不够,剩余的1/3用于加播,尽量使菌种播均匀。播种后,盖上薄膜,保温、保湿效果好的菇房且气温较高时也可不盖薄膜。播种时,注意不要把不同草菇种混合在一起播。不同品种混在一起会有拮抗作用,出菇量少,甚至不出菇,严重影响产量。通常每 50 千克干废棉渣需 750ml 瓶装的菌种 6~8 瓶。

(4)菌丝期管理

播种后至出菇期间为菌丝生长期,从温度、通风、湿度、光照等方面进行调控,促进菌丝健康生长。

①温度控制:料内温度维持 36℃左右,不能低于 33℃,也不要超过 40℃,保持 4 天左右。然后揭膜,夏天高温季节薄膜覆盖 2 天左右即可。在空气相对湿度高的情况下,保温保湿较好的菇房可以不盖薄膜。观察料内温度时,将温度计探头斜插入床架中间位置,插入料面 3cm 处;观察料面温度时,将温度计直接平放在床架中间的料面上;观察菇房气温时,将温度计直接挂在床架第 3 层(菇房中间)位置。通常情况下,菌丝生长期间料面温度一般比室内气温高 2~3℃,比料内温度低 2~3℃。

②通风换气:菌丝生长期如果覆盖了薄膜,每天揭开薄膜通风 2~3 次。揭膜通风的次数及通风时间要根据气温、料温及空气相对湿度等因素来确定。通风过程中料面不低于 33℃,料内温度不高于 40℃即属正常。料内温度超过 42℃以上,需打开门窗使温度降低或在菇房内喷水降温。

③湿度控制:在菌丝生长阶段,培养料的含水量为 70%。盖了薄膜后,变化不大,盖薄膜期间,

对空气相对湿度要求不很严格，以80%左右为宜，无须采取特别管理措施。揭膜后至喷出菇水期间，如果培养料偏干，不能直接向培养料直接喷水，否则会影响菌丝正常生长。可以室内喷雾加湿和地面喷水，保持地面有积水，减少通风量。

④喷催菇水：接种后第4天左右，菌丝长至料层底部后，开启门窗通风4～6小时。料面干爽之后，直接向料面喷水，此次喷水要重，直至料面有水珠向两边流出，并有水渗入料内。喷水后，打开门窗通风换气，使料面温度保持28℃左右5～6小时。待料面水珠风干后，关闭门窗，使料面温度回升至33℃，保持12小时左右，让菌丝恢复生长。喷催菇水可促进草菇子实体形成，同时增加培养料的含水量，有利于草菇的生长发育，达到高产、稳产。特别要注意的是，喷水后不能马上关闭门窗，否则会因为喷水后湿度大和温度回升过快导致大量气生菌丝发生，影响草菇子实体形成，严重时会导致大幅度减产。

关闭门窗、料面温度回升后，菌丝的生长和通风会使水分蒸发。料面干燥，不利于菌丝扭结和菇蕾的发育。通常在第6天再喷1次催菇水，以喷雾的形式喷水，水量要小，料面湿润即可。喷水后料面温度保持在28℃左右5～6小时。

⑤光照调控：喷第1次催菇水之后，即接种后的第4～5天，必须加强光照，以刺激草菇子实体形成。光照强度，通常每间30m^{2}左右、一个过道需用2支40W的日光灯，垂直悬挂在菇架上可满足需要。如果菇房的透光度好，只需在夜间开灯，如果透光较差或在阴雨天气，需全天开灯。

(5)出菇期管理

正常情况下，接种后第6天开始进入出菇期管理。

①温度控制：出菇期间，料面温度以30～32℃为宜。温度偏高、湿度大时，气生菌丝生长过旺。低于28℃时，子实体生长受阻甚至停止生长。为保持温度稳定，防止温度过低，在气温低时，一定要在保温性能好且能加温的菇房内栽培；在高温季节栽培时，可在距菇房屋面50cm左右高处搭棚架，加盖遮阳网、稻草、甘蔗叶等隔热，并打开通风窗来降低室内温度。

②通风换气：草菇子实体生长期间要有充足的氧气。二氧化碳浓度过高，不仅影响子实体的形成和生长，已经形成的子实体会形成肚脐菇，即菇的顶部会凹陷变成畸形菇，降低甚至失去商品价值，严重时幼菇会死亡。草菇子实体形成之后，每天需开启门窗2次左右，每次1～2小时，送入新鲜空气，排出二氧化碳，即使在低温季节也需如此。不过不要把门窗全部打开。如果温度太低，还需一面加温，一面通风，通风时间适当缩短。通常情况下，没有或者很少有肚脐菇的形成，表明通风换气正常。

③湿度控制：出菇期间，培养料的含水量以65%～70%、空气相对湿度90%左右为宜。通过喷催菇水，而且喷水量足够，培养料的含水量在出菇初期一般不会有问题。空气相对湿度易受料温、气温、通风等外界因素影响，子实体生长初期，水不能直接喷床面。喷水的时间，一般安排在中午为宜。下午气温较高，蒸发量较大，中午喷水可以防止下午菇房相对湿度过低。在寒冷季节，中午喷水还可以防止温度过分下降。喷水量约每天每平方米200ml为宜。喷水前，需将门窗适当开启，让料面稍为干爽以后再喷水。喷水后不能马上关闭门窗保温，适当开窗通风，待料面干爽之后才能关闭门窗保温，否则气生菌丝会旺盛生长，影响子实体正常生长。

④光照调控：草菇子实体的形成、生长发育，均需要一定的散射光，光线强度以勉强能看书的光线即可。在光线弱或黑暗的环境下，草菇子实体生长较弱，菇的颜色较浅，菇柄易伸长，菌幕较薄，易开伞，但不能阳光直射，强光对子实体生长也不利。另外，要注意一定的光刺激，具体做法见菌丝生长阶段的管理部分。

草菇在生长过程中，温度控制、通风换气、湿度控制、光照调控等是既相互联系，又相互制约的。在低温干燥季节栽培时，关闭门窗，容易满足温度和湿度的需要，但难以满足对新鲜空气的需求；相反，这时打开门窗，解决了对氧气的需求，却会使温、湿度下降。栽培草菇时，必须很好地对温度、通风、湿度及光照进行调节，满足草菇生长和发育的需要，这是草菇栽培成败关键所在。

2. 以稻草为主原料的床式栽培

(1)稻草的处理

稻草处理方式有两种：一种是稻草不切碎，用长稻草栽培。但需将稻草用石灰水浸泡5～10小时，每100千克稻草用石灰5千克左右，稻草用重物压住，以利于充分吸收。浸透后捞起建堆发酵，通常发酵5天左右，中间翻堆1次。另一种是将稻草切成5～10cm长或用粉碎机粉碎。切碎的稻草用石灰水浸泡，每100千克稻草用5千克石灰，浸泡6小时后捞起建堆发酵，堆制5天，中间翻堆1次。用稻草栽培时，可添加草木灰5%、复合肥1%、石膏粉2%，还可适当添加干牛粪等，但添加总量一般不超过5%，在翻堆时加入。

翻堆时，将料堆上层的稻草(约占总料的 1/4)和底层稿草(约占总料的 1/4)放在新建堆的中间位置，将原料堆中间的稻草(约占总料的 1/2)中的一半放在新建堆的底层，另一半铺在新建堆的上层。

稻草堆制发酵时，一般堆宽 1.5m，堆高 1m，长度 2m 以上，堆中适当打通气孔。堆制后，盖薄膜保湿，同时防止害虫侵入。堆制好的培养料要求质地柔软，含水量 70%，pH 调至 9 左右。

(2)铺料

稻草堆制发酵后，搬进菇房铺在培养架上，切碎的稻草铺料厚度通常 10～15cm，要压实，长稻草要拧成"∞"字形草把，逐把紧密排列。每个床架排两排，按"品"字形叠 2 层，尽量排结实，厚度 20cm。铺好后，将草木灰、干牛粪等辅料充分拌匀，再均匀地撒在料面，把一些散草放在床架旁边，用于播种后盖床面。

(3)二次发酵

铺料后，进行二次发酵。稻草床栽草菇最好经二次发酵，特别是添加了干牛粪的原料，一定要进行二次发酵。二次发酵方法参照废棉渣床式栽培相关内容。

(4)播种

采用床面撒播法播种，每 50 千克干稻草用种量为 750ml 的玻璃瓶菌种 6～8 瓶。播种后用散稻草覆盖，然后盖上薄膜发菌。

(5)菌丝期管理和出菇期管理

参照废棉渣床式栽培的菌丝期管理和出菇期管理技术。以稻草为栽培原料时，培养料较厚，喷出菇水比用废棉渣栽培推迟 2 天左右。此外，稻草保水性能较差，注意菇房的空气相对湿度不能太低。稻草栽培草菇的周期一般比废棉渣栽培长 3～5 天。

图 18－6　稻草室内床栽草菇

3. 混合料栽培技术

为了降低成本，广州及珠江三角洲地区相当一部分菇农采用废棉渣加稻草或废棉渣加中药渣的栽培方法，取得了较理想的效果。混合比例通常是废棉渣 1/3～1/2，稻草或中药渣 1/2～2/3。稻草可切段或粉碎，浸透后直接使用或堆制后再使用。中药渣从中药厂运来后，拌 3% 左右石灰(以干药渣重量计)即可使用。稻草或中药渣铺在床架底部，上面铺废棉渣。一般料厚 7～10cm。二次发酵、播种、菌丝期管理、喷催菇水、出菇期管理与废棉渣床式栽培相同。

(五)草菇的采收与加工

草菇是人工栽培的食用菌中生长最快、生产周期最短的食用菌，床栽草菇从播种至幼菇形成只需 7 天左右，从播种至初收一般只需 9～10 天，第 1 潮菇只采收 4 天即结束。广东栽培草菇的全过程即从播种至采收完成通常仅 13～15 天。草菇生长迅速，加上后熟作用明显，采收后在 25℃ 以上很快开伞，降低甚至丧失商品价值。通常每天采收 2～3 次，具体采摘时间应根据销售渠道来调节。除集中采摘外，需不断巡查菇房，发现可采收的及时采下。草菇采收是否及时，采收方法得当与否，直接影响商品菇的质量。草菇的保鲜、运输及加工，也直接影响到草菇生产的经济效益。

1. 草菇的采收

(1)采收标准

采收后在当地销售的，可在草菇菇体由硬变松、包膜未破的蛋形期向伸长期过度这一时期采收。若需较长距离运输或加工的，应在蛋形期，质地较硬、菇体呈圆锥形时采收。

(2)采收方法

采摘时，最好一手按住草菇着生的基部，另一手将草菇拧转摘起。不能像拔草一样向上用力拔，否则会使周围的培养料松动，影响旁边菇的生长。若是丛生菇，最好等大部分可摘时一并采收，或用小刀将可收的菇切下。采收后的菇应及时用刀切去基部的杂质，并按等级分好，分别包装。广州、深圳销往香港的草菇，采收时多数直接用小刀切下，既干净，损伤也少，较受客商的喜爱。采收后，应及时清理床面，打扫菇房卫生。

2. 草菇的近距离运输与保鲜

草菇近距离运输通常是指 200 千米以内范围的运输，广东草菇 95% 以上是近距离运输销售的。草菇有明显的后熟作用，采下后仍继续发育，温度高时极易开伞，温度低于 10℃ 时，草菇容易发生自溶、变质，运输不当也极易破损。

常用的包装、运输、保鲜方法有 3 种：第 1 种是由菇场直接运至客户，如餐厅、饭堂等。距离在15 千米以内，可用塑料框、塑料袋装菇，大都用自行车、摩托车或小型面包车等运输。运输过程中，必须保证框内或袋内的菇不滚动，以减少菇体间的摩擦，一般要当天处理完毕。第 2 种是用汽车托运100～200 千米的。通常用泡沫箱包装运输，先将草菇放在 20℃左右的空调房内，适当降温、风干菇体表面的水分后再装箱。最好用网袋装好后再放入箱内，盖上箱盖，压紧，使内部菇体不滚动。必要时，箱底放少许碎冰，用纸皮等隔开，菇体不直接接触冰块。第 3 种是将采好的菇或收购来的菇及时分级，摊放在筛网上，置于温度 15℃左右的空调房内，待有足够数量时，用冷藏车运往目的地。冷藏车内温度保持 15～20℃，装车时，用塑料框或泡沫箱装菇，必须压实，使菇体不能在框内滚动。

3. 草菇的加工

目前草菇以鲜销为主，也有用于加工。加工的方法有干制、腌制、罐头加工等，还有加工成速食食品和草菇酱油等。具体加工方法参照本书有关加工方面的章节。

二、草菇袋式栽培

草菇袋式栽培是一种较新的草菇高产栽培方式，也是目前保证草菇质量安全的较佳栽培方式，是今后草菇栽培的发展趋势之一，但栽培工艺较床栽等方式复杂。袋式栽培工艺流程：原料选择→培养料调配→料袋制作→灭菌→接种→菌丝培养→菌袋脱袋与排场→出菇管理→采收。草菇袋栽有生料袋栽和熟料袋栽两种，生料袋栽稳定性较差。由于原料和人工成本不断增加，草菇生料袋栽风险较大，已很少采用。采用较多的是熟料袋栽。

草菇袋式栽培可在室内和室外进行，室外栽培只能在气温稳定在 25℃以上，日夜温差变化较小时才能栽培。

(一)草菇袋式栽培场地及其消毒

1. 袋式室外栽培场地及其消毒

草菇室外栽培场地主要是塑料大棚内、果树林下、屋前屋后空地及稻田等。室外栽培成本较低，但温度、湿度较难控制，产量波动较大。在原料价格不断上升、人工工资不断提高的今天，室外栽培的比例越来越小。室外栽培草菇的场地应靠近洁净水源或有水井的地方，以利于浸草和喷水，节省劳力。栽培场地的土质最好是砂质壤土，壤土的保湿、通气性较好，有利于草菇菌丝及子实体的生长发育。气温较低时，应选择避风、向阳的地方，并利用阳光来增加料温；气温高时，应选择荫凉通风的荫棚或树荫、瓜棚种植。

室外栽培一般较难用熏蒸法来消毒。主要是搞好周围环境卫生，栽培前在场地上撒石灰粉或喷洒消毒剂，同时喷低毒杀虫剂。

2. 袋式室内栽培场地及其消毒

在室内进行草菇袋式栽培时，栽培房的建设及消毒参照床式栽培相关内容。

(二)原料选择与调配

草菇袋式栽培主要原料有稻草、棉子壳、甘蔗渣等，草菇袋式栽培要经过灭菌，可适当增加辅料如麦麸、细米糠、干牛粪、鸡粪、石膏粉等。此外，适当加营养土、磷酸二氢钾、磷酸氢二钾、硫酸镁等，可提高产量。常用的培养基配方有：

配方 1：稻草 70%，棉子壳 20%，麦麸(或细米糠、干牛粪、鸡粪)8%，石膏粉 2%。

配方 2：稻草 85%，麦麸(或细米糠、干牛粪、鸡粪)13%，石膏粉 2%。

配方 3：稻草 40%，甘蔗渣 30%，棉子壳 20%，麦麸(或细米糠、干牛粪、鸡粪)8%，石膏粉 2%。

配方 4：棉子壳 90%，细米糠 8%，石膏粉 2%。

根据各栽培地区原料来源，参照上述培养基配方进行备料。各种原料的选择和处理参照草菇室内床架式栽培相关内容。根据选择好的培养基配方按比例秤量原辅材料，以棉子壳为主原料时，用人工拌料或机械拌料。人工拌料时，棉子壳先预湿堆制 1～2 天。气温高时预湿方法可用 3%的石灰水浸透捞起建堆发酵，也可用石灰水直接拌料。用石灰水直接拌料，石灰用量为棉子壳用量的 3%左右，根据石灰的质量适当增减。培养料的含水量以 65%左右为宜，然后堆制发酵 1～2 天。再将辅料加入翻拌，测定含水量和 pH 值。机械拌料时，将棉子壳、石灰、辅料倒入拌料机搅拌，加水量以拌料后含水量 65%为宜，通常搅拌 20 分钟左右，以拌匀为准。

以稻草为主原料时，通常稻草比较长，即使粉碎过的稻草也不易用拌料机拌料，通常用手工拌料。稻草(最好是粉碎或切成短段的稻草)用 3%左右的石灰水浸泡，浸透即可，捞起进行堆制发酵2 天，含水量约为 65%左右。将其他材料如麦麸

（或细米糠）、棉子壳、甘蔗渣等混匀，与堆制发酵后的稻草充分拌匀。

无论使用何种培养基配方，在拌料过程中，要不断检测培养基的含水量和pH值，防止含水量不足或过湿、pH值过低。生产上含水量一般控制的范围是：以稻草为主原料的培养基含水量为65%左右，以棉子壳为主原料的培养基含水量为60%～65%。pH要求在装袋时以8.5～10.0为宜，灭菌后保持为7.5～8。栽培者应根据自己的栽培经验掌握含水量、pH值。

（三）料袋制作

草菇袋栽选用长50～55cm、宽22～24cm、厚0.05cm的聚乙烯塑料袋，将袋子一头用粗棉线或塑料绳活结扎紧，活结要扎牢，同时线的两端留5cm左右，以便于接种和脱袋时操作。料袋装填通常采用手工装料（培养料含有稻草难以用机械装袋），装料步骤与平菇袋式栽培装料相似。装料时边装料边压实，并将稻草、棉子壳、麦麸等培养料均匀装入，以利菌丝均匀生长。当培养料装至离袋口5cm左右时，用粗棉线或塑料绳将袋口以活结扎紧，线的两端各留5cm左右，每袋可装培养料0.7千克左右（干重计），湿料重2千克左右。装料过程中及随后的灭菌、接种时，搬动料袋的动作要轻，避免塑料袋穿孔或破裂，否则容易受杂菌、害虫的侵染。

草菇菌袋的灭菌、冷却方法与其他食用菌相同。技术方法请参见本书《食药用菌制种技术》一章。

图18－7　草菇袋栽拌料与装袋

（四）接种

草菇袋式栽培接种与平菇袋式栽培接种相似，要按无菌操作规程进行接种。接种室在料袋搬入前进行彻底的打扫、消毒，料袋搬入后用气雾消毒与紫外线照射消毒相结合进行消毒。用于接种的菌种在送入接种室之前将菌种瓶（袋）快速放入0.1%高锰酸钾溶液中浸湿，拿出后将菌种瓶（袋）倒置晾干后使用。同时准备好一个可装10袋左右菌种的塑料盆，用乙醇或高锰酸钾溶液消毒。灭菌后料袋内温度下降至35℃时即可进行接种，不能到料温下降至30℃以下再接种。接种时，用75%的乙醇消毒接种者的双手，然后再擦抹菌种瓶（袋）外表和塑料盆。用小刀在菌种袋上部、料面下1cm处环割，将表面的菌种连同棉塞取下，弃去不用，然后将菌种袋割破，把菌种取出放入盆中。若是菌种瓶，将棉塞在酒精灯火焰上慢慢拔出，再用菌种勾将表面菌种挖出弃去。然后将菌种挖出放入塑料盆，一次取菌种8瓶（袋）左右。菌种取出放在塑料盆后，用双手轻轻搓碎，立刻接种，不宜放置太长时间。

接种采用两头接种法，先将袋子的一头解开，在料面上均匀撒上一层菌种，用原来的带子重新将袋口活结扎紧，然后将袋子翻转，同样的方法把种接入另一端并扎紧。通常750ml的菌种瓶的菌种可接15袋左右，气温较高时用种可少些，气温低时可适当增加接种量。实际生产中发现，接种量大，草菇子实体形成的数量多，个体小；接种量小，草菇子实体形成的数量较少，但个体大。栽培者可根据培养基配方的营养状况、气温情况和菌种菌丝强弱及市场对草菇子实体个体大小的要求等方面来确定接种量，特别注意经验的总结。同一批的料袋，接种量要一致，否则各料袋菌丝生长速度不一致，会使出菇不齐。

接种可1人操作，但效率较低，且接种时菌袋料面曝露的时间较长，污染率比较高。有条件的最好4～5人一组，1人搬运和堆叠菌袋，2～3人负责解袋口和扎袋口，1人负责接菌种。

一些菇农为了减少料袋的搬运，降低劳动量，同时减少料袋的破损，直接在灭菌灶堂内冷却料袋，并搭接种帐进行接种。也有直接将灭菌后的料袋搬至培养菌丝的场所冷却，就地接种。以上做法的确可减少料袋搬动、降低劳动强度、提高工作效率。但菌袋被污染的可能性显著增加。这种方法只能在工作人员经验丰富和灭菌、培养场所较新且清洁卫生条件较好的情况下采用，并尽量加快接种速度。

（五）菌丝培养

接种后进入菌丝培养阶段，此阶段的料袋称为菌袋。菌丝培养的场所根据是否周年栽培而有所不同，只在高温季节栽培的，凡能保证场所内空气温度不低于28℃、环境干净，可遮雨、遮光有较好通风条件的大棚、仓库、农舍及其他建筑物均可作为培养场所。周年栽培的菇场也称专业性草菇场，通常设置专门的菌丝培养室，培养室要建在有水源、电源、与出菇场地相邻的地方，最好坐北朝南，远离禽畜场所、粮食和饲料仓库，也要远离食品加工厂。可用土木结构或水泥钢筋结构，也可用保温泡沫房。要求既能密闭保温，又能通风换气，还有一定的散射光。为使能周年栽培，还要有增温设施，墙面、天花板上贴泡沫板和薄膜，地面要用水泥抹平。为了提高场地利用率，可在室内搭建培养架。培养室面积 20～100m² 不等，根据栽培规模和操作方便而定。如果集菌丝培养与出菇于一体的菇房，一般以 20～40m² 为宜，或参照室内床架式栽培菇房。门窗装上防虫网，减少害虫的侵入。场地准备好后，要打扫卫生并进行消毒，然后将接好种的菌袋搬进培养场所。

没有培养架时，直接堆放在地面，气温较高达到 32℃以上时，分排叠放，每排叠放 4～6 层，两排间距 50cm 左右。当气温在 32℃以下时，堆高可增至 6～8 层，两排间距随气温的降低而缩小。具体距离以能保持料温在 35℃左右，不致于料温过低或过高为度。有增温设施的培养室的叠放方式可比较固定。

菌丝培养时，密切注意气温和料温的变化。料温过高会引起烧菌，料温过低也会对菌丝产生不利，影响产量甚至失收。要根据气温和料温情况进行人为调节，接种后 2～3 天，菌丝处于恢复、萌发阶段，菌袋料温比室内温度稍低，此时培养室温度可以保持在 35℃左右。气温低于 28℃时，在菌堆上盖上一层塑料薄膜保温，但要适当掀开换气。随着菌丝生长速度加快，培养料温度会上升，比气温高出 4～6℃，此时培养室的温度应控制在 30℃左右。可通过通风换气和翻动菌袋和改变叠放方式和堆高来调节，通常增加两排之间的距离和减少叠堆的层数可有效降低料温。

菌丝培养时，加强通风和适时松开扎口的线很重要。菌丝生长期间，足够的氧气是菌丝正常生长和减少污染的有效措施。气温高，选择早晨和夜间通风；气温低，选中午气温相对较高时通风。如果室内温度偏高，还可通过排气窗排气或进行室内上、下空气流通来降温。为了使袋内菌丝获得足够的氧气，接种后 4～5 天松开扎袋口的绳子，并轻轻拉动一下袋口，让氧气进入，二氧化碳等废气排出，促进草菇菌丝正常生长。但不能将袋口完全打开，否则增加污染，也会使袋内水分过分蒸发，影响菌丝生长和后期出菇。

在整个菌丝培养阶段，为了使各菌袋菌丝生长一致，需要 2 次翻堆。菌丝萌发生长覆盖袋口表面时进行第 1 次翻堆。揭开袋口后 3 天左右，菌丝生长迅速，堆温快速上升，此时进行第 2 次翻堆。翻堆时将上下菌袋、里外菌袋调换，调换菌袋可使菌袋间菌丝协调均匀生长，为整齐出菇打下基础。翻堆时要检查菌袋是否污染。发现污染的，及时搬出培养室。

（六）菌袋脱袋、排场

在菌袋料温保持 35℃左右情况下，菌丝培养约 10 天，50%左右袋内菌丝长满菌袋（即 50%左右菌袋两头菌丝长至菌袋中间相遇）时，可脱袋出菇。具体脱袋时间视培养温度、菌袋内培养料的松紧度、接种量等而定，但一般不要超过 15 天。脱袋时用剪刀将袋子纵向剪开，将培养料取出排放，尽量不要将培养料弄散。在大棚或无保温条件的室内栽培时，菌筒一袋紧靠一袋排放，尽量靠紧，一般堆叠 3～5 层。气温高达 30～35℃时，可叠 3～4 层；气温 23～30℃时，可叠 4～5 层；气温低于 23℃以下时，不宜在无保温条件的菇房栽培。

脱袋时，可一手抓紧菌袋一头的塑料薄膜，让菌袋与地面垂直，用力一抖，菌袋会自动滑出，另一只手轻轻接住已露出袋外的菌袋，轻轻将塑料袋拔出，然后将已脱好的菌袋进行排场。此种方式脱袋，没破损的袋子可以重复利用，但必须将塑料袋用清水清洗，晾干后再次利用。袋子破损微小，不易被发现，为了减少污染重复利用时最好用两层袋子装料。

有保温和加温条件的菇房可周年栽培，通常采用层架式栽培，一般堆叠 3 层。无论在大棚还是室内栽培，堆叠时最上面一层均采用品字型排放，可以增加出菇面积，增加产量，脱袋排场后及时盖上塑料薄膜，保温保湿。

（七）出菇管理

草菇菌袋脱袋排场后，先进行 2 天左右的菌丝恢复培养，然后进行出菇管理。袋栽出菇管理与室内床栽出菇管理相似，对出菇场地的温度、湿度、光照、空气进行综合调控。

1. 菌丝恢复培养

菌袋脱袋后，盖上塑料薄膜保温保湿以利菌丝恢复。脱袋后菌丝获得充足的氧气，菌丝快速生长，产生大量的热量。此时要密切注意培养料的温度，料内温度控制在 40℃左右，料面温度不低于 30℃，尽量保持温度稳定，早晚温差不能大于 5℃；空气相对湿度达到 80%以上即可。此时要保证场内有足够的氧气，每天通风 3 次左右，每次约 30 分钟，以人进菇房不觉得闷即可。具体通风次数和时间与当时的气温、空气相对湿度及菇房面积大小等而定。经过2～3天的培养，培养料表面布满草菇菌丝，即可进入催菇和出菇管理阶段。

2. 催菇管理

菌丝经过3天左右的恢复，进入催蕾管理阶段。加强菇房通风，增加菇房中氧气含量，对培养料喷水。喷水量根据气温、培养料的湿度等确定，通常要喷重水，喷至料面湿润有少量水滴下为度。水的温度要求在25℃以上，气温低时最好用35℃左右的水。喷水时，喷雾器喷嘴离料面30cm左右，直接喷向表面，使料面气生菌丝紧贴培养料。喷完水后进行通风。菇房的温度控制在30～33℃。此时温度偏高和通风不良会使气生菌丝生长旺盛，影响草菇子实体形成和发育。菇房中的空气相对湿度保持在90%～95%，喷水后2天就会有大量子实体原基出现。

3. 出菇管理

草菇子实体原基形成后的管理及采收参考草菇床栽管理相关内容。

草菇袋栽培养料营养比较丰富，且培养料堆3～5层，较床栽培养料厚很多。为了充分利用培养料的营养，草菇袋栽通常收2～3潮菇。第一潮菇采收结束后，及时清理菇根、病菇、残菇等，养菌1～2天，喷1%的石灰水溶液，使培养料表面湿润，含水量恢复至65%～70%，进行通风、保湿、保温管理。4天左右后，便有草菇子实体原基形成，管理方法参照草菇床栽管理相关内容，采收第3潮菇后，将栽培废料及时清理出菇场。

图18－8　袋栽草菇室内床架堆放出菇

三、草菇畦式栽培

草菇的畦式栽培是季节性栽培常用的栽培方式。随着周年栽培比例的增加，畦式栽培的栽培量越来越少，草菇畦式栽培可在室内，也可在大棚下进行。其特点是操作简便，投资成本相对较低。草菇畦式栽培工艺流程是：原料准备→浸料（或拌料）→堆制发酵→铺料播种→菌丝期管理→喷出菇水→出菇期管理→采收→清料。畦式栽培草菇的主原料有棉子壳、废棉渣、稻草粉、中药渣等。

图18－9　室外大田堆草栽培草菇

（一）草菇畦式栽培场地的整理

在畦式栽培之前，先整理栽培场地。在室内畦式栽培，若是水泥地，应把地面冲洗干净，堆料栽培的地方喷些石灰水或撒少量石灰粉即可。栽培畦面宽70cm，畦与畦之间过道宽50cm左右。若地面是泥地，打扫干净后撒些石灰粉。若在塑料大棚或果树林下栽培，整地方法有两种：一种是排水良好、地势高且干燥的地方，在栽培场开排水沟，栽培时应挖浅沟铺料播种，沟宽70～80cm，深8cm，沟与沟间的行人道宽50cm、沟长5m左右。另一种是地势较低、易积水的地方，应作阳畦铺料播种，且在四周开深沟排水，畦宽1m左右，畦高15cm，畦与畦间过道宽50cm。无论是沟或畦，整理好后均应将地面弄平，适当拍打结实，干燥的泥土要淋水补湿，最后撒石灰粉，减少杂菌和害虫的危害。在大棚或果林下畦式栽培还要用竹或钢丝搭小拱棚，盖薄膜，用于防雨水，同时起到保温、保湿的作用。

（二）以棉子壳（废棉渣）为主原料的畦式栽培

1. 原料处理

棉子壳（废棉渣）处理方法与床栽的方法相似。石灰用量适当增加1%～2%，浸透后捞起堆制发酵5天，第3天翻堆1次，使发酵均匀。堆制过程中要覆盖薄膜，覆盖薄膜后向料堆表面喷杀虫剂，防止苍蝇等害虫侵入。

2. 铺料播种

在整好的畦面铺一层稻草或麦秸，盖住畦

面表土即可。在稻草上面撒一层菌种，播种时边缘多播，中间少播或不播。用种量为全部用种量的1/4。随后铺一层堆制发酵过的棉子壳或废棉渣，厚度5cm（堆制发酵后的培养料含水量70%、pH10为宜，pH值太低可加石灰调节，铺料前尽可能拌匀）。然后再播一层种，同样是边缘多播，中间少播或不播，用种量为总种量的1/4。播第2层种后，再铺一层5cm厚的料，料面应呈龟背形，中间隆起，防止积水，然后将剩下的1/2的菌种均匀地播在料面上。再在上面盖一薄层稻草，最后在培养料四周覆上营养土，可显著提高产量。气温低、空气干燥时还要覆盖薄膜保温、保湿。

营养土通常用砂壤土或菜园土90%、草木灰6%、石灰2%、磷肥或复合肥2%，最好用美帕曲星（克霉灵）熏12～24小时，含水量20%左右。

3. 菌丝期管理

播种后，经常检测料温。播后5天内料温以35～38℃为宜，不要超过40℃，也不要低于30℃。料温超过40℃时，及时揭膜通风降温；料温低于30℃时，应覆盖草帘等保温。仔细观察菌丝是否正常生长。通常5天左右揭膜，适当喷雾，增加料面的湿度，以利于原基的形成。畦面上搭小拱棚，拱棚上面盖薄膜。

4. 出菇期管理

在一般情况下，播种后第7天可见子实体原基形成，此时要增加空气相对湿度。料太干时，可喷雾加湿，不能直接喷在幼菇上。防止强风直吹畦面，防止阳光直射。播种后11天左右开始有菇采收。采完第1潮菇后，一般过4天左右会出第2潮菇，管理得当，可收2～3潮菇。

（三）以稻草、小麦秸为主原料的畦式栽培

以稻草、小麦秸为主原料的畦式栽培最好将稻草、小麦秸切段或粉碎，并添加一定量的废棉渣或棉子壳，添加量为20%～30%。

1. 稻草、小麦秸的处理

将稻草或小麦秸切成长10cm以下的短段，也可用粉碎机粉碎。然后用石灰水喷淋翻拌，湿透后堆制发酵5天，中间翻堆1次。栽培前含水量65%～70%左右，pH为9～10。若添加废棉渣或棉子壳，处理方法可参阅废棉渣或棉子壳畦式栽培。

图18－10 稻草室内畦式栽培草菇

2. 铺料播种

在畦底铺一薄层长稻草，然后在上面播种，边缘多播，中间不播。用种量为总菌种量的1/5。播种后铺一层稻草，厚10～15cm，充分压实后播一层菌种，采取点播加撒播的方式播种，用种量为总菌种量的2/5。播完后铺废棉渣或棉子壳，铺完后将剩下的菌种均匀地播在培养料表面。铺料时必须使畦面呈龟背形，防止积水。播种后盖上薄膜发菌，3天后铺一层厚1～2cm的营养土，盖上薄膜保温、保湿发菌。

3. 菌丝期管理和出菇期管理

与废棉渣或棉子壳畦式栽培相同。

（四）以中药渣为主原料的畦式栽培

用中药渣栽培草菇是近年发展起来的一种成本低、操作较为简单的栽培技术。广东的栽培量迅速增加，昔日难于处理的中药渣垃圾成了菇农的抢手货。从中药厂运回的中药渣（草本植物或淀粉质的中药渣，木质的中药渣不适合于栽培草菇），加入适量石灰拌匀，使pH达到10～11，然后堆制12～24小时栽培。栽培工艺：按畦式栽培场地整理方法准备好栽培场地。在整理好的畦面上铺一薄层中药渣，以盖住畦面即可。在中药渣表面撒一层菌种，播种时边缘多播，中间不播或少播，用种量为总用种量的1/4，随后铺一层中药渣，厚7～10cm。铺料后再播一层菌种，用种量与第1层菌种量相同。播种时，菌种只播在边缘，中间不播。播完第2层菌种后，再铺一层培养料，料厚约7cm。根据气温调节厚度，气温高时，铺薄一点，气温低时，铺厚一点，同时，料面铺成龟背形，中间厚一些，两边低一些，最后将菌种（总用量的1/2）均匀地撒播在料面，盖上薄膜保温、保湿。菌丝期管理及出菇期管理与废棉或棉子壳畦式栽培相同。

图 18－11 中药渣室内畦式栽培草菇试验播种

四、草菇堆草栽培

草菇的堆草栽培是传统的栽培方式，曾广泛采用。由于原料价格和人工成本的增加。目前除农村有少量栽培外，主产区已基本不再用此法栽培草菇。草菇的堆草栽培在室外露天（如稻田）、大棚内、果树下、室内均可。在室内或大棚内，只要地面平整，不积水，无须整畦或挖沟。在果树下或稻田或其他室外的地方，应挖沟排水，堆草的地方应作土畦，畦宽 100cm，高 10～20cm，长度不限，畦间距离 50cm 左右。土畦上面铺薄膜或撒石灰粉后喷湿，稍加压实。堆草栽培的主原料有稻草和小麦秸，辅料是石灰、复合肥等。

（一）稻草的处理

将干燥、无霉变的稻草用石灰水浸泡，稻草无需切段，石灰用量为稻草干重的 3%～5%。浸5～10 小时后捞起，建堆发酵。有时建堆中添加草木灰 5%、干牛粪 5%、石膏 2%等辅料。堆制方法：选择不易积水的水泥地面，铺一层厚 40cm 的稻草，草堆宽1.2～1.5m，长 2m 以上。在稻草上面铺一层混合好的辅料，用量为总辅料量的一半。然后再铺一层约 30cm 的稻草，将剩下的辅料铺在第 2 层稻草上面。接着铺第 3 层稻草，厚 30cm 左右。在堆草过程中，如稻草含水量偏低，可喷淋水加湿。最后盖上薄膜，保湿保温。若周围环境卫生条件差，盖薄膜前要喷些杀虫剂。盖膜后 3 天翻堆 1 次，再堆 3 天即可栽培。

（二）堆草、播种

①制草把：将堆制发酵好的稻草1 000g左右扭成“∞”字形草把，尽量扭结实些，用数根稻草扎紧，以防松散。具体操作是：将草的一端踩住，另一端用手旋扭，使之旋结成麻花状，扎得越紧越好。另一种扎草把的方法是，将稻草离两头各 1/3 处用草绳扎紧。

②建堆播种：将菌种从瓶（袋）中取出，放入经消毒的盆内，覆盖报纸或纱布防止菌种失水、死亡，菌种随取随用，不宜过夜。

在已做好的土畦上铺一薄层稻草，在室内可直接铺在地面上，厚约 1cm。在铺好稻草的边缘向内 10～20cm 处播一圈菌种，播种量为总用种量的 1/5 左右。播种后将草把弯头的一端朝外，压住刚播下的菌种，一把挨一把紧密排放在畦面，左右交叉排放。第 1 层草把排放好后，中间空隙处用草填实，用脚踏踩结实，接着在草把边缘 5～15cm 处播第 2 层菌种，用种量与第 1 层相同（各层用种量保持基本相同）。播种后铺第 2 层草把，草把比第 1 层草把向内缩 5cm 左右，排放方法与第 1 层相同。排好后播第 3 层菌种，再铺第 3 层草把，如此重复播种、铺草把。气温高时，铺 4～5 层草把；气温低时铺 5～6 层草把。铺最后一层草把后，将堆制发酵时的辅料撒在草堆表面及基部两侧。整个草堆呈梯形，总用种量为每 100 千克稻草，用 750ml 菌种瓶菌种 16 瓶左右。

在堆草、播种过程中，每堆一层用脚踏踩一遍，尽量使草堆紧实。堆草播种后，在草堆四周覆盖营养土，与畦式栽培覆土相同。用长稻草编成草帘，采用屋脊形覆盖，既可保温、保湿，也能透气，在室外栽培时还可防雨。若气温偏低或有冷空气袭击，要覆盖薄膜。

在通常情况下，建好的草堆基部宽 80cm，顶部宽 40cm，高 40～60cm，基部宽度和草堆高度视气温的高低可适当增减。草堆与草堆间的距离 60～100cm。

（三）发菌、出菇管理

堆草播种后第 2 天即可见草菇菌丝向四周生长，4～5 天菌丝长满料面。堆内温度 24～48 小时达到 50℃以上，维持 48 小时后缓慢下降。草堆外层温度控制在 35～40℃，超过 40℃要揭开薄膜、草帘通风散热。在菇蕾形成前视稻草的干湿情况喷水，一般在第 5 天喷 1 次水，第 7 天开始有菇蕾形成。气温偏低时，菇蕾形成所需时间会延长。此时，在室外栽培的，若遮荫度不够，应搭荫棚；若在室内或大棚内栽培的，应注意保持室内空气相对湿度 85%～95%。稻草的湿度以 65%～70%为宜。检查稻草的湿度，可从草堆中间抽数根稻草，用手扭拧，如有水渗出而不滴下，表明湿度合适；若有水珠滴下，表明过湿；若无水渗出或根本看不见水迹，说明偏干。

菇蕾刚刚发生时，不宜用水直接喷草堆。湿度不够时，可向空中喷雾加湿。从播种至出菇期间均要注意通风换气，通风适当，不仅菇的质量好，还可减少杂菌的发生。当菇长至手指头大时，如空气相对湿度低，培养料偏干，可以喷雾的形式增加空气湿度，以喷水的方式增加培养料的湿度，防止幼菇缺水干枯。在正常情况下，播种后 13 天开始有菇采收，一般可收 2～3 潮菇，整个栽培周期 25 天左右。

五、草菇栽培注意事项

栽培草菇最短周期只有 13 天，这是其他菇类无法比拟的，而且在新的栽培场所栽培，即使新菇农也容易成功。草菇之所以又被认为是最难栽培的食用菌，是因为草菇非常“娇气”，一不小心会严重减产或绝收。主要表现在：草菇要求 30℃ 以上高温，温度偏低或短时间内温差过大均严重影响产量或造成大量幼菇死亡。而且在高温环境下，杂菌、害虫极易滋生，也严重影响产量的稳定性。只有在温度、湿度、通风、光照等很好地配合时才能获得高产。草菇极易开伞，货架期短也令栽培者和经营者很头痛。草菇栽培应注意以下事项：

1. 选择优质的原料

最理想的草菇栽培原料为废棉渣和棉子壳，其次是中药渣、稻草、小麦秸。在条件许可的情况下，尽可能选用废棉渣或棉子壳作栽培原料。以稻草、小麦秸做原料时，堆制发酵最好添加固氮菌，以改善培养料的物理性状，增加含氮量。还可适当添加干牛粪、米糠、石膏粉等辅料。

2. 二次发酵（巴氏消毒）

草菇栽培进行 2 次发酵可减少杂菌、害虫的危害。同时，经高温有益微生物的活动，使培养料更适合草菇的生长，利于稳产高产。

3. 选用优质菌种

菌种的质量优劣直接影响产量的高低和栽培的成败。首先是选好草菇品种，根据当地消费习惯选取白草菇或黑草菇，对引进的品种一定要先进行栽培试验，确定表现良好后再进行推广。其次是选用无污染的菌种，购买时应认真挑选。凡有杂菌或害虫（如螨虫）感染的菌种绝对不能使用。正常的菌种菌丝白色，挖出后有草菇固有的香味，如发现有霉味或异味，不能使用。选择菌龄适当的菌种，一般选用 15 天菌龄的菌种较适宜，菌龄超过 25 天的菌种是老龄菌种。此外，还要注意不能把不同菌种或不同菌龄的菌种混在一起，否则出菇量会减少或不出菇。

4. 追肥与覆土

以稻草、中药渣为主原料栽培时，为了获得高产，在适当添加米糠、干牛粪的同时，采取施肥或覆土措施来提高产量。如喷水时添加葡萄糖、磷酸二氢钾、硫酸镁及绿威宝食用菌增产素等。用绿威宝食用菌增产素 125 倍液喷菇床，可在出菇前喷，也可在采完一批菇后喷。也可每 100L 水加葡萄糖1 000g、硫酸镁 100g、磷酸二氢钾 500g、维生素 $B_1$200 片，充分拌匀后，在采完一批菇后喷在培养料上。采用畦式栽培和堆草栽培，适当在草堆边缘或床面覆营养土能增加草菇产量。

5. 二次栽培

草菇二次栽培可提高原料的利用率，减少劳动量，提高产量和经济效益。通常在用废棉渣或棉子壳床架栽培时使用。做法：在采完第 1 潮菇后，将杂菌污染严重的培养料挖去，然后在培养料面均匀地撒一层石灰粉，在料面上铺一层新备好的培养料，用料量为每平方米6 000g（以干重计），进行二次发酵后播种。其他管理措施按床栽方式进行。二次栽培通常只进行 1 次。采完菇后要及时清理、打扫菇房。

图 18－12　棉子壳栽培草菇菌丝生长情况（正常）

6. 及时总结经验

要获得草菇的稳产高产，关键是栽培管理者的经验和技术。草菇栽培周期短，而且草菇较为“娇气”，抗逆性差，通风不足或过度，温度太低或过高，温差过大，湿度过高或过低，都会严重影响产量，甚至绝收。一旦失误，很难有改进的时间。要求栽培管理者根据环境气候条件及时采取科学的管理措施，不断总结经验和教训，摸索出适合当地气候条件及特定栽培房的草菇栽培管理技术。此外，栽培草菇的菇房如果已使用半年以上，每次栽培完后，最好空置通风5天左右再进行下一次栽培，老菇房更应如此。

六、草菇生产中常见问题及防治措施

在草菇生产过程中会出现影响产品质量和产量的问题，及时采取措施有利于获得高产稳产。

（一）草菇菌种生产中常见杂菌、害虫及其防治

1. 杂菌污染及其防治

在菌种生产中，草菇菌种经常受绿色木霉、黄曲霉、毛霉、细菌、酵母等杂菌的污染。发生污染的主要原因有：原料污染、灭菌不彻底、破损污染、棉塞污染、接种污染、母种原料带菌、培养污染、运输污染等。

①原料污染：主要原因是拌料不均匀。有的培养料未充分预湿，造成部分培养料偏干，里面的杂菌难于杀死。防治措施：将培养料充分预湿，必要时棉子壳可用石灰浸泡后堆制发酵1天以上。

②灭菌不彻底：常压灭菌时间不足或温度不够；高压灭菌时未排尽锅内空气造成假压或压力表失灵；装锅时菌种袋在锅内叠放过紧，影响蒸汽的均匀扩散，产生灭菌死角。防治措施：严格按灭菌操作规程进行灭菌，确保灭菌锅正常工作。

③破损污染：在装袋、灭菌、接种、运输过程中，由于不小心造成机械破损，使菌种袋破裂或有沙眼，均可能被杂菌侵入，造成污染。预防措施：尽量避免菌袋破损，动作要轻，灭菌时排气不要过快，发现破损的应及时处理。

④棉塞污染：试管口有培养基或瓶（袋）口不干净，棉塞与培养基相接触，灭菌时棉塞受潮等均会引起菌种污染。防治方法：分装母种培养基时，不要将培养基黏到试管口壁上。包扎试管及灭菌后摆试管斜面时，不要将试管倾斜过度，以免培养基黏到棉塞上。装原种、栽培种培养基时，瓶（袋）口要擦干净，灭菌后及时揭开锅盖。若到整炉料袋冷却后再开盖，棉塞会潮湿，极易引起杂菌污染。

⑤接种污染：接种箱密闭性不好，超净工作台机械故障或未提前开机，接种工具及操作人员手未消毒，接种箱内消毒不彻底等均会导致杂菌污染。预防措施：接种前确保接种箱、接种工具等彻底消毒，严格按无菌操作规程接种。同时，搞好接种室及周围环境卫生。

⑥母种或原种带杂菌：母种带杂菌时，生产的原种肯定有杂菌污染；原种带杂菌时，生产的栽培种也肯定带杂菌。预防措施：严把母种、原种质量关，接种前认真检查，发现有杂菌污染的绝对不能使用。

⑦培养污染：环境潮湿、棉塞过松、周围环境卫生差，虫、鼠危害均会引起菌种污染。预防措施：确保培养环境清洁干燥、定期检查是减少培养污染的最有效途径。同时，在培养过程中要经常通风换气，尽量避免搬动，减少破损。

2. 虫害、鼠害及其防治

与草菇栽培相比，菌种生产中的虫害相对较少，但若不注意预防，螨类的危害有时会相当严重，菌种场在菇房附近的更是如此。通常空气潮湿、通风不良的培养室或由菇房改成的培养室较易发生螨类危害。防治措施：培养室使用前要打扫干净，必要时用甲醛（福尔马林）熏蒸，或喷杀螨剂。在培养过程中，经常通风换气，培养室内空气相对湿度不要超过80%，确保用无螨类危害的母种、原种来接种。

此外，在鼠类活动猖獗的地方，菌种生产会受到鼠类的侵害，主要是咬烂菌种袋或拨开棉塞造成杂菌污染。要引起足够重视。灭鼠方法参阅栽培过程中鼠害防治有关内容。

（二）草菇栽培中常见问题及防治措施

在草菇栽培过程中，常常会出现菌丝萎缩和幼菇大量死亡。有时也会出现菌丝生长过旺，影响出菇，严重影响产量，甚至导致绝收。

图18－13　草菇床栽菌丝过旺影响子实体形成

1. 菌丝萎缩的原因及防治措施

草菇播种后，一般12小时内可明显见到菌种萌发吃料。播种后24小时若仍不见菌种萌发，或栽培过程中出现菌丝萎缩或自溶时，就应查找原

因。主要原因有：

①菌龄过长：如果播种后不萌发，菌种块菌丝萎缩，往往是菌龄过长，或长时间在温度过低的环境中存放的缘故。预防措施：选用菌龄适当的菌种，并确保培养过程中温度不过低。

②培养料温度控制不当：当气温较高、培养料偏厚、菇房保温性能较好时，播种后培养料内温度较长时间超过42℃。菌丝因温度过高而萎缩死亡称为烧菌。温度偏低或昼夜温差过大，也会引起菌丝生长缓慢甚至萎缩。一般菌丝生长期料温不能长时间低于30℃，低于28℃菌丝生长缓慢直至停止生长，产量不高，甚至不出菇。预防措施：播种后，密切注意菇房内温度及料温，温度过高时，通风换气降温，也可向空间喷雾、地面倒水。温度低时要及时加温。

③水分控制不当：栽培草菇时，因培养料偏干而引起菌丝生长不正常的现象较少发生。有时由于含水量过高，超过75%，培养料不透气。加上菇房通风条件不好，菌丝会因缺氧等原因而萎缩或自溶。防治措施：处理培养料时宁可干些，待喷出菇水时再适当增加喷水量。

图 18－14 缺氧引起肚脐状畸形草菇

④喷水不当：喷水的水温过低，或喷水的容器装过农药未洗干净，均会引起菌丝萎缩，甚至死亡。预防措施：喷水时，水温必须在25℃以上。若料温偏低，水温最好在30℃以上。喷水的容器必须与喷农药的容器分开使用。

⑤杂菌与害虫危害：竞争性杂菌与草菇菌丝争夺营养。害虫如线虫、螨、菇蝇幼虫会蚕食菌丝并引起杂菌、病毒感染，导致菌丝萎缩死亡。预防措施：一定要按草菇栽培技术要求进行操作，二次发酵要彻底；将菇房内的杂菌、害虫杀灭；选用优良菌种；保持菇房周围环境卫生。

2. 幼菇大量死亡的原因及防治措施

草菇幼菇死亡是非常普遍的现象，新菇农常常对此束手无策。幼菇死亡原因很多，主要有：

①培养料湿度过大：导致通气不良，引起料内氧气不足，幼菇难于正常生长而萎蔫死亡。预防方法：培养料的含水量不要超过70%；喷水后增加通风，在气温低、湿度大时，喷出菇水的量要少或不喷。

②培养料湿度和空气相对湿度偏低：在一般情况下，菌丝生长过程中覆盖薄膜，培养料不会偏干。空气相对湿度有75%左右即可。喷出菇水是控制出菇期间培养料含水量的重要措施，在气温高、空气相对湿度低的情况下，喷重水，以防止培养料偏干。幼菇形成时，在通风换气的的同时，要确保空气相对湿度90%左右。此时若培养料偏干，极易引起幼菇死亡，通过向空间喷细雾加湿或地面淋水来增加湿度。幼菇长至指头大时，可直接向床面喷雾加湿。

③喷水水温过低：喷水水温低、容器有农药及菇还小时喷水，均会导致幼菇死亡。预防措施：喷水时特别是气温低时，水温以30℃左右为宜；喷水的容器不能有农药；菇还小时不能直接喷水。

④料温偏低或温度骤变：草菇对温度非常敏感，一般料温低于28℃时，草菇生长会受到严重影响。昼夜温差过大，特别是料温短时间内变化超过5℃以上，会导致大量幼菇死亡，严重时大菇也会死亡。这种现象在低温反季节栽培、管理不善时经常发生。预防措施：吹北风时将门窗关好、扣好、防止被风吹开。

⑤培养料偏酸：草菇喜欢偏碱性环境，pH小于6时，虽可以结蕾，但难于长大。此外，偏酸性环境更适合绿霉、黄霉等杂菌的生长，争夺营养引起幼菇死亡。配制培养基时，适当调高培养基的pH值，采完头潮菇后，可喷pH为8～9的石灰水。喷出菇水时，若培养料已偏酸，也可喷pH为8～9的石灰水。

⑥采摘损伤：草菇菌丝比较稀疏，极易损伤。采摘时动作过大，会触动周围的培养料，引起菌丝断裂，周围幼菇因菌丝断裂而使水分、营养供应不上而死亡。采菇时动作尽可能轻。

⑦杂菌与害虫侵染：在草菇栽培过程中，鬼伞菌的发生会严重影响草菇子实体的生长。特别是培养料发酵不充分，或培养料含氮量过高，鬼伞早于草菇子实体形成，从而严重影响草菇产量。草菇还极易受到绿霉、黄曲霉等杂菌的污染，严重时会导致绝收。发生的主要原因是培养料陈旧，料温偏低或温差太大，菌种带杂菌等。螨类、线虫、菇蚊幼虫等吃菌丝，导致幼菇死亡。选好培养料、搞好二次发酵和周围环境卫生可大大降低杂菌、害虫的危害。

此外，菌种退化、鼠类的侵害也会导致草菇死亡。

3.菌丝生长过旺的原因及防治措施

在栽培时，常常会因高温、高湿环境，或培养料含氮量过高而使草菇生长过盛，菌皮盖满床面，影响幼菇的形成和生长，严重影响草菇产量。初学栽培的菇农经常会碰到此情况。

①气温低：反季节栽培时，加温且湿度大，特别是用蒸汽加温，通风不够时，菌丝就旺盛生长，气生菌丝浓密，到一定程度时形成菌皮，覆盖整个床面，幼菇无法形成。即使有少量幼菇形成，也会被菌丝"吞没"，产量极低。防治措施：培养料不要太湿，含水量不要超过70%。气温低时，选择中午或午后适当通风。少喷出菇水或不喷。

②高温高湿：在正常季节栽培，喷催菇水后，没有通风就把门窗关严，料温高，湿度大，气生菌丝大量发生，形成一层厚厚的菌皮，影响幼菇的形成。防治措施：喷催菇水前适当通风，喷完后，打开门窗通风换气，使料温适当降低，以30～33℃为宜。通风至料面不积水或无水珠时再适当关闭门窗，菇房内空气相对湿度不要超过95%。

图 18－15　草菇床栽菌丝过旺覆盖草菇子实体

③培养料含氮量过高，也易引起气生菌丝过旺，形成菌皮：预防措施：用废棉渣或棉子壳栽培时，无须再添加米糠、麦麸、花生麸等含氮量高的辅料。用稻草、小麦秸或中药渣栽培，辅料的添加量不要超过10%，其中米糠、麦麸最好不要超过5%(袋栽除外)，尽量不要加尿素、硫酸铵、硝酸铵等含氮量高的成分。

第五节　草菇的营养价值

草菇品质鲜嫩，味道鲜美，肉质细腻，菇汤如奶，营养价值颇高，享有"素中之荤"的美称。草菇的主要成分有蛋白质、人体必需氨基酸、脂肪、多糖、维生素及矿物质等。草菇的营养成分见表18－1。

表 18－1　草菇的营养成分

营养成分	检测方法	含量(样品100g)			
		鲜菌丝体	干菌丝体	鲜子实体	干子实体
水分(g)	100℃烘干至恒重	80.2	—	92.3	—
蛋白质(g)	凯氏定氮法	—	27.2～30.4	2.66～5.05	25.9～29.63
粗脂肪(g)	索氏提取法	—	1.16～1.31	0.4～0.91	2.24～3.6
粗纤维(g)	除杂、减灰分法	—	4.33～5.67	1.4～1.6	—
多糖(g)	DNS法	—	10.8～19.9	—	4.0～20.0
灰分(g)	高温灼炒法	—	0.62	0.91	—
热量	—	—	—	58.58～96.23kJ	—
维生素 B_1(mg)	高效液相色谱	0.028～0.048	—	—	1.2
烟酸(mg)	高效液相色谱	3.48～6.52	—	—	91.9
维生素C(mg)	2,6－二氯酚靛酚法	61.8～75.5	—	—	206.28
磷(mg)	分光光度法	—	—	—	1435.2
铁(mg)	原子吸收法	—	3.05～4.6	—	89.7
铜(mg)	原子吸收法	—	0.68～0,91	—	—
锰(mg)	原子吸收法	—	0	—	—
锌(mg)	原子吸收法	—	2.04～3.51	—	—
钾(mg)	原子吸收法	—	1361～1540	—	4696.14
钙(mg)	原子吸收法	—	14.8～5.6	—	44.16
镁(mg)	原子吸收法	—	218～300	—	—
硒(μg)	原子吸收法	—	2.0～17.0	—	6.34～7.44

一、蛋白质和氨基酸

蛋白质含量为27.24%～30.35%。草菇中含有17种氨基酸，其中人体必需的8种氨基酸占氨基酸总量的38.2%左右(表18—2)。王杰等采用日立855～0054型氨基酸自动分析仪对草菇品种V23和V51的氨基酸含量进行了测定，结果表明草菇菌丝体中的8种人体必需氨基酸的含量占总含量的41.54%。

表18—2 草菇氨基酸含量

氨基酸	含量(g/100g)		
	干菌丝体	鲜子实体	干子实体
天冬氨酸	1.06～2.11	0.22～0.33	1.88～3.21
苏氨酸*	0.48～1.98	0.084～0.16	0.97～1.63
丝氨酸	0.78～1.45	0.15～0.18	1.04～1.51
谷氨酸	1.18～2.28	0.41～0.47	2.47～7.8
脯氨酸	0.49～0.90	0.07～0.14	0.97～1.61
甘氨酸	0.74～1.03	0.14～0.16	0.86～1.57
丙氨酸	0.74～1.36	0.23～0.27	1.57～2.31
胱氨酸	—	0.02～0.12	0.51
色氨酸	—	—	0.78
缬氨酸*	2.28～5.20	0.17～0.23	1.55～2.31
甲硫氨酸*	0.51～0.84	0.031～0.05	0.56～1.24
异亮氨酸*	0.51～1.06	0.17	1.16～1.62
亮氨酸*	1.21～2.47	0.26～0.31	1.36～1.91
赖氨酸*	0.58～1.31	0.23～0.27	0.79～3.31
酪氨酸	0.22～0.57	0.09～0.14	0.64～1.8
苯丙氨酸*	0.41～0.80	0.13～0.20	0.64～1.46
组氨酸*	0.23～0.49	0.06～0.08	0.20～1.21
精氨酸	0.63～1.29	0.17～0.37	0.91～1.86

注：*号为人体必需氨基酸。

二、多糖

草菇含有丰富的糖类物质，主要有甲基戊糖、己糖、双糖、氨基糖、糖醇和糖酸等，占干菌丝体的总含量的10.18%～19.90%，占干子实体中的总含量的4%～20%；草菇还富含多糖。Kishida(1989)从草菇中分离了分支型1,3-β-*D*-葡聚糖，认为该多糖的化学结构由β-1,3-*D*-葡聚糖残基主链和葡糖基侧链组成，侧链有3种不同的分支程度，即少分支、中等分支和高度分支。这些糖类及多糖化合物具有抑制肿瘤生长的活性。另外，草菇子实体中的纤维素成分能促进胃肠蠕动，防治便秘和肠癌，降低血糖。

三、不饱和脂肪酸

草菇干菌丝体的脂肪含量为1.16%～1.31%，鲜子实体和干子实体的脂肪含量分别为0.4%～0.91%和2.24%～3.6%，其中不饱和脂肪酸占83.2%，不饱和脂肪酸的比例高于大豆，是高脂血症人群降低胆固醇和胆盐的优质食品。

四、维生素和矿物质

草菇中的维生素种类主要有维生素C、维生素B_1、维生素B_2、烟酸、维生素D原(D_2和D_4)和γ麦角甾醇等。其中维生素C的含量最高，每100g湿菌丝体的含量为61.8～75.5mg，每100g干子实体的含量为206.28mg。每100g湿菌丝体的维生素B_1和烟酸的含量分别为0.28～0.48mg和3.48～6.52mg，每100g干子实体的维生素B_1和烟酸含量分别为1.2mg和91.9mg。草菇的矿物质含量占干子实体重的13.8%，在目前已商业性栽培的菇类中，它的含量最高。其中硅占总含量的43.82%、钾为34.03%、磷(P_2O_5)为10.40%、钠为2.15%、硫为1.66%、氯为0.91%、铁为0.65%、钙为0.32%、铝为0.52%等。最近，还检出具有抗衰老、增强免疫功能、预防肿瘤和心血管疾病的微量元素硒。据测定，草菇干子实体中的硒含量为6.34～7.44μg/100g，干菌丝体的含量为2～17μg/100g(表18—1)。

五、草菇酶

草菇是草腐菌，具有完整的纤维素、半纤维素酶降解酶系。草菇菌丝含有β_2葡萄糖苷酶、纤维二糖酶、木聚糖酶、漆酶、β-木糖苷酶、阿拉伯糖苷酶、葡萄糖醛酸苷酶、乙酰酯酶。草菇的酶系为诱导酶。β_2葡萄糖苷酶和纤维二糖酶分布在胞内，内切葡聚糖酶、木聚糖酶、漆酶分布在胞外。β_2葡萄糖苷酶的最适反应温度为60℃，最适pH为6.6，在pH 6.6～7.8时比较稳定；纤维二糖酶的最适反应温度为50℃、最适pH为5.8；草菇内切葡聚糖酶的最适反应温度为60℃，最适pH为5.4。草菇木聚糖酶的最适反应温度为60℃，最适pH为5.65。

六、核酸

干草菇中的核酸类物质含量高达3.88%～8.8%，是食用菌中核酸含量最高的菇类。草菇核酸具有抗病毒、降血压和降低胆固醇的作用。

第六节　草菇的药理与应用

草菇品质鲜嫩、味道鲜美，肉质细腻，是著名的食用菌。中医认为草菇性寒味甘，能消食祛热，补脾益气，解暑，滋阴降火，增加乳汁，防止坏血病，促进创伤愈合，护肝健胃，增强人体免疫力。而且能减少体内胆固醇含量，对预防高血压、冠心病有益。

草菇中的多糖类化合物具有抗癌细胞的活性。用冷碱液提取的分支 β-*D*-葡聚糖，相对分子质量 1.5×10^6，抑癌率达 97%；用热碱液提取的分支 β-*D*-葡聚糖，抑癌率为 48.5%。草菇多糖是通过增强网状内皮系统吞噬细胞的功能，促进淋巴细胞的转化，激活 T 细胞与 B 细胞，从而促进抗体的形成。虽然它对肿瘤细胞无直接杀伤能力，但可以通过刺激人体抗体免疫系统而提高机体的免疫功能，是一种较理想的非特异性免疫促进剂。

草菇中核酸类物质的含量高达 8.8%，是食用菌中核酸含量最高的，具有抗病毒和降血压、降低胆固醇的作用。另外，草菇的高维生素 C 含量，能促进人体新陈代谢，提高机体免疫力。维生素 C 可与进入体内的铅、砷、苯结合形成抗坏血酸元，随小便排出，因此草菇还具有解毒作用。草菇能够减慢人体对糖类的吸收。因此，草菇也是糖尿病患者良好食品。此外，草菇还含有苞脚菇毒素及狐衣酸，对革兰阳性菌、金黄色葡萄球菌、耐酸耻垢杆菌有抗菌作用。

第七节　展　望

一、草菇科技发展现状

据亚热带国际菇类学会主席张树庭《草菇》一书考证和美国《经济植物学报》报道，国际上确认南华草菇是世界人工栽培草菇的起源。以后由华侨传出国外，故又名"广东菇"、"中国菇"。我国食用菌栽培的历史悠久，而草菇是所有食用菌中栽培方法最简单、出菇最快、原料最丰富、最可口的食用菌之一。我国草菇年产量占全世界总产量的 80%以上，是草菇生产大国。此外，日本、泰国、越南、马来西亚等东南亚地区草菇的栽培也很普遍。

草菇依颜色可分为两大品系：一类为黑草菇，另一类为白草菇，目前我国栽培的黑草菇有 V23、V35、V20、V5、V981、V202、浏阳麻菇等，栽培的白草菇有 V844、新泰等。我国选育出一些优秀的草菇菌株，这些菌株不仅在国内国外得到推广，而且在很多基础研究上被选为研究对象。

国外 20 世纪 70 年代研究主要是草菇的细胞结构（Chang 等，1971）和特异蛋白（Lin 等，1973）等方面。80 年代主要是对一些特殊功能物质，如凝集素、甘露聚糖酶（Lin 等，1984）、漆酶（Kalisz 等，1986）等的研究。90 年代对草菇的研究除主要集中在草菇栽培技术上外，还对草菇菌种的培育、草菇生物学特性相关基因的功能、外源基因的转入开展了研究。进入 21 世纪以来，草菇在分子水平上取得了长足的进展。如在基因克隆方面，陈明杰、林俊芳等克隆了草菇冷诱导基因片段，谢宝贵等克隆了草菇开伞相关基因。在草菇遗传转化方面，郭丽琼等率先采用基因枪法建立了草菇遗传转化体系；王杰、云慧芬等采用农杆菌介导法、原生质介导法及电击法把外源抗冷冻蛋白基因（*afp*）转入草菇获得了无抗性标记基因的耐寒转基因草菇。随后王艺红等用 *afp* 基因作为筛选标记基因把多功能纤维素基因（*mfc*）遗传转化草菇获得高效表达。此外，限制性片段长度多态性（restriction fragment length polymorphism，RFLP）技术和随机扩增多态性 DNA（random amplified polymorphic DNA，RAPD）技术在食用菌上的应用，为草菇的辅助育种提供了很好的技术支持。

草菇不仅营养丰富受到人们喜爱，而且它含有药用功效的多糖，三萜化合物等活性物质而更引起重视。目前国内对草菇这方面的研究报道较少，研究深度大都也是仅限于粗提物的药效试验，对活性物质的相对分子质量、化学结构涉及较少。

二、草菇科技创新与展望

草菇的生产规模从 1986 年仅次于双孢蘑菇、香菇的世界第三大菇类，下降到 1991 年的第五大菇类，是其生物学特性和生产流通过程中诸多因素的影响造成的。就其生物学特性而言，只有在气温恒定于 25℃以上、湿度在 90%左右时，草菇才能正常生长。这一特性极大限制了草菇的大规模栽培和推广。与其他主要栽培食用菌相比，草菇的生物转化效率低，天然稻草培养基转化效率低于10％，尽管加入棉子壳后培养基转化率有了很大提高，但最高也只有40％左右，通常只有20％～30％。而平菇、双孢蘑菇、香菇、木耳、金针菇等食用菌的生物学转化效率则在65％～200％。在草菇生产流通过程中，虽然鲜菇营养价值和商品价值高，但采摘后草菇菌盖会继续伸长开伞，使品质降低失去商品价值，而常规低温储藏又易使其冷冻损伤，变软液化，使草菇只有1～2天的商品寿命，也是限制草菇发展的重要原因之一。

基于上述限制草菇生产发展诸多因子的认识，科研工作者作出了许多努力和尝试去改善草菇的特性和品质。

(一)利用现代分子生物学手段，提高育种效率

草菇为同宗结合真菌，菌丝多核且没有锁状联合，使杂交育种缺少选择标记。虽然草菇在我国栽培历史悠久，但关于这种食用菌的遗传特征仍未研究清楚，如单个孢子萌发的后代为何存在很大范围的遗传变异，担孢子萌发后如何进入减数分裂繁殖后代等。由于草菇生活史资料不完整，单孢分离物中存在显著变异现象，异核体与同核体在形态上的相似性这些原因，给有性杂交育种方法、选育新品种带来极大困难。

常规草菇菌种在15～18℃中通过无性继代保存，这种保藏方式增加了转管繁殖代数，易使草菇的菌种优良性状衰退。从品种发展和菌种退化的观点来看，草菇生产用种急需要有更新换代的优良新品种。

在草菇育种方面，近年来开展了利用原生质体融合技术进行育种的研究。与其他真菌尤其是高等担子菌相似，原生质体融合育种还存在许多困难，融合重组结果不尽人意。

20世纪90年代以来，食用菌分子生物学研究发展迅速，研究对象逐渐扩展到草菇、双孢蘑菇、香菇等重要栽培食用菌，各种分子标记、基因克隆以及转化技术的应用为在分子水平上培育新品种开辟了广阔的前景，尤其对于具有复杂的生活史和育种系统的种而言，如草菇，分子生物学的应用可能是未来菌株改良的关键。

陈明杰等通过对草菇基因文库的鉴定，发现草菇基因组具有很高百分比的重复序列，其中中度重复序列在种间与种内不同菌株中存在差异，可用作构建分子生物学标记，其高度重复序列可能是比较保守的DNA序列，在研究真菌进化和分类中有重要意义。

草菇的分子生物学研究目前主要集中在各种分子标记在菌种鉴定方面的应用。许多科研工作者在构建草菇的分子生物学标记、运用分子标记技术对草菇进行菌株鉴定方面做了很多工作。陈明杰等利用限制性内切酶长度多态性(restriction fragment length polymorphism，RFLP)来构建草菇的分子标记，对草菇进行菌种鉴定。傅俊生用随机扩增多态性(random amplified length polymorphic DNA，RAPD)标记和相关序列扩增多态性(seqence related amplified polymorphisms，SRAP)标记技术分析，成功实现了对杂交草菇菌株的杂种鉴定。陈剑等对收集到的37个草菇种质资源，借助RAPD标记和SRAP标记技术，选配亲本，鉴定和筛选杂交后代，为建立草菇杂交育种的技术体系提供了技术支撑。

草菇能产生把纤维素降解为葡萄糖的多种酶系，包括β-1，4-萄糖内切酶、β-葡萄糖糖苷酶、纤维二糖水解酶等。近年来，对纤维素酶基因的分离、克隆和基因转入已成为国际上草菇分子生物学的研究热点。将高表达量的纤维素酶基因转入草菇中，获得正常表达、遗传稳定的高生物学效率的菌株也是草菇育种的一个方向。

(二)进一步改善草菇品质，提高草菇保鲜技术

低温(0～5℃)储藏是保鲜双孢蘑菇、香菇等食用菌较有效的方法之一，但不适用于草菇。草菇是一种高温型的食用菌，在4℃低温冷冻条件下，菌丝会发生自溶而死亡，子实体会发软甚至液化或腐烂。这一特性严重限制了草菇的菌种保藏和产后保鲜。草菇保鲜问题成为制约草菇生产的又一核心问题。

最初的许多研究主要围绕草菇低温储存展开，通过在管理栽培措施和菌种驯化上下工夫，如利用塑料大棚、拱棚和地棚上覆盖塑料薄膜等保护性栽培措施，对孢子进行低温驯化和春季种植诱导驯化法等。但这些措施只能在温度变化时起到缓解作用，抗低温特性不稳定。尽管利用$^{60}Co\gamma$射线照射、充气排氧法和打孔自发气调法等方法可使草菇保鲜期延长到72小时，但远不能解决草菇大批量、长时间的保鲜问题。随着现代分子生物学技术的迅速发展以及其在各个生物学科中广泛应用，为理论研究及菌株的遗传改良注入了新的活力。

草菇低温自溶的根本原因及其作用目前还难

以阐释清楚。陈明杰等人的研究结果表明，草菇在低温冷冻胁迫下，细胞内的可溶性蛋白组分和RNA组分发生变化，大分子量的蛋白质和RNA组分减少，低相对分子质量的蛋白质和RNA组分显著增加。根据这一结果，笔者认为，在低温冷冻胁迫下，草菇的基因表达发生了变化，有些基因关闭而停止表达，另一些基因受低温诱导而启动表达，再有一些基因的表达水平可能增强或减弱，致使高相对分子质量的RNA和蛋白质转录合成减少，降解加速，而低相对分子质量的RNA和蛋白质含量增加。陈明杰等利用mRNA差别显示技术分离了草菇低温诱导的一些DNA片段，但未见其DNA序列报道。郭丽琼等采用cDNA-AFLP(扩增片段长度多态性，amplified fragrnent length polymorphisms)技术克隆分离草菇冷冻胁迫诱导表达基因，并对其DNA序列进行测序和结构分析。

随着基因工程的发展，通过转基因操作可以有效延长草菇低温储藏时间。郭丽琼等利用基因枪法将抗冷冻蛋白基因(antifreeze protein gene, *afp*)转入草菇，通过潮霉素抗性筛选获得了转基因草菇。低温胁迫实验结果表明，这些转基因草菇具有较强的耐低温能力，且在世代间是稳定的。在此基础上，王杰等利用抗冷冻蛋白基因 *afp* 作为目的基因及选择标记基因转化草菇，在0℃温度下筛选转化子，获得了无抗性标记的耐寒转基因草菇。这是获得耐低温储藏的草菇新品种的理想途径之一。

(三)草菇工厂化栽培的发展前景

草菇原产于我国南部高温高湿地区。草菇对储藏所需的温度和湿度要求较苛刻，储藏过程中营养丢失较快，如果从南方运输到北方不仅使其营养价值降低，而且成本增加。鲜草菇的供应有特定的区域局限，在北方地区对鲜草菇有着巨大的市场需求。

目前，对于草菇的生长环境条件还没有形成一个系统的测量技术。菇农仅仅凭借传统的种植经验栽培草菇，致使产量质量较差。国内实验室室内栽培草菇有相关资料数据可查。上海农科院郭倩等在实验室种植草菇方面提出了有关草菇生长特性的相关数据。但对于如何创造适宜的室内环境方面没有研究论述。

为推广草菇在北方地区的栽培，我国有采用大棚技术栽培草菇的案例。但由于不能完全满足草菇生长条件，严重影响产量及质量。大棚栽培草菇有以下不足之处：温度不均，上热下冷，导致草菇生长质量参差不齐；光照过强导致上层菇床草菇受损易干枯，品质低；为保证室内温度而较少考虑通风换气造成二氧化碳浓度过高，抑制草菇生长。北方地区有尝试工厂化种植草菇，但反季节冬季栽培成功的先例很少。只是采用简单的采暖系统，没有配备室内环境参数的自动测试和调控系统。草菇对环境因子如温度、湿度、CO_2气体浓度、风速和光照反应非常敏感，这些对草菇生长很重要的因素，工厂没有考虑合理的环境因子调配方式，常因室内环境不能达到其生长要求导致失败，对草菇产量和品质产生了很大影响。

国外双孢蘑菇、金针菇等品种工厂化栽培室内环境控制技术已很成熟，栽培的菇房由隔热材料建成，绝大部分采用了电脑控制，能自动控湿、控温、控气流、控光照与CO_2含量，仅床面喷水由人工完成。由于草菇属我国自产菇种，主要在我国栽培，在草菇的工厂化栽培方面，没有查到国外对草菇的工厂化栽培室内环境方面的研究资料。国内曾有人引进荷兰双孢蘑菇工厂化栽培设施在北方地区种植草菇，该套装置虽然有全套工厂培育设施，包括室内空调、通风、采暖、加湿等设施，但因与草菇生长条件不同，这些设施提供的温度、湿度、CO_2气体浓度、风速等环境条件根本不能符合草菇生长要求，草菇没有栽培成功。

目前我国乃至整个亚洲，草菇的工厂化生产近乎空白。随着经济的发展和人们生活水平的提高，为适应新的市场需求，提高产品的市场竞争力，改进草菇现有的生产方式，向工厂化、规模化发展是草菇生产发展的方向。在我国，草菇工厂化发展有着良好的发展前景和巨大的发展空间。

(四)建立草菇深加工和高效利用技术体系

食用菌深加工是食用菌产业发展的必然趋势。目前，草菇产品主要以鲜销为主，远远不能满足消费者需求。草菇在本地消费饱和而保鲜又未有取得较大突破的情况下，草菇产品深加工既可以延伸产业链，增加产品附加值，同时也能减轻因鲜草菇不耐储藏带来的生产和销售压力。草菇深加工可借鉴其他食用菌成功的经验，深入研究草菇的化学组成、物化性质和储藏加工过程中的各种变化，开发出系列加工产品，从而改变单一的产品结构延伸产业链，满足不同的消费群体，扩大市场的需求。

草菇是一种草腐食用菌，以分解纤维素、半纤维素等物质获取营养物质，生长过程中经过一系列的生化反应，将有机营养分解、合成为以菌体蛋白和糖类物质为主的生物组织体，所以草菇栽培的下脚料是一种良好的腐殖质肥料。据报道，将一些复合型的微生物菌体接种于经过处理的草菇废渣上进行发酵，可以将草菇废料的有机营养成分大幅度提高，形成一种新型的微生物有机肥。

参考文献

[1] 陈士瑜. 中国方志中所见古代菌类栽培史料[J]. 中国科技史料，1992，13(3)：71-82.

[2] 张树庭，游中骥. 草菇及其栽培[M]. 香港：香港艺美图书公司，1978.

[3] 何焕清，邱远辉. 草菇栽培关键技术[M]. 广州：广东科学技术出版社，2005.

[4] 何焕清，肖自添. 中药渣栽培草菇试验[J]. 广东农业科学，2009(3)：51-53.

[5] 郑国扬，廖汉泉. 中国草菇生产[M]. 北京：中国农业出版社，2000.

[6] 李迅，吴华伟，邵蔚蓝. 草菇纤维素酶系统的诱导、分布及初步定性[J]. 无锡轻工大学学报，2002，21(6)：622-625.

[7] 曹裕汉. 广州地区草菇产业发展现状及可持续发展的探讨[J]. 食用菌，2005，27(6)：1-2.

[8] 郭勇，彭卫红，甘炳成，等. 我国草菇生产现状及四川草菇发展面临的问题[J]. 西南农业学报，2001，14(12)：124-126.

[9] 王世东，蔡德华. 双孢菇、草菇、滑子菇栽培与加工新技术[M]. 北京：中国农业出版社，2005.

[10] 李银良. 草菇秸秆熟料高产栽培技术[M]. 郑州：河南科学技术出版社，2006.

[11] 杨新美. 中国食用菌栽培学[M]. 北京：中国农业出版社，1988.

[12] 李志超，杨珊珊. 草菇栽培新法 30 种[M]. 北京：中国农业出版社，1999.

[13] 中国农机学会农机化学会科技交流中心. 农作物秸秆利用技术与设备[M]. 北京：中国农业出版社，1996.

[14] CHANG ST，BUSWELL JA. Mushroom nutriceuticals[J]. World J Microbid. Biotechnol，1996，5(12)：473-476.

[15] LI GSF，CHANG ST. Nutritive value of Volvariella volvacea. In Tropical mushrooms：The Biological Nature and Cultivation Methods [M]. Hongkong，China：The Chinese University Press，1982.

[16] 赵俊霞，袁广峰，徐瑞雅，等. 草菇培养物中粗三萜和黄酮含量及抗氧化抗肿瘤活性研究[J]. 菌物学报，2007，26(3)：426-432.

[17] KISHIDA E，SONE Y，MISAKI A. Purification of an antitumor-active，branched (1→3)-beta-D-glucan from Volvariella volvacea，and elucidation of its fine structure[J]. Carbohydr Res，1989(193)：227-239 .

[18] CHANG ST，TANAKA K. Anelectron-microscope study of complex membranous structures in basidiomycete，volvariella volvacea[J]. Cytologia，1971，36(4)：639-651.

[19] CHEN M，LI N，WANG N，et al. Cloning cold-shock related genes from the Volvariella volvacea genomic library[J]. Science and Cultivation of Edible Fungi，2000，(1-2)：267-270.

[20] LIN JY，CHOU TB. Isolation and Characterization of a lectin from edible mushroom，volvariella volvacea[J]. J Biochem，1984，96(1)：35-40.

[21] LIN JY，JENG TW，CHEN CC，et al. Isolation of a new cardiotoxic protein from edible mushroom，volvariella volvacea[J] . Nature，1973，246(5434)：524-525.

[22] 夏志兰. 几种主要草菇品种介绍[J]. 北京农业，2002(6)：21.

[23] 佘志晟，吕作舟，陈明杰，等. 草菇栽培菌株 DNA 多态性的 PCR-RFLP 和 RAPD 分析[J]. 中国农学通报，2005，21(6)：58-62.

[24] 郭丽琼，林俊芳，杨丽卿，等. 单酶切 cDNA-AFLP 改良法分离草菇冷诱导基因[J]. 菌物学报，2004，23(2)：241-247.

[25] 谢宝贵，罗联忠. 草菇开伞相关基因反义表达载体构建[J]. 食用菌学报，2005，12(2)：9-13.

[26] 郭丽琼，林俊芳，熊盛，等. 抗冷冻蛋白基因遗传转化草菇的研究[J]. 微生物学报，2005，45(1)：39-43.

[27] 丁少军,宋美静,池杏微等. 不同碳源条件下草菇内切型纤维素酶基因(eg1)转录表达的分析[J]. 应用与环境生物学报,2005,11(4):419-422.
[28] 刘祖同,罗信昌. 食用蕈菌生物技术及应用[M]. 北京:清华大学出版社,2002.
[29] CHANG S T. The biology and cultivation of edible fungi[M]. New York:Academic Press,1978.
[30] WANG JIE, GUO LIQIONG, ZHANG KAI, et al. Highly efficient Agrobacterium-mediated transformation of Volvariella volvacea[J]. Bioresour Technol, 2008(99): 8524-8527.
[31] 陈明杰,谭琦,曹晖,等. mRNA 差别显示技术分离草菇低温诱导基因[J]. 菌物系统,2001,20(3):342-346.
[32] 陈明杰,谭琦,汪昭月,等. 草菇菌丝体 mRNA 在低温下变化的研究[J]. 农业生物技术学报,1997,5(2):185-1873.
[33] 陈明杰,谭琦,严培兰,等. 草菇低温诱导基因的分离[J]. 菌物系统,1998,17(4):327-330.
[34] 陈明杰,汪昭月,贺冬梅,等. 低温影响草菇蛋白质组分变化的研究[J]. 食用菌学报,1995,2(4):28-31.
[35] 陈明杰,赵绍惠,张树庭. 草菇基因文库的鉴定和应用[J]. 真菌学报,1996,15(1):53-58.
[36] 郭丽琼,林俊芳,熊盛,等. 抗冷冻蛋白基因遗传转化草菇的研究[J]. 微生物学报,2005,45(1):39-43.
[37] 郭丽琼,林俊芳,杨丽卿,等. 单酶切 cDNA－AFLP 改良法分离草菇冷诱导基因[J]. 菌物学报,2004,23(2):241-247.
[38] 郭丽琼,林俊芳,杨丽卿,等. 应用 cDNA2AFLP 技术分离草菇冷诱导表达基因[J]. 园艺学报,2005,32(1):54-59.
[39] 郭倩,凌霞芬,王志强,等. 双孢蘑菇工厂化栽培过程中环境因子的调控[J]. 食用菌学报,2002,9(3):38-41.
[40] 郭倩,陈明杰,凌霞芬,等. 草菇周年栽培技术研究[J]. 食用菌学报,2002,9(4):29-32.
[41] 李育岳,汪麟. 草菇低温驯化研究[J]. 微生物学通报,1991,18(2):65-68.
[42] 刘豪业. 草菇新菌株粤诱 1 号[J]. 广东农业科学,1993(2):21-18.
[43] 蒲丽珍,黄杰,吴美仪,等. 草菇保鲜实验[J]. 食用菌,1991(5):38.
[44] 王富民,宫秀荣,高君辉,等. 草菇保鲜技术及有关生理变化[J]. 上海农业学报,1992,8(3):60-66.
[45] 吴清平,吴军林,韦明肯. 食用菌深加工和质量安全技术研究进展[J]. 广东农业科学,2004(6):72-75.
[46] 吴少风. 食用菌工厂化生产几个问题的探讨[J]. 中国食用菌,2008,27(1):52-54.
[47] 谢宝贵,吕作舟,江玉姬. 食用菌储藏与加工实用技术[M]. 北京:中国农业出版社,1994.
[48] 谢福泉,谢宝贵,林远崇,等. ^{60}Co-γ 辐照对草菇生理生化指标及保鲜效果的影响[J]. 食用菌学报,2005,12(2):41-46.
[49] 杨国良,韩继刚,朱宝成,等. 草菇无公害生产技术[M]. 北京:中国农业出版社,2003.
[50] 张钧,刘前进,李艳霞. 北方地区草菇高产栽培技术[J]. 中国食用菌,1995,14(3):23-24.
[51] 张树庭,草菇[M]. 香港:香港中文大学出版社,1975.
[52] 赵义涛,唐玉琴,刘萍. 食用菌深加工与功能性食品开发[J]. 中国农学通报,2003,19(2):109-110.

(何焕清、郭丽琼、肖自添)

第十九章 茶树菇

DISHIJIUZHANG CHASHUGU

摘要：茶树菇是中国著名的野生食用菌品种。茶树菇的记载和食用历史悠久，被称为“中华神菇”。中国的茶树菇已出口到东南亚及其他许多国家和地区，深受消费者欢迎。本章较为详细地介绍了中国茶树菇的栽培历史、生产现状；系统地阐述了茶树菇的生物学特性、代料栽培和加工技术、药用价值，并对中国茶树菇的产业发展前景进行了展望。

Agrocybe spp.

Abstract: *Agrocybe* spp. Huang is one of the best known wild edible fungi found in China. The mushroom is respected as the Chinese Magic Mushroom, and the long tradition of consuming spp. products is well-documented. spp. -based products have been exported to many countries in Southeast Asia and other parts of the world, and are popular with consumers. This chapter consists of seven sections expounding in detail various aspects of spp. including cultivation history, the current situation relating to spp. in China, biological features, artificial cultivation techniques, processing technology, medicinal properties, and the development potential of cultivation in China.

第一节 概 述

一、茶树菇学名及分类地位

茶树菇又名：柱状田头菇、田头菇、杨树菇、茶薪菇。

学名：*Agrocybe cylindracea* (DC.) Maire, *Mém. Soc. Sci. Nat. Maroc.* 45：106(1938)。

属名“*Agrocybe*”来自希腊语，其词干是“agros”，意思是“田地”，词尾“-kybe”意思是“头”，用于真菌的属名，翻译为“田头菇属”。种名加词“*cylindracea*”的词根是“kylindros”，意思是“圆筒、圆柱”。根据拉丁原文，该菌的中文学名译成“柱状田头菇”。

同物异名：*Agaricus aegerita* V. Brig., *Rev. Bot. Courrensan* 1：tab. 1(1824)；*Agaricus capistratus* Cooke, *Ann. Mag. nat. Hist.*, Ser. 3 15 (1865)；*Agaricus cylindraceus* DC., in de Candolle & Lamarck, *Fl. franç.*, Edn 3 (Paris) 5/6：51 (1815)；*Agaricus leochromus* Cooke, *Illustrations of British Fungi* (*Hymenomycetes*) (London) 3：384(363)(1863)；*Agaricus pudicus* (V. Brig.) Singer, *Lilloa* 22：493(1951)[1949]；*Agrocybe aegerita* (V. Brig.) Singer, *Lilloa* 22：493(1951)[1949] var. *aegerita*；*Pholiota aegerita* (V. Brig.) *Quél.*, *Mém. Soc. Émul. Montbéliard*, Sér. 2 5：164(1872)；*Pholiota capistrata* (Cooke) Sacc., *Syll. fung.* (Abellini) 5：743(1887)；*Pholiota cylindracea* (DC.) Gillet, *Hyménomycètes* (Alençon)：439(1876)；*Pholiota leochroma* (Cooke) Sacc., *Syll. fung.* (Abellini) 5：742(1887)。

分类地位：菌物界(Fungi)，担子菌门(Basidiomycota)，伞菌纲(Agaricomycetes)，伞菌亚纲(Agaricomycetidae)，伞菌目(Agaricales)，球盖菇科(Strophariaceae)。

茶树菇原产于福建和江西，民间称为“茶菇”、“油茶菇”。清朝杨建璋等的《福建通志》(1764)和孙尔怀等的《重纂福建通志》(1829)中已有记载，足见茶树菇早已为福建省民间认可，并作为福建省的名贵特产。清光绪年间《闽产录异》中记载：“茶菰产建宁、光泽、永福三县内，生油茶树上，其菰薄而柄长。茶菰味在柄，浓郁中得香气，尤胜香菰。”文中对茶树菇的菇型、气味等作了较详细的描述。

二、我国茶树菇栽培及研究概况

我国对茶树菇的人工驯化及栽培历史相对较

短。国内最早对野生茶树菇进行驯化培育的是福建三明真菌研究所，该所研究人员于1972年从福建省油茶树上分离出了我国第一株野生茶树菇纯菌种。洪震(1978)、吴锡鹏(1993)均报道过茶树菇的驯化结果。迄今为止，仅在我国有较多对茶树菇分类及驯化的报道。

经过30多年的驯化、筛选及选育种工作，已获得许多茶树菇优良品种，大面积用于生产的有"黎茶系列"、"赣茶系列"等优质高产茶树菇品种。根据子实体形成时的温度需求，可以将茶树菇品种划分为中高温型、中温型和中低温型3类(李银良，2000)。

在栽培技术方面，我国的食用菌工作者一直在探索茶树菇的高产栽培技术。20世纪80年代初期起开展了代料栽培，开展了木屑、茶子壳等代料栽培茶树菇试验并成功出菇。尽管初期产量较低，但为茶树菇的高产栽培作出了有益尝试。随后通过系统地对茶树菇的生物学特性进行研究后，揭示了茶树菇菌丝的生理特点是分解木质素能力较弱、利用蛋白质能力较强。研究者们针对茶树菇的这一生理特点，在代料成分方面进行了一系列探索。至20世纪80年代末，以木屑、棉子壳为主要栽培基质，添加玉米粉、茶子饼粉、菜子饼粉、花生饼粉或大豆饼粉为辅料的栽培配方得到大量推广。

江西抚州市黎川县自1990年起大面积推广茶树菇栽培，将茶树菇作为"富民富县"的支柱产业之一，年均生产茶树菇1万吨左右，成为全国闻名的"茶树菇之乡"，产品畅销国内外。2007年黎川县食用菌种植农户达1万余户，生产食用菌2亿袋，90%为茶树菇，茶树菇产量居全国之首。据中国食用菌协会统计，2009年，全国茶树菇总产量已达41.63万吨。

迄今，我国江西、福建、广东、山东、四川等省均已规模化栽培茶树菇，产品已远销海外，出口到新加坡、日本等国家。

第二节　茶树菇的生物学特性

一、形态特征

茶树菇属于高等真菌，与其他食用菌一样，茶树菇由菌丝和子实体组成。

(一)菌丝及菌丝体

茶树菇菌丝白色，分枝状，具有锁状联合，呈匍匐生长。菌丝分为初级菌丝、次级菌丝。初级菌丝为单核菌丝，细弱，生长缓慢，生活力较差；次级菌丝为双核菌丝，粗壮，分枝角度大，生长较快，生活力强。

在培养基质上，茶树菇菌丝可分为基内菌丝和气生菌丝。基内菌丝可分泌各种酶系，将基质分解转化成小分子物质，供茶树菇菌丝生长发育。基内菌丝继续生长，伸出基质外形成气生菌丝。气生菌丝生长到一定阶段形成菌丝体，环境条件适合时逐步扭结形成原基，最终形成子实体。

(二)子实体

茶树菇子实体呈伞状，单生、双生或丛生，大多数丛生。茶树菇子实体由菌盖、菌柄、菌褶和菌环组成(图19-1)。子实体发育初期，菌盖内沿与菌柄之间着生有菌膜。

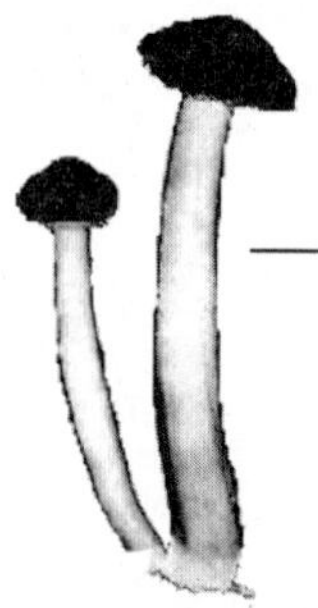

图19－1　茶树菇形态

1. 菌盖

菌盖呈伞状，初为半球形，直径1～1.5cm，边缘内卷。成熟后，菌盖逐渐展开，直径3～10cm，表面光滑，暗红褐色，而后逐渐变为扁平，淡褐色或土黄色。边缘淡褐色，有浅皱纹，成熟后菌盖常上卷，边缘有破裂。菌肉灰白色，略有韧性，中部较厚，边缘较薄。

2. 菌褶

菌褶片状，细密，多为直生，初白色，成熟后变褐色。菌褶表面着生子实层，其上着生担孢子，每个担子上生有4个担孢子。孢子印锈褐色。孢子椭圆形或宽椭圆形至卵圆形，淡黄褐色，表面光滑，8.5～11μm×5.5～7μm，孢子芽孔不明显。

3. 菌柄

菌柄近圆柱状，直立或弯曲生长。菌柄长3～8cm，直径3～15mm，中实，纤维质，脆嫩，成熟后菌柄变硬。菌柄表面有纤维状条纹，近白色，基部常灰褐色。

4. 菌环

内菌幕膜质，淡白色，上表面有细条纹。开伞后菌膜破裂，残留物留于菌柄上部或自动脱落或附于菌盖边缘。菌环膜质，生于菌柄上部。

二、茶树菇生长发育

茶树菇的生活史是指从孢子萌发，经过各级菌丝的生长和子实体的发育，至子代孢子的产生结束。茶树菇的生活史包括3个阶段：孢子萌发成初级菌丝；初级菌丝形成次级菌丝，进而形成菌丝体；菌丝体进一步形成子实体，完成生活史（图19－2）。

担孢子（单倍体）—萌发→单核菌丝（初生菌丝体）—质配→双核菌丝—锁状联合→二级菌丝体—组织分化→子实体（结实性双核菌丝）

图19－2 茶树菇生活史

茶树菇的生活史分为营养生长期和子实体形成期。从孢子萌发到子实体原基形成前称为营养生长期，子实体原基形成至子实体孢子成熟为生殖生长阶段，即子实体形成期。

茶树菇子实体成熟后，菌褶上形成大量担孢子。当担孢子弹射到周围环境中，外界条件适宜时，即萌发成菌丝。一般来说，孢子的萌发温度为22～26℃。萌发形成的初生菌丝较纤细，为单核菌丝。

茶树菇为异宗结合，两种不同基因型的单核菌丝细胞质融合，通过锁状联合形成次级菌丝（也称双核菌丝）。次级菌丝白色，直径1.6～2.5μm，具分枝。次级菌丝在培养料中不断生长，并扭结形成菌丝体，继而形成子实体原基。当外界条件适合时，子实体原基开始发育成菇蕾和幼菇，形成子实体。在人工栽培条件下，60～80天完成其生活史。

三、茶树菇的生活条件

（一）菌丝的营养条件

自然条件下，茶树菇生长于枯茶树的枝干，利用茶树枝干中的纤维素和木质素作为营养物质，但利用木质素的能力较弱。生产中，多以棉子壳、木屑为栽培主料，米糠、麦麸、大豆饼粉、菜子饼粉、花生饼粉作为辅料，其主要作用是提供氮源和维生素类物质。配制栽培原料时，还要兼顾原料的C/N比，才能够获得较高的产量和品质。

（二）生长发育的环境条件

茶树菇正常生长发育，需要适合的环境条件，主要包括以下几个方面：

1. 温度

茶树菇菌丝体生长的温度范围较广，为10～35℃，最适生长温度为25～27℃。茶树菇菌丝体对高温和低温均有较强的耐受性。据报道，在－14℃维持5天，高温40℃保持4天，茶树菇的菌丝体仍可存活。但子实体形成阶段，对温度要求较为严格。子实原基分化温度为10～16℃，子实体发育温度为13～25℃。温度在10℃以下、28℃以上，均不能形成子实体，以22～24℃为形成子实体的最适宜温度。出菇时无变温刺激，仍能正常出菇。

2. 水分及湿度

菌丝生长阶段，茶树菇培养料的含水量为55%～65%时，菌丝生长旺盛。子实体形成及发育期间，菇房的空气湿度宜保持在90%左右。湿度过高，菇体易开伞；湿度过低，易造成菇体小，生长缓慢，影响茶树菇产量和品质。在生产管理上，保持适宜的水分和空气湿度能促使子实体健壮发育。

3. 光照

茶树菇菌丝生长阶段不需要光照，过强的光照反而会抑制菌丝生长；茶树菇出菇阶段需要一定的散射光刺激，在完全黑暗的条件下，子实体形成困难。原基形成和子实体发育阶段，光照强度宜保持在500～1 000 lx。

生产上，要充分注意茶树菇的需光特性。发菌阶段宜保持全黑暗培养，以避免边长菌丝边出菇。出菇阶段，根据茶树菇子实体向光生长的特性，采用套袋培养，以获得柄长盖小、口感脆嫩的优质产品。

4. 氧气

茶树菇为好气性真菌，在菌丝培养阶段和出菇阶段都需要充足的氧气。氧气缺乏时，菌柄粗长，菌盖细小，易出现畸形菇。生产上，应定时通气为茶树菇供氧。

5. 酸碱度

茶树菇菌丝喜欢微酸性环境，生长的 pH 值范围较窄，pH 在 4～6.5 范围内生长正常。在配制栽培料时，常常添加一定量的 $CaCO_3$ 作为缓冲剂，可不调节培养料的 pH 值。据测定，茶树菇出菇期间，培养料 pH 介于 5.77～5.87 之间，说明菌丝生长期间产生的有机酸较少（黄毅，2008）。在配制培养料时，可根据上述结果确定 $CaCO_3$ 等缓冲剂的添加量。

第三节　茶树菇的栽培技术

一、栽培季节的选择

根据茶树菇对出菇温度要求的不同，栽培季节分为春栽和秋栽。一般说来，春季栽培安排在 2 月下旬至 3 月上旬制袋接种，4～6 月份出菇；秋季栽培应于 8 月底至 9 月初制袋接种，10～11 月份出菇。我国地域辽阔，南北气候差异大，不同地区在栽培季节安排上有所不同（表 19－1）。

栽培季节的确定主要应依据当地的温度，根据当地多年的气象条件，把握两个环节：一是接种后 40～50 天内，当地气温应低于 32℃；二是接种之日起，向后推 60 天即进入出菇管理期（黄毅，2008）。

栽培季节的不同，对茶树菇品质会产生一定差异。春栽茶树菇的出菇期在 4～6 月份，此时温度回升快，茶树菇朵形小，肉薄，品质较差，病虫害较重。秋栽茶树菇，出菇期间温度较低，有利于形成商品性状较好的茶树菇。选择不同的栽培季节，在管理上应有相应的措施。

表 19－1　我国不同地区茶树菇栽培季节安排

地　区	种植季节安排		典型地区代表
	春　季	秋　季	
长江以南	2 月下旬至 4 月上旬接种，4 月中旬至 6 月中旬出菇	8 月下旬至 9 月底接种发菌，10 月上旬至 11 月底出菇	江西
华北地区	3 月中旬至 4 月底接种发菌，5 月底至 6 月中旬出菇	7 月上旬至 8 月中旬接种发菌，8 月底至 10 月中旬出菇	河北省中部
东南沿海	2～3 月接种发菌，4～5 月出菇	8～9 月接种发菌，10 月份以后出菇	福建省东南部
西南地区	2 月上旬至 3 月初接种发菌，4 月底至 5 月中旬出菇	8 月初至 9 月上旬接种，10 月中旬至 11 月初出菇	四川盆地

二、茶树菇栽培流程

茶树菇规模化栽培主要工艺流程如图 19－3 所示。

培养料配制 → 拌料与装袋 → 灭菌 → 冷却 →

接种 → 培养 → 出菇管理 → 茶树菇采集

图 19－3　茶树菇栽培流程

三、栽培料配方及配制

（一）栽培材料

1. 木材原料

适合种植茶树菇的树种较多，除含有挥发性芳香物质的树种如松树、杉树、柏树和樟树外，材质坚实的木材均可作为栽培原料。常用树材有：

壳斗科：栓皮栎、麻栎、槲栎、白栎、青冈栎等；

金缕梅科：枫香树等；

桦木科：鹅耳枥、桤木树等；

杨柳科：毛白杨、山杨、青杨、加杨、柳树、大白柳等；

桑科：桑树、鸡桑、构树等；

漆树科：黄连木、野漆等；

木樨科：白蜡树、水曲树等；

蔷薇科：桃树、梨树、李树、苹果树、樱桃树等；

悬铃木科：法国梧桐等；

玄参科：泡桐树等。

树木砍伐时间宜在树木大量落叶至翌年萌芽前，即冬至到次年惊蛰之间。不同地区略有差异，应结合各地的气候条件确定砍伐时间。

2. 代料栽培原料

适合茶树菇代料栽培的原材料很多，许多农

副产物是栽培茶树菇的优良原材料，如棉子壳、甘蔗渣、玉米芯、作物秸秆粉等。使用最多的是棉子壳和玉米芯。

(二)栽培料配方

茶树菇栽培原料分为主料和辅料。主料有木屑、棉子壳、玉米芯、水稻和小麦秸秆粉，辅料包括麦麸、玉米粉、豆饼粉、米糠、过磷酸钙、石膏、糖、磷酸二氢钾、硫酸镁等。不同地方的原材料来源有所不同，茶树菇栽培配方也有差异。常见栽培配方如下。

①杂木屑35%，棉子壳30%，麦麸25%，玉米粉5%，菜子饼3%，糖1%，碳酸钙1%。

②杂木屑50%，玉米芯45%，麦麸2%，豆饼粉2%，糖0.5%，碳酸钙0.5%。

③杂木屑72%，麦麸20%，蔗糖2%，碳酸钙1%，过磷酸钙1%，石膏1%。

④棉子壳50%，杂木屑22%，麦麸20%，石灰2%，玉米粉5%，石膏1%。

⑤棉子壳76%，麦麸22%，糖1%，$CaCO_3$ 1%。

⑥甘蔗渣34%，废棉34%，米糠27%，黄豆粉2%，石膏粉1.6%，石灰0.5%，糖0.5%，磷酸二氢钾0.4%。

⑦甘蔗渣34%，木屑34%，米糠27%，黄豆粉2%，石膏粉1.6%，石灰0.5%，糖0.5%，硫酸镁0.4%。

⑧甘蔗渣68%，细米糠27%，黄豆粉2%，石膏1.5%，石灰1%，红糖0.2%，磷酸二氢钾0.3%。

⑨秸秆粉77%，麦麸17%，黄豆粉2%，石膏2%，石灰1%，糖0.5%，硫酸镁0.2%，磷酸二氢钾0.3%。

⑩玉米芯粉42%，木屑34%，麦麸22%，石膏1%，石灰0.5%，过磷酸钙0.5%。

(三)培养料配制

1. 拌料装袋

拌料力求做到“三均匀”，即主料与辅料混合均匀、干湿均匀、酸碱度均匀。

宜选晴天在水泥地面拌料。拌料前先将主料充分预湿，栽培原材料不同，预湿时间也有差异。原料为棉子壳时，需提前24小时加水混匀，充分堆积，使其吸水预湿；玉米芯为栽培主料时，因其含有较多糖类，预湿时间宜控制在12小时左右。夏秋季节拌料，宜用1%的石灰水预湿原料，以防止杂菌污染。拌料前，将辅料均匀撒到已预湿的主料上，人工或拌料机械方式充分混合均匀，控制料水比在1∶1.2～1∶1.3之间，调节含水量至55%～65%。

料拌好后要迅速装袋。大都采用装袋机装袋，栽培袋规格常用15cm×32cm×0.05cm（或17cm×38cm×0.05cm）的低压聚乙烯塑料袋。装袋时尽量做到料袋松紧适度，袋面平整，均匀一致，特别是料与塑料袋之间不能留空隙，既防止灭菌过程中空气膨胀引起料袋变形，避免出菇时从料袋内部变形处形成原基消耗养分，又可防止接种时空气进入料袋而引起污染。装料高度20cm左右。装袋完毕，迅速扎紧袋口。装好培养料后，栽培袋重量0.8～0.9千克。

2. 灭菌

栽培料袋彻底灭菌是茶树菇栽培成败的关键环节之一。大生产时，通常采用常压灭菌。中型灭菌灶装量在1 500～2 000袋。灭菌时采用旺火快速升温，在5小时内迅速将培养料袋中心的温度升至100℃左右，然后继续维持灭菌温度100℃，持续15～20小时。之后停止加热，继续焖10～12小时，以保证灭菌效果。

四、接种与发菌

(一)接种

1. 接种前的准备

灭菌结束后，料袋温度降至60～70℃时，趁热搬进已消毒的接种箱或接种室，待料温降到30℃以下即可接种。春栽时气温较低，选择白天接种；秋栽时气温较高，宜在夜间气温凉爽时或在阴天气温较低时接种。

选择质量好、菌丝浓白健壮、无病虫害、菌龄以满瓶后10天左右的适龄菌种。接种时将菌袋放入接种箱内，接种器械灭菌后放入接种箱内，点燃烟雾消毒剂，熏蒸灭菌15～20分钟，然后接种。

2. 常规接种法

常规接种在接种室内进行，一般两人一组。先准备好菌种，菌种瓶/袋表面用75%乙醇消毒，去掉表层老化的菌种。接种时将培养料袋口靠近酒精灯火焰无菌区域，解开袋口，将菌种接入栽培袋，接种完毕后扎紧袋口。接入的菌种尽量成块状，避免发菌初期菌种失水过多，使菌丝萌发时间延长甚至死亡。每750ml菌种瓶装栽培种可接种栽培菌袋30～40袋。

3. 打穴接种二次套袋技术

打穴接种二次套袋技术是近年来发展起来的食用菌快速接种技术，具有接种快、菌丝生长迅速、污染低等优点。操作时，在菌袋的一侧或两侧打2～3个接种孔，迅速接种后在菌袋外加套一层薄膜外袋，避免料袋直接与外界接触。

（1）外袋准备

从有关厂家订做套袋专用的低压聚乙烯薄膜外袋，厚为0.02cm，宽比料袋宽2cm，长度比菌袋长5cm，一端热合封口。

（2）接种场地消毒

打穴接种二次套袋技术，通常在接种棚内完成接种和培菌工作，必须事先做好场地的灭菌消毒工作。将场地清理干净，撒入适量生石灰消毒接种场地，放下接种棚四周的塑料布，确保密封。按比例用气雾消毒剂，彻底消毒接种环境。

（3）及时接种

待高温灭菌后的菌袋温度降至60～70℃，趁热出灶，及时转入冷却室，尽量避免菌袋破裂导致污染。菌袋料温降至30℃以下接种。

接种过程为流水作业，按消毒、打穴、接种、套袋封口等程序进行，每个环节专人完成。具体如下：①消毒：将菌袋两侧用75%乙醇进行全面消毒处理。②打穴：采用专用打穴器打穴，打穴器多为铁制锥形棒，顶端尖、锥棒光滑，直径约3cm，长度8～10cm。在菌袋的一侧等距离打3个孔穴，打穴完毕，立即将菌袋传给负责接种的人。③接种：接种人员将菌种瓶表面消毒处理、剔出表面老化的菌丝后，把菌种掰成核桃大小的块状，迅速接入穴内，同时在菌袋外留少许菌种“把门”，以防止杂菌侵入。④套袋：接种完毕，负责套袋的人员迅速将接种后的料袋套上外袋，扎紧袋口。整个接种过程要连贯，速度要快。

（二）发菌管理

常规接种法接种完毕后，将菌袋转入培菌室培菌；打穴接种二次套袋法直接在接种棚内发菌。管理工作主要包括调节温度，控制空气相对湿度、光照和通风，促进菌丝快速生长。

菌丝生长初期，管理重点是促进菌丝生长，迅速恢复定植，使菌丝尽快萌发后将接种口覆盖，减少杂菌污染。正常情况下，约3天后菌丝开始萌发，此时控制室温20～25℃。

菌丝生长至覆盖接种口后，逐渐进入旺盛生长阶段，菌丝生理活性开始增强，呼吸作用加大，培养袋内温度逐渐上升。管理重点为控制料袋温度，防止“烧菌”。通常采用翻堆方式来调节料袋温度，同时加强通风换气、控制环境温度。气温高于25℃，早晚各通风1次，每次1小时，通风时打开门窗时要避免阳光直射菌袋。翻堆时既要检查料袋污染情况，剔出被污染的菌袋，又应根据菌丝长势，及时调整菌袋位置，确保料袋中茶树菇菌丝长势一致。一般情况下，20天左右翻堆检查1次。秋栽时，发菌期间常常会遇到高温，尤其要注意疏袋散热，加强通风降温。

采用打穴接种二次套袋法接种的菌袋，以“井”字形堆叠，接种口朝外，控温通气，保持环境干燥。每7天翻一次堆，及时挑出污染袋。菌丝生长直径8～10cm时解开外袋口，以利通气，促进菌丝向培养料深层生长。发菌后期，结合翻袋检查，用胶带将接种口封紧，避免从接种口出菇。二次套袋技术避免了菌筒直接与环境空气接触，可大大降低污染率。据报道，该法可提高成功率6%以上。

茶树菇发菌期间，空气湿度不超过70%，防治病虫害和鼠害发生，室内尽量维持黑暗状态。培养45～55天，菌丝即可长满料袋。

五、出菇管理

（一）菇棚建造

茶树菇可用室内菇房和室外菇房（或塑料大棚）出菇，大多采用室外大棚出菇。出菇场选择环境条件好，土壤、水源无污染，交通方便，水电充足，排水好，地势较高，附近无污染源的场地。

菇棚最好建成东西向，规格5～7m×20～25m，或根据地势建造，长度最好不超过40m，菇棚边高2m，中间高3.5m，用水泥柱、竹竿或木料搭中柱，菇棚南北侧各安装80～100cm宽的门。竹子常用作建棚材料，棚顶保持一定的倾斜度，用竹片覆盖，其上盖遮阳网，再加盖一层稻草或茅草，最外层覆盖0.08mm的黑色塑料薄膜。棚的四周用黑色塑料薄膜或遮阳网遮盖，以利于遮光、隔热与保温。相邻菇棚间隔1m左右。必要时，棚顶每隔3～5m设通气筒，每座菇棚安装2～3个通风筒，便于通风排湿。

菇棚内搭建层架式出菇架，层架宽度140～150cm，层架间设70cm宽通道。若不设通道，层架的宽度控制在70cm左右，以伸直手能顺利采菇为宜。层间距50～60cm，底层离地面30cm左右，通常设置4～5层，层架用木条或竹竿搭建，再放竹片或木条。

也可以选择闲置仓库、空闲蔬菜大棚、日光温室大棚等设施搭建出菇房。无论哪种菇房，均要求卫生条件好，能保温保湿，通风透气性好，采光方便。

菌袋进棚前，先对场地进行消毒处理。用50%多菌灵1 500～2 000倍液和80%敌敌畏800倍液，喷雾1～2次，杀虫灭菌。

(二)出菇管理

茶树菇菌丝长满料袋后，开始出菇管理。目前，茶树菇主要有袋栽直立式出菇、卧式立体墙式出菇和覆土出菇。

1. 直立式出菇

茶树菇菌丝长满料袋后，即转入生殖生长阶段，此时进入出菇管理阶段。从菌丝长满到生理成熟还需要10～15天，这期间的重点是转色催蕾，催蕾的作用是促使菌丝均匀扭结，出菇整齐。

催蕾时注意掌握3个环节：温差刺激、光照刺激和干湿交替刺激。具体做法是排袋催蕾，菌袋可直立排放，也可墙式堆叠排放。直立排袋时，割开袋口，或将菌袋口下卷一半，并向地面喷水保湿，促使茶树菇子实体原基分化，菇棚温度控制在18～25℃，晚上控制在18℃，白天温度25℃左右。排袋数量以每平方米排放60～80袋为宜。开袋后，栽培袋内CO_2逸出而逐渐降低浓度，菌丝受到光照、温差、氧气和湿度变化的刺激，由营养生长转入生殖生长。料面颜色也随之转化，初时有黄水，继而变褐色，出现小菇蕾。调整空气相对湿度至95%～98%，早晚喷水保湿。光线强度控制在500～1 000 lx，温度控制在18～24℃，保持昼夜温差7～8℃。

开袋后经过10～15天催蕾管理，茶树菇子实体原基大量发生，需氧量增加。此时要及时加大通风，防止菇棚内CO_2浓度过高造成病害发生或形成盖小、柄长的畸形针尖菇，降低茶树菇商品品质。

出菇期间，管理重点为控温、控湿和通气。出菇时，菇房内的相对湿度保持在90%～95%。根据菇棚外的气温情况，每天通风1～3次，每次1小时左右。若气温不太高，可适当减少通风次数和时间，以防氧气过多导致早开伞，菌柄短、肉薄。春栽茶树菇，子实体生长后期，温度较高，易造成开伞和形成长柄薄盖菇，此时注意通风控温，以保证茶树菇品质。秋栽茶树菇，冬季温度较低，子实体生长发育缓慢，但子实体朵形较大，商品品质好，病虫害污染少，但要注意采取保温措施。

茶树菇子实体有明显的趋光性，出菇期间适宜的光照可获得盖小、柄长的优质商品菇。

2. 卧式立体墙式出菇

采用这种方式出菇，可以有效利用空间。菇棚内建好床畦，床畦宽30cm左右，高20cm，床畦间隔50cm。出菇前，将茶树菇菌袋横排卧排放于畦上，立体堆叠7～8层，每666m^2(亩)菇棚可排放1.0万～1.2万袋。也可采取床架式分层排放方式，每层床架排放3层菌袋。

采用该法出菇时，切忌超量排放，以免室内氧气不足，或温度过高，导致病虫害发生，影响茶树菇的产量和质量。排好菌墙后，去掉菌袋扎口绳或套环，拉直袋口，同上法进行催蕾管理。

3. 覆土栽培

茶树菇也可以采用覆土栽培出菇。覆土栽培具有湿度均匀、管理方便、茶树菇品质好、产量高、生物转化率较高的优点。在长江以南或西南地区水稻种植区，秋季栽培茶树菇，可以形成“水稻—茶树菇”种植模式，提高土地收益。

(1)覆土材料准备

砂壤土是良好的覆土材料，或者选取干净、无杂质的蜂窝煤渣与砂壤土以4∶6的比例混合制成覆土材料。也可以选取砂壤细土与砻糠按7∶1比例混合而成。

(2)畦床准备

选择向阳背风、保水性能好、土地肥沃、排灌方便的菜园地或两季田(稻田)作为栽培场地。按宽80～100cm，深20～25cm规格建畦作床，平整床面，四周及床底拍实，菇床间距50～60cm，及时撒上适量生石灰粉，或分别喷5%苯酚(石炭酸)和800倍敌敌畏液消毒和杀虫，以防止杂菌和虫害。

(3)菇棚搭建

菇棚搭建取南北方向，每个棚以15m×4m为宜。用长竹竿搭成2.5～3m高的拱形棚架，竹子间距70～100cm，棚架用竹片横向连接固定，棚架两侧各用竹木桩或水泥柱加固。搭好棚架后，上覆白色塑料薄膜，两侧薄膜与地面交接处用土压埋，薄膜上覆盖遮阳网，棚两端设门。棚顶加盖遮阳物，以八阴二阳的遮阳度为宜。棚与棚间距60cm左右，中间挖宽30cm、深40cm的排水沟。

(4)脱袋覆土

培养袋长满菌丝后，撕去菌袋膜横放于畦床内。菌袋间填满备好的泥土，其上覆盖细土，覆土厚度2cm左右。

(5)出菇管理

覆土后立即喷水，使覆土保持湿润。要轻喷勤灌，切忌每次喷水太多。期间，经常通风换气，促使菌丝扭结成原基。覆土 15～20 天后，若温度、湿度适宜，茶树菇菌丝会萌发成菇蕾。要及时喷出菇水，保持相对湿度 90%～95%，促进子实体正常发育。

每一潮茶树菇采收后，将畦床残留物整理干净，向畦床喷水补水，同时添加 10%葡萄糖液和 5%复合肥液作为营养液，有利于下一潮菇生长。

采用直立出菇或卧式立体墙式出菇的茶树菇菌袋，在采收 2～3 潮后，若菌袋内菌丝健壮、无杂菌和病虫害侵害，也可以采用覆土出菇，同上法脱去菌袋薄膜，平放于畦床内覆土出菇。

（三）茶树菇采收

适时采收是茶树菇获得高产的重要环节，又是保鲜、加工和干制的最初环节，具有很强的时间性和技术性。采收过早，产量低；采收过迟，菇体开伞，组织变老，产生大量的褐色孢子，失去商品价值。

从菇蕾出现到采收需要 5～7 天。当菌盖呈半球形、菌膜未破时即可采收，过晚会影响茶树菇的商品质量。茶树菇菌柄较脆，采收时，应抓住茶树菇基部，一次性将整个菇丛一起拔下，保持菇体完整。采收后随即清理菌袋料面，收拢袋口。停止喷水 2～3 天，促进菌丝恢复生长，为下潮菇的生长积累营养。12～15 天后再次提高空气湿度至 90%以上，促使第 2 潮菇生长。

从第 1 潮菇结束到第 2 潮菇长出，间隔 7～15 天。同上方法进行出菇管理和采收。采摘第 3 潮菇后，袋内培养料的营养和水分消耗较多，可采用柠檬酸稀释成 400 倍液及时补水补充养料，继续养菌出菇。

一般每袋可出鲜菇 400～500g 以上，干重 30～50g，生物转化率为 60%～70%。采用覆土出菇，茶树菇的出菇期可持续 2～4 个月。

六、常见病虫害及其防治

（一）病害

茶树菇发菌期间及出菇菌期间的主要杂菌有绿色木霉、青霉、毛霉和红色链孢霉，以红色链孢霉最为厉害。一旦发生链孢霉污染，应及时将料袋深埋处理或焚烧，严防扩散。茶树菇的子实体病害主要包括细菌性腐烂病、拟青霉引起的基腐病和葡枝霉引起的软腐病。发生此类病害的主要原因是喷水后通风不良，菇房高温高湿。

（二）虫害

茶树菇害虫主要有螨类、菌蛆。螨类主要危害茶树菇菌丝，影响出菇，并造成烂菇和畸形菇。菌蛆主要是啃食菌丝、培养料和啃食、蛀食茶树菇菌蕾及子实体，严重时导致绝收。

（三）综合防治措施

综合防治采取预防为主的策略：①选用新鲜、干燥、无霉变的原辅材料。②选择健壮无染污、菌龄适中的菌种。③料袋灭菌、环境消毒要彻底。④加大接种量。发菌期间，若气温较高，可采用增加 15%～20%接种量的方法，以利菌丝迅速生长占满料面。⑤加强管理，及时挑出污染菌袋，清除污染源。

按照发菌和出菇要求控制好环境温、湿度。对于子实体虫害，在菇房门窗安装 60 目防虫网；发生病虫害后，及时挑出和严格处理被污染袋料，必要时选用高效、低毒、低残留的化学农药及时杀虫。

第四节　茶树菇的储藏与加工

（一）茶树菇保鲜

茶树菇的保鲜，是在鲜品的流通与销售过程中，最大限度地保持鲜菇原有的风味品质，大多采用低温冷藏、保鲜袋简易包装和化学保鲜等方法。

近年来开展的硅窗气调包装保鲜储藏茶树菇研究，取得了一系列研究成果（Saxena，2008；李铁华，2007；Li，2007，2008）。

1．低温冷藏保鲜

此法适用于茶树菇运输或短期保存。低温时鲜菇呼吸弱，处于休眠状态，利于保鲜。

2．保鲜袋简易包装保鲜

保鲜袋可用普通塑料真空包装袋，也可将托盘和拉伸膜作为包装材料，将保鲜剂按需要量置于规定重量鲜菇的塑料袋内，用胶带密封保鲜。也可置于装入鲜菇的拉伸保鲜膜的托盘内包装保鲜，封好即为茶树菇保鲜袋。

3．化学保鲜

利用一定浓度的化学药物如 0.1%～0.25%

的焦亚硫酸钠溶液喷洒或浸泡茶树菇鲜菇后，用塑料袋密封包装，达到保鲜的目的。

(二)茶树菇加工

最常见的加工方法是干制加工。通过脱除茶树菇体内的水分，保持茶树菇的营养物质和特殊风味，延长保存与销售时间。

1. 干制加工

茶树菇的干制分为晒干和烘干。

(1)晒干

北方地区气候干燥，采收后及时将茶树菇菇丛分开，分级分散放在竹帘上，阳光下直接晾晒。摊晒过程中，多翻动，菌盖菌褶部分朝上，2～3 天可将含水量降至 12%左右。晒干后及时放入包装塑料袋中密封，以防吸潮。

(2)烘干

烘干是将鲜菇放入烘箱或烘房中，加热使茶树菇失去水分。烘干过程中，茶树菇可以产生浓郁的香味。烘干时，先将烘干设备预热至 40℃左右，然后将分级筛选的茶树菇放入烘干设备内。40℃开始，逐渐升温至 60℃，升温速度要慢，一般以每小时 1～3℃的速度逐渐上升。茶树菇含水量降至 12%时，即达到干制要求，将制品取出及时包装。茶树菇的等级标准见表 19－2。

表 19－2　茶树菇的等级标准

项　目	一　等	二　等	三　等
外观形态	菌膜未破裂，菌盖缘厚、内卷，朵形完整，菌柄白色粗壮	菌膜未破裂，菌盖近平展，盖缘变薄但稍有内卷，菌柄粗壮，近白色	菌膜破裂，菌盖展开，盖边缘破损，部分破边菇，菌柄细长、扭曲，菌褶淡褐色
色泽	菌盖金黄色、浅黄色	菌盖蛋黄色、浅黄色	菌盖浅黄色，少许褐斑或深褐色
香味	浓郁清纯	茶树菇固有香味	茶树菇固有香味
开伞度	近半球形	扁半球形	扁平或分开成伞状
干度	足干	足干	足干
朵数朵型	丛生菇，大小规格整齐	丛生菇，大小规格整齐，混有少许小丛生菇	单生菇，菇盖、菇柄较大
霉变及虫害	无霉变，无虫蛀	无霉变，无虫蛀	无霉变，无虫蛀
残缺及其他缺点	无	少许	部分

2. 深加工

传统茶树菇干品已不能满足消费者需要，具有多功能的茶树菇深加工产品越来越受到人们的青睐。

(1)风味休闲食品

随着旅游业的发展以及食品加工技术的提高，可将茶树菇加工成蜜饯、菇脯、菇味虾片、菇糖果、膨化脆片等旅游休闲食品，也可加工成茶树菇罐头、菇粉挂面、菇糕、菇调味粉、菇调味汁等风味食品。

(2)茶树菇特色饮料

包括茶树菇露、茶树菇可乐、茶树菇酒、茶树菇汽水、茶树菇粒粒橙、茶树菇啤酒、茶树菇晶粉冲剂、茶树菇袋泡茶等。开发这类茶树菇特色饮料必须先开展市场需求调查。

(3)功能性保健食品开发

有茶树菇多糖口服液、多糖口服胶囊、多糖乳酸饮料、多糖乳酸奶、多糖酸醋、多糖酱油、多糖香油、多糖酒、多糖果冻、多糖糕点、多糖糖果、多糖美容护肤膏等。

(4)茶树菇菌丝体发酵食品

发酵菌丝果酱、发酵菌丝酸奶、发酵菌丝米酒、发酵菌丝米醋、发酵菌丝肉酱、发酵菌丝浓缩液。

(5)茶树菇超微粉

Zhang 等(2005)报道了利用茶树菇子实体生产超微粉，其产品可作为调味料，为茶树菇产品的利用开辟了一条新方向。

第五节　茶树菇的营养与药用价值

茶树菇营养丰富，味道鲜美，菌柄脆嫩，菌盖肥厚，香味纯正，口感极好，是一种高蛋白质、低脂肪，集食用与营养于一身的绿色食品。它能提供人体所需的蛋白质、脂肪、碳水化合物、维生素、矿质元素和其他生理活性物质，是良好的保健食品。

一、营养成分

茶树菇营养成分极为丰富。据测定，每 100g

（干菇）含蛋白质14.2g，纤维素14.4g，总糖9.93g；含钾 4 713.9 mg，钠 186.6mg，钙 26.2mg，铁 42.3mg。茶树菇子实体内含人体所需的 18 种氨基酸，其中含量最高的是蛋氨酸，占2.49%，其次为谷氨酸、天冬氨酸、异亮氨酸、甘氨酸和丙氨酸。总氨基酸含量为 16.86%。此外，茶树菇还含有丰富的 B 族维生素和钾、钠、钙、镁、铁、锌等矿质元素（杨月明，2001）。

笔者所在实验室分离获得了一株编号为 YW-2的茶树菇，对子实体氨基酸成分进行分析，获得了 16 种氨基酸的含量。其中必需氨基酸含量为 7.03%，非必需氨基酸含量为 12.94%，必需氨基酸含量占氨基酸总量 E/(E+N)的 35.22%，必需氨基酸与非必需氨基酸比值（*E*/*N*）为0.54（表19—3）。茶树菇 YW-2 子实体中，天冬氨酸和谷氨酸等鲜味氨基酸的含量比已报道的茶树菇含有量高，口味更鲜美。

表 19—3　茶树菇 YW-2 子实体氨基酸组成与含量

氨基酸	含量(mg/100g)	氨基酸	含量(mg/100g)
非必需氨基酸(NEAA)		必需氨基酸(EAA)	
天冬氨酸(Asp)	2412.3	苯丙氨酸(Phe)	917.4
酪氨酸(Tyr)	764.6	赖氨酸(Lys)	912.1
谷氨酸(Glu)	4187.8	异亮氨酸(Ile)	793.9
甘氨酸(Gly)	970.2	丙氨酸(Ala)	1366.2
组氨酸(His)	443.8	缬氨酸(Val)	1078.1
丝氨酸(Ser)	948.5	蛋氨酸(Met)	631.6
精氨酸(Arg)	1106.5	亮氨酸(Leu)	1335.0
脯氨酸(Pro)	741.1	*E*/(*E*+*N*)(%)	35.22
丙氨酸(Ala)	1366.2	*E*/*N*	0.54

二、茶树菇的药用价值

茶树菇药用价值较高，我国自古将其作为延年益寿的上品，人们把茶树菇称做“中华神菇”。但对茶树菇的药效作用，我国的研究工作还很不系统。

中医认为茶树菇性平，甘温，益气开胃，老少皆宜，经常食用可起到抗衰老、美容等作用，具有提高人体免疫力、增强人体防病、治病能力等功效。茶树菇还是民间传统药用菌，具有利尿渗湿、健脾止泻、清热平肝功效，其利尿渗湿功效不亚于茯苓（陈士瑜，2000）。临床实践证明，茶树菇对肾虚尿频、水肿、气喘，尤其小儿低热尿床，有独特疗效。现代医学研究表明，茶树菇含有抗癌多糖，其提取物对小白鼠肉瘤 S-180 和艾氏腹水癌的抑制率高达 80%～90%，具有很好的抗癌作用（徐静娟，2005）。

徐静娟等以实验小鼠的溶血空斑数、T 细胞刺激指数、自然杀伤细胞活性、巨噬细胞的吞噬指数等为指标，检测茶树菇多糖对实验小鼠免疫功能的影响。研究结果表明，茶树菇多糖可提高空斑形成细胞的数量、促进 ConA 诱导的 T 细胞增殖反应、增强 T 细胞介导的迟发型超敏反应、促进巨噬细胞的功能。茶树菇多糖能同时促进实验小鼠的非特异性免疫应答和特异性免疫应答，可提高实验小鼠的免疫功能（徐静娟，2007）。

茶树菇提取物清除超氧自由基 O^{2-}、羟基自由基-OH 和脂过氧自由基 ROO-的效果较好，有较强的抗氧化能力（陈发河等，2007）。

第六节　展　望

一、国内外茶树菇研究现状

（一）分类地位及遗传学特性研究

尽管茶树菇由我国食用菌专家命名，但至今仍然存在与杨树菇命名混淆的现象，仍有部分食用菌书籍或文献将茶树菇和杨树菇混杂，或将茶薪菇作为杨树菇的别名。主要原因在于两种食用菌在子实体形态、香味、栽培方式等方面相似度较高，对于两者的差异，我国的专家主要从宿生植物、子实体形态细小差异、气味与香味等方面进行区分。

杨树菇(*Agrocybe aegerita*)与茶树菇形态相近,在分类上同属于田头菇属(*Agrocybe*),至今仍有许多人认为两者为同一个品种,但茶树菇和杨树菇在诸多方面存在差异。从外观上看,茶树菇子实体颜色较深,菌柄中实,而杨树菇子实体颜色较浅些,也有白杨树菇品种,菌柄中空;从发生地点上看,野生茶树菇夏秋季节多野生于油茶树(*Camellia oleifera*)的枯干和枯死部位,而杨树菇主要发生在杨树(黑杨)树上;从风味和品质看,茶树菇有独特的气味,口感脆嫩;杨树菇中含有多种挥发性香味物质,主要组分是1-辛烯三醇。

国外尚未见茶树菇栽培研究的报道,但近年来对茶树菇和杨树菇的遗传差异进行了相关研究。由于田头菇属线粒体基因组的rRNA小亚基(SSU)中,V4、V6和V9区存在菌株特异性变异序列,可用于揭示田头菇属不同菌种间遗传差异研究(Gonzalez,1998)。Mouhamadou等的研究表明,杨树菇和茶树菇线粒体基因组存在3种内含子,杨树菇线粒体基因中存在的内含子有两种:iAae1和iAae2,而在茶树菇线粒体基因组中的内含子为*iAch*1。进一步研究表明,编码homing内切酶(HE)的基因存在着横向转移的现象(Mouhamadou,et al,2006)。Uhart在对杨树菇近缘种(包括茶树菇)的线粒体基因组的小亚基rRNA小亚基可变区(V1、V2、V4、V6、V8和V9)以及rRNA的二级结构进行研究后,32株来自欧洲、美洲和亚洲的杨树菇分成8个遗传群,构成了欧洲分支、阿根廷分支、亚洲-美洲分支3个遗传分支,每个分支代表不同的种群,茶树菇和杨树菇位于不同的分支,故应成为两个不同的种(Uhart,2007)。

国内对茶树菇和杨树菇的遗传差异研究较少,尚未对茶树菇栽培品种的遗传特性和系统发育关系进行研究,不同品种间的遗传差异也不清楚。

(二)茶树菇栽培技术的发展

我国茶树菇的人工栽培时间较短,但栽培技术发展较快,主要体现在茶树菇由野生到人工驯化与栽培成功,原材料由木材到棉子壳代料栽培,栽培季节由季节性栽培到反季节栽培等方面。

野生茶树菇原产于江西省黎川县境内深山老林中的油茶树腐朽的树蔸部,数量极少。1996年人工栽培茶树菇成功至今,仅黎川县就有2万多户农民种植茶树菇1亿多袋,茶树菇产值达2.4亿元。

茶树菇的栽培原料,也由棉子壳、玉米秸秆、稻草粉代替木屑和茶子饼粉,既保证了质量,又提高了产量。在栽培季节上,开展了反季节栽培(欧阳建华,2004;张金霞,2003)或周年种植技术(李彪,2008)的相关研究。尽管推广面积还较小,但不失为极具意义的探索。

为了节省能源和成本,人们尝试发酵料免灭菌栽培茶树菇。具体做法是:先建堆发酵,在水泥地面建堆,在建堆中心处位置用砖块搭一孔,孔上用稻草覆盖,以砖孔为中心堆料,堆成1.2m×1.5m的料堆。料面拍紧后,用一木棒从料面上部不同位置对着砖孔所在处打洞,以利于供氧。随后盖上塑料膜好氧发酵。待料温升到60℃后的第2天翻堆,含水量保持65%左右。翻堆后同前操作。待料温再次升至60℃后,隔天散堆混匀后装袋。堆料发酵时间7~8天,根据发酵的具体情况灵活掌握(张金霞,2003;赖建强,2005)。虽然这种方式可以有效节省能源,但适用范围较窄,南方省份难于推广。

(三)茶树菇多糖提取

在提取和纯化茶树菇多糖方面,我国许多研究者开展了大量的工作,其主要的工艺流程为:茶树菇干品⟶粉碎(过60~80目)⟶热水(酸、碱或盐水)回流浸提⟶离心取上清液⟶旋转蒸发仪浓缩⟶95%乙醇沉淀⟶丙酮或无水乙醇冲洗⟶多糖回收⟶冷冻干燥⟶茶树菇粗多糖。加工过程中,采用微波或超声波破壁,可以提高茶树菇多糖含量(邓超,2006;毛慧玲,2006;石莉娜,2008;廖丹葵,2007)。

毛慧玲等比较了几种单一提取法和由单一提取法组成的组合提取法对茶树菇多糖的提取效果。结果表明,单一提取以碱浸提法最佳,40g/L的NaOH浸提液提取的粗、纯多糖得率高达15.99%和4.18%;组合浸提法中,以使用"热水浸提+碱浸提"的组合浸提法浸提时间较短,获得的粗、纯多糖较高,分别为17.79%和4.2%(毛慧玲,2006)。对于多糖中蛋白的去除,石莉娜等人尝试了在浸提液中加入适量的胰蛋白酶处理⟶透析⟶活性炭处理⟶离心等处理步骤,取得了良好的效果,蛋白质去除完全,多糖的损失少,还可去除色素、果胶和核酸等杂质(石莉娜,2008)。

二、茶树菇研究工作展望

(一)茶树菇种植资源调查、分类研究、杂交育种

茶树菇被认为生长于油茶树枯树上,但笔者所在实验室于2006年从悬铃木属的法国梧桐上

采集到一株野生茶树菇，自然状态下的出菇时间集中在7～8月份，经驯化栽培获得成功，ITS序列鉴定确认为茶树菇品种（舒丽等，2007），说明茶树菇在我国有较为广泛的分布。在野生状态下，并不仅仅局限于生长于油茶林，该结果对充分挖掘我国茶树菇资源具有借鉴意义。

我国幅员辽阔，生物多样性丰富，应进一步挖掘我国的茶树菇种植资源，广泛收集各地的茶树菇品种，开展筛选和驯化工作。同时，应用现代分子生物学手段揭示茶树菇品种间的遗传差异，为开展茶树菇杂交育种提供种质资源。在育种工作方面，逐步应用原生质体融合、单孢杂交育种（郑中元等，2007；邱敦莲等，2008）等方法选育适应性更强、品质更优的茶树菇新品种。

（二）探明茶树菇理化特性，提高生物转化效率

值得注意的是，在相关资料中，茶树菇的生理学研究结果均说明菌丝缺乏虫漆酶活性，利用木质素的能力弱，而其蛋白酶活性比平菇强10倍。多数文献据此得出结论，在大面积袋料栽培时，必须在培养基中提高氮的含量，但均未列出引用该结论的原始文献（杨月明，2001；黄毅，2008）。另一方面，茶树菇栽培中存在的一个突出问题是其生物转化率偏低，介于50%～70%之间。因此，应进一步明确茶树菇的生理特性，弄清茶树菇菌丝利用各种原材料基质的能力，为大生产提供基础理论依据（暴增海等，2007）。

生产上应结合茶树菇的生理特性，充分考虑茶树菇菌丝蛋白酶活性较强、可较好地利用栽培料中的氮源物质，而其菌丝利用木质素能力弱的特点，配制栽培料时，研究栽培主料的成分，将木质素含量高的栽培原料与纤维素含量高的栽培原料合理搭配，同时调节好培养料的C/N。

（三）进一步明确茶树菇的药用成分及机制

茶树菇多糖成分复杂，其药用机制尚不明确，尤其是目前关于茶树菇药用组分的研究报道，主要是以杨树菇为材料，研究茶树菇子实体药用成分的报道不多，这方面的研究至今仍是薄弱环节。

在明确茶树菇确切分类地位的基础上，加强现代分析技术的应用，获得纯多糖组分，采用色谱质谱技术和核磁共振技术获得茶树菇多糖的精准结构。在药理作用方面，充分应用现代生物技术手段，标记和定位靶细胞位点，探明其作用机制。

参考文献

[1] 陈安. 茶树菇5号栽培技术要点[J]. 中国果菜，2007(1)：11.
[2] 郭昆玉，王尚堃. 茶薪菇无公害标准化栽培技术[J]. 安徽农业科学，2006，34(15)：3712-3715.
[3] 刘瑞璧，钟永诚，吕竹青. 茶薪菇8号菌株特性及栽培技术[J]. 食用菌，2001，23(2)：13-14.
[4] 沈爱喜，胡中娥，刘子荣，等. 茶薪菇新菌株AS-1特性及高产技术[J]. 林业园艺，2001(7)：30.
[5] 杨月明，李美良，李银良. 茶树菇栽培技术[M]. 北京：金盾出版社，2001.
[6] 阮淑珊，雷银清，阮毅. 茶薪菇早熟2号袋料栽培高产技术[J]. 中国食用菌，2007，26(5)：66.
[7] 林杰. 白色茶薪菇栽培技术[J]. 福建农业，2006(4)：16-17.
[8] 舒丽，陈强，陈翠萍，等. 野生茶树菇YW-2生物学特性及驯化栽培[J]. 北方园艺，2007(8)：208-210.
[9] 路等学，高静梅. 茶薪菇品种比较实验研究[J]. 中国食用菌，2005，24(3)：21-23.
[10] 胡中娥，沈爱喜，户才彪. 茶薪菇菌株品比试验[J]. 食用菌，2001(增刊)：240.
[11] 欧阳建华，危贵茂，徐祖荣. 茶树菇冬季栽培管理技术[J]. 食用菌，2004，26(6)：36.
[12] 张金霞，黄晨阳. 北方夏季栽培茶薪菇[J]. 土壤肥料，2003(4)：44-45.
[13] 李彪. 防空洞周年栽培茶树菇技术[J]. 种子世界，2008(3)：38-39.
[14] 杨俊辉，黄忠乾. 成都平原茶树菇栽培技术要点及经济效益分析[J]. 四川农业科技，2008(1)：38-39.
[15] 王谦，杨立华. HACCP在茶树菇标准化生产中的应用[J]. 中国标准化，2006(6)：26-27.
[16] 邓观根. 茶树菇深加工与保健食品开发初探[J]. 农业科技与信息，2008(3)：33.
[17] 曹德宾，孙庆温、王世东，等. 绿色食用菌标准化生产与营销[M]. 北京：化学工业出版社，2003.
[18] 陈士瑜，易文林，周雅冰，等. 珍稀菇菌栽培与加工[M]. 北京：金盾出版社，2003.
[19] 陈士瑜. 蕈菌医方集成[M]. 上海：上海科学技术文献出版社，2000.
[20] GONZALEZ P, LABARERE J. Sequence and secondary structure of the mitochondrial small-

subunit rRNA V4, V6, and V9 domains reveal highly species-specific variations within the genus Agrocybe[J]. Appl. Environ. Microbiol, 1998,64: 4149-4160.

[21] MOUHAMADOU B, FERANDON C, BARROSO G, et al. The mitochondrial apocytochrome b genes of two Agrocybe species suggest lateral transfers of group I homing introns among phylogenetically distant fungi[J]. Fungal Genet Biol, 2006,43: 135-145.

[22] UHART M, SIRAND-PUGNET P, LABARERE J. Evolution of mitochondrial SSU- rDNA variable domain sequences and rRNA secondary structures, and phylogeny of the Agrocybe aegerita multispecies complex[J]. Res Microbiol. 2007,158(3): 203-212.

[23] 徐静娟,邬敏辰,朱颉.茶树菇多糖免疫调节作用的研究[J].食品与生物技术学报,2007,26(6):36-39.

[24] 廖丹葵,孙红娜,王宗君,等.茶树菇多糖的提取研究[J].食品研究与开发,2007,28(1):16-19.

[25] 邓超,邬敏辰.茶树菇多糖的提取工艺[J].食品与发酵工业,2006,32(1):118-121.

[26] 毛慧玲,束盈慧,叶子坚,等.茶树菇多糖提取方法[J].南昌大学学报, 2006,30(1):49-51.

[27] 石莉娜,任大明,程宇,等.茶树菇多糖脱蛋白方法研究[J].现代农业科技,2008(20):14-15.

[28] 江力,刘国庆,窦伟.茶树菇原生质体制备及融合研究[J].食品科学,2008,29(9):348-351.

[29] 黄毅.食用菌栽培(第3版)[M].北京:高等教育出版社,2008.

[30] 郑元忠,蔡衍山,傅俊生,等.茶薪菇性遗传模式和育种工艺研究[J].安徽农学通报,2007,13(4):32-33.

[31] 暴增海,马桂珍,张建臣.茶薪菇的生物学特性及开发利用[J].北方园艺,2007(5):230-231.

[32] 邱敦莲,刘本洪,肖在勤,等.茶树菇原生质体的分离和再生以及单核菌株的筛选[J].西南大学学报,2008,30(12):116-120.

[33] 陈发河,吴光斌,周凌婕.茶树菇多糖的制备及其对活性氧自由基的清除作用[J].中国食品学报,2007,7(6):33-38.

[34] 李铁华,张慜.硅窗大小对气调包装保鲜储藏茶树菇的影响[J].安徽农业科学,2007,35(4):1115-1116.

[35] SAXENA A, BAWA A S, SRINIVAS RAJU P. Use of modified atmosphere packaging to extend shelf-life of minimally processed jackfruit (Artocarpus heterophyllus L.) bulbs[J]. J Food Eng, 2008,87(4):455-466.

[36] LI TIEHUA, ZHANG MIN, WANG SHAOJIN. Effects of temperature on Agrocybe chaxingu quality stored in modified atmosphere packages with silicon gum film windows[J]. Food Sci Technol, 2008,41(6):965-973.

[37] LI TIEHUA, ZHANG MIN, WANG SHAOJIN. Effects of modified atmosphere packaging with a silicon gum film as a window for gas exchange on Agrocybe chaxingu storage[J]. Postharvest Biol Technol, 2007,43(3):343-350.

[38] ZHANG MIN, ZHANG CAIJU, SHRESTHA S. Study on the preparation technology of superfine ground powder of *Agrocybe chaxingu* Huang[J]. J Food Eng, 2005, 67(3):333-337.

(陈　强)

第二十章　长根菇

DIERSHIZHANG CHANGGENGU

摘要：长根菇是20世纪70年代才开始人工栽培的食用菌，现在中国部分地区已进行了商业化栽培。本章详细介绍长根菇的学名与分类学地位、生物学特性、菌种生产技术、菌袋商业化栽培技术、营养价值与药用价值等方面内容。

Xerula radicata

Abstract: *Xerula radicata*, also called the Rooting Shank, was first cultivated artificially in China in the 1970's, and is now grown on a commercial scale in several parts of the country. This chapter consists of five sections describing in detail various aspects of *X. radicata* including taxonomic status, spawn production technology, commercially bag cultivation techniques, nutritional attributes and medicinal properties.

第一节　概　述

一、长根菇学名与分类地位

长根菇又名：长根奥德蘑、长根小奥德蘑口、长根金钱菌、茶树菇（湖南）、草鸡纵（云南）、露水鸡纵。国外称为：Rooting shank，Beech rooter。

通用的拉丁学名为：*Xerula radicata*（Relhan）Dörfelt，*Veröff. Mus. Stadt Gera*，Naturwissenschaftliche Reihe 2-3：67（1975）。

属名"*Xerula*"一词来自希腊语，其词源是"xeros"，意思是"干的"，用于真菌的属名，译为"干蘑属"。种名加词"*radicata*"来自拉丁语"radicatus，-a，-um"，意思是"有根的"。根据拉丁原文，该菌的中文学名应译成"有根干蘑"。中文称"长根菇"，是因该菌有很长的菌柄（地上部分、地下的假根），一般超过20cm。

中外文献中常用的拉丁学名是：*Oudemanclella radicata*（Relhan：Fr.）Sing。该学名是Singer在1936年建立的，后来Dörfelt在1975年根据形态和分子特征，将该菌划在*Xerula*属中，因此对该物种的学名进行了订正，成为分类学的合法学名。该物种有许多同物异名，是一些不合法的学名，包括：*Agaricus radicatus* Relhan，*Fl. cantab.*，Suppl.：28（1786）；*Collybia radicans* P. Kumm.，*Führ. Pilzk.*（Zwickau）：117（1871）；*Collybia radicata*（Relhan）Quél.，*Mém. Soc. Émul.*；*Montbéliard*，Sér. 25：92（1871）；*Gymnopus radicatus*（Relhan）Gray，*Nat. Arr. Brit. Pl.*（London）1：605（1821）；*Mucidula radicata*（Relhan）Boursier，*Bull. trimest. Soc. mycol. Fr.* 40：332（1924）；*Mucidula radicata* f. *marginata* Konrad & Maubl.，*Flore d'Algerie*，*Cryptogamie* 2：pl. 199（1931）；*Oudemansiella radicata*（Relhan）Singer，*Annls mycol.* 34（4/5）：333（1936）；*Oudemansiella radicata* var. *marginata*（Konrad & Maubl.）Bon & Dennis，in Bon，*Docums Mycol.* 15（no. 59）：51（1985）。

分类地位：菌物界（Fungi），担子菌门（Basidiomycota），伞菌纲（Agaricomycetes），伞菌亚纲（Agaricomycetidae），伞菌目（Agaricales），膨瑚菌科（Physalacriaceae）。

二、长根菇栽培历史

Umezawa et al.（1970）报道了栽培技术和特有的成分。胡昭庚（1994）介绍了长根菇及其栽培。福建三明真菌所、四川省农科院等机构陆续开展长根菇的生物学特性、栽培技术、加工等方面的研究，现在在部分地区已经进行规模化的商业化栽培。

三、中国长根菇产业发展现状

我国商业化栽培的地区主要有四川、福建、江西、浙江等地，产品主要有鲜菇、干菇，在各地农贸市场、超市常年供应。年鲜菇产量为3万～5万吨。

第二节 长根菇的生物学特性

一、形态特征

子实体在阔叶林、混交林或竹林、茶林地上单生或散生。菌盖初为半球形，宽5～25cm，平展，圆形，表面淡褐色，平滑或辐射状皱纹，湿润时强黏性，盖缘全缘。菌肉薄，白色。菌褶直生至弯生，疏有小褶，广弧形，褶缘全缘，白色。菌柄中生，深褐色有小麻点，实心而脆，6～20cm×0.8～3cm，圆形，中实，灰褐色，表面有细毛鳞，基部膨大呈倒圆锥形，有细长假根向下延伸。肉质白色，孢子印白色。孢子无色，光滑、卵圆形至宽圆形，有明显芽孔，13～18μm×10～15μm，囊体近梭形，75～175μm×10～29μm。褶缘囊体无色、近梭形，顶端稍钝，87～100μm×10～25μm。

菌丝具分枝分隔，有锁状联合，菌丝体白色，绒毛状。

二、分布和生态习性

(一)长根菇的分布

在热带、亚热带和温带地区广泛分布，包括亚洲、非洲、大洋洲、欧洲。中国主要分布在云南、四川、西藏、河北、吉林、江苏、浙江、安徽、福建、河南、广东、广西、海南、台湾。

(二)长根菇的生态习性

长根菇夏秋季生于土壤偏酸、腐殖质较厚的阔叶树林、灌木林、竹林或针阔叶混交林等的林地上，其假根常着生于地下腐木上，也生于腐根周围。Necmettin Yilmaz，et al.(2006)报道，土耳其的*O. radicata*(Rehl:. Fr)Sing生长在落叶树下或其附近，特别是山毛榉类树木，常与根或埋在土内的树枝相连接。纪大干(1982)记载长根菇在云南一般分布在山毛榉(壳斗科)植物分布线的上线。适温性较广。当气温在20℃以上，连续3～5天晴天，突然下雨降温时发生最多，子实体群生，少数单生。在四川广泛分布的竹林中，从5月份开始一直到10月份都可以采集到。

(三)生长发育条件

1. 营养

长根菇属土生型木腐菌，分解木质素能力较强。野生子实体多发生在土壤偏酸、腐殖质层较厚的林地上，依靠其细长的假根和发达的菌丝体从土壤、腐木、植物根系中吸收营养物质。阔叶树木屑、山毛榉木屑、棉子壳、植物秸秆等都是理想的菌种培养基和栽培主料，添加适当的麦麸、米糠、玉米粉、磷肥、石膏等为辅料，可以满足菌丝体和子实体生长发育对营养物质的需要。

(1)碳源

李建宗(2001)报道，长根菇菌丝生长所需的碳源以纤维二糖最好，其次是麦芽糖、蔗糖、葡萄糖、山梨醇、木糖、糊精、淀粉、棉子糖、鼠李糖、甘油和果糖，乙醇较差，在半乳糖和乳糖的培养基上不能生长或不能利用。长根菇菌丝生长所需碳源比较广泛，尤其是加入纤维二糖时菌丝生长速度最快，每天可达5mm，菌丝长势最好；基本不能利用乙醇，完全不能利用半乳糖和乳糖。

胡梅(2008)报道，以可溶性淀粉作为碳源时，生物量最高为0.85g/L，其余影响效果由强到弱依次为玉米淀粉、葡萄糖、果糖、蔗糖、麦芽糖、甘露醇。由此可见，长根菇对淀粉性多糖的利用效果较好，明显优于其他碳源。其次是单糖。再次是双糖，而对醇糖的利用效果较差。不加碳源，长根菇菌丝生长很弱。综合考虑成本、生物量等因素，碳源以采用玉米淀粉和葡萄糖组成的复合碳源为宜。

(2)氮源

李建宗(2001)报道，在各种培养基中，长根菇菌丝生长所需的氮源以酵母膏最好，其余依次是蛋白胨、豆饼粉、硝酸钠和谷氨酸，在有丙氨酸、甘氨酸、尿素的培养基上完全不能生长。酵母膏作为长根菇菌丝生长的氮源最好，其生长速度和长势均较理想，其余成分如蛋白胨、豆饼粉、硝酸钠和谷氨酸可作为氮营养使用，但效果稍差，丙氨酸、甘氨酸和尿素等不宜作为氮源使用。

胡梅(2008)报道，以黄豆饼粉为氮源时，生物量最高，为1.05g/L，其余依次为蛋白胨、干酪素、硫酸铵、酵母膏、硝酸钾。长根菇对有机氮源的利用效果优于无机氮源，铵态氮优于硝态氮。可选用将黄豆饼粉和蛋白胨结合起来作为长根菇生长所需的复合氮源。

邹祥(2005)报道，在牛肉膏质量浓度增加时，菌体生物量明显提高，胞外多糖产量下降，低氮浓度对菌体生长有利，因此氮源浓度控制在1.2g/L为好。碳、氮（C/N）源质量浓度对长根菇深层发酵的结果表明，较高的C/N比有利于长根菇胞外多糖的形成。在C/N14∶1～70∶1的范围内，菌丝体产量都很高，达到9.5～10.3g/L，表明菌丝体适宜的C/N范围较宽，相对而言，最适宜的C/N为20∶1～30∶1。

（3）矿质元素

矿质元素KH_2PO_4是主要影响因子，其余依次为$CaCO_3$和$MgSO_4$。从菌丝体生物量来考察各因素水平值，3个因素的理论最优组合为：KH_2PO_4 0.2%，$MgSO_4$ 0.15%，$CaSO_4$ 0.1%。方差分析结果表明，KH_2PO_4和$CaSO_4$对长根菇菌丝体生物量的影响达到显著水平，$MgSO_4$对长根菇菌丝体生物量的影响未达到显著水平。从菌丝体生物量的角度考虑，最终确定静置培养长根菇液体菌种无机盐组成为：KH_2PO_4 0.2%，$MgSO_4$ 0.1%，$CaSO_4$ 0.1%。

邹祥（2005）报道，添加不同浓度的KH_2PO_4和$MgSO_4 \cdot 7H_2O$来考察对长根菇深层发酵的影响，结果KH_2PO_4和$MgSO_4 \cdot 7H_2O$对菌体生长以及胞外多糖的分泌均有一定的影响，浓度分别在3g/L和2g/L时菌体生长和产胞外多糖的情况均较好。

（4）生长因子

胡梅（2008）报道，在玉米淀粉4.0%、黄豆饼粉0.2%、葡萄糖2.0%、蛋白胨0.2%、KH_2PO_4 0.2%、$MgSO_4$ 0.1%、$CaSO_4$ 0.1%的培养基中，不加维生素B_1和加15mg/L的维生素B_1，长根菇菌丝体生物量的平均值相同，然后随着维生素B_1浓度的升高，生物量增加。当加入60mg/L的维生素B_1时，长根菇菌丝体生物量最高，达到8.75g/L。随后随着维生素B_1浓度的升高，生物量逐渐下降。可见，在培养基中加入过量的维生素B_1（>60.0mg/L）反而会抑制菌丝生长。根据试验，维生素B_1的最适宜加入量为60.0mg/L。

邹祥（2005）报道，棕榈酸能改变细胞膜结构和促进胞外多糖的形成。试验结果表明，棕榈酸对长根菇菌体生长有较好的促进作用，胞外多糖的分泌与菌体生长基本吻合。当棕榈酸添加量超过0.15%，胞外多糖增加趋势不明显。因此，在长根菇发酵过程中添加0.15%棕榈酸较为适宜。

刘招龙（2001）报道，长根菇菌丝生长过程中，在6-苄基腺嘌呤（6-BA）低浓度时，随着6-BA浓度的依次加大，菌丝的长势也越来越旺。当达到1.5mg/L以上时，菌丝长势反而减弱，这说明6-BA浓度在一定的范围内，浓度较低时，促进长根菇菌丝生长，而在浓度较高时抑制菌丝生长。6-BA对提高长根菇产量，也有同样的作用。促进长根菇菌丝生长的最佳6-BA浓度为1.0（mg/L），提高长根菇产量的最佳6-BA浓度为1.5mg/L，可能是由于菌丝生长的培养基的营养较为全面，且纤维素、木质素的含量较低，故较低浓度的6-BA就能促其很好地生长。而产菇栽培的培养基是木屑、棉子壳等，富含纤维素、木质素等物质。因此，需要更多的纤维素酶、木质素酶去分解，提高这些酶的活力，需要较高的6-BA浓度。结果表明，6-BA浓度在1.0～1.5mg/ml，对长根菇的菌丝生长、产量的提高有很好的促进作用，这对实际生产有一定的参考价值。

2. 温度

长根菇为生于夏季至秋季的中温型、中高温型菌类，菌丝生长温度范围12～35℃，最适温度20～25℃，子实体发育温度15～28℃，出菇最适温度25℃左右。李建宗（2001）报道，长根菇菌丝生长的最适温度是20～25℃，低于或高于20～25℃时，生长速度减慢，4～6℃或35℃时几乎不生长，但也不会死亡，37℃时根本不生长，一8℃和40℃很快死亡。菌丝满瓶后处于20～28℃条件下，20天以后出菇，发育正常，鲜菇生物学效率平均达100%以上；处于18℃以下40天以后仍未见出菇，说明温度偏低对出菇有影响。

一定的昼夜温差刺激，对子实体原基的分化形成有利，可以提前出菇。

栽培袋制作宜安排在9月中旬～10月下旬，翌年2月～4月份出菇。制袋过早，由于气温较高，制袋成品率低，易发生烧菌；制袋太迟，自然温度低，需人工加温，否则难以在翌年4月长出第1潮子实体。一般分春秋两季栽培，春播2月下旬接袋，5～6月份出菇；秋播7月上旬接袋，9～10月份出菇。长根菇子实体发生温度范围较宽，18～35℃均能出菇。因此，除严冬外，春夏秋三季均可生产应市。

3. 水分与湿度

长根菇是喜湿性菌类。李建宗（2001）报道，斜面培养基琼脂含量对菌丝生长影响不是很大。原种培养基中含水量60%左右，空气相对湿度70%以下是最适宜的，这与其他大多数真菌特性是一致的。长根菇出菇需要60～90天（菌丝满瓶后），空气相对湿度85%左右时出菇时间只要20天左右，而且子实体强壮，产量较高。

4. 空气

长根菇是好气性菌类，子实体生长发育过程中都要求空气清新，二氧化碳浓度在0.3%以下。通气不良，二氧化碳浓度过高，菌丝体生长速度降低，子实体发育受阻，菇体瘦小、发育不全。

5. 光线

菌丝体生长阶段不需要光照。长根菇子实体分化需要适当的散射光照刺激，光照有利于原基尽快形成，但子实体发育和生长对光线基本不敏感，30～500 lx范围内均可正常生长。子实体生长期间不适宜阳光直射，大棚栽培必须采取遮光措施，降低光照强度。

6. 酸碱度

菌丝体和子实体生长适宜偏酸环境，培养料pH控制在5.5～7.3之间较佳。

7. 土壤

土壤不是长根菇出菇的必要条件。陈少珍等(2004)认为覆土主要起保湿作用，能很好地形成子实体，出菇效果好；不覆土也能形成子实体，但菇形不完整。覆土越深(7～10cm)，其形成的假根状菌索越长。长根菇是一种腐生菌，不完全是土生菌，是典型的土生木腐型真菌。菌丝满袋后不应立即覆土，菌丝经生理成熟后才能脱袋或袋内覆土。长根菇属中高温型菌类，原基分化需一定温差刺激。脱袋覆土后，要提高环境温差，使温差达10℃以上，以刺激原基形成。覆土材料应在开袋前准备好，选用富含腐殖质的泥炭土、草炭土或肥沃壤土，要求符合GB15618《土壤环境质量标准》，防止重金属超标，不允许施入农药，覆土含水量20%，pH7为宜，用水要求符合GB5749《生活饮用水卫生标准》。

第三节 长根菇的菌种繁育

一、菌种培养基配方

(一)母种培养基

①葡萄糖20g，磷酸二氢钾1.5g，磷酸氢钙0.8g，天冬酰胺1.12g，硫酸镁2g，丝氨酸2g，硫酸亚铁0.02g，氢氧化氨1g，硫酸锌0.02g，维生素B_1 0.01g，硫酸锰0.02g，琼脂20g，加水1 000ml。

②马铃薯20g，葡萄糖20g，磷酸二氢钾2g，硫酸镁0.5g，维生素B_1 10mg/L，琼脂20g，水1 000ml，pH为7.0。

③葡萄糖4%，蛋白胨0.3%，磷酸二氢钾0.2%，硫酸镁0.1%，维生素$B_1$10mg/L，pH为7.0。

(二)原种栽培种培养基

①棉子壳5%，阔叶树木屑60%，麦麸33%，糖和碳酸钙各1%，含水量55%。

②棉子壳50%，杂木屑28%，麦麸20%，石膏1%，糖1%，含水量55%。

③棉子壳40%，稻草20%，杂木屑18%，麦麸20%，石膏1%，糖1%，含水量55%。

④木屑40%，棉子壳40%，麦麸19%，碳酸钙1%，含水量55%。

二、菌种培养基制作

在原种与栽培种、栽培袋的制作过程中，培养基原料——棉子壳、稻草、木屑、麦麸要求新鲜无霉变。拌料后，堆料48小时，温度60℃，预杀原材料中的虫卵、幼虫、蛹等。

第四节 长根菇的栽培技术

一、培养料

1. 常用配方

①棉子壳35%，麦麸25%，阔叶树木屑38%，糖和碳酸钙各1%，含水量68%。

②木屑78%，麦麸20%，糖1%，轻质碳酸钙1%，pH调至7.5。

③木屑50%，棉子壳28%，麦麸20%，糖1%，轻质碳酸钙1%，pH为7.5。

④木屑39%，棉子壳39%，麦麸20%，糖1%，轻质碳酸钙1%，pH为7.5。

⑤木屑 19.5%，稻草粉 19.5%，棉子壳 39%，麦麸 20%，糖 1%，轻质碳酸钙 1%，pH 为 7.5。

⑥棉子壳 50%，杂木屑 30%，麦麸 18%，糖 1%，石膏粉 1%

⑦棉子壳 40%，干稻草 20%(切碎)，杂木屑 20%，麦麸 18%，石膏粉 1%，糖 1%。

⑧杂木屑 75%，麦麸 20%，玉米粉 3%，糖 1%，石膏粉 1%。

⑨棉子壳 75%，麦麸 20%，玉米粉 3%，糖 1%，石膏粉 1%。

⑩玉米芯 62%，豆秸粉 30%，麦麸 7%，石膏粉 1%。

⑪蔗渣 75%，麦麸 20%，玉米芯 3%，糖 1%，石膏粉 1%。

2. 季节安排

长根菇属中高温型菌类，一般出菇时间在4～11 月份，它的成熟周期一般要求适温下菌龄达 60 天以上。长根菇接种一般安排在秋末冬初。如此安排有 3 个好处：①可提高单产；②可提早出菇(在气温更低的条件下出菇)；③气候更适于菌丝生长，同时，养菌温度适合，可大大降低污染率。

程序：拌料→装袋(人工或装袋机装袋)→灭菌(0.1～0.15MPa，闷一夜)→出锅→接种室(接种棚)→接种前灭菌(气雾消毒盒熏蒸，闷一夜)→接种箱(超净台)接种→培养室培养，35 天菌丝长满袋。

二、菌袋制作

1. 装袋

培养基含水量 58%～60%，料水比以 1∶1.3～1∶1.4 为宜。拌料前 1 天先将棉子壳预湿，然后将各种原料混合均匀，调节好含水量。选用 17cm×33cm×0.05cm 聚乙烯塑料袋为栽培容器。出菇后培养料收缩，料袋易分离，聚丙烯塑料袋不宜采用。装袋应松紧适宜，每袋装干料 350～400g。

先将棉子壳预湿，至含水量为 75%左右，再把蔗糖溶于桶装的水中。在夏季预湿棉子壳应加放 1%的石灰，预湿后的棉子壳不可堆放，只能摊开，以免发酸。第二天，按照配方，把预湿的棉子壳、木屑、麦麸、糖水和碳酸钙混合搅拌均匀，把含水量调至 58%～60%。装料应压装至料高 15cm，每袋培养料干重在 0.4～0.45 千克。料中间需打一直径 1.5～2cm 的洞，以利接种时菌种块掉进洞中，使菌丝更早吃透料，从而达到缩短培养期和减少污染的目的。

2. 灭菌

装袋完毕迅速置于常压灶高温灭菌，100℃维持 8～16 小时。

3. 接种

接种与培养灭菌后菌袋移入接种室冷却至袋温 30℃以下，即可在接种箱进行接种。严格按无菌操作程序接种，每袋菌种扩接栽培袋 40～50 袋。待料袋充分冷却后，在无菌条件下，在料袋的一侧面上用打孔器打 4 个直径 1～2cm、深 1.5cm 的孔穴，接入成块的菌种，然后用不干胶“接种贴”封口，接种后的菌袋置于室内培养架上培养。

三、菌丝体培养管理

菌丝培养期间室温 22～25℃，无光，相对湿度 70%以下，加强通风换气，及时检查并清理污染菌袋。发现菌丝未生长或被杂菌污染的菌袋要及时剔除处理。正常情况下，30～45 天菌丝可长满菌袋，继续培养 30 天左右，待培养基表面出现黑褐色菌皮或菌丝组织时，表明菌丝已达生理成熟。待自然气温适宜时，可进行出菇管理。

四、出菇管理

在室温 22～27℃下培养 60 天，一般菌袋料面的气生菌丝会转成褐色，这是菌袋生理成熟的标志。若发现菌袋料面有革质菌皮，则是菌丝在培养期遇到高温产生黄水，由黄水长期浸泡料面菌丝而成的。革质菌皮在开袋时应被耙掉。当菌丝已达生理成熟后，应及时解开袋口，在室内栽培架或室外荫棚下畦面竖直排放，在料面上覆盖 1～2cm 厚的营养土，喷重水后覆膜培养。

开袋前，应先取透气性良好的菜园土晒干晒透备用。若遇长期处于潮湿状态的菜园土，应先晒干，后喷 0.5%的甲醛溶液，拌匀后覆盖塑料薄膜闷一天，然后打开塑料薄膜，将菜园土摊开，消除气味。准备工作做好后，把已生理成熟的长根菇菌袋选出来，拔去棉塞套环，并把袋口折下，折成边缘比料面高 3～4cm，再把晒好的菜园土略调湿，覆在长根菇菌袋料面，厚 1～2cm，然后把覆土调成含水量约 20%的湿土。最后在靠近料面的塑料袋两侧割 2～3 个渗水口，以防水积于袋内。开好的菌袋排放于地板或层架上，夏季炎热，袋与袋之间最好有 2cm 的距离。

在催蕾期，为保持覆土的湿度，应勤喷水、喷轻水，以防泥土太湿或结块。温度适宜时，15～30 天可现蕾。在子实体生长期间，喷水应掌握“干干湿湿”。长期高湿，菇蝇和螨虫极易繁殖，容易招来虫害。长期干燥自然不利于子实体的生长。另外，喷水应喷雾状水，以免泥土溅到子实体上影响商品价值。采摘时掌握菌盖6分成熟，不能让菌盖展平，只能内卷，这样有利于包装托运。采摘时还应注意不让泥土黏上子实体。采摘一两批后袋面菜园土就会减少，要及时补土。

子实体发生阶段的管理要点为：

①催蕾：加大昼夜温差，白天喷水覆盖薄膜增温、增湿，晚间除去薄膜通风降温、降湿，使昼夜温差达到10℃以上。脱袋后在菌棒上喷酸性蛋白酶抑制剂(胃酶抑素)1～2次，促使菌丝体内酸性蛋白酶转化为中性或碱性蛋白酶，从而抑制菌丝生长，使营养生长过渡到生殖生长，加速子实体的发生。

②控温：长根菇虽在夏季35℃高温下也能出菇，但气温高，生长快，消耗大，积累少，影响产量。最好安排在春、秋季节，气温稳定在25℃以下集中成片出菇为好。低温时，室外荫棚栽培应在畦面拱膜保温，室内层架栽培应适当关闭部分门、窗；高温时，及时掀膜或开门、窗通风降温，使菌袋空间温度控制在15～28℃，昼夜温差达到10℃以上。

③保湿：空气相对湿度保持在90%～95%，干旱会抑制子实体发生，但畦栽时应防止积水。保持覆土始终处于湿润状态，覆土略显干燥时应及时喷水。要求用细雾喷水，避免水珠冲动土粒伤及土壤中的菌丝或幼蕾；子实体发生后，空气相对湿度控制在85%～90%。

④通风换气：长根菇属好气性真菌，出菇阶段要保持场地空气清新，CO_2浓度不超过0.3%。正常情况下，一般覆土25天即有大量菇蕾出现，7～10天采收。

通过上述管理，菌棒上很快形成原基并长出较长的假根，先端膨大成菌蕾突出土面，菌柄迅速伸长，菌盖很快展开并释放孢子。采完一潮菇，及时清理表面覆土及菇体残留物。后喷水、进行温差刺激管理，15天后可采收第2潮菇。

脱袋出菇法：脱去栽培袋的塑料膜，整齐地排放在三阳七阴的荫棚下，菌筒间隔为5cm。菌筒间填满土粒，表面覆3～4cm厚土层。覆土宜采用富含腐殖质、疏松肥沃的土壤。土壤以0.5cm左右的颗粒为好。

不脱袋覆土出菇法：解开袋口，在料面上覆2～3cm厚适宜的土粒，将菌袋竖直排放在室外荫棚下或室内栽培架上，进行出菇管理。

菌袋直接出菇法：如采用上述长袋打孔穴接种法栽培，当菌丝达生理上成熟，将菌袋移至发生场所，增加湿度，制造温差。见原基出现，局部用小刀切破袋膜任其出菇；若用短袋一端接种，打开袋口出菇。

人防地道栽培法：这种栽培方式一般无须覆土(其他栽培技术同覆土栽培)。人防地道内通风不好，湿度高，长出的长根菇颜色较浅，不易开伞，采摘后稍吹干，既好保鲜、不黏泥土、菌盖不易破碎，又美观，极具商品价值。

五、病虫害防治

长根菇的病害主要有细菌、黏菌和真菌中的木霉。细菌主要与袋内积水和土壤未处理有关。黏菌主要因长期在高湿度环境下发生的，只要经常通风控干可控制住，或者用1%～2%的草木灰溶液、石灰水喷于感染处；木霉是在长根菇菌丝生活力较弱的情况下覆土时发生的，菌丝生活力弱时搔菌和覆土都可引起感染木霉。要注意长根菇接种后培养期间的温度，并确保在菌丝未老化前开袋。长根菇的虫害主要有螨虫和菇蝇。虫害主要靠综合防治。首先注意环境卫生，排袋前地面先喷杀虫剂或撒生石灰。栽培过程中注意隔断四周的虫源。一旦发现有烂菇，应及时清理掉，如发现螨虫和菇蝇时应分别喷施0.1%的哒螨灵和杀灭菊酯等残留量较低的农药。

出菇期菇房内使用黄板诱蝇、诱蚊，每立方米挂一片黄板，10天换一次。生物农药选用天然除虫菊无毒无残留农药，在出菇间歇用纯天然灭蚊药熏蒸，并用10%除虫菊烟碱在菇体摘尽后喷雾。同时进行浸袋处理，在发生虫害的菌袋中施入配制好的药液，让菌袋吸足药液后即可。该法既治虫，又补充菌袋水分。

六、采　收

适时采收是长根菇采收的要点。当菌柄伸长、菌伞刚开放、菌盖略平展时为采收适期。采收时手指捏住菇柄基部，轻轻旋转拔起即可。采收后及时削去柄基部的假根带土部分，即可上市销售。要求菇体具有正常外形，固定的色泽、香味，不得混有非食用菌异物，无异味，无霉变，无虫蛀。不能到白色孢子大量飞散、子实体倒伏、菌褶变黄才采收。

运输时要求轻装、轻卸，避免机械损伤。运输工具要清洁、卫生、无污染物、无杂物。防止日晒、雨淋，不可裸露运输。不得与有毒有害物品、鲜活动物混装混运。最好在低温条件下运输，以保持产品良好品质。

第五节　长根菇的营养与药用价值

长根菇肉质细嫩，味道鲜美，富含蛋白质、氨基酸、脂肪、糖类（碳水化合物）、维生素、微量元素硒以及真菌多糖、三萜类、朴菇素、生物碱、牛黄酸、磷脂、叶酸等多种营养成分。在长根菇中含有一种长根菇酮（oudenone），它有降低血压、抑制肿瘤等作用。长根菇有较高的食用价值和药疗价值，属食药兼用菌。子实体所含的长根菇酮具有降低血压作用，若与降压药物共用，降压效果更为显著。

高血压患者常食长根菇并与降压药物并用，其降压效果更为显著。长根菇的活性因子能使无活性胃蛋白酶原转变为胃蛋白酶，分解蛋白质，有助于消化吸收。长根菇抑制幽门螺杆菌的滋生，修复破损的胃黏膜，建立黏膜保护屏障，防止氢离子逆向扩散，修复黏膜细胞，促进黏膜新陈代谢，使胃壁血液供应丰富，增加胃黏膜层血流量，使黏膜上皮增长和纤维组织再生旺盛。长根菇还有镇静安神、缓解胃肠痉挛、提高免疫力和巨噬细胞的吞噬能力、抑制肿瘤生长和防止正常细胞突变为癌细胞的能力。

长根菇一般人都适合食用，尤其适合胃病、高血压、癌症患者食用。长根菇温胃健脾、清肝利胆，有效抑制和杀灭进入胃内的病菌，抑制胃内容物发酵，防止病菌侵入肠内，促进腺液、胆汁的分泌。

江枝和（2003）对长根菇的营养价值进行了比较评价。发现长根菇子实体蛋白质的营养价值在长根菇、虎奶菇、大杯蕈3种菇中是最高的，4项蛋白质品质指标居第1位，只有必需氨基酸指数居第2位。长根菇子实体中含硫氨基酸最高为4，分别比大杯蕈和虎奶菇高出1.67倍和1.07倍。据张燕婉（1988）报道，含硫氨基酸在人体代谢中可用来结合胆碱和肌酸，胆碱是一种抗脂肪肝的物质，在肝脏中毒时，起保护作用。缺乏含硫氨基酸可影响氮平衡，易产生脂肪肝等。因此，开发长根菇具有深远意义。长根菇子实体化学评分、氨基酸评分、必需氨基酸指数、生物价、营养指数和氨基酸比值系数分别为86.1、101.4、85.1、81.1、21.5、87.3，均居3种参比食用菌的第1位。这表明长根菇是一种具有开发前景的菇菌。

一、氨基酸含量

肖淑霞（2003）用4种培养基进行栽培试验：①木屑78%，麦麸20%，糖1%，轻质碳酸钙1%，pH调至7.5。②木屑50%，棉子壳28%，麦麸20%，糖1%，轻质碳酸钙1%，pH调至7.5。③木屑39%，棉子壳39%，麦麸20%，糖1%，轻质碳酸钙1%，pH调至7.5。④木屑19.5%，稻草粉19.5%，棉子壳39%，麦麸20%，糖1%，轻质碳酸钙1%，pH调至7.5。测定了长根菇栽培子实体的氨基酸成分。子实体氨基酸总量为干重的14%～15%，长根菇子实体均含有丰富的人体必需氨基酸与支链氨基酸。栽培的子实体具有高支链氨基酸含量和低芳香族氨基酸含量特点，可从中提取氨基酸，制成注射液，用于临床治疗某些疾病（表20－1）。

表20－1　4种培养料栽培的长根菇子实体氨基酸含量/子实体干重（%）

氨基酸	1	2	3	4
天冬氨酸	1.3347	1.5473	1.3932	1.5350
苏氨酸	0.7832	0.8796	0.8055	0.8910
丝氨酸	0.7080	0.7828	0.7298	0.8028
谷氨酸	2.6051	2.6351	2.4180	2.7882
脯氨酸	0.4043	0.4160	0.4012	0.4457
甘氨酸	0.6403	0.7056	0.6427	0.7097
丙氨酸	0.8809	1.0004	0.8988	0.9288
胱氨酸	0.3172	0.3036	0.2759	0.2869
缬氨酸	0.6856	0.8033	0.7370	0.8269
蛋氨酸	0.2076	0.2812	0.3105	0.2361
异亮氨酸	1.4178	1.0465	1.0737	1.0822
亮氨酸	0.9920	1.0859	1.0362	1.0906
酪氨酸	0.4374	0.4266	0.3809	0.4272
苯丙氨酸	0.5686	0.6493	0.6300	0.6582
赖氨酸	0.7981	0.9004	0.8242	0.9205
组氨酸	0.2814	0.2980	0.2652	0.3165
精氨酸	1.0915	1.0814	0.9544	1.3039
氨基酸总量	14.1541	14.7800	13.7773	15.2509
必需氨基酸总量	6.2075	6.3764	6.0740	6.3903
支链氨基酸总量	3.0954	2.9357	2.8469	2.9997
芳香族氨基酸总量	1.0060	1.0759	1.0109	1.0854

二、脂肪酸成分

Necmettin Yilmaz，et al.（2006）报道，*O. radicata*子实体中饱和脂肪酸含量为21.2%，柄中为14.6%；

子实体中单不饱和脂肪酸含量为54.7%，柄中为78.0%；子实体中聚不饱和脂肪酸含量为42.7%，柄中为16.7%。脂肪酸碳链长度为8～24，主要脂肪酸是亚油酸（十八碳二烯-9，12-酸，Linoleic acid）。除亚油酸外，子实体中的棕榈酸（十六烷酸，palmitic acid）、油酸oleic acid、硬脂酸（十八烷酸，stearic acid）和花生酸（二十烷酸，arachidic acids）等脂肪酸也很丰富（表20—3）。

表20—2 长根菇与几种蕈菌中脂肪酸含量比较/总脂肪酸（%）

蕈菌种类	饱和脂肪酸（SFA）		单不饱和脂肪酸（MUFA）		聚不饱和脂肪酸（PUFA）	
	子实体	柄	子实体	柄	子实体	柄
双孢蘑菇 *A. bisporus*	27.6	26.3	47.2	47.2	34.5	40.1
普通蘑菇 *A. campestris*	26.4	33.3	51.6	22.6	45.4	13.6
牛肝菌 *B. edulis*	17.7	30.8	64.7	39.4	33.6	30.0
鸡腿菇 *C. comatus*	20.0	31.8	32.3	68.63	26.0	61.8
平菇 *P. ostreatus*	20.2	18.5	63.9	68.3	42.1	46.8
长根菇 *O. radicata*	21.2	14.6	54.7	78.0	42.7	16.7
蜜环菌 *A. mellea*	20.6	18.5	56.1	33.6	50.6	25.6

表20—3 长根菇与几种蕈菌中脂肪酸的成分比较

种类		脂肪酸					
		棕榈油酸	棕榈酸	硬脂酸	油酸	亚油酸	花生酸
长根菇 *O. radicata*	子实体	10.3	2.22	5.60	9.79	41.9	1.57
	柄	6.06	0.834	1.89	59.0	15.8	1.76
双孢蘑菇 *A. bisporus*	实体	14.4	1.93	2.11	10.7	33.3	2.05
	柄	13.4	2.3	3.5	4.74	39.4	2.06
牛肝菌 *B. edulis*	子实体	10.3	0.942	2.88	30.2	33.6	1.37
	柄	13.2	1.08	4.6	8.3	28.4	1.40
鸡腿菇 *C. comatus*	子实体	9.63	0.199	3.46	6.17	25.8	1.66
	柄	14.6	1.77	6.6	5.07	59.5	3.69
平菇 *P. ostreatus*	子实体	12.90	0.961	3.58	20.80	42.0	0.452
	柄	12.0	0.828	5.80	20.7	46.6	0.292
蜜环菌 *A. mellea*	子实体	10.9	1.04	4.05	4.55	49.6	3.01
	柄	7.08	1.25	2.23	6.72	2.56	2.92

三、小奥得蘑酮

Umezawa，et al.（1970）首次报道了从栽培的长根菇子实体中分离到一种真菌代谢物：小奥得蘑酮 oudenone，又称抗苯丙氨酸酶剂，化学名称为：(S)-2-[4,5-二羟基-2-(3H)-亚呋喃基]-1,3-环戊烷二酮。Ohno，et al.（1971）很快对小奥得蘑酮的结构和合成进行了报道。小奥得蘑酮是儿茶酚胺生物合成（catecholamine biosynthesis）的一种具有特效性的强抑制剂，抑制苯丙氨酸酶和酪氨酸羟化酶的活性。Nagatsu et al.（1971）报道，这种酶抑制剂的药用价值是降低血压，在体内抑制肾上腺酪氨酸羟化酶，降低肾上腺的苯丙氨酸酶水平，以及心脏和脑组织中的自发性血管紧张肽的比率。Tsantrizos et al.（1995）和Tsantrizos et al.（1999）报道，用^{13}C和^{2}H同位素标记试验和核磁共振NMR分析技术，研究清楚了小奥得蘑酮的生物合成和成环作用机制。Tsujikawa & Hayashi（1977）、Bates & Farina（1985）和Flynn，et al.（1995）设计出了该分子的几种合成方案。

小奥得蘑酮毒性极低，用其钠盐对小白鼠进行腹腔注射半致死剂量LD_{50}为1 800mg/kg体重，口服：LD_{50}是2 000mg/kg体重。

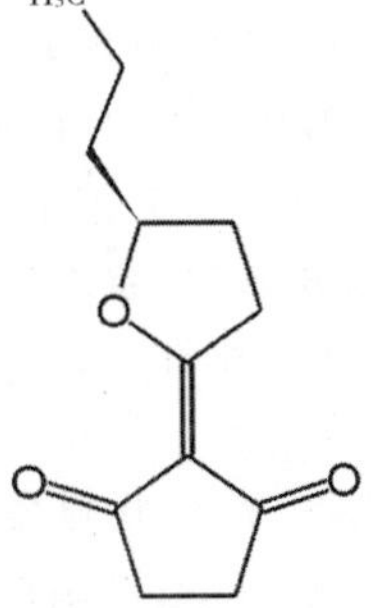

小奥得蘑酮分子的结构式，抗苯丙氨酸酶剂

(S)-2-[4,5-二羟基-2-(3H)-亚呋喃基]-1,3-环戊烷二酮

四、抗真菌活性

原捷克斯洛伐克的 Ubík J，et al(1974)报道了长根菇中的一种具有抗真菌活性的新抗生素，称为黏蘑菇菌素(mucidin)，其活性是可以特异性地抑制线粒体中细胞色素氧化酶 b 和 c 之间的电子传递。

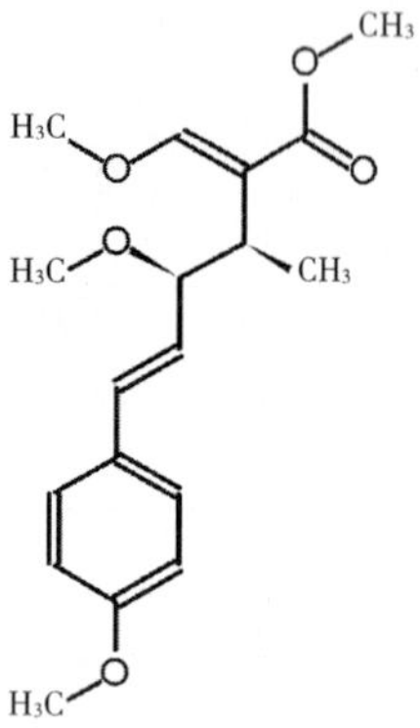

抗真菌代谢物：小奥得蘑素 X，E-β-甲氧基丙烯酸酯，

Anke，et al. (1990)报道了长根菇中含有一种抗生素，名为小奥得蘑素 X(oudemansinX)，化学名为 *E*-β-甲氧基丙烯酸酯，其抗细菌活性很低，但具有很好的抗真菌活性。Umezawa et al. (1995)报道，通过化学合成获得了 3 个类似化合物：小奥得蘑素 X，(－)-1、(＋)-1 和(＋)-1，与小奥得蘑素相比，小奥得蘑素 X(－)-1 对霉菌和酵母菌具有更强的抗菌活性。Bianco et al. (1996)的发现也确证了其抗细菌活性不高。

五、抗肿瘤

长根菇菌丝体中提取的多糖具有抗肿瘤作用。Ohtsuka，et al. (1973)报道，用长根菇 CM-596 发酵菌丝体提取多糖，给小白鼠饲喂，用量为 300mg/kg 体重。试验结果发现肉瘤 S-180 的抑制率为 100％，对艾氏腹水癌细胞 Ehrlich 实体癌的抑制率为 90％。

据日本报道，谷氨酸能治疗功能性子宫出血，并能治疗消化道溃疡。根据 Fischer 等报道，肝病、脑病、癌症等主要是血液中支链氨基酸与芳香族氨基酸比值失调而引起的。

M. Wurst，et al. (1984)用气相色谱法从 *Oudemansiella mucida* 的栽培子实体和菌丝体中分离到的一种芳香羧酸成分：1，5-双(m-苯氧基苯基)-1，1，3，3，5，5-六苯基三金鸡纳酸[1，5-bis(m-phenoxyphenyl)-1，1，3，3，5，5-hexaphenyltrisiloxane]。

Hanako Matsumoto，et al. (2001)从 *Oudemansiella platyphylla* 子实体中分离到一种新的特异性细胞凝集素：*N*-乙酰基葡萄糖胺凝集素(*N*-acetylglucosamine-specific lectin)。

参考文献

[1] 陈少珍，蔡炳华，闭志强，等. 野生长根菇驯化栽培研究[J]. 广西农业科学，2004，35(6)：509-512.
[2] 高斌. 长根小奥德蘑驯化栽培研究[J]. 中国食用菌，2000，19(2)：5-6.
[3] 胡梅. 长根菇静置培养液体菌种培养基的优化[J]. 安徽农业科学，2008，36(5)：1926-1928.
[4] 胡昭庚. 长根菇及其栽培技术[J]. 浙江食用菌，1994(6)：19-20.
[5] 黄年来. 18 种珍稀美味食用菌栽培[M]. 北京：中国农业出版社，1997.
[6] 李建宗. 人工培养长根菇的营养条件研究[J]. 河南师范大学学报(自然科学版)，2001，29(2)：68-70.
[7] 李建宗. 温湿度对长根菇生长发育的影响[J]. 湖南师范大学学报(自然科学版)，2001，24(9)：75-77.
[8] 李建宗. 酸碱度、空气和光照对长根菇生长发育的影响[J]. 湖南师范大学学报，2002，25(2)：85-87.
[9] 林进心，孔秋生. 长根菇的栽培技术[J]. 中国食用菌，2002，21(6)：31-32.
[10] 刘招龙. 6-苄基腺嘌呤对长根菇菌丝生长及产量影响试验[J]. 食用菌，2005，27(2)：8-9.
[11] 柯野，张小平，谭伟，等. 长根菇菌丝体液体培养条件的研究[J]. 中国食用菌，2005，24(1)：45-47.
[12] 闵三弟，臧珍娣，宋士良. 长根菇深层发酵和多糖测定[J]. 上海农业科学，1994，10(4)：36-40.
[13] 彭卫红，肖在勤，郑林用，等. 长根菇与鸡纵菌属间不对称融合后代特性研究[J]. 食用菌学报，2002，9(1)：1-5.
[14] 邱昌恩，涂俊铭. 6-苄基腺嘌呤促进侧耳菌丝体生长的作用机制研究[J]. 食用菌，2002，24(4)：4-5.
[15] 宋锡全，刘保东. 新编食用菌栽培学[M]. 赤峰：内蒙古科学技术出版社，2001.
[16] 沈丽华. 长根菇高产栽培技术[J]. 食用菌，2006，28(4)：50.
[17] 谭伟，郑林用，张玲. 温度、酸碱度和基质含水量对长根金钱菌菌丝生长的影响[J]. 西南农业学报，

2001，14（4）：75-78.

[18] 谭伟，郑林用，彭卫红，等. 食用菌人工驯化新品种——露水鸡坳选育研究[J]. 西南农业学报，2002，15(2)：24-27.

[19] 王淑芳. 液体浅层静置培养食用菌菌种技术[J]. 湖北农业科学，2006，45(2)：203-205.

[20] 肖淑霞. 不同培养料栽培的长根菇氨基酸分析比较[J]. 福建农业科技，2003(3)：28-29.

[21] 应国华. 鳞腿长根金钱菌的驯化[J]. 中国林副特产，1989(4)：38-39.

[22] 张陶，何嘉，弓力伟，等. 长根菇生物学特性及无公害人工栽培技术[J]. 中国食用菌，2005，24(4)：23-25.

[23] 郑林用，辜运富，彭卫红，等. 长根菇与鸡坳菌转核系列菌株的酯酶同工酶研究[J]. 食用菌学报，2001，8(4)：5-9.

[24] 邹祥，胡昌华. 长根菇液体深层发酵条件的研究[J]. 食品科学，2005，26(2)：130-134.

[25] 邹祥. 营养因子对长根菇液体发酵的影响[J]. 食品与发酵工业，2004，30(10)：39-42.

[26] 竹内富雄，饭沼宽信. 担子菌生产抗生物质[J]. 发酵工业，1976，34(11)：843-850.

[27] AGRAHAR-MURUGKAR D, SUBBULAKSHMI G. Nutritional value of edible wild mushrooms collected from the Khasi hills of Meghalaya[J]. Food Chem, 2005，89(4)：599-603.

[28] ANKE T, WERLE A, BROSS M, et al. Antibiotics from basidiomycetes. XXXIII. Oudemansin X, a new antifungal E-β-methoxyacrylate from Oudemansiella radicata (Relhan ex Fr.)[J]. Sing. J Antibiot (Tokyo), 1990, 43(8)：1010-1011.

[29] BAS C, Kuyper Th W, Noordeloos M E et al. Flora Agaricina Neerlandica: Critical Monographs on Families of Agarics and boletii occuring in the Netherlands[J]. Tricholomataceae, 1999(3): 4.

[30] BREENE W M. Nutritional and medicinal value of specially mushrooms[J]. J Food Prot，1990，53(10)：883-894.

[31] CHEUNG P C K. The hypocholesterolemic effect of two edible mushrooms: Auricularia auricula (tree-ear) and Tremella fuciformis (white jelly-leaf) in hyper cholesterolemic rats[J]. Nutr Res, 1996，16(10)：1721-1725.

[32] CHEUNG P C K. Dietary fiber content and composition of some cultivated edible mushroom fruiting bodies and mycelia[J]. J Agric Food Chem，1996，44(2)：468-471.

[33] CHEUNG P C K. The hypocholesterolemic effect of extracellular polysaccharide from submerged fermentation of mushroom[J]. Nutr Res，1996(16)：1953-1957.

[34] CHEUNG P C K. T. LM. Hypocholesterolemic effect of edible fungi in rats[J]. J Sun Yastsen Univ，1995(3)：229-231.

[35] DRFELT H. The carpophore development of Xerula radicata (Basidiomycetes, Agaricales)[J]. Flora 1982, 172(6)：533-61.

[36] FLYNN BL, SILVEIRA CC, DEMEIJERE A. Selective formation of 4-ethoxy-5- methylene- 2-cyclopentenones and 3-ethoxy-2-(1'-morpholinoalkenyl)-2-cyclopentenones from (1-ethoxy-3-morpholino-alkenylidene)pentacarbonylchromium complexes and terminal alkynes - a short enantioselective synthesis of the hypotensive oudenone[J]. Synlett, 1995(8)：812-814.

[37] FOLCH J, LEE M SLOANE-STANLEY GH. A simple method for the isolation and purification of total lipides from animal tissues[J]. J Biol Chem，1957(226)：497-509.

[38] MATSUMOTO H, NATSUME A, UEDA H, et al. Screening of a unique lectin from 16 cultivable mushrooms with hybrid glycoprotein and neoproteoglycan probes and purification of a novel N-acetylglucosamine-specific lectin from Oudemansiella platyphylla fruiting body[J]. Biochim Biophys Acta(BBA), 2001, 1526 (1)：37-43.

[39] HIROI M, TSUYUKI H. Comparison of fatty acid composition in fruit body and spore mushrooms[J]. Bull Coll Agr Vet Med，1988(45)：104-109.

[40] HONG J S, KIM Y H, LEE K R, et al. Composition of organic abd fatty acid in Pleurotus ostreatus, Lentinus edodes and Agaricus bisporus[J]. Korean Journal of Food Science and Technology, 1988(20): 100-105.

[41] KANEDA T, TOKUDA S. Effect of various mushroom preparations on cholesterol levels in rats [J]. Journal of Nutrition, 1966,90(4):371 376.

[42] KOIDE T, OZAWA H. Pharmacological analysis upon blood-pressure response to oudenone[J]. Jap J Pharmacol, 1976(26):149-157.

[43] KOIDE T, OZAWA H. Pharmacological studies on blood-pressure response of oudenone, a tyrosine- hydroxylase inhibitor[J]. Folia Pharmacologica Japonica, 1976,72(3):8-9.

[44] KURASAWA S, SUGAHARA T HAYASHI J. Studies on dietary fiber of mushrooms and edible wild plants[J]. Nutr Rep Int, 1982,26:167-173.

[45] LEIMER KR, RICE RH,GHERKE CW. Complete mass spectra of N-trifluoracetyl-n-butyl esters of amino acids[J]. J Chromatogr, 1977,141(2):121-144.

[46] LONGVAH T, DEOSTHALE Y. Composition and nutritional studies on edible wild mushrooms from northeast India[J]. Food Chem, 1999,63:331-334.

[47] UBÍK J, BEHú M, MIGÁ P et al. Mode of action of mucidin, a new antifungal antibiotic produced by the basidiomycete O. mucida[J]. Biochim Biophys Acta,1974, 343(2):363-370.

[48] MANZI P,GAMBELLI L,MARCONI S, et al. Pizzoferrato, Nutritiens in edible mushrooms: an inter-species comparative study[J]. Food Chem, 1998,65:477-482.

[49] MANZI P, AGUZZI A, VIVANTI V. et al. Mushrooms as a source of functional ingredients[J]. Euro Food Chem X European conference on: functional foods. A new challenge for the food chemist. 22 24 September, Budapest, Hungary, 1999,1:86-93.

[50] MANZI P, AGUZZI A PIZZOFERRATO L. Nutritional value of mushrooms widely consumed in Italy[J]. Food Chem, 2001,73(3): 321-325.

[51] MAU JL. LIN HC, CHEN CC. Antioxidant properties of several medicinal mushrooms[J]. Agric Food Chem, 2002,50(21): 6072-6077.

[52] YILMAZ N, SOLMAZ M, TÜRKEKUL I, et al. Fatty acid composition in some wild edible mushrooms growing in the middle Black Sea region of Turkey[J]. Food Chem, 2006,99(1): 168-174.

[53] NAGATSU T, NAGATSU I, UMEZAWA H, et al T. Effect of oudenone on adrenal tyrosine hydro- xylase activity in vivo and on tissue catecholamine concentrations[J]. Biochem Pharmacol, 1971, 20(9):2505-2507.

[54] OHTSUKA S, UENO S, YOSHIKUMI C, et al. Polysaccharides having an anticarcinogenic effect and a method of producing them from species of Basidiomycetes[P]. UK Patent, 1973.

[55] PETERSEN RH, METHVEN AS. Mating systems in the Xerulaceae-xerula[J]. Can J Bot, 1994, 72(8):1151-1163.

[56] PETERSON RH. Scanning electron microscope images of basidiospores of Xerula (Physalacriaceae, Agaricales)[J]. Mycoscience,2008, 49(1):19-34.

[57] PROSTENIK M, CASTEK AC. COSOVIC, et al. The patterns of the constituent fatty acids of glycerophospholipids in mushrooms: lipids of higher fungi[J]. Exp Mycol,1983,7(1):74-81.

[58] REDHEAD SA, GINNS J, SHOEMAKER RA. The Xerula (Collybia, Oudemansiella) radicata complex in Canada[J]. Mycotaxon, 1997,30:357-405.

[59] ROSENFELD L. Atherosclerosis and the cholesterol connection: evolution of a clinical application [J]. Am Assoc Clin Chem,1989,35(4): 521-531.

[60] SAWADA M, LINUMA H, OHNO M, et al. Kinetic-analysis of the inhibition of tryptophan-hydroxylase, a pteridine-requiring monooxygenase, by oudenone and its derivatives[J]. Biogenic Amines, 1984,1(2):171-178.

[61] SAKAI T, IWATA K, UTAKA M, et al A convenient synthesis of hypotensive (±)-oudenone [J]. Bull Chem Soc Japan, 1987, 60(3):1161-1162.

[62] SEMERDZIEVA M, BUCHALO AS, HUEBSCH P, et al. Comparative study of cultures of four

species of the genus Oudemansiell a[J]. Folia Microbiol, 1988,33 (2): 115-120.

[63] SSAMEE R, DELL B, LUMYONG P, et al. Lumyong, Nutritive value of popular wild edible mushrooms from northern Thailand[J]. Food Chem, 2003, 84(4): 527-532.

[64] SENATORE F. Fatty acid and free amino acid content of some mushrooms[J]. J Sci Food Agric, 1990,51(1): 91-96.

[65] SENATORE F, DINI, A MARINO M. Chemical constituents of some Basidiomycetes[J]. J Sci Food Agr, 1988,45(4): 337-345.

[66] SEPCIC K, BERNE S, POTRICH C, et al. Menestrina, Interaction of ostreolysin, a cytolytic protein from the edible mushroom Pleurotus ostreatus, with lipid membranes and modulation by lysophospholipids[J]. Eur J Biochem, 2003,270(6):1199-1210.

[67] TSANTRIZOS YS, YANG X, MC CLORY A. Studies on the biosynthesis of the fungal metabolite oudenone. 2. Synthesis and enzymatic cyclization of an α-diketone, open-chain precursor into oudenone in cultures of Oudemansiella radicata[J]. J Org Chem, 1999,64(18):6609-6614.

[68] TSUJIKAWA T, HAYASHI M. Studies on heterocyclic-compounds. 7. Syntheses of oudenone and its related compounds[J]. Chem Pharm Bull, 1977, 25(12):3147-3154.

[69] TOTH B. Mushroom toxins and cancer[J]. Int J Oncol, 1995,6:137-145.

[70] TURKEKUL I, ELMASTAS M, TUZEN M. Determination of iron copper, manganese, zinc, lead, and cadmium in mushroom samples from Tokat, Turkey[J]. Food Chem, 2004,84(3):389-392.

[71] UMEZAWA H, TAKEUCHI T, LINUMA H, et al . A new microbial product, oudenone, inhibiting tyrosine hydroxylase[J]. J Antibio, 1970,23(10):514-518.

[72] UMEZAWA I, NOZAWA M, NAGUMO S, et al. Total synthesis of (racemic)-, (-)-, and (+)-oudemansin X[J]. Chem Pharm Bull, 1995,43(7):1111-1118.

[73] WEETE J D, FURTER R, HANSELER E, et al. Cellular and chitosomal lipids of Agaricus bisporus and Mucor rouxii[J]. Can J Microbiol, 1985,31(12): 1120.

[74] WOLFRUM C, SPENER F. Fatty acids as regulators of lipid metabolism[J]. Eur J Lipid Sci Technol, 2000,102(12): 746-762.

[75] WURST M, JURKOV M, ZOUCHOV ZR. et al. Gas chromatographic determination of aromatic carboxylic acids in the fungus O. mucida[J]. J Chromatogr A,1984,291:145-153.

[76] YILMAZ N, SOLMAZ M, TURKEKUL I, et al. Fatty acid composition in some wild edible mushrooms growing in the middle Black Sea region of Turkey[J]. Food Chem, 2006,99(1): 168-74.

[77] ZOU X. Optimization of nutritional factors for exopolysaccharide production by submerged cultivation of the medicinal mushroom Oudemansiella radicata[J]. World J Microbiol Biotech, 2005,21 (6-7):1267.

（贺新生）

第二十一章 大肥菇(柴达木)

DIERSHIYIZHANG DAFEIGU(CHAIDAMU)

摘要:本文主要介绍了大肥菇(柴达木)的形态特征、生长条件和培养方法等方面内容。

Agaricus bitorquis

Abstract: This chapter describes the main biological features and cultivation methods relating to *Agaricus bitorquis* (Qaidam Agaricus bitorquis).

第一节 大肥菇的分类地位

大肥菇又名:柴达木大肥菇、双层环伞菌等。

学名:*Agaricus bitorquis* (Quél.) Sacc., *Syll. fung.* (Abellini)5:998(1887)

属名"*Agaricus*"一词来自希腊语,词根是"agaricos",意思是"伞菌、蘑菇",用于真菌的属名,翻译为"蘑菇属、伞菌属"。种名加词"*bitorquis*"是一个合成词,词干"bi-"是"二、双"的意思,词尾"-torqua"是"扭曲"的意思,描述该菌菌柄的形态。根据原文的意思,可以翻译成"双曲蘑菇"。中文用"大肥菇",其子实体肥大、肉厚。

同物异名:*Agaricus bitorquis* var. validus(F. H. Møller)Bon & Cappelli,*Docums Mycol*. 13(no. 52):16(1983);*Agaricus campestris* var. edulis Vittad.,*Descr. fung. mang. Italia*:41(1832);*Agaricus edulis* var. validus(F. H. Møller)F. H. Møller,*Friesia* 4:203(1952);*Agaricus rodmanii* Peck,*Ann. Rep. N. Y. St. Mus. nat. Hist.* 36:45(1884)[1883];*Chitonia pecquinii* Boud.,*Fungus bitorquis*(Quél.)Kuntze,*Revis. gen. pl.* (Leipzig)3:479(1898);*Fungus rodmanii*(Peck)Kuntze,*Revis. gen. pl.* (Leipzig)3:480(1898);*Pratella bitorquis*(Quél.)Quél.,*Fl. mycol. France*(Paris):72(1888);*Pratella peronata*(Roze)Quél.,*Fl. mycol. France*(Paris):72(1888);*Psalliota bitorquis* Quél.,*Compt. Rend. Assoc. Franø. Avancem. Sci.* 12:500(1884)[1883];*Psalliota edulis*(Vittad.)Jul. Schøff. & F. H. Møller,*Annls mycol*. 36(1):75(1938);*Psalliota edulis* var. valida F. H. Møller,*Friesia* 4:14(1950)[1949-50];*Psalliota peronata* Roze,*Fl. champ. com. ven.*:44(1888);*Psalliota rodmanii*(Peck)Kauffman,*Yearb. Agric. Sylvicult. Scienc. Poznań* 26:235(1918)。

分类地位:菌物界(Fungi),担子菌门(Basidiomycota),伞菌纲(Agaricomycetes),伞菌亚纲(Agaricomycetidae),伞菌目(Agaricales),伞菌科(Agaricaceae)。

第二节 大肥菇的生物学特征

一、形态特征

1. 外形

子实体白色、肥大、坚实、柄短,菌盖直径6～20cm。子实体初期半球形,后逐渐变为扁球形,顶部平或略下凹。子实体在土中形成,从土中钻出时菇形不整。幼时白色,成熟时成淡黄色至暗黄色;中部色深,边缘内卷。菌肉白色,受伤后变淡红色,基本不会变成棕色和褐色,抗氧化能力较强(预示菌肉中多酚氧化酶含量低)。菌褶初期白色,后渐变成粉红色。孢子成熟后成黑褐色。菌褶密、窄、离生。菌柄短、粗壮,长2.8～8cm,粗1.8～3.2cm,圆柱形,中实。菌环白色、双层,生于柄中部。孢子印深褐色。孢子外壁光滑,广椭圆形至近球形,5.8～7.3μm×5.2～6.2μm。缘囊状体棒状、无色、透明、多个。

2. 菌丝特征

菌丝白色,在PDA培养基上菌丝匍匐。生长初呈绒毛状,老时常会出现线状菌丝。

二、生长习性

大肥菇是一种喜高温、耐干旱的蘑菇。菌丝在8℃以下几乎不长,8℃以上开始缓慢生长,24～26℃生长最快,33℃以上停止生长。在PDA培养基培养时培养基内会出现黄褐色素,生长后期产生绒状菌丝。子实体形成温度18～33℃。适宜生长温度20～25℃。子实体能在较高CO_2条件下形成。干旱时子实体能在培养料中形成。培养料中有块状物、泥土时,很易结子实体。菌丝爬壁能力较弱。

大肥菇多长在青、甘、内蒙等地。在青海柴达木盆地野生菌大多长在环湖周围和靠近北缘的草地、山坡地区,相当干旱的路边和草地也会生长。大肥菇适应干旱少雨、温差大的气候条件。干旱地区菌丝和子实体发生部位一般都在40～60cm的土壤层中,极少长出土面。大肥菇在夏秋季生长,长在地下时很难发现。而在雨后土壤松软时,长菇的地方地表土会隆起、开裂,这时若在此处下挖,可挖出肥大的大肥菇。大肥菇在地下生长时,从菌丝开始生长到长出子实体长达6～7个月。

第三节 大肥菇的菌种制作与栽培

一、菌种分离

大肥菇菌种分离方法有孢子分离、组织分离两种。菌种分离方法与双孢蘑菇相同。

大肥菇原种栽培种的培养基原料、发酵方法、装袋(瓶)、灭菌接种、培养也与双孢蘑菇相同。大肥菇的制种时间与双孢蘑菇菌种不同。大肥菇大多在春天播种,夏天长菇,所以栽培种均在3～4个月份制种,5月份用于播种。

二、大肥菇的栽培

栽培大肥菇的培养基原料、发酵方法、要求与双孢蘑菇相同,但栽培大肥菇的培养料应比双孢蘑菇稍少些。粪草培养料含水量在58%左右,棉子壳培养料含水量在60%左右。含水量高,菌丝体抗高温能力弱,且易老化,菌丝不易爬上覆土层,子实体可能会从培养料中间长出。培养料中不许有大的粪块,尤其不能有泥块。

栽培大肥菇的覆土层不能太厚,以3cm左右厚为宜;土粒不能粗,要求粗土直径2cm左右,细土直径1cm左右。覆土厚、覆土层土粒粗,子实体容易在土下形成。土下形成的菇外形畸形,菇上会有土粒,采菇时,菇根会牵动培养料,从而伤害培养料中的菌丝。

覆土后,要马上喷水。一天多次喷水,迅速把土层含水量调至到20%左右;每次喷水量要少,喷水次数要多,绝对不能让水分渗透到培养料中,否则菇会从培养料中长出。喷水后菇房空气湿度保持在90%左右。适当通风,不可大通风,要诱导菌丝爬上土粒,使菇从土层中长出。菌丝上土后,需增加通风量以保持空气新鲜。覆土层含水量降至18%左右,空气湿度保持90%左右。通过这些措施促使子实体形成,并使其在土层中部形成。菌丝到达覆土层两三天后,土层中会形成大量小菇,以后每天只要少量喷水,每平方米喷200～300ml即可。覆土层内长出的菇,菇柄短,菇柄不会牵动土中菌丝,采菇时不会损伤培养料中的菌丝,菇形圆整,菇体清洁,采菇后转潮(长下一批菇)也较快。

三、采　菇

大肥菇因结菇部位较低,且下面常连着线状菌索,随意采拔容易带动土块,伤及土下面的菌丝,所以采菇时,要旋动后再拔出菇柄。采菇后随即挖去脱离培养料的线状菌丝,并在根穴中补上新土。第二天把覆土层水分调整至用手捏得扁、不黏手;保持空气湿度90%～95%;每天通风1～2次,每次通风2～3小时,促使菌丝恢复生长和形成子实体。

第二十二章　大杯香菇

DIERSHIERZHANG DABEI XIANGGU

摘要：大杯香菇是近几年才发展起来的一个食用菌新品种，目前尚处于试验、开发的初始阶段。本章较为系统地介绍了大杯香菇发展的概况、现状、生物学特性、栽培技术、营养成分以及国内外相关的科学技术与发展趋势；对栽培技术进行了重点阐述，并在总结研究成果和生产经验的基础上，对发展大杯香菇产业前景进行了展望和建议。

Lentinus giganteus

Abstract: *Lentinus giganteus* is a new variety of edible fungus that has recently been in the initial stages of research and development. This chapter consists of five sections describing in detail various aspects of the current situation relating to *L. giganteus* in China, including biological features, artificial cultivation techniques and nutritional attributes, and the future potential for scientific and technological progress both in China and in other parts of the world. The chapter focuses attention on the introduction of alternative cultivation techniques, summarizes the prospects for the *L. giganteus* industry, and puts forward recommendations for future exploitation based on documented experience.

第一节　概　述

一、大杯香菇学名及分类地位

大杯香菇又名：巨大香菇、大斗菇、笋菇、大杯蕈、红银盘、大喇叭菌；商品名猪肚菌、猪肚菇。

学名：*Lentinus giganteus* Berk., *J. Bot.*, London 6:493 bis(1847)。

属名"*Lentinus*"来自拉丁语，是罗马专用名词，原用中文"香菇"一词，翻译为"香菇属"。种名加词"*giganteus*"的意思是"巨大的、极大的"。中文学名应是"巨大香菇"。

同物异名：*Panus giganteus* (Berk.) Corner, *Beih. Nova Hedwigia* 69: 69 (1981); *Pocillaria gigantea* (Berk.) Kuntze, *Revis. gen. pl.* (Leipzig) 2: 866 (1891); *Velolentinus giganteus* (Berk.) Overeem, *Bull. Jard. Bot. Buitenz* 9:12(1927).

分类地位：菌物界(Fungi)，担子菌门(Basidiomycota)，伞菌纲(Agaricomycetes)，多孔菌目(Polyporales)，多孔菌科(Polyporaceae)。

二、大杯香菇的研究概况

大杯香菇是一种较常见的野生食用菌，野生在山西、河北、内蒙古、吉林、浙江、福建等地。成群生长在林中地上，被产区人民采集食用。大杯香菇营养丰富，风味独特，菇体韧，有竹笋般的清脆，猪肚般的滑腻，且在夏季出菇。

大杯香菇在世界上的栽培历史很短。1979年，由福建省三明真菌研究所曾金凤等科研人员在福建尤溪分离获得一野生菌株，20世纪80年代被驯化成功，但近年来在国内才开始人工小规模栽培。

20世纪80年代，曾金凤等对大杯香菇的生物学特性、生活史、生活条件等进行了细致的研究，从显微角度对大杯香菇不同阶段菌丝的结构、形态特征进行了描述，对大杯香菇子实体发育的4个时期进行了深入的研究，总结出大杯香菇的生活史，得出大杯香菇除了具有一般食用菌的担孢子→单核菌丝→双核菌丝→子实体→担孢子这些正常的有性大循环外，还可以不经过伞形子实体阶段，而由双核菌丝中的粉状菌丝和产孢菌丝团直接产生担子和担孢子来完成有性世代。这种特性对于抵抗不良环境繁衍有性后代有着十分重要的意义。

此后，许多学者相继进行了大杯香菇的人工栽培试验，总结出大杯香菇人工栽培的栽培季节、菌种制作方法、栽培材料的选择、培养基的营养配比、覆土材料、栽培期间管理、病虫害防治、采收加工等试验。在代料栽培技术研究上，可以利用棉子壳、蔗渣、稻草等部分代替木屑进行栽培大杯香菇。王伟科等进行了不同栽培料配方栽培大杯香菇的探索，发现大杯香菇能在木屑培养基上正常生长，并获得高产，这与林爱钦的研究结果相一致。值得注意的是，培养基中加入15%稻草后，有明显促进菌丝生长和增加产量的效果。试验中还发现，大杯香菇栽培氮源用玉米粉和菜饼比麦麸更佳。牛长满对大杯香菇母种培养基配方进行了试验，分别从碳源、氮源、矿质元素、维生素和激素5个方面，研究了对大杯香菇母种菌丝生长的影响。结果表明：蔗糖是良好的碳源；尿素是良好的氮源；$ZnSO_4$、复合维生素B、2,4-D对大杯香菇有促进生长作用。

目前，大杯香菇主要有床栽和畦栽，农户可根据自己的实际，进行室内床架式栽培或室外畦式覆土栽培，这两种栽培方式均使用袋栽。袋栽是目前大杯香菇普遍采用的栽培模式。根据实际情况，可以采用脱袋覆土畦栽：菌丝长满袋时，把菌棒剥去塑料袋排放在整好的畦上，覆土，然后喷水保持湿度。这样出菇整齐，提高产量和质量。不脱袋覆土袋栽：把长满菌丝的菌袋竖直整齐地排列在地上或菌床架上，在打开的袋口上覆土，然后喷水保持湿度。

采用福建省农科院选育两用水稻高蛋白稻草粉代替麦麸的栽培料配方，可大大降低菌袋污染率，同时可在栽培棚里加装防虫网，防止虫害。

黄清荣等对大杯香菇深层发酵的培养条件研究发现，大杯香菇深层发酵适宜的碳源是红糖和葡萄糖，适宜的氮源是麦麸、牛肉膏和酵母粉，发酵液应添加适量的碳酸二氢钾、硫酸镁，适宜的碳氮比是40∶1～60∶1。在利用葡萄糖和酵母粉进行发酵时，适宜葡萄糖浓度为2.0%～3.0%，适宜酵母粉浓度为0.4%～0.6%，最适培养基为葡萄糖2.5%、酵母粉0.5%、硫酸镁0.2%。大杯香菇深层培养的较佳条件是：温度25℃、pH为6.0～7.0。pH(5.9)时，接种量为12～15ml/150ml，不必添加琼脂来增加其黏度，瓶装量为180ml/500ml，转速为150转/分钟，发酵终点为第5天。

曾金凤、彭智华认为，大杯香菇不仅香味浓郁，而且含有较高的营养成分。根据主要的营养成分比较分析，大杯香菇的营养价值介于木生菌和粪草生菌之间。子实体中含有较高的蛋白质，氨基酸组成中必需氨基酸占43%，比香菇、蘑菇、平菇等均高，尤其是作为一般食用菌的第一限制氨基酸蛋氨酸的比例高达3%，约为香菇的2倍。从蛋白质营养评价分析，大杯香菇子实体的蛋白质营养价值评分也很高。无论从蛋白质的量还是质方面考虑，大杯香菇均是很好的菌类蛋白来源。林玉满等利用扫描电镜和X射线能谱仪对大杯香菇子实体的菌盖、菌褶和菌柄中的常见微量元素Na、Mg、Ca、K、Fe、Cu、Mn和Zn进行测定分析。测定中发现，大杯香菇子实体的菌盖、菌褶和菌柄除了含有上述测定的8种常见微量元素外，还含有S、P等元素。

林玉满对大杯香菇的凝集素进行了分离纯化，初步认为，大杯香菇凝集素CML经PAGE显示为单一条带，SDS-PAGE测得其亚基相对分子质量为49×10^2，Sephadex G-100凝胶过滤测得相对分子质量为49×10^3，CML不含糖，等电点为4.82。该凝集素对小鼠脾脏淋巴细胞、小鼠S-180肉瘤细胞和人的A、B、O和AB型血细胞具有凝集作用，对兔红细胞的凝集作用可被半乳糖(galactose)所抑制。韩君莉等分析了大杯香菇的菌丝产生漆酶条件，得出大杯香菇具有分泌漆酶的能力，与静置培养相比，以110转/分钟摇床培养能明显促进漆酶的分泌。以25L可溶性淀粉为碳源，2.0L酪蛋白胨为氮源，铜离子添加量为0.1mmol/L进行液体培养，有利于菌株漆酶的分泌，最高酶活可达到713U/L。

第二节　大杯香菇的生物学特性

一、形态特征

(一)菌丝、子实体形态特征

大杯香菇由菌丝体和子实体两部分组成。菌丝体是大杯香菇的营养器官，具有向子实体输送养分的功能。菌丝体白色、丝状，宽3μm左右，有锁状联合，气生菌丝多。大杯香菇菌丝体有初生菌丝、次生菌丝、三次菌丝之分。初生菌丝为单核菌丝，纤细、贴生，后期会出现白色粉末状物。次生菌丝由两条单核的初生菌丝质配后形成双核的二次菌丝，前期双核菌丝呈丝状、锁状联合多。基部会逐渐出现一些粉状白色菌丝，其细胞肥大、粗短、薄壁、分枝多、无锁状联合，前端细胞呈瓶形，顶端分叉。双核粉状菌丝称为生殖菌丝，这类菌丝出现后，很快会扭结形成原基，发育成子实体。

在光学显微镜下观察，单核丝状菌丝宽1.2～1.9μm，细胞狭长，有分隔，少分枝，无锁状联合。单核粉状菌丝细胞短、粗细不均，绞结成团，向上的顶端细胞膨大呈棒状，形似担子，4.3～4.8μm×7.1～11.9μm，表面有刺，未见产生孢子。双核丝状菌丝细胞狭长、宽2～3μm，分枝不多，锁状联合多且明显，在较老的菌丝上可见到单生球状分生孢子，顶生或侧生，直径2～3μm。孢子梗柱状至瓶形，长2～7μm，基部宽0.5～2.0μm。双核粉状菌丝宽7.2～10.0μm，分枝多且密，细胞粗短，前端细胞瓶形，顶端分叉，菌丝的前端个别细胞有时会直接发育成棒形担子，并产生担孢子。产孢菌丝团表层由紧密排列的担子组成，担子上着生2～4个担孢子，结构如菌褶子实层（图22－1）。

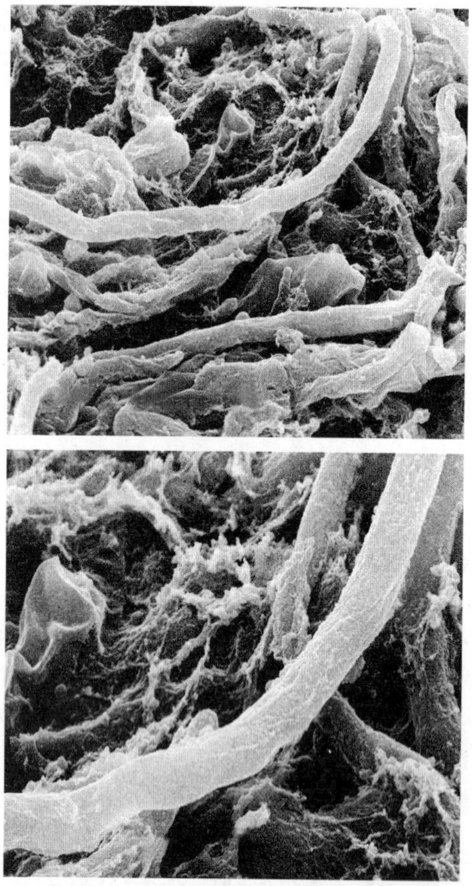

图22－1 大杯香菇菌丝体显微结构

子实体是大杯香菇的营养器官，子实体由菌盖、菌褶、菌柄组成。菌盖和菌柄由丝状菌丝构成，菌褶子实层由担子紧密排列组成。担子棒状，6.0～7.2μm×19.2～36μm，排列在菌褶两侧，担子上着生4个担孢子（少数2～3个）。担孢子椭圆形至阔卵形，7.6～10.9μm×3.8～6.3μm，有一尖嘴，光滑无色，内含颗粒。盖缘囊状体，初瓶形，顶端分叉，大小与担子相近，后顶端伸长呈长梭形（图22－2）。

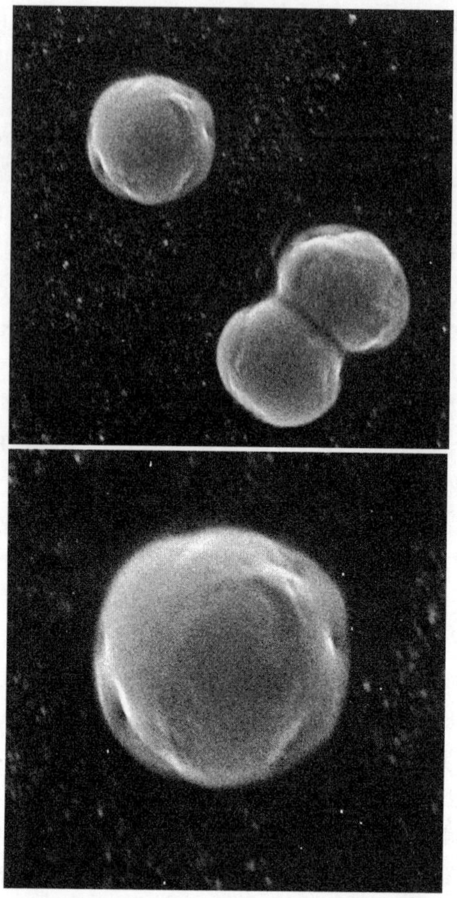

图22－2 电镜下的大杯香菇的孢子

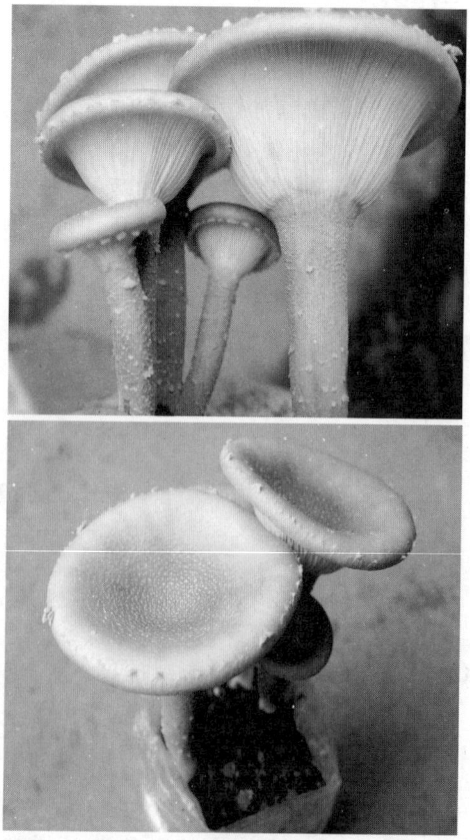

图22－3 大杯香菇子实体

子实体韧革质，群生或单生，少有丛生。菌盖直径 4～25cm，浅漏斗状，棕黄色至黄白色，脐部颜色较深。幼时菌盖半球形至扁半球形，鼠灰色至黑褐色，表面干燥，布有少许灰白色鳞片。盖缘初内卷后平展，成熟时波曲，过熟反卷。菌肉白色，中厚边薄，厚0.3～1.8cm。菌柄柱形，中生或稀偏生，内实，菌柄地上部分与菌盖同色，污白色至白色，有细短绒毛和簇状鳞片，长 3～13cm，粗 0.8～2.5cm，实心至松软，纤维化，内部白色，基部向下延伸成根状，外有一层可剥的纤维质韧皮。菌柄地下部分由上而下渐细，长度因覆土层厚度而异，表面有长绒状菌丝固着于土壤中。早期，菌盖与菌柄交界处有短绒样内菌幕，菌盖伸展后呈鳞片状，残留在菌盖和菌柄的上部，并随子实体成熟而脱落。菌褶片状，不等长，延生，初时灰白色，成熟时白色，过熟黄白色(图 22—3)。

孢子印白色，在显微镜下无色，近球形至椭圆形，或呈水滴状，大小为4.8～7.5μm×6～10μm，平均 5.4μm×7.9μm；担子7.5～10μm。

(二)子实体各个阶段形态特征

大杯香菇子实体发育的各个阶段形态差别较大，大致可分为 4 个时期。

1. 棒形期

此期是子实体发育的初级阶段，即原基形成期。原基初现时白色，球形或卵形，很快长成倒棒形。出土部分见光变灰色，顶端逐步加深至鼠灰色或黑褐色，表面布满灰白色鳞片。

2. 钉头期

此期为原基分化，菌盖、菌柄、菌褶等器官形成期。过程为：倒棒形原基顶端细胞迅速增殖，形成小米粒样的突起物，后逐渐膨大成球头状。随着球头部分增大，顶部渐平缓成半球形或扁半球形。至此原基分化完成，纵切可见菌盖、菌褶和硕长的菌柄。内菌幕尚未破裂或刚破裂时，菌盖表面粗糙，有少许鳞片。

3. 杯形期

此期菌盖迅速发育，中部菌肉增厚，内菌幕破裂，露出片状菌褶，盖顶平，随后盖沿斜向向上伸展，盖顶下凹，颜色从盖沿开始逐渐变浅，形态似长柄漏斗或高脚酒杯。

4. 成熟期

此期菌盖完全伸展，菌肉变薄，棕黄色至黄白色，浅漏斗状。盖缘平直至波曲。释放出担孢子。

根据大杯香菇的子实体形态建成，其发育类型属半被果型。

(三)生活史

经研究发现，大杯香菇除了具有一般食用菌的担孢子→单核菌丝→双核菌丝→子实体→担孢子这些正常有性大循环外，还可以不经过伞形子实体阶段，而由双核菌丝中的粉状菌丝和产孢菌丝团，直接产生担子和担孢子来完成有性世代。

二、大杯香菇的分布和生态习性

(一)分布情况

大杯香菇在全世界已发现 250 种，目前我国已知近 20 种。常见的除大杯香菇外，还有肉色杯伞、香杯伞、杯伞、脆香杯伞等。尽管该菌的自然分布较广，但对该菌的认识甚少，仅有一些分类特征及野生生态环境的观察资料。大杯香菇生长于夏初至秋末炎热季节，多见于常绿阔叶林地下的腐木上营腐生生活。大杯香菇对环境要求偏酸性，适宜 pH 为5.1～6.4。分布在我国广大地区，日本、欧洲、北美等地也有分布。在我国，野生菌多分布于广东、香港、海南、福建、江西、浙江等省(区)，在福建可采集到野生种。

(二)生态习性

1. 大杯香菇是木腐菌

大杯香菇没有叶绿素，不能像植物一样自行合成本身需要的物质，它与真菌类一样，需要分解基质中的物质，转化为自身需要的营养物质。大杯香菇主要通过分解吸收腐木中的物质来促进自身的生长和发育，多见于阔叶林地下的腐木上营腐生生活，目前已可以利用草类、棉花、棉子壳等农业废弃物进行代料栽培。

2. 大杯香菇是白腐菌

大杯香菇与大多数的白腐菌一样，具有很强的分解腐木的能力。其菌丝能分泌胞外酶降解木质素、纤维素等物质，通过酶的分解作用，不仅产生自身需要的各种营养物质，同时还产生各种代谢产物，特别是有机酸，如草酸、醋酸、琥珀酸等，使基质中的 pH 下降到 5 左右，适宜于菌丝和子实体的发育。

3. 大杯香菇是好氧菌

大杯香菇对于空气和湿度的要求比较接近于粪草生菌，为好气性真菌，子实体生长需要新鲜空气。在原基形成时需要一定二氧化碳刺激，促进原基的形成和扭结。

4. 大杯香菇是好光菌

大杯香菇菌丝生长不需要光线，一般采取遮光培养，而子实体生长发育必须有充足的散射光。实验证明，充足的散射光可促进原基分化，提高菇体质量，其产量、质量与光照强度成正比，但应避免阳光直射，直射光和过强光照会抑制子实体的形成。

（三）生长发育条件

影响大杯香菇菌丝子实体生长发育条件包括营养、水分、温度、空气、光照、基质酸碱度等。同时栽培管理过程中，需要对病虫害进行严格的控制。只有通过良好的管理，才能使大杯香菇的生长发育达到高产优质的目的。

1. 营养

营养是大杯香菇生长发育过程中不可缺少的，是大杯香菇生命活动的物质基础。营养物质至少起到两个方面的作用：一是建造食用菌细胞的原材料；二是为生命活动提供所需要的能源。

大杯香菇是白腐、木腐菌，主要依靠菌丝分泌多种胞外酶，分解木质纤维素，转化为可吸收的糖类（碳水化合物）、含氮物质等，也吸收各种少量无机盐、维生素、激素等，通过新陈代谢形成自身的机体和营养物质。

（1）碳源

碳源是构成细胞中蛋白质、核酸、糖等所必需的元素，碳水化合物氧化时起提供能源的作用。大杯香菇所需要的碳营养，几乎都来自有机物。菌丝体中存在多种酶，如纤维素酶、半纤维素酶以及多种糖酶、氧化酶等，这些酶能把木质素、纤维素、半纤维素等分解成小分子化合物。木质素、纤维素、半纤维素等是大杯香菇的主要碳源。大杯香菇菌丝生长的最适合碳源为蔗糖，其次为可溶淀粉、葡萄糖、麦芽糖，甘露醇效果最差，不能利用乳糖，但可以利用石蜡。在制作培养基时，一般加马铃薯、玉米粉、可溶性淀粉等作为碳源。

（2）氮源

氮素是提供合成食用菌原生质及细胞结构物质所不可缺少的重要成分，如构成细胞原生质的结构物、促进体内化学反应的酶，传递离子的载体等。大杯香菇可利用的氮源有有机氮和无机氮，以利用有机氮的效果好，如麦麸、牛肉膏、菜饼、棉子壳和酵母粉等，可利用的无机氮为尿素，其次为NH_4NO_3、KNO_3。

基质中食用菌生长发育所需要的碳源和氮源的比例叫碳氮比（C/N）。氮源过多，会使菌体生长过于旺盛，pH偏高，不利于代谢产物的积累；氮源不足，菌丝体繁殖量少，从而影响产量。碳源过多，容易形成较低的pH，碳氮比对大杯香菇生长发育极其重要。一般来说，食用菌在营养阶段的碳氮比在20∶1为佳，生殖生长阶段以30∶1～40∶1为好。通过深层培养，可知大杯香菇菌丝生长的适宜碳氮比在40∶1～60∶1之间。

（3）矿质元素

无机盐是大杯香菇生命活动不可缺少的物质。在大杯香菇成分中，含有5%～10%（干重）的无机盐类（灰分）。其中磷、钾、钙等元素的含量特别丰富，它们参与细胞的组成成分，有的作为酶的组成成分，有的参与能量的转移，有的控制原生质体胶体状态，有的参与维持细胞的透性等。此外，许多微量元素与酶的活性有密切关系，在细胞内还起着生化反应活化剂的作用。在液体培养中，适量添加$ZnSO_4$、KH_2PO_4、$MgSO_4$，可使菌丝生长更为良好。

（4）生长素

生长素是促进大杯香菇生长的特殊物质，如维生素、核酸等。维生素B_1是食用菌必需的生长素，它对食用菌顺利进行糖代谢起到至关重要的作用。缺乏时，抑制生长发育，最适的浓度为0.01～0.1mg/L。适合大杯香菇生长的维生素为复合维生素B，其次为维生素B_1和维生素B_2。激素利用方面，目前认为2,4-D、6-BA和NAA较好。

2. 水分

水分是生命活动的基础。外界的营养物质只有在水溶液中才能被溶解运输和吸收，代谢的有害物质才能溶解于水中而排出体外。大杯香菇生长需要适宜的水分。大杯香菇菌丝和子实体的正常生长发育都需要充足的水分，培养料含水量应控制在60%～62%，菌丝体生长阶段，空气相对湿度为70%。大杯香菇对于空气湿度一般要求75%～95%，原基发育初期由于有土层保护，要求不严格。当棒形期转入钉头期时，覆土层湿度要求在21%～22%。空气相对湿度低于75%，原基顶端龟裂；高于95%呼吸受阻，菌盖发育不良。子实体进入杯形期后，水分的需要量剧增，必须供给充足水分，保持85%～95%的空气相对湿度。水分充足，空气湿润，菌盖发育好，朵形大，质地脆嫩。水分不足，空气湿度小，菌盖发育慢，朵形小，质地较紧实，严重时龟裂或畸形。

3．温度

大杯香菇的生长发育要求一定的温度。每一种食用菌，在其生长发育过程中，对温度有一定的要求范围，这个范围称为有效温区。一般木腐菌类的有效温区是 7～30℃，高于或低于这个范围，会使酶钝化或活性降低，生长发育受到影响。同时在有效温区内还有最适温区，在适温区内食用菌生命活动最活跃。大杯香菇属于中高温型恒温结实性菌类。大杯香菇菌丝生长适宜温度 15～35℃，最适温度 26～28℃，子实体形成温度 23～34℃，最适温度 26～30℃。低于 16℃原基不能形成，子实体分化发育需要较高的环境温度，适合 6、7、8 月份高温季节。

4．空气

大杯香菇是非绿色的高等微生物，属好氧性真菌，足够的新鲜空气是保证大杯香菇生长发育的重要环境条件。据观察，培养好的菌种瓶和栽培袋若不拔去棉塞和打开袋口，原基可以大量发生。一拔去棉塞和打开袋口，即使空气相对湿度保持在 85％以上也不容易形成原基。人工栽培时，在培养料上覆盖一层土或砂等覆盖物是十分关键的措施。大杯香菇原基的分化和发育需要充足的氧气，所有菌种瓶和栽培袋内的原基必须露出瓶口或袋口才能分化、长出菌盖。在袋式栽培实践中也发现，将高出土面的薄膜筒往下折后形成的子实体菌柄较短。保持土面上方空气新鲜可以促使原基分化，菌盖早发育。

5．光线

光是生物生存和活动的直接或间接能量来源。大杯香菇属于需光真菌，适宜强度的光照是使大杯香菇完成正常生活史的一个必要的条件。大杯香菇必须在光照条件下，通过酶系统利用各种动植物残体、工农业废弃物等间接地获得储存能量。而且大杯香菇只有在一定光照刺激下才能产生子实体，完成发育。大杯香菇菌丝生长不需要光线，一般采取遮光培养；子实体生长发育必须有充足的散射光，但应避免阳光直射。适宜的光照强度是 500～1 000 lx。实验证明，充足的散射光可促进原基分化，提高菇体质量。阳光直射或光照过强会抑制原基分化和子实体形成，影响产量。

6．酸碱度

培养基质的酸碱度会影响大杯香菇的胞外酶活性，进而波及菌丝对木质素、纤维素等物质的分解能力，从而对营养物质的吸收和呼吸代谢功能产生影响。适宜的 pH 值可以促进孢子萌发、菌丝生长、子实体发育。菌丝体在生长发育过程中，不断产生有机酸或其他代谢产物，使周围的酸碱度产生波动，并逐渐达到了不利于自身生长的地步。大杯香菇对栽培基质的 pH 值要求偏酸性，菌丝生长的最适 pH 为6.5～7.5，出菇时的最适 pH 为5.5～6.5。在这个区间，菌丝生长快，且可形成子实体原基。覆土材料以 pH6 左右为宜，不能用碱性土壤覆盖。

第三节　大杯香菇的栽培技术

一、栽培季节安排

大杯香菇属中高温型菌株，利用自然条件栽培，夏秋季节可正常出菇。我国南方地区以每年的 5～10 月份较为适宜。一般是 5 月中旬至 7 月栽培期内出菇多、产量较高，而 8～10 月栽培的产量相对较低些，因这段时间可能碰到最高温和 10 月中旬的低温。北方地区可根据大杯香菇在 25～28℃能正常出菇的要求，合理安排栽培季节。根据出菇季节的安排，南方一带制种季节为：1 月初接母种（15 天），1 月下旬接原种（40 天），3 月初接栽培种（30～40 天），4 月初接栽培袋（30～40 天），5 月中旬左右出菇管理。如果以原种接栽培袋，可安排 2 月初接母种，依次类推。

二、菌种培养

（一）品种选择

应选择菌丝洁白，生长健壮有力，不发黄、不老化，菌龄掌握在刚长满瓶的菌种。大杯香菇在市场上可能有不同温型的品种，栽培者购种时应了解清楚并根据当地环境、气候选择适合自己栽培的品种。

（二）母种

母种培养基配方：

配方1：马铃薯200g，葡萄糖20g，蛋白胨15g，琼脂20g，水1 000ml，pH自然。

配方2：麦粒200g煮出液，葡萄糖20g，硫酸镁0.2g，磷酸二氢钾0.3g，琼脂20g，水1 000ml，pH自然。

按常规法制备，接种后置25～27℃恒温培养，经7～10天长满斜面。

（三）原种与栽培种

采用相同的配方：

配方1：杂木屑、棉子壳各39%，麦麸20%，糖和碳酸钙各1%。

配方2：杂木屑40%，芦苇或稻草粉40%，麦麸15%，玉米粉3%，糖与碳酸钙各1%。

配方3：棉子壳39%，芦苇或稻草粉39%，麦麸15%，玉米粉5%，糖与碳酸钙各1%。含水量60%左右。

按常规法拌料、装瓶（袋）、灭菌、接种，接种后置26～28℃培养室培养，45天左右即可长满瓶（袋）。

（四）栽培料配方

适宜大杯香菇菌丝生长的配方：

①杂木屑40%，棉子壳38%，麦麸（或米糠）20%，糖1%，石膏1%；

②杂木屑30%，稻草30%，棉子壳20%，麦麸（或米糠）18%，糖1%，石膏1%；

③棉子壳30%，发酵过的棉子壳50%，麦麸（或米糠）18%，石膏2%；

④干杂木屑39%，棉子壳34%，麦麸22%，玉米粉3%，糖1%，轻质碳酸钙1%；

⑤杂木屑39%，棉子壳（或蔗渣、废棉团）39%，麦麸20%，糖1%，石膏1%；

⑥杂木屑30%，木屑30%，稻草18%，麦麸20%，糖1%，石膏1%；

⑦阔叶木屑78%，麦麸20%，糖1%，石膏1%；

⑧阔叶树木屑40%，稻草40%，麦麸15%，玉米粉2%，糖1%，石膏1%，石灰1%；

⑨阔叶树木屑40%，棉子壳或废棉40%，麦麸15%，玉米粉3%，糖1%，石灰1%。分别按比例秤量，倒入搅拌机干拌混匀后加水，翻拌均匀至含水量60%～65%，pH为5.0～5.5。

三、菌袋制作

（一）装袋与灭菌

培养料按配方数量加水后拌均，含水量60%～65%，用手捏紧培养料手指缝间有1～2滴水滴下为宜。一般选用17cm×33cm的聚丙烯或聚乙烯塑料袋作栽培容器，每袋湿料800g左右，料高16cm，装料的松紧度要适中。装袋结束后，应立即高压（1.41kg/cm^2）灭菌1.5～2小时，或常压（100℃）灭菌8～12小时。

（二）冷却与接种

经过灭菌的菌袋，应及时地移至冷却室内冷却至30℃以下。接种时要严格遵照无菌操作规程，接种量40～60袋/瓶。

（三）菌丝管理

接种后将菌袋搬入预先消毒过的培养室上架。此阶段，温度控制在25～28℃，空气相对湿度为60%～65%，每天通气2～3次，遮光培养，30～40天可长满袋。

四、出菇场地的准备

（一）室内出菇场地准备

在菌丝管理期间，即可准备出菇场。大杯香菇的栽培在炎热的夏季，室内栽培湿度大，温差小，易滋生杂菌害虫。栽培室应选择在比较荫凉的地方，最好是砖地或水泥地板，以便洗刷和消毒。搭建出菇床架，充分利用空间，双边操作的床架宽90cm。床架层距60cm，底层距地面30cm，顶层距天花板130cm，床架之间距离80cm。室内有数个窗口，以利通风透气。出菇前室内用气雾消毒剂消毒，并喷洒25%的菊乐酯1 000倍液。

（二）室外出菇场地准备

搭建室外遮荫棚，投资少，成本低，较经济。栽培地选择土质肥沃、保水性能好的场地。在选好场地后，搭一高2m的荫棚，棚四周用草帘围密，顶部用芦苇遮阳，遮阳度为70%。每667m^2（亩）撒生石灰25千克消毒表土，然后翻晒、耙平、做畦，畦面宽100～120cm，沟深15～30cm，长度不限，菇床以南北走向为佳。以两畦为一组，沿每组畦两侧插弓形竹片。竹片之间间隔90cm，弓的最高处距畦面180cm，竹片上盖塑料薄膜。菇床的四周及床底稍压实，中间微凸起，凸面铺一层干净的细沙。在菌筒排放的前2～3天，每667m^{2}用0.5%高锰酸钾喷湿畦床，杀灭土中害虫，降低杂菌污染。

五、栽培方式

可根据实际需要，采取室内床架式栽培或室

外畦式覆土栽培。根据大杯香菇的生长特点，一般采用菌袋发菌，菌丝长满后脱袋覆土栽培。利用蔬菜大棚与蔬菜轮作是很好的栽培方式，也可以在菇房内搭架床栽。无论哪种栽培方式，都需要菌丝长满菌袋后再进行覆土出菇。

（一）脱袋覆土畦栽

菌丝长满袋时，把没有污染的菌棒剥去塑料袋排放在整好的畦上，覆土，厚度5cm左右，然后喷水保持湿度。这样出菇整齐，能提高产量和质量。

（二）不脱袋覆土袋栽

把长满菌丝的菌袋竖直整齐地排列在地上或菌床架上，在打开的袋口上盖覆土，然后喷水保持湿度。

六、覆　土

覆土材料可选用火烧土、田土、菜园土，土粒直径为1.5～2.0cm。覆土材料要求清洁、疏松。大棚内的菜园土、田土或山土需暴晒数日，杀灭病菌和害虫；再喷5%甲醛，盖上塑料薄膜熏杀48小时，掀膜待药味散尽备用。用水调节土粒湿度，以土粒捏之扁而不散为度。

（一）室内床架式栽培

将长满菌丝的栽培袋移入栽培室，拔去棉塞和套环，打开袋口拉直塑料袋，袋内料表覆盖约5cm厚的火烧土、泥碳土或干净的菜园土。割去高出土面的塑料薄膜，使袋缘与土面平，分数次将覆土喷湿，保持土壤湿润。

（二）室外畦式覆土栽培

将已达到生理成熟的菌袋搬运到菇场，对菌筒表面进行喷洒消毒、脱袋。脱袋后菌筒竖直放入菌床中，袋口朝上，中间用土粒填实，立即覆1.0～2.0cm的土。覆土后，在畦的表面搭盖弓形小拱棚，棚高0.4m左右为宜。棚的支架可用竹片，上面盖薄膜。薄膜一边用土压实，另一边固定以便管理。棚顶盖草帘，棚架两侧保持透光，光照强度500～1 000 lx。

七、出菇管理

大杯香菇菌块覆土后，注意对温度、光照、湿度和空气的调节管理。温度调控可通过对菇棚（房）早晚关闭门、窗，盖密薄膜保温，中午开门窗通风换气并结合喷水。如气温过高，早晚开门、窗，通风降温，中午关闭门、窗以避暑，还可向空间喷水降温。出菇期要求菇房内气温保持在23～32℃。光线可通过大棚顶部覆盖遮阳物的厚度、门窗加挂黑纱等措施调节。盛夏光照强，覆盖物应厚；而初夏深秋应摊薄菇棚覆盖物，增加光照，提高温度。水分是通过覆土层的喷水来调节土层的湿度。覆土后10～15天，土面上会冒出棒形原基。随着子实体的生长发育，逐渐增加喷水次数，菇棚内的相对湿度需保持在80%～90%。子实体采收后停止喷水，降低土层含水量，改善通气状况，促使菌丝恢复生长。3天后重新喷水，保持土层湿润，直至下潮子实体发生。喷水时注意通风，不能喷闷水，水不能灌入菌丝内。

八、病虫害防治

由于大杯香菇生产处在春夏高温高湿季节，此时病虫害繁衍频繁，应加强预防措施。一旦发生病虫害，很难治理。从原料到培养室、栽培场及周围环境必须事先进行杀菌杀虫处理。主要采取以防为主、综合防治的措施。①培养料应新鲜、无霉变、无虫蛀，不变质，配料前经过烈日暴晒1～2天。②生产时，接种箱、接种室、培养室、栽培房均应清洗熏蒸消毒。③培养过程中，如菌袋受到杂菌侵害后，应及时清理并妥善处理，以防蔓延。④栽培场要事先彻底清理干净，严格选择和消毒覆土材料，门窗装防虫网，防止成虫飞入产卵。⑤子实体受到病害浸染或虫害危害，必须及时摘除，妥善处理。⑥子实体采收后应及时清理残留的“菇脚”和死的原基。个别袋收获过迟，孢子已散落，可把黏有孢子的表土铲除，换成新土。⑦发现蚤蝇危害菇体时，可人工捕捉，或在采收后用二嗪农800倍液、杀灭菊酯2 500倍或溴氰菊酯3 000倍液喷杀，并密闭24小时。

九、采收和加工

当菇体菌柄伸长、菌盖开展、中部菌肉增厚、露出片状菌褶、盖顶平至下凹、盖缘颜色变浅、菌盖完全伸展开时即可采收。先用剪刀把土面上的洁净菇体剪下，按要求整理装袋，然后清理留在土中的“菇脚”，以免泥砂黏染产品，降低质量。清理时注意勿带出培养料，并补上新土。若培养料已松塌，可提起栽培袋轻轻镦实，使菌丝互相连接。也可根据当地市场实际需求适时采收。整个生育期可采收3～4潮菇，每潮间隔20～30天，总生物学效率可达80%～120%。

保鲜：采用气调法、冷冻法等技术对大杯香菇子实体进行保鲜，用托盘定量分装出售。

烘干：由于大杯香菇不仅香味浓郁，而且含有较高的营养成分，可以对大杯蕈子实体进行烘干、粉碎，作为食物的佐料添加使用。

即食食品：大杯香菇菌柄中虽然含有较高的蛋白质和其他营养成分，但由于其纤维化程度高，降低直接食用的品质。可以采用真空油炸技术加工即食膨化休闲食品。

十、反季节栽培技术

（一）热风炉加温技术

冬季生产大杯香菇，需将菇棚中加热升温。可采用热风炉技术，即利用废弃菌袋作热风炉燃料，以循环热风提高菇房温度至27℃。热风炉由内外两层铁皮构成，内层为燃料燃烧室，并与外层构成中间空的夹层，其空间中的热量在鼓风机的作用下，由聚丙烯塑料薄膜管循环传送到菇棚的各个角落，一个热风炉能均匀提供两个20m×7m的菇棚加热。

（二）稻草粉代替麦麸技术

反季节栽培大杯香菇，由于菇棚中温度较高，在有利于菌丝和子实体生长的条件下，也容易促成菌袋污染，病虫害也容易发生。福建省农科院选育的谷秆两用水稻高蛋白稻草粉代替麦麸的栽培料配方，可大大降低菌袋污染率，同时可在栽培棚里加装防虫网，防止虫害。

第四节　大杯香菇的营养价值

大杯香菇子实体中含有大量人体必需的氨基酸和对人体健康有益的矿质元素钴、钼、锌等，其中异亮氨酸、亮氨酸的含量居于食用菌之首，蛋白质含量与香菇、金针菇相当，是一种很有发展前景的食用菌。

一、大杯香菇的营养价值

大杯香菇营养丰富，目前已知含有17种氨基酸、不饱和脂肪酸、多糖、维生素和多种微量元素。据测定，大杯香菇干品含水量一般在14%左右，子实体中蛋白质高达18.5%，粗脂肪达7.0%，粗纤维为6.4%，灰分含4.2%左右，糖类56.0%。每100g烘干品的能量值高达1578.3千焦，大大高于小麦、水稻、玉米、谷子等粮食作物，也高于多数蔬菜水果（表22－1）。

表22－1　大杯香菇与几种常见食用菌主要成分比较

种类 成分(%)	大杯香菇	香菇	木耳	蘑菇	草菇	竹荪	灰树花	松口蘑	位次
粗蛋白	26.4	18.3	8.7	47.4	33.8	18.5	21.8	20.1	3
粗脂肪	7.0	4.9	1.6	3.3	3.5	2.5	4.7	5.0	1
糖类(碳水化合物)	56.0	66.3	73.7	31.5	30.5	62.0	56.5	59.8	6
粗纤维	6.4	7.1	11.5	9.4	18.4	8.8	9.4	7.4	8
灰分	4.2	3.4	4.5	8.4	13.3	8.2	7.6	7.7	7
水分	14.1	15.3	9.2	90.6	95.8	10.1	92.6	89.9	

大杯香菇的蛋白质含量比一般木生菌如香菇、木耳高，甚至比名贵的松口蘑的蛋白质含量高，但比粪草菌类的蘑菇及草菇的蛋白质含量低。大杯香菇的粗脂肪的含量比其他几种食用菌稍高。糖类的含量基本上与蛋白质的含量呈反相关，即蛋白质的含量越高，糖类的含量越低；反之亦然。大杯香菇的糖类含量高于粪草生菌的蘑菇及草菇，而低于木生菌的香菇、木耳及松口蘑。大杯香菇的粗纤维含量是最低的，事实上大杯香菇子实体与香菇的质地相近。大杯香菇中的灰分含量与木耳相近，仅稍高于香菇的灰分含量。

1. 蛋白质和氨基酸

大杯香菇的主要营养成分蛋白质含量介于木生菌和粪草生菌之间。

在大杯香菇子实体中，氨基酸含量由高到低依次是谷氨酸、天冬氨酸、亮氨酸、丙氨酸、苏氨酸、缬氨酸、精氨酸、异亮氨酸、甘氨酸、丝氨酸、苯丙氨酸、脯氨酸、酪氨酸、赖氨酸、蛋氨酸和组氨酸。大杯香菇与香菇相比，两者的氨基酸相对组成基本一致，不同的是，大杯香菇的谷氨酸含量比香菇低，而蛋氨酸的相对含量较香菇高，几乎是香菇含量的2倍。从氨基酸的绝对含量来分析，大杯香菇的含量最高，达干重的21.7%，香菇为18.2%。

从必需氨基酸及非必需氨基酸的相对组成来看，大杯香菇必需氨基酸的相对总含量最高达43.0%，含量比蘑菇、香菇、平菇等食用菌高，尤其是硫氨基酸、蛋氨酸的含量较高，比香菇、草菇、平菇等高出近1倍。这表明大杯香菇中蛋白质的质量是比较高的，蛋氨酸是影响一般食用菌蛋白质价值的第一限制氨基酸（表22—2）。

食物蛋白的营养价值高低，主要取决于所含氨基酸尤其是必需氨基酸的种类、数量及组成比例。大杯香菇中必需氨基酸的数量与组成比一般食用菌更接近模式蛋白，大杯香菇的第一限制氨基酸是赖氨酸，而多数食用菌中赖氨酸是第二、三限制氨基酸。一般菌类第一限制氨基酸是蛋氨酸，而其在大杯香菇中有较高的含量。总的来说，无论从蛋白质的量上还是质上考虑，大杯香菇是一种很好的菌类蛋白来源。

表22—2　干大杯香菇与香菇的氨基酸组成

测试项目	含量(g/100g)		测试项目	含量(g/100g)	
	大杯香菇	香菇		大杯香菇	香菇
天冬氨酸	2.570	2.107	亮氨酸	1.126	1.717
苏氨酸	1.521	1.334	酪氨酸	0.859	0.727
丝氨酸	1.086	0.966	苯丙氨酸	0.993	0.788
谷氨酸	3.396	3.279	赖氨酸	0.794	0.694
甘氨酸	1.147	1.027	组氨酸	0.412	0.373
丙氨酸	1.585	1.234	精氨酸	1.255	1.004
缬氨酸	1.269	0.976	脯氨酸	0.954	0.738
甲硫氨酸	0.637	0.324			
异亮氨酸	1.155	0.925	总量	21.696	18.213

2. 矿物质及微量元素

微量元素的存在状态与其生理活性紧密相关，它们的分布情况和结合状态对微量元素在生物体中的作用有着重要的影响，如铁参与氧的运转过程和电子传递、交换过程，促进生长发育、新陈代谢，保持细胞的正常功能，维持机体的正常活动，铜参与许多酶的合成等。

大杯香菇的干物质含灰分4.2%，含有较多的人体所必需的矿质元素。目前已知道的有10种，其中钾、镁等含量较高，除此之外还有钠、钙、锰、铁、铜、锌、硫、磷等元素（表22—3）。

表22—3　大杯香菇微量元素的定性定量分析

测试项目	相对重量(%)							
	Na	Mg	K	Ca	Mn	Fe	Cu	Zn
平均相对重量(%)	3.27	2.66	89.47	0.58	0.08	3.30	0.18	0.46

$$相对微量元素含量=\frac{某种微量元素量}{各种微量元素总量}$$

3. 凝集素和漆酶

凝集素是一类与糖专一结合的糖蛋白，具有独特的生化性质和生物学功能。在医学和生物学中有着广泛的作用。寻找和纯化新的凝集素对生物学和医学研究有着重要意义。凝集素在自然界中分布极广，广泛存在于动物、植物和微生物中。Pem-berton曾对403种蕈菌测定，发现约50%蕈菌子实体提取物对人的红细胞具有凝集作用。研究还发现，许多蕈菌凝集素具有很强的抗肿瘤活性，如口蘑凝集素、金针菇凝集素等，但源于蕈菌并已成为商品的凝集素，只有双孢蘑菇凝集素一种。

从大杯伞子实体中分离得到的凝集素CML相对分子质量为4.9×10^4，对热、酸碱具有一定稳定性，是不含糖的蛋白。其酸水解氨基酸分析表明，CML含有16种氨基酸，所含氨基酸种类较齐全，特别是它富含天冬氨酸、谷氨酸和亮氨酸，这可能与其空间结构的特异性密切相关。

漆酶（Laccase，EC 1.10.3.2）是一种含铜的多酚氧化酶，和植物中的抗坏血酸氧化酶、哺乳动物的血浆铜蓝蛋白同属蓝色多铜氧化酶（blue multi. copperoxidase）家族。漆酶广泛分布于真菌分泌物、高等植物、少量细菌和昆虫中。按其来源主要分为漆树漆酶、真菌漆酶和细菌漆酶。漆酶具有较强的氧化还原能力，大杯香菇漆酶能催化木质素的降解、去除有毒化合物的毒性作用、促进色素的合成等。因此，漆酶在环境保护、生物检测、造纸工业、食品工业等领域具有广泛的潜在应用前景。

二、药用价值与功能

大杯香菇是一种高蛋白、低脂肪，集营养、保健、理疗于一身的食用菌。据测定，它富含抗癌多糖，人体所需的天冬氨酸、谷氨酸等 17 种氨基酸及十多种人体必需的矿物元素，如铝、锌等，对人体健康十分有利。药用保健价值都比较高，具有滋阳壮阴、美容保健之功效，对肾虚、尿频、水肿有独特疗效，对抗癌、降压、防衰有较理想的辅助治疗功能。

第五节　展　望

一、大杯香菇国内外科技发展现状

大杯香菇的自然分布较广，在我国的浙南山区、东北、华北及长江流域等地均有分布。该菌较耐高温，多发生在夏秋季节的林地或腐枝层上，常群生或近丛生。该菌子实体质韧，很难咬碎，但味道鲜美，尤其是香味独特，比香菇的香味要浓得多和香得多。20 世纪 80 年代，在福建省三明真菌研究所的科研人员的探索下，已经驯化成功，并进行了人工栽培试验和推广。该菌虽然是木生菌，但其生产原料非常广泛，也可以利用稻草等其他物质进行栽培。目前，除了我国对大杯香菇进行研究外，国外仅有斯里兰卡、日本等少数国家进行了一些探索。整体来说，大杯香菇的研究水平还较低，研究很粗浅，生产规模小，还没有形成一定规模的产业。

当前各地栽培的大杯香菇品种主要从野生采集驯化得来，我国三明真菌研究所从福建尤溪、南靖、永安以及江西、浙江等地区野外采集，培育的品种有 SX330、华农 2 号等菌株。大杯香菇 SX330 是由人工培育的单朵重 330g 的 1 株子实体，经亲本自交融合耐热性脱毒驯化培养选育出的适宜夏秋栽培的高温型优良菌株。经试验表明，其适应能力特强，栽培粗放、抗杂菌能力强，生物学性状稳定。于6～9月份高温期安排栽培和出菇，每 100 千克原料可产菇 150 千克。华农 2 号是由华南农业大学食品学院生物工程系生物转化和生物加工实验室从现有菌株及野外采集的华南地区 200 多种特色菌株中筛选出具有较强分泌漆酶能力的菌株。浙江大学的彭智华等利用原生质体融合技术进行了品种的选育研究，选育了各方面性能均优于原菌株的原生质体再生菌株。福建省农业科学院的江枝和等学者也正在进行^{60}Co 辐射诱变选育优良的大杯香菇新品种，试验正进展中，已取得了初步成效。

20 世纪 80 年代，曾金凤、黄年来等对野外采集的大杯香菇进行了人工驯化试验，详细描述了其生物学性状和人工栽培技术。此后，在栽培基质、开发利用、高产技术的探索、地栽和床栽的技术优化等方面进行了一系列的研究。斯里兰卡的乌都加马（Udugmna）等人对所栽培的大杯香菇性状特征、培养料的配方进行了研究。我国的饶火火等科研人员进行了大杯香菇的人工栽培试验的研究。此外，大杯香菇不同品种间的对比栽培试验、对碳、氮源的利用及组合筛选、室外栽培技术等进行了试验。发现氮素有利于菌丝生长。在以麦麸、米糠、黄豆粉、菜饼、玉米粉为氮源试验中，以菜饼和玉米粉为氮源比麦麸、米糠的效果好，同时还发现加入适量稻草有明显促进菌丝生长和增加产量的效果。此外，福建省农业厅食用菌办的肖淑霞等系统研究了大杯香菇菌种引进、筛选及栽培技术，包括不同菌株栽培品比试验，不同菌株相关特性、遗传相似性、栽培基质的不同配方、最适温度、pH、碳氮素营养配比、病虫害防治等一系列栽培工艺参数，建立了大杯香菇的标准化栽培技术规程。在此基础上，课题组还对大杯香菇软罐头加工、保鲜和膨化食品加工工艺等展开了研究，并制订了大杯香菇软罐头加工标准化生产技术、保鲜加工规范化技术、膨化食品规范化加工技术等规程，建立了标准化生产示范基地，提出了一套适合我国发展大杯香菇规模化栽培的技术模式。

代料栽培、反季节栽培以及加工技术研究方面也取得了一定的成效。雷锦桂等利用决明属牧草代料栽培大杯香菇取得了成功，取得了利用决明牧草栽培大杯香菇的栽培料配方、碳氮比以及蛋白质营养评价等一系列科学数据。陈群琛等研究了大杯香菇稻草粉代替麦麸技术、保鲜加工技术及热风炉加热技术。

福建省农科院郑金贵等选育的谷秆两用水稻高蛋白稻草粉代替麦麸的栽培料配方，可大大降低菌袋污染率，同时可在栽培棚里加装防虫网，防止虫害。采用气调法、冷冻法等技术对大杯香菇子实体进行保鲜，用托盘定量分装出售。

近年来，江枝和等还通过在培养料中添加微量元素（锗、锌、硒）的方法来改善栽培料，促进大杯香菇对栽培料的分解和微量元素的吸收和生长发育，提高微量元素的含量，从而改善营养品质。不仅探索了微量元素的添加量对大杯香菇子实体内超氧化物歧化酶(SOD)、过氧化物酶(POD)、过氧化氢酶(CAT)等保护酶系活性和丙二醛(MDA)含量的变化,还利用国际上通用的蛋白质营养评价方法对大杯香菇子实体中所含氨基酸进行评价,从而筛选出适宜的微量元素添加量,为应用于实际生产提供了科学依据。

大杯香菇子实体含有多种氨基酸、矿物质成分、微量元素、多糖、凝集素和漆酶等营养物质。目前对大杯香菇的氨基酸研究较多,对功能性活性物质的研究尚处于摸索阶段。在大杯香菇的深层发酵研究方面,通过研究取得了一系列的试验参数,为加强大杯香菇的深层次开发利用提供科学的依据。

二、大杯香菇科技创新与展望

目前对大杯香菇的研究虽然取得一定的进展,但在栽培技术方面的研究尚需加强。只有通过一系列的试验研究,取得一定的试验数据,才能构建出生产栽培模式,为做大做强大杯香菇产业奠定坚实的科学基础。成熟的栽培技术为优质、高产、高效的食用菌生产可提供技术支撑体系,为菇农发展大杯香菇产业极有帮助。依当前的形势看,大杯香菇栽培配方的优化、重金属污染、代料栽培的技术改进以及标准化生产技术还处于较低水平,栽培基质中物质转化规律、效率的研究尚属空白,这都需要科研工作者引起关注。

需要从以下几方面加强研究和突破:①对大杯香菇生长适宜的温、湿、光、气等栽培管理因子需要进一步的探索,特别是工厂化栽培体系的研究。②探明大杯香菇的降解木质素、纤维素等物质的机制,从而优化培养料配方,提高产量和质量。③大杯香菇重金属污染的现状研究尚处空白,需要通过污染机制的研究提出防治技术措施。

参考文献

[1] 曾金凤. 杯蕈的人工栽培[J]. 食用菌,1985(4):9-10.

[2] 邓旺秋,李泰辉,陈枝南,等.栽培食用菌猪肚菇的学名考证[J].食用菌学报,2006,13(3):71-74.

[3] 陈成杰,胡文华.大杯伞 SX330 特性及栽培技术[J].食用菌,2002,24(2):15.

[4] 吴少风,陈琦辉,袁兰. 大杯蕈生物学特性及标准化栽培技术研究[J]. 菌物学报,2005,24(增刊):260-262.

[5] KIRK PM, CANNON PF, DAVID JC, et al. Ainsworth & Bisby' dictionary of the fungi (9th ed)[M]. UK:CAB International, 2001.

[6] 黄年来.中国食用菌百科[M].北京:农业出版社,1993.

[7] 毕志树,郑国扬,李泰辉,等. 广东大型真菌志[M]. 广州:广东科学技术出版社,1994.

[8] 毕志树,李泰辉,章卫民,等. 海南伞菌初志[M]. 广州:广东高等教育出版社,1997.

[9] 黄年来. 18 种珍稀美味食用菌栽培[M].北京:中国农业出版社,1997.

[10] 郑美腾.福建食用菌[M].北京:中国农业出版社,2000.

[11] CORNER EJH. The agaric general Lentinus, Panus, and Pleurotus[M]. Germany:J. Cramer, 1981.

[12] BIGELOW HE. North American species of Clitocybe[M]. Part II. Nova hedwigia, Heft 81. Germany: J. Cramer, 1985.

[13] 邓叔群.中国的真菌[M].北京:科学出版社,1963.

[14] 卯晓岚.中国大型真菌[M].郑州:河南科学技术出版社,2000.

[15] PEGIER DN. The genus Lentinus: a world monograph[M]. London: Her Majesty's Stationary Office, 1983.

[16] 曾金凤.大杯伞袋式覆土栽培[J].食用菌,1991(3):32.

[17] 王伟科,袁卫东,周祖法,等.不同配方培养料栽培大杯蕈试验[J].杭州农业科技,2005(6):13-15.

[18] 林爱钦.大杯蕈生物学特性初探[J].福建农业科技,1999(3):15-16.

[19] 牛长满,杨晓菊,崔颂英,等.大杯伞母种培养基营养配方的研究[J].食用菌,2007(3):25-26.

[20] 陈君琛,沈恒胜,汤葆莎,等.大杯蕈高产栽培及加工利用技术[J].中国食用菌,2005,24(5):32-33.

[21] 黄清荣,庆梅,刘新海,等.不同葡萄糖、酵母粉浓度对大杯伞深层培养的影响[J].食品研究与开发 2006,27(3):10-12.

[22] 彭智华,龚敏方.大杯蕈的营养价值及生物学特性研究[J].浙江农业学报,1994,6(3):165-170.
[23] 曾金凤.大杯伞的营养成分及矿物质含量分析[J].福建食用菌,1992(1):16.
[24] 林玉满,苏爱华.大杯伞凝集素的分离纯化及其性质[J].应用与环境生物学报,2004,10(4):497-501.
[25] 曾金凤.大杯伞生物学特性研究[J].食用菌学报,1996,3(1):13-20.
[26] 林爱钦.大杯蕈生物学特性初探[J].福建农业科技,1999(3):15-16.
[27] 林杰.大杯香菇栽培技术[J].福建农业,2008(2):18-19.
[28] 饶火火.大杯蕈生物学特性及高产栽培技术[J].食用菌,2006(6):42-43.
[29] 黄年来.自修食用菌学[M].南京:南京大学出版社,1987.
[30] 周祖法,王伟科,袁卫东,等.大杯蕈对碳、氮源的利用及其组合研究[J].浙江农业科学,2006(4):386-387.
[31] 林玉满.大杯伞子实体常见微量元素的定性定量测定[J].福建分析测试,2004,13(3-4):1996-1998.
[32] 王琛,付瑞洲,谢福泉,等.大杯香菇生物学特性及其栽培关键技术[J].福建热作科技,2006,31(1):19-21.
[33] 黄清荣,梁建光,姜华,等.大杯伞深层培养条件的研究[J].西北农业学报,2006,15(2):100-104.
[34] 马成武.笋菇高产高效栽培技术[J].辽宁农业科学,2007(2):88.
[35] 颜振兰.大杯蕈栽培技术要点[J].食用菌,2001(4).
[36] 陈成杰,胡文华.大杯伞SX330特性及栽培技术[J].食用菌,2002,24(2):15.
[37] 彭智华,曾广文,寿诚学.大杯蕈原生质体菌株筛选的研究[J].园艺学报,2000,27(3):93-97.
[38] 黄文.大杯蕈覆土高产栽培技术[J].食用菌,2004(1).
[39] 黄水珍.大杯蕈室外荫棚覆土栽培技术[J].福建农业科技,2004(2):31.
[40] 唐青,郁建平.猪肚菇水溶性多糖提取工艺的研究[J].食品科学,2008,29(2):180-183.
[41] 黄清荣,辛晓林,杨立红,等.大杯伞菌丝体培养及其延缓离体腓肠疲劳的研究[J].食品科学,2005,26(8):86-90.
[42] 韩君莉,郭丽琼,周伟坚,等.大杯伞华农2号菌株液体培养产生漆酶条件的研究[J].生物加工过程,2006,4(3):33-37.
[43] 江枝和,翁伯琦,雷锦桂,等.$^{60}Co\gamma$射线辐射大杯香菇诱变效应的主成分分析[J].激光生物学报,2009,6(18):309-314.
[44] 雷锦桂,江枝和,唐翔虬,等.培养料碳氮比与猪肚菇蛋白质营养水平的关系[J].食用菌学报,2008,25(4):73-76.
[45] 雷锦桂,江枝和,唐翔虬,等.栽培料的碳氮比对猪肚菇子实体蛋白质营养评价的影响[J].甘肃农业大学学报,2008,12(43):140-143.
[46] 江枝和,肖淑霞,雷锦桂,等.添加外源锌对猪肚菇子实体蛋白质营养价值的影响[J].农业环境科学学报,2009,28(3):449-453.
[47] 江枝和,雷锦桂,翁伯琦,等.添加外源锗对猪肚菇子实体蛋白质营养价值的影响[J].江苏农业学报,2008,24(6):906-909.
[48] 钱爱萍,翁伯琦,雷锦桂,等.添加外源硒对猪肚菇子实体蛋白质营养水平的影响[J].食用菌学报,2008,15(3):72-74.
[49] 江枝和,翁伯琦,雷锦桂,等.添加外源锌对大杯香菇子实体细胞保护酶活性的影响[J].微生物学报,2009,49(8):1109-1114.
[50] 江枝和,翁伯琦,雷锦桂,等.添加外源硒对大杯香菇子实体保护酶系及膜脂过氧化的影响[J].菌物学报,2009,28(4):612-615.

(江枝和)

第二十三章　大球盖菇

DIERSHISANZHANG DAQIU GAIGU

摘要：大球盖菇是联合国粮农组织(FAO)向发展中国家推荐栽培的食用菌之一。大球盖菇质地鲜嫩，对人体有益的多糖类、蛋白质、矿质元素及维生素等物质含量丰富，并具有抗肿瘤、抗氧化等功效，是一种集营养、疗效于一体的食、药兼用菌，具有广阔的市场前景及商业生产潜力。本章主要介绍大球盖菇的分类地位、发展历程、生物学特性、栽培技术、营养价值与药用价值，并总结了大球盖菇的研究进展和已取得的成绩，对大球盖菇的研究和生产具有一定的参考价值。

Stropharia rugosoannulata

Abstract: *Stropharia rugosoannulata* is one of several edible mushrooms recommended by the Food and Agriculture Organization for cultivation in developing countries. It is a delicious mushroom with a pleasant fresh taste and delicate fragrance, and contains high levels of polysaccharides, proteins, minerals and vitamins beneficial to human health. Research also suggests that it has anti-tumour and antioxidant properties. Therefore, King Stropharia is a highly nutritious and functional mushroom with wide market and production potential. Various aspects of *S. rugosoannulata* are described including taxonomy, cultivation history, biological features, cultivation techniques, nutritional attributes and medicinal properties. This chapter also comprehensively reviews and summarizes the development and achievements of the *S. rugosoannulata* industry, and provides references for future *S. rugoso-annulata* research and production.

第一节　概　述

大球盖菇(*Stropharia rugosoannulata*)是国际菇类交易市场十大菇类之一，也是联合国粮农组织(FAO)向发展中国家推荐栽培的食用菌之一。大球盖菇鲜菇肉质细嫩，营养丰富，有野生菇的清香味，口感极好；干菇味香浓，可与香菇媲美，有“山林珍品”之美誉，颇受消费者欢迎。

大球盖菇为草腐菌，主要利用稻草、麦草、木屑等原料进行室外大田生料栽培。周期短，从出菇到收获结束仅40天左右；产量高，每平方米投料25～30千克，可收获鲜菇15～25千克。此外，也可利用多种农作物秸秆、农副产品下脚料、畜禽粪肥、锯木屑等作生产原料。该品种菌丝生长适温范围5～34℃，最适23～27℃；子实体形成温度为4～30℃，最适为12～25℃，是我国各地均可栽培的一个新品种。

一、学名及分类地位

大球盖菇又名：酒红大球盖菇、皱环球盖菇、皱球盖菇、裴氏球盖菇、裴氏假黑伞等。

学名：*Stropharia rugosoannulata* Farl. ex Murrill, *Mycologia* 14(3):139(1922)。

属名“*Stropharia*”来自希腊语，词干“strophos-”意思是“绞成的”，词尾“-aria”意思是“相似”，中文最初译为“球盖菇属”。种名加词“*rugosoannulata*”的词干“rugosus,-a,-um”意思是“多皱纹的”，词尾“-annulata”意思是“具有环状的，具有圆圈状的”。中文学名应是“皱环球盖菇”，用于描述该菌的菌盖有皱纹和菌柄上具有菌环的典型特征。

同物异名：*Geophila rugosoannulata* (Farl. ex Murrill) Kühner & Romagn., *Fl. Analyt. Champ. Supér.* (Paris): 336 (1953); *Naematoloma ferrei* (Bres.) Singer, *Lilloa* 22:503(1951); *Naematoloma rugosoannulatum* (Farl. ex Murrill) S. Ito, *Mycol. Fl. Japan* 2(5): 337 (1959); *Naematoloma rugosoannulatum* (Farl. ex Murrill) S. Ito, *Mycol. Fl. Japan* 2(5):337(1959) f. *rugosoannulatum*; *Psilo-*

cybe rugosoannulata (Farl. ex Murrill) Noordel., *Persoonia* 16(1): 129(1995); *Stropharia ferrii* Bres., *Stud. Trent.*, ser. 27: 4(1926); *Stropharia rugosoannulata* Farl. ex Murrill, *Mycologia* 14(3): 139(1922) f. *rugosoannulata*。

分类地位：菌物界(Fungi)，担子菌门(Basidiomycota)，伞菌纲(Agaricomycetes)，伞菌亚纲(Agaricomycetidae)，伞菌目(Agaricales)，球盖菇科(Strophariaceae)。

二、发展历程

1922年，美国人首先发现并报道了大球盖菇。1930年，在德国、日本等地也发现了野生的大球盖菇。1969年，在当时的东德进行了人工驯化栽培。20世纪70年代发展到波兰、匈牙利、前苏联等地区，逐渐成为许多欧美国家人工栽培的食用菌。1980年，上海市农业科学院食用菌研究所曾派人员赴波兰考察，引进菌种，并试栽成功，但未推广。近年来，福建省三明真菌研究所立题研究，在橘园、田间栽培大球盖菇获得良好效益，并逐步向省内外推广。目前全国多个省市都有试验栽培。

几年来的引种推广情况表明，大球盖菇具有非常广阔的发展前景。首先，栽培技术简便粗放，可直接用生料栽培，具有很强的抗杂菌能力，容易获得成功。其次，栽培原料来源丰富，可在各种秸秆培养料上(如稻草、麦秸、亚麻秆等)生长。在我国广大农村，可以当作处理秸秆的一种主要措施。栽培后的废料可直接还田，改良土壤，增加肥力。三是大球盖菇抗逆性强，适应温度范围广，可在4～30℃范围出菇，在闽粤等省区可以自然越冬。由于适种季节长，有利于其他菌类或蔬菜淡季时上市。四是大球盖菇产量高，生产成本低，营养又丰富，作为新产品一投放市场，很容易被广大消费者所接受。

第二节　大球盖菇的生物学特性

一、形态特征

子实体单生、丛生或群生，中等至较大，单个菇丛可达数千克重。菌盖近半球形，后扁平，直径5～45cm。菌盖肉质，光滑或有纤毛状鳞片，湿润时表面稍有黏性，干后表面有光泽。幼嫩子实体初为白色，常有乳头状的小突起，随着子实体逐渐长大，菌盖渐变成红褐色至葡萄酒红褐色或暗褐色，老熟后退为褐色至灰褐色。有的菌盖上有纤维状鳞片，随着子实体的生长成熟而逐渐消失。菌盖边缘内卷，常附有菌幕残片。菌肉肥厚，色白。菌褶直生，排列密集，初为白色，后变成灰白色，随菌盖平展，逐渐变成褐色或紫黑色。菌柄近圆柱形，靠近基部稍膨大，柄长5～20cm，柄粗0.5～4cm，菌环以上污白，近光滑，菌环以下带黄色细条纹。菌柄早期中实有髓，成熟后逐渐中空。菌环膜质，较厚或双层，位于柄的中上部，白色或近白色，上面有粗糙条纹，深裂成若干片段，裂片先端略向上卷，易脱落，在老熟的子实体上常消失。孢子印紫褐色，孢子光滑，棕褐色，椭圆形，有麻点，大小为11～16μm×6.5～11μm，厚壁。顶端有明显的芽孔。

成熟的大球盖菇弹射出孢子，在适宜的环境条件下萌发，形成单核菌丝，再发育成双核菌丝。经过一定时期的营养积累，在外界条件适宜时，便聚集连接，可见到凸起或隆起物。菌丝吸取的养分不断向凸起物输送，逐渐形成子实体原基。子实体原基在一定的条件下不断膨大，并分化出菌柄和菌盖，进而分化出菌褶和子实层，囊状体棍棒状，3.5～5.0μm×1.5～14.5μm，担子上着生4个担孢子。

二、分布和生态习性

(一)分布

大球盖菇在自然界中分布于欧洲、北美洲，亚洲等地。在欧洲国家，如波兰、德国、荷兰、捷克等均有栽培。我国野生大球盖菇分布于云南、四川、西藏、吉林等地。

(二)生态习性

大球盖菇从春季至秋季生于林中、林缘的草地上或路旁、园地、垃圾场、木屑堆或牧场的牛马粪堆上。人工栽培在福建省除了7～9月份未见出菇外，其他月份均可长菇，以10月下旬至12月初和3～4月上旬出菇多，生长快。野生大球盖菇在青藏高原上生长于阔叶林下的落叶层上，在攀西地区生于针阔混交林中。

(三)生长发育条件

1. 营养

营养物质是大球盖菇的生命活动的物质基础，也是获得高产的根本保证。大球盖菇对营养的要求以糖类(碳水化合物)和含氮物质为主。碳源有葡萄糖、蔗糖、纤维素、木质素等,氮源有氨基酸、蛋白胨等。此外,还需要微量的无机盐类。实际栽培结果表明,稻草、麦秸、木屑等可作为培养料,能满足大球盖菇生长所需要的碳源。栽培其他蘑菇所采用的粪草料以及棉子壳反而不是很适合作为大球盖菇的培养基。麦麸、米糠可作为大球盖菇氮素营养来源,还能提供维生素的作用,也是早期辅助的碳素营养源。

2. 水分

水分是大球盖菇菌丝及子实体生长不可缺少的因子。基质中含水量的高低与菌丝的生长及长菇量有直接的关系。菌丝在基质含水量65%~75%的情况下能正常生长,最适含水量为65%左右。培养料中含水量过高,菌丝生长不良,表现稀疏、细弱,甚至还会使原来生长的菌丝萎缩。在南方,常可发现由于菌床被雨淋后,基质中含水量过高而严重影响发菌,虽能出菇,但产量不高。子实体发生阶段一般要求环境相对湿度85%以上,以95%左右为宜。菌丝从营养生长阶段转入生殖生长阶段必须提高空间的相对湿度,方可刺激出菇。空间湿度低,菌丝虽生长健壮,出菇也不理想。

3. 温度

温度是控制大球盖菇菌丝生长和子实体形成的一个重要因子。

①菌丝生长阶段:大球盖菇菌丝生长温度范围是5~36℃,最适生长温度是24~28℃。在10℃以下和32℃以上生长速度迅速下降;超过36℃,菌丝停止生长。高温延续时间长菌丝会死亡。在低温下,菌丝生长缓慢,但不影响生活力。当温度升高至32℃以上时,虽还不致造成菌丝死亡,但即使温度恢复到适宜温度,菌丝生长速度明显减弱。在栽培中若发生此种情况,将影响发菌,并影响产量。

②子实体生长阶段:大球盖菇子实体形成所需的温度范围是4~30℃,原基形成的最适温度是12~25℃。在此温度范围内,温度升高,子实体的生长速度增快,朵形较小,易开伞;而在较低的温度下,子实体发育缓慢,朵形常较大,柄粗且肥,质优,不易开伞。子实体在生长过程中,遇到霜雪天气,只要采取一定的防冻措施,菇蕾就能存活。气温超过30℃,子实体原基即难以形成。

4. 空气

大球盖菇属于好气性真菌,新鲜而充足的空气是保证正常生长发育的重要环境条件之一。在菌丝生长阶段,对通气要求不敏感,空气中的二氧化碳浓度可达0.5%~1%;而在子实体生长发育阶段,要求空间的二氧化碳浓度低于0.15%。空气不流通、氧气不足,菌丝的生长和子实体的发育均会受到抑制,特别在子实体大量发生时,更应注意场地的通风。只有保证场地的空气新鲜,才有可能获得优质高产。

5. 光线

大球盖菇菌丝的生长可以完全不要光线,但散射光对子实体的形成有促进作用。生产中,栽培场所选在半遮荫的环境,栽培效果更佳。主要表现在两个方面:其一产量高;其二是菇的色泽艳丽,菇体健壮。这可能是太阳光提高地温,并通过水蒸气的蒸发促进基质中的空气交换,满足菌丝和子实体对营养、温度、空气、水分等的要求。但是,如果较长时间的太阳光直射,造成空气湿度降低,会使正在迅速生长而接近采收期的菇体龟裂,影响商品外观。

6. 酸碱度

大球盖菇pH在4.5~9均能生长,以pH为5~7的微酸性环境较适宜。在pH值较高的培养基中,前期菌丝生长缓慢,但在菌丝新陈代谢过程中,会产生有机酸,使培养基中的pH值下降。菌丝在稻草培养基自然pH条件下可正常生长。

7. 土壤

大球盖菇菌丝营养生长阶段,可在没有土壤的环境中生长,但覆土可以促进子实体的形成。不覆土,虽也能出菇,但时间明显延长,这和覆土层中的微生物有关。覆盖的土壤要求含有腐殖质,质地松软,具有较高的持水率。覆土以园林土壤为宜,切忌用砂质土和黏土。土壤的pH以5.7~6.0为好。

第三节 大球盖菇的栽培技术

一、优良菌种的选择与培养

大球盖菇菌种质量直接决定栽培的结果。一个优良菌种必须具备高产、优质、抗逆性强、菌丝生活力强、无杂菌、虫害等特性。优质的菌种应具备菌丝洁白,有光泽,分枝浓密,茸毛状菌丝多，很少出现索状菌丝；香气很浓，烘干后也有香气。

(一)菌种培养基配方

通过组织分离或孢子培养繁育大球盖菇菌种技术业已成熟，但仍存在菌种培养时间长（一般60天左右）、污染率高等问题。尤其是高温高湿的南方，有时污染率高达50%以上，造成经济损失，影响该品种的规模化推广种植。胡文华(2000)对大球盖菇制种技术进行了大量的研究和试验，初步筛选出一套固体培养的制种方法，缩短了制种培养时间，降低污染概率，在大规模生产实践中取得较好的效果。

1. 一级菌种(母种)培养基配方

保存期间的大球盖菇菌种的菌丝处在缓慢生长或停止生长状态，在制作生产用的母种前，必须对保存的菌种进行复壮，以便将旺盛生长状态的菌种接入母种或原种培养基上，促进菌丝快速生长，获得菌丝粗壮、浓白、生长势旺的菌种。

常用培养基配方包括：

① PDA（马铃薯200g，葡萄糖18g，琼脂18g，水1 000ml）。

② PDA，硫酸镁1.5g，磷酸二氢钾3g，蛋白胨3g，水1 000ml。

③ 马铃薯100g，干杂木屑100g，葡萄糖20g，琼脂20g，水1 000ml。

上述配方的培养基经高压灭菌20分钟后制成试管斜面，3天内使用完毕。

2. 二级菌种(原种)培养基配方

常用培养基配方包括：

① 小麦或大麦88%，米糠或麦麸10%，石膏或碳酸钙1%，石灰1.0%，含水量65%（加入米糠或麦麸主要是提供氮素养分，同时使培养基疏松，增加透气性）。

② 小麦25%，稻草64%，麦麸10%，石膏粉1%，含水量65%～70%。

③ 杂木屑42%，杂刨木花42%，米糠或麦麸15%，石膏或碳酸钙1%，外加硫酸镁0.2%，含水量70%。

以上配方在131～152kPa压力下，消毒2～2.5小时，3天内使用完毕。

3. 三级菌种(栽培种)培养基配方

配方、培养基制作、瓶子选择和消毒与原种相同。

(二)菌种接种培养

1. 一级菌种(母种)的接种培养

通过组织分离技术，将选取的大球盖菇组织块接入①号培养基上（或接入需复壮的保存种）。在24～28℃条件下经10～15天培养，菌丝长至试管1/4～1/3时，挑取前端浓密、粗壮的部分转入②号或③号培养基上，采用两点接种法，以使菌丝迅速长满培养基表面；经②号、③号复壮培养基培养的菌丝表现为浓白、粗壮、生命力强，以利原种菌丝的生长，缩短原种培养时间，提高成品率。

2. 二级菌种(原种)的接种培养

制作大球盖菇原种和生产种的培养基主原料以麦粒最好，木屑、刨木花次之，稻草最差。

①麦粒的选择：应选深黄或暗红色皮、韧性大、浸泡时不易破皮的麦粒为好，从吸水率来看大麦优于小麦。

②浸泡：浸泡分石灰水浸泡和清水浸泡两种，预煮后加石灰。前者用1%石灰水浸泡，pH为9～10，在25℃下小麦浸泡8～9小时，大麦浸泡9～10小时。夏季水温高，应适当缩短浸泡时间。浸泡好的小麦粒，用手指甲掐麦粒凹陷处，应有较强的弹性，指甲印很快消失为宜。后者用清水先浸麦粒，时间与前者相同。浸好的麦粒捞起用清水冲洗后沥干，放入锅内煮至刚沸为止，捞起凉开，加入铺料混合，用0.5%石灰调pH为6.5左右，含水量65%。

③装瓶及消毒：选用容积700ml、瓶口内径为3cm左右的浅白色耐高温玻璃瓶（不宜用广口瓶，以免杂菌侵入）。将配好混匀的培养料装入瓶中，每瓶装200～300g，在131～152kPa压力下，消毒2～2.5小时，切忌消毒时间过长以免麦粒呈糊状，导致透气性和养分下降，影响菌丝生长。

④接种和培养：采取多点式接种，即在瓶内培养料四周按适当的距离接种3～4点，料面上再接小块菌种。在24～28℃条件下，暗培养7～10天，菌丝生长至直径4cm左右时，立刻对菌种瓶进行振摇，使长菌的麦粒和未长菌的麦粒混和。整个培养过程需25～30天长满瓶。

3. 三级菌种(栽培种)的接种培养和检验

将长满瓶的原种接种到生产种（三级种）培养基表面上，尽量铺满料面，以免杂菌污染。每瓶原种接不超过30瓶生产种。在24～28℃条件下培养7～10天，菌丝萌发生长至洁白、浓密粗壮时，进行振动，刺激其快速生长，一般20～25天长满全瓶。

二、培养料的选择与处理

大球盖菇可利用农作物的秸秆作原料，用不加任何有机肥的培养料，大球盖菇的菌丝能正常生长并出菇。如果在秸秆中加入氮肥、磷肥或钾肥，菌丝生长反而很差。

(一)适宜的培养料种类

大面积栽培大球盖菇所需材料数量大，应提前收集，储存备用。作物秸秆可以是稻草、小麦秸、大麦秸、黑麦秸、亚麻秆等。

早稻草和晚稻草均可利用，但晚季稻草生育期较长，草秆的质地较粗硬，用于栽培大球盖菇，产菇期较长，产量也较高。稻草质量的优劣，对大球盖菇的产量有直接影响。适宜栽培大球盖菇的稻草应足干，新鲜。清洁、新鲜、干燥的秸秆，很少有各种霉菌和害虫生长，因而在这种培养料上大球盖菇菌丝生长很快，鲜菇产量高。实验表明，大球盖菇在新鲜的秸秆(麦秸)上，每平方米可以产菇12千克，而使用上一年的秸秆每平方米只产鲜菇5千克，而生长在陈腐秸秆上每平方米只产鲜菇1 000g。除主要材料外，还需准备建堆后用的覆盖物和防雨用的薄膜。覆盖物可利用废旧麻袋，经清洗晒干后，将其底部及一侧剪开，展平即可，较大的破洞要补上，还可用质地较厚的无纺布或草帘来覆盖。

(二)常用配方

大球盖菇的基质培养料，可按不同地区就地取材。栽培料要求新鲜、干燥、不发霉、不腐烂。常用配方有以下5种：①干稻草100%；②干麦秸100%；③大豆秸50%，玉米秆50%；④干稻草80%，干木屑20%；⑤干稻草40%，谷壳40%，杂木屑20%。

(三)培养料处理

播种前稻麦秸需浸水2天，使料吸饱水分变柔软后用。高温天气，原料应经2～3天预堆发酵，翻堆散热后，再用作栽培。气温低，把预湿的料沥干，经1天预堆变柔软后，即可上床栽培。料的含水量为70%～75%。

三、栽培季节、栽培场地与栽培方法

大球盖菇可进行露地栽培，也可进行园艺设施栽培。栽培的关键，主要是温度、湿度以及光照和空气的控制。

(一)栽培季节

大球盖菇适温广，4～30℃均可出菇。除了夏季6～9月份，气温超过30℃不利出菇外，其余季节都可出菇。各地可根据当地气候合理安排栽培期。一般播种期安排在9月下旬至次年3月份，出菇期在11月至次年5月份。北方栽培期可适当提前，终止期适当延长，南方则相反。如利用冬闲田种植，播种时间可推迟至晚稻收割后。根据大球盖菇的生物学特性和当地气候和栽培设施等条件而定。在我国华北地区，如用塑料大棚保护，除短暂的严冬和酷暑外，几乎常年可安排生产。

如在常年结果的柑橘、板栗等园林里立体套种，为了使大球盖菇和树木形成一个组合得当、结构合理、经济效益显著的较佳立体栽培模式，还必须考虑不同品种果实的采收期。较温暖的地区可利用冬闲田，采用保护棚的措施栽培。播种期宜安排在11月中下旬至12月初，使其出菇高峰期处于春节前后，或按市场需求调整播种期，使其出菇高峰期处于蔬菜淡季或其他食用菌上市量少的季节。

(二)栽培场地

室内室外均可。室外栽培场地不受限制，成本低，易管理，效益高。在土壤肥沃、富含腐殖质，避风、向阳、半荫蔽的果园、林地、农作物行间、冬闲田、房前屋后等一切空闲地都可栽培，但要求场地近水源、排水方便不积水。易积水、排水不便的低洼地、黏质土不宜种植。

1. 栽培场的选择

①宜选择近水源、排水又方便的地方：栽培中使用的大量稻草需要浸湿，整个管理过程中需要喷水保湿，都需要有水源。但场地在多雨的时候不可积水，以保证大球盖菇的正常生长。

②在土质肥沃、富有腐殖质而又疏松的壤土菌床上种植，有利于早出菇和提高产量。

③宜选择避风、向阳，又有部分遮荫的场所：大球盖菇喜半遮荫的环境，切忌选择低洼和过于阴湿的场地。

2. 整地作畦

在栽培场四周开好排水沟，防止雨后积水。整地作畦的具体作法是先把表层的壤土取一部分堆放在旁边，供以后覆土用，然后把地整成垄形，中间稍高，两侧稍低，畦高 10～15cm，宽 90cm，长 150cm，畦与畦间距 40cm。

若在园林里栽培，可根据地形因地制宜直接在畦上建菇床。为不影响树木生长，可不翻土，将菇床建在两棵树的中间或稍靠近畦的一侧，以便于果园管理。

以冬闲田进行塑料保护棚栽培，为创造大球盖菇的半遮光的生态环境，可在顶部加上一层塑料遮阳网，或者利用蔓生作物，如豌豆、秋黄瓜、丝瓜等适当遮光，也可以另加草帘等创造半遮光、保湿、保温的环境。根据气温的变化以及出菇的情况进行通风管理。

3. 场地消毒

在整地作畦完成后尚未建堆之前对场地消毒。可在畦上泼浇 1% 的茶子饼水，防止蚯蚓危害。在畦上和四周喷敌敌畏。若选用山地作菇场，必须撒用灭蚁灵、白蚁粉等灭蚁。

(三)栽培方法

1. 浸草预堆

①稻草浸水：建堆前稻草必须先吸足水分。把净水引入水沟或水池中，将稻草直接放入水沟或水池中浸泡，边浸草边踩草，浸水时间一般为 2 天左右。不同品种的稻草，浸草时间略有差别。质地较柔软的早稻草，浸草时间可短些，36～40 小时即可；晚稻草、单季稻草质地较坚实，浸草时间需长些，大约 48 小时。稻草浸水的主要目的一是让稻草充分吸足水分；二是降低基质中的 pH 值；三是使其变软以便于操作，堆得更紧。采用水池浸草，每天需换水 1～2 次。

除直接浸泡方法外，也可以采用淋喷的方式使稻草吸足水分。做法：把稻草放在地面上，每天喷水 2～3 次，连续喷 6～10 天。如果数量大，还必须翻动数次，使稻草吸水均匀。短、散的稻草可以采用袋或筐装起来浸泡或淋喷。

浸泡过或淋透了的稻草，自然沥水 12～24 小时，让其含水量达 70%～75%。用手抽取有代表性的稻草一小把，将其拧紧，若草中有水滴渗出，而水滴是断线的，表明含水量适度；如果水滴连续不断线，表明含水量过高，可延长沥水时间。若拧紧后无水滴渗出，表明含水量偏低，必须补足水分再建堆。

②预发酵：在白天气温高于 23℃时，为防止建堆后草堆发酵、温度升高而影响菌丝的生长，需要进行预发酵。在夏末秋初季节播种时，最好进行预发酵。做法：将浸泡过或淋透的草放在较平坦的地面上，堆成宽1.5～2m、高 1～1.5m、长度不限的草堆，要堆结实，隔 3 天翻一次堆，再过 2～3 天即可移入栽培场建堆播种。

也可通过分步操作进行预发酵，即浸透的草从水沟中捞起后即将其成堆堆放，一方面让其沥去多余水分；另一方面适当延长时间，让其发酵升温，过 2～3 天再分开分别建堆。采用此法，应注意掌握稻草的含水量，尤其是堆放在上层的草常偏干，一定要补足水分后才能播种建堆，否则造成建堆后温度上升，影响菌丝的定植。

2. 辅料播种

①建堆播种的前道工序完成之后，可以建堆。堆制菌床最重要是把秸秆压平踏实。草料厚 20cm，最厚不得超过 30cm，也不要少于 20cm。每平方米用干草量 20～30 千克，用种量600～700g。堆草时第一层堆放的草离畦边约 10cm，一般堆 3 层，每层厚约 8cm，菌种掰成鸽蛋大小，播在两层草之间。播种穴的深度 5～8cm，采用梅花形点播，穴距 10～12cm。增加播种穴数，可使菌丝生长更快。

各地可因地制宜地采用不同的堆草的形式。如参照草菇栽培的方式先扎小草把，然后再分层堆叠；或者把料草捆成较大的草把(干草量 5～7 千克)，将菌种塞入草把内，再把整捆的草置于地上，一般可将 3 捆草堆在一起。无论采用何种形式建堆，均必须掌握以下原则：

A. 草堆要尽量紧密结实，以利菌丝生长，有条件的可以碾压后再建堆。

B. 以小堆为好，一般在 $1m^2$ 左右，堆高 25cm 左右。成片建堆只要便于行走操作，间距可适当缩小，以充分利用土地。

C. 堆形以梯形为好，底层较大，上面向内缩，以便于覆土。

D. 菌种块不要过碎，一般以鸽蛋大小为好。

建堆完成后，选 3～4 个有代表性的草堆，插入温度计观察堆温。

②加覆盖物：建堆播种完毕后，在草堆面上加覆盖物，覆盖物可选用旧麻袋、无纺布、草帘等。旧麻袋片因保湿性强，且便于操作，效果最好，一般单层即可。大面积栽培用草帘覆盖也行，也可直接进行覆土处理，既减少了投入，又省略了后续工序，也有利于提高产量。

草堆上的覆盖物，应经常保持湿润，防止草堆干燥。将麻袋片在清水中浸透，捞出沥去多余水分后覆盖在草堆上。用作覆盖的草帘，既不宜太稀疏，也不宜太厚，以喷水于草帘上时多余的水不会渗入料内为度。若用无纺布、旧报纸，因其质量轻，易被风掀起，可用小石块压边。

四、发菌期管理

正常气温下，4～5天菌丝开始萌发。铺料30～35天后，菌丝开始长透料2/3时，开始覆土。覆土材料应用腐殖土（树林表层土或偏酸性竹木屑土），土壤含水量保持20%，覆土厚度3cm左右，覆土后15～20天能见菌丝爬上土面。此时加大畦面的湿度，空气相对湿度控制在85%～90%。大球盖菇菌丝后期生活力很旺盛，每天要加大通风量。待菌丝全部布满土面后把薄膜揭开停止喷水降湿，使畦面菌丝倒伏，控制徒长，迫使由营养阶段转入生长阶段。畦面菌丝倒伏后，土层内菌丝开始形成菌索，扭结大量白色子实体原基。此时期应注意畦面土壤的湿度，使小原基膨大形成小菌蕾，空气相对湿度保持在85%～95%。喷水掌握少喷勤喷，表土湿润即可。大球盖菇从小菌蕾到成熟，一般需5～10天。

温度、湿度的调控是栽培管理的中心环节。大球盖菇在菌丝生长阶段要求堆温22～28℃，培养料的含水量为70%～75%，空气中的相对湿度为85%～90%。播种后，应根据实际情况采取相应调控措施，保持适宜的温度、湿度，创造有利的环境，促进菌丝恢复和生长。

菌丝生长阶段应适时适量的喷水。前20天一般不喷水或少喷水，待菇床上的菌丝已明显增多，占据了培养料的1/2以上时，如菇床表面的草干燥发白时应适当喷水。菇床的不同部位喷水量应有区别。菇床四周侧面应多喷，中间部位少喷或不喷。如果菇床上的湿度已达到要求，不用天天喷水，否则会造成菌丝衰退。

建堆播种后1～2天，堆温一般会稍微上升。要求堆温在20～30℃，最好控制在25℃左右，这样菌丝生长快且健壮。在建堆播种以后，每天早晨和下午定时观测堆温变化，以便及时采取相应的措施，防止堆温出现异常。堆温在20℃以下，在早晨及夜间加厚草被，并覆盖塑料薄膜，待日出时再掀去薄膜。堆温偏高，应找出堆温升高的原因，采取相应对策。若因稻草浸水时间过短，或吸水不均匀，在建堆后的2～3天，堆温将明显升高，可能超过32℃。此时，应将草堆的上半部分翻开，再适当洒水。过2～3天后，再把草堆重新整理好，最好再补种一部分菌种。如果堆温较高，但不超过30℃，只需把覆盖物掀掉，并在草堆中心部位间隔打2～3个洞，洞口直径3cm左右，洞深15～20cm。培养料的堆温主要受气温的影响。培养料是否需要预发酵处理，应根据栽培季节灵活掌握。在夏末秋初，气温较高时宜进行预发酵，而在气温偏低堆温难以保持时不必预发酵。浸草后直接建堆播种，在温度偏低的条件下对菌丝的生长还可起促进作用。

另外，在不同季节栽培，还可以通过场地的不同遮阳和通风程度来调节堆温。

五、覆土管理

播种后30天左右，菌丝接近长满培养料，这时可在堆上覆土。有时表面培养料偏干，看不见菌丝爬上草堆表面，可以轻轻挖开料面，检查中、下层料中菌丝，若相邻的两个接种穴菌丝已快接近，便可以覆土了。具体的覆土时间还应结合不同季节及不同气候条件区别对待。如早春建堆播种，如遇多雨，可待菌丝接近长透料后再覆土；若是秋季建堆播种，气候较干燥，可适当提前覆土，或者分两次覆土。第1次在建堆时少量覆土，仅覆盖在堆上面，且可见到部分稻草；第2次覆土待菌丝接近透料时再进行。

菇床覆土一方面可促进菌丝的扭结，另一方面对保温保湿也起积极作用。一般情况下，大球盖菇菌丝在纯培养条件下，尽管培养料中菌丝繁殖很旺盛，也难以形成子实体，或者需经过相当长时间后，才会出现少量子实体。覆盖合适的泥土并满足其适宜的温湿度，子实体可较快形成。

（一）覆盖土壤的选择

覆盖土壤的质量对大球盖菇的产量有很大影响。覆土材料要求肥沃、疏松，能够持（吸）水。腐殖土具有保护性质，有团粒结构，适合作覆土材料。国外认为，50%的腐殖土加50%泥炭土，pH5.7可作为标准覆土材料。实际栽培中多就地取材，选用质地疏松的田园土。这种土壤土质松软，具有较高持水率，含有丰富的腐殖质，pH为5.5～6.5。森林土壤也适合作覆土材料。碱性、黏重、缺乏腐殖质、团粒结构差或持水率差的砂壤土、黏土或单纯的泥炭不宜作覆土材料。

（二）覆土方法

把预先准备好的壤土铺洒在菌床上，厚度2～4cm，不要超过5cm，每平方米菌床约需0.05m^3土。覆土后必须调整覆土层湿度，要求用手捏土粒，土粒变扁但不破碎，也不黏手，表示含水量适宜。

覆土后如菌床较干可喷水，要求雾滴细些，使水湿润覆土层而不进入料内。正常情况下，覆土后2～3天能见到菌丝爬上覆土层。覆土后主要工作是调节好覆土层的湿度。为了防止内湿外干，最好采用喷湿上层的覆盖物。喷水量要根据场地的干湿程度、天气的情况灵活掌握。只要菌床内含水量适宜，可间隔1～2天或更长时间不喷水。菌床内部的含水量不宜过高，否则会导致菌丝衰退。

六、出菇期管理

菌丝长满且覆土后，逐渐转入生殖生长阶段。覆土后15～20天便可出菇。此阶段的管理是大球盖菇栽培的又一关键时期，主要工作是保湿及加强通风透气。

大球盖菇出菇阶段空间的适宜相对湿度为90%～95%。气候干燥时，要注意菇床保湿，通常是保持覆土层呈湿润状态。若覆土层干燥发白，必须适当喷水，使之达到湿润状态。喷水切不可过量，多余的水流入料内会影响菌床出菇。另外，还要抽查堆内的含水量情况，要求菌丝吃透草料后，稻草变成淡黄色，用手捏紧培养料，培养料既松软，又湿润，有时还稍有水滴出现，这是正常现象。倘有霉烂状或挤压后水珠连续不断线，表明含水量过高，应及时采取下述补救措施，否则将前功尽弃。

(1)停止喷水，加强通气，促进菌床中水分蒸发，使覆土层呈较干燥状态。待堆内含水量下降后，才可采取轻喷的方法，促使其出菇。

(2)开沟排水，尽量降低地下水位。

(3)从菌床的面上或近地面的侧面上打数个洞，促进菌床内的空气流通。加强通风透光，每天在喷水的同时，使其直接接受自然光照。通气的好坏也会影响菇的质量与产量。在菌床上有大量子实体发生时，更要注意通风，特别是塑料保护棚栽培，需增加通风次数，延长通风时间，有时可长达1～2小时。而在柑橘园栽培，空气新鲜，可不必增加通风次数。场地通气良好，长出的菇菇柄短，菇体结实健壮，产量高。

大球盖菇出菇的适宜温度为12～25℃，温度低于4℃或超过30℃均不长菇。季节不同出菇期表现差异较大。福建省在10～12月份、3～4月份温度适宜，出菇快，整齐，出菇时间也相应缩短。而深秋或冬季播种，整个生长期明显延长，出菇期也相对延长。为了调节适宜的出菇温度，在出菇期间可通过调节光照时间、喷水时间、场地的通风程度等使环境温度处于较理想的范围。长菇期间，若遇到霜冻，一要加厚草被，盖好小菇蕾，二是要少喷水或不喷水，防止直接受冻害。在闽粤地区，只要盖好草被，再加上地温的保护，菇蕾可安全渡过。但是如果让菇蕾直接裸露，气温低于0℃，菇蕾受到干冷风，特别是西北风袭击，可造成冻害。采用保护棚栽培，即使是连续低温，一般均不会造成冻害。深秋或冬季播种建堆，菌丝生长显得很缓慢，但霜冻低温对菌丝体并不产生冻害，可以安全过冬。

七、采收与加工

成熟的大球盖菇菌盖外一层菌膜刚破裂，菌盖内卷未开伞。采菇时用左手压住物料，右手指抓住菌脚轻轻转动，再向上拔起。除去带土菌脚即可上市鲜销，也可冷冻保鲜出口或脱水烘干成干菇。第1潮菇收完后，应补充足够水分，以便再养菌出菇。经10～12天，又开始出第2潮菇，可连续培养2～4潮菇。

大球盖菇鲜品保存时间短，不易储藏，如不及时鲜销会造成巨大损失。具体保鲜与加工技术，请参见本书《食药用菌保鲜与加工》一章。

八、常见病虫害防治

大球盖菇抗性强，易栽培。据栽培实践及近年来推广的情况来看，尚未发生严重危害大球盖菇生长的病害。但在出菇前，偶尔也会见到一些杂菌，如鬼伞、盘菌、裸盖菇等竞争性杂菌，以鬼伞较多见。大球盖菇的栽培过程，较常见的害虫有螨类、跳虫，菇蚊、蚂蚁、蛞蝓等。具体预防与治疗方法，请参见本书《食药用菌病虫害防治》一章。

第四节　大球盖菇的营养与药用价值

一、营养价值

大球盖菇营养十分丰富，每百克干品中，含水11.9ml、粗蛋白29.1g、脂肪0.66g、糖类44～54g、粗纤维9.9g、灰分4.36g、钙24mg、磷448mg、铁11mg、维生素B_2 2.41mg、维生素C 6.8mg。

(一)蛋白质和氨基酸

大球盖菇的子实体中含有17种氨基酸，而且容易被人体吸收和利用，其中人体不能合成的 8 种氨基酸，大球盖菇全部具有，必需氨基酸总量为 6.54%，非必需氨基酸（N）总量为 10.18%，*E*/*E*+*N* 及 *E*/*N* 比值分别为 39.11%和0.64，已达到 FAO/WHO（1973 年）提出理想蛋白质中必需氨基酸应达总量 40%左右、*E*/*N* 值应在0.6以上的要求。一个体重 70 千克的正常人，每天食用 100g 大球盖菇可以满足人体对氨基酸的需求。

(二)维生素与矿物质

大球盖菇中的锌、锰、铜、铁元素含量高于藻、谷物、蔬菜及水果类，主要元素含量见表23－2。钾和磷含量较高，其中磷是目前已报道的食用菌中最高的，与异样脉柄牛肝菌相当。对人体有害的元素镉、锑、铅均含量较低。

表 23－1 大球盖菇氨基酸组成与含量

必需氨基酸				非必需氨基酸			
种类	含量/（%）	种类	含量/（%）	种类	含量/（%）	种类	含量/（%）
亮氨酸	1.13	苯丙氨酸	0.84	天冬氨酸	1.72	丙氨酸	1.17
异亮氨酸	1.13	苏氨酸	0.83	丝氨酸	0.74	胱氨酸	0.33
赖氨酸	0.88	缬氨酸	1.17	谷氨酸	2.88	酪氨酸	0.61
甲硫氨酸	0.44	色氨酸	0.12	脯氨酸	0.88	组氨酸	0.31
				甘氨酸	0.85	精氨酸	0.69

表 23－2 大球盖菇矿质元素含量

元素	含量（mg/kg）	元素	含量（mg/kg）	元素	含量（mg/kg）	元素	含量（mg/kg）	元素	含量（mg/kg）
钾	34 750.0	镉	0.49	锰	40.6	钠	257.6	铅	1.6
磷	8168.4	锡	0	铜	16.0	镍	1.45	锌	54.4
钙	151.9	锑	<0.01	钡	8.52	铁	244.1	铬	0

二、药用价值

动物实验结果表明，大球盖菇多糖对肝损伤小鼠肝总 SOD 活性、Mn-SOD 活性及 CuZn-SOD 活性均有较明显的改善作用，可提高肝和肾 GSH-Px 活性及降低心 MDA 含量。抗氧化效果与多糖浓度有量效关系。大球盖菇多糖对 *D*-半乳糖致衰老小鼠的血液、血清和肝的抗氧化指标均有较好的改善，中剂量多糖对衰老小鼠的改善作用最好。体外和体内实验都说明大球盖菇多糖具有很好的抗氧化活性。

大球盖菇多糖还具有预防冠心病、助消化、缓解精神疲劳等功效，而且对小白鼠 S-180 肉瘤及艾氏腹水癌的抑制率均达 70%以上。

动物实验结果表明，对于 CCl_4 损伤的小鼠心脏，高剂量的大球盖菇多糖具有较好的修复作用。对于 *D*-半乳糖氧化损伤，中、高剂量的大球盖菇提取多糖均有较好的效果。

第五节 展 望

一、原生质体技术

阎培生等(2001)系统地研究了大球盖菇原生质体再生条件及原生质体单核化特性。结果表明，大球盖菇原生质体再生速度极快，未经液体预培养的原生质体直接涂布到 PGPM 再生培养基表面，经 25℃恒温培养，第 3 天即可肉眼观察到再生菌落形成，再生率为0.97%～2.00%。渗稳剂种类对再生率无明显影响，但可影响再生菌落形态特征，以甘露醇和蔗糖为渗稳剂时再生菌落大，菌丝洁白、浓密，而以 $MgSO_4$ 作为渗稳剂时再生菌落小，菌丝灰白，培养时间长时变为浅黄褐色。液体预培养 1～2 天后涂布平板，其再生率不仅没有提高，反而明显下降。这不同于其他食用菌经过液体预培养可明显提高再生率的规律，可能与大球盖菇原生质体再生速度快有关。研究中发现液体预培养 2 天时，在培养液中已可见有菌丝团形成，3 天时菌丝团已明显可见，原生质体再生菌丝的形成导致 2 个或 2 个以上的原生质体相互缠绕，涂布平板后只能形成一个再生菌落，从而导致再生率下降。这也可从液体预培养 2 天时挑取的再生菌落的单核化率明显下降这一实验结果中得到证实。

原生质体单核化是快速获得单核体杂交亲本的有效手段。大球盖菇原生质体单核化率高达 77.6%(阎培生等，2001)，是已报道过的食用菌中单核化率最高的。已有的研究表明，与双核体相比，食用菌单核体的菌丝生长速度慢，菌丝细弱，原生质体再生时，菌丝出现早。菌落大的再生菌株绝大多数为双核体，而出现晚、菌落小的再生菌株大多数为单核体。而大球盖菇不同于这一规律，从不同菌株、不同批次实验中有意识地分别挑取出现早、生长快、菌落大的再生菌株，及出现晚、生长慢、菌落小的再生菌株，对其进行单核体鉴定，结果均表明菌落出现早、生长快的再生菌株中有高达74.5%的再生菌株为单核体，且再生双核体和再生单核体在形成再生菌落时无时间差，其生长速度也无快慢之分(阎培生等，2001)。这表明大球盖菇原生质体再生特性有别于已研究过的其他食用菌，这丰富了食用菌原生质体单核化和遗传育种研究的内容。

二、单核菌株的遗传多样性与分子标记辅助育种研究

YAN Pei-Sheng 等(2003)利用 RAPD 技术研究了大球盖菇 4 种交配型单核体菌株间的遗传多样性。结果表明，单核体菌株间的遗传相似系数的范围为0.42～0.88，平均为0.66。最大遗传相似系数出现在同一交配型菌株 D 与 E 之间(大小为0.88)，最少遗传相似系数出现在不同交配型菌株 A 与 D 之间(大小为0.42)。同一交配型不同单核体菌株的平均遗传相似系数分析结果表明，交配型为 A_1B_1 的单核体菌株的平均遗传相似系数为0.714，交配型为 A_2B_2 的单核体菌株的平均遗传相似系数为0.659，交配型为 A_2B_1 的单核体菌株的平均遗传相似系数为 0.58。表明交配型相同的不同大球盖菇单核体菌株间已发生了不同程度的遗传变异，尤其是具有非亲本交配型的单核体菌株间的遗传变异程度更大。大球盖菇单核体菌株间丰富的遗传多样性，为选择亲本进行育种提供了丰富的遗传种质资源。

通过对大球盖菇单核体亲本的 RAPD 分子遗传多样性分析，YAN Pei-Sheng 等(2005)率先提取了以杂交单核体亲本群体的 RAPD 平均分子遗传距离为指标值，筛选杂交亲本和预测杂种优势。凡是参与杂交组合的单核体亲本的分子遗传距离显著大于群体的平均分子遗传距离的组合(0.05水平)，绝大多数均表现出强的杂种优势。凡是参与杂交组合的单核体亲本的分子遗传距离显著小于群体的平均分子遗传距离的组合，绝大多数均为劣质组合，而参与杂交组合的单核体亲本的分子遗传距离与群体的平均分子遗传距离间没有显著差异的组合，绝大多数均未表现出杂种优势。表明利用单核体杂交亲本群体的 RAPD 平均分子遗传距离作为指标值筛选杂交亲本、预测杂种优势是科学可行的，可减少杂交育种中的盲目性，提高预见性，提高育种效率。这与传统杂交育种理论中遗传距离差异越大的亲本间的杂交后代杂种优势越强的原理相一致。RAPD 技术具有快速、准确、可靠的特点，可在短时间内，对大量亲本进行 DNA 多态性分析，显示了对单核体杂交亲本的 RAPD 分析并应用于杂交育种中的优越性。

三、其他应用价值研究

(一)降解木质素

木质素含有各种生物学稳定的复杂键型，导致真菌、细菌、放线菌等分解的胞外酶很难与之结合，且对酶的水解成抗性，是目前公认的难降解芳香族化合物之一。大球盖菇降解木质素的能力很强(Buta et al，1989)。赵德清等(2003)报道，真菌降解木质素的机制为：菌丝在生长蔓延的过程中分泌出大量的胞外氧化酶，其中关键的两类过氧化物酶——Lip、Mnp，在分子氧的参与下，依靠自身形成的 H_2O_2，触发启动一系列自由基链反应，使木质素结构中的苯环氧化形成阳离子基团，而后发生一系列自发反应而降解。木质素的降解产物继而再被菌丝吸收，最终氧化成为 CO_2 和 H_2O。Kamra DN(1985)研究了 O_2 浓度对大球盖菇降解木质素的影响。结果表明，大球盖菇对木质素的降解力在纯 O_2 条件下比空气中的强，但 O_2 浓度本身对木质素降解没有直接影响，而是高 O_2 浓度能增加有机物质的转化和培养料的可吸收性，间接起到增加降解率的作用。

(二)降解 TNT 及其他芳香族化合物

大球盖菇能有效降解土壤和废水中的 2，4，6 三硝基甲苯(TNT)(Steffen KT，2002)。Scheibner K(1997)测定了不同真菌的 91 个菌株降解 TNT 的能力，发现菌丝培养基中加入 TNT，降解立即开始，6 天后培养基内 TNT 完全消失。

(三)胞外酶研究

大球盖菇降解木质素过程中锰过氧化物酶(manganese peroxidase，MnP)、木质素过氧化物酶(lignin peroxidase，LiP)和漆酶(laccase)起关键作用。该 3 种酶均在细胞内合成，分泌到细胞外，属胞外酶。其中前两者均需以 H_2O_2 为底物，而漆酶以 O_2 作电子受体。Lip 的基因家族由 10 个基因组成，并建立了关于 LiP 基因在染色体上形成的详细的物理图谱。而 MnP 基因含 6 或 7 个内含子，6 个内含子的位置是保守的，mRNA位点也是保守的，遵循 GA-TG 法则。另外，已研究的漆酶基因却含有 10 个左右的内含子，这些内含子在

活性域位置上有较高的保守性。Yoo KH(1999)等报道了大球盖菇降解纤维素的3种酶,即微晶纤维素酶(avicelase)、β-葡萄苷酶(β-glucosidase)和羧甲基纤维素酶(CMCase)。产生这3种酶的最适温度为40℃,最适无机氮源为NH_4Cl,最适有机碳源为麦芽糖、糊精。木糖为β-葡萄苷酶和羧甲基纤维素酶的最适碳源,而麦芽糖为微晶纤维素酶的最适碳源。产生微晶纤维素酶和β-葡萄苷酶的最适pH为5.0,而产生羧甲基纤维素酶的最适pH为4.0。王红等(2003)对大球盖菇液体培养时胞外酶活性与pH值的关系进行了研究。结果表明,漆酶和淀粉酶的最适pH为3.8和5.8。液体培养7天时无多酚氧化酶及纤维素酶活力。

参考文献

[1] 黄年来. 大球盖菇的分类地位和特征特性[J]. 食用菌,1995,17(6):11.
[2] 黄年来. 18种珍稀美味食用菌栽培[M]. 北京:中国农业出版社,1997.
[3] 刘胜贵,吕金海,刘卫今. 大球盖菇生物学特性的研究[J]. 农业与技术,1999,19(2):19-22.
[4] 颜淑婉. 大球盖菇的生物学特性[J]. 福建农林大学学报,2002,31(3):401-403.
[5] 曾佩玲. 大球盖菇的生物特性及高产栽培技术要点[J]. 食用菌,2002,24(2):16-17.
[6] 唐三定. 常温下柠檬酸处理大球盖菇保鲜效果试验[J]. 食用菌,2003,25(5):41-42.
[7] 刘本洪,甘炳成,彭卫红,等. 透气性及低温处理对大球盖菇菌丝生长的影响[J]. 应用与环境生物学报,2004,10(2):246-248.
[8] 黄清荣,姜华,钟旭生,等. 不同浓度葡萄糖、酵母粉对大球盖菇深层培养的影响[J]. 食用菌,2005(4):13-15.
[9] 刘跃钧,郑文彪. 大球盖菇生料栽培模式研究[J]. 林业科技开发,2004,18(4):37-38.
[10] 付江习. 大球盖菇高产栽培技术[J]. 中国食用菌,2000,19(4):22-23.
[11] 陈雪凤. 大球盖菇母种培养基的筛选与液体制种研究[J]. 广西热带农业,2005(1):4-5.
[12] 田果延,徐学忠,张开云. 高原地区大球盖菇高产栽培技术研究[J]. 中国食用菌,2002,21(3):9-10.
[13] 胡文华. 大球盖菇采后加工法[J]. 蔬菜,2000(12):21.
[14] 王晓炜,詹巍,陶明煊,等. 大球盖菇营养成分、抗氧化活性物质分析[J]. 食用菌,2007,29(6):62-63.
[15] 李小定,荣建华,吴谋成. 真菌多糖生物活性研究进展[J]. 食用菌学报,2002,9(4):50-58.
[16] SANMEE R, DELL B, LUMYONG P, et al. Nutritive value of popular wild edible mushrooms from northern Thailand[J]. Food Chem, 2003,82(4):527-532.
[17] 阎培生,李桂舫,蒋家慧,等. 大球盖菇菌丝生长的营养需求及环境条件[J]. 食用菌学报, 2001,8(1):5-9.
[18] 韦文添,劳有德,岑志坚. 大球盖菇覆土材料试验研究[J]. 中国食用菌,2002,21(6):22-23.
[19] BRODZINSKA Z, LASOTA W. Chemical composition of cultivated mushrooms[J]. Bromatologiai Chemia Toksykologiczna,1981,14(3-4):229-238.
[20] LASOTA W, FLORCZAK J. Determination of vitamin B_{12} in dried mushrooms[J]. Bromatologiai Chemia Toksykologiczna,1983,16(3-4):271-273.
[21] KOSTADINOV I, STEFANOV S. Studies on the chemical composition of cultivated Stropharia[J]. Karstenia,1978(18):100-101.
[22] YOO K H, CHANG H S. Studies on the cellulolytic enzymes produced by Stropharia rugosoannulata in synthetic medium[J]. Han'guk Kyunhakhoe chi,1999,27(2):94-99.
[23] 王红,张琪林. 大球盖菇液体培养胞外酶初步测定[J]. 食用菌,2003,25(2):8-9.
[24] IWAHARA M, FUKUDA K, FUJIMOTO Y, et al. Protoplast formation and regeneration of Stropharia rugoso-annulata[J]. Nogei Kagaku Kaishi,1987,61(9):1093-1100.
[25] 阎培生,李桂舫,蒋家惠,等. 大球盖菇原生质体再生及单核化特性的研究[J]. 菌物系统, 2001,20(1):107-110.

[26] 唐三定,高家月.大球盖菇盐水罐头生产工艺的研制[J].食用菌,2005,27(2):49-50.

[27] BUTA J G, ZADRAZIL F, GALLETTI GC. FT-IR determination of lignin degradation in wheat straw by white rot fungus Stropharia rugoso-annulata with different oxygen concentrations[J]. J Agric Food Chem,1989,37(5):1382-1384.

[28] 赵德清,林鹿,蒋李萍.白腐菌对纸浆漂白的研究进展[J].微生物学通报,2003,30(6):97-100.

[29] KAMRA D N, ZADRAZIL F. Influence of oxygen and carbon dioxide on lignin degradation in solid-state fermentation of wheat straw with Stropharia rugoso-annulata[J]. Biotechnol Lett, 1985,7(5):335-340.

[30] STEFFEN K T, HATAKKA A. Removal and mineralization of polycyclic aromatic hydrocarbons by litter-decomposing basidiomycetous fungi[J]. Appl Microbiol Biotechnol, 2002(60):212-217.

[31] SCHEIBNER K, HOFRICHTER M, HERRE A, et al. Screening for fungi intensively mineralizing 2,4,6-trinitrotoluene[J]. Appl Microbiol Biotechnol, 1997, 47(4):452-457.

[32] YAN PEISHENG. Preliminary research of the RAPD molecular marker-assisted breeding of the edible basidiomycete Stropharia rugoso-annulata[J]. World J Microbiol Biotechnol,2005,21(4):559-563.

[33] YAN PEISHENG, JIANG JIAHUI, LI GUIFANG. Mating system and DNA polymorphism of monokaryons with different mating type of Stropharia rugoso-annulata[J]. World J Microbiol Biotechnol,2003,19(7):737-740.

(阎培生、王　凯、韩晓弟)

第二十四章 无毒肥脚环柄菇

DIERSHISIZHANG WUDU FEIJIAO HUANBINGGU

摘要：无毒肥脚环柄菇是新分离驯化栽培成功的一种食用菌。据中国科学院微生物研究所对栽培成功的子实体进行鉴定，属伞菌目、伞菌科、白鬼伞属中的一个种。经四川省疾控中心毒理试验证明，该菌株无毒、可食用。本章介绍了无毒肥脚环柄菇的生物学特性，袋栽技术、覆土栽培技术、营养价值、毒性试验和应用前景。

Leucocoprinus cepaestipes

Abstract: *Leucocoprinus cepaestipes* is a newly domesticated and successfully cultivated edible fungus. Cultivated fruit bodies of *L. cepaestipes*, belonging to the order Agaricales, family Agaricaceae, genus *Leucocoprinus* were identified by the Institute of Microbiology, Chinese Academy of Sciences. The mushroom is considered edible and non-toxic based on toxicology tests carried out by the Sichuan Provincial Center for Disease Control. This chapter describes the biological features of *L. cepaestipes*, bag cultivation and casing soil cultivation techniques, nutritional attributes, toxicity testing results, and future applications and prospects.

第一节 概 述

一、学名及分类地位

学名：*Leucocoprinus cepistipes* (Sowerby) Pat. [as '*cepaestipes*'], *Journal de Bot.*, Paris 3: 336(1889)。

属名"*Leucocoprinus*"是合成词，词根"leukos-"是"白的、亮的"，"-coprinus"是"鬼伞属"的属名，来自希腊语"kopros"，意思是"粪便"，指其生长的环境，该属名可译成"白鬼伞属"。种名加词"*cepistipes*"是合成词，词干"cepi-"意思是"葱的"，词尾"-stipes"意思是"柄"。中文学名应是"葱柄白鬼伞"。

同物异名：*Agaricus cepistipes* Sowerby, *Col. fig. Engl. Fung. Mushr.* 1: pl. 2 (1797) 1795-97]; *Agaricus cheimonoceps* Berk. & M. A. Curtis, *J. Linn. Soc.*, Bot. 10 (no. 45): 283 (1868) [1869]; *Agaricus rorulentus* Panizzi, *Comm. Soc. crittog. Ital.* 1(3): 172 (1862); *Coprinus cepistipes* (Sowerby) Gray, *Nat. Arr. Brit. Pl.* (London) 1: 633 (1821); *Coprinus cepistipes* (Sowerby) Gray, *Nat. Arr. Brit. Pl.* (London) 1: 633 (1821) var. *cepistipes*; *Coprinus cepistipes* (Sowerby) Gray, *Nat. Arr. Brit. Pl.* (London) 1: 633 (1821) var. *cepistipes*; *Hiatula cepistipes* (Sowerby) R. Heim & Romagn. [as '*cepaestipes*'], *Bull. Soc. mycol. Fr.* 50: 181 (1934); *Lepiota cepistipes* (Sowerby) P. Kumm. [as '*cepestipes*'], *Führ. Pilzk.* (Zwickau): 136(1871); *Lepiota cepistipes* var. *cheimonoceps* (Berk. & M. A. Curtis) Rick, in Rambo (Ed.), *Iheringia*, Sér. Bot. 8: 314(1961); *Lepiota cepistipes* var. *rorulenta* (Panizzi) Rick, in Rambo (Ed.), *Iheringia*, Sér. Bot. 8: 314 (1961); *Lepiota cheimonoceps* (Berk. & M. A. Curtis) Sacc., *Syll. fung.* (Abellini) 5: 66(1887); *Lepiota rorulenta* (Panizzi) Sacc., (1886); *Leucocoprinus cepistipes* var. *rorulentus* (Panizzi) Babos, *Annls hist.-nat. Mus. natn. hung.* 72: 87(1980)。

分类地位：菌物界(Fungi)，担子菌门(Basidiomycota)，伞菌纲(Agaricomycetes)，伞菌亚纲(Agaricomycetidae)，伞菌目(Agaricales)，伞菌科(Agaricaceae)。

二、无毒肥脚环柄菇的鉴定

2003 年，在广州郊区采得野生无毒肥脚环柄菇子实体，分离出纯菌丝体，2004 年成功栽培出子实体。2004 年 7 月送中国科学院微生物研究所鉴定，检测鉴定报告(2004)微检字第178号。经2005年、2006年、2007年重复栽培,均获得成熟的子实体,2008年10月将子实体干品送四川省疾控中心进行毒性试验,结果为:无毒肥脚环柄菇无毒可食用。

第二节 无毒肥脚环柄菇的生物学特性

一、形态特征

无毒肥脚环柄菇,又名白雪菇,由菌丝体和子实体两部分组成。菌丝是营养器官,菌丝色白,菌丝体长满试管斜面后有褐色、近黑色的大型圆球状厚垣孢子,显微镜下菌丝细长,无色,未见锁状联合。子实体是繁殖器官,子实体肉质,纯白色,菌盖伞形,初期近卵圆形,后期中部凸起呈草帽状,直径2～6cm,表面有颗粒状、粉质的鳞片,干燥后近角状。菌盖边缘具长条纹,菌肉较薄。菌褶白色,长短不等,与柄离生。菌柄细长,8～18cm,中下部至基部膨大呈棒状,成熟时中空,表面有粒状鳞片。菌环位于菌柄上部,取菌褶小块做片在高倍镜下观察,孢子无色,光滑,卵圆到宽椭圆形,7.6～10.4μm×5.1μm×6.6μm,加Melzr液,呈非糊性反应。孢壁厚,有明显发芽孔,多含一大油滴。

图24－1 白雪菇子实体

二、无毒肥脚环柄菇的分布和生态习性

(一)分布

该菌株采自广州郊区林下草地上。据中国科学院微生物研究所卯晓岚研究员介绍,肥脚环柄菇在广东、海南、香港、河北、湖南等地有分布。

(二)生长发育条件

无毒肥脚环柄菇菌丝、子实体生长发育的条件包括营养、水分、温度、空气、光照、酸碱度(pH值)等因子。在栽培管理中只有满足无毒肥脚环柄菇的生长发育条件,才能正常培育出子实体。

1. 营养

营养是无毒肥脚环柄菇菌丝生长和子实体形成发育的物质基础,无毒肥脚环柄菇是一种腐生菌,碳源、氮源、矿质元素等营养物质必须从培养基质中获得。

氮源试验:以蛋白胨、黄豆粉、麦麸、氯化铵、硝酸铵、硫酸铵、牛肉膏和酵母膏为氮源进行的营养试验结果表明,蛋白胨、黄豆粉、麦麸等有机氮为该菌培养较理想的氮源。

碳源试验:以葡萄糖、淀粉、麦芽糖、果糖、乳糖、蔗糖等为碳源进行的营养试验结果表明,葡萄糖、蔗糖等为该菌培养较理想的碳源。

驯化和小批量栽培证明,常规的栽培原料棉子壳、木屑等为主原料,添加麦麸、玉米粉、石膏粉、石灰等辅料的培养基能满足无毒肥脚环柄菇生长发育的需要,获得满意的栽培效果。

2. 水分

以棉子壳和木屑为主原料的培养基湿度试验表明,培养基含水量以55%～60%较为适宜,覆土含水量以20%左右为宜,出菇时空气相对湿度应保持在85%～95%。

3. 温度

无毒肥脚环柄菇是中温偏高温型菌类,菌丝在15℃～36℃均能较好地生长,最适温度为25～30℃。子实体形成发育的温度为15～33℃,以22～28℃最为适宜。

4. 空气

无毒肥脚环柄菇是好气性真菌,有足够的新鲜空气才能保证无毒肥脚环柄菇的正常生长发育。实践表明,在栽培平菇(袋栽)、鸡腿菇(覆土栽培)的场地都能很好地出菇。

5. 光线

菌丝生长时，无毒肥脚环柄菇可以不需要光线，子实体发育有少量光线即可，在明亮的环境中（不能阳光直射）子实体形成数量显著增加。

6. 酸碱度

试验表明，菌丝在 pH 为 5～8 的培养基上均能较好地生长，pH 以 6.0～6.5 最为适宜。

第三节 无毒肥脚环柄菇的菌种繁育

无毒肥脚环柄菇菌种繁育与平菇等食用菌菌种繁育相似，请参阅本书《食药用菌制种技术》一章。

第四节 无毒肥脚环柄菇的栽培技术

一、袋式栽培

袋式栽培是无毒肥脚环柄菇理想栽培方式。可在室内或大棚内进行袋式栽培，采用熟料栽培，其工艺流程为：栽培场地的选择、消毒→塑料袋、套环、原料的准备→培养基的调配→装袋、灭菌→接种→菌丝培养→出菇管理→采收→清场、废料处理。

（一）菌种选择与栽培季节

1. 菌种选择

无毒肥脚环柄菇是一种新驯化栽培成功的品种，目前只有 1 个菌株，还未推广。

2. 栽培季节

根据无毒肥脚环柄菇的生物学特性，在广东珠三角地区，如春季栽培，4～6 月能正常出菇；秋季栽培，10～11 月份能正常出菇。菌丝培养时间约 40 天，其他地区有待引种试种后确定。

（二）栽培场地选择及消毒

1. 栽培场地

无毒肥脚环柄菇的栽培场地主要有室内或大棚内栽培。

室内栽培无毒肥脚环柄菇可用闲置的菇房或其他房屋，能栽培平菇的场所都可以用于栽培无毒肥脚环柄菇。也可专门搭建标准大棚或简易大棚，地上铺薄膜或铺水泥。四周用稻草、芒箕及塑料薄膜覆盖。栽培场所要求有散射光、能保温保湿，通风换气方便。栽培时，可直接在室内以墙式排放菌袋，也可搭床架排放菌袋。

2. 栽培场地的消毒

无论在什么场地栽培无毒肥脚环柄菇，栽培前都必须对场地进行消毒。室内场地消毒，先打扫卫生，然后用气雾消毒剂熏蒸或用石灰水喷洒。大棚栽培主要是搞好环境卫生，并在栽培场地周围撒石灰粉等。

（三）栽培料选择与调配

1. 培养料选择

无毒肥脚环柄菇代料栽培与其他菇代料栽培相似，可利用棉子壳、杂木屑、玉米芯、甘蔗渣、稻草、玉米粉、麦麸、细米糠、糖、石膏等为原料，所有原料必须新鲜、干燥、无虫、无霉、无污染、无油污，禁用铅、镉、汞等重金属超标的原材料。

2. 培养基参考配方

配方 1：棉子壳 30%，木屑 35%，稻草粉 15%，麦麸或米糠 12%，玉米粉或花生麸 5%，石灰 1%，石膏 1%，蔗糖 1%。

配方 2：棉子壳 30%，玉米芯或玉米秆 30%，木屑 20%，麦麸或米糠 12%，玉米粉或花生麸 5%，石灰 1%，石膏 1%，蔗糖 1%。

配方 3：棉子壳 83%，麦麸或米糠 15%，石灰 1%，石膏 1%。

3. 培养料的调配

培养基调配时，如木屑先用 2～3 目的竹筛或铁丝筛过筛，剔除小木片及有棱角的硬物，以防装袋时刺破筒袋，减少污染。稻草、玉米芯等农作物秸秆要进行粉碎。各种原料准备好后，按选定的配方比例秤取，棉子壳、木屑、稻草、玉米芯等原料要进行预湿，即加水翻拌后用薄膜覆盖堆沤24～48小时，然后加入玉米粉、米糠等原料，充分拌匀，糖用水溶化后加入。拌料时可人工拌料，也可用搅拌机拌料。无论何种方式拌料，都必须将培养料充分拌匀，干湿均匀、酸碱度均匀。加水量视培养料的种类、料干湿度、天气等情况灵活掌握，最终含水量为55%～60%、pH为7～8。培养料调配好后应尽快装袋，以防酸败，影响产量。

(四)菌袋制作

无毒肥脚环柄菇菌袋制作包括装袋、灭菌、接种3个环节。

1. 装袋

(1)塑料袋、套环的准备

用于无毒肥脚环柄菇袋式栽培的塑料袋规格有两种，一种是长42cm左右、宽22cm左右，厚度0.3～0.4mm(聚乙烯袋)和0.4～0.5mm(聚丙烯袋)，袋的两头均开口，两头出菇。另一种是长33cm左右、宽17cm左右，厚度与前一种规格一样，袋的一头开口，单头出菇。用高压灭菌时，选用聚丙烯塑料袋；常压灭菌时，选用聚乙烯塑料袋。套环常用纸箱包装带做成，用电铬铁将带焊接成直径约4.5cm的圆圈。也有专门制作的塑料套环。

(2)装料

用长42cm规格的袋时，通常用手工装料。将袋的一端用脚踩住，另一端装料，适当压实。装至离袋口5～7cm时，将料压平，套上套环，盖上薄膜封口，用橡皮筋扎紧。将袋调头，将袋另一端料压平，料不够满时，适当加料并压实压平，套上套环，盖上薄膜封口，用橡皮筋扎紧。用长33cm规格的袋时，可用手工装料，也可用装袋机装料。装至离袋口5cm左右，将料压平，套上套环，盖上薄膜封口，用橡皮筋扎紧。

机械装袋有简易式装袋机和冲压式装袋机。用简易式装袋机装袋时，将塑料袋套在出料筒上，另一人铲取培养料倒入料斗内。培养料进入袋内后，塑料袋逐渐退出料筒，通过调节退出料筒速度来调整袋内培养料的松紧度。装好后，将袋口封好。用冲压式装袋机装袋，将塑料袋套在出料筒上，当料进入袋内后，取下料袋并封好袋口。装料时，培养料不能太松，太松菌丝虽然长得快，但搬动时容易折断，而且塑料袋与培养料之间会存在空隙，子实体原基会从袋内长出，不仅浪费营养，而且子实体原基较长时间闷在袋内，在温度高时极易引起杂菌感染。料装得太紧实，透气性差，菌丝生长慢，出菇迟。

2. 灭菌

灭菌有常压蒸汽灭菌和高压蒸汽灭菌两种方法，具体操作参照菌种生产或平菇或秀珍菇等袋式栽培相关内容。灭菌后待料袋冷却至可以搬动时，将料袋搬入接种室。

3. 接种

接种前，必须对堆放料袋的接种室进行消毒，用紫外灯照射和气雾消毒剂消毒。当料袋温度降至25℃以下时便可接种。接种人员进入接种室之前要用肥皂洗手，再用75%乙醇擦手，换鞋、穿工作服，并戴上工作帽，接种用的栽培种用75%乙醇擦抹菌种瓶(袋)的外表面，也可用0.1%～0.2%高锰酸溶液浸泡，浸入后立刻取出，不能让药液进入瓶(袋)内。

接种量少时用超净工作台或接种箱接种，接种量大时可直接在接种室接种。无论用何种方式，均必须严格按无菌操作规程进行接种。通常每750ml菌种瓶的菌种可接长42cm、宽22cm的料袋10～12袋，可接长33cm、宽17cm的料袋20～25袋；14cm×27cm菌种袋装的菌种可接长42cm、宽22cm的料袋12～15袋，可接长33cm、宽17cm规格的料袋25～30袋。接种后的料袋称为菌袋，接完种后将菌袋搬进培养室进行培养。

(五)菌丝培养

将培养室打扫干净并进行消毒。菌袋在培养室内的排放方式有两种。一种是放在床架上，床架宽40cm左右，层间距离50cm，可放4～5层，床架间过道宽65cm左右，长42cm、宽22cm的菌袋可单排排放，每层床架排放菌袋3～4层；长33cm、宽17cm的菌袋双排排放，每层床架排放菌袋4～5层。另一种排放方式是地面墙式堆放，料袋可堆6～8层，长袋单排排放，短袋双排排放，中间过道宽约50cm。菌丝培养温度以20～25℃为宜。温度超过30℃时要通风换气或散堆降温，也不要低于15℃。培养室内尽量保持黑暗，空气相对湿度不超过70%，每天通风2～3次，每次30～60分钟。菌丝培养过程中要经常检查污染情况，如有污染要及时拣出。正常情况下，经35天左右菌丝可长满全袋，实际长满全袋的时间与气温、培养基及菌袋大小等有关。

(六)出菇管理

菌丝长满全袋后，可直接在培养室出菇，也可搬到出菇场地出菇。出菇时，排放较密集的菌袋通常要重新排放，排6层左右，两排菌袋间过道宽55cm左右。菌袋原排放在床架上的可直接出菇，无需重排。当菌丝长满菌袋，在温度、湿度、光照、氧气等环境条件合适时，10天左右开始有子实体原基形成。

1. 温度控制

初步栽培表明，无毒肥脚环柄菇菌丝长满后，子实体15～33℃均可形成，20～28℃子实体生长快，从幼菇形成至采收4天左右。如不及时采收，子实体很快开伞，失去商品价值。

2. 湿度控制

子实体形成和生长期间空气相对湿度以90%～95%为宜。诱导子实体原基的形成，应根据空气相对湿度情况进行喷水。一般每天喷3次左右，以喷雾形式加湿。在雨天及空气湿度较高时少喷或不喷。子实体形成和生长过程中，若空气相对湿度低于80%，幼菇生长缓慢，甚至萎缩。

3. 光照控制

子实体形成和生长过程中，需要一定的散射光，不能有阳光直射，以能看清报纸上的字的光线即可。

4. 通风换气

子实体形成和生长过程中，应适当通风，有足够的新鲜空气。氧气不足时，可通过适当开门窗通风，增加空气，满足子实体对氧气的需求。

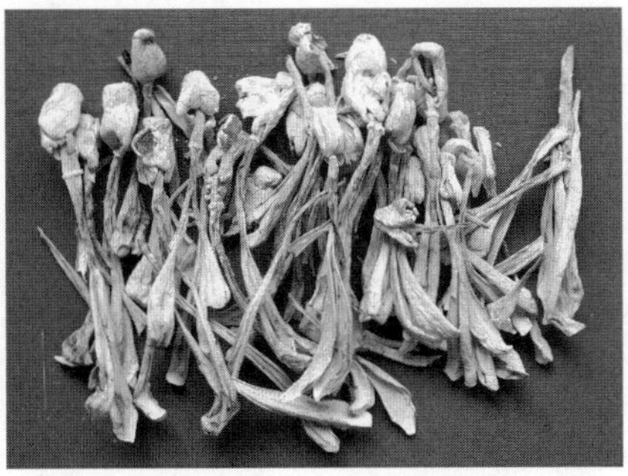

图24—2 白雪菇干品

(七)采收

无毒肥脚环柄菇的采收可参考鸡腿菇采收标准。菌盖未开即采收，采收前要适当停止喷水。采收方法：一手按住菌袋，一手抓住菌柄基部，长势比较一致的，将整丛菇拧下，将菌柄基部的培养料去掉。子实体生长不均匀的，采大留小，每采完一次菇后，及时清理、打扫卫生。通常可采收2～3潮菇。栽培结束，及时清理栽培废料，打扫卫生。栽培废料可直接作肥料。

二、覆土栽培

无毒肥脚环柄菇在野生环境中通常从腐殖土中长出。笔者进行了覆土出菇尝试，取得了满意效果，现将覆土出菇方法简介如下：

1. 土壤的选择

理想的覆土材料，团粒结构好，孔隙多，土质湿而不黏，干而不散，疏松、吸水性好，持水力高，有一定肥力并不带病虫污染源的壤土或泥炭土，稻田壤土，冲积壤土，池塘沉积壤土和菜园土，这几种土壤都是很好的覆土材料。

2. 土壤消毒

覆土要进行消毒。为了减少杂菌残留，最好将土料用太阳光暴晒，晒干为止，这样可大大减少杂菌污染。使用前再通蒸汽消毒、加湿。通蒸汽时盖上薄膜。

3. 覆土

把菌丝已长透的菌包薄膜脱掉，平放在菇房(菇棚)地面上，上面覆盖已消毒过的土壤。覆土厚度3cm左右，分数次将覆土喷湿，并保持土壤湿润，覆土含水量20%左右，经6～12天，土面会有子实体原基冒出。随子实体生长发育，逐渐增加喷水次数，保持空气相对湿度85%～95%。子实体长出土后4天左右即可采收。

图24—3 白雪菇鲜品

采收一批菇后，停止喷水。2～3天后喷水加湿，按前述方法管理，收第三批后即可结束栽培。

第五节 无毒肥脚环柄菇的营养价值

中国广州分析测试中心对人工驯化栽培成功的无毒肥脚环柄菇子实体的粗蛋白、氨基酸、多糖、重金属等成分进行了分析，分析结果见表24—1。无毒肥脚环柄菇的粗蛋白含量达到

25.6%，多糖含量达到3.06%。从分析结果可以看出，无毒肥脚环柄菇是高蛋白、低脂肪、多糖含量较高的食用菌品种。无毒肥脚环柄菇氨基酸成分分析结果见表24—2。

表24—1　无毒肥脚环柄菇成分

分析项目	检测结果	分析项目	检测结果
水解氨基酸总和(mg/g)	159	汞(mg/kg)	0.052
粗蛋白(%)	25.6	砷(mg/kg)	<0.1
粗脂肪(%)	2.1	多水量(%)	11.6
灰分(%)	7.6	多糖含量(%)	3.06
铅(mg/kg)	<0.5	粗纤维(%)	8.99

表24—2　无毒肥脚环柄菇氨基酸成分

分析项目	检测结果(mg/g)	分析项目	检测结果(mg/g)
天冬氨酸	16.4	酪氨酸	5.3
谷氨酸	25.4	缬氨酸	9.3
丝氨酸	9.2	蛋氨酸	3.2
组氨酸	3.9	苯丙氨酸	7.0
甘氨酸	7.7	异亮氨酸	7.1
苏氨酸	8.1	亮氨酸	12.3
精氨酸	15.7	赖氨酸	9.0
丙氨酸	12.9	脯氨酸	6.8

第六节　无毒肥脚环柄菇的毒理试验

2008年对无毒肥脚环柄菇子实体进行了毒理学评价试验。由四川省疾病预防控制中心根据《食品安全性毒理学评价程序和方法》GB15193.(3、4、5、7)—2003进行急性毒性试验、遗传毒性试验(Ames试验、小鼠骨髓嗜多染红细胞微核试验、小鼠精子畸形试验)。结果表明，按急性毒性分级，无毒肥脚环柄菇子实体属无毒级；三项遗传毒性试验结果未见无毒肥脚环柄菇子实体致突变作用，表明无毒肥脚环柄菇子实体安全可吃。

目前，还未对无毒肥脚环柄菇进行药理学研究，也未进行推广应用。

(何焕清、潘新华、肖自添、李淑文)

第二十五章　干巴菌

DIERSHIWUZHANG GANBAJUN

摘要：干巴菌是一种珍贵野生食用菌，肉质坚韧、干燥，而且有一股酷似腌牛肉干的浓郁香味，是野生食用菌中的上品，极具开发价值。它主要分布于云南海拔 600～2 800m 的松林下，与云南松等松属植物形成菌根。干巴菌目前尚不能进行人工栽培，所有市售商品均来自野生资源。而且由于市场价格较高，导致对野生资源的掠夺性开发，野生资源正面临着很大压力，对干巴菌资源保护、合理利用和人工栽培已成为迫在眉睫需要解决的问题。

Thelephora ganbajun

Abstract: *Thelephora ganbajun* is a special and highly prized wild edible fungus. It is very valuable and has a high developmental potential because of its tough, dry texture, and a strong aroma resembling salted beef. It is distributed in pine forests at elevations between 600～2 800 meters, and forms mycorrhiza with *Pinus yunnanensis* French. Since it cannot yet be cultivated artificially, all of these mushrooms on sale in the markets are collected from the wild and consequently demand very high prices. Over-exploitation of *T. ganbajun* is now a serious problem, and urgent steps are necessary to protect this resource through more rational utilization and artificial cultivation.

第一节　概　述

一、干巴菌学名及分类地位

干巴菌又名：干巴革菌、美味干巴菌、对花菌、马牙菌、干巴草、干巴草菌等。

学名：*Thelephora ganbajun* M. Zang, *Acta bot. Yunn.* 9(1):85(1987)。

属名"*Thelephora*"来自希腊语，词干是"thele-"，意思是"乳头"，词尾"-phoros"意思是"具有"，该词原意为"乳头菌属"，根据该菌是皮革状的质地，中文学名译为"革菌属"。种名加词"*ganbajun*"是云南当地，名称"干巴菌"的拉丁文音译。

分类地位：菌物界(Fungi)，担子菌门(Basidiomycota)，伞菌纲(Agaricomycetes)，革菌目(Thelephorales)，革菌科(Thelephoraceae)。

二、中国干巴菌发展历程

干巴菌主产于云南，是一种美味可口、独具异香且营养丰富的食用菌(图 25－1)。营养成分大致介于肉类和果蔬之间，具有极高的营养价值。蛋白质含量虽不及动物性食品丰富，但也不像动物性食品在含高蛋白质的同时，伴有高脂肪和高胆固醇。对干巴菌等 10 余种野生食用菌氨基酸组成进行测定表明(周家齐等，1992；吴少雄等，2005)，干巴菌所含的氨基酸种类多，特别是含有人体自身不能制造的多种必需氨基酸。它与竹荪、鸡坳、松茸等同属云南珍贵的野生食用菌。每年夏秋，鲜干巴菌上市深受欢迎，价格 15～20 元/100 克。有极为广泛的市场前景和开发价值。

调查资料表明，干巴菌的分布以云南滇中高原为主，四川、贵州等省有少量分布。全国年产量超过 1 万吨，主产区为云南易门、峨山、石屏、南华等 10 余县，年产量均在 500 吨以上。云南是干巴菌消费主要市场，民间有食用干巴菌的习俗，每到夏秋干巴菌上市时，均供不应求。但是，在一些边远县内，该菌还几乎没有得到认识与利用。过去，云南虽有大量野生干巴菌资源，但并未引起人们的重视，采食较少，大量资源年复一年自生自灭，产品仅限于传统的"清水罐装"和"油浸罐头"。与省外同行业加工厂家相比，无论在技术、产品质量、品种及包装上均明显落后，又由于对外宣传不够，除少数大型加工厂家以外，中小型厂家生产的产品局限于省内销售。这样，在很大程度上影响了干巴菌的开发利用。

三、干巴菌产业发展现状

野生干巴菌由于特殊的生理特性，至今不能人工栽培，产量主要靠野生资源。干巴菌受地域及环境的限制，形成区域化、专业化生产和经营的布局，对干巴菌的研究及报道主要集中在菌种的分离、菌丝形态观察、仿生栽培等方面，国际上相关研究的报道也较少。国内因其资源的区域特性，主要集中在云南及西部地区，以云南为主的专业机构开展了品种选育、人工栽培、保鲜加工、包装运输等方面的研究，在干巴菌保鲜加工等技术方面取得显著成效，目前正向干巴菌功能成分挖掘方面发展，利用干巴菌子实体或菌丝体的营养成分和生理活性物质进行各种营养食品、保健品和药品的研究和技术开发，以创造出传统优势产品和区域特色产品。

虽然干巴菌产业经过近十多年的发展，取得了一定成绩，但是关于干巴菌的生活史、生理、遗传、加工方法等方面的知识，人们仍然知之甚少，至今尚不能进行人工栽培和大规模开发。由于市场需求巨大，其经济价值逐年走高，农民往往对野生资源进行掠夺性开发，导致干巴菌产业面临资源枯竭的困境。像蘑菇、香菇等食用菌一样能大规模地人工栽培，是人们追求的目的。干巴菌是一种与松属植物共生的外生菌根真菌，其菌丝分化、子实体所需的条件复杂。目前以半人工仿生栽培的方法进行研究，将干巴菌菌丝接种到云南松林下的松根表面，以期收获干巴菌；通过宜林地的管理、合理采集和人工促繁等方法来维持和增加自然产量。

图 25－1　干巴菌（昆明食用菌研究所供图）

第二节　干巴菌的生物学特性

一、形态特征

干巴菌子实体高 5～14cm，宽 4～14cm，丛生，珊瑚状，多次分枝，由基部较厚的干片向上依次裂成扇形以至帚状小分枝，灰白色或黑灰色。基部干片高 2～2.5cm，宽2.5～4cm，无绒毛，具环纹，下端具根状菌丝。中部枝片高 2～5cm，宽 2.5～4.5cm。顶端小枝片高 3～9cm，宽0.5～2cm。子实层干燥，灰白色或灰褐色。孢子大小为 7～12μm×6～8μm，透明微具淡褐色，多角形，有刺突，油滴一枚，非淀粉质。担子 25～35μm×9～12μm，长棒形，内具多枚油滴，担子小柄长 3～8μm，挺直，小柄基粗1.5～2μm。囊状体 52～80μm×7～14μm，长棒状或长腹鼓状，菌丝粗 4～6.5μm，具锁状联合，透明，尖端多卷曲。菌肉厚 0.2～0.4cm，灰白色，柔软，具特殊香气。

二、分布和生态习性

（一）分布

革菌属生长广布世界，主要分布于北半球温带地区，集中在美国、东亚和欧洲部分国家的高原季风气候类型山区，热带地区未见报道。Corner 在其专著中报道 51 种，我国目前报道有 16 种。中国干巴菌的分布以云南滇中高原为主，主产地为昆明、玉溪、曲靖、楚雄，其次为思茅、丽江、保山、大理。此外，在贵州西部及四川南部的局部地区有少量分布。在国内分布区在北纬 22～27 度、东经 99～106 度、海拔 600～2 800m 之地。

（二）生态习性

干巴菌是一种森林共生真菌，与伴生植物云

南松、思茅松等关系密切，属外生菌根菌类。在滇中地区，出菇季节为每年5月末至9月底。与其他伞菌目真菌相比，干巴菌生长较缓慢，自子实体开始形成到可以采收需3～4周。

干巴菌与云南松形成单轴二叉分枝和单枝菌根，前者较长、较粗，后者较短、较韧。菌根的颜色一般为浅棕黄色和浅棕色。鲜活的外生菌根端部呈半透明状，老化菌根呈褐色且不透明。在外生菌根的表面有疏松的菌丝，一种较粗呈淡黄色，另一种较细呈白色。这两种菌丝为不同的发育阶段，淡黄色菌丝是由白色菌丝转化而来，是活性较低的老化菌丝(杨大智等，1996)。

干巴菌子实体形态较伞菌类子实体特殊，其子实体内约含有3%的地上植被凋落物和土粒，这些凋落物和土粒是子实体内伴生菌的携带者(杨大智等，1997)。干巴菌子实体内的伴生真菌已经鉴定的有毛霉、赤霉、交链孢霉、拟盘多毛孢霉、肠药毛菌、双足囊菌等，这些伴生菌对干巴菌有何意义目前还不明确(杨大智等，1997)。

据现有资料及笔者调查结果表明，干巴菌主要出现在云南松、思茅松、滇油杉及杉木组成的纯林下，或由它们与壳斗科、杜鹃花科树木等组成的混交林下，其中以云南松林最为常见，其次是思茅松林，而滇油杉林及杉木林相对较少。在干巴菌子实体出现的植物群落内，植物种类组成随地点的不同有所差异，但可以确定，干巴菌与松科植物云南松、思茅松、滇油杉、杉木具有非专一性但却密切的共生关系。在干巴菌出现的群落内，常见的乔木种类有云南松、思茅松、杉木、滇油杉、华山松、麻栎、栓皮栎、槲栎、黄毛青冈、石栎、高山栲、旱冬瓜等，郁闭度在30%～90%。灌木层较少，常见的种类主要有白牛筋、多种杜鹃、矮杨梅、毛杨梅、棠梨、臭荚迷、小野漆、华山矾、羊耳菊、南烛、野把子、西南栒子、云南地桃花、小铁仔、老鸦炮、毛抗子稍，郁闭度在20%～70%；草本层较少，主要由菊科及禾本科组成，常见种类有水皂角、黄龙尾、翻白叶、屏风草、紫茎泽兰、钩苞大丁草、毛大丁草、香清、云南兔儿风、红花龙胆、耳草、露水草、小金梅草、草果药、半夏、白茅、穗序野古草、细柄草等，覆盖率在10%～50%。

(三)干巴菌的生长发育条件

1. 营养

干巴菌菌丝利用最好的碳源是葡萄糖，其次是蔗糖。葡萄糖既有利于菌丝生长，也有利于产生更多的原基(傅四清等，1998)。以蔗糖为碳源，虽然菌丝生长较好，但其原基产生少。干巴菌菌丝利用最好的氮源是硝酸钙，其次是硝酸铵、硫酸铵，对蛋白胨、尿素的利用较差，这一特点有别于大多数腐生性真菌。在缺少碳源或氮源时，菌丝生长细弱、稀少，不能形成原基。一定量的微量元素和维生素均对干巴菌菌丝生长有促进作用，其中以锰、铜和维生素 B_2 的作用尤为明显(傅四清等，1998)。

2. 土壤

干巴菌发生的土壤在整体上为红壤，少量为黄砂壤；母岩常为紫色沙岩或玄武岩。土壤中性偏酸，pH为5.4～5.8，有机质含量低，几乎无腐殖质层或仅有少量腐殖质层，枯枝落叶层也很少，但雨季时有苔藓植物。土层厚度多为0.1m以下的薄层、中层土。干巴菌生活的土壤比较贫瘠，从而限制了生境中微生物种群的扩大。干巴菌的生长发育，主要是通过与树木的共生关系来获得所需的营养。

3. 荫蔽度

干巴菌对光照无特殊要求。野外观察表明，子实体在各种荫蔽条件下均有发生，从空旷的全日照地带到全荫蔽的乔灌木丛下均可出现，以30%～60%荫蔽度条件下出现的频率最高。一定的荫蔽度对子实体的形成有利。在开阔地带，强烈的阳光使子实体的水分很容易蒸发，相对较低的空气湿度也使子实体生长缓慢，而且过分干燥的子实体在遇到雨水时很容易腐烂。在荫蔽度高的区域内虽然仍可观察到子实体，但出现的频率较低。干巴菌子实体发育阶段需要一定的散射光，对菌丝有抑制作用的蓝光能促进子实体的分化(傅四清等，1997、1998)。在菌丝营养生长阶段，完全不需要光线，光线会抑制菌丝的生长；而子实体的分化和生长发育需要一定光线。不同光质对菌丝生长的影响不同。

4. 温度

从干巴菌的地理分布范围来看，干巴菌喜爱温凉的气候，并且可能要求具有一定的昼夜温差。干巴菌菌丝体生长较缓慢，在较高温度条件下，干巴菌由于受到其他菌丝的竞争而很难生长或难于形成子实体，而过低的温度也不利于其菌丝的生长。林内温度17～28℃时，菌丝开始生长，自然温度在20～24℃，地温18～24℃时最有利菌丝生长。适宜出菇温度14～25℃，自然气温19.5～25℃，地温19.5～23.5℃时最有利于子实体发生。

地温稳定有利于菌丝生长，低温刺激、昼夜温差大有利于刺激子实体形成。

5. 湿度

湿度是影响菌丝生长和子实体形成的一个重要因素。不同生长发育阶段对湿度的要求不同，湿度与降雨量及荫蔽度有关。调查认为，菌丝生长阶段的土壤湿度以60%左右为宜，降雨量集中、土壤湿度过大、气温过低，不利于菌丝生长。子实体生长阶段空气湿度以80%～90%较好，时雨时晴，最有利于子实体的形成。

6. 空气

干巴菌是好气性真菌。空气不流通，氧气不足时，干巴菌的呼吸受到阻碍，子实体的发育也就受到抑制并导致死亡。

7. 酸碱度

干巴菌和大多数食用菌一样，喜欢微酸性的基质环境。pH 在 4～7 之间，干巴菌菌丝均能生长，最适 pH 为4.5～5.9。当基质 pH 大于 7 时，菌丝生长受阻，大于 8 时，菌丝不能生长。菌丝体新陈代谢过程中产生的有机酸，如醋酸、琥珀酸、草酸等，会使 pH 值下降。

综上所述，以上条件对干巴菌生长发育都是相辅相成缺一不可的。从菌丝生长到子实体形成，在营养条件完全满足的情况下，决定能否进入子实体分化阶段的主导因素是温度、湿度和郁闭度。探索它们之间的相互关系，有助于人工或半人工栽培干巴菌。

第三节 干巴菌的仿生栽培技术

干巴菌至今尚不能进行人工栽培，但经过多年研究，已对其生活习性、培养基、菌种培育等方面取得一些进展，特别是近年来开展的仿生栽培，为干巴菌资源的合理开发和利用提供了借鉴。

(一)菌种分离和培育

1. 母种培养基

①PDA 培养基；②马铃薯综合培养基；③松土培养基：干巴菌产地土 200g，松针 300g，葡萄糖 20g，琼脂 18g，水1 000ml；④干巴菌煮汁培养基：鲜干巴菌 200g，葡萄糖 20g，琼脂 18g，水1 000ml。按常规制备，供分离培养用。

2. 分离

用幼嫩组织作分离材料，按常规进行组织分离。接种后在 26℃下培养，经纯化可得干巴菌纯菌种，从中筛选可得到形成子实体能力强的菌株，供驯化栽培用。在淀粉培养基上，气生菌丝粉白色至微紫红色，基内菌丝淡紫红色，镜检下可见密集的菌核（江东福等，1997）。在斜面培养 1 周后，能很好地形成黄豆粒大子实体原基，韧白色，后变浅褐色至深褐色（江东福等，1990、1997）。

3. 菌种培养

在培养基②、③上培养 6 天，菌落直径分别为 35.8mm、32.9mm，菌丝淡黄、浓密、生长旺盛。在培养基④上，菌丝生长较慢，色淡黄、浓密（傅四清等，1997）。干巴菌菌丝最佳培养基为综合马铃薯培养基，其菌丝生长最适温度为 24～26℃，最适 pH 为 6～7 之间。

(二)栽培技术

干巴菌液体培养基的主要组分为淀粉汁和糖蜜，加适量无机元素钠、磷、镁和微量元素锌、锰、铁等，在转速 180 转/分钟、26℃下进行摇瓶培养 72～84 小时，发酵液长满浓稠的菌丝，呈粉糊或细球状，菌丝灰白色或微紫红色，并有菇香，每升发酵液的菌丝干重可达 30～40g。培养物在室温下静置半个月后，暴露在表面的菌丝可扭结形成许多黄豆粒大子实体，白黄色至褐色。

袋栽原料为松木屑和淀粉以及糖，加入适量的干净风化土及钙、磷、锌等元素。接种液体菌种后，于常温下培养 7～10 天后，可形成许多子实体，大者直径可达1.5～2cm，并有明显的褶皱，肉质，黄白色至灰褐色，具与野生子实体较为相近的口感和香味。用此法培养，目前尚不能获得大型子实体（江东福等，1990、1997）。干巴菌的人工栽培，目前尚处于探索阶段。

仿生栽培管理是通过宜林地的管理、合理采集和人工促繁等方法来维持和增加自然产量。宜林地管理是目前最为现实和经济的方法，具体措施如保护云南松林、减少砍伐、减少森林火灾、清除过多的入侵性杂草（如紫茎泽兰）等；合理采集、科学采集也是高效、持续利用干巴菌资源的方式。在采集时应避免采集幼菌和过熟菌，以保证菌的质量和产量，在出菇的早期和末期应保留一部分菌体，让其自然成长、成熟，以保证自然种群的孢子来源，使天然种群能够自然更新。人工促繁技术在其他共生真菌如松茸中可以提高产量，对干巴菌也可进行人工促繁（赵永昌等，2005）。具体做法是将干巴菌菌丝接种到云南松林下的松根表面，覆盖好土后做上标记，进行适当养护。人工促繁的区域，第二年夏季即可提高干巴菌的产量。

第四节　干巴菌的营养价值

干巴菌是著名的食药真菌，主要生长于亚热带云南松林或针阔混交林下，是一种狭域性分布的可食高等真菌，是云南特有的美味野生菌。子实体营养丰富，与其他食用菌一样含有大量的氨基酸、蛋白质、矿质元素、维生素等营养物质，其中含对人体有重要保健作用的有机硒，是松茸的47倍，氨基酸中必需氨基酸占总氨基酸的比值达55%，远高于理想蛋白质必需氨基酸的总氨基酸40%的标准。所以，经济价值高，食之质脆肉嫩，香味浓郁，咀嚼滋味奇特，浓郁有回味，具有很高的营养保健价值。

一、营养价值

1. 营养成分

干巴菌营养丰富，含有丰富的蛋白质，较全面的氨基酸、维生素和无机盐，是世界公认的理想健康食品。检测分析，干巴菌的蛋白质含量明显高于蔬菜粮食，并含有补充人体所需的微量元素和氨基酸。其营养成分含量见表25—1（吴少雄等，2005）。

表25—1　干巴菌的一般营养成分含量　(g/100g)

种类	水分	粗蛋白质	粗脂肪	膳食纤维	灰分
含量	86.5	3.8	0.4	6.3	1.3

2. 无机元素

无机盐是人体必需的重要元素，它在人体内不能合成，必须从食物中吸收。食品中的微量元素成为衡量食品品质的重要指标。干巴菌含有多种矿物元素，特别是人体必需的铜、锌、铁、锰、钾、磷、钠、硒和镁等元素，这些必需常量元素和微量元素参与人体代谢，对维持机体自身稳定性起到十分重要的作用。其中的硒尤为突出，为4.6 μg/100g鲜重，是松茸菌的47倍，高于果蔬、谷物及其他新鲜食用菌。研究报道，植物中的硒具有抑制肿瘤细胞增殖和提高机体免疫功能的作用。植物体内的硒主要以硒蛋白、硒核酸、硒多糖等多种生物大分子以及硒代半胱氨酸和硒代蛋氨酸等生物小分子有机化合物存在，食用对健康有利。主要无机元素含量见表25—2（吴少雄等，2005）。

表25—2　干巴菌的无机元素含量　单位(mg/100g)

种类	钾	钠	钙	镁	铁	锰	锌	铜	磷	硒
含量	328	2.1	10	11	21.0	0.67	0.78	0.30	104	4.60

3. 维生素

维生素是维持人体正常生理活动所必需的一类化合物，人体内一般不能合成或者合成量极少，必须由外来食物供给。野生干巴菌中含有一定量的硫胺素、核黄素、烟酸和维生素E，未检出维生素C含量。其中维生素E含量较高，维生素E具有抗氧化、延缓衰老的作用。含量见表25—3（吴少雄等，2005）。

表25—3　干巴菌的维生素含量　(mg/100g)

种类	维生素 B_1	维生素 B_2	烟酸	维生素C	维生素E
含量	0.06	1.84	1.20	—	45.14

4. 氨基酸

评价一种蛋白质质量的优劣，除了要求蛋白质含量丰富外，其蛋白质的氨基酸组成是否合理也是评价的一个重要指标。经检测干巴菌含17种氨基酸，其中人体必需氨基酸8种，人体必需氨基酸的含量为1 863 mg/100g，氨基酸总量为3 417mg/100g，必需氨基酸占总氨基酸的比值（EAA/TAA）为55%。根据FAO/WHO的理想模式，质量较好的蛋白质，氨基酸组成为EAA/TAA在40%左右。从表25—4分析结果可以看出，这几项指标均符合上述要求，表明干巴菌是一种质优的蛋白质资源。干巴菌氨基酸含量见表25—4（吴少雄等，2005）。

表 25-4 干巴菌的氨基酸含量 (单位:mg/100g)

氨基酸(必需)	苏氨酸	缬氨酸	蛋氨酸	异亮氨酸	亮氨酸	苯丙氨酸	赖氨酸	色氨酸	总量(必需)	
含量	146	335	33	535	527	130	119	38	1 863	
氨基酸(非必需)	脯氨酸	天冬氨酸	丝氨酸	谷氨酰胺	甘氨酸	丙氨酸	酪氨酸	组氨酸	精氨酸	总量
含量	60	230	127	475	149	254	78	41	140	3 417

二、食药用价值

干巴菌不仅营养价值很高,而且保健药用价值也很高,含有大量对人体有益的成分,能促进和调控人体的新陈代谢,提高机体免疫能力,起到预防和治疗多种疾病的作用。

①干巴菌的代谢产物能防止或消灭外来细菌、病毒及异常细胞的侵袭和产生,对控制流感有明显作用。

②干巴菌所含有的多糖物质能阻抑癌细胞的生长,刺激机体提高免疫能力,使人体降低的免疫反应恢复到原有水平,抗肿瘤作用显著。

③干巴菌所含有的膳食纤维,能帮助和提高人体内的肠道蠕动,对消化系统、泌尿系统等疾病有较理想的疗效。

第五节 干巴菌病虫害防治与保鲜加工

一、干巴菌的病虫害

(一)主要病虫害类型

干巴菌主要分布在600～2 800m高海拔地区,一般生长在弱酸性的沉积岩断层面及弱酸性的红壤林地面上,林地植被以云南松、思茅松、地盘松为主。近年来随着野生资源的破坏和外来有害物种的传播,病虫害对干巴菌的危害逐年上升,导致干巴菌的产量逐年下降。经专业人员多年对其病虫害研究及防治方法探索发现,干巴菌主要有侵染性病害(infectious diseases)和非侵染性病害(noninfectious diseases),虫害主要来自等翅目(Isoptera)和革翅目(Dermaptera)等害虫。这类害虫宜采取诱杀的方法消灭(赵永昌等,2006)。

(二)病虫害的防治

干巴菌生长于天然林下,菌丝体与云南松、思茅松及地盘松形成菌根。目前它的整个生育过程是在人们无法控制的自然环境条件下进行的,存在自发、掠夺式,无序的采收、生产、经营方式。从而造成林地缺乏有效的管理,破坏了干巴菌的生态环境。干巴菌的病虫害防治主要采用诱杀化学防治和物理防治。

1. 诱杀法

白蚁是干巴菌生产的主要害虫。了解其生活规律,掌握其饮食习性,科学有效地防治是解决的关键。研究发现,诱杀法是目前防治白蚁较为有效的措施(赵永昌等,2006),其技术要领:①找蚁穴及蚁路;②使用高效、低毒、低残留化学药品,如敌百虫;③应用诱蚁饲料,如松木屑、喷洒红糖水的米糠加农药捕杀;④在诱蚁坑、诱蚁路内撒上拌药的诱蚁饲料诱杀。

2. 物理防治

(1)扒塘法

扒塘法属物理防治,主要用于防治白蚁对干巴菌的危害。技术要领:发现白蚁危害干巴菌时,把受害菌塘的干巴菌及上层土壤扒掉,扒土层的深度依蚁穴的深度而定,一般扒掉蚁穴即可。此法防治仅对当茬干巴菌有效,对下几茬及来年出菇不会造成作用(赵永昌等,2006)。

(2)遮阳法

对于非侵染性病害采用遮阳方法能有效减少10%～13%干巴菌畸形病害的发生。此方法简便易行,操作性强。其技术要点是:子实体露出地面时采伐小枝条放在菌塘上方遮阳,注意不要碰伤子实体。

其他病虫害预防与治疗措施,请参阅本书《食药用菌病虫害防治》一章。

二、干巴菌的保鲜与加工

(一)保鲜

干巴菌每年6～9月份出菇,季节性很强,自然条件下极易引起腐败变质，失去商品价值。保鲜是在不破坏鲜菇正常生理功能的前提下，根据干巴菌的生理生化特性采取的方法，使鲜菇的生理代谢活动降低到适宜程度，保持干巴菌的最佳新鲜状态（郭安等，1998）。

1. 低温（速冻）保鲜

对采集的新鲜干巴菌进行清理，剔除杂草、植物、泥土后储藏于0～5℃的低温环境中短期保鲜3～5天，减少呼吸强度，抑制各种微生物的活性，达到保鲜目的。目前安全有效较好的保鲜方法是速冻保鲜。它是将新鲜的干巴菌分拣、整理、清洗后进行蒸汽杀青，排除菌体中的空气，钝化酶的活性，待冷却后置－30℃～－40℃条件下速冻至菌体中心温度在－18℃以下。并储藏于－18℃条件下保鲜期达一年，保鲜期内风味物质和品质不变。

2. 气调保鲜

将采集的干巴菌清理后，用保鲜薄膜袋包装好，置于1～2℃低温条件下。通过袋内氧气浓度的降低，二氧化碳浓度的提高，抑制菌体的酶活性，提高环境相对湿度到90%～95%，可减少干耗损失，保持干巴菌枝条饱满外观。保鲜期限8～10天。

（二）干巴菌精深加工

干巴菌是云南特有的名贵野生食用菌，子实体肉质直立，柄上有多次分枝，枝端扁平呈花瓣状，形似绣球，单生或群生于松林和落叶松林地上或松树根上，形成共生关系。干巴菌木质化程度较高，一般不作干品加工食用，主要以鲜食为主。有关干巴菌的食用加工方法，有民间传统食用方法，也有现代加工技术的应用研究。食用时需将其撕成小条，摘去穿入菌体里的松针，搓洗干净方可烹制。烹制的干巴菌肉质脆嫩、香味浓郁、嚼味无穷、鲜甜可口，深受欢迎。目前主要的加工方法有罐藏、盐渍、油渍、腌制和熟制冻藏5种。

1. 罐藏加工

将新鲜的干巴菌清除泥沙杂质后，按其形态瓣状撕成条状，经清洗干净沥去水分，放沸水中预煮1～2分钟捞出，置冷水中降温冷却，沥水后装罐（玻璃罐或马口铁罐）。注入调配的3%食盐和0.4%的碳酸氢钠混合液（液温85℃以上）。排气后封罐进行高温灭菌处理，出罐降温至35℃后放置于常温条件下7～10天，然后进行观察与检测。检验合格后贴标签装箱。

2. 盐渍加工

新鲜干巴菌整理清除泥沙杂质、清洗后，用煮沸的5%食盐水杀青1～2分钟，捞出投入流动冷水中冷却至常温，沥去水滴装入缸中，注入饱和食盐水至缸口。菌面用木筛板压住，勿使菌体浮出液面，第2～4天每天翻动菌体并检测，盐液浓度是否处于20%～25%。第3天起每2～3天检测盐液浓度并补足，待盐液稳定后盐渍保存。

3. 油渍加工

民间常采用油渍加工方法加工干巴菌，既可作调味品食用，也可延长保存期。主要方法是将新鲜干巴菌按瓣状撕成条状，整理清洗干净后，与干椒等调味料一起投入60℃植物热油中，油炸除去菌体多余水分。出锅后加入2.5%的精制食盐调味，用油炸余油浸渍保存、食用。

4. 腌制加工

云南民间传统的干巴菌加工产品是"干巴菌韭菜花"。方法是选择新鲜优质干巴菌、韭菜花、糟辣椒，按1∶3∶5比例混匀，加2.5%精食盐、3%食糖及少许料酒拌匀后装坛、密封、保存，20天后开坛食用。色彩鲜明，味道酥香，咸甜适中，可作风味小吃品的原料，食用期长，可保存一年以上。

5. 熟制冻藏

将新鲜干巴菌整理撕瓣后，用1%淡盐水清洗。洗净后沥去水滴，放九成热植物油于锅内，快速过油，脱去菌表面水分。过油后，加入2%精制食盐调味，风冷却或自然冷却后，按100g/袋装袋，放入－18℃以下冷藏库或冰箱冰藏保存。食用时可以用自然解冻或微波解冻，回锅加热配所需菜肴炒制，味道纯正，香味浓郁，方便快捷。

第六节 展 望

一、干巴菌国内外科技发展现状

除干巴菌分类学研究外，近年来国内外已有学者和科研机构从不同角度做了一些实际工作。敬一兵等（1987）发现干巴菌的初生菌丝从云南松根系的第三、四级分枝的幼根之根毛处侵入根皮层细胞间隙，进一步分枝和扭结，从而形成哈蒂氏网，并确定其为外生菌根。朱启顺等(1996)从干巴菌分布区的土壤中采集到菌索和菌丝制成水浸片进行观察，发现菌索由许多平行排列的菌丝组成，在解剖镜和显微镜下观察都可以看到干巴菌的菌索表面有许多放射状的菌丝覆盖凋落物。杨大智等(1996)测定干巴菌子实体内混有3%的植被凋落物并携带多种真菌，给干巴菌菌种的分离和鉴定造成了干扰，增加了难度。傅四清、魏蓉城等(1997、1998、1999)对干巴菌菌丝体生理特性进行了研究，得到干巴菌部分营养生理条件。陈毅坚等(2001)对干巴菌半人工栽培进行尝试，寻找到适合干巴菌菌丝生长的培养基和培养条件。桂明英等(2005)对云南省境内部分地区干巴菌的生态学习性作了初步的调查研究，为干巴菌的人工促繁和现有出菇林地的管理积累了必要的基础生物学资料。

二、干巴菌科技创新与展望

云南地处低纬高原，亚热带湿热的气候和丰富的森林植被，使云南成为中国乃至世界野生食用菌资源最为丰富的地区之一。松茸、羊肚菌、牛肝菌等数十种野生食用菌已批量出口创汇，但另一方面至今已开发的食用菌品种和数量只占食用菌总数的20%～30%。干巴菌是未来大规模开发品种中极具前景的品种之一。

随着人们物质生活水平的提高，菌类已成为人们的风味营养保健食品。干巴菌以具有其他食用菌所不具有的独特、浓郁鲜香味，食用风味佳，成为云南广大群众所喜爱的野生食用菌品种之一。我国加入WTO后给食用菌产业带来新的机遇和挑战。国内外食用菌产业着眼于大宗产品和优势产品的精加工，主要开展食用菌的系列产品开发，改进包装质量，提高加工产品质量安全和产品的档次，提高综合经济效益。

要清楚地认识到，资源利用的同时必须注重资源的保护，才能持续发展。野生干巴菌主要生长于经济比较落后的边远山区，生长环境处于海拔600～2 800m的山区高海拔地区，开发利用严重地受限于资金、技术、交通和信息交流，使干巴菌采集收购仅在近城镇地区进行，由商贩和加工部门组织大量收购，受经济利益驱使，资源采集越来越不合理，导致不成熟菌也大量被挖走，严重影响了干巴菌的自然繁殖，资源日趋减少。同时，在边远山区少数民族地区，由于饮食习惯的不同，加上交通运输问题，大量资源仍处于自生自灭状态，造成一方面资源过度利用，另一方面资源浪费这样一种矛盾的局面。加工工艺落后、消费范围狭窄、产品单调、包装欠佳，使全国干巴菌资源利用率仅占总量的10%～20%。因此，深化开发利用途径，在保护资源的同时进一步提高加工水平，使干巴菌产品结构系列化，从食品、饮料、药用、保健等方面着手，结合对外宣传，是今后干巴菌开发工作的重点之一。

第七节 参考文献

[1] 黄年来. 中国大型真菌原色图鉴[M]. 北京：中国农业出版社，1998.

[2] 魏润黔. 食用菌实用加工技术[M]. 北京：金盾出版社，1996.

[3] 应建浙，臧穆. 西南地区大型经济真菌[M]. 北京：科学出版社，1994.

[4] 弓明钦，陈应龙，仲崇禄. 菌根研究及应用[M]. 北京：中国林业出版社，1997.

[5] 臧穆. 横断山区真菌[M]. 北京：科学出版社，1996.

[6] 张光亚. 云南食用菌[M]. 昆明：云南人民出版社，1984.

[7] 黄健屏. 食用菌栽培学[M]. 长沙：湖南科学技术出版社，1993.

[8] 李雅飞，杨运华，孔庆云，等. 食品罐藏工艺学[M]. 上海：上海交通大学出版社，1993.

[9] 傅四清，杨丽源，张玲琪，等. 干巴菌菌丝生理特性的初步研究[J]. 中国食用菌，1998，17(6)：28-29.

[10] 傅四清，杨丽源，张玲琪，等. 干巴菌菌丝生长条件的研究[J]. 食用菌，1997，19(6)：5.

[11] 周彤，任玮. 云南可食的革菌属真菌的分类研究[J]. 云南植物研究，1986，8(3)：295-297.

[12] 郭安，胡慧蓉，赵凤喜，等. 云南优特野生食用菌—干巴菌的开发利用[J]. 西南林学院学报，1998，18(2)：106-108.

[13] 敬一兵，张玲琪. 干巴菌菌根的观察研究[J]. 林业实用技术，1987(2)：22-23.

[14] 杨丽源，傅四清，张玲琪，等. 干巴菌分离方法的研究[J]. 食用菌，1998，20(1)：16-17.

[15] 王文辉，彭永芳. 云南九种野生食用菌氨基酸的快速测定[J]. 中国食用菌，1999，18(1)：29-30.

[16] 傅四清，杨丽源，张玲琪，等. 干巴菌菌丝营养生理特性的初步研究[J]. 微生物学杂志，1998，18(2)：32-34.

[17] 赵永昌，柴红梅. 掘塘技术对干巴菌菌塘数量和产量的影响[J]. 西南农业学报，2005，(18)6：829-831.

[18] 赵永昌，李树红. 干巴菌病虫害调查及防治研究[J]. 中国食用菌，2006，25(1)：50-51.

[19] 吴少雄，王保兴. 云南野生食用干巴菌的营养成分分析[J]. 现代预防医学，2005，32(11)：1548-1549.

[20] 臧穆. 干巴菌考[J]. 食用菌，1986，8(4)：1.

[21] 周家齐. 十余种常见野生食用菌氨基酸组成分析[J]. 中国食用菌，1992，11(5)：23-27.

[22] CHIU W F. The Boletes of Yunnan[J]. Mycologia，1948，40(2)：199-231.

[23] 桂明英，刘蓓，朱萍，等. 干巴菌生态学初步研究[J]. 西南农业学报，2005，18(3)：325-327.

[24] 杨大智，朱启顺. 干巴菌担孢子多核现象的研究[J]. 中国食用菌，1996，15(2)：29-31.

[25] 陈毅坚，周斌，杨瑞梅. 干巴菌半人工栽培培养基的试验研究和培养条件探索[J]. 中国食用菌，2006，25(1)：33-35.

[26] 杨大智，朱启顺. 干巴菌根际土壤理化性质的研究[J]. 中国食用菌，1996，15(6)：7-10.

[27] 杨大智，朱启顺. 干巴菌子实体内伴生真菌的研究[J]. 中国食用菌，1997，16(2)：8-9.

[28] 王向华，刘培贵. 云南野生贸易真菌调查及研究[J]. 生物多样性，2002，10(3)：318-325.

（朱　萍、张微思）

第二十六章　高大环柄菇

DIERSHILIUZHANG GAODA HUANBINGGU

摘要：高大环柄菇是20世纪80年代在印度开始人工栽培的食用菌，现在中国部分地区已进行了商业化栽培。本章详细介绍了高大环柄菇的学名与分类学地位、生物学特性、菌种生产技术、菌袋商业化栽培技术、营养价值与药用价值等方面内容。

Macrolepiota procera var. *procera*

Abstract: *Macrolepiota procera* var. *procera* has been artificially cultivated in India since 1980's, and now has been cultivated on a commercial scale in parts of China. This chapter consists of five sections describing in detail various aspects of *Macrolepiota procera* var. *procera* including taxonomic status, biological features, spawn production technology, commercial-scale bag cultivation techniques, nutritional attributes and medicinal properties.

第一节　概　述

一、高大环柄菇学名与分类地位

高大环柄菇又名：高脚环柄菇、棉花菇、高柄环菇、大环柄菇等。

拉丁学名是：*Macrolepiota procera* (Scop.) Singer, *Pap. Mich. Acad. Sci.* 32: 141 (1948) [1946] var. *procera*。

属名"*Macrolepiota*"中"macro-"的词源是"makros"，意思是"大的"；"lepiota"的词源是"菌环"，是环柄菇属的属名，该属名被翻译成"大环柄菇属"。种名加词"procera"的词源是"procerus,-a,-um"，意思是"伸长的、长的、高的"。据拉丁文的原意直接译成为"高大环柄菇"。

同物异名有：*Agaricus annulatus* Lightf., *Fl. Scot.* 2: 1025 (1777); *Agaricus annulatus* Lightf., *Fl. Scot.* 2: 1025 (1777) var. *annulatus*; *Agaricus antiquatus* Batsch, *Elench. fung.* (Halle): 55 (1783); *Agaricus colubrinus* Bull., *Herb. Fr.* 2: tab. 78 (1782) [1781-82]; *Agaricus procerus* Scop., *Fl. carniol.*, Edn 2 (Wien) 2: 418 (1772); *Agaricus procerus* Scop., *Fl. carniol.*, Edn 2 (Wien) 2: 418 (1772) var. *procerus*; *Amanita procera* (Scop.) Fr., *Anteckn. Sver. tl. Svamp.*: 33 (1836); *Lepiota procera* (Scop.) Gray, *Nat. Arr. Brit. Pl.* (London) 1: 601 (1821); *Lepiotophyllum procerum* (Scop.) Locq., *Bull. mens. Soc. linn. Lyon* 11: 40 (1942); *Macrolepiota procera* (Scop.) Singer, *Pap. Mich. Acad. Sci.* 32: 141 (1948) [1946]; *Mastocephalus procerus* (Scop.) Pat., *Essai Tax. Hyménomyc.* (Lons-le-Saunier): 171 (1900)。

分类地位：菌物界(Fungi)，担子菌门(Basidiomycota)，伞菌纲(Agaricomycetes)，伞菌亚纲(Agaricomycetidae)，伞菌目(Agaricales)，伞菌科(Agaricaceae)。

二、高大环柄菇栽培历史

日本松蒲勇(1933)在《应用蕈菌学研究》一书中介绍了高大环柄菇的栽培试验。印度索兰蘑菇研究所的Jandaik C L和Thianga S(1979)在《印度蘑菇杂志》发表了《高大环柄菇的人工栽培》一文，Jandaik C L和Thianga S(1980)在《*Mushroom Science*》发表了《高大环柄菇的栽培和营养价值》，报道了高大环柄菇的栽培技术。中国人工栽培高大环柄菇研究开始于1990年，许多研究单位、驯化爱好者进行了大量研究，已能够规模化、商业化栽培。

金卫根(2009)以大环柄菇为出发菌株，对其原生质体制备条件进行研究，具体分析了酶浓度、菌龄、渗透压稳定剂以及酶解时间和温度等因素，对高大环柄菇原生质体产出量的影响。结果表明：采用液体发酵培养第5天的菌丝体，以0.5mol/L NaCl作渗透压稳定剂，加入1.5g/L混合酶（即纤维素酶与蜗牛酶按1∶1混合）在30℃酶解3.5小时，制备原生质体效果最佳，原生质体产出量可达6.1×10^7个/毫升。该项研究为高大环柄菇优良新品种的细胞融合选育、诱变选育和优良新品种细胞工程菌株的建构奠定了基础，从而促进高大环柄菇的大规模工厂化生产，推动食用菌产业朝着集约化、标准化、工厂化、科技化方向快速发展。

三、中国高大环柄菇产业发展现状

高大环柄菇的产品在市场上还很少见，价格很高，商业化生产经济效益特别高。

高大环柄菇是亚热带地区的一种大型腐生食用菌，含有丰富的蛋白质、氨基酸、维生素及矿物质，并含有人体必需的异亮氨酸、亮氨酸、赖氨酸、色氨酸、苏氨酸、缬氨酸、苯丙氨酸等8种氨基酸。该菇质地脆嫩，肥美甘甜，风味宜人。因菇柄粗而且长，干物质含量高，更适宜作加工原料。子实体成熟后高达20cm以上，同时也是一种美丽的观赏菌，可以培养成为绚丽的盆景。

第二节 高大环柄菇的生物学特性

一、形态特征

高大环柄菇子实体为伞形，由菌盖、菌柄、菌环组成。菌盖初出土面为圆球形，后平展为伞形，中央凸起处有褐色鳞片，四周灰白色、不黏，菌盖伸展后直径在10cm左右，最大达25cm。菌肉白色，最厚部位达9mm，伤后不变色，质地海绵状。菌褶白色，刀片状，离生，长短不一，宽0.8～1.3cm，边缘9～13片菌褶/厘米。菌柄位于菌盖中央，圆柱形，基部膨大呈头状，往上渐细，有细小的褐色鳞片，长10～25cm，最长达34～38cm，粗0.85～2.8cm，与盖同色，易与盖分离，后期中空。有菌环，双层，上层白色，下层与柄同色，生于菌柄上部，与柄分离，能上下移动。孢子印白色。孢子光滑，无色，卵形，大小11.9～14.5μm×8.5～12.8μm，孢子的Melzer's染色呈红褐色，孢子有颗粒状内含物。无菌托。

菌丝体灰白色、浅褐色，较密，绒毛状无爬壁现象，易形成菌索，后期略呈黄褐色。在琼脂斜面培养基上12～17天长满。

高大环柄菇菌丝无色透明，管状，分枝发达，有锁状联合，直径6.7μm。

高大环柄菇菌菌丝生长到一定成熟时，形成圆形的菌蕾，然后菌柄迅速伸长，至近成熟期，伸长转缓，而菌盖展开，由近球形至半球形，最后成伞形，内包膜残留在菌柄上成菌环。子实体成熟后，边缘不上卷。经观察，子实体生长过程大约分3个时期：菌蕾期（约70小时）、菌柄伸长期（约60小时）、菌盖开伞期（约36小时）。

二、分布和生态习性

（一）分布

高大环柄菇在世界广泛分布，亚洲、欧洲、非洲、美洲、大洋洲都有报道。美国洛基山脉、加利福尼亚等地区都有分布。中国的吉林、黑龙江、辽宁、四川、贵州、湖南、湖北、江苏、浙江、福建、江西、云南等大部分地区有分布。

（二）生态习性

高大环柄菇是腐生菌，单生或散生在枯木或木屑堆附近，或草地、牧场，或小径路旁，或杂草丛生的地方；在各种果园，如葡萄园、柑橘园、猕猴桃园，存放过堆肥的地方，樟树林、庄稼地及菜园四周草地上也常常发生。自然出菇季节为5～11月份，大量发生在5月上旬至6月底和8月下旬至11月上旬，温度超过30℃的季节和地区野生数量很少。该菇常发生于覆盖度达20%～70%的林地、草地上，多散生，偶丛生。子实体生长温度为15～30℃，最适20～25℃，最适空气湿度80%～90%。

（三）生长发育条件

1. 营养

高大环柄菇是腐生菌，菌丝能分解和利用各种植物的残体、动物粪便。主要材料有稻草、棉子壳、牛粪、落叶及农业堆肥；辅助材料有碳酸钙、磷酸二氢钾、过磷酸钙、尿素、麦麸、米糠、玉米粉、黄豆粉等。

2. 水分

菌丝生长培养料的含水量 63%～65%，空气相对湿度 60%～70%，出菇时培养基含水量与菌丝生长阶段基本相同，但空气相对湿度要求更高些，为 85%～95%。

3. 温度

高大环柄菇属高温型菌类。适合盛夏高温季节生产。菌丝在 10～40℃均能生长，以 25～26℃最适。子实体发育温度以 20～28℃最适。超过 30℃也可正常出菇。

4. 空气

高大环柄菇属好气型伞菌，子实体发育需要良好的空气。空气中二氧化碳浓度的高低对出菇和菇体生长不敏感。

5. 光线

菌丝生长不需要光线，但出菇时需要一定的散射光，光照强度 250～500 lx。有光和无光状态菌丝生长速度、生长势基本相同。

6. 酸碱度

高大环柄菇菌丝生长需要微酸性到近中性的培养基和覆土材料，pH 为4.7～7.0，最适 pH 为 6.5～7.5。

第三节　高大环柄菇的菌种繁育

一、母种制作

高大环柄菇母种培养基配方常用的有：

①马铃薯 200g，葡萄糖或蔗糖 20g，琼脂 20g。

②黄豆芽 500g，蔗糖或葡萄糖 20g，琼脂 20g。

③腐殖土 50g，黄豆芽 500g，$MgSO_4$ 0.5g，维生素 B_1 10mg，琼脂 20g。

④马铃薯 200g，葡萄糖 20g，$MgSO_4$ 0.5g，维生素 B_1 10mg，KH_2PO_4 0.3g，琼脂 20g。

⑤马铃薯 200g，棉花环柄菇基脚土 50g，葡萄糖 20g，蛋白胨 10g，$MgSO_4$ 0.5g，维生素 B_1 10mg，KH_2PO_4 0.3g，琼脂 20g。

⑥玉米粉 50g，蔗糖 10g，琼脂 20g。

⑦稻草 100g，蔗糖 20g，蛋白胨 2g，琼脂20g。

⑧洋葱 100g，葡萄糖 20g，酵母粉 1g，琼脂 20g。

⑨小麦 50～80g，蔗糖 20g，酵母粉 1g，琼脂 20g。

以上配方用水1 000ml，pH 自然。制作方法请参见本书《食药用菌制种技术》一章。

二、原种栽培种

原种和栽培种一般用麦粒菌种，制作方法如常规。

常用配方：小麦粒 60%～80%，细草粉20%～35%，石灰 1%，石膏 1%，磷肥 1%。

方法：将小麦放在清水中浸泡 12～24 小时(或加水煮至麦粒中部无白色粉点为止)，捞起滤干水分，拌入含水量 60%～63%的草粉和各种肥料。装瓶灭菌接种，培养 40～50 天长满瓶。

第四节　高大环柄菇的栽培技术

一、季节安排

高大环柄菇菌丝生长温度在 23℃左右，在自然条件下以 8～9 月份栽培为宜，10～11 月份可出菇。露地栽培可安排在 5～9 月份，若塑料大棚栽培可安排在 4 月中旬～10 月份。我国南北方差异明显，应根据本地气候适当安排。

栽培场所选择平坦、洁净、交通方便、近水源，有一定遮荫度的坡地、林地或搭荫棚。畦式、箱式和床架式均可栽培。

二、培养料选择

1. 培养料选择与配制

选用新鲜无霉变的稻草等作物秸秆、废弃菌糠、牲畜粪，粉碎晒干。

2. 常用配方

①各种草屑 60%，牛粪粉 18%，米糠 20%，石膏与石灰各 1%。

②菌糠30%，草屑30%，牛粪粉30%，麦麸6%，石膏与石灰各2%。

③草屑40%，牛粪38%，麦麸20%，石灰与磷肥各1%。

④稻草、麦草屑96%，麦麸2%，石灰1%，石膏1%。

⑤玉米芯48%，稻草、麦草草屑48%，石灰1%，石膏1%。

⑥干牛粪粉35%，谷壳20%，草粉30%，米糠13%，石灰1%，石膏1%。

拌料时将各种辅料混匀后再加入主料中，按料：水＝1：1.2～1：1.3加水。培养料拌匀堆积4～6小时后装袋。

三、菌袋制作

1．装袋

用17cm×33cm×0.04cm或20cm×45cm×0.05cm的高密度聚乙烯筒袋，装袋时边装边压紧，中央用直径2cm粗的木棍打孔。然后用绳子把袋口扎上。

2．灭菌

在100℃的饱和蒸汽下保持8～16小时。

3．接种

用塑料薄膜焊制一个约300cm×300cm×300cm的“蚊帐”式接种帐，四角用绳子吊起，底边向里卷入，用料袋压住。当料袋温度降到35℃以下时即可消毒接种。消毒接种方法：将菌种放入接种帐，帐门两面用不干胶黏贴密封，按2g/m^{3}的用量，从底边放入“菇保一号”气雾消毒剂，点燃，密闭熏蒸30分钟，即可接种。接种时3人一组，一人将料袋口打开，一人用75%乙醇浸泡过的接种铲将菌种耙入料袋（菌种应覆盖满料层），一人搬运。接完菌种后将料袋转入发菌室养菌。

四、菌丝体培养管理

发菌室在菌袋未搬入前应消毒。地面用石灰水冲洗，四壁用浓石灰水涂刷后，将门窗关闭，用纸糊封缝隙，按15g/m^{3}的用量用硫黄熏蒸24小时。然后打开门窗通风，待室内干燥后将菌袋转入其中发菌。袋温控制在20～35℃，最好在28℃左右。温度高低可通过增减菌袋堆放高度加以调节。适温下，一般25～30天菌丝可长满袋。

五、出菇管理

菌丝长满培养料后，应及时转至出菇场。将菌袋表面老菌块搔去，覆盖1.5～2cm的自然土（含水量为20%左右），覆土后菌袋口面盖以湿报纸或薄膜。3～5天后揭去覆盖物，并在袋口面喷水，使泥土湿润，同时对地面、墙壁四周及空间喷水，将空气湿度提高到80%～90%，经3～5天即可形成大量的原基。菇蕾形成后，不要直接对菇体喷水，一般5～15天即可采收。

第一批菇采完后，清理料面，停水3～5天，使菌丝恢复生长。以后按前述方法喷水保湿又可继续出第二批菇，一般可采4～6潮菇，生物学效率达100%。

六、发酵法栽培

以栽培面积100m^{2}计算，干稻草或小麦草1 400～1 600千克，干牛粪粉600～800千克，棉子壳或出菇废料100～250千克，石膏20千克，过磷酸钙20千克，尿素10千克。

1．原料预湿处理

将洁净水引入水沟或水池中，投入稻草，边浸边踩草。一般浸草24～36小时，捞出后沥去多余的水分，手握之有3～5滴水珠滴下为宜。

棉子壳加水，用搅拌机搅拌均匀，也可用铁锹边拍打边加水，直至棉子壳吃透水为止。

牛粪预湿：牛粪充分粉碎后湿透，预湿后用手能捏成团，落地即散状态。注意结成大块牛粪要敲碎。否则，即使外层已湿透，成块牛粪中间仍然是干的，不利发酵，而且在培养过程中也会引起杂菌大面积爆发。

2．建堆发酵

场地打扫干净后，先在场地上铺一层约20cm厚的稻草，在稻草上铺一层薄薄的干牛粪（将稻草盖没），然后在牛粪上再铺稻草，再铺牛粪，一层一层如此堆制。棉子壳、尿素以及部分石膏（总量的1/2）在堆制时从第3层开始撒入，直到倒数第2层为止，每层都撒在中间，以便高温区能够充分发酵和吸收。最后一层铺上稻草，以防日晒雨淋。一般堆底宽200～150cm，高150cm左右，长度不定，四周整齐，上部呈龟背状。一般堆料12天左右，翻堆3次，相隔时间为4、3、3、2天。在正常情况下，48小时料温开始上升，2～3天后，堆温最高70～75℃。第1次翻堆，料内仍要浇水，并分层加入剩余的石膏粉。第2次翻堆，只在较干的地方补水，要防止浇水过多，出现堆料过湿现象。粪草混合均匀后分层撒入过磷酸钙。第3次翻堆方法相同，应调整好适宜的含水量（63%～65%），不得过干或过湿。隔2天堆料结束，培养料应呈咖啡色，柔软有弹性，无氨味或异味。

3. 播种

把发酵好的培养料运到栽培场，摊平压实，用料量15～20kg/m²。用麦粒种300～400g/m²，采用撒播，先将菌种总量75%均匀撒入培养料内，再用手轻轻提起培养料，让麦粒菌种均匀地“沉入”培养料中。剩下菌种总量25%撒在床面上，并在上面覆盖一层薄薄培养料，压平，使菌种与料紧密结合。播完种后在料面上盖一层保湿草。

4. 覆土

用2种覆土材料。

①腐殖土50%，泥炭土50%；

②菜园土65%，煤渣土30%，牛粪粉5%。

每立方米的覆土，先后用甲醛2 000mg，2 000倍辛硫磷喷雾，喷后覆膜密封2～3天，凉开消除甲醛气味后即可覆土。播种后可立刻覆土，也可待菌丝盖面后再覆土，覆土厚3～4cm，调土层含水量至22%～25%为宜。覆土面加盖保湿物（无纺布、草帘、旧麻袋等），以防止料面和覆土层干燥，以利菌丝向覆土层延伸。在栽培场四周及过道撒上石灰杀菌，喷1 000倍乐果杀虫。

5. 出菇管理

播种后20～25天，菌丝开始扭结时掀掉保湿覆盖物，小菇蕾出土，加大空气相对湿度至85%～95%，温度调节在16～26℃，加强通风。同时注意，高大环柄菇易被大风吹倒，最好在畦面拉绳固定。采后及时清理床面、及时补土，防止病虫害发生。

七、病虫害防治

在高温高湿的盛夏栽培高大环柄菇，极易发生病虫害。应经常在菇场四周撒生石灰粉，每周喷洒一次二嗪农或氯氰菊酯等。菇蕾生长期只宜使用氯氰菊酯，浓度为1∶2 000倍。其他预防与治疗请参阅本书《食药用菌病虫害防治》一章。

八、采　收

采收时应整丛拔起，剪去菇根，摆放整齐，用塑料袋分装成500～1 000g/袋。运往市场销售，也可制成干品或盐渍品外销。

第五节　高大环柄菇的营养与药用价值

高大环柄菇的野生菇在各地有较长的食用历史，味道鲜美，风味类似双孢蘑菇。在菌盖未开伞前采食，质地脆嫩。据Jandaik C L和Thianga S分析测定，鲜菇含水量90%左右，菌盖干物质中蛋白质为32.60%、脂肪1.60%、灰分6.20%、维生素C 0.082%、总氮5.18%、钾2.035%、磷1.16%、钙0.032%、锰0.15%；菌柄干物质中蛋白质为27.90%、脂肪1.20%、灰分7.50%、维生素C 0.080%、总氮4.85%、钾1.950%、磷1.15%、钙0.030%、锰0.10%。该菇有较高的蛋白质含量，含有多种矿物元素和氨基酸，游离氨基酸主要有苯丙氨酸、脯氨酸、精氨酸、赖氨酸、天冬氨酸、谷氨酸和丝氨酸。此外，还含有多种矿物元素。

高大环柄菇是一种非常美味的食用菌，但是野外采集需要小心，因为它的形状与鹅膏菌属 *Amanita* 的许多种类十分相似，而鹅膏菌属中的大部分种类是致命的毒菌。与高大环柄菇形态最接近的是灰色绿褶伞 *Chlorophyllum molybdites*，这是一种毒菌。也有少部分人食用高大环柄菇产生过敏反应的报道。第一次食用该菌应该谨慎小心，先尝试少许，没有反应才继续食用。

参考文献

[1] 徐维杰，叶淑静. 大型野生食用菌驯化栽培研究初报[J]. 江西农业大学学报，1992，14(2)：189-193.
[2] 唐玉琴，赵义涛，宫敬利. 棉花环柄菇的驯化试验初报[J]. 中国林副特产，2002，63(4)：22-23.
[3] 丁晓明. 高大环柄菇的驯化试验初报[J]. 农林科技学院学报，2007，16(1)：8-9.
[4] 丁智权，黄水珍. 高大环柄菇特性及高产栽培技术[J]. 农技服务，2004(1)：27-28.
[5] 黄水珍，丁智权. 高大环柄菇特性及高产栽培技术[J]. 闽北农业科技，2003(1)：31-32.
[6] 黄年来. 18种珍稀美味食用菌栽培[M]. 北京：中国农业出版社，1997.

（贺新生）

第二十七章 虎奶菇

DIERSHIQIZHANG HUNAIGU

摘要：本文研究菌核侧耳(虎奶菇)人工栽培及段木人工栽培的方法，以葡萄糖、果糖为碳源，以酵母粉为氮源，不同碳氮比对液体培养基对虎奶菇菌丝体生物量的影响。

Lentinus tuber-regium

Abstract: This chapter introduces the wood log and artificial cultivation methods used for producing *Lentinus tuber-regium*. The effects of using glucose or fructose as carbon source, yeast extract as nitrogen source, and different C:N ratios on *Lentinus tuber-regium* mycelium biomass production in submerged culture are described.

第一节 概 述

虎奶菇又名：核耳菇、菌核侧耳、茯苓侧耳、虎奶菌、南洋茯苓等。

学名：*Lentinus tuber-regium* (Fr.) Fr., *Syn. generis Lentinus* 3(1836)。

属名"*Lentinus*"来自拉丁语，是罗马专用名词，源用中文"香菇"一词，翻译为"香菇属"。种名加词"*tuber-regium*"的词干"tuber-"，意思是"肿瘤、结节"，词尾"-regium"意思是"王的"。中文学名应是"巨核香菇"。

同物异名：*Agaricus tuber-regium* Fr., *Syst. mycol.* (Lundae) 1:174(1821); *Lentinus cameroensis* Cooke & Massee, *Grevillea* 16 (no. 77): 15 (1887); *Lentinus cyathus* Berk. & Broome, *Trans. Linn. Soc. London*, Bot., Ser. 2 1: 399 (1879); *Lentinus descendens* Fr.,: 8(1837); *Lentinus dybowskii* Pat., *Bull. Soc. mycol. Fr.* 11:85(1895); *Lentinus flavidus* Massee, *Bull. Misc. Inf.*, Kew: 163 (1901); *Lentinus kaernbachii* Henn., *Syll. fung.* (Abellini) 9: 72 (1891); *Lentinus pachymae* Fr., *Syst. orb. veg.* (Lundae) 1: 77 (1825); *Lentinus scleroticola* G. Murray, *Trans. Linn. Soc. London*, Bot., Ser. 2 2: 229 (1886); *Lentinus stenophyllus* Berk., *J. Bot.*, London 6: 495(1847); *Lentinus taylorii* G. Murray, *Trans. Linn. Soc. London*, Bot., Ser. 2 2: 232 (1886); *Pachyma tuber-regium* Fr., *Syst. mycol.* (Lundae) 2(1): 243(1822); *Panus tuber-regium* (Fr.) Corner, *Beih. Nova Hedwigia* 69: 98 (1981); *Pleurotus tuber-regium* (Rumph. ex Fr.) Singer, *Lilloa* 22: 271(1951)[1949]; *Pocillaria cyathus* (Berk. & Broome) Kuntze, *Revis. gen. pl.* (Leipzig) 2: 866 (1891); *Pocillaria descendens* (Fr.) Kuntze, *Revis. gen. pl.* (Leipzig) 2:866(1891); *Pocillaria stenophylla* (Berk.) Kuntze, *Revis. gen. pl.* (Leipzig) 2: 866 (1891); *Pocillaria tuber-regium* (Fr.) Kuntze, *Revis. gen. pl.* (Leipzig) 2: 866 (1891)。

分类地位：菌物界(Fungi)，担子菌门(Basidiomycota)，伞菌纲(Agaricomycetes)，多孔菌目(Polyporales)，多孔菌科(Polyporaceae)。

中国云南省、日本、东南亚、澳大利亚、非洲均有分布，但还没有大规模栽培和推广。1977 年以来，许多国家，特别是非洲的一些研究人员，陆续对虎奶菇进行栽培和生理研究。虎奶菇的子实体和菌核都可以食用，把子实体切成细块，菌核除去褐色外皮，切片或磨粉(用盐水先煮 5 分钟)再加其他佐料煮汤。虎奶菇的菌核含葡萄糖、果糖、半乳糖、甘露糖、麦芽糖、肌醇、棕榈酸、油酸、硬脂酸，定量分析含还原糖 2%、蛋白质 45%，灰分中含有钾、钠、钙等元素。

据报道，某些疾病用现代医药是很难治好的，然而非洲的一些民间医生利用虎奶菇和某些草药却能治好许多疑难杂症。虎奶菇的菌核有治疗胃痛、便秘、发热、感冒、水肿、胸痛、神经系统疾病、天花、哮喘、高血压等疾病的疗效，并能促进胎儿发育，提高早产儿成活率。据应建浙和藏穆(1994)报道，虎奶菇"菌核入药，外敷有治疗妇女乳腺炎之效(滇西南一带民间多以缅甸进口)"，南洋各国的本地人认为虎奶菇的菌核可以治疗痢疾。过去日本的药商曾从南洋进口虎奶菇的菌核，当作中药茯苓菌核来用。根据笔者的研究，虎奶菇可以进行袋栽和段木窖栽。栽培简单，花工较少，便于推广。利用虎奶菇的菌核有可能开发出多种保健食品或药品。通过临床试验，弄清虎奶菇的药用价值之后，也有可能采用发酵进行大规模的液体发酵培养。虎奶菇是一种有发展前景的新的食品和药品资源，应引起人们的广泛注意。

第二节　虎奶菇的形态和生态

一、形态结构

子实体从地下的菌核上长出，单生或丛生；菌盖直径10～20cm，漏斗形或杯形，后期平展但中央仍保持下凹；菌肉韧，渐变皮革质，表面光滑，常有散生、翘起的小鳞片，特别是近中央的部分，淡灰白色到肉桂色，没有条纹，边缘初内卷，薄，有时放射状-锯齿状边缘；菌褶延生，很密集，苍白-淡褐色-淡黄色，边缘完整；菌柄3.5～13cm×0.5～3.5cm，中央生，偶尔偏心生，圆柱形，中实，表面与菌盖同色，通常有和菌盖表面一样贴生的小鳞片，在大的标本中，它有时发育成小绒毛。褶缘不孕透明，壁薄侧染色体缺如。子实层(髓层)透明很不规则，断断续续和菌肉相似和连接。菌盖表面有发育不良的上皮层，厚达25μm，由放射状的菌丝组成，和下面的菌肉相似，菌盖上的鳞片由完全疏松断断续续的生殖菌丝组成，直径2.5～5μm，有稍加厚的壁，并常含有褐色的细胞壁色素。孢子印白色；孢子7.5～10μm×2.5～4.2(8.5×3.2)μm，柱状椭圆形到圆柱形，透明，壁薄，有颗粒状内含物，担子21～26μm×5～6μm，棍棒状圆柱形，有4枚小梗，长达4μm。菌盖中的菌肉厚达8mm，边缘变薄，白色，坚韧，由生殖菌丝和骨架菌丝组成。生殖菌丝直径1.5～7μm，透明，壁薄，常分枝，有明显的锁状联合，骨架菌丝直径2～7μm，透明到近枯草色，厚壁(达2.5μm)，有狭窄的腔，波状，不分枝，不分隔。

菌核生于地下或木材间，直径10～25cm，球状、卵状或梭形，坚实，质重，内部白色，外皮壳褐色或暗褐色。

二、分　布

虎奶菇分布在亚洲热带地区(中国云南省腾冲、章风等地，日本、马来西亚、缅甸等)、澳大利亚、喀麦隆、尼日利亚、乌干达、加纳、几内亚、坦桑尼亚等国。

第三节　虎奶菇的生物学特性

虎奶菇是热带和亚热带地区的一种伞菌，是一种能产生大型菌核的担子菌。在分类上和中药茯苓完全不同，茯苓属多孔菌科，主要是侵染松柏类的针叶树种，而虎奶菇属侧耳科，主要侵染各种阔叶树种。虎奶菇侵染木材或树桩后，引起木材的白色腐朽，并在地下形成直径10～30cm的菌核。菌核放在温暖、潮湿的地方，会连续一个接一个地产生子实体。子实体生产期的长短，取决于菌核的大小。从原基出现到子实体成熟大约需要7天。如果天气较冷，菌核发生子实体的时间将会延长。

根据纯培养研究得知，虎奶菇菌丝生长的最低生长温度是15℃左右，适生温度35℃，最高生长温度40℃。10℃以下菌丝不生长，15℃菌丝稍生长，30℃菌丝生长相当好，35℃菌丝生长最好，40℃菌丝不能生长。

虎奶菇是一种典型的木腐菌，能利用许多阔叶树(如柳叶桉、枫树、拟赤扬)的木材和各种农作物的秸秆，以及其他糖类(碳水化合物)。虎奶菇的菌丝在含果糖的培养基上生长最好，其次为甘露糖，再次为葡萄糖，最次为木糖。寡糖中只能利用纤维二糖和麦芽糖。利用纤维二糖比利用麦芽糖好，在多糖中可以利用糊精和淀粉。在含糊精的培养基上比在含淀粉的培养基上生长更快、更好。虎奶菇菌丝不能利用山梨糖、半乳糖、鼠李糖。在阿拉伯糖的培养基上虎奶菇生长微弱，在含 3 种糖醇培养基中，虎奶菇菌丝利用甘露醇最好，其次为山梨醇，不能利用阿拉伯糖醇。

虎奶菇菌丝体在含水量 60%～70% 的木材或木屑培养基上生长旺盛。

虎奶菇子实体发生需要明亮光线，菌核在黑暗和明亮之处均可形成。

虎奶菇菌丝生长的最适 pH 为 6.5。

第四节　虎奶菇的栽培技术

虎奶菇的子实体虽然可食，但质地韧，味不鲜，主要利用部分是其菌核。因此，虎奶菇主要采用袋式栽培，也可以进行段木窖式（埋木）栽培。

一、栽培材料

（一）碳素养分栽培材料

凡含有木质素-纤维质的植物性材料都可以使用。例如，阔叶树的木屑、碎片、蔗渣、棉子壳等。在国外，还用木薯秆、油棕（果）渣、椰子壳纤维、可可渣、芋头渣等进行试验。

（二）含氮原料栽培材料

麦麸、米糠是虎奶菇较适合而廉价的氮源。此外，还有糖及碳酸钙。

二、栽培季节

虎奶菇一年四季都可以栽培，以夏秋高温季节最适合菌丝的生长和菌核的形成。在这种季节栽培，既可以减少能耗、降低成本，又可以缩短栽培周期。在北方或低温度季节，只要适当加温同样可以进行栽培。

三、栽培场所

任何清洁、干燥、通风，有一定容积（可以排放栽培袋）的房间、空房、仓库等，都可以作为虎奶菇的栽培场所。

四、栽培方法

虎奶菇的栽培方法与香菇、平菇等多种木腐菌相似，只是后期不必开袋。

（一）栽培袋的制作方法

把碳氮源原材料按如下配方制作培养基：木屑 78%，麦麸 20%，白糖 1%，碳酸钙 1%或者木屑 39%，棉子壳 39%，麦麸 20%，蔗糖 1%，碳酸钙 1%，加水（料水比 1∶1～1∶4）拌匀，装入 17cm×35～38cm 的聚丙烯塑料袋中，套上塑料颈圈，塞上棉花塞，然后进行常压或者高温灭菌。栽培灭菌后，冷却备用。继之，在无菌箱或无菌室中，逐袋接入虎奶菇原种（每袋接一匙“木屑种”或“麦粒种”）。

（二）栽培管理

接种之后，把所有栽培袋排放在栽培室的床架上，室内温度控制在 25～35℃。室内低于 15℃，适当加温；高于 35℃ 可通风散热。

接种后逐袋检查，若发现杂菌污染（木霉、红色链孢霉等）的栽培袋应立刻拣出、销毁。

1 个月后，菌丝长满，并开始出现菌索和菌核小结块，其后菌核慢慢增大。当菌核达到一定体积有可能把塑料袋胀破时，必须把棉花塞拔开，把塑料颈圈往上移（提），再塞回棉花塞，使菌核有继续长大的空间。经过 150 天以上的静置培养，菌核不再继续长大，木屑培养基变白、变软、变轻时便可以采收。

（三）采收

每袋可以采收新鲜菌核 120～240g（视所装栽培袋料的多少而异，生物转化率为 30%～40%。

五、段木窖式栽培

（一）木料准备

把阔叶树如拟赤杨、枫树、桉树、杨树的树干或粗大枝条，锯成长 30～45cm 的段木。直径超过 15cm 的段木可以劈开，晒干或风干备用。

（二）栽培场地

在向阳的缓坡地或排水良好的果园中，挖深 15～20cm 的浅坑为宜。坑太深，易积水，影响通气。菌核形成以壤土或砂壤土为宜。

（三）接种方法

把 3 根段木以“品”字形排入浅坑中，段木之间放入约 500g 木屑菌种，然后覆上泥土。以同样的方法，接完所备的木料。

(四)栽培管理

要及时培土，防止木料外露。特别干旱时，应浇水或喷水，保持栽培场所土壤湿润，定期拔除栽培场所中的杂草。经过 5 个月以上，可以在每窖段木周围检查是否已形成菌核。

第五节 虎奶菇的加工

虎奶菇菌核采收后，用水洗净，去掉菌核表面附着的老菌皮、菌索和培养基碎屑。然后切片，晒干或风干，再用高速粉碎机或球磨机碾成细粉(过 120 目网眼颗粒达 150μm 更好)。

(黄年来)

第二十八章 虎掌菌

DIERSHIBAZHANG HUZHANGJUN

摘要：虎掌菌是一种珍稀名贵的野生食用菌，营养丰富，味道鲜美，肉质细嫩，香味独特，是十大名菌之一。虎掌菌过去主要依靠野生，产量很少，采集困难，价值相当昂贵。人工栽培目前还处于初期的研发和试栽阶段，虽然已取得成功，但产量还不稳定，需要进一步提高。本章全面系统地阐述了虎掌菌的研发与栽培现状，并对虎掌菌的生物学特性、生态环境、产地、菌种分离与培育、栽培方式、管理技术、采收加工、营养成分及食药用价值等作了总结，为开发虎掌菌商业化人工栽培提供重要的依据。

Sarcodon imbricatus

Abstract: *Sarcodon imbricatus* is a rare, wild edible fungus that is highly nutritious and has a special flavor, good taste and tender texture, and. It is one of the ten best-known fungi in the world. *S. imbricatus* is very expensive due to restricted supplies which, in past years, have been collected mainly from the wild. Recently, *S. imbricatus* has successfully been cultivated artificially but the technology is still at a preliminary stage, with unstable yields that need to be improved. This chapter consists of ten sections describing in detail various aspects of *S. imbricatus* including the present situation relating to the development and cultivation of the mushroom, biological features, ecology, production areas, isolation and purification of pure cultures, cultivation modes, management techniques, harvesting and processing technologies, nutritional attributes and medicinal properties. The chapter provides a reference for commercialized production and exploitation.

第一节 概 述

一、虎掌菌学名及分类地位

虎掌菌又名：黑虎掌菌、翘鳞肉齿菌、老鹰菌、獐子菌等。

学名：*Sarcodon imbricatus*（L.）P. Karst., *Revue mycol.*, Toulouse 3(9)：20（1881）。

属名“*Sarcodon*”的词干是“sarx-”，意思是“肉”，词尾是“-odous”，意思是“齿”，属名是“肉齿菌属”，描述其肉质菌盖和齿状的子实层。种名加词“*imbricatus*”意思是“覆瓦状的”，描述菌盖表面大量的黑褐色鳞片。直接翻译成“覆瓦状肉齿菌”。“虎掌菌”是用中文进行形象的描述。

同物异名：*Bankera infundibulum*（Sw.）Pouzar, *Česká Mykol.* 9：96（1955）；*Fungus imbricatus*（L.）Paulet, *Traité Champ.*, Atlas 2：127, index（1793）；*Hydnum adpressum* Lloyd, *Mycol. Writ.* 4：552（1916）；*Hydnum aspratum* Berk., *Grevillea* 10（no. 56）：121（1882）；*Hydnum badium* Pers., *Mycol. eur.*（Erlanga）2：155（1825）；*Hydnum badium* Pers., *Mycol. eur.*（Erlanga）2：155（1825）subsp. *Badium*；*Hydnum badium* Pers., *Mycol. eur.*（Erlanga）2：155（1825）var. badium；*Hydnum imbricatum* L., *Sp. pl.* 2：1178（1753）；*Hydnum imbricatum* L., *Sp. pl.* 2：1178（1753）var. *imbricatum*；*Hydnum infundibulum* Sw., *K. Vetensk-Acad. Nya Handl.* 31：244（1810）；*Phaeodon aspratus*（Berk.）Henn., in Engler & Prantl, *Nat. Pflanzenfam.*, Teil. I(Leipzig)：149（1898）[1900]；*Phaeodon imbricatus*（L.）J. Schröt., in Cohn, *Krypt. -Fl. Schlesien*(Breslau) 3. 1(25-32)：460(1888)[1889]；*Sarcodon aspratus*（Berk.）S. Ito, *Mycol. Fl. Japan* 2（4）：183（1955）。

分类地位：菌物界（Fungi），担子菌门（Basidiomycota），伞菌纲（Agaricomycetes），革菌目（Thelephorales），坂氏菌科（Bankeraceae）。

二、中国虎掌菌的发展历程

虎掌菌不仅营养丰富，味道鲜美，肉质细嫩，还有防癌、抗癌的功能，是食用菌中的佼佼者。国内外市场需求量很大，市场价格相当昂贵，每千克干品售价高达800多元，特别是韩国人把虎掌菌奉为“圣品”。从古到今人们一直努力争取实现人工栽培，但是由于虎掌菌不同于一般的普通木腐食用菌，它属于外生菌根菌，必须在野外依靠树林中的树根才能共生。因此，人工栽培出菇的难度较大。

第二节　虎掌菌的生物学特性与生态习性

一、形态特征

虎掌菌是由菌丝体生长发育而成，由菌柄和菌盖两大部分组成子实体。菌丝体是虎掌菌的营养器官，虎掌菌菌丝呈白色至浅黄色，绒毛状，有分枝。虎掌菌子实体菌盖扁半球形至扁平，初期中部稍凸，后期脐状或稍下凹。也有些地区的品种菌盖中凸，菌盖中凸的品种，味微苦。菌盖中凹的是比较好的品种。盖径5～30cm，盖表淡灰黑色，表皮开裂形成暗灰棕色至黑褐色大鳞片，鳞片厚，向中部尤为粗大并呈近同心环状，鳞片覆瓦状排列，先端常反卷或翘起。菌肉灰黑色，子实层体刺状，刺锥形，延生，长达2～6mm，初为白色，后期变深褐色。孢子近球形，多疣状突起，浅褐色，非淀粉质，6～8.6μm×5～5.7μm(图28－1)。

图28－1　虎掌菌子实体

菌柄中生或偏生，近圆柱形，实心，中粗或基部稍膨大，长5～10cm，粗1.5～5cm，淡白色，后变淡褐色至黑褐色，平滑，肉厚实(图28－2)。

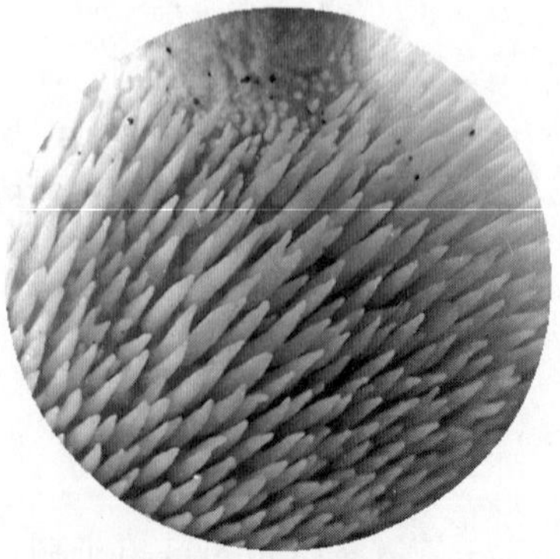

图28－2　虎掌菌背面肉齿

虎掌菌产地不同，气候条件不一样，品种颜色及外观也略有差异。

二、生活史

在自然条件下虎掌菌子实体成熟后，从菌盖下方的菌齿(称肉齿)尖端上发出孢子，孢子通过空气或风力随风飘落，落到森林中含有腐殖质的土壤中。在温度和湿度适宜条件下，孢子开始萌发成菌丝，菌丝逐渐蔓延扩展，遇到适宜的树根后，并与树根的须根产生共生关系。经过半年菌丝的生长，菌丝开始扭结成原基，原基逐渐膨胀，几天后出现菌柄和菌盖，并迅速生长发育为成熟的子实体(见图28－3)。

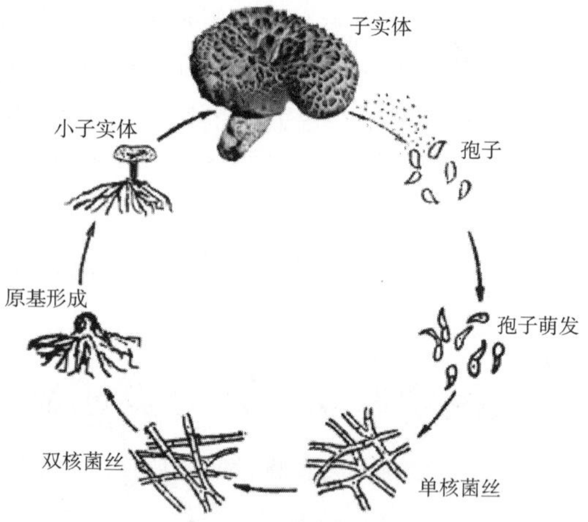

图28－3　虎掌菌的生活史

三、分布区域

野生虎掌菌在我国分布很广，但产量很少。虎掌菌是一种珍稀名贵的野生菌，一般生长在大山区森林的乔木林中。虎掌菌在我国主要产地有四川、云南、西藏、甘肃、新疆、安徽、湖北、浙江、福建、黑龙江、吉林、辽宁、河北、山西、山东、河南、陕西等地，其中以四川、云南、西藏、甘肃、新疆最多。云南丽江、楚雄、迪庆等地的虎掌菌质量较好。

据考察，四川省虎掌菌的主产地有绵阳市的平武、北川、安县、江油；广元市的剑阁、青川、旺苍；达州市的通江、南江、达县；阿坝州的松潘、红原、黑水、金川、小金、茂县、壤塘、九寨沟、若尔盖；

甘孜州的石渠、色达、康定、理塘、巴塘、雅江、稻城；雅安市的汉源、石棉、天全、宝兴、洪雅等县。

虎掌菌在其他地方分布：云南的迪庆、中甸、保山、潞西、临仓、景洪、思茅、楚雄、丽江、玉溪；西藏的昌都、林芝、波密、察隅、泽丹；贵州的遵义、毕节、六盘水、凯里、都均；陕西的汉中、咸阳、安康、渭南、潼川、延安、榆林；甘肃的天水、成县、西峰、定西、榆中、迭部；青海的玉树、玛沁、同仁、果洛州；新疆的哈密、南疆、吐鲁番、天山、喀什、阿克苏、库尔勒、古河子；河南的新乡、洛阳、安阳、南阳、驻马店；山西的离石、临汾、吕梁、交口、运城；吉林的白城、松源、四平；辽宁的朝阳、阜新、铁岭、抚顺；河北的邢台、邯郸、保定；黑龙江的漠河、黑河、大庆、鹤岗、鸡西、佳木斯；安徽的淮北、阜阳、六安、安庆；宁夏的固原、彭阳；内蒙的通辽、赤峰、乌兰浩特、加格达奇、海拉尔。

虎掌菌产量较多的是四川和云南，约占全国总产量的50%，但每年全国收购量还不到10吨，其次是陕西和甘肃。从外形上比较，全国最好的虎掌菌是四川的甘孜州和阿坝州，云南的迪庆、楚雄和丽江，主要体现在菌盖大、肉质厚、菌柄短小、肉齿肥大、翘鳞突出、花纹黑白分明、气味香浓，深受国内外客商的欢迎。

四、生态习性

虎掌菌生于夏秋季节针叶和针、阔叶等混交林中地上，大多为单生，很少有群生。虎掌菌的生长环境一般不分山区与林地，主要与环境气候条件有关。除气温过高的热带地区或气候干燥的沙漠地区不适宜生长外，其他地区都能生长，低温潮湿的西部地区最适宜虎掌菌的生长。

野生虎掌菌生态环境要求较高，但产量很低，采集十分困难，每年只发生一次，采收季节一般在秋季的8、9月份。虎掌菌属于外生菌根菌，主要是生长在成年松树林（20～40年的树龄）下，或成年混交林中，它与树根产生一种共生的亲缘关系。若没有树根生长的配合，无论虎掌菌的菌丝怎样生长繁殖，都不会出菇。

（一）虎掌菌生长对林木的要求

虎掌菌一般都生长在森林之中，林地要求背风向阳、阴暗潮湿、土质肥沃、疏松。树木主要以成年20～40年龄的松树或青杠树（柞树），以及其他成年阔叶树林，无论是纯松树林或纯阔叶林等混交林下都能生长。各种幼树林下一般不生长虎掌菌，因幼树林的根系还不发达，分布不远，未达到分泌激素的能力，无法促进虎掌菌的原基形成。人工栽培虎掌菌要选择在森林茂密的老树林中。

（二）虎掌菌生长对气候的要求

虎掌菌属于中温偏低型菌类，野生一般在低温地区，海拔800～2 500m的山林地段，昼夜温差较大，最高气温一般在28℃以下，最低气温在－40℃以上，冬天冰雪覆盖时间长达半年。所以一年只能生长一次，大多数地区在每年中秋至秋末季节才能采收。

（三）虎掌菌生长对土质的要求

虎掌菌生长的土壤除了适宜的pH外，对土质也有一定的要求。虎掌菌通常很难在砂土和黏土中生长，一般宜在土层肥厚、腐殖质丰富、保温性能良好，对雨水既能渗透又能排水的土质中生长发育。

第三节　虎掌菌的人工栽培条件

一、生长发育条件

虎掌菌菌丝体和子实体的生长条件包括：温度、湿度、光照、空气、营养、酸碱度等。在虎掌菌的人工栽培过程中，特别是在菌种制作和培养阶段，只有采取人为的技术方式满足它的各种生长条件，才能培育出优良菌种，在栽培过程中也必须满足这些条件才能获得成功。

（一）温度

虎掌菌菌丝体在5～25℃都能生长，最适宜温度为18～22℃，它也可以忍受－30℃以内的低温，在30℃以上的高温很快衰老或死亡。栽培季节应选在冬季或春季播种，待自然气温下降到18℃左右栽培最好。

虎掌菌在10月到次年3月份都可以栽培，最好在11月份左右栽培，这时的自然温度有利于虎掌菌菌丝缓慢生长，虽然8～22℃均能生长，以18～22℃为宜。温度过低或过高不仅原基不易形成，而且子实体也长不好，对产量和质量有影响，有时还会出现冻死小子实体的现象，特别是温度的急剧变化使原基不易形成子实体。温度过高子实体肉薄，柄长，商品价值低；温度过低子实体生长缓慢，个体小。选择最佳的栽培季节和掌握适宜的温度，是提高虎掌菌产量和质量的关键。

（二）湿度

栽培虎掌菌掌握培养料含水量非常重要，在水分管理中，要控制好播种时期的培养基本身水分，不能让培养基内部的水分受外界土壤湿度的影响而丧失水分。首先要保持栽培场地土壤的湿度，表土层的土壤和土壤内部含水量达到65%时进行栽培。若发现表土发白变干时，可用水浸泡或喷洒少量的水，保持土壤润湿，但又不能让土壤中有过多的水流进播种的培养料内，以免水分过大，淹死菌丝。

原基形成时是水分管理的重要阶段。原基开始形成时，若气温干燥可随时喷洒少量的水，保持湿润度，出现子实体后，一定要保持空气相对湿度85%～95%，才能促进子实体迅速生长。总之，保持低温潮湿才是虎掌菌生长的基本条件（图28—4）。

图28—4　在野外林地栽培的虎掌菌

（三）光照

虎掌菌适宜在荫凉、暗光、背风的环境下生长，菌丝生长对光照没有特别的要求，且在阴暗环境生长较快。但子实体生长时却需要一定的光照，适宜三分阳七分阴的条件下生长。全黑条件下和阳光直射暴晒条件下不利于子实体的形成和生长。所以，树林下林地内，要防止太阳暴晒。特别是刚生长出来的幼小子实体生命力很弱，经不起太阳、大风、过干、过湿、冰霜的考验，容易死亡。在这段时间内一定要小心管理，做到遮光、防晒才能获得成功和提高产量。

（四）空气

虎掌菌是一种好气性真菌，无论是菌丝生长或子实体生长，都需要一定的空气，特别是子实体喜欢在空气流通的环境下生长。栽培虎掌菌要选择空气流通、新鲜，场地无污染的环境，尽量避免有灰尘、农药、放射性的物质，或异味、臭味的场地。

虎掌菌子实体生长和其他食用菌一样，需要在森林中有足够的新鲜空气。若空气不流通，子实体容易出现畸形或发霉腐烂等现象。菌种生产过程中，也要注意通气问题，一般不能用薄膜封口或覆盖，还要保证室内菌种是否有足够的新鲜空气，闷气或闭气会影响菌丝体正常生长发育，在营养生长阶段和生殖生长阶段，都需要充足的氧气。

（五）酸碱度

虎掌菌适宜在中性偏酸的培养基生长，栽培虎掌菌的培养基质和覆土的pH以5.0～8.5为宜，最适宜pH为6.0～6.5。无论是栽培场地的环境土壤或是覆土的土质及培养基的原料配方，都要考虑pH这个因素。若pH下降到3.0以下或高于9.0以上，都不利于虎掌菌菌丝生长和子实体的发育，生长会受到抑制或停止生长。在整个栽培和管理过程中，不要加其他任何影响pH变化的物质。

（六）营养

虎掌菌是一种营腐性的土生真菌，营养来源主要靠菌丝分泌和吸收腐殖质中的各种营养，以及少量的无机盐类、维生素类等营养成分，主要以碳源、氮源、无机盐类等营养成分为生长基础。

1. 碳源

碳源是虎掌菌生长发育的主要营养源，虎掌菌菌丝可广泛利用多种碳源，如单糖、双糖和多糖。虎掌菌菌丝主要利用的是单糖，单糖有葡萄糖、果糖等；其次是双糖，如麦芽糖、蔗糖。虎掌菌菌丝对木质素、纤维素、半纤维素虽然不能直接利用，但可以分解出各种酶，将这些物质分解成小分子化合物后再加以利用。培养菌种时，在培养基中添加一定的酵母浸膏、麦芽浸膏、马铃薯、玉米粉等物质作为碳氮源，虎掌菌菌丝将会生长得更好。

2. 氮源

氮源是合成细胞内蛋白质和核酸等生命物质不可缺少的营养成分，虎掌菌的菌丝可吸收和利用某些有机氮，如蛋白胨、*L*-氨基酸、尿素等，但它的需要量很少。高浓度的氮反而对菌丝生长和子实体生长有害，一般不能利用氧化态的氮，如硝态氮和亚硝态氮等。

3. 无机盐

虎掌菌的菌丝生长所需要的无机盐类主要是矿质元素，如钾、镁、磷、钙、硫、锌等。这些元素可以直接参与虎掌菌的菌丝组成，保持细胞渗透压，并进行正常的新陈代谢。在栽培过程中，一般培养基中有足够虎掌菌菌丝生长需要的矿物质成分，不必考虑矿物质的缺少对菌丝生长和子实体发育的需要。

二、栽培条件

虎掌菌人工栽培，应选择有森林的山区，气温较低、海拔 800～2 500m，环境要求无任何污染、无人畜践踏，森林比较茂密、雨量充沛，湿度较大（图 28—5）。

图 28—5 虎掌菌标本采集

虎掌菌目前还不能像其他食用菌那样，在室内条件下进行人工栽培，只能选择在野外森林之中，用纯菌种进行林地半人工方式栽培。每年在春季、秋季和冬季分别进行播种栽培，每年 8～9 月份出菇、采收。

（一）原材料

栽培虎掌菌的原料很广，主料有阔叶树木屑、棉子壳、玉米芯、玉米秆、甘蔗渣、秸秆粉、麦草、稻草、花生壳等。

辅料有麦麸、米糠、玉米粉、白糖、葡萄糖、蛋白胨、石膏、磷酸二氢钾、硫酸镁、过磷酸钙等。

主要材料：玻璃瓶、塑料广口瓶、塑料袋及相关药品、工具等。

（二）设备要求

栽培虎掌菌需要一定的厂房、塑料大棚、操作场地、接种箱、接种室、培养室、高温灭菌灶等。主要机械有装瓶机、装袋机、拌料机、灭菌锅炉、木屑粉碎机、烘干机、空调、加湿机、培养车间等。

三、虎掌菌的菌种制作技术

虎掌菌在人工栽培中，首先要采用优良品种及优质菌种，这对于提高产量和质量十分重要。虎掌菌菌种质量的好坏，会直接影响菌丝生长快慢、强弱和产量高低。严格地选择好虎掌菌的品种和优质的菌种，才能达到虎掌菌优质高产的目的。

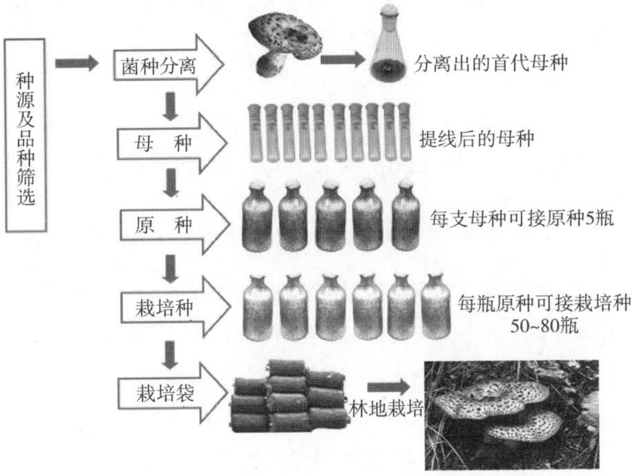

图 28—6 虎掌菌人工栽培工艺流程

（一）虎掌菌的母种制作

母种是指从野生虎掌菌子实体或孢子，通过基因技术或生物技术等有性和无性方法繁殖，获取的纯菌种。

用于虎掌菌菌种分离及母种培养的培养基种类，主要有以下 5 种：

（1）马铃薯、葡萄糖琼脂 PDA 培养基

马铃薯 200g，葡萄糖 20g，琼脂 20g，水1 000ml，pH 为 5.5～6。

制作方法：马铃薯去皮，洗净，切成小块，加入1 000ml 清水中煮沸 30 分钟，用两层纱布过滤，取汁，加入琼脂，继续加热至琼脂全部溶化，再加入葡萄糖，并将水分补足至1 000ml，趁热装入试管内，塞上棉塞，包扎垂直放在灭菌锅中灭菌，备用。

如果作保藏菌种之用，还可以在 1 000 毫升培养基中加入磷酸二氢钾 3g，硫酸镁 1.5g，维生素 B_1 半片。

（2）玉米粉培养基

玉米粉培养基配方为：玉米粉 100g，蔗糖 10g，琼脂 20g，水1 000ml，pH 为 5.5～6。

制作方法：将玉米粉用冷水调匀，煮沸 30 分钟，然后加入其他成分，使琼脂溶化，并将水分补足至1 000ml，调 pH 值，趁热装入试管内，塞上棉塞，包扎灭菌，备用。

(3)玉米芯培养基

玉米芯200g,米糠或麦麸100g,硫酸铵1g,琼脂20g,水1 000ml,pH为5.5～6。

制作方法:选取适量的玉米芯,加水煮沸30分钟,过滤、取汁,补足1 000ml水,加入琼脂,继续加热至全部溶化,然后再加入硫酸镁,搅拌均匀,分装试管,塞上棉塞后灭菌备用。

(4)豆芽培养基

豆芽(黄豆)500g,蔗糖20g,琼脂20g,水1 000ml,pH为5.0～6.5。操作方法同上。

(5)蛋白胨培养基

蛋白胨3g,酵母膏3g,硫酸镁0.55g,磷酸二氢钾0.5g,琼脂20g,水1 000ml,pH为5.0～6.5。

(二)虎掌菌的菌种分离

虎掌菌的菌种分离可采取两种方法:一种是采用组织分离法;另一种是孢子分离法。组织分离法是将采集的野生新鲜虎掌菌,选择朵大、肉厚、丰满、无虫害、处于壮龄期的子实体,趁新鲜分离。

分离方法是将整个子实体用75%乙醇擦拭消毒后,放入接种箱内,再放入PDA试管培养基、刀片、接种针、酒精灯、乙醇棉球等工具,一起进行消毒。

消毒方法是先在小碗内倒入10ml甲醛,再倒入10g高锰酸钾,两者混合后产生消毒气体,盖好接种箱门,进行接种箱的空间消毒。30分钟后可分离接种。

组织分离法:将虎掌菌从中部切开,用小刀切取内部约黄豆大小一块菌肉,迅速放入试管内的PDA培养基上,每支放一块,塞上棉塞。接种分离完后,在18～22℃条件下培养观察。1周后,可见菌肉块上发出白色菌丝,并慢慢伸向培养基。这时若发现各种杂菌,立即淘汰。虎掌菌的菌丝呈白色至浅黄色,若是其他颜色或是生长较快的菌丝都是杂菌。在正常情况下,菌丝一般10～15天可长满试管培养基。

孢子分离法:将采回的新鲜非常清洁的虎掌菌子实体切掉菌柄,放入无菌接种箱,再将盛有PDA培养基的三角瓶一起放入接种箱。在无菌条件下,揭开三角瓶的棉塞,立即将虎掌菌盖在瓶口上面,菌齿朝下,让虎掌菌的菌齿产生大量的孢子,落到PDA培养基上。产孢期保持温度在20～25℃之间,一般8小时左右可以去掉子实体,然后塞上棉塞,放在18～22℃条件下待孢子萌发出菌丝。经过一周后的培养,孢子已萌发出菌丝。这时应与各种杂菌进行区分,待菌丝长到1cm时,可以进行转管扩大培养了。

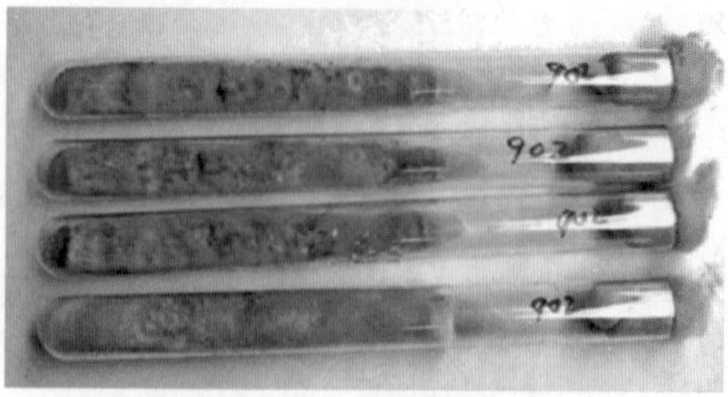

图28－7　虎掌菌优良母种

转管培养:无论是组织分离或是孢子分离都必须进行转管纯化培养,目的一是进一步观察菌丝的生长表现,挑取无杂菌感染的菌落,二是继续扩大培养菌丝的数量。转管方法是将初步分离出的虎掌菌菌种,放入接种箱内,再放入PDA培养基、接种针、酒精灯、乙醇棉球等用具,按上述比例放入甲醛和高锰酸钾,混合产生消毒气体,30分钟后进行接种。在每支PDA培养基试管内,可接入黄豆大小的一块菌种,接种后放在18～22℃条件下培养。经10～15天菌丝可长满试管培养基,即成为母种(图28－7)。

(三)虎掌菌的原种制作

无论是有性繁殖方法或是用无性繁殖方法获得的母种,数量少,成本也高,不能适应大量的生产上需要,必须经过培养成原种,以扩大更多的优良菌种(图28－8)。

原种培养基配方:

①木屑78%,玉米粉20%,葡萄糖1%,石膏1%,含水量65%,pH自然。

②木屑75%,米糠20%,白糖1%,石膏1%,过磷酸钙2%,石灰1%,含水量65%,pH自然。

③棉子壳80%,麦麸15%,过磷酸钙2%,石膏2%,蔗糖0.7%,尿素0.3%,含水量65%,pH自然。

④棉子壳70%,麦麸20%,木屑10%,含水量65%,pH自然。

⑤玉米芯78%,米糠20%,白糖1%,石膏1%,含水量65%,pH自然。

图28－8　虎掌菌优良原种

操作方法：可任选一组配方。先将干料混合均匀，再将白糖或葡萄糖溶于水中，料水比一般为1∶1～1∶1.25，充分搅拌，使培养料含水量在60%左右。然后分装于750g菌种瓶中，压实，在瓶中间钻一洞直达瓶底，再将瓶外洗净，揩干，塞上棉塞。以0.15MPa的蒸汽压力高压蒸汽灭菌120分钟，若采用土法进行常压灭菌，在100℃以上维持8～10小时，冷却后备用。

消毒接种：一般在接种箱内进行接种。接种箱要密闭严密，不漏气，将母种和原种培养基、接种针、酒精灯等工具放入接种箱后，用甲醛、高锰酸钾熏蒸。接种箱在使用之前还要把酒精灯、接种针、母种等用75%乙醇擦拭一遍后，进接种箱接种时，双手也要用75%乙醇消毒。接种时再把接种针置于酒精灯上烧红，冷却后伸入母种试管内切取带有菌丝的培养基小块，迅速将原种接入瓶中。为了使瓶内的菌丝提早萌发，接种量可以大一些，一支母种试管可接5瓶原种。

原种瓶在接种后，即放入18～22℃的温度中避光培养，经30～40天菌丝可以布满全瓶。培养过程中，注意观察瓶内生长情况，尤其是在接种后的前几天，应随时观察瓶内有无青霉、绿霉、木霉、根霉等杂菌长出。一当发现杂菌，立即处理，不能继续放置培养。

原种长满瓶子以后，及时扩大培养栽培种，否则，放置太久菌丝容易老化。原种在3～4℃低温下可保存2～3个月，但必须保存在避光、干燥、低温和清洁的地方。否则棉塞容易回潮、生霉，污染菌种。

（四）虎掌菌的栽培种制作

原种再进行扩大培养成为栽培种，栽培种是将菌种直接在生产中使用的菌种，下面介绍栽培种的制作方法。

栽培种培养基配方：

①栎木屑50%，棉子壳30%，麦麸15%，白糖1%，石膏1%，过磷酸钙1%，土2%，含水量65%，pH自然。

②松木屑75%，米糠或麦麸20%，白糖1%，石膏1%，过磷酸钙1%，土2%，含水量65%，pH自然。

③稻草粉70%，麦麸25%，石膏1.5%，过磷酸钙1.5%，土2%，含水量65%，pH自然。

④棉子壳90%，木屑8%，土2%，含水量65%，pH自然。

⑤玉米芯50%，木屑30%，米糠15%，石膏1%，过磷酸钙1%，土3%，含水量65%，pH自然。

操作方法：上述配方任选一组。将木屑、玉米芯、棉子壳、麦麸、石膏、过磷酸钙等干料充分拌匀后，再用清水将葡萄糖或白糖溶化后，加入料中混匀，然后再加清水补足培养料中的水分，使含水量达到65%，以手捏料手指间见水不滴时开始装瓶。

装瓶：瓶子一般选择750g的标准瓶。将拌好的料装入瓶中，边装边抖，目的是把料抖实、抖紧。料装至瓶肩后，用铁铲压平表面，要求表面平整、紧实，然后擦干或洗净瓶壁内外沾染的培养基，塞上棉塞，进入高温灭菌。

灭菌：将装好料的菌种瓶放入高压灭菌锅内，待压力上升0.05MPa时打开阀门放出冷气。等指针回到原位零时关掉阀门继续升温，一直升到指针到达0.15MPa时维持1～2小时。

若采用常压灭菌，待灶内中间温度上升至100℃以上后保持8～10小时。灭菌后，待温度下降后，取出瓶子，放入接种箱或接种室进行接种。

接种：当瓶内温度下降至30℃以下时可进行接种，栽培种接种常用无菌室或接种箱两种设备。无菌室在接种前一星期用甲醛熏蒸消毒，每立方米空间用量10～15ml，无菌室门口要放置石灰粉，进出人员要脚踏石灰粉消毒。用接种箱接种，在使用前1～2天，每立方立米空间用10～15ml甲醛和气雾消毒盒进行消毒。灭过菌的菌袋、菌种、酒精灯、接种工具等全部放入接种室（箱）后，用气雾消毒盒进行熏蒸30分钟即可接种。

接种人员要穿戴工作服、工作帽。工作服与工作帽要经过消毒灭菌，手臂要用75%乙醇棉擦拭消毒，接种工具必须用75%乙醇棉擦拭和火焰灭菌。菌种瓶用0.1%的高锰酸钾溶液消毒。接种室（箱）内置酒精灯，接种时菌种瓶口和菌袋接种口要在酒精灯火焰无菌区内，以防杂菌污染。接种菌种块大小以蚕豆大小为宜。每瓶原种可接栽培种50～80瓶，接种时动作要迅速。每箱（室）接完后，及时运往培养室堆放，并将接种室（箱）清理干净后灭菌，再接下一批菌种。

培养：虎掌菌栽培种菌丝培养要求温度控制在18～22℃，最好暗光培养，避免阳光直照。栽培种经40天左右培养，菌丝可长满瓶底。

（五）虎掌菌的栽培袋制作

栽培袋培养基配方：

①木屑70%，玉米粉28%，石膏1%，过磷酸钙1%，尿素0.1%。

②棉子壳78%，米糠18%，葡萄糖2%，石膏1%，过磷酸钙1%，尿素0.1%。

③玉米芯50%，农作物秸秆粉30%，玉米粉18%，石膏2%。

操作方法：将上述原料配方任选一组，混合拌匀后，加入清水调至含水量60%，以手捏料，指缝间见水不滴为宜，然后装袋。

塑料袋要求：聚丙烯或聚乙烯塑料袋都行，规格长45cm，宽22cm，厚度一般0.03～0.05cm，然后开始装料。要求装紧，装好后在袋子两头套上直径5cm的塑料口圈，再用牛皮纸或报纸封口，外用胶圈扎紧。要求装好的袋子长度一般不少于30cm，过长或过短不利于生长和管理。

灭菌方法：一般采用土法灭菌和高压灭菌两种方式。高压灭菌方法与栽培种灭菌相同，土法灭菌灶装袋时最好分层装，便于蒸汽流通，在100℃保持8～10小时，冷却后接种。

接种方法：必须在接种箱或接种室进行接种。接种消毒方法有3种：

①接种箱内药物消毒：每立方米空间可用5g高锰酸钾和10ml甲醛混合气体进行消毒。

②接种箱内紫外灯消毒：可根据接种箱和接种室大小，安装10～30W的紫外灯照射30分钟。

③蒸汽灭菌适宜接种室使用，前面两种方法适宜接种箱灭菌。蒸汽的来源可根据当地条件采用不同的方法。可用电炉烧开水产生蒸汽或用蒸汽锅炉产生蒸汽，以蒸汽来排除空间杂菌。

接种时将栽培种勾取手指头大的1～2块放入栽培袋，每袋用两头接种，可缩短菌种生长周期。每瓶栽培种可接栽培袋20袋左右。接种后，菌袋要轻拿轻放，以防从接种口进入空气，污染杂菌。

培养：接种后的栽培袋，放在18～22℃下培养。在培养过程中，随时检查，若发现有绿色、红色、黑色等霉菌应即时挑出。发菌室内空气相对湿度应保持在60%左右，如湿度大可适当通风，加以调节。光线以散射光为宜，不能让太阳直晒，培养室应保持空气对流、新鲜。在正常情况下，一般经50～60天培养菌丝可长满料袋。

四、虎掌菌的栽培管理技术

（一）栽培场地的选择与整理

虎掌菌是一种外生菌根菌，必须在树林中才能进行人工栽培，出菇难度很大。它主要与树根产生共生关系，依靠活树的根系提供一定的营养，但它不会影响树木的生长，反而对树木生长有促进作用。

虎掌菌的栽培场地要选择密度较大的赤松树林、栎树林、阔叶树林或松、栎树混交林。树木最好是20年生的树龄，林地中要求阴暗潮湿，有花花太阳照射、土层肥厚的赤松林、混交林。选好场地后，清除场地内过多的杂草、杂菌、害虫。挖好防洪排水沟，防止雨水冲刷和淹没。四周设好防护栏，防止牲畜和人员随意进场践踏。在场地的外围最好撒石灰隔离，防止播种后过多的虫害进入场地。特别是要掌握好播种前的土壤湿度，要求土壤的含水量在60%～65%。过干要引水浸泡，过湿要挖沟排水晾晒。总之，待土壤水分保持到一定的湿度时才开始播种，掌握好土壤湿度是栽培虎掌菌非常重要的一步，也关系到虎掌菌菌丝能否顺利成活，并延伸到土质中与植物须根形成共生的关键。

（二）栽培方式及播种技术

1. 栽培季节

虎掌菌属于中、低温型的菌类，野生多出现在秋季，菌丝适宜在15～25℃生长，出菇温度适宜18～22℃。人工栽培虎掌菌季节应选择在秋、冬季和春季播种，经过半年左右的菌丝萌发，次年夏末秋初出菇。根据栽培季节推算，栽培菌种需要提前60天进行制作培养，才能赶上播种栽培季节。

2. 播种方式

虎掌菌栽培播种的方式很多，通常采用穴播、沟播、混播、层播等，根据不同的地势，采取不同的播种方式。

（1）穴播

虎掌菌的穴播方式不择地方，不分地势平陡都可。一般在树的周围每隔50cm挖小坑，直径10～12cm，深度7～10cm，最好能见到树的根部或须根处。然后将栽培袋里面的菌种揉散，撒在坑内。菌种用量以掩盖坑土为宜。但菌种量不宜太多、太厚，每袋菌种可播种30穴，播后立即盖上细土，压实，上面再盖上树叶，保持土壤湿润让其菌丝萌发生长。

（2）沟播

虎掌菌的沟播对地势要求也不高，无论山坡或平地都可进行。可选择树与树之间1～3m交界处，挖一条长小沟，长度不限，宽度一般在10cm左右，深度7～8cm，沟底平整。然后将栽培袋菌种捣碎，撒在沟底，菌种用量以掩盖沟底土壤为宜，回填细土，压平，盖上树叶保湿发菌。

（3）混播

虎掌菌的混播方式应选择地势宽敞、平坦的地方。将土壤翻挖打细，宽度不超过1m，长度不限，深度7～8cm，将菌种撒在翻挖打细后的土壤中。把菌种与土壤进行混合搅拌均匀，表面再盖一层3～5cm厚未拌菌种的细土，压实后盖上树叶发菌。

（4）层播

在林地的平地内挖宽1m、深15～18cm、长不限的畦沟，分2层播种。即畦面先铺一层枯松枝或干落叶，播上菌种，继续铺一层枯松枝或干落叶，一般是含有一定湿度的枯落叶和干松枝，混合铺一层料一层种，共2层料2层种。一般每平方米用干料10千克，菌种量占料量的10%。播种后整平料面，稍加压实。然后在畦床上覆土3～5cm，再盖上树叶，让菌丝在土壤料中萌发。注意保持湿润，保持畦床空气新鲜，有利菌丝发育。

(三)栽培后的出菇管理

在野外林地栽培自然条件下，虎掌菌栽培后的出菇管理技术，主要抓住4方面的工作：一是做好保持土质中的湿度；二是防治病虫害；三是防治各种杂菌；四是防止人畜进场。

虎掌菌在林地条件下属于半人工栽培，出菇不稳定。野外林地栽培，无法采用人工控制温度管理，只能按照自然季节播种栽培，随自然温度生长。因此每年只能按照季节栽培一次、出菇一次，但人工完全可以调控湿度，湿度是虎掌菌菌丝生长和子实体生长成败的关键。

湿度管理：虎掌菌栽培后，随时观察土壤的湿度变化。若遇自然气温偏高、干燥时，林地中的土壤水分蒸发较快，土质容易干燥。出现这种情况，可以采取人工浇水、洒水或引水浸湿等方法。但不能浇水过多或过少。若雨水或山水过多浸泡时，需立即挖沟排水；水分过干需立即补水。总之，保持土壤随时湿润，才能满足虎掌菌菌丝正常发育和子实体的健康生长。

(四)虎掌菌的病虫害防治

和其他食用菌一样，虎掌菌在栽培过程中很容易发生各种病虫害。为减少不必要的损失，必须做到以防为主，尽量不发生或少发生，一但发生病虫害，防治比较麻烦。

1. 常见的杂菌

常见杂菌有霉菌、细菌等。在菌种生产过程中出现杂菌，一般是在高温灭菌不彻底或接种消毒不严造成的，也有在搬运途中进入空气或培养环境过程中感染的。栽培时对菌种要逐一检查，若发现菌种中有各种杂菌立即淘汰，以免互相传播，造成更大的污染。

虎掌菌的菌丝浅黄白色，健壮、浓密、整齐，生长较缓慢。菌丝生长时对杂菌有较强的抗性，不易被杂菌拮抗，产生拮抗线。在菌种制作过程中，只要高温灭菌彻底、接种消毒严密、培养温度适宜，原则上不超过28℃，菌丝有一定的抵抗能力，不会发生或很少发生杂菌。特别是要注意料装得松的培养基，菌丝长后会收缩，造成瓶壁与培养基之间出现缝隙，易受杂菌污染。培养料装紧可避免杂菌和虫害感染。

2. 杂菌的防治

在虎掌菌栽培过程中，防止杂菌侵入，最好采取预防为主。一旦发生，处理十分困难。预防方法是采取低温季节播种。一般选在冬季2～5℃进行播种，杂菌污染较少。常见的杂菌有绿霉菌、木霉菌、青霉菌、根霉菌、链孢霉菌、黄曲霉菌等，它们主要来自于空气中，特别是在温度较高的情况下感染率极高。为了减少杂菌污染机会，关键是选择抵抗力强的优质菌种，尽量避免高温季节播种，最好在冬季播种，杂菌污染率大大降低。

3. 常见的虫害

虎掌菌在野外林地生长时，受自然环境的影响，常常会发生各种病虫害，主要有螨类、线虫、菇蝇、菇蚊、菌蚊、菌蛆等。

螨虫分为粉螨和蒲螨两种，它们的体形很小，肉眼不易看见，多在料面或土粒上集中成团，体呈咖啡色。粉螨体形较大，白色发亮，不成团，数量多时呈粉状。蒲螨和粉螨繁殖均很快，以菌丝为食，集中在菌种块周围。咬食菌丝，使菌丝不能萌发。如发生螨类又不能及时消灭，它们会很快繁殖并集中在料表面吃食菌丝。严重时，在1周之内菌丝都会被吃光，造成很大损失。

菌种生产期间经常保持室内清洁卫生，门窗要用防虫网密闭，室内用荧光灯加药物诱捕。喷药时千万不能把杀虫药喷到菌丝体上，以免造成中毒或菌丝死亡。栽培场地要做到清洁卫生。预先杀虫后，再进入场地进行栽培。

线虫是一种无色线状的蠕虫，似蚯蚓，体形极小，体长仅1mm左右，需要在显微镜下观察。据报道，危害食用菌的线种有十余种，常见的有菌丝线虫、尖线虫、腐生线虫等。线虫在菇体内繁殖很快，幼虫经2～3天就发育成熟，并可以再生幼虫。在14～20℃时，3～5天完成一个生命周期。

线虫的成虫淡褐色或黑色，触角很短，比菇蚊健壮，爬行很快，常在堆肥表面迅速地扭来扭去爬动。其中粪蝇对虎掌菌危害很大。虫卵产在培养料的蘑菇菌丝束上。幼虫是一重白色的蛆，头部尖，尾巴钝。幼虫大量发生时会造成蘑菇减产。幼虫吃食菌丝，这种菇蝇大量存在时还会传播其他杂菌和细菌。

菇蚊中最麻烦的是金翅菇蚊，这种虫害非常普遍，引起最大的危害。它危害小菇，使之边成褐色，呈革质状。有时能从它爬出的覆土上面留下闪光的黏液痕迹，很容易看出来。成虫几乎都在覆土上产卵，虫口密度大的地方，菌丝体和子实体都会受到严重威胁。

虎掌菌丝有特殊的香味。播种后，害虫闻到了会很快来到栽培场地进行繁衍生息。在高温季节或者气温较高的时候，很容易繁殖和发生，低温季节或寒冷地区发生较少或不易发生。若出现虫害后不及时防治，害虫在土壤中几天内就会把菌丝吃光，在土壤表面还不易发现。

4. 病虫害防治

虎掌菌的病虫害防治，请参见本书《食药用菌病虫害防治》一章。

除了上述药物防治而外，在栽培周围可挖一深沟，沟内填上石灰，可预防场外害虫爬到场内。

5. 防止人畜危害

虎掌菌播种后，在栽培场地周围应及时采用防护栏，避免人畜或其他鸡、鸭、牛、羊等其他动物踩踏。特别是在浇水管理时，尽量不要踩踏播种区，以免土壤板结不透气，影响菌丝生长和出菇率，更不要破坏表层植被，让虎掌菌与植被、树木和谐生长。

第四节　虎掌菌的采收与加工

一、采收方法

虎掌菌播种后，菌丝在林地中不断萌发生长，播种一次可连续采收2～3年，但第一年产量高，以后产量逐渐下降，3年后还可以再重新播种栽培。播种后虎掌菌菌种经过半年左右的管理，林地表面已有原基或小菇形成。到了秋季小菇逐渐长高，菌盖开始长大，菌盖表面出现小黑点，小黑点渐渐突出翘起，形成黑白分明的鳞片与沟纹，大约在一周左右小虎掌菌逐渐长大。

出土后的小虎掌菌，一般经过10～15天长大成熟。虎掌菌成熟的标准：菌盖由内卷向外延伸，直到充分展开，翘鳞明显突出增大时，表明虎掌菌已经发育成熟。成熟的虎掌菌菌盖直径一般在10～15cm，最大的菌盖直径可长到30cm，每朵重量在150～500g。虎掌菌成熟一般不分大小，肉眼观察菌盖表面色泽变淡，菌盖展伸，菌齿加粗、增长、颜色发白时就可以采收。

采收方法：将成熟的子实体，用手捏住菌柄的根部，轻轻用力扭转即可摘下。摘下的虎掌菌随即用小刀削去泥脚后，放入筐内。不削去泥脚，泥土就会污染子实体的菌盖或菌齿，会影响虎掌菌的质量。

二、加工方法

虎掌菌采收后，可以直接鲜销，鲜品一般在自然条件下，可以存放10～15天。也可以加工成干品、干片、盐渍品、速冻品等销售。具体操作方法，请参阅本书《食药用菌保鲜与加工》一章。

第五节　虎掌菌的营养价值与食用方法

一、虎掌菌的营养价值

虎掌菌是一种十分珍贵的食用菌，营养丰富，口感鲜美，肉质细嫩，气味香浓。子实体肥大，含有大量的蛋白质、糖类（碳水化合物）、多种维生素、多种氨基酸、粗纤维和灰分及矿物质等营养成分。特别是含有大量的高分子多糖，是防癌、抗癌、提高人体免疫力、降低胆固醇的天然食物。据分析，干品含氨基酸的总量为11.07%，有人体必需氨基酸7种，占总量的41.46%，其他氨基酸10种，占总量的58.54%。

各种氨基酸的百分含量如表28－1：

表28－1　虎掌菌氨基酸的百分含量

赖氨酸	0.53	异亮氨酸	0.81	亮氨酸	1.05	蛋氨酸	0.35	苯丙氨酸	0.58
苏氨酸	0.54	缬氨酸	0.73	色氨酸	—	组氨酸	0.22	精氨酸	0.76
酪氨酸	0.31	胱氨酸	0.11	脯氨酸	0.36	丙氨酸	0.88	甘氨酸	0.64
谷氨酸	1.64	天冬氨酸	1.08	丝氨酸	0.48				

各种矿质元素的含量如表28—2：

表28—2 虎掌菌的矿质元素含量

常量元素(mg/100g干品)						微量元素(mg/g干品)					
钾	777.40	钠	5.15	钙	9.21	铁	837.90	铜	73.82	锰	23.59
镁	147.10	磷	598.31	锌	88.53	钼	1.50	钴	1.41		

二、虎掌菌的食用方法

虎掌菌鲜品食用方法：虎掌菌采摘后，用水冲洗干净，然后切成片进行素炒、红烧、炖肉、煮汤等食用。鲜虎掌菌比干虎掌菌和盐渍虎掌菌味道更香，营养更丰富。

虎掌菌干品或干片的食用方法：将虎掌菌干品用水泡涨后，洗净泥沙，捞起与肉合炒、红烧、炖、素炒、煮汤等，也可以用来泡酒等。

虎掌菌盐渍品的食用方法：将盐渍品捞起用清水浸泡，脱盐，不断冲洗，冲掉多余的盐分，然后可以进行素炒，与肉合炒、红烧、煮汤、炖菜等食用方法。

虎掌菌速冻品的食用方法：把速冻的虎掌菌通过解冻后，可与肉合炒、红烧、炖、素炒、煮汤等方法进行烹饪。

参考文献

[1] 杨新美. 中国食用菌栽培学[M]. 北京：农业出版社，1988.
[2] 黄年来. 中国大型真菌原色图鉴[M]. 北京：中国农业出版社，1998.
[3] 袁明生. 四川蕈菌[M]. 成都：四川科学技术出版社，1995.
[4] OWER R. Notes on The Development of The Morel Ascocarp：Morchella esculenta[J]. Mycologia，1982，74(1)：142-168.
[5] SCHMIDT EL. Spore germaation of and carbohydrate colonization by Morchella esculenta at Different Soil temperatures[J]. Mycdogia，1983，75(5)：870-875.
[6] HERVEY A，BISTIS G，LEONG I. Cultural studies of single Ascospore Isolates of Morchella esculenta[J]. Mycologia，1978，70：1269-1274.

（何荣华）

第二十九章 黑蘑菇

DIERSHIJIUZHANG HEIMOGU

摘要：本章主要介绍黑蘑菇生物学特性、菌种生产和栽培技术等方面内容。

Agaricus arvensis

Abstract: This chapter consists of four sections describing in detail various aspects of *Agaricus arvensis* including biological features, spawn production and cultivation techniques.

第一节 概 述

一、黑蘑菇学名及分类地位

黑蘑菇(*Agaricus arvensis* Schaeff.)，欧洲称为Horse mushroom，在分类上隶属伞菌目(Agaricales)，伞菌科(Agaricaceae)，蘑菇属(Agaricus)。

异名、俗名：野蘑菇、马蘑菇(欧洲)、羊蘑菇(德国，Sheep mushroom)、美味蘑菇。

二、黑蘑菇的栽培现状

黑蘑菇是一种世界范围分布的美味食用菌，是欧洲、美洲，以及我国河北、黑龙江、内蒙古、青海等地广泛采食的野生菌。与双孢蘑菇相比，具有菇柄长，组织结实，口感嫩、略带茴香味，较耐储藏等特点，同时较抗严重危害双孢蘑菇的蚤蝇。据报道，其具有抗氧化与抗癌活性，具有舒筋活络、治疗腰痛的作用。

1944年，Treschow首次报道了黑蘑菇的栽培技术。1979年，荷兰育种学家Fritsche详细报道了黑蘑菇育种研究，并发展了商业化栽培模式，从而推动了黑蘑菇的商业化人工栽培。在西方，黑蘑菇已成为继双孢蘑菇之后，蘑菇属中又一个商业化栽培菇种。与双孢蘑菇相比，其栽培面积还很有限。

在西方，黑蘑菇的栽培方法与双孢蘑菇基本相同。培养料配方、堆肥发酵、覆土等整套栽培工艺与双孢蘑菇相似，但黑蘑菇的产量低于双孢蘑菇，装料量80～90kg/m^2，产量一般为8～13kg/m^2，仅为双孢蘑菇的1/2～1/3。

我国黑蘑菇的人工栽培起步较晚，人工栽培及驯化育种等方面的研究报道很少，仅李荣春等(2001，2004)报道了引进、选育野蘑菇菌株的生物学特性及其栽培技术。

第二节 黑蘑菇的生物学特性

一、形态特征

子实体常单生，菌盖白色，光滑，初期半球形后平展。菌盖直径5～10cm。菌肉白色，气味芳香。菌褶离生、密，初白色，后粉红色，最后呈黑褐色。菌柄白色，圆柱形，表面光滑，中实，长3～8cm，粗1～2cm。菌环白色，膜质，双层，生柄上部，不易脱落。孢子椭圆形，光滑。菌丝细长，细胞内多核，无锁状联合，同核菌丝体一般贴基生长，气生菌丝不发达，生长较缓慢。异核菌丝体气生菌丝发达，菌丝稠密，生长速度快。

二、生活史

黑蘑菇具有次级同宗配合和2因子(4极型)异宗配合的双重交配方式的复杂生活史。黑蘑菇的同核体菌丝与异核体菌丝都由多核细胞组成,它们之间没有明显的形态学上的差异,均无锁状联合。同核体和异核体都能正常结实,但同核体的菌丝生长缓慢,子实体产量低于异核体。

三、分　布

黑蘑菇是一种世界范围分布的草腐菌,常生于草场、牧场。在我国分布于河北、黑龙江、内蒙古、青海、新疆、云南、四川等地,秋季生长于草地上,常形成蘑菇圈。黑蘑菇在欧洲是人们采食的主要野生菌之一,在我国也被广泛采食。

四、生态习性

1.黑蘑菇是一种草腐菌

与蘑菇属中的双孢蘑菇等一样不含叶绿体,不能进行光合作用,须依靠吸收利用现成的营养物质生存。在自然界,黑蘑菇以存在于草本植物残体、动物粪便中的纤维素、半纤维素、有机氮等为主要营养物质来源。与双孢蘑菇一样,必须依靠其他微生物以及黑蘑菇菌丝自身分泌的胞外酶将植物残体中的纤维素、半纤维素等大分子营养物质分解成简单的碳水化合物后,才能被菌丝吸收利用。在生产中,可以利用各类作物秸秆、杂草、畜禽粪,经过堆制发酵后栽培。在发酵的粪草基质中黑蘑菇可以吸取生长发育所需的全部碳、氮、无机盐、水和其他物质,通过黑蘑菇菌丝的分解、吸收、转化而成为营养美味的蘑菇。

黑蘑菇的出菇方式与双孢蘑菇相同,也需要覆土来刺激发育成熟的菌丝形成子实体,获得高产。覆土材料以泥炭土为最佳。其他如稻田土、消毒后的菜园土等可用于双孢蘑菇的覆土材料,也可用作黑蘑菇的覆土材料。

2.黑蘑菇是一种中温型菌

黑蘑菇的温型与双孢蘑菇相近,其生长与温度关系,总体上可分为菌丝体和子实体两个生长阶段。菌丝生长阶段要求温度高一些,而子实体生长阶段要求温度相对低一些。黑蘑菇的菌丝生长温度与双孢蘑菇相似,最适宜温度为24～26℃,子实体生长发育适宜温度为14～16℃,略低于双孢蘑菇子实体16～18℃的适宜温度。

3.黑蘑菇是好氧菌

黑蘑菇菌丝和子实体生长都需要氧气。在不同生长阶段,需要的氧气量不同。菌丝生长期所需氧气量少,适当提高CO_2浓度有利于促进菌丝萌发生长。子实体生长发育阶段需要的氧气量大,应提供充足的新鲜空气,以促进子实体生长发育。

五、生长发育条件

与蘑菇属其他种一样,黑蘑菇生长发育所需的条件包括营养、温度、湿度、空气、酸碱度、光线和微生物等。不同生长发育阶段对环境条件的要求有所不同,满足黑蘑菇不同生长阶段所需环境条件,是夺取黑蘑菇优质、高产、高效的关键。

1.营养

营养是黑蘑菇菌丝和子实体生长发育的物质基础,提供合适而充足的营养物质是夺取黑蘑菇高产稳产的保证。黑蘑菇生长发育所需的营养主要包括碳源、氮源、矿质元素和生长素等。

(1)碳源

碳源是黑蘑菇生长发育所需的主要营养源之一。农作物秸秆等植物残体中的纤维素、半纤维素等是黑蘑菇的主要碳素营养来源,但菌丝难以直接吸收利用纤维素、半纤维素等多糖类碳源,这些碳源需通过堆肥中的微生物和黑蘑菇菌丝自身分泌的各种酶,分解成简单碳水化合物后才能被很好地吸收利用。生产上采用富含上述碳源的稻、麦草等农作物秸秆为碳源材料,经堆制发酵后用于栽培黑蘑菇。

(2)氮源

氮源也是黑蘑菇生长发育所需的重要营养物质。在堆肥发酵过程中,氮素营养被堆肥中的微生物分解吸收利用后,转化为菌体蛋白,菌体死亡、分解,可以成为黑蘑菇良好氮源。培养料中的氮源含量和碳/氮比均与双孢蘑菇相同。在配制时需注意合适的含氮量,含氮量不足会影响堆肥微生物繁殖,影响培养料发酵质量,从而影响黑蘑菇生长发育;含氮量过高不仅对黑蘑菇生长发育不利,同时容易导致发酵后的培养料中存在氨气,影响菌种萌发和菌丝生长。

2.温度

黑蘑菇菌丝生长温度范围在3～32℃,最适宜温度为24～26℃。温度过高或过低,菌丝生长速度会减缓,温度超过32℃菌丝停止生长,并迅速老化。子实体生长发育适宜温度为14～16℃。

3．水分

工厂化栽培条件下优质培养料的适宜含水量水为 69%～74%，自然气候条件下栽培的培养料含水量以控制在 65%左右为宜。子实体形成期的适宜空气相对湿度为 90%～92%，子实体生长期的适宜相对湿度为 86%～87%。

4．空气

黑蘑菇属好氧真菌，需要在足够新鲜的空气环境下才能正常生长发育。子实体生长发育阶段所需的氧气量比菌丝生长期大，子实体形成期的 CO_2 浓度宜控制在 800×10^{-6}～$1\ 000\times10^{-6}$，子实体生长期的 CO_2 浓度宜控制在 $1\ 000\times10^{-6}$～$1\ 200\times10^{-6}$。

5．酸碱度

黑蘑菇生长发育适宜的 pH 为5.0～9.5，最适 pH 为6.5～7.5。由于菌丝生长的代谢产物会使培养料 pH 下降，所以在栽培时常将培养料 pH 调整为7.5左右。

6．光线

黑蘑菇的菌丝生长阶段不需要光，黑暗条件下菌丝生长旺盛，强光对菌丝有强烈的抑制作用。子实体形成需要少量散射光刺激。

第三节　黑蘑菇的菌种生产

一、母种制作

黑蘑菇菌株适应在完全培养基（CYM）上生长。在 CYM 培养基上菌丝生长速度约为 PDA 培养基上的 1.5 倍，培养基制作及培养方法同双孢蘑菇。

二、原种、生产种制作

原种和生产种培养基可采用麦粒培养基、发酵稻草（麦秸）培养基等，以麦粒培养基最好。麦粒培养基的菌丝长势好，播种后萌发力强，萌发率高。原种和生产种的制作及培养方法同双孢蘑菇。

第四节　黑蘑菇的栽培技术

一、黑蘑菇生产工艺

黑蘑菇生产工艺与双孢蘑菇基本相同。在欧美，采用与双孢蘑菇相同的工厂化生产技术体系，实现了机械化、自动化、智能化的大规模生产。

我国报道的黑蘑菇栽培与国内双孢蘑菇的生产一样，在自然气候条件下栽培，栽培季节与双孢蘑菇相近。适宜出菇温度略低于双孢蘑菇，应适当推迟栽培。

二、培养料堆制发酵

（一）培养料配方

培养料是黑蘑菇生长的物质基础，黑蘑菇培养料可采用双孢蘑菇的配方，培养料配方中的碳氮比（C/N）以 30 ∶1左右为宜，培养料的含氮量以 1.5%～1.7%为好。

配方 1：干麦秸（干稻草）60%，干鸡粪 30%，米糠 7%，石膏 2%，石灰粉 1%左右。

配方 2：干稻麦草 88%，尿素1.3%，复合肥 0.7%，菜子饼 7%，石膏 2%，石灰 1%。

（二）栽培料的堆制发酵

黑蘑菇的培养料与双孢蘑菇一样需经二次发酵，堆制发酵工艺与双孢蘑菇相同。一次发酵可采用室外堆制自然发酵和通气室增氧发酵；二次发酵可采用控温、控湿、控气的遂道式集中二次发酵或栽培菇房（大棚）内的二次发酵。不管采用哪种方式，都须严格按照一次发酵和二次发酵的工艺要求，使培养料达到以下质量要求：料表层和内部可见白色的放线菌和有益真菌附着在暗褐色的草料上；培养料具有发酵香味，料层中心部位的热料无氨味；手握培养料柔软而有弹性，有韧性、不黏手；含水量为 60%～65%。

（三）播种栽培及覆土管理

黑蘑菇可采用袋栽、块栽和床栽等方式，在各类空闲房、专用蘑菇房、地下遂道等场地栽培。采用袋栽或块栽的，将经过二次发酵的培养料播种后，装入栽培袋或压成块，进行块装或袋装；床式栽培的，将经二次发酵的培养料翻格后，均匀铺于菇床上，采用混播或面播加混播的方式播种。播种量与双孢蘑菇相同，播种后可在表面覆一张干净的报纸，然后关闭菇房，促进菌丝萌发生长。菇房温度宜控制在 23～25℃，在自然温度下发菌一般需 20～25 天。当菌丝长满培养料后，在菌床表面（或栽培袋、菌块表面）覆 4cm 左右厚的覆土，根据不同覆土材料调好含水量。覆土后仍在 23～25℃黑暗条件下培养 7～14 天。当菌丝生长至覆土表面时，进行出菇管理。

（四）出菇管理

在适宜条件下，黑蘑菇从播种到出菇一般需 35～40 天。覆土后菌丝长至表面时，开始进行出菇管理。此时菇房温度维持在 15～16℃，湿度在 90%～92%，每天开窗通风 3～5 次以降低菇房内的 CO_2 浓度，并给予散射光刺激（可用日光灯照射），喷一次重出菇水以刺激菌丝从营养生长向生殖生长转化。经约 1 周，菇蕾出现，一般出菇 5 天后可以采收第一潮菇，每潮菇历时 3～5 天。第一潮菇采收后要清洁料面，停止喷水 3～4 天，然后再按出菇管理方式出第二潮菇。一般可采收 4 潮菇，其中第一、二潮菇占总产量的 80%左右。

（五）采菇

黑蘑菇适于鲜销。当菇生长到菌盖离开菌柄、菌膜出现时应及时采收。此时蘑菇质量好，货架期长。采收后依据大小分级，迅速送到市场销售。黑蘑菇也可用于加工制罐，用于罐藏加工的蘑菇要根据加工厂家的质量要求适时采收。

参考文献

[1] 陈立红，阎伟. 草原黑蘑圈对牧草生产的影响[J]. 植物学通报，2003，20(1)：94-97.

[2] EDWARDS P J. The growth of the fairy ring fungus *Agaricus arvensis* and their effect upon grassland vegetation and soil[J]. J Ecology，1984(72)：505-513.

[3] 侯志江，李荣春. 蘑菇属主栽种特性比较及驯化展望[J]. 云南农业大学学报，2009，24(3)：474-478.

[4] 李荣春，张丽梅. 随机扩增多态 DNA(RAPD)在野蘑菇杂交育种中的应用[J]. 微生物学通报，2001，28(5)：52-55.

[5] 黄年来. 中国食用菌百科[M]. 北京：中国农业出版社，1993.

[6] 卯晓岚. 中国大型真菌[M]. 郑州：河南科学技术出版社，2000.

[7] 李荣春，余杨，李林玉，等. 野蘑菇担孢子萌发和菌丝细胞学观察研究[J]. 微生物学杂志，2004，24(3)：5-7.

[8] 李荣春. 野蘑菇高产栽培技术[J]. 中国农村科技，2001(10)：10-11.

[9] 李荣春，陈严平，李信，等. 野蘑菇 0271 菌株生物学特性及高产栽培技术[J]. 北方园艺，2001(2)：50-51.

[10] SONNENBERG ASM，FRISCHE G. Cytological observations in Agaricus arvensis[J]. Mushroom Sci，1989.

（蔡为明）

第三十章 黑木耳

DISANSHIZHANG HEIMUER

摘要：黑木耳是中国最早开始人工栽培的食用菌，也是全世界最早开始人工栽培的食用菌。中国是世界上黑木耳生产大国，黑木耳特别受到海内外华人及东南亚消费者的喜爱。本章较详细地介绍了中国黑木耳产业发展的历史、特点及前景；系统阐述了黑木耳的生物学特性、菌种繁育、段木栽培技术、代料栽培技术，特别是一些新模式新技术（大田荫棚地栽黑木耳栽培模式、室内栽培模式、农林作物间套栽模式、北方地槽摆袋栽培模式、南方反季节栽培模式、菌袋环割倒栽模式、野外层架式立体栽培模式等），对黑木耳的营养价值及药用价值、中国黑木耳行业科学技术发展现状及未来前景进行了分析和展望。

Auricularia auricula-judae

Abstract: *Auricularia auricula* is the earliest known edible mushroom to be cultivated either China or elsewhere in the world. China is the largest producer and consumer of *A. auricula*. This chapter consists of six sections expounding in detail various aspects of *A. auricula-judae* including cultivation history, biological features, spawn production, wood log cultivation and other artificial cultivation techniques (including the use of primitive sheds erected in open fields previously used to grow other agricultural crops, indoor cultivation, cultivation during the interval between the harvesting and sowing of two other agricultural crops, cultivation in open trenches in northern China, off-season cultivation in southern China, bag cultivation using band cutting, and open cultivation on shelved platforms), nutritional attributes and pharmaceutical properties. The development of the *A. auricula-judae* industry in China, and the prospects for the future, are comprehensively reviewed and summarized.

第一节 概 述

一、黑木耳学名及分类地位

黑木耳又名：红木耳、光木耳、云耳、木耳菇、川耳、黑菜等。

学名：*Auricularia auricula-judae*(Bull.)Quél., *Enchir. fung.* (Paris):207(1886)。

属名“*Auricularia*”来自拉丁语，词源是“auricula”，意思是“小耳朵”，该属名翻译成“木耳属”。种名加词词尾“-*judae*”意思是“犹太的、犹太人的”。不能把学名直接翻译成“犹太人的耳朵菌”，中文原来就有“黑木耳”的名称。

同物异名：*Auricularia auricula* (L.) Underw., *Mem. Torrey bot. Club* 12:15(1902)；*Auricularia auricula-judae* (Bull.) Quél., *Enchir. fung.* (Paris):207(1886)f. *auricula-judae*；*Auricularia auricula-judae* (Bull.) Quél., *Enchir. fung.* (Paris):207(1886)var. *auricula-judae*；*Auricularia auricula-judae* var. lactea Quél., *Enchir. fung.* (Paris): 207 (1886)；*Auricularia auricularis*(Gray) G. W. Martin, *Am. Midl. Nat.* 30:81(1943)；*Auricularia lactea* (Quél.) Bigeard & H. Guill., *Fl. Champ. sup. France*(Chalon-sur-Saône)2(1913)；*Auricularia sambuci* Pers., *Mycol. eur.* (Erlanga)1:97(1822)；*Exidia auricula-judae*(Bull.)Fr., *Syst. mycol.* (Lundae)2(1):221(1822)；*Gyraria auricularis* Gray, *Nat. Arr. Brit. Pl.* (London) 1: 594 (1821)；*Hirneola auricula* (L.)H. Karst., *Deutschl. Fl.*, 3 Abt. (Pilze Deutschl.):93(1880)；*Hirneola auricula-judae*(Bull.) Berk., *Outl. Brit. Fung.* (London): 289 (1860)；*Hirneola auricula-judae* (Bull.) Berk., *Outl. Brit. Fung.* (London):289(1860)var. *auricula-judae*；*Hirneola auricula-judae* var. lactea(Quél.) D. A. Reid, *Trans. Br. mycol. Soc.* 55 (3): 440

(1970); *Hirneola auricularis* (Gray) Donk, *Bull. Jard. Bot. Buitenz*, 3 Sér. 18: 89 (1949); *Merulius auricula* (L.) Roth; *Peziza auricula* (L.) Lightf., *Fl. Scot.* 2: 801 (1777); *Peziza auricula-judae* (Bull.) Bolton, *Hist. fung. Halifax* (Huddersfield): tab. 107 (1786); *Tremella auricula* L., *Sp. pl.* 2: 1157 (1753); *Tremella auricula-judae* Bull., *Herb. Fr.* 9: tab. 427, fig. 2 (1789)。

分类地位：菌物界(Fungi)，担子菌门(Basidiomycota)，伞菌亚纲(Agaricomycetes)，木耳目(Auriculariales)，木耳科(Auriculariaceae)。

二、中国黑木耳产业发展的历史与特点

(一)黑木耳栽培技术的发展历程

我国食用黑木耳的历史悠久。公元6世纪30年代，后魏末期的农学家贾思勰在《齐民要术》中详细介绍了黑木耳的烹调技术，“木耳菹：取枣、桑、榆、柳树边生，犹软湿者……煮五沸；去腥汁，出置冷水中，净挑。又著酢浆水中洗出，细缕切讫。胡荽，葱白，少着取香而已。下豉汁。酱清及酢调和适口，下姜，椒末，甚滑美”。著名诗人苏轼也曾以诗的形式记载了木耳的生境：“黄松养土羔，老楮生树鸡”。明代著名医学家李时珍在《本草纲目》也称“木耳生于朽木之上，无枝叶，乃湿热余气所生。曰耳、曰蛾，象形也。曰檽，以软湿者佳也。曰鸡，曰坳，因味似也…… 木耳各木皆生，亦多杂木，惟桑、柳、楮、榆之耳之多云”。我国劳动人民很早就对黑木耳有所认识，通过采食天然木耳和仔细观察，逐步掌握了它的生活规律，并积累了生产方面的丰富经验。

黑木耳生产经历了天然野生、原木砍花、段木接种和代料栽培4个阶段。

1. 天然野生

我国黑木耳人工栽培的历史可以追溯到公元7世纪的唐朝，唐代苏恭《唐本草注》中载：“桑、槐、楮、榆、柳，此为五木耳…… 煮浆粥，安诸木，以草覆之，即生蕈尔”。该书中不仅描述了对常见耳树的认识，而且还有接种、覆草遮阳，保温保湿的栽培管理措施，是人类第一次系统描述黑木耳人工段木栽培的方法。可见在唐朝我国对黑木耳段木栽培技术已经有相当全面的掌握。宋元时期王桢《农书》中载“经年树朽，以蕈碎锉，匀布坎内，以蒿叶及土覆之，时用泔浇灌……雨露之余，天气蒸暖，则蕈生唉”，这里描述了选树、砍花、接种、保湿等多个栽培环节。湖北房县、保康等地的历代地方志中，都有关于山民伐木种耳的描述。至清代，黑木耳栽培在湖北西北部地区已经具有相当规模。《湖北道志》记载：“木耳……上游诸郡枣阳、南漳、谷城、兴山、归州、巴东、长阳等处所出亦盛，而以郧属产者最为著名，世谓之郧耳。”“郧耳”、“燕耳”、“房耳”等各种产自鄂西北的黑木耳产品，一直被作为皇宫贡品。

2. 原木砍花

解放前，我国黑木耳的栽培方法是将砍伐的木材排放在温暖湿润的林间草地上，借助于黑木耳孢子的自然传播繁殖，或依靠老耳木的菌丝蔓延生长，或将洗木耳的水浇在砍伐的树木上，基本处于半野生状态，产量很低。后来人们开始运用原木砍花或利用碎木耳接种，但产量仍然很不稳定。在过去原木砍花接种时期，鄂、川、陕交界地区耳木资源丰富、雨量充沛、气候温暖，特别是秦岭以南及大巴山以东地区，一直是我国黑木耳最重要的主产区之一。

3. 段木接种

解放后，我国科技工作者研制的黑木耳担孢子液喷洒接种方法获得成功，使黑木耳生产由自然接种阶段发展到人工接种阶段，生产方法也有所改进。一些科研部门培育出了黑木耳纯菌种，发明了段木打穴接种法。每年深秋或冬季上山砍伐适生的耳树，翌年3～4月份接种，然后上堆发菌；到秋季菌丝体逐渐生长至耳木中，当年只生少量的“报信耳”，翌年才盛产，周期长达2年，但产量仍偏低，每立方米木材只产干耳12千克左右，且常因自然灾害而减产。

经过广大科技工作者的艰苦努力，我国在20世纪70年代成功地培育出黑木耳纯固体菌丝体菌种。纯固体菌丝体菌种的应用，提高了黑木耳的接种成活率，缩短了黑木耳的生产周期，促进了黑木耳人工栽培业的发展。随着人们对黑木耳生产的日益重视，研究人员不断地对栽培技术进行改进，形成了系统完整的黑木耳段木生产技术，并开始使用喷灌设施实行人工喷雾。采取根据黑木耳生物学特性开展设施栽培，基本上实现了当年砍树，当年接种，当年采收，每架黑木耳的产量稳定在10千克以上。

4. 代料栽培

随着黑木耳生产规模的迅速扩大，以及耳木资源面临日益减少的局面，许多省市开展了黑木

耳代料栽培技术研究。科研人员利用锯木屑、棉子壳、玉米芯、稻草、甘蔗渣等农作物秸秆为原料，采用瓶栽、压块栽培及袋栽等生产模式生产黑木耳，开展室内栽培、室外栽培、林间栽培、露地栽培、大棚栽培，以及黑木耳与果树、黑木耳与农作物套栽技术的研究与推广，取得了良好的效果。代料栽培不仅极大地拓宽了黑木耳的栽培原料，利用大量的农作物秸秆、木屑等废弃物作为黑木耳生产的优质原料，而且缩短了黑木耳的生产周期。如段木生产完成一个生产周期需要 2～3 年的时间，而代料生产一般 4～5 个月即可结束。黑木耳的产量与质量均明显提高，以单位重量的木材质量计算，代料栽培的产量较段木生产提高 5 倍以上。黑木耳栽培地域由林区、山区扩大到农区甚至城市郊区。

在黑木耳代料栽培技术发展与推广的同时，各科研单位培育出了许多适合代料生产的黑木耳新品种，研制出代料黑木耳生产专用的装瓶机、装袋机、拌料机、灭菌灶、接种机，以及黑木耳烘干机、洗耳机和压块包装机等机械。

进入 20 世纪 80 年代以后，我国黑木耳栽培技术进入一个新的飞跃发展时期。1983 年，河北省微生物研究所采用棉子壳代栽黑木耳，每 100 千克干料收获黑木耳干品8.5千克，成果通过省级鉴定并迅速推广。河北省万全县有1 100户农家种植 235 万袋，产值132.7万元，为棉花产区开创一条棉子壳综合利用的新途径，也为农民开拓出一条致富新路。1989 年，辽宁省朝阳市食用菌研究所首创北方塑料袋地栽黑木耳新技术，单产提高7～9 倍，产值提高24.6倍，生产周期较段木缩短 80%，此项成果获国家专利，并多次获得省级、国家级荣誉，为全国黑木耳产业的科研与推广作出了重要贡献。国家科委批准为《国家级科技成果重点推广计划》项目，列入扶贫工程计划。黑木耳在北方地区的发展也推动了南方的技术革新。1993 年，福建省古田县青年农民廖承杰，开创了黑木耳野外架层式立体栽培新模式，迅速推广至省内外。此项成果获福建省“金桥工程”三等奖。

随着科学技术的进步，我国黑木耳代料栽培技术不断完善。近年来，全国各地广泛采用棉子壳、玉米芯、甘蔗渣、稻草等农作物等为原料，采取室内、室外，林间挂袋、蔗田套栽、露地排栽、野外层架栽、混合式周年栽培、多层次立体栽培等多种方式，并改一季为两季，或周年制生产，不断提高产品的科技含量，取得速生、高产、优质的效果。中国黑木耳代料栽培已成为 21 世纪行之有效的新技术，居于世界领先地位。

(二)黑木耳产业分布的特点

黑木耳是一种中温型的菌类。我国大部分地区属于暖温带，部分地区属亚热带，气候温和，雨水适量，黑木耳生产有得天独厚的自然条件。近年来经食用菌科技工作者的不懈努力，黑木耳生产技术得到不断开发和改进，产地遍布我国 20 多个省、自治区。其中滇、黔、川、桂、豫、鄂、陕、吉、黑等省及自治区是我国黑木耳的重点产区，尤其是黑龙江、吉林、湖北、云南、四川、浙江等地产量较多。

黑龙江省大兴安岭地区和吉林省长白山靖宁山区，由于温差大，生态环境好，产出的黑木耳色黑，肉厚，脆滑爽口。鄂、豫、川、陕交界地区的黑木耳耳片较薄，黄色或黄褐色，柔软爽滑。河南省卢氏县伏牛牌黑木耳获得在蒙古国举行的国际博览会金奖。湖北房县黑木耳产量约占全国 10%，其独特品质在国外也享有较高声誉，2008 年获得国家地理标志保护。为了促进黑木耳生产稳定发展，1986 年商业部副食品局认定：吉林省浑江、龙井、珲春，黑龙江省林口、海林、东宁，河南省卢氏，河北省万全，湖北省房县、保康、南漳，广西壮族自治区百色、田林、田阳，四川省广元、青川，贵州省册亨，云南省富宁、文山，陕西省宁强，甘肃省康县等 21 个县为全国黑木耳生产重点地区。

从黑木耳产区分布特点来看，东北地区主要采用代料栽培技术，产量迅速提高。我国南方浙江、湖北等地正在从段木栽培向代料栽培技术过度，改变过去春季栽培方式，变为秋季接种发菌，冬季来临前出一潮耳，冬季后再出 2～3 潮耳。但由于农时安排不当或春季气温陡升，常易造成菌袋污染，栽培方法仍在不断改进中。

(三)黑木耳产业发展前景

20 世纪 90 年代后，我国不断推广黑木耳代料栽培技术，生产稳定发展。除中国(包括台湾省)之外，世界上黑木耳生产国还有日本、印度、韩国、印尼、菲律宾以及美国的夏威夷群岛，但产量十分有限。随着人们健康意识增强和饮食结构调整，黑木耳成为人类关注的保健食品，已引起世界各国消费者的广泛注意和高度重视。一些发达国家人们摄入的蛋白质以肉食为主，冠心病、肥胖症逐渐增多。黑木耳蛋白质含量丰富，特别是富含木耳多糖，又不含脂肪，避免了动物食品的不良反应，人们对高蛋白质、低脂肪的黑木耳食品更加青睐。长期以来，黑木耳一直作为降血压、降血脂、治疗动脉硬化和肺硅沉着症(矽肺)的保健食品,深受消费者欢迎和喜爱。2009 年,我国黑木耳总产量已达 269.7 万吨。

随着我国加入世界贸易组织,国外已大量进口我国产黑木耳,黑木耳已成为我国传统出口产品,销往日本、泰国、新加坡、澳大利亚等国家,逐步发展到西欧、北美、东欧等国家。随着我国进一步扩大对外开放,以及欧美国家消费者不断认识和接受黑木耳产品,黑木耳出口量不断增加。

段木黑木耳以其口感独特、耳片脆嫩、营养含量丰富而深受人们的喜爱。但是,长期以来黑木耳生产主要依靠段木栽培,不仅消耗森林资源,而且产地局限于深山林区,规模小,产量低。近几年,国家实行天然林保护工程,木材采伐量减少,尤其是天然次生林采伐量极为有限,段木栽培黑木耳的数量大幅度下降。然而我国地域广阔,每年伐木倒材、林地更新、幼林垦复间伐、木材加工等有大量的枝桠、边材和碎屑,为黑木耳生产提供了充足的原料,棉花、水稻、玉米产区,每年有 4 亿～5 亿吨的棉子壳、稻草、玉米芯、花生壳,棉子壳一项就有 200 万～300 万吨。此外,糖厂废弃的甘蔗渣,数量也很庞大,仅广西、福建甘蔗产区每年榨季,排放蔗渣 223 万吨。这些代料为发展黑木耳生产奠定了丰富的物质基础。

第二节 黑木耳的生物学特性

一、形态特征

黑木耳由菌丝体和子实体两大部分组成。菌丝体是黑木耳的营养器官。黑木耳的菌丝纤细,无色,有横膈膜及分枝,粗细不匀,细胞壁薄,镜检有锁状联合,但不十分明显。菌落白色,绵毛状或绒毛状,气生菌丝短而稀疏,生长整齐、均匀。培养期间通常不产生色素,久置一段时间后能分泌浅黄色至褐色色素。品种不同色素的颜色程度和色素量也不同。

黑木耳的子实体是黑木耳的繁殖器官(图 30—1),单生或丛生,初期呈豆粒状,后逐渐生长成耳形、杯形、片形或菊花状,基部狭长成耳根。子实体鲜时呈胶质、半透明,薄而有弹性,一般呈黄褐色或褐色;干时收缩,呈角质状,硬而脆,常呈灰褐色或黑褐色。子实体分背、腹两面。腹面着生子实层,平滑或略有脉纹,成熟的子实体腹面产生许多棒状担子,担子上着生担孢子。担孢子无色、肾形,在电镜下有刺状绒毛,大小为 9～14μm×5～6μm;子实体背面着生细短茸毛,不分隔,多弯曲,向顶端渐渐尖削,基部膨大 10μm。在显微镜下,耳片横切面可分为柔毛层、致密层、亚致密上、中间层、亚致密下层及子实层。

图 30—1 黑木耳子实体形态

二、黑木耳的生活史

按照 Raper(1954)的生活史类型划分,黑木耳的生活史属于单倍体—双核化型(haploid-dikaryotic)。成熟的黑木耳子实体,在其腹面产生棒状担子,担子上生有担孢子。担孢子萌发发育成初生单核菌丝,两条可以性亲和的异质单核菌丝之间经质配结合形成具双核的次生菌丝。次生菌丝不断生长发育,开始形成原基,逐渐胶质化发育成子实体。子实体成熟后,又产生大量担孢子并弹射,担孢子萌发长出菌丝体。

具有不同交配型的黑木耳担孢子,在条件适宜时萌发,形成单倍体菌丝。单倍体菌丝是从担孢子发芽而产生的,各自长成初生菌丝。只有当这两种不同交配型的初生菌丝相互接触,完成质配之后才能形成次生菌丝,只有次生菌丝才能在适当的条件下发育成子实体。

双核菌丝以锁状联合的方式不断分裂、分枝，形成大量的双核菌丝体，菌丝在基质中产生大量分枝，向基质中延伸，吸收基质中的营养物质和水分，逐渐发育到生理成熟的结实阶段，局部开始膨大而在基质表面形成胶质的子实体原基。原基不断吸收营养和水分最后发育成子实体，即耳片。

在子实体中，双核菌丝整齐地排列于子实体腹面，形成子实层。双核菌丝顶端发育成原担子，原担子开始时有 2 个细胞核，其后这 2 个细胞核进行核配，形成两倍体细胞核，核再经过减数分裂形成两个单倍核体，同时产生一横膈膜。单倍体的核同时发生一次有丝分裂，随后又产生 2 个横膈膜，结果原担子变成由 4 个细胞组成的担子，每个细胞中均含 1 核。除最上端一个细胞向上产生管状担子小梗外，其他向旁边产生管状小梗。单核细胞迁移至小管梗顶端，顶端膨大而产生肾形担孢子。此小梗继续生长，把成熟的担孢子带出胶质团外，并弹射到大气中，从而完成黑木耳的生活史。

担孢子萌发有两种情况：①在养分充足的条件下，担孢子直接萌发出芽管，生长为菌丝；②在营养贫瘠的条件下，担孢子常间接萌发，即萌发出芽管，芽管分枝，枝头上长出与担孢子同性的钩状分生孢子。或者担孢子萌发长出鹿角状的短芽，在其分叉的顶端又各生一个钩状的分生孢子，分生孢子萌发，生长为单核菌丝。同样，当两个可性亲和的单核菌丝结合即进入双核菌丝阶段，通过一系列生长发育过程，完成整个生活史。

三、黑木耳的分布和生态习性

(一)分布

黑木耳广泛分布在热带、亚热带、温带地区，主要分布在温带和亚热带海拔 500～1 000m 的山区森林中，分布范围受人类活动的影响很大。国际上栽培食用菌的国家很多，但栽培黑木耳的国家却很少，只有中国、菲律宾、泰国等少数亚洲国家。我国大部分地区属温带和亚热带，地域广阔，林地资源丰富，阔叶树种丰富，气候温和，雨量充沛，非常适宜黑木耳的生长。

(二)生态习性

黑木耳的生态习性归纳起来有以下 5 个方面：

1. 腐生性

黑木耳属于木腐菌，主要生于栓皮栎、麻栎、千金榆、桑、槐等死亡的树木上，一般在树干部和边材部位腐生。黑木耳产量的高低与木材树种的关系很大，人工栽培时主要用壳斗科和桦木科的树种。含有松脂、醇、醚及芳香油等的松、柏、杉、樟、楠等树种不宜用于栽培黑木耳，在这些树种的木材上黑木耳生长很慢，甚至不能生长。

2. 白腐菌

黑木耳在生长过程中分解木材中的木质素、纤维素等物质，致使木材白色，木材细胞的次生壁变薄，质地变软，呈海绵状，因而被归属于白色腐朽菌。

3. 胶质菌

黑木耳是一种胶质菌，与其他伞菌存在明显差异。黑木耳的子实体呈胶质状态，具有极大的吸水能力，其吸水量可达自身重量的 20 倍左右，能从短暂的降雨或人工喷水中吸收大量的水分。

4. 好氧性

黑木耳是好氧性真菌，在生长发育过程中需要大量的氧气。在人工培养菌种或栽培时，要加强培养环境的通风换气，以保证有充足的氧气供黑木耳呼吸。同时培养基质中湿度不能过大，否则水分会排出培养基质中的空气，使培养料中氧气不足，从而影响菌丝体正常生长。

5. 喜光性

黑木耳子实体的分化发育和生长需要较强的光线。在光线充足的情况下，子实体分化更快、耳片的色泽偏深，不易出现子实体流耳现象。

(三)黑木耳生长发育条件

黑木耳菌丝体和子实体生长发育条件包括营养物质、水分、温度、空气、光照、酸碱度(pH)等因子。在栽培管理中，只有满足黑木耳的生长发育条件，才能保证黑木耳优质和高产。

1. 营养物质

营养物质是黑木耳生命活动的物质基础和能量来源。黑木耳不能通过光合作用将二氧化碳和水合成有机物，其赖以生存的营养完全依赖菌丝体从基质中吸收，属于异养型生物。在自然界，黑木耳主要利用已经死亡的树干作为营养基质，大多生于栎、桦等阔叶树的枯木上，通过菌丝分泌的胞外降解酶，把纤维素、木质素、半纤维素、蛋白质等分解为菌丝体易于吸收利用的小分子物质，如葡萄糖、麦芽糖、氨基酸等。生长在土质肥沃、向阳坡的阔叶树木作耳木，养分充足，适宜段木栽培，产量也较高；代料栽培则需添加少量含氮丰富的米糠、麦麸和尿素等，以满足黑木耳生长发育对营养的要求。

黑木耳生长的主要营养物质有碳源、氮源、矿物质、生长因子等。

（1）碳源

黑木耳所需要的碳素营养几乎都来自有机物。糖类（碳水化合物）是黑木耳生长发育所需能量的主要来源，较好的碳源是葡萄糖、蔗糖、淀粉、岩藻糖、乳糖、纤维素、半纤维素、木质素等。葡萄糖等小分子化合物可以直接被菌丝吸收利用，而纤维素等大分子化合物必须由菌丝分泌出的酶在胞外将其降解为小分子化合物后，才能被吸收利用。在黑木耳栽培中应选择富含纤维素、半纤维素、木质素的段木、棉子壳、木屑、玉米芯等物质作为碳源。

（2）氮源

氮源是黑木耳必需的营养物质之一，氮源不足会影响黑木耳菌丝生长。黑木耳可利用的氮源主要有氨基酸、蛋白质、氨、尿素、铵盐和硝酸盐等。培养基质中碳氮适宜比例一般为 20∶1。试验证明，用 0.1％的硝酸钙作氮源的效果较好，用尿素、天冬氨酸、丙氨酸效果也可以，但需要掌握好用量。如 0.3％～0.5％的尿素对木耳菌丝生长和子实体形成有利，但用量过高对菌丝生长和子实体形成反而有害；硫酸铵对木耳菌丝的生长没有明显促进作用。

（3）矿物质

矿物质是黑木耳生命活动所不可缺少的物质。黑木耳生长需要的矿质元素有磷、镁、硫、钙、钾、铁、钴、锰、锌等。其中一些矿物质是组成黑木耳蛋白质必需的结构物质，如钙、磷、镁、锰、铁、钾等。在一般情况下，木材中所含的矿物质能够满足黑木耳生活需要。此外，黑木耳生长还需要铜、铁、锰、锌、钴等微量元素，这些微量元素在水中的含量已能满足黑木耳生长发育的需要。

（4）生长因子

黑木耳生长发育还需要一定量的维生素。试验证明，常用的生物素（维生素 H）、维生素 B_1、维生素 B_2、维生素 B_6 及泛酸、叶酸和烟酸等维生素，对木耳菌丝具有调节和促进生长的作用，但用量不宜超过 50mg/ml（Quimio，1981）。

2. 温度

温度是影响黑木耳菌丝生长速度、子实体质量和产量的主要因子。黑木耳属于中温型菌类，具有耐寒、怕热、对温度敏感的特性。在自然条件下，黑木耳菌丝体能耐－40℃ 的严寒，而 36℃ 以上的酷暑对其生长发育十分不利。我国黑木耳主要产区一般夏季比较凉爽，冬季气温较低，能够满足黑木耳生长发育各个阶段对温度的要求。

（1）温度对孢子的影响

在潮湿条件下，在 5～15℃时子实体仅能产生少量的担孢子；在 22～32℃的条件下，可产生大量的担孢子；在 36～41℃时，不产生担孢子。干孢子耐藏，在－3℃ 时能存活 14 天，50℃ 时存活 10 小时。

孢子萌发的最适温度为 22～28℃ 。在 PDA 培养基上，接种后 6 天左右萌发，生成小菌落。孢子在 20℃的无菌水中，经 24 小时开始萌发；在 PDA 培养基上，用 24℃ 的温度，经 12 小时萌发。Qnimino（1982）用不同温度对孢子的发芽率进行试验，结果：在 0℃时不萌发，15℃时萌发率为 3.33％，20℃时为 18.66％，25℃时为28.53％，30℃时为35.66％，40℃时不萌发。孢子在低温中呈休眠状态。

（2）温度对菌丝生长的影响

黑木耳菌丝最适生长温度为 24～26℃ 。温度 10～15℃时，黑木耳菌丝生长逐渐加快，当温度超过 15℃ 之后，随着温度的升高，生长速率快速增加。26℃ 时生长速率达到最大值，随后开始下降。温度超过 35℃ 时，下降速率很快，对黑木耳菌丝生长的影响很大。黑木耳对高温的耐受能力较差，在 45℃ 中菌丝能活 10 天左右。在 35℃ 以上高温中培养的时间越长，再放入 25℃ 下培养时，菌丝生长越弱。耐寒能力强，在－30～－40℃中可以存放几个月。

（3）温度对子实体的影响

黑木耳子实体生长的适宜温度为 15～32℃，最适温度为 20～28℃。温度低于 15℃，子实体不易形成。子实体比较耐寒，在－18℃时不会死亡。

黑木耳子实体在适宜生长的温度范围内，温度越高生长越快，长出的耳片色淡、质薄；温度越低生长越缓慢，形成的耳片色较黑、肉较厚。总体而言，春耳和秋耳比伏耳质量好。

黑木耳的子实体分化需要温差刺激，这种特性也叫作变温结实性。在黑木耳子实体分化发育期至少需要 5℃ 以上的温差。

3. 水分和湿度

黑木耳是喜湿性菌类。水分是黑木耳生长发育的基本条件，是细胞原生质胶体的重要组成成分和各种营养物质的溶剂，也是黑木耳优质高产的重要条件之一。从营养物质的分解、吸收、运输、转化，到构成黑木耳机体的组成，一切生命活动需要足够的水分。只有得到适量的水分，黑木耳才能正常生长发育。

黑木耳孢子萌发、菌丝体生长和子实体分化发育都要求一定的水分与湿度。孢子在无菌水中24小时即可萌发，在固体培养基上萌发相对较慢。段木栽培时要求段木含水量为40%～45%，代料栽培时要求基质含水量为60%～70%，最适合水量为64%。在制作黑木耳固体菌种时，基质的含水量以60%～65%为宜，具体要求视基质颗粒大小及菌种制作容器决定。

黑木耳在不同生长发育阶段，对水分要求不同。菌丝体阶段要求段木含水量在40%左右，培养料含水量60%～70%。水分过多，通气不良，易造成水分积累于袋的底部，使菌丝生长迟缓或不能生长到底，也易造成菌丝无氧呼吸使栽培料发酸。水分过少，菌丝体恢复得慢，甚至不能成活。如在母种转原种培养料时，水分过少会造成母种不萌发、不成活。原种扩繁时，接种后栽培种不成活，或成活后菌丝生长纤细、颜色发灰、菌袋轻，出芽缓慢，造成减产。

催芽阶段相对湿度保持70%左右为最适。湿度过高，通气不良，易感染霉菌，造成催芽失败；湿度过低，菌袋开口处易风干。子实体形成和生长阶段空气相对湿度应保持在85%～96%。湿度适宜时，子实体生长快，耳片大，耳片厚；湿度偏低，耳片生长不良，影响子实体发育；湿度过高，高温情况下易感染霉菌，或形成流耳，造成污染。相对湿度大时应通风换气控制霉菌，相对湿度小时喷水增加湿度。

短期的干旱和停水虽然会造成子实体暂时干缩，但不仅不会影响黑木耳的生长，还有利于促进营养菌丝向栽培料纵深生长，积累更多的营养，有利于耳片的生长。短期干旱常常是黑木耳整个生育过程中必不可少的条件。栽培中干湿交替、干干湿湿、晴雨相间，符合黑木耳的生物学特性。

一般年降水量在800～1 500mm的地区都能栽培黑木耳，特别是在4～9月份降雨季节降水量充沛，对黑木耳生长发育是有利的。

4. 光照

虽然黑木耳所需要的营养物质直接由菌丝体从培养料中吸取，不像绿色植物那样通过光合作用合成有机营养物质，但黑木耳的正常生长发育还是与光照有着密切的关系。

黑木耳在不同的发育阶段对光照的需求不同。在完全黑暗的环境中，黑木耳菌丝体可以正常生长，但一定的散射光对菌丝体生长有促进作用。在菌丝培养过程中，如果菌种受强光刺激，刺激面产生温差，易产生耳芽。在栽培场地，日光照射在段木上，可使段木内温度提高，加速菌丝在段木中的蔓延；阳光中的紫外线作用在段木上，可使段木上的杂菌被杀死，减少杂菌危害的机会。

在菌种生产过程中经常发现，培养室菌瓶受到来自光照所产生的温差刺激，或来自门窗等通风处的温差刺激，受刺激那一侧易发生耳芽。

对黑木耳子实体分化来说，必须要有一定的散射光。在15 lx的光照条件下耳片呈白色，在200～400 lx时耳片呈浅黄白色，在400 lx以上时黑木耳的耳片才呈黑色。在完全黑暗情况下，不能形成子实体；在弱光下，子实体生长发育差，耳片薄，色淡；在光照充足的情况下，才能生长出肉质厚实、颜色黑褐的健壮子实体。但光照过于强烈也会导致子实体生长缓慢，甚至干枯致死，影响产量。

黑木耳对光线的需求量与黑木耳品种、耳木种类及气温高低有关。在生产中，应把海拔、日照、气温等因素综合起来考虑，因地制宜加以选择和调节。

在栽培生产过程中，气温低、湿度大，光照宜强些，高温、干旱，光照应弱些。

长期生长在不同纬度和海拔的小气候条件下，不同地区的野生菌株或栽培品种对光线需求量也不同。在北方寒冷地区，黑木耳子实体色深，有利于吸热；在南方较温暖的地区，采集的野生种黑木耳子实体色淡。从耳片色泽深浅和耳片厚薄，能区分黑木耳品种的野生菌株来源于北方地区或南方地区。在光照条件差的地方，易形成畸形耳或不产生子实体，但黑木耳子实体没有趋光性。

我国各地气候差异较大，栽培黑木耳的光照调节不尽相同。黑龙江省气温低，日照短，宜采用七分阳三分阴；福建、江西、广东等地气温高，日照长，习惯采用三分阳七分阴；在湖北、河南、陕西等产地，以五分阳五分阴更为合理。

5. 空气

黑木耳是一种好气性真菌，吸收氧气分解有机物释放出二氧化碳和水分。在培养环境中通风换气是黑木耳生长发育的首要条件。

在菌丝生长阶段，如果通气不足，二氧化碳积累过多，缺乏氧气，对黑木耳菌丝体会产生抑制作用，菌丝生长缓慢，甚至停止生长，原基难分化。

出耳阶段若通气不良，会形成子实体畸形，耳片难以展开，形成球状或珊瑚状子实体。

在制作菌种时，培养料的水分不可太多，装瓶不能太满，以供给菌丝体必要的氧气。培养与栽培环境要求通风换气良好。

6. 酸碱度

多数木腐菌在新陈代谢之后培养料发生酸化，即 pH 值下降。黑木耳和其他木腐菌一样，喜好在微酸性的条件下生活。菌丝体生长的 pH 在 4～7，以 pH 5～6.5为适宜范围。pH 值的变化对黑木耳菌丝的生长量影响非常明显，菌丝生长最适 pH 为5.7，培养基 pH 小于3.0或大于 8 时，菌丝不能生长。

在黑木耳菌种制备和代料栽培时，应注意调节基质的 pH 值。在生产过程中，由于培养料在高温高压灭菌中产生一些游离的酸，pH 值有所降低，需要在栽培料中事先加入石灰等来调整 pH 值。灭菌时一般基质的 pH 会下降 0.5 左右，所以在拌料时通常将灭菌前基质的 pH 调至6.2～6.5。加入石灰对霉菌有明显的抑制作用，能提高栽培袋田间抵抗杂菌的能力。

7. 环境因子的综合影响

营养物质、水分、氧气、温度、光照和酸碱度等各种生长环境因子，在黑木耳生产中并不是孤立存在，它们同时影响着黑木耳的整个生长发育过程中。任何单个环境因子在黑木耳生长发育过程中不能单独发挥作用，只有在其他各种因子都得到满足的情况下才能发挥其作用。当环境因子中其他因子都得到满足时，如果某个因子限制了黑木耳的生长发育，这个因子被称为限制因子。当环境条件改变时，某一个或两个限制因子得到满足后，另一个因子可能又成为限制因子。早春将栽培袋摆放到栽培场，代料中营养基本上可以满足黑木耳菌生长的要求，温度是生长的抑制因子。春季气温低且湿度小，可采取严密覆盖塑料薄膜增温保湿。15～20 天后，温度升高，湿度加大，黑木耳生长又受到高温高湿限制，这时要撤掉塑料薄膜，以降低温度，减少湿度，避免高温、高湿和不通风。南方地区往往因为气温上升太快，加之湿度大，容易诱发霉菌大量污染，导致代料栽培失败。

在黑木耳生产过程中，营养物质和酸碱度两个因子是最初确定不变的，而光照在固定的栽培场也基本随天气变化而定，但水分、氧气、温度等因子之间相互影响非常明显。各个因子之间相互作用，直接关系到栽培结果。

在黑木耳栽培过程中，只要掌握黑木耳的生活习性，了解生长发育各个阶段对外界环境条件的要求，以及各种环境因子间的相互关系，就能因地制宜、灵活科学地制定行之有效的技术措施，解决生产中的各种技术难题，创造有利条件满足黑木耳生长发育各个阶段的各种要求，实现科学管理，获得高产、稳产，提高生产效益。

第三节 黑木耳的栽培技术

一、栽培季节

黑木耳栽培季节应根据子实体发育所需的最适环境条件进行合理安排。黑木耳生长季节性较强，一年可以安排春秋两季生产，在生产安排上应做到春茬尽量提前，秋茬适时。

段木栽培“春分、清明到谷雨，木耳接种最适宜”，它是一年一季接种期。由于段木质地较坚硬，接种后至菌丝生长需要 50～60 天。各地应根据当地年均气温稳定在 18～22℃ 的时间，向前推 50～60 天，即为接种时间。也可以将日气温稳定在 8～10℃ 的时间作为接种期。如果日平均气温达到 15℃ 以上才接种，极易造成接种失败，接种孔易被污染或遭受虫害。黑木耳属典型的腐生菌类，菌丝只能在死亡的段木上定植生长，不能在活树或尚未完全死亡的段木上生长，故段木砍伐后需经 20～30 天的干燥脱水期才能使用。从全年气候变化来看，接种多在春、秋两季。秋季气温偏低，大面积生产管理难度较大，段木栽培一般安排在春季接种为宜。长江流域一带，以在冬季或立春前砍树，惊蛰接种，立夏进入出耳管理较为理想，北方地区可适当推迟 1 个月左右。

代料栽培可一年春秋种两季。我国南北气候不同，在安排栽培季节时，必须根据黑木耳属中温型菌类这一特性安排生产。

代料栽培中菌袋培养时间需要 50～60 天，进入出耳期后还需要 50～60 天完成出耳阶段。因此各地在安排栽培季节时，既应考虑菌袋培养期间内的最适温度范围，同时又应兼顾出耳期间的最适温度。尽量避开伏天，避过高温期，以免高温、高湿造成杂菌污染和流耳。

科学安排生产季节是获得高产优质黑木耳的

关键。不少生产者由于生产季节安排失误，造成减产、劣质、减收，必须对栽培季节安排引起高度重视。在黑木耳适宜的生长温度下，黑木耳菌丝阶段温度越低，生产速度越慢，但菌丝强壮、浓白、抗逆性强，且低温下子实体色黑，肉厚、干湿率高，质量好。温度越高，菌丝生长越快，但菌丝细弱，易老化衰退，子实体片薄、色淡，易流耳。根据黑木耳这一特性，在栽培季节上要根据自然气温，合理安排接种期和出耳期。根据各地实践，总结出"以出耳期温度为准绳，以此倒计时安排接种期"的经验，以有利于黑木耳子实体生长的温度范围（15～25℃）为界限，倒推 50～60 天为菌袋最佳接种期，倒推 60～70 天为菌袋制作期。

二、段木黑木耳栽培技术

黑木耳段木栽培操作相对简单，管理方便，便于推广，生产成本低，在林木资源丰富或具有耳木专用林的地区是一种非常经济实用的栽培方法（图 30－2）。

图 30－2　黑木耳段木栽培

（一）耳场的选择

黑木耳栽培场地直接影响黑木耳的产量、质量及生产成本，因而十分重要。

选择耳场应符合以下几个条件：

①耳场附近有丰富可以利用的耳木资源。②耳场要靠近水源，以便取水喷雾。③耳场通风良好，以利于通风换气及排湿降温，防止霉菌滋生。④耳场应坐北朝南，光照充足，避北风，具有冬暖夏凉的特点。

（二）耳场的清理

耳场选好后，除去地面灌木、刺藤、茅草等，保留少量枝叶不繁茂而树体较高的阔叶树，适当遮荫。在耳场内挖一蓄水池，以备必要时进行喷雾。对地面上的草皮、苔藓等不易腐败的植被物，不必铲除，以利保持湿度，防止水土流失和泥水溅污耳木。用含氯石灰（漂白粉）、生石灰等进行菇场地面消毒，减少越冬的杂菌和害虫。

（三）段木准备

1．选树

耳木（段木）是黑木耳段木栽培的基础，必须提前准备好。适合黑木耳生长发育的树种很多，我国有 120 种左右，除松、杉、柏等针叶树和含有芳香类物质的樟树等树种外，一般的阔叶树都能使用。应尽量选择当地资源丰富、树皮厚度适中、不易剥离、边材发达的树种。选段木时应注意保护好林木资源，特别是保留经济树种，如板栗、苹果、漆树、油桐树等。为节约用材，可充分利用树枝，或弯曲不成材的树木，以及木材加工副产品，如木屑、竹屑等。最常用的树种为栓皮栎（粗皮青冈）、枹栎、麻栎（柞树、细皮青冈）、浆栎、千年桐、拟赤杨、各种构树等。此外，还有榆树、枫杨、刺槐、白杨、悬铃木、柳树、桑树等。城市以及农村路旁地的各种杂树，如苦楝、椿树、桑树、乌柏等都可利用。以栓皮栎、麻栎为最宜，因这些树木边材发达，营养丰富，更新力强，木质坚硬，导管粗，透水透气性能好；它们的形成层不断产生新的木栓组织，从树木内部增生形成很厚的木栓层，质地疏松而不透水，能保持耳木中的水分；木栓细胞中充满空气，可以隔热；树皮不易脱落，在较长的日照下不会晒死耳木中的菌丝，还可控制青霉、绿霉等杂菌的感染。

2．砍树

砍树适宜从秋季树叶枯黄后开始，尤以 12 月份到次年 2 月份为好。这时，树木正处在休眠期，树木内的养分处于不流动的"收浆"状态，营养丰富；树干内含水量较少，树皮与木质部结合紧密，砍伐后不易脱皮，有利于黑木耳生长。农谚云："进九砍耳山，六九要砍完。"

不少地方为解决种粮与种耳的劳动力分配矛盾，把"进九"砍树，改为叶黄"迎九"砍树，把 3 月接种改为 2 月开始接种，既解决了种粮、种耳争劳力的矛盾，也保证了黑木耳菌丝发育必需的温度，减少杂菌的危害，提高接种成活率。

树龄以选择 8～12 年、直径 6～15cm 者较好，3cm 左右也可利用。耳木太小，产耳期短；耳木太大，材质过于坚硬，菌丝蔓延慢，产耳期虽可达 3～4 年，但盛产期产耳不多。有时因树皮太厚，不易长耳，心材也不能充分利用，造成浪费，也不便管理。

砍伐时留杈要低，以 10cm 左右为宜，防止杈口积水或多芽萌发。湖北耳农总结出"两砍"、"六不砍”的经验。“两砍”是：高举斧，紧握把，两面下斧砍斜杈，大开门，鸦雀口，这是砍树的老行家。留成鸦雀口，有利于老树萌发，新枝更新，既不会积水烂芽，也不会多芽竞争发生，但会影响更新。“六不砍”：不砍灯盏（四面下斧），不砍炖锅炉（三面砍），不砍马耳朵（一面砍成长斜面），不砍锉子把（毛头），不砍酒壶嘴子（一面砍成短斜面），不砍疙瘩（沿树干转圈砍，几乎无斜度）。砍树时需保护好树皮，不要使树皮撕裂脱落。

砍伐耳木应遵守国家森林保护的有关政策法令，因地制宜，有计划地砍伐。最好间伐，坚持取用弯曲材、枝桠材、薪炭材和其他无前途的非经济林木。积极营造菇木林，做到采伐与营造相结合，使耳木林不断自我更新，确保耳木资源长期连续可用。

3. 剔枝和截段

剔枝是指将耳木砍伐后，将四周的细枝剔掉。剔枝时间各地略有差异。南方气候湿润，树木含水量高，为加速树木自身水分散失，一般在耳木砍伐后半月左右时进行剔枝；北方气候寒冷干燥，树木含水量低，砍伐后可立即进行剔枝。

剔枝时要用锋利的砍刀，自下而上，顺着主杆将枝桠全部削除。剔枝时，宜保留长 1cm 左右的枝桠，以免损伤树皮。

剔枝后，再锯成长 1～1.2m 的段木。剔枝和截断时伤口要平滑，伤口最好用石灰水涂抹，减少杂菌感染。

4. 架晒

架晒是传统黑木耳段木生产程序中非常重要的环节（图 30－3）。把段木以“井”形堆放在场地，堆高 1.5m 为宜，便于操作。每隔半个月左右翻堆一次。架晒的目的是为了让段木组织死亡，使之干燥到适合点种程度。当段木含水量在 50％以下，截面如黄白色、有放射状细小裂纹时，即可点种。点种前用石灰水或多菌灵擦抹段木断面和树皮撞破的地方，以防杂菌感染。据报道，耳木截段后接种前不架晒，用“火熏”也有一定效果。具体做法是：挖一地槽，放入柴草点燃，将耳木架在地槽上熏烤，直至表面见到火星时为止；或将耳木堆成高1～1.5m呈井字型的堆，在堆的中间及四周放柴草，点燃熏烤。熏烤后树皮透气性增加，接种后菌丝发育快，出耳早。同时，熏烤可杀死耳木表层附着的杂菌孢子和虫卵，减少病虫危害。

图 30－3 架晒

（四）接种

将培养好的黑木耳菌丝种，点种到段木接种穴中去的过程称为接种。接种是段木生产成败的关键工序。

1. 接种时间

接种时间一般在春季。从 2 月下旬到 3 月上旬，当气温稳定在 5～10℃时接种，这样有利于菌丝生长。提倡早接种。黑木耳菌丝在温度达 5℃时即可缓慢生长，早接种菌丝生长虽慢，但空气中的杂菌孢子少，即使落到耳木上，也不易萌发。如果在秋季接种，可以在白露至寒露间进行，但生产中极少在秋季接种。

2. 接种方法

菌种类型不同，接种方法略有不同。这里仅介绍木屑菌种与种木菌种的接种方法。

（1）木屑菌种

用打孔机、手电钻等打孔设备在段木上打直径 1.3～1.6cm、深入皮下木质部内 1.5～2cm 的洞，接入木屑菌种块。菌种应尽量成块，塞满孔穴，按紧使菌种与穴内壁接触，然后盖上树皮盖。树皮盖的直径大于穴口直径，用小锤敲紧，使之与段木表面相平或用封口蜡涂抹（石蜡 70％、松香 20％、猪油 10％ ，加热溶化至沸，稍冷后用毛笔蘸抹）。

（2）种木菌种

种木菌种有枝条菌种、圆形木块菌种。接种时先按种木的形状打好接种穴，再把种木插入，然后用锤子或斧背敲打菌种盖，使之与段木表面相平行，眼穴无空隙。

3. 应注意的问题

①接种前最好用药物对段木树皮表面进行消毒，杀灭树皮上黏附的杂菌孢子和虫卵。接种过程中，包括手、工具、菌种盖等都要消毒。

②挑选无杂菌感染、生活力旺盛的菌种。选择荫凉处接种，不要让阳光直接照射到菌种和已

接种的耳木。

③最好在雨后天晴、空气清新、杂菌少时接种。雨天不宜点种，因为雨天空气湿度大，大气中水分接近饱和，而菌种含水量低，从空气中吸收水分，容易感染杂菌。

④春季早接种的段木，宜用塑料薄膜覆盖保温，促进菌丝快速定植生长；5月和秋季接种的，可在耳木上加盖10～12cm厚干茅草或作物秸秆保湿、降温。

⑤黑木耳耳片大小除与品种、栽培管理等有关外，还受制于接种密度的影响。适当加大密度，易使木耳菌丝尽快覆盖耳木四周，能减少杂菌，出耳也早。菌丝在耳木木质部表面生长时，纵向顺木材纤维方向生长快，横向垂直于木材纤维方向生长慢，因而接种的孔距可比行距稍大些。北方气温低，生长期短，接种密度宜稍大。一般直径9～10cm、长1m的耳木，可接120孔，孔距7～8cm、行距5～6cm较好，穴深应至木质部1.5～2cm。

⑥接种时若耳木过干，宜在点种前7～8天将耳木放在清水池中浸泡，待其全部浸透后，再晒架，使水分达到适宜的程度，消毒后再接种。

(五)上堆发菌

黑木耳耳木接种时，菌丝体受到损伤，恢复生长前生活力较弱，对温度、湿度等环境条件敏感。接种后，为保持一定的温度和湿度，使菌丝尽快恢复生长，深入木材内部，需先把段木集中堆放在一起，称为“上堆发菌”。

1. 上堆方法

选避风、向阳、干燥，排灌方便的地方，打扫干净后，垫枕木或石块做堆脚，堆脚高10～15cm。再将已经接种的耳木按粗度、长度分别横向摆到枕木上。为便于通气，耳木之间应留间隙。第一层摆好后，再摆第二层，使之与第一层垂直交叉，上下层耳木呈“井”字形，高约1m。耳木数量多时，可堆长些。堆好后，若气温低，盖上塑料薄膜保温、保湿；气温高时用干茅草或草帘覆盖以保湿通气(图30－4)。

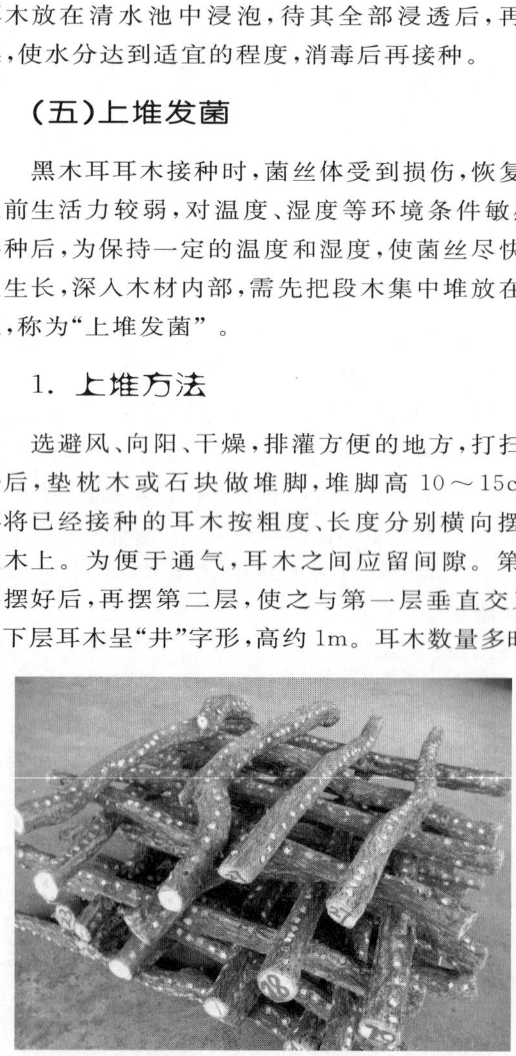

图30－4　上堆方法

2. 上堆发菌期的管理

上堆发菌管理对菌丝体的提早定植和出耳、减少病虫和杂菌的危害等有重要作用。

耳木上堆发菌的目的在于保持菌丝生长的适宜条件，使耳木的温度尽量维持在22～28℃范围内。同时保持空气新鲜，促使菌丝体更好地定植和加速生长。早春接种后，上堆发菌期间，堆上覆盖薄膜，薄膜白天增温幅度大，晴天中午前后，堆内温度会出现短期高温，容易发生“烧堆”现象。中午可在木堆上盖些枝叶或者草帘遮光，并在中午前后揭开覆盖物通风换气。夜间气温低，晚上堆内温度会降低，应覆盖薄膜。

上堆后应在堆内挂一支温度计，每天早、中、晚定时检查。温度低，白天加强光照，傍晚时盖严。另外，塑料薄膜不透气，覆盖后不仅容易提高空气的相对湿度，而且使菌丝体生长时散发出的二氧化碳不易散失。如二氧化碳的浓度达到1%时，会妨碍黑木耳菌丝生长，超过5%时引起菌丝体“中毒”。在这种不利于黑木耳菌丝生长的环境中，喜湿的杂菌，如毛霉、木霉等生长很快，应注意适时通气。

黑木耳为好氧性木质腐生菌。上堆发菌后一周内不必换气，以后应经常揭开覆盖物通气。当气温低时，中午将塑料薄膜底边卷起，气温高时全部揭掉。上堆20天后，气温再升高时，菌丝进一步生长，每天应换气一次。

黑木耳菌丝生长期间，不需要很大的湿度。空气相对湿度达80%，耳木含水量保持在60%左右即可。刚接种后1～2周内，耳木的含水量基本能满足菌丝生长发育的需要，不必喷水。随着养菌时间延长和气温升高，隔3～4天喷一次水，或结合翻堆适当喷水。每次喷水后，应晾晒，待耳木表皮稍干时再重新覆盖，防止湿度过大，引起杂菌丛生。

上堆发菌期间，隔7～10天翻堆一次，将堆内耳木上下调换，内外调换，使发菌均匀。自第二次翻堆时起，每次喷少量水。翻堆时要轻拿轻放，不要损伤树皮或碰掉接种孔上的菌种盖及穴中的菌种。若耳木上长了杂菌，应随时用小刀刮除，并用1%～3%生石灰液或2%～5%的含氯石灰(漂白粉)消毒。

为了掌握黑木耳菌丝体在耳木中发育的状况，接种后20天左右进行一次检查。揭开接种孔上的菌种盖观察，若菌丝体与接种时的颜色、形态相似，说明湿度不足，发育慢；若菌种表面产生了白色菌膜，说明菌丝体已经定植成活；接种穴内木屑菌种过于干燥，颜色发黄、松散或因积水而变黑的，应重新补种；接种穴内有黄、褐、红、绿等颜色，系杂菌污染所致，严重时应挑除后重新接种。

上堆定植时间的长短，应根据温度、耳木种类、耳木直径及点种密度等情况而定。堆内温度为15～20℃时，约为1月；20℃以上时，20天即可。菌丝定植之后，可揭去遮盖物，将耳木排于地面，继续培养。

(六)散堆排场

段木经过上堆定植，使菌丝长入耳木木质部后，开始散堆排场，让耳木贴近地面，以便接受自然界的阳光雨露和新鲜空气，以改变生活环境，使菌丝体进一步向耳木内部蔓延，促进耳芽大量发生。

排场前要检查菌丝定植情况，将菌种盖揭开观察。若菌种和耳棒的木质接触部分为白色，耳棒树皮柔软具弹性，耳木接种处周围的断面白色，树皮和木质部及年轮界限难于区别，耳芽零星发生时，即可排场。

排场的方式有匍匐式和覆瓦式两种。前者又称平铺式排场，即把耳木一根根顺场地的坡度平铺于地面；覆瓦式即在平坦的地面上先放枕木，再将耳木摆上，并将其一端或两端架起，高10～15cm，棒间相距7～9cm。该法通风透光均匀，有利于耳木吸潮和周身出耳。同时，耳木末端着地，杂菌少，树皮也不易腐烂。

排场后湿度需比上堆发菌时期高。加之此时风大，气温又逐渐升高，水分蒸发快，容易缺水。排场后，应视耳木的干湿程度，每隔2～5天，于晴天早、晚各喷一次水。每隔7～10天将耳木翻动一次，将原来着地的一端放在枕木上，贴近地面的一侧转向上面，使耳木周身都能均匀地承受阳光、雨露，促使菌丝向耳木内更深处蔓延，早日形成子实体，均衡出耳，减少杂菌和害虫的危害。

露天耳场主要靠自然气温。为掌握好温度变化，耳木温度过高时，用遮荫网等物在场地上塔棚，并酌情增减喷水量，降低温度。

从耳木接种到出耳，需2～3个月。有时在上堆定植后期或散堆排场前期，常在接种部位，即菌种块周围长出一些幼耳。这些幼耳的菌丝体尚未深入到耳木中，吸收不到更足够的营养物质和水分，生活能力弱，不必过分关注，防止喷水过多，引起幼耳溃烂。排场后30～60天，便可立架出耳。

(七)立架管理

1. 立架的方法

两头用4根长约1.5m的木杆做成两个“人”字形木架，将横梁置于交叉处上面，横梁距地面约70cm，耳木斜靠于横梁的两侧成“人”字形，斜靠的角度以45度为宜。雨少地区的角度可小些，雨多地区角度可大些，耳木之间要有5cm以上的距离。起架时，为使横梁两侧的耳木受光均匀，架子最好南北走向。这样阳光在上午可以照射横梁东侧的耳木，下午照射横梁西侧的耳木。如果场地坡度较大，架子应沿场地的等高线方向延伸。

2. 立架后的管理工作

(1)温度和光照

立架后场内温度随气温的升降而变化。黑木耳菌丝体生长的适宜温度是24～28℃，子实体形成的适宜温度为20～28℃。应将温度控制在子实体形成的适宜温度范围内。夏季光照强烈，气温常超过木耳生育的高温极限，容易出现烂耳和树皮暴裂脱落现象。为降低温度，一般可搭简易荫棚或遮荫网。

(2)水分

保持干干湿湿的外界条件。在黑木耳生长发育过程中，若遇到干旱，采取人工喷水保持耳木有足够的水分及环境有较大的湿度。每天喷水1～2次，连喷6～7天，然后停3～4天，以增加段木中的空气，促使菌丝发育；然后再喷水，促进耳芽生长，10～15天收一次木耳。温度高时，应在早晨和傍晚浇水，每次约2小时，不宜在中午喷水。中午气温高，喷水后容易引起烂耳。

浇水量应按天气、耳木的水分含量情况灵活掌握。晴天，对硬质耳木、新耳材应多喷。一般连续喷几天，开始要多喷，使耳木吸足水分，以后少喷，只要维持耳木湿润、耳片舒展即可。雨季来临前，将耳架塔陡些，以减少吸水量，延长耳木寿命。

每次采耳后停止喷水，让耳木在阳光下晾晒，以降低耳木内的水分，增加透气，促进菌丝发育。晾晒时间的长短，按光照强弱、气温高低、风力大小，耳木粗细等而定，一般为5～7天。待耳木两端截面重新出现裂纹时，可恢复喷水作业。晾晒耳木期间遇雨时最好用塑料薄膜覆盖，防止淋雨过多，影响菌丝向材心生长。耳木晒好后再继续喷雾。这种干湿交替的管理方法，既有利于菌丝生长，也有利于子实体的发育。必须注意，浇水要用洁净的水，不能用污水、泥水及被化学药物污染的水。另外，浇水时雾滴要细(图 30－5)，严禁泼浇。

图 30－5　段木的滴灌

(3)及时处理烂耳耳木

6～9 月份高温多雨期，成熟的木耳容易腐烂发霉。腐烂的汁液流到健康的耳芽上时会引起大量霉烂，故应及时采收或处理，并注意防雨。烂耳严重者，应用清水冲去烂耳黏液。洗后晾晒 5～7 天，以便重新长出耳芽(图 30－6)。

图 30－6　出耳

(八)采收与干制

1. 成熟度的鉴别

木耳从春季起架后到深秋，只要条件适宜，都能长成成熟的耳片。耳片成熟后，不论大小都要及时采收。黑木耳成熟的标准是：耳片充分展开，边缘开始向上卷曲，发生“收边”；耳体柔软，弹性减弱，下垂，肉质肥厚；耳根收缩变小，变细、直立；颜色转浅，由黑色变成褐色；腹面产生孢子。

黑木耳的耳芽刚长出时，颜色深褐，通常呈粒状或杯状。随着不断生长发育，逐渐展成波浪式叶片状，多皱褶，耳片向内卷曲，有弹性，耳根较宽扁，以后颜色逐渐变浅。过早采收、木耳产量低。过度成熟的耳片，容易发生流耳、烂耳。

2. 黑木耳的季节分类

①春耳是指入伏前生长的黑木耳：此时的黑木耳朵大、肉肥、色泽灰黑，吸水膨胀率大，产量占全年的 70%，质量最佳。采收时应采大留小，让未成熟的耳芽继续生长。

②伏耳是指入伏后至立秋生长的木耳：此时的黑木耳朵大、肉薄、色黑、吸水膨胀率比春耳差。同时，因气温高，虫害多，细菌繁殖快，容易腐烂，流耳严重。因此只要耳子开片，应大小一起采。伏耳产量占全年产量的 10%左右，质量差。

③秋耳是指立秋后长出的木耳：其质量比伏耳好，比春耳差，朵小，肉中等厚，吸水膨胀率小，产量约占全年产量的 20%。采收时应大小一起采或采大留小。

3. 采收

最好在雨后初晴、耳片稍干、耳根尚湿润时采收或清晨露水未干时采收。这时耳片柔软，不易破碎。采时不要碰伤附近的耳芽和耳根下的菌丝。如遇连续阴雨，成熟者雨天也要采收。在雨天万一采收不完，可用塑料薄膜将耳木盖住，防止继续淋雨，造成流耳。采耳时，用手指将整朵耳片连同基部一起捏住，稍扭动，可将耳片完整地采摘下来，这样采摘的耳片朵形完整、等级高。结合采收将耳木上、下、内、外翻转，使之均匀接受阳光和潮气，减少腐烂，促进多结耳。采下的木耳应放在洁净的筐篮中，采耳时随时剔除耳木上的杂菌。

4. 干制

采收的黑木耳应及时晾晒。晾晒时不宜多翻，以免卷成拳耳；雨天采收的可暂时摊到干木耳上，让其吸去一部分水分，天晴后再晒干。鲜耳上有泥沙或木屑、树皮、草叶等杂物时，用清水漂洗干净后再晒。

阴雨天采收的黑木耳，最好用烘房或烘箱烘干。烘干时要严格控制温度，一般以 55℃ 为宜，最高不能超过 65℃ 。新鲜的黑木耳含水量大，一般干鲜比为 1∶10～1∶16。干木耳的标准含水量不宜超过 14%。

(九)越冬管理

段木栽培的黑木耳，一年接种可连续采收 3 年。第一年栽培，当年开始出耳采收，第二年进入生产期，第三年采收结束。南方 11 月份末、北方 10 月份气温下降，黑木耳停止生长。当外界温度降到 5℃以下时，耳木中的菌丝停止生长，进入休眠状态。这时，将耳木从“人”字架上撤下，集中后进行越冬管理。实践证明，耳木越冬管理是增产的关键措施之一。管理得好，可连续产耳 3 年；管理不当，第二年出耳即会受到明显影响。

越冬管理因耳木状况不同，可采用以下两种

方法：

1. 平铺堆放

第一年的耳木，质地坚硬，应平铺排场越冬。方法：在地面上放一根枕木，然后将耳木一根根横放在上面，一头着地，一头架空。这样既能保持水分，又能防治霉烂和白蚁危害。在冬季雪大的地区也可采用两头都垫枕木堆放。到第二年3～4月份，气温回升，待耳芽发生后再散堆起架，进行出耳管理。

2. "井"字形堆放

第二、三年的耳木已开始腐烂，可堆叠成"井"字形越冬。耳木保持比较干燥状态，可延长使用寿命，排场和堆放时要轻拿轻放，防止损伤耳木和树皮。

三、代料黑木耳栽培技术

黑木耳传统的段木栽培法生长周期长、资源受到很大制约。目前，代料栽培在生产中已经广泛应用，代料栽培的形式多种多样，有塑料袋栽、大棚或林荫地地栽、挂袋培养等。室内、室外都可栽培，生产成本低、周期短、见效快，从接种到收获仅50～90天(图30－7)。

图30－7 大棚代料地栽

(一)培养料的选择

我国疆域辽阔，资源丰富，适用于栽培黑木耳的代料有数十种。常用的有杂木屑、棉子壳、玉米芯、甘蔗渣、稻草等富含纤维素、木质素等农林副产品。目前已取得大面积栽培成功，且产量大大超过段木栽培法。培养料要求新鲜、无霉变、未经过雨水淋洗，否则容易发生杂菌污染。在选择代料时，应因地制宜，就地取材。

1. 培养料选择与配制原理

(1)主料

①杂木屑：除了含有杀菌物质和松脂、精油、醇、醚以及芳香性物质的树木，如松、杉、柏、樟、桉等不适合代料栽培黑木耳外，一般材质坚实、边材发达的阔叶树均适宜，如壳斗科的栓皮栎、柞栎、栗树、米槠、槲栎、青冈栎，榆科的白榆、大叶榆、青榆、榆树等。

由于各种树木的营养成分不同，应尽量选择适宜的原料，以求得早出耳，获高产。除了树木砍伐加工成木屑外，还可以收集伐木场、木器加工厂、锯板厂、火柴厂等木材加工单位的枝桠、边角、碎屑，作为黑木耳培养料。

种过菇耳的段木，木材外表尚好，但由于纤维素、木质素等养分已被菌丝分解吸收，不适用于作袋栽原料。但如果是打过穴，接入了菇或耳的段木，由于接种后的种种原因，菌丝没有很好地定植分解，也没形成子实体，1年内基质养分尚在，只要尚未腐败，仍可收集材质坚实部分，通过加工粉碎成木屑，作为代料栽培黑木耳的原料。但这种木屑养分偏低，使用时只能掺入1/3，不可100%的使用。

②棉子壳：棉子壳是黑木耳栽培较理想的培养料。福建、河南、山东、江西、四川等地代料栽培黑木耳的主要原料均为棉子壳。棉子壳必须选用无霉烂、无结块、未被雨水淋湿的，当年收集，长年利用。在储藏和运输过程中，应防止受潮发热。栽培时不必加工，可与其他辅料直接配合使用。

据华中农业大学测定，棉子壳含氮1.5%、磷0.66%、钾1.2%、纤维素37%～48%、木质素29%～42%。棉子壳的蛋白质含量高达17.6%，比麦麸高6.2%；脂肪含量8.8%，比麦麸高4%。棉子壳具有营养成分高、质地坚硬、有利于菌丝逐步分解利用的特点。同时，由于棉子壳形状不规则，有残留的棉纤维，颗粒间空隙较大，故通气性好，有利于菌丝生长发育。因此，用棉子壳栽培木耳产量最高。

③稻草：近年来经各地研究和试验发现，利用稻草栽培黑木耳，生物效率也很高。我国南方诸省系水稻生产区，稻草资源十分丰富。水稻收获后将稻草及时收集晒干，不让雨水淋湿，防止霉烂变质。栽培时，必须把稻草切成2～3cm长的小段，装袋置于干燥处备用。也可以粉碎成稻草粉，配合其他辅料使用。

④甘蔗渣：福建、广西、云南、湖南、广东等省、自治区的科研部门进行了甘蔗渣栽培黑木耳课题研究。经反复试验，终于获得了成功。福建省农学院、福建省农科院地热所、仙游龙华试验场、福清糖厂等均进行了室内和蔗田挂袋栽培黑木耳试验，效果很好，产量稳定，质量达到商品收购标准。

用甘蔗渣作代料，必须选择新鲜色白、无发

酵酸味、无霉变，用糖厂刚榨过的新鲜蔗渣，及时晒干储藏备用。在新鲜甘蔗渣中，又以细渣为好。若带有蔗皮的粗渣，要经过粉碎过筛后再使用，以防刺破栽培袋。未充分晒干、久积堆放结块、发黑变质、有霉味的，不宜采用。

⑤玉米芯：玉米在我国南北各省均有种植，北方为盛产区。玉米芯即玉米棒脱去玉米粒后的轴，含有丰富的纤维素、蛋白质、脂肪及矿物质等营养成分，也适于栽培黑木耳。玉米芯要晒干，栽培时将其粉碎成黄豆粒大小的颗粒，不能粉碎成粉状，否则会影响培养料通气，造成发菌不良。

⑥其他秸秆：大豆秸壳、木薯秆、高粱秆、葵花秆、玉米秆、棉花秸以及花生壳、葵花子壳、谷壳等农作物的秸秆、皮壳均可作代料，要求不霉变、不腐烂，使用时要粉碎成木屑状。

(2)辅助营养料

辅助营养料简称辅料，一般指氮素和矿物元素。辅料在培养基质中比例虽小，但可增加营养，改善基质化学和物理状态。常用的氮素和矿物养分原料有麦麸、米糠、食糖、石膏粉、碳酸钙及微量元素等。

①麦麸是代料栽培中一种不可缺少的营养料，用量占配方的15%～20%。麦麸含有粗蛋白质11.4%、粗脂肪4.8%、粗纤维8.8%、钙0.15%、磷0.62%。麦麸要选择当年加工新鲜的为好，若霉变、虫蛀或因雨淋潮湿引起结块等，养分已经受到破坏，不宜使用，以免造成培养料中碳氮比例失调。

②玉米粉因品种与产地不同，其营养成分有差异。一般玉米粉中，含有粗蛋白质9.6%、粗脂肪5.6%、粗纤维3.9%、可溶性糖类(碳水化合物)69.6%、粗灰分1%。在培养基中加入5%～10%的玉米粉，可增加氮素营养源，可以加强菌丝活力，显著提高产量。

③米糠是指大米加工中的下脚料。它含有粗蛋白质0.8%、粗脂肪14.5%、粗纤维7.2%、钙0.39%、磷0.03%。其蛋白质、脂肪含量高于麦麸。选择米糠时要选用不含谷壳的新鲜细糠，含谷壳多的粗糠，营养成分低，对产量有影响。米糠极易被螨虫侵食，应放干燥处，防止潮湿。

④蔗糖：由于菌丝在接种过程中受到损坏，接入料中后还没有分解和吸收基料养分的能力，需要一定的时间恢复。而恢复后的菌丝生命活动虽很旺盛，但在分泌胞外酶方面还不很活跃，菌丝侵入基料需要很强的侵蚀能力，需消耗大量能量来满足生长需要，此时唯有糖(单糖、双糖)最容易被吸收利用。菌丝吸收一些碳源后，也可激活细胞内一些酶的活性，使生长更加迅速旺盛。

配方中可加入1%～1.5%蔗糖。糖的比例也不能过高，如果达8%以上时，基料内水分的溶质含量过高，使菌丝细胞外的水势低于细胞内的水势，致使菌丝细胞的水分外溶，不利于菌丝的新陈代谢，使菌丝形成纤弱状态。生产上白糖、红砂糖均可用。

⑤硫酸镁：无色或白色结晶体，可溶于水。它对微生物细胞中的酶有激活反应、促进代谢的作用。在培养基配方中，一般用量为0.3%～0.5%，有利于菌丝生长。

⑥石膏粉：石膏粉即硫酸钙。弱酸性，纯度感光测定色白，在阳光下观察有闪光发亮。在培养基配方中用量为1%～2%，可提供钙、硫，也起调节酸碱度的作用。代料栽培主要选择农用石膏粉，价格便宜，生熟均可。要求细度为80～100目。

⑦碳酸钙：白色晶体或粉末，极难溶于水，水溶液微碱性。除提供钙素外，也可调节培养基酸碱度，不使其过酸。在气温较高的季节配制培养基时，采用碳酸钙1%，可以防止培养基偏酸。若无成品，取石灰石粉碎也可，通过石灰和空气中的二氧化碳发生作用，生成碳酸钙，测其水溶液pH超过8，即可使用。

2. 常用配方

(1)杂木屑培养料配方

配方1：杂木屑78%，米糠20%，蔗糖1%，石膏粉1%，料与水的比例为1：1.4～1：1.5。

配方2：杂木屑86.5%，麦麸10%，豆饼2%，石灰0.5%，石膏粉1%，料与水的比例为1：1.4～1：1.5。

(2)棉子壳培养料配方

棉子壳93%，麦麸5%，蔗糖1%，石膏粉1%，料与水的比例为1：1.4～1：1.5。

(3)稻草培养料配方

稻草66%，米糠32%，石膏粉1%，过磷酸钙1%，料与水比例：1：1.7～1：1.8。

(4)甘蔗渣培养料配方

细蔗渣90.5%，麦麸7.5%，蔗糖1%，碳酸钙1%，尿素0.5%，料与水的比例为：1：1.5～1：1.6。

(5)玉米芯培养料配方

粉碎玉米芯85%，棉子壳20%，蔗糖1%，石膏粉1%，麦麸5%，料与水的比例为：1：1.5～1：1.6。

(6)豆秸培养料配方

豆秸75%，麦麸20%，蔗糖1%，豆饼粉2%，过磷酸钙1%，石膏0.5%，石灰0.5%，料与水的比例为1：1.4～1：1.5。

3. 培养料的配制

(1)备料

需在春季接种的菌棒，一般在上一年 12 月份前备好料；秋季接种的，需在当年 6 月上旬前备好料。麦麸保管不善会受潮变质，所以麦麸要求新鲜、未霉变和不结块。木屑最好提前一个月以上粉碎，堆放在室内，促使水分挥发变干，使粗木屑变软，以免装袋时刺破菌袋。石膏粉、封口材料随时准备好即可。

塑料栽培袋是代料栽培中必用的生产材料。栽培袋常采用低压聚乙烯和聚丙烯。北方栽培常采用聚丙烯原料特制折角袋，袋子规格 17cm×33cm×0.05cm，或 15cm×33cm×0.05cm 的短袋；而南方多采用高密度低压聚乙烯制成，筒径折幅宽 12～15cm，制成 50～55cm 的长袋。

选择栽培袋时应注意以下几点：

①选用折角袋：折角袋应采用进口聚丙烯，配以一定比例的特殊化学辅料，使塑料袋与培养料亲和。耳芽生长后，随培养基的收缩而收缩，耐高温、高压，灭菌后不变性、不变脆、不变硬，长期摆地出耳，也不易风化。聚氯乙烯塑料袋有毒，会分解产生有毒物质，严重影响产品质量，危害食者健康，不能使用。

栽培黑木耳采用木屑、豆秸等为原料，这些原料质硬容易扎破袋面。尤其北方冬季严寒，如果采用一般塑料袋会变脆硬，装袋时容易破裂，因此更应采用特制折角袋。

②大小适度，透明：折角袋规格以 17cm×33cm 为宜。如过大，灭菌不易彻底；袋过小，也会减产；袋过长也无益，如装料过高，菌袋上下菌龄差距拉大，出耳不齐。塑料袋的透明度要高，以便于观察袋内菌丝生长和杂菌污染状况。

(2)配料

培养料是黑木耳速生高产的物质基础，在确定选用的配方比例后，进入配制工序。

①秤量：根据选定的配方比例要求，计算原材料用量，准确秤好。

②过筛：秤取原辅料，分别用 2～3 目的竹筛或铁丝网过筛，剔除混入的沙石、金属、木块等物质，以免装袋时刺破菌袋，导致灭菌不彻底。然后将棉子壳或木屑堆成山形，把麦麸从山尖均匀地往下撒开，并把石膏粉均匀地撒向四周。

③混合：先将干料搅拌均匀，再将可溶性的添加物，如蔗糖、硫酸镁等溶于水中后加入干料中。

④搅拌：采用拌料机或人工拌料。人工拌料时，先将堆成山形的干料，从尖端中间挖向四周，使其形成凹陷状，将清水倒入凹陷处，用锄头或锹使凹陷处逐步向四周扩大，让水分逐渐渗透。水分被干物质吸收后，将铺平的料用锹重新整成山形料堆，再将料堆挖开。反复搅拌 3～4 次，使水分吸收均匀。然后将拌匀的料，用竹筛或铁丝筛过筛，打散结团，使其更加均匀。过筛时应边洒水边整堆，以防止水分蒸发。

黑木耳代料栽培多在秋季，培养料配制时气温常在 30℃，培养料配制时加水加糖，再加上气温高，极易使其发酵发酸。如拌料时间延长，培养料发生酸变，接种后菌袋成品率会降低。

(二)菌袋制作

黑木耳菌袋制作包括装袋、灭菌、接种 3 个工序。

1. 装袋

手工装料时，将薄膜袋口张开，把料塞进袋内。当料装到 1/3 时，把袋提起，在地面小心振动几下，让料压实，再用大小相同的木棒将袋内料压实，装至满袋时用手在袋面旋转下压或朝袋口拳击数下，使代料紧实无空隙，然后再填充足量。袋头留薄膜 6cm，转入扎口。

机械装料时，将薄膜袋未封口的一端张开，整袋套进装袋机出料口的套筒上，双手紧托。当料从套筒慢慢输入袋内时，右手握紧袋头往内紧压，形成内外相互挤压，使料入袋后更坚实。此时左手托住料袋，慢慢后退。当填料接近袋口 5cm 处时，取出袋竖立，捆扎袋口。用棉纱线或塑料编织带捆扎袋口。操作时先按装料量增减袋内培养料，使之足量。然后左手抓料袋，右手提袋口薄膜，左右对转，或在袋口四周击打数下，使袋料紧贴，不留空隙。清理袋口剩余 5cm 薄膜内的空间，扫掉沾黏的木屑，再把袋口薄膜合拢，用纱线扎袋口 3～4 圈后，再反折过来又扎 3 圈，袋头即密封。装好的料袋，用纱布擦去袋面残余物，平放在铺有麻袋或薄膜的地上，防止地上沙粒磨破料袋。长袋每袋装干料 0.5 千克左右，短袋每袋装干料0.25～0.3 千克。

黑木耳培养料的松紧程度及足量与否，直接影响到袋内氧气与二氧化碳的含量。如果装料过松，袋内氧气充足，菌丝生长速度快且旺盛，但菌丝衰退快，在发菌期搬袋翻堆过程中极易造成断裂，影响正常生长；装量不足，耳少且薄，袋膜与料不紧贴，易形成料与袋膜脱离，引起污染。如果装料太紧，易破袋，而且透气性差，发菌生长缓慢，容易造成菌丝老化，影响产量。标准的松紧度，应以成年人手抓料袋，五指用中等力捏住，袋面呈微凹痕印为宜。如果手抓料袋而两头略重，料断裂成痕，表明料袋太松。

2. 灭菌

灭菌主要目的是杀灭基质中有害微生物，包括繁殖体和芽孢，同时促进培养料有机物质部分分解。配制好的培养料，必须在2小时内转入灭菌工序。根据栽培容器的不同，灭菌方式也有区别。低压聚乙烯栽培袋宜用常压灭菌灶灭菌，不宜用高压蒸汽杀菌锅灭菌；聚丙烯袋可用高压蒸汽杀菌锅灭菌。

灭菌工作直接关系到培养基的质量和杂菌污染率，必须对灭菌工作引起足够的重视。有两种灭菌方法：

(1)常压灭菌

又称常压蒸汽灭菌或流通蒸汽灭菌。

培养料配制好后，酵母、细菌活性增强，培养料营养丰富，装入袋内容易导致酸败。因此，装料后应立即进灶灭菌。灭菌灶内培养基应采取自下而上重叠排放，上下袋之间形成直线交叉，使气流能自下而上畅通，仓内蒸汽均匀运行。袋进蒸仓后，用大火加热，使温度在5小时内迅速上升到100℃。保持温度100℃持续14～18小时，中途不停火，不降温。

大型罩膜灭菌灶从点火至100℃不到2小时。但因容量大，上升到100℃后，应保持20～22小时才能达到彻底灭菌的目的。

灭菌后把培养袋及时搬进室内，按"井"字形袋交叉排叠，让袋散热冷却。冷却时间通常需24小时，直到料温降至28℃下。

(2)高压灭菌

又称高压蒸汽灭菌或加压蒸汽灭菌，即采用高压灭菌锅装袋(瓶)进行灭菌。

高压蒸汽灭菌过程中，由于水的沸点提高，能使蒸汽保持较高温度，使培养料灭菌时间缩短。培养料在高压锅内灭菌时，要求压力达0.153kPa，蒸汽温度为128.1℃，保持1.5～2小时即可达到灭菌的目的。高压灭菌锅灭菌比较彻底。但因锅体面积有限，仅适于规模不大的生产单位使用。

用高压锅灭菌时要注意检查安全阀、压力表、排气阀等是否完好，防止操作过程中发生故障和意外事故；向锅内加水至水位标记高度，以免干锅造成事故。

袋或瓶在锅内排叠整齐，应留有适当空隙，使蒸汽流动通畅，提高灭菌效果。上锅盖时，对角的螺栓要同时均匀拧紧，关闭气阀，防止漏气。

3. 接种

经过灭菌后的料袋，待料温降到28℃以下后，搬入接种箱或接种室内接种。接种时必须认真掌握以下技术要点：

(1)把握接种的最佳时间

如黑木耳在秋季栽培，秋季接种时正值气温较高，各种杂菌繁殖力极强，接种时间应安排在晚上10时之后或早晨8时前。雨天空气湿度大，容易污染杂菌，不宜接种。

(2)严格无菌操作

接种工作直接关系到污染率，要求严格按照规范化的无菌操作进行。

①接种室消毒：用接种室接种时，应提前2天消毒，按每立方米空间用甲醛(福尔马林)10ml和高锰酸钾7g的比例混合熏蒸杀菌。

②菌种、料袋消毒：把培养袋和菌种，连同接种工具一起拿进接种箱，用甲醛和高锰酸钾混合气体熏蒸30分钟。用净化工作台接种时，如果采用紫外线灭菌，先将菌种覆盖，再打开紫外线灯照射30分钟，这样能够杀死料袋在搬运过程中的污染物，达到无菌要求。

③接种操作消毒：接种工作人员要在缓冲室内换上专用工作服，戴上经过75%乙醇消毒的乳胶手套。

(3)打穴接种

①塑料钉(铁钉)接种法：打穴时，先擦净菌袋表面，清除残留物，再将袋料表面用75%乙醇擦拭，取塑料菌种钉，边打穴，边接种，边黏贴胶布或边套外袋。接种时，将塑料钉在袋面按等距离地直插入料袋内，在料袋正面打4个接种穴。穴口直径1.5cm，深2cm，接入菌种并用食用菌专用胶布剪成3.25cm×3.25cm的小方块，黏封穴口，四周压紧密封，不可有缝隙或翘角。黏贴胶布或套外袋的目的是保护接种口，防止杂菌污染。

②液体菌种接种法：采用注射针筒吸取液体菌种，注入代料培养基内，每袋接种4穴，每穴4～5ml。操作时，先用手摇动菌种瓶，使瓶内的玻璃珠来回滚动，将菌丝体分散。然后在无菌条件下，用消毒过的菌液注射入代料木屑培养基内。此方法操作方便，接种后发菌快、污染率低，菌丝生长均匀，产量不低于木屑菌种。接种后萌发快，15cm×60cm×0.05cm的菌袋接种15～20ml液体菌种，养菌时间只要15天。接种固体菌种，养菌时间需要40～60天。

黑木耳液体菌种不便储藏，因有效期较短，应尽快应用。如储藏的时间较长，菌种将迅速老化，失去活力。用液体菌种时，要注意有效期。按照袋栽黑木耳的生产量，计算好使用量，按计划接种，以免失效。

（三）菌丝体培育管理

经过接种后的料袋称为菌袋或菌棒。菌袋培育期需 50～60 天，这期间为养菌阶段。

（1）菌袋排放

培养室应预先消毒。长袋采取卧倒排放，或“井”字形交叉重叠排放，短袋和瓶栽立式排放。早春接种后，由于室内气温较低，可将菌袋集中重叠放在 1～2 个架床上，发菌 2～3 天，使袋温增加，加快菌丝定植，然后分开排放。

（2）调节适温

黑木耳菌丝生长对温度的要求，应按照不同的生长阶段分别掌握。

①萌发期：接种后 1～3 天以 26～28℃为宜，使菌丝在最适的环境下定植蔓延，减少杂菌污染，不宜超过 30℃。4～15 天时，随着菌丝的生长，袋内温度逐渐上升，一般袋温会比室温高 2℃。因此，将室温调节在 25～26℃为宜。

②健壮期：16～35 天是菌丝分解吸收营养能力最强的阶段，菌丝生长旺盛、健壮，新陈代谢加快，袋温继续升高，室温以 23～24℃为宜。

③成熟期：35 天之后，菌丝进入生理成熟阶段，即将由营养生长过度到生殖生长，室温以 18～20℃为宜。

在室内挂温度计，随时观察温度变化。如没有空调只能靠门窗的开关调节温度。山区早春接种发菌气温低，可关门或用炭火升温。若用烧煤增温，应设排气筒，以防止二氧化碳浓度过高，危害菌丝。

（3）控制湿度

菌丝培育阶段要求室内干燥。空气相对湿度应在 55%～65%，后期不超过 75%。雨天湿度大，除随时打开门窗，加大通风量和增加通风次数外，可在培养室地面撒些石灰粉，或开启除湿机，以降低空气相对湿度。

（4）避光培养

黑木耳菌丝在光照条件下，易形成耳芽，菌丝在生理成熟前出现耳芽，对产量会有不良影响，因此菌丝培养阶段要求黑暗环境，门窗要用黑布遮挡，但要保持通风良好。当菌丝长满袋瓶的85%～90%时，可提前 2 天进行曝光，诱引耳芽的形成。

（5）通风增氧

黑木耳是好气性菌类，整个生长发育过程要求空气新鲜，以保证有足够的氧气维持正常的代谢作用。为此，每天需开窗通风换气 1～2 次，每次 30 分钟，以促进菌丝生长。待菌袋菌丝长好后，将菌袋移到栽培场所出耳。

（四）出耳管理

1. 大田荫棚地栽模式的出耳管理

大田荫棚地栽模式是根据黑木耳的生物学特性，尽量接近自然条件，实行室内养菌，室外出耳，将自然气候条件和人为控制小气候结合起来，创造适合黑木耳生长发育的生态条件，从而达到高产优质的目的。

出耳的最适温度为 25～28℃，最低温度不应低于 10℃，故北方一般以春栽为主，1～2 月份生产栽培袋，4～5 月份出耳；秋天 5 月份生产栽培袋，8～9 月份下地出耳。南方一般以秋栽为主，8 月初开始制袋，9 月底开始划袋出耳。

生产经验表明，野外空气新鲜，昼夜温差大，菌袋地栽紧靠地表，空气潮湿，尤其是地温随着气温升降会产生较大温差。如果春季接种，夏季出耳，气温逐渐上升，有时出现高温，此时地温比空间气温低 3℃以上；秋季栽培，出耳在气温逐渐下降的秋末，此时地表气温会比空间温度高 2℃左右。这种随季节变化而出现的自然气温调节，为黑木耳子实体生长发育创造了良好的生态条件（图 30—8）。

图 30—8　田间塑料棚地栽黑木耳

（1）栽培场地选择

栽培场地要求平坦，地势较高，不积水，靠近水源，便于灌溉。可利用空地、果园行间、林间等场地进行栽培。

（2）菌种选择

地栽黑木耳需选择高产抗杂菌菌种，如“冀诱 1 号”、“9108”、“菌 3”等。

（3）菌床处理

在地面上规划出宽约 1.2m、长度不限的菌床，菌床与菌床之间相距 50cm 作为人行道，四周开好排水沟。先将床面土块打碎压实，浇水使床面吃透水分，然后用稀释500倍的甲基托布津溶液喷洒消毒。床面消毒不宜撒生石灰，生石灰吸湿，会造成床面干燥，不利于黑木耳子实体生长。如果地面潮湿，可以撒石灰对床面进行消毒，也可以在菌床表面垫一层干净沙子，这样既可防止菌袋发生杂菌污染，又可防止黑木耳子实体沾上泥土。

（4）菌袋划口

菌袋经过40～50天培养后，菌丝体生理成熟，转入出耳阶段。出耳前须进行划口，增加耳穴。划口是黑木耳代料栽培关键技术之一，它直接关系到出耳迟早、耳朵大小、产量高低、耳质优劣。划口的技术要领如下：

①选择环境：把长满菌丝的菌袋搬到出耳棚外环境清洁的地方，集中划口，这样做可以避免穴口培养基风干。必须选择在晴天划口，雨天不适宜划口，因雨天容易污染杂菌。

②消毒：取掉棉塞和塑料颈圈，将塑料袋口拧紧塞入接种孔内，使菌袋两端都呈平面，易摆放，且不易进水，摆袋时以倒立摆放为佳。在划口前，用0.2%高锰酸钾溶液或0.1%托布津溶液擦拭菌袋表面进行消毒。

③划口：菌袋划口有"V"型口、"1"型口及刺孔法3种方法。"V"型口优点是口形小，培养阶段与空间接触少，避免营养流失，其次是口形上大下小，菌袋上方的薄膜划破后可翘起遮挡培养料，出耳阶段喷水时可起防止划口积水，避免引起杂菌污染。此外，"V"形口下方三角尖部位小，正好保留少许水分于尖口，有利于穴口保湿出耳；原基形成时，划口处两条斜角相连，原基顶起穴口的塑料膜，使塑料膜向上翘起。子实体本身封住穴口，水分不能进入袋内，使菌袋内部长菌丝，外部长子实体；穴口小，耳芽集中，耳片朵形美观。"1"型口出耳，可形成单片状黑木耳，耳根小，质量好。目前正在大力推广刺孔方法，不论是菌花状，或单片状黑木耳均适用。

④划口角度：可用刮脸刀或手术刀划口。先将划口刀片洗净擦干，用酒精灯火焰消毒。不宜用消毒药剂，以防伤害菌丝。划口时，沿着袋面从上往下划割。划"V"型口、划"1"型口的角度应为45～55度，角的斜线长度为2～2.5cm。斜线过长或过短对产量都有直接影响。斜线过长，子实体原基很难形成大朵；穴口过大，培养基裸露面积大，外界水分也易渗入袋内，极易造成杂菌感染。划口越大，斜线越长，黑木耳子实体越不易形成，而且耳片生长慢，容易感染杂菌。反之，划口角度过小，斜线过短，易使黑木耳子实体生长受到抑制，也很难长出大朵，产量降低。划"1"型口，每袋划6个，口长10～12cm，距袋口和袋底各3cm。刺孔的工具一般为滚板，滚板上钉有高2cm、粗4mm的圆钉尖。要求刺孔排列整齐，呈"品"字型，深0.5cm～1cm，短袋刺孔60～120个，长袋刺孔120～180个。各地均在研究刺黑木耳菌袋刺孔机，吉林省珲春市何焕翔已发明，并申请了专利。

⑤划口深度：划口深浅是出耳早晚、耳根大小的关键。划口适宜深度为0.5cm左右，最多不超过0.8cm，这样的深度有利于菌丝扭结形成原基。划口过浅，子实体朵小，耳片生长慢，且耳根过短，极易因碰撞而从菌袋表面脱落；划口过深，子实体形成较晚，耳根过粗，会延长原基形成期。在正常温、湿度条件下，划口7天后，原基形成并封住划口处。

⑥划口布局：菌袋规格不同，栽培形式不一，划口部位和划口数量略有差别。规格为17cm×33cm的短栽培袋，立式排放栽培，垂直方向划口呈"品"字形排列，每层4个口，每袋8～12个口。划口数量过少，浪费袋内营养；划口过多，子实体分化不良，产量无保证。规格为12cm×55cm长栽培袋，有立式斜靠和卧式横排两种栽培方式：立式斜靠的划口方式同短袋垂直布局，每袋划16～24个口；卧式横排的划口方式，应采取横向布局，每袋划口14～20个，否则不利于出耳时喷水管理。

划口或刺孔后，将菌袋分散堆放，增加自然光，刺激耳芽形成。大约100天后即可排袋，进行出耳管理。

⑦排袋：划口后的菌袋排放方式，通常长袋采用斜靠于耳床的排袋横杆上，袋间距8～10cm。划口后菌袋应及时排放于栽培场的耳床上，使其接触新鲜空气，并用薄膜罩好耳床。短袋栽培以站立摆放在耳床上面，袋间距8～10cm，呈"品"字形排列，然后盖上草帘。如气温低，可盖上薄膜保温。

（5）诱发原基

在排好菌袋的菌床上，搭建塑料小拱棚。小棚宽约1.2m、长约8m，离地面约30cm、拱径约50cm。骨架用竹杆建成，上覆盖塑料薄膜。大棚一般宽约3m、长约8m、拱高约2m，里面为"一宽两窄"的3个畦，宽畦1.2m，窄畦50cm，中间留两道步道，步道宽40cm；也可直接留两个宽畦中间夹一个60cm的步道，以圆木（径10cm以上）、竹杆、铁丝为骨架，上覆塑料薄膜。

菌袋划口后，进入原基形成和耳芽发生阶段，即黑木耳由营养生长转入生殖生长阶段。为确保原基的迅速形成，必须认真掌握以下几点：

①菌丝复壮：为使菌丝迅速恢复，划口后必须采取集中培养复壮。将菌袋排放在1～2条耳床

上，罩紧薄膜，让菌袋在小气候内停放5～7天，使穴口菌丝尽快复壮。

②集中催耳：集中催耳主要是解决气候干燥、风沙大、原基形成缓慢、出耳不齐影响产量的问题。

北方春栽，在气温低或风沙大、湿度低的情况下，为使原基迅速形成，常采取集中催耳。先将床面和草帘浇水湿透，然后把菌袋集中摆放在耳床上，袋与袋之间间隔1cm，上面盖塑料薄膜，或草帘湿、菌袋密集，增温保湿，促进划口处菌丝尽快愈合扭结原基。南方秋栽秋季气温较高时，可采取挖地床，深约25cm、宽约80cm，然后摆袋，利用地面和草帘的水分保持湿度，上面覆盖一层湿草帘，再盖一层干草帘。在昼夜温差大、夜间气温低的地区，可覆盖塑料薄膜保温。催耳芽温度掌握在15～25℃，一般10天左右原基即可形成。在雨水多、空气湿度大的地区秋栽，不宜采用此法。

需注意：集中催耳后要适时分床管理。分床疏散管理的最佳时期是原基上分化出锯齿曲线耳芽时，此时耳片生长需要较大的温差和适度散射光，还需要干干湿湿。但耳床内因持续高湿而潜伏了一定量的杂菌，应在晨曦或夕照中揭开草帘，将菌袋疏散开，按常规出耳摆放。若分床过晚，会造成耳片黏连，严重时导致互相感染。

③保湿发育：耳基形成期以保湿为主，保持穴口培养料表面湿润，空气相对湿度以85%左右为宜。喷水一般不往菌袋的穴口上直接喷，只可用0.7mm孔径喷水管的喷雾器，在培养架四周及空间喷雾。如果空间湿度过大，或往穴口上喷水时，菌丝会加速生长，形成1层白色菌皮，影响原基出现，或者菌丝易胶质化。如天气干燥风大，可用1层湿帘，1层干帘，以利于保湿。夜间可将草帘掀开通风。

④耳芽催生：黑木耳原基形成与分化耳芽，需要人为进行湿度、温度和光照刺激。

A. 散射光：菌丝见光后原基易现，散射光能引诱原基的形成，还能调节空间相对湿度，抑制霉菌滋生。排袋后荫棚要有散射阳光透入，促使原基迅速形成，并逐步分化耳芽。

B. 温差刺激：冷冷热热的温差刺激十分有利于出耳。原基形成后，夜间可把畦床上的罩膜揭开，使白天与晚上形成温差。

C. 干湿交替：干湿交替是促进原基形成的一种手段。干干湿湿，袋内菌丝接触氧气后，原基迅速显露，并逐步形成耳芽。

(6)出耳期管理

出耳管理是优质高产的关键。应注意以下几点：

①控制湿度：代料黑木耳子实体生长发育分为3个阶段，即幼耳期、生长期和成熟期。这3个不同的发育阶段，对水分的要求有所差别。

A. 幼耳期：此阶段需5～7天。主要靠菌丝体从基内吸取养分和水分，输送供应幼耳生长。空气相对湿度为85%左右幼耳能正常生长，只要每天喷水1次，轻喷微喷，形成雾状即可。

B. 成长期：此阶段子实体进入生长旺盛期。子实体生长发育所需的养分、水分较集中，新陈代谢增强，子实体呼吸旺盛，对相对湿度和氧气的要求也随之增加，此时喷水量要逐步增加，相对湿度由原来的85%提高到90%～95%。如果湿度不够，会使正在发育成耳的耳芽停止生长，影响耳片长大。向菌袋表面喷水时，只宜喷洒雾状水，以耳片湿润不收边为准。尽量避免直接喷水到耳片上，切不可喷重水或过头水，以免造成烂耳。

成耳期需7～10天，喷水必须按照生长进度，灵活掌握。耳芽多时多喷，耳芽少时少喷；耳片枯萎时多喷，耳片湿润时少喷；晴天时多喷，雨天时少喷；气温高时多喷，气温低时少喷。喷水应结合通风，以免高温高湿而烂耳。

C. 成熟期：子实体进入成熟期，耳根收缩，耳片展开，腹面开始弹射孢子，此时应停止喷水，转入采收阶段。

②控制温度：耳芽形成和子实体生长发育两个阶段的温度略有差异。温度与子实体生长关系密切。温度高，子实体生长快，成熟早，但总产低；温度低，子实体生长缓慢，由于生长期长，总产量反而高。可根据栽培场所温度实际情况，采取加盖或掀开草帘或塑料罩，把握好最佳温度范围，人为创造适宜的温度条件，达到高产优质的目的。

③干湿交替：代栽黑木耳子实体生长时需内干外湿。培养基含水量为60%，袋内偏干时菌丝生长较好；空气相对湿度为85%～95%，袋外湿度大有利于耳片生长。

④增加光照：黑木耳子实体生长阶段需要有足够的散射光和一定的直射光。增加光照强度和延长光照时间，能促进耳片内的水分蒸腾，提高菌丝新陈代谢活力，使耳片变得肥厚，色泽变黑，品质好。据试验证实，在1.5 lx光照下，子实体为白色；在200～400 lx光照下，子实体为浅黄色；在400 lx以上光照下，子实体为黑色。出耳棚光照强度要求达到400 lx以上，即保证“三分阳、七分阴”的光照。

⑤通风：耳片生长阶段呼吸作用强，要经常保持空气新鲜。尤其是气温高、湿度大时，更应注意通风换气，促进耳片分化。

西北农林科技大学对小棚和大棚栽培的出耳情况进行了研究。证实小棚在子实体形成期能提早形成耳基，能使耳基整齐一致，而在后期子实体生长期温湿度不易控制，高温高湿会导致流耳，杂菌快速污染，致使耳片失去利用价值，降低单株产量。大棚栽培虽子实体形成期要推后几天，但在生长发育阶段温湿度易控制，能为子实体提供较适宜的生长环境，产量比小棚高，管理也十分方便。研究表明，将这两种棚结合起来，用小棚培育耳基，大棚出耳或者大棚套小棚，在小棚耳基出齐后，去掉小棚薄膜，在大棚内出耳，这样有可能达到大小棚互补的目的。

露天栽培时，由于上盖草帘，空隙小、通风差，每天多次喷水，在 20～30℃、90％高湿环境下，易产生绿霉及流耳现象。建议：A. 选用优良菌种和培养料。选用抗杂菌力强、生长旺盛、无污染、适龄不老化的菌株，减少转管次数，确保优良种性。B. 适时接种发菌。接种过晚，由于温度偏高，易导致绿霉污染。C. 草帘要经常掀起，调节通风，避免高温高湿。若发生绿霉或流耳现象，即用灭过菌的小刀挖除穴口的绿霉，用 5％～10％的石灰水涂抹患处，并净化栽培场所和周围的环境，或立即注射 30％NaOH 溶液或 15％含氯石灰（漂白粉），5％的石灰水，可以抑制绿霉和流耳生长与蔓延。

2. 室内栽培出耳管理

室内栽培可利用一般住房，或者人工搭建耳棚，如草棚耳房、遮阳网耳棚等。耳房内设置吊袋的横架，耳架用竹竿或木材制作，耳架高 2.0～2.5m，上下层之间相距约 30cm，宽约 40cm，每排之间相距约 50cm 用作人行道。

（1）划口吊袋

将耳袋的两端袋口用绳扎好，以“V”字形、“1”字形或刺孔法在耳袋上划口，方法同上。划口后用一根“S”状铁丝，或者用绳子拴着袋口，将耳袋吊挂在横杆上，耳袋之间相距 10～15cm，内外层耳袋位置错开吊挂。

（2）出耳管理

①保湿管理：耳袋划口上架后，由营养生长转向生殖生长，开始形成耳基。开口后，出耳口菌丝易散失水分，要做好保湿工作，防止出耳口菌丝失水过多，不形成耳基。喷水保湿时，只能向地面和四周墙壁浇水，使地面有积水。利用地面潮湿来增加湿度，使空气相对湿度达到 90％左右。切勿在耳袋上喷水，一旦出耳口上进水，会生长霉菌，导致整个菌袋不出耳。开口 3～5 天后，开始形成耳基。耳基分化出耳片后，保持空气相对湿度 85％～95％，不得低于 85％。在耳片生长至成熟期间，空气相对湿度保持在 90％～95％范围内，并且采取干湿交替管理。喷水用喷雾器喷细雾颗粒水。在向空中喷水时，喷头向上，让雾状水漂淋在耳片上，使耳片湿润，以耳片不干燥收缩为宜。喷水保湿还要根据气候、出耳情况来定。晴天气温高，要增加喷水次数，每天喷水 4～6 次，还应在早晚喷水。喷水后进行通风，让耳片上多余的水分蒸发掉，避免长期处于高温高湿环境下，出现烂耳。在阴天或雨天，少喷水或不喷水。喷水宜在耳片出现偏干卷曲之前进行。若耳片湿润时，可不喷水。保持耳棚内干干湿湿，这样有利于提高产量和质量，防止出现烂耳。在采收前一天停止喷水，采收后 1～2 天内不喷水。

②温度控制：出耳阶段温度控制在 20～25℃为好，在此温度条件下，出耳快、整齐、耳片厚、色深片大。温度偏低时，减少通风量，通风换气改在晴天中午。温度高时，在早晨和傍晚通风换气，并加大通风量，同时结合喷冷水降温，加盖草帘，减少阳光辐射升温。最主要的是合理安排出耳季节，使出耳期间处于最佳温度条件下。

③通风换气：黑木耳出耳期间，应保持耳棚内空气流畅，空气新鲜，耳片才能正常生长。

④光照调节：黑木耳耳片生长期间，需要充足的散射光照和一定的直射光照，光照强度以 1 000～2 000 lx为好。如果耳片出现黄白色，要立即增加光照强度，或者使其处于直射光照下，这样耳片可由黄白色转为黑色。在出耳棚上要开通风窗口，保持耳棚内明亮，才能提高木耳的质量。

3. 农林作物间套栽模式的出耳管理

在林地、瓜棚套栽黑木耳，可以充分利用农作物种植场地的空间，而且空气新鲜，光照充足，温度、湿度适宜，类似于黑木耳自然生长条件，产量和质量都良好。黑木耳在林间或园中生长，其子实体在成长过程中，不断释放二氧化碳，增加二氧化碳浓度，能增强农林作物光合作用。而农林作物的光合作用，释放出的氧气也不断供给黑木耳子实体生长所需。此外，生长过黑木耳后剩下的菌糠可回归土壤。这样使农作物和黑木耳生长互相促进，形成良好的生态条件，创造良性循环的生态平衡新模式。

下面重点介绍多种菇耳交叉栽培法、菇棚栽培法及林果蔗园套种法。

（1）多种菇耳交叉栽培法

在南方用大棚栽培黑木耳，菌袋在 4～5 月份摆袋出耳，或者9～10月份摆袋出耳。6～8月份是高温季节，黑木耳生产周期结束，利用这种间歇的畦床，正好套种高温出菇的竹荪，可以收获一季。如果黑木耳只是春栽一季，夏季可以套种竹荪，秋冬还可以套种猴头菇或香菇，形成多品种周年生产食用菌，提高土地利用率，效益数倍增长。

①季节安排：黑木耳畦床套种竹荪，应在3月份将竹荪播种畦床上，发菌50天开始出菇，9月底收获竹荪，结束栽培。此时将黑木耳菌袋搬到野外进行排袋，划口出耳进行秋栽。如果9月份竹荪收获后，紧接着将猴头菇菌袋排放在畦床上，1个月后收获结束。此时再把袋栽香菇排放于畦床架上，11月份开始出菇，至翌年4月份结束，此时可进行黑木耳春栽试验，摆放菌袋出耳，形成周年栽培黑木耳、竹荪、香菇、猴头菇。多品种布局见表30－1。

表30－1 黑木耳畦床多菇交叉轮种

菇耳种类	黑木耳	竹荪	猴头菇	香菇
出菇(耳)月份	4～5	6～9	10	11月份～翌年4月
所需天数(天)	35～45	90～100	30～35	160～170

②配套品种：要十分注意衔接好耳、荪、菇出菇长耳季节。竹荪品种应选择高温型棘托竹荪菌株，如古优1号、GD-710、D-89，出菇均在6～9月份。香菇品种必须根据海拔高低，因地制宜择中温偏低型的菌株。南方海拔在300m以上、600m以下的地区，应选择中温偏低型的香菇菌株，如Cr02、Cr66、Cr-62，其子实体在4月底基本上采收结束。海拔在300m以下的地区，常用中温偏高型的香菇菌株，如Cr-04、Cr-20、L-26等，4月底基本采收结束。

③栽培管理：凡套种的畦床，应整理成中间高、四角低的龟背形，以利于排水，并搭好排筒架。在畦床上铺放塑料薄膜，防止因黑木耳管理喷水时，水流入畦导致竹荪菌丝霉烂。在畦床四周，每隔1m用15～20cm的空竹管直插畦床，形成孔洞，起供给氧气的作用，促进竹荪菌丝正常生长。黑木耳、猴头菇、香菇采收结束，菇筒离场时，对畦床上的残留物质应进行1次清理，疏松表层覆盖土，促进通风透气，以利于竹荪菌丝生长。如套种猴头菇、香菇，可把菌袋排放于畦床的排袋架上，罩好薄膜，按各品种特性进行温、湿、光、氧的控制管理。

(2)耳棚内栽培

利用香菇采收结束后闲置的塑料大棚栽培黑木耳。塑料大棚内容易造成高温，需在塑料大棚上盖上草帘或双层遮阳网来减少阳光辐射，尽可能降低棚内温度。

①菌袋制作：塑料袋用15cm×55cm，井字堆码于培养室内养菌，温度保持在22～25℃，促使菌种萌发生长。待菌丝生长直径达到5～6cm时，将封口胶揭起一角，促进菌袋通气，加快菌丝生长，结合进行翻袋，将上下层菌袋调换后重新排放。继续培养到菌丝生长到袋的一半时，去掉外套袋或揭去封口胶布，让菌丝得到氧气补充，快速长满整个菌袋。菌丝长满后，继续培养使其达到生理成熟，至菌袋上出现米粒大的黑色原基为止。利用香菇空闲塑料大棚来栽培，尽可能不改变棚内设施，便于随后栽培香菇。

②排袋准备：在排袋之前，清除掉废菌筒和地上杂草，开通排水沟，修补好排袋架，打开塑料薄膜两端，通风2～3天，使棚内空气新鲜。在塑料棚上盖上草帘或遮阳网，避免阳光直射，以防止棚内温度升高。使用之前4～5天，在棚内场地上喷洒生石灰，或采用甲醛熏蒸，对场地进行杀虫消毒处理。熏蒸后密闭塑料大棚1～2天，再开启大棚两端的薄膜，待药物散发后，再排放菌袋。

③下田排袋：菌丝长满袋并达到生理成熟后，在袋上开出耳口，出耳口成”V”字形，开口方法同上操作。将菌袋斜靠在排袋架上，菌袋与菌袋之间相距2～3cm，或呈“人”字形地排袋。

④出耳管理：A.保湿管理：排袋后在畦面上喷一次水，关闭塑料棚，使棚内空气相对湿度达到85%～95%，诱导耳基形成。经过4～5天会有大量黑色粒状耳基出现。从耳基到小耳片形成，需要5～10天。此时，要加强喷水保湿，每天喷1～2次水，喷水时用喷雾器来喷雾，向空中喷雾来增加湿度，防止耳片干燥，同时通风换气。耳片生长期间应根据耳片干湿程度和温度高低，喷水保湿。耳片边缘变黑反卷，表明湿度不足，需及时喷水，使耳片吸水受潮伸展生长。耳片湿润，生长正常时不需喷水。保持棚内干干湿湿，干湿交替，是水分管理的关键，有利于黑木耳耳片生长。为防止烂耳，温度在25℃以上时，应加强喷水保湿，同时遮荫通风降温。如果温度超过28℃，需在棚顶上喷水降温。

B.揭膜调温：在出耳期间打开两端塑料薄膜通风换气，使棚内空气流畅，空气新鲜，避免出现高温高湿环境。气温高时，每天早晚揭开两端塑料薄膜，通风换气，降温，每次1小时。遇到闷热天气，应全天打开两端塑料薄膜，使棚内空气能对流，防止高温高湿引起流耳和杂菌感染。温度偏低时应减少通风换气量，改在中午通风换气，晚上关闭塑料大棚，防止棚内温度下降过大。出耳期间，温度保持在18～25℃为宜。

C. 光线调节：出耳棚内散射光照要充足，在太阳不能直晒的一侧开透光窗口，增加棚内光照强度。在秋季温度低、光照强度弱时，可抽去部分草帘或去掉遮阳网，增加光照强度，同时提高棚内温度。

（3）林果蔗园套种法

①场地选择：选择近水源、背风向阳的林地、果园空间、蔗园、庭院瓜棚下等作为黑木耳栽培场所。

②畦栽方式：在林间果园的树干间拉上多条铁丝，分层挂袋。在菌袋四周和上面覆盖薄膜保湿。

蔗园沟套栽黑木耳时，要结合蔗田管理，整理畦沟，沟宽90cm，沟深40cm，沟底宽30cm。用竹条或木条横于沟上的两个畦面，杆距22～25cm，每沟挂两行菌袋。横杆面上盖塑料薄膜，以便遮挡连绵雨水，必要时也可盖膜保湿保温。

③管理重点：将室内发菌培养至生理成熟的菌袋，及时搬到野外。菌袋经划口增穴后挂放林间。由于分层挂袋，空间湿度要求大一些。注意在地面浇水，增加地面湿润，使空气相对湿度保持90%，以促进原基形成。耳芽出现后，喷雾状水，水滴细如牛毛，成雾状覆盖于薄膜棚内和笼罩在菌袋四周，保持湿润环境，促进耳芽分化成子实体。

如在蔗园沟套栽，挂袋后3～5天，沟内要灌浅水，保持沟中相对湿度为85%～95%。耳基形成后，可直接向菌袋喷水。随着子实体的生长，喷水量由小到大，喷水次数由少到多，干湿交替，保持润湿。后期应加大喷水量，防止耳片蒸发失水。

4. 北方地槽摆袋栽培模式的出耳管理

北方气候干旱、风力大、光照不足的地区可采用免棚地槽地沟栽培方式，以利于增光、保湿和保温，夏季气温高时可降温。这种栽培方式不用搭耳棚，节省成本。

（1）地槽摆袋栽培法

①选地建槽：选择通风、排水良好、无污染源、坐北朝南的场地，顺南北向挖槽。春季需选择向阳、光照好的场地，以利于增温。夏季宜选遮荫、通风良好的地方，以防止高温。浅槽一般宽1m，深20cm；深槽一般宽2～4m，深1m。长度视场地而定，10～15m为宜。

②出耳：浅槽摆袋前，浇湿地槽。菌袋划口后移入槽内，竖放或倒放；袋与袋间距10cm，槽面用竹竿或木条作支撑架，供盖草帘和罩薄膜。草帘用清水浇湿，早春晚秋槽上盖帘覆盖薄膜，以增温保湿。气温高时，揭帘去膜通风。夏季地槽温度比地表低5℃以上，湿度也比地面湿润。出耳期间，晚上可将草帘掀开通风。为防止草帘上长杂菌，每隔3天调换草帘正反面。在雨水较多的季节，要防止地槽积水。其他管理方法与常规方法相同。

（2）地沟吊袋栽培法

利用地沟吊挂黑木耳菌袋出耳，具有较好的保温、保湿效果，光照度可进行人工调节。

①建造地沟：在地势较高处挖长2.5～3m、宽60cm、深1m的沟，沟壁削平拍实。在沟底铺放3cm厚洗净的河沙，沙面撒1层生石灰粉，然后放水至浸没沙面。在沟内沿沟长方向横架2根长3～3.5m的木杆或顺沟拉几条铁丝。

②开口挂袋：菌丝长满菌袋后，及时移置室外荫凉处。经光刺激形成原基后，去掉颈圈和棉塞，用塑料绳扎袋口，用消毒刀片在已分化的原基处划出耳口。再将菌袋依次系在木杆上。挂袋时菌袋位置应相互错开，保持5～10cm距离。每隔2～3天将上、下层菌袋相互调换1次，使其保湿、受光均匀。沟面横架拱条，上面加盖草帘遮阳，雨天加盖薄膜。

③出耳管理：菌袋吊挂后，保持地面湿润。在管理上要特别注意通风换气，使耳床内空气新鲜，以促进子实体生长发育。

5. 南方冬春反季节栽培出耳模式的出耳管理

黑木耳冬春反季节栽培是指改变常规的春、秋接种为冬季接种，于翌年春季采收的栽培方式。这种栽培方式，子实体发生时正是南方春雨连绵、湿度自然的良好季节，对出耳开片十分有利。接种阶段是寒冷干燥时期，能有效地提高菌袋成品率。低温发菌，菌丝生长慢、健壮，同时消耗少、积累多，为高产创造条件。在整个生长周期要避免高温烂耳。

（1）季节安排

一般10月份制作栽培种，11～12月份进行菌袋接种。经室内培养至翌年春季长耳采收，即所谓“冬养菌，春长耳”。

（2）菌株选择

选菌龄短、纯度高、抗逆力强的菌株。

（3）发菌培养

冬季气温低，菌丝生长缓慢，接种后菌袋应以4～5层横向叠放在培养架上，也可在房内地面上架垫板，将菌袋叠放板上，上面覆盖薄膜或麻袋保温。在培养过程中，要经常检查袋中温度。温度过低时应及时加温，温度过高时应散堆疏袋，降低堆层。室内保持阴暗、干燥通气，每8～10天上下里外翻堆1次。结合翻堆将污染杂菌的菌袋剔出，另作处理。同时做好防鼠、防虫工作。

(4)出耳方式

下列两种方法可供选择。

①局部出耳：经1周催耳，袋壁及上部出现成堆的黑色耳芽时，用锋利小刀局部划口，促使耳片发生。同时拔除棉塞和套环，剪去袋口筒膜，增加出耳面积。

②脱袋出耳：耳芽成片大量发生时，将菌袋划破，脱去塑料薄膜，直立或平放床畦上，增湿出耳。

(5)管理要点

一般在初春诱发原基。菌丝长满袋而且生理成熟时，见光部分有少量原基或耳芽发生。4月中下旬，气温回升达到出耳要求时，即可进行诱耳管理。室内和野外、大棚等均可作为子实体发生场地。将菌袋竖立排放耳床上，间距8～10cm，要求增加光照强度和加大通风透气量，促使原基和耳芽发生。出耳管理上应重点掌握3个方面。

①控制温度：温度低，不易出耳；温度高，易烂耳。出耳阶段的温度控制在18～26℃为好。早春低温时，应搭拱棚覆薄膜和草帘以保温；气温升高时，采用增厚棚架覆盖物厚度或加强通风以降温。

②保持湿度：空气相对湿度保持在90%～95%，晴天常喷雾，保持耳芽、耳片和土壤的湿润。如有条件，用微喷或滴灌保湿。

③通气透光：室内出耳应通风良好，光线充足；野外耳棚出耳的，采用“三分阳、七分阴”的光线。每批耳采收后，可用直射光照刺激，以起到杀杂菌和促进菌丝往深层处吸收养分的作用，以利生长第二批木耳。

6.菌袋环割倒栽模式的出耳管理

菌袋环割倒栽黑木耳，是指在室内接种黑木耳菌丝，待菌丝长至代料2/3以上时，搬到野外荫棚下，用刀片沿着袋口2～3cm处环割一周，取去袋口上的薄膜，倒立于铺有砂石的畦床上，边发菌边出耳。采收完一批木耳后，将原环割部位菌丝体切除，在菌袋上再割去一圈环状薄膜，再长一批木耳。依次环割、出耳、采收，整个生产周期为春栽70～80天，夏栽50～60天，秋栽60～70天。

在生产工艺上，环割菌袋使营养物质积累于环割线上，刺激子实体原基形成和耳芽的发生，并加速膨大。环割后，菌丝仍然继续向上延伸生长，能达到边发菌、边出耳，有效地控制出耳密度和缩短生产周期。菌袋环割后倒置砂石上，可调节温度和湿度，形成一个适宜生长的小气候环境。气温高时，由于地上砂石畦面温度较空间气温低，可防止黑木耳污染霉菌。

(1)搭棚建床

可在庭院墙边或树荫下，搭盖简易耳棚，用草帘遮棚。场地先用生石灰消毒，然后铺上3cm左右的细沙，再铺一层干净的小石子或煤渣，并在石子上面喷洒500倍多菌灵消毒，即做成倒栽的畦床。

(2)菌袋环割

环割倒栽采用12cm×28cm聚丙烯套环棉塞袋。经过发菌培育30天左右，当菌丝长至栽培料2/3以上时，即可转入野外环割。将菌袋和工具用0.1%高锰酸钾溶液消毒，然后挖去接种点上的老菌块，用刀片沿袋口2cm处环割一周。耳基、耳芽形成并逐渐长大时，可剥去被环割的菌袋上的薄膜，促使原基、耳芽发育，提前出耳。

(3)菌袋倒置

经过环割的菌袋应立即倒置在已消毒过的砂石上。菌袋与菌袋之间保持10cm间距，便于光照和空气流通。

(4)出耳管理

环割倒栽法与室内栽培和大田露地栽培有一定差别，管理上应注意以下几点：

①控制砂石湿度：环割开口后的1周内，砂石面相对湿度要达到90%～95%，以利于催耳。小耳长至1.5cm时，调节至85%～90%，不可超过95%，以防流耳和霉菌发生。

②合理喷水：子实体形成时平均气温为15～20℃时，可在上午10时至下午2时之间喷水；平均气温20℃以上时，宜在早晚喷水，以防止高温高湿，并注意干湿交替。

③注意通风：白天气温在20℃以下时，荫棚可用薄膜覆盖，草帘遮荫，注意经常通风。气温超过24℃以上，可揭开薄膜，外用草帘遮荫即可。

④保持环境卫生：耳场每7天喷1次0.1%多菌灵溶液、0.5%食盐水，以防线虫和流耳。子实体伸展后，耳场每7天喷1次0.5%～1%石灰上清液，以防治霉菌(晴天浓度为1%，雨天浓度为0.5%)。

7.层架式立体栽培模式的出耳管理

秋季层架式立体栽培可充分利用空间，减少占地矛盾，采用夏季接种，秋末和春季出耳。目前，此项技术在湖北大洪山周边地区开始推广，袋料黑木耳达到高产、高效益和低污染的目的。

(1)搭建耳棚

利用香菇种植棚搭盖耳棚，也可用靠近水源、交通方便的空旷场地搭盖。棚内净高2m，用竹竿、木棍作为四周支柱，支柱之间距离视竹木长短而定，以牢固为准。棚顶四周用塑料薄膜覆盖，再加草帘或遮阳网覆盖，以防止寒风进入，也有利于保湿。如果棚顶用遮阳网围罩，菇棚四周用竹竿支柱，中间可用不锈铁丝拉搭间隔。层架宽约100cm，上下层架之间的距离为25～35cm，两个层架之间距离为95cm，长度视场地而定。第1层离地5～7cm，至少6层。架顶用长竹竿拱成半圆形，作为塑料膜的罩架，中间用1条竹竿横过，使薄膜不下垂。为了喷水方便，一般在第6层和第8层装2个喷水带，以便进行雾状喷水保湿。罩上塑料地膜，形成一个架层式立体栽培棚。

(2)栽培季节

南方为了避免春季出耳时菌袋染杂，层架式栽培在8月中下旬至9月中旬制袋，11月中下旬开始出耳，翌年3～5月份可以继续出耳。北方一般3～5月份和10～12月份为1年中最适合于黑木耳子实体生长的时间，以此向前倒计40～50天制作菌袋。各地纬度和海拔高低不一，气候有别，北方以春栽为适，必须在春节前接种菌袋，争取在高温季节来临之前结束采收。而南方气温高，以秋栽为宜，在秋末和春初气温低，杂菌少时采收。

(3)菌袋接种

层架式栽培采取横卧式排袋，栽培袋以12cm×55cm长袋为适。生产工艺按常规方法。

(4)床架诱耳

菌袋经过40天左右的培养、菌丝长满袋后，及时进棚上架，采取横卧排放于架层的竹木条上，袋间距为2～3cm。菌袋入棚后休养2～3天，使菌丝体因搬动受到的损伤得到恢复，然后用1%石灰水消毒。划“V”字形出耳口，可以采取3面和4面划口，也可正反面与两侧面划口方法，每面划5～6个口。也可以四周打圆形孔，或者划一字形口，每袋50～80个。划口期间气温必须在24℃以下，划口后喷少量的雾化水，保持湿度80%～90%，每天通风2～3次，保证空气新鲜。经7～10天，开口处原基大量形成。此阶段管理注意保持适宜湿度，特别应防止干燥，避免高温危害，保证通风充足。春季和秋季温度26℃以上时，切忌盖薄膜。层架栽培菌袋为密集形，而黑木耳又是好氧真菌，在高温缺氧条件下会造成菌丝体退化而导致栽培失败，必需注意通风换气。

(5)出耳管理

多层架床覆盖薄膜培养，菌袋排放数量比露地摆袋栽培多4倍，罩膜内黑木耳所需的水分比露地栽培增多，喷水要相应增加，还要注意上下层喷水均匀。菌袋也需经常调换上下位置，使受湿度、光照平衡。通风次数比露地栽培的次数增加，每天至少2次，每次不少于30分钟。一般气温24℃以上时，可掀起大棚一端或两端的薄膜，连续喷水3～5天，再停水通风1～2天，干湿交替。随着秋季气温降低，可在中午喷水，同时通风1～2小时。春季阴雨天可把四周罩膜揭开，让子实体接受空间自然湿度，也避免高温高湿引起烂耳。秋季管理得当，可以出2潮耳，质量也较春耳好。注意采收时连耳根一起拔起，以免影响下次出耳。采耳后，应保持适当干燥、保温，以利于养菌，有利于下潮出耳。

第四节　黑木耳的营养价值

黑木耳质地鲜脆，滑嫩爽口，营养丰富，具有很高的食用和药用价值，可食、可药、可滋补，被称为素中之荤的山珍。无论是历代宫廷御膳，还是都市酒楼、民间喜庆宴会，都离不开这种大自然恩赐的美食。黑木耳也是我国传统的保健食品和重要的出口商品。

黑木耳是中国老百姓餐桌上久食不厌的传统食用菌，可制成粥、羹、汤、炒菜和拌菜等不同类型、不同口味的食品。现代研究更科学地证明了黑木耳的营养价值。据分析，黑木耳含有丰富的粗蛋白、氨基酸、粗纤维、糖类、钙、磷、铁、胡萝卜素、维生素B_1、维生素B_2、维生素C和烟酸等(表30－2)。

人体对氨基酸的需求，包括必需氨基酸和非必需氨基酸两类。黑木耳富含的必需氨基酸有亮氨酸、异亮氨酸、缬氨酸、赖氨酸、蛋氨酸、苯丙酸、苏氨酸、酪氨酸、色氨酸等。黑木耳所含的氨基酸不仅含量高，而且种类十分齐全，含有除甲硫氨酸外的其他人体必需氨基酸(表30－3)。

黑木耳蛋白质含量仅次于牛肉和羊肉，高于粳米和面粉；脂肪含量非常低，仅比粳米、面粉略高，是一种理想的瘦身食品；糖类成分含量与粳米、面粉接近，可以很好地补充体能；黑木耳的粗纤维含量高出其他几种食品10倍以上，是一种具有很强的清涤胃肠功能的食品；黑木耳铁含量比肉类高100倍，钙含量是肉类的30～70倍，一般矿物质含量比粳米、面粉、蔬菜高4～10倍；黑木耳维生素B_2含量是粳米、面粉的近10倍，是肉类的3倍以上，因此是人类理想的维生素B_2来源。多食黑木耳可预防维生素B_2缺乏引起的口角炎、阴囊炎、角膜炎、结膜炎等疾病。

表 30－2　黑木耳营养成分(100g 中含量)

编号	产地	水分	粗蛋白(g)	粗脂肪(g)	糖类(g)	热量(kJ)	粗纤维(g)	灰分(g)	钙(mg)	磷(mg)	铁(mg)	胡萝卜素(mg)	维生素 B_1(mg)	维生素 B_2(mg)	维生素 C(mg)	烟酸(mg)	氨基酸(g)
1	黑龙江	10.2	10.7	1.8	71.0	434	2.7	3.6	237.0	232.6	16.6	0.01	0.20	0.60	6.95	1.7	8.78
2	湖北	11.1	9.8	1.8	69.1	330	2.7	5.5	231.1	202.0	96.3	0.03	0.42	0.68	6.33	3.0	5.64
3	河南	8.2	11.0	1.2	70.1	335	4.0	5.6	264.4	234.2	120.9	0.02	0.55	0.48	6.95	2.2	7.62
4	四川	9.2	9.4	1.0	71.4	332	3.7	5.3	366.4	227.8	103.3	0.01	0.63	0.62	10.15	2.1	7.48
5	广西	9.1	9.4	1.1	72.8	339	4.5	3.1	103.5	232.5	19.6	0.01	0.40	0.86	5.69	2.0	6.90
6	福建	9.7	14.3	0.8	68.0	336	3.5	3.7	188.4	429.4	13.4	0.01	0.67	1.44	12.03	3.1	10.38
7	辽宁	15.0	9.2	0.9	67.3	314	4.1	3.5	81.29	192.7	20.7	0.02	0.24	0.39	7.34	3.0	7.50
8	福建厦门	11.1	10.4	1.0	66.2	315	8.3	3.0	92.7	295.1	4.8	0.01	0.08	0.78	10.31	3.2	9.20

表 30－3　黑木耳氨基酸组分(单位:mg/100g 含量)

编号	产地	赖氨酸	组氨酸	苏氨酸	精氨酸	天冬氨酸	酪氨酸	谷氨酸	脯氨酸	甘氨酸	丙氨酸	胱氨酸	缬氨酸	蛋氨酸	异亮氨酸	亮氨酸	丝氨酸	苯丙氨酸	色氨酸	总含酸
1	黑	0.72	0.36	0.52	0.70	0.89	0.50	0.84	0.55	0.45	0.66	微	0.48	0.07	0.39	0.72	0.31	0.42	0.20	8.78
2	鄂	0.12	微	0.41	0.16	0.71	0.41	0.81	0.49	0.37	0.51	无	0.39	无	0.29	0.54	0.14	0.30	微	5.64
3	豫	0.49	0.23	0.51	0.49	0.68	0.51	1.04	1.43	1.45	1.63	无	0.50	无	0.37	0.67	0.24	0.38	微	7.64
4	川	0.18	微	0.54	0.21	0.91	0.55	1.11	0.57	0.46	0.69	无	0.49	无	0.37	0.67	0.31	0.42	微	7.48
5	桂	0.63	0.13	0.41	0.54	0.56	0.59	0.81	0.31	0.35	0.50	微	0.37	0.01	0.30	0.55	0.21	0.34	0.11	6.90
6	闽	0.62	0.31	0.72	0.72	1.14	0.66	1.37	0.54	0.59	0.81	无	0.69	0.03	0.45	0.71	0.37	0.65	微	10.38
7	辽	0.54	0.39	0.52	0.59	0.82	0.47	0.94	0.36	0.40	0.55	无	0.45	无	0.28	0.50	0.24	0.45	微	7.59
8	厦门	0.50	0.37	0.60	0.60	0.89	0.57	1.16	0.62	0.50	0.78	无	0.44	无	0.36	0.75	0.30	0.50	无	9.20

第五节　黑木耳的化学成分、药理作用与临床应用

一、化学成分

黑木耳子实体中含有的木耳多糖是由几种不同组分的多聚糖构成。用一定的分离方法和手段,可以得出这几种不同的多聚糖组分。

Staub 用 Sevage 法、三氯乙酸法除去蛋白质,用 20% H_2O_2 水溶液脱色,经透析法除去小分子杂质后,用 DEAE-纤维素层析、Sephadex 凝胶过滤、季铵盐沉淀、盐析、亲和层析、超滤和电泳等方法进行纯化,经浓缩、真空干燥或冷冻干燥后,得到黑木耳多糖纯品。Sone 等人从黑木耳子实体中分离得到水溶性的 β-*D*-葡聚糖(葡聚糖 I)、水不溶性的 β-*D*-葡聚糖(葡聚糖 Ⅱ)和两种酸性杂多糖,分别命名为 FIA、FIB、FⅡ和 FⅢ。葡聚糖 I 的主链由葡萄糖经 β-(1→3)糖苷键连接而成,在主链上有 2/3 的葡萄糖残基在 0-6 位上被单个葡萄糖基取代,这种多羟基基团的存在使葡聚糖 I 在水中的溶解度较高;而葡聚糖 Ⅱ 由一条 β-(1→3)葡萄糖苷键的主链构成,其分支程度比葡聚糖 I 高,主链上 3/4 的葡萄糖残基有短链葡聚糖分支结构,葡聚糖Ⅱ这种复杂的多分支结构使其在水中的溶解性差。Sone 等人分离得到两种酸性杂多糖,其中之一含有 *D*-木糖、*D*-甘露糖、*D*-葡萄糖和 *D*-葡萄糖醛酸,其摩尔比为 1.0∶4.1∶1.3∶1.3,结构是一条甘露聚糖主链以(1→3)糖苷键连接而成,在部分甘露糖的 0-2 和 0-6 位上连有 *D*-木糖、

D-甘露糖或 *D*-葡萄糖醛酸。Ukai 报道，用热乙醇和热水从黑木耳子实体中分离到两种酸性杂多糖（MEA、MHA），含有 α-（1→3)-*D*-甘露聚糖，主链为 α-（1→3)-*D*-甘露糖，在部分甘露糖的 0-2 上被终端 β-*D*-葡萄糖醛酸取代，还有一些 0-2 和 0-6 位上被短链的 β-*D*-木糖取代。Morisaki 等对两种酸性杂多糖（MEA、MHA）进行完全酸水解、乙酰化等处理后，进行气相色谱分析，结合纸层析，证明它们均由 *D*-葡萄糖醛酸、*D*-木糖和 *D*-甘露糖组成，其摩尔比分别为 1.0∶0.5∶2.8（MEA）和 1.0∶0.6∶1.0（MHA），两者都含有少量 *D*-葡聚糖。同时通过甲基化、Smith 降解和部分酸水解处理，表明 MEA 和 MHA 的主链均为 A-（1→3）键接的 *D*-甘露吡喃糖。他们用沉降法测得 MEA 和 MHA 的相对分子质量分别为 30×10^4，37×10^4。夏尔宁等通过纸层析和气相层析分析，得到黑木耳多糖的单糖组成为 *L*-岩藻糖、*L*-阿拉伯糖、*D*-木糖、*D*-甘露糖和 *D*-葡萄糖醛酸，摩尔比依次为 0.14∶0.045∶0.17∶1.00∶0.61∶0.44。用 Sephadex G-200 层析柱（20cm×2cm）测得其相对分子质量约为 15×10^4。用小角激光光散射测得 FⅡ的相对分子质量为 58.8×10^4（基本上与 Misaki 等人的测定结果一致），用膜渗透压法测得 FII 的相对分子质量（Mn）为 14.3×10^4。该研究认为，黑木耳酸性杂多糖组成中除了有 *D*-木糖、*D*-甘露糖、*D*-葡萄糖和 *D*-葡萄糖醛酸外，还含有少量的 *L*-岩藻糖和 *L*-阿拉伯糖。导致这些不同结果的原因，可能是实验方法和条件不同，或由于实验所选用的黑木耳存在种属差异引起的。王新军对野生与人工栽培的黑木耳多糖进行了研究。发现野生黑木耳子实体的可溶性多糖含量高于人工栽培的黑木耳子实体可溶性含量，而且野生比人工栽培黑木耳多糖的提取所需时间长。用 NaOH 溶液和草酸作提取剂，可获得较多的黑木耳多糖。Zhang 等对分离于黑木耳（生长在湖北）子实体的 3 个葡聚糖（A、C 和 E）和 2 个酸性杂多糖（D 和 B）进行了纸色谱、气相色谱、IR 和 C^{13} 核磁共振分析。葡聚糖 A、C 和 E 主链主要由 β-（1-3)-*D*-葡萄糖构成，而侧链有多种变化。2 种酸性多糖——多糖 D 和 B 含有 *D*-木糖、*D*-甘露糖、*D*-半乳糖、*D*-葡萄糖和葡糖醛酸残基。黏性分析表明，在水溶液中，A 和 E 这 2 种成分含有刚性链结构，而 B、C、E 这 3 种成分具有柔性链结构。对上述成分进行重均相对分子质量（Mw）和量均相对分子质量（Mn）及固有黏度[*v*]和哈金斯常数 K′ 的测定，以研究这些多糖光散射、膜黏度。结果表明，样本 A、C、E、D 和 B 的 Mw 值分别为 117×10^4、144×10^4、200×10^4、30×10^4 和 50×10^4。分析 Mw、Mn、[*v*]和 *K* 的数据表明，多糖 A 和 E 具有 Stiff 链，而多糖 C、D 和 B 在水溶液中具有可变化链。目前，黑木耳多糖的组分及其结构已经研究得较为充分，但黑木耳多糖的准确相对分子质量还未弄清。对于黑木耳多糖中的酸性杂多糖分子量的测定，用柱层析所得的结果是 15×10^4；用超离心分析测得的结果为 30×10^4，用高效液相色谱得到的结果为 50×10^4。

用 X 线和黏性研究黑木耳多糖的构象后发现，黑木耳多糖中的（1→3)-β-*D*-葡聚糖的构象大多因（1→3）葡聚糖链 0-6 位上取代葡萄糖基之间的氢键作用而呈带状单链三螺旋状，这一构象同其他含（1→3）-β-*D*-葡聚糖主链的蘑菇多糖、裂褶菌素相似。但是黑木耳多糖中的酸性杂多糖组分不呈螺旋状，而是无规则线团构象。酸性杂多糖在水溶液中表现为稍刚硬性的柔顺型链，而且其链较伸展。

对于生物多糖的（1→3)-β-*D*-葡聚糖结构与抗肿瘤活性的关系，很早就有大量研究。Misaki 发现，水溶性较好的葡聚糖Ⅰ具有（1→3)-β-*D*-葡聚糖主链，其中 0-6 位上有适当的单个葡萄糖基分支，对肿瘤有较好的抑制作用，而葡聚糖Ⅱ组分在结构上有较多的葡萄糖短链分支，因此水溶性较差，对小鼠肿瘤没有抑制活性。若将后者经高碘酸盐氧化，硼氢化物还原，再用弱酸水解，可以将水不溶性、分支较多的 β-*D*-葡聚糖组分降解，生成一种水溶性较好、经过修饰的多羟基葡聚糖，这种多羟基葡聚糖表现出抗肿瘤活性。需要指出的是，黑木耳多糖中葡聚糖成分的抗肿瘤活性，不仅与其在水中的溶解度有关，还与其侧链所连接的基团有密切的关系。同样，水溶性较好的 *O*-（羧甲基）-*D*-葡聚糖，抗肿瘤活性虽然比葡聚糖Ⅱ有所提高，但比不上经过修饰的多羟基葡聚糖的活性高。经过修饰的多羟基葡聚糖除了能抑制 S-180 肿瘤外，还有抗其他可转移肿瘤（transplantable tumor）和一些共生肿瘤（syngenictumor）的活性，如埃利希癌。黑木耳多糖中的酸性杂多糖成分，虽然没有明显的抗肿瘤活性，但是该组分对提高免疫功能、抗衰老和防治心血管疾病等作用很明显，而且毒性低。黑木耳酸性杂多糖一般由 *D*-木糖、*D*-甘露糖、*D*-葡萄糖和 *D*-葡萄糖醛酸组成，其中糖醛酸含量一般占酸性杂多糖的 10%～20%，它与黑木耳多糖的相对分子质量变化规律相同，即相对分子质量小的酸性杂多糖中糖醛酸的含量低，溶解度大。黑木耳酸性杂多糖具有明显提高机体免疫能力的功能，其中促进白细胞数增加作用，与酸性杂多糖的相对分子质量和糖醛酸的含量有关，并且随着相对分子质量和糖醛酸含量的降低，升白细胞效果大。该多糖抗凝血的作用也很明显，却随多糖相对分子质量和糖醛酸的含量降低而增大。用超声波辐射处理黑木耳的酸性杂多糖，制备一系列预定相对分子质量的黑木耳酸性杂多糖。经研究发现，用超声波处理后的酸性杂多糖分子所发生的降解是不可逆的，也不存在分子间缔合现象。超声辐射未引起糖醛羧基的破坏，因而保证糖醛酸的含量维持不变，从而保证经超声辐射后其生理活性也不会丧失。也可按重沉淀分级法对酸性杂多糖分级，以制备特定相对分子质量的酸性杂多糖组分。

二、药理作用

黑木耳多糖具有多种生物活性，而且不同化学结构和不同构象的黑木耳多糖组分，表现出不同的生理活性。

1. 抗肿瘤作用

Misaki 等人报道，黑木耳多糖（FII）以腹腔注射或灌胃给药，可抑制实体瘤 S-180 的生长。腹腔注射给药对 Lewis 肺癌、B16 黑瘤和 H_{22} 肝癌也有效，最适有效剂量为 20mg/kg。齐德生等用昆明系小白鼠研究水溶性、碱溶性及碱不溶性 3 种黑木耳多糖对移植性 S-180 的抗肿瘤活性。水溶性和碱溶性黑木耳多糖，按 50mg/kg 和 200mg/kg 两个剂量腹腔注射给药；碱不溶性黑木耳多糖，按 10mg/kg 和 30mg/kg 两个剂量腹腔注射给药，连续给药 10 天，停药一周后检查肿瘤抑制率。结果显示，水溶性黑木耳多糖 50mg/kg 和 200mg/kg 对 S-180的抑瘤率分别为 44％和 89％。碱溶性黑木耳多糖 200mg/kg 对 S-180 的抑瘤率为 31％，而碱溶性黑木耳多糖 50mg/kg 及碱不溶性黑木耳多糖 10mg/kg、30mg/kg 剂量对 S-180 均无明显抑制作用。实验表明，水溶性黑木耳多糖是一种有前途的癌症辅助治疗药物。宗灿华等观察了黑木耳多糖对 H_{22} 肝癌小鼠的抑瘤率、免疫指数及血清 NO 含量的影响。结果显示，黑木耳多糖对 H_{22} 肝癌小鼠具有抑瘤作用，黑木耳多糖 50mg/kg 抑瘤率为 24.17％，100mg/kg 和 200mg/kg 抑瘤率分别为 32.48％和 41.21％，后两个剂量给药组与荷瘤对照相比有显著性差异。同时，该项实验还证明，黑木耳多糖可提高脾指数和胸腺指数及血清 NO 含量。结果表明，黑木耳多糖抑瘤作用可能与提高机体免疫功能及增加血清 NO 含量有关。黄滨南等对黑木耳多糖体内抗肿瘤作用及其对荷瘤小鼠 SOD 和 CAT 酶的影响进行实验研究。结果表明，黑木耳多糖（在一定剂量范围内）可显著延长小鼠生存时间，与阴性对照组相比具有显著差异（$P<0.01$）；各组对 S-180 实体瘤具有一定抑制作用，其胸腺指数和脾脏指数均有不同程度的提高，并能提高小鼠 SOD 及 CAT 酶活力。结果提示，黑木耳多糖的抗肿瘤作用可能与免疫调节作用以及抗氧化作用有关。

红细胞通过补体 CR1 等机制识别肿瘤抗原与肿瘤细胞黏附，同时，红细胞中的氧化酶和补体可共同杀伤肿瘤细胞。基于黑木耳多糖具有一定的抗肿瘤作用，有学者进一步研究其机制，了解是否与影响红细胞膜流动性、减少肿瘤免疫抑制、增强红细胞膜的活性有关。张秀娟等研究了黑木耳多糖对红细胞膜流动性和黏附作用的影响。结果表明，肿瘤的发生与黑木耳多糖治疗对小鼠红细胞膜组分均有一定的影响。S-180 荷瘤小鼠红细胞膜的流动性较正常小鼠高，经精制黑木耳多糖治疗后，可使其流动性降低；而 H_{22} 荷瘤小鼠红细胞膜流动性降低，经药物治疗可使其流动性增加。实验还表明，H_{22} 荷瘤小鼠红细胞免疫黏附肿瘤细胞的能力较正常小鼠显著下降，经黑木耳多糖治疗后，该指标获得显著提高。

2. 对机体免疫功能的影响

陈琼华等从黑木耳中提取得到黑木耳多糖 AA，其总糖含量为 81.15％（其中葡萄糖醛酸为 19.9％）。对其 LD_{50} 进行测定，小鼠腹腔注射 LD_{50} 为 789.60±92.19mg/kg。报道称，发现 AA 对机体免疫功能有明显促进作用（增加脾脂数、半数溶血值和 E-玫瑰花结形成率，促进巨噬细胞吞噬功能和淋巴细胞转化等）。研究报道，用木耳多糖混悬液给小鼠皮下注射 2mg，测定吞噬鸡红细胞数，求得吞噬指数和吞噬百分数，分别为对照组的 2.71倍和1.38倍。另一实验按 100mg/kg 给药 7 天，也获得相似结果。以 120mg/kg 腹腔注射小鼠 7 天，脾脏重量和脾指数较对照组增加 1.4 倍和 0.43 倍，但对胸腺影响不明显。按 50mg/kg 腹腔给药 7 天，可增加半数溶血值（HC_{50}），为对照组的 1.3 倍。以 25μg/ml 多糖 0.2ml 加入实验，E 玫瑰花结形成率对照组为 38.20％±1.50％，多糖组增加至 58.60％±1.72％。用 ^{3}H-TdR 掺入实验，多糖用量 100μg 时，掺入量增加 1.21 倍，说明有良好促进淋巴细胞转化作用。上述实验表明，木耳多糖有明显增强体液免疫和细胞免疫作用。据报道，以黑木耳菌丝体 250mg/kg 给小鼠灌胃 7 天，测得 T 淋巴细胞酯酶阳性率较对照组显著提高($P<0.05$)。此外,用木耳多糖对小鼠3H-亮氨酸进行实验,其掺入量较对照组增加29%,表明对血清蛋白生物合成有促进作用。

张秀娟等通过细胞培养,观察黑木耳多糖对荷瘤小鼠淋巴细胞增殖和IL-2产生的影响,并用激光共聚焦显微镜检测其对荷瘤小鼠淋巴细胞内游离钙离子浓度,观察研究黑木耳多糖对荷瘤小鼠细胞免疫功能的影响。结果发现,黑木耳多糖100mg/kg及200mg/kg给小鼠腹腔注射7天,能明显提高荷瘤小鼠的生存时间,生命延长率分别为51.8%和61.4%;黑木耳多糖全面提高荷瘤小鼠的细胞免疫功能,包括提高淋巴细胞的增殖能力、提高IL-2的产生、提高淋巴细胞内钙离子浓度。提示黑木耳多糖具有一定的抗肿瘤作用,该作用与调节机体的细胞免疫功能有关。

左江成等观察了黑木耳多糖(APP)对外周血单个核细胞(PBMC)增殖和细胞因子表达的影响。采用水提、乙醇沉淀、DEAE-纤维素柱层析分离纯化APP,并作用于体外培养的PBMC,以CCK-8试剂检测细胞增殖;酶联免疫法测定PBMC培养上清液中TNF-α和IFN-γ的浓度。结果显示,从黑木耳中分离的3个多糖组分在100~800 μg/ml剂量范围内,对PBMC均有不同程度的促进增殖作用;其中组分AAP2能显著增加PBMC细胞培养上清液中TNF-α和IFN-γ的浓度($P<0.05$或$P<0.01$),并显示剂量依赖效应。实验提示,APP具有免疫促进作用,并能通过细胞因子TNF-α和IFN-γ发挥免疫调节功能。

3. 抗高脂血症作用

申建和等报道,以180mg/kg黑木耳多糖给高胆固醇血症小鼠灌胃,观察降血脂的时效关系。结果至4小时,降总胆固醇作用最强,7小时后减弱。在该治疗实验中,按同上剂量给药,4小时后测定总胆固醇的含量,较对照组下降1.6倍。在预防实验中,以20mg/kg、60mg/kg、120mg/kg给药,2小时后腹腔注射75%蛋黄乳剂0.5毫升/只。经测定,总胆固醇含量较对照组减少近2.3倍。提示木耳多糖可防止高胆固醇引起的小鼠高胆固醇血症的形成。郭素芬等用健康雄性新西兰白兔进行实验,观察了木耳多糖对动脉粥样硬化(AS)的预防和消退作用。兔龄6个月,随机分为正常组、模型组和用药组。实验周期为16周。正常组始终喂饲普通饲料;模型组前8周喂饲普通饲料加高胆固醇,后8周喂饲普通饲料;给药组前8周喂饲普通饲料加高胆固醇,后8周喂饲普通饲料+多糖(100mg/kg)。实验期间测定血清总胆固醇(TC)、三酰甘油(TG)、低密度脂蛋白胆固醇(LDL-TC)、高密度脂蛋白胆固醇(HDL-TC)含量,以及脂质过氧化产物丙二醛(MDA)含量和清除脂质过氧化产物的酶超氧化物岐化酶(SOD)的含量。结果显示,木耳多糖具有明显降低血中TC、TG、LDL,升高HDL以及减少脂质过氧化产物丙二醛含量,提高超氧化物岐化酶(SOD)的活力,缩小已形成的动脉粥样硬化斑块的作用。表明木耳多糖除具有降血脂、抗脂质过氧化,预防动脉粥样硬化形成作用外,还对已形成的动脉粥样硬化斑块有消退作用。组织学检测表明,给药组兔主动脉内膜虽可见脂质斑块形成,其主动脉脂质斑块与主动脉内膜表面积之比较模型组明显下降;组织学切片见泡沫细胞数量少。

周国华等研究黑木耳多糖对高脂模型小鼠三酰甘油(TG)、总胆固醇(TC)、高密度脂蛋白(HDL-C)和低密度脂蛋白(LDL-C)的影响。100mg/kg黑木耳多糖,每天一次,共35天,可使血清总胆固醇(TC)含量从4.96±0.46mmol/L降低为3.40±0.41mmol/L;而200mg/kg黑木耳多糖,可使三酰甘油(TG)含量从模型的3.64±0.69下降至2.84±1.14mmol/L;100mg/kg黑木耳多糖可使高密度脂蛋白胆固醇(HDL-C)含量从模型的0.88±0.41mmol/L升高至1.24±0.31mmol/L;50mg/kg黑木耳多糖可使低密度脂蛋白胆固醇(LDL-C)含量从模型的1.13±0.02mmol/L降低至0.85±0.01mmol/L($P<0.01$)。

郭素芬等通过平滑肌细胞致动脉粥样硬化形成作用,探讨黑木耳多糖对平滑肌细胞增殖的影响,观察木耳多糖是否通过此途径减少动脉粥样硬化的形成。实验时将30只新西兰白兔随机分为正常对照组、模型组和实验组,分别给予普通饲料(正常组)、高胆固醇饲料(模型组)以及高胆固醇加黑木耳多糖饲料(实验组)喂养。实验前及第12周时,检测空腹12~14小时后血脂及血清中超氧化物歧化酶和丙二醛含量。喂养至第12周末处死动物,取主动脉进行组织形态学观察及用免疫组织化学方法分析α平滑肌肌动蛋白的表达,采用HPIAS-1000高清晰度彩色医学图文分析系统进行图像分析。结果显示,与模型组比,给药组动物血脂水平显著降低,模型组和实验组总胆固醇分别为18.76±2.32mmol/L和11.68±1.63mmol/L;三酰甘油分别为1.52±0.15mmol/L和1.19±0.12mmol/L;低密度脂蛋白胆固醇分别为17.62±2.27mmol/L和9.64±1.56mmol/L;高密度脂蛋白胆固醇分别为0.65±

0.09mmol/L 和 0.73±0.76mmol/L(P<0.01)，血清中超氧化物歧化酶活力增高(模型组和实验组分别为 182.3±10.9mmol/L 和 216.0±7.4mmol/L(P<0.05)，而丙二醛含量显著降低(模型组和实验组分别为 4.53±0.21mmol/L 和 4.14±0.14mmol/L (P<0.05)。

王翠菊等进一步研究了木耳多糖降血脂的作用机制，观察了木耳多糖对实验性家兔动脉粥样硬化斑块中基质金属蛋白酶-13 (MMP-13)表达的影响，以探讨木耳多糖在动脉粥样硬化中的作用。将 40 只健康雄性新西兰白兔随机分为 3 组：空白对照组(正常组)8 只，每天喂普通饲料；阳性对照组(模型组)16 只，每天给普通饲料加 1g 胆固醇，加 15%猪油；实验组(预防组)16 只，每天给普通饲料加 1g 胆固醇，加 1g 木耳多糖，加 15%猪油。16 周末将所有实验用兔麻醉处死，各组进行主动脉粥样硬化病理形态学观察，包括大体形态学观察、光镜观察。根据形态学特点分成稳定斑块和不稳定斑块。通过免疫组织化学、特殊染色及电镜对斑块内的病变进行定量分析。结果：特殊染色(Masson 特染)可见模型组的粥样硬化斑块中有大量胶原纤维增生，而预防组蓝染的胶原纤维数量较模型组少。S-P 免疫组织化学可见模型组中 MMP-13 在粥样斑块中平滑肌细胞及泡沫细胞中的细胞核及细胞质中呈阳性表达，而正常血管壁表达阴性。预防组与模型组对照结果显示，MMP-13 在预防组中的表达较模型组明显减少。本结果提示：木耳多糖降低斑块中 MMP-13 的表达，说明其不仅可以降低血脂，还可能抑制胶原纤维增生，减轻 AS 动脉壁的硬化程度，从而避免发生血管壁因弹性减弱而发生的一系列临床症状，如血管破裂等；抑制 MMP-13 的表达，减少 AS 斑块纤维帽中Ⅰ、Ⅲ型胶原纤维的降解，从而增强斑块稳定性。通过巩固斑块而减少严重的临床并发症，如血栓形成、栓塞、动脉瘤形成等。

孙立新等观察木耳多糖对动脉粥样硬化斑块中 MMP-2 的影响，以进一步明确木耳多糖缓解 AS 的作用机制。将 40 只健康雄性新西兰白兔随机分为 3 组：①空白对照组(正常组)8 只，每天喂普通饲料；②阳性对照组(模型组)16 只，每天给普通饲料加 1g 胆固醇，加 15%猪油；③实验组(预防组)16 只，每天给普通饲料加 1g 胆固醇，加 1g 多糖，加 15%猪油。16 周末将所有实验用兔麻醉处死，各组进行主动脉粥样硬化病理形态学观察，包括大体形态学观察、光镜观察。通过免疫组化、特殊染色及电镜对斑块内的病变进行定量分析。结果：预防组与模型组对照结果显示，MMP-13 与MMP-2在预防组中的表达较模型组明显减少。Masson 特殊染色可见预防组中的胶原纤维增生较模型组少。结论：木耳多糖降低斑块中 MMP-2，进一步说明其消退斑块的作用。木耳多糖能够降低胶原纤维的生成，说明其不仅可以降低血脂，还可能抑制胶原纤维的产生，从而抑制 AS 的发生发展。

4. 抗凝血和抗血栓形成作用

申建和等报道，木耳多糖具有明显抗凝血作用。体外实验以 30μmol/L 木耳多糖液0.1ml 与兔血0.9ml 混合，血凝时间可延长近 2 倍。给小鼠分组静脉注射、腹腔注射和灌胃木耳多糖 50mg/kg，与对照组比较，凝血时间延长 2.1、1.3 和 1.3 倍。用家兔18.6mg/kg 静脉给药，进行白陶土凝血活酶实验。结果：血活酶时间较给药前延长近 2 倍，但对凝血酶原时间无影响，表明抗凝血可能通过影响内源性凝血系统而发挥作用。

Yoona 等也研究了黑木耳多糖的抗凝血作用。他们采用水提法、碱提法、酸提法，分别从黑木耳分离得到具有抗凝血作用的酸性多糖，以碱提法得到的多糖抗凝血活性最高。用凝胶过滤法纯化，具有抗凝血活性的纯多糖成分相对分子质量大约为 1.6×10^5。给小鼠饲喂多糖，观察到黑木耳多糖有抑制血小板凝集的作用，其机制主要是抑制凝血酶的活性。

申建和等以家兔和豚鼠为对象，按18.5mg/kg 多糖给药，体外取血测试。结果显示，能显著延长特异性血栓形成时间和纤维蛋白血栓形成时间，缩短血栓长度，减轻血栓湿重和干重。按同剂量给家兔灌胃，血小板黏附率由 36.42% 下降至 14.92%，血液黏度也下降。按36.6mg/kg 给豚鼠灌胃，血浆纤维蛋白原含量较对照组降低 3 倍多，明显缩短优球蛋白溶解作用，提高纤溶酶活性。表明木耳多糖抗血栓作用显著。

Hammerschmidt 等发现，黑木耳菌丝体醇提取物具有显著抑制人血小板聚集的作用。实验以黑木耳菌丝体醇提取物，观察对 ADP 诱导大鼠血小板聚集的影响。按 25、50 和 100mg(菌丝体)/ml 体外实验。结果显示，明显抑制血小板聚集，抑聚率达 75%，较阿司匹林对照组还高，并呈量效关系。以 5 和 10g(菌丝体)/kg 给大鼠静脉注射和灌胃 15 天，结果血小板抑聚率达 41%～51%。另有实验表明，能缩短小鼠红细胞电泳时间。

5. 降血糖作用

吴宪瑞等用黑木耳多糖(100mg/kg)给正常小鼠注射，可产生随剂量加大而增强的降血糖作用，明显增强小鼠胰岛素分泌功能；明显降低四氧嘧啶糖尿病小鼠血糖；明显减少四氧嘧啶糖尿病小鼠饮水量。

韩春然等利用纤维素酶（EC 3.2.1.4）和蛋白酶（EC 3.4.14.9）从黑木耳中提取出 2 种多糖，相对分子质量分别为3.17×10^5 和 1.83×10^5。以正常小鼠和糖尿病小鼠为对象，对黑木耳多糖的降血糖功能进行研究，使用剂量为 100mg/kg、200mg/kg、400mg/kg。结果表明，当质量分数为 200mg/kg 时，黑木耳多糖能显著降低糖尿病小鼠的血糖值，从模型组的28.88±1.89mmol/L 降到 14.94±1.87mmol/L（$P<0.05$）；当质量分数为 400mg/kg 时，黑木耳多糖将血糖值从模型组的 28.88±1.89mmol/L 降到 8.49±1.38mmol/L（$P<0.01$），但对正常小鼠的血糖值没有影响。黑木耳多糖能够增加糖尿病小鼠的糖耐量。

薛惟建等研究黑木耳多糖对四氧嘧啶糖尿病小鼠高血糖防治。注射四氧嘧啶前 4 小时和后 24 小时，分别给小鼠注射黑木耳多糖 500mg/kg。结果表明，小鼠血糖指数明显降低，与对照组比较，有显著差异。而先 1 小时给予多糖与对照组比较，差异无显著性。在注射四氧嘧啶前 4 小时，给小鼠注射 300mg/kg 黑木耳多糖，注射四氧嘧啶后 72 小时动物采血，然后用 5.0g/kg 葡萄糖灌胃。结果表明，黑木耳多糖组小鼠由葡萄糖刺激引起胰岛素分泌功能比对照组有明显增强。

6. 抗衰老作用

研究表明，黑木耳多糖有明显延缓衰老作用，这可能与其有促进核酸、蛋白质的生物合成及增强免疫作用有关，可用于抗衰老和防治多种老年性疾病。吴宪瑞等报道，黑木耳多糖能明显增强果蝇飞翔能力。将刚羽化尚未交配果蝇成虫置于0.4%浓度黑木耳多糖培养基中饲养，40 天后逐个试验其飞翔能力。与对照组比较，黑木耳多糖增加了果蝇飞翔能力。以黑木耳多糖 0.1%浓度培养羽化 10 小时内雄性果蝇成虫，寿命延长是对照组的 1.26 倍，说明其具有延缓衰老作用。周慧萍等报道，黑木耳多糖（AA）可增加果蝇的飞行能力达 37.14%（♀）、52.40%（♂），能明显延长果蝇成虫的平均寿命，提高老年小鼠对有害刺激的非特异性抵抗力。黑木耳多糖（100mg/kg）30 天连续腹腔注射给药后发现，能使小鼠心脏脂褐素含量降低 25%～30%。脂褐质是人和动物老化代谢产物，是衰老的重要指标，它随着年龄增长而增加。故降低脂褐质含量，有利于延缓衰老。

黑木耳多糖的抗衰老作用可能与其具有清除超氧阴离子、抗氧化及保护线粒体功能有关。李兴泰等以 Fe^{2+}-*L*-半胱氨酸（*L*-Cys）体系体外诱发鼠肝、脑线粒体及匀浆脂质过氧化，并导致线粒体肿胀。以还原型辅酶Ⅰ-吩嗪硫酸甲酯-氮蓝四唑（NADH-PMSNBT）系统产生超氧阴离子（$O^{-2}\cdot$），用分光光度法测定脂质过氧化产物丙二醛（MDA）含量、线粒体肿胀度和 $O^{-2}\cdot$ 的清除情况。黑木耳多糖（AAP）能抑制 Fe^{2+}-*L*-半胱氨酸所导致的小鼠肝、脑线粒体 MDA 的生成，说明 AAP 有一定的抗氧化能力。线粒体的肿胀是膜脂质过氧化所致，大多数抗氧化剂在抗脂质过氧化的同时，又抑制线粒体肿胀的发生，表明黑木耳多糖能抑制线粒体肿胀。抗氧化剂发挥抗氧化作用的主要机制是抑制活性氧自由基的生成和加快自由基的清除。在实验中，以 NADH-PMS-NBT 为 $O^{-2}\cdot$生成系统，黑木耳多糖可明显清除超氧阴离子，且在一定浓度范围内呈现剂量效应关系。

史亚丽等研究黑木耳粗多糖对力竭小鼠心肌、肝脏、骨骼肌抗氧化作用的影响。力竭对照组及力竭多糖组在灌胃第 15 天开始进行适应性游泳训练，游泳时间由每天 10 分钟开始，每天递增 5 分钟至第 20 天。力竭判断标准为：按小鼠体重 5%负重游泳至小鼠沉入水底 10 秒不浮起，捞出后无法完成翻正反射。每天给小鼠灌胃给予黑木耳粗多糖（2.502mg/kg），20 天后测定安静小鼠心肌、肝脏、骨骼肌谷胱甘肽过氧化物酶（GSH-Px）、超氧化物歧化酶（SOD）活性及力竭游泳运动小鼠心肌、肝脏、骨骼肌丙二醛（MDA）水平、脂褐素水平及血浆丙氨酸氨基转移酶（ALT）、白冬氨酸氨基转移酶（AST）等指标的变化。结果显示，黑木耳粗多糖可明显提高安静小鼠心肌、肝脏 SOD 及骨骼肌 GSH-Px 活性。黑木耳粗多糖可明显降低力竭小鼠心肌、肝脏 MDA 及心肌脂褐素水平，明显降低力竭小鼠血浆 ALT 及 AST 水平。表明黑木耳粗多糖可明显提高力竭小鼠心肌、肝脏抗氧化能力。

7. 血管舒张作用

Situ 等探讨了黑木耳多糖对大鼠胸主动脉血管的直接影响及基本机制。实验结果表明，黑木耳多糖（2～20μg/ml）对血管主动脉环的舒缩及内皮——无论是基底紧张或预先经氯化钾（6×10^{-2} mol）处理——均无影响。然而，黑木耳多糖对经新福林（10^{-6} mol）预处理的内皮可浓度依赖性和时间依赖性地引起明显的舒张作用。去除内皮或主动脉环与一氧化氮合酶抑制剂 N(ω)-硝基-*L*-精氨酸甲酯(*L*-NAME,10^{-4} mol)或亚甲蓝(10^{-5}mol)共孵育,可大大减弱黑木耳多糖诱导的急性血管扩张作用。环氧合酶抑制剂吲哚美辛(10^{-5} mol)不影响黑木耳多糖的血管扩张作用。此外,主动脉环与黑木耳多糖孵育后(10μg/ml),其一氧化氮合酶(NOS)表达有明显升高,峰值位于 10 分钟处。这些结果表明,黑木耳多糖的血管舒张作用是内皮依赖性的,该作用与激活 NO 和与 GMP 介导通路参与可能有关。

8. 抗辐射、抗突变作用

研究报道,给小鼠腹腔注射木耳多糖 2mg,共 7 天,以^{60}Coγ 射线照射,总剂量达 800R。结果:小鼠存活时间比对照组延长2.4天,存活率为1.56倍,表明对放射性损伤有保护作用。同时,观察到多糖能对抗由环磷酰胺所致小鼠白细胞下降,下降率较对照组低 1 倍。另有报道,木耳多糖以 100mg/kg 腹腔注射小鼠 10 天,最后 2 天按 50mg/kg 注射环磷酰胺。结果:对小鼠骨髓微核率增加的对抗率达 57.60%~64.27%,表明抗突变作用显著。

陈志强等测定了木耳多糖对辐射后小鼠骨髓 DNA 含量的影响。每只小鼠腹腔注射木耳多糖 5mg,^{60}Coγ 射线照射,剂量 625R,连续 7 日后处死小鼠,测定股骨骨髓 DNA 含量。结果表明,DNA 含量较对照组增加。从上述研究得知,黑木耳多糖对放射性损伤有保护作用。

樊黎生等较深入地研究了黑木耳多糖的抗辐射作用和机制。结果可以看出,不同剂量的 AAP 溶液处理后,辐照小鼠的存活时间和存活率均有所提高,其中低剂量组小鼠的存活率与对照组相比,没有明显差异,中、高剂量组和对照组相比,差异显著。从 AAP 对受照小鼠白细胞数变化的影响结果可见,经过3.5Gy^{60}Coγ 射线照射后,白细胞数急剧下降,在 2~4 天时降至最低水平,4 天后才开始逐渐回升。实验对照组的白细胞数低于其他给药组,而且回升速度均低于其他各处理组,AAP 高剂量组回升速度较快,且逐渐趋于平稳。说明中、高剂量的 AAP 溶液能促进辐照后外周血中白细胞数目的恢复,从而起到加速患者体质恢复的功能。该作者又观察了 AAP 对受照射小鼠骨髓微核和精子畸变率的影响。结果发现,小鼠经3.5 Gy^{60}Coγ 射线照射后,骨髓微核和精子畸变率显著高于正常对照鼠。AAP 高、中剂量组与对照组比较,骨髓微核率(MF)分别降低 60.87% 和 54.61%,精子畸变率(SF)分别降低 52.39% 和 47.17%,存在统计学差异,说明 AAP 溶液对由辐射造成的小鼠骨髓微核率和精子畸变率上升,有较好的对抗作用。具有高度增殖和分化潜能的细胞群体,容易受到电离辐射,从而形成细胞损伤,使 DNA 突变,从而造成细胞异常分化,发生癌变,引起后代畸形等。中、高剂量的 AAP 溶液灌胃后,明显降低经 3.5Gy^{60}Coγ 射线照射后小鼠的骨髓微核率和精子畸变率,从而降低自由基对精细胞及染色体的损伤。

9. 抗溃疡作用

薛惟建等人按 70mg/kg 黑木耳多糖给大鼠灌胃 2 天,明显抑制应激型胃溃疡的形成。165mg/kg 给药 12 天,能促进醋酸型胃溃疡的愈合,但对胃酸分泌和胃蛋白酶活性无明显影响。

10. 抗疲劳作用

史亚丽等观察了黑木耳多糖对小鼠机体抗疲劳及对离体蟾蜍腓肠肌收缩时间的影响,全面探讨黑木耳多糖(黑木耳的深层液体培养菌丝体经破壁、水提、醇沉所获黑木耳粗多糖)对运动能力的影响。实验采用随机数字表法,将 40 只小鼠分为对照组和多糖组,每组 20 只。多糖组小鼠每天灌胃黑木耳粗多糖(2.5mg/kg),对照组灌胃生理盐水 0.2ml/d,连续灌胃 20 天,观察黑木耳粗多糖对小鼠耐缺氧、力竭游泳时间、血红蛋白、肝糖原及小鼠负重 5%体质量游泳 20 分钟后血乳酸、血尿氮水平的影响。另取 7 只蟾蜍毁髓后,分离腓肠肌,去除坐骨神经,浸于 20℃任氏液中静置 10 分钟。随机将同一只蟾蜍的两条腓肠肌标本分别为多糖组和对照组($n=7$),多糖组加入相应体积 0.1g/L 浓度的黑木耳纯多糖溶液,对照组加入等体积的任氏液。采用脉冲式电流直接刺激离体蟾蜍腓肠肌作为疲劳模型,测定肌肉收缩幅度下降最大收缩幅度。结果表明,黑木耳粗多糖可明显提高小鼠耐缺氧能力和血红蛋白水平;黑木耳粗多糖可明显降低定量负荷后小鼠血乳酸及血尿氮水平;黑木耳多糖明显延长肌肉收缩幅度下降到最大收缩幅度的 90%、50%、10%时间。提示黑木耳多糖具有提高运动能力的作用。史亚丽等又观察了黑木耳多糖对离体肌肉收缩能力的影响。用脉冲式电流直接刺激离体蟾蜍腓肠肌作为疲劳模型,探讨黑木耳多糖体外抗疲劳作用。结果发现,1mg/ml 浓度的黑木耳多糖能延长肌肉收缩幅度降到最大收缩幅度 10% 的时间($P<0.01$);0.1mg/ml浓度组延长肌肉收缩幅度降到最大收缩幅度的 90%、50%、10% 的时间($P<0.05$ 或 $P<0.01$),显示了其抗疲劳的作用。0.01mg/ml

浓度组能延长肌肉收缩幅度降到最大收缩幅度的50%、10%的时间($P<0.05$或$P<0.01$),显示了其抗疲劳的作用。认为:适宜浓度的黑木耳多糖具有抗疲劳作用,而较高浓度的黑木耳多糖具有促疲劳作用。

朱磊等通过负重游泳实验及力竭游泳时间的测定,探讨黑木耳多糖对机体的抗疲劳作用。以黑木耳多糖粗品(AAP)和黑木耳多糖纯品PFA(纯度为92.1%)灌喂大鼠21天。结果显示,PFA 50mg/kg、100mg/kg、150mg/kg的3个剂量组($P<0.01$)和AAP 100mg/kg剂量组($P<0.05$)小鼠的力竭游泳时间明显长于对照组。说明AAP和PFA均能显著延长小鼠的力竭游泳时间。PFA-2组小鼠力竭游泳时间增加的趋势最为明显,较对照组增加了65.04%,PFA-3组增加趋势稍缓($P>0.05$, *vs* PFA-2),较对照组增加了78.05%。而与AAP组小鼠比,灌喂PFA的3个剂量组小鼠力竭游泳时间也有显著增加($P<0.05$),说明在提高小鼠运动耐力方面,PFA比AAP效果明显。在力竭实验中,灌喂PFA 50mg/kg、100mg/kg、150mg/kg的3个剂量组($P<0.01$)和AAP 100mg/kg剂量组($P<0.05$)小鼠的力竭游泳时间明显长于对照组,说明AAP和PFA均能显著延长小鼠的力竭游泳时间。PFA-2组小鼠力竭游泳时间增加趋势最为明显,较对照组增加了65.04%,PFA-3组增加趋势稍缓($P>0.05$, *vs* PFA-2),较对照组增加了78.05%。而与AAP组小鼠比,灌喂PFA的3个剂量组小鼠力竭游泳时间也有显著增加($P<0.05$)。说明在提高小鼠运动耐力方面,PFA比AAP效果明显。泳前静息时,AAP组和PFA 3个剂量组的LG和MG,糖原含量明显高于对照组($P<0.01$),PFA 3个剂量组与AAP组比较差异显著($P<0.05$),而PFA-2和PFA-3组之间不显著($P>0.05$),说明AAP和PFA均具有显著提高糖原储备量的作用。

11. 临床应用

黑木耳多糖具有降血脂作用,可用于治疗冠心病和动脉粥样硬化。黑木耳在20世纪80年代,国外已用于脑梗死患者的膳食疗法。2000年,北京安贞医院洪昭光著文推荐,为预防血栓的形成,高血压患者每天应服5~10g黑木耳,以降低血黏度和血胆固醇含量。1988年,解放军208医院李涛等对10例脑血栓形成急性期患者,一天分数次服用70g黑木耳粗粉,翌日测定血小板抑聚率为48.2%,抑聚作用能持续12小时以上。同年,四川达县地区医院给51例老人服用3%木耳液,每天250ml,连服30天,与治疗前后对比,血栓长度、血栓湿干重及血小板黏附率均显著下降($P<0.01$),表明对上述有1项体外测定血栓或血黏度高于正常的老人有抗血栓作用,而不含木耳的对照组变化不明显。1991年,华西医科大学罗祖明等报道,青川黑木耳煎剂治疗44例动脉硬化性脑梗死患者的临床疗效,服用42%黑木耳浓缩液,每次100ml,每天3次,7天为1个疗程,共服2个疗程,以低分子右旋醣酐-40治疗,22例为对照组。结果表明,木耳治疗组在凝血时间延长、意识障碍、面瘫、言语、肢力和步行能力等情况改善均明显优于对照组($P<0.01$),黑木耳可明显延长KPTT,但对血液流变学无明显影响。服用木耳液未发现不良反应。以毛木耳为原料生产的"活血降脂颗粒"治疗高脂血症143例显示,患者临床症状均有明显减轻和消失,心电图正常46例,好转9例,服药后血脂达正常水平122例,13例明显降低,总有效率94.5%,且无明显不良反应。

范亚明在3批动物实验的基础上选择50名临床高脂血症患者,血清总胆固醇(TC)在6.50mmol/L,β脂蛋白(β-LP)6.0g/L以上,患者分为两组。第一组30名,每天15g干黑木耳,服用一个月;第二组20名,每天5g干黑木耳,服用一个半月。均将黑木耳泡开后蒸煮做菜吃。观察期间不服任何降脂和抗凝药。结果发现,两组患者血脂均较服用前显著降低,血栓形成显著减轻,血小板聚集率降低更显著。由此说明,黑木耳确有降血脂、抗血栓形成和抑制血小板聚集等多种作用,这对防治冠心病和动脉粥样硬化有重要意义。

单颖等用黑木耳加食用白糖,用冷开水调匀外敷,治疗糖尿病化脓性溃疡疮面,收到满意效果。配方及制法:取适量平柔、肥厚黑木耳,去除杂物,用火炒至容易研成粉末,盛于干净容器内,加上适量食用白糖,用冷开水调匀。治疗方法:将调匀的黑木耳直接涂在创面上,每天涂2次。黑木耳性平偏凉,入胃、大肠经,能滋养益胃、安神润燥、活血祛瘀、清肺止血、凉血功效。白砂糖有清热、消炎、润肺作用。两者结合,疗效显著,患者易于接受,值得推广。

(李卫东、林志彬)

第六节 展 望

一、黑木耳国内外科技发展现状

黑木耳是我国栽培食用菌主要种类之一，自然分布广，栽培历史悠久，栽培范围北自黑龙江、吉林，南到广西、贵州，西起陕西、甘肃，东至福建、台湾。遍及20多个省、市、自治区。近年来，随着国民经济发展中产业结构的调整，尤其是种植业结构的调整，黑木耳产业异军突起，产量在我国仅次于香菇、平菇、双孢蘑菇，为第4位，成为发展生态农业、效益农业、立体农业、创汇农业的生力军。

中国为世界黑木耳栽培的起源地，也是世界上黑木耳最大的生产国，拥有丰富的黑木耳种质资源。长期以来，我国广大科技工作者在黑木耳良种选育方面做了大量工作，选育了一大批优良菌株。早在20世纪90年代，陈立国等以黑龙江漠河地区野生黑木耳菌株和湖北西北部主要栽培菌株为亲本，用单孢杂交方法选育出H7、H10等优良菌株。2007～2008年，有22个黑木耳品种通过了全国食用菌品种认定，主要是一些在生产中普遍栽培的老品种。在这些认定的品种中，包括东北地区主栽品种和长江流域的主栽品种。东北地区主栽品种有黑29、Au8808、黑威9号、延特3号、延特5号等。在湖北、浙江等地栽培的主要品种是新科、单片5号、森源1号、森源10号、Au916等。目前，还有部分黑木耳老品种尚未认定，国内许多研究单位一直在开展新品种选育工作。

近年来，国内外专家学者对黑木耳的生物学特性和栽培方法进行深入研究，以期更深入地了解黑木耳的特性，提高黑木耳的质量及产量。南方传统的段木栽培采用早春接种、春秋栽培出耳方式，而袋料黑木耳采用冬季发菌、春季出耳。实践表明，南方地区不能照搬东北地区春季地栽出耳模式，否则会出现大范围菌袋染杂现象，造成严重损失。华中农业大学边银丙等探索了秋季层架立体栽培模式，用夏季接种制袋，层架摆放，秋末和春季出耳，采用15cm×55cm塑料袋栽培，每袋出干耳100～130g，经济效益显著。

姚占芳等（1991）对10个黑木耳菌株的生物学特性及生产性能进行了研究。结果表明，黑木耳菌丝生长温度范围为5～40℃，最适温度为25～30℃，最适pH为5～6。该试验中，栽培料配方为棉子壳60%、阔叶树木屑30%、麦麸8%、蔗糖1%、石膏1%；筛选出的Au10等优良菌株比对照菌株的生物学效率高9%～14%，在药物防霉中，黑木耳对多菌灵表现出极强的敏感性；而木霉、青霉和曲霉等霉菌均属于同一敏感型。在PDA平板上抑菌浓度为10×10^{-6}，在棉子壳培养料上抑菌有效浓度在0.1%～0.05%。根霉对杀菌剂表现出很强的抗药性，多菌灵抑菌浓度在50×10^{-6}～$2\,400\times10^{-6}$。

侯军（2001）对黑木耳981生物学特性及栽培技术进行了研究。该菌株具有现耳早、产量高等优点。戴肖东（2003）对黑木耳黑29菌株的特性及栽培要点进行了研究，表明其栽培性状及商品性状优势明显，适于东北地区代料及段木栽培，具有品质优良、产量高、抗逆性强、商品价值高等优点。郭晓帆（2005）对延边地区广泛使用的5个黑木耳品种进行品比试验，结果表明长白山7号、Au29产量较高。

为了加强我国黑木耳菌种的质量管理体系，掌握不同栽培菌株准确的鉴别方法，需要客观评价我国黑木耳栽培种质资源的遗传多样性，更好地开展黑木耳良种选育，保护我国黑木耳种质资源，保护黑木耳品种产权。国内学者在形态学的基础上，利用分子标记技术对黑木耳菌株的遗传背景进行了深入研究。边银丙等（2000）对木耳10个栽培菌株酯酶同工酶的酶谱多样性进行了研究。结果表明，老龄菌丝酯酶同工酶酶谱在木耳菌株鉴别和遗传育种研究中具有更大的应用价值。

唐利华、肖扬等采用ISSR标记技术对来自全国的黑木耳34个主要栽培菌株进行DNA指纹分析，初步构建其标准化DNA指纹图谱，在ISSR指纹分析基础上进行聚类分析，并将黑木耳两个栽培菌株173和186中扩增获得的ISSR特异性DNA带转化为可以直接用于菌株快速鉴定的SCAR标记。研究表明，我国黑木耳栽培菌株遗传背景差异不大，存在同物异名现象。但总体上地域性较强，大部分来自同一地区的栽培菌株往往能够聚为一类，如东北三省和鄂川陕交界地区的栽培菌株，说明这些地区的黑木耳栽培菌株遗传背景比较一致，也表明我国黑木耳栽培菌株可能主要来自于野生菌株驯化。也有少数栽培菌株和其他地区栽培菌株聚为一类，可能与我国黑木耳栽培菌株引种频繁、穿插引种等现象严重有关。在大量筛选引物的基础上，ISSR标记完全可以利用其稳定性、重复性和多态性好的 DNA 条带，用于黑木耳栽培菌株遗传多样性分析和菌株 DNA 指纹图谱构建。

马庆芳等(2006)利用 ISSR 分子标记对黑木耳生产菌株进行了分子鉴别。研究结果表明，在选用的 20 个 UBC-ISSR 引物中，有 10 个引物能对供试的 27 个黑木耳菌株基因组 DNA 进行扩增，获得的指纹图谱清晰稳定、多态性强。用 NT-SYS 软件进行聚类分析，相似水平在0.75时，可将 27 个供试黑木耳菌株分为 3 个组群。研究结果说明，ISSR 分子标记可以有效地用于黑木耳生产菌株快速准确的鉴别，是黑木耳指纹图谱分析的理想手段。

韩增华等(2002)对黑龙江省常用 6 株黑木耳菌株的 EST 进行研究。结果表明，黑木耳菌株同一培养时期的各菌株间同工酶谱存在明显差异。同一菌株的胞内、胞外同工酶在酶含量和酶带数也存在差异，此差异性可以用来进行菌种鉴定。

阎培生等(2000、2001)用 RAPD 技术对黑木耳菌株进行分子鉴定与遗传多样性研究。发现黑木耳菌株之间拥有丰富的遗传多样性，得出了 RAPD 技术可以有效地用于黑木耳菌株的快速准确鉴定的结论。

在黑木耳生物学基础研究方面，我国科技工作者也进行了长期坚持不懈的研究。罗信昌等首创黑木耳细胞核荧光技术，为黑木耳异核体鉴定开辟了新方法，并采用此技术鉴定黑木耳属于二极性异宗结合。黄亚东、边银丙等系统研究了黑木耳隔膜和细胞核双重染色技术，并再次确认黑木耳属于二极性异宗结合担子菌。张红等(2002)研究表明，黑木耳属于四极性异宗结合担子菌。

肖扬等根据其他异宗结合担子菌同源结构域和信息素保守氨基酸序列设计简并引物，对黑木耳亲本单核体及其 F_1 代单核体两种交配型的等基因池进行 PCR 分析，寻找与黑木耳交配型因子共分离的 DNA 标记。得到的标记片段 XY1611462 的 H2 型单株仅占供试亲本 H2 型单株的 64.3%，比例偏低，但全部亲本 J3 型单株都不能扩增出该标记。这说明该标记与 H2 交配型座位或交配行为存在某种关联。推测可能由于转座子存在致使某些黑木耳 H2 型菌株在标记 XY1611462 的引物结合处发生突变，从而导致在扩增时引物不能结合。序列分析和同源序列比较表明，XY1611462 很可能位于交配型座位之内。

左江成等(2008)在观察黑木耳多糖(APP)对外周血单个核细胞(PBMC)增殖和细胞因子表达的影响时证实，黑木耳多糖能显著增强 PBMC 中 TNF-α 和 IFN-γ 的表达。TNF-α 主要是由活化的单核-巨噬细胞产生的一种非糖基化蛋白质，具有多种生物活性，不仅是一种有效的肿瘤杀伤因子，而且是机体炎症与免疫反应的重要调节因子，是机体炎症反应一系列病理生理过程的重要介质。TNF-α 能够直接杀伤肿瘤细胞和诱导肿瘤细胞的凋亡，具有诱导细胞分化的活性，并诱导单核细胞和 T 细胞通过旁分泌和自分泌产生多种细胞因子。

一些专家对黑木耳多糖提取工艺进行了深入的研究。严娟等(2005)研究了超声波协同纤维素酶提取黑木耳多糖的方法。结果表明，最佳提取条件为超声波功率 40W、pH 为 4.5、提取时间 2.5 小时、提取温度为 45℃。

二、黑木耳科学研究的目标与前景

(一)加强栽培种质多样性研究，提高菌种质量鉴定和管理的水平

我国黑木耳产业发展前景广阔，但在菌种质量管理上还存在一些问题。作为重要栽培类作物栽培的食用菌，缺乏作物新品种保护和审定(认定)系统的技术性文件。从哪些方面判断一个栽培菌株是不是一个新品种，不同的食用菌怎样设置判定标准，这些最基础、最根本的问题至今仍然阻挠着食用菌行业，许多科技工作者仍然进行着不懈地探索和努力。

多年来我国作物品种实行的是审定和认定制度。关于食用菌新品种的认定，也只是从品种来源、选育过程、品种特性、栽培性状、商品性状、抗性和推广区域进行概括性描述。2007 年和 2008 年黑木耳有 22 个品种通过了全国食用菌品种认定，其中主要是一些普遍栽培的老品种。一方面还有部分老品种尚未认定，另一方面新品种选育仍然在不断开展。最基础的工作是建立全国黑木耳栽培种质资源库，包括黑木耳主要栽培品种 DNA 指纹库，建立黑木耳种质资源保藏中心，在明确现有种质资源的基础上，严格限制新品种的认定。

全国黑木耳菌种生产厂家千余家，普遍存在着菌种市场混乱、菌种管理滞后的问题，乱引种、乱命名等现象普遍，导致同物异名和同名异物现象严重。品种退化、老化、病毒感染、品种混杂和杂菌污染等菌种质量问题日益严重，给菌种质量管理和质量事故责任追究带来了很大困难，对黑木耳产业健康发展带来不利影响。

对全国黑木耳主要栽培菌株的生物学特性、栽培特性、形态特征、遗传特性等方面进行研究，掌握不同栽培菌株准确的鉴别方法，客观评价我

国黑木耳栽培种质资源的遗传多样性，是充分利用我国黑木耳栽培种质资源、开展黑木耳良种选育的基础，也是保护我国黑木耳种质资源、保护黑木耳品种产权的基础。

（二）改善黑木耳品质，提高黑木耳质量安全水平

如何提高代料黑木耳品质，使我国代料黑木耳生产从量的扩张向质的提高转变，增强在国际市场上的竞争力和创汇能力，是我国黑木耳科技发展中的一个具有现实意义的研究课题。同时，我国黑木耳安全质量问题还相当严重，特别是病虫害防治技术落后，菇农乱用农药现象相当普遍，培养料及其他原辅料缺乏质量安全标准，一些添加剂、消毒剂加入到培养料中，给产品质量安全带来了巨大的威胁。黑木耳无公害标准化生产技术体系需要研究、推广和普及。黑木耳有害重金属及农药残留污染，严重制约了黑木耳在WTO框架下的竞争力和出口贸易量的提高。

今后应加强以下几方面的研究和突破：

①黑木耳袋料栽培设施化、智能化控制技术；②无公害优质黑木耳高效栽培体系研究；③黑木耳安全型培养料及其他辅料的标准化研究；④黑木耳病虫害无害化防治技术研究；⑤农药残留成因和有害重金属富集规律与控制技术研究。

（三）利用分子生物学技术研究遗传学基础，提高黑木耳科研水平

在对黑木耳进行种质资源遗传多样性和亲缘关系评价鉴定的基础上，研究分子生物学技术在选择优良亲本和筛选优良杂交子方面的研究，利用常规的杂交育种技术、原生质体融合技术或基因工程育种技术，选育出符合黑木耳升级换代所需要的黑木耳优良品种。同时开展与产量、抗性、品质、高营养等重要性状相关的基因定位，构建黑木耳遗传图谱和物理图谱，研究重要功能基因的表达与功能验证，建立高效稳定的遗传转化体系，进行重要基因克隆和外源功能基因转化。这些方面都是黑木耳重要的研究课题。

（四）提高黑木耳工厂化标准化生产水平，推动产业升级

随着黑木耳段木栽培规模日益缩小和袋料栽培技术的不断成熟，应积极推进黑木耳设施化栽培生产，采取控温控湿和通风措施，完成黑木耳从小作坊生产向设施化、标准化生产过度。实行设施化、标准化生产，不仅可以提高生产效率，降低生产成本，减轻耳农的劳动强度，缓解生产季节农村劳动力不足，而且还可以克服菌种杂乱、原料质量参差不齐、杂菌多、污染高等问题，特别是减少消毒剂、添加剂和杀虫剂的使用，提高标准化栽培水平和机械化、自动化程度，保证黑木耳产业持续健康、高质量发展。

在黑木耳生产的重点基地，应按照“控制总量、保证质量、提高效益”的原则，加强黑木耳每一个生产环节的管理，保证黑木耳产业健康有序发展。制订黑木耳栽培生产规范化技术规程，由食用菌技术推广部门组织专业技术人员举办各种培训班，入村入户指导，确保技术标准得到全面贯彻落实。在主要产区建立严格的黑木耳产品质量追溯体系。

黑木耳富含多种营养成分，也是一种药用真菌，具有补气血、凉血止血、润肺益胃、润燥利肠、舒筋活络、镇静止痛、轻身强志等功效。目前我国黑木耳产品以干、鲜品销售为主，产品形式单一，精深加工水平极为落后。需进一步提高功能活性物质提取、纯化、结构改进、产品质量检测与控制、保健食品与药品加工等关键技术；对黑木耳多糖分离纯化工艺、多糖结构与功能的关系，多糖体在人体内的作用激励、多糖分子结构化学修饰方法及结构表征进行深入研究，为产品深加工奠定科学基础。

参 考 文 献

[1] 李时珍. 本草纲目[M]. 北京：人民卫生出版社，1982.

[2] STAUB A N. Removal of proteins from polysaccharides. Methods in Carbohydr[J]. Chem，1965 (5)：5-9.

[3] SONE Y，KAKUTA M，MISAKI A. Isolation and characterization of polysaccharides of kikurgae fruit body of Auricularia Auriculajudae[J]. Agric Biol Chem，1978，42 (2) ：417-422.

[4] UKAI S，MORISAKI S. Polysaccharide in fungi. Ⅶ. Acidic heteroglycans from the fruit bodies of Auricularia auriculajudae quel[J]. Chem Pharm Bull，1982(2)：635-641.

[5] 夏尔宁,陈琼华. 黑木耳多糖的分离、纯化和鉴定[J]. 生物化学与生物物理学报,1988,20(6):614-618.
[6] 王新军. 野生与人工栽培黑木耳多糖提取的比较研究[J]. 陕西师范大学学报,1998(26):218-220.
[7] ZHANG LINA, YANG LIQUN, DING QIONG, et al. Studies on molecular weights of polysaccharides of Auricularia auriculajudae[J]. Carbohydrate Research,1995,270(1):1-10.
[8] MISAKI A, KAKUTA M, SASAKI T, et al. Studies on interrelation of structure and antitumor effects of polysaccharides: antitumor action of periodatemodified, branched (1→3)-β-D-glucan of Auricularia auriculajudae, and polysaccharides confaining (1→3) glycosidic linkages[J]. Carbohydr Res,1981,92(1):115-129.
[9] 齐德生,于炎湖. 黑木耳多糖抗肿瘤作用的实验研究[J]. 华中农业大学学报,1994,13(2):160-163.
[10] 宗灿华,于国萍. 黑木耳多糖抑制肿瘤作用的研究[J]. 中国医疗前沿,2007,2(12):37-38.
[11] 黄滨南,张秀娟,邹翔,等. 黑木耳多糖抗肿瘤作用的研究[J]. 哈尔滨商业大学学报(自然科学版),2004,20(6):648-651.
[12] 张秀娟,耿丹,于慧茹,等. 黑木耳多糖对荷瘤小鼠红细胞免疫功能的影响[J]. 中草药,2006,37(1):94-96.
[13] 夏尔宁,陈琼华. 黑木耳多糖的生物活性[J]. 中国药科大学学报,1989,20(4):227-230.
[14] 夏尔宁,陈琼华. 黑木耳、银耳和银耳孢子多糖生物活性的比较[J]. 南京药学院学报,1984,15(3):50-53.
[15] 曾雪瑜,李友娣,何飞,等. 木耳菌丝体及其醇提物的药理作用[J]. 中国中药杂志,1994,19(7):430-432.
[16] 张秀娟,于慧茹,耿丹,等. 黑木耳多糖对荷瘤小鼠细胞免疫功能的影响研究[J]. 中成药,2005,27(6):691-693.
[17] 左江成,曾一芹,何晓雯,等. 黑木耳多糖对外周血单个核细胞增殖和细胞因子表达的影响[J]. 中药材,2008,31(1):76-79.
[18] 申建和,陈琼华. 木耳多糖、银耳多糖和银耳孢子多糖的降血脂作用[J]. 中国药科大学学报,1989,20(6):344-347.
[19] 郭素芬,曾光,李志强,等. 木耳多糖对实验性动脉粥样硬化斑块消退作用的影响[J]. 牡丹江医学院学报,2004,25(1):1-4.
[20] 周国华,于国萍. 黑木耳多糖降血脂作用的研究[J]. 现代食品科技,2005,21(1):46-48.
[21] 郭素芬,李志强,李静,等. 黑木耳多糖对动脉粥样硬化形成中平滑肌细胞增殖的影响[J]. 中国动脉硬化杂志,2006,14(9):767-770.
[22] 王翠菊,刘贵波,孙成,等. 木耳多糖影响家兔动脉粥样硬化斑块中基质金属蛋白酶-13 表达的研究[J]. 中国药物与临床,2007,7(5):355-357.
[23] 孙立新,刘贵波,成永霞,等. 木耳多糖与斑块中 MMP-2 作用的研究[J]. 牡丹江医学院学报,2007,16(5):16-18.
[24] 申建和,陈琼华. 黑木耳多糖、银耳多糖、银耳孢子多糖的抗凝血作用[J]. 中国药科大学学报,1987,18(2):137-140.
[25] YOON S J, YU M A, PYUN YR, et al. The nontoxic mushroom Auricularia auricula contains a polysaccharide with anticoagulant activity mediated by antithrombin[J]. Thrombo Res,2003,112:151-158.
[26] 申建和,陈琼华. 黑木耳多糖的抗血栓作用[J]. 中国药科大学学报,1990,21(1):39-42.
[27] 曾雪瑜,李友娣,何飞,等. 木耳菌丝体及其醇提物的药理作用[J]. 中国中药杂志,1994,19(7):430-432.
[28] 吴宪瑞,孔令员. 黑木耳多糖的医疗保健价值[J]. 林业科技,1996,21(3):32-33.
[29] 韩春然,马永强,唐娟. 黑木耳多糖的提取及降血糖作用[J]. 食品与生物技术学报,2006,25(5):111-114.
[30] 薛惟建,鞠彪,王淑如,等. 银耳多糖和木耳多糖对四氧嘧啶糖尿病小鼠高血糖的防治作用[J]. 中

国药科大学学报,1989,20(3):181-183.
[31] 吴宪瑞,孔令员. 黑木耳多糖的医疗保健价值[J]. 林业科技,1996,21(3): 32-33.
[32] 周慧萍,陈琼华,王淑如. 黑木耳多糖和银耳多糖的抗衰老作用[J]. 中国药科大学学报,1989(5): 303-306.
[33] 李兴泰,高明波. 黑木耳多糖清除活性氧及保护线粒体[J]. 食品科学,2004,25(1):171-173.
[34] 史亚丽,姜川,杨立红,等. 黑木耳粗多糖对力竭小鼠抗氧化能力的影响[J]. 现代预防医学,2008, 35(24):4845-4846.
[35] SITU WM, WANG SY, CHEN YY, et al. Endothelium-dependent and direct relaxation induced by Auricularia auriculajudae polysaccharide in rat thoracic aorta[J]. cell Biol Int, 2008,32(3):63.
[36] 周慧萍,殷霞,高红霞,等. 银耳多糖和黑木耳多糖的抗肝炎和抗突变作用[J]. 中国药科大学学报, 1989,20(1):51-53.
[37] 陈志强,舒融,骆传环. 木耳多糖的制备及辐射防护作用实验研究[J]. 中华放射医学与防护杂志, 2001,21(3):50-51.
[38] 樊黎生,龚晨睿,张声华. 黑木耳多糖(AAP)抗辐射效应的动物实验[J]. 营养学报,2005,27(6): 525-526.
[39] 薛惟建,王淑如,陈琼华. 银耳多糖、银耳孢子多糖及黑木耳多糖的抗溃疡作用[J]. 中国药科大学学报,1987,18(1):45-47.
[40] 史亚丽,辛晓林,张昌言,等. 黑木耳多糖对生物机体运动能力的影响[J]. 中国临床康复,2006,10(35):106-108.
[41] 史亚丽,辛晓林. 不同浓度黑木耳多糖对离体肌肉收缩能力的影响[J]. 沈阳体育学院学报,2005, 24(4):59-61.
[42] 朱磊,王振宇. 黑木耳多糖对小鼠抗疲劳作用的研究[J]. 营养学报,2008,30(4):430-432.
[43] PETERSDOR R G. Harrison's Principles of Internal Medicine[J]. 10Th Ed. New York: Me-Grow - Hill book company, 1983.
[44] 洪昭光. 健康的第一基石:合理膳食[J]. 解放军健康,2003(6): 32-33.
[45] 杨如兰. 木耳抗血栓作用初步观察[J]. 中西医结合杂志,1988,8(10):638-639.
[46] 罗祖明,曾虹,周东,等. 青川黑木耳治疗动脉硬化性脑梗塞患者的临床疗效观察[J]. 华西药学杂志,1991,6(4):210-212.
[47] 赵因,张悦. 毛木耳的药理作用和临床应用[J]. 基础中药杂志,2001,15(1):49-51.
[48] 范亚明,张颖,潘晓冬,等. 黑木耳降血脂抗血栓的临床研究[J]. 心肺血管病杂志,1993,12(2): 98-100.
[49] 单颖,孙庆飞. 黑木耳加食用白糖治糖尿病足[J]. 中国民间疗法,2007,15(12):63.
[50] 龚景林. 木耳散治疗下肢溃疡[J]. 湖南中医学学报,1987(1):53.
[51] 杨新美. 中国食用菌栽培学[M]. 北京:农业出版社,1998.
[52] 杨新美. 食用菌研究法[M]. 北京:中国农业出版社,1998.
[53] 李玉. 中国黑木耳[M]. 长春:长春出版社,2001.
[54] 张树庭. 食用蕈菌及其栽培[M]. 保定:河北大学出版社,1992.
[55] 陈士瑜. 菌菇生产技术全书[M]. 北京:中国农业出版社,1988.
[56] 陈士瑜. 木耳银耳栽培新法 73 种[M]. 北京:中国农业出版社,1999.
[57] 卯晓岚. 中国经济真菌[M]. 北京:科学出版社,1998.
[58] 黄年来. 中国食用菌百科[M]. 北京:农业出版社,1988.
[59] 黄年来. 自修食用菌学[M]. 南京:南京大学出版社,1987.
[60] 林芳灿. 食用菌丰产增收疑难问题解答[M]. 北京:金盾出版社,2002.
[61] 吕作舟. 食用菌栽培学[M]. 北京:高等教育出版社,2006.
[62] 王波. 手把手教你最新食用菌栽培技术[M]. 成都:四川科学技术出版社,2001.
[63] 王波. 图说黑木耳高效栽培关键技术[M]. 北京:金盾出版社,2007.
[64] 王波. 图说食用菌制种关键技术[M]. 北京:金盾出版社,2004.

[65] 丁湖广. 中国黑木耳、银耳代料栽培与加工[M]. 北京:金盾出版社,2001.
[66] 丁湖广. 黑木耳与银耳代料栽培速生高产新技术[M]. 北京:金盾出版社,1989.
[67] 丁湖广. 黑木耳代料栽培新技术[M]. 福州:福建科学技术出版社,2001.
[68] 朱兰宝. 中国黑木耳生产[M]. 北京:中国农业出版社,2000.
[69] 张金霞. 食用菌菌种生产与管理手册[M]. 北京:中国农业出版社,2006.
[70] 徐锦堂. 中国药用真菌栽培学[M]. 北京:北京医科大学、中国协和医科大学联合出版社,1997.
[71] 徐锦堂. 中国药用真菌学[M]. 北京:北京医科大学、中国协和医科大学联合出版社,1997.
[72] 王鹤翔. 食用菌学[M]. 北京:中国农业大学出版社,2004.
[73] 刘振钦. 食用菌栽培学[M],哈尔滨:哈尔滨出版社,1995.
[74] 邓叔群. 中国的真菌[M]. 北京:科学出版社,1963.
[75] 卢文举. 黑木耳栽培技术[M]. 北京:中国林业出版社,1988.
[76] 潘崇环. 食用菌培植新法[M]. 北京:农业出版社,1988.
[77] 潘崇环. 新编食用菌生产技术图解[M]. 北京:中国农业出版社,1999.
[78] 王立泽. 食用菌栽培[M]. 合肥:安徽科学技术出版社,1995.
[79] 戴芳润. 中国真菌汇编[G]. 北京:科学出版社,1979.
[80] 余永年. 真菌分类学大纲[M]. 昆明:云南科技出版社,1979.
[81] 张复生. 黑木耳栽培[M]. 沈阳:辽宁科学技术出版社,1984.
[82] 陈成基. 黑木耳栽培[M]. 福州:福建科学技术出版社,1986.
[83] 李育兵. 黑木耳代料栽培[M]. 北京:中国农业科技出版社,1987.
[84] 黄毅. 食用菌生产理论与实践[M]. 厦门:厦门大学出版社,1987.
[85] 梁志栋. 科普食用菌学[M]. 北京:科学技术出版社,1988.
[86] 贾身茂. 食用菌标准汇编(一)[G]. 中国标准出版社,1997.
[87] 李志超. 食药用菌生产与消费指南[M]. 北京:中国农业出版社,1997.
[88] 刘永宏. 地栽黑木耳图册[M]. 北京:台海出版社. 2000.
[89] 徐崇敬. 英日汉食用菌词典[M]. 上海:上海科学技术文献出版社,2000.
[90] 杨庆尧. 食用菌生物学基础[M]. 上海:上海科学技术出版社,1981.
[91] 黄学馨. 木耳与银耳[M]. 上海:上海科学技术出版社,1981.
[92] 聂林富. 黑木耳代料栽培致富[M]. 北京:金盾出版社,2007.
[93] 应国华. 丽水黑木耳栽培模式[M]. 北京:中国农业出版社,2006.
[94] 高风. 食用菌栽培新技术[M]. 呼和浩特:远方出版社,2006.
[95] 胡昭庚. 菇农手册[M]. 杭州:浙江科学技术出版社,1997.
[96] 袁书钦. 黑木耳栽培技术图说[M]. 郑州:河南科学技术出版社,2001.
[97] 高风. 食用菌栽培新技术[M]. 呼和浩特:远方出版社,2008.
[98] 李明. 食用菌高效栽培教材[M]. 北京:金盾出版社,2005.
[99] 杜双田. 黑木耳、银耳、猴头菌、灵芝栽培新技术[M]. 杨凌:西北农林科技大学出版社. 2005.
[100] 陈宗泽. 食用菌栽培技术[M]. 北京:解放军出版社,2000.
[101] 梁家勉. 中国农业科学技术史物[M]. 北京:农业出版社,1989.
[102] 凌关庭. 保健食品原料手册[M]. 北京:化学工业出版社,2002.
[103] 陈艳秋. 优质黑木耳生产技术百问百答[M]. 北京:中国农业出版社,2005.
[104] 吴康云. 黑木耳段木栽培新技术[M]. 呼和浩特:远方出版社,2005.
[105] 陈心锦. 黑木耳香菇栽培与制种[M]. 西安:陕西科学技术出版社,1989.
[106] 刘文钦. 黑木耳优良菌株分离方法的研究初报[J]. 中国食用菌,1986,3(7):7-9.
[107] 李宏伟. 黑木耳代料栽培技术[M]. 哈尔滨:东北林业大学出版社,2001.
[108] 刘波. 中国药用真菌[M]. 太原:山西人民出版社,1984.
[109] 张印. 段木黑木耳高产栽培新技术[J]. 中国林副特产,2005,16(30):45.
[110] 薛惟建. 银耳多糖、银耳孢子多糖及黑木耳多糖的抗溃疡作用[J]. 中国药科大学学报,1987,18(1):45-47.

[111] 夏尔宁.黑木耳多糖的分离、纯化与鉴定[J].生物化学与生物物理学报,1988,20(6):614-617.
[112] 夏尔宁.黑木耳多糖的生物活性[J].中国药科大学学报,1989,20(4):227-230.
[113] 周慧萍.黑木耳多糖和银耳多糖的抗衰老作用[J]. 中国药科大学学报,1989,20(5):303-306.
[114] 陈守常.木耳考述[J].农业考古,1993(1):1642-167.
[115] 刘波.中国药用真菌学[M].太原:山西人民出版社,1984.
[116] 陈艳秋.代料栽培黑木耳与段木栽培黑木耳的品质分析[J].食用菌学报,2001,8(1):48-50.
[117] 陈依军.黑木耳、银耳及银耳孢子多糖延缓衰老作用[J].现代应用药学,1989,6(2):9-10.
[118] 施杞.夏翔.中国食疗大全[M].上海:上海科学技术出版社,1981.
[119] 覃国权.中稻田套种木耳栽培技术[J].中国食用菌,2000,19(2):31-32.
[120] 谢启莹.胡枝子袋栽黑木耳试验[J].中国水土保持,1990(6):38.
[121] 梁英.黑木耳富硒栽培研究[J].食用菌学报,2000,7(4):34-37.
[122] 陈艳秋.塑料袋地栽黑木耳优质高产新技术[J].中国食用菌,2001,20(1):31-32.
[123] 贺元超.玉米芯开放式袋栽黑木耳[J].中国食用菌,2000,19(2):28-29.
[124] 严泽湘.黑木耳环割倒栽技术[J].四川农业科技,1997(6):32-33.
[125] 罗凡.黑木耳反季节栽培优质高产新技术[J].林业科技通讯,1997(8):43.
[126] 李曼霞.培养料堆制发酵控制黑木耳袋栽污染的研究[J].陕西农业科学,1991(1):31-35.
[127] 吴明国.葡萄园稻草瓶栽黑木耳新法[J].当代农业,1996(10):17-18.
[128] 吴保杰.黑木耳室外稻草瓶栽技术[J].江西农林科技,1991(3):40-41.
[129] 候军.黑木耳 98-1 生物学特性及栽培技术要点[J].河南农业科学,2001(11):21-22.
[130] 戴肖东.黑木耳"黑 29"菌株的特性及栽培要点[J].食用菌,2003(1):10-11.
[131] 孟黎明.黑木耳 Au962 菌株特性及其栽培[J].中国林副特产,1999,51(4):27.
[132] 杨淑荣.黑木耳大棚吊袋栽培技术[J].吉林蔬菜,1996(5):25-27.
[133] 万兰英.棉子壳代料立体规模栽培细质黑木耳的关键技术[J].新疆农业科学,1996(6):271-272.
[134] 王玉江.黑木耳 10 个栽培菌株栽培特性的比较[J].食用菌, 2003,21(4):11-12.
[135] 郭晓帆.黑木耳品种比较试验[J].延边大学农学学报,2005,27(1):40-43.
[136] 柳勇.黑木耳袋栽高产的关键技术[J].新疆农垦科技,1991(6):36.
[137] 李淑琴.甘草渣栽培黑木耳试验[J].内蒙古农业科技,1992(2):29-30.
[138] 邓树原.代料发酵吊袋栽培黑木耳[J].山西农业科学,1989(7):5-6.
[139] 廖承杰.黑木耳野外层架式立体袋栽新技术[J].闽东农业科技,1996(1):52-54.
[140] 张松.食用菌学[M].广州:华南理工大学出版社,1999.
[141] 班立桐.碳源和氮源对网脉木耳菌丝生长影响的研究[J].天津农业科技,2006,4(2):25-26.
[142] 杜双田.玉米芯栽培黑木耳配方初探[J].陕西农业科技,1992(2):31-32.
[143] 关秉雄.黑木耳雾灌及增产效应[J].陇南科技,1989(1):25-27.
[144] 刘篪兵.保康县大湾黑木耳微灌试验进展分析[J].节水灌溉,1997(1):41-43.
[145] 韩强.桑枝屑代料栽培黑木耳[J].陕西农业科学,1989(4):32-33.
[146] 何培新.8 种食用菌同化利用葡萄糖和可溶性淀粉的探讨[J].河南职业技术师范学院学报,2003,31(3):28-30.
[147] 崔学昆.不同喷水方法对黑木耳产量及品质影响的研究[D].长春:吉林农业大学,2006.
[148] 王伟平.代料黑木耳栽培技术[J].中国食用菌,2002,21(6):21-22.
[149] 闫宝松.代料栽培黑木耳常见的问题及防治措施[J].中国林副特产,2004,29(6):42-43.
[150] 吕明亮.袋栽黑木耳优质高产栽培技术[J].中国食用菌,2001,21(2):40-41.
[151] 刘丽.塑料大棚黑木耳栽培模式初探[J].陕西农业科学,2006(3):64-65.
[152] 左江成.黑木耳多糖对外周血单个核细胞增殖和细胞因子表达的影响[J].中药材,2008,31(1):76-79.
[153] 王同雨.黑木耳林地仿野生高产栽培技术[J].现代农业科技,2008(18):83-84.
[154] 刘二冬.黑木耳大棚代料高产栽培技术[J].食用菌,2008(4):53.
[155] 周振红.黑木耳立体代料栽培技术[J].食用菌,2004(2):36.

[156] 张海波. 黑木耳室外吊袋立体栽培技术[J]. 中国林副特产,2008,95(4):54-55.
[157] 吴康云,边银丙. 黑木耳种内杂交子的鉴定技术[J]. 菌物系统,2002,21(2):210-214.
[158] 肖扬,唐利华,边银丙. 应用简并引物扩增黑木耳信息素受体基因片段[J]. 菌物学报,2006,25(2):316-320.
[159] 罗信昌. 木耳和毛木耳的极性研究. 真菌学报[J],1988,7(1):56-61.
[160] 张红,曹晖,潘迎捷,等. 黑木耳交配型的研究[J]. 菌物系统,2002,21(4):559-564.
[161] 唐利华,肖扬,边银丙. 中国黑木耳主要栽培菌株 ISSR 指纹分析及 SCAR 标记[J]. 菌物学报,2008,27(2):243-251.
[162] 肖扬,唐利华,边银丙. 简并引物在黑木耳交配型因子研究中的应用初报[J]. 菌物学报,2006,25(4):682-6851.

（边银丙）

第三十一章　猴头菌

DISANSHIYIZHANG HOUTOUJUN

摘要：猴头菌不仅是我国珍贵的食药用珍品，被列为我国著名的八大“山珍”之一，而且是我国传统的贵重中药材，具有多种治疗作用。本章较详细地介绍了猴头菌的栽培历史、生产状况和产业情况，系统地阐述了猴头菌的生物学特性和栽培技术，较全面地总结了猴头菌活性成分、药理作用与临床应用等方面的进展。

Hericium erinaceus

Abstract: *Hericium erinaceus* is a rare edible and medicinal mushroom belonging to the famous delicacies of "Bazheng", and also a valuable Chinese medicinal herb with manifold medicinal functions. This chapter consists of three sections expounding in detail various aspects of *H. erinaceus* including cultivation history, the current situation relating to *H. erinaceus* in China, biological features, cultivation techniques, and a summary of progress in the development of *H. erinaceus* bioactive components, pharmacological functions and clinical applications.

第一节　概　述

猴头菌又名：猴头、猴头菇、刺猬菌、花菜菌、山伏菌等。

学名：*Hericium erinaceus* (Bull.) Pers., *Comm. fung. clav.* (Lipsiae): 27(1797)。

属名“*Hericium*”来自希腊语，词源“ereike”，“erike”意思是“石楠属的灌木”，中文早就有猴头的名称，所以称为“猴头菇属、猴头菌属”。种名加词“*erinaceus*”意思是“刺猬状的、有芒刺的”，描述子实体表面的菌刺的形态。

同物异名：*Clavaria conferta* Paulet, *Traité Champ.*, Atlas 2: 427, index(1793); *Clavaria erinaceus* (Bull.) Paulet, *Traité Champ.*, Atlas 2: index(1793); *Dryodon caput-medusae* (Bull.) Quél., *Enchir. fung.* (Paris): 193(1886); *Dryodon erinaceus* (Bull.) P. Karst., *Bidr. Känn. Finl. Nat. Folk* 37: 92(1882); *Dryodon juranus* Quél., *Compt. Rend. Assoc. Franç. Avancem. Sci.* 30(2): 496(1902)[1901]; *Hericium caput-medusae* (Bull.) Pers., *Comm. fung. clav.* (Lipsiae): 26(1797); *Hericium echinus* (Scop.) Pers., *Comm. fung. clav.* (Lipsiae): 28(1797); *Hericium erinaceus* f. *caput-medusae* (Bull.) Nikol., *Acta Inst. Bot. Acad. Sci. USSR Plant. Crypt.*, Fasc. II 5: 340(1950); *Hericium erinaceus* (Bull.) Pers., *Comm. fung. clav.* (Lipsiae): 27(1797) var. *erinaceus*; *Hericium grande* Raf., *J. Bot. (Desvaux)* 1: 237(1813); *Hericium hystrix* Pers., *Comm. fung. clav.* (Lipsiae): 27(1797); *Hericium unguiculatum* Pers., *Mycol. eur.* (Erlanga) 2: 153(1825); *Hydnum caput-medusae* Bull., *Herb. Fr.* 9: tab. 412(1780); *Hydnum echinus* (Scop.) Fr., *Syst. mycol.* (Lundae) 1: 410(1821); *Hydnum erinaceus* Bull., *Herb. Fr.* 1: tab. 34(1781)[1780-81]; *Hydnum grande* (Raf.) Steud., *Nomenclator Botanicus enumerans ordine alphabetico nomina atque synonyma tum generica tum specifica et a linnaeo et recentioribus de re Botanica Scriptoribus*: *Plantis cryptogamis imposita*: 204(1824); *Hydnum hystricinum* Batsch, *Elench. fung.* (Halle): 113(1783); *Hydnum hystrix* (Pers.) Fr., *Syst. mycol.* (Lundae) 1: 410(1821); *Hydnum juranum* (Quél.) Sacc. & D. Sacc., *Syll. fung.* (Abellini) 17: 150(1905); *Hydnum omasum* Panizzi, *Comm. Soc. crittog. Ital.* 1: 175(1862); *Hydnum unguiculatum* (Pers.) Strenz, *Nomenclator fungorum* (Berlin)(1861); *Manina cordiformis* Scop., *Diss. sci. nat.*, Edn 1 2: 97

(1772); *Martella echinus* Scop., *Fl. carniol.*, Edn 2(Wien) 4(4): 151(1772); *Martella hystricinum* (Batsch)Kuntze, *Revis. gen. pl.* (Leipzig) 3(2): 492(1898); *Martella hystrix* (Pers.) Lloyd, *Mycol. Writ.* 3: 457 (1910); *Merisma caput-medusae* (Bull.) Spreng., *Syst. veg.*, Edn 16 4: 496(1827); *Merisma hystrix* (Pers.) Spreng., *Syst. veg.*, Edn 16 4: 496(1827); *Steccherinum quercinum* Gray, *Nat. Arr. Brit. Pl.* (London) 1: 651(1821)。

分类地位：菌物界(Fungi)，担子菌门(Basidiomycota)，伞菌纲(Agaricomycetes)，红菇目(Russulales)，猴头菌科(Hericiaceae)。

猴头菌在我国既是食用珍品，又是重要的药用菌。猴头菌是我国著名的八大“山珍”之一，自古就有“山珍猴头，海味燕窝”之说，与熊掌、海参和鲨鱼翅并列为四大名菜。肉嫩味香，鲜美可口，营养丰富，色、香、味上乘。如三国沈莹撰写的《临海水土异物志》就有以下记载：“民皆好啖猴头美，虽五肉不然及之”，表明了古代人们对猴头菌的喜爱。另外，猴头菌也是我国传统的贵重中药材，具有滋补健身、助消化、利五脏的功能。现代研究表明，其含有多肽、多糖、脂肪和蛋白质等活性成分，对消化道肿瘤、胃溃疡和十二指肠溃疡、胃炎、腹胀等有一定疗效。1959 年，上海市农业科学院从齐齐哈尔野生猴头菌分离得到纯菌种并用木屑瓶栽获得成功。1979 年，我国猴头菌产量已居世界各国之首，2009 年，我国猴头菇总产量已达12.7万吨。我国 20 世纪 70 年代发明的以其固体发酵菌丝体为原料制成的“猴菇菌片”，至今仍是治疗消化道系统溃疡和癌症的重要药物。

一、猴头菌的生物学研究概况

我国野生猴头资源主要分布在东北大兴安岭，西北的天山和阿尔泰山地区，内蒙古、河南、河北、四川、湖北、广西、浙江、江西等省也有分布。猴头菌属于腐生菌，在野外多生长在阔叶树的腐木和立木的受伤处，其中多数属壳斗科和胡桃科的树木。现在猴头菌在我国大部分地域都可以进行人工栽培。随着猴头菌人工栽培技术的成熟和推广，其产区分布越来越广。同时可用于猴头菌栽培的原材料种类多。因此，生长周期短，成本低，收益大，猴头菌在全国各地的生产均得到较为迅速的发展。

(一)猴头菌的形态特征

猴头菌属中温变温性真菌，其菌丝体最适生长温度范围为 20～26℃，子实体生长阶段最适温度以 16～20℃最佳。猴头菌菌丝体在不同的培养基上形态略有差异。菌丝体在 PDA 培养基上生长时，初时稀疏，呈散射状，后变浓密粗状。气生菌丝呈粉白绒毛状，放置较长时间后，斜面上会出现小原基并形成珊瑚状小菌蕾。在木屑或蔗渣培养基中生长时，菌丝吃料后开始生长比较稀薄，培养基逐渐变成淡黄褐色。随着培养时间的延长，菌丝体不断增殖且蔓延于基质表面和贯穿于基质中，呈白色或乳白色。在显微镜下观察，猴头菌的菌丝细胞壁薄，有分枝和横隔，直径 10～20μm，有时可见到锁状联合的现象。孢子椭圆至圆形，无色，光滑，直径 5～6μm，内含油滴大而明亮。猴头菌子实体外形为头状或倒卵形，形似猴子的头，野生的直径为 3.5～10cm，人工栽培的可达 14～18cm 以上。基部着生处较窄，外表布有针形肉质菌刺，刺直伸而发达，下垂如毛发，棘长 1～5cm，直径1～2mm。子实体新鲜时色泽洁白或淡黄色，干燥后呈淡黄褐色。

(二)猴头菌的生活史

猴头菌完成一个正常的生活史，必须经过担孢子→菌丝体→子实体→担孢子几个连续的生长发育阶段。猴头菌孢子萌发后产生单核菌丝(即一次菌丝)，单核菌丝是单性的，不孕的，它不能发育成子实体。不同性的两种一次菌丝接触后，细胞互相融合，形成双核菌丝(即二次菌丝)。双核菌丝具有分裂、生长的作用，同时又有吸收、转化和运输营养物质的功能，它是猴头菌菌丝体存在的主要形式。二次菌丝达到生理成熟后，在合适的环境下进一步发育形成子实体。随着子实体菌刺上的双核菌丝进行一系列的复杂变化，在菌刺上形成担子和担孢子。担子中的两个细胞核进行核配，再进行减数分裂，形成 4 个单倍体的细胞核，然后 4 个单倍体细胞核进入担子小梗的尖端，形成担孢子。一个猴头菌子实体上可产生数亿个担孢子。在干燥、高温等不良环境条件下，会产生厚垣孢子，在适宜条件下，厚垣孢子又会萌发菌丝，继续进行生长繁殖。

猴头菌的繁殖方式可分为无性繁殖和有性繁殖两种。有性生殖需经过担孢子、菌丝体、子实体和担孢子几个连续发育阶段，在自然条件下需相当长的时间，子实体在人工培养条件下有性生殖需 4～12 个月完成。无性繁殖是从菌丝体直接到子实体，一般只需 30 天左右。

(三)猴头菌对生活条件的要求

1. 营养

猴头菌是一种木腐菌，能分解半纤维素和木

质素，使朽木变白色，是一种白腐菌。猴头菌在生长发育过程中能以纤维素、木质素、有机酸、淀粉等做为碳源。以分解蛋白质、氨基酸等有机物质，吸收利用铵盐等无机氮化物作为氮源。同时还需要一定量的钾、镁、钙、铁、铜、锌等微量元素营养。目前人工栽培时常利用棉子壳、甘蔗渣、锯木屑、稻麦秸、酒糟、棉花秆作为碳源。因锯木屑、棉秆、甘蔗渣等蛋白质含量较低，因此在培养基中必须添加含氮量较高的麦麸、米糠等物质作为基质。猴头菌在营养生长阶段碳氮比维持在25:1较好，而在生殖生长阶段以35:1～45:1为宜。

2. 温度

猴头菌属中温变温性真菌，温度适应范围较广，菌丝正常生长温度为10～34℃，以20～26℃最适宜。高于30℃时，菌丝生长缓慢易老化，35℃以上停止生长。子实体的分化温度为12～24℃，最适温度为16～20℃。在较低温度下生长的较慢，健壮朵大。菌丝体在0～4℃温度下保存，半年后仍能旺盛生长。

3. 水分与湿度

培养基的含水量和培养环境的空气相对湿度对孢子萌发、菌丝生长和子实体的形成、生长以及品质等都有重要的影响。孢子要在水分充足的培养基中才能萌发，在干燥的环境下不能萌发。菌丝体和子实体生长要求培养基的含水量达60%～70%；子实体生长发育的最适空气相对湿度为85%～90%。在此条件下，子实体生长迅速，颜色洁白。如相对湿度低于60%，不仅子实体形成和发育受到抑制，而且颜色变黄，甚至很快枯萎干缩。如空气相对湿度高于95%时，子实体的菌刺过长，易污染杂菌和产生畸形菇，会明显影响产量和质量。

4. 空气

猴头菌是一种好气性真菌，在菌丝体生长阶段对空气的要求不高，但在原基形成阶段，对空气中二氧化碳浓度的反应极为敏感。菌蕾开始形成时，要加强培养室的通风换气，以利于子实体迅速形成和良好发育。子实体在生长阶段对二氧化碳浓度变化非常敏感，若通气不良，二氧化碳浓度过高时，子实体的生长受到抑制，生长缓慢，且常出现畸形子实体。因此在子实体生长阶段要特别加强通风换气，空气中二氧化碳含量以不超过0.1%为宜。

5. 光照

猴头菌的菌丝体可以在黑暗的环境中正常生长，不需要光线。而子实体必须有光照才能良好生长，但应是散射光，光照强度以200～400 lx为好。直射光对子实体生长有抑制作用，超过400 lx，子实体表面失水，变黄褐色，生长缓慢。在子实体生长阶段必须控制光照条件，避免阳光直射。

6. 酸碱度

猴头菌的菌丝体在pH为3～7的环境中能正常生长，以pH 4.5～6.5为最适宜。猴头菌在生长过程中会代谢产生有机酸，在培养后期随着代谢酸的积累，培养基常过度酸化，从而抑制自身生长。在培养基配料时常加入少量石膏粉（硫酸钙）或碳酸钙。这两种物质一方面能提供猴头菌所需要的钙营养，更主要的是它对培养基酸碱度的变化起到缓冲作用。

二、猴头菌的化学成分

近年来国内外对猴头菌化学成分的研究已陆续报道，从猴头菌中分离得到许多化合物。

Kawagishi H等报道，从猴头菌子实体中分离到酚类化合物猴头菌酮（hericenone）A～H和一种新的脂肪酸；从猴头菌的菌丝体中分离到4种二萜苷类化合物，命名为猴头菌素（erinacine）A～D，这些化合物具有cyathane的骨架结构。随后又分离到猴头菌素E、猴头菌素F、猴头菌素G；从猴头菌培养物中分离到两种γ-吡喃酮类化合物A和B。另外，Okamoto K等从猴头菌的菌丝体中分离到3种氯代地衣酚类化合物。钱伏刚等在猴头菌培养物中分离到4-氯-3，5-二甲氧基苯甲酸、4-氯-3，5-二甲氧基苯甲酸甲酯、4-氯-3，5-二甲氧基苯甲酸-O-阿拉伯糖醇酯、6-甲基-2，5-二羟甲基-吡喃酮、2-羟甲基-5-(1，-羟基)-己基-γ-吡喃酮，同时又鉴定出以齐墩果酸为苷元的5个三萜皂苷。曹瑞敏等测定了猴头菌子实体中的3种脂肪酸成分，分别为亚油酸、十六烷酸乙酯和乙基亚油酸。

石勇民等对碱提取的子实体粗多糖水解后，发现其由等量的葡萄糖和半乳糖组成。Mizuno等报道猴头菇中起抗肿瘤作用化合物是β-葡聚糖。王明霞等从猴头菌子实体中分离的多糖主要成分是一种葡聚糖，具有β-(1→3)一葡聚糖主链和β-(1→6)侧链。Inaluma T等报道，从猴头菌子实体提取物中分离到一种以β-(1→6)一连接葡聚糖为主链，以β-(1→3)连接的葡萄糖残基为侧链的葡聚糖。李坤艳等报道，从猴头菌菌丝体中分离到5个均一组分，其中3种是均含葡萄糖的杂多糖和肽多糖。杨焱等从猴头菌子实体和菌丝体中各分到一种杂多糖，分别为 hfp-1 和 hfp-2。史军花等从猴头菌菌丝体中分离到以 1→4 为主链，在 3 位形成侧链的葡聚糖。耿慧等从碱提猴头菌菌丝体中分离到一个 1→6 连接葡聚糖为主链的核心结构，分支点为 0-3，支链部分由 1→3 为主链的葡萄糖和端基葡聚糖组成。王昭晶等从小刺猴头子实体中分离到一个以 1→6 半乳糖为主链、岩藻糖和葡萄糖为侧链的杂多糖。贾联盟等从猴头菌子实体中分离到一个以 1→6 半乳糖为主链、鼠李糖和葡萄糖为侧链的杂多糖。张安强等从猴头子实体中分离出均一多糖 HEPF3，其相对分子质量 1.9×10^4，由岩藻糖和半乳糖组成，主链为 α-(1→6)-半乳糖构成，每 4 个半乳糖主链连接一个 α-(1→2) 连接的岩藻糖支链。另外分离出的均一多糖 HEPF3，相对分子质量也为 1.9×10^4，由岩藻糖、半乳糖和葡萄糖组成，主链由 α-(1→6)-半乳糖构成，支链有 2 位连接的岩藻糖、6 位连接的葡萄糖和少量的 3 位连接鼠李糖。

三、猴头菌的营养价值

猴头菌肉嫩味美，营养丰富。很早以前，人们把它与熊掌、海参、鲨鱼刺并列为“四大名菜”，有“山珍猴头，海味燕窝”的美称，在古代成为贡品。猴头菌何时入馔，无文献可查，最早有确切记载的是在三国时代，孙吴沈莹所撰写的《临海水土异物志》上就有以下记载：“民皆好啖猴头美，虽五肉不然及之。”

汪麟等对野生与栽培猴头菌子实体的氨基酸组分分析表明，野生的与栽培的猴头菌，氨基酸组分有所差异，后者高于前者。胡小加等对猴头菌子实体中的氨基酸进行分析显示，人体必需的 8 种氨基酸，猴头菌都有。马谈斌等分析了液态发酵生产的金华猴头菌菌丝体中的氨基酸组成，结构表明，其含有 19 种氨基酸，且含有人体必需的氨基酸。

第二节　猴头菌的栽培技术

人工栽培猴头菌有瓶栽、袋栽、菌砖栽、段木栽培等多种方法。瓶栽是最早的人工栽培方法，而袋栽法是目前应用最多的方法，因其周期短，管理方便且成功率高。本节重点介绍瓶栽和袋栽的方法。

一、瓶栽法

用玻璃瓶栽培猴头菌是最早的人工栽培方法，由上海农业科学院首先发明，目前仍在应用。该方法优点是管理方便，成功率高，质量也好。缺点主要是用瓶多，花费工时多，成本高，而且相比袋栽方法产量低。

（一）场地选择

猴头菌生产场地应选择在生态环境好、水质优良、无有毒有害气体、周围 300m 无各种污水及其他污染源的地方。栽培室要设地窗和门窗，内部地面平整，方向为坐北朝南，通气性好，空气新鲜。

（二）栽培季节的选择

我国地域广阔，生境差异比较大，不同地方应根据猴头菌的生育特性和当地的气候条件确定栽培时间。猴头菌菌丝体生长适温为 25℃左右，养菌时间为 30～40 天，子实体的适宜生长温度为 16～20℃。秋分(9 月下旬)接种，至小雪(11 月下旬)出菇 1～2 批，翌春再产一批菇。山区也可采取早春 1 月接种，加温发菌培养，3～4 月份出菇。在我国南方，栽培季节安排在当年 9 月下旬至次年 1 月上旬为佳。各地自然条件不同，气候各异，应根据当地气象台、站历年来的温度记录，以及有关气象资料，以便掌握温度变化情况，选择最适宜的栽培季节。在秋季栽培，由于前期气温高，后期气温低，应选择气温在 25～27℃时培养菌丝体，一个月后气温下降到 20℃以下时，即可进行出菇栽培。冬季和春季的气温，一般不会超过 20℃，随时可栽培。菌丝生长阶段要求温度较高，应加温培养。如利用地下室、地道、防空洞等作栽培场所，还可适当延长栽培期。如果有调温调湿设备，可进行周年栽培。

（三）栽培房的设置和消毒处理

猴头菌的栽培房要求结构严实、通风透光、靠近水源和保温保湿性能好的坐北朝南的房屋、地下室或山洞等场所。若大规模生产，最好建立专用栽培房，室内还应有能开关的高低窗口，以便消毒和通风换气窗口应装纱窗，防止害虫进入。有条件的可安装调温调湿装置和通风换气设备，以创造良好的生活环境，以利于猴头菌的正常生长发育。

栽培架的设置以既有利于充分利用空间，又能保证良好通风换气和便于操作管理为原则。排列应与房屋方位垂直，如南北向栽培房，栽培架应排成东西向，以避免外面的风直接吹向栽培架。栽培架通常采用双行排列或多行排列，每架5层，层距60cm，架间留走道60～70cm。

无论什么样的栽培房，在栽培前都必须进行严格消毒灭菌处理。这项工作若没做好，栽培后就易受到杂菌和害虫的危害，给生产带来巨大损失，特别是对旧栽培房要更加严格。消毒可采用以下方法：

①用5%的苯酚（石炭酸）或10%的甲酚（来苏儿）喷四周墙壁，用漂白液刷洗栽培架，再在地面撒生石灰消毒。

②用稀释800～1 000倍的倍乐果药液喷雾，消灭室内潜藏的害虫及虫卵。

③用甲醛熏蒸消毒：在熏蒸前先把地面、墙壁、床架等喷湿，堵塞好缝隙，以保证熏蒸时密封，提高消毒效果。然后按每百立方米的空间，用甲醛0.5～1千克，加水5倍，盛于铁锅中，置于炉火上加热，关闭门窗。熏蒸24小时后，打开门窗通风换气。

④老栽培房除应严格将旧栽培料和场地清理干净外，还应把床架拆洗，泥土地面铺新土后，再消毒，以彻底消灭潜藏的杂菌和害虫。

（四）培养基的配制

猴头菌栽培可用的原料极为广泛，如棉子壳、木屑、玉米芯、豆秸、野草、酒糟等均可使用，适量加入麦麸、玉米粉等氮源物含量丰富的原料，以适当的比例配合后，作为培养基。培养基中加入少量的磷、钾、镁等矿物质，猴头菌的生长会更好。常用的配方有以下几种：

①木屑培养基：杂木屑78%，米糠或麦麸20%，蔗糖1%，石膏粉1%。

②甘蔗渣培养基：碎蔗渣78%，米糠或麦麸20%，黄豆粉1%，石膏粉1%。

③金刚刺酒渣培养基：金刚刺酒渣78%，饼粉10%，麦麸10%，石膏粉1%，蔗糖1%。

④棉子壳培养基：棉子壳78%，米糠或麦麸20%，蔗糖1%，石膏粉1%。

⑤酒糟培养基：鲜酒糟78%，麦麸10%，米糠9%，石膏粉1%，蔗糖1%，硫酸铵0.7%，磷酸二氢钾0.2%，硫酸镁0.1%。

⑥蔗渣豆腐渣培养基：碎蔗渣73%，豆腐渣10%～15%，米糠或麦麸10%～15%，蔗糖1%，石膏粉1%。

⑦玉米芯培养基：粉碎玉米芯78%、麦麸20%，白糖1%，石膏1%。

⑧稻草屑培养基：稻草屑（3cm长）65%，杂木屑8%，麦麸或米糠各22%，花生壳粉2%。白糖1%，石膏1%，碳酸钙1%。

⑨豆秸粉：粉碎豆秸粉78%，麦麸20%，白糖1%，石膏1%。

按上述各配方的比例秤取各原料混合，加水拌匀，酸碱度调至pH 5.5～6，含水量调为65%～70%。培养基配好后，应随即进行装瓶。放置时间长会发酵变质，尤其是在高温条件下，变质更快。栽培瓶一般采用750ml的广口瓶或500ml的罐头瓶。装料时边装，边振动压实，装至瓶肩处压平，洗净瓶壁和瓶口，用布擦干，塞上棉花，包好瓶头即可装入高压锅或蒸笼、消毒灶进行灭菌。高压锅压力达1.5kg/cm^{2}时，保持1小时；利用蒸笼或消毒灶常压灭菌（100℃）时，在蒸汽上升后保持6～8小时。

灭菌后待料温降到28℃以下时，将料瓶搬入无菌室或接种箱中，经密闭消毒后，按无菌操作接入一小匙菌种，铺于培养基上，塞上棉花即可。

（五）培养管理

1. 菌丝培养

接种后立即把培养瓶搬到25～28℃条件下培养，保持环境干燥和通风。培养瓶有杂菌感染时，要及时处理。约经1个月左右菌丝能长满全瓶，这时可移入栽培室进行出菇管理。

2. 降温催蕾

培养瓶搬进栽培室后，竖放在栽培架上。温度控制在15～20℃，利用低温刺激菌蕾形成。若室温过高，可向空中喷水，或早晚、夜间开窗通风降温，以保持15～20℃。

3. 子实体生长阶段管理

降温催蕾培养1周后，子实体开始形成。这时应及时拔去棉塞，将菌瓶一排排卧放在栽培架上。温度控制在22℃以内，最高不超过24℃，空气相对湿度保持在85%～95%。如遇气候干燥，可向空间或地面喷水，以增加湿度，促进子实体迅速长大。喷水加湿时，不能直接喷到子实体上，以免引起子实体吸水过多霉烂。幼菇对空气湿度反应敏感，若湿度低于70%，已分化的子实体将停止生长。即使增加湿度后子实体恢复生长，但菇体表面会留下永久斑痕。湿度高于95%，且通风不良，易引起杂菌污染。猴头菌是好气性菌类，要保持栽培室良好的通风和换气。通风不良，二氧化碳浓度过高，将刺激菌柄不断分枝，导致出现珊瑚状的畸形菇。栽培过程中凡是子实体呈球状，不分散，刺短，生长迅速正常的，说明室内通气良好。如果子实体生长缓慢，或长成珊瑚状，表明是通气不良、二氧化碳积累过多造成的，应及时进行通风换气，不然会影响猴头菌的产量与质量。

（六）采收

在环境条件适宜的情况下，猴头菌从菌蕾出现到子实体成熟，需 10～12 天，有时还可提早至 8～10天。成熟的标志为菇体白色，菌刺粗糙，开始弹射孢子，在菌袋表面堆积一层稀薄的白色粉状物。根据猴头菌市场的要求，采收的成熟度略有差别。用于菜肴保鲜应市或盐渍加工的猴头菌，最好在子实体 7～8 成熟时，菌刺尚未延伸或已形成但长度不超 0.5cm 时即可采收。此时孢子尚未大量释放，子实体色泽洁白，风味鲜美纯正，没有苦味或苦味极微。若作为药用脱水烘干子实体，成熟度可以高一些，以菌刺长至 1cm 左右采收为好。采收方法是用刀从子实体基部切下。采摘时要轻拿轻放，采收后 2 小时内应加工处理，以防发热变质。第一潮菇采收后，应将留于基部的残留物去掉，然后停水养菌偏干管理 3～5 天。7～10 天后原基又开始形成，又可进行下一潮的出菇管理。瓶栽模式一般可采收 3 批，有时还可收到 4 批。头 1～2 潮的产量和品质高，占总产量的 80%。整个生产周期在正常气温条件下 60～70 天结束，生物转化率可达 90%～100%。

二、塑料袋栽培法

与瓶栽法相比，塑料袋栽培法具有生长周期短、朵大、产量高、操作简便、成本低、收益高等特点。根据所用塑料袋的大小和出菇方式的不同，袋栽分为 2 种：①小袋两头出菇法。采用宽 17～20cm、长 36～40cm、厚 0.04～0.05cm 的聚乙烯塑袋，两头接种出菇。②大袋中间多点出菇法。这种方法适用于层架立体栽培。用宽 18～23cm、长 50～55cm 的聚乙烯筒袋装料，扎紧袋口后，将菌袋用木板压扁，使上下面成一平面，上面利于接种，下面利于放置。在适宜的条件下，整个生长周期为 50～60 天，每朵鲜重可达 130～150g。管理得当可采收 2～3 批。生产上要严格做好培养基的灭菌和栽培室的消毒，以保证低污染率，同时注意温度、湿度的调节和通风换气的次数。

①塑料大棚建造：选地势平坦、靠近水源、环境洁净的地方建棚。大棚可建成东西向，长 45m 左右（根据栽培规模大小确定），南北宽 8m。棚顶面采用无滴膜覆盖保温。有条件的也可利用蔬菜大棚栽培猴头菌。

②栽培季节：根据猴头菌生长发育对温度的要求，用塑料大棚栽培时，应根据猴头菌的生育特性和当地的气候条件确定。菌丝体生长适温为 25℃左右，养菌时间为 30～40 天。子实体的适宜生长温度为 16～20℃。栽培季节可安排在春秋两季。山区也可采取早春一月接种，加温发菌培养，3～4 月份出菇。如在我国南方栽培，季节安排在当年 9 月下旬至次年 1 月上旬为佳。各地自然条件不同，气候各异，应选择最适宜的栽培季节。如在山东一般应于 10 月中旬制栽培袋，约经 1 个月的培养，至 11 月中下旬开始出菇，翌年 3 月上中旬出菇结束。

1. 培养基及其配制

同瓶栽法。

2. 装料

将栽培料充分拌匀，使含水量达 60%。采用 17cm×38cm 聚丙烯塑料袋，每袋装干料 400 g 左右，装料要松紧一致。猴头菌子实体发生较快，塑料袋各个部位都可长出子实体，应采用双面打穴接种，即在塑料袋的上下两面各打 4 个接种穴，使接种后菌丝体生长蔓延快，子实体发生集中，数量多，有利于缩短栽培期。若为节省菌种和简便接种操作，也可在塑料袋的一面打 4 个接种穴，但接种后发菌慢，生产周期相应延长。

3. 灭菌接种

塑料袋体积大，装料多，灭菌时间应适当延长。高压锅灭菌要在压力达到 1.5kg/cm^2 下保持 2 小时，蒸笼或消毒灶灭菌要求蒸汽上升后保持 8～10小时，闷一夜后取出。由于塑料袋加热后很容易黏结在一起，故在堆叠时不得太挤，以免蒸汽不能透入内部，受热不均匀，造成灭菌不彻底。高压锅灭菌时用旧报纸包裹塑料袋，然后装入锅内，以防黏贴锅壁使塑料袋破裂。

接种一般在接种室或接种箱中进行。接种环境要求清洁、干燥，并消毒处理，所使用的菌种应符合质量标准。料温冷却到 28℃以下后，将袋料、菌种、酒精灯、接种工具等放入接种箱或无菌室内。接种箱或无菌室内放入 10ml/m^3 甲醛和 2g 高锰酸钾进行反应，或适量的其他消毒药剂，密闭熏蒸0.5小时后接种。接种时先点燃酒精灯，右手持接种耙在火焰上燃烧，左手握住菌种瓶并靠近火焰处，拔掉棉塞，剔除菌种表面的老菌种块，将菌种挖成小块，再把菌种瓶横放在菌种架上。然后左手再握住待接的袋子，在靠近酒精灯的无菌区内，把菌种块接入袋内，扎好袋口。操作动作要迅速、敏捷、准确。每瓶菌种接35袋左右。用棒形袋接种时，右手用1根1.2cm直径的锥形棒，向料袋刺接种穴，穴深2cm，随即用镊子镊取花生粒大小菌种1块塞入菌种穴中。1根棒可接4～5个接种穴，穴距6～7cm。接种后穴口用胶布封贴，或在袋外再套只稍大的灭过菌的塑料袋，用绳子扎住袋口。

4. 菌丝培养

接种后把菌袋搬进培养室，墙式叠放。堆高8～10袋，菌墙间要留有70cm左右宽的走道。接种后从菌丝萌发到培养成菌丝体，经20～25天，即可长满袋。接种后前4天，室内温室以26～28℃为好，使菌丝在最适的环境中加快吃料，定植蔓延，形成优势，减少杂菌污染。第5～15天，随着菌丝发育，袋内温度上升，袋温比室温高，此时室温应调至25℃左右。16天后菌丝逐步进入新陈代谢旺盛期，温度控制在20～23℃为适。冬季和春季气温较低，可采取加温发菌，促进菌丝正常生长发育。秋季注意防止高温，发菌期要求室内干燥培养，空气相对湿度控制在70%以下，注意避光。

5. 子实体发生后的管理

猴头菌是好氧性菌类，因此栽培棚内要求空气新鲜。发菌培育25天左右后，菌丝从营养生长转入生殖生长。菌丝发满7天后，用剪刀在袋两端扎口处整齐剪下，留1cm左右小口，有利于子实体分化集中，生长整齐，不易分枝起叉。然后上架，每层平放排高3～4袋，两头出菇。按其生长特性进行管理。猴头菌子实体生长发育阶段棚内温度应维持在15～24℃，空气相对湿度90%左右。适量的通风换气和较弱光线可刺激子实体的形成，温度最好不超过22℃。温度过高子实体生长慢，且易腐烂。但也不能过低，14℃以下生长缓慢，10℃以下子实体很难形成。空气相对湿度需保持在85%～95%，低于70%生长缓慢，子实体易干缩，颜色变黄。高于95%，加上通气不良，易造成杂菌污染或子实体霉烂。温度和湿度适宜，空气充足时，子实体生长快，颜色洁白。保持栽培室的良好通气，是子实体健壮生长的前提。菌蕾正常形成后，约10天子实体发育成熟即可采收。采收时用利刀从子实体根基部小心剖下，不要割破塑料袋，以防杂菌污染。采收后，应及时清理料面，除去残体及杂物，轻轻搔菌，停止喷水3～5天，加大通风，让菌丝体积累营养，重新分化，之后可向空中喷水，以增加棚内湿度，经7～10天，二潮菌蕾即可出现。如管理方法得当，正常可收3～4潮菇，总生物转化率可达120%以上，整个生长周期为50～60天。

猴头菌在栽培过程中，常由于通气不良、水分管理不当，或温度过高、湿度偏低等原因，引起子实体发育不良，产生畸形。如生长中片面强调湿度，通风透气差，二氧化碳浓度超过0.1%时，会不断刺激子实体基部产生分枝，形成珊瑚状，以致不能形成球状子实体，影响产品质量。若遇25℃以上高温，加上空气湿度低时，易出现不长菌刺的光秃形子实体。出现珊瑚状子实体时，加强通风透气，以促进子实体健壮生长。对已形成珊瑚状的幼蕾，应立即将它连同表面的一层培养基一起挖去，处理后在条件适宜时可以长出正常的子实体。产生不长菌刺的子实体时，需加强水分管理，向空间喷雾化水或地面洒水，以降低温度和补充水分。此外，菌种传代次数过多，也会导致种性退化，产生畸形猴头菌。这时应该采取提纯复壮的方法或采购新的菌株替代。

6. 采收及采收后的管理

在子实体7～8成熟即可采收。采收标准是子实体球体基本长足、坚实，菌刺长度在0.5～1cm，未弹射孢子前采摘。等孢子完全成熟时采收，会造成子实体肉质松、苦味重且影响下一潮菇的产量。采收方法是用割刀从子实体基部切下。采摘时要轻拿轻放，采收后2小时内应加工处理，以防子实体发热变质。若不能鲜销，应及时烘干，烘干前先自然风干4小时左右，然后放入烘箱中慢慢烘干。烘干后的猴头菌，应及时分级装袋，密封保存。

(3)病虫害防治

病虫害是猴头菌生产中经常遇到的问题。大多数是由于操作管理粗放、环境卫生差和高温高湿的气候条件引起的。感染培养基的杂菌主要有青霉、木霉、曲霉、毛霉、根霉等。虫害有螨类、菌蝇和跳虫等。病虫害防治上除应严格做好培养基的灭菌、环境的清洁卫生和栽培室消毒处理外，还应注意栽培管理过程中合理地调节栽培室的温、湿度和通气。出现杂菌感染时应及时进行处理。若在瓶面或袋料中出现少量的点状杂菌，可用乙醇棉或灼烧的铁片烧烫杀灭，然后喷0.2%的多菌灵药液控制。塑料袋局部出现杂菌，可用2%的甲醛和5%的苯酚（石炭酸）混合液注射感染部位以控制蔓延，未感染部位仍能正常长出子实体。对于严重污染杂菌的料袋，应及时搬出栽培室进行烧毁，以防杂菌孢子扩散蔓延。害虫可采用敌敌畏药液拌蜂蜜或糖醋麦麸进行诱杀，或用0.4%的敌百虫、0.1%的鱼藤精在每批子实体采收后喷洒防治，或用0.2%的乐果喷洒地面和墙脚驱杀害虫。其他病虫害防治请参阅本书《食药用菌病虫害防治》一章。

第三节　猴头菌的化学成分、药理作用与临床应用

一、化学成分

从猴头菌中分离得到许多化合物，如芳香化合物、脂肪酸、甾醇和多糖等。谢斐君等分离了两类化合物：一类是4-氯-3,5二甲氧基苯甲酸及其脂类；另一类是齐墩果酸苷类。钱伏刚等根据理化性质及波谱分析，鉴定了其中以齐墩果酸为苷元的5个三萜皂苷，其后又分离和鉴定了4个结晶和1个液态化合物，分别是4-氯-3,5-二甲氧基苯甲酸-O-阿拉伯糖醇脂（Ⅰ）、4-氯-3,5-二甲氧基苯甲酸甲酯（Ⅱ）、6-甲基-2,5二羟甲基吡喃酮（Ⅲ）、2-羟甲基-5-(1'-羟基)-己基-γ-吡喃酮（Ⅳ）和4-氯-3,5-二甲氧基苯甲酸（Ⅴ），其中化合物（Ⅲ）、（Ⅳ）是两个新化合物，命名为猴头菇素Ⅲ和Ⅳ。曹瑞敏等测定猴头菌实体中含3种脂肪酸成分，分别为亚油酸、十六烷酸己酯、己基亚油酸。猴头菌中含有对人体有益的微量元素，Fe、Mg、Zn、Cu、Ge含量较高。夏尔宁从猴头菌丝体干粉中提取猴头多糖HP，测得多糖中总糖含量为46.8%，水分为10.1%，灰分为5.4%。糖部分水解后经薄层层析鉴定为葡萄糖醛酸、葡萄糖、阿拉伯糖和木糖。耿慧等从猴头发酵菌丝体水提后的残渣中，用碱提出了水溶性粗多糖，对其分级纯化得到纯样HPP，Sepharose CL-6B柱层析测得其相对分子质量约为6.53×10^4。G.C.分析表明，其单糖组成为Glc。经部分酸水解、高碘酸氧化、Smith降解和甲基化分析确定此多糖为多分枝结构，其中(1→6) Glc构成主链的核心结构；分支点为O-3；支链部分由(1→3) Glc构成，并连接一端基Glc。猴头菌子实体和培养菌丝体提取物的单糖含量分别为6.67%和6.68%，基本一致；蛋白质含量分别为12.73%和13.91%，比较接近；多糖的含量相差较大，分别为26.63%和18.71%。动物实验表明，在等生药量时，猴头菌子实体提取物对大鼠胃黏膜损伤的保护作用优于培养菌丝体的提取物。研究结果表明，猴头菌子实体较培养菌丝体更适宜相应功能食品的开发。

在醇提浸膏中检测到了较水提浸膏含量高的甾类物质，初步鉴定了其中一种来自猴头菌菌丝体的甾醇类化合物为麦角甾醇。由于甾醇类化合物尤其是麦角甾醇具有消炎、抗癌等多种生物学功能，所以麦角甾醇可能是猴头菌活性成分之一。醇提浸膏药效优于水提浸膏的原因，可能与其含有较高量的脂类成分，特别是甾醇类物质有关。

Yaoita Y等发现猴头菌中有2个新的芳香化合物。新化合物1为无色油状，分子式$C_{27}H_{31}NO_4$，命名为erinacerin A。新化合物2为无定形粉末，分子式$C_{19}H_{24}O_5$，命名为erinacerin B。其中一些芳香化合物对HeLa细胞株具有显著的细胞毒性，并能刺激神经生长因子合成。

二、药理作用

猴头菌的活性物质是多糖、多肽和脂肪族酰类物质，其中猴头菌多糖一直是研究焦点。用3种不同方式得到的猴头菌提取物：猴头菌子实体粗多糖、猴头菌丝体粗多糖、猴头菌菌丝体全提物，对乙醇致大鼠胃黏膜损伤的治疗作用进行研究。结果表明，当以等原生药含量计时，实体粗多糖疗效最明显，菌丝体全提物次之，菌丝体粗多糖较差，溃疡抑制率分别达70.8%、51.4%和41.8%。以等多糖含量计时，两个样品的疗效接近，溃疡抑制率达到60%左右。表明猴头菌多糖是猴头菌保护大鼠胃黏膜的主要活性物质。

夏尔宁等对猴头多糖的研究发现，猴头菇多糖可明显增强小鼠腹腔巨噬细胞的吞噬能力；促使溶血素生成，提高小鼠血清中的溶血素的含量；可明显对抗由环磷酰胺引起的白细胞下降。这说明其对机体免疫有明显的增强作用，可能是一种较好的免疫增强剂。徐杭民等采用四甲基偶氮唑

蓝法，观察了猴头菌多糖及其协同刀豆蛋白、脂多糖对小鼠T、B淋巴细胞的影响，显示猴头菌多糖协同刀豆蛋白对胸腺细胞增殖有促进作用，并随多糖浓度的提高而增强；单独使用猴头菌多糖促进脾脏淋巴细胞增殖。周慧萍等发现，猴头菌子实体多糖可增加小鼠脑和肝脏中SOD活力，明显降低果蝇和小鼠心肌脂褐质含量，增强果蝇飞翔能力，表明具有抗衰老、抗疲劳作用。卢耀环等以猴头菌干粉喂养小鼠后，观察小鼠血清乳酸脱氢酶活力、血清尿素氮、血乳酸、肝糖原、肌糖原含量及运动耐力的影响，表明猴头菌具有明显的增强运动能力和解除疲劳作用。范学工等报道，猴头菌口服液及其提取液可使乳酸脱氢酶释放减少，表明对幽门螺旋杆菌所致细胞损伤有保护作用。崔玉海将人工栽培的猴头菌子实体经热水提取、去蛋白、超滤、醇化、真空干燥得多糖粗品，经DEAE-52、Sephacryl S-400柱层析得到精品多糖HEP，该精品多糖HEP均一，相对分子质量为5.5×10^4，可明显增强细胞因子IL-2的生物学活性。此外，猴头菌多糖能提高自然杀伤细胞的活性，促进迟发型超敏反应(DTH)的发生，增强巨噬细胞的吞噬功能；而对体液免疫和免疫器官的增殖作用不明显。Yaoita Y等发现猴头菌中有2个新的芳香化合物，其中一个能抑制和杀伤HeLa肿瘤细胞，并能刺激神经生长因子合成。阮芳铭等报道，猴头菌子实体粉显著降低四氧嘧啶糖尿病小鼠的血糖含量。

三、临床应用

1. 治疗消化道溃疡

戴建国等采用复方猴头冲剂治疗消化性溃疡56例，与雷尼替丁相对照，6个月后胃镜复查，治疗组复查39例。溃疡复发率为10.3%，对照组复查39例，溃疡复发率为59.4%，两组复发率有显著性差异。治疗组不良反应发生率为5.4%，对照组为22.2%，两组相比差异显著。于良端等应用复方猴头冲剂治疗胃、十二指肠球部溃疡24例，痊愈率为93.9%，好转1例，占3%，无效1例占3%。猴头菌颗粒(商品名:"谓葆")是猴头菌提取物，其中所含有效成分有猴头多糖、多肽及多种营养成分(氨基酸、微量元素及维生素C等)。猴头菌颗粒联合柳氮磺胺吡啶(SASP)治疗溃疡性结肠炎(UC)优于单独使用柳氮磺胺吡啶治疗UC。在治疗UC的作用机制上表现在以下两个方面：①对胃肠道黏膜有修复和营养作用，从而减轻口服SASP所造成的胃肠道反应，同时也促进受损肠黏膜的修复；②猴头菌多糖对巨噬细胞膜受体及其介导的抗体依赖性细胞毒(MMADCC)的影响具有双向调节作用。这种调节机制表现在同一剂量的猴头多糖作用下，正常的MMADCC不受影响，激活的巨噬细胞其MMADCC受到抑制，受到抑制的MMADCC又能被猴头多糖所增强，谓葆猴头菌颗粒通过这种双向调节作用，来达到减弱免疫炎症所导致的肠黏膜损伤、治疗UC。

2. 治疗慢性胃炎

李悦等治疗慢性胃炎114例，疗效分析显示，将治疗组服用猴头冲剂，5克/次，4次/天，4周为一个疗程，总有效率为88.19%，对照组用丽珠得乐，总有效率为62.5%，两组间差异显著。唐选训联用黄连素、维酶素、猴菇菌治疗慢性萎缩性胃炎37例。结果表明，观察组在治疗前后的主要症状缓解、胃黏膜改善程度、病理变化等方面较对照组疗效显著。杨振领自拟益中清热活血汤，加猴头菌片治疗萎缩性胃炎54例，总有效为94.4%。孙丽华用复方猴头治疗慢性胃炎，对照组口服硫酸铝、雷尼替丁，总有效率治疗组为81%，对照组为26%，治疗组优于对照组。猴头菌、阿莫西林、克拉霉素联合治疗老年慢性萎缩性胃炎有良好疗效：将56例幽门螺杆菌感染(HP)的慢性萎缩性胃炎(CAG)伴肠上皮化生(IM) 32例、伴不典型增生(DYS)患者24例，分为对照组20例、观察组36例，疗程6个月后进行治疗前后形态学对比观察。结果显示，观察组治疗后22例CAG伴IM组，15例肠上皮化生消失；18例CAG伴DYS组，12例不典型增生消失。与对照组相比，有显著性差异。非类固醇消炎药(NSAID)在老年人中应用十分广泛，胃肠道的不良反应主要表现为胃黏膜损伤、胃肠道出血。应用猴头菌提取物治疗68例老年人服用NSAID所致胃黏膜损伤，疗效满意。

3. 治疗动力障碍性消化不良

夏立营等报道，102例动力障碍性消化不良患者服用猴头菌提取物颗粒，明显改善患者早饱、嗳气、腹胀等症状，促进胃排空，疗效较好。

4. 治疗慢性乙型肝炎

龙达坤用猴头菌丝体提取物制成胶囊，用于乙型肝炎临床试验。106例患者服药3个月后，表面抗原转阴率为9.43%，滴度下降率22.64%，总有效率为32.08%；治疗前肝功能异常者21例，恢复14例，效果显著。实验表明，猴头菌丝虽对乙肝病毒无直接抑制作用，但可显著改善肝功能。张淑杰对中药治疗无效的慢性乙肝患者加用鲜猴头治疗，连用 1.5～2 个月，结果 9 例患者中，8 例 ALT、TTT 两项或一项明显下降或恢复正常，1 例胆红素下降至正常。猴头菌有恢复肝功能的作用，同时，对增进食欲、减轻腹胀等症状也有一定疗效。

5. 治疗复发性口疮

邓运龙等报道，猴头菌片每片 0.25g，每次服 5 片，每日 3 次，连服 15 天，治疗复发性口疮 22 例。结果：治愈 13 例，有效 3 例，无效 1 例，治疗期间未见不良反应。

6. 其他

猴头菌在临床中的辅助治疗报道很多，如治疗胃癌、食管癌、肠炎、胃酸过多、嗳气等肠胃不适症，增强体液免疫功能、抗白细胞下降、降血糖。猴头菌菌丝或其提取物可作为脑梗死抑制剂、血小板凝集抑制剂和趋化激素基因表达抑制剂，有效预防脑梗死和血栓形成，促进血流，预防炎症、过敏性疾病和皮肤病，也可降低血脂，增加白介素-12 的产生，改善胃溃疡、胃炎和痴呆等神经系统疾病。

猴头菌不良反应较少，偶见有皮疹、荨麻疹。

（祝晓玲、林志彬）

参考文献

[1] 钱伏刚，杜上鉴，徐光漪，等. 猴菇菌培养物成分的研究 I. 齐墩果酸皂苷的分离与鉴定[J]. 中草药，1998，19(7)：290.

[2] 钱伏刚，徐光漪，杜上鉴，等. 猴菇菌培养物中二个新吡喃酮化合物的分离与鉴定[J]. 药学学报，1990，25(7)：522-525.

[3] 曹瑞敏，王志才，苗人培，等. 猴头菌中部分脂肪酸和微量元素分析[J]. 白求恩医科大学学报，1996，22(3)：243-244.

[4] 夏尔宁，樊邦耘，陈琼华. 猴头多糖的提取分离、理化分析及生物活性的初步研究[J]. 中国药科大学学报，1986，17(2)：129.

[5] 耿慧，梁忠岩，赵伟，等. 碱提猴头发酵菌丝体水溶性多糖 HPP 的结构确定[J]. 分子科学学报，2004，20(2)：31-34.

[6] 杨焱，周昌艳，张劲松，等. 猴头菌子实体和固体培养菌丝体提取物化学组成及生物活性的比较[J]. 菌物研究，2006，4(3)：15-19.

[7] 李洁莉，陆玲，仓一华，等. 猴头菌及其提取物有关甾醇类化合物初探[J]. 中国生化药物杂志，2001，22(3)：124-126.

[8] YAOITA Y，DANBARA K，KIKUCHI M. Two new aromatic compounds from Hericium erinaceum (Bull. ：Fr) Pers[J]. Chem Pharm Bull，2005(53)：1202-1203.

[9] 杨燕，严慧芳，陆宏琪，等. 猴头菌提取物对大鼠胃黏膜损伤保护作用的研究[J]. 食用菌学报，1999，6(1)：14-17.

[10] 钱伏刚，杜上鉴，徐光漪，等. 猴头多糖的提取分离、理化分析及生物活性的初步研究[J]. 中草药，1998，19(7)：290.

[11] 徐杭民，谢志慧，张蔚羽，等. 猴头菇多糖的免疫调节作用[J]. 中国中西医结合杂志，1994，14(7)：427-428.

[12] 周慧萍，刘文丽，陈琼华，等. 猴头菌多糖的抗衰老作用[J]. 中国药科大学学报，1991，22(2)：86-88.

[13] 卢耀环，李长砺，周于奋. 猴头菇对小鼠抗疲劳作用的实验研究[J]. 生理学报，1996，48(1)：98-101.

[14] 范学工，周平，张瑶. 猴头菇口服液对胃上皮细胞的保护作用[J]. 新消化病学杂志，1997，5(4)：270.

[15] 崔玉海. 猴头菌多糖的分离纯化及活性探讨[J]. 黑龙江医药科学，2004，27(4)：18-19.

[16] 杨焱，周昌艳，王晨光，等. 猴头菌多糖调节机体免疫功能的研究[J]. 食用菌学报，2000，7(1)：19-22.

[17] 阮芳铭，赵岚，周昌艳，等. 4 种食药用菌对糖尿病小鼠血糖的影响[J]. 第二军医大学学报，2004，25(8)：900-901.

[18] 戴建国，杨红敏. 复方猴头冲剂治疗消化性溃疡 56 例[J]. 浙江医学，1992，14(1)：40.

[19] 于良瑞,杨兰生.复方猴头冲剂治疗消化性溃疡病[J].中华消化杂志,1985,5(2):111.
[20] 温建秋.猴头菌颗粒联合柳氮磺胺吡啶治疗溃疡性结肠炎临床疗效观察[J].临床内科杂志,2006,23(2):139.
[21] 李桂珍,江必武,胡伟,等.猴头菌提取物颗粒治疗轻中度溃疡性结肠炎80例疗效观察[J].临床消化病杂志,2007,19(2):113-114.
[22] 周中银,靖泽友.猴头菌提取物颗粒治疗重度慢性溃疡性结肠炎临床探讨[J].临床消化病杂志,2007,19(6):376.
[23] 李悦,陈岩,张新建,等.复方猴头冲剂治疗慢性胃炎114例疗效分析[J].山东医药,1994,34(9):62.
[24] 唐选训.联用黄连素、维酶素、猴菇菌治疗慢性萎缩性胃炎37例疗效观察[J].广西医学,1995,17(4):355.
[25] 杨振领.自拟益中清热活血汤加猴头菌片治疗萎缩性胃炎54例[J].南京中医药大学学报,1996,12(3):51-52.
[26] 孙丽华,原竟龙,胡秋炎.复方猴头冲剂治疗慢性胃炎86例临床观察[J].安徽医学,1998,19(3):55.
[27] 袁爱梅.猴头菌、阿莫西林、克拉霉素联合治疗老年慢性萎缩性胃炎的临床研究[J].中国医药指南,2008,6(5):18.
[28] 汪福良,刘涓.猴头菌提取物治疗老年人药物性胃黏膜损伤的疗效[J].中国临床保健杂志,2007,10(4):414-415.
[29] 夏立营,葛文津,刘维佳,等.猴头菌提取物颗粒治疗动力障碍性消化不良的临床研究[J].中国中药杂志,2008,33(13):1630-1631.
[30] 龙达坤.猴头菌的又一药用价值[J].食用菌,1987(3):43.
[31] 张淑杰,杨鉴英.鲜猴头菇治疗慢性乙型肝炎研究初探[J].中国食用菌,1989(3):6.
[32] 邓运龙,刘克钧,刘会敏,等.中药治疗复发性口疮的临床观察[J].蚌埠医学院学报,1987,12(1):38.
[33] 卢雨霖,林树强,刘通,等.猴菇菌与顺铂为主的PPF方案联合治疗食道癌45例临床观察[J].癌症,1992,11(6):470.
[34] 洪志强.猴头菌治疗肠炎效果好[J].中国食用菌,1990,9(3):40.
[35] 薛惟建.昆布多糖和猴头多糖对实验性高血糖的防治作用[J].中国药科大学学报,1989,20(6):398.
[36] 陈果然.猴菇菌片引起过敏性皮疹一例[J].中成药研究,1983(12):48.
[37] 刘安详.猴头健胃灵胶囊致荨麻疹型药疹一例[J].西北药学杂志,1995,10(6):249.
[38] 张雪岳.食用菌学[M].重庆:重庆大学出版社,1988.
[39] 黄年来.自修食用菌学[M].南京:南京大学出版社,1986.
[40] 李应华.食用菌栽培与加工[M].北京:金盾出版社,1985.
[41] KAWAGISHI H,ANDO M,MIZUNO T. Hericenone A and B as cytotoxic principles from mushroom Hericium erinaceum [J]. Tetrahedron Lett,1990,31:372-376.
[42] KAWAGISHI H,ANDO M,SAKAMOTO H, et al. Hericenones C, D and E, Stimulator of nerve growth factor (NGF)-synthesis, from the mushroom Hericium erinaceum [J]. Tetrahedron Lett,1991,32(35):4561-4564.
[43] KAWAGISHI H,ANDO M,SAKAMOTO H, et al. Chromans, Hericenones F,G and H, from the mushroom Hericium erinaceum [J]. Phytochemistry, 1993,32(1):175-178.
[44] OKAMOTO K,SHIMADA A,SHIRAI R,et al. Antimicrobial chlorinated orcinol derivatives from mycelia of Hericium erinaceum [J]. Phytochemistry,1993,34(5): 1445-1446.
[45] KAWAGISHI H,SIMADA A,SHIRAI R,et al. Erinacines A,B and C,strong stimulators of nerve growth factor(NEF)-synthesis,from the mycelia of Hericium erinaceum [J]. Tetrahedron Lett,1994,35(41):1569-1572.

[46] KAWAGISHI H, SHIMADA A, MORI H, et al. Erinacine D, a stimulator of NGF-synthesis, from the mycelia of Hericium erinaceum [J]. Heterocycl Commun, 1996(2):51-54.
[47] KAWAGISHI H, SHIMADA A, MORI H, et al. Erinacines E, F and G, stimulators of nerve growth factor(NEF)-synthesis, from the mycelia of Hericium erinaceum [J]. Tetrahedron Lett, 1996(37):7399-7402.
[48] KAWAGISHI H, SHIRAI R, SHIRAI R, et al. Erinapyrones A and B from the cultured mycelia of Hericium erinaceum [J]. Chem Lett, 1992, 21(12):2475-2476.
[49] KAWAGISHI H, ANDO M, SAKAMOTO H, et al. A novel fatty acid from the mushroom Hericium erinaceum [J]. Agri Biol Chem, 1990, 54(5): 1329-1331.
[50] 石勇民,苏凤岩.猴头菌多糖的初步提取及分析 [J].微生物学杂志,1989,9(2):47-48.
[51] MIZUNO T, WASS T, ITO H, et al. Studies on the host-mediated antimuor polysaccharide, part XVII. Antitumor-active polysaccharides isolted from the fruiting bodies of Heroism erinaceum, an edible mushroom called yamabushithake or houtou [J]. Biosci Biotechnol Biochem, 1992, 56(2): 247-348.
[52] 王明霞,经美德.五株优良猴头菌营养成分的分析及其利用的研究 [J].微生物学通报,1992,19(2): 68-72.
[53] 杜双田,杨祥. 猴头菌栽培模式研究[J].食用菌学报,2000,7(4):29-33.
[54] 李中振.猴头菌的生物学特性及其栽培[J].高等函授学报,1994(5):32-35.
[55] 曹德强,万鲁长,于迎春,等.猴头菇袋式栽培高产技术[J].山东蔬菜,2000(1):40.
[56] 周淑芬.新疆猴头菇立体式栽培新技术的研究[J].新疆农业科学,2001,38(6):361-336.
[57] 李春艳,贾志成.辽南猴头菇覆土栽培技术[J].食用菌,2007(1):47-48.

(张劲松)

第三十二章　滑　子　菇

DISANSHIERZHANG HUAZIGU

摘要：滑子菇是我国北方地区特有气候条件下人工栽培的低温型食用菌。近年来，滑子菇的栽培规模逐渐扩大，优良的栽培品种逐渐增多，栽培方式多种多样，生物转化率逐渐提高，促进了北方地区食用菌产业的持续健康发展。本章重点阐述了滑子菇栽培现状、营养价值和药用价值、生物学特性、菌种繁育、各种模式栽培技术与栽培管理等方面内容。

Pholiota nameko

Abstract: *Pholiota nameko* is low-temperature edible mushroom that is cultivated especially in northern parts of China. Recently, due to an increase in the scale of cultivation, the introduction of new varieties, and technological advances leading to improved biological transformation efficiency, the *P. nameko* mushroom industry in northern part of China has undergone a healthy and sustained period of development. This chapter consists of six sections describing in detail various aspects of *P. nameko* including the current status of *P. nameko* cultivation, nutritional attributes, medicinal properties, biological features, spawn production, cultivation methods and management.

第一节　概　述

一、滑子菇学名及分类地位

滑子菇又名：滑菇、珍珠菇、光帽鳞伞、滑子蘑、珍珠菇等。

学名：*Pholiota nameko* (T. Itô) S. Ito & S. Imai, *Bot. Mag.*, Tokyo 47: 388 (1933)。

属名"*Pholiota*"来自希腊语，词源是"pholis"，意思是"鳞片、鳞甲"，是描述菌盖上的大量亮褐色、锈褐色的鳞片，中文译成"鳞伞菌属、鳞伞属"。种名加词"*nameko*"是日文中该菌名称纳美菇的拉丁文发音。

同物异名：*Collybia nameko* T. Itô, : 145(1929)；*Kuehneromyces nameko* (T. Itô) S. Ito, *Mycol. Fl. Japan* 2(5): 355(1959)。

分类地位：菌物界(Fungi)，担子菌门(Basidiomycota)，伞菌纲(Agaricomycetes)，伞菌亚纲(Agaricomycetidae)，伞菌目(Agaricales)，球盖菇科(Strophariaceae)。

二、滑子菇栽培现状

滑子菇的人工栽培始于日本。日本从20世纪50年代起开始商业性生产，1980年滑子菇总产量为1.68万吨，1982年1.7万吨。我国1977年正式开始生产，始于辽宁，以后吉林、黑龙江、北京等地也开始生产。1983年我国产滑子菇2.5万吨，2009年，我国滑子菇总产量已达31万多吨。近年来我国东北地区滑子菇生产发展较快，规模逐渐扩大，形成了一种产业。我国主要向日本出口盐渍滑子菇。

滑子菇的人工栽培方式有短段木栽培和代料栽培两种。短段木栽培又有架木栽培和埋木栽培两种；代料栽培(指用农林副产品代替木材栽培)有塑料袋栽培、盘式栽培(压块)和箱式栽培3种形式。短段木栽培目前已很少采用，主要采用代用料栽培。特别是采用盘栽法和塑料袋栽培法，生产效率高、方法简便、收益大，更适合于群众性家庭生产。滑子菇属于低温结实性食用菌，是适于我国北方地区栽培的很有发展前途的食用菌。滑子菇对培养料要求不严格，草腐、木腐都可以，属杂食性菌类。多使用三级菌种进行半熟料、熟料的塑料袋栽培和压块栽培，所用栽培料根据栽培地区的资源不同而不同。山区和半山区多使用阔叶树木屑；平原地区多使用农作物秸秆粉(如玉米芯粉、稻草粉、玉米秸粉、豆秸粉等)；郊区菇农可根据条件选用玉米芯粉进行栽培。

随着我国社会主义市场经济的发展，人民生活水平的不断提高，传统的营养观在逐步改变，食、补、药于一身的菌类食品走上了餐桌，鲜品的市场需求量日益增加。随着食用菌深加工技术的飞速发展，深加工产品将越来越丰富。滑子菇的初加工产品和深加工产品有很大的发展空间，如盐渍品、罐制品、糖制品、调味品、风味品、饮品及保健品等加工产品将陆续上市。滑子菇子实体鲜品和加工产品市场需求量的增加，将带动滑子菇产业的飞速发展。

三、滑子菇营养价值和药用价值

(一)营养价值

滑子菇肉质细嫩，鲜美爽口，营养丰富，易于驯化栽培。是高蛋白、低脂肪的“保健食品”。随着栽培技术的普及与提高，滑子菇已成为人们“菜篮子”中的常见菌类蔬菜。

据分析，每100g干菇中含有粗蛋白33.6g、纯蛋白15.13g、脂肪4.05g、总糖38.89g、纤维素14.23g、灰分8.99g。滑子菇子实体中含有人体生长发育过程中所需的大量氨基酸等多种营养物质。

(二)药用价值

滑子菇对人体有多种药效作用，如抗肿瘤、抗氧化、提高免疫力、降血脂、降血凝、提高红细胞变形能力、抗血栓形成、促进单核细胞分裂繁殖、提高免疫器官胸腺和脾脏重量，促进溶血素形成等。

①抗肿瘤作用：滑子菇有一定的抗肿瘤作用。小鼠先服用滑子菇多糖，再移植S-180瘤细胞，随后服用滑子菇多糖，结果肿瘤生长抑制率达到86.6%。解剖和血液检测发现，服用滑子菇多糖的小鼠，肿瘤细胞坏死率和淋巴细胞浸润明显高于对照组，免疫细胞中的LAK细胞、NK细胞活性增强，在肿瘤块外缘形成一层较厚、能阻止肿瘤生长的纤维包膜。根据解剖和血检分析，滑子菇对肿瘤的抑制作用可能是通过提高LAK细胞和NK细胞等免疫细胞对肿瘤的杀伤作用、促进肿瘤外缘纤维化、抑制肿瘤生长实现的。

②提高免疫功能：滑子菇多糖有良好的提高免疫功能之效。用50μg/ml、100μg/ml、200μg/ml 3种浓度的滑子菇多糖分别加入已分离的人外周单核细胞培养液中，单核细胞的密度为1×10^{6}个/毫升。结果：单核细胞的增殖比例比对照明显提高。小鼠腹腔注射滑子菇多糖，连续7天，再注射鸡红细胞悬液，4小时后取血测定。结果：巨噬细胞吞噬率达到64.17%，吞噬指数达到1.32±0.45，显著高于对照组的吞噬百分率和吞噬指数；免疫器官胸腺和脾脏也明显增重。小鼠服滑子菇提取液后，LAK细胞活性、红细胞花环形成率显著提高。表明滑子菇有提高机体免疫功能的作用。滑子菇还能促进溶血素生成并使胸腺和脾脏增重。滑子菇多糖还有抑制病毒生长的作用，其作用强弱和多糖的空间状态有关。

③抗氧化：用体外试验，血浆中加入滑子菇多糖，其所含低密度脂蛋白氧化程度明显降低。抗低密度脂蛋白的氧化能力表明，滑子菇有抗衰老、防止心血管疾病之功效。

④降低胆固醇：滑子菇能提高血脂代谢速率，因而有降低低密度血脂含量功效。两组家兔均服用加胆固醇和猪油的饲料，然后在两组家兔的饲料中分别添加3.0g/kg、6.0g/kg滑子菇料；另一组用常规饲料饲养，以后在第15天、25天、45天时取血测定血清总胆固醇。结果：服滑子菇家兔胆固醇比对照兔明显降低。

⑤其他作用：滑子菇除有抑制肿瘤、提高免疫功能、抗生物氧化作用外，还有降低血液黏度、抗血栓形成、提高红细胞变形能力、减肥等功效。长期食用滑子菇，对肝炎、胃溃疡、十二指肠溃疡、慢性胃炎、尿道炎、胆结石、糖尿病、中年肥胖症等疾病也有一定的疗效，还可延年益寿。

四、经济效益分析

在食用菌中滑子菇是比较容易进行人工栽培的菌类，具有生活力强、抗逆性好、能利用多种农副产品下脚料进行半熟料和熟料栽培，方法简便，产量高，收益快。生物转化率可达80%～100%，1千克木屑可产鲜滑子菇0.8～1.0千克；1千克玉米芯粉可产鲜滑子菇0.7～0.8千克；1千克稻草粉可产鲜滑子菇0.6～0.75千克。吉林省鲜品的市场价格每千克为4～6元，具有较高的经济效益。

第二节 滑子菇的生物学特性

一、滑子菇的形态特征

(一)菌丝体

滑子菇由菌丝体、子实体两大部分组成。菌丝体是滑子菇的营养器官。

滑子菇菌丝较细,气生菌丝短而少,初白色,后变奶油黄色、浅黄色,棉绒状。平铺于培养基表面,菌丝整齐舒展、致密,菌落较薄、微黄色,不形成菌皮,分泌黄褐色色素。生长较慢,在综合PDA培养基上,23℃条件下,15天长满斜面培养基。

(二)子实体

子实体是滑子菇的繁殖器官,可产生大量的担孢子,即生殖细胞。滑子菇的子实体由菌盖、菌褶、菌柄组成。

1. 菌盖

子实体"丛生",初期扁半球状,后期近平展,初期红褐色,后黄褐色至浅黄褐色,中部色深,表面平滑至有一层黏液,边缘平滑,初期内卷,有黏的菌膜残片。菌肉白黄色至较深色,近表皮下带红褐色,丝状菌肉组织且致密,中部厚不易破碎。菌盖直径3.0～10.0cm。

2. 菌褶

菌褶黄至锈色密集,生于菌盖下方,不等长,初期乳黄色,成熟后浅褐色,直生。

3. 菌柄

菌柄圆柱形,中生,附黄褐色鳞片,菌柄长短与粗细因环境条件差异而有显著不同,柄长2.5～8cm,粗0.5～1.5cm,上下等粗或基部略粗。菌柄纤维质,内部充实或稍中实,菌柄上有薄膜质的上菌环,菌环易消失,菌环上部的菌柄呈淡黄褐色,菌环下部的菌柄颜色较深,有黏液和黄褐色鳞片。

二、分布与生态习性

野生滑子菇主要分布于北方的大部分地区、广西及西藏等地。野生滑子菇是低温条件下的木腐生菌类,主要生长在阔叶树木的枯死部位和砍伐截面上。滑子菇是好氧和喜欢暗光的食用菌类。

三、生长发育条件

(一)营养条件

滑子菇的整个生活史过程中,除了需要从外界摄取维持生命活动的水分外,还需要不断地从基质中摄取构成细胞有机质的碳、氮、硫、钙、镁、钾、铁、锰等多种大量元素、微量元素、微量有机物(包括维生素和生长因子)等养分。

1. 碳源

碳源是提供滑子菇生长发育碳素的重要营养来源。滑子菇吸收的碳约有20%用来合成细胞原生质和细胞壁的物质,80%用来维持生命活动所需的能量。碳营养都来自于有机碳化物,如纤维素、半纤维素、木质素、淀粉、果胶、戊聚糖类、有机酸和醇等。

近年来,人工栽培滑子菇还可用油脂作碳源。栽培者可在木屑或厩肥培养基中添加1%～5%的豆油(或亚麻仁油、棉子油、米糠油及动物油脂等)。因油脂和水不亲和,影响菌丝吸收,因此,在添加油脂时必须用浓度0.5%～3%的甘油脂肪酸酯或蔗糖酯肪酸脂或山梨糖醇酯进行乳化处理。

2. 氮源

氮源是提供滑子菇生长发育所需要的氮素营养物质。氮素是除碳素以外最重要的营养元素,是合成蛋白质和核酸所不可缺少的原料。滑子菇主要利用的有机氮源是蛋白质、蛋白胨、尿素、氨基酸等。滑子菇也能少量利用氨、铵盐和硝酸盐等无机氮,但生长速度迟缓。如果仅用无机氮为氮源则不出菇,这是因为菌丝没有利用无机氮合成细胞所需的全部氨基酸的能力。使菇长得好,必须用几种乃至十几种氨基酸的混合物。菌丝能直接吸收氨基酸、尿素等小分子化合物,而高分子的蛋白质不能直接被利用,必须经菌丝分泌的蛋白酶水解成氨基酸后才能被吸收利用。

碳源浓度和氮源浓度要有适当的比值,称为碳氮比(C/N)。食用菌不同的生长发育阶段要求不同的C/N比。在人工栽培滑子菇的配料中，应严格控制碳源量与氮源量。各种菇类所需的C/N比也不同。食用菌营养阶段的C/N为20：1，生殖生长阶段为40：1。一般认为滑子菇在营养生长阶段的碳氮比以20：1为好，而在生殖生长阶段以30：1～40：1为好。

3. 矿物质元素

滑子菇生长发育所需要的矿物质元素有磷、硫、镁、钾、钙、铁、钴、锰、锌等。其中磷、硫、钾、钙等元素需要量较多，它们参与细胞结构物质的组成、酶的组成、维持酶的作用、能量的转移、控制原生质的胶态和调节细胞渗透压等，称为必需元素，其余元素是酶活性基团的组成部分，或是酶的激活剂，一般称为微量元素。滑子菇可从磷酸氢二钾（K_2HPO_4）、磷酸二氢钾（KH_2PO_4）、硫酸钙（$CaSO_4$）、硫酸镁（$MgSO_4 \cdot 7H_2O$）、硫酸铜（$CuSO_4$）、硫酸亚铁（$FeSO_4$）、硫酸锌（$ZnSO_4$）、氯化锰（$MnCl_2$）等无机盐类中获取必需元素和微量元素。

4. 维生素与生长激素

滑子菇栽培过程中，虽然在培养基中已满足了水、碳源、氮源和矿物质等营养物质，但还需适当供应一定量的影响生长发育的维生素和植物激素等有机物质，否则滑子菇仍然不生长或生长不好。

维生素对滑菇的正常生长、发育是不可缺少的。它们虽不能供给能量，也不是细胞、组织的结构成分，但却是构成某些酶的辅酶成分，一旦缺乏维生素，酶失去活性，从而使正常物质代谢失调而造成机体不能正常生长发育。

在马铃薯、麦芽、酵母和米糠中维生素的含量较多，在生产上用这些材料配制培养料时，可不必再添加维生素。维生素多数不耐高温，在120℃以上极易破坏，在培养基灭菌时，需防止灭菌温度过高。

激素是生物体在生活过程中自身合成的具有高度生理活性的微量有机化合物质。它虽然含量极少，但其活性很强，能对生物体生长、发育起着调节作用（包括促进和抑制两方面）。细胞分裂、伸长与分化，生物体生长、成熟等都受激素的调节与控制。生物体缺少激素不能正常生长发育。

5. 水分

滑子菇子实体含水量高达85%～90%，甚至更高。水不仅是滑子菇的组成成分，而且是营养物质的重要溶剂，滑子菇菌丝体自外界环境吸收营养物质和分泌代谢产物，都以水为介质。在滑子菇生长发育的各个阶段，应保证适宜的水分。

配制培养基所利用的水要求清洁，含杂质少。配制原种和栽培种培养基时，含水量一般控制在60%左右；子实体形成时要求基质含水量增至70%左右。水分不足，影响菌丝体对营养物质的吸收利用，生长发育受阻；水分过多，导致通气不良，抑制菌丝生长甚至窒息死亡。

（二）环境条件

1. 温度

滑子菇属低温型菌类。菌丝体生长的温度为5～25℃，最适温度为20℃。低于5℃菌丝停止生长，高于32℃连续6小时，菌丝自溶死亡。子实体生长温度范围为5～20℃。最适温度视品种而异，一般低于5℃、高于20℃出菇迟，子实体发生量较少，菌柄细，菌盖小，开伞早，品质差。滑子菇是变温结实性菌类，出菇时需5～8℃温差刺激。

2. 水分与空气相对湿度

滑子菇属于喜湿性菌类，对水分的要求比一般菇类高。滑子菇子实体的含水量高达90%左右，生长发育过程中需要大量的水分，主要来源于培养基和空气。培养料含水量为60%，出菇时菇房内的空气相对湿度要保持85%～95%，应经常保持地面和空气的湿度。创造高湿的环境条件，容易获得高产。水分不足，菌肉薄，开伞早，菌盖小，黏液少，商品价值低。

3. 空气

滑子菇属好气性真菌，在整个生长发育过程中，随着菌丝体的生长，需要大量的氧气，排出CO_2。必须通风换气，保持室内空气新鲜。若出菇期间通风不良，菇蕾生长缓慢，菌柄细，菌盖小，易开伞，甚至不出菇。

4. 光照

滑子菇菌丝生长阶段对光线不甚敏感，给予弱散射光有利于诱导原基的形成。子实体形成阶段需要有300～500 lx的散射光，切忌阳光直接照射菇体。光照不足原基形成少，会出现长柄菇、畸形菇等。

5. 酸碱度（pH）

滑子菇喜欢在弱酸的环境中生长发育，菌丝生长最适的pH为5.0～6.5。

四、滑子菇的生活史

（一）有性生殖大循环

在正常情况下，进行有性生殖，生活史包括孢子→菌丝→子实体→孢子几个阶段。即担孢子萌发，产生单核菌丝，2 个不同性单核菌丝质配后形成双核菌丝，在适宜条件下双核菌丝经过组织化形成原基，进而长出子实体。在菌褶子实层上形成担子，在担子内进行核配和减数分裂，担子上产生 4 个担孢子。以后再重复进行担孢子萌发产生单核菌丝的过程。

（二）无性小循环过程

①单核菌丝形成分生孢子，分生孢子萌发又形成初生菌丝。

②初生菌丝直接形成单核期子实体，这种子实体的担子也是单核，它可产生 1 个或 2～4 个单核的担孢子。发育后又成为初生菌丝。

③双核的次生菌丝形成单核的分生孢子，由单核的分生孢子萌发成的初生菌丝，经质配又形成次生菌丝。

④双核的次生菌丝产生双核的分生孢子、发芽后又形成次生菌丝。

⑤次生菌丝直接还原成初生菌丝，初生菌丝结合后又发育为次生菌丝（图 32－1）。

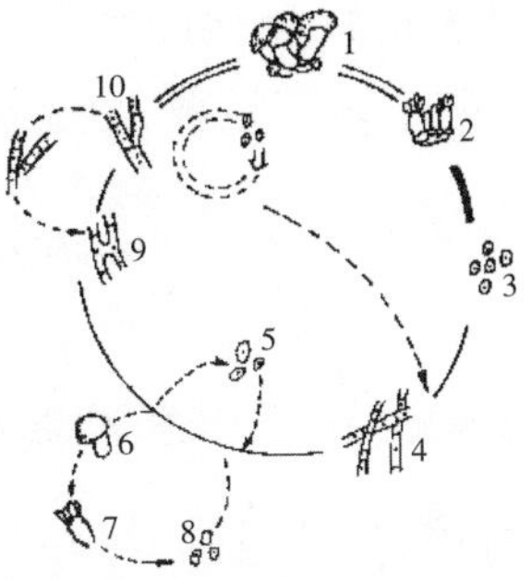

——有性单核期----无性单核期
══有性双核期====无性双核期
▬▬有性双倍体

图 32－1 滑子菇的生活史示意图

1. 有性双核期子实体，2. 担子，3. 担孢子，4. 单核菌丝体，5. 单核期分生孢子，6. 单核期子实体，7. 单核担子，8. 单核期担孢子，9. 单核菌丝融合，10. 双核菌丝体，11. 单核性菌丝体，12. 双核期分生孢子，13. 单核期分生孢。

第三节　滑子菇的菌种繁育

滑子菇是通过播种菌种栽培的。滑子菇的栽培包括两个步骤：第一，培养菌种，即通过采收孢子或从菇体组织中分离培养滑子菇的纯菌丝体，并逐级扩大繁殖；第二，将繁殖好的菌种接种于栽培料上，以培养滑子菇子实体。培养基质是根据滑子菇对营养、水分和酸碱度的要求配制而成的培养料。它是滑子菇生长、发育的营养基础，也称为基质。

一、菌种的分级和类型

（一）菌种的分级

滑子菇的菌种可以通过其“种子”——孢子来培养，也可以通过其“枝条”——菇体（部分组织）或菌丝体来培养。前者称为孢子分离培养，属于有性繁殖；后者称为组织分离培养，属于无性繁殖。在生产上，人们根据分离、提纯菌株、转接的方式及生产目的，通常把菌种分为一级菌种（母种、试管种或斜面种）、二级菌种（原种）和三级菌种（栽培种或生产种）。

1．一级菌种（母种）

以孢子分离培养或组织分离培养或培养基内分离培养获得纯菌丝体。要求纯度高、质量好，绝对无杂菌。是生产二级菌种和三级菌种的原始菌种。生产技术难度大，通常由专门的制种单位生产。用玻璃试管盛装。

2．二级菌种（原种）

由一级菌种扩大繁殖成的纯菌丝体。它是一级菌种与三级菌种之间的过渡菌种。要求纯度高，绝对不能污染。尽量由制种单位生产。用菌种瓶或菌种袋盛装。

3．三级菌种（栽培种或生产种）

由二级菌种扩大繁殖成的纯菌丝体。它是直接用于生产的播种菌种。有制种技术的生产者可以自己生产，用菌种瓶或菌种袋盛装（同二级菌种）。

（二）菌种的类型

滑子菇菌种类型与香菇相同。具体操作技术可参阅本书《食药用菌制种技术》一章。

二、滑子菇菌种配方

（一）一级菌种培养基配方

①PDA 培养基：马铃薯 200g，葡萄糖 20g，琼

脂 20g，水1 000ml。没有葡萄糖时也可用蔗糖代替，这种培养基又称为 PSA 培养基。

②马铃薯综合培养基：马铃薯 200g，葡萄糖 20g，KH_2PO_4 3g，硫酸镁 1.5g，琼脂 20g，维生素 B_1 10mg，水1 000ml。

③木屑浸出汁培养基：阔叶树木屑 500g，米糠或麦麸 100g，琼脂 20g，葡萄糖 20g，硫酸铵 1g，水 1 000ml。

④洋葱汁培养基：洋葱 200g，葡萄糖 20g，琼脂 20g，水1 000ml。

（二）二级菌种和三级菌种培养基配方

①木屑 78%，米糠 20%，糖 1%，石膏粉 1%。

②木屑 80%，麦麸或米糠 10%，玉米粉 8%，石膏粉 2%。

③棉子壳 87%，麦麸 10%，糖 1%，过磷酸钙 1%，石膏粉 1%。

④玉米芯粉 60%，木屑 25%，麦麸 14%，石膏 1%。

三、菌种培养基的制作与灭菌、菌种的接种与培养

流程与操作要点、菌种接种与培养等都与香菇菌种制作相同。同时，也可参阅本书《食药用菌制种技术》一章。

第四节　滑子菇的代用料栽培技术

一、熟料盘栽

盘栽技术是 20 世纪北方滑子菇主要推广的栽培模式，料的处理采用半熟料（即蒸料处理，在 100℃条件下处理 2 小时）方式。根据滑子菇出菇温度的不同，可将其分为高温种、中温种和低温种。它们出菇的适宜温度不同。高温种为 7～20℃，中温种为 7～12℃，低温种为 5～10℃。我国南方可采用高温型的品种栽培，北方采用低温型品种栽培。由于各地自然条件不同，气温差异较大，应根据当地情况，灵活掌握用种。一般以白天气温在 2～5℃时可以接种，经 4～5 个月培养，温度适宜时出菇。

（一）栽培场地的选择

栽培滑子菇的菇房必须是干净，无杂物、无污染、不漏水、通风良好、门窗较多，便于通风换气和调节空气相对湿度的闲置房间，也可搭设简易菇棚或搭高架塑料大棚作菇房。菇房上面要遮光、遮雨，地面垫河沙 3cm 左右。菇房内培养架可用新鲜无霉的竹杆、木棍分层搭设，要搭结实以防倒架，架间留 80～100cm 的通道，架子层间距 30～40cm。菇房在使用前进行熏蒸消毒。

（二）栽培用具的准备

（1）蒸料锅

用于蒸料消毒，锅以大号为宜。锅的上面蒸汽灭菌部分可用以下几种原料围成：

①砖砌成圆形或方形；

②用硬木板做成圆蒸笼；

③也可用 1～2mm 厚铁板或铝板卷成筒状。

蒸汽灭菌部分底面积大约 $1m^2$，高 1～1.5m，锅与蒸料筒接合处应封严、不漏汽。如用铁皮或铝筒，筒外最好有保温层，可以用砖、水泥抹平。在离大锅口 10～20cm 处放铁帘或竹蒸帘（稍离水面上汽足，而且压不坏锅）。灭菌时间长，锅中水分散失快，为了防止干锅，应在锅沿处留注水孔，及时补水。补水应补热水、开水，不可补冷水，以免中断蒸汽，灭菌不彻底。搭灶时，可在大锅后再安一个小锅，利用烟气热加热小锅中的水，用以补水。

（2）菇帘

用以承托滑子菇菌块，又称托盘。将8 根长 60cm 的玉米秸用竹批或条子，做成 40～60cm 宽的帘子。用 2%硫酸铜浸泡后晒干备用。

（3）模子

用0.5cm 厚的薄木板钉成 60cm×40cm×6cm 规格的框模，压块用。

（4）塑料布

用 0.02～0.03cm 的无毒薄膜，裁成长 110cm、宽 100cm，垫在模具中包料。

（三）培养料的选择与配制

1. 培养料选择与配方

（1）主料的选择

适宜香菇栽培的主料均适合滑子菇栽培，如木屑、棉子壳、玉米芯等。不同的是培养料的颗粒可比栽培香菇的培养料的颗粒小些。

（2）辅料的选择

适宜香菇栽培的辅料均适合滑子菇栽培。

2. 常用配方

①木屑78%,米糠20%,糖1%,石膏粉1%。

②木屑78%,米糠或麦麸17%,石膏粉1%。

③木屑80%,麦麸或米糠10%,玉米粉8%,石膏粉2%。

④甜菜渣50%,木屑30%,麦麸18%,石膏2%。

⑤棉子壳87%,麦麸10%,糖1%,过磷酸钙1%,石膏粉1%。

⑥高粱壳76%,麦麸20%,糖1%,过磷酸钙1%,石膏粉1%,石灰粉1%。

⑦玉米芯粉60%,木屑25%,麦麸14%,石膏粉1%。

⑧棉子壳98%,石膏粉1%,石灰粉1%。

3. 培养料的配制与测定

(1)备料

滑子菇菌盘栽培应在接种前1～2个月准备栽培料,特别是辅料。辅料(米糠、麦麸)要新鲜、无虫、无霉且不受潮结块。石膏粉、塑料薄膜(地膜)等随用随购置即可。化学药剂在使用前备好即可。以配方①为例,每百盘滑子菇备料量可参考下表:

栽培1万盘滑子菇备料量

原料名称	干木屑	米糠	糖	石膏粉
数量(kg)	11 700	3 000	150	150

(2)配料

按照选定的配方秤取原辅材料和水,混合搅拌,配制成滑子菇生产需要的栽培料,具体操作如下:

①拌料场所与时间的选择:选择距灭菌场所近的水泥地面或不渗漏的场地拌料,当天拌的料应在当天进行蒸料,以避免栽培料中滋生杂菌和栽培料变酸。

②配制方法:栽培料配制包括栽培料的预处理(过筛)、秤料、混合及搅拌。

A. 秤料:按照生产规模,依据配方进行秤料。

B. 料的预处理:将木屑、菌糠及麦麸等原辅材料稍加湿润后,分别用2～4目铁丝筛过筛,以除去小木片、菌皮及其他块状有棱角的硬物。

C. 混合:把不溶性的料干混均匀,可溶性的料制成母液。

D. 搅拌:用搅拌机或人工拌料,将母液稀释后泼浇于干混的料上,搅拌均匀,使含水量达到55%～60%,pH达到7.0即可。

③栽培料配制应注意的问题

A. 测定含水量:栽培料手握成团,松开即散,含水量为55%～60%。

B. 测定和调节pH值:拌料后堆闷0.5小时,用1～14的广泛pH试纸测定栽培料的酸碱度。如不足加石灰调节;如过高再堆闷,使pH值下降至合适范围。

(四)蒸料

锅内添满水,烧开后在帘上铺一层麻袋,上面先撒一薄层料,等蒸汽上来后,见汽撒料,用手一把一把地撒,勤撒少撒。不可一次撒入很多料,以免造成上气不均匀,产生夹生料而引起杂菌污染。撒料要撒得松散均匀,不能拍压。这样一层层地撒上去,可装至筒顶。上完料后盖上麻袋、草袋等物,上蒸汽后用旺火烧2～2.5小时。

采用此法蒸料时,为达到杀死所有微生物营养体的要求,灶中火力需要大,蒸料时间要足够。如果锅内水不足,应加热水。撒料时火力旺、气足,可两人同时撒,以免撒料时间拖得太长。蒸料时间达到2～2.5小时后立即出锅,趁热压块,尽量减少杂菌污染的机会。栽培者可利用自家的大锅,上砌蒸料筒。一般从起火到停火需6～8小时。

(五)装料、压块

1. 蒸料出锅前的准备

滑子菇,采用半开放式接种。先装料压块,待料温降至30℃以下时接种。装料压块前对塑料薄膜和其他工具消毒。将塑料用0.2%的高锰酸钾溶液浸泡10分钟以上,消毒后的塑料薄膜不必用水冲洗即可使用。模子、铁锹、刮料板、装料压块者的手用2%甲酚(来苏尔)洗刷、浸泡消毒,装料压块场地也应喷2%甲酚或撒石灰粉消毒。装料压块场地附近不应有污染源,避免杂菌污染栽培料。

2. 装料、压块

准备工作完成后,打开蒸锅上边的麻袋或塑料布,用消毒过的锹出料,装到模子里。模子下垫有菇帘,模子内衬消毒过的塑料薄膜,用刮料板将料面刮平。包上薄膜,脱去模子,料厚6cm。装料、包膜应快,减少培养料暴露在空气的机会。

(六)半开放式接种

在日平均气温稳定在5℃以上即可接种。

1. 接种季节

在早春低温季节接种，是吉林、黑龙江及辽宁等省滑子菇生产的成功经验之一。辽宁省多在3月下旬结束接种；吉林、黑龙江省宜在4月上旬结束接种，最晚不宜超过5月份，因后期气温高，易污染；另一方面，接种晚与农时冲突，影响春耕和接种质量。从现行生产工艺看，防止杂菌污染是关系到栽培成败的重要因素之一，在早春季节或接种后置于较低温度下（10℃左右）培养，可在一定程度上控制杂菌污染。

2. 接种方法

装盘接种的栽培料应在第二天接种。当料中心温度降到30℃以下时即可接种，温度高容易烫死菌种。接种时最好选择一个便于打扫和消毒处理过的房间作接种室，不要在蒸料室内接种。蒸料室湿度大，易遭杂菌污染。接种前用喷雾器向空间、菌种瓶上、料盘上喷5%甲酚溶液消毒，接种人员的工作服也应喷雾消毒。消毒工作结束后，将菌种瓶封口打开，用75%乙醇棉球擦拭瓶口内壁，并用消毒镊子等工具将菌种表面老菌膜刮掉，再用消毒铁铲、螺丝刀等将菌种从瓶内挖出后放于消毒的盆、桶或塑料袋里，将手消毒后把菌种掰成核桃仁大小的小块，注意不能搓揉以防菌丝受伤而影响生长。最后用消毒薄膜盖好，菌种最好随挖随用，当天用完，不得过夜。

接种时将料块的塑料薄膜揭开，露出料面，用手或勺子取菌种，均匀地撒在料面上。接种后迅速用料块的薄膜将栽培料包严、包紧。薄膜两头折在料块底部以免开包。最好用透明胶布封上。每瓶栽培种可接种1.5盘。如果季节过迟、气温较高，应一瓶菌种接一盘。接种时最好几个人配合，流水作业，做到配合默契、动作敏捷而迅速。每盘从开盘到接种结束，时间不能超过10分钟。时间越短，污染机会越少。

（七）栽培管理

1. 发菌管理

(1)发菌前期管理

接种后的菌盘移到培养室（即菇房或菇棚）培养，如用架子，最好放在培养架上，无架或培养架不够用，也可以找一个洁净的房间消毒后，把菌盘堆放在室内。一般3～4月份，不加取暖的室内，温度比较低。发菌初期外界气温在2～5℃之间，达不到菌丝生长的最低温度要求，此时以保温为主，尽量勿使菌块结冰。可以把菌盘一个压两个地堆起来，一般不超过1m。当气温逐渐升高到15℃时，应堆码成“品”字形的垛（最好能上架），垛与墙留有一定空隙，垛间留有通道，利于通风，使垛温不致过高。堆垛时垛底用方木、砖等垫起20～30cm。垛不能过高过密，以利通风和防止倒塌。堆垛时间不可过长，以防料内发酵造成高温烧菌。发菌场所应保持清洁，空气湿度控制在65%～70%，不要向菌块上喷水。发菌初期菌丝量少，呼吸量也少，不宜经常通风。如果发菌室小菌盘多，无论怎么冷，每天也应通风换气一次，排除室内异味。气温升高到5℃以上，也可在室外搭棚养菌，但应防止日晒雨淋、防风以免将塑料布吹开。

(2)发菌后期管理

目的是使菌种尽快恢复生长，抑制杂菌生长，使滑子菇菌丝迅速布满培养基表面，开始向培养基里生长。主要是温度、湿度、光照、通风、检查杂菌等管理。

前期主要是温度管理，一般采取早接种、低温发菌法。低温下滑子菇菌丝能生长，而杂菌因温度低还不能生长。滑子菇菌丝布满料面以前，对杂菌抵抗力弱。因此，一要低温发菌；二要在养菌期间不要打开包膜，以防感染杂菌。

发菌前期，不论加温与否都能取得良好的发菌效果。保持室内清洁干燥，注意菇房通风换气很重要，因为培养料被塑料布包裹着，培养料的水分不易散失，发菌期对空气相对湿度没什么要求，但应使空气相对湿度控制在70%以下，切忌闷热潮湿，更不能使菇房内有异味。随着气温逐渐升高，应开启门窗通风，伏天要昼夜大开门窗，窗前搭棚遮荫，防止阳光直射。如果是简易菇棚顶，应加厚防菇棚以增温。三伏天可向地面、四壁、屋顶洒冷水降温。

发菌期间每隔10～15天，应将培养架上、下、左、右不同位置的菇盘交换位置，使菌盘间受温均匀，发菌整齐。发现料盘底部有水渗出，应轻开一角，排出多余水分。

温度适宜条件下，接种半个月左右，菌丝向料内蔓延。1～1.5个月料面长满白色菌丝，2个月后菌丝长满培养料，成为一个比较牢固的菌块。但这时仍不能出菇，还要继续创造适宜的水、气、热条件，使菌丝继续生长发育，吸收和积累营养。菌块内为白色菌丝所充满，手按时有弹性感，手拍时有“空”声。外面的菌丝形成锈褐色一层菌膜，这时具备出菇的内在因素了。此时正值高温季节，必须把菌块单摆在棚内床架上，打开通风窗，使棚内空气对流。伏季需要昼夜通风，以降低菇棚内温度。经过4～5个月的菌丝培养，菌丝已牢固地长满整个菌块。此时，菌块表面出现橙黄至锈色的菌膜，有光泽，有香味，用手按之有弹性。如菌块松散，菌丝暗黄、发黑、发黏、有臭味时，应及时淘汰；菌块有青、绿霉或毛霉污染时，可局部清除，放到低温通风处，菌块重新愈合后，仍可出菇。滑子菇菌丝切忌在地下室、防空洞或菜窖等通风不良处培养，培养场所必须清洁、凉爽、通风良好，避免高温危害。

2. 越夏管理

滑子菇菌丝培养后能否安全越夏是生产成败的关键。菌丝安全越夏的措施主要是通风、降温、避光、防治病虫害4个环节。要求通风良好，有适量的空气对流。棚温一定要控制在30℃以下，因为滑子菇不耐高温，特别是菌丝处于老熟休眠阶段，超过30℃连续4小时会使菌丝受热害。菇棚的门窗需用玉米秸串成的遮荫帘遮光，以防止直射光照射。为了防止病虫危害棚内菌块，经常用菌杀敌1号喷洒。

3. 出菇管理

(1)开包划面

滑子菇出菇前将料包的塑料膜打开，称为开包。开包时间可根据当地的气温条件而定，东北地区通常在8月下旬，平均温度20℃左右，距出菇时间30～40天。开包不宜过早，以防止高温和杂菌对菌块的危害。也不宜过晚，最晚不得超过8月末至9月初。开包之后，必须将菌块表面形成的一层硬的锈红色膜层划破，称为划面(即搔菌)。划面的目的是使菌块得到新鲜的氧气，加强透气度，促进菌丝扭结，形成原基。划面的工具可用锯条、刀形铁器或圆钉制成小耙。划面时用力按住菌块，划线间距4cm左右，划面的深度根据表面蜡层厚薄而定。锈红色蜡膜较厚的划面不能浅于1cm，表面蜡层发白的要轻划，菌块表面未形成蜡膜的不可划。划面时注意勿将菌块弄碎或将表面的硬菌皮揭下，必须保持菌块的完整。

(2)水分管理

滑子菇菌块开包划面后，出菇早晚、产量高低的关键在于水分管理。滑子菇具有喜湿耐水的特性，出菇场所空气相对湿度为90%～95%时才能出菇整齐，产量高。滑子菇出菇期的管理，主要应抓好以下几个关键阶段：

①轻喷划面水：菌块划面7～10天内喷水要轻，做到轻喷水，以保持培养料面的湿润状态。

②狠打扭结水：在滑子菇的水分管理中，打扭结水是最重要的环节。此时气温已下降至20℃以下(约9月上旬)，每天早、午、晚及夜间各喷一次水，喷水量要大，使菌块含水量增加到70%左右，即用手按菌块有水渍渗出，空气相对湿度保持在90%～95%，因此棚内地面要经常洒水，保持潮湿状态。当菌块吸收到适宜的水分后，表面将出现颗粒状的菇蕾，此时不要往菌块表面上喷水，以免菇蕾窒息而死。空气相对湿度调节到90%～95%，每天需喷水3～4次，夜间补充一次水即可。

③控制转潮水：滑子菇每次采收后，两天不需喷水，但要保持菌块表面不干，便于菌丝体吸收并积累营养。

在正常情况下，开包划面浇水后30天左右、气温降到15℃左右、培养料含水量达到70%左右时，菌丝即可开始扭结，菌块表面出现白色原基，逐渐形成黄色的幼菇。经过8～10天即可采收。

4. 采收管理

滑子菇子实体发育到8～9分成熟后及时采收。子实体采收的标准，应按照商品规格要求采收。一般宜在内菌幕即将开裂之前，菌盖橙红色而呈半球形，菇柄粗而坚实，菇表面油润光滑，质地鲜嫩时采收为好。采收适时，子实体重，质量好，加工时不易开伞，等级好，价格高。待内菌幕逐渐开裂后、菌盖开展、呈锈褐色或黄红色、菌柄淡黄色时，即有黄褐色纤毛，孢子开始弹射，菇体变轻了，这时采收会影响滑子菇的质量等级。采收过早影响产量，过晚影响子实体质量等级。

采收时，一手按住菌块，另一手的拇指、示指、中指轻轻捏住菌柄基部拧起。注意不要将培养料带起，以免影响下潮菇的发生。然后从基部逐个掰开，用不锈钢刀切去多余的菌柄和赃物，及时加工。每采收一茬菇后，要把培养料表面上的残渣清理干净，并喷一次“重水”。10天左右会长出新菇。一般接种一次可收4～5茬菇。

二、滑子菇的半熟料塑料袋栽培技术

滑子菇的半熟料塑料袋栽培是将拌好的栽培料装入22cm×50cm×0.04cm低压聚乙烯筒中，两头扎紧后，在100℃下进行4小时的蒸料处理后冷却、接种、发菌，再以墙式出菇管理的栽培技术。是东北地区2000年以后采用的栽培模式。特点是栽培场所投资少，可进行菌墙出菇，发菌与出菇期间便于管理，菌袋失水少。出菇后期污染轻，转化率可提高到100%。

(一)栽培场地的选择

滑子菇半熟料塑料袋栽培的菇房必须是干净、无杂物、无污染、不漏水、便于通风换气的闲置房间、简易大棚、温室等。菇房要遮光,地面垫河沙3cm左右,菇房在使用前要进行熏蒸消毒。

(二)培养料的选择与配制

1. 培养料选择与配方

①主料的选择:适宜香菇栽培的主料均适合滑子菇半熟料塑料袋栽培,如木屑、棉子壳、玉米芯等。

②辅料的选择:适宜香菇栽培的辅料均适合滑子菇半熟料塑料袋栽培。

2. 常用配方

①木屑88%,麦麸或米糠10%,糖1%,石膏粉1%。

②棉子壳95%,麦麸4%,石膏粉1%。

③棉子壳39%,木屑39%,麦麸或米糠20%,石膏粉2%。

④玉米芯50%,木屑38%,米糠10%,石灰粉2%。

⑤木屑58%,麦麸或米糠15%,玉米粉5%,棉子壳20%,糖、石膏粉、碳酸钙各1%。

3. 培养料的配制与测定

(1)备料

在接种前1～2个月准备栽培料,特别是辅料。辅料(米糠、麦麸)要新鲜、无虫、无霉且不受潮结块。石膏粉、塑料袋等随用随购置即可。化学药剂在使用前备好即可。以配方①为例,栽培每千袋滑子菇备料量可参考下表:

栽培1 000袋滑子菇备料量

原料名称	干木屑	米糠或麦麸	糖	石膏粉
数量(kg)	1 320	150	15	15

(2)配料

按照选定的配方秤取原辅材料和水,混合搅拌。配制成滑子菇生产需要的栽培料,操作如下:

①拌料场所与时间的选择:选择距灭菌场所近的水泥地面或不渗漏的场地拌料。当天拌的料应在当天装袋、蒸料,以避免栽培料中滋生杂菌和栽培料变酸。

②配制方法:栽培料配制包括栽培料的预处理(过筛)、秤料、混合及搅拌。

A. 秤料:按照生产规模,依据配方秤料。

B. 料的预处理:将木屑、麦麸等原辅材料稍加湿润后,分别用4目的铁丝筛过筛,以免尖木屑刺破塑料袋,减少杂菌污染。

C. 混合:把不溶性的料干混均匀,可溶性的料制成母液。

D. 搅拌:用搅拌机或人工拌料,将母液稀释后泼浇于干混的料上,搅拌均匀,使含水量达到60%。

③栽培料配制应注意的问题

A. 测定含水量:栽培料手握成团,松开即散,手掌有水渍即为含水量60%。

B. 测定和调节pH值:拌料后堆闷0.5小时,用1～14pH试纸测定栽培料的酸碱度。如不足加石灰调节,如过高再堆闷,使pH值下降至合适范围即可。

(三)装料、蒸料

采用机械装袋或人工装袋,装料时做到袋的长短均匀、松紧适中,料袋两头用纤维绳扎紧后在4小时内必须进行常压蒸料。否则培养料在高温下,微生物繁殖迅速,很快会使培养料发生酸败。料袋在常压锅帘子上井字形叠放,便于蒸汽穿透培养料,达到杀死大部分微生物的目的。当温度升至100℃时,维持4～6小时,停火后当料温降至85℃以上时,趁热出锅,移至接种室进行冷却处理。

(四)接种

1. 蒸料出锅前的准备

滑子菇半熟料塑料袋栽培采用半开放式打穴接种,待料温降至30℃以下时接种。接种室严格消毒处理后,移入趁热出锅的料袋。菌种用具用0.2%高锰酸钾溶液浸泡10分钟以上。

2. 接种

料温降至30℃以下可进行接种。在接种室或接种帐内接种。接种人员戴上经75%乙醇消毒的乳胶手套,换上专用的工作服,再进入接种室。接种时,把菌种表层的老菌膜去除,并挖除上层老菌丝2～3cm。采用两头接种的,解开料袋封口绳,将菌种块接入袋口,然后重新封好口。若采用打穴接种,应在无菌条件下,用75%乙醇棉球擦拭料袋外壁,再用打孔器在袋面按等距离打2～3个接种穴,在另一面错开打2个接种穴,口径1.5cm,深2cm,然后快速接入菌种,使菌种略高于袋表面。接种后在穴口上贴胶布封口。每瓶750g的菌种，可接 20～25 个栽培袋。

（五）栽培管理

1. 发菌管理

刚接种的菌袋，及时移入培养室进行发菌管理。滑子菇的发菌温度控制在 15～20℃。接种后 10～15 天，菌丝萌发后，逐渐生长占领料面。此时菌丝生长旺盛，代谢作用增强，分解基质产生的 CO_2 增多。这一阶段应以散热、通风为主，接种后 10～15 天应倒垛，袋表面温度不可超过 25℃，一般以 20℃为宜，手摸有凉感为好。发菌前期袋堆高度对料温影响较大。当气温超过 25℃时，应单层排列，气温在 20～25℃可两层排列，15～20℃可放 3 层，15℃以下可放 4 层。这一阶段还应做好防杂工作。如果接种块上有杂菌而其他地方没有，可认为菌种带菌。如料面出现毛霉，料温在 20℃以下可不治。待温度降下来后滑子菇菌丝生长可将杂菌覆盖住，不影响出菇。如局部发生绿霉，可撒些石灰或注入 0.2%多菌灵溶液。严重时，应脱袋暴晒，重新发酵后再用。如果发生链孢霉（分生孢子呈粉红色），应深埋或烧掉。此阶段还可遇到的问题有接种10～15 天后，菌丝不吃料，如果不是菌种问题，可能与温度过高（28℃以上）或过低（5℃以下）有关，应移至适温下培养。另外，如遇菌丝生长缓慢，说明培养料的湿度过大或酸碱度不合适。菌袋封面后，开始向料内延伸生长，直到培养料内部长满菌丝。为获得粗壮菌丝，此时应降温通风，促进菌丝旺盛生长。经过 2 个月的发菌管理，菌丝可长透培养料，分泌色素使料外面的菌丝形成锈褐色一层菌膜。此时给予出菇条件可出菇。但适逢高温季节，外界气温过高不适合滑子菇出菇，必须进行越夏处理。

2. 越夏管理

滑子菇菌丝培养后能否安全越夏是生产成败的关键。菌丝安全越夏的措施主要是通风、降温、避光、防治病虫害 4 个环节。要求通风良好并有适量的空气对流。室温要控制在 30℃以下。滑子菇不耐高温，特别是菌丝处于老熟休眠阶段，超过 30℃连续 4 小时会使菌丝受热害。菇棚要遮光，以防止直射光照射。为了防止病虫危害棚内菌袋，经常用敌敌畏熏蒸。

3. 出菇管理

菌丝长满全袋后，就地出菇或搬到出菇场地出菇。就地出菇时，原先排放较密集的应重新排放，摆成菌墙出菇，菌墙之间的距离以采摘方便为标准。滑子菇出菇前先将塑料袋两头的塑料部分剪去，露出锥形料面，便于出菇。露出锥形料面的时间可根据当地的气温条件而定，东北地区通常在 9 月上旬。剪膜之后，必须将菌块表面形成的一层硬的锈红色膜层划破，称为搔菌。搔菌的目的是使菌块得到新鲜的氧气，加强透气度，促进菌丝扭结，形成原基。搔菌的工具可用锯条、刀形铁器或圆钉制成的小耙。搔菌时用力按住菌袋，划线间距 3cm 左右，搔菌的深度根据两头料面蜡层厚薄而定，锈红色蜡膜较厚的搔菌不能浅于 1cm，表面蜡层发白的要轻骚，菌袋两头料面未形成蜡膜的不可搔菌。搔菌时勿将菌料弄碎或将料面的硬菌皮揭下，必须保持锥形面的完整。

水分管理：滑子菇菌袋两头料面搔菌后，出菇早晚、产量高低的关键在于水分管理。滑子菇具有喜湿耐水的特性，出菇场所空气相对湿度为 90%～95%时才能出菇整齐，产量高。滑子菇出菇期的管理主要应抓住以下几个关键阶段：

A. 轻喷搔菌水：菌袋搔菌 7～10 天内喷水要轻，做到轻喷水，以保持培养料面的湿润状态。

B. 狠喷扭结水：在滑子菇的水分管理中，喷扭结水是最重要的环节。此时气温已下降至 20℃以下，每天早、午、晚及夜间各喷一次水，喷水量要大，使菌袋两头的料面含水量增加到 70%左右，即用手按菌料有水渍渗出，要保持 90%～95%的空气相对湿度，棚内地面要经常洒水，保持潮湿状态。当露出菌料吸收到适宜的水分后，表面将出现颗粒状的菇蕾，此时不要往菌料表面上喷水，以免菇蕾窒息而死。将空气相对湿度调节到90%～95%，每天喷水 3～4 次，夜间补充一次水即可。

C. 控制转潮水：滑子菇每次采收后，两天喷水，但要保持菌袋表面不干，便于菌丝体吸收并积累营养。

在正常情况下，搔菌浇水后 30 天、气温降到 15℃、培养料含水量达到 70%左右时，菌丝即可开始扭结，菌袋两头表面出现白色原基，逐渐形成黄色的幼菇。经过 8～10 天即可采收。

4. 采收管理

滑子菇子实体发育到 8～9 分成熟，要及时采收。子实体采收的标准，应按照商品规格要求采收。一般宜在内菌幕即将开裂之前、菌盖橙红色而呈半球形、菇柄粗而坚实、菇表面油润光滑、质地鲜嫩时采收为好。采收适时，子实体重，质量好，加工时不易开伞，等级好，价格高。内菌幕逐渐开裂、菌盖开展、呈锈褐色或黄红色、菌柄淡黄色时即有黄褐色纤毛、孢子开始弹射，菇体变轻了，这时采收会影响滑子菇的质量等级。滑子菇采收过早影响产量，过晚影响子实体质量等级。

采收时，一手按住菌块，另一手的拇指、示指、中指轻轻捏住菌柄基部拧起，注意不要将培养料带起，否则影响下潮菇的发生。然后从基部逐个掰开，用不锈钢刀切去多余的菌柄和赃物，及时加工。每采收一茬菇后，把培养料表面上的残渣清理干净，并喷一次“重水”，10 天左右就会长出新菇。一般滑子菇半熟料塑料袋栽培一批可采收 4～5 潮菇。

第五节　滑子菇生产中的几个问题

当菌丝达到生理成熟，气温降至 20℃以下时，给予降温、增湿、散射光及搔菌等刺激，诱导子实体原基的分化。注意把好 4 关：

一、催蕾关

东北地区 8 月下旬，立秋以后，日平均温度降至 20℃以下，菇房进行彻底清扫，喷洒 3%甲酚和 0.1%菌杀敌 1 号，灭菌、防虫。打开塑料薄膜，用刀形铁器(可用锯条磨制)划破菌块表层的蜡膜，使菌块内部的菌丝接触新鲜空气。划道深约 2cm，把蜡膜划透，划道距离 3cm，要与菌块边缘平行，不可乱划，更不能把蜡膜整个揭开。划道后，干燥 2 天，开始向菌块上喷水，水温越低越好。本着少喷勤喷的原则，喷水量逐渐加大，白天喷 3 次细雾，清晨、傍晚、夜间喷 3 次大水，揭膜后喷水使菌块含水量逐步达到 75%。用手指按菌块时，感到发软湿润、微见水痕时，停止喷水，转向地面、墙壁、空间喷水，每天喷 2～3 次，使空气相对湿度达到 85%，使菌块表面保持湿润状态，但无明水。菌块表面如有明水，不但菌丝自溶消失，还易招致霉菌孳生。

二、原基分化关

从料面菌丝体上出现白色或黄色的小颗粒，到长到高粱粒大的这段时间，是水分敏感期，也是提高成菇的关键时期，保持菌块表面湿润，严禁向原基上喷水。此时期以保湿为主，每天向地面、墙壁喷水数次，保持空气相对湿度 85%～90%。如遇干旱，料面干燥，块内含水量不到 75%，向菌块上喷细雾，切不可过量。如菌块的湿度过大，通风不良，室温过高(超过 18℃)，小菇蕾将成批萎缩或软烂。喷水后，要缓缓通风换气。南风开北窗、北风开南窗，防止北风直吹菇蕾。室外气温低于室温，应于中午通风换气；高于室温，应早、晚通风换气。此期间室温应控制在 15～18℃。

三、幼蕾关

能明显地看到小菌盖和菌柄时进入成形期。菌盖长到玉米粒大时，开始向菌块上喷细雾水；喷雾次数视室内湿度和子实体生长状况而定，一般每天至少 2 次。午夜喷 1 次雾状水，可明显提高产量；避免大水浇灌。室内空气相对湿度要达到 85%，防止子实体和菌块水分过分蒸发。随着子实体增多和长大，增加喷水量。10 月份以后，气温下降，为使子实体正常生长，室温应保持 10～15℃，室内设水桶储水，水温达到 10℃左右，再向菌块上喷洒。结合喷水，在气温最高的中午 12～14 时，通风换气2～3 次，避免室内 CO_2 积聚，影响菇体生长。

四、采菇关

菇体充分长大但尚未开伞时，停水 1 天，及时采收。每块采鲜菇 500～1 000g。在正常情况下，原基分化到采收约 15 天。采完一潮菇后，将菌块上的死菇、残柄清除干净，停水 3～5 天，适当通风，使料表干燥一下；白天关闭门窗提高室温，使菌丝恢复并吸收、积累养分。这时可往菌块喷0.1%糖水、0.1%尿素、稀淘米水，补充营养。还可喷洒 1×10^{-6}(百万分之一浓度)的三十烷醇等生长素或一般的磨菇生长素，促进菌丝恢复增殖。

停水期过后，向菌块上喷水，含水量达到 75%后，停止喷水，转向地面、墙面喷水，使空气相对湿度保持 85%～95%。夜间开窗通风，加大昼夜温差，促使二潮菇形成原基。二潮菇管理办法同前。这时气温进一步下降，要解决好保温和通风的矛盾。

滑子菇出菇温度一般在 5～20℃范围内，因品系不同而异：极早熟种 7～20℃，早熟种 7～18℃，中熟种 5～15℃，晚熟种 5～12℃。出菇期在 9 月上旬至 11 月上中旬。第一潮菇靠自然温度；第二潮菇产生时气温下降，应注意保温；第三潮菇在 11 月初，气温降到 5℃，要采取增温措施，室内可砌炉灶烧开水。

第六节　滑子菇的病虫害防治

滑子菇主要会遭受脉孢霉、木霉、曲霉、青霉、根霉、鬼伞、细菌、疣孢霉菌、轮枝霉菌；菇蝇、菇蚊、蛞蝓等病虫害的危害。防治与治疗方法，请参阅本书《食药用菌病虫害防治》一章。

参考文献

[1] 唐玉琴，李长田，赵义涛. 食用菌生产技术[M]. 北京：化学工业出版社，2008.
[2] 戴芳澜. 真菌的形态和分类[M]. 北京：科学出版社，1987.
[3] 邢来君，李明春. 普通真菌学[M]. 北京：高等教育出版社，1999.
[4] 裘维蕃，余永年. 菌物学大全[M]. 北京：北京科学出版社，1994.
[5] 姚一建，李玉. 译. 菌物学概论[M]. 北京：中国农业出版社，2000.
[6] 杨新美. 中国食用菌栽培学[M]. 北京：农业出版社，1986.
[7] 王贺祥. 食用菌学[M]. 北京：中国农业大学出版社，2004.
[8] 黄年来. 中国食用菌百科[M]. 北京：中国农业出版社，1993.
[9] 李铁汉. 食用菌病虫害综合防治[J]. 辽宁农业科学，2006(2)：96.
[10] 李晓明，郭新荣，杨祥. 食用菌生理病害及防治[J]. 西北农业学报，2004，13(3)：182-186.
[11] 常明昌. 食用菌栽培[M]. 北京：中国农业出版社，2005.
[12] 崔颂英. 食用菌生产与加工[M]. 北京：中国农业大学出版社，2007.
[13] 陈宗泽，唐玉芹. 食用菌栽培技术[M]. 北京：解放军出版社，2000.
[14] 王世东. 双孢菇、草菇、滑子菇栽培与加工新技术[M]. 北京：中国农业出版社，2005.
[15] 张淑霞. 食用菌栽培技术[M]. 北京：北京大学出版社，2007.
[16] 刘朝贵. 食用菌栽培新技术[M]. 成都：四川科学技术出版社，2001.

（唐玉琴）

第三十三章　花脸香蘑

DISANSHISANZHANG HUALIAN XIANGMO

摘要：花脸香蘑是一种具有很高开发利用价值的野生食药用菌。目前国内外对花脸香蘑的研究较少，人工栽培也处于试验阶段，开发潜力很大。本章系统地阐述了花脸香蘑的生物学特性和栽培技术研究现状，较详细地介绍了花脸香蘑的营养价值与药用价值。

Lepista sordida

Abstract: *Lepista sordida* is an edible/medicinal fungus which, due to recent research directed at domestication and artificial cultivation, has a high development and exploitation potential. This chapter consists of five sections describing in detail various aspects of *L. sordida* including biological features, the present status relating to artificial cultivation techniques, and the nutritional and medicinal attributes of the mushroom. It also provides a reference work for future research on *L. sordida* and its further development.

第一节　概　述

花脸香蘑又名：紫晶品蘑、丁香蘑、花脸蘑、紫花脸香蘑等。

学名：*Lepista sordida* (Schumach.) Singer, Lilloa 22: 193 (1951) [1949]。

属名"*lepista*"的词源是"lepis"，意思是"鳞片"，描述菌盖上的鳞片，译为"鳞盖伞属"。种名加词"*sordida*"的词源是"sordidus,-a,-um"，意为"弄污的、黑暗的、不鲜明的"。拉丁学名的原意是"暗色鳞盖伞"，中文名称"花脸香蘑"有美化的意思。

同物异名：*Agaricus sordidus* Schumach., Enum. pl. (Kjbenhavn) 2: 341 (1803)；*Gyrophila nuda* var. *lilacea* Quél., Fl. mycol. France(Paris): 271(1888)；*Lepista sordida* var. *ianthina* Bon, Docums Mycol. 10(nos 37-38): 91(1979)；*Lepista sordida* var. *lilacea*(Quél.) Bon, Docums Mycol. 10(nos 37-38): 91(1980)[1979]；*Lepista sordida* var. *obscurata*(Bon) Bon, Docums Mycol. 10(nos 37-38): 91 (1980)[1979]；*Melanoleuca sordida* (Schumach.) Murrill, Mycologia 6(1): 3(1914)；*Rhodopaxillus sordidus*(Schumach.) Maire, Annls mycol. 11(4): 338(1913)；*Rhodopaxillus sordidus* f. *obscuratus* Bon, Bull. trimest. Soc. mycol. Fr. 86(1): 158(1970)；*Tricholoma sordidum* (Schumach.) P. Kumm., Führ. Pilzk. (Zwickau): 134(1871)。

分类地位：菌物界(Fungi)，担子菌门(Basidiomycota)，伞菌纲(Agaricomycetes)，伞菌亚纲(Agaricomycetidae)，伞菌目(Agaricales)，口蘑科(Tricholomataceae)。

花脸香蘑气味浓香，色泽宜人，味道鲜美，鲜食、干食风味俱佳，是香蘑属中具有很高开发价值的优良食用菌之一。人工栽培花脸香蘑还处于小规模试验阶段，野生产量低且稀少，是一种很有开发潜力的野生菌种。

第二节　花脸香蘑的生物学特性

一、形态特征

子实体中等大小，菌盖直径2～10.5cm，幼嫩时中部稍微上凸，呈钟形、扁半球形至平展，有时中部稍下凹，湿润时半透明状或水浸状，紫色、浅红菱色或藕粉色，边缘内卷，盖缘有时具不明显的条纹，常呈波状或瓣状。菌肉带浅紫色，薄而香。菌褶淡蓝紫色或浅红菱色，稍稀，直生或弯生，有时稍延生，不等长。菌柄长 3～9.5cm，粗0.2～1.2cm，与菌盖同色，靠近基部常弯曲，内实。双核菌丝具有锁状联合。担子棒状，上着生 4 个担孢子。担孢子无色，表面具有麻点，有的表面粗糙，椭圆形至近卵圆形，6.1～9.8μm×3.3～5.2μm。孢子印浅粉色至粉红色。

二、分布、生态和习性

(一)分布

花脸香蘑主要分布于中国、欧洲等地。中国主要分布于贵州 、云南、黑龙江、辽宁、河北、河南、甘肃、青海、四川、新疆、山西、内蒙古和福建等地。

(二)生态和习性

此菌常生长于草地、路旁等无荫蔽的地方，对土壤要求不高，但要有一定的有机质。夏秋季连续阴雨多天以后在山坡草地、草原、灌木丛下，在富含腐殖质的田野、菜园、坡地、耕地、村庄路旁、火烧地、肥堆等无荫蔽的地方单生、群生或近丛生，往往在草原上形成蘑菇圈。菌盖幼嫩时呈紫红色，菌柄实心紫色，脆嫩、具有浓郁的清香味，味道鲜美。

东北地区，8～9 月份为花脸香蘑发生旺季。在南方，花脸香蘑出菇时间为 3～4 月份或 9～10 月份，温度在 18～25℃连续阴雨 7～8 天后大量发生，这时土壤湿度近饱和，空气湿度 98%以上。由于其不能在阳光下生长，生长地又无遮闭物只靠连续阴雨天才能生长。因此，每年发生时间很短，但其生长环境比较简单。

(三)生态因子对花脸香蘑的影响

花脸香蘑的生活条件和其他草腐食用菌一样，包括水分、营养、温度、空气、光线、pH 等。现将这些因子及其对花脸香蘑的影响叙述如下：

1. 水分

花脸香蘑是喜湿性菌类，抗干旱能力较弱，适宜菌丝生长的培养料含水量为 60%～65%。夏秋季节栽培，水分散失较快，发菌阶段培养料含水量应保持在 70%左右，空气相对湿度以 60%为宜；子实体生长发育期适宜的空气相对湿度应达到 90%～98%。

2. 营养

肖玉珍等(1995)认为综合马铃薯蔗糖琼脂培养基为母种最佳培养基，并从木屑、麦麸、玉米粒、玉米粒、稻草培养基中筛选出玉米粒培养基为原种和栽培种的适宜培养基。饶军等(1997)利用马铃薯、萝卜、红薯、南瓜、地瓜等为原料进行了母种培养基的筛选和研究。田果廷等(2003)利用 PDA 培养基，综合马铃薯培养基和麦粒琼脂培养基进行母种的分离驯化。申慧彦、彭卫红等(2005、2004)从碳源、氮源等方面进行了菌丝的营养特性研究。结果表明，花脸香蘑菌丝能较好利用葡萄糖、蔗糖、可溶性淀粉、玉米粉等多种碳源和酵母膏、蛋白胨、麦麸、酵母粉等多种氮源，适宜碳氮比为 20∶1～40∶1。经发酵的培养料优于未发酵的培养料。同时在完全培养基中添加不同的维生素(维生素 B_1、维生素 B_2、维生素 B_6、维生素 C 和肌醇)对菌丝的生长率和生长势无明显影响。

(1)碳源

花脸香蘑属草腐真菌，在一般情况下分解纤维素和木质素的能力不强。栽培中可以用木屑、稻草、麦秸、甘蔗渣、棉子壳、废棉和玉米芯为主要碳源。

花脸香蘑菌丝在葡萄糖、蔗糖、乳糖、可溶性淀粉、玉米粉和麦芽糖 6 种碳源上均能萌发生长，在以玉米粉为碳源的培养基上，生长速度和菌丝长势均优于其余碳源培养基。在乳糖和麦芽糖作为碳源的培养基上，生长速度较慢，长势差，菌丝萎黄，未见有紫色的色素产生。在其余 4 种碳源培养基上，气生菌丝均较发达，菌落中央产生色素，且在葡萄糖、蔗糖培养基上较明显。

(2)氮源

花脸香蘑一般以鸡粪、马粪和牛粪等畜禽粪肥或加适量的麦麸、玉米粉、大豆粉和各种饼粕为氮源，同时还需要补充微量的无机盐，如磷酸二氢钾、过磷酸钙、石膏或碳酸钙。

花脸香蘑菌丝体在以麦麸、酵母粉为氮源的培养基上菌丝生长速度较快，而在牛肉膏培养基上生长速度最慢。在酵母粉培养基上，菌丝浓密，长势最佳，蛋白胨培养基次之。在硫酸铵和 L2 谷氨酰胺培养基上，菌丝纤细、稀疏，长势较差。在蛋白胨、硫酸铵和 L2 谷氨酰胺为氮源的培养基上，色素较显著。

(3)温度

花脸香蘑属中温型菌类，菌丝在5～35℃条件均能正常萌发生长，在 17～27℃的温度条件下生长速度最快，生长势最好。温度低于 17℃或高于 27℃，菌丝生长速度和生长势明显减弱；子实体发育温度 16～30℃，最适温度20～26℃。温度低于 15℃和高于 32℃时，不易产生菇蕾。

(4)空气

花脸香蘑菌丝生长阶段对空气的要求不严格，一定浓度的CO_2能刺激花脸香蘑菌丝的生长。出菇阶段则需要大量的新鲜空气，通气不良，子实体不能正常发育，容易形成畸形菇。

(5)光照

花脸香蘑菌丝生长阶段不需要光照，发菌期间宜放黑暗处。光线越强，菌丝生长势越弱。子实体分化及生长需要充足的散射光，光线太暗或太强都不利于子实体色泽形成。

(6)酸碱度

花脸香蘑对pH值的适应范围较广，pH>10.0和<4.0时，菌丝仍有一定的生长量，pH在5.0～9.0的培养基中生长速度最快，生长势最强，最适pH为6.5～8.0，菌丝洁白，整齐，平铺生长。总趋势上看，中性偏碱性的环境有利于花脸香蘑菌丝的生长。堆料或拌料时可添加2%左右的石灰，将培养料的pH提高到9.0左右，有利于控制杂菌生长。

(7)土壤

花脸香蘑对土壤要求不高，但要有一定的有机质。一般生于砂壤土、菜园土及富含腐殖质的红壤土上，土壤偏碱性，pH为7.0～8.5，具有良好的透气性。卢成英等(1994)观察到，子实体发育对土壤中某些生长因子需要量较大；李晓华等(2004)进行黄泥土、草皮土的覆土试验。结果显示，菌丝在两种土中都能正常生长，但在生黄泥土中不能正常出菇，在草皮土中能正常出菇。

第三节　花脸香蘑的栽培技术

人工培植花脸香蘑具有广阔的市场前景。从20世纪90年代开始，即有有关花脸香蘑人工驯化栽培的相关报道和小规模试验。随后，国内研究者陆续开展了花脸香蘑驯化栽培研究，对其生物学特性和菌丝培养及栽培方法等均有涉及。但从总体上讲，还存在产量不高、品质不佳和稳定性差等问题。

一、生料发酵栽培

花脸香蘑生料发酵栽培相对于熟料栽培成本较低，栽培技术过程相对简化，有利于生产中推广应用。

(一)整地作畦

先在栽培场四周开好排水沟，主要是防止雨后积水。整地作畦的做法：取一部分表层土壤堆放在旁边，然后把地整成垄形，中间稍高，两侧稍低，畦高10～15cm，宽90cm，畦与畦之间相隔40cm。在整地完成、尚未建堆之前进行场地消毒，如在畦上喷洒茶子饼水，在畦床上和四周喷撒1%敌敌畏等。将备用的土壤混合一定量的石灰，使其pH稍偏碱，播种前在整好的畦床上撒一层石灰粉，以预防杂菌污染。

(二)培养料的堆置发酵

花脸香蘑培养料原料及配比和蘑菇、鸡腿菇、双环蘑菇相同。将原料按比例秤重、拌匀，加水调节含水量达到70%，用石灰调节培养基pH为8左右。将拌匀后的培养料建堆，一般堆高和宽1m左右，长度根据料的多少而定，并每隔一段打排气孔。最后堆料上覆盖塑料薄膜。堆置发酵时间约25天，每隔5～6天翻堆一次，使培养料均匀发酵。通常情况下，由于高温型微生物大量繁殖，建堆后5～6天，当堆料中心靠外部分的堆温升至70～75℃时进行第1次翻堆。翻堆时外部边缘的料偏干应喷水，将外部料翻到中间，上部料放在下边，里边料翻到外边。如翻堆时培养料偏干，要调节水分，适当喷水调节。每翻完一次堆后将塑料膜盖好继续发酵。最后一次翻堆时，调节含水量至65%左右，并且加石灰调节pH为8左右。发酵好的料要求具有发酵味，无其他异味，料松散，这时可将培养料送进菇房菇床上，并抖松铺平。

(三)铺料、播种和覆土

料温下降到30℃以下即可播种。铺料之前，若畦床表面土过于干燥，应适当喷水使之湿润，以防止培养料失水不利于发菌。一般采用层播法播种，发酵料总厚度30cm左右，每平方米用菌种一般1～2瓶(750ml原种瓶)。播完种后直接覆土进行发菌管理。土壤要求有较好的保湿性，以砂壤土为佳，先铺粗土，后铺细土，一次覆完。覆土要先预湿消毒，调节相对含水量至60%～65%，不能过湿或过干。

(四)发菌管理

温度、湿度的调控是花脸香蘑发菌管理的中心环节。花脸香蘑在菌丝生长阶段要求料内温度22～28℃，培养料的含水量约70%，空气相对湿度80%～90%。播种后，根据栽培场地情况，保持适宜的温度、湿度条件，创造有利的环境促进花脸香蘑菌丝恢复和生长。菌丝发菌时，大面积生产最好用秸秆或草帘覆盖，经常保持覆盖物的湿润。

（五）出菇

覆土之后 30 天左右菌丝达到生理成熟，菌丝长满覆土层，由营养生长逐渐转向生殖生长。土层内菌丝开始形成菌丝束，扭结成淡紫色原基，并膨大成菇蕾。这期间重点管理是控温、控湿和加强通风。出菇阶段气温以 20～25℃ 最为适宜。若气温偏高，气候闷热，应采取遮阳、覆土层上喷雾化水等方法，降低环境温度，避免阳光直射。温度过分偏低，应采取盖好草被、塑料薄膜，减少喷水或不喷水等措施。出菇期的水分管理根据气候条件、床面出菇密度、子实体大小来确定。喷水以能保持覆土湿润即可，空气相对湿度应保持在 90%～93%。喷水时雾滴要求细、匀。出菇期场地通风良好，长出的菇菌柄短、菇体结实健壮、产量高。出菇期还要适当调整光照度，使花脸香蘑子实体色泽鲜紫色。

（六）采收

花脸香蘑出菇潮次不太明显，需根据生长情况采收。适时采收是保证品质的关键环节之一。在花脸香蘑菌盖平展、色泽变浅之前，即可采收。采收时，用拇指、示指和中指捏住菌柄基部，轻轻旋转，待松动后向上拔起，随即用小刀削去菇脚。采菇后的孔穴要用土填补。花脸香蘑子实体韧性偏低。越是成熟过度，子实体越容易碎裂。采收过迟，菌盖平展、反卷，色泽变浅，成熟过度大大降低商品价值。同时，在采收过程中一定要做到轻拿轻放，这样才能保证品质。

二、熟料袋栽覆土

（一）栽培季节

紫花脸香蘑属中温型菌类。当自然气温稳定在 15℃ 以上时即可播种栽培，春季、夏季和秋季均可栽培。在云南的滇中地区每年 3 月至 10 月份栽培较为适宜。

（二）熟料二段法栽培

二段法栽培是指采用木腐菌的袋栽法结合覆土工艺进行栽培。袋装熟料接种后适温培养菌丝体，然后脱袋覆土进行出菇管理。工艺流程：备料→粉碎培养料→按配方拌料→装袋灭菌→冷却接种→菌丝培养→脱袋覆土→出菇管理→采收。此法的优点是培养料来源广泛，产量较高。

菌丝培养温度为 24～27℃。将培养好的栽培袋移入栽培室（棚），剥去塑料栽培袋，菌筒横排或竖排于床架（或畦床）内。把覆土材料敲成 0.2～2cm 的碎块，加 5% 经过发酵处理的木屑和 1% 左右的草木灰，覆土厚 2.5～3cm。保持覆土层湿润，20～30 天后出现原基。勤喷、轻喷保湿水，环境湿度保持在 95% 左右。花脸香蘑一般现蕾后 5～7 天成熟，子实体 7 分成熟时要及时采收。采收后清理床面残留物，用新的覆土材料补平床面，保持覆土层湿润，直到第二批子实体出现。整个生育期可采收 4～5 潮菇，出菇期为 50 天左右。

第四节 花脸香蘑的营养价值与应用

花脸香蘑气味浓香，味道鲜美，属优良食用菌。该菌蛋白质含量丰富，各种氨基酸比较齐备，特别是钙、铁、胡萝卜素和烟酸含量丰富，还有较多的微量元素铜、锌、氟、碘等，具有养血、益神、补肝和利五脏之功效。常食有利于治疗贫血崩漏、久病体虚、神疲、健忘等症，能增加食欲，令人充满活力。卢成英等（1993）对驯化所得花脸香蘑子实体（干品）进行分析测试，其含粗蛋白 43.03%，次于蘑菇而高于其他食用菌；糖类（碳水化合物）29.7%；粗纤维 7.58%；粗脂肪 2.01%，仅高于木耳而低于其他多种食用菌的脂肪含量；氨基酸总量达 19.22%；必需氨基酸齐全，占氨基酸总量的 28%；微量元素丰富，尤以锌含量较高，达 71.9μg/g。

罗心毅等（2003）对花脸香蘑子实体的主要元素含量进行了系统报道，进行了有害元素评价。试验表明，在测定的人工代料栽培花脸香蘑子实体 18 种元素中，每克干品中富集金属元素 K 4 112μg、Na 1 321μg、Ca 2 690μg、Mg 1 244μg、Fe 1 215μg、Zn 844μg、Cu 968μg、Sr 2.39μg、Se 0.93μg、Co 0.56μg、Ni 2.12μg、Ge 0.24μg、S 0.28μg；富集有害金属元素 Pb 0.88μg、Cd 0.58μg、Hg 0.40μg、As 1.00μg、Cr 1.34μg。富含人体抗自由基、抗衰老、抗癌等微量元素，其中硒的含量是中国黑龙江木兰县新民公社克山病区稻米中硒含量的 40 倍，是水果、蔬菜、粳米、玉米及猪肉、牛肉、蛋、牛奶等几倍，甚至十几倍，而且富集的有害金属元素较欧洲报道的 25 种野生蘑菇低 20～100

倍。符合食品安全标准。罗心毅等(2003)用人工栽培花脸香蘑子实体为试验材料,对花脸香蘑子实体的18种氨基酸进行了研究。试验表明,花脸香蘑子实体干品中蛋白质质量分数为30.03%,18种氨基酸质量分数为24%~37%,谷氨酸4.78%、天冬氨酸2.46%、赖氨酸1.60%、色氨酸0.48%、蛋氨酸0.43%,其中谷氨酸占18种氨基酸的19.65%,天冬氨酸占18种氨基酸的10.09%。8种人体必需氨基酸总质量分数为8.03%,占18种氨基酸的32.90%。

第五节　花脸香蘑的药用价值

花脸香蘑民间作药用,具有养血、益神、补肝的功效,是一种药食两用,价值很高的珍稀真菌,药物开发具有很大的应用前景。

国内外学者对高等大型真菌的研究开发也很活跃。1996年,德国学者Xenia Mazur等用*Lepista sordida*菌株发酵分离出两种抗癌、抗菌的二萜骨架化合物,并进行了结构鉴定及生物活性研究。Francesca Benevelli等提取了这两种二萜化合物的衍生物。Andrsen等报道了*Lepista nuda*同属野生食用蘑菇具有富集有害金属的功能。另外,国内的研究表明,人工袋料栽培的花脸香蘑具有富集硒、锗等抗癌、抗衰老等多种微量元素功能。

参 考 文 献

[1] 陈士瑜,陈惠. 菇菌栽培手册[M]. 北京:科学技术文献出版社,2003.
[2] 黄年来. 中国食用菌百科[M]. 北京:中国农业出版社,1993.
[3]卯晓岚. 中国大型真菌[M]. 郑州:河南科学技术出版社,2000.
[4] 张光亚. 云南食用菌[M]. 昆明:云南人民出版社,1984.
[5] 洪震,卯晓岚. 食用药用菌实验技术及发酵生产[M]. 北京:中国农业科技出版社,1992.
[6] 郭好礼,宁国赞. 中国农业菌种目录[M]. 北京:中国农业科技出版社,1991.
[7] 何培新,孟丽,王振河. 名特新食用菌30种[M]. 北京:中国农业出版社,1999.
[8] 申慧彦,刘朝贵. 花脸蘑菌丝营养特性的研究[J]. 食用菌,2003,25(3):5-6.
[9] 罗心毅,洪江,张勇民. 花脸香蘑元素测定[J]. 中国食用菌,2003,22 (4):43-44.
[10] 罗心毅,洪江,张勇民. 人工栽培花脸香蘑氨基酸研究[J]. 氨基酸与生物资源,2003,25(3):14-15.
[11] MAZUR X, BACKER U, ANKE T, et. al. Two new bioactive diterpenes from Lepista sordida [J]. Phytochemistry. 1996,4(2):405-407.
[12] BENEVELLI F, CARUGO O, INVERNIZZI AG, et al. The structures of trichoaurantianolides B, C and D, novet diterpenes from Tricholoma aurantium[J]. Jetrahedron Lett, 1995,36 (17): 3035-3038.
[13] 李晓华,赵兵,莫绍芬. 花脸香蘑人工驯化栽培技术初报[J]. 食用菌,2004,26(3):12-13.
[14] 谢福泉,胡七金. 野生优良食药用菌花脸香蘑的研究进展[J]. 菌物研究,2005(4):52-56.
[15] 卢成英,钟以举,饶立群. 3种野生菇驯化后子实体营养成分分析[J]. 吉林大学学报,1993,14(6): 38-41.
[16] KALAÊ P, SVOBODA L. A review of trace concentrations in edible mushrooms[J]. Food Chem, 2000,69:273-281.
[17] 肖玉珍,赵静珍. 花脸蘑(Lepista sordida)人工驯化栽培技术的研究[J]. 东北农业大学学报,1995,26(1):7-12.
[18] 饶军,周军清,潘细义,等. 花脸香蘑的生物学特性[J]. 中国食用菌,1997,16(1):20.
[19] 戴肖东,张丕奇,马庆芳. 发酵料栽培花脸蘑技术[J]. 食用菌,2005,27(2):20.
[20] 田果廷,杨琼芬,徐学忠. 紫花脸香蘑驯化栽培研究[J]. 食用菌学报,2003,10(1):52-56.
[21] 彭卫红,王勇,甘炳成,等. 野生珍稀食用菌花脸香蘑菌丝体培养研究[J]. 西南农业学报,2004,17 (4):515-517.

[22] 张洪海，李建国，何琳华，等.野生食用菌花脸香蘑菌丝体生物学特性研究初报[J].江苏农业科学，2006(2):120-121.
[23] 卢成英.紫晶香蘑生物学特性及栽培研究初报[J].吉林大学学报,1994,15(5):82-86.
[24] 卢成英,李鹄鸣,钟以举. 紫晶香蘑栽培生物学研究[J]. 生态学杂志,1994,13(4):37-41.
[25] 饶军,饶文龙.花脸香蘑菌种培养基筛选[J].中国食用菌,2000,19(2):9.
[26] 王剑锋,白涛,饶军.花脸香蘑液态发酵条件研究[J].中国食用菌,2007,26(4): 44-46.
[27] 郭勇,彭卫红,贾定洪.花脸香蘑的栽培技术[J].食用菌,2007,29(3):41-42.
[28] 饶军.花脸香蘑栽培方法[J].吉林农业大学学报,1998,20(增刊):151.
[29] 蔡育发. 野菌菜肴[J].上海调味品,2001(1):15.

（宋爱荣、田雪梅）

第三十四章　灰 树 花

DISANSHISIZHANG HUISHUHUA

摘要： 灰树花是新开发的食用菌，由于具有很好的营养和药用价值，生产发展迅速。在 30 多年时间里，已逐步完善了灰树花段木、代料栽培和深层培养技术。本章比较系统、全面地阐述了人类对灰树花的认识和利用、发展现状、生物学特性、不同的栽培方法，以及商品加工、营养与药用等方面内容。

Grifola frondosa

Abstract: *Grifola frondosa* is a relatively newly developed edible mushroom which has a high nutritional and medicinal value, and which has seen a rapid development. During the past 30 years, there has been enormous progress in the cultivation of this mushroom using wood-log, artificial substrate and submerged fermentation culture techniques. This chapter describes in detail various aspects of *G. frodonsa* including the history of popular recognition and exploitation as an important resource, the present status of research activities relating to the mushroom, biological features, artificial cultivation techniques (including cultivation on wood logs and other substrates), nutritional attributes, and medicinal properties and applications. Progress in the development of *G. frodonsa* and prospects for the future are reviewed and summarized.

第一节　概　述

一、灰树花学名及分类地位

灰树花又名：贝叶多孔菌、云蕈、栗子蘑、栗蘑、千佛菌、莲花菌、甜瓜板、奇果菌和叶奇果菌等。

学名：*Grifola frondosa* (Dicks.) Gray, *Nat. Arr. Brit. Pl.* (London)1:643(1821)。

属名"*Grifola*"的词干"gri-"意思是"灰色的"，词尾"-fola"意思是"叶"，因为长在树干上，中文称灰树花属。种名加词"*frondosa*"意思是"多叶的、生叶的、叶状的"，描述其丛生状子实体上数十个密集的、覆瓦状的菌盖。

同物异名：*Agaricus frondosus* (Dicks.) Schrank, *Baiersche Flora München* 2:982(1786); Boletus cristatus Gouan, *Hortus monsp.*: 462 (1762); *Boletus frondosus* Schrank, *Baier. Fl.* 2: 616 (1789); *Boletus frondosus* Pers., *Comm. Schaeff. Icon. Pict.*:49(1800); *Boletus frondosus* Dicks., *Fasc. pl. crypt. brit.* (London)1:18(1785); *Boletus intybaceus* Baumg., *Fl. Lips.* 2: 631 (1790); Caloporus frondosus (Dicks.) Quél., *Fl. mycol.* (Paris): 406(1888); *Cladodendron frondosum* (Dicks.) Lázaro Ibiza, *Revta R. Acad. Cienc. exact. fis. nat. Madr.* 14: 864(1916); *Cladomeris frondosa* (Dicks.) Quél., *Enchir. fung.* (Paris): 168(1886); *Fungus squamatin-incumbens* Paulet, *Traité Champ.*, Atlas 2:121(1793); *Grifola albicans* Imazeki, *J. Jap. Bot.* 19: 386(1943); *Grifola frondosa* (Dicks.) Gray, *Nat. Arr. Brit. Pl.* (London)1: 643(1821) f. frondosa; *Grifola frondosa* f. intybacea(Fr.) Pilát, *Atlas des Champignons de l'Europe*, Ser. B 3(1): 35(1936); *Grifola frondosa* (Dicks.) Gray, *Nat. Arr. Brit. Pl.* (London)1: 643 (1821) var. frondosa; *Grifola frondosa* var. intybacea (Fr.) Cetto, *Enzyklopädie der Pilze*, Band 1: Leistlinge, Korallen, Porlinge, Röhrlinge, Kremplinge u. a. (München): 317(1987); *Grifola intybacea* (Fr.) Imazeki, *Bull. Tokyo Sci. Mus.* 6: 98 (1943); *Merisma frondosum* (Dicks.) Gillet, *Hyménomycètes* (Alençon): 692(1878); *Merisma intybaceum* (Fr.) Gillet, *Hyménomycètes* (Alençon): 692 (1878); *Polypilus frondosus* (Dicks.) P. Karst., *Bidr. Känn. Finl. Nat. Folk*

37：25（1882）；*Polypilus intybaceus*（Fr.）P. Karst.，*Bidr. Känn. Finl. Nat. Folk* 37：25（1882）；*Polyporus albicans*（Imazeki）Teng，*Chung-kuo Ti Chen-chun*，［Fungi of China］：762（1963）；*Polyporus barrelieri* Viv.，*I Funghi d'Italia*（Genova）：28（1834）；*Polyporus frondosus*（Dicks.）Fr.，*Syst. mycol.*（Lundae）1：355（1821）；*Polyporus intybaceus* Fr.，*Epicr. syst. mycol.*（Upsaliae）：446（1838）［1836-1838］。

分类地位：菌物界（Fungi），担子菌门（Basidiomycota），伞菌纲（Agaricomycetes），多孔菌目（Polyporales），节毛菌科（Meripilaceae）。

二、灰树花发展历程

灰树花是世界上新开发的一种大型优良食、药两用真菌。灰树花鲜品具有独特清香味，滋味鲜美；干品具有浓郁的芳香味，肉质嫩脆，味如鸡丝，脆似玉兰；营养丰富，在野生灰树花的产地，属珍贵野蔬。经测定，它的营养成分组成合理，蛋白质、氨基酸含量高出香菇1倍，铁、磷、硒、锌、钙含量都很高。同时，它所含的多糖能抑制肉瘤及Lewis肺癌肿瘤生长。它在改变人们的膳食结构，提高人民生活水平中将起到重要作用。

（一）古代对灰树花的认识

灰树花在我国民间有着悠久的采食历史。公元二世纪《太上灵宝芝草品》中记载："灰树花味辛（新鲜灰树花具有浓郁清新气味），白盖四重（灰树花子实体为层叠状），下一重上有二枚生（子实体分枝为树杈状），并有三枚生上重（分叉上又有分叉成珊瑚状），或生大石之上，黄沙之中，腐木之根，高树之下，名山之阴，得而食之，仙矣。白虎守之。"《太上灵宝芝草品》是传世最早的菌类典籍，属世界上最早的菌类图鉴之一。《太上灵宝芝草品》有赖《道藏》的编纂而得以保存，是研究古代菌类及其文化的重要文献。1204年，我国宋代科学家陈仁玉的《菌谱》也有记述灰树花为食用菌，"味甘、平、无毒，可治痔疮"。

在日本，最早记述灰树花的是《温故斋菌谱》，记述灰树花的汉字为舞太计，太计的写法与日文たけ相近。根据该书的绘图和描述，确认为灰树花无疑，日本著名菌类学家小林义雄在《日本 中国菌类历史与民俗学》中也有详细记述。熊谷达也在《邂逅的森林》中描述：1603年，统一日本的一代枭雄德川家康征战中不幸患疾，众御医束手无策时，野生舞茸（灰树花）却让他起死回生。1709年，日本贝原益轩的《大和本草》；1834年，本坂浩然的《菌谱》，首次以学术的角度记载了舞蕈（灰树花），并指出它能够"润肺保肝，扶正固本"；1858年，丹波修治的《菌谱》之后，日本开始重视灰树花，由野生观察记述转变为开始研究。

我国和日本都比较早就认识灰树花。灰树花很早就被作为野生蔬菜而食用。1941年，日本向坂正次在我国东北采收标本，编著《满州野生食用菌植物图说》一书，灰树花被收入为食用真菌，这是继1939年邓叔群之后的准确记载。

（二）栽培技术的形成与发展

最早进行灰树花人工栽培研究，是日本人伊藤一雄（1940）和広江勇（1941），他们分别就灰树花特性、孢子萌发、菌丝体生长所需的环境条件、树种与腐朽关系进行了系统研究。由于种种原因直到20世纪70年代初期，灰树花才被重新认识。80年代初，日本开始人工栽培灰树花，群马、福冈等地是主要栽培产区。日本庄司当著有《まいたけ自然栽培と施设》一书，大贯敬二在《图解家庭きのこの栽培法》中也有比较详细的栽培技术叙述。2007年，日本灰树花的产量仅次于香菇、金针菇、平菇和猴头菇等大宗菇类。

我国对灰树花的研究起步较迟。1982年，三明真菌研究所黄年来等在福建黄岗山采到野生子实体并分离得到菌种；1983年，浙江庆元县食用菌研究所从国外引种并培育出菇。20多年来，我国浙江、福建、上海、河北、四川、云南等地的一些科研单位，也相继进行了引种驯化和栽培试验研究。目前，浙江、河北、福建、山东、黑龙江、四川、北京、云南等地都有了规模化生产。

三、中国灰树花产业发展现状

我国灰树花栽培起源于1980年，最先由四川农科院土肥所刘芳秀、张丹栽培成功。她们从四川蒙顶山野生灰树花分离得到菌种，栽培取得成功。由于栽培面积小，推广面积不大。

规模栽培在浙江省庆元县和河北省迁西县。1981年，日本籍中国商人易乃成与上海华东师范大学教授丁训侠访问庆元县，在购买野生灵芝的同时，与庆元县科委交换了灰树花试管。1982年，韩省华、吴克甸等在庆元县栽培成功。1985年，吴克甸、周永昌发表了《灰树花栽培技术初报》，这是我国最早的灰树花大面积栽培成功的报道。到1990年，庆元县出口盐渍灰树花50余吨，1995年栽培量达到1 400多万袋，成为庆元县仅仅次于香菇的第二大菌类产业。

为了使灰树花能规模化栽培和产品开发，1987年，浙江省科技厅和浙江省丽水地区科委将“灰树花栽培高产技术”列为科研课题，由韩省华、吴克甸等人进行专门攻关。他们先后在浙江省庆元县、吉林长白山等地采集到10多份野生植株，并发现了灰树花的菌核现象：在不良环境条件下，灰树花会形成棕褐色的坚硬木质化菌核，外形呈不规则长块状，外表呈凸凹不平的瘤状突起，断面处3～5mm呈棕褐色，内为白色，子实体可由当年菌核的顶端长出。同时，系统地进行了灰树花的段木栽培、代料栽培、覆土栽培和菌棒栽培的研究，摸清了灰树花的生理特性和生长规律，总结了模式栽培技术经验。韩省华在长白山、庆元县洞宫山上采得多枚野生灰树花，由菌核分离得到灰树花的gri154～164十余个新菌株，以gri-159表现最好。由韩省华、吴克甸研究的灰树花高产栽培技术，1988年获浙江省丽水地区行署科技进步奖。这项技术在浙南和闽北食用菌主栽区得到广泛推广。庆元、龙泉、云和、景宁、松溪、政和、浦城等地区已成为我国灰树花的主要产区。

1982年，河北省迁西县利用当地野生资源进行灰树花驯化栽培获得成功（赵占国等，1983年，郑云甲，1985年），被列为河北省“八·五”重点科技攻关项目。1992年，河北省迁西县赵国强在当地分离出灰树花菌株迁西二号，并研究出灰树花埋土地栽技术。1993年，灰树花仿野生栽培法研究有了突破性进展，生物学效率可达128%。1994年，通过省级技术鉴定，被国家科委列入“星火计划”，推广到全国各地。到1996年，整个唐山地区有较大面积得以推广。2009年，我国灰树花总产量已达6 423吨。

第二节　灰树花的生物学特性

一、形态特征

灰树花由菌丝体、菌核和子实体组成。菌丝体、菌核是灰树花的营养器官。灰树花菌丝白色，绒毛状，有横膈膜和分支，细胞壁薄，菌丝生长会形成菌丝束，具锁状联合。菌丝体是灰树花吸取营养的器官。子实体大或特大，肉质，有柄，呈珊瑚状分枝，不规则，菌肉白，厚2～7mm。菌管长1～4mm，末端生扇形至匙形菌盖，灰色至浅褐色。表面有细毛，老熟后光滑，有反射性条纹，边缘薄，内卷。重叠成丛，直径20cm，野生大者可达40～60cm。重3 000～4 000g。菌冠直径7～15cm，菌盖呈掌状分枝为匙状叶片，叶片直径2～4cm，厚2～5mm，叶状边缘波状，菌孔延生，孔面白色或淡黄色，管口多角形，平均每毫米1～3个。短柄，灰色至灰褐色至灰白，表面有细绒毛，干后硬，边缘3mm处有一圈不规则尖凸，老熟后光滑，有放射状条纹，边缘薄，微内卷，菌管长1～6mm，与菌柄延生，管孔白色，多角形，菌肉白。孢子无色，光滑，卵圆形至椭圆形，5～7.5μm×3～3.5μm。

二、分布和生态习性

(一)分布

野生灰树花分布于中国、俄罗斯、北美和日本等国。我国从黑龙江至云南以东地区都有过野生灰树花分布的报道。

(二)生态习性

灰树花是一种典型的木生白腐菌，中温型、好氧、喜光。野生灰树花大多发生在栎树、板栗、栲树、青冈栎等壳斗科树种及阔叶树树桩基部或倒腐的近地树干上，以分解树木的心材为营养，造成树木心材白色腐朽，与常见食用菌有较大的不同。在海拔800m以上、年降水量达1 200mm、年平均气温在10～13.5℃、相对湿度80%～85%的高山阔叶林或常绿针阔混交林中多有发生。这些地带的土壤均为半砂土或砾砂土，通气良好，排水性好，pH在5～6，腐殖质层有机质丰富，碳、氮等营养元素全面。

(三)生活史

灰树花孢子有4种性别，分别为A_1、A_2、B_1、B_2。这4种性别的孢子分别萌发出A_1、A_2、B_1、B_2 4种菌丝。A_1和B_1或A_2和B_2结合的菌丝能够进一步生长、发育形成子实体，而A_1和B_2或A_2和B_1结合的菌丝不能形成子实体。

灰树花的生活史是：

孢子（A_1、A_2、B_1、B_2）→一次菌丝（A_1、A_2、B_1、B_2）→二次菌丝（A_1 B_1或A_2 B_2）→菇蕾→桑葚期→子实体→孢子（A_1、A_2、B_1、B_2）

灰树花孢子萌发形成的菌丝，细胞中只有1个细胞核。只有1个细胞核的菌丝称单核菌丝，又称一次菌丝，单核菌丝不能形成子实体。两个相对的单核菌丝（A_1 和 A_2 或 B_1 和 B_2）进行细胞融合，形成有两个细胞核的菌丝才能形成子实体。单体菌丝极为细弱，抗逆力、分解基质的能力也很弱。双核菌丝较粗，生命力、分解基质的能力较强。生产上用的母种、原种和栽培种的菌丝都是双核菌丝。双核能分泌各种酶到培养基中，将培养基中的木质素、纤维素、半纤维素、沉淀粉、蛋白质等细胞不能直接吸收的高分子物质分解为葡萄糖和氨基酸，然后再吸收利用。在适宜的条件下，菌丝生长速度很快，1 天可长 3～4mm。

灰树花从孢子萌发、菌丝生长到形成子实体和产生孢子，包括生长和发育（即营养生长和生殖生长两个过程）。孢子萌发和菌丝生长是灰树花菌丝体数量的增加，是营养生长；子实体形成和产生孢子是生殖生长，结果产生新的后代。灰树花菌丝在培养基质中生长时，不断地分解、吸收培养基中的养分，形成新的菌丝体，菌丝体不会发生质的生物化学变化。当基质中充满菌丝或菌丝长到相当数量时，培养基质的 pH 逐渐下降，菌丝体开始产生能诱导子实体形成的生长激素。当生长激素达到一定数量时，并配有合适的光照、空气、温度等其他条件，就会形成子实体。当菌丝体转入生殖生长时，菌丝体内会大量积累养分，供子实体生长需要。灰树花子实体形成所需要的物质，1/2 是由基质中木质纤维素的分解所提供，而另 1/2 的营养物质来源于菌丝体中的储存养分。灰树花生殖生长阶段，对光照、空气条件的要求与营养生长阶段有所不同。灰树花生殖生长阶段，必须要有适宜的光照，空气中的二氧化碳含量要低于菌丝营养生长时所要求的含量，否则子实体不能形成。

（四）生长发育条件

1. 营养

灰树花是典型的白腐菌，在自然条件下，大多以分解木材的心材为营养源。在人工条件下，它和香菇等腐蚀边材的腐朽菌具有同等功能。灰树花对碳、氮、无机盐、维生素等的利用与香菇、金针菇没有太大的差别。

①碳源：在母种培养基中，碳源以葡萄糖最好，有机氮最适宜菌丝生长，硝态氮几乎不能利用。在人工栽培中，可广泛利用杂木屑、棉子壳、蔗渣、稻草、豆秸、玉米芯等作为碳源。

②氮源：常添加玉米粉、麦麸、大豆粉等作为氮源和营养元素。

③矿物质元素：与香菇栽培相同。

④维生素类：维生素 B_1 在灰树花子实体生长发育中不可缺少。

2. 水分

灰树花菌丝在木屑培养基上生长所需的含水量为 45%～75%。低于 45%或高于 75%，菌丝不能萌发，培养基含水量在 50%时菌丝生长最快。子实体生长时，培养基含水量在 60%左右时产量最高。

3. 湿度

菌丝培养阶段，培养室内空气相对湿度应保持在 60%～70%。湿度过高，培养袋棉塞容易受潮感染杂菌，影响培养袋的成品率。原基转色到子实体生长阶段，空气相对湿度以 85%～95%为宜。低于 80%时，子实体易失水枯死，尤其是幼小阶段，对空气湿度更为敏感；超过 95%以上，往往因通气不畅而使菇体腐烂。

4. 温度

灰树花菌丝生长温度范围较宽，在 5～37℃范围内均能生长，最适温度为 20～28℃。菌丝耐高温能力较强，在 32℃时也可缓慢生长，致死温度为 42℃。子实体生长发育温度范围为 10～27℃，最适温度为 15～20℃。在适温范围内，温度较低，子实体生长相对较慢，菌肉厚、颜色深。温度较高，子实体生长明显变快，但盖薄、质松、色淡。

原基形成的温度为 18～20℃，25℃以上原基也会形成，但会分泌大量水分，长期在 25℃以上，水珠颜色由淡变黄。在栽培中如出现这种现象，必须降温。否则，黄水增加，发黏成糊状，影响原基转色，最终导致原基死亡。

子实体发生和生长温度在 18℃左右。低于 15℃子实体生长缓慢，长期处于 8℃以下，子实体会死亡；20℃以上子实体生长快，单产低，超过 25℃以上；生长受到抑制，也容易感染病虫害。

17cm×33cm 塑料培养袋（料高 12cm）放在室温 10℃下培养，菌丝发满需 90 天时间；放在 20～26℃室温下培养，需 40～46 天；放在室温 30℃以上，需 60～80 天；放在室温 35℃以上，菌丝不会向培养料内蔓延。但在木屑培养基中，经 72 小时 40℃高温培养，菌丝也不会死亡。

5. 空气

灰树花在菌丝和子实体生长阶段，对氧气要求比较高，属需氧最多的食用菌之一。子实体生长阶段需要经常通风换气，通风不好，子实体发育不良。如果CO_2浓度过高，菌盖叶片不分化，会长成珊瑚状分枝，也容易产生病虫害。培养室每天应通风换气4～6次，有一定数量的空气对流。空气太大流动，也会伤害子实体在桑葚期的生长。因此，在子实体生长阶段，调节处理好通气与保湿、恒温的关系，是灰树花栽培管理的重要环节。

6. 光线

灰树花菌丝体在完全黑的环境下生长旺盛，菌丝浓白，但永远处在黑暗条件下不会形成子实体。灰树花和香菇一样，形成原基需要有一定的光照，没有光照，培养基表面形成一层过厚的菌膜。产生这种现象的培养袋，以后即使得到充足光线，原基的形成也极差。

灰树花菌丝生长初期，培养室内的光线照度需有50～100 lx。原基发生需要有漫射光的刺激，子实体生长需要比菌丝体生长强一倍的光照，光线太弱，子实体不容易形成。但光线过强，子实体会产生畸形。子实体生长阶段一般需要200～500 lx。适宜的散射光有利于子实体菌盖颜色加深，减少畸形菇的发生。

7. 酸碱度

灰树花适宜在偏酸性中生长，pH在3.5～7.6范围内均可生长。菌丝在微酸性环境中生长较快，在马铃薯琼脂培养基上，pH在3.4～7.5，菌丝均能生长。在培养基上，pH在4.8～8.5均能够生长。培养料配制时，pH宜调到5.5～6.5。随着培养时间的延长，pH有所下降，这样有利于子实体的发生和生长（表34－1）。

表34－1　灰树花适宜的环境条件表

生产条件	菌丝生长阶段	子实体生长阶段
温　度	18～25℃	15～20℃
湿　度	60%～70%	75%～95%
光　线	50～100 lx	200～500 lx
空　气	通风换气	经常通风换气
pH	5～6.5	4.5～6.5

（五）灰树花的木质素、纤维素生物降解规律

灰树花是典型的腐朽类白腐菌，具有很强的降解木质素、纤维素和木素的能力。灰树花大多生长在树木的向阴面、距离树桩10～150cm，离地面3～5cm的树根上，有时直接发生在树桩或距离树桩较远的树根上。生长灰树花的树桩或树根，都有白腐或部分白腐现象。被菌丝分解的木材内部呈海绵状，有许多空洞。灰树花与大多数木腐菌不同，一般木腐菌主要腐蚀木材的形成层和边材部分，而灰树花主要腐蚀木质素心材部分。

灰树花菌丝在不良环境中会形成菌核，生长在距地表3～5cm处或深埋于地下。菌核卵形或不规则长块形，直径3～8cm，最长可达30cm以上。表面棕褐色至黑褐色，有瘤状突起，外部有5～8mm厚木质化的皮壳，中心为致密的灰白色菌丝体组织，质硬而脆，子实体从菌核的顶端长出。韩省华等（1994）发现，菌核的顶端略淡，外表木质化层薄，处于腐殖质深厚的土壤表层，一般紧贴在寄主上。菌核与子实体之间由菌索连接。菌索管状，表面白色至灰白色，直径3～7mm，质脆，易折断。在灰树花生活史中，菌核是适应不良环境的休眠体，在条件适宜时，可直接产生子实体而不形成菌核。据黄年来（1997）报道，1982～1994年，在福建不同生活环境中所采集到的标本，都没有发现地下菌核。在形成菌核的地方，每年可在固定的地方采收到子实体，并可根据菌核的色泽、大小，判断它的生长年限，预测次年子实体的产量。

在灰树花发生处距地表15～40cm区域内，菌索纵横交错地与多个菌核相连，与菌核连接的韧皮部，布满白色菌丝束，树皮组织已经坏死，湿度很大，并在木质部呈现圆形坏死斑，坏死斑内也充满菌丝束，进入树木的心材内。因此，灰树花对活立木有极大的危害作用。河北迁西有人将引起树木白腐的菌索和菌丝束称为“白蕈”。

据伊藤一雄（1940）、国友幸夫（1985）、深井三郎（1979）、松本晃幸和大平郁男（1982）的试验，在人工栽培条件下，利用木材的边材或心材作培养料，在产量上没有明显的差别。

第三节　灰树花的菌种繁育

灰树花子实体珊瑚状，多分枝，菌盖薄，质地嫩脆，体内水分含量高，很容易破损腐烂，菌柄菌盖不容易消毒，因而影响分离效果。国内最早栽培灰树花的菌种是日本的151，产量一直不高。优

良菌种是获得灰树花高产的关键。

一、原始菌种的获得

可从采集到的野生灰树花菌核中分离得到新菌株。

灰树花的菌核呈不规则长块状，直径 3～8cm，长达 30cm 以上。外表凹凸不平，有瘤状突起，褐色至黑褐色，坚硬菌核外层木质化，中心为紧密的灰白色菌丝体组织，无锁状联合。野生灰树花子实体从菌核的顶端长出，生长子实体的菌核色泽略淡，外表木质化层薄，生在腐殖质深厚的土壤表层。一般紧贴在寄主的树干根上，呈不规则扁球形。白色菌丝体组织旺盛，与子实体相连的一段菌核，称为“核端”，是分离菌种的最好材料。

灰树花菌核不易损伤、腐烂，采得后略加风干，即可取断面白色菌核进行分离。但是，菌核和核端所分离的菌种在栽培上有较大差异。菌核部位分离的菌种，子实体很少发生。核端分离所得的菌种，接入培养基 36 天就会形成原基。70 天左右原基开始分化，产量高。菌核与核端间有如此大的差异，原因尚不清楚。灰树花属真菌的菌核生长，与子实体分化有着重要的内在因素。子实体形成可能与核端本身生理发育及营养有关。

二、培养基配制

①纯培养分离培养基用 PDA 和加富的 PDA：马铃薯 200g，葡萄糖 20g，琼脂 20g，酵母膏0.5g，硫酸镁 0.5g，维生素 B_1 1/4 片。

②栽培培养基为：木屑 34%，棉子壳 34%，麦麸 10%，壤土 10%，玉米粉 10%，糖 1%，石膏 1%，含水量 60%。

三、分离方法

灰树花菌种分离的操作与香菇等食用菌的菌种繁殖基本一致，请参阅本书《食药用菌制种技术》一章。

第四节　灰树花的栽培技术

一、段木栽培技术

野生灰树花在板栗等阔叶类树木的根部上生长，通常单朵产量达 600～1 200g，个别可达到 10 千克。灰树花菌丝中有多种分解酶，在生长过程中能很好地分解和利用木材中各种物质，因此灰树花能在木材上很好地生长。在段木栽培中，不像香菇、黑木耳那样，以树木形成层部分为主，吸取营养，从树皮部分发生子实体，也不同茯苓那样，吸取木材内的所有营养物质。

灰树花段木栽培技术是在借助传统原木生产香菇和段木生产灵芝的基础上形成的。灰树花段木栽培是将适宜的菇树砍伐、截段、集中搬运到一起，然后接入纯培养的灰树花菌种，在栽培场地进行培菌、出菇管理的技术模式。灰树花段木栽培采用人工纯培养菌丝接种，生物转化率较高，可提高菇木资源的利用率，每立方米木材两年可产干灰树花约 32 千克。具有接种成活率高、出菇可靠、产量高而稳定、品质佳等优点。

(一)生产工艺

生产工艺流程：树木选择→砍伐→切段→包装→灭菌→接种→菌丝培养→场地选择→搭架→开畦→脱袋→埋土→管理(水分、通气、光线)→子实体发育→采收→晒干→烘干→分级→包装→储藏。

(二)菇木树种的选择

灰树花与香菇一样，菌丝不能在含有大量芳香油、樟油、辛辣物质的树木中正常生长，除松、杉、柏等针叶树及部分含有樟油、辛辣物质的阔叶树不能用于栽培灰树花外，其他阔叶树一般均可选择使用。树木种类不同，其营养成分和木材质地也不尽相同。虽然在同一条件下进行同样的栽培管理，不同的树种对灰树花产量的高低、品质的优劣等方面表现出一定的差异。选择适宜于段木栽培的菇树非常重要，以获取较高的经济效益。我国适宜栽培灰树花的树种有 10 多个科、20 多个属的 300 多种树，主要集中在壳斗科的板栗、栎树、青冈、槠树等十几个树种。

(三)品种选择

灰树花段木栽培和代料栽培的品种，在段木上都能够应用。目前主要有 151、159、164 等几个品种。

(四)栽培场地选择

灰树花段木栽培出菇场所可根据栽培生产的实际情况而定。一般选择在村庄边、地势平坦或稍有坡度、通风、排水良好的地方，引水要方便。

人工菇场要搭建遮荫棚，遮荫度需掌握在70%左右，菇棚四周开好排水沟。

（五）菇树砍伐与截断

1. 适宜的砍伐季节

灰树花段木栽培对菇树的砍伐季节要求相对较严格，砍伐季节不当，会影响灰树花产量和质量。适宜菇树砍伐期在树木的休眠期，一般在每年立冬至翌年的惊蛰之间（即11月中旬至翌年2月下旬）。这一时期树木中储藏的养分充足，而且形成层已停止活动，韧皮部和木质部贴合紧密，树皮不容易脱落。

在实际生产中，砍伐菇树时还必须做好与接种工作的衔接。从菇树砍伐期到接种的间隔时间一般为50～60天。

2. 砍伐菇树与截段

菇树应选择中等大小、直径（离地120cm左右处直径）15～25cm。砍伐菇树应采取单株择伐的形式，砍树时应注意树木的倒向和安全，尽量不让树皮有损伤。菇树砍倒后尽快集中搬运到栽培场，截段长度一般为20～25cm。

截段后的段木需要有收浆干燥过程。选择比较平坦、通风良好的向阳坡地，将段木堆叠起来，晒一段时间。

3. 灭菌

将锯成20～25cm长的段木，用常压灭菌，保持100℃10小时，或97～99℃保持12～14小时。在加热过程中，应避免用冷水降温，以免影响灭菌效果。灭菌时注意灶的实际温度，防死角、防断水。

4. 接种

按每立方米段木用菌种100包接种量接种。接种时，要对接种空间进行灭菌。接种室要选门窗紧密、干燥、清洁的房间，墙壁用石灰水粉刷，地面为水泥地。第一次消毒需在段木出灶前进行，按每立方米空间用4g烟雾消毒剂，消毒过夜；第二次消毒在段木冷却至30℃以下时，在各项接种工作准备完毕后进行。为了减少污染率，接种室应有缓冲室。接种过程中，动作要迅速，一人解袋，一人放种，一人系袋，有人运袋，多人密切配合，形成流水线。接种主要在袋的两边袋口段木表面，中间可不接，菌种要紧贴段木切面。这样发菌快，减少污染，一般接种成活率可达95%以上。

5. 菌段培养

段木菌袋宜放在通风干燥的室内较暗处培养，放在室外培养要有遮雨、保湿、遮荫措施。菌袋立体墙式排列，两菌墙之间需留有通道，以便检查。接种后1周内要加温到22～25℃培养，这样有利于菌丝恢复生长。菌丝生长中后期若袋内有大量水珠产生，要加强通风或降温，每天午后开门窗通风换气1～2小时。一般培养20天左右，菌丝便可长满整个段木表面。这时可结合刺孔放气，减少袋内积水。通过开门窗换气，增加袋内氧气，促进菌丝向木质部深层生长。室内培养期约2个月。对已有污染的菌袋，应清除杂菌后重新灭菌培养，用种量宜大些。

6. 建棚

具体操作与普通香菇荫棚相同，也可利用蔬菜大棚，只需增加75%的遮阳网即可。

7. 排场埋土

排场时间应选择3～4月份晴好天气。场地应事先清理干净，加强对白蚁的防治。排场应根据不同菌种、生长特性进行分类。去袋按序排行。菌段按间距5cm、行距10cm埋入土内。排好菌木后覆土2cm。覆土深浅、厚薄，应视栽培场湿度大小酌情处理。

8. 出菇管理

在适宜的温度、湿度条件下，木材横断面上会形成根状菌索。菌索伸到地面后形成子实体，这时需加强出菇管理：①要有一定散射光照：灰树花生长对光照相当敏感，搭荫棚时，郁闭度应低些，子实体形成初期，提高光照度，有利于灰树花分化。②注意温度变化：灰树花子实体形成为恒温结实型，正常的生长温度为18～34℃，最适温度为18～20℃。菌材埋土后，如气温在24～32℃，通常15天左右形成菌蕾。当菌柄生长到一定程度后，温度、空间湿度、光照度适宜时，即可分化分枝和菌盖。③重视相对湿度：灰树花子实体分化经过菌蕾→桑葚期→珊瑚期→树花期→成熟。从菌蕾发生到珊瑚期未成熟前，空气相对湿度保持在85%～95%，以促进菌芽表面细胞分化，土壤也要保持湿润状态，晴天多喷水，阴天少喷水，雨天不喷水。④注意通风透气管理：灰树花属好气性真菌，在良好的通气条件下，可形成正常菌盖。⑤防止子实体联体发生：排列埋土菌材要有一定的间隔。当发现子实体有相连可能性时，应及时进行疏蕾，不要让子实体互相连结。

9．采收

当灰树花子实体颜色达到灰白中带黑，表面有菌孔针眼状时便可采收。菌孔成为刺状表明过老了。灰树花采收后，剪去过长的菌柄，单个排列晒干，最好先晒后烘。

二、代料栽培技术

代料栽培时，根据灰树花对营养所需的要求，要按一定的比例配制培养基。培养基不仅要满足菌丝生长的需要，更重要的是必须满足栽培后期子实体生长发育的要求。

营养丰富的培养料，会大大加速菌丝生长量与子实体的产量。营养配比要合理，并不是辅料比例越多越好。辅料用量多不仅会增加杂菌的污染率，而且更重要的是灰树花营养生长期特别旺盛，浓密的菌丝会在培养表面形成一层很厚的菌膜，把已形成的白色隆起包困在里面。出现这种现象的培养袋，即使在后期环境适宜，子实体发生也极差，甚至不发生。

木材是灰树花的营养基物。在添加棉子壳、甘蔗渣的培养基，菌丝蔓延正常，子实体能够顺利形成。采用以木屑、棉子壳等为主要原料，加入一定比例的麦麸和玉料粉等辅料，在适宜的环境条件下，灰树花能顺利地生长发育，其生物效率在40%左右。

（一）季节安排

在自然气候下，温度、湿度、光照、空气等都会影响效益，尤其是温度影响更大。虽然各种食用菌的特性不同，影响子实体发生和生长发育的主要因素是温度。如果栽培季节没有按其特性安排，错过子实体发生、生长发育季节，栽培效益极低。

代料栽培灰树花仅能发生一次子实体。原基形成时的温度是否适宜子实体发生，是栽培中很重要的一个环节。如何安排好最适宜的栽培季节，是取得丰产的关键。

根据灰树花的生理特性，在庆元境内春末夏初或秋末冬初，灰树花均能正常生产，一年可栽培两次。

利用自然温度与灰树花相适应的生长条件，安排灰树花的接种期和出菇期。表34—2是庆元县不同海拔高度栽培灰树花的季节安排。

表34—2 栽培灰树花的接种期安排

季节 日期 地名	海拔（m）	接种期始—止（月 日）	出菇期始—止（月 日）	接种期始—止（月 日）	出菇期始—止（月 日）
屏都乡	320	1.19～2.9	3.19～4.29	8.9～8.29	10.9～11.18
西演村	350	1.19～2.9	3.19～4.29	8.9～8.29	10.9～11.18
岭头乡	880	2.24～3.14	4.24～6.4	8.1～8.20	10.1～11.11
杨桥乡	1040	3.1～3.21	5.1～6.1	7.18～8.8	10.17～10.27

（二）培养料选择

代料栽培时，根据灰树花对菌丝所需的要求，按一定的比例配制培养基。培养基不仅要满足菌丝生长的需要，更重要的是必须满足栽培后期子实体生长发育的要求。

代料栽培以木屑为主，配以棉子壳，添加少量氮素营养如麦麸、玉米粉，C/N 比以28:1为适宜，过量添加营养容易出现畸形菇。木材是灰树花的碳营养基物，一般采用山毛榉、橡树等阔叶树杂木屑为培养料。颗粒大小为0.5～2mm。灰树花生物学效率在40%左右。

1．栽培用培养基配方

配方1：杂木屑34%，棉子壳34%，麦麸10%，玉米粉10%，壤土10%，石膏1%，红糖1%，含水量60%，pH为6.5。

配方2：杂木屑73%，麦麸10%，玉米粉15%，糖1%，石膏1%，过磷酸钙0.1%，含水量60%，pH为6.5。

不同的木屑栽培灰树花，产量略有差异，板栗、青冈、栎树、栓皮栎等树种的木屑栽培灰树花，产量比胡枝子条、桐子树、柳树等树种高。

2．备料

灰树花栽培周期短，从接种到采收约需80天时间。子实体发生每袋仅一次，栽培管理工作要求很细致。

以下是1 000袋原料栽培的数据，以供生产前备料参考（表34—3）。

表34—3 栽培1 000袋灰树花所需原材料

杂木屑	棉子壳	麦麸	玉米粉	石膏	红糖	塑料袋	菌种套	菌种
120 kg	120 kg	35 kg	35 kg	3.5 kg	3.5 kg	1 050 只	1 500 只	20～25袋

袋栽灰树花季节性很强，栽培所需的原料要按配方比例和计划生产数备足。原料是栽培灰树

花的物质基础，质量很重要，木屑、棉子壳要晒干，以防变质霉烂，霉烂变质的原料不能用，筛除木屑中木片、杂质，防止刺破塑料袋。干燥的木屑经过长期堆积对菌丝生长有利。麦麸、玉米粉以新鲜为好，要求干燥、无霉烂、变质。

培养基内需加 10%的山土，以选用无腐殖质的山土为好。用前需晒干燥，过筛去掉石子、树根等杂质，1 000袋培养袋需添加土 35～40 千克。

在准备主要原料的同时，还要把所需的塑料袋、套口、棉花、消毒物准备好。

(三)菌袋(棒)制作

在配制培养基时，应按配方比例秤取各种原料，棉子壳吸水缓慢，在拌料前一天晚上用清洁水预湿。其他原料按生产人造菇木的方法操作，然后和予湿的棉子壳混合，加入适量的水充分拌匀即可装袋。

培养基搅拌均匀后装袋，用长、宽 17cm×35cm、厚为 0.045～0.05cm 的聚丙烯袋或高压聚乙烯袋，料高 11～12cm。料要装紧实，每袋装湿料0.8～0.85千克，袋口套直径 3cm、高 3cm 的套环，然后套上口塞。如果加棉塞，应盖防水纸，用橡皮筋或细线扎紧。培养基装入袋后，为了防止袋破损，被杂菌污染，自装料开始，整个操作过程要轻拿轻放，小心搬动，堆放场地和搬运工具要平正、光滑。

灰树花的培养基营养丰富，拌好的培养料如堆放时间过长，会引起料内微生物活动，发酸变质消耗养分。从拌料到灭菌开始，时间越短越好。气温越高，装袋工作更应抓紧。

(四)灭菌

1. 常规灭菌

装好袋后灭菌。灭菌是培养纯菌种的重要环节，用物理或化学的方法，杀死物料上或环境中的一切微生物。经过灭菌的物料和空间要求成为无菌状态。

常压蒸气灭菌，灭菌开始时火力要旺，争取在较短时间内使锅内温度达 100℃，以防升温缓慢引起培养料内耐高温微生物继续繁殖，影响培养料质量。锅内温度达到 98～100℃时，火力要均匀，保持稳定的温度，切忌火力时猛时弱，影响灭菌效果。锅内温度达 98～100℃，维持 10～12 小时后，即可停止灭菌，把培养袋移到清洁荫凉的地方冷却。

2. 其他灭菌技术

其他灭菌技术请参阅本书《食药用菌制种技术》一章。

(五)接种

经过灭菌后的栽培袋，已处于无菌状态，为培养灰树花纯菌丝创造了良好的环境。灰树花菌丝抗逆性较弱，菌丝萌发慢，接种量要大些。每瓶菌种接 30 袋为宜，菌种需要拍散，尽量散布在培养基表面，使菌丝尽快蔓延生长。接种手法与菌种制作相同。

秋季栽培灰树花，气温较高，空气湿度较大，耐高温的各种微生物繁殖较快，空气中的孢子密度较大。在这种条件下接种，稍有疏忽就会被杂菌污染。为了降低杂菌污染率、提高接种成功率，要做好环境卫生，同时用灭菌药物定期喷洒净化环境，降低空气中各种微生物孢子密度，以减少杂菌污染的机会，严格按照无菌操作规程进行接种。科学和严谨的工作态度，是降低杂菌污染的根本保证。

(六)培菌管理

培养袋接种完毕及时移入培养室，控制杂菌滋生、减少培养袋污染率、培养健壮的灰树花菌丝体是这一阶段的主要任务。培养室要清洁、光滑，先用灭菌杀虫药物消毒，同时检查墙壁四周有无老鼠洞，如有应及时堵塞好。培养料内经灭菌的棉子壳带有香味，老鼠很喜欢挖食，培养袋一旦被咬破，链孢霉会侵入培养料内到处滋生。培养袋排放不要过密，袋与袋之间留 2～3cm 空间，以便通风散热，降低袋温。

灰树花菌丝稀疏，接种 1 周左右，在木屑培养基表面如草菇菌丝一样纤细，介入培养内的菌丝末端不整齐。在 20～26℃适温条件下培养 10 天左右，培养基表面菌丝才逐渐浓白。

在菌丝生长期中，培养室内温度若超过 26℃以上，要加强通风降温；低于 20℃以下，要人工加温。培养室内需要有一定的散射光。空气湿度需保持在 60%～70%。

培菌期间勤检查培养袋生长情况，被杂菌污染的培养袋要及时拿出培养室。轻度污染可立即重新装袋、灭菌接种。

如用培养架培养，为使菌丝蔓延一致，定期调换上下层培养袋位置。菌丝蔓延到培养料 2/3时，尽量少移动培养袋。移动次数过多，培养袋内会大量积水。如温度超过 25℃，积水颜色会变黄，发黏。培养袋表面被黄色黏液侵融，原基转色会不正常，甚至引起霉烂。在适宜的条件下，40～46 天菌丝就会布满全袋。

(七)原基转色——桑葚期

接种后培养袋在适温环境下,约35天接种块四周会形成一层白色菌丝团,并向培养基表面扩散,形成一层厚薄不匀的菌膜,然后有一部分菌丝团向上凸起,这些白色凸起物就是灰树花原基。在一定光照和适温条件下,白色原基转变为灰色、黑色(即桑葚期)。桑葚期是灰树花生理转化过程不可缺少的环节,是灰树花从营养生长期转化为生殖生长期的具体表现。

培养温度18～22℃,有一定光照是促使原基转色的必备条件。如没有光线照射,培养基表面仅产生一层厚厚的菌膜,不会形成原基;已有原基形成的培养袋如长期处在黑暗环境下,原基也不会形成子实体。即使再把这些培养袋移到充足的光线下培养,子实体也很少发生,甚至不发生。

有白色原基形成的培养袋,一般不要多搬动,多次搬动不但会延长原基转色时间,错过出菇期,如果温度在25℃以上时搬动,会促使袋内分泌大量积水,引起原基霉烂。培养室要经常通风换气,同时检查原基是否顶到棉塞。原基快要顶到棉塞时,及时拉直袋口,扩大袋口内空间,防止原基和棉塞黏连。如原基与棉塞黏连,开袋口时会损伤原基,重者原基死亡霉烂,培养袋报废。拉直袋口需在30℃左右的时候进行。在适宜的条件下,原基约5～9天转色。原基转色后及时移到出菇场出菇。

接种后约50天,原基开始转为黑色,出现桑葚样凸起,凹处有水珠。由于多种原因,同期接种的培养袋原基转色会参差不齐。在进菇场前要进行挑选,原基已转色的培养袋,先移入出菇场,原基没有转色的培养袋,需继续培养,一定要等到原基转色才能移入出菇场。

(八)出菇管理

1. 出菇前期的管理

菌袋表面形成原基的培养袋,及时转入出菇管理。首先剪去袋口部分,并在周围割几道口子(底部可割成十字口),排入棚内预先挖好的地沟中。若完全将袋打开,表层的原基可能会分化为多个子实体,造成子实体弱小,品质下降。应在菌袋上覆1～1.5cm厚的粒状湿土。用于覆土的土质含有机质要少,以壤土为主,含水量20%～22%,土壤要呈粒状,否则会因透气性差影响原基的分化与生长。覆土在使用前,应用石灰杀菌、杀虫。

出菇场地的温度要比培养室低,空气湿度应比培养室高。空气相对湿度应达到85%～95%。转色原基必须有200～500 lx的光照度,子实体才会发生。子实体发生时,昼夜温差要小。子实体形成之后,温度以18℃左右最适。温度偏高,子实体早熟产量低;温度偏低,子实体生长缓慢,会延长收获期。

2. 出菇管理

原基转色至幼小子实体形成的湿度为85%。这一阶段需保持原基表面湿润而不积水,不能在袋口上喷水,如有水珠滴在原基表面,形成一层薄薄的菌膜,会抑制子实体发生。为了保持原基表面湿润、子实体顺利发生,移入出菇场地的培养袋,暂时不要去掉棉花,重新塞好棉塞,然后排在出菇场地上,利用培养基内的水分可以促使子实体发生。

经过上述操作,原基表面会产生许多细小的小水珠,原基逐渐向培养袋口方向伸长,形成多分枝、菌盖重叠的幼小子实体。幼小子实体没有顶到棉塞之前,尽量让它在袋内生长。子实体快要顶到棉塞时,为防止和棉塞黏连引起子实体霉烂,及时拔掉棉塞和套口,把塑料袋口拉直,排放在场地上进行喷水管理。喷水时雾点要细,喷口不要针对子实体,以免子实体损伤。子实体已伸长到袋口时,用刀把袋口割开,以增加袋内通气量,促使子实体桑葚期不断分枝分化到珊瑚期,使菌盖增大。子实体达到七分成熟时,及时采收。

灰树花子实体生长阶段,要求恒温出菇。为防止高温或低温侵袭,秋季栽培以在室内较好。室内温度变化比室外小,稍加控制就能达到灰树花生长要求。

3. 出菇期间的管理

出菇房每天通风3次,但应避免强风直接吹到菇体上。避免高温、高湿,温度以20℃左右为宜,空气湿度控制在85%左右。光照度控制在200～300 lx。喷水要"勤、细、匀",防止覆土及菇表面干燥。当珊瑚期分枝分化后,光照度可增至300～500 lx,使菌盖表面变为灰黑色,以提高商品质量。原基分化和子实体生长阶段,严格控制"温、湿、光、气"4个因子,否则易出现畸形菇,造成减产。

①水分管理:灰树花原基发生后,应控制水分的喷洒。喷水时注意远离子实体原基,避免将原基上的水珠冲掉。子实体分化为菊花状时,可以往菇上喷水,促进菇体生长。灰树花采收后3天

内，不要直接往培养基上喷水，以利菌丝恢复，生长下潮菇。气温过高，还需要往草帘和空地洒水，降温增湿。

②温度管理：4 月下旬或 5 月上旬，以保温为主，晚上盖严草帘和塑料布，或者草帘在下、塑料布在上。日光充足时，适当延长阳光直射畦面的时间。8 月下旬至 11 月份高温高热期，应以降温为主，可喷水降温，在草帘上加盖覆盖物，增加遮荫程度。晚上揭开塑料布或草帘，露天生长，白天气温高时，再盖上草帘或塑料布。

③通气管理：菇蕾分化期少通风多保湿，菇蕾生长期多通风。4 月中旬以后，要长期保持通风，每天早晚通风 1～2 小时。注意：低温时和大风天气少通风，高温和阴雨时要多通风。通风要和保温、保湿、遮光协调进行。

④光照管理：保持灰树花生长稳定，散射光是获得高产的必备条件，每天早晚增加 1～2 小时弱直射光。生产上不需采用过厚的草帘，以保留稀疏的直射光。出菇期应避免强直射光，不能为了保温和操作方便而撤掉遮荫物，造成强光照菇。

⑤光、温、水、气协调管理：在不同的季节、不同的时期和不同的天气情况下，需要协调、合理、有机地处理好各种关系，如雨天增加通风，达到出菇的湿润条件；干热时通过增加遮荫，减少高温伤害；每天早晚揭帘晾晒，可与通风、喷水同时进行，或者在此时采菇。灰树花畸形菇大多是由于环境不协调所造成的。如原基黄化萎干不分化，是通风大、湿度小所造成；小散菇是通风小、缺少光照所造成；菇盖形如小叶、分化迟缓的高柄菇是由通风不畅、湿度过大所造成；黄肿菇是由于水汽大、通风弱或高温所造成；白化菇大多是由于光照弱所造成；焦化菇是光强、水分小所造成；原基不生长，大多是由于覆土厚、浇水过勤、浇冷水造成温度低、生长缓慢所致；薄肉菇是由于高温、高湿、通风不畅、菇体不蒸发所造成；培养基塌陷是由于高温、不通风，以致菌丝体死亡所造成。

(九)采收与加工

1. 采收的时间

灰树花从现蕾到采收的时间，与灰树花子实体生长期的温度有关。一般说，温度在 23～25℃之间，从现蕾到采摘需 13～16 天；如出菇时温度在 22℃以下至 18℃，从现蕾到采摘需 16～25 天。

2. 灰树花应该采摘时的标志

①子实体采收要求在七分成熟以内。超过七分成熟会影响商品的质量，口感会降低。宜采收的灰树花，叶片层层如云，色泽正常，菌孔细小，七分成熟子实体叶片微微反卷，色泽略呈干焦，菌孔刺状，九分成熟的灰树花，孢子会散落在菌盖上。

②如果阳光充足，灰树花幼小时颜色较深，为灰黑色。长出菌盖以后，在菌盖的外沿有一轮白色的小白边，这轮小白边是菌盖的生长点。随着菌盖的长大，菌盖由深灰色变为黄褐色，作为生长点的白边颜色变暗，边缘稍向内卷曲，此时便可采摘了。

③如果光照不足，灰树花幼小时颜色较白，生长点不明显。到菌盖较大时，观察菌盖背面是否出现多孔现象。如果恰好出现菌孔，此时便可采摘；如果菌管已经很长，说明这朵灰树花已经老化。老化的灰树花不但质量差，也会影响下茬出菇，应及时采收。

3. 采收方法

采收段木栽培的灰树花时，两手伸平，插入子实体底下，在根的两边稍用力，同时倾向一个方向，菌根即断。注意不要弄伤菌根，有的菌根可以再次长出灰树花。拣净碎片及杂草等，过 1～2 天浇一次大水，保持出菇条件，过 20～40 天就可出下潮菇。除掉灰树花根部的泥土、砂石及子实体上面的杂草，即可鲜售。

采收袋栽的灰树花，基部要用刀割下。灰树花脆嫩易折，需小心轻放。割下的灰树花如有杂质，需用刀割除，然后从灰树花分枝至基部，用刀割成大小均匀的小片。

4. 储运

鲜灰树花应储放在密闭的箱内或筐内，每朵灰树花单层排放，尽量不要堆得过高，造成挤压。需要密集排放时，应让灰树花菇盖面朝下，菇根面朝上。储藏温度以 4～10℃为宜，温度过高，鲜菇继续生长因而老化。鲜品运输要力争平稳，将每箱(筐)单层或双层排放，避免挤压、碰撞和颠簸。

5. 加工

食用菌加工的目的，是为了便于保藏和提高质量。加工方法分干制品、盐渍制品和罐头制品 3 大类。灰树花菇体内含有大量的水分，处理不好很容易腐烂变质。制成干品便于保藏。干品制作的方法与香菇相同，可用炭火烘焙，也可以用脱水机脱水。目前灰树花干品在市场上需求量不大，而盐渍的灰树花很受国外欢迎。盐渍加工主要是增加菇体内和保藏容器内的含盐量，使之达到和接近饱和浓度，使渗透压增大，不利于各种微生物的活动，从而达到保藏的目的。

灰树花盐渍具体操作方法与措施，请参阅本书《食药用菌保鲜与加工》一章。

三、病虫害防治

灰树花出菇期较长，贯穿整个高温夏季，易遭受链孢霉、青霉、绿色木霉、黄曲霉、根霉、毛霉等杂菌，螨类、跳虫、蛞蝓、老鼠、菇蚊、菇蝇等虫害危害。具体预防与治疗方法，请参阅本书《食药用菌病虫害防治》一章。

第五节　灰树花的化学成分、药理作用与临床应用

一、化学成分

新鲜灰树花子实体水含量为80%。按干重计算，约含蛋白质22%～27%、糖类（碳水化合物）50%～60%和脂肪4%。还含有维生素 B_1、维生素 B_2、维生素 B_6、烟酸、叶酸、维生素C和维生素D。无机元素中以钾、磷、镁含量最高，其次为锌、钠、铁和钙。还含有机酸，包括乳酸、乙酸、甲酸、苹果酸、柠檬酸、琥珀酸、富马酸和草酸。灰树花多糖是主要的生物活性成分，具有免疫调节作用和抗肿瘤等作用，其中包括D-组分、MD-组分、grifolan、X-组分、MT-2和LELFD组分等，不同组分均含有β-1，6-支链、β-1，3-葡聚糖以及β-1、3-支链，β-1，6-葡聚糖的结构。灰树花多酚对金黄色葡萄球菌等具有一定的抑制作用，对红细胞的自氧化和 H_2O_2 所致的氧化均具有一定的抑制活性。

二、药理作用

（一）免疫调节作用

许多研究证明，灰树花多糖可以增强巨噬细胞的吞噬功能，促进其释放细胞因子和一氧化氮（NO）。小鼠腹腔注射0.5mg/kg或口服1.0mg/kg灰树花多糖D2组分，10天后，与对照组相比，小鼠细胞毒T细胞、迟敏T-细胞、自然杀死细胞（NK）水平均增加1.5～2.2倍，白细胞介素-2（IL-2）增加1.7倍，白细胞介素-1（IL-1）和超氧负离子的量也增加。灰树花多糖（GRN）对多种细胞因子有诱生作用，500μg/ml GRN诱生的白细胞介素-6（IL-6）活性与10μg/ml脂多糖（LPS）相当。另外，GRN还能诱生IL-2和肿瘤坏死因子α（TNF-α），GRN较LPS诱生TNFα效果更好。灰树花多糖还能激活小鼠肝巨噬细胞。灰树花多糖经静脉注射4～7天后，小鼠细胞因子和NO的产率显著增加，NO是巨噬细胞中的重要抗菌及抗肿瘤效应的分子。随着NO的增加，巨噬细胞对小鼠淋巴瘤（EL-4）细胞抑制活性增强，而加入NO合成酶抑制剂时，这种细胞抑制活性下降。在注射GRN 7天后，被认为是β-葡聚糖受体的巨噬细胞CD11b的表达增强，提示GRN可以激活肝巨噬细胞释放细胞因子和NO。GRN也能增加小鼠腹腔巨噬细胞的NO的合成，给小鼠腹腔或静脉注射GRN（250μg/鼠）3～7天后，NO合成达到高峰，同时GRN可增强干扰素γ（IFNγ）mRNA的基因表达。因此推断，GRN是通过调节IFNγ来增强腹腔巨噬细胞NO的合成。灰树花多糖对抗体的生成有辅助作用。当小鼠腹腔注射GRN250μg与三硝基苯基卵清蛋白（TNP-OVA）10μg后，小鼠血清中的抗TNP-IgG与NO的水平明显增加，而仅注射TNP-OVA显示较低的抗体及NO的水平。构效关系研究指出，GRN能在体外诱导细胞因子的产生，多糖的超微结构不影响其细胞因子诱导活性，GRN诱生TNF-α的活性与相对分子质量和侧链比有关，相对分子质量越大及侧链比越小，活性越高。

给小鼠每天腹腔注射灰树花乙醇沉淀物（ET-pr，蛋白质、核酸、糖的成分约各占30%）或RNA提取物1毫克/鼠，连续5天，小鼠脾NK细胞杀伤活性、巨噬细胞吞噬功能及TNF-α、IL-1的产生水平，均较对照组呈现有显著增高。灰树花RNA提取物提高NK细胞杀伤活性和巨噬细胞吞噬功能的程度，强于灰树花ET-pr的作用。这两种提取物增强机体非特异性免疫功能的作用可能与其抗肿瘤作用有关。用体外免疫细胞培养法，比较了用不同方法制备的灰树花子实体和菌丝体多糖的免疫活性。结果显示，稀碱提取的灰树花子实体多糖（GFAP），对体外培养的小鼠淋巴细胞的转化增殖作用最强；其次是稀碱提取的灰树花菌丝体多糖（GMAP）。在500μg/ml时，两者作用达峰值，分别为242.27%和205.47%。热水

提取的灰树花子实体多糖(GFP)与菌丝体多糖(GMP)对体外培养的小鼠淋巴细胞的转化增殖无明显作用。GFAP对小鼠巨噬细胞的激活作用最强,200μg/ml的GFAP对小鼠巨噬细胞的激活率达260%,相应浓度的GMAP、GMP和GFP对小鼠巨噬细胞的激活率分别为206.42%、197.99%和162.31%,均弱于GFAP。体外培养的小鼠巨嗜细胞经灰树花多糖刺激激活后,NO的生成量较空白对照PBS有明显增长,以GFAP组的增长最为显著,其后依次是GMAP、GMP和GFP。结果表明,几种灰树花多糖中GFAP免疫活性最强,它通过促进淋巴细胞转化增殖、激活巨噬细胞,并促使其分泌细胞因子NO而实现其免疫调节作用。

(二)抗肿瘤作用

将S-180瘤细胞悬液接种在小鼠右前肢腋部皮下制备荷瘤小鼠动物模型,分别每日灌胃灰树花多糖(GFP)100mg/kg、150mg/kg和200mg/kg,模型对照组灌胃生理盐水,阳性对照组皮下注射环磷酰胺(环磷酰胺100mg/kg)。检测小鼠肿瘤的抑制率、小鼠血清中TNF-α、IL-2水平的变化。结果:3种剂量的GFP、环磷酰胺对S-180荷瘤小鼠的抑瘤率分别为33.19%、47.92%、38.54%和41.55%,GFP组荷瘤小鼠血清内TNF-α、IL-2含量明显高于环磷酰胺组和模型对照组。GFP的抗肿瘤作用可能与促进TNF-α、IL-2释放有关。

Kodama等(2005)研究灰树花D-组分是否可降低抑制小鼠肿瘤的化疗药物——丝裂霉素C(MMC)的有效剂量。给荷乳腺癌细胞(MM-46)C3H/HeJ小鼠,每日腹腔注射MMC 0.25mg/kg,连续给药17天,肿瘤生长抑制率为18.5%。同时小鼠脾脏重量也显著降低,表明MMC具有免疫抑制活性。单用D-组分1.0mg/kg,肿瘤生长抑制率为32.9%。灰树花D组分1.0mg/kg与MMC 0.25mg/kg,联合给药使肿瘤生长抑制率增至68.9%,但对MMC引起的脾重量降低无影响。进一步研究发现,D-组分、MMC均可增加$CD8^+$细胞活化,而两者联合应用活化作用显著增强,表明MMC和D-组分合用可增加荷瘤动物的细胞免疫反应。MMC对IL-12生成以及巨噬细胞活化均无影响,而D-组分单用或与MMC合用,均可显著促进IL-12生成以及巨噬细胞活化,表明在MMC处置的荷瘤小鼠,D-组分通过活化巨噬细胞生成IL-12而增强Th1依赖的免疫反应。

崔凤杰等(2007)用移植型小鼠黑素瘤B16模型进行试验,研究灰树花菌丝体多糖肽GFPS1b的体内抗肿瘤作用。结果表明,GFPS1b(25、50和75mg/kg,腹腔注射)对移植型小鼠黑素瘤B16有抑制作用,抑瘤率分别为16.97%、32.47%和45.39%。环磷酰胺对照组抑瘤率为43.17%,3个剂量的GFPS1b同时能延长荷瘤小鼠生存时间,长于环磷酰胺对照组。肿瘤组织染色结果表明,GFPS1b中、高剂量组能使肿瘤细胞呈团索状实性排列或弥漫性分布,并有肿瘤细胞大片坏死,坏死区周围可见凋亡细胞。免疫组技术进一步显示,能诱导瘤组织中Bax基因蛋白表达,同时也能显著下调Bcl-2蛋白的表达。

Kodama(2002)报道,在C3H/HeN小鼠,灰树花中提取的多糖D-组分,通过活化巨噬细胞和T细胞、特别是Th1细胞而具有抗肿瘤作用。进一步采用Th2反应占优势的BALB/c小鼠接种结肠癌26细胞,发现D-组分(每日7.8 mg/kg)显著抑制肿瘤生长,给药第20天抑瘤率为79%。减少Th2细胞因子IL-4表达,但显著增加$CD4^+$细胞Th1细胞因子IFN-γ的表达,还增加抗原提呈细胞(APCs)IL-12p70和IFN-γ的生成。结果指出:通过APCs生成IL-12p70增加,D-组分促进$CD4^+$细胞的Th1细胞分化。

Ohno等研究发现,从液体培养的灰树花菌丝体中提取的灰树花多糖具有抑瘤作用。在植入S-180实体肿瘤后9天,给小鼠腹腔注射100~200微克/鼠,每天5次,抑瘤率超过99%。通过静脉给药或直接将灰树花多糖注射到肿瘤部位同样有效,而口服灰树花多糖却没有明显的抑瘤效果。类似的抗肿瘤作用在对Meth A纤维肉瘤以及MM46肿瘤的研究中也得以证实。Adachi等发现,灰树花多糖还能激活小鼠肝巨噬细胞。灰树花多糖经静脉注射4~7天后,小鼠细胞因子和NO的产率大大增加,而NO是巨噬细胞中的重要抗菌及抗肿瘤效应的分子。随着NO的增加,巨噬细胞对小鼠淋巴瘤细胞(EL24)的抑制活性增强。而当加入NO合成酶抑制剂时,这种细胞抑制活性减弱,说明灰树花多糖可以激活肝巨噬细胞释放细胞因子和NO。Bao Jun Shi等将硫酸化灰树花多糖(S-GAP-P)和5-氟尿嘧啶(5-FU)联合处理人的胃癌细胞株SGC-7901。结果发现,S-GAP-P能够抑制SGC-7901细胞生长和诱导细胞凋亡,而当S-GAP-P和5-FU联合应用时,能够显著抑制肿瘤细胞生长,说明S-GAP-P可能通过诱导肿瘤细胞凋亡来实现其抗肿瘤作用,而且还能协同加强5-FU的抗瘤活性。

Hong Lin等(2007)报道,从灰树花子实体中提取的β-葡聚糖(MBG)在体外增强小鼠骨髓细胞(BMC)的造血作用,并对多柔比星(DOX)对MBC

的毒性具有保护作用。他们用新鲜的人脐带血(CB)研究MBG增强造血和减少DOX毒性作用。MBG(12.5～100μg/ml)显著增强粒细胞-巨噬细胞集落形成单位反应(GM-CFU反应)。在DOX处理的BC细胞中加入MBG可显著拮抗DOX对粒细胞-巨噬细胞集落形成的毒性，即从另一角度防止DOX对造血的抑制。MBG还部分替代重组人粒细胞集落刺激因子(rhG-CSF)，rhG-CSF可显著增强GM-CFU反应。发现MBG诱导CB $CD33^+$单核细胞产生G-CSF。相反，成人外周血单核细胞不能对MBG产生明显的G-CSF反应。但LPS可刺激成人和CB单核细胞产生G-CSF反应。结果指出，MBG在脐带血细胞诱导造血干细胞增殖和GM-CFU分化，直接诱导G-CSF。

(三) 抗辐射作用

给小鼠灌胃经热水提取后获得的灰树花菌丝体胞内多糖0.13g/kg、0.27g/kg和0.81g/kg，可使^{60}Coγ射线8Gy辐照小鼠的存活率提高，3个剂量组存活率分别为29.4%、35.3%和47.1%，对照组存活率仅为11.8%。灰树花的菌丝体胞内多糖还能提高辐照小鼠的存活时间，促进辐照小鼠白细胞数目恢复。说明灰树花胞内多糖具有一定的抗辐射作用。还有报道指出，灰树花多糖对受辐照小鼠的造血组织有明显的防护作用，提高骨髓DNA的含量。

(四) 降血糖和调节血脂作用

口服灰树花子实体提取物可以使遗传型糖尿病小鼠的血糖降低，同时降低小鼠血浆中胰岛素和三酰甘油的水平。体外试验，在2×10^{-3} mol/L浓度时，灰树花子实体中提取的D-(+)-海藻糖(trehalose)对葡萄糖苷酶具有抑制作用，抑制率为45%。Kubo等用含胆酸钠和酪蛋白的高胆固醇饲料喂养大鼠，制造高脂血症动物模型，同时给予灰树花粉末。发现高剂量组大鼠血液中胆固醇、三酰甘油和磷脂含量比对照组下降3%～8%倍，接近正常对照组水平。在喂养高胆固醇饲料导致降低的高密度脂蛋白质-胆固醇仍维持原水平，肝重与皮脂层降低6%～7%倍，血脂与肝脂水平下降，胆固醇排泄增加1.8倍，胆汁酸排泄增加3倍，说明灰树花具有明显的降血脂与增加脂肪代射的功效。Fukushima等也发现灰树花具有降低胆固醇的作用。

(五) 保肝作用

在饲料中掺入5%的灰树花、香菇、平菇、金针菇、黑木耳、巴氏蘑菇等干粉，饲喂大鼠2周，均可抑制*D*-半乳糖胺(*D*-galactosamine)引起的血浆ALT和AST活性增高。灰树花水溶性低相对分子质量部分(组分Ⅱ)具有显著抑制作用。

据杨寿昌等(1994)报道，应用灰树花提取的多糖治疗急、慢性肝炎36例(灰树花多糖1 000 mg，每日3次，另加服维生素C、肝安、氯化钾，疗程60天)。结果HBeAg转阴率达55.5%。

用灰树花多糖X组分(具1→4支链的1→6葡聚糖)处理肝炎模型小鼠，可以使丙氨酸氨基转移酶和天冬氨酸氨基转移酶的值暂时升高1.2～2.0倍，然后迅速下降。X组分能激活被抑制的T细胞的活性，抑制细胞毒T细胞的活性，逐渐减轻肝炎症状。在肝炎加重期，灰树花多糖D2组分对$CD8^+$ T细胞激活的程度大于$CD4^+$ T细胞。而在肝炎缓解期，$CD8^+$ T细胞没有被明显激活。在两个时期D2组分剂量组的$CD4^+$ T/$CD8^+$ T的比值低于对照值。Ooi证实，灰树花多糖显著降低4-乙酰氨基酚造成的肝损伤而引起的血液中ALT和AST浓度的升高。Chang-Qing Gu等发现，灰树花多糖D组分能够抑制肝癌细胞HepG2中HBV DNA的表达，并协同IFN抑制病毒复制，从而为HBV感染者提供了另一治疗方法。

(六) 抗氧化清除自由基作用

采用化学发光法比较了灰树花各提取物对超氧阴离子自由基、羟基自由基的清除效果。研究结果表明，灰树花子实体和菌丝体的提取物对羟基自由基均有很好的清除作用。灰树花菌丝体水提物(GFME)、灰树花子实体水提物(GFE)、灰树花子实体水提多糖(GFP)、灰树花子实体碱提多糖(GFAP)清除羟基自由基的IC_{50}均小于1.0mg/ml，其他提取物清除羟基自由基的IC_{50}也均小于3.0mg/ml，而对超氧阴离子自由基仅GFME、GFMP、GFE有清除作用，其他的提取物清除作用很弱。另一报道指出，体外邻苯三酚自氧化试验，测得酶解法制备的灰树花菌丝体多肽，可清除超氧自由基和羟基自由基，清除率分别为55.6%和90.2%。

(七) 调节胃肠道运动

分别以正常、新斯的明负荷、肾上腺素负荷小鼠为实验研究模型，采用炭末小肠推进实验法，探索灰树花对小鼠小肠推进功能的影响。结果表明，灰树花提取液7～12 g/kg一次性灌胃给药，可显著促进正常小鼠的小肠运动，促进率分别为15.18%、18.55%、31.81%、27.23%、21.45%、

24.34%。灰树花提取液对新斯的明负荷小鼠引起的小肠推进功能亢进有显著的拮抗作用，抑制率为25.89%。对肾上腺素负荷引起的小鼠小肠推进抑制没有明显的促进作用。灰树花提取液有促进小鼠小肠运动的功效。

（八）抗病毒作用

灰树花多糖在体外具有抑制爱滋病毒（HIV）作用。将灰树花多糖加入受 HIV 病毒感染的辅助 T 淋巴细胞中，可抑制 HIV 的活性。给 HIV 感染者每日口服灰树花多糖，60 天后一半患者辅助 T 淋巴细胞水平增加，另外一半患者的辅助 T 淋巴细胞停止下降。灰树花多糖 D2 组分与二甲亚砜合用，对卡波奇肉瘤的治疗有显著功效。和有机锗合用可以同时抑制爱滋病与癌症，对爱滋病的抑制率为 70%，对癌症的抑制率为 60%。

将 $10LD_{50}$ 的流行性感冒病毒和Ⅰ型单纯泡疹病毒分别接种小鼠，观察灰树花多糖对小鼠的保护作用。灌胃剂量为 2 000mg/kg、1 000mg/kg 和 500mg/kg，病毒对照组死亡率为 100%时，携带流行性感冒病毒的小鼠病死率分别下降 70%、60%和 30%，携带单纯泡疹病毒的小鼠病死率分别下降 10%、20%和 70%，说明灰树花多糖对两种病毒有较明显的抑制作用，且呈现剂量效应关系。灰树花多糖能在新城鸡瘟病毒（NDV）小鼠中诱生Ⅰ型干扰素，灌胃剂量为2 000mg/kg、1 000mg/kg 和 500mg/kg 的 NDV 实验组，干扰素活性分别为 4 415U/ml、4 510U/ml 和 2 910U/ml，而 NDV 对照组和生理盐水组的干扰素活性分别为1 210U/ml、210U/ml，实验组和对照组相比差异极显著。据此认为：灰树花多糖抗病毒的作用可能由于干扰素系统介导，也可能有其他机制参与。

（九）安全性评价

灰树花发酵液多糖小鼠急性口服毒性试验表明，受试物对两种性别小鼠的急性毒性 LD_{50} 均＞20g/kg。根据急性毒性分级标准，该多糖属无毒物质。遗传毒性试验证明，灰树花发酵液多糖的 Ames 试验、小鼠骨髓嗜多染红细胞微核试验、小鼠精子畸形试验、小鼠睾丸染色体畸变试验，结果均为阴性，表明该多糖无遗传毒性。大鼠 30 天喂养试验证明，在剂量分别为0.75g/kg，1.5g/kg，3.0g/kg（分别相当于人体推荐量的 28、56、112 倍）时，试验期内各试验组动物生长发育良好，体重增重、食物利用率、血常规、血生化、脏器系数等各项指标均在正常值范围内，与对照组之间无显著差异。病理组织学检查指出，灰树花发酵液多糖组肝、脾、肾、胃、肠、睾丸、卵巢等被检脏器未出现被认为有意义的组织病理学改变。显示灰树花发酵液多糖属安全无毒物质。按照国际有关遗传毒性试验标准组合的要求进行试验，灰树花 β-葡聚糖对 4 株鼠伤寒沙门菌试验株 TA97、TA98、TA100 和 TA102 均未呈现遗传毒性，即微生物回复突变试验结果为阴性。灰树花 β-葡聚糖剂量为0.5mg/kg、1.0mg/kg 和2.0mg/kg 时，小鼠骨髓嗜多染红细胞微核试验结果也为阴性。一般生殖毒性试验结果表明，在前述剂量条件下，灰树花 β-葡聚糖对雄性小鼠生殖细胞无毒性作用。

（十）临床应用

120 例肿瘤患者随机分为实验组和对照组，各 60例。其中男 70 例，女 50 例，男女之比为 1.4∶1；年龄最小 37 岁，最大 70 岁，中位年龄 62 岁。病种为食管癌、胃癌、原发性肝癌、乳腺癌和支气管肺癌。临床分期均为Ⅲb 期或Ⅳ期。全部为失去手术和放、化疗机会的晚期患者。按中华人民共和国卫生部医政司编《中国常见恶性肿瘤诊治规范》诊治。实验组口服灰树花多糖软胶囊（每粒7.5mg），每次 2 粒，每天 2 次；对照组口服灵芝破壁孢子粉胶囊，每次 3 粒，每天 2 次。6 周为 1 个疗程，疗程结束后进行评价。结果：实验组和对照组的中位生存期分别为 6 个月和 3 个月；症状、体征改善率分别为96.7%和46.7%；肿瘤病变缓解率分别为16.7%和6.7%，实验组卡氏指数也高于对照组。结果表明，灰树花多糖可使肿瘤患者改善症状，调节机体功能状态，提高生存质量，抑制和延缓肿瘤生长，延长生存时间。

1998 年，美国食品和药物管理局（FDA）批准灰树花组分 D 进入治疗晚期乳腺癌和前列腺癌的临床研究。

（林志彬）

参考文献

[1] ILLANA-ESTEBAN C. The fungus maitake (Grifola frondosa) and its therapeutic potential[J]. Rev Iberoam Micol, 2008. 25(3): 141-144.

[2] OHNO N, ADACHI Y, SUZUKI L, et al . Characterization of the antitumor glucan obtained from liquid-cultured Grifola frondosa[J] . Chem Pharm Bull,1986,34(4):1709-1715.

[3] 李小定,荣建华,吴谋成. 灰树花多糖药理研究进展[J]. 天然产物研究与开发,2005,15(4):364-368.

[4] 温斌,吕昌龙,曹雅明,等. 灰树花提取成分对小鼠免疫功能影响的实验研究[J]. 中国免疫学杂志,2002,18(8):550-552.

[5] 周昌艳,唐庆九,贾薇,等. 不同来源灰树花多糖免疫活性初探[J]. 食用菌学报,2004,11(4):13-17.

[6] 侯晓青,程桂芝. 灰树花多糖抗荷瘤小鼠 S-180 肉瘤的实验研究[J]. 中国药房, 2007,18(3):180-181.

[7] KODAMA N, MURATA Y, ASAKAWA A,et al. Maitake D-Fraction enhances antitumor effects and reduces immunosuppression by mitomycin-C in tumor-bearing mice[J]. Nutrition, 2005,21(5):624-629.

[8] 崔凤杰,张志才,管国强, 等. 灰树花菌丝体糖肽体内抗肿瘤作用的研究[J]. 食品与生物技术学报,2007,26(6):31-35.

[9] KODAMA N, HARADA N, NANBA H. A polysaccharide, extract from Grifola frondosa, Induces th-1 dominant responses in carcinoma-bearing BALB/c mice[J]. Jpn. J. Pharmacol, 2002,90(4):357-360.

[10] Ohno N, Adachi Y, Suzuki I, et al . Antitumor activity of a β-1,3-glucan obtained from liquid-cultured mycelium of Grifola frondosa[J]. J Pharmacobiodyn,1986,9(10):861-864.

[11] ADACHI Y,OHNO N,YADOMAE T. Activation of kupffer cells by administration with gel-forming (1 →3)-β-D-Glucan from Grifola frondosa[J]. Biol Pharm Bull,1998,21(3):278-283.

[12] SHI BAO JUN, NIE XIAO-HUA, CHEN LI-ZHI. Anticancer activities of a chemically sulfated polysaccharide obtained from Grifola frondosa and its combination with 5-Fluorouracil against human gastric carcinoma cells[J]. Carbohydr Poly,2007,68(4):687-692.

[13] LIN H, CHEUNG SWY, NESIN M, et al. Enhancement of umbilical cord blood cell hematopoiesis by maitake beta-glucan is mediated by granulocyte colony-stimulating factor production[J]. Clin Vaccine Immunol, 2007, 14(1): 21-27.

[14] 金国虔,叶波平,奚涛. 灰树花胞内多糖抗辐射作用的初步研究[J]. 药物生物技术, 2003, 10(1):40-42.

[15] 汪维云. 灰树花多糖的抗辐射作用研究[J]. 安徽农业大学学报, 2003,30(2): 210-212.

[16] KUBO K,AOKI H,NANBA H. Anti-diabetic activity present in the fruit body of Grifola frondosa[J]. Biol Pharm Bull,1994,17(8):1106-1110.

[17] HORIO H, OHTSURU, M. Maitake (Grifola frondosa) improve glucose tolerance of experimental diabetic rats[J]. J. Nutr. Sci. Vitaminol, 2001,47(1):57-63.

[18] Manohar V, Talpur N A, Echard B W, et al. Effects of a water-soluble extract of Maitake mushroom oncirculating glucose/insulin concentrations in KK mice[J]. Diabetes Obes. Metab, 2002,4(1):43-48.

[19] MATSUURA H, ASAKAWA C,KURIMOTO M, et al. Alpha-glucosidase inhibitor from the seeds of Balsam pear(Momorodica charantia) and the fruiting body of Grifola Frondosa[J]. Biosci Biotechnol Biochem,2002,66(7):1576-1578.

[20] KUBO K,NANBA H. Anti-hyperliposis effect of Maitake fruit body (Grifola frondosa)[J]. Biol Pharm Bull,1997,20(7):781-785.

[21] FUKUSHIMA M, OHASHI T, FUJIWARA Y, et al . Cholesterolowering effects of maitake (Grifola frondosa) fiber, shiitake (Lentinus edodes) fiber, and enokitake (Flammulina velutipe) fiber in rats[J]. Exp Biol Med,2002,22(6):758-765.

[22] LEE EW,HE P,KAWAGISHI H, et al. Suppression of D-galactosamine-induced liver injury by mashrooms[J]. Biosci Biotechnol Biochen, 2000,64(9): 2001-2004.

[23] KUBO K,NANBA H. Anti-hyperliposis effect of maitake fruitbody(Grifola frondosa)[J]. Biol

Pharm Bull,1997,20(7):781-785.
[24] OOI VEC. Hepatoprotective effect of some edible mushrooms[J]. Phytother Res,1996,10(6):536-538.
[25] GU CHANGQING, LI JUNWEN, CHAO FUHUAN. Inhibition of hepatitis B virus by D-fraction from Grifola frondosa: Synergistic effect of combination with interferon-α in HepG2 2.2.15 [J]. Antiviral Res,2006,72(2):162-165.
[26] 周昌艳，唐庆九，王军，等.灰树花提取物清除氧自由基的研究[J]. 菌物研究，2006,4(3):31-34.
[27] 冯尚坤，徐海菊. 灰树花菌丝体多肽的制备及其体外抗氧化活性研究[J].食品研究与开发，2009,30(2):47-50.
[28] 曾小龙，吴映明，李月明.灰树花提取液对小鼠小肠推进功能的影响[J]. 中药材，2007,30 (12):1576-1578.
[29] 徐丽丽，郭立忠，宋爱荣.灰树花发酵液多糖毒理学评价[J]. 中国公共卫生，2007,23(10):1265-1266.
[30] 杨寿昌，韩毓华，韩省华. 保力生(polysheng)胶囊治疗病毒性肝炎疗效观察[C]. 国际香菇生产暨产品研讨会论文集，1994.
[31] 王宝琴，张彬彬，徐泽平.灰树花β-葡聚糖的遗传毒性试验[J]. 毒理学杂志 2008，22(5):407-408.
[32] 臧立华，孙庆济.灰树花多糖抗肿瘤作用的临床观察[J]. 山东轻工业学院学报，2008，22(2):43-45.
[33] 卯晓岚 .中国大型真菌图鉴[M]. 郑州:河南科学技术出版社，2000.
[34] 邓叔群.中国的真菌[M]. 北京:科学出版社，1963.
[35] 小林义雄.中国菌类历史与民俗学[M]. 东京:东京广川书店，1983.
[36] 刘芳秀，张丹.灰树花菌种选育初报[J]. 食用菌，1986(3).
[37] 周永昌，吴克甸.灰树花栽培初探[J]. 食用菌，1985(6).
[38] 韩省华，吴克甸. 野生灰树花的生理生态及其分离[J]. 丽水农业科技，1991(2):1-3.
[39] 池玉杰，李俊涛，刘智会. 灰树花的培养特性与液体菌种栽培技术[J]. 东北林业大学学报，2007(35)3:49-52.
[40] 韩省华，吴克甸.灰树花的菌核形成及纯培养分离技术研究[J]. 江苏食用菌，1993(4):21-22.
[41] 韩省华，林胜龙.灰树花在百山祖山区的发生及其规律[J]. 江苏食用菌，1994(2):35.
[42] 深井三郎.マイタケの人工栽培基础实验[J]. 日本きのこ研年报，1979.
[43] 练长勋，练红花.盐渍灰树花的盐红产生与防治[J]. 中国食用菌，1994(4).
[44] 黄幸纾.灰树花多糖及其抗癌作用[J]. 中国食用菌，1994,13(1):41-43.

（韩省华）

第三十五章　红汁乳菇

DISANSHIWUZHANG HONGZHI RUGU

摘要：红汁乳菇(*Lactarius hatsutake*)属于红菇科、乳菇属的一种著名食用菌。主要分布在中国、日本等国。由于其味道鲜美，且具有较高的营养价值和药用价值，引起世界各国研究者的重视。红汁乳菇常与松树共生形成菌根，至今无法进行完全的人工栽培，市场供应仍然主要靠野外采集。近半个世纪以来，各国研究者对其生态分布、菌丝分离纯化、发酵、营养价值、药用价值及半人工栽培等进行了研究。本章主要阐述红汁乳菇的发展历程、现状、生物学特性、菌种繁育、半人工栽培、营养价值和药用价值等，并对红汁乳菇的发展进行了回顾、总结与展望。

Lactarius hatsudake

Abstract: *Lactarius hatsudake* is assigned to the genus *Lactarius* of the family *Russulaceae* and the order *Russulales*. The mushroom is indigenous to countries such as China and Japan where it is highly valued due to its delicious taste, high content of nutrients, and medicinal properties, and has attracted the attention of researchers worldwide. Since *L. hatsudake* grows in symbiosis with *Pinus massoniana* Lamb and has not yet been cultivated artificially, the mushrooms available on the market are collected from the wild. During the past half-century, research on this mushroom has focused on its ecological distribution, strain isolation and purification, fermentation processes involving fungal mycelium, nutritional and medicinal properties, and artificial cultivation. This chapter consists of seuen sections expounding in detail various aspects of *L. hatsudake* including cultivation history, the present position relating to *L. hatsudake* production, biological features, spawn production, semi-artificial cultivation, nutritional attributes and medicinal properties. The prospects for the future development of *L. hatsudake* are comprehensively reviewed and summarized.

第一节　概　述

一、红汁乳菇学名及分类地位

红汁乳菇又名：枞菌、乌枞菌、红枞菌、寒菌、重阳菌、红松菌、雁鹅菌、橄菌、乌橄菌、南风菌、铜锣菌、螺丝菌、铜绿菌、松菌、松树蘑、奶浆菌等。

学名：*Lactarius hatsudake* Nobuj. Tanaka, *Bot. Mag.*, Tokyo 4：393 (1890)。

属名“*Lactarius*”的词干“lac-”意思是“乳、乳汁”，用于菇的名词译成乳菇属。种名加词“*hatsudake*”是日文发音。中文是描述乳汁的颜色。

分类地位：菌物界(Fungi)，担子菌门(Basidiomycota)，伞菌纲(Agaricomycetes)，红菇目(Russulales)，红菇科(Russulaceae)。

二、中国红汁乳菇发展历程

红汁乳菇最早由日本人 Tanaka N 于 1890 年命名，日本和我国南方各省及东北均有分布，且有一定的自然产量。民间已有数百年的食用习惯。

红汁乳菇鲜菌在湖南、广西等地广受欢迎。因地域不同，冠以多种俗名。红汁乳菇的加工产品同样让人青睐。寒菌面、寒菌油是湖南各地的传统特产，湖南人以能吃到寒菌为幸事，因而成就了长沙杨裕兴寒菌面的百年美名，这一品牌特色至今不曾衰微。

国内有关红汁乳菇的分布、生态、营养成分含量测定、组织分离培养和菌丝体发酵等的研究报道较多。红汁乳菇组织分离的研究者均筛选了相应的培养基。红汁乳菇栽培是产区农民孜孜以求的愿望。各地研究者多年来也热衷于该菌的栽培研究。但由于红汁乳菇为菌根菌，至今仍不能进行完全的人工栽培，只能进行半人工栽培。湖南对红汁乳菇的分类长期存在错误，部分研究者在介绍湖南松乳菇情况时，大多将湖南产红汁乳菇当成松乳菇，包括一些公开出版的权威志书，以至后来者的研究或论文，往往以讹传讹。2006 年，谭著明等对该菌的名称问题作了订正。1995 年，刘建成对湖南湘西红汁乳菇的生态分布进行了调查报道。方夷平等(1994)报道了该菌种的分离技术和用普通食用菌栽培方法栽培红汁乳菇的实验结果，得到了少量的子实体，但子实体与野生子实体的颜色不同。谭著明等(1994)开始研究该菌的人工栽培技术，始创了用马尾松作宿主植物，在控制条件下接种培育出菌根苗后，栽培于自然土壤获得子实体的方法，于 1998 年申请了发明专利，并于 2002 年获得批准。运用该技术每 667m^2(亩)可以获得较高产量的子实体。现在，仍有研究者致力于脱离宿主植物，像腐生菌一样栽培红汁乳菇的技术研究，但至今未能获得成功。

三、红汁乳菇产业发展现状

因红汁乳菇特殊的菌根特性，人工栽培技术难度较大，目前仍处在试验推广阶段。湖南省林业科学院经过多年的不懈努力，终于成功获得了与天然红汁乳菇形态一致、风味完全相同的子实体。在湖南辰溪、望城等基地进行了栽培试验，栽后不到 3 年可收获子实体，每年产菌两季。新鲜子实体每季每平方米可产 0.4 千克。通过加强水分管理等措施，使红汁乳菇产量达到每平方米 245～1 490.5g。以产菌有效面积 40%计，相当于每公顷达1 471 千克。

第二节　红汁乳菇的生物学特性

一、形态特征

红汁乳菇子实体中等大，菌盖直径 4～10cm，扁半球形至扁平中央下凹或脐状。菌盖幼时直径小于 1cm，全体呈青绿色。随后，表面呈淡红褐色、乌红色、紫铜色、淡黄赤褐色。光滑，湿时黏，肉色，淡土黄色或杏黄色，有较深的同心环带，伤后渐变蓝绿色。菌褶密，不等长，常两菌褶间夹一短菌褶。菌褶与菌柄直生或稍下延。一般与菌盖上表面同色。新鲜子实体受伤后，立即分泌出暗红色乳汁，后渐渐变为青绿色。菌肉粉红色。子实体菌柄中生，菌柄长 2.5～6cm，粗 1～3cm，往往向下渐细并略弯曲，成熟时中心变空，菌柄横切面外环紫铜色，内环(靠中心部位)近白色。一般菌柄表面有陷窝，少数没有。菌褶上分布的担子排列整齐，并夹有囊状体和侧丝。每个担子顶端产担孢子 4 个。子实层内有乳汁管，乳汁管横切面直径相当于担子横切面直径的 1/3～1/2。孢子印黄色。孢子广椭圆形，有网纹，7.7～9.1μm×6～6μm。褶缘囊体长梭形或近梭状，35～45μm×6～10.5μm。扫描电子显微镜下，孢子大小为 5.8～6.4μm×7.0～7.6μm。表面有棱脊，棱脊高度为0.3～0.4μm，宽0.4μm，相邻脊间最宽距离 2.0μm(图 35－1～图 35－2)。菌丝套厚度为 9.31μm；哈蒂氏网平均厚度63.8μm。菌丝直径平均1.9～4.9μm×0.8～3.3μm。菌丝直径、菌丝套厚度、哈蒂氏网厚度、菌根直径的比例为 1∶4.7∶31.9∶138.4。菌丝套网格中网孔大多呈菱形，少数为不规则四边形。网孔长度为宽度的 2.85 倍，网脊宽度为网孔宽度的 16.7 倍，网孔宽度为网脊

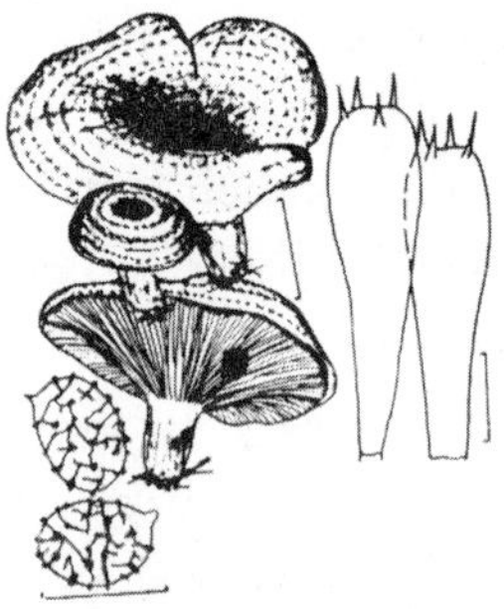

图 35－1　红汁乳菇子实体和担孢子形态

1.子实体，2.担孢子，3.担子。

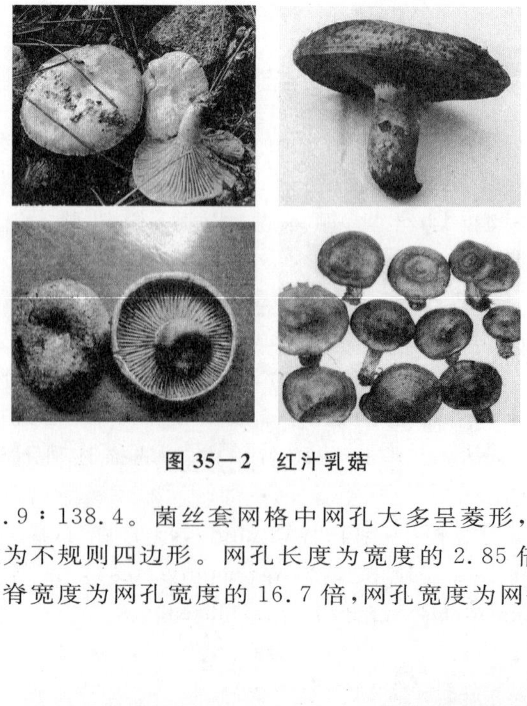

图 35－2　红汁乳菇

宽度的6倍(图35－3)。红汁乳菇和马尾松形成的菌根通常为二叉状或多次分支的二叉状，表面平滑，紫红色，老熟后变砖红色，并有部分变成暗绿色(图35－3)。紫黄色的乳管交叉分布在菌丝套表面，很发达。乳汁呈黄褐色。菌根外表面由一层色淡、质密的菌丝层包被，形成菌丝套。菌丝套中有明显的网孔。“孔”并非真正空无，而是由一些菌丝连接着。网孔大多呈菱形，少数为不规则四边形。厚度平均为9.3μm。菌丝侵入松树根的外皮层1～3层细胞的间隙，形成哈蒂氏网(hartig net)。菌丝包被了菌根单元的全体。菌根的外延菌丝也很明显。菌丝细胞与细胞连接处均无锁状联合。

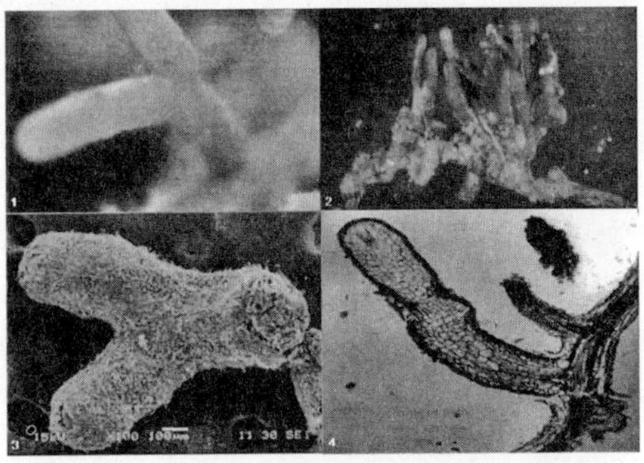

图35－3　红汁乳菇菌根及菌丝套

1.红汁乳菇菌根(体视显微镜放大360倍，加LBD滤光镜，吸光58.5sec)，2.菌根，3.菌根电镜扫描(×100)，4.红汁乳菇菌根纵剖面(×100)。

二、红汁乳菇的分布和生态习性

(一)分布

红汁乳菇主要分布于温带到亚热带地区，热带尚无记载，亚洲、欧洲和北美洲均有分布。在中国分布较广，包括湖南、湖北、广西、广东、福建、云南、贵州、四川、河南、河北、安徽、吉林、辽宁、江苏、陕西、甘肃、山西、西藏等地都有分布，尤以湖南报道较多。国外野生红汁乳菇主要分布在日本、韩国、泰国、德国、法国、意大利、西班牙、比利时、瑞典等。

(二)生态习性

1. 红汁乳菇为菌根菌

红汁乳菇是一种专性的外生菌根真菌，共生植物主要是松树、柏、杉。尽管红汁乳菇在各地的分布因海拔、降水、温度有所不同，但大都与松类植物共生，林地上长有不致密的禾本科杂草、苔鲜植物或有枯枝落叶层。发生地植被与发生量也有很大关系。马尾松林下，若灌木林少，稀疏，红汁乳菇发生量大；马尾松林下，若灌木林少，稀疏，并且有白茅(*Gmperato cylindviea*)、黄茅(*Neteropogoncontortus*)和狗牙根(*Cynodon dactylou*)等草本层，红汁乳菇发生量更大；若无灌丛林，或灌丛林过密，红汁乳菇不发生或少发生。不同地区，不同年份，红汁乳菇发生的迟早还跟海拔高度、土壤成分有关。值得注意的是，湖南引种的湿地松(*P. elliottii*)和火炬松(*P. taeda*)等国外树种，以及海拔较高的华山松(*P. armandii*)林内也有红汁乳菇生长。

2. 红汁乳菇为喜湿菌

红汁乳菇每年春(3～5月份)、秋(9～12月份)两季发生，春季多发生于4月份，时期短，发生量少；秋季多发生于10月份，时期长，发生量大，这主要因为在此其间气温较温和，又多雨，湿度较大。一般在3月下旬至5月上旬，日气温在13～22℃，晴雨交替，日照增加，降水适中，气温适宜，万物复苏。共生植物生长渐旺，提供给红汁乳菇菌丝生长的养分充足，在林地粗腐殖层及表层枯松针上生长着旺盛洁白粗壮的菌丝，连成一个整体并伴有菌索出现，在表土层相继发生许多绿色小菇蕾，接着子实体大量发生。5月中旬后气温稳定在20℃以上，进入梅雨季节，发生地松林中地表枯草及苔藓等覆盖层被雨水冲刷淋洗变薄，土层可见，草丛下菌丝淡薄甚至消失。接着进入高温旱季，红汁乳菇均不发生。9月后，气候温和，地面菌丝开始恢复生长。10月份气温在14～24℃，11月份气温在8.6～18℃；而旬平均气温均在20℃以下，平均气温日差达9℃。10月的气候条件与4月相似，只是雨量较少而光照稍强，红汁乳菇菌丝生长旺盛，以致出现下半年的出菇高峰期。期间如光照、气温和雨水适宜，可延续到12月中旬。12月下旬实地考察发现，如在小阳春的气候条件下，林地表层覆盖物松且厚处，保湿性好，菌丝生长旺盛，雪白粗壮，连成一个整体。红汁乳菇子实体大量发生期，一般在雨后天晴后2～3天。如久旱无雨，即使气温适宜也难以发生。发生地坡向多为向阳南坡、东坡和西坡，以表面有枯松针落叶的粗腐殖层及伴生茅草、苔藓等不积水而又保湿性好的地段，坡度在15～30度的缓坡地或山顶、山脊、山腰上发生量较多。据老农介绍，有茅草的地方就有红汁乳菇发生，而且在未种植落地松之前就有红汁乳菇发生，故当地俗称“茅草菇”。茅草是否是红汁乳菇的寄主或伴生植物有待进一步研究。另据称，有青苔的地方才有红汁乳菇生长，表明需具备一定的湿度条件。

红汁乳菇菌丝生长不需要光，但原基形成和子实体发育需一定的散射光。在无灌丛林及草木层，或者在灌丛林、草木层太密，荫蔽度过大的地方，红汁乳菇不发生或少发生。在灌丛林稀疏的地方，红汁乳菇发生量大。红汁乳菇为好氧菌，菌丝生长和子实体发育均需要足够的新鲜空气，野外红汁乳菇均发生在疏松的覆盖物下。

红汁乳菇对土壤的要求不严格，在板岩发育的酸性山地黄壤、第四纪红壤和偏酸性的石灰岩土壤、紫色砂岩发育的紫色土中都可以生长。要求土壤营养含量分别为：全氮含量为2.4～33.6mmol/kg，平均8.4mmol/kg；全磷含量为0.40～2.06mmol/kg，平均1.06mmol/kg；全钾含量为7.2～21.9g/kg，平均15.99g/kg；有机质含量为12.2～44g/kg，平均28.27g/kg；碱解氮含量为58.4～190.8g/kg，平均126.5g/kg；速效磷含量为0.2～2.6g/kg，平均1.7g/kg；速效钾含量为39～256g/kg，平均103g/kg；代换性钙含量为1.2～16.8mmol，平均4.2mmol；代换性镁含量为0.20～1.03mmol，平均0.53mmol。土壤pH为4.6～6.5。排水良好、湿度适中的土壤，红汁乳菇产量通常较高。秋雨过后，气温降至20℃以下，即可出现出菇高峰。海拔1 400m的地方，出菇期限可提前至8月份。

土壤的物理化学性质对这一对共生体的生命周期有深远影响。红汁乳菇适生土壤石砾含量可达18.7%～47.11%；土壤容重为1.2～1.57；土壤自然含水量为16.6%～25.2%；饱和含水量26.9%～46.94%；毛管持水量23.0%～38.64%；田间持水量21.8%～32.99%；总孔隙度42.28%～65.49%；非毛管孔隙度1.04%～24.03%；毛管孔隙度35.6%～67.4%；土壤通气度6.32%～42.75%。非毛管孔隙占总孔隙之比在1/5～2/5时，土壤通气性、透水性和持水力比较协调。板岩发育的土壤通气性、透水性和持水力之间的协调性比石灰岩和第四纪红色黏土母质发育的土壤好。另外，连续较长时间干旱(60天)，可以导致红汁乳菇菌根死亡。表层土壤内(0～30cm)，红汁乳菇菌根死亡率可达85.8%～92.76%。适时采取抗旱措施，对于确保菌根存活与正常发育是非常必要的。

(三)生长发育条件

红汁乳菇与马尾松等松科植物共生，依存于土壤生长发育。其菌丝和子实体生长发育除了满足营养、水分、温度、空气、光照、酸碱度(pH)等因子外，还必须提供能形成菌根的宿主植物和形成菌根的条件，才能获得一定的子实体产量。

1. 营养

(1)碳源

碳源是红汁乳菇菌丝生长发育的主要营养源。在母种培养中以葡萄糖、蔗糖、甘露醇为碳源，菌丝生长启动最快。其次是可溶性淀粉、糊精、麦芽糖。在以葡萄糖、可溶性淀粉、麦芽糖、蔗糖、糊精为碳源的培养基上生长量最多、菌丝分布均匀、颜色灰白，其次是半乳糖、果糖、*D*-山梨醇糖，而*D*-木糖、*L*-鼠李糖几乎不能被利用。以麦芽糖、可溶性淀粉、蔗糖为碳源的培养基上培养10天后，菌丝开始出现老化现象。

(2)氮源

不同氮源对红汁乳菇菌丝生长的影响很大。除了不能利用尿素和亚硝酸钠外，其余氮源均有不同程度的利用。在有机氮中，对单一有机氮利用比复合有机氮好。红汁乳菇在以蛋白胨为氮源的培养基上菌丝生长速度最快，菌丝密度最大，分布均匀，颜色灰白，菌丝束不明显；其次是酵母浸汁、牛肉膏。在无机氮中，以硝酸铵、硫酸铵为氮源的培养基上菌丝生长较快，菌丝分布不太均匀；以硝酸钙、氯化铵、硝酸铵、草酸铵为氮源的培养基上菌丝生长较慢。无氮源的培养基上几乎无新的菌丝生长。

(3)矿质元素

红汁乳菇对高浓度的大量元素和微量元素具有一定的适应阶段。酒石酸钾钠、KH_2PO_4、NaH_2PO_4、$MgSO_4$、$Al_2(SO_4)_3$这些大量元素对红汁乳菇的生长具有显著的促进作用。培养基中加入硫酸铜、$MnSO_4$和无水碳酸钠，菌丝生长极为缓慢。

(4)维生素类

除抗坏血酸和萘乙酸对红汁乳菇菌丝生长没有促进作用外，叶酸、甘氨酸、肌醇、维生素B_2(核黄素)、维生素B_5(烟酸)、维生素B_1(硫胺素)、维生素B_6都具有明显的促进作用，其中维生素B_1、维生素B_5、维生素B_2和维生素B_6的促进作用更为明显。

2. 水分

红汁乳菇发生前1～3天内有一个明显的降雨和降温过程。降雨量不等，首次与末次降水日之间平均每日降水6.5～7.5mm。且降雨呈间歇性交叠型，即降雨日与晴日交叠。根据观察，不管降雨如何多变，使土壤含水量达到一定时间的饱和状态是必需的。红汁乳菇产菇期一般空气湿度较大，相对湿度85%～95%，并常伴随较浓的晨雾。菌丝生长要求相对湿度65%～75%。适生地土壤自然含水量为16.6%～25.2%、饱和含水量

26.9%～46.94%、毛管持水量23.0%～38.64%、田间持水量21.8%～32.99%的条件有利于红汁乳菇发生。

连续较长时间的干旱(60天)，导致红汁乳菇菌根死亡。表层土壤10～30cm内，红汁乳菇菌根死亡率可达85.8%～92.76%。适时采取抗旱措施，对于确保菌根存活与正常发育是非常必要的。

3. 温度

红汁乳菇菌丝适温范围广，菌丝在5～38℃范围均能生长。适宜生长的温度范围为15～30℃，在此温度范围内，菌丝生长速度较快，生长较旺盛。最适生长温度为22～28℃，在此温度条件下生长最快，菌丝生长最旺盛。最低临界生长温度为5℃，最高临界生长温度为38℃。在38℃下菌丝体出现干黄，虽不能生长，但培养好的菌落在此温度下3天内不至于死亡。

红汁乳菇秋季产菇期气候总体上由温热趋于温凉。最高气温降至20℃以下，最低气温在9.5～15.9℃。12～16℃是红汁乳菇子实体形成的有利气温条件。红汁乳菇发生期间地表以下15cm土壤温度为11～19℃。

4. 空气

红汁乳菇为好氧菌，菌丝生长和子实体发育均需要足够的新鲜空气。因此野外红汁乳菇菌丝和子实体均发生在土壤表层，疏松的枯枝落叶、茅草、苔藓等覆盖物之下。红汁乳菇适生土壤的总孔隙度42.28%～65.49%，非毛管孔隙度1.04%～24.03%，毛管孔隙度35.6%～67.4%，土壤通气度6.32～42.75。研究表明，当非毛管孔隙占总孔隙之比为1/5～2/5时，土壤通气性、透水性和持水能力比较协调。在150ml三角瓶里装液量为50ml，摇床转速在130转/分钟时，菌丝生长较快；在250ml三角瓶里装液量为100ml，摇床转速为170转/分钟时，或装液量为70ml，摇床转速为150转/分钟，菌丝生长最快。

5. 光线

红汁乳菇菌丝生长对光的需求不高，黑暗或很弱的光即可生长，菌丝生长阶段可采用避光培养。与宿主植物形成菌根或形成子实体时需要光，但光照又不能太强，如在5 000lx光照10小时、黑暗14小时的光照条件下能够获得无菌菌根。这也正是马尾松林下，灌木林少，稀疏，红汁乳菇发生量大；若无灌丛林及草木层，或者灌丛林、草木层太密，荫蔽度过大，红汁乳菇不发生或少发生的重要原因。

6. 酸碱度

不同pH值对红汁乳菇菌丝生长有明显的影响，菌丝在pH为3.0～11.0的范围内均可生长，适宜pH为5.0～8.0，最适pH为6.0～7.5。菌丝虽可在pH 3.0和pH 10.0的条件下生长，但生长很缓慢，且菌丝均较弱。野外出菇土壤的pH通常为5.5～6.5。

第三节 红汁乳菇的菌种繁育

一、菌种分离培养

(一) 菌种分离方法

1. 组织分离法

从野外采集红汁乳菇子实体，选择菇形健壮的幼菇(3～6分成熟)，用苔藓、吸水纸保湿，置纸袋中带回接种室，去掉泥脚和杂物，用70%～75%乙醇对手、工具、子实体表面消毒。然后在超净工作台内沿子实体及菌柄中轴线掰开，用解剖刀从菌盖与菌柄联结处的中部切成0.3～0.5cm大小的菌肉组织，立即用接种钩移入斜面培养基中黏着固定，塞好棉塞，置22～28℃培养箱中避光培养或弱光培养，3～5天后即可看到组织块周围长出白色短而稍粗的菌丝。待菌丝长满斜面后，挑选菌丝健壮无污染的菌管进行扩繁。

2. 孢子分离法

(1) 钩悬收集法

采取成熟的子实体(刚弹射孢子)菌盖一块，在无菌室经消毒处理后，将菌褶(伞菌)朝下悬吊于无菌容器内收集孢子。在22～28℃下让其自然弹射孢子5～10小时，容器底部出现淡黄色孢子印时，取无菌水，蘸取少量孢子制成孢子悬浮液，用灭菌的注射器或滴管吸取孢子悬浮液，滴1～2滴于试管斜面上。经25℃培养至孢子萌发，挑选无污染的斜面进行扩繁。

(2)滤纸收集法

采取新鲜成熟的红汁乳菇子实体，切掉菌柄后用乙醇进行表面消毒。在灭过菌的平板中放入一张无菌的滤纸，将切掉菌柄后的红汁乳菇子实体菌褶朝下放于滤纸上，平板外用大烧杯罩住，静置过夜。第二天能看见白色的滤纸上有一些淡黄色的孢子印，用少许蒸馏水清洗滤纸，制成孢子悬液，将其涂布于培养基上，于25℃下培养至孢子萌发，挑选无污染的斜面进行扩繁。

(3)试管收集法

选八分熟的红汁乳菇作为分离材料。在有孢子分布的菌褶处，剪取1～1.5cm宽的菌褶一段，用灭菌镊子剥取一片菌褶，贴到斜面上方的试管壁上，然后竖放到广口瓶或纸盒内。在瓶(盒)底部放一层棉花，防止试管滑动，再轻轻调整试管方向，使菌褶面向培养基，以便孢子能自由降落到斜面上。在自然温度下，一般经6～8小时，斜面上即可看到与菌褶形状相似的孢子印。此时，应及时将贴附的菌褶在无菌条件下取出，以避免落下成熟过迟的孢子。然后于25℃下培养至孢子萌发，挑选无污染的斜面进行扩繁。

3. 菌丝形态特征

菌丝白色，有气生菌丝，但较短，分支较少，呈放射状，沿培养基平铺或试管壁延伸。培养22天左右，初发菌丝处开始呈浅黄，后变浅红。

4. 菌种分离注意事项

红汁乳菇是菌根菌，其分离比腐生菌的分离困难，必须注意如下事项：①用于分离的子实体要新鲜，最好是当天采摘的，乳汁未干时容易分离获得菌丝。采摘后要保湿，这样有利于分离获得菌丝。②选择分离的子实体不能太幼嫩，也不能太老，一般以刚开伞后6分成熟的，直径在1.5～3.5cm为宜。如果子实体太幼嫩，呈青绿色时，分离不易获得菌丝；子实体太老，菌盖和菌柄中心变空后，也不易分离获得菌丝，而且很容易生虫。③注意防止杂菌污染。无论是组织分离还是孢子分离都需进行表面消毒，严格做好无菌操作。为避免细菌污染，最好是在分离用的培养基中加入抑制细菌生长的抗生素，如链霉素或庆大霉素，每个培养皿加0.5ml为宜。④分离后的菌种要用培养皿进行2～3次纯化，取斜面菌种接种到培养皿中央，25℃下培养。待菌落长到覆盖培养皿2/3时，取菌落先端的菌丝再接入下一个新鲜培养皿上进行纯化，直到获得纯培养。

(二)菌种分离用的培养基

1. 完全培养基配方

蛋白胨2.0g，葡萄糖20g，酵母膏2.0g，磷酸氢二钾1.0g，硫酸镁0.5g，磷酸二氢钾0.46g，琼脂18g，水1 000ml，pH自然。

2. 蛋白胨培养基配方

蛋白胨3.0g，葡萄糖20g，酵母浸出汁1.0g，KH_2PO_4 0.5g，$MgSO_4$ 0.5g，琼脂18g，水1 000ml，四环素20～150U/ml培养基，pH自然。

3. 葡萄糖酵母培养基配方

葡萄糖8g，酵母膏0.5g，氯化铁0.91g，硫酸镁0.15g，磷酸二氢钾0.5g，氯化钠0.0258g，磷酸氢二钾0.25g，氯化钙0.05g，盐酸硫胺素0.1mg，琼脂15g，水1 000ml。

4. PDA(松针PDA)培养基配方

200g马铃薯去皮、煮汁、4层纱布过滤，加入葡萄糖20g，取汁1 000ml，加琼脂18g，即为PDA培养基。以100g干松针煮出液代替PDA中的水，即配成松针PDA培养基。

5. PDA综合培养基配方

马铃薯200g，葡萄糖20g，KH_2PO_4 1g，$MgSO_4\cdot 7H_2O$ 0.5g，酵母浸出汁2g，维生素B_1 10mg，琼脂18g，水1 000ml，pH自然。

6. 酵母葡萄糖钙培养基配方

酵母浸出汁5g，$MgSO_4$ 1g，K_2HPO_4 0.5g，葡萄糖20g，$CaCO_3$ 20g，琼脂20g，水1 000ml，四环素20～150U/ml，pH自然。用50g干松针煮出液1 000ml代替1 000ml水，即得松针酵母葡萄糖钙培养基。

7. 鲜松针麦芽汁培养基配方

鲜松针100g(水煮过滤)，麦芽汁(16度Brix)100ml，磷酸二氢钾2g，硫酸镁1.5g，葡萄糖20g，维生素B_1 0.01g，水900ml，琼脂2g，pH为5～5.5。

8. 改良Fries培养基(E. Danell培养基)配方

葡萄糖2.2g，果糖2g，氯化铁0.58g，琥珀酸0.59g，肌醇10mg，磷酸二氢钾0.2g，硫酸镁0.1g，氯化钠0.02g，氯化钙0.026g，EDTA 9.5mg，硫酸亚铁7mg，硫酸锰8.5mg，硼酸0.315mg，硫酸锌1.435mg，碘化钾0.375mg，硫酸铜1.25mg，氯化钴0.00125mg，维生素B_1、维生素B_6，维生素B_2、烟酸、对氨基苯甲酸、泛酸各0.1mg，生物素0.03125mg，加水至1 000ml，琼脂18g，活性炭

0.5g,链霉素和氨苄西林各0.05mg。

9. 太田明培养基配方

葡萄糖10g,柠檬酸1g,酒石酸铵1g,磷酸二氢钾1g,硫酸镁($7H_2O$)1g,二水氯化钙50mg,HEPES 7g,矿质营养液10ml,维生素混合液10ml。其中1 000ml矿质营养液中含氯化铁5g,硫酸锰50mg,硫酸锌300mg,硫酸钴50mg,硫酸铜100mg,硫酸镍200mg,乙烯丙酮30μg;1 000ml维生素混合液中含盐酸硫铵素300mg,烟酸5mg,盐酸吡哆辛0.5mg,维生素B_1 1mg,氯化胆碱3mg,水1 000ml。pH为5.0～5.1。

10. 改良的MS培养基配方

NH_4NO_3 1.65g,KNO_3 1.9g,$CaCl_2$ 0.44g,$MgSO_4 \cdot 7H_2O$ 0.37g,KH_2PO_4 0.17g,KI 0.85mg,H_3BO_3 6.2mg,$MnSO_4 \cdot 4H_2O$ 22.3mg,$ZnSO_4 \cdot 2H_2O$ 8.6mg,$Na_2MoO_4 \cdot 2H_2O$ 0.25mg,$CuSO_4 \cdot 5H_2O$ 0.025mg,$CoCl_2 \cdot 6H_2O$ 0.025mg,Na_2 EDTA 37.3mg,$FeSO_4 \cdot 7H_2O$ 27.8mg,肌醇100mg,烟酸0.5mg,维生素B_1 0.1mg,维生素B_6 0.5mg,甘氨酸2.0mg,蔗糖30g,蛋白胨3.0g,酵母浸出汁2g,琼脂20g,水1 000ml,四环素20～250U/ml培养基,pH自然。

11. 红汁乳菇培养基

酵母2～10g,烟酸1～10mg,叶酸2～8mg,盐酸硫胺素30mg,硫酸锰、氯化铁、硫酸锌、磷酸二氢钾各0.5g,葡萄糖10g,琼脂18g,水1 000ml。

12. 改良MMN(松针)培养基配方

$(NH_4)_2HPO_4$ 0.25g,KH_2PO_4 0.5g,$CaCl_2$ 0.05g,$MgSO_4$ 0.15g,$FeCl_3$(1%) 1～2ml,葡萄糖5g,维生素B_1 0.025g,水1 000ml,pH自然。添加松针20g煮汁,即为松针MMN培养基。

二、液体培养

近年来,不少研究者对红汁乳菇液体深层发酵进行了研究,获得了许多有用的成果。马红梅等(2003)采用均匀设计法优化了红汁乳菇液体深层发酵条件和培养基。结果:最优发酵条件为装液量70ml(250ml三角瓶),发酵温度25℃,摇床转速150转/分钟,初始pH为6.5。最佳培养基配方为蔗糖34g/L,糖蜜13ml/L,麦麸36g/L,玉米粗粉20g/L,KH_2PO_4 3g/L,利用最佳发酵培养基,在最优发酵条件菌丝体最大生物量达到18.087g/L。杨平(2008)对红汁乳菇液体发酵培养基和发酵条件也进行了优化,得到优化发酵培养基为果糖30.253 g/L,蛋白胨3.576g/L,K_2HPO_4 2.5g/L;优化条件为初始pH为5.0,装液量60ml,摇床转速140转/分钟,以6%的接种量接种3天的种子液,27℃下培养菌丝体能达到最大产量,理论值为8.13g/L。周国英等(2004)利用正交设计对红汁乳菇菌丝液体发酵条件进行优化,获得的最佳培养条件为:糊精含量为2.5%,牛肉膏含量为2%,蔗糖+甘露醇为3%,$MgSO_4$为0.01%,KT为1%,烟酸+维生素B_2为(0.5%+0.1%),转速为130转/分钟,150ml三角瓶装量50ml培养25天。在此条件下发酵,红汁乳菇菌丝产量为4.497g/L。张建宇(2007)利用响应曲面法对红汁乳菇菌丝体的深层培养条件进行了优化,结果表明:当深层培养条件为麦芽糖40.09g/L、蛋白胨3.35g/L、K_2HPO_4 1.98g/L、培养温度30.04℃时,可获得较大菌丝产量为13.17g/L。从上述研究结果归纳如下几点:

1. 发酵条件

发酵温度25～28℃,装液量60～100ml(250ml三角瓶),摇床转速130～170转/分钟(装液量越大,要求转速越高),初始pH为5.0～6.5。在发酵条件下,红汁乳菇菌丝生长速度较快,适应期为10～12小时。后进入快速生长期,快速期时间持续5～6天,随后进入平衡期,平衡期持续4～5天,最后进入衰亡期。各生长期的长短还与所采用的培养基有关。菌丝体得率为每升发酵液获得菌丝体干重4.497～18.087g,得率与发酵培养基密切相关。采用易于利用的蔗糖、糖蜜、麦麸、玉米粗粉为主料时,产量最高,为18.087g/L;采用糊精、牛肉膏、蔗糖、甘露醇等为主料时,产量最低,为4.497g/L。

2. 菌丝生长

将新鲜培养的红汁乳菇菌丝接入盛有灭菌液体培养基的三角瓶中,置于25℃摇床上进行培养。菌丝生长情况会因摇床转速和接入的菌丝片段大小密切相关。如果菌丝片段切得很细,摇床转速较高,通气量足够,三角瓶中的菌丝体呈浓稠的绒状;如果菌丝片段切得不够细,摇床转速偏低,通气量不足,三角瓶中的菌丝体呈菌丝球,而且在液体的表面、三角瓶壁上会形成菌膜环。红汁乳菇液体发酵的菌丝体有一股特殊的香气。

3. 发酵培养基

(1)完全培养基配方

蛋白胨2.0g,酵母膏2.0g,磷酸氢二钾1.0g,

硫酸镁0.5g，磷酸二氢钾0.46g，葡萄糖20g，水1 000ml，pH自然。

(2)PSA培养基配方

马铃薯200g(去皮，切片，煮沸20分钟，用4层纱布过滤，取滤液)，蔗糖20g，蒸馏水1 000ml，加NaOH液，pH调至8。

(3)玉米粉麦麸煮出液培养基配方

蔗糖34g/L，糖蜜13ml/L，麦麸36g/L，玉米粗粉20g/L，KH_2PO_4 3g/L，水1 000ml。将麦麸和玉米粗粉分别加水500ml，煮沸20分钟，用8层纱布过滤，取其滤液，混合，加入配方中的其他原料，再用自来水定容至1L。

(4)糊精牛肉膏培养基配方

糊精2.5%，牛肉膏2%，蔗糖＋甘露醇3%，$MgSO_4$ 0.01%，激动素KT 1%，烟酸＋维生素B_2(0.5%＋0.1%)。

(5)麦芽糖蛋白胨培养基配方

麦芽糖40.09g/L，蛋白胨3.35g/L，K_2HPO_4 1.98g/L。

(6)改良MMN(松针)培养基配方

$(NH_4)_2HPO_4$ 0.25g，KH_2PO_4 0.5g，$CaCl_2$ 0.05g，$MgSO_4$ 0.15g，$FeCl_3$(1%)1～2ml，葡萄糖5g，维生素B_1 0.025g，水1 000ml，pH自然。添加松针20g煮汁，即为松针MMN培养基。

第四节　红汁乳菇的栽培技术

一、苗床感染移植栽培法

苗床感染移植栽培法能提高感染成功率，在意大利、美国、新西兰已有黑孢块菌染菌的幼苗出售。2002年，湖南省林业科学院利用此法栽培红汁乳菇，获得了与天然红汁乳菇形态一致、风味完全相同的子实体，并且建立了多个生产基地。此法大体上可分为育苗、接种、合成菌根、菌根化苗移植建园(造林)、管理、收获等几个环节。

(一)菌种和无菌苗的获得

育苗直到形成菌根这一过程在温室内进行。用于栽培的树种主要是马尾松。将分离获得的试管菌种接种到装有液体发酵培养基的三角瓶中，置于22～23℃摇床上培养3～4天，即获得用于感染松树幼苗的红汁乳菇菌种。将饱满壮实的马尾松种子300g用30%过氧化氢(双氧水)消毒12分钟，无菌水清洗3次，播种于装有高温消毒的基质(30%黄心土、30%珍珠岩、40%蛭石)上。在5 000 lx光照10小时，黑暗14小时，温度18～27℃条件下培养20天以上，获得无菌苗。此时的幼苗高度一般在5～7cm。

(二)接种感染和菌根苗的获得

用发酵获得的液体菌种接种到获得的无菌苗的根部，并栽培于消毒灭菌的基质上，培养8～10月，即得感染了红汁乳菇的马尾松菌根苗。菌根化后将苗木转移到室外苗床上适应性生活一段时间，次年春天即可移栽到栽培园中。

(三)栽培园土壤选择和移栽

栽培园对土壤要求较严格，土壤条件既能适合树木生长，又适合红汁乳菇发育，通常要在专家指导下选择园址、菌种和树种。栽培地可选择亚热带的红壤、黄壤和紫色土。主要由板岩、石灰岩、紫色砂岩、第四纪红色黏土母质等发育而成。土壤营养含量分别为全氮1.55g/kg(0.93～2.6g/kg)、全磷0.32g/kg(0.21～0.38g/kg)、全钾15.99g/kg(7.2～21.9g/kg)、有机质28.27g/kg(12.2～44g/kg)、碱解氮126.5g/kg(58.4～190.8g/kg)、速效磷1.7g/kg(0.2～2.6g/kg)、速效钾103g/kg(39～256g/kg)、代换性钙4.2mmol(2.4～33.6mmol)、代换性镁0.53mmol(0.4～2.06mmol)。pH 5～6.5。土壤厚度30～50cm。将培养200天的菌根苗栽培于选择好的土壤上，栽培方法与一般马尾松造林相同。栽培密度1.5m×1.5m。土壤不作施肥和平整处理，以保持土壤的自然状态和条件的一致性。

(四)栽培管理

管理工作主要是土壤保养，如除草、补偿性灌溉、夏季遮荫等，树木长大后还要适当疏枝。其中补偿性灌溉(喷灌或浇水)视气候而定。稍一缺水便要及时补充，在红汁乳菇栽培区内，进行相当于80mm的自然降水(气象标准：暴雨级)的人工灌溉，可以提高红汁乳菇产量。红汁乳菇菌根对干旱较敏感，连续干旱60天会导致菌根死亡，直接影响红汁乳菇栽培区产量。

管理精细的幼林，一般从树苗移栽到开始产红汁乳菇需2～3年，以后年年可采收。栽培区产量达到每平方米245～1 490.5g。以产菌有效面积40%计，相当于每公顷达1 471千克。

(五)出菇的气候条件

红汁乳菇是松树的菌根菌，不能进行完全的人工栽培，栽培仍处于半人工栽培状态。其子实体是靠人工接种后在野外自然生长获得，整个过程处在半人工半天然的状态。红汁乳菇产菇时间和发生量均受当时天气状况的影响。气温12～16℃，空气相对湿度80%以上是红汁乳菇子实体形成的有利气象条件，期间往往易形成大雾。红汁乳菇产菇时间分春、秋季两次。春季时间短，7～20天。秋季产菇时间稍长，15～30天。红汁乳菇春、秋季产菇期气候条件基本一致，总体上由温热趋于温凉，发生前1～3天内有一个明显的降雨和降温过程。气温降幅达到12.3℃左右，最高气温降至20℃以下，最低气温在9.5～15.9℃。降雨量不等，首次与末次降雨之间平均每日降水6.5～7.5mm，且降雨呈间歇性交替型，即降雨日与晴日交替，使土壤含水量达到一定时间的饱和状态是必需的。降雨的次数和时间往往直接影响菇发生期的长短。如春季清明前后出现倒春寒，秋季出现剧烈降温都有利于红汁乳菇的发生。

红汁乳菇发生期间地表以下5～15cm，土壤温度为11～19℃。在人工控制栽培条件下，将基质温度控制在11～19℃范围内，有利于子实体形成。另外，通过人工灌溉方法补充水分，增加湿度，可以延长红汁乳菇的出菇时间。

二、适生地幼龄树接种感染栽培技术

这种栽培方法是法国人在19世纪初栽培黑孢块菌时提出的，目前在法国南部和意大利以及美国的得克萨斯州、加利福尼亚州，仍用此法栽培黑孢块菌。有的研究者也在尝试用此法栽培红汁乳菇和松乳菇。陈昌元等报道，将松乳菇菌丝体埋入松林自然土壤中获得了子实体。

在红汁乳菇的分布区选择合适的场地建立栽培园，于春天播种适当树种的种子，培育树苗。通常用马尾松。早春温度适宜时，在小树周围开沟，根据根系发达情况，在根外挖一圈20～25cm深的窄沟，将来自红汁乳菇产地带有子实体的合适土壤，或含有菌丝和孢子的培养液撒到沟内，然后填土。播种后，特别是4～10月期间，要连续灌水，天气干旱时尤应灌水，以保持土壤潮湿，使孢子或菌丝得到充分发育。栽培地的选择、栽培管理、气候条件要求与苗床感染移植栽培法相同。

第五节　红汁乳菇的营养价值

红汁乳菇是营养丰富、味道鲜美的食用菌，既具有很高的营养价值，又具有很高的药用价值。蛋白质含量远高于一般蔬菜，粗脂肪含量较低，基本上不含糖。与其他植物性食品相比，红汁乳菇所含的食物纤维较高，是一种高蛋白低热量的理想天然保健食品。

一、营养价值

红汁乳菇具有很高的营养价值，含有17种氨基酸、不饱和脂肪酸、多糖、矿质元素、维生素、核苷酸、有机酸、麦角甾醇及多种天然色素等有效成分(表35－1)。

表35－1　红汁乳菇的化学成分(占干物质量%)

水分	蛋白质		粗脂肪	可溶性无氮浸出物					粗纤维	灰分	水溶性物质
	粗蛋白	纯蛋白		总量	还原糖	戊聚糖	甲基戊聚糖	甘露醇			
87.29	23.52	14.41	7.28	55.83	34.40	1.81	2.50	3.30	7.61	5.76	40.9

经研究发现，红汁乳菇的粗蛋白含量在23.52%～29.12%之间，远远超过一般绿色食品。红汁乳菇的蛋白质中含有17种氨基酸，其中7种人体必需的氨基酸，10种非必需氨基酸。红汁乳菇蛋白质分为单纯蛋白质和复合蛋白质两大类。单纯蛋白水解时产生各种氨基酸。红汁乳菇子实体中氨基酸总量为21.18g/100g，其中必需氨基酸含量8.59g/100g，非必需氨基酸含量12.59g/100g。必需氨基酸占氨基酸总量的43.26%。红汁乳菇子实体中氨基酸含量由高到低的顺序依次是谷氨酸、赖氨酸、天冬氨酸、亮氨酸、精氨酸；含量较低的氨基酸是半胱氨酸和苯丙氨酸。除苯丙氨酸、亮氨酸含量高于其他常见食用菌子实体外，其他与目前食用菌子实体中氨基酸含量基本一致(表35－2)。

表 35－2 红汁乳菇子实体中氨基酸组成与含量（mg/100g，干重）

氨基酸	含量 1*	含量 2**	氨基酸	含量 1*	含量 2**
非必需氨基酸			必需氨基酸		
谷氨酸	2682.41	4833.68	苏氨酸	969.61	1439.69
丝氨酸	853.88	1318.25	缬氨酸	1338.20	1676.38
半胱氨酸	47.50	294.69	亮氨酸	1445.08	2188.65
甘氨酸	1030.02	1281.74	异亮氨酸	1148.54	1135.05
组氨酸	855.09	701.09	甲硫氨酸	769.60	343.16
丙氨酸	1300.87	1775.98	赖氨酸	2362.07	2629.90
精氨酸	1429.41	1599.67	苯丙氨酸	560.61	1569.83
脯氨酸	1112.09	46.76			
天冬氨酸	2050.62	2196.99			
酪氨酸	1222.62	433.61			

二、多糖

红汁乳菇中含有能治疗多种疾病的多糖类物质和食物纤维。经研究，其多糖含量达 6.99%，主要由葡聚糖、半乳聚糖、甘露聚糖、木聚糖组成，它们的含量分别为 63%、12%、13%、12%，其中不含岩藻聚糖。粗纤维含量 7.61%，在食用菌纤维含量中属较高的一种，其中纤维素含量占20.1%、半纤维素含量占22.8%，可食用纤维素占纤维素总量的 50.7%。这些成分可以抗肿瘤、能健脾开胃、清洁肠道、帮助消化、防止便秘。红汁乳菇多糖对肿瘤有很高的抑制活性，是预防和治疗肿瘤较理想的免疫调节剂（表 35－3～表 35－4）。

红汁乳菇中蛋白多糖中蛋白质和多糖含量分别为 15.53%和 66.52%，蛋白多糖具有体外抗氧化的能力。经鉴定，红汁乳菇蛋白多糖中单糖主要是葡萄糖51.45%、果糖1.48%和半乳糖0.87%（表 35－5）。

表 35－3 红汁乳菇产生的多糖体

糖组成					元素分析值		
葡聚糖	半乳糖	甘露糖	岩藻糖	木糖	C	H	N
63%	12%	13%	0	12	39.29	6.32	3.51

表 35－4 红汁乳菇的纤维素组成（干重%）

纤维素	半纤维素	食用纤维总量	食用纤维总量/粗纤维
20.1	22.8	50.7	3.2

表 35－5 红汁乳菇蛋白多糖得率及多糖和蛋白质含量

粗蛋白多糖得率	纯蛋白多糖得率	多糖含量	蛋白质含量
23.26	1.69	66.52	15.5

三、不饱和脂肪酸

红汁乳菇的粗脂肪含量为7.28%。脂肪酸中硬脂酸含量很高，为 49%～60%，而菌丝中含量很低，仅为4.59%。菌丝中亚油酸含量很高，达到53.72%，亚麻酸含量几乎是子实体的 4 倍，亚油酸、亚麻酸为人体必需脂肪酸。如人体缺乏必需脂肪酸，机体的所有系统会出现异常。它还是某些生理调节前体物质，特别是这些脂肪酸对脑组织生长发育至关重要。γ-亚麻酸是亚油酸的第一代谢产物，具有明显降压、降脂、降胆固醇、恢复糖尿病者被损伤的神经细胞的功能。亚油酸不仅能降低胆固醇的浓度，预防动脉硬化，而且能促进激素，特别是副肾皮质激素的分泌，增强人体的应激能力。

菌丝中的棕榈酸的含量相当高，脂肪酸中所含油酸、棕榈酸和硬脂酸具有抑制肿瘤生长的作用。据报道，油酸具有降低低密度脂蛋白（LDL）、升高高密度脂蛋白〔HDL〕功能，对脑卒中（中风）、心肌梗死、肾功能不全、贫血及癌症也有一定的疗效。油酸还能提高机体抗氧化能力，保护心血管系统，使血小板聚集率和血栓素 B_2 下降（表 35－6）。

表 35－6 红汁乳菇脂肪酸的含量

脂肪酸组分	含 量（%）				
	灰绿菌盖	灰绿菌柄	橘红菌盖	橘红菌柄	菌丝
棕榈酸(16∶0)	8.13	9.20	9.51	10.92	31.63
棕榈油酸(16∶1)	0.29	—	—	—	1.22
硬脂酸(18∶0)	56.10	60.64	54.35	49.16	4.59
油酸(18∶1)	11.96	4.77	7.58	4.72	6.49
亚油酸(18∶2)	22.98	25.38	27.90	35.21	53.72
亚麻酸(18∶3)	0.54	—	0.66	—	2.35

四、维生素和矿物质

红汁乳菇中含有丰富的维生素，其中维生素 B_1（硫胺素）的含量非常高，100g 鲜菇中高达 0.26mg，远高于人工栽培食用菌的含量水平。此外红汁乳菇还含有较高的维生素 B_2 和烟酸（维生素 B_5）（表 35－7）。

干红汁乳菇含灰分 5.76%，含有人体所必需的矿质元素，其中钾、钠、磷、铁、锶的含量较高，还含有铝、镁、钙、硫及微量元素铜、锌、锰、铬、钴、镍（表 35－8）。

表 35－7 红汁乳菇中维生素的含量(mg/100g 可食部分)

水分(g)	维生素 B_1(mg)	维生素 B_5(mg)
93.4	0.26	3.2

表 35－8 红汁乳菇灰分中的元素组成

每 100g 灰分中的含量(g)													
K_2O	Na_2O	CaO	Fe_2O_3	Al_2O_3	MgO	MnO	CuO	ZnO	SO_3	Cl	P_2O_5	SrO_2	CO_2 及其他
50.433	3.670	0.546	5.550	1.337	0.848	0.089	0.084	0.372	2.777	0.623	18.803	12.701	2.167

五、核酸

据报道，红汁乳菇中含有 4 种核苷酸，它是助鲜成分，其中主要成分是 5'-鸟苷酸（5'-guanylic acid，简称 5'-GMP），又称（guanosine-5'monophosphate）、5'-腺苷酸（5'-AMP，5'-腺苷-磷酸）、5'-胞苷酸（5'-CMP，5'-胞苷-磷酸），5'-尿苷酸（5'-UMP，5'-尿苷-磷酸）等。其 5'-鸟苷酸和 5'-胞苷酸的含量比其他食用菌丰富。由此可见，红汁乳菇是一种营养全、味香可口的食用菌，这与其含有丰富的有机酸及呈鲜成分核苷酸有很大关系（表 35－9）。

表 35－9 红汁乳菇中核苷酸含量(mg/100g 干重)

5'腺苷酸	5'鸟苷酸	5'尿苷酸	5'胞苷酸	备注
5'AMP	5'GMP	5'UMP	5'CMP	remarks
5.14	1.81	4.15	0.74	煮出液

六、有机酸

据研究发现，红汁乳菇的有机酸含量丰富，有 9 种，其中苹果酸、焦谷氨酸、富马酸、柠檬酸含量分别为 2 158 mg/100g、631mg/100g、422mg/100g、166mg/100g（表 35－10）。

表 35－10 红汁乳菇中有机酸含量(mg/100g 干重)

甲酸	醋酸	乳酸	草酸	琥珀酸	富马酸	苹果酸	酮戊二酸	焦谷氨酸	柠檬酸	总量
7	6	5	32	81	422	2158	24	631	166	3520

第六节 红汁乳菇的药理与应用

一、基础研究

红汁乳菇属药食两用的真菌，我国国内许多学者在尽力研究对红汁乳菇的营养成分、含量及其药用价值。红汁乳菇富含各种氨基酸、粗蛋白、粗脂肪、粗纤维、矿物质元素、微量元素、灰分、多糖、核酸、维生素、色素、麦角固醇及其类似物等，是十分理想的食品与保健品。其中，核酸能起到助鲜的作用；粗蛋白与必需氨基酸能满足人体的正常需要；粗纤维能健脾开胃、清洁肠道，帮助消化、防止肠道疾病的发生；多糖具有防癌、抗癌作用。

1. 化学结构和理化性质

红汁乳菇含有多种薁类色素，它们多是愈创烷型的倍半萜，这些色素具有抑菌、抗氧化和抑制植物生长的作用。它们的结构如图35—4所示。

经研究发现，红汁乳菇中含有多种麦角甾醇及其类似物，它们的结构见图35—5。

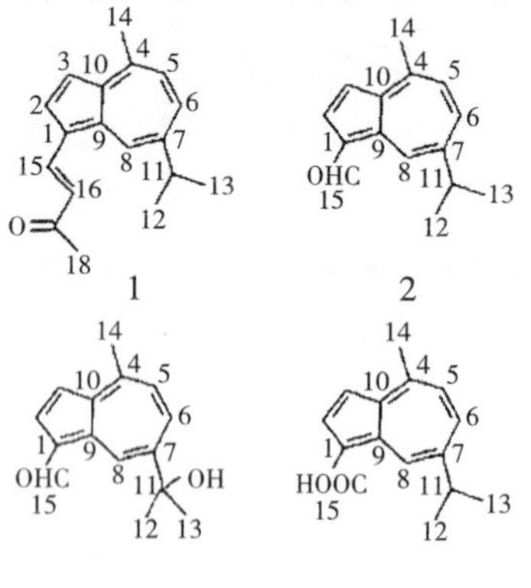

图35—4 红汁乳菇中薁类色素结构

1. 1-[(15E)-丁烯17-酮]-4-甲基7-异丙基薁，2. 1-甲酸基-4-甲基-7-异丙基薁，3. 1-甲酸基-4-甲基-7-(1-羟基-1-甲乙基)薁，4. 4-甲基-7-异丙基-薁-1-羧酸。

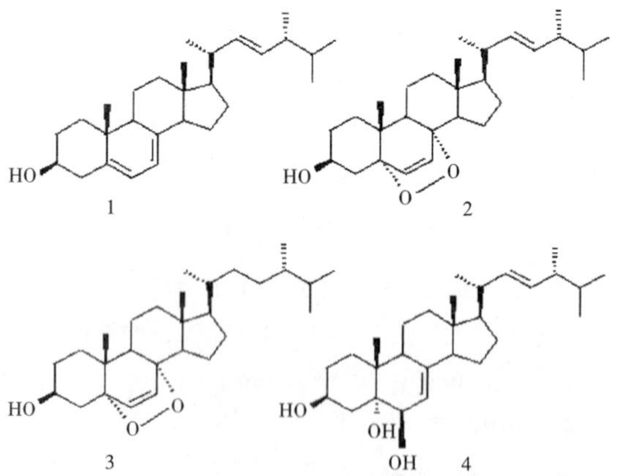

图35—5 红汁乳菇中的麦角甾醇及其类似物的结构

1. 麦角甾醇 22E,24R-ergosta-5,7,22-diene-3β-ol (ergosterol)，2. 过氧化麦角甾醇 5α,8α-epidioxy-(22E,24R)-ergosta-6,22-diene-3β-ol (ergosterol peroxide)，3. 过氧化麦角甾醇 5α,8α-epidioxy-(24S)-ergosta-6-en-3β-ol，4. 啤酒甾醇 22E,24R-ergosta-7,22-diene-3β,5α,6β-triol(cerevisterol)。

2. 免疫调节作用

红汁乳菇多糖能提高人体免疫功能。红汁乳菇含有丰富的Ca、Mg、Fe、Zn、Cu、Mn等矿质元素，许多金属元素都是参与生理生化反应酶的辅基和激活剂，可以提高人体的免疫功能，降低心脏病、贫血等疾病的发生频率。这些元素与人体生理功能、癌的诱发和抑制有很大关系，因此常食用该菌可起到防病治病作用。

油酸还能提高机体抗氧化能力，保护心血管系统，使血小板聚集率和血栓素B_2下降。

3. 抗肿瘤作用

红汁乳菇多糖具有很强的抑制肿瘤活性，其提取物对小白鼠肉瘤S-180的抑制率为100%，对艾氏腹水癌的抑制率为90%。日本吴羽化学公司对红汁乳菇的抑制肿瘤活性及其多糖体的单糖组成、元素组成作了较为深入的研究。在中国的民间，红汁乳菇长期用作抗癌和抗病毒药物。可见红汁乳菇是预防和治疗肿瘤较理想的免疫调节剂。

红汁乳菇菌丝中的棕榈酸的含量相当高，脂肪酸中所含油酸、棕榈酸和硬脂酸具有抑制肿瘤生长的作用。据报道，油酸具有降低低密度脂蛋白(LDL)、升高高密度脂蛋白〔HDL〕功能，对中风、心肌梗死、肾功能不全、贫血及癌症有一定的疗效(表35—11)。

表35—11 红汁乳菇提取物的抗肿瘤活性

投药量(mg/kg)	对肉瘤S-180的抑制率(%)	对艾氏瘤的抑制率(%)
300	100	90

4. 其他作用

据研究，红汁乳菇还含有一些有机酸、酚类、倍半萜类和色素类等物质，它们具有抗病毒、抑菌、抑制某些杂草生长等作用，在林业病虫草害的生物防治方面展现出巨大潜力。日本人都丸宇田对红汁乳菇的抗病毒活性进行了研究，发现对烟草病毒TUV和黄瓜嵌病毒素黄斑病毒(CMV-Y)均有显著抑制活性，为预防植物病毒病提供了新的途径。莫美华等研究了红汁乳菇色素的抑菌作用及植物生长调节作用，发现从红汁乳菇子实体中分离获得的两种色素对大肠杆菌、枯草芽胞杆菌、啤酒酵母有明显的抑制作用，对金黄色葡萄球菌有轻微的抑菌作用。对稗草种子的萌发和幼苗的生长有抑制作用。

红汁乳菇的麦角甾醇及其类似物对 *Crotalus adamehteus* 蛇毒磷脂酶PLA2具有选择抑制活性，但是对 *Apis mellifcra* 蜂毒磷脂酶PLA2无抑制活性。这些甾醇可用作抗蛇毒药物，并且对一些病害，如风湿性关节炎、支气管哮喘起着预防和治疗作用。

第七节 展 望

一、国内外科技发展现状

红汁乳菇自从1890年由Tanaka在日本发现并定名以来，很长一段时间没有引起人们重视。直到1950年，Heim等将其定名为*Lactarius semisanguifluus*，才又开始引起科学家的注意。但是由于红汁乳菇与松乳菇的形态的高度相似性，所以很长一段时间，这两种菇的研究混淆不清，比如中国湖南的很多学者一直把红汁乳菇当作松乳菇来进行研究，直到2006年才由谭著明等澄清。

随着红汁乳菇的从新发现和认识，各国学者对其分布和生态报道较多。李刚(1995)等对资兴市红汁乳菇生态进行了调查。刘建成(1995)等对湘西红汁乳菇的分布及生态环境作了较详细报道。罗惟希等对赣西红汁乳菇生态作了调查。吴兴亮等调查了广西岑王老山自然保护区大型真菌种类及其生态分布。《粤北山区大型真菌志》记载了红汁乳菇在广东的分布及形态特征。

红汁乳菇具有很高的营养价值和药用价值，许多学者对其菌丝进行了分离培养。张林等对红汁乳菇进行了分离培养，发现红汁乳菇在鲜松针麦芽汁培养基上生长稳定，菌丝白色，逐渐分泌出黄色色素，生长速度快，菌丝粗壮，有气生现象，但较短，镜检时发现菌丝浅黄色，较短，分枝极少，外壁光滑，分隔呈藕节状，顶端有较大的颗粒物，直径10～20μm。张儒发等用孢子分离法较早解决了菌种分离问题。刘建成对红汁乳菇进行组织分离，也获得了菌种。李文艺(2004)研究了红汁乳菇菌丝在不同培养基上生长情况，得出红汁乳菇菌丝生长初始酸碱度以pH6.5～7.0为宜；加入红汁乳菇发生地土壤及干松针浸出液对红汁乳菇菌丝生长有促进作用；而干栎树叶、鲜松针浸出液及发生地腐殖层浸出液对红汁乳菇菌丝的生长没有促进作用。刘君昂(2004)对红汁乳菇菌种分离，结果表明：不同地域的红汁乳菇子实体在相同条件下进行分离时，菌丝生长的快慢不同。红汁乳菇一级菌种培养时，菌丝在PDA、MMN、酵母葡萄糖酸钙培养基上生长较快和旺盛，菌丝在MS、查氏、蛋白胨培养基上生长缓慢，且生长很弱。

红汁乳菇属于菌根菌，还不能像腐生菌一样进行人工栽培出菇，其分离物是否是红汁乳菇的菌丝，必须通过其他途径进行鉴别。不少研究者尝试了利用分子生物学方法对分离物与子实体进行验证。李河对红汁乳菇子实体和组织分离菌株核糖体转录间隔区片段进行聚合酶联反应(PCR)扩增，扩增产物纯化后测序，测序结果在GenBank中进行同源性检索，并下载部分具有代表性种的ITS序列，利用软件MEGA4构建了系统发育树，通过树图分析，最后鉴定出该组织分离菌株就是红汁乳菇的纯菌种。

为了开发红汁乳菇资源，许多研究者对其深层发酵进行了研究，找到一些适合发酵的培养基配方，以大规模的培养来提高产量，并且不受气候条件的限制。但是，许多食用菌由于发酵周期和成本等原因，进入产业化生产的并不多。李文艺(2001)等研究了红汁乳菇发酵培养基，筛选出以马铃薯为主料的培养液，红汁乳菇菌球(或菌体)产量高。莫美华(2003)等对发酵条件进行了研究，发现其菌丝最适生长温度为22～28℃，超过31℃菌丝干黄，不生长。杨平等对红汁乳菇发酵条件进行了研究，发现在麦芽糖40.09g/L、蛋白胨3.35g/L、K_2HPO_4 1.98 g/L培养基中，培养温度30.04℃时，可获得较大的红汁乳菇菌丝体，产量可达到13.17g/L。王志勇(2004)等研究了红汁乳菇菌丝对环境条件的适应，发现从红汁乳菇菌盖上分离得到的菌丝易于培养，条件适宜时，菌丝浓密洁白，且在基质上产生橘红色色素。菌丝对单糖、双糖、多糖可利用，对氨态氮、硝态氮、尿素、氨基酸也均可利用。菌丝可在5.0～30.0℃下生长，最适温度为20～25.0℃，最适pH为3～11，光照对菌丝生长的影响不大。周国英(2004)等研究了红汁乳菇液体培养时影响菌丝产量的主要营养因子，发现牛肉膏、KT、转速、培养时间、三角瓶大小对红汁乳菇菌丝的生长具有非常显著的影响，糊精、蔗糖加甘露醇对红汁乳菇菌丝的生长也具有显著的影响。

许多学者对红汁乳菇的营养成分进行了研究。日本的岩出亥之助对红汁乳菇的化学成分进行了测定。表明红汁乳菇是一类高蛋白质、低脂肪的理想食品，与其他植物性食品相比，粗纤维的含量非常高，其纤维由果胶类物质构成，其中大半混以几丁质，具有特殊的生理活性。王辉宪等对湘西红汁乳菇中金属元素含量进行了测定，较丰富的有Ca、Mg、Fe、Zn，也含有一定量的微量元素。不同的菇体含有的维生素种类和含量有很大差异。红汁乳菇中维生素B_1的含量非常高，100g

鲜菇中有0.26mg维生素B_1，远远高于人工栽培食用菌的含量水平，此外还含有较高的维生素B_2和烟酸(VB_5)。日本的吉田博等研究红汁乳菇时发现其含有9种有机酸，以苹果酸、焦谷氨酸、富马酸、柠檬酸为主。红汁乳菇中含有4种核苷酸，其中含有高度助鲜成分5'-鸟苷酸。日本学者Sekizawa-N对野生红汁乳菇有效成分的抽提工艺进行了研究，发现5'-鸟苷酸和5'-胞苷酸的含量比其他食用菌丰富。邓百万和杨平等分别对红汁乳菇子实体与菌丝体的氨基酸组成进行了分析，发现红汁乳菇子实体中含有17种氨基酸，其中7种为人体必需氨基酸，10种为非必需氨基酸。王军(2006)、房立真等(2007)、Momeihua(2008)对红汁乳菇色素进行了分离纯化，获得了多种薁类色素，它们多数是倍半萜类化合物。

对红汁乳菇应用的研究最早是从林业方面开始的。红汁乳菇是外生菌根菌，能与一些大型乔木形成共生关系，而两者之间通过形成的菌根体系来交换某些化学成分，从而获取各自需要的物质。鉴于这个特征，许多林业科技工作者把红汁乳菇引入到造林工作中，以利于树木的快速生长。刘君昂(2004)用液体培养的红汁乳菇接种马尾松幼苗形成了菌根化苗，苗木菌根形成率为73.3%，且菌根明显促进马尾松苗木生长。马尾松菌根化苗可以提高马尾松苗出圃率及造林成活率，促进马尾松生长，为实现红汁乳菇的半人工栽培提供基础。莫美华(2004,2005)等报道，红汁乳菇的水提物和醇提物能有效抑制稗草、萝卜等植物种子发芽和生长，揭示了红汁乳菇所含植物激素的潜在意义。

黄亦存等对松乳菇和红汁乳菇与火炬松形成的菌根形态作了宏观和微观描述，获得了清晰的菌丝套表面菌丝及乳汁管等电镜扫描图像。谭著明(2006)等研究了红汁乳菇与马尾松形成的菌根内部结构特征，首次报道了红汁乳菇-马尾松形成的菌根菌丝套的网格结构，并确证红汁乳菇菌丝细胞与细胞连接处没有锁状联合。到目前为止，许多学者对红汁乳菇形成的菌根的形态结构进行了研究，获得了一定的成果，但对其共生系统进行的研究仍未取得突破性的成果，这正是一些菌根菌栽培的瓶颈所在。

国内研究者对红汁乳菇的栽培也作过多种尝试。方平夷按照腐生菌的栽培方式进行室内栽培，获得零星子实体，但形态不正常。陈昌元等报道，将松乳菇菌丝体埋入松林自然土壤中获得了子实体。湖南省林业科学院利用发酵菌丝感染无菌松树幼苗，获得菌根苗，然后将菌根苗移植于适生土壤中，获得了与天然红汁乳菇形态一致、风味完全相同的子实体，并且建立了多个生产基地，现在基地建设规模已扩大至50公顷。通过加强水分管理等措施，使红汁乳菇产量达到每平方米245～1490.5g。

二、利用现代分子生物学手段，提高育种效率，加快产业化进程

红汁乳菇在我国的分布广泛，种质资源丰富，利用现代分子生物学手段，进行红汁乳菇种质资源遗传多样性和亲缘关系评价鉴定，选育出符合菇业升级发展需要的红汁乳菇优良品种。通过基因工程育种技术定向改变红汁乳菇菌种性状是具有潜力的方法，寻找与产量、品质、抗性、耐储性及与宿主植物形成共生体相关的重要基因相连锁的分子标记、基因的克隆、表达与功能验证，载体构建和建立高效稳定的遗传转化体系等方面是今后红汁乳菇育种的主要研究课题。育种目标方向定位为在生产管理方便、有效成分、高营养价值、耐储藏的红汁乳菇品种及优质、高产、三抗(抗虫、抗病、抗逆性强)、广温型的红汁乳菇新品种，工厂化设施栽培专用品种及高效深层发酵和新型固体发酵专用型品种。另外，外生菌根菌本身的生物学特性，决定了乳菇属真菌无论是在固体平板、液体培养基，还是在栽培料中，其生长速度都相对十分缓慢，生产周期过长，不利于生产。另外，对营养条件及生长的环境条件要求比较苛刻，很多生理活性物质可能在子实体中十分丰富，而在菌丝中含量较低，这些弊端严重限制了红汁乳菇的广泛应用。针对这些弊端，可以尝试利用基因工程的手段，改造其基因，或者将产生生理活性物质的基因克隆出来，在大肠杆菌、酵母等生长速度快、生产成本低、发酵条件易于调控的菌种中进行高效表达，实现深度生产发酵的工业化，以期为红汁乳菇的广泛应用提供可能。

三、加强对红汁乳菇抗肿瘤、抗病毒机制研究

红汁乳菇含有有机酸、酚类、多糖类、倍半萜烯类活性物质，并已在抗肿瘤、抗病毒、抑菌、抗化学感染等方面显示出了巨大潜力，应加大力度筛选具有较强生理活性物质的菌种，利用其子实体、菌丝或代谢产物加工成生物农药，为生物防治领域做出贡献。目前国内外对红汁乳菇高产生理活性物质的营养培养条件及其对抗肿瘤、抗病毒、抑菌、抗化学感染的毒性机制的研究甚少，今后应该广泛开展这方面的研究。

参考文献

[1] 李书祯. 必需元素与健康[M]. 北京:中国轻工业出版,1988.
[2] 张光亚. 云南食用菌[M]. 昆明:云南人民出版社,1984.
[3] 上海农业科学院食用菌研究所. 中国食用菌志[M]. 北京:中国林业出版社,1991.
[4] 李建宗,胡新文,彭寅斌. 湖南大型真菌志[M]. 长沙:湖南师范大学出版社,1993.
[5] 黄年来. 中国大型真菌原色图鉴[M]. 北京:中国农业出版社,1992.
[6] 黄年来. 中国食用菌百科[M]. 北京:中国农业出版社,1993.
[7] 杨庆尧. 食用菌生物学基础[M]. 上海:上海科学技术出版社,1981.
[8] 谢支锡,王云,王柏. 长白山伞菌图志[M]. 长春:吉林科学技术出版社,1986.
[9] 应建浙,赵继鼎,卯晓岚,等. 食用蘑菇[M]. 北京:科学出版社,1990.
[10] 卯晓岚. 中国经济真菌[M]. 北京:科学出版社,1998.
[11] 杨国良,薛海滨. 食药用菌专业户手册[M]. 北京:中国农业出版社,2002.
[12] 陈士瑜,陈惠. 菇菌栽培手册[M]. 北京:科学技术文献出版社,2003.
[13] 刘吉开. 高等真菌化学[M]. 北京:中国科学技术出版社,2004.
[14] PARK W H, LEE H D. Wild fungi of Korea in color[M]. Seoul: Kyo-Hak Publishing Co. Ltd, 1991.
[15] LEE J Y. Coloured Korean mushrooms[M]. Seoul: Academic Publishing, 1988.
[16] VAsILIEVA L N. Agaricales of Ptinmorsk Kpay[M]. Moscow: Science Press, 1973.
[17] INGLEBY K, MASON P A, LAST FT, et al. Identification of ectomycorrhizae[M]. London: HMSO Publications Centre, 1990.
[18] IMAZEKI R, HONGO T. Coloured illustration of fungi of Japan[M]. Osaka: Hoikusha Publishing Co. Ltd. ,1974.
[19] ARORA D. Mushrooms demystified[M]. Berkley: Ten Speed Press, 1986.
[20] CETTO B. I fungi dal vero (Vol. 1)[M]. Trento: Saturnia, 1970.
[21] MILLER O K. Mushrooms of North America[M]. New York: Dutton, 1978.
[22] DAHNKE R M, DAHNKE S M. 700 Pilze in Farbfotos[M]. Stuttgart: At Verlag Aurau, 1980.
[23] LINCOFF G H. The audubon society field guide to North American mushroons[M]. New York: Alfred A. Knopf, 1981.
[24] PHILIPS R. Mushrooms and other fungi of Great Britain & Europe [M]. London: Pan Book, 1991.
[25] PHILIPS R. Mushrooms of North America, Boston, Toronto[M]. London: Little Brown and Company, 1991.
[26] MOSER M. Key to Agarics and Boleti (Polyporales, Boketales, Agaricales, Rissulales)[M]. London: Roger Phillips, 1983.
[27] COURTECUISSE R, DUTHEM B. Collin field guide mushrooms & toadstools of Britain & Europe [M]. Ramsbury: Harper Collins Publishers, 1995 .
[28] LASSON T, CONTE A D. The mushroom book[M]. London: Dorling Kindersley, 1996 .
[29] FRIES E M. Syst. Mycol[M]. Lunde: Ex officina Berlingiana,1921 .
[30] HONGO T. Mushrooms[M]. Tokyo: Yama-Kei Publishing Co. Ltd, 1994 .
[31] IMAZEKI R, HONGO T. Colored illustrations of fungi of Japan (II)[M]. Osaka: Hoikusha Publishing Co. Ltd. , 1989 .
[32] 谭著明. 红汁乳菇生物学特性与半人工栽培技术研究[D]. 长沙:湖南农业大学,2005.
[33] 王辉宪. 湘西松乳菇、红汁乳菇中金属元素的测定及其营养价值的研究[J]. 吉首大学学报,1994,15(5):63-65.

[34] 刘建成. 湘西红汁乳菇的分布及生态研究[J]. 中国食用菌,1995,14(6):36-37.
[35] 李刚. 资兴市红汁乳菇生态调查[J]. 中国食用菌, 1995,14(3):19-20.
[36] 张林. 食用外生菌根菌的分离培养研究[J]. 中国食用菌,1996,6(11):17-19.
[37] 柯丽霞. 红汁乳菇和多汁乳菇的化学成分及其开发利用前景[J]. 安徽师范大学学报,2000,23(4):391-393.
[38] 莫美华,马红梅,肖启福,等. 红汁乳菇醇提物对水稻、稗草感化作用影响[J]. 生态学报,2004,24(12):2951-2954.
[39] 马红梅,莫美华. 红汁乳菇液体深层发酵培养基的筛选[J]. 食用菌学报,2003,10(4):34-37.
[40] 李文艺. 红汁乳菇菌丝在不同培养基上生长情况初报[J]. 中国食用菌,2004,24(3):24-25.
[41] 李文艺,陈先玉. 红汁乳菇液体发酵试验初报[J]. 中国食用菌,2001,21(2):39-41.
[42] 刘建成,杜娟. 湘西北松乳菇的分布及生态研究[J]. 中国食用菌,1999,18(1): 22-23.
[43] 杨名毅,徐虹. 松乳菇的研究和开发[J]. 中国野生植物资源, 2001, 20(2):29-30.
[44] 王云,谢支锡. 我国部分造林树种外生菌根真菌的初步调查研究[J]. 真菌学报,1986, 2(1):59-61.
[45] 王向华. 云南乳菇属贸易种的分类学研究[J]. 云南植物研究,2000, 22(4): 419-427.
[46] 张光亚. 中国常见食用菌图鉴[M]. 昆明:云南科学技术出版社,1999.
[47] 李泰辉,杨小兵,何少锋,等. 橙红乳菇在广东首次发现[J]. 中国食用菌,2001,20(6): 26.
[48] 刘君昂. 红汁乳菇菌种分离培养及其对马尾松苗木生长效应研究[J]. 林业科学研究,2004,17(2):246-250.
[49] 周国英,李倩茹. 红汁乳菇菌丝液体发酵条件的优化[J]. 中南林学院学报,2004,24(5):36-38.
[50] 王志勇,李晓宏. 红汁乳菇菌丝对环境条件的适应研究初报[J]. 湖北林业科技,2004,130(4):22-24.
[51] 谭著明,张志光,卜晓英,等. 红汁乳菇及人工合成菌根的形态结构特征[J]. 食用菌学报,2006,13(2):36-40.
[52] 杨 平,曹文涛,张大为,等. 红汁乳菇子实体与菌丝体的氨基酸组成分析[J]. 中国食物与营养,2008(4):58-59.
[53] 邓百万,杨海涛,李志洲,等. 红汁乳菇子实体营养成分的测定与分析[J]. 食用菌学报,2004,11(1):49-51.
[54] 房立真,杨婉秋,董泽军,等. 红汁乳菇中一个新的薁类色素[J] 云南植物研究,2007,29(1):122-124.

[55] 罗惟希,廖洪初,万伍华,等. 赣西红汁乳菇生态调查[J]. 食用菌,2005(4):7-8.
[56] 吴兴亮,朱国胜,李泰辉,等. 广西岑王老山自然保护区大型真菌种类及其生态分布[J]. 贵州科学,2004,22(1): 18-26.
[57] 张建宇. 红汁乳菇深层培养及多糖分离提取工艺的研究[D]. 贵阳:贵州大学,2007.
[58] 董爱文,符星辉,黄美娥,等. 野生松乳菇和野生红汁乳菇蛋白多糖的研究[J]. 园艺学报,2006, 33(2): 408-410.
[59] 计红芳,杨谦,宋瑞清. 乳菇属真菌应用研究进展[J]. 林业科技,2006,31(3):28-30.
[60] 李河. 红汁乳菇组织分离株 ITS 序列验证[J]. 食用菌学报,2008,15(2):7-10.
[61] 姚平生,姚秋生,姚传榕. 浙江省庆元县野生真菌资源调查[J]. 中国食用菌,2001,21(4):27-29.
[62] 钟金霞. 贵州中部地区大型菌物的生态分布及资源评价[J]. 山地研究,1998,16(3):215-219.
[63] 刘建成. 松乳菇的简易组织分离法初探[J]. 中国食用菌,1993,12(3):22.
[64] 方平夷. 松乳菇的纯种分离和驯化栽培[J]. 食用菌,1994(3): 10.
[65] 谭著明. 松乳菇培养基及人工栽培方法:中国,ZL98112527.1[P], 2002.
[66] HUANG YICUN, HUANG YONGQING, WANG YOUZHI. Ectomycorrhizae formed by fungi in the genus lactarius on pinus[J]. Acta-Mycologica-sinica, 1996,15(4): 278-283.
[67] KIM HJ, LEE BH, OK, et al. Screening for antimutagenic effects of the wild mushrooms in Korea[J]. Korean J Food Sci Technol, 1998,30(3):688-692.
[68] WANGang Y, XIEie ZX. A preliminary survey of ectomycorrhiza fungi of some forest trees in chi-

na[J]. Acta-Mycologica-sinica, 1983,2(1): 59-61.

[69] EBERAHRDIT U, VEBEKEN A, RIIDLNI A, et al. Lactarius ectomycorrhizae on Abies alba: morphological descrip-tion, molecular characterization and taxonomic remarks[J]. Mycologia, 2000,92(5): 860-873.

[70] WANG Y, HALL R I, DIXON C, et al. Cultivation of Lactarius deliciosus (saffron milk cap) and Rhizopogon rubescens (shoro) in New Zealand[C]. Proceedings of the Second International Conference on Edible Mycor-rhizal Mushrooms, New Zealand Institute for Crop & Food Research, 2001, Christchurch.

[71] YAMADA A, OGURA T, OHMASA M. Cultivation of mushrooms of edible ectomycorrhizal fungi associated with *Pinus* densifloraby in vitro mycorrhizal synthesis I. Primordium and basidiocarp formation in open culture[J]. Mycorrhiza, 2001,11(2): 59-66.

[72] YAMADA A, OGURA T, OHMASA M. Cultivation of mushrooms of edible ectomycorrhizal fungi associated with Pinus densifloraby in vitro mycorrhizal synthesis Ⅱ. Morphology of mycorrhizae in open culture[J]. Mycor-rhiza, 2001,11(2): 67-81.

[73] BERGIUS N, DANELL E. The Swedish matsutake (*Tricholoma nauseosumsyn. T. matasutake*): distribution, abundance and ecology[J]. Scand J Res, 2000,15:318-325.

[74] BERGENDORFF O, STERNER O. The sesquiterpenes of Lactarius deliciosus and Lactarius deterrimus [J]. Phytochemistry, 1988,27(1):97-100.

[75] BERTELLI D J, CRABTREE J H. Naturally occurring fluven hydrocarbons [J]. Tetrahedron, 1968,24:2079-2089.

[76] FANG L Z, SHAO H J, YANG WQ, et al. Two new azulene pigments from the fruiting bodies of Basidiomycete Lactarious hatsudake [J]. Helv Chim Acta, 2006,89(7):1463-1466.

[77] HEILBRONNER E, SCHMID R W. Zur kenntnis der sesquiterpene und azulene [J]. Helv Chim Acta, 1954,37(7): 218-2039.

[78] KOUL S K. A C-formylated azulene from Lactarious deterrimus [J]. Phytochemistry, 1985,24: 181-182.

[79] VOKAC K, SAMEK Z, HEROUT V, et al. The structure of two native orange substances from Lactarius hatsudake [J]. Collect Czech Chem Commun, 1970,35:1296-1301.

[80] GAO JIN MING, WANG MIN, LIU LA PING, et al. Ergosterol peroxides as phospholipase A2 inhibitors from the fungus Lactarius hatsudake[J]. Phytomedicine, 2007,14: 821-824.

（莫美华）

第三十六章 黄菊菇

DISANSHILIUZHANG HUANGJUGU

摘要：黄菊菇，学名翘鳞环锈伞，是 2005 年才人工驯化栽培成功的珍稀食用菌新品种。近年来在四川成都等地开始规模化栽培。本章较系统地阐述了黄菊菇的分类、生物学特性、菌种繁育和代料栽培技术。

Pholiota squarrosa

Abstract: *Pholiota squarrosa* is a rare edible mushroom species. Small-scale artificial cultivation was first achieved in 2005, and the mushroom has since been cultivated commercially in Sichuan. This chapter consists of three sections that detail various aspects of *P. squarrosa* including taxonomy, biological features, spawn production, and artificial cultivation methods.

第一节 概 述

黄菊菇又名：黄金菇、黄珍珠菌、黄花菌、黄丝菌、金丝菌等。

学名：*Pholiota squarrosa* (Bull.) P. Kumm., *Führ. Pilzk.* (Zwickau): 22, 83 (1871)。

属名"*Pholiota*"来自希腊语，词源是"pholis"，意思是"鳞片、鳞甲"，是描述菌盖上的大量亮褐色、锈褐色的鳞片，中文译成"鳞伞菌属、鳞伞属"。种名加词"*squarrosa*"是"多皮垢的、粗糙的"意思。据拉丁文原意可译成"粗皮鳞伞"，称为"黄菊菇"更有商业意义。

同物异名：*Agaricus floccosus* Schaeff., *Fung. Bavar. Palat.* 1: tab. 61 (1762); *Agaricus squarrosus* Vahl, in Oeder, *Fl. Danic.* 3 (9): tab. 491 (1770); *Agaricus squarrosus* var. verruculosus (Lasch) Fr., *Epicr. syst. mycol.* (Upsaliae): 166 (1838); *Agaricus verruculosus* Lasch, *Linnaea* 4: 353 (1829); *Dryophila squarrosa* (Bull.) Quél., *Enchir. fung.* (Paris): 68 (1886); *Hypodendrum floccosum* (Schaeff.) Overh., *N. Amer. Fl.* (New York) 10 (5): 280 (1932); *Lepiota squarrosa* (Bull.) Gray, *Nat. Arr. Brit. Pl.* (London) 1: 602 (1821); *Lepiota squarrosa* (Bull.) Gray, *Nat. Arr. Brit. Pl.* (London) 1: 602 (1821) var. *squarrosa*; *Pholiota jahnii* sensu Breitenbach &; Kränzlin [BK 4: 334, pl. 428 (1995)]; fide Checklist of Basidiomycota of Great Britain and Ireland (2005); *Pholiota squarrosa* var. *verruculosa* (Lasch) Sacc., *Syll. fung.* (Abellini) 5: 749 (1887)。

分类地位：菌物界(Fungi)，担子菌门(Basidiomycota)，伞菌纲(Agaricomycetes)，伞菌亚纲(Agaricomycetidae)，伞菌目(Agaricales)，球盖菇科(Strophariaceae)。

该属的真菌全世界有 50 多种，我国已发现近 20 种。以光帽鳞伞(滑菇)[*P. nameko* (Ito) Ito et Imai]最为著名，在日本和我国均有栽培。其次是黄伞(多脂鳞伞)[*P. adiposa* (Fr.) Quel.]和金毛鳞伞(金花菇)[*P. aurea* (Mattusch. ex Fr.) Gill.]，我国近年来已实现大面积栽培。黄菊菇是近年来驯化栽培成功的一种珍稀食用菌，有部分地方(四川成都等地)已经开始进行规模化栽培。

第二节　黄菊菇的生物学特性

一、形态特征

黄菊菇散生或群生，群生每丛 20～40 朵，有时可达上百朵。菌盖直径 2～8cm，初期为半球形至钟形，后展开成伞状，菌盖橙黄色至金黄色，表面黏滑，上面均匀分布褐色尖角状翘鳞片。菌肉较厚，淡黄色。菌柄中生，内实，直径0.5～1.2cm，长 4～15cm，圆柱形，有细小鳞片，与菌盖同色或稍浅。菌环上位，有时脱落或不明显。菌褶直生，不等长，稠密，淡黄色。孢子印锈黄色，孢子淡黄色，光滑，椭圆形，5.7～7.0μm×4.3～5.5μm。菌丝生长前期为白色，后期变淡黄色至锈黄色，经吉姆萨液染色观察，生殖菌丝为双型菌丝，有锁状联合。

二、生态分布

(一)寄主

野生黄菊菇生活在桦树、杨树和柳树等阔叶树树桩基部，有时在树干中部也有发生。

(二)地理分布

野生黄菊菇在四川主要分布在阿坝州、甘孜州等地区。生长区域海拔高度一般为 1 200～2 600m，生长季节一般在 8～9 月份。经测定，生长子实体的地点气温白天最高为 20℃，晚上最低为 10℃，林间空气相对湿度 85%～90%，生长基质含水量 59%～61%，生长基质 pH 为5.5，林区遮荫度 80%～95%。另据报道，在云南、西藏、安徽、吉林、黑龙江、台湾等地的春末和秋初气温较低和温差较大时节也有发生。

(三)生活史

黄菊菇的生活史同其他多数木腐菌一样，由子实层产生担子和担孢子，担孢子萌发的单核菌丝经配对融合，完成质配，形成具有锁状联合的双核菌丝。在一定的环境条件下，双核菌丝扭结成子实体原基，再由原基发育成子实体。子实层上的担子内完成核配和减数分裂后，产生 4 个担孢子。值得注意的是，黄菊菇菌袋长满后，需要经过较长(45 天左右)的后熟期，子实体才能发育和生长。

担孢子→单生菌丝→双核菌丝(具锁状联合)→子实体原基→子实体→担子→担孢子

(四)菌丝和子实体生长期的营养与代谢特点

黄菊菇菌丝体对纤维素和木质素都有很强的分解能力。野生状态下，生长基质碳氮比较高，达到 75∶1 以上，但菌丝生长慢，生活周期长。研究发现，黄菊菇菌丝在碳氮比为 25∶1～30∶1 的培养基中生长迅速、健壮，营养物质积累多，有利于高产。在人工栽培时，应在基质中加入米糠、玉米粉或麦麸等原料，使碳氮比达到黄菊菇生长发育的最佳要求。

另外，用棉子壳、锯木屑、甘蔗渣、高粱壳、玉米芯和稻麦草均可以栽培黄菊菇。试验表明，主料中搭配 30%～50%阔叶树木屑的配方最为理想。

(五)影响生长和繁殖的理化因素

1. 温度

菌丝体适宜温度范围为 5～30℃，最适温度 20～25℃。菌丝体耐低温不耐高温，培养温度低于 15℃，菌丝体生长虽然明显缓慢，但菌丝体健壮。菌丝体可耐 0℃左右的低温。培养温度超过 30℃，菌丝体易发黄，早衰；高于 33℃，菌丝生长停止并发生自溶现象。

子实体原基分化和发育的温度为 5～25℃，最适温度 10～20℃。环境温度高于 22℃，子实体原基形成后很快开伞，并且极易遭受虫害的袭击。环境温度高于 26℃，子实体原基不能分化，分化后的原基也极易腐烂。在低于 8℃的环境中，子实体原基分化发育的速度缓慢。

另外，黄菊菇属变温结实型菌类，子实体分化发育需要有 5℃以上的温差刺激。温差越大，菇体质量越好。

2. 水分与湿度

黄菊菇的培养料含水量以 60%～62%为宜。春季气温较低时制袋，以粗颗粒材料为主的培养料含水量以 61%～62%为宜；以细颗粒材料为主的培养料含水量以 60%为宜。秋季气温较高时制袋，以细颗粒材料为主的培养料含水量以 58%～60%为宜；以粗颗粒材料为主的培养料含水量以 60%～61%为宜。培养料含水量过高，易引起基质氧气含量过低，导致菌丝体生长不良，使菌丝体容易腐烂死亡。

在菌丝体培养期间，要求空气相对湿度为60%～70%。环境相对湿度低于60%，容易导致培养基内部水分蒸发，对菌袋后期出菇不利。环境相对湿度高于75%，空气又不流通，极易造成菌袋的感染。在春季梅雨季节制袋尤其要注意。

子实体的分化和发育期间，要求菇房内相对湿度达到85%～90%。出菇期间相对湿度低于80%，子实体菌盖干燥，色泽变黑，商品性较差；低于60%，培养基和菌丝体水分会严重蒸发，造成养分输送障碍，子实体生长停止。相对湿度高于90%，空气中的氧含量降低，呼吸作用受阻，引起菌丝自溶并导致子实体腐烂而死亡。

3. 光照

菌丝生长阶段不需要光线。子实体发生和发育需要200 lx以上的散射光刺激。散射光越强，子实体色泽越深。散射光低于100 lx，会推迟出菇。黑暗条件下不形成子实体。

4. 氧气与二氧化碳

与绝大多数食用菌一样，黄菊菇菌丝体生长和子实体的发生都需要充足的氧气。菇房二氧化碳浓度过大，会影响子实体的发育和生长。栽培中，可根据市场需要，用类似金针菇的栽培模式，适当提高袋口二氧化碳浓度以促进子实体生长整齐和菇柄生长，提高菇的商品性。

5. 酸碱度

黄菊菇与大多数食用菌一样，属适宜偏酸性条件下生长的食用菌。菌丝可以在pH4～9的范围内生长，菌丝生长最适酸碱度为pH6～7.5。当培养料酸碱度高于pH9时，菌丝生长会受到抑制甚至停止生长。但在培养料配制过程中，考虑到污染防治的需要和灭菌过程中酸碱度会下降等因素，要将培养料酸碱度调至pH 9左右。

第三节 黄菊菇的栽培技术

黄菊菇是"十·五"期间由成都市农林科学院园艺所与阿坝州农科所联合驯化栽培成功并经过审定的珍稀食用菌新品种。2006年起，在四川成都、内江等地开始大面积推广栽培。

一、菌种制作

(一)母种制作

由于黄菊菇属于中温偏低性菌类，其母种培养方法与其他食用菌有一定的差别。常用的母种培养基是以马铃薯、葡萄糖、琼脂为主，添加其他成分的培养基。

1. 常用配方

配方1：马铃薯200g，葡萄糖20g，琼脂20g，水1 000ml，pH自然。

配方2：马铃薯200g，葡萄糖20g，琼脂20g，磷酸二氢钾1.5g，硫酸镁0.5g，水1 000ml，pH自然。

配方3：马铃薯200g，葡萄糖20g，蛋白胨3g，磷酸二氢钾1.5g，硫酸镁0.5g，琼脂20g，水1 000ml，pH自然。

配方4：马铃薯200g，木屑100g，葡萄糖20g，蛋白胨3g，磷酸二氢钾1.5g，硫酸镁0.5g，琼脂20g，水1 000ml，pH自然。

配方6：麦麸或玉米粉100g，葡萄糖10g，琼脂20g，磷酸二氢钾1.5g，硫酸镁0.5g，水1 000ml，pH自然。

2. 母种培养

黄菊菇母种的培养基配方还有很多，其制作方法与其他木腐菌的方法一样，本节不作详述。母种转接入斜面培养基以后，应立即贴上标签，于培养室或恒温箱中保温培养。培养室或恒温箱的温度要控制在22～26℃的范围内，同时空气相对湿度控制在60%～70%，培养空间要保持一定的通风换气。培养环境温度高于26℃，母种斜面会变成淡黄色甚至褐色。只有在适宜的培养温度条件下，菌丝体才会生长旺盛，洁白浓密。

(二)原种与栽培种制作

1. 常用配方

配方1：棉子壳87%，麦麸和米糠10%，石膏1%，蔗糖1%，石灰1%。

配方2：棉子壳66%，木屑21%，麦麸和米糠10%，石膏1%，蔗糖1%，石灰1%。

配方3：棉子壳89%，玉米粉8%，蔗糖1%，石膏1%，石灰1%。

配方4：木屑79%，麦麸或米糠18%，蔗糖1%，石膏1%，石灰1%。

配方5：木屑41%，棉子壳40%，麦麸或米糠16%，蔗糖1%，石膏1%，石灰1%。

配方6：小麦粒85%，木屑10%，麦麸3%，石膏2%。

黄菊菇原种或栽培种的配方还很多，各地可结合本地的实际情况，因地制宜地采用最合适的配方进行制种。

2. 原种与栽培种的制作与培养

黄菊菇原种与栽培种的配方以及制作方法与大多数食用菌一样。这里仅介绍菌种的培养方法。

接种好的原种或栽培种立即放入弱光培养室进行保温培养。与母种的培养条件一样，培养室温度控制在22～26℃，空气湿度控制在60%～70%。同时保持一定的通风换气条件。一般接种后2～3天菌丝恢复生长，5～7天菌丝长入料内，32天左右菌丝满瓶。在菌种培养过程中，应经常对菌种的培养状态、室内温度等进行检查，采用适当的措施保障菌种的培养条件。如发现有杂菌，应及时淘汰或处理。黄菊菇在高温季节易发生虫害，在高温季节制作原种或栽培种应使用空调，将温度控制在22～28℃之间。同时在培养室内使用无公害消毒和杀虫剂，避免菌种遭受虫害与杂菌的感染。

二、栽培技术

（一）栽培季节

黄菊菇是中低温型食用菌，菌丝生长适宜温度为20～25℃，菌丝体耐低温不耐高温。培养温度超过30℃，菌丝体易发黄，早衰。出菇适宜温度范围为5～25℃，最适温度10～20℃。实际栽培中，自然条件下的适宜温度季节用于黄菊菇的出菇管理，才有利于降低生产的成本。各地应根据黄菊菇的最佳自然温度要求确定黄菊菇的生产计划。一般来说，南方地区的制袋时间为8月中旬～10月中旬，10月中旬至次年3月初为出菇季节。北方地区的制袋时间为10月中旬～12月中旬，出菇时间安排在2月中旬至5月底。

（二）培养料的配制

栽培黄菊菇的原材料来源非常广泛。各种木屑（包括经过2个月以上自然堆积的松杉木屑）、农作物秸秆（稻麦草、油菜秆等）、高粱壳、花生壳、玉米芯、中药渣、甘蔗渣、油菜壳、棉子壳、棉渣以及各种菌草等均可单独和搭配作为主料，添加适当比例的精料，如米糠、麦麸、玉米粉、黄豆粉等栽培黄菊菇。培养料配方中还应添加石灰、石膏等肥料作为培养料的酸碱调节剂。实践证明，以棉子壳、木屑为主料栽培黄菊菇，产量高、质量好。

培养料配方：

配方1：棉子壳49%，锯木屑30%，米糠或麦麸15%，玉米粉3%，石膏1%，石灰2%。

配方2：棉子壳30%，玉米芯52%，米糠或麦麸15%，石膏1%，石灰2%。

配方3：棉子壳40%，粉碎稻麦草42%，米糠或麦麸12%，玉米粉3%，石膏1%，石灰2%。

配方4：棉渣32%，高粱壳50%，米糠或麦麸10%，玉米粉5%，石膏1%，石灰2%。

配方5：棉子壳30%，玉米芯22%，甘蔗渣30%，米糠或麦麸15%，石膏1%，石灰2%。

配方6：棉子壳40%，油菜秆粉42%，米糠或麦麸15%，石膏1%，石灰2%。

（三）菌袋生产

培养料配制、装袋、灭菌、接种方法和香菇等相同，具体方法请参阅《食药用菌制种技术》一章。

1. 菌袋培养

培养黄菊菇的培养室应具备通风、保温、保湿、无虫害和干净卫生的条件，培养室周围应去除杂草和污水沟，同时培养室内地面和墙壁应用低浓度烧碱或漂白粉消毒，培养室内可直接墙式码袋，也可搭成层架，多层码袋。菌袋码放要根据室温和培养阶段来定。一般来说，气温在20℃以下时，菌袋码袋层数少，密度要大，以利于加温；气温超过22℃，码袋层数要少，密度要低，以利于散热（最好码成"井"字型）。在菌袋培养中后期，由于菌丝分解培养料，产生和吸收小分子糖类，会产生大量的热量，菌袋间的温度会升高，高出室温3～4℃，要注意散热，不能产生"烧袋"现象。菌袋码放时还应注意留出操作走道，以便观察管理。

（1）培养温度和湿度调节

菌袋接种到菌丝长至菌袋的肩部，培养室温度控制在20～26℃，最高温度不能高于28℃，以利于菌丝萌发与生长。以后由于菌丝生长自身产热，菌袋之间的温度会逐渐上升，应将室温降低2～4℃，以免局部温度过高，造成"烧袋"。温度管理的主要措施包括抢温接种、室内加温、通风换气、翻袋等，结合室内外的气温情况灵活处理，保障黄菊菇生长过程对温度的需求。

培养室的相对湿度应控制在60%～70%，相对湿度不足，可在室内洒水或用加湿机加湿。相对湿度高于70%，应采取降湿措施，如在地面撒放干石灰或直接开启除湿机。

（2）培养室空气与光线调节

在菌丝生长阶段，虽然可以忍耐3%的二氧化碳浓度，但当袋内二氧化碳含量超过5%时，菌丝生长受到抑制，生长速度明显变慢。在黄菊菇菌丝生长的中后期，随着菌丝量的增加，菌丝呼吸作用会消耗大量的氧气，释放出大量的二氧化碳，增大了袋内和室内的二氧化碳浓度，很可能造成二氧化碳浓度超过3%，如果不及时进行通风换气，菌丝生长就会受到影响。在管理措施上，应视室内外气温情况，及时换气。在接种后10天内，以保温为主，不通风。10天以后，气温较低时可少量通风。气温较高，应加大通风量。菌丝生长后期，气温偏低时可每天通风一次，每次10分钟左右。气温高时，应开启空调降温换气。

黄菊菇菌丝生长阶段不需要光线，暗光和弱的散射光适合菌丝培养。培养室应避免直射光。

(3)菌袋培养检查

在菌丝培养过程中，要定期对菌袋生长情况进行检查。发现污染菌袋，应及时清理并经高温灭菌后处理，避免杂菌散发污染场地。在菌袋培养中后期，经常检查室内和袋间温度情况，一旦温度过高，应及时翻袋。

菌袋长满后，还要经过30天左右的后熟期，才能产生子实体。菌袋发菌完成后，应保持培养室通风换气，继续进行菌袋的后熟管理。待少数菌袋袋口出现子实体原基，将菌袋移入菇房/棚进行出菇管理。

(四)出菇管理

1. 菇棚建造

黄菊菇子实体发生和发育需要充足的通气条件，菇棚通风不好，严重影响菇体质量，利用闲置房屋作为出菇场所尤其要注意。最简单的菇棚是选择泥土地面，搭建空间高度2.2m左右的菌棚，上盖塑料膜加双层遮阳网或直接盖草帘，四周挂草帘，保湿又通风。菌棚大小根据地势地形而定。一般一个菌棚面积最好在200m² 左右。

2. 排袋与出菇管理

排袋前一个月，将棚内地面整平，在地面撒上石灰或低浓度烧碱提高地面酸碱度。用墙式排袋，视气温情况，可码袋4～5层，每层菌袋之间用竹片隔开。每排菌墙之间留90cm宽的操作道。

出菇管理的主要任务是温度、湿度和空气的调节。首先去掉封口纸，加大空间湿度到85%～90%。可在地面洒水，也可向空间喷雾，视气温情况，每天喷1～2次，保持菌袋料面湿润。出菇期间如果温度超过25℃，应加大菇房四周通风。反之，如果温度低于10℃，加厚四周草帘保温，要尽量保持棚内(或室内)温度在10～20℃。黄菊菇开袋至幼菇产生时，菇棚内部通气良好是决定产量的关键因素，良好的通风换气，会促进子实体大量发生。子实体菌盖发育到1cm大小时，适当关闭菇房门窗或挂上周围塑料薄膜，增加菇房CO_2浓度，促进菌柄生长。待菌柄长到8～12cm时，即可采收。

也可在去掉封口纸的同时，在袋口上套规格为22cm×25cm×0.02cm的塑料袋，并反卷至袋口位置。按以上步骤进行出菇管理。待子实体菌盖直径达到1.0cm时，拉直套袋，稍加扎口(留3cm左右的孔)，待子实体长至12cm长时即可采收。

3. 采收

采收时一手按住菌袋，一手捏住菌柄轻轻转动，将菇采下。采完一潮菇后，将料面清理干净，待菌丝恢复5～8天后，再进行喷水管理。经20天左右，可长出下一潮菇。正常情况下，一般可采收3潮，生物转化率可达90%左右。黄菊菇的产量主要集中在头潮，占60%以上，后两潮产量仅占40%左右。在实践中，为降低管理成本，往往只采收1～2潮菇。

(五)黄菊菇的加工

黄菊菇的加工有干制和清水包装等方式。干制是将子实体采收后，利用烘干设备进行烘干加工。经烘干的子实体应及时用食品袋密封包装保存。清水包装是将黄菊菇清洗后，杀青、漂洗包装。也可将黄菊菇杀青后，进行调味小食品加工。

参考文献

[1] 袁明生，孙佩琼. 中国蕈菌原色图集[M]. 成都：四川科学技术出版社，2007.
[2] 卯晓岚. 中国大型真菌[M]. 郑州：河南科学技术出版社，2000.
[3] 戴贤才. 甘孜州菌类资源志[M]. 成都：四川科学技术出版社，2000.
[4] 曾先富，廖志勇，张军，等. 野生黄菊菇的驯化试验[J]. 食用菌，2005，27(5)：14-15.

(曾先富)

第三十七章 黄绿蜜环菌

DISANSHIQIZHANG HUANGLU MIHUANJUN

摘要：青藏高原是世界上大型真菌分布最高的区域，黄绿蜜环菌是青藏高原真菌资源宝库中的代表种之一。黄绿蜜环菌具有较高的食用、营养和药用价值，被誉为最具开发利用前景的珍稀名菌之一，目前尚未实现人工栽培。本章在国内外有关黄绿蜜环菌研究报道的基础上，阐述了黄绿蜜环菌的分类地位、生物学特性、纯培养菌种的分离鉴定、营养价值分析比较，以及活性成分分离纯化等方面内容。

Floccularia luteovirens

Abstract: The highest altitudes anywhere in the world where macrofungi can be found are represented by the Tibetan Plateau, and *Floccularia luteovirens* (Alb. & Schwein. :Fr.) Pouzar 1957 is an example of the rich macrofungal resources of this region. The mushroom has excellent organoleptic qualities, is highly nutritious, and also has medicinal properties. However, although *F. luteovirens* has excellent development and exploitation potential, the mushroom has not yet been cultivated artificially. This chapter is based on recent Chinese and overseas reports relating to *F. luteovirens*, and describes in detail various aspects of the mushroom including taxonomical and biological features, isolation, growth and molecular identification of pure cultures, analysis and comparison of nutritional attributes, and the purification and identification of bioactive components.

第一节 概 述

黄绿蜜环菌又名：黄蘑菇、黄环菇、黄金菇等。

学名：*Floccularia luteovirens* (Alb. & Schwein.) Pouzar, *Česká Mykol*. 11: 50(1957) *f. luteovirens*。

分类学家对该物种的学名进行了重要的修正，以前划为蜜环菌属，1957 年 Pouzar 把它划入 *Floccularia* 属。属名"*Floccularia*"是合成词，词干"flos-"意思是"花"的意思，"-cul-"源自"culciti-"，意思是"垫，枕"，词尾"-aria"意为"相似"，可意译为"花盖菇属"。种名加词"*luteovirens*"的词干是"lutosus"，意思"土黄色的"，词尾是"-virens"意思是"绿色的"。中文学名是"黄绿花盖菇原变种"，黄绿蜜环菌的名称是过去在蜜环菌属的旧称。

同物异名：*Agaricus luteovirens* Alb. & Schwein., *Consp. fung*. (Leipzig): 168(1805); *Agaricus stramineus* Krombh., *Naturgetr. Abbild. Beschr. Schwämme*(Prague)4: 12(1836); *Armillaria luteovirens*(Alb. & Schwein.) Sacc., *Syll. fung*. (Abellini)5: 75(1887); *Armillaria luteovirens* var. *americana* Mitchel & A. H. Sm.; *Armillaria straminea* (Krombh.) P. Kumm., *Führ. Pilzk*. (Zwickau) (1871); *Floccularia luteovirens*(Alb. & Schwein.) Pouzar, *Česká Mykol*. 11: 50 (1957); *Floccularia straminea*(Krombh.) Pouzar, *Česká Mykol*. 11: 49 (1957); *Floccularia straminea* (Krombh.) Pouzar, *Česká Mykol*. 11: 49(1957) f. *straminea*; *Floccularia straminea* var. *americana*(Mitchel & A. H. Sm.) Bon, *Docums Mycol*. 20(no. 79): 57(1990); *Floccularia straminea* (Krombh.) Pouzar, *Česká Mykol*. 11: 49(1957) var. *straminea*; *Tricholoma luteovirens* (Alb. & Schwein.) Ricken, (1915)。

分类地位：菌物界(Fungi)，担子菌门(Basidiomycota)，伞菌纲(Agaricomycetes)，伞菌亚纲(Agaricomycetidae)，伞菌目(Agaricales)，伞菌科(Agaricaceae)。

第二节　黄绿蜜环菌的生物学特性

一、形态特征

黄绿蜜环菌菌盖扁平，盖缘始终内卷，新鲜时柠檬黄色至硫黄色，在阳光下闪闪发光，干后近白色，不黏，菌盖表皮裂开形成近环状排列的厚鳞片，在干燥环境中鳞片明显，盖5～12cm。菌肉厚，肉质白色至浅黄色，伤后不变色，味道鲜美、柔和至甘甜，有特殊菌香气味。菌褶近直生，弯生至短延生，不等长，密，宽，黄色至菌盖色。菌柄圆柱形，长2～8cm，直径2～2.5cm，白色至黄色，菌环以下有黄色鳞片，肉质至纤维质，中突，老后内部松软至中空，菌柄茎部膨大。内菌幕幼时明显，棉絮状至近膜质，黄白色到浅黄色，后形成菌环至近消失，菌环中位，单层，菌环以上为白色，菌环以下为黄色。在显微镜下观察，担孢子椭圆形，无色至微黄色，淀粉质6.4～7.8μm×4.0～4.8μm，担子棒状22～28μm×4.0～5.4μm，无色，具4孢。菌丝具明显锁状联合。

二、分布和生态习性

(一)分布

黄绿蜜环菌生长于高寒嵩草草甸上，单生或散生，野生常形成蘑菇圈，并与嵩草属 *Kobresia* 草本植物形成菌根。黄绿蜜环菌主要分布于海拔3 000～4 300m处，集中分布于3 200～3 800m的草甸上。主要产于青海、西藏，此外，四川、河北、陕西、甘肃等省区也有分布(图37－1)。

图37－1　西藏那曲野生黄绿蜜环菌的子实体形态

(二)生态习性

1. 植被

黄绿蜜环菌生长发育的植被均为草本，有线叶嵩草(*Kobresia capillifolia*)、矮嵩草(*Kobresia humilis*)、高山嵩草(*Kobresia pygmaea*)、苔草(*Carex* sp.)、批碱草(*Elymus* sp.)、早熟禾(*Poa annua*)、萎陵菜(*Potentilla* sp.)、珠芽蓼(*Polygonum viviparum*)等。黄绿蜜环菌的生长导致植被的物种多样性，物种的丰富度有明显的提高。黄绿蜜环菌生长的草地，嵩草生长较好，叶色浓绿，肥嫩。但在子实体生长季节，菇圈周围的嵩草却提前发黄，剖出根部，地下茎上附有许多白色菌丝，表明黄绿蜜环菌与嵩草形成菌根关系。

2. 气温

黄绿蜜环菌生长区气温较低，年均气温零下2.4～0.7℃，黄绿蜜环菌菌丝生长的草场气温5～8个月份在0℃以下。

3. 降水

黄绿蜜环菌子实体发生在7月中旬至8月下旬。发生期的迟早，发生量的多少，均受降雨期和降雨量的影响。降雨早，雨量多而集中，发生期提前，数量多。子实体发生期雨量为300～500mm，每年6～8月降水较多，约占全年的70%。高寒草甸气温低，蒸发量相对较少，牧草生长期短，大气降水影响黄绿蜜环菌菌丝生长。8月份降水极为重要，降水次数多，黄绿蜜环菌产量高，每公顷达600～900千克。

4. 土壤

黄绿蜜环菌生长于高山草甸土，腐植质层10～20cm。土色深暗，呈中性或微碱性，腐殖质层以下为母质，含砾石和草根。该土雨后不积水，久旱仍湿润，是黄绿蜜环菌生长的良好草地。对祁连黄绿蜜环菌生长区土壤测定结果：有机质8.84%、速效氮44.6mg/kg、速效磷5.86mg/kg、全氮0.415%和全磷0.079 4%。

三、黄绿蜜环菌蘑菇圈生长对土壤及植物群落的影响

王启兰等(2005)通过调查青海省祁连县峨堡乡野生黄绿蜜环菌蘑菇圈发生季节、蘑菇圈上、圈外植物群落的物种多样性、植物群落种类组成及多度变化,分析蘑菇圈上、圈外土壤主要微生物类群的数量变化、土壤水分、速效养分、交换性阳离子及pH等的差异后发现,蘑菇圈上和圈外植物群落组成种类不同,圈上物种数明显高于圈外物种数;圈上各物种分盖度总和比圈外高49.16%,但圈上和圈外优势种及主要伴生种相同。在0~10cm土壤层,圈上土壤含水量、速效磷、硝态氮、氨态氮的含量明显高于圈外,但土壤有机质、交换性Ca^{2+}、交换性Mg^{2+}和pH值的变化不明显;在10~20cm土壤层,圈上速效磷、硝态氮、氨态氮的含量仍明显高于圈外,但土壤含水量变化趋势相反,圈外高于圈上。在0~10cm土壤层,细菌、放线菌、真菌及纤维素分解菌的数量,均圈上显著高于圈外($P<0.05$);在10~20cm土层,它们的数量差异不显著($P<0.01$)。在两层土壤中,各类微生物数量表现为:细菌>放线菌>真菌>纤维素分解菌。

四、黄绿蜜环菌菌丝的营养生理特性

刁治民(1997)在碳源含量为1.0%、氮源含量为0.1%的条件下,采用液体静置培养方法,研究了黄绿蜜环菌对碳源、氮源的利用。结果表明,黄绿蜜环菌对碳素营养利用广泛,在多糖中对淀粉利用较好,双糖中的蔗糖、单糖中的葡萄糖是理想碳源。菌丝营养生长对有机氮的利用比无机氮强。在有机氮源中,对复合氮源(如酵母粉、蛋白胨)的利用比单一氮素(尿素)好;在无机氮源中,对铵态氮,如NH_4Cl、$(NH_4)_2SO_4$的利用强,对硝态氮的利用差或基本上不利用。添加$CuSO_4$、$MgSO_4$、维生素可促进菌丝生长,在缺乏碳素营养和氮素营养的培养基上菌丝不生长。

周劲松等(2007)研究发现,生长调节剂三十烷醇和肌醇对黄绿蜜环菌菌丝生长都有较明显的影响,但肌醇效果不如三十烷醇。在培养基中添加1.5×10^{-7}mg/ml三十烷醇,可明显提高菌丝生长速度,缩短培养周期。

第三节 黄绿蜜环菌纯培养菌种的分离培养与分子鉴定

一、纯培养菌种的分离培养

(一)菌种分离方法

组织分离法。选择幼嫩、未开伞、无虫蚀的黄绿蜜环菌子实体个体,在室温下放置3小时,经表面消毒后,用灭菌手术刀小心取菌盖与菌柄结合处的组织块移置于组织分离试管培养基上,在23~25℃条件下恒温培养。

(二)培养基

采用PDM培养基:去皮马铃薯200g,葡萄糖15g,$MgSO_4$ 1g,$CaCl_2$ 0.25g,KH_2PO_4 1g,$(NH_4)_2HPO_4$ 0.5g,KNO_3 1g,维生素B_1 0.2mg,麦芽浸出粉3g,琼脂18g,水1 000ml,pH 5.6。

(三)培养特性

在PDM培养基上,在25℃下恒温培养约5天后,黄绿蜜环菌子实体组织块开始萌发生长,长出白色菌丝菌落,但扩展很慢。经转接同样的平皿培养基继续培养至20天,白色菌丝开始在平皿培养基表面定植生长。再经转接同样的平皿培养基持续培养至4个月后,形成的菌落形态清晰可见,直径约4.5cm。白色菌丝呈致密的绒毛状,匍匐生长在培养基表面,生长初期形成的菌落中部稍凸,色泽纯白,后逐渐平展,菌落边缘呈土黄色(图37-2)。菌落有两个清晰的轮纹。菌落背面色泽呈金黄色,无色素分泌至培养基中(李海波等,2008)。

二、纯培养菌种的分子鉴定

(一)分子鉴定原理

核糖体RNA(rRNA)基因的编码区序列具有保守性而非编码区变异丰富,分析真菌核糖体基因是进行真菌分类鉴定和系统发育的有效方法(Bruns et al. 1991)。对黄绿蜜环菌菌种的分子鉴定可采用核糖体RNA基因内转录间隔区ITS(internal transcribed spacer)和大亚基IGS-1测序技术,即通过比较黄绿蜜环菌子实体与组织分离菌株的ITS序列是否一致以及IGS-1序列是否一

致来确定分离菌株是否为黄绿蜜环菌的纯培养菌种。

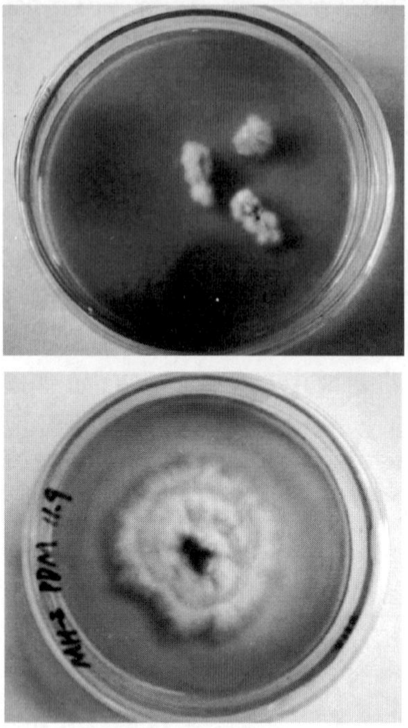

图 37—2　黄绿蜜环菌子实体的组织分离菌株

(二)分子鉴定的操作方法

①基因组 DNA 提取及检测：取黄绿蜜环菌子实体的菌盖部分(含菌褶)用来提取 DNA。组织分离菌株先从 PDM 培养基试管斜面转接到 PDM 培养基平皿培养，待菌落直径长至 3cm 后，刮取平皿上的菌丝体来提取 DNA。DNA 的提取采用 SDS-CTAB 法(曾大兴，2003)。

②rDNA-ITS 分析：rDNA-ITS 的 PCR 扩增体系为：10 × PCR Buffer 2.5 μl，10mmol/L dNTPs 2μl，25mmol/L $MgCl_2$ 2μl，5U/μl *Taq* DNA 酶 0.3μl，10μmol/L ITS_5/ITS_4 引物各 1μl，17ng/μl 模板 DNA 3μl，ddH_2O13.2μl，反应总体积为 25μl。扩增反应条件为：94℃预变性 1 分钟后，92℃变性 15 秒，61℃退火 15 秒，72℃延伸 1 分钟，共 30 个循环。最后于 72℃补平 5 分钟，终止温度为 4℃。

引物序列(White et al.，1990)：

ITS_5：5′-GGAAGTAAAAGTCGTAACAAGG-3′；

ITS_4：5′-TCCTCCGCTTATTGATATGC -3′。

③rDNA-IGS-1 分析：rDNA-IGS-1 的 PCR 扩增体系为：10 × PCR Buffer 2.5 μl，10mmol/L dNTPs 2μl，25mmol/L $MgCl_2$ 2μl，5U/μl *Taq* DNA 酶 0.3μl，10μmol/L P-1/O-1 引物各 1μl，17ng/μl 模板 DNA 3μl，ddH_2O13.2μl，反应总体积为 25μl。扩增反应条件为：96℃预变性 2 分钟后；62℃退火 30 秒，72℃延伸 1 分钟，90℃变性 30 秒，共 35 个循环。最后于 72℃补平 5 分钟，终止温度为 4℃。

引物序列(Hsiau 1996；Duchesne et al. 1990：

P-1：5′-TTGCAGACGACTTGAATGG-3′；

O-1：5′-AGTCCTATGGCCGTGGAT-3′。

④PCR 产物检测和扩增图谱摄取：采用1.5%的琼脂糖凝胶电泳检测 rDNA-ITS 和rDNA-IGS-1 的 PCR 扩增产物，采用凝胶图像分析仪摄取扩增图谱。

⑤ITS 和 IGS-1 片段的回收、克隆和测序：从 1.5%的琼脂糖凝胶中回收 ITS 和 IGS-1 的 PCR 扩增片段。回收产物用 pMD-18T 载体连接，转化于大肠杆菌(*E. coli*)DH5 菌株感受态细胞，经蓝白斑筛选和 PCR 鉴定后，挑选阳性克隆测序。

⑥序列比较：将测得的系列去掉 5′端和 3′端的载体系列，比较黄绿蜜环菌子实体与分离菌株的 ITS 序列和 IGS-1 序列是否一致。如一致，表明分离菌株为黄绿蜜环菌的纯培养；反之则不是其纯培养。

第四节　黄绿蜜环菌的营养价值分析比较

黄绿蜜环菌是世界稀有真菌，营养丰富、味道鲜美，含丰富的蛋白质、矿物质、氨基酸和多种维生素，特别是微量元素“硒”的含量很高。清末年间作为皇上贡品。边世平(2005)对采自青海省祁连县的黄绿蜜环菌子实体营养成分进行了全面分析，结果见表 37－1、表 37－2、表 37－3 和表 37—4。由表 37—2 可见，黄绿蜜环菌富含人体所必需的矿物质，其中钙(Ca)、磷(P)、硒(Se)的含量较高。由表 37—4 可见，黄绿蜜环菌含有 18 种氨基酸，必需氨基酸含量为 981mg/100g，氨基酸总量为2 660mg/100g。其中人体所必需的 8 种氨基酸含量高于金针菇和双孢蘑菇的含量。赖氨酸 LYS 的含量高达 157mg/100g，精氨酸 ARG 含量高达 120mg/100g。

表 37－1　鲜黄绿蜜环菌的蛋白质、脂肪、总糖和水分(%)

组分	粗蛋白	粗脂肪	总糖	水分
含量	39.14	2.37	42.50	34.28

表 37－2　黄绿蜜环菌的矿物质元素含量(mg/100g)

组分	Ca	Fe	Zn	Cu	P	Se
含量	130	12	7.22	1.52	526	0.0382

表 37－3　黄绿蜜环菌的维生素含量(mg/100g)(干重)

组分	维生素 B_1	维生素 B_2	维生素 C	维生素 E	β-胡萝卜素
含量	0.10	1.10	4.50	6.20	1.61

表 37－4　鲜黄绿蜜环菌与金针菇、双孢蘑菇的氨基酸含量比较(mg/100)(湿重)

(续表)

氨基酸含量	食用菌		
	黄绿蜜环菌	金针菇	双孢蘑菇
天冬氨酸	240	105	166
苏氨酸*	105	75	73
丝氨酸	102	67	71
谷氨酸	582	245	403
脯氨酸	146	76	101
甘氨酸	125	66	87
丙氨酸	229	116	159
半胱氨酸	31	22	21
缬氨酸*	144	85	100
甲硫氨酸*	88	32	54
异亮氨酸*	143	69	99
亮氨酸*	165	92	114
酪氨酸	52	71	36
苯丙氨酸*	95	58	66
组氨酸	52	30	36
赖氨酸*	157	71	95
精氨酸	120	63	83
色氨酸*	84	41	32
水分	92.3	90.2	92.4

上标*的为必需氨基酸。

第五节　黄绿蜜环菌的活性成分分离纯化与结构分析

一、多　糖

一些食用菌，如香菇、灵芝、灰树花、茯苓等内含丰富的活性多糖，具有抗病毒、抗肿瘤、调节免疫功能和降低血糖等多种功能。刘葳等(2007)采用80℃热水浸提、Sevag法脱蛋白、H_2O_2脱色、95%乙醇沉淀获得的黄绿蜜环菌子实体粗多糖得率为1.72%。并采用Serharose CL-6B凝胶层析柱分离纯化得到两种多糖纯品，其中一种主要多糖纯品为白色粉末状固体，易溶于热水。薄层分析确定其组成为阿拉伯糖和木糖。红外、核磁等结构分析表明，该糖的连接方式主要以1-4连接为主链，1-6连接为支链。Jiao等(2008)通过菌丝体发酵研究了黄绿蜜环菌的胞外多糖(*exo*-polysaccharide, EPS)的产量。发现培养液中的葡萄糖和酵母提取粉是影响EPS得率的重要因子，优化后的培养介质组分为：31.26g/L葡萄糖、1.06g/L酵母提取粉、1.00g/L K_2HPO_4、0.50g/L KH_2PO_4和0.45g/L $MgSO_4 \cdot 7H_2O$，pH自然。基于以上的优化组分在23℃下发酵5天，预期最大的EPS得率为5.40g/L。

二、多　肽

焦迎春等(2008)分别采用不同浓度的乙醇对黄绿蜜环菌菌丝粉中的多肽进行提取，通过Sephadex G-75和Sephadex G-25凝胶二次层析分离后，发现采用浓度为70%乙醇的提取效果较好。同时毛细管电泳的结果也表明浓度为70%乙醇的提取液中有较多均匀分布的小肽。

三、挥发油

周劲松等(2008)应用气相色谱—质谱联用技术，研究了青海省黄绿蜜环菌子实体的挥发油成分，并应用色谱峰面积归一化法计算各成分的相对含量。共分离出21个峰，确认了其中13种成分，所鉴定的组分占挥发油总含量的97.1%，主要成分是不饱和脂肪酸。

四、凝集素

凝集素是非酶、非抗体，可凝集细胞的蛋白质或糖蛋白。作为药用真菌重要的药理成分，蘑菇凝集素已成为继研究蘑菇多糖之外的另一活性物质。基于其众多生物学特性，研究越来越深入，在生命科学各个研究领域中用途也越来越广。Feng 等(2006)从黄绿蜜环菌的子实体中分离获得了一个相对分子质量为 29.4kDa 的二聚体凝集素，其凝集活性不被单糖阻遏，但可被多糖菊糖阻遏。盐类包括 $FeCl_3$、$AlCl_3$ 和 $ZnCl_2$ 可以抑制其凝集活性，而 $MgCl_2$、$MnCl_2$ 和 $CaCl_2$ 不抑制其凝集活性。该凝集素的凝集活性可在 70℃ 下保持稳定，对酸碱不稳定。该凝集素能激活小鼠脾细胞的丝裂原反应，一些肿瘤细胞包括 MBL2、HeLa 和 L1210 的增殖也能被该凝集素抑制，但 HepG2 不受影响。

参考文献

[1] 刁治民. 黄绿蜜环菌菌丝营养生理特性的初步研究 [J]. 微生物学杂志，1997,17(1):14-17.
[2] 刁治民. 青海草地黄绿蜜环菌生态学特性及营养价值的研究 [J]. 中国食用菌，1996,16(4):21-22.
[3] 曾大兴. 适于 RAPD 分析的真菌 DNA 提取方法 [J]. 生物技术，2003,13(2):20-21.
[4] 边世平. 青海祁连黄蘑菇营养成分分析 [J]. 营养学报，2005,27(5):439-440.
[5] 周劲松，熊辉岩，盛海彦，等. 生长调节剂对黄绿蜜环菌菌丝生长的影响 [J]. 食用菌学报，2007,14(3):44-46.
[6] 周劲松，熊辉岩，杨春江，等. 黄绿蜜环菌子实体挥发油的化学成分 [J]. 安徽农业科学，2008,36(3):840,859.
[7] 焦迎春，杨春江，周劲松，等. 黄绿蜜环菌菌丝多肽分离的初步研究[J]. 农产品加工，2008(6):8-11.
[8] 刘葳，于源华，毛亚杰，等. 黄绿蜜环菌多糖的分离纯化与组成结构分析[J]. 长春理工大学学报，2007,30(2):102-105.
[9] 李海波，吴学谦，王立武，等. 青藏高原黄绿蜜环菌纯培养菌种的分离培养及分子鉴定[J]. 菌物学报，2008,27(6):873-883.
[10] 李渝珍. 青海野生黄绿蜜环菌人工驯化技术途径的探讨 [J]. 青海师范大学学报，2005(1):74-76.
[11] 周劲松，盛海彦，焦迎春，等. 青海野生黄绿蜜环菌生态环境及不同生态区菌株间比较 [J]. 食用菌，2007,29(2):9-10.
[12] 卢素锦，李军乔，陈刚，等. 青海黄绿蜜环菌植被类型及伴生植物的初步调查 [J]. 食用菌，2006,28(3):4-5.
[13] 柳焕章，王贺祥，刘庆红，等. 黄绿蜜环菌菌丝体培养条件初探 [J]. 中国食用菌，2007,26(4):16-19.
[14] 谢红民，刁治民，邓君. 青藏高原黄绿蜜环菌资源现状及可持续发展的研究 [J]. 郧阳师范高等专科学校学报，2005,25(6):67-70.
[15] 王启兰，姜文波，陈波. 黄绿蜜环菌蘑菇圈生长对土壤及植物群落的影响 [J]. 生态学杂志，2005,24(3):269-272.
[16] 周启明，王世敏. 祁连山黄绿蜜环菌初步调查 [J]. 食用菌，1985(5):2-3.
[17] 吴恩奇，图力古尔. 蘑菇凝集素及其研究进展 [J]. 菌物研究，2006,4(4):69-76.
[18] 卯晓岚. 中国大型真菌[M]. 郑州：河南科学技术出版社，2000.
[19] BRUNS JD, WHITE TJ, TAYOR JW. Fungal molecular systematics [J]. Annu Reu Ecol Syst, 1991,22:525-564.
[20] DUCHESNE LC, ANDERSON JB. Location and direction of transcription of the 5S rRNA gene in Armillaria[J]. Mycol Res, 1990,94(2):266-269.
[21] FENG K, LIU QH, NG TB, et al. Isolation and characterization of a novel lectin from the mushroom Armillaria luteo-virens [J]. Biochem Biophys Res Commun, 2006,345:1573-1578.

（李海波）

第三十八章　黄　伞

DISANSHIBAZHANG HUANGSAN

摘要：本章较全面介绍了黄伞的发展历史和国内外相关研究等基本概况，系统地阐述了黄伞的组织结构、生长发育条件、遗传特性、营养成分、栽培技术及其加工技术。在总结传统经验与技术的同时，重点介绍了近年来的研究成果与新进展。

Pholiota adiposa

Abstract: This chapter consists of six sections describing in detail various aspects of *Pholiota adiposa* including cultivation history, the present global status of *P. adiposa*, tissue structure, growth conditions, genetic features, nutritional components, cultivation techniques and processing technology. More recent research data and new developments based on traditional experience and technology are reviewed and summarized.

第一节　概　述

一、黄伞学名及分类地位

黄伞又名：黄柳菇、多脂鳞伞、柳蘑、黄蘑、肥柳菇、柳松菇、柳树菌、刺儿蘑、黄环锈菌、肥鳞儿、柳钉、黄丝菌等。

学名：*Pholiota adiposa* (Batsch) P. Kumm., *Führ. Pilzk.* (Zwickau)：84(1871)。

属名"*Pholiota*"来自希腊语，词源是"pholis"，意思是"鳞片、鳞甲"，是描述菌盖上的大量亮褐色、锈褐色的鳞片，中文译成"鳞伞菌属、鳞伞属"。种名加词的词源"*adinos*"是"密集的"意思。据拉丁文原意可译成"密鳞鳞伞"，称为"黄伞"更有商业意义。

同物异名：*Agaricus adiposus* Batsch, *Elench. fung.*, cont. prim. (Halle)：147(1786)；*Dryophila adiposa* (Batsch) Quél., *Enchir. fung.* (Paris)：68(1886)；*Hypodendrum adiposum* (Batsch) Overh., *N. Amer. Fl.* (New York) 10(5)：279(1932)。

分类地位：菌物界（Fungi），担子菌门（Basidiomycota），伞菌纲（Agaricomycetes），伞菌亚纲（Agaricomycetidae），（Agaricales）伞菌目，球盖菇科（Strophariaceae）。

二、黄伞的历史与现状

黄伞食用与栽培历史悠久。据文献记载，欧洲最早进行人工栽培试验的食用菌就是黄伞[《Atlas des Champignons》(《蘑菇图谱》)，1973]。早在公元1世纪，希腊人 Dioscoride 介绍了将自然感染的杨树段木埋土，或将感染的树屑撒到腐殖质中进行出菇的原始方法栽培黄伞。1550年，意大利人 Andrea C'esalpin用黄伞菌褶与段木磨擦进行播种，段木覆土后喷水管理，成功长出子实体，直到1840年，这种古老的栽培方法在法国仍未绝迹。1966年，比利时 GENT 大学的学者报道了用纯菌种和熟料栽培黄伞子实体的试验结果。他们以木屑和燕麦片为主要栽培原料，在温度为16～18℃、空气相对湿度为85%、光照强度为250 lx的条件下成功栽培出子实体。此后，法国等欧洲国家主要采用该法进行黄伞的栽培。

日本也是黄伞的主要研究与生产国家，该国学者较早地开展了这方面的工作。1977年、1979年，桥冈良夫和有田郁夫先后研究了黄伞的生物学特性，并尝试在稻草中添加5%～15%的鸡粪栽培黄伞。1980年，有田郁夫用山毛榉树木屑作为原料，在瓶子里试验栽培黄伞，获得成功。此后，增野和彦等也陆续对黄伞进行了驯化栽培技术、生长发育条件及生理生化等方面的研究，取得不少成果。这些研究都以试验为主，未进入商业化生产。20世纪末，日本对黄伞的研究开发逐渐升温，将其推崇为一种新品种进行开发应用，并于

1996 年正式将黄伞列入菌种品种登记目录。近十年来，由于自产不足，日本开始从我国进口黄伞产品。

我国对黄伞的摸索始于 20 世纪 70 年代。之前，尽管国内的相关论文与专著中也有学者述及黄伞，但主要是分类方面的描述，未见具体研究。1978 年，福建省三明真菌研究所黄年来等人采集了野生黄伞，并在《福建菌类图鉴》中记载了当地人工栽培黄伞的事实。此后，赵占国(1985)、苗长海等(1985)、陈士瑜(1988)、宋爱荣等(1994)、刘前进等(1994)先后报道了黄伞的驯化栽培研究结果。1996 年起，福建省三明真菌研究所上官舟建先后在国内外立项，对黄伞的菌种选育、生物学特性、组织结构、分子标记、交配型、营养成分、栽培技术和加工方法等诸多方面进行了长达十多年的系统研究，使黄伞的各项研究取得了进一步进展。

2000 年以来，国内对黄伞的研究逐渐兴起，越来越多的学者开始研究黄伞，其中又以生物学特性、栽培技术、营养成分、液体培养和多糖提取与功效等方面的研究居多。

有关黄伞的形态结构研究不多，国内现有文献在黄伞担孢子等形态特征上的描述值得商榷。以往文献中都将黄伞担孢子描述为孢子椭圆形，表面光滑，锈色，大小为 7～9.5μm×4～6.5μm。三明真菌研究所上官舟建等在对黄伞的菌褶、担孢子、菌丝、分生孢子等组织结构形态进行了细致的观测分析后，首次描述了黄伞担孢子的特异性结构，对以往的结论做了修订。广西农业科学院陈少珍等(2005)、山西农业大学园艺学院刘靖宇等(2006)也各自对黄伞菌丝做了一些观察，提出了黄伞有结实性与非结实性菌丝等新见解。黄伞生物学特性是研究较多的一个方面，张剑斌等(2000)、李荣春等(2001)、上官舟建等(2003)、崔颂英等(2003)、黄清荣等(2006)、侯军等(2006)及刘靖宇等(2006)均报道了相关的研究情况。

在黄伞的相关成分测定及其功能研究方面，我国的食用菌学者也做了很多工作。上官舟建(2001)、惠丰立(2003)、苏延友(2004)、褚学英(2006)、姜华等(2007)、丁珊等(2008)等先后对黄伞的营养成分及其活性物质进行了测定。研究人员还对黄伞多糖进行了不同功效的研究，完成了黄伞多糖提取工艺的比较试验，获得了较佳的工艺流程。如烟台师范学院生命科学学院黄清荣等(2005)进行了黄伞菌丝体多糖抗疲劳作用的试验，河北大学生命科学学院王谦等(2006)研究了黄伞发酵提制物对血脂的调节作用，山东泰山医学院苏延友等(2004)、泰山医学院附属医院蒋晓琴等(2007)、佳木斯大学生命科学学院赵永勋等(2007)分别完成了黄伞多糖在小鼠体内有关抗肿瘤及增强免疫功能的研究，中国农业科学院农业资源与农业区划研究所胡清秀与吉叶梅等(2007)分别报道了黄伞及黄伞多糖体外抗氧化、抗自由基作用的研究结果，三明学院吴鹤群等(2009)完成了黄伞多糖对力竭运动大鼠应激性胃溃疡的预防效果研究。上官舟建、丁珊等还首次对黄伞中的总黄酮类化合物等有关成分进行了研究。

遗传研究方面，考虑到分子标记技术在食用菌学研究中越来越广泛的应用，及其在食用菌分类学、遗传多样性、种质资源保护、遗传图谱的建立及基因定位等研究方面的应用效果，2008 年，上官舟建、张伯斌等利用 RAPD、SRAP 和 ISSR 3 种分子标记技术对黄伞菌株 DNA 进行了基因片段分析，比较了不同方法的优缺点，探索出适合黄伞应用的分子标记及其技术。季哲(2004)、吴航军、上官舟建(2007)还对黄伞的极性进行了研究，基本明确了黄伞的交配型。

在生产技术上，在原有的基础上继续扩大了研究范围。2005 年起，黄清荣、卜庆梅、丁珊等分别进行了黄伞液体培养条件与影响因素的比较试验，使黄伞的液体培养(深层发酵)技术日趋成熟。此外，各地也纷纷因地制宜进行了不同的栽培试验，形成了各有千秋的黄伞栽培模式。

目前，黄伞已在山东、河北、宁夏、福建等地形成一定生产规模。山东省泰安等地利用自然气候进行袋栽和畦栽，已进入商业化生产，福建三明、南平、宁德等地区进行了多年的区域性示范栽培与推广，产品已上市。上海市也形成了区域性生产、商品定向供应中心城市。总之，黄伞的商业化栽培正日益受到重视。

三、生态习性及其分布范围

黄伞是世界性的木腐生野生食用菌，主要分布于中国、日本、欧洲、北美等地，我国吉林、河北、山西、河南、甘肃、新疆、青海、四川、浙江、广西、福建等省区均有发现，以东北地区分布较多。野生黄伞单生或从生，多生于柳树、杨树、桦树等阔叶林的枯干、倒木、树桩和枯枝烂叶上，偶尔也见于冷杉、云杉等针叶树的枯木上，以海拔1 500m 以下的山林中居多。

黄伞属中低温型变温结实性木腐菌，能导致木材杂斑状褐腐。野生黄伞主要发生在春秋季，一般在 8 月份立秋前后出现，此时气温渐低，温差加大。在东北地区 9 月中下旬可采到野生菌株，南方最迟到 10 月份还能发现野生黄伞。

四、黄伞的经济价值及前景

黄伞肉质滑嫩，营养丰富，香味浓郁，风味独特，具有明显的开发价值。首先，黄伞色泽艳丽，形状美观，可鲜销、干制，品质味道好，香味浓郁，营养丰富，商品价值高，国内外市场前景广阔。其次，黄伞生产季节长，晚秋、冬季和早春均可出菇。第三，黄伞栽培适应性强，产量较高，栽培技术较易掌握，便于推广和产业化生产。第四，黄伞易加工、耐储存，还具有一定的药用价值。黄伞不仅可以作为食品，也是一种具有特定药效、有较高商业价值的真菌。如山西省中成药“舒筋散”，具有舒筋活血、追风散寒、补益肝肾的功效，黄伞即为其中16种特效成分之一。最后，黄伞可利用的栽培资源丰富，且多为可再生的农副产品下脚料，符合国家可持续发展的产业政策。此外，黄伞栽培投资少，收效大，很适合在我国广大农村普及推广。随着黄伞栽培技术的成熟、黄伞产业化应用前景广阔。

第二节 黄伞的生物学特性

一、形态结构

（一）子实体

黄伞子实体由菌盖、菌柄、菌褶等组织构成，为典型的伞形结构（图38—1）。菌盖直径2～12cm，幼时盖柄分化不明显，呈弹头形，土黄至浅褐色，外覆鳞片状纤毛，成熟后变半球形，呈金黄色至浅黄褐色，表面黏滑或不黏，生有褐色平伏状鳞片，鳞片分布规则，中间较密，四周渐稀，菌盖边缘附有纤毛。菌肉白色或污白色，肥厚。菌柄粗壮，圆柱形，有时弯曲，谷黄色，直径为0.5～1.5cm，长5～15cm，内实，有的菌株成熟后变中空，纤维质，表面有鳞片和纤毛。菌褶直生，薄而密集，长短不一，污黄色至锈褐色。菌环谷黄色，毛状，易脱落。有菌膜（图38—2）。

图38—1 黄伞子实体形态

图38—2 黄伞菌盖与菌柄形态

（二）担孢子

黄伞担孢子结构特异，具有以下表面特征：

①担孢子的形态较不规则，不同部位存在明显的差异。如图38—3所示，从正面看，孢子为椭圆形；从侧面看，孢子为肾形；从背面看，孢子为凹陷状或突丘状。

②孢子表面多为光滑，个别部位具黑斑、蚀刻纹或颗粒状突起等。

③孢子的正面有突丘，背面有月牙形凹陷，凹陷深度大约为孢子厚度的1/3，突丘表面与凹陷内也有黑斑、蚀刻纹或颗粒状突起（图38—4～图38—7）。

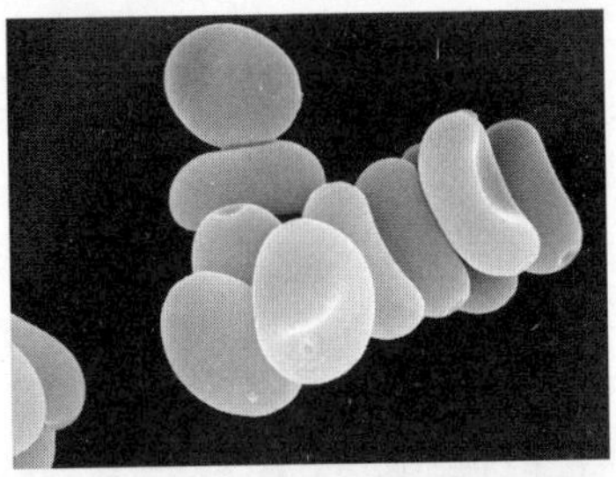

图38—3 担孢子表面的月牙形凹陷

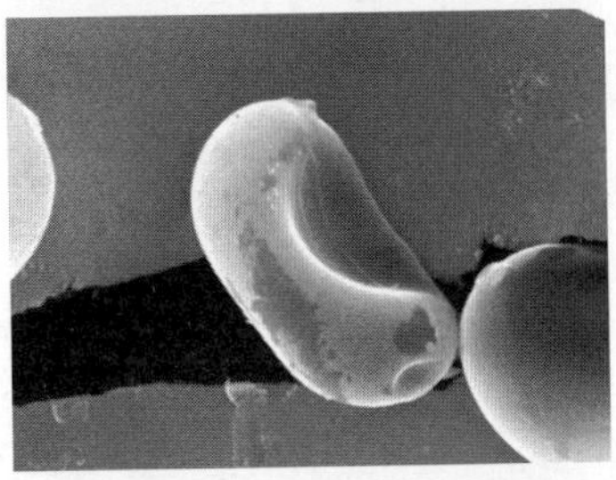

图38—4 担孢子上的黑斑

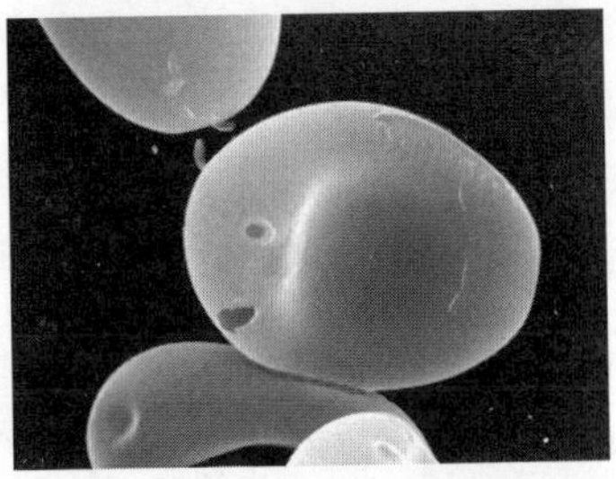

图38—5 担孢子表面的突丘和脐孔

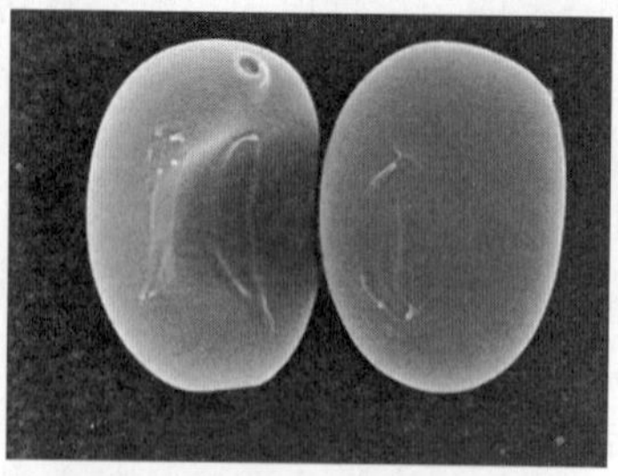

图 38－6　担孢子表面的蚀刻纹

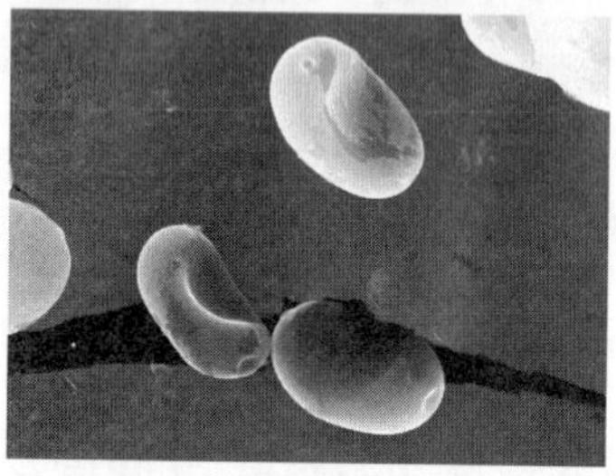

图 38－7　担孢子不同角度的形态

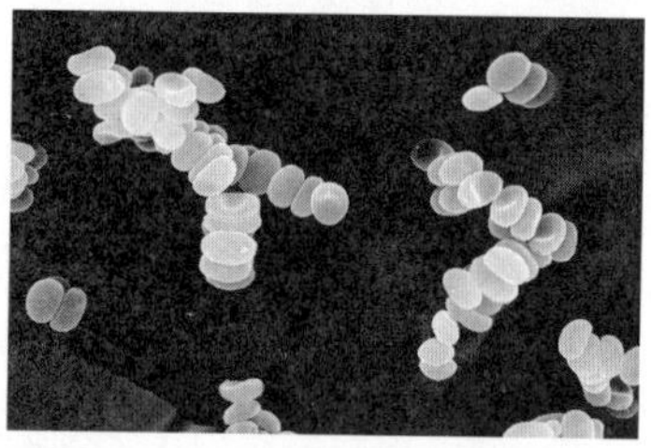

图 38－8　黄伞担孢子的规则排列

④孢子两端各有脐孔和圆形缺口一个。前者在突凸面上会发生位置的偏移，功能不明；后者为担孢子在担子上的附着点。

⑤孢子的排列较有规则，多为层叠状排列（图 38－8）。

⑥孢子粉锈色，孢子大小为 4.6μm × 3～3.7μm，细胞核为双核。

（三）菌丝

1. 菌落形态

黄伞菌丝生长初期较纤细，为白色，绒毛状。随着菌龄增长，菌丝细胞内形成黄色油滴并对外分泌，菌丝与培养基色泽变深，呈浅黄至浅褐色，菌丝变为棉絮状，粗壮均匀，排列紧密，气生菌丝不发达，具明显的横隔和锁状联合。菌丝成熟后易倒伏成毡毯状，其气生菌丝能断裂形成分生孢子。

2. 单核菌丝

黄伞单核孢子萌发后形成单核菌丝。菌丝生长初期纤细洁白，生长较慢，25℃下培养 10 天，菌落直径为 40～50mm，菌落颜色视其成熟度而定，越成熟颜色越深。不同单核体菌株的颜色也有所不同，从浅黄到黄色，中心到边缘逐渐变浅，质地为绒毛状，菌落扩展过程中有白色的边缘，锯齿状。后期部分单核体菌落会在琼脂培养基上形成同心环（图 38－9）。

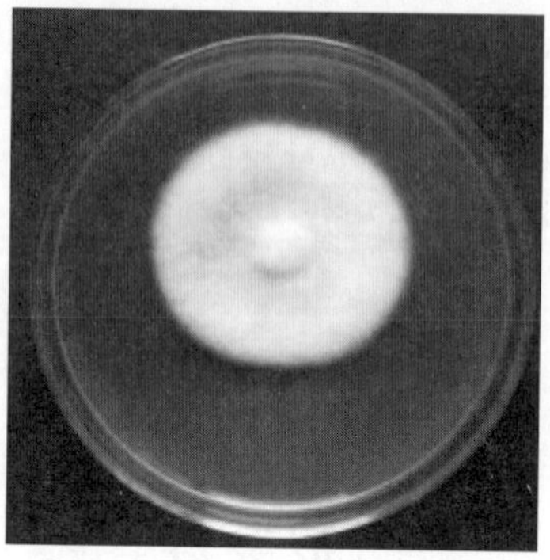

图 38－9　黄伞单核菌丝菌落

3. 菌丝结构

黄伞菌丝表面粗糙复杂，多皱折，有少量孔洞和颗粒状突起。孔洞大小深浅不一，菌丝粗细不均，或并联、或扭结、或缠绕，能形成索状菌丝（图 38－10、图 38－11）。菌丝具有明显的横隔和锁状联合（图 38－12）。菌丝成熟后形成囊状体，囊状体棒状，褐色，体内有深黄色液体，通常不突越子实层，大小为 21～39μm×7～10μm（图 38－13）。菌丝饱满度差异较大，有的较饱满，皱折轻微；有的较干瘪，皱折严重。菌丝外观与菌丝的老化程度有关。老菌丝的营养成分流失较大，特别是水分的流失导致菌丝产生皱褶，所以菌丝越老皱褶越多，这点可作为判断菌丝菌龄的依据。用荧光染色法观察黄伞菌丝，表明黄伞菌丝正常时，细胞核为双核。

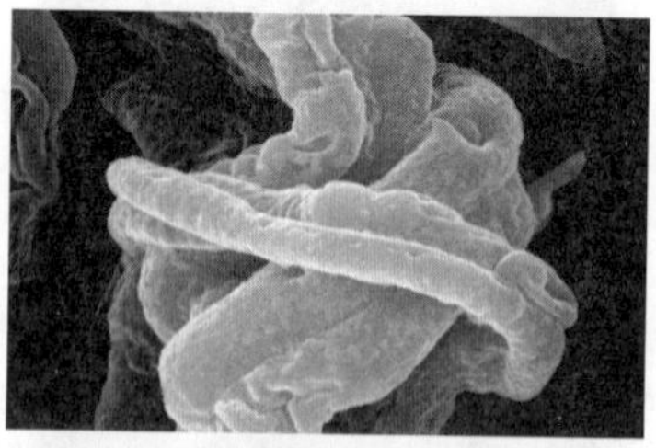

图 38－10　黄伞菌丝表面结构

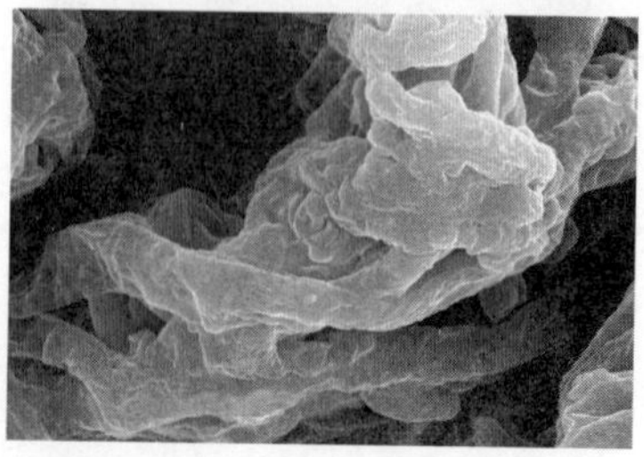

图 38－11　黄伞菌丝表面结构

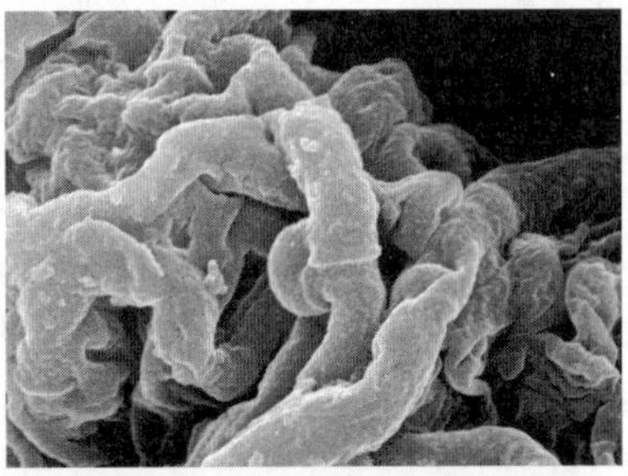

图 38－12 黄伞菌丝横隔和锁状联合

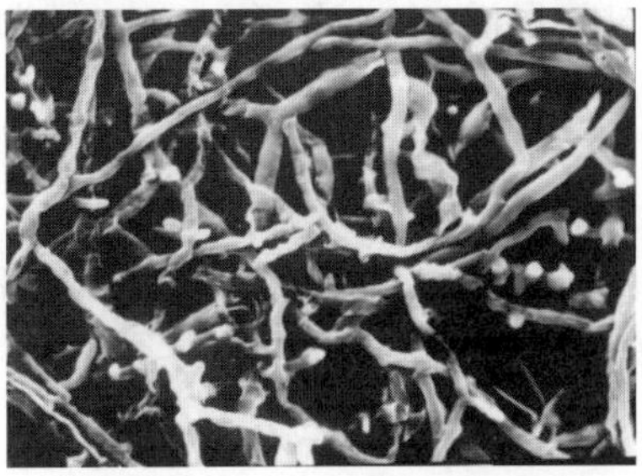

图 38－13 黄伞菌丝囊状体

4．分生孢子

研究发现，黄伞的单核体世代和双核体世代菌丝均能产生分生孢子（图 38－14、图 38－15）。黄伞的分生孢子是由成熟的气生菌丝部分断裂而成，而在双核菌丝和单核菌丝的基内菌丝却不能见到分生孢子。黄伞分生孢子为无色，卵形或棒形，大小为 3～14μm×2～3μm，单核体菌落的气生菌丝产生的分生孢子比双核菌丝中的分生孢子更细长，多为棒状。有学者研究后认为，分生孢子在菌丝萌发初期对菌丝的复壮有促进作用，但在栽培后期会抑制黄伞子实体的再分化。

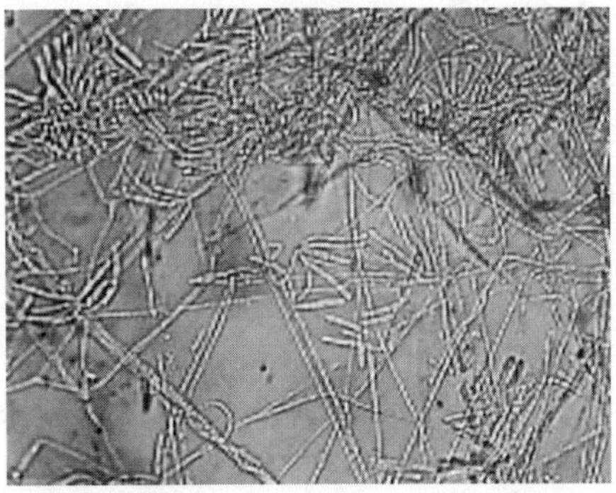

图 38－14 单核菌丝中的分生孢子

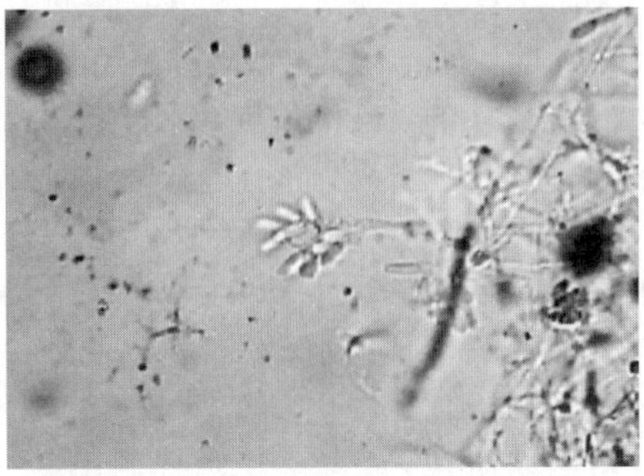

图 38－15 双核菌丝中的分生孢子

二、生长发育条件

（一）营养要求

与其他食用菌一样，黄伞生长发育所需的营养元素包括碳源、氮源、无机盐、维生素等。

1．碳源

碳源能提供构成细胞和代谢产物中碳架所需物质，也提供生命活动所需的能量。黄伞的碳源主要有纤维素、半纤维素、木质素、淀粉、低聚糖、单糖等，有机酸和醇类也可作为碳源，但不太理想。在自然生境下，柳树、杨树、桦树等阔叶林是黄伞的主要营养源。在人工栽培中，黄伞菌丝团具有较多的纤维素酶、半纤维素酶、木质素酶等，分解能力较强，可利用多种原料，所以富含纤维素、半纤维素、木质素、淀粉的杂木屑、棉子壳、阔叶树落叶、刨花、稻草、麦秸、玉米芯和豆秸等作物及许多农业下脚料都可作为其碳源物质。人工合成培养基中通常加入少量的单糖或双糖，以提供前期菌丝生长和代谢所需的能量，并起诱导作用，以提高菌丝分解养分的速度。黄伞菌丝可以利用多种碳源，以葡萄糖、蔗糖、淀粉和麦芽糖为碳源时生长较好。但在有关黄伞菌丝生长最佳碳源的研究报道中，不同学者的研究结果有所不同。有资料报道，葡萄糖作为碳源时菌丝长势健壮，也有报道果糖最适宜黄伞菌丝生长，但也有报道得出相反的结论。乳糖和醇类不太适合作为黄伞的培养基碳源。培养基中碳源添加的理想浓度为 2%～3%。

2．氮源

黄伞蛋白酶活性较高，适当偏多的氮源有助于菌丝生长和提高产量。试验结果表明，国内常用的米糠、麦麸、玉米粉、黄豆粉中，以添加玉米粉较为理想，添加量以 5%较合适。如在木屑培养基中添加 5%的玉米粉，子实体较早发生，也相对集中，产量明显提高。黄豆粉虽有一定的营养效果，但其成本高，且易造成菌袋污染，在商业化生产中使用不合适。黄伞菌丝生长中氮源以酵母浸膏和蛋白胨为好，但蛋白胨作为氮源时虽然菌丝长速快，但长势相对酵母浸膏较为逊色。无机氮盐（硫酸铵等）作为氮源，菌丝生长效果较差。在以尿素为氮源的培养基上，菌丝基本不生长，且菌丝稀疏纤细。

氮源过多，虽能助长菌丝的生长，但会延误原基的形成；碳源过多，又导致菌丝长势较弱，生长后劲不足，也影响产量的提高。合理的碳氮比对生产很关键。就黄伞而言，菌丝生长阶段 C/N 以 20∶1～30∶1为宜，子实体生长阶段 C/N 以 30∶1～40∶1为宜。

3. 无机盐

无机盐是食用菌生长发育所需要的重要物质，能提供构成细胞物质所需的矿物质元素，维持细胞的渗透压，并可作为代谢中酶和辅酶的重要因子。最主要的矿物质元素有磷、钾、钙、镁、硫等元素，其他如铁、铜、锰也不可缺少。矿物质元素广泛存在于木屑、棉子壳、稻草、麦秸等栽培原料中，通常并不需要另行补充。考虑到磷、钾、钙、镁等元素需求量较大，同时也为了调节培养料的酸碱度，实际生产中需要添加适量的 $CaCO_3$ 等无机盐，以帮助菌丝生长。试验表明，菌丝在添加 $CaCO_3$、$MgSO_4$、KH_2PO_4、$FeSO_4$ 的情况下，菌丝长势和生长速度会有所变化，$CaCO_3$ 有助长作用；而加 $MgSO_4$，生长无明显差异，但长势变弱；加 KH_2PO_4 会减缓菌丝生长速度；$FeSO_4$ 对菌丝有明显的抑制作用。

4. 维生素

少量的维生素及微量元素对菌丝生长有一定的促进作用，但要视具体培养基而定。若培养基营养已基本饱和，添加维生素无促进作用。正常情况下，在加富培养基中添加维生素对菌丝生长的影响不明显。一般来说，黄伞菌丝在 PDA 培养基上生长并不理想，但在加富培养基（如 CYM 培养基）上，菌丝生长更快，长势更旺盛。

（二）温度

黄伞为中温型食用菌，适应温度较广，但不同生长阶段对温度的需求不同。

1. 温度对孢子萌发的影响

温度对黄伞孢子的萌发有一定的影响。试验结果表明，黄伞担孢子的最适萌发温度为 20～25℃。黄伞分生孢子萌发的最适温度会随着培养时间的延长而逐渐降低。培养 24 小时，分生孢子萌发的最适温度为 23～26℃；培养 48 小时，分生孢子萌发的最适温度为 15～20℃；培养 72 小时，则为 10～15℃。

2. 温度对菌丝生长的影响

温度是影响黄伞菌丝生长的决定因素。正常情况下，黄伞菌丝在 5～35℃范围内均可生长。适宜温度为 20～25℃，以 25℃时生长最快，菌丝生长旺盛。培养温度低于 10℃或高于 30℃时，菌丝生长速度显著减缓，菌丝稀疏，色泽加深，生活力变差；低于 5℃或高于 35℃时，菌丝干枯无光泽，基本不生长，但并未死亡；菌丝的生长限制温度为 37℃，致死温度为 42℃。但是，致死温度与高温处理时间有关。研究发现，黄伞菌丝的致死温度与高温处理时间具有相关性：在 40℃下放置 24 小时，菌丝仍然存活；在 42℃下放置一星期以上，不可逆失活；在 50℃下可以存活 12 小时，24 小时后菌丝死亡。黄伞菌丝体最低可以在 −18℃下存活，当温度回升后可以继续生长（增野和彦，1991）。表明黄伞菌丝适合用低温冰箱和液氮罐进行长期保存。

3. 温度对原基分化和子实体形成的影响

黄伞菌丝在 13～25℃间均可形成原基。原基发生温度以 15～18℃最佳，变温刺激有利于原基分化。子实体在 5～28℃的范围内均可生长，个别时候温度达到 30℃以上时仍能生长。实际生产中控制在 10～23℃较适宜，15～18℃最理想。在此温度条件下，不仅原基形成快，而且发育成的子实体个大，盖厚，肉实，商品价值高。低于 8℃，生长缓慢，菇体结实粗壮，但幼小菇蕾易冻伤致死或变褐；高于 25℃，子实体成熟过快，菇体单薄且易开伞，菌盖表面干枯且色淡，产品品质下降，杂菌感染和病虫害发生现象也相应提高。

（三）水分

1. 培养基含水量

水是维持生命存在的基本物质，黄伞对培养基含水量的要求并不苛刻。菌丝生长阶段，菌丝在含水量为 50%～75%的培养基中均能正常生长。其中，含水量为 60%～65%时，长势较好；含水量约 65%（料水比为 1∶1.25）时长势最好，菌丝生长快速，洁白健壮浓密，培养料分解好，菌袋长满后湿度适中且不积水，透气性好、不易污染，有利于菌丝生长发育。而在含水量低的培养基中，菌丝生长偏细弱，培养料太松散，出菇阶段不易保水。在培养料含水量高的培养基中，菌丝对培养料分解偏弱，菌袋因积水而导致透气差，菌丝长势弱，料底多水，会产生发酵现象。

栽培出菇阶段，黄伞对于培养料的含水量要求较高。生长所耗水分较大，需要更多的水分。

管理中应特别注意控制培养料的补水量。如栽培过程中水分损耗过大，在二潮菇后需适当补水。含水量过低，会严重抑制黄伞原基的再次分化，导致子实体发育不良，小而薄，品质差；含水量过高，易滋生绿霉和细菌性病害，造成不出菇。

2. 空气湿度

黄伞菌丝生长阶段对空气湿度无严格要求，发菌室的空气相对湿度以55%～65%为宜，过高容易引起杂菌污染。黄伞原基在湿度为60%～90%的条件下均可形成。子实体生长发育阶段空气相对湿度最好保持在80%～90%。此时菌盖通常呈淡黄色，外形美观，商品价值高。湿度过低时（<80%），菇盖表皮易失水萎缩乃至龟裂，光泽度不理想，鳞片增加，发育受制，产量下降，品质受影响；湿度太高时（≥95%），菇体呼吸蒸腾作用受抑制，小菇蕾易被木霉类病原菌感染，成熟菇表面色泽加深变褐，菌盖表层黏液增多，发育不良，既影响产品外观，也使采收与加工不便。天气燥热时，应提高空气相对湿度；天气较冷时，湿度应降低。

（四）酸碱度

黄伞的生长虽然也会受酸碱度的影响，但有很好的酸碱适应性，其菌丝在pH 3.5～10.0的范围内均能生长，pH 5.0～6.0的条件下长势较为理想。pH5时生长最好，菌丝在平板培养基上的生长速度每天可达6mm，且菌丝浓密。当pH低于4.0或高于7.5时，菌丝长速明显减慢。pH在4.5至7.0的范围内，菌丝生长差异不大。考虑到培养料灭菌后pH值会下降，生产中一般不对原料的酸碱度做特别调整。但为抑制其他杂菌滋生，可适当调高培养料的酸碱度。目前国内外学者在报道这方面的研究结果时有所差异，这主要是实验技术不同引起的差异。当然，不同试验菌株间在酸碱适应性上的差异也是因素之一。

（五）空气

黄伞为好气性真菌，充足的氧气有助于菌丝生长、原料分解、抗杂菌防病和提高产量。在菌丝生长阶段初期，对空气的要求不很明显。当室内二氧化碳浓度高于0.2%时，需要通风换气，否则会抑制菌丝生长。菌丝生长阶段中后期，相对较高浓度的二氧化碳会刺激黄伞原基的形成。菌丝培养后期，要适当增加新鲜空气以促进菌丝生长，也可采用针刺菌袋的方法来加快菌丝生长，以免菌丝在未长满袋时发生原基而影响产量。子实体发育阶段，由于一定浓度的二氧化碳可以刺激原基形成和促进菇柄的伸长，原基发生期和菇蕾期不宜过多通风。到子实体成熟期，要加大通风量，以免通风不足而引起菌柄细长和杂菌感染。气温低时通风量可减少，气温正常时，要求栽培室保持有较好的空气流通。通风量过大，也会引起子实体过早开伞而影响产品商业价值。

（六）光线

黄伞菌丝生长阶段不需要光线。在无光照的环境中，黄伞菌丝浓密粗壮、长势旺盛、色泽较白。光照下培养，菌丝也能生长，但光线不仅抑制菌丝生长，而且会引起菌丝颜色变深、长势变弱、原基变早等“早老”现象，导致菌丝过早由营养生长转向生殖生长，并在菌丝生长后期易断裂形成粉孢子。

黄伞的子实体生长发育阶段需要一定的光线。黄伞菌丝分化扭结成原基后需要一定的弱光来促使原基正常发育。光照与原基发生量有一定的相关性，适当的弱光会刺激原基形成。出菇阶段初期需采取弱光刺激以促进原基的形成。光线影响子实体的色泽和质地。在黑暗下生长，菌盖分化迟缓，易形成盖小柄长的畸形菇，菌柄常扭曲，子实体白化现象明显，且菌盖变薄，组织质地和抗病能力均下降。在弱光环境下，分化后的原基易长成盖薄平、柄细长、色泽浅的劣质菇；光照过强，菌盖表皮易失水萎缩而影响品质。因此在子实体生长阶段需有一定的散射光。通常光照强度控制在300～1 500 lx。

三、遗传学特性

食用菌遗传学方面的研究比较多地集中在极性（交配型）研究和分子标记研究。黄伞在这方面的研究极少甚至空白。

1. 交配型

有性生殖对于担子菌子实体发育及种群演化极端重要，尽管交配亲和并不能保证子实体形成。交配型的研究是异宗结合担子菌生活史的核心内容，它涉及交配不亲和因子、极性、杂交亲和性及其机制等。这不但是杂交育种工作的基础，同时也是从交配型因子的角度理解和评价种质资源的遗传多样性和鉴定菌种的基础。

季哲等（2004）用三轮交配系统对黄伞的交配型性状做了研究，得到了4种交配型，确定其为四极性异宗配合的担子菌，并发现单核体不同类型在群体中显示出明显的偏向性分布。吴航军、上官舟建等（2007）用二轮杂交试验对黄伞的极性特征进行了进一步研究，证实黄伞为四极性异宗配合的担子菌，其交配系统为双因子控制系统，由A、B两对不亲和性因子构成。上官舟建等在研究中还发现，在黄伞的有性生殖过程中，实际上可产生9种不同的交配型，除了4种标准的交配型担孢子外，构成A、B两对因子的遗传单位还可以发生因子内重组，产生新的A、B因子，从而提高自交比率，使黄伞担孢子群体的自交亲和率达到33.9%。相比其他真菌，黄伞A因子内和B因子内的重组率比较高，分别为17.1%和17.1%。另外，也证实不同交配型的担孢子在群体中的比例呈现偏向性分布。

黄伞单核菌株在交配过程中，不同单核菌丝的交界处往往可形成以下3种形态：①两个单核菌株的气生菌丝互不排斥，交界处菌落形态均一，即所谓的平贴反应，记为“F”（图38－16a）；②两个单核菌株的气生菌丝互相排斥，交界处菌落间形成带状生长空白区，产生典型的栅栏现象，记为“B”（图38－16b）；③两菌落间形成一条由气生菌丝扭结而成的致密白色带，记为“C”（图38－16c）。3种形态基本满足1∶1∶1的分布。此外，3种形态下，有少数组在交界线两端形成扇形区，如图38－17标记为S的部分。

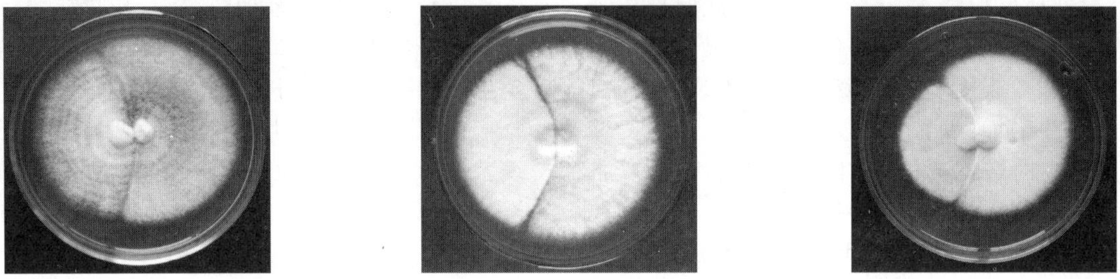

a. F型形态　　b. B型形态　　c. C型形态。

图38－16　交配试验产生的不同菌落形态

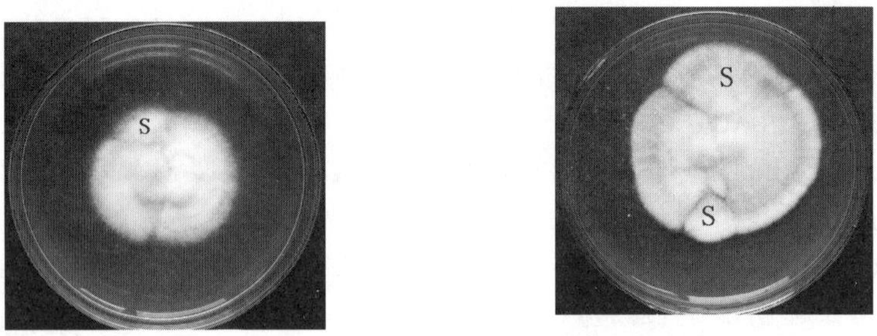

图38－17　单核菌落间的扇形区

从统计结果来看，C型形态下有58.9%的比例有锁状联合，60.0%有锁状联合的组表现为C型，说明菌丝接触部分出现浓密的白色接触带的，多半表现为亲和；而在F型或B型下，没有锁状联合的比例分别是72.8%和84.7%，说明菌丝接触区出现栅栏现象或是接触区两种菌丝出现平贴反应的，大多表现为不亲和；在有扇形区出现的组中，出现锁状联合的比例约为50%，这说明扇形区的出现与是否亲和并没有直接的关系。当然，这些形态特征只能对确定亲和与否做一个初步的判断，并不能完全确定是否亲和。要进一步验证菌丝间是否亲和，还需要进行镜检，观察有无锁状联合，并结合核染色加以确证。

2. 分子标记

近年来，随着研究的进展，分子标记技术日趋丰富。目前，最常用的分子标记技术主要有RAPD、ISSR、SRAP和AFLP等，具有方便快捷，一次扩增又无须测序，各反应条件容易优化等优点，在遗传分析中已广泛应用。由于食用菌菌株间具有一定的性状差异，如大小、形状、质地、颜色、产量等性状的表现，往往受环境条件和各种人为因素影响，具有一定的不确定性，而以分子标记为手段的现代生物技术可较好地克服上述弊端。于是，分子标记技术也开始在食用菌学研究中得到广泛的应用，在食用菌分类、遗传多样性分析、种质资源鉴定、遗传图谱建立、基因定位等方面的研究均取得一定进展。但是，这种技术用于黄伞的研究报道极少。

上官舟建、张伯斌（2008）分别采用RAPD、SRAP和ISSR 3种分子标记技术对黄伞菌株DNA片段多态性进行了分析。图38－18为160V的条件下进行琼脂糖凝胶电泳40分钟所获得的黄伞DNA相对分子质量。

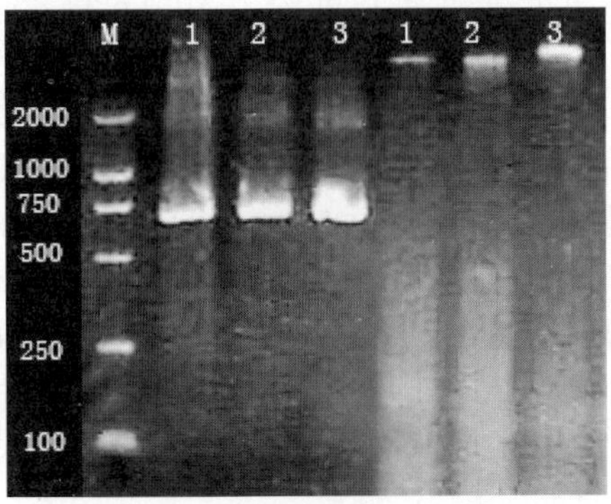

图 38－18 黄伞 DNA 图谱

在黄伞 RAPD 引物筛选中，从随机选取的 91 个引物中选出 6 个扩增条带质量较好的引物，分别为 S22、S2048、S17、S1009、S1502 和 S260（上海生工生物工程技术服务有限公司产品，下同）。引物及其碱基序列见表 38－1。

表 38－1 黄伞 RAPD 分析适用引物及碱基序列

引物	碱基序列	引物	碱基序列
S22	TGCCGAGCTG	S1009	AGAACCGAGG
S2048	GGTCTTCCCT	S1502	CTGAGGTCCT
S17	AGGGAACGAG	S260	ACAGCCCCCA

试验表明，黄伞的 RAPD 分析其多态性不明显（图 38－19），平均每种引物扩增 11 个条带。相对而言，引物 S1502 扩增效果较好，条带多而均匀清晰，可在以后的分析中应用。对不同黄伞菌株间的特异性比较试验未有进行。

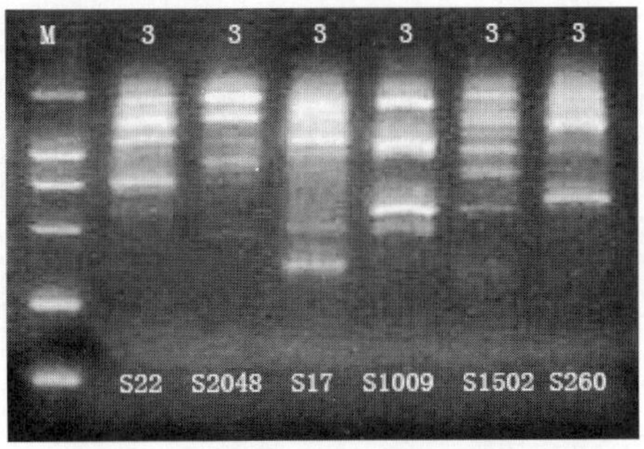

图 38－19 黄伞 DNA RAPD 分析图

适合黄伞 SRAP 分析的引物选出 8 对。这些引物及其碱基序列见表 38－2。

表 38－2 黄伞 SRAP 分析适用引物对

引 物	引 物	引 物	引 物
me1-em1	me6-em2	me1-em8	me6-em9
me1-em4	me6-em8	me3-em4	me4-em8

不同引物对黄伞 DNA 的扩增结果见图38－20。试用引物大部分能扩增出条带，因此选取的引物对较多。与 RAPD 相比，SRAP 扩增条带不多，平均每对引物扩增出 7 个条带，对遗传相似性研究和聚类分析来说信息不够丰富，因此应用在黄伞上总体效果不佳。

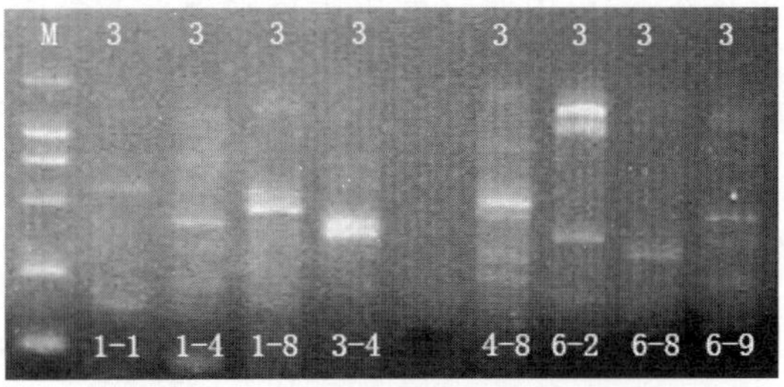

图 38－20 黄伞 DNA SRAP 分析图

适合黄伞 ISSR 分析的引物分别是 ISSR1、ISSR5、ISSR6、ISSR17，其碱基序列见表 38－3。

表 38－3 黄伞 ISSR 分析适用引物及碱基序列

引物	碱基序列
ISSR1	CTCCTCCTCCTCSC
ISSR5	VDHTCGTCGTCGTCGTCG
ISSR6	DHBCGACGACGACGACGA
ISSR17	TGTGTGTGTGTGTGTGRC

ISSR 分析是所研究的 3 种方法中效果最好的，具有条带清晰、特异性好等特点，平均每种引物能扩增 7 个条带，适合进行遗传相似性研究与聚类分析。对黄伞而言，具体到每种引物，ISSR 1、ISSR 5 信息条带较多，而 ISSR 5 条带区分不明显；ISSR1 特异性良好，条带丰富且清晰，可用于多菌株分析；ISSR17 特异性最明显，能对不同菌株进行区分，但由于条带较少，不适用于聚类分析。不同引物对黄伞 DNA 的扩增结果见图38－21。

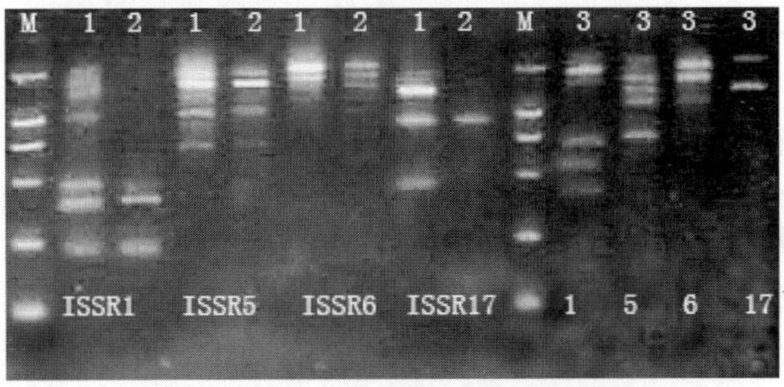

图 38－21 黄伞 DNA ISSR 分析图

对研究采用的 3 种分析方法进行比较分析，获得的遗传相似率统计结果见表 38－4。

表 38－4 遗传相似率统计

方法	引物数	条带总数	特异性条带数	平均遗传相似率
RAPD	6	68	8	88.24%
SRAP	14	91	13	85.71%
ISSR	4	28	10	64.29%

研究结果表明，RAPD扩增条带较多，但筛选出的引物适用率较低。要经过大量的引物筛选工作才能得出少量的可用引物，并且已经知道该方法重复性不高，因此仅能用于黄伞菌株的聚类分析；SRAP分析方法特异性比RAPD高，引物筛出率也大，但扩增条带不多；ISSR分辨率最高，但扩增条带不多，可鉴别黄伞菌株。

3. 基因片段测序

季哲等以黄伞菌丝cDNA为模板设计引物，经PCR扩增出两条长度约为400bp和800bp的片段SL1和SL2，经过回收、重扩增、克隆、鉴定后进行测序分析。结果发现，SL1序列在GENEBANK中与三磷酸甘油醛脱氢酶（glyceraldehyde-3-phosphate dehydrogease，GPD）基因的同源性达到85%。根据SL1序列设计引物，以黄伞菌丝、原基、菌蕾、子实体菌柄、子实体菌盖的cDNA为模板进行PCR反应，以验证其保守性。结果显示，此片段在不同分化发育阶段表达量相同。

第三节　黄伞的营养价值

黄伞肉质滑嫩，香味浓郁，口感鲜美，营养丰富，色泽鲜艳，含有丰富的粗蛋白、粗多糖、氨基酸、维生素、微量元素及其他营养物质，但脂肪含量较低，是理想的绿色食品，具有很好的商业开发价值。

当然，黄伞中的营养成分也不是一成不变的。研究结果表明，黄伞的营养成分及矿物质元素与其生长过程密切相关。生长初期水分和核酸含量较多，中期蛋白质含量多，后期粗纤维的含量较多。其他营养成分，如锌、铁、磷等的含量随着生长时间的延长而提高，但变化幅度不大。此外，在黄伞的生长初期，菌盖和菌柄所含的各种营养成分含量差别不大。到中期后，菌盖中的含量明显高于菌柄。

一、蛋白质

真菌蛋白是属于容易消化的蛋白类物质，大约70%的食用菌蛋白质在人体内消化酶的作用下，能分解成氨基酸被人体吸收。黄伞子实体含有较高的蛋白质，100g干物质中含蛋白质21.64g，比水果、蔬菜和粮食作物高出许多，是肉类的理想替代品。此外，黄伞菌丝中也含有较高的蛋白质。表38－5为黄伞子实体的蛋白质及其他主要营养成分的测定结果。

表38－5　鲜黄伞子实体中主要营养成分含量

成分	水分	粗蛋白	粗纤维	粗脂肪	粗灰分
含量(%)	91.4	4.6	1.1	<0.1	1.0

二、氨基酸

黄伞氨基酸含量丰富。子实体中氨基酸种类较齐全，含17种氨基酸，仅色氨酸未测出。黄伞子实体的氨基酸总量为19.23mg/g。在全部氨基酸中，谷氨酸含量最高，占氨基酸总量的22.0%，其次是精氨酸和天冬氨酸，分别占氨基酸总量的9.7%和9.5%。必需氨基酸和半必需氨基酸总量为6.69mg/g，非必需氨基酸总量为12.54mg/g，必需氨基酸中含量最高的为酪氨酸，其次为赖氨酸。必需氨基酸占氨基酸总量（$E/E+N$）的37.8%，必需氨基酸与非必需氨基酸比值（E/N）为0.61，已基本达到FAO/WHO（1973）提出的理想蛋白质必需氨基酸（E%）应达到40%左右、E/N值应在0.6以上的标准。

表38－6　黄伞子实体中氨基酸的组成与含量

氨基酸种类	含量	占氨基酸总量(%)	氨基酸种类	含量	占氨基酸总量(%)
非必需氨基酸			必需氨基酸		
天冬氨酸	1.83	9.52	苏氨酸	0.8	4.16
丝氨酸	0.9	4.68	缬氨酸	0.88	4.58
谷氨酸	4.24	22.05	蛋氨酸	0.17	0.88
甘氨酸	0.77	4.00	亮氨酸	0.74	3.85
丙氨酸	1.04	5.41	赖氨酸	1.24	6.45
组氨酸	1.28	6.66	色氨酸	—	
精氨酸	1.87	9.72	苯丙氨酸	0.68	3.54
脯氨酸	0.61	3.17	异亮氨酸	0.53	2.76
胱氨酸	0.3	1.56	氨基酸总量	19.23	
酪氨酸	1.35	7.02	$E/E+N$(%)	37.8	

黄伞子实体氨基酸总含量比其他食用菌更高，尽管不同研究报告的具体数据有所差异，但大体规律基本相同。诸学英（2006）研究发现，黄伞子实体蛋白质的氨基酸比值系数分高达66.53，分别比草菇、茶树菇和毛头鬼伞高42.74%、50.89%和36.58%。这说明黄伞子实体蛋白质的氨基酸组成与模式氨基酸较接近。

姜华等对黄伞菌丝氨基酸组成进行了测定，对其蛋白质的营养价值进行了全面评价，并与营养价值较高的 4 种食用菌进行比较。结果表明，黄伞菌丝的必需氨基酸含量最高，占氨基酸总量的 40.0%左右。蛋白质的氨基酸评分（AAS）、化学评分（CS）、必需氨基酸指数（EAAI）、生物价（BV）、营养指数（NI）和氨基酸比值系数分（SRCAA）等 6 项指标均比其他参比的食用菌高，说明黄伞菌丝具有很高的营养价值。

以 1973 年联合国粮农组织（FAO）和世界卫生组织（WHO）规定的必需氨基酸均衡模式为标准，用氨基酸比值系数法对黄伞的氨基酸分析测定数据进一步分析，得出氨基酸比值系数（RCAA）为：异亮氨酸1.48；亮氨酸0.57；赖氨酸0.97；蛋氨酸＋胱氨酸0.53；苏氨酸1.05；色氨酸1.28；缬氨酸1.06；苯丙氨酸＋酪氨酸1.02。由此可以看出，黄伞子实体的必需氨基酸组成合理，仅亮氨酸、蛋氨酸和胱氨酸为限制氨基酸（其中亮氨酸为第一限制氨基酸，蛋氨酸＋胱氨酸为第二限制氨基酸），其他 6 种氨基酸均超过或接近 FAO/WHO 评分模式中同种氨基酸的含量。在黄伞菌丝中第一限制氨基酸为缬氨酸，但影响食物蛋白质营养价值的含硫氨基酸含量较高，这表明黄伞菌丝同样具有很高的营养价值。

三、维生素和矿物质元素

黄伞子实体每 100g 干物质中含有维生素 B_1 0.52mg、维生素 B_2 1.50mg 和烟酰胺（维生素 PP）12.21mg，维生素 B_2 含量高于其他 47 种干菇的平均含量 1.229mg/100g。此外，黄伞子实体中麦角甾醇含量为 647.81mg/100g。

黄伞子实体中含有多种人体必需的矿物质元素，如铁、钾、钙、镁等。据测定，每 100g 干菇中分别含有钾2 170mg、钠 160mg、钙38.6mg、磷 590mg、镁 66.8mg、铁40.2mg、锌4.66mg、锰1.84mg。其中，人体易缺乏的铁、锌、锰等含量较高，为一般食用菌的 2 倍左右。

四、多 糖

黄伞子实体中含有丰富的多糖物质，但不同提取方法所获得的多糖含量差异较大。同时，粗多糖提取时的浸提比、浸提时间、乙醇沉淀浓度等因素也影响黄伞多糖的提取得率。黄伞菌丝液体培养也能产生胞外多糖，但含量相对较低。培养时提供的生长条件和营养物质也会影响所产生的多糖数量。

提取粗多糖的方法主要有酸提取、碱提取、热水提取和超声提取。研究结果显示，黄伞多糖提取效果从好到差依次为碱提取、热水提取、超声提取、酸提取（图 38－22）。碱的提取效果最好，且在一定范围内，NaOH 溶液浓度与多糖得率成正比。而酸提取则是酸浓度与多糖得率成反比。由此可知，黄伞多糖为碱溶性多糖。用 1.0 mol/L 的 NaOH 溶液提取黄伞多糖的效果最好。用该法测得黄伞（干粉）中的多糖含量为10.8%（上官舟建等，2008）。黄伞多糖的最佳提取条件为 1∶20 的浸提比，2 小时浸提时间，90%乙醇沉淀浓度多糖得率高达32.1%（苏延友等，2004）。

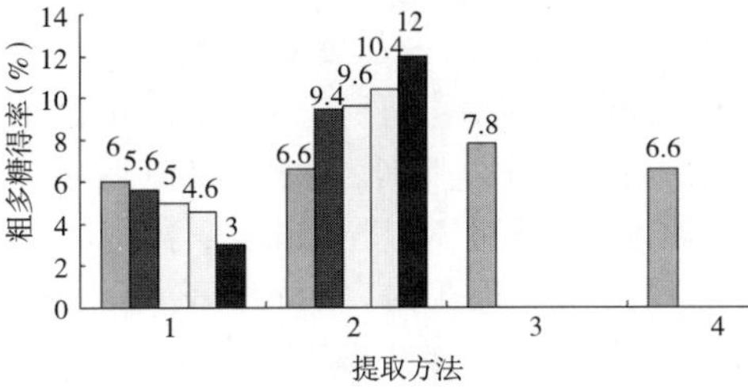

图 38－22 4 种提取方法的比较

注：1、2、3、4 分别代表不同浓度（0.2、0.4、0.6、0.8、1.0 mol/L）的盐酸提取、不同浓度（0.2、0.4、0.6、0.8、1.0 mol/L）的 NaOH 提取、热水提取和超声提取。

黄伞多糖具有多种功效。首先，黄伞多糖对肿瘤细胞的生长具有显著的抑制作用。黄伞多糖能激活小鼠巨噬细胞，增强巨噬细胞 IL-1β 及 NO 产生的水平，增强其吞噬功能及体外杀伤活性，明显提高荷瘤小鼠的腹腔巨噬细胞吞噬指数与吞噬率、外周血淋巴细胞转化率及血清溶血素水平，提高小鼠碳粒廓清指数、血清中白介素-2（IL-2）和血肿瘤坏死因子（TNF-α）的含量。对小白鼠肉瘤 S-180 和艾氏腹水癌的抑制率达80%～90%，对荷瘤小鼠肿瘤的抑瘤率达到 39.54%，具有明显的抗肿瘤以及增强荷瘤小鼠免疫功能的作用（苏延友等，2004；蒋晓琴等，2007；赵永勋等，2007）。

其次，黄伞多糖可以预防金黄色葡萄球菌、大肠杆菌、结核杆菌的感染。Basaran Dulger 研究发现黄伞的甲醇提取物对枯草杆菌、肺炎克雷伯杆菌等 6 种细菌有较好的抑制作用。

第三，黄伞发酵液菌丝体提取的多糖能明显延缓离体骨骼肌疲劳的发生，具有一定的抗疲劳作用（黄清荣等，2005）。黄伞菌丝发酵提取物在 9.0g/kg 的剂量时能明显降低高血脂大鼠的血清三酰甘油（TG）水平，同时能明显提升血清中高密度脂蛋白胆固醇（HDL-C）的含量，表明具有辅助降低三酰甘油的作用（王谦等，2006）。

第四，黄伞多糖可以改善力竭运动大鼠的氧化应激水平，使组织中抗氧化酶活性增强，从而使力竭运动后的大鼠各项抗氧化酶的活性显著增加，丙二醛含量下降，并能缓解剧烈运动中胃黏膜的缺血状态，起到保护胃黏膜的作用，从而有效预防应激性溃疡的发生（吴鹤群等，2009）。

此外，黄伞多糖具有较好的抗氧化能力。黄伞子实体粗多糖、菌丝体粗多糖、胞外多糖、子实体纯多糖以及子实体粉、菌丝体粉均具有较好的抗超氧阴离子自由基O_2^-、羟自由基（OH·）的能力，且多糖对超氧阴离子自由基和羟自由基的清除作用与多糖质量浓度成线性关系。多糖对羟自由基的清除作用优于菌丝体粉和子实体粉。在样品浓度为100mg/ml的条件下，利用次黄嘌呤-黄嘌呤氧化酶体系，黄伞胞外多糖对超氧阴离子自由基的清除率达80.6%，其对超氧阴离子自由基O_2^-的清除作用明显优于对羟自由基OH·的清除作用（胡清秀等，2007；吉叶梅等，2007）。

五、脂肪与膳食纤维

黄伞子实体中脂肪含量很低，少于0.1%，却含有较多的膳食纤维。过去几十年对膳食纤维的研究证明，膳食纤维具有抗肿瘤、降血压、降血浆胆固醇、改善肠道功能、预防肥胖症等功效，人体摄入足够的膳食纤维对于保持健康、防治疾病有积极作用。

六、总黄酮类化合物

总黄酮类化合物泛指两个苯环通过中央三碳链相互连接而成的一系列化合物，包括以黄酮为母核的各种黄酮类化合物和黄酮的同分异构体及其还原产物。黄酮类化合物较多存在于光合作用的植物中，大部分以糖苷的形式存在，少部分以游离形式存在。黄酮类化合物具有抗氧化、扩张血管、降血脂和抗癌等作用，是一种很有潜力的生物活性物质。

上官舟建、丁珊（2008）用甲醇、乙醇和超声波分别提取黄伞子实体中总黄酮类化合物，用高效液相色谱法和分光光度法分别测定不同提取液和菌丝发酵液中总黄酮类化合物含量。研究结果表明，黄伞子实体干粉中总黄酮类化合物的含量为74.11mg/g，但不含有芦丁；黄伞菌丝发酵液中总黄酮类化合物含量极少，仅为5.17mg/g，也不含有芦丁。在各种提取方法中，超声提取黄酮类化合物的效果最好。图38－23为不同提取方法获得的黄伞子实体和菌丝发酵液中总黄酮类化合物的含量。至于黄伞中黄酮类化合物的具体种类，还有待进一步的研究。

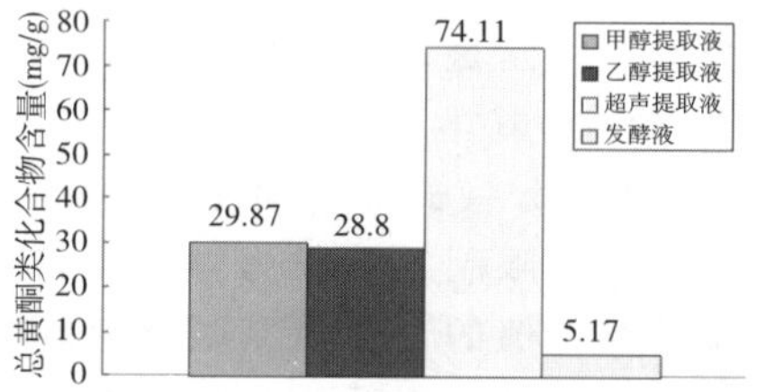

图38－23 不同样品液中黄酮类化合物的含量

七、核酸及其他

黄伞中含有较多的核酸及其他物质。黄伞在湿度较大的环境中生长时，其菌盖表面会产生许多黏液。这是一种核酸和黏多糖的混合物质，核酸有恢复人体精力和脑力的特殊作用。

第四节　黄伞的菌种繁育

黄伞菌种繁育，参见本书《食药用菌制种技术》一章。

第五节　黄伞的栽培技术

黄伞的生产过程包括：原料准备→母种（一级种）制备→原种（二级种）制备→栽培种（三级种）制备→制袋→灭菌→接种→培养→开袋→出菇→采收→加工。

一、栽培原料

黄伞生产所用栽培原料很多，包括杂木屑、棉子壳、废棉、玉米芯、作物秸秆和各种下脚料等。福建省三明地区已成功试验用松树、杉树、桉树木屑及菌草粉等代用料替代部分杂木屑、棉子壳，作为黄伞栽培的原料。目前，各地所用黄伞栽培料配方不一样，原料也不尽相同。所用的主要原料有马铃薯、葡萄糖、琼脂、白砂糖、杂木屑、棉子壳、麦麸、碳酸钙等。对各生产原料的具体要求如下：

①马铃薯：新鲜、无生芽、无病斑、无霉烂。

②葡萄糖、蛋白胨及各种无机盐：要求为化学纯，符合相应产品国家标准。

③琼脂：符合国家药典规定的相关质量标准。

④白砂糖：符合国家标准 GB 317.1。

⑤水：符合国家标准 GB 5749。

⑥杂木屑：干燥，无霉烂，无结块，颗粒均匀，细度适中，不含（或少含）木荷、松、樟、杉等树种木屑。

⑦棉子壳：新鲜干燥，颗粒松散，色泽正常，无霉烂，无结团，无异味，无混杂物。

二、栽培季节

黄伞的栽培季节因不同地区而有所不同，具体时间应根据工艺流程与当地气候特点进行适当调整安排。以福建省三明地区为例，黄伞人工栽培季节主要在 2～5 月份和 8 月下旬～11 月份。在北方，黄伞春季栽培多在 3～6 月上旬出菇，秋天栽培则在 9 月上旬～11 月中旬。在高海拔地区的夏季和温室内的冬季也可进行黄伞栽培。

三、栽培环境

1. 场地要求

栽培黄伞应选择地势高燥、背风向阳、平坦开阔的空旷场地。要求场所周边环境卫生，给排水方便，通风良好，交通便利，无污染源，土质坚实，有拓展回旋余地。周围环境要求洁净，不应有畜舍、厕所和垃圾堆，以免病虫滋生、蔓延和危害。菇房使用前先打扫干净，然后再用撒生石灰、硫黄，或甲醛熏蒸，或喷 0.5% 敌敌畏溶液等方法进行杀菌、杀虫处理。

2. 菇房要求

①应有利于黄伞的生长发育，便于温差调控、保温保湿、通气透光、取水排水，有利于栽培管理、采收管理和保持清洁卫生与防治病虫害。

②菇房建筑应选用砖、石、水泥、竹片、塑料膜、聚苯乙烯泡沫板、木桩及防虫网等，应具有保温、耐用等特点。所用材料均应无毒、无害、无挥发性刺激成分，符合国家的相关卫生安全标准。

③菇房内可放置多层床架，增加摆放的菌袋数量，提高菇房单位面积利用率。栽培架不宜过高、过宽，以操作方便为原则。如未设置床架，应有固定支柱，便于墙式栽培时垒放固定和依靠。

④应有防雨、遮阳、挡风等基础设施。屋顶应有覆盖物和隔热性能；墙壁应坚固、平滑，便于清洗、消毒；地面应坚实、平整。

⑤密闭式菇房应有通风系统，棚顶不滴水，可开设排气孔或开设窗户。

⑥应保证菇场有适宜的自然散射光照，光线强度在 300～1 500 lx。

⑦地畦式栽培，应设置0.5～0.6m 宽、0.4m 深的排水沟。

四、栽培模式

黄伞的栽培模式多种多样，各有所长，生物学效率和鲜菇品质也各不相同。从国内外已有的文献资料来看，除了早期欧洲用较为原始的栽培方式外，还有段木栽培法、瓶栽法、熟料袋栽法、室内层架式袋栽法、墙式覆土栽培法、室外菇棚覆土栽培法和生料栽培法等。这几种栽培模式中，熟料袋栽法、室内层架式袋栽法、室内墙式袋栽法、室外菇棚覆土栽培法等均以袋栽为基础，除了出菇时的摆放方式有所不同外，其他环节差异并不大。因此，本章主要以熟料袋栽法为代表进行介绍，各地可根据具体情况选择适合的方式进行生产。

（一）段木栽培

段木栽培黄伞是较早采用的栽培技术。从早期的菌褶磨擦接种到后来的木钉接种，段木栽培使人们对黄伞的栽培技术有了基本的认识。由于林木资源的限制及成本关系，现在已很少有人用段木栽培黄伞了。

适合黄伞栽培的树种有栎树、日本扁柏、赤橙等。栽培的主要步骤是将直径 10cm 的枝干截成 1m 的木段，3 月下旬接种。接种前在段木上均匀打 25 个孔后接入菌种，然后横放在树荫下埋土或不埋土。按常规方法进行管理。采用该法，每根段木可收黄伞干品 140g 左右。

（二）生料栽培

黄伞生料栽培只适用于气温较低的北方地区，在栽培季节上与袋料栽培也有所不同。根据生料栽培特点，栽培的时间一般安排在 10 月份至次年元月。提早栽培容易因气温高而失败，推迟栽培又因缩短了出菇期，培养料利用不充分，产量受到影响。

1. 袋栽

生料袋栽培养基主要配方有：①棉子壳 80%，玉米芯 10%，麦麸 5%，磷肥 2%，草木灰 1%，石膏粉 1%，多菌灵 0.2%；②棉子壳 95%，麦麸 5%，石灰 2%；③棉子壳 50%，木屑 45%，磷肥 2%，玉米粉 3%，多菌灵 0.1%。

袋栽多以 17～20cm×35～40cm×0.03cm 规格的塑料袋。菌袋太宽，菇丛过大，黏连严重，影响品质，且不便采收；菌袋过细，操作不便，效率下降。接种菌种用量为 20%，分上中下 3 层撒播，稍微压实后，用套环封住菌袋两边端口，并在菌袋中部播种处用针在外周刺孔，以增加菌袋供氧量，提高菌丝生长速度和抗杂菌能力。

菌丝培养阶段要严防烧菌，可结合通风和间隔摆放菌袋来控制好菌袋内部料温，使其不超过 25℃。整个发菌期宜遮光培养，否则表面菌丝易老化发黄，影响产量。菌丝长满后，继续培养 10 天左右，直至料面发黄，再开袋催蕾出菇。菌袋后期的栽培管理与袋料栽培相同，这里就不重复介绍。

2. 箱栽

箱栽培养基主要配方为：棉子壳 98%，石膏粉 1%，过磷酸钙 1%，含水量 60%。箱栽多以50cm×50cm×12cm 的木箱为容器进行栽培。该法操作方便，工效高，便于搬运堆放，缺点是用种量大、污染率高、产量较低。由于是开放式生产，易受污染，故只能在北方低温潮湿地区使用。箱栽接种可采用层播法或穴播法或混播法。层播时分上中下 3 层播种，播种量为 15%～20%。播完种后，料面覆盖薄膜，放置暗室中培养。培养时要注意通气，严防杂菌污染。通常在 2～3 月份接种，4 月底至 5 月出菇。气温太高，可移入地下室或地道内，避开高温，延长出菇期。

（三）熟料袋栽

熟料袋栽法在南方使用较普遍。黄伞的袋料栽培模式与常规食用菌的栽培技术相同，容易掌握。

1. 生产配方

①母种培养基配方：葡萄糖 20g，蛋白胨 2g，磷酸氢二钾 1.0g，硫酸镁 0.5g，磷酸二氢钾0.46g，琼脂 20g，水1 000ml，pH 自然。

②原种与栽培种培养基配方：杂木屑 76%，麦麸 16%，玉米粉 5%，糖 2%，碳酸钙（或石膏）1%，含水量 65%，pH 自然。

③栽培袋培养基参考配方：①杂木屑 36%，棉子壳 36%，麦麸 20%，玉米粉 5%，糖 2%，碳酸钙（或石膏）1%，含水量 65%，pH 自然。②棉子壳 78%，麦麸 10%，玉米粉 9%，糖 2%，碳酸钙（或石膏）1%，含水量 65%，pH 自然。

2. 菌种生产

（1）母种制备

具体制作方法，请参阅本书《食药用菌制种技术》一章。

将经过出菇试验、符合菌种质量标准的黄伞菌种于无菌操作台上转接至试管中。每支母种可转接 20～40 支。接种后，试管培养基放在 23～26℃恒温箱内培养，10～12 天后黄伞菌丝可长满试管。

（2）原种制备

具体制作方法，请参阅本书《食药用菌制种技术》一章。

原种培养料接种完毕，整齐摆放到预先清理消毒的专用培养室内培养。要求培养室无光照，室内温度控制在 23～25℃，空气相对湿度控制在 60%左右。培养第 1 周内进行一次检查，观察萌发情况与污染情况。发现杂菌感染及时拣出重新消毒；菌种块枯萎死亡，及时补接母种。菌丝未长满之前应做 2～3 次检查，使用前再逐个检查。正常情况下培养 30～35 天，菌丝即可长满。

（3）栽培种制备

具体制作方法，请参阅本书《食药用菌制种技术》一章。

培养期间尽量少搬动菌袋。正常情况下，栽培种培养 30～35 天，菌丝可长满袋。满袋后的菌种要尽快使用。用菌种时间以菌丝长满袋（瓶）后一星期内为宜。到期未使用的菌种应放在 4～6℃冷库保藏。老化的菌种不能继续使用。全部菌种制作过程均应做好原始记录，贴上标志或标签。

（4）液体菌种制备

黄伞也可以通过液体培养菌种用于栽培生产。液体培养也叫深层培养。通过液体培养所获得的黄伞菌丝球颗粒均匀，大小适中，发酵液澄清金黄，很适合进行液体菌种和深层发酵代谢物的生产。

深层培养黄伞的条件：温度 23～25℃，pH 为 5.0～6.0，装瓶量为 200ml/500ml，接种量 10%，摇床速度为 160 转/分钟，发酵周期 7～10 天。黄伞深层培养适宜的碳源为麦芽糖、葡萄糖和蔗糖，适宜氮源为蛋白胨，无机氮不适宜作培养料。从生产成本角度考虑，可用以下培养基：马铃薯 200g，麦麸 30g，蛋白胨 2g，白砂糖 10g，水1 000ml，pH 自然。深层培养时可滴少许花生油作为消泡剂。摇瓶培养后获得的菌丝干重可达11.0g/L左右。摇瓶培养的液体种再转入大罐扩大生产。大罐生产以实消效果更好。罐体体积不限。目前使用 100L 立式发酵罐较多。液体种更适合作为原种，大规模生产的液体栽培种在使用中还存在许多技术问题。

3. 制袋、灭菌、接种、菌丝培养

黄伞的菌袋制作、灭菌、接种、培养和香菇等相同。具体方法请参阅《食药用菌制种技术》一章。

4. 出菇管理

菌丝长满袋料后，继续培养10～15天。当袋料表面菌丝由浅黄色转为黄褐色，并有明显的黄褐色分泌液时，将菌袋搬至菇房开袋。开袋时倒折袋口少许，清理料面老菌索，可不做搔菌处理，也可进行搔菌处理，但搔菌后子实体发生更均匀，产量更高，更能避免因高温而引起的杂菌污染。处理完毕后菌袋盖上无纺布保湿。不能在袋内积水，否则会形成黄色胶状液体抑制原基形成。

菇房温度保持在13～18℃，空气相对湿度提高至80%左右，关闭门窗并透射弱光。7～10天后原基形成，此时可加大空气湿度和通风量。5天左右原基长成2～3cm的菇蕾，每袋菇蕾数控制在10～20个为好。过少，产量不高；过多，营养竞争导致部分弱小菇蕾死亡，也易引起杂菌感染。气温合适时，菇蕾经7～10天便可长大为成熟子实体。出菇期间应控制好菇房的通风换气，尤其当室温较高时（>20℃）更要小心，否则很容易感染病虫害，影响菇盖色泽，降低鲜菇的商品价值。

5. 病虫害防治

绿色木霉是侵犯黄伞的主要病虫害。从生产无公害食品的角度出发，不提倡采用药剂防治方法。为此，主要控制好以下3点：①做好查种工作，确保使用的是无污染的菌种，确保进入出菇室的栽培袋不带杂菌，从种源上杜绝污染；②预先消毒出菇室；③气温高时出菇室应通风换气，有助于减少木霉危害，如出现木霉，可将栽培袋表层感染的幼蕾连下部浅层培养料一起挖去，等菌丝恢复后继续出菇；若木霉已感染整个菌袋，必须及时清理掉。同时整个出菇室停止喷水2～3天后再进行正常出菇管理。其他预防措施，请参阅本书《食药用菌病虫害防治》一章。

6. 采收

应在菌盖开伞尚内卷、直径4～6cm、柄长度12cm左右、色泽金黄、菌褶未变色、未喷孢子时采收，用于烘干加工的鲜菇不宜小于3cm。采收时抓紧菌柄轻轻旋转即可，不可用力拔起以免伤及料面。同一个菌袋中菇体大小不一时，也可将同袋中成熟的子实体先拔去，留下较小的子实体继续培养1～2天，待其成熟后采摘，这样可获得更高的产量。采收后及时清理料面，覆盖无纺布，做好保湿保温管理。等料面菌丝再次恢复并长出原基时，掀开覆布，继续出菇。第一潮菇采后20天左右可采收第二潮菇。采完二潮菇的菌袋也可脱袋后用菜园土覆盖，继续管理出菇，此法可增加产量30%左右。一般每个菌袋可采菇3～4潮，每袋产鲜菇300～350g。

从实际生产情况看，黄伞的理想栽培模式为菌袋收获1～2潮菇后，继续覆土栽培出菇。具体做法是将上年出菇（1～2潮）过的菌袋在越冬后，于第二年3月份左右脱袋，然后并列排放在预先挖好的地沟（80～100cm×20cm）内，长度不限。菌袋面上覆厚2cm左右的细土，再一次性浇透水。培养10天左右便可发蕾，1周过后出菇。

（四）代用料栽培

近年来，随着食用菌产业的发展，菌林矛盾越来越突出。松、杉、桉树等作为我国南方林区的主要树种，其木材加工下脚料十分丰富，且价格便宜。此外，自然野生的菌草（如五节芒等）在各地也大量存在。利用松木屑与草粉（五节芒等）替代杂木屑与棉子壳，栽培黄伞有很大的推广应用价值。

在进行代用料栽培黄伞前，先将松、杉木屑晒干，再自然堆积发酵2～3个月，再晒干后方可使用。试验结果表明，黄伞不仅能在处理过的松木屑及菌草粉培养基上正常生长，而且能正常出菇，产量与杂木屑、棉子壳培养基相差不大，其中用39%菌草粉与34%杂木屑为主料的培养基产量较高。生产中可用经过处理的松木屑替代杂木屑，或用菌草粉替代棉子壳栽培黄伞。松木屑是我国南方林区主要树种，以其为原料的木材加工厂很多，废弃资源十分丰富，如利用可以部分解决食用菌原料短缺和林菌矛盾的问题。

图38－24 袋栽黄伞

第六节　黄伞的加工与储藏

一、干制加工工艺

黄伞干品香味浓郁、色泽艳丽，更具吸引力。黄伞在市场销售多以干品为主。

黄伞干制加工根据设施与方法不同可分为晒干、常规热风烘干、热泵干燥和真空冷冻干燥等，采用最多的是热风烘干。

常规热风烘干即通过不同热源加热产生的热气流动，带走鲜菇水分而达到干制的目的。烘干有煤炭（木材）烘干、电热烘干、蒸汽烘干、红外线烘干、微波烘干等多种。常用的设施为烘箱、烘房、烘笼等，目前使用较多的是直线升温式烘房、回火烘房及热风脱水烘干机、蒸汽脱水烘干机、红外线脱水烘干机等。使用煤炭等燃料加热烘干产品常因加工过程中造成含硫量超标，以机械脱水烘干为好。试验发现，黄伞含水量高，表层黏滑，烘干过程不易控制。用蒸汽烘干升温均匀，干菇品质最好，菇体成色较佳，表皮不易皱缩。

热泵干燥是的烘干技术，请参阅本书《食药用菌机械设备》一章。

黄伞干制加工技术多样，干制方法有很大区别。限于篇幅，在此仅介绍常规热风烘干加工工艺。

1. 采收

要掌握适时采收的原则。采摘在八成熟时为好，此时菌盖尚未平展，成半球状，孢子也未喷射，干制后的干菇商品性状较好，成品率高。采收前1天不再喷水。采收后将黄伞小心地摆放到塑料周转筐内，及时转运到晾晒地点。

2. 摊晾

采后的新鲜黄伞要及时摊放在干净的竹筛（帘）上，以减少菇体水分，便于烘干。晾晒地点应选择干燥通风、无扬沙灰尘的场地。黄伞表面较黏，晾晒时菌盖向上，以免表层黏在竹筛（帘）上，待表层凉干后再翻动。摊晾后，按客户要求对鲜菇进行去柄或不去柄处理，同时清除碎菇及木屑等杂物。

3. 烘烤

鲜菇最好在采收当日烘烤。进烘房前，先将鲜菇按大小、厚薄、朵形等分级，然后菇褶朝上顺序摆放在烘架上。

升温的速度与时间控制是干制成败的关键，升温不宜过快和过高。升温过快，导致菇体焦黄变形，内外湿度不均，影响产品品质，必须根据菇的干湿与大小灵活调节烘干速度。烘烤初期温度一般不宜过高，温度的骤然升高，易使菌盖表层细胞破裂和内容物外溢，引起焦化和结壳，造成产品外观和风味的下降，也影响菇体内部水分的继续排出。同时，要控制适宜的装载量。过多不利气体流通，影响水分蒸发，降低烘干质量；过少，降低设备使用效率，提高加工成本。

烘烤时，先将温度升至35℃，保持1～4小时，然后以每小时升高2℃的速度逐级上调温度，直至60℃，再恒温1～2小时后结束烘烤。此时菇盖较硬，且可留下刮痕，翻动有声，表明菇体已干。

烘烤时要注意排湿，应开动排气扇或风口，使排出的湿气能及时充分散发，以提高干燥效率和效果。排湿通风量根据不同的阶段和设施而灵活调节。烘干初期，湿度大，排气量也大，随后菇体渐干，风量可逐渐减小至无。

理想的黄伞干菇为菌盖齐整呈半球形，菌盖完好，变形少，菌盖表面皱缩少而浅，菌柄较直，整丛菇体长度体形较一致，香味浓郁，菌盖金黄色至淡黄色，菌褶谷黄色至淡黄色，色泽均匀一致，碎菇、附着物、虫孔菇较少，无霉变菇及金属、玻璃、毛发、塑料等异物。

4. 回软

回软通常称为均湿，其目的是使干菇吸湿变软，使整批产品的湿度更趋一致。黄伞烘干后的干菇含水量多控制在13%以下，太干易折碎影响储运，太湿易变质影响保存和交易。但烘干后的产品湿度不一。挑出过湿、过大、过小和结块者以及碎屑，然后将所有干菇集中堆放，用薄膜盖密或装箱后，放置1～3天，使所有的干菇含水量趋于一致。

5. 分级、包装

黄伞干菇包装可以分级包装，也可统货包装，具体规格根据销售市场和客户要求而定。一般特级品大小1.5～3.5cm，一级品1.0～5.5cm，二级品大于5.5～7.5cm，其余为等外品。要在专用工作台上进行分检。工作人员应身体健康，规范穿戴，搞好个人卫生。包装车间必须符合卫生洁净要求，且温湿度适宜。

包装材料有塑料袋、硬纸箱和纸盒等。包装

容器要求密封、防虫、防潮。包装用的材料应符合国家卫生要求。为了防止返潮变质，除密封外，还可在包装袋内加吸湿剂、脱氧剂等。包装内应附产品合格证，合格证应标明产品等级、检验员编号、检验日期。包装箱（袋）外应标明产品名称、产品标准号、等级、重（数）量、生产日期、厂名、产地、电话和防潮、防雨、防压标志。

6. 储藏

干菇的储藏效果受干制技术、干菇含水量和产品原料的影响，也受储藏条件和管理水平的影响。储藏时，应在避光、常温、荫凉干燥处密封储存，室内相对湿度应低于65%。储藏库要求清洁卫生，通风性能良好，具密闭功能，且有防鼠设施。注意干菇不能与有毒有害物品和异味物品混合储存。

二、黄伞盐渍、罐藏加工工艺

黄伞盐渍、罐藏加工工艺与技术，请参阅本书《食药用菌保鲜与加工》一章。

参考文献

[1] 黄年来. 中国食用菌百科[M]. 北京：农业出版社，1993.
[2] 卯晓岚. 中国大型真菌[M]. 郑州：河南科学技术出版社，2000.
[3] 应建浙，卯晓岚. 中国药用真菌图谱[M]. 北京：科学出版社，1987.
[4] 上官舟建. 黄柳菇品种选育和栽培加工技术研究[R]. 省科技计划项目技术报告，2008.
[5] 苗长海. 黄伞及其人工驯化[J]. 食用菌，1985(1)：14.
[6] 苏延友，高丽君. 泰山黄伞的驯化培育研究[J]. 山东大学学报，2003，34(3)：393-397.
[7] 上官舟建，林汝楷，孔秋生，等. 黄伞及其栽培技术的研究[J]. 中国食用菌，2003，22(4)：23-25.
[8] SHANGGUAN ZHOU JIAN，WANG MING XIU. Studies on the Biological Characteristics and Cultivation Technique of Fat Pholiota[J]. ACTA EDULIS FUNGI，2003，10(4)：11-15.
[9] 黄清荣，杨立红，刘书涛，等. 黄伞液体培养碳氮源的优化[J]. 吉林农业大学学报. 2003，25(6)：611-614.
[10] 黄志强，张军，郑坤，等. 丹东黄伞 Dh-3 生物学特性及高产栽培技术[J]. 中国林副特产，2004(2)：39-40.
[11] 丁珊，上官舟建，林汝楷. 黄柳菇总黄酮类化合物分析[J]. 福建食用菌，2008，1(1)：66-71.
[12] 张伯斌，上官舟建，林汝楷. 紫晶蘑与黄柳菇遗传分析方法研究[J]. 福建食用菌，2008，1(1)：112-119.
[13] 禹宗本. 黄伞特性及袋栽新技术[J]. 食用菌，2004(1)：18-19.
[14] 赵占国，杨秀兰. 多脂鳞伞的人工栽培[J]. 食用菌，1985(3)：20.
[15] 侯军，杜爱玲，石立三. 黄伞园艺一号生物学特性研究[J]. 食用菌，2006(2)：15-17.
[16] 刘靖宇，孟俊龙，常明昌. 黄伞菌丝的形态特征研究[J]. 山西农业大学学报，2006(2)：174-175.
[17] 姜华，黄清荣，臧丽丽，等. 黄伞菌丝蛋白质营养价值评价[J]. 菌物学报，2005，24(3)：441-445.
[18] 季哲，李玉祥，薛淑玉. 黄伞的交配型形状研究[J]. 菌物学报，2004，23(1)：38-42.
[19] 有田郁夫. 多脂鳞伞生长发育最适温度和临界温度[J]. 日本菌蕈研究所研究报告，1986(18).
[20] 增野和彦. 多脂鳞伞驯化栽培试验[J]. 中国食用菌，1997(5)：21-22.
[21] TAKEMARU T. The genetics of mating system in the mushroom review[J]. Reports of theTottori Mycological Institute，1962(2)：41-45.
[22] PAPAZIAN H P. The incompatibility factors and a related gene in Schizophyllum commune[J]. Genetics，1951(36)：441-459.
[23] RONALD H. Petersen. Mating systems of three New Zealand agarics[J]. New Zealand Journal of Botany，1992(30)：189-197.
[24] 黄清荣，姜华，董洪新，等. 不同培养基对黄伞生长的影响[J]. 烟台教育学院学报，2003，9(3)：53-56.

（上官舟建）

第三十九章　鸡腿蘑

DISANSHIJIUZHANG JITUIMO

摘要：鸡腿蘑是一种具有较高商业价值的食、药兼用食用菌。本章主要介绍概述、鸡腿蘑经济价值、菌种制作，无公害高产优质栽培技术（架层覆土栽培、野外畦栽、防空洞栽培、大田小拱棚栽培等多种栽培模式），以及病虫害防治、采收加工和产品标准等方面内容。

Coprinus comatus

Abstract: *Coprinus comatus* is an edible/medicinal mushroom of high commercial value. This chapter consists of six sections describing in detail various aspects of *C. comatus* including a brief introduction, economic value, spawn production, safe and high yield harvests, superior cultivation models (including shelf cultivation with casing soil, farmland cultivation, cultivation in bunkers, and field cultivation in small arched sheds), pest and disease control, and harvesting, processing and product quality control.

第一节　概　述

一、鸡腿蘑学名及分类地位

鸡腿蘑又名：鸡腿菇、毛头鬼伞。

学名：*Coprinus comatus* (O. F. Müll.) Pers., *Tent. disp. meth. fung.* (Lipsiae): 62(1797)。

属名"*Coprinus*"来自希腊语"kopros"，意思是"粪便"，指其生长的环境，直译为"粪伞属"不雅，因为子实体发生自溶流出黑色汁液，似"鬼"，所以中文翻译成"鬼伞属"。种名加词"*comatus*"意思是"具簇毛的"，指菌盖表面簇生的似毛状、大量密集的鳞片。种名直译为"毛头鬼伞"。

同物异名：*Agaricus comatus* O. F. Müll., *Fl. Danic.* 5: tab. 834(1780); *Agaricus comatus* O. F. Müll., *Fl. Danic.* 5: tab. 834(1780) var. *comatus*; *Agaricus comatus* var. ovatus(Schaeff.)Fr., *Syst. mycol.* (Lundae)1: 307(1821); *Agaricus cylindricus* Sowerby, *Col. fig. Engl. Fung. Mushr.* (London)2: pl. 189(1799); *Agaricus fimetarius* Bolton, *Hist. fung. Halifax*(Huddersfield)1: 44, pl. 44(1788); *Agaricus ovatus* Schaeff., *Fung. Bavar. Palat.* 1: tab. 7(1762); *Coprinus comatus* var. *caprimammillatus* Bogart, *The Genus Coprinus in Washington and Adjacent Western States*[*Ph. D. dissertation*](Seattle): 55(1975); *Coprinus comatus* var. ovatus (Schaeff.) Quél., *Enchir. fung.* (Paris): 121 (1886); *Coprinus ovatus* (Schaeff.) Fr., *Epicr. syst. mycol.* (Upsaliae): 242(1838)。

分类地位：菌物界(Fungi)，担子菌门(Basidiomycota)，伞菌纲(Agaricomycetes)，伞菌亚纲(Agaricomycetidae)，伞菌目(Agaricales)，伞菌科(Agaricaceae)。

鸡腿蘑在我国云南、福建、黑龙江、吉林、河北、山东、山西、内蒙古等全国大部分省区有分布，因形如鸡腿，肉似鸡丝，营养丰富、味道鲜美，备受消费者青睐。由于其栽培原料广，产量高，工艺简单，是近年来人工栽培食用菌中具有较大开发前途的食用菌。2009 年，我国鸡腿蘑总产量已达到 44 万多吨。

二、经济价值

鸡腿蘑是一种具有较高商业价值的食、药兼用的食用菌。据分析，每 100g 鸡腿蘑干品中，含蛋白质 25.4g(其含量是粳米的 3 倍，小麦的 2 倍，猪肉的 2.5 倍，牛肉的 1.2 倍，鱼的 0.5 倍，牛奶的 8 倍)，脂肪 3.3g，总糖 58.8g，纤维素 7.3g；含 20 种氨基酸及多种活性物质；还含有钾 1.66g，钠 34.01mg，钙106.7mg，镁191.47mg，磷634.17mg，以及铁、铜、锌、锰、钼、钴等微量元素。具有益脾胃、助消化、增进食欲的功能。经常食用鸡腿蘑能够改善膳食结构，增加人体免疫力，具有很高的营养价值。鸡腿蘑还是一种有较高价值的药用菌。据《中国药用真菌图鉴》等书记载，鸡腿蘑的热水提取物对小白鼠肉瘤 S-180 和艾氏腹水癌抑制率分别为 100%和 90%；鸡腿蘑还含有治疗糖尿病的有效成分，长期食用对降低血糖浓度、治疗糖尿病有较好疗效。另外经常食用鸡腿蘑有助消化、增进食欲，特别对治疗痔疮效果明显。鸡腿蘑是一种适应能力极强的草腐土生菌，可广泛利用小麦秸秆、玉米秸秆、稻草、棉子壳、木屑以及其他食用菌的废料栽培，且栽培管理容易，产量高，可以列为农业产业化中的新兴项目，适宜农村产业结构调整中推广，具有很高的经济效益和社会效益。

三、产业现状

20 世纪 70 年代西方国家开始人工栽培鸡腿蘑，我国在 80 年代开始人工栽培，并将野生鸡腿蘑驯化成为人工栽培种。近年来种植规模迅猛扩大，已成为我国大宗栽培的食用菌之一。目前，山东、河北、福建等省已经从单一栽培模式，发展为多种栽培模式，可以室内栽培，也可以棚内栽培；可以阳畦栽培，也可以床架栽培；可以熟料栽培，也可以发酵料、半生料栽培。在原料利用上从利用小麦秸秆、玉米秸秆、稻草、棉子壳发展为可以利用各种工、农业下脚料栽培，尤其是可二次利用各种废菌料和废污染料栽培，具有较大的发展潜力。

许多农业和工业生产中的下脚料，如废棉、酒糟、酱渣、甘蔗渣、木糖醛渣、纸浆等都可以利用栽培鸡腿蘑，原料来源广、价格便宜。栽培场地可因地制宜，生产设备可因陋就简，投资小、见效快。鸡腿蘑生产周期短，从接种、发菌、出菇一般需 60～90 天。生物转化率高，如棉子壳栽培鸡腿蘑，1 千克干料可采收鲜菇 1.3～1.5 千克。按照当前市场需求及价格情况推算，生产投入产出比基本是1：2，种植经济效益高。

栽培鸡腿蘑，可以大量利用农业生产中的各种秸秆及酒糟等加工企业废弃物，减少焚烧秸秆、废弃物排放引起的空气及环境污染。出菇后的菌袋废料，可制作生物有机肥料，也可以用作畜禽饲料或生产沼气原料，畜禽粪便可用作培养鸡腿蘑辅料，因此可形成农业生产的良性循环，属于环保型的产业。

四、市场前景

随着当今社会经济的飞速发展，生活水平不断提高，人们对"营养、保健、安全"食品的需求与日俱增。由于鸡腿蘑集营养、保健、食疗于一身，具有高蛋白、低脂肪的优良特性，且色、香、味、形俱佳，因而备受消费者青睐，成为 21 世纪食品产业发展中的一个亮点。产品除在国内广州、北京、上海等大城市畅销外，已发展为各地老百姓餐桌上的美味佳肴。近几年产品开始销往日本、韩国、美国、法国等美欧国家和香港地区，受到国际社会欢迎。鸡腿蘑产品能为食品加工业、药品保健品产业提供原料，有利于我国食品、医疗事业的发展和人们的身体健康，产品具有较高商业潜能，已受到相关产业及政府的重视，具有广阔的市场前景。

第二节　鸡腿蘑的生物学特性

一、形态特征

鸡腿蘑的生长发育分为两个过程：一是菌丝体时期，又称营养阶段；二是子实体时期，又称生殖阶段。

1. 菌丝体

菌丝体是繁殖产生子实体的基础，是鸡腿蘑的主体。菌丝体在培养基中不断生长、繁殖，为子实体吸收、积累、输送营养物质，保证子实体的形成和正常生长。

鸡腿蘑菌丝在母种培养基上，初期呈灰白色、浓密、整齐，随菌丝不断生长，后期呈灰褐色；在原种培养基(麦粒、玉米粒及其他稻壳等)上呈灰白色，有轻微爬壁现象。长时间保藏菌丝会分泌黑色素。

2. 子实体

子实体是鸡腿蘑的繁殖器官，是食用部分。根据其单个形态大小，可分为小型、中型、大型；根据子实体生长数量可分为单生、丛生或群生，单生的多为大型。一个成熟完整的子实体，由菌盖、菌褶、菌柄和菌环 4 部分组成。菌盖幼期呈圆筒形或椭圆形，表面光滑；菇蕾期呈圆柱状，粗 4～6cm，高 10～20cm，菌盖和菌柄连接紧密，菇体乳白色；后期钟形至渐平展，初白色，顶部淡土黄色，光滑，后渐变深色，直至表皮裂开成平伏而反卷的鳞片，有较短刺肉，故民间又称"刺蘑菇"；边缘具细条纹，有时呈粉红色，菌肉白色。菌褶初白色，后变为粉灰色到黑色，并开始弹射孢子。孢子呈粉黑色，光滑，椭圆形，12.5～16μm×7.5～9μm，成熟后期与菌盖边缘一同自溶为墨汁状。菌柄白色，粗达1～2.5cm，上有菌环，柄光滑，圆柱形，中空，近基部渐膨大。菌环白色，膜质，后期可上下移动，易脱落。幼嫩子实体的菌盖、菌肉、菌褶、菌柄均白色，菌盖由圆柱形向钟形伸展时菌褶开始变色，由浅褐色直至黑色，子实体也随之变软变黑，完全丧失食用价值。

二、生活条件

鸡腿蘑属于中偏高温型菌类，是一种适应力极强的草腐生菌、土生菌，具有菌丝不接触泥土不出菇的特性。影响鸡腿蘑生长发育的环境因素有物理因素、化学因素、生物因素。其中最主要的因素有营养、温度、水分、空气、光照、酸碱度(pH)等。

1. 营养

鸡腿蘑生长所需的营养物质，包括组成细胞的各种化学元素，根据其化学组成，确定其所需的营养物质。鸡腿蘑在生活过程中能利用多种物质，根据其性质和在机体中的生理作用不同，可将鸡腿蘑所需要的营养物质分为碳源、氮源、矿质元素、生长因素和水5大要素。

(1)碳源

碳源是鸡腿蘑生长的重要营养源。它不仅是合成糖类(碳水化合物)和氨基酸的原料，也是重要的能量源。鸡腿蘑属于草腐菌，不能进行光合作用，主要依赖营养物质来生长发育。不同发育阶段，营养要求有明显区别。葡萄糖、甘露糖、麦芽糖有利于菌丝生长，而蔗糖、果糖、淀粉、纤维素有利于子实体形成。因此，制作母种培养基多用葡萄糖、双糖、淀粉，而栽培种培养基和栽培料用富含纤维素、半纤维素、木质素的天然原料，如棉子壳、废棉、稻草、麦秸、玉米秸、豆秸等。

(2)氮源

氮源也是鸡腿蘑的重要营养源，是鸡腿蘑合成蛋白质和核酸必不可少的原料。鸡腿蘑所需要的氮素原料包括有机氮和无机氮两类，即蛋白质、蛋白胨、氨基酸、尿素、氨、铵态氮、硝态氮等。培养母种用的氮源有土豆汁、酵母膏、玉米浆和蛋白胨等。鸡腿蘑虽然能利用无机氮，如氨、铵盐、硝酸盐等，但一般生长缓慢，而米糠、麦麸、豆饼粉、棉子饼以及粪便(马、牛、羊、猪、鸡粪)都是廉价的良好氮素营养物质。

(3)无机盐(矿质元素)

无机盐是鸡腿蘑生命活动不可缺少的营养物质，其主要功能是构成菌体的成分，作为辅酶或酶的组成部分或维持酶活性，调节渗透压、氢离子浓度、氧化还原电位等。

鸡腿蘑在生长发育过程中需要的矿质元素有磷、硫、钾、镁、钙、钠、铁、钼、锰、锌、钴等。一般含纤维素的原料中已有足够的含量，除钙、磷，生产时无须补充。

磷是鸡腿蘑生长发育的重要元素之一。磷不仅是核酸和能量代谢中的重要组成，还是碳代谢中必不可少的元素，没有磷，碳和氮不能很好地被利用。因此，在培养料中，无论是棉子壳培养料还是秸秆粪草合成培养料，均需添加0.5%～1.0%的磷肥。

钙也是鸡腿蘑生长发育的重要元素，对促进菌丝体的生长和子实体的形成是十分有益的。同时钙又能平衡钾、镁、钠、硫等元素。当这些元素过多时，钙能与其形成化合物，从而可消除这些元素对菌丝生长的有害作用。此外，钙还能使培养基或土壤凝聚成团粒，提高培养料的透气和蓄水保肥能力。在生产上常用石膏、碳酸钙和熟石灰等作为钙肥。培养基配制时使用这些材料还有中和酸性，稳定培养料酸碱度等作用。

镁的作用是影响代谢过程中酶的活性，对碳的氧化代谢起着重要的调节作用。镁一般由硫酸镁提供，通常培养基中镁的含量为24mg/L就能满足生长，浓度过高反而会抑制菌丝生长。

钾是多种酶的激活剂，对糖代谢有促进作用，还可控制原生质的胶态和细胞膜的透性。各种无机钾盐都可以用作钾源，其中磷酸二氢钾除用作钾源外，还对酸碱度的调节起着重要作用。

(4)微量元素

鸡腿蘑对铁、钴、锰、钼、锌等微量元素需要量甚微，但生理作用很重要。这些微量元素主要来自秸秆等培养料中。

2. 温度

鸡腿蘑在营养生长和生殖生长的不同发育阶段，对温度的要求不一样。孢子萌发的温度范围是15～35℃；菌丝生长的温度范围在3～35℃之间，最适生长温度为24～28℃。温度低，菌丝生长缓慢，呈稀、细、绒毛状。温度高，菌丝生长快，绒毛状气生菌丝发达，基内菌丝变稀。35℃以上菌丝停止生长，且易发生菌丝自溶现象。菌丝的抗寒能力较强，冬季零下10℃时，土中的菌丝依然可以存活；子实体生长发育的温度范围在8～27℃，最适生长温度范围在12～20℃，在此温度范围内，子实体发生最多，产量最高；低于8℃或高于

30℃，子实体生长缓慢或不易形成。在子实体生长温度范围内，温度低时生长缓慢，菇质肥厚，柄粗体白，形状像鸡腿，品质优良，易于储藏保鲜，商品性好；温度偏高超过23℃时子实体生长加快，菌柄伸长，肉质疏松，菌盖变小变薄，品质降低，容易开伞自溶，失去食用价值。

3. 水分和湿度

鸡腿蘑属喜湿性菌类，生长所需的水分主要来自培养料和覆土。菌丝体生长和子实体的分化发育要求的培养料含水量和空气相对湿度不同。培养料适宜的含水量保持在60%～65%，低于55%菌丝生长不良，甚至不易形成子实体；但培养料水分也不能过高，若超过70%时，培养料氧气含量减少，菌丝体生长会受到很大影响。

鸡腿蘑需要覆土才能出菇。覆土层含水量也是鸡腿蘑高产稳产的关键。覆土层的含水量因土质不同应灵活掌握，一般在20%～30%，要求手捏成团，触之即散。覆土层的表面含水量应经常保持在20%～25%，以保证子实体大量生长时对水分的需要。过干时会影响到幼菇的发育，甚至不出菇。

出菇房(棚)的空气相对湿度，也影响菌料和覆土的湿度。在菌袋覆土20天之内，菇棚的空气相对湿度应保持在75%左右；出菇期间，宜提高到85%～95%。若空气相对湿度低于60%，菌盖表面鳞片反卷；但也不宜过高，如超过95%，也会影响子实体表面水分蒸腾和营养物质的转运速度。同时通气差，二氧化碳浓度升高，导致子实体停止生长或发育不正常，易得斑点病、出现品质极差的畸形菇，并且还导致菇房(棚)内各种杂菌和病虫害的滋生。

4. 空气

鸡腿蘑是好气性腐生菌，菌丝体和子实体的呼吸作用需要不断吸收大量的氧气，释放二氧化碳。空气中适宜的氧含量，能明显提高菌丝的生长能力，这是由于适宜的氧含量增加了菌丝吸收分解培养基质的能力。二氧化碳浓度偏高、空气流通不畅的环境明显抑制菌丝体和子实体的正常生长，造成菌丝萎缩，幼菇死亡，还容易引起各种霉菌和病虫害的发生。除了培养料适宜的松紧度、湿度、覆土层的湿度和结构，出菇场所应有良好的通风条件，经常进行通风换气，排除有害气体，补充新鲜空气。出菇期间子实体的呼吸作用旺盛，若通气不良，会造成菇体发育迟缓，菌柄伸长，菌盖变小、变薄、畸形，菌盖上易形成褐色斑点，更应注意加大通风量。

5. 光照

菌丝生长不需要光照，在黑暗条件下菌丝生长旺盛，较强光照对菌丝有抑制作用。子实体阶段需要一定散射光照，菇蕾分化需要300～500 lx的光照度。散射光可使子实体生长肥壮、嫩白、紧实。如果没有散射光线刺激，子实体不分化或生长缓慢，产量降低、品质极差。但强光对子实体也有抑制作用，光线过强或阳光直射时，子实体质地差、干燥，色泽浅黄或死亡。

6. 酸碱度(pH)

菌丝喜欢中性偏碱性环境，pH为5～8.5，最适宜为6.5～7.5。若pH<4或>9，菌丝均不能生长。培养料酸碱度以中性略偏碱性(pH 7～8)为宜。为了满足鸡腿蘑对pH值的要求，防止杂菌生长，在配制培养基时通常在培养料中加入3%～4%的石灰，既可防止杂菌污染，也可中和菌丝的代谢作用产生的有机酸，避免由于培养料酸碱度(pH)下降，影响菌丝生长。

7. 土壤

鸡腿蘑出菇需要土中的微生物和矿物质的刺激，覆土才会出菇。在鸡腿蘑生产中，覆土的物理因素、化学因素不是导致鸡腿蘑分化的原因，但腐殖质对鸡腿蘑的生长有促进作用；土壤中一类革兰阴性菌群是导致鸡腿蘑子实体分化的最终因素。因此，选择富含腐殖质及革兰阴性菌群的覆土材料有利于鸡腿蘑产量和质量的提高。覆土的时间、厚度、土质、方式等不同，对出菇时间、菇体形态、菇的产量等产生一定影响。如采用中性壤土加入煤渣、石灰混合，可使出菇早，菌柄粗壮，品质优良，产量较高；草碳土、煤灰渣和腐植质土等比例混合，具备了营养丰富、结构疏松、持水性强、通气良好的条件，可收到较其他红壤土、黏土更好的效果。此外，覆土要求中性或偏碱性，且覆土要经过消毒灭虫处理。

在生产过程中，应采取各种技术措施，最大限度满足其对各种生态因子的要求，促进健康发育，取得更高的效益。

第三节　鸡腿蘑的菌种繁育

一、菌种质量的重要性

菌种质量直接影响鸡腿蘑产品的质量和产量，必须在选用优良品系的基础上，制备标准化、纯度高的优质菌种，才能获得商品性能好的无公害产品。优良的菌种至少应包含3个方面：一是菌种本身的种性，如高产、优质、抗逆性强等；二是菌种的纯度高、无混杂；三是无老化现象。菌种质量一般包括两个方面：一是菌种自身的生物学特性，这是菌种的内因与基础，栽培地的生产条件必须首先要适应它的“种性”。比如，一个菌种在南方某地选育驯化成功，并表现良好，若将其引种至北方地区，不一定有好的生产表现。二是菌种的制作质量。一个原本优良的菌种，在配套设备不齐全、操作技术不规范等条件下，在逐级转接扩大生产过程中，或者感染病毒、病菌，或老化、退化，到栽培时势必会出现产量低、品质差、抗性差、发病率高，甚至不出菇等后果。

优良的菌株应具备商品菇体肥大、柄短粗壮、鳞片极少等特点。目前国内鸡腿蘑菌株繁多，生产者在引进时一定要谨慎。在引种时要依据销售方式来选择对路菌株。如产品用于加工制作罐头，可选用丛生型。还要注意从不同地区引进的适应性，要先进行出菇试验，测定其产量、质量、抗逆性，确定是高产、抗逆后再大量生产或推广。

好的菌种应具备以下特征：菌丝浅灰白色，浓密，棉絮状。转管后菌丝生长旺盛，边缘整齐，基内菌丝分泌色素，使斜面培养基颜色加深，部分呈黑褐色，菌丝生长速度较快，在适温25℃条件下，10天左右菌丝即可长满斜面。菌丝随培养时间延长而变灰色。

二、母种制作工艺流程

母种制作工艺流程：配料→制培养基→分装试管→塞棉塞、包扎→灭菌→接种→培养→母种。

1. 培养剂配方

适合鸡腿蘑菌丝生长的母种培养基种类较多，列举几例如下。

①马铃薯琼脂培养基(PDA)：土豆200g，葡萄糖20g，琼脂20～25g，水1 000ml，pH自然。

②加富马铃薯琼脂培养基：土豆200g，葡萄糖20g，磷酸二氢钾3g，硫酸镁1.5g，麦麸20g，琼脂20～25g，水1 000ml，pH自然。

③麦麸培养基：麦麸40g，蛋白胨5g，葡萄糖20g，琼脂20g，水1 000ml，麦麸煮沸20分钟过滤取其汁。

2. 培养基制作方法

具体制作方法，请参阅本书《食药用菌制种技术》一章。

3. 接种

在接种箱或接种室进行接种。接种前对接种箱或接种室进行杀菌消毒处理。转接试管时，将试管口置火焰旁1cm或火焰上方3cm的无菌区内进行操作。棉塞拔出后与塞进前，试管口均要通过火焰灭菌。一般是将试管口在火焰上快速旋转1～2圈。接种操作时，左手夹住试管，右手持接种工具，经火焰灼烧后，然后拔下棉塞，试管口迅速通过火焰，置火焰无菌区内，用接种工具从试管内挑取少量菌块，迅速放入待接试管内，然后试管口和棉塞通过火焰灭菌、塞好。接种用具再灼烧灭菌，重复进行，直到结束。

4. 培养

接完种的试管，及时放入培养箱、培养室或干净的房间或箱柜中培养，保持24～28℃，8天左右菌丝即可长满斜面。培养好的母种要及时用于制作原种。未及时使用的母种要在4℃范围低温、避光保藏。母种培养过程中要经常检查，发现污染及时淘汰。如果一批菌种污染率超过30%，最好全部淘汰，重新制作。

三、原种制作技术规程

原种制作工艺流程：配料→拌料→装料(打孔、擦洗、封口)→灭菌→接种→培养→原种。

1. 培养基配方

介绍3组常用配方：

①棉子壳为主料的培养基：棉子壳75千克，麦麸25千克，石膏1千克，磷肥1千克，石灰1千克。料∶水=1∶1.3～1∶1.5。

②麦粒培养基：麦粒100千克，石膏1千克，石灰1千克。

③棉子壳、麦粒混合培养基：棉子壳50千克，

麦粒 50 千克，石膏1 千克，石灰1 千克。

2. 培养基制作

(1)棉子壳为主料的培养基制作步骤

配料：按配比把原料秤好、混合，加入水，在盆或水泥地上拌匀，有条件的用拌料机拌匀。

装料：调好含水量的培养基装入瓶时，边装边抖动，或装一部分料时用手稍压，一直装到瓶肩，用手稍压培养基表面，取端部尖、直径为 1.5cm 的木棍，在培养基中央钻一个洞，直到瓶底，用湿布擦瓶口内外，然后用聚丙烯塑料袋封口。

拌料要均匀，拌好的料在夏季不要过夜。装料松紧合适，上下松紧度均匀，表面稍实且平。培养基含水过多或过少，菌丝生长不良。瓶外，尤其是瓶口外有培养基时极易生杂菌。封口有不同方法，菌种瓶瓶口小，先用棉塞塞住，再用报纸包扎，罐头瓶用聚丙烯塑料封口，用绳子捆紧。

灭菌：装锅时瓶间留有空隙，也不能太满。数量少，一般用手提高压蒸汽灭菌锅。数量大，用中、大型高压蒸汽灭菌锅或常压蒸汽灭菌锅。用高压锅灭菌，压力达到 130kPa，维持 2～2.5 小时。用常压蒸汽灭菌锅，温度达到 100℃以上，维持8～10 小时，或更长。注意常压灭菌锅升温要快，停止加温后，再闷 8 小时以上，锅内温度降到 60℃以下时，取出培养基，运至接种室。运输途中要遮盖，防风吹、落尘。

(2)麦粒培养基制作

工艺流程：筛选麦粒→浸泡→煮熟→滤水晾干→拌石膏→分装、擦瓶、封口→灭菌。

筛选麦粒：选用颗粒饱满、无发霉、无虫蛀、无杂质的隔年陈小麦，剔出破粒、杂质。

煮麦粒：先将水烧沸后，加入泡胀的麦粒，烧沸后继续烧 10～15 分钟。要求中间无白心，使麦粒胀而不破最好。

滤水晾干：煮好的麦粒用筛子等滤去水，立即摊开在干净的水泥地面上，晾干表面水分，检去皮破裂的麦粒，即为熟麦粒。

加石膏、石灰：将秤好的石膏粉、石灰粉加入，拌匀，用以调节湿度和 pH 值，还可以起到润滑透气、减少破皮黏结等作用，调匀后装瓶。

装瓶：在装瓶时，先要在瓶底装 1cm 左右发酵处理过的棉子壳培养料，然后装麦粒至瓶肩，稍压实；棉子壳培养料的水分严格控制在 63%左右。注意：麦粒要当天装瓶，当天灭菌，不能留到第二天，避免麦粒变质酸化，影响质量；麦粒装至瓶子的 2/3 左右。瓶内外擦干净。封口同制棉子壳培养基。

灭菌：同制棉子壳培养基。

(3)混合培养基制作

棉子壳与水按 1∶1.2 的比例配置，将棉子壳加水拌匀。麦粒泡透、煮熟、晾干至不黏手，按配方加入石膏与拌匀的棉子壳料混匀。装瓶、灭菌同制棉子壳培养基。

3. 接种、培养

接种：按 1 支母种接 5～8 瓶原种，在接种箱或接种室内接种，无菌操作，方法同接母种。最好 2 人操作，解绳、取种、接种、封口密切配合，菌种块放入洞口与培养基平。注意掀开的封口不要过大，以防料面上落入杂菌。

培养：少量原种在培养箱培养。原种数量多时，接种后将菌种瓶搬入清洁、通风的培养室培养，培养室内避光、干燥。注意：培养箱或培养室的温度要调节至 20～28℃，使母种块尽快萌发，保证成功率。培养期间经常检查，及时拣出染有杂菌的原种。并注意防止高温高湿的影响，使菌丝能顺利地发到瓶底。

四、栽培种制作技术

鸡腿蘑栽培种制作过程：配料→拌料→发酵→装料→灭菌→接种→培养→检验→成品。

1. 培养基配方

配方 1：棉子壳 90%，麦麸 6%，石膏 1%，石灰粉 3%，料水比 1∶1.3～1∶1.4 。

配方 2：食用菌废料 40%，棉子壳 45%，麦麸 10%，石膏 1%，石灰粉 3%，磷肥 1%，料水比 1∶1.3～1∶1.4 。

配方 3：玉米芯 83%，麦麸 8%，棉子饼 4%，石膏 1%，磷肥 1%，石灰 3%，料水比1∶1.3～1∶1.4。

配方 4：酒糟 50%，棉子壳 30%，麦麸 8%，石灰 8%，石膏 2%，碳酸氢铵 1%，过磷酸钙 1%。

配制时按配方比例准确秤量，搅拌均匀。可溶性的配料加入水中溶解，浇洒在原料上，搅拌均匀。配料中加入适量的水后均匀搅拌，加水量以手紧握培养料，指缝有水滴 2～3 滴为宜。将培养料充分拌匀后堆成半圆形或长条形，用薄膜及草帘覆盖，升温至 60～70℃ 时进行翻堆，以后间隔 24 小时翻堆一次。翻堆时将外层培养料翻入到堆内，堆内培养料翻入到外层，重复翻堆 3 次。最后一次翻料要将水分一次性补齐，用石灰水调 pH 至8～9，含水量掌握在 65%左右。完毕后，将发酵好的培养料进行装袋。

2. 灭菌

装好的袋子要及时灭菌，可采用高压蒸汽灭

菌或采用常压蒸汽灭菌。不论采取哪种灭菌方法，都要注意：料袋排放不能太紧密，袋与袋间留有一定孔隙；灭菌锅内的冷空气一定要排尽，防止锅内有死角，造成灭菌不彻底；当灭菌时间达到后，采取自然降温，不要急于开锅，锅内温度降至40℃以下时，再开锅取袋；搬运料袋时要轻拿轻放，防止料袋破损；盛料袋的容器要干净，最好经过杀菌消毒处理，减少杂菌污染概率。

3. 接种培养、检验

一瓶原种扩接栽培种30～40袋（两头接种），用麦粒原种扩接栽培种的数量还要大。接种在接种箱、接种室内。无菌操作与原种接种相似。最好3～4人配合，速度快，接种室利用率高，污染率低。

培养室设层架，每层架摆放3～5层菌种，但要方便检查，培养室要干净，事先灭菌，管理的重点仍是适宜的温度。由于菌种量大，产生CO_2多，应适当排气或定时开窗，但应避免大风直接吹入培养室。

培养期间经常定期检测菌丝生长情况，有污染的菌袋及时挑出，菌丝发满前进行一次抽样检验。

第四节 鸡腿蘑的栽培技术

一、现行栽培模式

鸡腿蘑的栽培模式归纳起来有两大类：即袋式栽培模式和畦式栽培模式。

袋式栽培模式可分为3种：菌袋直接埋土栽培、袋料压块覆土栽培、菌袋脱袋覆土栽培。这3种模式较为省力、简便，操作管理容易。

畦式栽培模式分为室内床架畦式栽培模式和野外拱棚畦式栽培模式。

二、袋栽技术

1. 栽培季节

鸡腿蘑属偏中高温型菇类。根据菌丝生长最适温度在25℃±2℃，子实体生长的适温在9℃以上、20℃以下的生长习性，栽培季节通常安排在春秋两季，以秋栽最为普遍，产量和品质较理想。北方省份如果利用大棚、半地下式或地下式菇棚、拱棚、蚕棚等设施，可春秋两季栽培。春栽可在2～6月份，秋栽宜在8～12月份出菇，也可利用山洞、树林等进行反季节栽培。

2. 培养基配方

生产上常用的配方有以下13种，栽培者可根据当地资源，因地制宜选择取用。

配方1：棉子壳96%，尿素0.5%，磷肥1.5%，石灰2%。

配方2：玉米芯90%（粉碎成黄豆粒大），麦麸5%，尿素0.5%，磷肥1.5%，石灰3%。

配方3：稻草、玉米秸各40%，牛粪15%，尿素0.5%，磷肥1.5%，石灰3%。

配方4：菇类菌糠50%，棉子壳38%，玉米粉7.5%，尿素0.5%，石灰4%。

配方5：稻草（麦草、玉米秸、芦苇、玉米芯）86%，麦麸10%（或玉米面10%），尿素0.5%，石灰2%，磷肥1.5%。

配方6：玉米秆45%，豆秸40%，麦麸10%，石灰2%，石膏2%，过磷酸钙1%。

配方7：棉子壳70%，稻草15%，米糠10%，石膏1%，过磷酸钙2%，石灰2%。

配方8：阔叶树木屑60%，棉子壳30%，麦麸8%，磷肥1%，糖1%。

配方9：玉米芯（粉碎）83%，草木灰5%，麦麸3%，棉饼3%，石灰3.3%，食盐1%，磷肥1%，尿素0.2%，食用菌专用肥0.5%。

配方10：棉子壳18%，玉米芯28%，食用菌废料35%，麦麸10%，饼肥3%，石膏粉1.5%，复合肥1.5%，生石灰3%。

配方11：玉米芯38%，棉子壳37%，麦麸10%，玉米粉10%，糖1%，沃土1%，生石灰3%。

配方12：酒糟中含有少量对菌丝生长有害的乙醇、活性酵母菌等，酸度较大，pH在3～5之间。选用新鲜酒糟作主料，参考配方为：

A. 酒糟90%，石灰8%，石膏1%，碳酸氢铵1%；

B. 酒糟39%，玉米芯39%，米糠10%，石灰8%，石膏2%，过磷酸钙1%，碳酸氢铵1%；

C. 酒糟50%，棉子壳30%，麦麸8%，石灰8%，石膏2%，过磷酸钙1%，碳酸氢铵1%。

配方13：木糖醇渣配方：木糖醇渣40%，玉米芯40%（或玉米秸、麦秸），棉子饼8.5%（或麦麸8.5%），石灰10%，磷酸二氢钾0.3%，硫酸镁0.2%，尿素1%。每100m^2场地用料约2 000千克。

以上配方最好再加入适量阿姆斯增温发酵剂，以提高发酵质量，增强本身抗病能力。培养基含水量为60%～65%，pH为6.5～7.5。

3. 堆料发酵

根据各地资源条件合理选择生产配方后，经过对原料的前处理，后将各配料充分混合、拌匀，使含水量达到65%。建成宽约1.5m、高0.8～1m、长度不限的料堆，堆上打两排通气孔，低温期加盖塑料薄膜、草帘保温。当料温升至65℃并维持12小时后进行第一次翻堆，翻前向堆表面喷少量水。翻堆时尽量做到上下、四周翻里、里翻外。当料温再次升至60℃并维持12小时后进行第二次翻堆，如此至少翻堆3次后，将料摊开。待料温降至28℃以下时装袋，接种。

配料时最好采用拌料机搅拌，一来提高生产效率，二来做到了“三均匀”，即主料与辅料混合均匀，干湿搅拌均匀，酸碱度均匀。发酵时间要掌握好，发酵阶段如果延长，会导致嗜热性微生物生长过盛，使料内营养物质及水分严重消耗，反而影响鸡腿蘑产量。

4. 装料接种

培养料发酵完毕，转入装料接种工序。选用长45cm×宽26cm×厚0.01cm的低压聚乙烯袋。采用4层菌种3层料的环形方法接种，接种量通常为培养料干重的10%～15%。4层菌种间隔要一致，菌种尽量贴近袋壁，袋两头用绳扎紧，在菌种层用针尖将袋壁扎小孔，以利通气。

装料接种时，操作场所应保持干净，用浓石灰水喷洒消毒。菌种袋外表面和盛菌种的容器及手均用800倍的高锰酸钾药液冲洗干净。菌种应保证质量，菌种袋口部分应刮掉一层后使用。把菌种块掰成大拇指头大小，避免揉搓成碎屑，随用随掰，不可久放。用针扎孔时，孔眼一定要小，以防虫害。

5. 发菌培养

接好种的菌袋要及时集中搬进室内或大棚，高温季节按井字形纵横交叉排放。温度以20～25℃为宜。如料温超过30℃，打开门窗，加强通风，同时将菌袋单行排放，袋间留空隙；如料温低于15℃，应采取保温措施。菌袋在培养期间要倒袋检查2～3次，即每隔8～10天倒袋一次。倒袋时做到上下、里外、侧向等相互对调，目的是促进发菌平衡。倒袋时认真检查发菌情况，发现污染应及时处理，用2%石灰水、0.2%克霉灵涂抹或注射液体。污染严重的菌袋，要彻底清除掉。菌袋培养期间注意通风换气，可结合调节温度进行通风换气。气温高时，发菌棚室要加强通风和降温。袋堆大而密时多通风，料温高时勤通风，如掀开菇棚边缘覆盖物，打开房舍所有门窗使空气对流，从而加大空气流量，降低温度，提高发菌成品率。

菌袋培养期间还需注意防湿避光。菌丝在袋内所需要的水分，不需要外界供给，而是靠培养基内含有的水分提供。发菌棚空气湿度在70%以下为好。如果场地潮湿，空气湿度高，会引起杂菌滋生，导致菌袋污染。发菌棚舍宜干而不宜湿。要防止雨水淋浇菌袋或场地积水潮湿。同时只给散射光即可。菌丝生长阶段不需要光照，在黑暗条件下比强光照射下生长速度快40%。在菌丝生长阶段，发菌棚舍要尽量避免光照，菌丝生长才会迅速、整齐、均匀、粗壮。较强的光照对菌丝有抑制作用。按上述管理方法，20～30天菌丝即可长满菌袋。

装好的菌袋10月份以前也可在树荫下发菌。10月份以后气候多变，选背风向阳的空地进行室外发菌。秋季排3层菌袋，冬季排4～5层，袋间、行间留空隙，最后在菌垛上盖10～20cm的麦秸或稻草，再盖上塑料布，四周留几个通风口，菌袋中插温度表，及时掌握温度变化。料温控制在20～25℃，高于30℃易造成烧菌，此时及时揭塑料布并调节通风口来控制温度。冬季装袋可借用发酵时的温度，随装袋随排垛，随盖麦秸（稻草）和塑料布，以利保温，约30天便可发满菌。

6. 覆土方法

鸡腿菇是一种土生菌，不覆土不会出菇。覆土是鸡腿蘑栽培中的一项极重要的工作。覆土材料配制的好坏和消毒处理是否彻底，直接影响到鸡腿蘑的产量和质量。

(1)覆土作用

鸡腿蘑通过覆土能提高表层培养料湿度，可改变培养料中氧气和二氧化碳的比例，改变菌丝体的营养环境，营造培养料表层菌丝体发育成子实体的环境条件，使菌丝体从营养生长转入生殖生长阶段，保护和延长菌丝的产菇寿命；防止培养料的水分蒸发，及时供给合适的湿度，避免菌丝直接遇水萎缩，或料面裸露而失水干枯；覆土中包含的水分和养分可供给鸡腿蘑子实体生长对水分的需要和增强出菇后劲；覆土层的重力压迫和刺激，使菌丝产生收缩、扭结、增粗等生理性自我保护反应、菌丝形态渐变，促进子实体的顺利发生；覆土层能稳定菌床的酸碱度，菌丝代谢产物会使菌床

pH值下降，覆土层pH值经常调节，可保持菌床酸碱度的稳定，同时能控制杂菌对菌床菌丝的直接危害；覆土具有固定作用，可支撑子实体正常发育，使子实体肥壮洁白、紧实、细嫩，且不易破碎。

(2)覆土选择

覆土材料的结构和理化性质应符合鸡腿蘑生长的需要。覆土材料应选用具有良好通气性的肥沃砂质壤土，不能用保水性、透气性差的砂土和胶泥土等作覆土用，也可掺入15%的过筛煤渣混拌后作为覆土材料。基本要求是：土粒大小1～1.5cm，结构疏松、孔隙度高、通气性能良好，有一定的团粒结构，有较大的持水力的黏壤土、菜园土、火烧土、河泥、塘泥等以及人工配制的各种发酵土、复合营养土，且应无杂质、石块，不含病原物和害虫。

(3)配制并消毒

按覆盖100m^{2}计算，黏壤土或菜园土3 000千克，火烧土1 000千克，干牛粪粉200千克，磷肥20千克，石灰50千克，pH为7～8，水适量，以手握成团，落地松散为宜；或用60%菜园土，30%河泥，7%杂木屑，2%石灰粉，1%草木灰，水适量。

覆土材料是病虫入侵菌床的重要媒介。覆土材料消毒处理的目的是最大限度的降低覆土材料中的常见病原菌及害虫的含量，如“鸡爪菇”、霉菌、线虫、螨类等，从而减轻鸡腿蘑栽培中的病虫害。覆土材料的消毒处理分物理方法和化学方法。物理法包括蒸汽消毒、太阳能消毒、发酵等。蒸汽消毒处理方法：将配制好的覆土材料置于密闭的环境内，通入75℃以上热蒸气，维持3～4小时，然后闷堆24小时，摊开晾去表面水分即可使用。蒸汽消毒处理充分改善土壤的理化结构，满足鸡腿蘑子实体生长对土层条件的需求，使覆土层具有较好的持水力和透气性。

(4)覆土

菌袋覆土分为脱袋覆土和不脱袋覆土。

①脱袋覆土：菌丝长满菌袋后，经过几天的后熟期，即可脱去塑料袋，进行覆土。鸡腿蘑菌丝体抗老化能力强，可较长时间存放。可根据栽培及市场需求来决定脱袋及覆土时间。覆土前先将畦面浇透水，挖深10cm、宽1.5m的畦，菌袋脱去外袋，采用立埋(菌棒过长的从中间断开)或卧埋的方法排放在畦床上，菌棒之间留3～5cm的间隙，填入覆土和栽培料(4∶1)。之后，用大水漫灌一次，再在其上均匀覆上一层3～4cm事先处理过的肥土，调水、覆膜。若是在大田或树下栽培，可采用小拱形架、支撑薄膜和遮阳网。

在覆土时应注意覆土的质量、厚度。它对鸡腿蘑的生长有很大影响。覆土层太厚，会影响通气性，菌丝长的时间过长，出菇慢；覆土太薄，产量又低。覆土厚度以2～3cm为宜。若想产出大的鸡腿蘑，可覆土4～5cm，厚度5cm左右时长出的菇个体肥大，柄粗短，产量极高，且出菇较快。覆土时采用二次覆土方法较好。首先在料面上覆一层2cm厚的土，5～7天后菌丝长透后，再在原有的土层上再覆1～2cm土，两次覆土的总厚度达3～4cm。相比较而言，一次覆土出菇快，出菇偏小，产量低；二次覆土出菇稍慢些，但产量高。

②不脱袋直接覆土：将菌袋连同塑料膜横向从中截断，截面放置在预先处理好的地面上，袋与袋紧密排列，去掉扎口绳，将预留的塑料袋口拉直，然后在菌袋上端覆土2～3cm。刚覆土的菌袋可直接盖一层地膜，保温保湿，便于出菇。或将发好的菌袋上床或紧密排列在地面上，将上端扎口绳去掉，拉直袋口，然后覆土2～3cm，盖膜保温保湿，养菌出菇。

优点：减少了挖畦、脱袋的繁琐工序，解决了覆土量大的难题，省工、省时，且节省土地。可利用多种场地，如庭院空地、房顶平台、各种床架及畦床等。出菇时间安排灵活，菌袋污染少，且易及时清除污染袋。

缺点：生物转化率低，二三潮菇不易形成。

改进措施：加强管理。覆土后，保持好温湿度，勿使土层干燥；或出完第一潮菇后，去掉覆土和袋膜直接埋土出菇。

7. 出菇管理技术

菌袋经过覆土后，进入出菇阶段。管理上主要掌握以下几项关键技术：

(1)控制适温

覆土后，保持温度10～25℃。气温低，加强保温措施，必要时利用加温设施进行加温；气温高，要降温，可向地面走道、墙壁、菇房(棚)四周喷水降温。当菌丝长出覆土层时，适当降温，尽量创造温差，以利菌丝扭结出菇。整个出菇期温度保持在适宜的范围内，宁低勿高。

(2)科学喷水

覆土后，加强对湿度的管理，使土层湿润，保持空间相对湿度75%以上。当菌丝长出覆土层时，降低湿度，及时喷“结菇水”，以利原基形成。喷水不要太急，宜在早晚凉爽时喷。气温高时，每天喷水1～2次，要掌握“菇蕾禁喷(子菇体上)，空间勤喷；幼菇(菌柄分化)酌喷，保持湿润；成菇(完全分化)轻喷”的科学用水方法。采收后一次性补足水分(漫灌)，之后补盖新配制的营养土，每天向畦面喷“保持水”，使土层湿润，也可覆膜或支拱棚以保湿。

(3)通风增氧

覆土后，适当通风，保持空气新鲜，土层湿润。当菌丝长出覆土层时，要加强通风。覆盖薄膜的，注意将薄膜两端揭开通小风，刺激菌丝体扭结现蕾。每次喷水都要结合通风。适宜的 CO_2 浓度能使子实体生长快而鲜嫩，菇型好。

(4)适宜的光照

光照能刺激菇蕾形成，但光照过强、湿度偏低易引起鳞片变色。出菇期间应做好遮光管理，使其处在弱光下生长，避免强光照。大田栽培的4月至5月份应加盖双层遮阳网；若在树林或果树下，加一层遮荫网，避免直射光照晒。

温度、湿度、通风、光照是关系鸡腿蘑产量与质量的主要因素，几种因素互相矛盾又相辅相成。通风降温不忘保持湿度，保温保湿不忘通风。根据不同季节，进行科学管理。菇蕾形成后，经精心管理，经7～10天，子实体达到八成熟，菌环稍有松动，即可采收。采收后应及时清理畦面，勿留残菇和老化菌根，并一次性补足水分，补盖新配制的营养土，保湿、养菌，直到下潮菇出现。一般可采4～5潮菇，生物效率可达100%以上。

8. 常见疑难题的处理

(1)发菌期常见问题的原因及措施

播种后菌丝不萌发，不吃料，生长不良，甚至萎缩死亡。原因：菌种老化、退化，质量欠佳，受高温或高湿伤害，携带病虫原菌，温型不适；培养料配制不当，碳氮比失调导致氮肥过量，原料分解不足或培养料酸化，或产生大量氨气等有害气体，菌种难以定植生长并受到伤害。防止措施：合理调制培养料，严格发酵工艺，含氮化肥要在第一次翻堆时加入，播种前排除废气，并检查酸碱度；若过酸过碱，第三次翻堆时，可采用摊晾或加水的办法进行调节。棚(料)温低于8℃以下，菌种也很难生长；由于受螨、菇蝇等害虫的危害，虫口密度较大，会使菌丝断裂、萎缩、死亡。要严格执行发酵工艺。防止措施：对覆土进行消毒。

(2)覆土后不出菇

①菌丝徒长：菌床覆土后，绒毛状菌丝生长旺盛，常冒出土面，形成一种致密、不透水的白色“菌被”，消耗养分，阻碍正常出菇。

主要原因有：培养料配制不当，氮素过量遇高温、高湿环境，通风不良。

②菌丝不上土：覆土后5～10天菌丝不上土，呈灰白色、细弱，严重者上面见不到菌丝。

主要原因：用水过急或过大、水渗入培养料，造成料层与土层菌丝脱节，产生“夹层”；25℃以上高温连续喷水，通风又不及时，使菌丝较长时间处于高温缺氧状态，使菌丝衰退、变黄、失去活力；菇房保温性能差或床面土层受风过量，土层偏干；料面或土层喷药过多或过浓，产生药害；病虫害侵染与破坏；土层酸碱度差异大。

(3)出菇期出现畸形菇

造成畸形菇的原因，多是昼夜温差过大，通风不良，湿度不稳定。处理方法是加强通风管理，湿度稳定在75%以上，通过保温或降温，缩小昼夜温差。

(4)转潮慢

原因多是菌袋或畦床内水分不足，或通气不良。采菇后，及时补足水分，并加强通风。

(5)黄菇、小菇萎缩、死菇

大多因通风不良，湿度过大，料内温度过高，营养不良，发生病虫害，采菇时土壤松动伤害幼菇。处理方法：加强通风，降低湿度、温度；一潮菇采后，随补水加入适量食用菌专用营养素；仔细观察，及时发现病虫害，及时按病虫害防治方法防治；采菇时注意观察，尽量不要伤及幼菇。

三、层架覆土栽培技术

1. 原辅料准备

栽培主料：稻草(切段)、干牛粪粉。其他辅料：鸡粪、尿素、过磷酸钙、石膏粉、碳酸钙等。

2. 栽培季节选择

气温稳定在10℃以上至23℃下均可栽培。各地可根据气温选择栽培时间。福建通常安排在3～6月份或10～12月份栽培。

3. 场所设置

菇房除新建外，应充分利用空闲房屋进行改造，结构形式不拘。菇房要有散射光，能保温保湿，通风换气方便。采用层架式栽培的床架一般宽约1m，长2～5m，底层距地面20～35cm，顶层离顶0.8～1m，每条通道各开上、下窗及拔风筒。层间距60～70cm，床架的层次以5～6层为宜，菌床四周最好不要靠墙，并保持走道宽0.7m左右。要求床面平整，最好用塑料膜垫底，也可用芦帘等铺垫。室内栽培鸡腿蘑优点：有利于温度控制，减少虫害、杂菌危害，生产稳定、产量高。

4. 栽培技术要点

培养料配方：$100m^2$ 栽培面积，干稻草1 000千克，干牛粪 200 千克，干鸡粪 100 千克，饼粉 30 千克，尿素 10 千克，过磷酸钙 30 千克，石膏粉 50 千克，轻质碳酸钙 40 千克。

前发酵、后发酵：和双孢蘑菇栽培基本一样。每平方米投发酵料 10～40 千克。

播种：二次发酵结束，抖松培养料、撒播，压平培养料。定植后，通风、保湿。一般经 15～20 天菌丝发透，即可覆土。

覆土：覆土材料在覆土之前均应晒干，并用 0.3%石灰粉、喷水拌匀，使之无白心，覆土厚度为 3cm。

出菇管理：覆土后应通风、保湿。发菌 20 天左右出现原基。鸡腿蘑栽培无论在菌丝体和子实体发育阶段需要空气量较大，时时注意通风换气，又要防止风直吹床面，引起菇体泛红，影响品质。

四、野外畦床栽培技术

自然条件下，鸡腿蘑只能春秋两季生产。但只要掌握它的生物学特性，满足其生长所需条件，夏季照样可以生产。如采取林间栽培鸡腿蘑模式，林间间作具有光线适宜、空气凉爽湿润、氧气充足、杂菌污染少、不占用耕地、不与树林争夺空间，土地利用率高等。搭建简易小拱棚可因地制宜、因陋就简，投资少、成本低、见效快。拱棚上又是林地极好的通风带，利于树木通风，拱棚内食用菌与树木达到互补互促的有机组合，林地将地面覆盖，保湿降温，保证了食用菌子实体在滋润的小环境中生长发育，保证食用菌子实体的商品质量。并且秋季可提前半月出菇，春季栽培可延长生长周期，可获得更高的经济效益。林地自然条件下，出菇时间可安排在早秋至初冬、春季到初夏。

1. 建造菌畦

挖深 0.2m、宽 1.4m、长 20m 以内的菌畦，菌畦间距 0.8m 以上，每隔 6 畦留 1 条 4～6m 宽的作业道，以利车辆进出。

2. 搭设遮阳棚

畦床上方 2.5～3m 处搭遮阳棚（用秸秆和遮阳网均可），避免透光。遮阳棚边缘超过畦床周边 2m 为宜，使 9～16 时的阳光不能直射菌畦。春季在棚四周种植长蔓蔬菜或花卉，如葫芦瓜、佛手瓜、丝瓜、南瓜等。遮阳棚四周最好用防虫网封闭，以防虫类进入。

3. 增湿装置

在遮阳棚四周上方架设喷水管道及单向喷雾头，在遮阳棚内每隔 4～5m 架设一排双喷头管道，以便向遮阳棚内的空间喷水、增湿。四周管道应在每边设一阀门，以备有风时关闭下风处的喷头。

4. 畦床铺料接种

将发酵料均匀地铺在预先准备好的宽 1.4m、长 20m 以内的畦床上。床底撒些石灰和草木灰，分 2 层播种，先铺 5cm 厚料，沿畦表面播一层菌种（中间少，周围多）。然后再铺 10cm 厚的料，再在畦表面播一层菌种，压平，用塑料地膜覆盖保温保湿，促进菌种萌发吃料。一般畦内料温保持在 20～25℃。如高于 30℃，及时揭膜散温，但应注意不使料面干燥。如畦内料过湿，应揭膜散湿。待菌丝布满料面后，每天掀膜增氧促进菌丝吃料，每天掀动薄膜 1～2 次，通风换气，使畦面空气清新。约 10 天后可将薄膜支起。正常情况下 15～20 天即发满菌。发菌期如出现杂菌，应及时清除、处理，防止蔓延。

5. 覆土出菇

用肥沃的菜园土或蔬菜大棚耕作层的肥土。每1 000千克土中加入发酵的牛粪、鸡粪（或食用菌专用肥）各 200 千克，尿素 10 千克。充分拌匀后，表面喷施有机杀虫剂，然后覆膜。5～7 天后翻开土堆，加入 30 千克石灰粉，再拌匀覆膜，7 天后即可使用。按每 $100m^2$ 畦床用 $2m^3$ 土的用量覆土。

覆土后要保持覆土层湿润，适量通气，温度控制在 20～25℃。一般覆土后 10 天左右菌丝可长到覆土层表面。此时要经常喷水，提高小环境内空气湿度，使小环境内空气湿度保持在 85%～90%，同时调节温度至 16～22℃。每天要通风换气，覆土后 20 天左右畦床表面形成原基，管理上以增湿、通风为主，特别是子实体生长阶段，要常喷水，常换气，保持较高的湿度和充足的氧气，以满足其生长的需要。如温度超过 28℃，降温增湿，换气时注意防止风直接吹入床面以免影响菇的色泽和质量。经过 10 天左右，子实体可迅速长大。

6. 注意事项

遮阳棚下的空气湿度不宜过高，中间部位最高 95%，周边在 75%左右。喷水保湿须多次、少量，尽量不使子实体上积聚水珠。覆土厚度以 2～3cm 为宜，若想产出大个头的菇，可覆到 4～5cm。

如采用袋栽，也可进行野外畦床栽培，培养料的发酵处理、装袋、发菌按常规方法。适当延长发菌时间，一般延长 30 天左右，然后按常规脱袋、入畦、覆土。

五、防空洞栽培技术

防空洞冬暖夏凉，环境稳定，受外界影响小。一般情况下，春秋季山洞气温在 11～16℃，夏季气温为 18℃左右。山洞内的特殊环境决定了须选用恒温结实性与低氧耗、且对光线要求不严格的品种来生产。实践证明，在山洞内栽培鸡腿蘑是切实可行的，特别是反季节栽培经济效益相当可观。

1. 防空洞选择

最好选用“单巷通道式”的山洞，通风条件好，死角少，在洞口装一台排风扇就能起到很好的通风效果。如果是“多巷回廊式”山洞，通风设备的成本加大。

2. 栽培时期

利用山洞冬暖夏凉的特点，一般进行反季节栽培。将栽培时间安排在 6 月初～9 月中旬为大量出菇期，此时，大棚生产的鸡腿蘑已下市，在市场上供不应求。栽培菌棒一定要在 5 月底之前准备好。此时，气温低，制棒成功率高。再者 5 月份过后，山洞内温度有些回升，湿度也在增加，有时高达 95%以上，这会加大菌棒的污染。

3. 管理措施

培养料的配方、发酵、装袋及场所的消毒同常规。很多山洞在夏天时的湿度相当大，空气相对湿度近乎饱和，容易造成菇盖发黄腐烂，商品性差，因此需要加大通风量，洞内角落及走道要撒些干石灰。通风一般在夜间开排风扇，通风 7～8 小时，这样洞内外温差小，可减少洞内湿度。光线可刺激原基的形成，可每隔 5～6m 挂一盏 25W 的节能灯，效果很好，菇体白嫩。通风透气同时结合降低湿度就可以了。如果通风不畅，容易产生畸形菇甚至死菇。

六、作物秸秆栽培鸡腿蘑

1. 原料配方

选用干燥、无霉变的新鲜稻草、小麦、玉米秸秆。如使用陈年秸秆，要剔除腐烂霉变或受污染的部分，并翻晒 2～3 天。最好选用能饲喂牛、羊的秸秆。

培养料配方：小麦、玉米秸秆（南方可用稻草）70%，干牛粪或干鸡粪 18%，麦麸 10%，石膏粉 1%，尿素 1%。

2. 秸秆处理

一般作物茎秆表面裹有较厚的蜡质，表皮细胞硅酸盐含量较高。软化处理得不好，不利于鸡腿蘑菌丝分解利用秸秆基质中的纤维素和半纤维素。如是整秆，可先用拖拉机碾轧，再泼洒 3%石灰水润湿，按照配方进行配料，堆积发酵。最好将准备好的秸秆先进行机械粉碎，粉碎成 1cm 左右的碎料，再按照配方进行配料发酵。

3. 品种选择

鸡腿蘑品种因生物学特性的不同，产量差异较大。应选用菌丝生长健壮、色泽纯正、无杂菌污染、无异色斑块的优良鸡腿蘑栽培种。

4. 播种与覆土方法

铺秸秆的厚度一般为 25～30cm，每平方米铺干料约 20 千克，播菌种 3 千克。播种后用木板或铁锨用力压平压紧实，然后覆盖 3cm 厚经暴晒的润湿菜园沃土、厩肥土或禽畜粪混合土。

七、食用菌废料栽培鸡腿蘑

1. 配料发酵

菇类废菌料 80%，马粪（牛粪）10%，玉米粉 5%，尿素 0.5%，过磷酸钙 1.5%，石灰 3%，将上述原料拌匀，堆成高 80cm、宽 100cm、长度不限的料堆，盖上塑料薄膜，发酵。待料温达到 60℃，维持 12 小时后翻堆。翻匀后再复堆，待达到 60℃维持 12 小时后再翻堆，翻匀后再次复堆。如此至少翻堆 3 次后，将料摊开。等料温降至 30℃以下时铺料，准备接种。

2. 做畦接种

装袋覆土栽培也可采取畦式栽培。在棚内南北向挖畦，畦宽 80cm，畦深 20cm，两畦之间留 40cm 宽的人行道。挖好畦后，在畦底撒一层石灰，将发酵好的料铺入畦中。铺料约 7cm 厚时，稍压实，撒一层菌种（菌种掰成小枣大），约占总播种量的 1/3。然后铺第二层料至料厚 13cm 时稍压实，再播第二层菌种，约占总播种量的 1/3，再铺一薄层料，撒一层菌种压实，覆盖薄膜发菌。

3. 覆土出菇

覆膜后，畦内料温保持在 20℃左右，正常情况下，15～20 天料面发满菌丝，这时在畦面上覆一层厚为4cm处理过的菜园土，喷透土层，覆膜。10天左右，土层表面长出气生菌丝，此时加大通风与喷水量，适当增加散射光强度催蕾。喷水时要少喷、轻喷，出现子实体后，不能直接喷水。实践证明，在出菇期喷水要遵循菇蕾期菇体禁喷、空间勤喷，幼菇期酌喷、保持湿润，成菇期轻喷的科学用水方法。当子实体长至七成熟、菌盖紧包菌柄时，及时采摘。过晚，子实体易自溶，失去商品价值。采收后及时清理畦面，勿留残菇，每天向畦面喷1～2次"保持水"，保持土层湿润，勿喷水过多，直到下潮菇出现，一般可采4～5潮菇。

八、酒糟栽培鸡腿蘑

酒糟是一种良好的食用菌栽培原料。它具有丰富的营养成分，适合鸡腿蘑等菌丝生长。利用酒糟栽培鸡腿蘑既可以降低鸡腿蘑生产的成本，又可解决酒糟对环境的污染。选用新鲜的酒糟，配以其他原料就可以生产鸡腿蘑，一般生物效率可达120%～130%。

1. 配制方法

酒糟含有少量对菌丝生长有害的乙醇、活性酵母菌等，酸度较大，pH在3～5。

配方1：酒糟90%，石灰8%，石膏1%，碳酸氢铵1%。

配方2：酒糟39%，玉米芯39%，米糠10%，石灰8%，石膏2%，过磷酸钙1%，碳酸氢铵1%。

配方3：酒糟50%，棉子壳30%，麦麸8%，石灰8%，石膏2%，过磷酸钙1%，碳酸氢铵1%。

将石灰、石膏、碳酸氢铵直接拌入酒糟中，然后加入棉子壳、玉米芯等，充分拌匀，调节pH为9～11，建堆后发酵5～8小时，摊开晾凉、装袋播种。

2. 播种发菌

选用25cm×35～50cm规格的聚乙烯袋，采用层播法，播种量为15%左右。紧贴塑料袋内侧放1～2层菌种，袋两头的菌种均匀摊开。装完袋后在菌种块上用大头针打小眼、通气。发菌时，根据气温决定菌袋码放层数。发菌期温度为13～28℃，最适19～23℃。这个温度，菌丝生长最快，而且不适合杂菌生长。为了安全发菌，发菌温度最好低一些。25天左右即可满袋。

3. 菌袋排场

棚内南北向做畦。两畦为1组，组距50～60cm，同组单畦间距30cm，畦宽1.2～1.3m，下挖15～20cm，灌上底水。水渗后，畦底撒些石灰或草木灰。把经一段后熟期的菌袋去袋膜，长袋卧埋、短袋立埋于畦内。覆一层厚为4cm处理(杀虫、灭菌、堆制)过的菜园土，喷1次重水，再补土，整平畦面。最后在畦上搭小拱棚，以保温保湿，料温维持在16～28℃。注意通风换气，等待出菇。

4. 出菇管理

经10天左右，土层表面长出气生菌丝，此时加大通风与喷水量。喷水时要少喷、轻喷，出现菇蕾时避免直接喷水，应向过道或墙上喷水，以提高空间湿度。喷水后加强通风。喷水时掌握"菇蕾期禁喷(于菇体上)，空间勤喷；幼菇期(菌柄分化)酌喷，保持湿润，成菇期(完全分化)轻喷"的科学用水方法。避免直射光照射，否则影响菇体色泽。当子实体长至七成熟、菌盖尚紧包菌柄时采摘。这种做质量好、产量高。采收后，清理畦面，勿留残菇和老化菌根，每天向畦面喷"保持水"，保持土壤湿润，并盖拱棚以利保湿、养菌。直至下茬菇出现，一般可采收4～5茬。

九、大田小拱棚栽培

鸡腿蘑大都在日光温室或菇棚中栽培，成本较高，大面积规模化栽培受到一定的限制，小拱棚栽培可降低生产成本。

1. 栽培季节

鸡腿蘑栽培一般在春、秋季，地温要达到15～20℃。采用小拱棚可在深秋、早春期间栽培。

2. 培养料配制

常用配方：食用菌废料60%，玉米芯20%，麦麸9%，玉米面5%，生石灰粉3%，过磷酸钙2%，石膏1%，磷酸二氢钾0.1%；或棉子壳50%，玉米芯30%，麦麸15%，尿素1%，磷酸二铵1%，生石灰粉3%。食用菌废料，如平菇、茶薪菇栽培后的培养料要充分暴晒。

配制时，食用菌废料与玉米芯、麦麸及生石灰粉要混匀，喷水同时加入其他辅料，如尿素、过磷酸钙、磷酸二铵等，并均匀喷洒30%多菌灵1 000倍液，以防培养料携带杂菌。拌好后将料堆成上宽1.2m、下宽1.8m、高1m的梯形，长度酌情而定。堆后拍平，用直径3cm的圆木棍打孔，孔距60cm，一般情况下，发酵料不盖薄膜，以防变酸。注意补足水分，保证培养料含水量达60%左右(用拇指与示指挤压，指缝间有水珠渗出)。料温升至70℃左右，料面白色放线菌占20%时翻堆。共翻

3～4次。最后一次翻堆时喷10%高效氯氰菊酯乳油1 000倍液，覆膜密封24小时待用。发酵成熟时，料为棕黑色，有大量放线菌，能闻到料香味。一般堆制期为7～12天。

3. 畦床处理

大田中开宽1.5m、深20～25cm、长15m的畦。畦与畦之间留宽50cm的人行道，四周用铁锹拍平。用水浇透畦面，待不黏鞋时，喷药剂杀菌杀虫。最后撒一层厚约0.5cm的生石灰粉。

4. 播种发菌

采用3层料3层种。先在畦底铺厚约5cm的料，整平拍实，撒一层菌种，用种量为总用种量的30%；再铺第二层料，厚约6cm，整平拍实，撒第二层菌种，用种量为总用种量的30%；第三层料厚约6cm，用种量为总用种量的40%。最后撒一层厚约1～2cm的料盖严菌种，整平拍平。整个料堆厚约20cm。

料铺好后，盖薄膜保温，覆草苫遮光。温度控制在20～22℃，培养料含水量60%～70%，空气相对湿度80%左右，空气新鲜。中午料温超过28℃时，可将草苫喷湿降温。发菌期一般为15～20天。当手拍整个畦床有整体振动感时，说明菌丝已发满，可进行覆土。

5. 覆土措施

选择腐殖质含量高、透气性好的壤土地块，取10cm以下的土壤，过筛后喷水、盖膜、堆闷24天，后用2%的石灰水调至含水量20%～25%，即手握成团、落地即散，pH为7～8，即可覆土。大颗粒覆下面，小颗粒覆上面，厚3～4cm。

覆土后立即搭小拱棚。选直径1.5～2cm、长2.5m的细竹竿或2～3cm宽的竹片(用树枝代替也可)，每隔50cm一根拱在畦床上。插完后用尼龙绳连结以增加牢固性。拱架搭好后，先覆一层较薄的薄膜作内膜，外覆草苫或干草以遮光保温保湿。日平均气温低于10℃时，在草苫上再覆一层厚的薄膜作外膜，可保持棚内温度比外界气温高6～10℃。

6. 出菇管理

覆土后保持散射光，每天隔12～14时通风1～2次，温度控制在16～18℃，空气相对湿度90%。经过15～20天，土表即有絮状菌丝布满。再过7天左右，可见到成堆菇蕾出现。此时不要喷水，按照要求进行管理，7～9天即可采收第一潮菇。其间对蝼蛄、金针虫、地蛆等地下害虫，可喷一遍菇净进行防治，喷药时不要喷到子实体上。待子实体高5～12cm、盖径1.5～3cm，手捏菌盖中部有变松空的感觉时即可采收。宜在气温较高的中午采收。采菇时，用手捏住菌柄，旋转拔起。采收后盖好拱棚。每采完1次菇浇1次透水，同时喷0.2%尿素＋0.5%的磷酸二氢钾，以补充营养。

鸡腿蘑大田小拱棚栽培，春节前可采收2次菇，早春可采2～3次。一般每平方米产量10～15千克。该技术生产灵活，适用范围广，大多数农户均能栽培，可使鸡腿蘑提前上市，既能满足市场需求，又能提高菇农的经济效益。

十、工业废料栽培

鸡腿蘑也可以充分利用果渣、甜叶菊渣等下脚料栽培，使之变废为宝。其中苹果渣栽培，含有各种淀粉、维生素及氨基酸等，容易被菌丝直接吸收利用。鸡腿蘑生物转化率达150%～200%。

1. 合理配料

配方1：苹果渣70%，棉子壳15%，麦麸12%，石灰2.4%，复合肥0.5%，菇丰0.1%；

配方2：甜叶菊渣67%，干牛粪20%，麦麸10%，石灰1.9%，白糖1%，菇丰0.1%。

以上培养料含水量掌握65%，其他配置按常规。

2. 堆料发酵

将料拌匀，堆成宽1～1.5m、高1～1.2m的料堆。每隔50cm纵向打一直径为8cm的通气孔，然后覆盖厚草帘。1天后进行第1次翻堆，料中部温度可达50℃以上。以后每隔1～2天翻堆1次。如此重复4次左右，至料内有大量白色放线菌菌丝形成即发酵成功。注意：复合肥应在装袋前一天翻堆时加入。

3. 装袋播种

采用26cm×40cm×0.02cm的聚乙烯袋，按3层菌种2层料层播法，将发酵好的料装袋播种，每袋约装干料1 000g，播种量为10%～15%。播种后在菌袋的接种部位，用已消毒的小钢钉或大头针环绕扎8～12个孔，此法称层播微孔发菌法。通过常规发菌管理，大约1个月菌丝即可长满袋。

4. 覆土出菇

采用脱袋排放畦床覆土法。将发好菌的出菇袋脱去薄膜，竖排于大棚内事先挖好的畦坑里，畦深25～30cm，宽90cm，长度不限，每袋间距2cm左右。用细土填充，再灌大水1次，待水全渗下后，覆3～4cm营养土。营养土的配方为沙：土＝3：7，再加少量三元复合肥。出菇后的管理，除了每采完1潮菇，灌1次大水外，其他均可按常规管理。

十一、菌菜多品种间作栽培

近年来各地利用日光温室进行菌菜多品种间作。一个面积2 500m²的日光室，可一次性栽培鸡腿蘑、木耳和平菇，收到较好的经济效益。木耳于8月中下旬制作栽培袋，接种后置于已消毒的房间，在25～37℃下避光栽培，菌丝长满袋后，在10月下旬进入温室吊袋出耳。

鸡腿蘑、平菇两个品种，均采用28cm×55cm的高密度聚乙烯筒袋，袋装干料2.5～3千克。装料接种后置于经消毒处理的场地，扎微孔发菌。待菌丝长满袋后，放入温室内出菇。

和菌袋间作的黄瓜9月中旬播种、嫁接育苗，10月中旬定植。定植前将地整平，施足底肥。在距后立柱80cm处，筑成南北走向宽25cm、高10cm、东西走向的土埂或铺一行砖，供放菌袋。每根立柱与后立柱之间，也要作成南北走向的土埂。黄瓜定植行株距80cm×23～25cm。具体操作方法如下：

1. 木耳吊袋出耳

木耳菌袋经过2个月的菌丝培养，到11月中旬已发好菌。此时黄瓜已定植一个月左右，瓜秧已半架有余，叶大隐蔽好，已适合木耳的生长环境要求。木耳菌袋置0.1%高锰酸钾液中旋转一下，进行袋表面消毒，然后用S形钩(3号铅丝制成)钩住袋的一头，用刀片在菌袋上按“品”字形开十字出耳洞8～10个。开好洞后将菌袋依次码5～7层高，上盖湿草帘，相对温度保持在80%～90%。5～10小时见有大量耳芽发生时，即可吊袋。吊袋方法是在每株黄瓜的吊绳上，从下向上一次吊3袋，不可多吊。

2. 鸡腿蘑出菇

鸡腿蘑于10月上旬接种后，培养25～30天，11月上旬发菌结束。此时在每畦两行黄瓜的中间开一条宽20cm的小沟，将土翻向两边，把脱袋后的鸡腿蘑菌袋依次放入沟内，覆土2.5～3cm，并将两边的土向中间聚拢形成菌床。两边以黄瓜为中心，形成2条小水沟，以利黄瓜浇水。覆土后经10～15天即可大量现菇蕾。

3. 平菇出菇

当平菇菌丝长满袋后，把菌袋搬入温室，解开两端扎绳，垒成5～7层高的菌墙。东西走向的菌堆，南面要采取避光措施，以利平菇现原基与木耳开片。以后管理可按常规温室黄瓜栽培技术进行。

第五节　鸡腿蘑的病虫害防治

鸡腿蘑易遭受霉菌、黑斑病、鸡爪菌、胡桃肉状菌、鬼伞、腐烂病、褐斑病、螨类、菇蝇、跳甲虫菇蚊及生理性病虫害的危害。预防与治疗方法，请参阅本书《食药用菌病虫害防治》一章。

第六节　鸡腿蘑的采收加工与产品标准

一、成熟标准

当子实体长至圆柱形或钟形时，颜色由浅变深，菌盖与菌柄未分离或刚刚松动，钟型菌盖上出现反卷毛状鳞片、似肥嫩的鸡腿时采摘最好。这时菇味鲜美，蛋白质含量高，质量好。菌盖开伞的鸡腿蘑质量低劣，不能形成商品。当菌环松动或脱落子实体弹射出大量黑色孢子，菌褶开始自溶流出黑褐色孢子液，随后子实体产生自溶，很快变成黑色墨汁状，这时完全失去商品价值及食用价值。

二、采收方法

鸡腿蘑的子实体生长成熟快，一旦临近成熟时，生长速度显著加快，菌柄伸长，很快菌环松动脱落，菌盖极易开伞，子实体易破碎，菌褶变黑而自溶，失去商品价值。只有将采收期适当提前，才能充分保证鸡腿蘑的质量。据大量的实践证明：子实体5～6成熟时采收，既对总产量影响不大，子实体品质又好，商品价值高，保鲜期长，耐运输。采收时一手按住菇柄基部，一手将菇体左右旋转，轻轻拔起。注意不要硬拔，以免造成减产。整丛菇最好等大部分接近成熟后整体采下，防止采大留小后因菇基部晃动而造成黄菇或死菇。鸡腿蘑生长快，到钟型期后，极易弹射孢子，注意及时多次采收，早、中、晚各一次，防止未采收先成熟，采下后来不及加工自溶，造成不必要的损失。

头潮菇采收完后，应及时清除表面覆土及残根、菇脚，一次性补足水分，覆上新配制的营养土，然后盖上薄膜养菌出菇。每次采收完毕后，应及时清理残菇和老化菌根，进行补水、追肥，补盖新的营养土，促使出菇，防止病虫害发生。

三、加工技术

采下的鸡腿蘑仍在继续生长发育，如不及时加工会氧化变褐，应立即加工保藏。常用的方法有盐渍法保存、化学药品和植物激素保鲜、烘干保存。

1. 盐渍法

将采收的鲜鸡腿蘑，清除杂质，除菇脚基部老化菇根，按规格大小分级放置。注意动作要轻，防止破损。煮菇时，任选塑料桶、浴盆等器具通入蒸汽预煮，鸡腿蘑内含黑色孢子，煮菇时水极易变成黑色。为了减少换水次数，煮菇前应将菇用清水冲洗1～2次后再煮，把清洗干净的鸡腿蘑放入正在沸腾的沸水中，待煮开3～5分钟后将菇体迅速捞起放入冷水中冷却。如煮菇水颜色变深，立即换水再煮。否则菇体将随之变色，使色泽不纯正，造成出售困难，影响商品价值。捞出后再用清水冷却2次，然后按一层菇一层盐的方法装入缸内或铺有塑料布的水泥池内，用盐量为30%～50%。当装至半缸或半池时，向缸内或池内倒入配制好的饱和盐水(波美22～24度)浸泡菇体，上面压上重物使菇体不浮出水面。再用塑料布覆盖缸口或池口，防止尘土和害虫侵入。盐渍7～10天倒缸一次，半月后即可装桶外运。

盐水菇质量要求：

①按收购商要求规格、大小分级装置。

②菇体一定要煮熟，严格杜绝中有白心，因煮不熟的菇体易发生霉变，使菇体发黑发黄而变质。煮熟的菇体置入冷水中应沉底而不漂浮。

③菇体要求无虫害、无霉变、无杂质，菇体菌柄绝不可有泥砂土存在。

④腌制好的菇体应色白，盐水浓度在波美23度左右，盐水清澈透明，无酸、腐、臭、酒气等异味。

⑤合格的商品应菇盖、菇柄无破损，菌褶白色，无僵菇、死菇、畸形菇、霉变菇。

2. 保鲜储藏

采下的鲜菇，分级，用竹片刮去鳞片、泥沙、菇根，用干棉布擦干净，整齐地排列在保鲜袋内，再用无毒的塑料袋包装，用吸尘器吸净包内空气，扎紧塑料袋口。放在5～10℃条件下，保存4天左右。

鸡腿蘑的独特风味超越平菇、榆黄菇，已被人们视为美味佳肴，菇中珍品。鸡腿蘑幼时肉质细嫩，鲜美可口，色香味皆不亚于草菇，而且刚成熟的子实体洁白细嫩，好似一只只肥壮的鸡腿，朵形美观，品位高显，鲜菇、切片菇(干菇)、罐头菇均受国内外市场的欢迎。常用保鲜方法如下：

①柠檬酸保鲜：将柠檬酸配制成1%溶液装入缸中备用。把鲜鸡腿蘑清除泥土并冲洗干净，放入缸中溶液中浸泡10分钟，捞出沥干水分。分装于塑料袋中并扎紧袋口，在室温10～25℃下可保存7～10天。

②盐水保鲜：将食盐配制成0.6%溶液装入缸中备用。把鲜鸡腿蘑清理干净并用清水冲洗，然后置于缸中盐水浸泡30分钟后，捞出沥干水分，分装于塑料袋中，密封袋口。在室温10～25℃下可保存7～10天。

③焦亚硫酸钠保鲜：先用0.01%焦亚硫酸钠水溶液将鸡腿蘑漂洗3～5分钟，再用0.1%焦亚硫酸钠水溶液浸泡30分钟，然后捞出沥干，分装入塑料袋中并密封袋口。在室温10～25℃条件下可保存7～12天。

④多效唑(PP_{333})保鲜：把采收的鲜鸡腿蘑清洗干净后，放入10～20mg/kg的多效唑植物激素水溶液中浸泡3～5分钟后，捞出沥干，装入塑料保鲜袋内储存。在室温12～15℃条件下可保鲜6～8天。多效唑植物激素能阻遏细胞内各种激素的生物合成，延缓鲜菇的生理生化代谢，起保鲜作用。

⑤米汤膜保鲜：做米饭时的稀米汤，加入1%纯碱或5%小苏打，冷却至室温。将采下的鲜菇浸入米汤碱液中，5分钟后捞出，置荫凉干燥处。此时在鲜菇表面形成一层米汤薄膜，可以隔绝空气，5～10℃下可保鲜4～5天。

⑥鸡腿蘑非硫护色保鲜：采用EDTA-2Na、乙酸锌、氯化钠、氯化钙、柠檬酸、维生素C 6种非硫护色剂对鸡腿蘑进行护色处理。结果表明：氯化钠、柠檬酸、维生素C的护色保鲜效果较好，其中维生素C的护色效果与焦亚硫酸钠相当。复合护色剂中以"维生素C 0.12%+柠檬酸0.6%+氯化钠0.6%"的护色保鲜效果最好。鸡腿蘑在护色液中的浸泡时间以20～30分钟为宜，浸泡后可用清水漂洗菇体表面残留的护色液。保鲜膜采用密闭

包装可以维持包装内的低氧、高二氧化碳，有利于鸡腿蘑的护色保鲜。该技术是一种很好的保鲜技术，但必须结合其他方法来控制鸡腿蘑生长，才能获得理想的护色保鲜效果。

总之，化学保鲜无论采用哪种方法，都应把握好鲜菇的起始质量，尽可能减少固体机械损伤程度，在采收1～2小时内尽早浸泡处理。配置稀释液，要用含铁量低于3mg/kg的净化水，浸泡时不用铁质容器，以免固体色泽变暗。化学处理也可选用家用冰箱食品塑料保鲜袋封存。

3. 干制加工

交通不太方便又偏远的栽培厂，应将鸡腿蘑的菇蕾切成薄片，再用电热鼓风干燥机迅速脱水烘干。切片菇分装于塑料袋中，每袋100～500g。

四、产品标准

目前鸡腿蘑的加工主要是保鲜、盐渍、烘干、制罐头，这里主要介绍这4种产品的标准（表39－1～表39－4）。

表39－1 罐头鸡腿蘑质量指标

	整 菇	片 菇	碎 菇
组织形态	菇体完整，柔嫩而有弹性，同一罐内大小基本均匀，无开伞菇，允许有少量小裂口或小修整，菇柄柄脚整齐	切片状，且均匀一致，盖径、柄长不限，但不开伞，片形规则，形状、大小基本匀整，无连片，允许有少量碎片或不规则片，要求小于总净重的5%	不规则的碎块或碎片，但基本不含碎屑
色泽	奶黄色，有光泽	淡黄色，菌褶允许稍带浅灰黄色	同片菇
异味	无	无	无
杂质	无	无	无
汤汁氯化钠含量（%）	0.8～1.5	0.8～1.5	0.8～1.5
汤汁pH	5.8～6.4	5.8～6.4	5.8～6.4
汤汁色泽	奶黄色至淡黄色，清晰	淡黄色或浅灰黄色，清晰	同片菇
净含量、固形物含量	每批产品平均净含量及固形物含量应不低于标明净含量及固形物含量，具体指标按GB/T 14151中5.3.1的规定		
微生物	应符合罐头食品商业无菌要求		
锡（以Sn计）	≤200 mg/kg		
铜（以Cu计）	≤5.0 mg/kg		
铅（以Pb计）	≤1.0 mg/kg		
砷（以As计）	≤0.5 mg/kg		
汞（以Hg计）	≤0.1 mg/kg		
镉（以Cd计）	≤0.5 mg/kg		
食品添加剂	按GB 2760规定		
亚硫酸盐（以SO_2计）	≤50 mg/kg		

表39－2 鸡腿蘑鲜菇质量指标

级别	菇体形态	色泽	含水量（%）	病斑、虫菇、破碎、单柄、脱柄、变色、薄皮、开伞、畸形、杂质、黑褶
A	鲜嫩、饱满、有弹性、柄实	洁白	90±1	无
B	鲜嫩、饱满、有弹性、柄略空	洁白	90±1	无
C	鲜嫩、饱满、有弹性、柄空	洁白	90±1	无

表39－3 盐水鸡腿蘑质量指标

	等 内 级	F（等外级）
组织形态	菇形完整，菇体饱满、有弹性，不允许有泥根、黑心、空心、畸形、薄皮、开伞、脱柄、单柄、裂口、病斑、虫蛀、损伤、变色等，菇柄切割平整，修剖面小而规则	允许有少量畸形、开伞、脱柄、裂口及修整菇。其他同等内品
色泽	奶黄色至淡黄色，菇面光洁，有光泽，无黑斑、锈斑点等异色	
杂质	无	
盐水氯化钠含量（%）	23～25	
盐水pH	3.5～4.2	
食品添加剂	按GB 2760规定	

表39－4 脱水鸡腿蘑菇片质量指标

	一 级	二 级	三 级	统 货
组织形态	片形规则、平整，菇片大小匀整，厚薄一致，切面光滑，无焦片、碎屑	片形规则，菇片大小较匀整，厚薄一致，切面较光滑，无焦片、碎屑	片形基本规则，菇片厚薄一致，允许有少量碎片、柄片，但小于总净重的5%。无焦片、碎屑	片形规则或不规则，菇片大小不限，厚薄均匀，允许有少量焦片、碎片、开伞片，但焦片、碎屑含量小于总净重的2%
色泽	乳白色或微黄色，有光泽。		白色至淡黄色，允许少量干片局部变焦黄或浅褐色	
气味	具脱水鸡腿蘑干片固有的正常清香气味，无霉味及其他不良气味			
杂质	表皮及片面无任何杂质			
霉斑、异物污染	无			
虫蛀菇	无			
含水量（%）	≤13			

参考文献

[1] 王世东,周学政,安秀荣,等. 食用菌(无公害农产品高效生产技术丛书)[M]. 北京:中国农业大学出版社,2005.

[2] 安秀荣,路兴涛. 食用菌栽培与病虫害问答[M]. 北京:中国人口出版社,2007.

[3] 张炳炽. 食用菌栽培原理与技术[M]. 北京:中国科学技术出版社,1995.

[4] 周学政,安秀荣. 精选食用菌栽培新技术 250 问[M]. 北京:中国农业出版社,2007.

[5] 闵冬青,唐昌林. 鸡腿蘑优质高产栽培技术[J]. 食用菌, 2006(2).

[6] 王淑香. 鸡腿蘑高产栽培技术[J]. 中国食用菌, 2002(2).

[7] 杜巍,袁静,唐兴芳,等. 鸡腿蘑覆土机制研究初探[J]. 中国食用菌, 2003(1).

[8] 王尚堃,米青山,秦新建,等. 鸡腿蘑两种栽培方式产量与效益的比较[J]. 中国蔬菜, 2004(6).

[9] 董昌金. 利用草菇棉子壳废料栽培鸡腿蘑技术研究[J]. 安徽农业科学, 2004(4).

[10] 何华奇,汤士勇. 玉米芯和棉子壳栽培鸡腿蘑试验[J]. 安徽技术师范学院学报, 2003(2).

[11] 杜纪格,万四新,王尚堃. 利用平菇菌糠培养料栽培鸡腿蘑的试验研究[J]. 安徽农业科学,2006(21).

[12] 赵启光,王尚堃,王亮,等. 利用平菇菌糠栽培鸡腿蘑培养料配方试验研究[J]. 北方园艺, 2007(2).

[13] 何莉,闻杰,王尚堃,等. 鸡腿蘑不同出菇方式的比较[J]. 安徽农业科学,2006(16).

[14] 杜纪格,赵启光,王亮,等. 鸡腿蘑夏季日光温室高效栽培技术研究[J]. 江苏农业科学, 2007(1).

[15] 陈牧野,王尚堃,袁逢杰. 鸡腿蘑夏季日光温室栽培技术[J]. 中国食用菌, 2007(3).

[16] 李碧琼,陈政明,林俊扬. 鸡腿蘑培养基配方研究[J]. 中国食用菌, 2008(2).

[17] 王尚堃,李民,陈凤霞. 鸡腿蘑无公害双膜覆盖栽培技术[J]. 当代蔬菜, 2005(12).

[18] 李学梅. 食用菌菌渣的开发利用[J]. 河南农业科学, 2003(5).

[19] 王尚堃,康卫华,王汝长. 鸡腿蘑大田小拱棚栽培技术[J]. 蔬菜, 2005(3).

[20] 张连秋. 鸡腿蘑生料栽培技术[J]. 食用菌, 2000(2).

[21] 孟庆国,周建树,赵洁,等. 鸡腿蘑高产栽培技术[J]. 食用菌, 2003(5).

[22] 陈丽新,陈振妮,王灿琴,等. 鸡腿蘑菌种培养基的筛选试验[J]. 食用菌, 2004(5).

[23] 闵冬青,唐昌林. 鸡腿蘑优质高产栽培技术[J]. 食用菌, 2006(2).

[24] 王尚堃,王汝长,李芳. 鸡腿蘑双拱棚反季节高效栽培技术[J]. 食用菌, 2003(4).

[25] 王敏强. 大口径短袋鸡腿蘑栽培新技术研究[J]. 食用菌, 2008(1).

[26] 李波,王东玲,宋静雅,等. 鸡腿蘑非硫护色保鲜技术的研究[J]. 安徽农业科学,2008,36(1).

(宫志远、安秀荣、刘敏)

第四十章 鸡油菌

DISISHIZHANG JIYOUJUN

摘要：鸡油菌是全球著名的珍稀食用菌，深得全球各地尤其是欧洲人的喜爱，完全靠野生采集，人工栽培处于试验阶段。本章详细介绍了鸡油菌的学名与分类学地位、生物学特性、人工驯化技术、营养价值与药用价值等方面内容。

Cantharellus cibarius

Abstract: The chanterelle mushroom, *Cantharellus cibarius*, is a rare edible fungus that is famous worldwide, and is especially popular in Europe. Since artificial cultivation of the chanterelle is still at the experimental stage, all of these mushrooms on sale in the markets are collected from the wild. This chapter consists of four sections describing in detail various aspects of the chanterelle including taxonomic status, biological features, nutritional attributes and medicinal properties, and various cultivation techniques used for domestication.

第一节 概 述

一、学名与分类学地位

鸡油菌(*Cantharellus cibarius* Fr.)为全球六大著名菌根食用菌之一，深得全球各地尤其是欧洲人的喜爱。据估计，全球鸡油菌年产量约 20 万吨，销售额达 16.2 亿美元。除具有重要的经济价值外，鸡油菌属真菌多与树木形成外生菌根，在植树造林、生态和土壤修复、环境监测及维持生态系统中营养元素的循环等方面发挥着重要的作用。

鸡油菌又名：黄丝菌、杏菌、鸡蛋黄菌、黄花菌、伏菌子等。

学名：*Cantharellus cibarius* Fr., *Syst. mycol.* (Lundae) 1: 318 (1821)。

属名“*Cantharellus*”来自希腊语，词干“kantharos-”意思是“酒杯、小船”，“-ella”小形词尾，直译为“小杯菌”，中文早有“鸡油菌”的名称。种名加词“*cibarius*”意思是“可食的”。

同物异名：*Agaricus chantarellus* L., *Sp. pl.* 2: 1171 (1753); *Agaricus chantarellus* Bolton, *Hist. fung. Halifax* (Huddersfield) 2: 62 (1788); *Alectorolophoides cibarius* (Fr.) Earle, *Bulletin of the New York Botanical Garden* 5: 407 (1909); *Cantharellus cibarius* f. *neglectus* M. Souché, *Bull. Soc. mycol. Fr.* 20: 39 (1904); *Cantharellus cibarius* var. *albidus* Maire, *Publ. Inst. Bot. Barcelona* 3(4): 49 (1937); *Cantharellus cibarius* var. *neglectus* (M. Souché) Bigeard & H. Guill.; *Cantharellus neglectus* (M. Souché) Eyssart. & Buyck, *Bulletin de la Société Mycologique du Limousin* 116(2): 121 (2000); *Cantharellus pallens* Pilát, *Omagiu lui Traian Savulescu*: 600 (1959); *Cantharellus vulgaris* Gray, *Nat. Arr. Brit. Pl.* (London) 1: 636 (1821); *Chanterel chantarellus* (L.) Murrill, *N. Amer. Fl.* (New York) 9 (3): 169 (1910); *Craterellus cibarius* (Fr.) Quél., *Fl. mycol. France* (Paris): 37 (1888); *Merulius chantarellus* (L.) Scop., *Fl. carniol.*, Edn 2 (Wien) 2: 461 (1772); *Merulius cibarius* (Fr.) Westend., *Hausschwammforsch.*: no. 340。

分类地位：菌物界(Fungi)，担子菌门(Basidiomycota)，伞菌纲(Agaricomycetes)，鸡油菌目(Cantharellales)，鸡油菌科(Cantharellaceae)。

二、鸡油菌属的物种多样性

《真菌词典》第 9 版和第 10 版记载全球鸡油菌属真菌共 65 种。Corner 对全球鸡油菌类真菌(Cantharelloid fungi)进行了专题研究，记录了产自非洲、美洲和欧洲的鸡油菌属真菌共 67 种，使人们认识到了该类真菌在全球尤其是热带地区的多样性和特殊性。

在中国，鸡油菌属真菌广布于各省。对该属的报道和描述多存在于一些地区性的真菌分类著作中。代表性的工作有：邓叔群记录了中国分布的鸡油菌 9 种，臧穆等报道了西南地区 14 种，庄文颖记录了热带地区和西北地区 11 种，台湾省报道 3 种，云南市场上常见 5 种。其中，两个产自中国的新种分别由裘维蕃和臧穆先生描述：云南鸡油菌（*C. yunnanensis* W. F. Chiu）（模式采自云南省昆明市）和疣孢鸡油菌（*C. tuberculosporus* M. Zang）（模式采自西藏林芝地区）。通过对国内这些已报道的鸡油菌属真菌考证和研究后发现，很多种类和名称目前已经被归并。比如《中国的真菌》中的 9 个种类中只有 5 个属于鸡油菌属，西南地区报道的该属 14 个种类中真正的鸡油菌只有 8 种。田霄飞、刘培贵、邵士成（2009）对西南地区该属的种类重新进行了鉴定和研究，结果表明该地区分布有 15 种鸡油菌，其中包含 7 个新种，2 个新记录种。WEI Tie-Zheng et al (2008)报道了中国鸡油菌的一个新记录种 *Cantharellus cibarius* var. *squamosus* A. Pöll apud J. Murr。

根据其分布格局推测，我国西南高山、亚高山和热带地区是鸡油菌属的一个多样性分布中心。

在鸡油菌的分子系统学研究方面有一些文献报道。Moncalvo 等使用核糖核酸聚合酶Ⅱ第二大亚基（rpb2）、线粒体核糖体小亚基（mtSSU）、nrLSU 和核糖体小亚基（nrSSU）4 个片段联合分析的方法研究了以鸡油菌属为核心的鸡油菌类（*Cantharelloid clade*）内部各类群间的系统发育关系。结果表明，鸡油菌属与齿菌属 *Hydnum* L. 和坛担菌属 *Sistotrema* Fr. 具有较近的亲缘关系。由于形态相似而曾被置于鸡油菌属内的属于 Gomphus 及 Polyozellus 的一些种类，其实与鸡油菌属并没有明显的亲缘关系。

与鸡油菌属亲缘关系最近的类群是喇叭菌属，两属曾以如下形态特征相互区分：鸡油菌属菌丝具锁状联合、菌盖肉质、子实层多具明显的脊状突起。*Craterellus* 种类的菌丝没有锁状联合、菌盖多为膜质、子实层多平滑。然而 Feibelman 等通过 nrLSU 片段系统学的研究发现，一些具有锁状联合的鸡油菌的种类，如 *C. lutescens* 和 *C. tubaeformis*，聚入了喇叭菌属的分支内。后来 Dahlman 等研究也得出了类似的结论。这一结果使得人们对两属的范围及界定有了新的理解。菌丝是否具有锁状联合并不是区分两者的可靠特征，分子系统学的研究使部分种类划出鸡油菌属导致了该属所包含种类数目的减少。

李荣春（1996）和王丽等（2009）报道了云南的鸡油菌属的主要类群，具体种类如下：

（1）鸡油菌

Cantharellus cibarius Fr., Syst. mycol. (Lundae)1:318(1821)

俗名：杏菌、黄菌、鸡蛋菌、黄丝菌。子实体单生或者群生，高 2～7cm。菌盖直径 3～9cm，喇叭形，边缘浅裂或呈波状，表面近平滑。菌肉肉质，杏黄色或淡黄色，肉质厚。子实层菌褶状，褶间有横脉。菌柄中生至偏生，中实，基部稍细。孢子印白色至淡黄色。孢子 7～9μm×4～6.5μm，无色，椭圆形。在云南都有分布，其中玉溪、楚雄、保山、昆明等地较多。

（2）小鸡油菌

Cantharellus minor Peck, Rep. N. Y. St. Mus. nat. Hist. 23:122(1872)

俗名：黄菌。子实体单生或群生。菌盖直径 1～4cm，初扁平，后中部下凹呈喇叭形，边缘不规则波浪状。菌肉肉质，薄，淡黄色。子实层褶状，褶间有横脉，延生。菌柄长 1～3cm×0.2～0.5cm。孢子 6～8.5μm×4.5～5μm，无色，光滑，椭圆形。分布在宜良、楚雄、腾冲 保山、昌宁、潞西、江川、景东、大理、丽江、巍山等地。

（3）红鸡油菌

Cantharellus cinnabarinus (Schwein.) Schwein., Tra. Am. phil. Soc., New Series 4(2):153(1832)

俗名红喇叭菌。子实体单生或群生，小型，菌盖直径 1～5cm，浅漏斗状，橙红色至红色，边缘波浪状，无棱纹。子实层褶状，延生。菌柄长 2～3cm，直径 0.3～0.5 cm。孢子印白色，孢子 7～9μm×5～6μm，无色，椭圆形。分布在江川、澄江、峨山、剑川等地。

（4）光滑鸡油菌

Cantharellus lateritius (Berk.) Singer, Lilloa 22: 729(1949)、(1951)

子实体群生或丛生。菌盖直径 5～10cm，中部下凹，边缘稍内卷，裂瓣状，橙黄色至淡红色，干后呈淡黄色。子实层光滑或稍有脉凸。菌柄 4～7cm×0.5～2.5cm，中生至偏生，向下逐渐变细。孢子印淡红色。孢子 7～12μm×5～6μm，光滑，椭圆形。分布在石林、保山、腾冲等地。

（5）云南鸡油菌

Cantharellus yunnanensis W. F. Chiu, *Acta microbiol. sin.* 13: 129 (1973)

俗称鸡油菌、黄菌。子实体小。菌盖1.5～

3.5cm，成熟时中部稍下凹，淡橙黄色。边缘内卷，波浪状。菌肉肉质，白色。子实层褶状，白色，稀疏。菌柄 3～5cm×0.5～1.0cm，白色，向下渐细。孢子 2～3.5μm×5～6μm，光滑，椭圆形。分布在罗平、师宗、寻甸、楚雄 牟定、巍山、景东、保山、昌宁、昭通、永善、易门等地。

(6)管状鸡油菌

Cantharellus tubaeformis Fr., *Syst. mycol.* (Lundae) 1:319(1821)

俗称黄喇叭菌、吹打菌。子实体小型，常常群生。菌盖 1～2cm，中部下凹，呈喇叭状，边缘内卷，表面有鳞片。子实层褶状，延生，灰褐色。菌柄中生。担孢子 7～10μm×5～6.5μm，光滑，卵圆形。分布在玉溪、巧家、禄劝、武定、寻甸、楚雄、丽江、永胜、保山、腾冲等地。

(7)淡黄鸡油菌

Craterellus lutescens (Fr.) Fr., *Epicr. syst. mycol.* (Upsaliae):532(1838)[1836-1838]

俗称铜绿菌。子实体中小型，群生。菌盖宽 2～9cm，幼时稍凸，成熟后中凹至漏斗状，橙黄色，边缘波浪状，不规则浅裂。菌肉淡黄色。子实层褶状，橙黄色，具横脉，延生。菌柄圆柱形，基部稍细，内实。孢子印白色。孢子 7～9.5μm×5～6.5μm，无色，光滑，椭圆形。分布在剑川、玉溪等地。

(8)漏斗鸡油菌

Cantharellus infundibuliformis (Scop.) Fr., *Epicr. syst. mycol.* (Upsaliae):366(1838)[1836-1838]

子实体小型，单生或群生。菌盖直径 3～6cm，表面黄褐色，中部下凹，几乎达菌柄基部，菌柄 4～7cm×0.5～1.5cm，中生，子实层褶状，延生，淡黄色。担孢子 7～10μm×7～9μm，无色，椭圆形。云南省大多数地区都有分布，但量少。

(9)白鸡油菌

Cantharellus subalbidus A. H. Sm. & Morse, *Mycologia* 39(5):510(1947)

子实体群生。菌盖直径 3～7cm，浅漏斗状，边缘波浪状，瓣裂，白色。菌肉白色。子实层褶状，白色，延生。菌柄 2～6cm×0.3～0.6cm，白色。孢子 7～10μm×5～6μm，无色，光滑，椭圆形。分布在晋宁、南涧、永胜等地。

(10)黄鸡油菌

Cantharellus aurora (Batsch) Kuyper, *Riv. Micol.* 33(3): 249 (1991) [1990]

子实体小型，单生或群生。菌盖直径 2～7cm，中部下凹，盖表有褐色绒毛或鳞片，边缘波浪状。子实层光滑或脉棱状，延生，淡黄色。菌柄 3～7cm×0.5～1cm，成熟时中空，表面光滑，淡黄色。孢子印白色。孢子 10μm×6～7μm，光滑，椭圆形。分布在峨山、江川、澄江、晋宁、洱源、剑川等地。

三、系统分类学研究

(一)形态学

田霄飞、刘培贵、邵士成(2009)认为，鸡油菌属的种的外部形态特征变异较大，可用的显微特征不多，这对区分不同的种带来一定的困难。比如，菌盖和子实层颜色差异是文献中常用来区分不同类群的重要依据，但是不同生境也会造成同一种的外形的多样性和颜色的过度(略深或略浅)，因而在鉴定和描述时要注意把握颜色和形态的变化范围。虽然以往的一些形态学研究工作也曾应用孢子和担子的大小和形状作为分类的重要依据，但如果观察足够多的标本就会发现这些特征变化是连续的，缺少明显的区别界限，只可作为分类时参考。Petersen 也有相似类的观点。例如，Eyssartier 等对曾报道自澳洲的鸡油菌属的 17 个种进行了归并，最终只剩下 3 个种。尽管不断有鸡油菌属的新种(变种)发现和发表，但是就目前该属中的种类，特别是那些传统上被认为是广布的种的界定标准依然存在着较多的争议。鸡油菌属分类中存在的问题可以通过将形态型的划分与分子系统学分析相结合的方法来解决。对部分种类孢子尺寸的自相关分析(autocorrelation analysis)还揭示，孢子长度和宽度在该属近缘种类间的区分上有较大的意义。新鲜的标本在该属分类研究中具有更高的价值，所以标本采集过程时应详细记录子实体的新鲜特征，如子实体的大小、颜色、柄盖表面附着物、柄/盖比、脉纹的褶片化程度和稀疏度等显微特征方面，注重研究盖表皮菌丝排列式样和颜色特征，孢子和担子尺寸和形状，结合产地、海拔高度及共生树种、土壤等信息，将它们暂定为若干形态型(morphotype)，然后再通过分子系统学研究确定各形态型之间的关系，最终确定形态划分中的可靠特征。另外，在前人基础上研究表明，鸡油菌属中脂肪酸类化合物的代谢在种间也会表现出差异，可能对形态鉴定起到一定的辅助鉴别作用。

(二)属下分类系统

由于类群的归并和分子系统学工作有待于进一步开展，迄今为止鸡油菌属还没有一个公认的属下分类系统。在欧洲和北美，该属的分子系统学研究已经取得初步的结果，但由于材料的局限性，取样不全面，特别是那些产自热带、亚热带地区的材料几乎没有涉及，这对于构建属下分类系统是一个重大缺陷。

田霄飞等（2009）认为，构建鸡油菌属下分类系统另一个问题是已有的分子系统学研究都是基于 nrLSU 和核糖体内转录间隔区（nrITS）片段进行的分析。研究发现，nrLSU 只能区分部分种类，大多数种类因为变异小，仍然无法很好区分。而 nrITS 尽管是在物种水平上探讨高等真菌系统发育关系最通用的基因片段，但在鸡油菌属中它却是非同源多拷贝（paralogous copies），不适宜进行种间系统关系的探讨。寻找更多的片段用于分析是该属分子系统学研究的一个趋势。部分实验室已经使用不同的片段对该属进行了研究，取得了阶段性的成果。在此基础上，使用多基因片段联合分析是该属分子系统发育研究的另一个趋势。在进行此方面研究时却发现，西南地区的鸡油菌的 atp6、ITS2 和 mtSSU 3 个片段各自的进化方向不一致，不适宜进行数据的联合分析，因此在使用其他片段对该属进行联合分析之前有必要进行进化趋势一致性分析。

作为 paralogous copies 的 ITS 在不同个体间存在插入片段的长度的多态性，可以作为鸡油菌属部分种类 RFLP 分析的目标片段，对该属部分种进行进化模式和种群遗传多样性研究提供了潜在的信息。

第二节　鸡油菌的生物学特性

一、形态特征

鸡油菌子实体单生、群生，少丛生。菌盖肉质，喇叭形，鲜杏黄色至蛋黄色，菌盖幼期“蘑菇”状扁平，后下凹，边缘波状有时瓣裂，内卷，宽 3～12cm，高 4～12cm，表面光滑，生长盛期略黏。菌肉近白色至蛋黄色，厚 2～4mm。子实层体棱褶状、狭窄而稀疏，分叉或相互交织成棱脉，略有弯曲，下延至柄部。柄杏黄色，表面光滑，内实，向下渐细，长 2～8cm，粗0.8～2.0cm。孢子透明，光滑，椭圆形，7.0～10.0μm×5.0～6.5μm，孢子印白色。担子棒状，33.3～34.8μm×5.2～5.4μm，基部具锁状联合。

与此菌易混淆的种：*C. subalbidus* Smith et Morse，菌体乳白，伤变黄至橙色，无气味。孢子卵形或椭圆形，无色透明，光滑，大小为 5～6.5μm×7～10μm。

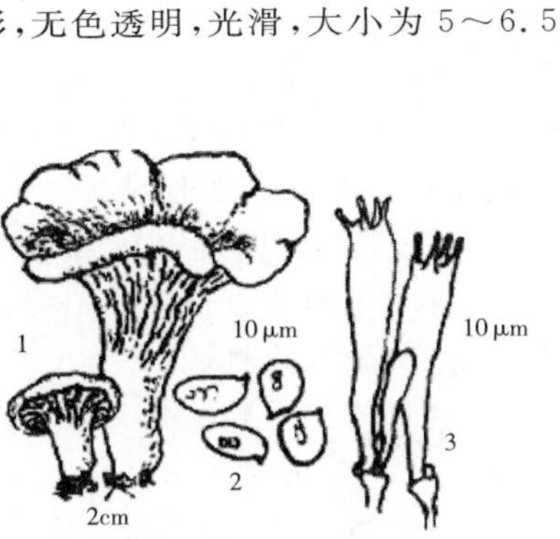

鸡油菌

1. 子实体，2. 孢子，3. 担子。

在鸡油菌科内与鸡油菌形态特征相似的种是漏斗菌属（*Craterellus* Pers）的芳香喇叭菌（*Craterellus odoratus* (Schow) Fr.）。鸡油菌属（*Cantharellus* Adans ex Fr.）的小鸡油菌（*Craterellus minor* Peck Ann.）与鸡油菌在外部形态上难以区别。它们的颜色都为淡黄色至黄色，外形都是喇叭状，向下渐细，菌褶与菌盖同色，延生等。小鸡油菌在形态上较小，并且和芳香喇叭菌菌柄都是中空的，只有鸡油菌的菌柄是内实的。在采集菌种的过程中要特别注意区分。

分布：广泛分布于北半球欧洲、亚洲和北美洲的温带、热带和亚热带地区。据报道，我国河北、黑龙江、吉林、江苏、浙江、安徽、福建、河南、湖南、陕西、甘肃、西藏、四川、云南等均有野生资源，为世界广布种。

二、生态环境

据欧洲和北美的报道，与鸡油菌属真菌共生的树种大概有 14 种，主要是冷杉属 *Abies* Mill.、桦树属 *Betula* L.、鹅耳枥属 *Carpinus* L.、栗属 *Castanea* Mill.、榛树属 *Corylus* L.、山毛榉属 *Fagus* L.、杨属 *Populus* L.、松属 *Pinus* L.、云杉属 *Picea* A. Dietr. 栎属 *Quercus* L.、铁杉属 *Tsuga* Carr. 等属中的种类。在四川盆地丘陵、低山和平原地区，鸡油菌主要生长在桤木（*Alnus cremastogyne* Burk.）树下，夏秋季大量发生。邹方伦、龙汉武（1998）对中国贵州的鸡油菌生态环境进行了系统地调查，发现其与多种植物，如茅栗（*Cas. seguinii* Dode）、栓皮栎（*Q. variabilis* Bl.）、马尾松（*P. massoniana* Lamb.）、马桑（*Coriaria sinica* Maxim.）、盐肤木（*Rhus chinensis* Mill.）、板栗

(*Cas. mollissima* Bl.)、化香树(*Platycarya strobilacea* Sieb. et Zucc.)、槐树(*Robinia pseudoacacia* L.)、野花椒(*Zanthoxylum simulans* Hemsl.)和橡树(*Q. acutissima* Carr.)等的根系形成外生菌根。在中国西南地区，鸡油菌属是云南松(*P. yunnanensis* Franch.)林下大型菌根食用菌的优势属。*C. cibarius* 是我国南方松属(主要树种 7 种，即 *P. yunnanensis*、*P. massoniana*、湿地松 *P. elliottii* Engelm.、思茅松 *P. kesiya* Royle ex Gorden subsp. *Langbianensis* (A. chev.) silba、火炬松 *P. taeda* L.、高山松 *P. densata* Masters 和加勒比松 *P. caribaea* Morelet)的外生菌根真菌资源中的主要种类之一。有报道，近白鸡油菌和太平洋金色鸡油菌的空间分布与花旗松 *Pseudotsuga menziesii* (Mirb.) Franco 和西部铁杉 *Tsuga heterophylla* Sargent 林的年龄有显著的相关性。

邹方伦、龙汉武(1998)报道，贵州鸡油菌子实体生长阶段的光照强度为 650～1 650 lx，平均为 1 150 lx。7～8 月份单生、散生或群生于疣枝桦、欧洲山杨和苦杨等阔叶林地，也见于针、阔叶混交林地。分布海拔高度在1 500～2 000m。土壤为山地灰色森林土，腐殖质含量 4%～6%，*C/N* 13.8～14.1，pH 为6.3～6.9。发生季节气温为 10～28℃。

邹方伦、姜山(2001)报道，贵州鸡油菌子实体生长期间的日平均气温为 19.8～23.3℃，日极端最高气温为20.3～30.6℃，日极端最低气温为 15.4～19.7℃。鸡油菌子实体生长期土壤含水量为 31.39%～19.44%(测定土壤深度 1～10cm，测定方法采用风干法)。在鸡油菌子实体生长期土壤含水量随土壤深度增加而减少。子实体发生初期降水量为28.9mm，中期为 20～23mm。土壤深度 1cm 处 pH 为5.42，土壤深度 3～10cm 处 pH 为5.78。鸡油菌生长土壤的微量元素分析采用发射光谱半定量测定，其结果鸡油菌生长的土壤含有 Al、Ba、Be、Co、Cr、Cu、Fe、Mn、Ni、Pb、Sb、Si、Ti、V、In 等微量元素。

邹方伦、龙汉武(1998)调查发现，贵州鸡油菌分布在1 000m以上的有 23 个县市，占全省县市的 26%。

鸡油菌属的子实体的形成和生长偏好于湿润且含氮量低的弱酸性(pH 为 4.0～5.5)土壤，单生、簇生或丛生。菌丝分散于土壤中，不易形成可见结构，多与树木形成外生菌根。

鸡油菌属的共生树种的种类和子实体分布与树龄的关系，对反映林中外生菌根生态的多样性和指导菌根的合成和仿生栽培有重要意义。另有报道，鸡油菌对放射性元素^{137}Cs 和铜、锌等重金属离子有很好的富集作用，在土壤的修复和环境监测等方面有着潜在的应用前景。

卫亚丽等(2006)报道了鸡油菌在维持森林生态多样性中的作用。外生菌根的重要生理作用之一是产生植物生长素等代谢物，扩大根表面，显著加快根系的发育生长，而发达的根系可以增加植物对水分及养分的吸收，从而加快植株生长。邹方伦等用鸡油菌菌丝体和马尾松做了共生实验，结果表明加入鸡油菌菌种的树苗根系更为发达。利用鸡油菌等和细菌建立起和谐的共生关系，作为一种菌肥去开发利用，有广阔的应用前景。赵志鹏等将厚环乳牛杆菌与细菌混合接种并施磷肥，能有效促进苗木生长，尤其可以增加苗木干重和对磷元素的吸收，提高造林成活率。大量的研究表明，包括鸡油菌在内的外生菌根真菌对寄主植物土传病害有很好的防治作用，如 Sasakhe 和 Musilek 发现有的外生菌根对丝核菌、尖镰刀菌、疫霉属有拮抗作用。Duponnois R 等认为，真菌和细菌间联合使用，能够增加菌根侵染率。鸡油菌子实体中含有很多能够降解杂草等腐烂有机层的重要酶类，从而能够保证生态环境中的营养循环，其中漆酶是一种高生物活性蛋白。此外，鸡油菌子实体中还含有抗真菌蛋白、核糖核酸酶、内醌蛋白、植物凝集素等。Wang H. X. 等从鸡油菌中提取一种内醌蛋白多肽，证明它对聚合多聚腺嘌呤、胞嘧啶、鸟嘌呤及尿嘧啶有很高的酶活。Mykhaylo M. 等以鸡油菌等菌根真菌为对象对乌克兰森林生态系统沉积的放射性元素^{137}Cs 吸收作用作了研究。结果表明，鸡油菌对^{137}Cs有很好的吸收作用，并且子实体比菌丝体吸收效果更好。而 J. W. Mietelskia 等同样从乌克兰北部切尔诺贝利放射污染地区得到的鸡油菌，与非污染地区波兰和西班牙的钚含量对比，乌克兰的钚是波兰和西班牙的 2 倍，并证明外部辐射污染是导致鸡油菌组织中钚含量高的直接原因。鸡油菌在环境监测方面表现出诱人的前景。

鸡油菌菌丝体生长较耐低温，在 10～30℃ 均可生长，以 25～28℃温度最为适宜；子实体形成需要温度较高，在 28～31℃ 温度下比较容易形成和发育。

第三节 鸡油菌子实体人工驯化技术

长期以来国内外关于鸡油菌报道较少。有关鸡油菌纯培养和人工驯化尚处起步阶段，1985 年，Straatsma 等成功地分离到鸡油菌的菌丝体。辛智海在前人工作的基础上，通过组织分离和孢子分离得到了鸡油菌的纯培养，但随后的研究表明可靠性和重复性较差。造成这一难题的主要原因是鸡油菌子实体内的内生真菌和伴生细菌的污染。1990 年，Eric Danell 等证实了伴生细菌的存在。很多研究认为，伴生细菌和伴生真菌可能在药效和促生、环保等作用中有特殊意义。

到目前为止，包括鸡油菌在内的大多数外生菌根真菌的人工培养虽偶见报道，但由于在技术方面还不成熟，没有规模化生产。从子实体分离获得的菌丝体，也难以用经典的回接方法验证其真伪，因此加强菌种分离与鉴定方法研究以及研制新型纯培养方法，研究鸡油菌子实体内的伴生细菌和伴生真菌之间的关系，在鸡油菌伴生微生物中寻求“代用品”，找到制约鸡油菌菌丝萌发和生长调控的关键因素，切实弄清其生长发育的规律，对开展鸡油菌人工驯化研究具有重要意义。

目前，对 *C. cibarius* 的菌根合成主要是用菌丝纯培养对无菌苗进行感染的方法，其中关键步骤是菌丝纯培养的获得。通常菌丝纯培养通过孢子萌发和组织块分离培养获得，但该种的孢子萌发率很低(1%～5%)，且重复性不好；用组织块分离时，常出现内生细菌荧光假单胞杆菌(*Psedumonas* spp.)的快速繁殖引起的组织块变质。即便细菌被抑制，菌丝生长极其缓慢，易老化和死亡。尽管如此，国外在该种菌丝组织分离、生理特性和菌根合成等研究领域已取得了一些重要成果。其中最有代表性的是 Danell 的工作，他不仅获得了 *C. cibarius* 的菌丝纯培养，并在欧洲赤松 *P. sylvestris* L. 上人工合成了菌根，更从该菌根苗上收获到了幼小子实体。

遗憾的是，他的方法对操作技术和设备要求较高，限制了推广，后续成功报道很少。尽管如此，该工作的意义在于用事实证明鸡油菌人工菌根合成及其栽培的可行性。鸡油菌的半人工栽培技术的突破还需依赖于对外生菌根生理特征的深入研究和操作技术的改进。

何建舟(1983)报道了子实体的人工培养试验。用结实前索状菌丝分离的菌种，经盆栽模拟菌床培养已培养出菇。用孢子分离的菌种试栽，经数次重复试验，菌丝虽然发育，但均未收到子实体，且孢子较难获得。

菌种分离采用土中菌丝分离法。分离用综合培养基：蔗糖 20g，酵母浸膏 20g，磷酸氢二钾 1g，磷酸二氢钾 0.5g，硫酸铁 0.5g，琼脂 20g，水 1 000ml，pH 调至 6，按常规制作，灭菌备用。将林地鸡油菌结实前索状菌丝，连同腐殖土力求保持其原结构，用培养皿取回，置 25℃下培养 4 天。分离时尽量避免带入其他土壤微生物。取索状菌丝体用无菌水反复冲洗 5～7 次，择其尖端挑取少许，接入斜面，置 25℃下培养 10～12 天后，纯化、转移2～3 次。二级菌种用米糠栎树叶腐殖质培养基。

模拟菌床栽培：林地腐殖土干重6 000g，玉米芯、油菜秆粉碎各4 000g，红糖、石膏粉各 150g，溶水适量，拌匀装袋灭菌备用。灭菌毕，将料乘热倒入盆内，待料温下降至 32℃时，将菌种播入，罩上薄膜，置室温 20～26℃下保温保湿培养，每天换气 1～2次。经 25 天左右，料面长满菌丝后适量喷雾补湿，在 20～25℃、湿度 80%～90%下，开始长出锥状幼蕾，子实体最大朵重 8.3g，一般 5～5.6g。试种 1.62平方尺，从 7 月 6 日至 8 月 29 日共收子实体 669 朵，鲜重3 560g。但菇潮不齐，朵型大小不一。

尤丽华(1994)对鸡油菌进行了驯化试验，在人工条件下获得了子实体。具体方法如下：

菌种分离培养：采用组织分离法获得纯菌种，试验培养用 PDA 培养基发菌较慢，改用综合培养基：从野外生长鸡油菌的菌丝体周围挖取土壤少许，用适量水淘洗后取滤液1 000ml，加蔗糖 20g、酵母浸膏 20g、磷酸二氢钾 1.5g、硫酸镁0.5g、琼脂 20g，调 pH 为 6，常规制作，灭菌备用。制成斜面接种后，放在 25℃恒温下培养 10 天，菌丝即可长满斜面。

原种和栽培种的制作：培养基配方：杂木屑 60%，豆秸(粉碎)15%，石膏 1%，麦麸 10%，过磷酸钙 2%，蔗糖 0.5%，尿素 0.5%，菜园土(晒干过筛)11%，维生素 B_1 0.1%，水 65%，pH 为 5～6。按常规法装瓶(袋)、灭菌、接种，1 支母种接 5～10 瓶。接种后于 25～28℃下避光培养 30～40 天，菌丝长到瓶底。1 瓶原种可接约 40 瓶栽培种。

栽培料配制：配方为：杂木屑 55%，塘泥 18%，豆秸粉 10%，麦麸 10%，石膏 25%，过磷酸钙、糖、尿素各 1%，托布津 0.5%，0.5%的苯酚溶液1.5%，水65%，pH为5～6。先将过磷酸钙、糖、石膏、尿素、托布津、苯酚完全溶于足够的水中，然后加入拌匀的料中，堆成1～1.5m高的梯形堆，压实后用薄膜盖平，堆顶插入温度计。约4天后料温达65℃保持24小时翻堆，复堆仍要压实，要翻堆3次。堆温降至45℃时可铺床播种。每堆料必须在干料200千克以上才能达到发酵效果。

铺料播种：铺床前撒石灰消毒场地，菇床铺成80cm宽的长方形。采用层播法，先铺料压实后，撒播一层菌种，再铺料4cm厚，播种压实。播种量为5瓶/平方米，上盖暴晒过的报纸，报纸上盖薄膜，再盖上稻草。

出菇管理：播种6天后，每天揭膜通风1～2次。25天左右菌丝长满培养基。当料面开始长出锥形菇蕾时，揭去报纸，架空薄膜，盖上稻草，每天通风2次，喷水1次，隔天喷500mg/kg浓度的蘑菇生长素，也可适量喷0.5%尿素溶液。子实体长至八分成熟时采收。没有明显的潮次。

目前，鸡油菌属各种类尚无法实现人工栽培，只能依靠自然条件实现资源的再生。

面对贸易对资源的冲击，开展了对该属资源保护和持续利用方面的研究。Bergemann等指出土壤在低可交换酸度值(low exchange able acidity)、低腐殖质含量以及低覆盖度条件下，有利于太平洋金色鸡油菌子实体的发生。部分学者指出产地生境的破坏对生产力负面影响要大于商业采摘。Dunham等研究认为，太平洋金色鸡油菌的主要繁殖方式为孢子扩散，人们可以采取间隔保留少许成熟子实体的方法，使这种可再生资源得到保护。

采取产地生态保护，控制采摘强度等措施能够有效地保护和持续利用这一野生资源。对重要种类进行菌根的人工合成与仿生栽培，也是该属资源的持续利用的一个趋势。

第四节　鸡油菌的营养与药用价值

一、营养成分

张光亚(1984)分析，100g干鸡油菌中含粗蛋白21g、脂肪5g、糖类(碳水化合物)64g、粗纤维11g、灰分8.6g。另有文献报道，鸡油菌子实体平均100g干品中含蛋白质21.5g、脂肪5g、碳水化合物64.9g、粗纤维11.2g、灰分8.6g。在蛋白质中氨基酸含量最高，人体必需的8种氨基酸均含有，其中苯丙氨酸含量为513mg，赖氨酸为230mg，苏氨酸为743mg，缬氨酸为354mg，亮氨酸为583mg，异亮氨酸为230mg，蛋氨酸为283mg。有文献记载，鸡油菌所含成分为缬氨酸、苏氨酸、赖氨酸、精氨酸、天冬酰胺、谷酰胺、维生素A、维生素C，胡萝卜素、1-辛烯-3-醇，铁、钙、磷等。

刘如运等(2008)用同时蒸馏萃取法提取出鸡油菌的挥发油(得率1.27%)，经气相色谱-质谱联机分析，分离并鉴定出其中32种化合物，占总峰面积的86.79%。对鉴定出的32种成分进行归类分析，发现鸡油菌挥发油中醇类含量最高，占53.7%，而其他类型化合物含量相对较少，依次为有机酸类(18.57%)、(含羟基)酮类(7.46%)、(含甲硫基)醛类(5.3%)、苯酚类(0.76%)、呋喃类(0.41%)、内酯类(0.38%)、酯类(0.21%)。在检出的以上类型化合物中，醛类化合物数量最多，有11个，其次为酮类9个、醇类4个和有机酸类3个。从鸡油菌挥发油中检出食用菌最重要的风味物——挥发性八碳化合物有6种：1-辛烯-3-醇(33.42%)、3-辛酮(1.39%)、3-辛醇(2.75%)、(E)-2-辛烯醛(0.42%)、2-辛烯-1-醇(17.25%)和γ-辛内酯(0.17%)。它们均是由亚油酸经脂肪氧化酶催化转变而成的，具有浓郁的蘑菇风味。其中1-辛烯-3-醇是鸡油菌挥发油中含量最高的组分，它也大量存在于几乎所有品种的蘑菇中，含量在百万分之0.02～190，被誉为“蘑菇醇”。

二、药用价值

子实体含有维生素A，常食此菌能预防视力失常、眼炎、夜盲、皮肤干燥、黏膜分泌失常等，电脑职业工作者常食此菌无疑是非常有意义的。可抵抗某些呼吸道及消化道感染疾病。

子实体的乙醇提取物对小白鼠肉瘤S-180有抑制作用。鸡油菌的药用价值很高，其子实体含有胡萝卜素、维生素A、维生素C和钙、铁、磷等多种矿质元素。研究表明，鸡油菌味甘、性平，具有清肝、明目、利肺、和胃、益肠、减肥、美容和抗衰老等功效。经常食用该菌，可以防治因缺乏维生素A所引起的皮肤干燥症、角膜软化症、视力失常、眼炎、夜盲症；还可以预防某些呼吸道和消化道感染等疾病。邹方伦等研究发现，鸡油菌子实体多糖对小白鼠肉瘤S-180的抑制可达80%。车振鹏在研究功能食用菌的时候，意外地发现了蛹虫草、灵芝、鸡油菌3种食用菌按照一定的比例混合后对小鼠的作用与其中任何单一组分的作用都不尽相同，并证明由这3种食用菌按照一定比例混合后的提取汁，经浓缩后制成的口服液对人体具有较好的减肥、美容和抗衰老作用，其效果优于任何单一组分。

参考文献

[1] ARORA D,DUNHAM SM. A new,commercially valuable Chanterelle species, Cantharellus californicus sp. nov. associated with live Oak in California, USA[J]. Econ Bot,2008, 62(3): 376-391.

[2] BIGELOW HE. The Cantharelloid fungi of New England and adjacent areas[J]. Mycologia, 1978, 70(4):707-756.

[3] BUYCK B,EYSSARTIER G,KIVAISI A. Addition to the inventory of the genus Cantharellus, Basidiomycota, Cantharellaceae in Tanzania[J]. Nova Hedwigia,2000,71:491-502.

[4] CHOU WN. Nine species of fleshy Aphyllophorales (Basidiomycotina) new to Taiwan[J]. Fungal Sci, 2000, 15 (3,4):147-152.

[5] CLINT G M, DIGHTON J, REES S. Influx of $^{137}C_S$ into hyphaeof basidiomycete fungi[J]. Mycol Res, 1991,95(9):1047-1051.

[6] COKER WC. Craterellus,Cantharellus and related genera in North Carolina; with a key to the genera of gill fungi[J]. J Elisha Mitchell Sci Soc,1919,35:24-48.

[7] CORNER EJH. A Monograph of Cantharelloid Fungi[M]. London:Oxford University Press,1966.

[8] CORNER EJH. Notes on Cantharelloid fungi[J]. Nova Hedwigia,1969,18:783-818.

[9] DAHLMAN M, DANELL E, SPATAFORA JW. Molecular systematics of Craterellus:cladistic analysis of nuclear LSU rDNA sequence data[J]. Mycol Res,2000,104(4):388-394.

[10] DONK MA. A conspectus of the families of Aphyllophorales[J]. Persoonia 1964,3:199-324.

[11] DONK MA. Notes on Cantharellus sect. Leptocatharellus[J]. Persoonia,1969,5(3):265-284.

[12] DUCOUSSO M, CONTESTO C, COSSEGAL M, et al. Cantharellus garnierii sp. nov. ,une nouvelle chanterelle des maquis miniers nikélifères de Nouvelle-Calédonie[J]. Cryptogam Mycol, 2004, 25(2):115-125.

[13] DUNHAM SM,O'DELL TE,MOLINA R. Analysis of nrDNA sequences and microsatellite allele frequencies reveals a cryptic chanterelle species Cantharellus cascadensis sp. nov. from the American Pacific Northwest[J]. Mycol Res,2003,107(10):1163-1177.

[14] EARLE FS. The genera of the North American gill fungi[J]. Bull N Y Bot Gard, 1905,5(15): 373-383.

[15] EYSSARTIER G, BUYCK B,VERBEKEN A. Cantharellus conspicuus[J]. Cryptogam Mycol, 2002,23(2):95-102.

[16] EYSSARTIER G,BUYCK B,HALLING RE. Cantharellus atrolilacinus sp. nov. from Costa Rica [J]. Cryptogam Mycolo, 2003,24(1):21-25.

[17] EYSSARTIER G,BUYCK B. Notes on the Australian species described in the genus Cantharellus (Basidiomycetes)[J]. Aust Syst Bot,2001,14(4):587-598.

[18] FEIBELMAN TP,BENNETT JW,CIBULA WG. Cantharellus tabernensis:A new species from the southeastern United States[J]. Mycologia,1996,88(2):295-301.

[19] FEIBELMAN TP,DOUDRICK RL,CIBULA WG, et al. Phylogenetic relationships within the Cantharellaceae inferred from sequence analysis of the nuclear large subunit rDNA[J]. Mycol Res, 1997,101(12):1423-1430.

[20] STRAATSMA G, RN HKONING,VAN GRIENSVEN L. A strain collection of mycorrhizal. mushroom cantharellus cibarius obtained by germination of f ruit body tissue[J]. Trans Mycol,

1985,85: 689-697.

[21] KUYPER TW. Nomenclatural notes on two species of Cantharellus[J]. Riv Micol, 1990,33:245-249.

[22] LI TAIHUI, ZHUANG LI,CHEN YUEQIN. Partial 25S rDNA Sequences and Phylogenetic Relationships of Cantharellus,Craterellus and Gomphus[J]. Acta Scientiarum Naturalium Universitatis Suny Atseni,1999,38(11):29-33.

[23] LI TH,CHEN YQ,QU LH,et al. Partial 25s rDNA sequence of Cantharellus and its phylogenetic implications[J]. Mycosystema,1999,18(1):12-19.

[24] LI TH,CHEN YQ,QU LH,et al. Partial 25S rDNA sequence of Cantharellus and its phylogenetic implications[C]. Proceedings of the 3rd Korea-China joint symposium for mycology. Seoul,1997.

[25] LIOU SC. A Survey of Taiwan Fungi[J]. IV Transactions of the Mycological Society of Republic of China, 1985,1:1-11.

[26] MIETELSKIA J W, BAEZAB A S, GUILLENB J, et al. Tomankiewicz Plutonium and other alpha emitters in mushrooms from Poland, Spain and Ukraine[J]. Appl Radia Isot, 2002, 56: 717-729.

[27] MONCALVO JM,NILSSON RH,KOSTER B,et al. The cantharelloid clade:dealing with incongruent gene trees and phylogenetic reconstruction methods[J]. Mycologia,2006,98(6):937-948.

[28] MURRILL WA. North American Flora[M]. New York:The New York Botanic Garden Press,1910.

[29] PETERSEN RH. Notes on Cantharelloid fungi. II. Some new taxa, and notes on Pseudocraterellus[J]. Persoonia, 1969, 5(3):211-223.

[30] PETERSEN RH. Notes on Cantharelloid fungi. IX. Illustrations of new or poorly understood taxa[J]. Nova Hedwigia, 1979,31(1):1-23.

[31] PETERSEN RH. Notes on Cantharelloid fungi. VII. The taxa described by Charles H Peck[J]. Mycologia,1976,68(2):304-326.

[32] RAFFERTY B, DAWSON D, KLIASHTORIN A. Decomposition in twopine forests:the mobilization of 137Cs and K from forest litter[J]. Soil Biol and Biochem, 1997,29(11/12):1673-1681.

[33] REDHEAD SA,NORVELL LL,DANELL E,et al. Proposals to conserve the names Cantharellus lutescens Fr. :Fr. and C. tubaeformis Fr. :Fr. ,Basidiomycota with conserved types[J]. Taxon, 2002,51:559-562.

[34] SMITH AH,MORSE EE. The genus Cantharellus in the western United States[J]. Mycologia, 1947,39(5):497-534.

[35] SMITH AH. The Cantharellaceae of Michigan[J]. Michigan Botanist,1968,7:143-183.

[36] TIBUHWA D, BUYCK B, KIVAISI A, et al. Cantharellus fistulosus sp. nov. from Tanzania [J]. Cryptogam Mycol,2008,29(2):129-135.

[37] WALTING R,TURNBULL E. Britsh Fungus Flora,Agarics and Boleti[J]. Edinb J Bot, 1998,8: 14-26.

[38] WANG HX, NGAI HK, NG TB. A ubiquitin-like peptidewith ribonuclease activity against various polyhomo- ribonucleotides from the yellow mushroom Cantharellus cibarius[J] Peptides, 2003,24:509-513.

[39] WANG Y, HALL IR. Edible ectomycorrhizal mushrooms:challenges and achievements[J]. Can J Bot,2004,82(8):1063-1073.

[40] WEI TIE ZHENG, ZHANG XIAO QING, GUO LIANG DONG. Cantharellus cibarius var. squamosus, a new record of China[J]. Mycosystema,2008,27(4):627-629.

[41] 毕志树,郑国扬.广东大型真菌志[M]. 广州:广东科学技术出版社,1994.

[42] 樊建,赵天瑞,李永生,等.鸡油菌液氮速冻温度与汁液流失关系研究[J].中国食用菌,2004(2): 56-58.

[43] 邓叔群.中国的真菌[M].北京:科学出版社,1964.

[44] 贺新生. 中国鸡油菌属记述[J]. 食用菌,1995,17(1):4-5.
[45] 何建舟. 鸡油菌人工栽培[J]. 食用菌,1983(4):5-6.
[46] 黄年来. 中国食用菌百科[M]. 北京:中国农业出版社,1997.
[47] 刘培贵,王向华,于富强,等. 中国大型高等真菌生物多样性的关键类群[J]. 云南植物研究,2003,25(3):285-296.
[48] 刘成荣. 鸡油菌菌丝体多糖和胞外多糖分离提取的工艺要求[J]. 赤峰学院学报,2008(7):39-40.
[49] 刘如运,杨伟祖,刘剑锋,等. 鸡油菌挥发油化学成分分析[J]. 云南民族大学学报,2008(3):235-237.
[50] 敬一兵. 林中珍品鸡油菌[J]. 云南林业,1986(6):5.
[51] 李建宗. 湖南大型真菌志[M]. 长沙:湖南科学技术出版社,1993.
[52] 李泰辉. 鸡油菌目及其相关类群的系统学研究[D]. 广州:中山大学,2000.
[53] 李泰辉,陈月琴. 鸡油菌到 5S rDNA 部分序列极其系统学意义[J]. 菌物系统,1999,18(1):12-19.
[54] 李荣春. 云南的鸡油菌资源[J]. 中国食用菌,1996(4):18-20.
[55] 李筑艳. 鸡油菌及其相近属的分类[J]. 食用菌,1990(1).
[56] 栾庆书. 几种外生菌根对土传病原菌的拮抗作用[J]. 辽宁林业科技,1992,6(6):45-50.
[57] 田霄飞,刘培贵,邵士成. 鸡油菌属的研究概况与展望[J]. 微生物学通报,2009(10):1577-1586.
[58] 裘维蕃. 云南伞菌的十个新种[J]. 微生物学报,1973,13(2):129-135.
[59] 吴兴亮. 贵州大型真菌[M]. 贵阳:贵州人民出版社,1988.
[60] 卫亚丽,王茂胜,连宾. 鸡油菌研究进展[J]. 食用菌,2006(2):1-3.
[61] 王丽,赵兴堂,李晓霞,等. 鸡油菌类群研究进展[J]. 中国食用菌,2009(1):6-8.
[62] 王茂胜,连宾,梁宗琦,等. 鸡油菌多糖的提取及组成分析[J]. 重庆大学学报,2005(7):118-121.
[63] 王茂胜,连宾,陈烨. 鸡油菌及其伴生真菌 LBJ016 营养成分对比分析[J]. 食用菌,2008(1):46-47.
[64] 王俊燕. 阿尔泰山的优质食用菌——鸡油菌[J]. 食用菌,2004(4):7.
[65] 王向华,刘培贵,于富强. 云南野生商品蘑菇图鉴[M]. 昆明:云南科学技术出版社,2004.
[66] 辛智海. 鸡油菌及其伴生细菌的组织分离[J]. 山地农业生物学报,1998,17(2):92-95.
[67] 辛智海. 鸡油菌纯培养菌株的孢子分离[J]. 山地农业生物学报,1998,17(3):135-139.
[68] 尤丽华. 野生鸡油菌的驯化栽培初探[J]. 食用菌,1994(1):16.
[69] 应建浙,臧穆. 西南地区大型经济真菌[M]. 北京:科学出版社,1994.
[70] 臧穆. 我国西藏担子菌类数新种[J]. 微生物学报,1980,20(1):29-34.
[71] 臧穆. 横断山区真菌[M]. 北京:科学出版社,1996.
[72] 曾松荣,徐成东,王海坤,等. 药用植物内生真菌及其具宿主相同活性成分的机制初探[J]. 中草药,2000,31(4):20-24.
[73] 赵志鹏,郭绣珍,张良谱. 外生菌根菌剂在油松育苗造林中的应用[J]. 林业科学,1993,29(5):401-407.
[74] 张林,刘世农,涂祥闻,等. 鸡油菌兼性腐生生长的初步研究[J]. 贵州科学,2007(4):84-88.
[75] 张光亚. 云南食用菌[M]. 昆明:云南人民出版社,1984.
[76] 邹方伦,姜山. 贵州鸡油菌的应用与生物特性的研究[J]. 贵州科学,2001,19(1):42-47.
[77] 邹方伦,龙汉武. 贵州鸡油菌的生态学特点及分布特征[J]. 贵州师范大学学报,1998,16(4):21-24.

（贺新生、薛　勇）

第四十一章 鸡枞菌

DISISHIYIZHANG JICONGJUN

摘要：鸡纵菌是一种名贵的野生食用菌，20 世纪初国外学者开始对鸡纵菌进行科学研究。因其与白蚁有共生关系，至今尚未完全驯化栽培成功。本章较为系统地阐述了鸡纵菌与白蚁的共生起源、资源分布、生物学特征、营养价值、药效及其栽培技术。同时，也是对目前鸡纵菌研究成果的总结，旨在帮助读者增进对鸡纵菌的了解。

Termitomyces spp.

Abstract: *Termitomyces* spp., the termite mushroom, is a valuable wild edible mushroom that has been studied by foreign scholars since the beginning of the last century. Artificial cultivation of the mushroom has still not been achieved due to the complex relationship between the fungus and the termite symbiont. This chapter consists of seven sections introducing in detail various aspects of *Termitomyces* including the origin and nature of the symbiotic relationship between mushroom and insect, the distribution of termite mushroom resources, biological features, nutritional and medicinal attributes, and cultivation technology. It summarizes the progress in the research and development of *Termitomyces*, and offers personal comments to help readers better understand the mushroom.

第一节 概 述

鸡纵菌（*Termitomyces* spp.），古称鸡㙡鸡葼，别名伞把菇、鸡肉丝菇、三大菇、鸡肉菌、蚁鸡菌、豆鸡菇、鸡脚蘑菇、鸡纵蕈等，是一些夏秋季节生于白蚁巢上的名贵野生食用菌，营养丰富、味道鲜美。最早对鸡纵菌进行文字记述的古籍乃我国春秋时期的《庄子》。明朝《广谱菌》一书对鸡纵菌的风味进行了记述，《本草纲目》对鸡纵菌"益胃、清神、治痔"之疗效进行了记述。在国外，德国自然科学家 J. D. Kŏning 于 1799 年在印度东部地区的白蚁巢内首先报道发现了脑状结构的东西，其上着生着许多能够形成小白球形状的真菌，后称蚁巢内这种结构的东西为菌圃。Petch 在 1906 年提出白蚁与鸡纵菌具有共生关系，指出鸡纵菌是由白蚁在其巢穴（菌圃）内栽培出来的。英国隐花植物学家 G. Gardner（1913）从白蚁巢上采集了大量伞菌目的子实体并进行了深入的研究。直到 1941 年，Heim 才为这些与白蚁有共生关系的大型真菌单独创立了一个属，即鸡纵菌属（*Termitomyces*），又称蚁巢伞属。此后的几十年里，国内外学者对鸡纵菌起源、分布、鸡纵菌与白蚁的共生关系及鸡纵菌纯培养方面进行了大量的研究，取得了丰硕的成果，但仍有许多需要解决的难题。虽然人们还不能在纯人工培养条件下获得具有商业价值的栽培技术，但鸡纵菌菌丝体深层发酵技术的成熟，从另一个侧面增强了人们对鸡纵菌的利用能力。同时，鸡纵菌的仿野生栽培技术得到了进一步的发展和完善。相信随着人们对鸡纵菌及其共生昆虫白蚁认识的不断深入，以获取子实体为目的鸡纵菌商业化栽培将变为可能。

一、鸡纵菌的起源及传播

鸡纵菌与白蚁共生起源于 2.4～3.4 千万年前非洲中部的热带雨林，蚁巢内特殊的小环境使白蚁在与其发源地有较大生态差异的非洲稀树大草原盛行繁衍。人们首次在非洲中北部的乍得湖盆地考古发现了一个距今 7 百万年的菌圃化石（Philippe Duringer 等，2006）。Darling（1994）在非洲发现了大量原始、丰富的鸡纵菌种类。据此推测鸡纵菌与白蚁共生起源于旧大陆热带及亚热带地区，即非洲热带雨林。Wilhelmde Beer 和 Aanen, et al（2002）对鸡纵菌、白蚁的 DNA 序列进行分析，从分子生物学角度证明了鸡纵菌与白蚁共生起源于非洲中部的热带雨林。许多并不与真菌共生的白蚁种类对被真菌浸染过的木头非常感兴趣（Batra and Batra 1979；Rouland-Lefever，2000）。由此可见真菌在未被白蚁驯化栽培之前就是白蚁非常重要的食物了。在白蚁与鸡㙡菌共生起源的演绎进程中，具有里程碑意义的事件是：白蚁进化出在其蚁巢内栽培鸡㙡菌的能力（Muellerand Gerar，2002；Sands，1969）。Rouland，et al(2002)对非洲 15 个种的内转录保守序列（ITS1-58S-ITS2）分析表明：鸡㙡菌单源于白磨科（Tricholomataceae），与之共生的白蚁也单源于等翅目昆虫，其协同进化关系源远流长、关系紧密。因此人们几乎不可能经过驯化将其返回到自由独立的生存状态。需要指出的是，白蚁与蚂蚁虽形态相似但亲缘关系相差甚远，而是蟑螂、螳螂的表亲（Lo，et al，2000）。此后，鸡㙡菌及其共生白蚁迅速传播到非洲的稀树大草原上，大部分非洲热带雨林的种类能在稀树大草原上找到。对 4 个亚洲白蚁属（*Macrotermes*、*Odontotermes*、*Ancistrotermes*、*Microtermes*）及与其共生的 5 个亚洲鸡㙡菌的研究推测，白蚁至少 4 次迁移到亚洲，鸡㙡菌则进行了 5 次洲际迁移（Aanen，et al，2002）（图 41－1）。进一步分析表明，在大白蚁群（*Macrotermitinae*）迁移到亚洲之后，鸡㙡菌与其共生白蚁的种类多样性才逐渐演化形成（Aanen，et al，2002）。除从非洲到亚洲外，白蚁至少有一次迁移到了马达加斯加岛。由此鸡㙡菌分布于赤道、非洲南部、南亚、东亚及南太平洋岛屿等热带、亚热带地区 Batraand Batra 1979)（图 41－2）。由于该类真菌与白蚁具有互惠共生关系，因此其分布范围与大白蚁群的分布地域极为相近。我国鸡㙡菌主要分布于云南、贵州、四川及长江以南的广大地区，包括台湾岛、香港、海南岛及西藏。青藏高原

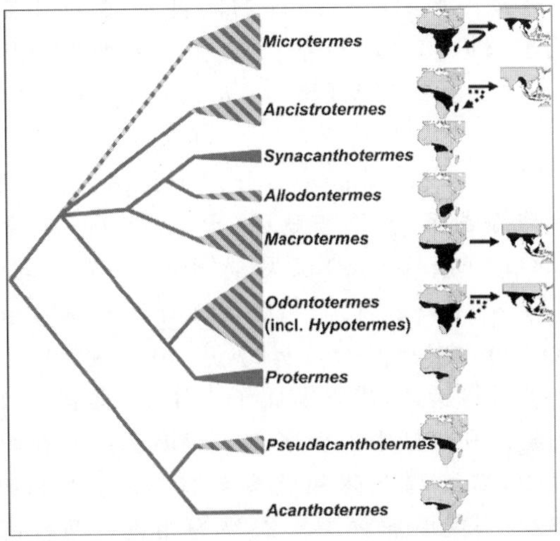

图 41－1 白蚁在起源地(非洲)的分布，及其洲际迁移情况

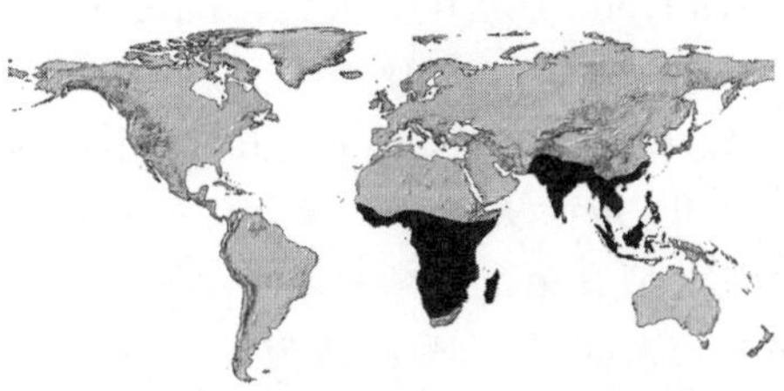

图 41－2 鸡㙡菌及其共生白蚁的世界分布

东侧低山、云贵高原、四川盆地是该属的分布中心区域。在我国以云南蒙自鸡㙡菌最为有名，特称“蒙㙡”。清朝时曾作为皇家贡品。

二、鸡㙡菌的分类地位

鸡㙡菌又名：鸡冢、鸡㙡、鸡肉丝菇、鸡菌、伞把菇、三坛菌、白蚁菰、鸡脚麟菇、蚁㙡、鸡肉菌、蚁鸡菌、豆鸡菇、鸡脚蘑菇、鸡㙡蕈等。

学名：*Termitomyces eurhizus*（Berk.）R. Heim, *Arch. Mus. Hist. Nat. Paris*，ser. 6 18：140(1942)。

属名“*Termitomyces*”合成词，来自拉丁文，词干是“termite”意思是“白蚁”，词尾“-mykes”意思是“菌”，用于描述生长在白蚁巢穴上的伞菌，译成“白蚁伞属、蚁巢伞属”。种名加词“*eurhizus*”是合成词，词干“eu-”意思是“真实的、良好的”，词尾“-rhiza”意思是“根的”。中文学名是真根蚁巢伞。“鸡㙡菌”是中文的习惯名称。

同物异名：*Agaricus eurhiza* Berk.；*Armillaria eurhiza*（Berk.）Sacc.；Collybia eurhiza（Berk.）Höhn.；Rajapa eurhiza（Berk.）Singer，*Lloydia* 8：143（1945）；*Termitomyces albiceps* S. C. He，*Acta Mycol. Sin.* 4(2)：106（1985）；*Termitomyces macrocarpus* Z. F. Zhang & X. Y. Ruan，*Acta Mycol. Sin.* 5(1)：10（1986）；*Termitomyces poonensis* Sathe & S. D. Deshp.，*Maharashtra Association for the Cultivation of Science*，*Monograph No. 1 Agaricales*(*Mushrooms*) *of South West India*（Pune）：36（1981）［1980］；*Termitomyces quilonensis* Sathe & J. T. Daniel［as '*quilonesis*'］，*Maharashtra Association for the Cultivation of Science*，*Monograph No. 1 Agaricales*（*Mushrooms*）*of South West India*（Pune）：103（1981）［1980］。

分类地位：菌物界（Fungi），担子菌门（Basidiomycota），伞菌纲（Agaricomycetes），伞菌亚纲（Agaricomycetidae），伞菌目（Agaricales），离褶伞科（Lyophyllaceae）。

对鸡㙡菌的分类研究始于 1847 年（Berkley，1847），最早对鸡㙡进行报道的是德国学者 Kning（1779），至今已有 160 年的历史。鸡㙡菌属 *Ter-*

mitomyces Heim 是法国人海姆(Heim)于 1942 年根据 *T. striatus* 的模式种建立的。1977 年 Heim 在其专著《*Termites* et Champignons》中描述了 28 种。1981 年，臧穆从中国云南地区的白蚁巢上收集了大量大型真菌的子实体标本，其形态特征与鸡纵菌有较大区别，认为应该为其重建一属，即定名为华鸡纵属。因此，现在分类学上把鸡纵菌分为 2 个属：鸡纵菌属和华鸡纵属(*Sinotermitomyces*)，并把鸡纵菌属又分为 2 个亚属：真鸡纵菌亚属和前鸡纵菌亚属。真鸡纵菌亚属分为 6 个亚组和 1 类：条痕组、乳头组、钝顶组、粗柄组、盾形组、绵毛组和靛青色鸡纵类。20 世纪 30 年代后，我国许多著名菌物学家开始对该属进行分类研究。目前，我国现已知鸡纵菌属有 24 个种，均可食用，其中云南有 20 种，四川有 9 种，贵州有 8 种，广东有 4 种，其他省区仅有 1～2 种。华鸡纵属具有带纹饰的侧囊体和菌柄中空而区别于鸡纵菌属，目前已经有 6 个种被臧穆先生定名。

1. 中国鸡纵菌属分类

20 世纪 30 年代，周家炽(Cheo，1942)最早对中国鸡纵菌属种类进行研究，以 *Collybia albuminosa*(Berk.)Petch 这一名称，第一次报道了真根鸡纵菌 *T. eurhizus* 在中国的分布。黄年来(1973)报道这个种在福建的分布时，开始使用 *Termitomyces albuminosus* (Berk.)R. Heim. 这一名称。20 世纪 80 年代，臧穆等菌物学者开始专门针对鸡纵菌属进行分类学研究。臧穆(1981)报道并描述了中国云南鸡纵菌属的 3 个种，何绍昌(1985)报道贵州的 6 个种，包括 2 个新种，毕志树等(1990，1994)报道广东 7 个种，袁明生和孙佩琼(1995)也报道四川的 7 个种。随后，一些学者开始对中国的鸡纵菌属种类进行汇总。应建浙和臧穆(1994)对中国西南地区的 12 个种类进行重新描述和整理，贺新生(1995)收录 15 个种，卯晓岚(2000)列举了 20 个名称，中国报道的鸡纵菌属名称共 24 个。

2004 年，魏铁铮通过研究鸡纵菌属的标本及运用分子生物学的手段，明确中国分布的鸡纵菌属种类有 13 种，并提出球根鸡纵菌 *T. bulborhizus* 和鳞盖鸡纵菌 *T. squamosipileus* 为新种，黑盖鸡纵菌 *T. entolomoides* 为中国新记录，证实白柄鸡纵菌 *T. albiceps* 和大果鸡纵菌 *T. macrocarpus* 与真根鸡纵菌为同一物种，柱状鸡纵菌 *T. cylindricus* 为橙红鸡纵菌 *T. aurantiacus* 的异名，烟灰鸡纵菌 *T. fuliginosus*、粗柄鸡纵菌 *T. robustus*、粉褐鸡纵菌 *T. letestui*、裂纹鸡纵菌 *T. schimperi* 和尖顶鸡纵菌 *T. spiniformis* 在中国没有分布，排除 *T. albuminosus* (Berk.)R. Heim. 和 *T. badius* Otieno 两个名称。球根鸡纵菌 *T. bulborhizus* 与球形鸡纵菌 *T. globulus* 的区别在于 *T. globulus* 的菌盖为球形，表面光滑，国内许多学者将两者误认为同一种。

2006 年，付子艳、李荣春也运用分子生物学的手段对云南鸡纵菌属进行研究。结果表明，云南报道的大果鸡纵菌 *T. macrocarpus* 的形态特征与真根鸡纵菌完全吻合，而大果鸡纵菌没有引证标本，根据其特征选出的大果鸡纵菌种类，用 Melzer 试剂测试菌肉，未见其变为黑色，因此将大果鸡纵菌作为真根鸡纵菌的异名。而 *T. albuminosus* (Berk.)R. Heim. 这一名称在 1941 年国内文献中经常出现，却是一个错用名，其模式标本已被 Pegler(1969，1972)划入大环柄菇属(*Macrolepiota Singer*，1948)中，因此这一名称不宜再继续使用于鸡纵菌属的种类，将其改名为黑根鸡纵菌 *T. nigzorhizus*。乌黑鸡纵菌 *T. badius* Otieno 在 1969 年这一名称为小果鸡纵菌 *T. microcarpus* Heim 的异名(Pegler，1977)，而国内报道的 *T. badius* 名称下的标本形态上与小果鸡纵菌相差甚远。ITS 结果显示，其与条纹鸡纵菌 *T. striatus* 亲缘关系相近，将其定名为条纹鸡纵菌的变种炭黑条纹鸡纵菌 *T. striatus f. authralinus*。粗柄鸡纵菌 *T. robustus* 区别于其他鸡纵菌属种类的典型特征是其顶体为乳头状，且菌盖表面具有同心环状的脊和明显凹陷(R. Heim，1977；Pegler，1977)。但国内对该种的描述为脐突钝，非乳头状，菌盖表面光滑，不具有同心环状的脊和凹陷，菌柄带黑色，具竖状开裂，将其更名为云南鸡纵菌 *T. Yunnanensis*。

2. 华鸡纵属分类

华鸡纵属具有带纹饰的侧囊体、菌柄中空而区别于鸡纵菌属。目前已经有 6 个种被臧穆定名，其中空柄华鸡纵(*S. cavus*)、肉柄华鸡纵(*S. carnosus*)、梅朋华鸡纵(*S. meipengianus*)和台湾华鸡纵(*S. Taiwanensis*)分布于我国云南、西藏和台湾等省区，灰顶华鸡纵(*S. griseus*)、糙盖华鸡纵(*S. rugosiceps*)仅见于缅甸。《菌物索引》(*Index of Fungi*)已收录的名称有 5 个，而《Index Fungorum》中已将 *S. meipengianus* 收录，共 6 个。据臧穆所述，华鸡纵属子实体小，具有带纹饰的侧囊体和菌柄中空而区别于鸡纵菌属。在鸡纵菌属中，海姆鸡纵菌和乳头盖鸡纵菌(R. Heim，1977)与华鸡纵属种类形态最为相近。两者都有明显乳头状脐突、菌盖和菌柄表面都有内菌幕的残留物，菌柄松软，实心，假根革质，空心，囊状体从棒状到长梨形。自华鸡纵属建立以来，其分类地位一直受到质疑。Pegler & Vanhaecke(1994)根据Zang(1981)的原始描述认为华鸡纵属的部分种类应鉴定为鸡纵菌属已经发表的种类。在Frslev, et al. 发表的关于鸡纵菌与相关类群的系统学关系一文中指出，华鸡纵属起源于鸡纵菌属，而非起源于单个群。

2004年，魏铁铮等人运用分子生物学的手段对鸡纵菌属和华鸡纵属进行研究，认为华鸡纵属为鸡纵菌属的异名，空柄华鸡纵*S. cavus*为海姆鸡纵菌*T. heimii*的异名，台湾华鸡纵*S. Tai-wanensis* 为盾尖鸡纵菌*T. clypeatus*的异名，其余为乳头盖鸡纵菌 *T. mammiformis* Heim 的异名。2006年，付子艳、李荣春也运用分子生物学的手段对云南鸡纵菌属和华鸡纵属进行研究，结果表明，鸡纵菌属为一个自然单系群，而华鸡纵菌属起源于鸡纵菌属，而非起源于单个群，并将空柄华鸡纵归为鸡纵菌属，更名为空柄鸡纵菌；肉柄华鸡纵为海姆鸡纵菌的异名。直到现在对华鸡纵属与鸡纵菌属的分类界限仍存在争议。

三、鸡纵菌的生活史

鸡纵菌与白蚁具有互利共生的关系，其生活史较一般食用菌复杂。将"小白球"纳入鸡纵菌生长发育的一个阶段是人们对其生活史认识的一大进展。周家炽(1942)指出，小白球菌(*Termitosphaeria duthei*(Berk) Ceferri 或 *Aegerita duthei*)是鸡纵菌的一个发育阶段；Batra(1979)通过人工培养的小白球和白蚁腹中的小白球比较，认为是鸡纵菌的同一生活阶段；陈楚云等(1988)通过对鸡纵菌孢子分离、组织分离、小白球分离物均能在培养基上生长并形成小白球的实验，证明小白球是鸡纵菌生活史的一个发展阶段；贺新生等(1996)报道，在培养烟灰鸡纵菌(*T. fulginosus* R. Heim)时菌丝形成了大量小白球。综上表明，小白球确为鸡纵菌生活史的一个阶段。

陈楚云(1991)对鸡纵菌菌褶进行显微观察，发现杆状担子柄上着生着4个大小相同的担孢子。担孢子呈卵形，表面光滑，有芽孔着生，在适宜的营养环境下担孢子便会萌发。萌发管先从芽孔处长出，细胞核随之进入萌发管，单核菌丝细胞便形成。当两根初生菌丝相遇发生细胞质融合时，次生菌丝便产生了。次生菌丝以锁状联合的形式进行细胞分裂。需要说明的是鸡纵菌属的某些种如橙红鸡纵菌(*T. aurantiacus* R. Heim)、盾尖鸡纵菌(*T. clypeatus* R. Heim)等并不以锁状联合的方式进行细胞分裂。次生菌丝可簇生形成狭长的椭圆形分子孢子，分生孢子对外界环境的抵抗力强。菌圃内次生菌丝不断生长，以合轴分叉的形式交织在一起，渐渐缠结形成白球状的突起，称为"小白球"，其直径为0.5～2.5mm。小白球将发育成为鸡纵菌的原基，原基吸取菌圃上的营养物质逐渐变大伸长，产生圆柱状菌索(图41—3)。圆柱状菌索非常致密，似幼嫩树枝，圆柱状菌索离心生长，插入菌圃上层土壤并形成假根。在此过程中其顶部逐渐分化形成菌盖和菌褶的雏型，菌盖表面一般会分泌黏液，以减缓土壤阻力。雷雨过后，雨水使土壤软化、空气相对湿度较高，鸡纵以菌盖中央的乳头状突起顶破表土露出地面。之后鸡纵菌的菌柄进一步伸长，菌盖、菌褶等部分完全展露出来(图41—4)。然而并不是鸡纵菌属的所有种都以假根形式穿透表土形成子实体进行有性生殖，前蚁巢伞亚属 *Subgen. Prae-termitomyces* 的小果鸡纵菌(*T. microcarpus*)菌丝组织被白蚁从地下巢穴搬运到蚁巢表土，在适宜的环境条件下这些菌丝组织分化形成子实体。在野外常常可以看见成片的小果鸡纵菌，因其菇形较小，又被称

图41—3 菌圃上长出的柱状物，由菌丝特化形成

图41—4 菌圃及鸡纵菌子实体

作鸡枞花。与之对应，世界上最大的食用菌也隶属于鸡枞菌属。*T. titanicus* 的菌盖直径可达 1m。鸡枞菌的整个典型生活史见图 41－5，鸡枞菌除了有性过程外，还有 3 个无性循环：一是分生孢子萌发成初生菌丝，经过细胞质融合，形成次生菌丝，又产生分生孢子。二是双核的次生菌丝产生分生孢子，分生孢子萌发后又形成次生菌丝。三是两初生菌丝接合形成双核的次生菌丝，继而又交织成小白球。根据鸡枞菌菌丝所形成的锁状联合形态，陈楚云等人估计鸡枞菌是异宗配合体；Licht (2005) 在单孢菌丝中扩增到具有序列差异的 2 条 ITS 片段，进一步证明了鸡枞菌属属于异宗交配类型。

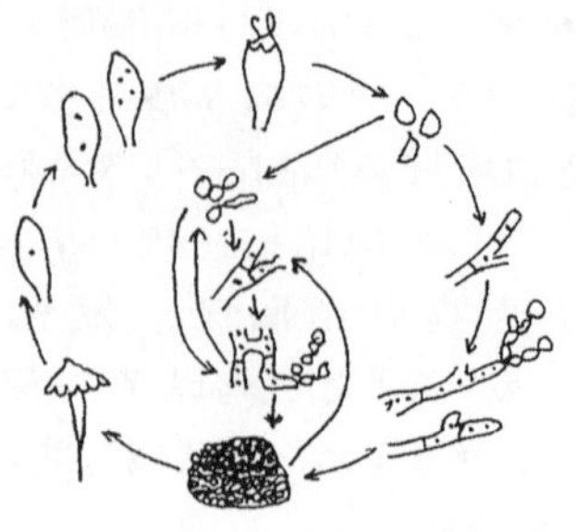

图 41－5　鸡枞菌生活历史

1. 担孢子和担子梗，2. 担孢子萌发，3. 分生孢子，4. 初生菌丝，5. 次生菌丝，6. 锁状联合，7. 小白球，8. 原基，9. 白蚁巢，10. 白蚁巢体上的鸡枞菌，11. 质配，12. 减数分裂。

第二节　鸡枞菌的生态学研究

一、植被类型

鸡枞菌以白蚁巢内有机物为生活基质，白蚁对外界有机物的取食偏好从某种程度上影响着鸡枞菌与其植被的对应关系，但这种特异性不强。鸡枞菌常生长在针叶、阔叶及其混交林、灌木林、竹林、草地、玉米地、田埂、堰渠水库堤坝中，甚至在乡村农家的厨房里也曾长出过鸡枞菌子实体。总的说来，植被丰富、热量充沛的地理环境条件有利于鸡枞菌的发生。

二、土　壤

鸡枞菌对土壤类型的选择不严格，紫壤、红壤、砖红壤、黄壤、棕壤、黑壤、石灰质、冲积土、草甸土均有生长。土壤 pH 在7.2～8.5之间，但菌圃周围的土壤 pH 却只有 4～5，这是因为菌圃内白蚁代谢活动向周围环境分泌一些挥发性酸（如蚁酸）及非挥发性酸如乌头酸、反丁烯二酸、丁二酸等若干有机酸的分子扩散而造成的。

三、海　拔

鸡枞菌分布的最低海拔低于76.4m（滇南河口县），最高可达 2 400m。在我国鸡枞菌多分布在 300～500m 的广大山区、半山区及丘陵地区。

四、季　节

各地鸡枞菌均发生在 6～8 月份高温多雨的季节。在我国滇南河口、景洪两地最早出菇，大约在农历的端午节左右。越偏北、海拔越高，发生越晚。四川攀西地区 7 月上旬开始出菇，火把节后进入出菇盛期。不同种类出菇时间有所不同，河口地区在端午节期间仅有端圆鸡枞菌（*T. tyleranus*）发生。10 月份会再出菇一次，此次出菇种类与前次不同。雨水除作为一个诱导出菇的因子外，更多的是从物理层面软化土壤减少出菇阻力、增加空气湿度。高温间歇性雷雨天气对出菇更为有利。

五、地理气候因素

鸡枞菌起源于湿润的热带雨林，在那里能很好生长。在半干旱的非洲稀树大草原，高耸的白蚁土堆象征着种族的兴盛，其生物量之大，就连体积庞大的黑猩猩、食蚁兽也加入了这样一个生物能量循环的链条中。在东非鸡枞菌发生季节的日平均气温可高达40.5℃，而在贵州水城县鸡枞菌的发生期平均气温只有 18.0～19.8℃。鸡枞菌之所以能够适应多种生态环境，主要是因为其菌丝体生长在白蚁巢内，而白蚁巢（菌圃）能够为它提供适宜而稳定的小气候。

六、与白蚁的共生关系

（一）共生对应关系

目前已知全世界的鸡枞菌种数大约在 40 个（Kirkn N，et al，2001），与之共生的大白蚁亚科（Macrotermitinae）有 11 个属近 330 多个种，然而亚洲地白蚁属（*Hypotermes*）被归并入土栖白蚁属（*Odontotermes*），所以只有 10 个属源于大白蚁亚科。这 10 个属的白蚁分布于非洲，其中有 4 个属迁移到了亚洲，有两个属在马达加斯加被发现。

40 个鸡纵菌种与近 330 多个白蚁种具有互惠共生关系。显然同一个鸡纵种可能与多个种、属的白蚁具有共生对应关系。当然对鸡纵菌的鉴定分类仅仅是依据其形成的子实体为对象，对其 DNA 多态性的研究表明，可能还有更多的鸡纵菌种类存在于自然界，可能因为出菇时间较短而未被人们发现或被白蚁压制从未出菇，甚至根本没有出菇的特性。与白蚁相比，鸡纵菌种类的发现、鉴别较为困难。图 41－6 为 5 个主要的白蚁类群与其互惠共生的鸡纵属的系统发育对应关系图。从图中对应关系可以看出，白蚁“属”与鸡纵菌“种”之间具有比较严格的共生对应关系，体现了两者的协同进化结果。鸡纵菌“属”内的某个“种”经常在一个白蚁“属”内进行传播。但也有例外，如土栖白蚁属内有 4 个种就不与属内其他种所对应的鸡纵菌进化支有共生关系。这说明单种鸡纵菌的寄主变换不仅发生在白蚁属内，在属之间也偶有发生。白蚁与鸡纵菌共生关系的紧密性因不同共生个体而异。*Odontoteime* spp. 在没有鸡纵菌的情况下很快饥饿而死，但 *Macrotermes* spp. 则可以仅靠取食树根存活 18 个月。Henrik 等人分别将白蚁 *O. badius*、*M. natalensis* 置换到对方的菌圃上，发现 *O. badius* 在 *M. natalensis* 的菌圃上生长良好，而 *M. natalensis* 在 *O. badius* 的菌圃上表现欠佳，说明白蚁与鸡纵菌共生关系复杂。与鸡纵菌具有共生关系的白蚁主要有台湾黑翅土白蚁 *O. formosanus* Shiraki、云南土白蚁 *O. yunnanesis* Tsai、拟黑翅土白蚁 *O. quinguedentaus*、*O. periformosanus*、直颚大白蚁 *Macmotermes orthognathus* Ping et Xu、黄翅大白蚁 M. barnyei Light、*Michrotermes* spp. *Pseudoacanthotermes militaris* Hagen、*Globitermes* spp.、*Capritermes* spp.、*Acanthotermes* spp.，这些与鸡纵菌共生的白蚁统属大白蚁亚科（Mocrotermitinae）。

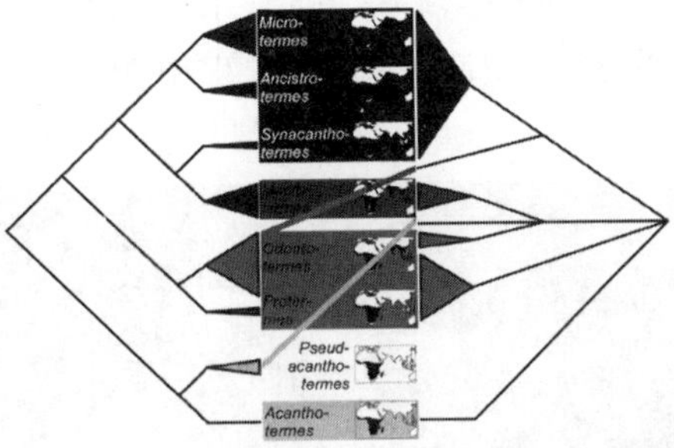

图 41－6　5 个主要的白蚁类群与其共生鸡纵菌简要的对应关系

（二）蚁巢、菌圃的建成及其结构

所有与鸡纵菌共生的白蚁都在土中筑巢，在非洲稀树大草原上随处可见白蚁建造的土丘（图 41－7～图 41－8）。据报道，白蚁土丘具有调节蚁巢空气、温度的作用，土丘下面是蚁巢，蚁巢是白蚁居住的地方。大白蚁属（*Macrotermes*）和土白蚁属（*Odontotermes*）的单个土丘可达 8m 之高，这可能和当地的半干旱气候有关，因旱季没有雨水对其冲刷。与之相比，我国的白蚁土丘矮得多，在西双版纳的云南土白蚁（*Odontotermes yunnanensis*）可以形成 3m 高的土丘，但大部分与鸡纵菌共生的白蚁将巢完全筑在地表以下，地表不露任何痕迹。蚁巢深浅不一，这种差异和白蚁品种有一定关系，但同种白蚁在不同的地域，蚁巢深浅也不同。笔者在云南河口县橡胶林采挖的白蚁蚁巢深度不足 15cm，而在四川凉山采挖的蚁巢深度为 50cm，估计蚁巢深浅与当地的气候有密切联系。在一定气温环境下，白蚁通过改变蚁巢深度来调控蚁巢环境的温度，使之达到最适状态。

图 41－7　非洲稀树大草原上耸立的白蚁土丘

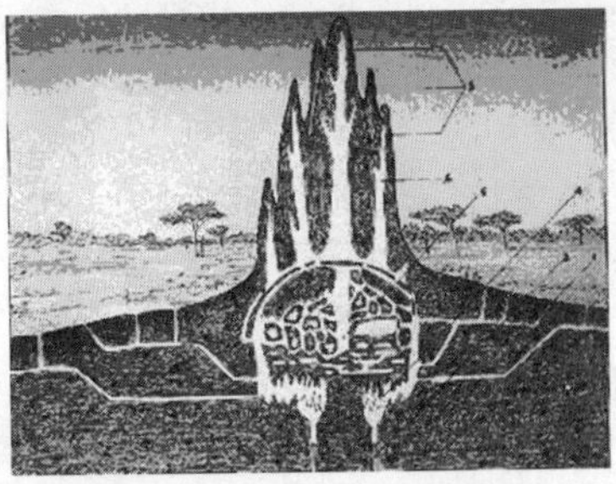

图 41－8　白蚁土丘剖面

每年 3 月份左右，成熟白蚁巢内分化形成有翅成虫，分化数量约占整个群体的 40%，4～6 月份，在靠近蚁巢附近的地面会筑起羽化孔突，形状如圆锥体，其大小在十几到几十立方厘米。羽化孔突数量众多，成群分布，在羽化孔突的地表下有多层排列的侯飞室。当气温达到 20℃ 以上、大气相对湿度达到 85% 以上、气压在 99.4～97.9kPa

的雨天，有翅成虫往往在傍晚爬出羽化孔进行婚飞。参加婚飞的白蚁数量视蚁巢内白蚁数量而定。婚飞蚁落地后振脱翅膀，双双配对后钻入土层营建新巢，新建蚁巢仅仅是一个小腔。随着蚁巢的不断发展，蚁王蚁后有自己单独的居室，称为王室（图41—9）。王室由黏土构成，较为坚实，王室周围有几个小孔，是工蚁进出王室的通道。新巢小腔由脱翅繁殖蚁挖掘搬运土层砂土形成，蚁王蚁后进入小腔后，再用土将小腔密封起来。蚁后在王室内交配并产下第一批卵，其卵全部孵化成为工蚁，工蚁出巢活动将可能带有鸡枞菌孢子的枯枝、干草等有机质搬运到小腔内，经过嚼碎、吞食并快速排出体外形成菌圃物质。另一种方式是，繁殖蚁在婚飞前的蚁巢内取食了小白球，而在其肠道中残留了不被消化的鸡枞菌无性孢子，这些无性孢子随破碎后的植物组织一起排出体外。这一过程不仅对植物组织进行了加工，同时还进行着鸡枞菌的传播。Lepage，M（1990）在实验室条件下（28～30℃）培养、观察 *Macrotermes michaelseni* 新建巢内白蚁各阶段的生长发育情况。第一只工蚁出现在繁殖蚁配对筑巢后的第53天，蚁卵经过24天孵化出幼蚁，250天后出现大量兵蚁，此时蚁巢内白蚁个体数量约为300头。第86天在蚁巢内发现鸡枞菌，表明两者的共生关系已经建立。通常情况下第22个月时蚁巢内工蚁、兵蚁的数量为910～1 427头，总个体数量为1 500～3 000头。随着白蚁群体的发展，蚁后的腹部不断膨胀，形成香肠般臃肿的腹部（图41—10），体长达140mm、体粗35mm，而蚁王形体变化不大，蚁后的体重将会超过蚁王40倍之多。蚁后像一部产卵机器，通过工蚁的饲喂不断供给交配产卵所需的营养物质。据报道，*Macrotermes natalensis* 日产卵量可达3.6万枚之多。成年工蚁负责搬运、孵化、照料蚁卵，并喂养幼蚁，而且成年工蚁担负采集植物组织并进一步加工成为菌圃基质的责任。蚁巢内个体数目可达200万只以上。菌圃体积、质量也不断增加，可达到30千克。2008年，张玉金在云南省楚雄州挖出的菌圃足足装了一大麻袋。同时白蚁也会在其主蚁巢周围开掘一些卫星蚁巢，通过蚁道连接起来，以扩大其生存空间。大约在菌圃形成的第四年，蚁巢内的白蚁个体便会部分分化形成繁殖蚁，通过婚飞的方式实现种族的扩大繁衍。

图41—9　白蚁的王室

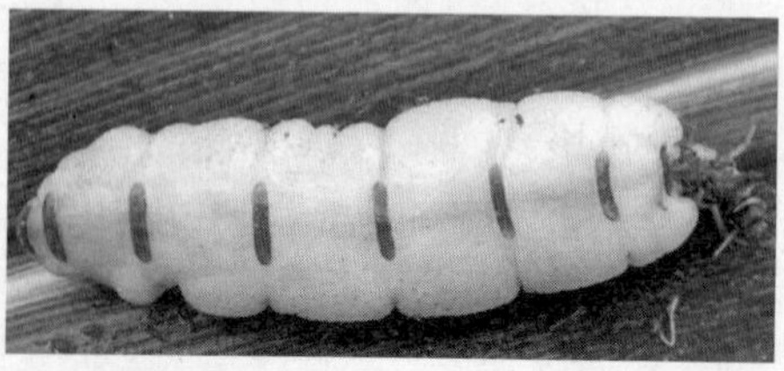

图41—10　蚁后的形态

黑翅土白蚁蚁巢的菌圃多为半球形，菌圃孔为圆筒形呈灰色至棕色，质轻多孔，表层形成脊状结构。菌圃内部密布着迷宫式的通道，如此增加菌圃的表面积，使菌圃能够容纳更多的白蚁个体，幼龄白蚁常常居住于这些通道中。菌圃湿度较大且脆，待菌圃失水干燥后变得坚硬有型。据分析，造成这种物理变化的化学成分为蛋白质16.5%、多缩戊糖4.05%、灰分20.91%，此外还有纤维素及果胶。白蚁用这些黏胶质物将破碎的植物组织黏合起来，从而建成具有一定形状的菌圃。菌圃含水量为40%～55%，蚁巢内空气相对湿度为85%～95%。组成菌圃的主要成分为木质素、木质纤维、土壤颗粒、植物腐殖质及白蚁的分泌物。据陈楚鋆报道，菌圃的化学成分为蛋白质60.44%、脂肪0.48%、总糖0.24%、粗纤维13.9%、灰分26.6%、磷0.285%、钙1.86%、钾1.56%，其中灰分中二氧化硅含量占40%。菌圃还含有17种氨基酸，包括除色氨酸以外的7种人体所必需氨基酸。

菌圃上的鸡枞菌丝经和轴分杈相互交织形成圆球形菌丝瘤，即小白球（图41—11）。小白球初为乳白色，后为微黄色。小白球营养丰富，富含蛋白质、糖类及酶等物质。同时小白球与白蚁在鸡枞菌的传播、菌圃物的循环过程中扮演了非常重要的角色。

图41—11　菌圃及小白球

菌圃既是白蚁的栖息之所，又是鸡㙡菌生长的基质，白蚁不仅取食鸡㙡菌丝（小白球），还以成熟的下层菌圃物质为食（图 41－12）。菌圃是由工蚁将树根、枯枝落叶、枯草等有机质从外界搬运到蚁巢内，经过破碎、吞食又很快从工蚁肛门中排出而形成的。加工后的植物组织排除体外后，有序堆砌于菌圃的顶部，形成一道道的脊状结构（图41－13）。在此过程中，白蚁因取食小白球而残留在其肠道内未被消化的鸡㙡菌无性孢子与其吞食的物料混合，几周后在新鲜基质中长出小白球，以供日后取食。新鲜有机质不断被工蚁添加到菌圃顶部，菌圃底部基质经过鸡㙡菌的充分发酵降解而更适于白蚁的消化吸收。蚁王蚁后和兵蚁不能自己取食，需要工蚁们通过“口对口”或“肛门对口”的方式饲喂。各个阶段的工蚁及繁殖蚁总是从菌圃底部开始取食，当然底部的小白球也同样成为白蚁们的盘中餐。由此整个菌圃形成了一个具有成熟梯度结构的物质循环结构。据 Traniello 和 Leuthold（2002）报道，整个菌圃的更新周期约为 40 天。除了上述的菌圃物质循环模式外，据 Rouland-Lefevre（2000）报道，*Pseudacanthotermes* spp. 属的白蚁会将整个菌圃吃掉，再在空腔中重新建成、培育出新的菌圃。在 *Macrotermes* 属的某些种中，老弱工蚁仅仅取食菌圃下层基质，不取食小白球，而 *Macrotermes* 和 *Ancistrotermess* 属的工蚁中没有按年龄划分的食物分配规则，所有工蚁均可享用菌圃基质和小白球。

图 41－12　菌圃特写

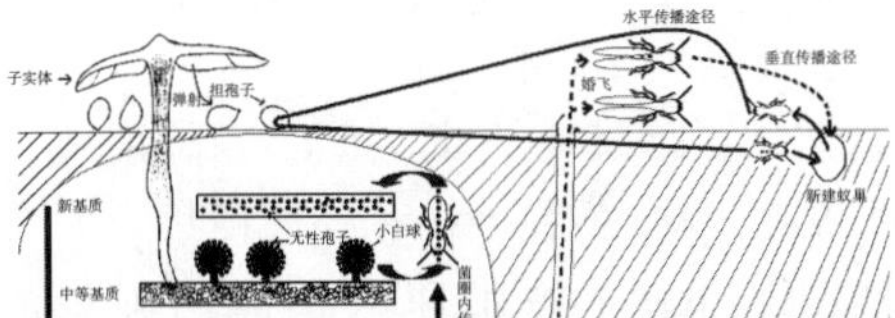

图 41－13　鸡㙡菌的传播途径

（三）白蚁与鸡㙡菌的共生关系

白蚁婚飞筑巢的过程也是鸡㙡菌传播、繁殖的过程。菌圃是两个物种实现互惠共生的载体。白蚁与鸡㙡菌互惠共生的关系非常深远、依赖性强。自然界中鸡㙡菌仅存于菌圃及与其共生的白蚁肠道内。目前，人们尚未发现其独立生活阶段。Sands（1956）分别用木片滤纸、小白球及去掉小白球的蚁巢饲喂白蚁，发现白蚁在以木片滤纸及不含小白球的蚁巢为食的情况下，寿命明显缩短，而用小白球饲喂的白蚁生长状况良好。推断小白球是白蚁必不可少的营养来源。比起菌圃内伴生真菌如黑柄炭角菌[*Xylaria nigripes*（Kl）Sacc]，鸡㙡菌生长较弱。当菌圃环境遭到破坏，黑柄炭角菌会在几天内长满整个菌圃，并形成大量菌索（图 41－14）。鸡㙡菌之所以能够在菌圃上旺盛生长，甚至产生子实体，有赖于白蚁对其他伴生微生物的抑制。其共生关系将在下文详细阐述。

图 41－14　菌圃从蚁巢移除后，突长的黑柄炭角菌

1. 鸡㙡菌对白蚁的影响

（1）为白蚁提供高蛋白的营养物质

白蚁从外界采集的植物组织纤维素、木质素等含碳较高物质，经过鸡㙡菌丝的发酵作用后，其 *C/N* 比下降，利于白蚁的消化吸收。鸡㙡菌丝扭结形成的小白球营养丰富，据推测小白球还具有帮助白蚁抵御疾病的药效。

（2）协助白蚁降解高分子有机质

在低等白蚁肠道内，共生着原核生物和鞭毛类原生动物，这些微生物分泌相应酶类帮助白蚁消化纤维素、木质素等。在高等白蚁的肠道内，特别是与真菌共生的高等白蚁（大白蚁亚科占了 80%），仅有原核生物共生于肠道内，其体外共生真菌（鸡㙡菌）相应地对白蚁食物的降解负部分责任。木质素分解产生的酚类化合物有一定毒性，经鸡㙡菌充分氧化分解后，既能为白蚁所利用，又能避免毒害。人们通过对白蚁消化道和小白球酶活性的测定，发现鸡㙡菌与白蚁所分泌的酶对植物组织的降解具有协同作用。Rouland C Civas, Renoux A, Petek IF（1988）在实验室环境下对鸡㙡菌与其共生白蚁所分泌酶的相互作用进行了研究，发现 *Macrotermes muelleri* 分泌的纤维素酶Ⅱ、鸡㙡菌分泌的纤维素酶Ⅰ，以及白蚁分泌的 β-葡萄糖苷酶-A，具有明显的协同作用；Khowala，S. Ghosh. A. K. Sengupta，S. Rohrman和 Rossmon（1980）从菌圃中分离出了胞外酚氧化酶（过氧化物氧化酶、漆酶），但这并不能证明鸡纵菌能降解木质素，因为许多不能分解木质素的真菌也分泌酚氧化酶；Suman Khowala Ghosh，AK Subhabrata Sengupta（1992）研究了 *T. clypeatus* 及其共生白蚁，发现木聚糖糖化作用过程中，葡萄糖淀粉酶对木聚糖的催化基于木聚糖酶对木聚糖作用的基础上的，两酶协同完成对木聚糖的降解；T Saha 等（2008）等从 *T. clypeatus* 中分离出了纤维二糖脱氢酶，其产量为 55.88U/ml。该酶不耐热，最适温度为 30℃，对酸碱度不敏感，pH 在 2.0～8.0 之间都能进行催化反应，实验室条件下能有效地将乳糖转化成乳糖酸；Sbose，Smazumder M mukherjee（2007）发现 *T. clypeatus* 在液体培养后期细胞裂解时释放出胞内漆酶；Faulet，BM 等（2006）分离出了耐热木聚糖酶，其相对分子质量为 80～87×10^3，最大活性温度为 65～70℃，pH 为 5～6，能在 60℃下维持 1 小时不变性。研究表明，该酶对山毛榉、桦树的木聚糖分解效率很高，K^+、Mn^{2+} 能提高其催化活性，而对 Cu^{2+}、Fe^{2+}、Zn^{2+} 及去垢剂敏感；Kouamé L P，Yapo P A，Niamké S L，Kamenan A 等从 *Macrotermes Subhyalinus* 及其共生鸡纵菌中分离出了具有较高活性的水解蛋白酶，并发现该酶活性在工蚁体内比兵蚁高、幼年兵蚁比成年兵蚁高、菌丝比菌圃高；Ghosh AK 等（1995）从 *T. clypeatus* 分离出了淀粉葡萄糖苷酶，对肝糖支链淀粉的降解具有显著的活性。Abdullah 等（2006）用甘蔗渣对鸡纵菌进行发酵，发酵前和发酵后 21 天，对基质中木质素含量进行测定，木质素的分解率为 27.0%，纤维素分解率为 8.5%。Rouland-Lefevre（2000）从鸡纵菌分泌并参与白蚁食物降解的酶的角度将白蚁与鸡纵菌的关系分为两类，一是普遍性关系。鸡纵菌分泌一系列帮助白蚁分解消化食物的酶类（酶的分泌不受菌圃基质的影响），并在白蚁食物降解代谢过程中的多个生化反应中起作用，这些鸡纵菌种类能够与多个白蚁种、属建立共生关系。如与 *Odontotermes badius* 具有共生关系的鸡纵菌同时也与该属的其他种建立共生关系，但这种广泛共生关系背后所隐含在酶化学层面的作用机制尚需进一步研究。二是专一性关系。这类共生关系的鸡纵菌在菌圃内仅分泌一种酶，并协助完成白蚁消化代谢过程中某一特定生化步骤，由于这种特异性，该种仅与个别白蚁种建立互惠共生的关系。例如，与白蚁 *M. natalensis* 共生的鸡纵菌分泌 C1 纤维素酶协同白蚁中肠产生的CX 纤维素酶、β 葡萄糖苷酶对木质素进行有效降解，共生个体之间具有较强的专一性。从某种意义上说，鸡纵菌与白蚁的协同进化历史是两者酶的协调互补的历史，当然还有在繁殖方面的协同进化。鸡纵菌分泌的酶类主要包括纤维素酶、木聚糖酶、漆酶等，用以帮助降解生物大分子物质。然而酶的活性在不同共生关系中存在很大的差异。例如，*T. eurhizus* 在与 *P. spiniger* 的共生过程中，表现出较高的淀粉降解活性，而与 *Macrotermes bellicosus* 的共生过程中表现出较高的木聚糖和纤维素分解活性。不同酶的表达及活性与其遗传物质有关，也与环境有关。Toru Johjima（2006）等对共生状态下的白蚁、鸡纵菌所表达的 mRNA 进行分离提取。研究表明，共生状态下（菌圃）的 mRNA 含量显著高于鸡纵菌在 PDA 培养基中 mRNA 转录量，说明白蚁能诱导鸡纵菌在质、量两方面对相关基因的表达。利用反转录技术构建共生状态下白蚁与鸡纵菌的 cDNA 文库，并建立了表达序列标签数据库（EST），对进一步研究其酶的表达及酶的协同作用具有积极的意义。

（3）其他

蚁巢上生长的鸡纵菌丝不仅为白蚁提供了食物来源，而且还为白蚁提供了一个优良的居住环境。密布的菌丝能够维持菌圃较高的空气湿度，使白蚁不至于脱水死亡，同时菌丝还为菌圃热量的保持起到一定作用。

2. 白蚁对鸡纵菌的影响

（1）传播鸡纵菌

白蚁婚飞前取食小白球，在其肠道携带了不被消化的鸡纵菌无性孢子，这些无性孢子将作为菌种传播到繁殖蚁新建的蚁巢内。同时工蚁也可能从外界带入含有鸡纵菌孢子的植物组织，这些孢子也会在新筑的蚁巢穴中进行播种。这两种传播方式因白蚁种类而异。鸡纵菌随白蚁一代代的繁衍而传播的方式叫作垂直传播，是一种仅由蚁王、蚁后进行或两者一起实现对鸡纵菌的传播。这种传播模式存在于 *Microtermes* 属的 5 个种，其中 4 种由蚁后传播，剩下的 *M. bellicosus* 由蚁王负责传播。最近研究表明，垂直传播模式是独立进化的结果。与之对应的是水平传播。在这种传播模式下繁殖蚁不携带原蚁巢内菌圃上的菌种（鸡纵菌孢子），而是通过蚁后产下的第一批卵孵化成工蚁，由工蚁通过外出采食等方式，从外界环境获得鸡纵菌孢子，并在蚁巢内进行接种，进而与鸡纵菌建立共生关系。这种共生关系的建立不依赖于新建蚁巢内繁殖蚁原有的共生关系。水平传播模式在白蚁和鸡纵菌的传播过程中占主导地位。*Ancistrotermes*、*Macrotermes*、*Pseudacantho-*

termes 和 *Odontotermes* 的白蚁均为水平传播模式（图41—13～表 41—1）。

表 41—1　大白蚁亚科中几个种对鸡㙡菌的传播模式

种　类	传播方式	出　处
Ancistrotermes guineensis	水平传播	Sands 1960
A. crucifer	水平传播	Johnson et al., 1981
A. cavithorax	水平传播	Johnson et al., 1981
Pseudacanthotermes spiniger	水平传播	Johnson et al., 1981
Macrotermes subhyalinus	水平传播	Johnson et al., 1981
M. michaelseni	水平传播	Sieber, 1983
Odontotermes pauperans	水平传播	Johnson et al., 1981
O. smeathmani	水平传播	Johnson et al., 1981
O. montanus	水平传播	Sieber, 1983
Macrotermes bellicosus	垂直传播，蚁王	Johnson et al., 1981
Species of *Microtermes*	垂直传播，蚁后	Johnson, 1981 Johnson et al., 1981

鸡㙡菌子实体的形成、孢子的释放，为寻找菌圃接种物的工蚁提供了丰富的资源。严格的单亲垂直传播，限制了鸡㙡菌有性繁殖过程的发生，属无性繁殖。水平传播增加了鸡㙡菌遗传基因的重组概率，对其后代遗传多样性具有积极意义。在菌圃形成初期，可能因工蚁将具有遗传差异的鸡㙡菌带到了同一个菌圃内，不同基因型的鸡㙡菌通过其生物学特性相互竞争，最终优势基因型鸡㙡菌菌株取得与白蚁建立长期互惠共生的关系。实现这种选择，可能的方式有：①优势基因型的鸡㙡菌菌株具有参与白蚁降解消化代谢活动过程中与之互补的酶类或较其他菌株具有更高的酶活性。②优势基因型菌株能够快速形成大量小白球，通过第一时间被白蚁取食来实现传播的优先权。③白蚁加工形成的菌圃基质营养成分的特点对鸡㙡菌具有选择性，优势菌株能够较好适应这样的菌圃基质。

（2）白蚁为鸡㙡菌提供特殊的培养基

鸡㙡菌能够在蚁巢上旺盛生长，与白蚁对其采集植物材料的再加工息息相关。实验室纯培养的鸡㙡菌丝生长缓慢，究其原因，可能与菌圃内特殊的营养成分有关。李栋等研究发现蚁巢浸提物对纯培养鸡㙡菌丝的生长有促进作用，但具体化学成分有待于进一步研究。菌圃表面吸附着一层水膜，可能对鸡㙡菌的生长从环境方面起到一定作用。

（3）抑制其他微生物

白蚁代谢过程释放出大量有机酸，如蚁酸等挥发性酸及非挥发性酸乌头酸、反丁烯二酸，在这些酸的作用下，菌圃 pH 一般维持在 4 左右。菌圃内的酸性环境有效抑制了其他微生物的生长，但鸡㙡菌却能很好地适应菌圃酸性的环境；蚁巢内大量生物体呼吸代谢活动向蚁巢环境释放大量 CO_2，使蚁巢内 CO_2 浓度可达到 3%～5%。如此高的 CO_2 浓度也是菌圃内伴生微生物受到抑制的因子之一。黑柄炭角菌受 CO_2 浓度抑制的作用最为明显，从蚁巢中取出的菌圃如果保存在一个较高 CO_2 浓度的环境中，炭角菌始终被抑制，反之大肆生长。人们还从白蚁肠道中提取出了具有抑制真菌孢子萌发的抗菌物质。Bulet 等（2001）从白蚁（*Pseudoacanthotermes spiniger*）的唾液和血淋巴中分离出了 2 种组成型抗菌肽（不需要诱导即可产生），且其中的 termicin 是迄今发现的抗真菌活性最强的抗菌肽。这将为白蚁实现对鸡㙡菌的“单作”提供有力的保证。

（4）抑制鸡㙡菌有性繁殖的发生

白蚁取食具有发育形成子实体潜力的小白球，抑制鸡㙡菌有性繁殖的发生，这种抑制对于白蚁来说是十分有利的。因为鸡㙡菌形成子实体将消耗大量菌圃营养物质，白蚁并不能从鸡㙡菌子实体得到任何营养补给。被取食的小白球含有不被白蚁消化的无性孢子，这些孢子既是菌圃内新鲜培养物的接种物，也是某些繁殖蚁携带到新巢穴不断传播繁衍所必备的菌种。这样白蚁既获得了最多的营养物质，又起到了传播鸡㙡菌的作用。当然鸡㙡菌总是希望通过有性繁殖实现后代的基因重组，提高后代对环境的适应能力。人类与鸡㙡菌共同利益的交汇点在于鸡㙡菌有性繁殖形成的子实体上。据报道，鸡㙡菌出菇常常发生在白蚁婚飞后的 1～2 个月。因白蚁婚飞，蚁巢内白蚁数量减少，对小白球的取食能力下降，部分小白球得以继续发育形成子实体。笔者认为，在保证菌圃物质正常循环的前提下，适当控制白蚁个体数量，减少白蚁对小白球的取食，使更多小白球发育形成子实体，将是鸡㙡菌仿野生栽培模式下，提高生物转化率的研究方向。

3. 菌圃中微生物种类的多样性

自然界微生物种类繁多，白蚁对鸡㙡菌的栽培不可能像人类一样对培养料进行灭菌处理，只能采取一些物理、化学的手段抑制杂菌生长。一旦移去这些抑制因子，菌圃上的其他微生物便活跃起来。菌圃上的微生物主要来源于蚁巢土壤所含微生物和白蚁从外界带入含菌的植物组织，主要是真菌和细菌。据陈宛如等（1986）对黑翅土白蚁菌圃内微生物进行分离研究，表明菌圃上的真菌有 51 种。表 41—2 列举了菌圃中部分微生物的种类及出处。

这些微生物与鸡纵菌、白蚁的关系如何？它们仅仅是伴生于菌圃之上，还是参与整个蚁巢系统内物质、能量流动的链条中等诸多问题，还有待于进一步探究。

表 41－2　鸡纵菌菌圃中的微生物种类

种　类	来　源	种　类	来　源
A. flavns	Zoberi M H,1979	*Gliocladium*	Zoberi M H,1979
A. niger	Zoberi M H,1979	*Gyrophragmium*	Batra L R & Batra S W T,1966
A. oryzae	Zoberi M H,1979	*Lepiota*	Batra L R & Batra S W T,1966
A. uatua	Zoberi M H,1979	*Leuocoprinus*	Batra L R & Batra S W T,1966
Aegerita	Batra L R & Batra S W T,1966	*M. heimalis*	Zoberi M H,1979
Agaricus	Batra L R & Batra S W T,1966	*Marasmius*	Batra L R & Batra S W T,1966
Alternaria	Zoberi M H,1979 ; Batra L R & Batra S W T,1966	*Monilia*	Batra L R & Batra S W T,1966
Aspergillus	Batra L R & Batra S W T,1966; Zoberi M H,1979	*Mortierella*	Cooke R C & Rayner A D M,1984
Botryodiplodia	Zoberi M H,1979	*Mucor*	Batra L R & Batra S W T,1966 ; Zoberi M H,1979
C. elegans	Batra L R & Batra S W T,1966 ; Zoberi M H,1979	*N. termitum*	Batra L R & Batra S W T,1966
Cephalosporium	Batra L R & Batra S W T,1966	*Neoskofitzia*	Batra L R & Batra S W T,1966
Chaetomium	Cooke R C & Rayner A D M,1984	*Neurospora*	Zoberi M H,1979
Coprinus	Batra L R & Batra S W T,1966	*Omphalia*	Batra L R & Batra S W T,1966
Cuninghamella	Batra L R & Batra S W T,1966 ; Zoberi M H,1979	*Paecilomyces*	Batra L R & Batra S W T,1966
Curvuldaria	Batra L R & Batra S W T,1966	*Penicillium*	Batra L R & Batra S W T,1966 ; Zoberi M H,1979
Dialonectria	Zoberi M H,1979	*Podaxis*	Hudson G J,1986
F. equiset	Zoberi M H,1979	*Podaxon*	Batra L R & Batra S W T,1966 ; Wolf Frederick A & Wolf Frederick B,1947
G. roseum	Zoberi M H,1979	*Psalllota*	Batra L R & Batra S W T,1966
R. stolonifer	Zoberi M H,1979	*Trichoderma*	Batra L R & Batra S W T ; 1966,Zoberi M H,1979
Rhizopus	Batra L R & Batra S W T,1966	*Verticillium*	Cooke R C & Rayner A D M,1984
S. botryosum	Zoberi M H,1979	*X. furcata*	Batra L R & Batra S W T,1979 ; Hudson G J,1986 ; Zoberi M H,1979 ; Batra L R & Batra S W T,1979
S. lanuginosum	Zoberi M H,1979	*X. multiplex*	Zoberi M H,1979
S. racemosum	Zoberi M H,1979	*Xerocomus*	Batra L R & Batra S W T,1966
Syncephalastrum	Batra L R & Batra S W T,1966	*Xylosphaera*	Zoberi M H,1979
T. viride	Zoberi M H,1979 Zoberi M H,1979	*Xylosphaera*	
Thamnidium	Batra L R & Batra S W T,1966	Xylarla	Batra L R & Batra S W T,1979 ;Bels P J & Pataragetvit S,1982 ; Batra L R & Batra S W T,1979 ; Batra L R & Batra S W T,1966 ; Hudson G J,1986,Zoberi M H,1979 ; Cooke R C & Rayner A D M,1984 ; Bels P J & Pataragetvit S
Torula	Batra L R & Batra S W T; 1966,Zoberi M H,1979		
Stemphylium	Zoberi M H,1979		

第三节 鸡㙡菌的生理学研究

一、营养条件

鸡㙡菌是一种腐生性真菌，与白蚁有一定的互惠共生关系，在纯培养的条件下一般仅形成菌落，部分种能形成小白球，但还无法使小白球继续生长发育形成子实体。目前有关子实体的营养需求报道极少，对菌丝营养需求特征有大量研究。据 Chen WanRu, et al.(1995)对 *T. eurrhizus* 营养需求特征研究表明，麦芽糖、蔗糖、葡萄糖及果糖是鸡㙡菌的良好碳源；蛋白胨、花生蛋白、豆粉、甘氨酸和胺盐均适作为鸡㙡菌氮源物质，尿素不适于做为鸡㙡菌的氮源物；顺乌头酸、柠檬酸对菌丝的生长有助进作用；维生素 B_1、维生素 B_2 同时加入到培养基中具有明显的协同助进作用；有报道称蚁酸具有诱导菌丝扭结形成小白球的作用；激素对菌丝的生长具有极为显著的刺激作用；低浓度的辛酸、葵酸也能刺激鸡㙡菌的生长。据付子艳(2007)报道，*T. eurrhizus* 菌丝可以在一个较为广泛的 *C*∶*N* 比范围内(5∶1～100∶1)生长，*C*∶*N*对鸡㙡菌菌丝生长速度、长势影响不大。蚁巢提取液对菌丝的生长有利，可能与蚁巢把提取液中的无机盐，特别是微量元素及生长因子有关。尽管人们对鸡㙡菌菌丝生长的营养需求特征进行了大量的研究，但菌丝在培养基上的生长仍不尽人意。端圆鸡㙡菌(*T. tyleranus*)组织分离的接种物需要4～5周才开始萌发，在组织块周围长出白色菌丝。萌发后菌丝的生长速度缓慢，经过4个月的培养仍未长满培养皿。

二、温 度

真根蚁巢伞(*T. eurrhizus*)菌丝在20～27℃的范围生长良好，25℃是菌丝的最适生长温度。低于8℃菌丝将冻死，因此鸡㙡菌不宜置于冰箱中保存。鸡㙡菌子实体原基分化温度为12～24℃，以16～20℃最为适宜，在18℃时，鸡㙡菌子实体的生长速度每天可以达到0.73cm。孢子萌发温度以24～26℃最佳，低于18℃、高于30℃萌发率明显下降。

三、空 气

鸡㙡菌能耐较高 CO_2 浓度，蚁巢内 CO_2 浓度常年维持在3%～5%，在夏季甚至可能达到15%，但对鸡㙡菌的生长影响不大。在对其菌丝进行液体发酵时，可以考虑减少通气量，或采取静置培养的方式发酵。另外，菌圃空气的酸性成分，主要是挥发性蚁酸，对鸡㙡菌生长发育的影响有待于进一步研究。

四、酸碱度

真根蚁巢伞(*T. eurrhizus*)菌丝对pH值的适应范围较广，pH在2.5～11.5范围内菌丝均能生长。以pH 4.5～9.0生长状态最佳，pH 6.5为最适。菌丝对pH值的广泛适应有利于鸡㙡菌在酸性菌圃环境下生存。

五、水 分

自然状态下，鸡㙡菌出菇不仅需要土壤湿润，而且空气湿度要达到90%～100%，因此子实体常常出现在夏季的雨后。菌丝在一个相当密闭的环境中生活，蚁巢内空气湿度较大，几近饱和。菌圃含水量为46.75%～58.35%，菌圃表层吸附着一层水膜。蚁巢内水分受白蚁调控，在暴雨来临之际白蚁会用土堵塞各路通道，尽力阻止洪水浸没。在旱季菌圃缺水的情况下，白蚁会组织一支浩浩荡荡的运输大军，沿巢腔底部的吸水线将水运到菌圃，保持菌圃湿润状态。

六、光 照

鸡㙡菌丝在菌圃内的生长、小白球的形成、假根的伸长、菌盖菌褶的形成均在地下完成，不需要任何光照，但子实体出土后菌盖开伞需要一定的散射光加以诱导。

第四节 鸡㙡菌的菌种繁育

一、菌种分离与培养(母种)

一般情况下，可以通过组织分离方法得到母种，通过担孢子萌发以及通过培养小白球获得母种。鸡㙡菌在分离培养过程中极易被杂菌污染，在培养基中加入适量的抗生素十分必要。据曾大兴等(1998)报道，在PDAY培养基(PDA＋2g/L酵母膏)中加入80μg/ml硫酸链霉素、80μg/ml青霉素、0.2g/L 甲基托布津、质量浓度 10g/L 牛胆汁，制成的选择性培养基能有效抑制多种杂菌生长。用于培养母种的培养基配方有：

①分离培养基(DB)：葡萄糖25.0g，牛肉膏10.0g，KH_2PO_4 2.0g，$MgSO_4 \cdot 7H_2O$ 1.0g，NaCl 2.5g，$FeSO_4$ 0.001g，丙氨酸0.2g，谷氨酸0.2g，pH 4.5(用柠檬酸调节)。

②分离培养基：葡萄糖 25g，牛肉膏 10g，KH_2PO_4 2g，$MgSO_4 \cdot 7H_2O$ 2g，$FeSO_4$ 2g，$NaCl_2$ 5g，丙氨酸 2g，谷氨酸 2g。

③PDA 培养基：马铃薯 200g，葡萄糖 20g，琼脂 20g。

④改良 PDA 培养基：马铃薯 200g，葡萄糖 20g，白蚁巢浸出液(白蚁巢土 250g，于1 000ml 水中煮沸 5 分钟，过滤，取滤液)1 000ml。

⑤蚕豆培养基：蚕豆 200g，蔗糖 20g，$MgSO_4 \cdot 7H_2O$ 2.4g，KH_2PO_4 2.0g。

⑥蛋白胨培养基：蛋白胨 20g，蔗糖 20g，$MgSO_4 \cdot 7H_2O$ 1.5g，KH_2PO_4 3.0g，维生素 B_1 10mg。

⑦酵母膏培养基：酵母膏 10g，蔗糖 30g，$MgSO_4 \cdot 7H_2O$ 0.5g，KH_2PO_4 1.0g，$NaNO_3$ 3.0g，KCl 0.5g。

⑧松针培养基：马铃薯 200g，鲜松针 50～100g 或干松针 20g，蔗糖 20g，蛋白胨 6g，$MgSO_4 \cdot 7H_2O$ 1.5g，KH_2PO_4 2.0g。

⑨蚁巢培养基：马铃薯 200g，干蚁巢 20g，蔗糖 20g。

⑩小白球萌发培养基：马铃薯 200g，葡萄糖 20g，$MgSO_4 \cdot 7H_2O$ 0.5g，KH_2PO_4 1g，维生素 B_1 10mg。

在培养基灭菌之前，将 pH 调到 5.5～6.0，灭菌后为 4.5～5.0。需要注意的是，氢离子浓度过高会影响琼脂的凝固性。如果将酸液与培养基分开灭菌，后进行调酸，减少氢离子对琼脂的作用时间，有助于培养基的凝固。

(一) 常规组织分离

选取新鲜的鸡纵菌子实体，用无菌水冲洗子实体表面，再用 75%乙醇进行表面消毒。在无菌条件下将子实体从中纵向撕裂，露出内部菌肉组织。用灭菌后的手术刀从菌盖、菌柄交界处划取 0.5cm^3 大小的菌块，转移到培养基中，置于温箱内培养。

(二) 贴壁分离

将新鲜子实体(最好是刚开伞的)进行常规消毒后，用无菌镊子取下一小块菌褶，置于试管培养基斜面的正对面管壁上，放置 8～12 小时，让担孢子自然弹射到培养基斜面上，后取出菌褶，将试管置入温箱同培养。据龙正海、曾大兴(2007)报道，鸡纵担孢子在 PDA、PDY 培养基中 24 小时内的萌发率分别为 94%和 96%。孢子萌发时不断膨大，大多数从孢子两端长出 2 根芽管，偶见 3～4 根，48 小时后观察孢子萌发率几乎没有变化，只是芽管不断伸长。研究还发现，无菌水、Czapek 抑制孢子的萌发，48 小时后观察，发现孢子开始自溶。担孢子经过 7～8 天形成微菌落，10 天后形成的菌落生长缓慢。

(三) 小白球分离

小白球容易被感染，一旦菌圃从蚁巢中取出便直接与外界空气接触。因此最好在野外进行小白球接种。菌圃被挖出后，立即用接种针挑取小白球转入试管培养基斜面进行培养。

经组织分离培养萌发形成菌丝的时间，有报道为 3～8 天，而张玉金(2008)从河口县采集的鸡纵菌子实体经组织分离培养到萌发形成菌丝的时间长达 4～5 周。可能因鸡纵菌种类不同，萌发时间有所差异。小白球在培养基上的生长情况较组织分离的理想。据陈宛如等报道，小白球能在 15 天长满斜面(18cm^2)。

(四) 母种培养物的形态特征

付子艳(2006)对鸡纵菌进行分离培养。观察发现，不同种之间的鸡纵菌菌落形态特征有所差异，鸡纵菌(*T. jizong*)的菌落具有规则的圆形环状轮纹，其气生菌丝扭结形成球状分叉，似凌乱堆砌的雪花(图 41—15)；空柄鸡纵菌(*T. cavus*)的菌丝稀疏、匍匐，接种物附近培养基形成放射性小痕(图 41—16)，无小白球形成。在 40X 显微镜下观察扭结的菌丝，发现菌丝透明无色，具分枝分隔，菌丝前端形成球状胞和分生孢子，分生孢子由菌丝缢缩断裂形成(图 41—17)。龙正海、曾大兴(2006)将菌落菌丝形态 分为 3 种类型：Ⅰ菌丝型：

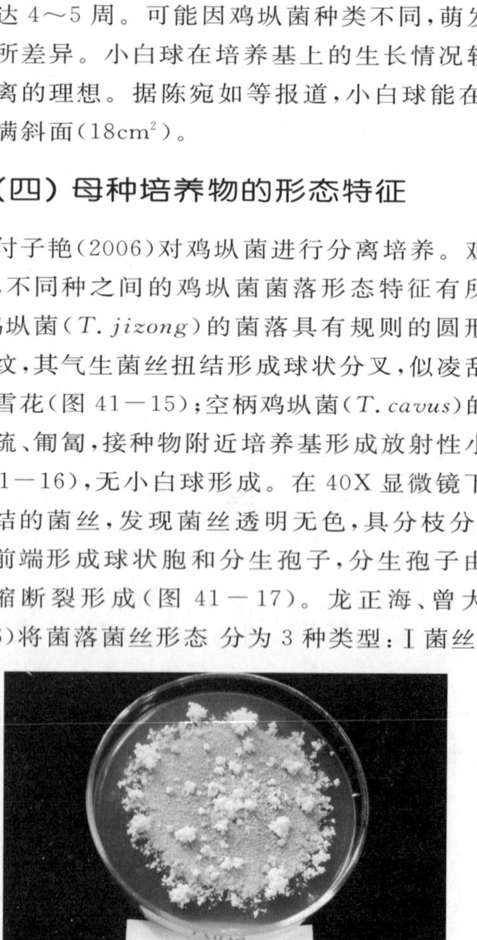

图 41—15　菌落形态(1)

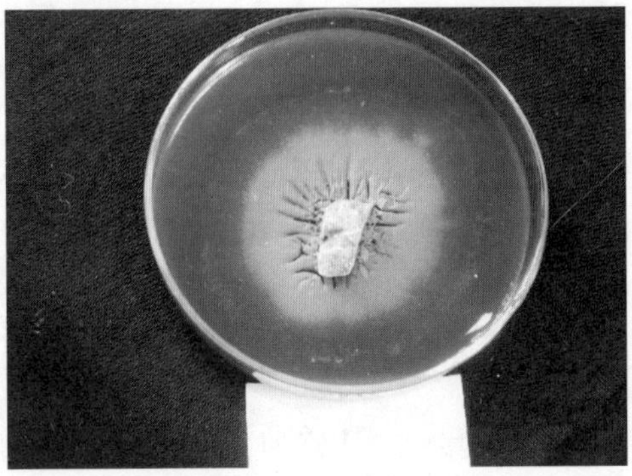

图 41－16 菌落形态(2)

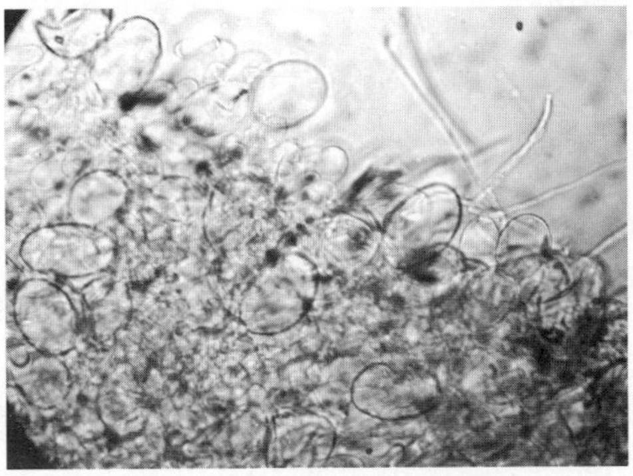

图 41－17 鸡纵菌菌落的球状胞

菌落前期为白色，后期仍为白色或微黄，形成大量气生菌丝，产孢量小，菌落表面绒状，仅少数种属此类型；Ⅱ孢子型：菌落气生菌丝少，菌丝后期聚集形成颗粒或粉状，产孢量大，大部分菌种属于此类型；Ⅲ中间型：气生菌丝和产孢情况介于上述两类型之间。

二、原种的生产

鸡纵菌与白蚁共生关系复杂，特别是白蚁对植物组织加工过程中造成的组成成分的变化，还有待于进一步研究。人们只能借鉴其他食用菌菌种的生产经验。鸡纵菌菌丝生长缓慢、污染率高，因此鸡纵菌原种生产难度较大，栽培种的生产更是难于实现。尽管如此，广大食用菌科研工作者们仍进行了大量的试验，筛选出了一些生产原种的配方。

① 阔叶木屑 78%，麦麸 20%，蔗糖 1%，石膏 1%，蚁巢浸出液与料比 1.2∶1。

② 木屑 100，麦麸 25，蚁巢 25，石膏 1，糖 1，水适量。

③ 木屑 75，麦麸 21，石膏粉1.7，蔗糖 1，普钙 1，尿素 0.28，多菌灵 0.02，水 140。

④ 木屑 75，麦麸 21，石膏粉1.7，蔗糖 1，普钙 1，尿素 0.28，多菌灵 0.02，蚁巢液 70，水 70。

⑤ 木屑 30，棉子壳 45，麦麸 22，生石灰1.5，蔗糖1.5，碳酸钙 1，硫酸镁0.5，蚁巢液 70，水 70。

⑥ 木屑16.5，棉子壳 40，麦麸 40，生石灰1.5，蔗糖1.5，硫酸锌0.5。

⑦ 棉子壳平菇废料 100%。

⑧ 蚁巢土 100%。

三、栽培成功的报道及仿野生栽培技术

赖井平等人报道了鸡纵菌驯化栽培成功的例子，认为并非所有的鸡纵菌种类都需要与白蚁共生。但至今还没有人工栽培成功并批量生产的报道，表明鸡纵菌的人工栽培还存在一定的难度。据赵守光等(1998)报道，鸡纵菌从打孔接种到菌包生理成熟所经历的时间长达 4 月。其生理成熟的标准是袋壁上有瘤点出现。挖坑对土壤进行消毒处理后，将鸡纵菌菌包脱袋、埋入坑内、覆土 8～10cm，保持土壤湿润，其出菇期长达 4 个月，生物学效率达 66%～68%。余春喜等(1997)报道，瓶栽鸡纵菌的菌丝生长速度达到 2.94 mm/d，满瓶天数仅为 45 天左右，子实体分化到出菇大为 8～12 天，生物效率最高达到 63.8%。与赵守光等栽培方法不同之处在于，瓶栽鸡纵菌未进行覆土处理，更没有与白蚁接触。赖井平等(1993)报道，菌袋内菌丝生长速度每天为 0.19～0.21cm。料袋高度为12.5cm，从接种到出菇只需 50～55 天，4～6 月埋袋覆土可延续采收到当年秋季的9～10 月份，其栽培方式与赵守光的相似。孙思国(2007)报道了一种黑皮鸡纵菌生产方法，即用鸡纵菌的假根和孢子分别培养出菌落，再将两种菌落混合培养，以混合培养的鸡纵菌培养物作为鸡纵菌菌种，进行鸡纵菌的栽培。但以上这些报道栽培成功的文章均未对鸡纵菌具体种类作明确说明。

四川宜宾屏山县农户在房前屋后挖几个土坑，进行常规消毒处理，再在坑底垫一层厚 10～20cm 的细土，然后铺上干树枝、作物秸秆、树叶等白蚁喜欢取食的植物组织，厚 10～20cm，从野外将蚁巢连圃带土一起挖回，运到挖好的土坑中(途中尽量保持蚁巢的完整性)，再在上面覆盖一层厚 20～25cm 的干树枝、作物秸秆等植物组织，用土将坑覆盖整平，适当浇水保持土壤湿度。据说当年便可出菇 2～3 次。笔者认为这种移栽方式劳力消耗大，且对鸡纵菌资源造成极大的破坏，也没有实现鸡纵菌的扩大繁殖，不值得提倡。

以饲养白蚁栽培鸡纵菌的仿野生栽培模式具有一定可行性，已有两个基于此模式的仿野生栽培专利诞生，分别是杨文兴于 2006 年申请的《一种白蚁共生人工种植鸡纵菌的方法》、卢云发于

2006年申请的《一种与白蚁共生人工种植鸡纵菌的方法及蚁生鸡纵菌的配套种植法》。下面分别对这两项专利技术作简单介绍。

(一)白蚁共生人工种植鸡纵菌

1. 选择种植地点

选择中性偏酸的土壤,pH以6为宜,土层深度为80cm,周围无污染源、有水源可供浇灌。如附近有野生鸡纵菌生长更好。

2. 育白蚁卵块

① 选择长有鸡纵菌窝的地块培育白蚁卵块。

② 将剑麻秆切成30cm长的段,作为培养基料。667m²(亩)用量250段左右。

③拌入由罂粟子20%、蜂蜜15%、芝麻20%、蔗糖10%、马豆糖子15%、牛血12%、牛骨粉8%混合制得的饵料,放在剑麻秆间,每千克剑麻秆放饵料2 000g,用以诱集白蚁,然后用土覆盖。

④ 一般一个月后可把剑麻秆从土中取出,作为鸡纵菌种植用的白蚁卵块。

3. 准备种植用基料木材

阔叶树、木材均可,以核桃木、栗木、水冬瓜较佳,截成小段,长度不超过70cm,晒干备用。

4. 准备种植饵料

种植用诱饵料配方与育白蚁卵块所用饵料相同,每15g制成一块备用。

5. 配制消毒杀菌药水

消毒杀菌用药水为0.1%高锰酸钾或0.1%多菌灵溶液。

6. 准备填缝、隔土料

一般用麦秸作为准备填缝、隔土料。

7. 做共生塘

① 在种植地块中打出0.8m×0.8m、深0.7m的塘,塘与塘之间的间距为0.8m。

② 将木材用0.1%高锰钾或0.1%多菌消毒,按每塘15千克用量平铺于塘底,用切碎的麦秸作为木材间空隙的填缝料。在塘内放置两根空心管,并将外露端的管口密封好,以便日后投放菌种。

③ 放入饵料,每塘一块,即15g。

④ 每塘放入一块白蚁卵块,以便白蚁在共生塘内生长,再用切碎的麦秸作为隔土料,最后用土覆盖。

8. 维护与管理

防止畜禽对共生塘的破坏,天旱时对共生塘适量浇水以保持土壤湿润,春季浇水1～2次,使鸡纵菌出菇早且多。

9. 共生状况观察

共生塘做好2个月后抽样观察,验证白蚁是否已在共生塘内生存繁殖。若白蚁繁育成功,可进行菌种投放。

10. 菌种的分离培育

(1)原种培育

在无菌条件下收集孢子,并接种到培养基上。待孢子萌发形成初生菌丝,继而发生细胞质的融合形成次生菌丝。将这些菌丝进行转接扩繁,即得到原种。原种培养基配方为:蒸馏水1 000ml,琼脂20g,葡萄糖20g,马铃薯200g,氨基酸100g,pH为5.6～6.2。

(2)母种培育

根据专利说明书所述,母种培养基配方为:核桃木屑35%,甘蔗渣35%,玉米芯27%,葡萄糖2%,石膏粉1%。按常规方法进行转接扩繁,得到母种。

(3)栽培种培育

栽培种培养料配方与原种培养料配方相同,由原种转接扩繁而得到。

11. 菌种播种

将露出土面的空心管管口打开,再将培育好的栽培种从管口中投入,然后将管口封闭好,即完成菌种的播种。

12. 鸡纵菌的收获

菌种播种两个月后便可出菇。从菇蕾出土到收获约3天时间,出菇期间注意维持土壤湿度和保持空气湿度在一个较高的值。

13. 鸡纵菌收后管理

一般不需要特殊管理,只是在天旱时适量浇水,保证鸡纵菌与白蚁共生环境不受破坏,一般每年春季浇1～2次水。此后每年5月中旬播种菌种。

14. 注意事项

① 防止共生塘受外物污染,去除杂草。

② 可种植一些浅根作物,但不能施农药化肥,仅以腐熟的有机肥为肥源。

③ 黑蚁是白蚁的天敌，如有黑蚁大量出现，进行捕杀。

（二）蚁生鸡㙡菌的配套种植法

1. 人工繁殖白蚁

在中秋至立冬或惊蛰至立夏期间，挖长 4m、宽 5m、高0.8m的塘。塘底挖松平整，将干青冈、干核桃树段木平铺于塘底，两段木之间的距离为 15cm，段木直径 10～20cm。段木间空隙用玉米芯填平，放入白蚁数百只，盖上去叶的玉米秸秆或高粱秸秆，撒下白蚁食料，再覆上厚4～6cm的细土，最后盖一层秸秆保温。3 周后白蚁繁殖完成。

2. 白蚁的移植

在庄稼地内挖深 0.6m、直径 0.4m 的窝，在窝壁距底 40cm 处平刺 3～5 个小洞，在窝底放置 30～35cm 厚的白蚁食料。然后将上述繁殖的白蚁连木带泥一起放入坑内，再覆上25～35cm 厚的泥土。

3. 播放菌种

将鸡㙡菌菌种经一根真空管放入窝内即可。

4. 白蚁食料的配制

白蚁食料由 9 种原料组成：干青木冈树 1 份，干核桃树 1 份，玉米芯 1 份，铁丝栎（大阔叶树）1 份，泡丝栎（大阔叶树）1 份，玉米秆 1 份，高粱秸 1 份，高粱米 0.5～1 份，豆面泥土 1 份。将上述原料研细至 50～100 目，再添加适量水，调和成粒状进行发酵。

根据专利说明书所述，每 667m²（亩）地可置 400 余窝，可采收鸡㙡菌鲜菇 300～500 千克。

上述两种鸡㙡菌的仿野生栽培方法偏重于栽培模式的论述，对菌种生产及菌丝生长特性略有提及。表明鸡㙡菌生长缓慢，母种、栽培种生产仍是制约鸡㙡菌仿野生栽培的瓶颈之一。

第五节 鸡㙡菌的营养与药用价值

一、营养成分

鸡㙡菌味道鲜美，营养丰富。据分析，新鲜子实体含水量为83.3%～94.3%。干菇中，脂类含量2.5%～5.4%，多聚不饱和脂肪酸占总脂肪酸的 45.1% ～ 65.1%，粗纤维含量达 17.5% ～ 24.7%，蛋白质含量 15.1%～19.1%，灰分含量在 5.2%～14.4%。此外还含有维生素 B_2 1.20mg/100g，烟酸64.2mg/100g，维生素 C 5.14mg/100g。通常情况下，幼菇营养成分较成熟的子实体丰富（表 41—3～表 41—4），菌盖营养成分比菌柄丰富(Jonathan Gbolagade et al. 2006)。据姚晓红（2000）报道，鸡㙡菌发酵液菌丝中蛋白质含量明显高于鸡㙡菌子实体中蛋白质的含量（表 41—5～表 41—6）。在鸡㙡菌液体发酵菌丝体中，除色氨酸外，人体必须的 7 种氨基酸占氨基酸总量的 37.6%。鸡㙡菌子实中，人体必需的 8 种氨基酸占氨基酸总量的35.8%，两者的多糖含量相近。除此之外，鸡㙡菌还含有多糖、香豆精、皂苷、麦角甾醇等，具有特殊生物活性的成分。

表 41—3 幼嫩菇与成熟菇营养成分分析比较(单位:g/100g 干重)

种 类	含水量	干物质	可溶性糖	总脂类	肝糖	蛋白质	粗纤维	灰分
T. microcarpus 幼嫩菇	90.3	9.7	14.7	8.1	19.5	28.1	12.1	11.7
T. microcarpus 成熟菇	88.2	11.8	13.6	9.4	16.2	27.3	13.7	14.1
T. globulus 幼嫩菇	92.3	7.7	15.4	7.1	19.8	34.1	9.6	17.3
T. globulus 成熟菇	90.5	9.5	13.9	6.3	18.4	31.5	11.1	14.3
T. lobayensis 幼嫩菇	93.9	6.1	7.6	3.8	10.7	13.9	7.2	9.3
T. lobayensis 成熟菇	91	9	7.9	4.6	10.1	13.1	9.8	9.5

二、药用价值

鸡纵菌作为一种名贵的野生菌，不仅营养丰富，而且还具有一定的药用价值。据《本草纲目》记载，有“益胃、清神、治痔”之功效，其菌圃在抗衰老、抗风湿、抗炎等方面表现出广泛的生理活性。鸡纵菌安全无毒。庞梅兰(1999)对鸡纵菌菌丝的毒性进行了探讨，通过小鼠骨髓微核试验、小鼠睾丸初级精母细胞染色体畸变分析及小鼠精子畸形试验，证明鸡纵菌菌丝安全无毒。人们已经从鸡纵菌丝中分离了具有多种药用功能的多糖、葡聚糖等，又从菌圃中分离提取了具有镇静抗炎、抗溃疡等多种生物学效应的熊果酸。

1. 免疫调节

研究发现，鸡纵菌多糖对免疫系统有广泛的作用，对淋巴细胞转化具有促进作用，同时对PAH刺激引起淋巴细胞转化也有明显的协同效用。鲁新成、何庆邦(1996)用热水抽提乙醇沉淀的方法从鸡纵菌(*T. eurrhizus*)子实体中获得了一种灰白色多糖，其总糖含量为77.35%，蛋白质含量为9.14%。生物学研究表明，鸡纵菌多糖(TP)能够促进机体免疫功能，增加胸腺、脾脏器官重量，增加小鼠白细胞总数量，使红细胞中SOD酶活性显著提高。此外，对脾淋巴细胞的转化也有显著的促进作用。β-葡聚糖能够活化巨噬细胞、中性粒细胞等，能提高白细胞素、细胞分裂素和特殊抗体的含量，全面刺激机体的免疫系统。β-葡聚糖能使受伤机体的淋巴细胞产生细胞因子(IL-1)的能力迅速恢复正常，有效调节机体免疫功能。大量实验表明，β-葡聚糖可促进体内IgM抗体的产生，以提高体液的免疫能力。这种葡聚糖活化的细胞会激发宿主非专一性防御机制，故应用在肿瘤、感染病和治疗创伤方面深受瞩目。许多报道显示，老鼠口服酵母β-1,3-葡聚糖，可增强腹膜细胞抗菌之吞噬作用。此外，葡聚糖尚有清除游离基、抗辐射、溶解胆固醇，预防高脂血症作用及抵抗滤过性病毒、真菌、细菌等引起的感染。黄瑞松等(2005)对壮药土垅大白蚁菌圃提醇溶物对小鼠免疫功能的影响进行了研究，表明菌圃水提醇溶物(水煮后滤去杂质，再加入乙醇使之沉淀，滤液回收乙醇后即得)能提高小鼠对酵母菌的吞噬百分率、淋巴细胞转换率和外周血细胞的T细胞百分率、血清中半数溶血值(Hc50)，并可对抗环磷酰胺所致上述免疫功能抑制及脾脏指数下降的作用。总之，菌圃水提醇溶物对正常小鼠和免疫抑制小鼠均有提高免疫功能的功效。

2. 降血脂作用

王一心等(2003)分别用6.25%、3.31%鸡纵菌匀浆液及蒸馏水灌胃，此前一直用高脂饲料喂养的小白鼠，30天后对各组小鼠血脂进行检验。结果表明，用鸡纵菌匀浆灌胃小白鼠后其血清总胆固醇、三酰甘油、低密度脂蛋白胆固醇含量明显低于对照组，说明鸡纵菌具有降血脂作用。

3. 抗氧化作用

MauJengLeun等对*T. eurrhizus*甲醇提取物的抗氧化特性进行了研究，在25mg/ml的浓度下表现出较高的抗氧化活性，在10mg/ml的浓度下对1.1-二苯酚-2-间三硝基的清除率达78.8%～94.1%。王一心、狄勇、杨桂芝(2005)研究了鸡纵菌在大鼠高胆固醇血症中的抗氧化作用。研究表明，鸡纵菌具有较强的清除活性氧自由基的能力，显著降低大鼠血清肌肝细胞中MDA含量，显著提高血清中SOD活力，表现出明显的抗氧化作用。鸡纵菌对防治高脂血症和预防动脉粥样硬化形成具有一定的应用价值。

4. 抗炎镇痛

陈力力等(1997)对土垄大白蚁菌圃的抗炎镇痛作用进行了研究，以菌圃7.5g/kg、15g/kg灌胃小鼠后，可明显减轻小鼠的耳廓肿胀和腹腔毛细血管的通透性，对热析法及酯酸致痛小鼠具有明显的镇痛作用。陆奕宇(2007)采用醋酸扭体实验、甲醛至痛模型、二甲苯至耳肿胀模型及角叉菜胶至足肿胀模型对鸡纵菌粉及其提取物对小鼠镇痛抗炎作用进行了观察研究。结果表明，鸡纵菌能提高炎症组织的SOD水平，增强抗体清除自由基能力，抑制脂质过氧化作用。此外还明显抑制炎症渗出因子PGE_2、NO、MDA的产生，表现出了较好的镇痛抗炎作用。据报道，菌圃中起镇痛消炎作用的重要组成成分之一是熊果酸，熊果酸是一种三萜类化合物，具有镇静、抗炎、抗菌、抗糖尿病、抗溃疡、降低血糖等多种生物学效应，熊果酸还具有明显的抗氧化功能，被广泛地用作医药和化妆品原料。

第六节　鸡枞菌的保鲜与产品开发

一、鸡枞菌的保鲜

鸡枞菌以其丰富的营养成分、出众的口感而受到人们的欢迎。在我国，大量出产鸡枞菌的地区主要是西南三省（云、贵、川）。为满足我国其他地区及海外对鸡枞菌的消费需求，鸡枞菌鲜品贸易异常繁忙。鸡枞菌的安全运输，特别是在运输前的处理及运输过程中的保鲜工作尤为重要。据桂明英（2004）报道：鸡枞菌较其他野生菌更不易保存，从市场上购回存放 2 天后部分鸡枞菌开始变质。研究发现，在鸡枞菌储藏过程中没有乙烯产生，外源乙烯也不会影响鸡枞菌的呼吸强度。速冻保鲜技术在果蔬储存方面效果明显。研究表明，速冻鸡枞的冻结点温度为－1.4℃，速冻后的冻藏温度在－18℃以下为适宜。辐照果蔬能延长其储藏时间。强继业等（2005）做了 γ 射线辐照对鸡枞菌保鲜效果的研究。结果表明，γ 射线辐照抑制了鸡枞菌膜脂的过氧化过程，保持了膜结构的完整性，延缓了鸡枞菌的衰老过程，以0.5kGy 辐照处理可得到较好的储藏效果。

二、鸡枞菌的加工

鸡枞菌不易保存，对鸡枞菌进行深加工后可解决保存问题，鸡枞菌的商品价值得到极大的提高。最常用也最简便的方法是，利用日光或其他烘干设施对新鲜鸡枞菌（若果形较大，应将其分成多个部分）进行脱水处理得到鸡枞干品，再将鸡枞菌干品装入塑料包装袋内，另盛入一小包硅胶，封口即可。油鸡枞是一道云南名菜，已开发成为一个即开即食小吃。其生产方法为：先将鸡枞洗净、切片，将干辣椒切成小段，备好料后将植物油用火使油温至起青烟时，放入花椒、八角及干辣椒段等，稍炸。再放入鸡枞，加入食用食盐，慢慢炸至鸡枞菌所含水分散尽，色变黄但尚未起脆出锅，最后包装处理。鸡枞酱是一种营养丰富、老幼兼宜的调味品，以鸡枞菌子实体为原料，洗干净后磨成酱醪，与辅料混合，装瓶杀菌制成。除此之外，鸡枞菌还开发成了饮品及保健品等。

三、鸡枞菌相关产品的开发

大量研究事实表明，鸡枞菌的生长发育条件十分特殊，实现纯人工化栽培难度还很大。但通过对其菌丝体的液体发酵，可以使鸡枞菌生物量的快速增长。化学成分分析比较表明，鸡枞菌发酵液菌丝体比其子实体含有同样或更高的营养成分和疗效成分。因此，国内外普遍采用高效的菌丝体深层发酵技术来产生药品、调味品及其他营养饮料。

将原种（试管种）于无菌条件下转接到经灭菌后冷却的液体培养基中，一般1 000ml 的三角瓶盛 200ml 培养液。将三角瓶固定于摇床上，以转速 150 转/分钟在 30℃下振荡培养。待三角瓶内出现大量菌球后，以此作为液体菌种，转接到新鲜液体培养基中，接种量为 10%～15%。扩繁 1～2 代，以菌种量达到发酵罐培养用种量为准。在振荡培养条件下，一般接种 2～3 天后，开始形成白色微菌丝球，菌丝球中部紧密，边缘疏松，直径 1～1.5μm，边缘菌丝向外呈辐射状生长。4～5 天后菌丝球长到 4～8mm，菌丝球边缘菌丝变粗，直径为 2～3μm，其顶端开始产生分生孢子。5～6 天后随着分生孢子的不断产生，培养液变得浑浊。工厂化发酵罐容量一般为 500L，装入培养基 200L 灭菌冷却后，接入 1%～1.5%的液体菌种进行发酵。发酵温度在 24～30℃范围内皆能生长。温度过低，发酵周期延长；温度过高，菌丝体老化提前。最适温度应在 28～32℃范围内。虽然鸡枞菌能耐较高的二氧化碳浓度，但通气量明显影响菌丝体生长，以每分钟流量在 1∶1～1∶1.5*V*/*V* 较为理想。同时，在培养基配制时加入少量消泡剂以防止泡沫大量产生。采用间歇搅拌的方式可避免过快搅拌将菌丝体打碎。发酵时间视鸡枞菌种类不同而有差异。一般发酵后 15 小时开始取样检测，以发酵液目标产量达到最大值为标准。发酵液应具有鸡枞菌纯正而特殊的香味。

据赵呈裕等（1997）报道，用饴糖、土豆作为碳源优于蔗糖和玉米淀粉，氮源以黄豆饼粉和蛋白胨最佳，最适 pH 为 6～7。张铭等（2002）报道，蛋白胨、磷酸二氢钾、红糖对 *T. fuliginosu* 的生物量影响很大。当每升培养基含磷酸二氢钾 1g、蛋白胨 4g、红糖 72g 时，菌丝体生物量可达21.1g/L。朱必凤等报道，鸡枞菌最适生长碳源为玉米淀粉，氮源为花生蛋白，生长因子以麦麸浸汁较好。在合成培养基上添加柠檬酸、乌头酸、延胡羧酸、维生素 B_1、维生素 B_2 或生物素都能促进鸡枞菌菌丝的生长。常用的液体培养基配方有：

① 马铃薯 15%，玉米粉 2%，酵母膏0.1%，硫酸镁 0.05%，磷酸二氢钾0.1%。

② 红糖 72g/L，蛋白胨 4g/L，磷酸二氢钾 1g/L，硫酸镁 0.15g/L，酵母膏 3g/L。

③ 马铃薯 15%，玉米粉 3%，蔗糖 2%，酵母膏 0.1%。

④ 饴糖 3%，蛋白胨 2%，硫酸镁0.05%，磷酸二氢钾0.6%，维生素 B_1 0.01%，维生素 B_2 0.01%，泡敌 0.01%。

⑤ 玉米淀粉 3%，花生蛋白 0.2%，麦麸浸汁 50ml，磷酸二氢钾 0.1%，硫酸镁 0.1%。

发酵终产物预热到 50℃，调节 pH 为 6，再加入木瓜蛋白酶，风味酶为 4∶1 复合酶解，酶解时间为 6 小时左右。加热使酶变性失活，经离心过滤、精滤、调配、装瓶、杀菌冷却等步骤加工成为药品、调味品与饮料等。

第七节 展 望

一、国内外发展现状

人类对鸡纵菌认识、利用的历史久远。近一百多年来国内外学者对鸡纵菌进行了大量科学研究，取得了大量研究成果，增进了人们对鸡纵菌及其共生白蚁的了解。国内学者对鸡纵菌的研究偏重于应用领域，如菌丝的纯培养、栽培技术、营养及药用价值等。赖井平等报道了鸡纵菌引种驯化栽培成功的试验，杨文兴等发明了依靠扩繁白蚁投放鸡纵菌菌种，使之建立鸡纵菌与白蚁共生系统的仿野生栽培技术，但在育种方面的进展不大。姚小红等对鸡纵菌多糖进行了研究，发现鸡纵菌多糖具有抗氧化、降血脂、提高抗体免疫力的功效。国外学者对鸡纵菌的研究更加深入，他们利用分子生物学技术，构建系统发育树，对鸡纵菌与白蚁共生起源、物种迁移、鸡纵菌与白蚁共生配对对应关系进行了深入的研究。对鸡纵菌与白蚁的互惠、共生关系的研究取得了较大的进展，构建了共生状态下鸡纵菌的 cDNA 文库，为人们进一步理解其共生机制打下基础。

二、鸡纵菌研究中存在的问题

尽管人们认识鸡纵菌已有很久的历史，并进行了大量的研究，但远远不能满足人们开发利用和资源保护的需要。尽管鸡纵菌菌丝在人工培养基上生长缓慢，却能够形成小白球，如何实现小白球向子实体的发育还束手无策。白蚁对鸡纵菌子实体发育的作用有待深入研究。鸡纵菌菌丝在人工培养基上生长缓慢、抗杂菌力弱，其在蚁巢菌圃内的生长速度有待于进一步研究。白蚁将其采集的植物组织加工成菌圃基质，在此过程中有哪些关键的因子发生了变化，研究得还不深刻，本质性的规律还未认识。白蚁对菌圃内其他微生物的抑制机制尚需进一步完善。只有研究清楚了白蚁与鸡纵菌共生关系的规律，才能更好地开发、利用鸡纵菌资源。

三、鸡纵菌的研究前景

鸡纵菌与白蚁共生于地下蚁巢，对鸡纵菌与白蚁的观察极为困难。其共生关系的报道多为零星观察加以推测，缺少系统性、可靠性的研究。随着摄像技术的发展，可以考虑用内窥技术在不影响其活动的前提下（红外摄像）对蚁巢进行长期监视、动态观察，进一步弄清白蚁活动对鸡纵菌的传播、生长及发育的影响。通过精确、细微的分析技术，对菌圃成分中影响鸡纵生长的关键因子进行分离提纯鉴定，明确菌丝营养需求特征、子实体发育过程中的营养需求特征。对菌圃小气候进行全面深入的定量研究，为实现人工化栽培提供参考数据。

总之，随着相关科学技术的不断发展以及人们对鸡纵菌的不懈探索，对鸡纵菌的认识会更加深入，也将会更好地利用鸡纵菌资源来造福人类。

参 考 文 献

[1] AANEN D K, EGGLETON P. Fungus-growing termites originated in African rain forest[J]. Curr Biol, 2005, 15(9): 851-855.

[2] AANEN D K, EGGLETON P, ROULAND-LEFEVRE C, et al. The evolution of fungus-growing termites and their mutualistic fungal symbionts[J]. Proc Natl Acad Sci USA, 2002, 99(23): 14887-14892.

[3] AANEN D K, ROS V I, DE FINE LICHT H H, et al. Patterns of interaction specificity of fungus-growing termites and Termitomyces symbionts in South Africa[J]. BMC Evol Biol, 2007, 7: 115.

[4] AANEN D K. AS you reap, so shall you sow: coupling of harvesting and inoculating stabilizes the mutualism between termites and fungi[J]. Biol Lett, 2006, 2(2): 209-212.

[5] ABULUDE F O. Metal levels in mushrooms consumed in southwestern nigeria[J]. Adv Food Sci, 2004, 26(4): 155-158.

[6] ADEJUMO T O, AWOSANYA O B. Proximate and mineral composition of four edible mushroom species from South Western Nigeria[J]. Afr J Biotechnol, 2005, 4: 1084-1088.

[7] ADEWUSI S R, ALOFE F V, ODEYEMI O, et al. Studies on some edible wild mushrooms from Nigeria: 1. Nutritional, teratogenic and toxic considerations[J]. Plant Foods Hum Nutr, 1993, 43(2): 115-121.

[8] GHOSH AK. Removal of carboxymethyl cellulase activity from the culture filtrate of Termitomyces clypeatus producing xylanase[J]. Biotechnol Lett, 2002, 24(15): 1249-1252.

[9] ALOFE F V, ODEYEMI O, OKE O L. Three edible wild mushrooms from Nigeria: their proximate and mineral composition[J]. Plant Foods Hum Nutr, 1996, 49(1): 63-73.

[10] ALOFE F V. Amino acids and trace minerals of three edible wild mushrooms from Nigeria[J]. J Food Compost Anal, 1991, 4(2): 167-174.

[11] PRAMANIK A, ISLAM SS. Structural studies on a polysaccharide from an edible mushroom, Termitomyces eurhizus[J]. Indian J Chem, 1999, 38(6): 709-712.

[12] BATRA L R, BATRA S W T. Fungus-growthing Termitomyces of tropical India and associated fungi[J]. Journal of Kansas Entomological Society, 1966, 39(4), 725-738.

[13] BIGNELL D E, SLAYTOR M, VEIVERS P C, et al. Functions of symbiotic fungus gardens in higher termites of the genus Macrotermes: evidence against the acquired enzyme hypothesis[J]. Acta Microbiol Immunol Hung, 1994, 41(4): 391-401.

[14] BOSE S. Laccase production by the white-rot fungus Termitomyces clypeatus[J]. J Basic Microbiol, 2007, 47(2): 127-131.

[15] BOTHA W J, EICKER A. Cultural studies on the genus Termitomyces in South Africa. I. Macro-and microscopic characters of basidiome context cultures[J]. Mycol Res, 1991, 95(4): 435-443.

[16] BOTHA W J, EICKER A. Cultural studies on the genus Termitomyces in South Africa. II. Macro- and micromorphology of comb sporodochia[J]. Mycol Res, 1991, 95(4): 444-451.

[18] BOTHA W J, EICKER A. Nutritional value of Termitomyces mycelial protein and growth of mycelium on natural substrates[J]. Mycol Res. May, 1992, 96(5): 350-354.

[19] CHAKRABORTY I. A water-insoluble (1→3)-beta-D-glucan from the alkaline extract of an edible mushroom Termitomyces eurhizus[J]. Carbohydr Res, 2006, 341(18): 2990-2993.

[20] CHANDRA K A. water-soluble glucan isolated from an edible mushroom Termitomyces microcarpus[J]. Carbohydr Res, 2007, 342(16): 2484-2489.

[21] DARLINGTON J P E C. Resolving relationships in some African fungus-growing termites (Termitidae, Macrotermitinae) using molecular phylogeny, morphology, and field parameters[J]. Insectes Soc, 2008, 55(3): 256-265.

[22] DE FINE LICHT H H, BOOMSMA J J, AANEN D K. Presumptive horizontal symbiont transmission in the fungus-growing termite Macrotermes natalensis[J]. Mol Ecol, 2006, 15(11): 3131-3138.

[23] DE FINE LICHT H H. Termitomyces sp associated with the termite Macrotermes natalensis has a heterothallic mating system and multinucleate cells[J]. Mycol Res, 2005, 109(3): 314-318.

[24] DURINGER P, SCHUSTER M, GENISE J F, et al. The first fossil fungus gardens of Isoptera: oldest evidence of symbiotic termite fungiculture (Miocene, Chad basin)[J]. Naturwissenschaften, 2006, 93(12): 610-615.

[25] HYODO F. Differential role of symbiotic fungi in lignin degradation and food provision for fun-

gus-growing termites (Macrotermitinae: Isoptera)[J]. Funct Ecol,2003,17(2):186-193.

[26] HYODO F. Role of the mutualistic fungus in lignin degradation in the fungus-growing termite Macrotermes gilvus (Isoptera; Macrotermitinae)[J]. Soil Biol Biochem,2000,32(5):653-658.

[27] FASIDI I O, KADIRI M. Changes in enzyme activities of Termitomyces robustus (Beli) Heim and Lentinus subnudus Berk during sporophore development[J]. Food Chem,1991,39(1):109-116.

[28] FROSLEV T G, AANEN D K, LAESSOE T, et al. Phylogenetic relationships of Termitomyces and related taxa[J]. Mycol Res,2003,107(11):1277-1286.

[29] GERMAIN KDCM, ALAIN B S, MARTIN F. Nutrient content of some mushroom species of the genus Termitomyces consumed in Cameroon[J]. Nahrung/Food,2003,47(3):213-216.

[30] GHOSH A K, BANERJEE P C, SENGUPTA S. Purification and properties of xylan hydrolase from mushroom Termitomyces clypeatus[J]. Biochim Biophys Acta,1980,612(1):143-152.

[31] GHOSH A K, JANA M L, NASKAR A K, et al. Removal of carboxymethyl cellulase activity from the culture filtrate of Termitomyces clypeatus producing xylanase[J]. Biotechnol Lett,2002, 24(15):1249-1252.

[33] KATOH T H, MIURA K, MAEKAWA N, et al. Genetic variation of symbiotic fungi cultivated by the macrotermitine termite Odontotermes formosanus (Isoptera: Termitidae) in the Ryukyu Archipelago[J]. Mol Ecol,2002,11(8):1565-1572.

[34] HAZRA P P, SENGUPTA T, MUKHOPADHYAY A, et al. Regulation of protein secretion by mycelial culture of the mushroom Termitomyces clypeatus[J]. FEMS Microbiol Lett,1997,154(2):239-243.

[35] DE FINE LICHT HH, BOOMSMA JJ, AANEN OK. Asymmetric interaction specificity between two sympatric termites and their fungal symbionts[J]. Ecol Entomol,2007,32(1):76-81.

[36] HONGOH Y, EKPORNPRASIT L, INOUE T, et al. Intracolony variation of bacterial gut microbiota among castes and ages in the fungus-growing termite Macrotermes gilvus[J]. Mol Ecol, 2006,15(2):505-516.

[38] JOHJIMA T, OHKUMA M, KUDO T. Isolation cDNA cloning of novel hydrogen peroxide-dependent phenol oxidase from the basidiomycete Termitomyces albuminosus[J]. Appl Microbiol Biotechnol,2003,61(3):220-225.

[39] JOHJIMA T, TAPRAB Y, NOPARATNARAPORN N, et al. Large-scale identification of transcripts expressed in a symbiotic fungus (Termitomyces) during plant biomass degradation[J]. Appl Microbiol Biotechnol,2006,73(1):195-203.

[40] JOHJIMA T, INOUE T, OHKUMA M, et al. T Chemical analysis of food processing by the fungus-growing termite Macrotermes gilvus[J]. Sociobiology,2003,42(3):815-824.

[41] JOHNSON R. Colony development and establishment of the fungus comb in Microtermes sp. nr. Usambaricus (Sjöstedt) (Isoptera: Macrotermitinae) from Nigeria[J]. Insectes Soc,1981,28(1):3-12.

[42] JONATHAN G, ADETOLU A, IKPEBIVIE O, et al. Nutritive value of Common wild edible mushrooms from Southern Nigeria[J]. Global Journal of Biotechnol Biochem,2006,1(1): 16-21.

[43] KANSCI G, MOSSEBO D C, SELATSA A B, et al. Nutrient content of some mushroom species of the genus Termitomyces consumed in Cameroon[J]. Nahrung,2003,47(3):213-216.

[45] KHOWALA S, BANERJEE P C, GHOSH A K, et al. A hemolytic protein from cultured mycelia of mushroom, Termitomyces clypeatus[J]. Indian J Exp Biol,1993,31(1):45-49.

[46] KORB J. The evolution of uniparental transmission of fungal symbionts in fungus-growing termites (Macrotermitinae)[J]. Behav Ecol Sociobiol,2003,53(2): 65-71.

[47] LEUTHOLD R, BADERTSCHER S, IMBODEN H. The inoculation of newly formed fungus comb with Termitomyces in Macrotermes colonies (Isoptera, Macrotermitinae)[J]. Insectes Soc, 1989,36(4):328-338.

[48] LICHT HH, ANDERSEN A, AANEN DK. Termitomyces sp. associated with the termite Macrotermes natalensis has a heterothallic mating system and multinucleate cells[J]. Mycol Res,

2005,109(3):314-318.
[49] LICHT HH, BOOMSMA JJ, AANEN DK. Asymmetric interaction specificity between two sympatric termites and their fungal symbionts[J]. Ecol Entomol,2007,32(1):76-81.
[50] LICHT HH, BOOMSMA JJ, AANEN, DK. Presumptive horizontal symbiont transmission in the fungus-growing termite Macrotermes natalensis[J]. Mol Ecol,2006,15(11):3131-3138.
[51] MAU JL. Antioxidant properties of methanolic extracts from Grifola frondosa, Morchella esculenta and Termitomyces albuminosus mycelia[J]. Food Chem,2004,87(1):111-118.
[52] MUKHERJEE M, SENGUPTA S. Regulation of Termitomyces clypeatus protoplast regeneration by Krebs cycle acids[J]. FEMS Microbiology Letters,1991,80(1):41-44.
[53] MONDAL S. Isolation and structural elucidation of a water-soluble polysaccharide (PS-I) of a wild edible mushroom,Termitomyces striatus[J]. Carbohydr Res,2006,341(7):878-886.
[54] MONDAL S. Structural studies of water-soluble polysaccharides of an edible mushroom,Termitomyces eurhizus. A reinvestigation[J]. Carbohydr Res,2004,339(6):1135-1140.
[55] MUKHERJEE M, KHOWALA S, GHOSH A, et al. Regulation of endo-1,4-β-glucanase secretion from Termitomyces clypeatus by carbon catabolic product(s)[J]. Folia Microbiol,1995,40(5):475-480.
[56] MUKHERJEE S. Cellobiase from Termitomyces clypeatus: activity and secretion in presence of glycosylation inhibitors[J]. Biotechnol Lett,2006,28(21):1773-1778.
[57] MUKHERJEE S. Secretion of cellobiase is mediated via vacuoles in Termitomyces clypeatus[J]. Biotechnol Prog,2002,18(6):1195-1200.
[58] MUKHERJEE S, KHOWALA S. Regulation of cellobiase secretion in Termitomyces clypeatus by co-aggregation with sucrase[J]. Curr microbiol,2002,45(1):70-73.
[59] SHINZATO N. Termite-regulated fungal monoculture in fungus combs of a macrotermitine termite Odontotermes formosanus[J]. Zoolog Sci,2005,22(8):917-922.
[60] MORA P. Screening termite species for laccase: role of symbiotic fungi[J]. Insect Science and Its Appl,1999,19(1):51-55.
[61] PUTTARAJU N G, VENKATESHAIAH S U, DHARMESH S M, et al. Antioxidant activity of indigenous edible mushrooms[J]. J Agric Food Chem,2006,54(26):9764-9772.
[62] ROULAND C, LENOIR F, LEPAGE M. The role of the symbiotic fungus in the digestive metabolism of several species of fungus-growing termites[J]. Comp Biochem Physiol A physiol,1991,99(4):657-663.
[63] ROULAND C, MATOUB M, MORA P, et al. Properties of two [beta]-glucosidases purified from the termite Macrotermes muelleri and from its symbiotic fungus Termitomyces sp[J]. Carbohydr Res,1992,233:273-278.
[64] ROULAND C, CIVAS A, RENOUX J, et al. Purification and properties of cellulases from the termite Macrotermes mulleri (Termitidae, Macrotermitinae) and its symbiotic fungus Termitomyces sp[J]. Comp Biochem Physiol B,1988, 91(3): 449-458.
[65] ROULAND-LEFEVRE C, DIOUF M N, BRAUMAN A, et al. Phylogenetic relationships in Termitomyces (Family Agaricaceae) based on the nucleotide sequence of ITS: a first approach to elucidate the evolutionary history of the symbiosis between fungus-growing termites and their fungi[J]. Mol Phylogenet Evol,2002,22(3):423-429.
[66] SAHA T. Cellobiose dehydrogenase production by the mycelial culture of the mushroom Termitomyces clypeatus[J]. Process Biochem,2008,43(6):634-641.
[67] SASWATI B S K, KUMAR A, SENGUPTA S. Purification and characterization of an extracellular beta-xylosidase of Termitomyces clypeatus[J]. Biotechnol Prog,1997,13(6):822-827.
[68] SCHUURMAN G. Decomposition rates and termite assemblage composition in semiarid Africa [J]. Ecology,2005,86(5): 1236-1249.

[69] SENGUPTA S, GHOSH A K. Purification and characterisation of a beta-glucosidase (cellobiase) from a mushroom Termitomyces clypeatus[J]. Biochim Biophys Acta, 1991, 1076: 215-220.

[70] SENGUPTA S, NASKAR A K, JANA M L. Saccharification of untreated agrowastes during mycelial growth of mushroom Termitomyces clypeatus on solid beds[J]. Biotechnol Bioeng, 1984, 26(2): 188-190.

[71] SENGUPTA S, SENGUPTA S. [beta]-Glucosidase production by the mycelial culture of the mushroom Termitomyces clypeatus[J]. Enzyme and Microb Technol, 1990, 12(4): 309-314.

[72] SREERAMA L, VEERABHADRAPPA P S. Isolation and properties of carboxylesterases of the termite gut-associated fungus, Xylaria nigripes. K., and their identity from the host termite, Odentotermes horni. W., mid-gut carboxylesterases[J]. Int J Biochem, 1993, 25(11): 1637-1651.

[73] TAPRAB Y, JOHJIMA T, MAEDA Y, et al. Symbiotic fungi produce laccases potentially involved in phenol degradation in fungus combs of fungus-growing termites in Thailand[J]. Appl Environ Microbiol, 2005, 71(12): 7696-7704.

[74] TAPRAB Y, OHKUMA M, JOHJIMA T, et al. Molecular phylogeny of symbiotic basidiomycetes of fungus-growing termites in Thailand and their relationship with the host[J]. Biosci Biotechnol Biochem, 2002, 66(5): 1159-1163.

[75] FROSLEV TG. Phylogenetic relationships of Termitomyces and related taxa[J]. Mycol Res, 2003, 107(11): 1277-1286.

[76] THOMAS R J. Distribution of Termitomyces heim and other fungi in the nests and major workers of Macrotermes bellicosus (Smeathman) in Nigeria[J]. Soil biol biochem, 1987, 19(3): 329-333.

[77] DENG TF. Synergistic activities of the symbiotic fungus Termitomyces albuminosus on the cellulase of Odontotermes formosanus (Isoptera: Termitidae)[J]. Sociobiology, 2008, 51(3): 733-740.

[78] ZHENG WT, YAO YJ. Literature review of Termitomyces species in China[J]. Fungal Science. 2003(18): 39-54.

[79] SENGUPTA T, HAZRA PP MukhopadhyayA, et al. Termitomyces clypeatus controls secretion of extracellular amyloglucosidase by regulating exocytosis of vacuolar enzyme[J]. FEMS Microbiol Lett, 1998, 158(1): 101-105.

[80] VISSER A A, ROS V I, DE BEER Z W, et al. Levels of specificity of Xylaria species associated with fungus-growing termites: a phylogenetic approach[J]. Mol Ecol, 2009, 18(3): 553-567.

[81] ZANG M. Contribution to the study on the genus Sinotermitomyces from Asia[J]. Mycotaxon, 1992, 44(1): 21-26.

[82] ZANG M. Sinotermitomyces, a new genus of amanitaceae from Yunnan[J]. China Mycotaxon, 1981, 13: 171-174.

[83] 毕志树. 鸡纵菌的基本特征[J]. 中国食用菌, 1986, 5(3): 24.

[84] 曹娟, 孙涛, 张敏, 等. 白蚁菌圃的抗炎作用研究[J]. 中药材, 2006, 29 (10): 1011-1013.

[85] 陈楚均, 温志强. 鸡纵菌生活史的研究[J]. 福建农学院学报, 1991(20): 192-195.

[86] 陈楚均, 温志强, 郑宝东. 鸡纵菌的深层培养[J]. 福建农业大学学报, 1995, 24(4): 442-445.

[87] 陈楚均. 鸡纵菌菌圃的初步研究[J]. 中国食用菌, 1987, 6(5): 7-8.

[88] 陈楚均. 鸡纵菌生活史研究[J]. 福建农学院学报, 1991, 20(2): 193-196.

[89] 陈楚均. 鸡纵菌性模式研究[J]. 中国食用菌, 1995, 14(2): 7-8.

[90] 陈虹, 梅建凤, 闵航. 白蚁肠道微生物[J]. 微生物学杂志, 2005, 25(2): 75-79.

[91] 陈宛如, 李振唐. 白蚁菌圃上小白球菌和炭角菌的生态关系[J]. 杭州大学学报, 1990(17): 201-207.

[92] 陈宛如, 李振唐. 鸡纵菌的小白球菌阶段培养初探[J]. 杭州大学学报, 1989(16): 72-76.

[93] 陈婉如. 白蚁巢内生态环境与真菌优势种群[J]. 杭州大学学报, 1986, 13(1): 69-74.

[94] 付子艳. 云南蚁巢伞生物学研究[D]. 昆明: 云南农业大学, 2006.

[95] 傅明辉, 佘纲哲. 鸡纵菌培养液多糖物质的研究[J]. 汕头大学学报, 1995(10): 87-92.

[96] 龚国淑, 张世熔. 鸡纵菌的生态调查及其分离培养[J]. 四川农业大学学报, 1996(14): 382-386.

[97] 贺新生, 梁福. 粗柄鸡纵菌菌丝株培养和无性繁殖过程研究初报[J]. 微生物学杂志, 1996, 16: 26-31.

[98] 贺新生，王茂辉，王茂如. 最新 10 种蕈菌栽培技术[M]. 上海：上海科学技术文献出版社，2005.
[99] 贺新生. 鸡㙡菌与白蚁的相互关系[J]. 中国食用菌，1995，14(5)：20-21.
[100] 贺新生. 中国鸡㙡菌的种类与分布[J]. 食用菌，1995，14(6)：3-4.
[101] 胡清秀，邓华平. 鸡㙡菌研究现状[J]. 食用菌学报，2001(8)：54-58.
[102] 胡清秀. 五种鸡㙡菌的分离培养试验[J]. 食用菌学报，2000(7)：43-47.
[103] 胡尚勤，韦伟. 鸡㙡酱的研制及营养成分分析[J]. 中国调味品，2006(8)：16-18，24.
[104] 胡尚勤，刘天贵，李贤柏. 鸡㙡菌的培养条件研究[J]. 食品与生物技术学报，2008(27)：67-70.
[105] 胡尚勤，刘天贵，李贤柏. 鸡㙡菌最佳碳源与生长条件的研究[J]. 食用菌，2006，28(3)：11-12.
[106] 胡秀清. 贵州省水城县野生鸡㙡菌资源调查[J]. 食用菌. 2000. 22(4)：7.
[107] 胡忠策，郑晓冬. 鸡㙡菌的研究进展[J]. 中国食用菌，2000(19)：20-22.
[108] 胡忠策，郑晓冬. 鸡㙡菌液体深层发酵的研究[J]. 菌物系统，2002，21(1)：98-101.
[109] 黄年来. 中国大型真菌原色图鉴[M]. 北京：中国农业出版社，1998.
[110] 黄年来. 中国食用菌百科[M]. 北京：农业出版社，1993.
[111] 黄远达，华湘翰. 白蚁生理活性物质的研究进展(续 1)[J]. 中国媒介生物学及控制杂志，2001，12(2)：85-88.
[112] 黄远达，华湘翰. 白蚁生理活性物质的研究进展(续 2)[J]. 中国媒介生物学及控制杂志，2001，12(3)：161-165.
[113] 黄远达，华湘翰. 白蚁生理活性物质的研究进展[J]. 中国媒介生物学及控制杂志，2001，12(1)：5-8.
[114] 赖井平. 鸡㙡菌的驯化与高产栽培[J]. 中国食用菌，1993(12)：24-26.
[115] 李栋，徐海清，李荣春. 蚁巢热水浸提物对鸡㙡菌丝生长的影响[J]. 中国食用菌，2003，22(3)：23-24.
[116] 李筱菊，钟恒. 鸡㙡菌菌丝体液体培养的研究[J]. 中山大学学报，1994(33)：125-129.
[117] 林树钱. 鸡㙡菌与蚁巢的初探[J]. 食用菌，1980，3(2)：19-20.
[118] 林志能. 鸡㙡菌的特征特性的研究[J]. 食用菌，2000(22)：11-12.
[119] 卢云发. 一种与白蚁共生种植鸡㙡的方法及蚁生鸡㙡的配套种植法：中国，200710050211. 6[P]，2007.
[120] 鲁新成，何庆邦. 鸡㙡多糖的分离及其性质研究[J]. 贵州科学，1996(14)：24-26.
[121] 鲁新成，娄无忌. 用 $L_{27}(3^{13})$ 正交试验筛选产鸡㙡菌胞外多糖的液体培养基[J]. 食用菌学报，2000(7)：21-25.
[122] 陆奕宇，敖宗华，成成，等. 鸡㙡菌粉提取物镇痛抗炎作用的研究[J]. 中成药，2007(29)：1742-1745.
[123] 罗晓妙，史碧波，易莹敏. 鸡㙡菌酶解工艺研究[J]. 食品研究与开发，2008(2)：89-92.
[124] 卯晓岚. 中国大型真菌[M]. 郑州：河南科学技术出版社，2000.
[125] 明·李时珍. 本草纲目(上册)[M]. 北京：人民卫生出版社，1985.
[126] 庞英明. 白蚁及其菌圃中抗菌肽的分离鉴定及活性研究[D]. 南京：中国药科大学，2001.
[127] 强继业，朱海平，周振春，等. γ 辐照对鸡㙡菌保鲜的研究[J]. 核农学报，2005(19)：123-124.
[128] 尚玉昌. 白蚁的社会组织和社会行为[J]. 生物学通报，2006，41(9) ：7-9.
[129] 孙思国. 一种黑皮鸡㙡菌生产方法：中国，200710115866. 7[P]，2007.
[130] 谭晓虹，方秀梅. 云南产鸡㙡菌多糖含量测定[J]. 张家口医学院学报，2004(21)：2-3.
[131] 汪拥军. 白蚁巢水提醇沉液对急慢性肝损伤的保护作用及抑瘤作用. 中国生化药物杂志，2006，27(2)：110-111.
[132] 王化远，潘世秀. 鸡㙡菌菌丝体中多糖的提取及含量测定[J]. 华西医科大学学报，1996(27)：436-437.
[133] 王秀丽，王焕秀，徐彭，等. 黑翅土白蚁不同提取物的抗炎镇痛作用[J]. 中草药，2005，36(2)：247-248.
[134] 王一心，狄勇，杨桂芝. 鸡㙡菌在大鼠高胆固醇血症中的抗氧化作用[J]. 中国预防医学杂志，2005(6)：10-12.
[135] 王一心，杨桂芝，狄勇. 鸡㙡菌降血脂作用的实验研究[J]. 中华临床医学研究杂志. 2003(8)：1-2.
[136] 尉小慧，金青，赵文英. 松茸菌与鸡㙡菌超微粉碎提取多糖[J]. 青岛科技大学学报，2003，24(2)：

117-119.
[137] 魏铁铮，姚一建. 蚁巢伞生态学研究现状及展望[J]. 吉林农业大学学报，2003，25(3)：282-287.
[138] 魏铁铮. 中国蚁巢伞属系统学研究[D]. 北京：中国科学院微生物研究所，2004.
[139] 温志强，郑宝东. 鸡纵菌的深层培养[J]. 福建农业大学学报，1995(24)：442-445.
[140] 薛德钧. 黑翅土白蚁脂溶性化学成分研究[J]. 中草药，2004，35(4)：386-387.
[141] 杨文兴. 一种白蚁共生人工种植鸡纵的方法：中国，200610048724.9[P]，2006.
[142] 杨耀明. 土白蚁巢菌圃上两种优势真菌的生态[J]. 浙江食用菌，1989(4)：7-10.
[143] 杨祝良，帅建国. 云南西双版纳的几种鸡纵菌[J]. 食用菌，1990，12(6)：2.
[144] 姚晓红，许尧兴，许少春，等. 鸡纵菌的生物学特性及深层发酵研究进展[J]. 食用菌学报，2001，8(1)：59-62.
[145] 应建浙，臧穆. 西南地区大型经济真菌[M]. 北京：科学出版社，1994.
[146] 余春喜，刘小康. 瓶栽鸡纵菌试验简报[J]. 食用菌，1997(19)：32-33.
[147] 臧穆. 白蚁巢与真菌[J]. 白蚁科技，1986，3(3)：11-12.
[148] 臧穆. 云南鸡纵菌属的分类与分布的研究[J]. 云南植物研究，1981，5(2)：367-379.
[149] 曾大兴，谢和. 几种分离鸡纵菌的方法研究[J]. 山地农业生物学报，1999(18)：87-89.
[150] 张相曰，李金灿，陆辉，等. 云南野生食用菌多糖含量测定及培养特性研究[J]. 广州大学学报，2005(4)：129-132.
[151] 赵呈裕，庞梅兰. 鸡纵菌的液体发酵与毒理研究[J]. 微生物学杂志，1999(19)：32-35.
[152] 赵呈裕，扬抚华. 鸡纵菌的液体发酵研究与化学成分分析[J]. 华西医科大学学报，1997，28(4)：407-411.
[153] 赵呈裕，李虹，郑雪莲，等. 鸡纵菌的液体深层培养和菌丝体化学成分分析[J]. 中国食用菌，1988，7(5)：12-13.
[154] 赵守光，刘小康，陈明达，等. 鸡纵菌引种驯化栽培试验[J]. 中国食用菌，1998，17(3)：11-15.
[155] 钟恒，李筱菊. 鸡纵菌发酵营养饮料[J]. 食用菌，1992(6)：44.
[156] 周刚. 白蚁内生菌的分离及其纤维素酶、木质素酶高产菌株的鉴定[D]. 哈尔滨：黑龙江大学，2006.
[157] 朱必凤，马海燕. 鸡纵菌的液体培养及其多糖物质研究[J]. 真菌学报，1996，15(1)：42-47.

(李荣春、张玉金、付子艳)

第四十二章　金福菇

DISISHIERZHANG JINFUGU

摘要：金福菇是近年来开发的高温型食用菌新品种。由于口感好，营养丰富，耐储运等优点，进入消费市场后受到广大消费者的欢迎，有力推动了金福菇的发展，使金福菇的栽培技术不断得到提高和发展。本章较全面和系统地阐述了金福菇发展过程、生物学特性、菌种繁育及保存，金福菇栽培技术（熟料全脱袋覆土栽培技术、熟料半脱袋覆土栽培技术、熟料袋内覆土栽培技术、果园仿野生栽培技术、利用废料栽培技术、发酵料栽培技术），以及金福菇营养与药用价值。

Macrocybe lobayensis

Abstract：*Macrocybe lobayensis* Heim. is a recently developed high-temperature edible mushroom which, since entering the market, has become popular with consumers due to its excellent taste, abundant nutrients, and ease of storage and transportation. These qualities have led to further promotion and development of *M. lobayensis*, and techniques for cultivating the mushroom have been markedly improved. This chapter consists of five sections describing in detail various aspects of *M. lobayensis* including developmental history, biological features, spawn production and preservation, cultivation modes, including soil covered cultivation techniques using sterilized raw material with the growth bag retained, partially removed or wholly removed, wild cultivation in orchards, and the use growth substrates composed of waste residues or fermented material, nutritional attributes and medicinal properties.

第一节　概　述

一、金福菇学名及分类地位

金福菇又名：洛巴伊口蘑、洛巴口蘑、大口蘑。

学名：*Macrocybe lobayensis* (R. Heim) Pegler & Lodge, in Pegler, Lodge & Nakasone, *Mycologia* 90(3): 497 (1998)。

属名"*Macrocybe*"来自希腊语，词干"makros-"，意思是"大的"，词尾"-kybe"意思是"头"，称为大盖菇属。种名加词"*lobayensis*"是地名发音拉丁语化。过去划入口蘑属 *Tricholoma*，中文称为"洛巴口蘑"。

分类地位：菌物界(Fungi)，担子菌门(Basidiomycota)，伞菌目(Agaricomycetes)，伞菌亚纲(Agaricomycetidae)，伞菌目(Agaricales)，口蘑科(Tricholomataceae)。

二、驯化栽培历史和现状

金福菇是一种主产于热带地区的大型真菌，在非洲、南亚大陆和我国台湾、香港、云南、福建、广东等地自然分布于林缘草地上。法国真菌学家Heim.最早发现于非洲并于1970年定名为洛巴伊口蘑(*Tricholoma lobayense* Heim)。1982年，印度人Chakravarty. D. K.和Sarkar. B. B以及印度园艺研究所的Girija. G.等报道(1990年)，用稻草基质首次人工栽培金福菇成功。1991年，印度人Ganeshan G.报道了用稻草覆土栽培金福菇的新方法。1992年，中国科学院微生物研究所卯晓岚在香港采到野生金福菇标本。国内首次发现是1998年，郭翠英在福建省亚热带植物研究所内的凤凰木附近采到成丛生长的金福菇，并进行相应的人工驯化栽培研究。易文林(1998)利用台湾引进菌株和分离野生菌株，连续进行两年菌种选育、生理特性和栽培试验，这是我国最早对金福菇开展的研究。

在20世纪末，在我国台湾地区和日本已用金福菇野生菌株驯化栽培成功并进入小批量栽培生产。我国从20世纪90年代后期开始正式进行金福菇的驯化栽培等方面的研究工作。在不到10

年时间，取得了很大进展，金福菇人工栽培逐渐得到推广，并形成了一定生产规模。金福菇在台湾地区作为商品的名称为金福菇，在大陆市场也用金福菇为其商品通用名称。由于金福菇质嫩味美、口感奇佳、营养价值高，一投放市场受到广大消费者的青睐，产品价高俏销。随着国内外市场对金福菇需求量的不断扩大，有力地刺激和推动了我国金福菇的发展，使金福菇的栽培技术不断提高，栽培方法不断创新，形成了众多的高产栽培模式，单产不断提高、品质不断改善，创造了巨大的经济效益，并相继选育出一批优质高产新菌株，如武汉新宇食用菌研究所的“新宇 Tg-1”菌株，福建省亚热带植物研究所的“厦 1”和“厦 3”菌株，古田县科峰食用菌研究所“TU3 号菌株”和广西农科院生物所“金福菇 5 号”等。同时，金福菇生产原料来源不断拓宽，从最初的稻草、棉子壳几种原材料发展到应用各种作物秸秆、甘蔗渣、木薯乙醇废渣等多种代用料，使农副业废弃物得到充分利用。金福菇是草腐菌，能利用木腐菌产生的菌糠作原料，使原料可重复利用，不但降低了生产成本，使生态循环更合理。栽培方式从棚室栽培扩展到田间露地栽培，与蔬菜、果树及其他经济作物等进行套种，提高土地和栽培空间的利用率，增加了经济效益。由于金福菇栽培技术简单，成本低，产量高，市场紧俏，已成为一项投资省、见效快、效益高的“短、平、快”好项目，给农业、农村带来较大经济效益的食用菌新品种。

三、开发前景

金福菇是近年来开发的高温型食用菌新品种，有非常好的市场发展前景。金福菇生产具有以下独特的优点。

一是高温出菇。除草菇和金福菇外，能在夏季高温栽培的食用菌品种很少，市场菇缺价高。金福菇属高温型珍稀新品种，出菇温度高，可以在27～33℃高温条件下正常出菇，适宜在春末至中秋间栽培，可作为抢占夏季菇品市场的主栽品种或周年化栽培的品种搭配，市场潜力可观。

二是金福菇子实体硕大优美，菌肉肥厚，脆嫩爽口，口感极佳，味道鲜美，香气浓郁，风味与口感均属目前已知食用菇类的佼佼者，是一种高蛋白、低脂肪的健康食品，符合人们对健康、低热量高级食品的需求。

三是金福菇鲜菇极耐储运，保鲜期长。由于一些食用菌的鲜菇菇体表面含有很多的氧化酶，在包装过程中很容易被碰伤或自行氧化而使菇体表面变色而影响外观。但金福菇含氧化酶较少，所以金福菇不容易被氧化，能保持良好的外观。金福菇菇体比较硬朗，耐运输和保鲜。采收后常温下放置 3 天或置于 10℃左右的冰箱储存 30 天，仍可保持良好的外观与色泽，保鲜期长，利于金福菇的运输和货架销售期。

四是原料来源广泛，生产成本低。金福菇属于草腐土生菌，菌丝具有旺盛的分解能力，特别对纤维素的分解能力更强，可充分利用各种农作物秸秆、杂草和菌糠废料等进行栽培，原料可从当地选择，减少长途运输，从而降低生产成本。

五是产量高，抗杂菌性强，栽培技术粗放。金福菇的产量与鸡腿菇相当，生物学转化率可达100%，而且金福菇抵抗病虫害的能力较强，不易受到病虫害危害，在较粗放的条件下也能栽培成功，既可在室内栽培，也可在室外如果园、香蕉园、瓜棚菜地等与其他作物套种栽培，栽培更具简易性、灵活性和广泛性。

由于金福菇具有以上优点，近年来市场售价节节升高，鲜品销售价高，发展金福菇产业可得到较大的经济回报。由此看见，发展金福菇确实属于当前调整农业结构、农民增收的一个好项目，具有巨大的市场发展前景。国际市场特别是日本和欧美国家对我国食用菌盐渍品和罐头制品等加工产品的需求十分迫切，需求量大，对于鲜菇的需求，增加更大，这对于尚处于初步发展阶段的金福菇产业来说，无疑是一个千载难逢的发展机遇。如何加快金福菇的产业发展，创造更大的经济效益，已经成为金福菇种植户和科研人员面前的一个重要课题。

第二节　金福菇的生物学特性

一、形态特征

金福菇由菌丝体、子实体、有性孢子组成。菌丝体是金福菇的营养器官，呈白色绒毛状、气生菌丝多且致密、分枝均匀、细胞壁较薄、直径2.5～4μm、有隔膜、锁状联合明显，在长期不利条件下会产生厚垣孢子。

子实体及其产生的有性孢子是金福菇的主要繁殖器官，也是供人们食用的部分。子实体由菌盖、菌褶、菌柄组成。子实体丛生或簇生，大型；成熟展开的菌盖宽 6～36cm，菌肉厚，白色，具淀粉味，初期半球形或扁半球形，后渐扁平或中部稍下凹，表面白色至浅奶油色、米黄色，平滑或稍粗糙，微黏；边缘无条纹、初内卷、老时成波状或稍上卷。菌褶在菌盖下面呈浅黄白色、直生至短延生，密至稍密，不等长，褶缘波状；菌褶上生有许多棒状担子，上面着生 2～4 孢子，孢子印白色，孢子无色，平滑，呈卵形或椭圆形，3.8～6.2μm×3.1～4.6μm。菌柄中生或偏生，棒形，横断面圆形，稍弯曲，幼时柄基部膨大呈瓶形，成熟后长 8～25cm，粗 1.5～5cm，基部往往连合成一丛，表面与菌盖同色，上被纤毛及纤维状细条纹，肉质紧实，纤维质，老熟柄中稍具泡棉状。

二、分布和生态习性

(一)分布

金福菇是生长在热带地区的一种真菌，在我国自然分布在福建、广东、广西、云南、海南、台湾等华南热带、亚热带地区。在国外主要自然分布在热带、亚热带的非洲、南亚次大陆的孟加拉国、印度的曼尼普尔邦和西孟加拉邦以及恒河平原广大地区。日本的群马县以南至冲绳县均有不同程度的自然分布。目前已发现的金福菇在北半球，最北分布线达北纬 24.5 度。金福菇的子实体在自然环境中多生长在在高温、高湿季节，常在春末至中秋节前后发生，生于甘蔗园、凤凰木附近的肥沃土壤中以及富含有机质的园地和路旁。

(二)生态习性

1. 金福菇是草腐菌

金福菇是异养性，本身没有叶绿素，不能进行光合作用。生长在泥土覆盖着的腐熟堆肥、腐烂草堆上、腐朽的木头里，靠菌丝分泌各种酶分解粪草中的纤维素、半纤维素、蛋白质等有机物，获得菌丝及子实体生长发育所需要的物质和能量。也就是说金福菇是从培养基质中摄取碳源、氮源、无机盐和维生素等营养物质而生活的。

金福菇是草腐菌，可利用农作物秸秆作为栽培基质，同时也能利用栽培过木腐菌剩下的菌糠作为栽培基质，原料来源广泛，成本低，又不会破坏生态环境。

2. 金福菇是土生菌

菇蕾形成及菇体生长发育均需要土壤中的微生物和微量元素的刺激。若无覆土刺激，菌丝生长再好，也不会出菇。覆土的机制是个复杂过程，土壤微生物代谢产物对金福菇的菌丝和子实体的生长发育起着促进作用。金福菇在生育过程中所产生的挥发性代谢产物，如乙醇、乙酸乙酯、丙酮会抑制原基的形成，这些抑制物质被覆土中的细菌分解，诱导原基形成。覆土还改变了菌床与覆土层之间氧和二氧化碳的比例，促使菌丝从营养生长转入生殖生长。覆土层中的水分，为金福菇幼蕾膨大和子实体生长提供了高湿度的生长环境及水分，覆土对金福菇的子实体起着支撑作用。

3. 金福菇是一种典型的热带真菌

金福菇需要在高温高湿的自然环境中生长。在高温季节，往往在一场大雨后，金福菇表现出较好的长势。金福菇子实体生长缓慢，从现菇蕾到子实体采收，一般需要 7 天或更长。需要培养料、覆土层能较长时间提供充足的水分及充分满足对空气湿度要求的环境条件。金福菇是需要较大水分的食用菌品种。高温季节，日夜温差不大，金福菇正是属一种恒温的食用菌品种，子实体形成不需要温差刺激。日夜温差太大，不利于菌丝体生长和子实体形成，反而阻碍菌丝正常生长和子实体形成。

(三)生长发育条件

1. 营养

营养是金福菇菌丝及子实体生长发育的物质基础。主要分为碳源、氮源、矿质元素和维生素。

(1)碳源

碳源是金福菇生长发育最重要的营养物质，是构成菌丝细胞及子实体细胞中碳素骨架的基础，也是生命活动所需要的能量来源。金福菇是一种腐生菌，不能直接利用碳酸盐和二氧化碳等无机碳化合物，所需要的碳源主要从分解纤维素等天然有机物中获得。可利用多种天然有机质，如稻草、甘蔗渣、玉米秆、棉子壳、麦草、野草等，其中的纤维素、半纤维素能被金福菇菌丝分泌的纤维素酶、半纤维素酶分解成葡萄糖、半乳糖等直接为菌丝细胞吸收。用果糖、半乳糖、葡萄糖、麦芽糖、蔗糖、可溶性淀粉、玉米粉、纤维素分别作为碳源都能吸收利用，以果糖、葡萄糖吸收利用效果最好，乳糖不能利用。金福菇分解木质素的能力差，因此在木屑培养基上菌丝生长势差。

(2)氮源

氮源是金福菇细胞内蛋白质、核酸、酶、细胞质等生命物质不可缺少的营养成分。金福菇氮源有无机氮和有机氮两类，无机氮又分铵态氮和硝态氮，金福菇的菌丝能利用酵母膏、蛋白胨等有机氮，也能利用磷酸铵、氯化铵、硫酸铵等铵态氮和硝酸钾、硝酸铵等硝态氮，不能利用尿素，在用尿素作为氮源的培养基上，菌丝不生长。利用有机氮比无机氮的效果要好，在无机氮中利用硝态氮比氨态氮效果稍好。在母种培养基上，添加酵母膏或蛋白胨作为氮源最佳。金福菇的栽培实践中，很少在培养料中添加无机氮源，一般添加含氮量比较高的天然含氮化合物，如麦麸、米糠、玉米粉、花生饼、豆饼、黄豆粉等。

(3)矿质元素

金福菇所需要的矿质元素可分为常量元素和微量元素两大类。常量元素有磷、硫、镁、钾、钙等，这些元素有的参与细胞结构物质的组成、酶的组成，有的维持酶的作用、能量转移，调节细胞渗透压等，保证新陈代谢的正常进行。微量元素有铁、锌、铜、锰、硼、钴、钼等，这些元素是酶活性基的组成成分或是酶的激活剂，需求量很少，一般培养基或水中都含有，不需另外添加。

(4)维生素类

维生素是组成酶的辅助成分，具有催化功能。在多种维生素中，维生素 B_1 对金福菇生长作用最为重要。金福菇菌丝本身不能合成维生素 B_1，只能从培养基质中吸收利用。维生素 B_1 在麦麸、米糠、酵母中含量较多，可满足需要。

腺嘌呤和胞嘧啶加入培养基可以促进金福菇菌丝生长，三十烷醇、吲哚乙酸、赤霉素等生长调节剂，对菌丝生长也有促进作用。

2. 温度

金福菇是高温型菌类，菌丝在 15～38℃下能正常生长，最适温度范围 25～30℃。温度过高或过低，菌丝生长缓慢，40℃以上菌丝生长停止，随着时间延续迅速老化死亡。温度低于 15℃，停止生长，存放在温度 5℃5 天或温度 11℃90 天，会造成菌丝死亡。子实体形成和生长的温度范围为 20～33℃，最适合温度为 25～30℃。在这个适温内，小菇蕾发生数量多，质量好，成菇率高。温度低于 20℃或高于 33℃，菇蕾均不易形成，温度超过 35℃或低于 18℃，形成的菇蕾和子实体会变色死掉。与其他食用菌不同，金福菇是恒温品种，昼夜温差过大对出菇不利，往往难以现蕾。在适温范围内，温度越低，子实体生长慢，但菇盖肥厚、饱满，菇柄粗壮、结实，品质好，耐储存。温度高，菇蕾生长快，菇柄伸长，菇盖小而薄，菇质相对变差，易开伞。

3. 水分与湿度

金福菇属于喜湿性食用菌，菇体生长发育所需的水分绝大部分来自培养料。在人工栽培过程中，金福菇在不同生育阶段对水分和湿度要求不同。在菌丝生长阶段，栽培料的适宜含水量为 60%～70%，最适为 65%左右。若水分含量低，菌丝生长虽快，但稀疏无力；水分含量过高，虽对菌丝生长是有利的，但水和氧是矛盾的，水多造成供氧不足，反而造成菌丝生长慢，并易滋生杂菌，所以制菌包时，菌包培养料的水分含量一般调配为 65%左右。在菌丝生长阶段，空气相对湿度宜控制在 70%左右。子实体生长阶段，需要较充足的水分，覆土层最适含水量为 20%～22%（不同类型的土壤持水量有所差异，以达到土粒软而不散为准），空气相对湿度为 85%～95%最适宜。水分及湿度不足，菇蕾生长缓慢，菇体瘦小而干硬，甚至萎缩，不但影响产量，品质也降低；湿度过高且通风差时，菇丛虽大，但菇盖薄而易开伞，并导致菇床或菇袋易感染杂菌。

4. 光照

同其他菌类一样，金福菇在菌丝生长阶段不需要任何光照，在黑暗条件下培养菌丝生长旺盛。随着散射光亮度的增加，菌丝生长速度变慢，强光线对菌丝有抑制作用，加速菌丝老化。在出菇阶段，散射光可以诱导早出菇、多出菇，所以，适宜的散射光能促进菇蕾形成及菇体生长良好，较弱散射光线可使菇体颜色鲜嫩，肥胖。光线过强抑制菇蕾生长，菇体颜色变淡，外观较差。最适宜的光照强度为 200～800 lx，一般凭经验判断，在室外栽培，菇场光线为“三分阳、七分阴”为度。在室内通常以能勉强看报纸的光线为适宜出菇的光照亮度。

5. 空气

金福菇属于好氧型菌类，生长发育全过程需要大量的氧气。生产实践证明，金福菇的不同生长阶段需氧量有较大的差异。菌丝生长阶段需要少量的氧气，在塑料袋内（熟料栽培时）或薄膜覆盖下（发酵料栽培时）均健壮生长。在出菇期间对氧气的需求迅速增加，菇蕾形成及菇体生长发育都需要充足的新鲜空气。在出菇期间，如果菇房通风不良，随着菇房内 CO_2 浓度升高，菇蕾发育变得迟缓，子实体的菌柄加快伸长，菌盖变小或变成菌盖几乎不分化的畸形菇。在菇房内栽培金福菇，CO_2 浓度不要超出使其变异的限度，可生产出菇盖较小，菇柄粗长，商品性好的金福菇。

6. 酸碱度

金福菇菌丝在 pH 为 4～8.5 范围内均可生长，以 pH6.0～7.0 最为适宜。在菌丝生长阶段，由于呼吸作用和代谢物质积累、有机酸的分泌会导致栽培料 pH 值逐步下降。另外，金福菇培养料的配制处在较高温度季节，在配制过程中，各种微生物活动较强，容易使培养料酸化，灭菌过程中也会使 pH 值下降，故在配制栽培料时，应将 pH 调整到7.5～8.5，经灭菌后可达最适 pH 值。调节方法是加入 2%～3%的石灰粉。

7. 覆土

金福菇为土生菌，菇蕾形成及菇体生长发育均需要土壤中的微生物和微量元素的刺激。若无覆土刺激，菌丝生长再好，也不会出菇。覆土是金福菇出菇管理的一项关键工艺，覆土的土壤要求选用保水性好、透气性好的富含腐殖质的塘泥土、稻田土和菜园土等，要求土质疏松、干湿适宜，pH 为7.5～8，无虫卵。用 10%甲醛喷雾，2%石灰均匀拌入土中，加薄膜封闭闷堆 3～4 天，以杀死土壤中的部分害虫和杂菌。覆土含水量调节至 20%左右，即握之成团、放手即散为度。覆土厚度为 3～5cm，土粒直径为 0.5～2cm 为宜。

第三节 金福菇的菌种繁育

金福菇属草腐菌，菌种培养料及制种方法与蘑菇、鸡腿蘑基本相同。菌种培养料也要发酵，发酵时间 15 天左右。菌种培养料以 78%棉子壳＋20%麦麸＋2%石膏粉或棉子壳 62%、杂木屑 20%、麦麸 10%、玉米粉 5%、过磷酸碱（或石膏粉）1.5%；也可用麦粒制种。

制种方法与其他食用菌基本相同，具体操作方法，请参阅本书《食药用菌制种技术》一章。

第四节 金福菇的栽培技术

金福菇的栽培方式简单易操作，具备菌种、栽培原料和栽培场所 3 个基本条件就可进行生产。栽培方式按照原料的处理方式分为熟料袋料栽培和发酵料栽培；按照栽培容器主要分为袋栽和床栽两大类型；按照覆土方式可分为袋内覆土、全脱袋覆土和半脱袋等类型。在南方高温地区，由于高温高湿，病虫杂菌危害严重，只能采用熟料袋料栽培。在北方高温季节，相对湿度低些，可采用发酵料袋式栽培，也有采用发酵料床式栽培。

一、袋料栽培技术

（一）栽培季节安排

金福菇属于高温型菌类，菌丝在 15～38℃下能正常生长，最适温度 25～30℃；出菇温度为20～33℃，最适合温度为 25～30℃。在我国南方地区除冬季 11 月份到翌年的 3 月份外，其他时间在自然条件下均可正常出菇。金福菇发菌时间 30 天左右，发满菌丝后 20 天左右开始出菇。在南方地区春栽一般安排在 3 月上旬～4 月中旬接种，5～7 月份出菇；秋栽一般安排在 7 月上中旬～8 月下旬接种，9～10 月出菇。我国北方，夏天高温季节，也适合栽培金福菇，可安排在 5～6 月份接种，7～9 月份出菇。其他地区可根据当地温度等气候条件安排生产时间。

栽培时间确定之后，提前准备菌种、原料、安排栽培场所。一般提前 2 个月扩制原种，提前 20～30 天扩制栽培种。若用发酵料进行栽培，需提前 10～15 天堆制原料进行发酵。

（二）栽培场所

1. 场地选择

金福菇适应性强，栽培粗放，适宜栽培的场地很多。可利用闲置的房屋、简易房、塑料大棚、林木行间、果园等场地进行栽培，要求交通方便，空气清新，远离畜禽舍、垃圾场，不受工业“三废”污染，供水方便，供电充足，排水良好。

金福菇是高温品种，在春、秋季节栽培，要防止温度过低。在夏季，防止温度过高，以防止高温为主。菇房是保证金福菇栽培成功的措施之一。栽培金福菇的场所主要有室内菇房、室外菇棚及果园套种等。室内菇房又有标准菇房、普通菇房和简易菇房；室外菇棚有塑料大棚、中棚、地床式菇棚、简易菇棚等。各生产户可结合自己的经济状况和环境特点，因地制宜建造。

(1)标准菇房

又叫工厂化菇房。对温度、湿度、通气和光照等环境条件可以控制的菇房。生产不受季节限制，可以长年生产。但投资大、耗能多。适合于有经济实力的单位和个人，有利于大规模生产。标准菇房一般长20～25m，宽6～8m，高5～6m，房内设两列6层床架，层距0.6～0.7m，床宽1.6～1.8m，下层离地0.3m，上层距屋顶1～1.3m。两列床架间隔0.8～1m，菌床上的侧护板高15～20cm。菇房设有门窗，可以通风换气。

(2)普通菇房

也叫常规菇房，常用砖石建造，也可用闲置民房、库房、厂房等改造。一般坐北朝南，菇房一般长8～12m，宽6～8m，高4.5～6m。菇房内置多层床架，床架长6m，宽1.4～1.6m，菇房设有门窗，可以通风换气。

(3)塑料大棚

是室外菇房的主要形式，建造成本低，保温保湿性能好。一般棚长15～30m，宽5～6m，高2～2.5m，一般用竹子或木头作为支架搭成，棚内设3～4排菇床。两头设门，上覆薄膜、遮阳网，最好在遮阳网上再盖些茅草之类的覆盖物。在南方，可利用冬季栽培双孢蘑菇的大棚，夏天用来栽培金福菇，实现食用菌周年生产。

(4)简易菇棚

在房前屋后用竹木搭置的菇棚，棚长15～20m，宽3～4m，高2～2.5m，两头设门，上盖薄膜、遮阳网，遮阳网上再加些茅草类的覆盖物。棚中留条路，两边作为栽培场地，棚顶可设计成拱型，也可搭成人字型。

菇房规格不宜过大或过小。过大，管理不便，通风换气不匀，温度和湿度不易控制，容易发生和蔓延病虫害。过小，使用率不高，成本大。门窗布局要合理，便于通风和床架设置。有条件的要配备加温、降温设施。栽培金福菇，既可选择在室内地面直接栽培或设床架栽培，也可在室外阳畦覆土栽培。栽培场地要求干净、远离畜禽棚舍、靠近水源，如在室外阳畦覆土栽培还须开排水沟。

2. 覆土材料的选择与处理

金福菇的重要特性是不覆土不出菇，因而料面覆土是一项极重要的技术措施。覆土材料的选择和处理极为重要。

(1)覆土材料的选择

不同的覆土材料，由于理化性质不同，直接影响金福菇的产量和质量。优良的覆土材料，结构和性状均应能符合金福菇生长需要。土粒基本要求是：结构疏松，孔隙度大，通气性好，有一定的团粒结构，土粒大小以直径1～2cm为宜；吸水保水性能强，湿不发黏，喷水不板结，水少不龟裂；不含病原物，无虫卵、杂菌等有害物质，含有少量的腐殖质(5%～10%)，但不肥沃；中性或弱碱性(pH 6.5～8)。常用的覆土材料有稻田土、玉米、棉花田土、菜园土、塘泥土、草皮土以及各种人工配制的各种合成土、发酵土等。覆土前将土粒破碎，有的还分为粗土和细土，先覆粗土，后覆细土，有的不分粗细。粗土直径1.5～2.0cm，细土直径0.5～1.0cm，粗细比例65%～35%。覆盖厚度2.5～3.5cm，每平方米栽培面积约需粗细土粒25千克。

(2)覆土材料的消毒处理

覆土材料中可能潜伏有许多病原菌及害虫。覆土前必须对覆土材料进行消毒，以最大限度地降低覆土材料中病原菌和害虫的含量，减轻或杜绝病虫危害。常用的消毒方法有甲醛消毒法和暴晒消毒法两种。

甲醛消毒法：覆土前将土粒破碎，每立方米土粒用5千克40%甲醛溶液(福尔马林)兑水100L，均匀喷洒在土粒上，然后作堆并盖上薄膜，封紧压严四周薄膜，密闭熏蒸1～3天。然后揭去薄膜，扒开土堆并翻动土粒，待土粒上残留的甲醛气味消失后(3～5天)才能覆盖菌床。否则会产生药害，影响土层菌丝的正常生长，推迟出菇。

暴晒消毒法：将土粒置于清洁、干燥、坚硬的地面上，最好是水泥地面，阳光暴晒3～5天，每天翻动1～2次，也可基本上达到消毒效果。如果用透明塑料薄膜严密覆盖土粒进行暴晒，在烈日下膜内温度可达50℃，效果更好。这种消毒法既简便节约，又安全有效。

对覆土材料消毒时，通常结合喷洒杀虫剂和杀螨剂。同时拌入2%～3%的石灰粉，既可调节土壤的pH值，也可杀死土壤中的线虫。处理好的土壤pH要求达到7.5～8.0。

(三)熟料全脱袋覆土栽培技术

金福菇是高温食用菌品种，许多栽培操作在高温高湿、杂菌多的环境中进行，控制菌袋污染是栽培成功的关键，需要把好堆料发酵、灭菌、接种3关。

1. 场地选择

金福菇既可选择在菇房室内地面直接栽培或

设床架栽培，也可在室外简易大棚栽培或直接阳畦覆土栽培。栽培场地要求干净、远离畜禽棚舍、靠近水源，如在室外阳畦覆土栽培还须开排水沟。

2. 培养料选择

各地可就地取材，以当地主要作物的秸秆为主要原料，采用单一主料或多种主料混合栽培金福菇。目前栽培用的原料以稻草、麦秸、玉米秆、棉子壳、甘蔗渣、木薯秆、桑枝、杂木屑等为主料，原料必须干燥新鲜、无霉变。如用玉米芯、玉米秆时，因其含糖量较高，极易受潮霉变，所以收获后必须及时暴晒、储藏，防止雨淋变质。玉米芯、木薯秆、桑枝在使用前，粉碎成花生米或玉米粒大小的碎块；稻草、麦秸则用切草机或粉碎机加工成3～5cm长的小段，玉米秆、甘蔗叶也须粉碎成像甘蔗渣一样。

为了提高金福菇鲜菇的产量和质量，在主要栽培材料中必须加入有机氮源，如新鲜的米糠、麦麸、玉米粉等。这些辅料添加过多，会增加成本。因此可根据当地原料来源，可以添加含氮量较高的花生藤、黄豆秸或其他豆科作物的叶秆作为主料的一部分。在培养料发酵过程中，也可以用沼气池发酵过的水代替一般的水来补充氮素，不但降低成本，还能增加产量。

3. 培养料配方

根据多年的研究，许多原料都能栽培金福菇，特别是草本原料更适宜栽培金福菇。根据各地原料情况，可灵活调整培养基配方。以下选择的几个配方仅供参考。

①棉子壳31%，甘蔗渣50%，米糠或麦麸15%，石灰粉2%，过磷酸钙1%，石膏1%。

②碎稻草50%，杂木屑31%，米糠或麦麸15%，石灰粉2%，过磷酸钙1%，石膏1%。

③棉子壳43%，碎稻草43%，米糠或麦麸10%，石灰粉2%，过磷酸钙1%，石膏1%。

④木薯乙醇废渣80%，甘蔗渣8%，米糠或麦麸8%，石灰2%，石膏1%，过磷酸钙1%。

⑤玉米芯66%，桑枝30%，石膏粉1%，石灰2%，过磷酸钙1%。

4. 原料处理

金福菇是高温高湿季节的草腐菌，直接将培养料装袋灭菌接种，菌丝也能生长，但长势较弱。培养料在装袋灭菌前进行发酵处理，菌丝生长就好。通过发酵处理，能减少培养料的杂菌污染率，更主要的是使部分纤维素、木质素等有机物得到分解，有利于金福菇菌丝的吸收利用。具体做法是：将切好的稻草、麦草等培养料置水池中，加入2%生石灰粉，浸泡12～24小时捞起，沥干水分至70%左右，有些不便浸泡的培养料如玉米芯、杂木屑、桑枝，可用淋水拌匀来预湿，棉子壳淋水拌匀后还要堆制24小时，才能达到均匀预湿。根据不同的配方，将预湿好的培养料加上石灰、过磷酸钙、石膏粉等辅料，拌匀后建堆发酵。发酵时将拌好的料堆成宽1～2m、高1～1.5m，长度不限的龟背形长条堆。堆料时宁松勿紧，堆底应稍小。为给嗜热微生物创造适宜的生长条件，防止厌氧菌滋生。在堆上每隔50cm用直径4～5cm的木棒打一自上而下的通气孔，尔后覆盖薄膜让其发酵。最好在料堆上用竹条或铁条拱成棚架，再盖上薄膜，每天要掀开薄膜通气3～5次，使其更好的有氧发酵。当料堆20cm深处温度达到65℃时，再保持24小时后，进行第一次翻堆。翻堆时，注意内外料，上下料交换发酵。翻料后，重新打通气洞覆膜。当温度再次达到65℃以上时进行第二次翻堆。如此共翻料2～3次，时间7～10天。待料的颜色变为褐色，且有特殊香味，料面布满白色菌丝（放线菌，有益真菌，发酵伴生物），表示发酵完成，即可散堆降温。加入麦麸、米糠等发酵易损失的辅料，充分搅拌，混合均匀，使培养料含水量达65%左右，pH为7.5～8。当料温达到30℃以下时，即可装袋。

5. 装袋、灭菌

栽培袋选用低压聚乙烯塑料袋（只适用于常压灭菌）和聚丙烯塑料袋（可用于高压灭菌），规格为折幅17～23cm×45cm×0.045cm。将袋的一头用绳子扎紧，在另一头装袋。装袋时，先在袋底装一层培养料，稍微压实，然后边装料边压实，装料高度30～35cm，袋口用绳子捆紧，注意松紧适宜，料装太松，菌丝生长无力；太紧，透气性差，菌丝生长缓慢，出菇迟。培养料以紧贴袋壁为度。一般每袋所装料量为料干重0.5～0.9千克，湿重1.5～2.5千克。要求当天拌料，当天装完，当天灭菌。装进袋的培养料在高温高湿条件下还会无氧发酵，时间过长会使培养料酸化，无法被菌丝利用。因此，从装袋到灭菌这段时间越短越好。灭菌是金福菇栽培成功与否的关键措施之一，灭菌效果与料袋污染关系密切。灭菌采用常压或高压灭菌。用常压灭菌，开始火力要旺，需在5小时之内把灶内的温度上升到100℃，用中或小火维持100℃的温度保持10～12小时。由于加温时间长，要注意锅灶内是否缺水，最好是一次加足水，中途不用补水。如果中途需要补水，要加热水，加冷水会使锅灶内温度变化太大，锅灶中的温度在一段时间内达不到所需的温度，影响灭菌效果。在停火前，再烧5～10分钟猛火后再停火，停火后可将培养料继续在锅灶内闷4～6小时，保证菌袋料的灭菌效果。培养料袋要趁热出锅并直接搬到已灭菌的接种室里，等候接种。高压灭菌要求在110～140kPa范围内恒压2～4小时。装料、灭菌等搬运过程要小心，严防菌袋刺、磨穿孔，以防杂菌污染。

6．接种

(1)菌种选择

要求菌种无污染，无虫害，菌种不能老化，成熟的菌种菌龄越短越好。以菌丝刚长满瓶（袋）的菌种萌发力最强，可在一定程度下控制污染。菌丝长满瓶（袋）后7天内使用较好，超过15天开始老化。

(2)接种

接种方法与一般食用菌相同，请参阅本书《食药用菌制种技术》一章。

7．发菌管理

接种后可将栽培袋移入发菌室，发菌室要求清洁、干燥、能通风换气、温度比较稳定，并经过灭菌处理。袋料在发菌室可放在层架上培养，也可在地面上排列培养。在架上和地面叠摆时，叠起不超过3层，高温季节再加上菌丝生长产生的温度易造成高温烧菌。接种后的袋料要避光培养，保持室内相对黑暗，室温最好维持在25～30℃，湿度70％以下。菌丝从袋口接种处长进5cm时，可适当将袋口捆扎的绳子捆松些，以满足菌丝生长对O_2的需要，加快菌丝生长速度，发菌后期可松动袋口。在菌丝生长旺盛期，每天开门窗1～2次通风换气。如果发现杂菌污染的袋料，特别是绿霉菌污染的袋料要及时搬出处理，防止扩散蔓延。一般接种后20～35天菌丝可长满菌袋。再经过10天的菌丝后熟期培养，即可覆土出菇。菌丝后熟期培养可促使培养料的养分得到充分的分解和积累，供幼菇快速生长的需要。

金福菇是土生菌，若无覆土刺激，菌丝生长再好也不会出菇。这是金福菇的缺点也是其优点。有人做了试验，将长满金福菇菌丝的菌袋放置在培养室内半年、一年，再覆土，也能照常出菇，对产量影响不是很大。这样可以在温度比较适宜、湿度比较低的季节，大量制作菌袋接种并让菌丝长满后存放在培养室内，到了适合覆土出菇时或者市场有较大需求时，再搬出来覆土出菇。既可减少菌袋污染，又能及时满足市场需要。在我国南方，每年的10～11月份，温度很适宜金福菇菌丝的生长，而这段季节湿度比较低，大大降低菌袋的杂菌侵染，是金福菇最佳的制作菌袋和接种时期。长满菌丝的料袋在培养室内越冬，温度适宜时可覆土出菇。这个时期，温度变化从高转低。在管理上，可将料袋适当叠高些，利用菌丝生长产生的温度来提高室温。温度低，可覆盖薄膜保温，但要注意经常通气。菌丝长满后，室温可维持在15℃左右保存。

8．脱袋覆土栽培技术

熟料全脱袋覆土栽培，视场地条件等因素不同，有脱袋畦栽、脱袋床栽和盆栽、箱栽等不同型式。

(1)脱袋畦栽技术

脱袋畦栽覆土，应选择背风、有清洁水源、排水通畅的地方整地作畦。畦宽0.5～1m、深15～25cm，长度不限。金福菇生长季节为多雨季节，畦床做好后，一定要在四周开挖好排水沟。畦床做好后，在畦面及其四周撒一层石灰粉灭菌杀虫，然后将发满菌丝的料袋剥去塑料袋膜，将菌包横排放在畦中，也可竖排放入畦中。竖排占地面积比横排的稍少些，但要比横排的畦稍挖深些，产量差不多。菌包间留3～5cm空隙，也可不留空隙，不留空隙菌包与菌包间的菌丝会联成一体，易长出大丛的金福菇。用消毒处理过的覆土材料填满缝隙，再在菌包表面覆土，覆土厚3cm左右。

(2)脱袋床栽技术

脱袋床栽覆土，是在菇房（棚）床架上全脱袋覆土栽培金福菇的方法。栽培前对菇房及床架消毒，在床栽的底层垫一层编织袋或薄膜，如果再铺上一层2～3cm消毒过的泥土，效果更好。将长满菌丝的菌包外的薄膜除去，菌包倒着横摆或立着竖摆在菇床的泥土上，菌包与菌包之间尽量靠紧，中间的小间隙用消毒过的碎土填满，再用消毒过的泥土覆盖表面，土层厚2～3cm。采用横摆，周边覆土容易些；竖摆，周边覆土困难些，但比横摆节省面积，覆土的泥用量也少些，产量都差不多。

(3)脱袋盆栽及箱栽技术

脱袋的金福菇菌包可用盆或箱子进行覆土栽培，盆和箱子可用塑料或木制的，最好能通气排水。在盆底或箱底铺上2～3cm消毒过的泥。根据盆或箱子的形状大小，横摆或竖摆上菌包，间隙用碎土填满，上面再覆盖3cm左右消毒过的泥土。这种方式能随意搬动，很适宜在室内栽培。

9. 出菇管理

金福菇与其他菇类不同，它对水分非常敏感。若菇床含水分不够，环境空气湿度不适，都可能推迟出菇和导致大量小菇蕾黄化萎蔫死亡。因此出菇期要严格按照菇蕾生长发育不同阶段进行不同的管理。菇床必须充分含水，才能为生长出硕大的菇体打下基础。栽培管理上要注意用好水，覆土后的3天左右，菌丝恢复后需大量喷淋水，宁可过头也不要过少。暂时的水泡，对金福菇不会造成什么影响。床栽或盆栽注意一次用水不要过量，可分几次喷水，既满足其对水分的需求，又避免造成上层水漏到下面。尽可能使菇床的覆土层达到饱和含水量，之后每日保持覆土层土表湿润即可。若水分不够，可直接在覆土上喷雾状水，保持覆土层湿润。每周喷施一次2%石灰清水杀菌。畦面上覆盖稻草，对保持水分有利，但覆盖稻草后，在高温高湿季节，会引来更多的病虫害，以不盖为好。在管理上可结合喷水来通风换气。给予一定散射光。一般覆土后约15天，菌丝长满畦床并开始扭结形成原基。此时切忌喷水过多，否则很容易造成小菇蕾大量黄化死亡，降低成菇率。当菇蕾大量形成并逐步长大时，一般不喷水，只需保持覆土层湿润即可。干燥天宜喷雾状水；当菇体长至3cm高时，加大喷水量，每天可喷水1～2次，空气相对湿度90%～95%；子实体进入成熟期，减少喷水量，避免烂菇。整个出菇期菇房温度最好控制在26～30℃，特别注意通风，保持菇房内空气新鲜。

10. 适时采收与脱水加工

当子实体菌柄高达15cm左右，菌盖尚未完全开张时采收，品质最好。或菌盖直径长到3～4cm时，及时采收。采收过迟，成熟过度，作为商品的品质下降。金福菇开伞后体积大（大者可达30cm），不便运输和包装。采收时手握菌柄，整丛拔起，采后应分割成单个，并削去连接的基部，用塑料袋或托盘包装好。收菇时也可采大留小。由于金福菇丛生，一丛菇基部连在一起，采收过程应尽量小心。可用干净的刀片将大菇切下，保留小菇，小菇也不要留太长时间，应在几天内采收完。采收后清理床面残留物和老化菌丝，用细土将料面整平，停止喷水，生息养菌5天后继续淋水，这次淋水也要一次淋足。再按原来控温、通风、给散射光等管理，14～18天后第二潮菇出现。一般可采收3～4潮菇，每潮菇大约20天，生物学效率可达70%～100%。

（四）熟料半脱袋覆土畦栽技术

熟料半脱袋覆土原理与熟料全脱袋覆土基本一样，都是菌丝经过土壤中的微生物的刺激而形成菇蕾出菇，不同的是覆土材料相对于全脱袋而言大大减少，比较适用于在城市郊区及大棚床架栽培等缺乏土壤、不便于挖畦床的场所栽培。不足之处是产量较全脱袋低。其培养料选择、配方，培养料处理，装袋灭菌、接种、发菌等与菌袋料的前处理均一样。由于覆土方式不同，在出菇期管理上与全脱袋畦栽栽培有些差异。

脱袋覆土前，在菇房内地面及四周或大棚床架用5%石灰水喷洒消毒，然后将发满菌丝的菌袋袋口薄膜翻卷至袋口以下3～5cm，将菌袋或叫菌棒直立于地面或床架，菌棒间可不留缝隙便于节省土壤。一般“畦床”不宜过大，料面有0.5m宽即可。再用消毒处理过的覆土材料填满料面至看不见任何裸露的料面为止，袋口的覆土一般厚3～5cm。在管理上要注重水分管理。覆土后3天的重水不能像畦栽的那么重，而是分二三天喷淋，以保证其形成子实体和出菇对水分的需求。还要注意经常通风换气。其他如出菇管理、采收加工等同全脱袋覆土方式。在南方一般没有必要专门为金福菇搭建标准菇房，而是利用冬季生产双孢蘑菇的菇房。金福菇可与双孢蘑菇合理搭配，充分利用好菇房，实现食用菌周年生产。

（五）熟料单袋袋内覆土栽培技术

菌棒的前处理及出菇管理与全脱袋一样，区别在于后期覆土方式不一样。单袋袋内覆土更适用于土壤缺乏或不方便进行脱袋覆土的栽培场所。袋内覆土用土量少，简单易行，但在管理上比较难，特别是出菇后的水分的管理。水分少了，菇长不好；水分多了，又易造成菇死亡。产量较脱袋覆土低，易单生，较适用于金福菇的单生品种。但袋内覆土栽培产出的菇，与其他栽培形式相比，菇的形状最好。覆土前，在菇房内地面用5%石灰水喷洒消毒，然后将发满菌丝的料袋袋口薄膜拉直，直接将消毒过的泥土轻轻放进袋内，厚度2～3cm，以看不见料面为度。为防止袋内积水，可在袋两侧各割1～2道缝排水。然后将菌袋整齐直立排在出菇场上。在菌袋表面可覆盖报纸等覆盖物进行保湿等待出菇。管理上保持土壤湿润状态即可，喷水时提倡少量多次。

（六）果园、香蕉等林地仿野生套种栽培技术

我国各地种植大量果树，南方有大面积的香

蕉园、荔枝、龙眼、芒果果园，北方有苹果、梨、柿子、葡萄等经济水果园和林地资源等。在树底下套种金福菇，可提高果园及林地的土地利用率，减少种菇投入的场地成本，栽培周期短、见效快，是增加经济效益的有效捷径。试验结果证明，在果园等套种金福菇以后，出菇废料作为有机肥料直接留在土壤，改善土壤结构，提高土壤肥力，水果产量和质量明显提高。同时，果园局部环境通风透气、遮荫度好，有一定的散射光，有利于金福菇的生长，产量也相应提高。果园的水果和金福菇都得到了较好的经济效益。栽培技术要点如下。

一般选择果树、林木高度最好在 2m 以上、树株间行距在 2m×2m 左右、遮荫度为“三分阳七分荫”的荫凉果园，还需要有清洁的水源。

利用熟料方式制作袋包，北方也可用发酵料装袋的方式制作菌包。菌包一般放在培养室内发好菌，才可脱袋置于果园下覆土出菇。菌包的制作技术和发菌管理参考上述内容。

在菌包覆土前 2 个月对果园、林地进行一次杂草清理，耕作层翻耕，结合壮果肥、促梢等施足一次肥水，改善树下局部土壤理化结构，并提高肥力，为菌包提供一个良好的着床环境。菌包覆土前，应在果园或林地下挖好畦床，畦床一般宽 0.5～1m、深 5～20cm，根据不同作物根系生长情况而定，根系露出表土层浅的，只要下挖3～5cm，挖出的泥够覆盖菌袋就行了。如果根系分布深，可挖深些，将整个菌袋都埋起来。长度根据果树分布而定。畦床挖好后，在晴天下晾晒 2～4 天，在畦面及其四周撒一层石灰粉灭菌杀虫，然后将发满菌丝的菌包剥去塑料袋膜，将菌包横排(也可竖排)放入畦中，菌包间留 3cm 左右空隙，用消毒处理过的覆土材料填满缝隙，再在菌包表面盖上覆土，覆土厚 3～5cm。

果园的出菇管理与脱袋畦栽培法基本类似，关键是控制好覆土层的含水量和环境的空气相对湿度。覆土层一定要保持湿润才能保证菇蕾正常发育。另外对水果等作物喷药治病杀虫，要与出菇季节错开，实在错不开，在喷药时，可用薄膜暂时将菇畦盖上，喷完药后再小心掀开。金福菇果园仿野生栽培，在高温多雨季节，受自然环境影响较大，应注意挖好排水沟，大雨能排水，天旱需人工补水。在气温较高时，生长发育很快，应及时采收，以免开伞，降低商品价值。每潮菇采过后，特别要注意清理菇床，停水 5 天后，再进行转潮管理。

在我国南方大部分地区，由于冬季最低气温在 5℃以上，地温更高些，金福菇可在覆土层中安全越冬。10～11 月份覆土的金福菇，有些年因温度低于其所适应的温度，可能当年没有收成，在越冬的管理中主要注意不要淋水，顺其自然。第二年 4～5 月间气温回暖时，一阵雨后，就会有菇长出。如果温度稳定在 25℃左右，也可以喷一次强的出菇水，照样能出菇。按照上述管理方法，每 $667m^2$ 果园实际利用面积大概为 $300m^2$，可产 2 000千克以上菇，果还可以增产 10%以上，经济效益非常可观。

(七)废菌料栽培金福菇技术

栽培过香菇、金针菇、平菇、木耳等木腐菌的菌糠，还含有很好的营养物质。据有关研究分析，用棉子壳为主料，栽培平菇、金针菇后剩下的菌糠，蛋白质含量高达 13%，粗纤维含量还有 31%。用木屑为主料栽培香菇剩下的菌糠，蛋白质含量达到 8%～9%，粗纤维含量还有 30%，完全可以用于作为金福菇的栽培原料，而且还是比较理想的原料。废菌糠可循环再利用，节省了金福菇原料的开支，取得较好的经济效益。栽培料配方是：①废菌糠 60%，棉子壳 20%，麦麸 15%，石灰 2%，过磷酸钙 2%，石膏 1%。②废菌糠 50%，稻草 35%，米糠 10%，石灰 3%，石膏 1%，过磷酸钙 1%。食用菌废菌糠在使用前要稍锤碎，在烈日下暴晒 3～5 天，将废菌糠与除米糠和麦麸外的其他料混合均匀，将水分调到 65%，pH 调到 7～8。拌料后按前述方法建堆发酵 7～10 天，发酵后再加入米糠或麦麸，混匀后再调节水分至 65%和 pH 为 7～8，就可装袋灭菌，接种培养，脱袋覆土，出菇管理。管理好了，与完全用新料一样，可以达到 70%～100%的生物转化率。

二、金福菇发酵料栽培技术

(一)发酵料栽培技术

用发酵料栽培金福菇，原料广泛、低廉，栽培技术简单，管理粗放，成本低，效益好。只要掌握好原料发酵、播种后发菌管理、出菇管理(最主要是水分管理)等几个技术环节，发酵料栽培能获得成功。关键是原料发酵关，并且还要加大菌种的播种量。发酵料栽培技术不适宜在我国南方高温高湿环境采用。但在南方 11 月份以后，采用发酵料袋装接种，留到第二年天气回暖后再覆土出菇，也能获得收成。

1. 生产季节

金福菇菌丝生长和子实体形成生长的最适温

度25～30℃。用堆制发酵方法对培养料进行灭菌，灭菌效果不彻底。发酵料栽培金福菇的生产季节安排，除了选择适宜菌丝生长的温度外，还要考虑其他环境条件的好坏。例如，需关注菌丝生长时的空气湿度，湿度低，空气中杂菌相对会减少，这样就能减轻菌料被杂菌的侵染概率。在生产季节上要考虑多种气候因素条件进行安排。

2. 生产场地

金福菇发酵料生产同其他栽培方式一样，既可在室内外层架床栽，也可在野外平地栽培，还可与棚架蔬菜、速生林、果园、蔗地间作套种，以提高单位面积的经济效益。

3. 原料的选择与处理

可选择稻草、麦草、玉米芯、玉米秆、高粱秆、棉子壳、甘蔗渣、甘蔗叶等。原料必须干燥、无霉变。玉米秆玉米芯在使用前，粉碎成花生米或玉米粒大小的碎块；稻草类用粉碎机加工成3～5cm长的小段，玉米秆、甘蔗叶须要粉碎成像甘蔗渣一样。

4. 培养料的配制

培养料的配方合理与否，直接关系到发菌的成败和产量的高低，不同原料应根据其不同的碳氮比合理搭配。金福菇发酵料栽培，培养料发酵时空气湿度较高，石灰的添加量不能少，发酵料生石灰用量以3%～4%为宜。米糠、麦麸、玉米粉之类的辅类，在高温季节发酵料栽培中尽量不用或少用，因发酵过程中易损失，另外含氮量较高的原料，不易控制杂菌的发生。培养料的水分控制也比熟料袋栽要稍微少些，以60%～65%为宜。配方如下：

①玉米芯55%，棉子壳32%，牛粪9%，石膏1%，生石灰粉3%。

②稻草72%，牛粪24%，石膏1%，生石灰粉3%。

③稻草40%，棉子壳42%，牛粪14%，石膏1%，生石灰粉3%。

麦草、玉米秆、高粱秆、甘蔗渣、甘蔗叶可分别替代配方中的稻草。

将稻草置水池中，加入2%生石灰粉，浸泡12～24小时捞起，沥干水分至70%左右，然后同预湿的棉子壳、牛粪、玉米芯混合，并加生石灰粉、过磷酸钙、石膏粉、尿素、微量元素肥料（后两者配成水溶液加入）搅拌均匀，建堆发酵。

5. 建堆发酵

将拌好的料堆成宽1.5m、高1.2m、长度不限的龟背形长条堆，堆料时宁松勿紧，堆底应尽量小。为给嗜热微生物创造适宜的生长条件，防止厌氧菌滋生，在堆上应每隔50cm，用直径4～5cm的木棒打一自上而下的通气孔，尔后覆盖薄膜让其发酵。当料堆20cm深处温度达到65℃，保持24小时后，进行第一次翻堆。翻堆时，注意内外料、上下料交换发酵。翻料后，重新打通气洞覆膜。当温度再次达到65℃以上时进行第二次翻堆。如此共翻料3～4次，时间15～20天。待料的颜色变为褐色，且有特殊香味时，料面布满白色菌丝（放线菌、有益真菌、发酵伴生物），表示发酵完成，即可散堆降温。当料温达到30℃以下时，即可装袋。

每一次翻堆时注意调节培养料的水分含量和pH。最后一次翻堆，若水分过大，应稍微摊开晾晒散失部分多余的水分；若过干，加入水分，使培养料的含水量为60%～65%。发酵好的培养料在装袋前严禁“生水加入”，以免造成污染或者接种后菌种“不吃料”。

6. 装袋接种

装料袋一般采用30cm×55cm塑料袋，一头用绳扎紧，在袋底先放一把菌种，再放一层料，并稍微压紧，如此共放5层菌种4层料。金福菇菌丝吃料较慢，压得太紧会造成通气不良，菌丝生长慢，提高污染率。菌种用量为干料的10%～20%。播完最后一层菌种，扎口、打微孔后即可移入发菌室发菌。

7. 发菌

发菌的重点是调控温度、注意通风换气，防止烧菌，防止杂菌感染。料袋移入发菌室后，按“井”字形排放，根据温度高低决定排放层数。温度高时可竖放，较高时可排放二层；温度低时可放3～5层，将温度控制在25～30℃以内。为防止杂菌侵染，发菌室内最好5～7天喷1次消毒药物。整个发菌期应每隔2～3天翻袋1次，并加强通风换气。做到勤翻、勤检查，发现问题及时解决。一般经30天左右，菌丝即可长满袋。

8. 覆土

金福菇子实体需要土壤中的细菌及各种酶的作用，才能出好菇。当菌丝满袋后经过10天的后熟期培养后，可采用脱袋畦栽、脱袋床栽、袋内覆土等多种方法进行覆土。发酵料袋栽的菌包不像熟料袋栽的菌包那么紧实，在操作中要小心，最好采用袋内覆土的方式。做法是敞开袋口，在培养料上覆盖 2cm 厚的覆土，然后将菌袋重新扎口、培菌。

9. 出菇管理

正常情况下，覆土后过 10 天，白色菌丝可爬出土面。待表面布满浓白菌丝后，即可将菌袋直立，敞开袋口，喷淋一次较强的出菇水。袋口敞开后空气相对湿度加大至 85%～95%、温度 27～32℃，并加强通风换气，防止畸形菇产生，促使菌丝快速扭结成原基。水分管理上要少量多次经常喷水，保持土层湿润。见到菇蕾后经 7～10 天即可采收。

10. 适时采收及采收后管理

金福菇子实体达到 7～8 成熟时，即菌膜完整尚未破裂、菌盖尚未开伞、菇体肥厚结实时及时采收。

采收后清理料面，并扎袋养菌，2 天后用注水器补足水分，养菌，其他管理技术同第一潮菇。可连续采 3～4 潮菇。若注水时外加营养，可增加收菇潮次。

(二)二次发酵技术

金福菇菌丝在 25℃以上才能正常生长，这时高温多湿，杂菌很多。能否保证栽培成功，关健是培养料堆制发酵的效果，采用一次发酵，很难得到满意的结果，特别是利用菇房进行床式栽培。应采用二次发酵方式。原料配方等与前一次发酵料栽培一样，发酵的方法及以后的管理等有所不同。

1. 前发酵

发酵时将拌好的料堆成宽 1.5m、高 1.2m、长度不限的龟背形长条堆，堆料宁松勿紧，堆底应稍小。为给嗜热微生物创造适宜的生长条件，防止厌氧菌滋生，在堆上每隔 50cm，用直径 4～5cm 的木棒打一自上而下的通气孔，尔后覆盖薄膜让其发酵。当料堆 20cm 深处温度达到 65℃时，保持 24 小时后，进行第一次翻堆。翻堆时，注意内外料，上下料交换发酵。翻料后，重新打通气洞覆膜。当温度再次达到 65℃以上时进行第二次翻堆。如此共翻料 2～3 次，时间 7～10 天。

2. 后发酵

第 2～3 次翻堆 2 天后，将堆料含水量调到 65%～70%，迅速运到菇房，集中堆放到中间第二、第三层床架上（只有 3 层床架的堆在中间一层床架上），然后关闭门窗，尽量密封，让培养料自然升温。当料温升到 50～52℃时，可开窗通气一下，使培养料发酵过程中能有充足的氧气。2 天后培养料温不再上升并趋于下降时，外通蒸汽，进行巴氏消毒。外加蒸汽的方法很多，可用小锅炉来进行加温，最简便的是用汽油桶改装成蒸汽发生器，每 $100m^2$ 用一个汽油桶蒸汽发生器加温，使菇房内的料温升至 62℃，温度保持 60～62℃8 小时（培养料内主要有害生物的致死温度是：菇蝇类、线虫、螨虫类、瘿蚊等 55℃ 5 小时；褐色石膏霉 60℃ 4 小时；绿霉 60℃ 6 小时；褐斑病菌、疠孢霉病菌 60℃ 6 小时）。巴氏消毒结束后，打开窗，进行短时间的通气。当料温降到 52℃以下时，继续加温，使料温维持在 50～52℃，保持 3 天左右。每天利用中午进行短时间换气，这主要是使好气的高温放线菌、高温纤维分解菌在这一温度区内活动，分解稻草等复杂的有机物，产生金福菇易于吸收的葡萄糖、氨基酸、核酸等物质，为金福菇生长提供丰富的营养物质。

如果没有搭建标准的菇房，或无法在菇房内加温，也可采用简易方法进行二次发酵。具体做法是：在菇棚旁建堆料基座，基座形式可因地制宜，可用木条或竹子搭基座，使料不直接接触地面。也可在地面挖网状的小沟，使料尽量少接触地面，小沟能进行气体流通交换。堆料基座建好后，选择晴天中午将前发酵好的料松散，有规则地放在堆料基座上。建料堆时，料堆中心每间隔 50cm 埋入木棒，料堆建好后可将木棒抽出，目的是使上下空气能够流动。料堆宽 1～1.2m、高在 1.2m，料堆两侧垂直，不要堆成梯形或塔形，料堆长度可根据用料多少而定。料堆建好后，在料堆外部建一个拱形塑料棚，罩在料堆上。塑料棚的塑料下沿触地并用土密封好，料堆顶部与塑料棚的顶部要有 50cm 的空间，料堆两侧与塑料棚的距离只要能进行气体交流就行。在料堆两端中部各做一个约宽 50cm、高 50cm 的门帘，用于通气。可利用培养料自身发酵产生的热，也可利用太阳照射产生的热量，在两天内使拱棚内温度达到 60～62℃，维持 8 小时。如果 2～3 天拱棚内温度达不到 60℃，可在外部通蒸汽将温度升上去。巴氏消毒阶段结束打开拱棚的塑料膜，通风降温，使堆温降到 50～55℃，维持发酵，料堆在这样温度下维持 4 天，这样完成了后发酵的过程。二次发酵中注意掌握料堆两端的通气门帘，在升温和进行巴氏消毒阶段，尽量密封保温；中午温度比较高时，适当打开门帘通气，温度维持在 50～55℃，可视料堆温度情况适当打开门帘或者完全打开门帘。如果温度还高，可将拱棚塑料膜掀起。二次发酵完成后，尽快将培养料搬到棚内，铺成高 15cm 厚的菇床，温度降到 30℃后就可播种。或者等培养料的温度降到 30℃后，边装袋边播种。

3. 整床、播种、覆土、出菇管理、采收管理

二次发酵完成后，可打开门窗通风。等到料温降至 35℃以下，将堆在中间几层的培养料均匀摊到各层，每层培养料的厚度 15cm。温度降到 30℃，可进行播种，将菌种弄成细块，但不要太细，否则会降低菌丝萌发能力。菌种用量为干料的 10%～20%，最好菌种 2/3 拌到料中，1/3 播在料面，将播在面上的菌种用薄竹片插入抖动一下，菌种会拌进料中，播种后盖上薄膜保持水分，以利于菌丝萌发。覆土可在菌丝长满后也可在播种后 2～3 天菌丝萌动后进行。长满菌丝后覆土，在菌丝生长过程易造成水分损失，需要较长时间覆盖薄膜以保持培养料的水分，为此需要经常掀膜换气。播种后覆土，需将覆土的泥消毒彻底，以免覆土带进杂菌。一般菌丝可在 20～30 天会长满培养料并长到覆土层上，这时需要喷淋重水，使土面上的菌丝倒伏，抑制气生菌丝徒长，促使金福菇转入生殖生长。形成菇蕾后，适当增加通气，减少喷水量，防止菇蕾因积水而造成死亡。当菇长至 3cm 以上时，再加大喷水量。在收获前 2～3 天，停止用水。采收管理与一次发酵的方法相同。

(三)发酵的新技术

近年来在食用菌培养料发酵方法上推广了许多新的发酵技术，在金福菇发酵料栽培上应该也是有效的。

1. 发酵添加剂技术

发酵添加剂是一种新型的复合微生物制剂。食用菌培养料中添加发酵剂的主要作用是加快培养料堆制腐熟时间。由于添加剂中的微生物菌具有很强的好气性发酵能力，加入添加剂的培养料堆制 24 小时就可升到 50 ℃以上，而未加添加剂的需要 48 小时才达到这个温度，时间缩短 1/2。发酵产生的 60～70℃持续高温，能杀灭培养料中夹带大多数危害食用菌的病原菌、虫卵等。添加剂含有多种有益微生物，通过发酵使有益微生物在培养料中大量增殖，优势的有益微生物菌群能起到以菌抑制菌的作用，减轻病原菌的再产生，从而减少病虫危害，增强培养料抗杂菌抗污染的能力，达到不用农药、实现绿色食品的要求。发酵过程中对人畜无害的有益菌大量增殖，将部分有机养分转化成能迅速被食用菌菌丝利用的菌体蛋白，同时这些有益菌的生理活动和新陈代谢中能产生多种酶。例如，淀粉酶、蛋白质分解酶、纤维分解酶。这些酶有很强的催化分解能力，能在较短时间内将培养料中的纤维素、木质素、蛋白质分解，形成有利于食用菌菌丝吸收的氨基酸、葡萄糖、核酸等活性物质，使培养料转变为适合食用菌菌丝生长的基质，确保金福菇栽培获得成功。发酵添加剂使用量和方法，可按生产厂家的说明操作。

2. 隧道发酵技术

隧道发酵技术是目前国内外大规模工厂化堆制发酵料所采用的技术，是现代发酵生物学、现代电子和电控技术相结合的新技术，用电脑控制自动化生产食用菌的发酵培养料。该技术优点是省劳力、省能源、效率高、效果好，缺点是建隧道和购设备需要较高投入。做法：第一次发酵与二次发酵的前发酵一样，第二次发酵是在隧道内控温、控湿、控气条件下进行。进料后关门和关风机，培养料自然发酵升温 16～20 小时，升温到 50℃左右，适时通入热蒸汽，温度控制在 58～61℃6～7 小时，再降到 47～49℃维持 5～7 天，再吹风使培养料降温，完成发酵过程。整个发酵过程由大功率风机强制气流经风道和地板下孔洞吹进培养料的发酵层，保证培养料发酵所需的氧气和温度。发酵完成的培养料，后面的操作与二次发酵法一样。

3. 三次发酵技术

三次发酵技术在二次发酵的基础上进行，它能有效地减少病虫害危害，提高单位产量。做法：二次发酵结束后，让菇房内的温度自然降温到 30℃，通风换气，再将堆着的培养料抖松均匀铺于各层菇床上，整平料面，重新密闭菇房，通入蒸汽加热，使培养料料温达到 45～52℃培养 48 小时，使发酵好的培养料熟化，然后自然降温到 30℃，通气后再进行播种，播种后的覆土及管理与二次发酵相同。

三、金福菇的病虫害防治

金福菇属易遭青霉、木霉、链孢霉、毛霉、根霉、曲霉；菇蚊、菇蝇、螨类、蛞蝓等病虫害危害，防治与治疗方法，请参阅本书《食药用菌病虫害防治》一章。

第五节　金福菇的营养与药用价值

金福菇是近年来新开发的一种集食用、药用的珍稀食用菌新品种，其营养及药用价值已逐渐被人们所认识，很受消费者欢迎。

一、营养价值

1. 蛋白质和氨基酸

经分析，金福菇蛋白质含量很丰富，每 100g 干品中蛋白质含量高达 36.59%，不但远远高出水果、蔬菜、粮食中的蛋白质含量，而且比许多其他食用菌品种中的蛋白质含量要高，完全可以与肉、蛋类食物媲美，甚至比有些肉类、奶粉的含量还要高。蛋白质中氨基酸种类全面，18 种氨基酸中 8 种必需氨基酸含量较高，与总氨基酸的比值达到45.47%，必需氨基酸与非必需氨基酸的比值在0.83，超过了FAO/WHO 提出的理想蛋白质(表 42－1)。

表 42－1　金福菇干品中的氨基酸含量

非必需氨基酸种类	野生金福菇(g/100g干品)	栽培金福菇(g/100g干品)	必需氨基酸种类	野生金福菇(g/100g干品)	栽培金福菇(g/100g干品)
天冬氨酸	1.98	1.19	赖氨酸	1.16	1.27
酪氨酸	0.58	0.69	苯丙氨酸	0.96	0.74
谷氨酸	2.76	2.64	苏氨酸	0.93	1.77
甘氨酸	0.84	1.04	异亮氨酸	0.98	1.14
组氨酸	0.53	0.67	缬氨酸	1.32	1.30
丝氨酸	0.99	0.91	亮氨酸	1.47	1.63
胱氨酸	0.01	0.02	蛋氨酸	0.41	0.36
精氨酸	1.16	1.02	色氨酸	0.21	0.28
脯氨酸	0.74	0.82	必需氨基酸总量(E)	7.44	8.49
丙氨酸	1.26	1.18	E/E+N(%)	40.63	45.47
非必需氨基酸总量(N)	10.87	10.18	E/N	0.68	0.83
水解氨基酸总量(E+N)	18.31	18.67			

2. 多糖

金福菇与许多其他食用菌一样含有多糖和纤维素、半纤维素等物质。据分析，每 100g 干金福菇含多糖物质11.59%、粗纤维9.43%。从金福菇菌丝发酵液中，分离出的多糖蛋白复合体(PSPC)，具有抗癌活性并能提高免疫反应。

表 42－2　金福菇主要营养成分分析

营养成分	分析方法	野生金福菇(g/100g 干品)	栽培金福菇(g/100g 干品)
粗蛋白	凯氏定氮法	36.59	35.28
多糖	苯酚-硫酸法	11.59	8.40
脂肪	索氏抽提法	2.26	2.91
灰分	重量法(灼烧法)	6.31	7.97
粗纤维	重量法	9.43	8.76

3. 不饱和脂肪酸

据分析，每 100g 干品金福菇中含有脂肪4.26%，脂肪中以不饱和脂肪酸为主，与植物类的脂肪酸有些类似。据有关对野生金福菇的石油醚提取物化学成分进行分析，18 碳烷烃化合物中有硬脂酸、亚油酸、油酸及其乙酯或甲酯的衍生物，这些物质占总测峰面积的41.684%，其中亚油酸及其衍生物是人体必需的脂肪酸，是人体本身不能合成的营养成分，在人体中有很重要的生理作用。在检测中虽没有亚油酸，但其衍生物亚油酸甲酯、亚油酸乙酯占总测峰面积的37.6%，即占 18 碳烷烃化合物的90.2%，可见不饱和脂肪酸含量是很高的。除脂肪酸外，脂肪中还含有占总量约4%的麦角甾醇化合物，其除了有多种生物活性外，也是高级真菌化学组成的重要成分。

4. 维生素和矿物质

金福菇子实体内含有较丰富的维生素。分析表明，维生素含量比一般食用菌子实体中的要高。金福菇含有丰富的具有生理活性的矿质元素，不仅含有人体必需的大量元素 Ca、Mg、K、P、S 外，还含有人体必需的微量元素。据有关分析，其子实体富含人体必需微量元素 Zn、Fe、Sr、Se 等，而对人体有害的金属 Pb、Cd、As、Hg 极低，几乎不含这些有害金属元素。食用菌子实体中的矿质元素含量丰富，而金福菇子实体中人体必需的矿质元素 Mg、Cu、Fe、Zn、Si、Se 的含量大部分高于常见的食用菌子实体，矿质元素的总量在5%以上，是矿质元素十分丰富的食品(表42－3、表42－4)。

表 42—3 金福菇主要矿质元素含量(mg/100g 干品)

矿质元素	钾(K)	钠(Na)	钙(Ca)	镁(Mg)	铜(Cu)	铁(Fe)	锌(Zn)	锰(Mn)	硅(Si)
野生金福菇	1765.44	164.43	17.80	90.93	18.41	17.15	10.20	0.39	0.13
栽培金福菇	2042.60	165.27	49.34	112.56	16.23	33.21	27.08	2.31	0.99

表 42—4 金福菇与杏鲍菇
微量元素和维生素含量(mg/100g)

成　分	分析方法	金福菇	杏鲍菇
铁(Fe)	原子吸收法	33.21	2.9
钙(Ca)	原子吸收法	49.34	14.2
锌(Zn)	原子吸收法	37.08	38.01
硒(Se)	荧光法	0.051	0.023
维生素 C	2.6 二氯酚靛酚法	24.5	25.3
维生素 B_1	荧光法	0.248	0.193
维生素 B_2	荧光法	2.12	1.43

二、药用价值

1. 提高免疫调节和抗肿瘤作用

国内外研究结果表明，食用菌的活性成分多糖都具有抗肿瘤作用，金福菇所含的多糖也不例外。从金福菇菌丝发酵液中分离出的多糖蛋白复合物(PSPC)具有抗癌活性，并能提高免疫反应。PSPC 在细胞水平上有能力恢复并增强带瘤鼠腹腔浸出细胞的吞噬功能和 T 细胞的促分裂活性，PSPC 在分子水平上能恢复带瘤鼠脾细胞和腹腔浸出细胞内 IFN-γ 基因的表达水平。另外 PSPC 能够下调带瘤鼠脾细胞内“抗细胞因子”TGF-β 的表达水平。PSPC 的抗肿瘤机制可归咎于寄主介导的免疫调节作用。据报道，氨基酸中组氨酸、精氨酸、赖氨酸等碱性氨基酸在较高浓度时，对肿瘤细胞的体外增殖有明显的抑制作用，而金福菇正是碱性氨基酸含量较高的食用菌品种。

2. 有抗高血压的作用

在金福菇子实体中分离出生物活性物质 angiotensin Ⅰ-converting enzyme ACE(血管紧缩素Ⅰ转化酶)的抑制肽，该抑制肽作为一种主要抑制物能竞争性抑制 ACE 的活性，因此具有抗高血压的药效(Das, et al,2004)。另外金福菇每 100g 干品中，含有钾 2 042.6 mg，含有钠 165.27 mg，这种高钾、低钠的食品，对高血压患者十分有益，有利于降低血压，减少心血管疾病，促进糖类代谢作用。金福菇与普通蔬菜相比，子实体中 Ca、Mg 含量更高，Ca 可加强大脑皮质的抑制过程，调节兴奋和抑制过程的失调。此外还有消炎、消肿、抗过敏以及解毒作用，并与高血压呈负相关。Mg 具有舒张血管而使血压下降作用，食用含丰富 Mg 的金福菇，对高血压以及胆固醇引起的动脉硬化有一定作用。金福菇含有较高的亚油酸衍生物，这些不饱和亚油酸在人体中有降低血浆胆固醇，合成花生四烯酸、γ-亚麻酸以及间接合成前列腺等重要生理作用。

3. 其他作用

从金福菇子实体中能提取到能催化多酚、多氨基苯氧化的漆酶(laecases)，该成分能抑制爱滋病病毒逆转录酶的活性(Wang and Ng,2004)。金福菇的多酚化学成分具有抗氧化活性，并能清除 1，1-dipheny1-2picryhdrazyl radicals(Mau, et al,2002)。意大利一些科学家研究发现，金福菇的抽提物对大肠杆菌、金黄色葡萄球菌、枯草芽孢杆菌等具有明显的抗性作用，其提取物还具有自由基清除活性。在亚洲，由于金福菇具有许多药用特性，作为民间药物长期被利用(Lee, et al,2004)。中国农业大学郭博士(2005)从新鲜金福菇子实体中分离纯化出电泳纯抗真菌蛋白(trichogin)，对许多植物病原真菌有抑制作用，其抗真菌活性比来自栗子(Chu and Ng,2003)、百合(Wang and Ng,2002)、法国豆(Ye and Ng,2002)等的抗真菌蛋白高。

参考文献

[1] 韦仕岩. 高温食用菌栽培技术[M]. 北京：金盾出版社，2007.
[2] 赵荣艳. 金福菇栽培技术[M]. 北京：金盾出版社，2006.
[3] 陈振妮. 金福菇栽培新技术彩色图解[M]. 南宁：广西科学技术出版社，2008.
[4] 肖兴. 培养基和 pH 值对巨大口蘑菌丝生长的影响[J]. 安徽农业科学，2009，37(9)：3999-3991.
[5] 李碧琼. 洛巴口蘑栽培最适覆土厚度研究[J]. 中国食用菌，2009，28(2)：26-28.

[6] 黄建忠. 金福菇的生物学特征及其栽培技术[J]. 现代农业科技,2009(4):57-61.
[7] 闫静. 金福菇分离留种研究[J]. 浙江食用菌,2008,16(4):13-15.
[8] 汤洪敏.大白口蘑生物学特性的观察[J].菌物学报,2007,26(2):297-301.
[9] 刘鸿高.大白口蘑生物学特性研究[J].中国食用菌,2007,26(1):46-49.
[10] 沈爱喜.金福菇的引种与驯化研究[J].江西农业学报,2007,19(1):88-89.
[11] 李志生.金福菇生物学特性与栽培特性的研究[J].菌物学报,2006(24):255-260.
[12] 王元忠.野生与栽培巨大口蘑子实体营养成分比较[J].中国食用菌,2007,24(3):46-47.
[13] 李涛.巨大口蘑中微量元素的光谱测定[J].光谱学与光谱分析,2008,28(2):450-452.
[14] 刘方.洛巴口蘑滤液中多糖蛋白复合物的抗肿瘤机制[J].菌物系统,2000,19(3):396-400.
[15] 卢成英.吉首大白口蘑(Tricholoma giganteum)研究[J].微生物学通报,2001,28(4):20-23.
[16] 汤洪敏.野生大白口蘑石油醚提取物化学成分分析[J].山地农业生物学报,2008,27(2):138-141.
[17] 刘月廉.野生洛巴伊口蘑菌株的分离与鉴定[J].食用菌学报,2001,8(2):19-23.
[18] 陈丽新.碳源、氮源对金福菇菌丝生长发育的影响[J].北方园艺,2007(9):224-225.
[19] 杨冠东.洛巴伊口蘑的高产栽培技术[J].食用菌,2006(2):39-40.
[20] 郭翠英.洛巴口蘑菌种培养基质研究[J].食用菌,2001(增刊):204.
[21] 李志生.巨大口蘑及其栽培技术[J].食用菌,2007(4):63-64.
[22] 李志生.巨大口蘑及其栽培技术[J].食用菌,2007(5):59-61.
[23] 陈少珍.金福菇常见病害综合防治技术[J].广西农业科学,2008,39(2):179-181.
[24] 王灿琴.金福菇高产栽培技术[J].广西农业科学,2005,36(1):69-70.
[25] 郑贵朝.高温型洛巴伊口蘑的菌种选育及栽培技术[J].食用菌,2005(4):16-18.
[26] 丁湖广.金福菇的栽培技术[J].山地农业生物学报,2003,22(2):187-188.
[27] 陈政明.金福菇高产栽培模式研究[J].江西农业学报,2007,19(1):90-91.
[28] 易文林.金福菇及其人工栽培[J].食用菌,2001(增刊):228-230.
[29] 王灿琴.金福菇熟料脱袋覆土栽培新技术[J].食用菌,2005(6):37.
[30] 巫仁高.荆西口蘑栽培基质配方对比试验[J].食用菌,2004(3):17-18.
[31] 上官舟建.巨大口蘑生物学特性的研究[J].浙江食用菌,2007(复刊号):16-21.
[32] 陈振妮.利用夏闲蘑菇大棚栽培金福菇高产技术[J].食用菌,2007(5):37-38.
[33] 刘鸿高.棉子壳栽培大白口蘑和杏鲍菇的营养分析和比较[J].中国食用菌,2007,26(2):34-36.
[34] 黄年来.适合热带地区栽培的珍稀菇——巨大口蘑[J].食用菌,2001(5):12-13.
[35] 郭翠英.厦门发现洛巴口蘑[J].食用菌,1999(6):3.
[36] 郭翠英.大白口蘑菌株“厦3”的分离驯化研究[J].亚热带植物科学,2002(1):14-16.

(郭翠英、周运嘉)

第四十三章 金 耳

DISISHISANZHANG JINER

摘要：金耳是我国著名的食、药兼用菌，具有色、香、味美，口感润滑，营养丰富等特点，是食用菌中的珍品。本章主要叙述了金耳的学名及研究现状、生物学性状、菌种繁育、栽培技术（包括段木栽培和代料栽培）、营养价值、药理作用和应用，并对金耳的发展进行了总结与展望。

Tremella aurantialba

Abstract: *Tremella aurantialba* is a well-known mushroom in China, recognized not only for its superior color, aroma, taste and texture but also its high nutritional and medicinal value. This chapter describes in detail various aspects of *T. aurantialba* including its taxonomic status, current research and development activities relating to the mushroom, biological features, spawn production, artificial cultivation techniques (including cultivation on wood logs and artificial substrates), nutritional attributes, and medicinal properties and applications. Progress in the development of *T. aurantialba* and prospects for the future are reviewed and summarized.

第一节 概 述

一、金耳学名及分类地位

金耳又名：金木耳、黄耳、金银耳、金黄银耳、黄木耳、脑耳、黄金银耳、脑形银耳等。

学名：*Tremella aurantia* Bandoni & M. zang, Myc logio 82(2)：270(1990)。

属名"*Tremella*"一词来自希腊语，其词干是"trema-"，意思是"洞穴"，词尾"-ella"小形字尾，直译为小孔隙菌属。中文早就有银耳的名称，所以称"银耳属"。种名加词"*aurantialba*"意思是"橘黄色的"，描述子实体的颜色。中文学名称"金耳"。

分类地位：菌物界(Fungi)，担子菌门(Basidiomycota)，银耳纲(Tremellomycetes)，银耳目(Tremellales)，银耳科(Tremellaceae)。

二、国内外金耳的研究概况

早在1815～1822年，世界最著名的菌物学家Eles Fries首先研究了金耳的特异性，发现金耳与很多单一体菌类如木耳、香菇、猴头菇等都不相同，与近缘的银耳属(*Tremella* Dill. ex Fr.)中的一些种也有所不同，所以专门论述并正式建立一个新属：即耳包革属或白耳属(*Naematelia* Fries)。将原来属于银耳属中的金耳，改隶于耳包革属中。他强调指出，由于金耳子实体系由外层的金耳与内层的革菌(*Stereum* 型)联合组成异质复合体，因此，金耳的引种驯化十分困难。之后，世界各国的许多菌物学家，都同意这种看法。在很长时期内，没有人驯化培育金耳，直到1961～1965年，巴多尼(Bandoni R J)首先驯化培养金耳，但未获得子实体。1963～1965年，日本著名的菌物学家小林义雄等，也对金耳进行驯化培养，终未获得子实体。从此，科技界、学术界更把金耳引种驯化视为难关和禁区。

1976～1983年，国内外的一些真菌学家，沿用Eles Fries的论点，也对金耳的驯化栽培进行研究。强调金耳的制种，必须在子实体内外交界的有限部位，索取小块组织，才能获得金耳和粗毛硬革菌混合菌丝的出耳菌种。虽然分离获得了金耳的母种和原种，但有效率和出耳率低而不稳定，甚至完全不能出耳。截至1988年底，均未见到中、小批量栽培金耳成功的报道。

1981年，云南省政府办公厅召开云南省金耳生产问题座谈讨论会，省委领导同志批示要抓好云南省名贵特产金耳的研究和开发，并于1982年组成了由云南省商业、供销、外贸、研究所及金耳生产区工作人员参加的联合考察队，深入金耳主产区对金耳野生资源进行考察。1983 年云南省科学技术委员会正式立项进行金耳人工栽培研究。1982～1996 年，刘正南等在前人工作的基础上，认真总结前人的正、反经验，多途径、多方法的大胆探索，终于取得了重大突破。至 1990 年已完成了金耳野生资源考察，引种驯化，段木、代料批量人工栽培和大面积推广，变野生稀有的珍贵资源成为能大批量商品化经营的新产品，取得了明显的经济效益和社会效益。

近年来，许多研究机构对金耳的深层发酵进行了广泛研究，对金耳多糖的化学组分及生物活性也进行了深入的研究和报道。

第二节　金耳的生物学特性

一、金耳的形态特征

金耳生长在枯死的树木上，由生于树木内的菌丝和树表面的子实体两部分组成。通常人们所说的金耳，系指子实体。金耳子实体呈脑状，鲜时胶质柔软，有弹性和韧性，橙黄色或金黄色，受光照弱的为淡黄，干后明显收缩，颜色较鲜时深，坚硬。子实体初生时瘤状，表面皱少较平滑，长大后呈脑状回纹瓣裂，基部与基质连接，子实体单生，或数块从一处长出后连在一起，上部宽大肥厚，彼此分离，基部狭小，成锥形；子实体大型，直径一般 8～12cm，有时可达 25cm，厚 3～6cm，有时可达 10cm；子实层生于子实体表面；子实体上下表面都是可孕的，成熟时，表面特别是脑沟处出现白色粉末状的担孢子；孢子成堆时为白色或淡黄色，担孢子近球形至阔卵形，8～9.5μm×6.5～7.5μm，无色，产生芽管或不断芽殖，成酵母状分生孢子；分生孢子透明，淡黄色，近球形或近椭圆形，3～5μm×2～3μm；子实体横切面边缘金黄色，为真正的金耳菌丝，中间淡黄色、白色，为金耳的伴生菌（耳友菌）粗毛硬革菌（*Stereum hirsutum*）的不孕性菌丝。

金耳菌种的菌丝实际上由两种菌丝组成，金耳菌丝由担孢子或酵母状分生孢子萌发而来，细而长（直径1.3～2.1μm，长 3～5mm），透明无色，平伏于培养基表面，少有气生菌丝，菌丝移植后，又易变成酵母状分生孢子。无菌条件下，金耳菌丝可以生于金耳子实体表面。当和粗毛硬革菌生长在一块时，可以长成短而密的气生菌丝，白色或淡黄色，料面上的组织块可变成胶质的、脑状的金耳原基。粗毛硬革菌丝初期疏松，棉毛状，白色，很快转成黄色或橙黄色，最后成厚毡状，有芳香味或无味，有锁状联合，很容易产生盘状或贝壳状或不规则的子实体。子实体菌盖上有乳黄色至灰色的粗毛，并有紧密、褐色的边缘带，质地坚硬。孢子椭圆形，7.5～8.8μm×2.5～3.8μm。金耳菌丝和耳友菌有明显的专一性，不能随意组合。

二、金耳的地理分布

据文献报道，金耳属于世界分布，广布于亚、欧、南北美洲和大洋洲，但种源极少。我国产于云南、四川、贵州、湖北、山西、江西、福建、西藏、吉林、陕西等省区，主产于丽江地区丽江县的巨甸、鲁甸、金庄、塔城，永胜县的仁和、城关、东山、六德、松坪、团街、东风、大安，迪庆州维西县的巴迪、塔城、白济汛，大理州巍山县的五印、马安山，云龙县的表村、旧州和剑川县的羊岭、弥沙、沙溪、甸南、东岑等林区，也产于云南贡山、昭通、彝良、巧家一带。

据实地调查，我国能够形成少量商品生产的地区，只有云南省金沙江和澜沧江流域的河谷林区，西藏虽然自然蕴藏量也较高，但由于交通不便，极少开发利用。

三、生态习性

金耳是一种腐生菌，它依靠其菌丝体从基质中摄取养料生长发育。在自然界中生长的金耳，多见于针阔混交林中，主要生长在壳斗科植物的朽木上，其着生树种多为黄毛青冈，如青冈、多穗石栎、高山栲、板栗、麻栎、柞栎等树上也有分布。在海拔 2 000～2 500m、郁闭度为0.4～0.5、林内具有一定的散射光、小气候温度 18～25℃、相对湿度约70%～80%的环境条件，金耳的生长较多，而且品质好。郁闭度<0.2 或>0.8，林地裸露或过密，小气候过于干燥或阴湿，金耳的产量和质量比较低。在地域方面，向阳的西南、东南和南坡较北坡的金耳产量高、品质佳。金耳的出耳期在每年的 7～11 月份，盛产期在 8～9 月份，具有喜光、好气、耐干旱、抗寒冷等特点，是一种抗逆性较强的腐生真菌。

野生条件下，在生长金耳的朽木上，常有粗毛硬革菌、细绒韧革菌、扁韧革菌等生长在一起。这些革菌的菌丝可以长到金耳子实体内，对金耳子实体进行组织分离，获得的菌丝既有金耳菌丝又有革菌菌丝。段木栽培，在金耳生长的同时也有部分革菌生长，所以革菌是金耳的一种伴生菌。

四、金耳生长发育条件

金耳在生长发育过程中，对环境中营养、温度、湿度、光照、空气等条件有其特殊的要求。

1. 营养

营养是金耳生命活动的物质基础，金耳需要不断地吸收营养物质，才能维持生命活动。

（1）碳源

金耳对碳源的需求量最多，它是金耳合成糖类（碳水化合物）和氨基酸的原料。金耳菌丝只能分解小分子物质，如葡萄糖、蔗糖、麦芽糖、乳糖等，对大分子物质，如纤维素、木质素、可溶性淀粉等不能分解。在自然条件下和人工段木栽培中，金耳菌丝主要靠粗毛硬革菌等伴生菌从腐朽段木的形成层中吸收碳源。

（2）氮源

金耳吸收氮源量比碳源要少，它是金耳合成蛋白质和核酸必不可少的原料。金耳吸收氮源主要在段木形成层和树皮中，段木的心材部分含氮量极少。金耳一般只能吸收有机状态的氮源。在人工栽培中，适当的 C/N 比对菌丝的生长和子实体的发育尤为重要。

（3）无机盐和维生素

金耳的生长除了必须具备碳源和氮源外，还需要一定的无机盐和维生素类物质。常用的无机盐有磷酸二氢钾、磷酸氢二钾、硫酸镁、硫酸钙等，还有维生素 B_1 等生长素。金耳从这些无机盐和维生素中获得磷、钾、镁、钙等物质，促进生长和进行其正常代谢。

2. 温度

温度是金耳生命活动的重要条件之一。金耳属于中温型真菌，对温度的适应范围比较广。

（1）菌丝生长

金耳菌丝在 2～32℃ 范围内都可萌发生长，18～30℃较适宜，25℃最适。低于 8℃时，菌丝活动受抑制，生长缓慢；高于 32℃时，菌丝生长致密，分泌出大量黄水珠，菌丝延伸缓慢；35℃时停止生长，40℃时出现菌丝死亡。

（2）芽孢

金耳芽孢适应性较强，23～25℃ 为最适繁殖温度，2～3℃条件下保存 2 年以上仍具繁殖能力。

（3）子实体

金耳子实体需在比菌丝体生长稍低的温度下生长。5～30℃之间都能生长，18～25℃为最适生长温度，高于 32℃则不再生长。温度变化对子实体的发育有刺激作用，子实体原基分化较快。

3. 水分

水分和湿度是金耳生长发育的重要因素。金耳对水分的需求具有阶段性。一般来说，菌丝生长阶段需要的水分不多，而子实体生长阶段需要较高的基质含水量和环境相对湿度。

（1）菌丝发育阶段

菌丝发育阶段，培养料的含水量一般在 60%～65%之间。基质料水比为 1∶1～1∶1.5，以 1∶1.2～1∶1.3 最适。含水量过低，菌丝生长稀疏、菌丝长满后不易分化子实体，即使分化了也不易长大；而培养基水分超过 85%，会引起透气不良、菌丝生长发育受抑制，甚至不“吃料”。

（2）子实体形成阶段

子实体形成期，不仅需要培养料有足够的水分，而且栽培环境需要有足够的相对湿度。空气相对湿度的大小，对子实体的生长发育有着非常密切的关系。出耳场地应尽量保持空气相对湿度在 85%以上，以 85%～90%最佳。低于 80%时，子实体形成较缓慢；若低于 70%，子实体生长停止并萎缩。湿度过高易造成烂耳。

4. 空气

金耳是一种好气性腐生真菌，在整个生长发育过程中都需要有清新的空气。在缺氧的环境中，金耳菌丝生长很慢，特别是子实体形成阶段，更需要通风换气。如果通风不良，子实体呈黄白色，粗毛硬革菌菌丝生长旺盛，抑制金耳子实体发育。缺氧再加上高温、高湿会给病菌繁殖创造条件，容易引起栽培场杂菌污染、子实体溃烂。金耳从制种到栽培全过程中都应注意通风，给生长中的金耳提供足够的氧气。

5. 光照

金耳在菌丝体生长阶段不需要阳光，在黑暗条件下不仅有利于菌丝生长，而且耳块也能正常生长发育，故需遮光，忌强光照射。而子实体生长期则需要光照，光线不仅对子实体的形成和生长有很大影响，而且对子实体颜色深浅也有很大影响。如光线强度弱，子实体色泽浅。金耳子实体生长需要的是散射光，初期以 80～120 lx 的散射光较好，中后期 200～1 200 lx 的散射光有利于子实体转为金黄色。直射强光不仅不能促进子实体的形成和生长，反而会杀死菌丝体和孢子，对它造成危害。人工栽培中，在子实体生长阶段，无论是野外栽培或室内栽培，既要让栽培的金耳接受充足的光照，促进子实体的发育和转色，又不能让段木和栽培袋置于直接的阳光下。室外栽培要搭遮阳棚，让棚内有一定光照，室内栽培要选择有窗户的房间，使室内明亮，让子实体能良好生长。

6. 酸碱度

金耳菌丝一般在中性偏酸环境中生长最好。pH 在 4～8 范围内金耳菌丝均可生长。基质最适 pH 为 5～6.5。实际生产中，经拌料和高温灭菌后，pH 会有所下降，所以，在拌料时应适当提高 pH 到 6～7。磷酸二氢钾和磷酸氢二钾均可作为配料时的缓冲剂，以调节基质的 pH。

7. 生物因子

野生金耳的朽木上常伴有粗毛硬革菌。与金耳构成伴生关系的主要是粗毛硬革菌，它是一种木腐菌，分解木质素能力极强，在金耳生长发育过程中，对营养供给起到重要作用。

当粗毛硬革菌或其他木腐菌的子实体占绝对优势时，这些伴生菌类对金耳的生长发育是有害的，基物上生长的金耳子实体很小，甚至完全不能生长金耳；相反，当毛韧革菌或其他木腐菌的子实体很少而小，在基物内的菌丝体占劣势时，伴生菌对金耳的生长发育是有益的。它能将金耳难于分解的粗纤维等大分子物质分解转换为金耳能够吸收利用的营养，使金耳能够在基物上生长定植，形成品质较好的子实体。

只有当金耳子实体产生担孢子或酵母状分生孢子和粗毛硬革菌混合一起时，才能长出金耳子实体。

第三节　金耳的菌种繁育

菌种是金耳生产的根本，菌种制作是金耳生产中最基本也是最重要的环节。纯度高、生命力强的菌种是栽培取得成功的先决条件。

金耳子实体是由金耳及一种以上的伴生菌构成的一个共生复合体，从金耳子实体上分离得到的菌种，并非是单一型的金耳菌丝，它包含了金耳菌丝和与它伴生的其他相关菌丝。如何从这些菌丝的复合体中进一步筛选出纯度较高的金耳菌丝体，成为金耳制种过程中成败的关键。同时，也是判断金耳菌种质量好坏的一个主要因素。

金耳菌种的制备与其他食用菌菌种的制备有很大差别。金耳和所有的单一体菌类相比，还有另外一个独特的含义。所有的单一体菌类，例如常见的平菇、金针菇和木耳等，即使它们的菌体（子实体）种性不够优良，用这类子实体进行分离培养，在适当的基物和基料上，只要能够较好地生长发育，虽然不能获得优质高产的后代，但一般都能形成与原来菌类相同的子实体。金耳却完全不同，它不能单独栽培生长，它与耳友菌粗毛硬革菌有明显的专一性，在金耳人工栽培中如缺少耳友菌不能形成子实体。如果不能严格按照制种原理和制种技术规范选育培养金耳的有效优良母种、原种和栽培种，栽培金耳不一定能获得金耳的子实体，很可能绝大部分，甚至全部获得粗毛硬革菌的子实体，造成巨大损失。金耳的优良菌种，除了在各种琼脂培养基斜面、平板以及代用料的基质表面，能形成两种不同形态、不同温型、不同生活力的二型菌丝体外，还能形成有重要实用价值的中、大型异质复合体（白色脑状或团块状的金耳子实体），这样的菌种，在当前的菌种生产中独一无二。

金耳菌种

金耳的制种分为母种（一级种）、原种（二级种）和栽培种（三级种）3 个阶段。

一、菌种培养基配方

（一）母种（一级种）培养基配方

①马铃薯葡萄糖琼脂培养基（PDA 培养基）：马铃薯 200g，葡萄糖 20g，琼脂 20g，水1 000ml。

②马铃薯葡萄糖蛋白胨琼脂培养基：马铃薯 200g，葡萄糖 20g，蛋白胨 10g，琼脂 20g，水 1 000ml。

③马铃薯葡萄糖综合培养基：马铃薯 200g，葡萄糖 20g，磷酸二氢钾 3g，硫酸镁 1.5g，维生素 B_1 10mg，琼脂 20g，水1 000ml。

④马铃薯麦麸培养基：马铃薯 200g，麦麸 50g，葡萄糖 20g，蛋白胨 5g，琼脂 20g，水1 000ml。

⑤马铃薯玉米粉培养基：马铃薯 100g，玉米粉 20g（煮汁），葡萄糖 20g，琼脂 20g，水1 000ml。

⑥马铃薯小麦粒培养基：马铃薯 200g，小麦粒 30g（煮汁），葡萄糖 20g，琼脂 20g，水1 000ml。

培养基的制备按常规制作。

（二）原种（二级种）和栽培种（三级种）培养基配方

①阔叶树木屑 78%，麦麸 20%，石膏 0.5%，白糖 1%，磷酸二氢钾 0.2%，硫酸镁 0.1%，维生素 B_1 10mg/50kg干料，水料比为 1∶1.4～1∶1.5。

②阔叶树木屑 78%，麦麸或细米糠 20%，蔗糖 1%，碳酸钙 1%，料水比 1∶1.1～1∶1.3。

③棉子壳 77%，麦麸 20%，白糖 1%，石膏 1%，磷酸二氢钾 0.5%，硫酸镁 0.3%～0.5%，料水比 1∶1.2～1∶1.4。

④棉子壳 88%，麦麸 10%，磷肥 1%，石膏 1%。料水比 1∶1.4～1∶1.5。

培养基制备按常规方法制备，但装瓶时一般只装半瓶。

二、菌种接种培养和检验

（一）母种（一级种）的接种、培养和检验

1．金耳的母种分离

有组织分离法、孢子分离法和基内菌丝分离法。

（1）组织分离法

组织分离法具有简单方便、菌种遗传性状稳定、再生能力强等优点。

进行组织分离的子实体，要选择朵大、肉厚、色泽金黄、无病虫害、质地稍硬、生长发育健壮的菌体。种耳可以是鲜耳，也可以是干耳，鲜耳较干耳成活率高。种耳采下后，用小刀将基部杂质刮去，用乙醇棉球擦拭，移入超净工作台或无菌接种箱内。将种耳放入0.1%的升汞溶液中浸泡30～60秒，浸泡时要上下翻动，以杀死其表面杂菌。取出种耳后，迅速用无菌水冲洗 2～3 次，再用灭菌纱布或灭菌滤纸吸干表面水分。用无菌刀在酒精灯旁削去种耳切开，可看到黄色的金耳胶质体表层部分，浅黄色或白色的粗毛硬革菌海绵状内层部分。在近基部组织处取一小块黄白分配均匀的菌块，接入斜面培养基上。取子实体组织时，分离的部位应尽量选择耳基部，因为基部组织细胞再生能力强，金耳菌丝与其伴生菌丝分布相对均匀，容易获得性状优良的菌株。

接好种的试管用牛皮纸包好，放入 18～23℃的恒温箱中培养。培养中每天检查一次菌丝生长情况，发现长出绿色、黑色等菌丝要及时清除。接种 24 小时后，在种耳周围长出短而弱的菌丝，初为白色，逐渐转变为黄白色，常常在培养表面产生可溶性浅褐黄色色素。菌丝具韧性，不易切割。一般 7～10 天菌丝可以长满试管，继而菌丝表面出现菌丝团扭结，有些还会分化出子实体。

金耳菌种是由金耳纯菌丝与其伴生菌菌丝混合的菌丝体，组织分离法能快速、有效地分离两类菌丝，菌种分离成功率较高，并能保持原菌株的优良性状，是目前大规模生产中采用的主要制种方法。

（2）孢子分离法

孢子分离法是用金耳的孢子萌发培养成纯菌丝进行制种的方法。金耳孢子在一般培养基上只能产生芽孢，并进行芽殖，很难萌发成菌丝，所以，金耳制种一般采用组织分离法和基内菌丝分离法，孢子分离法中仅对金耳担孢子的萌发作简单介绍。

种耳选取、消毒同组织分离。用灭菌的金属小钩钩住菌种，悬空放入分别装有 PDA＋蛋白胨固体培养基和 10%葡萄糖水、黄毛青冈浸汁的液体培养基三角瓶中，塞上棉塞，置于 25℃恒温箱中培养 24 小时，在 PDA＋蛋白胨培养基表面可观察到白色粉状物。再将三角瓶移入无菌接种箱内，取出钩子和种耳，塞好棉塞继续培养。2～3 天即可看见培养基表面出现白色金耳芽孢菌落；在黄毛青冈、10%葡萄糖液体培养基中，金耳孢子能萌发成菌丝，但这种萌发后的孢子在扩大培养时成功率低。金耳菌种的制备除要有纯净的金耳菌丝外，还需要与伴生菌菌丝搭配得当，增加了制种的难度。目前大规模生产一般不采用孢子分离法制种。

（3）基内菌丝分离法

基内菌丝分离法是生长金耳子实体的培养基或木材基质分离纯化培养而成的金耳试管菌种。

选择子实体朵型大、色泽鲜艳、无虫、无霉的段木段或栽培瓶，用杀虫剂（高效低毒）作表面杀虫处理，备用。分离段木段时要特别注意消毒杀菌，段木长期裸露在空气中生长，接种前的消毒只能杀死木头表面杂菌，段木缝隙中还有许多杂菌。无菌操作时，用无菌刀片将段木子实体轻轻割去，再用 75%乙醇棉球擦拭分离部位表面，分离部分一般选出耳周围木材，再次用无菌刀片将耳穴周围的树皮平平地剥开一层，露出下面的菌丝层，用消毒镊子取木材基质置入培养基内。分离瓶栽金

耳基质时，同样将子实体割去，取子实体周围基质放入培养基内，两种分离方法只能取基质而不能带子实体。

分离好的试管在25℃恒温培养箱中培养1周左右，培养基表面会形成浅黄色菌丝。10天左右，基质周围菌丝会产生白色菌丝团。一些菌丝团切割较容易，且会破裂产生小子实体，成为母种。

基内菌丝分离法是组织分离之外的一种较好的金耳菌种分离法。选材比较简单，不受子实体新鲜程度的限制，可以延长从采集材料到进行分离的时间。但缺点是杂菌污染的概率较高，而且在选材或分离部位的取舍不当时，容易大量分离出金耳伴生菌菌丝，影响金耳菌种的纯度。

2. 母种的质量鉴定

"有效菌种"和"无效菌种"在当前的食用菌菌种生产上，可以说是专门针对金耳菌种生产的专用名词。用金耳子实体的组织分离培养法制作的母种，用子实体投耳法制作的原种，用子实体碎耳、小耳混有效菌料法制作的栽培种，在适宜的基物、基料和生长发育条件下生长，最终都能在基质表面形成子实体。这样的菌种称为"有效菌种"；相反，称为"无效菌种"。

有效的母种必须是斜面上的组织块真正生长，既有短密、白色至浅黄色的金耳菌丝，又有金黄色的粗毛硬革菌菌丝，而且金耳菌丝必须占优势，试管斜面上老组织块可变成胶质的脑状金耳原基。

金耳母种制备后，一定要经过一系列测定，对其进行质量鉴定后才能用于生产。

(1)目测

用肉眼观察斜面菌丝。若菌丝生长均匀，颜色黄白适宜，健壮有力，无其他杂菌，表明菌丝生长良好。

(2)测试母种对高温的适应性

将母种接种在斜面培养基上，于25℃培养3天，然后移入30～33℃高温下培养半天，再放到适温25℃培养。若在高温和适温下菌丝都生长旺盛健壮的是优良菌种。若在高温作用下，菌丝萎缩，不管放回适温后菌丝是否恢复正常，均不是好的母种。

(3)测定菌丝的生长速度

将母种菌丝接种在斜面培养基上，在25℃下培养。若菌丝生长正常，7～10天即可长满试管，生长整齐、疏密均匀、健壮的是优良母种。若生长缓慢，菌丝稀疏的菌株应淘汰。菌丝过于粗、长、致密、颜色黄褐的菌株也不是良好菌株。

(4)测定菌丝的吃料能力

在25℃下母种接入木屑或棉子壳等培养基2天后，菌种周围菌丝开始恢复，长出绒毛状菌丝，3天后可吃料，7天向料中间生长，20天左右即可长满500ml的菌种瓶，这是菌种吃料力强的表现。

(5)出耳测试

出耳试验是鉴定金耳母种质量必不可少的一项试验，也是最重要的一项。将母种接入木屑或棉子壳培养基中，置于25℃条件下培养。菌丝长满培养基后，移入出耳室，调节好水分和温、湿度，打开瓶盖，观察出耳情况。一般以出耳早、出耳率高、子实体色泽金黄(初时可为白色)、朵大质优的母种才能用于生产。

选育出的母种可以转换新试管培养基进行扩大培育，但传代次数不能太多。金耳菌种是金耳菌丝与伴生菌菌丝的混合物，过多的传代会引起两者结合比例的变化，从而引起菌种的退化。一般传代不超过3～4次。

3. 母种的保存

保存母种是使金耳母种能长期保持菌株生活力和原有性状。食用菌菌种的保藏方法很多。金耳菌种保存一般采用1～4℃低温保藏，且采用第一代母种效果为好。

用作保藏的斜面培养基应选择营养丰富的培养基，如马铃薯蛋白胨培养基。培养基中可加入少量磷酸二氢钾(0.2%)作为缓冲剂，糖可以适当少放，琼脂可适当增加，试管棉塞要紧密(最好用母种专用胶塞)，减少水分蒸发。

(二)原种(二级种)的接种、培养和检验

母种转接原种时，一支有效母种斜面只能接1～2瓶，并且必须将金耳原基移植到原种培养基内。

原种在20℃左右培养。24小时后，菌块表面长出较短的绒毛细丝，5～7天菌丝可长满料表面并向下生长，25天左右可长满瓶。培养性状表现为基料菌丝体较稀薄，生长后期菌丝体在一定程度上较为茂盛，混杂的粗毛硬革菌菌丝体相对较多，但革菌型菌丝体不能占绝对优势。大约35天后，培养基上方(大多在瓶壁处)出现菌丝扭结，逐渐形成小颗粒状胶质子实体原基，进一步发育为较大(5.5cm×4.5cm以上)的脑状子实体。子实体组织充实、饱满、洁白，为优良有效的原种。原种菌龄一般不能超过45天。

质量标准：菌丝健壮，生长较整齐，菌种表面出现菌丝团扭结和耳原基，无污染、无虫害、不萎缩、不吐水。

(三)栽培种(三级种)的接种、培养和检验

原种培养好后,即可进行栽培种的制备。

在无菌条件下,将子实体切成1～1.5cm大小的菌块,每块接种一瓶,放在15～20℃下培养。有效栽培种应该是扩大的小耳或碎耳在基质表面能形成大小不等的幼耳。若用段木栽培,应尽早在小粒幼耳期使用,接种物应是小粒幼耳带取少量菌丝体。

质量标准:菌丝健壮,生长较整齐,木屑等种块不易散碎,无虫害、无污染、不萎缩、不吐水。

菌种的质量关系到金耳栽培的成败。有效的母种、原种和栽培种,金耳型菌丝应占优势。培养后期,混杂型的粗毛硬革菌菌丝体相对增多,但不能占绝对优势。无效菌种粗毛硬革菌型菌丝体占优势,生长前期基料菌丝体浓密旺盛,金耳型菌丝体受抑制,甚至完全不能生长发育。生长后期气生菌丝较旺盛,基料紧实,基质表面呈姜黄色,甚至淡黄褐色至黄褐色,挖取十分困难。其基质表面或菌丝体爬壁部位,形成平伏型边缘反卷和背着生的革菌子实体,也常形成背着生呈贝壳状、盘状或鸟巢状、覆瓦状的粗毛硬革菌子实体。少数情况下,无效菌种在生育后期,出现粗毛硬革菌子实体与金耳子实体相邻伴生,粗毛硬革菌型菌丝体相对占优势,基质表面的金耳子实体长期不能长大成型,或者形成畸形耳和烂耳。金耳与其伴生菌有一定的专一性,有的无效菌种是由于金耳与其伴生菌不相容造成的。另外,接种时如果耳块基质的穴部或深处革菌型菌丝体包围金耳型菌丝体,阻碍金耳菌丝体的生长发育,也会造成制种或栽培失败。

(四)液体菌种

金耳子实体是由金耳和粗毛硬革菌组成的异质复合体,其两种菌丝有明显的专一性,不能随意组合,需制备出有效优良菌种,金耳的栽培一直沿用传统的固体栽培方法。目前有一种新的栽培方法——液体栽培,即用液体培养金耳的两种菌丝,通过固液、液液菌种的合理组配,进行金耳的栽培。将金耳栽培中的金耳菌和粗毛硬革菌分别培养,金耳菌和粗毛硬革菌能充分均匀混合,使得酵母状孢子能充分萌发,固液菌种段木栽培金耳的出菇率在95%以上,产量增加15%～20%。使用金耳液液菌种袋料栽培金耳时发菌快,吃料快,污染率低,出耳率达100%,转色快。但缺点是液体菌种生产工艺复杂,设备投资大,保藏期短,运输及包装也较困难,不适合个体户生产。

第四节 金耳的栽培技术

一、段木栽培技术

人工栽培金耳有段木栽培和代料栽培两种。以段木栽培效果较好,生产条件简单、产量高、质量好、投资少、周期短、见效快、收益大。栽培原料以壳斗科栎树类为主,从接种到采收近3个多月,管理得当、产量较高,能在短期内获得较大的经济收益。另外,金耳菌丝在其生长过程中,利用木质素极少,种植金耳后木材的木质部基本不腐,仍可作为烧柴,既增加了经济收入,又提高了木材利用率。

(一)栽培场地的选择

耳场是供金耳段木发菌和出耳的场所,条件的优劣及选择是否得当,是栽培金耳成功的基础。段木栽培可分为室内栽培和室外栽培。具体采用何种方式,要因地制宜根据当地条件来决定,但耳场都必须选择在能遮阳、保温、通风透气、清洁卫生、靠近水源的地方。有条件的最好在头年种过的地方,第二年不种为好,有利于减少病虫害的发生。同时,栽培场要注意做好防鼠工作。

1. 室内栽培

室内栽培金耳具有对温度、湿度及通风透气等条件易于控制的优点,同时,栽培的成功率也比较高,缺点是栽培面积相对较小。室内栽培可以利用空闲房屋作为栽培场,最好选择面积在$20m^2$以上,带窗户、有阳光照射的房屋,既能保证发菌期需要的温度、湿度,又能通风透气,利于出耳期的管理。房屋在使用前应先将室内打扫干净,用杀菌剂和杀虫剂进行消毒处理,也可在地面撒生石灰粉。

2. 室外栽培

室外栽培的优点是场地较为宽阔,通风透气较好,场地内接受阳光照射也较充足,缺点是不易控制耳场的温度、湿度。室外栽培场可选在房前屋后、野外林间等地。

宅院周围栽培可选在避风、荫蔽、空气流通又能保持空气湿度的地方，同时应靠近水源，不易受暴雨冲击，地面最好平坦。在林荫下或搭遮阳棚，遮阳不必太严密，要让一定的散射光进入栽培棚内。足够的散射光能使长出的金耳色泽艳丽，提高金耳的商品价值。

野外林间的栽培耳场一般设在靠近水源、地势平坦、通风良好及环境清洁的地方。最好是坐北朝南，这样既能保证耳场接受充足的阳光照射和发菌期温度，又能保证有一定的空气湿度，同时，昼夜温差较大，能刺激子实体的分化和形成。地面要相对平缓，地表最好是腐殖土，这样利于保温、保湿及吸水。同时要避开风口，防止金耳水分过分丧失。周围要设排水沟，以防场内积水。耳场的树林不要过于稠密，树种最好选阔叶林，遮阳效果比较好，下层灌木丛较少，利于出耳管理。

段木金耳

耳场选好后，在段木送入场内前进行清理。将地面上的杂木、杂草清理干净，地表撒生石灰粉和杀虫剂，防止杂菌和虫害滋生。有条件的地方最好实行两场制，即发菌场和出耳场分开，因为菌丝在发菌过程中，由于要保持一定的温、湿度，但同时也为杂菌的繁殖和害虫的生长创造了条件。经过一定时间的发菌管理，发菌场内已滋生了部分杂菌和害虫，这时应将发好准备出耳的段木移到专门用来出耳的另一新的场地上，这有利于减少病虫害对段木金耳的侵袭。

(二)段木的选择和处理

1. 树种

适宜栽培金耳的树种很多，如黄栎、水青冈、板栗、高山栲、刺栎、麻栎、水冬瓜等，在杨树和桉树上也有成功栽培的实例。常用来进行人工栽培的是壳斗科硬质栎树类，其中以黄栎、麻栎、青冈最理想，产量较高。黄栎、青冈出耳朵型较大，麻栎出耳较早。

2. 段木树龄树径的选择

用来栽培金耳的段木，一般应选择直径 8～15cm 的小径木，不仅发菌快、出耳早、成本低、效益高，而且操作管理也比较方便。小于 6cm 粗度的枝干木，不利于接种、保湿和出耳。从林木生长、发育的角度选择段木，以生长在阳坡、土层较厚而肥沃、林木生长较稀疏的段木，比生长在阴坡、土层瘠薄、林木生长较密集的段木为佳。用养分储存量充足的段木栽培金耳，出耳率高、耳质好。

总之，在种植金耳段木的选择上，应选择当地资源较为丰富，又不含阻碍金耳菌丝和子实体生长的树种。尽量选择无虫害、无杂菌及无大量寄生物滋生，木质坚硬，树干的粗细和树皮厚度适中，且树皮不易脱落的树木。

3. 段木的砍伐、截段和处理

(1)砍伐时间

段木砍伐的适宜期，以冬季树木落叶后至翌年春季树芽萌动展叶前为宜。这时树木处于冬眠期，形成层细胞不活跃，树木营养较丰富，水分少，树皮与木质部结构紧密，树皮不易脱落。在生长期砍伐树木，树皮容易脱落，树皮不完整，完全脱落的段木是不能用来栽培金耳的。至于具体砍伐树木的时间，要根据各地不同树种的生长发育期和自然气温的变化规律以及金耳菌种的制备情况来确定。在一般情况下，当气温回升稳定在 10℃ 左右，人工接种所需要的金耳菌种已经备足，菌龄在 30 天左右，即可以砍伐适生树木。

(2)砍伐和截段

砍伐段木，尽量选择阳坡树木。砍伐时，根据粗细要求，砍口尽量低些，以节约用材。砍口要彻底砍断，不让树木继续吸水生长。

砍树时间一般在接种前 1～3 周。砍树要做到现砍伐、现截段断枝、现播种的“三现”原则。砍倒的树木枝干要按径级大小截成 1～1.2m 长的树段。径级小的截长些，径级大的截短些。树段的两头断面，最好平截，伤损处及时用 20%的生石灰水涂抹，防止或减少杂菌感染。枝丫部分含养分较高，修枝截干时枝丫最好留茬 3～7cm，截段部最好距离留茬有一定的距离，尽量减少伤口面，以利于伤口愈合，既防杂菌感染，又有利于金耳发菌、生长和出耳。截好的段木要及时播种完毕，实在不能及时播种，要加强管理，使段木的含水量不大量散失。栎木木质坚硬，水分一旦大量散失，两端的截断面出现很大的裂纹和裂口，吸水能力弱，很难补偿已经散失掉的水分。截好的段木应放在干净、通风透气的地方。如果空气过于干燥，段木水分蒸发太快，可适当向段木喷水保湿。总之，接种前，以树木不开裂为佳。

从阴坡或者空气湿度过大的地方砍伐的段木，最好整根木头用5%的清石灰水或1%的高锰酸钾水刷洗树皮表面，以减少接种时杂菌的侵染。同时将接种前的段木置于阳光下暴晒1～2天，这可减少病虫害的侵染。晒的同时应注意浇水保湿。

(3)段木的运输

截好的段木应按段木的粗细归类，及时运至接种场，准备接种。搬运过程要轻拿轻放，防止损伤树皮。如果不慎损伤，用生石灰水刷洗创口。准备放置段木的场地要清扫干净，最好洒上石灰粉，底部垫高20cm。

(三)段木接种

金耳段木接种，是将培养好的金耳栽培种接种到段木上，使菌丝在段木上定植、生长发育。

1. 菌种选择

栽培种一定要在适生段木砍伐前制好。金耳栽培种是金耳菌丝和伴生菌菌丝的混合体，两者结合比例是否得当，直接影响金耳的正常生长。优质的金耳菌种是菌丝黄白、生长均匀、无霉，瓶壁菌丝可有少量“花斑”，菌种表面有子实体的菌种。菌丝太粗和太白的菌种是伴生菌含量偏多，这样的菌种，金耳产量会减少。接种时，最好选择菌龄在45天左右的菌种。菌龄过短、菌丝太嫩，培养基容易散，影响成活率；菌龄太长，菌丝老化，对金耳的产耳量不利。也可选用固液混合种（请参阅本书《食药用菌制种技术》一章）。

2. 接种季节选择

鉴于段木接种属于开放式的技术操作，一般在段木堆积场或发菌场上进行。趁低温季节适期早播，才能减少空中杂菌的污染。当月气温稳定在10～13℃时，是播种发菌适期。在高温期（20～28℃）播种，容易遭受空气中杂菌的污染。趁低温季节适期早播，能提前出耳，延长当年的出耳期，增加单位面积产量。相反，在高温季节播种，晚发菌，晚出耳，不仅缩短出耳期，使当年的金耳单位面积产量明显降低，而且在高温条件下播种，容易导致各种杂菌的严重污染，造成段木栽培失败。

在南方，如云南，金耳一年四季都可以栽培。但夏季气温高，雨水较多，容易滋生杂菌；而冬季气温低，不利菌丝尽早定植和发育，从而降低了菌丝的成活率。所以应春栽和秋栽。春栽一般在冬末春初，接种后正值气温逐渐升高，有利于菌丝发育，接种3～4个月后，菌丝发育完成，正值出耳的良好季节。秋栽一般在每年的9～10月份，这时气温降低，干湿适宜，利于菌丝生长，此时接种成活率较高，但天气逐渐变冷，发菌时间相对延长。金耳在气温适宜情况下当年接种，当年大量出耳，秋栽能使菌丝良好生长，但出耳期会延长到第二年开春。在北方，如山西，每年3月初开始接种，3个月后即可出耳。在自然气候条件下，每年可种一季（春栽）。

3. 接种工具

常用的接种工具除专用设备外，主要有打接种穴用的播种锤或电钻、电钻头（直径13～16cm），打播种穴盖用的皮盖冲（直径14～17cm）。皮盖冲口径必须比播种锤和电钻头的孔径大1～2mm，使皮盖与孔口树皮紧密结合。

4. 段木接种

要求在较为清洁、空气新鲜的地方接种。操作场所要避免阳光直接照射，不能在风口处接种。风大会吹干菌种，孔穴水分容易蒸发，杂菌容易侵入。最好在栽培场中接种。

制盖以选用麻栎或树皮较厚、树体光滑的同一种段木为宜，皮盖现打现用，厚度0.4cm左右，过于干燥的可用冷开水或清水浸泡保湿。金耳是混杂型的菌丝体，沿段木纵向扩展蔓延较横向快，耳穴的株距可以适当大些。每隔10～20cm打1个洞，洞深2～3cm，以深入木质部边材1cm左右为宜。行距5～10cm，行数视段木粗细酌定，树径大的打4行，树径小的打3行。行与行之间的洞穴错开呈“品”字形排列，有利于菌丝生长均匀，尽快长透段木。打好穴的段木要及时接种，避免风吹日晒和灰尘进入，以减少后期的杂菌污染。

接种前，接种人员的双手用肥皂清洗干净，然后用75%乙醇棉球擦拭。所有的菌种瓶外壁、工具都要用75%乙醇棉球（或5%高锰酸钾溶液，或3%的苯扎溴铵）表面消毒，现消毒现使用。边取盖、边打洞、边接种、边上盖，四道工序连续协调。小口径的菌种瓶取种困难，将瓶外壁消毒后用锤破瓶，将整块菌种取出。大口径的罐头瓶，可用取种器或镊子将菌种切成块状。用塑料瓶（袋）中的菌种，取盖或脱袋后将整块菌种取出，用消过毒的手或工具将种掰（切）成与洞穴直径大小相当的条块状，将菌种接入洞穴内至底部，四周与孔壁结合，不宜太紧或太松。太紧，菌种容易破碎，氧气不足，不利于恢复定植；太松，菌种容易失水变干而死，也不利于恢复定植。取出的菌种要当天用完。每瓶(500ml 瓶)菌种一般接 3～5 根段木为宜。接种时切忌将菌种捣得太碎,使菌丝过度损伤,恢复困难,也影响成活定植。接种后,将新鲜的皮盖打入洞穴,盖面与段木的皮面平齐。接种要迅速,尽量减少种穴孔和菌种裸露在空气中的时间,防止杂菌感染。

5. 发菌管理

段木发菌的好坏是金耳栽培成败的关键。发菌管理是否得当直接关系到菌丝生长发育的好坏,甚至影响将来的出耳效果。一般金耳段木栽培发菌时间安排在 3～4 月份,气温高的地方,可提前完成;气温低的地方,会延后。

(1)叠堆发菌

段木接入菌种后,集中堆叠起来,以保持一定的温度、湿度,促使菌丝尽快定植并生长繁殖,为出耳做准备。叠堆方式有井叠式、覆瓦式、蜈蚣式、顺码式、直立式。井叠式是一种常用的堆叠方式,一般每层 6～8 根,堆高1～1.2m。井叠式占地少,通风好,比较适合地势较为平坦的栽培场;覆瓦式比较适合坡地和干燥的地方;蜈蚣式比较适合于潮湿、斜坡和场地宽阔的地方;顺码式比较适合气候干、湿度适中和地势较为平坦的地方;直立式通常在室内栽培中采用,较为节约空间。

段木堆好后,用塑料薄膜覆盖,再用稻草、麦秸、松毛、树叶、草席等覆盖物覆盖遮荫,保温保湿发菌。塑料膜要每天打开通风透气。如果塑料膜表面产生水珠,要及时清除,否则流入段木会引起段木过湿,造成杂菌滋生。

(2)翻堆和浇水

接种的段木含水量比较充足,堆垛发菌期的前半个月内一般不往段木上浇水。15 天后,揭开薄膜检查,如果段木的截头两端有微细的干裂纹,应结合翻堆浇 1 次水。原则上,发菌前期以不浇水或少浇水为好,以利于菌丝恢复成活定植。

翻堆时,堆内部的段木翻到外部,上部的段木翻到下部,直立的木头着地的一头换成离地,离地的一头换成着地,使各部位的段木调换位置,以调整湿度、温度和通风量,使各穴部的菌种发菌均匀。

第一次翻堆检查后,每隔 10～15 天再进行一次翻堆。根据段木的干湿情况,决定是否需要浇水。室内发菌受外界环境影响较小,温、湿度和通风透气容易控制,水分蒸发量小,喷水量和次数也可酌减。简易的耳房(棚)内和林地上发菌,受外界环境的影响较大,喷水量和次数要适当增加。翻堆 2～3 次后,可以揭开薄膜通风晾棒 7～10 天,促使金耳混杂型菌丝体健壮生长,抑制杂菌滋生繁殖。

(3)检查发菌

结合翻堆,从各部位的段木中各取样 1～2 根,检查发菌及成活情况。用尖刀轻轻挑开一个播种的皮盖观察,如果盖子与洞穴的接口处以及穴内和四周由金耳混杂型的白色菌丝向外生长蔓延,表明菌种已成活定植。反之,表明菌种没有成活,要及时进行补种。

翻堆时,如有杂菌污染,应将这些段木搬到有直射阳光的地方晒 1～4 天。照晒的时间要掌握适当,湿而粗的段木可以多晒几天,湿度小而细的段木少晒几天。照晒过度,树皮容易干裂脱落。室内晾棒要打开全部门窗,晾后的段木按照段木的不同情况分别归垛管理。经过一段时间的精心管理,段木上可见到橙黄色的金耳,即可进行排场出耳管理。

(四)出耳管理

将已经出耳的段木陆续搬入出耳场,进行排场出耳管理。

1. 起架

选两根“Y”型木头固定在地面上,两根木头之间用另一根长木头做横梁,长木头横放在两个 Y 口上固定好,将出现原基的段木分成左右两边一头着地,一头靠在横梁上排成“人”字型。段木与段木之间距离 5～10cm,以利出耳。架的高低视场地干湿程度决定,潮湿的场地,架可高些,段木之间的距离也可大些;干燥的场地架可低些,段木之间的距离小些。架与架之间留有一定空间,以利于管理。未现原基的段木不必过早起架,可以继续保温发菌。

2. 水分管理

段木起架后,进入出耳期,管理的关键是湿度,主要措施是喷水。金耳子实体中水分含量占个体重量的 70%～80%,其子实体在成长过程中主要从木头中吸收营养和水分,这时要增加喷水次数,一是保证生长必需的木头水分,二是增加空气湿度,以利耳瓣正常发育。出耳时,要求木材含水量和空气潮湿度比发菌期更大,一般要求木材含水量在 50%～60%,场地空气的相对湿度在 80%～90%。

每次喷水前,检查段木表面出耳情况。喷水过多易造成烂耳和杂菌繁殖;过少,又会使长出的金耳原基萎缩,不能正常发育和生长。原则是晴天、刮风天多喷，阴天少喷，雨天停喷；气温高时多喷（中午不宜喷水），气温低时少喷；原基形成和耳芽期少喷、细喷、勤喷，子实体长大逐渐加大喷水量，采收前1天停止喷水。采收后，停止喷水2天，有利于耳基部伤口愈合。干干湿湿能促使耳芽迅速生长，并不断长出新耳芽，但出耳场空气相对湿度不能低于70%。

3. 增加通气量

金耳是一种好气性真菌，它的整个生命活动过程都离不开氧气的供给。氧气的提供不仅加快菌丝和子实体的生长，而且对子实体色素的合成和子实体耳瓣的伸展有很大影响。同时，充足的氧气能抑制一些有害菌的繁殖和生长。在通气良好的条件下，生长的金耳色泽艳丽，耳瓣充分展开，否则金耳颜色暗淡，易出现畸形，同时病虫害也随之增加。在出耳过程中，保湿和透气都是必要的。在保湿过程中要经常对出耳场通风换气，加盖的薄膜要每天揭开透气，以减少畸形耳和病虫害的发生。

4. 加强光照

光照对金耳子实体生长发育极为重要。金耳品质的好坏，除大小等因素外，颜色是一个很重要的因素。朵型再大的金耳，如果颜色不是金黄色，等级将大大降低。金耳子实体颜色的优劣与栽培过程中接受光照程度有密切关系。在金耳出耳管理中，除保证足够的温度、湿度、水分和空气外，还需要加强光照。一般向光面生长的金耳颜色鲜艳，而背光面生长的金耳颜色较淡。生产中，应将段木经常翻面，保证所出金耳能接受均匀的光照。出耳场一定要透光，但阳光中紫外线对金耳子实体会有伤害，所以，栽培场内要避免强光直射，一般有散射光最好。

5. 适当喷营养素

在金耳生产中，金耳菌丝对木质素的分解能力相对较弱，当出耳到中后期时，应及时对生长中的金耳子实体喷施一些营养肥料，以保证金耳子实体的品质。一般用三十烷醇、木耳生长素等食用菌生长素，不仅能促进金耳子实体原基的形成，而且可增加产量。需要注意的是，药物浓度不能过高，否则会影响金耳的生长，并容易使金耳子实体的颜色变为深褐色而降低品质。需按照产品说明书使用。

6. 出耳期的控温管理

有的种植地区气温偏高，金耳原基不能正常发育，长出来的金耳也容易发生烂耳，这时要注意段木的降温。可用加强遮阳、喷水降温、增加透气性来降温。温度超过32℃，应避开高温、高湿季节，使出耳高峰期延至9月份以后。在7～8月份高温高湿条件下，要注意出耳的段木通风透气，尽量将段木放得宽松一点，并适当减少段木的水分。室内栽培，应打开门窗以利降低温度，室外栽培的可搭稍高一点的遮阳棚，让栽培场内空气流通。白天气温超过32℃的地方可将段木收集放在较为干燥、荫凉的地方，井字型堆起，下层垫的通风枕木稍高一点，段木之间距离要宽，堆高度低一点。尽量少浇水，以段木不干裂为原则，使堆内空气流通。待气温降到30℃以下时，再排放开做出耳管理。段木栽培出耳期管理好坏，直接影响金耳产量，栽培者应根据当地的情况和条件，因地制宜地制定具体的栽培管理措施，处理好出耳栽培场内保温、保湿、通风、透光。定期检查耳木出耳情况，做到有问题及时解决，确保金耳栽培成功。

（五）越冬管理

从5月份出耳开始，可以不断地采收金耳。进入11月后，气温开始降低，不再出耳后，可将段木收拾堆叠，以备第二年出耳。方法：将段木表面杂质去除，特别是残留耳基和树木上的杂物、杂菌要清除干净。将段木按井字型或覆瓦状堆叠。表面覆盖树枝、树叶，较冷的地区可覆盖薄膜，使之保温进入休眠养菌状态。干燥的地区在越冬时可适量喷一点水，总之不要让段木干裂。到来年春天，气温升高后，再补水排放开来出耳。

金耳的生长季节一般在夏秋季。只要保证空气相对湿度在80%以上，温度在14～30℃之间，都能出耳。在产耳季节，每一出耳部位能连续出耳4～5次。

二、代料栽培技术

最初，金耳的人工栽培用原木。随着生产的发展，市场的不断扩大，栽培金耳的原料——树木的用量也随之不断扩大，致使菌林矛盾日益突出。利用农林业生产的边角废料如各种木屑、棉子壳、麦草等进行金耳生产的代料栽培成为一种必然趋势。代料栽培具有成本低、周期短、推广应用范围广等优点，被越来越多的生产者接受。推广金耳的代料栽培，不仅对保护自然生态环境具有十分重要的意义，而且由于代料栽培不受地区、海拔、季节、场地的限制，全国各地甚至国外都可以广泛采用农林业、轻化工业和食品工业的一些含粗纤维的副产物、下脚料进行金耳生产。代料生产的金耳产品，不仅产量高、品质好，而且营养成分含量普遍比野生和段木栽培的高，具有更大的推广价值。

代料金耳(瓶栽)

研究表明，以较少量的段木栽培金耳作为近似于野生金耳资源的种源基地，每年更新优良有效的金耳母种、原种和培种，是大面积推广代料栽培的保障。

(一)栽培室的选择和处理

栽培室的选择以满足适合金耳生长需要的光照、空气、温度、湿度为原则。闲置房屋、塑料大棚均可用于金耳栽培。根据金耳菌丝体和子实体生长期对环境条件要求不同，栽培场分为发菌室和出耳室。

1. 发菌室

发菌室要选地面平整、干燥、密闭性较好、易于保温、内设窗户的房屋。房屋大小适中，可设置若干培养架，尽量远离垃圾(粪便)、禽畜场所等污染源，以免杂菌和害虫侵入。

2. 出耳场

出耳场必须能接受充足的光照，并具备人为调控适合子实体生长发育的温度、湿度、空气等条件。子实体生长阶段由于菌丝体和幼嫩子实体容易被杂菌侵染，要特别注意病虫害的防治，通风窗和孔要用细纱网封闭。窗户尽可能多点，以便进入更多的光线，利于子实体色素的形成。

3. 前处理

栽培室在使用前一周，应进行彻底清洁消毒。将地面和墙面的灰尘和杂物清除掉，然后将房屋密闭，用硫黄或甲醛等常规消毒 24～48 小时，再打开门窗通风换气。在墙角及地面上撒上石灰粉，以利杀虫、杀菌。

(二)栽培季节的确定

我国南北气候差异很大，绝大多数地区能够利用自然温度栽培金耳，生长发育的温度范围在18～25℃。各地可根据这一要求确定适宜的栽培季节。

根据金耳的生物特性，代料栽培金耳一般在自然气温稳定在 18～20℃时接种为宜。过早接种因气温高，影响成品率；过迟接种，气温偏低(15℃以下)，生长缓慢，出耳期延后，又影响产量。一般以秋冬春 3 季为宜。通常从 10 月份开始至翌年 4 月止，安排生产 2～3 个生产周期，每个周期 50～70 天，北方地区可周年性生产。

(三)培养基的选择与配制

培养料以木屑、棉子壳、玉米芯为主料，农林副产品为辅料。

1. 原料

以壳斗科、桦木科等阔叶树木屑用来栽培金耳效果较好，松木屑不能用来栽培金耳，但冷杉木屑经过处理可用来栽培。栽培用的木屑粗细要适中，不可太粗，也不可太细。太细，木屑加水后透气性差，菌丝生长缓慢；太粗，菌丝生长疏松，影响菌丝的发育和金耳产量。

棉子壳是传统代料栽培食用菌的原料，富含纤维素和半纤维素，并含有一定量的蛋白质和多种矿物元素，同时棉子壳透气好，用其栽培金耳后劲足、产量高，是继木屑栽培之后另一种较为理想的栽培原料。除主要原料外，还需要加部分麦麸或米糠、玉米面等辅料。所用原料都要求新鲜、干燥、无霉变、无虫蛀、不含任何有毒有害物质。

2. 培养基配方(常用配方)

①阔叶树木屑 80%，麦麸 17%，玉米面 2%，石膏1.0%，白糖1.7%，磷酸二氢钾0.2%，硫酸镁0.1%。

②棉子壳 87%，麦麸 10%，蔗糖 1%，石膏 1%，磷肥 1%。

③阔叶树木屑 55%，棉子壳 25%，麦麸 18%，石膏1.0%，白糖1.0%。

④玉米芯 40%，杂木屑 40%，麦麸 16%，玉米粉 2%，石膏粉 2%。

⑤棉子壳 78%，麦麸 20%，蔗糖、碳酸钙各 1%。

3. 培养料配制

选择一块最好是平整的水泥地面，上搭防雨

淋和太阳直射的棚，场地要尽量清洁卫生、靠近水源和灭菌设备。锯末、麦麸、玉米面、石膏等原料，预先过筛后，将其混合均匀，再将其他化学添加物溶于水中，然后加入已拌匀的干料中搅拌，直至所拌的料干、湿均匀。否则在灭菌过程中，干料不容易传热，容易造成灭菌不彻底。金耳代料栽培时原料含水量可比其他食用菌栽培原料含水量稍多一点。调节 pH 为 7～8，拌好的料不宜久放，立即装袋(瓶)。用棉子壳栽培，在拌料前一天将棉子壳用清水浸泡充分吸水，第 2 天拌料前将棉子壳捞出滤去多余水分，与干料混合均匀，再将糖液等加入拌匀，调节培养料含水量至 60%～65%，pH 为 6～7。

(四)装袋(瓶)与灭菌

代料栽培金耳有袋栽和瓶栽两种方式。袋栽可分为短袋和长袋两种规格，短袋 14cm×28cm 或 15cm×30cm 低压聚乙烯塑料袋或聚丙烯塑料袋，每袋装干料 250～300g；长袋 12cm×55cm 每袋装干料 550g。装袋松紧要适度。过松菌丝虽然生长快，但长耳质量差；过紧透气性差，菌丝生长缓慢推迟出耳。短袋装料压平料面后，用尖头木棒在料中打一个孔，直通料中 2/3，袋口上套环，塞好棉花。用长袋的，可在袋面等距离打 5～6 个接种穴，穴口用胶布贴封，在较为平整的地面上装袋，最好在地面上垫一层塑料膜，轻拿轻放菌袋，以免刺破。瓶栽用罐头瓶或其他广口瓶，装料量至瓶的 2/3 处，料面压平后用锥形木棒在中央打洞到料中、下部，用塑料膜封口。袋装好后及时灭菌，灭菌结束后卸袋散热。

料袋灭菌是否彻底，是代料栽培成败的关键。在操作过程中应注意以下几点：①袋装在灭菌锅内排放要留有一定空隙，不可堆叠过紧，以利受热均匀，料袋不变形。②如常压灭菌，待锅内温度达到 100℃时，保持 18～20 小时，装量5 000袋以上，需保持 24 小时以上。③高压灭菌需掌握在0.14 MPa 压力下维持1.5～2 小时，2 000～5 000袋要求在0.14MPa 下保持 4～5 小时。

(五)接种

待料袋冷却到 28℃以下方可接种，可在接种室内进行开放式操作，也可在超净工作台或接种箱内进行，均应常规无菌操作。接种时揭开长袋的穴口胶布，用镊子夹取种瓶内金耳子实体一小块(约 $1cm^3$ 左右)和下方培养基菌丝体少许投入穴内，然后胶布复原封口。也可采用直接投耳接种法，即夹取金耳子实体组织快，迅速投入穴内；短袋的解开袋口接种，然后扎好袋口，塞好棉塞。金耳的接种方法与其他菌种不同，如不投入金耳子实体，只用下方的菌丝体接种，成功率会大大降低，即只有当金耳子实体产生担孢子或酵母状分生孢子和粗毛硬革混合一起时，才能长出金耳子实体。也可采用液体混合种(请参见本书《食药用菌制种技术》一章)。

(六)发菌管理

金耳属于中低温型菌类，生长速度快。菌丝呼吸作用比较强。在栽培管理过程中应密切注意温度变化和培养室的通风换气。

1. 温度

接种后菌袋移入栽培室发菌，前 3～4 天因为接种菌丝断裂，应将温度控制在 23～25℃，有利菌丝恢复和萌发。5～11 天后菌丝开始向料内伸展，室内温度可调至 22～23℃，有利金耳菌丝生长。12 天后接种穴大部分出现突起，胶布下接种块愈合，并形成原基。18～23 天原基开始突出接种穴，胶布内有许多雾状水珠，但不会形成黄色积水。随着菌丝的不断生长至满袋，产生热量，室内温度升高，此时室温控制在 20℃左右。

2. 通风

金耳是一种好气性真菌，菌丝生长期需要吸收氧气。培养室的通风换气十分必要，一方面可以促进菌丝生长；另一方面可以有效地抑制杂菌滋生。气温较高的天气，在早晚通风；气温较低时可在中午通风，每天 2 次，每次约 30 分钟。

3. 湿度

袋内封闭培养菌丝阶段，由于胶布能适量透气，又能保持水分，所以一般情况不存在培养室湿度调节问题。为了防止杂菌繁殖，相对湿度应低于 70%。

4. 光照

金耳的人工栽培以耳块(即子实体碎块)做菌种，没有光照诱导子实体也能形成原基。在黑暗条件下不仅有利于菌丝生长，而且耳块也能正常愈合和生长发育，并保持鲜白色。故需遮光，忌强光直射。

5. 病虫害的防治

当菌丝生长 4～5 天后，定期检查菌丝生长情况。金耳菌丝为浅黄色，生长非常整齐，1 周后菌丝基本长满料表面。如发现绿色、红色、黑色和较粗的绒长状白色菌丝生长，表明是杂菌污染，应及时处理。对周围环境要进行定期杀菌、防虫，闲杂人员不得随意进入培养室。如发生病虫害，需及时作相应的处理。病虫害预防与治疗，请参阅本书《食药用菌病虫害防治》一章。

（七）出耳管理

菌丝满袋后，表面开始形成白色菌丝扭结状。子实体原基出现时，进入出耳管理，具体分为3个阶段。

1. 原基形成期

出耳室在使用前进行严格的消毒。长满菌丝的菌袋在放入出耳室前，也要对其表面消毒处理。具体消毒方法：用2%高锰酸钾水或5%清石灰水浸洗表面。

金耳是一种好气性真菌，在其子实体形成和分化期间，对氧气的需求急剧增加。长袋栽培，应在子实体伸出孔穴时，揭开穴口胶布，并在菌袋上覆盖洁净的纸张，喷水保湿并遮光；短袋解开袋口，让新鲜空气能够充分进入。出耳阶段菌袋的排放方式，长袋卧式横摆于培养架上，短袋采取立式排放。无论直立或卧放，袋间距2～3cm，摆好后均须在表面覆盖一层纸张，并喷湿纸张。

（1）温度

白天温度控制在20～22℃，要有一定的温差刺激，昼夜温差应大于10℃。这一时期是内部发生质变的重要时期，只有保持一定的温度，增加温差刺激，才能促使子实体原基尽快形成。开始时，菌丝表面产生白色菌丝扭结，逐渐形成菌丝团，以后在温差刺激下，菌丝团逐渐形成新的白色子实体原基。如果室温过高，菌丝徒长，包住菌丝团，菌丝团无法开裂形成原基。

（2）湿度

在子实体形成期要求空气相对湿度保持在85%以上，有利于子实体正常发育。空气湿度过低，原基分化形成较慢，即使形成，原基还会干缩。喷水主要往墙壁或地上喷雾状水，不能直接喷在菌丝上。及时排除菌袋内积水，以免引起感染而损害原基。

（3）通风

子实体发育期间要保持室内空气新鲜，可促进子实体的发育。每次喷水时，打开门窗，让水的压力推动室内空气对流。往覆盖物上喷水时，先掀动几下覆盖物，让空气进入袋内，此工序早晚进行为好，中午风大不宜通气。

2. 幼耳期

接种后27～28天，幼耳长至2cm左右时，长袋的可用消过毒的刀片，在长耳穴周围环割去1cm的袋膜，使穴口直径扩大4cm，让空气透进穴口。短袋的把袋口薄膜拉直，增加袋内空间，加速菌丝新陈代谢，促使幼耳加快长大。

（1）温度

室温继续保持在20～25℃，适宜的温度是保证子实体发育和生长所必需的。温度超过30℃时，子实体停止发育，而且还容易发生烂耳现象。温度过低，生长发育迟缓，造成幼耳萎缩，生长发育不良。

（2）湿度

空气相对湿度保持在85%～90%。只有足够的培养基水分和空气相对湿度，才能使耳瓣伸展开，形成脑状。金耳代料栽培中一个技术问题是耳瓣是否能充分展开。不能展开的子实体内部坚实，像个肉团，商品价值低，这与子实体发育期环境相对湿度低有很大关系。

（3）空气

新鲜空气对子实体发育至关重要，金耳袋栽会出现两个技术问题：一是耳瓣不能充分展开；二是子实体黄色素的形成差。这都与培养环境的空气新鲜程度有很大关系。在门边、窗口的金耳子实体发育情况较室内深处好，子实体耳瓣展开快，子实体颜色也好。

（4）光照

适当的光照对子实体的发育有较好的作用，金耳只有呈金黄色或橙黄色，商品价值才高。子实体颜色的产生与光照有很大关系，生长初期要让菌袋在吸收新鲜空气的同时接受散射光的照射。每天上午喷水时，可将覆盖的纸张揭开2～3小时，让菌袋接受一定的光照。此时散射光越强越好，但忌阳光直射。

（5）病虫害防治

金耳袋料栽培中经常遇到的问题是子实体还未展开，杂菌开始侵入。这主要是幼耳生长初期抵抗能力较弱，对外界的不良环境较为敏感。在出耳初期，要特别注意室内清洁卫生工作，定期喷洒克霉灵、多菌灵、百菌清等杀菌剂。有时还会有害虫啃食子实体，可在低矮潮湿处喷洒溴氰菊酯、氰戊菊酯等杀虫剂。无论杀虫剂或杀菌剂，都不能直接喷在幼耳上。

3. 子实体转色期

当幼耳生长到直径3～4cm时，进入子实体的快速生长期。这时耳瓣充分展开，子实体生长迅速，颜色由淡黄色变为金黄色，子实体表面也由较为平滑产生很多皱折、形成金耳。

(1)温度

温度是菌丝体和子实体生长发育的重要条件。子实体的快速生长与温度的适宜与否有很大关系。此期栽培室温度可控制在 20～25℃，以保证金耳子实体迅速长大。

(2)湿度

室内空气相对湿度控制在 90%以上，成熟的金耳子实体水分含量占子实体总量的 80%以上，子实体的快速发育和生长，需要充足的水分补给。这时，可揭开覆盖的纸张，经常对子实体喷水。同时加强室内地面、空间的喷水，增加湿度，每天喷雾状水 2～3 次，忌喷大水。菌袋内不可大量积水，否则容易发生杂菌感染和烂耳。晴天多喷，阴雨天少喷或不喷。

(3)通风

随着子实体的不断长大，需逐渐增加通风量，延长换气时间，栽培室要经常打开门、窗，保证室内通风换气。新鲜的空气能使子实体细胞繁殖加快，子实体成长迅速。反之会使金耳子实体产生畸形，也造成杂菌大量滋生、子实体上长褐斑，影响子实体质量。

(4)光照

在保证空气湿度的条件下，尽量让光线透进栽培室，让子实体接受足够的散射光照(忌阳光直射)，促进子实体色素的快速形成。在适温下，经过增光、加氧、增湿管理后，3～5 天子实体即转为鲜艳的橙黄色。

(5)追肥

代料栽培与段木栽培一样，子实体到了生长后期，由于子实体快速生长发育，消耗大量营养。适当的追肥可加速子实体生长，增加产量。一般用三十烷醇、木耳生长素(施用量参照说明书)、葡萄糖(2%)和磷酸二氢钾(0.2%)。

4. 黄水处理

人工栽培金耳经常出现黄水。金耳在整个发育阶段如能保证恒温，生长就正常。一旦气温时高时低，袋中料温变化、水分蒸发，大量水珠积聚到袋壁上，随后滴入料面，形成黄色后又转变为酱油色液体。如不及时处理，金耳子实体很快被绿霉污染，引起烂耳。处理方法：用脱脂药棉或吸管等吸干，或者采用缝衣针刺孔排去黄水。结合降温措施，保持空气流通，可控制黄水发生。

三、采收与加工

(一)金耳的采收与干制

当子实体耳瓣充分展开，形似脑状，颜色呈金黄，具有弹性，表面开始产生霜状担孢子时即可采收。从段木开始出现金耳原基，到子实体采收一般需 7～10 天；袋料栽培从接种至采收，一般需 60 天。如采收过早，子实体不能充分长大，并且朵形小，影响产量；采收过晚，耳瓣变薄，失去弹性，表面产生大量霜状担孢子，晒干后无光泽，影响金耳色泽，且金耳子实体含水量太大，10 千克鲜耳才可晒 1 千克干耳。而适时采收，6 千克左右鲜耳可晒 1 千克干耳。另外，采收过晚，在干制过程中，易使子实体颜色变褐色，降低商品价值。如形成水泡耳，应立即采收，否则烂耳，影响其他金耳的正常生长。可分批或根据成熟度适时采收，具体安排可根据生产情况决定。

采收头一天，最好不要浇水，保持子实体表面干爽，有利于干制。段木金耳采收时，先用锋利的小刀从耳基部紧贴树皮将子实体整齐切下，不可用手将金耳基部硬性连根拔起。注意保留部分耳基，否则不利于金耳再次生长。另外，在采收后要将树皮上残留的成熟耳片清除干净。残留的破碎金耳子实体容易溃烂，引起杂菌感染；袋料金耳采收后留下耳基，再盖上洁净的纸张。采收完毕，停止浇水 1～2 天。等耳基创口愈合恢复生长后，再进行喷水管理。一般 15 天左右，可再采收一潮金耳。

金耳加工可用阳光晒干，切忌烟火烘熏，大批量生产应增设脱水烘干设备。采下的子实体去除表面杂质后，铺于竹筛置太阳下晒干。晾晒过程中要经常翻动，使之尽快干燥。最好选择晴天采收，以保证金耳采收和干制的质量。脱水烘干的操作过程如下：

①先将烘房预热，使房内温度升到40～45℃。

②将子实体按大小、厚薄分别放在不同的筛盘内，大的、厚的离热源近一点，小的、薄的离热源远一点放入烤房内。

③常规烘烤时，温度从 35～40℃开始，以后每小时升温 2～3℃。当升到 60～65℃时，70%水分已被蒸发，然后将温度调到 50～55℃继续烘烤，直到烤干为止。干品含水量不得高于 10%。

④烘烤过程中，经常调整筛子位置，将筛子作上、中、下调换，使之受热均匀，烘烤产品质量趋于一致。同时，注意通风换气，让子实体能尽快烘干。晒干或烘干的金耳，按大小、颜色分级后放到

干燥的双层塑料袋内，密闭保存，切忌暴露在空气中。如当年不能出售，要先晾晒、去杂质，然后再包装，放到干燥、荫凉、通风透气的地方，如有条件可冷藏。干燥的金耳很容易破碎，所以，在整个晾晒装袋过程中要轻拿轻放，避免将金耳挤压破碎，致使成品降低等级。

(二)金耳的分级标准

金耳的分级目前没有统一的规定，一般以客商的要求制订。

特级：足干、颜色金黄、有光泽、干爽硕实、无杂质、无烂耳，直径在6cm以上。

一级：足干、金黄色、有光泽、朵形较大、硕实、无杂质、无烂耳、无白色原基掺杂，直径在4cm以上。

二级：足干、金黄、有光泽、朵形较大、硕实、无杂质、无烂耳、无白色原基掺杂，直径在3～4cm。

三级：足干、耳片稍薄、黄色、无烂耳和黑耳、朵形稍小，直径2～3cm，成形。

等级外：足干、耳片较小、碎、形态不整、颜色较差，但无杂质、无烂耳，可有部分原基，但有食用价值。

第五节　金耳的营养价值

金耳是著名的食药兼用菌，富含胶质，润滑爽口，营养丰富，风味独特，既是高级宴席上的名贵佳肴，又是补益身心、延年益寿的保健食品，是食用菌中的极品。据报道，金耳被认为是“中国最新发现，最有价值之大补品”，其滋补价值优于银耳和黑木耳等真菌，在国际市场上声誉卓著。

一、主要营养构成

据云南省农业科学院分析(1983)，每100g子实体含水分14.01～14.33g，脂肪1.7～2.96g，粗蛋白质8.12～9.46g，纯蛋白质7.04～8.47g，总糖量14.38g，还原糖6.83～6.88g，糖类(碳水化合物)65.81～66.74g，灰分3.36～3.44g(表43－1)，还含有磷、硫、锰、铁、镁、钙、钾、钠等多种矿质元素。人工栽培金耳的营养成分普遍比野生的高。

据昆明食用菌研究所分析(1995)，金耳含有18种氨基酸，其中有人体必需的8种氨基酸，必需氨基酸占氨基酸总量的37.9%～39.4%(表43－2)。人工栽培金耳的氨基酸高于野生金耳。

据山西省生物研究所(2000)对发酵产物和代料栽培子实体的营养构成进行分析，发现两者组分及含量接近，有的指标甚至高于子实体(表43－3～表43－4)。此外，还含有少量生物碱、黄酮及其苷类。另据报道，金耳发酵液中含有挥发性成分，在金耳中还分离到金耳性激素(tremerogen A-13)。

表43－1　野生金耳和人工栽培金耳的营养成分分析比较(每100g金耳含量，单位：g)

样品名称	水分	粗蛋白质	纯蛋白质	脂肪	糖类(碳水化合物)	总糖量	还原糖	灰分	粗纤维
栽培金耳	14.33	9.46	8.47	1.7	66.73	……	6.83	3.44	2.54
野生金耳	14.01	8.12	7.04	2.96	65.81	14.38	6.88	3.36	2.64

注：虚线为未测定。

表43－2　野生金耳与栽培金耳的氨基酸含量比较(每100g金耳含量，单位：g)

种类 来源	天冬氨酸	*苏氨酸	丝氨酸	谷氨酸	脯氨酸	甘氨酸	丙氨酸	胱氨酸	*缬氨酸	*甲硫氨酸	*异亮氨酸
野生金耳	0.89	0.47	0.50	0.99	0.30	0.41	0.54	0.07	0.39	0.41	0.47
栽培金耳	0.99	0.56	0.56	1.13	0.30	0.47	0.57	0.13	0.43	0.41	0.48

种类 来源	*亮氨酸	酪氨酸	*苯丙氨酸	*赖氨酸	*色氨酸	组氨酸	精氨酸	总量	必需Aa	必需氨基酸与总量比
野生金耳	0.61	0.30	0.37	0.433	0.07	0.21	0.56	7.99	3.15	39.42%
栽培金耳	0.65	0.41	0.44	0.44	0.08	0.27	0.69	9.01	3.41	37.85%

标有*的氨基酸为人体必需氨基酸。

表 43—3 金耳 8254 子实体与发酵产物的营养构成比较

项目 名称	水分（%）	总糖（%）	粗多糖（%）	粗蛋白（%）	粗纤维（%）	粗脂肪（%）	胡萝卜素（μg/100g）	烟酸（μg/100g）	维生素 B_1（μg/100g）
代料子实体	14.80	42.96	19.40	12.78	12.91	2.57	0.75	31.47	1.06
发酵产物	11.20	48.83	10.01	20.40	19.80	5.12	0.44	3.12	

项目 名称	维生素 B_2（μg/100g）	维生素 C（μg/100g）	维生素 A（μg/100g）	钙（mg/g）	镁（mg/g）	钾（mg/g）	钠（mg/g）	铁（mg/g）	锌（mg/g）	硒（mg/g）	锗（mg/g）
代料子实体	0.48	6.00	16.25	0.731	1.875	20.67	0.475	0.170	25.3	15.0	0.228
发酵产物	3.75	3.80	24.25	1.157	3.124	9.65	0.338	0.940	95.0	26.7	0.319

注：将发酵产物制成干粉进行分析。

表 43—4 金耳 8254 子实体与发酵产物的氨基酸比较（单位：g/100g 干重）

项目 名称	天冬氨酸	苏氨酸	丝氨酸	谷氨酸	脯氨酸	甘氨酸	丙氨酸	胱氨酸	缬氨酸
代料子实体	1.01	0.52	0.53	1.38	0.39	0.56	0.65	0.12	0.60
发酵产物	1.84	0.18	1.12	2.88	1.45	1.33	1.23	0.21	1.17

项目 名称	蛋氨酸	异亮氨酸	亮氨酸	酪氨酸	苯丙氨酸	赖氨酸	组氨酸	精氨酸	色氨酸
代料子实体	0.16	0.66	0.89	0.25	0.51	0.60	0.32	0.75	未测
发酵产物	0.18	0.96	1.38	0.53	0.71	1.11	0.69	1.07	0.90

二、维生素

据浙江医科大学朱寿民等报道（1989），金耳富含β-胡萝卜素和维生素 B_2。金耳的β-胡萝卜素和维生素 B_2 含量（mg/100g）分别为0.88，17.55，而银耳和香菇的β-胡萝卜素和维生素 B_2 含量（mg/100g）分别为0.05，0.18及0.02，0.70。金耳中维生素 B_2 的含量远远高于其他食用菌的含量，与藻类中的β-胡萝卜素与维生素 B_2 含量较高的紫菜相差无几。金耳的β-胡萝卜素和维生素 B_2 含量不仅是食用菌中的佼佼者，而且在其他食物中也是一绝，尤以维生素 B_2 为高。

金耳需要与粗毛硬革菌作为耳友菌伴生。粗毛硬革菌菌丝体呈灰白色，金耳的金黄色子实体只是分布在菌块的外表层，故金耳的β-胡萝卜素和维生素 B_2 的含量视其子实体的发育情况和菌块中两种菌所占比例而异（表 43—5）。改进栽培技术有可能使商品金耳的β-胡萝卜素和维生素 B_2 含量进一步提高。

表 43—5 金耳及其金黄色的外表层和浅色内质的营养成分（每 100g 的含量）

	水分(g)	蛋白质(g)	脂肪(g)	糖类（碳水化合物）(g)	膳食纤维(g)
金耳（鲜）	90～93	1.0～1.63	0.1～0.2	2.0～3.3	4.3～5.5
金耳（干）	7.2～14.7	7.4～12.5	1.2～2.2	19.4～31.5	42.8～54.9
表层	6.8～11.9	7.4～11.8	1.0～2.0	17.3～31.0	44.7～55.6
内层	7.8～15.0	7.6～12.6	1.62～2.2	19.9～31.7	42.4～53.1

	β-胡萝卜素(mg)	维生素 B_1(mg)	维生素 B_2(mg)	烟酸(mg)	维生素 C(mg)	维生素 E 总量(mg)
金耳（鲜）	0.012～0.119	0.02～0.09	1.08～2.11	6.4～9.5	2.1～3.5	0.3～0.5
金耳（干）	0.76～1.233	7.24～18.03	16.8～56.4	0～2.3	3.1～5.5	
表层	4.840～9.422	0.128～0.77	34.68～45.46	30.5～81.6	—	—
内层	0.032～0.0570	0.10～0.70	1.42～5.61	11.7～44.3	—	—

	灰分	K(g)	Na(mg)	Ca(mg)	Mg(mg)	Fe(mg)	Zn(mg)	Cu(mg)	P(mg)
金耳（鲜）	0.34～0.51	179	6.2	11	1.2	0.6	0.12	33	
金耳（干）	3.61～5.68	1654	74.8	55.6	126	14.3	6.3	1.40	346
表层	3.54～5.33	—	—	—	—	—	—	—	
内层	3.62～5.66	—	—	—	—	—	—	—	

表中除无机元素只测了 1 份样本外，其余有 5 份以上样本，所示为实测值范围；“—”者为未测。

三、多　糖

金耳多糖结构复杂，分离得到的多糖多为混合物，加上金耳品种、培养条件及提取分离技术的不同，造成金耳多糖结构的差异。

Kiho T(1995)提取的子实体多糖，由甘露糖、木糖、葡萄糖醛酸、葡萄糖组成。傅幼英等(1995)提取的金耳子实体多糖主要由甘露糖组成，占总量的73%，其次是葡萄糖(15%)、半乳糖(11%)和海藻糖(1%)。刘春卉(1996)提取的金耳子实体多糖由葡萄糖、葡萄糖醛酸、甘露糖、木糖和鼠李糖组成，相对分子质量为$300\sim500\times10^3$，主链为木糖和甘露糖，以β(1→3)木糖苷键连接，鼠李糖处于主干末端，部分存在与糖链中，糖链中还存在1→2、1→4和1→5糖苷键3种连接方式。菌丝体多糖由鼠李糖、葡萄糖、甘露糖、半乳糖和岩藻糖组成，相对分子质量约为$30\sim50\times10^3$。苑小林等(1996)从金耳子实体中分离到一种由葡萄糖、甘露糖和半乳糖组成的纯糖。李晓明等(1997)提取的金耳发酵液多糖由甘露糖和木糖组成。李卫旗等(1997、2003)提取的金耳子实体多糖纯品AP_3有甘露糖、半乳糖、木糖、葡萄糖和阿拉伯糖组成，为灰白色粉末，较难溶于水、稀酸和稀碱溶液，浓度较高时呈透明胶状，易被醇、酮等有机溶剂析出。金耳子实体多糖纯品JP-2的单糖组成为葡萄糖、甘露糖、鼠李糖、木糖和半乳糖，糖链中含有β(1→3)和β(1→4)糖苷键，相对分子质量约为180×10^3。邓云霞等(2005)提取的金耳发酵液多糖由半乳糖、鼠李糖、木糖、阿拉伯糖、葡萄糖和岩藻糖组成，分子中存在1→3、1→4和1→6糖苷键或分枝末端基、α-糖苷键和β-糖苷键并存。

金耳多糖有调节机体免疫、抗肿瘤、降血糖、降血脂、抗损伤、抗氧化、改善记忆、改善营养性贫血、抗辐射、抗炎等作用。

第六节　金耳的药理与应用

金耳是一种珍贵稀有的食药两用真菌。医药学和古籍记载，金耳子实体性温中带寒，味甘，能化痰止咳，定喘镇静，调气提神，平肝阳，补心养气，清泄。具有治疗心脑血管疾病和保护肝脏、提高造血功能、降低血糖等药理和临床作用，主治神经衰弱、肺热、哮喘、慢性支气管炎、高血压、肝炎、感冒咳嗽、久病和产后虚弱、抗疲劳、防治癌症等。《本草纲目》记载，金耳能治癖饮积聚、腹痛金疮。据民间和中西医医师临床观察，常食金耳，对气管炎、乙型肝炎、睡眠和消化不良、体虚贫血、糖尿病、大便不通、口腔溃疡等老年常见疾病和口腔炎等疾患，都有较明显的治疗和缓解作用。金耳安全无毒，连续7天给小鼠灌胃给药的急性毒性试验，以及60天对大鼠的长期毒性试验表明，金耳的发酵物制剂未引起毒性反应，表明金耳临床用药安全性好。

一、基础研究

1. 免疫调节作用和抑瘤作用

多糖的免疫调节作用是目前普遍认知的一个最重要作用之一。金耳多糖活性对免疫调节作用也是诸多研究者普遍关注的重要指标。

李晓明等对金耳发酵液中提取的粗多糖进行免疫动物实验，结果表明口服效果优于皮下注射。王金华等研究发现，金耳发酵液多糖能激活小鼠腹腔巨噬细胞吞噬鸡红细胞的能力，也能提高环磷酸铵所致免疫抑制小鼠抗体形成能力，显著抑制迟发型过敏反应，无论口服还是皮下注射给药，均有明显增强免疫功能的作用，有效剂量也比较低。

李秀花等研究发现，金耳浓缩液具有明显提高小鼠巨噬细胞的吞噬功能，升高小鼠半数溶血值和脾指数，并呈现明显的剂量反应关系。

孟丽君等研究发现，金耳糖肽胶囊能显著增加小鼠胸腺和脾脏的重量，能提高淋巴细胞、巨噬细胞百分数及吞噬指数，对实验小鼠非特异性免疫功能有增进作用，可促进小鼠溶血素抗体生成，提高血清溶血素抗体水平，从而提高机体免疫功能。

在抑瘤作用方面，苑小林等研究表明，金耳多糖制剂对移植性人肺腺癌(AX-83)有显著抑制作用。口服和腹腔注射均有抑瘤作用，腹腔注射效果更显著。

2. 降血糖作用

近几年来，围绕金耳多糖降血糖作用的研究诸见报道，主要有日本的Kiho T等、国内的瞿伟菁、苏槟楠等。多数研究结果显示，无论是金耳子实体多糖、菌丝体多糖、胞外多糖(由发酵液提取)，还是发酵物、金耳粗提物，均具有显著的降血糖作用。

Kiho T 等发现，腹腔注射酸性金耳子实体多糖 TAP 能够显著增加正常和糖尿病小鼠肝中葡萄糖激酶、己糖激酶和葡萄糖-6-磷酸脱氢酶活性，降低葡萄糖-6-磷酸酶活性，同时减少肝糖原含量；非胰岛素依赖型糖尿病小鼠连续口服金耳酸性多糖 TAP 及其降解产物 TAP-H 10 周，可以抑制血糖的增加。表明金耳子实体多糖具有显著的降血糖作用，降血糖机制是金耳多糖加速葡萄糖的代谢，与胰岛素的分泌无关。

瞿伟菁等对金耳多糖、菌丝体多糖、胞外多糖进行了大量研究，发现用金耳子实体浸液连续灌胃四氧嘧啶致高血糖大鼠 21 天，可以显著降低大鼠血糖。结果不仅证实了金耳子实体多糖具有显著的降血糖作用，而且金耳菌丝多糖也同样具有显著的降血糖作用。

张志才等采用链脲菌素诱导高脂饲料胁迫诱导的 2 型糖尿病小鼠研究了金耳粗提取物对 2 型糖尿病的作用。结果显示：金耳粗提取物具有显著降低链脲佐菌素诱导的高血糖小鼠血清中葡萄糖浓度的作用，极显著降低果糖胺和三酰甘油水平。对体重的影响，金耳高剂量组达到显著水平($P<0.01$)。

张雯等报道了金耳菌丝体多糖的降血糖作用。结果表明：金耳菌丝体多糖以每天 1 次，50mg/kg、100mg/kg、200mg/kg 3 种剂量灌胃给药 7 天，均显示显著降低四氧嘧啶（alloxan）致高血糖大鼠的血糖水平。以每天 100mg/kg 剂量血糖降低最为明显，连续给药 23 天大鼠血糖得到控制。同时，由于菌丝体多糖既不通过促进肝脏对葡萄糖的利用增加肝糖原的积累，也不通过加强葡萄糖的酵解途径增加乳酸生成来实现降糖，所以可防止因酮酸过度积累而引起的不良反应。

苏槟楠等报道了对金耳发酵液降血糖作用的研究结果：金耳发酵液能明显降低四氧嘧啶致糖尿病小鼠的高血糖，虽然在其实验的剂量下，小鼠血糖未能恢复到正常水平，但对小鼠的体重、摄食量、饮水量都有显著的控制作用。

朱欣华等报道，一次性腹腔注射金耳菌丝体多糖可显著降低正常大鼠及四氧嘧啶致高血糖大鼠的血糖水平。

3. 降低血脂作用

KihoT 等（2001）发现，连续口服金耳酸性多糖 TAP 及其降解产物 TAP-H 10 周，能显著降低小鼠血液中总胆固醇和三酰甘油的含量，增加小鼠粪便中总胆酸量，降低胆固醇量。

汪虹研究发现，在喂食高脂饲料的同时灌胃金耳菌丝体多糖的小鼠，其血脂升高速率低于未灌胃多糖的对照组，试验终期血清总胆固醇、三酰甘油含量显著低于对照组。此外，金耳菌丝体多糖能够显著降低高脂血症低密度胆固醇含量，表明金耳菌丝体多糖对预防和治疗高脂血症有一定作用。

4. 保肝作用

孟丽君等研究发现，金耳糖肽胶囊具有对抗四氯化碳肝损伤、保护肝细胞、降低血清氨基转移酶作用。用金耳糖肽胶囊治疗慢性乙型肝炎 100 例，显效 38 例，有效 50 例，总有效率为 88%。对受试者临床症状、体征、实验室指标改善的效果明显优于对照。

口服金耳子实体和菌丝体，能降低肝总脂、肝胆固醇，提高谷光甘肽过氧化酶（GTP）活性；能恢复急性四氯化碳肝损伤作用，加强肝损伤的解毒功能，保护并加强肝脏的正常功能，防止肝脂质堆积，减轻肝脏负担，对中毒性肝炎有明显的保护和恢复作用。

5. 抗氧化作用

邓云霞研究表明，金耳胞外多糖在体外作用于大鼠肝组织，浓度为 0.5ml/ml、0.7ml/ml 时，大鼠肝组织 MDA 含量均显著低于对照组，抑制率分别达 41.1%、50.9%，也显著低于 Fe^{2+}-维生素 C对照组。研究发现，金耳胞外多糖在体外作用于大鼠红细胞，能显著抑制过氧化氢(H_2O_2)诱导的红细胞溶血及显著降低肝匀浆的自氧化产生的 MDA，对于诱导氧化引起的肝线粒体肿胀度的改变也有显著的抑制作用。提示金耳胞外多糖具有较高的自由基清除能力，作为机体外源性抗氧化营养素，阻止自由基对机体和细胞组织的损伤有良好的作用。

另据报道，金耳能降低实验动物血清脂质过氧化物、血清胆固醇含量的绝对比值，提高丙氨酸氨基转移酶（ALT）活性和血清巯基含量，使实验动物体内抗氧化能力增强，可保护细胞膜，防止细胞损害及延缓细胞衰老。这一作用可能与金耳含有较多的硒有关。

6. 抗辐射

谢红等研究表明，空腹注射金耳子实体多糖、菌丝体多糖对 $^{60}Co\gamma$ 射线照射后的大鼠脾脏指数有明显的增加趋势，对 $^{60}Co\gamma$ 射线照射后大鼠骨髓有核细胞数，31 天恢复正常水平。提示金耳子实体或菌丝体多糖均能提高受辐射后机体的恢复能力。

7. 抗血栓作用

刘春卉等(2003)研究发现,金耳菌丝发酵物能够显著对抗小鼠体内血栓的形成,抑制脑组织缺血时过氧化脂质分解产物丙二醛含量增加,明显抑制二磷酸腺苷(ADP)诱导的血小板凝集,延长动物凝血酶原的作用时间,给药5分钟后能明显增加动物脑膜的血流量。

8. 对造血功能的促进作用

谢红等研究发现,小鼠服食金耳制剂(总饲料的5%)5周后,血红蛋白含量增加10%。血浆蛋白含量也明显增加,由81g/L增至89.4g/L。提示金耳有提高实验动物血浆蛋白和血红蛋白含量的作用。

9. 其他作用

(1) 抗炎

熊耀康等研究发现,金耳具有较强的抗炎作用。表现在金耳水煎剂能明显抑制二甲苯所致的小鼠耳廓肿胀,抑制蛋清性足肿胀。

刘春卉等研究发现,连续皮下注射金耳菌丝体多糖和子实体多糖(日剂量为10mg/kg)7天,能明显抑制巴豆油所致的昆明种小白鼠耳部炎症。

(2)改善胃肠道功能

刘春卉等研究发现,连续腹腔注射金耳菌丝体多糖和子实体多糖(日剂量均为500mg/kg)7日,能明显抑制无水乙醇所致大鼠胃溃疡,菌丝体多糖的抑制率较子实体多糖高。

(3)改善记忆

孟丽君等研究发现,金耳能使大鼠海马区神经元电活动产生兴奋性效应,提示金耳可能有促智功能。经临床初步验证,对消除衰老症状、治疗某些老年病有较满意的疗效。

(4)镇咳

瞿伟菁等研究发现,金耳子实体浸液对化学刺激引起的咳嗽具有镇咳作用,预防性地连续给药可以缓解实验小鼠咳嗽发生,对受试豚鼠致痉的离体气管平滑肌在一定程度上具有松弛作用。

二、临床研究

申高梅等报道,观察病例88例(脑梗死、脑出血),从应用金耳治疗脑血管病的疗效来看,其疗效好,疗效作用出现快。多数病例于用药后24小时左右出现神经功能改善的征象,最慢者也在第4～5天出现治疗效果。用药一个疗程后,神经功能的改善与对照组相比有极显著改善($P<0.01$)。观察组60例,15天后基本痊愈者4例,显著进步者30例,进步者25例,总有效率98.33%,显著高于对照组($P<0.01$)。对脑出血总有效率达100%,脑梗死为96.15%,说明金耳对脑出血、脑梗死都有很高的疗效。用药前后对血Rt、尿Rt、肝、肾功能及心电图检查无任何变化。用药期间患者无任何不良反应。由此说明金耳对人体无任何毒不良反应,临床应用安全可靠。

谢红等报道,金耳(8254)制剂用于防治慢性肝炎、肝腹水、胸腔积液、肾性水肿、贫血均有一定效果。另外有助于轻度脑血栓、脑缺氧、一氧化碳中毒等引起的偏瘫、手脚麻木的肌力恢复。

孟丽君等报道,金耳胶囊对消除衰老症状,治疗某些老年病及恢复肝功能,增强免疫功能,减轻肿瘤放疗和化疗的毒不良反应等方面有较满意的疗效,其中182例慢性肝炎患者临床验证,对慢性迁延性肝炎的总有效率90%;对慢性活动性肝炎的总有效率80%。

王宁等通过对金耳糖肽胶囊初步临床观察,得出本药似对肝硬化蛋白代谢紊乱有一定的调节作用,并能降黄降酶,未发现任何不良反应。

尽管已有多项研究表明,金耳具有降血糖、降血脂等多种药理活性,但相关研究多停留在试验阶段,临床应用较少而且集中在多糖上,是否有其他活性成分存在,还有待于深入研究。另外,由于多糖结构的复杂性,构效关系的研究尚不够深入,化学结构不明确,质量很难控制,造成药理试验重复性差,影响开发利用。进一步加强活性成分的分离鉴定和深入的药理研究,开发出保健品和新药并使成果产业化将是今后工作的重点。

三、金耳多糖产品的开发利用现状

随着对金耳研究的深入,尤其是随着人们对真菌多糖生物活性的认识,对多糖的生物活性、构效关系、量效关系研究的活跃,金耳多糖的功效日益受到人们的关注。目前国内已有金耳及其多糖产品上市,广泛应用于各类药品、保健品、营养品、食品饮料、化妆品等。主要产品有上海、山西、深圳、昆明等地的金耳提取物(金耳多糖)和金耳多糖胶囊、片剂、冲剂、功能饮料、食品等系列产品,如“乘舟”牌、“科萃”牌金耳胶囊,“康道”牌金耳多糖,“朴丹壹”牌金耳提取物等。

第七节 展 望

一、金耳的国内外科技发展现状

金耳源于野生，属世界分布，但种源稀少，为我国特有种，受金耳特定的生物因素——伴生的粗毛硬革菌（*Stereum hirsutum*）相互制约，自然蕴藏量稀少。国外对其研究较少，主要集中在形态、分类、子实体和菌丝体多糖的药理学上。早在1815～1822年，世界上最著名的菌物学家Eles Fries对金耳的特性就进行了研究，指出金耳子实体是由外层的金耳与内层的粗毛硬革菌组成的异质复合体，强调金耳的驯化十分困难，在相当长的时期内金耳驯化被视为难关和禁区。期间，1961～1965年世界著名银耳专家Bandoni R. J.和日本著名菌物学家小林义雄等先后对金耳进行驯化，均未获成功。在国内外普遍认为金耳的应用基础理论和技术问题复杂，难以栽培的情况下，原商业部昆明食用菌研究所的刘正南等攻克种种技术难关，终于在1983年1月第一次获得了人工栽培金耳子实体，段木批量栽培首获成功，使金耳的驯化培养获得了重大突破。在此基础上，首次确定了金耳有效优良菌种的制作、鉴定、分级标准，使规模菌种生产的有效率达到96.8%～100%。此项技术得以在国内外推广应用，开启了人工栽培金耳的新局面。

目前金耳的栽培主要集中在我国的云南、浙江、山西等地，其中在云南金耳已成为食用菌领域的代表产品，栽培一般以段木为主，代料栽培刚刚起步，培养基质较少，规模化栽培鲜有报道。

由于金耳子实体的特殊性和复杂性，人工栽培难度大、产量低、周期长，现在对金耳的研究主要集中在深层发酵及代谢产物的研究上。国内科研人员相继对金耳药理学及其多糖结构，生物活性及构效、量效等方面进行了大量深入的研究，特别是对金耳在免疫调节和抗肿瘤、降糖、降血脂的功效方面取得较大进展。山西省生物研究所的科技人员于1982年在山西中条山海拔1 600～3 300m的阔叶林带采集到一株野生金耳，于1987年成功实现了人工驯化、菌种制作和深层发酵中试。在液体深层培养研究取得突破的同时，对发酵产物营养价值，金耳制剂的基础药理学及临床，多糖的提取纯化，结构分析，相对分子质量确定，保健药品及功能饮料的研制等方面进行了深入系统的研究，研发的“金耳糖肽胶囊”对慢性肝炎和脑血管病的防治作用方面有较好的疗效，并于1996年获得了山西省卫生厅颁发的“新药证书”。之后，开展了对金耳的抗血栓生物活性研究，并对金耳菌丝体抗凝血的有效部位进行了筛选，确定了其抗凝血有效部位为正丁醇提取部位，在金耳药理作用机制方面取得进展。此外，金耳在抗氧化、抗辐射、改善记忆、提高造血功能等功能方面也有相关的研究报道。

二、金耳科技创新与展望

（一）金耳标准化体系的建立和推广

食品的安全性是当今普遍关注的热点问题，防止食品污染、保护食品卫生安全，已成为世界各国的一项重要政策。金耳作为我国特有的大有潜能的特殊物种，具有较高换汇率。但从发展进程和新形势要求来看，由于金耳栽培历史不长，相比香菇、灵芝较晚，国家虽已出台“国家级制种技术规范试行方案”，但整个产业的标准化建设尚为空白，在整个产业链中还存在一些薄弱环节。在代料栽培刚刚起步的今天，突出的问题是金耳品种少、栽培技术不规范、生产不稳定、产品不上档次。选育金耳的优良品种、研发栽培基质及高产优质栽培技术、建立标准化生产技术体系是确保其可持续发展的关键，也是使金耳在国际市场立于不败之地的根本措施，需要尽快制订出金耳的标准化生产体系，并扩大推广。

（二）建立金耳深层加工和高效利用技术体系

近代科学研究证明，金耳具有免疫调节、降血糖、降血脂、抗损伤、改善脑血流动力学、延长血液凝固时间和凝血酶原作用时间等作用，临床用于防治肝炎、肝腹水、胸腹积液、肾性水肿、贫血等均有一定效果，有助于轻度脑血栓、脑缺氧、一氧化碳中毒引起的偏瘫、手脚麻木的肌力恢复，开发潜力巨大。金耳的生产和发展尚处于初始阶段，国内外巨大的市场还有待于开发，除个别产区外，绝大部分地区金耳产品尚属空白，加工也较原始。除干制外只有单一性的甜品罐头，附加值极低，系列深加工产品尚未真正上市；功能性物质的产业化提纯，质量检测与控制，保健食品与药品加工技术及产品开发等还有待于突破。

基于上述对金耳的研究，建立我国金耳的精深加工和高效利用技术体系须从以下几方面进行攻关：①加强金耳现代化干燥技术的研究；②加强金耳深层发酵技术研究；③加强金耳多糖的提取纯化工艺研究；④对金耳多糖的构效关系、量效关系和有效成分在体内的作用机制的研究；⑤金耳保健食品、药品及化妆品的开发与研究；⑥加强金耳制剂的临床药理学研究。

参考文献

[1] 刘平，汪虹．金耳人工栽培技术[M]．北京：中国农业出版社，1999．

[2] 刘正南，郑淑芳．金耳人工栽培技术[M]．北京：金盾出版社，2002．

[3] 何培新．名特新食用菌 30 种[M]．北京：中国农业出版社，1999．

[4] KIHO T. Polysaccharides in fungi XXXY：Anti-diabetic activity of an acidic polysaccharides from the fruiting bodies of Tremella aurantia[J]. Biol Pharm Bull，1995，18(2)：1627-1629.

[5] KIHO T，MORIMOTO H，KOBAYASHI T，et al. Effect of a polysaccharide from the bodies of Tremella aurantia on glucose metabolism in mouse live[J]. Biotechnol Biochem，2000，64：417-419.

[6] KIHO T，KOCHI M，USUI S，et al. Antidiabetic effect of an acidic polysaccharide (TAP) from Tremella aurantia and its degradation product (TAP-H)[J]. Biol Pharm Bull，2001，24(12)：1400-1403.

[7] KIHO T，KOBAYASHI T. Structural features of an anti-diabetic polysaecharide(TAP) from Tremella auratia[J]. Chem Pharm Bull，2000，48(11)：1793-1795.

[8] BANDONI R J. Taxonomic overview of the Tremellales[J]. Stud Mycol，1987，30：87-110.

[9] BANDONI R J，ZANG M. On an undescribed Tremella from China[J]. Mycologia，1990，82(2)：270-273.

[10] 汪虹，瞿伟菁．金耳菌丝体多糖对小鼠高脂血症的防治作用[J]．营养学报，2002，24(4)：431-432．

[11] 俞冰，熊耀康．复方金耳液止咳、平喘作用[J]．医学研究杂志，2006，35(7)：36-38．

[12] 张志才，章克昌．利用 GC-MS 技术分析金耳发酵液挥发性成分[J]．天然产物研究与开发，2007，19(5)：822-826．

[13] 朱寿民，林晓霞．金耳的营养特色和作为食品利用的前景[J]．杭州食品科技，1998(1)：16-18．

[14] 王宁，王增苏．金耳糖肽胶囊治疗慢性肝炎、肝硬化 31 例[J]．山西中医，1994，10(5)：11-12．

[15] 张光亚．中国常见食用菌图鉴[M]．昆明：云南科技出版社，1999．

[16] 荣福雄．金耳深层发酵生产工艺的研究[J]．山西农业科学，1987(12)：6-8．

[17] 荣福雄．金耳在山西的发现[J]．生物研究通报，1983，1(1)：30-32．

[18] 刘波．中国药用真菌[M]．太原：山西人民出版社，1978．

[19] 邓叔群．中国的真菌[M]．北京：科学出版社，1963．

[20] 王玉良，孟丽君．金耳糖肽胶囊对大鼠海马区神经元活动影响[J]．中国中医老年学，1994(6)．

[21] 刘春卉．金耳菌丝发酵产物抗血栓的生物活性研究[J]．天然产物研究与开发，2003，15(4)：289-292．

[22] 刘春卉，瞿伟菁．金耳与其近似种的 rDNA-ITS 序列分析[J]．云南植物研究，2007，29(2)：237-292．

[23] 牛四坤，谢红．金耳菌丝体抗凝血有效部位初筛[J]．中国中医药信息杂志，2007，14(3)：37-38．

[24] 李晓明，陈敏，戴如琴，等．金耳菌发酵液多糖组分 A 的初步研究[J]．中国中药杂志，1997，22(12)：745-746．

[25] 黄福麟，吴制生．无腺体棉子壳代料栽培金耳的研究[J]．上海农业学报，1997，13(4)：56-60．

[26] 李树萍．中国食用菌产业发展报告[C]．北京：2007．

[27] 陈士瑜．食用菌生产大全[M]．北京：农业出版社，1988．

[28] 黄年来．中国食用菌百科[M]．北京：中国农业出版社，1997．

[29] 丁湖广．金耳特性及高产优质栽培技术[J]．北京农业，2006(10)：20-21．

[30] 李荣春．名贵真菌——金耳[J]．致富天地，2006(8)：36．

[31] 黄云坚．金耳代料菌棒式栽培中的几个技术问题[J]．丽水师专学报，1993(5)：51-53．

[32] 林晓霞,朱寿民.金耳作为β-胡萝卜素和核黄素营养源的研究[J].浙江农业大学学报,1995,21(3):232.
[33] 黄云坚,吴锡鹏.金耳代料菌棒式栽培技术[J].浙江食用菌,1993(6):22-24.
[34] 张志才,章克昌.金耳发酵液提取物(TBE)对2型糖尿病鼠的作用[J].天然产物研究与开发,2006,18(4):613-616.
[35] 张雯,瞿伟菁.金耳菌丝体多糖降血糖作用研究[J].营养学报,2004,26(4):300-303.
[36] 汪虹,瞿伟菁.金耳菌丝体多糖对小鼠高脂血症的防治作用[J].营养学报,2002,24(4):431-443.
[37] 李秀花,祝寿芬.金耳浓缩液对小鼠免疫活性的影响[J].山西医科大学学报,2000,31(3):206-207.
[38] 熊耀康,俞冰.金耳抗炎作用实验研究[J].浙江中医学院学报,1999,23(3):50-51.
[39] 刘春卉,谢红.金耳子实体和发酵菌丝体多糖的分离纯化与结构的比较研究[J].菌物学报,1998,17(3):246-250.
[40] 申高梅,赵虹.金耳胶囊对脑血管病的治疗作用[J].脑与神经疾病杂志,1997,5(3):183-187.
[41] 王金华,薛宝云.金耳发酵液多糖免疫调节作用的实验研究[J].中国中医药科技,1997,4(5):282-283.
[42] 苑小林,张培德.金耳水溶性多糖的部分化学性质及抑瘤试验[J].复旦学报,1996,35(6):703-706.
[43] 郭丰莉,陈如松.金耳抗辐射损伤效果的实验研究[J].辐射防护通讯,1993(3):35-40.
[44] 李卫旗,吴学谦.金耳多糖的分离纯化与结构分析[J].食品科学,1998,19(7):20-23.
[45] 李卫旗,陈云龙.金耳多糖的提取及其性能研究[J].菌物学报,1999,18(3):330-333.
[46] 吴晓宁,熊耀康.金耳多糖胶囊成型工艺的研究[J].浙江中医药大学学报,2008,32(4):520-522.
[47] 赵永昌,柴红梅,杨志力,等. 金耳栽培种制备方法:中国,CN1561666[P],2005.
[48] 丁湖广. 金耳特性及高产优质栽培技术[J]. 北京农业,2006(10):20-21.
[49] 刘春卉,瞿伟菁,张雯,等. 药用真菌金耳的rDNA序列分析与鉴别[J]. 天然产物研究与开发,2007(2):216-220.
[50] 刘正南,郑淑芳. 金耳国家级制种技术规范试行方案[M]. 北京:金盾出版社,1999.
[51] 孟丽君,赵玉明,刘光珍,等.金耳糖肽胶囊的基础药理学研究[J].食用菌学报,2000,7(3):31-36.
[52] 徐锦堂.中国药用真菌学[M].北京:北京医科大学、中国协和医科大学联合出版社,1997.

(孟丽君)

第四十四章　金顶侧耳

DISISHISIZHANG JINDING CEER

摘要：金顶侧耳是自然分布于北半球温带以北区域的一种木材腐朽真菌，也是我国东北林区著名、已成功驯化栽培的野生美味菇种之一。本章全面、系统地描述了金顶侧耳的分类、食用药用价值、生物学特性以及国内外主要栽培技术模式和栽培方法，重点推广介绍了目前金顶侧耳国内外典型的栽培生产新材料、新技术和新工艺。

Pleurotus citrinopileatus

Abstract: *Pleurotus citrinopileatus* is a wood-rotting fungus that is widely distributed in temperate regions of the northern hemisphere. This delicious wild mushroom species has been domesticated, and is cultivated in forest areas of northeast China. This chapter consists of five sections describing in detail various aspects of *P. citrinopileatus* including taxonomy, nutritional attributes and medicinal properties, the current research and development activities relating to *P. citrinopileatus*, biological features, cultivation models and methods. This chapter emphasizes new cultivation techniques, materials and facilities that have recently been developed worldwide.

第一节　概　述

一、金顶侧耳学名及分类地位

金顶侧耳又名：玉皇菇、黄金菇、黄晶菇、珊瑚菇、榆黄蘑、金顶蘑、玉米菇、金顶榆黄蘑等。

学名：*Pleurotus citrinopileatus* Singer, *Annls mycol.* 40：149(1943)[1942]。

属名"*Pleurotus*"一词来自希腊语，其词源是"pleura"，意思是"肋骨、侧生"，用于真菌的属名，翻译为"侧耳属"。种名加词"*citrinopileatus*"的词干"citrinus"意思是"柠檬黄色的"，词尾"-pileatus"意思是"帽状的"，是描述菌盖的颜色。根据拉丁原文，该菌的中文学名翻译成"柠檬黄侧耳"。用"金顶侧耳"的名称更加生动。

同物异名：*Pleurotus cornucopiae* subsp. *citrinopileatus*(Singer) O. Hilber, *Mitteilungen der Versuchsanstalt für Pilzanbau der Landwirtschaftskammer Rheinland Krefeld-Grosshüttenhof* 16：62(1993)；*Pleurotus cornucopiae* var. *citrinopileatus*(Singer) Ohira, in Imazeki & Hongo, [*Colored illustrations of mushrooms of Japan*] (Osaka)：28(1987)。

分类地位：菌物界(Fungi)，担子菌门(Basidiomycota)，伞菌纲(Agaricomycetes)，伞菌亚纲(Agaricomycetidae)，伞菌目(Agaricales)，(Pleurotaceae)侧耳科。

二、主要成分与功效

金顶侧耳子实体形如喇叭花，花朵簇聚，菇色鲜黄，形态高贵典雅，故有"玉皇蘑"之美誉。金顶侧耳营养丰富，食用味觉甚好，主要成分为糖类(碳水化合物)、食物纤维和蛋白质，富含游离氨基酸、谷氨酸、丙氨酸等味觉成分。据《自修食用菌学》记载：金顶侧耳子实体含有17种氨基酸，每100g干品中的氨基酸含量为26.75g，其中人体8种必需氨基酸占7种，每100g干品中的含量为8.75g，且必需氨基酸占氨基酸总量的32.71%。金顶侧耳香味独特，日常消费既适合中华料理中的煲汤和火锅，又适合日本等国家的多种料理。

金顶侧耳子实体入药，有滋补强壮的功效，可治疗肾虚、阳痿和痢疾。民间多用于治疗高脂血症和肺气肿，还有用金顶侧耳治疗肌肉萎缩的验方。与其他菇种一样，金顶侧耳中的食物纤维具有促进胃肠蠕动的作用。国内外关于金顶侧耳成分和营养保健价值与药理应用的研究证明，金顶侧耳含有丰富的蛋白质、氨基酸、维生素及多种微量元素，为菇类上品。相关药用活性分析的研究还表明，金顶侧耳具有降血脂、平喘、抗疲劳、提高机体免疫力等药用活性。随着真菌多糖的深入研究，金顶侧耳多糖的抗肿瘤活性和增强免疫能力已相继得到确认。金顶侧耳已具备健康食品材料的条件，国内外开发的相关健康食品和保健产品已经上市。

第二节 金顶侧耳的生物学特性

一、形态特征

金顶侧耳子实体丛生或覆瓦状叠生。菌盖初期为扁平球形、半球形，展开后因菌柄位置不同形态存在差异，呈正扁半球形或偏心扁半球形，中部下凹，平展后呈扇形至漏斗形。菌盖宽 3～10cm，盖面光滑，鲜黄色或金黄色，老熟后颜色变浅，呈草黄色。菌肉白色，表皮下呈淡黄色，较薄，质脆。菌褶延生，较密，不等长，白色或黄白色，柄上常形成沟纹。菌柄偏生至近中生，中实，肉质至纤维质，上有绒毛，常弯曲，基部相连成簇，呈白色或淡黄色，长 2～10cm，粗 0.5～1.5cm。孢子光滑无色，近圆柱形，7.5～9.5μm×3～4μm，孢子印灰白色至淡紫色。

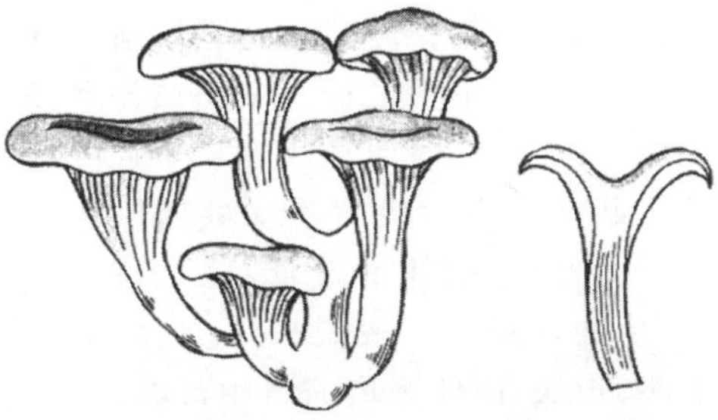

图 44－1 金顶侧耳子实体的形态

二、分布与习性

(一)自然分布

金顶侧耳自然分布于北半球温带以北的中国、日本、韩国以及欧洲、北美洲的一些国家和地区。我国金顶侧耳的自然分布区主要有吉林、黑龙江、河北、辽宁、内蒙古、山西、四川、西藏等省区。

(二)生活习性

金顶侧耳常生长在榆、柞、槭、桦、椴、杨、柳等阔叶树的倒木、枯立木及伐桩上，偶尔生于衰弱的活立木上。作为一种木腐菌，引起木材白色腐朽。在自然条件下，金顶侧耳子实体多在夏秋季节、20℃左右的气温下发生，雨后发生量居多。

金顶侧耳子实体的发育过程可分为 4 个时期：原基期、桑葚期、仔菇期和成菇期。

1. 原基期

菌丝发展到一定阶段，在适宜的条件下培养基的表面出现的白色突起，称为原基，它是形成菇体的基础。

2. 桑葚期

随着原基的发育，表面出现许多小水珠，菇座逐渐变黄。随着水珠的消失，菇座表面出现许多鱼卵状的小颗粒，形如桑葚。此期一般在 1～2 天内完成。

3. 仔菇期

菇座上的小颗粒再进一步分化发育，出现1～2mm 大小的菌盖，菌盖下方生有短小的菇柄。此期 1 天左右完成。

4. 成菇期

成菇期初期，仔菇迅速发育，仔菇间竞争营养，使多数仔菇萎蔫淘汰，只有少数的仔菇经过 2～3 天快速生长后发育为成菇。

在通常情况下，需要经过 5～6 天时间完成子实体的发育。

(三)生长发育条件

1. 营养

金顶侧耳属木腐菌，具有分解木质素、纤维素及半纤维素的能力，能从适生树种的腐木以及其他培养基质中分解并吸取所需要的碳源、氮源、矿质元素和维生素等营养物质。代料栽培金顶侧耳一般以榆、柞、槭、杨、桦、柳、椴等阔叶树种的木屑和棉子壳、玉米芯、秸秆粉等农副产品为碳源主料，以米糠、麦麸、玉米面等为氮源辅料，添加适量的石膏、过磷酸钙、石灰等无机盐，来满足金顶侧耳对营养条件的要求。

(1)碳素营养

碳是金顶侧耳含量最多的元素，占菌体成分的 50%～60%。它不仅是合成糖类(碳水化合物)和氨基酸的原料，同时又是重要的能量来源。

碳在自然界中的存在形式有多种。有的是有机态，如蔗糖、葡萄糖、淀粉、半纤维素、纤维素和木质素等、总称糖类物质。也有的是无机态，如纯碳、二氧化碳、碳酸盐等碳。金顶侧耳只能分解、吸收有机态的碳元素，凡是单糖、有机酸等低分子化合物，都可以直接被细胞所吸收；而高分子的纤维素、半纤维素、木质素和淀粉等都不能直接被吸收，需要被菌丝体分泌出相应的各种酶分解成阿拉伯糖、木糖、葡萄糖、半乳糖和果糖以后，才能被吸收利用。

(2)氮素营养

氮是合成蛋白质不可缺少的原料。主要的氮源有蛋白质、氨基酸、尿素、氨、铵盐等。菌丝体能直接吸收氨基酸、尿素、氨和硝酸钾等小分子化合物。而蛋白质一类高分子化合物，必须经蛋白酶分解成氨基酸才能被吸收利用。氮素营养的多少，对菌丝体的营养生长和子实体发育关系很大。高浓度氮不利于子实体的生长发育。一般情况下，在菌丝营养生长阶段，培养基的含氮量以0.016%～0.064%为宜；而在菇体发育阶段，培养基的含氮量宜在0.016%～0.032%。此外，通常生殖生长阶段的C/N比例以 30：1～40：1 为宜。

(3)矿质营养

主要是无机盐类，如磷酸二氢钾、磷酸氢二钾、硫酸钙、硫酸镁、硫酸亚铁等。金顶侧耳从培养基中获取磷、镁、钙、钾等元素，虽然所需的数量有限，甚至微量，但不可缺少。磷是核糖核酸的组成部分，没有磷不能构成核糖核酸，细胞不能分裂，尤其在菇体发育阶段更不能缺磷。钙能刺激菌丝的生长和促进菇体的发育，并对培养基质的酸碱度起缓冲作用。一般说来，这些矿质元素在木屑、米糠、麦麸、秸秆等培养料中都有，其含量基本上可以满足生长发育的需要。但由于培养料的组分不同，有时还需要添加适量的钙、钾、磷、镁等无机盐。

(4)生长素

包括维生素和核酸等营养物质。金顶侧耳对其需求量极微，但不可缺少。如维生素 B_1(硫胺素)，是辅羧酶的重要组成部分，而辅羧酶是碳代谢不可缺少的酶类。培养基中如果缺少维生素 B_1，金顶侧耳生长缓慢。维生素在马铃薯、米糠中含量较多，但它不耐高温(120℃ 以上极易破坏)。灭菌时要防止温度过高。

2. 温度

金顶侧耳属中温偏高型菇种。菌丝体生长温度为 5～35℃，最适温度 24～26℃，菌丝在 5℃ 以下、35℃以上不能生长，低于 10℃ 菌丝生长缓慢，但菌丝体可耐－38℃ 的低温；金顶侧耳子实体发育的温度在15～30℃，最适温度为18～22℃。子实体分化不需低温刺激，在17～25℃都能长出菇蕾。

温度主要对呼吸作用产生明显的影响。食用菌生命活动所需要的能量由呼吸作用提供。当温度降低到一定程度，呼吸酶的活性受到影响，呼吸作用随之降低，不同程度地抑制子实体的生长发育速度。相反，随着温度的升高，呼吸速度加快，子实体的生长发育速度也随之加快。但温度过高会损伤酶的活性，呼吸作用反而降低，子实体的生长发育随之受到阻碍。

3. 水分与湿度

水分不仅是金顶侧耳的重要组成成分，也是新陈代谢不可缺少的基本条件。金顶侧耳生长发育各阶段都需要水分，所需的水分主要来自培养料。培养料中的含水量60％～65％时，菌丝生长良好。在菇体的发育阶段需要大量的水分。出菇阶段培养料中的含水量要求达到70％～75％。

金顶侧耳子实体发育阶段要求较高的空气相对湿度，适宜湿度为85％～95％。湿度低于70％，不仅菌盖小，产量低，而且菌盖边缘发白，严重时向下卷曲，出现皱褶，菇质下降；如果空气相对湿度长期处于饱和状态，不仅容易造成杂菌侵染，还会阻碍菇体的蒸腾作用，从而影响细胞正常的原生质流动和营养物质转运，导致畸形菇（菌盖小、菌柄长）发生。

4. 光照

金顶侧耳在菌丝体生长阶段不需要光线，黑暗条件下也能正常生长；子实体形成和生长必需要有光照，光照对子实体色素合成有明显的促进作用。当光照强度为500 lx时，子实体呈浓黄色，光照强度为148 lx时子实体呈黄色，光照强度为16 lx时子实体呈黄白色。野生金顶侧耳对光照强弱的要求范围较宽，但也不宜在阳光直射下生长。

5. 空气

空气中的O_2和CO_2是影响金顶侧耳生长发育的重要生态因子。在正常的空气中，O_2含量约为21％，CO_2含量是0.03％。当空气中CO_2含量增加时，O_2分压降低，从而影响到金顶侧耳的正常呼吸活动。

金顶侧耳菌丝体生长阶段对O_2的需求量较低，而在子实体分化和发育过程中对O_2的需求量随菇体的长大而增多；金顶侧耳对CO_2浓度的反应十分敏感。一般情况下，金顶侧耳菌丝体生长阶段CO_2浓度应控制在$3\ 000\times10^{-6}$以下；子实体分化和发育过程中CO_2浓度要控制在$1\ 500\times10^{-6}$以下。CO_2浓度过高会导致菇盖变小、菇体萎蔫，甚至死亡。

6. 酸碱度

酸碱度（pH值）是影响食用菌新陈代谢的重要因素之一。金顶侧耳菌丝体生长的pH范围在3.0～8.0，最适pH为6.0～6.5。金顶侧耳pH在4.0以下或8.0以上时出菇困难。

为了使菌丝生长在最适宜的pH值范围内，生产中在配制培养料时常添加0.2％的磷酸二氢钾等缓冲剂。培养料发生酸化，可添加适量的碳酸钙中和、调整酸碱度。

第三节　金顶侧耳的栽培技术

一、菌种的制备

1. 母种

母种一般可通过组织分离方法获得或从有关菌种生产单位引进。

母种采用PDA培养基即可。如用PDA加富培养基（PDA培养基中添加麦麸20g，蛋白胨2g），菌丝体的长势会更好。母种培养基按常规方法灭菌后，制成斜面并接种，在25℃培养条件下，7～10天菌丝可长满斜面。正常情况下，由优良菌株母种培育出的金顶侧耳子实体具有色深、味浓、形美、抗性强、产量高等特点。

2. 原种

常用培养基配方：①麦粒或玉米碴90％，杂木屑8％，石膏粉1.5％，碳酸钙0.5％，含水量60％。②杂木屑78％，麦麸20％，石膏粉1％，蔗糖1％，含水量60％。

麦粒或玉米碴等谷粒培养基制备：将谷粒事先浸泡并水煮至7～8分熟后，捞出、沥水，均匀拌入木屑、石膏、碳酸钙等辅料，装入玻璃瓶（500ml）至1/2～2/3体积处，然后按常规方法灭菌、接入母种。在24～26℃条件下培养15～20天，菌丝可长满瓶，即成为原种(培养过程中,需摇瓶1～2次)。

3．栽培种

常用培养基配方:①杂木屑78%,麦麸20%,石膏粉1%,蔗糖1%,含水量60%。②棉子壳78%,麦麸20%,石膏粉1%,蔗糖1%,含水量60%(阮瑞国等,2000)。栽培规模较大时,按栽培种的上述配方制作培养基,常规方法灭菌,用原种接种再扩繁一次即可生产出所需的栽培种。

二、栽培方法与技术

金顶侧耳是20世纪80年代驯化栽培成功的菇种。随着栽培区域的延伸和栽培时间的推移,栽培技术与工艺已日趋完善。

金顶侧耳栽培方法主要分木段栽培和代料栽培两大类。木段栽培分为长木段和短木段两种;代料栽培分为瓶式工厂化栽培、袋式保护地(塑料棚)栽培及畦式自然栽培等3种方式。日本等发达国家的金顶侧耳商品化生产,以工厂化瓶式栽培为主流栽培方式,这种方式既能保证金顶侧耳产品的质量优良与规格均一,又可以保证产品的周年生产与均衡上市。

按照我国传统习惯栽培的容器与方式,金顶侧耳栽培分为瓶栽、床栽、袋栽、地栽、块栽、阳畦栽培、木段栽培;按栽培的设施、地点分为室内栽培和室外栽培;按栽培料的处理方式分为熟料栽培、生料栽培和发酵料栽培。目前,由于原料资源和栽培效率等方面原因,我国金顶侧耳栽培已逐步由木段栽培转变为代用料栽培。据杨儒钦(1994)报道,在东北地区较为实用、高产的代用料栽培方式有"墙"式栽培(适于地窖、温室栽培)、床架式栽培(适于室内和大棚栽培,可充分利用空间)及阳畦栽培(适于规模栽培,方法简便,投资少)。

作者根据目前国内外金顶侧耳的主要栽培技术模式和栽培方法,重点介绍以下几种生产工艺与技术:

(一)瓶式工厂化栽培

1．原料准备与要求

金顶侧耳瓶式工厂化栽培一般选用阔叶树木屑为主料。如果利用针叶木屑,需事先加水并在室外堆放4个月左右才能使用。除木屑以外,还可以用甘蔗渣、甜菜渣以及林下落叶腐殖层的粉碎物等原料进行栽培。

米糠和麦麸作为营养辅料在金顶侧耳工厂化栽培中尤为重要。需要注意的是,用麦麸有时会因金顶侧耳品种不同,漏斗状菇形常常会出现变形现象;另外,米糠含脂类物质较多,容易变质,必须趁新鲜时使用,不宜长期存放。

2．培养料配制与装瓶

(1)拌料

木屑主料与营养辅料按3∶1的体积比混拌均匀,加水拌料使培养料含水量达65%左右后进行装瓶。

(2)装瓶

用聚丙烯瓶,体积为800～850mm^3,瓶口直径52～58mm。每瓶装料500～540g(用针叶树木屑尚需添加约1克/瓶的熟石灰),料面压平至距瓶口约2cm处,并在料面中央垂直打一接种孔(孔径1.5cm)至瓶底,擦去瓶口四周附着的培养料,最后用双层牛皮纸封口或者盖上与口径相称的瓶盖。

3．培养料灭菌与接种

培养料灭菌是金顶侧耳栽培的一道重要工艺。装瓶结束后应及早进行灭菌。

(1)灭菌方法

灭菌分为高压灭菌和常压灭菌。高压灭菌用高压锅,采取115～120℃的高温、恒温灭菌45分钟;常压灭菌以96～100℃的温度、灭菌8～10小时的方式。

(2)接种要求

培养料瓶灭菌后,移到已消毒的冷却室或无风清洁的场所冷却。当料温降到30℃以下即可在接种室内接种,每瓶接种量为20ml,约10g左右。

4．养菌条件与管理

(1)养菌室构造

为了促进菌丝生长,防止培养料干燥和室内CO_2浓度上升,控制养菌室的温、湿度和通风换气至关重要。养菌室应有绝热性能,并需设置空调、加湿器及换气扇。

(2)养菌适宜条件

金顶侧耳菌丝的最适温度为24～26℃,但在此高温下极易受到杂菌侵染。工厂化栽培安全适宜的养菌条件为:温度20～22℃、相对湿度70%,黑暗避光,培养室CO_2浓度应控制在$3\,000\times10^{-6}$以下。通常经20～25天菌丝即可长满瓶。

5．出菇操作与管理

(1)出菇室构造

与养菌室一样,出菇室也需要热绝缘构造,要求具备控温、调温和换气的条件,同时还需要光照条件，以保证菇体着色。

(2)出菇操作要求

气温20℃左右时，金顶侧耳的原基形成能力旺盛。如果在菌丝尚未长满瓶内培养基就有原基形成，需要及早将原基摘除。只有在菌丝完全长满瓶内的培养基后，方能进行出菇操作。金顶侧耳催菇不用搔菌操作，只要菌丝长满瓶或已确认瓶内有原基形成时即可去掉双层牛皮纸或瓶盖，将培养瓶从养菌室移到出菇室，无需生理后熟期的管理。

(3)出菇适宜条件

出菇期要求温度16～20℃，相对湿度85%～95%；需要打开照明灯，但光照不可过强；CO_2浓度应控制在$1\ 500\times10^{-6}$以下，防止因CO_2浓度过高而发生畸形菇。一般菇生长期为5～6天。整个栽培周期25～30天。

(4)成菇标准及要求

金顶侧耳的采收标准应以菇体黄色尚未退色、菌伞直径2～3cm、菌伞先端稍有卷曲的时候采收最为适宜。

(二)大地生料畦式栽培

阳畦栽培，是模拟自然生态环境、利用土地资源进行的栽培。这种栽培方式可以减少厂房和大棚的投资，适于规模栽培，具有管理方便、成本低廉等优点。生料栽培，更具有省工省时和低成本的特点。

1. 栽培季节

金顶侧耳大地生料畦式栽培，通常适于春季生产。当日平均气温稳定在5～10℃时即可播种。高温季节生料杂菌污染概率较高，一般选择气温较低的季节进行栽培，并在培养料中添加适量的杀菌剂，把杂菌污染率控制在最低限度。

根据金顶侧耳菌丝体生长的最适温度为22～26℃、子实体发育的最适温度为18～22℃的特性，在自然条件下，金顶侧耳人工栽培一年有春、秋两个栽培季节。秋季气温由高到低，应该因地选择金顶侧耳的接种时间，接种时间应在适温出菇时期前1个月左右；而春季气温由低到高，常出现菌丝体生长阶段温度偏低、子实体生长阶段温度偏高的情况。因此，春季栽培要尽早接种，早接种早出菇。东北地区春季栽培可选择在4月中旬至5月下旬，而秋季播种可选择在7月中下旬。

2. 栽培料配方与处理

配方1：大豆秸或玉米芯（铡成3～5cm长的小段）40%，杂木屑35%，麦麸16%，豆饼粉4%，石膏2%，石灰3%。

处理方法：大豆秸或玉米芯放入1%～2%石灰水中浸泡，24小时后捞出，沥至不滴水备用。另将木屑、麦麸、豆饼粉按比例混合均匀后加入石灰水，含水量调至60%～65%，堆积过夜，次日铺料前与已浸泡沥过水的豆秸或玉米芯混合均匀。铺料前，还需另备榆木、椴木树种的短木段（直径8～12cm，长12cm），使用前将其在1.5%石灰水中煮沸1小时，闷6小时后将其排放到畦床上，即可上床铺料。

配方2：豆秸75%，玉米面20%，黄豆粉1%，石膏1%，石灰2%，磷酸二氢钾0.5%，尿素0.5%，pH值自然，含水量65%（按培养料总量的15%添加50%可湿性多菌灵粉剂）。

处理方法：可选用黄豆秸、黑豆秸、青豆秸、小豆秸，用前将豆秸铡成1～2cm小段或用粉碎机粉碎。拌料前，铡成的小段豆秸用5%石灰水浸泡一天，然后捞出沥去多余水分，玉米面等原料处理方法同配方1，然后拌料。如没有浸泡条件，可将豆秸放在场院或水泥地面上，用5%的石灰水喷洒，并不断地碾压、踩踏。

配方3：稻草80%，麦麸15%，石膏1%，过磷酸钙1%，磷酸二氢钾1%，石灰2%，pH为8～8.5，含水量60%。

处理方法：稻草整根使用，使用前用3%的石灰水浸湿。麦麸等原料处理方法同配方1。

配方4：玉米芯85%，玉米面8%，黄豆粉2%，石膏1%，过磷酸钙1%，石灰2%，磷酸二氢钾0.5%，尿素0.5%，pH为8.0～8.5，含水量65%。

处理方法：采用整根玉米芯，用前用5%石灰水浸泡1天，捞出后不必沥水直接放入畦床上，可在阳畦中拌料。玉米面等原料处理方法同配方1。

3. 栽培技术工艺

金顶侧耳大地生料畦式栽培周期2～3个月，主要栽培工艺流程为：选地作畦→灌水消毒→铺料接种→发菌管理→出菇管理。

(1)选地作畦

栽培地要选择地势高爽、背风向阳、用水方便、排灌良好的中性壤土地段或有树木遮荫的地方做畦。畦床一般为东西走向，畦底低于地面5～10cm，畦宽50cm，长5～10m，畦底要压实、平整。

(2)灌水消毒

畦床使用前1天，要灌水保墒。畦床栽培金顶侧耳的培养料要与畦底、畦壁的土壤直接接触，培养料的水分和土壤中的水分必然互相渗透、互相影响，处于一种动态平衡状态。这样基质的含水量和导水率自然成为主要影响因素。畦床的土质不同，灌水量也不同。一般壤土畦床分次灌水，总深度为30～35cm，培养料的含水量在65%～70%；畦床的水下沉后，用5%甲酚（来苏儿）喷洒畦面，然后用生物杀虫剂杀虫处理，最后均匀地在畦底及四周撒上一层石灰粉或用5%石灰水喷洒床面。

(3)铺料接种

栽培者可根据当地培养料的资源情况选择配方。金顶侧耳生料栽培所采用的农作物秸秆一定要按前面讲的方法进行处理，以促使秸秆吸足水分，严格掌握含水量。

铺料接种前，首先检查菌种，要选择菌丝健壮、无杂菌，无菇蕾产生的菌种。使用时用镊子将菌种取出，或在室内破瓶取种并将其掰碎（注意不要用手搓），然后在畦床上铺一层培养料、播一层菌种，分3～4层操作，最后盖一薄层培养料，用木板刮平料面并压实，使菌种与培养料紧贴。总厚度在15cm左右。料的松紧度要适宜，过实透气性差，不利菌丝伸展发育；过松水分容易散失，菌丝生长衰弱。每平方米用料20千克左右，接种量为原料用量的10%～15%。如菌种量不足，也可采用穴播法，穴距3～4cm×3～4cm，深3～4cm，成梅花形排列。在每穴内放一块似杏大小的菌种即可。播完后紧贴料面覆盖一层报纸或塑料布，加盖厚草帘或覆5～6cm细土。早春温度低，还可以搭建拱棚，覆盖塑料薄膜升温。

以生料和木段为培养料畦床栽培金顶侧耳，具有明显提高产量的效果。铺料时，先按33cm的间距和“品”字形将木段立摆在床面上，然后采用层播方法，在摆完木段的床面上铺一层培养料播一层菌种，重复操作，共铺3层料播3层种。培养料与木段结合紧密，料面高于木段，最后盖上地膜并覆约5～6cm厚的细土。一般每平方米用料量20千克左右，用菌种6～8瓶(500ml)。

(4)发菌管理

发菌阶段管理，主要是掌握畦床内温度和保持料面湿度。一般经过18～30天，菌丝可长满培养料。用手挖开培养料以后，发现菌丝已长到畦床底部，手拍料面有嘭嘭的响声，表明发菌结束。

①萌发期：播种1～3天，畦床内温度最好保持在28～30℃，以利于菌丝萌发。这一阶段的管理是白天打开床面遮盖物，让阳光照射，增加畦床温度；夜间加强覆盖进行保温。

②发菌期：播种4～7天，畦内温度保持22～25℃，床内料温不宜超过29℃。温度管理上，发菌前期温度低，白天应增加畦面光照升温，注意夜间覆盖保温。随着气温上升，白天要覆盖草帘并相应地加厚畦面覆土，夜间可打开草帘，通风降温，防止高温天气和发菌后期料内温度过高。正常情况下，金顶侧耳的菌丝洁白、粗壮，呈放射状延伸，生长速度快时每天可生长0.3～0.8cm。

每隔10～15天检查污染情况。发现料面有杂菌侵染，应及时清除并用10%氢氧化钠喷洒处理和洒石灰粉。菌丝长满畦床培养料后，去掉料面塑料布，视天气情况把上面的塑料布搭在拱架或木支架上，加强通风，适度遮荫，使畦内温度保持在18～20℃，相对湿度保持85%～90%。经10天左右可出现子实体原基，即进入菇期的管理。

覆土养菌的情况下，菌丝长满畦床培养料的时间一般在接种后30天前后。

(5)出菇管理

发菌结束后，畦面浇灌一次重水，几天后便会有子实体原基钻出土面、大量形成。子实体生长阶段，畦床温度保持在16～20℃；空气相对湿度在80%～90%。对于未出菇的料面和刚进入桑葚期的子实体，以保湿为主，细雾轻喷、一掠而过；而对于仔菇期和成形的幼菇，可适当加大喷水量，以菌盖湿润为宜，防止由于蒸腾作用使幼菇体干缩。一般每天喷2～3次。水分管理要视天气情况，阴雨天气少喷或不喷、干热天气可适量多喷。另外，菌蕾形成后逐渐加强通风换气。

(6)采收管理

金顶侧耳子实体生长比较快，气温较高时，从发现蕾到发育成熟只需3～5天。通常金顶侧耳生料畦床栽培，从子实体原基发生到成菇采收需7～10天；从播种到采菇35～45天。采收管理要注意适时，采收过早产量低，过晚菇质差，也不利于菇的转潮和生长发育。

①采菇标准：在菌蕾充分展开、菌盖边缘呈波浪状，孢子尚未弹出、菇色鲜黄还没有退色时采收为宜。

②采收方法：采收前一天停止喷水。采摘时，手捏菌柄扭转摘下，簇生成丛的子实体可用刀具从基部割下。不要留茬过高，以免喷水时引起腐烂，尽量不破坏培养料。采菇的原则，是采大留小、分批采收。

③采后管理：采收后清理料面，除去残根和畸形菇，被破坏的裸露料面及时用土覆盖。第一潮菇采收完毕，料面需晾晒3天，之后重水喷浇2天，料面不可积水。最后覆盖塑料薄膜，上面盖好苇席或草帘。四周留出空隙、通风换气。经10～

12天，第二批菇原基又将出现，这时去掉塑料膜，再重复上述的出菇管理。

金顶侧耳的转潮期15天左右。如果管理得当，可采3～5潮菇，每平方米鲜菇产量在10千克以上，高产时可达20～30千克。

(7)覆土出菇

金顶侧耳生料畦式栽培出菇管理中常遇到另一种情况，就是一潮菇采收后，天气进入高温季节，特别在南方地区，此时靠自然和人工降温十分困难，畦床料面极易侵染杂菌、害虫。而且，在这种环境下二潮菇子实体原基也难以分化，喷水增湿又极易造成高温高湿侵染杂菌。解决办法是进行覆土出菇。其具体做法是：

覆土处理。选肥沃耕地，取地表土以下10～30cm的耕土层土壤。土壤过筛后按设计配方(耕地土95%、石灰粉3%、尿素1%、磷酸二氢钾0.1%、多菌灵0.1%)混拌配制。覆土拌匀后，覆盖畦床料面，覆土厚度2cm左右。覆土对畦床可以起到保湿升温的作用，有利于菌丝生长和子实体原基分化。管理上只是保持覆土湿度。正常情况下，覆土10～15天会有子实体原基从土层分化出来，而且原基数量较多、比较健壮。

(三)发酵料袋式栽培

金顶侧耳塑料袋栽培比瓶、箱、太空包等栽培容器投资少，而且便于机械操作和规模化经营。采取塑料袋"墙"式立体栽培，还能够有效地利用大棚空间，省去"床架"的投资。利用塑料大棚栽培金顶侧耳的优点：保温保湿性好，可以半封闭式管理，人为控制生态条件，菇体干净，虫害减少，并且可以有效利用太阳光能，节省能源。

发酵料由培养料的原料、辅料堆制发酵而成。利用发酵过程所产生的生物热，达到杀死附着在原、辅材料中的杂菌和虫卵的目的，同时使原材料软化熟化，更有利于金顶侧耳菌丝的吸收利用。

金顶侧耳发酵料袋式栽培具有投资少、周期短、效益高的特点，与生料栽培相比，可以提早出菇、高产稳产。

1. 栽培季节

春季大棚内温度能维持在10～25℃时，即可直接播种进行栽培。夏、秋季光照时间长，气温高，正是北方室外栽培出菇的好季节。冬季气温低，空气中杂菌少，是扩繁菌种和培养菌袋的好季节，有条件还可以将菌袋储藏起来，翌年早春出菇；在福建等南方地区，春季袋栽安排在2～3月份制作菌袋、接种，4～5月出菇；秋季袋栽8～9月份制袋、接种，9～10月份出菇。

2. 栽培设施

塑料大棚形式多样，在结构上有以竹木为支柱搭建的简易大棚，也有以镀锌钢管为拱架的塑料大棚；还有栽培食用菌的专用塑料大棚。东北地区金顶侧耳塑料大棚周年栽培，春季发菌初期需要加温，尤其夜间需要覆盖保温，白天保持棚内气温在25℃以上；夏秋季节大棚要求遮阳，棚内需有一定散射光，气温控制在18～25℃。保证大棚内外卫生，保持棚内湿润、通风良好的小气候。

3. 栽培技术与要求

(1)原料配方及处理

根据当地的资源情况，选择适宜的栽培原料和配方，大规模生产需外购原料时，应选用优质高产的原料和配方(棉子壳和豆秸是金顶侧耳栽培的上好原料)。常用的发酵料栽培配方有以下几种：

配方1：豆秸(选用黄豆秸、黑豆秸、青豆秸、小豆秸)75%，玉米面20%，黄豆粉1%，石膏1%，石灰1%，硫酸镁0.5%，磷酸二氢钾0.5%，尿素1%。pH值自然，含水量65%。

配方2：稻草80%，麦麸15%，石膏1%，过磷酸钙1%，磷酸二氢钾1%，石灰2%，pH 8.0～8.5，含水量65%。

配方3：棉子壳48%，木屑48%，过磷酸钙1%，石膏1%，磷酸二氢钾0.1%，石灰1%，pH值自然。含水量65%。

配方4：木屑或粉碎玉米芯100千克，石膏、生石灰、过磷酸钙各1千克，水140升。

配方5：杂木屑46%，玉米芯或豆秸25%，鸡粪25%，另加尿素0.5%，石灰粉2%，石膏粉1.5%，含水量60%～65%。

棉子壳、玉米芯要求新鲜、无霉变、无异味；木屑用无霉变的阔叶树木屑。

(2)发酵场地

大型生产场最好有专用发酵场地。场地的大小可根据生产规模而定，一般年产菇500吨的工厂应有一个200m^{2}的发酵场。发酵场地为水泥地面，设有堆料台和排水沟，场地一侧有蓄水池；小规模栽培场，可利用一般地面作为发酵场地。冬季培养料发酵数量不多时，还可以在大棚内建堆、进行发酵。

(3)栽培工艺与要求

发酵料袋式栽培的工艺：预湿→建堆→发酵→装袋接种→养菌→出菇。

①预湿：建堆前2～3天，以体积计或秤重量，计算稻草、秸秆、豆秸重量。稻草铡成1～2cm小段或用粉碎机粉碎，豆秸用5%、稻草用3%的石灰水喷洒浸湿，然后分批喷浇清水，使秸秆均匀吸足水分。预湿后的料堆以四周有水流淌出为宜。每天需早晚喷水保持料面不干，同时准备好其他原材料。畜禽粪及豆饼粉须分别粉碎过筛，均匀混合备用。

②建堆：建堆是按要求将栽培原料堆积起来的过程。通常建堆规格为宽1.5～2.0m、高1.3～1.6m，长度视场地和生产规模而定，料堆四周垂直整齐，顶部呈龟背状。堆料时，主料、辅料分层铺放，铺一层主料（如稻草、玉米芯、麦秸、棉子皮、玉米秸秆等），再撒一层辅料（如麦麸、玉米面、豆粉、米糠、畜粪等），每层主料厚15～20cm，辅料畜粪撒在中部，其他辅料均匀铺撒。然后，边浇水边踩实料。如此一层主料一层辅料，共5～8层，每隔0.5～1m竖插一根直径为10～15cm、长2m左右的木棒，堆完后拔出木棒，留下孔道，便于从孔中排放废气，此时料堆培养料的含水量为70%。用手握培养料，指缝间刚好有水滴成串滴下即可。

各种原料不同，吸收水分的程度也不一致。棉子壳、豆秸的吸水量相差无几，而甘蔗渣、稻草、麦秸、玉米芯等的吸水性较强。拌料时，根据不同原料和原料颗粒的大小适当加水，掌握水分至65%左右。培养料含水量是直接影响高温放线菌能否顺利繁殖和发酵成败的重要因素之一。必须重视培养料的水分管理。

建堆的目的是利用发酵热对主料、辅料等进行熟化、消毒，同时让主料、辅料与石灰混合，提高营养价值并调整好pH。

③发酵：以稻草为主料的“培养料配方2”，在建堆后2～3天，发酵料堆温度可上升至65～75℃，持续5～7天，一般在料温不再上升并开始下降时，进行翻堆。翻堆作业有人工操作，也有采用铲车、翻料机机械来完成的。翻堆原则是把培养料上下里外翻动交换。

第1次翻堆，在建堆后3～7天进行。翻堆过程中将硫酸铵、尿素、磷酸二氢钾均匀加入，其他矿物质元素暂不加入。在微生物的帮助下发酵，使其成为有机氮源。培养料堆制期间，培养料中部温度高、发酵好，而四周及表层较为干燥，难以发酵。翻堆时必须进行培养料里层与外层、上层与下层的“堆位”置换，重新建堆。这时含水量要求在65%～70%之间，用手握法检查含水量，指缝间刚好有水滴滴下为度，偏干时适量补水。新建料堆幅宽1.5～1.7m，高1.3～1.6m。料堆内的温度保持在50～60℃。经过3～4天，并且维持高温2～3天后，再次翻堆。

麦秸、稻草料堆人工翻堆时，用铁叉边翻边抖散，翻过去的麦秸、稻草料要松散开。

第2次翻堆加入石膏；第3次翻堆加入石灰。第2次和第3次翻堆，方法与第1次相同，尽可能使内层料翻到外层，周围的料翻到内层，重新堆积，让培养料均匀混合。翻堆是实现培养料均一发酵、完全腐熟不可缺少的工艺措施。

第4次翻堆时均匀撒入定量的过磷酸钙。若堆料中水分不足，可以边翻堆，边以喷洒方式均匀补水，培养料含水量为62%～65%。当建堆2～3天，料堆内温度升至50℃左右，即可进行第5次翻堆并移至已经过消毒灭菌的菇房（棚）内。翻堆5次，每次间隔时间分别为7天、6天、5天、4天、3天，发酵全程需23～30天。

移入菇房（棚）内的发酵培养料，需用pH试纸检查其酸碱度。如果pH值低于或高于堆肥最适pH值，还需要分别加入熟石灰或过磷酸钙进行调整。甲醛溶液有除氨臭的作用，发酵培养料氨气味大，需要边翻料，边喷甲醛溶液。甲醛浓度视料的干湿程度而定，料的含水量在65%左右时，甲醛浓度应选择在50～200倍之间。经20～24小时，进行第6次翻堆并散放降温。第6次翻堆是最后一次翻堆，含水量调整为60%～65%。

用木屑、玉米芯、棉子壳等粉碎料为主料（培养料配方1、3、4、5）建堆发酵时，在堆上用直径5～10cm的光滑带尖的木棍每隔30～50cm打一个通气孔，通气孔呈梅花形排列。还可在上述的通气孔位置插上几根高粱秸秆或葵花秸秆进行通气。建堆结束，盖膜保温，待料温达60℃时，保持48小时后进行翻堆。当料温达到55℃时，维持24～36小时后进行第2次翻堆，复堆后料温再次达到55℃时，进行第3次翻堆，方法同前。然后散堆降温，即可用于袋栽。

发酵好的培养料呈咖啡色至深咖啡色，料层和内部可观察到白色放线菌，秸秆柔软，有弹性和香味。含水量在60%左右，pH为6.8～7.5；碳、氮比为18∶1～20∶1。

培养料发酵后，要注意卫生，防止同有杂菌污染源的场地和物资接触。待料温冷却到30℃以下，即可装袋。

④装袋接种：人工装袋：塑料袋的规格选用20cm×45cm、22cm×45cm及25cm×45cm（塑料袋厚0.04～0.06cm）都可以。一般采用筒料。在使用前将其按所需要长度剪成筒袋，并在筒袋上打通气孔。具体方法：把长度45cm的塑料筒袋

20个码成一垛，然后从一头起，分别在9cm处、22.5cm处、36cm处打通风孔，通风孔间距1.5cm。可用铁钉和木板自制打孔器打通气孔。塑料袋打完通气孔后，将袋的一头用绳扎紧即可装袋。先向袋底装少许培养料（约10g），平铺在袋底部，接着往袋里播一薄层菌种，再继续装料，装到36cm的通气孔处，播一薄层菌种，再继续装料。凡是装到有通气孔的地方，都要播一层菌种，最后在菌种上面再装10g左右的培养料，扎紧袋口。这种方式称为“袋式层播法”，共2层培养料、3层菌种，袋的两头各有10g左右的封口料。接种量为原料量的12%～15%。发酵料装袋要求不能过紧，由于发酵料还不同程度地含氨气，一定要待料温降到30℃以下时才可装袋。装袋时，一定要使菌种层正好对准袋上打通气孔的地方，以利于接触新鲜空气、快速发菌。

机械装袋：选用直径20cm、厚度0.04～0.06cm的塑料袋。使用前，将塑料袋用大型缝纫机扎上通气眼，每2cm扎一行，针距要大些，以防装袋时塑料袋断裂。扎眼后，筒式袋的一端用封口机热封，或用绳扎紧。接种方法与人工装袋不同。装袋前，先将菌种直接与发酵料混拌均匀，菌种量为原料量的12%～15%。由5人配合装袋。1人上料，负责往装袋机的料斗填料，1人持袋，两手将袋套到装袋机的出料口上，然后一只手按住袋口，另一只手托住袋底，随着原料不断进入袋中，托袋的手往后移，直至装料长度达28～30cm时停止；另外3人迅速将装好的料袋两端用绳扎紧，在袋的两端各打3个通气孔，孔呈“品”字形排列。打孔工具可用自制的打孔木棒，木棒长30cm，直径2cm，木棒要求光滑，一端制成尖头。

⑤养菌：装完袋后，及时摆放料袋、养菌。

摆袋方式：根据棚内温度而定。秋季棚内温度较高，可采用“井”字形排列摆放，采用南北走向，每垛码5～6层，行距为60～80cm，作为通道，还可便于高温时倒垛。如果在晚秋或初冬季节接菌，可采取成行码垛方式摆放，垛堆也是南北走向，每垛码高5～6层，每行之间的距离也是60～80cm。

避光养菌：大棚遮光有两种方式，一种是在塑料棚膜上用草帘覆盖；另一种是在棚内加设遮阳网遮光。两种方式的取舍决定于季节。秋季栽培接种，可采用塑料棚膜上加盖草帘的覆盖方式，白天将草帘放下，遮光、降温；冬季栽培接种，遮阳网（遮光率在75%以上）可挂在塑料大棚内。白天棚膜能接受阳光照射、起到辐射增温的作用，同时棚内的遮阳网还能防止阳光照射菌袋。

温度管理：在适温条件下，接种24小时后可看到所接菌种处有纤细、白色的菌丝出现。这一时期的管理重点是温度。在接种后，棚内温度控制在25～28℃范围内。棚温低时，在晴天打开棚上的草帘，通过阳光照射升温；棚温高时，打开大棚通风口，通过通风来实现降温。在自然气温高时，还可利用晚间打开通风口或卷起草帘来降温。接种3天后，由于菌丝的呼吸作用，特别是采用打孔通氧的菌袋，呼吸强度大，产生的热量多，这时一定要控制料温不能超过28℃。否则就通过打开大棚的通气孔（通风口里、外设有遮盖棚遮荫）降温。为了掌握实际料温，在大棚两侧、中间以及袋垛的底层、中间、上层的菌袋分别插温度计，温度计要插到菌袋的中间部位。

湿度管理：养菌阶段的空气相对湿度保持在60%～65%，塑料大棚一般都能达到这个范围。当棚内空气相对湿度超过75%，要通风降湿或在大棚四周撒石灰粉的办法降低湿度。

一次倒垛：在适温条件下，接种第15天左右菌丝可吃料3～4cm，新长出的菌丝洁白、浓密。这时进行第一次倒垛，并且结合倒垛进行通气和菌袋检查，发现杂菌污染菌袋，及时进行处理。倒垛操作是把原来垛中间的菌袋和垛的上边或下边的菌袋进行位置交换。为了防止阳光照射，倒袋速度要快。一般可采取下列两种方法：一是“突击倒垛”，就是集中人力在短期内逐棚、逐户将菌袋倒完；二是“分段倒垛”，即先从大棚的一端开始，打开草帘，倒垛倒完一段后，把这段的草帘盖上，再倒另一段，再盖上草帘子。依次操作直到倒完。倒垛检查时，要轻拿轻放，挑出的杂菌污染料袋，视污染程度分别处理。杂菌污染面直径不超1cm的料袋，可在通气孔处抹上石灰膏（将石灰粉加少量水调制成膏状）；污染面直径在1～3cm的料袋，可注射多菌灵药液。凡有杂菌污染的菌袋，经处理后放到棚外低温处单独培养。另外，倒垛后棚内温度会升高2～3℃，这一阶段菌丝生长量大，呼吸量也大，需要加强通风，温度仍应控制在28℃以内，

二次倒垛：接种后25天左右，金顶侧耳菌丝的分枝增多，有的菌袋菌丝连接成片，这时需进行二次倒垛。二次倒垛的作法：先检查袋的生长状态，对于没有感染杂菌的菌袋进行拍打通气。拍打时，用一只手托起菌袋的底部，另一只手从菌袋的一端起拍打到另一端，然后把菌袋翻转180度，再用一只手托住菌袋，用另一只手拍打菌袋，也从袋一端向另一端拍打。拍打完毕码放，将原来码成“井”字形的袋垛改成单行的“井”字袋垛，以利于子实体阶段的管理。这一阶段，既要加大通风

量，同时还需将空气相对湿度提高到65%～75%。

⑥出菇：出菇阶段的管理，决定金顶侧耳出菇颜色的深浅及其商品质量的优劣。

消毒处理：清理出菇大棚内杂物，整平地面，用石灰水粉刷墙壁，地面喷洒驱虫剂。然后将大棚封闭，用甲醛、高锰酸钾熏蒸消毒，也可用气雾消毒剂对大棚进行烟雾熏蒸。熏蒸后，将大棚封闭36～40小时备用。

管理措施：A. 光照催菇。当菌丝穿透菌袋后，打开棚上的部分草帘，撤去遮阳网，在不影响增温的情况下，白天每隔3个草帘卷起1个，以增加光照。采用袋两端出菇的，要求垛两侧都有光照。B. 降温催菇。将大棚温度降低5～10℃。如果受自然气温影响白天不能降温，可在晚间卷起草帘降温。C. 增加空气湿度。此阶段棚内的空气相对湿度保持在85%～90%。通常采用喷雾法向地面、空间及菌袋两端喷雾状水，向菌袋两端的喷水尤为重要，它既能增加湿度，又能通过对袋内菌丝的刺激作用促进子实体原基的分化。D. 采取通风措施。这一阶段通风相当重要，不能因通风过量而把子实体原基抽干，还起到通风换气的作用。子实体原基刚分化时，对环境的适应能力很弱，如果遇到较大的通风，子实体原基会因水分的急骤蒸腾而干枯或死亡。因此，此阶段的通风要避免急速的过堂风，以保证子实体安全进入仔菇期。为防止子实体原基失水抽干，可勤喷水、喷雾状水，每天喷水3～4次，每次喷水量以喷雾器喷头一扫而过为宜。通风与保持空气湿度是相互矛盾的，子实体生长阶段的空气相对湿度低于80%时，金顶侧耳菌盖小，菌盖边缘薄，严重时向下卷曲。出现这种现象时，要关闭部分通风口或只开一侧通风口。如果空气相对湿度超过80%～90%，且通风不良，子实体生长慢，菇体变软，这时多开通风口或把大棚双侧的通风口都打开。另外还需注意的是，冬季大棚栽培金顶侧耳，选择在中午温度较高时进行通风。E. 光照管理。金顶侧耳在无光照的条件下，子实体原基不能分化。光照度低于150 lx，菌盖颜色浅。子实体生长期间要求保持在150～5 000 lx(相当于60W灯光的亮度)的光照度。冬季栽培，常常需要卷起草帘接受阳光辐射升温，这时应采取棚内遮阳网遮荫的方式来达到子实体生长需要的光照度。总之，在子实体阶段，管理上要将通风、保温、光照、湿度进行综合考虑，不能顾此失彼，努力做到合理调控、科学管理。

采收管理：当菇盖充分展开、尚未弹射孢子时，及时采收。采收的前一天停止喷水。鲜菇采收，轻拿轻放，放在塑料箱或筐中。塑料箱要有通气孔。金顶侧耳的子实体质脆易碎，盛菇容器不宜过大，也不要让菇体、尤其是菇盖互相挤压。

采后处理：采完一潮菇后，用片刀环割菌袋两端的封面塑料膜，然后清理料面上的残菇碎片，重新码垛，停止喷水5～7天，提高棚内温度，恢复黑暗状态，空气湿度保持在70%左右，促进菌丝恢复生长。1周后，发菌结束，重复按第一潮菇的出菇方法进行第二潮菇催菇和子实体阶段的管理。采完第二潮菇后，用刀片沿菌袋纵向划开塑料膜，将塑料袋全部脱掉，再用该菌棒(菌袋脱去塑料袋后叫菌棒)堆砌"菌墙"。菌棒与菌棒的距离为2cm，一般菌墙垒到6～8层高后，在菌墙上面铺一层5cm厚的营养土(配方：耕土层的园田土65%、炉渣灰20%、草木灰10%、石灰2%、尿素1%、食盐1%、多菌灵0.1%、磷酸二氢钾1%)，营养土铺成水槽形，两边有埂，中间有槽。然后用直径2cm的铁钉从上向下打眼，作为渗水孔，每隔10cm打一个眼，两行眼之间呈交叉排列。大棚北墙一侧留出过道。菌墙北端设立两根木桩，防止菌墙向北倾斜。在营养土水槽上面盖一层扎上很多针眼的农膜，配制营养液(配方：豆浆10%、硫酸镁1%、尿素1%、磷酸二氢钾1%、水100%)，通过农膜上的针眼慢慢渗透到菌墙里去。营养液使用量以菌墙底层有潮湿感为度。

第二潮菇采完后的第三次发菌，仍需提高温度、降低湿度、恢复黑暗。发菌后7～10天后，开始进行第三次催菇及出菇管理。冬季大棚栽培，一般第三潮菇采完后即可结束栽培。

病虫害防治：金顶侧耳在栽培过程中易遭受杂菌侵染和害虫危害。主要杂菌有黄绿青霉、淡紫青霉、绿色木霉、康氏木霉、烟曲霉、黄曲霉、黑曲霉等。主要害虫有害螨、跳虫、菌蛆等。

采取"预防为主、综合防治"的原则。栽培场所远离病虫源；选用新鲜、干燥、无霉变、无虫害的栽培原料；禁止使用带菌、带虫的菌种；发菌和出菇期间要调控好温、湿度，加强通风换气。培养料表面局部有青霉、木霉、曲霉侵染时，可喷对人体无毒害的农药。预防与治疗方法请参阅本书《食药用菌病虫害防治》一章。

杨儒钦等(1997)报道，代用料栽培金顶侧耳，在幼菇阶段容易发生萎蔫和死亡，主要原因是栽培场所的环境条件不适。因此，在管理上，要有针对性地采取预防措施。例如，温室栽培金顶侧耳，基质含水量和空气相对湿度过高，或因通风不良、氧气不足等，都会发生幼菇萎缩和死亡的现象。防治措施是增加室内的通风次数和时间。露地栽培金顶侧耳，由于湿度过低，或遇上干旱风大的天气，菇体水分蒸腾速度超过吸收的运输速度，也会造成幼菇枯萎死亡。此时需要在出菇前往畦壁周围灌足水，降低荫棚高度，用草帘遮挡大棚四周，避风增温。

第四节　金顶侧耳的储藏与加工

金顶侧耳鲜食美味可口、风味独特。煲汤料理一般选用鲜品，趁新鲜食用。煲汤时煮菇时间不宜过长，煮烫一下马上食用口味最佳，否则会影响鲜菇的口感和味觉。鲜销困难的菇，可以采用如下方法储藏与加工待销。

一、冷冻储藏

将干净的金顶侧耳鲜菇装入食品袋后放到冷冻箱或直接将鲜菇装入冷冻箱内，在-5℃以下的低温环境下冷冻储藏。食用时，用热水烫一下后再熘炒。经试验品尝，其口味近似鲜菇。

二、低温储藏

将干净的金顶侧耳鲜菇装入食品袋后，将袋口密封。每袋装鲜菇100～250g，放在在1～5℃的低温下储藏。

低温可以降低鲜菇的呼吸强度，抑制杂菌活动。而且因鲜菇的呼吸作用，密封袋内的O_2浓度逐渐降低、CO_2浓度逐渐增加，从而进一步抑制鲜菇的呼吸作用，延长鲜菇的保存期。经试验，金顶侧耳鲜菇在1～2℃下，储藏15天，除个别菌盖或菌柄出现少许褐变外，味道与刚采的鲜菇相似。

三、快速脱水干制

快速脱水干制，主要采用微波干燥机、远红外辐射干燥箱或远红外烤箱等机械设备。干制过程分脱水和干燥2个阶段。其中脱水阶段，温度以100～110℃为宜，脱水时间10分钟左右；干燥阶段，温度为100℃，干燥时间为50分钟。鲜菇快速脱水干燥所得干品，可以直接食用，也可以用塑料袋密封、长期保存。快速脱水干制成品的干湿比一般在10∶1左右。

四、盐渍加工

外贸出口的菇类产品，常采用盐渍加工的方法。盐渍加工的工艺过程主要为：杀青→冷却→盐渍→装桶。

1. 杀青

杀青的目的是杀菌并杀死菇体细胞，抑制酶系活动，稳定菇体内部组织，使菇体内水分排出，盐水能迅速进入菇体内部。

具体方法：先在锅内加入5%的盐水并煮沸，然后将同一大小等级的蘑菇放入锅内。放菇要适量，以菇体能在锅内翻动、并全部淹入水中为宜。加热火力要旺，保持水温在95℃以上。煮菇同时要轻轻翻动，使菇体杀青均匀，煮1～2分钟，即可捞出冷却。

2. 冷却

杀青后捞出的蘑菇需立即放入冷水中，确认菇体凉透后，再进行盐渍。

3. 盐渍

按每100千克蘑菇加40千克盐的比例，将菇和盐搅拌均匀。装缸前，先在缸底撒2cm厚的盐，然后将搅拌好盐的蘑菇装入缸内。装满后，表面再撒2cm厚的盐，向缸内注入饱和盐水，将蘑菇完全泡在盐水中。最后盖上帘子、压上重物，使菇体不能露出水面。

另外，盐渍装缸还可采用层积方法，即一层菇一层盐，直至装满缸。菇层与盐层之间最好用纱布隔开，防止装桶时菇混有很多盐，难以分开。

盐渍一定要使用洁净的盐，严格掌握用盐量，不可缺盐，缸内盐水要达到波美浓度23度的饱和状态。缸口需用纱布等物覆盖，防止落入灰尘等污染物。通常盐渍20天左右，即可调酸装桶。

4. 装桶

①装桶是将盐渍好的菇从缸内捞出，放在铁筛上，控净盐水，并按规定数量装入塑料袋中。

②装桶前，在饱和盐水中加入药品(配方：柠檬酸50%，明矾8%，偏磷酸钠42%)调酸。方法：先用少量热水将药品溶化，然后倒入饱和盐水中，使pH达3～3.5，波美浓度为23度。

③将已调酸的饱和盐水倒入塑料袋中，使其毛重达到规定数量标准。然后用绳封紧袋口，在桶外标注代码、编号。

供外贸出口的盐渍蘑菇产品，需要专用的铁桶包装物盛装。桶内衬双层塑料袋，要求统一标准，定量包装。

操作程序还可参阅本书《食药用菌保鲜与加工》一章。

参考文献

[1] 黄年来. 中国食用菌百科[M]. 北京:农业出版社,1993.
[2] 李茹光. 东北地区大型经济真菌[M]. 长春:东北师范大学出版社,1998.
[3] 潘学仁. 小兴安岭大型经济真菌志[M]. 哈尔滨:东北林业大学出版社,1995.
[4] 潘崇环. 珍稀食用菌栽培与名贵野生菌的开发利用[M]. 北京:中国农业出版社,2004.
[5] 李志超,杨珊珊. 食用菌名特产品栽培新技术[M]. 上海:上海科学技术文献出版社,2005.
[6] 沈海川. 榆黄蘑栽培[M]. 北京:中国林业出版社,1986.
[7] 李玉,图力古尔. 中国长白山蘑菇[M]. 北京:科学出版社,2003.
[8] 李胜俊,曹钰普. 代用料栽培食用菌新技术[M]. 北京:中国林业出版社,1994.
[9] 韩玉才. 最新食用菌生产与经销大全[M]. 沈阳:辽宁科学技术出版社,2002.
[10] 刘旭东. 中国野生大型真菌彩色图鉴[M]. 北京:中国林业出版社,2002.
[11] 日本きのこセンター. ゃさしぃきのこ栽培[M]. 东京:三松堂印刷,平成五.
[12] 大森清寿,小出博志. キノコ栽培全科[M]. 东京:农山渔村文化协会发行所,2004.
[13] 管原光二. キノコ[M]. 东京:共同印刷株式会社,1991.
[14] 邓书群. 中国的真菌[M]. 北京:科学出版社,1963.
[15] 李茹光. 吉林省有用有害真菌[M]. 长春:吉林人民出版社,1980.
[16] 黄年来. 自修食用菌学[M]. 南京:南京大学出版社,1987.
[17] 杨儒钦. 露地畦栽金顶榆黄蘑的技术要点[J]. 食用菌,2008(3):64.
[18] 商桂清,谭放. 榆黄蘑的储藏和加工[J]. 中国林副特产,2002,63(4):26.
[19] 杨儒钦,杨雪梅. 露地栽榆黄蘑前出菇管理[J]. 特种经济动植物,2000(2):35.
[20] 姜月华,杨志仁. 榆黄蘑栽培新技术[J]. 特产研究,1990(1):55-56.
[21] 杨儒钦,杨雪梅. 榆黄蘑的生物学特性[J]. 食用菌,1997,19(5):15.
[22] 杨儒钦,杨雪梅. 榆黄蘑的生长条件[J]. 农民致富之友,1999(9):28.
[23] 王颖. 榆黄蘑墙式出菇栽培技术[J]. 食用菌,2003(1):32.
[24] 丁湖广. 金顶蘑生料栽培新技术[J]. 农村实用技术,2006(5):52.
[25] 张影. 珍贵食药用菌金顶侧耳研究现状[J]. 吉林农业大学学报,2003(1):57-60.
[26] 包海鹰,张影,图力古尔,等. 金顶侧耳化学成分的研究[J]. 菌物学报,2004,23(2):262-269.
[27] 胡文华. 榆黄蘑袋式全通氧高产栽培技术[J]. 农村经济与技术,1996(3):36-37.
[28] 曾日秋,汤浩,卢川北,等. 不同培养料栽培榆黄蘑试验[J]. 食用菌,2003,25(5):21-22.
[29] 杨儒钦. 榆黄蘑金顶黄菌株及栽培技术[J]. 食用菌,2000,(3):16-17.
[30] 曹德宾,武桂兰. 榆黄蘑栽培技术[J]. 中国农村科技, 2002(8):10-11.
[31] 谢有才. 榆黄菇特性及栽培技术[J]. 农技服务,1999(1):27-28.
[32] 于安凤. 榆黄蘑室内和塑料棚两步栽培法[J]. 中国农村科技,1994(3):38.
[33] 朱俊义. 榆黄蘑高产模式[J]. 中国农村科技,1994(2):35.
[34] 赵雪峰. 北方冬季木屑袋栽榆黄蘑技术[J]. 食用菌,1996(5):23.

(胡　伟)

第四十五章　金针菇

DISISHIWUZHANG JINZHENGU

摘要：1980 年以前，我国市场上尚未见到金针菇产品，经过多年的系统研究、开发，至 1989 年产量已成为世界第一。本章详细介绍了我国金针菇栽培的发展进程，金针菇生物学特性、营养与药用价值，自然季节袋栽及周年工厂化瓶、袋栽技术。特别对我国独创的金针菇“再生法”栽培技术作了全面阐述。

Flammulina velutipes

Abstract: There were no *Flammulina velutipes* mushrooms on sale in Chinese markets before the 1980's. However, since 1989, as a result of many years of systematic research and development, China has become the largest producer of *F. velutipes* in the world. This chapter describes in detail various aspects of *F. velutipes* including the history of development and production, biological features, nutritional attributes and medicinal properties, seasonal cultivation, and industrial-scale bag and bottle cultivation techniques. This chapter emphasizes the original Chinese cultivation technique of producing elongated stipes (regenerative method)

第一节　概　述

一、金针菇学名及分类地位

金针菇又名：金钱菌、朴蕈、榎菇、冬菇、毛柄金钱菌、金菇、增智菇等。

学名：*Flammulina velutipes* (Curtis) Singer, *Lilloa* 22: 307 (1951) [1949] var. *velutipes*。

属名“*Flammulina*”来自拉丁语，词干“flammula”，是火焰的缩小形，称为小火焰菇属。种名加词“*velutipes*”意思是“似天鹅绒的”。中文根据其颜色和形状称为“金针菇”。

同物异名：*Agaricus velutipes* Curtis, *Fl. Londin.* 2: tab. 213; (1782), *Collybia eriocephala*

Rea, in Smith & Rea, *Trans. Br. mycol. Soc.* 3: 46 (1902); *Collybia veluticeps* Rea, *Trans. Br. mycol. Soc.* 1 (4): 57 (1900); *Collybia velutipes* (Curtis) P. Kumm., *Führ. Pilzk.* (Zwickau): 116 (1871); *Collybia velutipes* (Curtis) P. Kumm., *Führ. Pilzk.* (Zwickau): 116 (1871) subsp. velutipes; *Collybidium velutipes* (Curtis) Earle, *Bulletin of the New York Botanical Garden* 5: 428 (1909) [1906]; *Flammulina velutipes* (Curtis) Singer, *Lilloa* 22: 307 (1951) [1949]; *Gymnopus velutipes* (Curtis) Gray, *Nat. Arr. Brit. Pl.* (London) 1: 605 (1821); *Myxocollybia velutipes* (Curtis) Singer, *Schweiz. Z. Pilzk.* 17: 72 (1939); *Pleurotus velutipes* (Curtis) Quél., *Fl. mycol. France* (Paris): 334 (1886)。

分类地位：菌物界(Fungi)，担子菌门(Basidiomycota)，伞菌纲(Agaricomycetes)，伞菌亚纲(Agaricomycetidae)，伞菌目(Agaricales)，膨瑚菌科(Physalacriaceae)。

二、金针菇发展历程

(一)发展简史

金针菇是我国最早进行人工栽培的食用菌之一，有关的栽培记载最早见于我国的唐代。大约在公元 9 世纪中期至 10 世纪初(唐末或五代初)，韩鄂在《四时纂要》的《春令，三月》中记载“种菌子”法：“取烂穀木及叶，于地埋之，常以泔浇令湿，两三日即生。”又法：“畦中下烂粪，取穀木可长六、七尺，截断捶碎，如种菜法，于畦中匀布，土盖水浇，长令润。如初有小菌子，仰耙推之，明旦又出，亦推之，三度后，出者甚大即收食之，本自构木，食之不损人。”这种栽培法显然是自东汉以来，早已流传在中原地区的畦地栽培法

(埋木法)的继续和发展。根据裘维蕃(1950、1980)、刘波(1964)两教授考证,韩鄂所说的“菌子”,应该是今天所说的金针菇,因为从出菇时间和生长在腐朽的构木上,只有金针菇完全符合上述记载。

20世纪30年代,金陵大学(现南京大学)农学院及中央农业实验所及民间农艺社曾进行过金针菇的试验性瓶栽。裘维蕃教授(1940)发表了《金钱菌之栽培研究》。福建三山农艺社潘志农在《四季栽培——人工种菇大全》一书中,详细介绍了“榎菇之栽培”、“榎菇之人造段木栽培法”、“榎菇菌种制造法”。浙江杭州余小铁在《种蕈实验谈》中也介绍榎菇的人工栽培。他们都是参考了日本松浦勇的《茸类栽培法》,结合自己的实验,进行了介绍。

台湾省的陈涂砂在《食用菌人工栽培法》(1958)中,介绍了“榎茸“的段木栽培和瓶栽试验。使用的名称完全是日文。在这个阶段,国内同仁进行过许多探索,但由于当时社会环境和其他条件的限制,金针菇的人工栽培依然停滞不前。

20世纪60～70年代,我国食用菌的人工栽培,已有了十分坚实的基础,发展迅速。在这个基础上,金针菇的栽培研究也随之兴起。

自1964年开始,福建三明真菌研究所黄年来在福建和全国各地采集并分离了许多野生的金针菇菌株,也进行了少量栽培试验,但由于产量低,未能得到发展。1979年,郭美英等开始系统和深入地进行金针菇的形态特征、生物学特性、菌株驯化、选育和栽培技术研究。1982年,选育出国内第一个自选和定型的优良菌株“三明1号”,研制出一套金针菇代用料高产配方以及适合我国国情的塑料袋生产工艺,并在福建晋江地区推广应用,与福建泉州罐头厂合作生产出第一批金针菇罐头3.46吨。同时,全国52家科研单位或菌种厂也引种栽培,从此国内各主要城市开始有鲜金针菇上市。1984年,根据国内外市场的需要,三明真菌研究所又在国内首先进行金针菇的孢子杂交育种试验,选育出高产优质的“杂交19号”金针菇菌株。该菌株首先在福建闽南地区推广成功。1986年,浙江省常山县微生物总厂引进“杂交19号”金针菇菌株,并与三明真菌研究所合作承担了“金针菇高产栽培及其加工技术开发”项目,共同获得1989年国家星火科技三等奖。与此同时,山西原平农校、上海师范大学生物系、上海农业科学院食用菌研究所、河北省微生物研究所、华中农业大学植保系、四川农业科学院土肥所等科研单位也各自进行金针菇的育种和人工栽培研究,把菌种和技术推广到全国各地。20世纪80年代后期,全国掀起了栽培“金针菇热”,金针菇栽培遍布全国各省、直辖市、乡镇农村,成为我国栽培数量最多的食用菌品种之一。1989年冬,我国的金针菇产量已超过日本,成为世界上金针菇产量最多的国家。到90年代,我国大陆出现了金针菇工厂化瓶栽生产的厂家。台湾省台中县的“和昌养菌场”第一家进军广东省番禺区,带来了金针菇自动化、机械化的先进设备和工厂化周年栽培技术,日产量从1994年的2吨、1998年的6吨,直至21世纪的12吨,为我国金针菇工厂化瓶栽生产开了先河,并带动了其他工厂化瓶栽生产企业,如深圳的“康尔富”,北京的“冠荣”,上海浦东“天厨”、“雪国高榕”等企业在各地的投资和发展。目前,周年工厂化袋栽生产模式和自动化、机械化的周年工厂化瓶栽模式并存于全国各地,快速推进了我国金针菇栽培产业的迅猛发展,日产量达530余吨,加上浙江的江山和常山县、河北的灵寿县和唐县、河南的汤阴市、江苏的徐州市、福建的闽南地区的规模化生产,以及全国各地菇农在自然季节栽培金针菇的产量,2009年,全国金针菇总产量已达156.8万吨。

随着栽培事业的发展,金针菇保健饮料、“一休菇口服液”、“太阳神金菇口服液”等也相继问世。金针菇已成为我国家喻户晓的食用菌品种。

(二)金针菇栽培史上的3次跨越式发展

我国栽培金针菇的历史悠久,但真正发展成商品化生产是从20世纪80年代开始,并经历了3次重大技术革新,金针菇生产获得跨越式发展。

1. 栽培品种从黄色品系发展到白色品系

金针菇栽培早期,各地选育出的菌株均为野生驯化的黄色菌株,其中20世纪80年代驯化选育的菌株有:福建三明真菌研究所选育的“三明1号”(1982)、昆明食用菌研究所何应钦等选育的“昆研F908”(1986)、贵州科学院生物研究所王英杰等选育的“黔朴6号”(1986)、中国农科院沈阳林土所选育的“金8310、金84131”、华中农业大学选育的“华金11、华金24”以及其他地方选育的“川金916”、“南金1号”、“洛金1号”、“龙口金针菇”、“长坂1号”等,这些驯化选育的野生黄色菌株促进了全国各地金针菇的开发。

野生菌株的形态特征一般表现为菌盖色泽较深、易开伞，菌柄粗壮、基部色泽呈现褐色、绒毛较多，虽然口感脆嫩，外观却不符合国内外市场需要。

1983 年，郭美英利用选育出的“三明 1 号”菌株为父本、日本“信浓 2 号”菌株为母本进行孢子杂交，1986 年育出既高产又优质的黄白色“杂交 19 号”金针菇菌株。该菌株菌丝生长快、出菇快、栽培周期短、产量高、抗病力强、子实体色泽较浅，受到罐头厂家和广大栽培者喜爱，很快在全国 28 个省市推广。之后上海食用菌研究所曹晖、黄瑞贞(1993)采用担孢子多孢混合杂交法选育出高产优质的 FV129、FV89 黄色杂交菌株；华中农业大学的朱兰宝、周玉麟采用单孢杂交选育出“华金 18、华金 63”等优良杂交菌株；四川省农业科学院王波采用双、单杂交选育出“川金菇 3 号”。杂交菌株一般均能结合两亲本的优点，性状稳定，抗病力强，因而 20 世纪 80 年代末至 90 年代初，黄色杂交菌株替代野生驯化菌株。直至 20 世纪末，黄色品系在国内市场上很受欢迎，销售量占 95% 以上。

1988 年以后，日本育成的白色金针菇产品开始在世界各地销售。白色金针菇的成功选育是金针菇育种工作的一大进步。我国于 20 世纪 80 年代末开始引进日本的白色品种进行栽培。21 世纪初，随着国内消费市场的变化和外贸出口量的增加，我国金针菇生产的品种发生了结构性变化，白色金针菇的生产量占了主导地位。除引进品种外，四川农科院的彭卫红等(2001)应用原生质体不对称融合方法选育了“金白 1 号”，王波采用双、单核杂交，选出“川金 5 号”、“川金 7 号”白色菌株，现正进行中试栽培。目前，国内白色金针菇产量(包括工厂化生产)已超过黄色金针菇，但由于国人欣赏黄色金针菇的脆嫩口感，因而黄色金针菇仍有一定的市场占有量，西南地区及新疆、甘肃、西藏等省、自治区几乎都栽培黄色金针菇。

2. 生产工艺从玻璃瓶栽发展到塑料袋栽

金针菇开发初期，国内采用菌种瓶或水果罐头瓶作为容器进行瓶栽。前者口径太小，菇蕾密，靠近瓶口的菌柄常呈浅褐色至褐色，影响了金针菇的质量；后者瓶子较短，体积小，装料有限，水分很难得到保持，长出来的金针菇细弱，同样不能得到高产。

我国食用菌生产工作者通过多年实践，采用聚丙烯塑料袋代替菌种瓶、罐头瓶，1983 年，研制出一套适合我国国情的金针菇塑料袋生产工艺。金针菇袋式栽培，由于塑料袋容积大，装料量多，保湿性能好，适合子实体形成和生长，所以菇蕾发生早、多、整齐，产量高，品质好，而且塑料袋上端留出 15～20cm 作套筒用，栽培管理简便，节省了劳力和成本。金针菇袋栽技术的成功，促进了金针菇生产的开发，在全国各地获得大面积推广应用。之后福建省晋江市的许家庭(1986)，在栽培金针菇“杂交 19 号”过程中发现，金针菇具有在原菌柄上产生新菇蕾特性，创造了“再生法”栽培技术，改革了金针菇袋栽技术，经黄毅等许多科技工作者发展完善，这项技术已经在自然季节栽培和工厂化袋栽中得到广泛运用。

3. 发展模式从家庭手工操作到工厂化生产

20 世纪 80 年代，我国金针菇栽培方式有室内栽培、室外大棚栽培、半地下式栽培、防空洞床栽等多种形式。但是，根本的生产方式还是家庭作坊手工操作、依靠自然条件进行季节性生产。为了周年供应金针菇产品，取得更好的经济效益，福建、广东、上海等地摸索利用控温设施，人工模拟金针菇的生态环境，完成了金针菇从手工操作到自动化、工厂化生产的研究。

1987 年，福建南平市冷冻厂利用冷库反季节袋栽黄色金针菇获得成功。从 1990 年开始，福建晋江、漳州、永泰，广东珠海、深圳、惠东、东莞，浙江宁波以及湖南岳阳等地，出现了利用冷气设备进行金针菇袋栽工厂化生产。1992 年，广东最早出现了引进台湾全套塑料瓶、冷气设备和日本全套设备进行金针菇工厂化瓶栽的厂家。其后，北京、沈阳等地也出现了周年工厂化瓶栽厂家，90 年代末，上海浦东天厨菇业有限公司建成了日产2 吨规模的金针菇工厂化菇房及机械化生产线，金针菇生产从培养料搅拌、装瓶、接种、搔菌、挖瓶全部实现机械化操作，发菌培养及出菇环境采用自动化控制，实现了金针菇工厂化、周年化生产，现日产量已达 6 吨，使国内的金针菇生产达到了国际先进水平。目前，国内最大金针菇工厂化瓶栽企业，日产量达 25 吨。金针菇“再生法”袋栽和自动化瓶栽的周年工厂生产已遍布全国多个城镇，推动了我国金针菇栽培向生产操作机械化、环境控制智能化、鲜菇生产周年化、产品质量标准化的高水平发展。

第二节　金针菇的生物学特性

一、形态特征

(一)子实体形态

金针菇子实体按色泽可分为黄色品系和白色品系两种，形态特征略有差异。

黄色品系：野生金针菇子实体丛生，菌盖直径2～15cm，幼时球形至半球形，逐渐展开后呈扁平。淡黄色，中央淡茶黄色、光滑，表面有胶质黏液，湿时具黏性，盖缘先内卷后略成波状。菌肉近白色，中央厚、边缘薄。菌褶白色或淡奶油色，延生，稍密集，有褶缘囊状体和侧囊体，33～66μm×8.5～22μm。菌柄硬直，长2～13cm，直径2～8mm，上下等粗或上部稍细，成熟时，菌柄上部分色较浅，近白色或淡黄色，下半部褐色至暗褐色，且密被黄褐色至暗褐色的短绒毛，初期菌柄内部髓心充实，后期变中空(图45－1)。人工塑料袋栽培的黄色金针菇菌盖直径1～2.5cm，金黄色或淡黄白色，稍内卷。菌柄长15～20cm，上半部白色，下半部金黄色，后期易呈淡褐色，直径2～5mm，硬直、脆嫩，外观比野生金针菇漂亮(图45－2)。孢子印白色。担孢子在显微镜下无色，表面光滑，椭圆形或卵形，大小为5～7μm×3～4μm，内含1～2个油球。粉孢子无色，表面光滑，大多呈圆柱形(近短杆状)或卵圆形，大小为3～9μm×2～4μm，少数粉孢子近圆形，在菌丝分枝处形成的粉孢子呈丫形。菌丝白色，分枝多，有锁状联合。在琼脂培养基上菌落细绒状，菌丝爬壁。培养后期，菌落中间常现黄色斑迹，在试管培养基上极易形成黄色子实体。

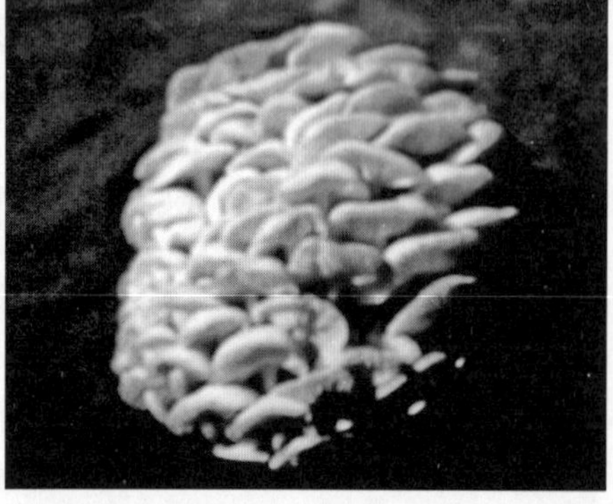

图45－1　野生金针菇

白色品系：白色金针菇是黄色金针菇的变异体。白色金针菇的菌盖、菌柄为纯白色，子实体见光不变色。菌盖厚、内卷，菌柄较软、不脆，基部绒毛少或无。其他特征与黄色品系基本相同。金针菇子实体颜色受一对等位基因控制，黄色为显性基因，白色为隐性基因(谢宝贵，2004)。

图45－2　人工栽培的金针菇

(二)金针菇的生活史

金针菇属四极性的异宗结合菌，其生活史分为有性世代和无性世代。有性世代产生担孢子，有AB、ab、Ab、aB 4种交配型。担孢子萌发产生芽管，芽管不断分枝，伸长形成单核菌丝。不同极性的有亲和力的单核菌丝之间进行结合，质配后形成有两个细胞核的双核菌丝。双核菌丝比单核菌丝粗壮，生活力强，生长速度快。经过营养生长之后，达到生理成熟，菌丝会扭结形成原基，长成子实体。随着子实体的成熟，在菌褶上形成无数的担子，异核在担子中进行核配形成双倍体核，双倍体的核随即经过减数分裂产生4个单倍体的细胞核，每个核通过担子小梗，在担子的顶端形成4个担孢子。如此循环往复的过程，即是金针菇的生活史。

金针菇的无性繁殖：菌丝产生大量单核粉孢子，粉孢子在适宜的条件下，萌发成单核菌丝。不同性别的单核菌丝经过质配形成双核菌丝，再按双核菌丝生长发育的方式形成子实体，产生担孢子。金针菇的菌丝还可以断裂成节孢子(图45－3)。节孢子与粉孢子的产生方式由菌丝断裂而成，只是在形态上略有差别。在一般情况下，金针菇的无性孢子皆为椭圆形，少数呈圆形或丫形。金针菇的生活史和其他木生食用菌略有不同，即金针菇的单核菌丝能形成正常形态的子实体，这可能与金针菇担孢子具有双核有一定的关系。与双核菌丝相比，单核菌丝子实体在菌盖直径、厚度、菌柄长度、蛋白质和赖氨酸含量方面无显著差异，但菌丝生长速度慢，出菇晚，出菇不整齐，只能长几个子实体，菇形较小。产量显著不如双核菌丝

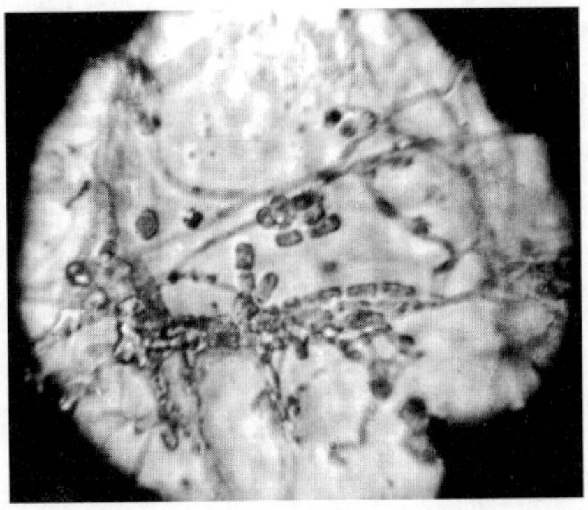

图 45－3 菌丝断裂成节孢子

形成的子实体，而且抗逆性差。但并非所有单核菌丝都能形成子实体，只有极小部分的单核菌丝能形成子实体（白鸟保，1970）。潘保华等（1994）报道，单核菌丝的生长速度与结实呈正相关，即很快能长满试管的能够结实，对这些结实菌株镜检未发现锁状联合，结实率为 6％。Simchen（1964）研究了单、双核菌丝生长率关系后认为，基因作用方式在单、双核菌丝中有所不同。由于单核菌丝细胞仅含一套基因，而双核菌丝细胞含有两套基因，细胞内基因数目不等，使两者在生理活性和形态特征等方面存在一定的差异，其中单核菌丝生理代谢弱，易衰老、退化。与双核菌丝相比，单核菌丝更易受外界环境的影响而导致突变。单核菌丝结实在生产上没有实用价值。金针菇的生活史见图 45－4。

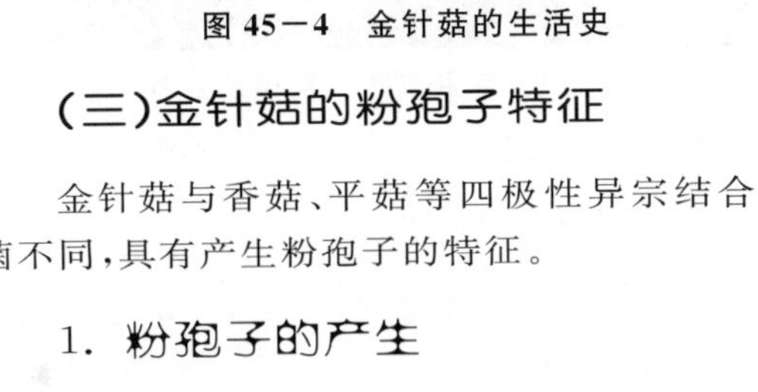

图 45－4 金针菇的生活史

（三）金针菇的粉孢子特征

金针菇与香菇、平菇等四极性异宗结合食用菌不同，具有产生粉孢子的特征。

1. 粉孢子的产生

（1）单核菌丝与粉孢子

金针菇的担孢子萌发形成单核菌丝，与双核菌丝相比，菌丝较细，无锁状联合，顶端侧枝菌丝与主干菌丝的角度较大，而且在分枝点通常是单生一个分枝。单核菌丝培养一周后，通常多是气生菌丝形成粉孢子，基内菌丝和表面菌丝也可产生粉孢子。

（2）双核菌丝和粉孢子

金针菇的双核菌丝具有锁状联合，其一个分枝点的分枝成对发生或多分枝。常在双核菌丝的气生菌丝上产生粉孢子（图 45－5）。张引芳（1989）通过用 Hoechest 33258 核荧光染色液，观察到金针菇双核菌丝可以产生双核粉孢子和单核粉孢子。在菌落中央的老菌块上，可见到粉孢子堆。

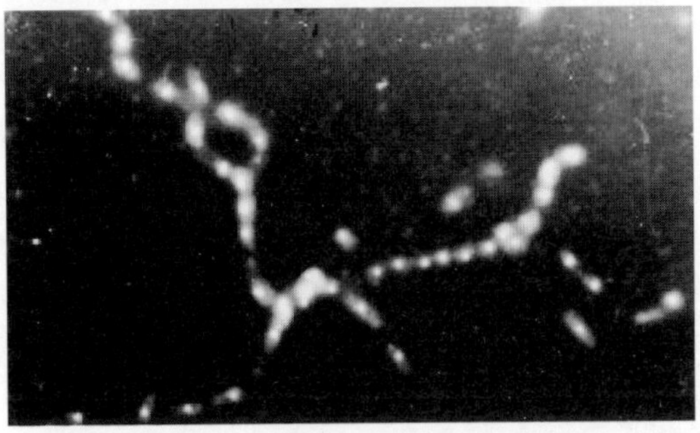

图 45－5 双核菌丝上产生的粉孢子

（3）粉孢子的形成过程

单核菌丝和双核菌丝形成粉孢子的过程基本一致。形成粉孢子的菌丝断裂之前停止伸长，通常由顶端向基部的方式发生，菌丝首先出现清晰可见的透明隔，接着透明隔处细胞质浓缩，隔间形成空泡，最后空泡区消解，浓缩的细胞质彼此分离，两端变成圆滑，进而形成彼此分离的粉孢子或互相连接的粉孢子链（图 45－6）。

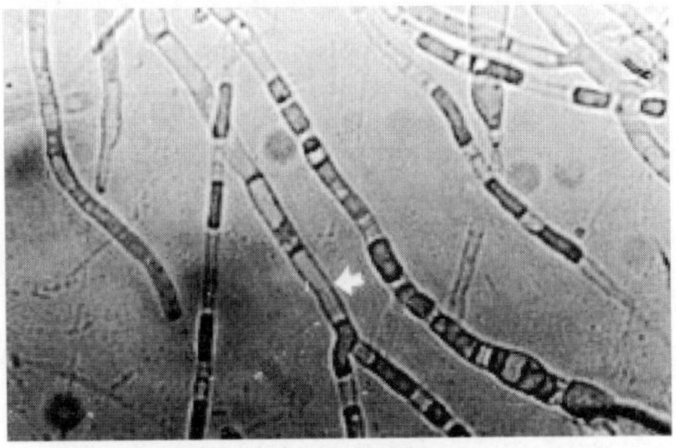

图 45－6 粉孢子的产生

（4）粉孢子形成与环境关系

在各种有利于菌丝生长的条件下，金针菇进行无性繁殖，或多或少地形成粉孢子。但是，菌丝培养时间长和养分不足等不利生长的情况下，粉孢子形成越多，培养基成分、菌龄的长短对粉孢子的形成有一定的影响。此外，温度也有影响，温度高，粉孢子形成多。光线对粉孢子形成关系不大，在黑暗中培养和在有光条件下一样，都能产生粉孢子。

2. 粉孢子的形态

金针菇的粉孢子大多是圆柱形或卵圆形。据余知和、朱兰宝（1993）观察，在随机观察的 136 个视野中，圆形和丫形的粉孢子仅占10%左右。粉孢子两端钝圆，表面光滑，未见任何纹饰和突起。同时，也未观察到粉孢子梗。单核菌丝和双核菌丝产生粉孢子在大小形态上没有差异。

3．粉孢子的萌发

和担孢子一样，金针菇的粉孢子很容易在培养基质中萌发，在无菌水中，粉孢子也可以萌发。据余知和、朱兰宝等(1993)观察，粉孢子接种后，12～24小时开始萌发。首先从孢子一端或两端伸出萌发管，其芽管直径比粉孢子宽或一般宽，而担孢子萌发的芽管直径通常比担孢子本身小。粉孢子萌发5天后，可以形成肉眼可见的菌落。由此说明，粉孢子无休眠期，它能利用自身内含物质及外源营养萌发，而且萌发快，萌发率高。

粉孢子在0～35℃温度范围内均可萌发，最适温度为20～30℃。在25℃时培养48小时后，萌发率可达90%以上；而在10℃以下，萌发十分缓慢，需要培养120小时才能达到50%；>35℃，明显受到抑制，萌发率显著降低。即使少数已萌发的粉孢子，芽管也很难继续生长。

粉孢子的密度与其萌发速度有十分明显的影响。粉孢子密度越大，萌发速度越快，萌发率越高。团聚的粉孢子往往较周围分散的粉孢子萌发早，芽管伸长快。而单个粉孢子的萌发率只有50%左右。

4．担孢子与粉孢子的核相和极性

(1)担孢子的核相和极性

金针菇有性生殖每个担子上产生4个担孢子。试验观察发现，担孢子为双核(图45－7)，但由这种双核担孢子萌发形成的仍为没有锁状联合的单核菌丝(去双核化)。单核菌丝两两配对，其亲和者形成双核菌丝，具有锁状联合，不亲和者仍为单核菌丝，没有锁状联合(朱兰宝，2000)。配对结果证明，金针菇属四极性异宗结合的食用菌。

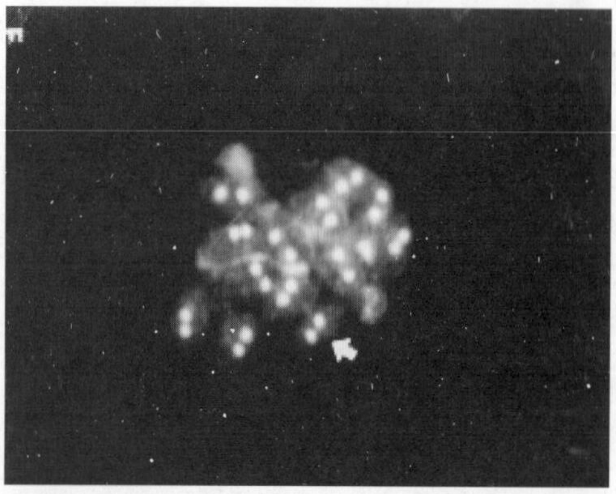

图45－7　双核担孢子形态

(2)粉孢子的核相和极性

单核菌丝和双核菌丝产生的粉孢子都可以为单核。来源于同一个担孢子单核体产生的粉孢子菌丝之间交配不亲和，而来源于具有亲和性的担孢子单核体所产生的粉孢子菌丝之间交配及粉孢子菌丝与有亲和性的担孢子单核菌丝之间交配，同样表现为可亲和，配对的菌丝具有锁状联合。因此，单核菌丝产生的粉孢子具有极性，且和亲本菌株的极性相同。双核菌丝产生的粉孢子同样具有极性。双核菌丝产生的单核粉孢子有一部分与组成双核体的一个亲本单核菌丝有相同的交配型，另一部分与组成双核体的另一亲本单核菌丝有相同的交配型。

5．担孢子和粉孢子的结实特性

担孢子萌发的单核菌丝与另一可亲和的担孢子单核菌丝交配，可形成具有锁状联合的双核菌丝，经过分化发育为金针菇子实体。来自同一菌株上的各个担孢子与另一个菌株的担孢子交配，其杂交后代在产量上表现明显的差异，说明金针菇的担孢子之间的差异显著。

粉孢子品种间杂交。用双核菌丝的粉孢子萌发形成的单核菌丝，分别与另一亲本的双核菌丝的粉孢子萌发形成的单核菌丝以及担孢子产生的单核菌丝交配，可亲和形成双核杂合体(图45－8)。

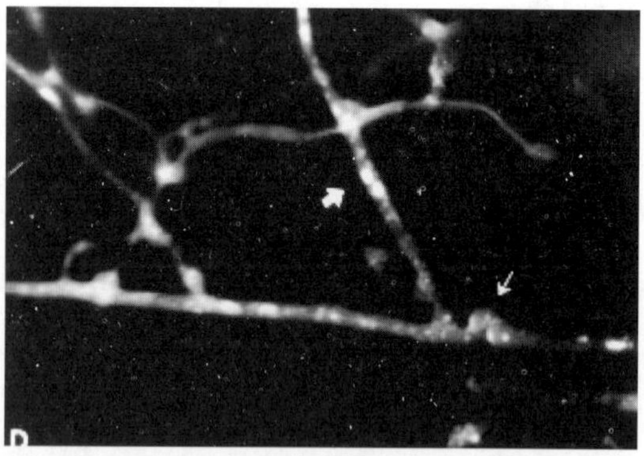

图45－8　亲和形成的双核杂合体

(图45－5～图45－8照片由朱兰宝提供)

6．粉孢子的作用

金针菇的粉孢子具有双重功能，它可以萌发产生菌丝体，进行无性繁殖，也可以与异宗菌丝结合，进行有性繁殖。粉孢子的极性表明，两种不同极性的粉孢子单核菌丝之间，一种极性的粉孢子单核菌丝和另一极性的担孢子单核菌丝之间，以及粉孢子单核菌丝与双核菌丝(去双核化)之间交配，均可形成异核的双核体，达到细胞水平上的遗传物质重组。据初步试验，这些杂交组合间性状表现无明显差异，这是因为粉孢子是亲本菌株的无性繁殖体，携带了亲本的原有性状基因。所以，由粉孢子杂交，可得到综合两亲本性状的新组合。

(四)金针菇子实体的形态发生

金针菇的单核菌丝阶段很短，担孢子萌发成单核菌丝后，立即结合，形成双核菌丝。双核菌丝在适宜的营养和环境条件下，形成大量子实体。在这些子实体中，菌盖大、菌柄容易伸长出子实体，会形成主枝；而盖小、菌柄不容易伸长出子实体，主枝上会长出第 1 次分枝(第 1 侧枝)，第 1 分枝上还可以产生第 2 分枝。一般来说，分枝比主枝生长缓慢，菌盖小，菌柄较短。侧枝含水分多，很软弱，容易形成畸形菇。对黄色品系来说，菌盖和菌柄还容易变成黄褐色。

(1)根据金针菇分枝情况，株丛形成大体上可以分为两种类型

①细密型(即多柄型)：菌柄多，容易分枝，株丛细密。

②粗稀型(即少柄型)：菌柄较少，不容易分枝，株丛粗而稀。

分枝的类型同菌种各品系固有的特征有关，与栽培条件也有关。细密型，菌柄数目极多，一般菌柄细；粗稀型菌柄数目不多，故粗壮。

(2)按照金针菇子实体色泽、外观形态分为两大类

①黄色金针菇：来源：国内驯化和杂交育成的优良杂交菌株。黄色菌株与栽培环境、栽培技术关系极大。温度低、光线暗、湿度适合、通风好，黄色菌株也可以培养出白色的子实体，仅仅是菌柄基部呈现淡黄色。如果其中之一的环境条件不适合，菌柄基部易形成黄褐色，子实体呈金黄色。黄色菌株具有菌丝生长速度快、出菇快、产量高、温度范围广、适应性强、抗病力强的优点，适宜于我国南、北方在自然季节条件下栽培。

②白色金针菇：来源：目前主要从国外引进，自 1988 年冬天开始在我国栽培，白色菌株不论在任何环境条件下，自始自终呈现白色。环境条件的变化均不易改变其色泽。白色金针菇菌株对高温及病害的抵抗力，远比我国选育的黄色菌株弱，它适合在 4～8℃的温度下栽培，一般不超过 15℃。在我国北方地区栽培白色菌株成功率较高；而南方地区(广东、福建一带)栽培，常因气温升高或季节选择不当引起大批腐烂，栽培时需注意。白色金针菇菌株菌丝生长速度较慢，出菇也比我国黄色菌株慢，从接种开始至第 1 批菇采收止，比黄色金针菇需延长 20 天左右。生物学效率一般比黄色菌株稍低，主要产量仅集中在第 1 批。第 2 批产量较低，而且第 2 批菇蕾数少、菌柄粗、菌盖容易开伞。

从子实体的性状上来看，黄色菌株色泽金黄、有光泽、菌盖开伞较快、菌肉薄、菌柄硬挺而脆嫩、口感好，在国内市场上很受欢迎。白色金针菇色泽全白、菌盖厚、内卷，菌柄软、不脆。近年来，白色品系在国内市场上销售量已占主导地位，其产品以鲜售、盐渍出口为主。

二、金针菇的分布和习性

(一)金针菇的分布

金针菇广泛分布于中国、日本以及欧洲、北美洲、澳大利亚等地。在我国，北起黑龙江，南至广东；东起福建，西至四川的广大区域内均有分布。

(二)金针菇的适生树种

发生于朴树、构树、柿树、柳树、榆树、桑树、槭树、枫树、枫杨、桂花、拟赤杨、柳杉等阔叶树的枯树、埋木、树桩上。据荷兰真菌学家对生长金针菇的树木分布调查(共 626 份标本)：柳树占 24%，杨树 22%，七叶树 15%，忍冬科 10%，槭树 6%，榆树 5%，山毛榉 4%，其他落叶树 13%，针叶树 1%。

三、金针菇的生长发育条件

金针菇菌丝和子实体生长发育条件，主要有营养、温度、湿度、光线、空气和酸碱度(pH)等 6 个方面。

1. 营养

(1)碳源

碳源是金针菇生长发育最重要的营养来源，它不仅是合成菌体细胞必不可少的原料，而且是生命活动的能量来源。金针菇是木腐菌，它能利用木材中的纤维素、木质素和糖类等化合物作为碳源。据浙江农业大学金荣观等试验(1988)，金针菇菌丝可利用单糖、双糖和多糖及糖醇作为碳源。单糖中以果糖最好，其次是甘露糖、葡萄糖、阿拉伯糖和半乳糖。双糖中以赤砂糖为最好，其次是蔗糖、麦芽糖。多糖中以淀粉和糊精为最好，棉子糖、羧甲基纤维素钠次之。在甘露醇和山梨醇中，菌丝也能很好地生长。生产中所应用的碳源大多是富含纤维素、木质素、半纤维素、糖类的农副产品下脚料。其他还有木屑、玉米芯、棉子壳、甘蔗渣以及酒糟、醋糟等，以棉子壳为主料，产量较高。锯木屑应采用阔叶树的木屑，不同树种的木屑对金针菇的产量有明显的影响。经堆积、陈旧的木屑比新鲜木屑好。

(2)氮源

氮是构成蛋白质和核酸的主要元素，蛋白质和核酸是原生质的主要成分，在有机体生长和繁殖过程中起着重要的作用。氮源的多少对金针菇菌丝体和子实体的生长发育有很大的影响。根据测定，金针菇培养料的碳氮比以 20：1～40：1 均可，以 30：1 为适宜。*C/N* 过高，菌丝生长快，出菇早，但菇较少，质量差。*C/N* 过低，菌丝生长浓密，但出菇推迟，菇数少，同样影响产质量。生产上应科学合理配比。

金针菇菌丝可以利用多种氮源，以有机氮最好，如蛋白胨、酵母粉和酵母膏；氨基酸以 *L*-精氨酸和 *L*-丙氨酸最好。金针菇菌丝也能利用无机氮中的氨态氮，如铵盐、硝酸盐等。在实际生产中，主要采用麦麸、米糠、玉米粉、豆粉和各种饼粕（豆饼、棉子饼、菜子饼等）为氮源。

虽然氮素营养的多少对金针菇的菌丝体和子实体的发育有很大影响，但并非氮源越多越好，高浓度的氮反而有碍子实体的发生和生长，在制作培养基时必须注意。在木屑（堆制过）和米糠培养基中，采用 3 份木屑和 1 份米糠的比例可以适合金针菇菌丝和子实体的生长；在棉子壳和木屑培养基中，25%麦麸可满足氮源需要。但要注意：不要使用数量较多的未破壳棉子，因脂肪含量高，制作培养基后菌丝虽然生长得浓而雪白，但出菇（黄色金针菇）比正常的培养基推迟 7 天左右，长出的菇蕾数少、菌柄粗、菌盖大、畸形菇多、菌柄基部色泽深。虽然对产量影响不大，但产品外观差，在市场上难以销售，产值低，栽培周期也延长。这种棉子壳若用于栽培白色金针菇，在气温偏高的情况下，甚至不能出菇，即使气温下降后，出菇仍不正常。大面积生产不应选择上述的棉子壳作为栽培材料。

(3)无机盐

无机盐类是金针菇生长发育不可缺少的营养物质，在调节金针菇生长活动方面起着很大作用。其主要功能是参与细胞结构的组成；作为酶活性基团的组成部分；调节氧化还原电位和酶的作用；调节培养基的渗透压和 pH 值等。无机盐分为常量元素和微量元素两大类。在金针菇生长发育中需要一定量的无机盐类，其中以磷、钾、镁最为重要，镁或磷酸根离子对金针菇的菌丝生长有促进作用。特别对于粉孢子多、菌丝稀疏的品系，添加镁、磷酸根离子后，菌丝生长旺盛，速度增快，对子实体分化也有效果。磷酸根离子是子实体分化不可缺少的物质。在生产中常添加硫酸镁、磷酸二氢钾或碳酸钙等作为主要的无机营养。除此之外，各种微量元素，如铁、锌、锰、铜、钴、钙等也需要，但用量极微，普通用水中的含量已足够满足金针菇生长发育的需要。

(4)维生素

金针菇需要维生素和核酸之类的物质。金针菇是维生素 B_1、维生素 B_2 的天然缺陷型。在含维生素 B_1、维生素 B_2 丰富的培养基上，菌丝生长速度快，粉孢子数量减少。在培养料中添加 B 族维生素含量较多的米糠、麦麸，可以解决金针菇所需的维生素 B_1、维生素 B_2。

2. 温度

金针菇属于低温结实性菌类，其孢子在 15～25℃时大量形成，并萌发成菌丝。菌丝一般能在 3～34℃范围内生长，最适生长温度为 20～23℃。3～4℃时菌丝生长缓慢。实验证明，金针菇菌丝耐低温能力很强，在－21℃，经过 138 天后仍能存活。但耐高温能力很弱，在 32℃时，菌丝基本不长，34℃以上菌丝停止生长。在自然条件下培养必须注意室内温度。温度偏高，金针菇的菌丝生长不旺盛，而且容易形成粉孢子。

金针菇子实体形成所需温度范围为 5～20℃，原基形成最适温度为 12～15℃，以 13℃子实体分化最快，形成的数量也最多。在 21～23℃时，只能长几根细弱的子实体，而且容易干枯。子实体分化后，在 5～20℃范围内能正常发育。温度＜3℃子实体发育不良，菌盖变为麦芽糖色，还可能出现两个菌盖连在一起的畸形菇。在 5～9℃下，子实体生长健壮，出菇整齐，质量最佳。温度高，子实体生长快，产量低，质量差。金针菇属恒温结实性菌类，在出菇阶段，不需要温差刺激。

黄、白两个品系金针菇对温度要求略有差别。黄色金针菇品系较耐高温，对温度的适用范围也较广，菌丝生长适温为 22～24℃，原基形成适温12～14℃，子实体发育适温为 8～16℃。纯白金针菇品系较不耐高温，菌丝生长适温为 18～20℃，原基形成适温为 10～13℃，子实体发育为 5～8℃。温度超过 15℃，容易感染病虫害。我国南方地区部分菇农，为了抢占市场空间而把栽培季节提前，但常遇到高温导致菌袋整批感染绿霉，栽培时需注意。

3. 水分和湿度

水分和湿度是金针菇菌丝和子实体生长不可缺少的条件，一切营养物质必须溶于水才能通过原生质膜渗透到细胞内。同时，体内代谢的废物也只有溶于水才能被排除。菌丝分泌的各种酶，只有溶于水中才能分解纤维素、蛋白质等营养物质供吸收利用。金针菇属喜湿性菌类，抗干旱能力较弱。金针菇在生长发育的各个阶段，必须供给充足的水分。但是金针菇在不同的发育阶段所需要的水分是不相同的。在菌丝生长阶段，培养基的含水量以 63%～65%为宜，这时菌丝生长快。含水量过高，培养基内通透性差，菌丝生长缓慢、细弱，甚至不能向基质伸展下去。栽培时，因塑料袋口大、蒸发快，加上不能往子实体上喷水，所以配料时含水量以 70%为佳(除去灭菌时蒸发 2%，培养时蒸发 3%左右，实际含水量为 65%)。

金针菇菌丝培养室的空气相对湿度要求 60%～70%，湿度太大，会增加污染率。金针菇原基形成阶段要求较高的空气相对湿度，菇房的空气相对湿度应控制在 90%～95%。自然气温较低时，空气相对湿度可略高；高温时，可降低，以预防滋生杂菌和虫害。生产者需根据金针菇子实体不同生长发育阶段的特点，调控菇房的空气相对湿度。如催蕾期，保持较高的空气相对湿度有利于原基分化，而子实体伸长期，菇房空气相对湿度过高会造成“水菇”，降低产品的商品价值。

4. 空气

金针菇是好气性菌类，在有充足氧气条件下才能正常生长。氧气不足，菌丝体活力下降，菌丝呈灰白色。菌丝生长期间要注意培养室的通风换气。培养时，菌袋(瓶)要经常调换位置或菌袋(瓶)之间留有一定的间距，以保持空气流通、新鲜，使菌丝生长健壮。

二氧化碳是控制金针菇子实体形成和发育的关键因子之一。金针菇原基形成和子实体生长发育所要求的二氧化碳浓度差异很大，原基形成所需的二氧化碳浓度为1 000～2 000×10^{-6}，子实体生长所需的二氧化碳浓度为3 000～4 000×10^{-6}。二氧化碳是决定金针菇子实体菌盖大小和菌柄长短的主要因子。菇房空气中二氧化碳含量增高，金针菇菌盖生长受到抑制，菌柄迅速伸长，长出菌盖小而菌柄长的优质商品菇，而且菇的重量增加，这正是栽培金针菇的目的。但是二氧化碳含量过高，金针菇菌盖生长完全受到抑制，长出无菌盖的针头菇，会直接影响到产品的商品价值。

5. 光线

金针菇菌丝体生长发育不需要光线，在黑暗环境中能很好生长。在原基形成和子实体生长阶段菇房需要弱光。原基形成后，如果一直在黑暗条件下，菌盖就不能发育或发育不正常。在50 lx弱光下，菌盖能正常生长发育。光照强弱对黄色品系非常敏感。光照强，子实体色泽深，光照强度超过100 lx时，黄色金针菇菌盖呈褐色。但光线对纯白金针菇颜色影响较小，即使在强光条件下，子实体的色泽也不会变。实验证明，在弱光下原基形成的数目要比在全黑暗条件下多。光照强度在 100～210 lx 时，子实体重量是完全黑暗条件下的 11 倍。但是光照太强，黄色金针菇子实体的颜色变深，菌盖容易开伞，菌柄短且基部绒毛多。据报道，纯白色金针菇在抑制阶段(菇蕾长至 5mm 时)，初期光照会阻止菌盖形成。在抑制阶段中期至后期采用 200 lx 间隙性光照，控制菌盖大小效果较好。因此，采用光抑制(光照)是生产优质白色金针菇的措施之一。

金针菇子实体具有明显的向光性。据陕西铜川市人防办赵根交(1990)试验观察，在防空洞高浓度二氧化碳环境条件下生长的金针菇，能够在弱光的诱导下，整齐地朝着光的方向快速伸长，光移位可以使菇柄扭曲。他提出的调控二氧化碳浓度和设置适度光源，诱导金针菇定向延伸的培养法，在生产商品金针菇的实践中得到应用。

6. 酸碱度(pH)

金针菇需要微酸性的培养基。pH 在 3～8.4 范围内，菌丝均可生长，适宜的 pH 为 4～7。子实体只能在 pH4～7.2 形成，pH 在 5～6 子实体产生最多、最快(邓庄，1966)。一般情况下，采用自然 pH(6 左右)即可。金针菇生产中加 1%的碳酸钙可作为缓冲剂来调节 pH 值。

第三节 金针菇的栽培技术

我国金针菇栽培有自然季节袋栽、工厂化瓶栽及工厂化袋栽 3 种栽培模式。

一、自然季节袋栽技术

(一)栽培季节

金针菇自然栽培季节主要根据它的菌丝生产和子实体发育所需要的最适环境条件而确定。只要出菇阶段温度保持在 5～16℃的低温范围内，就能适合金针菇的生产。我国地域辽阔，不同地区气候不同，同是一个季节，气温差异甚大，根据金针菇低温出菇的特点，栽培适期大致如下：

北方地区一年可安排两次栽培。第 1 次于 9 月上旬开始接种发菌，10 月下旬、11 月份进入出菇期。一般9月上中旬气温在20～25℃，正适合金针菇菌丝体生长。进入10月份，气温逐渐下降到10℃左右，正适合出菇的温度要求。接种过早，气温高，湿度大，容易感染杂菌；接种过晚，往往出一潮菇后，因气温过低不再出菇，影响产量和收入。第2次，可于12月份或翌年1月份，采用室内加温培养，温度保持在18℃以上，菌丝能正常生长发育。而春季2～3月份，自然气温回升到10℃左右，即可适时出菇。但第二次栽培，必须在1月上旬接种结束，才能保证在低温下正常出菇。北方气温差距较大，具体栽培时间应根据各地气温来确定。

南方各省冬季低温期短，春季气温回升快，金针菇生产安排与北方有所不同。江苏、浙江、湖南、湖北等地可于9月中旬接种，11月中旬出菇。如果春季栽培，必须在1月初接种结束。福建、广东一带往往在11月中旬气温还在20℃以上，所以应安排在9月下旬制袋，11月底或12月初才能正常出菇。春季气温偏高，3月初应结束栽培。近年来，随着金针菇生产的迅速发展，有些栽培者为了获取更高的利润，盲目提前制袋日期，希望能早日采菇，获得高价格，但基本上都失败了。如浙江省江山市有的菇农为了生产“早白菇”，在8月底开始制袋。因气温高、菌袋大批霉烂、成功率低，造成成本大幅提高；同时，气温尚未降到适宜温度，也不能正常出菇。即使开袋时的气温适合菇蕾生长，但因气温波动大，一旦气温回升至18℃以上，正在生长的子实体容易枯萎死亡，甚至腐烂，导致病虫害大量发生。每年都有生产早菇而无收的实例，应引起足够重视。

在高海拔地区或利用人防地道栽培，可进行适度的反季节生产。

(二)品种选择

黄色品系在我国各地使用较多的有杂交19号菌株、川金2号、川金菇3号菌株、金2153、金F3、金F7等菌株。这类菌株已通过全国认定。子实体淡黄色，其特点是出菇的适宜温度范围比较宽，出菇快、转潮快，出菇潮数多，鲜菇质地脆嫩，深得国内市场青睐。但子实体对光线比较敏感。

白色品系中，使用的菌株基本上是从国外引进或从子实体中再分离出的菌株，子实体为纯白色。其特点是对温度反应比较敏感，一般在15℃以下出菇，出菇较慢。产量主要集中在第1潮菇。菇体质地鲜嫩、柔软、不脆，子实体对光线不敏感。

栽培者从外地引进金针菇菌种后，应做少量的栽培试验，观察其适宜的栽培条件和生产性能后，再扩大制种，进行大面积栽培。防止因菌种不适应而造成栽培失误。

(三)栽培材料

1. 栽培容器

采用长×宽为38～45cm×17～22cm、厚0.05～0.06cm(也称5丝或6丝)的透明聚丙烯塑料薄膜袋。透明薄膜容易检查菌丝生长过程中是否污染杂菌，便于及时处理。薄膜袋要求韧度强，不易破碎，厚薄均匀。袋底的焊接部分要求牢固，不能有破洞(可采用装进水后用手挤压袋子进行检验)，这是制袋成功的重要保证。气温低的地区因聚丙烯塑料薄膜易破碎，可采用聚乙烯薄膜塑料袋代替，但只能用于常压灭菌。聚乙烯透明度差，在检查菌袋过程中，必须十分认真查看。

2. 栽培原料

凡是富含纤维素和半纤维素的农副产品下脚料都可以用来栽培金针菇，如棉子壳、甘蔗渣、木屑、玉米芯、黄豆秸等。细米糠、麦麸、玉米粉、黄豆粉、棉子饼、茶子饼、花生饼粉等都是很好的氮源。木屑颗粒太小的不宜单独使用；颗粒直径<0.85mm的占22%，0.85～1.69mm的颗粒占58%，1.69mm以上的约占20%，颗粒之间应具有较好的通气孔隙。玉米芯应暴晒后、粉碎至绿豆大小的颗粒。

(四)常用配方

20多年栽培实践结果表明，培养基中加入棉子壳栽培金针菇的产量最高，采收的潮次也较多。单独用木屑(未堆制)、蔗渣等栽培的产量低，仅采收1～2批菇。另外从质量上看，以棉子壳为主料栽培的金针菇菌盖厚、柄长，不容易开伞；而单独用木屑、蔗渣等主料栽培的菌盖较薄，也易开伞。从色泽来看，在同样环境条件下栽培，用棉子壳栽培的黄色金针菇子实体色泽金黄、均匀，即菌盖和菌柄呈现一致的金黄色；用棉子壳加木屑栽培的色泽淡黄；棉子壳加蔗渣栽培的色泽更淡些，菌柄光泽更强些；用木屑或蔗渣栽培的色泽最浅，子实体呈淡黄白色，特别是蔗渣栽培的，近乎白色。木屑(未发酵)或蔗渣为主料的培养料营养含量较低，菌盖易开伞，而且子实体在菌柄超过13cm时，基部极易变褐色，产量又低，基本上已不用了。

金针菇产量的高低不仅与培养基的含氮量有关，同时也与培养基的通气有很大的关系，这点与其他菇类有着显著的差别。疏松的阔叶树木屑因空隙大，通气好，栽培金针菇的产量比硬实的杂木屑高。棉子壳的颗粒比木屑大，壳与壳之间间隙大，通气好，产量最高。所以对金针菇来说，培养基配方除必须满足营养要求外，还必须注意培养基之间的通气要求，这两者都是关系到金针菇能否高产的技术关键。在有条件的地方，应采用棉子壳或棉子壳加木屑、蔗渣、玉米芯等原料进行栽培。

1. 常用培养基配方

①配方1：棉子壳78%，麦麸（或细米糠，下同）20%，糖1%，碳酸钙1%。

②配方2：棉子壳85%，麦麸10%，玉米粉3%，糖1%，碳酸钙1%。

③配方3：棉子壳83%，麦麸15%，糖1%，碳酸钙1%。

上述3种培养基配方在棉花产区使用，既简单，效果又好。

④配方4：木屑34%，棉子壳34%，麦麸25%，玉米粉5%，糖1%，碳酸钙1%。

⑤配方5：玉米芯40%，棉子壳30%，麦麸28%，糖1%，石膏1%。

上述5种培养基中灭菌后培养料的含水量63%左右，pH自然。棉子壳也可用纺织厂的废棉团来代替，单产相同。培养基④中的木屑可用蔗渣、稻草、甜菜废丝、玉米芯等来代替。蔗渣吸水性能强，配制时料水比例要增加至1∶1.8左右。5种培养基栽培金针菇的生物学效率均可达90%以上，是我国广大地区栽培金针菇制作方便、原材料简单，而又能获优质高产的培养基配方。

2. 其他培养基配方

①配方1：棉子壳木屑培养料：棉子壳50%，麦麸15%，米糠5%，玉米粉10%，木屑18%，石膏粉1.5%，生石灰0.5%。

②配方2：棉子壳玉米芯渣培养料：棉子壳50%，玉米芯渣12%，麦麸10%，玉米粉10%，棉子饼5%，木屑12%，石膏粉1%。

上述配方引自浙江省地方标准，是江、浙一带的高产配方，主要特点是通过增加氮素营养来提高产量。

（五）拌料

装袋前10～12小时将棉子壳先预湿。木屑或蔗渣在拌料前一定要先过筛，拣掉尖利的木片和杂物，以防刺破塑料袋。按照配方的要求比例，准确秤量，放在水泥地面上均匀搅拌。含水量控制在65%～70%，即用手捏料有3～4滴水。最好用拌料机拌料，只要分别把棉子壳、木屑、麦麸、水等投入拌料机，开动约5分钟，即可完成。机械拌料不但能提高效率，减轻劳动强度，而且拌料均匀，效果更好。金针菇适合偏酸性培养基，pH6.0～6.5最适合金针菇生长。培养基配制前要预先测定水的pH值，特别是在使用当地的井水或河水拌料的地区，更需测定pH。例如，盐碱地带的水pH高达8.0以上，用这样的水配制的培养料不适合金针菇生长。同样，有的栽培者在培养基中随意添加石灰，导致培养基的pH高达8.0以上，不但菌丝生长不好，甚至不能正常出菇。

（六）装袋

装袋之前，必须首先检查塑料袋有无破洞，封口是否牢固，然后装袋。装袋时下垫塑料薄膜，一边装培养料，一边插进细木棍，一边用手压实。培养料高度控制在12～15cm为宜。扎上套环，并用手把塑料袋与套环接触处压紧，塞上棉花。棉花塞的松紧要适度，以提起棉花塞塑料袋不掉下来为宜。也可以把塑料袋上部沿料面折下紧贴栽培袋的外面，用橡皮圈或带子捆绑。栽培袋一定要装紧，让培养料紧贴袋壁，防止金针菇子实体从袋壁空隙处长出，影响培养基表面菇蕾发生，这是金针菇装袋特别要注意的地方。操作过程中注意不要刺破塑料袋。南方地区装料应在6小时内完成。

菌袋的灭菌、接种方法与一般食药用菌相同。方法请参阅本书《食药用菌制种技术》一章。

（七）菌丝培养

接种后，要及时进行菌丝培养。培养场地要求清洁、干燥、遮光、通风。在栽培袋放进前预先用甲醛（福尔马林）或气雾消毒剂熏蒸。消毒后，打开门窗通风12小时左右，排除药物残余，才可把接种好的塑料袋放进培养室。塑料袋排放时，应摇动袋子，让菌种块部分掉入中间洞内，加速菌丝生长，这是缩短培养时间的关键一环。据试验，菌种进入洞里的与洞口塞住的相比，可缩短培养时间10～15天。

利用自然季节栽培，制袋时，气温还比较高，此时菌袋要单层平面摆放，并注意袋与袋之间留有一定空隙，使热气容易散发。打开门窗通风、散热，降低室内温度。若气温偏低时，塑料袋要紧靠，关紧门窗，以提高室内温度。菌袋采用反折袋口再用橡皮圈扎住的可采取梯形叠放，接种面朝上，底层4～5袋，层高3～4层。若气温低于15℃

以下，最好加温培养。培养室内的温度应控制在20～23℃，空气相对湿度应控制在65%～70%。培养过程不需要光照，对氧气要求也不高。每天早、晚开启门窗通风换气1～2小时，保持室内空气新鲜即可。

菌丝培养过程中，当菌丝未长满培养基表面时，要做好前期查种工作。接种后12～24小时菌丝恢复生长，5～6天菌丝可长满培养基表面并向培养料中伸长，这段时间检查菌丝生长要特别细致。一般接种后2～3天到菌丝长至1cm时，要每天检查发菌情况。发现染菌的袋子，应及时重新灭菌，再接上金针菇菌种。菌丝长到离培养基表面1cm后，不必经常查种。发现塑料袋周围破洞要用胶布贴上，防止破洞口污染的杂菌再扩散。塑料袋容易被刺破，查种时要轻拿轻放，尽量减少污染的机会。污染严重的栽培袋，及时移出栽培室丢弃到远处烧毁。若是脉孢霉引起的污染，要用沾上煤油的报纸或湿布轻轻地把整个栽培袋包住，然后放到远处烧毁。在整个培养过程中，注意老鼠和蟑螂的危害。一旦塑料袋被咬破，就会滋生杂菌，导致原来正常生长的栽培袋也会报废。

在温度适宜的条件下，经过25～30天的培养，菌丝即长满菌袋。不同培养基生长速度差别较大，棉子壳加木屑(或蔗渣等)的培养基，生长速度快，一般20～25天即可长满袋，菌丝生长致密，较浓白；木屑、蔗渣培养基速度较快，25天左右可长满袋，菌丝致密，淡白，不强壮；以棉子壳为主料的培养基，因棉子壳颗粒大，长透的时间要比木屑培养基长，一般需30天左右长满袋，菌丝生长强壮、浓白。

对于感染杂菌的金针菇菌袋，只要袋的上半部分的菌丝生长良好，不必丢弃。这些袋子采用直接出菇法使之出菇，金针菇的产量可以达到正常袋子产量的60%～70%。

金针菇是原基发生快的品种。菌丝培养时，若室温低于18℃，经常会发生菌丝未长满袋，却在菌袋表面长出金针菇原基的现象。原因是培养室的温度正好是子实体发生的温度。预防办法是加温培养。

(八)出菇管理

金针菇一般是室内栽培，也有室外大棚栽培。黄良水(2007)等认为，金针菇室外大棚栽培的优点是：投资少、见效快；省工、省时、操作简便；利于通风换气；升温降温快；场地新、病虫害少。还可以菇菜、菇稻轮作，土地利用率高；大棚菇场要求搭在不积水、近水源、方便管理的地方。南北朝向，大棚高2.5m，宽6m，长48m，这样既省材料又好管理。棚顶要覆盖油毛毡或厚0.08cm(8丝)、宽6m的黑薄膜。离地面1m处用厚度较薄的黑地膜固定在棚的两侧，作为通风窗。棚顶盖上宽8m、长50m的遮阳网，温度高时棚顶加盖草帘。大棚建好后，四周挖沟排水。

室外大棚栽培，一般是单层平面摆放，不仅产量高，而且方便管理。单层摆放按每行12～14袋排列，四周留50cm过道。金针菇室内栽培可摆放架子，架子宽为1m，层与层之间的间隔55～60cm，使菇的伸长不受限制，喷水、采菇也比较方便。架子层数根据各栽培室的通风能力而定，以4～5层较为合适。层次太多，操作不方便，而且摆放数量多，影响通气。栽培架之间要留有人行道，便于操作。

栽培场所必须经过消毒后才可使用。第1次用来栽培的新菇房，没有杂菌污染，一般冲洗干净即可使用。栽培过菇类的老菇房，必须要打扫干净，熏蒸消毒后才可使用。对于杂菌污染严重的栽培房，必须采用甲醛(福尔马林)和硫黄同时熏蒸，杀死细菌、霉菌，保证栽培顺利进行。

自然季节栽培金针菇主要采取搔菌法、再生法、两头出菇法3种栽培管理技术。

1. 搔菌法管理技术

搔菌是金针菇栽培管理中一项重要的技术。通过搔菌，去掉老菌种块，培养基表面长出的新菌丝更有生命力，形成子实体的能力更强，菌柄的伸长更坚挺。通过搔菌，能够培育出菇蕾数多、生长整齐、菌柄挺拔、质地优良的金针菇。

(1)搔菌

搔菌必须及时，接种后25～30天搔菌最好。培养时间越长，搔菌后菇蕾发生的朵数越少，出菇不整齐，质量也下降。搔菌的具体方法是：先去掉棉花塞和套环，再把塑料袋上端完全撑开，拉直，然后向下翻折。用匙形或丁形工具轻轻刮去培养基上的气生菌丝和老菌种块。为了防止杂菌侵染，搔菌工具使用前要在酒精灯火焰上消毒后才可以使用。搔菌过程中，如发现染上杂菌的栽培袋，搔菌工具必须重新清洗、消毒后再使用。

(2)催蕾

催蕾是金针菇栽培管理中最关键的一项技术，关系到金针菇产量的高低和质量优劣。催蕾好的袋子，产量高、质量也好；催蕾差的袋子，不仅产量低，而且子实体质量差，柄粗、盖大。在金针菇栽培管理过程中，一定要把握好催蕾技术这一关。

虽然金针菇在5～20℃范围内能形成原基，但能使大量金针菇菇蕾发生的适温是13～14℃。搔菌后，栽培室温度必须调节在13～14℃，各地所选择的栽培季节要安排在该温度范围内催蕾出菇。

湿度是出菇的决定因素，没有一定的湿度，即使在合适的温度下，菇蕾也不会发生。搔菌后主要技术是防止培养基干燥。经过搔菌，培养基暴露在空气中，这时敞开的袋口极容易受到栽培室内外条件的影响。如果培养基干燥，菌丝恢复不好，不仅原基很难形成，也容易在栽培袋四周形成子实体。为了促进菌丝愈合后菇蕾发生，湿度要求控制在90%～95%。具体方法：在栽培室的地面、道路上喷水保湿，每天上下午、傍晚各喷水一次，同时搔菌后塑料袋袋口上必须覆盖无纺布或薄膜进行保湿。覆盖物中以无纺布的保湿效果最好，它是一种具有一定空隙度，既能通气，又能保湿的人造纤维布，结实、牢固、耐用。使用时只要把无纺布浸入水中，然后捞起稍拧干，再盖在塑料袋上保湿，不但湿度均匀，还可以避免地上、空间浇水时流入袋中的积水而引起感染。采用0.01～0.02cm的薄膜（地膜）覆盖简单方便，江、浙一带以及大部分北方地区采用地膜覆盖，可以多次使用。但福建、广东、广西等气温较高的地区最好不要使用，因气温偏高，盖上不透气的薄膜之后，容易导致子实体发生病虫害，造成不必要的损失，采用无纺布最为合适。

经4～5天，搔过菌的培养基表面逐渐形成一层白色的棉状物，而且出现琥珀色或白色的水滴（也称饴滴），这是原基出现的前兆，这时必须提供充足的空气。氧气不足，会抑制原基的发生，除了数量减少之外，还会延长出菇时间，菌盖和菌柄生长不整齐。具体做法是：每天利用喷水时间，掀开覆盖物通气1小时左右，通气量增大，原基发生更快。掀膜时将膜上水珠抖滴在走道上。在保持栽培室较为黑暗的情况下，把门或窗轮流打开，让室外的新鲜空气进入栽培室内，防止室内由于氧气不足影响原基的正常发生。2～3天后，金针菇培养基表面开始出现无数小的突起，色泽为白色或淡黄色，这是菇蕾的前期——原基。原基需要2～3天长满培养基的表面，并很快分化成菇蕾，但不是所有的原基都能分化成菇蕾。这个阶段必须向栽培室的地面、空中或四周墙壁上喷水保湿，并经常把无纺布或地膜打开通风，加大通气量，促进菇蕾大量发生，千万注意不可让原基干燥，否则很难分化成菇蕾。从原基到菇蕾长满培养基表面，在氧气充足的条件下，一般需2天左右，这时催蕾管理阶段结束。图45－9是搔菌后经催蕾而长满培养基表面的菇蕾。

图45－9 催蕾——菇蕾长满培养基表面

适合的温度、湿度及空气是催蕾成功的3要素。13℃左右的室温是出菇最快、菇蕾数最多的温度。气温低于13℃，出菇慢；气温高于13℃，出菇快，但菇蕾数少；气温超过18℃，长好的原基和菇蕾容易枯萎。氧气是菇蕾长满培养基表面的重要因素，氧气量不足，必将影响菇蕾产生的数量。湿度是出菇的决定因素，没有一定的湿度，即使在合适的温度下，菇蕾也不会发生。

（3）抑制管理

菇蕾长满塑料袋的培养基表面后，最初产生的子实体数量有限。但是伸长后，从菌柄基部发生的侧枝，使菌柄数量增加。在一般情况下，也不是所有的菌柄都能顺利地生长发育，其中菌柄细的和发生迟的生育能力差，不能充分伸长。因而在金针菇生育初期必须给予低温、吹风和光照，使之长得很整齐，这就是抑制阶段。抑制温度最好是4～6℃，在该温度下虽然金针菇伸长得慢，但强壮有力、整齐。在气温较高的地区，可以利用晚上气温较低时打开门窗，使培养室温度降低来进行抑制。抑制后的子实体生长整齐，发育良好（图45－10）。

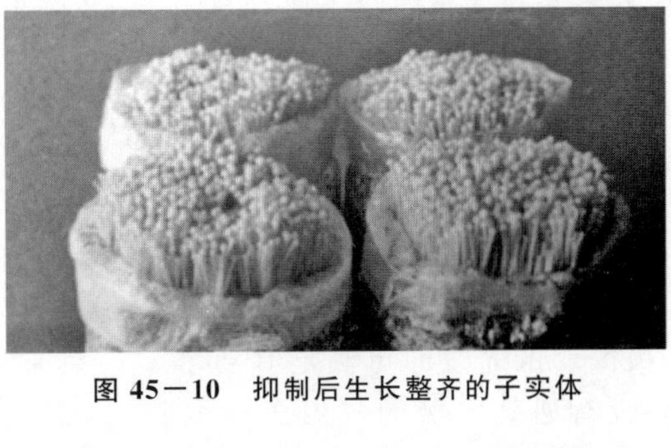

图45－10 抑制后生长整齐的子实体

在抑制过程中，每天经常掀开覆盖物通风，这是使菌柄生长整齐的重要措施，采取通风换气和覆盖交替进行的方式管理。在栽培中，如果菌盖未能正常形成、生成针尖菇时，表明覆盖时间太长，塑料袋中的氧气不足，必须把覆盖物掀掉，让菌盖形成后再盖住。抑制阶段的二氧化碳浓度要求是1 000～2 000×10^{-6}。为使子实体色泽浅、美观，栽培室要保持黑暗，1～2 lx 的光线足够满足其要求。黄色品种，光线太强会使菌柄基部色泽加深。抑制阶段对湿度的要求比催蕾时低。湿度低，子实体较为干燥，质量好，保存的时间也长。当幼菇长至 1～3cm 时，相对湿度控制在 85%～90%，早、晚掀膜通风，黄色金针菇 1 小时左右，白色金针菇 1.5 小时左右；当幼菇长至 3～5cm 时，相对湿度控制在 80%～85%，早、晚掀膜通风，黄色金针菇 2～3 小时，白色金针菇 3～4 小时。在通风时注意喷雾保湿，保持弱光。

在催蕾至抑制过程中，也可采用开放式管理技术。即当菇蕾生长到 1～2cm 时，掀掉覆盖物，菇房喷雾加湿，全天通风。但此时的水分管理十分重要，必须让菇房保持 85%～90%的空气湿度，才能使幼小的菇蕾全部成长。

(4)子实体生长

当菌柄长到 5cm 时，即子实体将靠近袋口时，及时把卷下的塑料袋上端往上拉高。拉高后的塑料袋口必须高于子实体 5cm 左右，否则子实体长出袋口，菌盖容易开伞。同时，菌盖碰到覆盖物上的水容易发生腐烂或细菌性斑点病。一般情况下，袋口分 2 次拉高，即当子实体长至 10～12cm 时，再拉直袋口。一次性把塑料袋口拉直，容易使周围的子实体受阻，难于生长。而且在气温偏高的地区，因通气不良可致使靠近塑料袋旁边的子实体发生枯萎或整株子实体萎缩、腐烂。栽培室的相对湿度保持在 80%左右。湿度太大，容易发生根腐病，而且黄色品系的菌柄基部易呈黑褐色。子实体长至接近 15cm 时，相对湿度应控制在 75%～80%。这样，子实体较为干燥、发白，菌盖不易开展，同时也便于鲜售和储藏。塑料袋口的覆盖物不要经常掀开，较高的二氧化碳可以促进菌柄的生长，抑制菌盖开伞。只要在喷水时，掀开 15～20 分钟就可以满足金针菇生长要求。

子实体生长发育阶段，尽量保持栽培室的黑暗，可使子实体色泽浅，有光泽，增加一二级菇的比例。在采收前，栽培室基本上不需要光线，极微弱的光线即可满足其要求。一般来说，如果没有遇到突然的气温急骤变化，室温只要保持在 4～16℃(白色菇 4～13℃)的温度范围之内，子实体能正常生长，整齐、硬挺、强壮(图 45－11)。

图 45－11　搔菌法栽培的金针菇

在子实体生长过程中，有时在一丛金针菇中，有一至数朵菇长得特别快，不但盖大而且菌柄特别粗壮，用肉眼能明显观察到时，应及时把这几朵菇从菌柄基部拔掉，尽量不要伤害到其他的子实体。若不及时拔除，营养源源不断地从培养基中输送上来，将促使这几朵菇的菌盖特别大且菌柄肥壮，影响大多数子实体的生长。

塑料袋中的金针菇长至 15cm，就可以采收(图 45－12)。具体采收期还要根据鲜售标准和加工要求而定。

图 45－12　搔菌法管理的金针菇子实体

(5)第 2 潮(批)菇的栽培管理

采收完后，如何处理菌袋，关系到第 2 潮菇的出菇快慢、子实体的产量和质量。

①养菌：把第 1 潮菇采收后的培养基表面残柄拔除，上面覆盖保湿物或把塑料袋口合拢并向下翻卷，加强通风，让菌丝恢复。

②育菇：温度在 13℃左右时，只需 3～4 天；温度低于 13℃时，需 5～6 天，培养基表面即会出现菇蕾。一旦培养基上有菇蕾出现，要经常把覆盖物掀开通气，增加塑料袋中的氧气量，可使菇蕾更

快、更多发生。虽然第2潮菇蕾数量比第1潮少，但催蕾好的袋子，也可基本长满培养基表面。

③管理：第2潮金针菇的出菇管理方法与第1潮菇的管理方法基本相同。因培养基水分已经减少，在管理过程中，特别要注意在地上浇水，保持空间85%～90%的湿度。由于培养基中的营养已减少，菌盖更容易开伞，在浇水时需把覆盖物打开通气，子实体即可整齐、均匀地生长，但不可长时间打开覆盖物通气。

在第2潮菇生长过程中，当气温升高至18℃以上、子实体长至4～6cm时，有时会发生菌盖和菌柄上半部变软、萎缩。这是由于气温高不适合金针菇生长和塑料袋内水分已明显供应不足的缘故。出现这种现象时，要及时把子实体耙掉，然后在培养基表面喷少量清水，保持湿润。过6～7天，原基仍可正常发生。如果不及时处理，最终会导致子实体腐烂。

第2潮菇如果管理不当，很容易产生细菌性斑点病，即菌盖上有褐色的斑点，这是国内外金针菇栽培中普遍发生和危害较重的一种细菌性病害。为了预防细菌性斑点病的发生，浙江的菇农采用在第2期原基刚形成时，空间喷施霉斑净1～2次。菌柄长至12cm左右时，栽培房的相对湿度降低到80%，也能有效预防该病害的发生。霉斑净是目前国际上公认的最新一代高效、广谱、安全的消毒剂，世界卫生组织（WHO）和世界粮农组织（FAO）也将其列入A1级安全高效消毒剂。霉斑净的有效成分是二氧化氯（4.0%～5.5%）。药剂配制方法：先将10g霉斑净粉剂加60ml的水，静置反应30分钟。当粉状物完全溶解后，加水配成500ml高浓度消毒剂原液。使用时再将原液稀释20～30倍向空中喷雾即可。

我国南方，冬天气温经常变化不定。如果第1潮菇采收前遇到高温时，采收后残余的菌柄数量则多，要用搔菌耙把菌柄基部的残余物耙去（即第2次搔菌），注意不可把培养基整层或整块耙掉，否则会影响第2潮菇的形成。搔菌后的原基发生较慢，一般需7～8天才会出现原基，而且大部分原基出现在靠近塑料袋周围的边缘处，数量也较少。2次搔菌是气温突然升高时较好的一种处理方法，否则培养基表面的菌柄残留物会因高温而腐烂发臭，不仅影响第2潮菇蕾的产生，而且还会造成栽培袋报废。

第2潮菇的菌柄可生长至13～15cm，菌盖在1.5cm以下，产量也较高，可达150g左右。第2潮菇采收后，第3潮菇的管理方法与第2潮菇相似，但培养基已偏干、萎缩。最好在采收完第2潮菇后，把培养基表面清理干净，在气温低于15℃时，浸水处理1天，让它吸水后再把水倒掉。这样可保证第3潮菇蕾产生时对湿度的要求，促进第3潮菇正常生长发育，以获得产量和质量较好的金针菇产品。

(6)环境因子的综合控制

要取得塑料袋栽培金针菇的高产优质，必须注意温度、湿度、通气、光线等环境因子的综合控制。

当气温偏高时，湿度不可太大，高温、高湿容易引起斑点病，同时，湿度太大还容易引起畸形，出现菌盖相连或菌柄偏生的不正常子实体。下雨天，尽量少喷水或不喷水，预防金针菇出现“水菇”现象。

当空气干燥时，必须向空间勤喷水，提高栽培房的相对湿度。培养基中湿度不够，菇蕾难以形成时，可在搔过菌的培养基上喷少量雾状清水。但喷水不能过多，绝对不允许在袋内有积水。子实体的水分主要来自培养基，因此在制作培养基时，要求添加足够的水分以满足子实体生长的需要。利用自然季节栽培金针菇，培养基含水量要求65%～70%。虽然菌丝生长速度不是最快，但能保证出菇时对基内水分的要求。

通风换气是金针菇生长必要的条件。菇蕾发生期，金针菇对氧气的需求量大，如果覆盖物一直盖住袋口，菇蕾就少。经常掀开通风，增加氧气量，可以促进菇蕾大量发生。氧气不足，金针菇生长缓慢，而且菌柄纤细，并出现没有菌盖的针尖菇。与一般菇类相比，金针菇对氧气的要求不太严格，而且适度的二氧化碳浓度有利于菌柄的伸长和菌盖的抑制。因此，在金针菇栽培时，除了出菇期间对氧气要求较为严格外，一般情况下，只要结合喷水期间打开门窗，即可满足金针菇对氧气的需求。气温升高时，注意晚间打开门窗，通风换气，促进子实体发育，同时也能减少病虫害的发生。

金针菇与其他菇类不同，栽培时室内要求黑暗，特别对黄色金针菇菌株尤其重要。黑暗不仅能够使子实体颜色变浅，又能促进菌柄的伸长。对于容易开伞或色泽易变的菌株，可在栽培袋上覆盖黑色无纺布、黑地膜或栽培室遮光的方法，使子实体颜色变白，抑制菌盖的开展，保持菌盖内卷。在气温较高的南方，在栽培过程中如果遇到突然高温，采取以通风换气和降低室温为主，尽量促使子实体生长发育，保持一定的产量，不可强调房间保持黑暗而让子实体在高温不通气情况下腐烂、变质。

搔菌法袋栽金针菇采收的潮数会因不同培养基和菌株而异。黄色金针菇可采收3～4潮，产量主要在第1潮和第2潮。白色金针菇菌株可采收1～2潮菇，产量主要集中在第1潮。以棉子壳为主要材料的培养基可收3潮菇，每袋产鲜菇400g以上(干料重400g左右)，其中第1潮菇200g以上，第2潮菇150g左右，第3潮菇75g左右。

2. “再生法”出菇管理技术

(1)“再生法”概念

根据金针菇具有在菌柄上产生2次分枝的再生特性，待菌丝长满袋后，调节温度和光线，诱导培养基表面形成原基，原基在袋内因二氧化碳浓度高，不断伸长成细长的菌柄。待菌柄长到一定长度后，去掉棉花塞和套环，翻折袋口，露出菌柄，进行吹风干燥，然后利用已近枯萎的菌柄在适宜的相对湿度条件下再生出无数细小的原基(侧枝)，侧枝不断生长，形成数量极多的子实体。这项栽培技术称为金针菇的“再生法”栽培技术。

(2)制作“再生法”栽培袋的配套技术

①制袋技术：培养料的配制与装袋过程和搔菌法管理技术相同。但含水量要求高些，以70%为佳，以利于老菌柄再生时水分的补给。装套环时，套在距离培养基表面3～4cm处。套环套得太高，袋内培养基表面第1次发生的原基数量多，菌柄长得很长，再生菇头大，占去很大分量，影响商品价值，而且产量不高。套得太紧，不易接种，而且长出的菌柄因空间小、通风差，一旦没有及时开袋，容易烂掉。套环技术是关键的一环。有些地区制袋采用线绳扎袋，袋内通气差，原基数量少，再生后原基很难长满整个袋口。若在接种时换上套环和棉花，就可采用该项方法。

②接种技术：按常规方法接种。为了让培养基表面生长的菌柄再生出数量多的菇蕾，菌种量需多些。接种时，把菌种适当搅碎，均匀布满在培养基表面，一般每瓶可接20袋左右。若用麦粒制作菌种，接种量不必太多。因麦粒菌种量多，会长出非常多而细的菌柄，反而对再生菇不利。采用麦粒种长出的菌柄“再生”侧枝，出菇快，整齐、强壮。

③培养措施：接种后置于20～23℃。根据黄、白金针菇而异，黄金针菇23℃，白金针菇20℃左右，一般25天左右可长满袋。菌丝满袋后把培养室的温度降至10～15℃，再通过光线诱导，促进袋内菇蕾形成。

(3)再生技术

“再生法”与搔菌法不同，是先在栽培袋的套环与培养基表面空间内形成原基。菌丝长好后，将菇房温度控制在13～14℃，给予弱光照和通风，直接诱导原基分化。原基形成后，不急于打开袋口，让原基继续生长，成为纤细的菌柄。待菌柄达2～4cm、菌袋培养基上长满菌柄时开袋。要注意黄色金针菇的菌柄(细须状)不能变褐色、白色金针菇的菌柄不能变黄时开袋，否则开袋后容易烂菇，这是“再生法”栽培的关键技术。如果栽培袋的菌丝未长到底，而培养基表面的菌柄数量已达到上述要求时，也可以开袋栽培。但料面上发生的菌柄稀疏，数量很少时，不能打开袋口，否则再生菇蕾数量少，影响产量。开袋时，将棉塞、套环拔除，把塑料袋口向外折起卷至离料面2～3cm处(或沿料面剪掉袋口，外套一个20cm×40cm的聚乙烯塑料袋，袋口向上，离料面2～3cm)。若有的袋子菌柄上已长出菌盖，可用剪刀剪去菌盖(棉花塞没有塞紧的袋子会出现这种情况)。开袋后把袋子移至栽培室加强通风，使针尖菇逐渐失水枯萎成深黄色或黄白色，然后再从干枯的菌柄上形成新的菇蕾丛。枯萎的方法有以下几种：①在室内放置旋转式电风扇，采用机械吹风方法，加快菌柄枯萎速度；②放在通风较好的地方，把门窗打开，让之形成对流，逐渐使其枯萎。

利用机械吹风或放置风量大的地方，菌柄枯萎速度快。1～2天后，原有的纤细菇柄就开始干枯变色。如果风太大，针尖菇容易枯死，再生效果差，最好微风吹干。这个阶段栽培房内的空气相对湿度不可太高，超过80%，仅仅针尖菇的尖端部分萎缩，一旦停止吹风，又开始继续恢复生长，无法再生出数量多的菇蕾。菌柄枯萎的空气相对湿度以75%～80%为宜。掌握好原基枯萎的程度，这又是再生法成功与否的一项关键技术。适宜枯萎程度的简单判断方法：菌柄没有完全发软，用手触摸菌柄，有轻微的针刺感即可。针尖菇枯萎后。在栽培袋上面覆盖上湿布，让栽培袋培养基表面菌柄与布块之间形成一个较高的空气相对湿度小气候，利用菌柄具有再生侧枝能力的特性，在接近枯萎的菌柄上诱导长出第2次菇蕾。经过2天后，在栽培袋原枯萎菌柄上又会重新形成新的、整齐、密集的菇蕾(图45—13)。

图45—13 经“再生”后长满的菇蕾

(4)子实体生长

当再生的菇蕾菌柄伸长到3cm、菌盖直径2～3mm时，将折下的塑料薄膜袋拉上来。若采用一次性直接拉上来的方法，会影响塑料袋四周部分子实体不能正常生长，而且当气温升高时，袋子中的通气量少，原先密密麻麻的子实体长到袋子一半时，袋子中部的子实体会因缺氧和缺乏合适的相对湿度而枯萎，仅剩下部分子实体正常生长，严重影响产量。应采用二次拉直袋子方法，防止气温突然升高或通气不良时子实体发生腐烂。塑料袋拉上后注意处理好光线、通气、温度、湿度之间的关系。黄色金针菇要求光线黑暗些，培养出来的子实体色泽更淡。窗户可挂上黑色的遮盖物或草帘，轮流打开通风；门口采用窗纱框式门有利于通气，也可控制强烈光线照射。为了保持足够的通气量，栽培房内的架子层与层之间距离要60cm以上，最底层距离地面80cm。若层次距离太低，栽培数量多，氧气少，再生出来的菇蕾很难长成正常的子实体。

自然气温较低时，拉直后的袋子比较容易管理，只要在地上喷水，保持空间85%～90%的湿度，子实体即可整齐、均匀地生长。而气温>16℃以上时，因再生法的子实体极多，必须把袋与袋之间拉开2～3cm的距离，预防袋子紧靠在一起发生升温效应。地上不能大量喷水，防止高温、高湿引起菌盖发生细菌斑点病，较低的空气相对湿度，可使斑点病难于发生。当菌柄长至8cm左右时，可在塑料袋口覆盖湿布，这样既可保湿又能抑制开伞。当菌柄长至12cm左右快接近采收时，栽培房的相对湿度降低到80%。同时，为了防止菌盖开伞，可用干的遮盖物遮住袋口。

福建、广东地区开袋后12天，拉直袋子1周左右，菌柄即可长到15cm。再生的菌柄枝条均匀，基部至顶端色泽淡黄色，稍有光泽，十分整齐，菌盖直径1.3～1.5cm，大小一致，外观漂亮。但因再生菇要去除基部旧菌柄部分，所以商品菇可在菌柄长至18cm时采收。鲜售菇可待菌柄长至20cm左右、菌盖1.5cm左右时采收。用“再生法”技术栽培的金针菇，第1潮菇每袋平均产量可达250g以上(350～400g干料)，最高可达400g。利用“再生法”栽培的第1潮金针菇见图45－14。

采收完第1潮菇后，耙去培养基表面的老菌种块及其残柄，将塑料袋薄膜上端重新套入塑料环及塞进棉花，再继续培养10～15天，第2潮原基即可发生，仍采用上述方法进行管理。第1潮菇采收后，培养基的含水量大量下降，应及时在“再生”时于塑料袋口覆盖含水量较多的湿布、无纺布，促进菇蕾的迅速再生和再生后子实体的生长发育。

图45－14 即将采收的“再生”子实体

第2潮菇从再生开始到采收大约需10天，菌柄短、数量少、开伞快，产量、质量和整齐度方面均比第1潮差，培养基也开始严重收缩。一般采完第2潮菇后即把栽培袋丢弃，也有采收完第1潮菇(产量高过300g以上)后立即丢弃。

“再生法”栽培的黄色金针菇，每袋栽培料干重为400g左右，第1潮菇的产量为300g，第2潮菇为100～150g，生物学效率超过100%。“再生法”栽培的白色金针菇产量主要集中在第1潮，每袋产量在300g以上。

利用“再生”栽培出来的金针菇基部是“老”菌柄，不能食用，必须把基部老菌柄剔除干净，食用从老菌柄上再生出来的子实体。对于栽培者来说，“再生法”产量高，掌握好技术后栽培管理十分方便。另外，基部与再生的子实体相连在一起，易于分装和运输，受到各地栽培者欢迎。“再生法”栽培技术是一种适合我国自然季节栽培金针菇的高产技术，而且是我国独创的一项栽培技术。

3. 金针菇两头出菇袋栽技术

把金针菇塑料袋堆积、排放成墙式、使袋子两端都能出菇的栽培技术，称为金针菇袋栽两头出菇技术。它比单袋直立摆放的数量多、菇房空间利用率高、管理方便、设备投资少、生产成本低、经济效益高，是一种简便易行的方法，适宜北方和西北地区广大农村家庭栽培。下面分别介绍河北和四川的两头出菇袋栽技术。

河北两头出菇袋栽技术

(1)栽培场地

①场地选择：据李育岳等(1991)介绍，两头出菇袋栽一般采用地沟栽培。选择地势开旷、向阳、地下水位较低的地方。土质以壤土或黏土为好，但要接近水源。地沟栽培的优点是造价低廉，温度稳定，保湿性能好，便于调节光照，有利于控制二氧化碳的浓度。

②菇棚建造：栽培房一般宽3.8m，高2m，长15m。挖土前，先用大水浇灌，待水渗入土内，稍干后再挖土。把挖出的土堆放在地沟四周，拍夯成沟壁的地上部分，沟壁高2m。在地面处，正对中间人行道及四周各设通风口。通风口长40cm、宽25cm。在地沟上架设竹、木弓架，用铁丝固定横梁做成拱架，然后覆盖薄膜。在拱棚顶，覆盖草帘或玉米秸或麦秸作为覆盖物。地沟四周开设排水沟。在建造双列式或多列式地沟时，两地沟间距一般以3m为好，这样的沟壁坚固，管理方便。

随着规模化生产的发展，北方各地的金针菇地沟栽培逐渐发展成半地下菇棚栽培。半地下菇棚的棚体可采用土垛或砖垒，棚内宽7～8m，长14～15m，总面积100～120m²，高1.8～2.2m，中间微拱，下挖0.5～0.7m，周边用挖出的土筑成墙，墙高1.3～1.5m，土墙厚0.5～0.7m。围墙若用砖砌，墙厚0.37m，里侧抹厚麦秸泥以利保温保湿。菇房两侧墙上留有上下通风口，尺寸为0.12m×0.24m，前后墙孔与架间走道成一条直线。棚顶用竹竿结成网络，上盖塑料薄膜，顶上覆盖厚秸秆作为遮阳和保温的覆盖物，用绳索固定牢。

③床架搭建：为了充分利用地沟的空间，需设置床架。床架设置是堆积排放两头出菇栽培法的重要环节，应本着充分利用空间，又便于操作的原则进行设计。高度直达棚顶；宽度以菌袋长短而定；间距以便于人员行走、操作为原则。制作床架的材料要求不严，以砖、竹结构较为简易实用。床架的设置：地沟内搭3排床架，床架与地沟四周间人行道宽60cm，床架间人行道宽70cm，床架宽40cm，床架长度视地沟长度而定。床架高2m，与地沟高度一致。每隔70cm砌墙垛固定，用竹竿铺设5层，层间距40cm，每层横向堆放4层料袋。棚内靠一侧垒栽培架，另一侧为80cm宽走道。架间距1m。每隔1m垒一砖垛为一档。档内用竹竿、竹劈或水泥板分层。一般5层，底层距地15～20cm，层距40cm，每层横向堆放4层料袋。

④菇棚消毒：地沟消毒，通常在进料前3天进行。消毒前1天，先用清水把地沟壁和床架喷湿，以提高消毒效果。然后，可采用苯酚（石炭酸）、甲酚（来苏尔）、含氯石灰（漂白粉）等药剂喷洒消毒或用甲醛（福尔马林）、硫黄熏蒸（或气雾消毒剂）消毒，密闭24小时。

(2)栽培适期

华北地区，全年可安排两次栽培。第1次为9月中下旬接种发菌，11月初可采首潮菇；第2次栽培可在12月至1月上旬，采用室内加温培养菌袋，当自然气温回升到10℃时即可出菇。

(3)菌袋制作

①塑料袋要求：采用聚乙烯塑料薄膜制袋，厚0.04～0.05cm，宽17cm，剪成35～40cm长的筒料。用塑料绳把袋筒的一端扎好，扎结外膜长2～2.5cm。扎口时，筒袋两侧往中间对折再绑绳。这样，在装料时，塑料袋端面能充分撑开。

②配料装袋

A. 配方：棉子壳88%，麦麸10%，石灰1%，石膏1%，适宜于黄色菌株；棉子壳78%，麦麸15%，玉米粉5%，石灰1%，石膏1%，适宜于白色菌株。两种配方灭菌后的含水量为63%。

B. 拌料：参见搔菌法栽培管理技术中的拌料过程。

C. 装袋：手工装袋的方法是：用手将培养料装入筒内，边装边轻轻压实，用力要均匀，使袋壁滑而无空隙。若用机械装料，装完后用手整修压实，最后把筒口合拢扭拧，再用塑料绳扎好，外预留2cm筒膜，便于以后接种和撑开作套筒用。装成的料袋长20～22cm，干料重450g。袋料要松紧适宜，不软散不硬结，密度均匀，长短一致(图45－15)。

图45－15 装好培养料的塑料袋

③灭菌接种

灭菌方法与技术，请参阅本书《食药用菌制种技术》一章。

(4)菌丝培养

①菌袋摆放：将接菌后的料袋及时移到地沟床架上排放。摆放方式，采用分层横放于床架上，两头的扎口朝外，每层床架中依次整齐地重叠4层料袋，上面留有适当的空隙，以利于气体交换。这种卧式多层堆放菌袋，比一般单层直立排放量能增加1倍以上的摆放量，且利于两头出菇(图45－16)。

图 45-16 “两头出菇法”的菌袋摆放

②菌袋培养:根据金针菇菌丝生长阶段需氧量不大的特性,通常采用袋口扎紧的封闭式发菌培养。在菌袋培养期间,要创造适宜的温度和通风条件,以促进菌丝健壮有活力。这是培养好菌袋的重要环节。

A. 温度:由于菌丝呼吸作用产生的热量,料温往往比室温高 2~4℃,故地沟内以保持 18~20℃温度为宜,不要低于 18℃。发菌期间,一旦温度超过 25℃,立即加强通风降温。

B. 通风:发菌期间要适当通风,以保证菌丝生长对氧气的需要。一般每天通风一次,每次0.5小时即可。如地沟内温度较低,可在地沟内设置火墙加温培养,火炉应安放在地沟通风口处,并注意定期通风,以免造成缺氧,影响菌丝生长。采用两头扎绳封闭式发菌,在接种后 10~15 天内,菌丝生长量少,呼吸量小,袋内含氧量一般可以满足菌丝生长的需要。菌丝入料 5cm 左右时,菌丝量增多,生长速度加快,代谢活动加强,需氧量随之增加,这时应将袋两头扎紧的线绳解开,松动袋口,以促进菌丝健壮生长。

菌袋培养时,要定期逐袋检查,发现有杂菌污染,立即进行处理,防止扩散蔓延。同时,还要注意预防鼠害。可采用场地四周挖深沟、捕鼠器捕杀。

(5)出菇管理

发菌时间需 25~35 天。白色的菌丝长满整个培养料时,表示菌袋培养已经结束,即可进行出菇管理。

①催蕾

A. 搔菌:把菌袋两头的扎绳解开,撑开袋口,进行两头搔菌,搔菌后上架摆放。

B. 催蕾:一是增加湿度。空间、沟壁、地面可用喷雾器喷水,使空气相对湿度保持在 90%~95%,以诱导菇蕾形成。二是调节温度。温度是促成菇蕾形成的条件之一,进入出菇管理后,地沟的温度调节到 10~12℃。气温高时夜晚大通冷风,白天堵严或小开风口;气温低时正相反。经过 4~5 天,培养料表面就会出现琥珀色的水珠。再过 2~3 天,米黄色的菇蕾即出现,其速度因菌株不同而异。如迟迟不出现菇蕾,是由于培养料含水量偏低所致。这时可向培养料表面喷少量清水,促使菇蕾早日发生。

②子实体生长:经过催蕾之后,金针菇子实体开始生长。出菇管理的基本要点是:调节好地沟内的温度、湿度、光照和二氧化碳浓度。

A. 调节温度:开袋现蕾后,最好能调至 5~8℃,维持 3~5 天,使之出菇整齐、健壮。之后,保持子实体生长时所需要的温度 10℃左右,促进子实体正常生长。在调温时应注意两点:一是充分配合通风换气,使二氧化碳浓度降到$2\,000\times10^{-6}$以下,促使菇蕾大量生成;二是培养料表层不能太湿,应保持相对干燥,防止生理性冻害发生。

B. 控制湿度:北方地区,冬季气候干燥,一旦湿度不足,菇蕾的发生和正常发育受到阻碍,必将严重影响产量和质量。在菇蕾形成期,空气相对湿度控制在 90%左右;菌柄长至 5cm 时,空气相对湿度应控制在 85%左右;菌柄长至 15cm 以上时,控制在 80%左右。方法:每天早、午、晚应向空间喷洒雾状水,在地沟壁和地面洒水来提高空气相对湿度。洒水的数量和次数应根据菇蕾生长的不同时期和空气干燥的不同程度而有所不同。雨天,尽量少喷或不喷水;空气干燥时,必须勤喷水。在整个栽培时期,最好不要向袋口菇体上直接喷水,以免影响金针菇的质量。

C. 通风换气:菇蕾的数量与通气关系极大。当菇蕾刚出现时,把菇房的门、窗打开,增加通风量,菇蕾出得快而且多。如果通气不足,菇蕾的数量少,出得也慢。子实体长到 1cm 时,仍要保持一定的通风条件,使菇蕾的生长成熟度保持同步,促使出菇整齐、健壮,这就是通常所说的抑制期。抑制期的长短应根据气温而定。自然气温低,抑制的时间 5~7 天,金针菇子实体长得慢,但数量多,十分整齐结实;气温较高时,抑制的时间短,相对来说,菇蕾数量少,子实体结实度差些。子实体伸长到 5cm 左右时,为了获得柄长、盖小的优质金针菇,必须提高二氧化碳的浓度。可封闭门窗,减少空气流通。同时,把菌袋两头的塑料薄膜撑开拉直,成套筒形式,可增加二氧化碳的浓度,达到抑制菌盖开伞、加速菌柄生长的目的。但必须注意:地沟内的二氧化碳浓度不宜过高,否则容易形成菌柄纤细、无菌盖的针头菇,影响产量和质量。一旦发现针头菇,必须立即通风,降低二氧化碳浓度。一般 1~2 天后,菌盖即可形成。

D. 光照调节:黄色金针菇对光线比较敏感,

地沟内要尽量保持黑暗，光照度 1 lx 左右为宜。在环境黑暗条件下，培养的金针菇颜色浅，质嫩，绒毛少。对光线不敏感的白色菌株，出菇期间要进行微光诱导，微弱光线是促进白色金针菇产生大量菇蕾的重要条件。在地沟顶棚每隔 2m 处，设置覆盖住约 30cm² 大小的透光区，顶棚上的微弱光线，可使菌柄朝着光的方向快速、整齐地生长。

(6)采后管理

以棉子壳为主要原料、“两头出菇法”栽培的金针菇，一般可以采收 2～3 潮菇。第 1 潮菇采收后，将料面清理干净，让菌丝恢复生长。由于菌袋两头出菇，所以第 1 潮菇的产量高，菌袋内水分消耗也大。为使转潮快、出菇齐，必须让菌袋吸足水，特别是料面不能缺水。补水方法：对失水过多的菌袋，用注水器向料内注水补湿，或将菌袋置水池中浸泡，待菌袋吸足水后，倒去多余的水；对失水不多的菌袋，可在料面连续喷水，直到下潮菇蕾长出，才停止喷水。结合补水适量补充营养，有利于提高菇的产量。

第 2 潮菇的管理方法与第一潮菇的方法基本一致，两头出菇法产量高，每袋可产 500g 左右(图 45－17)。

图 45－17 “两头出菇法”生长的子实体

(图 45－15～图 45－17 照片由李育岳提供)

黄色金针菇长袋两头出菇法

(1)制袋

长袋两头出菇法：菌袋要求塑料袋规格是：22cm～23cm×42cm～45cm。装完培养基后两端袋口套上套环，并用橡胶环把封口纸扎紧在套环上，经灭菌后接入菌种进行培养。

(2)排袋催蕾

①菌袋排放与搔菌：金针菇菌丝体长满袋后，要及时移到菇房内进行出菇管理，也可在菌丝体尚未长满袋，即菌丝生长量达到 2/3 袋时进行排袋出菇，这样可提早出菇，缩短生长周期。将菌袋横放堆码在床架上，每排之间相距 1m，揭去封口纸，搔去袋口表层菌种。然后将作套袋用的塑料袋用橡皮筋环固定在袋口上，并把套袋卷轴放置在套环处，为子实体生长期间进行套袋做好准备(图 45－18)。套袋的塑料袋规格为 20cm×30cm，或 22cm×42cm，作套袋用的塑料袋要求清洁、干燥。

图 45－18 排袋

②催蕾：催蕾时，温度应控制在 5～20℃，最适温度为 12～15℃。诱导出菇时给予散射光照，光照强度为 5～50 lx。在完全黑暗条件下，子实体生长不整齐。空气相对湿度保持在 80%～90%，湿度偏低时，应在袋口上覆盖塑料薄膜保湿，防止袋口表层培养基失水，影响子实体的形成，同时在地面和菌袋上洒水，增加环境中的湿度，使环境空气相对湿度达到 80%～90%。当袋口上出现菇蕾时，开始进入出菇管理(图 45－19)。

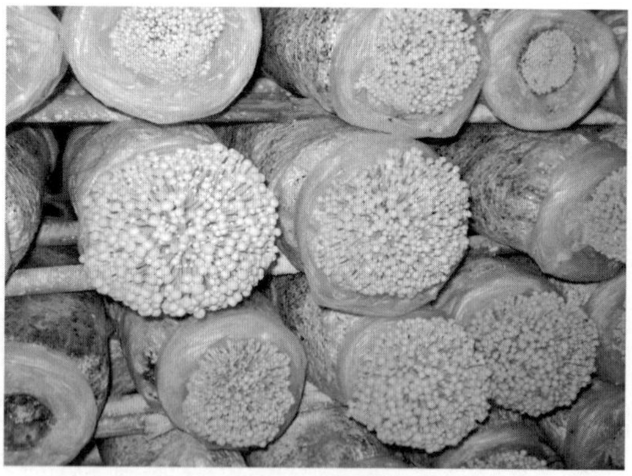

图 45－19 菇蕾形成

③子实体生长发育管理

A. 套袋：当子实体生长整齐，并且长出袋口，高度达到 3～4cm 时，需在子实体上套上塑料袋，套袋的目的是增加局部 CO_2 浓度，促使菌柄增长，抑制菌盖生长，同时维持子实体生长所需的湿度。待子实体长出袋口 3～4cm 长时，开始拉直塑料套袋，使之成为筒状，上端用橡皮筋扎着，并留一个直径为 1～2cm 大的孔，以利于通风换气，防止子实体大量分枝，长出许多发育不良的子实体(图 45－20)。

图 45－20 套袋出菇

B.环境条件控制：温度调节：子实体生长发育期间，需将温度调节在 10～20℃，最佳温度为13～15℃。温度高于 20℃时，子实体生长快，易开伞和感染病虫害；温度低于 10℃，子实体生长缓慢，因此，在温度偏低时，减少通风量，同时将菌袋重叠堆码，增加袋间温度。湿度控制：子实体生长期间，环境中空气相对湿度应控制在 70%～85%，子实体生长的湿度是通过套袋来满足，使袋内湿度达到 90%～95%，因此在菇房内不需要喷水。光线：子实体生长期间，环境中光照强度以 5～10 lx 为宜，光照强度＞50 lx 时，子实体菌盖颜色加深，呈黄褐色，但菌柄却不易变色。处于完全黑暗环境下，子实体生长不整齐，因此环境中光照以弱光照为好，即刚能看清操作管理为宜。空气：子实体生长期间，需要较高的 CO_2 浓度来抑制菌盖开展，促进菌柄生长，因此需在金针菇子实体上套上塑料袋，但要加强通风换气，将菇房门窗打开。或者在菇房的两侧用遮阳网围盖，利用遮阳网遮光，同时又能通风，保持菇房内空气新鲜。若通风不良，菇房内 CO_2 浓度过高时，子实体会变软，含水量增加，品质下降。

图 45－21 是即将采收的金针菇，把两边袋口的金针菇采收完后，将作套袋用的塑料袋留在袋口上，待下一潮菇长出后，直接拉直塑料袋作套袋用。

图 45－21 适宜采收的金针菇

④采后管理：采收完一潮菇后，待下一潮菇长出袋口并达到 3～4cm 长时，再套袋进行管理，方法同前，每袋可采收 3～4 潮菇。干料重 1～1.5千克的菌袋，单产可收 1 000～1 200g。

附：黄色金针菇设施栽培出菇管理

为了周年生产，利用人工控制温度的冷库设施实现上述栽培黄色金针菇，该栽培方式与工厂化栽培方式不同的是，智能化程度较低，只是在温度控制上实现自动控制，而湿度、CO_2 浓度和光照都得人工控制。

(1)制袋

采用 17cm×33cm，或者 21cm～22cm×31cm～33cm 规格的折角塑料袋装培养基，装完后扎上套环，塞上棉花，经灭菌后接入菌种，放置在 20～23℃下培养。

(2)催蕾

①搔菌：菌丝长满袋后，将袋口上颈环换成直径为 7cm 的颈环。搔去袋口表层菌种，搔菌方式有两种：一种平搔法，即平整地搔去表层菌种；另一种方法是坑搔法，即把袋口的培养基挖成深坑状。搔菌后，在袋口内喷水，补充水分，以利于增加子实体形成数量。

②诱导出菇：将菌袋横放在床架上或地面上，在菌袋上覆盖塑料薄膜，防止袋口失水。将菇房内温度控制在 12～15℃，光照强度为 5～10 lx，光照需均匀，这样有利于子实体形成一致。当原基形成后，揭去覆盖的塑料薄膜，将菌袋直立排放在床架上或地面上，为出菇作准备。

(3)子实体生长发育管理

①套袋管理：套袋用的塑料袋规格为 22cm×42cm，或者 22cm×45cm，在排袋时就将作套袋用的塑料袋用橡皮筋环固定在袋口上，卷折放置并露出袋口。当子实体长度达到 4～5cm 时(图 45－22)，拉直塑料袋使之成筒状，上端用橡皮筋环扎着袋口，并留直径为 1～2cm 大的孔(图 45－23)。

图 45－22 准备套袋

图 45－23 套袋出菇

②环境条件控制管理：子实体生长发育期间，将温度控制在 6～10℃，CO_2 浓度控制在 8 000×10^{-6} 以下，可通过定时通风换气来调控 CO_2 的浓度。光照强度应控制在 3～5 lx，湿度为自然湿度，不需要在菇房内喷水。

图 45－24 是设施栽培的金针菇产品，一般只采收一潮菇。

图 45－24 采收的金针菇产品

（九）采收与分级

1. 采收

金针菇供食用的主要部位是清脆、细嫩的菌柄，菌柄又长又嫩又白的为优质品。金针菇的采收时机必须适当。子实体长到 15～16cm，菌盖内卷呈半球形，直径 1～1.5cm 时，应当及时采收。不及时采收，只要再留 2～3 天，金针菇的菌盖就会展开，而且菌柄将会长到 20cm 以上。过分成熟的金针菇，菌柄纤维质化，加工和鲜售的品质下降。如果在幼菇尚未成熟时采收，产量低。

采收方法：一手握住菌袋，一手握住菇丛轻轻拔下，将其平整地放在塑料筐内，防止装量过多而压碎菇体。刚采收的鲜菇应放在光线较暗、温度较低的地方，以防继续生长。采收后最好及时进行保鲜与加工。

2. 分级

金针菇采收后应当分级。

①一级菇：菇形完整，菌盖呈白色或黄白色，直径不超过 1cm，内卷呈半球形。菌柄长 15～16cm，白色或 2/3 白色、1/3 为淡黄色，基部修剪干净不黏连。无畸形、无病虫害、无斑点、无霉烂变质、无杂质，具有鲜金针菇应有的自然风味。

②二级菇：菇形完整，菌盖呈白色或淡黄色，菌盖直径不超过1.5cm，菌盖内卷呈半球形。菌柄长 10～18cm，白色或 1/3 白色、2/3 为金黄色，基部修剪干净。无畸形、无病虫害、无斑点、无霉烂变质、无杂质，具有鲜金针菇应有的自然风味。

③三级菇：菇形较完整，菇体呈白色或金黄色，基部淡褐色，菌盖直径不超过2.5cm，菌柄长 6～20cm，无明显纤维质感，基部修剪干净。无畸形、无病虫害、无霉烂变质及杂质，具有鲜金针菇应有的自然风味。

一级菇、二级菇以鲜销或加工罐头为主，三级菇只能用于加工干品或盐渍品。

二、金针菇工厂化瓶栽技术

食用菌工厂化生产具有很大优点：①实现食用菌机械化、流程化及标准化生产，大大提高劳动生产效率。②使用工厂化生产专用的品种进行标准化生产，产品规格好，品质一致。③自动控制温度、湿度、光照、氧气等生态条件，实现周年均衡生产，突破传统的食用菌依靠自然条件一年一茬生产制。④保证产品的质量，延长货架期。

20 世纪 60 年代，日本成功建立了金针菇瓶栽工厂化生产模式，装瓶、接种、搔菌、挖瓶等均采用机械化手段。80 年代，韩国、我国台湾省相继引进日本金针菇生产模式进行工厂化生产。目前，国外金针菇工厂化生产厂家的规模由最早的日产几百千克发展到日产 40 多吨。

1992 年开始，台湾菇业进军大陆食用菌产业，在广东、上海、北京建立了 8 家金针菇瓶栽工厂化生产厂。1999 年，上海浦东天厨菇业有限公司在学习、借鉴国外先进经验的基础上，建立了日产 2 吨的金针菇工厂化瓶栽生产线。2004 年开始，生产规模扩大至日产 6 吨鲜菇（图 45－25）。

图 45－25 上海浦东天厨菇业有限公司栽培厂房

目前，全国各地金针菇工厂化生产厂家不断涌现，现已有周年工厂化瓶栽厂家60多家。金针菇工厂化生产已成为产业发展的方向。

(一)工艺流程

原料配制→装瓶→灭菌→接种→培养→出菇管理→采收→挖瓶→分级包装。

(二)设施与设备

1. 栽培设施

金针菇工厂化生产需要保温、保湿的房屋设施。其结构常见有砖木或钢结构，聚氨酯保温板。按照生产工艺，将生产厂房分隔为搅拌室、装瓶操作室、杀菌室、冷却室、培养室、搔菌室、生育室、包装室、挖瓶室、冷库等。每个功能室需严格按照工艺流程进行布局，布局方式因地制宜。每个功能室的面积需根据生产规模而确定。

工厂化生产厂房的布局合理与否、功能区域的面积是否相匹配，是能否成功达到生产设计能力的关键因素。在工厂设计时首先拟定设备方案、确定生产规模、生产品种的种类，之后需经严格计算设备置放空间面积、菌种生产数量及堆放位置面积等。

①搅拌室：搅拌室主要用于放置搅拌机和送料带。培养料搅拌会引起大量粉尘，需与其他房间隔离，并安装除尘装置，避免污染环境。

②装瓶操作室：放置装瓶机、杀菌锅、手推车、栽培瓶等。操作室是装瓶、杀菌的主要工作场所，要求有较宽敞的面积和良好的通风环境。

③冷却室：杀菌完毕后培养料在冷却室冷却，冷却室除安装制冷设备外，要求有空气净化设备，避免再污染。房屋结构要密闭性好，在进风口安装空气净化系统，室内安装紫外杀菌灯等。

④接种室：接种室是放置接种机、进行接种的场所，要求室内空气绝对洁净。接种室进风口要安装空气净化系统，室内需安装控温系统、紫外灯、自净器。

⑤培养室：接种完毕，菌种置于培养室内发菌培养。菌种培养期间需要适宜的温度、氧气和湿度。菌丝生长会产生大量呼吸热及二氧化碳，培养室内需安装制冷设备、加湿器及通、排风等设备。为避免污染，提高菌种成品率，进风口还需安装空气净化系统。

⑥搔菌室：放置搔菌机，是进行搔菌作业的场所，要求有一定的宽敞空间，便于操作。

⑦生育室：也称栽培室，是金针菇子实体形成、生长的房间。要搭置床架，床架层数通常5～6层，依据生育室层高而定，并装备调温、调湿、通排风及光照装置(图45－26)。

图45－26 天厨菇业公司的栽培室

⑧挖瓶室：放置挖瓶机，将采收后瓶内的废料挖出的作业场所。挖瓶室需远离堆物及仓库，避免废料中的杂菌污染原材料。

⑨包装室：产品采收后，在包装室内计量包装。为保证产品的洁净，包装室地面需洁净，减少灰尘。

⑩保鲜冷库：产品包装后立即放入冷库保藏，以延长产品的货架期。冷库的温度常控制在3～4℃。

2. 机械设备

金针菇工厂化瓶栽生产各个工艺阶段需要不同的生产设备，而生产设备的配备应根据生产规模而定。设备配备不足，将影响生产量；设备配备过剩，造成不必要的浪费。

①搅拌机及送料带：搅拌机用于拌匀、拌湿培养料，采用低速内置螺旋形飞轮的专用搅拌机。搅拌同时需加水，搅拌机上方需排布水管。水管上均匀排布出水孔，出水孔间隔10cm左右。培养料搅拌均匀至适宜含水量后，由送料带将料送至装瓶机料斗。

②装瓶机：将培养料均匀一致地装入塑料瓶内，并压实料面，打上接种孔，盖好瓶盖。装瓶机有振动式与垂直柱式两种，每次装瓶12～16瓶。有各种规格、性能的装瓶机，装瓶速度每小时0.35万～1.2万瓶不等。

③杀菌锅：杀菌锅有高压杀菌锅与常压杀菌锅。高压杀菌锅具有杀菌彻底、杀菌时间短的特点，但是造价较高；常压杀菌锅虽造价低廉，但灭菌时间长，部分耐高温的细菌难以彻底杀灭。工厂化生产大多选用高压杀菌锅。

④自动接种机：灭菌结束待培养料冷却后，用自动接种机接种。接种机自动挖出菌种并定量接

入菌种瓶内，每次接种4～16瓶，接种速度每小时0.6万～1.2万瓶不等。

⑤搔菌机：菌丝长满塑料瓶后，搔菌机自动去除瓶盖，搔去表面2～5mm的料面，然后注水，金针菇用平搔刀刃。有各种规格、性能的搔菌机，搔菌速度每小时0.35万～1.2万瓶不等。

⑥加湿器：培养室、生育室需要安装加湿器，用雾化状水汽加湿，常用超声波加湿器。

⑦挖瓶机：采收完毕，挖瓶机自动将培养料挖出。有各种规格、性能的挖瓶机，挖料速度每小时0.35万～1万瓶不等。

⑧包装机：根据产品包装要求，选择包装机型。有袋装包装机、盒装包装机、真空及非真空包装机等。

⑨栽培容器：金针菇工厂化栽培容器常用850～1 400ml的聚丙烯塑料瓶，耐高温、高压，无毒，透明。瓶盖密封，且有合适的通气孔，并备有专用的塑料筐。塑料筐有放置12瓶、16瓶等规格。

（三）栽培管理

1. 培养料的配制

①培养料种类：日本金针菇工厂化生产常用柳杉木屑为原料，柳杉属针叶树木屑，含阻碍菌丝生长的活性物质，需室外堆制3～6个月，去除有害物质后才能用作培养料。我国各种农业副产品，如棉子壳、玉米芯、甘蔗渣等被广泛用于金针菇工厂化生产。这些原料不仅来源广泛，营养丰富，而且价格低廉。既再利用了废料资源，又保护了生态环境。金针菇生产除需要碳源外，还需要定量的氮源。工厂化生产周期短、产量高，对氮源的要求更高，生产上用作栽培金针菇的氮源原料主要有米糠、麦麸、玉米粉、豆腐渣等。

②培养料新鲜度与粗细度：金针菇工厂化生产的培养料要求干燥、新鲜、无霉变、无虫害。培养料潮湿，易产生霉变，导致杀菌不彻底，影响成品率。另外，培养料霉变、酸败、虫害也会影响到营养成分，最终影响产量、质量。工厂化生产培养料要达到一定的颗粒大小，粗细度均匀。颗粒太粗，装瓶后料内空隙大，保水能力差；颗粒过细，装料过于紧实，通气性差，影响产量与质量。

③培养料配比：金针菇的生长发育需要碳源、氮源、矿物质、维生素等营养，而且需要一定的配比。金针菇培养料的碳氮之比为20∶1～40∶1，以30∶1为适宜。C/N过高，菌丝生长快，出菇早，但菇较少，质量差；C/N过低，菌丝生长浓密，但出菇推迟，出菇数量少，同样影响产量和质量。各地所用原料的营养成分、种类及含量不尽相同，工厂化生产中的原料配比也不尽相同，应根据实际用料情况进行科学合理的配比。

④培养料含水量：培养料中含水量多少直接影响到发菌快慢与产量。培养料含水量低，菌丝生长缓慢细弱；相反，含水量偏高，培养料通气性差，菌丝生长也细弱无力。含水量过高过低都会导致发菌时间延长，菌丝活力减弱。金针菇工厂化生产，培养料含水量以63%～65%为宜。为确保生产中含水量正确，在培养料配制过程中定时定量加水，并用红外线水分测定仪监测培养料的含水量。

⑤培养料酸碱度：金针菇喜偏酸环境，最适pH为5.6～6.5。由于培养料在灭菌后pH值有所下降，加上培养过程中，食用菌新陈代谢产生各种有机酸，也会使pH降低。因此，在配制培养料时，应将pH值适当调高些。

2. 装瓶

装瓶由装瓶机组自动装料，装料松紧度均匀一致。装料高度以瓶肩至瓶口1/2处为适宜。装料后料面需压实并打接种孔，盖好瓶盖。

3. 灭菌、冷却

高温、高压灭菌的原则是杀灭一切微生物，同时尽量减少营养成分丢失。高压灭菌时间为：152kPa，121℃，2～2.5小时。

灭菌结束后，培养料瓶从灭菌锅中搬出，放置在洁净的冷却室内，冷却至料温在20℃以下。料温冷却不够，接种后，菌种因受热发生变异或生长发生障碍。据试验，料温从100℃冷却至20℃过程中，瓶内外空气交换体积约为50%，料温从80℃开始冷却，瓶内外空气交换体积约为30%。冷却室要保证空气的绝对净化。

4. 接种

（1）固体菌种接种

培养料温降至20℃以下时，料瓶搬入接种室，采用自动接种机接种。对使用的菌种，必须仔细检查有否杂菌污染与生长不良，确保菌种质量。菌种使用前要清洗、消毒瓶外表面，然后无菌操作去除培养基表面及接种孔里的老菌块。接种人员必须使用清洗并消毒过的衣、帽、鞋，佩戴口罩，通过风淋进入接种室。接种前，消毒接种机接触菌种的部件，保持接种室空气洁净。接种定量，每瓶菌种接44～50瓶。接种量过多，浪费菌种，并影响菌种瓶内的通风换气；接种量过少，料面菌种封面慢，易引起污染。

（2）液体菌种接种

过去，食用菌生产一直沿袭繁琐费时的固体菌种扩繁方式。液体菌种替代固体菌种是食用菌人工栽培技术的一场重大变革。采用深层发酵技术制备的液体菌种，具有下列优势：一是制种快，由固体菌种的 3 个月左右缩至 15 天；二是活力强，可以选择最佳菌龄时段接种；三是污染少，接种后 24 小时即可定植封面，大大降低污染率；四是发菌快，液体菌种易分散，萌发点多，可缩短栽培周期；五是成本低，节省人工、场地和能源能耗。液体菌种的生产应用有着非常广阔的前景。

20 世纪 90 年代，韩国、日本相继在金针菇工厂化生产上进行液体菌种的应用研究，并取得重大突破。目前，韩国的金针菇工厂已普遍应用液体菌种替代固体菌种。日本一些大型金针菇工厂化生产企业也已开始采用液体菌种。上海天厨菇业有限公司 2004 年自主研发成功金针菇液体菌种生产工艺，大规模应用于日产 6 吨的金针菇工厂化生产。

应用液体菌种的关键是：液体菌种使用前，需检测确认无杂菌污染才能用于接种，否则会造成颗粒无收。液体接种机喷头经高压蒸汽灭菌后才能使用。接种时，连接好发酵罐、喷头、通气等管道，并用空瓶检测每瓶的接种量。接种过程中保持罐压 160～200kPa，以保证菌种喷洒均匀。液体菌种每瓶接种量为 22ml±2ml。

5. 发菌培养

接好种后，将菌种瓶移入培养室发菌培养。发菌过程中，菌丝会进行呼吸并产生大量二氧化碳与热量，需保持培养室内良好的通、排风。培养室的菌种堆放形式、密度十分重要，比较合理的堆放密度为 450～500 瓶/平方米。堆放高度为 12～15 层，每区域留通风道。金针菇发菌适温 20～22℃。发菌初期与后期菌丝生长呼吸所产生的热量较少，而发菌中期菌种生长旺盛，发热量大，培养室温度设定应分阶段调整。另外，发菌过程中，菌丝呼吸产出热量导致料温较室温高 3～4℃，室温的控制要保证料温不超过菌丝生长的适温范围，否则高温会引起菌丝生长缓慢甚至停止、菌丝老化等生理障碍，最终导致不出菇或出菇质量差。发菌过程中培养室的相对湿度控制在 60%～70%。发菌初期空气湿度高，易引起杂菌滋生，并且易产生气生菌丝，影响吃料速度。发菌中、后期，随着菌丝呼吸旺盛，水分消耗增加，需相应提高空气湿度。金针菇发菌培养阶段不需要光照，但需要良好的通风。若通风不良，二氧化碳浓度升高，不仅会造成菌丝生长障碍，而且培养室容易滋生杂菌。发菌初期菌丝呼吸作用弱，通风换气次数与时间相对少；中、后期，菌丝生长旺盛呼吸作用强，需适当增加通、排风次数与时间。培养室的二氧化碳浓度保持在 3 000～4 000×10^{-6} 为适宜。

6. 搔菌、注水

金针菇菌丝发满料后即可搔菌，即搔去老种菌，平整料面，补充水分，然后移入生育室出菇。搔菌过早，菌丝发育未成熟，原基形成期会延长，分化原基少；搔菌过迟，营养消耗多，且菌丝活性降低，原基形成也少，产量低。掌握正确的搔菌时间有利于提高产量、质量。金针菇以菌丝发满料为搔菌适期，采用平搔法，即搔去表面 5～6mm 的老菌种与料表层老菌丝，然后注 8～10ml 水。注水目的是为了补充料面水分，增加原基形成数量，但搔菌后菌丝受伤，抵抗力较弱，注水后易引起污染，要用洁净的水。

搔菌前要清洁、消毒搔菌刀具，同时严格挑选，拣出受杂菌污染的菌种瓶，以免搔菌刀刃带菌，造成交叉感染。

7. 出菇管理

（1）催蕾期

搔菌后将菌种移入生育室进行出菇。工厂化生产采用床架式栽培，生育室设置床架层数常为 5～7 层。床架分移动式与固定式，移动式可节省搬运时间与劳力，但成本较固定式高。

原基分化期，生育室内温度一般控制在 14～15℃。催蕾期对空气湿度与料面的含水量控制十分重要，生育室内用超声波加湿器产生雾化状水进行加湿，湿度控制在 95%～99%。空气湿度过高菌丝徒长，原基分化少；空气湿度过低，料面干燥，菌丝恢复生长慢，原基分化缓慢而且原基数少。根据菌丝恢复生长情况与生育室保湿性能调节湿度。金针菇原基分化阶段不需要光照。二氧化碳浓度控制在 1 000～2 000×10^{-6} 有利于原基分化，生育室的二氧化碳浓度通过控制排风时间与通风量来控制，一般经 10 天后出现菇蕾。

（2）抑制期

菇蕾发生后，个体发育的强弱有差异，分枝有先后，大小不一，会影响整齐度。为此，当菇蕾出现 2～3 天后，肉眼能见到菌柄长 3～5mm、菌盖 2mm 大小时，把菌瓶移到抑制室，采用低温、弱风、间歇式光照抑制措施，促使菇蕾长得整齐，粗壮。在日本，金针菇抑制生长在专门的抑制室内进行，结束后移出抑制室。目前很多金针菇栽培者采用专用抑制装置，即在生育室的过道中安装移动式抑制装置，当进入抑制期时，开启抑制装置，结束后关闭此装置。抑制室的温度调节在3～5℃，以每秒3～5m弱风吹向菇体。利用金针菇对光的敏感特性，也可采用光线抑制，在距离菇体50～100cm处，用200 lx光照间隙性照射，每天2～3小时。

金针菇的抑制期需5～7天，以菇蕾长至瓶口上方1cm左右为宜。

(3)伸长期

伸长期的管理主要是促使子实体色泽、形态正常，生长整齐一致。菇蕾长出瓶口2cm左右时，套上纸筒。金针菇套纸筒有两个作用：一是金针菇伸出瓶口之后，菇体易向外倾斜，套上纸筒可防止下垂散乱，使之成束生长；二是可以在出菇小环境中减少氧气供应，增加二氧化碳浓度，抑制菌盖开展，促进菌柄伸长。

套筒可用各种材料做成，有蜡纸、牛皮纸、塑料、无纺布等，规格为高12～13cm，呈喇叭形(图45－27)。不同材料的套筒由于通风换气性能有差异，效果也不相同。

图45－27　卷立固定在瓶口上的蜡质纸

纯白金针菇的伸长期温度控制在6～8℃。温度高，子实体生长快，但菌柄细，菇丛整齐度差，产量低。伸长期不需要光照。但子实体生长发育阶段，通风换气十分重要，特别是工厂化生产在密闭的菇房内，加之高密度、立体式栽培，二氧化碳浓度的控制适当与否，直接影响到产量与品质。子实体的生长发育会产生大量二氧化碳，如果不及时通风换气，菇房内积聚过量二氧化碳，会造成子实体畸形生长，如菇柄徒长、菇盖针头状或畸形等。工厂化生产中，要设定适当的通风换气次数与换气时间，二氧化碳浓度控制在$4\ 000\times10^{-6}$左右为宜。另外，空气相对湿度应控制在80%～85%范围内。在低湿环境下，子实体生长发育慢，菇盖易开伞，菇柄空心。但过湿的环境会导致子实体含水量过高，采收后不耐储藏，同时高湿环境下易发生病虫害，而且采收时若菌盖和菌柄含水分多，会形成“水菇”，导致金针菇不耐储存，商品价值降低。如有“水菇”现象，采收前2天吹风，使菇体干燥、发白。

8．采收

金针菇的菇柄长至15cm、菇盖直径0.8～1cm为采收适期(图45－21)。采收时，一手握住菌瓶，一手轻轻把菇丛拔起，平整地放入筐内。要防止装得过多，压碎菇盖及菇柄，影响质量。采收后的子实体按照等级标准进行分级，然后计量包装。

工厂化生产为提高栽培房的利用率，增加生产茬次，只采收1潮菇。目前，瓶栽金针菇的产量较高，一般为200～300g。

图45－28　金针菇工厂化瓶栽的子实体

9．挖瓶

采收结束后，菌瓶必须立即移入挖瓶室，由挖瓶机将废料挖出，菌瓶可重复使用。废料送基质肥料加工厂，制成基质肥料或处理后用作菇类生产原料。

采收完毕后的生育室应彻底清扫干净，并用水冲洗床架、墙壁四周、地面等，保证生育室洁净。

10．鲜菇包装

工厂化生产的金针菇以鲜菇风味最佳。但因鲜菇保存时间短，影响商品质量，同时给出口带来困难，要及时采用保鲜工艺进行保存。金针菇保鲜方法有保鲜薄膜包装、抽真空及抽半真空包装几种方式。其中抽半真空包装的菇体变形小，保质期长，在2～3℃能保存20～25天，是目前最好的保鲜方法。

三、金针菇“再生法”工厂化袋栽技术

金针菇工厂化瓶栽具有生产自动化、机械化、标准化以及产品质量好的优点，但是设备要求高，投资大，实施有一定的困难。我国科技人员根据我国国情及多年实践经验，探索设计了一套简单实用，且具有投资省、能耗低、效益高、操作简便的金针菇“再生法”工厂化袋栽技术。工艺流程为：原料配制→装袋→灭菌、冷却→接种→培养→催

蕾→再生→套袋→抑制→发育→采收→包装。

(一)出菇房设计要求

1. 菇房结构

饶火火(2006)认为,厂房以东西走向和双排库为好,中间通道 2m 以上,以便于通行。以日产 1 吨规模的厂房计算,可设 10～12 间出菇房。出菇房净长9.5m,净宽5.0m,净高3.5m,天花板用 20cm 厚 20K 的泡沫塑料板,沿摆放床架的正上方中间预埋照明电线。四周及地板用 10cm 厚塑料泡沫板作为保温隔热。两侧墙的中间每隔 3m 预埋插座,作补充照明及内循环通风时的电源。内外墙各设1.2～1.5m 宽房门。外墙正门两边离边墙 40cm、离地 35cm 处各设 40cm 宽正方型排气窗,正对中间通道的外墙内侧安装风机。外墙上侧(离天花板 50～80cm)正对风机回风板处,排预埋 5cm 口径进风管道数根。紧靠外墙的外面设宽 1.8m 的栏道作为安装制冷机组,在离地2.5m 处搭遮阳棚,尽量使制冷机组避开日晒雨淋(图 45－29)。

图 45－29 “再生法”栽培的制冷机组

2. 层架设置

库房内层架设计,除了考虑节省投资,提高库房利用率外,更要考虑到空气流畅和光照均匀等方面的需求,以及排袋、采菇等操作的便利。可根据库房的结构、栽培袋的大小设计床架的长、宽,使床架达到最合理利用。若生产使用 17cm 口径折袋,可内设两排床架,床架设 6～7 层,长 830cm,宽 155cm,层高 45cm,底层离地 15cm。层架要求选用坚实耐腐的材料,两排床架中间设 70cm 通道,靠墙两边留 60cm 作回风道兼过道,这样既便于操作,又能使室内空气流畅,光照均匀。

3. 制冷量

金针菇在 10℃以下才能长得粗壮、洁白。一般 50W/m^3 的制冷量可满足金针菇生长期对温度的需求。库房制冷设备单一控制比中央空调控制方便、节能。每间库房可采用 10 马力(1 马力＝735.5W)的压缩机、15 马力冷凝器、0.75kW 加压泵、CR100 冷风机组装配套成制冷机组。冷却塔、水池可共用一个,以最少的能耗达到最佳制冷要求。

4. 光照设计

白色金针菇在菇蕾发生与子实体生长过程中要求有光照,短时间光线照射,对促进金针菇的快速生长、子实体颜色的增白和产量的提高有较明显的作用。在灯光的布局上要尽量做到均匀、充足,一般 3W/m^2 的日光灯或萤光灯的光照强度可满足上 3 层子实体生长对光照的需求。3 层以下部分可用光照度计进行测定,根据需要可在两侧临时增加移动式灯管补充光照,保证有足够和均匀的光照强度。

5. 通风换气

通风包括内循环通风和室内外换气(外循环通风)两个方面,是重要的一个环节。金针菇在子实体生长过程中,会产生一定量的 CO_2,需要适时更换新鲜空气。CO_2 相对密度大于空气的相对密度,会在室内往下沉积,冷空气也往下沉积,使上下层之间温度、湿度、CO_2 浓度不一致。在考虑通风时,应同时考虑内循环通风和换气通风两个方面。内循环通风可在层架的中间及两侧上方设一往复式内循环风扇;而换气通风不仅要求适时更换适量的新鲜空气,还应考虑温度与湿度的变化。排风口应设在离地 30cm 左右处,在此排出的空气温度比较低,可在库房后面墙壁设一简单预冷换气箱,将排出的冷空气经换气箱上方排出,同时在换气箱靠底部预埋数根管道作为进风口。管道用热交换能力较强的金属材料(最好用铜管)制作,在换气箱内螺旋式或盘旋式延伸到换气箱上方,与原预埋的进风管相连接至风机回风板前面。通过排出废气的负压,使新鲜空气徐徐进入库房。如进入的新鲜空气温度预冷不够,超过了设定的最高温度,自动控制系统自动开启制冷机组进行制冷,这样能使新鲜空气经排出的冷气进行预冷后,与金针菇子实体接触前经冷风机再次预冷。经过两次预冷后的新鲜空气,空气中所含水分大部分被带出室外,其温度、湿度基本与库房内温、湿度一致。这样,避开了子实体因反复受温差影响而产生“结露”,也避免了因换气而使库房湿度人为增大,从而提高金针菇的品质。

6．智能控制

为节省人力物力，最大限度地提高金针菇产品的质量，必须通过合理的冷房控制技术，使光线、水分、空气各生长因子达到最佳状态。这需要把上述各项设计科学合理地连接起来，构成一个完整的控制系统。一是温度。将感温探头连接到控制器，温度超出设定范围时，自动开启制冷系统。二是光照。将照明系统、照明用插座连接到时控器，设定不同时期的照明强度与光照时间。三是换气与内循环通风。将内循环风扇和换气系统分别连接到时控器，然后分别对内循环通风和换气作不同设定。低速、低风量的内循环风对子实体生长极为有利，一般可每小时 10～20 分钟内循环通风。外界湿度较大时，可增加内循环风量，减少换气通风，以此来降低子实体周围 CO_2 浓度，稳定库房内空气湿度，促进子实体正常生长。更换新鲜空气时，应根据 CO_2 测定仪测定的数值，针对金针菇不同生长时期和不同气候条件，设定相应的换气时间和换气量，基本实现金针菇出菇的自动控制。

(二)工厂化“再生法”袋栽技术

1．品种选择

目前大多采用白色金针菇品种，应选择原基形成快、菌盖不易开伞、菇柄硬挺、粗细均匀、菇体色泽洁白、含水分较低、抗细菌感染能力强的优良菌株。

2．材料选择

可因地制宜选择材料。棉子壳、木屑、玉米芯、甘蔗渣、农作物秸秆、麦麸、米糠等均可作为生产金针菇的原材料。棉子壳要求新鲜中绒为好；木屑要求越陈旧越好(至少需经水淋处理 6 个月以上)；玉米芯、甘蔗渣、农作物秸秆等均需粉碎、晒干，玉米芯需要粉碎成绿豆大小的颗粒备用；麦麸、米糠必须新鲜，无虫、无霉变。从事工厂化生产，只有做到原材料质量统一，才能确保产品的产量和质量。

3．原料配制

再生法工厂化袋栽金针菇只生产一批菇，原料的配方、袋口的大小、装料的多少直接影响到经济效益。生产者可根据当地资源条件，就地取材，选择科学的营养高的培养料配方，并准确秤料，一般采用棉子壳、甘蔗渣(或玉米芯、木屑)、麦麸 1∶1∶1的比例配方。

栽培配方：①木屑 27%，棉子壳 44%，麦麸 27%，糖 1%，碳酸钙 1%。②棉子壳 35%，麦麸 35%，甘蔗渣 28%，碳酸钙 1%，过磷酸钙 1%(福建个别工厂的再生法高产配方)。

上述 2 个配方是生产常用的配方。第一个配方的木屑可用甘蔗渣和玉米芯等代替。

配制方法：工厂化栽培应选用机械拌料。主辅料的秤量根据搅拌机一次最大搅拌量，准确秤取干料量，进行拌料。木屑(堆制过的)和甘蔗渣堆积在场地上，应以斗车进行衡量折算，但必须预先折算好干料重，这点非常重要，否则湿度过高、过低影响金针菇产量和质量。搅拌机有一定的高度，为了降低劳动强度应设置一个斜坡。棉子壳含有棉绒，不易预湿，应先将棉子壳倒入搅拌机内，通过搅拌机台上的水箱加水，利用机械压力，强制机械搅拌，使棉子壳充分预湿后，再添加甘蔗渣、木屑、麦麸和米糠、碳酸钙等辅料，并调节至所需要的含水量。之后再搅拌 10 分钟以上，才能使各组分充分混匀。培养基的含水量控制在65%～68%。

4．装袋灭菌

培养料装袋、灭菌技术，请参阅本章《一、自然季节袋栽技术》内容。

5．接种培养

(1)接种

灭菌后料袋置于无菌冷却室，提高冷却室洁净度、降低空间单位体积内杂菌孢子数量是接种成功的关键环节。待菌袋缓慢冷却至 25℃以下时才可接种，要求在无菌室或接种箱内接种。菌袋尽可能竖放。竖放两排后才能横卧，否则底层的袋子受到重压，一方面堵塞预留洞口，另一方面塑料壁出现空隙，对出菇不利。接种时，菌种应均匀分布在料面。冷却室、接种室、接种箱用不同消毒药品及紫外线轮流交叉消毒。在接种箱内，用接种匙将菌种捣碎成黄豆大小，每袋接种量约为 15g，一般 750ml 菌种瓶可接 20～25 袋。菌种接得多，菇蕾形成快。

(2)发菌

把接种后的料袋移入培养室的培养架上控温培养。上架时，摇动栽培袋让部分菌种均匀分布料面，部分菌种落入预留孔穴中，促使菌种在栽培袋内上下同步生长，这是缩短栽培发菌时间的关键技术。金针菇菌丝体最适生长温度因品种不同而略有差异，适当的低温培养有利于提高产量。在接种后的前几天，应维持在 22～23℃，有利于菌丝萌发。当菌丝盖面后，下降至18℃进行培养，有利于催蕾。培养房湿度维持在70%左右，偏干用超声波加湿器进行加湿，或者在地面适当洒些经消毒处理的洁净水。菌丝生长会产生大量的CO_2，在菌丝长满培养基表面以后，应通过定时器设定通风。在菌丝萌发前期可设定早晚通风各15～30分钟，在中后期通风0.5～1小时。菌丝生长不需要光照，提早光照会形成原基，影响产量。发菌时间因装料高度和原材料的不同而有所区别。以棉子壳为主料，装料16cm高，发菌时间需26～32天。工艺上一般发菌4周左右，菌丝长满栽培袋后可以进入出菇管理。

6. 出菇管理

从诱导原基形成到采菇需经过5道工序，即12～15℃诱导、再生，6～8℃均育、抑制和生长。

(1)诱导催蕾

在正常情况下，接种后第30～35天，袋内菌丝已基本生理成熟，把菌袋移入催蕾室，控制室温12～15℃，每天定量换气。给予100～200 lx光照强度2小时的诱导，10～15天原基开始形成，18～20天催蕾结束。菌袋内CO_2浓度高，促使菇柄伸长，抑制了菌盖的发育，形成针尖菇柄(图45－30)。

图45－30 培养袋内形成针尖菇柄

催蕾时应注意湿度保持在85%～90%，可通过超声波加湿器加湿。催蕾时还应加大通风量，每天通风时间不少于4次。根据排气量的大小，设定通风时间，每次通风均应使催蕾室完全换气。湿度大时，所交换气体应经除湿和预冷。金针菇子实体原基的发生需要一定量的散射光，每天需2小时左右100～200 lx光照，有利于子实体原基发生。光照时，应做到统一均匀，每次光照时间15分钟左右，保证原基发生整齐。

(2)再生

当培养基表面和棉塞间自然形成的针尖菇蕾较密集且长至3～5cm时，挑选长满菇柄的菌袋，放在一起，取出棉塞和套环，打开袋口，用刀片沿料袋表面将上部塑料袋割除，使菌柄完全裸露。之后，将菇房温度降至8℃，利用冷房内风机组频繁运转，产生的冷风进行强制通风或吹风，降低菇房湿度到80%以下，让针尖菇失水变黄萎蔫。此时，如果湿度太高，可以用除湿机抽湿。抽湿过程中用手掌轻触菇蕾，当菇蕾干至手掌稍有刺痛感时，将菇房内温度提高到9～12℃，菇房内湿度提高到85%～90%，促进老菌柄再生出新的菇蕾。2～3天以后，在倒伏菇柄上重新形成密集菇蕾，即再生菇蕾。整个料面菇蕾密集而整齐时(从割袋开始，需7～8天)，从菌袋底部套入比原菌袋稍大的塑料套袋，套袋口离料面高3cm。余下的塑料袋翻折到栽培袋的底部。套袋后菇房温度控制在6～8℃进行均育(即抑制前的过度阶段)。再生菇蕾形成后停止加湿，维持空气相对湿度85%左右。在此期间，切忌向菇体喷水，以免菌柄腐烂。CO_2会在室内往下沉积，每天开地窗排风2～3次，每次约0.5小时。

(3)抑制

为了使出菇整齐，必须进行抑制。子实体长到套袋口高时，将个别菇盖偏大的剔除，拉高套袋2cm抑制。应反复多次进行光照，每次光照时间为15～30分钟，每天保持2小时左右。连续光照至拉直出菇袋口后，暂时停止光照。光照和制冷风机的循环风较强，对菇体的发育起着双重的抑制作用。菇柄伸出套袋口，菇柄硬实，菇盖色泽发白，菇体含水量下降，即进入发育期管理(图45－31)。

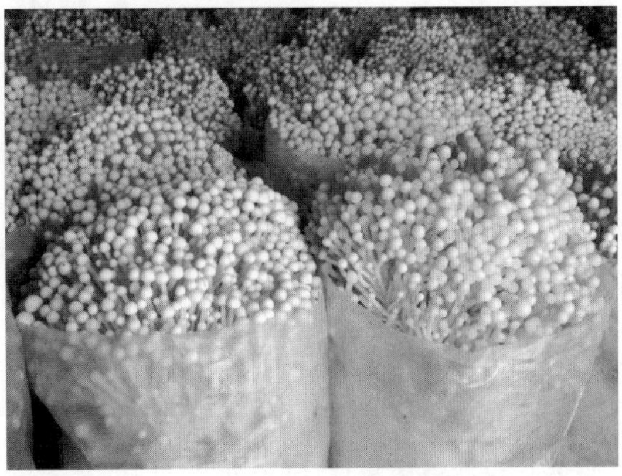

图45－31 工厂化袋栽工艺抑制后的"再生"金针菇

(4)发育

将套袋拉高，提高袋内空间的CO_2浓度，使之抑制开伞，促进菇柄伸长。金针菇子实体原基形成需要充足的新鲜空气，而子实体生长时，又必须减少通风次数，以提高CO_2浓度，促进菌柄生长。在采收前3天，为提高金针菇的洁白程度和预防出现"水菇"，应将空气湿度下降至80%以下。图45－32是层架上正在生长的金针菇。

图 45－32　层架上的袋栽金针菇

7. 采收

套袋后经 5～7 天，子实体长至 15～17cm、菇盖直径小于 1cm 时，脱去套袋，手握菇丛前后移动，将菇体拔下。排放时，所有金针菇子实体基部均朝筐内两侧排放。若无规则排放，菌柄基部培养基残渣黏附在菇体上，很难清除。从割袋至采收历时 20～22 天，只收一潮菇，每袋可产标准鲜菇 250g 以上（图 45－33）。从接种到采收整个周期 70～75 天。

图 45－33　金针菇"再生法"工厂化袋栽的子实体

8. 包装

金针菇采后仍会继续生长，为使其停止生长，保持较好形状和品质，采收后应迅速送冷库预冷，预冷温度为 1～3℃。子实体的温度降至 3℃以下时基本停止生长，即可包装。

包装间温度应在 8℃以下。根据客户要求保留或切去子实体基部的培养基。大袋每袋 3～5 千克，采用真空小包装，每包 100g 或 200g。用泡沫箱运输，运输过程中尽可能保持在 4℃。从采菇开始，保质期可达 2 周以上。

第四节　金针菇的化学成分、药理作用与临床应用

一、化学成分及营养价值

金针菇含有多种具有生物活性的物质，如核糖体失活蛋白、金针菇毒素等功能性蛋白类、多糖、糖蛋白、蛋白聚糖等，具有很高的药用价值。

1. 金针菇核糖体失活蛋白

核糖体失活蛋白（RIP）是金针菇中具有抗肿瘤、抗人免疫缺陷病毒（HIV）、抗昆虫、抗真菌等活性的功能性蛋白质，可抑制家兔网织红细胞无细胞裂解液中的翻译作用，阻止蛋白质的生物合成，表现出 *N*-糖苷酶和无 RNA 水解酶的活性。FIP 基因已被克隆和表达。由 RIP 构建成的免疫毒素已用于癌症治疗。带有 RIP 基因的转基因植物可减少其对病毒感染的易感性。根据金针菇核糖体失活蛋白（RIP）氨基酸组成单链或双链多肽及分子量的不同，已经从金针菇中分离、纯化出 4 种 RIP。

① 金针菇素（构菌素、火菇素、Flammulin）：金针菇素是从金针菇子实体中分离得到的一种结构简单的碱性蛋白质，相对分子质量 4 万的一条多肽链，其沉降系数为 2.5S，相对分子质量为 2.3 万。具有 *N*-糖苷酶和不具有 RNA 水解酶的活性。它能抑制家兔网织红细胞的无细胞裂解系统中的蛋白质翻译功能，其半数抑制率（IC_{50}）为 0.25 nmol/L，可有效地抑制肉瘤 S-180 和艾氏腹水癌，对 Yoshioda 肉瘤也有一定的抑制作用，具有抗癌活性和增强免疫功能。Ishikawa 等最先获得金针菇原火菇素，并证实其具有抗癌作用。周凯松等首次研究了金针火菇素的理化性质，其相对分子质量为 1.98×10^4，不含蛋氨酸。

② Velutin：Velutin 相对分子质量比较低，为 13.8 万。它具有 *N*-糖苷酶和β-glu 葡萄糖苷酸酶活性，其半数抑制率（IC_{50}）为 0.29 nmol/L，可抑制 HIV 的反转录酶的活性，经琥酰化后，其抑制 HIV 的活性显著增加。

③ Flammin：Flammin 相对分子质量为 3 万，

具有 *N*-糖苷酶活性，可抑制家兔网织红细胞裂解液系统中蛋白质的合成作用，其半数抑制率(IC_{50})为1.4 nmol/L。Flammin *N*-端氨基酸序列与被子植物Ⅰ型核糖体失活蛋白(RIP)，如天花粉蛋白的 *N*-端序列有小的同源性。但与其他蘑菇的 RIP 无同源性。Flammin 不具有核糖核酸酶和蛋白酶的活性。

④ Velin：Velin 相对分子质量为1.9万，具有 *N*-糖苷酶活性，可抑制家兔网织红细胞裂解液系统中蛋白质的合成作用，半数抑制率为2.5nmol/L，Velin 表现出有限序列与被子植物Ⅱ型核糖体失活蛋白 abrin 链的同源性。

2. 金针菇毒素

金针菇素(FTX)产生在金针菇子实体发育与生长阶段，是一种相对分子质量为 3.1×10^4 的心脏毒素蛋白，具有细胞溶解作用。Tomita 等应用平面脂质双分子层通道技术，以内外孔径分别为 5nm 和 10nm 的环状低聚体为人工靶细胞，研究了 FTX 的电生理学特性。在由磷脂和胆固醇组成的双分子层中，对电压门控离子通道施加较大电流(20～30 pA)和较小电流(1.0～4.5pA)时，发现 FTX 呈现两种不同类型的阳离子选择性细胞溶解酶的复合体状态和聚集毒素的中间状态。随后进一步分析 FTX 的氨基酸序列，并进行了 FTX 基因克隆与表达研究。结果显示，FTX 由 251 个氨基酸组成，相对分子质量为3.2万，是不含糖的单链多肽，不含二硫键，pK 为5.4，组成中含大量的色氨酸、丝氨酸和甘氨酸。与其前体氨基酸序列相比，少了 C 端 20 个氨基酸残基，其他与其前体氨基酸序列一致。通过基因突变，Tomita 等获得了不含 C 端 20 个氨基酸残基的重组 FTX(rFTX251)。与天然 FTX 一样，rFTX251 在溶液中呈单体状态，在人工细胞上呈环状孔聚体，引起细胞溶解。而含 C 端 20 个氨基酸残基的重组 FTX (rFTX271)与 rFTX251 相反，在溶液中呈二聚体，黏附于人红细胞表面，不引起细胞溶解。用胰蛋白酶水解 rFTX271 二聚体 Lys241 与 Met252 的肽键后，rFTX271 可转变为具有溶细胞作用的单体。这些研究结果说明，FTX 是金针菇蛋白质合成过程中后续加工修饰的产物，而含有 271 个氨基酸残基的前体没有生物学活性。

近年来，有研究发现 FTX 可裂解家兔、大鼠、豚鼠、人、小鼠、猫和犬的红细胞，但羊、牛、山羊、猪和马的红细胞对它的裂解具有很强的抗性，有溶血和渗透作用。由于 FTX 能减少人肠道的 Caco-2 单层细胞透过上皮的电阻，又被命名为 TEER 减少蛋白(TDP)或跨上皮电抗性蛋白(TEER-TDP，TDP)。近来有研究发现，TDP 是一种非糖基化水溶性蛋白，相对分子质量约为 1.38×10^4。TDP cDNA的 ORF 编码 272 个氨基酸，与已知的蛋白质无同源性，被认为是一种新蛋白质。TDP 的生物活性主要表现为能快速降低人肠细胞的跨上皮电抗性，同时提高细胞旁通透性(paracellular permeability)。尽管 TDP 的 N 端序列与 FTX 完全一致，但 TDP 对细胞无毒性，也无促细胞分裂作用。

3. 免疫调节蛋白

免疫调节蛋白(FIP-fve)是从金针菇子实体中分离提取的相对分子质量为 1.3×10^4 的蛋白质，纯化的 FIP-fve 由 114 个氨基酸组成的一条多肽链，相对分子质量为12.704 Da，由 342 个碱基编码，不含组氨酸、半胱氨酸和蛋氨酸，但富含天冬氨酸和缬氨酸，*N* 端为乙酰化氨基酸，*N* 端紧接着的 α-螺旋中包含一个“假 h 型拓扑结构”。其一二级结构类似于人免疫球蛋白(Ig)的重链，FIP-fve 与人类和鼠类免疫球蛋白 Ig-A 重链可变区，同源性为 28% ，其中 11%高度保守，与来源于草菇免疫调节蛋白 FIP-vvo 和灵芝免疫调节蛋白 LZ-8，同源性为 60%～70%。对过碘酸-希夫试剂显示负染色，表明 FIP - fve 为单纯蛋白质，不含糖基。

FIP-fve 的结构和功能与植物凝集素和免疫球蛋白的结构和免疫功能相似，对食物过敏性免疫反应和过敏性呼吸道疾病也有预防和治疗作用。有意义的是，Wang 等在研究 FIP-fve 对 T 细胞激活作用时发现，其对干扰素(IFN)的产生和分泌具有显著促进作用。

将 FIP-fve 基因转入大肠杆菌(*E. coli*)TGl 中，获得的重组 FIP-fve 具有与天然 FIP-fve 一样的免疫调节活性，但对人外周血淋巴细胞促分裂的活性，仅为天然 FIP-fve 的 50%。由于原核微生物缺乏蛋白质合成的后续加工和修饰机制，FIP-fve 基因在 *E. coli* 中表达所获得的重组 FIP-fve，难以形成具有完整生物活性的二聚体结构。因此，利用真核表达系统获得重组 FIP-fve，值得进一步研究。

4. 金针菇多糖

用水提醇沉法可从金针菇子实体及菌丝体得到金针菇粗多糖，即用温度 70℃热水提取、Sevag 法除蛋白、乙醇分级沉淀提取金针菇多糖，采用苯酚-硫酸比色法(硫酸-蒽酮法)对其多糖含量进行测定。实验结果表明，金针菇粗多糖的总收得率为金针菇湿质量的 0.11%。金针菇多糖的主链为β-(1→3)-*D*-葡聚糖，单糖组成中尚含有 *D*-半乳糖、*D*-甘露糖、*D*-木糖和 *D*-阿拉伯糖等。金针菇多糖(FVP)是由数个多糖组分构成的混合多糖，其空间结构决定其生物活性。但在金针菇多糖更确切的组成分析、微细化学结构解析以及多糖结构与生理功能的关联性方面，迄今仍有很多问题悬而未决。

金针菇多糖也具有很好的抗癌作用。1968年，有学者发现金针菇多糖对小鼠肉瘤S-180有明显的抑制作用。金针菇菌丝体能产生具有很高抗肿瘤活性的胞内多糖，结构为β-(1→3)-*D*-葡聚糖，对小鼠肉瘤 S-180 的抑制率高达 96%，抗肿瘤活性比香菇多糖和云芝多糖都高。从金针菇的发酵液中可提取出胞外抗癌杂多糖(KM-45)。KM-45是一种灰白色的粉末，它的平均相对分子质量介于 10^4～10^5，对 S-180 肉瘤和艾氏腹水癌的效果比从子实体、菌丝体中得到的多糖更具有速效性和高效性，对肉瘤S-180的抑制率为 70%，对腹水瘤的抑制率为 80%，对小鼠肿瘤 S-180、Heps 和 H_{22}、L615 及 Lewis 肺癌均有明显的抑制作用，是抗肿瘤、抗白血病的有效物质，且对细胞未见明显不良反应。

研究还证明，FVP 对肝脏损伤有保护作用。FVP 是一类免疫促进剂，能增强 T 细胞功能，激活淋巴细胞及吞噬细胞，促进抗体产生，并能诱导干扰素的产生。对肿瘤生长的抑制作用是通过恢复和提高整个机体的免疫功能而实现的。其主要作用机制是干扰肿瘤细胞的有丝分裂，抑制肿瘤组织的非特异性酯酶活性，增加机体的体液免疫功能。特别是 FVP 对化疗药物环磷酸胺具有一定的增效减毒作用。此外，FVP 对烟草花叶病毒和黄瓜黄叶病毒有明显的抑制作用，能诱导甜瓜产生抗白粉病的能力。

5. 金针菇其他营养成分

据上海食品工业研究所测定，每 100g 鲜菇中含水分89.73ml、蛋白质2.72g、脂肪0.13g、灰分0.83g、糖5.45g、粗纤维1.77g、铁0.22mg、钙0.097mg、磷1.48mg、钠0.22mg、镁0.31mg、钾3.7mg、维生素 B_1 0.29mg、维生素 B_2 0.21mg、维生素 C 2.27mg(表 45—1)。

表 45—1 新鲜金针菇营养成分(每 100g)

成　分	含　量	成　分	含　量	成　分	含　量
水分	89.37g	维生素B_1	0.29mg	钙	0.097mg
蛋白质	2.72g	维生素B_2	0.21mg	磷	1.48 mg
糖	5.45g	维生素E	2.27g	钠	0.22 mg
脂肪	0.13g	灰分	0.83g	镁	0.31 mg
粗纤维	1.77g	铁	0.22mg	钾	3.7 mg

如表 45—2 所示，每 100g 干金针菇中含蛋白质31.23g、粗脂肪5.78g、膳食纤维3.34g、糖类60.2g、无机盐7.4g、胡萝卜素30.00μg、维生素 B_1 0.10mg、维生素 B_2 0.14mg、烟酸2.30mg、维生素 C 2.00mg、维生素 E 0.81mg、维生素 D_2 204mg。每 100g 干金针菇中含钾 13～386mg、钠 108～323.9mg、钙 14～24mg、镁 7～18mg、铁0.8～2.8mg、锰0.06～0.16mg、锌0.13～0.68mg、铜0.01～0.18mg、磷 23～116mg、硒0.2～1.28μg。

金针菇的脂肪含量低，也是一种高钾低钠食品，且富含蛋白质、维生素 B_1、维生素 B_2、维生素 C、核苷类、纤维素等。金针菇含有 8 种人体必需氨基酸，占总氨基酸量的42.29%～51.17%，以精氨酸和赖氨酸含量较高，每 100g 干品中赖氨酸和精氨酸含量分别达1.024g 和1.231g，高于一般食用菌菇类，对儿童增长智力有重要作用，日本人称其为“增智菇”。金针菇含有的酸性和中性植物纤维素可吸附胆汁酸盐，调节体内胆固醇代谢，降低血浆中胆固醇的含量，还可促进肠胃蠕动，强化消化系统功能，预防和治疗肝脏系统及肠胃道溃疡。金针菇的独特营养成分，被人们誉为儿童促长和增智、老年人延年益寿、成年人增强记忆力的理想保健食品。

表 45—2 干金针菇营养成分(每 100g)

成　分	含　量	成　分	含　量	成　分	含　量
蛋白质	31.23g	维生素 B_1	0.10mg	钾	13～386mg
糖类(碳水化合物)	60.2g	维生素 B_2	0.14mg	钠	108～303.9mg
膳食纤维	3.34g	烟酸	2.30g	钙	14～24mg
粗脂肪	5.78g	维生素 C	2.00g	镁	7～18mg
无机盐	7.4 g	维生素 E	0.81mg	铁	0.8～2.8mg
胡萝卜素	30.00μg	维生素 D_2	204mg	锰	0.06～0.16mg
锌	0.13～0.68mg	磷	23～116mg	硒	0.2～1.28 μg

二、药理作用

1. 抗肿瘤作用

金针菇中含多种具有抗肿瘤作用的功能性蛋白质，如核糖体失活蛋白（RIP）具有抗肿瘤、抗病毒、抗虫、抗真菌以及抗人免疫缺陷病毒（HIV）等活性。金针菇毒素（FIX）是一种成孔溶细胞素（Pore-forming cytolysin），可引起哺乳动物红细胞裂解，使肿瘤细胞溶胀破裂，并改变肠上皮细胞的渗透性，具有促进药物吸收等作用。真菌免疫调节蛋白（FIP）不仅具有与免疫球蛋白重链可变区相似的结构，而且具有抑制过敏反应、促进核酸和蛋白质合成、加速代谢的功能，增强机体的免疫力，具有抗癌、抗过敏、抗增殖、刺激免疫细胞产生多种细胞因子和免疫调节功能。

（1）抑制肿瘤细胞蛋白合成

EndoY 等认为，金针菇核糖体失活蛋白（RIP）的抗癌机制在于，它是一种具有毒性的 *N*-糖苷酶，具有 RNA *N*-糖苷酶活性，能脱去核糖体 28S rRNA 上保守的 α-次黄嘌呤环上的第 A4324 位上的腺嘌呤，从而阻止延长因子 EF-2 与核糖体的结合，使它不能进一步参与蛋白质的生物合成。另外，研究还发现，RIP 具有 RNA 水解酶的作用，几乎可水解所有生物（动物、植物、细菌和真菌）的核糖体。能专一水解核糖体 28S rRNA 上的 G4325 和 A4326 之间的磷酸二酯键，在 28S rRNA 的 3'端切下长度约为 450 个核苷酸片段，从而使核糖体失活，不能参与蛋白质的生物合成，RIP 选择性地以肿瘤细胞为靶细胞，通过 *N*-糖苷酶的作用，抑制肿瘤细胞的增殖，从而抑制肿瘤的生长。

（2）增强机体免疫功能

金针菇免疫调节蛋白（FIP-fve）可通过促进细胞周期 G0/G1 期向细胞周期 S 期的增殖，增加人外周血淋巴细胞及腹腔巨噬细胞产生细胞因子，如 IL-2、IFN-γ、TNF-α 生成，以及诱导细胞表面黏附分子（ICAM1）的表达等机制，对肿瘤细胞生长产生抑制作用。

金针菇多糖也可通过增强巨噬细胞吞噬活性，提高机体非特异性免疫功能而产生良好的抗癌作用。有学者从金针菇中提取抗肿瘤多糖并纯化分离出 EA3、EA5、EA6 和 EA7 4 个组分，EA3 和 EA7 完全由糖组成，EA5 含糖 94%，含氮 0.9%；EA6 含糖 70%，含氮3.82%。有 16 种氨基酸，4 种组分多糖均由葡萄糖、半乳糖、甘露糖、木糖、阿拉伯糖组成，每个组分各种单糖的组成百分比不同，EA3 组分对肉瘤 S-180 的抑制率为 82%，EA5 为 84%，EA6 和 EA7 也有较强的抗肿瘤作用。从金针菇中分离的碱性可溶蛋白抗癌多糖的主构架，是由 1～3 键相连的 D 构架的葡聚糖，它的相对分子质量为 20 万。把多糖注入到小鼠的腹腔中，多糖会引发脾脏的淋巴细胞增殖，并且导致血管扩张和出血反应。这些反应充分展示了多糖的抗癌 S-180 的潜力。

进一步研究考察金针菇多糖（FVP1）对化疗药环磷酰胺的增效减毒作用。在小鼠腋皮下接种 0.2ml 的 1×10^7/ml S-180 肉瘤后，随机分为3 组：模型对照组腹注生理盐水；环磷酰胺组在第 1、3 天腹注 30mg/kg 体重，其余时间用生理盐水；FVP1 合并环磷酰胺组在 1、3 天腹注 30mg/kg 体重的环磷酰胺，同时每天腹注 10mg/kg 的 FVP1，连续 10 天。剥离肿瘤秤重，计算抑瘤率。结果表明，FVP1 与小剂量环磷酰胺明显提高对小鼠的抑瘤率，明显对抗环磷酰胺所致的小鼠白细胞减少和免疫器官萎缩，抵抗环磷酰胺所致的小鼠腹腔巨噬细胞吞噬功能的降低，恢复免疫受抑小鼠的淋转功能以及 NK 细胞杀伤活性。

2. 免疫调节及抗过敏作用

金针菇免疫调节蛋白（FIP-fve）是一类免疫促进剂，能增强 T 细胞功能，激活淋巴细胞及吞噬细胞，促进抗体产生，并能诱导干扰素的产生。对肿瘤生长的抑制作用是通过恢复和提高整个机体的免疫功能而实现的。

（1）促进外周血单核细胞增殖

FIP-fve 可促进细胞周期 G0/G1 期向细胞周期 S 期的增殖。用 100 μg FIP-fve 与人外周血单核细胞（HPBMC）共培养 72 小时后，用对 DNA 特异的荧光染料 PI 将细胞染色。结果发现，61%的淋巴细胞 DNA 含量与 G0/G1 期细胞的 DNA 含量一致，而 26%和 12%的淋巴细胞 DNA 含量，分别相当于 S 和 G2/M 期细胞的 DNA 含量。这表明 FIP-fve 是一种有丝分裂原，作为一种激活剂，具有促进外周血单核细胞细胞周期增殖的作用。

（2）促进外周血淋巴细胞产生细胞因子

由 FIP-fve 激活的功能性 T-细胞的类型有 Th1 和 Th2 辅助 T 淋巴细胞。FIP-fve 可刺激 Th1 辅助 T 淋巴细胞产生大量 IFN-γ，抑制 Th2 细胞的发育，减少 Th2 细胞产生 IgE 的量及缩短分泌的持续时间。有研究分析了用 FIP-fve 处理的人外周血单核细胞的 IL-4 和 IFN-γ的产生量。实验结果显示，用不同浓度的 FIP-fve 处理人外周血单核细胞（HPBMC）72 小时后发现，两种细胞因子均有显著增加，达到 100μg/L。若加入激化抑制剂 SB203580 后(10μmol/L),可使 IFN-γ的产生量明显减少,同时用 FIP-fve 处理,其 Il-4 产量略有增加,并具有量-效关系。未经 FIP-fve 处理的人外周血单核细胞,分泌两种细胞因子分别为:IFN-γ,45pg(2×10^6 个细胞/ml)、IL -4,14pg(2×10^6 细胞/ml)。用 FIP-fve 处理后,IFN-γ的产量以剂量依赖方式增加,其产量可达到100μg/ml。如再加入有丝分裂原抑制因子 SB203580(10μunol/L)后,可使 IFN-γ的产量大量减少。相反,FIP-fve 处理的人外周血单核细胞(HPBMC)产生 IL-4 的量略有增加。

进一步考察了 FIP-fve 的体内作用。将 FIP-fve 注射到小白鼠腹腔或皮下后,然后分析 IFN-γ 和 IL-4 在血清中含量的变化。结果显示,在第 3 次注射后,小白鼠血清中 IFN-γ 的含量明显增加,而IL-4的含量无明显改变。该研究证明,FIP-fve 体内给药,能有效激活产生 IFN-γ 的 Thl 细胞,使其产生和分泌 IFN-γ 的量有所增加。在非特异性免疫方面,体外实验发现,实验组以脂多糖(LPS)诱导处理,通过比较加或不加 FIP-fve,发现 FIP-fve 可以提高腹腔巨噬细胞对肿瘤坏死因子(TNF-α)和一氧化氮(NO)的产量,同时显著地提高腹腔细胞对患癌细胞的杀灭能力($P<0.05$)。

另外,FIP-fve 对细胞因子基因表达有显著的影响。用小鼠脾细胞试验,FIP-fve 可诱导细胞因子 IL-2 和 IFN-γ基因的表达。用 RT-PCR 扩增细胞因子基因的方法进行研究,发现 KT-PCR 转录子检测的敏感性明显增加,揭示出 FIP-fve 可显著地诱导 IL-2 和 IFN-γ基因表达。

(3)诱导细胞表面黏附分子(ICAM1)表达

FIP-fve 除具有促进细胞增殖和增加 T 淋巴细胞产生 IFN-γ的作用外,还具有刺激 PBL 细胞聚集的作用。用显微镜可以观察到 FIP-fve 与 PBL 细胞共培养时 PBL 细胞有凝聚现象,而没有与 FIP-fve 共培养的,PBL 细胞仍呈单个分散状态。在研究细胞黏附分子表达时,发现 FIP-fve 能够诱导人外周血淋巴细胞的黏附分子-1(ICAM-1)的表达,而且呈剂量依赖关系。在培养外周血 T 淋巴细胞(2×10^5 cell/ml)48 小时后发现,在 PBMC 中由不同浓度 FIP-fve 所诱导产生的 ICAM-1 量是不同的。FIP-fve 的量从 0 增加到 25μl/ml 过程中,ICAM-1 产生的量增幅较大,25～50 μl/ml 的 FIP-fve 诱导 ICAM-1 的量最高,可达4 000pg/ml。随后随着 FIP-fve 的量增加,ICAM-1 产生的量却逐渐减少。当 FIP-fve 的量达 200μl/ml 时,却无 ICAM-1 产生,表明适当剂量的 FIP-fve 对 ICAM-1 的产生有明显的促进作用,且有剂量依赖关。FIP-fve 激发 T 细胞的应答,对于辅助细胞有高度依赖性,因为只有在黏附的辅助细胞存在时,FIP-fve 才能使 T 细胞胞增殖。ICAM-1 是免疫球蛋白超基因家系的成员之一,在上皮细胞发生炎症的调控、免疫反应和组织修复中起着重要作用。另外,ICAM-1 可促进不同的白细胞与靶细胞牢固结合。

(4)对抗体生成的影响

有关金针菇提取物对抗体生成的影响,尚未得出定论。有研究显示,FIP-fve 对由48/80化合物免疫的 BALB/c 小鼠具有抑制产生抗体的作用。用皮内注射 48/80 化合物的后爪水肿试验进行研究,对照组中,80%小鼠表现出阳性水肿反应,在 2 小时之内呈暗红颜色。但当小鼠用 5mg/kg 和 20mg/kg 的 FIP-fve 治疗时,阳性反应减少至对照组的49.3%和13.75%,说明 FIP-fve 可减少小鼠的水肿反应,抑制抗体的产生。另有学者发现,FIP-fve 在罹癌小鼠存活实验中,先注射肝癌细胞,小鼠在喂食 FIP-fve(10 g/g)后,显著延长处理组小鼠寿命约 11%。在非特异性免疫方面,体外实验发现,实验组以脂多醣(LPS)诱导,可以提高腹腔细胞肿瘤坏死因子(TNF-α)和一氧化氮(NO)产量,同时显著地提高腹腔细胞的癌细胞杀灭能力($P<0.05$)。FIP-fve 可提高罹癌小鼠血清中肿瘤特异性抗体的浓度。在特异性免疫方面,发现喂食 FIP-fve 的罹癌小鼠血清中肿瘤特异性抗体的浓度提高为386.6%,证明 FIP-fve 具有体内抑制肿瘤活性的功能。其作用机制是激活特异性及非特异性免疫细胞及相关免疫反应的结果。FIP-fve 可提高罹癌小鼠血清中肿瘤特异性抗体的浓度。

(5)抗过敏及抗抑制排异反应

FIP-fve 口服有预防食物过敏症的作用。Lin J. Y. 等利用食物过敏的动物模型来研究 FIP-fve 作为口服预防食物过敏制剂。用卵白蛋白(OVA)腹膜内免疫 BALB/c 鼠,每周 1 次,共 2 周。在此期间,每隔 1 天,每只小鼠口服 FIP-fve 200μg,对照组口服磷酸缓冲液,总计给药 5 次,然后测定 OVA 特异抗体和细胞因子的变化。同时观察和分析小鼠的免疫综合征、血浆组织胺的含量和肠的组织与解剖学变化。结果发现,试验组动物的 OVA 特异抗体 IgE 的应答反应明显减弱,而 Th1 细胞所产生的细胞因子显著增加。提示 FIP-fve 可作为预防过敏性疾病的免疫制品。

对 Balb/c 小鼠通过皮下或腹腔注入牛血清白蛋白(BSA)使其致敏,在 17 天后再注入 BSA 加强免疫,所有小鼠均呈现过敏症,最后注入 BSA30

分钟内，观察发现对照组小鼠死亡。对实验组小鼠分别注入6～7次FIP-fve，却未表现出过敏症，表明FiP-fve有抗过敏症作用。

FIP-fve不但具有抑制肿瘤生长、抗过敏反应等作用，还可对抗器官移植后的排异现象。从动物实验的结果来看，皮肤移植后给实验老鼠注射提取的FIP-fve，可以延长实验鼠排异的时间；对胰脏移植后的动物，也可延长抑制血糖上升的时间。动物实验还证明，免疫调节蛋白也可抑制对自体免疫所引起的糖尿病。

3．抗病毒作用

从金针菇子实体中已分离纯化出2种具有抗病毒活性的蛋白质。Wang等获得相对分子质量为1.38×10^4的单链核糖体失活蛋白(RIP)，对爱滋病病毒(HIV-1)的反转录酶具有抑制作用。付鸣佳等获得相对分子质量为3×10^4的不含糖基蛋白Zb，对乙型肝炎病毒(HBV)的HbsAg具有明显的抑制作用。这2种蛋白除了具有抗病毒活性外，前者对β-糖苷酶和α-糖苷酶均有抑制作用，而后者不仅对胃癌细胞有抑制作用，还具有凝血活性。

RIP可直接作用于病毒的DNA或RNA，使病毒失去复制和转录功能。另外，RIP可抑制HIV整合酶的作用，抑制HIV与宿主细胞的结合，因此不能感染宿主细胞。RIP能够选择性地以肿瘤细胞为靶细胞，通过*N*-糖苷酶的作用，抑制肿瘤细胞的增殖。

4．降低胆固醇

金针菇除含有5′-GMP外，还含有5′-AMP、5′-UMP等核苷酸。Takashima曾提出，香菇降血浆胆固醇的主要成分是腺嘌呤的衍生物香菇嘌呤(eritadenine)的作用。Kanedaz在同一实验中，用5%金针菇提取液作为观察香菇对大鼠血浆胆固醇的对照。经过30天观察，金针菇与香菇同样具有降胆固醇的作用。

5．保护肝脏细胞

有研究用0.2%四氯化碳(CCl_4)灌胃，造成小鼠急性肝损伤模型，以富锗金针菇多糖(CFVP)和阳性对照联苯双酯灌胃给药，测定血清中丙氨酸氨基转移酶(ALT)的活性，并对小鼠肝脏进行切片观察；用二步分离法制备小鼠原代肝细胞，检测富锗金针菇多糖精制品FVP_1对CCl_4损伤的原代肝细胞ALT活力的影响。结果显示，CFVP高、中剂量组对CCl_4致急性肝损伤小鼠ALT活性的升高具有显著降低作用，与造模组相比有极显著性差异($P<0.01$)；低剂量组与造模组相比有显著性差异($P<0.05$)，CFVP对CCl_4致小鼠急性肝损伤有明显的保护作用；FVP_1中剂量组、低剂量组可使培养液中的ALT活性明显低于模型组，具有极显著性差异($P<0.01$)，即ALT明显减少，说明FVP_1对CCl_4损伤的原代小鼠肝细胞具有保护作用。富锗金针菇多糖具有保护肝脏细胞、防止肝细胞坏死的作用。此外，FVE对四氯化碳(CCl_4)、*D*-氨基半乳糖(*D*-Gal)所致小鼠急性肝损伤、对小鼠移植性肉瘤Heps等病理性动物模型均有显著抑制作用，说明对肝脏损伤也有一定的保护作用。由于CCl_4进入体内后主要产生脂质过氧化反应，引起细胞膜结构和功能的损害，使细胞内ALT、AST流出至血液导致血清氨基转移酶活性升高。而*D*-Gal则直接导致肝细胞坏死。一般认为，肝细胞坏死区域越大，血清氨基转移酶活性越高。FVE对上述两种类型小鼠的血清氨基转移酶活性升高均有明显的降低作用，说明其作用机制比较复杂。由于上述实验所用的金针菇提取物是金针菇多糖和蛋白质的混合物，哪种成分是金针菇抗肿瘤和保肝作用的主要生理活性物质，尚需进一步深入研究。

6．抗疲劳

有学者以小鼠为对象，采用血清乳酸脱氢酶(LDH)活力、血乳酸、肌糖原、肝糖原、血清尿素氮(BUN)的含量变化等指标，观察金针菇的抗疲劳效应。结果表明，服用金针菇一定时间的小鼠，血清乳酸脱氢酶活力、肌糖原、肝糖原含量均比对照显著增加，运动后血乳酸水平及血清尿素氮增加量明显降低，运动后恢复期血乳酸清除速率显著升高。提示金针菇有增强机体对运动负荷的适应能力，抵抗疲劳的产生和加速疲劳消除方面具有明显的作用。

7．延长寿命的作用

也有学者以果蝇和家蝇为实验对象，研究金针菇口服液对其寿命的影响。结果显示，金针菇口服液的浓度为5%时，对雌果蝇有显著延长寿命的作用，但对雄果蝇影响不显著。金针菇口服液浓度为10%时，对雌雄果蝇都有显著延长寿命的作用，对雌果蝇的最大延寿率为17%，对雄果蝇的最大延寿率为7%。金针菇口服液浓度为5%、10%时，对雌果蝇均有显著延长寿命的作用，且10%浓度的延寿作用大于5%浓度的延寿作用，对雌果蝇的最大延寿率为21%，对雄果蝇的最大延寿率为18%。

不良反应尚不明确。

三、临床应用

1. 恶性肿瘤的辅助治疗

放、化疗是恶性肿瘤治疗的重要手段之一，但是放、化疗后可产生骨髓造血抑制、肝脏毒性、胃肠道反应等不良反应。金针菇功能性蛋白及金针菇多糖等有效活性成分可通过激活机体T淋巴细胞、巨噬细胞等免疫细胞，促进IFN-γ、IL-2、TNF-α等细胞因子分泌、增强机体的免疫能力；促进骨髓造血干细胞增殖、肝脏保护、促进胃肠消化功能等作用，有效地缓解恶性肿瘤放疗或化疗所致上述不良反应，在抗肿瘤作用方面也可与化疗药物产生协同效应。

2. 抗过敏

金针菇免疫调节蛋白可预防哮喘、鼻炎、湿疹等过敏症，对病毒感染也有一定疗效。由于环境中致敏性物质不断增多，过敏性疾病近年来急剧增加，人们对高效、低毒、不良反应小的抗过敏药物的需求也在不断提高。西医治疗这些病症大多采用免疫疗法、抗组胺药、激素类及受体拮抗剂等，但作用环节单一，不良反应相对较大，治愈后易复发。来源于金针菇的FIP-fve可以刺激身体产生更多Th1细胞因子来抑制Th2细胞因子所引发的疾病。用来自真菌的免疫调节蛋白治疗该类过敏性疾病属于治本疗法，从提高自身免疫力方面入手，重视整体平衡，因而疗效好，不良反应少，体现出治疗优势和特色。

3. 功能性健康食物

金针菇可用于改善糖尿病、高脂血症、动脉粥样硬化、慢性肝病等疾病的临床症状。

（章国良）

第五节　展　望

一、国外科技现状

金针菇人工栽培的主要产区在亚洲。日本是世界上最早（20世纪50年代末）进行金针菇工厂化栽培的国家，也是自动化、机械化栽培程度最高、工厂化栽培数量最多的国家。金针菇的产量在日本仅次于香菇，是第二大宗的食用菌。在日本，工厂化生产金针菇最大厂家日产40多吨鲜菇，产品以日本国内市场销售为主，也出口东南亚、欧美等国家。

日本金针菇所有生产企业都有一整套自动装瓶、自动接种、自动搔菌、自动挖瓶、自动控制温度、湿度、通气、光线的设备，分别建有严格规范的菌丝培养室、催蕾室、抑制室、生育室、包装室、冷藏室，可进行全年自动化流水线生产，产品质量好，不使用农药，是非常安全的农业产品。

在日本大企业工厂里几乎看不到人，由产业机器人和自动搬运设备运转，达到高度自动化。生产的菌种均从专门菌种厂家购买。近年来，液体菌种得到广泛的应用，日本的千曲化成公司为了降低液体菌种风险，开发、研制了成套设备，把固体生产的原种经过处理改变成液体菌种，解决了液体菌种容易污染的问题。

日本的金针菇育种技术在世界上也是名列前茅。1988年之前，生产上使用的均是黄白色品种。1987年，日本育成已登记注册的白色金针菇品种有ホクトM-50、ホクトM -70、中野JA、ミメノ4号、TK、夜间濑1号等。1988年以后，几乎所有栽培者都用纯白品系代替原有的黄白色品种。其中，ホクトM-50白色菌株是由J26和K15两个不同金针菇菌株的单核菌丝杂交育成的，营养生长期比黄白色菌株具有较高的酚氧化酶活性，形成子实体的能力也较强。同时，该菌株还具有遗传稳定性，纯培养子代只形成白色子实体，不像其他白色杂交种，部分子代会丧失形成白色子实体的能力，即黄白色和黄棕色的子实体偶尔会与白色子实体出现在同一栽培瓶中。该菌株多年来已被日本栽培者广泛栽培。近年来，日本又通过杂交育种手段，育出对氮源营养要求高、产量很高的白色金针菇菌株，在生产中大面积得以推广栽培。

除了日本外，韩国也是金针菇工厂化、自动化、机械化程度较高的国家，品种均为白色品种。

二、国内科技状况与进展

1. 遗传育种研究

1984年，福建三明真菌研究所试用多孢杂交法将三明1号（金黄色）和信浓2号（黄白色）杂交，育成了一批优良的菌株。其中选育的“杂交19号”，高产、优质，适合制罐，多年来是国内栽培的当家品种。上海食用菌研究所（1986）也利用金针菇担孢子混合（多孢）杂交方法，选择子实体表型差异较大、亲缘关系较远的 SFv 9（日本黄白色菌株）和 SFv2（香港黄色菌株）为亲本，通过杂交筛选，获得性状优于双亲的 F129、F89 杂交菌株。1990 年，华中农业大学应用真菌研究所用该所选育的"10 号"与"11 号"进行单孢杂交，获得了"华金 063"菌种；用"12 号"与"13 号"单孢杂交，获得了"华金 103"菌种。上述菌株均为黄色菌株，并已大面积应用于生产。在各科研单位杂交育种工作的基础上，我国金针菇遗传育种工作有了进一步的发展。

成亚利等（1995）采用紫外线照射诱变处理金针菇原生质体，获得生长快、长势好的优良菌株。杨宗渠等（2002）用$^{60}Co\gamma$ 射线辐照 F126 的双核菌丝，经过筛选培育出具有菌丝生长快、抗杂菌能力较强、产量高等特点的辐金 1 号。张淑霞（2003）利用紫外线照射诱变金针菇，获得耐碱性稳定、长势好、产量高的 3 个菌株。金玲等利用$^{60}Co\gamma$ 射线诱变金针菇原生质体，对原生产品种进行改良，培养出生物转化率高、品质优良且产量较高的金针菇新菌株。李耀维等对金针菇超氧化物歧化酶（SOD）高产株的诱变研究中，用 He-Ne 激光辐照诱变金针菇的原生质体、菌丝体片段、分生孢子悬液，并进行初筛、复筛及突变株遗传稳定性研究，提出激光诱变原生质体是获得金针菇 SOD 高产株的有效途径。江西省农业科学院微生物研究所开展了金针菇航天育种研究，选育出了金针菇新品种"航金 1 号"和"航金 2 号"。与对照相比，这两个新品种具有抗杂菌性强、早熟、耐高温、色泽度好、菇形好、品质好、产量高等特点，丰富了金针菇的种质资源。

彭卫红等从"金针 12"（黄色）次级菌丝提取细胞核，分别与白色金针菇"白雪"原生质体在高钙、高 pH 条件下融合。对再生菌丝的研究结果表明，无锁状联合的单核菌丝不能形成子实体，具有锁状联合的双核菌丝有形成子实体的能力。2005 年，刘纬侠等在利用 RAPD-BSA 分子标记技术筛选金针菇色泽基因的研究中，获得了一个与白色个性紧密连锁的 RAPD 标记 S3751800，并在亲本及后代菌株中进行了验证，具有较好的重复性和稳定性，可用于白色金针菇新品种的辅助育种。王波（2006）利用双单核菌丝杂交，选育出"川金 5 号"、"川金 7 号"等白色金针菇菌株，不仅缩短了出菇的时间，产量也比亲本菌株高。

福建农大菌物研究中心谢宝贵等人（2008）应用原生质体单核化杂交技术得到金针菇 8801（白色）和杂交 19 号（黄白色）的杂交种，该试验室建立了金针菇分子标记的辅助育种技术。试验发现，白色种（8801）和黄色种（杂交 19 号）的第 1 轮杂交，其后代全部是黄色品种；收集担孢子，分离单孢菌株后与"8801"的单核体进行回交，可获得子实体白色的 F_2 代菌株。经出菇试验，F_2 代菌株的产量差异很大，选育出的两个白色菌株出菇周期缩短，其中一个菌株产量居于两亲本之间，另一个菌株产量比亲本 8801 高。该研究中心的试验结果表明，白色金针菇的育种与其他食用菌不同，需要经过 2 轮的杂交才能获得白色品种。

在对金针菇杂交育种的研究中，胡国元等对 12 个金针菇菌株两种生化标记（醇酶和可溶性蛋白）进行了筛选研究，采用多元统计方法，进行聚类分析，得出群内组合为低产组合，群间组合杂种优势较强。

金针菇具有无性单核粉孢子，挑取单核的粉孢子进行品种间杂交，也是金针菇杂交育种的又一途径。

2. 深层发酵研究

液体菌种具有纯度高、菌龄整齐、发菌快、接种方便、产量高等优点，有利于食用菌的规模化、工厂化生产。近年来，我国对液体菌种的配方及工艺也进行了研究。阎长伟等（2003）对适宜生产金针菇液体菌种的菌株及其培养基作了筛选研究。结果表明，金 21 是 5 个菌株中最适宜生产液体菌种的菌株，其适宜的液体培养基组成为：玉米粉 3%，马铃薯（煮汁）15%，葡萄糖 0.5%，K_2HPO_4 0.02%，KH_2PO_4 0.08%，$MgSO_4$ 0.05%。朱坚等（2000）对 10 种原材料和 37 个配方进行了试验，筛选出一个适合金 21 深层发酵的培养基配方：麦麸 50g，黄豆粉 50g，蔗糖 10g，$MgSO_4$ 0.5g，KH_2PO_4 1.0g，水 1 000ml，pH 自然。适宜的摇瓶培养条件为：温度 24～25℃，恒温振荡器转速180～220 转/分钟，培养 7～8 天。

江玉姬等（2000）应用日本岛津模式研究发酵罐进行发酵条件模拟研究。结果表明，最佳发酵条件为：摇瓶种子菌龄 4～7 天，种子罐菌龄 48 小时，接种量 15%，通气量前 48 小时每分钟为1∶1 V/V，后 48 小时每分钟为 1∶1.5V/V，发酵时间为 96 小时。

上海浦东天厨菇业有限公司已用液体菌种进行大面积周年工厂化瓶栽生产，并获得成功。

3. 加工产品开发

以金针菇为原料加工的食品主要有金针菇口服液、金菇露、儿童增智饼干、五香金针菇干、金针菇奶粉、低糖金针菇脯、金针菇蜜饯、麻辣金针菇食品、金针菇菌油等。金针菇在食品添加剂、医药等领域也有广阔的应用前景，可利用发酵菌丝体生产胶囊、片剂、针剂、口服液、冲剂等保健食品。金针菇多糖具有增强机体免疫功能的生理特性，具有很好的保健作用。

4. 栽培工艺研究

根据我国国情以及多年的研究，金针菇栽培工艺仍应采取自然季节栽培、周年工厂化瓶栽与周年“再生法”工厂化袋栽3种工艺同步发展的模式。自然季节栽培模式在全国各地已均衡发展，栽培品种黄白皆有。除了“再生法”栽培工艺外，浙江的江山、常山采用搔菌法栽培工艺，生产的白色金针菇年栽培量达亿袋以上。河北石家庄等地、河南的汤阴县以两头出菇法栽培工艺生产白色金针菇，年栽培量也在亿袋以上。四川成都市周边县市栽培品种均是黄色金针菇，栽培工艺是长袋两头出菇法，鲜菇作为火锅佐料十分畅销。

金针菇工厂化瓶栽生产企业大多集中在我国各大城市，如广东中山、珠海、深圳，福建晋江，上海浦东天厨，台湾福茂，中日合资雪国高榕等企业，河南郑州，北京的台湾企业等。另外，还正在陆续建厂的工厂化瓶栽厂家，规模在日产6～12吨。

工厂化再生法袋栽模式起源于福建，现已分布于全国各地，如福州、上海、北京、辽宁沈阳、天津、湖北武汉、江苏丹阳、安徽合肥等大中城市，仅福建省拥有20多个大小厂家。

我国人口众多，消费量大，金针菇已成为家喻户晓的美味佳肴，金针菇栽培具有很好的发展前景。随着我国经济水平和国民收入的提高，相信金针菇工厂化周年栽培厂家将会越来越多，金针菇的消费量也会越来越大。

参考文献

[1] 杨新美. 中国食用菌栽培学[M]. 北京：农业出版社，1988.
[2] 黄年来. 自修食用菌学[M]. 南京：南京大学出版社，1987.
[3] 李育岳，汪麟. 金针菇高产栽培新技术[M]. 北京：中国农业科技出版社，1991.
[4] 郭美英. 中国金针菇生产[M]. 北京：农业出版社，2000.
[5] 黄毅. 食用菌栽培[M](第3版). 北京：高等教育出版社，2008.
[6] 郭美英. 金针菇杂交优良菌株初步研究[J]. 食用菌，1988(3)：9-10.
[7] 许祖国. 金针菇孢子及其释放特性的观察[J]. 食用菌，1992(2)：14.
[8] 黄年来. 栽培白色金针菇诀窍[J]. 食用菌，1992(1)：2-4.
[9] 黄瑞贞，曹晖. 金针菇粉孢子产生因子初探[J]. 食用菌，1992(6)：18-19.
[10] 郭美英. 金针菇杂交育种研究[J]. 食用菌，1993(4)：4-6.
[11] 曹晖，黄瑞贞. 金针菇担孢子多孢混合杂交育种[J]. 食用菌，1993(6)：6-7.
[12] 余知和，朱兰宝. 金针菇粉孢子的产生及核相观察[J]. 华中农业学报，1993，12(6)：603-605.
[13] 方自若，郑美媛. 金针菇三明杂交19号同工酶特性分析[J]. 食用菌，1993(5)：6.
[14] 潘保华，郑美媛. 金针菇单孢结实性的研究及其应用[J]. 中国食用菌，1994(3)：21-22.
[15] 李良，徐小君. 金针菇白色菌株F_{21}的生物学特性研究[J]. 食用菌，1994(1)：5-6.
[16] 周宗俊. 金针菇原生质体优良菌株选育[J]. 中国食用菌，1995(3)：5-6.
[17] 王波. 金针菇地沟高产优质栽培[J]. 江苏食用菌，1995，(2)20.
[18] 郭美英. 我国金针菇新品种的选育[J]. 食用菌学报，1997，4(1)：8-14.
[19] 江玉姬，谢宝贵. 金针菇深层培养条件研究[J]. 食用菌学报，2000，7(1)：32-36.
[20] 朱坚等. 金针菇深层发酵培养基筛选研究[J]. 食用菌学报，2000，7(2)：15-20.
[21] 彭卫红，肖在勤，甘炳成. 金针菇转核育种研究[J]. 食用菌学报，2001，8(3)：1-5.
[22] 彭卫红，肖在勤. 白色金针菇新品种金白1号的选育[J]. 西南农业大学学报，2001，14(增)：75-78.
[23] 刘艳芝. 我国金针菇遗传育种研究概况[J]. 长江学报，2003(10)：29-41.
[24] 陈上海，李宗宝，林春煌，等. 出口金针菇工厂化再生法袋栽技术[J]. 福建农业科技，2003(2)：20-21.
[25] 闫长伟. 金针菇液体菌种筛选及培养条件的研究[J]. 中国食用菌，2003，22(1)：35-36.
[26] 刘维侠，谢宝贵，王秀全，等. 利用RAPD-BSA分子标记技术筛选金针菇色泽基因研究[J]. 中国农学通讯，2005，21(9)：54-56.

[27] 饶火火.金针菇再生法冷房出菇房设计[J].食用菌,2006(增刊):83.

[28] 宋冬灵,曾宪贤等.金针菇遗传育种研究进展[J].种子,2007,26(5):52-54.

[29] 黄良水,徐立胜.金针菇室外大棚栽培技术[J].食用菌,2007,29(1): 51.

[30] 安川仁次郎.エノキタケ-とごでもできるビン栽培[M].农山渔村文化协会,1966.

[31] 白鸟保.エノキタケ栽培の基础、生理、生态と适地[J].农耕と园艺,1970,144-145.

[32] 白鸟保.エノキタケ栽培の实际[J].农耕と园艺,1980,146-170.

[33] 中村克哉. キノコの事典[M].朝仓书店,1981.

[34] 大桥.キノコ年鉴[M].日本农村文化社,1992.[35] 于荣利,秦旭升,宋凤梅. 金针菇研究概况[J]. 食用菌学报, 2004,11(4):63-68.

[36] 蔡和晖,廖森泰,叶运寿,等. 金针菇的化学成分,生物活性及加工研究进展[J]. 食品研究与开发, 2008,29(11):171-174.

[37] 金湘,娄恺,毛培宏. 金针菇生物活性物质结构与功能的研究进展[J]. 中草药, 2007,38(10): 1596-1597.

[38] 孙宇峰,沙长青,于德水,等. 金针菇功能性蛋白的研究进展[J]. 微生物学杂志, 2006,26(4): 50-54.

[39] 杨军,刘国宇. 国内外食用菌产业的现状及发展[J]. 农业经济, 2005(11):50-51.

[40] 袁仲. 金针菇的保健功能与加工利用[J]. 农产品加工学刊, 2005(6):125-128.

[41] DIKEMAN CL, BAUER LL, FLICKINGER EA, et al. Effects of stage of maturity and cooking on the chemical composition of select mushroom varieties[J]. J Agric Food Chem, 2005,53(4): 1130-1138.

[42] MIZUNO R, ICHINOSE H, HONDA M, et al. Use of whole crop sorghums as a raw material in consolidated bioprocessing bioethanol production using Flammulina velutipes[J]. Biosci Biotechnol Biochem, 2009,73(7):1671-1673.

[43] SU H, WANG L, LIU L, et al. Use of inter-simple sequence repeat markers to develop strain-specific SCAR markers for Flammulina velutipes[J]. J Appl Genet, 2008,49(3):233-235.

[44] WATANABE T, WATANABE Y, NAKAMURA K. Biodegradation of wood in dual cultures of selected two fungi determined by chopstick method[J]. J Biosci Bioeng, 2003,95(6):623-626.

[45] MAGAE Y, AKAHANE K, NAKAMURA K, et al. Simple colorimetric method for detecting degenerate strains of the cultivated basidiomycete Flammulina velutipes (Enokitake)[J]. Appl Environ Microbiol, 2005,71(10):6388.

[46] 柯丽霞,杨晓彤. 金针菇菌丝体糖蛋白(FMGP)的提取及理化性质[J]. 中国食用菌, 1998,17(4): 4-7.

[47] 徐亚杰,宁波,王磊,等. 金针菇多糖的提取及含量测定[J]. 农产品加工学刊, 2007(9):70-71.

[48] 冯昆,张东杰,张涧铮,等. 金针菇多糖提取条件的优化[J]. 黑龙江八一农垦大学学报, 2005,17(5):73-76.

[49] 秦小明,余娟,宁恩创,等. 金针菇子实体多糖成分的初步研究[J]. 食用菌学报, 2005,12(2): 27-31.

[50] 罗璠,王忠彦. 真菌有效成分的研究[J]. 四川食品与发酵, 2004,40(112):42-44.

[51] 孔祥辉,张介驰,张丕奇,等. 金针菇免疫调节蛋白基因表达及活性初步研究[J]. 中国生化药物杂志, 2007,28(5):304-308.

[52] 孔祥辉,孙宇峰,任永春,等. 金针菇免疫调节蛋白的研发与应用[J].生物技术,2006,16(4):84-88.

[53] 林景卫,孙非,张韧,等. 真菌免疫调节蛋白的研究进展[J]. 中国免疫学杂志, 2005,21(6): 477-480.

[54] 陈畅,薛久刚,周凯松,等. 金针菇中具有抑瘤活性的碱性蛋白火菇素的分离纯化和性质研究[J]. 中国药学杂志,2003,12(2):60-65.

[55] SAKAMOTO Y, ANDO A, TAMAI Y, et al. Pileus differentiation and pileus-specific protein expression in Flammulina velutipes[J]. Fungal Genet Biol, 2007,44(1):14-24.

[56] YAMADA M, SAKURABA S, SHIBATA K, et al. Isolation and analysis of genes specifically expressed during fruiting body development in the basidiomycete Flammulina velutipes by fluorescence differential display[J]. FEMS Microbiol Lett, 2006,254(1):165-172.

[57] RAYMOND J A, JANECH M G. Ice-binding proteins from enoki and shiitake mushrooms[J]. Cryobiology, 2009,58(2):151-156.

[58] YAMADA M, SAKURABA S, SHIBATA K, et al. Cloning and characterization of a gene coding for a hydrophobin, Fv-hyd1, specifically expressed during fruiting body development in the basidiomycete Flammulina velutipes[J]. Appl Microbiol Biotechnol, 2005,67(2):240.

[59] ANDO A, HARADA A, MIURA K, et al. A gene encoding a hydrophobin, fvh1, is specifically expressed after the induction of fruiting in the edible mushroom Flammulina velutipes[J]. Curr Genet, 2001,39(3):190.

[60] NG T B, WANG H X. Flammin and velin: new ribosome inactivating polypeptides from the mushroom Flammulina velutipes[J]. Peptides, 2004,25(6):929-933.

[61] WANG H, NG T B. Isolation and characterization of velutin, a novel low-molecular-weight ribosome-inactivating protein from winter mushroom (Flammulina velutipes) fruiting bodies[J]. Life Sci, 2001,68(18):2151.

[62] WATANABE H, NARAI A, SHIMIZU M. Purification and cDNA cloning of a protein derived from Flammulina velutipes that increases the permeability of the intestinal Caco-2 cell monolayer [J]. Eur J Biochem, 1999,262(3):850.

[63] WONG J H, WANG H X, NG T B. Marmorin, a new ribosome inactivating protein with antiproliferative and HIV-1 reverse transcriptase inhibitory activities from the mushroom Hypsizigus marmoreus[J]. Appl Microbiol Biotechnol, 2008,81(4):669-674.

[64] WANG H X, NG T B. Isolation of pleuturegin, a novel ribosome-inactivating protein from fresh sclerotia of the edible mushroom Pleurotus tuber-regium[J]. Biochem Biophys Res Commun, 2001,288(3):718-721.

[65] HUGHES K W, PETERSEN R H. Apparent recombination or gene conversion in the ribosomal ITS region of a Flammulina (Fungi, Agaricales) hybrid[J]. Mol Biol Evol, 2001,18(1):94-96.

[66] PAAVENTHAN P, JOSEPH JS, SEOW SV, et al. A 1.7A structure of Fve, a member of the new fungal immunomodulatory protein family[J]. J Mol Biol, 2003,332(2):461-470.

[67] WU C M, WU T Y, KAO S S, et al. Expression and purification of a recombinant Fip-fve protein from Flammulina velutipes in baculovirus-infected insect cells[J]. J Appl Microbiol, 2008,104(5):1354-1362.

[68] TADJIBAEVA G, SABIROV R, TOMITA T. Flammutoxin, a cytolysin from the edible mushroom Flammulina velutipes, forms two different types of voltage-gated channels in lipid bilayer membranes[J]. Biochim Biophys Acta, 2000,1467(2):431.

[69] TOMITA T, ISHIKAWA D, NOGUCHI T, et al. Assembly of flammutoxin, a cytolytic protein from the edible mushroom Flammulina velutipes, into a pore-forming ring-shaped oligomer on the target cell[J]. Biochem J, 1998,333 (1):129-137.

[70] LIN J Y, WU H L, SHI G Y. Toxicity of the cardiotoxic protein flammutoxin, isolate from edible mushroom Flammulina velutipes[J]. Toxicon, 1975,13(5):323-331.

[71] TOMITA T, MIZUMACHI Y, CHONG K, et al. Protein sequence analysis, cloning, and expression of flammutoxin, a pore-forming cytolysin from Flammulina velutipes. Maturation of dimeric precursor to monomeric active form by carboxyl-terminal truncation[J]. J Biol Chem, 2004, 279(52):54161.

[72] NARAI A, WATANABE H, IWANAGA T, et al. Effect of a pore-forming protein derived from Flammulina velutipes on the Caco-2 intestinal epithelial cell monolayer[J]. Biosci Biotechnol Biochem. 2004,68(11):2230.

[73] 苗立成，王立强，吴迪．金针菇多糖对小鼠抗肿瘤及白血病效应的实验研究[J]．解放军药学学报，2003，19(3)：171-173.

[74] 常花蕾，雷林生，余传林，等．金针菇多糖对小鼠免疫细胞产生细胞因子及对荷瘤小鼠血清细胞因子含量的影响[J]．中药材，2009，32(4)：561-563.

[75] 邵颖．食用菌多糖含量和清除自由基活性的研究[J]．徐州工程学院学报，2007，22(10)：36-39.

[76] 朱曙东，严茂祥，陈芝芸，等．金针菇多糖免疫活性的研究[J]．浙江中医学院学报，2001，25(4)：43-44.

[77] LEUNG M Y, FUNG K P, CHOY Y M. The isolation and characterization of an immunomodulatory and anti-tumor polysaccharide preparation from Flammulina velutipes[J]. Immunopharmacology, 1997, 35(3): 255-263.

[78] WASSER S P, WEIS A L. Therapeutic effects of substances occurring in higher Basidiomycetes mushrooms: a modern perspective[J]. Crit Rev Immunol, 1999, 19(1): 65-96.

[79] SMIDERLE F R, CARBONERO E R, MELLINGER C G, et al. Structural characterization of a polysaccharide and a beta-glucan isolated from the edible mushroom Flammulina velutipes[J]. Phytochemistry, 2006, 67(19): 2189-2196.

[80] FUKUDA K, HIRAGA M, ASAKUMA S, et al. Purification and characterization of a novel exo-beta-1,3-1,6-glucanase from the fruiting body of the edible mushroom Enoki (Flammulina velutipes)[J]. Biosci Biotechnol Biochem, 2008, 72(12): 3107.

[81] ZHOU X, ZHAO H, GAO X. Preparation and characterization of monoclonal antibodies against a polysaccharide from Flammulina velutipes mycelium[J]. Hybridoma (Larchmt), 2008, 27(6): 439-444.

[82] KITAMOTO Y, GRUEN H E. Distribution of cellular carbohydrates during development of the mycelium and fruitbodies of flammulina velutipes[J]. Plant Physiol, 1976, 58(4): 485-491.

[83] JIANG S M, XIAO Z M, XU Z H. Inhibitory activity of polysaccharide extracts from three kinds of edible fungi on proliferation of human hepatoma SMMC-7721 cell and mouse implanted S180 tumor[J]. World J Gastroenterol, 1999, 5(5): 404-407.

[84] SAITO M, KUWAHARA S. Enantioselective total synthesis of enokipodins A-D, antimicrobial sesquiterpenes produced by the mushroom, Flammulina velutipes[J]. Biosci Biotechnol Biochem, 2005, 69(2): 374-381.

[85] ISHIKAWA N K, YAMAJI K, TAHARA S, et al. Highly oxidized cuparene-type sesquiterpenes from a mycelial culture of Flammulina velutipes[J]. Phytochemistry, 2000, 54(8): 777-782.

[86] LIU Q, WANG H, Ng T B. First report of a xylose-specific lectin with potent hemagglutinating, antiproliferative and anti-mitogenic activities from a wild ascomycete mushroom[J]. Biochim Biophys Acta, 2006, 1760(12): 1914.

[87] TSUDA M. Purification and characterization of a lectin from the mushroom, Flammulina velutipes[J]. J Biochem, 1979, 86(5): 1463.

[88] GU Y H, LEONARD J. In vitro effects on proliferation, apoptosis and colony inhibition in ER-dependent and ER-independent human breast cancer cells by selected mushroom species[J]. Oncol Rep, 2006, 15(2): 417-423.

[89] OU H T, SHIEH C J, CHEN J Y, et al. The antiproliferative and differentiating effects of human leukemic U937 cells are mediated by cytokines from activated mononuclear cells by dietary mushrooms[J]. J Agric Food Chem, 2005, 53(2): 300.

[90] JEURINK P V, NOGUERA C L, SAVELKOUL H F, et al. Immunomodulatory capacity of fungal proteins on the cytokine production of human peripheral blood mononuclear cells[J]. Int Immunopharmacol, 2008, 8(8): 1124-1133.

[91] WANG P H, HSU C I, TANG S C, et al. Fungal immunomodulatory protein from Flammulina velutipes induces interferon-gamma production through p38 mitogen-activated protein kinase sig-

naling pathway[J]. J Agric Food Chem, 2004,52(9):2721.

[92] BAO H N, USHIO H, OHSHIMA T. Antioxidative activities of mushroom (Flammulina velutipes) extract added to bigeye tuna meat: dose-dependent efficacy and comparison with other biological antioxidants[J]. J Food Sci, 2009,74(2):162.

[93] SHI Y L, JAMES A E, BENZIE I F, et al. Mushroom-derived preparations in the prevention of H_2O_2-induced oxidative damage to cellular DNA. Teratog Carcinog Mutagen, 2002,22(2):103-111.

[94] CHENG S, YANG P, GUO L, et al. Expression of multi-functional cellulase gene mfc in Coprinus cinereus under control of different basidiomycete promoters[J]. Bioresour Technol, 2009,100(19):4475-4480.

[95] YAMADA M, KURANO M, INATOMI S, et al. Isolation and characterization of a gene coding for chitin deacetylase specifically expressed during fruiting body development in the basidiomycete Flammulina velutipes and its expression in the yeast Pichia pastoris[J]. FEMS Microbiol Lett, 2008,289(2):130.

[96] ISHIKAWA N K, FUKUSHI Y, YAMAJI K, et al. Antimicrobial cuparene-type sesquiterpenes, enokipodins C and D, from a mycelial culture of Flammulina velutipes[J]. J Nat Prod, 2001,64(7):932.

[97] KUO C Y, CHOU S Y, HUANG C T. Cloning of glyceraldehyde-3-phosphate dehydrogenase gene and use of the gpd promoter for transformation in Flammulina velutipes[J]. Appl Microbiol Biotechnol, 2004,65(5):593.

[98] PARK S E, LI M H, KIM J S, et al. Purification and characterization of a fibrinolytic protease from a culture supernatant of Flammulina velutipes mycelia[J]. Biosci Biotechnol Biochem, 2007, 71(9):2214-2222.

[99] CHAKRABORTY S, CHAKRABORTY N, JAIN D, et al. Active site geometry of oxalate decarboxylase from Flammulina velutipes: Role of histidine-coordinated manganese in substrate recognition[J]. Protein Sci, 2002,11(9):2138-2247.

[100] AZAM M, KESARWANI M, CHAKRABORTY S, et al. Cloning and characterization of the 5′-flanking region of the oxalate decarboxylase gene from Flammulina velutipes[J]. Biochem J, 2002,367(1):67-75.

[101] KERN V D, MENDGEN K, HOCK B. Flammulina as a model system for fungal graviresponses [J]. Planta, 1997,203(1):23-32.

[102] 华莉,刘细珍,张静,等. 哮喘儿童血清特异性IgE检测结果分析[J]. 中国基层医药, 2006,13(6):614-615.

[103] 吴希哲,高向东. 金针菇提取物的保肝及抗肿瘤作用[J]. 中国生化药物杂志, 2002,23(4):176-178.

[104] 袁仲. 金针菇的保健功能与加工利用[J]. 农产品加工学刊,2005(6):125-127.

[105] 孔祥辉,孙宇峰. 任永春,等. 金针菇免疫调节蛋白的研发与应用[J]. 生物技术,2006,16(4):85-88.

[106] HSIEH K Y, HSU C I, LIN J Y, et al. Oral administration of an edible-mushroom-derived protein inhibits the development of food-allergic reactions in mice[J]. Clin Exp Allergy, 2003,33(11):1595-1602.

[107] YOSHIKAWA S, TSUSHIMA K, YASUO M, et al. Hypersensitivity pneumonitis caused by Penicillium citrinum, not Enoki spores[J]. Am J Ind Med, 2007,50(12):1010-1017.

[108] FUKUSHIMA M, OHASHI T, FUJIWARA Y, et al. Cholesterol-lowering effects of maitake (Grifola frondosa) fiber, shiitake (Lentinus edodes) fiber, and enokitake (Flammulina velutipes) fiber in rats[J]. Exp Biol Med, 2001,226(8):758-765.

(郭美英、黄良水、张引芳、王波)

第四十六章 口 蘑

DISISHILIUZHANG KOUMO

摘要：主要刊载口蘑的生物学特性和栽培方法等方面内容。

Tricholoma mongolicum

Abstract: This chapter describes the main biological features of *Tricholoma mongolicum*, and the methods used for their cultivation.

第一节 口蘑的分类地位

口蘑又名：白蘑、白蘑菇、口蘑、察干白蘑、乌勒砂、蒙古口蘑等。

学名：*Tricholoma mongolicum* S. Imai, (1938)。

属名"*Tricholoma*"来自希腊语，词干"thrix-"的意思是"毛发"，词尾"-loma"的意思是"边缘"，中文早就有口蘑的名称。种名加词"*mongolicum*"意思是地名"蒙古的"。

分类地位：菌物界(Fungi)，担子菌门(Basidiomycota)，伞菌目(Agaricomycetes)，伞菌亚纲(Agaricomycetidae)，伞菌目(Agaricales)，口蘑科(Tricholomataceae)。

口蘑是一大类产于内蒙古、河北、辽宁、吉林、山西、甘肃等地草原的草田食用菌。广义的口蘑包括口蘑属、蘑菇属、香蘑属中的近 100 种食用菌，狭义的口蘑是指口蘑属食用菌，其中最著名的种是白蘑，白蘑又叫香杏口蘑。上述各个属的食用菌其所以称为口蘑，是因为古时河北张家口是张家口以北地区的农牧产品贸易集散地。内蒙、河北北部草原所产的食用菌经过张家口这个贸易集散地，然后再销往全国。商人们就把内蒙、河北产的销往全国的食用菌称为口蘑。

口蘑大多生长于草原。草原上长的草大多是禾本科、蓼科、莎草科植物。草地上有牛、羊、马等各种畜粪。每年 7～8 月份雨后，口蘑就大量生长，干旱年生长极少，甚至找不到这些蘑菇。

白蘑在北方地区已有1 000多年的应用历史，其中香杏口蘑、白蘑在干后转潮时会散发出很浓郁的蘑菇香味，因而特别受人青睐。相传清朝年间，一个经营口蘑的商贩拿了许多口蘑乘船欲过长江，再将口蘑贩到南方各地。船到江心时，许多大鱼、小鱼群集到船边，船被撞得快要倾覆，船上人都惊吓万分，不知何故，这时有一乘客站起来指着几袋装有口蘑的袋子说，这些鱼是闻到这几袋东西的香味而来的，快将这几袋东西倒掉。为了活命，那位口蘑菌贩只好把几袋口蘑倒入长江。原来这几袋口蘑在乘船时接触到水，到江中时，香味大量散发出来了。这些口蘑倒入江心后，逐渐四散漂流开来，鱼儿也就散开了，终于解除了危机。口蘑中产生香味的成分是 5'-鸟苷酸。

第二节 口蘑的生物学特性

一、形态特征

白蘑——香杏口蘑菇体肉质，菌蕾幼时圆形、白色、光滑、状如珍珠(故又名珍珠蘑)，后平展，直径4.5～20cm。菌肉白色、厚 1～1.5cm。菌褶白色稠密，长短不齐。菌柄圆柱形，白色，长3.2～6.5cm，粗1.8～3.0cm，基部膨大，成臼形；孢子印白色，壁光滑，椭圆形，5.5～7.5μm×3～4μm。

二、生长特性

白蘑是一种低中温型食用菌，菌丝生长温度为 5～32℃，适宜生长温度 18～22℃；子实体生长温度8～28℃，适宜生长温度13～15℃。超过15℃随着温度的升高，子实体生长加快，也易开伞。原基分化和子实体生长需要10～14℃的温差刺激。没有变温刺激，子实体不易形成。在自然条件下，草原上若未受到动物踩踏，生长良好时，蘑菇会成圈状生长，这就是蘑菇圈。原始蘑菇圈由一个生长点逐渐向外扩展生长造成。蘑菇圈上的蘑菇可连长数年，蘑菇圈越长越大，最大的蘑菇圈直径可达百米左右。凡蘑菇圈上的草比圈内和圈外的草色泽深些，草也长得茂盛些，这表明草得到了蘑菇提供的某些营养物质或植物激素。所以有人认为白蘑和其他口蘑与草有一定的共生关系。口蘑现在还没有大规模人工培养。口蘑是一种草腐菌，以发酵过的畜粪、禾本科秸秆作为培养基，培养方法、生长条件和双孢蘑菇基本相同。

第三节　口蘑菌种的制备

一、白蘑的菌种分离和母种培养

白蘑菌种分离有孢子分离和组织分离两种。白蘑这两种分离方法和双孢蘑菇菌种分离方法相同，分离方法请参阅本书《食药用菌制种技术》一章。

母种培养基

①PDA培养基的制作：制作方法与其他食用菌的PDA培养基相同，详见本书《食药用菌制种技术》一章。

②综合PDA培养基：制作方法详见本书《食药用菌制种技术》一章。

③PDA麦麸蛋白胨培养基：马铃薯200g，麦麸50g，葡萄糖20g，酵母膏2g，KH_2PO_4 1g，$MgSO_4$ 0.5g，琼脂18g，水1 000ml。

二、原种和栽培种

1. 菌种制作

粪草培养基菌种：粪草培养基发酵、菌种制作和双孢蘑菇菌种相同，请参阅本书《食药用菌制种技术》一章。

麦粒培养基菌种：麦粒100千克，磷酸二氢钾（KH_2PO_4）150g，$MgSO_4$ 50g，石膏粉1千克。先将麦粒洗净，拣去泥沙，加麦粒重量6倍量清水煮。沸后保持5分钟左右，使麦粒完全吸足水分，心部无白心，种皮将破时止。然后倒于地上，待麦粒种皮表面无游离水时倒入石膏粉等原料，拌和，然后装于瓶中。

原种栽培种料瓶的装瓶、灭菌、接种与蘑菇、鸡腿菇等菌种制种相同。

2. 栽培方法

（1）白蘑的栽培方法与蘑菇栽培方法基本相同

用畜粪、禾本科秸秆为原料，加水堆制，进行微生物高温发酵。发酵后将培养料铺于蘑菇栽培床，然后播种、发菌培养、覆土、喷水管理、采菇。

白蘑栽培所需要的培养基原料与双孢蘑菇相同。白蘑培养料发酵时也要将畜粪晒干、敲细，粪草比为6.5∶3.5，然后按一层草、一层畜粪同时加水的方法堆制发酵。堆制时每50千克原料加水180升左右，用手紧握时有滴水流出。堆高、堆宽为1.5m×1.8m，堆温72～75℃。堆制发酵30天左右，待草秸变成深咖啡色、一拉就断、无粪臭时为止。含水量要求60%。发酵好的培养料堆于菇床上后再进行2次发酵，培养料厚度15～18cm。

（2）播种、覆土管理

播种时间：南方地区9月上旬，北方地区8月中旬；开始出菇时间：南方11月中下旬，北方地区10中下旬。

播种方法与双孢蘑菇相同。

播种后保持室内空气新鲜，一天通风2次，每次2小时，栽培室温度保持22～25℃，空气湿度85%左右，不吹直接风，促使菌丝迅速扩展和深入培养料里面。播种1星期左右后，菌丝已深入培养料中时，增加通风时间，促使菌丝向培养料里面生长，防止表面菌丝徒长结成菌被。菌床菌丝长到菌床底部时进行覆土。土质、土粒大小、覆土厚度、覆土要求与双孢蘑菇同。

白蘑覆土后要迅速调节覆土层的湿度，在1～2天内将土粒调节到用手紧握时能捏扁而不黏手的程度。然后稍稍通风，使菌丝爬到覆土层中间，使子实体在土层中形成，这样所长蘑菇圆整。采菇后根部不黏土，也不伤及培养料中菌丝，促使下潮子实体尽早形成，防止土层中结成菌被。

第四十七章　块　菌

DISISHIQIZHANG KUAIJUN

摘要：块菌是一种与树木共营生的地下菌根菌。块菌料理已经成为法国等欧洲文化的重要组成部分，也被视为世界上最珍贵的食用菌之一。我国云南、四川等地，每年都有一定数量的食用块菌出口到欧洲。本章较全面、系统地阐述了块菌的生物学特性和其独特的半人工栽培模式。

Tuber spp.

Abstract: Truffle are a form of mycorrhizal mushroom that grow in symbiosis with certain tree species. Truffles are deemed to be one of the most highly valued edible mushrooms in the world, and have become an important part of many European cultures, especially among the French and Italian people. Limited quantities of truffles are exported to Europe annually from parts of China such as Yunnan and Sichuan. This chapter consists of four sections that provide a comprehensive introduction to various aspects of truffles including biological features and semi-artificial cultivation techniques.

第一节　概　述

块菌(*Tuber* spp.)不但含有丰富的营养物质，而且具有提高免疫力和滋补壮阳等保健价值，除用于烹调外，还加工成果酒、罐头、果酱、鹅肝酱等食品及保健品。其中，法国黑孢块菌和意大利白块菌的价格贵如黄金和白金，作为法式三大著名料理之一，已经成为欧洲文化的重要组成部分。在法国南部的块菌主产区，每年块菌初收上市之际会举行隆重的"开市"仪式，在销售过程中也保持着很多传统规矩。设有专门的块菌市场；销售实行准入制度，只有登记在册的饭店或加工厂等专业人士才能进入市场；以哨声开市、收市；包装材料不用塑料袋等人工合成产品而只用布袋或柳条筐等绿色包装物；秤重不用电子秤而只用罗马秤；价格由买卖双方私下谈定而不明码标价；结账不用信用卡而只用现金；在市场内只看货、谈价而在收市后再异地(附近的咖啡厅)秤重、结账。作为发达国家的法国，在现代化如此程度之高的今天仍保持着块菌的传统文化，足见块菌的名贵性与稀缺性。

一、块菌学名及分类地位

"块菌"一词是块菌属所有种类的统称。

学名：黑孢块菌 *Tuber melanosporum* Vittad., Monogr. Tuberac. (Milano): 36 (1831)。

属名"*Tuber*"来自拉丁语，意思是"肿瘤、结节"，根据其形状称为"块菌属"。种名加词"magnatum"意思是"大的"。中文应称为"大块菌"，称为白块菌可能是因为其菌核内部的颜色。种名加词"*melanosporum*"的词干"malano"意思是"黑色的"，词尾"-sporus"意思是"孢子"，所以称为黑孢块菌。种名加词"rufum"意思是"淡红色的"，所以称为淡红块菌。

其他块菌有白块菌 *Tuber magnatum* Pico, (1788)；淡红块菌 *Tuber rufum* Pico,: 80 (1788)；中华块菌 *Tuber sinense* X. L. Mao, (2000)；印度块菌 *Tuber indicum* Cooke & Massee, Saccardo′s Syll. fung. XI: 444; XII: 1036。

分类地位：菌物界(Fungi)，子囊菌门(Ascomycota)，盘菌纲(Pezizomycetes)，盘菌亚纲(Pezizomycetidae)，盘菌目(Pezizales)，块菌科(Tuberaceae)。

二、形态特征

块菌子囊果呈不规则的球形、半球形或块状(图47－1～图47－2)，直径1.5～12.0cm，大小差别较大，小的只有几克，最大可达2 000g。子囊果颜色从灰白色(如白块菌 *Tuber magnatum* Pico)到黑色(如黑孢块菌 *Tuber melanosporum* Vitt)不等，表面有疣状突起或无，每个小疣由 3～5 个角锥组成，切开幼子囊果可见无数乳白色大理石状菌脉，成熟后变为灰白色至灰褐色(图 47－3～图 47－4)。子囊半球形、球形、近球形或梨形，无囊柄或柄状基部，内含 1～4 个子囊孢子，大小为 10～20μm，子囊孢子形状大多为圆形或椭圆形，上面有刺状突起(图 47－5)。

图 47－1　中国西南地区出产的块菌

图 47－2　中国西南地区出产的块菌

图 47－3　法国黑孢块菌的表现形态

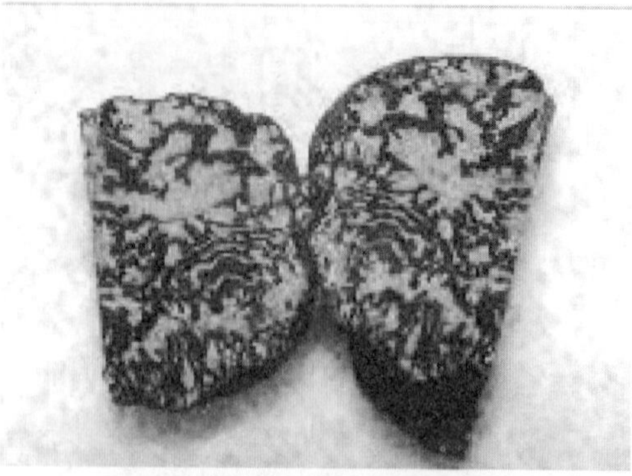

图 47－4　法国黑孢块菌的解剖结构

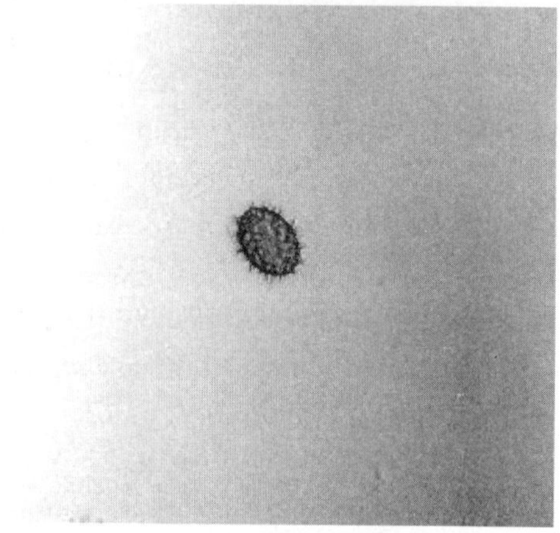

图 47－5　块菌子囊孢子形状

三、保健作用

块菌含有丰富的营养物质，含氮量高，有多种易被人体吸收的氨基酸和无机盐。国外的研究证明，新鲜块菌所散发的独特香味，使欧洲美食家们流连忘返，还因为其含有某种雄性激素，有促进人体性功能这一神秘功效而受到消费者的喜爱。陈应龙等对块菌子囊果的营养成分作了详尽的介绍，从云南产的印度块菌中，首次分离得到一种新鞘脂类化合物。经初步生物活性测定，鞘脂类化合物能够参与调节细胞多种生物学过程，如生物信息传递、抗原抗体反应等，因此具有多种药物功能。近年来，越来越多的研究报道了这些化合物的活性，如抗肿瘤、免疫调节、保肝等，块菌的保健作用深受人们的关注。此外，从块菌中提取的物质还可以作为化妆品的重要组成原料。

四、经济价值

块菌必须与适宜树木营共生生活，因此产量有限，国际市场上价格昂贵，供不应求，其中法国、意大利的黑孢块菌(*Tuber melanosporum* Vittod.) Monogr. Tuberac. (Milano)：36(1831)，Taberrufam Pico，：80 (1788)和白块菌[*Tuber magnatum* Pico,(1788)]在国际市场上价格贵如

白金,1 000g 鲜块菌,售价 100～200 美元,并已经成为当地文化的重要部分。每年仅欧洲市场可食用块菌交易额达数亿美元,为这些国家的地区经济和种植业者带来了巨大经济效益。但是,由于各种自然和社会因素引起世界环境的恶化,使可食块菌产量不断下降。例如,黑孢块菌由 1990 年的 2 000吨降至如今不足 100 吨。值得庆幸的是,因可食用块菌产量的下降,以及对其需求的增加,促进了栽培技术的研究。我国每年有一定数量的可食用块菌出口,大大增加了当地菇农的经济收入。

五、人工栽培现状

块菌等野生食用菌的人工驯化及其栽培技术的研究,是近 20 年来备受关注的国际性研究课题之一。世界上许多名贵食用菌,包括黑孢块菌(*Tuber melanosporum* Vitt.)、松茸(*Tricholoma matsutake* (itoet mai) singer)、美味牛肝(*Boletus edulisBull*.：Fr.)、鸡油菌(*Cantharellus cibarius* Fr.)等,都是菌根食用菌(ectomycorrhizal edible fungi),即共生型食用菌。由于这类食用菌生长必须与适宜宿主树木根系营共生生活,因此栽培方法有别于腐生型食用菌。在人工栽培上大多采用半人工栽培方式,即前阶段工作在人工条件下完成,后阶段在自然条件下完成。该方法不仅在欧洲获得成功,在美洲、大洋洲以及亚洲一些国家和地区也同样获得成功。其中,法国最早实现了块菌商业化生产,为菌根食用菌人工栽培提供了典范。

第二节 块菌的生物学特性

一、块菌生长的特征特性和对环境的要求

(一)特征特性

菌根分为内生菌根(endomycorrhizas)和外生菌根(ectomycorrhizas)两种。块菌是一类与栎、青冈栎、栗、榛及松树等树种共生的外生菌根,在土壤里形成子实体,子实体的形成和成熟在地表土壤内完成,绝大多数终生生长在地下而不露于地面,因此采集非常困难。块菌孢子或菌丝与植物根系相互接触、相互识别,产生一系列应答机制,形成菌根(图 47－6)。菌丝不断繁殖,产生原基,原基再向子囊果演变,呈子囊盘状,不久即脱离菌丝体独立生长。依靠自身及土壤中的营养,块菌开始成型,呈半圆形盘状,结构上是两侧分开,然后菌体自身又重新闭合,但中间空隙保持与外界相通。盘的上部变厚,形成子囊盘深色菌丝外层。从子囊盘生成阶段起,细胞组织(子囊盘的深色菌丝外层)向中心卷曲,边端缝合,生长成球状子囊果。

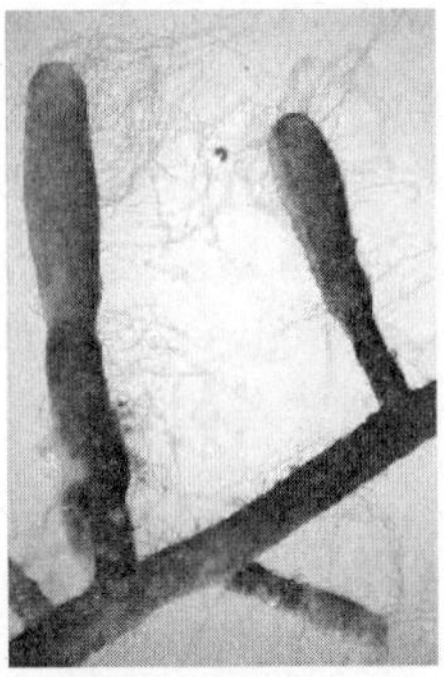

图 47－6 块菌在宿主树木根部形成的外生菌根

块菌菌根的形成,既是植物与块菌及周围环境相互作用的结果,又是进一步发育产生子实体、完成世代发育,植物获得生长刺激、实现健康生长的前提。因此,促使菌根形成是块菌栽培研究者的首要目标。

(二)对环境条件的要求

1. 土壤及 pH 值

块菌对土壤条件要求苛刻。在自然条件下,黑孢块菌生长在石灰质土壤中,土壤呈显著碱性。一般来说,土壤中氮、磷、钾养分和有机质含量需丰富,质地为含沙粒较多的轻、中土壤,土壤疏松,保水、排水性能好,特别是表土覆盖一层枯枝落叶和粗腐殖质的土壤,更有利于块菌子囊果的形成。

块菌生长的土壤 pH 较高,通常大于7.5。土壤 pH 值达不到该值时,可采用喷洒石灰的方法进行处理。有研究表明,120 吨石灰可使 1 公顷土壤从 pH 5.8升高到7.8左右,土壤深度大约为 10cm。不过 pH 值过高会影响橡树等宿主植物对金属离子等营养元素的吸收,导致患枯黄病。因此,在实际生产中,要重视对土壤 pH 值的调节。

对意大利白块菌及黑孢块菌子囊果根际土壤的研究结果表明,黑孢块菌子囊果柄附近土壤中,有效 K^+ 含量较高,而 C/N 比值较低;这两种块菌生长土壤在质地结构、$CaCO_3$ 含量及可交换性 Ca^{2+} 等方面有一定的差异;具有较高的微孔性和低土壤体积密度的土壤,有利于白块菌子囊果的形成和发展;表土抗腐蚀能力、质地、有机物、腐殖质类型、根际结构、通气状况、水分渗透、矿质营养

元素组成等，对块菌菌根共生体系的建立也有一定的影响。一般来说，质地疏松、通气状况良好是块菌生长土壤的重要特征。

2. 温度

全球80%以上的块菌种类分布在欧洲大陆的北温带和寒带地区，其中法国、意大利、西班牙等是主要分布区。夏季日均温度16.5～22℃（7月份），冬季日均温度1～8℃（1月份），生长季节日均温度大于10℃，积温900～1 900℃。在我国，块菌主要分布在西南的四川、云南及西藏等地，那里气候温和，四季如春，年均气温16.1℃，月均气温变化小，但早晚温差大，日温差最高达24.7℃，年均地温为19.1℃，比较适合块菌的生长。

3. 水分

研究表明，块菌生长对4、7、8月份的降雨量很敏感。在干旱季节里，采用人工喷灌十分重要；4～5月份适宜温度在10～35℃，土壤pH在8.1以上，适宜的土壤含水量为15%。土壤水分对块菌的菌根合成也有一定的影响。有研究表明，适宜的水分条件有利于宿主根系的发展，并能有效减少土壤有害微生物，促进块菌菌根的合成。

4. 地势

经调查发现，块菌的生长有一定的方位性。在法国东南部Marseilles沿海一带，块菌生长在较冷的西北向的坡面上，可以防止干燥南风的影响；而在Haute省，块菌通常生长在西南向的坡面上，可以不受寒冷北风的袭击。坡度对块菌生长及产量也有一定的影响。在法国，黑孢块菌产量最高的林地通常坡度不超过5度，这种坡度不会发生土壤流失与侵蚀现象；在意大利，黑孢块菌自然生长在山丘上，坡度一般超过20度，一些成功的块菌种植园也建立在坡度较大的山坡上，种植者们通常在斜坡上开掘出层层阶梯来减缓土壤的侵蚀。

二、块菌的生理特性

（一）块菌子囊果营养需求

经生理研究发现，块菌子囊果表面有含水草酸钙的晶体，这可能与土壤中菌丝体的生物活性有一定的关系。块菌的新生营养菌丝能代替老菌丝吸收土壤中的营养，表明块菌具有短暂的腐生行为。Barry等采用放射自显影技术，研究了黑孢块菌和白块菌子囊果水分和营养的吸收模式，子囊果表面长出的菌丝体能渗透水分，吸收甘露糖磷酸盐。子囊果与菌丝丛中放射性元素的含量及分布情况与元素施放点的位置密切相关，菌丝丛能促进对营养元素的吸收与运输。

（二）块菌菌丝的生理特性

陈惠群等对中国块菌菌丝生理特性研究表明，中国块菌菌丝在10～30℃都能生长，适宜温度为15～28℃，最适温度为23～25℃。菌丝生长发育适宜的pH为4～7，最适pH为5～6。菌丝在鲜松针综合培养基上生长茁壮，长速快。菌丝生长较好的碳源是麦芽糖、蔗糖和果糖，其次是葡萄糖。菌丝生长较好的氮源是蛋白胨和硫酸铵，其次是氯化铵和酒石酸铵。

三、块菌的鉴定方法

不同种的块菌在气味、味道及价值方面有很大的差别。因此，对块菌进行准确的鉴定具有深远的意义。

（一）块菌形态特征的鉴定

传统的鉴定方法是通过块菌外部形状、颜色、大小、表面疣的形状、角锥的大小、菌根结构及气味来鉴定块菌的种类。也可根据不同块菌的子囊孢子形态不同，用电子扫描技术对子囊孢子进行拍摄，从子囊孢子图片对块菌进行区分。对印度块菌和喜峰块菌的菌根进行电镜观察表明，菌根分为两层，即内层和外层，内层由菌丝细胞构成，外层由拟薄壁组织细胞组成，不同块菌的细胞大小和形状各不同。

（二）化学成分的鉴定

BrunoTirillini等报道，3种香豆素类化学物质在夏块菌、波奇块菌和黑孢块菌中均有发现，而在白块菌中并不存在。用3种化学成分含量的多少构建系统发育树，从而鉴定出种间的亲缘关系。

（三）生物化学的鉴定

SandraUrbanelli等运用生物化学技术，对从西班牙、法国、意大利和伊斯的利亚（半岛）不同地区采集的块菌子囊果进行同工酶鉴定，运用表现型分类法（pheneticanalysis），对基因的遗传距离进行分析，从而达到鉴定的目的。

（四）分子生物学的鉴定

近年来，分子生物学技术在块菌鉴定中得到了较好的应用。通过不同引物对不同块菌的聚合酶联反应(PCR)扩增,可以鉴定出模式种与新鲜种的差异。Mello 等研究了两种商业块菌(*T. melanosporum* Vitt 和 *T. borchii*)及其竞争菌(*Sphaerosporella brunnea*)的子实体、菌丝体及菌根共生体 DNA 的遗传多态性来鉴定其差异。通过 PCR/RFLP 方法,鉴定出勃良第块菌和夏块菌属于同一个种,可能由于生态环境的变化引起的它们之间形态、味道和气味的差别。用 PCR/RFLP 方法,对黑孢块菌的线粒体 Lsu-rDNA 进行分析,以区别黑孢块菌和其他块菌。

第三节 块菌的栽培技术

一、宿主植物的选择

与大多数菌根菌一样,块菌对宿主树种有较强的选择性和专一性,并在苗期就有所体现。选择适宜的宿主进行接种,不仅是菌根化苗生产的前提,也是块菌栽培成败的关键。在自然条件下,欧洲商业块菌,包括黑孢块菌(*Tuber melanosporum* Vittad.)、白块菌(*T. magnatum* Vittad)、勃良第块菌(*T. uncinatum* Chatin)、夏块菌(*T. aestivum* Vittad.)、冬块菌(*T. brumale* Vittad.)等,通常能与多种宿主树种共生,以橡树(*Quercus pubescens*)、榛子树(*Corylus avellana*)等为最常见宿主树种。以法国为例,地处北温带的 Commercy 等地,适宜于栽培勃良第块菌和黑孢块菌,这里的人工种植园所采用的树种为榛子树,少数种植园也采用橡树;而南部的 Avignon 地区属地中海气候,最适宜黑孢块菌的生长,橡树、榛子树及冬青栎(*Q. ilex*)均是理想的块菌种植宿主。位于 Avignon 的 Lanbesc 苗圃,是一家经法国国家实验室(CTIFL)认证的生产和销售块菌菌根化苗的商业性专业苗圃。在意大利,人工种植白块菌常用的树种除了橡树和榛子树外,还有柳(*Salix*)、杨(*Populus*)、木犀科等树种。

我国西南部分布的中国块菌、印度块菌、喜峰块菌、拟喜峰块菌等,通常生长在云南松(*Pinus yunnanensis*)、华山松(*P. armandi*)、栎树(*Quercus* spp.)、桤木(*Alnus crenmastogyne*)、旱冬瓜(*Alnus neplensis*)、水红木(*Viburnum cylindricum*)、马桑(*Coriavia nepalensis*)、棠梨(*Pyrus xerophira*)、救军粮(*Pyracantha fortuneana*)等林下。据徐阿生的报道,在川滇发现的西藏块菌、刘氏块菌、少孢块菌生长在高山栎(*Quercus aquifoliodes*)、杜鹃(*Rhododenron* spp.)等林下,进一步扩大了块菌的宿主范围。

几种主要可食用块菌的宿主和人工栽培现状见表 47－1。

表 47－1 主要可食用块菌的种类与栽培研究现状

块菌种类	主要产地	常见宿主树木	子囊果形态特征	人工栽培现状
黑孢块菌 *Tuber melanosporum*	法国、意大利、西班牙、法国	橡树、榛子树、冬青栎	近黑色,表面布有小疣,产孢组织为黑白相间的大理石条纹	商业化生产
夏块菌 *Tuber aestivum*	意大利、匈牙利、中国北方和西南部	红橡树、黑白杨、欧洲角树	深棕色近黑色、有明显的多角形小疣,产孢组织为白色	正在研究中
勃良第块菌 *Tuber uncinatum*	法国勃良第、欧洲中部、北部、东部	橡树、榛子树、栎树	棕黄色近黑褐色,有明显的小疣,产孢组织棕色	商业化生产
白块菌 *Tuber magnatum*	意大利、法国	红橡树、黑白杨	灰白色,凹陷无疣,产孢组织白色至灰白色	正在研究中
冬块菌 *Tuber brumal*	意大利、法国、荷兰	榛子树、栎树	黑褐色,扁平的小疣,产孢组织白色至灰色	正在研究中
波奇块菌 *Tuber borchii*	法国、意大利、中国四川、云南	橡树、榛子树	棕黄色,较平坦无疣状突起,产孢组织棕黄色	开始人工栽培
印度块菌 *Tuber indicum*	中国云南、四川攀枝花	云南松、麻栎、栎树、土瓜、马桑	深棕黑色,有明显的小疣,产孢组织为黑白相间的大理石条纹状	正在研究中
中国块菌 *Tuber sinense*	中国四川、云贵高原	云南松、华山松、栎树、水红木	褐色至深褐色,外表布小疣,产孢组织灰白色	正在研究中
喜峰块菌 *Tuber himalayense*	喜马拉雅山、西南横断山区	云南松、华山松、栎树、桤木	褐色,有扁平的小疣,产孢组织灰白色	正在研究中
台湾块菌 *Tuber formosanum*	中国台湾	青冈栎	灰褐色至红褐色,表面有粗糙突起,产孢组织似大理石黑白条纹	开始人工栽培

二、育苗基质与营养的选择

块菌苗的生产在欧洲是授权生产的，世界上真正掌握高品质块菌苗生产技术的主要是法国和意大利。

块菌菌根化苗木生产通常采用透气性好、质地松软的混合基质，基质要高温消毒，以减少其他土壤共生真菌的竞争性影响。介质采用蛭石和泥炭土混合均匀调配(其容积比为1∶1)，测定其pH为7.0～7.9(通常使用石灰进行调整)。在苗木生长过程中，监测其营养成分及pH值的变化。

在营养方面，天冬酰胺等有机氮源及中等量的磷素，对块菌的菌根合成有显著促进作用，但基质中有机质含量过高，会对块菌的菌根合成产生一定的抑制作用。不同金属离子对块菌菌丝体生长的影响较大，促进作用的大小依次为 $Ca^{2+}>Na^{+}>K^{+}>Mg^{2+}$。若养分不足，需配制营养液给予补充。pH变幅超过0.15时，需施用碱性肥料加以干预。

三、菌剂及接种

目前，欧洲块菌菌根化苗木生产所使用的菌剂主要是子囊孢子，一般不采用纯培养的菌丝体。块菌菌剂制作方法如下：从野外采集或市场购买的块菌子实体(子囊果)，经粉碎、过筛后，制成孢子悬液直接用于接种或者将其静置使之自然干燥，然后与树皮等粉末混合，配置成一定浓度的菌剂。这种菌剂在低温条件下可以保存1年以上。据介绍，新鲜子实体最好放入冰箱中存放几天，不仅易于粉碎，还有利于菌剂中子囊孢子的萌发。这种方法生产的块菌接种体能有效促进菌根的形成，但由于块菌子实体市场价格昂贵，成本较高。

常用的接种方法有3种：

① 把消毒过的接种介质与无菌水混合搅拌均匀至湿润备用，把适量的湿润介质放在塑料胶片上，中部放置优良无菌苗然后把孢子悬液接种在苗木根部，尽可能使介质四周分布的块菌孢子悬浮液均匀，包好塑料片放入穴植管。

② 在播有无菌苗的盆钵内，用孢子悬液在苗木四周进行注射接种，使孢子在培养介质内分布均匀。

③ 用盆钵播种时，把介质用孢子悬液混匀后再播种。

接种后的苗木必须精心管理，注意棚内的温湿度变化，保持穴植管内的介质湿润即可。注意经常通风换气，并防止外来菌根菌孢子飞散的感染。

四、苗期管理

菌根苗通常采用特殊的柱形育苗容器，这种容器有利于根系的发展并便于运输。对盆栽块菌接种橡树幼苗进行修剪，可促使幼根密集分支，提高菌根感染率。黑孢块菌的感染依赖于根系的形态，中等大小的根系很容易感染黑孢块菌形成菌根。同时，做好土壤水分管理工作，促进宿主根系和菌根的生长。

菌根苗在温室培育2年后，严格检测并达到相关技术指标，才能出圃移栽。在意大利国内，每株菌根苗的售价一般在8～10欧元。

五、种植园的选择和后期管理

(一)种植园的选择及定植

“适地适菌”是块菌人工栽培应遵循的基本原则。在选择种植园时，必须对土壤进行化验分析，以确保适宜块菌生长的土壤。种植园通常建立在石灰岩(质)地区，最好是在向阳的坡面上。近30年内最好没有林木，这样可以减少土壤中其他外生菌根菌对块菌的竞争性影响。一旦造林地选定后，地面上的杂草应完全除尽(最好不要使用除草剂)，土壤的翻整深度一般不超过20cm。有条件的地方，应在块菌园地周围设立栅栏。同时在种植园里铺设灌溉系统，适时施加块菌专用肥。定植后套上保护性塑料筒，以防风防动物危害。

(二)后期管理

菌根苗移栽到种植园后，林地地表应覆盖树皮、稻草或枯枝落叶，做好除草、松土、浇灌等后期管理，并施加块菌专用肥，以促进块菌早产、高产。施肥需严加控制，否则施肥不当会引起杂菌滋生。菌根性食用菌种植园的杂草管理也非常重要。要使种植园获得稳定的产量，应尽可能减少每一株带菌根树木周围的杂草和灌木。种植园建成后不宜施除草剂，一般应通过机械或用手工小心拔除杂草，避免伤及菌根。通常在春季(2月末和3月份)，用三齿耙松土除草或用带耙的拖拉机耕翻，松土深度控制在5cm左右。子实体形成前几年，对带菌根的树木进行一次修枝定型，每株保留1枝或2～3枝主干，以后若干年都不用修整。

种植园有机质的过度矿化以及块菌代谢残余物的积累，有利于其他真菌(指除块菌以外的真菌，尤其是与块菌构成竞争关系的菌根性真菌)的生长，会缩短块菌产地的经济寿命，应通过农艺措施阻止其他真菌的发生。

一个块菌种植园在收获 10 年之后，产量仍能够保持在 15～20kg/m²，这个种植园就是成功的。Reyna 等研究发现，对逐渐失去生产能力的老块菌园，利用子囊孢子在宿主树木根系上接种，能使新生根系继续形成菌根，这种恢复性技术可有效地延长块菌园的收获时间。

六、块菌采收

块菌菌根苗移栽种植园后，生长 4～5 年开始进入块菌初产期。产块菌的最初迹象是：共生植物的树干基部周围的草本植物，在块菌分泌的生物除草物质作用下逐渐枯萎死亡，即出现“块菌食菌圈(hydnosphere)”现象。块菌高产期一般是在第一次出菇后的第 3 年，每年 10 月到次年 3 月可以收获多次，出产期每周可以采集一次。一片块菌林可持续采收块菌 70～80 年。

绝大多数块菌生长在地下，手工直接采收较为困难。成熟的块菌会散发出强烈的香气，穿透土壤散发到空气中。在意大利，块菌采集大多由训练有素的块菌狗寻找，这样既准确、高效，又减少了手工采集对生态造成的破坏。据悉，在俄罗斯等国，人们还用猪、山羊、狐狸，甚至幼熊来寻找块菌。另外，在块菌生长的地方，有时还会发现一种苍蝇(*Helomyza trberivora*)，它对块菌的气味很敏感，被称为“块菌苍蝇”，这也是块菌成熟的重要标志。分布在我国西南的印度块菌等，由于过度采集和人为的破坏，产量显著减少，我国块菌的可持续发展问题应引起重视。

在法国，几种重要商业块菌的成熟期分别为：黑孢块菌 12 月初～次年 3 月底、勃良第块菌 9 月中～次年 1 月底、夏块菌 5 月初～9 月底、冬块菌 12 月初～次年 3 月底；在法国，白块菌成熟期较早 10 月初～12 月底，而波奇块菌较晚 1 月中旬～4 月底；产于我国四川攀枝花地区的印度块菌(*T. indicum* Cooke et Mass)成熟期为 12 月初～次年 3月底。

第四节 展 望

一、加强野生块菌资源的保护

我国可食用块菌产地主要分布在西南的云南四川及西藏，当地出产的野生印度块菌、中国块菌、夏块菌等食用块菌已经出口多年。其中，印度块菌的外形、颜色等与黑孢块菌极其相似。当地人们利用耙子等工具在块菌山到处采收，因此采集的块菌成熟度参差不齐。这种掠夺、杀鸡取卵式的采集方式，还会损伤菌根和菌落圈，使块菌资源受到毁灭性破坏。应该像建立松茸自然资源保护区一样，建立块菌自然保护区，禁止乱砍乱伐、私采滥收。按照国际惯例，利用经过专门训练的块菌狗等寻找、采集块菌，确保块菌产品的成熟度整齐一致，提高块菌产品的质量和国际竞争力，减少对菌根和菌落圈的破坏，促进块菌自然资源的保护。利用老块菌园恢复技术对可食用块菌进行人工培育管理，使其可持续发展。

二、可食用块菌的人工栽培研究

在过去的 100 多年里，由于可食菌根菌的产量逐年下降，以及需求的增加，促进了栽培技术进步，但减产的趋势仍然在继续。加强森林资源保护及菌根菌的保育研究、扩大人工栽培面积，已经成为摆在全世界块菌学家面前的重大课题。随着科学技术日益发展与进步，人们越来越多地考虑到菌根菌在发展林业和农业上的应用。因此，对菌根类食用真菌驯化研究是一项艰巨的任务。随着人们对块菌生态学研究的不断深入和认识，块菌的驯化和栽培研究已取得突破性进展。

(一)我国块菌的人工栽培现状

虽然我国对块菌的研究尚处于起步阶段，但在过去短短十几年内，我国在块菌的资源调查、生活史、生理生态等方面的研究已取得了明显进步，但商业化的人工栽培尚需时日。近年来，分布于我国西南的印度块菌等，由于过度采集和人为破坏，产量显著减少。我国块菌的可持续发展问题应引起重视，要做到块菌资源的永续利用，除需加强对森林资源和块菌资源的调查保护与科学采收外，重要的是要搞清块菌的生态学特性，分离筛选优良菌种，掌握块菌的培养特性，开展块菌的人工栽培研究，或引进国外优良菌种及栽培技术，建立专门的生产基地。我国地域广阔，生态环境多种多样，生物品种资源十分丰富，只要不断努力，就能为发展块菌栽培事业奠定基础。

(二)国外块菌的人工栽培现状

法国、意大利、西班牙等欧洲国家是块菌的主要发源地和分布区，新西兰也有分布，在突尼斯等国家发现有沙漠块菌(*Terfezia* sp.)。国际市场较受青睐的块菌有黑孢块菌、白块菌、勃良第块菌、夏块菌和台湾块菌等，其中商业化生产最成功、最广泛的是黑孢块菌和勃良第块菌。法国、意大利、西班牙等欧洲国家已经能够非常成熟地利用半人工栽培技术对黑孢块菌进行种植，从宿主树木的选择到块菌的采收有完善的配套技术支持。美国及南半球的新西兰和澳大利亚对黑孢块菌的栽培试验也取得了成功。

黑孢块菌等虽已能产业化栽培，但年产量很不稳定，主要原因是：①温室内大规模生产菌根苗或子实体非常困难；②温度、水分和营养必须保持在狭窄范围内，难于控制；③块菌的病虫害也限制了温室内菌根苗的长期栽培。意大利白块菌的栽培也存在同样的问题，这些都是块菌产业化栽培过程中亟待解决的问题。

从 1970 年开始，法国、意大利、西班牙、新西兰等国家先后开展了块菌的人工栽培研究，并取得突破性进展。但是，由于块菌昂贵的价格，从开始人工栽培研究之初，就与商业利益密切相关，块菌的人工栽培技术在全世界范围内均处于高度保密状态，严重限制了块菌人工栽培研究的合作与交流，阻碍了块菌人工栽培技术的提高。而且，即便在黑孢块菌等已商业化栽培的今天，在理论上对高产所需的营养条件和环境条件仍不十分清楚，无法保证稳产、高产，还需要对块菌园进行长期监测，研究出最适的栽培条件。

参考文献

[1] BRUNO TIRILLINI, ANNA MARIA STOPPINI. Coumarins distribution in four Truffle species[J]. Mycotaxon,1996(2):227-232.

[2] 陈应龙. 块菌生态生理学研究[J]. 中国食用菌,2001,20(5):28-30.

[3] 陈应龙. 欧洲块菌人工栽培技术研究[J]. 中国食用菌,2002,21(1):7-9.

[4] 陈波涛. 块菌的感染接种与块菌林营建技术初报[J]. 贵州林业科技, 2003,31(4):20-23.

[5] 陈应龙. 块菌菌根合成及其形态研究[J]. 中国食用菌, 2001,20(3):20-21.

[6] 陈应龙. 黑孢块菌的菌根合成及其超微结构研究[J]. 中国食用菌,2002,21(5):15-17.

[7] 陈应龙,弓明钦. 块菌资源多样性及其地理分布[J]. 中国食用菌,2000,19(5):6-7.

[8] CLAUS H, HOPPEN H O, KARG H. The secret of truffles:a steroidal pheromone[J]. Experientia, 1981(37):1178-1179.

[9] 陈惠群,刘洪玉,李子平. 块菌生态学特性的初步研究[J]. 食用菌学报,1998,5(1):39-44.

[10] 陈惠群,刘洪玉,李子平. 中国块菌主要生理特性初步研究[J]. 食用菌学报,1998,5(4):26-30.

[11] 戴芳澜. 真菌的形态和分类[M]. 北京:北京出版社,1987.

[12] DIAZ P, IBANEZ E, SENORANS F J, et al. Truffle aroma characterization by headspace solid-phase microextraction[J]. J Chromatogr A, 2003,1017(1-2): 207-214.

[13] DIAZ P, SENORANS F J, REGLERO G, et al. Truffle aroma analysis by headspace solid phase microextraction[J]. J Agric Food Chem, 2002,50(22):6468-6472.

[14] 弓明钦,陈羽,王凤珍. 黑孢块菌的苗木菌根化合成效果研究[J]. 林业科学研究,2003,16(1):52-57.

[15] MORENO G, MANJON J L, DIEZ J, et al. Tuber Pseudohimalayense sp. nov. an Asiatic species Commercialized in Spain, similar to the"Perigord" Truffle[J]. Mycotaxon, 1997(63):217-224.

[16] 胡炳福. 块菌研究及我省开发利用块菌资源前景展望[J]. 贵州林业科技,2003,31(1):10-16.

[17] HARKI E, KLAEBE A, TALOU T, et al. Identification and quantification of Tuber melanosporum Vitt. sterols[J]. Steroids,1996,61(10): 609-612.

[18] 胡润芳,臧春荣,黄建成. 块菌生理生态及人工栽培研究进展[J]. 福建农业学报,2003,18(2):112-115.

[19] HAU IR, GORDON T, BROWN. TAMING THE TRUFFLE[M]. TIMBER PRESS, 2007.

[20] HAU IR, LYON A, WANG Y, et al. A putative List of edible ectomycorrhizalmushrooms[M]. Dunedin: Truffles & Mushrooms Ltd. 2007.

[21] HAU IR, WANG Y, AMICUCSIA A. Truffles and other edible mycorrgizal mushrooms-some new crops for the Southern Hemisphere[C]. Proceedings of the Second International Conference

on Edible Mycorrhizal Mushrooms, Christchurch, New Zealand, 2002.
[22] HAU IR, WANG Y, AMICUCSIA A. Cultivation of edible ectomycorrhizal mushrooms[J]. Trends in biotechnology, 2003(21):433-438.
[23] GAO JIN MING, ZHANG AN LING, WANG CHEN YING, et al. A New Ceramide from the Ascomycete Tuber indicum[J]. Chinese Chemical Letters, 2002,13(4):325-326.
[24] GAO JM, HU L, LIU JK. A novel sterol from Chinese truffles Tuber indicum[J]. Steroids, 2001,66(10): 771-775.
[25] GLAMOELIJA JASMINA, VUJIEIC RADMILA, VUKOJEVIE JELENA. Evidence of Truffles in SERBIA[J]. Mycotaxon, 1997(65):211-222.
[26] LORENZELLI R, ZAMBONELLI A, SERRA F, et al. 137Cs content in the fruit bodies of various Tuber species[J]. Health Phys, 1996,71(6):956-995.
[27] MAMOUN M, OLIVIER JM. Competition between Tuber melanosporum and other ectomycorrhizal fungi under two irrigation regimes[J]. Plant and soil, 1993(149):211-218.
[28] MENOTTA M, GIOACCHINI AM, AMICUCCI A, et al. Headspace solid-phase microextraction with gas chromatography and mass spectrometry in the investigation of volatile organic compounds in an ectomycorrhizae synthesis system[J]. Rapid Commun Mass Spectrom, 2004, 18(2): 6-10.
[29] MAURIELLO G, MARINO R, D'AURIA M, et al. Determination of volatile organic compounds from truffles via SPME-GC-MS[J]. J Chromatogr Sci, 2004,42(6): 299-305.
[30] COMANDINI, PACIONI G. Mycorrhizae of Asian Black truffles,Tuber himalayense and T. indicum[J]. Mycotaxon, 1997(63):77-86.
[31] 任德军,宋曼殳,姚一建.中国块菌属研究概况[J].菌物研究,2005,3(4):37-46.
[32] URBANELLI SANDRA, SALLICANDRO PINA, DE VITO EMANUELE, et al. Identification of Tuber mycorrhizae using multilocus electrophoresis[J]. Mycologia, 1998, 90(3): 389-395.
[33] 谭著名,傅绍春.菌根性食用菌栽培研究进展[J].食用菌学报, 2003,10(3):56-63.
[34] 谭著名,付绍春.我国块菌采收和贸易问题浅议[J].中国食用菌,2003,22(4): 3-5.
[35] 谭著名,傅绍春,刘晓红.新西兰菌根性食用菌研究开发现状与启示[J].湖南林业科技,2002, 29(3):72-74.
[36] 王晓娥.中国几种主要块菌的形态学与分子生物学的系统鉴定[D].吉林:吉林农业大学,2005.
[37] WEDEN C, CHEVALIER G, DANELL E. Tuber aestivum (syn. T. uncinatum) biotopes and their history on Gotland[J]. Mycol Res, 2004,108(3):304-310.
[38] WEDEN C, DANELL E, CAMACHO FJ, et al. The population of the hypogeous fungus Tuber aestivum syn. T. uncinatum on the island of Gotland[J]. Mycorrhiza, 2004,14 (1): 19-23.
[39] WANG Y, HALL IRl. Edibleecto mycorrhizal mushrooms: challenges and achievements[J]. Can Bot, 2004(82):1063-1073.
[40] 汪跃华,任敬民,林银凤.黑孢块菌生态学研究[J].佛山科学技术学院学报(自然科学版), 2001,19(4):66-68.
[41] 王晓娥,姚方杰.块菌 rDNA 的 ITS 序列分析实验条件的研究[J].中国食用菌,2006,25(5):6-9.
[42] WANG XIAOE, YAO FANGJIE. Sequence analysis on ITS-rDNA and MS-mtDNA of 7 Chinese truffles[C]. Proceedings of Beijing International Symposium of Mushroom Quality lmprovement and Control of Disease and Pest(Beijing),2006.
[43] 王晓娥,姚方杰,李玉.食用块菌的研究进展[J]. 中国食用菌, 2005,24(5): 6-9.
[44] WANG YUN HE, XINGYUAN. Tuber HuiDongense sp. Nov. from China[J]. Mycotaxon, 2002(83):191-194.
[45] 徐阿生.西藏块菌属的分类研究[J].菌物学报, 1999,18(4):361-365.
[46] 杨新美.中国菌物学传承与开拓[M]. 北京:中国农业出版社,1999.
[47] 向崇高,马春丽.印度块菌的生态考察及纯菌种分离[J].中国食用菌,1999,17(6):27.

[48] YAO FANGJIE, WANG XIAOE. The morphological and molecular identification of the main truffle species in China [C]. IV International Workshop edible Mycorrhizal Mushrooms (Spain), 2005.

[49] 姚方杰,王晓娥. 块菌 rDNA 的 ITS 片段克隆及序列分析[C]. 第八届海峡两岸菌物学学术研讨会论文集, 2007.

[50] 姚方杰,张友民,王晓娥,等. 可食用块菌人工栽培研究进展[J]. 东北林业大学学报,2004,32(6):95-96.

[51] ZEPPA S, GIOACCHINI AM, GUIDI C, et al. Determination of specific volatile organic compounds synthesised during Tuber borchii fruit body development by solid-phase microextraction and gas chromatography mass spectrometry[J]. Rapid Commun Mass Spectrom, 2004, 18(2): 199-205.

（姚方杰）

第四十八章　蜜环菌

DISISHIBAZHANG MIHUANJUN

摘要：蜜环菌是温带和热带地区广泛分布的一种食药用菌，也是我国广泛分布的大型真菌之一。蜜环菌的营养价值很高，不仅含有丰富的蛋白质、矿物质、氨基酸(其中有多种氨基酸为人体必需氨基酸)和多种维生素等人体所能吸收和利用的营养成分，同时也含有能增强机体免疫功能和抑制肿瘤生长等生理活性的化学因子。本章主要刊载了蜜环菌的分类地位、菌种资源、生物学特性、栽培方法、蜜环菌和天麻的寄生关系及蜜环菌和猪苓的寄生关系，天麻的栽培等方面内容。

Armillaria mellea

Abstract: *Armillaria mellea* is an edible/medicinal mushroom that is found extensively in tropical and temperate zones, and is one of the most widely distributed macro—fungi in China. *A. mellea* contains many readily assimilated nutrients, including high quality protein, essential amino acids, minerals and vitamins, together with bioactive components that improved the human immune system and exhibit anticancer functions. This chapter is concerned with various features of *A. mellea* including taxonomic status, resource potential, biological features, cultivation techniques, the parasitic relationships between *A. mellea*, *Polyporus umbellate* and *Gastrodia elata*, and *G. elata* cultivation.

第一节　概　述

一、蜜环菌的生物学分类地位

蜜环菌(*Armillaria*)是一种在夏、秋季发生，能兼性寄生于多种木本、草本植物的高等真菌，广泛分布于亚洲、欧洲、北美洲等地的温带地区，中国的河北、山西、黑龙江、吉林、浙江、福建、广西，陕西、四川、云南、贵州、西藏等省(自治区)也有分布；是名贵中药天麻(*Gastrodia elata*)和猪苓(*Polyporus umbellatus* Pers.:Fr.)栽培中不可缺少的共生菌，又是一类具有重要经济价值的药食兼用菌。

蜜环菌又名：榛蘑、糖蕈、蜜色环菌、蜜蘑、栎菌、根索菌、栎蕈、小蜜环菌、蜜环蕈、青冈菌等。

学名：*Armillaria mellea* (Vahl) P. Kumm., *Führ. Pilzk.* (Zwickau): 134 (1871)。

属名"*Armillaria*"一词来自拉丁语，其词源是"armilla"，意思是"环、镯"，词尾"-aria"意思是"相似"，因其颜色似蜂蜜，中文称为"蜜环菌属"。种名加词"*mellea*"意思是"蜂蜜色的、蜂蜜状的、蜡黄色的"。该菌的中文学名译成"蜜环菌"。

同物异名：*Agaricus melleus* Vahl, *Fl. Danic.* 6(17): tab. 1013(1790); *Agaricus sulphureus* Weinm., *Armillaria mellea* var. maxima Barla, *Bull. Soc. mycol. Fr.* 3: 143(1887); *Armillaria mellea* var. minor Barla, *Bull. Soc. mycol. Fr.* 3: 143(1887); *Armillaria mellea* var. *sulphurea* (Weinm.) Fr., *Ryss-lands, Finlands och den Skan-dinaviska Halföns. Hattsvampar*: 22 (1879); *Armillariella mellea* (Vahl) P. Karst., *Acta Soc. Fauna Flora fenn.* 2(1): 4 (1881); *Clitocybe mellea* (Vahl) Ricken, *Die Blätterpilze*: 362(1915); *Lepiota mellea* (Vahl) J. E. Lange, *Dansk bot. Ark.* 2(no. 3): 31(1915)。

分类地位：菌物界(Fungi)，担子菌门(Basidiomycota)，伞菌纲(Agaricomycetes)，伞菌亚纲(Agaricomycetidae)，伞菌目(Agaricales)，膨瑚菌科(Physalacriaceae)。自然条件下的蜜环菌见图48—1，蜜环菌菌丝见图48—2。

图 48－1　自然条件下的蜜环菌

图 48－2　蜜环菌菌丛

二、中国蜜环菌的种类及其分布

中国领土广阔，经纬跨度大，各地区间气候差异明显，使不同地区出现不同的蜜环菌生物种。经统计，在中国领域内分布的蜜环菌有 15 个不同的生物种，以下是我国常见的 8 种蜜环菌。

1. 芥黄蜜环菌

名称 *Armillaria sinapina* Berube & Dessureault，日本、北美均有分布。我国分布在长白山的岳桦林带、小兴安岭和大兴安岭地区，8 月末至 9 月中旬可出现子实体。该种具有丝膜状的菌环，菌柄较细、基部稍膨大，担子基部具有锁状联合，生活史基本上为双倍体－双核体类型。该种可寄生在活的岳桦上，是林木的弱寄生菌。

2. 高卢蜜环菌

名称 *Armillaria gallica* Marxm. & Roman.，日本、北美和欧洲均有分布。我国分布在长白山和小兴安岭地区。8 月下旬以后出现子实体，是东北地区最早出现的种类。菌柄较细，俗称"草菇"，形态基本与芥黄蜜环菌相似。

3. 黄盖蜜环菌

名称 *Armillaria luteopileata* G. F. Qin & J. Zhao。中国特有种类，典型的异宗配合种，分布在我国长白山和小兴安岭地区，9 月上旬以后出现子实体，形态基本与芥黄蜜环菌和高卢蜜环菌相似。

4. 奥氏蜜环菌

名称 *Armillaria ostoyae*（Romagn.）Herink，日本、北美和欧洲均有分布。我国分布在长白山、小兴安岭和大兴安岭地区。9 月下旬以后出现，是最具培养价值的种类。东北地区很多种类的活树上都发现过该菌的子实体，是林木的病原菌。该种菌盖上鳞片明显，子实体菌柄粗壮，菌环厚、不易脱落，边缘具有残留的鳞片，菌索二叉分枝，担子具锁状联合，生活史为双倍体－双核体类型。

5. 科赫宁蜜环菌

名称 *Armillaria korhonenii* G. F. Qin & Y. C. Dai。我国分布在秦岭以南的各省，子实体出现在 7～10 月份。同宗配合种类，单孢萌发初期呈现白色棉毛状菌落，生长 2 周左右后菌落即成为与双倍体菌落相同的褐色壳皮状菌落。菌盖圆形，中间凹陷，近似漏斗状，边缘内卷，全缘光滑无锯齿，表面干燥。菌盖颜色以浅黄褐色的色调为主，光滑无鳞片，边缘有细条纹。菌褶不等长，菌褶边缘波状，延生，与菌柄附着处厚，边缘处渐薄。菌柄中生，棍棒状，上下近等粗，有时基部稍粗。菌柄上菌环以下具有大量的纤丝状的菌幕残片，呈斑块状紧紧贴于菌柄上，形成蛇皮纹。菌环厚，膜质，单层，与菌柄生长在一起，属于菌柄和菌盖组织的一部分，宿存不脱落。上位菌环，菌环上无任何菌幕残留物，与菌盖边缘的颜色相同。担子基部无锁状联合，无侧生囊状体。

6. 假蜜环菌

名称 *Armillaria tabescens*（Scop.：Fr.）Emel.，典型的异宗配合种。在日本、欧洲均有分布，我国主要分布在华北、华中、西南地区，是果树的病原菌。该菌的最大特点是无菌环，担子有一个锁状联合，生活史为双倍体－双核体类型。

7. 蜜环菌

名称 *Armillaria mellea*（Vahl：Fr.）Kumm.，为典型的四极性异宗配合种。在北美和欧洲也有分布。到目前为止，我国仅仅在云南北部的玉龙雪山发现该种，在分布区内子实体出现量少，但出菇时间长，将近 3 个月。6 月下旬至 9 月中旬出现，是林木的病原菌。该种具有金黄色的子实体，菌环厚不易脱落，担子无锁状联合，生活史为简单的双倍体类型。

8. 北方蜜环菌

名称 *Armillaria borealis* Marx. & Korhinen，首次在欧洲以外的地区被发现。该种分布在湖北神农架和陕西太白山地区，为典型的四极性异宗配合种。9 月上旬大量出现子实体，在枯树、活树上均能采到，具有弱寄生性。形态与奥氏蜜环菌相似。

三、营养价值

蜜环菌是温带和热带地区广泛分布的一种食药用菌，也是我国广泛分布的微生物物种之一。蜜环菌具有很高的营养价值，不仅含有丰富的蛋白质、矿物质、氨基酸（其中有多种氨基酸为人体必需氨基酸）和多种维生素等人体所能吸收和利用的营养成分，同时也含有能增强机体免疫功能和抑制肿瘤生长等生理活性的化学因子。据报道，干菇含粗蛋白 11.4%、脂肪 5.2%、糖类（碳水化合物）75.9%、纤维素 5.8%、灰分 7.5%、热量 1 607焦耳、子实体中还含有 *D*-苏来醇、维生素 A 等，具有较高的营养价值和食疗保健作用。经常食用蜜环菌可增强机体免疫力，有益智开心、益气不饥、延年轻身等作用。

现以特产于我国黑龙江地区的榛蘑为代表对蜜环菌的营养成分分析（表 48－1）。

表 48－1 榛蘑（干）的营养成分列表（每 100g）

成分名称	含量成分	成分名称	含量成分	成分名称	含量成分
能量(kJ)	657	蛋白质(g)	9.5	脂肪(g)	3.7
糖类(碳水化合物)(g)	31.9	膳食纤维(g)	10.4	胆固醇(mg)	0
灰分(g)	3.8	维生素 A(mg)	7	胡萝卜素(mg)	40
视黄醇(mg)	0	维生素 B_1(mg)	0.01	维生素 B_2(mg)	0.69
烟酸(mg)	7.5	维生素 C(mg)	0	维生素 E(T)(mg)	3.34
a-E	0	(β-γ)-E	0	δ-E	0
钙(mg)	11	磷(mg)	286	钾(mg)	2493
钠(mg)	51.3	镁(mg)	109	铁(mg)	25.1
锌(mg)	6.79	硒(mg)	2.65	铜(mg)	1.45
锰(mg)	4.13	碘(mg)	0		

1. 蛋白质和氨基酸

研究发现，每 100g 野生干蜜环菌中，蛋白质的含量均在 9.5g 以上；人工栽培的菌索中蛋白质含量达到菌索干重的 17.34%。蜜环菌蛋白分为单纯蛋白和复合蛋白两大类，单纯蛋白包括球蛋白、清蛋白、精蛋白等。蜜环菌蛋白水解时产生多种氨基酸，如天冬氨酸、谷氨酸、赖氨酸、胱氨酸、半胱氨酸、组氨酸、精氨酸、甘氨酸、α-丙氨酸、苏氨酸、酪氨酸、脯氨酸、缬氨酸、亮氨酸等。其中赖氨酸、缬氨酸、亮氨酸、苏氨酸这 4 种氨基酸属于人体所必需的 8 种氨基酸中的氨基酸，占人体所必需氨基酸种数的 50%，约占总氨基酸的35.0%，其中亮氨酸含量较高，为总氨基酸的 8.10%，其次是苏氨酸（5.57%），缬氨酸含量较低（2.83%）。非必需氨基酸中，谷氨酸含量最高（21.05%），其次是天冬氨酸（11.44%）。表明蜜环菌具有很高的蛋白质氨基酸营养价值，可以作为蛋白质氨基酸营养源。经常食用蜜环菌可以为机体提供更多的营养氨基酸和必需氨基酸，增强机体的免疫力。

2. 多糖

据研究，蜜环菌的菌丝体及子实体中含有丰富的多糖类物质，其含量为 15.62%，其中粗纤维含量为 10.8%。经分析发现，蜜环菌子实体内主要含有两种多糖体：一种是水溶性葡聚糖，内含 *D*-半乳糖、*D*-甘露糖和 *L*-岩藻糖残基，其摩尔比为6.5∶1∶2；另一种是多肽葡聚糖，主链为 α-1-4 糖苷键，存在 α-1-6 糖苷键的支链。此外，国内外研究人员也相继从蜜环菌不同菌株人工培养的菌丝体中分离得到*D*-苏来醇、麦角甾醇、甘露醇、*D*-苏糖醇、甲壳质等。

另有报道，从蜜环菌培养物中分离出菌丝甘露聚糖；另一种多糖含有 *D*-半乳糖、*D*-甘露糖、*L*-盐藻糖和 3-O-甲基-*D*-半乳糖残基，其摩尔比为 6∶1∶2∶2。这些多糖类物质对肿瘤和肉瘤 S-180有一定的抑制作用。经常食用这种蘑菇或服用菌丝体制成的药，可以促使金属离子、胆固醇等有害成分及时排除体外，有益身体健康，并有防治癌症的功效。据国外报道，从蜜环菌子实体中分离出的水溶性葡聚糖和多肽葡聚糖，经动物试验证明，后者对小白鼠肉瘤 S-180 的抑制率为 70%，对艾氏腹水癌的抑制率为 80%。实验表明，蜜环菌多糖能显著增加正常小鼠的抗体形成细胞数，增加正常小鼠和环磷酰胺所致免疫功能抑制小鼠血清溶血素。体外实验说明，蜜环菌多糖能显著增强刀豆素 A 诱导的小鼠淋巴细胞增殖反应，证明它对 T 细胞的功能有促进作用。另外还能增加小鼠注碳粒廓清速率及腹腔巨噬细胞的吞噬功能。

3. 脂肪酸和核酸

蜜环菌中脂肪的含量相对较低，脂肪含量占

蜜环菌干重的11.7%左右，多数蜜环菌菌体内不含胆固醇。蜜环菌菌丝及子实体中所含的脂肪酸大多为不饱和的脂肪酸类，如非羟基脂肪酸、卵磷脂、非羟基脂肪酸的鞘脂、植物鞘氨醇型鞘酯和含3个羟基和1个氨基的C182植物鞘氨醇等。所以经常食用蜜环菌对降低血脂有明显的作用。

蜜环菌顶端分生组织是典型的担子菌菌丝，具有致密的细胞质、多核、多核糖体和非膜结合的纤丝束，液泡少而小，它们与细胞核同步分化。蜜环菌菌索顶端富含蛋白质和核酸，尤其是RNA，并伴有着大量的糖原，其中含有的核酸类物质，主要为嘌呤类、腺苷类等。研究表明，这些核酸类物质有着明显的降血脂和很强的脑保护作用。

4. 维生素和矿物质

蜜环菌中维生素的种类和含量非常丰富，维生素B_1、胡萝卜素、维生素B_2、维生素A、维生素E的含量分别达到0.01mg/100g、40mg/100g、0.69mg/100g、7mg/100g、3.34mg/100g干基。经常食用可为人体提供多种维生素。另外，一些种属的蜜环菌的菌丝及子实体中同时也含有烟酸，烟酸是人体重要辅酶的构成部分，也可维持神经系统的正常功能。所以蜜环菌可以作为理想的维生素源。

蜜环菌中灰分含量为3.8%，含有人体所必需的矿质元素，其中钾、磷、镁、钙、钠含量较高，还含有多种微量、半微量元素，如铜、锌、硒、锰、铁等。

5. 其他化合物

蜜环菌菌丝及子实体中所含有的重要化合物主要为多种倍半萜醇芳香酸酯类化合物，它们分别为蜜环菌甲素、蜜环菌乙素、蜜环菌丙素、蜜环菌丁素、蜜环菌戊素、蜜环菌己素、蜜环菌庚素、蜜环菌辛素、蜜环菌壬素、蜜环菌癸素、蜜环菌子素、蜜环菌丑素、蜜环菌寅素、蜜环菌卯素、蜜环菌酸、蜜环菌辰素、蜜环菌巳素。此外，研究人员还从蜜环菌中不同程度地分离得到了3-甲基-5-甲基-苯酚、3-甲基-4-氯-5-甲氧基苯酚、5-甲基间二苯酚、煤地衣酸(evernesic acid)和大豆黄素(daidzein)4个酚性化合物和1个黄酮类化合物。鉴定证明这些化合物均有不同程度的抗菌、抗微生物的作用，还对多种疾病具有一定的治疗作用，如高血压、梅尼埃综合征、椎基底动脉供血不足、肢体麻木、耳鸣、癫痫病等疾病，均有一定的治疗效果。日本学者还从蜜环菌子实体中分离出一种AMG-1的化合物，这种化合物对大脑具有保护作用和镇静作用。

6. 蜜环菌的发酵产物

蜜环菌发酵产物具有镇静、抗惊厥、增强耐缺氧能力及增强肌体免疫功能等作用。经常食用本品，可以预防视力减退、夜盲、皮肤干燥，并可抵抗某些呼吸道及消化道感染疾病等。①蜜环菌发酵物有中枢镇静作用，与中枢抑制剂戊巴比妥钠有协同作用。实验表明，蜜环菌的发酵产物中含有能延长小鼠睡眠时间，对中枢兴奋药五烯四氮唑有拮抗作用的物质，能降低尼古丁引起的小鼠死亡率，并能使小鼠自由活动数减少，能增加犬的脑血流量和冠状动脉血流量。②蜜环菌发酵物对不同病因的高血压、椎-基底动脉供血不足、梅尼埃综合征、自主神经功能紊乱及阴虚阳亢型患者引起的晕眩症状均有一定的治疗效果，其疗效高达70%～80%。对肢体麻木、失眠、耳鸣、癫痫等症状也有改善。对顽固性神经衰弱、心血管病也有一定的作用。③蜜环菌片有改善晕眩综合征、血管性头痛和脑卒中(中风)后遗症的效果。对晕眩综合征的有效率为79.3%；血管性头痛的有效率为81.2%，对帕金森综合征和三叉神经痛也有一定效果。④蜜环菌的固体发酵制品、蜜环菌片、银蜜片、可代替天麻作药，对高血压椎-基底动脉供血不足、梅尼埃综合征、自主神经功能紊乱等疾病引起的眩晕患者，治疗效果较好。对肢体麻木、腰腿疼痛、佝偻病、癫痫病、失眠、耳鸣、卒中后遗症等也有一定的疗效。经常食用蜜环菌，还可预防视力减退、夜盲、皮肤干燥，并可增强人体对某些呼吸道及消化道传染病的抵抗力。1932年，Reitsma对蜜环菌作了详细调查，并进行了一系列生理研究，证明蜜环菌是天麻不可缺少的互惠共生菌，栽培天麻需蜜环菌的帮助。

四、蜜环菌深加工产品

蜜环菌是中国传统滋补防病保健药材之一。随着对其生理活性成分和药理作用的不断深入研究，蜜环菌滋补防病的药效越来越受关注，需求量也在不断扩大。经过众多科研工作者多年的努力，已开发出了与蜜环菌有关的药品和保健品，如蜜环菌糖浆、蜜环菌浸膏、蜜环菌片、健脑露、蜜环菌酒和蜜环菌饮料等。这些产品的开发对促进蜜环菌资源深入开发和满足市场需求有着重要的作用。

1. 蜜环菌糖浆

处方一：蜜环菌培养液(菌丝连同发酵液)

150ml,蔗糖 8000g,枸橼酸 40g,尼泊金 10g,乙醇适量,水 2 升。生产方法:首先将培养液煮沸 30 分钟,适量浓缩,过滤,滤液煮沸后加入蔗糖搅拌,再加入枸橼酸使其溶解,加热过滤,滤液中加入尼泊金(预先用乙醇适量溶解),冷却后分装于无菌干燥的棕色小口瓶中,置荫凉干燥处保存。口服,每天 3 次,15～20 毫升/次,30 天为一个疗程。主治眩晕头痛、神经衰弱、失眠、梅尼埃综合征。

处方二:长满蜜环菌菌丝体的培养基(干重)500g,白砂糖 400g,尼泊金乙酯 0.5g,苯甲酸 2g,制成1 000ml 糖浆。将长满蜜环菌菌丝体的培养基装入布袋,放置锅内,加水适量,加热煮沸 1 小时,压榨取液,再加水复煎 1 次。合并两次煎液,过滤。滤液浓缩至所需量后再过滤 1 次。浓缩液加热煮沸后加入白砂糖,搅拌至全部溶解后再煮沸 10 分钟,加入尼泊金和苯甲酸搅拌,使之溶解。功能为宁心安神。用于以失眠和头晕为主要表现的神经衰弱。口服,每次 15ml,每天 3 次;或每次 20～25ml,每天 2 次。

2. 复方蜜环菌糖浆

处方组成:蜜环菌培养液(菌丝连同发酵液)1 500ml,五味子4 000g,蔗糖8 000g,尼泊金 10g,乙醇适量,水 2 升。将蜜环菌培养液煮沸 30 分钟,适当浓缩、过滤;取五味子,加水煎煮 3 次,每次 15 分钟,过滤,滤液浓缩至 800～1 000ml。将上述两液合并,煮沸后加入蔗糖使之溶解,过滤,加入尼泊金(预先用适量乙醇溶解)。其余步骤、用法、用量及主治与蜜环菌糖浆相同。另外该糖浆还可用作肝炎的辅助治疗药。

3. 蜜环菌浸膏

制备方法:取三级培养固体发酵物压滤,使菌丝体和发酵液分开,菌丝体沸煮、过滤,残渣醇析。将醇析物和滤液一并转入发酵液中,减压浓缩至比重1.102左右,沉淀过滤,取滤液浓缩至比重为 1.12,得浸膏。该浸膏的质量标准为:半流体,棕褐色,味微涩微苦,比重为1.12,含水量 54% ～57%,总氮在11.5%以上。采用稀释定量法,定时沉淀,底部无焦块、药渣和分层现象。本浸膏可制成各种剂型的药物,用于治疗血管性头痛、神经衰弱、冠心病、脑动脉血管硬化等病。

4. 蜜环菌片

采用液体深层发酵培养。发酵物用离心机或板框过滤,使菌体与溶液分开。滤液经薄膜蒸发或减压浓缩,制成糖浆供药用。滤渣(菌丝体)烤干后磨成细粉压片为蜜环菌片,每天 3 次,每次 2～3 片。蜜环菌片有改善眩晕综合征、血管性头痛和脑卒中(中风)后遗症的效果,对眩晕综合征的有效率为79.13%,血管性头痛的有效率为81.12%,对帕金森综合征和三叉神经痛也有一定效果。

制作方法:蜜环粉2 500g,辅料适量。蜜环粉加辅料混合,过筛,混匀,制成颗粒,干燥,整粒,加润滑剂,混匀,压制成 1 万片,每片含蜜环粉 0.25g,片心重 0.3g,包糖衣。本品除去糖衣后片心呈棕褐色,味微苦。取本品除去糖衣,研细,加石油醚(30～60℃)浸渍,静置,取出上清液,点于硅胶 G 薄层板上,以石油醚-醋酸乙酯(9:1)为展开剂,展开,取出,晾干,喷以 1%香荚蓝醛硫酸溶液显色,应有紫色斑点;另取本品研细,加甲醇,浸渍,取上清液点于硅胶 G 薄层板上,以苯-醋酸乙酯(8:2)为展开剂,展开,取出,晾干,喷以 10%磷钼酸乙醇液,在 110℃烘 10 分钟,层析谱上应有蓝色斑点。本品与天麻有类似的药理作用,对中枢神经系统有镇静及抗惊作用,能改善血循环,增强脑及冠状动脉血流量。用于各种眩晕、神经衰弱、失眠、耳鸣、四肢麻木、癫痫等症。口服,每天 3 次,每次 3～5 片。

5. 健脑露

蜜环菌液体发酵物板框过滤得菌丝体和滤液,菌丝体热提取,合并提取液及发酵液并浓缩至比重 1.11。取蜜环菌浓缩液 80%,加柠檬酸 0.12%、苯甲酸钠 0.104%,再加无离子水至 100%。本品相对密度1.125～1.15,pH 为4.10～4.15,外观红棕色浓汁,咖啡样芳香,后味微苦。饮用方法:加 1～2 倍温水调匀饮用。该产品老年人经常饮用,具有增强体质,预防和改善高血压头晕、神经衰弱等疾病。

6. 脑心舒

将蜜环菌菌丝体1 000g加 10 倍量蒸馏水,煮沸 2 小时,放冷,离心过滤,反复 2 次,合并滤液备用。残渣加 2 倍量乙醇,提取 24 小时,离心过滤,反复几次,合并滤液,减压回收乙醇,提取物转入发酵液中,薄膜蒸发,浓缩至发酵液的 1/8(g/g),相对密度为1.020～1.030澄明的滤液。将山梨酸溶于乙醇中备用,取蜂蜜加热至 95～100℃保温 20 分钟,过滤,放冷,加入备好的蜂王浆、蜜环菌浓缩液,搅拌,再加入制备的山梨酸乙醇液及蒸馏水至1 000ml,搅拌 1 小时,过滤,搅匀即得。该产品为黄棕色至棕色液体,味甜。pH 为4.0～5.0。相对密度为1.120～1.130。功能滋补强壮、镇痛抗惊。用于头晕、头痛、神经衰弱、冠心病等。口服，每次 10ml，每天 3 次。

7. 蜜环菌酒

生产方法：将大米粉用水调成粥状，经过糖化后，直接加入酵母菌进行乙醇发酵，再加入蜜环菌胞外多糖发酵液，或先加入蜜环菌发酵液后，再加入酵母菌进行乙醇发酵，酒剂中蜜环菌多糖含量达 0.11～0.15mg/ml，乙醇度为 12%～20%。蜜环菌胞外多糖深层发酵工艺分为斜面菌种培养、液体一、二级种子罐、三级发酵罐生产，原料廉价易得。蜜环菌酒剂含多糖，并且兼具天麻的相似药理活性，是天麻制剂的替代品。

8. 蜜环菌保健饮料生产方法

把深层培养获得的蜜环菌菌丝体兑 1 倍水，加热到 80℃保温 1 小时，真空抽滤，浓缩至相对密度为1.11～1.12。按蜜环菌浓缩液 60%、柠檬酸 0.12%、牛奶粉 2%、苯甲酸钠0.104%、无离子水 37.14%的配比配制饮料。然后加热并搅拌 1 小时，冷却到 50℃后过滤、装瓶、灭菌即得成品。蜜环菌饮料是利用深层培养法所得菌丝体加工制成的保健饮料，其外观为红棕色浓汁，口感好，香味如咖啡般芳香。饮用时加 1～2 倍温开水调匀。

第二节　蜜环菌的生物学特性

一、形态特征

蜜环菌是一种兼性寄生真菌，与蘑菇相似。因其子实体黏性颜色似蜜，菌柄有环，故称“蜜环菌”。子实体一般中等大，菌盖宽 40～140mm，淡土黄色、蜜蜂色至浅黄褐色，老后棕褐色。中部微凸起，有平伏或直立的黑褐色小鳞片，有时近光滑，并分泌出一种蜜状黏液，边缘具条纹。菌肉白色。菌褶白色或稍带肉粉色。直生至延生，稍稀，老后常出现暗褐色斑点。菌褶能产生孢子。菌柄细长，圆柱形，稍弯曲，长 50～130mm，粗 6～18mm。同菌盖色，有纵条纹和毛状小鳞片，纤维质，内部松软变至空心，基部稍膨大。菌环白色，生柄的上部，幼时常呈双层，松软，后期带奶油色。孢子印白色。孢子无色或稍带黄色，光滑，椭圆形或近卵圆形，7～11.3μm×5～7.5μm。夏秋季节在针叶或阔叶树等多种树干基部、根部或倒木上丛生。菌丝体或菌丝索能在暗处发出荧光。

(一)结构

蜜环菌主要由菌丝体和子实体两大部分组成。菌丝体一般以菌丝和菌索两种形态存在。

1. 菌丝

菌丝是蜜环菌的营养体。菌丝是一种肉眼看不见的丝状体，在纯培养中最初为白色，很快变为粉红色透明的细丝，在腐烂或半腐烂的树枝、树根或其他植物上，可以看到白色的束或块的菌丝集合体。蜜环菌的菌丝纤细，肉眼看不清其个体。在人工培养基上，蜜环菌菌丝群落最初表现为乳白色绒毛状，很快转变为粉棕色。随着生长时间的延长，菌丝逐渐向外生长，纵横交错，以后颜色逐渐加深。在显微镜下观察，菌丝为无色透明的丝状体，有分隔。

2. 菌索

菌索是蜜环菌菌丝体度过不良环境的一种特化组织，在长期演化过程中逐步转化形成的。菌索是由很多菌丝扭结而成，外边由红褐色的一层角质的菌鞘(可以保护里面扭结在一起的菌丝在一定时期内保持良好的生存状态，以便于它在被采伐林木或被毁坏的林地上尽快四处扩散，成为林地的优势菌种)所包盖。幼嫩的菌索为棕红色，尖端有白色生长点，老化后呈暗褐色或黑色。幼嫩菌索韧性较好，可不断伸长达数尺，扯拉时具有弹性。郭顺星等利用光学和电子显微镜对蜜环菌菌索的发育及其结构分化进行了较系统的研究，发现菌索顶端有保持细胞不断分裂的分生组织区。蜜环菌不论在活体或死树叶上均以皮层细胞侵染和吸收营养，这是蜜环菌能在自然界广泛分布的特性之一。菌索常附于天麻表皮、菌棒表面及腐朽的菌棒、树皮与木质部之间。菌索老化后较脆，折断后可见其内部菌丝干瘪。再生能力较强的菌索可长达数米，有分叉，又可分化出数条菌索。如果将其截断，在适宜的条件下，还可继续生长出菌丝，菌丝又经过一定的时间形成新的菌索。这也是蜜环菌能在自然界广泛分布的原因。

3. 子实体

子实体是真菌在生长发育中完成有性世代产生孢子的结构。蜜环菌的子实体夏末秋初在湿度较大的条件下产生。蜜环菌的各种子实体外形相似，多丛生于老树根基部或周围，也能寄生于活树桩上。子实体高度平均为10cm左右，菌柄的基部与根状菌索相连，菌柄高度一般为60～120mm。菌盖直径40～80mm，呈蜜黄色或土黄色，肉质，卵圆形或半球形至中央稍突起平展，伞状，表面中央有多数暗褐色毛鳞，边缘有放射状条纹。菌柄长圆柱形，纤维质呈海绵状，中空，中上部近菌盖处有一双环或单环痕或不明显，基部膨大。菌褶贴生至延生，呈辐射状，白色，老熟时变暗。孢子无色，椭圆形，光滑，大小8μm×4～6μm，孢子印白色。

(二)生物学特性

在蜜环菌的生活史中表现出许多种生物学特性，其主要的生物学特性体现在蜜环菌的发光特性、兼性寄生性和与天麻或猪苓共生特性这3个方面。

1. 发光特性

蜜环菌是发光真菌家族中一种著名的药食兼用的发光真菌，在夜间或黑暗处其菌丝和幼嫩的菌索能够发出青白色荧光。1948年，法国Tulasne报道过蜜环菌根状菌索能够发光；1977年，Breteld报道了蜜环菌纯培养时所具有的发光特性。在野外，天黑时，有蜜环菌的地方，人们可以清晰地看到其发出的荧光，可依此寻找蜜环菌菌种。蜜环菌的菌丝、根状菌索的尖端，都有自发荧光的特性，特别是在液体发酵摇瓶培养时发光特性最为明显。蜜环菌在黑暗中发光的强弱与外界条件及其本身的发育阶段有关。一般衰老的菌体或菌索老化后不表现发光特性。蜜环菌的发光与外界条件如温度、酸碱度、氧气等有一定的关系。蜜环菌发光还需要适当的温度，蜜环菌的发光温度在15～28℃，25～27℃为发光的最适温度，以25℃发光最强，10℃以下和28℃以上对发光不利，45℃以上的温度会使蜜环菌丧失发光能力。1%的乙醇浓度能够促进蜜环菌发光，10%以上的乙醇浓度使蜜环菌的发光减弱乃至丧失；乙醚、氯仿、甲醛及其他一些抗氧化剂的蒸汽，对发光有抑制作用。氧气也是蜜环菌发光的主要条件之一，氧气充足时发光强，氧气缺乏时则发光弱。发光特征是鉴定蜜环菌菌种的指标之一，但蜜环菌的发光机制目前研究尚少。

2. 蜜环菌的兼性寄生性

蜜环菌主要以树木为营养源。它主要寄生在衰弱的活树上，也能腐生于死树枝上。这种以寄生生活为主，同时又能进行腐生生活的特性叫兼性寄生性。蜜环菌可生长在200种左右的乔木树上，特别是一些阔叶树，它既能在死树上营腐生生活，又能寄生在活的树根上。利用砍伐的木段培养出大量的优质菌材，就是利用蜜环菌腐生这个特性。蜜环菌最喜欢寄生于阔叶树树木皮下韧皮部与木质部之间营养丰富的地方，吸收树木的初腐液。在培育菌材时，可根据当地树种选择适宜的木材，并尽量使用鲜材做菌材，以延长树棒的使用时间，保证天麻生长后期的营养供给。有的地区由于蜜环菌的寄生，会使树木产生根腐病，导致树木生长不良甚至导致死亡，对原始林和人工林的危害甚大，成为树木的致病菌。除寄生树木外，蜜环菌在天麻、马铃薯、甘薯、食用大黄等植物上也能寄生生长。

蜜环菌对温湿度也有一定要求，在菌丝或菌索生长阶段，相对湿度要维持在60%～70%；子实体发育阶段，相对湿度要提高到85%～90%。蜜环菌菌丝或菌索生长的最低温度为8～10℃，生长的最适温度为23～26℃。

3. 蜜环菌与天麻、猪苓的共生

天麻是一种名贵中药，具有平肝息风、止痉之功效。杨进林等近年来的研究发现，天麻还具有增智、健脑、延缓衰老的作用，对老年痴呆症有一定疗效。天麻属兰科Orchidaceae多年共生草本植物，无根无绿色叶片，不能进行光合作用。日本学者Kusano S.通过科学的观察和生物切片技术，较详细地研究了天麻与蜜环菌之间的相互关系；徐锦堂研究发现蜜环菌对天麻种子发芽有抑制作用。王贺等发现蜜环菌是通过菌索侵染天麻，而天麻皮层的大型细胞消化蜜环菌而获得营养；兰进等利用^{3}H-葡萄糖以打孔浇灌法标记天麻，追踪标记化合物、显微镜放射显影的结果表明，蜜环菌能从天麻中获取营养，蜜环菌和天麻之间存在营养物质的相互交流，菌麻之间存在着特殊的共生关系；王贺等用溶酶体酸性磷酸酶的细胞化学方法详细研究了天麻块茎内3种不同的染菌细胞消化真菌的能力，发现只有最内层的染菌细胞才能释放水解酶消化真菌，外部两种细胞无消化作用。为了使所获得的优良蜜环菌菌株尽快地应用到天麻优质高产栽培中，王秋颖等收集了国内外近20种蜜环菌，并进行了复壮，选择了其中11种有代表性的菌株培养成菌枝，对天麻进行了伴栽试验；孙士青等采用不同生物学类型的蜜环菌

对同一品种的天麻进行侵染实验，结果表明，不同类型的蜜环菌对天麻生物量及药效的影响差异显著。天麻与蜜环菌的关系，是高等兰科植物与真菌之间的一个生物相关问题，也是天麻发育生物学的一个重要问题。

郭顺星自20世纪80年代开始，在国内率先对猪苓菌核的化学成分进行了系统深入研究，首次从猪苓菌核中分离得到猪苓酮等8种化合物。同时发现了猪苓菌核赖以生长发育的伴生菌-蜜环菌，并研究了蜜环菌激发子诱导猪苓菌丝细胞产生活性氧的分子机制，从而进一步揭示了两者共生的生理表现。此外，首次从新生猪苓的菌核中克隆了几丁质酶cDNA基因，进一步验证了猪苓菌核与蜜环菌之间的密切关系。

4. 蜜环菌的真假鉴别

①从蜜环菌的菌索颜色鉴别：蜜环菌的菌索幼嫩时为白色，粗壮；中期变为棕红色，前端有白色的生长点；老化时变为黑褐色、棕褐色或黑色。

②从蜜环菌菌索粗细与分支鉴别：蜜环菌的菌索直径大约0.5～3mm，粗细变化一般不大，较均匀。少分支，较长，最长可达8～9m，一般可达0.3～0.8m。

③从韧性鉴别：蜜环菌的菌索较柔韧，干燥后，仍有较强的韧性，发软，不易被折断。

④从结构鉴别：蜜环菌的菌索去掉外层鞘膜后，里面是白色的菌丝束，没有木质化结构。

⑤从荧光特性鉴别：蜜环菌菌索和菌丝在空气相对湿度40%～70%、温度为25～27℃的黑暗条件下，发出荧光。

⑥和假蜜环菌的区别：在自然界有一种与蜜环菌菌丝十分相似，同属一个属，又常混合生长的真菌——亮菌(*Scop.* ex Fr.)Sing。假蜜环菌也发光，也在临床上有较高的药用价值，但假蜜环菌不能与天麻共生，不能为天麻提供营养。区别：蜜环菌菌盖浅土黄色、米黄色至浅黄色，中部有鳞片，边缘具条纹；菌褶肉色，直生或延生，老时出现褐色斑点；菌柄颜色如菌盖，有纵条纹和毛状小鳞片，基部膨大；菌环白色，着生在柄的上部，幼时呈双环；菌索圆形，表面光滑，前端鹿角状，幼时白色，渐为黑色，生长慢，发光。假蜜环菌菌盖米黄色，老时黑色，中部色深有纤维状小鳞片，边缘无条纹；菌褶污白色，延生，老时出现褐色斑点；菌柄上部白色，渐下变为褐色到黑色，具平状纤毛，基部不膨大；无菌环；菌索表面皱褶，扁平多数不分支，初期为白色，渐为浅黄色；菌丝初期自发荧光，菌索不发光。

二、分布与生态习性

1. 分布

蜜环菌在全球分布很广。凡是有天麻分布的地区均有蜜环菌分布。它广泛分布于亚洲、欧洲、北美洲等地的温带地区。我国地域辽阔，从寒温带到亚热带，横跨多种类型的气候带，植物种类繁多，植被结构复杂，寄主范围广泛，所以许多省份均有蜜环菌分布。在我国蜜环菌分布区域主要集中在黑龙江、吉林、辽宁、河南、河北、山西、山东、甘肃、陕西、青海、新疆、四川、安徽、福建、浙江、湖南、湖北、云南、贵州、广西、海南、内蒙古、西藏及台湾等省、自治区等。

目前，全球已知的蜜环菌种数约40种，在我国发现的蜜环菌有15种，至少有6种是我国特有的，在我国西南地区就有9种，种类密度相当高，同宗、异宗种类并存。如芥黄蜜环菌在日本、北美均有分布，在我国主要分布在长白山的岳桦林带、小兴安岭和大兴安岭地区；高卢蜜环菌在日本、北美和欧洲均有分布，在我国主要分布在长白山和小兴安岭地区；奥氏蜜环菌在日本、北美和欧洲均有分布，我国分布在长白山、小兴安岭和大兴安岭地区；而黄盖蜜环菌是中国特有种类，典型的异宗配合种，分布在长白山和小兴安岭地区。

2. 生态习性

(1)蜜环菌的生活方式

蜜环菌属兼性寄生真菌。夏秋季蜜环菌常寄生在针叶或阔叶树等很多种树干基部、根部或倒木上，常常引起很多树木的根腐病。它可生长在200余种阔叶杂树上，也有些寄生在油质针叶树上，还能寄生在几个目的枝条上。蜜环菌的另一种获得营养物质的方式是腐生。它不具备叶绿素，不能利用无机物和二氧化碳来制造养分。但它分解有机物质的能力很强，特别能分解纤维素、半纤维素、木质素。因此，它能在枯树、烂树桩和竹根上腐生。

(2)蜜环菌的好气性

蜜环菌是一种好气性真菌，喜欢生活在通气较好的基质上，在嫌气条件下生长不良。所以在培菌或栽天麻时的选地以及箱栽所采用的培养料都必须考虑通气这个问题。在人工培养蜜环菌时，培养瓶的料不宜装得过满，培养室也应经常通风换气。利用蜜环菌和天麻之间的共生关系，在栽培天麻时，栽培穴不宜过深，栽培层数不宜太多，太多影响蜜环菌的透气性。栽培基质宜疏松，蜜环菌才能生育良好。

三、生长发育条件

1. 温度

蜜环菌菌丝一般在6～28℃温度范围内可生长繁殖，在20～25℃的温度条件下生长繁殖最快。温度低于20℃或高于28℃时生长缓慢。温度超过30℃时，蜜环菌会停止生长。当温度达到34℃以上时，蜜环菌很快就会软腐烂空。

2. 湿度

适宜蜜环菌生长的土壤或养料的湿度以40%～70%为最好。简单的测定方法是：以手握培养料成团，丢到地下即散为准，手缝间可见水滴，但以滴不下来为宜。冬春季节，湿度以40%左右为宜。夏、秋季节气温高，水分蒸发快，又是天麻大量生长繁殖的季节，故湿度应以55%左右为宜。但湿度不可过大，否则易引起天麻软腐。冬季湿度较低，由于天麻生长慢，甚至停止生长而休眠，故其湿度以30%为宜。

3. 空气

蜜环菌为好气性真菌。在其新陈代谢过程中，需随时吸进氧气，呼出二氧化碳。如果氧气不足，二氧化碳过多，蜜环菌的生长就会受到抑制。在自然界，在透水透气条件较好的腐殖质或砂质土中，菌索生长快而粗壮旺盛；而在黏性大的土壤中，透气性差，菌索生长缓慢而细弱。在培养蜜环菌的伴栽天麻的环境里，一定要注意培养基质的疏松通气。

4. 营养

蜜环菌同其他腐生真菌类生长一样，都需要从外界摄取一定量的营养物质。它摄取营养主要是从分解枯枝落叶中获得，即是从这些物质的基质中摄取碳源、氮源、无机盐和维生素等营养物质。如蜜环菌菌丝体生长较佳的天然原料是麦麸、栎树枝、木屑等的热水提取液；较佳碳源是可溶性淀粉、葡萄糖；较佳氮源是蛋白胨、酵母浸膏等。

①碳源：是蜜环菌最重要的营养来源。它不仅能提供碳素作为糖类和氨基酸的原料，同时又是重要的能源来源。蜜环菌所需要的碳素营养物都来自有机物，如纤维素、半纤维素、木质素等。不能利用二氧化碳和碳酸盐等无机盐。蜜环菌在大豆培养基上的长势优于蛋白胨，蛋白胨不利于蜜环菌菌丝的生长。硫酸铵对菌丝的生长有抑制作用，蜜环菌生长的培养基中，葡萄糖是较好的碳源，其次是麦芽糖和果糖，蔗糖最差。

②氮源：是除碳素以外的重要营养元素，也是合成蛋白质、核酸所必不可少的主要原料。蜜环菌所需要的氮源主要由麦麸、米糠、谷壳、玉米芯等提供。基质中氮元素的多少对蜜环菌的生长包括营养生长和生殖生长有着很大的关系。

此外，基质中碳和氮的比例（简称碳氮比）也要合适。对一般食用菌而言，营养生长期生长基质的碳氮比为20∶1，生殖生长期为30∶1～40∶1比较合适。

③无机盐：在蜜环菌的生长发育过程中，需要一定的无机盐类，如磷酸二氢钾和磷酸氢二钾、硫酸钙、硫酸镁等。蜜环菌可以从中获得磷、钙和镁等元素。

④维生素：蜜环菌也需要一定量的维生素和核酸等有机物质，虽然需要量很少，但却不可缺少。在马铃薯、麦麸、米糠中，维生素含量丰富，因此，用这些材料配制基质时，可不再添加维生素。

蜜环菌所需上述碳、氮等营养成分还可以从腐熟的草皮肥（腐殖土）、柞树、桦树及锯木屑等培养基，以及一些团粒结构的砂质土壤中得到满足。

5. 酸碱度

酸碱度（pH）是影响蜜环菌新陈代谢的重要因素。培养基的pH值直接影响着细胞的渗透，也影响着酶的活性。酸碱度是否得当，对蜜环菌的生产影响很大。经过pH值对蜜环菌菌丝生长的影响的研究显示，蜜环菌适宜在偏酸的环境中生长，蜜环菌生长适宜的pH为4～10，最适pH为5.0～6.0。采用pH试纸，对基质或土壤水溶液酸碱度进行测定。

6. 光照

蜜环菌不同于一般绿色植物，它没有叶绿素，不能进行光合作用，不需要直射光线。研究表明，不同的光照条件下的蜜环菌均可生长并形成菌丝体，但不同时间的光照对菌丝体的生长均有抑制作用，黑暗条件对菌丝体有明显的促进作用。这就是人工栽培天麻不需要阳光的原因。如果把蜜环菌培养在直射光照下，由于日光中的紫外线有杀菌作用，加之阳光下水分蒸发快，空气湿度相对较低，不利于蜜环菌的生长。因此，在培养、保管、运输蜜环菌的过程中，要避免直射光的影响。在天麻生产中，一般应在散射光的条件下培菌、栽麻较为有利。

第三节 蜜环菌的菌种繁育

一、各类菌种培养基

蜜环菌培养基可按人工培养的目的要求，分为分离培养基、母种培养基、原种培养基以及液体培养基等种类。

1. 组织分离与培养基

培养基：①马铃薯综合培养基(固)；②在马铃薯综合培养基中加入5%的原位土(如黄绿蜜环菌自然生长地)。按常规方法灭菌、组织分离，放在24℃下恒温培养。分别培养10天、20天、30天、50天后观察菌丝体的长势和菌落扩展范围。

2. 扩大与培养基

培养基：①PDA培养基；②在PDA培养基中加入0.12%的酵母浸粉；③可溶性淀粉2.0%，葡萄糖1.0%，蛋白胨0.2%，酵母膏0.2%，尿素0.25%，KH_2PO_4 0.15%，$MgSO_4 \cdot 7H_2O$ 0.10%，$FeSO_4$ 0.10%，琼脂1.5%，pH自然；④黄绿蜜环菌干子实体30g(干子实体放在1 000ml水中煮沸20分钟，去渣取汁)，抽提液中加入2%的葡萄糖，琼脂1.5%，pH自然；⑤在马铃薯综合培养基中加入0.12%蛋白胨，0.11%$(NH_4)_2SO_4$，琼脂1.5%，pH自然。上述培养基各分装21支试管，每7支试管扎一捆，其中3～4支用透气胶塞封口，其余3～4支用棉塞封口，外加一层牛皮纸封口，按常规方法灭菌，摆斜面(斜面长约80mm)；取旺盛生长斜面培养的菌丝体接种块(约10mm×10mm)，接种在斜面中央部位，放在24℃下恒温培养。分别在培养10天、20天、30天、40天、50天和60天后观察菌丝体的长势和菌落扩展范围。

3. 玉米碎粒、谷粒、小米培养基与菌种

培养基：①在玉米碎粒中加入1.14倍营养液(含0.15%葡萄糖，0.11%酵母浸粉和0.11%蛋白胨)；②在小米中加入1.15倍营养液；③在谷子中加入1.16倍营养液。将上述各培养基中的玉米碎粒、谷粒或小米100g分装入罐头瓶(容量500ml)，按比例加入营养液，用透气膜和牛皮纸封口，放在121℃下灭菌90分钟。每瓶接种斜面培养的菌丝体接种块(约15mm×15mm)5块，放在24℃下恒温培养。在培养过程中观察菌丝体的长势和菌丝扩展情况。记录菌丝封面时间、吃料1/4时间、吃料1/2时间、吃料3/4时间、满瓶时间(以天为单位)。

4. 秸秆类培养基与菌种

培养基：①玉米芯(粗粉)60%，玉米粉20%，田土16%，石膏粉1%，葡萄糖1%，豆饼粉1.2%，酵母粉0.8%；②草土混合物(黄绿蜜环菌天然产地的草土块)80%，玉米粉16%，石膏粉1%，葡萄糖1%，豆饼粉1.2%，酵母粉0.8%；③西洋参渣70%，米糠10%，玉米粉16%，石膏粉1%，葡萄糖1%，豆饼粉1.2%，酵母粉0.8%；④棉子壳97%，石膏粉1%，葡萄糖1%，酵母粉1%；⑤禾本科杂草98%，葡萄糖1%，酵母粉0.2%，$(NH_4)_2SO_4$ 1.8%。以上培养基的含水量均为60%，pH自然。将上述各培养基分装入罐头瓶(容量500ml)至瓶肩处，分别用透气膜和单层聚丙烯薄膜外加牛皮纸封口，放在121℃下灭菌30分钟。每瓶接种谷粒菌种3匙(要求接种量和接种点一致和均匀)，放在24℃下恒温培养。

5. 液体培养基

培养基：①马铃薯培养基(PD)；②马铃薯综合培养基(液)；③在马铃薯综合培养基中加入0.2%蛋白胨和0.1%$(NH_4)_2SO_4$。每种培养基分装入500ml三角瓶中，装量为200ml(每种10瓶)，用透气膜封口，放在121℃下灭菌30分钟。接种旺盛生长的斜面培养菌丝体8块，放在120转/分钟、25℃恒温振荡培养。在培养过程中观察菌丝体的长势，记录10天、20天和30天菌丝球的相对密度，并测定每100ml培养液菌丝体生物量，用滤纸滤出菌丝，80℃烘至恒重。

6. 液体接种秸秆类培养基

培养基：同秸秆类培养基的配方相同。

液体菌种：采用液体培养基配方③培养10天后的菌液，按1∶5的扩制比例接入同样的液体培养基内。培养5天后，每瓶菌丝球接种5瓶秸秆类培养基。培养条件及观察方法与秸秆类培养基试验相同，图48—3为蜜环菌栽培种。

图 48－3 蜜环菌栽培种

二、菌种制作

（一）培养基制作

1. 传统试管斜面培养基的配制

目前生产上所用的培养基一般都是马铃薯葡萄糖琼脂（PDA）斜面培养基。

（1）培养基配方

马铃薯（去皮）200g，琼脂 20g，葡萄糖（或蔗糖）20g，自来水1 000ml。

（2）培养基的制备步骤

取去皮切块后的马铃薯 200g，自来水1 000ml放入锅内，煮沸 15 分钟后，用纱布叠成 2～4 层滤去薯块，保留滤液（煮时因蒸发失水，应适当加水保持原水量）。再将滤出的马铃薯液盛入烧杯或其他容器中，秤取琼脂 20g 加入滤液中，再加热使琼脂溶化，拌匀后再加入 20g 葡萄糖，搅拌匀即配成马铃薯琼脂培养基。将此液趁热分装入试管中，每管装 5～10ml。在装试管时应注意，试管内不要装得太多，以免放置的斜面面积反而减小。分装时还应注意小心，别让培养基黏糊到试管口和试管壁上，以免使培养菌种过多地长在试管管口和试管壁上，导致观察菌落不便，甚至容易造成菌种污染。待培养基装好后塞上试管棉塞，覆包厚牛皮纸，用橡皮筋扎好，捆成捆，放置在高压灭菌装置中灭菌，灭菌高压为 15kPa，持续时间 20～25 分钟。灭完菌将装有培养基的试管取出灭菌装置，待温度降到适宜是即可接种。

2. 改良半固体培养基的制备

（1）培养基配方

玉米粉 100g，麦麸 80g，黄豆粉 10g，蔗糖（白糖）或葡萄糖 20g，水1 000ml。

（2）培养基制作

先将玉米粉、麦麸和黄豆粉用适量水调匀，再添足水煮沸。煮沸时开始计时，保持 5～10 分钟即可。在加热过程中需不断搅拌，以免煮糊，并及时添水，以补充加热过程中损失的水分。煮好后加入所需的蔗糖或葡萄糖，趁热采用注射筒或其他装置分装入试管中，每支试管装至其容量的一半即可，注意不要让培养基黏糊到试管口上。分装后塞好棉塞进行灭菌。由于该培养基营养相当丰富，再加上玉米粉彻底灭菌相对较难，因此灭菌时间应比常规培养基稍长一点，一般将其控制在高压条件下 15kPa 灭菌 35～40 分钟，或者常压灭菌 60～80 分钟即可。灭菌完成后，待冷却至试管不烫手时将其取出，竖直摆放。待完全冷却后，培养基即彻底凝固，成为柱式半固体培养基。

（二）菌种的接种与培养

1. 一级种（母种）的接种和培养

蜜环菌的一级母种都是用试管斜面培养基接种和培养的。由于一级种还将扩接成数量更多的二级种（原种），因此对一级种的纯度要求特别高，在生产过程中要严格把关，不能有一点疏忽。为防止母种被杂菌污染，移接一级菌种时尽量选择在接种箱或超净工作台中接种。

①移接：将确认遗传性状稳定、丰产性能优良的一级母种试管放在接种箱或无菌操作台中，按无菌操作规程，用接菌针把培养基表面的蜜环菌菌丝分切成小块。小心地挑取一小块蜜环菌菌丝种（带有一点原管的培养基），迅速准确地移放到新的试管培养基斜面的中部，将棉花塞在酒精灯上烧灼后塞好。在移接过程中，接种块不能碰到试管外壁或掉落到接菌箱底。若发现试管棉塞潮湿或黏有培养基，这支试管就不能作移接之用，以免以后杂菌沿着棉塞长入试管内。

②培养：接种完后，每支试管母种均应贴好标签，标明菌株编号和接菌日期，放在 23～25℃的恒温箱或温室中培养。一级种每天至少检查一次，并记录菌丝的生长状况。一旦发现有异常现象，及时挑出淘汰。

2. 二级种（原种）的接种和培养

由蜜环菌一级菌种（母种）移扩到瓶装的木屑培养基中，即成蜜环菌的二级菌种（原种）。

①接种：二级种的移接也应在接菌箱中进行。移接前先检查一级菌种，确认其不带杂菌，棉花塞无霉才可使用。移接时用接菌针将试管中长满蜜环菌菌丝的斜面培养基分成多个小块，用接菌针挑取连培养基菌种一块，迅速移进二级种培养基

表面。接种块最好放置在培养基表面的中间，尽量避免其滚动到瓶壁或边缘。

在移接二级种的过程中，经常会发现部分培养基的棉塞潮湿，这是由于灭菌时蒸汽冷凝水所致。潮湿的棉塞极易长杂菌，因此必须事先做好一部分棉塞，放在塑料袋中，在灭菌时和培养基一起灭菌。接种时放在接种箱内备用，如发现一个潮湿的棉塞，以备用的干棉塞更换。

②菌种的培养：二级种的培养室温度应保持在22～25℃之间。二级种培养时间较长，一般需要40～45天。因此棉花塞最好用牛皮纸包扎好，每一个二级种瓶子上都要贴标签，写明菌株的编号、接种的日期等。刚接好的二级种，在培养期15天内，每1～2天需要观察一次，发现杂菌及时清除，10～15天后，蜜环菌菌丝长满培养基表面，4～5天观察检查一次。主要观察棉花塞是否长有霉菌，培养基表面是否出现霉菌菌落，培养基下部有没有发现可疑的斑块。

3. 三级种（栽培种）的接种和培养

用二级种再扩接的蜜环菌纯菌种即为三级种。每瓶750ml装的蜜环菌二级菌种，一般可扩接40袋左右的聚乙烯袋装的蜜环菌三级种。由于三级种的数量比较多，扩展三级种一般在接菌室内进行。移接三级种时，二级菌种的培养基大多是木屑培养基，移接都用接种匙。先把长满菌丝的二级种在瓶内捣成小块，铲一匙菌种迅速地移接入三级菌种培养基表面（三级菌种培养基中间均有洞，接种块就倒在洞周围，并轻轻摇一下，让部分菌种块落入培养基的洞中）。三级菌种在接种时，同样会遇到潮湿的棉塞，所以接种时也需要备有经过灭菌的干棉塞，以备更换。

三级菌种目前大多用聚乙烯菌种袋。聚乙烯菌种袋较薄，在进行出锅搬运过程中要特别小心谨慎，以防刺破菌种袋造成污染。

蜜环菌三级菌种应在24～28℃的培养室中培养，30～35天可长满袋。培养室内的温度若超过34℃，蜜环菌菌丝生长的速度会受到影响。

三级种接种之后，在未盖面之前，同样2～3天需要检查一次，检出染菌的菌袋。盖面之后，7～8天翻动检查一次菌袋。夏季温度较高，菌袋排放要疏，菌袋不要挨在一起，袋与袋之间要有一定的间隙，以免挤压升温。这样蜜环菌的菌丝生长比较快而且整齐。

蜜环菌三级菌种长满袋后，再培养10～15天（若是用于段木栽培的三级菌种，需再培养20～25天），让菌丝在培养基中数量再增多、加浓，把培养基中的营养物质完全分解，尤其是菌袋下半部分的培养基。这种菌龄略长、较成熟的蜜环菌三级菌种，在生产上无论用于段木接种或袋料接种，暴露在空气中的菌种块，菌丝的恢复能力、抗逆性能都比菌龄短的菌种强。

（三）菌种质量检查

1. 优质蜜环菌种的主要标志

①没有各种颜色的真菌和干枯或渍水现象；②菌种外观生活力旺盛，新鲜湿润；③菌索（菌丝）色白，粗壮一致；④夜晚瓶内菌柱上可以看见荧光，可闻到菌香气味；⑤接种菌材成活率高，接菌速度快，菌材质优。

2. 优质蜜环菌种的鉴别方法

鉴别优质蜜环菌种的方法主要有看、闻、用3种方法。

①看：看上述优质菌种标志项是否完备和明显，表现完备和明显的则为优，不完备和不明显的则为劣；看菌种瓶有无生产标志，购种时一定要查明菌种的来源。凡是没有生产厂名、生产地址和质检印章标识、来源不明的菌种都应当视为不合格菌种。

②闻：优质蜜环菌种有较明显的菌香气味，否则应该视为不合格菌种。

③用：蜜环菌菌种用作蜜环菌菌材培养实验是验证蜜环菌种优劣的可靠方法。其检验分两步进行：第一步，将菌种瓶敲破，取出蜜环菌菌种并将其断成3段，细心检查断面有无暗色斑痕，杂色斑痕多为杂菌侵染所致，凡发现有斑痕的菌种就应当弃用；第二步，按蜜环菌菌材常规培养方法接种培养蜜环菌菌材。当接种后培养时间满4周时，即可扒开表面的覆土，露出段木，检查接菌成活情况。若是见到段木上布满白色菌丝和菌索，甚至段木间隙和下层覆土上也有蜘蛛网状物，这种现象表明接菌成活率好，生长正常，所用蜜环菌菌种质量好。若是在菌材培养的适宜条件下，检查发现段木上有一块块的“白疤”（此为杂菌所致的片状菌落），或段木皮层发黑，正常蜜环菌菌索稀少，这种现象表明所用蜜环菌菌种是不合格菌种，所接种的菌材应当弃用，以免造成天麻繁育的损失。

第四节 蜜环菌的人工栽培

一、菌丝培养

蜜环菌菌丝体的培养有液体深层培养和固体培养两种方法。

(1) 深层发酵法

工艺流程：试管斜面菌种培养(25℃下培养15天)→500ml摇瓶种子培养(24～26℃下振荡培养15天)→500ml摇瓶种子培养(24～26℃下振荡培养5～6天)→5 000ml摇瓶种子培养(24～28℃下振荡培养3～4天)→种子罐种子培养(24～28℃下通气培养4～5天)→发酵培养(24～28℃下通气培养7～8天)→发酵液过滤，烘干菌丝体，压片，或将发酵液浓缩制成糖浆。

(2) 固体发酵法

斜面菌种培养、一二级摇瓶种子的培养法与深层发酵法基本相同。二级种子培养后，接入用玉米粉、麦麸等配制的固体发酵料中，适温下培养30天，将菌丝体洗净、烘干、压片。

(3) 子实体的培育

有段木栽培和老菌材栽培两种方法。

①段木栽培法：将栎属树木锯成0.7～1.0m长的段木，在树皮上砍口至木质部。将人工培养的菌种或长有蜜环菌的朽木(菌材)碎片接入砍口内。挖300mm深的坑作为菌床。将段木铺入床底，用腐殖土和锯木屑填满空隙，然后撒一层菌种。如此层层铺放2～3层，最后覆土70～100mm，经常保持湿润。长江中下游地区3～4月份播种，10月份收获。

②老菌材栽培法：采用栽培过天麻的腐老菌材也可栽培蜜环菌。栽培过天麻一年以上的菌材逐层铺于培养床内3～4层，层间覆以疏松土壤或木屑，床面用草或土覆盖，经常保湿。春季建床，秋季可收菇。

(一)菌种分离与培养

1. 菌种来源

从我国各地培育蜜环菌情况看，菌种来源可分为3类：一是采取野生菌种；二是从外地引入菌种，再进行扩大培养；三是纯菌种分离和培养，以纯菌索粗壮、生长快、发射荧光强、抗逆性好，适应性强的蜜环菌作为菌种。

2. 菌种的分离和培养菌种组织分离与培养(母种)

配方1：马铃薯(去皮)200g，葡萄糖20g，琼脂20g，水1 000ml。配制方法：将马铃薯切成小片放入锅内，加水1 000ml，煮沸20分钟，用纱布过滤，补水到1 000ml，放入切碎的琼脂和葡萄糖，加热溶解后，pH值自然。将培养基分装三角烧瓶内或分装于试管中，灭菌、放斜面、冷却接种和培养。与其他食用菌的培养基配制及制种方法均相同。

配方2：麦麸40g，葡萄糖20g，琼脂20g，水1 000ml。配制方法：麦麸加水1 100ml煮沸20分钟，用双层纱布过滤，滤液补水至1 000ml，放入琼脂，加热溶解后，再加葡萄糖煮至全溶，pH值自然。然后分装试管或三角烧瓶，再高压灭菌，放斜面、冷却、接种、培养，即获得母种。

如果是药用，只培养蜜环菌丝体，也就是进行一级扩大培养和二级扩大培养。

3. 一级扩大培养

用斜面纯菌种接种在一级种子培养液中，在一定的条件下进行一级扩大培养。

(1)一号种子培养液

配方：葡萄糖20g，磷酸二氢钾2g，磷酸氢二钾1g，硫酸镁1.5g，黄豆饼粉或花生饼粉10g，酵母粉或麦芽1～2g，维生素$B_1$10mg，20%马铃薯汁1 000ml。pH调至5，分装于500ml的三角瓶内，每瓶装150ml，高压灭菌，备用。

(2)二号种子培养液

配方：马铃薯(去皮)200g，葡萄糖20g，硫酸镁0.5g，磷酸二氢钾1.5g，蛋白胨3g，维生素$B_1$10mg，水1 000ml。pH自然，分装于500ml三角烧瓶中，每瓶装150ml，高压灭菌，备用。

(3)三号种子培养液

配方：麦麸50g，葡萄糖20g，硫酸镁0.5g，磷酸二氢钾1.5g，蛋白胨5g，水1 000ml。配制方法：先将小麦麦麸水煮20分钟，用纱布过滤，补水至1 000ml，再将其他配料加入滤液中溶解，pH值自然，分装于500ml的三角烧瓶内，每瓶装50ml。高压灭菌，备用。

接种方法：在无菌条件下用接种钩将斜面菌

种打碎，然后转移到培养瓶内。容量150ml的培养瓶可转移一个斜面的菌种；容量为50ml的培养瓶，可转移1/3斜面的菌种。接种后用4层纱布包裹无菌棉塞瓶口。接种完毕要扎紧瓶口，置室温25℃的摇床上进行振荡培养。培养1.5～2天后，可见培养液发出荧光，3～4天培养液呈米黄色，荧光增加。轻摇培养瓶时，液面布满荧光点，5～7天后荧光逐渐减弱。如果发现培养液的荧光突然消失，并出现大量泡沫，表明已被杂菌污染，应立即淘汰。培养液的荧光最强时，菌丝生长繁殖最旺盛，应停止培养，即为一级种子。优质的一级种子液黏稠，呈米黄色，像米粥。菌液中长有黄豆粒大小的菌丝球，若培养时间过长，菌液老化，菌丝球则变为中空、表面光滑的球体，这种菌液仍能发出微弱荧光。而被污染的菌液，有时也有光滑的小菌丝球，但不发荧光。

4. 二级扩大培养

为大量培养纯菌种，或大量培养药用的蜜环菌丝体，可在1 000～5 000ml的大烧瓶中进行二级扩大培养，也可利用发酵罐进行培养，也叫发酵培养。

(1)一号发酵培养液

配方：葡萄糖20g，酵母粉3g，磷酸二氢钾2.5g，硫酸镁1.5g，麦麸20g，维生素B_1 10mg，20%马铃薯汁1000mg。培养液配制后，pH为5，分装，高压灭菌，备用。

(2)二号发酵培养液

配方：葡萄糖1%，白蔗糖2%，磷酸二氢钾0.15%，硫酸镁0.075%，黄豆饼粉1%，花生饼粉1%。配制成1 000ml后，pH值自然，分装，高压灭菌，备用。接种时，要严格按无菌操作的程序进行。用移液管将菌种接入一级种子液，在25℃条件下培养3～4天。

5. 种子液培养条件

(1)一级种子

温度24～26℃，在旋转式摇床上培养120～148小时，冲程为40～60mm，转速240转/分钟。

(2)二级种子

温度26～28℃，在往复式摇床上培养72～96小时，冲程为7mm，转速为90转/分钟。

(3)发酵罐

温度26～28℃，容量为40L的，投料20L，搅拌速度为200转/分钟，通气量为1∶0.5～1∶0.8，培养96～120小时。二级种子扩大培养为了利用蜜环菌伴栽天麻，可将蜜环菌采用固体扩大培养，这种方法比液体培养效果好。

6. 二级固体菌种培养基(即原种培养基)

配方1：杂木屑或玉米芯粉68%，玉米粉20%，麦麸10%，蔗糖2%。

配制方法：自来水拌料，含水量65%～70%，装瓶或装袋，灭菌，冷却后接种。在20～25℃条件下培养25～30天，即成二级固体菌种。

配方2：杂木屑46%，玉米芯粉40%，麦麸10%，蔗糖2%，骨粉1%，石膏粉1%，用自来水拌料，含水量65%～70%，装瓶或装袋，灭菌，冷却后接种。在20～25℃条件下培养25～30天，菌丝长满培养基，即为二级固体菌种。

(二)扩大生产

1. 菌材和基础培养料的选择

(1)菌材的选择

凡是阔叶树枝木都可以用来培养蜜环菌，也可作为培养天麻的菌材。未接菌的木棒或树枝，统称为菌枝。把木棒接种蜜环菌，长出菌索，带有菌索的木棒称为菌棒。菌棒一般直径40～100mm，主要用于培养天麻。如果在20～30mm粗的树枝上接种蜜环菌，树枝上长出菌索，称为菌枝，是培养天麻的补充材料。

(2)基础培养料的选择

基础培养料是蜜环菌和天麻生长发育繁殖所必需的基本物质条件。基础培养料的优劣将直接影响蜜环菌丝和天麻生长发育的质量，所以，一定要选择透气性能良好、有机质丰富、并疏松、易于渗水和保温，酸碱度适宜的培养料。基础培养料的配制方法如下：

天然腐殖土：即山林中的腐殖土，土质疏松，团粒结构良好，含有丰富的有机营养和无机盐类，透气和保水性能强，是较理想的基础培养料。半腐熟落叶：晚秋收集阔叶树落叶，加适量水，堆坑封盖腐熟，来年春将树叶取出加小米大小的砂子。树叶和砂子的比例为5∶1，作为基础培养料。这种培养料体轻、疏松、营养丰富。砂质土壤：土壤疏松、透气性和渗水性良好。木屑加沙：选择阔叶树的粗锯末加干净的粗细混合沙。沙粒像高粱粒大小，事先将沙粒用自来水洗净，木屑和沙的比例为2∶1或3∶1。稻壳加沙：用新鲜的稻壳加干净的与小米或高粱粒大小相同的沙子，稻壳和沙的比例为3∶1。

2. 培养菌棒和菌枝

为栽天麻时有充足的优质菌棒和菌枝，必须

选择适当的培菌时间。最好在7月份开始培养菌棒、菌枝(气温在23～25℃,湿度在65%～75%为宜)。8月中旬可以进行一次扩大培养,11月份开始栽培天麻。也可在9月份开始在室内培养。此时室内自然温度在20℃以下,菌棒、菌枝发菌较慢,但菌丝生命力强,菌索健壮。用这种菌棒、菌枝在第二年3月份栽培天麻,效果良好。

培养菌棒和菌枝的方法相同,可以同时进行。接种时可采用打孔接种法,先将木棒和树枝截成段,再用打孔器打孔(每隔60～90mm打一个孔),像黑木耳段木栽培法那样,向孔内接菌种,进行培养。也可以采用砍鱼鳞口接种法,将菌材截成500～600mm长的段,用刀每隔90～120mm砍一个鱼鳞口,深度以露出木质部5mm为宜。

培养方法:可以采用坑培法。包括半坑式培养法、地面砌池培养法等多种形式,但其培菌方法是相同的。下坑(池)培养时,先向坑(池)底层铺一层基础培养料,再放一层菌棒、菌枝,向接种孔或鱼鳞口内塞满蜜环菌原种菌种,再撒上薄薄一层原种菌种,最后铺上一层培养料。第2层到第5～6层,方法与第1层相同。如果不用菌种,也可用切碎的带菌索的段木,放在菌棒、菌枝旁边,也能起到菌种扩大培养的作用,或用伴栽天麻的旧菇木和新菌材穿插排放,最上层同样铺上60mm厚的基础培养料,浇透水(土壤含水量40%左右),再用土封顶。在20～25℃条件下,30天左右,可长好蜜环菌菌索。这时可将菌棒、菌枝挖出,用作伴栽天麻和专一培养蜜环菌子实体。

二、人工代料栽培

1. 纯种分离

在蜜环菌发生季节(一般是9月份),在林区寻找长有蜜环菌的大树桩,采集刚开伞的子实体,或采集树皮上或树皮下的根状菌索作为分离材料,采用常规的组织分离技术进行分离培养。菌索分离:将风干的菌索,用无菌刀切除外皮层,抽出菌髓,再切取一小段菌髓,移植在马铃薯葡萄糖琼脂培养基斜面上(因菌索较细,分离时极易感染杂菌,可考虑外加5%苹果酸酸化培养基,或加0.35%孟加拉红,或40U/L的青霉素、链霉素、氯霉素),于25℃下培养,15～20天菌丝即可长满斜面。蜜环菌菌丝体的特征:菌丝呈蓬松絮状,具有轮廓分明的边缘,初期生长缓慢,白色。7～9天后在絮状菌丝体中央呈现褐色色素,颜色逐渐加深并向四周蔓延。

2. 培养材料

蜜环菌不同于一般的食用菌,用代料瓶栽或袋栽不易生成子实体,必须用树桩栽培或段木窖式栽培才能获得子实体。适宜培养蜜环菌的树种有榛类、栎类、椴树、山白果等阔叶树种。于秋天落叶后至第二年发芽之前砍树,段木直径50～100mm,截成长400～600mm的木段。树桩则以直径大的为好。栽培季节一般以春季、秋季为宜。栽培场地可在室内或林区采伐基地。

3. 制备菌种

母种从科研单位引入,自制原种与栽培种。

①原种:培养基为阔叶树木屑77%,麦麸20%,蔗糖2%,石膏粉1%,水130%。按常规加水拌料、装瓶、灭菌、接母种、培养。

②栽培种:选用直径10mm的阔叶树枝条,剪成20～40mm长,充分浸水后捞出,拌入一部分上述原种木屑培养基,调含水率至60%,装瓶加棉塞,灭菌放凉后接种。1瓶原种可接50瓶左右。于24～26℃培养50～60天,菌丝及菌索长满后即可使用。

4. 栽培方法

前面已提到,蜜环菌用瓶、袋栽不易生成子实体,只能用树桩和木段栽培才能产生子实体。

①树桩栽培法:在砍伐地选新砍伐的树桩,在树干及树根上,用接种斧、接种锤,按品字形打接种口。然后将枝条栽培种塞入接种口,随即用山土将接种口覆盖好,以防菌种晾干。

②段木窖栽法:在林地或山坡开浅沟(即"窖"或"池"),长1.5～2.0m,深400～500mm,宽400～600mm,沟底铺50～100mm沙。将刚砍伐的段木用柴刀按每隔30～50mm砍一行鱼鳞口,深至木质部。把枝条菌种按在鱼鳞口中,再将接好种的段木排在浅沟中,段木与段木之间的凹沟里放些木屑菌种,再用山土填平所有空隙。依次排好接过种的段木,共放4层,最后一层盖腐殖土壤,并堆成扁圆形土层。如土壤比较干,可洒些水,雨天窖上要覆薄膜,雨后揭膜。注意保持湿润。3～4月份播种,10月份即可采收子实体。

③老菌材栽培法:也可用栽过天麻的腐老菌材栽培蜜环菌。将种过一年以上天麻的腐老菌材,逐层铺于已挖好的窖中或在室内用砖砌的培养床上(用砖砌高400mm,长宽各1m),共3～4层。层间填疏松土壤或木屑,床面覆腐殖土,做成半圆形,注意保湿。一般春季做床,秋季可采菇。)

三、蜜环菌段木栽培

1. 蜜环菌适生树种的选择

适宜蜜环菌生长的树种较多，松、针、柏等针叶树和阔叶树均可选择使用。由于不同树木种类的营养成分和木材的质地不同，虽然在同一条件下进行同样的栽培管理，不同的树种出菇的迟早、产量高低、品质优劣都不一样。所以，选择适宜于段木栽培的树非常重要。应选择使用栽培产量高、产品质量优的树种，以获得较高的经济效益。此外，各地应该根据当地的自然条件选择适宜的树种，就地取材。我国适宜栽培蜜环菌的树种有多个科属，但主要集中在山毛榉科。还有其他一些在生产中最常用的树种，见表48－2。

表48－2　适宜蜜环菌生长的常见树种

树　名	别　名	科　名
槲　栎	细皮青冈	山毛榉科
猴　栗	构　栗	山毛榉科
青　冈	麻　栎	山毛榉科
尖　栗		山毛榉科
板　栗		山毛榉科
栓皮栗	软皮栎	山毛榉科
红　桦		桦树科
冬瓜杨	水冬瓜	杨柳科
牛奶子		胡颓子科
野樱桃		蔷薇科
花楸树		蔷薇科
榆　树		榆树科
灯台树		四照花科

2. 蜜环菌优良菌种的选育

选择优良的品种是蜜环菌段木栽培获得优质、高产的前提条件。要保留并利用蜜环菌的优良栽培性状，首先要解决蜜环菌菌种的退化问题。运用互交可育技术，在适宜栽培的蜜环菌种类中选取具有优良性状的菌株，开展杂交选育是一种可行的方法。应充分发挥远缘杂交优势，选育出最佳菌株，保存最原始的担孢子单孢菌株，通过菌丝融合重新获得栽培用菌株。一方面可从根本上解决菌种的退化与复壮问题，另一方面，结合双倍体杂交菌株的定向选育技术，可以反复进行分离、纯化、稳定，筛选出栽培特性更好的菌株作为段木栽培蜜环菌的菌种，并根据菌种的特性，如菇型形成速度快的、出菇率高的或者干菇产量高的将菌种分类，在栽培时根据栽培的不同目的进行菌种的选择，从而达到高产高效的生产目的。

3. 栽培场地的选择

蜜环菌段木栽培的出菇场所可根据栽培生产的实际情况而定，主要有以下3种形式：一是林区内的天然菇场；二是将段木运出林区，人工搭建栽培场；三是将天然和人工形式结合在一起，形成独特的天然人工结合型栽培场。

(1)天然菇场

天然菇场应该选择林区坡度比较平缓的山腰处，自然条件下通风排水良好，朝向以东坡或南坡为佳，种植场附近要有稳定的水源或者引水条件优越方便，以便于以后生产中给菇喷水或浸泡菇木。一定要避免选择低洼的山谷有水沟溪流旁边，也不能选择在潮湿、寒冷的北面。另外，菇场上的遮荫树以长绿阔叶树、竹林或竹阔混交林为佳。这种菇场可以省去搭建遮荫棚和搬运菇木的费用，从生产作物的经济效应上来说是非常有意义的。但是天然菇场一般都离人居地较远，用电比较困难，管理也很不方便。

(2)人工菇场

人工菇场一般选择在村庄边地势平坦或稍有坡度，通风、排水良好的地方，附近要有稳定的水源并且引水方便。人工菇场要搭建遮荫棚，遮荫度掌握在70%左右。菇棚附近要建好排水沟，并设置围篱，或在周围种上藤本作物，如葡萄树、南瓜、丝瓜、扁豆、猕胡桃等。这样培植，既能遮荫又可增加经济收入。人工菇场虽然增加了菇棚搭建和菇木搬运费用，但是用电方便，出菇管理比较容易。

(3)天然人工结合型菇场

在林区内选择一块空旷的平地，搭建遮荫棚，将段木集中在菇场内进行培菌出菇管理。若条件许可还可以配制小型发电机，以提供用电需求。

(4)菇树的砍伐与截段

蜜环菌段木栽培对菇树的砍伐季节要求很严格，砍伐季节不当，会严重影响蜜环菌产量和质量，甚至可能造成栽培的失败。由于树木质量随生长季节而变化，其水分、营养物质的含量在不同的季节差别很大。为了提高接种成活率及获取更高的栽培产量，既要求菇树的树皮不易脱落，韧皮部与木质部贴合紧密，又要求菇树中积累的糖分、淀粉、蛋白质等营养物质丰富。因此，适宜的菇树砍伐期只能是在树木的休眠期，一般在每年的立冬至翌年的惊蛰之间，即11月中旬至翌年2月下旬。图48－4为生长中的蜜环菌菌材。

图 48-4 生长中的蜜环菌菌材

蜜环菌经多代无性繁殖后，菌索会发生退化。蜜环菌退化外部形态主要表现在：菌索生长速度减慢、细长，菌索分枝少而脆，菌索内部的菌丝变黄。这使蜜环菌对天麻营养的供给减少，天麻接蜜环菌的概率严重降低，从而影响天麻的产量。退化蜜环菌菌索的形态解剖特征主要表现为：菌索表皮木质化严重，木质化细胞可由 1 层增至2～3层，表现为菌索黑褐。皮层细胞厚度增加，而髓部菌丝减少。蜜环菌退化的主要表现为：菌索髓部菌丝稀少及菌丝细胞中胞质消失，有些髓部菌丝变为仅有细胞壁的空菌丝。蜜环菌的髓部菌丝不但是侵入天麻的部分，而且也是提供天麻生长发育营养的主要来源。蜜环菌的优劣与否，主要表现为菌索髓部的大小、髓部菌丝的多少及其生命力是否旺盛。

第五节 天麻与蜜环菌

一、天麻与蜜环菌的互生关系

天麻 *Gastrodia elata* Bl. 为名贵药用植物，在《神农本草经》中列为上品。天麻具有治疗小儿惊风、中风、神经痛等疾病的作用。特别是近几年来研究发现，天麻具有抗老年痴呆等作用，因而天麻用量剧增。天麻虽然是一种植物，但它没有根、茎、叶的分化，因此它不能通过根吸收营养，不能进行光合作用。这决定了天麻生长的营养只有靠其他途径来获得。在天麻的整个生活史中需要与两种真菌共生：种子萌发时，需种子共生萌发菌；种子萌发后形成的原球茎需要蜜环菌的侵入为其提供营养，天麻才能生长发育。蜜环菌的优劣直接影响天麻的产量。天麻与蜜环菌之间是一种寄生和互寄生的关系。蜜环菌是天麻的营养源，蜜环菌离开天麻可以独立生活，而天麻离开蜜环菌就不能生长。这就是野外有天麻的地方，一定有蜜环菌，而有蜜环菌的地方不一定有天麻的原因。（天麻形态如图 48－5）

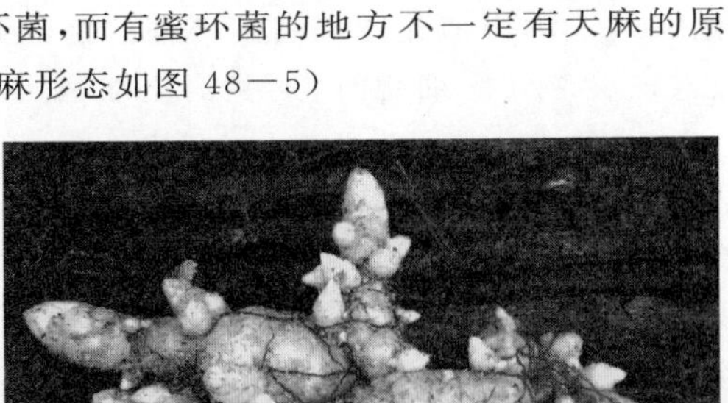

图 48-5 天麻形态

1911 年，日本学者草野俊助提出了天麻与蜜环菌共生的观点，在半个多世纪的时间里，并没有引起人们的重视。在 20 世纪 70 年代，中国医学科学院药物研究所系统地发表了有关天麻和蜜环菌是寄生和互寄生关系的研究成果后，人们对这个问题有比较明确的认识。天麻的营养方式在兰科植物内是很特殊的，在它的生长过程中，自始至终完全依赖于侵染自身的蜜环菌菌丝作为营养来源，得以正常的生长、发育和繁殖。

天麻的生长是与蜜环菌的寄生分不开的。这主要表现在越冬后休眠期的种麻块茎上。正在生长的块茎不但不被蜜环菌所侵蚀，反而以蜜环菌作养料，不断壮大生长。蜜环菌是一种寄生真菌，在自然界，能在 600 多种树木或草本植物上生存。它不仅在活树、草根上寄生，而且能在死树的根和茎干上繁衍。天麻由于自身没有制造养料的能力，必须依靠蜜环菌作为营养来源生长。天麻一蜜环菌一树木（绿色植物）之间构成了一个"食物链"。蜜环菌是其中的"营养桥梁"，树木为他们提供了物质基础。天麻 GAP 栽培的理论基础就是对它们三者之间关系的认识。最初，蜜环菌以菌索的形式网结在越冬后种麻块茎的栓皮上，产生吸盘状的菌索分枝穿过栓皮，一直生长到接近消化细胞的消化层，吸收天麻表皮组织的营养。然后，再形成分散的菌丝，并沿着消化层的皮层细胞向周围扩散，侵入临近的皮层细胞，入侵的菌丝盘在细胞中形成菌丝块。这时表皮细胞的原生质被分解利用，形成了蜜环菌的养分。在天麻地下块茎接近中柱部位的组织中，有数列体型较大、生活力较强的细胞，具有溶菌作用，有同化消解蜜环菌菌丝体的功能，称为消化层。当蜜环菌菌丝体逐渐进入皮层深处的细胞内部时，就会被原生质包围，扭结成团，并逐渐膨胀而被天麻细胞分解。其后消化层细胞显著变大，原生质浓稠，入侵的菌丝体被消解同化，成为天麻生长的营养物质，而未结合蜜环菌的白麻则呈“饥饿状态”，于是种麻便通过营养茎把养料输送到新的麻体上。这样，蜜环菌便源源不断地为子麻提供养分，直到子麻形成、停止生长。这时表现为天麻对蜜环菌的寄生，即所谓的“麻吃菌”。蜜环菌侵入天麻块茎的条件是天麻块茎处在休眠或萌发阶段，蜜环菌菌索呈黄白色或棕红色，蜜环菌处于幼嫩期。黑褐色的衰老菌索不能侵入天麻块茎，处于生长盛期的天麻块茎或新生块茎是不会被蜜环菌侵入的。另外，随着天麻的生长发育，在箭麻抽茎开花或种麻生出子麻后，原麻体（种麻）逐渐衰老，失去溶解蜜环菌的能力，这时蜜环菌居于优势，便在天麻体内大量繁殖，吸取其营养，原麻体变成了蜜环菌的营养源，直至块茎中空腐烂。此时表现为蜜环菌对天麻的寄生，即所谓的“菌吃麻”。天麻块茎一次次换头成长，这个寄生和互寄生的过程又一次重复出现。

在人工栽培天麻的过程中，发现在栽培畦内，蜜环菌生长越好，天麻产量就越高。畦内的蜜环菌生长差一些，天麻产量就低一些。但在不良条件下，如湿度过大、过小、高温等情况，导致天麻生长衰弱或老母麻空壳时，蜜环菌会转而摄取天麻营养，严重时天麻组织会完全被分解而仅存一个充满粗壮菌索的空壳。此阶段也表现为蜜环菌对天麻的寄生，所以人工栽培天麻时要特别注意控制这些不良因素的出现。人工栽培天麻，必须培育具有新鲜、健壮的蜜环菌菌索的菌材，必须创造适宜天麻生长的环境条件，使天麻有旺盛的生命力，去充分吸收蜜环菌的营养。这是人工栽培天麻时应注意的关键问题，也是人工栽培天麻成败与否和能否获得高产的关键所在。

天麻生长的基本营养物质来源于蜜环菌，没有蜜环菌天麻将不能生长。天麻与蜜环菌之间的关系极为复杂。从广义上可理解为天麻与蜜环菌的关系是共生的营养关系。这种共生关系，表现为以下 4 个方面。

（一）天麻与蜜环菌生长的物质基础

蜜环菌是一种兼性寄生真菌，能在 600 多种树木或草本植物及竹类上生活。它不仅能在活树、草根上寄生，而且能在死树根或树干、落叶上繁衍生长。天麻则因自身没有制造养料的功能，要依靠蜜环菌提供营养来源而生长，天麻好比“寄生”在蜜环菌上的寄生生物。所以，树木便是天麻和蜜环菌生长的共同的营养物质基础，离开了这个基础，栽培天麻不可能成功，在自然界天麻也无法生长。因此，天麻、蜜环菌、树木三者之间构成了一个自然的“食物链”。

对这三者之间相互关系的认识，是天麻人工栽培的理论基础。人们模仿自然群落的结构，充分利用环境条件，采用人工培养菌材方式，人为地使蜜环菌与树材结合，然后利用菌材培育天麻，这便是天麻栽培的过程和实质。

（二）蜜环菌对天麻的侵染过程

当蜜环菌的菌索靠近并触及天麻后，紧贴麻体表面，以菌索分枝尖端的生长点侵入原球茎和块茎。经研究证实，菌索的侵入是以机械压力为主，并释放出水解酶辅助侵染。侵染结合，具备一定条件才能实现。一般在块茎处于休眠或萌发阶段，是蜜环菌侵入的最佳时期。在天麻处于生长旺盛期，新生的块茎（即后分生的米麻）却不被蜜环菌侵染。只有幼嫩的呈黄白色的蜜环菌菌索才能侵染天麻，衰老的菌索不具备侵入天麻块茎的能力。

蜜环菌侵入天麻，是它重新寻求新寄生的一种自然表现。当蜜环菌的菌体侵入天麻皮层后，束状的菌丝开始分散扩张；通过天麻细胞的间隙继续贴附其他细胞，有的则进入细胞壁纹孔深入细胞内。菌丝进入细胞内后，由于其分解的化学物质引起细胞核发生变化，细胞核先变大后分解，细胞内其他器官及多糖粒等消失，营养物质被菌丝体吸收。这个过程为蜜环菌摄取天麻营养的过程。

（三）天麻对蜜环菌的消化

天麻在接近中柱部位的组织中，有数列体积较大而生活力较强的细胞，具有消化菌丝体的功能，这层组织称为消化层。当蜜环菌的菌丝体继续进入皮层深处的细胞时，到了消化细胞层。一旦进入，菌丝体就被原生质包缠，扭成一团成为菌丝结，并逐渐膨胀而被这层细胞分解。这种现象在消化层外侧巨大细胞中和消化层细胞内很明显，其细胞显著变大，原生质浓稠，分散有大小不同的液泡，细胞核变大，核仁增大，线粒体增多，多糖颗粒较少，入侵的菌丝体完全被消化。这是天麻生长吸收营养物质的关键时刻。天麻栽种后若能与蜜环菌建立起正常的共生关系，天麻就能健壮生长；如天麻接不上蜜环菌或者与蜜环菌建立不起正常的共生关系，天麻就得不到营养，变得瘦弱细长呈“饥饿状态”。

(四)蜜环菌的反消化

秋后,天麻已完成1年的生长,逐步进入冬季休眠。而原先的种麻逐步丧失消化吸收菌丝的代谢能力。这时细胞中的蜜环菌菌丝体生长占据优势,大量菌丝生长至内部中柱组织,使整个皮层和中柱组织被菌丝分解吸收。当块茎(母麻)营养枯竭时,皮层组织中的菌丝又聚集形成新的菌索,大量吸收麻体的营养,使其成为空壳。初夏季节,这种现象在部分栽种的天麻中也能表现出来;当蜜环菌营养生长过旺、天麻生长缓慢时,两者之间的营养关系失去平衡,天麻同样会被蜜环菌消解。这就是为什么在生产上常出现只见有菌、收不到天麻的原因。所以,调节控制好天麻与蜜环菌的关系,在生产上尤为重要。

由上述可见,天麻的确是高度进化的兰科植物,其独特的形态特征是自然进化的必然结果。在正常情况下,天麻是依靠消解入侵其皮层与中柱细胞内的蜜环菌菌丝作营养的,这是天麻依存蜜环菌的一方面。但事实并不总是这样的,一旦环境发生变化,如旱、涝、高温、低温等因素导致天麻生理功能和生长势减弱时,天麻与蜜环菌的关系也会发生不利于天麻的转变。如天麻生长的后期气温降到15℃以下便进入冬眠期,而蜜环菌仍可生长。在天麻的田间管理上,浇水过多,或降水量过大,蜜环菌长势很旺,反过来则会危害天麻。由此可见,天麻与蜜环菌之间的关系是随不同生育时期和周围环境条件的变化而发生一定变化。

二、天麻的无性繁殖

天麻无性繁殖栽培法是以天麻的营养器官(白麻或米麻)作种的一种方法。在栽培过程中,只需增加球茎的数量和重量才可达到生产的目的,故也称"营养繁殖法"。

(一)种源的繁殖

种源的繁殖方法有以下几种。

1. 有性繁殖法繁殖种源

将天麻的种子拌入萌发菌一紫萁小菇中,萌发出芽生长,产生米麻。经过1年左右的时间就可以长成白麻,2年时间可长成箭麻,又能生产许多米麻。有性繁殖栽培所得的产量中70%为米麻和白麻,所以,这种栽培方法是种源的主要来源。

2. 米麻繁殖种源

米麻繁殖种源是有性繁殖方法的继续,其繁殖方法是无性繁殖。在有性栽培收获时,有35%左右是米麻,必须再通过1年的培育,使其部分成为白麻,这是商品天麻生产的直接种源,也是解决麻种不足的重要途径之一。

3. 采挖野生天麻为繁殖种源

采挖野生天麻,要掌握4点规律:①了解野生天麻的基本分布;②了解天麻喜欢在什么环境下生长;③细心观察林相;④仔细采挖,分类处理。

4. 箭麻灭顶繁殖种源

在种麻严重缺乏的情况下,可用箭麻作种繁殖种源及生产商品麻。方法是:将箭麻的顶芽(鹦鹉嘴)用刀切掉,人为地破坏顶芽的生长优势,迫使麻体上侧芽(隐形芽)发育,从而可分出许多块茎(次生块茎)。接菌后,即可生长新的箭麻、白麻和米麻。

5. 白麻灭顶或切块繁殖种源

此法繁殖种源的原理同箭麻灭顶繁殖一样,目的是扩大种源数量。具体方法是:用干净小刀将天麻的尖端部分切去或中上部切成两小段,下部不要(注意不要削得太多,以免伤口过大,造成大面积感染而腐烂)。用天麻防腐液浸泡20分钟,置于通风处。待伤口风干后,像生产商品麻栽培方法一样栽种。白麻灭顶繁殖效果见表48—3。

表48—3 白麻灭顶繁殖效果

处理	下种天麻		收获情况(kg)											
			箭麻		白麻			米麻			合计		总效果比(%)	
	个数	重量(kg)	个数	重量(kg)	个数	重量(kg)	效果比(%)	个数	重量(kg)	效果比(%)	个数	重量(kg)	个数	重量(kg)
灭顶天麻	150	3.5	39	2.65	292	5.05	293.3	163	0.2	173.4	494	7.9	192.2	120.8
白麻	150	3.6	41	4.88	122	1.53	100	94	0.13	100.0	257	6.54	100	100

(二)天麻无性繁殖种源的选择

天麻无性繁殖栽培所用的种麻,也叫种栽,主要是白麻和米麻。这里所说的种源选择,主要是指对白麻的选择。

选择种麻时应注意以下几点:

①白麻个体如手指头大小,重量以 10～30g 为好。太大的白麻,往往是一种退化的表现,并不是很好的种麻。米麻虽然是很好的繁殖种源,繁殖系数很高,但栽后第 2 年才能形成白麻或箭麻。

②种麻以黄白色、新鲜、无失水现象为佳。

③无病虫害,特别要剔除有介壳虫害的种麻。介壳虫不易被发现,一旦转入栽培畦中,会引发全畦甚至全场虫害。

④种麻表面无蜜环菌菌索侵染,因为侵染过的天麻,有的是因生理退化而被侵染菌索,有的是前一年的种麻,因未完全被蜜环菌所寄生而消化掉。

⑤要轻拿轻放。收获天麻时,一般用竹筐、竹提篮、塑料箱或塑料桶运回室内,经过挑选后又装运到场地栽培。这样经过反复运输,幼嫩的麻种很容易受伤,有时目测虽看不见伤斑,但栽种后碰伤之处便会出现黑斑进而开始腐烂。因此,必须轻拿轻放,严防机械损伤。

选择麻种还应注意,无性繁殖多代后,天麻会出现退化现象,栽种后接菌慢,接菌率低,导致产量降低,这种天麻不能再做种麻;野生种麻为无性、有性各代混合体,其间混杂有一定数量的有性 1～2 代后代,所以采挖回来的野生种麻往往还可以继续做种使用 2～3 年,仍可获得高产;人工培养的有性繁殖 1～2 代白麻、米麻的生活力最强,产量比多代无性繁殖的种麻要高 1～3 倍。有性繁殖 1～2 代的白麻,是无性繁殖栽培中生产商品天麻最理想的种栽。

(三)天麻无性繁殖栽培的适宜时间

选择适宜的栽培时期是获得天麻高产的关键措施之一。从 11 月到翌年 4 月栽培的天麻产量最高,4 月以后,栽培越晚,产量越低。11 月以前下种,此时的气温较适宜蜜环菌生长,处于长势较旺盛的时期,蜜环菌便可侵入麻种皮层细胞,进行消耗种麻体内营养的活动。若此时天麻体内代谢旺盛,可引导蜜环菌向麻体深层中柱细胞深入,停止蜜环菌消耗麻体营养的活动,而转化为麻体吸收蜜环菌营养的过程。但是,由于气温逐渐降低,已不再适宜天麻生长,种麻体内代谢活动逐渐减弱,将要进入休眠,故不能达到诱导菌体深入的目的,使菌体较长时期处于吸收种麻体内营养的生理阶段(蜜环菌休眠温度比天麻低),使种麻失去营养过多。另一方面下种过早(在未进入休眠前),麻种体内的代谢活动也会消耗掉自身的部分养分;反之,下种过迟,种麻体内代谢活动开始后,若很长时间后还不能接受蜜环菌的营养供给,也会消耗较多的自身营养,影响种麻以后的发育,进而影响天麻的繁殖和产量。不同栽培期的产量情况见表 48－4。

总之,在蜜环菌的成长发育缓慢下来,天麻进入休眠的时期内,才是天麻的最适宜栽培期,一般在 11 月到翌年的 4 月期间。在南方不甚寒冷的地区,11 月份栽培较好,因为种麻栽培后即可防冻,也可减少因储存带来的麻烦。在北方严寒地区,种麻栽培后易受冻害,因而以春季 4 月份栽培为宜。

表 48－4　不同栽培期的产量情况

栽培期	下种天麻		收获天麻		产出百分比		生育期
	个数	重量(kg)	个数	重量(kg)	个数	重量(kg)	
11 月	70	0.85	230	4.75	328.6	558.8	休眠期
12 月	2120	37.2	6034	214.5	284.6	576.6	休眠期
1 月	1730	30.8	4613	158.7	266.6	515.3	休眠期
3 月	294	30.8	634	27.4	215.6	507.4	休眠期
4 月	62	0.8	181	2.6	291.9	325	休眠期
5 月	610	7.05	1909	23.0	313.0	326.2	萌芽出苗期
6 月	254	3.55	472	4.15	185.8	116.9	开花结果期
7 月	136	1.85	160	0.45	117.6	24.3	果熟期
8 月	21	0.25	22	0.06	104.8	24.0	倒苗期

(四)栽培场地的选择

栽培天麻的场地适当与否,与天麻栽种后的生长好坏及产量高低有很大关系。场地选得适当,就能给蜜环菌和天麻的生长创造良好的自然环境条件,才能获得天麻的高产。

1. 地势

根据天麻对环境的适应性及各地栽培经验，在海拔较高、温度较低、湿度较大的地区（如南方海拔在1 600m 以上），宜选用无荫蔽的向阳山坡；在海拔中等（如南方海拔1 100～1 600m）的地带，应根据当地小气候条件，宜选用无荫蔽的向阳山坡或稀疏林间；在南方1 000m 以下、东北 800m 以下的地区高温干燥，尤其夏季有连续高温干旱的地区，应选半荫坡林间或荫坡林间栽培较好。为便于管理，有野生天麻的产区，种植者可以在比野生天麻着生地带低 100～200m 的场地栽培天麻。据调查，家种天麻生产区的海拔高度较野生生产区平均低 200m 左右，而温度高 1.5～2℃。

2. 土壤

种植天麻的土壤，以含有丰富的腐殖质、疏松、排水保湿性能好的砂质壤土生荒地为好，熟地不宜栽种天麻。生荒地与熟地栽培天麻的产量比较如表 48－5 所示。

表 48－5　生荒地与熟地栽培天麻的产量比较

处理	下种天麻		收获天麻			
	个数	重量(kg)	个数	增产(%)	重量(kg)	增产(%)
生荒地栽种	365	6.75	502	37.5	30.87	357.3
熟地栽种	358	1.96	119	减产 66.8	2.44	24.5

由表可见，熟地栽种天麻由于多年耕作，其微生物含量远远高于生荒地，因而增加了其他微生物与蜜环菌的竞争。而生荒地中蜜环菌基本上可保持优势菌种的地位，能充分保证对天麻的营养供给；另一方面是生荒地有机质多，土壤疏松、透气，排水保湿等性能好，土壤中残存的植物体如树根、竹根、枯枝落叶等都可以为蜜环菌的生长提供良好的营养基础。栽种天麻不宜原窖连栽，因为连栽次数越多，产量越低。这种情况在天麻产区经常出现，但不被人们重视。原窖连续 3 年栽种天麻产量变化情况如表 48－6 所示。

表 48－6　原窖连续 3 年栽种天麻产量变化情况

年度	栽培菌材	下种天麻(kg)	收获天麻			备注
			重量(kg)	产出比(%)	年度对比(%)	
1972	42	3.75	31.0	826.7	100.0	新窖
1973	50	5.0	16.5	330.0	40.0	连作 1 年
1974	45	5.5	10.75	195.9	23.6	连作 2 年

林间生荒地栽培天麻除具有上述优越条件外，还有在该条件下栽培天麻受气候的影响小，温、湿度相对稳定，有利于蜜环菌及天麻的发育生长。

（五）天麻无性繁殖栽培前的准备工作

天麻无性繁殖栽培前，应根据栽培天麻的方式方法，因地制宜地做好准备工作。也就是必须按照不同的栽培方法，需要不同的设施。栽培用的天麻种、培养料、菌种、菌材等大致一样，以平方米为单位，按发展规模的大小，做好各项准备工作。

（六）天麻无性繁殖的栽培方法

天麻无性繁殖的栽培方法很多，如固定菌材栽培法、活动菌材栽培法和三下池伴栽法等。

1. 固定菌材栽培法

固定菌材栽培法是在栽培天麻前 1～2 个月用土法培养好菌材，就地栽培天麻的一种方法。栽培天麻时，先将盖在菌材上的培养料耙下来，轻轻地把上层的菌材（已接上蜜环菌的木棒）撤下来，用手把下层菌材之间的培养料（河沙）取出一半，把天麻种顺靠菌材两边均匀地摆放。一般白麻的株距为 40～50mm。为利用蜜环菌在菌材两头的生长优势，在菌材的两头应各摆放一个天麻种。栽完第一层后，用培养料填满空隙，再铺上 50mm 厚的培养料，然后把原来撤下来的菌材复回原位。菌材之间的空隙用培养料填上一半，再用同样的方法栽培第二层天麻。最后把耙下来的培养料复回原位，一般厚度在 100～150mm 为宜。

2. 活动菌材栽培法

先将畦底整平后，撒铺河沙 50～100mm 厚，每隔 50mm 顺摆 1 根菌材（接好蜜环菌的木棒）。菌材摆放完后，用培养料填充于菌材之间。达一半后，再将天麻种栽靠近菌材两边和两头摆放。白麻的株距为 40～50mm，米麻撒播即可。然后填充培养料至高出菌材 50mm，用同样的方法栽培第二层即可。活动菌材栽培方法，是栽培天麻的基本方法。此法接菌率高，产量较稳定，目前仍在广泛使用。但这种方法有不足之处：①培菌时间一长，木材就开始变朽，中后期营养供应较差；②集中培养的菌材，很有可能被污染；③菌材移动较大，会损伤一些菌索，天麻栽培后，需要一定时间的恢复，不如固定菌材栽培法产量高。固定菌材与治动菌材栽培天麻增重如表 48－7 所示。

表 48-7 固定菌材与活动菌材栽培天麻增重比较表

项目 栽培形式	观察块茎数	栽前重(g)	栽后重(g)	增重率(%)	平均增重率(%)
固定菌材	5	36.4	241.7	546.1	477.6
移动菌材	5	35.6	98.7	177.6	80.9

3. 三下池伴栽法

天麻三下池伴栽法，就是将米麻、蜜环菌三级固体栽培菌种、菌材(没有接上蜜环菌的鲜柞木棒)一起下池伴栽。这种三下池伴栽法既省时，又节省了培养菌材的费用，并且也可获得较理想的天麻产量。栽培时，首先在室内或拱棚内挖天麻栽培池，然后在池内地面上撒铺100mm厚的中粗粒河沙(培养料)，把浸过水的柞树落叶撒铺一薄层并拍实，把蜜环菌三级固体菌种撕成碎块，均匀地撒于柞树落叶上面(每层播2.5瓶固体菌种)，然后每隔50mm顺摆新鲜柞木棒1根，每平方米可摆放10～18根(17.5千克)，顺柞木棒两边和两头摆放天麻种栽。白麻的株距40～50mm，米麻撒播即可。然后覆盖河沙，高出木棒50mm，再撒一薄层浸过水的柞树落叶。用同样的方法栽培第二层，最后覆盖河沙100～150mm厚即可。

天麻无性繁殖栽培，无论采用什么方式，都与上述这种栽培方法大同小异。

三、天麻的有性繁殖

(一)种子园的场地选择

培育种子的场地，可以不与栽培菌床同处。应选在管理方便且能避风的地方，要求土壤疏松、不积水。若土壤不好，也可用其他能保温利水的固定物代替。场地选好后，取木、竹条搭设1个2m高的简易荫棚，棚的四周设篱墙，以保证棚内荫蔽度在70%左右。

(二)箭麻选择与定植管理

生产有性种子的种麻一定要选用箭麻，时间在11月份。在收获上季栽培的天麻时，选择个体发育完好、无损伤、健壮、无病虫危害、顶芽饱满、重量在100g以上的箭麻作为培育种子的母麻。母麻的个体越大，结的果实越多，种子质量越好。

表 48-8 母麻大小与平均开花数及成果率的关系(人工授粉)

母麻重(g)	调查株数	茎粗(mm)	株高(mm)	穗长(mm)	有效开花数	株有效成果数	成果率(%)
100～150	30	9.2	945	246	44.8	40.5	90.4
150～200	32	11.0	1145	327	65.6	59.3	90.4
200～250	20	11.5	1154	347	74.5	66.7	89.5
250 以上	21	13.0	1244	393	95.6	89.3	93.4

母麻选好后，要及时定植，不宜放置太久，以免失水，影响抽薹开花。在较寒冷的地区，须将箭麻置于保持一定湿度和温度(注意不要过湿，以免腐烂)的地方，不要立即定植，待到春季解冻后才可定植。母麻大小与平均开花数及成果转化率的关系见表48-8。

开春后，当气温回升到12℃以上时，箭麻顶芽开始萌动；当气温达15℃时，顶芽陆续出土，花茎伸长。这时要在原位置插上一根长1.5m左右的竹竿，将伸长的花茎捆附在竹竿上，以防植株倒伏。

抽薹后的箭麻管理需要注意以下几点：

①防风：在大风来临前，加固篱墙，增加挡风设备，以防吹倒花莛。

②防晒：地温过高会烧坏花莛，易使花穗(朵)严重失水，影响授粉结实。

③防暴雨：降雨过大易冲坏或冲掉花朵，增加授粉难度。

④防害：花莛非常脆弱易断，要防治鼠、虫危害。同时还要防止畜禽的破坏。

⑤防病虫害：开花时节，气温较高，加之种子园内湿度也较大，正是各种害虫、病害易发的季节。在天麻上，此时主要有蚜虫、介壳虫、伪叶甲和腐烂病等危害花莛。应及时用多菌灵等喷洒种子园及周围环境，做好了防虫防病工作。

⑥保湿：因气温回升较快，应注意经常喷水，使种子园内空气湿度保持在70%～80%，土壤湿度保持在50%左右。

室内箭麻育种必须经常注意温、湿度和通气状况的调节。如育种较少，可用木箱、盆体等定植箭麻，人工授粉，同样可以收获种子。

(三)人工授粉技术

天麻花朵的构造较为特殊，花粉块不能自动散出而完成自花授粉。在野生情况下，必须借助个体较小的土蜂才能完成其授粉，但授粉率相当低。在室内，根本无法得到昆虫的传粉。所以，在有性繁殖中必须进行人工授粉。

天麻的人工授粉，必须在开花前1天或开花后3天内完成，即在花粉块成熟并处于较旺盛的生理活动时授粉，才能保证较高结实率，过早或过迟都会降低结实率。花粉块成熟的标志是花粉块松软膨胀，将药帽盖稍顶起，在药帽盖边缘微现花粉。

授粉一般在上午10时至下午4时为好，雨天及露水未干时不宜授粉。授粉时，左手轻握花朵基部，右手用镊子慢慢压下花的唇瓣(注意不要伤到合蕊柱，以免碰掉花粉块)，让雌蕊柱头露面。再用镊子(或竹针)自下往上挑开药帽，黏住花粉块，把它黏入在雌蕊柱头上。

授粉时可采取同一朵花蕊授粉，也可采取同株异花或异株异花授粉。还可采用不同类型天麻的花互相授粉，这种授粉所得的种子往往会在生产上表现出意想不到的效果。实践证明，异株异花授粉的结实率高于同株同花授粉。

(四)种子的采收

天麻授粉以后，花被逐渐萎缩，子房迅速膨大。而未授上粉的花朵，花凋谢以后子房略有膨大，但果实内的种子不具有种胚。当下部果色渐深暗，纵缝线日益明显，表示蒴果即将成熟。天麻果实是从果穗下部向上部陆续成熟的。当果壳上6条纵缝线刚出现开裂时，即为种子的最佳采收期。若再晚1天采收，其纵缝线会大量开裂，种子便由此逸出，随风散落。因此一定要适时采收。采收种子时，可将开裂蒴果邻近的3～5个尚未开裂的果实一同剪下(因这些即将开裂的果实中也具有较高的发芽率)，装入种子袋(纸袋、信封等)，带回室内摊晾。当留在植株上的果实又出现开裂时，再将其连同邻近的3～5个果实收回，直到最后的果实收完为止。剪回室内的果实完成开裂后，抖出种子，准备及时播种，不宜久存。如需短期储存5～7天(再长将失去活力)，应将种子装入玻璃器皿内，置于0～4℃的冰箱中保存。天麻有性繁殖果实见图48－6。

图48－6 天麻有性繁殖

(五)播种栽培技术

①播种期：天麻有性种子的播种期即是种子的成熟采收期。各地因海拔高度和温度等条件的差异，天麻开花抽薹有先后差异，故种子成熟采收期也有了一定的差别，相应播种期也因地而异。一般在6月初至7月底这段时间。

②播种量：天麻的每个果实中虽含有种子多达3～5万粒，但其发芽率仅7%左右。同时，种子萌发后还有大量的原生球茎不能及时与蜜环菌共生结合，得不到营养而死亡。只有极少数种子萌发后能形成幼麻，多数种子无效。因此，为了夺取高产，要靠扩大播种量，一般每平方米播种30～50个果实的种子。

③播种方法：掀开预先培养好的菌床表面覆盖物、盖土等，慢慢揭去上一层菌材，小心除去底层菌材表面的填土，注意要尽量不伤菌索。再撒一薄层半腐烂的青冈树(或其他阔叶树)树叶，不要用鲜叶。用干净的毛笔蘸上天麻种子，弹动毛笔或轻轻吹播使种子散落到树叶及菌材上。接着撒少量精细的土壤，再填充土，填平缝隙。在菌材表面再加一薄层半腐烂的树叶，铺平。用同样的方法播种第二层，这一层撒下种子，再撒少量树叶，之后将原起出的盖土填回窖内以保持湿度。

另一种方法是将菌床里的两层菌材全部取出，在窖底撒上一层树叶，整平拍实后撒天麻种子。然后将菌材按原位放入窖中一层，用土填实缝隙与第一层菌材，再在菌材表面覆盖一薄层细土后，开始撒第二层树叶。整平树叶，撒播第二层种子，填好空隙后，覆盖表土100～150mm至窖平，窖面再用树叶等覆盖。

④增添新材补充营养：由于有性繁殖生产周期至少需1年半，到翌年的7～8月份间，前期培养的菌材几乎都已腐烂，往往会造成营养不足。故播种时，在原菌床培育的菌材之间，增添一些新菌枝或新材、树枝以补充天麻前期特别是后期生长的营养供给。

⑤使用共生萌发菌提高萌发率：播种时，将共生萌发菌配成一定比例的水溶液，将用于播种的干净树叶在菌液中浸泡处理后，撒入窖中，再在树叶上播种，可以取得较好的效果。另外，青冈树等阔叶树的树叶，在腐烂过程中能产生一定的共生萌发菌，促进天麻种子的萌发。

⑥播种后菌床的管理和播种后窖内的管理方

法：与培养菌床的方法基本一致，具体如下：调节温度。天麻种子适宜的发芽温度是 22～25℃。如果播种初期温度不够，应加盖塑料薄膜或覆盖稻草以提高地温。7～8 月份气温较高时，可在菌床上搭棚遮荫，并在四周洒水以降低温度。

掌握好湿度。菌床应经常保持潮湿，除播种时在窖中灌足水外，播后注意经常检查温度的变化。秋天雨水过多时应适当遮雨。并将四周排水沟疏通，保证表土水及时排放。防止外来的破坏，如人畜践踏、防治病虫害等。

天麻种子播下后，中途不能翻动，以免影响幼麻的生长。当年 11 月底进入第一次休眠前就能发育成部分小白头麻或许多小米麻。翌年开春后，窖内米麻和白头麻才快速生长，此时窖中的蜜环菌才真正起到为天麻供给养分的作用。到了 11 月份天麻进行第二次休眠时，可以翻窖收获了。

收获时，撤去窖内周围的保护设施，用手或铁铲去除表面较多的盖土(注意一定要小心仔细，以免碰伤天麻)，再用手慢慢往下刨。当露出天麻时再用手指细刨，理出天麻的着生处，取出大小天麻，去掉黏附的泥土。这样取完一处后再取出菌材继续刨挖天麻，直到全窖取完为止。用这种繁殖方法产出的箭麻和米麻在窖中呈放射状的集中丛。米麻呈块状团，有无数个。收挖出的天麻进行分选。个体较大，顶端有芽(箭或叫"鹦哥嘴")的叫箭麻；个体较小，相当于拇指大小，顶端看不到明显芽的叫白头麻；许多细小的块茎像豆子般大小的叫小米麻。分级后将箭麻置放一处，准备加工成商品；白头麻和米麻置于室内阴暗潮湿外，用细土或砂堆埋好，妥善储藏，以备下年做种。在南方可将种麻直接栽种，进入无性繁殖栽培。也可将健壮的箭麻保鲜储藏让它翌年开花繁殖，进行有性繁殖。有性繁殖与无性繁殖的产量比较如表 48－9。

表 48－9　有性繁殖与无性繁殖产量比较

天麻品种	红天麻	绿天麻	乌天麻	黄天麻
无性繁殖	4218	3780	2930	3815
有性繁殖	5307	4730	3219	4004
产量提高率	25.8%	25.1%	9.9%	5%

从表中可知，天麻有性繁殖的产量比无性繁殖的产量高，不同品种产量提高幅度不同，如红天麻提高25.8%，绿天麻提高25.1%，乌天麻提高9.9%，黄天麻提高 5%。天麻在较长时期的无性繁殖栽培过程中，由于温度、湿度、地理环境条件的变化，促使天麻的生长发育和繁殖的功能逐渐退化，产量一代比一代低，品质一代比一代差。天麻的有性繁殖栽培就是用天麻的种子进行繁殖栽培。天麻的有性繁殖目前的成功方法是将天麻的种子拌入萌发菌中，萌发出芽生长，经过 1 年左右可以长成白麻，2 年时间可长成箭麻，并且能生成很多米麻。天麻的有性繁殖栽培可防止天麻种栽的退化，提高天麻的繁殖率和产量。通过人工授粉杂交，可培养出优质和高产的天麻品种。

(六)萌发菌的种类、形态特性和对天麻种子的萌发作用

1. 萌发菌的种类

中国农科院天麻专家徐锦堂经多年的研究，发明了促进天麻种子萌发的真菌——紫箕小菇真菌和石斛小菇真菌。经目前生产实践验证，这两种萌发菌均能促进天麻种子的发芽和提高其发芽率，石斛小菇真菌比紫箕小菇真菌提高天麻种子发芽率达 10%以上。所以目前在天麻的有性繁殖栽培中，应多采用石斛小菇萌发菌。

2. 萌发菌的形态特性

萌发菌的菌丝体无色透明，有分隔；子实体散生或丛生，菌柄一般长为 8～30mm；菌盖直径为 1.5～5mm，发育前期为半球形，灰色，密布白色鳞片，后期平展，中部微凸，灰褐色，边缘不规则，白色，薄而柔软，无味。菌盖表层细胞为球形或宽椭圆形，有刺疣，13～19μm×10～15μm；菌褶白色稀疏，9～32 片，离生，放射状排列，不等长，边缘则密布具刺疣梨形囊状体，23～41μm×9～11μm，孢子无色光滑，椭圆形，有微量的沉淀反应，7～8μm×5～6μm；菌柄直立，直径为 0.6mm，中空圆柱形，上部白色，茎部褐色至黑色，稀疏散布白色鳞片，柄表面细胞为长形、具刺疣，基部着生在密布丛毛的圆盘基上。

萌发菌适宜的生长温度在 20～28℃，28℃以上对菌丝生长不利，30℃菌丝停止生长。最适宜的含水量为 100%或 200%，随基质含水量的增加而生长逐渐减弱。氢离子浓度在3 163～10 000nmol/L，pH 在 5～5.5为宜。培养基：柞树落叶 66%，阔叶树锯木屑 20%，麦麸 10%，葡萄糖 2%，硫酸镁 0.8%，胡萝卜素 0.8%，磷酸二氢钾 0.3%，维生素 $B_1$0.1%，料水比为 1：2，菌丝生长较好。

3. 萌发菌对天麻种子萌发的作用

萌发菌菌丝从天麻胚柄细胞侵入胚体。侵入初期，菌丝分布在胚柄上部 2～3 层的胚细胞中。随着胚的发育，菌丝分别向胚体的两侧扩展。种

子萌发至球茎时，被菌丝侵染的细胞在原球茎基部呈“V”字形分布。凡被萌发菌菌丝侵染的种胚或原球茎细胞，其原生质及细胞器逐渐消失而出现许多不定形的囊状体，在种胚萌发至原球茎生长阶段，主要靠这种囊状体对萌发菌进行包围消化。天麻种子不仅在胚萌动初期，而且从种子发芽到原球茎生长并分化出营养繁殖茎的整个阶段，都需要消化侵入的萌发菌的菌丝作用才能获得营养。发芽后的原球茎及营养茎，需再和蜜环菌建立起营养关系后，才能正常发育生长，渐渐长出粗壮的新生天麻。

天麻种子萌发的最适温度与萌发菌的生长最适宜的温度基本相吻合。在天麻有性繁殖播种前，必须首先了解并尽可能提供天麻种子发芽时所需的优质萌发菌和温度、湿度等环境条件，才能满足种子的发芽率，获得天麻高产。

(七)天麻种子播种后的管理

天麻播种后的管理方法与培养菌床的方法基本一致。

1. 调节温度

天麻种子适宜的发芽温度是 22～25℃。如果播种初期，温度不够时，应撤掉塑料薄膜上的覆盖草帘以提高温度。6～7 月份当气温较高时，要在天麻畦床上搭棚遮荫，并在四周洒水以降低温度，而在较凉爽的山区就没有必要搭设荫棚。

2. 掌握好湿度

天麻畦床内经常保持潮湿，除播种时在畦中灌足水外，播后注意经常检查湿度变化。秋天雨过多时应适当遮雨，并将四周排水沟疏通，保证积水及时排放。

3. 防止外来敌害

如筑篱墙防止人畜践踏和注意病虫害的防治等。

(八)天麻的收获与加工

1. 天麻的收获

我国天麻的产区分布广，自然地理条件、栽培时间和方法等都不尽相同。收获时间应根据当地的自然环境条件、栽培时间和方法等来确定。总的原则：在天麻停止生长或经过休眠将恢复生长前收获，既不影响天麻品质，又不会产生冻害，还有利于栽培。我国东北地区，天麻年生长时间短，一般在 9 月下旬至 10 月上旬停止生长；西南地区，天麻年生长周期长，通常在 10 月下旬至 11 月上旬才停止生长；而低海拔引种地区，天麻年生长周期更长，收获时间更需延迟一些。即使同一地区，也应根据海拔高度、当年气候变化以及天麻的长势不同，灵活掌握采收期。过早收获，天麻尚在继续生长，不仅降低产量，而且影响产品质量；过晚收获，易遭受冻害及地下害虫、鼠类的危害。在逆境条件下，蜜环菌会发生反消化，吸取天麻作为营养而影响天麻的产量和质量。

收获时间的确定应因地制宜，不能一概而论。在我国北方，气温下降较早，天麻在 10 月下旬就开始休眠，而冬季严寒易使天麻受冻，故应在 11 月上旬收获并及时予以防冻储藏或加工；我国南方及低海拔地区，冬季降温较迟，又不十分寒冷，天麻进入休眠的时间晚，可在 11 月下旬至 12 月收获，也可以在翌年 3 月下旬前收获，用作种麻的可随收随种。

天麻的收获方法：收获时先将表层覆盖物和表层培养料去掉。在接近天麻生长层时，要慢慢耙散培养料，一旦发现天麻就应顺着天麻的着生处耙散，能取出的，先取出。然后再取出菌材收取天麻。收获时应将畦窖内的米麻、白麻和箭麻全部取出。由于收获时天麻已停止生长，生活力低，对外界的抵抗能力较差，容易感染杂菌而腐烂。因此，收获时应防止天麻块茎碰伤，待全部收完后，再选出留种用的箭麻、白麻和米麻，其余全部用于加工。

收获天麻应注意的事项：①注意不要损伤麻体。采挖时应小心将表层培养料扒去，掀掉菌材，将天麻轻轻取出，千万注意不要碰伤麻体，特别是做种用的白麻和米麻。②注意四周搜寻，不可忽视而漏掉天麻。四周蜜环菌发育较好，天麻也较多，要四周寻找干净。③收获箭麻后应及时加工，白麻和米麻应及时栽培或储运。存放久了，会造成溶菌酶素减弱而降低天麻的生命力。

2. 天麻的加工

①分级：根据天麻的大小可分为 1～4 等。个体重在 150g 以上的为一等，75～150g 为二等，75g 以下或损伤的为三等，其余为等外品。分级的目的是为了便于加工和分等级销售。

②洗净泥沙：将分级后的天麻，分别用清水洗净泥沙。但不宜将天麻长时间泡在水中，以免天麻的有效成分溶于水中。如长时间浸泡，天麻加工后产品变黑，影响药用和质量。

少数地区有加工“明天麻”或者有出口等其他

途径，可用竹片、薄铁片或在砂石上刮皮，以除去鳞片与表皮，削去腐烂部分。据化学分析，除去鳞片和表皮后加工的天麻商品，其有效成分含量并无多大变化，即对药效无多大影响。一般无特殊要求的天麻商品，不必去皮。

③蒸煮：蒸、煮是天麻加工的重要工序。由于天麻的有效成分易溶于水，故以蒸的方法为好。将不同等级的天麻放在蒸笼中蒸 5～30 分钟：一等天麻蒸 15～30 分钟，二等蒸 10～15 分钟，三等蒸 5～10 分钟，等外品蒸 5 分钟。蒸的时间以天麻无白心为度，可将天麻放在光亮处照，观察有无黑心或折断。煮制时可用锅盛水，煮开后将天麻放入锅内沸水中，文火维持，煮的时间要比蒸的时间短。蒸煮时间长，天麻变软，有效成分损失多而影响折干率和商品质量。一般 4～5 千克鲜天麻可加工1 000g干品。折干率的高低与天麻类型、无性繁殖代数多少和产区、收获时间、加工方法都有密切关系。

将蒸后的天麻放在明矾水中浸泡一定时间或煮时在水中加入明矾，都可改善天麻商品外观质量。一般可掌握 10 千克天麻加明矾 200g。据化学分析，明矾与天麻的内在质量并无密切关系。

④硫黄熏：将蒸后的天麻放入熏房，用硫黄熏 20～30 分钟。熏过的天麻商品色泽白净，外观质量好，并可防虫蛀。

⑤烘烤干燥：烘烤天麻一般可用火炕、烤箱或烘干室烘烤，但必须注意火力不可太猛，否则容易造成外部干燥而心软，形成俗称的“糖心蛋”。开始烘烤时温度以 50～60℃为宜，使天麻体内水分迅速蒸发。到七八成干时，取出压扁，再继续烘烤，温度应掌握在 70℃左右，不能超过 80℃，以免天麻干焦变质。天麻干燥后应及时取出，如烘烤时间长会干焦变质，而干燥不及时则容易霉变、变黑甚至腐烂。如天麻数量大，也可用机械加工方法。

⑥炮制：天麻的炮制方法，多采用干热或湿热法，少数地区用姜汁、酒、麦麸作为辅料炮制。这里仅介绍干燥和湿热炮制方法。热沙烫切和湿热沙烫切天麻是较常用的方法，大同小异。热沙烫切是将天麻大小分档，取适量河沙投入锅中，用中火翻炒至冒白烟，逐渐变干（80～120℃）时，小火维持热量，埋闷至天麻变软趁热切片。湿热沙烫切方法：在沙炒热变干（80～120℃）时，小火维持热量，倾入冷水，使沙湿润，投入天麻埋闷至软，趁热切片。据化学分析，以干热法炮制的为好。

⑦雪天麻加工：天麻要随收获随加工，存放时间长了，天麻易跑浆，降低折干率。尤其是春麻更不能存放时间太长。春季温度高，如不及时加工，还会腐烂。加工时，首先把收获的天麻用清水将泥沙冲洗干净，然后用布擦干水分，再放到锅里与细沙同炒。根据锅的大小，每锅放细沙4～7.5千克，放箭麻 1.5～2.5 千克。要按天麻的大小分级加工。在加工过程中，如不按大小分级加工，就会造成有的已炒枯焦，有的还未炒好，影响成品质量。加工时，灶里要烧大火，等锅里的沙子变红时（放入碎纸片、树叶等立即着火为宜），将天麻放入锅中，用铁铲不断地翻动，时间要短，天麻炒得外焦内生，听到如炒玉米粒儿一样炸得响。等响声变小了，立即取出，然后放到已准备好的冷水盘里，趁热用刀（直径 33mm 左右的小竹子，劈成 4～6 开而成的竹刀。这种小刀用来刮天麻皮十分容易，在天麻加工时常用它）将粗皮轻轻刮去，洗净后放在明矾水中，漂 10 分钟左右取出。再放入空筐，晾干水分，分级放在烘筛中，置烘干室内的立体架子上。开始室内的温度以 50～60℃为宜，待烘烤2～3 小时之后，再升至 70～80℃。烘烤到六七成干时，取出用木板压扁。若有胀气的，用竹针刺破，放出气后再压扁。最后，用炭火加硫黄熏烘至全干，即成半透明的乳黄色成品天麻。

这种加工方法的优点是：高温翻炒后，刮去的只是天麻的表皮，其表皮内部的纹痕依然完整，色泽鲜艳。同时，未经水煮，天麻内部的药用成分没有受到破坏，成品麻质量高，故有“雪天麻”之称。

3. 天麻的等级划分

天麻按加工的质量规格，可划分为 3 个等级：

①一等干货：根茎呈扁平状，长椭圆形；去粗皮，表面黄白色，麻体结实，比重大，半透明状，芽白色；味干性微温；个体均匀，31～60 个为 1 000g；质量要求是无空心、无碎块、无枯焦、无虫蛀、霉变。特等天麻 30 个为1 000g，质量同一等天麻。

②二等干货：根茎呈现长椭圆形，扁缩而表面弯曲；表面黄白或黄褐色，麻体结实半透明，断面角质状，芽白色或棕黄色；61～80 个为1 000g；质量要求是无空心，无碎块，无枯焦，无虫蛀、霉变。

③三等干货：根茎呈扁平长椭圆形，或扁缩而弯曲；表面黄白色或褐色；81 个以上为1 000g；有空心、碎块，色泽较差，但无虫蛀、霉变。

4. 商品天麻的保存

天麻经加工后，必须妥善保存，严防虫蛀和霉变，以免影响产品质量。成品天麻制成后，要立即用内附白纸的无毒塑料封闭包装，或用瓷坛盛装。然后上面盖干净厚纸，存放于干燥处，以防回潮霉变。同时在每年虫蛀季节前(3～4 月份)用硫黄重熏一次，以防虫蛀。

第六节　猪苓与蜜环菌

猪苓别名猪屎菌、野猪苓、粉猪苓、地乌桃等，在我国已有 2000 多年的药用历史，是传统药用真菌之一。

通过对猪苓生长条件的观察研究，发现大多数野生猪苓菌核均有蜜环菌菌索附殖其上，蜜环菌越多，猪苓生长越旺盛。1972 年，用带有蜜环菌菌索的菌材进行繁殖，获得成功。认定猪苓菌核是依靠蜜环菌供给营养。以后用不同的培养基进行培养试验，发现凡是在培养基中加入蜜环菌菌索浸液的，猪苓菌丝生长旺盛。大量的人工栽培也证明了猪苓的生长要依靠蜜环菌的存在。有人认为猪苓与蜜环菌是相互依存的共生关系；也有人认为，只是猪苓单方离不开蜜环菌，它们的关系很像天麻与蜜环菌之间的单利共生关系；还有人发现，猪苓和蜜环菌的菌丝同时接种，不见形成猪苓菌核；而以猪苓孢子萌发的菌丝，接种在灭菌的木段上，却能形成菌核。同时在液体培养中，无需蜜环菌也能形成菌核。这些事实证明，在没有蜜环菌的条件下，猪苓菌丝是完全可以形成菌核的。因此有人认为，猪苓菌核初期形成，其营养来源于树根，营腐生生活；当菌核遇到不利的环境条件而休眠，本身的营养运输功能受阻时，难以继续萌发生长，此时如有蜜环菌存在，猪苓就会重新获得营养而继续生长，从此两者转为单利共生关系。总之，猪苓与蜜环菌的关系需进一步进行研究。

第七节　蜜环菌的化学成分、药理作用与临床应用

一、化学成分

从蜜环菌中分离出近百种化合物，包括多元醇、多糖、酚、有机酸、酯类、甾醇类、嘌呤衍生物、C-18 植物鞘氨醇型神经酰胺、原伊鲁烷型倍半萜芳香酸酯等。研究者对石油醚提取的原伊鲁烷型倍半萜芳香酸酯类化合物的结构进行了鉴定，分别命名为蜜环菌甲素、蜜环菌乙素、蜜环菌丙素、蜜环菌丁素、蜜环菌戊素、蜜环菌己素、蜜环菌庚素、蜜环菌辛素、蜜环菌壬素、蜜环菌癸素。从蜜环菌菌丝体中分离得到 8 个嘌呤类衍生物：①鸟苷、②腺苷、③2′-甲基腺苷、④N6-(5-羟基-2-吡啶亚甲基)腺苷(HPMA)、⑤N6-二甲基腺苷、⑥N6-(5-羟基-2-吡啶甲基)嘌呤、⑦N6-甲基腺苷、⑧嘌呤等。其中 HPMA 具有较强的脑保护作用。

沈业寿等从斜面培养的菌索中分离出蜜环菌胞内多糖，其中含有糖醛酸、*D*-葡萄糖、*D*-半乳糖、*D*-甘露糖、*D*-木糖，组成单体为吡喃糖，不含蛋白质。谭周进等从蜜环菌的发酵液中分离出一种中性多糖和多种酸性多糖，发现其中的一种中性多糖为葡聚糖，含 β-型糖苷键，无蛋白质。陈晓梅等报道蜜环菌的菌丝体和发酵液多糖为单一葡萄糖组成的葡聚糖，菌索和子实体多糖由葡萄糖、木糖组成，这 2 种单糖在菌索多糖中的摩尔比为 1∶14，在子实体多糖中的摩尔比为 1∶10。蜜环菌多糖的相对分子质量为 1×10^4～7×10^4。洪毅等确定的蜜环菌菌索多糖为均一组分，水解产物为 *D*-葡萄糖、*D*-甘露糖、*D*-半乳糖、*D*-木糖和半乳糖醛酸。经红外光谱分析证明，蜜环菌多糖的组分单体为吡喃糖，含有乙酰氨基官能团。孙玉军等从蜜环菌发酵液提取粗多糖，经分离纯化得到多糖-A 和多糖-B 两个组分，快速化系统(FPLC)和电泳法鉴定各自为均一的组分。FPLC 法测定 A 组分的相对分子质量为 2.0×10^5；苯酚-硫酸法测得其总糖含量为86.6%，考马斯亮蓝法测其蛋白含量为12.92%，硫酸-咔唑法测得其酸性多糖含量为 28%。红外光谱呈现多糖吸收特征峰，含有吡喃糖苷键，β-消去反应初步证实所提取的多糖-A 存在 O-糖肽键。

孙小卫等对蜜环菌的营养成分进行研究，发现人工栽培的菌索中蛋白质含量为菌索干重的 17.34%，粗纤维含量为10.8%，脂肪含量仅为 1.17%，多糖含量为15.62%，含有 17 种氨基酸，

其中必需氨基酸约占总氨基酸的35.0%，亮氨酸含量较高（为总氨基酸的8.10%），其次是苏氨酸（5.57%），蛋氨酸含量较低（2.83%）。非必需氨基酸中，谷氨酸含量最高（21.05%），其次是天冬氨酸（11.44%）。蜜环菌菌索中除了含有常量元素Ca、K、Mg、P等外，还含有人体所需要的微量元素，如Fe、Ge、Cu、Mn、Zn、P等。

二、药理作用

（一）免疫增强作用

蜜环菌多糖具有显著的免疫调节功能。用蜜环菌多糖灌胃，每天100mg/kg体重，连续5天，可显著增加正常小鼠和注射环磷酰胺所致免疫功能抑制小鼠的溶血素生成。剂量为每天50mg/kg体重，连续5天，能显著增加正常小鼠的空斑形成细胞数。体外试验表明，蜜环菌多糖（10μg/ml，50μg/ml）显著增强刀豆素A诱导的小鼠淋巴细胞增殖反应，但对二硝基氯苯所致小鼠迟发型过敏反应无显著增强作用。蜜环菌多糖还能增加小鼠静注碳粒廓清速率及腹腔巨噬细胞的吞噬百分数和吞噬指数。体外试验表明，蜜环菌多糖对T细胞功能有促进作用。于敏等报道，野生蜜环菌菌索多糖（AMP）给小鼠灌胃，剂量分别为每天100mg/kg、200mg/kg、300mg/kg，均能增加小鼠体重，改变免疫器官重量，抵抗环磷酰胺对小鼠外周血白细胞数量的影响，提高小鼠单核巨噬细胞系统的吞噬功能，增强小鼠迟发型变态反应，促进溶血素的生成。从蜜环菌菌索提取的多糖（MHG）能在体外显著增强小鼠腹腔巨噬细胞吞噬中性红的作用，并可诱生巨噬细胞产生一氧化氮，在高浓度时，对巨噬细胞分泌IL-1有一定的作用。王惠国等给小鼠腹腔注射不同浓度的蜜环菌多糖，每天5mg/kg、10mg/kg、20mg/kg，阴性对照组给予生理盐水，阳性对照组给予香菇多糖，连续给药14天。发现蜜环菌多糖具有提高小鼠淋巴细胞转化率，增加血清IL-2水平，同时下调血清TGF-β1水平的作用。孔小卫等采用环磷酰胺造模法制作小鼠免疫抑制模型，发现每天给小鼠灌胃剂量为200mg/kg、400 mg/kg的蜜环菌胞外多糖，能显著提高免疫器官重量，增强小鼠巨噬细胞的吞噬功能，提高迟发型变态反应和促进溶血素（IgM）形成。

（二）对中枢神经系统的作用

蜜环菌发酵物与中枢抑制剂戊巴比妥钠协同作用，能延长小鼠的睡眠时间，拮抗中枢兴奋药五烯四氮唑，降低尼古丁引起的小鼠死亡率，增加犬的脑血流量和冠状动脉血流量。给小鼠腹腔注射蜜环菌制剂，发现蜜环菌水提物、乙醇提取物和发酵液浓缩物，均能使小鼠自发活动明显减少，不仅加强戊巴比妥钠阈下值催眠剂量的作用，而且还显著延长戊巴比妥钠或环己烯巴比妥钠引起的小鼠睡眠时间，具有催眠镇静作用。给小鼠尾静脉注射中枢神经系统兴奋药戊四唑，能引起小鼠惊厥。腹腔注射蜜环菌制剂，有一定的抗戊四唑的作用，具有抗惊厥功能。蜜环菌多糖（AMP）能显著缩短眩晕小鼠逃避电击所用的时间，增加眩晕后小鼠的进食量，对机械旋转所致眩晕症均具有一定疗效。刘振华等观察复方天麻蜜环菌制剂对大鼠脑缺血再灌注后，大脑皮质缺血灶周围区胱冬裂酶3（caspase-3）蛋白、凋亡诱导因子时相表达及神经细胞凋亡的影响，显示复方天麻蜜环菌制剂可以减少凋亡诱导因子（AIF）、caspase-3蛋白的表达，减轻迟发性神经元死亡，对缺血性脑组织有保护作用。

蜜环菌菌索多糖（ARP）可显著延长果蝇寿命，明显改善衰老模型小鼠的学习记忆能力，增加其体重，拮抗胸腺、脾脏的萎缩，显著提高SOD、GSH-Px活性，并降低MDA、NO的含量。提示：ARP可通过调节机体免疫功能、清除自由基等方面发挥其延缓衰老的作用。另外，蜜环菌壳聚糖（AMC）也能显著延长果蝇的存活时间，改善衰老小鼠的学习记忆功能，提高模型小鼠血清中的SOD活性，显著降低MDA含量。

（三）降血糖作用

陆军等研究了蜜环菌菌索多糖（AMP-1）对四氧嘧啶致胰岛细胞损伤的影响，发现一定浓度范围的AMP-1对葡萄糖刺激下大鼠胰岛素瘤细胞的胰岛素分泌有促进作用。可能与AMP-1增加细胞清除自由基能力有关。于敏等研究了蜜环菌菌索多糖AMP-1和AMP-2组分对小鼠血糖及其急性毒性的作用。结果表明，AMP-1能使正常小鼠的糖耐量增强，AMP-1、AMP-2均能抑制四氧嘧啶糖尿病小鼠血糖升高，AMP-2能显著降低四氧嘧啶糖尿病小鼠的血糖，AMP-1、AMP-2（灌胃剂量每天为10g/kg）对供试小鼠无毒性作用，内脏器官均正常无损。

（四）抗菌作用

孙亦阳报道蜜环菌的抑菌能力依次为：大肠杆菌＞金黄色葡萄球菌＞枯草芽孢杆菌＞啤酒酵母菌。15%的蜜环菌浸提液可抑制细菌生长，高于20%的蜜环菌浸提液，可对霉菌和酵母菌产生抑制作用。

（五）对骨髓细胞的保护作用

蜜环菌多糖具有抗环磷酰胺损伤小鼠骨髓细胞的作用。给予蜜环菌多糖保护组小鼠经环磷酰胺损伤后，外周血中白细胞（WBC）、红细胞（RBC）、血小板（PLT）以及骨髓有核细胞数均明显高于环磷酰胺损伤组。

（六）毒性试验

蜜环菌水剂对小鼠腹腔注射半致死量（LD_{50}）为35±0.8g/kg；犬口服蜜环菌发酵液12ml，连续服1周，其肝、肾功能均无异常变化，动物食欲及活动如常，未见任何不良反应。

三、临床应用

蜜环菌糖浆与蜜环菌浸膏可主治眩晕头痛、神经衰弱、失眠、梅尼埃综合征、冠心病、脑动脉血管硬化等。蜜环菌发酵物对不同病因（高血压、椎基底动脉供血不足、自主神经功能紊乱及阴虚阳亢型患者）引起的眩晕症状均有一定效果，疗效高达70%～80%，对肢麻、耳鸣、癫痫、顽固性神经衰弱、血管性头痛、巴金森综合征和三叉神经痛等也有一定的疗效。王新强等将椎基底动脉供血不足的住院和门诊患者共130例，随机分为治疗组（65例）和对照组（65例），两组均使用复方丹参注射液为基础治疗，治疗组加用复方天麻蜜环菌片，疗程21天。疗程结束后，评定疗效及复查彩色多普勒超声。结果：治疗组总有效率为93.8%，对照组总有效率为81.5%，差异显著。治疗组治疗前后比较，血流动力学和椎-基底动脉平均血流速度等指标的变化差异均有统计学意义。提示：复方天麻蜜环菌片能降低全血黏度和血小板聚集，改善脑供血，属治疗椎基底动脉供血不足的有效药物。在临床上，蜜环菌片、蜜环菌冲剂、蜜环菌糖浆等可以主治眩晕头痛、失眠、惊风、肢麻及腰膝酸痛等。上海市静安区中心医院报道，应用蜜环菌片可以治疗高脂血症。

（林志彬、祝晓玲）

参考文献

[1] DONNELLY DM X. Sesquiterpene aryl esters from Armillaria tabescens[J]. Phytochemistry, 1997,44(8):1473-1478.

[2] YANG J S, CHEN Y W, FENG X Z. Isolation and structure elucidation of armillaricin[J]. Planta Med, 1989,54:564-565.

[3] GREMIN S. A liquid chromatography thermospray ionization mass spectrometry guided isolation of a new sesquiterpene aryl ester from Armillaria novae zelandiae[J]. J Chem Soc, Perkin Trans, 2000(1):2325-2329.

[4] 杨峻山，苏亚伦，王玉兰，等. 蜜环菌菌丝体化学成分的研究Ⅴ[J]. 蜜环菌辛素与蜜环菌壬素的分离与鉴定[J]. 药学学报，1990，25(1)：24.

[5] YANG JUNSHAN, CHEN YUWU, FENG XIAOZHANG, et al. Chemical constituents of Armillaria mellea mycelium I. Isolation and characterization of armillarin and armillaridin[J]. Planta Med, 1984,50(4):288-290.

[6] YANG J S, SU Y L, WANG Y L, et al. Chemical constituents of Armillaria mellea mycelium I I-solation and structures armillarigin and armillarikin[J]. Ibid, 1989(55):479.

[7] 杨峻山，苏亚伦，王玉兰，等. 蜜环菌菌丝体化学成分的研究 VI[J]. 药学学报，1990，25(5)：353.

[8] WATANABE N, OBUCHI T, TAMAI M, et al. A novel N6-substituted acenosine isolated from Armillaria mellea as a cerebral-protecting compound[J]. Planta Medica,1990,56:48-52.

[9] 沈业寿，洪毅. 蜜环菌多糖分离纯化及其部分理化性质[J]. 中国食用菌，1999，18(1)：38.

[10] 谭周进，谢达平，王征，等. 蜜环菌多糖的分离纯化及性质的研究[J]. 食品与机械，2002，(4)：13-15.

[11] 陈晓梅，郭顺星，王秋颖，等. 蜜环菌不同发育阶段多糖成分的研究[J]. 中国中药杂志，2001，26(6)：381-384.

[12] 洪毅，沈业寿，樊叶杨. 蜜环菌菌索多糖的分离纯化及其部分理化性质[J]. 中国药学杂志，1998(9)：526.

[13] 孙玉军，陈彦，王洵，等. 蜜环菌胞外多糖的分离纯化及其性质研究[J]. 安徽大学学报，2005，29(5)：87-91.
[14] 孙小卫，沈业寿. 野生和人工培养的蜜环菌菌索营养成分比较[J]. 生物学杂志，2004，21(2)：23-24.
[15] 徐锦堂. 药用真菌学[M]. 北京：北京医科大学、中国协和医科大学联合出版社，1997.
[16] 张嘉，杨延旗，淡海，等. 蜜环菌的化学成分[J]. 西北植物学报，2002，22(4)：952-956.
[17] 林志彬，章达敏，夏冬. 蜜环菌多糖对小鼠免疫功能的影响[J]. 中国药理学通报，1988，4(2)：93.
[18] 于敏，沈业寿. 野生和人工培养蜜环菌菌索多糖含量及免疫活性的比较[J]. 安徽大学学报，2002，26(1)：107-110.
[19] 熊绍员，刘成梅，涂宗财，等. 食用菌多糖的研究进展[J]. 江西食品工业，2002(4)：18-20.
[20] 于敏，沈业寿，梅一德，等. 蜜环菌菌索多糖的免疫增强作用研究[J]. 生物学杂志，2000，18(4)：16.
[21] 戴玲，王华，沈业寿. 蜜环菌多糖对小鼠腹腔巨噬细胞免疫功能的影响[J]. 生物学杂志，2000，17(5)：20-21.
[22] 王惠国，关洪全，赵依娜，等. 蜜环菌多糖对小鼠血清 IL-2 和 TGF-β1 水平的影响[J]. 现代生物医学进展，2007，7(9)：1306-1307.
[23] 孔小卫，江力. 蜜环菌胞外多糖对小鼠免疫功能的影响[J]. 安徽大学学报，2007，31(1)：87-90.
[24] 中国医学科学院药物研究所药理室新药组. 天麻水剂及蜜环菌发酵液对神经系统的药理作用[J]. 中华医学杂志，1977(8)：470-472.
[25] 中国医学科学院药物研究所. 中草药现代研究[M]. 北京：北京医科大学中国协和医科大学联合出版社，1995.
[26] 虞磊，沈业寿，缪化春. 天麻多糖与蜜环菌多糖抗眩晕症作用研究[J]. 中国中医药信息杂志，2006，13(8)：29.
[27] 刘振华，冯建利，杜怡峰. 复方天麻蜜环菌制剂对大鼠脑缺血再灌注后神经细胞凋亡的影响[J]. 中国医院药学杂志，2008，28(7)：514-517.
[28] 陆军，操玉平，于敏，等. 蜜环菌菌索多糖对四氧嘧啶致胰岛细胞损伤的保护作用[J]. 中国药理学通报，2008，24(9)：1160-1165.
[29] 于敏，沈业寿. 蜜环菌菌索多糖对小鼠血糖及急性毒性作用研究[J]. 中国食用菌，2002，21(1)：35-37.
[30] 虞磊，沈业寿，吴建民，等. 蜜环菌菌索多糖抗衰老作用研究[J]. 中成药，2006，28(7)：994-996.
[31] 订诚实，沈业寿，彭世奇. 蜜环菌壳聚糖对果蝇寿命和 D-半乳糖致衰老小鼠的影响[J]. 食品科学，2007，28(4)：302-305.
[32] 孙亦阳. 蜜环菌抑菌作用的初步研究[J]. 食品科技，2004(8)：51-52.
[33] 李延平，吴科锋，刘义. 蜜环菌多糖对环磷酰胺损伤小鼠骨髓细胞的保护作用[J]. 中国中药杂志，2005，30(4)：283-286.
[34] 郭嘉铭，上官舟建，陈景湖. 药用真菌的研究与开发概述[J]. 中国食用菌，1994，13(3)：8-10.
[35] 胡崇文，董平，谢世秀，等. 蜜环菌培养及浸膏提取工艺的初步研究[J]. 中国食用菌，1991，10(2)：40-41.
[36] 信世义. 健脑露的开发探索[J]. 中国食用菌，1991，10(2)：25.
[37] 洪震，卯晓岚. 食用药用菌实验技术及发酵生产[M]. 北京：中国农业科技出版社，1992.
[38] 王新强，尹继君，孟范文，等. 复方天麻蜜环菌片治疗椎基底动脉供血不足 65 例疗效观察[J]. 中国临床保健杂志，2007，10(1)：60-72.
[39] 林树钱. 中国药用菌生产与产品开发[M]. 北京：中国农业出版社，2000.
[40] 张利民. 蜜环菌片治疗高血脂症疗效的初步观察[J]. 中成药研究，1983，(11)：19.
[41] SUNG JM, JUNG BS, YANG KJ, et al. Production of Gastrodia elata tuber using Armillaria spp.[J]. Korean J Mycol, 1995, 23(1)：61-70.
[42] WATTING R, KILE G A, GREGORY N M. The genus Armillaria Nomenclature, Typification, the identity of A rm illaria m ellea and species differentiation[J]. Trans Brithish Mycol Soc, 1982, 78(2)：271-285.

[43] WATTING R, KILE G A, BURDALL H H J. Nomenclature, Taxonomy and Identification in Armillaria RootDisease[M]. Agriculture Handbook No. 691 USDA Forest Service, 1991.

[44] VOLK T J, BURDSALL J HH. The state of taxonomy of the genus Armillaria [J]. Mc ILvainea, 1993,11:4-11.

[45] KORHONEN K. Interfertility and clonal size in the Armillariella mellea complex[J]. Karstenia, 1978,18:31-42.

[46] OTA Y, MATSUSHITAN N, NAGASAWA E, et al. Biological species of Armillaria in Japan [J]. Plant Dis, 1998,82(5):537-543.

[47] CHILLALI M, IDDER-IGHILI H, GULLAUMIN J J, et al.. Variation in the ITS and IGS regions of ribosomal DNA among the biological species of European Armillaria [J]. Mycol Res, 1998, 102(5):533-540.

[48] KIM MS, KLOPFENSREIN N, MCDONALD G I, et al. Characterization of North American Armillaria species by nuclear DNA content and RFLP analysis[J]. Mycologia, 2000, 92(5): 874-883.

[49] SIERRA A, WHITEHEAD D S, WHITEHEAD MP, et al. Investigation of a PCR-based method for the routine identification of British Amillaria species[J]. Mycol Res, 1999, 103(12): 1631-1636.

[50] TARASHIMA K, KAWASHIMA Y, CHA J Y. Identification of Armillaria species from Hookkaido by analysis of the intergenic spacer(IGS)region of ribosomal DNA using PCR-RFLP[J]. Mycoscience, 1998,39:179-183.

[51] COETZEEM P A, WINGFIED B D, HARRINGTON T C, et al. Geographical diversity of Armillaria mellea s. s. based on phylogenetic analysis[J]. Mycologia, 2000, 92(1):105-113.

[52] OTA Y. INTINI M, HATTORI T. Genetic characterization of heterothallic and non-heterothallic Armillaria mellea sensu stricto[J]. Mycot Res, 2000, 104(9):1046-1054.

[53] KORHONEN K. Interfertility and clonal size in the Armillariella mellea complex [J]. Karstenia, 1978,18:31-42.

[54] GUILLAUMIN JJ, MOHAMMED C, ANSELMI N, et al. Geographical distribution and ecology of the Armillaria species in western Europe [J]. Eur J Forest Pathol, 1993,23(6-7):321-341.

[55] JOHANSSON M, STENLID J. eds. Proceedings of the Eighth International Conference on Root and Butt Rots [M]. Sweden Uppsala: Swedish University of Agricultural Science, 1994.

[56] COETZEE MPA, WINGFIELD BD, ROUX J, et al. Discovery of two northern hemisphere Armillaria species on Proteaceae in South Africa [J]. Plant Pathol, 2003,52(5):604-612.

[57] MWENJ E E, WIN GFIELD BD, COETZEE MPA,et al. Molecular characterisation of Armillaria species from Zimbabwe[J]. Mycol Res, 2003,107(3):291-296.

[58] OTIENO W, PREZ SAP, TERMORSHUIZEN A. Characterization of Armillaria isolates from tea (Camellia sinensis)in Kenya[J]. Mycologia, 2003,95(1):160-175.

[59] OTA Y, MATSUSHITA N, NA GASAWA E, et al. Biological species of Armillaria in Japan [J]. Plant Dis, 1998,82(5):537-543.

[60] SUNG JM, CHA J Y, HARRINGTON TC. Cultural characteristics and basidiome morphology of Armillaria gallica and A. ostoyae from Korea [J]. Phytopathology, 1992,82:1152.

[61] CHA JY, IGARASHI T. Armillaria species associated with Gastrodia elata in Japan[J]. Eur J Forest Pathol, 1995,25(6-7):319-326.

[62] KIM HJ. Selection of superior strains of Armillaria species for the cultivation of Gastrodia elata [J]. FRI J Forest Sci, 1997,56:44-51.

[63] SUNG JM, JUNG BS, YANG KJ, et al. Production of Gastrodia elata tuber using Armillaria spp. [J]. Korean J Mycol, 1995, 23(1):61-70.

[64] 薛向阳. 天麻春播超短棒栽培法[J]. 食用菌,2001,23(5):33.

[65] 樊泉源，樊文丽．菌糠料种天麻试验[J]．食用菌，2001，23(6)：20-21.
[66] 王军华，陈天孟，王定学，等．宜昌野生红天麻杂交栽培试验[J]．食用菌，2001，23(3)：16-17.
[67] 关良洲．天麻有性繁殖技术要点[J]．食用菌，2001，23(6)：11-12.
[68] 张德春．天麻有性繁殖最佳时间及条件和方法[J]．食用菌，2002，24(2)：35-36.
[69] 程稳龙．天麻有性袋栽快速育种技术[J]．食用菌，2002，24(1)：17-18.
[70] 张中平，王德润．天麻代料袋式栽培技术[J]．食用菌，1999(5)：22-23.
[71] 李庆运．天麻一粮一油立体栽培初探[J]．食用菌，1995(5)：29.
[72] 陈正中．天麻生产的夏秋管理[J]．食用菌，1997，19(1)：34-35.
[73] 谢自奉．天麻高产栽培技术措施[J]．食用菌，2004，26(1)：42.
[74] 段宁．天麻主要性状的杂种优势分析[J]．食用菌，2003，25(2)：17.
[75] 贺建超，贺榆霞．天麻蜜环菌和萌发菌的分离培养[J]．食用菌，1998，20(5)：16-17.
[76] 王绍柏，余昌俊．论天麻的退化及防治措施[J]．中国食用菌，1997，16(5)：12-13.
[77] 胥献宇，邓泽声．略论影响天麻产量形成的内因[J]．中国食用菌，1998，17(2)：13-15.
[78] 郭顺星，徐锦堂，肖培根．猪苓生物学特性的研究进展[J]．中国中药杂志，1996，21(9)：515.
[79] 王林丽．猪苓的药理作用及临床应用[J]．中国药业，2000，9(10)：58-59.
[80] 应建浙，马启明．中国药用真菌图鉴[M]．北京：科学出版社，1987.
[81] 郭顺星，徐锦堂，肖培根．猪苓子实体发育的形态学研究[J]．中国医学科学院学报，1998，20(1)：60-63.
[82] 邢晓科，郭顺星．从 ITS 序列探讨猪苓与其伴生菌的亲缘关系[J]．微生物学通报，2004，31(2)：34-36.
[83] 邓百万，陈文强．猪苓菌丝液体培养及富锌研究[J]．中国食用菌，2003，22(1)：33-34.
[84] 陈霞，李 实，刘瑰琦．猪苓林下栽培技术初报[J]．中国林副特产，2000，52(2)：6.
[85] 谭自春，陶长友．猪苓有性繁殖栽培技术[J]．中国食用菌，2004，24(1)：31-32.
[86] 许广波，傅伟杰，李如亮，等．长白山区猪苓半人工栽培技术体系的研究[J]．延边大学农学学报，2004，26(4)：241-244.
[87] 徐锦堂．中国天麻栽培学[M]．北京：北京医科大学、中国协和医科大学联合出版社，1993.
[88] 庄毅．栽培与野生天麻质量比较研究[J]．中国食用菌，1990，9(5)：11.
[89] 刁治民．青海草地黄绿蜜环菌生态学特性及营养价值的研究[J]．中国食用菌，1997，16(4)：21-22.
[90] 刁治民．黄绿蜜环菌生理特性的初步研究[J]．微生物学杂志，1997，17(1)：14-17。
[91] 李晖，央金卓嘎．黄绿蜜环菌的生态调查[J]．西藏科技，2002，(5)：251.
[92] 王启兰，姜文波．黄绿蜜环菌蘑菇圈生长对土壤及植物群落的影响[J]．生态学杂志，2005，24(3)：269-272.
[93] 刁治民．青海药用蕈菌[M]．西宁：青海人民出版社，1994.
[94] 李渝珍．青海野生黄绿蜜环菌人工驯化技术途径的探讨[J]．青海师范大学学报，2005(1)：74-76.
[95] 徐锦堂．中国天麻栽培学[M]．北京：北京医科大学中国协和医科大学联合出版社，1993.
[96] 郭顺星，徐锦堂．蜜环菌侵染猪苓菌核的细胞学研究[J]．真菌学报，1993，12(1)：44.
[97] 王秋颖，郭顺星，樊锦艳．不同蜜环菌菌株生物学特性及菌丝体多糖含量的研究[J]．中国药学杂志，2001，36(9)：588-590.
[98] 郭顺星，徐锦堂．蜜环菌菌索发育的研究[J]．真菌学报，1992，11(4)：308.
[99] 郭立忠，郭华，李维峰，等．7 个巴西蘑菇菌株胞外酶活性的测定与分析[J]．莱阳农学院学报，2002，19(3)：210-212.
[100] 王玉万，徐文玉．构菌栽培过程中对木质纤维素的降解和几种多糖分解酶活性的变化[J]．微生物学通报，1989，16(3)：137-140.
[101] 曾荣鉴．碳源和氮源对平菇菌丝胞外酶诱导作用[J]．食用菌，1992，14(1)：17-18.
[102] 宋爱荣，郭立忠，刘作亭，等．7 个白色金针菇菌株发酵液中 4 种胞外酶活性的测定与分析[J]．中国食用菌，1999，18(4)：31-34.
[103] 季立才．浓缩胶固定化漆酶及性能[J]．武汉大学学报，1988，34(4)：107-108.

[104] 温海洋,肖洪东,任吉君. 草菇品种间酶活性差异的研究[J]. 中国食用菌,1999,18(5):23-24.
[105] 徐锦堂,郭顺星. 天麻与紫萁小菇和蜜环菌营养关系及其在栽培中的应用[J]. 医学研究通讯,1991,20(10):67.
[106] 郭顺星,徐锦堂. 蜜环菌索发育的研究[J]. 真菌学报,1992,11(4):308-313.
[107] 郭顺星,徐锦堂,肖培根. 蜜环菌隔膜发育的超微结构的研究[J]. 中国医学科学院学报,1996,18(5):363-369.
[108] 赵俊,赵杰. 中国蜜环菌的种类及其在天麻栽培中的应用[J]. 食用菌学报,2007,14(1): 67-72.
[109] 赵俊,田淑敏,王玉玲,等. 蜜环菌遗传测定的单孢分离和培养方法[J]. 微生物学通报,1999,26(3):207-209.
[110] 秦国夫,郝玉山,贺伟,等. 芥黄蜜环菌交配型复等位基因的研究[J]. 林业科学研究,1999,12(1):19-22.
[111] 徐锦堂. 中国天麻栽培学[M]. 北京:北京医科大学中国协和医科大学联合出版社,1993.
[112] 王秋颖,郭顺星. 天麻人工栽培技术[M]. 北京:中国农业出版社,2002.
[113] 朱志初,朱小强. 防止天麻退化的复壮更新技术[J]. 中国食用菌,1995,14(3):25-26.
[114] 刘炳仁. 天麻栽培技术问答[M]. 北京:科学技术文献出版社,2000.
[115] 王秋颖,郭顺星,关凤斌. 不同来源蜜环菌对天麻产量影响的研究[J]. 中草药,2001,32(9):839-841.
[116] 孙士青,王立新. 不同蜜环菌对天麻生物产量及天麻素含量的影响[J]. 中草药,1989,20(10):12-14.
[117] 何军,马文春,陈国义,等. 落叶松根朽病生物防治研究[J]. 东北林业大学学报,1993,21(3):97-101.
[118] 鞠国柱,项存娣,季良杞,等. 红松根朽病的研究[J]. 东北林学院学报,1979(2):49-56.
[119] 秦国夫,赵俊,戴玉成,等. 中国东北蜜环菌根朽病病原菌的鉴定[J]. Fungal Science,1991,14(1-2):53-62.
[120] 赵俊,田淑敏,王玉玲,等. 蜜环菌遗传测定的单孢分离和培养方法. 微生物学通报,1999,26(3):207-209.
[121] 邵力平,沈瑞祥,张素轩,等. 真菌分类学[M]. 北京:中国林业出版社,1984.
[122] 徐锦堂. 天麻消化紫萁小菇及蜜环菌过程中细胞超微结构变化[J]. 真菌学报,1990,9(3):218-225.
[123] 郭顺星,徐锦堂. 蜜环菌侵染猪苓菌核的细胞研究[J]. 真菌学报,1993,35(1):44.
[124] 秦国夫. 蜜环菌生物种及系统发育研究进展[J]. 北京林业大学学报,1993,16(4):87-94.
[125] 贺伟,秦国夫,沈瑞祥. 大兴安岭和长白山地区蜜环菌生物种的研究[J]. 真菌学报,1996,15(1):9-16.
[126] 秦国夫,赵俊,田淑敏. 中国蜜环菌的新生物种[J]. 菌物学报,2000,19(4):509-516.
[127] 秦国夫. 同宗配合蜜环菌与欧美异宗配合蜜环菌狭义种的分子系统学关系[J]. 菌物学报,2002,21(3):346-355.
[128] 张维经,董兆彬. 蜜环菌成熟菌索的超微结构[J]. 真菌学报,1996,5(2): 99-103.
[129] 杨进林,兰进,徐锦堂. 天麻的研究进展[J]. 中草药,2000,31(1): 66-69.
[130] 徐锦堂,冉砚珠,王孝文. 天麻种子发芽的营养来源及其与蜜环菌的关系[J]. 中草药,1980,11(3): 125-128.
[131] 王贺,许京秋,徐锦堂. 天麻大型细胞消化蜜环菌过程中溶酶体小泡的作用[J]. 植物学报,1992,34(6): 405-409.
[132] 兰进,徐锦堂,李京淑. 蜜环菌和天麻共生营养关系的放射性自显影研究[J]. 真菌学报,1994,13(3): 219-222.
[133] 王贺,王震宇,刘俭. 天麻吸收蜜环菌营养机制的细胞学研究[J]. 植物学报,1997,39(6):500-504.
[134] 王秋颖,郭顺星,关凤斌. 不同来源蜜环菌对天麻产量影响的研究[J]. 中草药,2001,32(9):838-841.

[135] 孙士青,陈贯红. 不同蜜环菌对天麻生物产量及天麻素含量的影响[J]. 山东科学,2003,16(2):7-10.
[136] 杨峻山,苏亚伦,王玉兰. 蜜环菌菌丝体化学成分的研究(Ⅶ)[J]. 药学学报,1991(2):117-122.
[137] 张嘉,杨延旗,淡海. 蜜环菌的化学成分[J]. 西北植物学报,2002,22(4):952-956.
[138] 刘波. 中国药用真菌[M]. 太原:山西人民出版社,1984.
[139] 方一苇. 具有药理活性多糖的研究现状[J]. 分析化学,1994,22(9):955-960.
[140] 鲁军霖. 西比灵胶囊与天麻蜜环菌片治疗颈椎病的近期疗效观察[J]. 中国民间疗法,2001,9(6):40-41.
[141] 张颖,沈业寿,葛继志. 蜜环菌多糖对低能离子束诱变作用的恢复效应[J]. 激光生物学报,2002,11(4):272-275.
[142] 张维经,李碧峰. 天麻与蜜环菌的关系[J]. 植物学报,1980,22(1):57-62.
[143] 邓叔群. 中国的真菌[M]. 北京:科学出版社,1963.
[144] 应建浙,赵继鼎,卯晓岚. 食用蘑菇[M]. 北京:科学出版社,1982.
[145] 赵俊,秦国夫,戴玉成. 中国蜜环菌生物种新记录[J]. 菌物学报,2005,24(2):164-173.
[146] 贺伟,秦国夫,沈瑞祥. 大兴安岭和长白山地区蜜环菌生物种的研究[J]. 真菌学报,1996,15(1):9-16.
[147] 秦国夫,贺伟,赵俊. 中国蜜环菌生物种与北美种的交配关系[J]. 菌物系统,1999,18(3):243-248.
[148] 秦国夫,赵俊,田淑敏. 中国蜜环菌的新生物种[J]. 菌物学报,2000,19(4):509-516.
[149] 秦国夫. 中国蜜环菌的遗传学与系统学[D]. 北京:中国林业科学院,2002.
[150] 胥献宇,唐馨香,邓泽声. 略论影响天麻产量形成的内因[J]. 中国食用菌,1998,17(2):13-15.
[151] 秦国夫,赵俊,戴玉成. 中国东北林木根朽病病原的鉴定[J]. Fungi Science,1999,14(1,2).
[152] 王晓玲,王晓多,刘安发. 天麻共生蜜环菌生长情况的试验研究[J]. 贵州医学院学报,2005,30(4):340-341.
[153] 王秋颖,郭顺星,关凤斌. 不同来源蜜环菌对天麻产量影响的研究[J]. 中草药,2001,32(9):839-841.
[154] 陈明义,李福后,边银丙. 蜜环菌不同菌株对天麻产量的影响[J]. 食用菌学报,2004,11(1):46-48.
[155] 孙士青,陈惯虹. 不同蜜环菌对天麻生物产量及天麻素含量的影响[J]. 山东科学,2003,16(2):7-10.
[156] 孙士青,陈惯虹,邱维忠. 乙型蜜环菌对不同品种天麻产量及天麻素含量的影响[J]. 山东科学,2004,17(2):37-39.
[157] 薛梅. 一株"食麻"蜜环菌的生理生化研究[M]. 北京:中国协和医科大学,2004.
[158] 郭顺星,徐锦堂. 猪苓菌核的营养来源及其与蜜环菌的关系[J]. 植物学报,1992(34):576-580.

(张宗舟)

第四十九章　毛 木 耳

DISISHIJIUZHANG MAOMUER

摘要：中国是世界上最早认识和利用毛木耳的国家，也是当前毛木耳生产和出口量最大的国家。随着我国毛木耳科研水平不断提高，有力地推动了产业的发展。本章较全面和系统地阐述了毛木耳的发展历程、现状、生物学特性，分别介绍了黄背木耳、白背木耳的栽培模式，毛木耳的营养价值、药理应用，并对我国毛木耳产业发展进行了回顾和展望。

Auricularia polytricha

Abstract: China was the first country to realize the potential of *Auricularia polytricha*, and is currently the largest producer and exporter of the mushroom. The *A. polytricha* industry in China has been greatly boosted by advances made at the level of scientific research. This chapter consists of six sections describing in detail various aspects of *A. polytricha* including the history and present status of development, biological features, typical cultivated forms such as the yellow—black woody ear, white—black woody ear and black—brown woody ear, nutritional attributes and medicinal properties. Progress in the development of the *A. polytricha* industry in China, and prospects for the future, are reviewed and summarized.

第一节　概　述

一、毛木耳学名及分类地位

毛木耳又名：粗木耳、大木耳、构耳、黄背木耳、厚木耳、沙耳、猪耳、木耳菇、土木耳等。

学名：*Auricularia polytricha* (Mont.) Sacc., *Atti Inst. Veneto Sci. lett., ed Arti*, Sér. 6 3: 722(1885)。

属名"*Auricularia*"来自拉丁语，词源是"auricula"，意思是"小耳朵"，该属名翻译成"木耳属"。种名加词"*polytricha*"词干"poly-"意思是"多的"，词尾"-tricha"源自"thrix"，意思是"毛发"。

同物异名：*Auricularia auricula-judae* var. *polytricha* (Mont.) Rick, *Iheringia*, Sér. Bot. 2: 22 (1958); *Exidia polytricha* Mont., *Voy. Indes Or.*, Bot. 2: 154 (1834); *Hirneola polytricha* (Mont.) Fr., : 26(1848)。

分类地位：菌物界(Fungi)，担子菌门(Basidiomycota)，伞菌亚纲(Agaricomycetes)，木耳目(Auriculariales)，木耳科(Auriculariaceae)。

二、中国毛木耳发展历程

我国毛木耳始载于《新华本草纲要》，人工栽培始于1975年。福建闽西北山区等地采用段木栽培法，一般每100千克段木产干耳2.5～3.5千克。漳州地区从1980年开始推广蔗渣袋栽毛木耳，迅速发展为福建主要毛木耳产区，解决了糖厂废渣利用问题，年栽培量达1亿袋。

从20世纪80年代初开始，毛木耳产业进入快速发展时期，尤其是黄背木耳和白背木耳菌株的引进和集约化栽培技术的发展，有力地促进了毛木耳产业的发展。

1981年，四川引入原产台湾省的黄背木耳菌株，在什邡、中江、金堂、简阳等地栽培并得到迅速发展，当前四川省是全国最大的黄背木耳生产地，年生产量超过2.5亿袋。1985年，河南鲁山从四川引进菌种和技术进行栽培，并大面积生产，生产量从1990年前的50万袋，到1996年超过1亿袋。现在河南省也已成为一个年生产量达到1亿袋以上的主产地之一。

白背木耳又称台湾毛木耳，是从毛木耳中定向选育的优良品种，原产于我国台湾。由于白背木耳背面的绒毛含有丰富的多糖，有很强的抗肿瘤功效，深受日本消费者的青睐。台湾白背木耳全部销往日本，现仍处于供不应求状态。

1989年，台湾商人黄振德在福建省漳州市农校租了3.33公顷地，带来了台湾白背木耳的品种和集约化栽培模式，第一年栽培的70多万袋白背木耳，生长良好并获丰收。台湾白背木耳的品种和集约化栽培模式很快被漳州菇农接受，该栽培模式已在闽南漳州逐步发展。用杂木屑、甘蔗渣代料栽培，100千克干料可产10～15千克干耳。漳州的白背木耳也首次进入日本市场。1991年，漳州毛木耳生产开始由小型家庭生产模式向规模化生产模式发展，率先进入集约化、规模化栽培，涌现多家年生产100万袋以上的白背木耳厂，年栽培量达1.5亿袋，年产干耳1万吨。强大的生产能力逐渐取代了台湾的白背木耳产业，成为全国最大的白背木耳生产基地，也是全世界最大的白背木耳生产基地。1995年，龙海市九湖食用菌研究所筛选出43系列白背木耳优良品种，加上近年来栽培技术的不断提高，漳州的白背木耳干品年产量已超过1万吨。

我国毛木耳已形成了以黄背木耳为主，白背木耳次之的生产格局。在四川和河南等地生产的毛木耳产品为黄背木耳，福建漳州生产的为白背木耳。黄背木耳产品主要在国内销售；白背木耳产品出口量大，价格高。毛木耳的耳片、耳块和耳丝等精加工产品可供出口，国内销售的产品为粗加工耳片。

毛木耳营养丰富，口味脆，风味独特，栽培上可广泛利用棉子壳、木屑、玉米芯等多种原料栽培，易于干制加工，大多以干耳销售，深受生产者和消费者的喜爱。许多生产者靠栽培毛木耳而致富，是一种有着极大开发利用前景的食用菌类，现已大面积生产。

三、中国毛木耳产业发展现状

1. 产区分布

毛木耳国内已广泛栽培，主要分为黄背木耳、白背木耳两大类。四川、河南、福建、安徽、河北、江苏、湖南、广西和江西等省区有不同规模的栽培。四川、河南、福建、安徽和河北为产量最大的5个省，四川、河南、福建3省2007年产量占全国总产量的83.55%。其中黄背木耳主要集中在四川、河南等地。由于福建漳州的气候条件和台湾的气候条件接近，造就了白背木耳最适合的生长环境，白背木耳主产区当前主要集中在福建漳州。

2. 产量

我国也是世界上最大的毛木耳生产和出口国，毛木耳是我国大宗食用菌品种之一。两大类毛木耳中，黄背木耳产量较高，白背木耳次之。毛木耳年总产量仅次于平菇、香菇、双孢蘑菇、黑木耳和金针菇，位居第6位。2009年，我国毛木耳总产量已达88.99万吨，黄背木耳产品以国内销售为主，白背木耳大多出口到日本，也出口到东南亚、西欧、北美等地。

3. 毛木耳的主要产品

毛木耳是一种有着极大开发利用前景的食用菌类。生产实际中，毛木耳以干制为主，仅进行简单的加工。耳片、耳块和耳丝等加工产品可供出口，国内销售的产品为粗加工耳片。当前我国已授权的有关毛木耳的各类专利4项，其中两项与毛木耳产品开发相关，即"毛木耳方便食品的制备方法"和"毛木耳多糖颗粒冲剂及制备方法"。产品形式相对单一，精深加工产品十分缺乏。随着对毛木耳保健功效认识的加深，各类有效活性物质的性质相继被阐明，毛木耳的产品加工将得到进一步的发展。

第二节　毛木耳的生物学特性

一、形态特征

毛木耳由菌丝体和子实体组成，菌丝无色透明，有横隔和分枝，次级菌丝具锁状联合。孢子萌发产生的初级菌丝仅1个细胞核，菌丝较细弱。可亲和的两根初生菌丝扭结后形成的次级菌丝较粗壮。张莉莉等用荧光染色法，对毛木耳担孢子的核相进行了研究，发现它们并不都是单核担孢子，还有双核、三核及多核担孢子，有2.1%为双核，这给毛木耳一个孢子一个细胞核的观念提出了挑战。但这些双核的担孢子是担子中的两个核同时进入到一个担孢子中，还是进入担孢子中的单核发生有丝分裂，变成两个核，还有待进行深入研究。

毛木耳子实体初期杯状，渐变为耳状至叶状，或不规则形，通常群生，有时单生，棕褐色至黑褐色。子实体胶质，干后变硬，角质。子实体大部分平滑，稀有脉络状皱纹，基部常有皱褶，红褐色，常微显紫色，直径 10～15cm，干后强烈收缩。不孕面灰褐色、红褐色、浅茶褐色至瓦灰色。

耳片切面上观察可分为柔毛层、致密层、亚致密上层、疏松上层、髓层、疏松下层、中层等几个部分。子实层紫褐色至近黑色，平滑并稍有皱纹，成熟时上面有白色粉状物即孢子，厚 80～110μm，子实层中无囊状体和拟囊状体，担子长棍棒状，具 3 个横向简单分隔和 4 个侧生上担孢子，大小 50～80μm×4～5.5μm，埋生于子实体上表面胶质层内，从每个细胞上产生一长柄（上担子），伸达子实层表面下，再由其尖端生出 1 担孢子梗，顶生 1 个担孢子；担孢子暴露于空气中，圆柱状，透明无色，12～13μm×6μm，担孢子成堆时肉眼观察呈白色粉状。孢子无色，薄壁，平滑，通常有 1 至数个液泡。肾形，11.3～14.2μm×4.4～6.5μm。拟担子的形状与担子相似，但略小。

黄背木耳和白背木耳子实体形态上有一定的区别，尤其在色泽和背毛上差异较大。黄背木耳耳基在光线较弱的情况下呈红色，光线越弱，颜色越浅。随着光线的增强，耳基表面呈棕灰色，耳片展开后，背面密生白色绒毛，内面表层着生一层粉红的粉状物；白背木耳在通风好、光线足、温度为 15～20℃的条件下，朵型大，面黑背白，肉质肥厚，干制后色黑，背面毛白，商品外观性状好。最典型的特点是背面绒毛多而白，耳芽杯状，黄褐色附白绒毛。成熟后耳片胶质脆嫩，腹面紫褐色，晒干后变为黑色，背面白色，耳片直径 8～43cm，耳片成熟时反卷。

图 49－1　黄背木耳子实体形态

图 49－2　白背木耳子实体形态

二、分布和生态习性

（一）分布

毛木耳为世界广泛分布型的菌类，我国南北各地均有分布。野生毛木耳夏秋两季雨后丛生于臭椿、锥栗、栲、樟、柿、核桃、乌桕、杨、栎、柳树、桑树、洋槐等朽木或腐木上，在山林及庭院中各种阔叶树的腐木上也有分布。主要分布于吉林、内蒙古、河北、山西、河南、陕西、甘肃、青海、安徽、江苏、浙江、江西、贵州、云南、广西、广东、福建、海南、台湾、西藏、山东、湖南、香港、黑龙江、湖北、四川。分布最高海拔达3 400～3 800m。跨越中国东北的大兴安岭、小兴安岭、长白山，向南沿太行山、伏牛山、大别山直至江西中部的井冈山，湖北、陕西的大巴山、秦岭山脉和四川东部，南方的五指山、岭南地区。

（二）生态习性

1. 毛木耳是腐生菌

试验证实，毛木耳能同时降解木质素、半纤维素和纤维素，且以分解木质素的能力较强，是一种白腐真菌。史雅静等的研究结果显示，在木腐特性方面，毛木耳与黑木耳类似，为较强的木材腐朽菌。野生毛木耳常丛生在朽木或腐木上，人工栽培以含木质纤维素丰富的木屑、棉子壳等为原料进行生产。

2. 毛木耳为好气性真菌

在毛木耳菌丝体生长阶段、原基分化和子实体生长阶段，均需要充足的氧气。氧气不足，菌丝生长缓慢，耳片不能正常展开，易形成鸡爪状，失去商品价值。

3. 毛木耳属中温、恒温结实型

子实体发生温度 18～34℃，最适温度 22～32℃。不同品种的适宜出耳温度不同，白背木耳最适出耳温度为 15～35℃，黄背木耳为 24～35℃。子实体的形成均不需要温差刺激。

（三）生活史

Burnett、Duncan 和罗信昌等研究结果显示，毛木耳为双因子四极性异宗结合型真菌。罗信昌等(1988)研究结果显示，毛木耳属典型的二极性异宗结合真菌，担孢子的性别是由一对遗传因子 A，a 所控制。这一研究结论与 Burnett(1937)的结论

一致，但与 Duncan(1972)认为毛木耳的配对型由双因子 A.a,B.b 控制有所不同。Duncan 采用杂交重组试验，对毛木耳性因子的复等位性作了研究，认为毛木耳性因子存在复等位性。

毛木耳孢子成熟时从子实层弹出，在适宜的条件下萌发形成单核菌丝，两条可亲和的单核菌丝相互结合形成双核菌丝。双核菌丝进一步发育成熟，相互扭结形成原基，进而形成子实体。子实体成熟后，再弹射新的担孢子。

三、毛木耳的生长发育条件

1. 营养

(1)碳源

毛木耳为木腐菌，可广泛利用多种有机碳源，菌丝通过分泌胞外酶降解基质获得营养。菌丝生长的最适宜碳源为葡萄糖和麦芽糖。以此为碳源，菌丝洁白致密，长势良好；以淀粉与蔗糖为碳源，菌丝也较洁白、致密；而以糊精与甘露醇为碳源则菌丝稀疏，长势较差。对双糖(如蔗糖、麦芽糖)、淀粉、木质素、纤维素和半纤维素等也有很强的分解能力。在制备斜面培养基时，一般需要添加葡萄糖、麦芽糖、酵母浸膏、马铃薯等作为碳源。生产栽培中，棉子壳、玉米芯、甘蔗渣、稻草、杂木屑、农作物秸秆等是常用的碳源。

(2)氮源

氮源是合成氨基酸和核酸不可缺少的原料。氮源不足，菌丝细弱无力，严重影响质量和产量。但高浓度氮在促进营养生长的同时，又会抑制生殖生长。毛木耳能利用的氮源包括蛋白质、氨基酸、尿素、铵盐等，生产栽培中，硫酸铵、硝酸铵容易与石灰反应释放氨气而影响菌丝生长，一般不用。硝酸钾、硝酸钠对菌丝生长不利，甚至有阻碍作用。王谦等试验结果显示，以麦麸为氮源，菌丝日长速最快，其次为豆饼粉、尿素、酵母粉、蛋白胨、玉米粉、酵母膏、硫酸铵。麦麸和豆饼粉作为氮源不仅长速快，且菌丝致密，长势良好。生产中栽培时，一般添加麦麸、米糠和玉米粉等作为氮源。

贺新生等(1998)就培养料高 C/N 和低含 N 量对毛木耳生长发育的影响作了栽培试验和统计分析，指出商业化栽培毛木耳，培养料中完全可以不添加无机、有机氮，仍可获理想产量，但未对 $C/N<25$ 和 $C/N>100$ 的配方作试验。在试验范围内的 C/N(28.2～63.0)与子实体产量作 Logistic 生长曲线的回归分析，C/N、含 N 量与子实体产量呈对数曲线关系。认为毛木耳的栽培料可以由3～4 种主料配合成低含 N 量(<1%)、高 C/N (60∶1～100∶1)的培养料。这种培养料，菌丝生长并不十分浓密，但出耳快、整齐、干耳片的耳基小，商品率高，经济效益显著。

(3)矿质元素

无机盐在调节毛木耳生命活动中起着很大作用，有的是酶的活性物质的组成部分，有的是酶的激活剂。毛木耳需要的矿质元素有磷、硫、钾、镁、钙、铁、铜、锰、锌、硼等。生产中常添加过磷酸钙、石膏和石灰等补充矿质元素和调节酸碱度。最适宜的无机盐为磷酸二氢钾，其次为氯化钠、硫酸亚铁、硫酸镁。在含有硫酸铜和硫酸锌的培养基上几乎不生长。

(4)维生素

维生素是食用菌生长所必需的营养物质，特别是 B 族维生素可促进酶的合成，加强对培养料的分解利用。缺乏时，生长发育受阻。维生素 B_1、维生素 B_2 在麦麸、米糠中含量丰富，一般不需要另加。

2. 水分

(1)水分对菌丝生长的影响

毛木耳菌丝生长的培养料的适宜含水量为60%～65%。培养基水分过高，袋内水分过多，含氧量相对减少，会影响菌丝透气性，菌丝体代谢过程中的废弃物不能及时排出，容易造成培养料发酸，菌丝难以生长，杂菌也会乘机而入。菌丝体培养阶段，空气相对湿度 70%。对于白背木耳栽培原料基质含水量为 58%左右，不能高于 60%或低于 55%。

(2)湿度对子实体形成的影响

耳片生长期，空气湿度应达到 85%～90%。湿度低于 80%时，耳基易干枯死亡，耳片边缘变干，耳片不能正常展开。但若喷水次数过多，空气湿度长期大于 90%，或子实体表面积水，水分处于饱和状态，又会影响组织细胞的呼吸，易形成流耳。

3. 温度

(1)孢子萌发的适宜温度

孢子在 25～30℃ 较易萌发，23℃ 以下萌发迟缓。

(2)温度对菌丝生长的影响

黄背木耳菌丝生长温度范围 5～35℃，最适温度 25～30℃，35℃以上停止生长，40℃以上几小时会死亡。在适宜的温度范围内，温度越高，生长速度快，但长势不及在相对低温条件下好。稍低的温度，菌丝生长速度稍慢，但粗壮有力，有利于后期出耳。白背木耳菌丝生长适温范围 8～37℃，最适温度为 25～28℃。

(3)温度对原基分化和子实体发育的影响

毛木耳为中温、恒温结实型菌类，但不同的菌株对温度具有不同的耐受性。黄背木耳子实体适宜在 18～32℃生长，以 22～28℃最适宜；白背木耳生长的温度范围较窄，子实体生长发育适温范围 13～30℃，最适为 18～22℃。高于 26℃耳片生长快，但薄且发红、变皱，产品质量差。低于 15℃生长缓慢，10℃以下停止生长。

4. 空气

毛木耳为好气性真菌。栽培场所的通风是毛木耳子实体分化的先决条件。菌袋培养中，菌丝生长的基质要求透气性好，因此培养料不能过细。耳片生长期间需要充足的氧气。室内吊袋量大，耗氧量也大。若通风不良，氧气不足，原基不易分化，耳片展开受到抑制，不能正常开片，将导致产品头大耳片小，甚至原基转为酱油色以至霉烂或杂菌蔓延。所以栽培场所必须有调节通风的条件。

在白背木耳生产中，无论是发菌期还是产耳期都应加强通风换气工作。特别是耳芽形成后，若通气不良，二氧化碳浓度过高，耳片不易展开，将会形成“鸡爪耳”，失去商品价值。

5. 光线

毛木耳菌丝生长期间，不需要光照。光照过强，菌丝生长速度减慢，但一般室内散射光线对菌丝生长的影响不大。有研究表明，光照尤其是红光和黄光对菌丝生长有明显的抑制作用，绿光对菌丝生长影响不大，且初期对菌丝生长有促进作用。

毛木耳耳基形成需要散射光诱导，在完全黑暗的条件下，不易形成耳基。在较强的散射光和少量直射光情况下，子实体生长最好。在子实体生长阶段，光照的强弱对耳片色泽、厚度及背毛生长有较大影响。光照在100 lx以上，耳片厚，颜色深，绒毛长而密；光线不足，耳片薄，色泽浅，绒毛短而少。白背木耳子实体生长期最适光照强度为 40～500 lx。

6. 酸碱度

酸碱度能影响黄背木耳菌丝细胞内酶活性、细胞膜的透性以及对金属离子的吸收能力。黄背木耳在 pH5～10 范围，菌丝均可生长，最适 pH 为 7～8，培养料在灭菌和菌丝生长过程中会降低 pH。因此，在配制培养基时，应将 pH 调至 8～9。白背木耳菌丝在 pH 在 4～7 范围内均能生长，而以 pH 5～6.5 为宜。

四、毛木耳的木质纤维素生物降解规律

毛木耳是一种白腐真菌。史雅静等(1989)认为，毛木耳能同时降解木质素、半纤维素和纤维素，且分解木质素的能力较强。在木腐特性方面，毛木耳与黑木耳一致。同时表明，毛木耳的多酚氧化酶、羧甲基纤维素酶、滤纸纤维素酶和木聚糖酶的活性高峰均出现于菌丝体发育阶段。在子实体原基发生时，即菌丝体发育进入生理成熟期向繁殖期转化的阶段，羧甲基纤维素酶、滤纸纤维素酶和木聚糖酶的活性明显下降，降到最低水平。在子实体发生后，这 3 种酶的活性又复上升，直到头批耳成熟酶仍处于较高水平。她认为子实体发育期毛木耳纤维分解酶活性的高低很可能与子实体生长发育有密切关系。

第三节　毛木耳的栽培技术

毛木耳菌丝体和子实体生长发育的温度范围较广，理论上夏季到秋季均可栽培。但当前在主产区，四川夏初黄背木耳出耳效果最佳。漳州 11～12 月份出耳最佳。根据各地具体的气候和原料条件，栽培方式各有不同。本章以主产区毛木耳栽培模式为主进行介绍。

一、黄背木耳栽培技术

(一)袋料栽培技术

1. 季节选择

黄背木耳为中偏高温型真菌，子实体生长以 22～28℃为宜，故在季节安排上，出耳阶段应考虑避开 30℃以上高温和 18℃以下的低温。四川及河南等黄背木耳主产区一般在 4～10 月份出耳。同时，黄背木耳一般在菌丝长满菌袋之后才能形成子实体。因此，菌袋生产季节一般安排在春节前后 1 个月，即 12 月至次年 2 月间，为此，栽培种生产时间应提前到前一年的 9～12 月份。

2. 栽培场地的选择

凡能满足毛木耳对温度、湿度和空气的要求，阳光不直射的地方均可作为栽培场。一般的民房、半地下室、耳房、室外树荫和简易的荫棚均可

利用。但生产上栽培多搭建专业的耳房，南方多采用室外耳棚，北方多采用地沟栽培。无论栽培场地选择何处，均要求环境清洁、通风、近水源、交通便利。在使用前，应做好清洁及消毒处理。

3. 品种选择及菌种鉴定

黄背木耳是最早栽培的毛木耳品种，生产中使用的菌株较多，781、黄耳 10 号、951、台 2、上 3、川耳 1 号、琥珀、川耳 10 号等均可使用。优良品种表现为适应性广、抗逆力强、抗病虫害、菌丝健壮、耳型好，适合代料栽培，速生高产。

除了品种的选择，生产中要十分重视对菌种的鉴别，菌种优劣是毛木耳栽培成败的关键之一。使用劣质菌种将造成生产的失败。毛木耳栽培种，一般用瓶装菌种，要求菌丝体洁白、浓密，生长粗壮整齐，菌丝在培养料中生长呈“齐头并进”态势，整齐向下生长，菌种上下菌丝均匀，无明显的菌丝束，无杂菌，没有萎缩，无黄色积水，无螨虫等害虫，无耳基或耳基形成较少。具清香味、无酒酸、霉臭等异味，同时注意观察有无封口的破损。

4. 培养料选择

(1)培养料选择与配制原理

培养料的选择和配制遵循以下几个原则：

第一，原料应包含毛木耳菌丝生长和子实体发育所要求的各类元素，应有可利用的碳源、氮源、维生素和矿质元素。生产毛木耳的原料多而广泛，如棉子壳、阔叶树木屑、稻草、玉米芯、玉米秆、麦秸、豌豆秸、胡豆秸、山林、果林伐木或修剪后的枝桠粉碎成的小颗粒等，木质素、纤维素、半纤维素含量高的农作物副产物均可；辅料有麦麸、米糠和玉米粉等，用于补充料中氮素营养；另外，还需添加石膏、石灰等来补充矿物元素和调节酸碱度。选用的原材料要求新鲜、干燥、无霉、无异味等。杂木屑以木质坚硬、边材发达的阔叶树最为理想。对原料中松脂、精油、醇、醚及芳香物质含量高的松、杉、柏、樟等树木，必须用石灰水浸泡 2 个月以上，或者让其露地发酵 1 年左右，待消除上述物质后才可使用。

第二，各类营养物质的搭配合理，原料粗细得当。毛木耳生长较适宜的碳氮比为 20∶1。注意原料的物理性状，粗细、软硬搭配。一般较细的原料保水性强，但透气性差；较粗的原料透气性好但保水性差；柔软的原料易吸水，坚硬的原料吸水性不佳。因此取材原料要合理搭配。

第三，结合当地原料情况，因地制宜，就地取材，并采用多种主料混合组成的基质，养分互补以便于提高产量和降低原料成本。生产黄背木耳以多种原料混合组成的基质为好，如棉子壳、阔叶树木屑和玉米芯混合组成的基质，比单一棉子壳、阔叶树木屑或玉米芯组成的基质的产量高。多种原料混合后，不仅在养分上互补，而且可改善培养料的物理性能如保水性、通透性等。

第四，调节适宜的含水量。根据原料的取材情况，调节培养料含水量，避免水分过多引起培养料酸化，也要避免水分不足出现菌种萌发慢，成活率低等问题。

(2)常用配方

常用配方见表 49－1。

表 49－1　黄背木耳栽培常用配方

配方	木屑	棉壳	玉米芯	稻草	菜饼粉	麦麸	玉米粉	米糠	蔗渣	石膏	石灰	碳酸钙	过磷酸钙
1	32	32	32							1	3		
2	29	29	29					10			3		
3		86				10				1	3		
4	65					11			21	1	1	1	
5	40		46					10		1	3		
6	21					11			65	1	1	1	
7	64			15	3	7		10		1			
8	80		10			7	1			1			0.5

(3)培养料的准备与配制

备料：根据选定的配方，在生产前一年 12 月前准备好料。木屑应使用阔叶树的木屑，松、杉柏等含芳香类化合物较多的材质尽量不用。若要用，需要堆制较长的时间。原料要注意妥善保藏，避免雨淋，棉子壳遇水容易结块发霉，玉米芯淋雨后也易霉变，导致营养物质丧失。

配料：培养料的配制要注意将各种原料混合

均匀，尤其是含量较少的辅料，一定要注意采取适宜的混合方法。一些不易吸水的原料如秸秆、玉米芯等要预先浸泡，一般在拌料前一晚加水堆积。可溶解于水的尿素、磷酸二氢钾等可先溶解在水中。当前生产中常用的做法是先秤取主料，平铺在地面，再将辅料均匀撒在主料上，少量加水后用铁铲人工混匀或采用拌料机拌匀，最后按照配方加入足量的水拌匀。使用的水一定要清洁。对于提前浸泡且较易吸水的原料，在拌料时一定要注意加水量，不能过多。要求培养料干湿适宜，含水量掌握在 65%左右，即用手捏料无水滴出，但在手指缝间可见到水。拌匀后的培养料即可装袋，也可堆积起来，覆盖塑料薄膜发酵 3～5 天后再装袋，但高温季节慎用此法。通过发酵处理后，装袋之前，需要再拌匀培养料和调节水分。拌料时 pH 应控制在 8～9。

5. 菌袋制作

(1)装袋

黄背木耳生产选用 20～23cm×46～49cm、厚 0.04～0.045cm 的聚丙烯或聚乙烯塑料袋，菌袋规格有 20cm×46cm、22cm×47cm、20cm×48cm 和 22cm×46cm 等。若采用高压灭菌，应选用聚丙烯塑料袋；常压灭菌时，常用聚乙烯塑料袋。装袋方法有手工装袋和机械装袋两种方式。

手工装袋方法：将塑料袋张开成筒状，抓取培养料放入袋内，边装入培养料边用手压实，层层压紧，使上下松紧一致；装好培养料后，两端用绳扎口，或者上颈圈并用纸封口。

用手工装袋，需要将塑料袋的一端扎好，然后装入大半袋原料，沿着袋壁将培养料向下压实。然后再装，再压紧，一般分 3 次可将一个菌袋装满，袋口留 5cm 长度，用扎口绳将口扎紧或套上口圈。菌袋松紧以抓起菌袋放下后，手指印处能恢复原状为宜。装料太松，在搬动时袋内的料易松动，影响产量和易污染；装料太紧，透气性不好，菌丝生长缓慢。

利用简易式装袋机装袋：先将塑料袋的一端用绳扎好或热合封好。装料时，一人铲取培养料倒入装袋机料斗内，另一人将未封口的一端套在出料筒上。当培养料源源不断地进入袋内后，逐渐后退出料袋，通过调节后退速度调整料柱松紧度，最后封好袋口。

(2)灭菌

装袋后的菌袋要及时灭菌，避免袋内培养料变酸。灭菌有常压灭菌和高压灭菌两种方式。当前生产中常用的是利用土蒸灶进行常压灭菌。

灭菌装锅时注意：第一，在堆放菌袋时，注意灶内的木板要能承受菌袋的重量；第二，袋口距离锅壁要留一定的空隙，以免紧挨锅壁，灭菌时的冷凝水顺着锅壁进入袋口，造成水袋；第三，菌袋也不能堆叠得过于紧实，以免影响蒸汽的通过。第四，锅内的水尽量一次加足，避免烧干。

装好菌袋后应尽快灭菌。用大火迅速升温，尽量缩短温度升到 100℃的时间，以 2 小时以内达到 95℃以上为好，要求“大火攻头，小火保温灭菌，余热加强灭菌”。这样才能防止培养料变酸和袋内积水。灶内温度达到 100℃左右时，保持 12～18 小时。灭菌结束后，经过一夜或半天后再打开灶门。

灭菌时间根据灶体和菌袋大小而定。如果灶较大，菌袋较多，灭菌时间应相应延长。

高压灭菌时，当压力上升到0.05MPa 时，排出锅内气体，如此进行两次，再次升到0.15MPa 时，在此压力下保持 3～4 小时进行灭菌。灭菌结束后，待压力表指针回到“0”时，开启排气阀门，打开锅盖，降温 2 小时之后取出料袋。

(3)接种

接种是黄背木耳生产最关键的环节之一。常用的接种方式为接种箱接种和接种室接种。

接种前冷却：必须将菌袋冷却，避免高温导致接种块死亡。冬季气温在 15℃以下时接种，料袋温度在 30～35℃时就可接种，趁热堆码菌袋，有利于保温发菌；当接种时气温在 20℃以上时，料袋需冷却到 30℃以下，才能接入菌种。

消毒：接种时对使用的菌种瓶表面、接种者的双手和操作工具均要进行消毒处理，75%乙醇、0.25%苯扎溴铵(新洁尔灭)等都是常用消毒剂。接种场所(接种箱、接种室、接种罩)用气雾消毒剂点燃产生气体进行熏蒸杀菌，每立方米空间用2～3g，或者用甲醛与高锰酸钾混合产生气体来杀菌，也可采用喷洒杀菌剂来消除杂菌。消毒处理须提前 3～4 小时进行。

接种箱接种：如采用接种箱接种，对长期未用的接种箱要首先进行清洗和消毒，检查接种箱的密封性，箱口要用透明胶贴严，或用灰浆封严。

接种前，认真检查菌种是否有污染，可疑的菌种应弃去不用。将料袋、接种用具等装入接种箱，用气雾消毒剂进行熏蒸，半小时后方可开始接种操作。接种时，应严格按照无菌操作规程进行操作。首先打开袋口，去掉菌种瓶瓶口表层较老和干燥的菌种块，采用破瓶或直接用接种钩钩入袋内等方法进行热袋接种，要求接种速度快，菌种在空气中暴露时间短。钩取出菌种放入袋口内并稍压实，若上面有口圈，可用已灭过菌的纸利用橡皮圈将口圈封好，也可不用口圈，直接用绳扎紧袋口。但注意不要扎得过紧，应留出一些可透气的缝隙。一般750ml的菌种瓶可接种8～10袋。接种后，及时进行保温培养发菌，让菌种萌发生长并长满袋。

接种室接种：在接种室内接种，与接种箱接种比较具有操作方便、劳动强度相对较小等优点，但接种成功率低于接种箱接种。接种室在使用前或使用一段时间后，应进行全面的消毒灭菌，常用0.25%苯扎溴铵擦洗天花板、墙壁、门窗、地板和工作台。关闭门窗后用气雾消毒剂或甲醛熏蒸。一般6.0m^2的接种室，使用前5小时左右，需要5～6盒气雾消毒剂熏蒸消毒。接种前半小时，接种室内用5%的苯酚（石炭酸）、5%的含氯石灰（漂白粉）或0.25%的苯扎溴铵喷雾，使空气中的微粒和杂菌沉降。并用紫外灯照射进行表面消毒，也可采用熏蒸消毒的方式。接种具体操作与接种箱接种相近，但要加强接种人员自身的消毒。在接种时严格无菌操作，避免在接种室内来回走动，闲杂人员不能随意进入接种室中。

6. 菌袋培养管理

（1）堆码方式

菌袋培养的培养室要求清洁，室内要保持干燥，保温与通风情况良好，空气相对湿度控制在80%以下。菌袋分层堆放在层架或地面上，气温不同，采取的堆码方式也不一样。冬季气温在15℃以下时，要将菌袋堆码起来，堆码成墙状，堆码高度为5～6层；每排之间相距10cm，间隔3排后，将菌墙间距离增至30cm，这样便于进入检查温度、菌袋的发菌和感染杂菌情况。然后，在菌袋上覆盖编织袋或塑料薄膜进行保温管理。

气温在20℃以上时，应将菌袋单层立放在床架上；或“井”字形地堆码在地面上，每堆为5～6层；或者在地面上排放一层菌袋后，在其上排放2根竹竿或竹板，然后再排放菌袋。如此一层菌袋一层竹竿排放，使上下层菌袋间隔开来，这样有利于通风散热。

（2）培养条件

菌丝体生长不需要太多的光线。菌袋培养主要控制培养温度，加强通风换气，并注意清理污染的菌袋。关键是前期保温、升温，后期降温，防止高温烧菌。

菌袋培养前3～5天，室温控制在26～28℃，以利于菌丝尽快萌发，占领料面，减少污染。菌丝正常生长后，菌丝生长产生热量，料温会高于室温，这时室温应调整到25～26℃，室内相对湿度为60%～70%，并采取遮光措施和注意通风。袋间温度高于28℃时，要及时通风散热降温。做好遮光发菌，以免光照过强后，引起发菌不良。覆盖塑料薄膜保温发菌的，每周揭膜通风换气一次。揭膜时间不宜过长。当温度下降到20℃时，及时覆盖塑料薄膜保温。培养15天后，将上下层菌袋调放在中部，使其菌丝生长速度一致。温度适宜，正常情况下培养发菌30～40天，菌丝体可长满袋。

菌袋培养过程中，需要注意避免温差刺激，合理安排生产季节。过早生产菌袋，菌丝长满后外界条件不适宜出耳管理，菌丝会消耗袋内的营养，总产量降低10%左右，同时会出现耳片较薄等问题。

5. 出耳管理

（1）耳棚搭建

耳棚应选择在通风、向阳、靠近水源、排水方便、交通便利的地方。南方常见的耳棚有屋脊式草棚耳房、平顶草棚耳房，耳棚常用草帘覆盖，四周用稻草或玉米秆做成草帘后制成围墙，留出户门。北方常见的耳棚为日光温室大棚。平顶草棚耳房建造简便，成本低，有利于通风、降温和保湿；平顶草棚耳房构造简单，但不足之处是雨水易进入耳房，顶部草帘易腐烂，需每年更换。日光温室大棚有利于利用日照提高棚内的温度。

耳棚内的床架因采用的栽培方式差异而有不同的搭建方法。采用层架栽培，床架常用竹竿床架、砖框柱床架、活动式床架等，棚内床架高2.5m，宽20～30cm，能横放一个菌袋。层距25～30cm，放1个菌袋。每架可建成8～10层。架间留60cm走道。采用吊挂栽培方式的，耳棚内需要修建立柱，搭建横梁，设置横杆图（49－3～图49－4）。

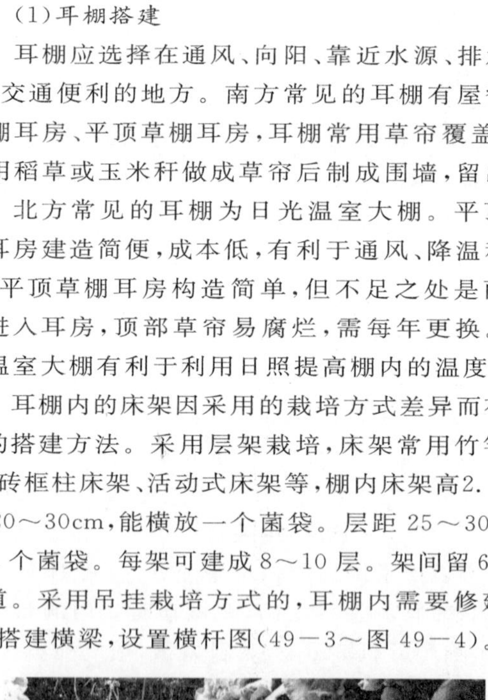

图49－3　黄背木耳层架式出耳

图 49—4 黄背木耳吊袋出耳

(2)菌袋排放

菌袋排放的方式多样。若只两头出耳，可在床架上多层排放；若要开口出耳的，可采用单层排放和吊袋结合、“井”字形排袋、吊袋和夹袋等。

(3)诱导催耳

在菌袋正式上架出耳管理之前，要采取诱导催耳措施。菌袋在耳基形成后，即运入耳棚，去掉菌袋两端的封口纸。该阶段除了保持18℃以上适宜温度，还应有适宜的散射光，保持85%～90%的湿度。耳基形成至指甲大小时，即可上架出耳。也可直接上架进行管理，菌袋周围可用刀片开口，深度不宜过深，一般开成“V”形切口。

这一阶段，应特别注意水分的管理。耳基吸水能力弱，如棚内湿度大，需每天喷水两次，遇晴天和干热风，应每天喷水3～5次，喷水次数以耳基表面不干燥为准。喷水过多，也会造成生长缓慢、腐烂等。

(4)耳片生长期水分管理

在正常的木耳栽培季节，水分管理是最重要的内容。喷水次数、喷水量应因时、因地而异。一般耳片生长期间，在耳片背面绒毛呈白色、耳片边缘稍有变干卷曲时就应喷水。保持空气相对温度在85%～95%，避免长期处于高湿条件下，造成组织呼吸受阻，生长缓慢，严重者耳基部位细胞窒息自溶，出现流耳；若湿度不足，耳片干缩，同样影响生长。一般情况下，晴天干燥多喷，阴天少喷，雨天不喷，耳片小时少喷，耳片大时多喷。

当耳片已展开，大小基本定型，但尚未成熟的子实体生长后期，应特别注意孢子的弹射。孢子弹射到耳片内面，形成一层白色粉末物。当温度、湿度适宜，会萌发形成菌丝，附着在耳片表面，时间稍长就难以去掉，影响产品外观。因此，在这一阶段要避免子实体处于半干不湿的状态，这样最容易弹射出孢子。耳片卷缩要立即喷水，或加大干湿差。

(5)温度管理

在正常栽培季节，温度一般均适宜黄背木耳的生长。这一阶段保持耳房内温度在18～30℃，温度低于18℃时，耳片生长缓慢。温度超过35℃时，耳片生长受到抑制，严重时会出现耳片生长停止或流耳，应采取降温措施。

(6)光照管理

耳片生长期间，光照强度对耳片颜色和厚度有较大影响。在光照强的环境下，耳片色泽较深，耳片厚，绒毛多而长；光线弱，色泽较浅，耳片薄，绒毛少而短。耳棚遮盖太严实，光线过暗，子实体呈偏白的淡黄色。一般耳棚光线要求“二分阳、八分阴”。

(7)通气管理

黄背木耳为好气性真菌。耳片生长期间，要加强通风换气，保持耳棚内空气新鲜。通风不良，耳片分化会受到抑制，长成畸形耳。

6. 采收与加工

在正常管理条件下，从上架到采收一般需15～25天。一般在孢子弹射之前或少许孢子开始弹射就要采收。此时耳片背面的绒毛不明显，外观色泽变浅，耳片边缘下垂。未成熟的耳片手感发硬，成熟的木耳有柔软的感觉。

采前停止喷水1天，尽量选在晴天进行采收，便于晒干。采摘的方法有两种：全采，即一次性地将基本成熟，包括部分未成熟的子实体一次采摘，这种采摘方法便于管理；第二种方法是选择性地采摘，即根据成熟度选择性地采摘，这种采摘方法避免了一次性采收常出现的部分耳片过熟，造成流耳，或部分子实体未成熟，商品外观不好的缺点，但在管理上有一定的缺点。

采摘时，可用手直接将子实体连同耳基采下，除去杂质和耳基根部的培养基，再分成片。一般均采用直接晒干的方法，晒时要将耳片一片一片地摊开在竹席、塑料薄膜、彩条布或干净的水泥地上，不能重叠，最好一次性晒干。晒干的耳片背面呈灰白色，腹面紫黑色，平整或边缘内卷，含水量13%以下。黄背木耳产品吸水性较强，用塑料袋密封储藏在干燥处，预防虫蛀、发霉变质，待售。如采用烘干法，起始温度不能超过50℃，以后逐渐升高，最高不能超过65℃，并注意通风。

采收后停止喷水，3天后，再进行水分管理，经过15天左右的管理又可采收二潮耳。

二、白背木耳栽培技术

(一)白背木耳栽培技术

1. 季节选择

白背木耳生长的温度范围较窄,适宜的生长温度在15~25℃。温度低于14℃,生长缓慢,基本不生长;温度高于26℃,耳片变皱,不能正常开片生长。根据福建漳州地区的栽培实践,在日平均气温15~20℃条件下,能培育出片大肉厚、色黑毛白的白背木耳优质品。各地因气候条件不同,应根据当地的具体情况,将出耳期安排在日平均气温15~20℃的季节。

福建漳州地区的栽培季节是在秋冬,气温由高渐低,符合白背木耳对温度由高到低的要求。9~10月份的日平均气温在25℃左右,适合菌丝的生长,因此,是制袋、培菌的最适季节。11月份,气温慢慢下降,日平均气温在20℃左右,适合白背木耳子实体的形成,就可以开袋出耳了。12月份,日平均气温在15~20℃,正适合培育优质的白背木耳。

2. 栽培场所的选择和搭建

栽培白背木耳的场所要求光线充足、冬暖夏凉、避北风、靠近水源、环境清洁、地势平坦、交通方便的地方。一般毛木耳栽培可利用空余房屋、柴草间等,而栽培出口白背木耳需盖专用耳棚,以创造最适宜的条件,达到高产优质。专用耳棚以搭盖在农田为佳,其次为旷地。

目前采用的墙式栽培专用棚规格为:边高3m,棚顶中心高度4m,棚内宽度8.7m,长度根据场地不限。一般用竹子搭成,排叠栽培袋的行距为1m,长度3.6m,分两边排列,中间留1.5m通道。整个耳棚先用竹子搭好后,即将四周及棚顶用透明或黑色薄膜盖上,随后在最外层再加上一层遮阳网,以隔热和调节光线。一般在向阳方向需挂黑色薄膜或遮光率较高的遮阳网,以减少直射阳光。耳棚内的光线一般以能看清报纸上的字为宜。另外,耳棚顶部还需按一定距离设置若干个排气窗。

3. 培养料选择

(1)培养料选择

栽培主料:木屑、甘蔗渣、棉子壳等农作物秸秆为主料。栽培辅料常用麦麸或米糠、石膏、碳酸钙。

(2)常用配方

培养基配方:木屑85%~87%,麦麸或米糠10%~12%,石膏1%,碳酸钙2%,料水比为1∶1.2~1∶1.3。

备料:每1万袋配料,用杂木屑5 500千克,米糠800~1 000千克,碳酸钙100千克,石灰25千克,

(3)培养料的配制与测定

培养料的配制:以上配料中木屑可用部分棉子壳代替,氮源养分用米糠、麦麸均可,用米糠和麦麸各半效果更佳。按配方秤取培养料用拌料机拌匀,含水量控制在55%~60%,最适pH为5~7。

拌好的料堆放1~2小时充分吸水分后装袋。如场地宽阔,可发酵12~15天再装袋,但在发酵过程中,每3天需要翻堆一次。发酵料的好处是不易感染杂菌,提高制袋成功率。目前福建漳州的白背木耳栽培均采用发酵料。

4. 菌袋制作

(1)装袋

福建漳州地区小型栽培场多用手工装袋,使用17cm×34cm、厚0.04~0.05cm的聚丙烯塑料袋。装袋的关键是要装得较紧实,上紧下松,袋壁平整,光滑,不能有微凹。装料高度18~20cm,每袋装湿料1~1.1千克。捏紧袋口,套上套环,然后把包口向外翻折下,用手指将袋口擛实,塞上棉塞。有些小型栽培场装袋后用塑料绳直接扎袋口,但要注意不能扎得太紧,以免菌袋氧气不足造成菌丝不长或长得太慢。

大型栽培场采用冲压式装袋机,用17cm×37cm、厚0.05cm的聚丙烯塑料袋。装料高度为18~20cm,每袋装湿料1.2~1.3千克。装袋后套上套环,塞好棉花,随后,置于垫有布块的周转筐内,布块四角相向覆盖。周转筐是必备的设备,以保证袋内预留的孔穴不受挤压堵塞。

(2)灭菌

装袋后应及时灭菌,采用常压灭菌。待温度升至100℃开始计算,保持10~12小时后出锅,等自然冷却后再接种。

(3)接种

采用43系列白背木耳品种,三级菌种的菌丝应洁白、致密,略有爬壁。菌龄25~35天。

按常规无菌操作进行接种。采用增大接种量的办法,使菌种块能在培养基内外同步蔓延。一般一瓶三级种可扩接16~25袋。

5. 菌丝培养与出耳管理

(1)菌丝的培养

日平均温度达到25℃左右,接种后的栽培袋

可直接上架发菌。排叠方法：每袋间隔 3～4cm，袋口朝不同方向叠放，每层用两条竹片稳定栽培袋不致倒塌。一般排叠 15～16 袋的高度。如果接种时的气温在 20℃以下，不可直接上架，应先保温发菌，待菌丝长满袋才上架。

(2)出耳管理

菌丝长满袋后，气温在 20℃左右，即可开袋出耳。开袋时先取下棉塞套环，然后在料平面处用刀将袋口割掉。

图 49－5 白背木耳发菌及出耳方式

图 49－6 白背木耳出耳情况

温度管理：子实体生长温度为 15～25℃。温度高，耳片生长快，耳片薄且红；温度低生长慢，耳片厚且黑。因此，栽培管理时，一定要控制在 15～20℃最适温度，才能培育出片大肉厚、色黑毛白的白背木耳优质品。

湿度管理：子实体发生期和生长初期，应注意相对湿度保持在 85％～95％。喷水一般要求少量多次，轻喷勤喷，促进耳芽的发生和分化。子实体生长中后期，应间歇喷水，保持干干湿湿状态。如果喷水太多或湿度太高，则背面绒毛会长成黄棕色。要培育出优质的白背木耳产品，还需注意在温度较高时(日平均气温 20℃以上)，适当降低湿度，少喷水或不喷水，掌握耳片偏干，用手触摸耳片边缘不发硬即可，以控制其生长速度，防止耳片长薄。接近采收期可停喷水，相对湿度降至 75％～85％，使背面绒毛长、白一些。

光照管理：适当的散射光与子实体分化，特别是与色泽等有密切关系。光线适宜，耳片色泽较黑，背面绒毛多而长；偏暗的环境，耳片色泽偏红，背面绒毛少而短。

通气管理：在发育过程中必须保持栽培场所的空气新鲜，足够的通风会使木耳长大长厚。耳芽形成后，若通风不良，不易开片或长成“鸡爪耳”。通风时，一般将内层薄膜掀高即可，外层遮阳网不必掀开。如果是阴雨湿闷天气，可连同遮阳网一起掀开通风。温度偏高，应早晚通风，适当降温；温度偏低，宜在中午前后通风。

6. 采收与加工

从原基形成到采收，生长时间越长耳片越肥厚；反之，越短耳片越红、薄。作为出口的白背木耳，从原基形成到采收经 40～50 天的品质最好。

白背木耳栽培季节的气温由高到低，第二批原基形成期往往气温偏低，耳基形成慢。为了让其在最适宜温度期尽快长耳，第一批采收前 7～10 天可在袋子底部打 V 字形洞口，待第一批耳采摘时，袋子底部洞口又已长出原基。

当耳片全部开展，边缘略卷，白背木耳颜色转紫褐色，绒毛转灰白色，这时 90％耳片成熟，即可采摘。为了后继管理上的方便，均要求一次性采收。一般第三批耳成熟比较不一致，可采大留小，采熟留幼。采收木耳时应连同耳蒂一起轻轻采下来，采下的木耳及时将耳蒂剪干净，晒干储存。

出口的白背木耳干品要求腹面色黑，背面毛白，干净无杂质。因此必须经漂洗加工，漂洗时应选择天气连续放晴的日子，使洗后的木耳能一次性晒干。漂洗木耳最好使用洗木耳机，效率较高，洗净的木耳及时搬到晒场，在塑料布上一片片摊开，绒毛层向上。晒耳过程中，耳片尚未发硬时，尽量不要去翻动，否则耳片会卷曲，影响产品外观。晒至足干后，即可进行分拣。

目前出口的白背木耳尚未有统一的分级标准。通常按以下标准分级：

一级：耳片 4cm 以上，单片，耳片肥厚，腹面色黑，背面毛色洁白，无病虫害和杂质。

二级：耳片 4cm 以上，单片，允许部分基部带有小耳片，腹面色黑，少量略红，毛色略深，耳片略薄，无病虫害和杂质。

三级：耳片 3cm 以上，单片或整朵，片薄略红或毛色深，无病虫害和杂质。

毛木耳还可以用切丝机加工成木耳丝。出口标准一般为长度 3cm 以上，长 1～3cm 的量不超过 10％，宽度 2.5±0.5mm，含水率低于 14％。

三、病虫害防治

黄背木耳易遭油疤病、坏头子病、木霉、青霉、黑腹果蝇、多刺眼菌蚊、线虫等病虫害危害。白背木耳易遭木耳卢西螨、黏液病等病虫害危害。预防与治疗方法请参阅本书《食药用菌病虫害防治》一章。

第四节　毛木耳的营养价值

毛木耳的营养价值

毛木耳具有较高的药用价值。中医认为，它具有滋阴强壮、清肺益气、补血活血、止血止痛等功用，是纺织和矿山工人很好的保健食品。主要营养成分包括蛋白质、氨基酸、多糖、维生素、矿质元素以及活性酶等有效成分。

1. 蛋白质和氨基酸

据北京食品研究所等分析，每100g干品含粗蛋白质7～9.1g，粗脂肪0.16～1.2g，糖类(碳水化合物)64.16～69.2g，热量1 230.10～1 334.70kJ，粗纤维9.7～14.3g。毛木耳子实体含有丰富的氨基酸，干品含氨基酸总量为4.68%。人体必需氨基酸有7种，占总量的42.31%，其他氨基酸9种，占总量的57.69%(表49－2)。

表49－2　毛木耳子实体氨基酸百分含量表

必需氨基酸种类	含量(%)	非必需氨基酸种类	含量(%)
苏氨酸	0.26	天冬氨酸	0.50
缬氨酸	0.40	丝氨酸	0.28
蛋氨酸	0.12	谷氨酸	0.55
异亮氨酸	0.26	甘氨酸	0.23
亮氨酸	0.42	丙氨酸	0.40
苯丙氨酸	0.22	酪氨酸	0.12
组氨酸	0.10	精氨酸	0.32
赖氨酸	0.30	脯氨酸	0.20
氨基酸总量	2.08	必需氨基酸/氨基酸总量	4.44

2. 多糖

毛木耳含有多种对人体有益的毛木耳多糖。和寿英(1999)研究结果表明，毛木耳多糖是由岩藻糖、阿拉伯糖、木糖、甘露糖、葡萄糖等5种单糖和葡萄糖醛酸组成，相对分子质量约为12万，总糖含量为62.29%，糖醛酸含量为15.24%。另外毛木耳中还含有少量戊糖和甲基戊糖。据日本的资料报道，毛木耳背面的绒毛中含有丰富的多糖，是抗肿瘤活性最强的6种药用菌(其余5种为灵芝、云芝、桦褶孔菌、树舌、红栓菌)之一。近年来不少学者认为，纤维素是保持人体健康所必需的营养素。毛木耳的质地比黑木耳稍粗，粗纤维的含量也较高，这种纤维素对人体内许多营养物质的消化、吸收和代谢起到了很好的作用。

毛木耳多糖与蛋白质结合形成的糖蛋白具有多种生理活性，木耳毒素(auritoxin)Ⅰ、Ⅱ，系蛋白结合多糖。

3. 维生素和矿质元素

毛木耳子实体含有丰富的对机体有益的多种微量元素。据袁明生等(1995)测定(表49－3)，毛木耳镁和锌的含量均高于香菇，含铁量居蔬菜前列，有补血功效。

表49－3　毛木耳的矿质元素含量表

常量元素	含量(mg/100g)	微量元素	含量(mg/100g)
钾	389.74	铁	131.70
钠	18.32	铜	7.21
钙	37.84	锰	17.25
镁	766.10	锌	38.91
磷	83.00	钼	0.67
		钴	0.55

吕文英通过对黑木耳和毛木耳无机营养元素含量的测定，表明袋栽毛木耳含镁非常丰富，铜和镁的含量高于黑木耳。据分析，各种木耳均含蛋白质、脂肪、多糖、灰分。灰分中含磷、铁、钙等，干木耳含磷脂、甾醇等。蛋白质和糖类的含量比蔬菜和水果高，热量较低，是一种很好的低热量食品，在我国被列为“山珍”，而在日本被视为抗肿瘤食品。据测定，毛木耳每100g干品子实体含灰分2.1～4.2g，含胡萝卜素0.01mg，维生素$B_1$0.09～0.36mg，维生素C 7.04～8.35mg，烟酸1.7～4.0mg。

第五节 毛木耳的药理与应用

一、基础研究

毛木耳有益气强身、活血、止血、止痛之功效。可治寒湿性腰腿疼痛、产后虚弱、抽筋麻木、外伤引起的疼痛、血脉不通、麻木不仁、手足抽搐、白带过多、便血、痔疮出血、子宫出血、反胃多痰、年老生疮久不封口等病症。还可治毒菌中毒。对小白鼠肉瘤S-180及艾氏癌的抑制率分别为90%及80%。当前对毛木耳的药理作用研究主要包括抗凝血作用、止血作用、抗肿瘤作用、免疫作用、机体细胞保护作用、降血脂作用等。

1. 抗凝血作用

毛木耳多糖(APP)通过影响多个环节抗血栓形成,可显著提高纤溶酶活力,降低血小板的黏附率。毛木耳多糖可延长血栓形成时间,缩短血栓长度,抑制实验性血栓的形成,具有明显的抗凝血作用。

吴春敏等(1991)通过研究毛木耳多糖对小鼠血凝的影响和体外抗凝血作用的研究表明,口服150mg/kg毛木耳多糖,小鼠凝血时间比对照组延长167%;0.2ml血浆中加入4mg毛木耳多糖,血浆凝固时间比对照组延长50%。

毛木耳可抑制人和大鼠的血小板聚集。毛木耳的水提物与相同剂量的腺苷比较,其抑制ADP诱导血小板聚集的作用比腺苷作用快,而且维持时间长,且毛木耳水提物经腺苷脱氨酶降解后,仍有抑制血小板聚集的作用,说明毛木耳抑制血小板聚集的活性成分除腺苷外还有其他成分,

王树(1999)在银白木耳对大鼠凝血作用的影响研究中发现,银白木耳溶液对延长血浆凝血酶原时间、血浆凝血酶时间均有非常显著的作用($P<0.05$),对血凝凝固时间有非常显著的作用($P<0.01$)。赵大振等(1995)在血栓实验、血小板黏附实验、血小板聚集实验、淋巴细胞转化实验和吞噬细胞吞噬功能实验发现,银白木耳有抑制血栓形成倾向,并可明显抑制($P<0.05$)血小板黏附功能,可明显增强($P<0.001$)淋巴细胞转化功能,对单核巨噬细胞的吞噬功能仅有增强趋势,无统计学差异。

2. 止血作用

钟韩等(2002)研究证实,毛木耳多糖能提高血小板的黏附和聚集作用,具有诱导、促进血小板聚集的作用,使出血时间缩短,并通过提高促进血小板的聚集功能实现止血作用。进一步化学分析证明,毛木耳多糖为蛋白多糖,去除蛋白质后,对血小板聚集的诱导作用消失。贾卫梅、何国襄等的研究结果显示,从毛木耳中提取的蛋白多糖AP-1等也促进兔子的血小板聚集。

3. 抗肿瘤作用

据日本医学资料论述,毛木耳毛中含有的多糖,是6种食用菌中最佳抗癌物质之一,抗癌效果仅次于灵芝。王道福等进行了毛木耳多糖A对小鼠腹腔巨噬细胞蛋白酶A活性和C活性的研究,发现毛木耳多糖的免疫增强作用与其增强MΦ中PKA和PKC活性有关。

许晓燕等(2008)从黄背木耳子实体中分离得到具有抗肿瘤活性的多糖组分APPIIA,通过中性红吞噬法、Griess法、ELISA法检测证实APPIIA能够增强巨噬细胞的吞噬功能,促进巨噬细胞NO的生成,促进抗肿瘤相关细胞因子IL-1β、IL-6和TNF-α的分泌,达到抑制肿瘤生长的作用。

罗霞等(2009)进一步证实APPIIA能增强IL-1β、IL-6、TNF-α和NO合成关键酶iNOS基因的转录水平,并能增加iNOS蛋白的生成。推测APPIIA可能通过上调相关基因的表达,增加IL-1β,IL-6和TNF-α分泌和NO生成,从而实现其抗肿瘤的重要作用。

4. 降血糖作用

毛木耳多糖被认为具有降血糖活性。与灵芝多糖、虫草多糖、云芝多糖、银耳多糖、猴头多糖和木耳多糖等并列为具有降低血糖功效。

5. 抗氧化作用

周学君用毛木耳多糖按剂量小鼠腹腔注射,连续35天。以分光光度法测定小鼠全血中LPO含量,用邻苯三酚自氧化法测定小鼠全血SOD的活力,发现在20～160 mg/kg剂量范围内均能降低小鼠血清中过氧化脂质产物(LPO)的含量,小鼠腹腔注射毛木耳多糖,能提高小鼠全血超氧化物歧化酶(SOD)的活力,并都呈现出一定的剂量依赖性。表明毛木耳多糖表现出较好的抗氧化作用,提示其具有一定的抗衰老作用。

6. 免疫作用

将14～16g昆明种小鼠随机分组，以毛木耳多糖处理7天，第8天脱臼处死小鼠，取脾脏和胸腺洗净吸干水分秤量。给药剂量75mg/kg，脾指数增加18%，对胸腺指数无影响。同时吸取腹腔洗液制片观察，结果：给药剂量75 mg/kg、150 mg/kg吞噬率分别增加21%和53%，吞噬指数增加31%和95%。

7. 降血脂作用

吴春敏对毛木耳多糖的抗凝血作用对机体细胞的保护作用进行研究，结果表明，雄性小鼠连续给药4天，测血清胆固醇，APP对正常小鼠血清胆固醇含量无明显影响。小鼠口服APP160、150 mg/kg，血清总胆固醇含量分别下降15%和23%。取雄性大鼠随机分为3组，喂养高脂胆固醇饲料10天后，给药组的毛木耳多糖剂量30mg/kg，10天，其余两组口服等量生理盐水。第10天禁食12小时后心脏穿刺取血。结果：给药组高脂血症大鼠血清TC、TG和LDL-C分别降低29%、18%和22%；HDL-C/TC提高41%。

8. 机体细胞保护作用

吴春敏等对毛木耳多糖对机体细胞的保护作用的研究表明：给雄性小鼠腹腔注射APP后15分钟，角叉菜胶性足肿胀程度降低69%。给小鼠早晚各腹腔注射APP一次，共6次，四氯化碳肝损伤模型的作用结果表明：血清丙氨酰氨基转移酶(ALT)降低16.7%；可明显对抗环磷酰胺引起的白细胞减少，对抗率为34%。可明显对抗环磷酰胺所致骨髓微核率增加，对抗率为19%。对^{60}Co射线损伤的保护作用研究表明，给口服APP后，小鼠平均存活时间比对照组延长29%，死亡率均降低50%。对小鼠S-180移植性肿瘤的抑制结果表明：口服APP300mg/kg，14天后，可明显抑制小鼠S-180移植性肿瘤的生长，抑制率为38%。

9. 其他作用

吴春敏等研究了毛木耳多糖的耐缺氧作用及对心脏和血压的影响，证明毛木耳多糖对大鼠正常血压和心率无影响，不增加离体豚鼠心脏的冠脉流量，增强在体心脏的心肌收缩力，延长并用异丙肾上腺素的常压耐缺氧时间，可部分改善心功能状况。毛木耳多糖可延长血栓形成时间，缩短血栓长度，抑制实验性血栓的形成。

二、临床研究

毛木耳的临床应用报道较少。上海市第四人民医院内科采用成都恩威药业有限公司生产的，以毛木耳为原料的“活血降脂颗粒”临床治疗高脂血症研究。所有患者口服“活血脂颗粒”，每次2包，每天3次，口服用1个月后，143例患者临床症状均有明显减轻或消失，心电图正常46例，好转9例；服药后血脂达正常水平122例，13例明显降低，总有效率94.5%，且无明显不良反应。

第六节　展　望

一、国内外毛木耳科技发展现状

我国从20世纪80年代初开始进行人工栽培，当前毛木耳产量居国内食用菌第6位，栽培面积日益扩大。随着对毛木耳医疗保健价值认识的加深，毛木耳的研究日益受到关注和重视。

1. 毛木耳分类现状

木耳目是一个类型丰富的类群，一般将该目分为3科，约15属，250种。我国真菌学家戴芳澜、娄隆后、邓叔群等均对毛木耳的分类进行过描述和分析。在蕈菌的分类尚未建立更准确的系统之前，目前的分类仍以形态为主要依据。人们继续用有关的形态特征，包括孢子的大小、锁状联合、短菌丝孢子的出芽和分生孢子等进行木耳分类。在木耳变种和新种的鉴定中，仍多用髓层的有无和变化，样品的剖面宽度，紧密层，亚紧密层，子实层的厚度，毛的长度、宽度，子实层形状、颜色等表面特征等来进行。菌物学家从宏观特征、微观特征、个体发育、分子生物学等方面对木耳属的系统进行了研究。Dr. B. Lowy 和 Dr. Y. Kobaya. Si 发展了木耳属的分类，认为木耳外表层的毛层，内部的细胞组织及层次，子实层形成等为区分种类的重要特征。Lowy描述的一个毛木耳品种中缺乏亚致密下层，而Kobayazi描述的另一个毛木耳品种中则缺乏子实层的中层。赵大振(1987)在河北省石家庄采集到的毛木耳一个新变种(*A. polytricha* var. *argenteal* Zhao)也没有中层。阎培生利用RAPD标记构建木耳属种间关系的研究指出，皱木耳(*A. lcornea*

Spreng)和毛木耳是两个不同的种而非同种异名。子实体横切面中髓层的有无并不表明不同种间亲缘关系的远近。

到目前，世界公认的木耳属共为 20 种，木耳属中的黑木耳和毛木耳是本属中最普遍的 2 个种。邓叔群编著的《中国的真菌》介绍了木耳属的 6 个种类：黑木耳(*A. auricula*)、毛木耳、皱毛耳(*A. delicata*)、毡盖木耳(*A. mesenterica*)、黑皱木耳(A. moelleri)和褐毡木耳(*A. rugosissima*)。戴芳澜后来将 *A. mesentrica* 的中文名改换为肠膜状木耳，因为这个种类有更多层次的内部薄膜，黑皱木耳后来并入皱木耳。娄隆后等还得到了过去与肠膜状木耳(*A. mesenterica*)混淆的华丽木耳(*A. ornata*)，同时还发现了 3 个新种，即西沙木耳(*A. xishaensis*)、网脉木耳(*A. relltata*)和象牙白木耳(*A. eburnea*)。

2. 毛木耳种质资源评价技术的发展与应用

随着生物技术的发展，越来越多的现代生物技术被应用到毛木耳的研究中。

张丹等通过对毛木耳酯酶同工酶的分析，将供试 56 个菌株的谱带分为 26 类，认为各菌株之间的聚类关系与地理无关，其中紫木耳在相似系数 0.67 的水平上，与黄耳 10 号、951、上 3 等黄背木耳菌株聚在一类。张丹等还利用 RAPD 技术对毛木耳的种质资源进行了评价，认为 RAPD 技术应用于不同菌株间遗传差异的研究，具有反应迅速、不受外界环境条件影响、能从 DNA 分子水平上揭示菌株间遗传差异等优点，是一种快速准确评估木耳种质资源的有效方法。用 ISSR 技术分析结果显示，将供试 55 个菌株分为 5 个类群，认为类群的划分与菌株来源的地理分布没有关系，菌株间遗传多样性十分丰富，用 ISSR 技术能将以传统形态为分类依据定名的菌株全部分开。

许晓燕等(2008)利用 AFLP 和 SRAP 技术，对 19 株毛木耳菌株的遗传多样性进行了分析，均将供试菌株分为 4 个群，并认为 SRAP 操作较 AFLP 简便，信息量也较大，而且所扩增的片段可以非常容易地应用于测序和共显性标记分析，同时 SRAP 扩增 ORF 区使得其适用于不同真菌的多种目的研究，与 AFLP 技术相比，在遗传分析中更具有优势。

当前，我国毛木耳菌株存在较为严重的“同种异名”和“同名异种”现象，为种质资源的利用带来巨大的障碍。利用分子标记技术分析毛木耳菌株间的遗传差异，区分“同种异名”和“同名异种”当前研究较多，但对毛木耳的遗传背景分析、重要农艺性状的评价、构建特征指纹图谱、快速准确进行菌株鉴定的方法等研究工作还有待开展。

3. 毛木耳漆酶基因的克隆、序列分析及其鉴定

杨建明等(2008)利用 PCR 和 RACE 技术，首次从毛木耳 AP4 菌株中获得编码漆酶基因的 cDNA及其基因组全长序列，通过比较该漆酶基因的 cDNA 和基因组 DNA 的全长序列。发现该基因包含 14 个外显子和 13 个内含子。cDNA 序列的全长为1 972bp，其包含一个完整的 ORF 长度为1 860bp，编码 619 氨基酸，推测的相对分子质量大小为6.8万，等电点 pI 为5.15，在氨基酸序列的氨基末端存在一个信号肽序列，同时该基因还包括含铜氧化酶的 3 个功能结构域 KOGl263、Sufl和 pfam00394。

4. 毛木耳菌丝对金属离子的吸附作用

高健伟等(2006)以冻干的死亡毛木耳菌丝体粉末作为生物吸附剂进行铅离子的吸附试验，评价了 pH 值、振荡吸附时间、金属初始浓度和菌丝体投加量等 4 个影响吸附的因子。结果显示，pH 值是影响毛木耳菌丝吸附能力的关键因子，pH 为 6 时，达到最大吸附率86.8%，吸收 30 分钟时，毛木耳对 Pb^{2+} 的吸附值最高。随着溶液初始 Pb^{2+} 浓度的增加，吸附率增加，但随菌丝体生物量的增加吸附能力下降。当溶液 Pb^{2+} 的质量浓度为 60mg/L 时，最大吸附量达到11.698mg/g。并认为该方式适用于 100mg/L 以下的低浓度金属污染处理。

张丹等(2006)以冻干的毛木耳菌丝为原料，研究了其对 Cu^{2+} 的影响因子，在金属低和高的质量浓度情况下，理想吸附的 pH 值有所不同。随着溶液 Cu^{2+} 初始质量浓度的增加，菌丝体对 Cu^{2+} 的吸附也增加。

张丹等(2008)对溶液中多种金属离子共存对毛木耳生物吸附能力的影响进行了研究，结果显示，溶液中 Pb^{2+} 的存在抑制了毛木耳对 Cd^{2+} 的吸附，是负向干扰；Cd^{2+} 的存在促进了毛木耳对 Pb^{2+} 的吸附，是正向干扰；Cu^{2+} 的存在促进了毛木耳对 Pb^{2+} 的吸附，是正向干扰；Pb^{2+} 的存在抑制了毛木耳对 Cu^{2+} 的吸附，是负向干扰；Cd^{2+} 对 Cu^{2+} 的影响作用不如 Cu^{2+} 对 Cd^{2+} 的影响明显。

5. 毛木耳的高效栽培技术研究

毛木耳栽培当前以袋料栽培为主，有极少量的段木栽培。随着中国加入 WTO，我国食用菌产品在更广泛的范围内参与国际竞争，毛木耳的生产栽培更加注重产品的品质。在这一过程中，无公害栽培技术研究和产品对人体、对环境的安全性备受重视。高效的生产栽培十分强调对品种的选择，生产中要求品种抗杂菌能力强，出耳集中，潮次明显，耳片厚、大，并对色泽有不同的要求。黄背木耳背部要求偏黄，白背木耳要求腹面色黑，背面毛色洁白等。除了品种的内在品质，栽培条件的控制也是重要的环节。

培养料的选择上日趋多样化，除了传统的木屑、棉子壳，生产中还采用了将玉米秆与鸡粪混合发酵后进行毛木耳的栽培，应用木屑堆积发酵法来栽培毛木耳，大大降低了病虫害的发生；甘蔗渣栽培；并尝试了松杉木屑经堆制发酵后用于栽培毛木耳的方法。为了解决与养殖业争粮的矛盾，还有进行不用精糠或麦麸的无粮栽培毛木耳的试验，并从中筛选出几个能获得较高产质量的配方。对培养料的配比，研究者们也进行了诸多的尝试，逐渐根据各地原料情况，因地制宜，研究了经济适用的配方。

在菌种的应用上，万兰英等进行了毛木耳液体菌种的应用研究。发现用液体菌种可大大缩短制种周期，固体种的周期为 80 天，液体种只需 37 天，使母种成本比固体种降低 3 倍，栽培种和原种成本降低 27%，用液体菌种的接种速度是试管接种速度的2.5倍，且操作简便。我国目前白背木耳的生料栽培取得了一定成果。杨梅等在此基础上还进行了白背木耳菌丝体生理特性的研究，并对深层发酵菌丝体的营养成分氨基酸含量进行了分析，比较出最佳深层发酵培养基原料，确定了发酵适宜的 pH、接种量、生长菌丝体种子周期和发酵周期。刘江成等分析了不同级别菌种对毛木耳出菇性状和产量的影响，认为使用二级菌种栽培毛木耳，其产量明显高于使用三四级菌种，产品品质最优，并且可缩短生产周期。

栽培方式也日趋多样化。除了典型的层架式栽培，吊袋栽培，还发展了毛竹林内空间挂袋栽培毛木耳、稻田套种毛木耳、阳畦覆土栽培的毛木耳和无耳基栽培技术等。

同时，对毛木耳的管理技术水平也日益提高。李志生对从台湾引进的毛木耳栽培技术进行了较为详细的研究。对生产管理中原料的 pH、光照条件、湿度控制、栽培季节的选择、菌种菌龄和接种方式，以及采收的时间、方式和处理分级方法等进行了描述。

二、科技创新与展望

1. 加强新品种选育和菌种管理

品种是产业发展的基础，优良品种能保障栽培的效益。当前，我国尚未建立完善合理的菌种管理制度，毛木耳菌种中的名称较混乱，同种异名、同名异种、同株异名、同名异株现象极严重。生产中，品种相对单一，菌种退化、老化现象十分普遍，病虫害危害严重且缺乏有效的防治方法，这些都严重制约了毛木耳生产的可持续发展。因此加强种质资源收集，科学保存优良种质，选育具有突出农艺性状的新品种和完善菌种管理，都显得十分必要，这是保证毛木耳良好生产发展势头的根本所在。

2. 规范毛木耳生产栽培技术，提高产品质量和产量

当前，人们对食品安全极为关注，发达国家的“绿色壁垒”也越来越高。毛木耳作为大众消费的主要食用菌种类之一，在未来的研究中应更加注意对无公害生产技术的研究和应用。我国在食品安全上的法典和标准制定与发达国家还有不小的差距，生产栽培有时还处于无法可依的状态。为此，应当加强毛木耳遗传学、生理学、生态学、病虫害防治等方面的研究，研究开发新原料、新配方，从而为创造新品种、高产优质提供理论依据。加强对毛木耳标准化生产技术规程的研究，及早建立毛木耳无公害标准化生产技术规程和良好农业规范，建立健全质量标准，更加注重产品质量，以保障产业的健康、持续、稳定发展。

3. 加强食用菌保鲜和深加工的开发

食用菌产品精深加工是产业发展的必然趋势之一。毛木耳作为大宗食用菌产品之一，当前产品形式相对单一，大多数产品仅有简单的形态改变，如耳片、耳丝等。我国已授权的有关毛木耳的各类专利仅 4 项，其中两项与毛木耳产品开发相关，精深加工的高附加值产品更是凤毛麟角，这与毛木耳作为重要生产栽培种类、产量居食用菌第六的生产实际极不相称，急需得到改善。

当前的研究已证实，毛木耳含有多种活性成分，并具有止血、抗凝血、抗肿瘤、抗氧化和机体保护等多种功能，具备了进行精深加工的基础条件。同时毛木耳产量大，价格偏低，为产品加工提供了

大量的廉价原料，进行保健品或药品开发的市场潜力巨大，进行毛木耳的精深加工将具有广阔的前景。

4. 栽培副产物的资源化综合利用

随着毛木耳生产规模的扩大，在产生经济效益的同时，也带来了大量的生产废弃物如菌渣等。菌渣的大量堆积造成了环境污染，已成为日益严重的问题。近年来已有研究者相继开展了菌渣的资源化综合利用，包括进行二次利用、肥料的生产、饲料、沼气等利用，但远不能消耗大量的废弃物。继续进行综合利用方面的研究，实现废弃物的资源化和生态良性循环，将是未来一段时间内毛木耳产业发展中的一个重要内容。

参考文献

[1] 袁明生，孙佩群. 四川蕈菌[M]. 成都：四川科学技术出版社，1995.
[2] 刘茵华. 我国的食用木耳[J]. 中国食用菌，1995，14(3)：17.
[3] 余永年，宋大康. 真菌学概论[M]. 北京：农业出版社，1983.
[4] 戴芳澜. 真菌的形态和分类[M]. 北京：科学出版社，1987.
[5] 邓叔群. 中国的真菌[M]. 北京：科学出版社，1936.
[6] 娄隆后，朱慧真，汤华光，等. 木耳属种类的初步研究[J]. 中国食用菌，1999，11(4)：30-32.
[7] 罗信昌. 木耳和毛木耳的极性研究[J]. 真菌学报，1988，7(1)：56-61.
[8] 赵大振，王朝江. 毛木耳一新变种[J]. 真菌学报，1991，10(2)：108-112.
[9] 阎培生，罗信昌，周启. 利用 RAPD 技术对木耳属菌株进行分类鉴定的研究[J]. 菌物系统，2000，19(1)：29-33.
[10] 王波. 图说毛木耳高效栽培关键技术[M]. 北京：金盾出版社，2004.
[11] 贺新生，侯大斌，王光礼. 培养料 *C*/*N* 和含 *N* 量对毛木耳生长发育的影响[J]. 食用菌学报，1998，5(1)：33-38.
[12] 贺新生，张玲. 四川省袋栽毛木耳镰刀菌病害研究简报[J]. 食用菌学报，1995，2(2)：44-47.
[13] 应建浙. 中国药用真菌图鉴[M]. 北京：科学出版社，1985.
[14] 王树. 银白木耳对大鼠凝血作用的影响[J]. 张家口医学院学报，1999，16(3)：37-38.
[15] 钟韩，杨振湖，李惠英，等. 毛木耳多糖诱导血小板聚集作用研究[J]. 广东药学院学报，2002，18(1)：27-28.
[16] 吴天立. 黄背木耳高效栽培技术[M]. 郑州：河南科学技术出版社，2000.
[17] 钟韩，杨振湖，李惠英，等. 毛木耳多糖止血机制初探[J]. 中国食用菌，1991，10(2)：14-15.
[18] 赵因，张悦. 毛木耳的药理作用及其临床应用[J]. 基层中药志，2001，15(1)：491.
[19] 许晓燕，余梦瑶，罗霞，等. 利用 AFLP 和 SRAP 标记分析 19 株毛木耳的遗传[J]. 西南农业学报，2008，21(1)：121-124.
[20] 杨建明，孟鑫，徐鑫，等. 毛木耳漆酶基因的克隆、序列分析及其鉴定[J]. 微生物学通报，2008，35(11)：1708-1714.
[21] 许晓燕，余梦瑶. 黄背木耳多糖对巨噬细胞的激活作用[J]. 中国食用菌，2008，27(3)：41-42.
[22] 杨振湖. 毛木耳多糖止血机制的初探[J]. 中国食用菌，1991，10(2)：14-15.
[23] 周学君，喻发. 毛木耳多糖的抗氧化作用[J]. 中国医学药学杂志，2000，20(9)：610-611.
[24] 吴春敏. 毛木耳多糖的分离、分析及免疫药理活性的研究[J]. 中国药科大学学报，1991，22(2)：97-100.
[25] 吴春敏，陈琼华. 毛木耳多糖的抗凝血和降血脂作用[J]. 中国药科大学学报，1991，22(3)：164-166.
[26] 吴春敏，陈琼华. 毛木耳多糖耐缺氧作用及对心脏和血压的影响[J]. 中国生化药物杂志，1992(1)：21-23.
[27] 和寿英，熊子仙. 毛木耳多糖的分析研究[J]. 云南师范大学学报，1999，19(4)：40-42.
[28] 王道福，邵林萍，菊保文，等. 毛木耳多糖对小鼠腹腔巨噬细胞蛋白激酶 A 活性的影响[J]. 中国药房，2001，12(5)：203-264.

[29] 王道福,邵林萍,菊保文,等. 毛木耳多糖对小鼠腹腔巨噬细胞蛋白激酶C活性的影响[J]. 解放军药学学报,2002,18(1):19-20.

[30] 罗霞,余梦瑶,江南,等. 毛木耳 Auricularia polytricha 多糖 APPIIA 对巨噬细胞因子和 iNOS 基因表达的影响[J]. 菌物学报,2009,28(3):435-438.

[31] 张丹,郑有良. 毛木耳(*Auricularia polytricha*)的研究进展[J]. 西南农业学报,2004,17(5):668-673.

[32] 贾卫梅,何国襄,刘晶. 毛木耳对血小板凝聚作用的成分研究[J]. 中国食用菌,1991,10(2):45-161.

[33] 张丹,高建伟,殷义高,等. 毛木耳对铜的生物吸附的影响因子研究[J]. 生态环境,2006,15(2):295-298.

[34] 高建伟,张丹,陈红,等. 蕈菌菌丝体死细胞对水溶液中微量铅离子的吸附[J]. 工业用水与废水,2006,37(4):23-26.

[35] 张丹,高建伟,马培,等. 溶液中多种金属离子共存对毛木耳生物吸附能力的影响[J]. 生态环境,2008,17(6):1822-1827.

(彭卫红、涂改临)

第五十章　美味牛肝菌

DIWUSHIZHANG MEIWEI NIUGANJUN

摘要：美味牛肝菌是一种分布广泛的世界性著名食药用菌。从 20 世纪 80 年代迄今，国内外学者对美味牛肝菌的生物学特性、化学成分、药理作用及应用进行了大量研究，其药用价值受到广泛重视。同时，包括美味牛肝菌在内的菌根真菌对人类的贡献远远不止作为食用和药用，它在维持生态平衡、促进植物种子萌发、抗病、抗逆等方面有着重要作用。但由于包括美味牛肝菌在内的绝大多数外生菌根真菌难以在人工培养基上生长，即使生长也难以用传统回接的方法鉴别其亲缘性，因而不易获得纯种，至于子实体分离培养更属世界性难题。本章较为全面和系统地阐述了美味牛肝菌研究的历程和现状、生物学特性、分类、栽培驯化、营养及其药用价值，并对其未来发展与应用进行了总结与展望。

Boletus edulis

Abstract: The edible/medicinal mushroom, *Boletus edulis*, is widely distributed and popular in many countries, and researchers worldwide have been studying the biological features, chemical composition, medicinal properties and applications of the mushroom since the 1980's. Mycorrhizal fungi such as *B. edulis* not only possess nutritional and medicinal attributes that benefit humankind directly, but also play important roles in maintaining the ecological balance by promoting plant germination and enhancing disease resistance. However, in common with other ectomycorrhizal fungi, *B. edulis* is unable to survive on artificial media, and it is still very difficult to establish the genetic affinity of the mushroom using traditional methods. Therefore, obtaining pure cultures of *B. edulis* and cultivating mushroom fruit bodies in vitro are challenges that remain unresolved. This chapter describes in detail various aspects of *B. edulis* including the history and present status of development, biological features, taxonomic status, cultivation, nutritional attributes and medicinal properties. The prospects for the future development and exploitation of *B. edulis* are reviewed and summarized.

第一节　概　述

1783 年，美味牛肝菌首先被法国植物学家 Pierre Bulliard 记录并命名。1821 年，有"真菌之父"之称的瑞典博物学家 Elias Magnus Fries 在进行真菌分类时，将其记载为 *Boletus edulis* Bull.。

祖国医学认为"药食同源，食药兼有"。美味牛肝菌不仅具有一定的营养价值，而且具有较高的药用价值。牛肝菌最早记载于古文献《滇南本草》中：味微酸、辛，性平。功效清热解烦，养血和中。现代文献《中国药用真菌》、《中国药用孢子植物》及《秦岭巴山天然药物志》中均提到该菌含有多种生物碱，可治腰腿疼痛、手足麻木、盘骨不舒、四肢抽搐以及妇女白带异常等症。

美味牛肝菌又名：白牛肝、大脚菇、白牛头、黄乔巴、炒菌等。

学名：*Boletus edulis* Bull.，*Herb. Fr.* 2：tab. 60 (1782)［1781-82］。

属名"*Boletus*"的拉丁语意思是"菌"，中文早就有牛肝菌的名称。种名加词"*edulis*"意思是"可食的、可供食用的"。

同物异名：*Boletus edulis* f. *arcticus* Vassilkov，*Bekyi Grib*：16(1966)；*Boletus edulis* f. *laevipes* (Massee) Vassilkov，*Bekyi Grib*：13(1966)；*Boletus edulis* subsp. *trisporus* Watling，*Notes R. bot. Gdn Edinb.* 33(2)：326(1974)；*Boletus edulis* var. *arcticus* (Vassilkov) Hlaváček，*Mykologicky Sborník* 71 (1)：9(1994)；*Boletus edulis* var. *laevipes* Massee，*Brit. Fung.-Fl.* 1：284(1892)；*Boletus solidus* Sowerby, *Col. fig. Engl. Fung. Mushr.* (London)3: pl. 419(1809); *Dictyopus edulis* (Bull.) Forq., (1890) [1889]; *Leccinum edule* (Bull.) Gray, *Nat. Arr. Brit. Pl.* (London)1: 647(1821)。

分类地位：菌物界(Fungi)，担子菌门(Basidiomycota)，伞菌目(Agaricomycetes)，伞菌亚纲(Agaricomycetidae)，牛肝菌目(Boletales)，牛肝菌科(Boletaceae)。

从20世纪80年代迄今，国内外学者对美味牛肝菌的生物学特性、化学成分、药理作用及应用进行了大量研究，其药用价值受到广泛重视。美味牛肝菌香浓味美，营养丰富。据测定，每百克干菇中含蛋白质20.0g，脂肪4.0g，含有全部20种氨基酸、多种微量元素和维生素。美味牛肝菌也是一种著名的药用真菌，它有提高人体免疫功能，调整体液免疫，降低机体耗氧量，增加血红蛋白载氧能力，降血脂；还具有抗癌和抗流感病毒的作用；舒筋活血，可治疗腰腿疼痛，可补虚提神，是一种食药兼用的山珍品。2009年我国牛肝菌总产量已达11 659吨。

第二节　美味牛肝菌的生物学特性

一、形态特征

美味牛肝菌子实体大型。菌盖扁半球形，直径5～15cm，黄褐色、褐色、红褐色至深褐色，其颜色变化很大，不黏，表面光滑，无绒毛，边缘完全，钝圆，略成波纹状。菌管乳白色、淡褐色，偶尔成黄绿色，长1～2cm，每厘米有20～30个，近圆形，颜色与菌管相同。菌肉白色，肥厚，味略甜脆，受伤时不变色，干燥后呈淡黄色，菌香味浓。菌柄近圆柱形，粗壮，长3～15cm，粗2～4cm，基部尤为膨大(可达11cm)，与菌盖同色，但稍浅，有明显的凸出网纹，中生，内实。孢子近梭形，黄色至黄绿色，光滑，近透明，10～15.2μm×4.5～5.7μm，内具13个油滴，囊状体棒状，无色，顶端钝圆或稍尖细，34～38μm×13～14μm。孢子印青褐色，生于云南松、高山松、红松、麻栎、栓皮栎、青冈栎等针叶林和混交林地上，单生至群生。常与栎和松树的树根形成菌根。一般6月至10月间生长，温暖地区稍早一些，温凉、高寒地区晚一些。在云南一般生长在海拔900～2 200m地带的阳坡。

二、生态分布

(一)共生

美味牛肝菌是一种与高等植物共生的菌根真菌，常与冷杉、云杉、铁杉、桦树、鹅耳枥、山毛榉、白蜡树、栋、柞、榆、山杨、高山松和云南松等树种形成共生菌根。据报道，美味牛肝菌的发生还与共生植物的树龄，以及林内的郁闭度有密切的关系。

美味牛肝菌属于外生菌根真菌。在与植物根形成的共生体系中，两者互相刺激产生一系列的次生代谢产物和生理反应，抵抗植物在生长发育过程中经常遇到的一些诸如干旱、盐碱等非生物逆境和病原生物以及杂草生物逆境，从而有效促进植物快速生长，延长树木生长期，提高其质量和成活率。当美味牛肝菌的菌丝侵染并缠绕在树木根系的尖端时，从根尖吸收它所需要的淀粉、蛋白质、果胶质和激素等物质，并迅速繁殖，形成一个菌根鞘。由于菌根鞘的包围，菌根植物的根毛极不发达或者没有根毛，而菌丝代替根毛吸收无机盐和水分。还有部分菌丝通过侵染点进入根皮层细胞间隙并且利用其间的营养物，但其菌丝并不进入细胞内部，当菌丝体在皮层细胞间占有一定的量时，所呈现的结构叫哈蒂网。哈蒂网是根皮层细胞和菌丝体进行物质交换的场所，菌根代替根毛吸收水分、无机盐以及土壤中的腐殖质，还为寄主分泌生长素、细胞分裂素、维生素等物质。栾庆书等将美味牛肝菌与病原菌根瘤菌(*Agrobacterium tumefaciens*)、瓜果腐霉(*Pythium aphaniderat mum*)、茄孢镰刀菌(*F. solani*)、终极孢霉(*P. ultimum*)等进行了对抗实验。结果表明，美味牛肝菌对病原菌有不同程度的拮抗作用，特别是能抑制病原菌的生长速度，使其菌落致死，从而为田间防治土传病原菌的生长。北京大学曾报道，外生菌根对油松碎倒病有生物防治作用。吕全等报道，菌根提高宿主的抗旱机制在于其影响到植物内部组织结构变化，叶肉质化程度提高，比叶面积增大，从而使叶保水力增大，水分饱和亏缺降低。另外，正常情况下高于对照的蒸腾率，在干旱胁迫下低于对照的水平，并证明美味牛肝菌是最优秀的抗旱菌种之一。此外，也有人提出在同一根系上接种不同的真菌以形成混合菌根，其对共生物的益处应该比单一类型的菌根好，它将汇集不同类型真菌的优点于共生物一身。

近年来，随着工业的发展，含重金属离子的废水排放数量和种类大大增加，微生物能吸附或积累金属离子的能力逐渐引起了人们的兴趣。Arery S V. J Chem 发现一些外生菌根类微生物在体细胞表面形成的离子或共价键有吸附金属离子的作用。金属也可能通过沉降或晶体化作用沉积于细胞表面，某些难溶性金属也可被胞外分泌物或细胞壁的腔洞捕获而沉积。这项崭新的技术还没有大规模应用于生产实践，但具有其他方法所不可比拟的优点。美味牛肝菌除了其食用和药用价值之外，作为一种防护和促进手段在造林及环保实践中具有很大的应用潜力。

(二)地理分布

美味牛肝菌是一种分布广泛的世界性著名食药用菌，特别在意大利、法国、瑞士、德国等西欧国家尤为推崇。我国的东北、西北、西南、华东、华北和中南诸省(自治区)均有分布。云南、四川、西藏、贵州、黑龙江、辽宁、吉林、内蒙古、河南、甘肃、陕西、湖南、福建、台湾、安徽、江苏和广东等地出产较多。

(三)影响美味牛肝菌生长和繁殖的理化因素

美味牛肝菌菌丝体及子实体生长期的生理活动除与营养条件有关外，还受温度、水分、空气、光线和酸碱度等各种理化因素的影响。

1. 营养特性

美味牛肝菌菌丝生长的碳源物质以葡聚糖、淀粉、果胶效果最好；对子实体的形成，果胶和乙醇是最有效的碳源。菌丝体生长不能利用苯基丙氨酸、蛋氨酸、脯氨酸和色氨酸，以天门冬酰胺、谷氨酰胺最好，天冬氨酸、谷氨酸、丙氨酸、甘氨酸、丝氨酸次之；对子实体的形成，丝氨酸是最有效的氮源。$MgSO_4$ 和 K_3PO_4 是可利用的矿物质营养来源。10.0μg/L 以上的维生素 B_1 是子实体形成必需的。10^{-5}mol /L 的环腺苷酸和茶碱是子实体形成过程必不可少的诱导物。

邓百万、陈文强等对美味牛肝菌深层发酵研究表明，菌丝体对供试碳源有不同程度的利用，以葡萄糖的利用率较高；菌丝体对有机氮的利用率为高，对铵态氮很难利用。其中酵母浸出膏和牛肉膏等复合氮源，更有利于菌丝的生长。尤其是酵母浸出膏，可促进菌丝大量生长，且菌丝球均匀，密度高。培养基中加入 $CaCO_3$ 对培养基 pH 起调节作用，Mg^{2+} 对菌丝体生物量转化有促进作用，而 Zn^{2+}、Fe^{2+} 对菌丝生长影响不大。无机盐 KH_2PO_4、$MgSO_4 \cdot 7H_2O$，以 2∶1的比例添加，菌丝体生物量最高。正交实验确定的美味牛肝菌深层发酵的最适培养基为：葡萄糖30.0g，酵母浸出膏7.0g，KH_2PO_4 2.0g，$MgSO_4 \cdot 7H_2O$ 1.0g，维生素 B_1 0.01mg，水1 000ml。

美味牛肝菌深层发酵菌丝生长的的最适初始 pH 为 5.2～5.8，最适振荡速度为 180 转/分钟，最适培养温度为 27℃，100ml 三角瓶装液量为 30ml，生产菌丝体的发酵周期为 6 天。

2. 温度

温度是影响美味牛肝菌发生的重要指标，环境温度是由多种因素(坡度、坡向、海拔)决定的。温度又会影响湿度，而湿度对美味牛肝菌的发生也有影响。美味牛肝菌菌丝体在 18～30℃ 下生长，最适温度为 24～28℃；其子实体可在 5～28℃ 范围内生长发育，子实体形成的适宜温度为 16～24℃，低于 12℃不易形成子实体。我国幅员辽阔，地理环境复杂多变。在不同地域美味牛肝菌的发生期和发生量不尽相同。南方的发生期来得早，时间持续较长。即便是同一地区由于雨量和地理环境的差别，美味牛肝菌发生的时间、产量也有不同。一般来说，适宜的温度和充足的降雨可使其出菇高峰长、产量大。

3. 水分和湿度

美味牛肝菌多集中在海拔 900～2 200m，在海拔 200 m 或 700 m 处也有生长，但数量很少。在陕西镇巴境内，美味牛肝菌多生长在海拔1 200m 以下的针阔混交林地上，主要树种为松、杉、栎类，土壤为黄棕壤、黄褐紫色土。海拔高度是山区气候的一个标志因子，即随海拔高度不同，温度、湿度、空气、光照强度、土壤和植被等随之而改变。土壤是美味牛肝菌及其共生植物生活的基质，土壤的结构、透气性、酸碱度等与美味牛肝菌的生长有密切的关系。调查研究发现，美味牛肝菌产区附近的土壤一般为山地黄土、黄壤、灰砂土、山地黄棕壤、暗棕壤、紫色土及黄砂土，尤其在枯枝落叶层较厚、松软和肥沃的土层中，美味牛肝菌的长势较好。时雨时晴，或白天晴、夜有雨最有利于子实体形成，少雨低湿环境不利于子实体的形成。菌丝体生长阶段土壤含水量以 60%左右为宜，而子实体生长阶段空气相对湿度以 80%～90%为好。

4. 酸碱度

pH 在 5.0～6.0 的营养基质较适合美味牛肝

菌菌丝体生长和子实体的发育。

5. 光照

美味牛肝菌菌丝体生长不需要光照，而子实体的形成需要一定散射光的刺激。美味牛肝菌多发生于七阴三阳或半阴半阳有散射光的林地。植被茂密、荫蔽度大、深沟边、杂草丛生地很少发生；日照长、植被少，子实体也很少发生。森林内郁闭度不同，子实体的发生有明显区别。郁闭度在 0.6～0.9 之间均有美味牛肝菌的生长，郁闭度<0.5 或>0.9 时，几乎没有生长或发生量很少。在 0.7～0.9 郁闭度的林下，发生量最大。不同郁闭度下的光照、湿度有明显差异，而美味牛肝菌的发生需要一定的散射光，在郁闭度较大的密林中发生量相对减少。

第三节　美味牛肝菌的栽培驯化

一、菌种的分离培养

美味牛肝菌为菌根菌，菌种分离的难度较大。L. Schisler 等（1977）报道，用尚未成熟的子实体作组织分离材料，子实体采集后 1～2 小时内立即分离，用下面培养基培养可分离成功：葡萄糖 10.0g，KH_2PO_4 0.5g，麦芽膏 2.5g，$CaCl_2$ 0.05g，酵母膏 1.5g，柠檬酸铁溶液（1.0g柠檬酸铁＋0.64g柠檬酸，溶于1 000ml 蒸馏水中）0.5ml，蛋白胨 2.5g，红花油 2.5g，酒石酸铵 1.0g，NH_4Cl 0.5g，$MgSO_4$ 0.5g，琼脂 20.0g，蒸馏水 1 000ml。李崇安（1994）报道，用 PDA 培养基对牛肝菌（*Boletus* sp.）组织分离，20～25℃恒温培养，20 天菌丝长满试管，初分离菌丝白色或灰白色，稀疏，紧贴培养基。

二、菌丝体培养

李崇安（1994）报道，牛肝菌在蛋白胨 2.0g，K_2HPO_4 1.0g、$MgSO_4·7H_2O$ 0.5g、葡萄糖 20.0g、琼脂 20.0g、水 1 000ml 培养基上，20～25℃恒温培养，15 天长满试管斜面，菌丝体培养 7 天后逐渐变得浓密，呈白色绒毛状。Yoshiro Oyama 1976 年报道，美味牛肝菌在果胶或淀粉 2.0%、天冬氨酸 0.15%、谷氨酸 0.15%、$MgSO_4·7H_2O$ 0.05%、K_3PO_4 0.05%的培养基上，菌丝体可良好生长。

三、子实体人工培养

Yoshiro Oyama（1976）报道，美味牛肝菌在果胶或乙醇 2.0%、丝氨酸 0.1%、$MgSO_4$ 0.015%、K_3PO_4 0.015%、维生素 B_1 10. 0μg/L、环腺苷酸 10^{-5} mmol/L、茶碱 10^{-5} mmol/L、pH5～6 培养基上，在 5～20℃的摇瓶培养条件下，经过 90 天的培养，获得了子实体。李崇安（1994）报道，牛肝菌在半腐叶 39.0%、杂木屑 39.0%、米糠 20.0%、葡萄糖 1.0%、石膏 1.0%、pH 5.5～6；或半腐叶 39.0%、玉米粉 39.0%、米糠 20.0%、葡萄糖 1.0%、石膏 1.0%、pH 5.5～6 的培养基质上，菌丝生长较好，浓密粗壮，袋壁上有大量黄褐色成片菌核出现。

四、菌根的人工合成

据 J. Delmas（1978）报道，在无菌条件下，通过孢子或菌丝体碎片获得美味牛肝菌的纯培养，同时通过种子培养出共生植物的幼苗，然后把菌根真菌菌丝体及共生植物幼苗放到适宜的培养基内，经过一定时间的培养后，真菌菌丝体会感染植物幼苗，形成菌根。把长出了菌根的共生幼苗种在未消毒的土壤里，按照同时满足共生植物和菌根菌生长发育所需的条件进行管理。随着共生植物的生长，在条件适宜时，菌根菌的子实体会陆续发生。

图 50－1　牛肝菌子实体

第四节 美味牛肝菌的化学成分、药理作用与应用

一、牛肝菌化学成分

据分析，100g 牛肝菌干品中含蛋白质20.2g，糖类（碳水化合物）64.2g，热量1 414J，灰分4.0g，Ca 23mg，P 500mg，Fe 50mg，维生素 B_2 3.68mg。

万辉从褐圆孔牛肝菌 *Gyropous castaneus* 中分离得到 6 种化合物，分别鉴定为 β 麦角甾醇（β-ergosterol，I）、5α，8α-过氧麦角甾-6、22-双烯-3β-醇（5α，8α-epidioxyergosta-6，22-dien-3β-ol，II）、麦角甾-6-22-双烯-3β，5β，8β-三醇（ergosta-6，22-dien-3β，5β，8β-triol，III）、烟酸（nicotic acid，IV）、反-肉桂酸（trans-cinnamic acid V）和亚油酸（1inoleic acid，VI）。以上物质均首次从褐圆孔牛肝菌中获得，其中化合物 II 的构型未见有其他文献报道。

吴少华等研究紫色粉孢牛肝菌的化学成分。他们采用硅胶柱色谱法对化合物进行分离，运用波谱方法确定结构。结果从紫色粉孢牛肝菌子实体中分离鉴定了 5 种化合物，分别为麦角甾醇（Ⅰ）、麦角甾醇过氧化物（Ⅱ）、麦角硫因（Ⅲ）、腺嘌呤核苷（Ⅳ）和尿嘧啶（Ⅴ）。

胡琳等从担子菌灰黑拟牛肝菌（*Boletopsis grisea*）新鲜子实体的乙醇提取物中首次分离得到 10 种化合物，包括 8 种酚性成分、1 个含硫成分和 1 个含脑苷脂。它们的结构经各种波谱数据分别鉴定为 3-（4-乙酰氧基苯）-1，2，4，7，8-五乙酰氧基二苯并呋喃（1）、3-（4-乙酰氧基苯）-1，2，4-三乙酰氧基-7，8-二羟基二苯并呋喃（2）、3-（4-羟基苯）-1，2-二乙酰氧基-4，7，8-三羟基二苯并呋喃（3）、2，3-二乙酰氧基-4，4，5，6-四羟基对联三苯（4）、对苯二酚（5）、对羟基苯甲酸（6）、茴香酸（7）、对羟基苯甲醛（8）、硫代乙酐（9）和 1-*O*-吡喃葡萄糖基-（2S，3R，4E，8E，2 R）-2-N-（2 -羟基棕榈酰）-9-甲基-4，8-sphin-gadienine（10）。有报道称，其中化合物 1、2、3 对 5-脂氧化酶具有选择性抑制活性，4、9、10 均为首次从该真菌中分离得到。

朱萍等采用原子吸收分光光度法、比色法等方法对美味牛肝菌、华美牛肝菌、美柄牛肝菌和绒柄牛肝菌 4 种鲜牛肝菌的粗蛋白、粗脂肪、矿质元素、有害元素的含量进行测定。结果表明，4 种鲜牛肝菌中，粗蛋白、粗脂肪、总糖和粗纤维的含量分别是 4.38％～5.42％、2.47％～3.07％、1.26％～3.85％和 1.23％～1.56％；矿质元素铁、锌、钙的含量分别是 19.62～37.96 mg/kg、6.53～9.67 mg/kg 和 146.23～298.02 mg/kg。总砷含量未检出，有害元素总汞、铅、镉的含量分别是0.06～0.73mg/kg、0.4～62mg/kg 和0.075～0.105mg/kg。

王元忠等采用原子吸收分光光度法、氨基酸分析等方法对小美牛肝菌（*Boletus speciosus*）子实体的多糖、粗蛋白、粗脂肪、氨基酸和矿质元素等主要成分及含量进行了测定。结果表明，在测定的 18 种氨基酸中，8 种必需氨基酸含量占氨基酸总量的39.36％，多糖、粗蛋白、粗脂肪、灰分和粗纤维含量分别为 6.41％、29.78％、3.36％、5.04％和7.89％。

麻兵继等研究了紫牛肝菌 *Boletus vioaceo-fuscus* 子实体的化学成分。紫牛肝菌丙酮提取物经柱色谱分离，并根据波谱数据鉴定了化合物的结构。结果分离鉴定了 6 个化合物，分别是 3β-羟基-麦角甾-5，7，22-三烯（1）、琥珀酸酐（2）、（22E，24R）-5α，6α-过氧麦角甾-8，22-二烯-3β，7α-二醇（3）、（22E，24R）-5α，6α-过氧麦角甾-8（14），22-二烯-3β，7α-二醇（4）、脑苷酯 B（5）和腺嘌呤核苷（6）。以上所有化合物均为首次从该真菌中分离得到。

李涛等测定了绒柄牛肝菌子实体中的营养成分，结果表明其粗蛋白质、粗脂肪、粗纤维、多糖和甘露醇含量分别为 31.84％、0.99％、8.56％、1.30％和0.90％。测定的 18 种氨基酸中，8 种必需氨基酸含量占氨基酸总量的40.37％；必需氨基酸与非必需氨基酸比值为0.68。

王元忠等采用原子吸收分光光度法、氨基酸分析等方法对小美牛肝菌（*Boletus speciosus*）子实体的多糖、粗蛋白、粗脂肪、氨基酸和矿质元素等主要成分及含量进行了测定。结果发现，在测定的 18 种氨基酸中，8 种必需氨基酸含量占氨基酸总量的 39.36％，多糖、粗蛋白、粗脂肪、灰分和粗纤维含量分别为 6.41％、29.78％、3.36％、5.04％和7.89％。

梅文泉等对黄皮疣柄牛肝菌营养成分进行了分析。测定结果表明，黄皮疣柄牛肝菌中蛋白质

含量为35.10%、脂肪1.40%、粗纤维12.53%，总糖9.33%；元素钙的含量较低，为126mg/kg，氨基酸组成中谷氨酸的含量最高，为3.80%。

张宁宁从黄粉牛肝菌（*Pulveroboletus ravenelii*）的甲醇提取物中分离得到2个新的丁烯羟酸内酯成分 isoravenelone①和 ravenelone②以及1个含量较大的已知化合物枕酸甲酯③。通过2D-NMR、MS、IR 和 UV 光谱确定其结构，并进行 X射线晶体学分析。化合物①和②互为异构体，其结构为2-苯亚甲基-3-羟基-4-(2,3-二苯基丙酸甲酯-3-基)-5-氧-2(2H)-亚呋喃。干燥的黄粉牛肝菌子实体(100g)用甲醇提取，滤液减压浓缩，得到的残余物(34.4g)在水和乙酸乙酯中分配，乙酸乙酯层挥干，在甲醇中结晶，得到化合物③(1.378g)。母液继续过硅胶柱，用氯仿-甲醇(9∶1)洗脱，得到混合物41.4 mg，用$(CH_3)_3SiCHN_2$和甲醇甲基化。反应混合物挥干后，经制备 HPLC(己烷-乙酸乙酯，2∶1)纯化，得到化合物④(2.07mg)和⑤(3.98mg)。化合物④、⑤分别为化合物①、②的甲基化衍生物。化合物④为白色粉末，分子式$C_{27}H_{36}O_5$。化合物⑤为白色粉末，分子式$C_{27}H_{24}O_5$。

二、药理作用

1. 抗氧化作用

李娟等初步研究了美味牛肝菌、乳牛肝菌和褐绒盖牛肝菌3种野生食用菌甲醇提取物的体外抗氧化特性。测定了3种牛肝菌甲醇提取物的还原力，以及在卵黄脂蛋白不饱和脂肪酸(PUFA)过氧化体系、Fenton 体系和邻苯三酚自氧化体系中的体外抗氧化活性及其起抗氧化作用的物质。结果表明，3种牛肝菌都具有较强的还原力和抗脂质过氧化作用，并有一定的清除自由基能力，其中总酚是主要的抗氧化物质。综合其抗氧化能力强弱顺序为：褐绒盖牛肝菌＞乳牛肝菌＞美味牛肝菌。

王一心等研究了黑牛肝菌的降血脂及抗氧化作用。将雄性 SD 大鼠40只随机分为高、低两个剂量组和高脂模型组及正常对照组。前3个组给予高脂饲料喂养，每天分组灌胃6.50%、3.25%黑牛肝菌匀浆液1ml/kg 体重，连续30天。分别测定血脂及抗氧化指标。结果发现，黑牛肝菌高、低剂量组血清总胆固醇、低密度脂蛋白胆固醇、三酰甘油和丙二醛含量明显低于高脂模型组($P<0.01$)，而血清高密度脂蛋白胆固醇含量和血清及肝脏的超氧化物歧化酶活力明显高于高脂模型组($P<0.01$)。结果显示，黑牛肝菌对大鼠有明显的降血脂及抗氧化作用。

阚国仕等对牛肝菌胞外多糖(BeBEP)体外抗氧化能力进行研究。BeBEP 的发酵与提取在无菌条件下用直径为10mm 的打孔器，在长满美味牛肝菌菌丝的培养皿上打孔，镊子夹取2片菌丝碟接种于盛有100ml 发酵培养基的三角瓶中，28℃，150转/分钟恒温振荡培养6天，取出，滤去菌丝，合并上清液浓缩，用0.5%的木瓜蛋白酶＋Sevage[*V*(多糖溶液)∶*V*(三氯甲烷)∶*V*(正丁醇)＝25∶5∶1]法脱去粗多糖溶液中游离的蛋白，3%活性炭，50℃脱色2小时，过滤离心，浓缩，用3倍体积95%乙醇沉淀48小时，沉淀冷冻干燥，得到多糖的半纯品。结果发现，BeBEP 具有清除超氧阴离子自由基的能力。清除率随 BeBEP 浓度的增大而增加。BeBEP 浓度在0～4 mg/ml 时，增加较快；＞4mg/ml，增加缓慢；浓度为10mg/ml 时，清除率达到50.3%。进而采用 Fenton 反应，对不同浓度的 BeBEP 溶液进行清除羟基自由基能力测定，同样，BeBEP 具有很强的清除羟基自由基的能力，清除率随着 BeBEP 浓度的增大而增加。BeBEP 浓度在0～3 mg/ml时，增加缓慢；＞4mg/ml，上升加快；浓度为10mg/ml 时，清除率达到72.9%。随着 BeBEP 浓度的增加，对H_2O_2诱导红细胞氧化溶血抑制率也随之增大。BeBEP 浓度为9mg/ml，抑制率可达到65.5%。说明 BeBEP 对H_2O_2引起的红细胞溶血有显著的抑制作用。随着 BeBEP 浓度的增加，BeBEP 体外抗肝组织自发性脂质过氧化的抑制作用也随之增强。BeBEP 浓度为10mg/ml 时，抑制率可达到68.4%。说明 BeBEP 能抗肝组织自发性脂质过氧化作用。

Sarikurkcu 评价了采集于土耳其安纳托利亚、埃斯基谢希尔地区4种食用菌的抗氧化活性，以4种菌的甲醇萃取物为研究对象，考察了几种抗氧化活性，包括β胡萝卜素、DPPH 自由基清除、还原力测定和金属螯合能力等。其中美味牛肝菌抗氧化能力较强，与阳性对照相当，还原力也最优。螯合能力随着提取物的浓度增加而增强。浓度为1mg/ml 时，甲醇萃取物的还原力为0.144mg/kg 0.284；浓度为2mg/ml 时，还原力为0.284mg/kg 0.574。对 BHT 和α-生育酚的还原力研究发现，在1mg/ml 时，还原力分别为13.379±0.043和2.181±0.033。从4种食用菌甲醇提取物与 BHT 和α-生育酚为标准的亚铁离子螯合效应可以看出，随着提取物的浓度增加，螯合能力增强。绒盖牛肝菌的甲醇提取物浓度在0.5mg/ml 时，螯合效应为93.55%±0.33%，具有强大的螯合效应。

杨立红等将野生牛肝菌烘干后经热水浸提、

乙醇沉淀得粗多糖。粗多糖经 Sevag 法除蛋白后上 DEAE-纤维素柱层析，分离得到4种多糖组分 Nb-Ⅰ、Nb-Ⅱ、Nb-Ⅲ 和 Nb-Ⅳ。红外光谱对 Nb-Ⅰ分析表明，Nb-Ⅰ为含有葡萄糖醛酸的 β-*D*-吡喃葡聚糖。Sepharose CL-4B 测得 Nb-Ⅰ相对分子质量为 4.0×10^4，总抗氧化能力测定结果表明，牛肝菌粗多糖在1.5mg/ml 时，总抗氧化能力为109.5U/ml；Nb-Ⅰ在1.5mg/ml 时，总抗氧化能力为155.73U/ml。两者均具有抗氧化能力，且后者高于前者。

2．降血脂作用

王一心等探讨了华美牛肝菌的降血脂作用及抗氧化能力。华美牛肝菌的来源及制备：新鲜华美牛肝菌从市场上购买，制成干品。取30g 华美牛肝菌干品加200ml 蒸馏水浸泡3小时后，再定容到350ml，煮沸30分钟，再经匀浆得350ml 匀浆液，浓度相当于每100ml 中含有8.57g 干品。取1份8.57%匀浆液，按1∶1比例，用蒸馏水稀释成相当于4.29%浓度的匀浆液。制备好的匀浆液保存于冰箱中备用。取雄性 SD 大鼠40只，随机分为高、低两个剂量组和高脂模型组及正常对照组。前3个组给予高脂饲料喂养，每天分组灌胃给8.57%、4.29%华美牛肝菌匀浆液和蒸馏水1ml/100g 体重，连续30天。分别测定血脂及抗氧化指标。结果发现，高、低剂量组血清总胆固醇（TC）、低密度脂蛋白胆固醇（LDL-C）、三酰甘油（TG）和丙二醛（MDA）含量明显低于高脂模型组（$P<0.01$），而血清高密度脂蛋白胆固醇（HDL-C）含量和血清超氧化物歧化酶（SOD）活力明显高于高脂模型组（$P<0.01$）。该研究认为，华美牛肝菌对大鼠有明显的降血脂作用及一定的抗氧化作用。

3．免疫调节与抗肿瘤作用

刘佳等对野生牛肝菌进行营养成分分析，并观察其对小鼠环磷酰胺（CP）损伤免疫系统的免疫调节作用。实验设野生牛肝菌组9mg/kg 加 CP、CP 组、正常对照组。灌胃小鼠牛肝菌提取液35天，CP 腹腔注射造成小鼠免疫损伤。观察小鼠胸腺脏器系数、血清溶血素、小鼠足趾 DTH、碳粒廓清指数 α 等指标。动物免疫试验中血清溶血素（HC50）水平测定，CP 组为66.53±28.74，而加用野生牛肝菌组后 HC_{50} 值上升为134.84±34.71（$P<0.01$）；小鼠 DTH 反应，CP 组为0.29±0.11mm，而加用野生牛肝菌组其 DTH 值上升至0.62±0.19mm（$P<0.01$）。加用野生牛肝菌组其碳粒廓清指数 α 明显高于 CP 组（$P<0.01$）。从而得出结论，野生牛肝菌是一种具有较高营养价值的野生食用菌。

唐薇等报道，美味牛肝菌经水溶醇析法提取的多糖呈灰白色，其总糖含量为73.21%，蛋白质含量为7.14%。经动物试验表明，该多糖能显著增加胸腺、脾脏器官质量，促进机体的免疫功能。采用腹腔注射100mg/kg 剂量后，使供试小白鼠外周血中的白细胞总数增加17%，同时红细胞中 SOD 酶活性显著提高，多达42.5%，还显著促进脾淋巴细胞的转化。

唐薇等采用美味牛肝菌经水溶醇析法提取的多糖液，以10mg/kg 腹腔注射给接种了S-180肿瘤的小鼠。发现该多糖液能提高荷瘤小鼠生命延长率18.7%，具有明显的抗S-180肿瘤的效应。

4．临床应用

牛肝菌具有清热解烦、养血和中、追风散寒、舒筋和血、补虚提神等功效，是中成药“舒筋丸”的原料之一。还可治妇女白带症及不孕症。也有防治感冒的作用。

5．过敏反应

Baruffini 报道，真菌成分通过吸入、摄入或接触而导致人产生过敏样症状。该研究以食用蘑菇前从未有症状的从事挑选和包装干蘑菇的职业性女工为研究对象。采用通过个人空气采样和落尘收集进行环境研究。结果显示，在收集的粉尘中发现有美味牛肝菌过敏原，临床检查显示女工面部和双手出现湿疹。工人有对吸入的牛肝菌有高嗜酸性粒细胞浸润和支气管高反应性，但对无致敏性的常见吸入剂和食品无反应。实验证明，从事暴露于牛肝菌粉尘工作的人有诱发皮肤和呼吸道症状的可能，其发病机制为 IgE 介导的过敏反应。

Nieminen 等对食用野生牛肝菌产生肌毒性进行了报道，在法国和波兰有食用黄绿色松茸造成人类迟发性横纹肌溶解症，并引发升高血浆肌酸激酶活性，且有致死的报道。进而发现，美味牛肝菌对实验小鼠也可引起类似的反应。

（李卫东、林志彬）

第五节　展　望

资料表明，包括美味牛肝菌在内的菌根真菌对人类的贡献远远不止作为食品和药品，它在维持生态平衡、促进植物萌发、抗病、抗逆等方面有着举足轻重的作用。但由于包括美味牛肝菌在内的绝大多数外生菌根真菌难以在人工培养基上生长，即使生长了也难以用传统回接的方法鉴别其亲缘性，因而不易获得纯种。至于子实体离体培养更属世界性难题。分子生物技术的发展和应用，为美味牛肝菌的研究与开发提供了条件和可能。针对各种条件及森林资源情况，对美味牛肝菌的共生机制需要更深入的研究，从而在未来一段时间内实行半人工栽培，以实现美味牛肝菌的产业化。

关于美味牛肝菌菌种分离培养方法虽有报道，但由于美味牛肝菌种间共生条件的差异性以及其他方面的原因，仍有必要对培养基组成和分离培养方法进行筛选。鉴于共生的外生菌根菌至今无法进行人工栽培出菇，确定所分离菌株的真伪是开展诱导研究工作的基础。目前，RAPD（Random-Amplified Polymorphic DNA）指纹对比技术已被应用于这一领域。菌根结构是长期协同进化的结果，一些尚未明确的生态条件、营养方式以及子实体分化发育的条件使得包括牛肝菌在内的许多外生菌根类食用菌的人工驯化工作十分艰难。探讨此类真菌菌丝体生长分化的机制，提出有效诱导外生菌根真菌子实体的方法无疑具有重要的学术和实用价值。一旦驯养成功，必将在提高自然资源利用率的同时，也促进林木快速健康的成长。以林产菌，以菌促林，既创造了经济价值又保护了生态环境。

参考文献

[1] 万辉. 褐圆孔牛肝菌化学成分的研究[J]. 中草药，2000，31(5)：328-330.

[2] 吴少华，陈有为，杨丽源，等. 紫色粉孢牛肝菌化学成分研究[J]. 中药材，2009，32(2)：226-228.

[3] 胡琳，丁智慧，刘吉开. 灰黑拟牛肝菌的化学成分[J]. 云南植物研究，2002，24(5)：667-670.

[4] 朱萍，郭永红，丁晓雯，等. 4 种鲜牛肝菌成分分析[J]. 中国食用菌，2006，25(4)：44-46.

[5] 王元忠，李兴奎，虞泓，等. 小美牛肝菌子实体主要成分的测定[J]. 食用菌学报，2005，12(4)：5-8.

[6] 麻兵继，阮元，刘吉开. 紫牛肝菌子实体化学成分研究[J]. 中国中药杂志，2007，32(17)：1766-1767.

[7] 李涛，王元忠，李荣春. 绒柄牛肝菌子实体营养成分分析[J]. 食用菌学报，2008，15(4)：70-72.

[8] 梅文泉，董宝生，和丽忠，等. 黄皮疣柄牛肝菌营养成分分析[J]. 中国食用菌，2005，24(1)：25-26.

[9] 张宁宁. 食用蘑菇黄粉牛肝菌中 2 个新的 ravenelone 成分[J]. 国外医学中医中药分册，2004(4)：244.

[10] 李娟，李平，卜可华. 几种牛肝菌抗氧化能力的研究[J]. 中国食品添加剂，2007(1)：49-54.

[11] 王一心，杨桂芝，狄勇，等. 黑牛肝菌降血脂及抗氧化作用的实验研究[J]. 大理学院学报，2004，3(3)：6-8.

[12] 阚国仕，矫丽曼，杨玉红，等. 牛肝菌胞外多糖(BeBEP)体外抗氧化能力的研究[J]. 食品与发酵工业，35(2)：57-60.

[13] SARIKURKCU C，TEPE B，YAMAC M. Evaluation of the antioxidant activity of four edible mushrooms from the Central Anatolia，Eskisehir - Turkey：Lactarius deterrimus，Suillus collitinus，Boletus edulis，Xerocomus chrysenteron[J]. Bioresour Technol，2008，99(14)：6651-6655.

[14] 杨立红，刘林德，钟旭生，等. 野生牛肝菌多糖的分离鉴定及其抗氧化性研究[J]. 食品科学，2008，29(8)：335-338.

[15] 王一心，杨桂芝，狄勇华. 美味牛肝菌对高脂血症大鼠血脂及抗氧化作用的影响[J]. 现代预防医学，2004，31(4)：479-480.

[16] 刘佳，高敏，殷忠，等. 野生牛肝菌营养成分分析及对小鼠免疫功能的影响[J]. 微量元素与健康研究，2007(1)：5-7.

[17] 唐薇，鲁新成. 美味牛肝菌多糖的生物活性及其抗S-180肿瘤的效应[J]. 西南师范大学学报：自然科学版，1999，24(4)：478-481.

[18] BARUFFINI A, PISATI G, RUSSELLO M, et al. Occupational allergic IgE-mediated disease from Boletus edulis: case report[J]. Med Lav, 2006,97(1):87.

[19] NIEMINEN P, KIRSI M, MUSTONEN AM. Suspected myotoxicity of edible wild mushrooms [J]. Exp Biol Med, 2006,231(2):221-228.

[20] LEONARDI M, PAOLOCCI F, RUBINI A, et al. Assessment of inter and intra-specific variability in the main species of Boletus edulis complex by ITS analysis [J]. FEMS Microbiol Lett, 2005, 243(2):411-416.

[21] MELLO A, GHIGNONE S, VIZZINI A, et al. ITS primers for the identification of marketable boletes [J]. J Biotechnol, 2006,121(3):318-329.

[22] MOOR D, BRODMANN P, NICHOLAS G, et al. Polymerase chain reaction(PCR)for the detection of king bolete(Boletus edulis) and slippery jack(Suillus luteus) in food samples [J]. Eur Food Res Technol, 2002,214: 340-345.

[23] WU Q, MUELLER GM, LUTZONI FM, et al. Phylogenetic and biogeographic relationships of eastern Asian and eastern North American disjunct Suillus Species(Fungi) as inferred from nuclear ribosomal RNA ITS sequences [J]. Mol Phylogen Evol, 2006,17(1): 37-47.

[24] HALL IR,LYON AJE,WANG Y,et al. Ectomycorrhizal fungi with edible fruiting bodies Boletus edulis[J] Economic Botany, 1998,52(1):44-56.

[25] SALERNI E,PERINI C. Experimental study for increasing productivity of Boletus edulis. s. l. in Italy[J]. Forest Ecol Manag, 2004,201(2-3):161-170.

[26] MARCO L, FRANCESCO P, ANDREA R, et al. Assessment of inter- and intra-specific variability in the main species of Boletus edulis complex by ITS analysis. FEMS Microbiol lett, 2005,243: 411-416.

[27] WANG Y,SINCLAIR L,HALL IR, et al. Boletus edulis sensu lato: a new record for New Zealand[J]. New Zealand J Crop Hort Sci, 1995,23:227-231.

[28] MOOR D,BRODMANN P,NICHOLAS G,et al. Polymerase chain reac-tion(PCR) for the detection of king bolete(Boletus edulis) and slipperyjack(Suillus luteus) in food samples [J]. Eur Food Res Technol, 2002,214(4):340-345.

[29] AGUEDA B, PARLADE J. Characterization and i-dentification of field ectomycorrhizae of Boletus edulis and Cistus ladanifer[J]. Mycologia, 2006,98(1):23-30.

[30] MEOTTO F,PELLEGRINO S. The performance in the field of oaks and sweet chestnuts in mycorrhizal association with Boletus edulis [J]. Inf Agrario, 1989,46(47):57-61.

[31] OLIVIER J M,GUINBERTEAU J,RONDET J,et al. Is artificial inoculation of Boletus edible species feasible? [J]. Revue Forestiere Francaise. 1997,49:222-234.

[32] KASPARAVICIUS J. Influence of climatic conditions on the growth of fruit bodies of Boletus edulis[J]. Botanica Lithuanica, 2001, 7(1):73-78.

[33] MEOTTO F,PELLEGRINO S,BOUNOUS G. Evolution of Am-anita caesarea(scop. :fr.) pers. and Boletus edulis bull. :fr. synthetic ectomycorrhizae on european chestnut(Castanea sativa mill.) seedlings under field conditions[J]. Acta Hortic, 1999,494:201-206.

[34] ZUCCHERELLI G. First experiences with production of forest plants inoculated with Boletus edulis[J]. Monti e Boschi, 1988,39(3):11-14.

[35] THOMAS A F. An analysis of the flavor of the dried mushroom,Boletus edulis[J]. J Agric Food Chem, 1973,21:955-958.

[36] BINDER M, HIBBETT DS. Molecular systematics and biological diversification of Boletales [J]. Mycologia, 2006,98(6): 971-981.

[37] 卯晓岚. 中国大型真菌[M]. 郑州：河南科学技术出版社，2000.

[38] 黄年来. 中国食用菌百科[M]. 北京:中国农业出版社,1997.
[39] 张光亚. 中国常见食用菌图鉴[M]. 昆明: 云南科学技术出版社,1999.
[40] 应建浙,卯晓岚,马启明,等. 中国药用真菌图鉴[M]. 北京:科学出版社,1987.
[41] 林晓民,李振岐,侯军. 中国大型真菌的多样性[M]. 北京:中国农业出版社,2005.
[42] 何培新. 名特新食用菌 30 种[M]. 北京:中国农业出版社,2000.
[43] 王立泽,叶家栋,游庄信,等. 食用菌栽培[M]. 合肥: 安徽科学技术出版社,1998.
[44] 杨新美. 食用菌研究法[M]. 北京:中国农业出版社,1998.
[45] 李泰辉,宋斌. 中国食用牛肝菌的种类及其分布[J]. 食用菌学报,2002,9(2):22-30.
[46] 阎明珍,任玉环,张朝亮. 吉林美味牛肝菌分布及生态习性的初步研究[J]. 吉林林学院学报,1996,12(24):244-246.
[47] 张华山,许剑秋. 美味牛肝菌液体深层培养工艺条件的探索[J]. 氨基酸和生物资源,1999,21(3):23-25.
[48] 王允祥,陆兆新,吕凤霞,等. 牛肝菌胞外多糖发酵培养基的优化[J]. 食品与发酵工业,2004,30(6):71-77.
[49] 邓百万,陈文强. 美味牛肝菌母种培养基筛选研究 [J]. 福建农林科技大学学报,2004,3(3):396-399.
[50] 邓百万,陈文强. 美味牛肝菌营养菌丝与野生子实体品质分析 [J]. 中国食用菌,2004,23(5):44-45.
[51] 邓百万,陈文强,李新生. 美味牛肝菌营养菌丝与野生子实体营养成分的分析 [J]. 食品科学,2004,25(11):255-258.
[52] 陈文强,邓百万. 美味牛肝菌深层发酵的研究[J]. 四川大学学报,2005,42(2):368-372.
[53] 邓百万, 陈文强. 美味牛肝菌深层发酵条件的优化及成分分析[J]. 无锡轻工大学学报,2004,23(6):92-95.
[54] 邓百万, 陈文强. 美味牛肝菌胞外多糖的发酵条件研究 [J]. 食品与发酵工业,2005,31(9):60-63.
[55] 邓百万,陈文强. 美味牛肝菌胞外多糖高产菌株的诱变选育[J]. 食品与生物技术学报,2006,25(6):49-53.
[56] 李志洲,邓百万,杨海涛,等. 美味牛肝菌多糖中 β-葡聚糖含量的酶法测定[J]. 食品科学,2006,27(1):190-192.
[57] 赵永昌, 方琳, 张荀,等. 云南美味牛肝菌 ITS 区域结构特点[J]. 云南植物研究,2006,28(6):575-580.

（邓百万、陈文强）

第五十一章　牛排菌

DIWUSHIYIZHANG NIUPAIJUN

摘要：牛排菌是20世纪90年代在中国开始人工栽培的食用菌，现在中国部分地区已经进行商业化栽培。本章详细介绍了牛排菌的学名与分类学地位、生物学特性、菌种生产技术、菌袋商业化栽培技术、营养价值与药用价值等方面内容。

Fistulina hepatica

Abstract: *Fistulina hepatica*, also known as the beefsteak fungus, has been cultivated artificially in China since the 1990's, and has now been cultivated on a commercial scale in parts of China. This chapter consists of five sections describing in detail various aspects of *F. hepatica* including taxonomic status, biological features, spawn production technology, commercial — scale bag cultivation techniques, nutritional attributes and medicinal properties.

第一节　概　述

一、牛排菌学名与分类地位

牛排菌又名：牛舌菌、肝脏菌、鲜血耳、猪舌菌等。

学名：*Fistulina hepatica* (Schaeff.) With., *Bot. Arr. Brit. Pl.*, Edn 2(London) 2: 405(1792)。

属名"Fistulina"一词来自拉丁语，其词源是"fistula"，意思是"中空的芦苇"，指其管状的相互分开的菌管，因其形状似牛排，中文称为"牛排菌属"。种名加词"hepatica"系意思是"肝脏的"。该菌的中文学名译成"肝色牛排菌"。

同物异名：*Agarico-carnis lingua-bovis* Paulet, *Traité Champ.*, Atlas 2:98(1793); *Boletus buglossum* Retz., *K. svenska Vetensk-Akad. Handl.* 30: 253(1769); *Boletus bulliardii* J. F. Gmel., *Systema Naturae* 2:1436(1792); *Boletus hepaticus* Schaeff., *Fung. Bavar. Palat.* 4:82(1774); *Boletus hepaticus* Vent., *Hist. Champ. France*(Paris): index, tab. 74 (1812); *Ceriomyces hepaticus* Sacc., *Syll. fung.* (Abellini) 6: 388 (1888); *Confistulina hepatica* (Sacc.) Stalpers, in Stalpers & Vlug, *Can. J. Bot.* 61 (6):1660(1983); *Fistulina buglossum*(Retz.) Pers., *Neues Mag. Bot.* 1:109(1794); *Fistulina endoxantha* Speg., *Fungi Fuegiani* 25:87(1921); *Fistulina hepatica* var. *endoxantha*(Speg.) J. E. Wright, *Boln Soc. argent. Bot.* 9:225(1961); *Fistulina sarcoides* St.-Amans, *Fl. agen.*:547(1821); *Hypodrys hepaticus*(Schaeff.) Pers., *Mycol. eur.* (Erlanga) 2: 148 (1825); *Hypodrys hepaticus*(Schaeff.) Pers., *Mycol. eur.* (Erlanga) 2:148(1825) var. hepaticus; *Ptychogaster hepaticus* (Sacc.) Lloyd, *Mycol. Writ.* 3 (*polyporoid issue* 2):32(1909)。

分类地位：菌物界(Fungi)，担子菌门(Basidiomycota)，伞菌纲(Agaricomycetes)，伞菌亚纲(Agaricomycetidae)，伞菌目(Agaricales)，牛排菌科(Fistulinaceae)。

二、牛排菌栽培历史

1950年，英国植物病理学家对牛排菌的生理学及其腐朽木材的特性进行了深入的研究。从1980年开始，中国科学院昆明植物研究所纪大干、福建三明真菌研究所黄年来对牛排菌的栽培进行了许多探索。1990年，浙江庆元县供销社菌种场姚传榕人工栽培牛排菌获得成功。

三、中国牛排菌产业发展现状

牛排菌营养价值较高，是一种名贵食药用菌，具有许多药用功效。有食用习惯的国家主要是日本。是近年来新栽培驯化的珍稀食用菌品种，其子实体肥厚多肉、软而多汁、久煮不烂、质地细嫩，且有胶质感，含牛排菌素(fistulin)，食之有独特的清香味，并略有甜味，有"山上的牛肉"之美誉，深受消费者青睐，市场开发潜力大。在欧美各国备受推崇，常出现在国宴上。该菌价格昂贵，市场缺口很大。目前国内规模化、商业化生产的量还很小，市场上罕见，年产量不足1万吨，鲜品价格为20～50元/千克。

第二节　牛排菌的生物学特性

一、形态特征

子实体单生，中等大小。肉质，松软，韧，多汁。半圆形，后伸长为匙型或扁平舌状、匙状或肝脏状，初期粉红色、血红色，后暗红色至红褐色。菌盖表面黏滑，有辐射状条纹及短柔毛，直径5～15cm。菌肉厚，淡红色、肝色，剖面可见条纹。有短菌柄或几乎无。子实层为相互分离的菌管，菌管无共同管壁，管口先为闭合，后开口，初期近白色、土黄色，后变肉色、褐色，密集排列在菌肉下面。孢子生于管内，孢子印粉红色。孢子淡红色，光滑，球形或卵圆形，有歪尖，中间含有球状体，4～5.5μm×3～4.5μm。该菌形状和颜色均与牛舌相似而得名。

菌丝体有锁状联合，直径3～10μm，菌丝内有淡红色物质。菌丝侧生的小梗上产生分生孢子，呈椭圆形或卵圆形，2～8μm×3～4μm。厚垣孢子有，但罕见。

菌丝体在琼脂培养基上呈绒毛状，初期白色、淡黄色，后变成淡红色、粉红色、褐色、红褐色，最后变成淡酒红色，能够在琼脂培养基上形成子实体，并发育菌管，产生担孢子。

二、分布和生态习性

(一)分布

牛排菌是寒温带至亚热带地区一种珍稀的食用菌，在欧洲、北美、中国、日本、及印度等地均有分布，我国在四川、福建、贵州、湖南、湖北、广东、云南、河南、广西、重庆等省(市、自治区)都有分布。

(二)生态习性

牛排菌发生在春季至秋季(4～10月份生长)。生于栎树、栲树、米槠、橡树等的老树干的枯死部位，或阔叶树的树洞中，也生长在倒木、枯树树干上。野生数量少，十分罕见，难采集。

(三)生长发育条件

1. 营养

牛排菌是一种木腐生蕈菌，常生长在壳斗科的树木上，如栎树、栲树、米槠、橡木树等。牛排菌菌丝能缓慢分解木材木质部和韧皮部细胞的细胞壁中的木质素、纤维素、单宁，释放出糖供菌丝体和子实体生长发育。培养牛排菌选用壳斗科和其他各种阔叶树木屑较好。

陈文强等(2007)报道，综合不同碳源对牛排菌菌丝生长的影响，以玉米粉为最适碳源。在不同的碳源培养基中菌丝体生物量有所不同，牛排菌对供试碳源如乳糖、蔗糖、葡萄糖、玉米粉、红薯粉等都有不同程度的利用，其中以玉米粉最好。液体培养时，菌丝体生物量达7.3993g/50ml，菌丝生长快，菌丝球小，均匀，密度高。

陈文强等(2007)报道，分别以5.0g的$(NH_4)_2SO_4$、KNO_3、麦麸、黄豆粉、酵母浸出膏、蛋白胨作氮源试验，结果以黄豆粉最好，菌丝体生物量为4.8540g/50ml，且菌丝生长快、菌丝球小、均匀、密度高。在以酵母浸膏、蛋白胨和麦麸为氮源的培养基中菌丝体也表现出较高的生物量。而在以$(NH_4)_2SO_4$和KNO_3为氮源的培养基中，菌丝生长较差。说明牛排菌对有机氮的利用优于无机氮。铵态氮牛排菌难以利用。综合不同氮源对牛排菌丝生长的影响，以黄豆粉为最适氮源。

陈文强等(2007)报道，无机盐KH_2PO_4、$MgSO_4 \cdot 7H_2O$，质量比为2∶1的比例进行添加，菌丝体生物量最高。

陈文强等(2007)采用摇瓶培养法，对牛排菌液体发酵的条件进行了研究。通过$L_9(3^4)$正交试验确定的牛排菌液体发酵的最适培养基组成为：玉米粉30.0g，黄豆粉7.0g，KH_2PO_4 2.0g，$MgSO_4 \cdot 7H_2O$ 1.0g，维生素B_1 0.01g，水1 000ml。该菌株液体发酵的优化条件为：初始pH 4.6～5.4，培养温度28℃，装液量20%，振荡速度210转/分钟，发酵时间6天，菌丝体生物量达14.7241g/50ml。

2. 水分

自然条件下，牛排菌子实体在雨后空气湿度较大时发生，菌丝生活在含水量变化较大(38%～45%)的木材上。培养料适宜的含水量为60%～65%，菌丝体生长阶段空气相对湿度保持在70%以下，子实体生长阶段，要求空气相对湿度为

80%～90%。

3. 温度

牛排菌菌丝在5～35℃之间均可生长，以25～27℃最为适宜；子实体发生的温度在18～30℃之间，最适20～24℃。子实体分化无需低温或变温刺激。栽培种接种期一般安排在1～5月份。王利火、沈家骧(1995)研究表明，菌丝生长的最适温度为25℃，最适pH为4.0～4.5，光是子实体原基形成、分化发育不可缺少的条件之一。肝色牛排菌子实体生长发育的最适温度与菌丝生长的最适温度基本相同，在20℃以上能形成原基，18℃以下子实体生长缓慢，15℃以下子实体停止生长，并逐渐失去活力。陈文强等(2007)报道，在28℃下菌丝生长最好，菌丝体生物量最高。低于28℃，菌丝体生长速度缓慢；超过28℃，菌丝体生长不良。综合培养温度对菌丝生长的影响，牛排菌丝生长的最适培养温度为25～28℃。

4. 空气

牛排菌属好气性菌类，菌丝体和子实体生长发育都需要较充足的新鲜空气。通气不良，二氧化碳浓度过高，会诱使牛排菌子实体畸形。子实体生长阶段要求空气新鲜。通风不良，严重影响产量和菇质。王利火、沈家骧(1995)报道，CO_2浓度为0.05%～0.15%时，肝色牛排菌的栽培菌块能正常形成原基，子实体能正常分化发育。当子实体发育进入旺盛生长期时，要及时开袋，提供充足的新鲜空气，以满足子实体生长发育对氧的需求。否则，由于缺氧和二氧化碳浓度过高，会导致子实体生长受阻。

5. 光线

牛排菌菌丝宜在黑暗条件下培养，暴露于明亮光线下，气生菌丝会枯萎、倒伏。牛排菌子实体的形成需要散射光，散射光充足时，菌盖才会出现美丽的鲜红色。王利火、沈家骧(1995)报道，光对肝色牛排菌原基形成及子实体生长发育至关重要。栽培菌块在黑暗无光的栽培环境中没有出现原基；在间断弱光条件下能出现原基，并分化发育成幼小子实体，但颜色淡，长势不旺；只有采光良好，肝色牛排菌的栽培菌块才形成正常原基，且长势有力，顺利地分化发育成性状典型的子实体。这一研究结果与姚秋生(1990)的报道完全不同。这充分说明，光是肝色牛排菌原基形成、子实体分化发育不可缺少的环境条件之一。这对掌握该菌的生长规律，成功地实施人工栽培具有非常重要的意义。

6. 酸碱度

牛排菌能耐较低酸度，菌丝体生长的pH为4.4～6.4。基质pH以4.5～5.5为宜。陈文强等(2007)报道牛排菌丝在酸性环境下生长较好，菌丝体生物量高。在pH为4.6时菌丝体生物量有了明显的提高，而当pH超过5.4以后，菌丝体生物量又有明显的减少。综合培养基初始pH对菌丝生长的影响，牛排菌丝生长的最适pH为4.5～5.0。

第三节　牛排菌的菌种繁育

母种采用PDA培养基和各种常规的琼脂培养基。培养基在灭菌后用0.5%苹果酸、柠檬酸溶液5～6ml进行酸化，否则易出现菌丝生长不良的现象。接种后在23～26℃的温度条件下培养，8～10天菌丝即可长满斜面。原种、栽培种可用木屑、棉子壳、麦麸等培养料培养，接种后40～60天菌丝可长满全袋。

原种及栽培种培养料配方为：杂木屑75%，麦麸22%，白糖1.5%，石膏粉1.5%，料水比例1∶1.2～1∶1.4，制作方法同常规。

第四节　牛排菌的栽培技术

牛排菌易在温度较为恒定(18～24℃)、湿度较高的条件下形成子实体，能满足其生长温湿度条件的季节和地区均可进行栽培。一般可在早春接种，春末和初夏季节出菇。可利用广口玻璃罐头瓶或750ml菌种瓶等容器栽培，商业化栽培用菌袋进行袋栽。

一、培养料选择

1. 培养料选择与配制原理

牛排菌为熟料袋栽，使用的木屑一般是壳斗科树种，如栎、栲、楮、橡等。

2. 常用配方

壳斗科树木屑78%，麦麸20%，糖1%，石膏1%。

阔叶树木屑80%，麦麸或细米糠15%，玉米粉3%，糖1%，碳酸钙1%。

阔叶树木屑75%，麦麸22%，蔗糖1.5%，石膏粉1.5%。

阔叶树木屑40%，棉子壳40%，麦麸或米糠15%，玉米粉3%，糖1%，碳酸钙1%。

培养料含水量65%，pH以4.5～5.5为宜，另外可添加干料重量0.1%～0.3%的柠檬酸或苹果酸、2%～3%过磷酸钙调节培养料的pH。

二、菌袋制作

1. 装袋

通常采用17～20cm×34～45cm的高密度低压聚乙烯塑料袋装料。袋料的松紧度要适中，两端的袋口要扎紧，装袋及搬运过程中要轻拿轻放，切忌刺破袋子。

2. 灭菌

装完料的袋要马上放入常压灭菌灶灭菌。袋堆中心温度达100℃时维持6～12小时或以上。然后将料袋取出运到干净的室内冷却。

3. 接种

灭过菌的料袋置于冷却室降温，当料温降到30℃以下时进行接种。接种室在使用前3天要进行第1次消毒；当灭菌的料袋、菌种、接种工具、酒精灯等全部放人接种室后用气雾消毒剂和紫外灯进行第2次消毒。接种过程中，工具和操作人员的手都要用75%乙醇消毒。接种要做到“三快”，即快解口、快移接菌种和快扎口。

三、菌丝体培养管理

接种后将料袋及时移入发菌场所堆放。发菌期间将料温控制在24～28℃，将空气湿度控制在60%～70%。此外，菇房应经常通风换气，保证空气新鲜，避免阳光射进。经35～40天的培养，菌丝可长满料袋。

四、出菇管理

牛排菌属好气性菌类，生长阶段要求空气清新，出菇场所要求光照适宜，通风良好，切忌选择低洼和过于阴湿的场地。菌丝长满料袋后应给予一定的散射光，以诱导催蕾。一般采用解袋口、开洞、脱袋等方式出菇。子实体形成需一定散射光，才能出现美丽的鲜红色菇体。出菇阶段要通过地面浇水和空间喷雾将空气湿度提高到80%～90%。菇房经常通风换气，保持空气新鲜，室温以20～24℃为宜。从原基分化到子实体成熟需7～10天，成熟的菇体要及时采收。菇体鲜销、干制均可。每采完1潮菇后，要及时清理菇床，喷水保湿，促使菌丝恢复生长，5～10天后菇蕾又将发生。一般可采收3～5潮菇。

五、采　收

牛排菌子实体平展后即成熟，菇体要及时采收。采下的菇既可鲜售，也可干制，风味不减。

第五节　牛排菌的营养与药用价值

牛排菌肉质细嫩，滑腻松软，清香可口，营养价值较高，是一种名贵食用菌，尤其在欧美等国备受推崇。从牛排菌子实体中分离得到凝集素FHL，它是一种相对分子量为6.3万的糖蛋白，FHL对HeLa细胞（人宫颈癌细胞）具有较强的抑制作用。牛排菌含明胶、胨、木糖及阿拉伯糖等。试验表明它有抑癌作用，对小鼠肉瘤S-180抑制率为80%～95%。对艾氏癌抑制率90%。其发酵菌丝中含有一种新的抗真菌抗生素。据分析，牛排菌含有亮氨酸等17种氨基酸，其中人体必需氨基酸8种。

Barbara Ribeiro（2007）报道了牛排菌的酚类化合物、有机酸成分和抗氧化活性，分离到5种酚类化合物（表51－1）：咖啡酸（caffeic）、*p*-香豆酸（*p*-coumaric）、鞣花酸（ellagic acids）、金丝桃苷和五羟黄酮（quercetin）；6种有机酸（表51－2）：草酸（oxalic）、乌头酸（aconitic）、柠檬酸（citric）、苹果酸（malic）、抗坏血酸（ascorbic）和延胡索酸（富马酸，反丁烯二酸）（fumaric acids）。其中鞣花酸（约占总有机酸酚类化合物的49.7%）和苹果酸（约占总有机酸的50%左右）是主要组分。在抗氧化活性方面，提取物的抗邻苯二甲基二丙酸酯氢离子、超氧化物离子活性很高；可以清除和抑制黄嘌呤氧化酶活性；对羟基离子有助氧化剂作用，可能是它与铁离子进行了反应；螯合铁的能力较小；抗次氯酸的作用很弱。

表 51－1 牛排菌中酚类化合物成分(mg/kg,干重)

成 分	样 品 号		
	1	2	3
咖啡酸(RT 17.3 min)	101.0	99.0	139.7
p-香豆酸(RT 24.6 min)	94.8	162.3	124.5
鞣花酸(RT 44.5 min)	171.1	257.8	284.6
过糖苷(RT 41.0 min)	未定量	未定量	未定量
五羟黄酮(RT 51.1 min)	未定量	未定量	未定量
合 计	366.9	519.0	548.8

表 51－2 牛排菌中有机酸成分(mg/kg,干重)

成 分	样 品 号		
	1	2	3
草酸(RT 19.3 min)	未定量	4.52	77.2
乌头酸(RT 23.8 min)	未定量	6.71	80.2
柠檬酸(RT 28.0 min)	2.68×10^3	32.8	1.04×10^3
苹果酸(RT 33.9 min)	8.37×10^3	177	9.35×10^3
维生素 C(RT 35.5 min)	1.63×10^3	135	2.80×10^3
延胡索酸(RT 57.2 min)	740	34.7	881
合 计	13.4×10^3	391	34.2×10^3

Tsuge(1999)从牛排菌子实体中分离得到了2种新的抗细菌成分三乙酰烯衍生物,包括肉桂三乙酰甘油酯 cinnatriacetins A 和 B。

据 Wu(2005)报道,牛排菌子实体中的挥发性成分有 47 种之多,其中有 11 种新的组分,包括1-辛烯-3-酮(1-octen-3-one)、1-辛烯-3-醇/酚(1-octen-3-ol)、芳樟醇/里哪醇(linalool)、苯基乙醛(phenyl- acetaldehyde)、丁酸(butanoic acid)、(E)-2-甲基-丁酸[(E)-2-methyl-2-butenoic acid]、(E)-甲基肉桂酸[(E)-methyl cinnamate]、(Z)-9-十六烷酸甲基酯[(Z)-9-hexadecenoic acid methyl ester]、红没药醇氧化物 B(bisabolol oxide B)、苯基乳酸(phenylacetic acid),有一种有霉味的挥发性组分未鉴定。

江枝和、林新坚、唐建阳等(2001)对牛排菌蛋白质成分进行了营养评价,发现牛排菌蛋白质所含的 8 种人体必需氨基酸(包括酪氨酸和胱氨酸)占氨基酸总量的51.4%,其氨基酸评分(AAS)、化学评分(CS)、必需氨基酸指数(EAAI)、生物价(BV)和氨基酸比值系数分(SRCAA)分别为71.4、45.4、85.1、81.1和70.1,营养指数(NI)为16.0,表明牛排菌具有较高的营养价值。牛排菌17 种氨基酸含量由高到低依次是酪氨酸、谷氨酸、天冬氨酸、亮氨酸、丙氨酸、缬氨酸、丝氨酸、甘氨酸、苏氨酸、精氨酸、赖氨酸、异亮氨酸、苯丙氨酸、蛋氨酸、组氨酸、脯氨酸、胱氨酸。牛排菌子实体中酪氨酸含量较高,分别是草菇、茶薪菇和毛头鬼伞的 4.5 倍、10.6 倍和3.9倍。牛排菌的必需氨基酸总量最高,达51.4%,分别比草菇、茶薪菇和毛头鬼伞高22.1%、29.1%和22.1%。牛排菌中酪氨酸含量为19.1%,分别比草菇、茶薪菇、毛头鬼伞高 354.8%、961.1% 和 282%。据赵桂兰(1980)等报道,癌变组织中支链氨基酸含量下降,芳香族氨基酸含量升高,更为明显的是癌变组织中酪氨酸消失。因此,从牛排菌中提取酪氨酸,制成制剂,以改变癌症患者组织中的支链氨基酸与芳香族氨基酸比值,可为防治癌症开辟新的途径。

林玉满,苏爱华(2004)将牛排菌子实体用生理盐水抽提、硫酸铵沉淀、DEAE-Cellulose 和 Sephadex G-100 柱层析纯化得到牛排菌凝集素(*Fistulina* hepatica lectin,FHL)。FHL 经 PAGE 显示单一条带,SDS PAGE 测得其亚基相对分子质量为6.36 万,Sephadex G-100 凝胶过滤测得相对分子质量为 6.5 万,FHL 中性糖含量为 9.7%,IEF-PAGE 测得其等电点为5.36。该凝集素对人的 A、B、AB 和 O 型血细胞具有凝集作用,对兔红细胞的凝集作用可被乳糖和 *N*-乙酰半乳糖胺所抑制。氨基酸组成分析表明,FHL 含有 16 种氨基酸,其中天冬氨酸和谷氨酸含量较高。FHL 对热、酸具有一定的稳定性,经 60℃处理 10 分钟,仍有较高的活性。pH 在 3.0～6.0 范围内较稳定,但在碱性环境中(pH 为 7.0～10.8),FHL 的凝集活性下降明显。β-消去反应测得其糖和蛋白质的连接键为 O-型糖肽键。抗肿瘤活性测定表明,FHL 对 HeLa 细胞具有明显抑制作用。

林玉满(2005)将牛排菌子实体经热水抽提、乙醇沉淀、蛋白酶法和 Sevag 法去蛋白后得粗多糖 FHP。FHP 经 DEAE-纤维素和 Sephadex G-200 柱进一步纯化得到牛排菌多糖纯品 FHP-2P。经测定该多糖为均一组分,相对分子质量为 7.6×10^4。红外扫描呈现出典型的多糖吸收峰,并含有 β-型糖苷连接键;紫外扫描无核酸和蛋白质的特征吸收峰。纸层析和气相色谱分析结果表明,FHP-2P 的单糖组成为 *D*-葡萄糖、*D*-甘露糖、*D*-半乳糖和 *D*-木糖,其摩尔比为 13.9∶2.85∶3.25∶0.48。

国外还对牛排菌菌丝体对木材的浸染方面进行了研究。牛排菌浸染的木材颜色改变,木材色泽变为棕色或多层次的颜色,使木材价格上升几倍。Schwarze(2000)研究了牛排菌对栎树(*Quercus robur*)木质部细胞壁物质进行分解的双重方式,菌丝体浸入植物后在不同的时间利用不同的木质素组分,经过 12～24 个月的缓慢作用,引起木材截面的双色现象。

第六节　参考文献

[1] RIBEIRO B, VALENTAO P, BAPTISTA P, et al. Andrade. Phenolic compounds, organic acids profiles and antioxidative properties of beefsteak fungus(Fistulina hepatica)[J]. Food Chem Toxicol,2007,45:1805-1813.

[2] GILBERTSON R L. Wood rotting fungi of North America[J]. Mycologia, 1980,72:1-49.

[3] KREMPL H. Toughness of oak wood discoloured by Fistulina hepatica[J]. Holzforschung und Holzverwertung[J]. 1989,41:62-66.

[4] SCHWARZE FWMR, FINK S. Reaction zone penetration and prolonged persistence of xylem rays in London plane wood degraded by the basidiomycete Inonotus hispidus[J]. Mycol Res, 1997,101(10):1201-1214.

[5] SCHWARZE FWMR, FINK S. Host and cell type affect the mode of degradation by Meripilus giganteus[J]. New Phytol, 1998,139:721-731.

[6] SCHWARZE GWMR, LONSDALE D, FINK S. Soft rot and multiple T-branching by the basidiomycete Inonotus hispidus in ash and London plane[J]. Mycol Res, 1995,99:813-820.

[7] SCHWARZE FWMR, BAUM B, FINK S. Dual modes of degradation by Fistulina hepatica in xylem cell walls of Quercus robur[J]. Mycol Res, 2000,104(7):846-852.

[8] STALPERS J A. Identification of wood inhabiting Aphyllophorales in pure culture[J]. Stud Mycol,1978,16:1-248.

[9] STALPERS J A, VLUG I. Confistulina, the anamorph of Fistulina hepatica[J]. Can J Bot,1982,61:1660-1666.

[10] TSUGE N, MORI T, HAMANO T, et al. Cinnatriacetins A and B, new antibacterial triacetylene derivatives from the fruiting bodies of Fistulina hepatica[J]. J Antibiot,1999,52:578-581.

[11] WU S, KRINGS U, ZORN H, et al. Volatile compounds from the fruiting bodies of beefsteak fungus Fistulina hepatica(Schaeffer: Fr.)[J]. Food Chem,2005,92:221-226.

[12] 陈文强,邓百万,李新生,等. 牛舌菌液体发酵条件的优化研究[J]. 食品科学,2007,27(7):173-176.

[13] 黄卫华,吴应淼,陶祥生. 牛舌菌高产栽培技术[J]. 食用菌,2006,3(46).

[14] 江枝和,林新坚,唐建阳,等. 牛舌菌蛋白质成分营养评价[J]. 食用菌学报,2001,8(4):19-23.

[15] 林玉满. 牛舌菌水溶性多糖 FHP-2P 的分离与理化特征[J]. 福建师范大学学报,2005,21(1):66-69.

[16] 林玉满,苏爱华. 牛舌菌凝集素的分离,性质及细胞凝集活性[J]. 天然产物研究与开发,2004,16(5): 420-425.

[17] 赵桂兰,朱宏,张庆连. 癌症患者支链/芳香氨基酸比率的变化[J]. 营养学报,1980,18(4):474-476.

[18] 鲍晓天. 名贵真菌牛舌菌及其栽培[J]. 农村发展论丛:实用版,2001(7):46.

[19] 戴玉淑,马小友. 牛排菌的栽培技术[J]. 中国农村小康科技,2007(7):91-92.

[20] 黄年来. 食用菌病虫害诊治(彩色)手册[M]. 北京:农业出版社. 2001.

[21] 王利火,沈家骧. 肝色牛排菌生物学特性研究[J]. 食用菌学报,1995(3):18-24.

[22] 姚秀生. 牛排菌及其栽培[J]. 中国食用菌,1990,2(19).

(贺新生)

第五十二章　平　菇

DIWUSHIERZHANG PINGGU

摘要：平菇适应性强、分布广泛，是我国栽培量和消费量最大的食用菌。本章全面、系统地介绍了我国平菇的栽培发展历程、生产现状、生物学特性、培养料选择和处理、主要栽培技术、采收及采后管理、生产中常见问题及解决办法、营养价值等方面内容，对平菇生产中涌现出有实用价值的新技术、新材料等也作了介绍，对平菇国内外科技发展现状和平菇科技创新进行了总结和展望。

Pleurotus ostreatus

Abstract: Due to its adaptability and wide distribution, *Pleurotus ostreatus* ranks number one in China in terms of cultivation and consumption. This chapter describes in detail various aspects of *P. ostreatus* including the history and present status of cultivation, biological features, nutritional attributes, selection and pre-treatment of growth substrates, cultivation techniques, harvesting and post-harvest management, and the resolution of common problems arising during cultivation and management. It also introduces some useful new techniques and materials that have recently been adopted for *P. ostreatus* cultivation. Scientific and technological progress relating to *P. ostreatus* in China and elsewhere, and prospects for the future, are reviewed and summarized.

第一节　概　述

一、平菇学名及分类地位

平菇又名：糙皮侧耳、侧耳、北风菌、冻菌等。

学名：*Pleurotus ostreatus*（Jacq.）P. Kumm.，*Führ. Pilzk.*（Zwickau）：24，104（1871）。

属名“*Pleurotus*”一词来自希腊语，其词源是“pleura”，意思是“肋骨、侧生”，用于真菌的属名，翻译为“侧耳属”。种名加词“*ostreatus*”意思是“粗糙的”。该菌的中文学名译成“糙皮侧耳”。

平菇一词通常也是所有侧耳属的栽培种类的统称。

同物异名：*Agaricus opuntiae* Durieu & Lév.，in Bory de St. Vincent & Durieu de Maisonneuve, *Atlas de la Flore d'Algérie ou Illustrations d'un Grand Nombre de Plantes Nouvelles ou Rares de ce Pays*，Botanique(Paris)：15＋pl. 32，fig. 1（1850）；*Agaricus ostreatus* Jacq.，*Fl. austriac.* 2：3（1774）；*Agaricus ostreatus* Jacq.，*Fl. austriac.* 2：3（1774）subsp. *ostreatus*；*Agaricus* revolutus J. J. Kickx, *Fl. Crypt. Flandres* 1：158（1867）；*Agaricus salignus* Pers.，*Syn. meth. fung.*（Göttingen）2：478（1801）；*Agaricus salignus* Pers.，*Syn. meth. fung.*（Göttingen）2：478（1801）var. *salignus*；*Crepidopus ostreatus*（Jacq.）Gray，*Nat. Arr. Brit. Pl.*（London）1：616（1821）；*Crepidopus ostreatus*（Jacq.）Gray，*Nat. Arr. Brit. Pl.*（London）1：616（1821）var. *ostreatus*；*Crepidopus ostreatus* ö atroalbus Gray，*Nat. Arr. Brit. Pl.*（London）1：616（1821）；*Dendrosarcus opuntiae*（Lév.）Kuntze，*Revis. gen. pl.*（Leipzig）3：464（1898）；*Dendrosarcus ostreatus*（Jacq.）Kuntze，*Revis. gen. pl.*（Leipzig）3（2）：464（1898）；*Dendrosarcus revolutus*（J. Kickx f.）Kuntze，*Revis. gen. pl.*（Leipzig）3：464（1898）；*Panellus opuntiae*（Durieu & Lév.）Z. S. Bi，in Bi，Zheng & Li，*Acta Mycol. Sin.*，Suppl. 1：286（1987）[1986]；*Pleurotus opuntiae*（Durieu & Lév.）Sacc.，*Syll. fung.*（Abellini）5：363（1887）；*Pleurotus ostreatus* f. salignus（Pers.）Pilát，*Atlas des Champignons de l'Europe*，II：Pleurotus Fries：119（1935）；*Pleurotus ostreatus* subsp. opuntiae（Lév.）A. Ortega & Vizoso，*Docums Mycol.* 22（no. 86）：35（1992）；*Pleurotus pulmonarius* sensu auct.；fide

Checklist of Basidiomycota of Great Britain and Ireland(2005)；*Pleurotus revolutus*（J. Kickx f.）Gillet, *Hyménomycètes*（Alençon）：347（1876）；*Pleurotus salignus*（Schrad.）P. Kumm.，*Führ. Pilzk.*（Zwickau）：105(1871)。

分类地位：菌物界（Fungi），担子菌门（Basidiomycota），伞菌纲（Agaricomycetes），伞菌亚纲（Agaricomycetidae），伞菌目（Agaricales），侧耳科（Pleurotaceae）。

二、中国平菇发展历程

据报道，20世纪初，欧洲人开始用锯木屑进行栽培研究，经过20多年的努力获得成功。20世纪30年代，日本森木彦三郎和我国黄范希（1936）试验瓶栽。1957年，上海市农科院食用菌研究所用木屑栽培平菇成功。1972年，河南省刘纯业用棉子壳生料栽培平菇成功，这为平菇的大面积栽培奠定了基础。1978年，河北晋县利用棉子壳栽培平菇获得高产后，栽培更为广泛。70年代后期，国内平菇的商业性栽培崛起于华中地区，然后沿长江和黄河流域发展，逐渐推广到全国，成为国内普及程度最高的品种。80年代中后期，平菇生产在全国突飞猛进，总产量连年增长，1986年产鲜平菇10.8万吨，跃居世界第一位。90年代，平菇生产进入稳步发展的时期，产量大幅增长。跨入21世纪，随着国民经济的快速发展和居民生活水平的提高，平菇生产发展更加迅速。2009年我国平菇总产量已达492.8万吨，占全国食用菌总产的24%，是我国栽培量最大的食用菌。目前，平菇已成为居民日常生活的大众蔬菜之一。平菇也是我国出口的食用菌之一，每年都有大量产品出口，促进了我国农产品的国际贸易。

三、中国平菇产业发展现状

我国平菇生产主要以分散性个体栽培为主，具有栽培规模适中、栽培原料就地取材、生产周期短、便于管理、投资风险小、产品直接进入市场、资金回收快等特点，并能获得较高的经济效益。平菇能利用多种农副产品下脚料进行栽培，每年可生产1～2个周期。每个周期80～100天，生物学效率达100%左右。

在市场方面，20世纪80年代以后，随着我国食用菌生产的普及，国内大中城市以及乡村集镇的蔬菜市场上均有不同规模的鲜菇销售。平菇的价格与莴苣、番茄相当，易被一般居民所接受。因此，我国生产的平菇，除少数加工成盐水菇或干菇调剂市场外，绝大部分都在本地或其邻近地区以鲜菇销售。菇农不需另外增添加工设备，产品可直接或交中间商贩运上市。这种经营方式很适合农户小规模分散生产。

栽培形式多样化也是我国平菇生产的主要特色。我国平菇生产技术的发展，不同于欧洲和日本，较少受传统栽培工艺的影响，表现出很强的活力。20世纪50年代初，从日本传入的瓶栽技术早已被我国菇农所放弃。自70年代后，根据我国地理状况和资源特点，创造了许多新的栽培工艺，使平菇生产由室内走向室外、由平面栽培走向立体栽培、由单一的副业经营进入大农业生产体系，从而提高了平菇在农业中的地位。据调查，目前我国菇农所采用的栽培方法多达几十种。

平菇是我国栽培量最大的食用菌，生产遍及全国各地，我国已成为全球最大的平菇生产国。河南是平菇生产大省，自20世纪70年代以来，平菇一直是河南省科研、开发的重点，栽培量不断增加。例如河南新乡辉县市冀屯乡建有平菇栽培大棚7 000个，每个大棚可栽培平菇1万袋，年产平菇12.25万吨，实现产值1.225亿元，占该乡农业总产值的50%以上，为提高该乡经济水平发挥了重要作用。

第二节　平菇的生物学特性

一、形态特征

1. 菌丝体

平菇菌丝由其孢子萌发而成。菌丝又可分为单核菌丝和双核菌丝。单核菌丝细胞内只有一个细胞核，不能形成子实体。两条不同亲和性的单核菌丝经质配可形成有两个细胞核的双核菌丝。双核菌丝粗壮、生命力旺盛、抵抗力强，可以形成子实体。

平菇菌丝是营养器官，呈白色、绒毛状，有分枝和锁状联合。锁状联合大而明显。菌丝体在PDA培养基上呈绒毛状、洁白、粗壮、浓密、整齐。气生菌丝发达，爬壁能力特别强。一般不产生色素，培养时间过长或温度过高或老化会出现黄色斑块。不管在试管、瓶或袋中，条件合适时均易形成原基。菌丝体生长在基质内，主要功能是分解基质、吸收营养，条件适宜时形成子实体。

2. 子实体

平菇子实体常丛生或覆瓦状叠生。子实体的外形、颜色等因品种和环境条件不同而有差异，但其基本结构是一样的，都由菌盖、菌柄、菌褶 3 部分组成。平菇子实体形态如图 52－1。

图 52－1 平菇子实体形态

①菌盖：呈扇形，菌盖直径一般 5～21cm，大的可超过 50cm。菌盖的颜色因品种的不同而差异很大，有白色、灰白色、灰黑色、黑色、黄色、红色等。多数品种的菌盖幼时颜色较深，呈深灰色甚至黑色，随着子实体的生长而逐渐变浅。菌盖与菌柄连接处有下凹，有时上面会有一层白色绒毛，这层白绒毛是平菇成熟的标志之一。平菇菌肉一般较厚，吸水性很强。

②菌柄：呈圆柱形，侧生或偏生。上端与菌盖相连，有支撑菌盖的作用，下端与培养料相连，从培养料中吸收养分和水分。菌柄长度因品种及生长环境而不同，一般在 2～8cm。

③菌褶：长在菌盖下方，呈刀片状，质脆易断，不等长。一般延生，很少弯生，长短不一，常为白色，少数种类伴有淡褐色或粉红色等。在显微镜下可见菌褶的横切面两面是子实层，中间为菌髓细胞。子实层里的棍棒状细胞是担子。担子无隔，顶端有 4 个担子小梗。每个小梗上着生一个担孢子。担孢子为圆柱形。据测定，一个菌盖可产生数百亿个孢子。孢子大量弹射时，好似一缕缕轻烟，在菇棚内呈烟雾状。当大量孢子掉落在菌盖或地面时，可见一层白色粉末。

3. 子实体发育过程

一般把平菇子实体的形成和发育过程分为 6 个时期，即原基分化期、桑葚期、珊瑚期、成形期、生长期和成熟期。

①原基分化期：菌丝体达到生理成熟后，在适宜的温度、温差、空气和光照刺激下扭结成团，分化出子实体原基，标志着平菇由营养生长阶段转入生殖生长阶段。

②桑葚期：原基成堆发生，并进一步生长成米粒状的菇蕾堆，形似桑葚。

③珊瑚期：米粒状突起进一步伸长呈短秆状，形似珊瑚。短秆顶端可见扁球形的菌盖，下部为圆柱状的菌柄，这一时期为菌柄主要生长期。

④成形期：菌柄伸长逐渐停止，菌盖生长速度加快，呈不平衡生长，使菌盖呈扇形侧生或偏生于菌柄上。这一时期为菌盖主要生长期。

⑤成长期：是平菇生长的主要时期。在适宜的环境条件下，子实体代谢旺盛，各部分快速生长。

⑥成熟期：菌盖展开，边缘变薄，光泽暗淡，大量弹射担孢子。

二、平菇的分布和生态习性

（一）平菇的分布

平菇适应性强，是世界性分布的菌类，热带、亚热带、温带、寒带都有平菇的自然分布。在我国南部的海南、广东、云南，北部的黑龙江、吉林、内蒙古，西部的西藏、青海、新疆、甘肃、四川，东部的江苏、山东、福建，中部的河南、安徽、湖北、湖南等所有省都有分布。平菇已是目前我国栽培量最大、普及面最广的食用菌。平菇也是世界 4 大栽培食用菌之一，广泛栽培于世界各地。

（二）平菇的生态习性

平菇是典型的木腐菌，常成簇成丛生长于阔叶树的枯枝、朽树桩或活树的枯死部分。侧耳属中的绝大部分种类，如糙皮侧耳、美味侧耳、金顶侧耳、白黄侧耳和盖囊侧耳等，多发生在阔叶树或混交林的枯立木、倒木、风折枝断面、树干虫孔及伐木桩上，偶见于防护林、桑林果园、行道树及绿化园林上。侧耳属的种类主要生长在栎属（*Quercus*）、栗属（*Castanea*）、栲属（*Castanopsis*）、桦属（*Betula*）、榛属（*Corylus*）、椴属（*Tilia*）、柳属（*Salix*）、赤叶杨属（*Alniphyllum*）、枫杨属（*Pterocarya*）、杨属（*Populus*）、槐属（*Sophora*）、榆属（*Ulmus*）、桉属（*Eucalyptus*）和榕属（*Ficus*）等阔叶树上。有的种类如榆干侧耳、鲍鱼菇则只能在少数几种阔叶树上生长。在针叶树的朽木上也偶能发现糙皮侧耳。有的种类仅见于针叶林，如贝盖侧耳、鹅色侧耳，前者常见于柳杉（*Cryptomeria fortunei*），后者多发生于云杉（*Picea asperata*）林下。一些个体较小的种类，如小白侧耳、环状侧耳（*P. craterellus*）、薄皮侧耳（*P. chio-*

nes)主要生长在林地枯枝甚至蕨类枯干上。在埋于土内的木桩或枯根上也能采到亚侧耳、花瓣状亚侧耳等。巨核侧耳是侧耳属中的一个特殊生态型，在埋于地下的木桩或木段上形成菌核，子实体着生在菌核上，在地面生长发育。

平菇发生的季相变化及其分布趋势向受地理纬度、海拔高度、地形和树种组成等诸多因素的影响，因而在发生时间、垂直分布和地域分布上表现出一定的特征性和多样性。从秋末至冬、春均可生长，有些品种夏季也能正常出菇。因此，将平菇作为低温型食用菌是不确切的。以糙皮侧耳为例，一般在10月份开始发生，11月份进入盛菇期，12月后发生量逐渐减少。次年3月和4月，如遇雨天，仍能采集，但数量明显减少。平菇在垂直分布上也有明显规律，如鹅色侧耳、贝盖侧耳主要分布在海拔2 500～3 000m的地区；在海拔1 000m以下地区，分布着金顶侧耳、小白侧耳等；在低海拔地区能采到侧耳属中大多数的种。在地域分布上，糙皮侧耳、肺形侧耳、美味侧耳、白黄侧耳等几乎广布于国内各省（区），也分布于世界各地；盖囊侧耳、小白扇侧耳等的自然分布面相对要狭窄。而另外一些种类，如灰白侧耳、鹅色侧耳、腐木侧耳、粉红侧耳和巨核侧耳等虽然分布也是世界性的，但在我国只局限于某些地区。

另据研究，不同年份雨量和温度的变化，会使平菇的发生时间出现规律性的变化。即使在同一地区，也往往因发生量的变化，而有“大年”、“小年”之分。这些变化同样具有生态学意义。

（三）平菇的生长发育条件

平菇生长发育需要一定的有利条件。在平菇栽培过程中，如果利用和创造良好条件，改善和控制不利条件，可以促进菌丝生长，有利于子实体形成，获得较高产量。平菇生长发育的条件包括营养、水分、湿度、温度、空气、光照和酸碱度等。

1. 营养

平菇属腐生菌，不含叶绿素，不能进行光合作用，必须依靠分解吸收基质中的营养来满足自身生长发育需要。虽然平菇的生活力较强，对营养的要求比较粗放，可以在许多培养料上生长和发育，但菌丝体生长发育的好坏、子实体形成的多少及最终产量都与培养料有直接关系。平菇所需的营养物质可分为碳源、氮源、矿质元素和生长因子。

①碳源：指构成平菇细胞和代谢产物中碳元素的营养物质，主要作用是构成细胞物质和提供生长发育所需的能量。平菇的碳源主要是有机物，包括纤维素、半纤维素、木质素、淀粉、葡萄糖、蔗糖、有机酸和醇类等。在平菇栽培中，除葡萄糖、蔗糖等简单糖类外，碳源主要来自各种富含纤维素、半纤维素、木质素的农副产品下脚料，如棉子壳、玉米芯、甘蔗渣等。

据K. Hashimoto研究，甘露糖、葡萄糖、麦芽糖有利于平菇的菌丝生长，而蔗糖、果糖、淀粉、纤维素有利于子实体形成（表52－1），这对栽培时选用碳源有一定的指导意义。

表52－1　不同碳源对平菇生长发育的影响

碳源（1%）	菌丝体（mg/20ml）	子实体（mg/20ml）	总重量（mg/20ml）	最终pH
葡萄糖	65.7	18.3	84.0	5.6
果糖	50.1	31.2	81.3	5.2
甘露糖	78.6	24.5	103.1	5.3
蔗糖	41.2	36.1	77.3	5.4
麦芽糖	60.3	19.3	79.6	5.0
淀粉	77.2	28.6	105.8	5.8
纤维素	—	27.0	—	5.2

②氮源：指平菇菌丝可吸收利用的含氮化合物，用以合成蛋白质和核酸。平菇可利用包括铵盐、硝酸盐在内的无机氮和各种有机氮。为使平菇生长良好，栽培中常用尿素、豆饼、黄豆粉、麦麸、米糠、畜禽粪等作氮源。

栽培实践证明，不同氮源不仅影响平菇菌丝的生长，而且影响菌丝扭结和原基的形成与分化。

培养料中碳和氮的比例（碳氮比）也要恰当。一般认为，平菇营养生长阶段碳氮比以20：1为宜，而生殖生长阶段碳氮比以30：1～40：1为宜。在配制平菇培养料时要注意将碳氮比调节在合理的范围。

③矿质元素：矿质元素是平菇生长发育所不可缺少的营养物质，其主要功能是维持细胞质平衡、参与酶的活动、调节细胞渗透压等。在矿质元素中，钙、镁、钾、磷、硫等元素需要量较大，称为大量元素，可加入磷酸二氢钾、硫酸镁、石膏等来满足。此外还需要铁、钴、锰、锌、钼、硼等微量元素。这些微量元素在培养料和水中的含量即可满足平菇生长需要，也可酌量加入硫酸锌、硼酸等来供给。

申进文（1991）研究了7种元素的5种浓度对平菇菌丝生长的影响。试验用的矿质元素，钙和钾用氯盐，钼用酸铵，硼用硼酸，锌、锰、镁用硫酸盐。基本培养基是蔗糖1%、蛋白胨0.2%、琼脂1.5%。各种矿质元素的浓度见表52－2。不同矿质元素对平菇菌丝生长的影响结果见表52－3。

表 52—2 各种矿物质元素的浓度(%)

编号	1	2	3	4	5
钙	0.01	0.05	0.10	0.15	0.20
镁	0.01	0.05	0.10	0.15	0.20
钾	0.01	0.05	0.10	0.15	0.20
锰	0.00001	0.0001	0.0005	0.001	0.005
锌	0.000	0.00001	0.0001	0.0005	0.001
硼	0.00005	0.0001	0.001	0.005	0.01
钼	0.0001	0.001	0.01	0.05	0.10

表 52—3 不同矿物质元素对平菇菌丝生长的影响

编号		1	2	3	4	5
钙	菌落直径(cm)	7.04	7.56	7.91	7.55	7.32
	菌丝干重(mg)	4.67	5.43	5.60	5.47	5.26
镁	菌落直径(cm)	7.10	7.30	7.67	7.19	7.00
	菌丝干重(mg)	3.08	4.18	5.38	4.86	4.50
钾	菌落直径(cm)	6.98	7.30	7.56	6.28	6.19
	菌丝干重(mg)	4.63	5.02	5.24	4.10	3.92
锰	菌落直径(cm)	7.17	7.27	7.36	7.05	6.71
	菌丝干重(mg)	4.20	4.55	4.72	4.17	3.60
锌	菌落直径(cm)	7.39	7.48	7.27	7.00	6.38
	菌丝干重(mg)	4.45	4.88	4.66	4.13	3.88
硼	菌落直径(cm)	6.64	6.76	7.19	7.00	6.70
	菌丝干重(mg)	2.78	2.90	3.28	3.00	2.90
钼	菌落直径(cm)	6.76	7.19	5.94	5.55	3.10
	菌丝干重(mg)	4.18	4.58	3.74	3.56	2.20

矿质元素浓度不当对平菇菌丝有抑制作用，4种矿物质元素对平菇菌丝生长的抑制浓度见表52—4。从表52—3和表52—4可看出，在同样的培养料上，平菇的菌落直径与菌丝干重呈正相关。适宜浓度的矿质元素，平菇生物量增加、菌丝干重显著大于对照。钙、镁、钾3种元素浓度在0.01%～0.20%的范围内，对平菇菌丝生长影响差别不大，比较适宜的浓度为0.1%。钼、硼、锰和锌的最适浓度分别为0.001%、0.001%、0.0005%和0.00001%。这4种元素在较高浓度下对平菇菌丝生长有显著的抑制作用，起始抑制浓度分别为0.01%、0.05%、0.01%和0.005%。其中，锌的抑制作用最为明显，浓度达0.05%时，菌丝根本不萌发。硼和锰使平菇菌丝不萌发浓度为0.1%。锰的浓度在0.005%以上时，菌落中央有褐色素沉积，浓度越高，色素越重，由接种块向外，色素菌丝呈明显的环状结构，且色素逐渐变浅，其原因尚不清楚。

表 52—4 4种矿物质元素对平菇菌丝生长的抑制浓度(%)

元素		锰	硼	锌	钼
0.001	菌落直径(cm)	6.73	7.12	6.20	7.04
	菌丝干重(mg)	4.02	3.45	3.76	4.49
0.005	菌落直径(cm)	6.20	6.81	2.42	6.42
	菌丝干重(mg)	3.62	3.24	1.92	3.78
0.01	菌落直径(cm)	5.40	6.52	1.38	5.73
	菌丝干重(mg)	3.11	3.07	1.78	3.58
0.05	菌落直径(cm)	2.45	1.43	—	5.12
	菌丝干重(mg)	2.06	1.67	—	3.26
0.10	菌落直径(cm)	—	—	—	2.46
	菌丝干重(mg)	—	—	—	1.78

④生长因子：又称生长因素，指一些微生物生长代谢必需的少量有机物，如维生素、氨基酸、嘌呤和嘧啶等。虽然这些物质的需求量很小，但却有很重要的作用。合理利用可促进平菇菌丝生长，达到提早出菇、增加产量的目的。维生素可以刺激和调节平菇的生长，缺乏时不能生长或生长不良。目前用于培养食用菌的维生素首推维生素 B_1，它是所有食用菌必需的生长因子，对平菇顺利进行碳代谢有重要作用，一般需要量至少在0.01mg/L以上。米糠和麦麸中含有大量维生素 B_1。在木屑、棉子壳等培养料中添加米糠、麦麸之类的辅料，也有提供维生素 B_1 的作用。维生素 B_1 不耐热，在120℃以上迅速分解。

2. 水分和湿度

水是平菇的重要组成部分。平菇的菌丝体和子实体含水量都在90%左右。水分对平菇的生命活动是必不可少的，营养的吸收运输和物质代谢都依靠水分的参与来完成。平菇水分主要来源于培养料及潮湿空气。平菇菌丝生长阶段和子实体发育阶段，对培养料和空气相对湿度的要求是不同的。

平菇菌丝体生长时，培养料含水量以60%左右为宜。含水量过低，菌丝生长细弱，影响子实体的形成和发育；含水量过高，培养料内氧气量少，菌丝生长受抑制。配制培养料时，应根据培养料的物理性状（吸水性、孔隙度等）的差异，灵活掌握含水量，以保证培养料内水、气比例适宜，使平菇菌丝正常生长。

培养料含水量的计算公式如下：

$$培养料含水量=\frac{培养料自身含水量+加水量}{培养料重+加水量}\times 100\%$$

如100千克棉子壳，其自身含水量为13%左右，加水110千克，则拌好的棉子壳含水量为：

$$\frac{100\times13\%+110}{100+110}\times100\%=58.57\%。$$

平菇菌丝生长阶段要求空气相对湿度控制在70%以下。

在平菇子实体发育期，菌丝代谢活动增强，需水量增加，保持培养料内水分和空气相对湿度适宜，对子实体正常生长是很重要的。这个阶段除了要求培养料含水量在60%外，还要使环境的空气相对湿度达90%左右。空气相对湿度低于70%，生长受抑制，不易形成子实体，既使形成也易死亡；超过95%，会影响子实体表面水分的正常蒸腾，子实体生长受到抑制，菇体小、菌柄长。严重时还会造成子实体腐烂及病虫害感染，降低平菇产量与质量。因此，合适的水分管理是平菇高产稳产的关键。

邓庄(1966)研究了空气相对湿度对紫孢侧耳子实体分化和发育的影响。空气相对湿度在80%～95%时，分化速度几乎相同，但95%下所形成的耳丛最大。将已分化的小菇放在不同湿度下管理，在40%～45%立即停止生长并干缩；在55%下虽勉强生长，但非常缓慢；在75%～85%下则很快成长。

3. 温度

温度是影响平菇生长发育的重要条件之一。可以通过调节温度控制平菇菌丝生长和子实体发育。平菇在孢子形成、菌丝生长以及子实体形成和生长等各个时期对温度的要求是不同的。平菇孢子在13～28℃大量形成，以13～24℃最多。孢子在13～28℃萌发，以24～28℃为最适。平菇菌丝生长温度范围为5～35℃，最适生长温度为25℃左右，3℃以下和35℃以上生长极为缓慢。如果温度超过40℃，菌丝就会死亡。平菇菌丝耐寒力较强，在-30℃下也不会死亡，当气温回升时，菌丝即可恢复正常生长。

平菇属变温结实性菇类，昼夜温差大有利于原基形成。每天有8～10℃的温差，能促进原基形成与发育，恒温条件下子实体难以发生。子实体形成对温度的要求因菌株不同而有区别。一般生产中常用的平菇品种在5～28℃都能正常形成子实体，适宜温度为10～25℃。子实体发育的温度比菌丝生长的最适温度低，比子实体原基分化时的温度稍高，范围在7～22℃，以13～17℃最适。在子实体生长的适温范围内，温度低时子实体生长缓慢，但肉质肥厚；温度高时子实体生长快，但肉质薄。子实体颜色深浅也受温度影响，气温低时色深，气温高时色浅。

根据出菇温度范围的不同，人们将平菇划分为低温型、中温型、高温型和广温型等类型。低温型品种子实体分化适宜温度为5～15℃，最适8～13℃。这类品种子实体颜色呈深色及灰白色，适宜冬季栽培，品质优于其他品种，极受消费者欢迎；中温型品种子实体分化最适温度为12～22℃。这类品种子实体颜色多为浅灰色或灰白色，产量中等，适宜秋冬季和早春栽培；高温型品种子实体分化适宜温度为20～30℃。这类品种子实体颜色浅灰色或白色，适宜高温季节栽培；广温型品种子实体分化适宜温度为15～25℃。这类品种子实体颜色随温度变化而变化，温度高，菌盖近白色。温度低，菌盖灰色或灰褐色；温度越低，颜色越深。不过，温型的划分不是绝对的，有的品种倾向于中低温型，有的品种倾向于中高温型。生产上可根据不同季节、不同地区来选择不同品种。目前生产上使用较多的为广温型品种。高温型品种因其产量低，易发生病虫害的劣势，栽培规模不大。

4. 空气

平菇是好气性菌类，其生长过程中不断吸入氧气、排出二氧化碳。所以，新鲜空气是其生长发育的重要条件。平菇菌丝生长阶段对空气要求不十分严格，一定浓度的二氧化碳对菌丝生长还有利，但浓度过高会影响菌丝正常生长。因此，在菌丝体生长阶段，也要适当通气，以保持氧气充足。

子实体形成阶段要求通风良好、有足够的新鲜空气，以满足原基分化及子实体发育对氧气的需求。如果空气不流通，二氧化碳浓度超过0.1%时，子实体往往形成菌柄长、菌盖小的畸形菇。严重时，菌柄丛生并分叉，不形成菌盖，发育成所谓的高脚菇、菜花菇或珊瑚状等畸形菇。二氧化碳浓度大于0.03%时，就可能出现畸形菇。据刘克均(1983)报道，平菇在二氧化碳浓度达1 200～1 300mg/kg时，仍能正常形成子实体，但当浓度达1 500～1 600mg/kg时，就会出现珊瑚状的畸形菇。王久恩(1988)等的试验指出，不同二氧化碳浓度对平菇菌盖直径与柄长比值的影响是显著的。随着二氧化碳浓度的提高，比值减小。需要注意的是在通风换气时，不要让风直接吹在子实体上，如风直接吹在菇体上对子实体的生长不利。

5. 光线

平菇在不同生长发育期要求的光线不一样。菌丝生长阶段不需要光线，光线对平菇菌丝生长有抑制作用，在黑暗条件下生长速度要比在强光下快40%左右。因此，在菌丝生长阶段，培养室要尽量避免光照，以促使菌丝健壮生长。

在平菇原基分化和子实体生长发育期间，需要散射光照射。一定强度的散射光照射是诱导平菇原基分化的重要因素。在子实体生长发育期间，只有适度的散射光线，子实体才能正常发育，平菇菇体粗壮、菌肉肥厚、色泽自然、产量高；在黑暗条件下，长成的平菇柄细、盖小、畸形；但强烈的光照尤其直射光照射（＞2 500 lx）同样抑制子实体生长。平菇子实体正常发育的光照强度在200～1 000 lx。子实体形成所需要的光照和通风条件有关。通风好，光照可小些，反之则要强些。

6．酸碱度

平菇菌丝体在培养料 pH 在 5～9 的范围内都能生长，最适为 5.5～6。在菌丝生长过程中，由于代谢作用，会使培养料的 pH 逐渐下降。因此，在配制培养料时一般将 pH 调至偏碱性为好。

第三节 平菇的栽培技术

一、栽培季节和生产周期

（一）栽培季节

目前我国平菇栽培大多依据自然温度进行的，所以栽培时首先要选好栽培季节。根据平菇菌丝和子实体生长对温度的要求，生产季节宜安排在秋季。秋季前期温度高、后期温度低，且气温下降缓慢，正好与平菇生长发育所需的温度变化趋势相同。秋季栽培在 9 月份以后比较合适，即气温低于 20℃是最理想的播种时期。平菇也可进行冬春季栽培，利用低温来提高发菌的成功率。平菇适宜的播种时间比较长，从每年的 9 月份到来年2～3 月份均可，出菇时间安排在 10 月份至来年 3～5 月份。

不同平菇品种的生长特性不一致，尤其是子实体发育所需适温范围存在较大差异。因此，特定的品种只能在一定的季节内栽培，或一定的季节内必须选用一定的品种。如低温型品种只适宜秋播，其产菇高峰期在晚秋和冬季；而高温型品种只适宜春播，初夏即可进入产菇高峰，某些品种在整个夏季都可持续出菇。若品种选用不当，产菇期的自然气温超过子实体发生的适宜温度的临界范围，将会造成不出菇或不能正常出菇的后果。

不同温型的平菇品种，其菌丝生长最适温度的下限和上限虽然有一定差别，但其中都有一段相连接的适温范围。所有的平菇品种，几乎都具有不耐高温的特性，区别仅在于高温上限有一定差别。因此，在产菇时间充裕的前提下，尽可能选择适温时期播种，才有利于菌丝正常生长。若温度不适，宁可选择在稍低的温度下播种，也不要抢在高温下栽培。高温下播种菌丝生长不良，烧菌和污染杂菌的概率较高，影响栽培效果甚至导致生产失败；而在稍低温度下栽培，虽然延长了发菌期，但栽培的成功率高。必须指出的是，低温播种也不能低于菌丝生长最低温度的下限，否则，播种时受损伤的菌丝不能萌发定植，不能吸收利用培养料中的养分，随时间延长其活力逐渐减弱，对发菌不利。

平菇品种多，有适合于不同温度范围的品种，如果优化组合，可进行周年栽培。但不同的栽培季节、不同温型的品种，栽培管理技术存在一定程度的差别。以糙皮侧耳为例，以秋播最为理想。如果采用冬播或春播，只要能采取相应的管理措施，也可以获得理想的栽培效果。某些中高温型或广温型品种，更适于春播，只有少数高温型品种才适于夏播。因此，可根据不同的季节，结合不同的设施，选用不同的品种，控制适宜的条件，进行周年生产。

（二）生产周期

平菇从播种到出菇需 30 天左右，出菇到生产结束需 40～120 天。整个生产周期 70～150 天。

二、常用培养料

培养料是平菇菌丝生长的基质，也是平菇取得优质高产的物质基础。理想的培养料，不但要有均衡的营养构成和良好的物理性状，还要从材料来源、经济价值、投入产出比等方面进行综合考虑。由于栽培原料的来源不同，其化学构成和所占比例可能会存在较大区别，应考虑多种原料混合的互补作用，或添加某些物质予以调整。有些原料的物理性状不够理想，或含有不利于平菇菌丝生长甚至是有害的化合物，在使用前必须酌情进行预处理，使之符合生产要求。

平菇栽培原料，根据性质和用量，一般可分为主要原料和辅助原料两类。

(一)主要原料

主要原料又称主料,是指能为平菇菌丝生长提供碳素营养和能量,且在培养料中所占数量比较大的营养物质。

1. 棉子壳

棉子壳是脱绒棉子的种皮,为油料加工厂的下脚料。棉子壳占棉子总重的32%～40%。我国年产棉子壳约1 200万吨,其中绝大部分用于食用菌生产。棉子壳是目前栽培多种食用菌的优质原料,其营养丰富,一般含水分9.1%、有机质90.9%。有机质中含粗纤维40.9%、粗脂肪1.4%、可溶性糖类(碳水化合物)34.9%、粗蛋白质4%、灰分2.6%。棉子壳碳氮比为29∶1。棉子壳营养丰富、碳氮比适宜,并且质地疏松、吸水性强、颗粒大小适中、质量稳定,具良好物理性状,加水后不板结、透气性好,是平菇栽培的优质原料。

使用时要求棉子壳新鲜、足干、绒长、无霉变。棉子壳很容易滋生螨虫。如果棉子壳存放时间过长,拌料前应将其暴晒2～3天,暴晒后最好喷洒适量氯氰菊酯和三氯杀螨醇,建堆覆膜熏闷12～24小时。

利用棉子壳栽培平菇是我国食用菌产业的一大创举,但棉花生产中使用农药较多,且又含有棉酚。故对以棉子壳为基质生产平菇的食用安全性,包括农药残留和棉酚含量,一直是菇农们所关心的问题。卢青达(1986)等对棉子壳栽培的食用菌进行了农药残留和棉酚分析。结果表明,未处理的棉子壳中含棉酚230mg/kg,灭菌棉子壳中含棉酚53mg/kg,用棉子壳栽培的干平菇中棉酚含量仅49mg/kg,比联合国粮农组织(FAO)所规定的食品卫生标准低一个数量级,不致害也没有抗生育作用。

2. 废棉和废棉渣

废棉和废棉渣是棉纺厂、轧花厂、榨油厂等棉花加工中的"飞花"及下脚料,成分复杂。废棉渣包括棉短绒、棉子壳、棉子仁的碎粒与粉末、棉花叶、僵瓣、破子(不孕粒)、瘪子、尘土等。我国年产棉短绒约90万吨,除用于轻纺、化工外,品位较低的均可用于平菇栽培。卢青达(1984)等对土废绒(包括棉短绒、棉子壳、棉子仁的碎粒与粉末,棉花叶、僵瓣和尘土等)的成分进行了分析,并与棉子壳进行了比较,结果见表52—5。

表52—5 土废绒与棉子壳成分比较(%)

名称	有机质	粗蛋白	有机碳	全氮	全磷	速效钾	水分
土废绒	90.80	7.78	52.67	1.246	0.355	0.80	10.08
棉子壳	91.17	6.80	52.88	1.088	0.290	0.60	10.70

废棉渣内物质的比例极不一致,有的废棉比例大,有的渣滓比例大。用作栽培平菇的原料时,要根据成分作不同的处理,以获得较好的效益。

3. 玉米芯

玉米芯是脱了粒的玉米穗轴。我国玉米播种面积居粮食作物的第3位,年产玉米芯及玉米秸秆约9 000万吨。干玉米芯含水分8.7%、有机质91.3%。有机质中含粗纤维28.2%、可溶性糖类(碳水化合物)58.4%、粗蛋白2.0%、粗脂肪0.7%、粗灰分2.0%、钙0.1%、磷0.08%。玉米芯碳氮比约为100∶1。玉米芯含氮量较少,栽培时必须添加含氮较多的原料。

玉米芯应及时收集晒干,防雨防霉,粉碎成直径1～1.5cm的小颗粒。使用时先用1%的石灰水预湿或装入编织袋内,在1%的石灰水中浸泡12小时左右,使其吸足水分,捞出适当摊晾,再拌料使用。

4. 大豆秸

是大豆植株的茎叶。我国大豆播种面积居粮食作物的第6位,年产秸秆约3 700万吨。干豆秸含水分14.14%、粗纤维36.42%、无氮浸出物34.21%、粗蛋白8.51%、粗脂肪1.70%、粗灰分4.36%、钙0.915%、磷0.21%、钾0.482%、钠0.048%、镁0.212%、铁0.067%、锌0.048%、铜7.2mg/kg、锰29.2mg/kg。

豆秸应及时收集晒干、粉碎,拌料前预湿1～2天,再将其他辅料加入,翻拌均匀,含水量掌握在65%左右。

5. 甘蔗渣

甘蔗榨取糖后的下脚料称为甘蔗渣。我国蔗渣年产量约在700万吨。新鲜干燥的甘蔗渣,白色或黄白色,有糖的芳香味,一般含水分8.5%、有机质91.5%。有机质中含粗纤维44.5%、可溶性糖类42%、粗蛋白1.5%、粗脂肪0.6%、灰分2.9%。甘蔗渣碳氮比约为84∶1。

我国甘蔗渣资源十分丰富。在选用甘蔗渣为主料栽培平菇时,应适当添加麦麸、米糠等辅料,并对原料加以处理。甘蔗渣必须选择新鲜色白、无发酵酸味、无霉变的,并及时晒干储藏备用。没有充分晒干、久积堆放结块、发黑变质、有霉味的不宜采用。在新鲜甘蔗渣中,又以细渣为好。若是带有蔗皮的粗渣,要经过粉碎过筛后再使用,以防刺破栽培袋。甘蔗渣含有较多的可溶性糖类,且透气性不良,在高温高湿下接种要注意防治链孢霉污染。

6. 其他

木屑、花生壳、油菜子壳、酒糟、麦秸、稻草、玉米秸、高粱壳、葵花子壳、糠醛渣、木糖渣、淀粉渣、野草等,均可用来栽培平菇。

(二)辅助原料

又称辅料,是指能补充培养料中的氮素、矿物质元素和生长因子,且在培养料中用量较少的营养物质。

辅料除能补充营养外,还可改善培养料的理化性状。常用的辅料可分两大类:一类是天然有机物质,如米糠、麦麸、玉米粉等,主要用于补充主料中有机氮、水溶性糖类及其他营养成分的不足;另一类是化学物质,有的以补充营养为主,如尿素、过磷酸钙等;有的则以改善培养料理化性状为主,如加入石灰调节酸碱度等。

1. 麦麸

麦麸是小麦加工面粉时的副产品,是麦粒表皮、内外果皮、种皮、珠心和糊粉的混合物,是一种优质辅料。每加工 100 千克小麦可得麦麸 12~18 千克。我国年产小麦约11 250万吨,可产出麦麸约1 350~2 025万吨。麦麸含水分12.1%、粗蛋白13.5%、粗脂肪3.8%、粗纤维素10.4%、可溶性糖类(碳水化合物)55.4%、灰分4.8%。麦麸的蛋白质中有 16 种氨基酸,尤以谷氨酸含量最高(占46%),营养十分丰富。麦麸含有丰富的维生素,维生素 B_1 含量高达7.9μg/kg。麦麸有深色及浅色之分。深色的麦麸营养成分含量高,对菌丝生长有利。在平菇生产上,麦麸既是优质氮源,又是富含维生素 B_1 的添加剂。由于麦麸营养丰富,加之质地疏松,很容易孳生霉菌不宜长期储藏,所以应在使用时再加工或购买。麦麸在培养料中用量一般为 5%~20%。

2. 米糠

米糠是稻子或谷子去壳精制大米或小米时留下的果皮、种皮和糊粉层等的混合物。它们的质量和成分,因加工精制程度不同而异(表 52-6)。精制程度越高,则营养价值也越高。小米糠含粗蛋白9.4%、粗脂肪 15%、粗纤维 11%、钙 0.08%、磷1.42%。

我国水稻种植面积大,年产稻谷约18 900万吨,一般加工 100 千克稻谷可出米糠 6 千克。可年产米糠约1 135万吨。米糠是平菇栽培常用的辅料,用量一般为 15%~20%,可与麦麸互相代替。

表 52-6 大米糠及砻糠成分[(%),干物质]

类 别	粗蛋白质	粗脂肪	粗纤维	灰分	可溶性糖类(碳水化合物)
细米糠	15.40	12.20	9.80	9.06	47.26
米 糠	10.88	11.70	11.50	10.50	45.00
三七糠	7.05	6.78	35.59	18.12	32.46
二八糠	5.73	4.91	39.14	19.09	31.13
一九糠	4.41	3.03	42.68	20.06	29.82
砻 糠	3.09	1.15	46.23	21.03	28.50

3. 玉米粉

也称玉米面,是玉米子粒的粉碎物。玉米子粒的营养成分,因品种和产地不同而有差异,一般含水分12.2%、有机质87.8%。有机物中含粗蛋白9.6%、粗脂肪5.6%、粗纤维3.9%、可溶性糖类69.6%、粗灰分1.0%。玉米粉营养丰富,维生素 B_2 含量高于其他谷类作物。在培养料中加入 5%~10%,可以显著提高平菇的产量和质量。

4. 饼肥

主要有豆饼、菜子饼、棉子饼、花生饼等,含氮量较高,有机质丰富,使用量为1%~5%。

豆饼是大豆榨油后的糟粕、块或饼状,有豆香味。大豆饼含水分9.15%,有机质90.85%。有机物中含粗蛋白45.97%、粗脂肪 3.98%、粗纤维4.61%、可溶性糖类30.42%、粗灰分5.87%。碳氮比约6.78∶1。其他饼肥和大豆饼肥营养成分基本相似,都是平菇栽培的优质氮源。

5. 尿素

尿素是一种有机氮素化学肥料,也称"脲",分子式为 $CO(NH_2)_2$,白色晶体,含氮 42%~46%。加热超过熔点时即分解为氨(NH_3),易溶于水,溶液呈中性。在平菇生产上用量一般为0.1%~0.5%,依培养料不同添加量有所差异。添加量不宜过大,以免对菌丝产生毒害。过量的尿素还会提高培养料的渗透压,造成菌丝生长不良或不能生长。

6. 过磷酸钙

过磷酸钙也称过磷酸石灰，常用的为水溶性，灰白色至深灰色，或带粉红色的粉末，有酸的气味。过磷酸钙水溶液呈酸性，主要化学成分是磷酸二氢钙[$Ca(H_2PO_4)_2 \cdot H_2O$]和无水硫酸钙($CaSO_4$)，磷含量(P_2O_5)14%～20%。过磷酸钙除能提供磷素外，还能较好地中和培养料中过高的 pH 值。过磷酸钙还是一种良好的消氨剂，一旦播种后发现培养料含有氨味，可用过磷酸钙来消除。过磷酸钙用量一般为 0.5%～2%。

7. 碳酸钙

碳酸钙纯品为白色结晶或粉末，分子式为 $CaCO_3$，水溶液呈微碱性。可直接用石灰石磨碎而成，称为重质碳酸钙；也可用化学法取得，化学法产品质纯粒细，称为轻质碳酸钙。因其在溶液中能对酸碱起中和作用，故常作为缓冲剂。碳酸钙使用量一般为0.5%～1.0%。为降低成本，栽培时培养料中常用的是重质碳酸钙。

8. 石膏

石膏的化学名称为硫酸钙，又分生石膏与熟石膏两种。生石膏的分子式是 $CaSO_4 \cdot 2H_2O$，白色(雪花石膏)、粉红色、淡黄色或灰色，透明或半透明，呈板状、纤维状或细粒块状，有玻璃光泽。生石膏加热煅烘至 150℃脱水成熟石膏，分子式为 $(CaSO_4)_2 \cdot H_2O$，呈粉末状。

熟石膏在平菇栽培上的用量为 1%～2%，可依气温高低适当增减。气温高时培养料易发酸，可多用一些；气温低时用量可适当减少。石膏主要作用是改善培养料的结构和水分状况，增加钙素营养，调节培养料的酸碱度。市售的石膏粉含杂质较多。最好选择无杂质的石膏块自己加工成石膏粉，粉碎过筛，越细越好。

9. 生石灰

石灰的分子式是 CaO，也叫氧化钙，白色块状或粉末状。生石灰易溶于水，生成熟石灰 $Ca(OH)_2$，呈碱性。在平菇生产中，培养料中添加适量的石灰，主要作用是提高培养料的酸碱度，杀死或抑制杂菌的生长，防止杂菌污染；其次是增加培养料中的钙质，改善培养料的营养状况，促进平菇菌丝旺盛生长，对提高平菇产量有一定的作用。生料栽培时添加量为 1%～2%，发酵料栽培时添加量为 3%～5%。由于石灰是一种碱性物质，一般不要和其他化肥混合使用，以免降低其作用。

10. 生长因子

生长因子是平菇生长发育需要的微量的有机化合物，包括维生素、氨基酸、激素等。生长因子主要用来构成酶的辅基或辅酶。用于平菇生产的维生素主要是生物素、维生素 B_1 及维生素 B_6 等。在平菇培养料中添加的麦麸、米糠、玉米粉等都含有生长因子。因此，在平菇栽培时一般不单独另加生长因子。

三、培养料配方及处理

(一)常用培养料配方

1. 棉子壳(废棉)配方

①棉子壳 91.7%，麦麸(或米糠、玉米面)5%，石灰 2%，石膏 1%，尿素0.3%，水适量。

②棉子壳(废棉)96%，石灰 2%，石膏 2%，水适量。

③棉子壳 77%，阔叶树木屑 20%，石灰 1%，石膏 2%，水适量。

④棉子壳 48%，废棉 48%，石灰 2%，石膏 2%，水适量。

⑤废棉 76%，玉米芯 20%，石灰 2%，石膏 2%，水适量。

⑥棉子壳 98%，石灰 2%，水适量。

2. 玉米芯配方

①碎玉米芯82.7%，麦麸(玉米面)10%，过磷酸钙 2%，尿素 0.3%，石膏粉 2%，石灰粉 3%，水适量。

②碎玉米芯91.0%，尿素 1.0%，钙镁磷肥 4%，石膏粉 1%，石灰粉 3%，水适量。

③碎玉米芯 81%，麦麸(玉米面)10%，复合肥 3%，石膏粉 2%，石灰粉 4%，水适量。

玉米芯已成为栽培平菇的又一主要原料。粉碎后的玉米芯栽培平菇菌丝生长好，产量也较高。玉米芯需要进行发酵处理。

3. 豆秸粉配方

①豆秸粉88.2%，麦麸(玉米面)5%，过磷酸钙 1.5%，尿素0.3%，石膏粉 2%，石灰粉 3%，水适量。

②豆秸粉 75%，棉子壳 15%，麦麸(玉米面)5%，石膏粉 2%，石灰粉 3%，水适量。

③豆秸粉95.7%，尿素0.3%，过磷酸钙 1%，石膏粉 1%，石灰粉 2%，水适量。

豆秸应及时收集晒干、粉碎，拌料前预湿 1～2

天，再将其他辅料加入，翻拌均匀，含水量掌握在65%左右。

4. 甘蔗渣配方

①甘蔗渣84.7%，麦麸（米糠）10%，尿素0.3%，石膏粉2%，石灰粉3%，水适量。

②甘蔗渣80%，麦麸（米糠）15%，过磷酸钙1%，石膏粉1%，石灰粉3%，水适量。

③甘蔗渣65%，阔叶树木屑15%；麦麸（米糠）15%，石膏粉2%，石灰粉3%，水适量。

另外，甜菜渣、高粱壳以及其他农作物秸秆都是栽培平菇的好原料。生产者可根据当地资源灵活选用。也可以2～3种原料互相搭配，混合使用，这样既可在养分上互补、改变物理性状，又可降低成本，达到既增产又增收的目的。使用其他原料可参照以上配方。

（二）培养料的处理

1. 化学处理

稻草、麦秸等秸秆原料，表面含有蜡质，会直接影响到菌丝的定植。在使用时，可用石灰液进行处理，以达到脱除蜡质、松解秸秆中化学键的作用，并能杀灭一部分霉菌孢子和虫卵。在生产上比较常用的处理方法是用石灰水浸泡。在浸泡池中加入1%～3%的石灰，使pH达12～13，将稻麦草浸泡在石灰液中。处理时间视气温而定，气温在25℃以上时，浸泡24～36小时；20～25℃时，浸泡36～50小时；20℃以下时，浸泡72小时。浸泡的稻麦草，捞出后要用清水冲洗，至清洗液呈中性，或用过磷酸钙调整pH为7.5～8.0才可使用。

2. 物理处理

培养料的物理性状，对于合理利用营养、提高产量是至关重要的。农副产品及工业下脚料用作栽培平菇的种类很多，有些不需要特殊处理，如棉子壳、废棉渣等。而有些原料，如玉米芯、玉米秸、豆秸、稻草、麦秸等，要先将其碾压、切短或粉碎，使之成为草屑状、片状或颗粒状，相应扩大表面积，利于平菇菌丝接触、分解和利用。

3. 生物处理

用棉子壳生料栽培平菇成功后，在国内很快得到推广。由于生料栽培工艺简便，易于被生产者接受，在推动平菇栽培发展方面起到了重大的作用。但栽培实践发现，生料栽培在低温季节播种成功率高，在温度稍高的季节，杂菌污染难以控制。为了解决杂菌污染问题，我国菇农把蘑菇培养料堆制发酵技术引用到平菇培养料的处理上，得到了比较理想的结果，菌丝生长期杂菌污染得到控制，提高了成功率。目前，栽培平菇应用培养料发酵的技术已相当普遍。培养料堆制发酵方法详见本节“发酵料”。

四、培养料配制

（一）生料

生料栽培是培养料不经过灭菌、也不经过发酵处理，在自然条件下，直接拌料播种的一种栽培方法。要求原料新鲜干燥、无虫蛀、无结块、无杂菌，使用前最好在阳光下暴晒1～2天。拌料时加水量适当少些，pH值适当提高。以棉子壳为例，料水比一般不超过1∶1.2，pH为8～10。生料栽培适宜在低温季节进行。在高温季节栽培，易感染杂菌和出现虫害。为了防止杂菌感染，需在料中加入多菌灵、克霉灵等杀菌剂。

1. 拌料机搅拌

将各种主料按配方量倒入搅拌机中，再加入石膏粉等辅料。将杀菌剂等可溶于水的物质，在水中混匀加入搅拌机后搅拌均匀。注意掌握含水量，拌出来的料应混合均匀、干湿一致。

2. 人工拌料

没有拌料机，也可采用人工拌料。先将棉子壳、玉米芯等主料倒在清理好的拌料场，堆成山形。再把麦麸、石膏等辅料从堆的顶部倒下，使其均匀往下散开，把干料先搅拌均匀。然后把可溶性的添加物如蔗糖、尿素等溶于水中，再加入干料中进行混合。混合后的拌料方法为：先把堆成山形的培养料，从尖端向四周摊开，使其形成凹形，把清水倒入凹槽中，用铁锨向四周逐步扩大，使水分被干料吸收。当水分被干物质吸收后，再把铺开的料重堆成山形，并从料堆挖开，如此反复搅拌3～4次，使水分吸收均匀。然后一人将拌匀的料用铁锨撒开，另一人用扫帚扫，将成块的料打散，使培养料充分混匀，再堆积成堆备用。原料拌匀后，根据要求检查含水量及pH值。

（二）熟料

熟料栽培采用袋栽方式，选用17～22cm×35～40cm×0.04cm的低压聚乙烯塑料袋。先将干料拌匀，再加水拌匀至用手紧握料，手指缝间有渗水而不下滴为宜，拌料方法同生料。常规装袋、灭菌、接种、发菌、出菇管理。

(三)发酵料

发酵料栽培就是将培养料堆制发酵后进行开放式接种的一种栽培方法。平菇培养料的堆制发酵是提高栽培成功率和生产效率的一项重要措施,更是高温季节栽培平菇的一个非常好的方法。培养料发酵是运用巴斯德消毒原理,在保持料堆良好的通气条件下,促使堆内有益微生物大量繁殖,在若干种群微生物所分泌的胞外酶的催化下,使复杂的有机物分解和降解,改善培养料的理化性能,并通过释放的热杀灭潜藏在培养料内的杂菌和虫卵的方法。

1. 堆制发酵过程

平菇培养料建堆后,料堆温度会出现上升——高温——降温 3 个阶段。

①上升阶段:堆制初期,培养料通气性较好,无芽孢细菌、霉菌等中温好气性微生物旺盛繁殖,培养料中的有机物质,如糖类、淀粉、蛋白质和水溶性等物质,因微生物活动迅速分解而产生大量的生物热,使料堆温度逐渐提高。一般在 1～3 天内,堆温可上升到 50℃以上时,嗜热性微生物群会逐渐代替中温性微生物,即进入高温阶段。

②高温阶段:常见微生物有嗜热性真菌、放线菌和细菌等。当堆温上升到 60℃时,嗜热性真菌全部停止活动。嗜热性放线菌、细菌(如芽孢杆菌和梭菌)占优势。当堆温上升到 70℃以上时,大多数微生物也大量死亡或进入休眠状态。由于死亡微生物分泌的各种酶的作用,有机物的分解作用仍能持续一段时间。当堆温下降到 70℃以下时,处于休眠的嗜热性微生物又恢复了生命活动。

③降温腐熟阶段:当高温持续一段时间后,纤维素、半纤维素和果胶等大部分物质已经降解,微生物的生命活动减弱,堆温逐渐下降至 40℃以下时,中温性微生物的生命活动又趋加强,促使堆料物质继续分解直至腐熟。

2. 场地选择

建堆场所多在室外,最好选紧靠菇棚的水泥地面。冬天要选择在向阳避风地方,夏天宜选择在荫凉地方。场地要求有一定坡度,以利排水,且要求环境清洁、取水方便、水源洁净。

3. 建堆

按配方将各种原料拌均匀后,建成底宽 1～1.5m、顶宽 0.8～1.2m、高 1～1.5m、长度适宜的发酵堆。也可建成高 0.8～1.0m 的方形堆。每堆投料冬季不少于 500 千克,夏季不少于 300 千克。用料过少,料温升不高,达不到发酵目的。起堆要松,要将培养料抖松后上堆,表面稍加拍平后,用直径5～10cm、一端稍尖的木棒,每隔 30cm 自上而下打一个透气孔,均匀分布,以改善料堆的透气性。堆内插上温度计,随后在料堆顶部覆盖草帘或麻袋(透气性好)等。如用塑料薄膜覆盖,要定期掀动或者在薄膜上打通气孔,以补充新鲜空气、防止厌养发酵。

4. 翻堆

建堆后由于堆内中高温好气性菌类活动产生代谢热,堆温会逐渐升高。高温季节 24 小时左右、低温季节 48 小时左右,堆温可升到 60℃以上(堆顶以下 20cm 处)。堆温达 60℃以上维持 24 小时左右进行翻堆,使上、中、下、里、外层的培养料互换,混合均匀。翻堆的作用:一是将低温干燥的表层和底层的低温厌气发酵层与中部的高温发酵层调换位置;二是通过翻堆达到气体交换的目的。翻堆后重新建堆,稍加拍平后,打孔、覆盖,继续发酵。重新建堆后,堆中氧气充足,微生物活动旺盛。当料温达到 65℃以上时保持 24 小时左右,进行第二次翻堆。如此翻堆 3～5 次。次数不要过多,但要注意翻堆质量。翻堆时往往发现堆底中心原料色泽变浅、发酸,这是局部通气不良、厌气发酵的结果。重新建堆时,加强通气即可消除。翻堆时若发现料中出现大量白色粗壮线状菌丝,这是嗜热放线菌。它的存在是堆料温度较高和水分偏干的反映,不是杂菌,勿须担心。一般棉子壳发酵 5～7 天、玉米芯发酵 7～10 天,温度低时适当延长。

5. 优质发酵料标准

发酵好的培养料松散而有弹性,略带褐色,无异味,不发黏,质感好,遍布适量的白色放线菌菌丝,pH 为 7～8,含水量 65%左右。

6. 发酵注意事项

①建堆体积要适宜:体积过大,虽然保温保湿效果好、升温快,但边缘料不能充分发酵;料堆体积过小,则不易升温,腐熟效果较差。

②料温达到 60℃以上维持 24 小时左右才能翻堆,以杀死有害的霉菌、细菌、害虫的卵和幼虫等。

③翻堆要均匀:在发酵过程中,堆内温度分布规律是:表层受外界影响温度波动大、偏低,这层

很薄；中部很厚的一层温度最高，发酵进度快；下部透气不良，温度低、发酵差。因此，在翻堆时一定要做到上下内外均匀。

④根据堆内温度分布规律，每次投料量大时，在发酵后期，可结合翻堆取出中部发酵好的料进行栽培，表层和下层的料翻匀后继续起堆发酵，此法称为“扒皮抽中发酵法”。

⑤播种前发现堆料水分耗失严重时，可用 pH 为 7～8 的石灰水加以调节，一定不要添加生水，以免孳生杂菌、导致播后培养料发黏发臭。

⑥水分和通气是相互矛盾的两个因素，只有在含水量适中的条件下，才能使料堆保持良好通气状况，进行正常发酵。在预定时间（24～48 小时）若堆温能正常上升到 60℃以上，开堆可见适量白色嗜热放线菌菌丝，表示料堆含水量适中、发酵正常。如建堆后堆温迟迟不能上升到 60℃，说明发酵不正常。可能是培养料加水过多，或堆料过紧、过实，或因未打通气孔或通气孔太少等原因，造成的料堆通气不良，不利于放线菌生长繁殖，培养料不能发酵升温。在此情况下应及时翻堆，将培养料摊开晾晒，或添加干料至含水量适宜，再将料抖松后重新建堆发酵。如料堆升温正常，但开堆时培养料有白化现象，说明培养料含水量过少。可在第一次翻堆时适当添加水分（用 80℃以上热水更好），拌匀后重新建堆。

⑦发酵终止时间应根据料堆 60～70℃持续时间和料堆发酵均匀度而定。第一次翻堆可在 60℃以上进行；以后每次翻堆，一定要在堆温达到 65℃左右、持续 24 小时左右才能进行。一般经过 3～5 次翻堆，可以终止发酵。如果 60℃以上持续时间不足、堆料发酵不均匀，则中温性杂菌可能大量增殖；发酵时间过长，会使料堆中有机质大量腐解，损失养分，影响平菇产量。

⑧发酵终止时应散堆降温，用石灰粉调 pH 达7～8，并均匀喷洒0.1％甲基托布津或0.15％的多菌灵、0.1％的氯氰菊酯，以防止接种后的杂菌、害虫侵染。

五、栽培方法

平菇栽培有多种形式。按栽培地点可分为室内栽培、室外栽培（露地栽培），或分为地上栽培、地下栽培和半地下栽培；按栽培形式可分为床栽、袋栽、墙栽、畦栽、柱式栽培等；按原料处理方法可分为生料栽培、熟料栽培和发酵料栽培。此外，与粮、菜、果、林等粮食作物和经济作物以及林木进行轮作或间作，也是常用的栽培方式。

在同一栽培地点中，可根据生产需要，选用床栽、袋栽、墙栽或柱式栽培。采用同一种栽培方式，如袋栽，可根据原料或生产季节分别采用生料、熟料或发酵料栽培。选用哪种栽培方法，要根据生产规模、场地条件、栽培季节、使用品种、栽培原料等因素来确定。

（一）袋栽

袋栽是国内平菇栽培采用的主要方式，具有以下优点：在封闭条件下发菌，能有效控制杂菌污染，提高制袋成功率；能根据不同的环境条件，采用不同的方式进行出菇，可充分利用空间和争取时间，提高单位时间、单位面积的总产量；可根据平菇的生物学特性，采用二场制，在不同环境下进行发菌和出菇管理，提高栽培设施利用率；可根据原料的情况，灵活地采用不同的栽培方法，如对陈旧或污染严重的材料，采用熟料栽培；菌袋采收一二茬菇后，可再进行脱袋覆土栽培；有利于在田间或林下间作套种。

袋栽时所用塑料袋大小不一，其栽培管理方式也有一定差别。以下所介绍的是国内采用较多的立体堆积袋栽法。

1. 塑料袋规格

栽培平菇通常用聚乙烯塑料袋，生料和发酵料栽培常用规格为 25～28cm×45～55cm×0.01～0.015cm，可装干棉子壳1.5～2 千克。薄的塑料袋壁可紧贴料面，不致“遍身出菇”，易于管理。秋季及早春栽培时用较窄的塑料袋，冬季气温低时用较宽的塑料袋。

2. 培养料配制

选用本节所介绍的平菇栽培培养料配方，采用生料、发酵料均可，具体方法参照本节前述。

3. 播种准备

这是装袋播种前必不可少的工作，主要包括以下内容：一是对菌种质量的检查。应根据菌种瓶（袋）上的标签或标记确认无误后方可使用，以防止误用菌种造成不必要的损失。然后对菌种进行全面检查，剔除被杂菌和螨类污染、长势衰弱及老化的菌种；二是对培养料进行检查，对堆制发酵的培养料，接种前应检查料温，当料温下降到 30℃左右才可接种，以防高温伤菌。还要检查发酵料是否存在游离氨。若有游离氨，一般会散发刺鼻的氨味，可用 pH5.5～9 的精密试纸检查。检查时，在培养料面挖一小洞，将试纸条放入洞中（不要和培养料接触），然后观察试纸的变化。如 pH

在 8 以上说明有游离氨存在，pH 超过 9 以上说明料中含有较多游离氨。当培养料有游离氨存在时，可喷施 0.1%过磷酸钙作消氨剂。

4. 装袋播种

生料栽培拌料堆闷 1～2 小时后装袋、接种。菌种大小以玉米粒至蚕豆粒大小为宜。菌种太碎，对菌丝损伤大，影响播种后的恢复与生长；菌种块太大，需种量多，造成不必要的浪费。发酵料栽培要趁发酵料新鲜干净时及时装袋、接种。

装料接种采用层播法，装料、播种同时完成。先将料袋一端折扎，从另一端装料，边装边压，装至 1/2 时，撒一层菌种，菌种主要撒在料袋的四周；继续装至快满时，再撒一层菌种，整平压实，封口后倒过来；再装料至快满时，撒一层菌种，整平压实，封口即可。一般 2 层料 3 层种，也可采用 3 层料 4 层菌种。

菌种用量与产量之间不存在线性关系，适当增加播种量固然有助于菌种定植和旺发，但加大用种量没有明显的增产效应。由于生活力不断衰退，老化的菌种块反而会成为霉菌污染的隐患。反之，菌种用量过小，尤其是低温季节采用生料栽培，则很难形成菌种优势，不但会延长发菌期，也容易出现污染。一般而言，用种量以盖严培养料料面为宜，即干料重的 10%～15%。冬春低温季节袋栽用种量为 10%左右；春末、早秋气温较高，用种量可加大到 15%左右。适当加大用种量，菌丝生长快、封面早，可利用菌丝数量优势，抑制杂菌发生。生料栽培比熟料栽培用种量要大。

装料要松紧适宜、虚实均匀，袋壁不能留空隙，这有利于发菌整齐健壮。料袋大多采用折叠尼龙草扎口法。袋栽属保护性栽培方式，两端封闭严密，发菌速度较慢，对克杂制胜十分不利。解决这个矛盾的简单而有效的措施，是采用通气发菌，即装袋封口后，直接在有菌种处刺孔。透气性较差或在高温下栽培，也可用直径 2.5～3cm 的锥形木棒在培养料中心打通气孔，袋两端均用通气塞封口。通气塞可用干净的旧报纸包裹干棉子壳做成。用通气塞的可比常规的提早 10～15 天发好菌。

5. 发菌管理

首先要将发菌场所打扫干净，用消毒剂消毒，再在地上撒一层石灰粉。平菇菌丝最适生长温度为 25℃左右。这个温度也适合大多数杂菌的生长，控制不好，杂菌会与平菇菌丝同步生长，造成污染。为了发菌安全，发菌温度最好偏低一些。发酵料栽培的料温不宜超过 28℃，生料栽培的料温不宜超过 25℃。18～22℃是一个理想而安全的发菌温度，尤其生料栽培，偏低温通气发菌是闯过“发菌关”的重要措施。有人进行生料栽培试验，在 15℃下发菌，菌丝洁白健壮、全部发菌成功。而在 25℃下培养，几天后菌袋中普遍出现大量木霉。

播种以后，如果气温较高，发菌室的门窗一般要关闭，夜晚则必须打开，以利散热和降低室温。培养温度还可通过菌袋堆叠密度和高度来调节。播种后将菌袋及时起堆，排放在水泥地面上或横放在培养架上。堆放菌袋的层数应根据气温高低而定。一般来说，温度越高堆放的层数越少。气温低于 10℃，可堆放 5～7 层；气温 10～20℃，可堆放 3～5 层；气温在 20℃以上，堆 2～3 层；气温超过 28℃，菌袋宜单层排放在地面，并采取其他降温措施。如在低温季节发菌，可以增加菌袋堆放的高度和密度，并加覆盖物，以提高菌袋内培养料的温度。

在整个菌袋培养期间，应创造适宜平菇菌丝生长发育的环境条件，即 25～26℃的温度；较弱的光线，空气相对湿度在 70%以下；经常通风换气，保持空气新鲜。

接种后 2～3 天即可看到菌丝从菌种块上萌发。由于培养料发酵升温，还会使料温上升。为使发菌均匀，5 天后应结合检查进行翻堆、打孔通气，将上下层菌袋互换位置，使料温保持均衡。发现污染或菌丝不萌发吃料的，应及时拣出处理。

第一次翻袋。一般在接种后 3～7 天，菌种开始萌发，料温也开始上升时进行。这时翻袋，可以稍微松动一下包扎的塞子，以利透气。若是直接扎口的，就要用细铁丝在两端菌种处扎小孔，以利通风换气。翻袋方法是下倒上，上倒下，里倒外，外倒里。

第二次翻袋。接种后 10 天左右，菌丝生长迅速，料温也开始上升，这时应注意观察料温变化。用一支温度计插入中间袋内，随时观察料内温度变化。料温应控制在 25℃左右，最高不超过 30℃。如果环境温度很高，应增加通风时间和通风量，降低环境温度。结合翻袋，可以适当减少堆放层数和增大堆的空间，以利散热通风。

以后每隔 5～10 天翻袋一次，使菌袋温度均匀、发菌整齐。翻袋时，清除杂菌污染的袋子，污染严重的要埋掉或晒干、处理后再使用。局部污染的可以喷洒甲醛或克霉灵、多菌灵等杀菌剂，控制杂菌蔓延。同时将污染的袋子搬离发菌场地，单独培养。

菌袋培养期间，应注意菌袋刺孔，以通风换

气、促进菌丝生长。可以用牙签或毛衣针刺孔。孔要刺在发育好的菌丝边缘。每圈等距离刺5～6个孔，孔深3cm左右。刺孔次数可根据实际灵活掌握。还有一种方法，即在制袋时，用缝纫机在袋上扎3～4排微孔，接种时菌种放在微孔部位。此法温度高时易感染，应慎重使用。

一般经过20～30天，菌丝即可长满袋。

6. 出菇管理

将发满菌丝的菌袋移入出菇场所，采用立体堆积方式出菇。先垫高10cm左右的土埂或砖块，然后将菌袋堆叠卧放其上。菌袋一层层摆放，高4～8层，长度根据出菇场所而定。每排菌袋之间留60cm左右的空隙，并留有采菇和管理的走道。

我国平菇栽培主要是秋栽。秋栽平菇菇期管理的时间跨度较长。秋栽低温型品种，产菇期通常可以从秋季延续到初春；秋栽中温型品种，除了秋菇管理外，还有春菇管理；而秋栽的中低温型品种，产菇管理则要连续经历秋、冬、春3个季节。所以，秋栽平菇的菇期管理，应根据所栽品种的生长特性，结合产菇期内的气温变化，采取相应的管理措施。

根据平菇子实体发育的特点，管理可分为催菇和原基期管理、子实体生长期管理等。

①催菇：解开袋口后，如袋口有厚厚的菌皮，可以用小铁耙或镊子将老菌皮扒去，露出新鲜菌丝。晚间打开门窗，降低培养环境温度，创造8～12℃的昼夜温差；保持地面和墙壁湿润，增加空气相对湿度至90%～95%；增加通风和散射光照，促使菇蕾分化。注意一定要保持足够的湿度和水分，以免打开袋口的培养料失水变干，不利于菇蕾形成。

也可以将菌袋全部排放在地面上，用水管往菌袋上喷水进行催菇后，再立体堆放。也可以不进行催蕾，因为在我国多数地区平菇出菇一般在当年9月～翌年4月份，自然温差也在10℃以上，完全可以满足平菇现蕾的需要。不过经过催菇，出菇整齐、茬次明显、易于管理、产量高。

②原基期管理：平菇子实体原基个体小、嫩弱、抗逆性差，对环境条件较为敏感。因此，抓好原基期的管理，是促进菇蕾健壮发育、提高产量的重要环节，具体要求如下：

A. 控制适宜温度：温度是影响平菇原基发育的重要因素，应控制在13～17℃，使菇蕾能正常生长发育。如果温度过高，要采取遮荫、通风等措施，降低温度；如果温度过低，要想办法升温或做好保温措施，防止因低温引起菇体发育不良。

B. 通气供氧：原基分化和子实体的生长，对氧气的要求是不一样的。二氧化碳浓度适当的半封闭管理，能促进原基的发生，也可以调控原基发生密度。但在原基分化之后，必须转入开放式管理，供给足够的新鲜空气，否则会产生畸形菇。进入开放式管理后，应开启菇棚通风窗口，以利原基迅速进入菇蕾分化期。原基期通风应缓慢进行，若风力较强、气流过快，会造成菌袋失水和原基干枯。

C. 提高空气相对湿度：原基是在高湿环境中发生的，进入开放管理后，菇棚的空气相对湿度会因通风供氧而迅速下降。此时应向空中、地面喷水，以提高环境湿度。一般不要直接向原基上喷水，特别是针刺型原基（如凤尾菇），切勿过早喷水，否则会使原基成批死亡。原基期环境的空气相对湿度一般控制在90%左右为宜。

D. 环境条件的综合调节：原基的良好发育是多种环境条件综合作用的结果。因此在进行菇棚管理时，要注意各因子之间的调节和互补。尤其要正确把握通风供氧、保温、保湿三者之间的关系，通风应注意增湿和控温。温度应控制在菇蕾正常发育的适宜范围之内，一般在13～17℃。菌袋两端出现大量菇蕾后，平菇生长所需水分主要是由空气中水分提供。此时湿度管理以保湿为主，空气相对湿度90%左右。可采取保持地面潮湿，利用喷雾器往空中喷雾的方法。注意不要往菇蕾上喷水，不能让蕾表面积水，以免引起死蕾和染杂。要适量通风，防止通风不良、二氧化碳浓度过高使原基不能正常分化成子实体。也不要让风直接吹到蕾上，以免引起菇蕾失水死亡。高温季节在早晚通风，寒冷天气在中午高温时通风。

③子实体生长期管理：此期子实体逐步伸展开、变大变厚、代谢活动最旺盛，也是平菇生长量最大的时期。管理要点如下：

A. 控温促菇：子实体生长期间温度要控制在10～25℃之间，最好13～20℃。如果温度过高，可采取白天盖草苫、早晚掀膜通风等措施降温；如果温度过低，要想办法升温，可在塑料棚上覆盖草帘防寒，防止因低温引起菇体发育不良。遇到连续低温，可通过白天适当地减少荫棚上的覆盖物、增加太阳照射的措施，使菇棚温度达10℃以上。冬天也可在棚内加火升温，但一定要通过烟囱将煤烟排出棚外。

B. 通风供氧：子实体生长前期，因幼菇对环境适应能力较差、抗逆性较弱，故通风量不能过大，通风时间也不宜过长，否则，会造成菇体失水过快而萎缩死亡。随着子实体生长速度加快，生理代谢进入旺盛阶段，要加大通风量和延长通风时间，以促进菇体表层细胞的水分蒸腾，加快培养料的养分向菇体转移，以利菇体的正常发育和迅速长大。

当菇蕾出现后，应及时打开通风口。根据环境条件灵活掌握通风量，如缩小通风口或适当挡住通风口，可以减少菇棚的通风量，反之，可以加大通风量。菇棚每天早晚要通风换气一次，每次1小时左右；菇体发育进入初熟期以后，菇棚的通风口一般应整夜敞开，以保持菇棚内空气新鲜和降低空气中飘浮的孢子量。

通风供氧除了根据菇体的发育程度进行调节外，还要结合菇体发育时所处的环境温度和空气湿度加以调节。例如，秋栽菇头茬菇发生时，气温有时偏高，此时应加大通风换气，以利热量及时散发，减少因高温引起的薄肉早衰菇和水肿菇的发生。

当气温较低时，应注意缩短通风时间，特别是在深秋季节，当夜间气温低于菇体生长最低温度界限时，要停止通风，以防低温袭击，造成菇体受冻出现僵硬或结瘤等症状。秋菇发生时期，凡阴雨天或多雾无风天，都应加大菇棚的通风量，以促进菇体迅速发育。另外，若遇刮风天气，要关闭迎风的通风口，减少通风量，防止菇体失水过快。

C. 补水调湿：秋季气温适宜，菇体发育较迅速，加上菇棚处于通风开放的条件下，水分蒸发和消耗都较快，补水调湿必须及时。否则，菇体会因生理失水而干缩枯萎。

根据菇体不同的生长发育期，调节好空气相对湿度，可根据具体情况喷水。幼菇期子实体小，需水量不大，可向空中喷雾，同时向墙壁和地面喷水，保持潮湿。在后期可以往菇体上喷雾，雾滴要细。不要直接向菇体上喷过多的水，以免菇体吸收大量水分后发黄水肿，并变软萎缩、逐渐死亡、引起病害传染。

子实体生长期，由于菇体生长迅速，吸水量增加，培养料的含水量逐渐下降，此时，必须保持较高的空气相对湿度。一般每天喷水2～3次，每次喷水后，要求菇体表面有光泽而不积水。

补水调湿，要结合菇场的保湿性能和气候的变化等因素灵活掌握用水次数和用水量。例如，晴天空气湿度低或天气干燥时，喷水次数要多，雨天湿度大时要少喷或不喷；气温下降、菇体生长发育缓慢时喷水要减少，反之，则要增加。用水量要根据菇体的生长发育程度、出菇密度及分布情况灵活掌握。出菇多的多喷水，未出菇或出菇少的少喷水；菇大的多喷水，菇小的喷水量相对减少；长柄菇的水分散失快，多喷水，短柄或无柄菇的水分散失较慢，少喷水。

(二)墙栽

平菇墙栽法是在袋栽基础上发展起来的产量较高的栽培方法，生产中有多种形式。墙栽的特点：能较好地保持环境条件，满足平菇生长发育的要求，从而为增产打下物质基础。采用这项技术，一般在垒墙3天后菌丝即可进入覆土层。在整个头茬菇生长过程中，菌袋菌丝与覆土中菌丝已网联成一个整体，有利于营养积累和代谢平衡；由于覆土经常保持湿润，缓解了保湿与通风的矛盾，喷水时也不会伤害菌丝，同时提高了培养料的持水能力，可延缓菌丝衰老；能扩大出菇空间，有利于子实体健壮生长；可有效地控制平菇生理性病害，降低幼菇死亡率；菇茬明显，出菇集中，商品菇比例大；整体性好，菇丛肥大；菌丝活力增强，能延长出菇期。在上述因素的作用下，能达到明显增产目的，产量比常规袋栽提高30%～50%。

菇棚、塑料大棚、地沟菇棚和林下空隙地，均可选用适当的方式进行墙栽。

1. 制备菌袋

菌袋制作同袋栽。

2. 覆土选择与处理

覆土可用菜园土或耕作层以下20cm的土壤，打碎、过筛、喷湿，使含水量达18%左右。再用甲醛、氯氰菊酯喷雾处理，待消毒药味散尽后使用。也可按下述配方制备营养土：肥沃菜园土或池塘泥，按500千克培养料用1立方米营养土计，备好泥土，另加石灰粉1%～2%、KH_2PO_4 0.5%、尿素0.3%～0.5%，消毒后调好水分备用。

3. 菌墙建造

将出菇场地整平，在菌墙的两端预设挡板或支架，作为稳固菌墙的支撑物。单排菌墙，地面筑10～25cm高的土埂，稍宽于菌墙的厚度；双排菌墙，土埂要相应加宽。

①单排菌墙栽培：将长满菌丝的菌袋或已出过1～2茬菇的菌袋，脱去塑料袋或用小刀在中间划开，环割去5cm左右一圈薄膜后，一排一排地堆码。袋与袋之间留2～3cm空隙。每排放一层，在菌筒上盖一层湿润肥沃的土壤，厚2～4cm。再放一层菌筒，盖一层湿润肥沃的土壤。如此一层菌筒、一层土壤，似砌砖墙一样垒至8～9层。菌墙两侧涂抹2cm厚的泥层。菌墙顶端做成一个供补

水用的水槽。以经常保持菌墙覆土呈湿润状态，用来保证培养料内的水分和营养供应。用湿土壤填缝隙，只露出 1cm 左右的菌筒，用于出菇。菌墙间留 40～60cm 宽的人行道，便于管理和采收。

②双排菌墙：将发好菌或出过 1～2 茬菇的菌袋脱去薄膜或者用小刀沿袋划一圈，一端留下 20cm 左右的塑料膜，另一端薄膜脱去，露出培养料和菌丝，以利于菌丝从土壤中吸收营养和水分。将处理好的菌筒间距 20cm 左右尾端相对排成两排。袋与袋之间留 2～3cm 空隙。两排菌筒和袋与袋之间的空隙用肥土填充，并可加入营养液等。菌墙的高度不超过 10 层。菌墙上面做成一个供补水的水槽。两排菌墙之间留 50cm 宽的走道（图 52－2）。

图 52－2 双排菌墙

③圆梯式菌墙：在菇棚内按同一方向每隔 40cm 筑一直径为 140～220cm、高 10cm 的圆形平台，平台周边用砖块砌成，内部填土，平台面用砖铺平。菌丝长满菌袋后将菌袋一端保留 4～5cm 塑料筒，其余料筒全部割去。将保留的料筒一端向外，沿平台周边排成一圈，菌袋外端水平相距约 3～10cm，其空隙部分全部用营养土填满。在摆平的菌袋上铺一层土，厚 2cm。土的湿度要求手握成团、落地即散。然后再依上法排放菌袋和填土，每层内缩 1～2cm，共堆 6～7 层，使之呈有一定梯度的圆锥体。圆锥体的表面为出菇面。圆锥体的顶部用土封顶，周围高、中心低，从上部斜向打 3 个直径为 3cm 的渗水孔，以利通风和灌水保湿。每层均留几个空隙不填土，有利于堆内通风降温。

4. 出菇管理

覆土后保持适宜温度，空气相对湿度 90％以上，同时加大通风，给予一定的散射光，促使现蕾。现蕾后，每天喷水 2～3 次，并定期向顶部水槽灌水，使泥墙保持湿润。采收时，尽量不用手掰，以防破坏菌墙。采收一茬后可结合补水补充营养物质，提高后茬菇的产量。

5. 泥面菌墙栽培法

此法是在上述单排或双排墙式栽培的基础上又一技术改革。方法是：在逐层排袋覆土后，最后在墙面两侧喷水，用泥板将墙面抹平。这种栽培法除前面所提到的有利于改善微环境、调节营养平衡等作用外，还因为泥墙面的屏障作用，能防御害虫的侵染，产量也显著提高。泥面菌墙有单排、双排两种。

①菌袋制备：常规制袋。菌丝长满或采收一茬菇后再脱袋垒墙。

②垒墙抹泥：预先准备好覆土和抹墙泥材料，以河泥、塘泥最好，菜园土次之。在覆土材料中加入0.5％～1％磷肥、0.2％尿素、0.1％～0.2％ KH_2PO_4、1％～3％石灰粉，加适量水调和成营养稀泥备用。在选好的场地先砌墙脚，或筑土埂，高 10～15cm。将脱袋的菌筒依次平放在土埂上，在上面淋肥液，再盖一层营养稀泥，如此堆放多层。根据菌筒大小，一般堆放 7～10 层，高 90～110cm。为防止菌墙倒塌，也可用竹竿预先搭成简易框架加以固定。菌墙砌成后，用较稠的营养稀泥将墙面空隙处塞实，在整个墙面喷一次营养液，然后用泥板收浆，将墙面抹平。待墙面稍干后，次日再用营养稀泥涂抹一遍。墙顶上覆土厚 8～10cm，做成水槽式，在夹土层中间每隔 30～40cm 打一个孔，孔径 2～3cm，以便在出菇期灌水时使水分渗入料内。菌墙间距 80～100cm。

双排菌墙结构更加稳定。由于两排菌袋之间有一个密封状态下的夹土层，保湿性能更好。其方法是：菌墙两边的袋口向外，两排菌袋之间相距 20～30cm。每放一层菌袋，上面填土 1～2cm，中间空隙处也用土填满。堆高 6～8 层。再按照上述方法涂抹墙面和制作水槽。

③出菇管理：在墙顶的水槽中经常灌水，使其自然渗透，以保持菌墙湿润。菌墙建成后 5～12 天，墙面即出现大量菇蕾。出菇期墙面一般不需喷水，仅向空中喷雾保持环境湿度即可。每次采菇后干燥养菌 3～4 天，再追施营养液，其余管理同常规。

（三）菌柱栽培

菌柱栽培是利用大塑料袋或圆形模具作为成型工具，将培养料制成圆柱状的培养体，再进行管理的一种栽培方法。因成型工具不同，菌柱栽培有两种。

1. 用塑料袋制作菌柱体

备好直径 30～60cm、长 80～100cm 塑料袋

（可用塑料袋、化肥袋）。装料时，先在袋底垫一圆形托盘。托盘用木板或硬质塑料板制作，其直径视所用塑料袋大小而定。在托盘中央竖一根直径4～6cm、长80～100cm的塑料管或竹筒（竹筒节心要打通），管壁上每隔8～10cm“品”字形交错钻孔，孔径0.8～1.0cm。然后在袋中装料，层播法播种，层距10cm左右。至塑料袋装满后，将袋口紧扎在中间的通气管上，置温度20℃左右下培养，约20天菌丝可长透培养料。然后脱去塑料袋和托盘，竖放在地面，进行出菇管理。

2. 用活动铁模制作菌柱体

用汽油桶作为制作活动铁模的材料。锯掉桶盖和桶底，将桶体从中间纵向割开，再将割开的桶的一边焊接，用合页固定，另一边安装插销连接，以便在填装培养料紧压成型后拆除。这种油桶模具可做成150千克培养料的菌柱。

培养料常规堆制发酵。散堆后，料温降至30℃装料播种。装料时将模具插销插上，竖放在菇棚内预放的地点。模具下面垫一层砖块，留通气孔道。模具中央竖放一根直径25～30cm的圆柱体，长度略高于模具。层播法播种，每装15～20cm培养料，放入一层菌种，直到装满、压实后，抽出圆柱体，再拔开插销、脱模，用塑料薄膜包裹立柱体。控制温度15～20℃培养。经20天左右，菌丝长透料。如果料温超过30℃，将覆盖薄膜从底部掀起，使其通风换气、降温。

菌丝长透培养料成为菌柱体后，及时向菌柱体中心圆孔内填入消毒处理过的肥沃壤土。壤土含水量17%～18%。填土时，在圆孔中心放一根直径10cm左右的小木棍，然后将湿润细土填入圆孔内，稍加压实，以不松散为度。转动小木棍将其抽出，留下的小孔供注水用。当菌柱体表面出现菇蕾时，脱去覆盖薄膜，在中心小孔内注水，注到水不下渗为宜。注水次数视出菇情况而定，出菇管理同常规。采完第一茬菇后，停水4～5天，以利菌丝恢复生长积累养分，然后再从小孔注水进行出菇管理。

本方法的特点是外层为培养料，内层为泥土。采用立柱体，扩大了出菇表面积。中间的泥土既可为菌丝生长提供营养，又可通过注水产生渗灌作用，向培养料补充水，防止菌丝失水。本法可比常规袋栽法增产30%以上。

需要注意的是，柱状栽培平菇，培养料堆体较大，极易出现料温过高而“烧菌“的现象。在实际应用时，栽培时间应比常规袋栽延后，在气温较低时栽培，而且发菌时还要经常观察，避免出现“烧菌”。

（四）长柱立体栽培

长柱栽培平菇技术具有发菌快、出菇整齐、菇根小、产量高、易于采收、劳动效率高、充分利用空间等优点。在适温下，10天左右菌丝发满，20天左右出菇，25天左右采收第一茬菇。

1. 栽培工具

①铁网架：长柱立体栽培平菇，菌柱外围要用铁丝网架。铁丝网架主要用于支撑培养料，使培养料呈柱形。由16号铁丝以间距5cm焊接成长1.2m、宽0.6m的长方形铁网。铁网一边整齐，另一边留5cm长的横向铁丝。使用时将预留的铁丝穿入另一整齐边缘中，制成高1.2m、直径0.2m的圆柱形网架。

②塑料袋：使用直径35cm、长160cm、厚0.03cm的聚乙烯筒袋。制作菌柱时将塑料袋下端扎成死结放入圆柱网架内，上端柱外留30cm，待装完料后扎口。

③出菇架：依据菇棚大小制作出菇架。先做两个“⊥”形木架，横木用长60cm、宽10cm的木块，竖木用高120cm、宽10cm的木块。竖木顶端再横向钉一长10cm的小木块，每个顶端木块两端各钉1个铁钉。铁钉上绑尼龙绳，用于固定菌柱。下边横木上每边放一宽20cm、厚3cm的木板。木板上摆放菌柱。出菇架做好后，将发好菌的菌柱移入，间距15cm摆放在木板上，菌柱顶端用扎绳固定在尼龙绳上。

2. 原料处理

培养料用生料或发酵料，具体处理方法见本节培养料处理部分。

3. 菌柱制作

采用一层菌种一层培养料的层播方式制作菌柱。先在柱的最下端播一层菌种，用木棍将菌种沿底面拨匀，然后加入培养料，再用本棍将料面拨平，后用柄长130cm、前端焊接直径18cm、厚2cm的圆铁盘的压料器将料压实。然后一层菌种一层培养料，直到将料装满为止。用手将最上层培养料压实，再在最上层播一层菌种。整个菌柱共16层菌种、15层培养料。每个菌柱装干料11千克左右。

4. 扎孔发菌

菌柱装好后，将上端塑料袋扭结后用扎绳扎紧，只留下2cm长，用剪刀将多余的料袋剪去。用小三齿叉(齿长 5cm)扎孔。顶端料面多扎几个孔,再沿每层菌种从网眼中扎一圈孔。如不扎孔,中间菌丝生长很慢。菌柱扎好孔后,移入发菌室25℃左右培养。适宜条件下,10 天左右菌丝即可发满全柱。

5. 割孔出菇

菌柱摆放好后,在菌柱上割出菇孔,进行定位出菇。先在菌柱顶部等距离割 4 个"十"字形孔,然后沿一行的顶端网眼割"十"字形孔,再每隔 2 个网眼割一孔,直到柱底。中间相隔一竖行,从第 3 行顶端竖向第 2 个网眼割孔,每相隔 2 个网眼割一孔。如此隔行、隔两个网眼割孔,直至全部割孔完毕。割孔后 5 天左右即可出菇。出菇后控制温、湿度进行常规管理。每茬菇采收后用补水器补水。补水器由带有螺口的高压喷头拧上补水针制成。从菌柱的上、中、下 3 个部位斜向插入柱体补水。补水后 7 天左右即可再出菇。每个菌柱可出菇 4～5 茬。出菇结束后将废料倒出,圆柱形铁网在太阳下暴晒后继续使用。

(五)畦栽

畦栽是将培养料直接铺在畦床上撒上菌种,就地发菌和出菇的栽培方法,可在塑料棚、树林下栽培,也可在空地、农作物行间栽培。畦栽具有设施简易、节约材料、管理方便、通风透气好、平菇生长健壮、投入产出比高等优点。畦栽时,平菇的生长发育受自然条件影响较大,只要有效控制杂菌、害虫,精心管理,仍能显著地提高产量和质量。畦栽不足之处是占地面积大,空间利用率低。

1. 选场作畦

选择地势较高、背风向阳、地面平缓、排灌方便、保水性好的空闲场地、耕地或林间隙地作菇场。不宜选用荫蔽度大的常绿林、针叶林等林地。

畦床以东西向为宜,宽 80～110cm。北方地区雨水较少、地面干燥,畦床宜深,20～50cm;南方地区雨水较多,地面潮,畦床宜浅,10～15cm。畦床长度依地形而定,为便于管理,以 3～5m 为宜。挖出泥土,堆在四周筑成堤埂。堤埂高 15～25cm。床面四周要铲平、拍实。床底要有一定坡度,中部稍高,以便泄水。畦床四周留 60～70cm 走道,在走道外挖 25～30cm 深的排水沟。沟底面要稍低于床面,以利排灌。

畦床投料之前,要用 5%石灰水浇灌床面,使其吸足水分。床面稍干后,用 500 倍氯氰菊酯液喷洒堤埂和床面,再撒干石灰粉消毒。

平菇生长存在显著"边际效应",即靠近土壤的床边出菇早、密而且大,约占同一茬菇的 50%左右。其原因虽然很复杂,但与床边有较好的通气条件有关。为了充分发挥边缘效应,可在 1m 左右的畦床中心线上留出宽 15～20cm 的小埂,便成了两条并列的小床面;或每隔 1～1.5m 再筑一条宽 15～20cm 的横埂,使整个床面分割成若干长方形小块,以增加料土接触面,提高产量。

2. 铺料播种

畦栽平菇可采用棉子壳等作为培养料,一般采用发酵料。畦栽的培养料中一般不加麦麸等营养丰富的辅料。培养料配方和配制方法参看本节有关内容。

畦栽平菇的播种时间,因各地气候不同而有别。以河南为例,可分为秋播和冬播。秋播的最适播种期在 9 月下旬至 10 月上旬,此时日平均气温已降至 20℃以下,于杂菌生长不利。一般经 35～40 天即可出菇,这时日平均气温在 15℃左右,正适合平菇生长发育,有利于取得高产。冬播在 10 月下旬至 11 月下旬播种。10 月下旬播种的,约经两个月方可出菇。春节前后进入盛产期,有较好的鲜菇销售市场;11 月下旬播种的,发菌需 80～90 天,至次年 3 月初气温回升方可出菇。畦床水分蒸发快、表面干燥,容易造成污染,通常要采用覆土措施。

畦栽播种通常采用层播法。即在畦床上平铺一层培养料,再在料面上均匀地撒一层菌种。温度低时,铺料厚些;温度高时,铺料薄些。然后再铺一层料,再撒播菌种。如此一层培养料、一层菌种,共铺 3 层料。一般铺料厚度以 15～20cm 为宜,每平方米投料 20～22.5千克。最上层用种量要大,约占整个用种量的 30%,菌种要均匀地撒在料面及四周。也可采用穴播和表面撒播相结合的播种方式。穴距 10cm×10cm、穴深1.5～2.5cm,每穴放核桃大菌种一块。将料面拍平后,在料面撒播一层菌种。一般每平方米用种 3～5 瓶,穴播用种量占 7/10,表面撒播用种量占 3/10。用种量要大,如果菌种过少,菌丝生长慢,易感染杂菌。比较理想的方法是采用经过改良的层播法:先在床面铺料,厚 3～5cm,均匀地撒播一层菌种,约占菌种用量的 2/10;再将其余的培养料铺到畦床上,轻轻拍实,每隔 10cm×10cm,放一块核桃大小的菌种,约占菌种用量的 5/10;然后在上面盖一层培养料,厚1～1.5cm,轻轻拍平,在表面撒播一层菌种,约占菌种用量的 3/10,稍加拍实即可。此法省工省时,节约用种,又兼有层播和穴播的优点。

播完菌种后，用木板拍平压紧培养料，让菌种与料充分接触。最后在料面上盖一层纸，并用30%石灰清水喷湿，使之紧贴于料面，能起到遮光、调节水分的作用。再平铺盖上塑料地膜，进行保温保湿发菌。用地膜覆盖的效果比薄膜好，透气性强、发菌快、污染少且成本低。阳畦栽培要加盖斜坡形塑料棚或圆拱形塑料棚，上面再覆盖草帘，以遮挡阳光、调节床温，使棚内形成有利于平菇发育的小气候。

3．发菌管理

发菌期间的管理主要是调节好温度，播种后要注意料温变化，尽量将料温控制在23℃左右。发现料温迅速上升，并超过34℃，应及时将地膜架起，通风散热，或于晚间通风降温。秋末、冬季栽培，畦床管理应以升温为主，早晚或夜间在塑料棚上覆盖草帘防寒，上午9时至下午3时，掀开草帘，利用太阳能增加料温，但料温不宜超过25℃。秋季栽培时，畦床管理应以降温为主，播种时气温偏高，更要注意温度的变化。上午9时至下午4时应盖上草帘，防止增温，早晚应揭草帘降温。发菌期一般不要掀动覆盖在料面的薄膜，平菇菌丝能耐受较高浓度的CO_2，可充分利用这一特性控制杂菌侵染。只有当料温过高(超过25℃)或薄膜积聚大量冷凝水时，才有必要掀膜通风和降温，或掀膜抖去冷凝水。

薄膜覆盖的床面保水性较好。因此，在发菌期间，一般不要向畦床上浇水。床面用地膜覆盖，能有效地防止水分蒸发，在40～50天内均可保持适当的含水量。过早地喷水或用水过多，会造成嫌气发酵，使培养料变黑、发黏。若培养料太干，可在报纸上适当喷水。播种后7天左右，应逐床检查发菌情况。床面若出现杂菌，应针对污染情况酌情处理。料面若出现分散性霉菌菌落，可用3%甲醛液或5%石炭酸液涂抹料面上杂菌菌落及黏附有霉菌孢子的薄膜，或将生石灰洒在杂菌菌落上，均能达到控制杂菌蔓延的目的。床面杂菌生长已连接成片的，可用0.1%～0.2%多菌灵、克霉灵液或0.1%高锰酸钾液喷雾或浇灌，也可用柴油涂抹床面杂菌，或用乙醇涂抹床面后用火烧灼，再将有杂菌污染的料块挖除，换上新料，或填入生土补平，后者效果更好。

20～25℃下，一般经20天左右，菌丝可在料内长透；料温低于20℃，发菌需40～50天。当菌丝色泽由浅转深，并散发特有菇香时，每隔1～2天掀动覆膜一次，并将料面覆盖的报纸揭去，以增加光照和通风量，促进原基分化。

此外，可在播种或菌丝长满料面后，覆盖一层肥沃、通气性好的细土，这样既可保温、保湿，又能增产。覆盖的土壤用1%的石灰粉拌匀，并调节含水量至20%左右。覆土厚度为2cm左右，要完全覆盖料面。

4．出菇管理

菌丝长满料面，床面上有露珠状黄色分泌物和大量绒毛状菌丝出现时去掉覆盖物，给予光刺激。将覆盖在床面的薄膜用竹竿或铁丝架起，与床面保持25～30cm的距离，四周用砖块压好；在沟内灌一次水，提高菇床湿度，以促使菇蕾形成。昼夜温差较大，子实体原基分化较快。按上述方法处理，约经3～5天，床面开始有瘤状原基形成。此时不宜过早掀去薄膜，应保持畦床较高的湿度。采用这种促控相结合的方法，能使床面出菇整齐。当出菇面达70%以上时，掀去床面覆盖薄膜，架设拱棚以保温保湿。

菇蕾形成后，保持棚内温度10～18℃，空气相对湿度80%～90%。加强畦床水分管理，是取得高产的关键。当菇蕾呈珊瑚状时，切忌向床面大量喷水，否则会因湿度过大而影响养分吸收，出现水肿、发黄、变软而导致大量死菇。菌盖长到1cm以上时，要适当增加喷水量，加大通风，促进幼菇生长。此时切忌大风直吹床面，并防止温度剧烈变化，以防幼菇因失水萎缩死亡，或因气候骤变、养分倒流而造成死菇。幼菇生长期棚内温度保持在10～18℃，每天喷水3～4次，使空气相对湿度保持在80%～90%。喷水时，要结合通风，勿使菌盖上保留过多的水分，以免影响蒸腾作用，造成病害。在适宜的条件下，一般经5～7天，就可采收。

采完第一茬菇后，清除床面死菇、碎片及杂物，使菌丝恢复生长。4～5天后，在料面喷一次重水，加盖薄膜，再按前述方法管理。在整个出菇期间，水沟内都要经常灌水，稳定畦床湿度、防止培养料失水，减少死菇和病害的发生，提高产量。

(六)脱袋覆土栽培

袋栽平菇产量主要集中在第一、二茬。采完第二茬菇后，培养料内失水较多，营养消耗也较多，后茬菇产量低、质量差。为了提高生物学效率，可采用脱袋埋土的方法继续出菇。也可将发好菌的菌袋直接用畦栽法出菇。脱袋埋土管理方便、产量高，为生产中常用方法。

1．做畦埋袋

在地面上开畦床，畦床宽1～1.2m，长度视场地而异，深随菌筒的高度而定。畦间距 40cm 作人行道。将长满菌丝的菌袋，脱去塑料薄膜后，横卧或从中间截断断面朝下直立排放在畦床内。若是采收过 2 茬菇的菌袋，挑选无病虫害的菌筒，将塑料袋剥除后，把菌筒从中切断，置日光下晒两天。然后用粗铁丝在菌筒四周扎 7～8 个孔，置营养液（蔗糖0.5千克、尿素0.15千克、水 50ml；或过磷酸钙 2 千克、磷酸二氢钾 0.2 千克、糖 1 千克、水 50ml；或 2%～3%豆饼粉）中浸泡 24 小时左右，使之充分吸收养分，再将菌袋摆放于畦床内。菌筒在畦床内一个靠一个排放，或间距 3～5cm 排放。间隔排放有利于菌筒从畦床土壤内吸收养分和水分，特别是已出过菇的菌筒覆土时，采用这种方法最好。排放好菌筒后，用肥沃、通气好的土壤填满袋间隙，表面再覆盖 1～2cm 厚的土壤。为了克服覆土栽培菇体易沾土的缺点，可用土将袋间隙填满，顶端覆土稍低于料面，可使出菇干净、整洁。

2. 出菇管理

菌袋覆土后，要向畦床内灌清水或石灰清水，使菌筒吸足水分。未出过菇的，只需喷水保持土壤湿润就能满足出菇需要。为了防止出菇期间浇水时泥沙溅到子实体上，可在畦床上撒一层草。采收时，用刀齐土面割下，用湿润的土盖住菇柄，并向畦床内浇水，保持土壤湿润，促使下茬菇发生。

（七）地沟栽培

地沟栽培吸收了菇棚、阳畦、地道等栽培设施的优点，能灵活地控制光照、温度、湿度和通风等条件，具有投资少、易管理、效益高、占地面积小等优点。为了提高地沟设施利用率，更适于采用两场制栽培，即地面养菌、地沟出菇。

1. 季节安排

地沟栽培平菇，除盛夏高温期外，秋、冬、春均可正常出菇，投料时间应选在当年 9 月至翌年 2 月。在纬度较高地区，只要解决好遮荫、通风、降温等问题，夏季利用地沟栽培平菇同样能获得高产。

2. 菌袋制作

按本节袋栽部分介绍的方法制作菌袋。

3. 出菇

菌丝长满菌袋后加强通风换气，拉大昼夜温差，进行变温刺激，促使原基形成。一般在菌丝吐黄水后 10 天左右，即可出现原基。此时将袋口翻卷，搬入地沟内垒成菌墙。宽 1.7m 的地沟，中间垒一排；宽 2.5m 的地沟垒两排，中间及两侧各留走道；宽 3m 的地沟垒 3 排，留 4 条走道。

出菇期间地沟内温度控制在 5～30℃，最好 10～25℃，可通过掀盖覆膜和秸秆以及通风来调节。冬季采用双层膜（两层膜间距 15～20cm）来增温。通气孔只在晴天白天打开。春季随气温升高去掉一层薄膜，并逐渐加盖和加厚秸秆来遮荫，晚上加强通风，扩大地沟内昼夜温差，以利子实体原基分化。地沟内空气相对湿度保持在 85%～90%。若料面湿度小，在沟内和料面喷一次重水。若料面湿度大，则只向空间喷水。春季和初夏气候干燥时，每天向沟底、沟壁和空间喷水一次，3～5 天即可出菇。菇期管理参照前述。

要保持地沟内外环境卫生，防止病虫害发生。地沟入口处及通风孔要设防虫网。进袋前，在地沟沟底及沟壁喷一次氯氰菊酯液。有菇时发生害虫不宜用药，可于转茬期喷施 500 倍氯氰菊酯液或0.2%除虫菊酯。

采完每茬菇后停止喷水，让菌丝尽快恢复生长、积累养分。可在料面喷施 2～3 次 1%葡萄糖液或其他营养液。然后提高地沟内湿度，适当通风，促使下茬菇发生。

（八）人防地道栽培

人防地道冬暖夏凉，温湿度比较稳定，受自然气候影响较小，比较适宜平菇生长，可以一年四季出菇。很多菇农租用人防地道栽培平菇，即使在夏季也能出菇，取得了较好的经济效益。

1. 场地选择

要选择地下面积大、洞口多、结构坚固、有良好的通风设备，道内无积水，不漏水且排水条件好的人防地道。

2. 道内消毒

地道内长期不见阳光、空气流动少、温暖潮湿，很容易滋生虫害杂菌。在使用前应严格消毒，每平方米用硫黄 100g、氯氰菊酯 50ml、甲醛 50ml 密封熏蒸 24 小时。也可用 5%甲醛、新洁尔灭、石炭酸和 500 倍氯氰菊酯喷雾，并用石灰水涂抹墙壁地面。

3. 栽培方式

一般采用塑料袋立体栽培，两端出菇。多采用地上养菌，地下出菇的方法。发满菌丝的菌袋，应放在离洞口较近、通风条件好的地方。地道内栽培平菇，通风是获得高产的主要因素。

4. 管理方法

①增加光照：平菇在无光条件下分化不良，不能正常形成菌盖。人防地道内要增加照明设备，每隔 5m 安装 60W 灯泡一个。当菌袋上出现黄色分泌物时，每天照射 10～12 小时，给予光照刺激。5～7 天平菇原基形成后，每天光照 3～5 小时，直到采收。

②加强通风：平菇是变温结实性菇类，一定的温差有利于子实体的分化和生长。自然通风条件较差的地道要加装通风设备，可以采用轴流式通风机或离心式通风机加强通风。

加强通风，可以形成温差及排湿，有利于子实体生长。随着子实体的长大，应逐渐加大通风量。通风时注意切勿直接让风吹到幼菇上，以防失水死菇。

③水分管理：地道内保湿条件好，每天适量喷水即可。但要防止地道内湿度过大，如果湿度长期高于 95%，易滋生杂菌。

（九）平菇与植物的立体栽培

平菇与植物以不同方式轮作套种的栽培组合，为平菇大面积生产开辟了新途径。在这个组合系统中，植物与菇类互相搭配，养分互相利用，两者间适宜生态因子互相促进，单位面积复种指数提高，单位面积生物产量大幅增长，形成了一种新的高效生态农业系统。

1. 玉米地套种平菇

玉米地套种平菇的方式有田间直播法、室内发菌田间套放法等，均表现出明显效果。根据玉米生长情况及产量分析，玉米套种平菇后，玉米穗位节间位明显拉长，穗粒数增多，千粒重提高，因而表现出明显增产效应。其增产原因主要在于平菇菌丝活力旺盛、土壤速效养分增多，因而玉米地营养充足，使穗位节间拉长，叶片能在空间合理分布，受光面积增大。平菇旺盛的呼吸作用使田间 CO_2 浓度提高，玉米光合作用增强，灌浆物质充足，使玉米产量得到提高。同时，由于田间空气清新、通风透气性好，且玉米植株荫蔽良好，光合作用释放的 O_2 有利于平菇生长，还可减轻平菇的杂菌污染。另外，田间土层的保水性能及无机养分供应均优于保护地栽培，因而能使平菇产量相对提高。增产幅度因套种方式、栽培品种、培养料组成而有一定差别。莱阳农学院（1992）采用室内发菌、前期庭院出菇、后期田间套放的方法，亩产鲜菇 3 450千克，生物学效率达116.8%；玉米产量 657 千克，较一般种植增产 20% 以上。每亩净收益 3 200元，比单种玉米经济效益提高 3 倍以上。

①品种选择：平菇选用中高温型品种；玉米选用株型紧凑、茎秆高、抗倒伏、适于密植遮荫的品种。

②玉米栽培：选择离水源近、地力肥沃、保水性好、洪涝能排、干旱能灌、耕作层深的地块。麦收后及时翻耕灭茬，结合翻耕施足底肥。一般每公顷施优质农家肥 30～37.5吨，碳铵 525～750 千克，过磷酸钙 600～750 千克，硫酸钾 225～300 千克，锌肥 15 千克。深耕整平。耕翻时每 667m^2（亩）施 1.5 千克氯氰菊酯，消灭地下害虫。玉米南北走向种植，以大小行播种玉米，大行一般宽 100cm，中间走道 40cm，走道两边各 30cm 为平菇出菇畦，田间的布局为玉米——平菇——走道——平菇——玉米。小行距约 20cm，株距 20cm。力争在 6 月 10 日前播种结束，夏玉米的其他管理措施同常规。

③平菇畦栽：平菇栽培料选用新鲜棉子壳或玉米芯等农副产品下脚料。配方参考本节的相关内容。将培养料混合拌匀，常规发酵后播种。平菇播种宜在玉米拔节至小喇叭口时进行，播种前 1～2 天要在玉米大行间挖 30cm 宽、20cm 深的菇畦。播种时先在畦内浇透水，待水渗完后在菇畦内均匀地撒入少量石灰粉消毒，将配制好的培养料和菌种分层播入畦内。先铺 1 层 5～6cm 厚的培养料，撒一层菌种；再铺一层5～8cm 厚的料，撒一层菌种；最后铺一层 5～6cm 厚的料，料面上再撒一层菌种。料总厚度为 15～20cm。第 1 层用种量占 35%、第 2 层 25%、第 3 层 40%。菌种总量为干料重的 15%。播种完后稍加压实，使菌种和培养料紧密结合，再盖上用高锰酸钾溶液或石灰水浸泡过的塑料薄膜，四周用砖块压严。

播种后第 3 天，可在菌床上见到浓白、健壮、蔓延生长的菌丝。10～20 天后，菌丝布满整个床面。这时每天可掀动薄膜几次，让菌丝通风透气，散去积蓄的二氧化碳和氨气。25～30 天后，菌丝全部生长成熟，菌床上和薄膜空隙的菌丝开始倒伏，并有大量黄色水珠出现，这是子实体发生的前兆。此时应揭膜，将竹片或树枝顺菌床边插下弯成弓形，使薄膜离料面 16～19cm。2～3 天不喷水，创造干湿差和温差刺激出菇。这样 4～5 天后，可见到料面出现珊瑚状的菇蕾。此后每天向料面喷水 2～3 次，喷水时要菇小少喷、菇大多喷，阴雨天少喷或不喷，晴天多喷。一般从幼菇形成到采收只需 2～3 天。

由于营养充足、温湿度适宜，第一茬产量最高，一般占总量的 40%以上。采完第一茬后要及时清理畦面上的残留死菇，加强管理，并经常观察培养料有无感染现象。若发现杂菌污染，要及时用 10%石灰水消毒或用无菌小刀将污染料块全部割除。再隔 2～3 天便会现蕾，按常规管理。到玉米收获时平菇可采收 3～4 茬。此期若遇上雨天要加盖薄膜。

平菇也可采用袋栽方式。常规制袋，待菌丝发满袋后，脱去塑料袋，自中间断开，截面向下均匀置于畦沟内，覆 2cm 左右厚的营养土，并灌大水一次。1 周后可现蕾出菇，然后常规管理。这种方式菌丝生长较好，污染率低，效果更好。

2. 蔗田套种平菇

以甘蔗畦间空地作畦床，以甘蔗叶作遮荫物进行平菇套种。每 667m² 套种面积约 160m²，可产鲜菇 900～1 000千克。在甘蔗生长阶段，蔗行内温度在 8～29℃、空气相对湿度在70%～95%之间，故套种平菇应选用中、高温型品种。

①原料处理：在甘蔗产区，稻草资源较丰富，可用稻草为主要栽培原料。适当加入 20%～30%的棉子壳等。将新鲜、干燥、无霉变的稻草切成7～10cm 的小段，置石灰水中浸泡 36～48 小时，捞起用清水淋洗至 pH 7.5～8.5，调含水量至60%～65%。将原料混匀，进行发酵后，即可铺料。

②作畦播种：平菇播种期安排在 9 月中旬至 10 月上旬。播种前，先剥去甘蔗下部枯老叶，再从蔗行两边的垄畦挖部分泥土填平沟底，作为平菇畦床。每隔 1～2 行留一条蔗行不挖，作为走道。在平菇畦床上撒石灰粉消毒，然后上料播种，每平方米用干料 12～15 千克。层播法播种，每平方米用菌种 1 袋，拍平料面，再用地膜覆盖。

③发菌管理：播种后 5 天内一般不掀动地膜，以防杂菌侵入。料面有黄色水珠状分泌物出现时，用竹片将地膜支架成拱形地棚，地膜四周仍用土块压实，每天揭膜通风 1～2 次。如蔗地过于荫蔽，要适当剥去蔗株老叶，以增加散射光。

④出菇管理：畦床现蕾后，应采取揭地膜，并结合喷水的方法，保持培养料湿度 60%～65%、空气相对湿度 80%～90%。每天揭膜通风 1～2 小时。如温、湿度适宜，可延长敞膜时间，但应避免直射阳光和雨淋。如畦床培养料过湿，可增加通风次数，或在料面打通气孔使其排潮。每茬菇采完后，可喷一次营养液，以提高产量。营养液可用 0.2%尿素、0.1%KH_2PO_4、0.5%蔗糖的混合液或其中的一种。出菇按畦栽常规方法管理。

3. 露地平菇蔬菜轮作套种

露地平菇蔬菜组合栽培，可改善蔬菜传统的种植结构，有效地利用营养、光能、土地、空间、水源和空气等，发挥间作、轮作、套种优势，使平菇和蔬菜双丰收，还可以降低生产成本、提高菇农经济效益。

①平菇与蔬菜轮作栽培：秋季蔬菜收获后，立即平整土地，间隔0.4m 作畦，东西走向，长度根据地块定，一般为 20～25m 长、宽 1～1.2m，畦南墙高 35cm、北墙高 55～60cm。北墙墙后侧用秸秆（玉米秸、草帘或高粱秸）做一挡风墙，阳畦两侧畦墙上面坡度 25～30 度，上置竹竿或枝条，覆盖农用塑料薄膜。夜间加盖草帘保温，白天掀开草帘利用太阳能升温。

与蔬菜轮作的平菇应根据栽培时间选用适宜温型的品种。平菇可袋栽或畦栽，具体方法参考“玉米地套种平菇”。

②平菇与蔬菜间作栽培：蔬菜的密集叶片能够遮荫。平菇喜欢阴湿条件。实行菌菜间作，两者互补互促，形成立体种植体系，既充分利用土地，又增加经济效益，为蔬菜生产的立体化闯出新路。

平菇与蔬菜间作栽培应选择生态特性有一定差异的蔬菜种类和适应性强的平菇品种，组成合理的间作组合，达到充分利用光能和地力的目的。这是获得菇菜增产增收的重要一环。

平菇与不同种类蔬菜间作组合：选择中棵蔬菜，如茄子、番茄与平菇间作，以及高架蔬菜，如黄瓜、芸豆、豆角与平菇间作。试验结果表明，中棵蔬菜的菇畦内温度比单种平菇的畦内温度低 2～3℃，湿度提高 7%～15%。高架蔬菜遮荫效果比中棵蔬菜遮荫效果还好（表 52－7）。

表 52－7 平菇与蔬菜间作菇畦内旬平均温、湿度

处 理	旬平均温度(℃)			旬平均湿度(%)		
	上/6月	中/6月	下/6月	上/6月	中/6月	下/6月
平菇与茄子间作	23.2	23.3	24.5	65	67	65
平菇与番茄间作	22.9	23.4	24	65	67	64
平菇与黄瓜间作	21.5	21.4	22	73	75	72
平菇与豆角间作	21.9	21.3	22.1	74	77	72
平菇与大豆间作	21.8	21.4	22.3	74	78	73
阳畦种菇 CK	24.9	23.8	24.9	57	60	55

平菇与高架蔬菜间作每100 千克干料产鲜菇都在 100 千克以上。高架蔬菜间作平菇产量明显

高于中棵蔬菜间作平菇。所以选用高架蔬菜间种平菇较好，而且以黄瓜、芸豆架内间作最好。

高架蔬菜内双行间作平菇的组合方式值得推广。该组合方式中，蔬菜春季应用高产抗病的黄瓜品种，秋天用秋芸豆与春黄瓜倒茬。春菜除黄瓜外，还可用芸豆、豆角等。秋菜则以秋黄瓜和秋芸豆与春菜接茬，以继续保持良好的遮荫效果。

蔬菜的种植，参考有关栽培技术。平菇的栽培与管理同“玉米地套种平菇”。

4．葡萄园套种平菇

(1)葡萄的栽培与管理

①葡萄品种的选择：应选择产量高、品质好、生长快、生育期长的巨峰、红富士和龙宝等品种。

②葡萄园的设计：葡萄园连架式栽培应选择南北走向的方式。株距60～80cm、行距100cm左右，一般3年后，葡萄就具有遮荫效果。

③葡萄管理技术：葡萄对土壤适应性很强，以含有大量有机质的肥沃砂壤土最为适宜。土壤酸碱度以中性或微酸性、微碱性最理想。

第一年要做好幼苗的整形工作，一般留2根主蔓，第二年要做好副梢处理，可以适当增加枝蔓数，以保持葡萄枝叶密度，保证遮荫效果。根据葡萄树的长势，及时搭架扶蔓、定形。其他按葡萄栽培的常规管理。

(2)平菇套种

①菌种选择：葡萄是一种喜光、喜高温果树。因此，应根据当地气候条件选择平菇品种，以中高温型或广温型的品种为好。

②制袋发菌：为能和葡萄遮荫时间相吻合，装袋时间应选择在4月下旬。装袋发菌方法参考本节“袋栽”部分。

③移袋出菇：菌丝发满以后，应及时移植在葡萄田里。采用双行埋袋法，即在每行葡萄架两边挖深度约为菌袋直径4/5的沟，宽度要求能平行放置两个菌袋，不要伤害葡萄的根系，以免影响葡萄生长。畦沟挖好后灌水施肥，一般按每株用尿素200g左右计算。等水肥渗下后就可将菌袋塑料筒脱去，埋到畦沟里，埋好后喷水，覆土2cm左右。覆土后再次喷水，常规出菇管理。

5．丰产林地栽平菇

森林可改变林下气候，降低风速，改变风向，调节降水量的分配，影响林地土壤条件。树木的光合作用可吸收二氧化碳、放出大量氧气，使林区空气清新宜人。树木的叶面可吸收和反射大量的太阳辐射光波，使林下光照减弱，减少阳光对林下的辐射强度。其周年性枯枝落叶，增加了林地土壤的有机质，稳定了土壤湿度。森林的生态循环形成了林下特有的小气候。据测定，林地(常绿林)0～20cm地温平均与空旷地相差2.8倍，林间夏日平均温度比林外低2～5℃，林间绝对湿度比林外高，相对湿度也大于林外，风速也小于林外，一般林外风速为3m/s，林内2m高处平静无风。林下土壤一般呈酸性(pH为4～5)。酸性不适于细菌繁殖，却对平菇生长有利。

林地栽培平菇每平方米产菌糠10.9千克，即使30%施入林地土壤中，等于每亩林地一年施入2 000千克优质有机肥。土壤化验结果表明，林地栽培平菇后1年，50cm以上土壤内，除速效磷外，有机质含量提高27.9%、水解氮提高6.2%、速效钾提高19%。

另外，平菇栽培管理过程中的浇水，使整个种菇区林地土壤含水量增加，因而林地栽培平菇改善了林地土壤的通气、肥力及含水状况，对林木生长极为有利。

林地栽培平菇提高了土壤肥力，同时种菇挖畦过程中切断了林木部分根系，刺激林木萌发新的根系，增加了林木吸收地下营养面积。另外，平菇生长过程中放出大量二氧化碳，可作为气体肥料供给林木，促进光合作用，加速林木生长。

(1)林地畦栽平菇

①林地选择：选适宜地不仅可以降低生产成本，而且可提高产量。栽培平菇的林地应选择郁闭度>0.7、水源较好、排水容易、砂质土壤的片林，林内全天平均光照强度在620 lx以下，对树种要求不严。种菇场地一般不要选在林缘，以免受外界环境影响，不利于平菇生长。

②播种期安排：林地适宜栽培平菇时间较短。春季应尽量早播，一般在2月底至3月初进行；秋季播种以8月下旬，外界气温为27～28℃时较为适宜。最好的方法是冬季播种翌年春季出菇，因为冬播菌种菌丝营养生长充分，环境条件稳定，可以减少杂菌污染，且开春出菇早、产量高。冬播最佳时间应在11月至上冻前。

③作畦播种：畦深40cm、宽70cm、长依场地而定。畦的四周要开好排水沟。于播种前一天用大水浇畦，并洒石灰水消毒。培养料可采用发酵棉子壳或玉米芯，配方和处理参照本节相关内容。每平方米铺料15～17.5千克，用菌种2千克。采用层播法，播完后料面压平压实，并覆盖一层5cm厚的树叶，用水喷湿树叶，再在畦上架竹木覆薄膜，薄膜四周用土压严。料面覆盖树叶，具有保温保湿、通风和遮荫的作用，有利于菌丝生长和菇蕾

形成。

④平菇管理：在菌丝发育阶段，由于林地具有遮荫、湿度大、蒸发量小的特点，故一般不需特殊管理。当菌丝发满培养料、畦的四周开始出现原基时，把压在膜上的土去掉，逐渐加强通风，开始喷水管理。由于林内小气候特殊，应适当增加通风时间和通风量，减少喷水次数和用水量。除阴雨天和大风天气外，可全天通风，每天喷水 2 次。采收后要及时清理料面上的菇柄和老树叶，然后覆上一层新树叶，喷一次大水，随即压好薄膜。经 7～8 天便可再次出菇。一般可出 3～4 茬菇。

(2)林地菌袋立体堆积法栽培

常规制作菌袋。待菌丝长满后，解开袋口，将袋口多余的袋膜反折至与料相齐，堆成 1～1.2m 高的菌墙，用竹片作支撑覆盖薄膜(两端不封闭)保湿出菇。出菇后应视天气进行喷水管理，晴朗干燥天气，每天喷水 3～4 次，雨天可少喷或不喷水，同时加强通风，使平菇健壮生长。

平菇与植物互作还有多种模式，如小麦地套种平菇、果树下栽培平菇、大棚蔬菜下套种平菇等，其原理基本相似，可以结合实际情况参照上述方法进行袋栽或畦栽。

(十)采收与采后管理

1. 采收的适期及方法

当菌盖平展、连柄处下凹、边缘平伸时，菌盖和菌柄的蛋白质含量较高、纤维素含量较低，是平菇最适采收期。此时产量高，菌盖边缘韧性好，破损率低，菌肉厚实肥嫩，菌柄柔软，纤维化程度低，商品外观好，经济价值高。

正确采收平菇不仅能保证质量，也利于下茬菇的发生和管理，具体要求如下：

①采收前要喷一次水，这样既可以提高菇棚内的空气相对湿度，又可以降低空气中飘浮的孢子、减少对工作人员的影响，并使菌盖保持新鲜、干净，不易开裂。但喷水量不宜过大，注意不能朝将要采收的子实体上喷水，以免菇体腐烂。

②同一丛菇如大部分已经成熟，应该大小一起采收，不要等小菇长大后再采收。一茬菇一般以两次采完为宜。如是床栽，菇床上大部分菇体已成熟，尽可能早清床，以尽快进入下茬菇的管理。

③菌床栽培时，如果是单生菇，可以一手按住菇柄基部的培养料，一手捏住菇柄轻轻扭下；如果是丛生菇，切不可硬掰，以免将培养料整块带起，最好用利刀紧贴菇床表面将菇体成丛割下。在较低温度下可以提高留在畦床上菇根原基的再生速度，而高温高湿时留下的老菇根会迅速腐烂而诱发病虫害。

④采收时不要手握菇体猛掰，这样会将平菇和基部的栽培料一起拔掉。平菇基部菌丝和栽培料结合紧密，用力过猛会将刚形成的原基拔掉，影响下茬出菇。采收时要用不锈钢刀或竹刀，轻轻从基部将平菇和栽培料分离。尤其采收丛生品种更应注意，采收时要一手握菇柄、一手持刀从基部将平菇轻轻切下，在不影响基部小菇蕾的情况下，尽量少留菇柄，因为如处理不及时易腐烂，引起料面污染，影响下茬菇产量。

⑤平菇菌盖质地脆嫩、容易开裂，采收时要轻拿轻放，并尽量减少停放次数。采下的平菇要放入干净、光滑的容器内，以免造成菇体的机械损伤。菇体表面可以盖一层湿布，以保持菇体的水分。

2. 采后管理

平菇的采后管理是指补充水分、添加营养物、清理菇根等，即茬间管理。如管理科学，可在不增加投资的情况下提高后茬的产量，达到提高总产的目的。平菇的采后管理是整个栽培管理的重要环节之一。

(1)料面清理与环境卫生

①料面清理：每茬菇采收之后，料面上会残留一些死菇和菇柄，要及时清除，以免影响后茬菇的生长。用塑料袋栽培的平菇，应先将两端的残菇全部去掉，再用利器划破菌膜后重新将袋折好。料表面形成的菌膜也应及时清除，菌膜会使料面板结，影响料深处菌丝的呼吸。由于料表面板结，水分不能蒸腾，以水为载体的营养运转也受到影响。衰老的菌皮要全部刮去。对菌膜较薄、菌丝较嫩而洁白的，可用小刀等利器将菌膜纵横划破，改善基内菌丝的呼吸。室外保护地栽培的料面，可用尖硬的竹扫帚在料面用力来回扫，扫去老菌皮露出新菌丝，再将扫下的菌膜清除干净。

②环境卫生：始终保持平菇生长环境的卫生是很重要的。在平菇子实体生长中，栽培场所有很高的空气相对湿度，一些对平菇有危害的杂菌也伴随着繁衍滋生，成为污染源。为减轻杂菌对培养料的污染，在平菇转茬之间对环境进行处理。保持短时间内的干燥，在栽培场所撒些干石灰粉，进出入口也撒上石灰粉，同时在门窗上喷洒杀虫剂防止蚊、蝇飞入。栽培室外部的杂物和堆积的垃圾要清除，使室内、外的环境干净卫生。

(2)养菌调水及催蕾

每茬菇采收之后，菌丝体内的营养需要补充，在转茬之间要给菌丝体一个积累营养的过程，这个过程称"养菌"。采收后3～5天内不应急于补水，要根据料中含水量的情况进行处理。如含水量充足，采菇后不要急于覆盖薄膜或至少在早、晚不覆盖，因为基内菌丝对营养的吸收是以水为载体进行的，只有随着水蒸发流动，养分才能进入菌丝体内达到养菌的目的；如果采收后料中的水分不足，养菌时要覆盖薄膜，同时注意定时通风，保证培养料内菌丝体正常呼吸。同时检查料面是否有杂菌污染和虫害，并进行一次表面消毒。用4%甲醛1 000倍液表面喷洒，随即覆盖薄膜。过24小时后，掀开通气，即可达到杀虫防病的效果。

养菌3～5天后，在表面被利器划破的沟中有洁白的新菌丝发生时，开始洒水。第一茬菇收获后，料中水分损失较多。所以，补水是保证后茬菇产量的关键。

补水的方法应根据栽培形式而定，塑料袋栽培的将袋口解开向外反卷浸入水中泡1～2天，让菌袋自然吸水，捞出沥去多余的水。也可进行强制性补水，将补水器纵向插入袋内，利用自来水压力强制补水，此法补水快、效果好。床栽或畦栽以表面洒水为主，首次洒水要足，洒第一遍后床架上用细竹竿做一拱形支架，将塑料薄膜盖在架上，白天盖膜，晚上揭膜，1～2天后再继续洒水。由于料表面形成菌膜，一次洒水不易很快渗入，必须洒水2～3次才会浸润到培养料中，将含水量补充至60%左右。

经过养菌和补水管理，菌丝体内的营养得到充分恢复，便可按照常规进行出菇管理。

(3)补充营养

平菇采收一茬后，培养料的营养物明显减少。为提高后茬菇产量，采收后应及时补充营养物质。补充的营养物质应为可溶性物质，溶水后喷洒在料面或将菌袋浸泡在营养液中，能被菌丝快速吸收。

1)追施营养液应注意的问题：

①追施时间：每茬菇采收后，清除料面菌皮和残菇并养菌后，便可追洒营养液，促使菌丝快速吸收。

②营养液浓度：追洒的营养液浓度不宜偏高，否则会抑制菌丝生长或引起其他有害微生物滋生，应按常用的配方配制。

2)常用的营养液配方

①尿素、糖液：尿素50g，蔗糖500g溶于50升水中。于采菇后3天喷洒料面，能促使菇蕾形成。

②葡萄糖液：葡萄糖1千克，味精0.1g，维生素B_1 200片溶于50升水中。在采菇后3～5天追洒。

③尿素、磷酸二氢钾、硫酸镁液：尿素50g，磷酸二氢钾100g，硫酸镁5g，水50升。

④马铃薯葡萄糖液：马铃薯2千克，洗净切成丁，煮熟过滤，滤液加葡萄糖1千克、过磷酸钙3千克、补水至50升。在采菇后5天喷洒，能促使菇蕾形成。

⑤硫酸锌10g，硫酸镁20g，磷酸二氢钾20g，维生素$B_1$200片，水50升。

⑥三十烷醇，磷酸二氢钾：三十烷醇5g，磷酸二氢钾50g，水50升。

六、常见问题及解决办法

(一)平菇发菌阶段常见问题及解决办法

1. 接种后菌丝不吃料

①症状：正常装袋接种后，菌丝不吃料、迟迟不向前延伸。

②原因：菌种菌龄过长或菌种老化，菌丝体失去活力；培养料在发酵时，升温太慢，滋生了杂菌，致使培养料酸败；培养料中拌了过量的杀虫杀菌剂，导致药害；拌料时加入过量石灰，使培养料过于偏碱性；培养料过湿或过干。

③防治方法：选择菌龄为30～35天的适龄菌种；选用新鲜无发霉变质的原料。培养料发酵要尽快升温，避免酸败；拌料时不能拌入过多的杀虫杀菌剂；装袋前要测试培养料的pH值，生料栽培pH不能超过8，熟料栽培pH不能超过9，如过高需加入过磷酸钙调整；装袋前要检测培养料的水分，以手紧握培养料，指缝间渗水而不下滴为宜。

2. 培养料变酸发臭

①症状：装袋接种后培养料变酸，严重的散发刺鼻的臭味。

②原因：培养料升温时，未及时采取措施降温，致使杂菌大量繁殖，发酵变酸，腐败变臭；培养料水分过多，造成厌氧发酵，导致变酸发臭。

③防治办法：把培养料倒出来进行翻晒，并堆积发酵，然后调pH到8.5。如臭味过重，拌2%的明矾水除之。处理好后，重新装袋。需要注意的是，如料腐败严重，即使再处理，平菇菌丝也不会生长，不能再使用。

3. 菌丝萎缩

①症状：装袋接种后，平菇菌丝萌发生长正常，但在播种后5～10天，出现菌丝萎缩现象。

②原因：培养料不断产热，料袋堆置太高，未及

时翻袋散热，致使高温烧菌；培养室温度过高，通风不良，高温加上缺氧，导致菌丝萎缩；装袋太紧实、培养料过湿、通气差，菌丝不生长。

③防治方法：接种后5～10天，在培养料发酵热产生期间，及时翻袋散热；改善发菌条件，注意通风降温；降低温度和湿度；料过于紧实可将培养料撬松些。

4. 发菌后期菌丝迟迟长不满菌袋

①症状：装袋接种后，菌丝萌发生长，但后期生长逐渐缓慢，迟迟长不满菌袋。

②原因：袋两头扎口紧，袋内氧气不足；培养料过湿，向下的一面有积水，造成缺氧；菌袋局部感染杂菌。

③防治方法：袋两端最好扎上通气塞，或将绳扎松些。这样通气好，发菌快；翻袋。将菌袋翻转，使水分扩散，改善缺氧状况；在菌袋两端打通气孔，通风增氧，加快菌丝生长；防治杂菌。

5. 菌丝稀疏不紧实

①症状：菌袋内菌丝非常稀疏，袋看起来比较松散。

②原因：菌种退化，生活力降低；培养料质量差，营养不丰富；装料过松。

③防治方法：尽量控制母种转管次数，培育优质菌种；在原料中添加适宜辅料，丰富营养，改善物理性状；装袋时要边装边压，防止过松，以手托起菌袋不下垂为准。

6. 菌丝未长满菌袋就出菇

①症状：菌袋中的菌丝尚未长满，菌袋上的一些部位就开始出菇。

②原因：发菌室的光线过强、温差过大，产生了光温刺激，促使一部分成熟的菌丝扭结出菇。

③防治方法：发菌室应保持黑暗和恒温，创造适于平菇菌丝生长的条件，使菌丝健壮生长。

7. 烧菌

①症状：烧菌又叫烧堆、烧料，是平菇菌丝生长阶段较易发生的问题，尤以夏、秋高温季节发生率最高。烧菌既能造成菌种活力下降、甚至失活，也能导致减产、栽培失败。烧菌发生时，菌袋或菌床内的温度常达39℃以上。接种块会因高温烧死而不萌发，或被灼伤后萌发力减弱，或萌发蔓延后菌丝生长停滞、活力下降，并逐渐泛黄、萎缩、自溶，严重时消失殆尽。

②原因：除生物因素外，关键是培养料温度过高和栽培管理措施不当。料温过高，一是受过高环境温度影响，如自然气温和人工加温；二是平菇菌丝生长代谢和其他微生物繁殖活动产生的生物热聚积后形成的升温带来的联动效应。菌丝培养阶段，生物因素形成的菌温若不能有效控制，不仅会促使料温大幅度提高，还会带动小范围环境温度的上升，即使在冬季，也有发生烧菌的可能。栽培管理措施不当是指菌丝培养阶段，生长环境中的通风换气条件较差、散热降温措施不力，导致环境温度和料温相继升高和持续上升，最终造成烧菌。

③防治方法：A. 菌袋培养环境应具备良好的通风换气条件，并根据环境温度和料温的变化，调整好袋的堆放方法和密度，及时捡出杂菌污染的袋。无论是高温季节，还是低温季节人工加温，都要做好通风散热、降温等防范措施。B. 采用生料或发酵料栽培时，料内要添加多菌灵、克霉灵、石灰等抗菌剂，以有效控制料内微生物活动，保持料温相对稳定；高温季节栽培时，应选择短期出现的低温天气，或安排在早晚、夜间气温较低时突击拌料下种，尽量降低播种后料内的起始温度。冬季袋栽采用集中式堆积发菌时，要检查堆中部袋温，及时翻堆；菌床、菌袋的单位投料量和松紧度要适中，要创造有利于平菇菌丝定植生长的温、湿、气条件，防止杂菌污染危害；菌丝培养期间，要积极采取通风换气措施，控制好环境温度，做好菌床、菌袋的散热降温，露地菇棚要加强覆盖遮荫，防止阳光直接射入棚内，避免料温受热上升。C. 平菇菌丝培养温度应控制在23～27℃。当环境温度超过30～32℃时，警惕烧菌的发生。当料温接近35℃时，应采取散热降温措施，控制料温不再持续上升，避免料温长时间处于高温之中。受烧菌危害的菌床、菌袋，若杂菌污染较轻，且菌丝能恢复生长，可结合补种措施，进行正常管理。若烧菌严重、培养料污染变质，最好拆料晒干再重新栽培。

（二）平菇出菇期间常见问题及解决办法

1. 平菇菌丝发满料后不出菇

①症状：有的菌袋或菌床菌丝生长很好，发满料后却迟迟不现蕾。

②原因：选用菌种不当。如在春夏之交使用中低温型平菇菌种，菌丝长满后正值高温季节就难以出菇；培养料中物质添加比例不当。培养料中麦麸、米糠或尿素等含氮较丰富的物质添加过多，碳氮比失调，致使菌丝徒长、结成菌被，使子实体分化受阻而推迟出菇，严重影响产量；培养料表面过干。菌丝刚长好时，长出零星小菇，误认为已开始正常

出菇而过早地开袋、揭膜，再加上环境温度较高、湿度较低，在菌袋口或菌床表面形成一层干硬的菌膜，使菌丝体无法扭结成原基；温度不适宜。出菇场所温度恒定，缺乏温差刺激；失水严重。菌袋内或料表面严重失水，菇蕾难以发生；通风换气差。通风不良，二氧化碳浓度过高，抑制出菇；光线不足。出菇场地光线过暗，缺少光的诱导，不能现蕾。

③防治方法：根据栽培季节，选择适宜温型品种。菌袋发好后，在荫凉处覆土越夏，待到温度适宜时再进行出菇管理；用小钉耙将菌被或菌皮挠破，加强通风，再喷0.5%葡萄糖等含碳物质，调节碳氮比，辅以温差刺激，适当通风、透光，促使原基出现；酌情补水，进行搔菌，辅以适当通风、光照和温差刺激，促使菌丝扭结出菇；低温季节白天增温，高温季节晚上通风降温，创造温差，促使现蕾；对失水严重的菌袋要及时补水；不能过早开袋口；加强栽培场所通风换气，将过多的二氧化碳排出；平菇出菇需 200～1 000 lx的光照。出菇场所应有适宜的散射光，促使子实体发生。

2. 死菇

①症状：菌袋或菌床中长出了许多健壮的菇蕾，但几天后，不少原基开始枯死。

②原因：A. 菌种老化。如菌种过老、用种量又大，培养料内菌丝尚未长满菌袋即出菇，幼菇得不到养分供应，就会发生萎缩死菇。B. 气温骤变。原基形成后，气温骤然上升，并且持续高温，菌柄停止输送养料，使菌盖逐渐枯萎死亡。如遇低温突然袭击，又会出现养分倒流现象，已分化的原基因得不到养分供应而枯死。C. 培养料缺水。菇蕾形成后，菌盖很快展开，然后枯死，主要与培养料过干有关。D. 水分过多，通风不良。洒水过多，造成小菇水肿而死亡。通风不良时，有些原基因缺氧而死亡。E. 菌袋上菇密度过大。平菇是丛生性的菇类，在子实体生长过程中，部分菇蕾得不到养分，加上相互挤压，必然会萎缩死亡，属正常现象。F. 病原微生物侵染。平菇变为黄色或褐色软腐状，最后干萎或发黏呈水渍状，与线虫、细菌侵染有关。G. 机械损伤。平菇茬次不明显时，采收成熟菇时，幼菇受震动或牵带、碰伤，也会引发死菇。

③防治方法：避免使用老龄甚至出过菇的菌种，并适当控制播种量；在原基分化后，要注意保持菇棚温度稳定。遇有骤变，应及时采取措施，防止温度剧烈变化；菌袋干时，应立即补足水分，但切不可大量浇水，防止出现继发性细菌感染。只能向地面洒水、空间喷雾，提高和保持环境湿度；菇蕾期是平菇发育最敏感的时期，既怕干、又怕湿，更怕高温和通风不良。所以，必须加强菇蕾期的管理，既要防高温，又要防干燥。水分管理以提高空气相对湿度为主，使其保持在 90%左右，最好喷雾洒水，尽量避免喷到菇蕾上。同时随着菇体的长大，要逐渐加大通风量；可追施营养液，使产量得到提高；注意防虫。打开门窗通风，使菌盖表面干燥。用适宜药水喷雾；注意采收操作，避免机械损伤。

3. 袋内出菇

①症状：菌袋的开口处不出菇，而在菌袋里面形成一些原基。袋内出菇多为畸形菇，既无商品价值，又消耗营养，影响产量。

②原因：开口处料面过干，不利于菇蕾形成；装袋过松，菌筒与袋壁之间有较大的空隙。

③防治方法：应隔膜将菇蕾压死，同时采取增湿补水等措施，尽快使两头开口处出菇。

4. 畸形菇

(1)花菜型畸形

①症状：子实体原基形成后菌柄不断分叉，上部形成很小的菌盖，形成花菜球似的球形或半球形的子实体原基团，没有形成正常子实体的形态，不能进一步分化形成幼菇。原基团不断长大，直径可达十几厘米，重量可达 1.5～2 千克。

②原因：主要是二氧化碳浓度太高和空气相对湿度过大所致。据观测，出现花菜型畸形子实体的菇棚二氧化碳浓度均在$2\ 000\times10^{-6}$以上，个别高达$2\ 500\times10^{-6}$，空气相对湿度也常常达到饱和。

③发生：在通风条件很差的菇棚的菌袋上或揭膜过迟未及时进行通风的室内外菇床上，以及冬季用蒸汽加温的菇棚内常发生此病。

④防治：加强通风换气是防治此病的关键。在现蕾期，一定要进行通风，降低二氧化碳的浓度和空气相对湿度，使空气中二氧化碳浓度低于$1\ 000\times10^{-6}$、空气相对湿度不超过 95%；注意及时揭膜。当菌丝开始形成子实体原基时，要及时揭掉覆盖的薄膜，以保证空气新鲜。只要改善环境条件、加强通风，仍可长出正常子实体。

(2)珊瑚状畸形

①症状：平菇原基形成后，长出粗而长的菌柄，但菌柄长到一定程度时，便不再一步分化形成菌盖，而在顶端长出许多小菌柄，并继续分叉，呈重复分枝开叉状，形成似珊瑚状的畸形子实体，颜色苍白，无菌盖或形成小的菌盖，形成不了正常的子实体，失去商品价值；或在菌盖出现二次分化形成密集珊瑚状菌丝，直接影响商品外观和食用

价值。

②病因：原基形成后，菇棚没有及时转入开放式通气供氧管理，所处环境通风不良、光照度偏弱（<1 lx）、二氧化碳浓度偏高（>1 500×10^{-6}），菌盖的伸展受到抑制，不能正常分化成形。

③发生：此病多发生在人防地道或严重通风不良和光照极弱的栽培场所。

④防治：加强通风。当原基形成以后，每天必须通风数次，使空气中二氧化碳浓度不超过1 000×10^{-6}；改善光照条件，菇棚光照强度应在 100 lx 左右；病状轻微的子实体，在通风和光照条件迅速改善后，只要加强管理，畸形病状可以得到矫正，菇体分化、发育可恢复正常；病状严重的子实体，因早期发育缺陷较大，即使管理得到改善，也很难改变畸形状态，一般以摘除为宜。

（3）瘤盖状畸形

①症状：菇体发育过程中，菌盖表面出现疣瘤状赘生物，外观为突起的小疙瘩，多分布在菌盖近外缘处，呈环形或其他不规则形排列。菇农将其称之为“起泡”、“起皱”。病状严重时，疣瘤增多、菌盖僵硬、生长停滞。瘤盖菇仅影响菇体外观，但对菇质无不良影响。

②病因：瘤盖菇是由于菇体发育时所处环境温度过低，且低温持续时间过长，或者受强低温刺激，造成菌盖表面内外层细胞生长膨大不能同步，进而产生的一种组织增生的变形病状。

③发生：此病多发生在严冬季节且菇棚保温措施又比较差的情况下。

④防治：了解所栽品种正常发育时所能承受的最低温度，通常低温型品种温度宜控制在 2℃以上，中低温型品种宜控制在 8℃以上。同时加强低温时的增温保温措施，减轻过低气温对菇体发育的影响。

菇体发育过程中，菇棚温度应控制在菇体发育的适温范围内。低温季节要保持温度相对稳定，防止温差过大，避免过低气温对菇体造成强刺激。

（4）高脚型畸形

①症状：子实体各部分比例失调，主要表现为菌盖较小、菌柄细长且明显超过菌盖直径，颜色苍白，子实体的形状像高脚酒杯。高脚型畸形平菇不影响食用，但鲜销及加工时往往损耗较大，价格较低。

②病因：光照偏弱和气温偏高是引起高脚畸形菇的主要原因。室外栽培草帘覆盖得过厚和一直不揭膜、通风不良、CO_2积累过多，也容易产生高脚型子实体。

③发生：此类畸形子实体在人防地道栽培平菇时较常见。高脚畸形子实体与花菜型和珊瑚型子实体相比，还有一定的经济价值。

④防治：子实体生长发育阶段，要有 10 lx 以上的光照；人防地道或地面栽培平菇，均要加强通风、设法拉大温差和降低二氧化碳浓度，创造子实体分化的适宜条件，促使菌盖发育。

（5）粗柄状畸形

①症状：子实体分化后，菌盖发育迟缓、伸展慢、开片小或不开片，而菌柄的长速不减、在伸长的同时不断增粗、质地较硬。病状严重的，几乎成为无菌盖的“光杆菇”。粗柄状平菇组织结实，可以食用，韧性强，但商品价值低。

②病因：子实体分化后，由于环境温度过低，不能满足菌盖开片的需求，加上采用了过于封闭的保温防寒措施，使环境氧气严重不足，进一步抑制了菌盖的伸展。

③发生：多发生在冬季通气差的菇场。

④控制措施：菇棚温度要满足菌盖生长发育的最低要求，至少要确保菌盖分化后到伸展开片这段时间内温度不要过低。菌盖一旦开片，养分运输部位就会上升，此时即使温度略低，菌盖仍能缓慢发育不会停滞。

低温下平菇生长速度虽然减慢，但呼吸代谢需氧仍然较多。所以，低温下长菇的菇棚，既要加强保温增温措施、满足菇体正常发育所需的最低温度，也要利用气温较高的时间，进行适当的通风换气，防止长时间缺氧给菇体发育带来负面影响。

（6）光杆型畸形

①症状：平菇子实体只有菌柄而没有菌盖和菌褶，更没有孢子，而且菌柄细长，菌柄顶端只有小小的开口，颜色较深。

②病因：光杆型畸形是由低温引起的。平菇分化形成菌盖和产生孢子阶段要求较高的温度。当菌柄在较低温度下伸长到一定高度时，气温维持在 0℃左右较长时间不回升。在此低温下，菌柄表面有冰冻现象，不能形成菌盖，但不会死亡。

③发生：此类畸形平菇一般发生在较寒冷的季节，栽培保温条件较差的菇棚里。只要菇棚具备一定保温条件，一般都不会出现光杆型畸形子实体。

④防治：在子实体生长发育阶段，如遇 0℃以下低温、导致冰冻时，应采取加温措施，使温度升到平菇子实体生长发育的范围，可预防光杆型畸形菇的发生。

（7）盖小柄粗型畸形

①症状：刚长出的原基生长成白色刺状，菌盖灰黑色，如黄豆粒大小，后变淡黄色。再过几天，菌柄变粗多水、膨大，菌盖小而软，整个子实体外

形如同酱油瓶状。

②病因：某些品种平菇子实体在分化、形成期间，遇上高温引起的。

③发生：多在高温季节发生在生料栽培的菌袋或菇床上。

④防治：在较为凉爽的条件下出菇，避免高温危害。

(8)幼菇萎缩干枯

①症状：幼菇生长瘦弱，子实体黄白或淡黄褐色，菇体从顶向下萎缩枯死，分化的菌盖及菌柄呈皱缩干瘪状。

②病因：主要由于空气相对湿度过低及培养料缺水引起。

③发生：多发生在培养料的含水量和菇棚的空气相对湿度偏低的情况下。培养料含水过低(低于40%)和出菇期空气相对湿度太低(低于80%)，或吹风和阳光暴晒时间过长，或出菇期没有及时喷水，都可使幼菇缺水干枯而死亡。

④防治：培养料含水量过低时，要及时补水，使培养料的含水量达60%左右，出菇期保持菇棚空气相对湿度85%～90%；在室外露地栽培，除床面灌水外，菇床周围的土壤也要充分浇水，让土壤中的水分渗到培养料中；菌袋或菌床受阳光暴晒和吹风时间不要过长。

(9)萎缩状平菇

①症状：菇体分化发育后，尚未充分长大，便停止生长或死亡，呈干瘪开裂或皱缩枯萎状，色泽多呈黄褐色。

②病因：除了因菇丛间的个体生存竞争而造成的优胜劣汰外，主要是培养条件不适和管理不善所引起。如菌丝长势差，菇体所需养分得不到满足；菌床、菌袋含水量低，失水严重，养分运输不畅；菇棚通风过度，菇体水分散失过快；管理粗放，菇体受物理损伤，呈僵滞状；喷洒浓度过高的营养液(尿素、糖水等)，使菇体组织细胞出现生理性干旱等。

③发生：常发生在菌丝长势较差、培养料缺乏水分、管理粗放的菌袋或菌床上。

④防治：培养健壮的菌丝；控制好原基发生的密度。原基发生过密时，可采取疏蕾、早采等方法加以调整；出菇期间，要结合菇场空气相对湿度、培养料含水量、菇体大小和发生量以及气温高低等情况，确定喷水量和喷水次数，并避免阳光直晒和干热风直吹，控制追肥时机和肥水浓度；失水过多的菌床要在转茬期充分补足，或采用覆土方式出菇。

(10)水肿状畸形

①病症：病菇形态基本正常或盖小柄粗，但菇体含水量高、组织软泡肿胀、半透明、色泽泛黄。感病重的菇体往往没采收就已停止生长或死亡。病菇触之即倒、握之滴水。

②病因：子实体生长阶段用水过频过重，菌袋或菌床含水量高，常积水，菇体大量吸水后不能适度蒸发，导致生理代谢功能减弱，若继续喷水、吸水，便停止生长或逐渐死亡，最终形成水肿病状。此外，菌袋或菌床上残留的物理性损伤菇或成熟过度的菇体，其吸水力往往较强，即使管理用水正常，这类菇也能形成水肿病状。水肿菇口感较差，货架期短，容易变质。

③发生：常发生在含水量过大的菌袋或菌床上，也可发生在空气相对湿度过高的菇棚内。

④防治：提高子实体生长期管理技术，喷水时必须进行适度的通风换气，不要让游离水在菇体上长时间附着，特别是出菇密集的菌袋和菌盖重叠间隙小、柄短体形大的菇丛；适时采摘，发现病菇要及时摘除；加强通风换气，调节好菇棚空气相对湿度，防止诱发其他病虫害。

(11)子实体着色病

①症状：部分幼菇或成熟菇的菇丛中，少数子实体原基或菌盖上出现黄褐色变色斑块，严重的似阳光烧灼的焦斑。变色部位的菌肉薄、质地稍硬化，相应部位生长受抑制，但不会死亡或干腐。幼菇感病后，只要控制住病因，喷水适当，随着菇体发育长大病斑会逐渐淡化消退。

另一种情况是菌盖边缘产生蓝色的晕圈，病情加重后，菇体表面全部为蓝色覆盖，直至采收也不消失，且感病时间越长，色泽越深，严重的整个菇体如同染上蓝墨水。蓝色平菇的变色部位主要集中在菌盖的表皮，菌肉、菌柄一般不变色，菇体形状不变，发育受阻的现象不明显。蓝色平菇变色组织的内在成分有无变化尚未明了，菇体食用后也未见不良反应，但其外观常使消费者产生疑虑。

②病因：引起子实体出现着色的原因是使用了质量差的、新的塑料薄膜。薄膜中含有某种易溶于水并能导致平菇变色的化学物质。当菇棚内外温差较大和膜内相对湿度较大时，棚内薄膜上会形成含有这种有害化学物质的冷凝水，当水滴滴落在菇蕾或菌盖上时，就会使被滴到的组织着色。

蓝色晕圈是因一氧化碳等有毒气体引起的。长菇阶段，菇场内采用煤灶加温，或者菇场紧靠厨房，由于煤炭、柴草燃烧时产生的烟雾中含有较多的乙烯、二氧化硫、一氧化碳等气体，加上通风换气较差，造成菇体中毒，进而发生变色反应。据观察，在发生蓝色平菇的菇棚内，灰褐色、灰白色的平菇品种普遍感病，而乳白色平菇反应不敏感。初步推断，导致菇体变色的因素与菇体内的化学组分有一定关系。

③发生：病斑菇发生在塑料菇棚内。新的塑料薄膜中含有某种可溶于水的化学物质，气温高时，薄膜上的水滴到菇蕾或菌盖上，引起局部中毒而变色，零星发生，不普遍。一氧化碳中毒是发生在采用柴、煤人工加温的菇棚中。

④防治：选用质量较好的地膜或塑料薄膜覆盖菇棚；菇棚的支架保持半圆形或斜面形，使薄膜上凝结的水滴流到菇棚的边缘。子实体生长阶段，菇棚内要保持一定的通风换气量，以缩小棚内外温差、减少冷凝水的形成。

冬季菇场增温宜采用太阳能、暖气、电热等方法。如采用煤火、柴火等方法加温，应设置封闭式传热的管道将一氧化碳排除出菇棚。

（三）平菇孢子引起的超敏反应及其治疗

1. 症状及原因

平菇采收期，有部分管理人员或轻或重的发生咳嗽、胸闷气喘、多痰等现象，有少数严重者会出现发热、喉咙红肿等类似重感冒的症状，如不及时处理会加重病情。菇农称之为“蘑菇病”。这种由孢子引起的疾病在医学上称为“超敏反应”。

超敏反应是指已免疫的机体再次接触相同抗原时引起的自身免疫反应，常引起组织损伤或功能紊乱。平菇孢子引起的超敏反应也遵循免疫应答的普遍规律，即当抗原初次刺激，激发肌体的免疫应答过程，经过一定的潜伏期，以后抗原再次刺激时便发生应答反应。这种免疫应答对机体是有害的。

引起超敏反应的抗原很多，分为外源性抗原和内源性抗原。外源性抗原常见的有微生物、花粉、寄生虫、异种血清、动物皮屑、屋尘及一些食物（如鱼、虾、牛奶等）；内源性抗原是电辐射、一些化学试剂、烧伤引起的自身成分变性形成的自身抗原。

平菇孢子十分微小，但数量极其巨大。孢子大量释放时，常可用肉眼看到。平菇孢子可以通过空气漂浮，被人体直接吸入引起超敏反应。平菇孢子引起的超敏反应属于外源性抗原反应。

平菇孢子引起的超敏反应分 3 个阶段。①致敏期：当人体吸进孢子，肌体受到抗原刺激，体内产生相当量的 IgE（免疫球蛋白 E）类抗体。IgE 具有亲细胞特性，能与肥大细胞和噬碱性细胞结合，超敏反应处在潜伏期；②攻击期：当平菇孢子再次被吸进时，孢子被黏着在呼吸道、扁桃体黏膜上并再次刺激肌体；③发作期：二次进入的平菇孢子和呼吸道表面细胞的 IgE 类抗体结合，形成的抗体和类抗体能激活肥大细胞和噬碱性细胞，使之脱颗粒，从被排出的颗粒中和细胞内释放出一系列活性介质，如组胺、激肽等，引起呼吸道毛细血管扩张、血管壁通透性增强、平滑肌收缩和腺样体分泌增多、表面细胞水肿充血等。在病症上表现为咳嗽、痰多、胸闷、哮喘等，严重的有发热、全身关节疼等症状。

平菇孢子引起的呼吸道超敏反应，常常是急性发作，对人体健康有害，应引起重视。引起呼吸道超敏反应的因素有两个：①外源性抗原；②机体抗体 IgE。只有这两个因素同时存在时才会发生超敏反应。人体 IgE 含量不相同，一般男性略高，青年人高于成年人，超敏反应者明显高于正常人。所以，IgE 的含量是关系到个体是否易于发生超敏反应的主要因素。机体内 IgE 的产生有明显的个体差异。IgE 含量高的人属于过敏体质。平菇孢子引起的超敏反应并非人人都会发生，只有在平菇孢子被具有多敏体质的人多次吸入后才会发生。

2. 防治措施

（1）避免和平菇孢子多次接触

①净化空气：在采收平菇时打开门窗，加大通风量，加快室内空气流动，使悬浮在空气中的孢子通过门窗逸出；在采收前增加洒水量，保持室内有较高的湿度，使孢子下沉以减少空气中的孢子含量。

②采收时带口罩：带上防尘口罩后再进行采收，可有效防止孢子吸入人体。

③栽培不产孢子的平菇品种：在通风条件不理想的环境中栽培平菇时，要选用不产孢子的品种，也可用产孢子少的品种。

④适时采收：平菇有裸露的产孢结构和很强的孢子弹射功能。当菌盖展开、盖缘略上翘时，产孢面积是菌盖面积的 17 倍，孢子释放量达到高峰。因此，要在菌盖边缘快要平展，但还内卷，即七八分成熟时及时采收。

（2）免疫防治

免疫防治分脱敏疗法和减敏疗法。脱敏疗法是采用小剂量连续多次注射抗毒血清，消耗机体内已形成的 IgE，避免超敏反应的发生；减敏疗法是用相应的抗原，小剂量、多次（间隔 7 天左右）皮下注射，防止超敏反应的发生。

3. 治疗

一旦发生平菇孢子超敏反应，患者要及时与菇棚、菇体脱离接触，并注意休息，经过一段时间即可恢复。反应严重者，服用氯苯那敏（扑尔敏）、苯巴比妥（鲁米那）、氧氟沙星（奥复星）、美喘清片等抗过敏药，能起到较好的作用。

第四节　平菇的营养价值

平菇子实体肉肥质嫩、味道鲜美，具有高蛋白、低脂肪的特点，富含多种矿质元素和维生素，是人类理想的健康食品。

一、蛋白质和氨基酸

食用菌的蛋白质含量一般在4%～40%。在伞菌中，侧耳属的蛋白质含量低于双孢蘑菇、草菇、美味牛肝菌、鸡油菌、毛头鬼伞等，但却远高于松口蘑和蜜环菌等，而与香菇、金针菇、滑菇等相近。阿魏侧耳和盖囊侧耳的蛋白质含量较高，比侧耳属其他种类的平均含量高约25%。

Eli V. Crisan等(1980)曾对100多种食用菌的营养进行了研究，认为大多数食用菌的蛋白质消化率(TD)在34%～89%。据Pardeep K.(1980)的研究，平菇蛋白的消化率为76.93%～81.38%，不但高于一般蔬菜的蛋白质消化率，在食用菌中也是较高的。

食用菌的氨基酸分别以结合型和游离型存在于子实体中。食用菌的氨基酸有25%～35%是游离型的，其余的则结合成为蛋白质。糙皮侧耳的结合氨基酸和游离氨基酸的含量如表52－8。

表52－8　糙皮侧耳游离和结合氨基酸含量及比率(g/100g蛋白质)

氨基酸	A	B	比率	氨基酸	A	B	比率
天冬氨酸	3.45	16.33	17	蛋氨酸	0.03	2.05	1
苏氨酸	2.67	11.52	19	异亮氨酸	1.95	5.20	27
丝氨酸	2.61	6.25	29	亮氨酸	3.19	10.41	23
谷氨酸	14.03	17.16	45	酪氨酸	1.81	2.99	38
脯氨酸	1.94	8.36	19	苯丙氨酸	2.22	4.76	32
甘氨酸	3.30	14.73	18	赖氨酸	1.06	15.89	6
丙氨酸	19.10	15.89	55	组氨酸	2.06	3.60	36
缬氨酸	4.04	17.50	19	精氨酸	1.43	10.91	12
胱氨酸	0.03	1.27	2				

注：A：游离型氨基酸；B：结合型氨基酸；比率＝A/(A+B)×100。

氨基酸的构成及其含量对蛋白质的营养价值有重要影响。食用菌通常含有16～18种氨基酸，包括除色氨酸之外的全部必需氨基酸和绝大多数常见的非必需氨基酸。表52－9列举了4种侧耳的氨基酸构成及其含量，食用菌的必需氨基酸占总氨基酸的比例为25%～40%(在10%～50%范围内变动)。凤尾菇、佛州侧耳、美味侧耳和糙皮侧耳的必需氨基酸在总氨基酸中占有较高的比例，分别为48.42%、46.87%、45.03%和43.37%。据Khanna(1981)报道，佛州侧耳的必需氨基酸高达氨基酸总量的56%。在研究菌类蛋白时，赖氨酸特别受到重视。凤尾菇的赖氨酸含量约占氨基酸总量的8%，这种热带菇类对于补充谷物中赖氨酸含量的不足有重要意义。除赖氨酸外，在必需氨基酸中，亮氨酸和缬氨酸的含量也较高。

表52－9　4种侧耳的氨基酸含量(g/100g粗蛋白)

氨基酸	凤尾菇	佛州侧耳	美味侧耳	糙皮侧耳
异亮氨酸	3.572	2.416	3.098	2.792
亮氨酸	8.665	6.578	4.153	6.433
赖氨酸	5.435	3.196	2.152	3.286
苯丙氨酸	6.035	5.820	5.333	5.992
酪氨酸	2.272	1.426	1.580	1.524
胱氨酸	0.650	0.554	0.735	0.380
蛋氨酸	2.043	1.840	1.398	1.235
苏氨酸	2.900	5.038	3.201	2.554
色氨酸	—	—	—	—
缬氨酸	6.350	3.430	4.731	4.728
精氨酸	2.463	1.543	1.694	—
组氨酸	1.025	1.134	1.122	4.203
丙氨酸	10.237	6.388	9.124	7.775
天冬氨酸	1.237	1.534	2.032	4.294
谷氨酸	7.983	4.918	3.644	5.975
甘氨酸	4.371	4.882	3.130	5.165
脯氨酸	2.375	2.912	2.237	2.720
丝氨酸	0.148	0.110	0.322	0.270
芳香族氨酸	8.307	7.246	6.913	7.516
含硫氨基酸	37.930	30.298	26.381	25.024
氨基酸合计	67.769	53.710	49.685	56.026

二、糖　类(碳水化合物)

平菇含有丰富的糖类。侧耳属一些品种的糖类含量为可溶性糖类4.20%，五碳糖1.7%、六碳糖32.3%(张树庭等，1986)。吉田博(1987)曾对4种侧耳游离糖及游离糖醇的构成进行分析，发现糙皮侧耳、贝形侧耳中所含游离糖主要是海藻糖，而白黄侧耳则是以甘露醇为主(表52－10)。平菇中所含有机酸很有限，但有机酸的种类极为丰富，包括乳酸、草酸、琥珀酸、富马酸(反丁烯二酸)、苹果酸、α-酮戊二酸、焦谷氨酸和柠檬酸等，其中以苹果酸和琥珀酸的含量最高。这些有机酸大都以钾盐或钠盐的形式存在于平菇子实体中。在不同的发育阶段，糖类的含量会出现较大变化。

表 52－10 4 种侧耳的游离糖与游离糖醇含量(g/100g 干重)

种类	甘油	阿拉伯糖醇	甘露糖醇	葡萄糖	海藻糖	总糖	总糖醇
糙皮侧耳	0.4	—	7.5	0.5	9.0	9.5	7.9
白黄侧耳*	0.3	0.2	2.8	0.1	0.1	0.2	3.3
白黄侧耳	0.2	0.1	3.4	—	0.1	0.1	3.7
贝形侧耳*	0.2	—	0.1	0.1	9.9	10.0	0.3
榆干侧耳*	0.2	—	1.3	0.1	2.1	2.2	1.5

* 栽培样品。

平菇含有的热量比谷物低，但略高于某些蔬菜。而平菇含有糖类的意义，并不在于提供热量，而是有更为重要的特殊功能，如其所含的糖醇和多糖，在促进和提高人体免疫力、增强体质方面起着重要作用。

平菇中粗纤维包括许多类型不同的化合物，如木质素、多缩戊糖、半纤维素和胶质等，其中由 *N*-乙酰葡萄糖胺所构成的壳质素，也称真菌几丁质，是细胞壁的结构物质，又称“真菌纤维”，其基本结构单位是壳二糖。

三、脂　类

平菇的脂类包括脂肪、类固醇和磷脂等。平菇的脂类含量一般偏低，但就其化学性质而言，则具有较高的利用价值。

平菇的脂类虽然含有很高的不皂化物，但还是以 14～18 个碳原子的偶数脂肪酸和甘油所组成的酯为主。其中饱和脂肪酸包括肉豆蔻酸、棕榈酸和硬脂酸，棕榈酸为其主要成分；不饱和脂肪酸包括十四烯酸、棕榈油酸、油酸和亚油酸等，其中最重要的是亚油酸，只有贝形侧耳例外。平菇的脂肪酸中，有 70％以上是以亚油酸为主的不饱和脂肪酸。在植物性油脂中，只有红花油才接近这一水平，故有很高营养价值。不饱和脂肪酸是人体必需的营养物质。平菇中含有高比例的不饱和脂肪酸是其作为健康食品的重要因素之一。

食用菌类脂有一显著特点，就是不皂化物含量特别高，其主要成分是植物甾醇，尤其是麦角甾醇。小山尚子等(1987)测定，在 100g 干物质中，糙皮侧耳含 305mg、白黄侧耳含 402mg、贝形侧耳含 448mg。除凤尾菇外，平菇的麦角甾醇含量超过大多数菇类。麦角甾醇是维生素 D 的前体物质，经紫外线照射可转变为维生素 D。麦角甾醇在菇体中的含量，随子实体发育成熟而提高，主要分布在菌褶内。

四、维生素类

维生素是维持人体正常生命活动所必需的多种有机化合物的总称。它们的化学结构和性质有很大区别，但有一个共同特点，即不能由人体合成或合成量太少，而必须通过食物来提供。Rjarathnam S.(1986)曾对 4 种侧耳的维生素 C、维生素 B_1、烟酸、维生素 B_2、泛酸和叶酸的含量进行了分析(表 52－11)。据张树庭等(1986)提供的数据，每 100g 干侧耳含烟酸46.0～108.7mg、维生素 B_1 1.2～4.8mg、维生素 B_2 4.7mg。Hayes(1981)和 Shivrina(1963)曾报道，平菇中含有维生素 B_{12}。刘凤春(1985)在亚侧耳中发现有胡萝卜素，含量达106mg/100g 干品。这种脂溶性维生素与维生素 A 具相似化学结构，能在体内转化为维生素A。

表 52－11 侧耳和其他食用菌维生素含量比较(mg/100g)

种类	维生素 C	维生素 B_1	烟酸	维生素 B_2	泛酸	叶酸
扁形侧耳	144±22	1.46±0.21	73.3±3.35	7.10±1.32	33.3±2.00	1 222±101
水红侧耳	92±14	2.23±0.33	66.6±5.23	8.97±1.11	24.3±2.95	1 346±120
凤尾菇	111±16	1.75±0.23	60.6±4.72	6.66±1.22	21.1±3.11	1 278±130
佛州侧耳	113±15	1.36±0.15	72.9±5.33	7.88±1.00	29.4±2.93	1 412±150
双孢蘑菇	82	1.14	56.19	4.95	22.8	933
木耳	痕量	0.16	4.10	0.48	痕量	痕量
草菇	痕量	0.40	11.90	0.90	痕量	痕量
香菇	痕量	0.32	59.50	2.73	痕量	痕量

据联合国粮农组织(FAO)公布的数据，除维生素 C 外，平菇的其他维生素含量都高于一般蔬菜。平菇是能满足人们对核黄素和叶酸需求的好食物，在很大程度上可满足成年人对一些维生素的日常需要。

五、矿质元素

平菇中的矿质元素，以钾和磷的含量最高，其次是钠、钙、镁和铁，其他元素还有铜(Cu)、锌(Zn)、锰(Mn)等(表 52－12)。

表 52－12 糙皮侧耳的矿质元素含量(g/kg 干品)

钾	钙	磷	铁	铜	锌
27.8	0.2	10	0.12	0.009	0.036

平菇还含重金属元素，如铅(Pb)、镉(Cd)、砷(As)、汞(Hg)等，是否会对人体有害是人们普遍关心的问题。根据联合国粮农组织(FAO)和世界卫生组织(WHO)规定：一个 70 千克重的成年人，每周摄入的铅不得超过0.35mg、镉不得超过0.52mg。如果每人每周食用 500g 鲜平菇，其摄入量也不会超过上述规定。

第五节　平菇的化学成分与药理作用

一、化学成分

100g 平菇(干)含蛋白质7.8～17.7g、脂肪1.0～2.3g、糖类57.6～81.8g、粗纤维5.6～8.7g、灰分5.1～9.5g。一项报道指出：平菇中微量元素(mg/kg)分别是：锶3.527，锰7.985，钼1.500，钒13.782，锌55.168，铬1.398，铁73.895，铜9.607。平菇中还含维生素 B_1、维生素 B_2 与氨基酸。平菇所含蛋白聚糖可能是其抗肿瘤和调节免疫作用的有效成分。

二、药理作用

(一) 抗肿瘤作用

平菇的抗肿瘤活性受到学术界的关注。Jedinak 和 Sliva 的研究发现，平菇提取物抑制体外培养的乳腺癌(MCF-7，MDA-MB-231)和结肠癌(HT-29，HCT-116)细胞增殖，但不影响乳腺上皮细胞 MCF-10A 和正常的结肠 FHC 细胞增殖。流式细胞计数显示，平菇对 MCF-7 和 HT-29 细胞增殖的抑制与细胞周期停滞在 G0/G1 相有关。平菇提取物诱导肿瘤抑制基因 p53 和细胞周期蛋白依赖激酶(cyclin-dependent kinase)抑制物 p21(CIP1/WAF1)表达，而且抑制 MCF-7 细胞的视网膜母细胞瘤 Rb 蛋白的磷酸化。此外，平菇还可上调 HT-29 细胞 p21 表达，抑制 Rb 磷酸化，指出平菇经由 p53 依赖途径抑制乳腺癌和结肠癌细胞增殖。说明平菇对乳腺癌和结肠癌有潜在的治疗与预防作用。

Tong H 等从平菇中分离纯化的水溶性多糖(POPS-1)的分子量为 31 KDa，由甘露糖、半乳糖和葡萄糖按 1∶2.1∶7.9 的比例组成。它由(1→3)连接葡糖糖残基(O-6 位)的主链组成，侧链由(1→3)连接葡糖糖，(1→4)连接半乳糖，(1→4)连接甘露糖组成。体外实验表明，POPS-1 对 Hella细胞具有显著的剂量依赖性的抗肿瘤活性，与 5-氟脲嘧啶不同，POPS-1 对人胚肾细胞较之 Hella 细胞，仅有非常低的毒性。

Sarangi 等从平菇菌丝经乙醇沉淀、离子交换以及 Sephadex G-10 凝胶渗透色谱法纯化出 3 种水溶性中性蛋白聚糖组分，它们的多糖/蛋白的比率分别为14.2、26.4和18.3。在荷S-180肉瘤小鼠观察这些组分的免疫调节作用和抗肿瘤作用。在体外培养的 S-180 细胞，组分 Ⅲ 在 10μg/ml、组分 Ⅱ 在 50μg/ml 时，开始显现杀细胞作用。每日腹腔注射蛋白聚糖(5mg/kg)6 天，第 7 天可见腹腔中肿瘤细胞数显著减少。流式细胞仪细胞周期分析显示，多数细胞停止在 G0 前/G1 相。3 种蛋白聚糖增强小鼠 NK 细胞的细胞毒性，并刺激巨噬细胞产生 NO。傅里叶变换红外光谱结果指出，所有的蛋白聚糖均存在 β-糖苷键。组分 Ⅰ 可与葡萄糖/甘露糖特异的植物凝集素刀豆蛋白 A(ConA)相互作用，表示末端有葡萄糖/甘露糖的存在。因此，从平菇菌丝中获得的 3 种中性蛋白聚糖可用作免疫调节剂和抗肿瘤剂。

Guy H 等在试验的 20 种食用菌中，从新鲜平菇中提取的水溶性提取物(POE)，对非雄激素依赖的前列腺癌细胞(PC-3)产生非常显著的细胞毒性。同时，用膜联蛋白 V-荧光素异硫氰酸盐流式细胞计数检测到，POE(150μg/ml)加入细胞 2 小时后，迅速诱导 PC-3 细胞凋亡。用 DNA 片断末端脱氧核糖核苷转移酶介导的 1X-dUTP 刻痕末端标记染色法，还确定 POE(200μg/ml)加入细胞 6 小时后，诱导 PC-3 细胞凋亡。POE 引起的细胞毒性和诱导细胞凋亡均有剂量依赖性。有趣的是：PC-3 细胞在不依赖支持物生长的情况下，对 POE 非常敏感。在添加 POE(60 或 120μg/ml)的软琼脂培养基与无 POE 培养基(100%)比较，肿瘤集落生成效率显著减少至 4.5%或0.5%。在高温(80℃)下 2 小时，POE 的生物活性消失，但在 40℃以下仍稳定。经由高效液相色谱和 CellTiter 96 AQueous Cell Proliferation Assay(Promega，Madison，WI)分析鉴定，活性组分 POE-F2 对热敏感，并有很强的 280nm 吸收，说明从平菇中发现的活性成分是水溶性蛋白质或多肽。

(二)减轻四氯化碳的毒性

Jayakumar 等研究观察平菇对四氯化碳所致肝损伤雄性 Wistar 大鼠抗氧化活性。给大鼠腹腔注射 CCl_4(2ml/kg)共 4 天，导致血清门冬氨酸氨基转移酶(AST)、丙氨酸氨基转移酶(ALT)和碱性磷酸酶 SALP)较对照组显著增高。同时，肝脏 MDA 水平显著增高，还原型谷胱甘肽显著降低(GSH)。过氧化氢酶(CAT)、超氧化物歧化酶

(SOD)和谷胱甘肽过氧化物酶(Gpx)等抗氧化酶的活性也降低。给四氯化碳(CCl_4)中毒大鼠腹腔注射平菇提取物 200mg/kg,可使 AST、ALT、ALP 恢复至接近正常,GSH、CAT、SOD 和 Gpx 活性显著增加,MDA 显著降低。组织病理学检查也证明平菇提取物具有保肝作用。说明平菇提取物能显著减轻 CCl_4 大鼠肝脏毒性。

他们进一步评价平菇提取物对四氯化碳(CCl_4)诱致中毒雄性大鼠的保护作用。与正常大鼠比较,CCl_4 中毒大鼠的肾、心、脑中丙二醛(MDA)的平均水平显著升高,还原型谷胱甘肽(GSH)维生素 C 和维生素 E 的水平明显降低。过氧化氢酶(CAT)、超氧化物歧化酶(SOD)、谷胱甘肽过氧化酶(Gps)和谷胱甘肽 S-转移酶(GST)的定量和定性分析也显示,CCl_4 中毒大鼠的肾、心、脑中,这些抗氧化酶的活性降低。用平菇提取物处理 CCl_4 中毒大鼠时,它降低 MDA 的水平,升高 GSH、维生素 C 和维生素 E 的水平,增强 CAT、SOD、Gpx 和 GST 的活性,这些参数都与正常对照明显不同。组织病理学研究也确定 CCl_4 对肾、心、脑有毒性损伤,以及平菇提取物有保护作用。结果指出,平菇提取物能减轻 CCl_4 引起雄性 Wistar 大鼠肾、心、脑氧化的损伤。

(三)抗氧化清除自由基作用

程超和李伟采用改良的 Smironoff 法和邻苯三酚自氧化法,观察平菇水溶性多糖的体外清除自由基作用。结果发现,平菇水溶性多糖对羟自由基清除作用较明显,并且随着多糖浓度的增加,清除效果越强,清除率达 50%时所需多糖浓度为 776μg/ml。平菇多糖对超氧自由基(O_2^-)的清除作用随多糖浓度的增加,清除效果先上升后下降,当平菇多糖浓度超过 400μg/ml 时,清除超氧自由基能力下降。

沈侃等将平菇经热水提取液去蛋白沉淀后所获粗多糖,再经 SephadexG-100 层析,得平菇多糖。在体外产生超氧阴离子自由基O_2^-的反应体系中,加入 0、50、100、150、200、250、300、400mg/L 的平菇多糖,在较低浓度时(<200mg/L)平菇多糖具有清除O_2^-作用,而在较高浓度(>200mg/L)时,作用不明显。平菇多糖还能够抑制小鼠红细胞的脂质过氧化作用。

李汉臣等发现:在小鼠饲料中掺入 1% 和 3.16%的转金属硫蛋白基因平菇干粉(前者相当于 50~60 千克体重的人,每日摄食鲜平菇 1 千克),可明显增强 5.0Gy $^{60}Co\gamma$ 射线全身照射小鼠血清 SOD 活性,降低其血清 MDA 含量;明显增强铅中毒(每日饮用含醋酸铅 0.6g/L 的水,连续 30 日)小鼠血清 SOD 活性和抗活性氧能力;但对 *D*-半乳糖衰老模型小鼠血清 SOD 活性的降低和 MDA 含量的升高无明显改善作用。结果表明,转金属硫蛋白基因平菇可提高受辐照和铅中毒小鼠的抗氧化能力,对 *D*-半乳糖致衰老模型小鼠的抗氧化能力无明显影响。在小鼠饲料中掺入上述剂量的转金属硫蛋白基因平菇干粉,还可明显提高初成年小鼠和铅中毒小鼠的学习能力;增加剂量对成绩提高无进一步的作用。1%和3.16%两个剂量对 *D*-半乳糖致衰老小鼠的学习记忆能力均未见有促进作用。

(四)毒性研究

Ostreolysin(Oly)是一种从平菇中分离获得的酸性 15kD 蛋白,是一种溶细胞毒素。对啮齿类毒性研究发现,小鼠 Oly 的 LD_{50} 为 1 170μg/kg。在全身麻醉下,给大鼠切除迷走神经并进行人工呼吸,注射1 170μg/kg 的 Oly 后,记录心电图、动脉血压和呼吸活动,在静脉注射 Oly 数秒后,记录到血压瞬间升高,随后逐渐降低并伴有心率减慢、心肌缺血和室性期外收缩。在体外 Oly 诱发大鼠红细胞溶解,在体内它增加血清钾。尽管不能排除蛋白对心肌细胞和心脏循环的直接作用,但高钾血症产生的溶血作用可能在 Oly 毒性中扮演重要作用。

(林志彬)

第六节 展 望

一、国内外科技发展现状

我国平菇总产量不但居世界第一位,同时也位居国内各种食用菌之首。中国是平菇生产大国,而且在平菇的栽培技术、原料开发等研究方面也走在世界前列。

1. 育种与栽培技术

平菇菌种选育一直是国内科研工作的重点。除常规的野生驯化和单孢育种外,竹文坤等(2008)采用化学诱变处理平菇孢子、李永文等(2007)采用紫外线诱变处理平菇菌丝体,都得到了优质高产菌株。任轩等(2008)采用双亲灭活原生质体融合技术选育高漆酶活性且遗传稳定的融合菌株。王立洪等(2008)、邢蕾等(2008)、孟庆国等(2008)、李省印等(2004)、范雷法等(2005)对原生质体制备和原生质体融合进行了研究。最近几年,平菇育种工作又从细胞水平向分子水平推进。平菇基因重组育种也成为育种的一种新手段。对于菌种复壮的研究较少,河南农业大学应用真菌研究室对平菇菌株进行了脱毒处理,脱毒后的菌株菌丝长势旺盛、产量比对照提高23%以上,为改善平菇菌株性状提供了一条新途径。

在平菇的菌种鉴定和分类上,逐渐由传统的以子实体形态特征为主分类向分子生物学分类转变。何培新等(2008)研究了REP-PCR技术和ERIC-PCR技术在平菇栽培菌株分类鉴定中的应用。王磊等(2007)采用RAPD技术分析了5个不同来源的灰平菇栽培菌株的DNA多态性。郑和斌等(2005)利用PCR产物克隆测序,测定了20个我国主要栽培的侧耳品种的ITS序列。郑素月等(2005)采用RAPD技术对我国大规模栽培的54个平菇商业菌株进行RAPD分析。宿红艳等(2007)采用RAPD技术分析了白平菇4个不同株系的DNA序列多态性。这些研究对平菇的菌种鉴定起到良好的作用,同时,相关研究对平菇菌种的选育也具有重要的参考意义。

我国的平菇菌种制作技术也在不断改进。冯景刚等(2007)进行了平菇原种培养基对比试验,结果表明纯小麦培养基菌丝体生长速度最快。田艳春(2005)研究了谷粒制平菇菌种技术,结果表明用谷粒制平菇菌种的方法简便易行,效益非常好。申进文等(2007)研究了利用膨胀珍珠岩和麦麸为主要原料生产平菇原种和栽培种技术,结果表明膨胀珍珠岩可以用于平菇原种和栽培种生产。王芳(2008)、郭树凡等(2005)研究了平菇液体菌种培养条件。王淑芳等(2006)进行了液体发酵平菇菌株的诱变选育,筛选出一株遗传上相对稳定的适应液体培养的平菇菌株。刘新海等(2004)进行了平菇液体种与固体种使用效果对比研究。池玉杰等(2005)使用液体菌种栽培了红平菇。虽然液体菌种研究比较多,而且试验结果也比较理想,但根据生产应用情况,还存在很多问题,液体菌种真正用于平菇生产还有很多工作要做。

杨桂梅(2006)采用5种不同的出菇方式进行平菇栽培,结果表明全脱袋双排墙式抹泥效果最佳,比两端解口墙式出菇产量增加117.7%。连瑞丽等(2007)提出了平菇无公害生产技术及栽培措施,包括母种、原种及栽培种、栽培袋的无公害生产技术、出菇管理技术、病虫害的物理防治与生物防治、产品采收要求,开发的技术符合国家相关无公害农产品标准。翟兴礼等(2008)研究了不同接种方法对发酵料栽培平菇的影响,结果表明用塑料袋栽培平菇,两端开放式接种效果较好,菌丝生长快、长势好、周期短、污染率低。王新风等(2005)研究了富硒平菇的栽培,结果表明适度喷洒硒溶液可以提高子实体硒的含量。马瑞霞(2008)、步勤仲等(2005)、吕晓丽(2007)、阎荣富(2007)分别研究了平菇与黄瓜复合套作技术、平菇与水稻套作技术、平菇与寒玉米套作技术、平菇与小麦套作技术等,提高了土地的利用率,促进了平菇与作物的良性循环。

我国原来栽培平菇的主要原料是棉子壳,近年来随着棉子壳价格的不断上涨,新的栽培原料不断得到开发利用。王丽英等(2005)研究了玉米芯栽培平菇技术。还有许多菇农对玉米芯栽培平菇技术进行了改进,现在玉米芯已经成为平菇栽培的又一个主要原料。马国良(2004)研究了豌豆秸秆袋栽平菇技术,取得了比较高的生物学效率。王绍芬研究了利用黄豆秸秆栽培平菇技术。田森荣等(2006)研究了麦草栽培平菇高产配方。龚明福等(2005)进行了利用甘草渣为主料栽培平菇试验。陈今朝等(2008)以桑枝屑为原料进行了平菇栽培试验。曹德宾等(2008)研究了中药废渣栽培平菇技术。林静等(2007)研究了培养料物理特性对食用菌生产的动态影响,结果表明培养料的密度、水分、粒度对食用菌生产影响显著,而其力学特性对食用菌生产的影响不显著,不同的物理特性参数显著性大小排序为:含水率>密度>粒度>力学特性。这些研究都促进了我国平菇栽培原料的不断开发。

2. 保鲜与安全

我国平菇产品以鲜销为主,对其保鲜加工研究相对薄弱。肖功年等(2007)研究了气调包装对平菇储藏内在品质的影响,结果表明亚硫酸氢钠、柠檬酸均能有效地抑制平菇多酚氧化酶的活性,氯化钙对其影响不大。低温能有效地抑制平菇品质的下降,2.0%$CaCl_2$处理效果比较明显,能达到延缓子实体成熟和衰老的目的。周晓媛等(2008)研制了海泡石填充PE保鲜膜,并进行了平菇保鲜试验,酸活化处理的海泡石填充膜对平菇的保鲜效果优于未包装的对照组。杨晓虹等(2005)、江明(2007)、李纪岳等(2009)、郑坚强等(2009)分别进行了平菇脯、平菇蜜饯、平菇菌丝体营养即食冲剂、平菇酸乳的研究，丰富了平菇产品。

平菇产品安全问题越来越受到重视。张浩等(2008)测定了25%嘧菌酯悬浮剂在平菇中的残留量，结果表明嘧菌酯在平菇中消失较快，最终残留量均低于最低检出质量分数0.5×10^{-4} mg/kg。胡清秀等(2009)选择了16种农药，以喷施、覆土、拌土3种方式，在1 000～3 000倍的剂量下防治病虫害，检测试验地产品的农药残留量，结果均未超过国内或国际限量标准。张素霞(2009)运用HACCP原理，通过对平菇酱的生产工艺过程进行危害分析，研究和探讨了平菇酱生产过程中的关键控制点并指出了相应的监控方法和纠偏措施。

3.活性成分研究

平菇活性成分及其作用是现在平菇研究的一个热点。刘荣等(2007)研究了平菇多糖的提取工艺，确定了水提的最佳工艺条件为90℃、液料比50∶1、提取时间4小时，该条件下多糖得率为10.45%。刘晓河等(2007)进行了平菇中性多糖和酸性多糖的分离、纯化与鉴定研究，从平菇中得到两种多糖，分别为中性多糖和酸性多糖。任清等(2008)研究了平菇多糖的提取及其抗氧化保湿功效。程超等(2005)研究了平菇水溶性多糖结构表征与体外抗氧化作用，结果表明：酶法处理水溶性多糖的提取率达到15.7%，平菇粗多糖对超氧阴离子自由基、羟基自由基具有清除作用。张超等(2005)研究了食用菌多糖对植物病毒的抑制作用，结果表明：在不同浓度多糖的寄主上，3种食用菌多糖对TMV和CMV都有明显的抑制作用，其中平菇多糖的抑制作用显著优于金针菇和香菇多糖。陈勇等(2008)研究了平菇中金属硫蛋白提取液对镉中毒小鼠脏器的修复作用，结果表明平菇中MT提取液对镉中毒小鼠肝、肾组织有明显的修复作用。日本学者还研究了平菇杀线虫的机制，结论是平菇产生的毒素使线虫致死，线虫是头部先收缩减小然后死亡，并发现这种毒素就是亚油酸。2006年，美国学者在平菇中提取到一种水溶性蛋白或是多肽的物质，对前列腺癌细胞有细胞毒作用，抑制率达95.5%～99.5%。

平菇菌糠利用也是具有非常重要价值的研究方向，现在的研究主要集中在利用菌糠栽培其他菇类，作有机肥、作饲料方面。王艳荣等(2008)分别测定了棉子壳菌糠和玉米芯菌糠的的营养成分，结果表明菌糠营养成分齐全，为菌糠的合理利用提供了参考依据。杜纪格等(2006)进行了不同配方平菇菌糠栽培鸡腿菇的试验，结果表明鸡腿菇产量、采收潮次、生物学效率均随着菌糠添加量的增加而相应降低，菌糠添加量在40%～60%时，产量虽降低11%～24%，但成本则降低29%～43%。李峰等(2008)研究了利用平菇废料种植毛木耳技术，获得了较好的效益。申进文等(2007)研究了平菇菌糠对土壤活性、有机质和土壤酶活性的影响，结果表明用平菇菌糠作有机肥能有效提高土壤活性、有机质含量和土壤酶活性。关跃辉等(2008)研究了食用菌菌糠对保护地土壤的改良效果，结果表明施用菌糠能够有效地增加保护地土壤有机质、速效磷和速效钾的含量，提高土壤肥力，增加蔬菜产量。王志强(2004)等进行了利用废菌糠提高覆土持水力和蘑菇产量的研究，加入菌糠可以提高覆土最大持水力和双孢蘑菇单产。李进杰等(2006)进行了平菇菌糠替代部分麦麸对育肥猪生长性能的影响试验，结果表明用平菇菌糠替代部分麦麸是完全可行的。李浩波等(2005)进行了菌糠饲料对繁殖母猪生产性能的影响研究，结论为菌糠作为其他饲料所不及的特能性饲料，对我国节粮、高效、安全肉猪生产具有重要意义。黄增利(2007)进行了平菇菌糠替代部分精料育肥肉牛试验。李进杰等(2006)进行了平菇菌糠替代部分精料饲喂奶牛试验，结论为添加菌糠能提高奶牛的日产量。

4.病虫害防治

平菇病虫害发生越来越严重，已成为制约平菇生产发展的主要因素。对平菇病虫害进行研究，研究出有效的防治办法，是解决平菇病虫害问题的关键。邵凌云等(2007)鉴定了平菇代料栽培中污染木霉菌的种类，共鉴定出4个种群，其中哈茨木霉和康氏木霉是优势群，还测定了氯化钠对这两种木霉和平菇菌丝的抑制作用，结果表明：氯化钠对平菇菌丝的抑制作用强于木霉。张瑞颖等(2007)进行了平菇褐斑病病原菌的分离与鉴定工作，结果显示该病原细菌为*Pseudomonas tolaasii*。李德舜等(2008)对平菇黄腐病病原菌进行了分离与鉴定，结果显示荧光假单胞菌为该病的病原菌。曹新红等(2008)研究了平菇黄腐病源菌致病机制，结果表明荧光假单胞菌能够产生几丁质和纤维素酶，因此对平菇菌丝细胞壁具有分解和破坏作用。冀宏等(2005)提出了北方平菇“黄菇病”的发生种类与防治措施，从菌种选择、水分管理、环境卫生和药物治疗等方面，针对不同的病因和病状，提出了具体的防治措施。王振河等(2007)研究了多菌灵对绿色木霉和平菇菌丝生长的影响，结果表明不同来源的多菌灵对绿色木霉和平菇菌丝生长的影响具有显著差异。董昌金(2004)研究了几种食用菌消毒剂的防霉效果,结果表明甲醛的杀菌效果最好(50～100倍稀释液杀菌效果为100%),多菌灵次之(300～2000倍的稀释液都有较好的杀菌效果)。罗佳等(2006)进行了眼蕈蚊的生物学特性及防治研究,提出"预防为主,防重于治"为防治对策。李茹等(2004)进行了食用菌害虫黑粪蚊的生物学特性与防治工作。刘传会等(2006)研究了几种药剂对平菇生长的影响及防治厉眼菌蚊的效果,结果表明锐劲特、高效氯氟氰菊酯这两种药剂对平菇厉眼菌蚊的毒力较强,而对平菇菌丝的抑制力较弱,且均对平菇子实体的分化和生长发育无不良影响。徐守东(2008)进行了冷冻和干燥处理法防治平菇瘿蚊幼虫试验,制订了在冬季采用冷冻处理法和非冬季用干燥处理法的防治技术,防治效果非常显著。王升厚等(2008)对平菇生产中高效安全杀虫剂进行了筛选,结果表明高氯以及低浓度绿晶对菌丝生长的抑制作用较小,且对果蝇的杀灭效果明显,可作为高效安全杀虫剂在平菇栽培中使用。

5. 生理研究

平菇生理研究可以为提高平菇产量和质量提供理论参考。吴政声等(2005)研究了温度和pH对侧耳属两菌株菌丝生长的影响,结果表明不同菌株的最适温度和pH有所差异。王振河等(2007)研究了不同碳氮源对平菇菌株新831菌丝生长的影响,结果表明新831菌丝生长的最适碳源是葡萄糖、淀粉和CMCNa,最适氮源是酵母粉和蛋白胨。纪秀娥等(2009)研究了水杨酸对3种平菇菌株菌丝生长的影响,结果表明低浓度的水杨酸对所试平菇菌丝生长具有明显的促进作用,浓度较高时则呈现抑制作用。罗洁等(2008)研究了不同脂肪酸对平菇菌丝生长的影响,结果显示:平菇菌丝在含有不同饱和度脂肪酸的培养基上菌丝生长速度和菌落形态有明显差异。邱奉同等(2007)研究了不同无机盐对平菇菌丝体生长的影响,结果表明0.3% KH_2PO_4、0.45% $MgSO_4$、0.9% NaCl对平菇生长最有促进作用,而低浓度的 $CaCl_2$ 对平菇菌丝生长无明显的促进作用,高浓度的 $CaCl_2$ 有抑制作用。史留功等(2008)研究了硫酸锌对平菇菌丝体生长发育的影响,结果显示低浓度的硫酸锌 $1\times10^{-7}\sim1\times10^{-6}$ g/ml明显促进菌丝的生长发育,且 1×10^{-7} g/ml为菌丝生长发育的最佳锌营养条件,高浓度的硫酸锌对菌丝的生长有抑制作用。熊阅斌等(2007)研究了钾肥对平菇栽培的影响,结果表明加少量 KH_2PO_4 可以提高平菇产量。王新风等(2005)研究了硒对栽培平菇产量及营养成分的影响,结果表明当加硒浓度在10～20mg/kg时,可使菇体中硒的富集量达70～120μg/100g鲜重,菇产量可增加30%左右。史留功等(2007)研究了微量元素对平菇生长的影响,结果显示 $0.1\sim50\times10^{-6}$ 的Fe、Cu、Zn对平菇菌丝体和子实体的生长及其产量的形成有较好的促进作用,$1\sim10\times10^{-6}$ 的Mo、$10\sim50\times10^{-6}$ 的Mn对平菇菌丝生长也有促进作用。安鑫龙等(2008)研究了平菇菌丝体对Cd、Pb及其复合污染的生长与富集情况,结果表明在实验浓度范围内,菌丝生长势、菌落直径和菌丝体干重等均随着重金属浓度的增大而减弱(小)或降低,平菇菌丝体对Cd、Pb均具有富集作用,并且随着重金属浓度的增大,菌丝体中重金属含量逐渐增大,Cd、Pb复合污染能促进平菇菌丝体对Pb的吸收,而抑制对Cd的吸收。南崇斌(2005)研究了几种水溶性维生素对平菇生长发育的影响,结果表明:维生素对平菇生长发育有明显的影响,而且维生素种类齐全,平菇生长势最佳。

6. 酶的研究

同工酶表现有明显的种属和发育上的特异性,所以在分类上十分引人注意,它对探究亲缘关系、进行品种鉴定、预测杂种优势、基因定位等均有实用价值,也能为育种工作提供理论依据。周树金等(1987)、周丽斌等(1989)对过氧化物同工酶的研究,金建康等(1989)对胞外漆酶同工酶的研究,朱婉华等(1986)、陆佩洪等(1987)、陈郁珍等(1988)、居中华等(1988)对酯酶同工酶的研究等,在品种鉴定、杂交双亲的同工酶谱分析方面都得到实际应用。此外,严延龄等(1984)、陈玉梅等(1987)、王云(1990)等对平菇纤维素酶活性进行了测定。侯文英(1981)、上官舟建(1986)等对平菇胞外多酚氧化酶活性等也作了较深入的探讨。李瑾等对山东省35个黑灰色平菇菌株的酯酶同工酶进行了分析,聚类分析表明供试菌株在70%相似水平上分为4大类。杨立红等(2005)对平菇菌种选育中酯酶同工酶的应用进行了研究,结果表明:不同培养时间和不同培养基条件及不同组织部位,酯酶同工酶酶谱的酶带呈现不同的多态性。

平菇是产木质素降解酶较多的食用菌之一,包括木质素降解酶、Mn过氧化物酶系和漆酶。Mn过氧化物酶系可以降解木质素和多种酚醛和非酚醛化合物。在Mn过氧化物酶系中,MnP_2 比较特殊,因为它可以对大分子量物质直接进行氧化。

1995年，日本的AsadaY等已经扩增出MnP_2基因并进行了具体分析。2005年，日本的Watanabe T.等成功将MnP_2的基因转入产该酶较少的野生型平菇中，使其过量表达，但表达的量仍然不能满足商业化的需要。2008年，Tsukihara T研究了MnP_2直接氧化大分子的作用机制。平菇中的漆酶是一种含Cu^{2+}的糖蛋白。李学梅等(2008)研究了平菇漆酶的性质和应用，结果表明平菇831和豫6两菌株所产生的漆酶的最适反应温度都在60℃、最适反应pH都在3.0，还研究了漆酶的应用。陈建军等(2007)研究了不同生长阶段平菇漆酶、纤维素酶活性，结果表明平菇的酶活随着菌丝的生长表现出一定的变化趋势。杨清香等(2007)对平菇液体发酵产漆酶进行了研究，结果表明食用菌在玉米粉培养基中的生长状况和产酶量均明显优于在棉子壳培养基中培养的。2000年，Kenji Okamoto等纯化了平菇中的漆酶并研究了其特点，2003年又克隆了平菇漆酶基因，并报道了该基因的序列，这为漆酶基因的表达打下了基础。

7.环境条件的研究

关于环境条件对平菇生长发育的影响，钟雪美(1994)报道了平菇菌丝的发育起点温度和有效积温，并建立了目标温度函数模型，这对有效利用自然温度具有指导意义。张林(1987)、王久恩等(1988)、王明霞等(1988)测定了平菇不同发育阶段的呼吸强度。申进文等(1992)对糙皮侧耳子实体6个发育阶段和不同部位的呼吸强度进行了测定，证明平菇子实体发育过程的不同阶段，呼吸强度也有差异；对子实体菌盖的表皮、菌肉、菌褶呼吸强度的测定结果表明，菌褶、菌肉、表皮的呼吸强度也不同，菌褶最高、表皮次之、菌肉最低；在5.7～6.0范围内，平菇子实体吸氧量逐渐上升，至pH6.0时达高峰。

8.分子生物学研究

近年来，应用分子生物学技术对平菇的研究逐渐增多。郑素月等(2004)对平菇DNA两种提取方法进行了比较研究，结果表明CTAB提取法比SDS提取法提取的DNA片段降解少、DNA纯度高，可以满足进一步遗传分析的要求。王家季等(2007)研究了平菇不同菌株核DNA的提取并进行了RAPD分析，结果表明RAPD技术可用于平菇品种鉴定。张银波等(2005)进行了平菇漆酶基因在毕赤酵母中的分泌表达及酶学性质研究，结果表明克隆到的平菇漆酶基因在3种毕赤酵母菌株中均实现了分泌表达，且重组毕赤酵母GS115(pHBM565)所产酶的热稳定性稍好，在pH稳定性方面三者没有太大差异。刘世强等(2005)进行了平菇产植酸酶菌株的筛选及植酸酶基因区域的克隆，得到了一条长约920bp的DNA片段。西班牙的Luis M. Larraya等在2000年，从同一菌株所得的80个单核体为作图群体构建了*Pleurotus osteatus*(var. *florida*)的遗传连锁图谱。该图谱基于178个RAPD、23个RFLP，以及4个疏水蛋白基因、2个漆酶、2个锰过氧化物酶、2个交配型位点、1个同工酶位点、rRAN基因序列和从80个单核体群组中获得的一段重复DNA序列为标记所作，总长为1000.7cM，平均35.1 kbp/cM，显示出生理与染色体大小有较高的相关性(0.76)，每个细胞中每个染色体的观测数达到0.89，基本涵盖了平菇的整个基因组。随后他们在该遗传图谱基础上做了大量工作，如研究平菇单核菌丝生长速度与交配型位点之间的关系、研究与平菇菌丝生长有关的数量性状控制位点，平菇栽培中与产量和质量相关的数量性状控制位点。例如，平菇的产量、早熟、菌盖颜色、对高温的耐受性等。随后又研究了菌褶中基因的遗传连锁图谱及其表达。2009年，该课题组又报道了利用光照条件的变化在平板上诱导平菇子实体的形成，且形成的子实体能够产生有活性的可育孢子，这种诱导对菌丝的生理、内部形态等没有产生不良影响。他们还决定对平菇基因组进行测序。

二、科技创新与展望

(一)加强栽培研究，提高平菇产量和质量

我国是平菇生产大国，但还不是平菇生产强国。怎样提高平菇的品质，使我国平菇生产从量的扩张向质的提高转变，增强在国际市场上的竞争力，是我国平菇科技发展中的一个具有重大现实意义的课题。长久以来，我国平菇栽培以粗放式栽培为主，没有系统的管理技术，标准化生产技术体系也没有建立，再加上平菇生长的许多机制还不清楚，制约了平菇产业的发展。平菇生产的病虫害发生比较普遍，菇农主要靠喷洒农药来防治，这样可能使平菇产品有农药残留，制约了平菇在国际贸易中竞争力的提高。

为了提高平菇的产量和质量，今后应加强以下几方面的研究：①进行平菇基础研究，开展平菇的生理生化研究，研究平菇生长发育过程中各种酶的变化规律，为平菇高产提供理论依据。②加强平菇栽培管理技术研究，尤其是温、光、湿、气等环境条

件对平菇生长发育的影响，提高管理水平。③研究开发食用菌生产机械，加快平菇产业的机械化进程，进行工厂化、规模化栽培。④建立平菇标准化生产技术体系，开展标准化生产，实现从“菇棚到餐桌”的全程监管。⑤进行平菇病虫害防治技术研究，研究出综合防治方案，减少农药使用量，减少有毒有害物质的残留，确保产品质量安全，使平菇成为真正的绿色食品。⑥不断开发新的培养料，促进平菇生产的可持续发展。

（二）培育优质高产平菇新菌株

菌种对平菇的产量和质量有着重要的影响。要加强育种工作，不断为平菇生产提供新的菌株。除了采用传统的筛选驯化、紫外线诱变和杂交育种等方法外，更要充分利用现代分子生物学技术进行育种。要对我国丰富的平菇种质资源进行收集，再进行遗传多样性和亲缘关系的鉴定和评价。在此基础上，开展与产量、抗病性、抗逆性等相关基因的分子标记、克隆、载体构建、稳定的遗传转化体系构建等工作，将高产优质和抗病性强以及生物活性物质含量高等作为目标，利用基因工程进行定向育种。还要注意新菌株的栽培验证工作。只有经过栽培，确认育出的菌株性状可靠、遗传稳定时才能在生产上大面积推广应用。

（三）进行精深加工，提高平菇附加值

我国目前的平菇产品以鲜销为主，基本没有进行精深加工，产品附加值低。平菇所含的多种活性成分具有减少胆固醇、降低血压的作用，对心血管疾病也有一定作用，其中的酸性多糖对肌瘤细胞有强烈的抑制作用，所含的一种蛋白对前列腺癌细胞具有细胞毒作用。但对平菇的功能活性物质研究的还不彻底，规模化提取、纯化、保健品与药品研究开发还有待继续深入。今后应该做好以下几项工作，促进平菇精深加工的发展：①研究成熟配套的平菇活性物质提取、纯化技术体系，进行规模化生产。②进行平菇多糖等活性物质的化学结构和药理活性研究。③平菇多糖化学结构修饰及功能研究。④研究平菇的液体发酵技术以及液体发酵产物的生物活性成分和功能。⑤开发平菇保健食品、药品等新产品。

参 考 文 献

[1] JEDINAK A，SLIVA D. Pleurotus ostreatus inhibits proliferation of human breast and colon cancer cells through p53-dependent as well as p53-independent pathway[J]. Int J Oncol，2008，33(6)：1307-1313.

[2] TONG H，XIA F，FENG K，et al. Structural characterization and in vitro antitumor activity of a novel polysaccharide isolated from the fruiting bodies of Pleurotus ostreatus[J]. Bioresour Technol，2009，100(4)：1682-1686.

[3] ITISAM SARANGI，DIPANJAN GHOSH，SUJIT KUMAR BHUTIA，et al. Anti-tumor and immunomodulating effects of Pleurotus ostreatus mycelia-derived proteoglycans[J]. International Immunopharmacology，2006(6)：1287-1297.

[4] GU YH，SIVAM G. Cytotoxic effect of oyster mushroom Pleurotus ostreatus on human androgen-independent prostate cancer PC-3 cells[J]. J Med Food，2006，9(2)：196-204.

[5] JAYAKUMAR T，RAMESH E，GERALDINE P. Antioxidant activity of the oyster mushroom，Pleurotus ostreatus，on CCl4-induced liver injury in rats[J]. Food and Chemical Toxicology，2006(44)：1989-1996.

[6] JAYAKUMAR T，SAKTHIVEL M，THOMAS PA，et al. Pleurotus ostreatus，an oyster mushroom，decreases the oxidative stress induced by carbon tetrachloride in rat kidneys，heart and brain[J]. Chem Biol Interact，2008，176(2-3)：108-120.

[7] 程超，李伟. 几种植物水溶性多糖的体外抗氧化作用[J]. 食品工业科技，2006，27(9)：63-65.

[8] 沈侃，邵雪玲，邓小卫，等. 平菇多糖清除$O_2^{-\cdot}$及对红细胞膜自由基氧化的影响[J]. 氨基酸和生物资源，2002，24(2)：19-21.

[9] 李汉臣，生吉萍，徐培培，等. 转金属硫蛋白基因平菇对受辐照、衰老和铅中毒小鼠抗氧化能力的影响[J]. 食品科学，2007，28(7)：459-461.

[10] 李汉臣,生吉萍,徐培培,等.转金属硫蛋白基因平菇对初成年、衰老和铅中毒小鼠学习记忆能力的影响[J].食品科学,2006,27(8):237-240.

[11] MONIKA CECILIJA ZUZEK, PETER MACEK, KRISTINA SEPCIC, et al. Toxic and lethal effects of ostreolysin, a cytolytic protein from edible oyster mushroom(Pleurotus ostreatus), in rodents[J]. Toxicon, 2006(48): 264-271.

[12] 贾身茂. 中国平菇生产[M]. 北京:中国农业出版社,2002.

[13] 申进文,郭恒,吴浩洁,等. 平菇高效栽培技术[M]. 郑州:河南科学技术出版社,2002.

[14] 陈士瑜. 食用菌生产大全[M]. 北京:中国农业出版社,1997.

[15] 杨新美,刘日新,朱兰宝,等. 中国食用菌栽培学[M]. 北京:农业出版社,1995.

[16] 牛西午,王云,韩绍英,等. 北方食用菌栽培[M]. 北京:中国科学技术出版社,1994.

[17] 黄年来. 中国食用菌百科[M]. 北京:中国农业出版社,1993.

[18] 吕作舟,蔡衍山. 食用菌生产技术手册[M]. 北京:中国农业出版社,1992.

[19] 申进文. 矿质元素对平菇菌丝最适量的研究[J]. 食用菌,1991(3):18.

[20] 钟雪美,黄录焕. 培养料对平菇呼吸生长及产量影响的研究[J]. 中国食用菌,1992(3):3-5.

[21] 申进文,高玉千,李燕,等. 培养料微波灭菌对平菇子实体营养成分的影响研究[J]. 河南农业大学学报,2007,41(4): 414-417.

[22] 沈霞,余胜光. 广东省6种常见食用菌的重金属含量调查与评价[J]. 西北农业学报,2008,17(6): 294-297.

[23] 竹文坤,贺新生. 红平菇化学诱变育种研究[J]. 食用菌,2008(4):17-19.

[24] 李永文,刘阳,张义奇,等. 平菇菌株诱变处理及应用初探[J]. 安徽农业科学,2007,35(21): 6427-6428.

[25] 任轩,贾乐,宋振,等. 双亲灭活原生质体电诱导融合法选育高漆酶活性菌株[J]. 山东农业科学,2008(8): 66-69.

[26] 王立洪,杨土风,杨涛,等. 平菇原生质体的高效制备及再生优化条件[J]. 应用与环境生物学报,2008,14(3),351-355.

[27] 何培新,刘伟,郭恒,等. REP-PCR 技术在平菇栽培菌株鉴定中的应用[J]. 河南农业科学,2008(2):78-81.

[28] 何培新,刘伟,程雁,等. ERIC-PCR 技术在平菇菌株鉴定中的应用[J]. 河南农业大学学报,2008,41(6):559-663.

[29] 王磊,宿红艳,葛宜和,等. RAPD 在灰平菇菌株亲缘关系研究中的应用[J]. 食品科学,2007,28(9):339-342.

[30] 郑和斌,马志刚,吕作舟,等. 基于 ITS 序列分析对我国主要栽培的侧耳品种的鉴定及评价[J]. 菌物学报,2006,25(3):398-407.

[31] 郑素月,黄晨阳,张金霞. 中国栽培平菇的 RAPD 分析[J]. 山东农业大学学报(自然科学版),2005,36(2): 186-190.

[32] 宿红艳,王磊,刘林德,等. 白平菇不同菌株菌丝体的 RAPD 分析及系统进化关系的研究[J]. 食品科学,2007,28(7):283-285.

[33] 田艳春. 谷粒制平菇菌种的研究与应用[J]. 赤峰学院学报(自然科学版),2005,21(1): 36.

[34] 申进文,冯雅岚,王振河,等. 利用膨胀珍珠岩生产平菇菌种技术研究[J]. 食用菌,2007(4): 27-28.

[35] 王芳,张玉萍,孟丽君. 平菇液体菌种培养条件的研究[J]. 食用菌,2008(6):21-22.

[36] 郭树凡,李昱,李辉. 平菇液体菌种发酵条件的研究[J]. 辽宁大学学报(自然科学版),2005,32(3): 243-245.

[37] 王淑芳,庆梅,刘泽隆,等. 液体发酵平菇菌株的诱变选育[J]. 安徽农业科学,2006,34(9): 1858-1859.

[38] 刘新海,王淑芳,卜庆梅,等. 平菇液体种与固体种使用效果对比研究. 江苏农业科学,2004(4): 90-91.

[39] 池玉杰,刘智会,何建国. 在哈尔滨地区使用液体菌种栽培红平菇技术初探[J]. 菌物研究,2005,3

(1):22-26.
[40] 杨桂梅. 不同出菇方式对平菇产量的影响[J]. 辽宁农业职业技术学院学报,2006,8(2):30-33.
[41] 连瑞丽,李宇伟. 无公害平菇代料栽培标准化生产技术[J]. 郑州牧业工程高等专科学校学报,2007,27(3):15-17.
[42] 翟兴礼,杨霞. 不同接种方法对发酵料栽培平菇的影响[J]. 安徽农业科学,2008,36(14):5858-5863.
[43] 王新风,张艳军,李扬,等. 富硒平菇栽培的应用研究[J]. 北方园艺,2005(4):90-92.
[44] 马瑞霞. 日光温室黄瓜平菇复合栽培技术研究[J]. 北方园艺,2008(3):88-90.
[45] 步勤仲,李仲华,周涛. 稻田套菇高产高效栽培技术研究[J]. 垦殖与稻作,2005(5):52-53.
[46] 吕晓丽. 寒地糯玉米与生料栽培平菇套种技术研究[J]. 北方园艺,2007(6): 235-236.
[47] 阎荣富. 平菇与小麦间作套种技术[J]. 现代农业科技,2007(1):26-28.
[48] 王丽英,王玫. 玉米芯栽培平菇的试验[J]. 天津农业科学,2005,11(3):26-27.
[49] 马国良. 豌豆秸秆袋栽平菇试验研究[J]. 中国食用菌,2004,2(1):25-26.
[50] 田森荣,李全忠,王成育,等. 麦草栽培平菇高产配方筛选[J]. 青海农林科技,2006(1): 44.
[51] 龚明福,胡建伟. 甘草渣代料栽培平菇可行性试验[J]. 中国食用菌,24(3):28-30.
[52] 陈今朝,戴玄,王庆. 桑枝屑栽培平菇试验研究[J]. 北方园艺,2008(12):178-179.
[53] 曹德宾,王广来,李艳秋,等. 中药废渣栽培平菇试验初报[J]. 中国食用菌,2008,27(4):17-18.
[54] 林静,李宝筏. 培养料物理特性对食用菌生产的动态影响. 农机化研究[J], 2007(5): 147-150.
[55] 肖功年,尤玉如,袁海娜,等. 气调包装对平菇储藏内在品质的影响[J]. 中国食品学报,2007,7(2):98-102.
[56] 周晓媛,曾欧,唐文评,等. 海泡石填充PE保鲜膜的研制及其在平菇保鲜中的应用[J]. 食品工业科技,2008,29(7):199-202.
[57] 杨晓虹,郭丽红,翟书华. 平菇脯的研制[J]. 昆明师范高等专科学校学报,2005,27(4): 63-64.
[58] 江明. 平菇蜜饯加工工艺初探[J]. 安徽农业科学,2007,35(26):8327.
[59] 李纪岳,潘新华,陈卫平. 平菇菌丝体营养即食冲剂的研制[J]. 食品工业科技,2009(2): 242-244.
[60] 郑坚强,彭新榜. 平菇酸乳的研制[J]. 食品研究与开发,2009,30(1):55-60.
[61] 张浩,张太成,逯忠斌,等. 25%嘧菌酯悬浮剂在平菇中的残留量[J]. 农药,2008,47(12): 37-38.
[62] 胡清秀,宋金俤,谢艳丽. 食用菌农药残留控制研究[J]. 中国食用菌,2009,28(1):55-57.
[63] 张素霞. HACCP在平菇酱生产中的应用研究[J]. 中国调味品,2009,34(1):111-113.
[64] 刘荣,李沫,陈秀丽. 平菇多糖的提取工艺[J]. 东北林业大学学报,2007,35(4): 74-75.
[65] 刘晓河,梁惠花. 平菇中性多糖和酸性多糖的分离,纯化与鉴定[J]. 河北北方学校学报(自然科学版),2007,23(3):21-22.
[66] 任清,王玢,李奇,等. 平菇多糖的提取及其抗氧化保湿功效研究[J]. 香料香精化妆品, 2008,(4):23-26.
[67] 程超,李伟,汪兴平,等. 平菇水溶性多糖结构表征与体外抗氧化作用[J]. 食品科学,2005,26(8):55-57.
[68] 张超,操海群,陈莉,等. 食用菌多糖对植物病毒抑制作用的初步研究[J]. 安徽农业大学学报,2005,32(1):15-18.
[69] 陈勇,龚建福,刘继文. 新疆巴楚蘑菇,平菇中金属硫蛋白提取液对镉中毒小鼠脏器的修复作用[J]. 新疆医科大学学报,2008,31(4):400-402.
[70] 李汉臣,生吉萍,徐培培,等. 转金属硫蛋白基因平菇的营养保健功能研究——对小鼠生长发育、学习记忆及抗疲劳能力的影响[J]. 河北科技师范学院学报,2005,19(2):18-22.
[72] 李汉臣,生吉萍,茹炳根,等. 转金属硫蛋白基因平菇对小鼠辐射后抗氧化能力的影响[J]. 营养学报,2007,29(2):170-172.
[73] 王艳荣,张海棠,刘长忠. 棉子壳菌糠的营养价值分析[J]. 山西农业科学,2008,36(3): 45-46.
[75] 王艳荣,张海棠,何云. 玉米芯菌糠的营养价值分析[J]. 安徽农业科学,2008,36(16):6716-6724.
[74] 杜纪格,万四新,王尚. 利用平菇菌糠培养料栽培鸡腿菇的试验研究[J]. 安徽农业科学,2006,34

(21):5501-5537.

[75] 李峰,赵建选,王玲燕. 利用平菇废料种植毛木耳技术研究[J]. 中国食用菌,2008,27(3):61-62.

[76] 申进文,沈阿林,张玉亭,等. 平菇栽培废料等有机肥对土壤活性有机质和土壤酶活性的影响[J]. 植物营养与肥料学报,2007,13(4):631-636.

[77] 关跃辉,李玉荣,张树槐. 食用菌菌糠对保护地土壤的改良效果[J]. 安徽农业科学,2008,36(5):1955-1956.

[78] 王志强,郭倩,凌霞芬,等. 利用废菌糠提高覆土持水力和蘑菇产量的研究[J]. 中国食用菌,2004,23(5):15-17.

[79] 李进杰,蒋明琴. 平菇菌糠替代部分麦麸对育肥猪生长性能的影响试验[J]. 现代畜牧兽医,2006(10):8-9.

[80] 李浩波,白存江,陈云杰,等. 菌糠饲料对繁殖母猪生产性能的影响[J]. 西北农业学报,2005,14(1):115-120.

[81] 黄增利. 平菇菌糠替代部分精料育肥肉牛试验[J]. 畜牧与兽医,2007,39(11):39-40.

[82] 李进杰,刘成禄,蒋明琴,等. 平菇菌糠替代部分精料饲喂奶牛试验[J]. 中国奶牛,2006(7):12-13.

[83] 邵凌云,师迎春,国立耘. 北京地区食用菌上木霉污染菌的种类鉴定[J]. 食用菌学报,2008,15(1):86-90.

[84] 张瑞颖,左雪梅,姜瑞波. 平菇褐斑病病原菌的分离与鉴定[J]. 中国食用菌,2007,26(5):58-60.

[85] 李德舜,曹新红,苏静,等. 平菇黄腐病病原菌分离与鉴定[J]. 山东大学学报(理学版),2008,43(1):4-7.

[86] 冀宏,赵黎明,霍红,等. 北方平菇"黄菇病"的发生种类与防治措施[J]. 中国食用菌,2005,25(1):57-58.

[87] 王振河,张志宏,赵现方,等. 多菌灵对绿色木霉和平菇菌丝生长的影响[J]. 河南农业科学,2007(8):78-80.

[88] 董昌金. 几种食用菌消毒剂的防霉效果研究[J]. 湖北师范学院学报(自然科学版),2004,24(4):40-43.

[89] 罗佳,庄秋林. 食用菌害虫一眼蕈蚊的生物学特性及防治[J]. 热带作物学报,2006,27(4):83-86.

[90] 李茹,陶佳喜,王宝林. 食用菌害虫黑粪蚊的生物学特性与防治[J]. 湖北农业科学,2004(2):61-63.

[91] 徐守东. 冷冻和干燥处理法防治平菇菇瘿蚊幼虫试验[J]. 中国植保导刊,2008(3):23-24.

[92] 王升厚,马莲菊,杨东霞. 平菇生产中高效安全杀虫剂的筛选[J]. 中国食用菌,2008,27(2):48-49,54.

[93] 吴政声,翁祖英. 温度和 pH 对侧耳属两菌株菌丝生长的影响[J]. 泉州师范学院学报(自然科学),2005,23(2):86-89.

[94] 王振河,武模戈,董自梅,等. 不同碳氮源对平菇菌株新 831 菌丝生长的影响[J]. 湖北农业科学,2007,46(1):91-93.

[95] 纪秀娥,史留功. 水杨酸对 3 种平菇菌株菌丝生长的影响[J]. 安徽农业科学,2009,37(2):569,610.

[96] 罗洁,玉环,龙兰,等. 不同脂肪酸对平菇菌丝生长的影响[J]. 食品科学,2008,29(8):453-455.

[97] 邱奉同,刘培. 不同无机盐对平菇菌丝体生长的影响[J]. 北方园艺,2007(10):216-218.

[98] 史留功,纪秀娥. 硫酸锌对平菇菌丝体生长发育的影响[J]. 周口师范学院学报,2008,25(2):90-91.

[99] 熊阅斌,龚逸,黄白红. 适量施钾是平菇高产高效栽培的有效措施[J]. 中国食用菌,2007,26(2):55-56.

[100] 王新风,戴传超,蒋海龙,等. 硒对栽培平菇产量及营养成分影响的研究[J]. 食品科学,2005,26(8):91-94.

[101] 史留功,樊金献,朱自学. 微量元素对平菇生长的影响[J]. 农业与技术,2007,27(6):84-86.

[102] 安鑫龙,周启星. 平菇菌丝体对 Cd,Pb 及其复合污染的生长与富集响应[J]. 中国环境科学,2008,

28(7):630-633.

[103] 南崇斌．几种水溶性维生素对平菇生长发育的影响[J]．商洛师范专科学校学报，2005，19(3)：111-112.

[104] 李瑾，宫志远，任鹏飞，等．山东省35个黑灰色平菇菌株的酯酶同工酶分析[J]．山东农业科学，2008(4)：8-10.

[105] 杨立红，黄清荣，辛晓林，等．食用菌菌种选育中酯酶同工酶的应用研究[J]．食用菌，2005(6)：12-14.

[106] 李学梅，王涛，王栋，等．平菇漆酶的性质和应用研究[J]．环境科学与技术，2008，31(8)：8-10.

[107] 陈建军，杨清香，王栋，等．不同生长阶段平菇漆酶、纤维素酶活性研究[J]．西北农业学报，2007，16(1)：87-89.

[108] 杨清香，李学梅，陈建军，等．食用菌液体发酵产漆酶的研究[J]．安徽农业科学，2007，35(27)：8558-8559.

[109] 郑素月，朱美霞．平菇DNA两种提取方法的比较研究[J]．邯郸农业高等专科学校学报，2004，21(4)：1-2.

[110] 王家季，齐志广，牛丽芳，等．平菇不同菌株核DNA的提取及RAPD分析[J]．食用菌，2007(1)：13-14.

[111] 张银波，江木兰，胡小加，等．平菇漆酶基因在毕赤酵母中的分泌表达及酶学性质研究[J]．微生物学报，2005，45(4)：625-629.

[112] 刘世强，郭丽琼，林俊芳．平菇产植酸酶菌株的筛选及植酸酶基因区域的克隆[J]．生命科学研究，2005，9(3)：227-231.

[113] TAKAHISA TSUKIHARA, YOICHI HONDA, TAKAHITO WATANABE, et al. Molecular breeding of white rot fungus Pleurotus ostreatus by homologous expression of its versatile peroxidase MnP_2[J]. Appl Microbiol, 2006, 71(1): 114-120.

[114] KENJI OKAMOTO. Cloning and characterization of a laccase gene from the white-rot basidiomycete Pleurotus ostreatus[J]. Mycoscience, 2003, 44(1): 11-17.

[115] KATSUTOSHI KANEKO. The toxin produced by pleurotus ostreatus reduces the head size of nematodes[J]. Biol Pharm Bull, 2008, 31(4): 574-576.

[116] LUIS M LARRAYA, GúMER PéREZ, ENRIQUE RITTER, et al. Genetic Linkage Map of the Edible Basidiomycete Pleurotus ostreatus[J]. Applied and Environmental Microbiology, 2000, 66(12): 5290-5300.

[117] LUIS M LARRAYA, GúMER PéREZ, IñAKI IRIBARREN, et al. Relationship between Monokaryotic Growth Rate and Mating Type in the Edible Basidiomycete Pleurotus ostreatus[J]. Applied and Environmental Microbiology, 2001, 67(8): 3385-3390.

[118] LUIS M LARRAYA, ENEKO IDARETA, DANI ARANA, et al. Quantitative Trait Loci Controlling Vegetative Growth Rate in the Edible Basidiomycete Pleurotus ostreatus[J]. Applied and Environmental Microbiology, 2002, 68(3): 1109-1114.

[119] LUIS M LARRAYA, MIKEL ALFONSO, ANTONIO G PISABARRO, et al. Mapping of Genomic Regions(Quantitative Trait Loci)Controlling Production and Quality in Industrial Cultures of the Edible Basidiomycete Pleurotus ostreatus[J]. Applied and Environmental Microbiology, 2003, 69(6): 3617-3625.

[120] DAVINIA ARJONA, CARLOS ARAGóN, JOSé ANTONIO AGUILERA, et al. Reproducible and controllable light induction of in vitro fruiting of the white-rot basidiomycete Pleurotus ostreatus[J]. Mycological Research, 2009, 113(5): 552-558.

（申进文）

第五十三章　松 乳 菇

DIWUSHISANZHANG SONGRUGU

摘要：中国食用乳菇历史悠久，但对它的研究与驯化有很大难度。为保护食用菌资源的多样性、合理开发，进一步推动中国菇业的快速发展，本章较全面、系统地阐述了松乳菇的发展历程、现状，松乳菇生物学特性、菌种繁育、人工驯化栽培，松乳菇的营养与药用价值等方面内容，并对中国松乳菇产业近半个世纪的发展进行了全面回顾、总结与展望。

Lactarius deliciosus

Abstract: There is a long history of human consumption of *Lactarius* mushrooms in China, but the study and domestication of *Lactarius deliciosus* has been difficult. This chapter consists of seven sections that provide a detail description of various aspects of *L. deliciosus* including a history of domestication, the present status of artificial cultivation, biological features, spawn production, nutritional attributes and medicinal properties. Progress in the science and technology of *L. deliciosus* over the past half－century, and the prospects for the future, are reviewed and summarized in order to protect the diversity of *L. deliciosus* resources and promote industrial development of the mushroom in China.

第一节　概　述

松乳菇（*Ladarlus deliciosus*）又名美味松乳菇、雁鹅菌、松杉菌、松菌、茶花菌，系红菇科（Russnlaceae），乳菇属（*Lactarius*）真菌。亚洲、欧洲和北美洲均有分布，在我国，河北、辽宁、吉林、江苏、浙江、湖南、四川、青海和台湾等省均有分布。主要生长在松树林下，是一种很有价值的外生菌根食用真菌，肉质细嫩，味道鲜美独特，营养丰富，又具有保健功能。该菌提取物对肉瘤S-180和艾氏腹水癌有抑制作用，能产生有抗菌作用的乳菇紫素。Ondrusek 从子实体中分离出神经鞘脂类物质，Guillot 则从松乳菇中分离出外源凝集素，Bergendorff 等发现子实体受伤时会产生几种倍半萜烯类物质。松乳菇被视为山中珍品，市场上十分走俏。它能与松树和云杉（*Picea asperata*）等针叶树形成菌根，增强植物防病、抗污染、抗严寒和抗干旱的能力，促进林木生长。同时可生产松乳菇，为我国林业多种经营提供新的途径，具有良好的经济效益、社会效益和生态效益。已见报道主要是松乳菇分布与生态特征。因有特殊的生态条件、营养方式和子实体分化发育条件，对它的研究与驯化有很大难度。

一、松乳菇学名及分类地位

松乳菇又名：美味松乳菇、雁鹅菌、松树蘑、松菌、寒菌、重阳菌、茶花菌等。

学名：*Lactarius deliciosus*（L.）Gray, *Nat. Arr. Brit. Pl.*（London）1:624（1821）。

属名“*Lactarius*”的词干“lac-”意思是“乳、乳汁”，用于菇的名词译成乳菇属。种名加词“*deliciosus*”意思是“娇柔的、美味的”。中文全称应该为“美味乳菇”。

同物异名：*Agaricus deliciosus* L.，*Sp. pl.* 2：1172（1753）；*Galorrheus deliciosus*（L.）P. Kumm.，*Führ. Pilzk.*（Zwickau）：126（1871）；*Lactifluus deliciosus*（L.）Kuntze，*Revis. gen. pl.*（Leipzig）2：856（1891）。

分类地位：菌物界（Fungi），担子菌门（Basidiomycota），伞菌纲（Agaricomycetes），红菇目（Russulales），红菇科（Russulaceae）。

二、中国松乳菇发展历程

中国食用乳菇历史悠久。南宋《武林旧事》中已提及用“乳蕈”作粥，清代袁枚《随菌食单》中有民间将清酱与乳蕈一起烧熟，然后加麻油拌食的记载。在湖南等地，用植物油将鲜乳菇炸熟油渍，制成"菌油"（实乃油渍菌），是一种特殊的调味品，炒菜、作汤、煮面，加入少许菌油，味格外鲜美清香。

松乳菇的应用历史悠久。相传在元朝皇家食用的"春盘面"，就是以它作为佐料的。宋朝诗人杨万里在一首描写松乳菇的古风诗里曾有这样的评价："空山一雨山溜急，漂流桂子松花汁，土膏松暖都渗入，蒸出蕈花团戢戢。戴穿落叶忽起立，拨开落叶百数十。蜡面黄紫光欲湿，酥茎娇脆手轻拾。色如鹅掌味如蜜，滑似蓴丝无点涩。伞不如笠钉胜笠，香留齿牙麝莫及。"

松乳菇是春末夏初、秋末冬初丘陵或山地松林中常见的一种野生食用菌，单生、散生、群生于马尾松（*Pinus massoniana*）、落叶松（*Larix gmelini*）、红松（海松）（*Pinus koraiensis*）或针阔混交林地上，与马尾松、红松等针叶树形成外生菌根。春末或秋末，雨过天晴，可在松林里看到一朵朵"小伞"黏附着松针，密密麻麻地露出地面。新鲜的松乳菇柔嫩爽脆，其汤润滑清新，营养丰富，色香俱佳。罗田有这样的民谣："三月松菇四月鸡，九月松菇当老鸡。"

松乳菇肉质脆嫩，味道鲜美，营养丰富，含 16 种氨基酸，以谷氨酸含量为多(每 100g 含3.783mg)。松乳菇尚含有乳菇紫素、乳菇菌素等抗生素，其子实体提取物对肉瘤S-180和艾氏腹水癌有抑制作用。

松乳菇的人工栽培尚未成功。目前正用分离培养成功的纯菌丝种进行半人工栽培试验。

第二节　松乳菇的生物学特性

一、松乳菇的形态特征

松乳菇由菌丝体和子实体两大部分组成。菌丝体是松乳菇的营养器官，松乳菇菌丝颜色灰白，菌丝很细，横隔少，分枝少，有锁状联合，光镜下看不出菌丝细胞内的结构。将土块与菇体放在纱窗网筛里，置水中过夜，使土块化散，洗去土壤残渣，可见菇体基部部分菌丝以菌索与松树等细根相联系。取菌根切片观察，可见表面有菌索生长，幼嫩菌索白色，较老的黄色。用解剖针与镊子撕开菌索压片观察，发现菌索表面有外延菌丝、很细，横隔少，分枝少，有锁状联合，与菌柄基部周围的菌丝形态相同。菌索里的菌丝几乎呈平行排列，是外延菌丝，与另一种粗壮、横隔多、分枝多的竹节状菌丝扭结而成。这种菌丝细胞内悬浮有较多深色颗粒，细胞液浅蓝色，是乳汁菌丝，也具锁状联合。取菌根切断，用放大镜可看到切面上有酱色乳汁流出。由此可见，松乳菇菌丝体由两种菌丝构成，一种是普通菌丝，另一种是乳汁菌丝。

松乳菇子实体中等至大型，菌盖直径 4～15cm，扁半球形，中央黏状，伸展后下凹，边缘最初内卷，后平展，湿时黏，无毛，虾仁色，胡萝卜黄色或深橙色，有或没有色较明显的环带，后色变淡，伤变绿色，特别是菌盖边缘部分变绿显著。菌肉初带白色，后变胡萝卜黄色。乳汁量少，橘红色，最后变绿色，菌褶与菌盖同色，稍密，近柄处分叉，褶间具横脉，直生或稍延生，伤或老后变绿色。菌柄长 2～5cm，粗0.7～2cm，近圆柱形或向基部渐细，有时具暗橙色凹窝，色同菌褶或更浅，伤变绿色，内部松软后变中空，菌柄切面先变橙红色，后变暗红色。孢子印近米黄色。孢子无色，广椭圆形，有疣和网纹，8～11μm×7～9μm。囊体稀少，近梭形，40～65μm×4.7～7μm。

取新鲜松乳菇，分别于菌盖、菌褶、菌柄、横切制片于光学显微镜下观察，发现构成子实体的组织有两大类：一类是菌盖、菌柄表皮下的菌肉组织；另一类是菌褶两侧的子实体层。菌褶中央为菌髓，与菌肉组织相同。菌肉组织是由乳汁菌丝及普通菌丝扭结而成的网状骨架结构，在网状骨架结构的网眼中是外延菌丝分枝延伸膨大而成的泡状结构。取菌褶做切片观察，菌褶两侧为子实层，中央为菌褶乳汁菌丝及普通菌丝扭结而成的髓，为分类学鉴定的重要形态特征（图 53－1）。

图 53－1　松乳菇

二、松乳菇的分布和生态习性

（一）松乳菇的分布

松乳菇在亚洲、欧洲和北美洲均有分布。

凡有针叶林(特别是松树)生长的地方,几乎都有松乳菇的分布。南半球仅见于澳大利亚的辐射松林下。在我国,浙江、香港、台湾、海南、河南、河北、山西、吉林、辽宁、江苏、安徽、甘肃、青海、四川、云南、西藏、新疆等地均有分布。主要生长在松树林下,是一种很有价值的外生菌根食用真菌。

(二)松乳菇的生态习性

松乳菇的生态习性归纳起来有以下4个方面:

1. 松乳菇是木腐菌

没有叶绿素,不能进行光合作用,靠分解木质素、半纤维素、纤维素、有机氮等,吸收其营养物质生存。

松乳菇生长发育所需要的营养主要是碳源和氮源。碳源从富含纤维素、半纤维素、木质素的各种农作物秸秆和农副产品下脚料中获得。氮源从培养料中适量添加的麦麸、米糠中获取。这些物质也是维生素和钾、磷、镁等矿物质元素的来源。

2. 松乳菇是褐腐菌

松乳菇菌丝体仅分解纤维素,留下木质素而使木材呈现褐色,松乳菇菌丝通过胞外酶降解基质获得营养,能利用尿素,也需要钙、镁、磷、硫等矿质元素。栽培原料主要有阔叶类杂木锯木屑、棉子壳、玉米芯、甘蔗渣、稻草、麦麸、米糠等。

3. 松乳菇发生地植被

刘建成对湘西北松乳菇发生地的植被进行了调查,发现生长松乳菇的生境中乔木层为马尾松、湿地松及火炬松混合林。其次为麻栎、板栗等。灌木层主要为油茶、金缨子、小果蔷薇、火棘、马桑、杜鹃、继木等。另外,还有少量茅栗、盐肤木、小松树、云突、六月雪等。草木层主要有白茅、黄茅、獐茅、狗牙根等。还有少量芒萁、海金沙及苔藓类植物等。

4. 松乳菇发生地土壤

松乳菇在黄红壤、山地黄棕壤、酸性黄壤、山地草甸、石英砂岩土、黄土、山地黄壤、石灰土及紫色土上均有发生。一般土壤pH为5.6~6.5,含水量为65%~75%。松乳菇喜欢散射光,一般发生于松林或混交林地。林中植被密度过大,光线不足,或林木太稀疏,隐蔽度不足,均不利于松乳菇的生长。地表有苔藓层或地被物覆盖的地方,有利于出菇。

(三)松乳菇的生长发育条件

1. 温度

松乳菇菌丝生长缓慢,超过40℃,4小时就会死亡。子实体生长发育的温度为7~37℃,以15~30℃为适宜,最佳生长温度为27℃。

2. 湿度

松乳菇菌丝生长阶段,培养料含水量60%~65%。含水量过高,培养料透气性差,菌丝生长缓慢,甚至窒息死亡;含水量太低,营养物质的输送受到阻碍,也不利于菌丝生长。发菌期空气相对湿度65%左右。子实体生长发育期,出菇场地的空气相对湿度应提高到85%~95%。

3. 空气

松乳菇属好气性真菌。如果栽培场地空气不流畅、氧气不充足,影响子实体的发育。需经常通风换气,保持栽培场地空气新鲜,以满足松乳菇生长发育的需要。

4. 光线

松乳菇菌丝生长阶段不需要光线,在黑暗条件下能正常生长。子实体生长发育期需要250~750 lx的光线。在充足的光线甚至适量的散射光照下,子实体能健壮生长。

5. 酸碱度

松乳菇喜中性偏酸性的生态环境,菌丝生长阶段,培养料pH为5~7,最适pH为5.6~6.5。菌丝在生长发育过程中分泌有机酸,可使培养料pH值下降,所以配料时需添加适量石灰水用于中和,生长过程中分泌的有机酸使pH值达到适度。

(四)松乳菇菌丝生长对碳、氮营养的需求

1. 碳源对松乳菇菌丝生长的影响

以蔗糖为碳源的培养基上,菌丝生长速度快、密度大、分布均匀、颜色灰白、无停滞期:在以白砂糖为碳源的培养基上,菌丝生长速度快、分布较均匀、颜色灰白,有少量菌丝束;在以麦芽糖为碳源的培养基上,菌丝密度不如蔗糖培养基大,菌丝分布较均匀,但生长速度较蔗糖快,培养10天后有老化现象;在以葡萄糖为碳源的培养基上,菌丝生长速度快、菌丝束明显,但分布不甚均匀,培养10天后,菌丝开始老化:在以可溶性淀粉为碳源的培

养基上，菌丝虽生长速度快、菌丝灰白，但菌丝细稀、分布不均、厚薄不一，培养10天后开始老化；无碳源的培养基上菌丝稀少、细弱、生长速度慢、菌丝分布不均、厚薄不匀，但仍能形成较明显的菌丝束。

2. 氮源对松乳菇菌丝生长的影响

在以蛋白胨为氮源的培养基上，菌丝生长速度最快、密度最大、分布均匀、颜色灰白、菌丝束不明显；以尿素为氮源的培养基上菌丝生长速度慢，菌丝颜色灰白、密度大、分布较均匀、较厚、不形成菌丝束；以硝酸铵、硫酸铵为氮源的培养基上菌丝生长较快，菌丝分布不太均匀；以硝酸钙为氮源的培养基上菌丝生长较慢，菌丝密度较大、菌丝束明显；无氮源的培养基上几乎无新的菌丝生长。

第三节 松乳菇的菌种繁育

一、母种培养基配制

母种培养基用马铃薯、葡萄糖、琼脂培养基(PDA)。

配方1：PDA培养基：马铃薯200g(去皮，切片，煮沸20分钟，用4层纱布过滤，取滤液)，葡萄糖20g，总体积达1 000ml。

配方2：蛋白胨3g，葡萄糖20g，KH_2PO_4 0.5g，$MgSO_4 \cdot 7H_2O$ 0.5g，琼脂18g，蒸馏水1 000ml。

配方3：葡萄糖20g，KH_2PO_4 0.5g，$MgSO_4 \cdot 7H_2O$ 0.5g，琼脂18g，蒸馏水1 000ml。

配方4：蔗糖20g，KH_2PO_4 0.5g，$MgSO_4 \cdot 7H_2O$ 0.5g，琼脂18g，蒸馏水1 000ml。

配方5：酵母粉10g，葡萄糖20g，琼脂18g，蒸馏水1 000ml。

配方6：玉米粉100g，葡萄糖20g，琼脂20g，松针水1 000ml。

松乳菇组织分离：取野生鲜嫩子实体，连根带土用白细布或白纸包住携至接种箱。组织分离在接种箱内操作，取一小块菌盖与菌柄相交处组织，用接种针挑入试管斜面上，轻轻压平，塞好棉塞，放于培养室培养。

二、原种、栽培种培养基

配方：松木屑78%，米糠或麦麸20%，糖、石膏粉各1%，另加少量松针煎汁。

三、栽培种的配制

配方1：松木屑35%，玉米芯25%，松林细砂土18%，谷壳10%，麦麸10%，复合肥2%。

配方2：松木屑45%，棉子壳25%，松林土18%，麦麸10%，过磷酸钙1%，糖、石膏各0.5%。

第四节 松乳菇的人工驯化栽培

一、松乳菇人工驯化栽培

人工驯化栽培技术简介如下：

(一)菌种制作

松乳菇与其他菇类相似，菌种通常有母种、原种和栽培种。

(二)驯化栽培

栽培时间一般在夏秋季，野外播种。选自然生长松林地带25年以上，树林间长有少量茅草丛，挖出"T"沟槽播菌种，在松树根周围外，覆上地膜，盖上草和松针。45天后检查菌丝是否萌发。如发现离菌种槽10～15cm挖开土层处有菌丝，说明已发菌，这时候必须去掉地膜，让其自然生长。如遇雷雨天气，气候适宜，很快就会出菇。开始现蕾大部分在槽周围，以丛生菇比较多，往后菌丝扩散，在松林周围生长。在夏秋气温25～32℃大量出菇。

栽培过程中必须注意以下3点：

①松林地要有一定散射光，即二分阳光，八分荫凉；

②播种要播在"T"沟槽中，再覆土；

③菌种使用期一般2年1次。

二、松乳菇的加工

鲜松乳菇娇嫩，不耐储藏，而采收又零散，多年来民间主要是鲜食，采收量多了进行干制。

1. 松乳菇盐渍保鲜法

选择8～9分成熟的鲜菇采摘，采摘后进行分级，除去霉烂、病虫害、残次品及泥沙等杂质，然后将菇柄老化部分剪去，用清水洗净后，进行护色、杀青、盐渍、漂洗、调整酸度、翻缸，装桶密封 20～30 天后分装上市出售。

2. 松乳菇干品

将采收的当天鲜松乳菇去掉霉烂残次品及泥沙等杂质，不剪柄，然后排放在烤筛上，先用 40～50℃脱水 3～4 小时，将水分降至 75%，再慢慢均匀升温至 55℃烘 8～10 小时，再快速升温到 60℃，保持 1 小时左右，杀死虫卵，达到松乳菇内部湿度与表面湿度一致，含水量达 10%～13%，完成干燥。烘干后的松乳菇为黄色或棕黄色，有香味。松乳菇干后不要立即装袋，以避免在分级包装时子实体破碎，需待适当回潮后再密封包装。

三、松乳菇纯种分离和培养注意事项

陈少珍等对松乳菇子实体的不同部位进行组织分离，接入不同的培养基上。结果：菌褶分离成功率为 25%，柄基分离成功率为 80%，柄与盖交界处分离成功率为 33%。孢子分离法未获成功。陈换新等曾以组织块、菌柄和菌褶为分离材料进行对比实验，结果只有菌褶分离接种的平板长出菌丝，经镜检菌丝具锁状联合。接在 PDA 培养基上，置于 26～28℃下培养，第 5 天菌丝开始生长，至第 10 天长势非常旺盛。张发等选菇形完整、菌盖较厚的八九分成熟的子实体作种菇；以消毒过的接种箱和直径 11.5cm 的培养皿(中间放一可插种菇的三角支架)作为孢子弹射装置，箱底铺一干净白布。将经表面消毒过的种菇插在培养皿中的三角支架上，温度控制在25℃，使孢子落下，然后收集孢子。也可在接种箱内放入消毒过的白纸，白纸上放成熟、表面灭菌的子实体，盖上经消毒的白纸，温度控制在 24℃左右，让种菇孢子自行散落在其他松乳菇的菌盖上。约经 1 周孢子在松乳菇菌盖上萌发并长成浓密的菌丝团。这时在无菌条件下，挑选粗壮的菌丝接入试管斜面上。分离后的试管置 24℃，培养 15 天即可得到纯松乳菇菌种。

鉴于松乳菇的组织分离成功率低、易污染的特点，分离时需注意以下 6 个要点：

①种菇必须选用生长健壮，菇型正常，菌柄粗壮、实心、不中空；

②种菇采集后应立即进行分离，或上午采集的种菇，中午至下午进行分离，不要过夜；

③对于菌柄粗壮、实心、不中空的子实体，可以从菌柄近下端部位的内部取材，此处容易长出菌丝，分离成功率也高；对于子实体较小，最好在菌盖与菌柄交界处取材；

④尽量采用大块菌肉组织；

⑤将松乳菇子实体热水浸出液加到培养基中，可防止细菌污染；

⑥熟练的操作。

第五节 松乳菇的营养价值

一、松乳菇的营养

松乳菇是营养丰富的食用菌，每 100g 中含粗蛋白 19.3g、脂肪 6.8g、糖类(碳水化合物) 35.5g、纤维 32.4g，还含有 18 种氨基酸和维生素。笔者分析了松乳菇子实体中氨基酸的组成及含量，100g 干品中氨基酸总量达16.97g，其中苏氨酸0.86g、赖氨酸0.822g、蛋氨酸0.517g、天冬氨酸1.3g、丝氨酸0.845g、甘氨酸0.700g、丙氨酸1.030g、胱氨酸0.205g、谷氨酸4.350g、脯氨酸0.660g、亮氨酸0.940g、异亮氨酸1.150g、缬氨酸0.750g、苯丙氨酸0.680g、醋氨酸0.460g、色氨酸0.250g、组氨酸0.378g、精氨酸1.040g。人体必需的 8 种氨基酸齐全，占总氨基酸量的 35%。另外谷氨酸含量非常丰富，占子实体干重的 4.35%。松乳菇味道之鲜美与之有直接关系。松乳菇还含有丰富的矿物质元素。王辉宪、吴三桥、敖常伟等对松乳菇中部分矿物质元素的含量进行了测定，结果表明，如果每人每天食用 100g (干品)就能满足人体对 Fe 元素的需要，并且绝大部分所需的 Cr、Cu、Zn、Mn、Ni、Ca、Mg 等元素也能被补充。

第六节 松乳菇的药理与应用

松乳菇具有降低胆固醇、清除血毒、润肠通便等功能。经常食用，具有增强机体免疫功能、抑制肿瘤，抗菌等作用。它的提取物对肉瘤S-180和艾氏腹水癌有抑制作用，该菌产生的乳菇素有抗菌作用。Ondrusek 从子实体中分离出神经鞘脂类物质。Cuillot 则从松乳菇中分离出外源凝集素。松乳菇的抗菌成

分主要存在于有机相中，它对细菌、真菌有较为明显的抑制作用；对放线菌和部分真菌有抑制作用。

第七节 展 望

一、国内外科技发展现状

松乳菇与马尾松共生，是一种菌根食用菌。因有特殊的生态条件、营养方式和子实体分化条件，目前尚不能人工栽培，市场供应全依赖于野生采集。由于市场紧缺，过度采伐，导致产地自然资源破坏严重，产量逐渐减少。为保护食用菌资源的多样性，菌根食用菌的半人工栽培是目前国内外研究的热点。半人工栽培的关键是生产出菌根化苗木，而生产菌根化苗木需要大量菌根真菌，故培养菌根食用菌菌丝体是开发利用菌根真菌的先决条件。

二、科技创新与展望

松乳菇含有丰富的氨基酸，具有很高的营养价值。如果在培养中添加无机硒、锗微量元素，可获得富含有机硒、锗的菌丝，营养价值会更高。

松乳菇现在还不能完全实现人工栽培，国内外利用菌根技术，在活的植物根部进行“菌根合成”。陈昌元、翟耀华等研究了松乳菇的人工栽培，已取得一定成功。人工栽培松乳菇已获得了与天然松乳菇形态风味完全一样的子实体。虽然还未见有松乳菇的瓶栽或袋栽大量出菇的报道，但不能说这种栽培方式不行。如果能找出松乳菇纯菌株由原基发育成子实体的营养条件和生态环境，松乳菇大面积人工栽培就可获得成功。

参 考 文 献

[1] 张光亚. 中国食用菌图鉴[M]. 昆明：云南科学技术出版社，1999.
[2] 上海农业科学院食用菌研究所. 中国食用菌志[M]. 北京：中国林业出版社，1991.
[3] 杨新美. 中国食用菌栽培学[M]. 北京：科学出版社，1988.
[4] 马启明. 食用磨菇[M]. 北京：科学出版社，1988.
[5] WELTER JOHN. ImmduefoaFmg[M]. iLondon：Cambridge Univetshy Press，1980.
[6] 戴芳拥. 中国真菌总汇[M]. 北京：科学出版社，1979.
[7] 陈功镉，车鸣，向小奇，等. 湘西低等植物野菜资源及其开发利用[J]. 吉首大学学报，1999，20(3)：9-16.
[8] 崔波，马杰，李良晨，等. 河南的红菇科真茸资源研究[J]. 河南大学学报，1998，16(2)：193-198.
[9] 刘建成，杜娟. 湘西北格乳菇的分布及生态研究[J]. 中国食用菌，1999，18(1)：22-23.
[10] 郭嘉钻，上官舟麈，陈景潮. 药用真菌的研究与开发概述[J]. 中国食用菌，1994，13(3)：9.
[11] 黄年来. 中国大型真菌原色图鉴[M]. 北京：中国农业出版社，1998.
[12] 方积年. 多糖的分离纯化及其纯度鉴别与分子量测定[J]. 药学通报，1984，19(10)：48.
[13] 范秀窖，李广武，沈萍. 微生物学实验[M]. 北京：高等教育出版社，1989.
[14] 李文艺，刘建成. 松乳菇菌丝生长营养需求的初步研究[J]. 热带植物科学，2004，33(2)：41-43.
[15] 王云，谭著明，何兴元. 湖南的松菌[J]. 食用菌学报，2003，10(2)：24-28.
[16] 陈士瑜. 食用菌生产大全[M]. 北京：北京农业出版社，1988.
[17] 卯晓岚. 中国食用菌图谱[M]. 北京：中国轻工业出版社，1999.
[18] 杨新美. 食用菌栽培学[M]. 北京：中国农业出版社，1995.
[19] 王向华. 云南乳菇属贸易种的分类学研究[J]. 云南植物研究，2000，22(4)：419-427.
[20] 刘建成，杜娟. 湘西北松乳菇的分布及生态研究[J]. 中国食用菌，1999，18(1)：22-23.
[21] 柯丽霞. 黄山地区松乳菇的生态分布和生态环境调查[J]. 食用菌学报，2003，10(2)：21-23.
[22] 刘正南，郑淑芳. 中国药用真菌的现状和种质资源[J]. 中国食用菌，1995，17(6)：27-32.
[23] 杨明毅，徐虹. 松乳菇的研究与开发[J]. 中国野生植物资源，2001，20(2)：29-30.
[24] 周庆珍，潘高潮，尤梅立，等. 贵州野生松乳菇化学成分及产品开发研究[J]. 贵州科学，2001，19(3)：

56-60.
[25] 崔波,马杰,李良晨,等.河南的红菇科真菌资源研究[J].河南科学,1998,16(2):193-198.
[26] 孙发仁,张冬梅.徂徕山野生食药用真菌调查初报[J].中国食用菌,1996,16(3):38-41.
[27] 翟耀华,戴宪德,武善明,等.野生松乳菇的特性及诱发[J].中国林副特产,1998,47(4):22.
[28] 敖常伟,惠明,李忠海,等.松乳菇营养成分分析及松乳菇多糖的提取分离[J].食品工业科技,2003,24(9):77-79.
[29] 吴三桥,周选围,李新生.松乳菇中氨基酸及其他营养素含量的测定[J].氨基酸和生物资源,2001,23(3):5-6.
[30] 王辉宪,李会良,姚俊.湘西松乳菇、红汁乳菇中金属元素的测定及其营养价值的研究[J].吉首大学学报(自然科学),1994,15(5):63-66.
[31] 柯丽霞.松乳菇的抗菌活性研究[J].安徽师范大学学报(自然科学学报),2002,25(1):63-64.
[32] 刘旭东.中国野生大型真菌彩色图鉴[M].北京:中国林业出版社,2002.
[33] 陈少珍,韦仕岩,吴圣进,等.野生松乳菇菌丝的分离试验[J].食用菌,2004(1):12-13.
[34] 潘崇环,孙萍,龚翔,等.珍稀食用菌栽培与名贵野生菌的开发利用[M].北京:中国农业出版社,2004.
[35] 冀宝莹,陈超,邓春海,等.野生松乳菇菌种分离的研究[J].微生物学杂志,2001,21(2):56-60.
[36] SANCHES FERNANDO, HONRUBIA MARIA, TORRES PILAR. Effects of pH, water, stress and temperture on in vitor cultures of eetomycorrhizal fungifrom Mediterranean-rests[J]. Crytogamie, Mycol, 2001, 22(4): 243-258.
[37] 林亲雄,陈京元.碳源和氮源对松乳菇菌丝生长的影响[J].食用菌学报,2002,9(1):44-46.
[38] 于富强,刘培贵.外生菌根研究及应用的回顾与展望[J].生态学报,2002,22(12):22-23.
[39] 陈昌元,曾庆雄.松乳菇人工驯化栽培[J].中国种业,2001(4):26.
[40] 谭著明,傅绍春,刘晓红.新西兰菌根性食用菌研究开发现状与启示[J].湖南林业科技,2002,29(3):72-74.

(薛 勇)

第五十四章 松 茸

DIWUSHISIZHANG SONGRONG

摘要：松口蘑通常称为松茸或松菌，是全球名贵野生食用菌之一。该菌在中国、日本和韩国已有几百年的采食历史，在日本已成为饮食文化的特殊组成部分。本章简要回顾了100多年来松茸的研究史，综述了松茸分类与系统学、生理生态学以及人工栽培与保育促繁等诸方面的阶段性成果和进展。较为详细地介绍了松茸的生物学特性、生活史、营养价值、菌种分离培养以及最新的松茸栽培模式与技术（菌根苗人工合成、成林人工接种技术、人工菌塘诱导技术等）。通过对松茸研究与利用现状的总结，就我国松茸产业发展进行了分析与展望。

Tricholoma matsutake

Abstract: *Tricholoma matsutake*, commonly known as the "matsutake" or pine mushroom, is one of the most valuable edible mushrooms in the world. This mushroom has been regarded as an autumn delicacy in Japan, Korea and China for many centuries, and has attained a special position in Japanese cuisine. This chapter consists of seven sections describing in detail various aspects of *T. matsutake* including more than 100 years of research history, biological features, life cycle, nutritional attributes, spawn isolation and cultivation, and recent developments in cultivation techniques (e.g. production of mycorrhizal seedlings, mature pine inoculation, artificial Shiro induction procedure) and management. The current position relating to the taxonomy, physiology, ecology, utilization and research of this mushroom is also reviewed and summarized, and an analysis made of the future prospects for the industrial development of *T. matsutake* in China.

第一节 概 述

一、松茸学名及分类学地位

松茸又名：松蕈、松蘑、鸡丝菌、松菌、松菇、燕子菌、真松茸、臭鸡纵、青冈菌、黄鸡纵、剥皮菌、大花菌、大脚菇、老鹰菌、木姆枯、鼻沙等。

学名：*Tricholoma matsutake* (S. Ito & S. Imai) Singer, Annls mycol. 41(1/3): 77 (1943)。

属名"*Tricholoma*"来自希腊语，词干"thrix-"的意思是"毛发"，词尾"-loma"的意思是"边缘"，中文早就有口蘑的名称。种名加词"*matsutake*"是日文发音。

同物异名：*Armillaria matsutake* S. Ito & S. Imai, Bot. Mag., Tokyo 39: 327 (1925)。

分类地位：菌物界(Fungi)，担子菌门(Basidiomycota)，伞菌目(Agaricomycetes)，伞菌亚纲(Agaricomycetidae)，伞菌目(Agaricales)，口蘑科(Tricholomataceae)。

二、松茸研究历史与进展

松茸一词，源于我国，现知宋哲宗元祐年间唐慎微著《经史证类备急本草》业已启用。Kobayashi(1983)对《菌谱》(陈仁玉)的考证认为，汉文中的松茸即松蕈(图54—1)，即日本的Matsu(松)take(蕈)(臧穆，1990)。松茸是日本人民最钟爱的蘑菇，在日本围绕着它形成了特殊的饮食文化。据记载，日本采食该菌迄今已有1 000多年的历史，一直具有很大的消费市场且价格昂贵。日本也是研究松茸最早的国家。早在1909年Mimura开始了松茸与松树关系以及菌种培养的研究，随后Masui(1927)就松茸的生物学特性进行了研究。然而，松茸真正引起科研人员的密切关注始于20世纪70年代。日本本土产松茸在1941年曾达1.2万吨，第二次世界大战后产量急剧下降。从70年代开始，大量从韩国、朝鲜和中国东北进口松茸

(Wang et al，1997)。鉴于市场对松茸"发展与栽培"的强烈要求，以 Hamada、Ogawa、Tominaga 和 Yamada 等为代表的日本学者进行了大量的松茸生理生态和人工栽培等方面的研究。

图 54－1 《菌谱》中的松茸记载

随着松茸(含近缘种)在越来越多的国家和地区被发现，至 20 世纪 80 年代，日本又开始从中国西南，美国和加拿大，继而从墨西哥、土耳其和不丹等进口松茸。采收、加工和经销松茸在这些国家形成了很大的产业，带来巨大的利润，同时也激起了科学家对松茸研究的兴趣与热情。80 年代以前，我国对松茸知之甚少，直到 Tominaga 等(1981、1988、1989)对云南和四川省进行考察，确认松茸在我国西南部有着广泛的分布，我国的松茸研究才逐渐展开(赵淑芬，1986)。松茸相关种类在黑龙江、辽宁、甘肃、陕西、山西、安徽、贵州、广西、西藏和台湾等省份的分布也纷纷见于报道(王云和谢支锡，1982；魏秉刚等，1985；鲜明耀，1987；臧穆，1990；曹晋忠等，1991；傅伟杰等，1996；卯晓岚和庄剑云，1997；Yu et al，2006)，我国的松茸出口量也逐年攀升。至 90 年代末，随着持续的大规模商业化采集和生态环境的破坏，我国松茸产量呈明显下降趋势，科研人员也逐渐开始对松茸进行全面的研究，包括松茸群分类与系统学，菌种分离、培养，生态与资源分布，以及人工栽培和人工保育促繁等。2009 年，我国松茸总产量已达6 200吨。

Zeller 和 Togashi 自 1934 年起已开始北美白松茸(巨膜口蘑)的研究，但北美松茸的大量研究是近年来才开始的(Redhead，1997；Amaranthus et al，1998；Lefevre，2002；Kranabetter，2002；Chapela & Garbelotto，2004)。以美国西北部俄勒冈大学为代表的研究团队，在松茸林地生态和经营管理等方面研究取得了显著成绩(Hosford et al，1997；Luoma et al，2006)。20 世纪 90 年代末，商业化采收对松茸生境的干扰会不会引起产量的下降，在北美引起了社会、林业和环保部门的关注。经过政府立法、公众教育和科学研究等协同努力，松茸的经营管理和保护很快得到了妥善解决。

进入 21 世纪，随着研究的不断深入和现代生物技术的发展，松茸的大量研究集中到分子鉴定、系统发育、遗传多样性、基因克隆和分子生态学等领域(Guerin-Laguette et al，2002；Lian et al，2003、2006；Matsushita et al，2005；Murata et al，2005a、2005b、2008；Sha et al，2007；Xu et al，2007、2008)。幼苗菌根快速合成、成林人工菌根合成和人工菌塘诱导，是近年来松茸人工栽培领域的重要和热点研究方向(Yamada et al，1999a、1999b；Varrio et al，2000；Guerin-Laguette et al，2000、2003、2005；伦志明，2005)。

(一)分类与系统学研究

松口蘑名称的变迁

Tricholoma matsutake (S. Ito & S. Imai) Singer，Agaricales，1949.

＝*Armillaria matsutake* S. Ito & S. Imai.，Botany Magazine of Tokyo，39：327，1925.

Tricholoma nauseosum (A. Blytt) Kytövuori，Karstenia，28：69，1989.

＝*Armillaria nauseosa* A. Blytt，Videnskabs-Selskabets Skrifter. I Math. Naturv. Kl.，6：22，1905.

＝*Tricholoma zangii* Z. M. Cao，Y. J. Yao & Pegler，Mycotaxon，85：159，2003.

＝*Tricholoma matsutake* var. *qinggang* Tominaga，Bulletin of the Heroshima Agricultural College，8：563，1988.

＝*Tricholoma matsutake* (S. Ito & S. Imai) Singer var. *formosana* Sawada，Descriptive catalog of the Formosan fungi，Part V，1931.

从 20 世纪初开始，人们对松茸的研究从未停止过。然而即便是在分类学方面，该种仍然存在着一定的问题。1925 年，Ito 和 Imai 的研究认为，日本的松茸形态、味道与欧洲的种类不同，从而命名为 *Armillaria matsutake* S. Ito et S. Imai；Zeller 和 Togashi(1934)对比研究了亚洲和北美的松茸后认为，两者在外观形态和微观特征的诸多方面较为相似，可能系同一种类；Kytövuori(1988)系统研究了欧洲和北非的松茸后认为，分布于欧洲和北非的类群 *T. nauseosum*(A. Blytt) Kytöv. 与日本的 *T. matsutake* 应是同一种，而且因后者命名晚，应为 *T. nauseosum* 的异名。该观点被后来的分子生物学研究所证实(Bergius & Danell, 2000)。但 Ryman 等(2000)考虑到 *T. matsutake* 是久负盛名的"松茸"沿用已久的拉丁学名，因而根据国际命名法，提出作为"保护名"继续合法使用。在 2006 年最新版《国际植物命名法规》即维也纳法规中松茸被正式列为保留种名(McNeill et al, 2006)。

在我国西南高山、亚高山地区，松茸喜欢生长在高山栎林下。Tominaga 等(1988)认为这可能是 *T. matsutake* 的一个变种：青冈口蘑 *T. matsutake* var. *qinggang* Tominaga。而臧穆(1990)将其命名为青冈菌 *T. quercicola* M. Zang。Cao 等(2003)后来的研究发现，*T. quercicola*(Murrill) Murrill 早已被指定为口蘑属中一腐生真菌的名称，而重新将其命名为喜栎松茸 *T. zangii* Z. M. Cao et al。笔者对松茸群进行的分类与系统学研究认为，分布于我国西南高山栎林下的青冈菌，与生长在其他地区不同树种下的 *T. matsutake* 没有明显的差别，建议作为 *T. matsutake* 的异名处理。Xu 等(2007, 2008)对我国西南松茸的单核苷酸多态性研究后认为，居群间的遗传差异与海拔高低无关，中低海拔松树下的松茸与高海拔高山栎下的栎松茸实为同一种。

Sawada 把我国台湾的松茸定名为台湾松茸 *T. matsutake* var. *formosana* Sawada。Chen(1983)对其进行了调查和形态描述，认为没有必要另立新变种，归属 *T. matsutake* 即可。笔者同意 Chen 的观点，认为生长在台湾的种类与生长在日本赤林 *Pinus densiflora* 下的 *T. matsutake* 无明显区别，变种在发表时的主要依据是：担子稍长、双孢型担子比例偏高和孢子内油滴较多。然而以上特征在松茸中并不稳定，它与子实体的发育程度等有关，因而不适于作为另立新类群的标准。

(二)生理与生态学研究

1927 年，Masui 根据菌根合成的试验提出，亚洲松茸和欧洲松茸都是寄生性的菌根菌。该观点得到了一些后续研究的支持(Kawai & Ogawa, 1981; Ogawa, 1982; 赵淑芬, 1986)。此后，人们借助不同的研究手段与技术设备，从形态学、解剖学、生理学和分子生物学等角度，多次对松茸与宿主之间的菌根关系进行探讨。如 Yamada 等(1999a、1999b)通过显微解剖与观察认为松茸和赤松会形成外生菌根。Gill 等(2000)采取形态和超微结构的研究也支持 Yamada 的观点，同时他们还通过 PCR-RFLP 分析证明，松茸是菌塘(Shiro)内赤松根尖上的优势菌种，从而认为根部形态结构的变化是松茸菌丝体感染所致。虽然许多研究表明松茸和宿主可形成外生菌根，但两者之间的营养关系仍然困扰着真菌学家。Vaario 等(2002)的研究认为松茸具有显著的腐生特性，而 Guerin-Laguette 等(2004)的研究排除了松茸在无菌条件下的寄生性，支持两者关系为互惠共生。Wang 等(1997)提出松茸在不同时期会表现出不同的营养方式。

松茸与宿主之间为特殊的共生关系，生理特性与腐生真菌差异较大，分离与培养较为困难，菌种生长速度异常缓慢，这为人工栽培等后续研究带来了难度。半个世纪以来，人们对松茸的生理特性进行了深入研究，积累了大量的实践经验，为菌种的分离、培养与菌根合成奠定了基础。1953 年，Hamada 设计出"滨田培养基"，对松茸菌种的分离具有较高的成功率。随后人们还分别研究了不同组分(碳源、氮源、矿物质和维生素等)和培养条件(温度、pH 值等)对松茸菌种分离和菌丝生长的影响，并在此基础上设计出多种培养基，如 BM、MMN、MPDA 等(Oyama et al, 1974; Kawai et al, 1976a、1976b; Ohta, 1990; 韩桂云等, 1994; 陈羽等, 2000; 杨民和等, 2000; 魏铁铮, 2001; 伦志明, 2005)。此外，科研人员还对松茸菌丝的大规模工业发酵做了探讨，对温度和 pH 值等培养条件进行了研究(Kawagoe et al, 1999; Lee et al, 2002)。

研究松茸的生态环境及其对子实体生长发育的影响，是实现松茸资源科学管理与人工保育促繁的前提和基础。前人对此进行了大量的调查研究，主要包括对共生树种、土壤类型和气候条件等的研究。迄今，已发现松茸可与松科的松属(*Pinus*)、铁杉属(*Tsuga*)、云杉属(*Picea*)、冷杉属(*Abies*)、雪松属(*Cedrus*)和壳斗科的栎属(*Quercus*)、栲属(*Castanopsis*)、石栎属(*Lithocarpus*)等 15 种以上植物具共生关系(Ogawa, 1976a、1976b、1977a、1977b; Bergius & Danell, 2000; 于富强, 2007)。对土壤分析的结果表明，适宜于松茸生长的土壤类型有山地棕壤、黄棕壤和灰棕壤等，含砾石多，常砂质，贫瘠，pH 为 4.5～6.5，该类土壤由多种母岩发育而来，如火山岩、花岗岩、板岩、片麻岩和石英岩等。菌塘内土壤沙化、干燥、通透性好，氮、磷含量偏低，钙含量偏高。许多研究还对各松茸产地的气候环境进行了描述(孙成璧等, 1989; 鲜明耀, 1987; 王明福, 1989; 藤田博美等, 1991a; 王海军等, 2002)，但这些描述往往凌乱而分散，缺乏统一的标准。尽管 Wang(1995)综合了多个产地的气候特征，但什么样的气候条件最适宜松茸的生长发育仍有待进一步研究。

（三）人工栽培与保育促繁

松茸人工栽培是长期以来的研究热点。日本研究人员早就致力于这一方面的探索，也曾发表了大量论文，但子实体诱导始终无法突破。近年来，他们已成功实现了松茸菌根苗的人工合成，但将菌根苗移栽到野外后出现菌丝体退化现象，子实体的诱导并未成功(Yamada et al,2001)。日本东京大学的研究人员对松茸人工菌根的快速诱导和人工菌塘的形成进行了深入研究。据报道，在无菌土壤或人工基质条件下，将松茸菌液接种于1个月的赤松苗上，3～4 周后赤松的侧根上即形成典型的哈蒂氏网，诱导出人工菌根(Vaario et al,2000)。同时，他们还发现表面活性剂(如土温 80)和植物油对松茸菌丝的生长具有促进作用(Vaario et al,2002;Guerin-Laguette et al,2003)，这一发现对人工菌塘的诱导具有重要意义。瑞典科学家着眼于菌丝体的碳储存与子实体诱导的研究，计划应用核磁共振技术对松茸的子实体形成过程及其菌丝体中碳的移动分配作长远的跟踪，以便揭开子实体的形成之谜(傅禄敏和李玉花,2003)。

在无法实现人工栽培的情况下，保护和管理好现有资源成为当务之急，而人工保育促繁是现阶段松茸可持续发展的唯一和有效途径。作为松茸主产区的韩国、加拿大和美国等已开展了这方面的工作(Ka & Koo,2002;Koo et al,2003;Redhead,1997;Amaranthus et al,1998;Kranabetter et al,2002;Hosford et al,1997;Luoma et al,2006)。我国也于近年在吉林的延边地区和云南的楚雄地区开展了松茸人工保育促繁的研究(傅伟杰等,2004b;楚雄州林业科学研究所与科技推广站,2007)。在自然环境下，通过人为营造适宜松茸子实体发生、发育所需条件，以期达到稳定和提高林地内松茸产量的目的。措施主要包括：①通过教育培训，使菇农掌握合理规范的松茸采收技术，提高对松茸资源的持续利用意识。②根据松茸对植被、温湿度、光照以及营养的需求，对其发生林地实施相应的管理，如清理地表过多的腐殖质和枯枝落叶层，防止土壤有机质过度富集；清除过多的地表杂草，对其灌木层和乔木层非共生树种进行调整，以降低林地郁闭度；对共生树种采取择伐和补种相结合的方式，使其保持在一定的密度和年龄阶段(Hosford et al,1997;Amaranthus et al,1998;傅伟杰等,2004b;于富强和刘培贵,2005)。③通过接种方式，人为增加林地内松茸菌丝、菌根和菌塘的数量，进而达到增产效果。

三、松茸产业发展现状

日本是松茸的主要消费国，也曾是松茸的生产大国，其本土松茸产量最高时达 1.2 万吨，第二次世界大战后产量急剧下降，目前已降至只有几十吨(saito & Mitsumata,2008)，远不能满足市场的需求。据估计，日本市场年需求松茸3 000～4 000吨。从 20 世纪 70 年代开始，日本大量从朝鲜半岛和中国东北进口松茸。但亚洲的松茸总产量也只有2 000多吨，仅可满足其需求量的 60%～70%。于是，日本不得不从其他国家进口松茸的替代品种(松茸近缘种)。其中，北美洲产的白松茸，由于具有一定的产量，且价格较低，成为其替代品的首选。近年来进口量不断攀升，至 1999 年已达 821 吨，约占当年日本松茸进口总量的27.97%。此外，日本还从墨西哥和土耳其等十余个国家进口松茸的替代品，进口数量也占有一定的比例(弓明钦,2003)。然而，近年来随着大规模商业化采集、生态环境的破坏以及自然植被的演替，松茸全球产量呈逐年下降趋势(Wang et al,1997;Koo & Bilek,1998)。作为松茸主产区的韩国、加拿大和美国已采取措施研究和管理自己的宝贵资源，以期达到持续利用之目的。

在北美，林业部门通过立法，对国有松茸产区划定采收的范围，并规定每个松茸采集者必须购买采收执照，每个执照的采收量也作了明确的规定。新采收者领取执照后，要观看有关松茸采收和环境保护的录像；任何违反规定的行为，会受到相应的处罚。经过各级部门的共同努力，北美松茸的产量和质量得到了稳定和提升，在日本市场上具有较强的竞争力。与此同时，亚洲各国的松茸产量呈明显下降趋势。为继续保持本国松茸已占有的市场份额，韩国采取多项措施来提高其竞争力，防止松茸持续减产。采收松茸由“劳动合作组织”集体行动，出售给收购商，出口由“南韩出口会社”统一和日商谈判，这样不会造成本国出口商之间互相压价的局面。每出口 1 千克松茸要提取1 美元返回松茸山的主人作为管理费用。在采收、出口交易中，尽量做到松茸山主、采收者、中间商和出口商各方面利益均衡。松茸山主对自己的林子进行精心管护，地表清理、疏伐、补植、灌溉等，尽量保持林相和环境的最佳状态。

我国是日本松茸的主要供应国之一。近年来，出口量多维持在1 000吨以上的水平，有时还略有增长，最高年份达1 500吨。然而据统计，这种增长是建立在松茸采收面积不断扩大的基础上，而非单位面积产量的提高。相反，在我国东北（吉林、黑龙江）和西南（云南、四川、西藏）的主产区，松茸产量呈逐年下降趋势（许广波等，2001；尉建平，2007）。据不完全统计，作为云南松茸主产区的香格里拉县，1999 年以前松茸年均产量达 800 余吨，2000 年仅产 200 余吨，至 2003 年，已降至不足 150 吨（Yang et al，2008）。其他重要松茸产区，如云南楚雄、大理和丽江等地区也都有不同程度的减产。虽然我国松茸在国际市场上占有较大的比例（如 2001 年，我国松茸出口量占当年国际市场交易量的63.95%），但是国际交易价格却是最低的，仅为韩国松茸价格的 43.68%（弓明钦，2003）。其原因除了种群差异、运输和包装等因素外，采收质量不高是关键，许多松茸个体偏小，有相当数量的“童茸”，病虫害严重，甚至掺杂使假等。据统计，云南出口松茸的精品率仅为 5%左右，6cm 以下的童茸所占比例曾高达30%～40%。菇农采收过程中，“连根刨”、“一锅端”的破坏性采集方式屡见不鲜（刘培贵等，1999）。这一方面严重破坏了松茸赖以生长的微环境，直接影响到资源的再生能力；另一方面，大量子实体尚未成熟即被掠走，孢子难以产生和散发。长此以往，难免会使产地处于无源之水的境地。资源开发缺乏统一、有效的管理，是造成这种“杀鸡取卵”局面的重要原因。因此，亟需针对我国松茸开发中存在的问题，借鉴国外的教训与管理经验，建立完善的松茸保护与管理体制。目前，在云南和吉林的部分地区已有一些乡规民约在实施，松茸林地的人工保育促繁也小规模实验性推广。

第二节　松茸的生物学特性

一、松茸的形态特征

宏观特征：菌盖直径 6～20cm，幼时半球至扁半球形凸起，成熟后微凸至近平展。盖表湿时微黏，覆近辐射状纤维质鳞片，多均匀分布，少在盖中央连续或大块分布，浅黄褐至黄褐色，延伸至边缘常裂开，漏出白色菌肉与菌褶。菌盖边缘初内卷，具肉桂色至浅黄褐色绒质菌幕，后破裂，常残留于盖缘。盖中央菌肉较厚，向边缘渐薄，致密，白色，味道温和。具浓郁的松茸特有气味。菌褶贴生，短弯生，成熟后与菌柄分离，较宽，白色，具小菌褶。菌柄 5～20cm×1.5～2.5cm，多直立，地下部分较短，如弯曲则地下部分较长（超过菌柄总长度的 1/3），等粗，基部少，亚球形膨大至微锥形。菌环明显或少许挂于菌柄的上部，距菌褶 0.5～1.5cm，菌环以上柄白色，具粉质鳞片，菌环以下柄与盖色同，多覆纵向排列浅黄褐色鳞片（图54－2）。菌柄菌肉白色，致密，质地稍硬。

显微特征：盖表层菌丝交织至近平行，薄壁，直径 3.5～23μm，浅黄褐色。菌褶菌髓近平行，菌丝直径 3～18μm，薄壁，无色，透明。担子 36～52μm×7.5～15μm，棒状，无色，薄壁，极少数厚壁（仅见于部分北欧标本），四孢，少双孢，极少单孢和三孢，担子梗长 2～5μm。无囊状体，褶缘具些许棒状菌丝末端，夹杂于担子之间。担孢子 7～8.5μm×5.5～6.5μm，Q＝1.2～1.5，椭圆至长椭圆形，薄壁，极少数厚壁（仅见于部分北欧标本），无色，光滑，非淀粉质（图 54－3）。柄表菌丝纵向排列，近平行，直径 4～17μm，薄壁，浅黄至浅黄褐色。

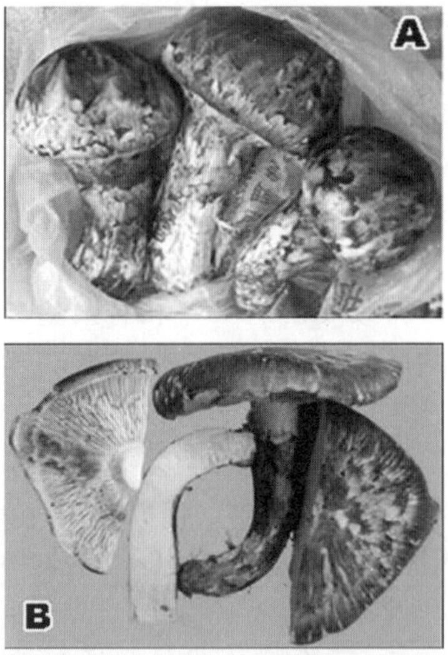

图 54－2　松茸子实体宏观特征

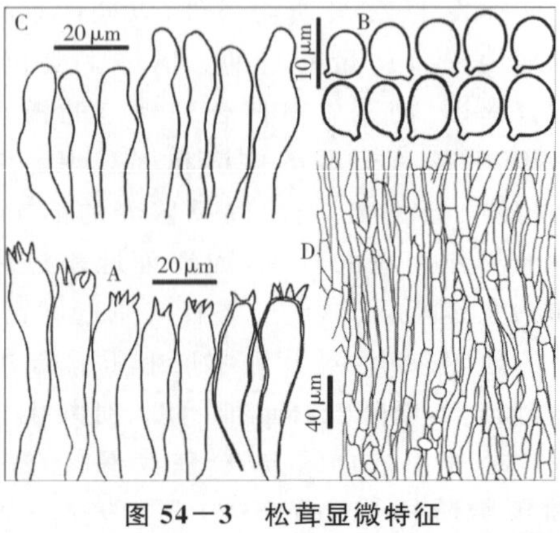

图 54－3　松茸显微特征

A. 担子，B. 担孢子，C. 褶缘棒状自由末端，D. 盖表皮切面。

二、松茸的分布

松茸在欧洲主要分布于北部斯堪的纳维亚半岛的瑞典、芬兰、挪威和丹麦，少量出现在法国、奥地利、葡萄牙、瑞士、捷克、斯洛伐克、德国西南部与意大利北部，非洲西北部的阿尔及利亚也有分布(Kytövuori, 1989; Bergius & Danell, 2000)。亚洲主要分布于中国、日本、朝鲜和韩国，在尼泊尔、不丹、土耳其以及俄罗斯的远东地区也有一定的分布量。

松茸在我国东北的吉林、辽宁和黑龙江，西南的云南、四川和西藏以及东南部的台湾都有广泛的分布。另外，陕西、山西、甘肃、安徽、贵州和广西等省份也有分布报道。其中以吉林、云南和四川省的分布最为集中，产量最高(戴芳澜，1979；Tominaga et al，1981、1988、1989；王云和谢支锡，1982；魏秉刚等，1985；鲜明耀，1987；臧穆，1990；曹晋忠等，1991；杨廷贤等，1993；傅伟杰等，1996；卯晓岚和庄剑云，1997；于富强，2007)。随着调查研究的不断深入，该种在北半球应有更为广泛的分布。

三、松茸的生态学特性

蕈菌按营养和生态学需求通常可分为3大类：①从死亡生物体上吸取有机物的称腐生菌；②从动植物活体上吸取营养物质并引起宿主病害的称寄生菌；③与植物形成伙伴关系，彼此吸取有用物质的称共生菌。在森林中那些生长在土壤中并与植物形成共生关系的称为菌根菌，许多名贵的野生食用菌都是菌根菌，如松茸、块菌 *Tuber* spp. 和牛肝菌 *Boletus* spp. 等(Chang, 2004)。

然而关于松茸的共生问题，迄今仍有较大的争议。1927年，Masui最先提出松茸是寄生性菌根菌。Hamada对真菌和植物的共生(广义)关系曾有过这样的论述："植物和真菌的共生关系有两个极端，一个是真菌寄生在植物上(松茸寄生在赤松上)；另一个是植物寄生在真菌上(天麻 *Gastrodia elata* Bl. 寄生在蜜环菌 *Armillaria* spp. 上)，其他的植物和真菌的共生关系在这两个极端共生关系之间的某一个点上"(Ogawa, 1982)。Ogawa(1978、1985)也认为松茸是一种寄生性的菌根菌，或者是"外生菌根真菌但有寄生性"。鉴于松茸在生态学上表现出一些其他外生菌根菌所没有的特性，Wang等(1997)也提出，基于生长时期的不同，松茸有时会出现倾向于病原菌、腐生菌或共生菌的特性。

Vaario等(2002、2003)通过对松茸菌丝碳代谢的研究，提出有些松茸菌株具有分解长链碳的能力，认为松茸具有显著的腐生特性。Yamada等(1999a、1999b)对野外和实验室条件下形成的赤松+松茸菌根进行了研究，确认都会形成哈蒂氏网，因而认为松茸是典型的外生菌根菌。与此同时，Gill等(1999、2000)首次给出了外生菌根特征性结构—哈蒂氏网的超微结构，为松茸是外生菌根菌提供了有力的实验证据。此外，Gill等(2001)对赤松+松茸菌根组织中三磷酸腺苷酶(ATPase)分布的研究表明，其菌根在养分、能量的传递中起了相当重要的作用。随后，他们又在无菌人工基质和无菌土壤条件下成功地合成了菌根苗(Vaario et al, 2000；Guerin-Laguette et al, 2000)，并且发现在无菌条件下，松茸能够刺激赤松苗的生长，从而排除其寄生性(Guerin-Laguette et al, 2004)，验证了松茸是外生菌根菌的理论(傅禄敏和李玉花，2003)。

此外，Ka和Koo(2002)对松茸到底是共生于赤松还是寄生于赤松这一疑问进行了林地根样调查和分析，认为松茸—赤松是一种动态的共生关系。松茸的共生关系已被确认，但还缺乏对松茸整个生长期的研究。由于松茸子实体价格昂贵，野外大面积菌丝体生长的跟踪实验似乎在各国都难以实现。参照其他外生菌根菌的研究结果，像松茸这样的菌根性食用菌，在营养代谢方面有可能存在着多重性，如何调控这种多重性将成为未来松茸研究的热点(傅禄敏和李玉花，2003)。

(一)菌塘(菌落)

松茸在土壤中会形成特殊的白色菌落，日本学者称为Shiro(意为"白色堡垒")，在我国称作"菌塘"或"菌窝"。菌塘形成时，菌丝以放射状、扇形或扫帚形向前或四周推进，所经之处植物(宿主与非宿主)根系、土壤颗粒、岩石及其之间的空隙皆为菌丝所"占领"(图54—4)。松茸子实体在菌落边缘生长，常排列成弧状或圈状(Ogawa, 1976a、1976b、1977a、1977b；王云和何兴元，2004)。

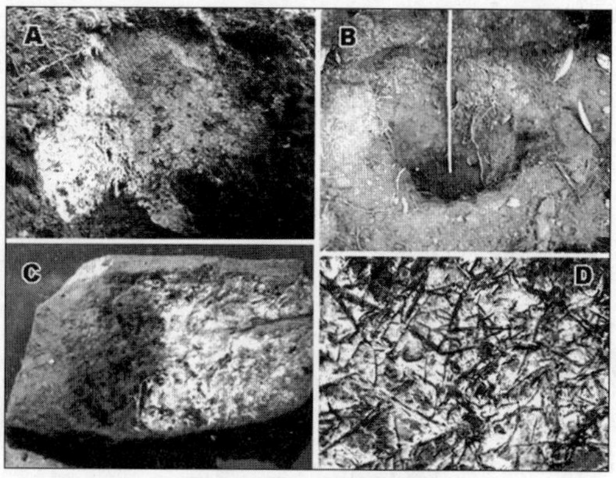

图54—4 松茸菌塘

A. 横向解剖(显示菌塘的形状与大小)，B. 纵向解剖，C. 菌丝生长于石块表面，D. 菌丝定植于菌落内植物根系、土壤颗粒及其间隙(显示完整的菌根系统)。

一般情况下，松茸菌塘表面枯枝落叶层厚2～5cm，腐殖质层厚3～5cm，菌塘形状有环形、线形、弧形或山核桃形等，深大多在10～40cm（图54－5）。菌塘内，土壤为灰白色，疏松粉状，干燥，新鲜菌落具明显的松茸气味。产生子实体后的菌塘短期内不再出菇，土壤呈暗灰白色，疏松粉状，干燥，丧失松茸特有的气味（图54－4）（Ogawa，1974、1976a、1976b、1977a、1977b）。

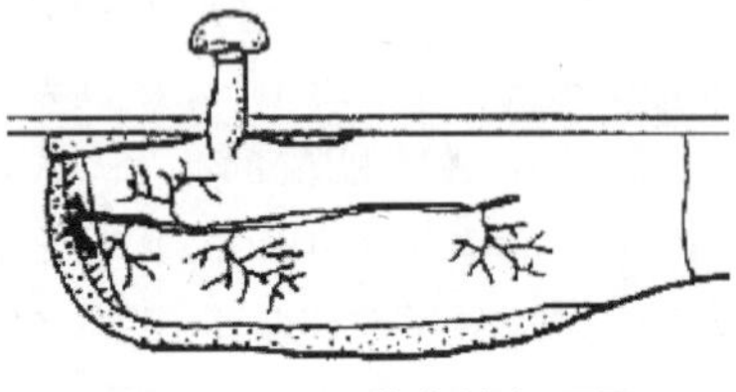

图54－5　松茸菌塘剖面图

（二）菌根

Gill等（2000）根据外部形态特征的差异，将松茸与赤松所形成的菌根分为4种类型。类型Ⅰ：根尖直，常弯曲，表面具松散菌套，浅黄色，菌根主体浅褐色，向基部颜色渐深；类型Ⅱ：菌根主体自基部逐渐变黑，表面具褶皱和凹陷，菌套菌丝消失，基外菌丝减少，根尖仍膨大，浅黄色；类型Ⅲ：菌根常弯曲，黑色，表面具褶皱和凹陷，菌套菌丝和基外菌丝近无，黑色逐渐向根顶部侵蚀，根尖色渐深；类型Ⅳ：全根黑色，表面无菌套菌丝和基外菌丝（图54－6）。

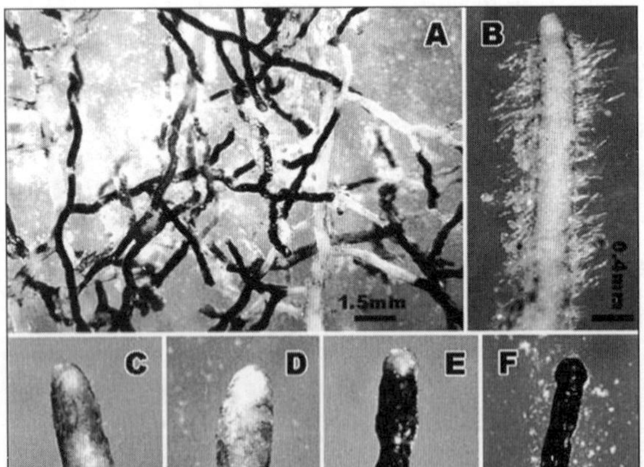

图54－6　松茸加赤松菌根的外部形态

A. 菌塘内所取致密、分支的菌根系统，B. 未被感染赤松营养根，C. 类型Ⅰ，D. 类型Ⅱ，E. 类型Ⅲ，F. 类型Ⅳ。

据统计，菌塘内的菌根以类型Ⅱ和Ⅲ为优势类型，分别占总菌根数的51%和31%，类型Ⅰ和Ⅳ的比例仅为9%和5%。从类型Ⅰ到Ⅳ，自根尖至基部颜色逐渐加深，直至最后坏死，似乎是根被逐步感染的结果。颜色的渐深系多酚类物质的不断积累所致，该类物质的出现代表着一种防御反应，可能起到限制真菌感染的作用。

对类型Ⅰ菌根末梢进行的切片发现，表皮外包有明显的菌套，由6层细胞组成，表皮细胞内充满丹宁类物质。在表皮和皮层细胞间具有明显的哈蒂氏网（图54－7B）。有的部位菌套不连续，较薄，不超过2层细胞（图54－7A），表皮细胞内侧常排列有褐色多酚类液滴状沉淀物（图54－7C）。哈蒂氏网在表皮细胞间单层分布，特征显著，少分隔，多分枝，假薄壁，在纵切面上较为明显。这种多分枝的假薄壁哈蒂氏网结构，被Mangin命名为palmetti（图54－7D）。在菌根坏死区域的横切面上，外围轮廓很好地显示出菌根表面的褶皱和凹陷，虽然已无菌套菌丝，在萎陷的皮层细胞间仍能看见哈蒂氏网，中央的维管组织仍保持完整（图54－7A）。

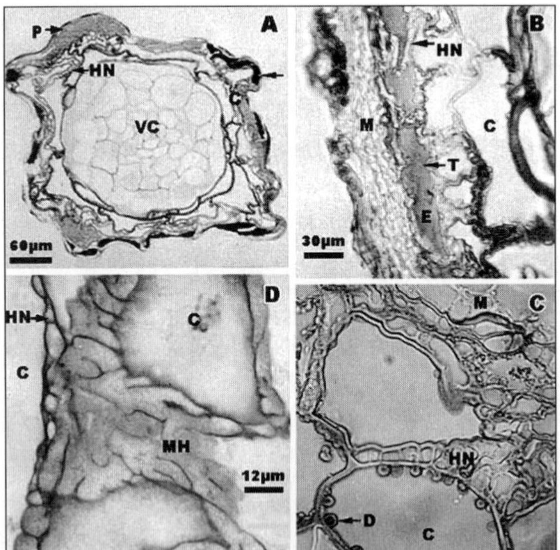

图54－7　松茸加赤松菌根的解剖特征

A. 菌根坏死区域的横切面，B. 菌根末梢横切面局部，C. 菌根末梢横切面表皮层，D. 多分枝哈蒂氏网。C. 皮层，D. 液滴，E. 表皮，HN. 哈蒂氏网，M. 菌套，MH. 多分枝哈蒂氏网，P. 多酚类物质，T. 丹宁，VC. 维管柱。

通过透射电子显微镜能确认菌根中多分枝哈蒂氏网的palmetti结构以及典型的菌丝内陷（图54－8A箭头）。在宿主皮层和哈蒂氏网的接触面上，宿主细胞壁和真菌细胞壁发生融合，并形成难以区分的特征性包含层(图 54－8B)。另外,宿主细胞壁的许多部位不再完整,而是与包埋基质结合在一起(图 54－8B 箭头)。其他一些部位的宿主细胞壁虽然也可与真菌细胞壁结合,但两者依然可以区分开来(图 54－8C 星号)。去除包埋基质后,结合部分的细胞壁一般会保持不分开(图 54－8C)。

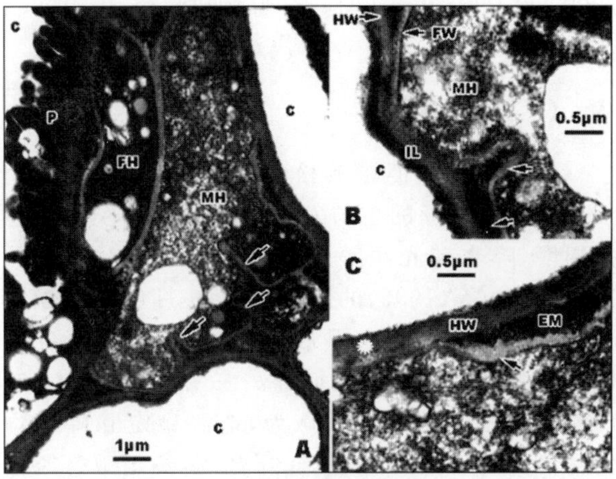

图 54－8 松茸加赤松菌根哈蒂氏网超微结构

A. 多分枝的假薄壁哈蒂氏网及菌丝内陷形成的单独分枝,B. 宿主细胞壁与真菌细胞壁相结合,形成难以区分的特征性包含层,C. 宿主细胞壁与真菌细胞壁相结合,但两者依然可以区分。C. 皮层,EM. 包埋基质,FH. 真菌菌丝,FW. 真菌细胞壁,HW. 宿主细胞壁,IL. 包含层,MH. 多分枝哈蒂氏网,P. 多酚类物质。

基于以上对基外菌丝、菌套和哈蒂氏网等的研究结果,Gill 等(2000)确认松茸与赤松能形成常规的外生菌根。虽然松茸表现出一些非典型的外生菌根菌行为,如菌丝侵染引起根变黑和皮层组织坏死,菌丝侵入皮层细胞等,但这种菌根发育过程中的颜色加深和组织坏死,可能是受松茸营养类型转换的影响。

(三)生境

松茸在欧洲多生于干燥的欧洲赤松 *P. sylvestris* 林下,在非洲主要分布在北非雪松 *Cedrus atlantica* 林下(Kytövuori,1989;Bergius & Danell,2000)。在日本、朝鲜、韩国、我国东北部以及俄罗斯的远东地区主要分布于海拔 100～800m 的赤松和红松 *P. koraiensis* 林下,少量发生在铁杉属、云杉属、冷杉属和松属等属树种的混交林下(Ogawa,1976a、1976b、1977a、1977b;藤田博美等,1991b;傅伟杰等,1996;Wang et al,1997)。在我国的西南地区,松茸不但发生在云南松 *P. yunnanensis* 和高山松 *P. densata* 等针叶林下,在川滇高山栎 *Quercus aquifolioides*、黄背栎 *Q. pannosa*、光叶高山栎 *Q. pseudosemicarpifolia*、高山栎 *Q. semecarpifolia*、球壳石栎 *Lithocarpus sphaerocarpus* 和元江栲 *Castanopsis orthacantha* 等阔叶林下以及针阔混交林下都有分布,且海拔范围较广,1 600～4 200m 之间的相应植被下皆有分布(魏秉刚等,1985;鲜明耀,1987;臧穆,1990;王波,1989;廖树云等,1991;于富强,2007;苏开美,2007);在台湾,松茸主要分布在海拔 2 800m 左右的黄山松 *P. taiwanensis* 林下(Chen,1983)。

在欧洲,松茸的发生季节多集中在 7 月初至 9 月底,北欧从 8 月末至 9 月初开始,中欧较早,7 月初开始产生。北非的松茸在 6～12 月份皆有发生(Kytövuori, 1989; Bergius & Danell, 2000)。在亚洲因纬度、海拔和共生植被差异巨大,松茸的发生时间各不相同。在朝鲜和我国东北地区,松茸多发生在 8 月中旬至 9 月中旬,最早在 7 月下旬开始出菇,最晚可延续至 10 月初(傅伟杰等, 1996; 尉建平, 2007);在韩国和日本,松茸的产出时间较我国东北地区晚 1 个月左右,9～10 月份是最佳采收季节(Wang et al,1997)。而在我国西南地区,松茸从 6 月中旬即开始采集,此后一直持续到 10 月初,以 7～9 月份产出最为集中,上市时间较我国东北地区早 1 个月,较日本和韩国早约 2 个月(鲜明耀, 1987; 王波, 1989; 廖树云等, 1991; 于富强, 2007; 苏开美, 2007)。我国台湾松茸的发生期为 6～10 月,7 月份为发生的高峰期(Chen, 1983)。

四、松茸的生长发育条件

与其他菌根型食用菌一样,松茸的生长发育也需要适宜的环境条件,如立地条件、气候条件和林地条件等。然而,由于松茸的自然分布范围较广,不同国家和地区的松茸产地在地形地貌、土壤类型、气候条件以及共生宿主和植被类型等方面,存在着较大的差异。在讨论松茸与环境因子的关系时,要因地而异。

(一)立地条件

1. 土壤

不同菌根真菌类群因生物学特性的差异,对土壤条件的要求有所不同;特定的外生菌根菌发生在特定的土壤中。

瑞典研究表明,松茸可发生在冰渍沉积物、沙丘和花岗岩石砾的土壤条件下,以冰渍沉积物生境下的产量最高。土壤多砂质,少以石粒为主,贫瘠,干燥,腐殖质层(＜5cm)或土层较薄,pH 为4.47～5.29(Kytövuori,1989;Bergius & Danell,2000)。

在我国东北地区松茸多发生在以花岗岩为母质的暗棕色森林土上，土壤质地以砂粒和石粒为主，枯枝落叶层薄或没有，腐殖质层薄，局部有花岗岩裸露。土壤贫瘠、干燥，排水和通气性良好，酸性(pH 为 4.5～5.5)(傅伟杰等，1996；尉建平，2007)。我国西南地区地形地貌复杂，立地条件较为多样。松茸发生地以山地棕壤、黄棕壤和灰棕壤为主，土壤质地以砂粒和石粒为主。枯枝落叶层和腐殖质层的厚度因植被类型的不同而差异显著。土壤贫瘠、干燥、疏松，pH 在4.5～6.0(鲜明耀，1987；王波，1989；廖树云等，1991；高明文和戴贤才，1996；苏开美，2007)。

2. 海拔

海拔是影响松茸分布的重要因子之一，这除了由于高度变动所引起的温度、降雨变化外，共生植被类型和人为干扰等因子的相应改变也发挥着重要作用。

在我国东北地区，松茸主要生长在赤松和蒙古栎(*Q. mongolica*)的混交林下，分布的海拔范围为370～1 000 m，与共生植被分布的海拔范围基本吻合。由于过度的人为干扰，400 m 以下林地内很难发现松茸的踪影，实际分布范围主要集中在 500～800m(傅伟杰等，1996；尉建平，2007)。

在我国西南部，地形地貌复杂，气候条件和植被类型较为多样，松茸分布的海拔范围较广，1 600～4 200m 皆有分布，但在不同地区存在着较大的差异。滇中地区主要分布在海拔 1 600～2 900m的云南松纯林、松栎混交林和栎类阔叶林下；在滇西北，海拔1 900～3 800m 的高山松纯林、松栎混交林和高山栎类 *Q.* sect. *Heterobalanus* 阔叶林下均有松茸分布(苏开美，2007)。川西的大部分地区松茸主要分布在海拔2 900～4 200m 的针阔混交林和以高山栎类为主的阔叶林内(鲜明耀，1987；王波，1989；廖树云等，1991；高明文和戴贤才，1996；苏开美，2007)。与东北地区类似的是，低海拔地段的人为干扰也较为严重，比如，在滇西北等高山地区，当地老百姓有砍伐栎树枝作薪材和圈沤肥的传统。由于交通便利，砍伐多集中在居民区周围的低海拔地段，长此以往，这些地段的栎树逐渐形成灌木丛。过度的砍伐和放牧使低海拔地段松茸分布的概率非常低(杨雪飞，2005)。

3. 地形特征

多数研究表明，坡度、坡向等地形特征也会对松茸的分布发生影响。在我国东北地区，松茸发生林地的坡向多为西北坡和西南坡，坡度为 30～45 度，坡位在山的中部、上部和顶部，以中上部坡位分布最为集中(傅伟杰等，1996；尉建平，2007)。在我国西南部，坡度在 20～35 度的半阳坡和阳坡上有大量的松茸分布，以坡位的上部或较平坦的山脊和山顶较为集中；阴坡或陡坡(60～75 度)有时也有零散分布(鲜明耀，1987；王波，1989；廖树云等，1991；高明文和戴贤才，1996；苏开美，2007)。

(二)气候条件

气候条件不但影响松茸共生植被的生长，而且直接影响菌丝的生长发育。关键的气候因子包括温度、降水和光照等。关于气候条件对松茸的影响，Park 等(1995)的研究表明，9 月份的气候状况是影响韩国松茸产量最为重要的因素，但各气候因子的重要程度因地而异。王明福(1989)对四川德昌县松茸的研究后认为，地温稳定和降水均匀是松茸菌丝生长的基础，低温、温差刺激是原基形成的条件，低温和一定的降水量是子实体发育的关键所在。通常情况下，多雨的春天、相对干热的夏天和潮湿凉爽的秋天是松茸高产的必要条件(Ogawa，1978；Tominaga & Komeyama，1987)。

1. 温度

松茸菌丝在 4℃以下不生长，从 8℃开始生长，在 8～24℃随着温度的升高生长加速，26～28℃时生长速度减缓。温度超过 32℃时菌丝的生长停滞(Tominaga，1978)。在四川德昌县，5～8 月份是菌丝生长阶段，要求地温稳定(22～26.5℃)，过早出现连续的低温刺激(7 天以上＜19℃)，可能会迫使菌丝生长未达到生理成熟提前出菇。以后再遇到高温，将使子实体的发生受到严重影响，产量大幅下降(王明福，1989)。

许多研究认为，松茸子实体的发生需要一个低温过程(Ogawa，1978；Kinugawa，1964a、1964b；Tominaga & Komeyama，1987)。Ogawa(1978)、Kinugawa(1964a、1964b)、王承明等(1983)和孙成璧(1989)认为刺激松茸原基形成的最佳地温是19℃左右，在不同地区会有所差异(如在日本北部或高山的林地为 16℃左右)。在四川德昌县，需要连续 7 天以上＜19℃的地温和＞8℃的温差刺激，松茸子实体才能发生(王明福，1989)。在日本简江和质美松茸原基形成的有效地温下限为13.5℃左右，19℃为刺激原基形成的温度上限(藤田博美等，1991a)。另外，王承明等(1983)认为极限温差变幅小并且呈现下降的趋势，有利于松茸的发生。

原基形成之后，如果地温能维持在一定的低水平，有利于子实体发育。王明福(1989)的研究表明，在四川德昌县 14～19℃是子实体发育的适宜地温，而在日本简江和质美 15～16℃为最适温度(藤田博美等，1991a)。Wang 等(1997)发现，在日本盛冈原基可在地温为 13℃(气温 7℃)的低温下生长。当然，地温过低或冰雪天气引起的地温骤降，也可能造成原基发育中断或已出子实体因温度过低而停止生长(高明文和戴贤才，1996；弓明钦等，1999)。同时，过高的温度也不利于子实体发育。Ogawa(1978)认为，3 天以上超过23℃的高温会损害原基和幼小的子实体。藤田博美等(1991a)的研究表明，连续 1 周 20 ℃以上的高温，会造成原基生长停止并腐烂。王承明等(1983)却认为，是否造成子实体原基腐烂要看刺激低温的出现与温度回升之间间隔期的长短。如果在 5～7 天以上，原基已经发育到一定大小，形成菌蕾，就不会全部烂掉，适宜的条件下仍会完成发育。

2. 降水

充足的降水不仅是松茸菌丝和子实体生长发育所必需的，它还直接影响其共生宿主的根系生长和菌根发育。同时降水还可在一定程度上起到调控土壤温度的作用。充足的降水与适当的地温相配合，才会促进松茸菌丝的大量繁殖，为松茸子实体的发生发育创造适宜的条件。

降水对松茸子实体发生的影响主要是改变林地土壤含水量，一般认为 15%～30%的含水量为佳。在该范围内随着降水和土壤含水量的增加，菌丝的生长速度加快，有利于子实体尽快形成。土壤含水量超过一定的限度(如 35%)，反而会抑制菌丝的生长(Tominaga，1978)。降水过多，土壤中含水量过大，会造成土壤通透性变差，不利于宿主根系、菌丝的生长以及子实体的发生。同样，严重的干旱不仅会抑制宿主根系和菌丝的生长，也可直接导致子实体原基的萎缩，造成当年松茸减产(Park et al，1995)。

多数研究认为，出菇季节的降雨量、降雨天数和降雨方式不仅影响松茸子实体发生的早晚和产菇期的长短，还直接影响个体质量与总产量(王明福，1989；廖树云等，1991；藤田博美，1991a；Cho & Lee，1995)。据日本京都府林业实验场的报道，5～6 月份的降雨量能否超过 250ml，8～9 月份能否超过 300ml，可作为推断当年松茸丰欠的降雨标准(藤田博美，1991a)。廖树云等(1991)对四川小金县松茸的研究认为，7、8、9 月份降雨＜300mm，为产菇小年，降雨＞300mm，则为产菇大年，大年的产量约为小年的 3 倍。王明福(1989)在四川德昌县也发现，松茸子实体发育期(9 月中旬至 10 月底)要求月降雨量 100～350mm，最适 150～300mm。此外，王海军等(2002)认为，5mm 以下的少量降雨几乎完全被枯枝落叶和腐殖质层吸收，不会增加土壤水分，超过100mm的暴雨大部分流失掉。每 4～5 天一次 10～50mm 的降雨，能使土壤充分湿润，为松茸发生提供适宜的水分(王明福，1989)。

3. 光照

目前，尚无关于光照对松茸生长发育直接影响的研究。但从相关的生态学研究报道中，不难发现，松茸一般发生在阳坡、半阳坡和半阴坡，少量出现在阴坡，松茸发生林地的郁闭度多为0.6～0.7(东北地区)或0.5～0.7(西南地区)(王承明等，1983；鲜明耀，1987；王波，1989；廖树云等，1991；苏开美，2007)。这说明松茸的生长发育与光照存在一定关系。此外，光照直接影响松茸发生林地的温湿度，从而间接起到影响松茸生长发育的作用(弓明钦等，1999)。

(三)林地条件

1. 共生树种

尽管关于松茸发生林地植被的报道较多，但多数没有确认共生树种，加之松茸常发生于混交林下，这无疑给宿主的确认带来了较大难度。形态解剖与分子生物学相结合是目前确认菌根组合(菌根真菌＋共生树种)的有效方法。据权威报道和笔者的相关研究，松茸主要与松科和壳斗科植物具共生关系，常见的宿主树种有赤松、欧洲赤松、偃松(*P. pumila* var. *yezoalpina*)、红松、云南松、高山松、黄山松、铁杉(*Tsuga sieboldii*)、日本铁杉(*T. diversifolia*)、北非雪松、远东红皮云杉(*Picea plehnii*)、黄背栎、光叶高山栎、高山栎、球壳石栎和元江栲等(Ogawa，1976a、1976b、1977a、1977b；Bergius & Danell，2000；于富强，2007)。此外，笔者发现松茸还可与杜鹃属(*Rhododendron*)植物形成菌根，具体还在进一步研究中。

Lefevre(2002)的研究发现，美国的白松茸不但与松科的松属、铁杉属、冷杉属和黄杉属(*Pseudotsuga*)以及壳斗科的石栎属和黄鳞栗属(*Chrysolepis*)的树种具共生关系，而且可与杜鹃花科浆果鹃属(*Arbutus*)、熊果属(*Arctostaphylos*)和糖晶兰属(*Allotropa*)的植物形成菌根。鉴于松茸与美国白松茸的亲缘关系以及松科、壳斗科和杜鹃花科植物在东亚和北美的广泛分布，笔者认为松茸应该有着较目前报道更为丰富的宿主种类。

2. 植被类型

在芬兰、挪威、瑞典、丹麦，松茸多生在干燥的欧洲赤松林下，常伴生有越桔（*Vaccinium vitis-idaea*）和欧石楠（*Calluna vulgaris*），地表分布有大量石蕊属（*Cladonia*）地衣（Bergius & Danell，2000）。在非洲松茸主要分布在北非雪松林下（Kytövuori，1989）。

在日本和韩国，松茸多分布在纯赤松林下，植被组成比较简单，冠层稀疏，有时伴有枹栎（*Q. serrata*）、日本漆（*Rhus trichocarpa*）、日本扁柏（*Chamaecyparis obtusa*）和刺柏（*Juniperus sp.*）等。下木稀疏，常分布有杜鹃（*Rhododendron* spp.）、马醉木（*Pieris japonica*）、长梗冬青（*Ilex macrocarpa* var. *longipedunculata*）、腺齿越橘（*V. oldhami*）、鸡爪槭（*Acer palmatum*）、菝葜（*Smilax china*）、柃木（*Eurea* sp.）、（*Lyonia nezi-ki*）和花楸（*Sorbus* sp.）等。草本层植物因地而异，常见有中国芒（*Miscanthus sinensis*）、山白竹（*Sasa albo-marginata*）、大芒箕骨（*Gleichenia glauca*）、掌叶铁线蕨（*Adiantum pedatum*）和欧洲蕨（*Pteridium aquilinum*）等，有时地表覆盖大量小金发藓属（*Pogonatum*）苔藓与地衣（Tominaga，1978；藤田博美，1991a）。此外，松茸有时也发生在偃松林、铁杉林、远东红皮云杉林、铁杉一日本冷杉（*Abies firma*）林、日本铁杉一日本五针松（*P. himekomatsu*）林、日本铁杉一白叶冷杉（*Ab. veitchii*）林和远东红皮云杉一库页冷杉（*Ab. sachalinensis*）林下（Ogawa，1976a、1976b、1977a、1977b）。

我国东北地区的松茸主产于赤松林下，有时也发生在红松下。与日本和朝鲜半岛不同的是，大面积纯林不多，常与蒙古栎形成混交林，有时还有黑桦（*Betula davurica*）、白桦（*B. platyphylla*）和山杨（*Populus davidiana*）等；下木稀疏或没有，主要是兴安杜鹃（*R. dauricum*）、迎红杜鹃（*R. mucronulatum*）和胡枝子（*Lespedeza bicolor*），间或杂有乌苏里绣线菊（*S. ussuriensis*）、山梅花（*Philadelphus tenuifolia*）等；草被更为稀疏，有羊须草（*Carex callitrichos*）、桔梗（*Platycodon grandiflorum*）、关苍术（*Atractylodes japonica*）、玉竹（*Polygonatum odoratum*）、山萝花（*Melampyrum roseum*）、瓦松（*Orostachys* sp.）等（王云和谢支锡，1982；王承明等，1983；王海军等，2002；曾东方等，2004）。其中迎红杜鹃和瓦松被认为对松茸生长的土壤环境具有指示意义，前者指示酸性土壤，后者表明土壤贫瘠干燥。曾东方等（2004）认为，山萝花可作为松茸发生期的指示植物。

在我国西南地区情况较为复杂，植被类型和演替阶段较为多样。根据笔者的调查，仅松属、栎属、石栎属和栲属的共生树种就有 10 余种。由这些树木形成的纯林或混交林，都有松茸的生长。大体可以划分为 6 种植被类型。

①低山（1 600～2 200m）：暖温性针叶林。林中乔木树种主要为云南松，林下地被植物稀少，常伴生有少量厚皮香（*Ternstroemia gymnanthera*）、黄毛青冈（*Cyclobalanopsis delavayi*）、茶梨（*Anneslea fragrans*）和杨梅（*Myrica rubra*）等乔灌木。草被常分布有苔草类（*Carex* spp.）。

②低山、中低山（1 700～2 200m）：松栎混交林。该类植被中，乔木树种主要有云南松、元江栲和球壳石栎等，林中灌木层相对稠密，常分布有马缨花（*R. delavayi*）、绣叶杜鹃（*R. siderophyllum*）、毛果珍珠花（*L. ovalifolia*）、滇白珠（*Gaultheria leucocarpa* var. *yunnanensis*）、厚皮香、锥栎（*Castanea henryi*）和越橘（*Vaccinium* sp.）等。草本层常分布有香青（*Anaphalis* sp.）、东紫苏（*Elsholtzia bodinieri*）和钝羽假瘤蕨（*Phymatopteris conmixta*）等。

③中低山（1 700～2 500m）：长绿阔叶林。植被以栎属、栲属的小乔木和灌木为主，主要树种有元江栲、高山栲（*C. delavayi*）、滇南山杨（*P. rotundifolia*）、亮毛杜鹃（*R. microphyton*）、芳香白珠（*G. fragrantissima*）和厚皮香等。草被稀疏，常有钝羽假瘤蕨的分布。

④亚高山（3 000～3 400m）：温凉性针叶林。主要指分布在滇西北和川西地区的高山松林，植被简单，地表物稀疏，常伴生单色杜鹃（*R. tapetiforme*）、腋花杜鹃（*R. racemosum*）、白花刺参（*Morina alba*）和箭竹（*Fargesia* sp.）等，地表常附钝羽假瘤蕨。

⑤高山、亚高山（2 400～3 000m）：松栎混交林。在滇西北主要为高山松与高山栎、光叶高山栎和黄背栎等形成的混交林，在川西主要是油松（*P. tabulaeformis*）、高山松与川滇高山栎、黄背栎、矮高山栎（*Q. monimotricha*）形成的混交林。该植被类型，多以松为乔木层，栎为灌木层，伴有少量的大白花杜鹃（*R. decorum*）、亮鳞杜鹃（*R. heliolepis*）、腋花杜鹃（*R. racemosum*）、红棕杜鹃（*R. rubiginosum*）、毛果珍珠花、光叶珍珠花（*L. villosa*）、华西花楸（*S. wilsoniana*）和刺红珠（*Berberis dictyophylla*）等。林下草木稀疏，主要有箭竹（*Fargesia* sp.）、欧洲金毛裸蕨（*Gymnop-*

teris marantae)和钝羽假瘤蕨等。

⑥高山、亚高山(2 400～4 200m):硬叶长绿栎类林。该类植被主要分布在青藏高原东南边缘及其邻近地区,主要建群树种有高山栎、光叶高山栎、黄背栎、川滇高山栎、矮高山栎、川西栎(*Q. gilliana*)、帽斗栎(*Q. guyavaefolia*)、长穗高山栎(*Q. longsipica*)和灰背栎(*Q. senescens*)等。低海拔为乔木,高海拔成灌木。林内有时混有极少量的桦木(*Betula*)或山杨(*Populus*)等乔木。林下灌木及草木均少,灌木常有红棕杜鹃(*R. rubiginosum*)、黄杯杜鹃(*R. wardii*)、云南杜鹃(*R. yunnanense*)、高山绣线菊(*S. alpina*)和华西花楸等。草木稀疏,以苔草类(*Carex* spp.)较为常见,有时有箭竹(*Fargesia* sp.)、四川中华槲蕨(*Drynaria sinica*)、钝羽假瘤蕨和楼梯草(*Elatostema*)等(鲜明耀,1987;王波,1989;廖树云等,1991;于富强,2007;苏开美,2007)。

由以上地带性的植被及其演变成的次生植被,如半湿润常绿阔叶林、元江栲林和高山栲林破坏后形成的云南松林和华山松林,以及它们之间的过渡植被类型,如各种不同类型的松栎混交林都产松茸(王云和何兴元,2004)。

在我国台湾松茸主要分布于黄山松林下(Chen,1983)。此外,曹晋忠等(1991)还在山西白扦(*Pi. meyeri*)林内的苔藓地上发现有松茸的分布。

3. 林龄

林龄是植被状况中影响菌根真菌种类和组成的重要因子。据报道,云南松林下外生菌根菌随着林龄的增加呈现由少到多、由简单向复杂的演替规律,至15年以上才开始逐渐有松茸产生(于富强等,2007)。Ogawa(1976b)认为,在日本20年的赤松林为松茸发生的始期,30～40年为多发期,50年以上产量逐渐下降,70年左右停止发生。在我国东北地区松茸开始发生的赤松林龄为40～45年,盛产期为70年左右,结束出菇的时间也比日本和韩国的要晚,至120年仍有松茸出现(王承明等,1983;孙成壁等,1989;Lee,1991)。在日本,松茸也会发生在200或250年以上的日本五针松、铁杉、日本铁杉、远东红皮云杉、日本冷杉、白叶冷杉和库页冷杉纯林或相互组成的混交林下(Ogawa,1976a、1976b、1977a、1977b;Tominaga,1978)。在四川西部,松茸多发生在30年以上高山栎树林下,或40年以上被砍伐后又形成的次生林下(鲜明耀,1987);也发生在由25～30年的油松、高山松、川滇高山栎和黄背栎形成针阔混交林下(廖树云等,1991)。松茸发生在特定的林龄阶段可能与树木光合作用、根部分泌物、林地气候条件以及土壤环境(氮源、碳源、pH值和微生物群落等)的动态变化有关。

4. 郁闭度

郁闭度除了与光照相关外,还与林地的温湿度和通风状况有着密切的关系。松茸发生林地的郁闭度因各地植被类型、气候条件以及光照周期的不同而有所差异,过高或过低的郁闭度都不利于松茸的生长发育。比如,日本发生松茸的赤松林郁闭度为0.6～0.7(Tominaga,1978)。在东北长白山区,松茸多发生在赤松和蒙古栎形成混交林中,群落郁闭度较低,一般为0.5～0.6,极少超过0.8(孙刚和王振堂,2000;王海军等,2002)。在西南四川小金县,松茸多发生在两种林下:①是川滇高山栎、黄背栎矮灌木林,松茸多发生在阳坡和半阳坡,郁闭度为0.6～0.7,该林下生长的松茸色较深,表面干燥,香味浓郁;②是油松、高山松、川滇高山栎和黄背栎混交林,此类林下松茸多发生在半阳半阴坡,郁闭度较高,为0.8～0.9,生长的松茸色白,含水量高,香味较前者稍淡(廖树云等,1991)。苏开美与王志和(2006)认为,在云南禄丰县郁闭度为0.6,有一定散光的植被下,最适宜松茸的生长发育。

5. 腐殖质与枯枝落叶层

腐殖质是菌根生存的重要基质。在早期,枯枝落叶因其较好的保温湿效果,对菌根起着关键的支持和保护作用。但是过多的地表有机层意味着土壤中氮源的增加,氮源过多被认为会抑制菌根真菌菌丝的生长,降低其对宿主营养根的感染率,使地上子实体的多样性和产量减少。苏开美与王志和(2006)的研究认为,腐殖质厚度是影响松茸品质、数量及菌塘数量的主要因子。

松茸喜欢生长在土壤相对贫瘠的地段,林中腐殖质层过厚(或)枯枝落叶过多,反而不利于其生长发育。傅伟杰等(2004b)认为,赤松幼龄与成年林内枯枝落叶少,腐殖质层薄,土壤中杂菌难以存活,浅层土中细小幼根分布较多,有利于松茸菌塘的形成和发展。壮龄至老龄林内枯枝落叶堆积增多,腐殖质层渐厚,林地变得阴湿,杂菇越来越多,浅层土中松树细根渐少,不利于松茸菌塘的发展,松茸产量逐渐减少。

多数报道表明,松茸发生林地枯枝落叶层、腐殖质层的厚度,因植被类型的不同会有所差异。一般情况下,针叶林下枯枝落叶层近无,腐殖质层也较薄;阔叶林下枯枝落叶层和腐殖质层有一定的厚度;而针阔混交林下,枯枝落叶层较薄,但腐殖质层偏厚。日本赤松林下枯枝落叶与腐殖质层厚3～5cm，其中松茸发生的理想腐殖质层厚度为2～3cm（Tominaga，1978）。在四川小金县，川滇高山栎和黄背栎阔叶林下，枯枝落叶层厚度为3～5cm，在油松、高山松、川滇高山栎和黄背栎针阔混交林，枯枝落叶层的厚度可达7～10cm，两种植被下的腐殖质层厚度为2～4cm（廖树云等，1991）。在云南禄丰县以元江栲为主的栎类和云南松形成的混交林下，腐殖质层的厚度可超过10cm，过厚的腐殖质层显著导致松茸个体数量和产量的降低。3～5cm的厚度最有利于松茸的生长发育（苏开美、王志和，2006）。

第三节　松茸的生活史

真菌的生活史（life history）也称生活周期（life cycle），是指真菌从孢子萌发后，经生长发育，又形成孢子的循环过程。根据Tominaga（1978）的研究，松茸的生活史可分为3种类型（图54—9）。

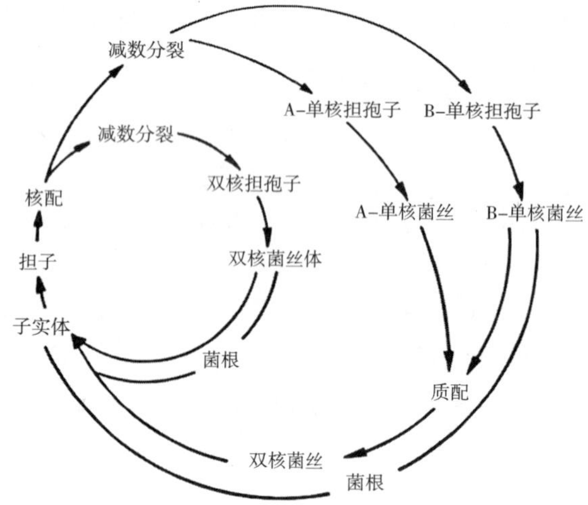

图54—9　松茸生活史

（1）四核担子和单核担孢子型

幼担子中的两个核融合形成双倍核，经两次分裂形成4个单倍体的子核，子核穿过担子小梗形成4个单核担孢子；担孢子萌发形成的单核初生菌丝与非同源的初生菌丝结合后，形成可产生子实体的双核菌丝。

（2）八核担子和单核担孢子型

幼担子中的两个核融合形成双倍核，再经3次分裂形成8个单倍体的子核，其中4个子核形成4个单核担孢子，另外4个子核留在担子中；非同源单核菌丝结合后，形成可产生子实体的双核菌丝。

（3）四核担子及双核担孢子型

幼担子中的两个核融合形成双倍核，再经两次分裂形成4个单倍体的子核，4个子核分别移入担孢子中，然后直接分裂形成非异核的双核担孢子；担孢子萌发直接形成双核菌丝，该双核菌丝与宿主根系形成菌根后，也可产生子实体。

从图54—9中可以看出，松茸的整个生活史可以分为地上和地下两个阶段。从子实体发生、发育到孢子释放为地上阶段，时间仅为2～3周；从孢子萌发到形成双核菌丝，继而与共生宿主形成菌根和可产生子实体的菌塘属地下阶段，占松茸生活史的大部分时间。

一、担 孢 子

担孢子的质与量是影响松茸产出的首要因素。质主要是指成熟度，如果子实体不成熟，孢子萌发所必需的营养和酶类等物质积累不完备，导致孢子萌发率偏低，萌发所形成的菌丝长势偏弱；量是指散播出的担孢子数量，松茸子实体从菌幕破裂即开始释放孢子，直至子实体腐烂，可连续释放13～20天，每天释放的孢子量最多可达43亿个，具体数量因子实体大小而异。一般来说，菌盖越大，释放的孢子数量越多。据统计，菌盖直径为9.6～13.3cm的子实体，担孢子的释放量可达100亿～300亿个（Yoshiaki，1992；弓明钦，1999）。

松茸孢子落入适宜的土壤后，第一天有10%的萌发率，后逐渐增加。至第6天达到顶峰，萌发率可达35%，此后逐渐下降。一般认为松茸孢子从子实体释放出后24小时内失去萌发能力，高湿、低温条件下存活时间较长（Ohta，1986a，1986b）。Yoshiaki（1992）的研究发现，松茸孢子的萌发率因时间、地点、个体和子实体成熟度的不同而有较大差异。自然状态下，孢子落入土壤后，由于空气干燥和紫外照射等因素的影响，多数在萌发后很快死亡或来不及萌发就失去萌发活力。

人为的大规模商业化采集，特别是对于“童茸”的采集，严重干扰了松茸孢子散播的环节。大量的子实体尚未成熟即被掠走，孢子难以产生和散发。

二、菌　塘

菌塘是松茸菌丝体经过一定时期的生长发育，在土壤中形成的一个菌丝、菌根较为集中和活跃的区域。该区域内植物根系（宿主和非宿主的粗根、细根和小根）、土壤颗粒、岩石及其之间的空隙都被菌丝所定植，进而形成一个质地疏松、干燥的特殊结构，这种结构通常称为菌塘。菌塘是宿主营养根与菌丝形成菌根的主要场所，也是菌丝体进行核配和分化的地方，同时又是子实体发生和发育的场所。由此可见，松茸菌丝、菌根和子实体的分化与发育等活动都在菌塘内完成，菌塘是松茸完成生活史的主要场所。保护菌塘是确保松茸产出和持续产出的关键环节。

松茸菌塘位于地表以下 5～15 cm，其形状和大小与共生植被、立地条件、气候状况以及发育阶段等有密切关系。菌塘形成后逐年向四周生长扩散，生长速度因生态条件的不同而有较大的差异。菌塘的生长在各个方向上是非均匀的，这也是导致菌塘形状多样化的原因。多样的菌塘形状反应到地表是蘑菇圈，有时为圆形，有时为线形、弧形或山核桃形等（Ogawa，1974）。

Ohara（1981）将松茸菌塘以上至地面部分分为3层：表层为轻度分解的有机层，中间为高度分解的有机层，下层为土壤淋溶层。菌塘的下面分别是土壤交换薄层和土壤沉积层，菌塘位于土壤淋溶层与土壤交换薄层之间。菌塘的剖面分为 6 个区域：①菌丝活跃区，是菌塘的前沿；②菌根活跃区，是次年子实体发生的主要区域；③出菇区，是当年松茸发生区，也是菌根最为集中和活跃的区域；④菌根衰败区；⑤菌根衰亡区；⑥菌根腐朽区。第Ⅰ和第Ⅱ区域是为次年松茸产出作准备的区域，该处菌丝大量生长和向前推进，菌根大量形成，为子实体的发生储备营养物质；第Ⅲ区是松茸的主要产出区域，该区的大小、质量直接决定松茸的产量和质量；第Ⅳ区的菌根逐渐衰退，一般不再产生松茸，但有时也可能会有少量子实体发生；第Ⅴ、Ⅵ区的菌根走向衰亡和腐烂，已无产出松茸的能力（图 54—10）。

图 54—10　松茸菌塘剖面示意图

O. 未感染区，Ⅰ. 菌丝活跃区，Ⅱ. 菌根活跃区，Ⅲ. 出菇区，Ⅳ. 菌根衰败区，Ⅴ. 菌根衰亡区，Ⅵ. 菌根腐朽区，Ⅶ. 土壤恢复区。

箭头代表菌塘发展方向。

Yoshiaki（1994）对松茸菌塘形成和生长的观察表明，松茸孢子落入土壤后，次年形成菌根。约 4 年后开始形成菌塘，7 年后当菌塘直径长至 70～80cm 时即可产生第一批子实体。至 10 年左右，菌塘直径可达 110～150cm，此时的菌塘松茸产量最高。

菌塘是松茸产出的基础，是子实体发生的基本单位。菌塘发育的好坏、是否受到外界的干扰或妥善的保护，直接影响松茸的产出与产量。菌塘一旦遭到破坏，需要很长时间才能恢复，破坏严重，可能导致菌塘无法修复。在我国的许多松茸产区，菇农采集过程中破坏菌塘的行为屡见不鲜，滥采滥挖，甚至采后残留菌坑直径达 5cm 以上，深达 5～12cm，既不进行盖土复原，也不采取任何其他保护性措施，严重干扰了菌塘的正常生长发育，影响松茸的持续产出（刘培贵等，1999）。

三、松茸子实体发育

松茸子实体的形成需要经过以下 4 个阶段：①菌丝团（或菌丝结）形成期；②原基形成期；③子实体分化期；④子实体生长期；⑤子实体成熟期（弓明钦，1999）（图 54—11）。

图 54—11　松茸子实体发育过程

（一）菌丝团（或菌丝结）形成期

松茸地下菌丝经过单核和双核阶段，并与宿主的营养根形成菌根。当菌丝和菌根系统的生长发育达到一定程度，菌丝在适宜的条件（温湿度、养分等）下，开始扭结形成不规则的菌丝团。这时菌丝体和菌根的营养等物质不断向菌丝团输送积累，用于其进一步的生长分化。这些营养等物质主要来源于周围的土壤和宿主的光合作用产物。这一时期是松茸发生前期重要的物质积累阶段。

（二）原基形成期

菌丝团进一步生长分化，形成明显的球状或鼓扣状突起，此即松茸的原基。当营养（或）周边环境条件不适宜时，原基有可能败育萎缩。适宜的条件下，原基可顺利完成子实体分化。该阶段要求地表以下 10cm 处的土温为 13～19℃，维持一段时间（如 4～5 天）后原基才开始进一步分化，土壤含水量要求 15%～30%（Ogawa，1978；Tominaga,1978;王明福,1989;藤田博美等,1991a)。

(三)子实体分化期

在充足的营养和适宜的环境条件下,原基可进一步分化。随着养分不断运送到各个部位,菌盖、菌柄等部位逐渐发育形成。这个阶段的碳、氮等营养物质主要来源于菌丝体的内部储存。一旦菌丝体中储存的养分不足,可从附近其他生长不良的原基或子实体处吸取营养,从而导致这些原基或子实体的萎缩,保证主要子实体分化的营养需求。这一时期需要 3~5 天。

(四)子实体生长期

该阶段是原基分化出的幼小子实体内菌丝细胞迅速膨胀的结果。菌盖下部的一段菌柄生长速度最快,菌褶也开始分化发育,子实体已突出在地表生长。这一时期是子实体体积和重量增长最快的时期,生长过程中需要大量的营养和充足的水分。这一时期要求土壤温度在 15~19℃,湿度要求在 85%左右。松茸子实体生长期一般可持续 5~10 天(弓明钦等,1999)。

(五)子实体成熟期

这一时期主要包括菌盖从开伞、成熟至腐烂。该阶段除了部分菌柄埋于土中,子实体大部分已暴露于地表,受外界因素影响较大。子实体成熟的标志是菌幕完全破裂,菌盖打开,菌褶由白色变为乳白色,由短弯生变为近离生,担孢子完全成熟,逐渐散落。松茸子实体成熟期的长短除了与原基的生长发育程度有关外,还受温湿度等气候条件的影响。一般来说,成熟过程需要 3~5 天。

第四节　松茸菌种的分离培养

菌种是菌根真菌研究和应用的前提与基础,无论是进行种质资源的收藏、接种菌剂的制备,还是进行菌根合成与人工栽培,都需对菌根真菌进行分离、培养,获得纯菌株。然而,由于菌根真菌与林木之间为复杂的共生关系,所涉及的共生机制、代谢产物等诸多方面不明,许多类群的分离培养比较困难。松茸菌种的分离曾是困扰科研人员的一大难题。直到 1953 年,由 Hamada 在松茸生理生态学研究的基础上,确立了松茸的分离、培养方法,即所谓的 Hamada 培养法。之后,Tominaga(1965)、Oyama 等(1974)和 Kawai 等(1976a、1976b)都对松茸的营养需求和分离培养条件进行了研究。1988 年,Ohta 设计了 BM 培养基,并在 1990 年进行了改良。至今,Hamada 和 BM 培养基仍是松茸菌种分离、培养中的常用培养基。此外,我国的韩桂云等(1994)、胡弘道(1994)、杨民和等(2000)、魏铁铮(2001)和于富强(2007)也分别设计(或)筛选出各式培养基用于松茸菌种的分离、培养,并取得了不错的效果。

常规的人工培养条件下,松茸菌种在固体培养基上的生长速度仅为 1 厘米/月左右,而在自然条件下,松茸菌塘边缘菌丝每年可向外扩展 17~23cm(Yoshiaki, 1994),这其中还有约半年的干旱、低温等逆境条件,不适于松茸菌丝的生长。通过深人研究松茸的营养生理,提供更为适宜的营养组合与培养条件,松茸菌丝在人工培养条件下的生长速度可望大幅提升。

一、松茸的营养生理研究

对松茸的分离与培养,多数人员的研究基本可以概括为 3 方面:①碳源与氮源的筛选;②维生素与矿质元素的作用;③有机物质对松茸菌丝生长的影响。

(一)碳源

1964 年,Ogawa 报道,松茸菌丝能利用葡萄糖、果糖、甘露糖 3 种单糖及双糖中的麦芽糖,其他碳水化合物特别是多糖,不能利用;葡萄糖和果糖的比例为 1∶1 时,促进菌丝生长。据 Oyama 等(1974)的试验,松茸在供试的 17 种碳源中,除阿拉伯糖、木糖外,均能利用,以葡萄糖、葡聚糖、淀粉和果胶较为合适,他采用的培养基以果胶作为唯一碳源。韩桂云等(1994)对东北松茸的研究结果显示,碳源以葡萄糖、果糖、甘露糖、麦芽糖、淀粉及果胶为最好。杨民和等(2000)的研究表明,18 种供试碳源中,除木糖外,松茸菌丝对各种碳水化合物都有一定程度的利用,以葡萄糖、甘露糖、果糖和麦芽糖较为理想,葡萄糖和果糖比例为 1∶1 时效果并不是特别好,纤维二糖、果胶等为唯一碳源时,菌丝生长稀疏、纤弱。他们的结论是:松茸菌丝对单糖、双糖、多糖和糖醇都有一定的利用,以单糖利用最好,菌丝生长快、致密,气生菌丝较多。

自然条件下,菌根真菌主要从共生宿主获得葡萄糖等碳源以满足自身代谢的需求。然而,越来越多的研究表明，松茸菌丝可通过分解利用大分子碳水化合物来获取碳源，具有一定的腐生特性。Oyama 等(1974)、韩桂云等(1994)、陈羽等(2000)和杨民和等(2000)的实验都表明，松茸菌丝能够利用淀粉作为碳源维持生长。伦志明(2005)的研究发现，在液体培养条件下松茸菌丝能够有效地利用纤维二糖作为唯一碳源进行生长，且效果不亚于葡萄糖；木聚糖能够一定程度地维持各个松茸菌株的生长，但效果不及葡萄糖和纤维二糖；以纤维素作为唯一碳源的培养基中，只有少部分松茸菌株能有限生长。近年来，Kusuda 等(2003、2006)从松茸中成功地分离提纯出 a-淀粉酶和 β-葡(萄)糖苷酶。此外，Terashita 等(1995)还发现，松茸菌丝在 PDA 培养基上表现出了很高的 CM-纤维素酶和微晶纤维素酶的活性。Vaario 等(2002、2003)也观察到，在没有外来碳源的情况下，松茸菌丝不但能够在表面活性剂处理过的松树皮碎片上很好生长，而且可通过降解山毛榉锯末的细胞壁来获得碳素营养。

(二)氮源

Ogawa(1964)研究表明，松茸菌丝可以利用铵态氮，硝态氮和亚硝酸氮的利用效果较差。培养松茸菌丝时，啤酒酵母作为氮源和生长因子的来源，效果很好。Kawai 和 Abe(1976a)发现，干啤酒酵母和玉米浆也是松茸菌丝的适宜氮源，*L*-精氨酸、*L*-谷氨酰胺、*L*-瓜氨酸、*L*-丝氨酸、*L*-天冬氨酸和 *L*-谷氨酸均可促进松茸菌丝体生长，混合氨基酸比单一氨基酸效果更好；酪蛋白水解物和聚蛋白胨仅能有限地支持松茸菌丝的生长。杨民和等(2000)的研究发现，松茸菌株可利用大多数氨态氮、硝态氮和复合氮作为氮源，以氨态氮最为理想，复合氮次之，硝态氮最差；谷氨酰胺、酒石酸胺和$(NH_4)_2HPO_4$是松茸生长的良好氮源，尤其是谷氨酰胺，可促进气生菌丝的大量产生。复合氮中，酵母浸膏和蛋白胨效果较好，干酪素利用效果差，松茸菌丝不利用尿素。

(三)矿质元素

Kawai 和 Terada(1976b)认为，矿质元素中的 Fe^{3+} 和 Mg^{2+} 是松茸菌丝生长所必需的。杨民和等(2000)的研究显示，在培养基中添加KH_2PO_4、NaCl、柠檬酸铁、$ZnSO_4 \cdot 4H_2O$ 和 $MnSO_4 \cdot 7H_2O$ 等矿物质，对松茸菌丝生长影响显著，缺乏 $MnSO_4 \cdot 7H_2O$、KH_2PO_4、柠檬酸铁和 NaCl 的处理，菌丝不生长，说明这些矿物质是松茸菌丝生长所必需的。在基本培养基中加入 $CuSO_4$ 后，菌丝体生长受到抑制，可能用量过高，对菌丝产生了毒害作用。此外，白淑兰和包玉英(1999)的研究表明，稀土对松茸菌丝生长有非常明显的促进作用，以 $5\times10^{-5}\sim1\times10^{-4}$浓度时的促进作用最大。

(四)维生素

Ogawa(1964)的研究表明，对松茸菌丝生长或子实体形成有促进作用的维生素有烟酸、烟酰胺、维生素 B_1、维生素 B_2、生物素和叶酸；而维生素 B_1、维生素 B_{12}、泛酸、对氨基苯甲酰胺、维生素 C、胆碱、谷氨酰胺等不具有促进菌丝生长的作用。在具刺激作用的维生素中，作用和表现也不尽相同。例如，叶酸和维生素 B_2 在促进生长起步方面效果明显，烟酸和维生素 B_1 的混用具有增效作用，叶酸对担孢子萌发和子实体形成的促进作用比较显著。杨民和等(2000)的研究显示，维生素 C 对松茸菌丝没有促进作用，烟酸、维生素 B_1 和维生素 B_2 促进作用较为明显，维生素 B_1 和维生素 B_2 对菌丝的起始生长有促进作用，烟酸可加速菌丝的后期生长。

(五)其他物质

除了碳源、氮源、矿质元素和维生素外，许多有机物质对松茸菌种的分离培养具有良好的效果。土豆、玉米粉、酵母浸膏、蛋白胨等不但是很好的氮源(或碳源)，其中的激素等小分子成分还可能对松茸菌种的分离培养发挥重要作用。魏铁铮(2001)发现麦麸、蘑菇菌丝(如侧耳)、松茸山土、松针和猕猴桃等天然有机物质在一定程度上更易满足松茸菌丝生长的营养需求。Tominaga(1978)的研究发现，在淀积层土壤和腐殖质的乙醇浸提液中，有刺激松茸菌丝生长的物质，松根皮层提取物对松茸菌丝生长也具有同样的促进作用。但王云(1995)通过水煮松针、松根制备提取物，发现会抑制松茸菌丝的生长，并认为这可能与松树的种类或提取方法有关；而杨雪飞(2005)认为，这与所选取的植物种类有一定的关系，提取方法可能才是主要原因，用不同方法得到的提取物成分并不相同。

Guerin-Laguette 等(2003)的研究发现，无菌培养状态下非离子表面活性剂土温和橄榄油能够显著地促进土壤中松茸菌丝的生长，橄榄油(2%，*w/v*)使菌丝生长的生物量增加了 15 倍。伦志明(2005)的研究表明，在土壤中添加0.5%～2.0%浓度的橄榄油能促进松茸菌丝的生长，且菌丝生长量与添加浓度成正比。但添加浓度达到 5%时，菌丝体生长受阻。

此外，Ohga 等(2004)在松茸子实体形成之前将 RNA 复合物的水溶液洒入带有松茸菌丝群落的松树林地表层，发现 RNA 复合物不但有助于形成密集的菌丝群落，而且可使松茸子实体的数量和产量显著增加。

二、培养基配制与配方

松茸培养基的制作可采用常规的仪器、程序与方法，以下培养基具有较好的分离与培养效果。

(1)修改 Hamada 培养基(Rhamada)

葡萄糖 10g，麦芽糖 10g，酵母浸膏 2g，琼脂 18g，HCl(1mol/L) 1.6 ml，pH5.0，加水至 1 000 ml。

(2)修改 PDA 培养基(MPDA)

葡萄糖 10g，马铃薯(新鲜)200g，KH_2PO_4 0.5g，$MgSO_4 \cdot 7H_2O$ 0.5g，琼脂 18g，pH 5.0，加水至1 000 ml。

(3)修改 MMN 培养基(RMMN)

葡萄糖 10g，KH_2PO_4 0.5g，$MgSO_4 \cdot 7H_2O$ 0.15g，$CaCl_2$ 0.05g，维生素 B_1 5mg，琼脂 18g，pH 5.0，加水至 1 000 ml。

(4)BM 培养基(BMA)

葡萄糖 20g，酵母浸膏 2g，蛋白胨 0.5g，KH_2PO_4 0.5g，$MgSO_4 \cdot 7H_2O$ 0.5g，琼脂 20g，pH 5.5，加水至 1 000 ml。

(5)侧耳培养基(OMA)

葡萄糖 20g，侧耳(新鲜)200g，KH_2PO_4 0.5g，$MgSO_4 \cdot 7H_2O$ 0.5g，维生素 B_1 5mg，琼脂 18g，pH 5.0，加水至 1 000 ml。

(6)修正 Hagem 氏培养基(Rhagem)

葡萄糖 5g，麦芽粉 5g，KH_2PO_4 0.5g，$MgSO_4 \cdot 7H_2O$ 0.5g，NH_4Cl 0.5g，$FeCl_3$(1%溶液)1.2 ml，维生素 B_1 2mg，琼脂 20g，pH 5.0～6.0，加水至 1 000 ml。

(7)杨氏 11 号培养基(杨氏和，2000)

葡萄糖 15g，谷氨酰胺 1g，KH_2PO_4 0.5g，$MgSO_4 \cdot 7H_2O$ 0.5g，$CaCl_2 \cdot 2H_2O$ 0.5g，维生素 B_1 5mg，维生素 B_2 0.5mg，维生素 B_6 0.5mg，琼脂 20g，pH 5.0～5.5，加水至 1 000 ml。

三、松茸菌种的分离

松茸菌种可以从子实体、孢子、菌根甚至菌塘内菌丝等分离获得，从子实体进行组织分离是最为常见的方法。该方法操作简单，成功率高。缺点是只能在松茸发生季节进行分离。孢子分离因萌发率不稳定或偏低一般不用。从菌根进行分离，取材不受季节限制，但会破坏菌塘结构，同时该方法相对复杂，污染不易控制，成功率相对偏低。

(一)组织分离

分离时应选择新鲜幼嫩、无病虫害的完整子实体。一般来讲，个体强壮、菌盖未开伞、菌幕尚未破裂的子实体分离效果佳。每个子实体用 3 种以上培养基同时进行分离，每个处理设 3 个以上重复，从子实体菌褶、菌盖菌肉和菌柄菌肉进行分离。许多研究表明，菌褶(带少量菌肉)具有最佳的分离效果与成功率。将分离试管放入恒温培养箱22～23℃下培养，4～5 天后检查培养基斜面是否有污染，有污染者及早剔除。根据松茸菌丝直接从接种块上长出、生长较慢及菌落白色等特点，初步判断所长出是否为松茸培养物，继而进行镜检和分子鉴定(图 54—12)。

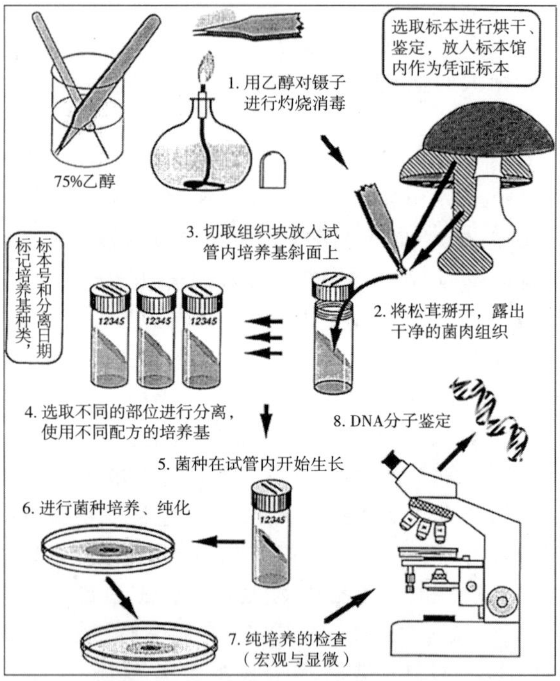

图 54—12　菌种组织分离技术流程

(二)孢子分离

选择新鲜、健壮、无病虫害、已成熟但尚未完全开伞的松茸子实体，清除盖表泥土等杂物，切除菌柄，收集孢子，然后采用单孢或多孢的方法进行孢子的萌发与菌种分离。常见的孢子收集方法有 3 种：①孢子印法：菌褶向下，将菌盖放到一张消毒的纸上，上面罩一漏斗等器物，室温下放置 24 小时，即可获得放射状的孢子印。②弹射法：切一小块菌盖，用消毒钩挂住，菌褶向下，挂到盛有培养基的三角瓶中，室温下放置 24 小时，孢子可直接弹射到培养基上，然后将三角瓶放入22～23℃的培养箱中培养。③离心法：无菌条件下，将菌褶切下，放入装有100ml链霉素（80μg/ml）溶液的三角瓶中，轻摇1～2分钟；无菌棉过滤；4 000转/分钟条件下离心10分钟，重复3次，将上层清液倒掉；1万转/分钟下离心20分钟，倒掉上层清液，担孢子即沉积于底部（沙涛等，2003）。

（三）菌根分离

将野外采集的菌根样品用清洁、湿润的纸包好带回实验室，放入3～5℃冰箱内备用，存放时间不宜超过48小时。去除菌根系统表面的泥土，然后用自来水冲洗干净；解剖镜下选取新鲜、幼嫩（浅黄色）、带薄菌套的菌根，挑选10～20个置于灭菌的0.01%土温80溶液（1.5ml的离心管中装1ml溶液）中，离心1分钟，重复清洗3次。解剖镜下确认根尖表面的土壤颗粒清除干净，然后放入200ml的烧杯内（内装0.05%土温80溶液100ml），在磁力搅拌器上清洗30分钟。将菌根用1%次氯酸钙消毒1分钟（或0.1%升汞消毒30～60秒），然后无菌水中漂洗3次。将菌根剪成小段，分别置于不同的培养基内培养，培养温度为22～23℃。第1周每天检查，此后可间隔几天检查，对长出的菌落进行宏观、显微特征的观察与进一步的分子鉴定。

四、松茸菌种的培养

（一）培养特征

无菌条件下，从松茸菌落边缘切取直径为6mm的菌种块，分别转移至Rhamada、RMMN和MPDA等培养基中央，于22～23℃下进行对比培养，每个处理设3个以上重复。定期（每2周观察一次，连续观察24周）进行宏观与微观特征的观察、记录和拍照。松茸菌种的培养特征一般比较稳定，但也会因培养条件的不同而有所差异。在此仅以在Rhamada培养基上的培养特征进行描述。

菌落白色，边缘菌丝平展，致密，平滑。菌落表面为放射褶皱型（图54－13B），气生菌丝不明显，中间常夹杂菌丝圈结构（图54－13C）。菌落生长速度较慢，每月生长0.8～1.2cm；具浓郁的松茸特有气味。菌丝无色、透明、薄壁，初直线型，直径2.0～4.0μm，少二分叉，分隔少，末端棒状；10周后分隔与分支增加，出现少量不规则菌丝（图54－13D），极少量（12周后）菌丝分叉、末端或中部膨大，厚壁，具浅黄褐色内含物（图54－13E）。培养基3月后仍呈白色，出现少量方形晶体（图54－13F）。培养至6个月以上，培养基营养耗尽，菌落的生长逐渐停止，同时分泌色素，将培养基染成浅黄褐色，不规则菌丝、菌丝膨大（有称厚垣孢子）、晶体大量出现。

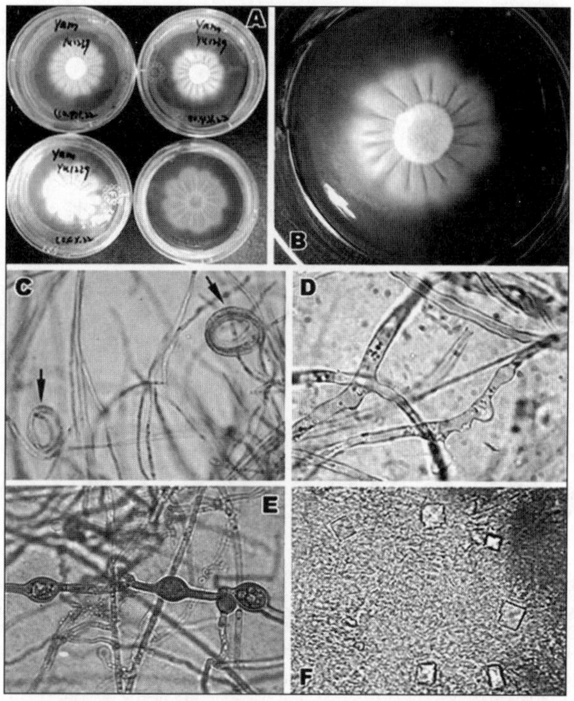

图54－13　松茸在Rhamada培养基上的培养特征

A. 培养基菌落，B. 放射褶皱型菌落，C. 菌丝圈（100×），D. 不规则菌丝（100×），E. 膨大菌丝（40×），F. 晶体（100×）。

王云（2004）认为，松茸菌落中的线圈状菌丝和一些腐生菌（如平菇）形成的扑食菌丝套（trap rings）非常相似。木腐菌生长在氮源贫乏的环境，用扑食菌丝套扑食线虫等以补充氮的不足。松茸也生长在氮源贫乏的环境中，形成线圈状的菌丝也是理所当然的。另外，在松茸的菌落中常产生厚垣孢子（Shimazono，1979）。厚垣孢子是很多真菌，特别是病原真菌在不利环境条件下的一种生存方式，在环境好转时，可萌发寻找新的生机。有人称为病原真菌的“腐生机会主义（saprophytic opportunism）”，因此王云认为厚垣孢子可能也是松茸在不利环境下一种腐生生存方式。

（二）扩大培养

松茸菌丝体的扩大培养除了液体培养外，也可采用固体培养基质。固体培养物相当于食用菌栽培中的“栽培种”，主要用于苗木的菌根接种。常见的培养基质如下。

（1）蛭石水苔培养基（胡弘道，1994）

蛭石8份，苔藓1份，混合后取200 g装入三角瓶中，加入修正 Hagem 氏培养液200ml，灭菌后接入松茸菌种（固体或液体菌种），置于20℃暗室中培养，2 周后菌丝即可长满三角瓶。

（2）Ⅲ号培养基（苏开美，1998；弓明钦，1999）

蛭石 10%（重量比），泥炭 10%，棉子壳 10%，腐殖土 10%，杂木屑 15%，麦麸 8%，生土 7%，pH6.0。

上述配方的配料搅拌均匀后，再加水至含水量 60%～65%，装入三角瓶或聚丙烯塑料袋中至 2/3 处，121 ℃下灭菌 2 小时，冷却后接入斜面菌种。20℃下培养 12 个月后，菌丝体生长可达 4～5cm。

五、松茸菌种的鉴定

松茸组织分离时，得到两种菌丝，一种生长速度缓慢，而另一种生长很快（Tominaga，1978）。我国的研究人员也相继得到了相同的菌种，到底哪种才是真正的松茸菌种，另外的又是什么菌种呢？虽然两者在生长速度和菌落形态特征上存在着一定的差异，但如没有松茸菌种分离培养的经验，把两者区分开来有较大的难度。大量误判菌种的情况频繁发生，由此也引起了松茸菌种培养特性和营养生理等诸多方面的争议。对此，曾东方等（2001）应用 RAPD 技术对松茸菌种进行了鉴定，并最终确认慢生型菌种为松茸，而快速型菌种为葡酒色被孢霉（*Mortierella vinacea*）。

具有松茸菌种分离培养经验的人，可从菌落的形态与显微特征来判断所得菌种是否为松茸菌种。但因松茸群不同种类的培养特征非常接近，要搞清楚具体的种类，还需借助现代分子生物学的手段（如 ITS 序列测定）予以准确鉴定。

第五节 松茸的人工栽培与保育促繁

日本元禄时代《本朝食鉴》（1690～1700）记载的松茸菌丝移植，是已知最早的松茸人工栽培的方法，其本质与今天的人工栽培方法类似。Tominaga（1978）设计了环境控制促成松茸子实体发生的隧道式栽培法。此后，以制作松茸为核心的人工栽培技术，得到了全面的发展。目前广泛采用的是一种人工栽培与保育促繁相结合的方法，其核心是以松茸菌丝、孢子、菌根等为接种材料，进行人工接种、菌根化（或）移植，以期达到增加林地内菌塘数量、扩大松茸发生面积和提高产量的目的。相应的人工保育促繁手段主要包括适宜林地的选择，林地的清理，良好土壤条件的营造和采用塑料棚调节温、湿条件等配套技术措施（傅伟杰，2004a，2004b；魏铁峥，2001）。

一、松茸的人工栽培

（一）菌剂制备

1. 液体菌剂

将生长在琼脂培养基上的菌种切成小块，放入装有 Ohta 培养液的锥形瓶内。23±1℃下黑暗培养 1 个月后，用搅拌器均质化，将悬浮液分装到两个锥形瓶后再培养 3 天。每个瓶中的菌丝在尼龙过滤膜上用修改 SH 培养液清洗 3 次，然后倒入 10ml 同种培养液中作为接种菌剂（Vaario et al，2000；Guerin-Laguette et al，2000）（图 54－15）。液体发酵菌丝是目前幼苗接种最为常用的接种菌剂。

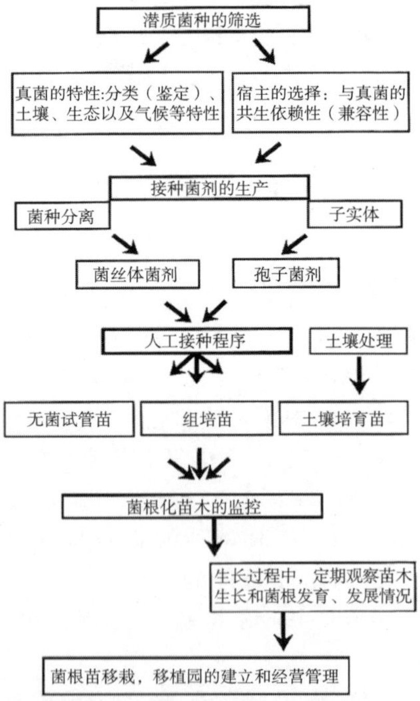

图 54－14 菌根型食用菌人工栽培技术流程

2. 固体菌剂

生长于琼脂平板上的松茸菌丝可直接用于接种。也可将松茸菌丝接种到人工配制的固体基质上，待菌丝长满后，将其掰开并放到幼苗根系附近，每株 8～10g。根系继续生长后，可与菌种接触，从而被感染而形成菌根（胡弘道，1994；弓明钦,2007)。

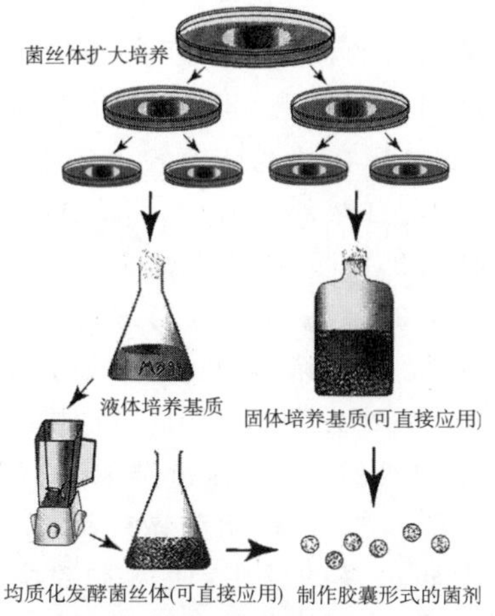

图 54－15 菌丝接种菌剂的制作

(二)菌根合成

1. 幼苗菌根合成

(1) 接种基质

不同的研究人员使用的接种基质有所差异,但基本上都包括蛭石、泥炭、珍珠岩和当地土壤等成分,混合基质经高压蒸汽灭菌后,装入特定的容器,即可用于接种(图 54－16)。苏开美(2002)采用腐殖土∶河沙∶红土∶珍珠岩(V/V/V/V＝1∶1∶1∶1)的基质组合;而 Yamada 等(1999a)的基质为蛭石∶泥炭藓(W/W＝80∶1),加入 MNC 培养液,封闭培养时还加入一定量的葡萄糖。Vaario 等(2000)的接种基质为蛭石∶珍珠岩∶泥炭∶山毛榉锯末(V/V/V/V＝5∶5∶1∶1),然后加入1/2体积的修改 SH 培养液。灭菌后,即可接入松茸液体菌种和无菌苗。修改 SH 培养基配方如下:

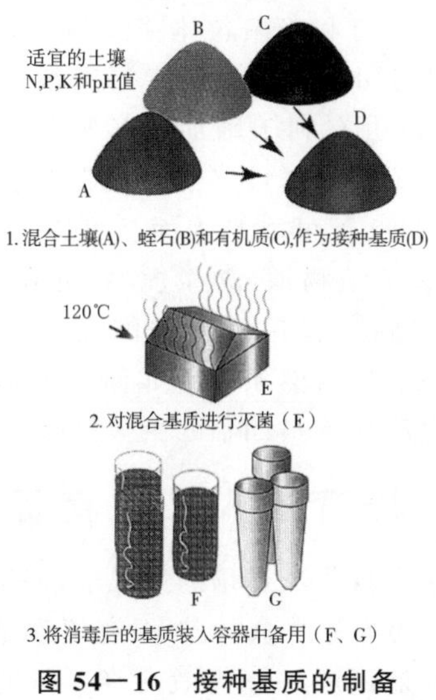

图 54－16 接种基质的制备

酒石酸铵 1g,KH_2PO_4 0.5g,$MgSO_4 \cdot 7H_2O$ 0.2g,$CaCl_2 \cdot 2H_2O$ 20mg,$FeSO_4 \cdot 7H_2O$ 15mg,$Na_2EDTA \cdot H_2O$ 20mg,H_3BO_3 0.5mg,$ZnSO_4 \cdot 7H_2O$ 0.1mg,$MnSO_4 \cdot H_2O$ 1mg,$Na_2MoO_4 \cdot 2H_2O$ 0.01mg,$CuSO_4 \cdot 5H_2O$ 0.02mg,$CoCl_2 \cdot 6H_2O$ 0.01mg,KI 0.1mg,维生素 B_1 0.5mg,维生素 B_2 0.5mg,维生素 B_6 0.05mg,pH 5.1,加蒸馏水至 1 000ml。

(2)无菌苗生产与接种

接种的宿主可以是组织培养生产的苗木,也可以是种子无菌萌发的幼苗。后者因操作简单、成本低和效果好而被广泛采用。具体操作如下:选取饱满、无破裂的成熟种子,2%次氯酸钙(或 30% H_2O_2)表面消毒 10 分钟,无菌水冲洗 3 次,然后放入琼脂培养皿中,置于 25±2℃下培养,1～2 周后种子即可萌发。生长 3～6 个月的无菌苗可用于接种(图 54－17)。将做好的液体菌剂倒入(或注射入)无菌苗基部,然后密闭培养。据报道,接种 2 周后松茸即可与赤松形成外生菌根特征性结构—哈蒂氏网(Vaario et al,2000)。

图 54－17 接种技术流程

(3)菌根的鉴定

接种 2～5 个月后,即可取接种树苗的根系进行观察。通常情况下,松茸与松类幼苗形成的菌根呈浅黄至黄褐色。随着感染时间的延长,颜色渐深,根尖颜色较基部浅。大量疏水性菌丝附着在整个菌根表面,具连续或不连续的菌套,皮层细胞间有典型的多分枝假薄壁哈蒂氏网结构(Vaario et al,2000;Guerin-Laguette et al,2000)。更为准确的鉴定需要对菌根进行分子测序(图 54－18)。

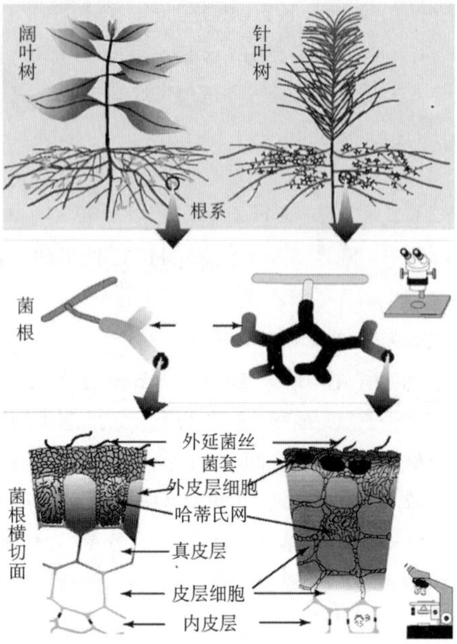

图 54－18　外生菌根的鉴定

2. 成年树菌根合成

自然条件下，松茸只发生在一定年龄段的树林下，如在日本只发生在 20 年以上的赤松林下。因此，松茸常被认为是后期真菌（later stage fungi）（于富强等，2007）。意味着从幼苗菌根合成到最后能产生松茸子实体，可能需要 20 年以上的时间。为缩短这个中间过程，Guerin-Laguette 等（2005）人工诱导 50 年赤松形成新萌发的无菌细根，然后接种松茸菌丝，首次成功的实现了成年宿主的菌根合成，为菌根食用菌中后期真菌类群的人工栽培开辟了新的思路。

（1）接种基质

Guerin-Laguette 等（2005）采用的接种基质为土壤：蛭石：赤松树皮（V/V/V＝ 5：5：1）。

（2）细根再生与接种

选取长 40～60cm、粗 5～10mm 的赤松根，刨出，上下端保持不断，用清水将表面洗干净，用剪刀剪侧根至几厘米长，主干部分用剪刀划伤，然后涂上植物激素，每条根涂吲哚乙酸 2～5mg。然后用湿润的苔藓包起，外面用塑料纸扎起，重新埋入土中 12 个月。

新根生出后即可进行接种。将大约 $1cm^2$ 的松茸菌丝块用无菌水洗净后，用棉线拴到新形成的无菌细根上，然后包入 350ml 灭菌的接种基质，用塑料纸扎起，重新埋入土中 4 个半月。

（3）菌根的鉴定

菌根的鉴定方法同合成的幼苗菌根。在野外条件下外生菌根的种类和数量繁多，分子测序等手段就显得尤为必要。

（三）菌根苗的移栽与管理

松茸菌根苗的移栽、管理与一般的树种不同，要求使用适当的造林密度与方法。根据日本的经验，造林地要选择在其他杂菌较少的地方，可选择附近松茸较多、自然条件适宜，但尚未有松茸发生的地方。林地郁闭度过密或过疏，应及时疏伐或补种。对林下的杂灌木可适当进行清理，对下层草本植物，应及时清除，防止其生长过旺。清除其他杂菌，特别是外生菌根真菌。造林地土壤表面的枯枝落叶和腐殖质层，保持适当的厚度。干旱季节需进行适当的灌溉，雨季做好排涝工作，防止或尽量减少病虫害的发生，使树木健康生长。严禁使用农药、除草剂等化学物质。总之，加强对松茸林地的经营管理，是松茸菌丝生长发展好坏以及能否出菇的关键因素之一（弓明钦等，2007）。

研究表明，松茸菌根苗栽培以后，普遍存在菌丝得不到充分发展，菌根无法真正行使其功能甚至逐渐消失，子实体的诱导难以实现（Jong，2004）。人们提出了不少疑问：是否存在与树木年龄有关的信号物质？松茸菌丝营养代谢是否具有特异性，它在与宿主共生的同时，是否还有选择地进行部分腐生营养代谢，来获取从菌根上得不到的或满足不了的养分？松茸的菌丝、菌根与根际微生物是怎样相互作用的？这一切均待于进一步研究。但可以说，在未来的松茸研究中，使松茸菌丝和菌根在野外能够长期定植、发展，诱导其形成菌塘，进而产生子实体是今后松茸人工栽培的必然之路。

人工菌塘的快速形成是近年松茸人工栽培领域重要的研究进展之一。该方法包括：在培养基上培养松茸菌丝，培养基以控制菌丝细胞膜渗透性的物质为主要成分，另一培养基以提高菌丝亲水性的物质为主要成分。控制菌丝细胞膜渗透性的物质被认为有利于菌丝体释放酶，如纤维素酶。提高菌丝体亲水性的物质，能提高菌丝体侵入培养基的能力，也有利于增加菌丝吸收的营养。能控制菌丝细胞膜渗透性又能提高菌丝体亲水性的物质，较好的例子可能是表面活性剂（如土温 80、土温 40）、天然植物油（如橄榄油、红花油、葡萄种油）、脂肪酸脂。这几种物质可配合使用（Jong，2004）。然而，在自然条件下如何诱导松茸菌根苗形成菌塘是科研人员面临的更大挑战。

二、松茸的人工保育促繁

在无法实现人工栽培的情况下，保护和管理好现有资源成为当务之急，人工保育促繁是现阶段松茸可持续发展的唯一和有效途径。所谓人工保育促繁，是指利用生态学的原理与方法，通过人为管理，最大限度地满足松茸（或其他菌根型食用菌）生长所需的各种要求，以期达到稳定和提高林下松茸产量的目的。对于松茸的生长环境，Hosford 等(1997)总结道：林地中松树占据绝对优势，另有少量其他树木和灌木树种的林相最适合松茸的产出。理想的环境还包括光线能够透射到植被稀疏的林地上，土壤温暖并具有良好的灌溉条件，枯枝落叶和腐殖质层较薄。据此，科研人员认为，采取清理松茸发生林，营造松茸的适宜生长条件，促进松茸生长发育，对松茸的增产是行之有效的。在松茸发生的林地内，人为促生新的松茸菌塘是松茸增产的重要技术；在松茸预定发生地人为的设置隧道式大棚，用空调设施加适当灌溉可促使松茸提前出菇，并获得增产，这是被多年实验证明的实用增产技术。从长远来看，结合松材的采伐利用，实行松茸发生林的更新也是重要的人工保育促繁技术之一（Tominaga，1978，1982；Ogawa，1978；傅伟杰等，2004b）。

（一）松茸资源管理与采收技术规范

1. 资源的统一管理与保护

建立完善的松茸资源保护与管理机制。对松茸的采、收、销实行许可证制度：采集者需持有"采集证"；收购必须出具"收购证"，销售部门要有相应的"出售证"，相关证件由专门的管理部门统一发售；对采集、收购与销售的各个环节进行监控，杜绝过度和破坏性采集行为的发生。实行松茸林地承包制度，实施轮歇式分片采集，严格控制进入人数和采集量；特定时期对"松茸山"实行封山育茸，保证松茸的"休养生息"。

松茸出口可借鉴韩国成立"出口会社"统一和外商谈判，这样可以避免本国出口商之间互相压价的局面。同时，坚持"利用者补偿、开发者保护"的原则，统一向松茸出口商征收"资源补偿税"用于资源的保护。

2. 统一、规范化采收

通过许可证采收制度，对菇农进行专门的教育培训，使其了解食用菌的基本生活史以及人为破坏所造成的后果，掌握合理规范的采收技术和保护措施。新采收者领取执照后，要观看有关松茸采收和环境保护的录像；任何违反规定的行为，要受到相应的处罚（Hosford et al，1997）。①限制采收松茸的工具，包括工具质地、大小及宽度，最好用手直接采挖，或用宽度不超过子实体菌柄直径的竹、木片挖取；②不轻易破坏松茸林地的有机层，对于松茸采收后留下的小坑要及时回填；③确定松茸的最小采集标准，严禁采集童茸（6cm 以下）；④开伞松茸也应列入禁采范围，使成熟的孢子得以释放和繁衍（弓明钦，2007）。

（二）松茸发生林地的管理

1. 松茸发生林地清理

松茸发生林的清理因地、因植被而异。一般要将郁闭度调整到0.6～0.7，枯枝落叶与腐殖质层厚度 3～5cm，以调节日光照射，保持适宜的地温和土壤水分。在日本，松茸发生林一般是以赤松为主并间有铁杉、日本铁杉、远东红皮云杉等宿主植物组成的主林层，其中也有其他乔木，形成林相的上层。清除宿主以外的乔木，上层郁闭度约为0.4～0.5；而杜鹃 *Rhododendron* spp.、马醉木、长梗冬青和腺齿越橘等中层灌木类郁闭度又增加0.1～0.2。中国芒、山白竹、大芒箕骨和掌叶铁线蕨等草木类下层植被稀少。

(1)松树类宿主植物

在松林密集的地方，间伐掉枝条重叠的弱树、枯树和病树，防止松树枯萎和松林衰败。在松树稀疏的地段进行松苗补种和培育。同时，对于树龄过大的松林，可结合松材的采伐利用与人工补种，对松茸发生林进行更新，使其保持在松茸高产的年龄阶段。

(2)灌木类

通过间伐使灌木中的常绿和落叶树种比例大致相同，在1.5～2.0m处摘心、打顶，并通过侧枝的修剪来调节光照。分年、分批进行杂木清理，一次清理数量不宜过大，使乔木层与灌木层郁闭度保持在0.6～0.7，对留下来的杂木要进行修剪，以防林地变得阴湿肥厚。另据笔者研究，松茸有时也可与灌木中的某些树种形成菌根，并且在附近产生子实体。灌木树种是否会在松茸生活史的某个环节发挥作用，有待深入研究。

(3)草本类和苔藓类

松茸发生林地的草本层植物因地而异，与光照和土壤湿度有很大的关系。在郁闭度过高的林相下，需对此类植物进行清理，郁闭度偏低的地方可适当保留。

(4)枯枝落叶与腐殖质层

一定厚度的枯枝落叶与腐殖质层十分有利于地面保湿和土壤温度的调节，对松茸菌丝、菌根起着重要的支持和保护作用。一般以 3～5 cm 为佳，太厚会造成营养富集，不但不利于松茸菌丝的生长，还会导致一些竞争性腐生微生物的侵入。

过多的地表有机层需及时进行适当的清理(Saito & Mitsumata，2008)。

2. 松茸发生林地新菌塘营造

(1)接种场所的选择

接种场应选择适宜松茸生长的林地，包括立地条件和植被条件。以我国东北的长白山区为例，地质上一般以花岗岩、页岩、角岩、流纹岩为好。坡位以山顶周围、山脊处、山腰以上的凸形坡面、平衡坡面的平坦地为好；坡向以西、西北坡、西南坡为好；坡度以 30 度左右为好。土壤以浅层、贫瘠、酸性的残积土为好。植被以赤松为主，其他乔木和灌木类较少的纯赤松林较为理想，赤松的林龄以幼龄和成龄较好，其下枯枝落叶少，腐殖质层薄，土壤中腐生菌难以存活，浅层土中细小幼根的分布较多，十分有利于初生松茸菌塘的形成(傅伟杰等，2004b)。

(2)菌剂与接种方法

孢子接种法：将成熟松茸子实体的菌盖放入盛水的容器中震荡，菌褶上的孢子一旦落入水中，水即变为白色浊液。1L 水以 1 个子实体为宜。在适宜的林地内打孔，直径为 1～3cm、深 10～15cm，将孢子液注入孔中，使孢子能够与宿主细根接触，然后盖土复原(Tominaga，1978)。

假植法：将近成熟的松茸子实体移植到清理好的适宜林地内，2～3 天后孢子逐渐弹射。待子实体衰老后取走，盖好覆盖物，浇水 500ml(傅伟杰等，2004b；弓明钦，2007)。

菌盖切块直播法：选成熟度 7～8 成的松茸子实体，去掉菌柄，将菌盖切成 $1cm^2$ 的小块，选择宿主幼根密集处，削尖木棍扎孔 8～10cm 深，投入切块，盖土复原，近处浇水 500ml 即可。成功率 10%左右(傅伟杰等，2004b)。

子实体悬浮液接种法：将刚成熟的松茸子实体清除表面杂物后，放入搅拌器中均质化制成悬浮液，制成一定浓度后注入宿主根部或倒入断根处理的地槽内，覆土踏实(弓明钦，2007)。

天然菌丝接种法：将培育好的无菌幼苗移栽到松茸菌塘前沿 10cm 处，次年菌塘菌丝扩展至该处即可对幼苗进行感染。第三年即可将菌根化的幼苗移栽到其他适宜的生境下种植(弓明钦，2007)。

菌落菌根移植法：在松茸子实体发生处挖取 $10～15cm^2$、深 10～15cm 的菌落菌根作为菌种使用。在适宜的林地挖同样体积形状的栽培坑植入，使其与宿主根系紧密接触，形成菌根，从而达到营造新菌落的目的(Tominaga，1978)。

菌丝与子实体整体移植法：该方法与菌落菌根移植法相类似。不同的是将松茸发生地菌根及其地上发生的子实体一起移走。这种方法除了让菌根成活外，也让落下的孢子萌发，故要清除栽植孔周围的腐殖质与枯枝落叶，挖起少量表土，露出宿主细根，使落下的孢子容易附着到根上(Tominaga，1978)。

(三)共生植被的管护

松茸所需营养物质主要来源于共生宿主。宿主生长的好坏直接关系到松茸营养供给。培育好树木也就是为松茸提供营养来源。根据林地情况进行抚育管理，促进树木根系的发展；清除林地的病、腐、残等杂物，减轻病虫害的发生。同时，严格控制农药和除草剂的使用。许多农药不但影响松茸菌丝生长和子实体的发育，还会在子实体内残留，危及人体健康(Yoshiaki，1987)。此外，注意森林火灾和不良气候条件对共生植被的危害等(弓明钦等，2007)。

(四)广岛隧道式松茸“栽培”

该方法是指在松茸预发生地(生长发育到一定阶段的菌塘)上面用塑料薄膜制作隧道状设施，对局部微环境进行调节，以提早松茸子实体的发生，并获得较高的产量。这种方式因是在日本广岛地区设计的，故被称为广岛方式隧道栽培法。从其原理来看，与其说是一种栽培方法，不如说是一种人工保育促繁方式。

通过该方法，日本科研人员将局部环境温度控制在 20℃左右，辅以适度的喷洒灌溉。松茸子实体比自然状态下早出菇 16 天，并且具有明显的增产效果(Tominaga，1982)。同时该方法还较好地防止鸟、鼠等动物对松茸的破坏，减少病虫害的发生，提高产出松茸的质量与品相。

第六节 松茸的化学成分与药理作用

一、化学成分

松口蘑新鲜子实体中含有丰富的蛋白质，粗蛋白含量达 11%。松口蘑经酸水解处理，含有 17 种氨基酸，总氨基酸含量为 24.73%，其中谷氨酸含量最高，占 5.49%，并含人体必需的 8 种氨基酸，包括苏氨酸、缬氨酸、蛋氨酸、苯丙氨酸、异亮氨酸、亮氨酸、色氨酸和赖氨酸。主要化学成分有松茸醇 1-辛烯-3-醇（1-Octen-3-ol）、异松茸醇、2-辛烯醇（2-Octen-ol）、抗毒嘧啶（Antoxopyrmidne）、羧基蛋白（Carboxylproteinase），粗脂肪含量为 4.4%，粗纤维含量为6.28%，糖类（碳水化合物）含量为 56.28%以及灰分9.47%。另外，还含有丰富的维生素 B_1、维生素 B_2、维生素 C 和烟酸。松口蘑多糖主要由戊聚糖、海藻糖、甘露糖醇组成，还含有甲基桂皮酸、甲基黑苔酚和 5'-乌苷酸。据测定，松口蘑内 5'-乌苷酸含量可达64.6mg/100g。此外，松口蘑还含有丰富的微量元素，除含有较高的常量元素 K、Na、Ca、Mg 和一定量的有害元素 Cd，Pb 外，其余 6 种对人体有益的微量元素 Cu、Fe、Zn、Mn、Cr 和 Co 含量也较为丰富。

二、药理作用

1. 抗肿瘤作用

日本学者木神田光治等从液体培养的松口蘑菌丝体中分离提取出抗癌物质发射菌素（Emitanin-5）。Yukio 松口蘑子实体经水提取、凝胶过滤、阴离子交换树脂和疏水色谱层析后，获得 5 个具有抗肿瘤活性的蛋白质组分，其中组分 V 活性最高。此外，经苯酚硫酸法测定，此活性蛋白质含有糖类，对鼠纤维芽细胞癌化细胞的 LD_{50} 约为 7ng/ml，对人子宫癌细胞（HeLa）的 LD_{50} 为 14ng/ml，对正常细胞的 LD_{50} 为 30ng/ml，对人胎儿肺细胞 SV40 癌化细胞 W138VA13 的 LD_{50} 约为4ng/ml。此蛋白质能在 48 小时内将癌化的纤维芽细胞全部杀死，而正常细胞死亡率相对较小。

池川哲郎等利用含葡萄糖和酵母提取物培养基进行松口蘑培养研究，培养 5 周后，获得生长良好的菌丝体。经过对菌丝体热水浸提、乙醇沉淀和层析，获得具有抗肿瘤活性的 4 种抗癌物质 Emitanin A、B、C、D，分别对已接种S-180肉瘤的小鼠进行腹腔注射（每天 10mg/kg），10 天后抑癌率分别为 78%、69%，80% 和 70%，且无任何毒性。万彩霞等用松口蘑菌丝体糖蛋白进行荷S-180小鼠体内抗肿瘤实验。结果表明，高中剂量组（50mg/kg 和 20mg/kg）抑瘤率分别为37.50%和39.58%，生命延长率分别为46.8%和42.8%。同样，石川久雄研究松口蘑子实体多糖对小白鼠肉瘤S-180的抑制率达91.8%，肿瘤完全消退率达55.5%。蒋谷人等给移植S-180肉瘤细胞的小鼠每天腹腔注射松口蘑多糖（20mg/kg），共注射 13 天，结果：注射松口蘑多糖的小鼠，脾重是正常鼠的 5 倍，cAMP 含量比对照组高 33%，抑瘤率为 42%。魏元青等应用 MTT 法研究松口蘑糖蛋白 MTS03 体外对人乳腺癌细胞 MCF-7 的增殖抑制率及对人正常肝细胞 L-02 的杀伤率。结果表明，MTS03 对 MCF-7 具有直接的细胞毒作用，在一定范围呈现量效时效关系，作用 24 小时、48 小时、72 小时的 IC_{50} 分别为25.81、12.46和8.86mg/L，而对 L-02 的 IC_{50}，分别为1366.49、190.60和95.58 mg/L，对 MCF-7的治疗指数（TI）分别为54.16、18.74和 12.25。裴以川等研究发现，松口蘑子实体提取物对小鼠宫颈癌 U14、肉瘤S-180和艾氏腹水癌 ECA 的抑癌率分别为 52.3%、36.61% 和 27.47%。刘萍等从菌丝体中分离出能够直接杀伤 HeLa 细胞的糖蛋白，该物质在体外也能促进淋巴细胞转化。小鼠体内试验表明，每天腹腔注射这种糖蛋白（10 和 50mg/kg）共 10 天，对移植性 S-180肉瘤的抑瘤率分别为59.5%和65.1%。

松口蘑不仅具有较强的抗肿瘤作用，而且能够增强癌细胞对化疗药的敏感性。同时，降低了两者单一高剂量使用时引起的不良反应。魏元青等采用 MTT 法研究了松口蘑抗肿瘤糖蛋白 MTS03 与化疗药物 5-氟尿嘧啶（5-FU）单独及联合使用，对人肝癌细胞 Bel-7402 的影响及对人正常肝细胞 L-02 的毒性作用；采用扫描电镜观察 MTS03 作用后的 Bel-7402 细胞形态，实验结果证明：MTS03 增强肝癌细胞对 5Fu 的敏感性，同时降低了两者单一高剂量使用时引起的不良反应，且 MTS03 能诱导 Bel-7402 细胞膜皱缩和凋亡小体的形成，具有诱导凋亡作用。

2. 降糖作用

孙军恩等腹腔注射四氧嘧啶（200mg/kg）诱导小鼠高血糖。松口蘑（500mg/kg、1 000mg/kg）的降血糖率分别为17.02%和19.12%，且对正常小鼠的血糖和糖耐量无明显影响。

3. 增加肠胃运动功能

吴映明等报道，松口蘑水提取液 1 次性注射，可显著促进正常小鼠的胃肠运动，且呈现良好的量效关系。松口蘑提取液对新斯的明负荷小鼠引起的胃肠运动亢进有显著的拮抗作用，对肾上腺素负荷引起的胃肠运动抑制有明显改善，而且松口蘑提取液可明显改善连续灌胃生大黄粉所致脾虚模型小鼠的体征。

（李敏、林志彬）

参考文献

[1] 王波. 松口蘑与青冈蕈的生态和营养价值比较[J]. 食用菌学报,1995,2(1): 32-35.

[2] 刘刚,王辉,周本. 云南产松口蘑 17 种氨基酸的含量测定及评价[J]. 中国医院药学杂志,2008,28(7):552-554.

[3] 闫吉昌,曾宪录,张宏,等. 气相色谱/质谱/计算机法分析松口蘑子实体和菌丝体中的香气成分[J]. 分析化学,1994,22(12):1214-1218.

[4] 王元忠,刘鸿高,李涛,等. 松口蘑中微量元素的测定[J]. 分析科学学报,2008,24(6):727-728.

[5] 木神田光治. 抗癌物质 Emitanin-51 的制造方法[J]. 国外食用菌研究,1983(1):199-201.

[6] 河村幸雄. 新規抗腫瘤蛋白質とその制造法ぉょび該蛋白質を有效成分として含有する抗腫瘤劑[J]. 公开特许公报,JP680699[4260532](ClC07K15/10),1994(3):22.

[7] 河村幸雄. マツタケの抗腫瘤タンバケ質の作用機制[J]. 生物化学,1998,32(2):77-79.

[8] 池川哲郎. 制癌物质の制造法[J]. 木神田光治,公开特许公报,JP 昭 54-113495[昭 53-20394](Cl. C12D9-04),1980,5:22.

[9] 万彩霞,许泓瑜,薛峰,等. 松口蘑菌丝体糖蛋白对荷S-180肉瘤小鼠的抗肿瘤作用[J]. 中国药理学通报,2003,19(12):1439-1440.

[10] 石川久雄. 关于蘑菇多糖问题[J]. 国外食用菌研究,1983(1):199-201.

[11] 蒋谷人,林卓坤,肖夫昆. 担子菌多糖及羊脾 RNA 对肿瘤的抑制与有关组织中 cAMP 含量关系的探讨[J]. 生物化学杂志,1985,1(5,6):149-154.

[12] 魏元青,许泓瑜,许正宏,等. 松口蘑发酵菌丝体糖蛋白 MTS03 对人乳腺癌细胞 MCF-7 的体外增殖抑制作用研究[J]. 中国药学杂志,2005,40(20):1545-1548.

[13] 裴以川,陆伟东,顾静芝,等. 松茸精的抗肿瘤和强壮作用实验研究[J]. 中国民族民间医药杂志,1999(41):345-346.

[14] 刘萍,陶文沂,孙志浩,等. 松口蘑菌丝体蛋白质抗肿瘤及其作用机制研究[J]. 药物生物技术,2001,8(5):284-287.

[15] 魏元青,陶文沂,许泓瑜. 松口蘑糖蛋白联合 5-Fu 体外对人肝癌细胞 Bel-7402 的影响及作用机制初探[J]. 食品与生物技术学报,2005,24(6):60-65.

[16] 孙军恩,许泓瑜,敖宗华. 桦褐孔菌与松口蘑菌粉降血糖作用的研究[J]. 天然产物研究与开发,2009(21):339-342.

[17] 吴映明,冯肇松. 松口蘑对小鼠肠胃运动的实验研究[J]. 广东教育学院学报,2004,24(2):90-94.

[18] AMARANTHUS M P, WEIGAND J F, ABBOTT R. Managing high-elevation forests to produce American matsutake (Tricholoma magnivelare), high-quality timber, and non-timber forest products [J]. Western Journal of Applied Forestry, 1998,13(4): 1-9.

[19] BERGIUS N, DANELL E. The Swedish matsutake (Tricholoma nauseusus sun. T. matsutake): Distribution, abundance and ecology [J]. Scandinavian Journal of Forest Research, 2000(15): 318-325.

[20] BOUGHER N, BRUNDRET M, DELL B. A practical guide for working with mycorrhizal fungi in forestry and agriculture [C]. International Mycorrhizal Workshop. Kaiping, China. 1994.

[21] CAO Z M, YAO Y J, PEGLER D N. Tricholoma zangii, a new name for T. quercicola M. Zang [J]. Mycotaxon, 2003(85): 159-164.

[22] CHANG S T. Selected features of wild mushrooms including Tricholoma matsutake [C]. Collection of the forum on "Development of Matsutake Industry". Shangeri-La, China. 2004.

[23] CHAPELA I H, GARBELOTTO M. Phylogeography and evolution in matsutake and close allies inferred by analyses of ITS sequences and AFLPS [J]. Mycologia, 2004(96): 730-741.

[24] CHEN Z C. Ecology and distribution of Tricholoma matsutake var. formosa in Taiwan [C]. The

third international mycological congress. Tokyo, Japan, 1983.

[25] CHO D H, LEE K J. A relationship between climatic factors and matsutake production in 29 sites during a 10-year period in Korea [J]. Journal of Korean Forestry Society, 1995(84): 277-285.

[26] GILL WM, GUERIN L A, LAPEYRIE F, et al. Matsutake-morphological evidence of ectomycorrhiza formation between Tricholoma matsutake and host roots in pure Pinus densiflora forest stand [J]. New Phytologist, 2000(147):381-388.

[27] GILL WM, LAPEYRIE F, GOMI T, et al. Tricholoma matsutake-an assessment of in situ and in vitro infection by observing cleared and stained whole roots [J]. Mycorrhiza, 1999(9):227-231.

[28] GILL W M, SUZUKI K. Determination of Matsutake trophic status by morphological and physiological evidence [C]. International symposium on ectomycorrhizal ecophysiology and its applications in pine forests. Japan: Tokyo, 2001.

[29] GUERIN-LAGUETTE A, MATSUSHITA N, KIKUCHI K, et al. Identification of a prevalent Tricholoma matsutake ribotype in Japan by rDNA IGS1 spacer characterization [J]. Mycological Research, 2002(106):435-443.

[30] GUERIN-LAGUETTE A, MATSUSHITA N, LAPEYRIE F, et al. Successful inoculation of mature pine with Tricholoma matsutake [J]. Mycorrhiza, 2005(15):301-305.

[31] GUERIN-LAGUETTE A, SHINDO K, MATSUSHITA N, et al. The mycorrhizal fungus Tricholoma matsutake stimulates Pinus densiflora seedling growth in vitro [J]. Mycorrhiza, 2004(14): 397-400.

[32] GUERIN-LAGUETTE A, VAARIO L M, GILL W M, et al. Rapid in vitro ectomycorrhizal infection on Pinus densiflora roots by Tricholoma matsutake [J]. Mycoscience, 2000(41): 389-393.

[33] GUERIN-LAGUETTE A, VAARIO L M, MATSUSHITA N, et al. Growth stimulation of a Shiro-like, mycorrhiza forming, mycelium of Tricholoma matsutake on solid substrate by non-ionic surfactants or vegetable oils [J]. Mycological Progress, 2003(2): 37-44.

[34] HAMADA M. Physiology and ecology of Armillaria matsutake [J]. The Botanic Magazine, 1950(63): 40-41.

[35] HAMADA M. Matsutake [J]. Shizen, 1953, 8(10): 56-64.

[36] HOSFORD D, PILZ D, MOLINA R, et al. Ecology and Management of the Commercially Harvested American Matsutake Mushroom (PNW-GTR-412)[M]. United States Department of Agriculture Ecology and Management of Forest Service Pacific Northwest Research Station, 1997.

[37] JONG S C. The North American Matsutake[C]. Collection of the forum on "Development of Matsutake Industry". China: Shangeri-La, 2004.

[38] KA K H, KOO C D. Research questions for artificial cultivation of Tricholoma matsutake [J]. Trends in Agriculture & Life Science, 2002(2): 1-6.

[39] KAWAGOE M, KAWAKAMI K, NAKAMURA Y, et al. Submerged culture of Tricholoma matsutake mycelium in bubble column fermentors [J]. Journal of Bioscience and Bioengineering, 1999(87): 116-118.

[40] KAWAI M, ABE S. Studies on the artificial reproduction of Tricholoma matsutake (S. Ito et Imai)Sing. I. Effects of carbon and nitrogen sources in media on the vegetative growth of T. matsutake [J]. Transactions of the Mycological Society of Japan, 1976(17): 159-167.

[41] KAWAI M, OGAWA M. Some approaches to the cultivation of a mycorrhizal fungus, Tricholoma matsutake (Ito et Imai)Sing [C]. Hair N G(eds). Mushroom Science XI. Proceedings of the seventh international scientific congress on the cultivation of edible fungi. Australia: Sydney, 1981.

[42] KAWAI M, TERADA O. Studies on the artificial reproduction of Tricholoma matsutake (S. Ito et Imai)Sing. II. Effect of vitamins, nucleic acid relating substances, phytohormones and metal ions in media on the vegetative growth of T. matsutake [J]. Transactions of the Mycological Society of Japan, 1976(17): 168-174.

[43] KINUGAWA K. Prediction of the time of development and the crop-abundance in the wild edible mushrooms, Tricholoma matsutake (S. Ito et Imai) Sing. [J]. Transactions of the Mycological Society of Japan, 1964(4): 165-166.

[44] KINUGAWA K. Some information on the environments of the habitat of Tricholoma matsutake [J]. Transactions of the Mycological Society of Japan, 1964(5): 16-21.

[45] KOBAYASHI Y. Historical and ethnological mycology [M]. Tokyo: Hirokawa Publishing Co., 1983.

[46] KOO C D, BILEK E M. Financial analysis of vegetation control for sustainable production of Songyi (Tricholoma matsutake) in Korea [J]. Journal of Korean Forestry Society, 1998(87): 519-527.

[47] KOO C D, KIM J S, SANG H L, et al. Spatio-temporal soil water changes in fairy-ring colony of Tricholoma matsutake [J]. Journal of Korean Forestry Society, 2003(92): 632-641.

[48] KRANABETTER J M, TROWBRIDGE R, MACADAM A, et al. Ecological descriptions of pine mushroom (Tricholoma magnivelare) habitat and estimates of its extent in northwestern British Columbia [J]. Forest Ecology and Management, 2002(158): 249-261.

[49] KUSUDA M, NAGAI M, HUR T C, et al. Purification and some properties of α-amylase from an ectomycorrhizal fungus, Tricholoma matsutake [J]. Mycoscience, 2003(44): 311-317.

[50] KUSUDA M, UEDA M, KONISHI Y, et al. Detection of β-glucosidase as saprotrophic ability from an ectomycorrhizal mushroom, Tricholoma matsutake [J]. Mycoscience, 2006(47): 184-189.

[51] KYTÖVUORI I. TheTricholoma caligatum group in Europe and North America [J]. Karstenia, 1989(28): 65-77.

[52] LEE S S. Biology of Tricholoma matsutake found at Pinus densiflora communities in the areas of Kyoung Sang Do[J]. The Korean Journal of Mycology, 1991, 19(3): 203-213.

[53] LEE W Y, AHN J K, KWON O W, et al. Submerged culture of Tricholoma matsutake mycelium by balloon type air bubble bioreactor [J]. Journal of Korean forestry society, 2002(91): 260-267.

[54] LEFEVRE C K. Host associations ofTricholoma magnivelare, the American matsutake [M]. Corvallis: PhD dissertation of Oregon State University, 2002.

[55] LIAN C L, HOGETSU T, MATSUSHITA N, et al. Development of microsatellite markers from an ectomycorrhizal fungus, Tricholoma matsutake, by an ISSR-suppression-PCR method [J]. Mycorrhiza, 2003(13): 27-31.

[56] LIAN C L, NARIMATSU M, NARA K, et al. Tricholoma matsutake in a natural Pinus densiflora forest: correspondence between above-and below-ground genets, association with multiple host trees and alteration of existing ectomycorrhizal communities [J]. New Phytologist, 2006(171): 825-836.

[57] LUOMA D, EBERHART J, ABBOTT R, et al. Effects of mushroom harvest technique on subsequent American matsutake production [J]. Forest Ecology and Management, 2006(236): 65-75.

[58] MATSUSHITA N, KIKUCHI K, YASUMASA S, et al. Genetic relationship of Tricholoma matsutake and T. nauseosum from the Northern Hemisphere based on analyses of ribosomal DNA spacer regions [J]. Mycoscience, 2005(46): 90-96.

[59] MCNEILL J, BARRIE F R, BURDET H M, et al. International Code of Botanical Nomenclature (Vienna Code)[M]. A. R. G. Gantner Verlag, Ruggell, 2006.

[60] MURATA H, BABASAKI K, SAEGUSA T, et al. Traceability of Asian matsutake, specialty mushrooms produced by the ectomycorrhizal basidiomycete Tricholoma matsutake, on the basis of retroelement-based DNA markers [J]. Applied and Environmental Microbiology, 2008(74): 2023-2031.

[61] MURATA H, BABASAKI K, YAMADA A. Highly polymorphic DNA markers to specify

strains of the ectomycorrhizal basidiomycete Tricholoma matsutake based on σ_{marY1}, the long terminal repeat of gypsy-type retroelement marY1 [J]. Mycorrhiza, 2005(15): 179-186.
[62] MURATA H, OHTA A, YAMADA A, et al. Genetic mosaics in the massive persisting rhizosphere colony "shiro" of the ectomycorrhizal basidiomycete Tricholoma matsutake [J]. Mycorrhiza, 2005(15): 505-512.
[63] OGAWA M. Preliminary report on the nutrition ofTricholoma matsutake (S. Ito et Imai) Singer and the mycorrhizal relationship between the fungus and Pinus densiflora [M]. Japan, Kyoto: Hamada M (eds). Matsutake. Matsutake research association, Kansai branch, Government Forestry Experimental Station, 1964.
[64] OGAWA M. Ecology ofTricholoma matsutake (Ito et Imai) Sing., mycorrhizal fungus, in pine forest [C]. Mushroom Science IX, Proceeding of the ninth international scientific congress on the cultivation of edible fungi. Tokyo, Japan, 1974.
[65] OGAWA M. Microbial ecology of mycorrhizal fungusTricholoma matsutake (Ito et Imai) Sing. in pine forest. I. Fungal colony (Shiro) of Tricholoma matsutake [J]. Bulletin of the Government Forestry Experimental Station, 1975(272): 79-121.
[66] OGAWA M. Microbial ecology of 'Shiro' inTricholoma matsutake (Ito. et Imai) Sing. and its allied species. II. Tricholoma matsutake in Pinus pumila var. yezoalpina forests [J]. Transactions of the Mycological Society of Japan, 1976(17): 176-187.
[67] OGAWA M. Microbial ecology of 'Shiro' inTricholoma matsutake (Ito et Imai) Sing. and its allied species. III. Tricholoma matsutake in Picea plehnii and Picea glehnii-Abies sachalinensis forests [J]. Transactions of the Mycological Society of Japan, 1976(17): 188-198.
[68] OGAWA M. Microbial ecology of 'Shiro' inTricholoma matsutake (Ito. et Imai) Sing. and its allied species. V. Tricholoma matsutake in Tsuga sieboldii forests [J]. Transactions of the Mycological Society of Japan, 1977(18): 34-46.
[69] OGAWA M. Microbial ecology of 'Shiro' in Tricholoma matsutake (Ito. et Imai) Sing. and its allied species. IV. Tricholoma matsutake in Tsuga diversifolia forests [J]. Transactions of the Mycological Society of Japan, 1977(18): 20-33.
[70] OGAWA M. Biology of Matsutake mushroom [M]. Tokyo: Tsukiji Shokan Publishing Co., Ltd., 1978.
[71] OGAWA M. In memorium Dr. Minoru Hamada, Matsutake Sensei [J]. Transactions of the Mycological Society of Japan, 1982(23): 191-93.
[72] OGAWA M. Ecological characters of ectomycorrhizal fungi and their mycorrhizae; an introduction to the ecology of higher fungi [J]. Japan Agricultural Research Quarterly, 1985(18): 305-314.
[73] OHARA H, HAMADA M. Disappearance of bacteria from the zone of active mycorrhizas inTricholoma matsutake (S. Ito et Imai) Singer. [J]. Nature, 1967(217): 528-529.
[74] OHARA H. A note on Armillaria ponderosa in North America [J]. Annual Report of Studies, Doshisha Joshi Daigaku, 1981(15): 39-50.
[75] OHGA S, YAO F J, CHO N S, et al. Effect of RNA related compounds on fructification of Tricholoma matsutake [J]. Mycosystema, 2004(23): 555-562.
[76] OHTA A. Basidiospore germination ofTricholoma matsutake (I). Effect of organic acids on swelling and germination of the basidiospores [J]. Transactions of the Mycological Society of Japan, 1986(27): 167-173.
[77] OHTA A. Basidiospore germination of Tricholoma matsutake (II). Evaluations of germination conditions and microscopic observation of germinations stages [J]. Transactions of the Mycological Society of Japan, 1986(27): 473-480.
[78] OHTA A. A new medium for mycelial growth of mycorrhizal fungi [J]. Transactions of the Mycological Society of Japan, 1990(31): 323-334.

[79] OYAMA Y, YOSHIDA T,TAGUCHI H. The artificial cultivation of mycorrhiza-forming basidiomycetes [C]. Mushroom Science IX. Proceedings of the ninth international scientific congress on the cultivation of edible fungi. Japan:Tokyo, 1974.

[80] PARK H, KIM K S, KOO C. Effects of climatic condition in September on pine-mushroom (Tricholoma matsutake) yield and a method for overcoming the limiting factors in Korea [J]. Journal of Korean forestry society, 1995,84(4): 479-488.

[81] REDHEAD S. The pine mushroom industry in Canada and the United States: Why it exists and where it is going[M]. New York:Palm M A, Chapela I H (eds). Mycology in sustainable development: expanding concepts and vanishing borders. Parkway Publishers, Inc, 1997.

[82] RYMAN S, BERGIUS N, DANELL E. Proposal to conserve the name Armillaria matsutake against Armillaria nauseosa (Fungi, Basidiomycotia, Tricholomataceae) [J]. Taxon, 2000(49): 555-556.

[83] SHA T, ZHANG H B, DING H S,et al. Genetic diversity of Tricholoma matsutake in Yunnan Province [J]. Chinese Science Bulletin, 2007(52): 1212-1216.

[84] SAITO H, MITSUMATA G. Bidding customs and habitat improvement for Matsutake (Tricholoma matsutake) in Japan [J]. Economic Botany, 2008,62(3): 257-268.

[85] SHIMAZONO H. Comparative studies on morphological characteristics of the colonies ofTricholoma matsutake, T. fulvocastaneum and T. bakamatsutake on agar media [J]. Trans. Mycol. Soc. Japan, 1979(20): 176-184.

[86] SINGER R. The Agaricales in modern Taxonomy [M]. Keonogstein: 4th ed. Seven Koeltz Scientific Books, 1986.

[87] SMITH A H. The stirps caligata of Armillaria in North America [J]. Sydowia, Beih. 1979(7): 368-377.

[88] TERASHITA T, KONO M, YOSHIKAWA K,et al. Productivity of hydrolytic enzymes by mycorrhizal mushrooms [J]. Mycoscience, 1995(36): 221-225.

[89] TOMINAGA Y, ARAI R, ITO T. Matsutake of the People's Republic of China I. Matsutake of Yunnan Province [J]. Bulletin of the Hiroshima Agricultural College, 1981(6): 449-458.

[90] TOMINAGA Y, KOMEYAMA S. Practice of matsutake cultivation [M]. Tokyo:Youken press, 1987.

[91] TOMINAGA Y, XIAN M Y, LIU F X,et al. Matsutake mushroom in the people's Republic of China III. Matsutake mushroom in Engen district and Tokusho district, Shisen Provice [J]. Bulletin of the Hiroshima Agricultural College, 1989(8): 733-742.

[92] TOMINAGA Y, XIAN M Y, TANG L M. On the matsutake mushroom in the Republic of China II. Matsutake mushroom in Barkan Prefecture and Xiaojin Prefecture of Sichuan Province [J]. Bulletin of the Hiroshima Agricultural College, 1988(8): 559-570.

[93] TOMINAGA Y. Studies on the character of Japanese pine mushroom,Armillaria matsutake Ito et Imai. I. Effects of culture materials and temperature on the growth of mycelia [J]. Bulletin of the Hiroshima Agricultural College, 1965(2): 242-246.

[94] TOMINAGA Y. Tricholoma matsutake [M]. New York:The biology and cultivation of edible mushroom. Academic Press, Inc, 1978.

[95] TOMINAGA Y. Stuides on the tunnel cultivation, the so-called "Hiroshima method" ofTricholoma matsutake (S. Ito et Imai) Sing. VIII. On the forcing culture of T. matsutake during 1981. [J]. Bulletin of the Hiroshima Agricultural College, 1982(7): 53-59.

[96] VAARIO L M, GILL M W, SAMAJIMA M,et al. Detection of ability of Tricholoma matsutake to utilize sawdust in aseptic culture [J]. Symbiosis, 2003(34): 43-52.

[97] VAARIO L M, GUERIN-LAGUETTE A, MATSUTAKE N,et al. Saprobic potential of Tricholoma matsutake: growth over pine bark treated with surfactants [J]. Mycorrhiza, 2002(12):

1-6.

[98] VARRIO L M, GUERIN-LAGUETTE A, GILL M W, et al. Only two weeks are required for Tricholoma matsutake to differentiate ectomycorrhizal hartig structures in roots of Pinus densiflora seedlings cultivated on artificial substrate [J]. Journal of Forestry Research, 2000 (5): 293-297.

[99] WANG Y, HALL I R, EVANS L A. Ectomycorrhizal fungi with edible fruiting bodies I. Tricholoma matsutake and related fungi [J]. Economic Botany, 1997(51): 311-327.

[100] WANG Y. Tricholoma matsutake [M]. PhD thesis, University of Otago, Dunedin. 3 Volumes, 1995.

[101] XU J P, GUO H, YANG Z L. Single nucleotide polymorphisms in the ectomycorrhizal mushroomTricholoma matsutake [J]. Microbiology, 2007(153): 2002-2012.

[102] XU J P, SHA T, LI Y C, et al. Recombination and genetic differentiation among natural populations of the ectomycorrhizal mushroom Tricholoma matsutake from southwestern China [J]. Molecular Ecology, 2008(17): 1238-1247.

[103] YAMADA A, MEADA K, OHMASA M. Ectomycorrhiza formation of Tricholoma matsutake isolates on seedlings of Pinus densiflora in vitro [J]. Mycoscience, 1999(40): 455-463.

[104] YAMADA A, MEADA K, OHMASA M. Ectomycorrhizal formation of Tricholoma matsutake on Pinus densiflora [J]. Mycoscience, 1999(40): 193-198.

[105] YAMADA A, OGURA T, DDEGAWA Y, et al. Isolation of Tricholoma matsutake and T. bakamatsutake cultures from field-collected ectomycorrhizas [J]. Mycoscience, 2001 (42): 43-50.

[106] YAMADA A, OGURA T, OHMASA M. Cultivation of mushrooms of edible ectomycorrhizal fungi associated withPinus densiflora by in vitro mycorrhizal synthesis I. Primordium and basidiocarp formation in open-pot culture [J]. Mycorrhiza, 2001(11): 59-66.

[107] YANG X F, HE J, LI C, et al. Matsutake trade in Yunnan Province, China: An overview [J]. Economic Botany, 2008, 62(3): 269-277.

[108] YANG X F, SKIDREW A K, MELICK D R, et al. Mapping non-wood forest product (Matsutake mushrooms) using logistic regression and a GIS expert system [J]. Ecological Modeling, 2006(198): 208-218.

[109] YOKOYAMA R, YAMADA T. In vitro cultures of Tricholoma matsutake and Pinus densiflora [J]. Transactions of the Mycological Society of Japan, 1987(28): 331-338.

[110] YOSHIAKI K. The effect of chemicals (MEP) to control the pine wilt disease on mycelia and fruitbody ofTricholoma matsutake (S. Ito et Imai) Sing. [J]. Bulletin of the Hiroshima Prefectural Forestry Experiment Station, 1987(22): 55-62.

[111] YOSHIAKI K. Studies on the basidiospore germination of Tricholoma matsutake (S. Ito et Imai) Sing. [J]. 1Bulletin of the Hiroshima Prefectural Forestry Experiment Station, 1992(26): 31-38.

[112] YOSHIAKI K. Studies on formation and growth of "Shiro" ofTricholoma matsutake [J]. Bulletin of the Hiroshima Prefectural Forestry Experiment Station, 1994(28): 49-54.

[113] YU F Q, WANG Y, LIU P G. Tricholoma lavendulophyllum, a new species from Yunnan, China [J]. Mycotaxon, 2006(95): 305-308.

[114] ZELLER S M, TOGASHI K. The American and Japanese matsutake [J]. Mycologia, 1934(26): 544-558.

[115] 白淑兰，包玉英．稀土促进松茸菌丝体生长的研究 [J]．内蒙古农业大学学报(自然科学版)，1999，20(4)：24-26.

[116] 曹晋忠，朱玫，刘波．松口蘑在山西的发现 [J]．食用菌，1991(4)：4.

[117] 曹哲明，姚一建．松口蘑复合种形态学及生物地理学研究 [J]．菌物学报，2004，23(1)：43-55.

[118] 曹哲明. 松口蘑群系统发育重建与生物地理学研究 [D]. 北京：中国科学院微生物研究所，2003.
[119] 陈羽，王凤珍，陈应龙，等. 两个松茸菌株培养条件的研究 [J]. 林业科学研究，2000，13(4)：410-415.
[120] 楚雄州林业科学研究所与科技推广站. 松茸等重要经济野生食用菌的科学管护与持续利用[M]. 昆明：云南科技出版社，2007.
[121] 戴芳澜. 中国真菌总汇 [M]. 北京：科学出版社，1979.
[122] 傅禄敏，李玉花. 松口蘑的研究热点[J]. 食用菌学报，2003，10(3)：49-55.
[123] 傅伟杰，许广波，傅民杰，等. 松口蘑的驯化栽培及人工促繁 [J]. 中国食用菌，2004，23(2)：3-6.
[124] 傅伟杰，许广波，傅民杰，等. 松口蘑的自然属性及人工促繁 [J]. 食用菌，2004，26(5)：3-4.
[125] 傅伟杰，许广波，刘继生，等. 长白山区松口蘑分布及生态研究 [J]. 食用菌学报，1996，3(3)：46-50.
[126] 高明文，戴贤才. 川西高山的松茸生态[J]. 中国食用菌，1996，15(6)：34-35.
[127] 弓明钦，陈羽，王凤珍，等. 松茸 [M]. 昆明：云南科学技术出版社，1999.
[128] 弓明钦，仲崇禄，陈羽，等. 菌根型食用菌及其半人工栽培 [M]. 广州：广东科学技术出版社，2007.
[129] 韩桂云，何兴元，齐玉臣，等. 名贵食用菌根真菌松茸的初步研究 [J]. 土壤学报，1994，31(增刊)：182-187.
[130] 胡弘道. 台湾二叶松与松茸共生关系之研究(一)松茸与台湾二叶松之半无菌菌根合成 [J]. 台大实验林研究报告，1994，8(3)：47-54.
[131] 黄年来. 中国食用菌百科 [M]. 北京：中国农业出版社，1993.
[132] 廖树云，冷怀琼，刘彬. 四川松茸的特殊生态研究 [J]. 四川农业大学学报，1991，9(2)：297-302.
[133] 刘刚，王辉，周本宏. 松茸氨基酸含量的测定及营养评价 [J]. 食用菌，2007，26(5)：51-52.
[134] 刘培贵，袁明生，王向华，等. 松茸群生物资源及其合理利用与有效保护 [J]. 自然资源学报，1999，14(3)：245-252.
[135] 刘萍，陶文沂，尹光耀. 松口蘑及其活性物质研究进展 [J]. 食用菌学报，2001，8(4)：54-58.
[136] 伦志明. 诱导松口蘑人工菌塘形成的研究 [D]. 哈尔滨：东北林业大学，2005.
[137] 卯晓岚，庄剑云. 秦岭真菌[M]. 北京：中国农业科技出版社，1997.
[138] 沙涛，程立忠，张汉波，等. 一种简易的松茸担孢子收集方法 [J]. 中国食用菌，2003，22(3)：15.
[139] 苏开美，王志和，段福文，等. 松茸云南松菌根苗培育技术的初步研究 [J]. 食用菌，2002，24(6)：35-36.

[140] 苏开美，王志和. 松茸人工促繁技术研究 [J]. 中国食用菌，2006，25(1)：20-25.
[141] 苏开美. 云南楚雄、中甸地区松茸生态环境调查研究 [J]. 中国食用菌，2007，21(3)：19-20.
[142] 孙成壁，韩联生，白德智. 松口蘑研究初报 [J]. 食用菌，1989(5)：7-9.
[143] 孙刚，王振堂. 松茸发生地植被特征及功能分区[J]. 吉林农业科学，2000，25(1)：50-53.
[144] 藤田博美，小林藤雄，竹岗政治. 关于松茸主要生态因子的调查报告—土壤与小气候 [J]. 中国林副特产，1991，17(2)：39-43.
[145] 藤田博美，小林藤雄，竹岗政治. 关于松茸主要生态因子的调查报告—赤松的生长与植被 [J]. 中国林副特产，1991，16(1)：43-46.
[146] 王波. 稻城松口蘑生态调查初报 [J]. 食用菌，1989(6)：4.
[147] 王承明，陈可贵，王丽娟. 吉林省松茸生态考察报告 [J]. 吉林林业科技，1983(1)：26-34.
[148] 王福明. 温度和降水对松口蘑发生的影响 [J]. 食用菌，1989(4)：4-5.
[149] 王海军，刘静岭，李维国. 松茸半人工栽培的自然地理学基础 [J]. 东北师大学报(自然科学版)，2002，34(3)：73-78.
[150] 王毅. 川西高原松茸生态及遗传多样性研究 [D]. 成都：四川农业大学，2008.
[151] 王云，谢支锡. 松口蘑初探 [J]. 食用菌，1982(1)：7-8.
[152] 尉建平. 黑龙江省松茸可持续发展评价指标体系 [D]. 哈尔滨：东北林业大学，2007.
[153] 魏秉刚，凌妙丽，黄爱尤，等. 广西松口蘑初报 [J]. 食用菌，1985(6)：1-2.
[154] 魏铁铮. 松口蘑纯培养及其发生地土壤微生态的研究 [D]. 延边：延边大学，2001.

[155] 鲜明耀．四川松口蘑分布及其生态环境 [J]．食用菌，1987(4)：9-10.
[156] 许广波，傅伟杰，魏铁铮，等．长白山区的松茸资源状况及其研究进展 [J]．国土与自然资源研究，2001(2)：73-74.
[157] 杨民和，杨新美，陈立国．松茸的营养生理及培养基的筛选 [J]．菌物系统，2000，19(1)：272-277.
[158] 杨廷贤，张三元，杨刚．陇南山地松茸资源调查初报 [J]．食用菌，1993，15(6)：2.
[159] 杨雪飞．松茸—分布、环境因子和可持续利用[D]．昆明：中国科学院昆明植物研究所，2005.
[160] 于富强，刘培贵．云南松林野生食用菌物种多样性及其保护对策 [J]．生物多样性，2005，13(1)：58-69.
[161] 于富强，肖月芹，刘培贵．云南松(Pinus yunnanensis)林外生菌根真菌的时空分布 [J]．生态学报，2007，27(6)：2325-2333.
[162] 于富强．松口蘑群及其近缘种的分类学与系统学研究[D]．昆明：中国科学院昆明植物研究所，2007.
[163] 臧穆．松口蘑群及其近缘种的分类地理研究 [J]．真菌学报，1990，9(2)：113-127.
[164] 曾东方，傅伟杰，许广波，等．珍稀濒危物种松茸在我国东北的植被研究 [J]．中国食用菌，2004，23(6)：3-4.
[165] 曾东方，罗信昌，傅伟杰．松口蘑菌丝体的分离和 RAPD-PCR 分析 [J]．微生物学报，2001，41(3)：278-286.
[166] 赵淑芬．松茸 [M]．长春：吉林科学技术出版社，1986.
[167] 周选围．松茸资源研究概况 [J]．食用菌学报，2002，9(1)：50-56.

（于富强）

第五十五章 双孢蘑菇

DIWUSHIWUZHANG SHUANGBAO MOGU

摘要：双孢蘑菇是世界上人工栽培最广泛、产量最高、消费量最大的食用菌，具有重要的经济价值。我国是世界双孢蘑菇科研、生产、加工与出口大国，2009 年双孢蘑菇鲜品达 218.1 万吨。本章介绍了国内外双孢蘑菇栽培及品种改良的历史概况，详细阐述了双孢蘑菇生物学及遗传特性、杂交育种技术及国内主栽品种 As2796 选育过程，以及中国双孢蘑菇栽培菇房与设施、培养料堆制技术、无公害栽培技术与病虫害防治、采收与加工等方面内容。

Agaricus bisporus

Abstract: *Agaricus bisporus* (the white button mushroom) is the most widely cultivated and consumed edible fungus in the world and has immense economic value. Much of the research on this mushroom is undertaken in China, and the country is the largest producer, processor and exporter of *A. bisporus*. In 2009, output of fresh button mushrooms in China exceeded 2 181 000 tons. This chapter consists of eight sections describing in detail various aspects of *A. bisporus* including the history of *A. bisporus* production and strain improvement, biological and genetic features, breeding technology (this section recounts the breeding of *A. bisporus* strain As2796, the main cultivated strain in China), *A. bisporus* cultivation facilities in China, composting techniques, safe cultivation techniques, disease and insect control, harvesting procedures and postharvest processing.

第一节 概 述

一、双孢蘑菇学名及分类地位

双孢蘑菇又名：蘑菇、白蘑菇、双孢菇、洋菇、纽扣蘑菇等。

学名：*Agaricus bisporus* (J. E. Lange) Imbach, *Mitt. naturf. Ges. Luzern* 15:15(1946)。

属名"*Agaricus*"一词来自希腊语，词根是"agarikos"，意思是"伞菌、蘑菇"，用于真菌的属名，翻译为"蘑菇属、伞菌属"。种名加词"*bisporus*"的词干"bi-"是"二、双"的意思，词尾"-sporus"意为"孢子"。

同物异名：*Agaricus bisporus* var. albidus (J. E. Lange) Singer, *Mushrooms and Truffles: Botany, Cultivation, and Utilization*: 30 (1961); *Agaricus bisporus* var. avellaneus (J. E. Lange) Singer, *Mushrooms and Truffles: Botany, Cultivation, and Utilization*: 29 (1961); *Agaricus bisporus* (J. E. Lange) Pilát, *Sborn. Nár. Mus. v Praze, Rada B, Prír. Vedy* 7(1): 46 (1951) var. *bisporus*; *Agaricus brunnescens* Peck, *Bull. Torrey bot. Club* 27: 16 (1900); *Agaricus campestris* sensu Cooke [Ill. Brit. Fung. 527 Vol. 4 (1885)]; fide Checklist of Basidiomycota of Great Britain and Ireland (2005); *Agaricus campestris* var. bisporus Kligman, *Am. J. Bot.* 3: 746 (1943); *Agaricus campestris* var. buchananii Berk., *Gard. Chron.*, London (no. 24): 1039 (1860); *Agaricus campestris* var. *elongatus* Berk., *Gard. Chron.*, London (Dec. 1): 1061 (1860); *Agaricus campestris* var. *hortensis* Cooke [as '*campester*'], *Handbook of British Fungi*: 138 (1871); *Agaricus cookeanus* Bon [as '*cookeianus*'], *Docums Mycol.* 16 (no. 61): 16 (1985); *Agaricus hortensis* (Cooke) S. Imai, *J. Fac. agric., Hokkaido Univ.* 43: 258 (1938); *Agaricus hortensis* (Cooke) Pilát, *Sb. nár. Mus. Praze* 7B(1): 37 (1951); *Agaricus subfloccosus* var. bisporus (J. E. Lange) Hlaváček, *C. C. H.* 28 (4-6): 68 (1951); *Psalliota bispora* (J. E.

Lange) F. H. Møller & Jul. Schöff., *Annls mycol*. 36(1):69(1938); *Psalliota bispora* f. albida(J. E. Lange) Treschew, *Dansk bot. Ark*. 11:19(1944); *Psalliota bispora* f. *avellanea* (J. E. Lange) Treschew, *Dansk bot. Ark*. 11:19(1944); *Psalliota campestris* var. hortensis (Cooke) Lloyd, *Mycol. Writ*. 1(4):26(1899); *Psalliota hortensis* (Cooke) J. E. Lange, *Dansk bot. Ark*. 4(no. 12):8(1926); *Psalliota hortensis* f. albida J. E. Lange, *Fl. Agaric. Danic*. 4:58(1939); *Psalliota hortensis* f. avellanea J. E. Lange, *Fl. Agaric. Danic*. 4:58(1939); *Psalliota hortensis* var. *bispora* J. E. Lange, *Dansk bot. Ark*. 4(no. 12):8(1926)。

分类地位：菌物界(Fungi)，担子菌门(Basidiomycota)，伞菌纲(Agaricomycetes)，伞菌亚纲(Agaricomycetidae)，伞菌目(Agaricales)，伞菌科(Agaricaceae)。

二、国际双孢蘑菇栽培与品种改良史

双孢蘑菇栽培起源于法国，至今已有400多年的历史。据报道，1550年，法国已有人将蘑菇栽培在菜园里未经发酵的非新鲜的马粪上。1651年，法国人用清水漂洗蘑菇成熟的子实体，然后洒在甜瓜地的驴、骡粪上，使它出菇。1707年，被称为蘑菇栽培之父的法国植物学家D.托尼弗特用长有白色霉状物的马粪团在半发酵的马粪堆上栽种，覆土后终于长出了蘑菇。1754年，瑞典人兰德伯格进行了蘑菇的周年温室栽培。1780年，法国人开始利用天然菌株进行山洞及废弃坑道栽培。1865年，人工栽培技术经英国传入美国，首次进行了小规模蘑菇栽培，到了1870年发展成为蘑菇工业。1910年，标准式蘑菇床式菇房在美国建成。菌丝生长和出菇管理均在同一菇房内进行，称为单区栽培系统，适合手工操作。我国目前多采用这一栽培系统。1934年，美国人兰伯特研究了把蘑菇培养料堆制分为两个阶段，即前发酵和后发酵，极大地提高了培养料的堆制效率和质量。目前，国外许多菇场采用箱式多区栽培系统，将前、后发酵、菌丝培养、出菇阶段等分别置于各自最适的温、湿度室内，不仅温、湿度可以控制，并配有送料、播种、覆土装置，年栽培次数一般可达6次。美国Sylvan公司在佛罗里达州的菇场年栽培达10次，年产鲜菇1.2万吨，极大地提高了工效与菇房设施的利用率。此外，爱尔兰等国家还发展了塑料菇房袋式栽培等模式。国际蘑菇栽培出现了农村副业栽培、农场式生产和工业化生产并存的局面。在发达国家工业化生产已逐渐成为主导模式，我国目前仍以农村生产为主。

双孢蘑菇菌种的提纯、制备与改良也有百年历史。1894年，康斯坦丁等首次制成蘑菇"纯菌种"。1929年，美国人兰伯特提出子实体能从单孢子萌发的菌丝体产生，公开了用蘑菇孢子和组织培养物制种的秘密。1948年，法国培育出索米塞尔蘑菇菌株。1950年，美国培育出奶白、棕色和白色等菌株。早期的选种方法基本采用多孢分离，但改良菌株的进程缓慢。Sinden(1981)叙述了他采用多孢筛选法获得A6菌株的经过，为此他前后经过了近30年的努力，但A6也不是十分理想的菌株。我国过去采用多孢筛选法前后约有30年，也始终没有留下明显进步的菌株，这和我国把选种作为制种的一个程序，年年选，年年弃，没有把良种留下有关。然而多孢筛选法，在遗传上均一性大于变异性，理论上难以获得具有突出性状的变异株。要有效地选育新菌株，得寻找别的方法。

单孢分离筛选比多孢筛选具有更大的概率获得明显性状的新菌株。尽管单孢分离是一种费时的工作，但采用此法，确能获得比较好的菌株(Fritsche, 1972; Kneebone, et al. 1976)。福建省轻工业研究所蘑菇菌种研究推广站王振川等，1983年从一些菌株中分离了近千个单孢培养物，获得了10株具有较好种性的新菌株，其中"闽一号"菌株曾在省内外广泛使用。

虽然多孢分离和单孢分离选种曾经为双孢蘑菇商业性栽培提供了许多重要的菌株，但是这些菌株仍然存在难以克服的缺点：高产的菌株常常不优质，而优质的菌株常常不高产，单产甚至只达高产菌株的一半。为了选育具有高产与优质特性的菌株，育种家很自然地着眼于杂交方法的研究。杂交在动植物育种中的应用已有长久的历史，而且取得巨大的成就。为什么在双孢蘑菇育种中迟迟没有实现呢？1972年，Raper、Elliott等对双孢蘑菇生活史进行了详细的研究，并利用遗传标记作分析工具，揭示了蘑菇杂交育种存在两个障碍，一是它具有独特的遗传特性，使担子上的两个孢子大多具有异核而自身可育；二是它的同核体与异核体菌丝间没有形态上的差异，即异核体菌丝也无锁状联合现象。

对蘑菇遗传系统的深入研究，指导着蘑菇选育种工作的进展。1980年，荷兰Horst蘑菇试验站的Fritsche利用蘑菇不育单孢子培养物配对，以恢复可育性为标记选育杂交菌株，使杂交技术切实可行，于1981年首先育成纯白色蘑菇品系和米色蘑菇品系间杂交的品种U1和U3，曾经在欧洲广泛使用。1989年，福建省轻工业研究所蘑菇菌种研究推广站王泽生等育成高产优质耐热的优良杂交品种As2796系列菌株，并在我国广泛使用。现在世界各国使用的商业菌种几乎均为杂交菌株，品种改良技术也逐渐进入到基因工程水平。

三、中国双孢蘑菇栽培与品种改良历程

（一）引进生产菌株与一次发酵栽培技术（1925～1977年）

我国大约1925年，从国外引进双孢蘑菇到国内栽培。除了外国人在上海、福州市郊自营的小型蘑菇场外，胡昌炽先生最早从日本转引入蘑菇菌种在国内试种出菇。家庭式小规模栽培蘑菇最早始于福建省福州市潘志农先生，他于1930年小面积栽培成功。1931年，浙江杭州余小铁先生也开始种植。上海的蘑菇栽培始于1935年前后，1957年在市郊推广了床架式栽培，1958年用牛粪替代马粪栽培成功并向全国推广。1960年，上海市农业科学院成立了食用菌研究所，重点进行了蘑菇技术的试验研究，分别对培养料配方、水分管理、病虫害防治等进行了试验与研究。在蘑菇栽培上逐步确立了切合我国实际情况的一套栽培管理措施。同时，上海师范学院、福建三明真菌研究所、福建省轻工业研究所、浙江农业大学、轻工部食品工业发酵研究所等单位共同对蘑菇技术进行了综合性的研究。福建省蘑菇进入规模生产已有30多年的历史。1966年，首先在福州进行规模栽培和批量加工，1967年，外贸出口试销31吨。此后相继在厦门、漳州、泉州、莆田、宁德等地推开，菌种和栽培技术均引自上海。当时福建蘑菇生产还没有专门的组织，处于自发发展阶段。1970年全省发展到1067吨，此后迅速增加到近万吨，由于当时菌种杂乱，栽培技术落后，单产低，1975～1978年全省蘑菇产量徘徊在1.8万吨左右。这一时期，尤其是20世纪60年代以来，我国大陆引进的品种主要是老法国种，多采用菌丝转管、组织分离物和多孢分离物保种，栽培以牛马粪、稻麦秸为主基质，采用一次发酵技术，总体上表现为生产技术落后，规模偏小，品种质量虽然优良但单产偏低，平均仅3.6kg/m^2。1977～1978年，大陆的蘑菇鲜产量仅3万吨左右。我国台湾省从1953年开始少量栽培，1977～1978年，引进的品种已经十分丰富，采用二次发酵等先进的栽培技术，栽培单产达10kg/m^2，总产11.9万吨（历史最高），主要加工成罐头出口，为台湾省的经济腾飞提供了重要的外汇来源，成为世界第三大蘑菇主产区。

（二）引进菌株的比较筛选与二次发酵技术（1978～1983年）

1978～1979年，香港中文大学张树庭教授向内地推荐、引进了蘑菇培养料二次发酵技术和法国高产菌株5-176等。轻工业部迅速着手组建了全国蘑菇科研协作网，1979、1980、1981年分别在福州、上海、杭州举行了第一、第二和第三届协作网会议，并组织福建省轻工业研究所、轻工部食品工业发酵研究所、浙江农业大学和上海农科院食用菌研究所等单位共同承担国家"五·五"蘑菇科技攻关项目"蘑菇罐藏优良菌株选育和提高单产研究"（1978～1983年），对引进的各类蘑菇菌株进行多点比较筛选，对二次发酵技术因地制宜地进行示范推广，极大地促进了全国蘑菇栽培的发展，项目获国家科技进步三等奖。福建、浙江、广东、江苏、上海等成为蘑菇主产区。尤其是福建省，在1978和1981年召开了全省蘑菇生产会议，省政府在福建省轻工业研究所内设立了蘑菇专业机构——福建省蘑菇菌种研究推广站，主持全省的蘑菇品种改良和栽培技术的引进、开发与推广工作，并在9个地市建立了分站，初步建成全省蘑菇科研和推广网络，每年召开全省蘑菇制种工作会议，审定生产用种。福建蘑菇生产开始走上有序发展的道路。1982～1983年，全省产蘑菇4.5万吨，占大陆各省总产（13万吨）的35%，单产提高到5.0kg/m^2。此期间台湾省的蘑菇生产量开始逐渐下降，1982～1983年总产量为5.68万吨，但单产提高到13.45kg/m^2。

（三）引进菌株的孢子分离物筛选和二次发酵新技术研制（1983～1988年）

双孢蘑菇栽培、加工的工农业经济效益与创汇作用十分突出，引起各级政府的重视。1983年后，蘑菇生产在长江以南迅速扩大，主产区扩大到福建、浙江、四川、江苏、广东、广西、安徽、湖南、江西、上海等10个省市。但生产中仍存在下列问题：第一，菌种来源混杂、种性不清；第二，各地因能源和技术问题，培养料二次发酵技术未能得到真正推广。为此，国家轻工业部再次组织福建省轻工业研究所蘑菇菌种研究推广站、轻工业部食品工业发酵研究所、浙江农业大学、上海农科院食用菌研究所和四川省轻工业研究所共同承担了国家"六·五"科技攻关项目"蘑菇罐藏新菌株选育、提高单产和罐头生产技术研究"（1983～1985年）。福建省轻工业

研究所蘑菇菌种研究推广站科研队伍在王贤樵教授的指导下，开展了育种和提高栽培技术两方面的科技攻关。经过3年努力，福建省轻工业研究所蘑菇菌种研究推广站王振川等把平均单孢萌发率由10%左右提高到60%以上，从引进的高产和优质菌株中分离出近千个单孢培养物，获得了10株具有较好种性的新菌株，其中“闽一号”菌株曾在省内外广泛使用。但是孢子分离菌株仍然遗传了亲本的绝大部分特性，存在高产的菌株不优质，而优质菌株不高产的缺点。为此，王泽生等以同工酶为遗传标记，用凝胶电泳方法鉴别菌株类型，鉴定同核体和杂交子代，分析子代遗传变异，建立起双孢蘑菇同核不育菌株配对杂交育种技术。先后推出偏G型的杂交新菌株As376、As555、As1671等和HG4型新菌株As2796系列。这是我国自己培育的首批双孢蘑菇杂交菌株。优良菌株还得配套好的栽培技术，福建省轻工业研究所蘑菇菌种研究推广站柯家耀等推出了先自热升温再控温巴氏消毒，最后保温培养有益微生物的蘑菇培养料节能二次发酵新技术，在福建产区全面推广。此外，福建省轻工业研究所蘑菇菌种研究推广站还开展了液氮保种等研究。福建蘑菇业走上科学种菇的道路。1987～1988年，福建省蘑菇总量达10万吨，占全国的53%，偏G型杂交新菌株As376、As555、As1671广泛推广，平均单产接近6.0kg/m²，而台湾省的蘑菇生产进一步下降，总产仅3万吨左右。此期间，浙江农业大学、轻工业部食品工业发酵研究所、上海农科院食用菌研究所等也在科技攻关中取得丰硕成果，该项目于1986年获得国家“六·五”科技攻关奖。

（四）杂交新菌株As2796和规范化、集约化栽培（1989～1999年）

1989年，蘑菇罐头肠毒素事件引发的风波使我国蘑菇业受到重大的打击，栽培面积萎缩，产量下降，罐头厂和外贸亏损。在这严峻的形势下，国家有关部门采取各种措施减少损失。福建省政府、省轻工、外贸、商检、省罐头协会、省蘑菇站、各地（市）罐头厂、蘑菇办没有退缩，而是积极组织全省同行展开新一轮攻关。1990年，福建省标准局批准了“福建省蘑菇菌种及蘑菇罐头标准综合体”，福建省人大常委会批准了“福建省蘑菇菌种管理条例”。同年，福建省轻工业研究所蘑菇菌种研究推广站，向全省推出了具有自主知识产权的高产优质杂交新菌株As2796、培养料节能二次发酵技术和标准化集约化栽培技术，三者构成了福建省蘑菇科学化栽培的新模式。单产和质量的提高激发了菇农种菇的积极性，福建的蘑菇生产在“89罐头风波”中继续向前发展。轻工业部于1992年在福建莆田召开了第六届全国蘑菇科研协作网会议，参观了福建科学化种菇的模式。蘑菇标准化、集约化栽培技术被各产区引入，并发展成多种栽培模式。国际著名的蘑菇集团公司美国Sylvan公司等也慕名来到福建，与福建省轻工业研究所蘑菇菌种研究推广站合作开展蘑菇研究，我国蘑菇科研从此进入国际行列。1995～1996年福建蘑菇总产高达27.9万吨（省统计局），占全国的75%，世界的12.5%，单产提高到9.0kg/m²左右，最高达18kg/m²。获得国家轻工业部和福建省科技进步二等奖。

1996～1997年，受国际蘑菇罐头价格严重下跌的影响，国内蘑菇业再次受到打击，尤其是福建省。福建蘑菇生产技术、人员和加工企业开始向长江以北转移，近到山东、河南，远到新疆、东北，寻求开发新区，促进了我国北方蘑菇生产的发展。蘑菇主产区从长江以南扩大到长江以北。山东、河南、甘肃、宁夏等已成为后起之秀。在此形势下，福建省轻工业研究所蘑菇菌种研究推广站承担了省“七·五”科技攻关和国家“八·五”科技攻关项目“蘑菇保鲜加工技术研究”，为福建蘑菇生产开辟了另一个消费市场，福建蘑菇鲜销从1990年1000吨增加到近5万吨，再一次稳定了福建的蘑菇生产，鲜菇产量又恢复到历史较好水平。1999年，中国蘑菇产量已经达到42.5万吨，名列世界第一。

（五）基因工程育种与中国式周年生产技术（2000－）

分子生物学的进步在育种上开始了基因工程技术的应用，把人们需要的一个或几个基因片段从一个细胞分离提取出来，转移至另一个细胞中去，使外来的基因整合到受体细胞DNA上，改变受体细胞的遗传信息。无疑，这将给育种家开辟出广阔的前景，育成双孢蘑菇理想的菌株，为时将不会太远。

福建省轻工业研究所蘑菇菌种研究推广站从1994年起，先后承担了国家和福建省自然科学基金重点项目、科技重大与攻关计划，开始着手蘑菇基因工程育种的理论探索、技术研究与育种试验，并建立起食用菌基因工程实验室。实验室拥有一个引自世界各地的双孢蘑菇野生与人工栽培菌株的种质库，达435株，具有耐高温、抗干泡病、抗绿霉等优良种质，并与美国Sylvan公司长期开展多方面的蘑菇合作研究。2007年，福建省蘑菇菌种研究推广站从福建省轻工业研究所划转到福建省农科院，随后组建成立了福建省农科院食用菌研究所，是福建省双孢蘑菇技术工程研究中心、福建省食用菌科研中试基地、福建省食用菌学会、中国菌物学会食用菌专业委员会和联合国亚太地区食用菌培训基地的直接依托单位，已经培育成一批耐热转基因新菌株。此外，厦门大学生命科学学院、上海农科院食用菌研究所、四川农科院土肥所、华中农业大学应用真菌所、云南农业大学食用菌研究所、浙江省农科院园艺所、甘肃农科院蔬菜所、山东烟台牟平区农技推广中心等，也在2000年前后，开展了双孢蘑菇分子生物学研究或育种工作。

随着育种工作的深入开展，蘑菇周年生产技术也日益受到重视。20世纪80年代以来，我国先后从意大利、美国等引进蘑菇工厂化生产线20多条，由于成本太高或管理不当或技术欠缺，大多未能正常运行，仅有烟台的山东九发食用菌股份有限公司在坚持生产，并成为国内第一家上市的食用菌股份公司。根据中国国情，研制中国式的周年生产技术显得十分必要。福建省轻工业研究所蘑菇菌种研究推广站于1998年承担了省科技重大项目“蘑菇周年生产技术研制”，主要完成两个任务：第一，选育耐高温菌株，采用规范化栽培技术，在不同海拔或纬度地区建立生产基地，形成周年向市场供应鲜蘑菇的能力；第二，结合蘑菇工厂化生产和规范化栽培的优点或特点，选育专用的耐热、抗病菌株，设计专用二次发酵隧道，建造有一定保温能力的菇房，达到周年生产的目的。目前，福建宁德金海西食用菌公司已先行试产，预计不久的将来即可在福建推广。

第二节 双孢蘑菇的生物学特性

一、形态结构

双孢蘑菇由菌丝体和子实体两部分组成。

菌丝体是营养器官，由担孢子萌发生长而成，粗1～10μm，细胞多异核，细胞间有横隔，通过隔膜孔相连，经尖端生长、不断分枝而形成蛛网状菌丝体，主要作用是吸收、运送水分、营养物质和支撑子实体。从形态上看，菌丝体有绒毛菌丝（一级菌丝）、线状菌丝（二级菌丝）和索状菌丝（三级菌丝），其培养菌落有白色绒毛型、白色紧贴绒毛型、紧贴索状等类型。绒毛菌丝是初期生长的菌丝，在生长过程中遇到适宜的环境条件相互结合形成线状菌丝，进而扭结、分化、发育成子实体。期间，线状菌丝分化形成束状菌丝，束状菌丝体再分化成子实体组织和根状菌束。

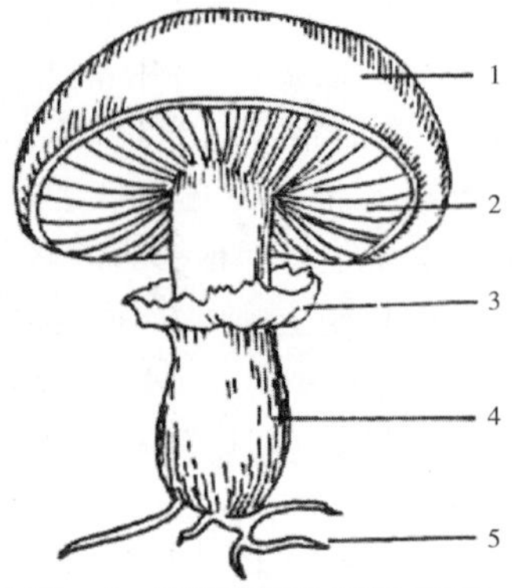

图55－1 双孢蘑菇子实体形态

1.菌盖，2.菌褶，3.菌环，4.菌柄，5.根状菌束。

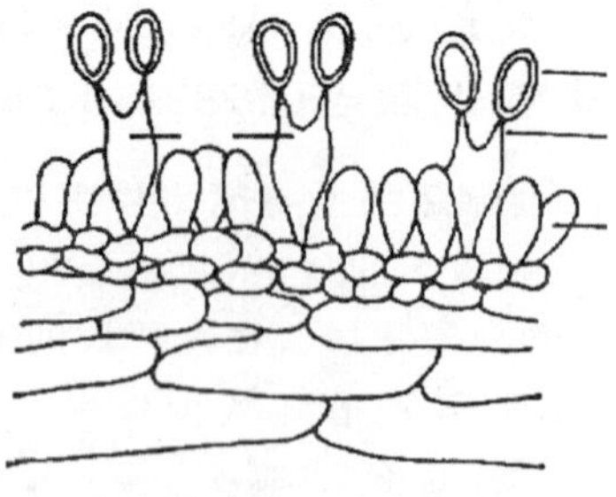
图55－2 双孢蘑菇菌褶横切面图

1.幼嫩担子，2.成熟担子，3.担子柄，4.担孢子。

子实体是繁殖器官，也是人们食用部分，包括菌盖、菌褶、孢子、菌柄、菌膜、菌环等（图55－1）。子实体的功能是产生孢子，繁衍后代。子实体大小中等，初期呈半圆形、扁圆形，后期渐平展，成熟时菌盖直径4～12cm。表面白色、米色、奶油色或棕色，光滑或有鳞片，干时变淡黄色或棕色，幼时边缘内卷，菌肉组织白色，较结实。菌盖下面呈放射状排列的片状结构叫菌褶，初期为米色或粉红色，后变至褐色或深褐色，密、窄，离生不等长。菌褶两侧生长着许多棒状的担子，担子为单细胞，无分隔，通常生有2个担孢子（图55－2）。一朵蘑菇成熟后可以产生10多亿个孢子，孢子褐色、椭圆、光滑，大小为6～8.5μm×5～6μm，孢子印深褐色或咖啡色。菌柄是菌盖中央的支撑部分，起着给菌盖输送养分的作用。一般长3～8cm，粗1.0～3.5cm，白色，近圆柱形，内部结实至疏松。菌膜为菌盖和菌柄相连接的一层膜，随着子实体成熟，逐渐拉开，直至破裂。有的品种有菌环，单层、膜质，生于菌柄中部，易脱落。

二、生长发育条件

双孢蘑菇是喜温喜湿的腐生真菌。野生双孢

蘑菇通常生长在草地或丛林中腐熟或半腐熟的植物腐殖质和动物粪便上，单生或丛生。整个生育阶段，从孢子萌发到子实体成熟需要一定的环境条件，包括满足生长发育过程中所需要的营养、温度、水分、空气、酸碱度等环境因子。

1. 营养

双孢蘑菇是一种腐生菌，完全依赖培养料中的营养物质。它能利用各种碳源，如糖类(碳水化合物)、淀粉、木质素、半纤维素、树胶、果胶和泥炭等。这些碳源主要存在于农作物的秸秆之中，依靠嗜热及中温微生物和蘑菇菌丝分泌的各种酶，分解为简单的糖类而为蘑菇所利用。半纤维素转化为戊糖(阿拉伯糖、木糖)、己糖(葡萄糖、半乳糖、果糖)之后，首先被蘑菇吸收利用，纤维素在转变成纤维二糖后才能被吸收利用。蘑菇菌丝生长阶段主要消耗培养料中的木质素，出菇期间主要消耗戊聚糖和 α-纤维素。氮源是蘑菇生长发育过程中的重要营养成分。蘑菇不能同化硝酸盐，可以同化铵态氮。蘑菇更适于利用有机氮。蘑菇不能直接吸收蛋白质，但能很好地利用其水解产物。蘑菇的主要氮源有蛋白质、蛋白胨、肽、氨基酸、嘌呤、嘧啶、酰胺、胺、尿素、铵盐等。生产中常用牛、马、鸡粪和禾秆做为堆制培养料的原料，并添加适量菜子饼或碳酸氢铵、尿素等氮源，通过培养料二次发酵，适宜的微生物活动，对原料中的各种成分进行降解和转化，形成有益于蘑菇生长发育的木质素—蛋白质复合体、木质素—腐殖质复合体等。蘑菇生长最适碳氮比是 17∶1。根据这个要求，在配制培养料时，原料的碳氮比应为 30∶1。蘑菇生长发育所需要的矿物质元素，如钙、磷、钾、硫和微量元素从堆肥和添加剂中可以得到满足，所需的生长素、维生素、核酸等是从培养料发酵期间微生物代谢产物中获得的。

2. 温度

蘑菇担孢子释放温度为 13～20℃，超过 27℃，即使子实体已相当成熟，也不能释放。蘑菇担孢子萌发的温度为 24℃左右，温度过高或过低都会延迟担孢子的萌发。蘑菇菌丝生长的温度范围是 6～32℃，最适为 22～26℃。子实体发育温度范围是6～24℃，最适为 16～20℃。随不同品种而异。

3. 水分

双孢蘑菇子实体含水量达 90%左右，菌丝体含水量 70%～75%。不同类型菌株以及不同生长发育阶段，对水分或空气湿度的需求不完全相同。一般要求堆制好的培养料含水量达 60%～70%，以 65%为宜。覆土的吸水量视不同材料来掌握，通常田土需调节至 65%～75%(手捏成团，掉地即散)。菌丝生长阶段菇房相对湿度保持在 75%～80%，出菇期应提高到 90%～95%。

4. 空气

双孢蘑菇是好氧性真菌，菌丝体和子实体都要不断地吸进氧气，呼出二氧化碳。培养料的分解也会不断产生二氧化碳、氨、硫化氢等有害蘑菇菌丝体和子实体生长发育的气体。适于菌丝生长的二氧化碳浓度为0.1%～0.5%，空气中二氧化碳浓度减少到0.03%～0.1%时，可诱发菇蕾发生。覆土层中的二氧化碳浓度达0.5%以上会抑制子实体分化，达 1%时子实体盖小，柄细长，易开伞。这对菇房要经常通风换气。

5. 酸碱度

双孢蘑菇菌丝生长的 pH 为 6～8，最适 pH 为 7 左右。菌丝体生长过程会产生碳酸和草酸使生长环境逐渐偏酸，因此播种时，常把培养料 pH 调到 7～7.5，覆土层的 pH 可调到7.5～8.0。

6. 光线

双孢蘑菇生长发育不需要光照，直射光会使菇体表面干燥发黄，品质下降。

第三节 双孢蘑菇的育种技术

一、遗传特性

1. 有性生殖

(1)双孢蘑菇的繁殖方式

双孢蘑菇的繁殖方式有无性繁殖和有性生殖两种。无性繁殖是指由母细胞直接产生子代的繁殖方式。Hayes(1978) 描述了双孢蘑菇的无性生殖能产生厚垣孢子和次生孢子，但它们在双孢蘑菇的生活史研究中对有性繁殖少有提及。双孢蘑菇有性生殖是其生活史的主要部分，它通过两性核在担子中的结合，或两性细胞以菌丝融合方式结合后形成新的个体。

(2)双孢蘑菇的有性生殖

双孢蘑菇的有性生殖比较特殊，而且比较复杂，也从担孢子萌发开始，经过菌丝体和子实体两个发育阶段，直到新一代担孢子产生、成熟而结束。双孢蘑菇的有性生殖有两个分支：一支是含“＋”“－”两个不同交配型细胞核的担孢子，不需要交配可以完成生活史；另一支是仅含有“＋”核的担孢子和仅含“－”核的担孢子，萌发成菌丝后，需经交配才能完成生活史。在典型的双孢蘑菇中，双孢担子占绝大多数，四孢担子为数较少，所以次级同宗配合的遗传方式在其完整的有性生殖生活史中占有很大的比例。也就是说，双孢蘑菇的担子上仅产生两个担孢子，绝大多数担孢子内含有“＋”“－”两个核，即担孢子只获得 4 个减数分裂产物中的 2 个。这种异核担孢子萌发出的菌丝是异核的菌丝体，它们不产生锁状联合，不需要经过交配就能完成生活史，这种异核担孢子是自体可育的。1972 年，Raper 等详细地阐述了双孢蘑菇特殊的二极性次级同宗配合的生活史。此外，双孢蘑菇的担子偶尔也能产生单个、3 个、4 个甚至 8 个担孢子。据统计，一孢担子占 3%，二孢担子占81.8%，3 孢担子占12.8%，4 孢担子占1.2%，5 孢担子占0.013%，7 孢担子占0.003%。单核孢子或同核的双核孢子是以异宗配合的遗传方式来完成生活史的。双孢蘑菇的有性生殖生活史可用图 55－3 表示。

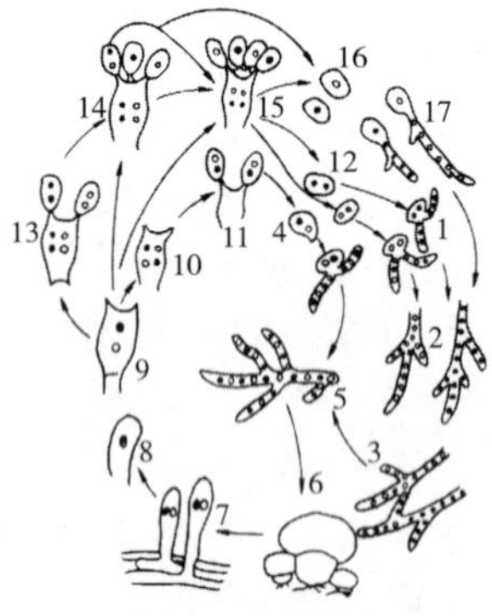

图 55－3　双孢蘑菇有性生殖生活史

1. 同核担孢子的萌发，2. 同核菌丝体，3. 同核菌丝体之间质配，4. 异核担孢子萌发，5. 异核菌丝体，6. 子实体，7. 担子，8. 接合的细胞核，9. 第一次减数分裂，10. 第二次减数分裂，11. 异核担孢子形成，12. 担孢子弹射，13. 同核担孢子形成，14. 三孢担子，15. 四孢担子，16. 单核担孢子，17. 单核担孢子萌发。

1992 年，在美国加州发现了 4 孢变种。这不但丰富了种质资源，也极大地推动了性因子的研究，同时也使得双孢蘑菇有性生殖生活史的研究得到进一步完善。4 孢变种的生活史是以异宗配合为主要生殖方式。杂交研究表明，4 孢担子性状相对双孢担子是显性的，3 孢担子介于两者之间。图 55－4 为 1995 年 Phillippe 示意的双孢蘑菇有性生殖生活史。

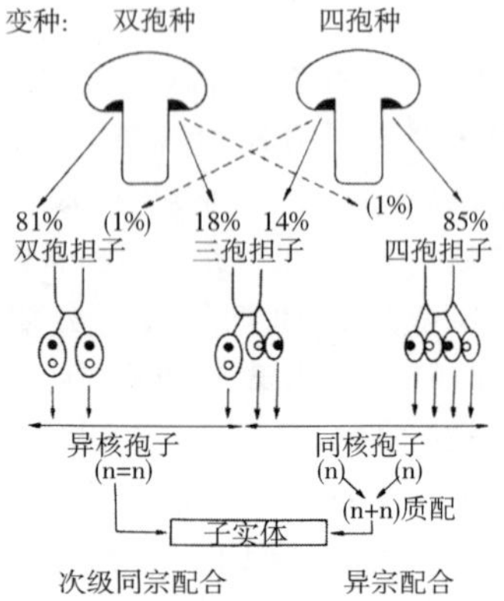

图 55－4　双孢蘑菇有性生殖生活史

2. 双孢蘑菇的性特征

双孢蘑菇缺乏一般担子菌常有的两个特性。第一，它的担子上通常只形成 2 个担孢子而不是 4 个；第二，它的营养菌丝不形成锁状联合。

虽然双孢蘑菇已有 300 多年的栽培历史，但是对其有性生殖和遗传基础的研究和了解仅从 21 世纪开始。遗传标记的更新是研究发展和深化的主要线索。从外观形态表型标记，如菌落形态、子实体特性到生理生化标记，如营养缺陷型及抗药、抗病性标记，再到分子水平的同工酶、RFLP、RAPD 标记，不断加强人们对双孢蘑菇的遗传、生理、生态行为的观察、分析及判定能力，推动双孢蘑菇遗传研究的发展。然而，取得卓有成效的研究结果，却是近几十年的事。

(1)双孢蘑菇是次级同宗配合的物种

Lambert(1929)发表的论文在国际上首次探讨了双孢蘑菇的性，他成功地分离出 9 个单孢子培养物，结果表明它们都具有产生正常子实体的能力。这是人们首次懂得可以用蘑菇孢子萌发成的菌丝体来制备生产用种。Sinden(1937)也用单孢子菌株做了试验。结果发现，事实上有大约 1/3 的单孢子菌株根本不结菇。这个试验首次暗示蘑菇生殖系统的复杂性。它的子实体既产生自体可育的担孢子，也产生自体不育的担孢子。

Kligman(1943)又对蘑菇生殖系统做了进一步研究。他证实了蘑菇能产生自体可育和自体不育的两种分离物，并用 11 个自体不育的单孢分离物做杂交试验，共做了 55 个配对组合，结果有 7 个组合恢复了可育性。Kligman 还用 5 个分离自棕色菌株的自体不育株和 3 个分离自白色菌株的自体不育株配对杂交，结果 15 个配对组合中有 3 个产生了子实体。尽管他的试验结果提示蘑菇可能存在一个不亲和性因子或不亲和性系统，但是 Kligman 的结论却是蘑菇是无性的，他认为蘑菇核的融合在孢子产生之前，是“没有遗传学意义的残余特性”。Lambert(1960)回顾了双孢蘑菇的遗传与育种，认为只有具不同核的孢子才能形成可育的单孢培养物。他提出遗传研究的途径，即从单个担子上分离出一对孢子，从单孢培养物中分离出同核的部分。Pelham(1967)首次从菌褶上直接分离出担孢子，并检验了从双孢和 3 孢担子上分离的孢子的结菇能力。这项工作成为美国 Miller(1971)和英国 Elliott(1972)进行蘑菇生殖系统分析的起点。Miller 和 Elliott 都从 4 孢担子上分离出孢子。Miller(1971)研究了 12 个此类培养物，结果全部都是不育的。用这 12 个培养物配对培养，66 个配对组合中有 34 个结菇。Elliott (1972) 分析了一套完整的四分体，结果表明，6 个可配对的组合中有 4 个结菇。这些研究提供的证据表明，双孢蘑菇中有一个交配系统在起作用。双孢蘑菇的性特征介于同宗配合与异宗配合之间，属于次级同宗配合类型。

(2)双孢蘑菇的交配亲和性受二极性或单因子控制，它的结实性依赖于性因子的配合

双孢蘑菇性因子的遗传研究主要在两方面展开：一是性因子的极性研究；二是性因子等位基因的寻找与定位。Miller 和 Kananen(1972)做了较全面的交配试验，结果表明，交配亲和性受单一因子控制。Ginns(1974)重复解释了 Miller(1971)的配对数据，认为亲和性更可能是受双因子控制。但是，证据表明是单一因子系统在起作用。Miller 和 Kananen(1972) 进一步分析了另外 3 种蘑菇阐明观点是由单因子控制结实性。Elliott(1978)和 Raper C. A(1976)，支持双孢蘑菇受单因子控制的观点。

进一步的研究还表明，双孢蘑菇的性因子存在着复等位基因(Raper 等，1972；Elliott，1979；Castle 等，1988；Wang 等，1990)。Elliott 用分离自一个棕色菌株的没有特定标记的分离物与交配型 A1 与 A2 培养物间杂交，结果全部可育。Castle 用 RFLP 为标记跟踪商业菌株与野生菌株同核体间的杂交时发现，其中 3 个同核体两两配对均可杂交成功。Wang 等以同工酶为标记进行高产菌株与优质菌株的同核体间杂交时也发现了类似的现象。1992 年，美国加州发现了双孢蘑菇的 4 孢变种。Micheeline，Lmbernoow 等用 4 孢变种与传统的双孢蘑菇菌株杂交也发现了性因子等位基因。至此，人们共发现了 14 个双孢蘑菇性因子等位基因，而且这些等位基因出现的概率均一(Imbernon 等，1995)。

那么，双孢蘑菇的性因子与结实性的关系又如何呢？May 等(1982)、王泽生等(1990)用经同工酶鉴定为杂种 F_1 的培养物做栽培试验，发现此类培养物并非全部恢复可育性，即部分没有结菇。这个结果暗示，决定蘑菇细胞壁亲和性的性因子并不保证决定子实体的发生。多伦多大学生物系的 Xu 等(1993)研究的结果也认为，蘑菇子实体的形成有赖于性因子，但由性可亲和的同核菌丝配合形成的异核体并不绝对保证子实体的形成。他们对性因子开展了染色体与 DNA 水平上的探讨，以 RFLP 和 RAPD 标记技术成功地将性因子定位在双孢蘑菇最大的连锁群，即染色体 I 上。目前距性因子位点最近的遗传标记有 35 个遗传图距(约 600kb)，用染色体步查法来分离性因子仍存在技术上的困难。

(3)双孢担子核减数分裂行为的研究

虽然双孢蘑菇大约有 80%以上的担子通常是双孢的，而且，每个孢子通常具有 2 个不同交配型的核，是自体可育的，具有结菇能力。但是，在蘑菇菌褶上还可观察到 3 孢、4 孢担子等，这些异常担子上的孢子大多数情况下只得到单个核，无结菇能力。双孢担子上的部分孢子也是自体不育的，这些孢子虽然具有双核，但 2 个核具有相同的交配型。

几十年来，对于双孢蘑菇遗传方式的研究，始终围绕担子内减数分裂行为这一主题，其核心是减数分裂产生的 4 个核在 2 个孢子中是如何分配的。显微操作使直接从担子上分离单孢子成为可能后，研究者已注意到双孢蘑菇的孢子多数是自体可育的。Sarazin 于 1955 年提出在双孢蘑菇担子中，减数分裂后，具不同性的两个核是非随机地迁移入每一个担孢子中。1959 年，Evans 研究了担子中的减数分裂，并细心地观察了减数分裂过程纺缍丝的动态变化，提出较完整核的非随机分离理论。他估计，在减数分裂的第一次分裂分离中产生异核体的概率为 80%，在第二次分裂分离中产生异核体的概率为 60%(图 55－5)。1982 年，Royse 和 May 应用同工酶技术研究双孢蘑菇的遗传，发现约 90% 的单孢子在多个同工酶位点上是异质的，而同核孢子数不到 5%，认为减数分裂后非姐妹核有进入同一孢子的非随机倾向。随后，Castle 等(1987、1988)以 RFLP 为遗传标记分析了双孢蘑菇(*Agaricus bisporus*)及大肥菇(*Agaricus bitorqus*)的种间及种内多态性，Summerbell(1989)用核 DNA 的单拷贝探针跟踪分析了由异核亲本产生的单孢子的遗传物质存在情况，Kliush(1992)应用 RAPD 进行了遗传亲子分析。这些研究均支持上述观点，即双孢蘑菇减数分裂后形成的 4 个单倍体核有非姐妹核进入同一孢子的非随机迁移倾向。核非随机迁移行为导致绝大多数孢子为异核的现象，这种现象解释为是由于该物种为防止同核体隐性纯合可能导致的菌株致残、致死效应，而进化出的适应性遗传机制，该机制最大程度地保持了亲本的异核性质。同核菌株在 RFLP 及 RAPD 分析研究中均表现为一些电泳谱带明显缺失，这一点与王泽生等人(1989)应用同工酶鉴定同核子的研究结果一致。电泳谱带的缺失可能反映了同核体缺乏执行正常生命功能的基因。因此必须注意到，由此导致的不易萌发、生存能力低下的同核体在实验观察中可能被遗漏，造成观察中的同核孢子比率偏离真实比率。

纺锤丝排列方向						合计 (%)
频率 (%)		20	29	48	3	100
异核担孢子比率 (Aa)	初级分裂分离	无	全部	全部	全部	80
	二次分裂分离	全部	半数	半数	半数	60

图 55－5 双孢蘑菇减数分裂过程纺锤丝排列类型与异核体产生频率

事实上，绝大多数孢子异核现象，基本上是以孢子萌发成的菌丝体为试验材料进行研究。假如同核体不易萌发，或生存能力低下造成观察中同核孢子比率偏低，那么，减数分裂后核是随机配对迁移进入孢子的理论就值得重视。1980 年，Langton 和 Elliott 以营养缺陷型为标记进行研究，提出核的分配过程是随机的观点，他们著文详细阐述了双孢蘑菇减数分裂后的 4 个核在两个孢子中随机分配的模型。按此预测，一个孢子接受异核的概率将是接受同核概率的两倍(图 55－6)，这和许多检验蘑菇单孢分离物可育性研究者的发现一致(Sinden，1937；Kligman，1943；Elliott，1972)。Langton 认为这是异核孢子占大多数的原因。

随机迁移假设的重要性是它预期基因的分离并可用以绘制基因在染色体上的位置，但在双孢蘑菇中不易检测。Elliott 和 Challen(1983a) 检测了次级同宗配合的双孢墨汁鬼伞营养缺陷型标记分离的预期比例，所获得的数据和原养型对营缺型分离株的 5：1 的预期比例完全吻合。1991 年，

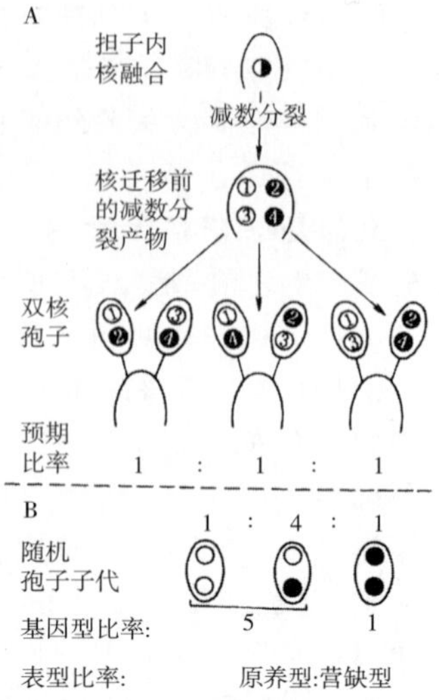

图 55－6 双孢蘑菇减数分裂产物随机配对模型

王泽生等以酯酶同工酶为遗传标记研究标记位点 EstA，B 和 C 在杂交子二代中的分离与重组行为时，发现等位基因的分离比均为 1：4：1。这个结果支持如下观点：担子中减数分裂产生的 4 个核随机配对迁移入两个担孢子是双孢蘑菇种的特征。

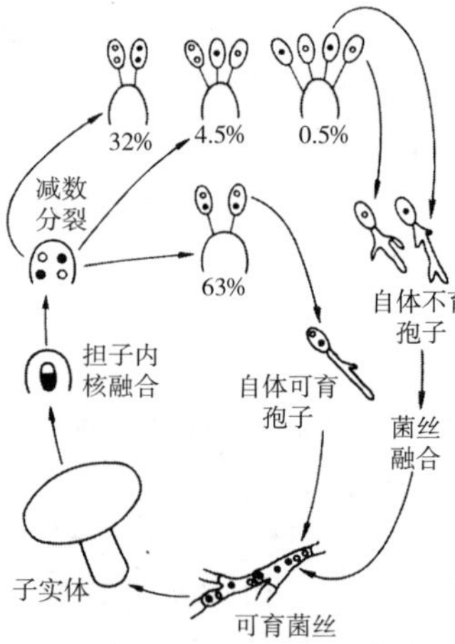

图 55－7 双孢蘑菇减数分裂核随机配对迁移结果出现异常担子的典型概率

图 55－7 显示双孢蘑菇生活史中核随机配对迁移的结果和出现异常担子的典型概率。从另一角度看，双孢蘑菇也可能属于单因子控制的异宗配合的种，但是这种异宗结合被担子的双孢特性所掩盖。1992 年，在美国加州发现了双孢蘑菇的 4 孢变种。在这一变种中，4 孢担子占绝大多数，异宗配合是其主要的有性生殖方式。

二、双孢蘑菇的杂交育种

1. 双孢蘑菇育种的目标

Fritsche(1981)说：“过去，首要的是提高单

产，而现在先决的是提高质量，这在将来仍然如此，因为竞争更加激烈。"

1981 年，May 等提出："在植物育种方面作任何尝试之前，育种家要在头脑里牢固地建立所需菌株的模式。"一种理想模式菌株的指标：子实体应是白色、光滑、对称、成比例、结实。菌盖直径为 3.0～5.0cm，大小均匀，菌株高产稳产，对大多数病虫害具有高抵抗能力，有较长的货架寿命。

①白色：随着鲜菇市场的发展，蘑菇栽培者将随消费者的喜爱而栽培白色的品种。

②菌盖光滑：消费者虽然对稍有鳞片的品种可以接受，但更喜欢表面光滑的品种。

③菌盖对称：从上面看时，菌盖应呈匀称圆形；从侧面看时，菌盖应呈微凸形的冠状。

④菇形成比例：菌盖和菌柄的比例必须符合审美观的要求，一个好看的蘑菇应不太细、太长，也不会太短、太粗的菌柄。

⑤菇体结实：结实说明菇体密度大，菌盖和菌柄是紧密的而不是海绵状的或空心的。

⑥大小适中：菌盖均匀，直径为 3.0～5.0cm 的蘑菇采收快，处理方便，受消费者欢迎。然而，某些市场喜欢更大或更小的蘑菇。

⑦对病虫害的抵抗力：选育对病虫害有抗性的品种，特别应选育有抗轮枝霉病的品系。

⑧更高产稳产：选育一株对环境适应性更广、生物效率更高的栽培种。这个目标包括需要更好地了解限制产量这个因素的遗传机制。

⑨具有较长的货架寿命：选择具有较长货架寿命的蘑菇品系可能是增加经济效益有效的方法，氧化速率、颜色变化速率、重量减轻速率等因素均影响蘑菇的货架寿命。

我国大部分蘑菇用于罐藏加工。理想的菌株除了基本符合以上指标外，还要重视菌褶大小和颜色。菌褶颜色太深，在罐藏加工之后，特别是制成片菇或碎菇，菌褶发黑，菌盖切面灰暗，这是感观评定的大忌。此外，菇体是否结实也反映加工原料吨耗的高低，也直接影响加工的原料成本。

2. 双孢蘑菇同核不育单孢配对杂交定向育种

双孢蘑菇选育种技术与方法经历了自然采种、纯种培养、组织分离保种到多孢子分离和单孢子分离选种。随着对双孢蘑菇遗传规律的深入了解和生物技术的不断进步，杂交成为全世界当前改良蘑菇品种的重要手段。不同类型商业菌株混合培养的方法，难以产生、发现杂交种。同核不育单孢配对杂交是当前应用最广泛的方法。原生质体融合作为蘑菇种内育种手段，主要是强制配对培养不亲和组合发生杂交，种间杂交育种（比如双孢蘑菇与大肥菇杂交）仍处于研究阶段。DNA 水平的目的基因转化育种还处于基础理论研究与实验技术建立的时期，离应用还有一段时间。下面主要介绍同核不育单孢配对杂交技术。双孢蘑菇同核不育单孢分离物配对杂交育种途径可由图 55－8表示。

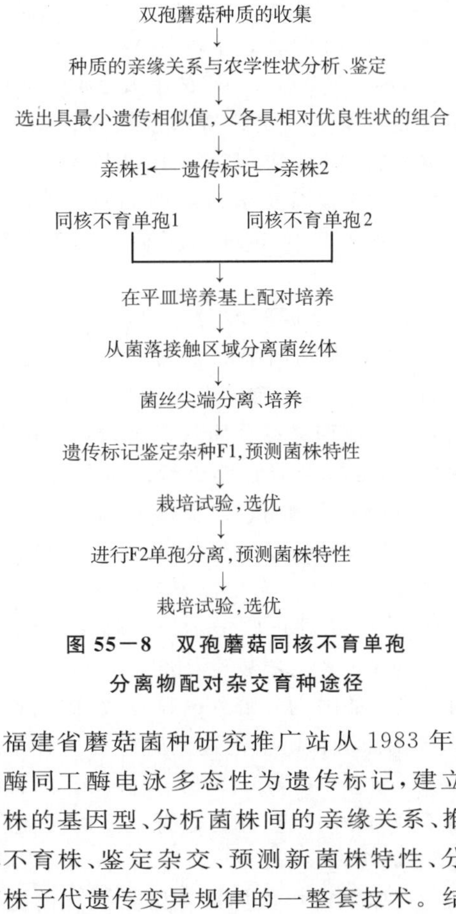

图 55－8　双孢蘑菇同核不育单孢分离物配对杂交育种途径

福建省蘑菇菌种研究推广站从 1983 年以来，以酯酶同工酶电泳多态性为遗传标记，建立了鉴定菌株的基因型、分析菌株间的亲缘关系、推定同核体不育株、鉴定杂交、预测新菌株特性、分析杂交菌株子代遗传变异规律的一整套技术。结果表明，酯酶同工酶分析是一种快速、有效，且成本低廉的遗传标记技术，一般大专院校与科研院所均能开展。

(1)种质收集、鉴定与亲缘关系分析

充分地收集双孢蘑菇的种质，包括栽培菌株和野生菌株，建立种质库乃至构建基因文库对于蘑菇选育种是至关重要的。

双孢蘑菇栽培已有 400 多年的历史。但是，直到 20 世纪 90 年代初，人们对双孢蘑菇的自然分布、种质资源还知之甚少（De Groot，et al，1998）。20 世纪 90 年代以来，世界范围内的许多科学家对双孢蘑菇种质资源的分布、习性、群落结构、基因流动动态、遗传变异水平等方面进行了广泛的研究。在北美 Kerrigan R. W. 主持的 ARP (Agaricus Recovery Program)项目，自 1988 年开始到现在已收集到约几百个野生双孢蘑菇菌株。在欧洲大陆以法国 Callac P. 为首的蘑菇研究组自 1990 年开始，收集了约 250 个野生双孢蘑菇的菌株。在英国，Elliott T. 和 Noble R. 除了收集很多野生双孢蘑菇菌株外，还收集了该属其他种的许多菌株(李荣春等，2002)。在中国，福建省蘑菇菌种研究推广站王泽生研究团队从 1983 年起，开始收集世界各地的双孢蘑菇菌株，至今已保藏双孢蘑菇菌株 435 株，对这些菌株进行同工酶和 DNA 标记分析，并应用于杂交育种中(Wang ZS，et al.，1993；曾伟等，1999)。云南农业大学食用菌研究所李荣春也收集了一定数量来自欧洲和美洲的野生双孢蘑菇菌株，他应用 AFLP 等技术对这些菌株的遗传多样性，以及来自英国的野生菌株96.4的生活史、遗传变异等进行了研究(李荣春等，2001，2005)。

我国野生蘑菇属资源分布广(李宇，1990)，从北方辽宁、内蒙古到西南的云南、四川、西藏、新疆都有分布，也是世界双孢蘑菇的重要分布区。但我国尚未对野生双孢蘑菇种质资源进行系统的收集、鉴定与研究，也缺乏对它们进行系统的评价，限制了这些宝贵资源的利用。卯晓岚在 20 世纪 70 年代曾经在新疆发现野生双孢蘑菇(卯晓岚，1998)，可惜未保留活体。马文惠等在合肥郊区的野外采集了一株双孢蘑菇，并进行鉴定、制种、驯化，他们把新菌株定名为 Ag5(马文惠等，1993)。1993 年，王泽生等对收集到的国内外野外蘑菇分离株进行鉴定，认为 Ag5 菌株是栽培中逃逸到野外并生存下来的栽培种(Wang ZS，et al.，1993)。1999 年，王波等在西藏高原草甸分离到双孢蘑菇野生菌株，并进行初步研究(王波等，2001，2002)。2004 年，王泽生等在西藏同一高原草甸再次分离到野生双孢蘑菇菌株并进行了鉴定(王泽生等，2005)。2007 年，福建省蘑菇菌种研究推广站与四川省农科院土肥所合作，对中国野生双孢蘑菇种质资源分布情况进行调查，大量采集蘑菇野外生长菌株，至 2007 年底已从西藏、宁夏、甘肃、新疆、四川等地采集到 200 多株野外蘑菇属菌株，其中经初步鉴定有 60 多株野生双孢蘑菇菌株，建立了中国野生双孢蘑菇种质资源库和 DNA 指纹库，同时筛选出具有特殊或优良性状的中国野生双孢蘑菇种质，并对这些重要农学性状的分子遗传基础进行研究。这些工作为今后我国双孢蘑菇品种改良提供了有效的本土亲本材料，并可为中国双孢蘑菇的品种鉴定和知识产权保护提供科学依据。

收集来的蘑菇种质材料可以是孢子或子实体组织分离培养物，可以用多种方法予以保藏。蘑菇种质类型的叫法多样，有分为栽培菌株与野生菌株的，有分为双孢菌株和 4 孢变种的，有分为棕色菌株、浅棕色菌株、奶油色菌株、米色菌株和白色菌株的，也有分为匍匐型菌株、气生型菌株和中间型菌株。蘑菇种质的鉴定可以用同工酶电泳(Royse 等，1982；王泽生等，1989)、DNA 的 RFLPs (Castle，1988)、RAPD(曾伟等，1997；陈美元等，1998)、SRAP、ISSR(陈美元等，2009)等方法，用聚类统计方法分析菌株间的遗传相似性及种群间存在的遗传差异性(图 55－9)。一些生物统计软件上配备有聚类分析程序。

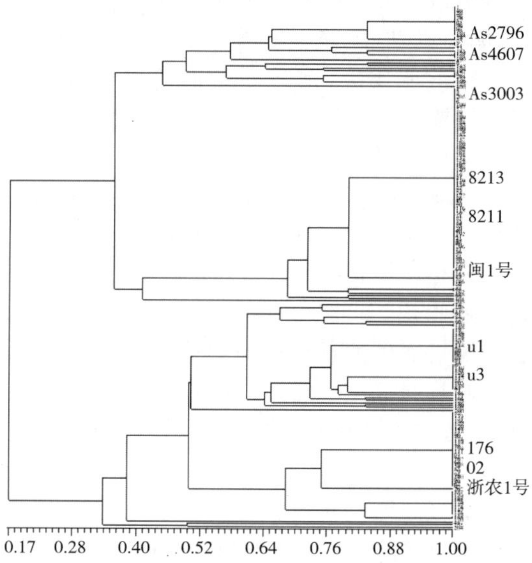

图 55－9　双孢蘑菇 206 个菌株的遗传相似程度系统树(右侧列出各类型代表性菌株)

以同工酶电泳区带的迁移率(R_m)为依据，比较分析同工酶类型差异、推定基因型变异。把表型完全一致的菌株归于同一基因类群。二基因类群间的遗传相似程度值 $S=NS/NS+ND$。NS 代表 R_m 值相同的酶区带数，ND 代表 R_m 值不同的酶区带数。比较的酶多于一种时，取各遗传相似值的平均数作二基因类群间的总遗传相似值。基因类群间的遗传相似程度系统树的计算与绘制用类平均聚类法，把遗传相似值最相近的基因类群组合成新类群，再计算该类群与其他类群间新的遗传相似值，进一步把最相似的类群组合在一起，直到所有类群配成一个家系为止，以系统树反映菌株间的种内亲缘关系。

从世界各地收集、鉴定、保藏蘑菇菌株所发表的资料来看，双孢蘑菇的种质资源仍然十分有限，种质库里现存的遗传差异性也较小。

(2)菌株特性预测

经过长期的人工栽培，对双孢蘑菇的种性有了较多的了解。福建省蘑菇菌种研究推广站根据栽培特性、鲜菇质量和罐藏加工表现差异，把双孢蘑菇菌株大致分为高产类型、易褐变类型、中产类型、优质类型和不育类型(表 55－1)。但是，一个新引进、新分离或新杂交培育的菌株，播种后能否结菇？质量怎样？是否高产？以前，只能靠多次、大量的栽培观察、对比筛选来直观评定。假如能从分子水平找到某种可以用于实验室早期预测新菌株的栽培特性与产、质量性状的指标，将大大减轻筛选压力，提高选育种的效率。

表 55－1 双孢蘑菇不同类型菌株的特性

高产类型	单产与菇潮	结菇早，一、二潮菇集中、高产
	菌盖与菌柄	盖扁平，有时凹顶，有鳞片，柄髓部松软，菌环明显
	菌褶与颜色	菌褶大，菌褶和周围组织褐色或红褐色
	罐藏质量	组织松软，菌褶和周围组织色灰暗，菌盖和菌柄空心，高收缩率
优质类型	单产与菇潮	结菇较迟，菇潮均匀，较低产
	菌盖与菌柄	盖圆整，柄粗短，光滑无鳞片，组织致密
	菌褶与颜色	菌褶小，肉色或淡粉红色
	罐藏质量	组织致密，色淡黄，风味好，低收缩率
中间类型	单产与菇潮	结菇早，菇潮明显，产量中等
	菌盖与菌柄	盖圆整，光滑，时有菌环，组织密度中等，柄中等粗，常有小菇、薄菇
	菌褶与颜色	菌褶大小中等，颜色淡粉红或浅褐色
	罐藏质量	组织密度中等，色淡黄或偏土黄，收缩率高或中等
易褐变类型	单产与菇潮	结菇早、菇潮明显，非常高产
	菌盖与菌柄	盖厚，较圆整，有菌环，柄直细，组织密度中等
	菌褶与颜色	菌褶较大，呈褐色或褐红色并蔓延至周围组织
	罐藏质量	菌褶与菌盖组织深灰色，收缩率高或中等，罐藏质量差
不育类型		菌丝生长缓慢，细弱，不结菇

酶是基因的直接产物，又是性状表现的调控者。因此，可以设想菌株特性明显不同的双孢蘑菇菌株之间在某些同工酶遗传基础上存在差异。福建省蘑菇菌种研究推广站对 150 个从国内外收集的各类型菌株作了酯酶同工酶电泳检测分析，把特定区带定为标记区带，把具相同标记区带的同工酶类型归于同一大类型，再和菌株栽培表现类型比较，发现同工酶电泳表型与菌株特性表型存在着相关性(表 55－2)。荷兰的 Neut(1991) 也把酯酶同工酶电泳表型多态性作为菌株特性鉴定和育种检验的指标。

表 55－2 双孢蘑菇菌株特性和酯酶同工酶电泳表型

菌株类型	高产型	优质型	中间型	易褐变型*	不育型
同工酶表型	H 型	G 型	HG1-2 型	H2 型	S 型

* 可划归为 H 大类型。

(3)同核不育单孢菌株的分离、鉴定

同核不育单孢分离鉴定的方法有多种。第一，可以用显微操作器直接从双孢蘑菇稀有的 3 孢或 4 孢担子上直接分离单核孢子，这种方法操作难度大且费时。第二，随机分离单孢培养物，挑选生长弱、慢的培养物作遗传标记鉴定。第三，在异核亲本原生质体再生单株培养物中挑选生长弱、慢的培养物作遗传标记鉴定。第四，使用 4 孢变种的单孢培养物。

王泽生等(1990)用第二种方法从 14 个异核亲本中分离出 2 578 个单孢培养物，其中生长弱、慢的有 374 株，占 14.5%，经同工酶电泳鉴定为 S 型的共 158 株，推定为同核不育培养物的约占单孢分离物的 6.1%。栽培中 S 型培养物大多数在堆料中定植很慢，生长弱，或基本不生长，即使生长了也基本未见结菇。同核不育菌株的同工酶表型均表现为一些电泳区带缺失，这与用 DNA 的 RFLP 及 RAPD 分析鉴定同核不育菌株的研究结果一致。

(4)配对杂交技术与杂交种的鉴定

配对杂交要选择遗传相似值小，且具有相对优良性状和不同遗传标记的组合。一旦异核亲本选定，即可分离同核不育菌株。通常认为用原生质体再生法获得的同核不育株是无性繁殖的产物，不发生变异，可直接用于配对杂交。用单孢子分离法获得的同核不育株一定要进行遗传鉴定，因为单孢子是有性生殖的子代，可能发生变异。应该选择保持异核亲本遗传标记的同核不育株用于杂交。

配对杂交结果还受到培养基的影响。有报道(王泽生等，1990)同一配对组合在不同的培养基上配对培养可表现为亲和或不亲和(表 55－3)。配对组合的亲和性不但受性因子控制也受培养基成分的影响。麦麸培养基或蘑菇堆肥培养基适用于配对杂交。但仍有一些配对组合在常规培养基上不易发生杂交，此类组合可以用原生质体融合法强制杂交(王泽生等，1991)。

表 55－3 不同培养基对同核体配对杂交亲和性的影响

配对组合/培养基	Ⅰ	Ⅱ	Ⅲ	Ⅳ
A(73－1×21－2)	5－	2－	1－	1－
B(386－9×156－3)	5＋	0－	0－	1－
C(388－5×165)	4＋	0－	0－	1－
D(388－5×93－4)	3＋	1－	0－	1－

注：a. 培养基Ⅰ-Ⅳ分别为麦麸培养基、PDA、PDA＋10%啤酒、PDA＋0.1%烟酸；
b. 1～5 分别代表互相作用区域菌丝生长速率由小到大，“0”代表形成拮抗线；
c. “＋”代表同工酶鉴定菌丝杂交，“－”代表不亲和。

通常把配对组合的培养物成对地接种在培养基上（图55－10）。凡两种培养物间不形成拮抗线，并产生互相作用的组合判断为可能亲和。从每个互相作用区域均分离3个菌丝块，转移到新鲜培养基上培养10天左右，在无菌室中用显微操作器镜检，并用微型打孔器分离数个菌丝尖端培养，只有生长快且有力的分离物供同工酶电泳分析和制种。凡是同工酶电泳出现杂合酶谱的组合均定为真正亲和，并把其菌丝尖端分离物鉴定为杂种 F_1，投入栽培检验可育性。

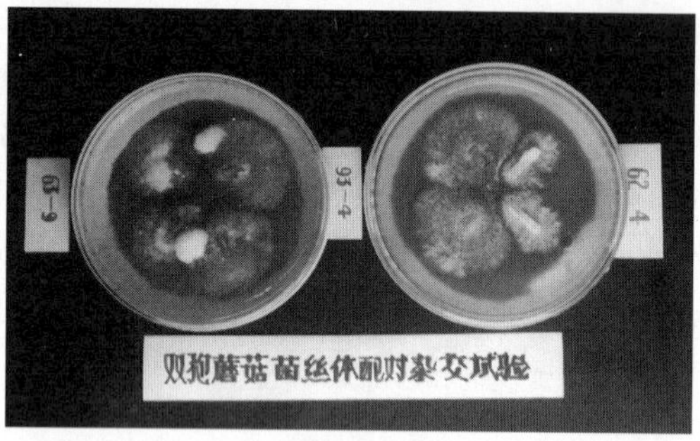

图55－10 双孢蘑菇同核不育单孢配对杂交
（左边示亲和杂交，右边示不亲和，不能杂交）

杂交种的同工酶电泳表型基本上表达了双亲的标记区带（图55－11）。笔者在杂交中观察到有250个配对组合发生了可能亲和的现象，从互相作用区域分离出750个菌丝块。经菌丝尖端分离，同工酶鉴定有175个组合真正亲和，产生了具有杂合酶谱的异核体杂种 F_1。投入栽培后，有84个组合产生的杂种 F_1 恢复了结菇能力，对这种 F_1 菌株还可进行单孢分离以获得重组体。

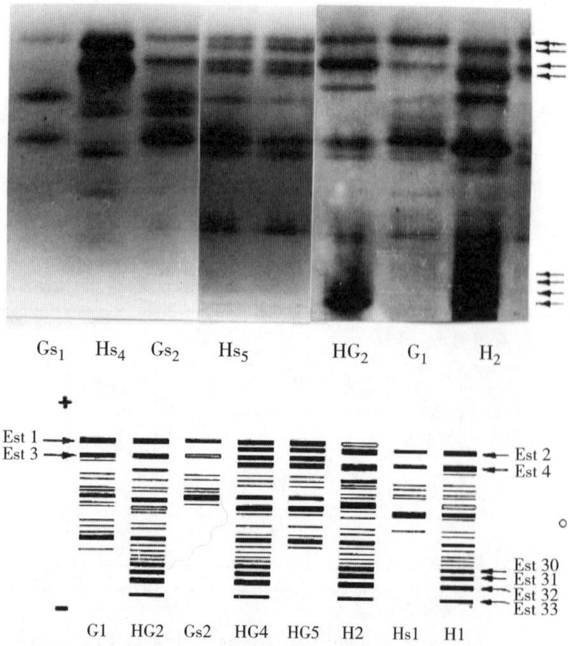

图55－11 双孢蘑菇杂交菌株及其同核与异核亲本的酯酶同工酶PAGE电泳图谱

（5）杂交菌株的使用、变异、复壮与改良

Gerda Fritsche最大的贡献是利用双孢蘑菇不育孢子培养物配对杂交，以恢复可育性为标记选育杂种，使杂交技术切实可行，于1981年首先育成了U1和U3，这是双孢蘑菇育种技术的一个飞跃。在她退休时，荷兰Horst蘑菇试验站筹办了一次国际蘑菇科学会议，并将会议上发表的论文编辑成论文集《蘑菇的遗传与育种》出版，展示了现代双孢蘑菇育种技术的进展。

1981年，Horst试验站把U1和U3推向市场，和Darlington菌种公司联合进行了谨慎的栽培试验，起初U3表现比U1高产，后来菇农掌握了更易栽培的U1的栽培技术，很多菇场转而栽培质量更好的U1。Darmycel菌种公司得到允许使用U1，每6个月由Horst试验站向Darmycel提供一批新的母种。菌丝体用堆制的培养料培养，另外还保藏在小麦琼脂斜面上和液氮低温罐中。

1987年，U1菌株发生变态，如菌盖趋于扁平，柄和盖的连接处产生空心使菇盖易于脱落，单产明显下降等。为了使U1复壮，Horst试验站作了很多努力。Fritsche从那时起到退休止，采取以下措施：

①用原始两个同核体配对，拟用重建的、表现好的新异核体制作生产用种，沿用“U1”菌号投放市场，但未获得理想的重建异核体。

②用原生质体克隆再生培养物，仍表现硬开伞、低产。

③用U1子2代的多孢培养物，表现不一，有时单产明显下降，有时转管后产量下降。

④用子2代的单孢培养物，发现巨大的变异性。

以上这几种尝试，只有第4个措施，筛选子2代的单孢培养物，表现出有希望获得可取代U1的新菌株。虽然子2代的培养物间存在着巨大的变异性，但筛选工作量庞大。

为了获得更好的菌株，Fritsche还尝试结合U1和白色菌株Le Lion B92的优点进行U1的改良工作。她把U1子代的不育株和Le Lion B92子代的不育株进行配对杂交，在161个组合的子代中筛选，发现无一可取。再从17个杂交产物（子1代）收集孢子。每个样品大约分离40个单孢培养物（子2代），有633个单孢培养物参加筛选，也没有获得理想的菌株。分离自另一孢子样品的单孢培养物，具有与U1相似的子实体质量，并具更光滑的盖，然而它们的产量低。为获得高产株，从这个孢子样品继续分离单孢子培养物，初步的出菇试验还未出现令人鼓舞结果。

综上所述，U1的育成、保种、复壮和改良可发现存在以下几个问题：

①育种的进程单纯依靠概率，以出菇对比为筛选的唯一手段。

②为了达到“复壮”的目的，进行了各种尝试，在摸索中进行，做了许多无效工作。

③U1 的育成是米色与白色两个同核体配对杂交而得的子 1 代(F_1) 所含的两个核来自父本和母本，但没有经过核配，这或将影响 U1 的稳定性。

④使用原始两个同核体配对，重建的新异核体表现多样，不能视为 U1 的复壮，也不应该沿用 U1 菌号。

剖析 U1 菌株育成的方法、保种中的变异和为了复壮与改良所采取的措施，可以发现除了以恢复培养物的可育性为杂交标记之外，没有涉及杂交菌株的遗传规律的探索，以致在育种中仅以子代菌株的表型为取舍的唯一依据，以出菇对比为唯一的筛选手段。在菌株发生变异之后采取的复壮与改良的措施也缺少理论的指引，只能在摸索中进行多种尝试，作了许多虚工。

(6)杂交子代的遗传变异

1983 年以来，福建省蘑菇菌种研究推广站建立起同工酶电泳法分析双孢蘑菇菌株间的亲缘关系、预测蘑菇菌株的特性、同工酶电泳推定同核体、同工酶鉴定杂交，构建了杂交子 1 代与子 2 代遗传变异的酯酶同工酶(EST)模式。在双孢蘑菇杂交育种工作中起了导向的作用。1987 年，召开的国际蘑菇科学会议上首先展示了双孢蘑菇不同类型菌株的 5 种同工酶的垂直板状聚丙烯酰胺凝胶电泳(PAGE)表型和 U1 及 U3 等菌株的酯酶同工酶的 PAGE 表型。1990 年前后，又在 *Mushroom Science*、*Micologia Neotropical Aplicada* 等专业刊物上发表了《双孢蘑菇杂交育种技术研究》、《双孢蘑菇杂交菌株的同工酶表型和菌株特性》等篇论文，引起国际同行的重视。图 55－12 与图 55－13 表示双孢蘑菇传统菌株及其杂种子 1 代与子 2 代遗传变异的酯酶同工酶(EST) 模式和双孢蘑菇杂交育种程序。

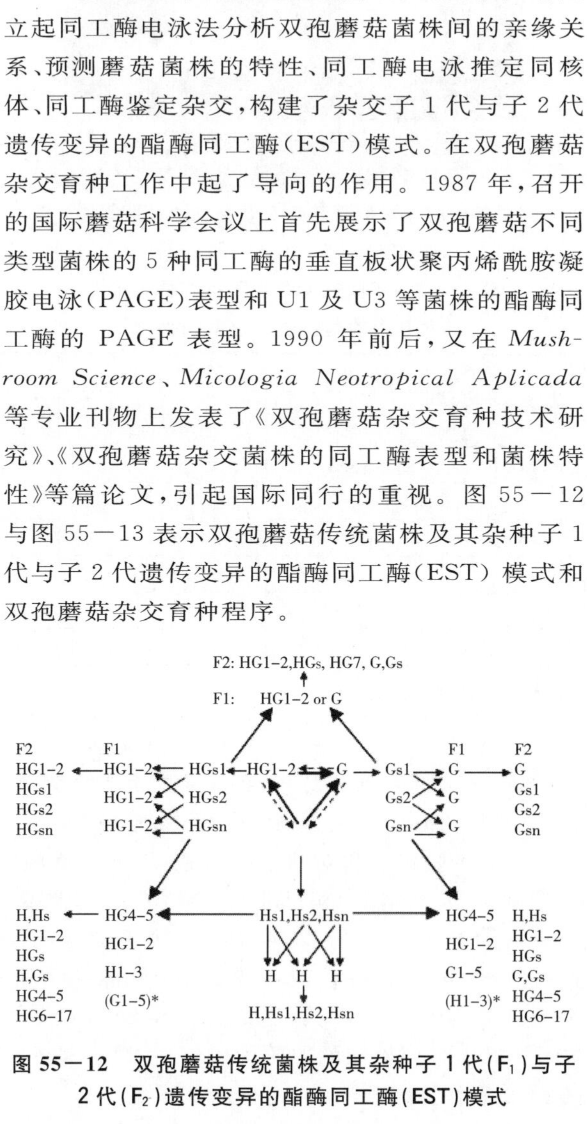

图 55－12 双孢蘑菇传统菌株及其杂种子 1 代(F_1)与子 2 代(F_2)遗传变异的酯酶同工酶(EST)模式

从世界各地搜集各类菌株

↓

应用同工酶电泳法分析菌株间的亲缘关系

↓

选出具有最小遗传相似值，又各具相对优良性状的组合

H型菌株　　　　G型或HG1-2型菌株

↓　　　　↓

Hs型不育单孢株　同工酶检验　Gs型或HGs型不育单孢株

在平皿培养基上配对培养

↓

从亲本菌落接触区域分离菌丝体

↓

尖端菌丝分离、培养

↓

同工酶鉴定HGx型杂种F_1

↓

出菇试验

↓

收孢进行F_2单孢分离，同工酶电泳预测种性

↓

出菇试验

图 55－13 酯酶同工酶标记指导双孢蘑菇同核不育株杂交育种程序

虚线表示出现该变异的概率很小或尚未发现。单实线表示能够较经常出现该遗传或变异。双实线交叉指向表示能够通过配对杂交获得所指类型。

研究表明，H 型(米色，高产)同核不育株(HS)与 G 型(白色，优质)同核不育株(GS)配对杂交，可以获得 G1-5、HG1-2、HG4-5 等类型子 1 代，其中只有 HG4 和 HG5 呈典型杂合态。As2796 等即属于 HG4 型。从 HG4 和 HG5 的单孢子 2 代中几乎能分离出所有传统菌株类型(H、HG、G)与多种重组类型(HG6-HG17)、同核不育型(HS、HGS、GS) 和杂合类型(HG4、HG5)。子一代的 HG4 型和 HG5 型以及子 2 代的 HG4 型和 HG5 型杂交菌株均表现出父本和母本的一些性状，是目前选育杂交新菌株较有希望的类型。

20 年多来，以高产优质抗逆深受菇农欢迎并获得外销部门和罐头厂认可的杂交新菌株 As2796(闽 4 号)就是从 HG4 型杂交子 2 代中选育出来的。该菌株占福建省蘑菇栽培面积的 90% 以上、全国的 80%，至 2009 年累计在全国已推广 16 亿多平方米，产菇近1 600万吨，成为世界推广栽培面积与产量最大的双孢蘑菇杂交菌株。

(7)双孢蘑菇商品杂交菌株简介

世界使用的双孢蘑菇菌种有 90%以上均为同核不育单孢杂交的菌株。从颜色上分，有白色杂交种(多为纯白种与米白色种杂交)和棕色杂交种(多为棕色种之间或棕色与白色种之间杂交)。从生产特性上分有适于工厂化生产的种(如 U1 系列)或适于自然气候条件下栽培的种(As2796 系列）。从加工特点上分，有适于鲜销的种（S130）、适于罐藏加工的种及两者都适用的种（As2796）。现将在我国已被试种过的几种杂交菌株介绍如表55—4。

表 55—4　双孢蘑菇部分商品杂交菌株简介

国别	选育单位	菌株名称	EST 同工酶类型	使用情况
中国	福建省蘑菇菌种研究推广站	As2796	HG4	在中国广泛使用，抗逆性强，鲜菇适用于罐藏或鲜销
		As3003	HG4	
		As4607	HG4	
荷兰	Horst 蘑菇试验站	U1	HG4	在欧洲、北美广泛使用，适于工厂化栽培，或罐藏或鲜销
美国	Sylvan 公司	S130	HG4	适于工厂化栽培，鲜销
		S608	HG4	适于工厂化栽培，鲜销
		S512	HG4	适于工厂化栽培，罐藏与鲜销
法国		F56	HG4	在欧洲广泛使用，罐藏与鲜销
		F50	HG4	在欧洲广泛使用，罐藏与鲜销

（8）双孢蘑菇杂交菌株 As2796 选育报告

①选育过程：以酯酶同工酶为遗传标记，从供试异核体亲本中分离出 2 578 个单孢培养物，获得 158 个具有 S 型酶谱的推定同核体，选出 Gs 型培养物 16 个，Hs 型培养物 12 个，HGs 型培养物 8 个，共作 380 个配对杂交组合。从获得的 F1 代杂交种中选出 HG4 和 HG5 型菌种，并从中分离出2 000多个单孢培养物参加同工酶鉴定分型后，有 400 个培养物进入实验室筛选。优选后有 200 个新菌株进入栽培初筛，40 个进入复筛，10 个进入中试，其中之一是 As2796。它是高产型亲株 02 和优质型亲株 8213 的同核不育株配对杂交种 W95-2(F_1)的单孢分离培养物(F_2)（图 55—14、图 55—15）。

②生物学特性：在 PDA 培养基上菌丝呈银白色，基内和气生菌丝均很发达，生长速度中等偏快，在麦粒或粪草培养基上菌丝生长快且强壮有力，一般不结菌被。在含水量为 55%、65%、70%或 75% 的粪草料中，菌丝生长速率相近，最适 65%～70%。在 16～32℃ 下菌丝均能生长，最适 24～28℃（表 55—5）。结菇温度 10～24℃，最适为 14～20℃。表现出较强的适应性，尤其是耐热能力，保持了 02 的特点，即使在 32℃ 下培养，菌丝也不死亡而且仍能生长。

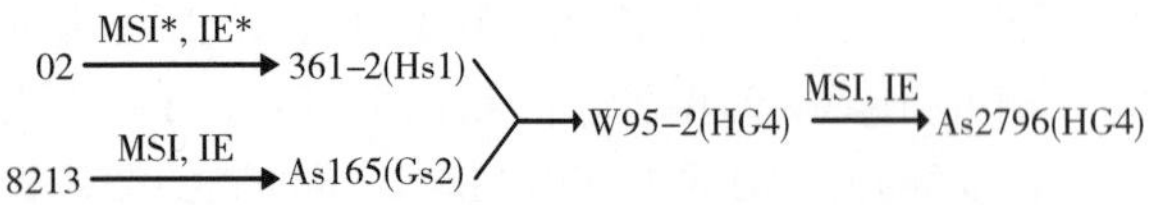

图 55—14　杂交新菌株 As2796 的选育途径

＊MSI：monospore isolation，单孢分离；
IE：Isozyme examination，同工酶检测

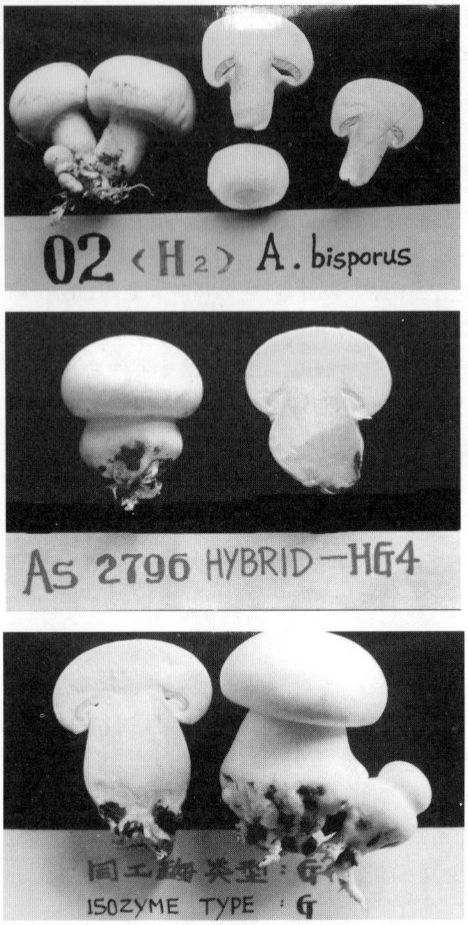

图 55—15　双孢蘑菇杂交新菌株 As2796（中）及其亲本 02（上）和 8213（下）

表 55—5　不同试验条件下各菌株在堆肥培养基上的菌丝生长速率（mm/d）

菌株	处理								
	湿度	65	65	65	65	55	65	70	75%
	温度	16	24	28	32	24	24	24	24℃
As1671		2.0	3.3	3.7	0	3.3	3.3	3.4	2.9
As1789		1.6	4.0	2.6	0	3.2	4.0	3.9	3.7
8213		2.2	3.9	2.8	0	3.5	3.9	3.2	3.1
As2796		1.6	3.7	3.3	1.5	3.1	3.7	3.6	3.5
02		2.2	3.7	3.2	1.1	3.2	3.7	3.8	3.5
ZN1		1.9	3.4	3.2	0	3.3	3.4	3.8	3.3

＊表中数据均为三重复的平均数。

酯酶同工酶遗传型为 HG4 型，呈典型的杂合态（图 55—16），1989～2000 年间所测无性繁殖（转管）培养物的 PAGE 表型稳定（王泽生等，2001）。

用 9 种随机引物对双孢蘑菇 As2796 家系的 7 个菌株的基因组 DNA 进行扩增（王泽生等，2001），均得到阳性结果。将得到的所有电泳图谱进行统计，聚类分析各菌株间的遗传相似值。根据公式（Nei 等，1979）：相似值 $S = 2Nab/Na + Nb$，换算出各菌株间的遗传相似值，并列于家系遗传构成图中（图 55—17）。

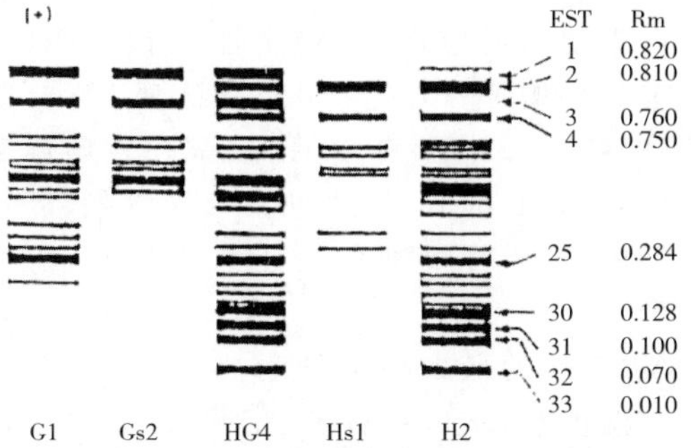

图 55－16 杂交菌株 As2796 及其异核与同核亲本(菌丝)样品的酯酶 PAGE 表型

G1:8211,Gs2:As165,HG4:As2796,Hs1:361－2,H2:02。

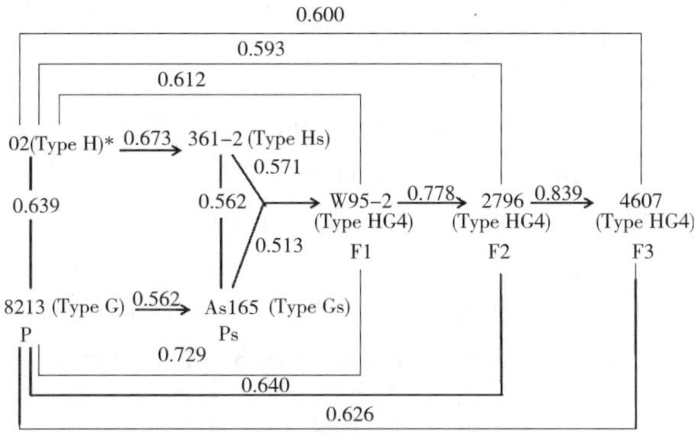

图 55－17 以 02 和 8213 为出发亲本的遗传家系构成及各菌株间的遗传相似值

实验结果表明:其一,单孢同核体的电泳带数量少于异核体,但也出现了某些异核体中没有的新带,单孢同核体与其异核亲本及杂种子代间的遗传相似值较低。其二,子 1 代杂种 W95-2 与两个异核亲本 02,8213 之间的遗传相似值分别为0.621和 0.729;子 2 代杂种 As2796 与异核亲本的相似值为 0.593和 0.640;子 3 代杂种 As4607 与异核亲本的相似值为为 0.600 和 0.626。而W95-2与 As2796 的相似值为0.778;As2796,As4607 相似值为0.839。这些数据表明,随着遗传代数的增加,杂种子代与出发异核亲本间的遗传差距逐渐增大,但杂种子代间的遗传相似值也逐渐增大。证明同核单孢杂交比传统的单孢、多孢分离筛选更容易产生优势明显的新菌株,杂交菌株的遗传特性可以通过单孢分离、筛选得以保持。

③栽培特性:As2796 适用于经二次发酵的粪草料栽培,表现出耐肥、耐水和耐高温的特点。每平方米投料量30～35 千克,C∶N≈28∶1～30∶1,含氮量 1.4%～1.6%,含水量 65%～68%,pH 为 7 左右,正常管理的喷水量不少于高产菌株。菌种播种后萌发力强,菌丝吃料速度中等偏快,生长强壮有力,抗逆性较强,尤为耐高温。菌丝爬土速度中等偏快,扭结能力强,扭结发育成菇蕾或膨大为合格菇的时间较长,开采时间比一般菌株迟 3 天左右。该菌株基本单生,成菇率高(90%以上),成品率高(80%以上),1～4 潮产量分布较均匀(图 55－18),转潮不太明显,后劲强,有利加工厂生产。气温超过 20℃,甚至达到 24℃时一般不会死菇,可比一般菌株提前 15 天左右栽培。不宜薄料栽培,料含氮量太低或水分不足都会影响产量,或产生薄菇和空腹菇等质量不良现象。

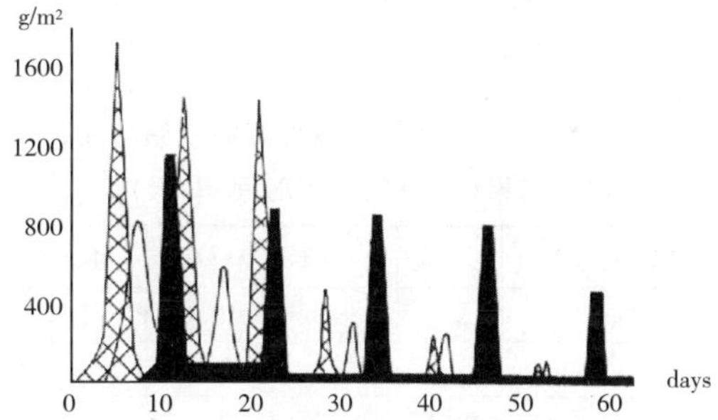

图 55－18 不同遗传型菌株床栽产量结构比较

■ As2796 ⊠ ZN1 □ 8213

④鲜菇与制罐质量:鲜菇子实体呈中等大小,直径为 3.0～3.5cm。外形圆整,色泽洁白,无鳞片,有半膜状菌环。菌盖厚,柄中粗,直径短,组织结实,菌褶紧密、细小、色淡,无脱柄现象。每千克含菇 90～110 粒(表 55－6)。通风口或阳光照射,菌盖表面呈浅棕色,漂洗后仍呈白色。制罐平均预煮得率 65%,吨耗 900 千克,整菇率 50%,开罐后色泽正常,汤汁清晰,组织结实,风味好,未见发灰黑现象(表 55－7)。质量明显优于高产菌株(H 型)而与优质菌株(G 型)(王贤樵等,1989)相似,符合部颁标准。

表 55－6 As2796 在不同试验阶段平均单菇重(g)

产　季	8211	8213	As2796	02	ZN1
1989～1990 年(花盆初筛)	6.3*	6.5	6.0	5.9	4.6
1990～1991 年(浅箱初筛)	9.0	8.3	10.0	5.8	6.3
1990～1991 年(床架复筛)	10.3		12.1		8.0
1991～1992 年(床架复筛)	9.6	9.7	11.0	6.0	8.1

*表中数据均为每产季各抽检 15 次的平均数。

表 55－7 As2796 罐藏试验情况

日期	取样重量(kg)	预煮后		一级品(整菇)		开罐检验
		重量	得率	重量	%	
91.11.23	10.65	7.00	65.92	3.634	51.92	色泽正常,组织结实致密,风味好
92.1.4	10.60	6.75	65.56	3.135	47.99	色泽正常,组织结实,风味好
平均			65.74		49.96	

*表中数据由厦门罐头厂提供。

⑤栽培与产量表现：经过1989～1992年的初筛、复筛和中型生产试验表明，As2796栽培性状稳定，适应性强，单产比8213等老品种增加50%～100%，与高产品种相近。大面积栽培平均单产每平方米7.5千克，规范化栽培单产每平方米9.0千克以上，高产户可达每平方米15.0千克。

表55－8数据表明，As2796单产比G型亲本8213提高80%以上，比偏G型杂交种1671、1789等增加40%～50%，和H2型亲本02、H1型杂交种U3的产量相似。

表55－8　1989～1991年福建省蘑菇站初筛与复筛栽培试验结果(kg/m^2，采收时间60天)

菌　株	1671	8213	As2796	As2768	02	U3
1989～1990	6.2	4.5	9.3	10.3	8.5	10.4
产季	6.2	5.0	9.3	9.7	9.4	8.4
（花盆）	6.9	5.4	10.2	8.5	9.1	10.0
平均	6.4	5.0	9.6	9.5	9.0	9.6
1990～1991	8.1	6.1	10.7	11.2	10.1	8.4
产季	8.1	6.1	11.9	9.9	12.6	10.1
（浅箱）	7.3	6.4	11.1	12.7	11.1	10.7
平均	7.8	6.2	11.2	11.3	11.3	9.7

表55－9数据表明，As2796在福建全省各中试点表现出适应性广、稳定性强和高产（比其他审定品种增产30%～50%）、优质（符合制罐标准）的特点。1992年3月，经福建省蘑菇菌种审定委员会批准作为试推广用种（第3号公告），1993年3月批准作为正式推广用种（第4号公告）。

As2796的最大特点是耐热，把双孢蘑菇结菇适宜温度从16℃左右扩展到12～20℃，使栽培期可前后各增加15天，延长了收菇期。但气温低于10℃时，鲜菇质量不如较高温度时好。可以通过控制通风量与喷水量，尽可能不出菇，待温度回升时再调水出菇，确保高产优质。另外要防止菇房昼夜温差太大（＞10℃）而引起硬开伞。

As2796的产量结构均匀，主要表现在床面上扭结、菇蕾、扣菇和成菇同时存在。边采收，边扭结而且不易死菇。要求对床面上的成菇及时采收。床面菇密时，直径2.5～3.0cm即应采收，一般情况下3.0～3.5cm为宜。留大菇既影响周围小菇生长又影响质量，反而达不到高产优质的目的。

表55－9　1991～1992年As2796在福建省多点中型生产试验情况*

地区	面积	栽培表现	质量概况	产量概况
厦门：罐头厂蘑菇站	10万m^2	栽培粗放易管理，耐高温，耐肥，耐水，不易死菇	子实体圆整、结实，每千克90～100粒，菌褶小、色浅。罐藏符合部颁质量标准	平均单产$10kg/m^2$，比8213等高50%～60%
莆田：罐头厂蘑菇站	5.2万m^2	菌丝生长速度中等偏快，耐肥，耐水，耐高温，抗逆性较强。无菌被，结菇能力强，基本单生，成菇率高，后劲足	子实体中等大小，组织紧密，每千克100粒左右，菌褶色淡，柄粗，短直，无菌环，有菌膜，一级菇18%，二级78%，菜菇4%，罐藏符合部颁质量标准	平均单产$9.2kg/m^2$，最高达$15.4kg/m^2$，比其他省定菌株增产50%左右
福州：连江长乐	3.33万m^2 3.33万m^2	栽培粗放，耐高温，不易死菇	子实体盖厚，色白，柄短，菇结实，每千克100粒左右，普遍反映质量好	连江平均单产$9.2kg/m^2$，长乐平均单产$8.5kg/m^2$
福安：罐头厂食用菌办	1.45万m^2	栽培粗放，耐高温，不死菇	子实体圆整，盖厚，色白，柄短。温度高、湿度低时，个别出现“空腹”。罐藏符合部颁质量标准	平均单产$8.9kg/m^2$，比其他菌株高58%
寿宁：蘑菇办	0.133万m^2	菌丝长势粗壮发达，速度中偏快，爬土能力中偏强，对温度适应范围广，耐肥、水，扭结能力强，成菇率高	菌盖圆整，中等偏大，组织结实，柄中粗短，质量好	平均单产$7.5kg/m^2$，比8213等老品种增产55%

*表中数据由各中型生产试验产区提供。

水分管理是As2796高产优质的关键技术。在菌丝爬土至离覆土层表面0.5～1.0cm时，随后加大通风量，控制在此区域扭结成菇。若扭结过于表层，结菇太密易挤成畸形且影响后期产量。

扭结过于表层，可再覆一层细土。喷出菇重水，应在喷结菇重水 5 天后，菇蕾长至黄豆大以上时进行，以水不漏至培养料为准则。每潮菇采收后去除根头，补土并停止喷水 2～3 天，让菌丝恢复生长后再进行水分管理。菇房湿度偏低，覆土层较干时，先调菇房空间湿度，再调覆土含水适宜后，喷出菇重水。否则易造成子实体过干又突然大量吸水，细胞膨大异常迅速而造成空腹。As2796 具有适应性强、单产高、鲜菇质量优良、制罐整菇率高等优点。鲜菇含水量较高，鲜销质量优良。加工罐头时，预煮得率(65%)介于高产型(62%)与优质型(68%)之间，仍有待于改良，以进一步提高罐头加工厂的效益。

三、双孢蘑菇基因工程育种研究进展及趋势

双孢蘑菇育种呈现两大趋势。一是筛选同核单孢或原生质体单核体进行杂交，期望通过具抗逆性较强或其他优良性状的野生株与“近乎纯种”的商业株之间的杂交来丰富生产用种的种性，需要发现更多的野生种质。另一趋势是运用基因工程手段进行转化育种。转化比杂交可更直接地对双孢蘑菇的基因组进行改造，这种改进双孢蘑菇农学性状的方法目的性、选择性更强。原生质体阳性转化一般通过营养缺陷互补、表型互补或显性标记的方法进行选择。但双孢蘑菇的营养缺陷型突变株很难获得，而且突变株由于生理上的缺陷，生长缓慢，培养困难。以抗药性作为显性标记是转化实验中较受青睐的方法。

基因工程是分子水平上的遗传工程。主要包括目的基因的标记与分离，目的基因与载体连接构建新的重组 DNA，然后通过原生质体融合、转化、转导或 DNA 分子杂交技术等转移到受体细胞中进行正常的复制和表达，从而产生遗传物质和性状的转移和重新组合，获得人们所期望的新菌株。技术上外源 DNA 片段导入双孢蘑菇的手段包括 PEG/$CaCl_2$ 介导原生质体转化、LiCl 介导原生质体转化、电转化、基因枪转化以及农杆菌介导转化。

Sorthern 分析和亚克隆试验表明，大多数丝状真菌的转化为整合转化，而且转化 DNA 整合不需要广泛的序列同源性。整合有同源重组和非同源重组两种类型。然而，在双孢蘑菇中，正如以往的研究发现，重组行为极少在该物种中发生，无论是核基因组还是线粒体基因组。因此，20 世纪 90 年代初期进行的双孢蘑菇原生质体转化实验鲜有成功的报道。当然，当时这方面的转化技术尚不完善，采用的是效率相对较低的 PEG/$CaCl_2$ DNA 片段介导法，而且连接大肠杆菌的抗潮霉素转化载体的 pAN7 启动子是来自非蘑菇属的曲霉。

到了 20 世纪 90 年代中期，荷兰 Van de Rhee 的努力使原生质体转化研究有了较大进展。虽然转化子选择标记仍以潮霉素(hygromycin)抗性作标记，但此时的转化载体已有了双孢蘑菇的启动子 Abgpd2，终止子为 pA2H 或 pA2H-T1，转化方法改用电转化，载体在转化前用单切酶切成线状，提高了转化效率。Van de Rhee 等还曾尝试将造成双孢蘑菇褐变的酪氨酸基因的反义 DNA 序列与潮霉素抗性基因进行共转化，以期抑制子实体中酪氨酸酶的活性，达到保鲜的目的。结果在转化株的子实体中用探针仍可检测到稳定存在的导入 DNA 片段。

一个有价值的双孢蘑菇的转化株的获得必然包括 3 个技术环节：外源 DNA 片段的成功导入；该片段在受体细胞中的稳定表达；以及该基因控制的性状在子代中的稳定遗传。目前，应用电转化、农杆菌介导转化等技术已经可以达到以上目标。农杆菌介导转化外源基因方法已在植物、特别是一些经济作物的转基因研究中得到广泛的应用，但是将该方法应用于食用菌的转基因研究是近年新发展起来的技术。2000 年，Chen 等建立了一套高效农杆菌介导转化双孢蘑菇子实体的方法(Chen, et al., 2000)，操作步骤如下：①构建好的含潮霉素抗性基因的表达质粒转入农杆菌并进行诱导培养；②采摘菌膜未破的蘑菇子实体，清洁表面后收集幼嫩菌褶组织并切成细块；③把组织块加入经诱导的农杆菌悬液液中，抽真空至大部分组织块沉到瓶底；④将组织块转移到共培养平板上，21℃培养 4 天；⑤将组织块转移到初筛培养基(含 30μg/ml 潮霉素)平板上，24℃培养 2 周；⑥切下新生长的菌丝块移植到复筛培养基(含 50μg/ml 潮霉素)平板上，24℃培养 2 周；⑦能够正常生长的即为转化子，接种到常规 PDA 斜面进行培养和保存。该技术使得双孢蘑菇外源基因转化效率大幅度提高，可以预见该技术将极大推进双孢蘑菇乃至整个食用菌领域的基因工程研究。美国 Sylvan 公司已有成功应用的先例，福建省蘑菇菌种研究推广站也成功获得外源基因能够稳定遗传的转基因新菌株(廖剑华等，2005；陈美元等，2005～2009)。目前克隆到的直接控制双孢蘑菇表型性状的目的基因为数甚微。因此，双孢蘑菇的转化育种研究仍有许多工作要做。图 55－19 是双孢蘑菇转基因菌株的潮霉素抗性平板筛选。

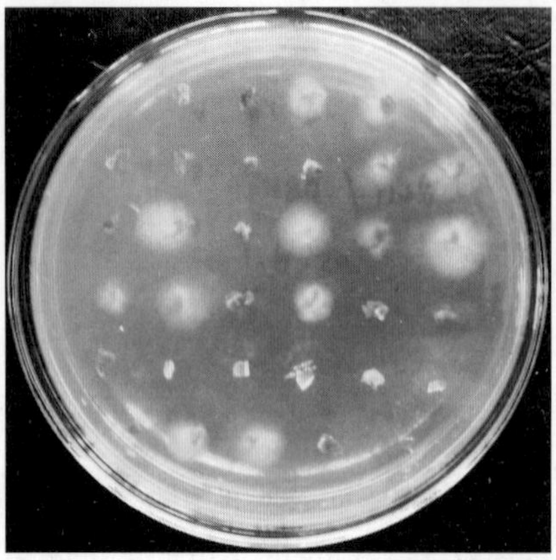

图 55－19　双孢蘑菇转基因菌株的潮霉素抗性平板筛选

今后双孢蘑菇的基因工程育种研究内容与目标可能集中在以下方面：

（1）抗性菌株选育

研究双孢蘑菇的抗病或抗逆机制，克隆相关基因，通过双孢蘑菇农杆菌介导转基因技术进行转化，以期提高双孢蘑菇的抗病或抗逆能力；通过转基因技术将 Bt 毒蛋白基因、几丁质酶基因等转入双孢蘑菇中，以选育抗虫（菇蚊、菇蝇等）、抗病（疣孢霉、绿霉病等）的新菌株。

（2）保健或药用功能菌株选育

通过转化特殊功能基因，选育有特殊成分或风味、有保健作用或有医药用途的双孢蘑菇新菌株，以生产功能性菇品或用于深加工的菇品原料。如转化具有富锌功能的金属硫蛋白基因，可获得具有补锌功能的新菌株；转化小肠三叶肽基因，获得的转基因蘑菇可以改善胃肠道黏膜损伤。

（3）有工业用途的新菌株选育

通过转化功能基因，选育有工业用途的食用菌新菌株，以生产可用于提取有效成分的菇品原料。比如转化了凝乳酶或淀粉酶基因的双孢蘑菇新菌株，其菇品原料可用来生产凝乳酶或淀粉酶，以用于牛奶和淀粉的加工。与微生物工厂发酵生产相比，菇品原料的生产设备投资小、高技术含量低、产量大，具有较大的优势。

（4）双孢蘑菇特殊生产性状相关基因的鉴定、开发和利用

随着分子生物学的发展，将有更多、更有效的分子标记出现，可用于建立更实用有效的双孢蘑菇遗传连锁图，结合即将公布的双孢蘑菇基因组信息等，使对双孢蘑菇重要或特殊生产性状相关基因的鉴定、定位和克隆成为可能。特别是一些野生菌株所具有的优质、耐热、抗病等重要生产性状相关基因的克隆，对选育优质、抗逆的双孢蘑菇新菌株意义重大。

第四节　双孢蘑菇的栽培设施

中国双孢蘑菇生产的发展经历了自发、分散、小规模的家庭副业式生产方式，现在已发展成为工厂化栽培、标准化集约化栽培和农村副业栽培并存的生产方式。栽培技术有周年栽培和季节性栽培；有室内栽培、室外栽培、人防地道或山洞栽培；有床架式栽培、塑料袋栽和地栽等。栽培菇房有竹木结构、土木结构、砖木结构和水泥结构等等。20 世纪 80 年代以来，有十几条蘑菇工厂生产线从意大利、美国等地引进中国，由于成本太高或管理不当与技术欠缺，大多未能正常运行，山东烟台的九发公司等在坚持生产。中国目前应用最广泛的是塑料薄膜菇房标准化集约化栽培技术。1990 年福建省轻工业研究所蘑菇站提交的《双孢蘑菇菌种》和《双孢蘑菇栽培规程》两项标准获得批准。标准对栽培使用的菌种、菇房及其设施的规格、培养料配方、堆制工艺、栽培管理、采摘技术和安全卫生要求都作了规定，是国内第一套比较完整的蘑菇菌种与栽培技术标准。标准化集约化栽培按照该标准进行生产，其要点是强化培养料节能二次发酵技术，推广标准化塑料薄膜菇房，应用杂交新菌株 As2796 系列，试行联户栽培与适度规模经营。户栽培面积由 100m^2 扩大到 1 000m^2 以上，最大达 17 940m^2，形成标准化集约化栽培。每平方米产量由 4.5 千克增加到 9 千克以上，经济效益显著提高。1992 年，全国蘑菇科研协作会议在福建莆田召开，标准化集约化栽培技术由此推广到全国各地。至今，在福建省不同的栽培主产区已根据当地的实际条件发展成“漳州模式”、“莆田模式”、“宁德模式”、“福州户模式”等。

各地要根据当地气候情况安排蘑菇生产。勉强提前栽培或推迟栽培均可能影响蘑菇的产量和质量。通常，季节性栽培从秋季开始。由北到南，播种期可以选择 8 月下旬到 9 月（山东、河南）和 10～12 月份（福建、广东、广西等地）。集约化栽培一定要在掌握标准化栽培技术基础。操作时应列出每批每座菇房的进度表，特别注意有交叉用料、用工的地方，保证进度的落实。

一、标准化栽培菇房

（一）地点选择

栽培地点要求交通方便，近水源，水量充足，

水质卫生，排水良好，环境干净，远离污染源。可以参照国家颁布的《无公害食品 蔬菜产地环境条件》（NY5010－2001）选择产地，对栽培场地的水源、环境大气和土壤进行检测，只有检测指标符合标准并经过无公害食用菌产地环境认证后才能栽培无公害双孢蘑菇。注意，食用菌生产过程中的用水必须符合国家颁布的 GB5749 生活饮用水卫生标准。

（二）整体布局

菇房坐北朝南，每座菇房栽培面积 230m² 左右。要求菇房排列和堆料场地布局合理，菇房占地率约 60％。菇房保湿、保温好，空气流通，无直射阳光，电灯照明度均匀，内部整洁。

（三）标准化菇房设施

1. 菇房规格

以福建省推广的标准化蘑菇栽培菇房为例。栽培面积 230 m² 的标准化塑料薄膜菇房长11.5 m，宽 7.5m，边高 4.5m，中高5.5m。床架排列方向与菇房方向垂直。两侧操作的床架长 6m，宽1.5m，共 4 架；单侧操作的长7.5m，宽 0.9m，共两架。在床架间与床架两头设通道，宽0.7m。菇床分 5 层，底层离地0.2m，层间距离0.66m，顶层离房顶 1m 以上。床架间通道两端各开上、中、下纱窗，窗的大小为0.3m×0.4m，床架间通道中间的屋顶设置拔风筒，筒高1.0m左右，内径0.3m，共设置 5 个。拔风筒顶端装风帽，大小为筒口的两倍，帽缘与筒口平。菇房开 1～2 扇门，在中间通道或第 2、4 通道开门，宽度与通道相同，门上也要设地窗（图 55－20）。

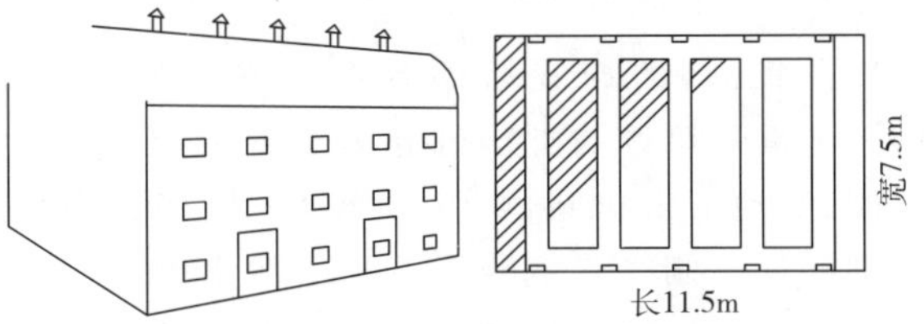

图 55－20　菇房与床架排列示意图

图 55－21A　标准化蘑菇栽培菇房的集约化生产

2. 菇房材料

每座菇房估计用毛竹 1 000～1 200 千克，尾竹2 000千克，草帘 200 千克，0.05～0.06mm 塑料薄膜 25 千克，铁钉和铁丝 8 千克，煤炭 200 千克，木板条、砖块和石块若干。用毛竹搭菇房与菇床，外披塑料薄膜，再覆盖草帘。菇房搭盖应按规范要求操作，保证牢固、实用，防止倒塌。

（四）栽培菇房的改进发展

随着蘑菇栽培规模的不断扩大，在各个蘑菇栽培区形成了符合当地气候条件的不同栽培菇房，例如在福建发展形成漳州高层砖瓦房模式和闽中多层砖瓦房模式。这种栽培菇房因地适宜，在原有栽培模式基础上改良而成，菇房的保温、保湿性能和病虫害预防能力有较大提高，但也存在部分缺点。

1. 漳州高层砖瓦栽培房

菇房高 5～6m，长 12～15 m，宽 8～9m，边高 5～6m，中高 6～7m。床架排列方向与菇房方向垂直，床架长 7～9m，宽约 1m，6～10 架。菇床分8～12 层，底层离地0.3m，层间距离0.45m，顶层离房顶 1m 左右。床架间通道两端墙面自上到下间隔 50cm 开设通风窗口，窗的大小为 0.3m×0.4m。地面用混凝土浇灌，屋顶用大片石棉瓦呈瓦状覆盖，栽培面积在 350～550m²（图 55－21B）。这种菇房的保温保湿性能有了显著提高，菇房栽培面积的利用率显著提高。但因层间距太矮，不利于通风。当外界气温较高且维持时间较长时，容易引起烧菌、死菇、菌丝萎缩等生理疾病。

图 55－21B　福建漳州砖瓦混凝土菇房

2. 闽中多层砖瓦栽培菇房

菇房高 5～6m，长 12～15m，宽 10～12m，边高 5～6m，中高 6～7m。床架排列方向与菇房方向垂直，床架长9～10m，宽约1.4m，6～10架。菇床分7～8层，底层离地0.3m，层间距离0.55m，顶层离房顶1.5m左右。床架间通道两端各开上、中、下通风窗，窗的大小为0.3m×0.4m，床架间通道中间的屋顶设置拔风筒，筒高1.0m左右，内径0.3m，共设置5个。拔风筒顶端装风帽，大小为筒口的两倍，帽缘与筒口平。菇房在中间通道或第2、4、6通道开门，宽度与通道相同，门上开设地窗。地面用混凝土浇灌，屋顶用大片石棉瓦呈瓦状覆盖，栽培面积在400～700m²。这种菇房的保温、保湿性能有了明显提高，通风良好，是一种适宜大面积推广的栽培菇房。

3. 周年控温控湿栽培菇房

我国自20世纪80年代起陆续引进数个全套双孢蘑菇周年工厂化、机械化栽培菇场，均因生产管理水平不高及市场经济环境背景不协调，大多已破产、停产或艰难经营。结合我国实际生产现状，通过吸收引进，自主设计开发的周年工厂化栽培模式已经在我国部分地区建设并生产运作。例如，福建宁德的金海西食用菌有限公司、福建武平的久和菌业有限公司、四川都江堰的兴达食品有限公司。

菇房高5m，长12～15 m，宽5～10m，边高5m，中高6m。床架排列方向与菇房方向垂直，床架用不锈钢或防锈角钢制作（图55－22），长10～12m，宽1.4m，2～4床架。菇床分5～6层，底层离地0.4m，层间距离0.60m，顶层离房顶2m左右。床架间通道下端开设2～4个百叶扇通风窗。菇房墙体和屋顶通常采用10cm厚的彩钢泡沫板铆接而成，或者在砖瓦房内部填充聚氨酯泡沫层而成。栽培面积在200～350m²。菇房的通风通过安装在菇房内部的循环通风风机进行调节。循环通风机连接外部通风管、菇房内部的回风风管和温度调节系统，可通过计算机芯片程序进行新风和循环风比例的调控，以满足菇房内有充足的氧气和合适的温度、湿度需求（图55－23）。

图55－22　周年工厂化栽培菇房的不锈钢床架

图55－23　周年控温控湿栽培菇房

这种菇房具有良好的控温控湿能力，提高调控双孢蘑菇最适的生长环境，大幅提高产质量，配套相应的专业机械（图55－24），可进行周年化高效率的生产运作。需要较高的经济投入、严格的管理水平，生产成本较高，尤其是双孢蘑菇专业机械在我国仍处于启蒙期。该模式推广应用还需要一段较长的试验磨合期和改进发展期。

图55－24　堆肥播种装床进料机

（五）不同的棚式栽培

在我国，蘑菇栽培还有形式多样的棚式栽培。依据栽培棚的类型可分为温室大棚、连墙大拱棚、半地下式中拱棚、中拱棚、小拱棚、半拱形小拱棚等。棚式栽培的特点是搭棚简便、投资较省，具有一定的保持栽培环境温、湿度的能力，但比较粗放。若加覆保温设施和增湿设施，可进一步提高保温保湿能力，有利于获得高产优质。中拱棚、小拱棚、半拱形小拱棚在全国普遍使用，温室大棚、连墙大拱棚、半地下式中拱棚多在北方使用。

1. 半拱圆形温室大棚

菇房坐北朝南，北侧是一道土墙，墙高1.2～1.3m，厚0.5m。菇房跨度4.5～5.0m。后屋面有檩、柁支撑，进光面用竹竿或毛竹片作拱架形成半拱圆面，拱架间距 30cm，用三排立柱支撑拱架。立柱与拱杆间用 CP6 钢筋或 8 号铁丝作拉线，与立柱紧紧固定，每间后墙留一个通风孔。草帘多用蒲草与芦苇混编而成，长以完全覆盖屋面为准，厚 5cm(图 55－25)。

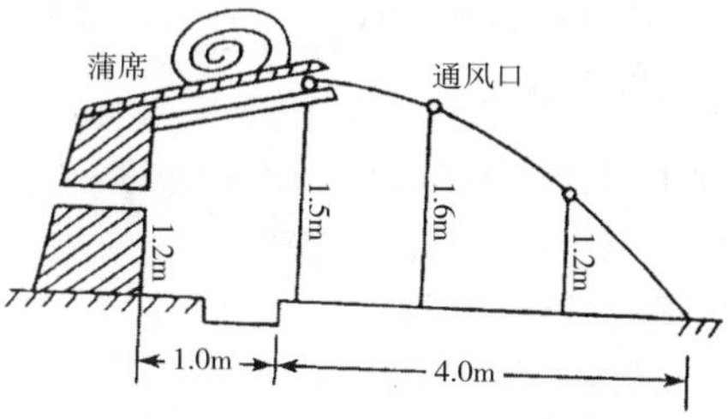

图 55－25 半拱圆形温室大棚

温室内可以采用烟道加温，烟道用砖砌成或用瓦管代替，烟道一般设在近走道处。煤炉设在温室墙外作业间的炉坑内。烟道尽头竖烟囱，以便于排除废烟，加强热气对流，增加煤炉抽力。注意，煤炉不可放在温室内，以防燃烧产生的一氧化碳和硫化物影响食用菌的生长发育、污染食用菌子实体。优点是半拱圆骨架支撑力强，具有加热设施，保温性能较好。

2. 连墙大拱棚

是在半拱圆形温室大棚基础上发展而来。棚东西向，北面和东西面用土打墙，南面用竹木搭成拱架，上覆塑料薄膜和草帘(图 55－26)。这种大棚较常规的塑料大棚更适于食用菌的生长，优点是：北侧有挡风墙，可避免寒冷的北风直接吹入菇棚，保温性能较半拱圆形温室大棚好，半拱圆骨架支撑力强。

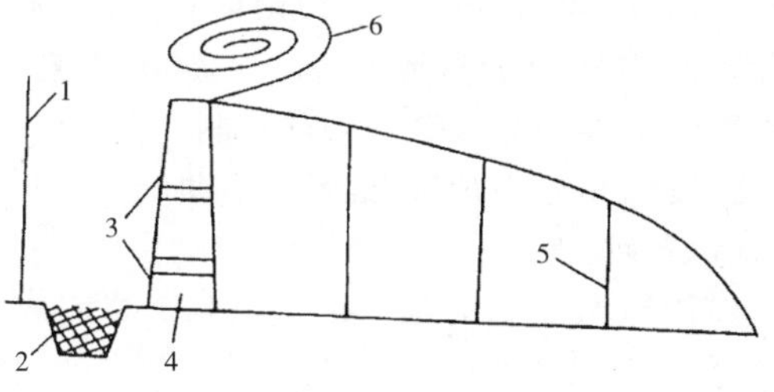

图 55－26 连墙大拱棚

1. 风障，2. 防寒沟，3. 后窗，4. 后墙，5. 支架，6. 草帘。

3. 半地下式中拱棚

在地面挖一长方形深沟，沟宽1.5～2.0m，长15～20m，深0.5m左右。地上部分再砌成0.8～1.0m高的墙，南北墙留排气窗，上用竹片或钢筋搭架成拱形，外面再覆盖薄膜和草帘(图 55－27)。建造时应注意场地以黏土和壤土为好，砂壤土不适宜；菇棚四周必须挖排水沟，防止积水灌入棚内。特点是菇房保温、保湿性能较好，节约燃料，但排水不便，通风稍差。

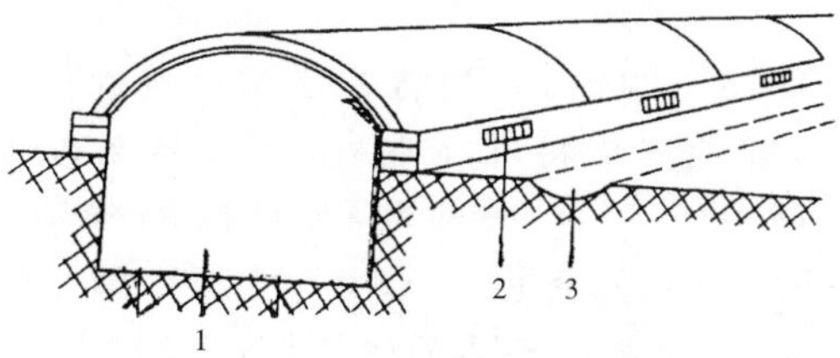

图 55－27 半地下式中拱棚

1. 菇室，2. 排气窗，3. 排水沟。

4. 中拱棚

一般宽 3～5m，中高1.5～2.0m，长 10～15m，坐北朝南，两侧是山墙，棚顶用竹木支架作成拱棚，支架外覆一层塑料薄膜，上面加盖草帘。特点是无加温设施，完全靠日光增温，保温性能一般。

5. 小拱棚

主要用细竹竿、竹片、8 号钢丝、6～8mm 钢筋作支架，在宽1.3～1.6m的畦面上，沿两侧每隔 30～60cm 插入架材，深 20～30cm，弯成拱形骨架，高约 1m，长度自定，骨架上覆盖塑料薄膜和草帘。特点是投资少，保温性能较好，但空间较小，操作不变(图 55－28)。

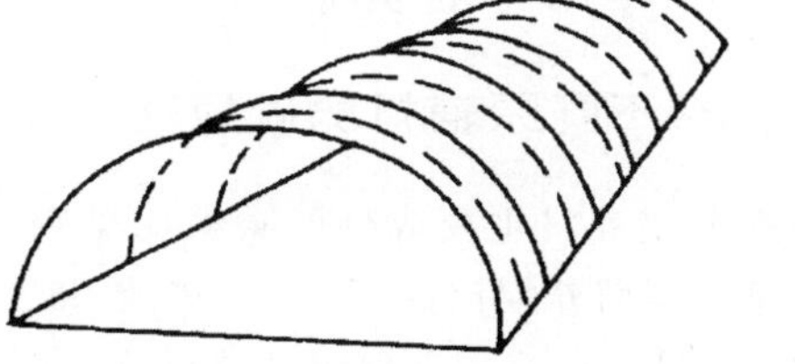

图 55－28 小拱棚

6. 半拱形小拱棚

它是在小拱棚基础上发展起来的(图 55－29)。特点是保温性能较好，投资少，通风良好。

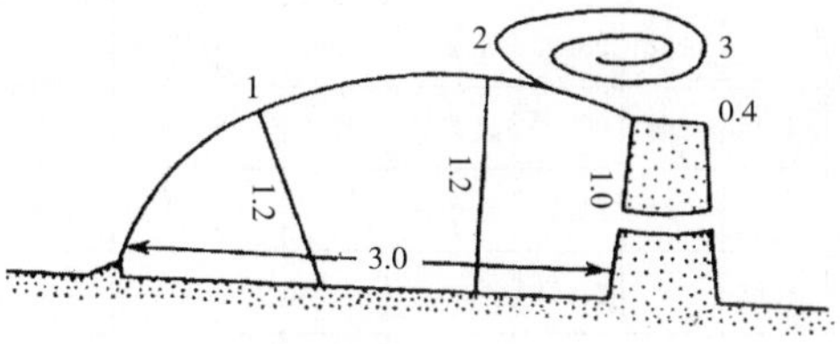

图 55－29 半拱形小拱棚

1、2. 通风口，3. 草帘。

第五节　双孢蘑菇培养料的堆制技术

1978 年以前，双孢蘑菇培养料只进行一次发酵，即把粪草料堆在室外，在自然条件下发酵。期间经 5～6 次翻堆，翻堆间隔分别为 7 天→6 天→5 天→4 天→3 天→2 天，整个堆制周期 25～28 天。然后铺床播种，平均单产只有 3.6kg/m^2。这种模式主要适宜地栽，现在中国内地仍然有部分地区应用这种模式。1978 年，香港中文大学张树庭教授引进双孢蘑菇培养料二次发酵工艺，单产提高到 6.0kg/m^2。1979 年，福建省轻工业研究所开始研究节能二次发酵技术，1985 年获得成功并得到推广。要点是：①适当缩短前发酵时间，缩到 10～12 天；②前发酵的料半集中地堆放在床架中间 3 层（共 5 层）；③后发酵采用先控温培养（48～52℃，2 天左右），后巴氏消毒（60～62℃，6～8 小时），再控温培养（48～52℃，3～5 天）。特点是：充分利用堆料中微生物发酵产生的热量，节约燃料；促进堆料中有益微生物的生长，提高堆料的选择性和质量；提高培养料巴氏消毒效果，整个工艺容易控制，便于推广；蘑菇单产提高到 8.0～10.0kg/m^2。

一、培养料配方

（一）不同原辅材料碳氮比

蘑菇培养料主要成分的碳氮比见表 55－10。按照培养料营养配比的要求，发酵前，培养料的碳氮比 28∶1～30∶1，含氮量 1.4%～1.6%，投料量30～35kg/m^2。

表 55－10　双孢蘑菇培养料主要成分的碳氮比（C/N）

物　料	C(%)	N(%)	C/N	物　料	C(%)	N(%)	C/N
稻　草	45.59	0.63	72.37	羊　粪	16.24	0.65	24.98
大麦秸	47.09	0.64	73.58	兔　粪	13.70	2.10	6.52
玉米秆	43.30	1.67	26.00	鸡　粪	4.10	1.30～4.00	3.15～1.03
小麦秸	47.03	0.48	98.00	花生饼	49.04	6.32	7.76
稻　壳	41.64	0.64	65.00	大豆饼	47.46	7.00	6.78
马　粪	11.60	0.55	21.09	菜子饼	45.20	4.60	9.83
黄牛粪	38.60	1.78	21.70	尿　素		46.00	
水牛粪	39.78	1.27	31.30	硫酸铵		21.00	
奶牛粪	31.79	1.33	24.00	碳酸氢铵		17.00	

（二）推荐营养配方（以栽培面积 230m^2 的标准菇房计算）

配方 1：干稻（麦）草 4 500 千克，干牛粪3 000 千克，过磷酸钙 70 千克，石膏粉 110 千克，豆饼粉 180 千克，碳酸钙 90 千克，尿素 60 千克，碳酸氢铵 60 千克，石灰粉 110 千克。

配方 2：干稻（麦）草 4 400 千克，干牛粪2 000 千克，过磷酸钙 60 千克，石膏粉 100 千克，菜籽饼粉 200 千克千克，碳酸钙 80 千克，尿素 60 千克，碳酸氢铵 60 千克，石灰粉 120 千克。

配方 3：干稻（麦）草 5 500 千克，干鸡粪1 600 千克，过磷酸钙 60 千克，石膏粉 200 千克，豆饼粉 200 千克，碳酸钙 160 千克，尿素 80 千克，石灰粉 200 千克。

二、培养料堆制发酵

培养料堆制发酵分为一次发酵（前发酵）和二次发酵（后发酵）两个阶段。

（一）一次发酵

1. 常规一次发酵

一次发酵又称前发酵，前发酵的目的是：①将原材料充分预湿，混合均匀；②建堆并利用料堆内自然微生物的发酵作用，产生 60～80℃的高温，软化麦稻秸秆，积累有益微生物菌体；③降解有机物并合成累积高分子营养物质——腐殖质复合体；④通过翻堆堆制成混合均匀的堆料。

前发酵又分为预堆、建堆和翻堆。

（1）预堆

将新鲜无霉变的稻（麦）草、牛粪等配料经过准确过秤后，先将稻（麦）草切短，在 1% 的石灰水池中浸泡充分预湿，勾沥稻草并随堆随踩成长方形；牛粪碾碎过筛，均匀混入饼粉，加水预湿堆成长方形，含水量掌握在以手抓成团放地松散即可。预堆时间 1～2 天。

（2）建堆

先清扫场地，以栽培面积 230m^2 计，在堆料场用石灰画出宽 1.8m、长 22m 的堆基，堆基周围挖沟，使场地不积水，底层铺 30cm 厚的稻（麦）草，然后交替铺上 3～5cm 厚的牛粪和 25cm 厚的稻（麦）草。这样交替铺 10～12 层，一直堆到料堆高达 1.5m 以上。铺放稻（麦）草时既要求疏松、抖乱，又要扎边切墙，料堆边基本垂直。铺盖粪肥要求边上多，里面少，上层多，下层少。从第三层起开始均匀加水和尿素，逐层增加，特别是顶层覆盖牛粪要厚，顶部堆成龟背形，以增加上层压力，水分掌握在料堆四周有少量水流出为准。建堆 3～4 天后翻堆。

（3）翻堆

翻堆的主要目的是改变料堆各部位的发酵条件，调节水分，散发废气，增加新鲜空气，添加养分，让料堆的各部分充分混合，制成尽可能均匀的堆肥，促进有益微生物的生长繁殖，升高堆温，加深发酵，使培养料得到良好的转化和分解。翻堆对料堆补充氧气的作用是有限的，翻堆后的料堆总氧量数小时就被微生物消耗掉。堆内的氧气耗尽时，料堆的供氧主要通过料堆内自然空气的烟囱效应提供（图 55—30）。翻堆时应上、下、里、外、生料和熟料相对调位，把粪草充分抖松，干湿拌合均匀，各种辅助材料按程序均匀加入。翻堆分一、二、三次。

图 55—30 显示，料堆内 CO_2 比例上升到 10%～20%较理想。CO_2 ＞20%会形成厌气状态，CO_2 ＜10%说明通风太强、料堆温度不高。料堆的含水量也会产生同样的现象。料堆内有足够含水量时，微生物活动活跃。堆料水分大于 75%时会妨碍料堆的通气，造成嫌气性；小于 40%，微生物的活动急剧降低。为了获得更好的堆肥和更高的产量，要求一次发酵过程中的含水量控制在 70%～75%。

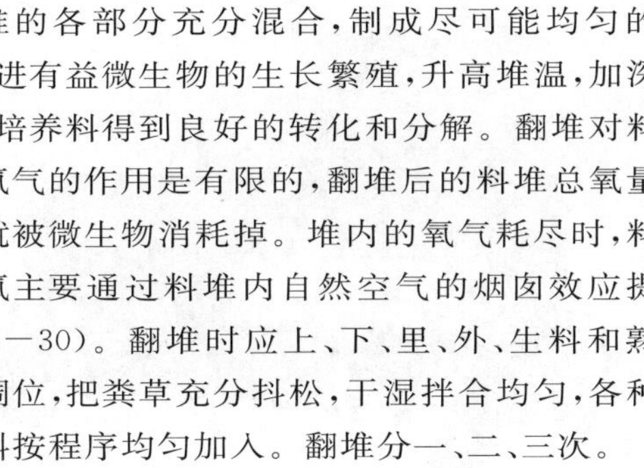

图 55—30 料堆的烟囱效应

第一次翻堆：一般建堆后的第 1 天料温上升，第 2～3 天料中心温度可达 70～75℃，至第3～4 天即可进行第一次翻堆。这次翻堆改变堆形，前后竖翻，堆基长度缩短1.5m左右，堆宽为 1.7m，堆高不变，料堆中间每隔 1m 设排气孔，翻堆时仍要浇足水分，分层加入所需的铵肥和过磷酸钙，翻堆后水分掌握料堆四周要有少量粪水流出。

第二次翻堆：第一次翻堆后 1～2 天，料温可达 75～80℃，3 天后再进行第二次翻堆。翻堆时，料堆宽度缩至1.6m，高度不变，长度缩短，并在料堆中设排气孔。翻堆时，应尽量抖松粪草，把石膏分层撒在粪草上，有利于均匀发酵。这次翻堆原则上不浇水，较干的地方补浇少量水，需防止浇水过多造成培养料酸臭腐烂。

第三次翻堆：第二次翻堆后 2～3 天，即可进行第三次翻堆。这次翻堆，堆宽1.6m，高度不变，缩短长度，改变堆形；前后竖翻，使粪草均匀混翻；料堆中间设排气孔，改善通气状况。将石灰粉和碳酸钙混合均匀后分层撒在粪草上。整个堆制过程中料堆水分应掌握前湿、中干、后调整的原则。2 天后结束前发酵，把培养料搬进菇房。培养料进菇房前 1 天，在料堆表面及四周喷洒 400 倍稀释的敌敌畏溶液灭虫。进房时调整含水量至 68%。如果第三次翻堆后，堆料仍然偏生，可以继续建堆，延长 2 天后翻入菇房。

（4）进房时料的标准

此时的培养料颜色应呈咖啡色，生熟度适中（草料有韧性而又不易拉断），料疏松，含水量为 68%，pH 在7.5～8.5。料偏干，用石灰水调水至适宜含水量，一般手握紧料有 5～7 滴水滴由指缝渗出即可。

2. 机械化建堆、翻堆

第二次世界大战以后，由于欧美产菇国家的劳动力成本迅速上升，于是蘑菇堆肥堆制专业机械一建堆机、翻堆机被开发并推广应用。它的成功应用使堆料混合得更加均匀，显著提高了一次发酵的堆肥质量，至今仍是蘑菇培养料堆制的主要方式。

初期利用机械进行一次发酵的主要方法是：将切好的麦秸（稻草）充分预湿后，用铲车将麦秸（稻草）与粪肥充分搅拌后，添加适量辅料，用建堆机械建堆，堆宽 2m 左右，堆高 2～2.2m。根据堆内温度的变化进行机械化翻堆。机械设备的使用大幅降低了堆肥堆制对劳动力的依赖，迅速提高工作效率和工作质量，既节约了生产成本，同时还降低了有害废气的影响。

随着机械制造工艺技术的发展，堆肥堆制机械也不断改进发展，现在已完全实现机械化预湿、混料、建堆、翻堆的流水线作业（图 55—31～图 55—33）。我国的蘑菇堆肥堆制机械研制起步较晚。20 世纪 80 年代初，福建省轻工业研究所蘑菇站与机械研究院合作开发了一台半自动机械翻堆机，但因适用性不足，未得以推广。21 世纪初，随着国内劳动力成本逐渐提高，对机械翻堆机的需求越来越迫切。目前，国内已有几款自主设计或模仿制造的翻堆机械（图 55—34～图 55—36）在不同蘑菇产区试运行。

图 55－31　20 世纪 80 年代自国外引进的翻堆机

图 55－32　粪草混合一体机

图 55－33　麦草真空预湿机

图 55－34　国产仿制的翻堆机

图 55－35　国产自制的翻堆机

图 55－36　国产自制的翻堆机

3. 隧道式一次发酵的应用

受到集中式二次发酵原理和一次发酵烟囱效应的启发，欧美的蘑菇研究者将二次发酵隧道技术应用于一次发酵过程中，目的是在一次发酵过程中创造出适宜的条件，制造出更均匀的、质量更好的一次发酵料。一次发酵是一个原材料软化降解的过程，需要经过不同温型的微生物将原材料分解利用，同时还是有益微生物扩大生殖繁衍的过程，不需要在封闭的隧道内进行。一次发酵隧道的进料门和屋顶是开放式的，也被称为槽式发酵。

最初二次发酵隧道的通气方式并不能很好地适应于一次发酵。主要原因是早期的二次发酵地面采用栅格状的大面积"川"型通风孔（通风孔面积占地面面积的 25%，见图 55－37A），在二次发酵过程中的循环回风量为主要通风量，堆料下部和上部形成较大的压力差，有助于空气的流通。但这种模式应用于敞开的一次发酵隧道中，同样功率风机的压力达不到让气流穿透堆料层的要求。

随后将隧道通风方式改进为上小下大的小孔径锥形通风孔（图 55－37B），上通风口总面积不超过地面面积的 1%。改进后的隧道能够产生较高压的气流，有利于气流的穿透上行。这使隧道式一次发酵效果显著提高。

前述两种隧道的预制板下部空间是全部通透的，立于下部的起支撑作用的水泥桩子会阻碍空气流通，使气流形成不同走向的乱流，降低了气流的压力，不利于空气穿透上行。改进措施是将隧道底部按通气孔分割成独立的条状通气道，并引进了离心式高压风机。荷兰人已开发出专用的PVC通风管道系统，管道直径为16cm，要求风机压力达到4 000～6 000Pa(图55－38～图55－39)。这种通风系统可以产生强大的压力气流，整个管道的压力基本一致，能迅速向堆料内渗透，并不会因为隧道内某些部位的阻力小而使气流更多的流向此处(图55－40)。好处是既解决了隧道内堆料不均匀导致的通气不良的问题，又大幅度提高了一次发酵隧道的填料量，填料高度由原来的2m上升到5m(图55－41)。

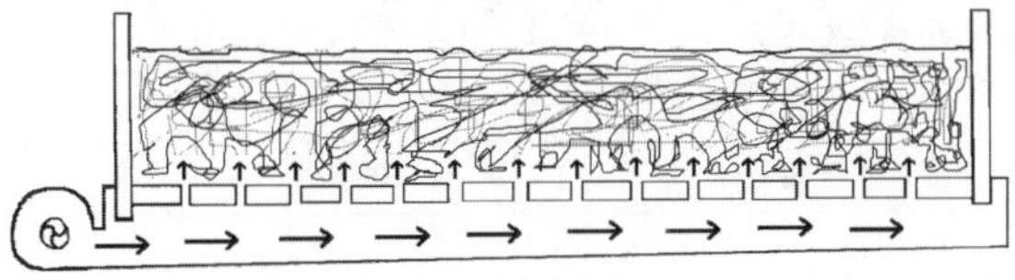

图 55－37A

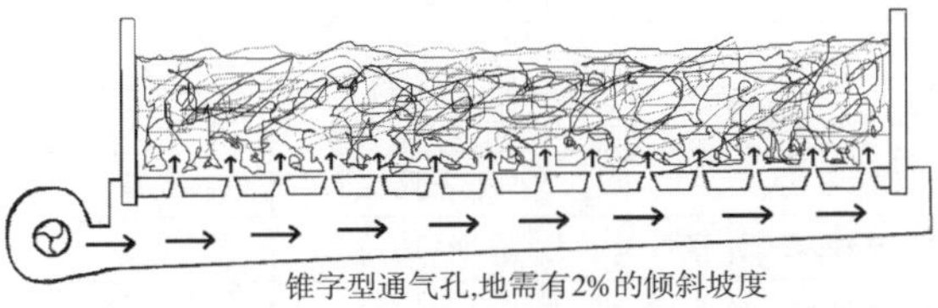

锥字型通气孔,地需有2%的倾斜坡度

图 55－37B 二次发酵隧道通气方式的变革

图 55－38 用于一次隧道的 PVC 通风管道

图 55－39 一次发酵的高压风机

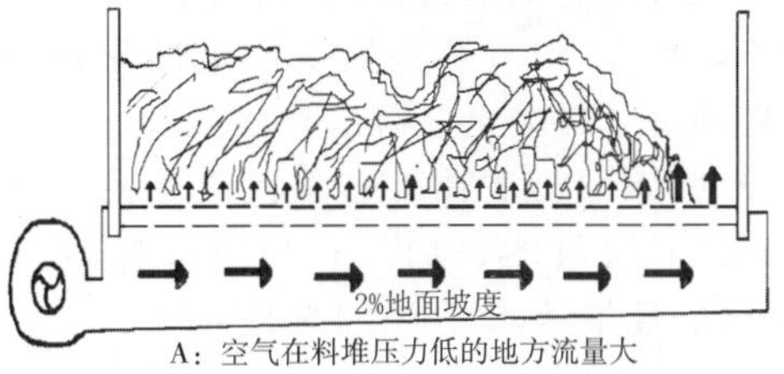

A：空气在料堆压力低的地方流量大

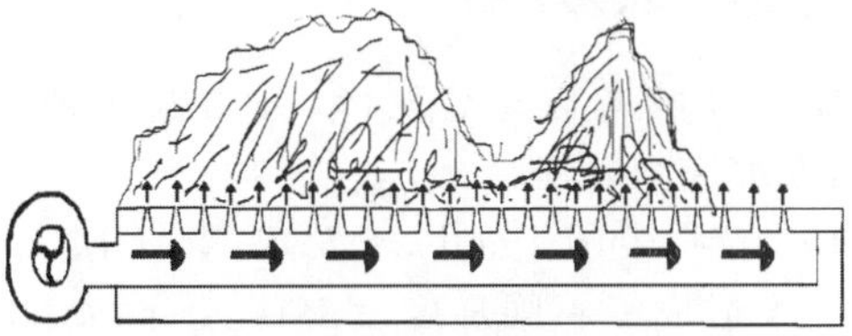

B：空气在各个锥孔流量均匀

图 55－40 不同形状气孔的气流分布流向图

图 55－41 利用传输带和摆头机进行一次隧道的均匀填料

在隧道式一次发酵室内，通气采用间歇式供给方式，主要是满足每吨堆料($20m^3/h$)的新鲜空气供给量。供给时间和间歇时间根据不同原材料材质和料堆温度的上升不断调整。

最新的一次发酵工艺流程是：原材料充分预湿，搅拌均匀⟶建堆⟶当温度上升达到70℃时翻堆(通常5小时内翻堆两次)⟶进一次发酵隧道⟶中心料温升到80℃时翻堆⟶中心料温升到80℃后，料温控制在80℃条件下维持3小时(即“蒸煮阶段”，图55－42)翻堆⟶料温再次升到80℃时进二次发酵隧道。在一次隧道内的翻堆次数通常2次。如果料腐熟较快(主要原因是麦秆的质量差)，翻堆一次。经过高温蒸煮阶段后即可进二次发酵隧道。

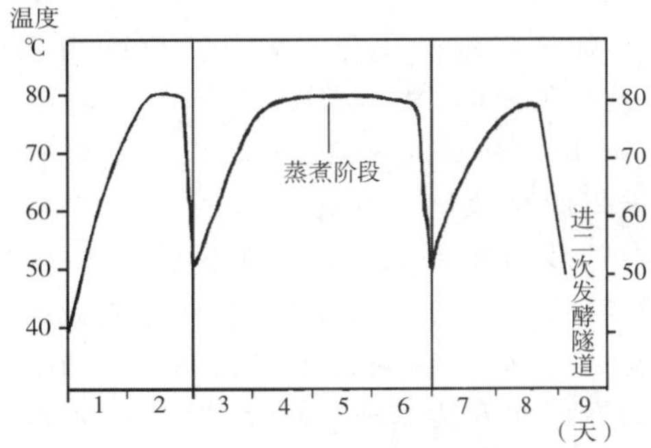

图 55－42 隧道式一次发酵“蒸煮阶段”的温度走势

蒸煮阶段的意义：在高温状态下，绝大多数微生物不能生存，但堆料内发生的焦糖化化合反应所产生的暗色高碳化合物是蘑菇菌丝必需的碳源物质，这些碳源物质在蘑菇碳代谢中占相当大的比重。蒸煮阶段的目的是产生更多的高碳化合物，增强蘑菇堆肥的特异性（选择性）。

（二）二次发酵

二次发酵又称为后发酵，分为菇房消毒、进料、后发酵 3 个过程。

1934 年，美国 Lambert 发现，在一次发酵过程中料堆形成了不同温度发酵区，不同发酵区内温度差异较大，微生物活动差异明显，将其划分为 A、B、C、D 4 个区域（图 55－43～图 55－44）。

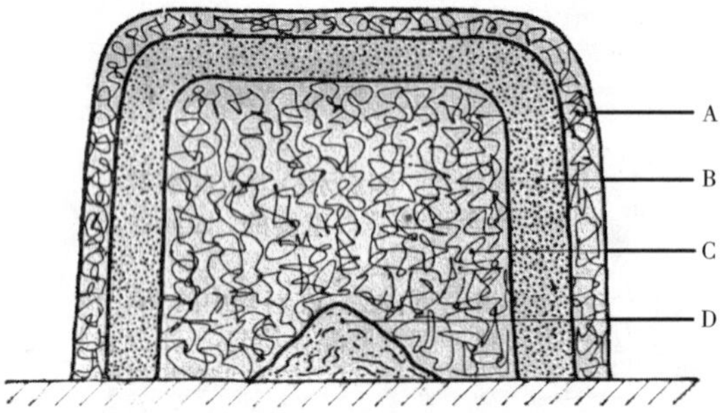

图 55－43 料堆的分区

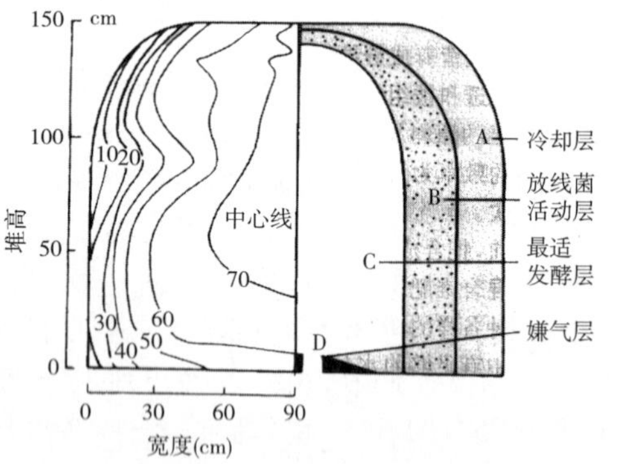

图 55－44 料堆内的温度分布

图中，A 区暴露于空气中，热量流失快，温度较低，堆料外干内湿。B 区为比较干燥的料层，可以看到较多的放线菌白斑。C 区为料堆发酵最佳的部分，温度多维持在 50～75℃。D 区为厌氧发酵区，此区的料湿、黏，具不良气味。

Lambert 从料堆的不同温度区分别取一些堆肥进行蘑菇栽培。发现 C 区的 50～55℃ 区域内的堆肥栽培效果最好。其他区的劣质堆肥重新放在较适宜的 C 区内发酵，可改进质量。于是尝试把经过发酵后的料置于温度保持在 50～55℃ 的专门房间内 2～3 天，发现能够明显改良堆肥质量，减少病虫害，显著提高单产。Lambert 的发现不仅很好地解释了翻堆的原理，而且创造了二次发酵的最初模型，这种处理方式属于“控温发酵”。

随后，生物学家在对蘑菇害虫防治过程中发现，60～65℃ 的温度可以在几个小时内迅速杀灭线虫、螨类的成虫及卵。进一步研究发现这个温度范围能够迅速杀灭堆料内的众多病原菌及其孢子（表 55－11），于是将这一成果应用于控温发酵过程中，形成了“巴氏消毒”的发酵措施。

表 55－11 消灭双孢蘑菇不同致病生物体所需的温度和时间

生 物 体	温度 55℃ 时数	温度 60℃ 时数
白色石膏霉	4	2
湿泡病菌（疣孢霉）	4	2
干泡病菌（轮枝孢霉）	4	2
蛛网霉（轮指孢霉）	4	2
假单孢杆菌	2	1
线虫	5	3
蝇类、瘿蚊类的幼虫	5	3
螨类	5	3
唇红霉（地霉）	16	6
橄榄绿霉	16	6
黄色金孢霉（黄霉）	10	2
褐色石膏霉（丝葚霉）	16	4
绿霉（木霉）	16	6
胡桃肉状菌（假块菌）	6	3

二次发酵目的是：①通过巴氏消毒杀灭残留在未能完全腐熟堆料中的有害生物体。②为堆料中有益微生物菌群[高温细菌（最适温度 50～60℃）、放线菌（50～55℃）、丝状真菌（45～53℃）]创造适宜的活动与繁衍条件。继续发酵并积累只适合于蘑菇菌丝利用的选择性营养堆肥。为了达到良好的发酵效果，整个二次发酵过程必须在栽培室或特别的设施内严密地控制温度和空气的供给。整个过程分为温度平衡、巴氏消毒、控温发酵、降温冷却 4 个阶段（图 55－45）。

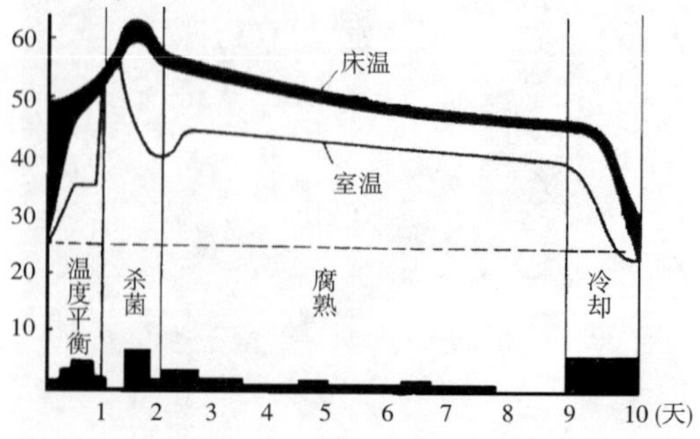

图 55－45 二次发酵过程的温度和新鲜空气的供应

1. 常规二次发酵

①菇房消毒：栽培面积 230m² 的菇房用甲醛 4 千克，敌敌畏 1 千克熏蒸，密封 24 小时后，打开门窗通风，排除废气后即可进料。

②进料：将经前发酵的培养料迅速搬进菇房，堆放在中间 3 层床架上，厚度自上而下递增，分别为 30cm、33cm、36cm。堆放时要求料疏松，厚薄均匀。漳州模式菇房的培养料在进料时分层定量填充，发酵好后可直接进行整床播种。

③二次发酵：1978 年，香港的张树庭教授将蘑菇二次发酵技术引进中国内地。当时基本用简易菇房栽培蘑菇，没有安装循环换气设备，整个二次发酵过程仅在巴士消毒过程后的降温过程中过换气，其余高温阶段不再有新鲜空气引入。这样的发酵方式较费能源，又不能达到好的发酵效果。1990 年前后，福建省蘑菇菌种研究推广站在研制、推广双孢蘑菇标准化、集约化栽培模式时进行了改良。

发酵前必须检查菇房，菇房不得漏气。培养料进房后，关闭门窗，让其自热升温，视料温上升情况启闭门窗，调节吐纳气量，促其自热达 48～52℃。培养 2 天左右（视料的腐熟程度而定），待料温趋于下降时再进行巴氏消毒，及时引入热蒸汽杀灭杂菌、孢子和害虫及虫卵。考虑到发酵料的均匀度不同，公认的“巴氏消毒”处理方式是料温控制在 58～62℃维持 6～8 小时（图 55－46）。

巴氏消毒时，每座菇房可采用 4 个汽油桶改装成的蒸汽发生炉灶（图 55－48）通气加热，使料、室温达 60℃保持 6～8 小时。之后炉火保持 48～52℃继续培养 3～5 天（视料的腐熟程度而定），每天小通风 1～2 次，每次数分钟。二次发酵温度控制曲线见图 55－47。如培养料仍有氨味，需继续升温培养至氨味消失。二次发酵用的炉灶距菇房不得少于 2m，靠炉灶一侧的草帘需泼水，防止着火。栽培期间禁止在菇房四周抽烟，以防引起火灾。测温时，为防止废气中毒，人不得进入菇房。可在室外制一竹竿温度计，竹竿长 2m、直径 2.5cm，在前端一节挖槽，装入乙醇温度计，捆紧即可，由室外插入至料中心测料温。测温必须按时，准确并及时做好记录。

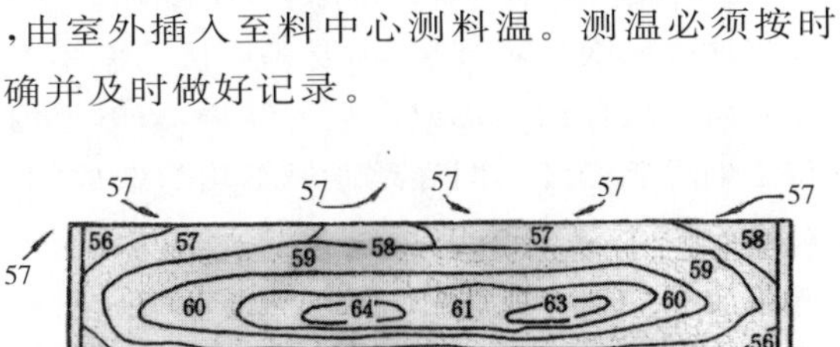

图 55－46 巴氏消毒过程中菇床温度的分布

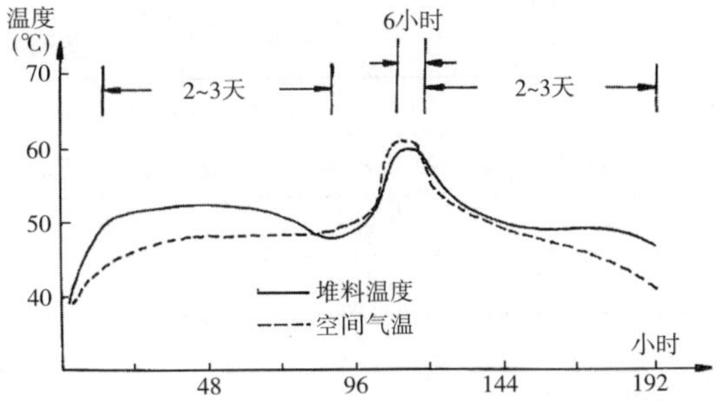

图 55－47 双孢蘑菇培养料（节能）后发酵温度控制曲线

1.保温培养－自热升温（第 48～72 小时），2.加温－巴氏灭菌（第 73～120 小时），3.控温培养（第 121～192 小时）。

图 55－48 油桶蒸汽发生灶

发酵良好的培养料标准：颜色呈褐棕色，腐熟均匀，富有弹性，禾秆类轻轻拉即断；培养料碳氮比 17∶1，含氮量 1.6％～2.0％，含水量 65％～68％，氨含量0.04％以下，pH 为7.5～7.8；具有浓厚的料香味，无臭味异味；料内及床架上长满灰白色的、可供蘑菇优先利用的嗜热性微生物菌落，培养料具有较强的选择性。

2. 隧道式二次发酵

把大容积的堆肥放在特制的隧道设施中进行自动控制的二次发酵方式是意大利发明的，到了 20 世纪 70 年代，才在荷兰和法国的蘑菇生产上成功应用。它的应用使蘑菇栽培更容易进行机械化传输、装床、接种和出料等工作，节约了大量人力资源、能源，简化环境控制操作，奠定了近代蘑菇产业的基础。据说，荷兰仅引进集中发酵技术，使该国的蘑菇产业规模扩大了 30％。

常规床架式的二次发酵，菇床料温和室温差距达到 10～15℃，而在隧道式集中发酵中，两者温差仅 1～2℃（图 55－49）。这对维持高温有益微生物最适条件 48～52℃是很有效的，甚至几乎不需要外源热量，依靠自然发酵热可完成“巴氏消毒”和“控温发酵”二次发酵周期。它的应用使蘑菇栽培方式由一区制进入双区制，既增加了菇房的年栽培周期，还延长了菇房设备的使用寿命。

表 55-12　一次发酵和二次发酵的日常安排和操作要点

日程		步骤	操作内容	注意事项
一次发酵	0	预湿	将切短的稻草和粉碎的牛粪充分预湿	稻草浸没1%石灰水中吸足水，约65%
	1	建堆	稻草和牛粪分层堆积，尿素分层添加	补充水分至68%，全部加入尿素
	2			
	3			
	4			
	5	一翻	混合均匀翻堆，添加过磷酸钙和碳铵总量的一半	往干的稻草洒水，含水量68%
	6			
	7			
	8 9	二翻	充分搅拌均匀，添加过钙总量的1/4和石膏总量的1/2	生料内翻、熟料外置，控制含水量68%
	10 11	三翻	充分抖松、搅拌均匀，添加过磷酸钙总量的1/4和石膏总量的1/2	生料内翻、熟料外置，控制含水量68%～70%
二次发酵	12	装床	混匀进料，堆放于中间3层床架	堆料含水量68%，pH7.5～8.5
	13	升温培养	密闭门窗，自然升温	控制料温48～52℃
	14		适当换气，维持高温	控制料温45～50℃
	15	巴氏消毒	加热蒸汽进行巴氏消毒	控制料温58～62℃，约6～8小时
	16		控温发酵，通风换气，缓慢降温	控制料温48～52℃
	17		适当换气	控制料温48～52℃
	18		适当换气	控制料温48～52℃
	19	降温整床	强通风降温至25℃，混匀均摊各料层	堆料含水量65%，无氨味，有特有料香，咖啡色，轻拉易断

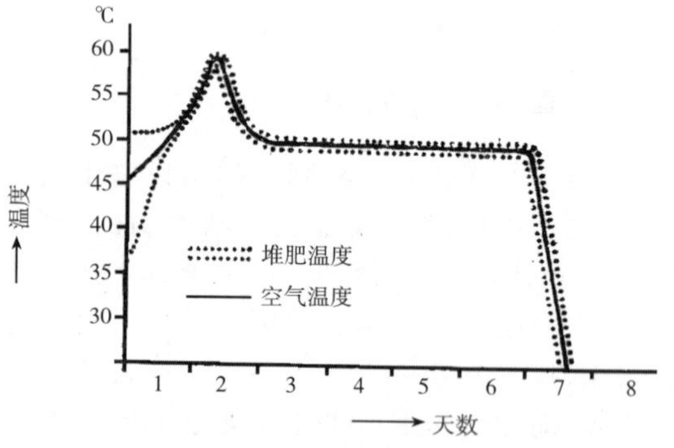

图 55-49　集中式二次发酵的气料温度走势图

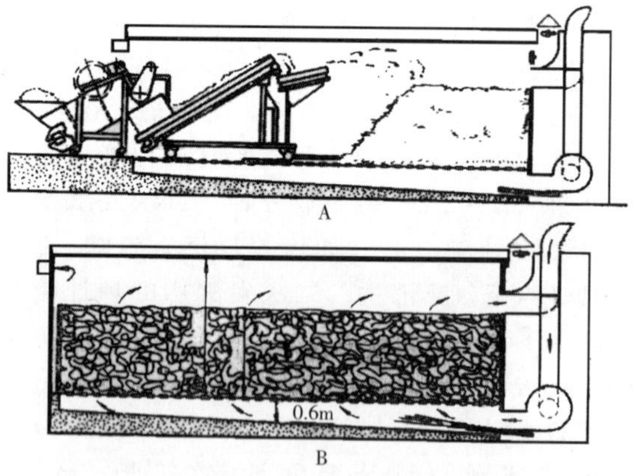

图 55-50　隧道式二次发酵进料与气流走向

A. 二次隧道的机械进料，B. 二次隧道的循环通气。

集中发酵方式要求发酵隧道除了一个排气口和进气口外，其余地方完全密闭，并具备优良的保温性能、抗压能力和可控温、控湿、控制风量的空气内、外循环混合系统。为了保险，还必须安装输入干热和湿热的不同进气管道。在整个系统中，最重要的是要保证循环风机具有满足隧道内每吨堆肥 $200m^3/h$ 循环风量、最大能产生 100mmHg 静压力的能力(图 55-50)。

二次发酵效果不理想，主要是风机功率不匹配导致新鲜空气供给不足或太强的结果，或隧道内不同位置的堆肥密度不同导致通风不均匀造成的，通常新鲜空气的加入量仅相当于循环风量的10%。在风机流量和压力满足的情况下，还必须满足以下条件才能制造出均匀统一的优良堆肥：①保证堆肥的结构、含水量、分解程度均匀。②堆肥充分混合，以相同厚度和密度进行装料，装料呈均匀状态。

③装料作业一次完成，不能中断，堆肥层不会产生断层。④隧道下部的通风地面对着空气入口呈2%的坡度，目的是维持前后空间的压力均衡和有利于排除积水。在实际生产过程中要保持绝对的均匀是不可能的。达到二次发酵过程中温度、需氧量的动态平衡需要管理者具有丰富的实践经验。

隧道式二次发酵技术的普及应用是我国双孢蘑菇产业发展的必经之路。产业整合扩展到一定规模，利用机械进行专业的堆肥制造工艺将迅速普及(图 55—51)。例如，爱尔兰、巴西等国要求从事蘑菇生产的菇场平均日产至少0.5吨，每个场地都配备有相应规模的二次发酵隧道。

图 55—51 利用传输机械进行二次发酵隧道堆肥的填充

3. 发酵过程中容易产生的问题

①粪多、草少，料堆压得太紧，造成透气不良，厌气发酵，堆温不高。出现这种情况，应及时采取措施，提早翻堆并适当加些稻(麦)草，将粪草料抖松，料堆缩窄，增加通气性，以提高堆温。

②草多、粪少，堆得太松、太狭，经风吹日晒，料内水分蒸发，粪草过干，微生物活动困难，堆温不高。在这种情况下，也应提早翻堆，将料堆适当放宽，将草拍紧，加足水分，以利升高堆温。

③翻堆时，部分培养料发黑、发黏、发臭或发酸，这主要由于培养料内水分过多，粪草过湿，造成厌气发酵的缘故。翻堆时将中间黑、臭、黏的培养料翻到外面，将粪草料抖松，散发水分。在料堆内打洞，增加通气性。

④料堆内产生白色粉末状的物质。在高温、干燥的情况下，耐高温的放线菌容易大量繁殖、生长、消耗培养料内的养分。堆料有白色粉末物质时，必须浇足水分以免培养料过干。

⑤料堆内草腐烂，粪块生，有霉气。产生这种情况的原因，主要是培养料前期堆温不高，又没有及时采取适当措施，造成培养料不是腐熟而是腐烂。需及时翻堆，提高堆温。

⑥后发酵结束培养料过干。主要原因是进房时培养料含水量未适当提高，后发酵期间又未能采取保湿措施。播种前可加1%～1.5%的水进行调节，但需防治杂菌感染。

⑦后发酵结束后，料内灰白色的有益微生物很少，转色差。这主要是后发酵期间料温过高、通气不良等因素所造成。应延长后发酵的时间，维持好温度(48～52℃)，适当通风，培养好气嗜热的有益微生物，时间2～3天。

第六节 双孢蘑菇的无公害栽培技术

一、播 种

常规二次发酵结束后，打开门窗通风。待培养料温度降至30℃左右时，把培养料均摊于各层，上下翻透抖松。若培养料偏干，可适当喷洒冷开水调制的石灰水，再翻料一次，使之干湿均匀。如料偏湿，可将料抖松，加大通风，降低料的含水量。然后整平料面，料层厚度掌握在20cm左右。整床的同时在菇房中间通道屋顶安装拔风筒，每座菇房5个。当料温稳定在28℃左右，外界气温在30℃以下时播种。每平方米栽培面积用1瓶(750ml)麦粒种，撒播并部分轻翻入料面内，压实打平，关闭门窗，保温保湿，促进菌种萌发。

二、发 菌

播种后2～3天内，适当关闭门窗，保持高湿为主，促进菌种萌发。若料室温超过28℃，适当通风降温。3天后，当菌种已萌发、且菌丝发白并向料表生长时，适当进行微通风。播后7～10天，菌丝基本封面，应逐渐加大通风量，促使菌丝整齐往下吃料，菇房相对湿度控制在80%左右。播种后20～30天菌丝可发菌到料底。播种以后，如管理不当，很容易发生下列问题，必须及时采取相应措施。

1. 菌种块不萌发

播种后，在正常情况下，3天内菌种块萌发出绒毛菌丝。如果料温连续2～3天高于33℃，菌种块被“烧死”不萌发；料内氨气残留量太高，氨气的刺激使菌种块不能正常萌发；室温高于30℃以上，菇房通风不够，菌种块因闷热而失去活力，也不能萌发。遇到上述情况，必须及时查明引起菌丝不能萌发的原因，采取相应措施。如增加翻架次数，加大菇房通风，降低料温，散发氨气，必要时喷1%的甲醛，重新翻架，或再次后发酵，及时补种。除上述原因外，还应检查是否有螨类咬食菌种，如有必须及时消灭。

2. 菌种块菌丝不吃料

播种后菌种块萌发正常，但迟迟不往培养料里生长。产生这种情况的原因多数是培养料过干或过湿，或培养料内添加物质过多导致营养不协调所致。此时需查明原因，采取相应措施。如培养料过干，需加湿调节。若培养料过湿，应从反面用竹扦或钢扦打洞乃至重新翻架，加大通风，散发水分。如料内营养成分不协调或某种成分太多，需重新将培养料用水冲洗，再堆制。不过往往要推迟出菇期，影响产量。若培养料偏酸（pH≤6.5），需用石灰清水（pH为8.5～9）调节。

3. 料内菌丝稀疏无力

这种情况产生的原因是培养料养分较差，前发酵期间料温不够高，或者使用的粪草在堆料前已经发过热，发过霉，致使培养料松散无凝性，养分差。在这种培养料上，菌丝生长往往表现出稀疏、无力、缓慢。为防止这种情况产生，应选用新鲜原料，提高培养料前发酵的质量，使之达到高温快速发酵的要求，再经过后发酵，情况可以得到改善。

4. 料内出现线状菌丝，绒毛菌丝稀少

造成这种状况的原因，主要是料内透气性差。如配方不当、粪肥过量，在前发酵过程中容易造成厌气性发酵。加上培养料过熟、过湿，料内透气性差，氧气不足妨碍了绒毛菌丝的生长，提前形成线状菌丝，过早地由生长转入发育。防止这种情况的发生，主要应改善培养料的通气性，配料时粪肥不宜过多，堆期不宜过长，并在料内打洞增加通气，防止厌气性发酵。培养料水分掌握偏干些，铺料适当薄一点。采取如上措施，可以得到改善。

三、覆　土

当蘑菇菌丝长透菌床时（受料的厚度和环境气温影响，通常为20～30天），在菌床表明均匀覆盖一层适宜的土粒，俗称“覆土”。只有如此，才能促使蘑菇菌丝爬土扭结并形成子实体。现在“覆土”一词通常包含“覆土的土壤材料”和“泥土在菌床上覆盖”双重含义，前者为名词，后者指动作，必须将其区分。

（一）覆土前的准备工作

覆土之前，必须检查用于覆盖的土壤中是否有潜伏的或受到杂菌侵染，尤其是疣孢霉、绿霉和螨类。一旦发现，必须弃除。否则覆土层变成了杂菌和害虫的保护层，难以彻底消灭，危害蘑菇的产量和质量。覆土前，菇床培养料表面应保持干燥。若料面表层太干，可以在盖土前2～3天以1%石灰清水细雾湿润料面，促进料内菌丝回升和复壮，有利于菌丝爬土。若料面在覆土前长期保持较高的湿度，容易诱发菌床料面菌丝徒长，形成菌被，阻碍菌丝爬土定值。应及时打开门窗进行大通风，以吹干料面。注意覆土前最好进行一次全面的“搔菌”措施，即用手将料面轻轻搔动，拉平，再用木板将培养料轻轻拍平。这样，料面的菌丝受到破坏，断裂成更多的菌丝段。覆土调水以后，菌丝纷纷恢复生长，往料面和土层中生长的绒毛菌丝更多，更旺盛。

在生产中，一些栽培者为了早出菇，不等菌丝长到底就覆土。表面上看，好像争取了时间，其实适得其反。在这种情况下，料表的菌丝向上往土层生长，料内的菌丝则继续往下生长。结果，菌丝向两个方向生长，菌丝爬土慢，延迟了出菇时间。

（二）覆土的作用机制

有关于覆土对双孢蘑菇子实体扭结形成作用的机制，国内外有不少的学术观点，至今未形成定论。主要的理论观点有细菌效应理论、吸附效应理论、CO_2效应理论、乙烯效应理论和离子效应理论等。

目前达成共识的覆土机制是一种综合效应机制：蘑菇及时与覆土层内的微生物形成生物群落，这些微生物的代谢产物对菌丝和子实体的生长发育起着促进作用；覆土后，改变了料面与土层中CO_2和O_2的分压比例及营养条件，促使蘑菇菌丝由营养生长转向生殖生长，扭结形成子实体原基；覆土层中的储水为蘑菇子实体的生长提供必要的生长环境及蘑菇生长发育所需的部分水分；另外，覆土层还起到支撑蘑菇子实体正常生长的作用。

（三）覆土材料的选择与预处理

给覆土层喷水，起到增加土层内部和菇床表面空间湿度的作用，为蘑菇子实体原基发育成长提供适宜的环境湿度，补偿土层因蒸发而导致的失水，也为菇蕾的发育提供部分水分需求，同时还可以通过喷水进行床温的调节。但喷施过度，往往造成过多的水分下渗到料土分隔层，形成水膜，导致料土分隔层的蘑菇菌丝因缺氧窒息而萎缩，危及产量，俗称“漏床”。有时过多的水分会下渗到蘑菇堆肥料层中，容易导致堆肥厌氧发酵，发黑、黏重，极易诱发病虫害的发生。选择适宜的持水能力强的土壤作为覆土材料是蘑菇高产的重要保证之一。

理想的覆土材料应具有下列特征：具有良好的团粒结构，毛细孔隙丰富，疏松透气，不易板结，具有良好的吸水性和持水能力，含有适量的腐殖质，土壤营养肥分少，不带有病原菌、害虫及虫卵。单一的砂质土、重黏土、酸性土、盐碱土均不适合用作覆土材料。

1. 覆土材料

国内用作覆土的土壤材料主要有稻田土、菜园土、冲积壤土、砂壤土、池塘沉积泥、河泥、红壤土、黄壤土、草炭土。这些土壤除草炭土自身拥有较高的吸水性与持水能力外，其他土壤的最大含水量均不超过 40%，有必要针对覆土材料的理想特征进行土壤改良。

(1)草炭土

由植物残体、根系在地层内经漫长年份的沉积、埋压而成。组织疏松，吸水性强，保水性好(含水量可达 80%～100%)，酸碱度适中，病虫杂菌少，蘑菇菌丝在土层中生长势强，菌丝粗壮，有利于子实体原基扭结。全部用草炭土并不能达到最好的效果，而且使用成本较高，不同材质的草炭土性能也有较大的区别。一般还添加部分黑色泥炭土、白垩土及已高温灭菌的蘑菇废料。国外蘑菇工厂化栽培场都使用草炭混合土进行覆土。我国的草炭土分布较广泛，但开发利用较少，目前仅有少数几家周年生产的蘑菇场使用，江浙和福建部分地区专供高品质鲜菇的蘑菇场也在应用。在我国现有蘑菇栽培设施及栽培技术水平尚未大幅提升、单产不高的前提下，建议不推广草炭土普及利用。草炭土对水土保持起着重要的作用，它的开发利用需要进行有序规划，避免破坏生态环境。

(2)稻田土

我国普遍用作覆土的材料是稻田土。优质的稻田土是蘑菇高产优质的重要保证。但有的稻田土农药残留偏高，在取土时应将耕作层上层 20cm 的土壤置在旁边，以备重回田。取土时应选取团粒结构好、毛细孔隙丰富的胶粒黏土。采后应及时回填，否则容易损坏稻田耕作层土壤结构。

(3)菜园土

腐殖质含量较高，团粒结构好，毛细孔隙较丰富，但土壤中的病原菌和害虫、虫卵含量较多。因此，对菜园土的严格消毒尤为重要。

(4)冲积壤土

主要是江河、湖滨冲积形成的壤土，主要是砂子、黏土、有机质的混合土。这类土受外力冲积容易破碎。在喷水管理时应避免重水冲击。

(5)砂壤土

含有较多的细砂，毛细孔隙较少，团粒结构差，经多次喷水后易导致团粒结构破坏、丧失，导致土层内菌丝和料层内菌丝缺氧窒息而死，造成减产。用它作覆土材料，应添加部分辅助物质(例如谷壳、颗粒煤渣等)以改良土壤性能。

(6)池塘沉积泥和河泥

这类土壤的质地大多细密黏重，且细菌含量较多，经多次喷水后易板结，致使土层内菌丝和料层内菌丝缺氧窒息而死，造成严重减产。用它作覆土材料应添加部分辅助物质(例如谷壳、颗粒煤渣、稻草段等)以改良土壤性能。使用这种土壤时，通常添加砻糠拌和制成河泥砻糠覆土材料，但要注意防止菌丝徒长、冒菌被等生理危害。

(7)红(黄)壤土

大多取之于山坡地，土壤比较洁净，病原菌和害虫残留极少，病虫害发生的诱因大大降低。此类土壤多以砂黏性为主，团粒结构较好，但毛细孔隙不够丰富，土壤大多自然呈酸性。使用时适当加大生石灰的使用量，并添加谷壳、颗粒煤渣等，丰富土壤的毛细孔隙，增加持水力。

(8)发酵土

这种土壤的制作主要是在稻田土中添加粪肥、砻糠、石灰、过磷酸钙等进行 2～3 次的捣土和厌气发酵后，晒干，粉碎备用。这种土制备复杂、费工费时。土壤内营养条件较好，容易引起菌丝徒长和出菇部位过高等生理性病害，也容易感染绿霉等真菌病。应用时，需要把握好土壤制备和使用的每个环节。

(四)覆土处理与覆盖

在我国，双孢蘑菇主产区大多选择经过水稻耕作的稻田土作为覆土材料，以此为例，介绍覆土使用前的预处理及消毒处理。

1. 覆土的消毒处理

稻田土应取耕作层 20cm 以下的土壤，230m² 栽培面积取土量 10m³，约9 000千克。将土块打成直径 1～1.5cm 大小，至烈日下暴晒至土粒无白心后装袋，至洁净阴暗处储存备用。

使用前先用石灰 100～150 千克与土粒均匀混合，测定 pH 值，控制 pH 在 7.5 左右。然后用

5%甲醛溶液 80 千克均匀喷洒土粒，并覆盖薄膜消毒 24 小时后摊晾，让甲醛挥发至无味备用。当菌丝长满料，即可覆土。

2. 常规的覆土方法

覆土时，粗土粒放在下层，厚2.5～3cm，细土粒放在上层，厚约 1cm，细土太细可加适量谷壳拌匀使用。粗细土层总厚以 3.5～4.5cm 为宜。覆土后，在 2 天内分 3～4 次采取轻喷勤喷的办法，逐步将土壤调至所需湿度，土壤的含水量因不同土壤性能有所不同，感观上以"手捏成团，掉地微散"为宜。此时菇房相对湿度控制在 90%左右。也可先将土壤在水泥地面用水均匀湿润调匀至"手捏成团，掉地微散"后覆盖菌床。

覆土后 3 天内，可用 400g 灰霉克星——蘑菇专用高效杀菌剂（福建省蘑菇菌种研究推广站研制）加水 160 千克，均匀喷洒在栽培面积为 $230m^2$ 的覆土层上，防治疣孢霉、菇床绿霉、青霉等真菌性病害。杀菌剂一般不进行拌土覆盖，大多数药剂与石灰接触容易失效，既增加了投资，又没有起到预防效果。3 天后适当加大通风量，有利于菌丝爬土。

3. 一次性覆土方法

最初一次性覆土因良好覆土材料来源受限，部分产区只能因地制宜，就地取材进行覆土。例如江浙地区的塘泥及河泥的砻糠一次性覆土，细泥砻糠一次性覆土。

现在蘑菇栽培的床架大多较高，覆土时需要较多的人力投入，随之劳动力资源日趋紧张，大部分蘑菇产区实行一次性覆盖。福建长乐地区大多用稻田土添加发酵稻草段后加水，用拖拉机打浆后进行菇床的浆状覆盖（图 55－52）。稻田土及菜园土的覆盖也不再区分粗细土，进行一次性覆盖。福建漳州地区大多采用红（黄）壤土通过预处理后，码堆注水预湿后一次性覆土（图 55－53）。

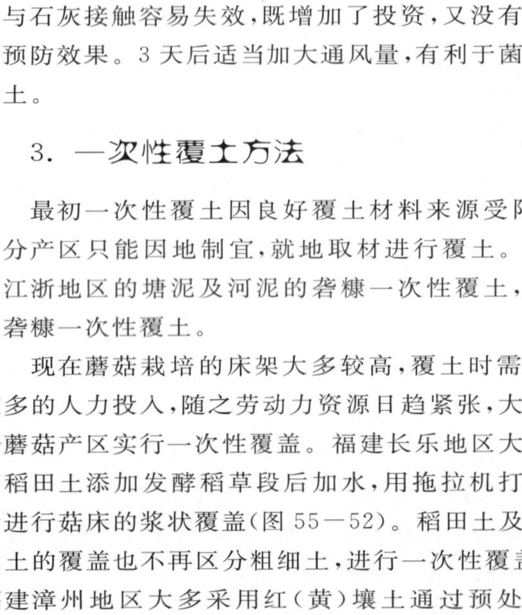

图 55－52　福建长乐的稻草段浆泥覆土

图 55－53　福建漳州地区的覆土预湿

4. 覆土的厚度

覆土层厚度一般要求3.5～4.5cm。覆土层过薄，土层透气性好，但保湿性能差，容易造成土层含水量少或偏干，土层内菌丝生长量不多，产量也相应降低，而且采菇时容易伤害到覆土底层的菌丝，引起死菇。土层过厚，透气性差，喷水时耗工耗时，水分不容易管理，不利于子实体形成，或导致出菇位置过低而影响蘑菇的产量和质量。

覆土层的厚度还应根据不同的覆土材质而异。土壤团粒结构差、毛细孔隙少的土壤可以适当薄些，以 3～3.5cm 为宜，喷水时应注意少量多次，防止漏水。塘泥砻糠土、河泥砻糠土和浆泥稻草土的覆土较易硬化板结，也不宜过厚，以3～3.5cm为宜。

覆土厚度应灵活掌握。如环境气候较干燥，菇房的保湿性能差，培养料偏薄或偏干，菌丝生长较旺盛，覆土应适当厚些，以4.5cm 左右为宜。从我国双孢蘑菇不同栽培区域划分，北方地区的覆土应厚一些，南方地区应薄一些。

四、出菇管理

双孢蘑菇出菇期长短随地域气候条件不同而异。通常，福建、广东、广西从第一年的 11～12 月份开始至第二年的 4～5 月份结束，可连续出菇。其中，前 60 天大致可收 5 潮菇（1～3 潮出菇较集中），占总产的 65%～75%，称秋菇。接下来的一段时间温度较低，出菇较少，占总产的 5%～10%，称冬菇。此后 40～50 天，春天来临，天气回暖，可再收2～3 潮菇，约占总产的 20%～30%，称春菇。

（一）秋菇管理

覆土 12 天左右，可在覆土表面土缝中见到菌丝。土缝中有菌丝时，及时喷"结菇水"，以促进菌丝扭结。喷水量为平时的 2～3 倍，早晚喷，连续

2～3 天，总喷水量 4.5kg/m² 左右，以土层吸足水分又不漏到土层下的培养料面为准。在喷结菇水的同时，通风量必须比平时大 3～4 倍。遇气温高于 20℃，应适当减少喷水量，增加通风，并推迟喷结菇水。喷结菇水后 5 天左右，土缝中出现黄豆大小的菇蕾，应及时喷“出菇水”，早晚喷，连续 2～3 天，总喷水量同结菇水，一般 3 天后可采菇。菇房用水必须符合卫生标准。从覆土到出菇这个阶段容易出现一些问题。

1．料面菌丝萎缩

在覆土调水、喷结菇重水、出菇重水期间，一次喷水过重，水分很容易直接流入料面，或覆土前料面较潮湿，结果由于水分过多，氧气供应不足，料面菌丝逐渐失去活力而萎缩。调水期间菇房通风不够，高温期间喷水，都会因蘑菇菌丝代谢的热量和排出的二氧化碳不能及时散发而自身受到损害，最终产生菌丝萎缩。为防止料面菌丝萎缩，覆土前加强通风，防止料面太潮湿；覆土后调水、喷水后，菇房要加大通风；高温时不喷水。

2．产生杂菌和虫害

这段时间菇房内的温湿度非常适合杂菌和害虫的发生。疣孢霉、胡桃肉状菌适于高温、高湿、通风差的条件下发生和发展。螨类也很容易在这段时间内发生。要特别注意防止这些杂菌害虫的危害。

3．菌丝徒长，土层菌丝板结

主要原因是覆土上干下湿、喷结菇水过迟、喷结菇重水后菇房通风不够、菇房相对湿度过高等。这些情况会促进蘑菇的营养生长而抑制生殖生长，造成菌丝在土层中过分生长，甚至长出覆土表面，布满土表，形成“菌被”，迟迟不能结菇。针对上述情况，应分别采取相应措施。如采取松动或拨动破坏的办法，阻止菌丝继续生长。喷施重水后，加大菇房通风，促使结菇。

4．出密菇、小菇

出密菇、小菇的主要原因是结菇部位不适当。结菇部位不适当跟喷施结菇重水是否适时、适量有关。结菇重水喷施过迟，使菌丝爬得太高，子实体往往扭结在覆土表层。结菇重水用量不足，菇房通风不够，菌丝扭结而成的小白点（原基）过多，子实体大量集中形成，造成菇密而小。防止密菇小菇的产生，应及时调节结菇重水，避免菌丝在覆土表面扭结、结菇部位过高。结菇重水用量要足，菇房通风要大，防止菌丝继续向土面生长，抑制过多子实体的形成。

5．出顶泥菇、菇稀少

喷结菇重水过急，用量过大，会抑制菌丝向土层上生长，促进菌丝在粗土层扭结，降低出菇部位，以致第一批菇从粗土间顶出，菇大、柄长而稀。

6．死菇

出菇以后，在蘑菇生产中经常遇到大批死菇的现象。这种现象往往在第一潮菇时发生。究其原因，主要是高温的影响和喷水不当所引起。在蘑菇原基形成以后，尤其在出现小菇蕾以后，若室温超过 23℃，菇房通风不够，子实体生长受阻，菌丝体生长加速。这样，营养从子实体内倒流回菌丝中，供给菌丝生长，大批原基会逐渐干枯而死亡。喷施结菇重水前未能及时补土，米粒大小的原基（小白点）裸露，此时，易受水的直接冲击而死亡。结菇和出菇重水用量不足，粗土过干，小菇也会干枯而死。针对上述原因，防止高温影响，喷水时保护好幼小的菌蕾可有效减少死菇发生。

双孢蘑菇采收期间，应根据菌株特性保持室内相对湿度 90%～95%，喷水量应根据菇量和气候具体掌握。一般床面喷水以间歇喷水为主，以轻喷勤喷为辅，从多到少，菇多多喷，菇少少喷，晴天多喷，阴雨天少喷，忌打关门水，忌在室内高温时和采菇前喷水。每潮菇前期通风量适当加大，但需保持菇房相对湿度 90%左右，后期菇少适当减少通风量。气温高于 20℃，在早晚或夜间通风喷水。气温低于 15℃在中午通风和喷水。整个栽培管理过程，正确处理喷水、通风与保湿三者关系，既要多出菇，出好菇，又要保护好菌丝，促进菌丝前期旺盛，中期有劲，后期不早衰。子实体长到标准规定的大小且未成薄菇时，及时采摘。每潮菇采收后去除根头，补土并停止喷水 2～3 天，让菌丝恢复生长后再喷水。栽培后期喷施适量营养添加剂，补充和调整营养成分，消除有害因素，改善蘑菇的生态环境，可提高产量。

（二）冬菇管理

冬菇管理的要点是控制低温季节停止出菇，恢复并保持培养料和土层中菌丝的活力，为春菇生长作准备。

①秋菇结束后在培养料的反面打洞，以散发废气，补充新鲜空气。

②当气温低至 10℃左右，虽仍有零星出菇，但基本不喷水，让菌丝开始进入冬季“休眠阶段”；5℃左右，每周可喷水 1～2 次，保持覆土干燥而不变白；气

温≤0℃时，每周喷水1次，每次大约$0.45kg/m^2$。

③加强菇房保温措施，中午给予适当通风，保持菇房内空气新鲜又不结冰。

④春天气温回暖。当气温达10℃左右时，松动覆土，清除死菇与老根，排除废气恢复菌丝生长。此时需补充一次水分，称"发菌水"。分2～3天，每天喷1～2次，总用水量约每平方米3升，喷水后适当通风。这一段时间应注意菇房保温保湿，保证菌丝恢复生长。

（三）春菇管理

北方在3月份气温回升至≥10℃时，进入春菇生产。越冬春菇的菌丝活力比秋菇有所降低，培养料养分减少，气温变化由低到高，不利于生产。因此，对生产管理要求较高。北方春季干燥且温度变化大。春菇前期，菇房以保温、保湿为主，让菌丝充分恢复生长。随着气温升高，开始春菇调水，需轻喷勤喷，每天约$0.5kg/m^2$，逐渐提高覆土的湿度（手捏成团，掉地即散）。气温低于16℃，中午通风；20℃左右，早晚通风。此期间（北方大约4月份）是春菇生产的黄金时间，出菇管理根据气温变化，用水要准，要足，以保证产量。春菇中后期，气温偏高，需采取降温与病虫害防治措施，及时调控出菇，保证春菇质量。也有相当部分栽培者把秋菇和春菇栽培分开，分别制作培养料，投入虽然高些，但产量也高。

五、双孢蘑菇杂交新菌株 As2796 的栽培要点

As2796是福建省蘑菇菌种研究推广站应用生物技术选育成功的双孢蘑菇杂交新菌株，其酯酶同工酶为HG4型，呈典型的杂合态。表现出抗逆性强、适应性广、子实体质量优良、产量高等特点，适于鲜销和加工，在中国广泛栽培，已推广面积5亿多平方米。

该菌株比较耐肥、耐水、耐高温。菌丝最适生长温度24～28℃。结菇最适温度14～20℃。可以比一般菌株提前10～15天栽培或推迟10～15天结束。采用二次发酵培养料栽培，要求投干料量不少于$35kg/m^2$，堆制后料的含氮量1.8%左右，含水量68%。菌丝生长强壮有力，爬土能力中等偏强，一般不结菌被，扭结能力强，成菇率高。采菇期比一般菌株迟2～3天，基本单生。1～4潮产量结构较均匀，转潮不太明显，后劲强。薄料或含氮量太低，可能产生薄菇、空心菇。

要求喷水量按高产型菌株。结菇水在菌丝爬至离土层表面0.5～1.0cm时喷，用水量以不漏到培养料为准则。加大通风，控制在该区域扭结成菇。扭结过于表层，结菇密易挤成畸型，且影响后期产量。出菇水一般在喷结菇重水5天后，菇蕾长至黄豆大时喷。早晚喷，连续2～3天，用水量以不漏到培养料为准。菇房湿度偏低、覆土偏干，而床面上有大量正在迅速生长的纽扣菇（1.5～2cm），应先提高菇房湿度，调整覆土层含水量适宜后再喷出菇水。防止子实体突然大量吸水，细胞膨大异常迅速而造成空腹。喷水后要及时通风。当温度大于20℃时，在夜间通风较好。在通风口，菇表易产生浅棕色，但护色后消失并恢复洁白，符合制罐要求。温度低于10℃时，控制通风、喷水，尽量不出菇，待温度回升时再调水出菇，确保高产优质。

该菌株特点是边扭结边生长，要求适时采收。一般直径2.5～3.5cm时采收，菇密时直径2.5cm采收。留大菇既影响小菇生长，又影响质量，反而达不到高产优质目的。该菌株的鲜菇圆整、无鳞片，菌盖厚、组织结实、菌褶紧密、色淡，菌柄较粗且直短、有半膜状菌环，每千克含菇90～100粒。鲜菇含水量较高，预煮得率65%，制罐质量符合部颁标准。单产比老品种高50%以上，一般达9～$10kg/m^2$，高产的达15～$20kg/m^2$，工厂化栽培可达$25kg/m^2$以上。

六、双孢蘑菇露地栽培技术

蘑菇的露地栽培是指无需搭建菇房，直接在稻田地上栽培蘑菇的一种简易栽培模式。具有投入少、成本低、技术含量要求低、易于推广等优点，可充分利用空闲地达到增产、增收、肥田的效果。也存在单产低、品质较差的缺点。也可在杨树或果树林下、蔗田、菜园或山坡地上栽培。

（一）场地选择

选择排灌良好、近水源、2～3年内未种菇的种植中稻的田块。水稻后期应及时排水，收获后清理较高的稻茬，整地开畦前每$666m^2$（亩）施石灰50千克进行表面消毒。

（二）栽培方式

1. 露地草帘覆盖模式

按1.5m开沟放线，畦（厢）长不超过15m，便于盖膜和管理，宽100cm，沟宽70cm。覆土后厢面宽达到1.1m。出菇期间畦面以草帘和塑料薄膜覆盖。挖沟土留作覆土备用。

2. 大棚模式

菇棚一般占地面积 110～130m^2，长 20～25m，宽 5～6m，高 1.8～2m。大棚的骨架采用竹子搭建成三角形或拱形，上面覆盖黑色薄膜和草帘。大棚内用高厢低沟法，即厢面高于走道和沟。厢面川字形（即可顺棚子走向平行开厢，也可与棚子垂直走向），厢宽 100cm，沟宽 70cm。覆土后厢面宽1.1～1.2m。

3. 单拱棚模式

按 1.5m 开沟放线，厢长不超过 15m，便于盖膜和管理，厢宽 100cm，沟宽 70cm。覆土后厢面宽 1.1m。每畦面用竹片搭建成拱形小棚，上覆草帘和塑料薄膜。

（三）栽培配方（以每 666m^2（亩）有效净种菇面积 400m^2 计算）

①粪草配方：干稻草 5 000 千克，干牛粪2 000千克，尿素 40 千克，石灰 200 千克，石膏 150 千克，碳氨 100 千克。

②合成料配方：干稻草 6 000 千克，菜饼 400千克，磷肥 100 千克，尿素 60 千克，石灰 200～250千克，石膏 150 千克，碳氨 100～150 千克。

③合成料配方：稻草 7 500 千克，饼肥 625 千克，米糠 625 千克，石灰 250 千克，石膏粉 100～150 千克。

栽培原料可以因地适宜选用，如玉米秆、蔗渣、麦秸、禽畜粪肥等。既可以节约栽培成本，又避免二次污染。

（四）培养料堆制

合理安排好生产季节是获得双孢蘑菇高产的重要前提。各地应根据气候条件特别是温度条件确定适宜的栽培时间。整个发酵期时间为 22～25天。以粪草配方不进行二次发酵为例：

（1）建堆

建堆场地要求向阳、通风良好、环境清洁、地面干爽，建堆前在地面撒上一层石灰。将干稻草在建堆前二三天预湿，同时将干牛粪饼预湿，水分含量以偏湿为好。建堆时将牛粪、碳氨、磷肥和尿素等混合均匀后分层加入，石灰和石膏在第 1 次翻堆时分层均匀加入。料堆宽 1.8m、高1.5m，每层料高 25cm，料堆南北走向，长度不限。堆料时要求料堆四边垂直、整齐，顶部呈龟背形。建好堆后盖上薄膜，四角用重物压实，既保湿又防雨，但不能将薄膜盖严四周，防止厌氧发酵。

（2）翻堆

建堆后 7 天左右，进行第 1 次翻堆。翻堆时要将草料均匀抖松散，上下翻动，将外层料翻到中间，中间料翻到外边。料堆宽 1.8m、高1.5m，将石灰和石膏均匀地撒入堆料中，翻完后覆盖薄膜。6 天后，进行第 2 次翻堆。此次翻堆注意在堆料中打气眼，便于有氧发酵，翻完后覆盖薄膜。此时料堆宽1.6m，高 1.3m。间隔 5 天左右，进行第 3 次翻堆。此次翻堆时将堆料一分为二（一堆分成两堆），料堆宽 0.8m，高 1～1.2m，盖上薄膜。此时可在堆料中用辛硫磷 1000 倍液，扫螨净1 500倍液，50％多菌灵800 倍液对水均匀喷雾，杀灭病虫害。翻后间隔 4天左右，进行第 4 次翻堆。每次翻堆时若草料水分不足，均可加入石灰水以增加湿度。

（3）堆料要求

良好的发酵料标准是：草料呈咖啡色，有发酵香味，无氨味，草料有弹性，一拉即断，含水量 62％左右（手捏料有水浸出，但不滴下），pH 为 7～7.5。

（4）单畦拱棚简易二次发酵

其一次发酵过程同上，但每次翻堆的间隔时间均为 4 天，经 3 次翻堆后于中午时分迅速趁热将堆肥分铺于菌畦（厢）上，呈条垄状。畦面先铺上一层干稻草，用 400 倍敌敌畏液喷洒待用。搭建畦式小拱棚，覆盖透明塑料薄膜，利用白天阳光照射，夜间覆盖草帘进行简易二次发酵。天气晴好，至第二天早晨，料温升高到 60～62℃，维持 8小时，揭两头薄膜通风换气，降温至 55～58℃，并维持 2～3 天即可揭膜换气降温。当料温低于28℃时即可播种。

（五）播种及管理

①铺床前 3 天，向菇厢喷洒 1 次 500 倍 80％敌敌畏药液，2 天后撒一层薄石灰粉，即可铺料上厢。铺料时，将已发酵好的料趁热进厢，铺料厚18～20cm，将培养料充分抖松铺平，让料内氨气和热量散发。

②播种：料温下降到 28℃以下时播种。宜在阴天或晴天下午 5～6 时播种，播种之前，用0.1％高锰酸钾对菌种瓶、播种器具和手进行消毒，防止杂菌感染。一般采用撒播，每平方米约播1.5瓶。播后及时盖上农用薄膜，再覆盖草帘，草帘厚5～6cm。

③发菌管理：播种 3 天后，菌种大部萌发时，可将农膜揭开，调换覆盖物位置，草帘在下，农膜在上。草帘和农膜都要覆盖。温度过高时夜间掀膜通风。随着菌丝逐步长入培养料，加大通风。这时料面一般不喷水，尽量保持料面干燥状态，抑制杂菌萌发。

(六)覆土

①覆土处理:蘑菇露地栽培一般用两厢间走道的土为覆土,尽可能把土打碎,土块直径为2~2.5cm。按土粒重量的1%~2%加入石灰,杀死线虫及调pH值。

②覆土方法:播种后7~10天,当菌丝生长至料层的1/3~1/2时,开始覆土。菌丝长得快时早盖,长得慢时迟盖。覆土厚5cm左右,不得少于2cm。覆土要求底粗面细,盖面均匀不露料,覆完后立即调水,土壤含水量以土粒捏得扁、搓得圆、不黏手或稍黏手为宜,土壤pH为7.5~8。注意避免喷水过多,导致漏床现象发生。盖土后要保持氧气充足,在无雨的情况下,只盖草帘,有雨时要及时盖膜,切记不能让雨水侵入菇床内。

(七)出菇管理

1. 冬前管理

当菌丝大面积长至土层1/2时,应保持土层湿润。覆土层表面有80%左右蘑菇菌丝露头时喷结菇水,喷结菇水要狠,贴着土层打,标准是土层表面发亮,并以渗入土层2/5厚度为准。菇蕾长至米粒大小时喷出菇水,喷出菇水的标准是土层表面发亮,水不下渗为宜,喷水5~10分钟后盖草帘。做到勤喷水,晴天多喷,阴天少喷,菇多多喷,菇少少喷,换潮停喷。喷水时,喷头向上呈45度角,切忌直喷菇蕾而造成菇蕾死亡。温度高时在下午喷水,温度低时在中午喷水。喷水时应揭开草帘,喷水后待土面稍干时盖上草帘。如温度偏高,只盖草帘不盖膜,无风傍晚也可掀掉草帘通气。

2. 冬季管理

气温降至5℃以下,双孢蘑菇停止生长,进入冬季管理阶段。越冬期间应盖好农膜、草帘,用土块压严。注意保持土粒不发白,菌丝不干瘪。床面菌丝发育好的,不喷水;菌丝差的,向床面每周喷一次水,用量为每平方米0.25~0.5升,使床面略湿,一般在中午前后喷水。

晴天中午可隔天揭膜通风透气,切忌盖膜后长期不通风,而闷死菌种。2月份底以前,耙开细土,松动粗土透气,去掉老根和发黄菌丝,补上新的细土。

3. 春季管理

3月上旬气温回升时调水,菌丝生长差可推迟至3月下旬,使土粒松软,土层含水量保持18%~19%,喷水时可结合追施0.1%~0.2%的尿素。后期如气温高,水分适当多些,以土粒捏得扁、搓得圆、不黏手为准。防止覆土过干或过湿,白天少通风,晚上多通风。

图55-54 双孢蘑菇露地栽培

图55-55 菇农在采菇

图55-56 大棚式露地栽培

(八)病虫害防治

稻田经过2~3季水稻栽培,危害蘑菇的土传病原菌大幅减少,因此露地双孢蘑菇栽培病害发生较少。大多是管理不当而造成的生理性病害,例如高温死菇、红根、阳光直射造成畸形菇、地雷菇、硬开伞或消毒不严造成杂菌污染等,加强管理是最好的防治措施。虫害主要是螨类、蜗牛、地蛆，防治措施主要是严格进行前期田间消毒杀虫，走道和地沟定期铺撒生石灰粉。虫害如有发生，尽量不打药或少打药。

第七节 双孢蘑菇的病虫害防治

蘑菇在生长过程中，由于受到病菌侵染或不良环境因子（温度、湿度、有害化学物质等）的作用，在生理和形态上出现不正常变化，从而降低蘑菇的产量和质量，这种现象称为蘑菇病害。影响蘑菇生长的病虫害主要有侵染性病害、生理性病害和虫害。

双孢蘑菇主要遭受疣孢霉病、轮枝霉病、软腐病、萎蔫病、褶霉病、菇脚粗糙病、细菌性斑点病、蘑菇黄色单胞菌病、菌褶滴水病、干腐病、细菌性菌洼病；蘑菇病毒性病害；胡桃肉状菌、白色石膏霉、褐色石膏霉、棉絮状杂菌、鬼伞、橄榄绿霉、绿霉病、黄霉菌、鱼籽菌、唇红霉；生理性病害；螨虫、跳虫、线虫、菇蚊或菇蝇等病虫害危害。具体预防与治疗方法，请参阅本书《食药用菌病虫害防治》一章。

第八节 双孢蘑菇的采收与加工

一、采收

1. 采收时机

子实体长到标准规定的大小且未成薄菇时采摘；柄粗盖厚的菇，菇盖长到3.5～4.5cm 未成薄菇时采摘；柄细盖薄的菇，菇盖在 2～3cm 未成薄菇时采摘。潮头菇稳采，中间菇少留，潮尾菇速采。菇房温度在 18℃以上要及早采摘，在 14℃以下可适当推迟采摘。出菇密度大，应及早采摘。出菇密度小，适当推迟采摘。

2. 采摘卫生要求

采摘人员应注意个人卫生，不得留长指甲。采摘前，手、工器具要清洗消毒。保证菇盖不留机械伤、不留指甲痕，菇柄不带泥根。

3. 采摘方法

在出菇较密或采收前期（1～ 3 潮菇），采摘时先向下稍压，再轻轻旋转采下，避免带动周围小菇。采摘丛菇时，用小刀分别切下。后期采菇时采取直拔。采摘时随采随切柄，切口平整，不能带有泥根，切柄后的菇随手放在内壁光滑洁净的硬质容器中。为保证质量，鲜菇不得泡水。采菇前 3～4小时内不要喷水，以免菌盖或菌柄发红。

4. 分级要求

根据国家双孢蘑菇鲜菇标准，一级品、二级品菇均要求色泽洁白，具有鲜蘑菇固有气味，无异味，蛆、螨不允许存在。脱水率为：鲜菇经离心减重不超过 6%，经漂洗后的菇不超过 13%。在形态方面，一级品要求整只带柄、形态完整、表面光滑无凹陷，呈圆形或近似圆形。直径 20～40mm，菇柄切削平整，长度不大于 6mm，无薄菇、无开伞、无鳞片、无空心、无泥根、无斑点、无病虫害、无机械伤、无污染、无杂质、无变色菇。二级品要求整只带柄、形态完整、表面无凹陷、呈圆形或近似圆形。直径 20～50mm，菇柄切削平整，长度不大于 8mm，菌褶不变红、不发黑，小畸形菇不多于 10%，无开伞、无脱柄、无烂柄、无泥根、无斑点、无污染、无杂质、无变色菇，允许小空心，轻度机械伤。

二、加工

双孢蘑菇加工主要有保鲜加工、速冻加工、罐藏加工、盐渍加工和干制加工等。主要产品有保鲜菇、速冻菇、罐头菇、盐水菇和干（片）菇。此外还有调味蘑菇、蘑菇酱油、蘑菇调味品、蘑菇浓缩液、蘑菇饮料、蘑菇蜜饯及蘑菇（多糖）保健品、蘑菇美容品等多种产品。

1. 保鲜加工

双孢蘑菇采收后因呼吸作用、蒸腾作用与多酚氧化酶的作用，很容易开伞和褐变，造成质量和价值迅速下降。蘑菇保鲜受菌株特性、发育程度、环境温度、气体成分、机械损伤、微生物污染等因数的影响。20 世纪初开始，蘑菇保鲜加工研究引起各国科研人员的重视，开展较多的有辐射法、微波法、气调法、冷藏法和药物保鲜等。在 2℃和相对湿度 90%的冷藏条件下，可以保鲜 3～5 天。福建省轻工业研究所承担国家“八·五”科技攻关

"蘑菇保鲜"项目，应用生物技术保鲜加工，可使产品的鲜度、色泽与风味得到基本保持，保鲜期达10～20天，质量符合国家食品安全卫生标准。该技术包括选育保鲜专用菌株，采前生物技术处理，采后预冷、除湿，抑酶、消毒和气调、冷藏等技术，基本解决了双孢蘑菇易褐变、开伞、腐败等难题。保鲜过程所添加的添加剂和物理措施均必须严格遵守相关国家标准。

2. 罐藏加工

我国蘑菇产品绝大部分加工成罐头，以外销为主。制罐是将蘑菇密封在容器里经一定的高温处理，杀灭可引起罐头蘑菇腐败和产毒微生物；另一方面尽可能保证蘑菇的形态、色泽、营养、风味、质地不受损失，因此掌握好灭菌温度和时间十分关键。制罐工艺包括罐头包装物准备、原料处理、装罐、排气、封口、杀菌和冷却几个环节，有国家标准可以参照执行。

3. 盐渍加工

把新鲜蘑菇预煮冷却后放入高浓度的食盐溶液中，食盐的高渗透使菇组织中水分和可溶性物质从细胞中渗出，盐水渗入，菇体含盐量逐渐与食盐溶液平衡，同时也使菇体内外的微生物因高盐浓度处于生理干燥状态而停止生长发育，起到防腐作用。蘑菇盐渍加工分一次盐渍法和二次盐渍法。盐渍用食盐溶液浓度为20～22波美度（100千克清水加40千克食盐，加热溶解即成）。

一次法是用75千克食盐溶液加125千克预煮冷却的蘑菇，加标准盐封面，每天测盐水浓度，上下翻动一次。若盐水浓度下降，添加食盐至20～22波美度。96～144小时后，盐水浓度稳定在18波美度时，分级包装。二次法是把一次法盐渍48小时得到的半成品再倒入缸中，加入22波美度食盐溶液盐渍48小时。待盐水浓度稳定在18波美度时分级包装。按外贸部门要求标准包装，选用清洁卫生、封口严密的塑料桶，盐水浓度保持18波美度，盐水要清，色泽黄亮而无杂质。包装时，先在桶内加入3千克添加了0.2%柠檬酸的20～22波美度的盐水，按蘑菇等级分别分级、秤重、装桶，再加上述盐水加盖封严，可长期保藏或长途运销。

所用精盐、水、容器、调酸剂和加工器械均必须符合国家颁布的盐渍卫生食品的相关标准法规。与蘑菇子实体直接接触加工所用的水应该符合饮用水标准。所用添加剂都必须是符合国家食品添加剂卫生标准，并经过严格的毒理试验合格的食品添加剂，严格按照允许剂量范围使用。

4. 速冻加工

将经预处理的蘑菇在－30～－35℃或更低的温度下速冻后，用塑料容器包装，包装后再进行速冻，然后存放于-18℃温度下冷藏，以抑制微生物的生长、发育，防止腐败，达到长期保藏的目的。速冻加工工艺包括原料选择、切柄、清洗、护色、热烫、冷却、分级、挑选修整、包装、速冻和冷藏几个环节。

5. 干制加工

干制主要有利用热量或冷冻干燥使蘑菇脱水，并使其中可溶性物质的浓度提高到微生物难以利用的程度，达到长期保藏的目的。蘑菇干制产品的含水量一般要求在7%～8%。

①蘑菇干片烘干法：用蘑菇切片机把清洗干净的菇纵切成3.0～3.5mm厚的薄片，在0.1%的亚硫酸盐漂液中浸泡5～10分钟，均匀地铺放于烤筛上，或烤机的传送带上，不要重叠。先在50～55℃下干燥，再升高到65～70℃，临近结束时，逐步降温。干燥至菇片一捏就碎时即可。一级品要求色泽白至灰白，片型完整；二级品片型稍有碎缺，色泽淡黄。产品经分级后包装储藏。

②蘑菇冷冻干燥法：又称真空冷冻干燥或升华干燥。优点是蘑菇无需杀青，预处理干净的蘑菇即可加工，制品能较好地保持原有的色、香、味、形和营养价值。冷冻干燥的原理是将蘑菇中的水分冻成冰晶，然后把压力减小到一定数值后，供给升华热，在较高的真空下将冰晶直接气化升华而除去。干燥终了时，立即向干燥室充入干燥空气和氮气恢复常压，后进行包装。由此法干燥的产品质地较脆，故应注意挑选适当的包装材料。为了长期保藏多采用真空包装，并在包装袋内充氮。

蘑菇冷冻干燥的工艺包括：原料清理，送入冷冻干燥系统的密闭容器中，在-20℃冷冻，然后在较高真空度下缓慢升温，约经10小时，因升华而脱水干燥，蘑菇失水率占鲜菇重量的90%，产品含水7%～8%。产品具有良好的复原性，只要在热水中浸泡数分钟就能恢复原状，复水率可达80%，除硬度略逊于鲜菇外，其风味与鲜菇相比几乎相同。

干品的包装销售袋（膜）必须采用符合GB 9687食品包装用聚乙烯成型品卫生标准、GB 9688食品包装用聚丙烯成型品卫生标准。用彩色印染的包装袋必须严格控制苯类物质的残留。外包装应牢固、干燥、清洁、无异味、无毒，便于装卸、仓储和运输。

第九节 双孢蘑菇的化学成分与药理作用

一、化学成分

双孢蘑菇子实体富含蛋白质，粗蛋白含量接近40%，维生素含量8%，子实体中含有17种氨基酸，必需氨基酸含量占氨基酸总量的42.3%，必需氨基酸与非必需氨基酸比值（*E*/*N*）为0.73，达到FAO/WHO提出的理想蛋白质必需氨基酸应达总量40%左右、*E*/*N*值在0.6以上的要求。此外，子实体中含有K、Na、Ca、Mg、Fe、Zn、Mn、Cu、P和Se等多种人体必需的矿物质元素，还含有丰富的多糖、纤维素、超氧化物歧化酶（SOD）和丰富的核苷酸类等对人体起保健作用的物质（吴素玲等，2006）。双孢蘑菇胞内多糖及胞外多糖均由单一葡聚糖组成，且具有β-型糖苷键。双孢蘑菇甲醇水提物中含有酚类、黄酮类、维生素C、β-胡萝卜素和番红素等抗氧化物质，含量分别为4.49mg/g、1.73mg/g、0.03mg/g、1.95μg/g和0.91μg/g（Lillian等，2008）。

二、药理作用

（1）抗肿瘤作用

徐朝晖等将双孢蘑菇子实体经热水提取，乙醇沉淀，胰蛋白酶消化，Sevag法去除蛋白质等处理，得双孢蘑菇多糖。用MTT比色分析法测定双孢蘑菇多糖（1mg/ml）对人肝癌细胞线粒体代谢的影响。经多糖处理48、72小时后，实验组活性比对照组显著降低；双孢蘑菇多糖（1mg/ml）明显降低人肝癌细胞有丝分裂指数（MI），且对人肝癌细胞SMMC-7721生长具有抑制作用。荷S-180肉瘤小鼠每天腹腔注射双孢蘑菇多糖（24mg/kg），连续9天，对小鼠S-180实体瘤具有抑制作用，平均抑制率为51.9%（徐朝晖等，1998）。应建浙（1987）研究证明，双孢蘑菇子实体多糖对小白鼠肉瘤S-180抑制率达90%，对艾氏癌抑制率达100%。

（2）抗氧化活性及提高免疫功能作用

常海兰（2003）等利用紫外线照射蒸馏水产生的过氧化物自由基，将光解水给大鼠灌胃诱导产生脂质过氧化模型后，用双孢蘑菇匀浆液3个剂量组（10g/kg，5g/kg和2.5g/kg）给大鼠连续灌胃10天。结果显示提高成年大鼠血液和肝脏组织中SOD的含量，降低血清和肝组织中丙二醛的含量，并且增强小鼠腹腔巨噬细胞的吞噬功能。随着剂量的增高，胸腺指数、脾指数也有增高的趋势。提示：双孢蘑菇匀浆液可能含有较多的多糖，可激活SOD酶的活性，还可以增强机体的免疫功能。Lillian Barros应用还原力实验、DPPH自由基清除活性实验、β-胡萝卜脱色抑制实验、溶血抑制实验和TBAR实验，观察双孢蘑菇甲醇提取物的体外抗氧化活性。结果发现，双孢蘑菇甲醇提取物在上述试验中，抗氧化作用的半数有效浓度（EC_{50}）分别为3.63mg/ml、9.61mg/ml、21.39mg/ml、>50.00mg/ml和46.82mg/ml。

（3）其他作用

Kent（2003）等利用异硫氰酸荧光素（FITC）标记的双孢蘑菇凝集素，研究其对增殖性玻璃体视网膜病变组织和培养的视网膜色素上皮细胞的作用。Ⅰ型胶原黏附实验及吸光率测定实验结果发现，增殖性玻璃体视网膜病变组织及体外视网膜色素上皮细胞被FITC标记的双孢蘑菇染色，被染色的体外视网膜色素上皮细胞的黏连和收缩均受到抑制，并且呈现剂量和时间的依赖性。提示：双孢蘑菇凝集素可能对增生性玻璃体视网膜病变有潜在的预防和治疗意义。

双孢蘑菇提取液（4g/kg）1次性灌胃给药，可显著抑制正常小鼠的胃排空；对肾上腺素负荷小鼠引起的胃排空抑制没有明显的促进作用；对新斯的明负荷小鼠引起的胃排空亢进有显著的拮抗作用（曾小龙，2006）。

双孢蘑菇多糖具有抗菌、防腐活性。对牙龈卟啉单胞菌的最小抑菌浓度（MIC）为60mg/ml，对中间普雷沃菌的MIC为30mg/ml，对具核梭杆菌的MIC为20mg/ml，但抗菌活性较合成的药物低。双孢蘑菇多糖对鸡肝在37℃恒温腐败培养12小时以内无明显抑制；经过24小时，随着浓度增加对鸡肝腐败抑制效果呈增强的趋势；经72小时，对鸡肝的腐败氨氮生成抑制由未添加的1426mg/L下降到添加20mg/ml多糖溶液的248mg/L（韦保耀等，2007）。

（李敏、林志彬）

参考文献

[1] 吴素玲,孙晓明,王波,等. 双孢蘑菇子实体营养成分分析[J]. 中国野生植物资源,2006,25(2):47-52.

[2] 高宏伟,李兆兰,刘志礼,等. 双孢蘑菇胞外多糖及胞内多糖的分离纯化和化学结构分析[J]. 南京中医药大学学报,1999,15(4):224-225.

[3] BARROSL,SFALCAOS, BAPTISTAP, et al. Antioxidant activity of Agaricus sp. mushrooms by chemical,biochemical and electrochemical assays[J]. Food Chem,2008,111:61-66.

[4] 徐朝晖,姜世明,付培武. 双孢蘑菇子实体多糖的提取及其对癌细胞的抑制[J]. 中国食用菌,1998,16(4):5-7.

[5] 应建浙. 中国药用真菌图鉴[M]. 北京:科学出版社,1987.

[6] 常海兰,殷凤. 双孢蘑菇的抗氧化作用及对免疫功能影响的研究[J]. 山西医科大学学报,2003,34(2):122-123.

[7] KENT D,SHERIDAN C, TOMKINSON H A. Edible mushroom(Agaricus bisporus) lectin modulates human retinal pigment epithelial cell behaviour in vitro[J]. Exp Eye Res, 2003,76(2):213-219.

[8] 曾小龙. 双孢蘑菇提取液对小鼠胃排空的影响[J]. 广东教育学院学报,2006,26(5):84-86.

[9] 韦保耀,余小影,黄丽,等. 双孢蘑菇多糖抗菌活性及对食品腐败抑制的研究[J]. 食品科技,2007(4):93-95.

[10] CASTLE AJ, HORGEN PA, ANDERSON JB. Restriction frogment length polymorphisms in the mushroom Agaricus brunescens and Agaricus bitorquis[J]. Appl Environ Microbiol, 1987,53(4):1643-1648.

[11] CASTLE A J, HORGEN P A, ANDERSON J B. Crosses among homokaryons from commercial and wild-collected strains of the mushroom Agaricus brunnescens[J]. Appl. Environ. Microbiol, 1988,54(7):1643-1648.

[12] HINTZ WEA ANDERSON JB, HORGEN PA. Physical mapping of the mitochondrial genome of the cultivated mushroom Agaricus brunnescens[J]. Curr Genet,1988,14(1):43-49.

[13] JIN T. Investigations of mitochondrial transmission in selected matings between homokaryons from commercial and wild- collicted isolates of Agaricus bisporus[J]. Appl envitron Microbiol, 1992,58(11):3553-3560.

[14] JIN T. Uniparental mitochondrial transmission in the cultivated button mushroom,Agaricus bisporus[J]. Appl Environ Microbiol,1994(12):4456-4460.

[15] KHUSH R S, BECKER E, WACH M. DNA amplification polymorphisms of the cultivated mushroom Agaricus bisporus. Appl Enviroon Microbiol,1992,58(9):2971-2977.

[16] KERRIGAN R W, ROSS I K. Allozymes of a wild Agaricus bisporus population:new alleles,new genotypes[J]. Mycologia,1989,81(3):433-443.

[17] KERRIGAN R W. Mieotic behaveour and linkage relationships in the secondarily homothallic fungus Agaricus bisporus. Genetics,1993,133:225-236.

[18] LANGTON F A, ELLIOTT T J. Genetics of secondarily homothallic basidiomycetes. Heredity, 1980,45:99-106.

[19] LODDER S. A protolasting technique with general applicability for molecular kayotyping of hymenomycetes. J Gen Microbiol,1993,139:1063-1067.

[20] MAY B,ROYSE D J. Confirmation of crosses between lines of Agaricus brunnescens by isozyme analysis[J]. Exp. Mycol,1982,6:283-292.

[21] MILLER R E, KANANEN D L. Bipolar sexuality in the mushroom[J]. Mushroom Science,

1972,8:197-203.

[22] P R. Identification of two laccase genes in the cultivated mushroom Agaricus bisporus[J]. J Gen Micuobiol, 1993,139:1209-1218.

[23] RAPER C A, RAPER JR, MILLER RE. Genetic analysis of the life cycle of Agaricus bisporus [J]. Myclolgia,1972,64:1088-1117.

[24] ROYSE D J, MAY B. Use of isozyme variation to identify genotypic classs of Agaricus brunnescens[J]. Mycologia,1982,74(1):93-102.

[25] ROYSE D J, MAY B, Genetic relatedness and its application in selective breeding of Agaricus brunnescens[J]. Mycologia,1982,74(4): 569-575

[26] SUMMERBELL R C. Inheritance of restriction fragment length polymorphisms in Agaricus brunnescens[J]. Genetics,1989,123:293-300.

[27] SONNENBERG A S M. Isolation of expressed sequence tags of Agaricus bisporus and their assignment to chromosomes[J]. Appl. environ. Microbiol,1996,12:4542-4547.

[28] WANG HC, WANG ZS. The prediction of strain characteristecs of Agaricus bisporus by the application of isozyme electrophoresis. Mushroom science,1989,12(1):87-100.

[29] WANG ZS, WANG H C. Study on the genetic variation of Agaricus bisporus, Mushroom Biotechnology[J]. Proceedings of the International symposium on Mushroom Biotechnology, 1989:(11),329-338.

[30] WANG ZS, Liao J H . Study on the crossbreeding techniques of Agaricus bisporus, Microl. Neotrop. Apl,1990,3:1-12.

[31] WANG ZS Wang H C. Isozyme patterns and characteristecs of hybrid strains of Agaricus bisporus [J]. Microl Neotrop Apl,1990,3:19-29.

[32] WANG ZS, LIAO J H ,Li F G, et al. Waqng Studies on the genetic basis of esterase isozyme loci Est A,B and C in Agaricus bisporus[J]. Mushroom Sci,1991,13(1):3-9.

[33] WANG ZS. Genonomical analysis of the white strains of Agaricus bisporus by the application of isozyme electrophoresis[J]. Fujian Mushroom J,1991,1(2):20-25.

[34] WANG ZS. Progress of crossbreeding of Agaricus bisporus[J], Edible Fungi of China,1992,11(4):10-12.

[35] WANG ZS. Identification of field-collected isolates of Agaricus bisporus. Micol. Neotrop. Apl. , 1993,6:127-136.

[36] WANG ZS, WANG H C. Progress of cultivation techniques for Agaricus bisporus in China, Mushroom Biology and Mushroom Products,Hong kong,1993.

[37] WANG ZS. Studies on breeding hybrid strain As2796 of Agaricus bisporus for canning in China [J]. Mushroom Sci,1995,14(1):71-79.

[38] WANG ZS, CHEN L F, CHEN M Y, et al. , Thermotolerance-related Genes in Agaricus bisporus[J]. Mushroom Science,2004,16:133-138.

[39] WANG ZS, LIAO JH, LI HR, et al. Study on the Biological Characteristics of Wild Agaricus bisporus strains from China[J]. Mushroom Sci, 2008,17:149-158.

[40] WILLIAMS J. DNA polymorphisms amplified by arbitary primers are useful as genetic markers [J]. Nucleic Acids Res ,1991,22:6531-6535.

[41] CHEN X, STONE M, SCHLAGNHAUFER C, et al. A fruiting body tissue method for efficient Agrobacterium-mediated transformation of Agaricus bisporus[J]. Appl Environ Microbio, 2000, 66:4510-4513.

[42] 白雪.高温诱导双孢蘑菇蛋白质表达的分析[J]. 厦门大学学报,2002,40(6):1342-1345.

[43] 蔡衍山. 食用菌无公害生产技术手册[M]. 北京:中国农业出版社,2003.

[44] 陈美元,廖剑华,王泽生. 双孢蘑菇 3 种类型菌株的 RAPD 扩增研究[J]. 食用菌学报, 1998,5(4):6-10.

[45] 陈美元. 双孢蘑菇 A41 基因文库的构建及筛选[J]. 食用菌,2001,23(增刊):84-86.
[46] 陈美元、廖剑华、王泽生,等. 双孢蘑菇丛生变异的 RAPD 分析及差异片段的克隆[J]. 厦门大学学报,2003,42(5):657-660.
[47] 陈美元. 农杆菌介导转化双孢蘑菇耐热相关基因片段[J]. 菌物学报,2005,24(增刊):117-121.
[48] 陈美元. 双孢蘑菇耐热相关基因 028-1 的克隆与序列分析[J]. 福建轻纺,2006(9):1-5.
[49] 陈美元,廖剑华,李洪荣,等. 双孢蘑菇耐热相关基因的表达载体构建及农杆菌介导转化[J]. 福建食用菌,2008(10):85-88.
[50] 陈美元,廖剑华,郭仲杰,等. 双孢蘑菇耐热性状转基因菌株的耐热性能测定与菌株筛选[J]. 福建食用菌,2008,1(10):89-92.
[51] 陈美元,廖剑华,李洪荣,等. 中国野生蘑菇菌株遗传多样性的 DNA 指纹分析[J]. 福建食用菌,2008,1(10):51-55.
[52] 陈美元,廖剑华,李洪荣,等. 双孢蘑菇栽培菌株遗传多样性的 DNA 指纹分析[J]. 中国农学通报,2009,25(4):149-156.
[53] 陈美元,廖剑华,郭仲杰,等. 双孢蘑菇耐热相关基因的表达载体构建及转化研究[J]. 菌物学报,2009,28(6):797-801.
[54] 陈兰芬. RT-RAPD 技术分析高温诱导双孢蘑菇相关基因片断[J]. 厦门大学学报(自然科学版),2002,41(1):103-107.
[55] 何美仙."无公害食品行动计划"与农药的发展方向[J]. 中国农学通报,2004(3):62-64.
[56] 黄年来. 中国食用菌百科[M]. 北京:中国农业出版社,1993.
[57] 黄年来. 自修食用菌[M]. 南京:南京大学出版社,1987.
[58] 黄年来. 中国香菇栽培学[M]. 上海:上海科学技术文献出版社,1994.
[59] 黄毅. 食用菌生产理论与实践[M]. 厦门:厦门大学出版社,1992.
[60] 孔祥君、宋德瑜. 蘑菇栽培新技术[M]. 上海:上海科技教育出版社,1990.
[61] 孔祥君. 中国蘑菇生产[M]. 北京:中国农业出版社,2001.
[62] 李宇. 中国蘑菇属新种和新记录种[J]. 云南植物研究,1990,12(2):154-160.
[63] 李荣春. 双孢蘑菇遗传多样性分析[J]. 云南植物研究,2001,23(4):444-450.
[64] 李荣春,杨志雷. 全球野生双孢蘑菇种质资源的研究现状[J]. 微生物学杂志,2002,22(6):34-37.
[65] 李荣春,Ralph Noble. 双孢蘑菇生活史的多样性[J]. 云南农业大学学报,2005,20(3):388-391.

[66] 廖剑华. 草菇与凤尾菇的自然交叉耐药性研究[J]. 中国食用菌,1994,(1):22-23.
[67] 廖剑华. 双孢蘑菇 MtDNA 粗提物的酶切分析[J]. 食用菌学报,2001,8(1):1-4.
[68] 廖剑华. 双孢蘑菇电击转化育种技术研究[J]. 菌物学报,2005(24):121-124.
[69] 廖剑华. 双孢蘑菇子实体颜色的遗传规律分析[J]. 菌物学报,2007,26(增刊):138-140.
[70] 刘勇. 无污染蔬菜农药使用技术指南[M]. 北京:中国农业出版社,2000.
[71] 卢政辉. 双孢蘑菇培养料堆制技术的变革与最新进展[J]. 中国食用菌,2009,28(1):3-5.
[72] 卯晓岚. 中国经济真菌[M]. 北京:科学出版社,1998.
[73] 马文惠,马庭杰,宋天棋. 双孢蘑菇野生菌株 Ag5 的栽培研究[J]. 中国食用菌,1993,12(5):19-20.
[74] 寿诚学. 中国蔬菜栽培学(蘑菇)[M]. 北京:中国农业出版社,1987.
[75] 王贤樵,王泽生. 双孢蘑菇同工酶标记筛选研究[J]. 中国食用菌,1989(6):7-12.
[76] 王贤樵. 双孢蘑菇定向育种[J]. 福建食用菌,1990,1(1):3-4.
[77] 王贤樵. 双孢蘑菇定向育种[J]. 福建食用菌,1991,1(3):1-3.
[78] 王泽生. 双孢蘑菇与大肥菇原生质体高产制备条件研究[J]. 食用菌,1990(3):14 -15.
[79] 王泽生. 应用同工酶电泳法分析双孢蘑菇白色菌株间的种内亲缘关系[J]. 福建食用菌,1991,1(2):20-25.
[80] 王泽生. 双孢蘑菇与大肥菇原生质体再生条件研究[J]. 食用菌,1991(6):14-15.
[81] 王泽生. 双孢蘑菇原生质体融合及融合子变异的研究[J]. Mushroom Sci,1991,13(1):17-22.
[82] 王泽生. 双孢蘑菇杂交育种研究进展[J]. 中国食用菌,1992,11(4):10-13.
[83] 王泽生. 食用真菌线粒体基因组的研究进展[J]. 中国食用菌,1993,12(4):3-5.

[84] 王泽生. 双孢蘑菇重要标记位点研究进展[J]. 中国食用菌,11994,3(2):22-24.
[85] 王泽生. 中国双孢蘑菇栽培与品种改良[J]. 中国食用菌,2000,23(增刊):33-36.
[86] 王泽生. 双孢蘑菇的遗传特性与育种[M]. 北京:中国农业出版社,2000.
[87] 王泽生,廖剑华,陈美元,等. 双孢蘑菇杂交菌株 AS2796 家系的分子遗传研究[J]. 菌物系统,2001,20(2):233-237.
[88] 王泽生. 蘑菇耐热性状相关基因研究[J]. 菌物系统,2003,22(增刊):325-329.
[89] 王泽生,陈美元,廖剑华,等. 双孢蘑菇部分 cDNA 文库的构建及筛选[J]. 菌物学报,2004(23):63-65.
[90] 王泽生,廖剑华,李洪荣,等. 中国双孢蘑菇野生菌株的生物学特性研究[J]. 菌物学报,2005,24(增刊):67-70.
[91] 王振川. 双孢蘑菇单孢分离物的筛选研究[J]. 福建食用菌,1991,1(2):1-11.
[92] 王振川. 促进双孢蘑菇单孢子萌发研究[J]. 福建食用菌,1991,1(2):12-19.
[93] 王波,唐利民,李晖. 野生双孢蘑菇鉴定与栽培[J]. 食用菌,2001,23(增刊):109-116.
[94] 王波. 野生双孢蘑菇形态特性及出菇验证[J]. 中国食用菌,2002,21(1):37.
[95] 维德 P J C. 现代蘑菇栽培学[M]. 北京:中国轻工业出版社,1984.
[96] 杨宏志. 有机食品现状及开发策略[J]. 黑龙江八一农垦大学学报,2004(1):69-74.
[97] 张树庭,Miles P G. 食用菌及其栽培[M]. 美国 CRC 出版公司,1989.
[98] 张金霞. 草菇菌种保藏效果鉴定研究[J]. 中国食用菌,1992,11(4):3-9.
[99] 张金霞. 食用菌安全优质生产技术[M]. 北京:中国农业出版社,2004.
[100] 曾伟,宋思扬,王泽生,等. 双孢蘑菇及大肥菇的种内及种间多态性分析[J]. 菌物系统,1999,18(1):55-60.
[101] 郑国杨. 中国草菇生产[M]. 北京:中国农业出版社,2001.
[102] 杨国良. 草菇无公害生产技术[M]. 北京:中国农业出版社,2003.
[103] 潘崇环. 食用菌优质高效栽培指南[M]. 北京:中国农业出版社,2000.

(王泽生、卢政辉、陈美元)

第五十六章 双环蘑菇

DIWUSHILIUZHANG SHUANGHUAN MOGU

摘要：本章较全面地阐述了中国双环蘑菇发展的历程与现状，双环蘑菇生物学特性、遗传特性、菌种繁育和栽培技术。在总结研究成果和生产实践经验的基础上，重点介绍具有推广应用价值的新技术、新工艺、新材料和新设施。同时对中国双环蘑菇近40年，尤其是近20年的发展进行了全面回顾与总结，并提出了展望。

Agaricus bitorquis

Abstract: This chapter consists of four sections describing in detail various aspects of *Agaricus bitorquis* including the history and present status of *A. bitorquis* production, associated biological and genetical features, spawn production and cultivation procedures. Special attention is focused on the introduction of alternative cultivation techniques, materials and facilities. Key developments in the *A. bitorquis* industry during the past 40 years are summarized, and recommendations for future exploitation are advanced.

第一节 概 述

一、双环蘑菇学名及分类地位

双环蘑菇又名：大肥菇、美味蘑菇、高温蘑菇等。

学名：*Agaricus bitorquis*(Quél.)Sacc.，*Syll. fung.*(Abellini)5：998(1887)

属名"*Agaricus*"一词来自希腊语，词根是"agaricos"，意思是"伞菌、蘑菇"，用于真菌的属名，翻译为"蘑菇属、伞菌属"。种名加词"*bitorquis*"是一个合成词，词干"bi-"是"二、双"的意思，词尾"-torqua"是"扭曲"的意思，描述该菌菌柄的形态。根据原文的意思，可以翻译成"双曲蘑菇"。中文用"大肥菇"，其子实体肥大、肉厚。

同物异名：*Agaricus bitorquis* var. validus(F. H. Møller) Bon & Cappelli, *Docums Mycol.* 13(no. 52)：16(1983)；*Agaricus campestris* var. edulis Vittad.，*Descr. fung. mang. Italia*：41(1832)；*Agaricus edulis* var. validus (F. H. Møller) F. H. Møller, *Friesia* 4：203(1952)；*Agaricus rodmanii* Peck, *Ann. Rep. N. Y. St. Mus. nat. Hist.* 36：45(1884)[1883]；*Chitonia pecquinii* Boud.，*Fungus bitorquis* (Quél.) Kuntze, *Revis. gen. pl.* (Leipzig) 3：479(1898)；*Fungus rodmanii* (Peck) Kuntze, *Revis. gen. pl.* (Leipzig)3：480(1898)；*Pratella bitorquis*(Quél.) Quél.，*Fl. mycol. France*(Paris)：72(1888)；*Pratella peronata* (Roze) Quél.，*Fl. mycol. France* (Paris)：72(1888)；*Psalliota bitorquis* Quél.，*Compt. Rend. Assoc. Franø. Avancem. Sci.* 12：500(1884)[1883]；*Psalliota edulis* (Vittad.) Jul. Schøff. & F. H. Møller, *Annls mycol.* 36(1)：75(1938)；*Psalliota edulis* var. valida F. H. Møller, *Friesia* 4：14(1950)[1949-50]；*Psalliota peronata* Roze, *Fl. champ. com. ven.*：44(1888)；*Psalliota rodmanii* (Peck) Kauffman, *Yearb. Agric. Sylvicult. Scienc. Poznań* 26：235(1918)。

分类地位：菌物界(Fungi)，担子菌门(Basidiomycota)，伞菌纲(Agaricomycetes)，伞菌亚纲(Agaricomycetidae)，伞菌目(Agaricales)，伞菌科(Agaricaceae)。

二、中国双环蘑菇发展历程

与双孢蘑菇一样，双环蘑菇也是一个从国外引进的外来菇种。我国最早报道于20世纪70年代，引进欧洲与北美的温带型双环蘑菇(当时称为大肥菇)进行试种。由于温带型菌株的子实体生长发育温度范围窄，适宜出菇温度为19～24℃。当温度持续高于26℃时，原基即不能形成、分化。

在我国的自然气候条件下栽培，适宜出菇时间短，产量低。在生产季节安排上，我国大部分蘑菇产区9月份至翌年4～5月为其栽培季节，而6～9月份夏季菇房空闲期间气温普遍超过30℃，无法栽培这种温带型双环蘑菇。试种还表明，该菌株菌肉粗糙，口感欠佳，商品价值不高，一直未能在我国得到生产性推广与应用。

20世纪90年代初，浙江省农业科学院园艺研究所方菊莲、蔡为明等以原产于东南亚的野生热带型双环蘑菇为材料，开展高温蘑菇选育，于1993年选育成功国内首个适合夏季栽培的高温型双环蘑菇品种"夏菇93"(原名"浙AgH-1")，2000年通过浙江省农作物品种认定委员会认定，并在2008年通过全国食用菌品种认定委员会认定。该品种适宜出菇温度为25～34℃，成长中的子实体能在36～38℃高温下继续生长，十分适合于我国夏季高温期栽培，可以利用蘑菇产区现有的菇房(棚)夏季空闲期栽培。出菇期正值蘑菇淡季，价格高，大大提高了菇农的年栽培效益，深受菇农的欢迎。

继"夏菇93"育成后，浙江省农业科学院园艺研究所蔡为明、方菊莲等针对高温型双环蘑菇品种"夏菇93"存在的菌丝爬土能力不强、出菇部位偏低、影响结实率和子实体商品质量等问题，通过与野生种质杂交，于2000年育成了爬土能力强、结实率高的优质高产新菌株"夏秀2000"，使高温型双环蘑菇的产量和品质得到了进一步提高。"夏菇93"与"夏秀2000"自1996年和2001年先后在浙江、上海、江苏等地进行大面积生产性试种推广以来，栽培范围和栽培面积不断扩大，现已在全国各新老蘑菇产区推广应用。

三、中国双环蘑菇发展现状

随着人民生活水平的逐步提高，对蘑菇周年消费需求不断增强，蘑菇周年栽培、鲜菇周年供应是产业发展的必然趋势。由于环境可控的工厂化周年生产系统投资大、生产成本高，目前尚不适合于在我国大生产中推广应用，因此，应用不同温型蘑菇品种实现周年生产是满足周年消费市场的一个经济有效途径。我国自20世纪90年代高温型双环蘑菇品种与配套栽培技术推广以来，得到了稳步发展，现已成为双环蘑菇主要生产国和消费国。

近年来，尽管高温型双环蘑菇栽培面积不断扩大，但生产发展速度远不能满足市场发展的需要。由于高温蘑菇在高温、高湿条件下栽培，病虫害和杂菌容易发生，加上当前的蘑菇栽培设施简陋、卫生条件差、可控能力弱，如果栽培过程中不加强病虫害和杂菌的综合防治，容易发生胡桃肉状菌、细菌性斑点病及跳虫等病虫害，而且这些病虫害在高温、高湿条件下蔓延快、危害大，轻者造成减产减收，重者会导致绝收。因此，与双孢蘑菇相比，高温型双环蘑菇的栽培技术要求高、难度大，影响了其推广发展速度。

提升当前我国蘑菇栽培设施水平，提高环境与卫生的可控能力，以及提升培养料堆制发酵工艺技术水平和标准化水平，提高培养料质量，从而提高对杂菌和病虫害的防控能力，提高蘑菇产量和品质，是我国双环蘑菇，乃至整个蘑菇产业发展的重要方向。

第二节　双环蘑菇的生物学特性

与双孢蘑菇相比，双环蘑菇的主要特性是能在较高温度、较高CO_2浓度下生长；抗病毒病；子实体比双孢蘑菇坚实，菇柄较粗、短；抗机械伤；不易褐变，保鲜期较长。双环蘑菇菌丝的爬土能力比双孢蘑菇弱，覆土和管理不当容易导致出菇部位低，影响菇形和子实体清洁度，甚至在覆土和料层之间形成"地雷菇"，影响产量与品质。

一、双环蘑菇的形态特征

双环蘑菇的营养器官是菌丝体，菌丝体由菌丝相互集结而成。双环蘑菇菌丝白色，丝线状，具有繁殖能力的菌丝双核、有横隔膜和分枝，无锁状联合；菌丝直径1.70～5.11μm；在PDA培养基上生长呈匍匐状，在PMA培养基上初呈匍匐状，后有气生菌丝生长，基内菌丝多；在平板和斜面培养基上菌丝能扭结成聚集体，有的能进一步形成原基，有的还可分化发育成为子实体。

子实体是双环蘑菇的繁殖器官，能产生大量的担孢子。子实体由菌盖、菌褶、菌柄、菌环等组成(图56—1)。双环蘑菇子实体单生或丛生。菌盖表面光滑或有鳞片，白色，老熟后变为浅粉灰色至深蛋壳色；菌盖初半球形，后扁半球形，顶部平或略下凹，成熟后菌盖略向上平展呈浅漏斗状，边缘内卷，表皮超越菌褶；菌盖直径多数在6.6～15cm，最大可达21cm。菌肉白色、厚，组织致密结实，受伤后变色慢，久后略变淡红色至浅褐色。菌柄白色、内实，近圆柱形，中生、粗短，长3.0～8.5cm，直径1.3～4.5cm；菌盖展开后在菌柄中部

图 56－1　双环蘑菇子实体形态

至偏下部留有双层菌环，菌环白色、膜质。菌褶是孕育担孢子的处所，位于菌盖下面，自菌柄向菌盖边缘放射状排列，与菌柄离生、不黏连，菌褶稠密、窄、不等长；菌褶幼时白色，后变为淡红色至黑褐色，孢子印深褐色。菌褶表面着生子实层，其上着生许多棒状担子，每个担子顶端有 4 小梗，每个小梗上着生 1 枚担孢子，即每个担子上有 4 枚不同交配型的担孢子。担孢子褐色至暗褐色，光滑，卵圆形至近球形，壁稍厚，大小为5.28～8.60μm×3.40～6.36μm。缘囊体棒状，无色，透明，大小为13.76～25.80μm×6.40～8.60μm。

二、双环蘑菇的分布和生态习性

(一)双环蘑菇的分布

双环蘑菇广泛分布于世界各地不同生境中，温带、亚热带和热带地区均有分布，寒带尚无分布记载。主要分布于欧洲、北美和东南亚等地，我国台湾省也有分布的报道。

(二)双环蘑菇的生态习性

双环蘑菇是一种喜温、喜湿的腐生真菌，在自然界中，野生的双环蘑菇主要生长在腐熟或半腐熟的草本植物残体和动物粪便上，往往在气温为20～30℃的夏秋雨后，单生或丛生于旷野、草地或丛林中。双环蘑菇的主要生态习性如下。

1. 双环蘑菇是一种草腐菌

双环蘑菇不含叶绿素，不能进行光合作用制造养分——糖类(碳水化合物)，靠吸收利用现成的营养物质生存。双环蘑菇以存在于草本植物残体、动物粪便中的纤维素、半纤维素、木质素、果胶、淀粉、有机氮等为主要营养物质来源，而且与双孢蘑菇一样，不能直接吸收利用这些大分子营养物质，必须依靠堆肥中的微生物以及双环蘑菇菌丝自身分泌的胞外酶，分解成简单的糖类后，才能被菌丝吸收利用。在自然界中，双环蘑菇分解利用植物残体和动物粪便，是大自然的“清洁工”，促进自然界的物质大循环，起着维护生态平衡的作用。在实际生产中，人工栽培双环蘑菇以稻麦草等农作物秸秆、菜籽饼等加工业副产品，以及畜禽粪便为主要原料。这些物质通过双环蘑菇菌丝的分解，转化成营养、美味的蘑菇供人们享用。因此，双环蘑菇的生产不仅可以减少环境污染，同时可以变废为宝，实现资源的循环利用，构建循环农业经济链，具有社会经济学意义。

2. 双环蘑菇是喜温菌

双环蘑菇菌丝和子实体生长温度均高于双孢蘑菇。双环蘑菇的菌丝生长最适温度为 27～28℃。其适宜出菇温度，随双环蘑菇菌株不同地域来源而存在差异。欧洲与北美温带型菌株的适宜出菇温度为 19～24℃，温度持续高于 26℃时，子实体难以形成；东南亚热带型菌株的适宜出菇温度较高，为 24～28℃；而高温型菌株适宜出菇温度为 25～34℃，成长中的子实体能在 35～38℃下生长，适宜于夏季栽培。

3. 双环蘑菇是好氧菌

双环蘑菇菌丝和子实体需要不断吸进氧气，呼出二氧化碳，需要不断地为其提供新鲜空气，补充氧气。与双孢蘑菇相比，双环蘑菇具有更强的耐二氧化碳能力，菌丝和子实体能在较高的二氧化碳浓度下生长发育。

(三)双环蘑菇的生长发育条件

双环蘑菇不同生长发育阶段对环境条件的要求有所不同，生产者必须熟知其不同生长发育阶段所需的最适条件，以便在实际生产的各个环节，采取相应的技术措施，最大限度地创造适宜于双环蘑菇生长发育所需的营养、温度、湿度、空气、酸碱度、光线和微生物等环境条件，以夺取蘑菇优质、高产、高效。

1. 营养

双环蘑菇生长发育所需的营养主要包括碳源、氮源、矿质元素和生长素等。营养是双环蘑菇菌丝和子实体生长发育的物质基础，提供合适而充足的营养物质是双环蘑菇高产稳产的根本保证。需要注意的是：与香菇、金针菇等食用菌不同，双环蘑菇培养料是通过堆制经微生物发酵后，在开放环境下播种，双环蘑菇的菌丝在和许多微生物共同存在的条件下生长。因此，双环蘑菇菌丝对营养的利用不仅与营养物质的种类、数量和配比有关，同时与这些微生物的生长繁殖情况，即培养料发酵质量密切相关。

(1)碳源

碳源是双环蘑菇生长发育所需的主要营养源之一。双环蘑菇菌丝可广泛吸收利用多种碳源，包括单糖类、双糖类和多糖类。双环蘑菇能较好地吸收利用麦芽糖、葡萄糖、蔗糖、甘露糖、果糖和半乳糖，其中以麦芽糖最好；双环蘑菇菌丝难以直接吸收利用纤维素、半纤维素、果胶、淀粉、木质素等多糖类碳源，但这些碳源通过堆肥中的微生物和双环蘑菇菌丝自身分泌的各种酶，分解成简单糖类后才能被吸收利用。生产上采用富含上述碳源的稻、麦草等农作物秸秆为碳源材料，经堆制发酵后用于栽培双环蘑菇。

(2)氮源

氮源也是双环蘑菇生长发育所需的重要营养物质，因为氮素是蛋白质和核酸等生命物质不可缺少的营养成分。试验表明，双环蘑菇菌丝能很好地吸收利用酵母粉和蛋白胨，但难以直接吸收利用$(NH4)_2SO_4$、NH_4Cl等氮源；不能直接吸收利用蛋白质和尿素，却能很好地利用蛋白质的水解产物——蛋白胨、氨基酸等。在堆肥发酵过程中，氮素营养被堆肥中的微生物分解吸收利用后，转化为菌体蛋白，这种菌体蛋白经过分解，成为双环蘑菇可利用的氮源。双环蘑菇培养料的适宜氮源含量：培养料堆制发酵前的含氮量以1.5%～1.7%为宜。经发酵后播种时的含氮量以1.8%～2%为宜；含氮量不足不仅会因不能满足双环蘑菇的营养需求而影响生长发育，而且会影响堆肥微生物繁殖(往往表现为堆温偏低)，影响培养料发酵质量，从而影响蘑菇生长发育；含氮量过高不仅对双环蘑菇生长发育不利，同时含氮量过高的培养料，还会导致发酵后的培养料中存在氨气，播种后会影响菌种萌发和菌丝生长。因此，在培养料配制时必须严格将含氮量控制在适宜范围。

双环蘑菇不仅需要适量的碳源和氮源作为基本的营养，而且由于其吸收利用碳素和氮素的营养是按一定比例吸收的，因此，碳源和氮源的比例，即碳氮比(*C/N*)是双环蘑菇培养料的一个重要营养指标。据试验报道，双环蘑菇对碳氮比的要求与双孢蘑菇相仿，培养料配方中的碳氮比以30:1～33:1为宜，而子实体分化、发育的最适碳氮比则为20:1。

(3)矿质元素

双环蘑菇所需的矿质元素主要有钙、磷、钾、硫等，同时还需要微量的铁、铜、钼、锌等元素。

钙能促进菌丝体生长和子实体的形成。钙能与菌丝生长过程中产生的草酸中和形成草酸钙，在显微镜下可见培养料中的菌丝体上附着的许多细小草酸钙结晶(图56—2)，从而防止培养料的酸化，起稳定培养料pH值的作用。钙还能使堆肥和土壤凝聚成团粒，提高培养料和覆土的蓄水能力，增加透气性。实际生产中常在堆肥中加入石膏($CaSO_4$)、碳酸钙($CaCO_3 \cdot 2H_2O$)和熟石灰[$Ca(OH)_2$]等作为钙肥。

磷不仅是细胞、酶的组成成分，而且是碳素代谢中不可缺少的元素。缺少磷，碳和氮就不能很好被吸收利用。实际生产中常在堆肥中加入过磷酸钙来追加磷肥。应注意避免加入过多，过多加入不仅是浪费，而且过量的磷酸盐会导致培养料呈酸性，反而引起蘑菇减产。

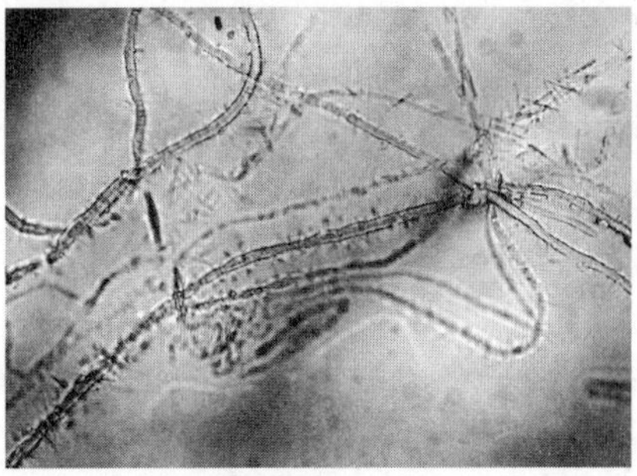

图56—2 培养料菌丝体上附着的草酸钙结晶

钾参与维持原生质的胶体状态、调节细胞膜透性，同时是许多酶的活化剂，是一种重要的矿质元素。由于培养料中的稻麦草等农作物秸秆中含有丰富的钾，因此，不需要另外添加钾肥。

双环蘑菇对氮、磷、钾的吸收利用与双孢蘑菇相仿，也是按一定比例吸收利用的。在合成堆肥中氮、磷、钾含量以13∶4∶10为宜。

(4)生长素

维生素、核酸等生长素也是双环蘑菇生长发育不可或缺的物质，如维生素B_1是蘑菇生长所必需的生长素，维生素B_1的缺乏会抑制蘑菇的生长发育。在生产上使用三十烷醇、萘乙酸等生长素，对蘑菇菌丝生长和子实体的形成具有不同程度的促进作用。

2. 温度

温度是双环蘑菇生长发育中重要的环境因子之一，适宜的温度是双环蘑菇正常生长发育的重要条件。双环蘑菇属中高温型菌类，不同地域的双环蘑菇对温度的要求不同，大体可分为来自欧洲与北美等温带地区的温带型(中温型)双环蘑菇和来自东南亚等亚热带、热带地区的热带型(高温型)双环蘑菇两大类。不同类型的双环蘑菇在不同的生长阶段对温度的要求和反应也不相同。不同生长阶段对温度的要求大体上可分为菌丝体和子实体两个阶段，双环蘑菇不同类型菌株的这两个阶段对温度要求存在很大的差异。双环蘑菇温带型菌株与双孢蘑菇相似，菌丝生长适宜温度高于子实体生长的适宜温度，而双环蘑菇热带型菌株的菌丝生长适宜温度范围与子实体生长温度范围相近。

(1)菌丝生长的温度要求

双环蘑菇菌丝生长的温度为18～38℃，适宜温度为24～32℃，最适温度为27～28℃。在适宜的温度下，菌丝洁白粗壮，长势强，生长速度快。低于22℃菌丝生长缓慢，高于35℃菌丝生长慢且纤细。在36℃下，接种受伤的菌丝块难以萌发生长，生长中的菌丝在40℃高温下处理6小时后，能恢复生长。

(2)子实体生长发育的温度要求

双环蘑菇热带高温型菌株的子实体形成和生长发育的温度范围25～34℃，最适为27～32℃，在此温度范围内生长的子实体肉质厚，菇柄短而粗。温度高于32℃，子实体生长速度快，易薄皮开伞。成长中的子实体能在36～38℃下继续生长，温度低于25℃时，子实体形成量减少、生长缓慢。

双环蘑菇温带型菌株子实体发生的最适温度为19～25℃，温度持续高于26℃时，子实体原基不能分化，在27～31℃温度下，会引起死菇，小菇死亡率比大菇高。

(3)恒温与变温对双环蘑菇高温型菌株原基形成的作用

以双环蘑菇高温型品种(菌株)“夏菇93”和“夏秀2000”为材料进行恒温培养试验表明，在22～34℃的恒温培养下，斜面菌落均能形成菌丝聚集体(原基前体)，25～31℃下能形成明显的原基，并能进一步发育成子实体。在28℃下形成的原基及菌丝聚集体的量较多。随着温度的升高或降低，原基和菌丝聚集体形成量逐渐下降。表明双环蘑菇高温型菌株原基形成的最适温度均为28℃左右。

变温培养试验表明，在28℃下培养的斜面，每天给予一定时间的22℃相对低温处理，可促进原基和菌丝聚集体提早形成，但形成的量与恒温培养无显著差异。表明温差刺激具有促进双环蘑菇高温型菌株原基和菌丝聚集体提早形成的作用。

(4)担孢子萌发的温度要求

在PMA培养基上，双环蘑菇担孢子的适宜萌发温度为27～30℃，一般需经7～10天才能萌发。温度低于25℃时，担孢子萌发困难。

3. 水分

水分是双环蘑菇的主要组成成分，子实体重量的90%左右为水分，菌丝体的含水量也达70%～75%；水分又是蘑菇生命活动的重要物质，不仅是代谢反应的参与者，直接参与菌体内有机物质的合成和分解，而且是营养物质吸收、运转的溶媒，许多营养物质必须溶解在水中才能被细胞吸收利用和在体内运转。可见，水是蘑菇生命活动中至关重要的物质，水分不足会阻碍双环蘑菇的生长发育，但水分过多又会导致缺氧等不良后果，也会阻碍双环蘑菇的生长发育。因此，满足双环蘑菇各生长阶段所需要的水分，是获得优质、高产的重要因素。

双环蘑菇生长发育过程中所需的水分，主要来源于培养料和覆土。据报道，蘑菇子实体中的水分，54%～83%来自于培养料，17%～46%来自于覆土。

双环蘑菇播种时的培养料适宜含水量范围为60%～66%。在此湿度范围内，菌丝生长速度快，长势强，健壮有力；含水量低于56%，菌丝生长慢，长势差；含水量高于70%，菌丝生长速度下降，线状菌丝多；含水量高于75%，菌丝生长受阻。由于双环蘑菇栽培环境温度高，培养料含水量过高极易感染杂菌，因此，控制好培养料的含水量是双环蘑菇栽培的关键技术之一。

覆土是双环蘑菇生长发育的重要水分来源。应根据不同覆土材料的持水率，调节覆土中的含水量，最大限度地提供其生长所需的水分。砂壤土(砻糠细土)的含水量宜保持在18%～20%，砻糠河泥土的含水量应保持在33%～35%，不同质地的泥炭(或草炭)可维持在75%～85%。应用持水率高的覆土材料可有效地提高双环蘑菇的产量和品质。

菇房(棚)内的空气相对湿度会影响培养料和覆土层的湿度，尤其是播种后的菌种萌发定植期，菇房内应保持90%～95%的空气相对湿度，以保持菌种块湿度，促进菌种萌发生长；发菌期的菌丝生长阶段，菇房内的相对湿度宜保持在75%左右；出菇期间空气相对湿度应提高到85%～90%。空气相对湿度过低，易使覆土干燥，产生鳞片和空心菇，菇质差；而空气相对湿度过高(95%以上)，通风不良，易发生杂菌和细菌性污斑病等病虫害。

4. 空气

双环蘑菇属好氧真菌，需要在足够新鲜的空气环境下才能正常生长发育。与双孢蘑菇相比，双环蘑菇菌丝和子实体对二氧化碳具有更强的忍耐性，菌丝在高二氧化碳浓度下生长快，子实体能在0.15%～0.2%的二氧化碳浓度下扭结形成，而双孢蘑菇则需在二氧化碳浓度减少到0.03%～0.1%的环境中，才能诱发菇蕾形成。

尽管双环蘑菇对二氧化碳的忍耐性比双孢蘑

菇强，但菌丝体和子实体在生长过程中不断吸进氧气，呼出二氧化碳，堆肥中的微生物分解活动也会不断产生二氧化碳、硫化氢等气体，这些气体超过一定浓度时，会抑制菌丝和子实体生长，致使菌丝生长速度减慢，原基形成和子实体分化受阻，严重时会造成菌丝萎缩，小菇死亡。同时，二氧化碳浓度高的闷热环境还容易发生胡桃肉状菌、细菌性斑点病等病害。总之，实际生产中，对发菌期菇房应经常进行通风换气，排除有害气体，补充新鲜空气；出菇后，随着子实体生长，需氧量增大，更要注意通风，以保持菇房内空气新鲜。

5. 酸碱度

酸碱度主要是影响双环蘑菇胞外酶的活性，进而影响其生命活动，影响其对培养料中营养物质的降解和利用；酸碱度还会改变氢离子和氢氧根离子的浓度，从而影响细胞的离子交换，进而影响细胞对营养物质的吸收。因此，酸碱度是双环蘑菇生长发育的重要环境因子之一。

双环蘑菇菌丝生长 pH 范围为 4～9，适宜 pH 为 5～7，最适 pH 为 6，弱酸性环境有利于双环蘑菇菌丝生长。pH 低于 5 或高于 7，菌丝生长缓慢，长势弱。虽然菌丝生长的最适 pH 为 6，但由于菌丝生长过程中会产生有机酸，导致培养料的 pH 逐渐下降（酸化），因此，播种时培养料的 pH 以 7 左右为好，覆土的初始 pH 也以 7 左右为好。

6. 光线

光线是香菇、黑木耳等大部分食用菌生长发育，尤其是子实体原基形成和分化发育的必要条件，而双环蘑菇的生长发育对光线的要求与双孢蘑菇相同，菌丝体和子实体的生长都不需要光线。

双环蘑菇菌丝对光线较敏感。试验表明，在黑暗的条件下菌丝生长快、生长势强。随着光线强度增大、光照时间增加，菌丝生长受抑制程度也增大，菌丝生长速度明显下降，长势减弱。因此，菌丝生长阶段应避免光照，宜在黑暗条件下培养。

双环蘑菇子实体在阴暗的条件下生长良好，颜色洁白，菇盖厚，品质好。散射光具有促进子实体原基提早形成的作用。直射光会引起菇体表面干燥变黄，使蘑菇品质下降。

7. 微生物

双环蘑菇在开放条件下栽培，其整个生长发育环境中存在着许多有益微生物，这些微生物在蘑菇生长发育过程中起着十分重要的作用，成为不可缺少的因子。如用于栽培双环蘑菇的许多碳源、氮源等营养材料必须通过嗜热细菌、放线菌和嗜热真菌等微生物发酵降解后才能被蘑菇吸收利用；在培养料及覆土中生长的双环蘑菇菌丝周围伴生着大量的各种各样的有益微生物，起着协助降解营养物质、防止有害生物的入侵等作用。

双孢蘑菇已被证实只有在覆土中存在微生物的条件下才形成子实体，当覆土和培养料中都不存在任何其他微生物（纯培养）时，就不能形成子实体。Wood（1976，1978 和 1983）提出的"自我抑制"假说已被学术界普遍承认，被解释为微生物促进蘑菇结实的机制：蘑菇菌丝在生长过程中产生的某些物质，使其保持营养生长，抑制生殖生长，从而抑制子实体的形成；覆土层中的微生物的活动消除或降低了这些"自我抑制结实"物质的浓度，从而引发蘑菇结实。蔡为明等（2005）对高温型双环蘑菇不同覆土中的细菌数量消长动态的研究结果表明，覆土中的细菌随着蘑菇菌丝的生长而增多，不同覆土细菌数与其中的蘑菇菌丝生长量成正相关；覆土后细菌数量于原基形成时达到首个峰值，进入子实体生长期后，覆土层中的细菌数明显下降，至子实体采收时为低谷；采收后随着蘑菇菌丝的恢复生长，细菌数又迅速回升。表明覆土中细菌的消长与蘑菇菌丝生长代谢强弱呈正相关，也即与双环蘑菇菌丝代谢分泌物数量呈正相关。覆土中的细菌以菌丝代谢分泌物为营养，其中包括"自我抑制结实"物质。这一结果从一个侧面支持了蘑菇结实的"自我抑制"假说。

（四）双环蘑菇抗褐变酶学机制

蘑菇表面及菌褶由白变红、褐色，最后变成黑褐色的褐变过程，被视为蘑菇商品性和鲜度下降的主要标志。双孢蘑菇采收后，在常温下容易褐变，尤其是受机械伤后褐变迅速。而双环蘑菇具有抗机械伤、抗褐变等特性，在常温下可以保持较长时间不褐变。

Fang 等（1974）以及 Militomis 等（1979）研究表明，双孢蘑菇子实体含有大量的酪氨酸等酚类物质，认为多酚氧化酶（polyphenol oxidase，PPO）是导致双孢蘑菇子实体褐变的主要酶类。该酶是一种含铜基的糖蛋白，其催化作用机制在于铜的氧化还原作用，PPO 催化各种酚类物质氧化成醌类，再聚合成黑色素。蘑菇子实体在采收加工之前细胞处于完整状态，酚和醌之间保持动态平衡。当组织或细胞受到破坏后，空气中的氧大量侵入，反应失去平衡，在 PPO 的作用下，导致醌的生成，醌大量积累，并进一步聚合成黑色素，从而引起蘑菇褐变。

国内王泽生等（1999）和池致念等（1999）对不同双孢蘑菇菌株的 PPO 活性及 PPO 同工酶谱进

行了比较研究，发现易褐变菌株子实体阶段表达的PPO位点多，且酶活性高；所表达的PPO对亚硫酸盐类PPO抑制剂的敏感性低；所含的潜伏型PPO含量大，且随着鲜菇储藏期的延长而大量活化，继续催化褐变。不同部位酶活性分析表明，在整个菇体中，菇表层PPO活性最大，这与菇体表皮受伤最容易褐变的现象相一致。

蔡为明等（2003）对双环蘑菇和双孢蘑菇PPO活性比较分析表明，双环蘑菇PPO活性明显比双孢蘑菇菌株的低，而且双环蘑菇不同部位组织间PPO活性差异不大，推知双环蘑菇的抗褐变性与其子实体内的PPO活性低有关。

第三节　双环蘑菇的遗传学特性

一、双环蘑菇结实的遗传控制

（一）双环蘑菇的生活史

两个可亲和的双环蘑菇担孢子萌发出的单核（同核）菌丝体，经交配后产生的异核的双核菌丝体在培养基中繁殖生长，在适宜的环境下产生子实体。子实体的菌褶上产生称为担子的棒状顶细胞，两个分别来自双亲的细胞核在担子中发生融合（核配）并进行减数分裂，在这期间两个亲本的遗传物质进行重组和分离。减数分裂后产生的4个核分别迁移入着生于担子小梗上的4个担孢子中。担孢子弹射后萌发又开始新的生活周期。

（二）双环蘑菇的交配型

双环蘑菇属于二极性异宗结合菌，其子实体所产生的担孢子分成两种不同的交配型。不同交配型的担孢子萌发形成的同核菌丝体 A_1 与 A_2 之间交配，形成可孕的、没有锁状联合的双核菌丝体，而 $A_1 \times A_1$ 或 $A_2 \times A_2$ 不能亲和交配形成双核体。交配型由一对A因子控制，不亲和性由单个位点的多个等位基因控制。Martínez-Carrera等（1995）通过对12个野生和商业化栽培的双环蘑菇菌株的交配试验发现，不亲和因子有13个不同的等位基因。双环蘑菇的生育系统属杂交型，单核担孢子自交不孕，只有与含有可亲和交配型的另一种担孢子杂交，才能完成有性生活史。双环蘑菇的这一性征，给育种带来很大的便利，可以通过菌株内和菌株间的杂交育成新的菌株。

（三）双环蘑菇的同核体结实类型

异宗结合菌不经正常交配的异核化过程而由单核菌丝体直接结实的现象称为同核体结实（homokaryotic fruiting），也称单核体结实或单倍体结实。Martínez-Carrera等（1995）发现双环蘑菇存在单个担孢子萌发的菌丝体（同核体）形成能产孢的子实体现象，进一步研究发现双环蘑菇具有2种同核体结实类型：①有丝分裂同核体结实（mitotic homokaryotic fruiting，MHF）。该类型同核体结实绕过交配型因子的控制，推测认为是受外界因子触发的一个或多个结实基因的调控。②重组同核体结实（recombinant homokaryotic fruiting，RHF）。该类型同核体结实受交配型因子的控制。双环蘑菇的同核体结实受交配型因子、结实基因和外在（环境）因子调控。

在自然界中，物种的生存依靠其对自然环境中的小生境的竞争能力，真菌通过产生不同的繁殖循环和分散机制来应对这种生存挑战。双环蘑菇的同核结实性状，使其成为集自交繁殖和杂交繁殖于一体的全宗结合菌（holothallism）。在全宗结合菌中同核结实具有以下四方面生态学意义：①在缺少可亲和交配的担孢子时进行单孢结实繁殖（MHF或RHF）；②缩短世代时间提高竞争优势；③可以增加在群体中获得的交配型数量（RHF）；④在新生境中繁殖可建立新的有性繁殖种群（MHF和RHF）。

（四）双环蘑菇的重组同核体结实的遗传学基础

Martínez-Carrera等（1995）通过传统和分子研究揭示双环蘑菇能分离出非双亲交配型。认为这些在双亲中沉默的交配型通过重组同核体结实遗传机制表达，交配型基因是由1个表达基因位点和至少2个沉默基因位点组成的基因区域，存在3种类型的基因：①EMAT，表达或活性交配型基因；②SIMAT，沉默交配型基因；③REMAT，沉默保持基因。双环蘑菇的重组同核体结实是一个沉默交配型基因表达的遗传系统。

（五）双环蘑菇的核迁移与线粒体遗传

在可亲和的单孢菌落（同核体）配对接触融合后，细胞核向双亲菌落双向迁移，形成具有相同的一对核、而细胞质不同的2个分立的双核体。核迁移独立于任何细胞器移动之外。由于线粒体保持不动，核迁移后，形成了具有双亲细胞核但只具有其中一个亲本线粒体的 2 种不同线粒体型双核细胞。线粒体基因重组机会很少，只能发生在配对接触部位的融合细胞中，这种现象最早在担子菌灰盖鬼伞(*Coprinus cinereus*)中发现。双环蘑菇很少发生核迁移现象。Anderson 等(1984)发现一菌株“8-1”的菌落与可亲和菌株“34-2”的菌落配对融合后，核供体菌株“8-1”的细胞核向受体菌株“34-2”菌落菌丝单向迁移；但线粒体并不迁移，从而使核受体菌株“34-2”菌落菌丝成为含有双亲核而仅有自身线粒体的双核体；双线粒体型仅存在于两菌落接触融合部位的双核体中，双线粒体型在营养生长中分离。具有核受体菌株线粒体型的双核体菌丝生长快于具有核供体菌株线粒体型的双核体菌丝，形成的子实体具有相同的一对核、但具有不同细胞质，是线粒体型的嵌合体。这种线粒体型嵌合的子实体中，倾向于核供体菌株线粒体型遗传给孢子后代。

二、双环蘑菇不同组群及演化趋势

(一)根据交配行为划分的不同组群

双环蘑菇广泛存在于世界各地不同生境中。不同地域的野生和商业化栽培的双环蘑菇菌株间存在很大的遗传变异，欧洲与北美菌株的最适出菇温度为 19～24℃，而东南亚菌株的适宜出菇温度较高，为 24～28℃，甚至更高。同核菌丝体交配试验分析测定出 13 种交配型，并根据交配行为将双环蘑菇划分为 3 个主要组群：①温带型(temperate)、②过渡型(bridging)和③热带型(tropical)。

(二)双环蘑菇不同组群间的亲和性及亲缘关系

双环蘑菇集合体中，不同组群同核体是否可亲和形成异核体是由同质不亲和性与异质不亲和性控制的，决定着两组群间是否可杂交。温带型、过渡型和热带型 3 个组群内各自的异核体的形成受同质不亲和性控制——通过一个具有多个等位基因的交配因子控制；温带和过渡型 2 个组群间的异核体的形成同样受同质不亲和性控制，即 3 个组群内及温带和过渡型 2 个组群间具有可亲和性。在过渡型和热带型 2 个组群间异核体形成过程中，2 个不亲和系统同时相互独立地起作用。同质不亲和性控制整个有性过程，但在营养生殖阶段由于受异质不亲和性控制，组群间异核体的形成受到严格限制，配对同核体的结合区产生拮抗反应，杂种异核体产生率很低。杂种中很少一部分是可孕、具产生后代能力。因此，过渡型和热带型 2 个组群间具有部分可亲和性。温带型和热带型 2 个组群间的异核体形成受异质不亲和系统的阻止，因此，2 个组群间不亲和。

温带和过渡型 2 个组群间的异核体形成受同质不亲和性控制，表明这 2 个组群具有较近的亲缘关系。对 3 个组群双环蘑菇 RAPD 扩增和聚类分析表明，热带组群与温带型和过渡型组群的遗传相似度仅为 36%，且温带和过渡型 2 个组群菌株在聚类图的相同分枝束中，可清楚地与热带组群相区分。

(三)双环蘑菇的演化趋势

同质不亲和性促进基因交换和基因扩散，异质不亲和性促进生殖隔离。热带型组群与过渡型和温带型组群间表现的部分和完全生殖障碍，表明热带型组群趋向于成为隔离群，在遗传上与温带和过渡型组群隔离。双环蘑菇组群内及组群间最适出菇温度存在差异，Martínez-Carrera 等(1995)认为，在热带组群中适应高温(28℃)条件下出菇可能是诱导生殖隔离的重要生态因子；适应于 24℃下出菇的过渡型组群为热带型组群演化过程中的部分亲本群体；温带型组群与热带型组群不仅由于各自所处地理区域不同而隔离，而且由于遗传差异(根据 RAPD 分析，遗传差异达 64%)导致的异质不亲和阻止了 2 个组群间的自然基因扩散。

第四节 双环蘑菇的菌种繁育

双环蘑菇菌种繁育的基本工艺与双孢蘑菇相同，但在生物学特性上有其特殊性。以下介绍双环蘑菇一、二、三级菌种生产工艺。

一、双环蘑菇一级菌种生产

(一)一级菌种(母种)培养基

双环蘑菇在普通马铃薯葡萄糖琼脂培养基(PDA)上生长不良，菌丝生长慢、生长势弱，菌落薄。采用以下培养基配方菌丝生长快，粗壮，菌落厚。

①马铃薯麦芽糖培养基(PMA)：马铃薯(去皮)300g，麦芽糖 20g，KH_2PO_4 1g，$MgSO_4$ 0.5g，琼脂 18～20g，水 1 000ml。

②堆肥煮汁马铃薯葡萄糖培养基：干堆肥 50g(煮出汁)，马铃薯(去皮)300g，葡萄糖 20g，琼脂 18～20g，水 1 000ml。

(二)灭菌与接种

上述培养基经配制、分装试管、塞棉塞后，包扎成捆，再在棉塞一端包扎一层牛皮纸，以防冷凝水蘸湿棉塞。试管培养基采用高压蒸汽灭菌，灭菌时必须排尽灭菌锅内的冷气，然后在蒸汽压力0.10～0.11MPa、121℃下维持30分钟。灭菌结束后，停止加热，待蒸汽压力自然下降到“0”时，打开放气阀，然后开锅取出试管培养基，摆成斜面。待培养基凝固后，在接种箱或超净台内，按无菌操作规程进行接种。接种后每支试管母种均应及时贴好标签，标明菌株名称和接种日期。

(三)培养

接种后的试验母种及时移入26～28℃恒温培养箱中，一般培养15～25天可基本长满斜面。

有的双环蘑菇菌株，尤其是高温型双环蘑菇菌株容易在斜面内形成菌丝聚集体和原基，甚至进一步发育成子实体(图56－3)。菌丝聚集体是肉眼能见的菌丝结，是由菌丝体开始扭结成子实体的初生阶段。原基是指表面光滑、直径＞1mm、由致密的网状菌丝构成的组织结构。

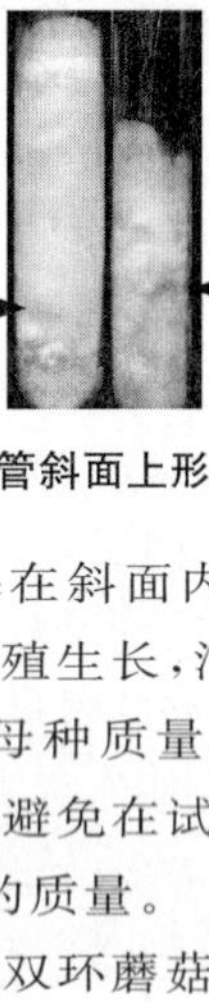

图56－3　试管斜面上形成的原基和菌丝聚集体

子实体原基在斜面内形成时，因属非正常从营养生长转入生殖生长，消耗养分，影响菌丝生长繁殖，从而影响母种质量。因此，在母种生产上，应尽可能减少和避免在试管斜面内形成原基和子实体，确保母种的质量。

根据高温型双环蘑菇原基形成需良好空气条件和特性，所以可通过减少试管通气量，保持恒温、黑暗下培养的方法，防止或减少试管母种原基形成。具体方法是在棉塞管口紧扎一层牛皮纸，置于恒温、黑暗的培养箱中培养。母种生产期为冬季，外界温度低，因此，即便在检查发菌情况时也要注意避免母种试管长时间处于培养箱外的低温、光照环境中，以避免母种试管受温度波动和散射光照射刺激而促发原基提早形成。

(四)检验

双环蘑菇菌丝生长初期多为贴生菌丝，后期气生菌丝渐多，菌落厚、白，菌丝粗壮。不同类型双环蘑菇，甚至同一类型的不同菌株，菌丝生长速度都不相同，一般以PMA为培养基、在适宜温度下培养15～25天可基本长满斜面。有的双环蘑菇菌株，尤其是高温型双环蘑菇的菌株，在适温下培养15～25天后，能形成菌丝聚集体或明显的原基；母种试管在有温差、散射光条件下。原基形成时间过早、数量过多，而导致菌丝生长不良的母种，应予以剔除，以免引发下一级菌种过早、过多形成原基，影响下一级菌种质量。

二、双环蘑菇二、三级菌种生产

(一)二、三级菌种(原种、栽培种)生产季节

二、三级菌种的接种生产时间取决于播种季节和所采用的培养基种类。以750ml菌种瓶为例，以麦粒为培养基的原种，栽培种培养发菌时间一般需要40～45天，菌丝长满瓶后需后熟1周左右后使用；以发酵棉子壳为培养基的原种，栽培种培养发菌时间一般需要55～60天，菌丝长满瓶后需后熟10天左右后使用。因此，以麦粒为培养基的栽培种需在播种前50～55天接种生产，原种则需提前100～110天接种生产；以发酵棉子壳为培养基的栽培种，需在播种前70～75天生产，原种需提前140～150天生产。一般栽培种的制种时间为3月初至4月中旬。

(二)二、三级菌种培养基及制作方法

当前生产上常用的双环蘑菇二、三级菌种培养基为棉子壳和麦粒(小麦、大麦等)培养基。采用这类培养基制作的菌种，发菌点多，菌丝活力强，抗逆性强，发菌快，出菇早，有利于增产。

1. 棉子壳培养基及制作方法

①配方：配方1：棉子壳94.5%，尿素1.5%，石灰2%，石膏2%。配方2：棉子壳77%，牛粪粉20%，石膏1%，碳酸钙2%。

②制作方法：将上述的配方混合后加水调湿至含水量65%左右。进行堆制发酵。堆宽1.5m，高1.2m左右。当料温达70℃左右时进行翻堆，一般堆制发酵15～20天。翻堆3～4次后，整个料堆棉子壳长满大量的白色放线菌而腐熟，然后晒干待用。

发酵腐熟，并经晒干的棉子壳，加入15%经发酵的干牛粪和1%的石膏，混合拌匀后加入适量的水至含水量为56%，并用石灰调节pH至8～8.5后及时装瓶。装瓶要求松紧度均匀适中，特别注意料要装得均匀、稍实，以免加温培养后瓶口菌丝料萎缩。

2. 麦粒培养基及制作方法

①配方：配方1：小（大）麦97%，石膏2%，碳酸钙1%。配方2：小（大）麦90%，发酵棉子壳7%，石膏2%，碳酸钙1%。

②制作方法：小（大）麦可采取水煮法或浸泡法2种方法调湿。

采用水煮法时，切忌将麦粒煮裂、煮糊，以免灭菌后麦粒黏连成团影响菌丝生长，而且麦粒破裂后易感染酵母、细菌等杂菌。因此，煮沸后应不断检查，当麦粒中心仅留针头大小的白心时，迅即捞出沥干，摊开晾干，加入石膏和碳酸钙，拌匀后装瓶。

采用浸泡法时，可将小（大）麦浸泡在1%的石灰水中，浸泡时间因水温而异。当麦粒浸透心，一般浸至麦粒湿重为干重的150%左右时捞出，用清水淋洗至pH 8以下后沥干。由于浸泡的麦粒不像水煮麦粒那样容易晾干，而未晾干的麦粒表面多余的水分在灭菌时，容易导致麦粒熟烂而破裂，不仅影响菌丝生长，而且易感染酵母菌等杂菌，从而影响菌种质量和成品率。因此，采用浸泡法宜用配方2。浸泡麦粒捞出前，将配方中的发酵棉子壳（干）加少量水至潮湿，加入到经浸泡、淋洗后沥干的麦粒中，吸收麦粒表面多余的水分，以避免上述问题发生。

无论采用哪种配方，无论麦粒是采取水煮法还是浸泡法调湿，培养基装瓶后，都宜在培养基上方（瓶口）加装一层高湿度的经过二次发酵的草料作为菌种萌发定植层，以利于加快菌种萌发生长，并可有效地减少污染，提高成品率。具体方法是：将晒干、切碎的常规磨菇栽培用的二次发酵培养料（草料）加水调至含水量为70%左右，在麦粒培养基装至瓶颈部位后加入，全面覆盖在麦粒培养基上，厚1.5cm左右，然后用棉塞塞紧瓶口，进行灭菌。

（三）灭菌与接种

培养料装瓶完成后应立即灭菌，麦粒宜采用高压灭菌。灭菌时必须排尽灭菌锅内的冷气，然后关闭排汽阀，加温升压至126～127℃后，在0.14～0.15MPa下保压2～2.5小时。灭菌结束后，待压力降至“0”时打开，趁热出锅，搬至经消毒的冷却室。当料瓶温度冷却至28℃以下时，严格按无菌操作工艺进行接种。接种时，应注意菌种块与培养基紧密接触，以利菌种萌发定植。如果所用的母种或原种中存在原基或菌丝聚集体，应予挑去，避免接到原种和栽培种后，引起原种或栽培种过早、过多形成原基，影响菌种质量。接种后贴好标签，标明菌株名称和接种日期，搬到发菌室培养。

（四）培养

由于双环蘑菇原种与栽培种生产季节的气温较低，培养室需配置加热控温设备，并提前将培养室温度加热至26～28℃。在整个培养过程中应及时检查培养室内的温度情况，防止温度过大波动。

接种后的前3～5天为菌种萌发定植期，是菌种培养的关键时期，温度要控制在26～28℃的范围。这个时期的温度过高或过低，都容易影响菌丝萌发定植，特别要注意温度不能超过30℃，否则容易引起高温烧菌而失败。另要防止培养室加热升温，而引起瓶口培养料失水干燥，影响菌丝萌发定植。瓶口培养料失水干燥导致菌种块不萌发是双环蘑菇菌种生产中的主要问题。因此，在接种后的菌种萌发定植期必须保持瓶口培养料的适当湿度。可采取在加热器上方放置水盆，培养室地面洒水等提高培养室空气相对湿度的方法加以解决。

一般接种后培养48小时左右可见接种块菌丝萌发生长。如果接种后72小时以上未见菌丝萌发生长，应立即调查原因，采取补救措施。常见的原因有以下几方面：①温度不适。温度低于25℃或高于30℃，影响萌发，应及时将温度调节到26～28℃。②湿度不适。培养基过干，或由于加温导致培养基蒸发失水干燥，影响菌种萌发。可通过地面洒水等方法提高培养室空气相对湿度，继续培养观察2天。如还不能萌发，应挑出补做。③培养基不适。培养基中存在氨气等有害物质，应调整培养基配方重做。④菌种活力差。常由于母种或原种的瓶口部分菌种老化或失水干燥失去活力，接种后萌发生长差。应选用活力强的优质菌种进行接种。

有的双环蘑菇菌株，尤其是高温型双环蘑菇菌株容易在原种和栽培种内形成原基，乃至子实体（图56—4）。同样，原种和栽培种内原基与子实体过早、过量的形成，会影响菌丝生长，影响菌种质量。采取瓶口包扎牛皮纸、控制培养室通风量、避免温差和光照刺激等，可有效控制原种和栽培种内原基和子实体的形成。

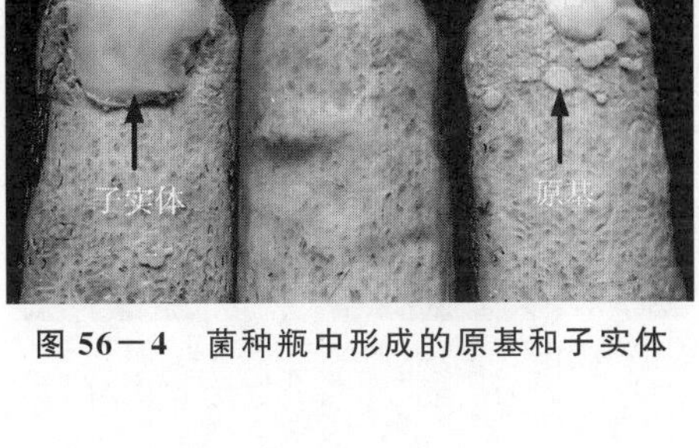

图56—4 菌种瓶中形成的原基和子实体

菌丝长满瓶后，应及时搬出发菌室，在荫凉干燥、20℃左右的条件下进行后熟培养。麦粒菌种需后熟培养7天左右，棉子壳菌种需后熟培养10天左右。经后熟培养的菌种要及时使用。

第五节　双环蘑菇的栽培技术

温带中温型双环蘑菇菌株子实体生长发育温度范围窄，适宜出菇温度为19～24℃。当温度持续高于26℃时，原基即不能形成、分化，无法在我国夏季栽培而致生产上极少应用。本节介绍热带高温型双环蘑菇的栽培技术。

一、栽培方式与生产工艺

（一）栽培方式

双环蘑菇栽培方式基本上与双孢蘑菇相同。可以利用现有的栽培双孢蘑菇的菇房（棚）在夏季空闲期栽培，以提高菇棚（房）利用率、降低生产成本。

当前双孢蘑菇的栽培方式主要有菇房或大棚床架式栽培、室外地栽和人防地道地栽3种栽培方式（参见本书《双孢蘑菇》一章）。双环蘑菇以菇房或大棚床架式栽培方式为好。由于双环蘑菇在高温高湿条件下栽培，容易发生杂菌和病虫害，因此不仅要求菇棚（房）具有良好的保温保湿性能、通风换气能力和卫生条件，以创造有利于双环蘑菇生长发育而不利于杂菌和病虫害发生的栽培环境。同时培养料必须进行严格的二次发酵，使之有利于双环蘑菇生长发育而不利于杂菌和病虫害发生为害。菇房和大棚床架式栽培方式的上述两方面条件均优于室外地栽和人防地道地栽；此外，又因双环蘑菇菌丝接触土壤后只需少量空气即能形成子实体，容易在菌丝料和土层之间形成子实体，产生“地雷菇”，而影响蘑菇产量和品质。采取室外地栽和人防地道地栽容易发生此类情况（图56－5）。因此，应尽可能采用菇房或大棚床架式栽培。

A

B

图56－5　高温型双环蘑菇不同栽培方式出菇情况

A. 大棚床架式栽培，B. 地栽。

（二）双环蘑菇生产工艺

双环蘑菇生产工艺与双孢蘑菇基本相同。欧美先进国家的双孢蘑菇生产已形成了完整、系统的生产技术体系，实现了机械化、自动化、智能化的大规模生产。其生产中的菌种、培养料、覆土分别由专业化的菌种公司、堆肥公司和覆土公司生产供应，形成了菌种、堆肥、覆土和种植4大分支产业。

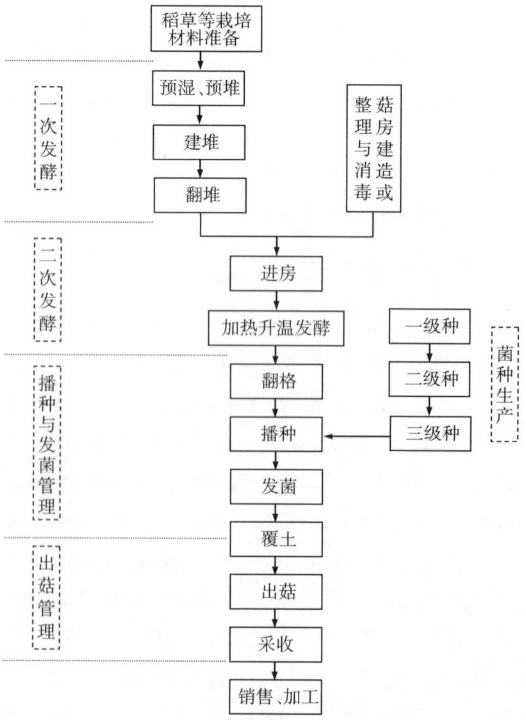

图56－6　双环蘑菇生产工艺

我国目前的双环蘑菇生产与双孢蘑菇一样，仍以在自然气候条件下分散、小农型生产方式为主。除了菌种大多向专业的菌种场购买外，培养料和覆土均由菇农自行制备，其生产工艺和环节见图 56－6。

二、双环蘑菇栽培季节

当前高温型双环蘑菇是在自然气候条件下进行的，因此，实际生产时必须首先选择栽培季节。各地栽培季节和时间，首先要根据高温型双环蘑菇的菌丝生长，尤其是子实体形成所需的适宜温度范围，再根据当地历年的气温变化情况以及当年的天气变化等因素确定，以确保在适宜的温度下出菇，获得最理想的产量。另外，还应考虑市场供求和价格因素，尽可能错开上市高峰期，以提高栽培效益。综合分析上述因素后，确定最佳播种栽培时间。

根据高温型双环蘑菇生物学特性，栽培季节安排的总体原则是：菇房内温度高于 25℃ 的出菇时间应超过 5 周，有足够的有效出菇时间，以确保蘑菇产量。一般北方适宜出菇期为 6～8 月份，播种时间为 5～6 月初；长江流域适宜出菇期为 5～9 月，播种时间为 4～7 月初；南方适宜出菇期为 4～10 月份，如安排合理可栽种 2 茬，其播种时间分别为 3～4 月和 7～8 月初。各地在安排栽培季节时，还应注意培养料室外一次发酵期尽可能避开梅雨季节，在梅雨季节到来之前完成室外一次发酵，以免雨水进入料堆影响发酵质量。

三、菇房消毒

菇房（棚）是栽培蘑菇的场所，又是杂菌、病菌和害虫的孳生场所，尤其是高温型双环蘑菇在高温、高湿条件下栽培，十分适宜于潜伏在菇房内的病、杂菌和害虫的孳生繁殖。因此，菇房的消毒工作十分重要，是高温型双环蘑菇成功栽培的关键技术之一。

利用现有双孢蘑菇菇房（棚）栽培的，在双孢蘑菇结束后，必须及时清除废料，冲洗干净，然后分别用浓石灰水、漂白粉对床架、菇房地面、墙壁进行消毒。在堆肥进房进行二次发酵前 4～5 天，用石灰粉撒菇房地面，并按每 110m^2 栽培面积的菇房，以敌敌畏 0.5 千克、甲醛 3～5 千克的用量进行密闭熏蒸消毒，于培养料进房前一天打开门窗通风换气。

四、培养料堆制发酵

（一）培养料原材料

理论上，所有植物禾秆、动物粪便以及大部分废弃工农业有机下脚料等都可用作双环蘑菇的栽培原料。如稻草、麦草、玉米秸、玉米芯、茭白叶、甘蔗渣、油菜秆等农作物秸秆，牛粪、猪粪、马粪、鸡粪、蚕沙等畜禽粪，以及菜籽饼、棉子饼、豆饼、麦麸、米糠等农产品加工中的副产品，都可作为双环蘑菇栽培的原辅材料。由于在农作物秸秆中，稻草和麦草来源广而充足，因此稻、麦草是国内外蘑菇生产中应用最普遍的原料。我国福建、浙江、河南、四川、湖北、山东、广西、江苏、安徽等蘑菇产区的稻草比麦草来源更广、资源更充足，因此大多蘑菇产区采用稻草栽培蘑菇，而较少使用麦草。其实，麦草具有物理性状好、疏松、通气性好的优点，可防止料堆在堆制过程中变黏、厌气发酵现象的发生；同时，麦草中的有机质含量高于稻草，能为蘑菇生长发育提供更丰富的碳源，所以，麦草也是双环蘑菇栽培的优质原料，可采用稻草和麦草混合配方。需注意的是：如果不是机器收割的麦草，尤其是小麦草，麦秸蜡质较多，质地较硬，不易吸水，较难腐熟，在堆料前需压扁、压软，使之易吸水和发酵腐熟。

（二）培养料配方与用量

培养料是双环蘑菇生长的物质基础。双环蘑菇培养料可采用双孢蘑菇的配方，培养料配方中的碳氮比（C/N）以 30∶1左右为宜，培养料的含氮量以1.5％～1.7％为好。培养料配方根据有无畜禽粪而分为无粪合成料和粪草培养料 2 种。

1. 无粪合成料配方

配方 1：干稻麦草 94％，尿素1.7％，硫酸铵 0.5％，过磷酸钙 0.5％，石膏 2％，石灰 1.3％。

配方 2：干稻麦草 88％，尿素1.3％，复合肥 0.7％，菜子饼 7％，石膏 2％，石灰 1％。

2. 粪草培养料配方

配方 1：干猪、牛粪 40％～45％，干稻麦草 45％～50％，饼肥 2％～3％，化肥0.5％～2％，过磷酸钙 1％，石膏 1％～2％，石灰 1％～2％。

配方 2：干猪、牛粪 40％左右，干稻麦草 55％左右，干菜子饼 2％～3％，过磷酸钙0.5％，石膏 1％～2％，石灰 1％～2％。

3. 培养料用量

由于高温型双环蘑菇栽培周期短，出菇潮次较双孢蘑菇少，并且在高温高湿条件下栽培，若管理不当，厚料更易发生杂菌和病虫害。因此，高温型双环蘑菇的培养料用量一般少于双孢蘑菇。实践表明，在当前的栽培设施条件下，培养料配方中的干草、粪总用量以15～20kg/m²为宜。如培养料发酵质量好，栽培管理到位，适当增加培养料用量有利于提高产量。

(三)堆制发酵

培养料堆制发酵的作用是通过一次发酵和二次发酵，利用有益微生物对培养料中的营养物质的分解转化和巴氏消毒，杀灭培养料及菇房内的病、杂菌和害虫，更能使培养料成为适合于蘑菇生长而不适合于杂菌生长的选择性培养基质。在高温高湿环境下栽培，易发生杂菌和病虫害，更需要严格按一次发酵和二次发酵工艺进行堆制发酵。严把培养料一次发酵和二次发酵质量关，是防止和控制高温型双环蘑菇病虫、杂菌发生，确保栽培成功的关键。

1. 一次发酵

培养料一次发酵也称前发酵。我国一般都在室外自然条件下进行，故也称为室外发酵。双环蘑菇培养料一次发酵过程中，需特别注意做好以下几方面工作：①严格做好堆肥场的卫生和消毒工作，建堆前一天，用石灰或漂白粉等对堆肥场地进行消毒处理，并做好场地周围的环境清洁卫生；②严防由于浇水过多或雨天料堆进水造成堆肥过湿，控制培养料的含水量为60％～65％；③及时检查堆温是否处于正常发酵状态，如堆温不能达到要求，应及时查明原因，及时采取相应措施。

(1)堆肥场地准备

建堆前的堆肥场地准备工作主要包括环境清洁卫生与消毒，以及消除场地积水坑和通畅排水沟等。整平夯实堆肥场，不留水坑，堆料场地建成龟背形，以免积水。堆肥场整理后，用石灰或漂白粉等进行消毒。最好在堆肥场内建一个流失水收集池，收集在建堆和堆肥过程中从料堆中流出的肥水，重新用回料堆中。这样不仅可避免堆肥废水横流而引起地面污染，而且可避免堆肥肥水外流而导致营养损失，影响堆肥质量，进而影响蘑菇产量。

(2)预湿、预堆

建堆前2～3天需对稻麦草进行预湿，通常麦草需比稻草早1～2天预湿，待其充分吸收水分后建堆。预湿可采取浇淋、浸泡等多种方法。不论采用何种方法，都应使稻麦草湿透，否则需要在加肥料建堆过程中大量浇水，容易导致肥水流失。国外一般用机器收割麦草，压缩打包堆叠在草场中，用抽水机将水直接打在草堆上预湿，使整个草堆充分湿透(图56—7)。国内大多采用人工收割，未经压缩打包的整草、散草，一般采用边堆、边浇水、边踩踏的方法预湿(图56—8)。

图56—7 压缩打包草堆预湿法

图56—8 散草预湿预堆法

(3)建堆

建堆时，先铺一层宽约1.8～2.0m、厚约30cm的湿稻草，然后铺一层粪。第3层开始加入菜饼和尿素等肥料，如此一层草料一层粪肥进行建堆，一般分10层左右堆完。要求料堆四边垂直，高1.6～1.8m。如果采用稻麦混合草，由于麦草比稻草腐熟慢，麦草宜堆放在中间几层，以加快其发酵，使之与稻草发酵同步。在堆料过程中，应根据草料的干湿度进行补水，一般底下3～4层不需要浇水，第4层开始如草料偏干，应边堆边浇水，浇水量应根据草料的干湿度确定，一般以建堆完毕时料堆四周有少量水流出为度。建堆时如草料比较疏松，可在料堆铺至6～7层时，结合浇水和加菜饼、尿素，由1～2人上料堆，边堆边踩踏，使料堆紧实适度，有利于发酵升温。料堆建成后，顶部用草帘覆盖，防止日晒雨淋。下雨时，应在料堆上覆盖薄膜，以免雨水进入料堆，但不能密封，并且雨后应及时掀去，防止厌氧发酵。国外最新采用透气防雨的无纺布覆盖料堆，晴天可避免料堆表层草料被晒干，减少料堆水分散失，雨天可防止雨水进入料堆(图56—9)。

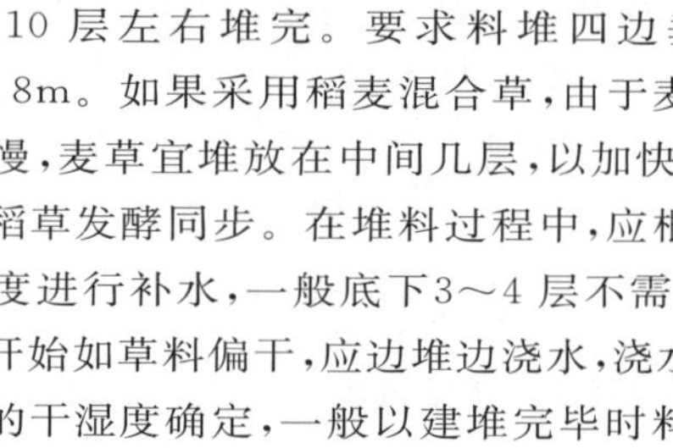

图56—9 料堆上覆盖透气防雨的无纺布

(4)翻堆

翻堆的目的是通过翻动料堆，调换不同料层位置，使培养料发酵均匀；同时在翻堆的过程中补充新鲜空气，排除发酵过程中产生的废气，改善料堆内的空气条件，调节水分，促进微生物继续生长、繁殖。一般当料堆内的温度由最高点开始下降，即料堆中的微生物由于氧气不足、有害气体积累而生长繁殖活动开始下降时进行翻堆为宜。通常整个室外一次发酵过程中需进行 4 次翻堆。

第一次翻堆，一般在建堆后第 2～3 天，料堆温度达 70℃以上，通常于第 5～6 天进行第一次翻堆。翻堆时，必须充分抖松料块，尽可能多地排出料块中的废气、补充进新鲜空气，并将料堆外层和底层的料翻入新料堆的中心，将原料堆中心的料翻到新料堆的外层。在翻堆过程中，均匀加入全部过磷酸钙和 60%的石膏。根据料堆干湿度补充水分，使含水量达 60%～65%，即用手紧握一把培养料，可在指缝间挤出 1～3 滴水。必须注意浇水不能过多，以免料堆过湿。翻堆后的料堆可适当缩小到宽 1.6～1.8m、高1.2～1.5m。由于经发酵后的培养料吸水性会不断提高，应特别注意下雨时盖好薄膜，严防雨水进入料堆，导致料堆过湿。天晴后立即揭膜，防止厌氧发酵。

如果建堆 3 天后料温达不到 70℃，说明料堆发酵欠佳。如果料温低于 60℃，则应及时拆堆检查，分析原因，采取相应措施重新建堆。通常，建堆后 2～3 天堆温达不到要求的原因有以下两个方面：①料堆氮素营养不足。由于配方中 C/N 过高，含氮不足，或者由于预湿时，草料湿度不够，在建堆过程中大量浇水，养分随水流失，含氮量下降；或者由于使用了霉变、发酵能力差的粪肥、饼肥，影响堆肥微生物生长繁殖，而导致堆温不高。补救措施是及时翻堆，加入适量的新鲜粪肥、菜饼或尿素等氮源材料，重新建堆。②料堆含水量不足、过于疏松，影响料堆微生物生长繁殖和堆温积累升高。补救措施是在翻堆、重新建堆时补充水分，使料堆湿度均匀地达到 60%～65%，并适当压紧料堆。如果翻堆后料温达不到要求，除上述两方面原因外，通常还有第③方面原因：料堆过湿、缺氧，影响料堆微生物生长繁殖。补救措施是晴天拆堆晾晒，去除多余水分，使含水量降低到合适范围后，重新建堆发酵。

第一次翻堆后 1～2 天内料堆温度可上升到 75～80℃。第二次翻堆通常在第一次翻堆后 4 天进行，翻堆的具体方法与第一次相同。翻堆时，加入余下的 40%石膏，同时根据料堆干湿度，补充水分，但切忌补水过多。第二次翻堆后，若翻堆过程中加水过多或者雨水进入料堆，致使料堆过湿，料堆温度低，影响发酵质量，这是导致减产减收、甚至绝收的常见问题之一，需引起高度重视。

第三次翻堆通常在第二次翻堆后 3 天进行。翻堆时，加入总量的 50%左右石灰，调节 pH 至 8 左右，翻堆的具体方法同第一次。

第四次翻堆通常在第三次翻堆后 2 天进行。翻堆时，加入适量的石灰，调节料堆 pH 至 8 左右，调节料堆含水量至 60%～65%。在此范围内，培养料含水量高、供水足，有利于获得高产。但胡桃肉状菌等杂菌发生风险增大，管理难度增加，栽培技术要求高。培养量含水量偏低、供水量下降，一定程度上会影响蘑菇产量，但有利于防止和控制胡桃肉状菌等杂菌的发生。因此，应认真分析评价栽培条件、培养料发酵质量和栽培管理技术水平，妥善调节好培养料含水量。

如一次发酵质量优良，菇房（棚）控温控湿条件好、清洁消毒工作到位，二次发酵的温度保温时间与通气管能严格达到工艺要求，栽培管理水平高、经验丰富等良好条件，培养料含水量采用偏高值，调节至 63%～65%，有利于提高蘑菇产量。

一般第四次翻堆后的第 2～3 天，将培养料搬运进菇房（棚）进行二次发酵。一次发酵结束时的培养料质量应达到如下要求：培养料为深褐色，可见少量的白色放线菌；手握料有弹性，不黏手；pH 为7.5左右；具有发酵厩肥气味，允许有少量氨味；含水量在 60%～65%之间。

2. 二次发酵

二次发酵也称后发酵，一般都在室内进行，因此也称为室内发酵。二次发酵总体上分巴氏消毒和控温发酵两个阶段。其主要作用：一是通过巴氏消毒阶段，杀灭不利于蘑菇生长的杂菌、害虫等有害生物；二是通过控温发酵阶段，充分培育堆肥中的嗜热真菌、放线菌等嗜热有益微生物，进一步将复杂的有机物降解转化成为适合于蘑菇生长的营养物质。同时消除培养料中游离氨和容易引起杂菌发生的简单糖类，从而使经过二次发酵的培养料成为适合于蘑菇生长、而不适合于杂菌生长的选择性培养基质。栽培高温型双环蘑菇的培养料，必须严格执行二次发酵工艺，重点做好以下几方面工作：①培养料进房前必须对菇房进行消毒杀虫，尤其是必须对二次发酵过程中达不到巴氏消毒温度的菇房下层床架及地面进行严格消毒杀虫。②后发酵升温巴氏消毒阶段，必须使菇房内不同部位的料温和气温均匀达到 60℃以上，维持 8～10 小时或以上，不留死角。③严格按工艺要求进行控温发酵，将料温控制在48～57℃之间，保持5～6天，同时每隔3～4小时开对窗通气一次，补充菇房内新鲜空气，促进放线菌等有益微生物的活动。

(1)培养料进房

经室外一次发酵的培养料抖松后，趁热迅速搬进经消毒的菇房(棚)，铺放在第2～3层以上的床架上。进料结束后关紧门窗，利用培养料自身产热升高室温，5～6小时后开始加热升温。

(2)升温巴氏消毒

通过加热使室温达60℃以上，维持8～10小时或以上，杀灭潜伏在菇房(棚)和料内的有害杂菌和害虫，此为巴氏消毒阶段，是二次发酵中的关键环节。近年来蘑菇培养料的加温发酵方法已逐渐从火炉等明火干热发酵改进为蒸汽湿热发酵。采用蒸汽湿热发酵不仅可消除干热发酵引起的料内水分蒸发和表层料面失水干燥化，提高发酵质量和均匀度，同时可有效降低明火干热发酵存在的火灾隐患。采用蒸汽加温5～6小时后，使室温逐渐升高到60℃以上，使料温始终高于气温，避免升温过快而使气温高于料温，影响料内氨气等有害气体的散发，影响发酵质量。此外，当前我国的二次发酵都在菇房(棚)内进行，由于菇房(棚)空间大、温度不均匀，容易造成巴氏消毒死角。因此，应采取多点测温的方法，在菇房内铺料的第2～3层床架以上的不同部位的温度都均匀地达到60℃以上时，才能开始计时保温，确保巴氏消毒周到彻底。

(3)控温发酵

控温发酵的目的是充分培育堆肥中的嗜热真菌、放线菌等嗜热有益微生物，促进养分转化，这是二次发酵的主要阶段。巴氏消毒阶段结束后，逐渐降低菇房内的温度，降温速度以每天下降2℃左右为宜，促进不同温度类型的有益微生物生长、繁殖。控温发酵期间最低温度不应低于48℃，料温在57～48℃的控温发酵时间一般需5～6天。在控温发酵期间，除了控制合适的温度外，菇房的通风换气非常重要。在确保合适温度的前提下，每隔3～4小时需斜对角开一对上窗和地窗进行一次通气，补充菇房内新鲜空气，促进放线菌等有益微生物活动。控温发酵阶段结束后，停气(停火)自然降温至45℃左右时，开门窗通风降温。二次发酵后正常的培养料的质量指标：料表层和内部都可见白色的放线菌和有益真菌附着在暗褐色的草料上，放线菌等有益微生物的生长量是二次发酵质量的重要指标，放线菌等有益微生物多，表明发酵质量好；培养料具有发酵香味，料层中心部位的热料应无氨味，如果发现有氨味存在，必须继续加温进行发酵，直至氨味消失；手握培养料柔软而有弹性，有韧性、不黏手；含水量为60%～65%，手紧握料可在指缝间挤出1～3滴水；pH为7左右。

五、播种与发菌管理

二次发酵结束后，要及时进行翻格、铺平和播种。

(一)翻格

如果在春末夏初早期播种栽培，外界气温不高，经二次发酵的培养料应趁热进行翻格与料层整理。当料温降至32℃时，即可进行播种。翻格时要求将整个料层抖松，不留料块，让料块内的有害气体散发出去。如果翻格不彻底，留有料块，不仅会影响蘑菇菌丝生长，而且容易发生杂菌。在翻格的同时，需将各床架的料层厚度整理均匀。

(二)播种

应选用菌丝长满瓶，并经后熟培养、菌龄合适的菌种进行播种。菌种内的菌丝活力强、粗壮，无杂菌和害虫，瓶内上下菌丝均匀洁白不萎缩、不吐黄水，瓶内允许有少量的子实体原基，但避免使用子实体原基过多的菌种。

当前我国高温型双环蘑菇的菌种主要有麦(谷)粒菌种和棉子壳菌种两种。播种量因菌种的培养基质不同而不同，以750ml菌种瓶计，一般麦(谷)粒菌种的用种量为1.5瓶/平方米左右，棉子壳菌种为2瓶/平方米左右。适当提高用种量，有利于加快发菌、降低杂菌感染风险。如菌种中存在子实体原基，则应在菌种从瓶中挖出时挑出去除。如果播种时将子实体原基带入培养料中，容易在覆土前形成子实体，消耗养分、影响发菌。

播种前须对菌种瓶的外表、挖菌种的器具和盛放菌种的容器用高锰酸钾或新洁尔灭等消毒剂进行消毒。播种方法一般以混播加面播法为好，菌丝封面快，长满料层时间短。具体方法是：将1/2～2/3的菌种均匀地撒在经翻格的料面上，用手指将菌种耙入1/3～1/2料层深处，再把余下的1/2～1/3菌种均匀地播撒在料面。菌种播撒完毕后，压紧培养料，压紧的力度应根据培养料的质量和含水量而定。培养料质量好，疏松不黏、有弹性，含水量适中或偏低，播种后培养料应压重、压紧一些，以减少发菌过程中的水分蒸发损失；培养料质量差，黏性大，或含有氨气，或含水量高，应轻压、甚至不压，以免加重对菌丝生长的阻碍作用。

播种后，在菌床表面覆盖经消毒的无纺布或类似覆盖物，有利于菌种萌发与定植生长；保湿条件和密闭程度好的菇房，也可以不加覆盖物。播种完毕后，清理菇房，关紧门窗发菌。

（三）发菌期管理

整个发菌期的管理以保温、保湿、控气为中心。在播种至菌种萌发、定植的5～7天内，应紧闭门窗，创造二氧化碳高浓度环境，温度控制在27～30℃，相对湿度保持在90%～95%，促进菌种尽快萌发和定植。当温度超过34℃时，则应开天窗或上窗通风降温，以免“烧菌”导致菌丝失去活力。一般5～7天后菌丝可封面，此时应逐渐增加通风换气，促进菌丝向料层内生长。通气量的多少，应根据菇房的湿度、温度和发菌情况而定，总体要求以通风至表层2cm左右的培养料适当风干、抑制菌床表面杂菌发生，而又不导致料内水分过多蒸发损失。整个发菌期温度尽可能控制在26～34℃。在适宜的条件下，一般23天左右菌丝可长满整个料层。菌丝长满培养料后应及时进行覆土。

六、覆土及覆土后的管理

高温型双环蘑菇有时在未覆土的菌床上或菌床背面也能形成子实体原基，甚至能发育成子实体（图56－10）。尽管高温型双环蘑菇能在不覆土情况下形成子实体，但必须经覆土后才能获得商业性的蘑菇产品。高温型双环蘑菇的覆土必须在菌丝长满整个料层后进行。如菌丝没有长满料层、发育未成熟时覆土，则不利于菌丝爬土，甚至不爬土，影响产量。

图56－10　覆土前菌床背面形成的高温型双环蘑菇

（一）覆土前的准备工作

覆土前2～3天应整平菌床，以免覆土厚薄不均；同时进行一次“搔菌”，轻轻抓动表层菌料后用木板拍实拍平，使菌丝发生断裂，以加快覆土后菌丝爬土速度。全面检查潜伏在菌床和菇房内的杂菌和害虫，尤其是胡桃肉状菌和跳虫。一旦发现，必须及时挖去或喷杀虫剂，以免覆土后增加防治和消灭的难度，造成更大的损失。

（二）覆土的种类与制备

尽管覆土的确切作用目前还不十分清楚，但覆土是影响蘑菇产量、品质和出菇整齐度的重要因素。理想的蘑菇覆土必须具备特殊的理化特性和微生物特性。已研究明确覆土的某些理化性状，如空隙度、持水率、盐浓度、渗透势和pH等可以影响蘑菇生长。覆土是蘑菇生长发育所需水分的重要来源，据Kalberer（1983，1985）研究，蘑菇子实体生长发育所吸收的水分54%～83%来自于培养料，17%～46%来自于覆土。覆土材料是否具备适于蘑菇生长发育的理化特性，尤其是持水率的高低，与蘑菇产量关系密切。提高覆土的持水率、增加覆土的含水量是提高蘑菇产量的有效措施。

泥炭（草炭）是一种优质蘑菇覆土材料，不仅具有均匀、合适的空隙度，结构稳定，反复喷水能保持良好的结构等特性，十分有利于菌丝与子实体的生长发育。更为重要的是泥炭的持水率可高达80%以上，能充分供应蘑菇生长发育所需的水分。欧美国家蘑菇工厂化生产中普遍采用泥炭覆土，这是获得高产的重要因素。

当前我国高温型双环蘑菇栽培中使用的覆土种类与双孢蘑菇相同，制备方法参见本书《双孢蘑菇》一章。我国大多蘑菇产区缺乏泥炭资源，普遍采用砻糠河泥混合土或砻糠田泥混合土作为覆土材料。而这两种覆土材料持水率仅33%～42%，并且喷水后容易板结，不利于菌丝生长发育，是导致我国蘑菇低产的重要因素（蔡为明等，2002）。

蔡为明等（2008）采用泥炭/田泥混合覆土取得了良好的增产增效结果，已在生产上推广应用。在田泥中，按体积比加入30%～50%的泥炭（草炭）后，在增加较少成本的情况下，可有效地改善覆土的团粒结构、空隙度和持水率等性状。同时有效地提高了覆土中的蘑菇菌丝生物量，从而提高了菇床子实体的形成量和均匀度，较大幅度地提高了蘑菇的产量和品质。

泥炭/田泥混合覆土的配制方法如下：按体积比计，取泥炭（草炭）30%～50%，田土70%～50%。如果采用去水分的干泥炭，需预先充分调湿至含水量达70%以上、相互黏结成团的水分饱和状态；将半干的田土用打土机打细，与充分调湿的泥炭混合均匀。由于泥炭呈酸性，需在配制时均匀加入适量的石灰，调节覆土pH至7～7.5。

应注意的是，所有覆土材料必须进行严格消

毒后才能使用。通常在覆土前5天，每110 m^2栽培面积的覆土(约3 000千克，3～3.5m^3)用3～5千克甲醛迅速均匀地喷入覆土堆中，立即用塑料薄膜覆盖，密封熏蒸消毒72小时以上。覆土前散堆，使残留的甲醛彻底挥发后再使用。有条件的最好采用70～75℃蒸汽消毒2～3小时。

(三)覆土与覆土后管理

由于高温型双环蘑菇菌丝的爬土性状比双孢蘑菇弱，覆土和管理不当容易导致出菇部位低，影响菇形和子实体清洁度，甚至在覆土和料层之间形成“地雷菇”，严重影响蘑菇产量和品质。因此，采取相应的覆土及覆土后管理技术措施，是夺取高温型双环蘑菇优质高产的关键技术之一。

(1)覆土的水分调节

高温型双环蘑菇覆土的湿度最好预先调节至既能保持良好颗粒结构，又达到覆土的最大含水量，避免覆土上床后因调水不当影响菌丝爬土。如覆土后含水量不足时，应于覆土后第2天用清洁水慢慢地将其充分调湿。切忌喷水过急或过多，以免覆土来不及吸收或多余的水分渗流入料层引起退菌。调水完成后，需等土表的水渍干后，才能逐步关紧门窗。

(2)覆土方法与厚度

采取二次覆土法，覆土总厚度3cm左右，首次覆土厚度以2～2.5cm为宜，覆土时要求厚度均匀一致。待80%以上床面在灯光照射下可见菌丝时进行第二次覆土，在见菌丝的床面覆一层厚0.5cm左右的细土。

(3)覆土后的管理

采用砻糠田泥混合土和泥炭/田泥混合土。在覆土后如覆盖经消毒的无纺布或类似覆盖物，可提高二氧化碳浓度，促进菌丝爬土。密闭程度好的菇房，也可以不加覆盖物，但必须在覆土后的第2天起关紧门窗，提高菇房内二氧化碳浓度，促进菌丝爬土。如此阶段菇房密闭程度不高、通风漏气，则菌丝难以向覆土层生长，导致覆土层菌丝少、出菇部位低，影响产量和品质。若菇房内温度超过34℃时，应开启顶窗或上窗通风降温，以免引起“烧菌”、退菌。采用砻糠河泥混合覆土，由于其透气性差，覆土后不能关门窗，在开门窗通风至河泥表面无水渍时用钉耙进行刺孔，深至料层，然后逐渐关门窗、减少通风，促进菌丝爬土。气温高于30℃时每天早晚开窗通风，午间关窗。低于26℃时午间开窗通风，早晚关窗。无论采用哪种覆土，覆土后菇房内温度宜控制在27～28℃，以利于菌丝爬土。覆土后及时检查菌丝生长情况，一般覆土后40～48小时，拨开覆土可见料面菌丝开始重新萌发生长，6～7天以后，部分覆土较薄的床面可见菌丝。这时应采取局部补土的方法，调节菇床菌丝爬土的整齐度。待80%以上床面在灯光照射下可见菌丝时，全部覆一次0.5cm左右细土，打开窗门，加强通风，促使菌丝倒伏、变粗。然后根据覆土湿度补足水分，促进菌丝扭结，进入出菇阶段。一般从覆土至子实体开始扭结形成需要10天左右时间。

七、出菇期管理

出菇期的管理主要是根据高温型双环蘑菇子实体生长发育所需的条件，协调管理温度、水分和空气。

(一)水分与通风管理

第二次覆土后或当菌丝生长至土表下0.3～0.5cm的适宜出菇部位时，开门窗通风，并根据覆土层的湿度，分次间歇喷水将覆土层充分调湿。喷水过程中，以及喷水后，应开门窗加大通风至覆土表面水渍干后，才能逐渐减少通风。在降低二氧化碳浓度的同时，保持充足的覆土湿度，促进菌丝从营养生长向生殖生长转变，并提供子实体形成和生长所需的水分和氧气。

高温型双环蘑菇在水分管理不当、菇表面沉积水分时，容易发生细菌性污斑病，影响蘑菇的商品价值。这是导致高温型双环蘑菇高产低效的主要因素。因此，高温型双环蘑菇以采取一潮菇喷一次结菇重水的水分管理方法为好，尽量避免子实体生长期喷水。如果子实体生长期覆土干燥，影响子实体生长，应选择有风的天气，在菇房内空气流通的条件下进行喷水。喷水后应加大通风，尽快将蘑菇表面水渍吹干，防止细菌性污斑病发生。每潮菇采收结束后，停水、关门窗养菌2～3天，然后进行通风使新萌发生长的菌丝变粗，随后喷一次结菇重水，促进下一潮菇形成。出菇期菇房内的空气相对湿度应保持在85%～90%，空气相对湿度过高，容易发生病害和杂菌感染。

水分和通风的协调管理是高温型双环蘑菇出菇管理中的技术核心，既要保持覆土层和空气中的合适湿度环境，满足子实体生长发育所需的水分条件，又要加强通风，防止细菌性斑点病、胡桃肉状菌等病杂菌的发生。

(二)温度与通风管理

出菇期菇房内温度最好控制在27～30℃，使之最适宜于子实体形成和生长发育，出菇率高，菇质好。夏季高温期的温度和通风管理中，应遵循避免菇房内产生闷热环境的原则，以防病虫杂菌发生和幼菇死亡。当菇房内温度高于 32℃时应加大通风，温度高于 34℃以上时，午间高温时关南窗、开启顶部拔风筒进行散热降温，早晚和夜间气温低时开对窗通风降温。初夏和晚秋气温低于 26℃时，应以保温为主。早晚和夜间气温低时关门窗保温，午间气温高时通风，以提高菇房内温度。

每潮菇采收结束后，清理床面，挑除残留在菇床上的菇根与死菇，在采菇时带走泥土而使菌丝裸露的部位补一层细土。按上述水分与通风管理、温度与通风管理的原则进行管理。一般每隔 7～10 天采一潮菇，在夏季高温期间可连续采收 5～6 潮菇。

八、采收与储运

高温型双环蘑菇栽培期间温度高，子实体生长快，必须及时采收。一般地说，当高温型双环蘑菇近基部的一个菌环破裂而还不见菌膜时，就可以采收了。也可以根据子实体的成熟度和大小来决定采收时间。通常宜在子实体直径为 4～5cm、质地坚实、未松软前采收。

采收时，应轻轻捏住菇盖，小心转动并向上拔出，避免和减少采收时带走泥土，以保持菇体洁净。蘑菇的包装容器要硬实，内垫一层软的缓冲层，防止途中挤压、擦伤。有条件的应及时放入冷库，及时销售。

栽培结束后，及时清理废料，拆洗床架，并进行菇房消毒，准备下季栽培。

九、双环蘑菇关键栽培技术

由于高温型双环蘑菇在夏季高温高湿环境下栽培，容易发生病虫害和杂菌，这是影响高温型双环蘑菇产量、品质和栽培效益的重要因素。此外，双环蘑菇菌丝在土层中的生长特性有别于双孢蘑菇，如果管理不当，容易导致土层菌丝少、出菇部位低、结实率低，这也是导致低产的重要因素。因此，栽培高温型双环蘑菇应掌握好如下 3 大关键技术。

(一)胡桃肉状菌防控技术

胡桃肉状菌是一种具有毁灭性的竞争性杂菌，能否有效地防止其发生与危害是高温型双环蘑菇栽培成败的关键。胡桃肉状菌病的菌原为小孢德菌(*Diehiumyces microsporus*〕，俗称胡桃肉状菌。此菌属子囊菌门(Ascomycota)、散囊菌科(Eurotiaceae)、德氏菌属(*Diehliumyces Gilkey*)。

胡桃肉状菌多在高温高湿、通风不良的情况下发生、蔓延，在料内、料面和土层中都会发生。始发时，出现短而浓密的淡白色菌丝体，有时在覆土表面出现迅速扩大的菌丝圈(图 56－11)。菌丝成熟后，形成成团的似胡桃肉状的子囊果(图 56－12)。子囊果破裂后，释放出大量的子囊孢子，传播危害。胡桃肉状菌与蘑菇菌丝争夺养料，其营养竞争能力远强于蘑菇。菇床被感染后蘑菇菌丝逐渐消失而不能形成子实体，严重影响产量，甚至绝收。因此，胡桃肉状菌是一种具有毁灭性的竞争性杂菌。不过这种杂菌是可防、可治的，只要采取严格的防控措施，完全可以控制其危害。

图 56－11　在覆土表面生长的胡桃肉状菌菌丝

图 56－12　在覆土表面的胡桃肉状菌子实体

(1)*严格进行菇房消毒*

栽培前对菇棚及床架进行彻底清理、冲洗和消毒；去除地面表土，并撒石灰消毒；用浓石灰水喷、涂床架；培养料进房进行二次发酵前 3 天，每 110m² 栽培面积的菇房(棚)用 5 千克甲醛进行熏闷消毒。

(2)*严格培养料发酵，尤其是二次发酵工艺*

这是防止胡桃肉状菌发生的最关键技术环节，进行二次发酵中的巴氏消毒温度和时间必须严格符合工艺要求，也就是菇棚内堆放培养料的第二层床架以上各个角落都要均匀达到 60℃以上，并保持 8～10 小时；控温发酵期菇棚内温度严格控制在 48～57℃，并适当通风换气，使培养料充分发酵，成为适合于蘑菇生长，而不适于胡桃肉状菌等杂菌生长的具有免疫能力的培养料。

(3)严格进行覆土消毒

覆土是蘑菇病虫害的重要侵染来源之一，因此，覆土必须进行严格消毒。通常在覆土前5天，每110 m^2栽培面积的覆土用5千克甲醛迅速均匀地喷入覆土堆中，立即用塑料薄膜覆盖，密封熏闷消毒72小时以上。覆土前散堆，挥发去除残余的甲醛后使用。

(4)科学管理、卫生操作

创造适宜于高温型双环蘑菇生长发育的温度、湿度和空气条件，加强通风换气，避免产生有利于胡桃肉状菌发生的闷、湿、热的环境条件。进菇棚操作的工具及鞋、衣裳等应清洁卫生，操作工具和鞋在进房前须进行消毒；在感染胡桃肉状菌的菇棚中操作后的人员、用具等，未经清洁消毒禁止进入别的菇房。

(5)勤检查，及时采取防治补救措施

在栽培过程中应经常检查胡桃肉状菌发生情况，一旦发现有零星发生，可在感染区的菇床底部衬一张薄膜，然后在病区及周围床面浇碳酸氢铵或2～3倍浓甲醛液，立即用薄膜封杀发病区域内的胡桃肉状菌。严禁直接铲动、搬运发病培养料，以免杂菌孢子飞散，扩大传播范围。

(二)促进菌丝均匀爬土技术

覆土后的管理中，促进高温型双环蘑菇菌丝均匀爬土是获得高产的关键技术。覆土中的菌丝多少决定了出菇量及其产量，许多菇农栽培高温型双环蘑菇不能获得理想产量的原因是促进菌丝爬土管理技术不到位，覆土中菌丝少、不均匀，导致菇床出菇部位低(图56－13)，出菇少，不均匀，影响产量和品质。采取以下4项技术措施可有效促进高温型双环蘑菇菌丝的爬土。

图56－13　料面与覆土之间形成的子实体

①在覆土前调节好水分：根据不同覆土的持水能力和团粒结构性状，将覆土的含水量调至便于铺散、便于操作的最高湿度，以利于节省覆土后的调水时间和避免因调水不当而影响菌丝爬土。

②采取二次覆土法：第一次覆土厚度为2～2.5cm，然后关紧门窗，提高菇房内二氧化碳浓度，促进菌丝爬土。当在灯光下大部分床面可看到菌丝时，再覆一层0.5cm厚的细土，然后进行出菇管理。

③覆土尽可能做到厚薄均匀一致：如果覆土不均匀，过厚部位的菌丝难以向土层生长，导致出菇少、出菇部位低，这是菇床出菇不均匀的主要原因。

④采取补土等待法：在当前生产技术水平下，覆土时不可能做到厚薄完全均匀一致，覆土薄的地方菌丝会先穿过土层长出土表。可在冒菌丝的区域，补覆一层细土，使之与覆土厚度正常的区域生长整齐一致。等到大部分(80%以上)床面都可看到菌丝时再普遍覆一层细土，然后进行通风出菇管理，以提高菇床的结实率和出菇均匀度。

(三)细菌性斑点病的防控技术

出菇管理中，有效地防止细菌性斑点病的发生是获得高效的关键。有些菇农在栽培高温型双环蘑菇中，既有效地防止了胡桃肉状菌的发生，又使菌丝爬土均匀一致，获得了理想的产量。但由于出菇后管理不到位，大量发生细菌性斑点病(图56－14)，影响蘑菇的商品性，甚至引起子实体腐烂死亡，损失惨重。细菌性斑点病是导致高产低效的主要原因。在出菇管理中可采取以下措施加以防止：①采一潮菇喷一次水，喷足结菇水，尽量不在出菇期喷水；②必须在出菇期喷水的，一定要在风大、开门窗、菇房内空气流通的情况下进行，以尽快吹干菇体表面的水渍；③出菇期须加强通风换气，防止菇表面水分沉积；④结合喷水使用二氧化氯消毒剂等安全防护剂，以预防该病的发生。

图56－14　严重感染细菌性斑点病的子实体

第六节 展 望

双环蘑菇最早于 1965 年由 Cailleux 分离获得野生种质，在中非的 La Maboké 试验站进行人工驯化栽培。首个商业化菌株为 Somycel 公司于 1973 年引进生产的 S2017，随后选育和应用的商业化菌株有 Le Lion 的 *Psalliota edulis*、Le Miz 的 *Psalliota rodmanni*（444）以及荷兰蘑菇试验站的 Horst B30、K26 和 K32 等，栽培适宜温度均在 20～25℃。

由于双环蘑菇具有抗已知所有蘑菇病毒病的优点，20 世纪 70 年代初欧洲蘑菇病毒病突发蔓延，许多菇场在栽培双孢蘑菇后通过轮栽双环蘑菇后消除了病毒病，从而使双环蘑菇商业化栽培达到顶峰。与双孢蘑菇相比，双环蘑菇菌株存在栽培周期长、风味欠佳等内在缺点。70 年代后期、80 年代以来，因加强了对蘑菇病毒控制，而不再需要利用双环蘑菇轮作来控制病毒病，双环蘑菇又很少栽培。

在我国，早在 20 世纪 70 年代，就从国外引进双环蘑菇（大肥菇）进行试种。由于该菌株子实体生长发育温度范围窄（19～25℃），在 26℃以上子实体原基就不能分化，因此在我国的自然气候条件下栽培，有效出菇时间短，产量低，而且菌肉粗糙，适口性差，商品价值不高。在生产季节安排上，9 月份至翌年 4～5 月份为双孢蘑菇栽培季节，我国 6～9 月份夏季菇房空闲期间气温超过 30℃，而无法在夏季栽培，因此一直未能得到推广。

20 世纪 80 年代后期，Smith 和 Love 从菲律宾获得双环蘑菇热带野生菌株 W19 和 W20，并于 1991 年应用于商业化栽培。2 菌株能在 28℃、甚至高达 30℃下生产质量优良的子实体，其风味与双孢蘑菇相近。浙江省农业科学院方菊莲、蔡为明等以双环蘑菇热带菌株为材料于 1993 年选育出国内首个适合于我国夏季栽培的高温型双环蘑菇品种“夏菇 93”（浙 AgH-1），适宜的出菇温度为 25～34℃，子实体能在 35～38℃高温下继续生长，同时具有味道鲜美、抗机械伤、不易褐变等优特点，使该品种在浙江、上海、广东、福建、江苏、新疆等全国各新老蘑菇产区推广应用。该品种（菌株）存在的不足之处是菌丝爬土能力弱，管理不当易导致出菇部位低，形成“地雷菇”，对产量和品质有一定的影响。

双环蘑菇的生育系统属杂交型。Pahil 等（1991）进行了双环蘑菇热带菌株内及菌株间的杂交试验，小规模栽培试验表明，菌株间杂交菌株比双亲及其菌株内杂交和多孢分离菌株具有更优良的性状：菌丝爬土能力强、产量高；子实体组织紧实、个体大、菇形圆整；出菇潮次更为规律、分明。Martínez-Carrera 等（1995）进行了温带型组群和过渡型组群，以及过渡型组群和热带型组群菌株间的杂交试验。其中温带型组群和过渡型组群菌株杂交菌丝体双核化率为 76.7%，全部具有结实能力，生物效率为 42%～113%；过渡型组群和热带型组群菌株杂交菌丝体双核化率为60.6%，其中仅有 9%～33%具有结实能力，生物效率在 10%～65%之间。

国内外许多蘑菇育种工作者利用双环蘑菇杂交繁殖的性征开展杂交育种，取得了良好的进展。通过杂交育种技术已获得许多有希望的杂交菌株，如杂交菌株 HRI-1 和 HRI-4 在工厂化生产条件下每吨培养料的产量为 350 千克。有的杂交菌株菌丝爬土能力增强，出菇潮次更为规律、分明。浙江省农业科学院蔡为明、方菊莲等通过杂交育种技术育成的高产品种“夏秀 2000”，菌丝爬土能力就比较强。

发达国家在先进的环境控制条件下进行工厂化周年栽培双孢蘑菇，从而实现鲜菇周年供应。但这种栽培方式投资大，能耗高，生产成本高，目前尚不适于在我国进行大面积推广。高温型双环蘑菇能在我国夏季高温期自然气候条件下栽培，通过与双孢蘑菇栽培季节的科学、合理搭配，实现低投入、低能耗的周年栽培，从而开发推广具有我国特色的蘑菇周年栽培模式，对我国蘑菇产业水平和产业效益的提高具有重要意义。然而，我国对双环蘑菇的研究还相当薄弱，亟需加强，尽快开展以下几方面的工作，以提高我国双环蘑菇科技与生产水平：①开展国内外双环蘑菇野生菌株和商业化栽培品种种质资源的收集、引进和评价研究，为品种创新提供种质材料，同时应开展引进品种的筛选试验，筛选出适合我国不同地区栽培的高产优质品种。②结合细胞遗传学和分子生物学的研究，研究分析、收集、引进种质间的亲缘关系，对重要农艺性状进行遗传定位，建立分子遗传图谱，为我国优良双环蘑菇品种选育奠定基础。③充分利用双环蘑菇杂交繁殖的特性，大力开展杂交育种工作，同时摸索建立双环蘑菇的遗传转化体系，使引选种和杂交育种等常规育种技术与分子辅助和基因工程等高新育种技术相结合，创造出更多适合我国产业化栽培的双环蘑菇优良品种。④加强与良种及我国不同地区气候条件相适应的双环蘑菇配套栽培设施和栽培技术研究，重点研究双环蘑菇在高温高湿环境下栽培易发生的胡桃肉状菌、跳虫等病虫杂菌的安全防治技术，加快优良品种在生产中推广应用。

参考文献

[1] CAILLEUX R. Procede de Culture de Psalliota subedulis en Afrique[J]. Cahiers de La Maboke, 1969, 3(Ⅱ): 114-122.

[2] HASSELBACH OE, MUTSERS P. Agaricus bitorquis(Quel.) Sacc., een warmteminnend familielid van de champignon[J]. Champignoncultuur, 1971(15): 211-219.

[3] VEDDER PJC. Our experiences with growing Agaricus bitorquis[J]. Mushroom J, 1975(32): 262-269.

[4] DIELEMAN-VAN ZAAYEN A. Spread, prevention & control of mushroom virus disease[J]. Mushroom Science, 1972(8): 131-154.

[5] AGGARWALA RK, JANDAIK CL. Cultivation of Agaricus bitorquis[M]. Mushroom cultivation in India, Solan: Indian Mushroom Grower's Association, 1986.

[6] WOOD D A. Primordium Formation in Axenic Cultures of Agaricus bisporus (Lang) Sing[J]. Journal of General Microbiology, 1976(95): 313-323.

[7] WOOD D A. Studies on Primordium Initiation in Agaricus bisporus and Agaricus bitorquis(Syn. Edulis) [J]. Mushroom Science 10(part1), 1978, 565-594.

[8] WOOD D A, Blight M. Sporophore Initiation in Axenic Culture[J]. Report Glasshouse Crops Research Institute, 1983(140).

[9] FANG TT, OU SM, LEE ML. Investigation on the activities of polyphenol oxidase and peroxidase of cultivated mushroom and their inhibitors[J]. Mushroom Science, 1974(9): 47-58.

[10] MILITOMIS HP. Wood degradation, phenoloxidase and chemotaxonomy of higher fungi[J]. Mushroom Science, 1979(10): 243-263.

[11] KALBERER P P. Influence of the depth of the casing layer and the harvesting time on changes of the water content of the casing layer and the substrate caused by the first flush of mushroom[J]. Scientia Hortic, 1983(21): 9-18.

[12] KALBERER P P. Influence of the depth of the casing layer on the water extraction from casing soil and substrate by the sporophores, on the yield and on the dry matter content of the fruit bodies of the first three flushes of the cultivated mushroom, Agaricus bisporus[J]. Scientia Hortic, 1985(27): 33-43.

[13] SMITH JF, LOVE ME. A tropical Agaricus with commercial potential[J]. Mushroom Science, 1989, Ⅻ(part Ⅰ): 305-315.

[14] SMITH JF. A hot weather mushroom AGC W20[J]. Mushroom J, 1991(501): 20-21.

[15] SMITH JF, LOVE ME. Identification of environmental requirements for the commercial culture of a tropical Agaricus strain[J]. In Maher(ed.) Science and Cultivation of Edible Fungi, 1991, 601-610.

[16] RAPER CA. Sexuality and life cycle of the edible, wild Agaricus bitorquis[J]. J. Gen. Microbiol, 1976(95): 54-56.

[17] ANDERSON JB, PETSCHE DM, HERR FB, et al. Breeding relationships among several species of Agaricus[J]. Can. J. Bot, 1984(62): 1884-1889.

[18] MARTINEZ-CARRERA D, SMITH JF, CHALLEN MP, et al. Evolutionary trends in the *Agaricus bitorquis* complex and their relevance for breeding[M]. In Elliott(ed.) Science and Cultivation of Edible Fungi. Balkema: Rotterdam, 1995.

[19] MARTINEZ-CARRERA D, CHALLEN MP, et al. Homokaryotic fruiting in *Agaricus bitorquis*: A new approach[M]. In Elliott(ed.) Science and Cultivation of Edible Fungi. Balkema, Rotterdam, 1995,37-44.

[20] CARROLL G C,WICKLOW D T. The fungal community[M]. New York:Marcel Dekker,1992.

[21] WILLIAM E A H, JAMES B A, PAUL A. Horgen Nuclear Migration and Mitochondrial Inheritance in the Mushroom Agaricus bitorquis[J]. Genetics, 1988(119):35-41.

[22] PAHIL V S. Cultivation and strain improvement of high temperature wild and cultivated Agaricus species[D]. London:University of London(Ph. D. Thesis),1992.

[23] FRITSCHE G. Breeding works on the newly cultivated mushroom: Agaricus bitorquis (Quel.) Sacc[J]. Mushroom J, 1977(50):54-61.

[24] FRITSCHE G. Some remarks on the breeding, maintenance of strains and spawn of A. bisporus and A. bitorquis [J]. Mush Sci, 1982,11(1): 367-386.

[25] PAHIL VS, SMITH JF, ELLIOTT TJ. The testing and improvement of high temperature, wild Agaricus strains for use in tropical and sub-tropical climates[J]. Science and Cultivation of Edible Fungi, 1991,589-599.

[26] 郑时利,何锦星,杨佩玉,等. 大肥菇栽培习性的研究[J]. 食用菌,1981(3): 5-6.

[27] 黄年来. 中国食用菌百科[M]. 北京: 农业出版社,1993.

[28] 王泽生,池致念,王贤樵. 双孢蘑菇易褐变菌株的多酚氧化酶特征[J]. 食用菌学报,1999,6(4): 15-20.

[29] 池致念,柯家,王泽生. 双孢蘑菇褐变的酶学机制[J]. 中国食用菌,1999,18(5): 21-22.

[30] 池致念,柯家,王泽生. 双孢蘑菇褐变的酶学机制[J]. 中国食用菌,1999,18(6): 17-18.

[31] 方菊莲,蔡为明,范雷法. 高温蘑菇浙 AgH-1 生物学物性的研究[J]. 食用菌学报,1996,3(2): 21-27.

[32] 蔡为明,冯伟林,金群力,等. 高温型双环蘑菇不同覆土细菌消长动态[J]. 菌物学报,2005,24(增): 227-230.

[33] 蔡为明,Ralph Noble,金群力,等. 3 种工农业废料的理化性状及作为蘑菇覆土材料的研究[J]. 浙江农业学报,2002,14(6):315-319.

[34] 蔡为明,金群力,冯伟林,等. 覆土对双孢蘑菇菌丝产量的影响[J]. 园艺学报,2008,35(8): 1167-1174.

[35] 蔡为明,方菊莲,吴永志. 高温蘑菇浙 AgH-1 种型的鉴定[J]. 食用菌学报,2000,7(1): 15-18.

[36] 蔡为明,金群力,冯伟林,等. 双环蘑菇的遗传学特性及品种选育研究进展[J]. 食用菌学报,2007,14(4): 76-80.

[37] 蔡为明,金群力,冯伟林,等. 高温型双环蘑菇新品种"夏秀 2000"[J]. 园艺学报,2006,33(6):1414.

[38] 蔡为明,方菊莲,金群力,等. 高温蘑菇原基形成条件的研究[J]. 浙江农业学报,2001,13(6): 343-346.

[39] 蔡为明,金群力,杜新法,等. 双环蘑菇与双孢蘑菇多酚氧化酶活性的比较分析[J]. 浙江农业学报,2003,15(6):341-344.

（蔡为明）

第五十七章　杏鲍菇

DIWUSHIQIZHANG XINGBAOGU

摘要：杏鲍菇又称刺芹侧耳，是重要的珍稀食用菌。它营养丰富，味道鲜美，市场销售良好，具有广阔的发展前景。它与白灵侧耳和阿魏侧耳同属刺芹侧耳复合种。近年来，我国杏鲍菇产业有了很大的发展。本章比较全面、系统地介绍了我国杏鲍菇生产的发展历程、生物学特性、菌种选育、关键栽培技术（栽培季节、培养料选择、菌袋制作、菌袋发菌期的管理、菌袋出菇期的管理、覆土栽培技术和栽培模式），杏鲍菇的营养价值和药理应用、杏鲍菇科学技术发展现状与展望等方面内容。

Pleurotus eryngii

Abstract: *Pleurotus eryngii*, Xingbaogu in Chinese, is a relatively rare but commercially important, edible mushroom. It has a high developmental potential due to its nutritional value, delicious taste, and consumer appeal. *P. eryngii*, *Pleurotus nebrodensis* and *Pleurotus ferulae* are compound species belonging to the *P. eryngii* grouping. The Chinese Xingbaogu industry has recently undergone a remarkable development. This chapter consists of eight sections describing in detail various aspects of *P. eryngii* including production history, biological features, strain production and breeding, cultivation techniques (including seasonal cultivation, selection of growth substrates, bag culture production, management during the mycelium running and fruiting periods, use of casing soil), nutritional attributes and medicinal properties, and the development potential of the mushroom.

第一节　概　述

一、杏鲍菇学名及分类地位

杏鲍菇又名：刺芹侧耳、杏仁鲍鱼菇、雪茸、干贝菇等。

学名：*Pleurotus eryngii*（DC.）Quél.，*Hyménomycètes*（Alençon）：112（1872）。

属名“*Pleurotus*”一词来自希腊语，其词源是“pleura”，意思是“肋骨、侧生”，用于真菌的属名，翻译为“侧耳属”。种名加词“*eryngii*”意思是“刺芹状的，如刺芹的”。该菌的中文学名可译成“刺芹侧耳”。

同物异名：*Agaricus eryngii* DC.，in de Candolle & Lamarck，*Fl. franç.*，Edn 3（Paris）5/6：47（1815）；*Dendrosarcus eryngii*（DC.）Kuntze，*Revis. gen. pl.*（Leipzig）3：463（1898）；*Pleurotus fuscus* Battarra ex Bres.，*Iconogr. Mycol.* 6（1928）。

分类地位：菌物界（Fungi），担子菌门（Basidiomycota），伞菌纲（Agaricomycetes），伞菌亚纲（Agaricomycetidae），伞菌目（Agaricales），侧耳科（Pleurotaceae）。

二、中国杏鲍菇发展历程

杏鲍菇是一种珍稀食用菌。野生杏鲍菇一般在春季至夏初生长，腐生或兼性寄生在伞形花科植物刺芹、阿魏、拉瑟草等的根部。早期栽培的杏鲍菇是从野生种驯化培养而来。法国、意大利、印度都曾进行过杏鲍菇的驯化栽培研究。1958 年，Kalmar 进行了首次栽培试验。1970 年，Henda 在印度北部克什米尔高山上发现杏鲍菇，并进行了段木栽培。1971 年，Vessey 分离到杏鲍菇菌株。1974 年，Cailleux 用菌褶分离到杏鲍菇菌株，并在 12～16℃、275 lx 光照条件下栽培成功。1977 年，Ferri 首次成功地进行商业性栽培。近年我国（包括台湾省）、日本、韩国、泰国、美国都开展了杏鲍菇栽培和研究，并实现了工厂化生产。经过各国食用菌工作者的努力，杏鲍菇的菌种制作和栽培技术取得了很大进步，为杏鲍菇的产业发展奠定了基础。1993 年，我国福建三明真菌研究所率先开始对杏鲍菇的生物学特性、菌种选育和栽培技术进行了研究，其他各省市食用菌工作者也对杏鲍菇的特性和栽培技术开展了多方面的试验，为我国杏鲍菇的产业发展提供了技术基础。根据中国食用菌协会统计，2001 年全国杏鲍菇产量只有 2.1 万吨，到 2009 年，全国杏鲍菇总产量已达 32.2 万吨。

第二节　杏鲍菇的生物学特性

一、形态特征

杏鲍菇是一种大型真菌，属于双因子异宗结合的食用菌。单核菌丝体白色，比较粗壮，生长缓慢，不孕。双核菌丝体茂密，浓白，粗壮，有锁状联合，生长快，在适宜的条件下培养，能够形成子实体。

杏鲍菇子实体单生或丛生，菇体较大，菌盖肥厚，菌盖直径 3～12cm，初期半球形，后渐展开，菌盖边缘上翘，呈圆形或扇形，成熟时菌盖顶部中央多有下凹，黄白色或浅黄色，表面有绒毛。菌柄粗壮，菌柄长 3～10cm，菌柄粗 0.5～3cm，柄多偏生，有的中生，棍棒状或保龄球状，白色或浅黄白色，实心。菌肉细嫩，白色，肉厚，有杏仁味，由此得名。杏鲍菇无菌环或菌幕。菌褶延生，密集，乳白色，不等长。每个担子上生长 4 个担孢子，大小 10～14μm×4～6μm，孢子印白色或浅黄色，孢子椭圆形或近纺锤形。

从杏鲍菇的形态来分，一般将杏鲍菇分为 3 种类型，即粗长型、细长型和保龄球型。粗长型也称粗棍棒型，子实体粗长，个体比较大，肉较厚，菇体洁白，出菇集中，产量高，但菇质较疏松。细长型也称细棍棒型，子实体细长，菇体洁白，个体较小，肉较薄，品质好，不耐高温，产量较低。保龄球型形状像保龄球，菌柄中间粗，两端略细，菇体大，肉厚，产量高，品质好，出菇时间长，但菇腿易变黄，不耐低温。

二、分布和生态习性

（一）杏鲍菇的分布

野生杏鲍菇主要分布在欧洲南部，如意大利、西班牙、法国、德国、捷克斯洛伐克、匈牙利、原苏联（独联体）南部、非洲北部、印度、巴基斯坦和我国新疆和四川西部等地的高山、草原和沙漠地带（臧穆，1991）。

近年来，我国杏鲍菇产业发展很快，其中河北、山东、广东、福建、浙江、湖南、河南、江西、安徽、北京和天津等省市都有较大面积栽培。据中国食用菌协会统计，2008 年，全国生产杏鲍菇年生产量超过 2 万吨的有山东、河北、广东、福建和浙江等省（表 57－1）。

表 57－1　2008 年度全国 23 个省（市、自治区）杏鲍菇的产量

排名	省份	产量(t)	排名	省份	产量(t)	排名	省份	产量(t)
1	山东省	42 900	9	河南省	4 474	17	广西壮族自治区	602
2	河北省	42 330	10	江苏省	3 168	18	陕西省	270
3	浙江省	40 000	11	安徽省	3 110	19	新疆维吾尔自治区	145
4	福建省	36 826	12	天津市	3 000	20	黑龙江省	100
5	广东省	36 500	13	山西省	2 600	21	湖北省	75
6	湖南省	14 500	14	上海市	1 484	22	贵州省	40
7	江西省	8 000	15	辽宁省	1 384	23	云南省	35
8	北京市	5 058	16	吉林省	1 000			

（二）杏鲍菇的生态习性

杏鲍菇主要生态习性有四方面：

1. 杏鲍菇是一种分解纤维素、木质素能力强的木腐菌

杏鲍菇和其他食用菌一样，没有叶绿素，自身不能够进行光合作用，靠分解植物或培养料中的木质素、纤维素、半纤维素等高分子化合物来吸收营养。野生杏鲍菇生长在高山、草原和沙漠地带，在春末夏初发生，靠分解寄主植物伞形花科植物刺芹、阿魏、拉瑟草等的营养物质维持生长。人工栽培的杏鲍菇靠培养料中的营养物质生长。杏鲍菇分解木质素、纤维素能力很强，对

多种培养料的营养物质都能够分解利用，维持菌体的正常生长。

2. 杏鲍菇是一种生长温度较窄的食用菌

多数杏鲍菇菌株在菌丝体阶段生长温度范围较宽，在5～33℃温度范围内都能够生长，但在子实体生长阶段温度范围较窄，一般在12～18℃的温度条件下才能良好生长。温度低于8℃，原基不能分化；温度长期高于22℃时，子实体容易萎蔫或者腐烂。

3. 杏鲍菇是好气性食用菌

杏鲍菇生长需要充足的氧气。在菌丝体阶段，如果氧气长期明显不足，菌丝生长缓慢，菌袋不容易长满。在子实体阶段，如果菇房氧气不足，二氧化碳浓度超过0.1%，原基分化困难，膨大成球形，形成畸形菇。

4. 杏鲍菇是喜光性食用菌

在子实体阶段，无论原基分化和子实体生长都需要较强的散射光。光线不足，原基不分化，或子实体生长成畸形菇。

（三）杏鲍菇的生长发育条件

杏鲍菇生长发育需要有营养物质、水分、温度、空气、光线和酸碱度等生长条件。

1. 营养物质

杏鲍菇生长需要有碳源物质、氮源物质、矿物质和维生素等营养物质。

①碳源：碳源是构成杏鲍菇细胞组织和供给其生长的能量来源。杏鲍菇能够广泛利用有机碳源，直接吸收培养料中的可溶性碳源物质，如葡萄糖、果糖、蔗糖和麦芽糖等。杏鲍菇分解木质素和纤维素的能力很强，它分泌的各种酶能够分解培养料中的高分子多糖物质木质素、纤维素、半纤维素和淀粉等，使之转化成单糖或双糖而加以利用，因而在棉子壳、玉米芯和锯末等栽培料上菌丝体很好生长。

②氮源：氮源物质对于杏鲍菇的生长非常重要。杏鲍菇生长主要利用有机氮，如蛋白胨、酵母粉、玉米粉、麦麸、豆饼粉、棉子饼粉、菜籽饼粉等。杏鲍菇生长适宜的碳氮比为20∶1，在氮源丰富时，菌丝体生长健壮。在1 000ml母种培养基中，添加3～5g的蛋白胨或麦芽汁，菌丝体生长茂密浓白。在栽培料中添加18%～20%的麦麸或5%的豆饼粉，菌丝体生长很好，杏鲍菇产量较高。在实际生产中，栽培杏鲍菇的主料主要有棉子壳、玉米芯等，辅料主要有麦麸、米糠、玉米粉、石膏粉等，有时添加一些豆饼粉、棉子粉等。

③矿物质：杏鲍菇生长需要的主要矿物元素有磷、钾、镁、钙、硫等。这些元素是构成杏鲍菇细胞不可缺少的成分，也是酶的重要组分，可以维持酶的活性，调节细胞渗透压，保持氢离子适当浓度。在培养基或栽培料中添加磷酸二氢钾、硫酸镁和碳酸钙等，就是为了满足杏鲍菇对这些矿物元素的需要。

④维生素：维生素是构成杏鲍菇各种酶活性的成分。杏鲍菇需要的维生素主要是生物素和维生素B_1等。在制作杏鲍菇母种培养基时，往往加入维生素B_1 10mg，以利于菌丝体的生长。

2. 水分

①菌丝体阶段对水分的要求：杏鲍菇菌丝体生长要求基质最适宜含水量为60%～65%。含水量过大，超过70%时，培养料内氧气少，发菌慢。由于出菇阶段主要由培养料供应水分，配料时含水量应该达到65%左右。在菌丝体阶段，要求培养室空气相对湿度60%～65%。相对湿度低于50%时，菌袋容易失水干瘪；相对湿度高于70%时，菌袋容易被杂菌侵染。

②子实体阶段对水分的要求：子实体生长要求基质含水量58%～60%最为适宜，含水量低于55%时，出菇少，产量低。原基的形成和生长需要菇房空气相对湿度90%～95%，子实体生长适宜的空气相对湿度为85%～90%。如果菇房相对湿度超过95%，子实体容易发生细菌性病害，影响子实体品质。如果菇房空气干燥，原基分化困难，已经分化的原基会干缩死亡，已经形成的子实体也会停止生长，影响杏鲍菇的产量和品质。

3. 温度

杏鲍菇菌丝体生长的温度范围较宽，在5～33℃范围内都能够生长。在此温度范围内，随着温度的上升，菌丝生长速度加快。菌丝最适宜生长温度为25℃左右。温度长期超过33℃时，菌丝体生长受到抑制或死亡。

杏鲍菇属于中低温型食用菌，也是变温结实型食用菌。杏鲍菇原基的分化和子实体的生长温度范围较窄，多数品种适宜在10～18℃温度条件下生长。原基分化最适宜的温度为10～15℃，子实体生长最适宜温度为13～15℃，此时子实体个大、肉厚，新鲜、品质好。杏鲍菇不同品种，原基的分化和子实体的生长最适宜温度有所不同，在管理上要分别对待，有的菌株室温超过 15℃时，子实体基部发生膨大，影响外观。菇房温度低于 8～10℃时，形成原基困难，往往呈球状。杏鲍菇对高温很敏感，形成原基后，菇房温度超过 22℃ 2～3 天，子实体会萎蔫或腐烂。

4．空气

杏鲍菇是好气性食用菌。氧气充足或者有一定浓度的二氧化碳时，菌丝体生长都较快。

在子实体生长阶段对空气有比较严格的要求。原基分化和形成时，要求菇房空气二氧化碳的浓度在 0.05%～0.1%，如果二氧化碳浓度过高，原基不分化，就会膨大成球状菇。在子实体生长阶段要求空气新鲜，二氧化碳浓度在0.1%～0.2%之间最为适宜。

5．光线

杏鲍菇菌丝体生长不需要光线，在完全黑暗条件下，菌丝体能正常生长。在有散射光条件下，菌丝体生长速度比黑暗条件下慢，强光对菌丝体生长有抑制作用。特别在菌袋发菌后期，要采取避光措施，以避免菌袋周围形成原基。

原基的形成和子实体生长需要散射光，要保持菇房明亮的条件，以 500～1 000 lx最为有利。光照不足，很容易产生畸形菇。但光照过强，对子实体生长也不利，菌盖容易开裂，形成“花脸菇”，特别在日光温室和塑料大棚菇房顶部遮盖不严、阳光直射时，这种情况时有发生。

6．酸碱度

菌丝体生长要求 pH 为 4～8，最适宜 pH 为 6～7。

子实体生长阶段最适宜 pH 为 5.5～6.5。这里所指的 pH 值，不是配料当时的 pH 值，而是菌丝培养和子实体生长期间的 pH 值。因为菌袋经过消毒和菌丝体生长，会产生大量酸性物质，培养料 pH 值会不断下降。为了使菌丝体培养和子实体生长有适宜的 pH 值环境，在配料时应该加入1%～2%的生石灰粉，以提高配料时培养料的酸碱度，使 pH 达到 8 左右。

第三节　杏鲍菇的菌种繁育

一、菌种培养基配方

(一)杏鲍菇一级种培养基配方

一级种用 PDA 培养基或综合培养基等。

1．PDA 培养基

马铃薯(去皮)200g，葡萄糖 20g，琼脂 20g，水 1 000ml。

2．马铃薯综合培养基

马铃薯(去皮)200g，葡萄糖 20g，蛋白胨 5g，磷酸二氢钾 2g，硫酸镁 2g，维生素 B_1 10mg，琼脂 20g，水1 000ml。

3．麦麸为主要成分的培养基

麦麸 50g，葡萄糖 20g，蛋白胨 5g，琼脂 20g，水1 000ml。

据北京市农林科学院植保环保研究所实验(2004)，用麦麸作为主要成分的母种配方(上列配方 3)，杏鲍菇菌落生长直径比 PDA 培养基增大 15.2%；菌落生长势明显优于 PDA 培养基；菌丝体生产量是 PDA 培养基的 3.5 倍，差异极显著，是培养杏鲍菇母种的优良培养基。

(二)杏鲍菇二级种和三级种培养基配方

二级种和三级种主要配方有：

1．纯棉子壳培养基

棉子壳 98%，生石灰粉 2%，料水比 1∶1.2，pH 为 7.5～8.0。为了使 pH 值达到这样的水准，生石灰粉的添加量可上下浮动。

2．棉子壳培养基

棉子壳 80%，麦麸 18%，糖 1%，石膏粉 1%，料水比 1∶1.2，pH 为 6.5～7。

3．木屑培养基

木屑 73%，麦麸 25%，糖 1%，石膏粉 1%，料水比 1∶1.1，pH 为 6.5～7。

4．棉子壳、木屑培养基

棉子壳 40%，木屑 40%，麦麸 18%，糖 1%，石

膏粉1%，料水比1∶1.2，pH为6.5～7。

5. 玉米芯培养基

玉米芯粉78%，麦麸20%，糖1%，石膏粉1%，料水比1∶1.2～1.3，pH为6.5～7。

6. 谷粒培养基

谷粒98%，糖1%，石膏粉1%，pH自然。

二、菌种制作

菌种制作技术请参阅本书《食药用菌制种技术》一章。

杏鲍菇在25℃恒温条件下培养，母种10天左右长满瓶；棉子壳、木屑原种30～40天长满瓶，麦粒原种20～25天长满瓶；栽培种35～40天长满袋。

第四节　杏鲍菇的栽培技术

一、栽培季节

在日光温室和塑料大棚内种植杏鲍菇，栽培季节的安排是十分重要的问题。种植季节安排得好，能正常出菇，产量高，品质好，能够获得较高的经济效益。如果安排不当，出菇期遇上高温，则很少出菇，甚至绝产。反之，如长期处在低温条件下也不利于出菇。因此要选择好栽培季节种植。

杏鲍菇栽培季节的安排主要根据出菇的温度要求来确定。杏鲍菇多数品种出菇的适宜温度大体在12～18℃。我国北方地区温室菇房可安排在10月至翌年3月这段时间内集中出菇。这样试管母种转接可在5月份，原种制作和培养在6月份，栽培种制作和培养在7～8月份，生产菌袋和培养在8～10月份。如果安排得当，同一温室菇房可出2～3潮菇，第1潮在10月至11月份出菇，第2潮在12月份至翌年1月份出菇，如果可能，2～3月还能够出第3潮菇。南方地区因气温较高，安排在11月下旬～3月中旬出菇较为适宜。各地区可根据当地气候条件、菇房温度变化、栽培品种和栽培规模大小作相应的调整。

二、培养料选择

(一)培养料选择与配制原理

栽培杏鲍菇的主料主要有棉子壳、废棉絮、玉米芯、豆秸、木屑、甘蔗渣、稻草、麦秸等。这些原料主要为杏鲍菇生长提供碳素营养。要求原料新鲜，无结块，无霉烂，无虫卵。棉子壳有绒毛，物理性状好，是栽培杏鲍菇的最好的原料。玉米芯可溶性糖类(碳水化合物)含量丰富，杏鲍菇能够很快吸收利用，菌丝体生长好。玉米芯要粉碎成1cm大小的颗粒，以利于栽培。木屑的纤维素和木质素含量高，氮素含量低，配料时，应适当增加含蛋白质高的原料。豆秸蛋白质含量高，使用前要经过粉碎。稻草要先粉碎或铡成1～2cm的草段。稻草和麦秸利用前，要经过7～10天的堆制发酵，软化原料，促进营养转化，如果没有发酵，出菇慢、产量也低。

栽培杏鲍菇的主要辅料有麦麸、米糠、玉米粉、豆饼粉、过磷酸钙、磷酸二氢钾、石膏和碳酸钙等。麦麸和米糠主要为杏鲍菇生长提供粗蛋白质和可溶性糖类(碳水化合物)，是一种很好的氮源，常用量为10%～20%，麦麸或米糠用量也有达到25%～30%的。玉米粉提供粗蛋白质和可溶性糖类，也是一种较好的氮源，常用量为5%～10%。过磷酸钙提供磷元素，常用量为1%～2%。过磷酸钙为酸性，为避免使用过磷酸钙培养料变酸，可适当增加石灰的用量。磷酸二氢钾为杏鲍菇提供磷和钾元素。石膏，主要成分是硫酸钙，提供钙元素，改善培养料的物理结构和水分状况，增加透气性，调节pH值，一般常用量1%～2%。碳酸钙能够对培养料酸碱度起缓冲作用，提供钙元素，一般常用量1%。

(二)常用栽培配方

现介绍下列主要栽培配方，供选用。

①棉子壳80%，麦麸18%，蔗糖1%，石膏1%。

②棉子壳78%，麦麸15%，玉米粉5%，石膏1%，石灰1%。

③棉子壳60%，玉米芯20%，麦麸18%，石膏1%，石灰1%。

④棉子壳40%，玉米芯40%，麦麸18%，蔗糖1%，石膏粉1%。

⑤玉米芯50%，棉子壳30%，麦麸15%，玉米粉3%，石膏粉1%，石灰1%。

⑥木屑42%，棉子壳30%，玉米芯20%，麦麸5%，石膏粉1%，石灰2%。

上列各配方含水量要求60%～65%，料水之比为1∶1.2～1∶1.3。玉米芯可用甘蔗渣、木屑代替。

(三)培养料的配制与测定

1. 备料

棉子壳要求新鲜，玉米芯粉碎成1cm大小颗粒。豆秸也需粉碎。木屑要用阔叶树的。麦麸要求新鲜，不生虫。采用聚丙烯塑料袋或高密度聚乙烯塑料袋，要求塑料袋韧性好，无砂眼，规格长33cm，宽17cm，厚0.05～0.055cm的折角袋，一端出菇；或者使用长42cm、宽17～20cm、厚0.05～0.055cm的筒袋，两端出菇。

2. 配料

培养料配制一般在具有水泥地面的操作车间进行。配方中如果有木屑，要用2～3目的筛子过筛，防止尖木片和有菱角的其他杂物扎破菌袋，造成杂菌污染。按照选择的配方，准确秤取各种原料，放入搅拌机内搅拌，按照料水比1∶1.2～1∶1.3兑水。搅拌均匀后，用手紧捏，手心和指缝间有水迹，而不滴水为度。拌好的料要做到主料和辅料均匀、干湿度均匀和酸碱度均匀。

三、菌袋制作与接种

(一)装袋

配好培养料后，要及时装袋，每袋装料0.5千克。一般用装袋机装袋，装好后用手压实，松紧适当，然后把袋口薄膜反转折叠，用尼龙绳扎紧，或者直接套上有海绵垫的塑料颈圈封口。用塑料颈圈封口，有利于透气发菌。

(二)灭菌

1. 高压灭菌

用聚丙烯塑料袋装料的，可以采用高压灭菌法，在压力0.147MPa(温度126℃)下灭菌2～3小时。高压灭菌法灭菌彻底。压力下降到零时，取出菌袋。

2. 常压灭菌

用聚乙烯塑料袋装料的，不能使用高压灭菌法，只能用常压灭菌法，需在100℃温度下消毒15～16小时或更长时间。消毒完毕再闷半天或一夜，取出菌袋。

(三)接种

1. 消毒剂的选择与应用

菌袋接种通常在接种箱、接种室或接种帐内进行。接种操作场所必须经过严格的消毒，杀灭空气中的杂菌；接种工具、菌袋外表、工作服和操作者双手等也应该消毒，以减少菌袋的污染率。目前常用的消毒剂有必洁仕牌二氧化氯消毒剂、乙醇、升汞、高锰酸钾、苯扎溴铵(新洁尔灭)、含氯石灰(漂白粉)和石灰等。其中必洁仕牌二氧化氯消毒剂为首选，它效果显著、灭菌彻底、使用方便、环保无公害，是新一代杀菌消毒剂。使用时，用该消毒剂密闭熏蒸2～6小时，用药量一般为0.25g/m^3，有杂菌污染史的，用药量可提高到0.8g/m^3，能够达到完全杀灭操作空间空气中各种杂菌的目的。接种工具可用乙醇灯火焰表面消毒的方法进行消毒。

2. 接种方法

接种前，接种人员用75%乙醇棉球擦拭双手和菌种瓶(菌种袋)外壁。接种工具用酒精灯火焰灼烧灭菌。接种时，用无菌操作的方法，把菌种瓶内表层菌种去掉，用接种匙或镊子取菌种块，放入栽培袋上方，压实，使菌种紧贴培养料，及时套好灭菌过的塑料颈圈。一般750ml的菌种瓶，能够接种15～20袋。接种量为干料重的4%～5%。

四、菌袋发菌期的管理

(一)培养场所的消毒

接种后的杏鲍菇菌袋，一般放在培养室或培养车间发菌。摆放前要把培养室或培养车间打扫干净，用必洁仕牌二氧化氯消毒剂熏蒸消毒。

(二)栽培袋的培养

栽培袋一般放在架子上或塑料筐内培养，日光温室菇房也可以将菌袋在地面上码成菌墙培养。

菌袋发菌期的管理，主要是温度、相对湿度、空气、光线的调节和翻堆、淘汰污染袋等工作。培养温度要控制在22～25℃，袋内料温控制在28℃以下，相对湿度控制在70%以下，室内经常通风换气，保持空气新鲜，避光培养。如果菌袋培养期间温度高于28℃，空气相对湿度超过70%，通风换气条件又差，菌袋污染率会增高，应想方设法尽量避免。

菌袋培养期间，要经常翻堆，一般每10天翻一次，促使均衡发菌，发现污染菌袋及时淘汰。如果杏鲍菇菌丝吃料慢，可在菌丝体上方 3～5cm 处，用消毒的大针扎通气眼。没有发菌的部位不能扎，否则会造成菌袋污染。在适宜的培养条件下，菌丝体 30～40 天长满菌袋。然后再培养 7～10 天，完成后熟期，达到生理成熟，即可放入菇房，进入出菇期的管理。

五、菌袋出菇期的管理

(一)催蕾

1. 搔菌

杏鲍菇出菇前要进行搔菌。杏鲍菇不搔菌也能够出菇，但出菇不整齐，菇形不好，所以一般都进行搔菌。搔菌方法是用消毒过的铁丝钩钩出菌袋内的老菌种，把袋内料面整平，再将袋口封好。搔菌时间是在菌袋菌丝体长满袋时开始搔菌，在短时间内完成。

2. 催蕾

杏鲍菇为变温型食用菌，低温刺激有利于出菇。菌袋搔菌后放入菇房中，温度控制在 10～15℃，空气相对湿度保持 85%～95%，能刺激原基的形成；同时给于散射光刺激，照度 500～1 000 lx。适当通风换气，每天通风 2～3 次，每次 30 分钟。经过 7～10 天，菌袋上端料面白色菌丝体开始扭结，形成原基，个别菌袋开始出现小菇蕾，此时要打开袋口，将菌袋薄膜向外翻转，并高出料面 2cm 以上，菌袋上面用塑料布盖上，以防止不良环境对小菇蕾产生不利影响。菇房地面洒水，每天空中喷雾 2～3 次，增大空气相对湿度至 85%～90%。在此条件下，经过 5 天左右，白色的小原基会长成小菇蕾。

(二)疏蕾管理

在适宜的出菇条件下，菌袋的料面同时生长出很多个杏鲍菇小菇蕾，互相挤压在一起。如果不及时疏蕾，就会出现畸形菇，影响产量和品质。疏蕾的最好时间是小菇蕾菌柄长至 2～3cm 时，择优去劣进行疏蕾。菌袋(瓶)出菇面留3～4 个生长正常的幼蕾，其余的幼蕾用小尖刀削去。

(三)出菇管理

出菇管理要注意温度、相对湿度、空气和光线的调节，创造适宜杏鲍菇子实体生长的环境条件，以获得高产优质。

①温度调控：温度是影响杏鲍菇子实体生长快慢和产品质量的重要因子。小菇蕾形成后，菇房温度保持 12～18℃。在这种温度条件下形成的杏鲍菇个大，肉厚，肉质紧密，菌盖不易开伞。出菇期间菇房温度低于 8℃，原基分化困难，形成的子实体几乎停止生长。此时要通过加温、适当增加光照、关闭门窗和减少通风换气等办法来提高菇房温度。杏鲍菇对于高温极其敏感，温度超过 20℃，原基停止分化，子实体生长快，菌柄变长，组织松软，品质下降；如果温度长期高于 22℃，形成的小菇蕾萎蔫，长大的子实体也会变软腐烂。因此，在遇到高温时，日光温室菇房顶部要增加草帘覆盖，减少阳光辐射，菇房地面浇水和空中喷雾，加强通风换气，使菇房温度降低到适于出菇的温度范围。

②温度调控：水分的管理在出菇期极为重要，主要是如何保持菇房较高的相对湿度。在原基期和幼蕾期，采取地面洒水，每天向空中喷雾2～3 次，适当控制通风等措施，使菇房空气相对湿度提高到 90%～95%。在幼菇期至成菇期，空气相对湿度应保持 85%左右。接近采收时，相对湿度应保持 80%左右，以便延长杏鲍菇的货架时间。如果菇房空气相对湿度超过 95%，或者菇房喷水时，水喷洒到子实体上，加上通风不良，容易出现子实体病害，特别是细菌性病害。

③空气调控：出菇期子实体呼吸量增大，如果通风不良，子实体不能正常生长发育，容易形成畸形菇，呈现小树枝状。在出菇期间，要求打开门窗和通气孔，加大通风量，以便保持空气新鲜，供给杏鲍菇子实体生长足够的氧气。CO_2浓度控制在 0.2%以下。每天通风次数，通风间隔和时间长短要根据栽培季节、菇房温度、相对湿度和空气中二氧化碳含量高低等情况具体确定。

④光线调控：幼蕾期至成菇期要求光照500～800lx，光照过暗或过强对子实体生长均不利，都容易发生畸形菇。光照过暗，菌盖不分化，容易形成无头菇；光照过强，子实体散失水分，会出现菌盖开裂，菇的品质下降。日光温室可以通过调节顶部覆盖物的厚薄、覆盖面积、覆盖时间长短来达到适宜的光照范围。

(四)采收与加工

在正常的管理条件下，从菇蕾到子实体成熟需要 7～10 天。当杏鲍菇菌盖初步展开，孢子尚未弹射，菌盖直径与菌柄粗细一致或稍小于菌柄粗度时，此时为八分成熟，即可及时采收。采收过晚，菌盖完全平展，菌柄松软，品质下降。采收时，一手按住子实体下面培养料，一手捏住菌柄基部轻轻旋转摘下，或者用小刀从菌柄基部削下。采收头潮菇后，菌袋经浸泡或覆土，还可出1～2潮菇。杏鲍菇生物学效率一般可以达到50%～100%。

杏鲍菇主要用于鲜销，在低温保鲜库内（3～5℃），可储存7～14天。加工方式有烘干、盐渍、制罐等，其方法与其他食用菌相似。

六、杏鲍菇的覆土栽培

覆土栽培是杏鲍菇栽培中的一项革新技术。一般在杏鲍菇出完头潮菇之后采取此项技术，其本质是调节温度，增加菌袋含水量，使杏鲍菇长得柄粗、色白、肉质肥厚，能够明显提高产量和品质。覆土方式主要有畦式覆土栽培和菌墙覆土栽培等。

（一）覆土季节

正确掌握季节是杏鲍菇覆土栽培成功与否的关键。如果覆土后长期处在20℃以上，杏鲍菇原基的形成和子实体的生长都非常困难，并且菌袋也容易被木霉菌等竞争性杂菌污染。日光温室覆土栽培的最好时机是在10～15℃时进行。我国大部分地区应该在当年11月至翌年2月期间进行，各地区可以根据当地的气候条件因地制宜，灵活掌握。

（二）覆土方法

覆土材料一般就地取材，以田园土和菜园土为好，加入一些有机肥或复合肥更好。土壤颗粒直径以0.5cm左右为宜，含水量20%～22%，即手握成团，投地能散的程度。土壤用菇净2 000倍液喷洒杀虫，用必洁仕牌二氧化氯消毒剂3 000～4 000倍液喷洒灭菌，将药拌均，盖上塑料布，闷1～2天。

1. 畦式覆土栽培

①覆土：在日光温室内做畦覆土栽培。先挖宽1.2～1.4m、深0.3m的畦，畦长视温室长度而定，畦与畦之间留宽50～60cm的走道，以便于管理。畦内用必洁仕牌二氧化氯消毒剂3 000～4 000倍液喷洒灭菌。菌袋长满后，即可放入畦内覆土栽培；或者出过头潮菇的菌袋放入畦内覆土栽培。将菌袋脱袋，一袋紧靠一袋直立码紧，667m^2（亩）可以码放1万袋左右。码好后上面覆厚1.5～2.0cm的土，然后浇足水，进行出菇管理。

②畦式覆土栽培管理。覆土后日光温室温度要保持10℃以上。如果温度偏低时，白天要打开温室上面覆盖物，以增加温度；日落前盖好保温。当日光温室温度20℃以上时，要增加温室上面覆盖物，以减少阳光辐射；打开温室前边塑料布和后面通风孔，加强通风换气；或者菇房内适当喷雾降温。一般在覆土后7～10天就会形成大量的杏鲍菇菇蕾。在覆土栽培出菇期间，要保持菇房温度在12～18℃，每天喷水2～3次，保持空气相对湿度85%以上，同时给于适当的散射光照和通风换气。

畦式覆土栽培可以采收2～3潮菇，生物学效率能够达到80%～100%，比不覆土栽培的增产30%～50%，还能有效控制病虫害的发生。

2. 菌墙式覆土栽培

菌墙式覆土分单排覆土和双排覆土两种。现以双排覆土栽培为例说明。将菌袋脱袋，双排平卧摆放，最底层两端菌袋间距40cm，最上层两端菌袋间距10cm，中间填满湿润的土壤，每层菌袋上面覆土厚2cm，以此方法共码放5～7层。最上层土壤厚3cm，中间凹陷，四周偏高，形成深5～10cm的水槽。菌墙与菌墙之间留出60cm的走道，以便管理。覆土后浇足水。菌墙式覆土栽培管理可参照畦式覆土栽培。这种栽培方式能够满足杏鲍菇对于水分和养分的要求，生物学效率可以达到80%以上，占地面积小。

七、杏鲍菇的联合栽培模式

1. 杏鲍菇＋草菇的栽培模式

秋季至翌年春季在日光温室内种植杏鲍菇。可于当年8～9月份制作菌袋，发菌后，10月份放入温室菇房，采收期在当年11月份至翌年3月。采收完毕后，6～8月间在温室菇房内可以种植2～3茬草菇。此时温室菇房温度在25～35℃，适于多数草菇品种生长。这样，一年可以在菇房内种植3～4批次食用菌。

2. 杏鲍菇＋灵芝的栽培模式

秋季至冬季在温室菇房内种植杏鲍菇，于当年10月份至翌年3月份出菇采收。采收完毕后及时清理菇房，4月份在菇房内码放接种后的灵芝菌袋，使其发菌。6月份灵芝子实体生长出来，7～8月份灵芝大批采收，9月采收完毕。

3. 杏鲍菇＋速生蔬菜的栽培模式

上半年在温室菇房内种植杏鲍菇，4月前采收完毕。下半年种植小白菜、小萝卜、油菜、芹菜、生菜或蒿子梗等速生蔬菜。

4. 林地+杏鲍菇的栽培模式

在林地内种植食用菌,能够充分利用林地、空间和荫凉。这种栽培模式投资少,露地用遮阳网或小拱棚栽培都可以,容易推广。杏鲍菇一般在2月制作菌袋,3～5月份放入林地小拱棚内出菇采收;或者7月制作菌袋,8月下旬放入林地小拱棚内,9～10月份开始出菇,11月份采收完毕。

八、杏鲍菇工厂化袋栽技术

杏鲍菇属于中低温结实菌类,形成原基温度范围较窄,在自然条件下适宜栽培的季节较短,不能满足市场需求。工厂化周年生产是解决杏鲍菇市场需求的重要途径。杏鲍菇周年工厂化袋栽模式是根据我国国情自我创新的一种新模式。从1999年开始,广东丰顺吴献光、湖南郑雪平等开始进行塑料袋栽工厂化生产模式的探索,根据杏鲍菇易感染细菌的特性,采用菌袋横卧方式,选用抗病力较强的优良菌种以及后期开袋技术,2003年底获得成功。之后,广东省广州,福建省漳州、武平,浙江省武义,上海市等地陆续投入生产。至2009年,全国先后出现近百家杏鲍菇工厂化袋栽生产厂家。目前由郑雪平创办的江苏省昆山市正兴食用菌有限公司是全国大型杏鲍菇工厂化袋栽生产基地之一,该厂的菌袋污染率降低到0.5%,日产10吨鲜菇(图57－1)。

图57－1　江苏昆山正兴食用菌公司

现以"昆山正兴"食用菌工厂化周年袋栽杏鲍菇生产技术工艺为例,介绍如下:

(一)工艺流程

原材料储备 → 备料 → 装袋 → 灭菌 → 冷却 → 接种 → 菌丝培养 → 催蕾 → 出菇管理 → 采收 → 分级包装 → 冷藏储存 → 销售

(二)厂房布局与设计

厂房布局应有利于安全生产和提高劳动效率;菇房设计以节能降耗、保温、保湿、通风为原则,能满足杏鲍菇各生长发育阶段对其环境的要求。为此,按其栽培工艺,杏鲍菇工厂化生产一般分为9个区域,各个区域既相对独立又密切相连。菇房分为培养室和出菇房。新建的菇房一般采用泡沫彩钢夹芯板建造,厂房主体采用钢结构(图57－2)。按照栽培工艺,在室内分别建立灭菌室、接种室、培养室、出菇房及其他操作场所。培养室、出菇房一般采用"非"字形结构,各菇房门统一开向中间的缓冲走廊,走廊宽4m。出菇房一般每间为9m(长)×5m(宽)×4.5m(高),墙体用10～15cm厚泡沫彩钢夹芯板,泡沫密度不少于18kg/m^3。地面保温采用8cm厚的机塑板,上面再铺7cm厚的混凝土。菇房门采用夹芯板包边做门。出菇室内采用铁丝网格墙体架设计,网格间距12.5cm×12.5cm,每间出菇房一般可容纳4 800个菌袋出菇。培养室内可设固定床架,也可用移动周转筐堆叠培养,最高可达12层,一般按450袋/平方米标准排放,既充分利用空间进行养菌,又可控制培养期间CO_2的浓度。总之,培养室和出菇房的架子应灵活设计,四周及中间留有过道,以方便操作和空气循环。

图57－2　杏鲍菇厂区

(三)设备与设施

1. 设备

①温控系统:根据生产规模和菇房大小选择与之匹配的温控设备,目前一般选择的温控设备有空调、风冷式或水冷式制冷机组及与之相匹配的蒸发器(俗称:冷风机)。

②加湿系统:选择雾粒较小的超声波加湿器,根据子实体生长发育需要进行加湿。

③通风系统:一般采用轴流风机进行空气交

换，新鲜空气经过滤再通过缓冲风道进入菇房。

④光照系统：一般采用节能日光灯作光源。

⑤控制系统：每间培养室和出菇房各安装1台智能控制箱，对菌丝和子实体不同生长发育阶段所需的温度、湿度、通风、光照进行设定，自动控制养菌和出菇条件。

⑥其他设备：杏鲍菇工厂化栽培所需的设备较多，根据生产需要和投资规模购置生产设备，如搅拌机、自动装袋机、周转筐、叉车、灭菌锅等（图57－3～图57－4）。

图57－3 搅拌机

图57－4 高压灭菌柜

2. 设施

①原材料储备仓库：用于储存原辅材料，要求通风、干燥，并注意防火。

②菌种生产车间：工厂化栽培一般自行生产栽培菌种，应相对独立，靠近接种车间，环境条件良好。

③拌料、装袋与灭菌车间：为提高生产效率，减少粉尘污染，拌料设备通常安装在原料车间一侧，与装袋车间用挡尘（风）墙隔开，出料口与装袋机形成流水线，装袋与灭菌通常在同一车间内完成。

④冷却与接种车间：该车间专用于灭菌后栽培袋（瓶）冷却。冷却车间要求密闭，洁净度（无菌度）越高越好，室内配置空气净化系统，通常安装有制冷和消毒设备等。接种车间与冷却车间紧密相连，中间设缓冲通道（内装风淋室和紫外线灯）。开放式接种要求空气洁净度（无菌度）1万级以上，接种上方安装层流罩，接种室地面要做防尘处理，下风口安装空气净化系统作新风过滤处理，室内安装紫外灯、自净器等。

⑤培养车间：培养菌丝的场所。布局上应与接种车间相邻，菌袋接种后置于培养室内养菌培养。培养室内的设计应根据生产规模而异，有层架式、厢式等，初次栽培者以层架式培养比较有利于管理（层架设计与安装可参考金针菇）。杏鲍菇属好气性真菌，培养期间不仅需要适宜的温度、氧气、湿度，而且菌丝生长会产生大量呼吸热及二氧化碳，所以培养室内需安装制冷及通风设备。

⑥出菇车间：是子实体生长发育场所。在布局上应紧靠培养车间，室内层架根据出菇方式分为墙式和床式两种，菌丝生长达到生理成熟后再移入出菇室。为满足子实体生长发育需求，出菇室内需装温控、加湿、通风和光照设备。

⑦分级包装与冷藏车间：该车间要求洁净、宽敞、明亮。分级包装车间有条件的宜安装空调，产品需出口的应严格按照出口要求设计。冷藏车间保温性能要良好，面积依日产量而定，杏鲍菇冷藏温度为2～5℃。

（四）栽培技术

1. 栽培配方

根据当地资源选择栽培材料，不同栽培材料含氮量和物理性状均有差异，应根据需要适宜调节。同时，应根据不同品种选择不同配方。

常用配方：

①棉子壳38%，木屑30%，麦麸25%，玉米粉5%，石灰1%，轻质碳酸钙1%，pH为7.5，含水量67%。

②棉子壳15%，甘蔗渣15%，玉米芯15%，木屑20%，麦麸23%，玉米粉5%，豆粕粉5%，石灰1%，轻质碳酸钙1%，pH为7.5，含水量63%。

2. 配制方法

按照配方要求，秤取原料，用自动化机械拌料。含水量控制在61%～67%，培养料的pH调到7.5为宜。

3. 装袋

选择 17cm×36cm×0.05cm 折角型聚丙烯塑料袋作为栽培袋，采用自动装袋机装袋，每袋装干料 500g，装料高度 18～19cm，装袋方法与金针菇相同。装好料后将子弹型、锥型塑料棒或木棒（直径 2.2～2.4cm，长度 17.8cm）插入栽培袋中央至离底部约 0.5cm 处，按常规套上塑料套环，塞上棉花。将栽培袋放入周转筐内，每 16 袋一筐，筐上覆盖一层塑料膜，防止灭菌过程中冷却水潮湿棉花塞。因配方中氮素含量较高，制袋时间前后不超过 5 小时为好。

4. 灭菌冷却

灭菌方法有高压和常压两种。装好的料袋放入周转筐内，将周转筐堆叠在轨道车上，整车推入灭菌锅中。用高压0.15MPa，保持 3～4 小时灭菌；也可在常压 100 ℃条件下，灭菌 24 小时以上，再焖 4～6 小时。从装锅到袋温达 100℃，最好不要超过 4 小时，否则培养料易变酸。灭菌结束后，待高压灭菌锅的压力降至零，或常压灭菌锅内温度降至 85℃时，先打开一小缝，利用余热烘干棉塞上的水气，再用周转小车拉入冷却室冷却。

图 57－5　接种进库

图 57－6　菌袋进库

5. 接种

①接种前准备：首先对栽培种外壁和棉花塞消毒。常用的药剂有必洁仕牌二氧化氯消毒剂、0.2%高锰酸钾水溶液、新洁尔灭溶液、金星消毒液等。消毒后，当天需要使用的整筐菌种，用专用小车推入接种室内备用。根据接种箱（室）的大小，将栽培袋置于接种箱（室）内，同时放入已消过毒的栽培种、接种工具、酒精灯、火柴等（接种前按常规消毒）。

②接种方法：按常规在无菌条件下操作。周年工厂化袋栽生产的杏鲍菇菌种，目前大多数采用枝条或麦粒菌种。接种时将预留在栽培袋内的塑料棒或木棒拔出，放入枝条或麦粒菌种，每袋菌种接 35～40 个栽培袋。由于塑料环口径较小，接种时应对准、快速。接种后，把棉花塞顺时针塞回栽培袋，右手握住栽培袋，放在接种箱（室）的右侧。周而复始，待整箱（室）接种后，将栽培袋置于周转筐内。然后将周转筐用小推车推入培养室（图 57－5～图 57－6）。每次接种完毕，均要清理接种箱（室），对接种箱（室）进行擦洗，并按常规方法用气雾消毒剂进行熏蒸消毒过夜。

6. 培养

菌丝培养是栽培工艺中的重要一环，菌丝质量的优劣，决定着产量与品质。目前，大多数企业往往只重视出菇的结果，而忽视菌丝培养这一环节。菌丝培养的最终目的是培育出健壮的菌丝，同时降低栽培袋污染率，没有优良健壮的菌丝，就很难栽培出优质的产品。

①培养室消毒：栽培袋进入培养室前 1～2 天，按常规方法对培养室进行清洗消毒，周边排水沟要保持干净，并定期消毒杀虫。

②培养条件控制：杏鲍菇菌丝生长初期，室内的温度应控制在 21～23℃；培养中期，由于菌丝量大、生长快，产生呼吸热，袋内温度比室温一般要高 2～3℃，管理时必须以袋内温度为准进行室内温度调整；后熟期室温应控制在 22～24℃。菌丝培养期间不需要光线。空间相对湿度控制在 50%～70%，湿度过低或过高均不利于菌丝的生长，同时易被污染。杏鲍菇属好气性真菌，培养期间应严格控制 CO_2 浓度，每天定时通风 3～4 次，每次 15～20 分钟。在正常情况下，菌丝培养 20～25 天便可长满袋，再培养 10 天，菌丝便可达到生理成熟，此时应从培养车间移出（图 57－7）。

图 57－7 杏鲍菇培养车间

7. 出菇管理

出菇管理是周年工厂化袋栽技术中最关键的环节，管理人员必须具有比较丰富的经验与责任心，这样才能进行综合技术调控。

①开袋催蕾：栽培袋移入出菇室、上架（图57－8），将套环棉塞拔下（图 57－9），清除老化的菌种，将袋口保持原状。把菇房温度降到 12℃，增加节能日光灯光照时间，刺激原基形成（一般 7 天长出原基）。

图 57－8 上 架

图 57－9 拔棉花塞

②疏蕾：在适宜的环境条件下，杏鲍菇便会长出大量的原基。为提高商品率和产品质量，待原基生长至蚕豆大小时（一般在第 11 天）需进行疏蕾。疏蕾时去劣留优，选择向袋口伸长、菇盖圆整的菇蕾，留菇蕾 2～3 朵，2～3 天后根据需要再疏蕾一次。

③温度管理：杏鲍菇属低温菌类，子实体生长的温度范围较窄，催蕾温度应控制在 14～17℃。当子实体长至拇指大时，温度应控制在 13～16℃。出菇整齐的菇房，温度可调至 15℃；出菇不整齐的菇房，温度宜调至 13℃为佳。待菇蕾整齐一致后，再适当调高温度，促进菌柄伸长。后期温度宜控制在 12～15℃。

④湿度管理：在催蕾前期，出菇房相对湿度宜控制在 90%～95%，应用超声波加湿，雾粒越细越好。根据气候变化，进行湿度调节。梅雨季节，湿度过高时，用除湿机除湿；秋冬季节，气候干燥时，宜向地面喷水与空间喷雾相结合。疏蕾前后应将相对湿度调整为 85%～90%。采收前 2 天降低湿度，控制在 80%，以延长商品货架期。

⑤通风管理：杏鲍菇子实体生长发育需要充足的氧气，每天应根据菇的生长情况多次通风，一般前期每天 2～3 次，后期每小时 1 次，每次 5～7 分钟。如菇盖不易开伞，比正常小时宜多通风，而菇盖较大时，宜少通风。

⑥光照：增加光照可促进原基形成、分化，也有利于提高出菇的整齐度。从栽培袋进入栽培室第一天至菇蕾长出前，每天需 100～500 lx 8 小时左右的光照，疏蕾后对光照要求不敏感。

图 57－10 正在生长的杏鲍菇

8. 采收

①采收适期：当杏鲍菇子实体长至伞盖将平时，应及时采收。采收的基本标准应根据市场需要而定。从开袋到采摘一般需 16～19 天，每袋产量可达 250～300g，最高可达 500g（指商品菇重量）。

②采收方法：采收时，手握紧菌柄拔起，放在塑料筐中，要求菇盖对着菇盖，注意不要碰坏菌盖（图 57－11）。

图 57－11　采　收

9. 分级包装、冷藏储存

①预冷：杏鲍菇采收后，如来不及分级加工包装，宜放入 2～5℃冷藏库内预冷，预冷时每筐宜错开叠放。

②修整：子实体修整需在 15～20℃条件下进行，操作人员要头带帽子，左手带一次性手套，右手拿刀削平菌柄基部(削头)，削去不洁表皮，削好后轻放在泡沫箱内，同样要求菇盖对菇盖堆叠。

③分级：在削菇过程中进行分级，各级菇体均要求菇盖圆整，菇体均匀、新鲜、洁白。特级：菇盖 2～4cm、柄长 16～18cm、单朵重 80～120g。

④包装：大包装一般采用印有商标的聚乙烯 42cm×48cm×0.04cm 折角塑料袋分装，袋子放在分装模型盒内，菇盖对菇盖分装，每袋装2 500g，抽真空扎紧袋口，包装后发运(图 57－12)。

图 57－12　成品包装

⑤冷藏储存：杏鲍菇分级包装后，宜放在 0～5℃的冷藏室中保鲜，然后由销售商根据需求发货。与一般菇类比较，杏鲍菇保存时间较长，在 4℃冷库中可存放 25 天不变质，气温在 10℃时可放置 5～6 天。长途运输可用泡沫箱或冷藏车装运。杏鲍菇不易破碎，煮后不烂，口感脆嫩，可切片制成罐头，也可切片烘成干制品，或加工成盐渍品进行销售。

(五)工厂化袋栽杏鲍菇注意事项

1. 品种选择

由于杏鲍菇菌株来源不同，其生物学特性差异较大，在引种时必须注意所选品种的温度特性。周年工厂化栽培运作成本较高，应尽可能选择一些产量高、品质好的优良品种。工厂化栽培与自然季节出菇有较大差异，有些品种在自然环境中出菇很好，但在工厂化栽培中表现较差，或者相反。所以，在选择品种时要优先考虑选用适宜于工厂化栽培的专用品种，或者先自行进行出菇试验，然后再确定适宜的栽培品种。另外，工厂化生产品种的选择与配方也有很大关系。所以不管任何品种，在具体操作时一定要先做试验，然后才可投入大规模生产。

2. 温度控制

工厂化栽培的出菇房温度完全依赖室内制冷机的控制，在栽培过程中随时都有可能面临停电或设备损坏的问题。幼菇对温度剧变很敏感，一旦出菇房温度超过 18℃，很容易发生大批发黄、萎蔫，继而死亡的现象。因此，务必要控制好室温，可添置发电机或备用制冷机来保证栽培房的正常运转。

3. 病虫害防治

杏鲍菇工厂化栽培中病虫害防治主要采取的手段是以防为主、综合治理的方针。因菌丝培养和出菇房都需人为调控温度，加上栽培时间短，所以很少发生各种霉菌污染和虫害，但细菌感染和生理性病害较为常见。发生病害时，必须把污染的菌袋及时清理焚烧。用清水清洗架子和地板，再用4 000倍液的必洁仕牌二氧化氯消毒剂或用 5%的漂白粉对环境消毒。另外拌料、制袋在气温高时易招来菇蝇传播病、虫，因此要注意环境卫生。同时，菌袋灭菌要彻底，培养室、出菇房空置时要进行清洗、通风、消毒、干燥，杜绝病、虫隐患。此外，平菇属菇类对敌敌畏特别敏感，杏鲍菇也不例外，栽培环境和菇房消毒不可使用敌敌畏或含有敌敌畏成分的农药，否则会影响菌丝的生长，并容易出现畸形菇。

九、杏鲍菇工厂化瓶栽技术

1999 年，珠海市华珠食用菌厂首先在国内进行杏鲍菇工厂化瓶栽试验，之后，北京的台湾企业和上海浦东天厨菇业有限公司也用瓶栽试产了少量杏鲍菇。2005年，上海国森生物科技有限公司开始试验性生产杏鲍菇。2008年，上海佳丰、江苏连云港国盛生物科技公司进行了较大规模的瓶栽工厂化生产。江苏连云港国盛生物科技公司引进并消化韩国工厂化生产技术，采用连云港国鑫食用菌成套设备公司提供的配套设备及先进的液体菌种生产工艺，栽培技术稳定，每天产量稳定在2吨左右，单产每瓶达150～160g，是我国工厂化瓶栽成功范例之一。

工厂化瓶栽杏鲍菇从拌料、灭菌、接种、培养、搔菌、出菇、挖瓶都采用机械化、自动化控制，投入成本较高。但工厂化瓶栽用工少，工作效率高，栽培瓶的菌丝生长一致、速度快、污染率低、成功率高、出菇过程全是自动化控制，是我国工厂化生产食用菌发展趋势。瓶栽设备（由连云港国鑫食用菌成套设备有限公司提供）和瓶栽生产工艺介绍如下：

（一）布局设计

工厂化瓶栽生产厂房的布局、各区域面积搭配是否合理，是杏鲍菇瓶栽生产能否达到成功的关键之一。确定生产规模后，在工厂设计时首先需拟定设备方案，严格计算设备的置放空间面积、菌种生产数量及堆放位置面积等，详细内容请参阅本书《金针菇》一章。

（二）设备

1. 搅拌机

培养料的加水及搅拌，可任意设定时间，以确保搅拌均匀。螺旋型搅拌机运行平整、噪音低，搅拌效果好。根据干料数量，搅拌时时间需0.5～2小时（图57－13）。

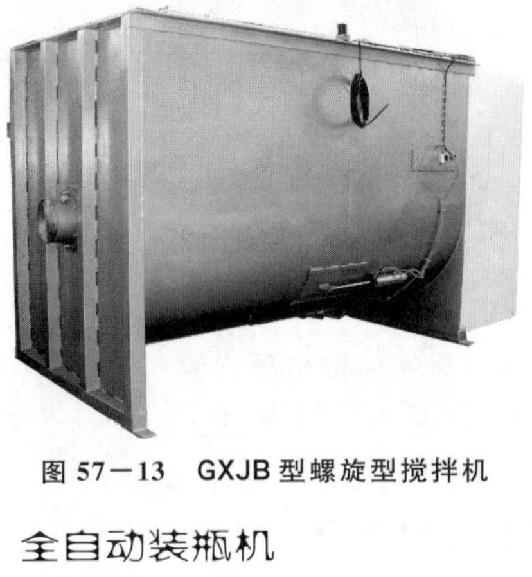

图57－13 GXJB型螺旋型搅拌机

2. 全自动装瓶机

由推筐机、装瓶机、打孔机、压盖机组成，采用电脑控制、自动完成推筐、装瓶、压实、打孔、压盖等动作。每小时可装4 500瓶（图57－14）。

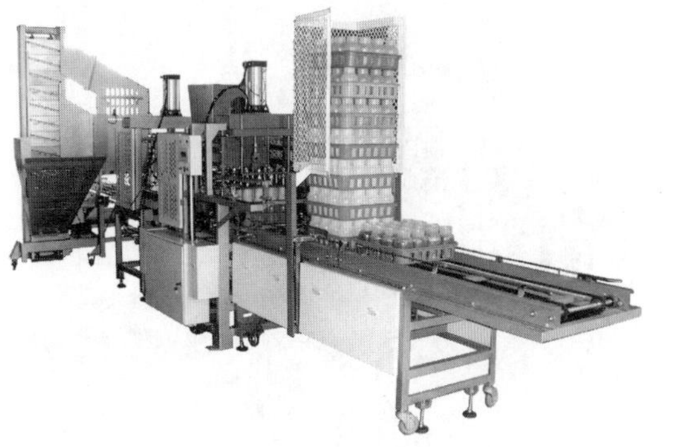

图57－14 GXZP型全自动装瓶机

3. 高压灭菌器

周年工厂化瓶栽必需采用高压灭菌设备。除选择一般常用的高压灭菌锅之外，国内新开发出来的GMQ型脉动真空食用菌专用灭菌器，采用阶段式升温和真空瞬间灭菌技术，具有灭菌周期短（灭菌周期仅为200分钟）、节省蒸汽资源、延长瓶筐寿命、灭菌温度均匀、充分保护培养基有效成分等优点。灭菌瓶数可容纳0.6万～1万瓶不等（图57－15）。

图57－15 GMQ型脉动真空食用菌专用灭菌器

4. 全自动固体接种机

自动完成启盖、旋转挖料（菌种）、接种、压盖、震动等动作，接种准确、定量、均匀，避免人工接种的随意性，大大降低菌种感染的危险性（图57－16）。每小时可装4 500～6 000瓶。

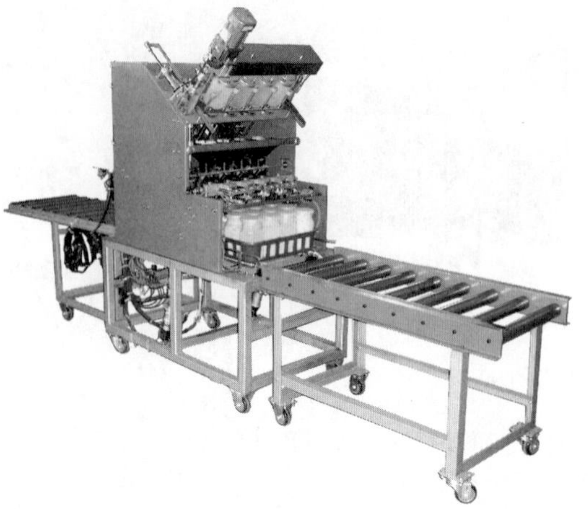

图 57—16 GXJZ—G 型全自动固体接种机

5. 液体菌种设备

液体菌种具有纯度高、活力强、繁殖力快的特点，接入到培养基内具有流动性好、萌发快、菌丝生长迅速、出菇周期短等优点，现已成为工厂化瓶栽菌种生产的新趋势。液体菌种制作所需设备包括：液体菌种培养罐、液体菌种灭菌器、液体菌种接种机及其配套使用的空气净化处理系统。

图 57—17 是液体菌种培养罐。该培养罐再配上空气净化处理系统设备，可最大程度降低菌种感染风险。

图 57—17 GXFJ 系列液体菌种培养罐

该系列液体菌种灭菌器，具有一次多罐、灭菌过程中自动通气搅拌培养基、灭菌结束后自动冷却及自动罐内保压等优点（图 57—18）。

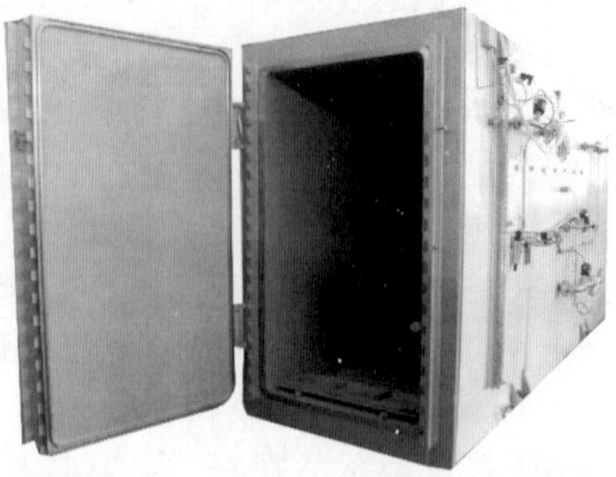

图 57—18 GXQJ 型液体菌种灭菌器

图 57—19 是全自动液体接种机，采用电脑控制、自动完成启盖、接种、压盖等动作，接种准确、均匀，操作者可根据需要自行调节接种量。具有接种料面广、菌种渗透快等优点。每小时可接种 7 000瓶。

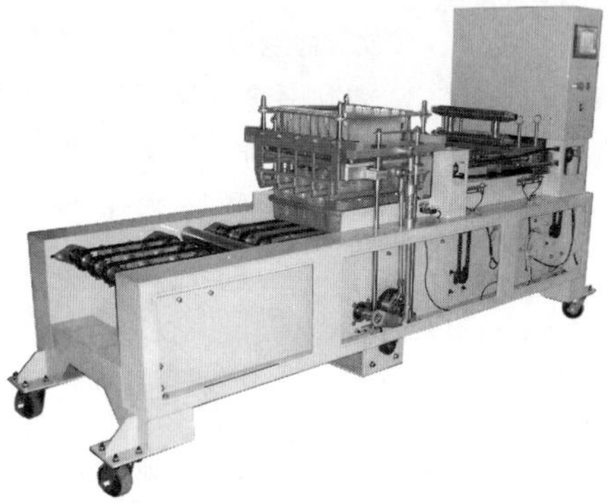

图 57—19 GXJZ—Y 型全自动液体接种机

6. 全自动搔菌机

全自动搔菌机由去盖机、搔菌机、冲刷机、补水机组成。自动完成去盖、刷盖、搔菌、冲刷、补水等动作。搔菌可采用环搔、平搔，每小时可完成 5 500瓶的搔菌工作（图 57—20）。

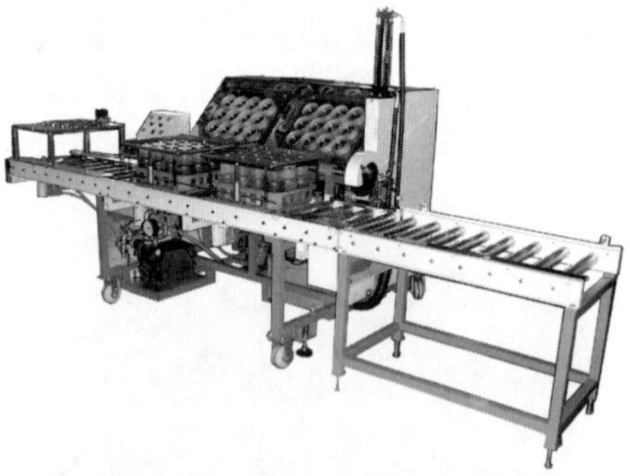

图 57—20 GXSJ 型全自动搔菌机

7. 全自动挖瓶机

利用高压气体挖出瓶内废料，具有操作简单、智能控制、智能故障报警、自动复位、机械性能可靠等优点，每小时可挖5 500瓶。（图 57—21）。

（三）栽培工艺

工艺流程：原料配制→装瓶→高压灭菌→固体或液体接种→菌丝培养→出菇管理→采收→分级包装→挖瓶。

图 57－21 GXWP-Q 型全自动气动挖瓶机

1. 培养料配制

配方 1：棉子壳 30%，玉米芯（或木屑）35%，麦麸 25%，玉米粉 5%，豆粕粉 3%，糖 1%，$CaCO_3$ 1%，pH 为 6.5～7，含水量 65%～67%。

配方 2：木屑 35%，玉米芯 35%，米糠 10%，麦麸 15%，玉米粉 5%。pH 为6.5～7，含水量 65%。木屑需先喷水堆积，玉米芯需粉碎0.6cm 以下。

培养料及塑料瓶的要求请参阅《金针菇》一章。

2. 装瓶

机械搅拌。为了让培养料均匀混合，边加水边调匀，搅拌时间需0.5～2 小时。由于培养料中含有米糠、麦麸等成分，在气温高时，培养料易变酸，影响培养基的质量，同时灭菌也不易彻底，所以拌料需掌握好时间。全自动装瓶机自动装瓶，并在装料的同时在瓶中打孔，以利通气。装料松紧度要求均匀一致、稍紧一些，一般按1 100ml 瓶装料约 700g（湿料），装料高度以瓶肩至瓶口 1/2 处为宜。装完瓶，盖上带有海绵或无纺布过滤空气的瓶盖。

3. 灭菌、冷却

将瓶装入塑料筐，每筐装 16 瓶，然后再装载在灭菌台车上，推入灭菌锅内灭菌，采用脉动式真空高压灭菌锅，在 121℃ 下，保持1.5～2 小时即可。

当灭菌锅气压降到零，温度下降至 85～95℃时，打开灭菌锅，开动空气过滤机，推出灭菌架车进行冷却。冷却室要保证空气的绝对净化，待冷却到 20℃以下时，将车架推入接种室内，进行表面消毒。

4. 接种

①固体菌种接种：接种前必须仔细检查菌种的纯度，确保所使用的菌种质量。菌种在使用前必须消毒菌瓶表面，然后去除培养基表面 3～5mm 的老菌皮。接种人员必须穿戴消毒过的衣、帽、鞋，佩带口罩，通过风淋进入接种室。接种前，消毒接种机接触菌种的部位，接种时自动定量，每瓶菌种可接 45～50 栽培瓶。

②液体菌种接种：制作的液体菌种在接种前需经检验，确认无杂菌污染后才能用于接种，否则将造成全部栽培瓶污染。目前采用的液体菌种灭菌器，可以一次多罐对液体菌种培养罐进行灭菌，大大提高了菌种的成功率。液体菌种接种室要保持绝对干净、空气净化应达到 10 万级，层流罩区净化应达到 100 级。接种时，液体接种机的喷头需经高压蒸汽灭菌后才能使用，接种前连接好接种机的喷头与菌种罐的菌液输送管道。接种过程中应保持好罐压，以保证菌种均匀喷洒。每瓶接种量约为 25ml。

5. 培养

接种后，将栽培瓶移入培养室。塑料筐堆放的高度为 15～20 层，堆放的密度 800～1 000 瓶/平方米，每区域间预留通风道。培养过程中应注意的事项请参阅本书《金针菇》一章。杏鲍菇培养前期（1～10 天），培养室温度应控制在 23～25℃，CO_2 浓度为 2 000×10^{-6}左右；由于栽培瓶内菌丝受自身发热影响，室内温度应控制在 22～23℃为宜，CO_2 浓度为 3 000×10^{-6}左右。在培养过程中，相对湿度以 65%～70%为宜。一般经 25 天左右菌丝即可长满栽培瓶，再经一周左右的后熟阶段，使其达到生理成熟并积累足够的营养，即可完成培养过程。在培养前期要及时拣出已污染杂菌的瓶子和未萌发的栽培瓶，保持培养室的洁净。

6. 搔菌、排放

培养好的杏鲍菇栽培瓶在进入栽培室之前，必须经过搔菌，除去老菌种皮，这样才能达到出菇整齐、快速的目的。采用平搔法搔去表面 5～6mm 老菌种皮及料表面菌丝，搔菌过程由机械一次性完成，包括开瓶盖、搔菌、冲洗菌种瓶壁。注意：不可像金针菇工厂化瓶栽那样注水，因为杏鲍菇易受细菌感染，注水后，会增加细菌感染的机会。

搔菌后移入出菇房排放。排放时，用另一个空的塑料筐扣在瓶口上，然后翻转使瓶口朝下，排放在栽培室的层架上（图 57－22）。地面需洒水，保持湿润。

图 57－22　瓶口翻转排放

7. 催蕾

搔菌后 1～3 天之内，栽培室内温度应调至 15～16℃，相对湿度在 95%～98%左右，CO_2 浓度控制在1 000～1 500×10^{-6}，保持空气清新，有利于菌丝恢复生长。第 4 天之后，温度调节至 14～16℃(根据品种而异)，相对湿度下调至 85%～95%，CO_2 浓度保持在1 500～1 800×10^{-6}之间。在催蕾阶段，应适当增加光照，经过 5～7 天即可形成原基。原基形成 2～3 天后，约在进栽培房的第 9 天，再用一只空盘筐扣在瓶底上倒翻，使瓶口朝上，这时原基已转化成菇蕾(图 57－23)。第 10～12 天，栽培房的相对湿度仍应控制在 85%～95%，温度为 15～16℃，CO_2 浓度保持在1 500～3 000×10^{-6}。子实体发生期间，要注意通风换气，保持空气清新，使之正常生长。

图 57－23　催　蕾

8. 疏蕾

为了获得品质优良的子实体，必须进行疏蕾。一般在第 13～14 天(子实体菌柄长至 4cm 左右)对菇蕾朵数多的栽培瓶疏蕾，疏去个头小、形状差、生长能力较弱的菇蕾，留下 2～3 个生长强壮、朵形好的菇蕾(图 57－24～图 57－25)。

9. 生育

疏蕾后，子实体生长快速(图 57－26)。第 14～16 天，栽培房的温度应控制在 14～15℃，相对湿度在 90%～95%，CO_2 浓度保持在2 000～2 500×10^{-6}。管理过程中需注意：切不可直接向子实体喷水。

图 57－24～图 57－25　疏　蕾

图 57－26　正在生长的杏鲍菇子实体

当子实体不断长大，距采收前 2～3 天时，由于硕大的子实体呼吸旺盛，栽培房的温度应控制在 13～14℃，同时要增加氧气量，CO_2 浓度应保持在1 500～2 000×10^{-6}，避免子实体发生病害、枯萎。为了延长子实体的货架期，空气相对湿度应控制在 85%为宜。

从出菇到采收一般需 18～20 天，工厂化瓶栽只采收一潮菇。

10. 采收

当菇柄长至 8～15cm，菇盖尚未完全开展时，应及时采收(图 57－27)。采收时，一手握住菌瓶，一手把菇丛拔起，平整放入筐内。

图 57－27 即将采收的杏鲍菇

11. 挖瓶

采收结束后，瓶子移入挖瓶区，由自动挖瓶机将废料挖出，菌瓶重复使用于生产。废料应及时运送异地处理，以免发霉、发酸，影响环境卫生。

采收完毕后的栽培房需彻底清扫干净，冲洗床架、四壁，进行消毒后继续使用。

12. 分级包装

采收后的子实体经修整后，按等级标准进行分级，并及时包装保存，存放在 2～4℃ 下冷链储运，可保存 30 天左右。

十、杏鲍菇的病虫害防治

杏鲍菇病虫害的预防与治疗，请参阅本章《杏鲍菇工厂化袋栽技术》中的“病虫害防治”一节内容。

第五节 杏鲍菇的营养价值

杏鲍菇菌肉肥厚，质地鲜嫩，营养丰富，美味可口，是优良的珍稀食用菌，有“平菇王”之称。据颜明娟等研究（2002），杏鲍菇干菇中蛋白质含量为 20%，粗纤维素含量为13.28%，粗脂肪含量为 3.50%，灰分含量为6.10%，多糖含量为6.3%。已经测得的氨基酸有 17 种，氨基酸总含量为 15.85%，其中含有人体必需氨基酸 8 种，含量达到6.65%。据宫志远等研究（2002），不同的培养料栽培的杏鲍菇，其营养成分（表 57—2）和氨基酸含量（表 57—3）稍有差异。

表 57—2 不同培养料栽培杏鲍菇的营养物质含量（%）

培养基质	蛋白质	脂肪	总糖	粗纤维	维生素 C	维生素 B_1	维生素 B_2	维生素 E	Fe	Ca	Zn	Se
棉子壳	15.4	0.55	52.1	5.4	25.3	0.193	1.43	—	29	142	38	0.023
玉米芯	15.4	0.55	51.5	6.2	25.4	0.198	1.50	1.27	30	22	36	0.025
玉米秸秆	14.4	0.80	55.7	6.8	27.0	0.198	1.56	—	24	106	34	0.025

表 57—3 不同培养料栽培杏鲍菇的氨基酸含量（mg/100g）

培养基质	天冬氨酸	苏氨酸	丝氨酸	谷氨酸	甘氨酸	丙氨酸	胱氨酸	缬氨酸	蛋氨酸	异亮氨酸	亮氨酸	酪氨酸	苯丙氨酸	赖氨酸	组氨酸	精氨酸	脯氨酸	氨基酸总量
棉子壳	1.39	0.62	0.64	1.77	0.61	0.82	0.26	0.79	0.30	0.86	1.53	0.37	0.59	0.81	0.29	0.71	0.36	12.72
玉米芯	1.47	0.63	0.67	1.91	0.68	0.84	0.25	0.79	0.34	0.86	1.48	0.25	0.60	0.82	0.29	0.72	0.46	13.06
玉米秸秆	1.44	0.62	0.66	1.88	0.69	0.87	0.25	0.79	0.27	0.89	1.66	0.11	0.61	0.81	0.28	0.79	0.41	13.03

杏鲍菇矿物元素含量比较丰富。每百克干菇中含有钙 142.4μg，镁 1214.3μg，铜 11.5μg，锌 79.6μg，锰 13.4μg，铁 101.8μg，钾 1.81μg，磷1.45μg。

第六节 杏鲍菇的药理与应用

杏鲍菇不仅含有丰富的营养物质，而且还具有很好的保健作用。经常食用杏鲍菇，可以降低人体血液中的胆固醇含量，有一定的调节血压作用，能增强人体的免疫力，对预防和治疗心血管病、糖尿病、肝炎和胃溃疡病都具有一定的作用。据兰瑞芳等人研究（2002），杏鲍菇含有丰富的漆酶，漆酶活性为 1.5μ/ml，高于双孢蘑菇、凤尾菇、香菇、美味侧耳和茶树菇（表 57－4）；杏鲍菇漆酶是较稳定的高温酶，最适温度是 60℃，最适 pH 为3.0，某些矿物元素对漆酶活性有较大影响，Pb^{2+}、K^{+} 能够激活漆酶的活性，而 Fe^{2+} 对漆酶活性有较强的抑制作用。

表 57－4　6 种食用菌子实体漆酶粗提液的漆酶活性

供试食用菌	漆酶活性（单位/ml）	蛋白质浓度（mg/ml）	比活性（单位/ml）
杏鲍菇	1.50	0.93	1.61
双孢蘑菇	0.75	2.13	0.35
凤尾菇	0.35	1.23	0.28
香菇	0.32	1.30	0.25
美味侧耳	0.16	1.16	0.14
茶树菇	0.18	2.19	0.08

据张俊会、王谦研究（2003），杏鲍菇多糖对自由基引起的亚油酸、菜油氧化和离体肝脏组织脂质过氧化有一定的抑制作用。在 Fe^{2+} 催化的亚油酸脂质过氧化体系中，用0.5%的添加量抑制率可以高达48.20%；而用0.1%的添加量抑制率也可以达到46.72%；在高温强制保存的菜油体系中，用0.1%的添加量可明显抑制 POV 值的增加；在 CCL_4 诱导的肝脏脂质过氧化体系中，也有一定的抑制作用。

第七节　展　望

一、杏鲍菇品种选育的研究

杏鲍菇为异宗结合、四极性食用菌，运用不同菌株间单核菌丝体配对杂交的方法，实现双核化，选育出新的杏鲍菇品种（菌株），这是杏鲍菇品种选育的一条重要途径。刘宇等（2004）用杏鲍菇 1 号和杏鲍菇 9 号单核菌丝体配对杂交，选育出杏鲍菇新菌株 13 号，它具有产量高、菇形好的优点，生物学效率达到109.20%，比亲本杏鲍菇 1 号和杏鲍菇 9 号分别增产21.74%和11.31%。刘宇等（2009）又用杏鲍菇 10 号与 13 号菌株杂交，选育出 16 号杂交新菌株，生物学效率达到118.33%。王波等（2007）用杂交菌株 Pel 和杂交菌株 Pe528 单核菌丝体配对杂交，选育出杏鲍菇新菌株 Pe5710，它的产量显著高于亲株，比亲株 Pel 和 Pe528 分别增产55.85%和18.98%。

为了做好杂交育种工作，进行杏鲍菇品种的比较试验，需筛选出具有不同优良农艺性状的菌株。据王俊玲等研究（2008），在供试的 6 个杏鲍菇菌株品比试验中，PL1 菌株菌丝生长情况最好，该菌株较耐高温；产量较高的菌株为 PL4；PL4 和 PL6 为早熟菌株；PL4 和 PL5 经济性状表现较好，这些结果为杂交亲本的选择提供了事实依据。

杏鲍菇品比试验，能够筛选出优良的菌株供生产上应用。据姚自奇、兰进（2005）进行的杏鲍菇不同菌株生物学特性的研究，供试的 4 个菌株存在遗传差异，菌株 X_3 菌丝生长速度最快，X_2 菌丝体生物量最高，X_2、X_4 和 X_3 多糖含量比 X_1 高，这为液体深层培养和栽培生产提供了依据。据王瑞娟等研究（2006），从 13 个杏鲍菇菌株的筛选中，选育出菌丝生长势旺盛、单产较高、栽培周期较短、子实体栽培性状优良的适于工厂化栽培的 3 号菌株，为进一步中试打下了基础。据刘宇等（2006）对杏鲍菇不同杂交菌株对比试验，杏鲍菇 17 号菌株表现较好，呈保龄球状，适于鲜销和制罐；而 19 号菌株，形状呈棒状，适于小包装超市销售。巫仁高等在（2007），筛选出“杏乐”杏鲍菇优良菌株，子实体菌肉肥厚，菌柄细密结实，菇体近长条形，雪白粗长，不易开伞，保质期长，味道鲜美，产品不仅符合出口要求，也为国内消费者所接受。李超等（2007）通过试验，筛选出适宜工厂化栽培的耐 CO_2 杏鲍菇 LX_2 菌株，在培养室 CO_2 质量分数逐渐上升到1.8%时，对菌丝体生长有显著促进作用，能缩短发菌期；CO_2 质量分数0.8%时，仍能正常形成原基，同时刺激菌柄伸长；而菌盖伸展期则需要加强通风换气，CO_2 质量分数应小于0.25%。

二、杏鲍菇高产栽培技术的研究

（一）杏鲍菇栽培配方的研究

近年研究表明，栽培的主料和辅料很好搭配，能够配制成一些优良配方，满足对各种营养物质的需求，使杏鲍菇获得丰产。据郭美英报道（2001），用棉子壳 37%、木屑 37%、麦麸 24%、糖 1%、碳酸钙 1%的配方，杏鲍菇的生物学效率达到 87%。刘宇等研究（2004），用棉子壳 80%、麦麸 18%、糖 1%、石膏 1%的配方，生物学效率达到 92.9%。杨旭等（2007）对 8 种栽培配方筛选试验表明，以棉子壳 40%，棉秸木屑（糠状）40%，麦麸 17%，石灰、石膏、糖各 1%的配方，表现最好，菌丝体生长粗壮、洁白、浓密，菌丝发满袋快，杏鲍菇形状好，生物转化率达到 115.7%，比其他配方的产量都高。

（二）杏鲍菇的覆土栽培技术研究

覆土栽培能够明显提高杏鲍菇的产量，各地在这方面有不少技术革新，积累了一些经验。姚祥坦等(2007)对杏鲍菇覆土材料进行筛选，结果表明，以保水性、透气性都好的泥炭土为覆土材料，杏鲍菇产量最高，生物学效率达到98.0%。颗粒适中的菜园土能够保证杏鲍菇的正常生长，生物学效率达到 89.1%，颗粒过大或过小均会影响菌丝体的生长和产量的形成。而腐熟有机肥虽然营养丰富，但保水性较差，因营养丰富有利于杂菌生长，生物学效率只有63.9%。

王呈等试验(2005)，杏鲍菇菌袋长满后，春秋季节利用林地做畦，脱袋覆土栽培杏鲍菇，生物学效率可以达到61.0%～71.8%，投资少，不占耕地，管理方便，菇质好，出菇残渣是林木的好肥料。据杨永红报道(2008)，在菇棚内出菇 2 潮后，再采用覆土栽培方法，每棒净产量提高 150g 以上。

(三)杏鲍菇的生料栽培技术研究

据姚晨红试验(2006)，用木屑 75%，麦麸 23%，白糖 1%，石灰 1%，另加多菌灵0.2%的配方，将栽培料堆制发酵，翻堆 3 次。待料发酵成熟后，装袋，接种，在 20～25℃温度下培养，菌丝体长满后，可出 2 潮菇，头潮菇生物学效率可达到30%～60%。这为杏鲍菇的生料栽培提供了进一步探讨的依据。

(四)重金属对杏鲍菇生长的影响

曲明清等试验(2006)，在培养料中添加不同浓度的 As、Hg、Pb 和 Cd 重金属，对食用菌生长有明显影响。培养料中高浓度的 As、Hg、Cd 会对杏鲍菇菌丝生长产生抑制作用，显著降低生物学效率；而培养料中的 Pb 会刺激杏鲍菇菌丝的生长，生物学效率随添加浓度的升高逐渐降低。研究还发现，杏鲍菇对 4 种重金属的富集能力差异较大，富集 Cd 的能力最强；富集 Hg 的能力也较强，培养料中高浓度的 Hg(≥10mg/kg)，会使杏鲍菇子实体中 Hg 的含量超过绿色食品的标准；杏鲍菇对 As、Pb 的富集能力较弱。由于这 4 种重金属对杏鲍菇产量和生物学效率都会产生影响，使食用菌子实体受污染，含量超过安全食品标准，所以在食用菌栽培过程中，要选择重金属含量低的培养料，以确保食用菌的产品质量。根据试验结果推断，培养料中 As、Hg、Pb、Cd 的浓度分别在0.5mg/kg、1.0mg/kg、3.5mg/kg 和1.0mg/kg 以下时，杏鲍菇子实体质量符合绿色食品的要求。

(五)消毒剂的应用

在杏鲍菇的菌种制作和栽培管理过程中，经常受到各种竞争性杂菌的侵染，造成菌袋污染，有时损失非常严重。为了减少杏鲍菇生产中竞争性杂菌侵染，应大力推行杏鲍菇的标准化生产，贯彻“预防为主、综合防治”的方针，正确调控各个生产环节的管理措施，把竞争性杂菌消灭在发生和危害之前。其中使用必洁仕牌二氧化氯消毒剂，进行规范和彻底的消毒，使之有效地预防菌种和菌袋被竞争性杂菌侵染，真正做到防患于未然，以便降低污染率，提高杏鲍菇菌种和菌袋的成品率。

黄金宝等(2006)试验，用必洁仕牌二氧化氯消毒剂0.25g/m^3的浓度熏蒸接种室，杀灭细菌效果达到 100%，对木霉菌防效达到 95%，对毛霉菌防效达到 92.56%，对链孢霉菌预防效率达到 99.28%。黄金宝等试验(2007)，用该消毒剂 0.75～1.0 g/m^3的浓度熏蒸培养室，防治链孢霉菌效果达到 100%。黄金宝等人试验(2008)，用本消毒剂4 000倍液拌料，对木霉菌、毛霉菌和链孢霉菌的防治效果分别为 96.00%、88.72% 和 90.91%，与空白对照比较，差异显著或极显著。用4 000倍液喷雾，能够有效杀灭空气中的杂菌，降低菌袋的污染率，对食用菌子实体病害也有较好防治效果。

参考文献

[1] 卯晓岚. 中国大型真菌[M]. 郑州：河南科学技术出版社，2000.
[2] 黄年来. 食用菌百科[M]. 北京：中国农业出版社，1993.
[3] 黄年来. 18 种珍稀美味食用菌栽培[M]. 北京：中国农业出版社，1997.
[4] 陈文良，陈卓雄，吴玉珍. 食用菌栽培[M]. 北京科学技术出版社，1989.
[5] 吕作舟. 食用菌栽培学[M]. 北京：高等教育出版社，2006.
[6] 王贺祥. 食用菌学[M]. 北京：中国农业大学出版社，2004.
[7] 黄毅. 食用菌栽培[M]. 北京：高等教育出版社，2008.
[8] 陈士瑜. 珍稀菇菌栽培与加工[M]. 北京：金盾出版社，2003.
[9] 康源春，孔维丽，袁瑞奇. 杏鲍菇高效栽培技术[M]. 郑州：河南科学技术出版社，2002.

[10] 王波，鲜灵. 杏鲍菇栽培与加工[M]. 北京：金盾出版社，2004.
[11] 曾立文，吕凯，郭书普. 杏鲍菇高效益生产关键技术问答[M]. 北京：中国林业出版社，2008.
[12] 郭美美. 杏鲍菇的特性与栽培技术研究[J]. 食用菌，1998(5)：11-12.
[13] 余知和. 刺芹侧耳复合种的研究概况[J]. 菌物学报，2007，26(增刊)：22-28.
[14] 陈文良，刘宇，王丽珍，等. 白灵菇和杏鲍菇综合配套关键栽培技术[J]. 蔬菜，2004(4)：23-24.
[15] 刘宇，陈文良，林秀敏，等. 不同培养基对杏鲍菇菌丝生长的影响[J]. 中国食用菌，2004(5)：22-24.
[16] 刘宇，陈文良，林秀敏，等. 不同配方培养料对杏鲍菇生长的影响[J]. 食用菌学报，2004(2)：37-40.
[17] 刘宇，陈文良，王丽珍，等. 杏鲍菇 13 号杂交菌株选育研究[J]. 食用菌学报，2004(3)：61-64.
[18] 梁建光，董洪新，张树义. 杏鲍菇菌丝生长营养条件的初步研究[J]. 食用菌，2006(3)：12-13.
[19] 邹莉，李绍鹏，袁玲. 杏鲍菇最佳培养基的筛选[J]. 菌物研究，2006，4(1)：38-41.
[20] 陆学峰，冯伟林. 杏鲍菇高产栽培技术[J]. 食用菌，2005(5)：41-42.
[21] 周阿囡，陈生良，储利慧. 杏鲍菇不同配方与出菇方式试验 [J]. 食用菌，2006(1)：28-29.
[22] 冀宏，赵黎明，霍红，等. 杏鲍菇栽培的细化管理技术及常见问题解析[J]. 食用菌，2006(4)：35-36.
[23] 刘瑞壁. 杏鲍菇栽培技术探讨[J]. 食用菌，2006(5)：53-54.
[24] 杨旭，张连秋，李继存，等. 杏鲍菇高产栽培配方筛选试验[J]. 食用菌，2007(3)：33.
[25] 王呈，温夏萍，曹淑芳. 杏鲍菇脱袋菇畦覆土栽培试验 [J]. 食用菌，2005(3)：40-41.
[26] 姚祥坦，张敏，徐素琴. 杏鲍菇覆土材料筛选试验[J]. 食用菌，2007(6)：27-30.
[27] 陈文良，刘宇，高继海，等. 食用菌竞争性杂菌的综合防治技术[J]. 中国食用菌 2009(5)：59-60.
[28] 陈文良. 必洁仕牌复方消毒剂的防治效果与使用方法 [J]. 全国食用菌信息，2006(7)：19-20.
[29] 黄金宝，林秀敏，陈文良，等. 必洁仕牌复方消毒剂防治杂菌的效果试验[J]. 食用菌，2006(2)：49-51.
[30] 黄金宝，陈文良，高继海，等. 必洁仕牌复方消毒剂熏蒸防治链孢霉菌及对食用菌的影响[J]. 菌物学报，2007(增刊)：424-429.
[31] 黄金宝，陈文良，高继海，等. 必洁仕牌二氧化氯消毒剂拌料对食用菌及杂菌生长的影响[J]. 中国食用菌，2008(5)：49-51.
[32] 杨永红. 杏鲍菇干袋覆土混合式高产栽培技术[J]. 食用菌，2008(2)：43-44.
[33] 姚晨红. 杏鲍菇生料袋栽新技术[J]. 食用菌，2006(6)：52-53.
[34] 曲明清，邢增涛，程继红，等. 培养料中重金属元素对杏鲍菇子实体产量和质量的影响[J]. 食用菌学报，2006，13(2)：53-56.
[35] 姚自奇，兰进. 杏鲍菇不同菌株生物学特性的研究[J]. 食用菌学报，2005，12(2)：14-18.
[36] 刘宇，耿小丽，王守现，等. 杏鲍菇不同杂交菌株对比试验[J]. 食用菌，2006(5)：21.
[37] 王瑞娟，郭力刚，刘朝贵，等. 工厂化栽培杏鲍菇优良菌株筛选[J]. 食用菌学报，2006，13(3)：19-21.
[38] 巫仁高，王爱仙，邓文明. 杏鲍菇“杏乐”菌株栽培技术要点[J]. 食用菌，2007(6)：47-48.
[39] 李超，陈平. 工厂化栽培杏鲍菇 Lx2 菌株耐 CO_2 特性[J]. 食用菌，2007(6)：22-23.
[40] 王俊玲，李明，田景花，等. 杏鲍菇不同菌株的品比试验[J]. 中国食用菌，2008，27(1)：34-35.
[41] 蔡衍山，吕作舟，蔡耿新. 食用菌无公害生产技术手册[M]. 北京：中国农业出版社，2002.
[42] 刘宇，陈文良，耿小丽，等. 杏鲍菇 16 号杂交菌株选育[J]. 食用菌，2009(2)：23-24.
[43] 黄志龙，肖淑霞，上官舟建. 杏鲍菇优良菌株筛选及配套标准化栽培技术[J]. 食用菌，2008(1)：25-26.
[44] 王庆武. 杏鲍菇液体菌种培养及接种栽培试验[J]. 食用菌，2009(2)：53-54.
[45] 蔡爱群，符鹏飞. 杏鲍菇 Pe528 栽培料配方的比较试验[J]. 食用菌，2009(3)：35.
[46] 刘雪琼. 杏鲍菇无公害工厂化栽培技术[J]. 中国食用菌，2008，27(6)：60-64.
[47] 廖洪初. 杏鲍菇简易工厂栽培技术[J]. 食用菌，2008(6)：37-38，41.
[48] DE GIOIA T，SISTO D，RANA GL，et al. Genetic structure of the Pleurotus eryngii species-complex[J]. Mycol Res，2005，109(1)：71-80.
[49] GONZALEZ P，LABARERE J. Phylogenetic relationships of Pleurotus species according to the sequence and secondary structure of the mitochondrial small subunit rRNA V4，V6 and V9 domains[J]. Microbiology，2000，146：209-221.

（陈文良、郑雪平、郭美英）

第五十八章　秀珍菇

DIWUSHIBAZHANG XIUZHENGU

摘要：秀珍菇是20世纪90年代在台湾首先选育出的平菇(侧耳)新品种。秀珍菇具有味道鲜美、肉质脆嫩等优良商品特性，在市场上有别于普通平菇，深受消费者好评。引入太陆以来，秀珍菇又衍生了不少新的菌株并先后出现在市场上。本章概述了秀珍菇的分类地位、发展历程、产业现状、生物学特性、栽培技术、营养及药疗价值，并对秀珍菇生产的发展历程做了一个简要的回顾和阶段性的总结。

Pleurotus pulmonarius

Abstract: *Pleurotus pulmonarius* is a newly cultivated species that was selected and bred from the *Pleurotus* oyster mushroom in Taiwan in the 1990's. This mushroom has been well-received by consumers because of its delicious flavor, mild-tasting fleshy and nourishing fruit bodies, and other characteristics that distinguish it from the traditional *Pleurotus* mushroom. Several new *P. pulmonarius* strains were bred from the original after importation to mainland China, most of which are now cultivated commercially for the market. This chapter consists of seven sections describing in detail various aspects of *P. pulmonarius* including taxonomy, history and present status, biological features, cultivation techniques, nutritional attributes and medicinal properties, and applications. Progress in the development of *P. pulmonarius* in China is reviewed and summarized.

第一节　概　述

一、学名及分类地位

秀珍菇又名：珊瑚菇、珍珠菇、袖珍菇、迷你蚝菇等。

学名：*Pleurotus pulmonarius*（Fr.）Quél.，*Mém. Soc. Émul. Montbéliard*，Sér. 25：11(1872)。

属名"*Pleurotus*"一词来自希腊语，其词源是"pleura"，意思是"肋骨、侧生"，用于真菌的属名，翻译为"侧耳属"。种名加词"*pulmonarius*"意思是"肺状、肺"。该菌的中文学名可译成"肺形侧耳"。

同物异名：*Agaricus pulmonarius* Fr.，*Syst. mycol.*（Lundae）1：187(1821)；*Dendrosarcus pulmonarius*（Fr.）Kuntze，*Revis. gen. pl.*（Leipzig）3：464（1898）；*Pleurotus araucariicola* Singer，*Lilloa* 26：141(1953)；*Pleurotus ostreatus* f. pulmonarius（Fr.）Pilát，*Bull. trimest. Soc. mycol. Fr.* 49：281(1933)；*Pleurotus ostreatus* var. pulmonarius（Fr.）Iordanov，Vanev & Fakirova，(1979)。

分类地位：菌物界(Fungi)，担子菌门(Basidiomycota)，伞菌纲(Agaricomycetes)，伞菌亚纲(Agaricomycetidae)，伞菌目(Agaricales)，侧耳科(Pleurotaceae)。

二、秀珍菇产业发展历程

秀珍菇是20世纪90年代由我国台湾省农业试验所成功选育并改进栽培工艺，开发成商品化生产的一个新栽培品种。1994～1995年，笔者曾通过台商引入秀珍菇菌种，在广东清新县扶贫办的主持下开展过10万袋级的产业化生产。1998年，由台湾人在福州市罗源县西兰乡引种秀珍菇栽培获得成功，之后迅速在当地大面积推广，经济效益十分显著。上海市于20世纪90年代末开展了农委科技攻关项目"食用菌新品种秀珍菇的开发"，由上海市农科院食用菌研究所等单位进行开发研究。2001年，上海市青浦区的台资福星农产品公司率先在上海与农林公司合作开发秀珍菇生产。甘肃兰州农科所在2002年开展了秀珍菇引种栽培试验，并取得成功。2006年，广东省农科院蔬菜研究所与东莞市农业种子研究所合作开展秀珍菇工厂化栽培最适宜条件的研究。目前，秀珍菇已在苏、浙、粤、皖、豫等许多地区开展了生产，产品主要销往深圳、广州、上海等地。2009 年，我国秀珍菇总产量已达21.97万吨。

三、秀珍菇的产业发展现状

（一）菌种来源

除美国菌种保藏中心（ATCC）保藏来自欧洲、印度等地的秀珍菇菌种外，我国福建、浙江、江苏、广东、四川、台湾等高等院校、研究院所及生产单位都或多或少保藏有从印度、西方国家和我国台湾等地引种或引进后再选育的秀珍菇菌种。例如，成都绿亨科技发展有限公司的川秀 1 号；江苏省高邮食用菌研究所的秀珍菇 18、秀珍菇 12；福建省食用菌协会的日本秀珍菇、台湾秀珍菇；华中农业大学食用菌研究所的秀珍菇 5 号；武汉新宇食用菌研究所的夏秀、秀丽 1 号；浙江省农业科学研究院的农秀 1 号；浙江省淳安微生物研究所的秀珍菇 2 号等，都曾是国内秀珍菇生产和研究材料来源。

（二）栽培模式

秀珍菇的栽培基本上是仿照平菇进行栽培的，栽培平菇用的各种培养料都可用来栽培秀珍菇。栽培模式主要有两种：一种是利用自然气候开展季节性栽培；另一种是利用空调设备在室内进行周年栽培。自然气候下，南方地区栽培秀珍菇一般安排在 9 月份到翌年 5 月份期间。

（三）市场情况

作为一个较新的食用菌品种，上市之初并不被多数消费者所了解，常误以为是一种普通平菇。2001 年，上海市日销售秀珍菇不过 200 千克，由于口感好，味道鲜美，市场迅速扩大，2002 年上海市日销秀珍菇已超过 20 吨，且呈供不应求之势。珠江三角洲和环渤海湾地区也有类似现象，且秀珍菇的市场价格明显高于普通平菇。

（四）相关管理法规

浙江省在 2004 年首先出台了“无公害秀珍菇”地方标准，包括“生产技术规程”和“质量安全要求”两部分。目前暂无相应的国家标准出台。

第二节　秀珍菇的生物学特性

一、秀珍菇的形态特征

（一）菌丝体形态特征

菌丝体在 PDA、菌种培养基和栽培培养基中均呈白色、纤细绒毛状，气生菌丝发达。菌落外观较普通平菇菌丝细、薄，平坦、舒展。菌丝生长过程中，显微镜下能明显地观察到菌丝的锁状联合。培养特征与凤尾菇几乎没有肉眼可见的差异。

（二）子实体形态特征

秀珍菇子实体呈单生或散生，与大多数丛生或簇生的平菇相异，也是与易混淆品种“姬菇（小秀珍菇）”相区分的一个重要特征。子实体小到中型，大多菌盖直径 3～6cm，出菇气温较高时子实体完全成熟后的菌盖直径可超过 10cm。菌盖开始分化时为浅灰色，后逐渐变深，呈深灰色。成熟后又开始逐渐变浅，最后呈灰白色，且温度较高时色泽较浅。某些菌株还会呈现淡黄色至深棕色。菌盖随栽培方式和采收时间的不同分别呈扇形、贝壳形或漏斗状，成熟、完全平展后边缘常呈波状，基部下凹不明显，表面光滑干爽。菌肉厚度中等、白色。菌褶白色、延生、不等长。菌柄侧生、少近中生、白色，幼时肉质内实，基部稍细无绒毛，长 2～6 cm，粗0.6～1.5cm。搔菌处理的子实体发生较多，如培养基袋口较窄，子实体会多至近似丛生，个体较小，菌盖直径 1～3cm。孢子印白色。

商品菇要求菌盖 3～5cm、菌柄长 2～5cm、粗 0.5～1.5cm。即菌盖一般比姬菇大，菌柄比姬菇短。

二、秀珍菇的分布和生态习性

（一）分布和生态习性

较为确切的证据显示，秀珍菇是由我国台湾省科研机构从人工栽培品种中选育出，而非野生分离驯化的结果。个别报道指秀珍菇分布于亚洲的热带、亚热带地区，甚至称福建、云南、江西等地有野生秀珍菇分布，估计是误用凤尾菇、糙皮侧耳、白黄侧耳等种名而造成。

（二）生长发育条件

1. 营养

秀珍菇是一种木生菌，菌丝生长的较佳碳源

是可溶性淀粉和羧甲基纤维素钠。甘露醇和半乳糖不宜做秀珍菇菌丝生长的碳源。栽培上通常以富含纤维素、木质素、半纤维素的阔叶树木屑、棉子壳、玉米芯和秸秆等为主要碳源,也可加入少量蔗糖以供菌丝初期生长所需。

根据试验,秀珍菇菌丝生长对几种不同类型氮源原料的适应性依次为:酵母粉、甘氨酸、硝酸钠、蛋白胨、硫酸氨,尿素几乎不能利用。由于秀珍菇是以小菇多潮采收为目的,培养基中需有充足的氮源。栽培上以麦麸、米糠、玉米粉、花生饼粉等富含有机氮素的原料为适宜的氮源,理想的添加量为 20%～25%。

秀珍菇菌丝生长的最适碳源、氮源组合是酵母粉和可溶性淀粉,碳氮比以 20∶1～30∶1 为宜。辅料方面还需要添加少量的无机盐,如硫酸钙、碳酸钙、过磷酸钙、磷酸二氢钾、硫酸镁和硫胺素等。

2. 温度

菌丝体生长的温度范围在 7～30℃,最适温度为 22～25℃。试验表明,27℃时菌丝生长速度最快,但不如 25℃浓密;高于 27℃时菌丝速度明显下降;35℃以上菌丝会死亡。当温度低于 20℃时,秀珍菇菌丝生长明显缓慢;15℃时,菌丝呈气生状,生长极其缓慢;低于 5℃菌丝停止生长,但不会死亡。

子实体分化阶段,适宜的温度为 8～22℃,最适温度为 12～20℃。给予一定的温差刺激会使子实体分化加快,出菇整齐,产量增加。气温持续超过 28℃时难分化出原基,需要给予 10～20℃的温差刺激,以达到温差效果。一般给予温差 10℃处理即可,温差处理时间约 24 小时,2 天后可出现大量的原基。

秀珍菇有不同温型的品系,对温度要求各异。

3. 水分

菌丝生长阶段培养基的适宜含水量为55%～60%。水分含量过高,氧气供应不足会影响菌丝生长,进而影响产量。空气相对湿度低于 65%有利于抑制红色链孢霉等杂菌的大面积发生。

子实体生长阶段,栽培基质含水量以 60%～65%为好,低于 60%时,转潮明显减缓,二潮菇以后出菇量变少,且菌盖变薄,边缘易开裂。空气相对湿度适宜在 85%～95%,低于 80%菌盖边缘易开裂;低于 70%时原基不易形成。严重时,形成的子实体会干枯死亡。但空气相对湿度高于 95%,容易形成菌盖内卷的“鸡爪菇”,子实体还容易感染细菌,变软腐烂。

4. 空气

秀珍菇为好氧真菌,但菌丝生长阶段对 CO_2 有一定的耐受力。子实体生长阶段菌丝呼吸旺盛,对氧气需求大增,长时间通风不良,CO_2 浓度过高,易产生畸形菇。子实体进入伸长期,需要保持一定量的 CO_2 浓度,特别是在袋口的局部环境,一定量的 CO_2 可以促进菇柄伸长,限制菇盖变得太大。如高温季节通气不良,易引起菇体和培养基霉烂。

5. 酸碱度

秀珍菇适宜在微酸性的培养基上生长,培养基最适 pH 为 6.0～6.5。

6. 光照

菌丝生长阶段以黑暗条件最好,较强光线(主要是蓝光)对菌丝生长有抑制作用;子实体阶段对光要求较敏感,无光条件下子实体难以形成。但强烈的直射光会危害菌体,以 500～1 000 lx的散射光为宜。子实体伸长、成熟期,减弱光照强度,会使菇盖颜色变浅。

第三节　秀珍菇的栽培技术

秀珍菇栽培以袋式栽培为主,栽培工艺流程是:菌种选择→栽培场地选择→原料准备→培养基的配制→装袋→灭菌→接种→菌丝培养→出菇管理→采收。

一、秀珍菇袋式栽培

(一)菌种选择与栽培季节

1. 菌种选择

尽管秀珍菇是一种比较新的栽培品种,但商用秀珍菇菌株编号不少。例如,成都绿亨科技发展有限公司的川秀 1 号,江苏省高邮食用菌研究所的秀珍菇 18、秀珍菇 12,福建省食用菌协会的日本秀珍菇、台湾秀珍菇,华中农业大学食用菌研究所的秀珍菇 5 号,武汉新宇食用菌研究所的夏秀、秀丽 1 号,浙江省农业科学研究院的农秀 1 号,浙江省淳安微生物研究所的秀珍菇 2 号等,都是国内生产中常用的菌株。栽培者在引种时一定要充分了解所选菌株的生物学特性及其商品形状,并进行栽培试验后再扩大生产规模。

2. 栽培季节

由于我国各地气候差异较大，同一地区不同海拔的气温也有一定的差异。秀珍菇的栽培季节必须根据各菌株的特性和当地气候情况确定。在秋季和春季栽培较多。在广东，秀珍菇通常在9月至翌年5月栽培，冬季最高温度在20℃左右，较适合栽培秀珍菇，此时杂菌及害虫少，产量高且稳定。合理安排高、中、低温型菌株和采用相应的栽培设施及管理措施，秀珍菇可周年栽培，在高海拔的山区可进行高温反季节栽培。栽培者必须根据当地气候条件、品种特性及市场供求情况来安排栽培季节。

(二)栽培场地选择及其消毒

1. 栽培场地

秀珍菇的栽培场地主要有室内、室外和人防工事3种：

(1)室内栽培场地

室内栽培秀珍菇大多数在闲置的菇房或其他房屋内，如闲置的草菇房、蘑菇房、农舍、仓库、大礼堂或暂时未入住的楼房等。也可专门搭建简易大棚，用竹、木、石棉瓦等材料搭建，地上铺水泥。四周用稻草、芒箕及塑料薄膜或砖墙。栽培场所要求有散射光、能保温保湿、通风换气方便。栽培时，可直接在室内以墙式排放菌袋，也可搭床架排放菌袋。室内栽培秀珍菇有利于保温保湿、减少污染，产量高且稳定。

(2)室外栽培场地

秀珍菇室外栽培场地形式多样，可在塑料大棚内、果树林下、瓜豆棚下、半地下坑道等场所进行栽培。室外栽培设备简单、投资少、成本低，但温度、湿度较难控制，产量波动较大，能栽培的时间较短。

(3)人防工事栽培场地

通常是指地下室、防空洞。选用人防工事作栽培场地时，必须注意如下3方面：①选择空气能流通的地段进行栽培，在无专门通风设备的情况下，地道尽头和两侧空气不对流的隔间不宜作栽培用。②地下室及地道内终年不见阳光、湿度大，栽培前要搞好卫生，并用石灰水喷刷，必要时加喷杀虫剂。③要适当增加通风设备和照明设备，保证有足够的氧气和光线。

2. 栽培场地的消毒

无论在什么场地栽培秀珍菇，栽培前都必须进行消毒。室内场地消毒，先打扫卫生，然后用气雾消毒剂熏蒸或用石灰水喷刷。人防工事栽培场地消毒与室内场地消毒相似，但消毒后必须用排气设备把废气排出场地外。室外栽培场地一般较难用熏蒸法来消毒，主要是搞好环境卫生，在栽培的地方撒石灰粉等。

(三)培养料选择

1. 培养料选择与配制原则

(1)主料的选择

适合栽培秀珍菇的原料非常广泛，通常分主料和辅料。主料有棉子壳、废棉、阔叶树木屑、稻草、玉米芯、玉米秆、桑枝、豆秸、高粱秸秆、花生藤、甘蔗渣等农作物秸秆、皮壳等，主料以提供碳素养分为主，所有原料必须新鲜、干燥、无虫、无霉、无污染、无油污，禁用铅、镉、汞等重金属离子超标的原材料。桉、樟、苦楝等含有害菌丝生长的物质不适宜作秀珍菇的栽培原料。自然堆沤12个月以上的针叶树种的木屑可按一定比例加入培养料。

(2)辅料的选择

栽培秀珍菇的辅料有麦麸、米糠、花生麸、玉米粉、大豆粉、禽畜粪等，作用是增加营养，要求新鲜、干燥、无虫、无霉、无污染、无油污。此外，在培养料调配时常常加入磷酸二氢钾、磷酸氢二钾、石灰、石膏、碳酸钙及其他一些生长调节剂。禁止加入影响秀珍菇产品质量安全的杀虫、杀菌剂及化学添加剂。

(3)培养料的调配原则

栽培秀珍菇的原料较多，以棉子壳为主料栽培秀珍菇最好。但棉子壳原料有限，价格高。利用当地的原料资源，进行科学配制培养基，也可获得高产。培养料配制原则是：颗粒较大的原料与颗粒较小的原料混合，如玉米芯与细木屑或稻草粉、麦秸粉等混合；含氮较丰富的原料与含氮较低的原料混合，如棉子壳与稻草粉混合；保水性能较强的原料与保水性较差的原料混合，如棉子壳与细木屑或稻草粉、甘蔗渣等混合。2～3种主料组合的培养料配方，加上适量的辅料，不仅营养上达到均衡，而且在物理性状上如透气性、保水性等方面也能互补，对提高产量和降低成本具有很好的作用。

2. 常用配方

①配方1：棉子壳30%，木屑35%，稻草粉15%，麦麸或米糠10%，玉米粉或花生麸5%，石

灰 3%，石膏 1%，蔗糖 1%。

②配方 2：棉子壳 30%，玉米芯或玉米秆 30%，木屑 20%，麦麸或米糠 10%，玉米粉或花生麸 5%，石灰 3%，石膏 1%，蔗糖 1%。

③配方 3：棉子壳 30%，甘蔗渣或麦秸粉 30%，木屑 20%，麦麸或米糠 10%，玉米粉或花生麸 5%，石灰 3%，石膏 1%，蔗糖 1%。

④配方 4：棉子壳 81%，麦麸或米糠 15%，石灰 3%，石膏 1%。

调配时，石灰用量根据石灰的质量好坏适当增减，质量好的石灰用量可适当减少，质量差的石灰用量可适当增加。各培养料配方调配好后，含水量以 60%左右、pH 在7.0～8.0 为宜。

3. 培养料的配制

根据不同的材料进行预处理，如木屑先用 2～3 目的筛或铁丝筛过筛，剔除小木片及有棱角的硬物，以防装袋时刺破菌袋，减少污染。稻草、玉米芯等农作物秸秆要进行粉碎。各种主料、辅料准备好后，按选定的配方比例秤取主料、辅料。棉子壳、木屑、稻草、玉米芯等主料要预湿，即加水翻拌后用薄膜覆盖堆沤 24～48 小时，然后加入辅料，充分拌匀，糖加水溶化后加入。拌料可人工拌料，也可用搅拌机拌料。无论何种拌料，都必须将培养料充分拌匀，要求主料与辅料混合均匀、干湿均匀、酸碱度均匀。加水量视培养料的种类、料干湿度、天气等情况灵活掌握，最终含水量达到 60%左右、pH 以 8 为宜。培养料调配好后尽快装袋，以防酸败，影响产量。

(四)菌袋制作

秀珍菇菌袋制作包括装袋、灭菌、接种 3 个工序。

1. 装袋

(1)塑料袋、套环的准备

用于秀珍菇袋式栽培的塑料袋规格主要有两种：一种是长 42cm 左右、宽 22cm 左右、厚 0.45mm左右(聚乙烯袋)和0.4mm 左右(聚丙烯袋)，袋的两头均开口，两头出菇；另一种是长 33cm 左右、宽 17cm 左右，厚度要求与前一种规格一样，袋的一头开口，单头出菇。利用高压灭菌时，选用聚丙烯塑料袋；常压灭菌时，选用聚乙烯塑料袋。套环常用纸箱包装带做成，用电铬铁将带焊接成直径约4.5cm的圆圈，也有专门制作的塑料套环。

(2)装料

用长 42cm 规格的袋时，通常用手工装料。将袋的一端用脚踩住，从另一端装料，适当压实，装至离袋口 5～7cm 时，将料压平，套上套环，盖上薄膜封口，用橡皮筋扎紧。然后将袋调头，将袋另一端料压平，料不够满时，适当加料并压实压平，套上套环，盖上薄膜封口，用橡皮筋扎紧。用长 33cm 规格的袋时，可用手工装料，也可用装袋机装料，装至离袋口 5cm 左右时，将料压平，套上套环，盖上薄膜封口，用橡皮筋扎紧。

机械装袋有简易式装袋机和冲压式装袋机。采用简易式装袋机装袋时，将塑料袋套在出料筒上，另一人铲取培养料倒入料斗内，开动机器，当培养料进入袋内后，塑料袋逐渐退出料筒，通过调节退出料筒速度来调整袋内培养料的松紧度。装好后，将袋口封好。采用冲压式装袋机装袋时，将塑料袋套在出料筒上，当料进入袋内后，取下料袋并封好袋口。

无论用机械装料还是手工装料，培养料不能装得太松，太松菌丝虽然长得快，但搬动时容易折断，而且塑料袋与培养料之间会存在空隙，子实体原基会从袋内长出，不仅浪费营养，而且子实体原基较长时间闷在袋内，在温度高时极易引起杂菌感染。料装得太紧实，透气性差，菌丝生长慢，出菇迟。

2. 灭菌

灭菌有常压蒸汽灭菌和高压蒸汽灭菌两种方法。常压蒸汽灭菌是利用常压灭菌灶进行灭菌，因灶的结构不同，操作方法不一样，但灭菌原理是一样的。常压蒸汽灭菌时，将料袋整齐地堆码在灶内，料袋之间应留间隙。若堆码的料袋较高，应在灶内加横隔，这样有利于蒸汽流畅，防止出现部分料袋灭菌不彻底。料袋堆好后，猛火加热，灶温度达到 100℃时，保持 8～12 小时，培养料在 500 千克(干重量计)以下时，保持 8 小时左右，培养料在1 000千克左右时，保持 12 小时左右。停止加热后 12 小时左右后开灶，冷却料袋。冷却至可以搬动时，将料袋搬入接种室。

用高压蒸汽灭菌，在灭菌锅内加水，然后将装好的料袋装进灭菌锅内，料袋之间应适当留间隙，盖好锅盖，猛火加热。当压力上升至 0.05kPa 时，打开排气口，排放锅内气体，然后关闭排气口。如此操作 2 次，当压力升至0.15kPa时开始计时，保持 2 小时左右，停止加热。压力表读数降至“0”时，打开排气口，再打开锅盖，稍冷却后即可取出料袋，搬入接种室。

3. 接种

接种前，必须对堆放料袋的接种室进行消毒，用紫外灯照射和气雾消毒剂消毒。料袋温度降至28℃以下时可接种。接种人员进入接种室之前用肥皂洗手，再用75%的乙醇擦手，换鞋、穿工作服，并戴上工作帽，接种用的栽培种用75%乙醇擦抹菌种瓶(袋)的外表面，也可用0.1%～0.2%的高锰酸钾溶液浸泡，浸入后立刻取出，不能让药液进入瓶(袋)内。

接种量少时，在超净工作台或接种箱接种；接种量大时直接在接种室接种。无论用何种方式，均必须严格按无菌操作规程进行接种。接种时可一人单独完成，也可4人一组。一个人单独接种时，将袋口解开，用接种勺将菌种送入袋内或直接用消毒过的手取菌种放入袋内，然后用灭过菌的2层报纸封口，再用橡皮筋扎紧。两头开口的料袋两头均要接种，一头开口的料袋只接一头。4人一组接种时，3人解袋口和封口，1人放种，即3人将封口的薄膜除去，待放种后再用灭过菌的报纸封口，用橡皮筋扎紧。每750ml的菌种瓶的菌种可接长42cm、宽22cm规格的料袋10袋左右，可接长33cm、宽17cm规格的料袋20袋左右。14cm×27cm的菌种袋装的菌种可接长42cm、宽22cm规格的料袋12袋左右，可接长33cm、宽17cm规格的料袋25袋左右。接种后的料袋称作菌袋，接完种后将菌袋搬进培养室培养。

(五)菌丝培养

将培养室打扫干净并消毒。菌袋在培养室内的排放方式有两种。一种是放在床架上，床架宽40cm左右，层间距离50cm，床架间过道65cm左右。气温低时，长42cm、宽22cm规格的菌袋，每层床架排放菌袋3～4层；气温高时放2～3层。床架排放可充分利用空间。另一种排放方式是地面墙式堆放，堆放的层数及两排菌袋间的距离大小视气温而定。温度较低时，可堆6～8层，两排间距离15cm左右，可盖薄膜保温；气温高时可堆2～3层，两排间距离50cm左右，也可将菌袋单层竖放。菌丝培养时的温度以20～25℃为宜，不要超过28℃。温度超过30℃时，要通风换气或散堆降温。也不要低于15℃。在注意气温的同时，更要注意菌袋内的料温，因为菌丝生长过程中会产生热量，引起料温升高，有时料温会比气温高出3～5℃，初学栽培者或大规模栽培时要特别注意。培养室内尽量保持黑暗，空气相对湿度不要超过80%，湿度偏高容易引起污染。菌丝培养过程中经常检查污染情况，发现污染，要及时捡出。正常情况下，经25天左右菌丝可长满全袋。长满全袋的时间与气温、培养基及菌种等有关。

图58－1 菌丝培养

(六)出菇管理

菌丝长满全袋后，可直接在培养室出菇，也可搬到出菇场地出菇。出菇时，排放较密集的菌袋通常要重新排放，菌袋排6层左右。两排菌袋间过道55cm左右。菌袋原来排放在床架上的可直接出菇，无须重排。当菌丝长满菌袋，且袋内有淡黄色露珠时，表明子实体即将形成，此时要从温度、湿度、光照、氧气等方面进行管理。

图58－2 袋栽墙式出菇

1. 温度控制

秀珍菇属变温性结实菌类，菌丝长满后，尽可能拉大昼夜温差，变温刺激有利于子实体原基形成。8～22℃子实体均可形成，从接种至子实体原基形成需30～40天。原基形成时，除去封口的报纸。温度在12～25℃时，子实体能正常生长，最适宜温度15～20℃。在适宜温度范围内，温度较低，子实体生长较慢，但菌盖肥厚，肉质细嫩；温度偏高，子实体生长快、菌盖薄，纤维较多，品质稍差。

2. 湿度控制

子实体形成和生长时，空气相对湿度以85%～95%为宜。诱导子实体原基的形成，除低温及温差刺激外，还要向菌袋喷水，使封袋口的报纸湿透，袋口菌丝处于高湿环境。根据空气相对湿度情况喷水。一般每天喷3次左右，以喷雾形式加湿。在雨天及空气湿度较高时少喷或不喷。子实体形成和生长过程中，空气相对湿度低于80%，子实体难于形成，幼菇容易干枯。最好有自动加湿器，可减少劳动量，同时提高产品的产量和质量。

3. 光照控制

子实体形成和生长过程中，需要一定的散射光，不能有阳光直射。黑暗的环境或光线太弱，子实体难于形成，即使形成，生长及产品质量也常常会受到影响。以能看清报纸上的字的光线即可。光线不足时，安装照明灯增加光线。

4. 通风换气

子实体形成和生长过程中，必须保证适当通风，有足够的新鲜空气。氧气不足，会形成长柄菇或无菌盖畸形秀珍菇。适当开门窗通风，可满足氧气的需求。在防空洞地下室栽培，通过人为增加通风量来增加氧气。

一般情况下，菌盖直径3cm左右即可采收。采完一潮菇后，清理菌袋口，去除菇根和死去的幼菇，停止喷水，维持空气相对湿度70%～80%，可防止杂菌大量发生。如果空气太干燥，每天可用喷雾器适当喷一点水雾，7天左右后，给予一定的温差刺激，并通过喷雾或加湿器使空气相对湿度达到90%～95%。待菇蕾形成后，管理措施与第一潮菇相同，同样方法进行第三、第四、第五潮菇的管理。每两潮菇间的时间长短与品种特性、气候环境、管理措施密切相关。若管理得当，可收更多潮菇。

(七)采收

秀珍菇长至七成熟、菌盖直径3cm左右时即可采收，采收前适当停止喷水。采收方法：一手按住菌袋，一手抓住菌柄，将整丛菇旋转拧下，将菌柄基部的培养料去掉。每采完一次菇，及时清理、打扫卫生。菇采收后按销售或加工要求及时进行分拣、分级。栽培结束后，及时清理栽培废料，打扫卫生。栽培废料可直接作肥料，也可晒干用于栽培鸡腿菇等。

图58－3 秀珍菇鲜菇

二、秀珍菇高温季节栽培

受秀珍菇生物学特性限制，常规栽培秀珍菇难以进行周年栽培，高温季节无法满足市场需求。开展秀珍菇高温季节栽培，不仅可以满足市场需求，还能取得较好的经济效益。秀珍菇高温季节栽培的工艺流程、培养料配方及采收与常规栽培相同，对栽培场地及管理技术进行相应的改进，即可进行秀珍菇高温季节栽培。

(一)秀珍菇高温季节栽培场地

秀珍菇高温季节栽培，拌料、装袋、灭菌、接种及菌丝培养可利用传统栽培场地，出菇房要加装制冷空调通风设备、加湿设备，墙壁和房顶加保温层，新建出菇房最好在地面加隔热层，使菇房温度能降至12℃以下。在房内设置多层的培养架，充分利用空间。

(二)秀珍菇高温季节栽培技术要点

1. 高温季节栽培技术参数

在28℃以上的高温环境，秀珍菇菌丝长满后，仅有光照、水分条件而没有温差刺激，原基很难分化。要顺利促进原基分化，必须进行一定的温差刺激。有文献报道高温季节利用冷库对秀珍菇进行冷刺激的做法，但没有有关冷刺激的温度、时间等方面的科学比较试验，不同报道的冷刺激温度、时间也各不相同。为此，作者进行了不同处理温度、不同处理时间、不同菌龄、不同冷处理方式的比较试验，以掌握秀珍菇高温季节出菇的影响因子。

栽培实践结果表明，在高温季节用2～14℃的低温对秀珍菇进行冷刺激可以有效促进原基的分化；秀珍菇菌袋在2～14℃环境下处理的时间至少要12小时以上，12小时、18小时和24小时处理之间的产量差异不显著。菌丝长满袋后，继续培养6天以上再进行低温刺激能有效保证秀珍菇的产量。同样温度情况下，冷库处理菌袋和在有制冷的菇房处理菌袋两种方式对产量有一些影响。在有制冷的菇房处理菌袋无论是出菇的菌袋数量和生物转化率都比冷库处理的高。原因主要是菇房内冷空气流通性好，加上菌包之间隔较大，菌袋与冷空气的接触面大，菌丝能更有效地得到冷刺激。

2. 高温季节栽培设施创新

传统的秀珍菇高温季节设施栽培有两种方式：一种是每间菇房安装空调，此方式通过增加固定投资来减少搬动菌袋的工作量，固定投资大大增加。另一种方式是培养室不装空调，建立一个冷库，通过人工搬运，将长好菌丝的菌袋搬入冷库降温刺激出菇，低温刺激后将菌袋搬回培养室。一个栽培周期每个菌袋来回搬动4次左右，大大增加了工作量。同时，搬动过程中容易造成破损，引起污染，降低产量。采用移动空调式降温，搬动菌袋工作量只有原来方式的1/4，污染率也降低。

三、秀珍菇生产过程中常见问题及防治措施

（一）秀珍菇菌丝培养期常见的问题及预防措施

1. 播种后菌丝不萌发或长势极弱

主要原因有：菌种老化，活力差；接种箱或接种室用药过量且接种后未及时移出接种箱、接种室；培养料受大量杂菌侵染；培养料过干或过湿；播种后温度过低或过高等。如菌丝萌发或长势较差时，应及时对照上述提到的各种情况，采取补救措施。对确实不萌发或长势极差的，重新灭菌再接种，或加新鲜材料后重新装袋灭菌接种。

2. 菌丝萎缩、黄死

菌丝生长过程中出现此现象，往往是料内温度太高（俗称烧菌）或培养料湿度太高、透气性差所致。发生此现象时要加强通风，同时散堆降温。因培养料湿度大而影响菌丝生长时，最好重新加干料翻拌。

3. 菌丝分片、分块生长

主要原因是将不同品种混播或杂菌污染，造成互相拮抗所致，严重影响产量。在制种或购种时多加小心，避免将不同品种混在一起。

4. 菌丝长透培养料迟迟不出菇

长满培养料迟迟不出菇大多是选种不当，高温种在冬季栽培或低温种在高温季节栽培会推迟出菇甚至不出菇。空气相对湿度过低也会不出菇或少出菇。根据栽培季节选用适宜的品种和给予适宜的空气相对湿度可避免此现象的发生。温度不合适引起不出菇，可通过人工降温或加温刺激出菇。

（二）出菇期间常见的问题及预防措施

1. 畸形菇

秀珍菇栽培中，有时会出现畸形菇、瘤盖菇、粗柄菇、高脚菇等。瘤盖菇症状是菇体发育过程中出现瘤状，严重时，菇质水浸润状，停止生长。在子实体刚刚形成或菇体较小时容易发生瘤盖菇，主要原因是温度太低，且低温时间长。栽培时了解菌种对温度要求，选用耐低温的菌株是减少瘤盖菇发生的关键，也可通过提高温度减少此现象发生。其他畸形菇大多数与通风不良、二氧化碳浓度过高或光线不足有关，主要发生在人防工事栽培、地下室或为了保温导致通风不良等原因引起。通过加强通风换气和增加光照可避免畸形菇的发生。用药过量也会引起畸形菇的发生。

2. 菇体黄化、枯死或烂菇

子实体生长过程中黄化、枯死，常常是温度过高、通风不良或受害虫、杂菌侵入引起。有时也可能是喷药过量或装过农药的容器未洗干净就装水喷菇引起的。烂菇通常是温度高的同时，空气相对湿度过大或采菇太迟。分析死枯的原因，采取相应措施。如温度过高时，可通过加强通风换气和屋顶或菇棚顶部喷淋水来降温，喷雾淋水的容器要确保无农药残留。

第四节　秀珍菇的营养价值

秀珍菇含有丰富的蛋白质、糖类、不饱和脂肪酸、维生素、叶酸，还含有较多的钾、磷、钠、镁、铁、

钙等微量元素。

有文献对比了采用不同栽培料生长出的秀珍菇子实体的化学评分(CS)、氨基酸评分(AAS)、必需氨基酸指数(EAM)、生物价(BV)和氨基酸比值系数分(SRCAA)5项蛋白质指标,表明不同栽培料是造成秀珍菇蛋白质营养价值差异的一个重要因素,同时也表明秀珍菇富含蛋白质。

秀珍菇子实体中含18种氨基酸,其中天冬氨酸和谷氨酸含量较高,超过2g/100g;而赖氨酸、亮氨酸、异亮氨酸、缬氨酸、苯丙氨酸、苏氨酸这几种人体必需氨基酸的含量也超过1g/100g,其中苏氨酸含量高于等量鸡蛋中的含量。蛋氨酸含量较低,色氨酸未检出。

秀珍菇虽然与普通平菇同为侧耳属,自然状态下长相也相似,但秀珍菇具有更好的食用品质:风味独特,清香浓郁,质地致密脆嫩,菌柄纤维化程度低,口感爽滑。不论用何种烹调方法,不会被煮烂,保持着良好的口感。

第五节 秀珍菇的药理与应用

由于面世时间较短,秀珍菇的药理研究工作还很少,更未见这方面的开发应用。我国台湾省有学者利用秀珍菇水提物研究对癌细胞生长的抑制作用。研究表明,加入秀珍菇冷水粗萃物后,经活化后的混合淋巴细胞对CT26细胞(小鼠大肠腺癌细胞株)的抑制率提高到90%左右。

第六节 展 望

一、发育生理研究

国内有学者选择不同的碳源、氮源,以及不同比例的C/N比,与N含量对秀珍菇菌丝体和子实体生长,以及菌丝分泌胞外纤维素酶、半纤维素酶、漆酶和愈创木酚酶的影响。研究发现,母种培养时,菌丝生长过程中分泌的上述4种胞外酶与C/N和N含量有密切关系。

培养料的C/N和N含量对6种胞外酶活性影响较大。酶活性的变化和子实体的发育呈现相关性。分解木质素的漆酶、愈创木酚酶在营养生长阶段活性较高,在子实体生长期间,酶活性呈减弱趋势,而在子实体采收后又有所回升。胞外纤维素酶、半纤维素酶在营养生长阶段活性较低,转入生殖阶段后活性升高。至子实体成熟时,有峰值出现,子实体采收后均呈下降趋势。其中,纤维素的降解和纤维素酶活性与子实体发育之间可能存在调控关系。

二、保鲜研究

秀珍菇鲜品的保鲜是一个研究重点,对延长秀珍菇货架期、保证菇体质量有实际意义。主要的保鲜手段有低温保鲜法、气调法、保鲜剂法和辐照保鲜法。

低温储藏对秀珍菇的影响主要是抑制菇体内新陈代谢,也阻止腐败性微生物的侵害。研究发现子实体的POD的活性与褐变度呈正相关,在4℃下储藏的秀珍菇,POD酶活性只有15℃时的一半。同时也发现随着储藏温度的升高,其POD酶的活性显著增加,到腐败时出现峰值。

气调法是通过改变氧和二氧化碳分压影响子实体的呼吸强度。低O_2浓度和高CO_2浓度可降低呼吸作用,还对腐败有阻滞作用。同时,降低氧分压,可以达到防衰保鲜效果。采用PE膜4℃低温密封储藏是常规条件下最好的储藏方式。它不仅可很好地保持秀珍菇的商品性状,维持菇体的硬度,减少失水率,同时低温储藏抑制了菇体内新陈代谢,降低了呼吸作用和蒸腾作用,也减少了引起衰老和褐变的活性氧产生。储存期菇体中作为诱导酶的SOD和POD的活性只有常温下的50%左右。

$^{60}Co\gamma$射线辐照也有利于秀珍菇储藏保鲜。经常温辐照后的秀珍菇子实体,不但延长了货架期,对维生素C和氨基酸含量无明显变化。由于国外对进口食用菌辐射残留要求严格,辐照保鲜的应用会受到制约。

此外,保鲜概念不仅局限于秀珍菇子实体,秀珍菇的提取物还被应用到了鲜切花的保鲜上。研究表明,以乙醇提取的秀珍菇多糖溶液,稀释后可用于香石竹切花的保鲜中,作为一种天然的保鲜剂。

三、原生质融合研究

原生质体技术在食用菌育种工作中引起广泛关注。国内秀珍菇原生质融合研究还处于不同因素对秀珍菇原生质体分离与再生效果的影响，以期建立秀珍菇原生质体制备的优化系统。应用的溶壁酶主要是纤维素酶和蜗牛酶，以甘露醇和蔗糖为渗稳剂。

参考文献

[1] 郭力刚，冯智勇，谭琦，等. 秀珍菇菌株遗传差异研究初报[J]. 食用菌学报，2000，7(4)：4-7.

[2] 林勇，翁伯琦，江枝和，等. 864 菌株对秀珍菇产量和氨基酸含量的影响[J]. 食用菌学报，2002，9(4)：26-28.

[3] 翁伯琦，江枝和，林勇. 不同培养料对秀珍菇子实体蛋白质营养评价的影响[J]. 食用菌学报 2002，9(2)：10-13.

[4] 黄德发. 台湾秀珍菇栽培技术[J]. 食用菌，2003(6)：32.

[5] 刘跃钧，王思贵，郑文彪，等. 秀珍菇生物学特性及高产栽培技术[J]. 食用菌，2003(4)：37-38.

[6] 冯志勇，王志强，郭力刚. 秀珍菇生物学特性研究[J]. 食用菌学报，2003，10(3)：11-16.

[7] 黄良水. 无公害秀珍菇标准化栽培技术[J]. 中国食用菌，2004，23(6)：32-33.

[8] 陈若霞，王扬军，张建国. 秀珍菇、姬菇菌株比较试验[J]. 食用菌，2004，26(2)：18.

[9] 胡约民. 秀珍菇及其周年栽培技术[J]. 食用菌，2004(1)：23-24.

[10] 夏志兰，熊兴耀，姜性坚，等. ^{60}Coγ 辐照在秀珍菇中的应用研究[J]. 激光生物学报，2005，14(1)：60-64.

[11] 王新风，潘磊，孙惠玲. 不同温度储藏对秀珍菇 SOD 和 POD 活性的影响[J]. 淮阴师范学院学报，2005，4(4)：324-326.

[12] 杨勇. 秀珍菇、香菇、秀珍菇营养液培养试验[J]. 浙江农业科学，2005(1)：20-21.

[13] 张金霞，黄晨阳，郑素月. 秀珍菇新品种——秀珍菇的特征特性[J]. 中国食用菌，2005，24(4)：26-27.

[14] 阮海东，陈秀娟，林戎斌. 秀珍菇对生育条件的要求及其栽培技术[J]. 福建农业科技，2005(6)：24-26.

[15] 沈恒胜，陈君琛，林金伦. 珍稀菌金福菇(*Tricholoma lobayense*)、秀珍菇(*Pleurotus geesteranus*)和茶薪菇(*Agrocybe chaxingu*)水溶性多糖分析[J]. 菌物学报，2005(24)：173-176.

[16] 陈蔚辉，卓海燕. 不同套袋包装对采后秀珍菇保鲜效果的影响[J]. 食用菌，2006(3)：49-50.

[17] 王波. 几种食用菌品种名称订正[J]. 中国食用菌，2006，25(5)：27-28.

[18] 周春满. 秀珍菇高温反季节栽培技术[J]. 食用菌，2006(4)：84.

[19] 贾秀芬，陶树春，把存芳. 秀珍菇引种栽培试验[J]. 食用菌，2006(5)：23-24.

[20] 万南安. 秀珍菇原生质体的分离与再生的研究[J]. 岳阳职业技术学院学报，2006，21(5)：69-70.

[21] 李志生. 秀珍菇栽培技术[J]. 食用菌，2006(6)：63-54.

[22] 贾秀芬，陶树春，魏周玉，等. 秀珍菇栽培料配方试验初报[J]. 食用菌，2006(4)：26.

[23] 李志生，林原，陈躬国，等. 秀珍菇栽培主要问题与原因探讨[J]. 食用菌，2006(2)：30-31.

[24] 王伟科，周祖法，袁卫东，等. 10 个秀珍菇菌株的品比试验[J]. 杭州农业科技，2007(5)：19-21.

[25] 李伟平. 碳氮营养对秀珍菇生长发育及胞外酶活性的影响[D]. 石家庄：河北农业大学，2007.

[26] 邹礼根. 秀珍菇保鲜储藏过程中营养成分和感官指标变化研究[J]. 杭州农业科技，2007(6)：19-21.

[27] 杨淑云. 秀珍菇的菌种特性及制种技术[J]. 北方园艺，2007(11)：213.

[28] 陈生良. 秀珍菇反季节栽培技术[J]. 食用菌，2007(4)：46.

[29] 杨杏花，沈茂里，杨永兴，等. 秀珍菇高产栽培技术[J]. 食用菌，2007(6)：44-45.

[30] 杨梅，沈炎芬，石磊，等. 秀珍菇深层培养条件及菌丝体氨基酸组分分析[J]. 食用菌，2007(1)：11-12.

[31] 翁祖英. 秀珍菇提取液对香石竹切花的保鲜作用[J]. 亚热带农业研究，2007，3(1)：27-30.

[32] 李志生. 秀珍菇栽培技术[J]. 食用菌，2007(1)：64-65.

[33] 袁卫东，王伟科，周祖法. 10 个秀珍菇菌株的比较试验[J]. 食用菌，2008(1)：17-18.

[34] 谭志勇，高芳云，王燕君，等. 秀珍菇不同培养料配方栽培效果比较试验[J]. 广东农业科学，2008(7)：21-22.

(何焕清、杨小兵、谭志勇、王燕君、李淑文)

第五十九章 血 耳

DIWUSHIJIUZHANG XUEER

摘要：血耳是一种木腐真菌，也是我国重要的药用菌之一，但缺乏系统深入的研究。在湖北、河南、安徽等地民间将其作为治疗妇科疾病的药材，具有悠久的历史，但至今仅有零星人工栽培。本章较全面地描述了血耳的形态特征、系统分类、药用价值、生物学特性以及主要栽培技术，并展望了血耳的开发前景。

Tremella sanguinea

Abstract: *Tremella sanguinea* Peng is a wood-rotting fungus, and an important medicinal mushroom in China. *T. sanguinea* is a Chinese medicinal herb for the treatment of gynecological conditions and has a long history of use in Hubei, Henan and Anhui Provinces. Due to the lack of systematic studies, this mushroom is still only cultivated artificially on a small scale. This chapter consists of four sections describing in detail various aspects of *T. sanguinea* including morphological features, taxonomy, medicinal properties, biological features, cultivation techniques, and the development potential of the mushroom.

第一节 概 述

血耳是我国重要的药用菌之一，在湖北南漳、保康、麻城、罗田、英山等地及湖北、安徽、河南三省交界处大别山地区家喻户晓。血耳营养丰富，含 19 种氨基酸，具有补血、养颜、治疗妇科疾病的功效，特别是对于治疗妇女产后崩漏效果显著，可以放入红糖煎服，或者直接用开水冲泡服用。在湖北、安徽、河南三省交界处的大别山部分地区有零星栽培。

血耳又名：血红银耳、药耳等。

学名：*Tremella sanguinea* Y. B. Peng, *Acta Scientiarum Naturalium Universitatis Normalis Hunanensis* 13(3): 255 (1990)。

属名“*Tremella*”一词来自希腊语，其词干是“trema-”，意思是“洞穴”，词尾“-ella”小形字尾，直译为小孔隙菌属。中文早就有银耳的名称，所以称“银耳属”。种名加词“*sanguinea*”意思是“血红色的”，描述子实体的颜色。中文学名称“血红银耳”。

分类地位：菌物界(Fungi)，担子菌门(Basidiomycota)，银耳纲(Tremellomycetes)，银耳目(Tremellales)，银耳科(Tremellaceae)。

第二节 血耳的生物学特性

一、形态特征

血耳子实体单生或群生，中等，新鲜时暗赤褐色，雨水淋湿后呈红褐色，叶状，瓣片薄，全缘，下部联合。上部裂成瓣状，常皱曲丛生成一大团，呈半球形至菊花状，长 5～24cm，宽 5～20cm，高 5～8cm，瓣片厚 250～560μm，表面有赤褐色色素层，浸水后有酱油状色素渗出。耳片不透明，水浸后呈黑色半透明，菌丝内含显著色素。将血耳投入开水中有血红色素溢出，这是血耳的重要标志(图 59－1)。

图 59－1　血耳子实体形态图

二、自然分布和生态习性

血耳在我国湖北、湖南、广西、四川、云南等地有分布，在其他国家未见报道。

野生血耳一般在夏季至秋季单生或者群生于栓皮栎、麻栎、枫香等壳斗科林木的老干或枯枝上，多生长于海拔 700～1 400m 的枯立木或倒木上。人工栽培时，在夏秋雨水适中的年份，空气湿度为 80%～90%、气温为 15～25℃的生长环境，血耳生长情况良好，段木栽培的产量比较稳定。血耳是一种性喜温暖湿润的大型真菌，过于干燥和高温的生态环境条件，对血耳的生长极为不利。

血耳的生长环境和其他食用菌一样，需要考虑营养、水分、湿度、温度、光照、空气、pH 等因子。这些环境因子对血耳生长发育的影响是人工栽培时必须首先考虑的。

1. 水分和空气湿度

血耳在培养基质含水量 55%～65%的范围内，菌丝都可以正常生长，含水量 65%～75%的范围内生长良好，低于 55%的情况下菌丝生长不良。当空气相对湿度低于 70%，血耳子实体耳片易萎缩，高于 85%时子实体吸水膨胀，耳片充分伸展。

2. 营养

血耳对碳源无特殊要求，葡萄糖、蔗糖、麦芽糖、淀粉、纤维素都可以作为碳源。氮源以蛋白胨、牛肉浸膏为最好，麦麸、酵母粉次之。在制作二级种和三级种培养基时，以阔叶树锯木屑、棉子壳和麦麸为主要原料，可以满足血耳生长所需的碳素和氮素营养。

3. 温度

血耳菌丝在 5～35℃的范围内均能生长，以 25℃左右最适。原基分化温度为 10～25℃，在此范围都能形成子实体，以 15～20℃为最适。

4. 光线

血耳菌丝可以在完全黑暗的条件下正常生长，并显得十分粗壮，散射光对菌丝生长并没有明显的不良影响。但光线对原基分化和子实体形成是必需的，光照可以影响子实体的色泽。光照充足时，耳片色泽较深，呈红褐色或暗紫色。

5. 空气

血耳菌丝正常生长需要足够的氧气，菌种瓶或菌袋封口不能过于紧闭，菌种培养室需要保持空气流通，有足够的新鲜空气。在子实体发育阶段，血耳和其他好氧食用菌一样，栽培场需要保持空气流通。

6. pH

血耳菌丝在 pH3～8 的条件下都能生长，以 pH6～7 最适。pH 在 3 以下和 pH 在 9 以上菌丝都不能正常生长。

第三节　血耳的段木栽培技术

人工栽培血耳具有广阔的发展前景。从 20 世纪 70 年代开始，已有人在湖北、河南和安徽 3 省交界的大别山区开展血耳人工驯化栽培，并取得初步成功。随后国内研究者陆续开展了对血耳生物学特性、菌种培养和驯化栽培的研究。但总体上讲，栽培技术还不十分成熟，产量不高，品质不佳，特别是出耳不稳定，年份之间产量差异大，而且都采用段木栽培方式。

1. 菌种分离与菌种制作

在血耳耳片生长旺盛的6～7月份，选取子实体长势良好的段木，采用耳木分离法进行菌种分离。耳木中水分较多时，应先将待分离的耳木放在室外风干3小时以上，减少耳木分离时杂菌感染。将段木表面血耳子实体去除，用75%乙醇棉球对耳木表面进行擦拭消毒，再将耳木表面在酒精灯火焰上轻轻撩过，以杀死耳木表面的霉菌，然后用无菌水冲洗，最后用无菌滤纸将耳木表面吸干。从菌种接种穴处将耳木对称劈成两半，用锋利小刀在距耳基1cm左右处切取边长约为1mm的小木块。将小木块移至PDA培养基上后，放在25℃的恒温箱中培养。接种后3～4天菌丝开始从小木块四周生长，15天左右长满试管斜面。血耳菌丝在PDA培养基上生长较缓慢，稀疏，半透明，气生菌丝白色，较发达。成熟后菌丝变黄褐色并分泌红褐色色素。

一级菌种一般用PDA培养基，菌丝在PDA培养基中约7天长满试管，菌丝体一般较稀疏(图59－2)。

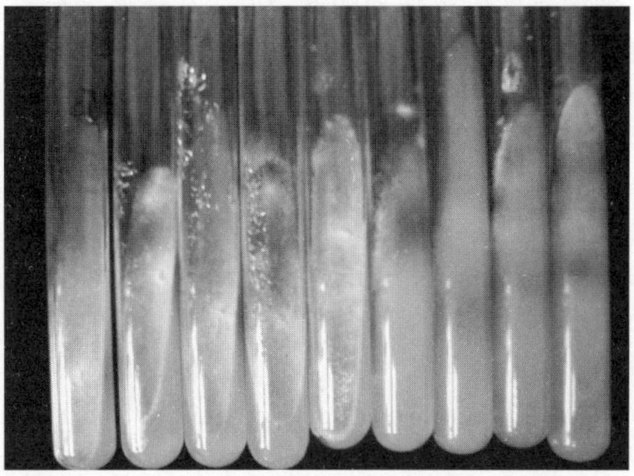

图59－2 血耳菌丝体在PDA培养基中生长稀疏

二级菌种和三级菌种培养料配方可选择下面任一配方。

①锯木屑72%，麦麸25%，石膏1.5%，糖1%，硫酸镁0.5%。

②棉子壳79%，麦麸18%，石膏1.5%，糖1%，硫酸镁0.5%。

③棉子壳60%，锯木屑15%，麦麸22%，石膏1.5%，糖1%，硫酸镁0.5%。

二级菌种采用玻璃瓶或塑料袋装，三级菌种采用塑料袋装。常规方法进行灭菌和接种。菌种在20～24℃培养40～60天，即可长满容器，用于接种。在三级菌种菌袋中，菌丝体老熟后，表面常出现暗红褐色斑块，菌丝体分泌红褐色色素(图59－3)。

图59－3 血耳菌丝体老熟后常分泌红褐色色素

2. 耳场选择

耳场是否合适对血耳的产量高低有较大的影响。血耳性喜荫凉湿润，适宜在海拔900～1 300m的高山林间空地栽培，子实体适宜生长温度为15～24℃。应选择荫蔽度较大、空气湿润、排水方便的缓坡地作为栽培场，通风、透光、保温、保湿和清洁的环境适合血耳子实体生长。气温过高或者空气相对湿度小的环境对血耳子实体生长极为不利。最好选择上有阔叶树遮阳，下有小草丛生保湿的向阳坡地，这样既可以有散射光照射，又可以保持空气湿度。

3. 耳木选择

一般以木质较硬的壳斗科的阔叶树木作为耳木，如栓皮栎、麻栎、槲栎、楮树、栗子树、高山栎等。桑科、榆科、桦木科及枫树、悬铃木等树种也可以用于栽培血耳。在湖北省麻城一带，主要以麻栎、枫香等树种作为血耳的栽培树种。耳树砍伐时间在冬季落叶之后，砍划后就地摆放晾晒，一般置放半个月左右。待树木收浆后再剃枝截断，截断成长度1.2～1.4m的段木。随即将段木按“井”字堆码，进行架晒。直到段木截面上开始出现放射状裂纹，并能闻到段木散发的酒香味，此时通常进入翌年3～4月份，气温开始回升，即可开始接种。

3. 接种

按照血耳菌丝生产和耳片发育所需气候条件安排生产。一般在第一年9～10月份制作原种，11～12月份制作栽培种，在翌年3～4月份接种段木。这时气温开始回升，雨水较多，空气湿度适宜，接种后菌丝易定植生长。最好选择雨后初晴的日子接种，气温稍高更好，不宜在雨天接种。

用电钻在段木上打接种穴，穴距5～6cm，行距 7～10cm,“品”字形排列。接种穴直径不小于 12mm,深 12～18mm。将锯木屑菌种填入洞穴,稍微压实,用预先打好的树皮盖盖上,并用小锤子敲紧,防止日晒干枯和雨水浸湿造成烂种,以免影响菌丝成活。

4. 发菌与起架管理

接种完成以后,立即将段木上堆,通常排成“井”字形,上面覆盖薄膜或树枝保温发菌,上堆的场地以树林中为好。3 月份接种时气温一般还较低,保温措施相当重要。4 月份以后,气温已经能满足菌丝生长的需要,气温突然升至 25℃以上时,及时去掉薄膜或树枝等覆盖物,防止高温损伤菌丝。在发菌过程中,为保持血耳菌丝迅速定植和均衡生长,必须定期翻堆,在保持堆内温度的同时,还要注意保湿和通气。一般要求每隔 10 天翻堆一次,并结合洒水保湿。不同部位的耳木相互调换位置。经过翻堆和洒水增加了湿度,改善了堆内环境条件,以促进菌丝正常生长发育。

至 6 月初,耳木菌丝已生长至段木韧皮部内部的木质部。有少量耳基出现时,立即起架,将耳木架成“人”字形(图 59－4)。起架时先支起一根离地约 1m 的横杆,耳木排架在横杆两侧。出耳期间更需要加强水分管理,血耳比黑木耳等更需水,一般每天需浇水 2 次,最好用微喷管喷雾状水,早晚各一次,每次 2 小时左右。其中晚上浇水多于早晨。

图 59－4　血耳段木栽培中起架与出耳管理

5. 出耳管理

通常 5 月中下旬出现第一个耳基,6 月初有少量的耳芽,6 月 20 日左右开始大量出耳,7 月底可采摘第一批血耳耳片,9～10 月份是出耳最多的时期,一般在 9 月中旬可采摘第二批血耳。冬天也会出耳,只要气温在 4～5℃以上就能出耳,但出耳速度较慢。段木接种后,可以连续出耳 2～3 年,第一年产量最高,以后逐年减少。血耳一年四季可出耳,但在盛夏特别炎热和冬天特别寒冷的时候会停止出耳。

6. 采收

血耳初长出时,呈颗粒状,以手触之,表面有弹性,中间为硬心。之后耳片充分展开,变软,呈菊花形,中间已开放,极少有硬心,表明血耳已经生长成熟,即可采收。采收时,以手指将血耳耳片的耳朵整个捏住,稍微扭一下,可将血耳完整地连根拔起。采收后停止浇水,让耳木表面水分蒸发,促使菌丝向段木深处生长,以利下一潮再长出新耳片。

目前血耳仅在大别山地区的湖北麻城、安徽金寨等地有零星栽培,并没有大规模的产业化生产。此外,血耳的代料栽培还未见报道,代料栽培技术有待于系统研究。目前血耳生产上存在的突出问题是品种少、栽培技术不成熟、产量不稳定。血耳段木栽培产量低,且不够稳定,一般 100 千克段木仅采收干耳 1～1.5 千克,产量远低于黑木耳和银耳段木栽培的产量,有些时候 100 千克段木只生产出 0.5 千克干耳,甚至更少。同一批次的段木上同时接种,有些段木长出子实体,有些段木一个子实体都没有生长。在同一根段木上,有些接种穴能长出子实体,有些接种穴甚至长出很大的子实体,而有些接种穴却不能长出子实体。对于血耳栽培方法以及是否存在伴生菌等问题上,都有待于进步一研究。

在湖北省麻城一带,主要以麻栎树和枫香树作为栽培树种,其他树种是否更适宜血耳段木栽培,以及不同的栽培管理措施对血耳产量的影响都有待进一步的研究。血耳野生资源极少,对野生资源采集、驯化和优良菌株筛选,对提高血耳产量提高,无疑具有十分重要的意义。

第四节 血耳的应用价值与前景

血耳子实体含有19种氨基酸，具有补血、养颜、治疗妇科疾病之功效，对治疗痢疾也有一定的效果，是一种极具开发价值的药用菌。民间食用时，常放红糖煎服，或者直接加开水冲泡服用。

血耳药用价值还没有得到人们的广泛关注。关于血耳的营养成分、药用成分、药用机制和临床应用研究还不够系统和全面，加之血耳段木栽培技术还远未完善，代料栽培几乎尚未开展，产品产量极不稳定，市场供应尚不充分，没有达到商业化生产规模，也影响了人们对血耳开展深入研究的积极性。关注血耳在补血、养颜和治疗妇科疾病方面的临床应用价值，深入研究其药用成分和机制，是血耳进一步研究的重要突破点。

参考文献

[1] 黄年来. 中国银耳生产[M]. 北京：中国农业出版社，2000.
[2] 陈科力，夏明衍，王述长. 血耳与其混淆品茶耳的比较鉴别[J]. 时珍国医国药，1997，8(5)：432.
[3] 吕作舟. 食用菌栽培学[M]. 北京：高等教育出版社，2006.
[4] 谢世秀，胡崇文. 血耳生物学特性的研究[J]. 中国食用菌，1987，11(4)：23-24.

（边银丙）

第六十章 香 菇

DILIUSHIZHANG XIANGGU

摘要：中国是世界人工栽培香菇的发祥地，是全球最大的香菇生产与消费大国。近半个世纪以来，中国菇业相继进行了纯培养菌丝菌种播种技术、木屑培养料栽培技术、花菇培育技术 3 次重大技术改革，进一步推动了中国菇业的快速发展。本章较全面、系统地阐述了中国香菇发展历程、现状、香菇生物学特性、香菇菌种繁育、各种典型香菇栽培模式与新技术（大田荫棚秋季栽培模式、半地下秋季栽培模式、塑料大棚露地栽培模式、仿生菇春栽模式、高温香菇覆土地栽模式等）、花菇成因与培育技术、香菇的营养与药用价值，重点介绍我国香菇栽培史上 3 次重大技术改革的标志性成果和代表性栽培模式。在总结研究成果和生产经验的同时，突出介绍有推广价值的新技术、新工艺、新材料和新设施，并对中国香菇产业近半个世纪的发展进行了回顾、总结与展望。

Lentinula edodes

Abstract: *Lentinula edodes* cultivation originated in China, which is the largest producer and consumer of this mushroom. Three major milestones in *L. edodes* cultivation have promoted the rapid development of the industry in China during the last 50 years. These are the application of pure spawn cultures for growing *L. edodes* on wood logs, the development of sawdust as a cultivation substrate, and the technique of growing *L. edodes* with white cracks in the cap (flower-shiitake). This chapter consists of five sections describing in detail various aspects of *L. edodes* including including the history and present status of *L. edodes* production, biological features, spawn production, various typical cultivation methods and new technologies (including cultivation during winter in covered sheds within an arable field, during autumn in trenches, in plastic greenhouses, during springtime using simulated wild cultivation conditions, and with casing soil during periods of high temperature), formation of 'flower shiitake' mushrooms, nutritional attributes and medicinal properties. The chapter focuses attention on the introduction of the three aforementioned milestones in *L. edodes* cultivation history, and on new *L. edodes* cultivation technologies, materials and facilities. It also summarizes key developments in the *L. edodes* industry during the past 50 years, and makes recommendations for future exploitation based on documented experience.

第一节 概 述

一、香菇学名及分类地位

香菇又名：香蕈、香菰、花菇、冬菇、花冬菇、明花、天白花菇、暗花、茶花、过雨花、伞花菇、平庄菇、曝花菇、极新菇等。

学名：*Lentinula edodes* (Berk.) Pegler, *Kavaka* 3: 20 (1976) [1975]。

属名"*Lentinula*"中"Lentinu-"来自拉丁语，是罗马专用名词，词尾"-la"是"微、小"的意思，沿用中文"香菇"一词，翻译为"微香菇属"。种名加词"*edodes*"的意思是日本地名"江户的"。中文学名仍然用大家习惯的名称：香菇。

同物异名：*Agaricus edodes* Berk., *J. Linn. Soc.*, Bot. 16:50(1878); *Armillaria edodes* (Berk.) Sacc., *Syll. fung.* (Abellini) 5:79(1887); *Collybia shiitake* J. Schröt., *Gartenflora* 35: 105 (1886); *Cortinellus shiitake* (J. Schröt.) Henn., *Notizblatt des Königl. bot. Gartens u. Museum zu Berlin* 2:385(1899); *Lentinus edodes* (Berk.) Singer, *Mycologia* 33(4): 451(1941); *Lentinus mellianus* Lohwag,: no. 698(1918);*Lentinus shiitake* (J. Schroeter) Singer, *Annls mycol.* 34(4/5):332(1936);*Lentinus tonkinensis* Pat., *J. Bot. Morot* 4:14(1890);*Lepiota shiitake* (J. Schröt.) Nobuj. Tanaka, *Bot. Mag.*, Tokyo 3:159(1889);*Mastoleucomyces edodes* (Berk.) Kuntze, *Revis. gen. pl.* (Leipzig) 2:861(1891);*Tricholoma shiitake* (J. Schröt.) Lloyd, *Mycol. Writ.* 5 (*Letter* 67):11(1918)。

分类地位:菌物界(Fungi),担子菌门(Basidiomycota),伞菌目(Agaricomycetes),伞菌亚纲(Agaricomycetidae),伞菌目(Agaricales),小皮伞科(Marasmiaceae)。

二、中国香菇发展历程

(一)香菇原木砍花法发明和发展历程

我国是世界上最早进行人工栽培香菇的国家。大量的史料证实,浙江龙泉、庆元、景宁 3 县市是香菇原木砍花法的发祥地,发明这一生产技术的是祖居在浙江省庆元县斋郎乡龙岩村一位名叫吴三的农民。

据《槎东云川吴氏宗谱》记载:吴三公约生于南宋建炎年间(公元 1127~1130 年),兄弟 6 人,均按数字序列为名,吴三排行第三,后人尊称他为吴三公。他世居深山,发现了一种蕈菌味鲜而无毒,常采以食之,且有强身之功。后来他又从被砍倒的树木上发现了同样的蕈菌,大多是从斧头砍过的坎中长出,坎多处蕈多如鳞,坎少处蕈就稀少。这一发现使他懂得,山上的阔叶树木被砍倒之后,经过人工的"砍坎"(俗称"砍花"),能长出香菇。吴三公在获得这一自然生态现象后,在以后的实践中进一步得到证实,最后终于总结出一套如何选择场地、如何选用菇木、如何砍坎种菇、如何惊蕈催菇的人工栽培香菇生产技术。特别是"惊蕈"催蕾术,具有深奥的科学内涵,至今还在生产实践中广泛应用。

最早关于人工栽培香菇生产方法的文字记载,是宋淳熙十六年(1189 年),一位叫何澹(龙泉人,曾任御史中丞)写的《菌蕈》,何氏在书中详细、系统地记载了香菇的生产方法,如"……用干心木、橄榄木,先就深山中砍倒扑地,用斧斑驳剉木皮上,候淹湿,经两年始间出,至第三年蕈乃通出,每经立春后地气发沾,雷雨震动,蕈则交出木上,始采之。以竹篾穿挂,焙干,至秋冬之交再用工偏木敲击,其蕈间出,名曰'惊蕈'。惟经雨则出多,所制亦如春法,但不若春蕈之厚耳,大率厚而小者,香味俱佳。又有一种适当清明向日处间出小蕈,就木上自干,名曰'日蕈',此蕈尤佳,但不可多得,今春蕈用日晒干,同谓之日蕈,香味亦佳。"何澹载于《龙泉县志》的这段文字,曾被明代的《菽园杂志》、《广东通志》和日本最古老的真菌学著作《惊蕈录》引用过,比元代著名农学家王祯 1313 年所著《农书·菌子》要早一个多世纪。从这段文字可以看出,香菇原木"砍花法"早在 800 年前已经基本定型。

清代和民国时期,香菇进入全盛时期。嘉庆《庆元县志·风土志》曾记载:当时庆元农民"居乡者以制蕈为业,老者在家,壮者居外,川、陕、云、贵,无所不历,跋涉之苦,甘如饴焉!大抵庆邑之民,多仰食于蕈山"。1947 年,民国庆元县最后一任县长陈国钧在《菇民研究》一书中也这样记述:"菇民人数,庆元约六万余人,占全县九万人口七成之多。龙泉县约二万人,景宁县约四万人"。嘉庆《庆元县志·艺文》记有:当时庆元知县戈廷楠在乾隆 59 年写的诗"问讯贫脊罕物产,制菇煮笋称丰年",即反映了香菇在人民生活中的重要地位。

一般学者认为,日本的香菇栽培方法是从中国传入的,时间大约在 15 世纪。Singer(1961)和 Ito(1978)都持这种观点。国际热带菇类学会主席张树庭教授曾数次赴庆元县实地考察,查证了有关史料后确认,庆元是"香菇之源"。

(二)中国香菇栽培史上的第一次重大技术改革

继吴三公发明原木砍花法栽培香菇后,一直到 20 世纪 30 年代,日本在接受欧美纯菌种培养技术的基础上,成功培养出香菇纯菌种,并用于原木栽培香菇。受日本科技发展的影响,福建的胡昌炽、潘志农和龙泉的李师颐开始切磋、引进与改良日本香菇技术,并进行"旧木菌丝当种木"和"香菇菌褶阴干磨成的孢子粉当菌种"的原木接种试验,潘志农还出版了《四季栽培人工种菇大全》和《最新实验人工种菇问答》等书籍。李师颐也编著出版了《改良段木种菇法》一书,对后人具有一定的指导作用。

我国的香菇纯菌种直到 1956 年后,才由上海农业试验站陈梅朋研制成功。20 世纪 60 年代以后,黄年来等以孢子分离和组织分离制作成功锯木屑纯菌种,并对砍花法和纯菌种播种法的优缺点作了比较,提出"在接种的段木上施以适当的砍花,或在砍花的基础上加以接种"的方法,在提高香菇产量方面取得了一定的效果。1965 年,中南真菌研究室罗宽华在粤北翁源试用段木纯菌种接种法获得成功,进行了大面积试种,单产比砍花法提高 1~5 倍。

香菇纯培养菌丝播种技术，彻底打破了800年原木砍花法一成不变的局面，使广大山区人民在较短时期内掌握了段木香菇栽培技术，极大地解放了生产力，使香菇产量成倍增加，质量大大提高，生产周期大为缩短，为中国香菇生产开创了崭新局面。

香菇纯培养菌丝播种技术是香菇栽培史上的第一次技术重大改革，即菌种纯培养技术革命。

在纯培养菌种的研究上，20世纪80年代，上海师范学院杨庆尧开展了香菇液体菌种发酵生产试验；2002年，吴学谦等引进了日本的代料香菇胶囊菌种技术，解决了长期困扰我国香菇行业的菌种标准化繁育、工厂化生产以及菌种质量控制与检测的技术难题。

（三）中国香菇栽培史上的第二次重大技术改革

上海农业试验站继1956年研制成功香菇纯培养木屑菌种后，锯木屑瓶栽试验在1957年取得初步成功。1974年，上海农业试验站何园素、王曰英等又开展了锯木屑菌丝体压块栽培香菇的试验，把玻璃瓶作容器培养香菇菌丝体，然后从玻璃瓶中挖出培养体，压成砖式菌块，待菌丝愈合转色后，再移入室内出菇，生物学效率显著提高，并且筛选出压块栽培香菇配套菌株7402。该成果于20世纪70年代末，首先在上海市嘉定县马陆乡获得大面积推广。1979年，上海市嘉定、川沙等县室内压块栽培香菇的面积达5.6万m^2，成为全国木屑香菇压块栽培的中心。

20世纪80年代初，福建古田县大甲乡农民彭兆旺受袋栽银耳的启发，采用塑料袋制成木屑培养料菌棒，在大田荫棚里进行露地栽培。该技术与室内压块栽培香菇技术相比，具有工序简单、管理容易、操作方便、成本低、效益高等优点。据报道，古田县1983年生产菌棒36万袋，1985年生产规模发展到500万袋，两年间扩大了14倍。值得一提的是，代料香菇栽培技术的研究成功和普及推广，原三明市真菌研究所香菇育种专家蔡衍山等选育成功的香菇杂交菌株CrO2作为配套品种，功不可没。古田县食用菌技术科普作家丁湖广撰写了大量代料香菇栽培技术科普书籍，对全国普及推广代料香菇栽培作出了较大贡献。

1979年，浙江省庆元县从上海引进室内压块栽培香菇技术，由吴克甸等在不同海拔高度(11个点)做示范试验获得成功。随后，姚传榕研究成功“三脱离木屑栽培香菇技术”。1988年，吴克甸和吴学谦等选育成功中低温型迟熟代料香菇新菌株241-4，改夏秋高温期接种为冬春低温期接种，探索总结出刺孔通气、袋内转色、室外越夏、偏干出菇管理、保湿催蕾等一整套春栽香菇技术，使接种成品率和香菇质量大大提高，出口菇比例增加20%以上，综合经济效益比CrO2提高25%，极大地推动了全国代料栽培香菇的发展。此外，辽宁的半熟料开放式地床栽培模式，为东北代料栽培香菇的兴起和发展及我国香菇生产模式走向多样化作出了贡献。

代料栽培香菇是香菇栽培史上的第二次技术重大改革，即香菇栽培基质上的革命，其意义之深远无法评估，使香菇栽培从山上走到了大田，栽培基质从天然到人工配制，原料来源更广泛，栽培香菇变成了短、平、快致富项目。这次改革使中国香菇产量超过了日本。

（四）中国香菇栽培史上的第三次重大技术改革

花菇是香菇中的上品，在以往原木和段木栽培中，自然发生量很低。我国最早列项潜心研究花菇成因和培育技术，是1993年通过鉴定的浙江庆元完成的项目《人造菇木栽培花菇的研究》和河南完成的项目《香菇段木栽培技术和菌种及产品标准化研究与应用》。

我国食用菌科研工作者于20世纪80年代开始观察分析花菇形成的原因。张寿橙1982年开始关注段木花菇成因，他借用龙泉县1982年11月至1983年3月的气象材料，初步分析了月平均温度、降雨量和湿度、日照时数等与花菇形成的关系，调查了龙泉、景德镇、祁门等地的段木花菇形成情况，发现自然条件下花菇约占总产的6%。他认为，在外界逆境条件下，是表皮细胞与肉质细胞分裂不同步使表皮破裂而形成花菇。随后，吕作舟(1988)、张树庭(1988)、钱玉夫(1989)、武金钟(1993)等对段木花菇形成过程作过阐述。此时期尚未对花菇成因和代料花菇培育技术列项进行系统研究，多数学者借用历史年份气象资料探讨过自然气候条件下的段木花菇成因。比较一致的看法是“花菇必须在低温、昼夜温差大和干燥的生态逆境中才能形成”。

1988年以来，吴学谦、吴克甸等对自然气候条件下花菇形成进行了考察分析，并在人工控制条件下对影响花菇形成的内外因子进行了独立的定性定量观察研究，首次探明了花菇低产原因、摸清了花菇成因。发现花菇是子实体生长与生态环境条件共同配合的结果，并非仅取决于外部生态条件，还与子实体发育代谢的内部因子和子实体成熟密切相关，并研究证实了内、外因子间不协调难以形成花菇的原因。根据花菇成因新观点，以吴学谦为主持人的省级科技攻关项目《代料栽培花菇技术研究》课题组研究总结出人工催蕾、利用风与光照催花、高棚层架栽培、不脱袋保水、割袋挑蕾、催蕾催花分阶段、分场地管理等一整套培育花菇技术，选育出适于花菇栽培的中低温香菇品种系列 939、9015、135-9、241-4，使室外高棚层架栽培模式的花菇发生率达到 41.5%、室内设施栽培模式花菇发生率达到 80%，较原有工艺花菇自然发生率分别提高 207.4%和 592.5%。该项目 1995 年 12 月经省级鉴定居国际领先水平，带动了香菇产业由量的扩张向质的提高转变，获得了 1995 年度浙江省农业科技进步奖一等奖和浙江省科技进步奖二等奖，并被评为浙江省建国 50 年 50 大科技成果之一，被中国食用菌协会评为行业十大优秀科技成果的第一名。

在段木花菇培育技术研究上，河南省科学院生物研究所 1993 年前完成的《香菇段木栽培技术和菌种及产品标准化研究与应用》成果，段木香菇栽培获得了 35%的花菇率，属国内领先水平。这也是我国最早经鉴定的、有段木花菇栽培方面研究内容的香菇栽培技术科研成果。卢氏县武金钟等(1993)提出利用保护设施即搭设“遮荫棚”、“遮雨棚”、“调温棚”进行段木花菇栽培。

花菇高棚层架栽培技术正是在花菇成因的新观点、新理论研究的基础上逐步形成的，并在推广普及中逐步得到完善。在 20 世纪 90 年代中后期，还有 1997 年通过鉴定的、由福建省寿宁县科委叶奶波和郑毅雄等完成的《人工调节促进花菇形成技术研究》成果，总结出寿宁花菇工艺“三绝”，并把技术推广与花菇的保鲜、产业化经营有机结合起来，把保鲜花菇打入了国际市场，使花菇身价倍增，极大地促进了花菇高棚层架栽培技术在全国的推广普及。特别是后来河南省泌阳县首创的“小棚大袋培育花菇技术”，采取小棚利于人工调节环境条件，大袋利于菇木保湿和形成大叶花菇，尤其是“加温排湿、全光照射、渐热骤冷”的高效催花技术的创新，使高棚层架栽培技术花菇发生率大大提高，花菇形成的可控性增加，促进了“南菇北移”，掀起了北方花菇生产的热潮。西峡县的“中袋双棚春栽花菇技术”更是吸取了南北花菇栽培技术的优点，博采众家之长，是后期推出较为理想的花菇栽培模式。另外，1998 年通过鉴定的河北遵化日光温室立体栽培花菇技术、2001 年通过鉴定的浙江云和大棚无架低畦栽培花菇培育技术等一系列在应用中创新的花菇培育技术成果不断涌现，极大地推动了我国代料花菇培育技术的普及提高和花菇生产的迅猛发展，促进了我国香菇产业由数量型向质量效益型转变，提高了我国香菇在国际市场上的竞争力。

湖北陈士瑜(1999)认为，我国食用菌科研人员通过十余年的努力，对花菇成因的认识，从孤立地强调环境因素，到现在辩证、全面地看待影响花菇形成的各种内因和外因，认识到花菇的形成是内部因素与外部环境因素协同作用的结果，这是花菇形成理论上的一次新的突破。

代料栽培花菇技术被食用菌界称为香菇栽培史上的第三次技术重大变革，即香菇质量提高技术上的革命。

三、中国香菇产业发展现状

我国是世界上最大的香菇主产国，通过一系列技术创新使中国香菇产量占全球香菇总产量的 70%，2009 年全国香菇总产量达到了 343.5 万吨。1957 年，上海陈梅明、孙超等取得了杂木屑瓶栽香菇试验成功；20 世纪 80 年代初，古田县大甲乡彭兆旺采用塑料袋制成木屑培养料菌棒，在大田荫棚里进行露地栽培香菇获得了成功；80 年代末，庆元吴克甸和吴学谦等研究成功了荫棚露地春季仿生菇栽培技术；90 年代初，庆元吴学谦等探明了花菇成因和低产原因，研究成功了代料花菇高棚层架栽培技术，使香菇总产量从 1978 年不到3 000吨，增加到 2009 年的 343.5 万吨，30 年间增长了 100 多倍。从 1996 年开始，我国代料花菇高棚层架栽培技术在全国大规模推广普及成功，大大提高了我国代料香菇在国际市场上的竞争力，使得干鲜花菇以质的优势迅速占领了国际市场，首次超过日本香菇出口量成为世界香菇出口大国。最近十年来，福建、浙江等传统香菇主产省稳定发展，湖北、河南、辽宁等省得到快速发展。

第二节　香菇的生物学特性

一、形态特征

香菇由菌丝体和子实体两大部分组成。菌丝体是香菇的营养器官，香菇菌丝色白，绒毛状，有横隔膜和分枝，细胞壁薄，直径 2～4μm。香菇菌丝体有初生菌丝、次生菌丝和三次菌丝体之分，菌丝不断生长发育，并相互集结为菌丝体，呈蛛网状。它能不断分解基质，从中吸取营养供香菇生长发育的需要。

图 60－1　人工栽培的香菇子实体形态

子实体是香菇的繁殖器官，能产生大量担孢子，即生殖细胞。子实体由菌盖、菌褶、菌柄等组成。香菇子实体单生、群生或丛生，菌盖直径 5～12cm，最大可达 20cm，扁半球形，后渐平展，肉质，呈茶褐色、紫褐色和黑褐色，有纤毛状鳞片。菌肉厚，白色。菌褶是孕育担子的场所，位于菌盖的下面，由菌柄向菌伞边缘放射状排列，色白、稠密而柔软，呈刀片状或锯齿状，受伤后会产生斑点，生长后期变成褐色，宽 3～4mm，菌褶表面着生子实层，褶上生有许多棒状的担子，每个担子顶端有 4 个小梗，每个梗上着生 1 枚孢子，即 4 枚不同交配型的孢子，孢子印白色。孢子无色，光滑，椭圆形，4.5～5μm×2～2.5μm，缘囊体近棒形，宽 9～14μm。菌褶与菌柄的着生处为弯凹，称为凹生，是分类学鉴定的重要形态特征。菌褶幼嫩时呈白色，干燥时呈淡黄色，如果干制加工或储存不当，菌褶会呈褐色或黑色。菌柄弯生，白色，内实，半肉质至纤维质，常弯曲，柄一般长 3～8cm，直径 0.5～1cm，是支撑菌盖、菌褶和输送养分的器官，菌柄中下部往往覆有鳞片(图 60－1)。

二、分布和生态习性

(一)分布

野生香菇主要分布于北半球的温带到亚热带地区，寒带和热带尚无记载。主要分布区集中在亚洲各国。中国野生香菇的分布较广，包括东北的辽宁、吉林，华东的安徽、浙江、江西、福建、台湾，华中的湖南、湖北，西南的云南、贵州、四川、广西，华南的广东、海南，西北的陕西。国外野生香菇主要分布在日本、朝鲜半岛、俄罗斯远东地区(萨哈林群岛)、菲律宾、印度尼西亚、巴布亚新几内亚、印度、越南、老挝、泰国、婆罗门洲、马来西亚、尼泊尔、克什米尔地区和新西兰等国家和地区。

(二)生态习性

(1)香菇是木腐菌

香菇没有叶绿素，不能进行光合作用，靠分解木材中的木质素、半纤维素、纤维素、有机氮等，吸收其营养物质而生存。香菇不能在活树上生长，只有在失去生命力(枯死)的木材上才能生长。香菇生长可使木材腐朽，而不是腐木促进香菇的发生。

野生香菇主要生长在壳斗科(枹栎、米槠、青冈栎、麻栎、栓皮栎、栲树等)、鹅耳枥科(疏花鹅耳枥等)、金缕梅科[枫(枫树)]、蚊母树、细柄蕈树(细柄阿丁枫)，中华蕈树(中华阿丁枫)、杜英科(山杜英)等 200 多种落叶阔叶树或常绿阔叶树中树林带的枯干、风倒木、雪压木上，偶尔也发现生于杉木、马尾松、马桑、毛竹蔸等植物上。适宜香菇栽培的树种只有 20 多种，可用于木屑栽培香菇的树种范围比较广泛。

在森林生态系统中，绿色植物利用太阳能进行光合作用提供的生物量，每年估计有 1550 亿吨干物质，其中森林的生物量约占 44%，自然界中分解木质纤维素主要靠真菌。利用香菇菌丝分解木材，将木质转化为人类需要的蛋白质，同时也使森林中物质大循环得以顺利进行，有维护生态平衡的作用。

(2) 香菇是白腐菌

香菇菌丝能够分泌胞外氧化酶降解木质素，对木质素的降解能力较蘑菇、草菇强，属白腐类型微生物。香菇菌丝分解木材会产生有机酸，如草酸、醋酸、琥珀酸，使基质中的 pH 值下降，有利于香菇菌丝的生长和子实体的发生。香菇菌丝分解木材，产生水分，使木材呈湿润状态，这与另外一些菌类分解木材之后，使腐朽材呈干燥状态有明显区别。

(3) 香菇是好氧菌

香菇菌丝的生长需要氧气，主要是利用存在于基质中的氧气。木腐菌多数是好气性的，在潮湿积水的菇场，菇木吸饱水分，过分排出木材空隙中氧气，不利于香菇菌丝生长。

(4) 香菇是喜光菌

香菇属喜光性食用菌。只有在明亮的菇场，香菇才能生长得好。在黑暗之处香菇生长不良，把菇木堆成人字形，只有接受阳光的菇木表面才能出菇，而且整个子实体一定是向有光照射的逆方向生长的。

(三)香菇的生长发育条件

香菇菌丝子实体生长发育的条件包括营养、

水分、温度、空气、光照、酸碱度(pH 值)等因子。在栽培管理中只有满足香菇的生长发育条件,才能夺取香菇优质、高产、高效。

1. 营养

营养是香菇子实体形成和发育的物质基础。香菇是一种木腐菌,主要依靠菌丝分泌各种酶,分解木质纤维素,吸取糖类(碳水化合物)和含氮化合物,以及少量的无机盐、维生素等。香菇菌丝还吸收木质部和韧皮部中的可溶性物质。

(1)碳源

碳源是香菇生长发育的主要营养源。香菇菌丝可广泛利用多种碳源,包括单糖类、双糖类和多糖类。单糖类如葡萄糖、果糖等最容易被香菇菌丝吸收利用;双糖类如麦芽糖、蔗糖等次之;木糖、甘露糖、核糖等几乎不能被利用。木质素、纤维素、半纤维素等香菇菌丝虽不能直接吸收利用,但可由菌丝分泌各种酶将这些物质分解成小分子化合物,再加以利用。烃类化合物、乙醇、甘油等也能被吸收利用。然而,大多数有机酸中的碳源不能被利用,且对香菇生长发育有害。在制备天然培养基时,一般需加酵母浸膏、麦芽浸膏、马铃薯、玉米粉或可溶性淀粉作为碳源。

(2)氮源

氮源是合成细胞内蛋白质和核酸等生命物质不可缺少的营养成分。香菇菌丝可吸收利用某些有机氮,如蛋白胨、*L*-氨基酸、尿素等,也能利用铵态氮(如硫酸铵),但不能利用氧化态的氮,如硝态氮和亚硝态氮。此外,有机氮的组氨酸、赖氨酸等也不能被香菇菌丝吸收利用。香菇生长发育所需的最适氮源浓度是:在营养生长阶段,培养基中含氮量以 0.016%~0.064%为宜,低于 0.016%,菌丝生长受影响;在子实体发育阶段,培养基中的含氮量以 0.016%~0.032%为宜,高浓度的氮反而对香菇子实体的分化和生长不利。

碳源和氮源的比例即碳氮比(*C/N*)是香菇生长发育中的一个重要营养指标。在菌丝营养生长阶段,碳氮比保持在 25∶1~40∶1 为好;在生殖生长阶段,最适宜的碳氮比是 63∶1~73∶1,氮含量过高会抑制原基的分化,而原基发育成子实体的能力取决于培养基中的碳源和较高浓度的糖。当蔗糖的浓度达到 8%时,子实体发生良好,此时氮源的浓度以不超过 0.02%为好。

(3)矿质元素

香菇所需的矿质元素主要有磷、硫、钙、镁、钾等,这些元素或直接参与细胞组成,或参与保持细胞渗透压平衡,保证新陈代谢的正常进行。对微量元素铁、铜、锌、锰、钴、钼等需求量甚微,但它们是酶的基本组成成分或激活剂,也是香菇生长发育所必需的。过量硼能抑制香菇菌丝的生长,工业用硫酸镁中往往硼超标,在香菇培养料中添加硫酸镁时需控制用量。在浓度适合的培养基中,有铁、锰、锌存在时,再添加铜、钼和钴,也能促进香菇菌丝的生长。锡和镍离子可以促进子实体产生(Leathman,1984),锰离子吸收太多可能导致子实体畸形。

(4)维生素类

香菇菌丝本身不能合成维生素 B_1,只能从培养基中吸收利用。适合香菇菌丝生长的维生素 B_1 的浓度为每升培养基 100μg。严重缺乏维生素 B_1,香菇菌丝生长迟缓,甚至停止生长。其他维生素,香菇菌丝自身可以合成。

除上述营养物质外,培养基中如添加腺嘌呤、胞嘧啶等可促进菌丝生长;三十烷醇、吲哚乙酸、赤霉素等生长调节类物质对菌丝生长也具促进作用。

在香菇段木栽培中,韧皮部和木材的外缘营养最丰富。因此,含有丰富营养物质的边材越发达,对菌丝生长和子实体的大量发生越有利。在代料栽培中,培养基的营养组成不仅要满足菌丝生长的需要,更重要的是必须满足栽培后期子实体发生发育的需要。

2. 水分

水分是香菇生命活动的物质基础,只有在适宜的水分条件下,新陈代谢才能正常进行。外界的营养物质只有溶解在水里,才能通过香菇的细胞壁渗透进来,所有的代谢产物,特别是有害物质也只有溶解在水中,才能排出体外。短期的缺水,香菇菌丝会处于休眠状态,长期缺水必定死亡。水分不足或过多都会阻碍香菇的生长发育。在不同的发育阶段,香菇对水分的要求是不同的。

(1)水分对担孢子的影响

在适温 24℃(22~26℃)条件下,孢子在水中或适宜的培养液中萌发率达 80%~100%。在冰中存放 2 小时对萌发率没有影响,经 24 小时萌发率降至 50%~60%。在蒸馏水中能萌发,但菌丝不能生长,在水中经 24 小时萌发率降至 50%~60%,在 45℃萌发率为 1%~5%。在 20℃、相对湿度 90%时,担孢子经 90 天便失去萌发力。在 20℃、相对湿度 10%时,经 210 天,孢子萌发力还会很好。

(2)水分对菌丝生长的影响

在木屑培养基中,菌丝体生长的最适含水量

是55%～65%。木屑的种类、粗细不同，在菇木中适宜的含水量为32%～40%，以35%～40%最为适宜，32%以下时成活率不高，在10%～15%时菌丝生育极差。

(3)水分对子实体的影响

子实体发生、生长发育必须有水分。菇木含水太多，香菇质地柔软，易腐，菌盖变深黑褐色。菇木含水量适宜，可以得到厚肉菇。在菌盖5～6分开伞时，菇木水分不足，加上空气相对湿度低(刮风)、雪后晴天，可以得到花菇。菇蕾生长初期，遇到打霜结冰易产生菇丁。在实际栽培中，把经过干燥抑制的成熟菇木，浸在冷水中，可以通过温差、湿差等刺激，使香菇整齐发生。通过浸水时间的长短来控制每根菇木上香菇发生的朵数。

段木栽培香菇时，在菇树砍伐之后，适当地抽水干燥，让段木组织逐渐枯死后接种才能成活。香菇菌丝在段木中的生长速度和段木枯死的程度、含水量、空隙率有关。含水量过高，会明显抑制香菇菌丝的生长，段木最适含水量为37%～40%。木材内部的空隙率低，木材中的空气含量少，香菇菌丝生长会受到抑制。

3. 温度

温度是香菇生长发育最活跃的外界因子。香菇属低温和变温结实性菌类，适宜的温度是香菇正常生长发育的重要条件。

(1)对香菇生理生化的影响

香菇在新陈代谢过程中所发生的物理和化学变化，均会受到温度变化的影响。香菇在代谢过程中需要有众多酶参与，而不同酶类的活化有其最适宜的温度范围，过高或过低的温度均会降低各种酶的活性，从而影响物质的合成或分解。

(2)对孢子萌发的影响

在潮湿状态下，担孢子萌发的最适温度为22～26℃，香菇孢子以24℃左右时萌发最好。16℃时，孢子萌发需经24小时；在24℃下，只需16小时。在各种不同培养基上，担孢子在15～30℃的范围内易萌发。香菇孢子对低温的抵抗力较强，但不耐高温。

(3)对菌丝生长的影响

香菇菌丝生长适宜温度为5～32℃，最适温度为24～27℃。在此最适温度下，香菇菌丝生长旺盛，色泽洁白而粗壮。总的来说，香菇菌丝耐低温，不耐高温。越冬时在－10～－8℃条件下，经30～40天仍可存活；高温时，菌丝生长快，但容易衰老。高温促使香菇菌丝衰老的原因是，高温时菌丝中的酶分解活力大于酶合成能力，呼吸旺盛，菌丝产生营养耗竭而死亡。温度为34℃，菌丝就会停止生长，36℃时菌丝将会受到严重损伤，颜色变黄，40℃以上，菌丝会很快死亡。

(4)对原基分化和子实体发育的影响

适宜香菇原基分化的温度为8～21℃，以10～15℃最适宜，分化最适温度因香菇菌株的不同而存在较大差异。子实体发育温度为5～24℃，适温为15～20℃。从原基发育成子实体的适温为15±(1～2)℃，以温差8～10℃为最佳。香菇子实体的形状和产量也会受产菇期间温度的影响。一般来说，低温性品种在低温条件下发生的子实体质量较好；高温性品种在高温条件下出菇较好；同一品种，在适温范围内，温度较低时，子实体发育较慢，不易开伞，质量较好。当菌丝达到生理成熟时，突遇外界较短时间的低温刺激，造成温差，菌丝生长速度变慢，生长点分解酶活性迅速降低，呼吸强度下降，随之生长点处养分迅速积累，继而产生菌丝扭结，形成子实体。香菇子实体形成和发育的不同阶段，对温度最低的感应性差异较明显，不同品种的子实体对温度的要求差异也较大。只有掌握了这些规律，在生产上才能按当地的栽培季节，制订出合理的管理措施，才能掌握科学出菇管理的主动权。

(5)气温、菌温、堆温与菌丝生长的关系

气温是指自然的室内或室外温度；菌温是指培养基质内菌丝活动的温度，也称品温；堆温是指带有活力菌丝的物体在堆叠时堆内小空间的温度。高温季节利用塑料袋或玻璃瓶培养菌种及培养菌棒时，菌丝呼吸强度大，堆温、菌温升高显著。应经常注意“三温”关系，否则易导致“烧菌”。低温季节可利用菌温和堆温的关系，提高小空间环境温度和菌温，促进菌丝生长。

(6)恒温和变温对子实体形成的作用

在恒温条件下，香菇不会形成子实体。要想得到理想的子实体，必须予以恒温和变温的管理手段，即所谓温差。温差包含两种概念，即气温和水温的差落。

①气温的差落：培养菌丝的目的是多产香菇。如何使健壮的菌丝体生育出所需的子实体？必须有一个气温差落的因子。当菌丝体达到生理成熟时，自然或人为地突然对香菇予以暂短的低温性变温刺激，可促使子实体的形成。

生理已成熟的菌丝体突然受到暂短低温刺激后，旺盛而活跃的菌丝体生长突然变慢，呼吸强度减慢，养分消耗降低促使养分积储，迫使其开始扭结成“盘状”组织，从而形成原基。原基形成后，需要一定时间较高的适温，使原基利用周围的菌丝继续不断地吸收养分和水分，让原基膨大形成菇蕾。菇蕾脱颖而出后，需要一段时间的恒温，促使菇蕾能迅速而顺利地发育成为正常的子实体。从原基形成前后直至子实体成熟，这阶段对恒温和变温的控制十分重要。实际生产中，温度的管理可参考图 60－2 所示。

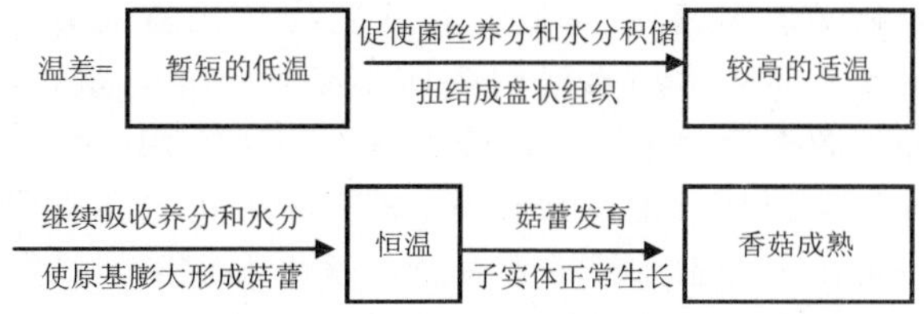

图 60－2 温差和恒温对子实体形成作用过程

对温差刺激因品种不同而有差别，高温品种要求温差幅度较小，在 3～6℃。中低温型品种诱导原基分化的温差为 5～10℃。代料袋栽或块栽比原段木栽培的温差幅度要求小。

②水温的差落：水温的差落有两大作用：一是利用水温比自然气温低来扩大温差，促使原基形成；二是养分必须通过水分才能吸收利用。浸水、淋水、喷水等手段是补充培养基质水分不足的重要措施。浸、淋、喷等补水方法，不但是补充水分，而且补水能扩大温差，是增产的有效措施。在较高气温季节，可采用井水、地下水、泉水等水温低的水源；在冬季，先让菇木堆叠起来，覆盖薄膜以提高菌温来扩大与水温的落差，从而促进菇蕾的发生。

4. 空气

香菇属好气性真菌，足够的新鲜空气是保证香菇正常生长发育的重要环境条件之一。空气不流通、不新鲜、氧气不足，香菇的呼吸会受到阻碍，菌丝的生长和子实体发育也就受到抑制，导致死亡。缺氧时菌丝酶借酵解作用可暂时维持生命，但要消耗大量的营养，菌丝易衰老死亡。在通风良好的场所栽培香菇，才能满足香菇生长发育对氧气的需求。

香菇菌丝在麦芽汁培养液（pH 稳定在 3.5）中，最适的氧气吸收系数 $kd=0.2\sim0.3\times10^{-6}$（克分子氧/1 个大气压，1 分钟，1ml 培养液）。在 25℃每毫升产生 1mg 的干菌丝，每小时需要 8μl 氧气，耗氧量比其他微生物低，但菌丝的生长需要相当多的氧气。空气中的含氧量为 20%，原木内的空气含氧量因含水分而明显减少。特别是在木材密度大（质地坚硬的木材）的枹栎、青冈栎、麻栎等比木材密度小（质地松软的木材）的鹅耳枥中，香菇菌丝的生长比较缓慢，这就是硬质段木中空隙比较少、氧气不足所造成的。

5. 光线

香菇属需光性真菌。强度适宜的漫射光是香菇完成正常生活史的一个必要条件。在菌丝营养生长阶段，完全不需要光线，光线会抑制香菇菌丝的生长。长时间光照后，香菇菌丝会产生特殊的反应，菌种表面产生褐色菌皮，随着照度的增加，生长速度会下降。相反，在黑暗条件下菌丝生长快。可是在黑暗条件下只有营养生长，子实体的分化和生长发育需要光线。

用段木测试发现，香菇子实体的分化取决于菌丝生长期的光照，但光线对生长在木材深处的菌丝没有作用。据测定，香菇原基分化的最小光照强度为 $10^{-2}\sim10^{-4}$ lx，最适的光照强度是10 lx。曝光时间较长，香菇子实体的数目增多。香菇原基形成最有效的波长在 370～420nm。光照对香菇子实体的发育，特别是对菌褶和孢子的形成具有一定作用。在黑暗和微弱光照条件下（5 lx），菌盖和菌褶的发育很差，常常出现一个或两个担子小梗的担子。在利用有色玻璃纸的各种滤光条件下，常产生畸形菇，孢子的发生量很少。以上的光照强度在菇木的树皮下已足够。光波对子实体的生长有影响，蓝光对菌盖的着色有效。

①光线对孢子的影响：在直射阳光下，晒 10 分钟孢子萌发率减少一半，晒 3 小时几乎都不萌发，晒 4～5 小时就全部不萌发了。

②光线对菌丝的影响：强烈的直射阳光对香菇菌丝有抑制作用和致死作用。在明亮的室内，菌丝容易形成褐色的被膜（菌皮）。

③光线对子实体的影响：没有光线原基绝不会形成子实体。分化后的原基在暗处会有徒长的倾向，盖小、柄长、色淡、肉薄、质劣。为了诱导香菇子实体形成，在营养生长阶段必须有光照。代料栽培时，30 天以上的光照效果最大，特别是培养的中、后期，室内必须有 200～600 lx的光照。

6. 酸碱度

酸碱度也是影响香菇生长发育的主要环境因子之一。

（1）培养基的 pH 对香菇菌丝的影响

香菇菌丝生长几天后，培养液的 pH 很快下降。这是由于香菇产生了几种有机酸，如醋酸、琥珀酸、草酸的缘故。培养液的最适 pH 是 5～6。但初始培养液 pH 在 3～6 的范围内，不会严重影响香菇菌丝的生长。在整个发酵过程中，培养液的 pH 保持恒定，可以使香菇菌丝生长良好，pH 在 3.5～4.5 时，适宜于香菇原基的形成和子实体的发育。在培养基中积累的有机酸，至少一部分可以通过使培养基变酸(酸化)，来促进子实体的发生。

(2)菇木中的pH对香菇生长发育的影响

香菇菌丝在木材中随着高分子化合物，如纤维素、半纤维素、木质素的分解，消耗木材中可溶性成分而生长发育。香菇菌丝生长之后，菇木中的pH很低，一般为3.7～3.8，平均为3.67，而且几乎是恒定，这样的pH有利于出菇。

总之，以上这些条件是综合地对香菇发生作用。在营养条件完全满足的情况下，决定能否进入结菇阶段的主要因子是温度、湿度和光照，它们在营养生长转为生殖生长的过程中有着重要作用。原基形成后，能否继续发育长大，关键是能否保证通风换气，同时又保证适当的相对湿度和光照。因此，在栽培实践中，应尽量模拟和创造最适宜于香菇菌丝和子实体生长发育的环境条件，才能获得优质高产。

(四)香菇的木质纤维素生物降解规律

香菇是一种白腐真菌，具有很强的分解木质纤维素的能力。在原、段木以及木屑培养料栽培香菇中，香菇主要靠降解利用木材和培养料中的木质素、纤维素、半纤维素作为碳源。

肖光辉(1994)认为，香菇菌丝在发菌前期优先利用半纤维素，其次是木质素，很少利用纤维素。在整个发菌过程中半纤维素的降解在前，接着是木质素快速降解，纤维素的快速降解最迟。冯志勇等(1996)研究表明：①初始还原糖和氮素含量均较低的辅料更能促进木质纤维素的降解；②木质纤维素分解是一个复杂的反应过程，参与木质纤维素分解的多种酶中，一部分酶既受底物诱导而增强活性，又受基质中还原性糖浓度水平的反馈抑制；③培养基质中分解酶的活性受其他营养成分及其平衡状况的影响，如氮素水平和碳氮比。将培养料中木质纤维素以外的营养成分调整到最恰当比例，有利于提高香菇的质量和产量。

潘迎捷、倪新江等(1995)以木屑米糠培养料为栽培基质，采用袋栽方式，跟踪分析香菇在整个栽培周期中木质纤维素的降解情况。研究结果表明，香菇菌株F1在整个生长过程中，培养基中的纤维素降解86.2%，半纤维素降解85.1%，木质素降解76.6%。木质纤维素的降解具有明显的阶段性。在菌丝生长阶段，纤维素降解较慢；进入生殖生长阶段，纤维素降解速度加快，一直保持到第4潮菇阶段。半纤维素的降解速度在整个生长过程中比较均一。木质素前期降解速度较快，栽培过程接近一半时(121天)，木质素已降解65.5%，而在后一半时间内，木质素只降解了11.2%。

进一步研究发现，在香菇生长发育过程中，纤维素、半纤维素的降解主要发生在菌丝营养生长阶段，而木质素的降解主要发生在出菇阶段。木质素的降解率越高。基质生物转化成香菇的绝对生物学效率越高；基质的香菇生物转化率主要取决于基质的木质素降解率而不是木质素含量，添加外源碳源对木质素的降解具有启动作用。要确保较高的基质生物转化率，必须保持栽培基质中一定水平的木质纤维素总量。这一发现不但具有重要的学术价值，而且为用阔叶树以外的含碳素有机物，如各种农林废弃资源代替阔叶树木屑作为香菇栽培基质找到了理论根据，对香菇杂木栽培研究具有重要指导意义。

(五)花菇的成因

花菇是香菇中的上品，是一种菌盖上产生有裂纹的香菇，以裂纹白、大、深且纹理似菊花状的天白花菇为质量最佳。花菇的形成原本是一种自然现象，在香菇开始人工栽培之前，野生花菇已存在。以往的原木和段木栽培中，需在特定的季节和空气相对湿度较低的情况下少量形成。据《农书·菌子》记载，花菇系“木上自干”的“日蕈”，“此蕈尤佳，但不可多得”。

我国食用菌科研人员从20世纪80年代初，开始关注段木花菇成因。早期因为没有很好地测试分析和实验研究，只是根据花菇自然形成时期的大气条件展开一些探讨。张寿橙(1984)、吕作舟(1988)、张树庭(1988)、钱玉夫(1989)等众多学者对段木花菇形成过程都作过阐述，认为“花菇必须在低温、昼夜温差大和干燥的生态逆境中才能形成”。

吴学谦等从1988年以来，先后对室外自然条件下和室内人工控制条件下影响花菇形成的内、外因子进行了大量的定性、定量试验研究，首次探明了花菇低产原因，揭示出花菇的成因。通过我国食用菌科研人员近几十年的共同努力，对花菇成因的认识，从孤立地强调环境因素，到目前比较辩证、全面地看待影响花菇形成的各种内、外因子，揭示了花菇的形成是内部因子与外部生态因子协同作用的结果。这是花菇形成理论上一次新的突破。

1. 花菇盖面裂纹形成过程

花菇形成是由于香菇子实体表皮层细胞和肉质层细胞生长速度不同步所致。一方面，花菇形成时空气湿度较低，菇盖表皮因水分散失太快而变得干燥。随着表皮层失水程度加剧，细胞间出现脱水，表皮层细胞生长所需养分输送受阻，生长逐渐变慢直至停止。另一方面，空气相对湿度低会使菇蕾蒸腾作用加剧，菇蕾水分不断散发，菇木中菌丝积累的营养物质随着水分向子实体（菇蕾）输送，加强了菇蕾对营养物质的吸收转化，肉质层细胞因菇木可以维持其一定的营养和水分，还能继续生长，结果导致菇蕾表皮层细胞与肉质层细胞生长不同步，肉质层细胞生长速度大于菌皮生长速度。当两者生长量积累到一定程度，皮层胀裂，露出了洁白的菌肉。此时肉质层细胞继续不断生长，于是裂纹不断加大加深，同时洁白的菌肉又重新产生一层保护层，这样就形成了花菇。若表皮层细胞还缓慢生长，只是生长速度不及肉质层细胞快，会形成茶花菇；若表皮层细胞基本停止生长，无论肉质层细胞生长快慢，即“肉长皮不长”，只要生长积累到一定程度，表皮层被胀裂，形成天白花菇。因此，不论子实体生长速度快慢（主要受温度高低影响），同样可以形成花菇。裂纹的深浅和大小取决于肉质层细胞与表皮层细胞生长的不同步积累程度，但能否形成天白花菇取决于表皮层细胞是否停止了生长。

已接近成熟，即将开伞的香菇子实体，若遇干燥环境，盖面也不会形成裂纹，只略见干燥，表皮拉紧，与普通香菇无异。有五分成熟的香菇子实体，若遇干燥的环境条件，也只能形成伞花菇，盖面中心没有裂纹，只有盖边四周形成直线状辐射裂纹。只有 2～3cm 的菇蕾（菌盖比菌柄大，但两者间无明显空隙，即处于菌褶形成前期），若遇干燥环境才会形成菊花状裂纹的花菇。花菇的形成是子实体生长与生态因子共同配合的结果，并非仅取决于生态因子。只要子实体停止生长，无论生态条件是否适合裂纹形成（如 60％～65％的空气相对湿度），皆不会形成花菇；同样，已形成的裂纹在高湿度环境条件下也不会变模糊。

2．影响花菇形成的因素

影响花菇的形成有内、外两方面因素。内在因素包括品种特性、栽培基质（菇木菌膜状态和水分）、子实体成熟度等；外部因素包括湿度、温度、光照和通风等。各种因子对花菇形成的影响程度和所起作用有所不同。

（1）子实体成熟度

花菇形成与子实体的成熟度密切相关。如果让刚冒出来的菇蕾（1cm 左右）处于适宜花菇形成的低湿环境中，小菇蕾会萎缩死亡；若将七八分成熟已充分开膜，或将开伞的子实体置于同样的环境中，也不会形成裂纹。当子实体的菌盖和菌柄已形成，菌盖大于菌柄，且两者未出现分离时，即菌褶形成前进行催花，对花菇形成最有利；在菌盖与菌柄间出现明显空隙后至菌膜破裂前后（菌褶形成期）进行催花，只能形成伞花菇，即菌盖中心没有裂纹，四周只有直线辐射状裂纹的花菇。菌膜完全破裂，子实体已成熟时进行催花，只能使菌盖表面拉紧呈干燥态，却形不成花菇。由此可以进一步说明，花菇的形成、花菇裂纹的形状与子实体成熟度密切相关。

（2）香菇品种特性

花菇并非具有固有的遗传特性，理论上任何品种只要在适宜的生态条件下都能形成花菇。在同一生态条件下，低温型和中低温型单生、菌肉特厚和鳞片多的香菇品种，花菇形成速度快、产量高。如 939 菌株，在温度 15℃、空气相对湿度 65％的培养条件下，48 小时左右菌蕾盖面就会形成裂纹；而 241-4 菌株，在同样条件下，至少要 60 小时以上才能形成裂纹。花菇栽培品种的选择直接关系到花菇产量和质量的高低。

（3）菇木菌膜状态和水分（栽培基质状况）

菇木的含水量和菇木菌膜状态对花菇的形成也有影响。花菇栽培中最大的难题是菇木的保水。菇木保水难题未解决之前，只能采取不脱袋割口挑蕾的办法进行花菇管理。割口后，菇木失水加快，割口处蒸腾的水分直接影响菇蕾周围微环境的湿度，从而影响裂纹的形成。采取菇木脱袋和在菇木外面涂布保水膜，花菇形成速度和裂纹质量会有明显提高。菇木含水量以 60％左右为宜，过低会影响花菇的生长，过高对菌丝营养积累不利。

（4）温度、温差

成熟度适当的菇蕾只要在子实体正常生长的温度范围内都能形成花菇，即使在恒温条件下没有温差作用花菇照常形成。温度较低，即使湿度稍大也能形成花菇；温度稍高，要求湿度稍低些才能形成花菇。温度与湿度间既具一定的独立性，又具相互性。

菇棚内温度比大气温度高很多时，不能让菇棚温度慢慢降低，只能掀掉薄膜，一下子让菇棚的温度降至与大气温度相同，否则薄膜内壁将挂满水珠，使空气相对湿度大大提高，不利于催花。温度降低后，又可适时加温排湿催花。

（5）湿度

湿度是制约菇体表皮干燥的主要因子，湿度低，菇体表皮干燥快。通过对花菇形成过程的观察发现，直径 1.5～2.5cm 的菇蕾，只要遇到晴朗有风天气，在 2～4 天内都可形成花菇。若在采摘前几天遇到阴雨天，即使已形成的裂纹也会变得模糊，裂纹颜色变深。在有微风的天气里，菇体表皮干燥得快，裂纹形成比无风天气快。菇蕾发生后，若整个生长期的平均空气相对湿度在68%以下，都能形成不同品位的花菇。

花菇形成的最适宜的空气相对湿度为55%～68%。空气相对湿度高于75%，如阴雨天(空气相对湿度达75%～100%)，很少会形成花菇。花菇在室外栽培时，除了需考虑气象变化对湿度的影响外，很重要的一点，是防止地面水蒸发增加环境湿度。把花菇菇木从地面摆放到空中层架上栽培，目的是为了降低地面水蒸发的影响。另外，还可在地面铺沙子或薄膜或油毛毡，不让空气湿度受地面水蒸发影响。湿度在60%以下，形成的基本是天白花菇。湿度若在74%以上，就不能形成花菇(表60－1)。

表60－1　湿度对花菇形成的影响

试验处理 观测项目	49%	54%	60%	68%	74%～76%	83%～86%
菌盖裂纹	白花	白花	白花	白花、茶花	未形成	未形成
形成速度(小时)	48	56	62	78	—	—
鲜干比	2.7∶1	2.7∶1	2.7∶1	2.7∶1	2.7∶1	2.7∶1
菇木含水率(%)	35.6	38.7	41.5	42.7	43.9	46.8
菇木失水率(%)	45.2	40.5	36.2	34.3	32.5	28.0

注：室内温度保持在13±1℃，菇木含水率试验前统一注水至65%，没进行人工通风，有漫射光。

(6)风速

风速也是影响菇体表皮干燥的气象因子。风速大，菇体表皮干燥快，花菇形成也快。晴朗有风的天气里，通风口的菇蕾裂纹形成特别快，天白花菇比例高。适当的风速能促进花菇的形成，室内未进行人工通风，只要控制湿度，花菇也同样形成。因此，选择利用菇棚场地风向，对促进花菇形成效果十分明显，菇棚薄膜的掀盖管理也十分重要。

(7)光照

光照是香菇子实体生长所必需的，它影响着菇盖色泽和菇柄长短。适当的光照可使温度提高、湿度降低，加快菇体表皮干燥，间接地对花菇形成发生作用。若菇蕾始终处于完全黑暗的环境，就不能形成花菇。说明适当的光照能促进花菇的形成。

秋末气温尚高时，日照时间长，要适当遮荫，不能采取全光催花，否则会晒伤菇体。在冬季气温低，日照时间又短，可稀疏遮荫物，用全光提高环境温度，降低空气相对湿度，促使菇蕾菌盖表面干燥快，促进花菇形成。

自然气候条件下栽培花菇，关键是利用好风和光照，降低空气相对湿度，以促进花菇形成。

3. 自然条件下花菇低产的原因

在自然气候条件下，花菇低产主要原因：一是内、外因子不协调；二是外部环境条件极难同时满足原基分化及子实体生长与花菇形成的要求。要想获得花菇高产，必须把催蕾、催花分阶段分场地管理，在花菇适宜花菇形成的气候条件来临前，用人工催蕾法让菇蕾发生并长至适当成熟度，再使内、外因子前后衔接发挥协同作用。

第三节　香菇的菌种繁育

香菇菌种的繁育是一个重要技术环节，选择好生产上使用的品种后，要与香菇生产季节(接种时间)相衔接。按农业部颁布的食用菌菌种管理条件规定，商业目的的菌种繁育应该由有资质的专门机构来承担，菌种生产单位要求有固定的生产场所、专业设备和技术力量，在获得相应级别的菌种生产许可证后才能进行菌种繁育。一、二级菌种繁育一般需由技术力量较雄厚、设备条件好的专业研究和技术推广单位来承担。

一、香菇菌种的分级和类型

(一)菌种分级

香菇菌种分三级：一级菌种，俗称母种；二级菌种，俗称原种；三级菌种，俗称栽培种或生产种。

(1)一级菌种(母种)

用孢子分离、组织分离、杂交或诱变等手段获得，经过选育和生产性试验栽培，鉴定为性状优良、遗传性相对稳定的纯菌种(菌丝体培养物)。母种生产大多采用试管培养，故又称之“试管母种”。纯菌丝体在试管斜面培养基上再次扩大繁殖，成为再生母种。供应生产使用的母种，实际上是再生母种，也称为一级母种，其用途主要是繁殖二级菌种(原种)或纯种保藏。

一级菌种一般用马铃薯琼脂培养基(PDA)制成的试管斜面培养，要求纯度非常高。

(2)二级菌种(原种)

由一级菌种(母种)扩大培养而成的菌种。香菇原种都采用木屑加麦麸的培养基装入玻璃瓶制成；二级菌种由一级菌种繁殖扩大而成，一支香菇一级种的试管(18mm×180mm)，通常可移接扩大4～6瓶二级菌种。二级菌种还要再扩接成三级菌种，对其纯度要求也很高。生产中，要认真仔细检查。二级菌种培养时间较长(45天左右)，要特别注意后期染菌，以免造成三级种大批污染杂菌。

(3)三级菌种(栽培种、生产种)

由二级菌种(原种)再扩接的纯菌丝体菌种。香菇的三级菌种培养基大多用木屑加麦麸制成，也有用小木块(三角形、圆柱形、圆锥形)、小杂木枝条制成固体培养基，装在750m的玻璃菌种瓶或塑料袋中培养。三级菌种也可采用液体培养基，在发酵罐中进行深层培养而获得。

三级菌种直接用于段木接种或菌袋接种(袋式栽培)。生产过程中要经常检查，挑去淘汰染杂菌的菌种，避免造成损失。

(二)菌种的类型

根据培养基物的不同，香菇菌种可分为以下几种类型：

(1) 木屑菌种

按一定的配方，将阔叶树木屑、麦麸及其他辅助材料加水调匀，装入菌种瓶或塑料袋中，灭菌后接入香菇菌种，待菌丝长满全袋后使用。木屑菌种一般用于袋式栽培和段木栽培，一瓶木屑培养基的香菇二级种(750ml菌种瓶)可扩接30～40袋三级种。一袋木屑培养基二级种(塑料袋规格：15cm×30cm)可接20条左右的木屑(或代料)菌棒(每条菌棒5个接种穴)，或接250千克左右的香菇段木。

香菇是一种木腐菌，木屑来源丰富，价格较便宜。以木屑培养基制成的菌种，是目前我国香菇生产上应用最多、最广的菌种。

(2) 种木菌种

用加工成特种形状的小块作为培养基物制成的香菇菌种，一般用于制作三级菌种，大多用于香菇段木接种，较少用于袋式栽培接种。根据加工的木块形状，分成“三角种木”(楔形种木)、“圆柱形种木”、“圆锥形种木”。制作种木块时，应选择最适合香菇生产的阔叶树的木材为原料，一般是壳斗科及金缕梅科等材质较为坚硬的树种。木块菌种日本人称为“种驹”，应用甚广。

(3) 枝条菌种

利用阔叶树的小枝条，切成小木块制成的香菇菌种。一般选用直径0.8～1.2cm粗细的枝条，切(剪)成长2.0～2.5cm的小木段。应选用冬季砍伐的枝条，带皮切成小段，晒干后不易脱皮。用这种材料，香菇菌丝生长旺盛，接种后容易定殖。香菇枝条菌种一般用于香菇段木接种，也有用作袋式栽培的生产种。作袋式栽培种的枝条长度应稍长一些(2.5～3.0cm)，而且一端要斜切成楔形，以利接种时刺破塑料袋。

(4) 液体菌种

采用深层发酵或摇床的方式，以液体培养基培养的香菇菌丝体。通常利用马铃薯和麦麸汁及辅加材料，在发酵罐中通气培养。液体菌种培养时间短，可工厂化生产，适合作集约化大菇场香菇栽培的生产种。液体菌种生产工艺及设备较复杂，投资较大，而且由于液体菌种保藏期短，运输及包装也较困难，在香菇传统生产中较少使用。

二、菌种培养基配方

(一)香菇一级菌种(母种)培养基配方

①马铃薯葡萄糖培养基(PDA培养基)：马铃薯(去皮)200g，葡萄糖20g，琼脂20g，水1 000ml，pH为6～6.5。

②通用标准培养基配方：酵母浸膏2g，葡萄糖20g，蛋白胨10g，磷酸二氢钾1g，硫酸镁0.5g，琼脂20g，水1 000ml，pH为5.5～6.0。

(二)香菇二级菌种(原种)和三级菌种(栽培种)培养基配方

①木屑培养基配方：阔叶树木屑(干)78%，麦麸20%，蔗糖1%，石膏粉1%，含水量调至60%。

②木屑、草粉培养基配方：阔叶树木屑(干)50%，草粉(五节芒、象草等)30%，麦麸18%，蔗糖1%，石膏粉1%，含水量调至60%。

③蔗渣、木屑培养基配方：甘蔗渣(干)40%，阔叶树木屑(干)40%，麦麸18%，石膏粉2%，含水量调至60%。

④玉米芯粉培养基配方：玉米芯粉(干)80%，麦麸18%，蔗糖1%，石膏粉1%，含水量调至60%。

⑤种木块培养基配方：种木块(圆形、楔形、三角形、枝条段)85%，木屑(阔叶树)10%，麦麸4%，石膏粉1%。配制时，先将木屑、麦麸、石膏粉拌和，含水量调至60%。种木块预先用4%蔗糖浸泡煮沸半小时，捞起后拌入木屑等辅料。此配方适合于香菇段木栽培的三级种。

(三)液体菌种培养基配方

①马铃薯蔗糖培养基配方：马铃薯(去皮)

200g,蔗糖 20g,蛋白胨 2g,酵母粉 5g,磷酸二氢钾 1g,硫酸镁 0.6g,水1 000ml,pH 自然。

②玉米粉(或黄豆饼粉)培养基配方:玉米粉(或黄豆饼粉) 20g,蔗糖 20g,酵母粉 5g,磷酸二氢钾 1g,蛋白胨 2g,水1 000ml,pH 自然。

玉米粉(豆饼粉)煮沸 30 分钟,过滤去渣取汁。

三、菌种培养基的制作

(一)培养基制作

1. 试管斜面培养基的制作

试管斜面培养基制作、木屑培养基制作与平菇菌种等相同,技术方法请参阅本书《食药用菌制种技术》一章。

2. 种木培养基的制作

种木块大多用于香菇段木栽培(只有少数如枝条菌种用于袋式栽培接种)。种木材料加工较麻烦,成本比较高,国内目前较少采用。在日本使用比较普遍。

预先把种木(楔形、圆形或枝条段)用 4%的蔗糖水浸泡,煮沸 30 分钟,放置冷却后捞起备用。将配方中的木屑、麦麸等材料,调水拌均,再与种木块搅拌混匀,装入菌种瓶或塑料袋中,压实后在培养基表面再覆盖 1cm 左右的木屑培养料,压平,以固定木块(避免木块滚动),然后洗净瓶壁,塞上棉花塞。

(二)消毒灭菌

(1)高压蒸汽灭菌

试管培养基在蒸汽压力 10.787×10^4Pa(即 121℃)下,一般只需保持 30 分钟就能达到完全灭菌的目的。灭菌结束后,不要马上放气,以免试管内培养基沸腾,冲到棉花塞上,需待蒸汽压力下降至"0"时,再打开放气阀门,然后打开灭菌锅门,取出培养基。略倾斜地排放在工作台上,使培养基在试管内形成一条斜面(约占试管长度的 1/2～2/3)。排斜面时,不能使未凝固的培养基黏到棉花塞上。静放一段时间,培养基未凝固之前,不能振动或移动试管,以免斜面不平、断裂或扭曲。培养基凝固后,即可收起备用。

木屑培养基和木块培养基,由于是瓶装或袋装的体积较大,高压蒸汽灭菌必须保持 2 小时,才能达到彻底灭菌的目的。灭菌结束后,不要急于排气,以防止棉塞跳脱和胀破塑料袋,让压力慢慢降至"0"后,再将灭菌锅门开一条缝即可。木屑培养基的数量一般都比较大,需让温度再降低一段时间(一般 3～5 小时),然后再取出培养基。这样玻璃瓶一般不会爆裂,尤其在冬季气温较低的时候更应注意。

(2)常压蒸汽灭菌

在我国广大农村,栽培者自己制作三级种,由于没有高压灭菌锅,一般都采用砖头砌成的常压消毒锅进行灭菌。

常压消毒锅锅膛中蒸汽因没有压力,温度最高也只能达到 98～100℃。因此灭菌时间必须延长。温度达到 100℃时,还需保持 8～10 小时(中间不能断火),才能达到灭菌的目的。用平压锅灭菌时,由于加热时间长,注意锅中的水不能烧干,隔一段时间往锅中加一次水(用预热的沸水)。隔多少时间加水,应根据其铁锅盛水量的多少和烧火情况,凭经验掌握。

四、菌种接种培养和检验

(一)一级种(母种)的接种、培养和检验

香菇的一级母种都是用试管斜面培养基接种和培养的。一级种还将扩接成数量更多的二级种(原种),因此对一级种的纯度要求特别高。生产过程中要严格把关,不能有丝毫疏忽。为了保证菌种的纯度,移接一级菌种一定要在接种菌箱或超净工作台中操作,以防母种污染杂菌。

(1) 移接

将确认遗传性状稳定、丰产性能优良的一级母种试管放在接种箱中,按无菌操作规程,用接菌针把培养基表面的菌丝分切成小块(1～2mm 见方),小心地挑取一小块香菇菌丝种(带有一点原管的培养基),迅速准确放到新的试管培养基斜面的中部,将棉花塞在酒精灯上烧灼后塞好。在移接过程中,接种块不能碰到试管外壁、棉花或掉落到接菌箱底。若试管棉塞潮湿或黏有培养基,这支试管就不能作移接之用,以免杂菌沿着棉塞长入管内。

(2) 培养

接种完后,每支试管母种贴好标签(标明菌株编号及接种日期),放在 23～25℃的恒温培养箱或温室中培养。每天至少检查观察 1 次,记录菌丝的生长情况,发现有异常现象,及时拣出淘汰。

(3) 检验

正常的香菇菌丝肉眼观察呈白色,沿着培养基表面延伸。刚接种时菌丝较稀薄,随着培养时间增长,菌丝逐渐加浓呈浓白色,并有气生菌丝。

香菇菌丝爬壁能力强，可以看到试管壁上有长羽毛状菌丝。挑取少许菌丝，用中性红染色，在显微镜下（1 500倍左右）可观察到菌丝横隔处有许多锁状联合（二次菌丝）。菌龄较长的一级种菌丝，有时可以观察到菌丝断裂而成的粉状分生孢子。还可以发现白色的菌丝扭结物——小子实体和淡褐色水珠。有时在试管中还能分化出有菌盖、菌褶和菌柄一朵完整的小香菇。

（二）二级种（原种）的接种、培养和检验

由香菇一级菌种（母种）移扩到瓶装的木屑培养基中，即成香菇的二级菌种（原种）。

（1）接种

二级种也应在接菌箱中移接。移接前先检查一级菌种，确认不带杂菌、棉花塞无长霉才能使用。移接时用接菌针将试管中长满香菇菌丝的斜面培养基分切成6～8块，用接菌针挑取培养基菌种一块，迅速移放进二级种培养基表面。接种块最好放在培养基表面中间，尽量避免其滚动到瓶壁或边缘。

在移接二级种过程中，会有部分培养基的棉塞潮湿，这是由于灭菌时蒸汽冷凝水所致，潮湿的棉塞极易招罹杂菌。必须事先做好一部分棉塞，放在塑料袋中，在灭菌时和培养基一起灭菌，接种时放在接种箱内备用。如发现潮湿的棉塞，用备用的干棉塞更换。

（2）菌种培养和检验

二级种培养室温度应保持在22～25℃，二级种培养时间比较长，一般需要40～45天。棉花塞最好用牛皮纸包扎好，每个二级种瓶子都要贴上标签，写明菌株编号、接种日期等。

刚接好种的二级种，在培养期半个月内，每1～2天观察检查一次，发现杂菌及时清除淘汰。10～15天之后，香菇菌丝长满培养基表面（俗称"盖面"），4～5天观察检查一次。主要检查棉花塞是否长有霉菌，培养基表面是否出现霉菌菌落，培养基下部是否有可疑的斑块或抑制线等。

（三）三级种（栽培种）的接种、培养和检验

由二级种再扩接的纯菌种即为三级种。每瓶750ml装二级种，一般可扩接40袋左右的塑料袋装的三级种（或50瓶玻璃瓶装的三级种）。三级种的数量比较多，扩接三级种都在接菌室内，用超净工作台或氧原子发生器保持无菌接种。移接三级种时，二级菌种培养基大多是木屑培养基，移接要用接种匙。先把长满菌丝的二级种在瓶内捣成小碎块，铲一匙菌种迅速移接入三级种培养基表面（三级种培养基中间均有打洞，接种块倒在洞周围，并轻轻摇动一下，让部分菌种落入洞中），三级种在接种时，也同样会遇到潮湿的棉塞，也需备有经过灭菌的干棉塞，以便更换。

三级种大多用塑料菌种袋，塑料菌种袋较薄，在进出锅搬运过程中应十分小心谨慎，以防刺破菌种袋造成污染。

香菇三级种在24～28℃的培养室中培养，30～35天可长满袋。我国目前袋式栽培的香菇三级种需在6～8月份制作，培养菌丝的季节正是最炎热的夏季，培养室应配备空调机，或在海拔较高的地方制种（600m以上）。培养室内的温度若超过33℃，香菇菌丝生长的速度会受影响。

三级种接种之后，在未盖面之前，同样2～3天检查一次，拣除染菌的袋子。盖面之后，7～8天翻动检查一次。夏季温度较高，菌袋排放要疏，不要挨在一起，袋与袋之间要留有一定间隙，以免挤压升温，这样香菇菌丝生长比较快而且整齐。

香菇三级种长满袋后，最好再培养10～15天（若用于段木栽培，需再培养20～25天），让菌丝在培养基物中增多、加浓，把培养基中的营养物质分解完（尤其是菌袋下半部分的培养基）。这种菌龄略长、较成熟的三级种，在生产上无论用于段木接种或袋料接种，暴露在空气中的菌种块，菌丝的恢复能力、抗逆性能比菌龄短的菌种强。

（四）胶囊菌种

食用菌胶囊菌种是一种新型标准化菌种，菌种一颗颗像胶囊一样压在塑料穴盘上，每张穴盘上装有600颗菌种，单颗菌种呈锥形，上部黏连着透气盖，标准而规范。胶囊菌种具有以下优点：一是接种时菌丝体不受伤，对杂菌抵抗力强；二是接种时在空间暴露时间短，受杂菌污染的概率低；三是胶囊菌种有封口透气盖相连，可防灰尘、杂菌侵染。胶囊菌种具有接种操作快捷方便、接种速度快、接种后菌丝恢复生长快、菌棒接种成活率高、携带运输方便等诸多技术优势，而且还可减少接种空间消毒剂的用量，从而大大减轻消毒剂的使用给接种者造成的损害和对空间环境的污染。

（五）胶囊菌种接种要点

①要求接种室密封、干净，也可在蚊帐式塑料接种篷内接种，提前1～2天用消毒剂进行空间消毒。

②料棒灭菌结束后，料温降到70～80℃时出

锅，边出锅边给菌棒套上外袋，趁热搬进接种室，待其自然冷却。

③当料棒冷却到28℃以下时，可开始接种。接种时以4个人为一组较好，1人传递料棒和脱去套袋，1人用胶囊菌种专用的接种打孔器打孔，1人取胶囊菌种塞入接种孔内，另1人套回外袋。

④接种结束后，打开门窗通风换气2小时，重新关闭门窗，并按每立方米2g的气雾消毒剂再次进行空间消毒。春季低温时，必须进行保温，以促进菌丝尽快生长；夏秋季需做好降温工作。当接种口菌丝长至直径6mm时，即可脱去外套袋。

第四节　香菇的栽培技术

一、段木香菇栽培技术

香菇段木栽培技术是在传统原木砍花法基础上形成的。吴三公及其后代菇民在长期生产实践中总结出了一整套包括选场、选树、做墙、砍花、遮衣、倡花、开衣、惊蕈、采焙等工序在内的香菇原木砍花栽培法，并世代相传，一直沿用至20世纪70年代末。原木砍花法是利用香菇孢子自然传播接种的香菇栽培法，是现代段木栽培香菇技术的基础，尤其是惊蕈催蕾术仍是现代出菇管理中一项不可缺少的技术措施。20世纪50～60年代，我国分离成功香菇纯菌丝菌种后，出现了“在接种的原木上施以适当砍花、在砍花的基础上加以接种”的原木砍花人工接种栽培法，然后过度到完全应用纯培养香菇菌种，按原木砍花法选场、选树和出菇管理的原木人工接种栽培法。原木栽培对菇树和菇场的要求比较苛刻，一般只有以天然林为主的深山野岭才具备这样的条件。随着人类活动范围的扩大，适宜于原木栽培的菇树和山场越来越少，而且日新月异的科技进步推动香菇栽培技术的不断创新，原木砍花法已被更为先进的段木栽培技术及代料栽培技术所取代，已完成了其使命，退出了历史舞台。

香菇段木栽培是将适宜的菇树砍伐、截段、集中搬运到一起，然后接入纯培养的香菇菌种，在栽培场地进行培菌、出菇管理的技术模式。香菇段木栽培继承了原木砍花栽培法关于选场、选树、催蕾等一些技术精髓，并进行了全面的改革和创新，具有原木砍花法所不可比的先进性：一是采用人工纯培养菌丝接种，接种成活率高，产量高而稳定，品质优；二是出菇早，一般可在接种后8～10个月进入出菇期，减少了管理用工及费用；三是不受菇树大小的限制，可充分利用森工采伐的枝桠材及废材，提高了菇木资源的利用率；四是不受山场条件的限制，受自然条件的影响也较少，集中培菌和出菇更加便于人为控制和进行精细的管理操作，可进行机械化和工厂化规模生产，实现周年栽培出菇；五是浸水、催蕾等更加方便和快捷，有利于充分利用自然气候条件，培育优质花厚菇。

（一）菇木树种的选择

香菇菌丝不能在含有大量芳香油、樟油、辛辣物质的木材中正常生长，松、杉、柏等针叶树及部分含有樟油、辛辣物质的阔叶树不能用于栽培香菇外，其他阔叶树一般均可选择使用。不同树木种类的营养成分和木材质地不同。虽然在同一条件下进行同样的栽培管理，不同的树种会在出菇的迟早和香菇产量的高低、品质的优劣等方面表现出很大的差异。选择适宜于段木栽培的菇树非常重要，应选择栽培产量高、香菇品质优的菇树，以获取较高的经济效益。

我国适宜栽培香菇的树种有10多个科、20多个属的300多种，主要集中在壳斗科、桦木科、金缕梅科、榛科、杜英科等十几个科种中，具体树种请参阅表60－2。

表60－2　常用菇树树种名称

科名	属名	主要的树种名称
壳斗科	水青冈属	水青冈、光叶青冈、米心水青冈
	栗属	板栗、茅栗、锥栗
	栲属	印度栲、海南栲、赤皮栲、细刺栲、南岭栲、互山栲、罗浮栲、高山栲、甜槠栲、丝栗栲、厚皮栲、小叶栲、米槠栲、长穗栲、鹿角栲、大叶栲、钩栲、刺栲
	石栎属	烟斗石栎、包果石栎、棉石栎、多穗石栎、石栎
	青冈属	短柄青冈、岭南青冈、毛果青冈、竹叶青冈、青冈、小叶青冈、大叶青冈
	麻栎属	小叶栎、麻栎、栓皮栎、西地槲树、槲树、辽东栎、栎树、白栎、南方槲栎、尖齿槲栎、槲栎
金缕梅科	蕈树属	蕈树、细柄蕈树、蒙自阿丁枫
	枫香属	枫香、缺萼枫香、山枫香
	马蹄荷属	大果马蹄荷
	水丝梨属	水丝梨
	蚊母树属	蚊母树

（续表）

科名	属名	主要的树种名称
桦木科	桤木属	桤木、江南桤木
榛科	鹅耳枥属	千金榆、鹅耳枥、昌化鹅耳枥、川陕鹅耳枥、白皮鹅耳枥、大穗鹅耳枥
胡桃科	化香属	化香
杜英科	杜英属	山杜英、杜英、薯豆、披针叶杜英、华杜英
	猴欢喜属	猴欢喜、仿栗
漆树科	漆树属	盐肤木、漆树、木蜡树
	黄连木属	黄连木
大乾科	乌桕属	山乌桕、乌桕
蝶形花科	黄檀属	黄檀、藤黄檀
含羞草科	金合欢属	相思树
鼠李科	枳属	枳树、南方枳

（二）品种选择

选择优良品种是香菇段木栽培获得优质、高产的前提条件。目前段木栽培香菇品种主要有 L241、日丰 34、7401、7402、L135、8210 等。段木香菇品种应根据栽培目的来选择，如要多产优质花菇，选择花菇形成速度快、花菇率高的品种 L135；若要生产干香菇，选择 L241、日丰 34、7401、7402、8210 等品种；若需栽培夏秋菇，用中高温型品种，如菌王 1 号、W612 等。

（三）栽培场地选择

香菇段木栽培出菇场所可根据栽培生产的实际情况而定，主要有 3 种形式：一是林区内的天然菇场；二是把段木运出林区，人工搭建栽培场；三是天然人工结合型栽培场。

1. 天然菇场

天然菇场应选在林区坡度比较平缓的山腰处，要求通风排水良好，朝向以东坡或南坡为佳，菇场附近有水源或引水方便，以方便喷水或浸泡菇木。切忌选择低洼的山谷或水沟溪流旁边，也不宜选择在潮湿、寒冷的北面。菇场上的遮荫树以长绿阔叶树、竹林或竹阔混交林最佳，遮荫度以四阳六阴为好。这种菇场可省去搭建遮荫棚和搬运菇木的费用，但一般离村庄较远，用电比较困难，管理不方便。

2. 人工菇场

人工菇场一般选择在村庄边地势平坦或稍有坡度，通风、排水良好的地方，附近要有水源，引水方便。人工菇场要搭建遮荫棚，遮荫度掌握在 70%左右。菇棚四周需开好排水沟，并设置围篱，有条件的地方还可种上葡萄、猕猴桃、南瓜等藤本作物，既能遮荫又可增加经济收入。这种菇场虽增加了菇棚搭建和菇木搬运费用，但用电方便，出菇管理容易。

3. 天然人工结合型菇场

在林区内选择一块空旷平地，搭建遮荫棚，将段木集中在菇场内进行培菌出菇管理，有条件的还可配备小型发电机。

（四）菇树砍伐与截段

1. 适宜的砍伐季节

香菇段木栽培对菇树的砍伐季节要求相当严格，砍伐季节不当，会严重影响香菇产量和质量，甚至可能造成栽培的失败。由于树木质量随生长季节而变化，水分、营养物质的含量在不同的季节差别很大。为了提高接种成活率及获取更高的栽培单产，既要求菇树的树皮不易剥脱，韧皮部与木质部贴合紧密，又要求菇树中积累的糖分、淀粉、蛋白质等营养物质丰富。适宜的菇树砍伐期是树木的休眠期，一般在每年立冬至翌年的惊蛰之间，即 11 月中旬至翌年 2 月下旬。这一时期的树木中储藏的养分充足，形成层已停止活动，韧皮部和木质部贴合紧密，树皮不容易脱落。我国南北之间纬度不同，各地真正进入冬季的时间有较大差异。因此各地在决定砍伐期时，还应根据当地具体气候变化情况作适当的调整。

一般将菇树砍伐适期分为 3 个时段：第一时段为秋冬期，从菇树进入休眠期至 12 月中旬；第二时段为大寒期，从 12 月下旬至 2 月中旬；第三时段为春天期，从 2 月中旬至上水前。对于秋冬期和春天期砍伐菇树，由于气温较高，水分蒸发快，菇树容易干燥，必须在砍伐后 1 个月左右完成接种。在大寒期砍伐的菇树，气温低，从菇树砍伐期到接种的间隔时间可长一些，一般为50～60 天。

2. 砍伐菇树与截段

应选择中等大小、胸径（离地 140cm 处直径）在 20～25cm 的菇树。砍伐菇树应采取单株择伐的形式，砍树时应注意树木的倒向和安全，尽可能避免折压断旁边的小树。同时还要十分注意保护树皮，防止滚滑和重叠，以减少树皮损坏。菇树砍伐时，黏染太多泥巴也不可取。菇树砍倒后，应带枝置于山场一段时间，一般为 15～20 天，使其抽水干燥，然后开始截段。应在晴天截段作业，截段长度一般为 90～120cm，截好的段木尽快集中搬运到栽培场。

搬运段木时要注意保护树皮，确保树皮完整和干净，绝对禁止贪图省力而采用溜山的方法搬运段木。截段后的段木还要有一个收浆干燥过程。因此段木集中后，选择一个比较平坦、通风良好的阳坡地，将段木以"井"字形或"屋脊"形堆叠起来继续晒一段时间。堆叠时，将不同时期砍伐的段木及大小差异较大的段木分开叠堆。落叶树种如枫香、麻栎等不易干燥，必须单独堆叠在较为朝阳的地方。

(五)打穴接种

1. 接种时间的选择

根据香菇菌丝对温度的要求，最适的接种时间是2～3月份，此时气温已基本稳定在香菇菌丝生长适温范围内(5℃以上)。但由于各菇场地理位置、海拔高度、树种等不同，接种时间有较大差异。一般来讲，长江以南栽培区，适宜的接种期为2月至4月上旬，长江以北地区或海拔高、气温低的地区，接种期应适当推迟，最迟可延迟到5月下旬。生产中，做好菇树砍伐与接种期的衔接非常重要，既有利于提高接种成活率，又有利于合理安排劳动力。秋天砍伐的菇树，由于此时气温还比较高，且气候十分干燥，菇树水分蒸发快，应在砍伐后30天内完成接种；早春砍伐的菇树，气温将逐步快速升高，也应抓紧在砍伐后一个月内完成接种。在大寒期间砍伐的菇树，由于气温很低、露水大、雨雪天多，菇树水分蒸发较慢，一般可在砍伐后的60天左右完成接种。

在晴天进行接种，禁止在雨天、露天条件下打穴接种。雨天接种穴往往有积水，易造成烂筒，霉菌孢子也易随雨水进入接种穴，增加污染杂菌的机会，影响菌丝的成活。

2. 打穴与接种操作要点

(1)打穴工具的选择

打穴的工具主要有电钻和皮带冲两种。电源方便的地方可选择电钻，配备1.2cm的钻头。一般农户可用孔径1.2cm皮带冲打穴。打孔盖时，钻头和皮带冲的直径应比穴孔大0.2cm。

(2)接种密度和接种穴量的测算

打穴接种的行株距分别为7～8cm和20～25cm，各接种穴在段木上呈"品"字形排列，均匀分布。段木两端的截面易受杂菌侵入，两头的接种穴离截面不应超过8cm，并在此增加1～2穴；树皮破裂处、节疤处一般也应增加几个穴。打穴接种的数量，以每30cm^{2}面积内有2个接种穴为宜。一根段木所需的接种穴量可按下式计算：

所需接种穴数＝[段木直径(cm)/3]×[段木长度(cm)/20]。例如一根直径为15cm、长100cm的段木，应打接种穴25个，计算如下：(15/3)×(100/20)＝25(穴)。

(3)接种操作程序

接种操作程序包括打穴、接种、封口、叠堆等，一般以3～5个人为一组。

①打穴：将段木置于干燥地面上或木架上，用打穴工具按计划的行株距打孔，孔深1.5cm，树皮厚的深一些、薄的浅一些，但总的要点是必须打到木质部。两头的一个接种穴应从距段木的端部5～7cm处开始，孔穴应与段木垂直，不能歪斜。接种穴间排列及距离，力求整齐、均匀。

②接种：接种应由专人负责。接种者的双手、菌种的外包装及其他用具必须用0.1%高锰酸钾或75%乙醇擦拭消毒。接种时，一手拿菌种袋、另一手掰出一块菌种迅速塞入穴孔内并按实，即完成一个接种穴的接种操作。用石蜡封口的穴菌种应多放一些，用树皮盖封口的可适当浅一些。

③封口：接种穴的封口主要有树皮盖封口和石蜡封口两种。树皮盖可在树皮厚度为0.3～0.4cm的枝桠或幼树上，用打穴工具打取。石蜡封口，将石蜡用火加热熔化后，涂刷在接种穴上即可。为了增加石蜡黏性，需加入部分皮带蜡或松香。

(六)培菌管理

培菌管理期也称困山，主要工作有叠堆发菌、翻堆、发菌检查等。

1. 叠堆发菌

段木接入菌种后，集中堆叠起来，以促进香菇菌丝在段木中定植，生长蔓延。生产上将这一时期称为假困山期。叠堆的形式有"井字形"、"屋脊形"、"鱼鳞形"等。"井字形"堆最为常用，堆高1.5m左右，堆底部用石块或杂木垫高15cm，上面盖好薄膜，覆盖枝叶、茅草，以保持较高的温度。前期气温低时可增强光照，以提高堆内温度，一般堆内温度控制在25℃以下、15℃以上。每隔3～5天揭膜通风一次，午间气温高时更应注意揭膜通风。堆内相对湿度保持在75%左右，接种1周后，若湿度太低，可每隔3～5天喷水一次，使段木树皮处于湿润状态。

对秋冬季接种的段木，由于气温低，菌丝定植生长缓慢，应采取必要的升温保温措施，主要有覆盖薄膜、增加光照等。有条件的还可人工加温。

2. 翻堆

翻堆是发菌管理阶段的主要技术措施，目的是促进堆内菇木间均匀发菌，剔除受杂菌污染的菇木。接种后10天左右进行第1次翻堆，以后隔7～10天再翻堆一次。经过两次翻堆后，每隔15天左右再翻堆一次。对"井"字形堆或"屋脊"形堆，翻堆时要将上下、里外的菇木调换位置，对于覆瓦式堆，要将菇木上下调头。翻堆时，发现已污染杂菌的菇木应立即剔除。

3. 检查发菌

段木接种后15～20天进行一次全面发菌情况检查，观察菌丝定植生长情况。检查的方法：在每堆菇木中随机抽取几根菇木，用小刀分别轻轻挖开几个接种穴，若穴内白色菌丝已向四周生长，说明菌丝已成活。对用树皮盖封口的，若在盖上及四周已经长出白色绒毛状菌丝，说明菌丝已恢复生长。若穴内菌种为黄色、呈干涸状、发菌少或不发菌，应增加水分。若菌种发霉、发绿、变黑，说明菌丝已死亡。若在一堆菇木中有较多接种穴的菌丝没有成活，应抓紧时间，在未成活的接种穴附近重新打穴接种。

接种是香菇段木栽培非常关键的技术环节，若成活率太低，错过接种适期会造成无可挽回的损失。在接种操作时应严格按照技术规程，做好接种后的假困山期管理。在接种后的10～20天及时检查接种成活情况。成活率较低，应查找出原因，及时进行补接种。

(七)养菌与越夏管理

段木接种后，在较适宜的温湿度条件下，一般经50～60天的发菌，菌丝即可长满皮层，前期培菌管理工作即告完成，开始进入养菌越夏管理阶段。养菌越夏管理就是要创造一个较适宜菌丝生长的环境条件，以促进菌丝向木质部生长，分解木材，积累养分，为出好菇、多出菇奠定基础。

1. 菇木散堆与翻堆

菌丝已完全定植、菌丝长满皮层后，将菇木移至荫棚内，堆叠成"井"字形、"屋脊"形或"覆瓦"形，菇木间距离相对大一些，同时降低菇木堆高，加厚荫棚的遮荫物，以降低堆温，增强通风。在整个养菌期内，每一个月翻堆一次，调整菇木位置。南方菇场在梅雨期间，每10～15天翻堆一次，并采取有效的降低堆温的措施，排除积水，降低湿度。在翻堆过程中应及时剔除已被杂菌污染的菇木，并注意检查有没有遭白蚁危害。

2. 越夏与干湿交替管理

高温、干旱是夏季的主要气候特征，管理的中心工作是降温与通风保湿。主要措施：将菇木堆内最高温度控制在32℃以内。气温过高时加厚遮荫物，并喷水降温。堆内温度在35℃以上时，需采用地面灌水等各种方法，尽量降低堆温。同时，7～8月份正是菌丝生长最旺盛的时期，必须进行干干湿湿、干湿交替的管理，以促进菌丝向菇木中心生长。以"干"来增加菇木的内部空隙，增加菇木内的氧气，使菌丝由皮层向木质部生长；而"湿"可为菌丝生长提供充足的水分，使菌丝生长旺盛。具体操作：先喷一次重水，使菇木吸足水后，停止喷水5～7天，让菇木有一个干燥过程后，然后再喷水、干燥。

(八)上架与"报信菇期"管理

经过6～10个月的发菌管理，菌丝已布满整段菇木，基本达到生理成熟，具备了开始出菇的条件。但在整个秋冬季，出菇量还非常少，这一时期称为"报信菇期"，这一时期长出的香菇称为"报信菇"。"报信菇"的有无和多少是衡量菇木培菌越夏管理好坏的一个重要标准。菇木必须具有一定的成熟度才开始出菇，成熟度用接种时段木重量减少的百分率来推测。菇木的重量比刚接种时减少30%以上时，说明菇木已基本成熟。菇木越轻，成熟度越高，出菇量也就越大。

1. 上架

将已完成发菌的菇木移至出菇场地，摆成适宜出菇的形状，上架形状有人字形、蜈蚣形、牌坊形等。上架时间一般在当年的秋天至第2年的早春，刚开始发生报信菇的时候。上架前必须仔细检查菇木，鉴别菇木，对发菌不正常或已感染杂菌的菇木应立即淘汰。发菌良好的菇木都具有以下

图60－3 人字形上架后的段木出菇情况

特征：菇木树皮上无杂菌，树皮贴紧，菇木较接种时轻轻叩击菇木，会发出浊音或半浊音，剥去小块树皮可见皮下呈金黄色，且具有香菇的特殊气味（图 60—3）。

2. “报信菇期”的管理

在“报信菇期”，香菇菌丝还不是很成熟，虽然已能长少量的菇，但总体来讲畸形菇较多，并不适宜进行正常的催蕾出菇。因此，“报信菇期”的管理仍应以保温保湿、干湿交替管理为主，以促进菌丝进一步生长，积累更多的养分。在“报信菇期”，不宜进行浸水催蕾操作，更不能进行惊蕈催蕾。对由于受温差、湿差等刺激，已自然长出的菇蕾，可按香菇子实体生长管理的要求进行管理。

（九）惊蕈催蕾与盛菇期管理

盛菇期管理的主要工作是催蕾、子实体生长管理、休息养菌、越夏管理等。

1. 出菇前菇木的处理

出菇前 10～15 天将菇木堆叠，遮光、蔽雨，使菇木适当失水干燥。干燥度以菌丝足以维持生命为度，然后浸水催蕾，即可达到调整出菇期和促使出菇整齐的目的。该项技术措施一般选在每潮菇后，结合休息养菌时采用，往往能取得较好的效果。

2. 惊蕈催蕾与浸水催蕾

(1)惊蕈催蕾

对一些平时喷水较多或吸收雨水较多的菇木，采取温差刺激的催蕾，效果不明显。出菇量很少或不出菇的段木，或通过浸水后仍不出菇的段木，可采用惊蕈法催蕾。惊蕈催蕾操作应选择气温在 15℃左右时期，用泡沫板或软木条轻轻拍打菇木，做到既震动菇木，又不损伤树皮。一般在惊蕈后 7～8 天菇蕾就会大量发生。

(2)浸水催蕾

浸水催蕾是将含水量较低、停止出菇一段时间的菇木浸入冷水中，使菇木吸收较多水分，并获得温差刺激，以促进菇蕾产生的措施。浸水一般 24～36 小时。浸水时必须将菇木浸没在水中，防止菇木浮起，损伤树皮。菇木浸水后，将菇木竖立 10～20 小时，沥去多余水分，让菇木表面水分自然蒸发，然后将菇木以“井”字型堆叠，上盖薄膜，以提高菇木的温度。经 4～5 天，菇蕾即可发生。

3. 子实体生长期管理

子实体生长期的管理主要是调温、控湿、通风、增加或减少光照，目的是为香菇子实体生长创造一个最为适宜的外部环境条件，以满足子实体生长的要求。

(1)调温

虽然不同温型的香菇品种出菇温度不同，但子实体生长的最适温度却相近，均在 12～16℃。在此温度条件下生长的香菇子实体盖大、肉厚、品质优。因此，在子实体生长期，菇场的温度应控制在这一范围之内，最高不要超过 23℃，并要创造 10℃以上的昼夜温差，以刺激子实体原基形成，促进菇蕾大量发生。在秋季和晚春季节，气温较高，调温的主要工作是降低菇场的温度，增加菇场的遮荫物、勤通风换气、加大喷水量，特别是喷低温的山泉水；而在冬季和早春，外界气温很低，必须加盖保温塑料膜和减少菇场的遮荫物，以增加光照，有条件的还可进行人工加温。

(2)控湿

子实体生长期的湿度管理，包含菇木含水量和空气湿度调节两部分。菇木含水量已在浸水催蕾时得到调节补充，空气相对湿度必须通过盖膜、喷淋水等调节。在菇蕾较小时，必须使菇场、菇木均处于较湿润状态，通过喷水，使菇场的空气相对湿度保持在 80%～90%。随着菇蕾的长大，逐渐停止喷水，进行干湿交替管理。对于培育花菇的菇木，当菇蕾长至 1.5～2.5cm 大小时，应停止喷水，使菇场相对湿度保持在 75%以下。

(3)光照与通风

菇场有较强光照和良好的通风条件，是培育优质香菇所必不可少的条件。菇场的光照一般控制为冬春强、秋夏弱，高温时弱，低温时强。冬季低温时，菇场应达到 20%阴 80%阳的光照条件。在秋季和晚春，气温高、太阳光照强时，菇场应保持在 70%阴 30%阳，或 60%阴 40%阳。

4. 休息养菌与越夏

(1)休息养菌

一潮菇采收后，菇木应休息养菌，把菇木集中到通风干燥的场所，堆放成“井”字形或鱼鳞形。对于采菇量大的菇木，采菇后会留下很多裸露的菇疤，容易使菇木蒸发失水，要尽快让菌丝在菇疤处形成褐色的菌膜。因此，在养菌的前期需在菇木上喷水保湿，盖上覆盖物或塑料薄膜，保温保湿 7～10 天。菇木休息养菌的时间，因养菌场所、菇木含水量、树种、香菇品种、季节等不同有所差异，短的 15 天左右，长时可达 50 天以上。总的原则是气温高时短一些，气温低时长一些。若菇木水分太低，为避免菇木过度失水，在养菌过程中还需适当喷水保湿。

(2)菇木越夏管理

每年4～5月份，由于气温升高，一个年度出菇期结束，菇木进入越夏管理期。在整个生产过程中，大口径的菇木一般需经历2～3个夏季，而直径8cm以下菇木，一般只需经历一个夏季。

主要是在高温、干燥的夏秋季节，保护好菇木树皮及内部菌丝，为下半年的出菇积累养分。管理上应防止炽热的阳光直接照射菇木，避免树皮被晒裂。在采菇结束后，把菇木堆叠起来，菇木堆上盖一层茅草或枝条。夏季若长期干旱少雨，为防止菇木过分失水，每隔5～6天喷水一次，以保持菇木适当的湿度。对越夏期间的菇木，翻堆是很必要的，一般每一个月翻堆一次，翻堆时要小心轻放，以减少树皮的损伤。此外，注意菇木堆四周杂草的清除工作，以免因杂草生长过高、过快而影响菇木的通风，污染杂菌。同时，还必须十分注意对白蚁的防治工作。到了秋季，随着气温下降，又将开始下一年度的出菇管理。如此反复，直至菇木变朽，不能再出菇为止。

(十)香菇的采收与加工

适时采摘是保证香菇质量的先决条件。当香菇子实体的菌盖长到六七分开，菌盖边缘仍向内卷曲，还未完全展开时，就应及时采摘。这样的香菇子实体加工后肉质肥厚，香味浓郁，质量最佳。如果不及时采摘，只要再留2～3天，香菇的菌盖边缘就会伸展开，甚至向上翘起，这种香菇明显已过分成熟，加工后肉薄质次，香味淡薄，品级和档次均下降。

采摘香菇时，用手指捏住菇柄的基部，左右摇动一下后拔起。采菇时一定要注意保护菌材的树皮，尽量避免菇蒂黏带起大块树皮或撕裂树皮。树皮损伤，菌丝恢复十分困难，影响出菇，缩短菌材产菇年限。

采摘香菇切忌用力过猛扯菇，摘菇时要稳，不能扯断菇柄。否则残留在菌材上的菇脚，很容易腐烂发霉，甚至感染杂菌至菌材内部，变成一个"病灶"。采收时应掌握适熟的先采，适熟一批采一批。

采收后香菇应及时晾晒或利用电热鼓风干燥箱、香菇脱水机来烤干香菇。

烘干后的香菇，在空气中很容易返潮变软。分级后尽快用聚丙烯或聚乙烯塑料袋包装，扎紧袋口，然后再套入帆布袋或塑料编织袋中，放入干燥的库房。

二、代料香菇栽培技术

香菇的代料栽培是指利用木屑、棉子壳、甘蔗渣、玉米芯等为主料，与麦麸、糖、石膏等辅料配制成栽培基质，以代替木材(原木或段木)栽培香菇的生产方式(块栽、袋式菌棒、太空包)。几个世纪以来，香菇栽培均依靠天然孢子自然接种繁殖。1974年，上海市农业科学院食用菌所何园素等开展了木屑培养基压块栽培香菇的试验，1979年在上海嘉定、川沙等县取得了大面积成功。20世纪80年代初，福建省古田县农民彭兆旺等人在木屑压块栽培香菇的基础上，试验成功了香菇菌棒大田荫棚栽培新技术(被誉为古田模式)。由于该技术与"木屑压块模式"相比，克服了挖瓶、压块、菌丝愈合转色管理等繁琐工艺，很快被推广到全国各地(香菇人造菌棒试验成功，得益于耐高温塑料薄膜的试验成功)。80年代中期至90年代初，台湾从木材切片、粉碎到培养料搅拌、装袋、灭菌、接种直至脱水烘干全部采取机械化、半机械化生产，推广了太空包集约化栽培方式。

袋式菌棒是中国代料香菇的主导栽培模式。推广初期，大田荫棚栽培接种季节安排在7～9月份，出菇期在10月下旬至翌年5月上中旬。接种时正逢高温季节，受杂菌侵染比较严重，菌棒制作成功率不高，菇农常因菌棒被杂菌污染而遭致生产失败。同时秋栽香菇含水量高，菇质欠理想，尤其是头潮菇畸形菇较多。而且香菇产量过分集中在春季，而秋冬菇产量偏低，香菇盖面颜色也不够深，适应不了国际市场对黑面香菇的特殊要求。于是全国各地根据当地气候特点和自然条件，创造出仿生菇春栽、半地下秋季栽培、塑料大棚露地栽培、高温香菇覆土地栽、北方日光温室栽培和东北开放式地床栽培等栽培新模式，尤其是创造性地发明了花菇高棚层架培育方法、花菇小棚大袋培育方法极大地推动了我国代料花菇培育技术的普及提高和花菇生产的迅猛发展，促进了我国香菇产业由数量型向质量效益型转变，大大提高了我国香菇在国际市场上的竞争力。

(一)一般栽培模式

1. 培养料选择

(1)培养料选择与配制原理

营养是香菇整个生命过程的能源，也是产生大量子实体的物质基础。丰富而全面的营养是香菇高产优质的根本保证。香菇培养料配方根据香菇本身的化学组成和营养代谢机制，并参照各地可利用的资源营养成分科学配制。据日本善如寺厚(1981)报道,在香菇菌丝营养生长阶段,碳源和氮源的比例以 25 : 1～40 : 1 为好。高浓度的氮会抑制香菇原基分化,而原基发育成香菇的能力又取决于培养基质中的碳源和较高浓度的糖。在香菇生殖生长阶段,培养料的碳氮比以 63 : 1～73 : 1为宜,成熟生长时,以碳源浓度较高的培养基为好。

①主料的选择:用于香菇栽培的主料种类较多,大体包括 3 大类:木屑类(包括果树、蚕桑枝条屑)、作物秸秆类和野草类。花菇栽培很少使用作物秸秆类,添加 10%～20%的棉子壳,对香菇菌丝生长和提高产量有利,但棉子壳用量应控制,棉子壳会提高香菇重金属含量。野草类作培养料栽培香菇,前期出菇集中,个体小,发生量大,菇木寿命短,效果不理想。有人曾用象草代替部分杂木屑,技术有待进一步完善。用于栽培香菇最理想的主料首推木屑。香菇属白腐菌,要生产优质花菇必须用含木质素高、质地坚硬的阔叶树木屑为主。木质素含量高的木屑质地致密,香菇菌丝生长较慢,有利于菌丝体养分的积累,所产香菇肉质致密,菇大而肉厚。另外,木屑粗细有差异,只要不刺破筒袋,以粗一些为好,一般直径 3～8mm。若混入 1/3 左右直径 1～2mm 的细木屑,或者果树(板栗、苹果、桃等)剪枝条、桑蚕枝条木屑,综合效果更好。栽培花菇的培养料对吸水性、持水性要求较高,粗细搭配对控制培养料含水量和掌握装袋松紧度有利,可提高花菇的产量和质量。杂木屑要求色泽新鲜,无霉烂,无结块,无异味,无油污,pH 需达8.0左右,总氮含量在0.3%以上。铅、镉等重金属离子超标的杂木屑应严禁选用。

木屑颗粒的粗细对培养料的通气性、含水量和香菇菌丝生长速度的影响极大。常用的粉碎机械和粉碎方法有 3 种:第一种是先用切片机将菇木切成木片,再用锤片式粉碎机,将木片粉碎成木屑;第二种是采用组合式粉碎机,将菇木切片、粉碎,同步一次性粉碎成木屑;第三种是采用锯片式粉碎机,将木料锯成木屑。木屑颗粒太细,培养料易吸水,含水量高,菌棒通气性差,菌丝生长速度慢,发菌周期延长,易感染耐湿性杂菌,但菌丝较粗壮。木屑颗粒粗大,配料时培养料吸水力低,空隙多,通气性好,前期香菇菌丝生长迅速,但易导致菌棒失水,使后期菌丝生长势变弱,且过粗木屑易刺破菌袋。木屑颗粒粗细要适宜,粗细搭配使用,物理性状良好,有利于香菇菌丝的正常生长发育。

②辅料的选择:辅料在培养基质中比例虽小,但可增加营养,改善基质化学和物理状态。辅料与主料的区别在于它不以提供碳素为主。常用辅料有 3 类:一类是天然有机物质,如蔗糖、米糠、麦麸、玉米粉、豆饼粉等,主要用于补充培养料粗蛋白(有机态氮)、水溶性糖类(容易被吸收)及其他营养成分的不足;第二类是化学性原料,以补充培养料中的氮素养分,如尿素、硫酸铵、硝酸铵、硫酸镁、过磷酸钙等;第三类是天然矿类物质,如膨胀珍珠粉、沸石粉、石灰石粉、石膏粉等,以补充矿物质不足和改善培养料化学、物理状态。石膏粉、石灰石粉不但可提供钙素,还可调节、缓冲培养料的酸碱度。辅料的选择除了考虑营养补充功能外,更应考虑怎样使培养基质的物理性能更合理,更有利于通气、含水量的控制,有利于转色,提高香菇的产量和质量。

(2)常用配方

①配方 1(常规木屑麦麸配方):杂木屑 78%,麦麸 20%,红糖 1%,石膏 1%,含水量58%～60%。

②配方 2(半生料配方):杂木屑 80%,麦麸 15%,菇耳精料 5%,另用 1%的霉克星 1 号与 0.5%的霉克星 2 号混合水溶液拌料,含水量 58%～60%。

③配方 3:木屑 80%(其中一半用阔叶树木屑,一半用松杉木屑、果树枝条或竹屑与废菌糠、大糠的混合料),麦麸 18%,糖微石膏 2%。松杉木屑必须经 1 年左右的自然雨淋发酵,或 3 个月的人工堆制发酵。

④配方 4:杂木屑 68%,麦麸 15%,棉子壳(短绒)15%,安全型矿质培养料 2%。

(3)培养料的配制与测定

①备料:春季接种的菌棒,一般需在上一年 12 月前备好料;秋季接种的,需在 7 月上旬备好料。特别是麦麸、红糖因保管不善会受潮,要求新鲜、未霉变和不结块。石膏粉、封口材料随时准备好即可。消毒药剂一定要把好质量关,在生产前备好。每万袋菌棒备料数量可参考表 60—3。

表 60—3 每万袋花菇菌棒原辅材料备料数量

原料名称	数量(kg)	原料名称	数量(kg)
干木屑	8000	塑料筒袋	80
麸 皮	2000	棉纱线	2
糖微石膏	200	7.5m 宽薄膜	65

栽培花菇的木屑,最好提前一个月以上粉碎,堆放在室内,促使水分挥发变干,使粗木屑变软,

以免装袋时刺破筒袋。过湿的木屑在堆积前要经过摊晒。

香菇筒袋用高密度低压聚乙烯(HDPE)材料制作,双幅宽 150mm、厚0.05～0.055cm(每千克55cm 长的袋约可做成 120 只)。先用棉纱把每只袋口的一端扎紧,扎线离末端约 2cm,线扎好后将末端置火焰上灼烧封口。为了使装料后料棒端头圆整坚实,端头扎线前需把筒袋反折,折纹要均匀,不能用对折方式。如用塑封机封口的筒袋,两只角要塞进袋内,装料后形成方底。否则,装料时两只角无法装紧,灭菌时易胀气使两角鼓起来,易被刺破,且在搬运过程中,料会被挤到两只角,导致整袋松软,使筒袋脱离培养料,接种成活率也不高。

②配料:按照选定的配方秤取原辅材料和清水,混合搅拌,配制成培养基。

场地与时间的选择。拌料场地以水泥地和木板地为好,不宜用泥地。拌料后尽量在中午前完成装袋以免引起杂菌污染。

配制方法:培养料配制分秤量、过筛、混合、搅拌顺序进行。

按制种量计算好各种原料数量,然后秤量,堆放在一起。

A. 秤量。

B. 过筛:把木屑、废菌糠、麦麸等原辅材料,分别用 2～3 目的竹筛或铁丝网筛过筛,剔除小木片、菌膜皮及其他块状有棱角的硬物,以防装袋时刺破筒袋,导致灭菌不彻底。

C. 混合:把干料搅拌均匀,然后把可溶性添加物,如蔗糖、霉克星 1 号、霉克星 2 号、硫酸镁等溶于水中,加入已拌均匀的干料中。

D. 搅拌:用搅拌机或人工拌料,把培养料搅拌均匀。

③培养料配制应注意的问题

A. 筒袋要求厚薄均匀,强度大,无沙眼气孔,扎口结实,防止灭菌时胀袋。

B. 木屑要求新鲜、干燥、粗细适中。以多种树种混合的杂木屑最好,用边材丰富的中幼阔叶树粉碎的木屑,种菇产量高。

C. 加水量一定要视培养料、天气、场地、菌种不同而灵活掌握。

D. 拌料力求"三均匀",即主料与辅料混合均匀、干湿均匀、酸碱度均匀。

E. 严防杂菌感染。

2. 菌棒制作

香菇菌棒制作按装袋、灭菌、接种顺序进行。

(1)装袋

培养料配制好后,必须立即装袋,以防料酸败发热。一般采用 15cm×55cm 规格,两头结扎的香菇筒袋,每袋装干料 0.8～0.9 千克,湿料重1.8～2.0千克,要求装袋紧实。一般采用装袋机装袋,一台装袋机需配备 6～8 人操作,其中铲料上机 1 人,套袋装料 1 人,递袋 1 人,扎袋口3～5人。操作时应轻拿轻放,地下垫编织袋或麻袋,避免人为磨破筒袋。只要扎口人员操作熟练,每小时可装 400～500 袋。操作时需注意以下两点:

①装袋要紧实:装料后的料棒要有木棒状硬度感,以中等用力下压不凹陷为宜。如果手按料棒有凹陷感,或有料袋断裂痕迹,表明装料过松。

②袋口要清理干净并扎紧:扎口时用手将料压实,并清除黏附在袋口的培养料。先紧贴培养料,用塑料线球把袋口扎紧,再把袋口薄膜反折过来扎紧,要求密封不漏气,否则发菌期易遭链孢霉污染。

(2)灭菌

香菇培养料的灭菌常采用加热灭菌法,有高压及常压灭菌两种。农村绝大多数采用专用常压灭菌灶灭菌,有水泥、木制、铁皮锅等类型的常压灭菌灶,还有蒸汽发生炉通入蒸汽罩膜的简易法灭菌。

①常压灭菌灶蒸汽灭菌法

常压灭菌直接关系到栽培的成败,需注意以下几点:

A. 料棒堆叠方式:装料后要立即放进灶灭菌,料棒在灶内的堆叠方式一定要合理,每灶叠放1 000～1 200袋较适宜。超过1 500袋,灭菌时间要加长。灭菌灶设架,分前后列、上下层排列,每堆叠4～5 层,用一层板隔开,层间要留有一定的空隙,料棒与灶壁也要保留 3cm 左右距离,以确保蒸汽畅通、温度均匀。若灶内不设架,列与列间最好留一定空隙。底部 2～5 层的两个角(灶口方向的两个角为多)和中间部分的料棒常常是灭菌的死角,要特别注意。

B. 灭菌温度:灭菌一开始用旺火,使温度在 5小时内迅速上升到 97～100℃。达到"上汽"后,即进入保温过程。一般达到"上汽"时,料棒内温度可达到 95℃,即使停火半小时,灶内温度也不会骤然下降。达到"上汽"后,在 97～100℃的温度下保持12～16 小时,即可彻底灭菌。在灭菌过程中只能添加热水,绝对不能加冷水,以防止骤然降温,确保持续灭菌。

C. 掌握出锅温度:灭菌结束后,待锅内温度降至 60～70℃时,趁热把料棒搬到冷却室冷却。若锅内温度高于 80℃时出锅，易发生料棒胀袋。料棒搬运过程中要轻拿轻放，搬运工具要垫布或麻袋，防止刺破菌袋造成发菌感染。

②蒸汽发生炉罩膜灭菌法

该方式是将蒸汽发生炉产生的蒸汽通入常压灶，也可把料棒堆叠在地面垫架上，用双层塑料薄膜从底层开始把所有料棒包好，外盖麻袋保温，再把蒸汽通入进行灭菌。用这种方式灭菌，关键是要堆叠好料棒和置放好通入蒸汽管位置，使通入的蒸汽分布均匀，避免四角受温不均匀。蒸汽罩膜灭菌可灵活选择场地，室内、室外均可，一般可放在拌料装袋场地进行。常规配方的料棒持续保温 10 小时后停火，待温度降至 60～70℃出锅。如果采用半生料新工艺，一般在覆盖薄膜膨胀后继续保持 3 小时即可。也可用温度计测量，底部 3～4 层料棒内温度达 80℃以上保持 1 小时，料棒数量超过1 200袋保温时间加长到 3 小时，数量超过1 500袋保温时间要加长到 5 小时。

灭菌结束后，待罩膜温度降至 60～70℃时揭开薄膜，趁热把料棒搬到冷却室冷却。料棒冷却时需呈"井"字形交叉堆叠，每堆 8～10 层。冷却 24～48 小时后，料温降到 28℃以下，手摸无热感时即可接种。

(3)接种

经过灭菌的料棒接入菌种后成为菌棒。接种需采取无菌操作(空间、用具等要严格消毒，确保无杂菌污染)。采取接种箱、接种室、帐式塑料篷等方式接种，均可确保较高的接种成活率。

①消毒剂的选择

接种场所、用具、菌种外表、操作者双手等都需消毒，目的是创造无菌条件。常用消毒剂有气雾消毒剂、乙醇、甲醛、高锰酸钾、苯扎溴铵(新洁尔灭)、石灰、含氯石灰(漂白粉)、过氧乙酸、升汞、波尔多液、扑霉灵等。

需注意：消毒剂宜轮换使用，以防杂菌产生抗药性。

②接种前消毒

接种前消毒的目的是使接种场所达到"无菌条件"，常采用两次消毒法。

A. 第一次消毒在料棒搬入前进行：提前 2～4 天把接种场所，如接种箱、接种室、帐式接种篷等清洗干净，提前 1 天用甲醛或硫黄熏蒸，也可用甲醛或苯酚(石炭酸)喷雾消毒，关闭门窗密封 12～24 小时。具体操作方法见消毒剂使用说明。

B. 第二次消毒在料棒进房(箱)后进行：以前用甲醛加高锰酸钾熏蒸；近年来接种室和帐式接种篷大多采用气雾消毒剂消毒，在接种前0.5～1.0小时点燃消毒。

③菌种预处理

香菇菌种由于培养时间长达 40 多天，瓶(袋)口棉花塞感染霉菌的机会较多，在接种前要进行消毒处理。

A. 瓶装菌种预处理：在一空的无菌箱内将菌种瓶口朝下，轻轻拔出棉塞，用灭过菌的塑料薄膜或 14cm×27cm 的菌种袋包裹瓶口，搬入接种箱内(箱内用甲醛或气雾消毒剂熏蒸半小时以上)，用接种耙耙去料面老菌膜及菌种上层 1/4 的培养料。

B. 袋装菌种的预处理：将菌种上部袋口用线绳扎紧，勿使漏气，拔去套环和棉花塞，放在0.2%高锰酸钾水中浸 15 分钟以上，把表面高锰酸钾水擦干。接种时把袋底挑破，从底部往上取种，距袋口 1/4 的菌种丢弃不用。此外，也可换用 70%～75%乙醇对袋口外表擦洗消毒。

④打穴接种

A. 操作者、用具消毒：操作人员在接种前，头、手、衣服要洗(换)干净，有条件的穿接种专用工作服，戴上帽和口罩，双手戴上超簿型医用乳胶手套。接种用具用 70%～75%乙醇擦洗消毒，还需经过酒精灯火焰灭菌，防止乙醇液珠带入穴孔，引起菌种不萌发而污染绿霉。

B. 料棒表面消毒：需打孔接种的料棒，表面用 70%～75%乙醇棉球擦洗一次(乙醇棉需拧干，无乙醇下滴)，起到清洗表面灰尘和消毒的作用。

C. 打穴：在料棒经乙醇擦洗过的一面，用接种打孔棒均匀地打 3 个接种穴，直径 1.5cm 左右，深 2～2.5cm。打孔棒铁制或木制均可，钻头必须圆滑，打孔棒抽出时，要按顺时针方向边转边抽，不能快打直抽，以防筒袋与培养料脱离而钻入空气，造成杂菌污染。打穴要与接种相配合，打一个穴接一孔菌种。

D. 接种：接种动作要迅速干练，挟取菌种块可用镊子，也可用手分块塞入接种穴，种块必须压紧，不留间隙，让菌种微微凸起，以加速菌丝萌发。气温高时，应选在清晨或晚上接种。

E. 封口：接种穴封口方式多种多样，可用蜡封、地膜胶水贴封、纸胶封、胶布封，也可用套袋，甚至可直接用菌种封口(也称不封口)。

F. 接种后消毒：接种后，菌棒培养室增加一次空间气雾消毒，即把接种后的菌棒放在帐式塑料接种篷或发菌室中，通风换气 1～2 小时后，用气雾消毒剂消毒一次，能大大提高成品率。

3. 培菌管理

花菇菌棒管理时间长，且复杂。花菇的菌棒

需4～7个月培菌管理，从春节后接种到10月份进入出菇管理前，经历低——高——低的气温变化，特别是6～9月份高温期间，要防止菌棒“烧菌”，保证菌丝正常生长繁殖。生产上把高温期的培菌管理称为越夏管理，把9月下旬至10月上旬从培菌管理转向出菇管理的过度期称为出菇前管理。栽培花菇的菌棒要求在袋内自然转色，后期采取不脱袋（割袋）出菇。培菌管理具有其特殊性。

（1）菌丝的培养和菌棒堆叠

香菇菌丝应在适温范围（24℃）内培养。在较高温度条件下培养，生长虽快，但养分消耗多，积累少，菌丝活力下降。菌丝长满袋后，必须把温度升高到27～30℃，以加速木屑的分解和菌丝中养分的积累，促进菌丝生理成熟。另外，适宜花菇栽培的香菇品种与迟熟香菇品种一样，除了注意温度对菌丝生长的影响外，还要注意二氧化碳、氧气和光照对菌丝生长的影响。

菌棒的堆叠方式是调节温度的重要手段。发菌初期采用柴片式堆叠。不封口的菌棒，接种孔压着接种孔，以减少接种块水分蒸发，避免种块变干，促进菌丝早日萌发定植。用石蜡和纸胶封口的菌棒，接种孔需侧斜放，防止压住接种孔。待菌丝长到直径8～10cm大小时翻堆（不宜过早翻堆，以防菌种块脱落及培养料与筒袋壁分离而导致杂菌感染）。翻堆后菌棒改按“井”字形或三角形堆放，堆高由原来的十几层降低至8～10层，温度高时还需降至4～5层。堆间要留些空隙，每两行堆间留40～50cm的一条操作道，以利散热降温和操作管理。翻堆过程中如有生长不正常的菌棒，可采取不同的措施予以补救：①如缺氧，菌棒需适时刺孔通气；②因灭菌不彻底而出现花点状霉菌的菌棒，应重新灭菌接种；③因塑料袋破损有小面积杂菌污染的菌棒，可注射75%的乙醇或10%的甲醛溶液进行消毒；④菌种块脱落、干枯、死亡而无杂菌污染的菌棒，可重新接种。发菌期间如果发菌室温度超过25℃，接种后菌棒应以“井”字形堆叠。10天内菌丝圈直径长至6～8cm后，改成三角形堆叠，菌棒堆距离四周墙壁10～20cm，每两行堆间要留40cm操作道，一个18m^{2}的房间，可堆放1 000～1 200袋菌棒。在此期间，若培养室温度超过28℃，菌棒不能刺孔通气，以免发生“烧菌”。若菌棒因缺氧菌丝生长缓慢，确需刺孔通气时，也必须分批刺孔。每批刺孔菌棒量不要太多，并注意疏散堆放，以不使发菌室温度超过30℃为宜。

发菌期由于菌丝呼吸作用会产生热量，堆温一般比室温高，培养室温度应控制比菌丝生长适宜温度低3～5℃，每天通风2～3次，使室内二氧化碳浓度低于0.3%～0.4%。此外，实行避光培养，门窗挂遮阳网，严防太阳光直接照射。

（2）刺孔通气

香菇培养料装入密封的低压聚乙烯筒袋中，阻碍了氧气的输入和二氧化碳的排出，因此在培菌期间，需要给菌棒进行适时适当的刺孔通气。发菌前期刺孔通气可使菌丝生长加快，菌丝变得粗壮洁白；在菌丝成熟期刺孔通气，可使瘤状物软化，有利于菌棒均匀转色、调控菌棒含水量，促进香菇菌丝达到生理成熟。

①培菌前期刺孔通气：接种后10～20天，当菌丝圈直径长到十几厘米大小时，采取蜡封和纸胶封口的菌棒，因缺氧会使菌丝生长十分缓慢、细弱、末端参差不齐。这时可用5cm（1.5寸）的铁钉或竹签，在距离菌丝末端2cm处刺4～8个孔，孔深约1cm，并将菌棒改为“井”字形堆叠，接种孔侧放，以利透气。如果接种孔未封口，此时期菌丝生长一般都很正常，可不打孔通气。菇农常把这时期的打孔通气称为通“小气”。

②培菌中期刺孔通气：在菌丝满袋至转色前刺孔通气，菇农称为通“大气”。待菌丝长满全袋后，选择环境温度在22～25℃时刺孔。把菌棒移至室外遮荫棚里打孔通气；通风条件较好的发菌室，也可在室内刺孔通气，但要分批进行，并注意疏散通风。刺孔前应事先制作一个钉钯状刺孔器，选一块厚1.5cm、宽5～6cm、长50cm的木板，一端削成手柄，另一端在35cm范围内，钉上6.6cm（2寸）的铁钉，横距2cm，竖距4cm。刺孔时左手握菌棒，右手拿刺孔器，在菌棒上打2～4排孔，打孔数量和深度要灵活掌握。这期间有些菌棒表面已形成瘤状物，若任其发展会把筒袋顶破。这时除对窗户遮光外，需沿瘤状物外围（高温时直接在瘤状物处刺孔，易引起腐烂）用5cm铁钉或竹签刺孔一圈，数天后瘤状物就会软化，该部位整块转成褐色菌膜。如室内温度在28℃以上，一般不应刺孔通气，超过30℃时应严禁刺孔通气，否则极易造成“烧菌”烂筒。

③培菌后期刺孔通气：菌丝转色后至始菇期前进行刺孔通气。海拔800m以上的高山区，一般在9月下旬至10月上旬；海拔300～800m的山区，一般在10月上旬至10月中旬；海拔300m以下的低山区，一般在10月下旬至11月上旬。刺孔数量和深度按菌棒含水率高低、菌膜厚薄、品种特性及培菌室干燥程度而定。

刺孔数量和深度一般凭经验灵活掌握，目标

是让菇木在出菇前菌膜转色厚薄适当、含水适中。出菇前每袋菇木(规格 15cm×55cm 筒袋)重量控制在1.3～1.4千克，或使菇木失水率达20%～25%。含水率高(偏重)的菇木，在室内可适当增加刺孔通气，孔也可深点，以加速水分散发；偏轻的菇木可提前移至湿度较高的菇棚中，刺孔后平放在地面，让其自然吸收水分，以期达到适宜的含水量。

(3)转色管理

①菌棒转色调控：转色是代料栽培香菇的正常生理现象。菌丝长满袋后，具备一定成熟度时，在一定的气、光、温、湿度条件下，表层菌丝逐渐倒伏，同时开始分泌色素，吐出黄水，颜色由白色转为浅棕色，再变为棕褐色，最终形成一层具有保温、保湿、避光、抗杂菌作用的棕褐色菌膜。这个过程称为转色。转色深浅和厚薄与出菇时间、产量和质量息息相关。从表60－4中可知，转色太深、菌膜太厚，出菇时间延迟，菇体大，但秋冬菇产量不高；转色不完全，出菇早、菇小、品质较差、出菇寿命缩短，菇木易折断和霉烂，经济效益差。

表60－4 转色与出菇的关系

转色情况	出菇表现	菇 形	产 量	效益
棕褐色，厚薄适当，有弹性和光泽	出菇时间正常、均匀，一般菇潮较明显，出菇量多	菇体中等大，肉厚，质优	高	好
深黑褐色，菌膜太厚，较坚硬	出菇期延迟，出菇稀少，甚至不出菇	菇体大型，肉肥厚，个体圆整	春季菌膜软化后产量可提高	不好
黄褐色或浅褐色，局部转色，菌膜太薄太软	出菇期提早，量大而集中，菇木出菇寿命短	菇型偏小，肉薄，菇质量较差，易开伞	前期产量较高	不好

普通早熟香菇品种的转色管理：在接种后50～70天，菌丝长满料后排场脱袋，覆盖薄膜，保温保湿，让菌丝与空气充分接触，在表层长出第2层菌丝并局部开始吐黄水后，再予以喷水通风，使其倒伏，形成厚薄均匀的棕褐色菌膜，即为强制人为调控促其转色。

花菇菌棒在袋内自然转色，转色时间长，在夏季高温来临前，通过刺孔通气和翻堆来促进菌丝转色。以下几种情况需要采取针对措施管理：A.菌棒局部因受压迫缺氧和未见光而不转色，需通过翻堆让该部位朝向有光的方向。B.菌棒袋内壁与培养料紧贴，把它挑空或用手搓一搓，使其脱离，特别要注意适时刺孔通气。C.在转色过程中，会产生一些酱色液滴，其数量与菌株特性、温度、通气、光线和培养料含水量有关。温度或培养料含水量越高，分泌酱色液滴越多。若不通过刺孔通气，使水分散发出去，易造成转色菌膜过厚、色泽过深。D.135品种花菇菌棒转色，最好为色泽不一、深浅相间的花花菌膜。E.转色后若气温适宜，酱色液很少，如果气温再度升高，还会分泌酱色液，这时要划破筒袋，倒出酱色液，再用50%可湿性粉剂多菌灵1 000倍液擦洗，晾干后用透明胶重新封好，并采取降温通风措施。

②越夏时的通风降温

A.利用空气对流散热降温，在室内越夏的，早晨和晚上打开门窗通风，11：00～16：00时关闭门窗，防止热空气袭击。B.向培菌室外围、房顶或遮荫棚顶喷洒冷水降温。C.利用空调设备降温。D.加盖遮荫物降温，在培菌室窗外和受阳光照射的墙上挂遮阳网或草帘，加厚遮荫棚顶遮荫物，避免阳光照射。E.温度高的场地，可把菇棚高度升高至3m左右，增加空间高度后，通气较好，散热性能好，有利于降低棚内温度。F.在菇棚四周和操作道沟内灌流动水来降低菇棚内温度。

如有条件，也可把菌棒移至高海拔地区或通风干燥的防空洞、地下室中越夏。在没有层架的场所越夏，菌棒最好按“三角”形堆叠，且叠放层数不能太高，视环境温度情况控制在4～8层。一般情况下，含水量高的菌棒通透性差，易发热，要注意防止“烧菌”。

③转色不良的原因及补救措施

A.菌棒不转色或转色太淡：发生的原因：a.菌龄不足，菇木仍处于菌丝生长阶段，不转色。b.脱袋后未及时覆盖薄膜或菇床保湿条件差，空间湿度小，导致菇木表面菌丝失水，难以恢复形成菌膜。c.脱袋时气温高。d.没有采取喷水降温等措施，菇木表面菌丝不倒伏，难以转色。e.气温低于12℃，菇木表面菌丝难以恢复，不能转色或转色太淡。

补救措施：对于湿度不足的可采取连续喷水2～3天，每天一次，罩紧薄膜，提高保湿性能。气温太低，可采取拉稀遮阳物，引光增温。气温偏高的采取喷水降温、通风降温或加盖遮阳物方法降低温度，增加湿度。

B.菌丝徒长：a.湿度过大。菇床内湿度及适宜的温度十分有利于菌丝生长，菌丝恢复后没有及时通风换气，降低湿度。b.配方不合理，碳氮比失调，氮素过高，菌丝生长过旺。c.菌龄不足，脱袋太早，菌丝尚处于营养生长阶段，不易倒伏。d.培养料含水量偏高。

补救措施：菇木表面菌丝恢复后要及时通风换气、变温、降湿，促使菌丝倒伏；配方要科学合理，脱袋要适时；含水量偏高的菌棒转色管理前，要进行刺孔通气，尽量把含水量降下来。

C. 菌膜脱落：脱袋前期缺氧、袋内成块状拱起，菌丝未达到生理成熟就脱袋。脱袋后温度突变，导致菌棒表面菌丝受到刺激而缩紧，基内菌丝增生，迫使菌膜成块状脱落。

补救措施：适时通气，防止瘤状物形成。一旦形成后，及时刺孔通气，促使瘤状物软化倒伏，同时掌握好脱袋菌龄。对于含水量偏高的菌棒，尽量在培菌期多刺孔通气，把含水量降下来。

D. 菇木脱水：a. 菌棒发菌期间及排场脱袋期间受强光暴晒，或脱袋时遇西北风或干热风袭击，菌棒表层菌丝失水。b. 栽培场地设于旱地，湿度小，菌棒水分被地面吸收。c. 菇床薄膜有破洞，或覆盖薄膜不严，菇床内气流过畅失水。d. 通风不当，揭膜时间长，受干热风影响。e. 配料时，加水不够，导致菌棒含水量偏低、装袋过松。

补救措施：增加湿度，通过加大喷水，并直接喷在菌棒上，连续数天，盖好薄膜，保持 90% 以上的相对湿度。

E. 菌膜厚而硬、色泽深：a. 菌龄太短，脱袋太早，营养旺盛生长，使菌丝恢复倒伏后，由于菌丝继续旺盛生长，使菌膜加厚，色泽加深。b. 菌棒生产季节安排不当，导致菌丝已生理成熟，而外界温度适于菌丝生长，不适原基形成，袋内菌丝生长倒伏数回，袋内黄水不及时排出，导致菌膜过厚。c. 培养基碳氮比失调，氮素过多，菌丝徒长，延期倒伏。d. 脱袋后菌棒表面菌丝恢复后，没及时通风换气或换气不够，导致菌丝徒长。e. 菇场太阴，光照不足，影响菌丝由营养生长向生殖生长转变，拉长营养生长期，菌丝恢复后不易倒伏。f. 菌棒含水量偏高，转色时菌丝徒长，不易倒伏，转色时间偏长而使菌膜增厚。

补救措施：菌膜增厚，处理相当困难，只有通过特殊催菇方法（见出菇管理）才能促使菇蕾形成。要做好预防工作，如适时脱袋，选好季节，配方按要求配制，菌棒表面菌丝恢复后及时通风换气、喷水促其倒伏等。

F. 菌棒霉烂：菌棒霉烂表现在脱袋转色期间，菌棒局部出现黑色斑块，手压有黑水渗出，闻之有臭味。发生原因：a. 脱袋后气温高，特别是雨天，加之通风不良造成高温高湿的环境，引起杂菌滋生。b. 发菌期没有及时检查出绿霉菌，脱袋时没保留覆盖的袋膜，导致杂菌快速繁殖。c. 发菌期菌袋内产生的黄水未及时排掉，黄水渗透培养基内，引起杂菌污染。d. 菇场位置过阴，环境卫生差，气流不畅，极易引起霉菌繁殖。

补救措施：把菌棒集中在一个菇床，用小刀把发黑的部位挖去，挖到见发白的基内菌丝为止，然后用 50% 多菌灵 200～300 倍液喷于患处，待药液干后盖好，可控制霉烂蔓延。如数量太多，可以连续数天用石灰水冲洗发黑部位，并增加通风次数，也可达到控制的效果。

（二）大田荫棚秋季栽培模式出菇

大田荫棚秋季栽培的制种、培菌、管理、刺孔通气和一般栽培模式相同。

1. 转色管理

转色是袋栽香菇的关键技术之一，是“承前启后”的一个重要转折点。转色的好坏直接影响出菇的快慢、产量的高低、香菇品质及菇木的抗杂菌能力及其寿命。

大田荫棚秋季栽培模式的菌棒转色过程，比春栽菌棒袋内自然转色复杂。脱去袋膜的菌棒全面接触光线，在适宜的温度条件下，表面长出一层洁白色绒毛状的菌丝，菌丝倒伏形成一层薄薄的白色菌膜，白色菌膜分泌色素，吐出黄色水珠，菌棒由白色转为粉红色，逐步加深至红棕色、棕褐色，最后形成一层似树皮状的菌皮。

（1）脱袋后菌棒温度管理

脱袋后的菌棒要及时盖严薄膜，通过菇床温度的增减，形成一个温度 18～23℃、湿度 85% 以上的稳定小气候环境，有利于菌棒表面菌丝的恢复。温度超过 25℃时，要加盖草帘，或在盖膜上喷水，并进行通风换气，以降低菇床温度，防止高温低湿的菇床环境。菌棒表面布满白色浓密的绒毛状菌丝近 2mm 时，结合喷水降温通风，降湿、变温、变湿，促使绒毛菌丝倒伏。喷水后不可马上覆膜，否则会造成菌棒表面吸水多、湿度大，白色菌丝继续生长难以倒伏的现象；若不喷水，菌棒表面菌丝易失水，影响其恢复导致难以转色。

（2）促进绒毛菌丝倒伏形成菌膜

采取通过遮阳物增减，控制适当光照。每日需掀膜、喷水、通风。待菌棒水珠消失后盖膜，使白色的菌膜分泌酱色液，并由白色变为红褐色至棕褐色，这种褐色分泌物具有生物活性物质的成分，附着在菇棒表面的菌膜上，既能和菌膜一起保护菌棒，又有催蕾、促菇的作用。转色管理操作要点请参阅表 60－5。

表 60－5　秋栽菌棒转色管理要点

脱袋后的天数	菌棒表现	操作要点	菇床环境条件		每天通风	注意事项
			温度(℃)	湿度(%)		
1～4	表面菌丝恢复，布满白色绒毛菌丝	罩紧薄膜	18～23	80～90	25℃以下不揭膜通风	超过25℃揭膜通风，必须与喷水、降温、保湿相结合
5～6	菌丝逐渐倒伏，开始分泌色素	掀动薄膜	18～22	80～85	通风1～2次，每次30分钟	防止温度偏高菌丝徒长不倒伏，通风要与降温、保湿相结合
7～8	开始吐出黄色液滴	每天喷水1～2次	18～20	85～90	喷水后待菌棒表面无水珠，不黏手盖膜	黄水少，轻喷；黄水多，要重喷，防止积黄水
9～12	淡棕黄色变为红棕色	每天喷水1次	18～20	85左右	通风1次，每次30分钟	控温在15～20℃范围
13～15	棕褐色有光泽，菌膜形成	调节温差、干湿差，促发菇蕾	15～23	85左右	罩膜为主，每天通风1～2次，每次30分钟	协调湿、光、气等环境因子，促发菇蕾

2. 野外菇棚的搭建

(1)场地的选择

菇场应选在背风向阳、水源丰富又不积水、交通方便、环境清洁的地方。一般设置在房前屋后附近，只要有水源，水稻田、荒地、空旷地或自然树林下平坦地溪滩地都可选用。每666.7m²(亩)可放菇木0.8万～1万袋。

(2)筑畦

先清除地面上的杂物，再进行杀虫灭菌处理，开好排水沟。排放香菇菌棒的畦床宽为1～1.4m，畦面压紧实，稍呈龟背形，以防积水。每排可以放香菇菌棒7～10袋，床高25cm，长视场地而定，可长可短，以10～15m为好。畦床与畦床之间设人行通道，宽60cm左右，浸水沟设置在栽培场中间。地下水位较高的菇场，浸水沟置在栽培棚外两侧，沟边用木板夯实，沟底铺塑料薄膜做槽，以防漏水。

(3)搭制菇架

沿菇床两边每隔2.5m处打一根木桩，木桩直径5～7cm，长50cm，打入土中20～25cm，然后用木条或竹竿顺着菇床边架在桩上，形成两条平行杆。在杆上每隔20cm钉上一铁钉，钉头露出木杆2cm。最后在靠顶端处排放直径2～3cm、长比菇床宽10cm的木条或竹竿作横档，供排放菇木用。搭架后，再在菇床两旁每隔1.5m，插上横跨床面的拱形竹条，作为拱膜架，供罩盖塑料薄膜用。

(4)搭盖荫棚

用毛竹、小杉木等材料搭成高2.2m的菇棚，支柱位置设在走道旁边，不能立在畦面，否则薄膜掀动困难。最后在棚顶上铺放狼衣、杉树枝叶、小灌木、茅草、芒秆等遮阳物。遮阳要均匀，菇场内能见花花太阳，菇棚的四周用稻草、茅草、蔗叶、杉树皮等围好，以避风保湿。朝西北面的挡风草帘应厚实些。

3. 出菇管理

(1)出菇阶段环境因子的调控

①温度：香菇属变温结实性菇类，催蕾需有5～10℃的温差。子实体生长发育温度为5～25℃，以15～20℃最佳。5～15℃生长慢，菇肉厚，品质优；25℃左右生长快，菇肉薄，易开伞，色淡，质量差。温度过高，原基不能分化成菇蕾，发生后也易枯萎死亡。

②湿度：出菇期以保湿为主。俗话说“一斤香菇九两水”，长菇初期，菇木含水量充足，只需通过覆膜、喷水来调节和保持较高空气相对湿度，满足子实体发育所需的水分。菇木长菇1～2批后，基质失水较多时，需采取注水、浸水和喷水相结合的方法，提高基质含水量和空气相对湿度，满足长菇的需求。

③空气：香菇形成菌蕾需要一定浓度的气体激素诱导。用塑料薄膜覆盖，有利于激素气体的累积，表面黄色菌膜也有利激素样气体累积，有利菌蕾形成。催蕾阶段需罩严薄膜，子实体生长阶段要注意菇床的通风换气，每天1～2次，以保持床内空气新鲜，满足长菇所需的氧气，以利于菇盖增大，菌柄缩短，还能抑制霉菌发生。

④光照：光照是香菇生长发育必不可少的因素，同时还会影响菇床小环境温度。秋季以“三阳七阴”为好；冬季需“六阳四阴”；春季需“二阳八阴”；夏季需“一阳九阴”。日照短的山区需“阳多阴少”，日照长的平原需“阴多阳少”。要视具体情况灵活掌握。

(2)秋菇管理(10～12月份)

秋季气候特点为秋高气爽，降雨少，湿度低，温度多变，往往前期较高，日夜温差较大，后期温度降低较快。秋季菇木内部菌丝的新陈代谢活动仍然很旺盛,同时杂菌的活动也很猖狂。菇蕾的发生,主要取决于温度、湿度、光照和通气。根据秋季气候特点,前期管理应以降低菇床温度、保持较高的空气相对湿度、通风增氧及防治杂菌为重点。后期管理应把保温、保湿作为主要工作。保湿是保证秋季菇蕾正常生长发育及高产的主要因素,菇形是否正常受菇床的通风供氧状况影响,菇体的色泽与光线强弱有关。

①控温与通风、光照相结合:温度较高时,适当增加荫棚上遮阳物,降低光照强度,增加通风时间。通风必须与保持湿度相结合,打开拱膜后,先喷水增加空气湿度,然后再通风,每天1~2次,每次约半小时。气温低时,将遮阳物稀疏,增加光照,提高菇床温度。可在气温较高的中午通风,每天1次或每2天1次,时间20~30分钟。若高温又下雨,把盖膜四周拉空通风,雨停后把盖膜全部掀去,加大通风量,可以防止或减少霉菌侵染。

②控湿与防霉相结合:秋季湿度低,应以保湿为主。薄膜内要求空气相对湿度达85%~90%,薄膜内壁有水珠,说明湿度适宜,无水珠说明偏干,若水珠下掉说明偏湿。相对湿度从菇盖表面状态也可了解:若菇盖出现菊花状龟裂,相对湿度为70%~75%;若表面粗糙,丝状纤毛多,相对湿度为80%~85%;若表面光滑,并可见反光光泽,相对湿度为90%~95%。从提高香菇品质,特别从增加菌盖厚度来考虑,以80%~85%最为理想;从提高产量来考虑,以90%~95%为最适宜。

湿度的调节主要通过喷水、通风等手段。湿度太低时,采取喷水覆盖薄膜增加湿度;湿度太高时,增加通风时间予以降湿,避免因过湿而引起霉菌侵染。

秋季出第一潮菇时,菇木含水量较充足,菌丝生命力强,菇蕾发生期只需少量喷水;菇蕾长至2cm左右,需增加喷水量,次数应根据具体情况而定。雨天少喷或不喷,晴天多喷,菇蕾少和小时少喷,菇蕾多、大时多喷;保湿性能好的菇畦少喷,保湿差的多喷。每次喷水后,需待菇棒上的水珠散发后再盖薄膜,相对湿度保持在80%~90%。

③转潮管理:第一批菇采收后,需停止喷水,增加通风,降低菇床湿度,使菌丝体恢复生长,养菌7天左右,待采菇后留下的凹陷处菌丝得到恢复,再根据菇木含水量进行补水或连续喷水。含水量较高,放低覆盖薄膜,昼夜要拉大温差、湿差,刺激原基形成,以后参照第一潮菇管理。菇木重量较轻的,可采取注水或浸水方法补水。

(3)冬菇管理(1~2月份)

冬季气温低,呼吸代谢强度小,基质的分解和营养积累慢,子实体发生少,菌丝生长缓慢,但冬季形成的香菇肉厚、品质优,是生产高品质香菇的最好季节,也是菇价最好的季节。

根据冬季的气候特点及菌丝生理状况,要增加冬季的产量,必须提高菇床温度,加强菌丝的胞外酶活性,加强菌丝呼吸代谢强度,促进基质分解和营养积累,加快原基发生与菇蕾的形成。

①温度、光照、空气调节:减少菇棚遮阳物,增加光照强度,提高菇床温度。通风选在气温较高的中午前后,时间不宜长,每天1次或每2天1次,每次约20分钟。通风后要盖好薄膜。

②湿度调节:气温低时,菇棒要保持一定的水分,并有一定的空气相对湿度,确保菇棒表皮湿润即可。

③气温过低不长菇:不能盲目注水催蕾,否则容易导致菇木内部菌丝缺氧、自溶,甚至烂筒。若要催蕾,需结合天气情况,在暖流回潮时,选择有日照的天气保湿催蕾。

(4)春菇管理(2~6月份)

春季的气候特点是气温日渐回升,温度逐渐由低到高,雨量充沛,自然湿度又适于香菇生长,是大田荫棚式秋季栽培香菇的出菇高峰期。根据气候变化可分为3期。

①早春期(2~3月份)以保温控湿为重点:雨水至惊蛰前后,春回大地,万物复苏,气温偏低,气候多变,常有冷空气出现。以"保温、控湿、通风"为管理原则,管理参照冬菇方法。

②中春期(3~5月份)以补水为重点:春分至立夏,温度时高时低,温差大,春雨连绵,气压低,自然气温、湿度适宜菇蕾盛发,是中温、中高温品种长菇的高峰期。早春2~3潮菇采收后,菇棒营养消耗较大,一般菇棒含水量仅为35%~50%,菌丝处于半休眠状态。此阶段的重点是补充含水量,抓转潮管理,争取多出菇,增加产量,同时要做好防霉工作。

③晚春期(5~6月份)以"防高温,巧通风,勤追肥"为重点:立夏后至夏至,气温高,湿度大,菇木的营养大部分被消耗。管理要点:加厚荫棚顶上的遮阳物,湿度过高时要掀掉覆盖薄膜,选择早晚进行通风,视天气情况灵活喷水。每潮菇后,养菌2~3天后需补水,充分利用适宜长菇的时间,缩短养菌时间,增加出菇潮次,提高产量。具体管理措施:A. 及时通气,防缺氧,通气要根据气温情况,每天结合采菇,揭膜通风;气温高于20℃,掀开盖膜两端通风;若气温高于25℃,每天通风2~3次,以满足香菇生长的对氧气的需求。尤其在养菌时,要掀掉薄膜敞开通风。B. 注意调湿防霉

菌，晚春后期气温高，雨水多，喷水要看天气结合通风灵活掌握。一般每天采菇后喷水一次，喷水后要让菇棒通风晾干表面水分，再盖膜；闷热天或雨天，盖膜四周全部掀开，使空气流畅，防止高温、高湿、缺氧造成霉菌侵染而烂筒；阴雨天不喷水，菇木湿润不喷或少喷水。C. 及时补水促转潮，采收一潮菇后，要揭膜通风 8～12 小时，养菌4～5 天，然后补水，促使菇蕾发生。后期可在水中添加 0.2%尿素、0.1%～0.2%磷酸二氢钾、0.01%柠檬酸补充养分，并注意调节酸碱度，以提高产量和质量。D. 适期采收防开伞。春季温度升高，子实体生长快，菇肉薄，易开伞。根据市场对品质的要求及时采摘。E. 清理菇棒防污染。春季是杂菌多发季节，采完一潮菇后，用小刀把菇棒上残留的菌柄及长有霉菌的部位刮除，局部喷涂 200～300 倍多菌灵或克霉灵液，待药液晾干后再盖膜。

（三）半地下秋季栽培模式出菇

半地下秋季栽培模式具有以下技术特点：

①菇床由地面向下挖深 35～40cm、面宽 110～120cm，不搭建荫棚，改用活动草帘遮阳，菇床温度较大田荫棚模式平均提高 2℃，秋冬菇比例达 60%左右，且单产较高，每袋产鲜菇800～1 000g，菇质优、菇盖色深、肉厚实、柄短。

②周期短，从接种到出菇结束为 7 个月。

③节约菇棚成本近 2/3。

④菇稻轮作提高土地利用率，解决了菇粮争地的矛盾，且明显地提高土壤有机质含量，改善土壤理化性质，减轻水稻病虫害，提高了粮食产量，同时也解决了香菇产地连茬病虫侵染源累积的问题。但是该模式也有不足的地方：A. 管理不太方便，劳动强度较大，尤其是采菇，弯腰幅度较大，次数多，雨天操作更辛苦。B. 香菇容易黏上泥土影响质量。C. 场地局限性较大，必须是水源充足的农田。半地下秋季栽培模式菇场选择及菇棚构成的特殊性，菇棒排场脱袋后，因温度、湿度、光照等环境条件与其他栽培模式有所不同，在栽培季节、品种选择及出菇管理等环节存在一定的差异。

1. 季节选择

半地下秋季栽培模式的菌棒，接种季节比大田荫棚模式推迟 15～20 天，制棒时间能较好地避开高温季节。丽水市的云和县、龙泉市、松阳县、莲都区等县市每年 8 月 20 日才开始接种，9 月中旬结束。

2. 菇场选择与沟畦构筑

①菇场选择：要求日照长，通风良好，水质洁净，灌水、排水方便的水田。

②沟畦构成：菇床走向为南北向或东西向，南北长 20m 左右，东西宽1.1～1.2m，菇床高 35～40cm，菇架高 20～25cm，架距 25cm。菇床底部中间开一条小水沟，床底略斜。

③菇床制作：先在大田上划出菇床的位置，把床内的泥土成块铲起垒实，作为走道。走道宽 40～50cm，挖土深 10cm。床底的中间挖一条小水沟，深 5～7cm，宽 6～8cm，床底及四周夯实拍平。进水口一端略高于出水口一端。在菇床两壁每隔 25cm、高 20～25cm 处，横插一条粗约 2cm 的竹竿或木棒，作菇架。

④制作活动草帘遮阳物：在菇床上部两壁，每隔 1m 插一根 2m 长、两头削尖的拱形竹片，两头入土深 15～20cm。在拱形竹片上插一条加固连接的竹篾，防止竹篾移动，竹片上覆盖 2m 宽的塑料薄膜，用稻草编扎约 2m 长的草帘，从南到北或从东到西，全部将菇床盖好。

3. 半地下菇床生态因子及调控方法

该模式对菇床温度、湿度、光照、空气变化有较强的调控能力，尤其是温度较低的秋末和冬季，能为出菇创造良好的环境条件。缺点是在秋初、气温高时调节能力较差。

①温度：畦床需盖膜遮阳，盖膜直接吸收阳光热量，加之菇床空间较小，温度变化快，自然温差大。在晴天，可通过盖膜、掀膜使菇床温度快速升高和下降，拉大温差，有利于菇蕾的形成。半地下式菇床的结构具备相当好的保温性能，能满足秋冬菇的出菇要求，但春夏季气温高时，白天降温较难。

②湿度：该菇床的构造使增湿容易、降湿相对困难，菇床下部湿度稳定，上部易随气温变化而变化，构成上部变化快，下部相对恒定。阴天变化小，菇床湿度高；在晴天菇床上部湿度低，可通过加盖稻草帘降低温度变化，保持高湿的环境，满足香菇生长的需要。

③通气：该模式的菇床上层通风好，下层通风较差。下层因通气效果差，掀薄膜后温度、湿度变化影响大，尤其是脱袋后的转色管理过程中，容易对香菇生长发育造成不良影响。

④光照：可通过草帘的掀掉和遮盖进行调控。

4. 出菇管理

(1)温度

通过地温、阳光、薄膜、草帘及喷水调节菇床内的温度，以满足香菇生长对温度的要求，提高香菇的产量与质量。

秋季气温较高，白天需盖好草帘，掀起菇床两头薄膜，以防温度过高；傍晚掀掉草帘、薄膜通风换气，适温后重新盖好薄膜、草帘。秋末冬季，气温低，早上太阳斜射时，可以掀掉草帘薄膜，提高菇床的温度，然后再盖膜保温保湿。八九点钟后，根据太阳的移动方向盖上草帘，晚上盖好薄膜与草帘，增强保温效果。春夏季节，气温上升，温度高，用草帘盖严薄膜遮住阳光，适时掀揭薄膜通风和喷洒冷水等措施，降低菇床内的温度，还可以通过菇床的小水沟放跑马水降温。

(2)湿度

半地下式菇床保湿性能好，湿度管理较为方便，只需在每天通风后，喷 1～2 次水，待菇木表面水分散发后再盖膜。温度高时，早晚各喷 1 次；气温低时，午后喷 1 次，就可保持 80%～90%的空气相对湿度。菇床底部应尽量保持干燥，以防着地菇木因过湿而霉烂。一潮菇结束后，停止喷水数天，养菌复壮以后，视菇木情况(一般采摘二批菇后)及时补水。半地下式菇床结构独特，采用注水法操作强度大，也不方便，大都采用浸水法。

(3)光照

光照不仅能促进菇蕾的形成，增加香菇的着色，而且直接影响到菇床内的温度、湿度变化，半地下式菇床结构会使这种影响更加明显。根据环境因子互动关系，秋季及次年夏季光照强，应盖严草帘，以降低菇床温度；晚秋、冬季及早春，减少遮阳物，以提高菇床温度。

(4)通气

空气是香菇生长不可缺少的因子，通风换气与温度、湿度密切相关。一般每天通风 1～2 次，气温高时每天 2 次，时间选在早晚；气温低时每天一次，时间安排在中午；湿度大时，多换气，湿度低时，少换气；若培养花菇，需在菇蕾生长到 2cm 左右，加大通风量，降低湿度，促进花菇形成。换气可与采菇、喷水结合起来，即采菇后喷水一遍，通风 20～30 分钟后再盖上薄膜。

(5)催蕾

无棚半地下式菇床日夜温差比荫棚大，只需白天催蕾。视温度高低，低遮或少遮薄膜或草帘，晚上撤去草帘即可拉大温差，促进菇蕾发生。对于菌皮厚、转色深的菇木，催蕾方法可按日照保湿催蕾法操作。

(6)采收加工

①采收：香菇达八分成熟即可采摘。对于出口保鲜菇，需在 5～6 分成熟、未开膜时采摘。采摘时，左手按住菇木，右手大拇指与示指将香菇连同菇柄以顺时针或逆时针转动，从菇木上连菇蒂一起摘下。采菇时尽量不要或少连带培养料。温度高时，每天采 2 次，温度低时采 1 次。

②烘干加工：最好先把鲜菇放在太阳下晒成半干后，再用专用烘干机烘干。烘干温度从 35℃开始，最高不超过 65℃。要边采菇，边剪柄，边晒。

(四)塑料大棚露地栽培模式出菇

香菇大棚露地秋季栽培，与大田荫棚秋季栽培相比，具有明显的优点：

①总产高、秋冬菇比例高：每一袋菌棒(15cm×55cm 筒袋)产菇 0.75～1.2 千克，秋冬菇比例达 60%～70%。

③效益明显提高：秋冬菇产量高，质量好、售价高，经济效益显著提高。

③菇棚取材容易：搭棚只需毛竹、薄膜、遮阳网、铁丝，无需木材、茅草、树枝。还可利用城郊蔬菜大棚和北方日光温室栽培代料香菇。

1. 场地选择与大棚搭建

(1)场地选择

要求光线充足、靠近水源、地势平坦、交通方便、土壤透气保湿性能好、洁净通风的地方。

(2)大棚搭建

大棚一般长 25m、宽 5m、高2.6m，可用毛竹、铁丝、大棚薄膜、遮阳网等材料搭建。棚搭好后盖上7.5m×32m 的普通大棚薄膜或多功能薄膜，两侧用土块压紧，最后盖上宽 6～8m，遮光率为 90%遮阳网。

(3)畦床整制

每棚菇床分两畦，两边宽1.5m，中间 1m。保湿差的地块用凹畦，保湿好的地块用凸畦，畦面要压实，略呈龟背形。

(4)菇架搭建

①竹木菇架：采用大田荫棚式菇架搭建的方法，在高 30cm 的两行木架上，每隔 20cm 放一根比木架长 10cm 的横档，用绳或铁丝固定好，供菇木摆放；每隔 1.5m 设一横跨畦面的弧形竹片，用于覆盖小棚膜。②铁丝菇架：在畦床每隔2.5～3m 设一根高 30cm 左右的横档，横档上每隔 20cm 钉一枚铁钉，钉尾部分留在横档外面，然后用铁丝纵向拉线，经过横档时在铁钉尾上绕一圈，两端的铁丝绕在木桩上，敲打入地以拉紧铁丝，逐条拉好即完成。每隔 1.5m 设一拱形竹片(拱篾)。

2. 塑料大棚菇床的气候特点及调控方法

塑料大棚对菇床的温度、湿度、空气有较好的调控能力，有利于香菇的生长发育。

(1)温度

白天大棚表面积大，吸收太阳辐射能量多，日出以后，气温迅速上升，10～13时上升最快。春、夏、秋、冬每日最高温度出现在12～14时；最低温度出现在1～4时，大棚内白天的垂直气温变化是上层高、中层次之、下层低，上下层最大相差可达5℃以上。调控方法：①增温：白天撤去遮阳网或把遮阳网由大棚膜外移到大棚膜内，增加太阳能吸收，提高棚温；利用蒸汽发生炉产生蒸汽加温；夜间盖严薄膜，加盖遮阳保温物（草帘）等。②降温：白天加盖遮阳网，棚外喷水，夜间打开棚门通风。③扩大温差：白天关闭棚门，夜间打开棚门。

(2)湿度

大棚密闭性好，在关闭状态时，保湿性好，四季均可保持很高的湿度。调控方法：①提高湿度：通过喷水直接增加空气相对湿度，通过降温增加空气相对湿度。②降低湿度：减少或停止喷水、增温（不含蒸汽加温）降湿，通风降湿（一般棚外湿度低于棚内）。

(3)空气

大棚内的废气主要源于菇体释放的二氧化碳、乙烯、乙醛、乙醇等。调节方法：①通过通风排除二氧化碳及其他废气，增氧结合喷雾化水，达到增氧保湿的目的。②只通风不喷水，可起到增氧、降温、降湿的作用。

(4)光照

大棚内的光照强度取决于季节、日照时间、遮阳物材料、大棚薄膜种类等因素。光照强度可采取增加或减少，以至去掉遮阳网方法进行调节。

3. 秋菇管理

秋季管理重点：做好控温、保湿、防霉工作。

秋季大棚式栽培的脱袋时间一般在每年10月下旬至11月上旬。此时气温较高，最高温度接近30℃，而空气相对湿度低，要防高温、保湿度，做好转色管理工作。转色完成后，采取温差刺激方法催蕾。方法：白天关闭棚膜，棚内畦床盖小膜，使温度上升，傍晚打开棚门，通风1～2小时，降低棚温，连续3～4天，大量菇蕾就会发生。菇蕾形成后，保持较为稳定的温度、湿度，并做好通风换气工作，即早晨或傍晚对菇木喷1次水，并打开棚膜通风换气，待菇木游离水蒸发后，再盖好薄膜。

若温度超过23℃，白天可在大棚一端升起棚门膜，以降低棚温。傍晚开启两端棚门膜，对菇木喷1次水，然后通风30分钟。菇木表面游离水蒸发后，再盖上薄膜。这样既降低了温度，通了风，增了氧，又能保持较高的湿度。喷水量的多少视菇场的保水性能和天气而定，稻田湿度大的可少喷，阴雨天少喷或不喷，保湿差的旱地要多喷。

第一批菇长至7～8分成熟时，应及时采摘。采摘第一潮菇后，菇木含水量仍较多的，每天要掀膜通风8～12小时，让菌丝休息养菌7天左右，积累营养。然后仍然采取拉大温差、湿差，6～8天后，即可发生第二潮菇。采摘第一潮菇后，若菇木较轻（原重的1/2～1/3）时，养菌7天左右后，采取注水补充水分，使菇木含水量达58%～62%，视菇木表面有淡黄色水珠涌出为止。经6～8天的保湿管理后，就会形成第二潮菇。

大棚式菇床增温快、保湿好，秋季气温较高，易造成高温、高湿环境而引起绿霉污染，导致菇木局部霉烂。若数量不大，可采取人工挖除结合药物进行防治，先用小刀或竹签将霉烂部分挖除干净，露出菇木正常部位，不留任何霉烂物。然后用50%多菌灵200～300倍液擦洗或涂抹，能有效地抑制烂筒。

4. 冬菇管理

冬季气温低，菌丝新陈代谢活动力弱，营养积累慢，原基分化、形成子实体过程缓慢。采用大棚式栽培法，晴天棚温上升快，保温、保湿效果好。提高冬菇产量的措施是：采取更大强度的刺激方法，如日照保湿催蕾法、蒸汽催蕾法等进行催蕾。

冬季出菇具体操作方法：

①把遮阳网与大棚膜内外对调，使更多阳光射入棚内，提高棚温。

②气温低时，撤掉遮阳网，移入大棚内，直接覆在小拱膜上。

③选晴天把遮阳网收拢，增加透光，提高棚温，晚上打开收拢的遮阳网，增加保温效果。每天结合采菇通风一次，每次30分钟，在气温较高的中午通风。通风前要喷水，保持棚内湿度。菇木表面水珠风干后，再盖好薄膜。

5. 春菇管理

春天气温逐渐升高，温差大，降雨多。管理的重点是控好湿度、做好通风防霉工作、及时补充水分、抓好转潮工作，争取多出菇。后期结合补水添加适量营养物，以便提高产量。

前期气温不高，主要抓好菇木补水工作。冬菇采后，菇木休养复壮6～8天后，需及时补水，促进菇蕾发生。出菇后及时把遮阳网位置恢复原位，每天通风1次，每次30分钟，视天气状况决定喷水量，直至采收。采收后及时养菌补水催蕾。

后期气温高、湿度大，重点抓好降温、控湿，加强通风，防止霉菌污染等工作。降温措施：①加厚遮阳网；②大棚外喷水降温；③开起一端棚门膜，以降低白天棚温；④早晚喷水通风各一次，每次30分钟，以达到降温、增氧、保湿的作用。采收后打开两端棚膜门，养菌6～8天，在补水中加入0.1%尿素与0.3%过磷酸钙、三十烷醇1.5×10^{-6}或0.2%的磷酸二氢钾、0.01%～0.02%的柠檬酸，调节酸碱度，增加养分，提高产量。

6．菇木外运操作技术

①菌棒要求：菌丝长满袋后10～20天，菌棒与筒袋间形成一定的间隙，菌膜已经形成，多数呈点状红褐色，手捏有弹性，说明基本已达生理成熟期。这时菌棒可搬运到菇棚栽培，外运时要区别对待。

②气温要求：气温稳定在15～23℃。气温太高，容易产生烧菌，气温低往往会推迟出菇。选择阴天或晴天夜晚外运时，尽量避开高温和雨天。

③科学合理堆叠：在装车及运输过程中，菇木会受到震动，同时会增加氧气，呼吸加强，堆温升高，菌丝易烧坏。装车时采用井字形堆叠，留出通风口；也可采用竹制脚手架，将车厢隔成两边装车；还可以在堆中放入打通的竹节、钻孔的竹竿作通风管，把发菌彻底的菇木装在四周，未完全发透的菇棒装在中间，以减轻烧菌的现象。

④注意通风：菌棒上不能盖蓬布，以利通风散热。

⑤车辆选择：要选择车况较好的车辆，避免途中运输时间过长而引起烧菌。

⑥卸车排场：菌棒运到场地后要及时卸车，分开堆放，加盖遮阳网等遮阳物品，并及时搬入棚排场。

⑦菌棒及时脱袋：有菇蕾发生的菌棒要及时脱袋，以防因运输过程中高温、震动后，大量菇蕾发生而来不及脱袋造成畸形菇，甚至让菇烂在袋膜内，同时做好菇床控温保湿工作。

(五)仿生菇春栽模式出菇

仿生菇春栽模式俗称“庆元模式”，能使接种成品率和香菇质量大大提高，出口菇比例增加20%以上，综合经济效益比CrO2提高25%，极大地推动了全国代料香菇的发展。该模式已成为浙南、闽北代料香菇主要栽培方式，所产香菇胜似段木香菇，在日本市场称为“仿生菇”。

1．菇棚的搭建

菇棚一般分为内棚和外棚，外棚用于遮荫，创造适宜于香菇生长的仿野生环境，内棚用于排放菇木，备有塑料膜，具有保温保湿作用。

(1)外棚的搭建

外棚又称遮荫棚，主要用于遮荫，一般采用竹木等原料搭成，大小可视栽培量而定。若内棚是畦床斜放式，一般每667m^2可排放0.8万～0.9万段；如采用4～5层的层架，可排放3万～4万段。棚高一般2.2～2.5m，立柱间隔3～4m，菇棚形状一般为方形，遮荫物可选用芒萁、野草等（也可用遮阳网遮荫）。四周用草帘、野草或遮阳网围好，起遮荫作用并防止牲畜进入菇棚。

(2)内棚的搭建

畦床宽1.2～1.4m，长度视外棚的具体情况而定，最长不要超过30m。床与床之间要留50～60cm的走道。畦床表面要稍呈龟背形，不能下凹，以防止积水。搭架的具体操作：在畦床两侧每隔2～2.5m处打一根木桩，桩粗4～6cm，长约50cm，打入土中25～30cm，然后用两根木条直架在木桩上，固定牢固。再在杆上每隔20～25cm横向固定一根与畦床宽一样长的木条或竹条，供排放菇木。畦床架搭好后，再在畦床上每隔1.5m架一条拱形竹架，用于盖膜，竹架的拱顶离畦床地面为0.8～1m。

2．秋季脱袋栽培

(1)脱袋出菇适期的选择

春季栽培宜选241-4品种，出菇温度范围为6～20℃，最适为12～15℃，菇蕾发生需要有6～10℃的温差刺激。春季接种的菇木到秋季时，菌丝培养已成熟，完全具备出菇条件，能否脱袋出菇主要看外界的气温是否适宜。若过早脱袋，由于外界气温还较高，可能导致“蜡烛菇”、“假菇”的发生。脱袋适宜温度日平均气温18℃。浙、闽、赣等省适宜脱袋期为10～11月中旬，其中海拔在800m以上的地区，脱袋期为10月上旬，海拔800m以下的地区，随海拔高度的降低，脱袋时间也相应推迟。

(2)催蕾

秋季由于降温快，日夜温差又非常大，非常有利于刺激香菇子实体原基的形成。此时菌丝已十分成熟，只要给予一定的外界刺激，子实体就能大量发生。此阶段绝对禁止采用拍打惊蕈催蕾，否则会造成菇蕾的大量发生，既增加管理难度，又降低香菇品质，还会消耗大量养分，容易造成菇木脱水。对于地面斜放越夏的菇木，宜在准备脱袋前的3～5天，将菇木上下调头，既能使水分分布均匀，又起到一定的刺激催蕾作用。待第二潮菇后，结合补水给予湿、温差进行催蕾。

(3)脱袋及子实体发生后的管理

①脱袋：拟在晴天的早上或阴天进行脱袋。脱袋时用锋利小刀轻轻将塑料袋划破后剥去即可。注意：划袋时要轻，只要划破塑料袋即可。切不可将菇木菌皮划破，不然很容易造成霉菌污染。脱袋时，要边脱袋边盖膜，以免菇木菌膜被风吹干不利出菇。

②脱袋后的转色管理：脱袋后需进行3～5天的转色管理。具体做法：脱袋后，立即喷重水，将菇木冲洗一遍，晾干20～30分钟后，盖膜3天(畦内温度超23℃以上时，需通风换气)。3天后揭膜通风，并继续喷水，每天1～2次，持续2～3天。转色好的菇木呈棕红色，手捏菇木富有弹性。

③子实体发生后的管理：秋季气温昼夜温差大，非常适合香菇子实体生长，脱袋后的菇木菌丝生长健壮，养分储藏丰富，是最为理想的出菇季节。

A. 控温：秋季气温变化较大。晴天时气温高，遇冷空气时降温又很快，降温仍是秋菇管理的主要工作。具体措施：a. 防止阳光直射菇棚，加厚遮荫物，以降低棚内温度。b. 菇棚温度在20℃以上，必须揭膜通风降温；温度在25℃以上，早、中、晚各通风一次；棚内温度在30℃以上时，减少盖膜时间，并喷水保湿降温，或棚内灌水降温。

B. 控湿：脱袋后棚内湿度应保持90%以上，一般情况每天喷水1～2次。香菇子实体长至接近采收时，应减少喷水次数，每天1次，在傍晚时结合通风换气进行喷水。

C. 光照：为提高香菇质量，在秋菇管理期内，光照应遵循先弱后强的原则，逐渐增强菇棚内的光照。

3. 冬菇管理

每年1～2月份生长的香菇即为冬菇。冬季气温低，菌丝生长缓慢，出菇较少，子实体生长也慢，但菇肉厚，品质好。出菇管理的中心工作是提高菇棚内的温度，争取多出菇，出好菇。

(1)增光盖膜增温

把菇棚的遮荫物撤去一部分，达到“八阳二阴”的程度。日照时间短的山区，可以全部撤去遮荫物，让大量的阳光透进棚内，以提高菇床温度。夜晚将薄膜盖严压牢，以防止薄膜被风吹起，避免菇蕾受冻，有条件的还可加盖一层薄膜或盖上草帘等物进行保温。

(2)控制湿度

冬季气温低，菇木水分蒸发少，应减少喷水或不喷水，保持菇棚内相对较低的湿度，实行偏干管理。在有霜或冰冻的天气，应禁止喷水。若菇木表面较干燥，确需喷水增湿时，也应选择晴天中午喷水，喷水后适当风干，再盖严薄膜。

(3)适当通风

冬季气温低，菌丝呼吸不强，子实体生长缓慢，通风次数、时间应均可减少。若畦床内中午气温没有超过16℃时，可隔天通风一次，时间10～20分钟，若气温在18℃以上，每天必须在中午通风一次。采用层架式栽培，因大棚内菇木量多，保温效果又好，通风次数应适当增加。

(4)浸水催蕾

若要在冬季进行浸水催蕾，需按以下要求进行操作：

①选择在冷尾暖头浸水：根据天气预报，选择在冷尾暖头时浸水，浸水时水温低一些，菌丝恢复2～3天后，气温回升到15～18℃，对出菇非常有利。禁止在有霜或冰冻的天气进行浸水操作。

②盖膜保温保湿：菇木浸水后，紧盖薄膜3天，以保持菇床内较高的温度，使菌丝恢复生长，诱发菇蕾发生。

③堆叠保温催蕾和蒸汽催蕾：浸水后的菇木若因气温太低而长时间不出菇，菇木内的水分得不到散发，香菇菌丝会衰弱甚至死亡。抢救措施：

A. 堆叠保温催蕾法：在菇棚外选择一块阳光充足的空地，在天气晴朗时，将菇棚内已浸水但还没出菇的菇木搬到空地堆叠起来，堆高1m左右，盖好薄膜，使堆温提高到16～20℃，保持3～4天，菇蕾就会大发生。

B. 蒸汽催蕾法：对于畦床式出菇的，可将菇木按堆叠保温催蕾的方法堆叠起来，通入蒸汽，升温至16～20℃，保持3～4天；对于大棚层架式出菇的，可直接将蒸汽通入大棚，使大棚内的温度达到16～18℃，保温3～4天后，菇蕾即可大发生。

4. 春菇管理

春季出菇管理的核心是尽可能延长菇木的出菇期，争取多出菇。春栽模式春菇产量可达总产量的30%左右。

(1)遮荫降温

随着气温升高，逐步加厚菇棚的遮荫物，达到“七阴三阳”，直至没有直射阳光，以降低菇棚内温度。没有阳光射入的菇棚北面，减少遮荫物，以增加菇棚的通风性。

(2)排湿通风

春季雨水多、温度高，易受杂菌的侵染，因此排湿通风是非常重要的技术措施。整个春菇管理期间均需进行偏干管理，一般无需喷水。只有当菇棚十分干燥，菇木失水太快时，才可适当喷水。

(3)浸水催蕾与养菌

春菇管理期间，浸水催蕾应在气温 20℃以下时进行。菇木含水量过高，氧气供应不足，菌丝极易缺氧而死亡，造成菇木散烂。春季浸水后，菇木重量一般只能在 1～1.2 千克。

养菌非常重要，养菌期要求偏干管理，时间为 5～7 天。春菇管理期间一般要有 1～3 次的浸水催蕾，栽培一般在每年的 4～5 月份结束。

(六)高温香菇覆土地栽模式出菇

夏季高温香菇覆土地栽模式是改冬季接种、出菇季节为春夏和早秋的香菇生产方式。夏季气温一般在 30℃左右，最高达 35～38℃，几乎是香菇菌丝生长致死温度的上限。夏秋期间是香菇生产的空档，也是其他菇类产品的淡季，国内外市场供不应求，价格颇高。近几年来，低海拔夏季高温栽培香菇技术有了重大突破，采用覆土地栽法比露地栽培的菇床温度降低3～5℃，实现了低海拔地区香菇的周年生产。

1. 菇场选择与菇棚搭建

(1)菇场选择

①选在海拔 500m 以上的山区田块。②水源充足，水质良好，水温凉爽，排灌方便。③坐西北朝东南，日照时间短(山阴较重的地段)，避开西晒，日夜温差大。④地势平坦，通风良好，交通方便。

(2)菇棚搭建

菇棚构造采用平顶荫棚，棚高 2.5～3m，棚顶遮荫物要厚实，一般为九阴一阳，四周用稻草、茅草等围严，挡住太阳光的直射，以便降低菇床温度。

(3)整畦及土壤消毒

①消毒：在未整畦前，每 667m²(亩)撒生石灰 25 千克，再翻土耙平，清除田间杂草、秸秆，灌水淹过土面保持 10～20 天，以减少病虫、杂菌源，然后排干水分，数天后开始做垄做畦。②做畦：畦高 25～30cm，畦床宽1.4m，中间稍高，畦间沟宽约 40cm，要求畦背稍凸起压实，然后用甲醛 100 倍液浇透畦面，覆盖薄膜 3～7 天，以达到杀虫和杀菌的作用。在荫棚内每 2～3 畦搭一毛竹大棚，盖上薄膜至棚半腰，以防雨水落至畦面，溅起泥土污染香菇子实体。

2. 排场与脱袋转色

排场转色脱袋是夏季高温栽培香菇的关键环节，直接影响到香菇的产量与质量。

(1)菌棒的排场

菌棒的菌龄达到 70 天以上，瘤状物占整个菌棒表面 2/3，并有部分自然转色，菌棒富有弹性，部分菌棒开始出现菇蕾，表明菌棒已生理成熟，可以排场。如果菌龄太短，未有自然转色就脱袋埋土，容易遭杂菌感染，出现烂棒、散棒。

(2)脱袋

选择阴天的早晨脱袋，尽量减少菌棒损伤。要边脱袋边覆薄膜，以防菌棒表面失水，影响转色。

(3)转色管理

覆膜 2～3 天后，待菌棒表面长出白色绒毛菌丝时，需揭膜通风，以促使菌丝倒伏。每天根据天气情况，喷 1～2 次水，干湿交替，视菌棒转色情况翻动菌棒，促使菌棒转色均匀。若因气生菌丝较旺盛仍不转色时(营养配比不合理等原因)，可用 0.3%的石灰水喷 3～5 次，经 10～15 天管理便能使菌棒全部转色。

3. 覆土

(1)覆土的准备

①覆土宜选择砂壤土、焦泥灰、山土，含砂量以 40%为宜，单独的细沙、黏土不宜采用，覆土量按每1 000袋 400～500 千克配制。②覆土材料要先敲碎，过筛后加入 1%的石灰，并用0.3%～0.5%甲醛溶液喷入土中拌匀，覆盖薄膜 7 天杀菌，然后摊开备用。

(2)覆土

把已转色的菇木一袋紧靠一袋，分两行靠畦边缘排在畦面上，畦床两边缘的菇木横面，用石灰泥浆封好。将经杀虫杀菌的泥土覆盖在菇木上，用扫帚轻扫，把泥土填满菇木之间的空隙，再浇水沉实，以菇木露出土面 5～6cm 为宜。

4. 春夏期出菇管理(5～6 月份)

覆土完成后要采取温差、湿差刺激菇蕾的发生。做法：白天将薄膜直接覆盖在菇木上，造成高温、高湿的条件，傍晚掀开薄膜，结合喷水降低温度，将日夜温差拉大。经过 3～5 天的连续刺激，菇木表面会形成白色花裂痕，发育成菇蕾，菇蕾形成后撤去薄膜，增加通气量。为了增加出口菇的数量，对菇形不完整、丛生的菇蕾尽量剔除，每袋保留 5～8 个。由于气温高，水分蒸发量大，长时间盖膜保湿会引起烂棒，要适时喷水、通风降温。每天应根据天气情况，晴天喷4～5 次水，阴天喷 2～3 次水，以保持较高的空气湿度，减少菇木的水分消耗，晚上需打开荫棚通风门进行通风。出菇阶段要控制好沟里的水量。当菇木含水量不足时，沟内要灌满水。夏季气温高，采菇要及时，宜早不宜迟，一天采收 2～3 次，以提高菇品质量。采收后要及时出售。采收时应把菇蒂采摘干净，防止成为霉菌侵染的源头。采完一批菇后要进行养菌，将沟里水放干 4～5 天，降低菇木含水量，对菇木间出现的空隙进行补土、喷水，保持菇木与土接触紧密，以防地蕾菇（土里长的菇）发生。养菌完毕后，沟里需灌满水，采用喷低温凉水进行催蕾，每天 4～5 天，菇蕾形成后，按常规进行出菇管理。

5. 越夏管理（7 月份）

7 月份是覆土栽培的越夏期，管理的重点是降低棚温，减少菇木含水量，加强通风，预防霉菌。具体措施：加厚周围遮荫物，气温特别高时，中午向大棚膜上喷水，降低菇床温度。降低水沟的水位，减少喷水次数，每天喷 1～2 次水即可。每天傍晚打开荫棚门通风 1 次，出现霉菌要及时挖去感染部位，喷 800～1 000倍液多菌灵或克霉灵溶液消毒，然后用覆土填上。

6. 早秋期出菇管理（8～11 月份）

经过越夏，菇木含水量有所下降，菇木发生收缩，要及时添加覆土，浇水充实。用小铁钉刺孔，并结合拍打催蕾，通过喷水和灌满沟水，补充菇木的含水量，扩大温差、湿差，刺激菇蕾发生。3～4 天后，菇蕾就会形成。此时要增加空气湿度，每天早、中、晚喷 2～3 次水，早晚结合喷水通风 2～3 次，促进子实体的发育。

（七）花菇高棚层架培育方法

通过人工催蕾方法，使菇木在适宜花菇形成的气候条件来临之前发生菇蕾，并达到适当的成熟度，然后利用秋冬季干燥的气候条件，采用高棚层架出菇管理模式，充分利用风速、光照，促使花菇形成和生长发育。该模式研究成功与推广应用，促进了我国香菇生产从数量型向质量效益型转轨，增强了我国香菇在国际市场上的竞争力。

1. 菇棚构造与搭建

花菇栽培场地应选择空气流通、冬季有西北风吹动、日照时间长、地下水位低、近水源、排水性好的地方。

高棚层架立体菇棚是专为培育花菇而设计的，它由遮荫棚（高棚）、塑料大棚（内棚）、多层栽培架、地面防潮覆盖物组成。菇棚四周设有排水沟，水管要接到棚内，供补水之用（图 60－4）。

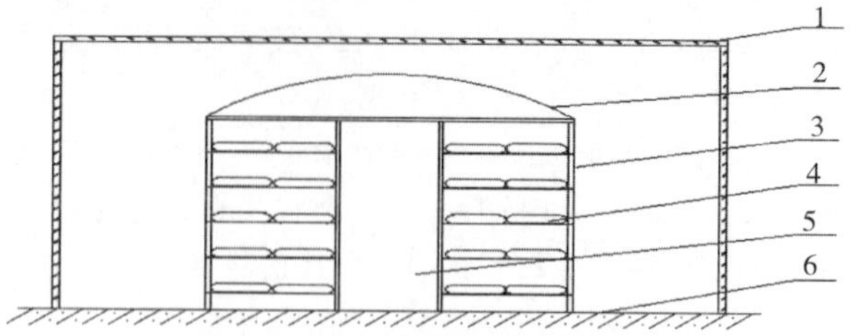

图 60－4　高棚层架立体菇棚构造
1. 遮荫棚，2. 塑料大棚，3. 栽培架，
4. 人造菇木，5. 操作道，6. 防潮覆盖物。

菇棚长 10m，宽2.8～3.2m，肩高1.8～2m，棚顶高2.4～2.5m，可摆放1 500～2 000袋菇木，需用毛竹或木材 700～800 千克，7.5m宽的塑料薄膜 13～14m、遮阳网或草帘 10m，铁丝、塑料绳、透明胶带若干。菇棚四周应保持有 2m 的空地。

高棚高 2.4m 左右，用竹、林木搭成，支柱设在走道旁，菇棚南北窄、东西长，便于空气流通。四周的遮栏物不宜过密，以利微风吹动，带走水分。越夏期间，如菇木放在菇棚内越夏，遮荫物要加厚，以防阳光透入。秋冬季出菇期间，遮荫物要逐步稀疏，只要棚内温度不超过 20℃，可尽量增加光照。

塑料大棚一般用竹木作骨架，棚顶塑料薄膜用压膜线或塑料绳固定，大棚四周的薄膜能可开可闭，便于调节菇棚内温、湿度。

多层栽培架可用木材、毛竹搭建 4～6 层，层距 30～40cm，底层高 15～20cm，架宽 40～45cm，中间两排拼拢，两边各设一排，左右两边操作道距离 60～70cm。另外，在菇棚不同部位挂几个温湿度计，以便随时观察温度、湿度。

防潮覆盖物的作用是防止地下水蒸发引起菇棚内湿度升高。除菇棚四周要深挖排水沟外，菇棚内地面需用塑料薄膜或油毛毡覆盖。若土壤干燥，可在地表铺一层干沙子。

如果菇木越夏管理在室内进行，菇棚顶部遮荫物可用遮阳网；塑料大棚两边裙膜可用双层遮阳网代替，以改善通风，对花菇形成有利。遮阳网搭建的菇棚不宜作菌棒越夏用。

2. “领队菇”（第一潮菇）出菇前管理

菌棒安全越夏后，进入秋季。如何让菌棒出好第一潮菇，是关系花菇产量高低与质量优劣的重要管理工作。

(1)适时排场上架

菌棒排场上架时间，要视品种特性、场地条件而具体确定。①在越夏前排场上架。②菌棒越夏后，在始菇期(23～25℃)菌棒排场上架。③有零星菇蕾发生后，再把菌棒排场上架。

(2)刺孔通气降低菌棒含水量

在始菇期前一周(约在20℃终日前后)，浙西南海拔800m以上的山区在9月25日至10月5日，低海拔地区在10月20日至30日，对没有菇蕾发生、转色较深、菌膜较厚、每袋重1.5千克以上的菌棒进行刺孔通气，每袋刺孔40～80个，孔深2～2.5cm。偏重的菌棒刺孔数量可多一些，孔深一些，促使菌棒成熟，重量减轻为原菌棒重的70%～75%。

对含水量偏低的菌棒，要提前移至花菇棚地面，适当提高菇棚内的空气相对湿度，促进菌棒吸收水分，使菌棒每袋重达1.35千克以上。对达不到此重量的菌棒要进行注水，注水时气温不应超过25℃，水温需比菌棒温低5℃以上；注水后，让菌棒表面晾干，然后覆盖大棚薄膜，保持菇棚空气相对湿度为80%～85%，温度不超过20℃，以促进菇蕾发生。转色不完全的菌棒，可用铁钉挑出或用手来回搓使让袋与料脱离，促其逐渐转色。

(3)抓好“领队菇”

“领队菇”出得好，为夺取花菇的优质高产打下基础，第二潮菇就会及时长出，以后催蕾就比较方便。否则，会影响以后出菇。

①采取降温措施，确保“领队菇”如期发生：花菇品种出菇有一定的温度范围，中低温型品种出菇上限温度在20℃左右，始菇期大多介于≥20℃终日与≥15℃终日之间。如遇高温，宜采取以下措施降温：A. 加厚花菇棚遮荫物，菇棚四周用茅草围护，避免阳光直射菇棚内，使菇棚内至少达到三阳七阴，棚内最高温度不超过23℃。B. 在菇棚四周挖深沟，灌跑马水，中午气温高时用凉水喷洒菇棚外部降温。C. 条件好的地方，宜用雾灌来增湿降温。D. 早晚调整菇棚遮盖物，白天加盖厚草帘，晚上揭帘并加强通风，提高降温效果。

②注意调节空间湿度：菇棚空间湿度如没有达到85%以上，会导致菇木菌膜过干，影响子实体分化，影响“领队菇”发生。遇高温时必须在通风换气时，结合喷雾化冷水，保持菇棚空气相对湿度在85%以上。

③加强通风换气：气温在23℃以上，每天给菇棚通风换气不少于3次，每次通风时间保持30分钟左右；气温在20℃以下，每天应早、晚各通风一次，每次通风20～30分钟；气温在15℃以下，每天至少揭膜通风一次，通风时间为20～30分钟。如果空间湿度偏干，可结合通风进行喷水。

④合理催蕾：像939、9015菌株的菇木受震动极易使菇蕾发生。结合气候条件，在≥20℃终日后，把菇木上下层合理翻动调整。含水量高、菌膜厚的菇木，还可用木板拍打，刺激“领队菇”的发生。含水量偏低的菇木，可结合注冷水催蕾。

3. 催蕾管理

菇蕾和花菇形成所要求的环境条件不同，最好将催蕾与催花分阶段、分场地来管理。

给菇木催蕾前，最好让菇木在干燥的环境中进行养菌，以促进菌丝体积累养分，为下一步菇蕾发生和发育提供足够的营养。菇木养菌后适时给予催蕾管理，为夺取花菇的优质高产打下基础。

花菇栽培环境相对干燥，菇蕾较难形成，在催蕾管理时要注意温差刺激与调控温度、干湿差刺激与调控湿度相结合。

(1)拍打催蕾法

有些品种具有受震动刺激易发生菇蕾的特性(如939菌株)。若菌株到始菇期(温度≥20℃终日前后)还不出菇，可一手拿起菇木，一手用刺孔器，以惊木的方式拍打菇木，或将两袋菇木拿起来碰几下，并使空气相对湿度保持在80%～85%，温度控制在8～21℃之内。4～8天后，大部分菇木都能产生菇蕾。再经数天的保湿保温(适当通风)，当菇蕾直径长至1～2cm时，割袋露出菇蕾，待菇蕾直径长至2cm左右再进行催花管理。

(2)注水催蕾法

对于含水量偏低的菇木和采菇后经充分养菌的菇木施行注水催蕾，效果十分明显。用于注水的水温要比菇木温度低5℃以上，以形成温差刺激。冬季，特别对菌膜偏厚的菇木，先把菇木堆叠起来，盖上薄膜，日晒数小时，待堆温达到20～25℃时再注水。注水数量以达到原菌棒重的80%～85%为宜。

(3)日照保湿催蕾法

将不出菇的菇木移到有阳光照射的空旷地上，地面垫上薄膜，菇木以三角形堆放8～10层，上面盖一层湿稻草，再覆盖薄膜，每天在太阳光下放置4～5小时，但要注意堆温不能超过28℃。这样4～6天后，大部分菇木都会有菇蕾发生。待菇蕾长到快要顶到筒袋时，再割袋露出菇蕾。

(4)蒸汽催蕾法

把不出菇的菇木移到花菇棚或催蕾大棚中，盖好薄膜，把节能蒸汽炉发出的蒸汽通入棚内，使棚温保持18℃以上达4～5小时(最高温度不能超过30℃)，连续加温5～8天，就会形成大批菇蕾。割袋露出菇蕾后，再通入蒸汽1～2天培育菇蕾。待菇蕾长至直径2～3cm时，再增加通风、光照，进行催花管理。

(5)浸水覆膜催蕾法

菌棒制作时培养料本身偏干，或者发菌期间刺孔通气，使菌棒失水过多，出菇后菇木含水量偏低，都可采用此法催蕾。把需浸水的菇木用竹签刺10余个小孔，然后排放在水池内，上用木板压住，以淹没菇木为度。浸水时间根据水温和气温及菇木状况而定，秋季和春季一般需浸24～36小时，冬季需浸36～48小时。浸水后菇木重为原菌棒重的80%～85%。把浸水后的菇木搬到催蕾棚或室外空地上，地上铺一层湿稻草(或麦草)，把菇木排放在上面，菇木上铺一层湿稻草，然后再覆盖薄膜，四周用薄膜封严密。结合日照提高膜内温度，保温、保湿及通风管理协调进行，经5～7天能使菇蕾发生。

(6)变温催蕾法

温差越大，菇蕾发生越多。白天把菇床上的薄膜罩严，使床内温度升高2～3℃；夜间1时以后气温下降时，揭开菇床覆盖的薄膜1小时，让冷空气袭击。这样日夜温差可达10℃以上。连续进行3～4天温差的刺激，菇木表面会出现不规则的白色裂纹，能诱发原基，并分化成菇蕾。

(7)注射营养液催蕾法

注射催蕾营养液有利于香菇菌丝生长及养分的储藏和积累，刺激菇蕾形成，加速子实体发育，提高香菇产量和质量。此法适用于栽培后期或头潮菇未出好的普通菇木催蕾。

催蕾方法多种多样，不同特性的香菇品种和不同情况的菇木应有针对性地选择适宜的催蕾方法。不加选择地乱催蕾，效果会适得其反。

4. 菇木保水方法

花菇催花要求有较低的空气相对湿度(60%～65%)。如何保持菇木水分以维持花菇生长，是花菇栽培管理中一个关键技术。

①菇木不脱袋保水方法：菇蕾发生后，用刀片在筒袋上沿菇蕾四周割口约3/4，保持割口薄膜不脱落，然后将菇蕾露出来。

②涂布保水膜保水法：当菇木完成转色并有零星菇蕾发生后，把筒袋脱去，在菇木外表面涂一层保水膜。

③滴灌补水：把缺水的菇棒筒袋剥去，菇木一端用直径6mm钢筋刺一个孔，孔深约为菇木长的2/3，将塑料小软管插入孔中，加水流量由小针管控制，勿让水溢出，使补水与菇木失水基本平衡。

5. 催花管理

欲想获得菇质优、品位高的花菇，需对优选菇蕾进行催花管理，综合利用温、湿、光、风等生态因子，促进花菇形成和生长。

(1)优选菇蕾

菇蕾直径长至1～1.5cm时进行第一次优选，每根菇木保留6～8个，剔除多余的菇蕾。菇蕾直径长至2～3cm时，进行第二次优选，每根保留大小一致、分布合理的3～5个菇蕾。经过两次优选，可使每朵花菇个大、肉厚、圆整，保证花菇的质量。

不脱袋优选法。当菇蕾直径长至1～1.5cm时，用锋利小刀片或小剪刀，切割菇蕾四周的薄膜，保留1/4薄膜不割断，让菇蕾从割口处长出。按上述原则进行两次优选，留优去劣。

(2)催花管理

花菇的形成是香菇子实体生长与生态环境因子共同配合的结果，还与子实体发育代谢的内部条件和子实体成熟度(子实体生长期)有密切关系。

①掌握菇蕾成熟度适期催花：菇蕾直径长至2～3cm时，是催花的适期。若菇蕾直径还没长到1cm时催花，会因积累的营养不足，难以抵抗干燥环境条件而萎缩死亡，或菌盖过早开裂，形成花菇丁。若子实体直径长至3.5～4cm时再催花，会形成四周有直线辐射状裂纹，而中心无裂纹的伞花菇。若子实体已近七八分成熟(已破膜开伞)，再置于低湿度的环境中催花，会使菇体盖表面干燥拉紧，不形成裂纹。

图60—5　花菇裂纹形成情况

②充分利用通风、光照催花：选择连续数天晴朗天气来临之前，采取人工催蕾法，促进菇蕾整齐发生，培育至直径2～3cm大小时，通过掀揭东西走向操作道口薄膜及四周垂挂薄膜的高度，调节花菇棚内空气相对湿度，稀疏棚顶遮荫物来调控光照度，使香菇盖面裂纹如期形成。

③人工降湿催花：有条件的栽培者可用除湿器、烤火盆降低环境空气相对湿度来配合催花。催花期间，要防止环境过于干燥，否则易致花菇停止生长，花纹无法形成。

④注意调控温度：温度高低和温差大小，虽然不会直接影响香菇盖面裂纹的形成，但会影响香菇生长速度和菌肉厚薄。在较高温度环境下，子实体虽能生长，但形成的花菇肉薄柄长，商品价值不高。若在较低温度环境下（如8℃以下），长出的花菇肉厚柄短，生长周期长，影响总产量。最适宜花菇生长的温度是10～15℃。

6. 春菇管理

在北方，春季采取夜间加温排湿催花法，同样可以培育花菇。操作要点：白天不盖棚膜，让菇蕾表皮干燥，夜间盖上薄膜，待菇蕾盖面湿润后，用火坑加温，并通风排潮。连续数天，菇蕾表皮就会裂开。花纹形成后，白天早揭膜，晚上早盖膜。湿度偏低，晚间适当揭膜，或者用小喷雾器向菇棚空间喷雾化水。湿度过高，可在夜间加温排湿，每次升温3～4小时，但升温不宜太快。在这样干湿交替充分利用小环境的温、湿度调控，在春季同样能培育出高品位的天白花菇。

（八）花菇小棚大袋培育

小棚大袋培育花菇技术是河南省泌阳县创造的花菇栽培模式，小棚、大袋、加温排湿催花是这一栽培模式的特点。

“小棚大袋培育花菇技术”菌棒的制作工艺流程与普通代料香菇栽培工艺流程没有大的区别。菌棒制作和培菌管理等环节在此就不再赘述了，重点阐述与花菇高棚层架培育模式的不同之处。

1. 花菇小棚大袋模式技术特点

（1）采取小棚、大袋、层架栽培

菇棚仅12～15m²，建在较干燥的空地上，层架一般为6层，设施简单，便于人工调控温、湿度。菌棒采用折幅宽24～25cm的大袋，每袋可装干料2 000g，在“外干”的催花条件下易保持“内湿”，对菌丝体、培养基质向菇蕾输送养分十分有利，所产香菇子实体个大、肉厚，正所谓“大袋出大菇”。

（2）加温排湿，全光照射，渐热骤冷催花技术

根据影响花菇形成的各种因素，在充分利用北方冬季全光照射（指未经遮荫棚遮档）直接催花的基础上，采取加温排湿、渐热骤冷的人工调控催花技术，促使花菇形成。

（3）不脱袋转色，割袋出菇

大袋（24～25cm×55cm规格的筒袋栽培）菌棒产生热量大，在夏季不容易越夏。宜选用中温型菌株（如L26、856、087、农7等），发菌时间60～70天，培菌期间不断刺孔通气，促进袋内转色。为防止菇木脱水，采取不脱袋割口出菇的方式进行管理。

（4）“五个一”规范化生产

泌阳菇农种植香菇的生产以“间”为计量单位。生产结构为：一吨料、一间房（发菌室）、一口灶、一座棚（出菇棚）、一个池（浸水池），一般可栽培500袋。

2. 品种选择与季节安排

泌阳模式采用秋栽。最佳接种期在每年8月20日至9月20日（如气温过高，可相应推迟接种，每推迟10天，出菇期推迟1个月），赶在11月底或12月初出菇，菌丝生长期只有80天左右。宜选用早熟中温型品种（如087、856、L26、农7等）。所选品种不可单一，以1～2个品种搭配使用为好。

3. 小棚搭建

泌阳小棚东西向设置，棚长5～6m，宽2.4～2.5m，面积12～15m²，前后墙高1.6～1.8m，山墙顶高1.9～2m。菇棚采用竹木结构（也有将两端墙用砖泥砌成的，墙一端中间留宽60～80cm、高1.7m左右的门），棚顶呈拱形人字形。菇棚内正对门留宽80cm的人行道，棚内两侧设床架。床架宽80cm，每隔1～1.5m设立柱和横梁支撑。床架分5～6层，层高35～40cm，每层用4根竹杆横放作为搁板，供放菇木用。每层床架可横放两排菇木。棚上覆盖整块薄膜，两边落地用土压实。冬季需要加温时，可在菇棚内地下修一火道，最好是回形火道，可提高热利用率。菇棚附近，建一个浸水池，以供补水之用。

4. 催蕾、育蕾、蹲蕾管理

（1）催蕾（菇木生理）是否成熟

菇木是否达到生理成熟，可从以下几方面进行判断：①香菇菌丝长满袋后，是否有瘤状物形成，是否有零星小菇蕾发生。②菇木的重量是否比接种时的菌棒有明显减轻，含水量是否适中；若为迟熟菌株菇木，其重量一般是接种时菌棒重的70%～80%；若是早熟菌株菇木，其重量一般是接种时菌棒重的85%～90%。③从接种后到现蕾，是否已达到或超过该菌株达到生理成熟所需的时间。

(2)催蕾方法选择

可采取以下物理刺激方法:①浸水和干湿刺激;②低温和湿差刺激;③搬运和振动刺激;④光线诱导和新鲜空气中氧气诱导;⑤适量 CO_2(低于0.1%)诱导。泌阳常采用浸水催蕾方法促进第一潮菇发生。

(3)浸水催蕾操作要领

①浸水:用竹条在菇木上刺 8～12 个小孔,将菇木排放在浸水池内,以淹没菇木为度。浸水时间应根据水温和气温而定,水温要比气温低 5℃ 以上。第一茬菇浸水的目的是通过浸水给菇木以干湿差和温差刺激,浸水时间不能过长,补水量以菇木含水率不超过 55%为最适。②打堆覆膜保温保湿:选择一块干净、向阳、避风、平坦的场地,先在地上铺一层麦草,将浸水适度的菇木一个靠一个竖立在麦草上,洒适量水后,上面盖一层塑料薄膜和一层麦草。根据天气情况,采取晚上或白天盖上或揭去塑料薄膜来调节小环境,促使现蕾。催蕾期间,薄膜内空气相对湿度保持在 85%以上,堆温不能超过 25℃,否则需及时通风降温,通风时间不宜过长(20 分钟),以不让菇木菌膜晾干为准。这样 3～5 天后即可现蕾。

(4)育蕾管理

待菇蕾长至 1～2cm 时,用小刀在幼蕾四周环割 2/3 或 3/4 薄膜,保留薄膜,使菇蕾顺利长出。割口时间要适当,早了幼蕾太小,对外界环境抵抗力差,不易成活。割口晚了幼蕾太大被薄膜挤压,长大后易形成畸形菇。如菇木上现蕾过密,应进行疏蕾,把畸形的、不健壮的、丛生的、过密的幼蕾去掉,每袋保留 6～8 个菇蕾为宜。

幼蕾已伸出袋外的菇木在地面堆放几天后,便可进棚上架。刚上架的菇木幼蕾对环境抵抗力弱,必须给以最适的温度、湿度、新鲜空气和光照。菇棚内温度保持在子实体生长温度范围内,最适为 12～16℃,空气相对湿度 80%～90%,给予一定的散射光和新鲜空气。棚内光线太弱或二氧化碳浓度过高,会使菇柄徒长,形成长柄菇;若遇温度过高,超过 25℃,会长成柄长盖薄的劣质菇。

(5)蹲蕾管理

幼菇(菌盖直径在 2.5cm 以下的小菇)生长后期,要进行控温促壮,一般需蹲菇 5～7 天。管理措施主要是控温,温度控制在5～12℃,空气相对湿度保持 80%～85%,给予适当的光照和充足的氧气。蹲菇阶段菇棚薄膜白天是否需掀去,要依天气和菇蕾的生长情况而定。无风的晴天和需要通风换气时可揭去薄膜,让太阳光直射幼菇,揭膜时间的长短,应以温、湿、光、气 4 个因素综合协调考虑,不能顾此失彼,要 4 大因素兼顾。蹲菇达到什么程度好,要以手指摸菇盖时有硬感,肉质致密,组织坚实,菌盖表皮产生裂纹,便能培育出优质花菇。

5. 催花、育花和保花

花菇的形成是香菇子实体生长与培养条件协调作用的结果,并非仅取决于外界环境因子,两者不协调难以形成花菇。水分是影响花菇形成的关键因子,培养料含水率低于 35%和环境空气相对湿度高于 68%都难以形成优质花菇。风和光照可加快花菇形成,低温和昼夜温差大可使子实体生长速度减慢,增加营养积累,促进形成菌肉肥厚、菇柄短的上品花菇。

(1)催花的必要条件

①有适当成熟度的菇蕾:菌盖直径需在 2～3cm 之内,菌肉致密坚实。菌盖圆整时催花,可使裂纹呈龟裂状,能培育成优质的天白花菇或爆花菇。如菌盖直径大于3.5cm时催花,易形成条状裂纹;小于 2cm 时催花,易形成花菇丁,培育不出优质花菇。②具有营养丰富、条件适宜的菇木:菌丝要有丰富的营养积累,已达生理成熟、成熟的菇木重量一般只有秋季接种时的 85%～90%;菇木含水率在 55%左右,至少不低于 45%;菇木内料温不低于 15℃。③有适宜的气象条件:需晴天、干燥、空气相对湿度低、有微风,在适宜的气象条件再结合人工调控,才有利于催花管理。

(2)催花的技术途径

①菇木"内湿外干","内长外不长",可使菌盖表皮出现裂纹。②香菇菌盖遇外界干、冷风的刺激,菌盖表皮就会出现裂纹。③干湿差刺激,加速菌盖表皮裂纹。④低温和冷热刺激,加速菌盖裂纹形成。

(3)催花的操作方法和措施

当菇棚内幼菇菌盖直径大部分达到 2～3cm 时,可进行催花管理。天气晴朗时,上午 10 时以后将菇棚上的塑料薄膜掀去,让太阳光直接照射幼菇,此时幼菇菌盖表面呈干燥状态。下午 14～15 时盖上薄膜。晚上视菇棚内湿度和幼菇菌盖表面的湿、黏情况,决定是否需要加湿。手摸菌盖表面有潮湿态或发黏时,可先不加湿,如干燥可加湿。

一般在晚上 23～24 时开始加温。加温的主要目的是排湿,使菇木内温度维持在 15℃以上。为防止菇棚内温度超过 30℃和有利排湿气,加温时需将菇棚一端的门打开,将另一端墙上的薄膜垫起,留出一道缝隙,以便菇棚内空气对流而达到排潮和排热气的目的。加温 4～5 小时后,突然把菇棚上盖的薄膜全部揭去,让幼菇菌盖表皮由湿热状态骤然遇冷，再受冷风吹刮，会立刻出现裂纹。在菌盖表皮出现裂纹的情况下，白天10时后，菇棚上的薄膜仍要揭去，让微风吹拂和冬季太阳光直接照射，下午14～15时再把菇棚上的薄膜盖上。

(4)育花

为了让香菇菌盖表皮裂纹继续加深加宽，白色菌肉呈龟裂状，在幼菇菌盖表皮出现裂纹后，依照上述方法需连续操作4～5个晚上，晚上23时以后，仍需在菇棚内加温排湿4～5小时，让菇木内菌温达15℃以上，使幼菇慢慢生长，菌肉加厚、加密、裂纹不断加宽加深，并越来越白。白天晴天时仍将菇棚上薄膜揭去，让太阳直接照射菌盖，使裂纹增加白度，形成天白花菇(爆花菇)。

(5)保花

使天白花菇在生长发育过程中一直保持白度不变，要防止菇棚内空气相对湿度增大到70%以上。

在保花过程中，只要空气相对湿度不超过70%，晚上不需加温排湿。如空气长期干燥，还需在菇棚内适当加湿，才能保持花菇的正常生长。花菇在5～12℃的低温下，缓慢生长。当菌膜将破或已经破裂，菌盖卷边，7～8分开伞时便可分批采收，分级烘干加工。

泌阳采用小棚大袋立体培育花菇，不仅可培育出上等天白花菇，而且可收五茬菇。采完一茬菇后，让菌丝恢复生长一段时间，使其再积累营养，以利下茬出菇(称"养菌")。养菌时温度需保持在24～27℃，空气相对湿度65%～75%，遮光并保持空气新鲜。菇木养菌需10～15天。当采菇处培养基长出菌丝并变白后，即可进行下茬催蕾。采完一茬菇后，由于菇木内水分消耗和蒸发，需要进行补水。补水方法有浸水池浸水、注水器加压注水、负压补水器补水、淋水等。不论采用哪种方法补水，补水量要适当，以菇木内培养料含水率达55%左右为宜。

三、病虫害防治

香菇栽培生产过程中，主要会遭到木霉、脉孢霉、青霉、曲霉、毛霉、根霉、类生帚霉、细菌、酵母、黏菌；螨类、闽菇、迟眼蕈蚊、真菌瘿蚊、线虫、蛞蝓、跳虫、凹黄蕈甲等病虫危害。具体预防与治疗方法，请参阅本书《食药用菌病虫害防治》一章。

第五节　香菇的营养价值

香菇的营养价值很高，主要含有1→3，1→6，β-*D*-葡聚糖、麦角固醇、腺嘌呤、人体必需氨基酸、维生素、矿物质、不饱和脂肪酸及30多种活性酶等有效成分。

一、蛋白质和氨基酸

经研究发现，每100g干香菇中，蛋白质含量高达20.87g，大大超过一般绿色食品。香菇蛋白质中含有人体所需的所有氨基酸。8种必需氨基酸总量达到5.75g/100g干基，必需氨基酸与氨基酸总量的比达到35.19。香菇蛋白质分为单纯蛋白和复合蛋白两大类，单纯蛋白包括球蛋白、清蛋白、精蛋白等。单纯蛋白质水解时产生各种氨基酸，其中包括人体所必需的8种氨基酸。鲜木屑花菇和普通木屑香菇的氨基酸总量分别为9.4915%和8.1022%；其中鲜木屑花菇和普通木屑香菇中的7种必需氨基酸总量分别为3.5827%和3.3782%。香菇中的蛋白质含量分别比芦笋和卷心菜高2倍，比苹果高12倍，是粳米的3倍、小麦的近2倍，与牛奶大致相当。发展香菇生产是解决世界蛋白质短缺问题的有效途径之一。

香菇蛋白质中含白蛋白、谷蛋白(glutelin)和醇溶蛋白，三者之比为100∶63∶2。干香菇中还含一种蛋白质，含量约2.35%，其中谷氨酸含量为17.5%。干香菇热水提取物中含有组氨酸、谷氨酸、丙氨酸、亮氨酸、苯丙氨酸、缬氨酸、天冬氨酸、天冬酰胺、乙酰胺(表60－6～表60－8)。

表60－6　干香菇的营养成分

营养成分	检测方法	含量(g/100g干基)	营养成分	检测方法	含量(mg/100g)
水分	恒重法	6.10	维生素B_1	荧光分析法	0.21
蛋白质	凯氏定氮法	20.87	维生素B_2	荧光分析法	1.49
粗脂肪	索氏提取法	1.92	维生素B_5	分光光度法	25.20
糖类(碳水化合物)	苯酚硫酸法	67.50	香菇嘌呤	纸电泳法	160.10
粗纤维	除杂、减灰分法	10.01	钙	原子吸收法	12.60
灰分	灼烧法	5.23	磷	分光光度法	778.10
热量	综合计算法	1.56MJ/100g	铁	原子吸收法	150.10

表 60－7　干香菇中的氨基酸含量

必需氨基酸种类	含量(g/100g 干基)	非必需氨基酸种类	含量(g/100g 干基)
苏氨酸	1.27	天冬氨酸	2.07
缬氨酸	1.09	丝氨酸	1.16
蛋氨酸	0.21	谷氨酸	4.27
异亮氨酸	0.49	甘氨酸	0.80
亮氨酸	1.07	丙氨酸	0.95
苯丙氨酸	0.31	酪氨酸	0.34
组氨酸	0.29	精氨酸	1.00
赖氨酸	1.07	水解氨基酸总量	16.34
必需氨基酸总量	5.75	必需氨基酸/氨基酸总量	35.19

表 60－8　鲜香菇中氨基酸含量(单位:%)

样品 氨基酸	木屑花菇	普通木屑菇
甲硫氨酸	0.3161	0.5617
苏氨酸	0.4312	0.3580
缬氨酸	0.4525	0.2999
异亮氨酸	0.4098	0.4068
苯丙氨酸	0.8053	0.7730
赖氨酸	0.5548	0.4580
亮氨酸	0.6130	0.5208
色氨酸	未检测	未检测
丝氨酸	0.4700	0.4057
谷氨酸	2.1367	1.5711
脯氨酸	0.2154	0.1675
甘氨酸	0.4015	0.3390
胱氨酸	0.1241	0.1363
酪氨酸	0.6233	0.6317
天冬氨酸	0.8167	0.6498
组氨酸	0.1622	0.0977
精氨酸	0.4880	0.3301
丙氨酸	0.4709	0.3951
必需氨基酸总量	3.5827	3.3782
氨基酸总量	9.4915	8.1022
必需氨基酸总量占氨基酸总量比例	37.75%	41.69%

二、多　糖

香菇中含有能治疗多种疾病的香菇多糖、食物纤维，如水溶性β-葡聚糖、果胶质、水不溶性(用盐、酸、碱提取的)酸性多糖、半纤维素、异多糖链的β-葡聚糖、木质素、几丁质等。此外，还含有甘露醇(manitol)、菌糖海藻糖(trehalose)、糖原、戊聚糖、甲基戊聚糖等。香菇多糖具有增强免疫力、抗肿瘤和降血糖等生理活性，防止便秘，促使重金属离子、胆固醇等有害成分排出体外。

三、不饱和脂肪酸

鲜香菇中含不饱和脂肪酸为4%，干香菇中不饱和脂肪酸含量为1.92%，脂肪的碘价为139，脂肪酸的不饱和度甚高。香菇脂肪类似植物脂肪，包括游离脂肪酸、甘油单酯、甘油双酯、三酰甘油、甾醇、甾醇酯和磷酸酯。所含脂肪酸多为不饱和脂肪酸(主要为亚油酸)，少部分为饱和脂类，所以对降低血脂有明显好处(表 60－9)。

表 60－9　鲜香菇中固形物的含量 单位(%)

香菇中的固形物	精蛋白	蛋白成分比例			粗脂肪	可溶性无氮物质	粗纤维	灰分
		白蛋白	谷蛋白	醇溶蛋白				
	19.9	100	63	2	4	67	7	3

不饱和脂肪酸中，亚油酸占80%以上，油酸占10%。不皂化物中除麦角甾醇(ergosterol)外，还有菌甾醇(fungi sterol)等，还含有一种有强臭的“蜡”，熔点38℃，分子中含-CHO,-SH,-S-S-基。

四、维生素和矿物质

香菇中的维生素种类和含量十分丰富，维生素 B_1、维生素 B_2 和维生素 B_5 的含量分别达到0.21mg/100g、1.49mg/100g、25.20 mg/100g 干基。香菇含维生素C甚少，缺乏维生素A和A原。香菇还含有一般蔬菜中较缺乏的麦角甾醇(维生素D原)，无论用日光晒或紫外线照晒，皆可转变为维生素 D_2，其含量可高达128个国际单位，比大豆高20倍，是海带的8倍。

干香菇含灰分5.23%，含有人体所必需的矿质元素，其中钾、磷、硫、镁含量较高，还含有微量无素，如铜、硒、铁、锰、钼等。

五、香菇酶

经研究发现，香菇菌丝中富含各种酶，如β(1-3)葡萄糖苷酶、几丁质酶、酯酶、类脂酶、木质素酶、凝乳酶、杏仁酶、胃蛋白酶、卵磷脂酶、单宁酶、果胶酶、蔗糖酶、转化酶、麦芽糖酶、菌糖酶、纤维素酶、纤维二糖酶、细胞解糖酶、淀粉转化酶、土木香粉酶(菊糖酶)、棉子糖酶、糖苷酶、扁桃苷酶、胰蛋白酶、肠肽酶、羟基蛋白酶、金属蛋白酶、尿酶、天冬氨酸酶、酚氧化酶、酪氨酸氧化酶、过氧化物酶、乳糖酶、酒精酶、乳酸酶、富马酸酶、过氧化氢酶、荧光酶、地衣淀粉酶等。香菇中含有各种酶非常丰富，常食香菇益胃助消化。

六、核 酸

香菇中核酸含量较高，为干重的2.7%～4.1%。香菇的鲜味成分，是一群水溶性物质，其中主要成分是5'-鸟苷酸(5'-guanylic acid)，又称5'-GMP(guanosine-5' monophosphate)、5'-腺苷酸(5'-AMP,5'-腺苷-磷酸)、5'-胞苷酸(5'-CMP,5'-胞苷-磷酸)、5'-尿苷酸(5'-UMP,5'-尿苷-磷酸)等。香味成分主要是香菇酸酶解后生成的香菇精(lenthionine，分子式 $C_2H_4S_5$，化学名称为1,2,3,4,5,6-五硫杂环庚烷)。除此之外，香菇中还含有18种以上挥发性含硫化合物。

香菇中还含有多数菇类不具备的香菇嘌呤，含量达到160.10mg/100g干基。香菇嘌呤有明显($P<0.05$)降低TC(总胆固醇)、HDL-C+VLDL-C、TG(三酰甘油)和PL(磷脂)的作用，且能提高有益胆固醇(HDL-C)的含量。表明香菇具有明显的血脂调节作用，且味道特别鲜美。

第六节 香菇的化学成分、药理作用与临床研究

作为一种著名的药食两用真菌，香菇在我国已经有数千年的应用历史。中医认为，香菇味甘性平，具有健脾益气、调和阴阳和扶正祛邪的功效。香菇肉质肥厚细嫩，味道鲜美，香气沁人，营养丰富。对香菇中营养成分与药用成分的分析结果表明，香菇含有丰富的营养成分，具有高蛋白、低脂肪的特点，并含游离氨基酸、可活性多糖、可溶性蛋白以及某些微量金属元素(如Ca、Cu、Fe、Mg、Mn、Zn等)。香菇安全无毒，连续28天给予大鼠灌胃给药的亚急性毒性试验，以及哺乳动物培养细胞染色体畸变试验，香菇菌丝体提取物未引起毒性反应，也无染色体畸变诱发作用。其主要有效成分——香菇多糖由日本学者千原吴郎在1969年提取得到。1978年，香菇多糖获得日本厚生省批准上市。迄今，香菇多糖已经有30多年的研究和应用历史，其临床适应证逐渐扩大为包括恶性肿瘤和乙肝等在内的多种疾病，同时其作用机制也得到了较为广泛地研究。

一、化学成分

香菇多糖是从香菇子实体中提取、分离、纯化得到的主要成分，是一种以β-*D*-[1→3]葡萄糖残基作为主链，以(1→6)葡萄糖残基作为侧链的葡聚糖。分子式$(C_6H_{10}O_5)n$，相对分子质量约40万～80万。结构如下：

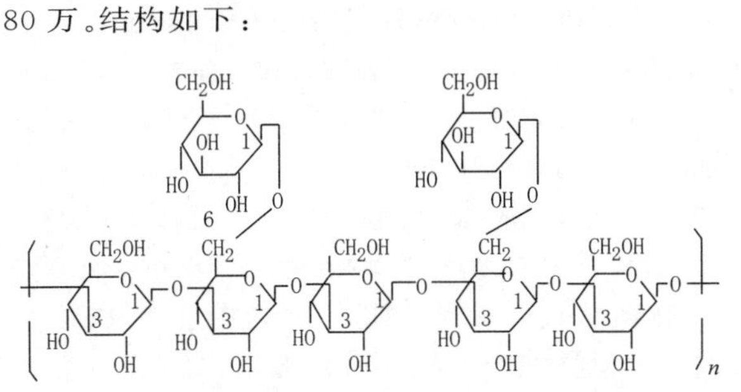

香菇多糖在常温下呈白色粉末，易溶于水。不溶于乙醇等有机溶剂。

二、药理作用

(一)免疫调节作用

香菇多糖对免疫系统具有广泛的作用，可以在多个层次上对淋巴细胞和巨噬细胞等多种免疫细胞的功能起到影响。

王格林、林志彬(1996)发现，无论在体内还是体外，香菇多糖均可以双向调节淋巴细胞对丝裂原诱导的增殖。以不同浓度的香菇多糖给予小鼠灌胃，在每天1～5mg/kg的剂量范围内，香菇多糖可以增强其脾淋巴细胞体外培养对ConA的应答能力。然而在更大的剂量下，香菇多糖会抑制淋巴细胞的增殖反应。以迟发过敏反应(DTH)为模型，观察香菇多糖对体内淋巴细胞的作用，发现香菇多糖同时可以纠正环磷酰胺在小剂量和大剂量所造成的小鼠免疫功能低下和亢进状态。其他学者用体外实验的方法也获得类似的实验结果。他们还发现，香菇多糖可以减少小鼠胸腺$L3T4^+$(Th)和$Lyt2^+$(Ts)细胞的数目；在一定的剂量范围内，可以升高脾$L3T4^+/Lyt2^+$细胞比率；但在较大剂量时却会使该比率下降。周爱武等(1995)证实，香菇多糖在0.2～5μg/ml剂量范围内，可以促进IL-2的产生，但在更高浓度(5～125μg/ml)效应则逐渐减弱，作用呈现双向性。这可能是香菇多糖上述免疫调节作用的机制之一。

李金锋等(1996)发现，将不同浓度的香菇多糖与不同浓度IL-2共同培养健康人外周血单个核细胞(PBMC)，96小时后检测淋巴因子活化杀伤(LAK)细胞，对不同靶细胞(包括NK敏感和NK抵

抗)的体外杀伤活性。结果显示，香菇多糖 1μg/ml 与 IL-2500U/ml 共同培养人 PBMC，其 LAK 细胞对 K562 杀伤率较对照组提高51.9%，对 Raji 的杀伤率比对照组提高47.5%。同时，香菇多糖 1μg/ml 能够降低诱导 LAK 细胞所需 IL-2 用量的一半，表明香菇多糖能够增强 LAK 细胞活性。香菇多糖浓度达到 50μg/ml 时，LAK 细胞的杀伤活性受到抑制。上述结果提示，香菇多糖对 LAK 细胞的调节作用也存在双向性。李广宙等(2000)以 100μg/ml 香菇多糖和 1000u/ml I L-2 共同作用于肿瘤浸润淋巴细胞(TIL)，发现香菇多糖可以增强 IL-2 诱导的 TIL 对肿瘤的杀伤活性，作用于培养 25 天达峰，对 Auto-Tu、K562 和 Raji 3 种细胞的最大杀伤率分别提高 23.37%，20.42% 和 20.74%。同时还可以增加 TNFα，IFN-γ 的分泌，变化趋势和杀伤活性的变化类似。但由于该学者只观察了一个剂量，香菇多糖对 TIL 细胞的调节作用是否存在双向性尚未可知。该学者进一步发现，香菇多糖可以对 TIL 的细胞表型产生影响，可以增加 CD_8^+ 细胞的比例，使 CD_4^+/CD_8^+ 比例倒置，作用在培养 25 天时达峰，进一步培养该作用则减弱。香菇多糖是典型的 T 细胞激活剂，可提高肿瘤患者 CD_4/CD_8 比值而逆转免疫抑制状态，具有调节肿瘤患者细胞免疫功能的作用。

Jin 等(2003)将不同浓度的香菇多糖(PG101)和人 PBMC 共同培养，ELISA 法测定培养上清液中所含细胞因子水平。10μg/ml的 PG101 诱导细胞因子活性最强，非常显著地升高 TNF-α、IL-1β、IL-10、IL-12、GM-CSF、IL-18 水平，但IFN-γ和 IL-1 水平无明显变化。为确定 PG101 作用的靶细胞，他们将 PBMC 分为巨噬细胞、T 细胞和 B 细胞。发现 T 和 B 细胞均对 PG101 无应答，而 CD11b/Mac-1 阳性细胞，即主要为巨噬细胞对 PG101 的应答方式与 PBMC 相似，进一步采用人幼单核细胞株 U937、人 T 细胞株 Jurkat 和人成红细胞白血病细胞株 K562，证实巨噬细胞是 PG101 的主要靶细胞。瞬时转染实验表明：PG101 通过调控 NF-κB 进而调节细胞因子的表达。凝胶阻滞实验证实了 PG101 的上述作用，该作用可被 NF-κB 特异性抑制剂 PDTC 完全拮抗。即使 PG101 高于生物学浓度 20 倍，对小鼠和人 PBMC 也无毒性。进而他们还进行了体内实验，给受亚致死剂量照射小鼠灌胃 10mg 的 PG101，每日一次，共给 24 天，发现受照射小鼠给予 PG101 后，在照射后第 8 天其骨髓细胞集落形成单位数，包括红系、粒单系集落形成单位均接近正常小鼠水平，并保持至 24 天。对骨髓细胞表面 c-Kit 及 Gr-1 受体分析表明，PG101 诱导骨髓祖细胞分化为粒细胞及定向祖细胞。灌胃 PG101 组小鼠血清 GM-CSF、IL-6、IL-1β 显著升高，而 TNF-α 在受照射对照组小鼠明显升高，但受照射灌胃 PG101 组血清 TNF-α 仍维持在基线水平，提示 PG101 可能会抑制 TNF-α 引起的病理损害。显示：PG101 可作为免疫增强剂，用于放、化疗辅助治疗，减轻放、化疗所致骨髓抑制的不良反应。

白润江等(1997)观察了香菇多糖对小鼠血液和免疫器官 cAMP、cGMP 含量的影响。结果发现，香菇多糖不对血浆中 cAMP、cGMP 含量和两者的比值产生影响。但是可以减少胸腺和脾脏的 cAMP 含量(分别降低26.94%和6.07%)，同时显著增加 cGMP 含量(分别提高5.94%和 12.81%)，降低 cAMP/cGMP 比值。该学者认为，香菇多糖对于免疫器官 cAMP、cGMP 含量的影响是其免疫增强作用的机制之一。但遗憾的是，该学者没有观察在不同剂量下香菇多糖对免疫器官 cAMP、cGMP 含量可能存在的不同效应。

尚红生等证明，香菇多糖对于巨噬细胞也有广泛的调节作用。经研究发现，香菇多糖体内给药，在每天 1～10mg/kg 的剂量给小鼠灌胃，可以在体外实验中促进 LPS 诱导的腹腔巨噬细胞产生 TNF-α，并呈现一定的剂量依赖关系；体外实验中，在 100～200μg/ml 浓度下，香菇多糖直接刺激巨噬细胞产生 IL-1。付玲等(1996)也得到类似的结果，同时发现，香菇多糖可以增强腹腔透析患者腹腔渗出巨噬细胞的吞噬功能。盛剑秋等(1998)观察了香菇多糖脂质体对于腹腔巨噬细胞的影响，发现香菇多糖可以诱导腹腔细胞的渗出，其中巨噬细胞的百分率从55.76%提高到72.43%；同时可以促进 IL-2 诱导腹腔巨噬细胞的细胞毒活性，靶细胞杀伤率从6.46%提高至17.36%，脂质体方式给药，效果更加明显(26.46%)；而香菇多糖本身却不能诱导巨噬细胞杀伤肿瘤的作用。同时发现，香菇多糖可以增加 IL-2 诱导的 TNF-α 活性，将其活性从19.12%提高至30.26%，以脂质体方式给药的效果则更为明显(37.33%)。

香菇多糖增加淋巴细胞培养上清液中的 CSF(集落刺激因子)活性，促进骨髓有核细胞和粒/巨噬细胞集落(CFU-GM)数量增加，而树突状细胞(DC)细胞与单核、粒细胞、T、NK 等细胞拥有共同的祖细胞，香菇多糖有可能通过促进 DC 细胞的成熟及功能，从而发挥这些作用。王峻等(2007)以腺病毒为载体介导黑素瘤抗原(gp100)转染至 DC 制备成 DC 瘤苗，研究不同剂量香菇多糖(LNT)单独或联合 gp100-DC 瘤苗，对荷瘤小鼠的免疫治疗作用及其相关机制。结果发现：LNT 联合 gp100-DC 瘤苗能够有效抑制恶性黑色素瘤生长，无瘤生存率达到66.7%。LNT 联合 gp100-DC 瘤苗治疗后，能显著提高荷瘤小鼠的细胞毒性 T 淋巴细胞（CTL）和自然杀伤（NK）细胞活性，促进脾细胞分泌干扰素-γ（IFN-γ）和 IL-2，组织学检查发现瘤体及瘤周有大量炎性细胞浸润，肿瘤细胞发生明显坏死。提示 LNT 联合 gp100-DC 瘤苗有效地增强了 DC 瘤苗的抗肿瘤免疫反应。

Kupfahl 等（2006）报道在单核增生性李斯特杆菌感染体外实验中，香菇多糖预处理骨髓巨噬细胞和树突状细胞能够促进 TNF-α、IFN-γ 和 IL-12产生，使 NO 水平增加，并且能够提高抗单核增生性李斯特杆菌的细胞毒活性，使脾脏杀伤单核增生性李斯特杆菌的特异性 CD_8^+ T 细胞数增加。小鼠原发和继发性李斯特杆菌感染后，香菇多糖可使脾脏和肝脏细菌感染明显降低。表明，香菇多糖能够增强 CD_8^+ T 细胞杀伤李斯特杆菌的反应，保护机体。这可能与其促进 IL-12 产生，进而IL-12介导增强特异性抗李斯特杆菌的 $CD8^+$ T 细胞反应相关。

邹洪霞等（2007）用 MTT 法检测香菇多糖对病毒感染细胞的保护率。发现香菇多糖对柯萨奇 B组病毒有明显的抑制作用，对病毒感染细胞的保护率可达 91.1%。表明香菇多糖对柯萨奇 B 组病毒具有较强的抑制作用。

（二）抗肿瘤作用

梅兵等（2001）采用动物实验的方法对香菇多糖的抗肿瘤机制进行了进一步的探讨。发现香菇多糖可以增加荷瘤小鼠肝脏内 IFN mRNA 和 SOD mRNA 的含量。提示香菇多糖可能在蛋白转录水平对机体的免疫功能起到调节作用。李广宙等观察了香菇多糖对体外培养的肿瘤浸润细胞活性的影响。结果发现，香菇多糖可以促进 IL-2 诱导 TIL 的增殖，同时可以提高其抗瘤活性。这些都可能是香菇多糖抗肿瘤作用的机制。

近年来研究显示，中药有效成分越来越多地被应用在癌症的治疗及其辅助治疗中，但采用的治疗原则比较单一，往往是单方治疗。Chen 等（2008）从清热解毒、活血化瘀及扶正固本方中筛选其有效成分，并评价了它们联合顺铂化疗抗肝癌的效应。采用小鼠 H-22 肝细胞癌实体瘤和腹水瘤荷瘤模型，监测荷瘤小鼠一般生长情况、体重改变、胸腺指数、脾脏指数、白细胞计数、肿瘤生长抑制和存活率，评价了清热解毒、活血化淤及扶正固本方 3 个方剂中有效成分组成的最佳比率。结果显示，抗肝癌治疗最佳疗效的有效成分比为：华蟾素（Cinobufotalin）800mg/kg、人参皂苷 Rg3（ginsenosides Rg3）14mg/kg、三七总皂苷（PNS）5.5mg/kg、香菇多糖（lentinan）100mg/kg。采用此方抑制荷瘤小鼠肿瘤生长的抑瘤率为55.91%，显著高于有效成分单用的抑瘤率（单用华蟾素抑瘤率为33.25%；单用人参皂苷 Rg 3 抑瘤率为35.11%；单用人参皂苷抑瘤率为27.12%；单用香菇多糖抑瘤率为24.97%）。最佳有效成分组合与有效成分单用比较，明显延长荷瘤小鼠生存期为38.13%，而单用有效成分延长荷瘤小鼠生存期分别为：华蟾素（25%），人参皂苷 Rg 3 27.27%、人参皂苷23.30%、香菇多糖24.43%。3 个方剂有效成分联合顺铂治疗能够减轻顺铂引起的白细胞计数减少、脾和胸腺萎缩及其毒性反应，抑瘤率达到82.54%，并且提高存活率达66.83%，起到了增效减毒的作用。

香菇多糖为 β-葡聚糖，已有上市产品。Maruyama 等（2006）在荷 S908D2 肿瘤细胞小鼠模型上证实，和阴性对照组比较，香菇多糖能够增强免疫、抑制肿瘤生长、明显延长荷瘤小鼠生存期。体外实验中，香菇多糖处理组脾细胞加入抗 CD_8 抗体和抗 CD_4 抗体及其补体，可分别在效应期和诱导期使脾细胞杀伤肿瘤细胞的活性降低。给予荷瘤小鼠腹腔注射香菇多糖，CD_8^+ T 细胞能够抑制肿瘤细胞增殖，而且 CD_4^+ T 细胞与此作用有关。表明香菇多糖抑制肿瘤的作用与 CD_8^+ 和 CD_4^+ T 细胞密切相关。

Zhang 等（2005）在体外实验中用 MTT 法检测表明，香菇多糖显著抑制 S-180 肿瘤细胞的生长。体内实验显示：相对分子质量为1.49×10^6具有三螺旋结构的香菇多糖具有更高的抗肿瘤活性，抑瘤率为49.5%，接近 5-氟尿嘧啶的抑瘤率（50.5%）。然而仅有单一弯曲链结构的香菇多糖抑瘤活性则非常低下，仅为12.3%，提示，这种三螺旋结构的香菇多糖能够提高抗肿瘤效应。

日本学者曾报道，香菇菌丝体提取物（LEM）能够抑制人脐静脉血管内皮细胞（HUVEC）增殖。LEM 对 HUVEC 管腔形成及迁移呈浓度依赖性抑制作用。灌胃给予 LEM 组（250mg/kg）较阴性对照组有抑制血管新生的趋势，较阳性对照组（腹腔给予舒拉明 100mg/kg）作用缓和。表明 LEM 主要是通过抑制血管内皮细胞的运动和形态变化，抑制血管新生，并且作用缓和。抑制血管新生也许是 LEM 抗肿瘤作用的机制之一。

（三）对肝损伤的保护作用

香菇多糖能够降低四氯化碳、硫化乙酰胺和

氢化泼尼松所致的动物化学性肝损伤引起的血清丙氨酸氨基转移酶(ALT)升高。促进肝糖原合成,明显恢复四氯化碳肝损害引起的肝糖原含量降低;增加小鼠肝匀浆细胞色素P450含量。药物代谢依赖各种酶的催化,进行氧化、还原、水解、结合,使药物的极性增高和水溶性增加,有利于排除体外。肝微粒体中细胞色素P450酶系统是药物代谢主要酶系统。因此香菇多糖作用于细胞色素P450有利于调节体内某些活性物质的代谢,从而对肝脏有保护作用。

史亚丽等(2004)研究了香菇多糖对力竭后小鼠肝组织的影响,建立灌服香菇多糖的小鼠力竭游泳实验模型,测定了小鼠安静时肝糖原及安静与力竭后谷胱甘肽过氧化物酶(GSH-Px)、丙二醛(MDA)、血清门冬氨酸氨基转移酶(AST)活性。结果显示:肝糖原在安静对照组(RC)为36.93±9.81mg/g,安静服药组(RM)为73.44±21.71mg/g,RM组明显升高;高强度游泳时间在运动对照组(EC)为42.52±7.82分钟,运动服药组(EM)为49.90±5.31)分钟,EM组明显延长;GSH-PX在RC组为60.25±5.31U/mg,RM组为68.37±7.92U/mg,RM组明显升高,EC组为56.77±7.30U/mg,EM组为63.28±4.23U/mg,EM组明显升高;MDA水平在RC组为5.76±0.87mmol/L,RM组为4.59±0.57mmol/L,RM组明显降低,EC组为14.1±1.28mmol/L,EM组为12.53±4.93mmol/L,EM组明显降低;AST活性在RC组为6.14±1.21U/L,RM组为6.25±1.02U/L,差异不显著,EC组为12.53±4.93U/L,EM组为7.42±2.90U/L,EM组明显降低。表明香菇多糖具有明显的抗疲劳、抗氧化、抗损伤功效,可减轻大强度运动后自由基造成的损伤。

(四)其他作用

经乙醇诱导大鼠胃损伤后,在大鼠皮下给予香菇提取物,研究结果显示:香菇提取物可减少胃蠕动,明显缓解乙醇引起的急性胃黏膜损伤。研究发现,香菇腺嘌呤及香菇多糖均可促进胆固醇代谢而降低其在血清中的含量。

三、临床研究

(一)抗肿瘤作用

自从1978年日本厚生省批准香菇多糖作为肿瘤治疗辅助用药上市以来,已经有较长的时间,临床对其作用机制也进行了一些有益的探讨。目前,国内对香菇多糖抗肿瘤作用的研究多停留在临床观察,而动物实验和体外实验却进行得比较少。由于目前随机、对照和双盲的原则在临床研究中没有得到很好的实施,因此其结果的可靠性受到一定的影响。

一系列研究结果显示,香菇多糖可以改善肿瘤患者的免疫功能,提高化疗的有效率,降低不良反应,改善患者的生活质量,延长生存时间。对于不同的肿瘤,香菇多糖可以使化疗有效率分别提高15%~28%。免疫功能的改善表现为:提高淋巴细胞转化率,部分恢复NK细胞和CD_4^+细胞的含量;降低CD_8^+细胞含量,升高CD_4^+/CD_8^+比值。同时还可以增加大颗粒淋巴细胞(LGL)的绝对数目和比率。但香菇多糖对体液免疫的各项指标的影响似乎不明显。

Nimura等(2006)报道,对不能切除和复发性胃癌患者,应用香菇多糖联合化疗能够延长他们的生存期。联合应用化疗、免疫治疗以及香菇多糖的多中心试验表明,该疗法对患者有良好的疗效,并减轻了不良反应,32名不能切除和复发性胃癌患者的平均存活时间为559天。血液毒性发生率显著降低,白细胞减少及血小板减少症发生率分别为6.3%(2/32),味觉异常发生率为6.3%(2/32),没有严重的4级毒性作用发生。香菇多糖联合免疫疗法能够延长化疗给药时间,因此对该类患者取得了安全并良好的疗效。

石星等(2007)将64例经病理证实的Ⅲ、Ⅳ期非小细胞肺癌患者随机分为A、B两组。A组(33例)采用香菇多糖加化疗,B组(31例)采用单纯化疗。两组化疗方案均采用NP(NVB、DDP)方案。2个疗程后评价疗效,观察两组患者肿瘤缓解率、不良反应及生活质量。治疗后A、B两组的有效率分别为48.5%和35.5%,两者比较无显著性差异;A组的Karnofsky评分改善率(42.2%)高于B组(22.5%),并且A组T淋巴细胞亚群和NK细胞活性治疗后明显高于治疗B组,而B组无明显变化,B组的白细胞减少及恶心呕吐反应发生率高于A组。表明香菇多糖联合化疗治疗Ⅲ、Ⅳ期非小细胞肺癌,提高了机体免疫功能,改善了患者生活质量,能够减轻化疗毒性反应。

Hamuro等(2005)报道,采用现代纳米技术,含150mg/L香菇多糖大小为0.2μm颗粒能够通过黏膜屏障经胃肠道吸收。临床双盲试验表明,预先口服香菇多糖纳米颗粒,能够使免疫反应偏向于Th1型,从而降低抗原特异性IgE水平,有效抗过敏。口服香菇多糖纳米颗粒制剂也能够降低化疗药,如TS-1,Gemzar,CDDP的不良反应,极大地改善肿瘤患者的生活质量。

郭沁香等(2007)报道,香菇多糖胸腔内注射,能激活胸腹腔内免疫细胞功能,增强肿瘤特异性的杀伤性T细胞杀伤活性,并可刺激胸膜黏连,使胸膜腔闭塞。Shigefumi 报道,香菇多糖能使胸腹水单核细胞的NK细胞活性升高,增强LAK细胞活性。采用中心静脉导管建立闭式引流,胸水引流基本干净后,在肺复张基础上注入香菇多糖治疗恶性胸腔积液。结果:完全缓解(CR)13例,部分缓解(PR)19例,无效(NC)6例,进展(PD)2例,总有效率为80%。少数病例有轻微发热、胸痛、恶心。香菇多糖是一种有效的免疫调节药物,治疗恶性胸腔积液疗效良好,不良反应小,易被患者接受。

(二)对乙型肝炎的辅助治疗作用

香菇多糖在临床的另一重要应用是乙型肝炎的辅助治疗。临床认为,香菇多糖可以改善乙肝患者的症状,促进各项血清酶学指标的恢复,同时可以提高乙肝表面抗原(HBsAg)的转阴率。同样由于目前临床研究普遍存在上述实验设计上的问题,结果的可靠性受到一定的影响。

从目前的研究来看,可以认为,香菇多糖可以在多个层次上对乙肝的治疗起到有益的作用。一方面,香菇多糖对乙肝患者的免疫功能紊乱起到调节作用:纠正乙肝患者普遍存在的 T_4/T_8 细胞的比值倒置,增加乙肝患者外周血单个核细胞膜表面IL-2受体的表达。另一方面,香菇多糖对肝脏可能具有直接的保护作用。研究发现,香菇多糖可以拮抗多种化学因素(如四氯化碳、硫代乙酰胺和泼尼松龙等)所导致的实验性肝损伤,明显改善模型动物的肝损伤程度,降低血清ALT的水平,明显恢复四氯化碳所致的肝糖原含量降低。同时,香菇多糖可以明显提高正常小鼠肝匀浆中细胞色素P450的含量。但这些可能仅仅是香菇多糖治疗乙肝的部分机制,尚需进一步研究才有可能得到较为全面的认识。

(三)其他应用

除了上述主要适应证外,临床上对香菇多糖在其他方面的应用也进行了一些有益的尝试。已有学者将其用于治疗多种皮肤科疾患,如尖锐湿疣、银屑病和扁平疣。同时在改善各种免疫功能低下状态方面也取得了一些疗效。有学者以香菇多糖腔内注射联合化疗治疗恶性胸腹腔积液,也获得较好的疗效。

现代医学中所应用的西药往往是化学结构明确的单一化合物,其药效和毒性能够容易得到评价,显示出明显的结构一功能相关的关系。与之相反,很多中医学上的中草药是天然化合物的混合物,没有详细明确的化学结构式分析,作用机制也没有得到完全阐明。但民间和民族医学在抗肿瘤治疗以及其他疾病治疗中发挥了越来越重要的作用。制药工业正从传统医学中寻找抗癌制剂。从蘑菇中提取生物活性化合物是抗癌药物的一个潜在的重要来源,香菇多糖就是这样的例子。

香菇多糖对机体的免疫系统具有双向调节作用,在临床上可用于多种疾病的辅助治疗。值得注意的是,由于其调节作用的双向性,临床上可通过调整其剂量,用于多种不同的疾患。目前,肿瘤放、化疗,造血系统等疾病对造血系统和免疫系统功能的抑制是亟待解决的难题,人们期望寻找到疗效好,不良反应小的药物,真菌类多糖已显示了这种作用,如香菇多糖。香菇多糖体内或体外的药理活性与其化学结构、相对分子质量大小,与有效给药剂量及给药途径等因素相关。深入研究香菇多糖药理作用并阐明其作用机制,有助于其临床应用,为抗肿瘤治疗或辅助治疗以及免疫紊乱患者的治疗开辟了新药源。

(祝晓玲、林志彬)

第七节 展 望

一、香菇国内外科技发展现状

日本的香菇育种研究一直走在各国的前列,已选育成功并经注册保护的香菇品种有140多个。菌兴241和135品种一度成为我国段木香菇生产的主栽品种,至今为止,135品种仍是我国代料栽培花菇的主栽品种之一,应用规模仅次于我国选育的939品种。我国在代料香菇品种选育研究上取得了优异业绩,福建省成功选育了一系列中、高温型代料香菇品种,如CrO2、CrO4、L26等;浙江省成功选育了241-4、939、9015、庆科20等一系列中、低温品种和高温品种武香1号;上海成功选育了7402、申香2号、8号、10号等中熟型香菇品种。19世纪90年代以来,美国、日本和我国科技研究人员相继把PCR分子标记技术应用于香菇种质资源的分类鉴定与评价利用研究上,包括Randomly amplified polymorphic DNA(RAPD)、Amplified fragment length polymorphism(AFLP)。

最近两年来，又有 Sequence characterized amplified region(SCAR)、The intersimple sequence repeats(ISSR)用于香菇菌种分类鉴定的文献报道。在香菇育种研究中，交配型的鉴定手段至关重要，日本学者采用香菇 A 交配因子和 B 交配因子紧密联锁的 SCAR 标记来鉴定交配型，是近年来香菇育种研究中的一大创新。

在香菇栽培基质开发利用与优质高产栽培技术研究上，我国具有突出的优势，揭示了香菇木质纤维素生物降解规律，成功研究了阔叶树木屑、松杉木屑、竹屑、果树枝条屑、棉子壳、玉米芯、芒萁、五节芒等农林资源代替阔叶树原木栽培香菇；总结出花菇成因和低产的原因；在代料栽培香菇技术的基础上，研究发展了高棚层架培育花菇技术；利用高棚遮荫、流水、菇木覆土降温等技术措施，研究推广了免设施调控高温香菇地栽技术，实现了香菇周年生产。日本和韩国近几年代料栽培香菇规模虽有扩大趋势，但原料只限用阔叶树木屑，单产水平较低。阿根廷近几年才开始用代料栽培香菇。新西兰开展了用南方山毛榉、新西兰木材 Enokitake、辐射松木屑栽培香菇，均获得了成功。美国学者开展了香菇发菌期长短及基质配方对香菇生物学效率的影响研究，提出用木屑、麦麸和小米组成的栽培基质栽培香菇，发现发菌期越长生物学效率越高的结果；美国 US6041544 号专利公开了由纸屑、玉米麸、破碎大豆以及蛭石、珍珠岩和石灰等作香菇栽培基质的配方。对从香菇 JA01 分离出来的细胞外多酚氧化酶的活动规律进行了研究，明确了多酚氧化酶在木质素降解中的作用。Kim 对香菇栽培基质中软木材预处理对香菇生长的影响进行了研究，结果证实木屑经热水抽提预处理对香菇菌丝生长有利。Schmidt 开展了利用下角料、木片、木屑、刨花、树皮、树叶和松针叶栽培香菇的试验，获得了最适温度、pH、氮素和营养配比等栽培工艺参数。韩国开展了利用乳制品工业的副产品低蛋白乳清粉(whey permeate)和玉米加工废料(corn processing waste, CPW)作为栽培基质栽培香菇的研究。

二、香菇科技创新与展望

(一)一步改善香菇品质、提高香菇质量安全水平

怎样提高代料香菇品质，使我国代料香菇生产从量的扩张向质的提高转变，增强在国际市场上的竞争力和创汇能力，是我国香菇科技发展中的一个具有重大现实意义的研究课题。花菇是香菇中的上品，以往仅在深山原木段木栽培香菇中，遇特定的季节和环境影响下有少量发生。20 世纪 90 年代初，我国虽取得了代料栽培花菇技术的成功，但花菇形成机制还不十分清楚，高效安全型催蕾催花技术一直未能获得突破性进展，影响了花菇品质与发生率的进一步提高。同时，我国的香菇安全质量及标准化生产技术还处于低水平，安全型配合养料加工体系还未建立起来，非标准化的原材料严重制约了香菇标准化生产技术的推广与普及，重金属、农药残留和二氧化硫等有毒有害物质污染严重，制约了香菇在 WTO 框架下竞争力的提高和出口贸易量的进一步提升。

今后应加强以下几方面的研究与突破：①温、光、气、湿等栽培因子智能化控制技术及花菇全天候生态栽培体系的研究。②花菇形成机制及高效安全花菇培育技术的研究。③香菇生理营养及安全型配合养料的开发研究。④出口香菇二氧化硫等有毒有害物质的污染成因和有害重金属富集规律及控制关键技术的研究。⑤利用微波与辐射的原理，开展香菇栽培基质新型灭菌技术的研究，使栽培基质中的木质纤维素加快降解，既有利于菌丝吸收，又节能省时及实现灭菌自动化，从而提高香菇的生产效率。

(二)利用现代分子生物学手段提高育种效率

加强香菇种质资源库的建设，重视香菇种质资源的保护和开发利用，充分依托我国丰富的香菇种质资源优势，利用现代分子生物学手段，进行香菇种质资源遗传多样性和亲缘关系评价鉴定，选育出符合菇业升级发展需要的香菇优良品种。基因工程育种技术是定向改变生物种性状具有潜力的方法，开展与产量、品质、抗性、耐储相关的重要基因相连锁的分子标记寻找、基因的克隆、表达与功能验证、载体构建和建立高效稳定的遗传转化体系等方面是今后香菇育种的主要研究课题。在育种目标的定位上，要从重视高产品种选育转向专用型香菇品种选育，定向培育富含有效成分、高营养价值(富含多糖、香菇嘌呤、核酸、有机锗、有机硒、蛋白质、必需氨基酸等)的深加工型香菇品种，耐储藏(延长货架寿命)的香菇品种及优质、高产、三抗(抗虫、抗病、抗逆性强)、广温型的香菇新品种，工厂化设施栽培专用品种及高效深层发酵和新型固体发酵专用型香菇品种。坚信我国利用现代育种技术培育、具有自主知识产权的香菇专用型品种将会陆续诞生。

在香菇菌种繁育上，引进国际先进技术开发

研究适合中国国情的代料香菇胶囊菌种及其标准化繁育技术势在必行，以推动中国香菇的标准化生产。除胶囊菌种外，液体菌种具有菌种生产时间缩短、生产成本降低、菌丝生长快且菌龄较一致等诸多优点，若能在菌种储藏、运输方便化、延长保藏期、接种设备、菌种接种阻塞等方面进一步完善，液体菌种的应用前景将非常广阔。

（三）建立香菇精深加工和高效利用技术体系

经现代科学研究证明，香菇中所含有的各种有效营养成分，具有提高免疫力、抗肿瘤、降血脂，促进儿童生理与智力发育和预防动脉硬化、心脏病和脑溢血等现代文明病的作用。然而，我国的香菇产品以干、鲜品销售为主，产品形式单一，精深加工水平极为落后，附加值低；功能活性物质产业化提取纯化、结构改性、质量检测与控制、保健食品与药品加工的关键技术有待突破，尤其是香菇多糖的分离纯化工艺、多糖的结构与功能的关系、多糖体在体内的作用机制、多糖分子结构的化学修饰方法及结构表征研究与完善。

建立我国香菇精深加工和高效利用技术体系需加强以下几方面关键技术的攻关：①超声波一生物酶一多级逆流萃取法高效提取香菇多糖的工艺。②多糖超滤一径向离子色谱分离纯化的新技术。③香菇多糖化学改性及结构表征技术的研究。④香菇精水蒸汽蒸馏提取的新工艺。⑤香菇核苷酸提取及调味料强化的技术。⑥纸型香菇风味旅游休闲食品加工的新技术。⑦香菇新型发酵技术的研究。⑧香菇产后高效保鲜技术的研究。⑨香菇功能成分提取物为基源的保健食品、化妆品、畜禽免疫增强剂等新产品的研究开发。

参考文献

[1] 广东省微生物研究所．香菇新法栽培[M]．广州：广东人民出版社，1974.
[2] 张素祥．香菇[M]．广州：广东科学技术出版社，1980.
[3] 何园素．香菇栽培[M]．北京：中国农业出版社，1982.
[4] 广江勇．最新香菇栽培法[M]．东京：富民协会出版部，1971.
[5] 藤沼智忠．椎茸栽培新技术[M]．东京：东京泰文馆，1970.
[6] 黄年来．自修食用菌学[M]．南京：南京大学出版社，1987.
[7] 黄年来．食用菌百科[M]．北京：中国农业出版社，1993.
[8] 张寿橙，赖敏男．中国香菇栽培历史与文化[M]．上海：上海科学技术出版，1990.
[9] 黄年来，吴经纶[M]．北京：中国农业出版社，2000.
[10] 丁湖广．香菇速生高产栽培新技术(第 2 版)[M]．北京：金盾出版社，1994.
[11] 王贺祥．食用菌学[M]．北京：中国农业大学出版社，2004.
[12] 何园素．中国香菇[M]．上海：上海科学技术出版社，1994.
[13] 陈士瑜．花菇高效栽培[M]．北京：中国农业出版社，1999.
[14] 吴学谦．香菇生产全书[M]．北京：中国农业出版社，2005.
[15] 吴学谦．香菇[M]．北京：中国农业科学技术出版社，2004.
[16] 吴学谦，黄志龙，魏海龙．香菇无公害生产技术[M]．北京：中国农业出版社，2003.
[17] 吴学谦，吴庆其．花菇代料立体栽培技术[M]．杭州：浙江科学技术出版社，1999.
[18] 吴经纶，黄年来．中国香菇生产[M]．北京：中国农业出版社，2001.
[19] 张树庭，P. G. Miles．杨国良译．食用蕈菌及其栽培[M]．保定：河北大学出版社，1992.
[20] 杨新美．中国食用菌栽培学[M]．北京：农业出版社，1988.
[21] 杨新美．食用菌研究方法[M]．北京：中国农业出版社，1998.
[22] 杨瑞长，乔卫亚．中国香菇栽培新技术[M]．北京：金盾出版社，1998.
[23] 贾身茂，冯文芸．北方香菇栽培技术[M]．北京：科学出版社，1998.
[24] 黄年来．中国香菇栽培学[M]．上海：上海科学技术文献出版社，1994.
[25] 黄秀治，蔡衍山．优质香菇一花菇培育新技术[M]．福州：福建科学技术出版社，1997.
[26] 姚淑先，张寿橙．花菇栽培新技术[M]．北京：中国农业出版社，1997.
[27] 凌关庭．保健食品原料手册[M]．北京：化学工业出版社，2002.

[28] 古川久彦. 菌床シイタケの栽培と经营[M]. 东京：全国林业改良协会，1992.
[29] 福原寅夫. 椎茸资料集[M]. 东京：日本旭物产株式会社，1994.
[30] 朱朝辉，陈明杰，谭琦，等. 中国主要香菇栽培菌种交配型基因的遗传分析[J]. 食用菌学报，2000，7(3)：1-5.
[31] 吴克甸，吴学谦，周知群，等. 香菇新菌株 241-4 的选育研究[J]. 浙江食用菌，1994(5)：13-16.
[32] 吴学谦，陈士瑜. 中国香菇栽培技术的变革与发展[J]. 浙江林业科技，2002，22(3)：14-18.
[33] 吴学谦，吴庆其，魏海龙，等. 工厂化繁育香菇胶囊菌种专用培养基配方研究[J]. 浙江林业科技，2007，27(3)：19-21.
[34] 谭琦，刘德云. 香菇申香 10 号菌种的选育与推广[J]. 食用菌学报，2000，7(3)：6-10.
[35] 颜邦干，李卫旗，吴学谦. 香菇多糖的结构分析及硫酸化研究[J]. 中国食品学报，2006，6(5)：11-16.
[36] LEATHAM G F. A chemically defined medium for the fruiting of Lentinus edodes[J]. Mycologia，1983(75)：905.
[37] MILES P G，CHANG S T. Fruiting of Lentinus edodes(Shiitake)in liquid media[J]. Mircen J，1987(3)：103.
[38] 中国食用菌协会. 中国食用菌，1991～2007 年合订本.
[39] 上海市农业科学院. 食用菌，1994～2007 年合订本.
[40] 白岚. 香菇某些营养成分与药用成分的分析[J]. 周口师范学院学报，2007，24(5)：101-102.
[41] 杜旭. 香菇菌丝体提取物的毒理学研究[J]. 国外医学：中医中药分册，2003，25(5)：273-275.
[42] 王格林，林志彬. 香菇多糖的免疫调节作用[J]. 药学学报，1996，31(2)：86-90.
[43] 周爱武，葛志东，梁君山，等. 香菇多糖的免疫调节作用[J]. 中国药理学通报，1995，11(2)：157-159.
[44] 许士凯. 香菇多糖(KS-2) 刺激小鼠免疫功能的实验研究[J]. 现代应用药学，1989，6(2)：6-8.
[45] 李金锋，郭静文，黄信孚，等. 猪苓多糖、香菇多糖和分枝杆菌多糖对淋巴因子活化杀伤细胞活性增强作用的研究[J]. 中国中西医结合杂志，1996，16(4)：224-226.
[46] 李广宙，康白，郭宝强. 香菇多糖增强肿瘤浸润淋巴细胞杀伤活性及 TNF-α，IFN-γ 的分泌[J]. 中国现代应用药学杂志，2000，17(5)：354-356.
[47] 康白，李广宙，郭宝强. 香菇多糖增强肿瘤浸润淋巴细胞抗瘤作用机制初探[J]. 潍坊医学院学报，2000，22(1)：22-23.
[48] 李玉芳，王杰. 中药多糖抗肿瘤机制研究进展[J]. 实用癌症杂志，2007(5)：546-547.
[49] JINM，JUNG H J，CHOI J J，et al. Activation of selective transcription factors and cytokines by water-soluble extract from Lentinus lepideus[J]. Exp Biol Med，2003，228(6)：749-758.
[50] JIN M，JEON H，JUNG H J，et al. Enhancement of repopulation and hematopoiesis of bone marrow cells in irradiated mice by oral administration of PG101，a water-soluble extract from Lentinus lepideus[J]. Exp Biol Med，2003，228(6)：759-766.
[51] 白润江，马端端，王嘉军，等. 香菇多糖对小鼠血浆、胸腺、脾脏 cAMP、cGMP 含量的影响[J]. 西安医科大学学报. 1997，18(1)：58-59.
[52] 尚红生，邓玉兰，林志彬，等. 小鼠 IL-1 测定方法的探讨及中药香菇菌多糖对 IL-1 产生的作用[J]. 中国免疫学杂志，1986，2(2)：70-73.
[53] 付玲，邓安国，李元莉. 香菇多糖对腹膜透析患者巨噬细胞的作用[J]. 中华内科杂志，1996，35(9)：628-629.
[54] 盛剑秋，段芳龄，赵治国. 香菇多糖脂质体联合 IL-2 原位扩增、激活小鼠腹腔巨噬细胞抗瘤活性[J]. 河南医科大学学报，1998，33(4)：67-70.
[55] 李玉芳，王杰. 中药多糖抗肿瘤机制研究进展[J]. 实用癌症杂志，2007(5)：546-547.
[56] 王峻，周智东，夏大静. 香菇多糖增强树突状细胞瘤苗的抗肿瘤作用及其机制研究[J]. 中国中西医结合杂志，2007(1)：60-64.
[57] KUPFAHL C，GEGINAT G，HOF H. Lentinan has a stimulatory effect on innate and adaptive immunity against murine[J]. Listeria monocytogenes infection，2006，6(4)：686-696.
[58] 邹洪霞，张淑芹，刘志屹，等. 香菇多糖对柯萨奇 B 组病毒的抑制作用[J]. 中国地方病防治杂志，

2007(5):351-352.

[59] 梅兵，朱慧，吴自荣，等. 香菇多糖对荷瘤小鼠 IFN mRNA 和 SOD mRNA 的影响[J]. 中国现代应用药学杂志，2001，18(3)：181-183.

[60] 李广宙，康白，张磊. 香菇多糖与 IL-2 合用对肺癌浸润淋巴细胞抗瘤活性的影响[J]. 潍坊医学院学报，2000，22(1)：20-21.

[61] CHEN T, LI D, FU YL, et al. Screening of QHF formula for effective ingredients from Chinese herbs and its anti-hepatic cell cancer effect in combination with chemotherapy[J]. Chin Med J(Engl),2008,121(4):363-368.

[62] MARUYAMA S, SUKEKAWA Y, KANEKO Y, et al. Anti tumor activities of lentinan and micellapist in tumor-bearing mice[J]. Gan To Kagaku Ryoho, 2006,33(12):1726-1729.

[63] ZHANG L, LI X, XU X, et al. Correlation between antitumor activity, molecular weight, and conformation of lentinan[J]. Carbohydr Res, 2005,340(8):1515-1521.

[64] 程良斌. 香菇多糖的作用机制及临床应用[J]. 中西医结合肝病杂志，1997，7(1)：59-61.

[65] 怡悦. 香菇菌丝体提取物抑制血管新生的机制[J]. 国外医学：中医中药分册，2005，27(5)：316.

[66] 史亚丽，辛晓林，杨立红，等. 香菇多糖对力竭小鼠抗疲劳及保肝作用研究[J]. 吉林农业大学学报，2004(3)：301-304.

[67] 李春梅. 蘑菇产品对胃溃疡康复有益[J]. 国外医学：中医中药分册，1999，21(1)：133.

[68] 李月梅. 香菇的研究现状及发展前景[J]. 微生物学报，2005，32(4)：149-152.

[69] 戴金珠，吴问华. 香菇多糖对肺癌患者免疫功能的调节作用[J]. 肿瘤防治研究，1998，25(2)：144-145.

[70] 姚阳，顾康生，林峰. 国产香菇多糖合并化疗治疗晚期恶性肿瘤的临床研究[J]. 肿瘤防治研究，1998，25(5)：393-396.

[71] 吴昌平，华铮，吴爱珍，等. 香菇多糖对恶性肿瘤的治疗作用[J]. 新药与临床，1996，15(1)：29-31.

[72] 周振英，潘良喜，王维祖，等. 香菇多糖对肿瘤患者免疫状态的影响[J]. 江苏医药，1995，21(9)：580-582.

[73] 刘伯宇，秦叔逵，徐瑞华，等. 国产香菇多糖(天地欣)对胃癌的辅助治疗 319 例报道[J]. 肿瘤防治研究，1997，24(4)：244-246.

[74] 陈玉蓉，廖美琳，赵家美，等. 香菇多糖对肺癌的辅助治疗作用(附 80 例国产品与进口品对照研究)[J]. 肿瘤，1999，19(1)：34.

[75] 姚阳，顾康生，林峰. 香菇多糖合并化疗治疗晚期恶性肿瘤 43 例报道[J]. 肿瘤，1998，18(2)：126.

[76] 杨树军，罗素霞，秦建武，等. 天地欣(国产香菇多糖)配合化疗治疗中晚期胃肠道腺癌 72 例临床观察[J]. 中国肿瘤临床，1997，24(11)：860-862.

[77] 唐小平，侯勇. 香菇多糖对肿瘤患者外周血大颗粒细胞(LGL)和自然杀伤细胞(NK)活性的影响[J]. 中国现代应用药学杂志，1998，15(4)：16-18.

[78] 顾康生，官卫宁，姚阳，等. 国产香菇多糖对肿瘤患者 T 淋巴细胞亚群的影响[J]. 肿瘤，1997，17(6)：468-469.

[79] 张亚男，刘训钰. 腹腔灌注免疫调节剂对胃癌患者细胞免疫功能的影响[J]. 肿瘤防治研究，1999，26(2)：144-145.

[80] 董亮，孟月生. 香菇多糖对肺癌患者化疗期间免疫功能的影响[J]. 中国肿瘤临床，1998，25(3)：238-239.

[81] 李文如. 香菇多糖在放射治疗肺癌中的应用[J]. 中国肿瘤临床，1998，25(1)：76-77.

[82] 陈伟强，陈阳述. 香菇多糖注射液对原发性肝癌患者外周血 T 细胞亚群和 Sil-2R 水平的影响[J]. 中国中西医结合杂志，1998，18(5)：319.

[83] 管晓娟，程家欣，虞意华. 香菇多糖对胃癌化疗的辅助作用[J]. 浙江实用医学，1997，2(6)：317-318.

[84] 叶大风，石一复，谢辛，等. 单香菇多糖注射液对妊娠滋养细胞肿瘤化疗疗效鹤免疫功能的影响[J]. 实用肿瘤杂志，2001，15(4)：285-286.

[85] 郦玉芝，姚宏昌，李俊美. 香菇多糖治疗原发性肝癌的疗效观察[J]. 中国肿瘤临床，1999，18(6)：393-394.

[86] 吴孔明. 香菇多糖治疗胃癌的初步临床报告[J]. 河南肿瘤学杂志，1994，7(3)：242.
[87] 孙卫国，张学东，聂洁伟. 香菇多糖辅助晚期胃癌化疗的临床观察[J]. 中原医刊，1996，18(1)：23-26.
[88] 潘良熹，吴罕莉，宋依霖. 国产香菇多糖粉针剂并用化疗治疗晚期癌症23例[J]. 南京中医大学学报，1995，11(4)：9-11.
[89] 宋谦，盛信秀，刘国龙. 香菇多糖治疗肺癌的临床和实验研究[J]. 中国肿瘤临床与康复，1998，5(1)：29-30.
[90] 李玉升. 香菇多糖辅助化疗治疗晚期癌症99例临床观察[J]. 实用中西医结合杂志，1994，7(4)：207-208.
[91] 李振，李洪涛，周雅芬，等. 香菇多糖改善晚期或复发恶性肿瘤患者生活质量的初步评价[J]. 中国肿瘤临床，1994，21(9)：695.
[92] 姚春梅，张芬. 大剂量天地欣治疗终末期肿瘤的疗效观察[J]. 肿瘤防治研究，1997，24(5)：317-318.
[93] NIMURA H, MITSUMORI N, TAKAHASHI N, et al. S-1 combined with lentinan in patients with unresectable or recurrent gastric cancer[J]. Gan To Kagaku Ryoho, 2006, 33(1): 106-109.
[94] 石星，丁乾，杨勤. 香菇多糖联合化疗在治疗晚期非小细胞肺癌的作用[J]. 中国肿瘤，2007(11)：946-948.
[95] HAMURO J. Anticancer immunotherapy with perorally effective lentinan[J]. Gan To Kagaku Ryoho, 2005, 32(8): 1209-1215.
[96] SHIGEFUMI. Lentinan therapy on carcinomatorspleuritis and peritonitises[J]. Jap J Cancer Chemothr, 1990, 17(10): 1588-1590.
[97] 郭沁香，苏文忠. 香菇多糖腔内注射治疗恶性胸腔积液的临床观察[J]. 医学综述，2007(24)：2032-2033.
[98] 廖植荣. 香菇多糖临床应用的体会[J]. 中国医院药学杂志，1992，12(8)：351-352.
[99] 王俊侠. 香菇多糖片治疗乙肝60例临床观察[J]. 中成药，1994，16(5)：23-24.
[100] 杨金龙，吴壁成，马有埙. 香菇多糖注射液治疗慢性肝炎108例[J]. 新药与临床，1993，12(5)：293-294.
[101] 常泉海，刘小平，常明向. 香菇多糖片治疗慢性乙型肝炎52例[J]. 中西医结合肝病杂志，1994，4(3)：36-37.
[102] 黄永森，逄金聚，王有义，等. 藻酸双酯联合病毒唑和香菇多糖分段治疗慢性乙型肝炎与其他几种疗法的比较[J]. 中国现代医学杂志，1998，8(1)：41-42.
[103] 魏屏，罗端德. 香菇菌多糖对慢性乙肝患者细胞免疫功能的影响[J]. 临床内科杂志，1994，11(5)：38.
[104] 万克青. 香菇多糖注射液对慢性乙型肝炎外周血单个核细胞膜IL-2受体表达的影响[J]. 湖南医科大学学报，1998，23(1)：90-92.
[105] 杨旭，万克青，郑宣鹤，等. 香菇多糖对慢性乙肝患者T细胞亚群和IL-2受体表达的影响[J]. 新药与临床，1994，11(4)：47-48.
[106] 尹光文，于建斌，李东芹，等. 香菇菌多糖对尖锐湿疣患者的免疫调节作用及疗效观察[J]. 中国中西医结合杂志，1998，18(11)：665-667.
[107] 钱龙宝. 香菇菌多糖治疗寻常型银屑病[J]. 临床皮肤科杂志，1995，24(5)：328.
[108] 马光庭. 香菇菌多糖治疗面部扁平疣40例[J]. 临床皮肤科杂志，1995，24(5)：327.
[109] 刘世新，李南呈，费洪宝. 香菇多糖冲剂对反复呼吸道感染患儿免疫功能的影响[J]. 上海免疫学杂志，1995，15(1)：27-28.
[110] 熊继安，卢宏达. 香菇多糖注射液对反复呼吸道感染患者免疫功能的影响[J]. 药物流行病学杂志，2000，9(3)：126-127.
[111] 江澜. 香菇多糖腔内注射治疗恶性胸腔积液鹤腹腔积液[J]. 新药与临床，1997，16(3)：183-184.
[112] 周成英. 顺铂、香菇多糖序贯腔内注射治疗恶性腹水[J]. 中国肿瘤临床与康复，1998，5(2)：72-76.
[113] SULLIVAN R, SMITH JE, ROWAN NJ. Medicinal mushrooms and cancer therapy: translating a traditional practice into Western medicine[J]. Perspect Biol Med, 2006, 49(2): 159-170.

（黄年来、吴学谦）

第六十一章　亚侧耳

DILIUSHIYIZHANG YACEER

摘要：亚侧耳是我国著名野生食用菌之一。由于其香味独特，深受国内外消费者的欢迎，特别在东北，亚侧耳享有盛誉。本章较详细地介绍了亚侧耳分类地位、形态特征、分布及生长发育条件，系统地阐述了亚侧耳的菌种繁育、生产栽培技术，包括袋料栽培和段木栽培技术。另外，还介绍了亚侧耳的营养价值、药理研究概况与应用状况。

Panellus serotinus

Abstract: *Panellus serotinus* is a wild edible mushroom well-known in China where its unique flavor is deeply appreciated by consumers, especially in the north-east of the country. This chapter consists of five sections describing in detail various aspects of *P. serotinus* including its taxonomic status, morphological characteristics, distribution, growth conditions, spawn production, cultivation techniques (including artificial bag and wood log cultivation techniques), and nutritional attributes. The current status of pharmacological research and applications relating to *P. serotinus* is also summarized.

第一节　概　述

一、发展概况

亚侧耳又称元蘑、黄蘑、冻蘑、晚生北风菌，是中国著名野生食用菌之一。亚侧耳细嫩清香，富含蛋白质、氨基酸、脂肪、糖类（碳水化合物）、维生素及矿物质等多种营养物质。亚侧耳不仅味道鲜美，营养丰富，还具有疏风活络、强筋健骨的功效。据报道，从亚侧耳子实体中提取出的亚侧耳多糖，对癌细胞有较强的抑制作用，又具有明显的抗辐射和健脾和胃的功能。亚侧耳是一种"药食同源"，大有开发前景的食药用真菌。

亚侧耳是中国东北地区的主要食用菌，"吉菜"中的"小鸡炖元蘑"是很有名的菜肴。亚侧耳分布地区较广，我国南、北方许多地区均有分布。过去东北地区主要以采集野生品食用为主，现已人工栽培成功，品质也佳。只要条件适宜，在我国各地均可栽培试种。

采用生物工程方法进行液体发酵生产也可收到大量菌丝体和发酵代谢产物，提取有效活性成分，制成人类需求的医药保健品，也是一项很有发展潜力的有力之举。

二、学名和分类地位

亚侧耳又名：冬蘑、元蘑、黄蘑、冻蘑、晚生北风菌等。

学名：*Panellus serotinus* (Pers.) Kühner, C. r. hebd. Séanc. Acad. Sci., Paris 230:1889(1950)。

属名"*Panellus*"一词来自拉丁语，其词干是"panis"，意思是"面包"，词尾"-ella"是小形字尾，形状扇形，中文称为"扇菇属"。种名加词"*serotinus*"意思是"后熟的、向后的"，应称"晚生扇菇"。因为中文文献一直沿用亚侧耳属 *Hohenbuehelia* 的分类地位，该菌的中文学名常写成"亚侧耳"。

同物异名：*Acanthocystis serotinus* (Pers.) Konrad & Maubl., *Icon. Select. Fung.* 6:364 (1937)；*Agaricus almeni* Fr., *Hymenomyc. eur.* (Upsaliae):176(1874)；*Agaricus serotinus* Pers., in Hoffmann, *Naturgetr. Abbild. Beschr. Schwämme*(Prague)3:4(1793)；Dendrosarcus *almeni*(Fr.) Kuntze, *Revis. gen. pl.* (Leipzig) 3:463 (1898)；*Dendrosarcus serotinus*(Pers.)Kuntze, *Revis. gen. pl.* (Leipzig)3:464(1898)；*Hohenbuehelia serotina* (Pers.) Singer, *Lilloa* 22: 254 (1951) [1949]; *Panus serotinus* (Pers.) Kühner, *Bull. mens. Soc. linn. Lyon*, Num. Spéc. 49: 895 (1980); *Pleurotus* almeni (Fr.) P. Karst., *Bidr. Känn. Finl. Nat. Folk* 32: 89 (1879); *Pleurotus serotinus* (Pers.) P. Kumm., *Führ. Pilzk.* (Zwickau): 108 (1871); *Pleurotus serotinus* (Pers.) P. Kumm., *Führ. Pilzk.* (Zwickau): 108 (1871) f. *serotinus*; *Pleurotus serotinus* var. almeni (Fr.) Bigeard & Guillem., *Fl. Champ. sup. France* (Chalon-sur-Saône) 2: 120 (1913); *Pleurotus serotinus* var. *flaccidus* J. E. Lange, *Dansk bot. Ark.* 6 (no. 5): 27 (1930); *Pleurotus serotinus* (Pers.) P. Kumm., *Führ. Pilzk.* (Zwickau): 108 (1871) var. serotinus; *Sarcomyxa serotina* (Pers.) P. Karst., *Meddn Soc. Fauna Flora fenn.* 18: 62 (1891)。

分类地位：菌物界(Fungi)，担子菌门(Basidiomycota)，伞菌纲(Agaricomycetes)，伞菌亚纲(Agaricomycetidae)，伞菌目(Agaricales)，小伞科(Mycenaceae)。

第二节　亚侧耳的生物学特性

一、形态特征

担子果丛生或覆瓦状叠生。菌盖半球形、扇形或肾形，宽 3～12cm，盖面黏；覆有胶质膜，黄绿色或带褐色，有短绒毛，盖缘平滑，初内卷，后反卷。菌肉厚，白色，柔软。菌柄短，侧生，长 1～2cm，粗 1.5～3cm，柄上被有绒毛或鳞片，淡黄色，常有黑褐色斑点，或无柄。菌褶延生，薄，幅宽，前方窄，白色至淡黄色。孢子印白色；孢子无色，腊肠形，4.5～5.5μm×1.5～2μm。囊状体棱形，中部膨大，30～45μm×10～15μm，顶端有结晶体。

二、分　布

野生亚侧耳主要分布吉林省长白山、抚松、临江、靖宇、蛟河、吉林、桦甸和延边各县(市)；辽宁、黑龙江、河北、山西、陕西、贵州、内蒙古、广东、四川、云南等省区也有分布。

三、生长发育条件

亚侧耳为木腐菌，发菌季节在秋季，是侧耳属中低温型品种，呈覆瓦状叠生在榆树、椴树、桦树等阔叶腐木上。亚侧耳生长发育条件包括营养、水分、温度、空气、光照、酸碱度等，在生产中只有满足生长发育条件，才能保证优质、高产。

(一)营养

亚侧耳的营养物质包括碳源、氮源、矿物元素和生长素等。

碳源能提供亚侧耳构成细胞和代谢产物中碳架来源的营养，其主要作用是合成糖类和氨基酸，以构成细胞组织物质。碳源是亚侧耳最重要的营养源之一。亚侧耳菌丝生长可广泛利用多种碳源，大分子化合物如纤维素、半纤维素、木质素、淀粉、果胶等，小分子化合物单糖、有机酸等，其中对纤维素、半纤维素、木质素、淀粉分解能力较强，能有效利用木糖、葡萄糖和蔗糖。

氮源提供亚侧耳生长发育所需要的氮素来源，它是合成蛋白质和核酸的主要原料。主要包括有机氮源和无机氮源。在栽培中，天然氮源主要来自树木、秸秆、腐殖质中的蛋白质、氨基酸及其他含氮物质。为了达到高产稳产和优质，常在配制培养料的过程中，加入一定量的豆饼、豆汁、蛋白胨以及其他含氮化合物。如用 1%牛肉汁(或 5%豆饼水解液)与 30%木屑浸汁的混合液都是较好的氮源。

矿物元素是亚侧耳生命活动所不可缺少的物质，主要有硫、磷、钾、钙、镁等，以及其他微量元素，如铁、锰、锌等。其中磷、钙、钾、镁最为重要，需要量较多，吸收利用尤为显著。而铁、锰等元素，需求量甚微。矿物元素主要作用是构成细胞的成分，作为酶的组分，调节细胞的渗透压，氢离子浓度和氧化还原电位等，它是细胞代谢中不可缺少的活化剂。

生长素是维持食用菌生长不可缺少并且微量就能满足的物质，如维生素 B_1 是所有食用菌包括亚侧耳都需要的，在米糠中含量丰富，木屑中也有。维生素 B_1 的最适浓度是 10mg/L，维生素 B_1 缺乏时，首先抑制亚侧耳的发育，浓度继续降低，营养菌丝生长受抑制，甚至停止生长。

(二)水分与湿度

水分是亚侧耳生命活动中的重要物质。水分不仅是食用菌细胞的重要组成部分，而且还是食用菌吸收营养物质以及代谢过程中的最基本溶剂。细胞内的一切生化反应都是在水溶液中进行的。亚侧耳菌丝生长基质最适含水量为 55%～

60%。菌丝生长阶段，空气相对湿度要求在80%～85%。子实体形成阶段，空气相对湿度要求在90%～95%。

(三)温度

亚侧耳属于低温型菌类，适合于早春、晚秋栽培。菌丝在10～30℃均可生长，适宜温度为20～25℃。子实体形成最适温度为8～16℃。

(四)空气

亚侧耳属于好气性真菌，对二氧化碳特别敏感。在子实体形成过程中，二氧化碳大于0.3%以上将会使菌盖发育受阻，菇体畸形，甚至受抑制。

(五)pH值

亚侧耳对pH的适应范围较宽，在3.5～8.0之间均可生长，适宜pH为5.5左右。人工栽培时基质pH值略高些，可有效防止杂菌滋生。

(六)光线

亚侧耳菌丝生长阶段可以在完全黑暗的条件下生长，子实体生长阶段要求适当的散射光，最适光照度在60～100 lx，对子实体形成有促进作用，使子实体发育正常。

第三节 亚侧耳的栽培技术

一、菌种制备

(一)母种制备

亚侧耳在PDA培养基上生长不良，可以参考如下配方：

配方1：马铃薯200g，杂木屑100g，蔗糖20g，琼脂20g，水1 000ml。

按配比精确秤取各种营养物质。

挑选好的马铃薯洗净去皮，切成小方块，加水煮沸20分钟，用2～4层纱布过滤，得其汁液。杂木屑煮汁，过滤后混合。

琼脂事先浸泡洗净后，加入马铃薯汁液中，继续加热直至溶化。加热过程中要不断搅拌，防止溢出或焦底，再加入蔗糖。用开水补足水量至1 000ml。分装试管，1.0～1.05kg/cm^{2}压力灭菌25～30分钟，制成斜面母种培养基。

配方2：马铃薯200g，元蘑100g，蔗糖20g，琼脂20g，水1 000ml。

先制备马铃薯煮汁和元蘑煮汁，过滤后混合，按以上常规方法制备培养基。

配方3：葡萄糖20g，牛肉膏10g，木屑浸出液50ml，KH_2PO_4 1g，$MgSO_4$ 0.5g，琼脂20g，水1 000ml。

木屑浸出液用50g木屑加500ml水，煮沸30分钟，过滤取滤液即可。其他按以上常规方法制备培养基。

配方4：豆饼50g，葡萄糖20g，KH_2PO_4 3g，$MgSO_4$ 1.5g，琼脂20g，维生素B_1 0.1g，琼脂20g，水1 000ml。

豆饼泡软，取豆饼水，加入其他成分，按以上常规方法制备培养基。

菌种转接到上述培养基以后在21～24℃温度下培养，亚侧耳10天左右长满管，菌丝浓密茁壮。

(二)栽培种制备

配方1：阔叶木屑76%，麦麸20%，蔗糖1%，过磷酸钙1%，石膏1%，碳酸钙1%。

先将蔗糖、过磷酸钙、石膏、碳酸钙溶于水中，再把阔叶木屑、麦麸混合。以上原料混合，搅拌均匀，使培养基含水量达到60%～65%，堆闷片刻，装袋。

配方2：阔叶木屑78%，麦麸17%，蔗糖1%，石膏1%，豆饼粉1.5%，玉米粉1.5%。

制备方法同上。

二、栽培方法

(一)袋料栽培

1. 培养料的选择

亚侧耳菌丝是以分解木质素为主的木腐菌。培养基配方原料应以木屑和含有较丰富木质素的秸秆为主。原则是就地取材，林区可以选择阔叶木锯末、玉米芯、豆秸粉碎物为主料，辅料为麦麸、豆粉、豆饼粉、石膏、石灰、蔗糖等。

配方1：杂木屑59%，豆秸25%，麦麸14.5%，豆粉1%，石膏0.5%，含水量60%～65%。

配方2：杂木屑78%，麦麸20%，蔗糖1%，石膏1%，含水量60%～65%。

配方3：杂木屑59%，豆秸25%，米糠14.5%，豆粉1%，石膏0.5%，含水量60%～65%。

配方4：杂木屑59%，玉米芯25%，麦麸14.5%，豆粉1%，石膏0.5%，含水量60%～65%。

配方5：杂木屑50%，玉米芯30%，麦麸16%，石灰 4%，含水量 60%～65%。

配方 6：豆秸粉 50%，玉米芯 40%，麦麸 5%，石灰 5%，含水量 60%～65%。

配方 7：豆秸粉 47.5%，玉米芯 47.5%，石灰 5%，含水量 60%～65%。

配方 8：杂木屑 84%，麦麸 14.5%，豆粉 1%，石膏 0.5%，含水量 60%～65%。

配方 9：玉米芯 84%，麦麸 14.5%，豆粉 1%，石膏 0.5%，含水量 60%～65%。

配方 10：杂木屑 59%，棉子壳 25%，麦麸 14.5%，豆粉 1%，石膏 0.5%，含水量 60%～65%。

以上原料先将蔗糖、石膏等溶于水中，再把木屑、麦麸等原料混合，搅拌均匀，使培养基含水量达到 60%～65%，堆闷片刻，装袋。

2. 装袋、接种和发菌培养

采用 17cm×33cm×0.05cm 规格的聚丙烯塑料袋装袋，装料要松紧适度，稍加压实后，用椎形木棒在料中间打接种孔至近袋底。袋口套塑料颈圈加棉塞。采用常压灭菌，在 100℃ 灭菌 8～10 小时，焖 2 小时，然后自然降温。待料温降到 28℃ 以下，在无菌室接种，接种量为 15%～20%。接种后，用棉塞封闭袋口，将菌袋竖立在床架上进行培养，2～3 天菌丝萌发。5～7 天当菌丝长入料内后，将菌袋改为卧放培养。发菌期间温度控制在 20～25℃，空气湿度控制在 65%左右，同时培养室要加强通风。经过 30～40 天菌丝长满袋，发菌完毕。

3. 出菇管理

长满菌丝的菌袋再继续培养 10 天左右，即可移入出菇室。出菇室要求通风良好，有一定的散射光。出菇室温度保持在 10～20℃，在此温度下，子实体菌盖肥厚，产量高。温度超过 23℃，子实体生长较快，但是菌盖小而薄，品质差，产量低。

亚侧耳子实体形成阶段需要较高的湿度条件。一般空气相对湿度在 85%～95%，子实体可以正常生长。湿度低时，幼菇容易干枯，但也不宜喷以重水。一般，为使子实体正常生长，每天应向地面喷水，向空中喷雾 3～4 次，使湿度达 90%左右。

摆袋时，先用 0.1%的高锰酸钾擦洗袋的表面，然后用刀片在袋上划口。一般划 4～5 个“1”字形口，口长 4～5cm，深 0.2～0.3mm。在适宜的温度和湿度条件下，15～25 天形成菇蕾，再过 15 天，可以采收子实体。亚侧耳子实体形成的标准是，子实体菌盖颜色由深黄绿色向黄白色转变，菌盖边缘微微上翘。采收时一般要求整袋一次性采收完毕。采收后将料袋稍加整理，并适当养菌，经 15～20 天还可长出第二潮菇。

4. 采收加工

亚侧耳子实体边缘即将展开或开始弹射孢子时立即采收，使其保持色泽鲜艳与美味。采收后及时用塑料袋抽真空或充氮包装，然后在 0～5℃ 情况下冷藏保鲜。也可整菇烘干，干菇含水量在 13%以下装入密闭的薄膜袋保存。

（二）段木栽培

可选用椴木、柞木、桦木以及其他阔叶树等木材作为栽培菇木。

1. 立木栽培法

段木长 40～50cm，直径 10～15cm（为保护林木，可选用修整裁剪下的丫材）。

采用立木栽培法即伐木→剔枝→截段→接种→立木→管理的流程。

接种穴一般行距 8cm 左右，穴距 16cm 左右，穴深 2cm，穴孔直径 16mm。接种时边接种边封盖。

立木株行距均按 50～60cm。立木时先挖好坑，深 15cm 左右，向坑内注满水，待水渗下无明水时，放一层菌种，立木并使下截面坐落在菌种上，覆土。上截面最好放一层菌种，而后用小块塑料薄膜包好，立木后可搭建矮遮阳棚，周围可以种植向日葵等高秆作物。根据天气状况及菇木含水多少，适时适量浇水。若两行立木间设一条小水沟更为理想，此法管理方便，比较适用。

2. 短段木栽培

流程：采伐→截断→装袋→灭菌→接种→菌丝培养→整地搭棚→埋放菇木→菇场管理→采收加工。

①菇木选择：以椴木、柞木、桦木等阔叶树种为材料，直径在 8～15cm，截成 13～15cm 的短段，处理好表面使之光滑无刺。

②灭菌：一般选择 17cm×33cm 聚丙烯塑料袋，一袋装一段，常压锅 100℃ 灭菌 8～10 小时。

③接种、发菌：无菌条件下进行操作。每瓶菌种转接 4～5 袋，接种后将菌种拍实，紧贴段木截面，菌种厚 1cm。发菌温度 24℃ 左右。

④出菇管理：菇场一般选在开阔通风、排水良好、水源交通方便、地面平整的砂质土壤。棚的规格为宽 5m、长 20～25m，畦中间留 0.5m 的人行道，两边畦宽各 2m 左右。作畦时将土层翻 10cm，除掉杂草和石块，平整地面，暴晒后作业。将培养好的菇木从袋中取出，按 10～15cm 的距离单个立放在畦面上。菇木顶部高度要求一致，中间填满沙子，上层铺

沙1～2cm。整个操作要求连续作业，当天完成。

出菇管理主要是水、温度、气、光4项。沙面要经常保持湿润，地温发菌期一般30℃以内，出菇期10～20℃，同时要保持良好的通风。

第四节 亚侧耳的营养价值

亚侧耳营养丰富，含有多种氨基酸、多糖及脂类、甾类、果胶等。营养成分：蛋白质16.40%，糖类21.80%，脂肪1.50%，水分39.30%，膳食纤维18.30%及多种维生素。

一、微量元素

亚侧耳中含有的微量元素主要有铁、锌、钙等。含量如表61－1所示。

表61－1 亚侧耳中微量元素含量

微量元素	Fe	Co	Mg	Zn	Cr	Ca	Se	Cu	Ge	Mo
含量(μg/g)	257.1	0.044	1235	35.1	2.85	840	0.315	5.04	0.371	0.89

二、多　糖

亚侧耳中含有多种具有抗肿瘤、提高机体免疫力的多糖，主要有水溶性中性多糖：以半乳糖、甘露糖、葡萄糖为主要构成糖；水溶性酸性多糖：以谷氨酸、天冬氨酸等酸性氨基酸含量较高，构成糖为葡萄糖、半乳糖、甘露糖和果糖；1%草酸铵提取的多糖，主体为葡聚糖，构成糖中含有少量半乳糖和甘露糖；5% NaOH提取的多糖以葡萄糖为主，蛋白质部分中天冬氨酸、谷氨酸、丙氨酸、亮氨酸等构成比较高。另外，还有壳多糖物质。

三、脂溶性成分

亚侧耳子实体中脂肪酸主要是亚油酸、乙基亚油酸，具有溶解胆固醇的作用，可以防止动脉硬化。其中亚油酸含量为35.03%，乙基亚油酸含量为40.31%。另外含有5.21%的十六烷酸乙酯、1.63%的十六烷酸、2.85%的亚油酸甲酯、2.29%的1,2-苯二甲酸、1.18%的3,4-辛二烯-7-甲基。

第五节 亚侧耳的药理与应用

据报道，亚侧耳多糖具有明显的抑瘤活性，具有辐射保护作用。另外，亚侧耳还有舒风活络、强筋壮骨的作用。

一、抗肿瘤活性

(一)亚侧耳碱溶性多糖蛋白(Fb)对小鼠体内S-180的抑制作用

马岩等实验研究结果表明，亚侧耳碱溶性多糖蛋白对小鼠体内S-180有显著抑制作用，抑瘤率为79.8%。

(二)亚侧耳碱溶性多糖蛋白(Fb)对小鼠肝癌H_{22}的抑制作用

马岩等实验研究结果表明，亚侧耳碱溶性多糖蛋白(Fb)对小鼠肝癌H_{22}具有显著的抑制作用，抑瘤率为65.1%。Fb对体外H_{22}细胞生长有明显抑制作用，给药组细胞数自第3天内开始明显低于对照组，给药组在第7天细胞死亡数达48%，为对照组的2.2倍。曹瑞敏等证实亚侧耳蛋白组分抑制小鼠肝癌H_{22}，抑制率为47%～67%。另外，还报道了亚侧耳多糖对接种肝癌H_{22}小鼠的抑瘤率为51.6%～67.1%。

二、亚侧耳多糖的抗辐射保护作用

研究结果表明，多种多糖具有明显的抗辐射作用，能显著延长辐射损伤机体的存活时间，提高生存率，拮抗辐射造成的免疫损伤，降低造血系统的损害和清除自由基。据报道，亚侧耳多糖除对肿瘤细胞具有较强的抑制作用以外，还可以使受照射小鼠胸腺细胞DNA合成受抑制程度明显减轻。同时，使自由基清除剂和抗氧化酶含量明显增加。表明亚侧耳多糖有促进自由基清除、抑制或阻断自由基引发的脂质过氧化反应。亚侧耳多糖作为低剂量、低水平的辐射效应防护剂具有重要意义。

陈强等利用亚侧耳多糖作为抗辐射防护剂对不同剂量X射线照射的小鼠所诱发的骨髓细胞染色体畸变进行了观察。结果表明，各照射点保护组与对照组相比，染色体畸变率均明显降低（$P<0.05$）。

姜世权等研究了亚侧耳多糖的辐射防护作用及其受照小鼠肝脏组织中脂质过氧化物含量（LPO）及超氧化物歧化酶（SOD）、谷胱甘肽过氧化物酶（GSH-Px）和过氧化氢酶 CAT 活性的影响。结果表明，亚侧耳多糖可明显提高受致死剂量照射小鼠的 30 天存活率，延长存活天数。进一步研究发现，亚侧耳多糖能明显降低受照小鼠的肝脏中 LPO 含量，且显著增强其 SOD、GSH-Px 和 CAT 活性。提示亚侧耳多糖具有明显的辐射防护作用。

叶菲等报道，亚侧耳碱提取物对 X 射线照射小鼠免疫功能具有保护作用。研究观察了预防给予亚侧耳碱提取物对2.0Gy X 射线单次全身照射后24 小时小鼠免疫功能的影响。结果表明，亚侧耳碱提取物可明显增加受照小鼠脾、胸腺细胞数、减轻其指数的降低，显著增加脾脏淋巴细胞对ConA诱导增殖反应和胸腺细胞自发增殖反应的能力。

三、其　他

亚侧耳具有提高机体免疫功能的作用。据马岩等报道，亚侧耳多糖能提高免疫抑制小鼠免疫系统的活性，并有保护和促进其免疫系统的修复和增生，显著提高正常小鼠的 T 淋巴细胞转化率。亚侧耳还具有疏风活络、强筋健骨之功效。中国东北长白山林区居民常常饮用其黄酒浸液治疗关节炎、手足麻木及筋络不舒等症。

参考文献

[1] 李茹光．吉林省真菌志（第一卷 担子菌亚门）[M]．长春：东北师范大学出版社，1991.
[2] 潘学仁．小兴安岭大型经济真菌志[M]．哈尔滨：东北林业大学出版社，1995.
[3] 谢支锡，王云，王柏．长白山伞菌图志[M]．长春：吉林科学技术出版社，1986.
[4] 陈宗泽，唐玉芹．食用菌栽培技术[M]．北京：解放军出版社，2000.
[5] 曹瑞敏，赵忠伟，马岩，等．亚侧耳化学成分研究[J]．现代应用药学，1995，12(3)：2-3.
[6] 江海霞，赵海，张大方．亚侧耳人工培养工艺及其化学成分的研究进展[J]．长春中医学院学报，2005，21(2)：59-60.
[7] 曹瑞敏，王志才，陈海燕，等．长白山野生亚侧耳中部分化学成分及其微量元素分析[J]．中国中药杂志，1995，20(4)：233-234.
[8] 田杰，张大方．亚侧耳的药理作用研究进展[J]．长春中医学院学报，2004，20(4)：63-64.
[9] 陈强，李玲，姜虹．黄蘑多糖对小鼠骨髓细胞染色体的辐射防护作用[J]．中华放射医学与防护杂志，2005，25(2)：141.
[10] 姜世权，叶飞，苏士杰．黄蘑多糖的辐射防护作用及其机制的初步探讨[J]．中国辐射卫生，2001，10(2)：67-68.
[11] 叶菲，吴丛梅，苏士杰．黄蘑碱提物对 X 射线照射小鼠免疫功能的保护作用[J]．白求恩医科大学学报，1996，22(6)：591-593.
[12] 马岩，马颖哲，张家颖，等．黄蘑多糖 Fb 对小鼠免疫功能的调节作用[J]．吉林大学学报，2005，31(5)：692-695.
[13] 马岩，水野卓，伊藤均，等．长白山野生黄蘑抗肿瘤活性多糖的研究[J]．白求恩医科大学学报，1992，18(3)：220-222.
[14] 曹瑞敏，吴珊，刘淑敏，等．黄蘑多糖蛋白的抗肿瘤作用[J]．中国中药杂志，1994，19(10)：624.
[15] 孟黎明，萱凡玉．元蘑母种培养基配方实验[J]．中国林副特产，1996(4)：17-18.
[16] 徐云岭，梁多民．元蘑反季节栽培技术[J]．中国林副特产，2006(4)：59-60.
[17] 黄绪洪，薛向阳，王红波．元蘑仿野生立体高产栽培技术[J]．食用菌，2007(6)：52.
[18] 张研，建农，林吉．元蘑高产栽培技术[J]．食用菌，2004(8)：34.
[19] 李宏伟，宋文正．元蘑简易棚栽培方法技术要点[J]．中国林副特产，2006(4)：55-57.
[20] 高云虹．塑料大棚元蘑栽培法[J]．特种经济动植物，2004(7)：40-41.
[21] 尹永林，王志学．大棚栽培元蘑[J]．食用菌，2004(4)：38.
[22] 王海英，姜广玉，盛喜德．大棚栽培元蘑[J]．内蒙古农业科技，2004(6)：56.
[23] 孟黎明，颜淑珍，胡伟．元蘑袋栽技术[J]．中国林副特产，1995(4)：30-31.

（宋启印、翁丽丽、王淑敏）

第六十二章　榆　耳

DILIUSHIERZHANG YUER

摘要：榆耳是我国东北地区特有的著名食药兼用真菌，具有很高的食用和药用价值，是传统的颇具特色的出口商品。长期以来榆耳靠采集野生资源，远远满足不了人们对榆耳食用和药用的需求。特别是近几年，国内和国际市场需求量越来越大，价格也随之不断上扬，因此导致掠夺性采集。到 20 世纪 80 年代末，野生榆耳濒临枯竭。科技工作者开始着重对榆耳生物学特性、菌种分离和驯化栽培等方面进行了大量深入的研究，取得了人工栽培榆耳的科技成果。本章较全面、系统地阐述了我国榆耳发展历程、现状、生物学特性、菌种繁育、栽培技术和榆耳的营养及药用价值。本文以栽培技术为中心，突出介绍具有推广应用价值的新技术、新工艺、新材料和新设施，并对我国榆耳产业 20 多年来的发展进行总结。

Gloeostereum incarnatum

Abastract：*Gloeostereum incarnatum* is a well-known edible and medicinal mushroom，and a special local product of northeast China from where it was traditionally exported. For a long time，all of these mushrooms on sale in the markets were collected from the wild and consequently demanded very high prices. Over-exploitation of *G. incarnatum* occurred and，in the 1980's，the species was on the verge of extinction. Consequently，researchers began to investigate the biological features of this mushroom and to isolate different strains，eventually succeeding in its artificial cultivation. This chapter consists of six sections describing in detail various aspects of *G. incarnatum* including production history，the present status of *G. incarnatum*，biological features，spawn production，cultivation techniques (including wood log cultivation techniques，artificial cultivation，and submerged culture)，nutritional attributes and medicinal properties. This chapter focuses on cultivation and emphasizes new techniques，materials and facilities with a potential for wider adoption. It also reviews and summarizes the development of the *G. incarnatum* industry in China during the last 20 years.

第一节　概　述

一、榆耳学名及分类地位

榆耳又名：榆蘑、胶韧革菌、肉质黏韧菌、肉红胶韧草菌、榆射脉菌、黏韧革菌、射脉菌等。

学名：*Gloeostereum incarnatum* S. Ito & S. Imai，*Trans. Sapporo nat. Hist. Soc.* 13：11(1933)。

属名“*Gloeostereum*”一词来自希腊语，词干“gloios-”意思是“胶质的、黏质的，黏稠的”，词尾“-stereos”意思是“坚固的、坚硬的、坚韧的”，是韧革菌属的属名，中文称“胶韧革菌属”。种名加词“*incarnatum*”意思是“肉红色的”。可称肉红色胶韧革菌，在中国北方该菌生长在榆树上，耳状，所以称“榆耳”。

同物异名：*Merulius incarnatus* (S. Ito & S. Imai) Spirin & Zmitr.，*Nov. sist. Niz. Rast.* 37：182(2004)。

分类地位：菌物界(Fungi)，担子菌门(Basidiomycota)，伞菌纲(Agaricomycetes)，伞菌亚纲(Agaricomycetidae)，伞菌目(Agaricales)，挂钟菌科(Cyphellaceae)。

二、我国榆耳发展历程

我国的榆耳主产于东北地区，长期以来一直靠采集野生资源，作为出口商品。辽宁省的西丰、清原和广州市等药材及外贸部门很早就将其作为中药材收购出口，销往香港及德国等地。

20 世纪 80 年代以后，由于森林面积逐年减少，野生榆耳的产量急骤下降，而药材及外贸部门大量收购，市场需求量越来越大，榆耳产品供不应求，价格也不断上涨。80 年代末期广州市场收购榆耳干品的价格每千克高达 240 元。因此，导致人们破坏性采集，野生榆耳已出现枯竭状态，引起食用菌专业技术人员的重视，并开始了对榆耳人工驯化栽培的研究。

我国东北山区百姓虽然很早就了解榆耳可食用、药用，但在古代文献中只有明朝的《本草纲目》中载有药用功效，其他文献未见记载。自 20 世纪 80 年代初期起王云、张金霞等对榆耳的分类地位、生物学特性、生态分布和人工栽培等做了大量研究与报道。

1985 年，笔者对榆耳的市场、前景、食用和药用价值进行了调查，并对榆耳的生物学特性、菌种分离培养以及人工驯化栽培进行了初步研究，用瓶栽育出了榆耳子实体。1989 年 2 月，榆耳人工培养技术通过省级鉴定，并在当地推广生产。

1987 年，田希文、鄢玉怀等人对榆耳资源、市场、栽培和用途等进行了调查，并指出榆耳是一种具有较高经济价值的食用和药用真菌。1988 年，研究了榆耳的生物学特性，并完成了榆耳野生菌株人工栽培比较实验。同时确定了榆耳的分类地位，并选育出了产量高、性状好的菌株，总结出了比较完整的人工栽培榆耳的试验成果。之后又对榆耳的营养成分、抗炎性、榆耳多糖的分离及其性质，榆耳多糖的抗癌活性、免疫功能、榆耳的毒理、榆耳同工酶比较试验和榆耳营养生理等进行了比较系统的研究。

1990 年，刘瑞君和陈颖等人进行药理试验表明，榆耳子实体的浸出液中，含有类似呋喃唑酮的活性成分；榆耳发酵液对多种细菌尤其是肠道沙门杆菌均有一定的抑菌作用。

1994 年，颜跃祖、李秀玉、王玉珍等人发表了榆耳有性结构和生活史的研究。

1998 年，于文喜等人报道了采用玉米芯作培养料榆耳栽培技术。

2003 年，唐玉琴和赵义涛报道了用阔叶木屑和棉子壳（或棉絮）为主料的榆耳生产栽培技术。

2005 年，陶申傲等人发表了对榆耳发酵液抑菌成分的初步研究。

2006 年，毛玉帮、李旭等发表了榆耳生物学特性及栽培技术。

三、我国榆耳产业发展现状

榆耳很早就被列为外贸部门收购出口的中草药、土特产品。由于榆耳的野生资源较少，产量有限，而且它既能食用，又可药用，价格昂贵，经济价值高，故成为山珍名贵之品。多年来，一直供不应求。

为了保护野生资源，解决榆耳货源不足的问题，自 20 世纪 80 年代初期以来，许多科技人员对榆耳的人工驯化栽培进行了大量深入的研究，获得了可喜的成果。

现在辽宁省的抚顺、清原等地，吉林省的四平、通化、吉林、延边等地区的榆耳人工栽培已形成了较大的生产规模，栽培面积正在扩大，华北地区的榆耳栽培也在推广发展之中。

榆耳在国内、国际市场均很畅销，价格也一直比较稳定，榆耳生产是一项很有发展前景的产业。

第二节　榆耳的生物学特性

一、形态特征

榆耳由菌丝体和子实体两部分组成。菌丝体是榆耳的营养器官，菌丝近无色，营养菌丝体幼嫩时白色，培养后期变微黄色，菌丝呈线形，绒毛状，粗 32 ～36μm，具有分枝、横隔及锁状联合。

子实体是榆耳的繁殖器官，能产生大量的孢子（即生殖细胞）。榆耳子实体无柄，单生或覆瓦状叠生一起，初起时平伏或呈不规则脑状。开片后菌盖呈肾形，逐渐平展，长成半圆型、贝壳形、耳片状，表面乳白色或粉红色，大小为 3～15cm×4～16cm，厚0.3～2cm，其质地幼时柔软、肉质肥厚，富有弹性，半透明，胶质。子实体干时收缩、坚硬，变为深褐色至浅咖啡色，干后再经水浸泡复原肉质。菌盖密生、松软、较厚的橘黄色至粉红色茸毛层，毛长 1mm 左右，腹面凹凸不平，表面密布半透明的小疣，浅橘红色。子实层栅栏状排列，具有辐射状分枝的棱纹，由担子和囊状体组成。囊状体圆柱形或近棒状，72～90μm×5.6～9.0μm。孢子无色（孢子印白色），光滑、薄壁，卵形、椭圆形，5.8～7.4μm×3.2～3.6μm（图 62－1 是人工栽培的榆耳，图 62－2 是野生榆耳）。

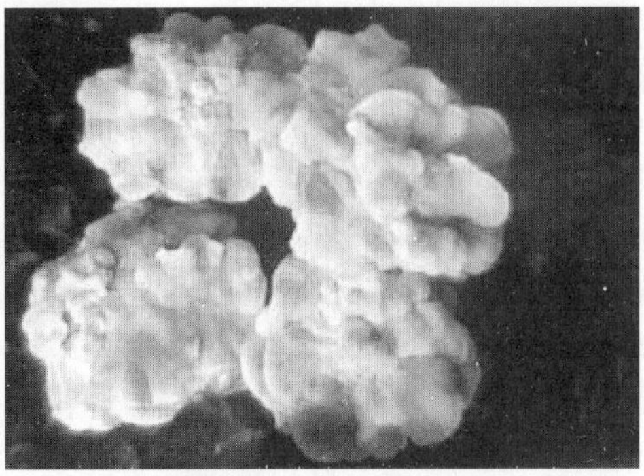

图 62－1 人工栽培榆耳

图 62－2 野生榆耳

二、分布和生态习性

(一)分布

野生榆耳主要分布于我国和日本。在我国主要分布在东北三省的山区,辽宁省的清原、铁岭、抚顺、新宾和本溪,吉林省的通化、浑江、抚松、长白、桦甸、安图和敦化等地,黑龙江省的东部山区都是野生榆耳的主产区,新疆也有少量分布。

在日本,野生榆耳主产于北海道和本州地区。

(二)生态习性

榆耳是一种树木腐生真菌,野生榆耳多生长在家榆(*Ulmus pumila* L.)、春榆(*Ulmus propinqua Koia*)的枯树干、树洞上。笔者还发现在吉林农业大学校园内的数棵唐槭树(*Acer triFlorum Kom*)的枯干上长出鲜嫩的榆耳子实体。

野生榆耳大多生长在湿度较高、光线较暗的山沟、沟塘和半山坡的家榆、春树的枯树干上。在自然界,8 月下旬至 10 月份产生榆耳子实体。

榆耳是木腐菌,在自然界中它不能在活树上生长,而是在活树的枯死部位生长,它靠榆耳菌丝自身分泌相应的酶等来分解和利用树木中的木质素、纤维素、半纤维素、有机氮等营养物质而生长。

榆耳是好氧菌。野生者多在山区林中,空气新鲜有利其生长。榆耳人工培养时,在菌丝生长阶段,其培养瓶(或袋)的封口要注意通气良好。在子实体形成分化出耳期更应保持培养场所空气新鲜,有足够的氧气,以满足其生长发育的需求。

榆耳的生活史和典型的担子菌的生活史基本相同,属于典型的异宗结合、四极性双因子控制生殖的真菌。其生殖过程是由不亲和的两个因子控制,故称双圈系,由以下几步组成(图 62－3)。

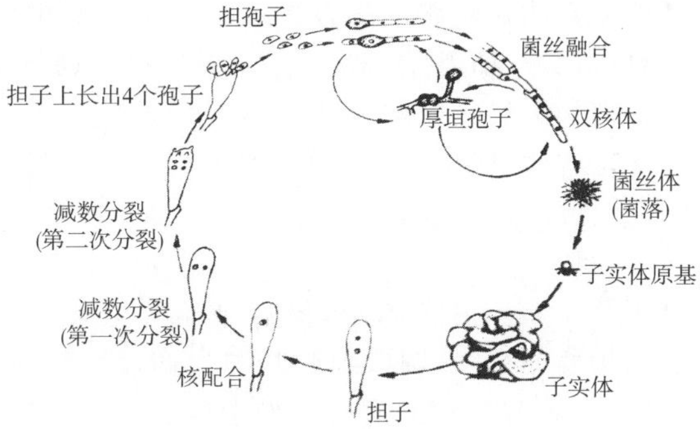

图 62－3 榆耳的生活史

(三)榆耳的生长发育条件

榆耳菌丝及其子实体生长发育所需的条件主要包括营养、水分、温度、空气、光照及酸碱度(pH)等因子。在榆耳人工栽培及管理过程中只有满足其生长发育条件才能获得优质、高产、高效益。

1. 营养

榆耳营腐生营养,是一种木腐菌。榆耳的生长是依靠菌丝分泌各种酶来分解利用有机物才能获得物质和能量,供其生长发育。在榆耳人工培养中,培养基会直接影响它的生长发育。不同的培养基质因其营养成分不同,所生长的榆耳质量与产量也不相同。因此,栽培生产中应尽可能地选择最适宜的培养基。榆耳所需的主要营养为碳源、氮源、无机盐和维生素。

(1)碳源

碳源是榆耳生长发育最重要的营养源,其主要作用一是构成菌丝细胞中碳素骨架,二是榆耳生长发育所需的能源。榆耳菌丝能利用多种碳源,其中以可溶性淀粉、糊精、糖蜜最佳,蔗糖、葡萄糖、果糖、麦芽糖、棉子糖和纤维素次之。对乳糖、半乳糖的利用也较差。榆耳菌丝虽然不能直接吸收利用木材和木屑中的纤维素和半纤维素,但可由菌丝分泌相应的酶,将这些物质分解利用,而分解利用木屑中的木质素的能力较差。榆耳菌丝虽在多种基质上均能生长,但以纤维素和淀粉含量高而木质素含量较低的纤维材料为好,人工栽培最好选择棉子壳、废棉为主要碳源,其次是玉米芯、豆秸、花生壳,用阔叶树木屑做碳源虽然原料易得,但其产量最低。

(2)氮源

氮源是合成榆耳细胞蛋白质、核酸、酶和细胞质等生命活动不可缺少的营养成分。榆耳能很好地分解利用豆饼粉、玉米浆，其次是蛋白胨、酵母粉、甘氨酸、丙氨酸等有机氮源，利用无机氮的能力较差，对谷氨酸和硝酸钠利用也较差，榆耳菌不能利用尿素的硫酸铵。在人工栽培的培养基中应添加有机氮源，如麦麸、米糠、玉米粉和豆饼粉等。

合理的碳氮比可取得速生高产的效果。榆耳培养基适宜碳/氮比为24∶1～30∶1，氮的浓度以0.04%～0.05%为宜。

(3)矿质元素

矿质元素虽需求微量，但也是榆耳生长发育必需的物质，它可以调节细胞新陈代谢、渗透压和pH值等。榆耳所需的矿质元素主要有磷、硫、钾、镁、钙等。

根据榆耳生长发育所需矿质元素量的大小，分为常量元素和微量元素两大类。

常量元素主要有磷、硫、钾、镁、钙等。磷是组成核酸、蛋白质的主要元素，对榆耳的生长发育起主要作用。磷是菌丝中一些酶的激活剂，磷酸盐是缓冲剂。镁是正常代谢和酶的活化元素，培养基中常添加硫酸镁。钾是酶的激活剂，钙可以调节培养基的酸碱度。

微量元素有铁、钴、猛、铜、钼等。这些元素是构成酶的成分，或是酶的激活剂，也是榆耳生长发育所必需的，但需求量很小，常用的培养基或用水中都含有，不用再添加。若添加过量反而影响生长。

(4)维生素类

维生素是组成酶的成分，有催化功能。维生素B_1对榆耳生长起着重要作用，若严重缺乏维生素B_1，榆耳菌丝生长迟缓甚至停止。榆耳菌丝自身不能合成维生素B_1，因此，培养基中需添加适量的维生素B_1(10mg/L)。维生素在麦麸、麦芽糖和酵母中的含量较多，选择上述辅料的培养基中可不必另外添加。

除上述营养物质外，培养基中适量添加胞嘧啶和腺嘌呤等可促进榆耳菌丝生长。添加三十烷醇、吲哚乙酸等生长调节类物质对榆耳的生长发育、提高产量也具有较好作用。

2. 水分

水分是榆耳生长发育不可缺少的因子；是菌丝细胞正常代谢的基础与溶剂。各种营养物质只有溶解在水里才能被菌丝细胞吸收，细胞的生理活动也只有在水中才能进行，代谢产物，特别是有害物质也只有溶解于水中才能排出。在榆耳的生长发育过程中，如短期的缺水，其菌丝会处于休眠状态；若长期缺水会影响榆耳的生长发育，甚至会导致死亡。榆耳生长发育所需的水分来源包括两个方面：①主要来自培养基，②来自于空气。榆耳在不同的发育阶段，对水分的需求有所不同。

(1)菌丝生长阶段

榆耳菌丝的生长直接受培养基水分大小的影响。榆耳菌丝在含水量40%～75%的培养基中均能正常生长，最适的培养基含水量为60%～65%。培养基的含水量过低或过高都会影响菌丝的生长。含水量低于55%时，虽然菌丝可以生长，但子实体原基难以形成。若高于70%时，由于水分过高，会影响菌丝呼吸作用，菌丝生长就会受到抑制，生长缓慢，甚至中止生长。菌丝生长期培养室空气的相对湿度应控制在60%左右，以防湿度太高，造成菌种污染。

(2)原基分化及子实体生长发育阶段

榆耳生长需要潮湿的环境，只有在湿度合适的条件下才能保持培养基的水分，有利于其生长。榆耳子实体生长发育期间要求湿度较大，空气相对湿度以90%～95%为宜。如低于70%，原基不能分化，已形成的原基也不再生长，甚至会枯萎死亡。如低于80%时，原基不易分化，即使形成的原基生长也很缓慢，很难开片长成正常子实体。

榆耳子实体是胶质的，它本身可以直接从空气中吸取水分，所以，在子实体生长发育期间空气湿度管理至关重要。此阶段环境湿度应干干、湿湿、干湿交替为宜，在干、湿交替的环境条件下即有利于耳片的开展，又可防止因长期潮湿、水分过大造成杂菌污染。

3. 温度

榆耳属低温和变温结实型真菌。在影响榆耳生长的各种物理因素中，温度是最重要的一个因素，适宜的温度是榆耳生长发育的重要条件。榆耳的生长发育必须在一定的温度范围内才能进行，榆耳的新陈代谢过程中需要众多酶的参与，各种酶的活性均有其最适宜的温度范围，温度过高或过低均会使酶的活性降低，影响营养物质进入细胞，也不利于子实体发生。

榆耳生长发育的不同时期对温度的要求也不相同。

(1)菌丝生长期

榆耳菌丝在5～35℃均能生长，适温范围为22～27℃，最适温度为25℃。在此温度下榆耳菌丝洁白粗壮，生长旺盛。温度低于15℃菌丝生长缓慢，10℃以下经12天才能萌发；28℃以上生长速度虽快，但菌丝细弱，35℃以上停止生长甚至死亡。个别高温菌株在37℃高温下，经14天菌丝还可存活，达40℃菌丝才丧失生命力。

(2)原基形成期

榆耳是低温结实型菌类。子实体原基的形成所需的温度较低，不仅低于菌丝生长的温度，还低于子实体生长时的温度。原基分化的温度范围为5～26℃，最适温度为10～22℃，温差在10℃左右有利于原基分化。在10℃以下或在25℃恒温下，很难形成子实体原基。

营养生长期间的温度对榆耳子实体原基的形成也有一定影响，在30℃条件下发菌培养的，转入生殖生长阶段，尽管给予适于原基分化期的温度条件，也不易形成原基。菌丝在25℃下培养最有利于子实体原基的形成。

(3)子实体生长期

榆耳子实体生长发育的适宜温度为10～23℃，最适温度为18～22℃。在适温条件下，低温时子实体生长较慢，高温时生长较快。不同产地获得的榆耳菌株对温度的要求也略有不同，只有掌握了它的习性，在榆耳生产中才能根据当地的栽培时间，做出合理的管理措施，从而获得高产、优质的榆耳。

4. 空气

榆耳是一种好氧菌。其生长的各个阶段，包括菌丝生长、原基分化及子实体发育阶段，都需要充足的新鲜空气。特别是原基形成和子实体展片时期要有足够的氧气供给，栽培场地空气新鲜，氧气充足，能加快原基的形成及耳片开展。若培养料通气不良，空气中CO_2浓度过高时，原基不能正常分化成子实体，会形成脑状的畸形子实体。空气污浊，严重缺氧时，可导致菌丝变黄停止生长，培养基出现退菌甚至死亡。

5. 光线

榆耳属需光性的菌类。散射光是子实体生长发育的必需条件。榆耳菌丝生长阶段，不需要光线，在黑暗无光线的条件下，菌丝可正常生长。强光照会抑制菌丝萌发，使菌丝生长前端的分支减少，菌丝稀疏，气生菌消失。因此，在榆耳菌丝营养生长阶段，应避光或弱光照条件下培养。

榆耳原基分化需要一定的散射光线。试验表明在完全无光的条件下，不能形成子实体原基。适当的光照可诱导原基的形成，散射光线最为有利；若光照过强，反而会抑制原基的形成。榆耳菌丝对光照较为敏感，生理已成熟的菌丝体(已长满培养瓶或袋以后)，每天在15～20 lx光照下6～8小时就能满足原基形成的需要。在子实体形成期应有较强的光照。光照强度对子实体的色泽和品质有着重要关系。光线不足时，子实体色浅，在散射光和较强光照下生长的子实体颜色深，肉质厚，质量好。榆耳子实体的生长有一定的向光性。其生长过程中应防止阳光直射。

6. 酸碱度

榆耳喜偏酸性环境。菌丝生长的pH范围为4～9之间，适宜的pH为5～7，最适pH为5.5～6.0。培养基的pH值过低或过高都不利于其生长；pH为3时菌丝不能生长，而pH高于8时菌丝生长缓慢，微弱。榆耳子实体发育期最适pH为6左右。

在榆耳生产中，为使其生长稳定在适宜的pH值范围，在配制培养基时，常加入适量的磷酸二氢钾或磷酸氢二钾等缓冲剂。在培养料中加入少量的碳酸钙或石膏粉也可起到缓冲作用。

第三节 榆耳的菌种繁育

榆耳菌种繁育，除培养基配方外，其他有关菌种培养基的制作、消毒、灭菌、接种和培养与常规方法基本相同，请参阅本书《食药用菌制种技术》一章。榆耳母种、原种、栽培种和液体菌种的培养基配方介绍如下：

(一)母种(一级菌种)培养基配方

1. PDA加富培养基

马铃薯(削皮)200g，麦麸50g(与马铃薯同煮取汁)，葡萄糖20g，磷酸二氢钾2.0g，硫酸镁1.0g，维生素B_1 10mg，琼脂20g，水加至1 000ml，pH为5.5～6.0。

2. 榆树汁综合培养基

榆树木屑200g(煮汁)，葡萄糖10g，蔗糖10g，磷酸二氢钾2.0g，硫酸镁1.0g，维生素B_1 10mg，琼脂20g，水加至1 000ml，pH为5.5～6.0。

3. 马铃薯综合培养基

马铃薯200g(削皮煮汁)，葡萄糖20g，磷酸二氢钾3.0g，硫酸镁1.5g，维生素B_1 10mg，琼脂20g，水1 000ml，pH 为 5.5～6.5。

除上述培养基之外，采用 PDA 和 PSA 培养基均可。但在生产中，多种培养基交替使用，比连续使用一种培养基为好。

榆耳菌丝分解利用木屑中木质素的能力较弱，而在含淀粉和纤维素材料的废弃物中生长最好，产量也高。因此，配制二三级菌种培养基时，以棉子壳和废棉为主选原料为佳。

（二）原种（二级菌种）培养基配方

①棉子壳 90%，玉米面 6%，蔗糖 1%，石膏粉 1%，石灰 1%，过磷酸钙 1%。

②玉米芯（粗粉）48%，棉子壳 30%，麦麸 20%，石膏粉 1%，石灰 1%。

③小麦 78%、木屑 20%、石膏 2%。

④高粱 58%，棉子壳 20%，木屑 20%，石膏粉 2%。

（三）栽培种（生产种）培养基配方

①废棉（旧废或落地棉）48%，木屑 30%，麦麸 20%，石膏粉 1%，石灰 1%。

②棉子壳 90%，玉米面 6%，石膏粉 2%，过磷酸钙 2%。

③棉子壳 78%，米糠 20%，蔗糖 1%，石膏粉 1%。

④棉子壳 68%，麦麸 18%，木屑 10%，玉米面 2%，石膏 1%，石灰 1%。

⑤棉子壳 78%，麦麸 18%，豆饼粉 3%，石膏 1%。

⑥玉米芯（粗粉）48%，棉子壳 30%，麦麸 20%，石膏粉 1%，石灰 1%。

⑦豆秸（粗粉）26%，玉米芯（粗粉）26%，木屑（粗粉）25%，细稻糠 15%，玉米面 5%，石灰 2%，石膏粉 1%。

（四）液体菌种培养基配方

①豆饼粉 2%，蔗糖 2%，磷酸二氢钾 0.1%，硫酸镁 0.075%，消沫剂适量，pH 为 5.5～6.5。

②玉米面 2%，蔗糖 2%，蛋白胨0.2%，磷酸二氢钾0.1%，硫酸镁0.075%，消沫剂适量，pH 为 5.5～6.5。

第四节　榆耳的栽培技术

榆耳人工栽培方式主要有段木栽培、袋栽和瓶栽 3 种模式。用段木栽培比代料栽培的榆耳质量好，但受木材的限制。采用代料栽培榆耳原材料来源广，可规模化栽培，进行商品开发。

一、段木栽培技术

段木栽培榆耳工艺流程如下：

耳木砍伐→截段→打孔穴→接种→封盖→码堆发菌→截段起架→出耳管理→采收加工。

（一）耳木树种的选择

适于栽培榆耳的树种很少，最适合的树种是榆树即家榆和春榆。槭树和其他阔叶树能否栽培榆耳，目前未见报道，有待试验探讨。耳木应选择树龄 10～15 年、梢头直径 5～10cm 为宜。

（二）菌种的选择

优良的菌种是榆耳段木栽培取得高产、优质的关键。要选择经过鉴定的菌种，菌龄合适、无杂菌、无病害，而且抗逆性好，适应性广、生命力强、菌丝长速快、适应当地室外生长的优质、高产品种为好。

（三）栽培场地选择

榆耳栽培场地，应选择村镇旁边、远离畜舍、环境清洁、有电源、地势平坦、背风向阳、靠近水源、排水良好的地块。场地上搭建遮荫棚和储水池等。

（四）耳树砍伐与截段

1. 砍伐季节

耳木的砍伐季节与榆耳段木栽培的成败及其产量的高低、质量的好坏，有着十分重要的关系。因此，对耳木的砍伐季节要求比较严格。树木内的水分及营养物质的含量在不同的季节有着相当大的差别，在夏季树木生长期枝繁叶茂，生机昂然，但此季节它的营养物质分散，树干中的营养物质相对减少，还由于此期其形成层比较活跃，韧皮部与木栓部结合处不紧密，这个季节砍伐的耳木的树皮容易脱落。到了冬季，树叶已落，处于休眠期，树木韧皮部中积累的蛋白质、淀粉及糖类等营养物质最为丰富，而且其形成层停止活动，韧皮部与木质部贴合得很紧密，树木不易脱皮，此期正适合砍伐耳木。一般每年在树木落叶后至翌年返浆前均可砍伐，立冬至翌年惊蛰之间，即 11 月下旬至翌春 2 月中旬为最佳砍伐期。

在生产中，还应根据接种日期来确定砍伐耳树的时间，一般以接种前 30～60 天砍伐为宜。如砍伐过早，耳木易失水干燥；砍伐过晚，耳木含水量又过高。接种时，以木段含水量在 40%～50%为佳。

2. 砍伐耳木与截段

耳木应选择树的主干较长、大小适中、梢头直径在 5～10cm 的榆树。也可选用林场清林弃掉的榆树的梢头枝桠材。耳树应边砍伐边下山，下山时，应带树枝，全树运下山，切忌光杆木滚滑下山，以防树皮损坏脱落。下山后去掉树桠，锯成 1m 长的段木，其段面要保持干净，防止泥土污染。截后的木段运至栽培场，选择通风良好的坡地或平地露天堆放。

(五)打穴接种

1. 适时接种

段木接种的时间，应根据榆耳菌丝对温度的要求，并结合当地的自然气候特点进行。在东北地区，一般以 3 月中旬至 4 月上旬，气温基本稳定在 5～10℃时，为最适接种期。但我国南北方的气候差别较大，关内各地的接种时间应以当地的适宜气温来决定。

接种应在塑料棚或室内，晴天进行，不得在雨天、露天条件下打孔、接种，以防雨水灌入孔穴，造成杂菌污染，影响成活率。

2. 打孔接种

(1)打孔工具

打孔穴的工具常选用手电钻和皮带冲。有电源的耳场，应选择手电钻打孔穴，用 10～12mm 的钻头。条件不具备的栽培户可用孔径 10～12mm 皮带冲打孔穴。封孔穴的树皮盖，要用直径比孔穴大 2mm 的皮带冲打下备用，盖片应在封口前 30 分钟放入0.1%高锰酸钾水溶液中浸泡消毒后待用。

打孔穴接种的操作程序包括打孔、接种、封口、码堆等，每组 3～5 人为宜。

(2)打孔穴

将段木置于洁净的地面上用上述工具打孔，孔穴的深度为 2cm，株行距为 5cm×10cm，呈“品”字形排列。木段的两端孔穴距断面 5cm 左右为好。

(3)接种

段木栽培所需的榆耳菌种以棉子壳或木屑为主料的栽培菌种(三级种)为好。

接种应设专人，接种者的手及菌种的外包装必须用 75%乙醇或 1∶200 的克霉灵水溶液消毒。接种时一手拿菌种袋，另一手掰下一块菌种迅速填入孔穴内，轻轻压紧压实，接种量以与孔穴表面距离 3～4mm 为宜。

(4)封口

接种穴封口常采用树皮盖、石蜡和黄泥 3 种方法。树皮盖封口：将稍大于穴孔的树皮盖放在已接种的孔穴上面，用小锤将盖子打入孔穴内即可。石蜡封口：是将 75%重的石蜡和 22%重的松香放入锅内加热溶化后用毛刷蘸取石蜡液涂刷在已接种的孔穴上即可。黄泥封口：是将黄泥与木屑(比例 2∶1)混匀，用 0.1%高锰酸钾水溶液合成稠膏状，取一小块抹入接种的孔穴上封严即可。

上述操作必须连续进行，即边打孔、边接种、边封口，以提高接种成活率。

(六)发菌管理

发菌期的管理，主要有码堆发菌、翻堆、抽查发菌等工序。

1. 码堆发菌

段木接入榆耳菌种后称为耳木，要及时集中堆积起来，及时进入菌丝生长期，应给予适当的管理，促进菌丝的定植生长。耳木码堆，一般以“井”字形堆放为好，堆高 1m 左右，堆的底部要用砖、石或圆木垫高 10cm 左右，以利通气。早春接种正处于低温时节，上堆初期应增加光照，设法提高堆内温度，夜间温度低时可覆盖塑料薄膜保温，一般温度控制在 15℃左右为宜，空气相对湿度保持在 65%～85%。如环境干燥可往耳木堆喷水保湿，以促进菌丝在耳木中蔓延生长。当气温升至 20℃左右时，可将耳木移置遮荫棚内。“井”字形堆放，码堆时要注意耳木间留有一定距离，不能互相紧贴，堆高 0.5m 左右，以利通气(图 62－4)。在发菌过程中重点要控制好温度、湿度，保持通风良好，防止杂菌滋生。耳木堆内温度应控制在 20℃左右，适当遮荫，防止阳光直射。当夏季高温时，若温度超过 26℃，应采取地面、棚上浇冷水或棚上增加遮阳网、夜间掀开大棚膜等通风降温措施。同时还应保证耳木及空气中的湿度，使耳木基本保持接种时的含水量。如湿度不足，应适当喷水、保持耳场湿润。

除上述地面码堆外，在春风大、温度低、气候干燥的地区，还可以采用半地下坑内码堆法：在背风向阳坡地挖深 1m，宽 1.5m(长度不限)的长方形坑道，坑底部铺一层河沙，再垫上砖头或石块，高10cm。将耳木"井"字形堆置坑内，上面覆盖草帘，夜间再加盖塑料薄膜(白天揭开薄膜)，保温保湿，以促进菌丝生长。

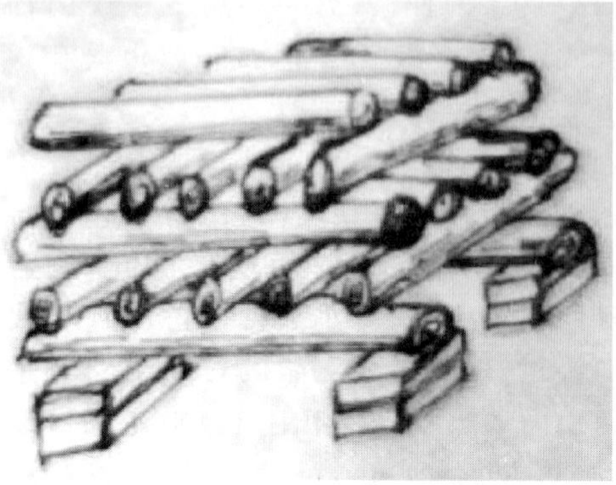

图62—4 菌段码堆

2. 翻堆

耳木翻堆也称倒垛。翻堆的目的是使耳木间的温度、湿度及通气等保持均匀，促进耳木发菌速度一致，一般在接种后10天左右翻第一次堆，以后每隔4～5天翻一次堆。翻堆时将耳木上下、里外调换位置。若发现有杂菌污染的耳木，要剔除单独排放，以便事后采取补救措施。

3. 检查发菌

检查耳木发菌情况是通过抽样检查，观察菌丝定植生长状况，及时发现存在的问题，针对不同情况尽早采取补救措施，从而提高菌种成活率。在适宜的温、湿度条件下，1个月左右菌丝基本定植。在接种后10～20天结合翻堆对耳木进行一次发菌情况检查，其方法是：在每堆抽取几根耳木，用小刀揭开接种穴表面封口，观察菌丝萌发情况。如白色菌丝已向四周生长，表明菌丝已成活。若是树皮盖封穴口的，揭开后盖的里面及四周已长有白色绒毛状菌丝，说明菌丝生长正常。如果穴内菌种发黄、松散干枯、不成团，则是菌丝活力差或不发菌，应适当喷雾状水，增加耳木湿度，以促使菌丝萌发。若发现穴内变成绿色、黑色、灰色等不正常颜色或有发霉的气味，说明已被杂菌污染，榆耳菌丝不能生长，应及时采取补救措施；对没成活的孔穴，在其穴的旁边再重新打孔接种。并对污染的孔穴用10%的石灰水或1∶200的克霉灵水溶液涂抹消除污染，以防杂菌蔓延。

(七)截段排场

自接种到耳木发好菌，即营养生长达生理成熟，一般需60～70天，发好菌的耳木两端的断面可见白色气生菌丝长出。若将耳木锯成两段，其断面的四周已布满白色菌丝。此时，可将发好菌的耳木等距截成3段，即每小段长约30cm，截段后的耳木置于木架上"人"字形摆成(图62—5)。如果耳木含水量较低，可喷水提高水分；若耳木过于干燥，应将截后的耳木放入清水中浸泡一昼夜左右。当耳木含水量达35%～40%时取出再上架，便转入出耳管理期。如耳场环境干燥，也可采用立木埋段的方式排场：首先将耳场地面用5%石灰水喷洒消毒，上铺一层河沙，然后将短耳木按15cm×15cm株行距"品"字形直立于地面，再用细沙将耳木周围埋上10cm(耳木埋入沙内1/3)即成(图62—6)。

图62—5 菌段起架

图62—6 砂土埋段

(八)出耳管理

人工段木栽培榆耳的出耳期一般在5月下旬至7月份及立秋之后的8月下旬至10月上旬。

起架排场后的耳木，便进入子实体原基形成期。此阶段加强温度、湿度、通气及光照等条件的管理至关重要。温度应保持在10～22℃，昼夜温差控制在10℃左右。每天适当喷水，保持耳场潮湿的环境，耳木含水量保持在35%～40%，空气相对湿度控制在85%～95%为宜。经常通风换气，保证耳场空气新鲜，以促进原基形成、耳片的伸展。要给予较强的散射光线，防止阳光直射，保持光照度在100～300 lx。如条件适宜，子实体原基很快形成，并逐渐分化展开耳片。子实体生长发育期，温度应升至15～23℃。总之，在原基形成、子实体生长发育过程中必须科学安排，精心管理，只有满足榆耳生长发育对环境条件的要求，才能获得理想的榆耳产品。

段木栽培榆耳，可连续出耳3～4年，第一年的榆耳主要在段木的两端长出，产量较少，约占总产量的30%。翌年是产耳旺期，整个耳木的孔穴几乎都长出榆耳，约占总产的45%。3年以后产量下降，仅占总产的20%左右。据许益财等人报道，每立方米耳木，3年可产鲜耳146千克(折干品12.8千克)。段木栽培榆耳的质量优于袋栽的，近似于野生榆耳。

(九)采收与加工

1. 采收

适时采收是保证榆耳产品优质、高产的重要环节。榆耳生长发育比较慢，在适宜条件下，从原基发生到耳片发育成熟需20天以上。当耳片充分展开，耳色由粉红或浅乳黄色变为浅咖啡至锈褐色，耳片边缘变薄，呈波状或卷曲，耳根收缩，并开始散发白色孢子粉，表明榆耳子实体发育成熟，应及时采收。采收前1天要停止给水，采收应在晴天进行，边成熟边采收，采大留小。采收的方法：用消毒的尖刀贴耳木，即耳根基部将耳片割下。用刀割耳片，留下耳根有利于下潮(茬)耳片生长。采耳时一定要保护好耳木的树皮。采收后，应停止喷水5～6天，之后再行出耳管理。

2. 加工

目前，榆耳的加工，主要是干制。榆耳的干制是将采收的鲜耳脱去水分，制成干品。榆耳干品耐储藏、便于运输，又不易霉变、虫蛀。由于鲜榆耳肉质肥厚，含水量高，采后不及时干燥，很容易发霉、腐烂、变质。因此，要边采收边加工。干制前，要将带培养基的耳根剪掉，清除杂质，大小分开。

榆耳的干制可采取阳光下晾晒及烘干室、烘干箱以及微波干燥等方法。这里主要介绍以下常用的3种方法：①晒干：将采收清理的榆耳单摆在平帘上，置于阳光下晒干。②简易烘干室：烘干室面积5～6m²，室内搭地炕，四周砌火墙升温，屋顶安一排潮管，地炕上安放焊有5～6层的铁架。烘烤时，将榆耳摆放在纱网(或铁筛网)上，置于各层架上烘烤。烘烤的起始温度为35℃，每烘1小时升温5℃，升至60℃时，继续保温烘烤，直至烘干。烘烤过程中每隔2小时左右将烘耳的纱网上下调换位置一次，以促使榆耳均匀干燥。③烘干箱：烘干箱分两种；均用铁板制成。一种是采用煤、碳生火加热烘干；另一种为电热鼓风自动控温的烘干箱。其烘干的温度要求及其方法与烘干室干制基本相同。烘干后的榆耳含水量应控制在13%左右为好。

烘干后的榆耳应及时装入聚乙烯袋中，外面再套一个编织袋，扎好袋口以防吸潮。榆耳袋放在通风干燥处储藏即可。

二、代料栽培技术

榆耳代料栽培生产工艺流程如下：

野生榆耳子实体 —PDA 或 PSA 麦麸培养皿或斜面试管分离→ 母种 —PDA 或 PSA 斜面试管内纯化、扩大培养→

母种(一级种) —棉子壳培养基 广口瓶内培养→ 原种(二级种) —棉子壳等 瓶或袋内培养→

生产种(三级种) → 出耳管理 → 采收加工

榆耳的代料栽培是用棉子壳、废棉、玉米芯、豆秸及木屑等作主料，以糠、麸、糖及石膏等为辅料配制的培养料，以代替木材栽培榆耳的一种生产方法。目前，主要采用袋栽和瓶栽。下面简要介绍袋栽榆耳技术：

(一)栽培时间

榆耳袋料栽培一年可生产两季。春季栽培的制菌袋时间可安排在2月中下旬至3月中旬，经过40～60天的发菌，4月下旬之后便可摆袋出耳。秋季栽培的，6月中旬制作菌袋，立秋之后，即8～10月份出耳。

(二)培养料的选择

培养料的选择和培养料配方与榆耳栽培种(生产种)相同(参见本章第三节榆耳菌种繁育部分)，本节不再叙述。

(三)栽培袋的制作

1. 培养料的配制

根据当地的原材料情况选择前述的其中一种培养料配方，秤取各种原料加水，混合搅拌，制成培养基，其操作方法如下：

①配料场地：配料场地以水泥地和地板地为好。如是泥土地，可在地面铺垫塑料薄膜。

②干料混拌：秤取各种原料，先将棉子壳、玉米芯、木屑等主料堆成大堆，再把麦麸或米糠等往尖堆上均匀撒开，另将石膏粉等辅料倒在堆旁边与少量的主料拌匀后，撒入料堆上面及四周，接着把整堆干料拌均匀后再加水拌和。

③加水搅拌：将配方中的糖、石灰等水溶性辅料溶于水中，然后拌入料堆。

培养料的搅拌，可采用搅拌机拌料或人工拌料。

大规模栽培生产的，应采用搅拌机拌料。机器拌料的特点是拌料速度快、搅拌均匀，质量好。农户生产量较小的，也可人工拌料。人工拌料时，先用平板锹将已加入辅料的料堆摊平，把清水倒入料内，边加水边拌料，拌均后用铁丝网筛过筛，筛上面的料团打散后，拌入料内。为了使其水分分布均匀，拌好的培养料需闷堆1小时后，再分装。

④水分和pH值测定：拌好闷堆后的培养料，要检测含水量，以60%～65%为好，料水比约1∶1.25～1∶1.35，可用手握法测试：手紧握培养料，指缝见水而不滴下为含水量适宜的培养料。pH为6.5～7.0为宜。

2. 装袋

栽培榆耳常用两种规格的塑料袋作栽培袋：一种是17～18cm×33～35cm，厚为0.04～0.05cm的低压聚乙烯塑料袋或聚丙烯塑料袋，适于床面、层架立体栽培。另一种规格为幅宽20cm、长45cm、厚0.04～0.06cm的低压聚乙烯塑料薄膜筒袋，此袋适于袋料墙式栽培用。

装袋采用装袋机或人工装袋。

装袋机装袋采用立式装袋机装袋。每台机组需5人，即上料、递袋、装袋各1人，封袋口2人。具体操作是：将培养料倒入装袋机的料斗中，递袋者（坐在装袋机的背面）将袋口一端撑开后递给装袋者（坐在机器的正面，与递袋者对面），接过袋子后将袋自袋口到袋底全部套进出料筒上，开机装料。当培养料从出料口进入料袋时，双手贴紧袋壁，随着进料，袋子自动脱离出料筒，即袋已装好。此机可定量装料，足量时自动停机，一般装料距袋口约5cm为宜。装袋时料袋中央自动钻孔，不必再另打眼，料袋装好后放入备用的箱内。封袋者左手将袋口膜捏合一起按在料代中央小筒处，右手持封口棒（图62—7），连同袋口一起插入筒孔之中即可。

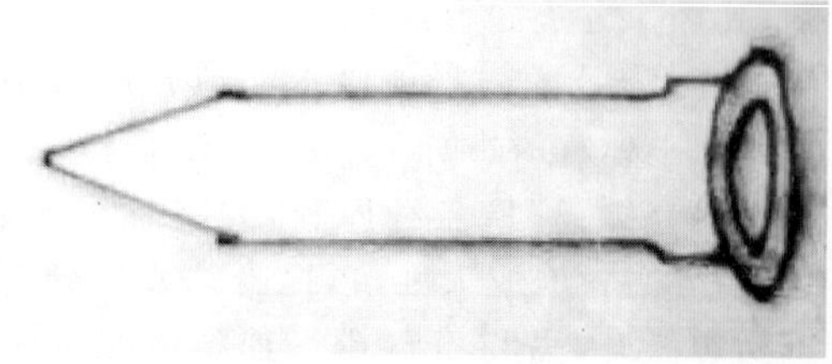

图62—7 封口棒

人工装袋：左手撑开袋口，右手抓取培养料放入袋中。边装料边轻轻将料压实，装至距袋口5cm为止，将料面压平，再用手指粗的圆形木棒从袋料中央自上而下打一个圆洞，然后，再用无棉盖体封盖袋口。或将料袋装好后直接插入封口棒即成。

3. 灭菌

料袋灭菌是通过高温杀死培养料中的全部杂菌，包括繁殖体和芽胞。

榆耳培养料（袋或瓶）的灭菌采用常压灭菌法或高压灭菌法。常压灭菌，各地的灭菌方法很多，各有所长，可因地制宜，采用铁筒或铁箱式蒸汽灭菌法或蒸汽发生炉罩膜灭菌法均是较好的灭菌方式（具体操作可参阅有关培养料灭菌和香菇培养料灭菌部分）。常压蒸汽灭菌锅内中心温度达100℃，保持8小时。高压蒸汽灭菌在0.11～0.12MPa压力下保持2小时即可。常压灭菌时，生火初，锅底火要旺，锅内气要足，必须在5小时之内升到100℃，以防因锅内温度低，预热时间过长，而导致酸料。锅内水量不足时，应补加热水，不得加冷水，以防骤然降温，影响灭菌效果。

灭菌结束后，不能马上排气降温，应继续闷锅，让其自然降温。待温度降至70℃以下时，才能出锅，将料袋搬运到冷却室冷却，待接种。

4. 接种

接种也叫接菌。经灭菌的培养料袋接入榆耳菌种后即为菌袋。接种要在无菌条件下，采取无菌操作。用接种箱、接种室及接种帐等方式接种均可。

接种前2天要对接种场所（接种箱、接种室或接种帐）等进行一次全面彻底的消毒：可用硫黄（每立方米空间用15g）、烟雾消毒剂（每立方米空间用1小袋）或甲醛10ml，加高锰酸钾2g（每立方米空间），熏蒸灭菌30～60分钟。当料袋进入接种室（接种箱或接种帐）后，要对接种工具、料袋、菌种瓶（袋）的外表进行一次消毒灭菌，用烟雾剂或甲醛熏蒸即可。当袋温降至30℃以下时，才可接种。

接种时，接种人员的双手要用75%乙醇棉球消毒后，在酒精灯火焰旁进行。所用的菌种，其表面的老化菌膜应刮除不用。接种量：每袋接入一汤匙，约10～15g，一般750g的罐头瓶菌种可接30袋左右。如采用20cm×45cm的大袋栽培，接种时可在袋的两端（打开袋口）接种。

若生产规模较大，可采用液体菌种接种（用液体种子罐培养的菌种），每个接种组配备3人操作，其中接种1人，揭、盖封塞1人，搬运菌袋1人。接种时在超净接种机前，用接种枪接种，每袋接入液体菌种10～20ml。用液体菌种接种具有3大优点：①接种快捷，一般1小时可接种2 000袋左右；②接菌成活率高。由于接种操作迅速，菌液分布广而匀，发菌旺、长速快，因此，减少了杂菌污染的机会；③发菌速度快，缩短了培养时间。在适温下，培养25～28天，菌丝可长满菌袋。

(四)培养管理

榆耳生长发育的各阶段，对环境条件的要求有所不同，因此，在不同阶段的培养管理上不完全相同。在整个生长发育过程中只有满足其对条件的需求，才能获得优质高产的榆耳。

1. 发菌培养

(1)培养室的消毒处理

用于榆耳菌袋发菌培养的房间称为培养室。进袋前必须对培养室进行清扫、消毒、灭菌、杀虫等处理。室内清扫、洗刷干净后要向空间和地面喷洒含有效氯50mg/L的漂白粉水溶液，再用硫黄或甲醛熏蒸灭菌，并关闭门窗1天后，再开放门窗通风换气。待室内空气清新后，便可搬进菌袋。

(2)菌袋上架发菌

接种后的菌袋应及时移入培养室培养架上。若无培养架，也可按“井”字形堆放在地面上，每层4～5袋。袋间稍留空隙，以利通风换气。堆高5层左右，一般以25～30袋为一堆较好，堆间留作业道。

(3)保温培养

菌袋进入培养室后，进入菌丝发菌期。此期控制养菌室的温度是管理的重点。发菌期间温度保持在20～25℃，发菌初期温度在22℃左右为好，之后逐渐升温。如自然温度超过27℃，应采取降温措施。大菌袋堆放的，10天左右翻一次堆，翻堆时要上下、内外相互对调。气温升高时可将菌袋码成小“井”字形堆，以每堆4～8袋为宜。防止叠堆过大、摆得过于紧密导致高温而烧伤菌种。

(4)通风换气

培养室空气新鲜、氧气充足对于菌丝生长十分有利。在发菌期间，每天应开放2次门窗通风换气，每次20～30分钟，保持室内空气新鲜。通风的时间应视室温情况而定。如室内温度较低，可在中午气温较高时通风；温度高时可在夜间进行通风换气。以免通风换气使室温突变，影响菌丝生长。

(5)控制湿度

发菌期间袋内培养基的水分完全可以满足菌丝生长的需要。这个阶段空气相对湿度控制在65%～70%为好。如室内干燥，可适当喷雾状水加湿。切忌地面积水，以防杂菌污染。

(6)蔽光培养

菌丝生长阶段不需要光照，在完全黑暗的条件下，菌丝可以正常生长，强光照会抑制菌丝生长，加速菌丝老化，影响产量。因此，要用蓝色或黑色布帘遮挡培养室的门窗，使其处于黑暗条件下培养。

(7)检查菌袋

发菌培养一周后，要对栽培袋进行一次发菌检查。发菌正常的菌袋菌丝洁白、生长旺盛、无杂色、无异味。如发现有绿霉、青霉、黑曲霉、黄曲霉及链孢霉等杂菌污染的菌袋，应及时将菌袋搬出培养室单独存放，并及时采取治疗措施。

一般在适宜的条件下，培养40～50天菌丝长满整个培养料，发好菌的菌袋为白色，即进入菌丝生理成熟期。这时可揭掉培养室内的遮光帘，给予散射光照，继续培养3天左右。当菌袋培养基表面菌丝聚结，出现较浓密的白色菌丝团时，便可转入出耳期管理。

2. 出耳管理

菌丝生理成熟的菌袋，应及时将它移进栽培室(或大棚)内立放于床架上(小菌袋)或平放在地面墙式码堆(堆高1m，适于大菌袋)出耳。榆耳子实体生长发育不同时期对环境条件的要求也不相同。要根据不同时期的要求，采取相应的管理措施。

(1)原基形成期

榆耳菌丝长满培养袋后，要适当调节栽培室的温度和光线。起初3天内温度控制在16～19℃，给予散射光照刺激，以诱导原基形成，光照度以100～200 lx为好。此时光照不宜过强，更不能让阳光直射菌袋。约经10天，菌袋表面便会形成乳白色或粉红色，形似脑状的子实体原基。

见原基形成后，可将袋口轻轻松开，以利于培养基通气，同时用消毒刀片在菌袋四周产生原基处将袋膜划成2cm×2cm的“十”字形小口，原基似露非露，以利榆耳长出。此时温度保持在15～20℃，要提高室内湿度，适当喷雾状水，空气湿度要达到95%以上，不得低于90%，并给予温差刺激，昼夜温差在8℃左右有利于原基分化和耳片形成。

(2)耳片分化期

原基形成后，逐渐向袋口外生长，这个阶段的管理尤为重要。当原基充分膨大并开始展开耳片时，割下袋口，将袋口全部敞开，使原基充分外露。同时要加强对栽培室（棚）温度、湿度、通气、光照等的全面管理。室内温度可降至14～16℃，温度不得过高或过低，如温度过低，耳片难以形成；温度过高，原基会继续扩大，培养基表面产生大面积原基，影响耳片的分化生长，又因耳片数量多拥挤，朵形小，质量差。要勤喷水，空气相对湿度控制在85%～95%为宜，给水时应注意：耳片小于3cm之内，只能向空间及地面喷水；当耳片大于3cm时才能直接向耳片上喷水，保持耳片湿润，不干边。同时要加强通风换气，以每天通风3次，每次30～60分钟为好，保持空气新鲜。如果室内空气污浊，二氧化碳浓度过高，氧气不足，则原基呈不规则的脑状突起，不分化展片（图62－8），特别是在喷水时要打开门窗通风，不能浇闷水，防止原基上面积水。光线以散射光照为宜。一般管理得当，约2～3天便能分化出明显的耳片。

图62－8　通气不良条件下的榆耳

（3）耳片长生期

子实体原基不断膨大并逐渐开始分化出片状的菌盖，表明进入耳片生长期。此时，更应精心管理。当耳片刚展开时，温度保持在16～20℃，耳片已形成长至3cm时，温度稍微降低，在15～18℃，最好不超过18℃。耳片不断生长，需水量也随之增加，榆耳耳片生长期比其他食用菌需水量大。由于其耳片是胶质的，耳片自身可直接从环境中吸取较大水分，因此，耳片生长期加强水分管理显得格外重要。空气相对湿度要保持在90%～95%。如水分不足，每天要向空间、地面和耳片上喷雾状水5～6次，喷水以少量多次为佳，以保持耳片湿润不干边为度。给水时还应注意耳片和菌袋内不得有积水。如发现有积水应及时将水倒出，以防耳片感染杂菌和培养料酸腐变质，影响其正常生长发育。在喷水时要开放门窗，通风换气，保持室内空气新鲜。同时要保持有较强的散射光线，光照度在500 lx以上为宜，光线充足能加深耳片色泽且有利于子实体生长。

3．采收加工

袋栽榆耳子实体生长发育较缓慢，在适宜条件下，从现原基到耳片发育成熟需20～25天。当耳片充分展开长至10cm左右，即成熟时（图62－9A）便可采收。用消毒的尖刀沿耳根（贴袋壁，少留耳根）将耳片割下，采大留小。具体的采收与加工方法见前述的榆耳段木栽培（九）采收与加工部分。

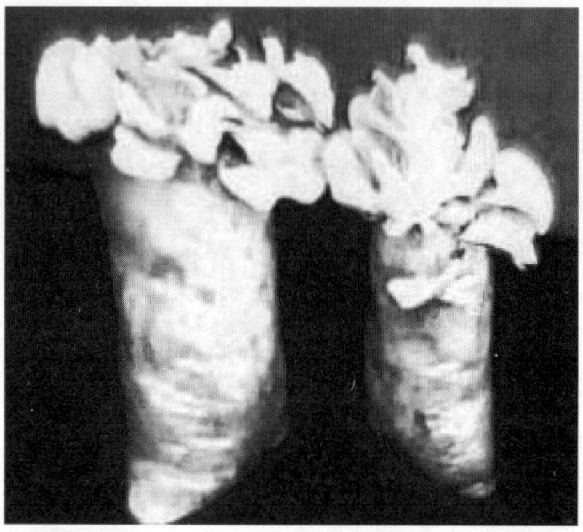

图62－9A　袋栽榆耳

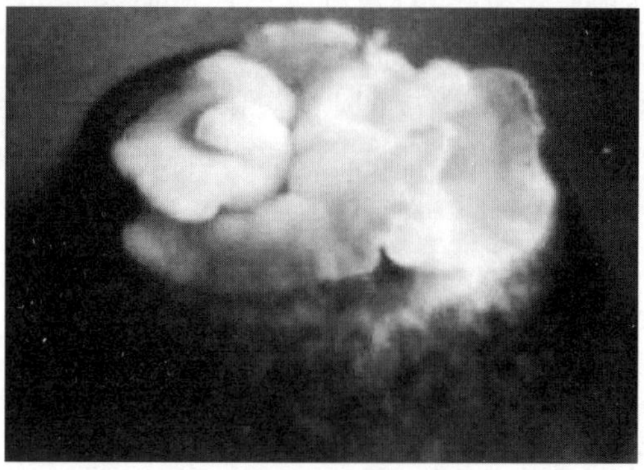

图62－9B　瓶栽榆耳

袋栽榆耳一般可出耳3～4潮。每次采收后，应停止给水3～4天养菌培养，再给予出耳管理。袋栽榆耳的生物转化率为100%左右。

三、液体发酵培养

液体发酵培养是将营养物质溶解在液体中作为培养基，灭菌后接入菌种，经过一段时间发酵培养即为发酵液（菌液）。发酵培养也称沉没培养或深层培养。工业化发酵生产必须采用发酵罐，而实验室中发酵培养多采用三角瓶。得到的发酵液中含有菌体、被菌体分解及未分解的营养成分、菌体产生的代谢产物。发酵液直接供作药用或分离提取。也可以作液体菌种。

液体发酵的最大优点是可以进行工业化连续生产，规模大、产量高、发酵周期短、生产效益高。其不足之处是设备投资较大。

由于液体发酵具备迅速增殖的优点，所以近年来，许多厂家还用于发酵生产液体菌种，以进行食用菌的工厂化大规模生产。

液体发酵培养工艺流程：

榆耳菌母种→斜面试管母种扩大培养→500ml摇瓶种子培养（一级种子）→5 000ml摇瓶种子培养（二级种子）→种子罐种子培养（三级种子）→发酵培养→过滤→浓缩

（一）培养基

1. 母种培养基

①马铃薯综合培养基。②PDA加富培养基。

2. 摇瓶种子培养基

与母种培养基相同，除去琼脂。

一级种子：500ml三角瓶装100ml液体培养基。

二级种子：5 000ml三角瓶装1 000ml液体培养基。

3. 种子罐培养基

蔗糖2%，豆饼粉1%，KH_2PO_4 0.15%，$MgSO_4 \cdot 7H_2O$ 0.03%，消沫剂适量，pH为5.5～6.5。

4. 发酵培养基

蔗糖4%，豆饼粉2%，KH_2PO_4 0.15%，$MgSO_4 \cdot 7H_2O$ 0.075%，$(NH_4)_2SO_4$ 0.05%，$CaCO_3$ 0.1%，消沫剂适量。

（二）发酵培养条件

1. 接种量

一支斜面母种接一个三角瓶；一摇瓶一级种子接一瓶二级种子；二级种子接三级种，接种量为5%，也可采用二级种子直接接入发酵罐，接种量为1%。

2. 一级种子培养条件

在旋转式摇床上（200转/分钟）培养72～96小时，温度23～25℃。

3. 二级种子培养条件

往返式摇床（振幅约70mm，90转/分钟）培养72小时，温度24～26℃。

4. 种子罐培养条件

40L罐，投料20L，搅拌速度200转/分钟，通气量每分钟为1∶0.3～1∶0.5（V/V），培养72小时，温度24～26℃。

5. 发酵培养条件

200L罐，投料100L，搅拌速度200转/分钟，培养162～168小时，温度24～26℃。

6. 培养基灭菌

均为高温灭菌（121℃），灭菌时间30分钟。

（三）发酵液过滤、浓缩

采用离心机或板框过滤，将菌丝体与滤液分开。滤液加热浓缩，浓缩至原液的1/5，制成糖浆、口服液。滤渣，即菌丝体可烘干、粉碎后制成颗粒剂、茶剂等保健产品。

四、病虫害防治

榆耳在培养过程中，常因袋（瓶）破裂、棉塞潮湿、灭菌不彻底、菌种不纯、接种操作不规范以及培养场所高温、高湿、通气不良等原因而产生病虫危害。榆耳最易遭木霉、青霉、曲霉、链孢霉、毛霉、根霉，软腐病、根腐病、枯萎病，瘿蚊、跳虫、螨类等病虫害危害，预防与治疗方法与手段，请参阅本书《食药用菌病虫害防治》一章。

第五节 榆耳的营养价值

榆耳是名贵的食、药兼用真菌。其子实体肥厚丰满，质似海参，肉质如猪蹄，具有特殊的风味，鲜嫩爽口，营养丰富，可称之为美味食用菌。

榆耳子实体营养丰富，主要含有蛋白质、氨基酸、多糖、黄酮苷、三萜皂苷、生物碱、脂肪酸、醇、维生素及榆耳三醇等成分。

榆耳子实体含有丰富蛋白质，其蛋白质的含量介于动物与植物之间，是一种高蛋白低脂肪的食品。据中国预防医学科学院营养与食品卫生研究所分析：含粗蛋白质15%[人工栽培的榆耳粗蛋白含量大大高于野生榆耳（5%）]，脂肪1.3%，糖54.2%（表62—1）。蛋白质含有种类齐全的17种氨基酸（表62—2），含量最高的是谷氨酸。其中人体不能合成的必须从外界摄取的全部必需氨基酸占总氨基酸含量的42.9%，所含的维生素包括有：维生素 B_1（硫胺素）、维生素 B_2（核黄素）、烟酸、维生素 C（抗坏血酸）、维生素 E 等。其中维生素 E 的含量较高，这些维生素具有调节肌体新陈代谢作用。还含有一定数量的矿物质元素，如钙、磷、铁、锌、铜、镁、锰等，矿质元素中以钙、磷的含量较高。

榆耳发酵液中也含有蛋白质、氨基酸、多糖、维生素 B_1、维生素 B_2、维生素 E 及微量的钙、磷、铁、铜、锌、锰等矿质元素。翁丽丽、李旭等从发酵液中提取粗多糖含量为 13.2%，高炬、岳德超自榆耳发酵液中分离出一种半倍萜化合物——榆耳三醇。

据有关检测结果表明，人工栽培的榆耳粗蛋白质的含量比野生榆耳高出 2～3 倍，在蛋白质中人体 8 种必需氨基酸中它含有 6 种。人工栽培的榆耳氨基酸总量7.54%，野生榆耳的氨基酸总量为6.62%。人工栽培的粗蛋白质虽然比野生者高出 2 倍多，但两者的氨基酸含量相差无几。做成菜肴品尝，野生榆耳的口感柔且细腻，而人工栽培的榆耳口感脆且粗糙。

总之，榆耳的营养极为丰富，味道鲜美，经常食用可增强体质，有益健康，可作为保健食品应用。

表 62－1　榆耳成分及其含量

成分	单位	含量			成分	单位	含量		
		野生	人工培养				野生	人工培养	
			子实体	发酵液				子实体	发酵液
水分	g/100g	16.8	16.5		天冬氨酸	mg/100g	414	1120	23
蛋白质	g/100g	5.2	15.0	0.5	苏氨酸	mg/100g	222	595	0.6
脂肪	g/100g	1.3	1.3		丝氨酸	mg/100g	208	538	3.0
糖	g/100g	53.1	54.2		谷氨酸	mg/100g	514	1671	28
膳食纤维	g/100g		0.01		脯氨酸	mg/100g	216	622	7.0
钙	mg/100g	325	78.2	4.91	甘氨酸	mg/100g	242	653	3.0
磷	mg/100g	218	1133	90.7	丙氨酸	mg/100g	218	627	5.0
铁	mg/100g	43.5	33.6	1.8	胱氨酸	mg/100g	78	138	1.0
铜	mg/100g	0.48	0.74	0.01	缬氨酸	mg/100g	229	580	8.0
锌	mg/100g	1.64	4.0	0.567	蛋氨酸	mg/100g	64	329	3.0
猛	mg/100g	1.46	0.92	0.037	异亮氨酸	mg/100g	322	824	6.0
					亮氨酸	mg/100g	389	1100	5.0
维生素 B_1	mg/100g	0.06	0.36	0.952	酪氨酸	mg/100g	128	377	4.0
维生素 B_2	mg/100g	0.78	1.3	0.0054	苯丙氨酸	mg/100g	172	527	7.0
烟酸	mg/100g	没测	没测	0.57	组氨酸	mg/100g	81	320	3.0
维生素 E	mg/100g	5.04	7.03	微量	赖氨酸	mg/100g	95	408	7.0
					精氨酸	mg/100g	205	838	8.0

检测单位：中国预防医学科学院营养与食品卫生研究所。

表 62－2　每 100 克榆耳干品所含 17 种氨基酸的重量

品种	天冬氨酸	苏氨酸	丝氨酸	谷氨酸	甘氨酸	丙氨酸	胱氨酸	缬氨酸	蛋氨酸	异亮氨酸	亮氨酸	酪氨酸	苯丙氨酸	赖氨酸	组氨酸	精氨酸	脯氨酸	总量
重量(g)	0.81	0.43	0.41	1	0.45	0.53	0.23	0.56	0.09	0.71	0.73	0.24	0.29	0.16	0.16	0.40	0.34	7.54

第六节　榆耳的药理与应用

榆耳既是味美的食用菌，又是著名的药用真菌。子实体和发酵液均可入药。榆耳引入中药已有悠久的历史。早在明朝，著名的医药家李时珍所著《本草纲目》中载："榆耳八月采之"、"八月榆耳，以美酒渍曝，同青粱米、紫苋实蒸熟为末。每服三指撮，酒下，令人辟谷不饥。"中医文献记载：榆耳性平、味甘，具有和中化湿功效。榆耳用于治疗痢疾、肠炎、腹泻等胃肠道疾病有奇特的疗效。民间常用榆耳子实体与鸡蛋煎煮服用治疗白痢。与红枣、红糖煮食治疗赤痢、肠炎、腹泻等疾病，疗效显著，药到病除。笔者曾用榆耳子实体为主药，辅以元芪、苍术、败酱草、白花蛇舌草等中药材，探讨医治慢性结肠炎及久泻虚实夹杂病症多例，收到了较好的疗效。

近年来，随着榆耳人工栽培生产的发展及其广泛应用，科技工作者对榆耳子实体及发酵液的抑菌、抗炎等方面进行了研究。药理实验表明，榆耳对痢疾杆菌、铜绿假单胞菌、大肠杆菌、金黄色葡萄球菌、伤寒杆菌、产气杆菌、枯草杆菌、肠炎沙门杆菌等均有明显的抑制其生长作用，并有抗某些致病真菌，如絮状表面癣菌、石膏样毛癣菌、红色毛癣菌、紫色毛癣菌、断发毛癣菌、尤小孢子菌、铁锈色小孢子菌、石膏状小孢子菌及黄癣菌的作用。刘瑞君指出，榆耳的抑菌物质属于不含多糖的小分子的物质，经高压液相色谱鉴定，与呋喃唑酮(痢特灵)具有相似的谱峰，这种生理活性物质可能含有痢特灵成分。刘丹发现，榆耳浸膏中的醇溶小分子，具有明显的抗炎作用。陶申傲等认为榆耳发酵液中的抑菌活性成分属于具有一定极性、相对分子质量＜1 000的小分子物质。多糖、蛋白质等大分子物质则没有抑菌作用。而李士怡则认为榆耳抑菌作用的有效成分是一种糖苷物质。李典忠从榆耳发酵液中分离出一种小分子物质6'-氯代-1→6'-0-蔗糖，具有抗炎活性；还发现榆耳子实体水提物和榆耳发酵液总多糖(GP)对大肠埃希菌、伤寒杆菌、肠出血性大肠埃希菌、金黄色葡萄球菌、变形杆菌、痢疾志贺菌等细菌有抑制作用。有关资料还介绍榆耳具有增强机体免疫功能、抗肿瘤、抗癌、抗溃疡及降血脂等功能。但药理方面的研究尚不充分。

总之，榆耳具有很高的药用价值，有明显的抗炎、抑菌作用，其中对痢疾杆菌、大肠杆菌的抑制作用更强。因此，应该重点将榆耳开发成治疗痢疾、急性及慢性肠炎、结肠炎、胃溃疡等消化道疾病以及治疗头癣等皮肤真菌的新药。

除此，鉴于榆耳对铜绿假单胞菌具有显著的抑制作用，可研究探讨榆耳活性成分对烫伤及烧伤的抗炎治疗方面的作用。

目前，我国就榆耳的活性成分与药理作用而言，真正列为科研课题的极少，只是某一方面初步的探讨与研究，这方面至今尚没有得出全面、系统、较明确的结果，有待进一步深入研究。有关榆耳有效成分及其制剂、临床疗效观察等方面，至今未见报道，也需深入研究。

第七节 展 望

一、榆耳科技发展现状

我国人民对榆耳的应用有着悠久的历史，但人工栽培榆耳的研究工作却起步较晚，是从20世纪80年代初期开始的。我国食用菌科研人员从榆耳分类地位、生态分布、形态特征、生物学特性到菌种分离人工驯化栽培等方面进行了一系列的研究，并于80年代末期榆耳人工栽培获得成功。其栽培模式由利用传统的原木(榆耳)栽培过度到以棉子壳、木屑等人工配料的代料栽培模式。并在辽宁省的抚顺、清原等地，吉林的四平、通化、延边等地推广应用，现已形成了生产规模。目前，华北地区也在发展中。90年代初榆耳液体发酵培养成功。液体发酵培养，菌丝的培养周期短，为大规模工厂化生产提供了先进的生产方式。在操作、生产工艺上也是由起初的笨重的手工操作发展到当今的机械化生产、流水作业。

榆耳的化学药理学方面的研究，目前虽然还没有像灵芝、香菇等真菌那样广泛、深入，但在营养成分(活性成分)、抗炎、抑菌等作用方面已取得了很大进展，得到了有关部门和专家的关注。目前，正在结合药理实验寻找有效成分，将为提高临床疗效、改进生产工艺、确定药物剂型等方面提供理论依据。

二、榆耳科技创新与展望

榆耳是我国东北名贵的食、药两用真菌，具有较高的食用和药用价值，是我国特有的传统出口土特产品。榆耳发酵物即可作为食品饮料的营养成分的添加剂，又可以作为食品饮料的防腐保鲜剂。因此，为了进一步改善榆耳品质、提高产量和产品的附加值，增强产品在国内国际市场的竞争力和出口创汇能力，提出以下几方面的研、发与展望：

一是自然资源的合理利用。加强环保观念，保护野生资源，在自然界榆耳生长季节，合理有序地进行采集，防止掠夺性地、破坏性地乱采。

二是人工栽培榆耳的产量和质量尚不稳定，应该利用各种先进的生物技术手段，进行榆耳遗传基础和种质资源创新研究，选育优良（优质、高产、抗病、抗虫、抗逆性强、适应性广）的新品种，改善、提高培养技术和管理水平，并制订出配套的榆耳栽培技术规范。

三是进一步加强榆耳化学药理学方面的研究，寻找子实体和发酵产物中的有效成分，提取分离有效成分，并确定其结构。同时要进行药理研究和临床实验。要将榆耳的栽培、发酵、化学、药理、制剂、临床实验等项工作紧密地结合起来，进行全面、综合研究。

四是加大对榆耳开发与应用的力度。榆耳具有食、药双重作用而倍受青睐。研发中要将两者结合起来，从它的活性成分中寻找抗炎、抗肿瘤等新药，研究它的药理价值。同时开发保健品和功能性食品，特别是开发榆耳营养口服液和保健饮品。榆耳今后的发展趋势也将是大众保健品和临床药品两者并进，因此，在发展榆耳保健食品的同时应加强医药保健品的开发力度。

参考文献

[1] 李喜范，潘冰. 榆耳的培养技术[J]. 中国食用菌，1991，10(2)31-33.
[2] 李喜范，潘冰. 榆耳病虫害的防治[J]. 中国食用菌，1992，11(3)：26-27.
[3] 徐锦堂. 中国药用真菌学[M]. 北京：北京医科大学、中国协和医科大学联合出版社，1997.
[4] 李时珍. 本草纲目(第三册)[M]. 北京：人民出版社，1979.
[5] 赵荣艳，段毅. 榆耳栽培技术[M]. 北京：金盾出版社，2007.
[6] 王云，谢支锡，鄢玉怀. 榆耳的分类学问题和生态分布[J]. 中国食用菌，1988(6)：23-24.
[7] 刘瑞君，李凤珍. 榆耳的抗炎研究[J]. 中国食用菌，1990，9(3)：9-10.
[8] 陈颖，朱继红，雷秀云. 榆耳发酵液抑菌作用的探讨[J]. 中国食用菌，1990，9(4)：5-6.
[9] 宋宏，姚方杰，唐峻，等. 榆耳研究概况[J]. 中国食用菌，2008，27(1)：3-4.
[10] 唐玉琴，赵义涛. 榆耳高产栽培技术[J]. 食用菌，2003(2)：35.

（李喜范）

第六十三章　榆干离褶伞

DILIUSHISANZHANG YUGAN LIZHESAN

摘要：榆干离褶伞营养丰富、风味独特，是近年来野生驯化的食药用菌新品种，是21世纪我国食用菌产业的重要科研攻关项目之一。本章较全面、系统地阐述了中国榆干离褶伞的发展历程与现状、生物学特性、菌种繁育，各种典型栽培模式与栽培新技术、新方法。在总结研究成果和生产经验的基础上，突出介绍了技术推广和进一步开发利用价值等方面的研究，并对榆干离褶伞今后发展进行探讨。

Hypsizygus ulmarius

Abstract: *Hypsizygus ulmarius* is a recently domesticated nutritious and delicious edible mushroom. It is a key research topic of the China mushroom industry in the 21st Century. This chapter consists of nine sections describing in detail various aspects of *H. ulmarium* including a history of production, the current status relating to *H. ulmarium*, biological features, spawn production, and traditional cultivation methods. The chapter also focuses attention on the introduction of alternative cultivation techniques, summarizes the prospects for the *Hypsizygus ulmarius* industry, and advances recommendations for future exploitation based on documented experience and research achievements.

第一节　概　述

一、榆干离褶伞学名与分类地位

榆干离褶伞又名：榆干侧耳、大榆蘑、榆蘑、对子蘑等。

学名：*Hypsizygus ulmarius* (Bull.) Redhead, *Trans. Mycol. Soc. Japan* 25(1)：3(1984)。

属名"*Hypsizygus*"一词来自希腊语，词干"hypsos-"意思是"高、高度"，词尾"-zygos"意思是"接合"，描述该菌的形态，中文文献称"玉蕈属"。种名加词"*ulmarius*"意思是"榆树生的"。可称榆树玉蕈，原来被划在离褶伞属(*Lyophyllum*)，所以大多数文献称榆干离褶伞。

同物异名：*Agaricus ulmarius* Bull., *Herb. Fr.* 11：tab. 510(1791)；*Agaricus ulmarius* Bull., *Herb. Fr.* 11：tab. 510(1791) var. ulmarius；*Dendrosarcus ulmarius*(Bull.)Kuntze, *Revis. gen. pl.* (Leipzig)3：464(1898)；*Lyophyllum ulmarium*(Bull.)Kühner, *Contribution a l'Etude de Quelques Aspergilles* 7：211(1938)；*Micromphale ulmarium*(Bull.)Murrill, *N. Amer. Fl.* (New York)9(5)：307(1916)；*Pleuropus ulmarius*(Bull.)Gray, *Nat. Arr. Brit. Pl.* (London)1：615(1821)；*Pleuropus ulmarius*(Bull.)Gray, *Nat. Arr. Brit. Pl.* (London)1：615(1821)；Pleurotus *pantoleucus* sensu auct. brit.；fide Checklist of Basidiomycota of Great Britain and Ireland(2005)；*Pleurotus ulmarius* (Bull.) P. Kumm., *Führ. Pilzk.* (Zwickau)：105(1871)。

分类地位：菌物界(Fungi)，担子菌门(Basidiomycota)，伞菌纲(Agaricomycetes)，伞菌亚纲(Agaricomycetidae)，伞菌目(Agaricales)，离褶伞科(Lyophyllaceae)。

二、中国榆干离褶伞栽培发展历程

榆干离褶伞菌肉肥厚，香味浓郁，是长白山区的优良野生食用菌。野生资源量极少，已被相关的研究列为"近危种"和"二级保护种"，野生资源远远无法满足发展需求。为保护及开发利用这一宝贵的自然资源，吉林省长白山国家级自然保护区管理局的王柏、张明杰等于1988年开展科研课题"榆干离褶伞驯化栽培"。经3年研究，成功完成了木段栽培和袋料栽培，并在《中国食用菌》1991年第4期发表《榆干离褶伞驯化试验初报》。2004年，延边大学农学院园艺系陈艳秋、朴政玉、郭晓帆在《中国食用菌》第24卷第2期发表《榆干侧耳人工驯化栽培研究初讨》，对榆干离褶伞菌驯化栽培进行了进一步研究。

三、中国榆干离褶伞产业发展现状

我国是世界上最大的食用菌生产国，仅香菇产量就占全球总产量的70％，其他优良食用菌所占比例较小，只有扩大优良品种的生产才能使我国食用菌事业得到进一步发展。目前，中国榆干离褶伞只有少量栽培和市场供应，其优良菌株选育栽培研究等各项工作远远落后于其他品种。因此，加快和加大科研力量和资金投入，对榆干离褶伞的野生优良菌株选育，改善榆干离褶伞品质，提高质量安全水平，适应国内外市场需求是目前各食用菌科研、生产单位的首要工作。我们有理由相信中国榆干离褶伞产业的优势将会更加突出，发展前景异常广阔。

第二节　榆干离褶伞的生物学特性

一、榆干离褶伞形态特征

榆干离褶伞由菌丝和子实体两部分组成。菌丝是榆干离褶伞营养器官，子实体是榆干离褶伞繁殖器官，能产生大量担孢子，即生殖细胞。子实体由菌盖、菌褶、菌柄组成。榆干离褶伞子实体单生、对生、或丛生；菌盖肉质，直径7～15cm，不正形；后平展、中部"钝"或盘状；盖面湿润；白色至浅黄色，中部带淡褐色，平滑，有微软毛，老后常龟裂；盖缘平，稍波状，老后常开裂。菌肉厚；致密。白色，味柔和具香气。菌褶离生至弯生；菌柄尖细或变粗，往往偏于菌盖一边，常变曲，与盖同面色，中实。孢子平滑，无色，球形，直径4～6μm，孢子印纯白色。子实体干后呈浅黄褐色，具香气。

二、榆干离褶伞的分布

(一)分布

野生榆干离褶伞主要分布于北半球温带和亚热带。

在我国，榆干离褶伞主要分布在吉林省长白山地区、黑龙江省牡丹江、伊春地区和青海省一些地区。

国外分布集中在亚洲、日本、俄罗斯(远东地区)萨哈林群岛，朝鲜半岛、美国东部和其他一些欧洲国家。

(二)生态习性

①榆干离褶伞是木腐菌，分解木材中的木质素、半纤维素、纤维素、有机氮等，吸收其他营养物质而生存，完成生活史。榆干离褶伞主要生在死树干、树桩上和生于活树枝干和树干基部。

野生榆干离褶伞主要发生在长白山区海拔700～1 100m山地针阔混交林气候带。

该地区冬长而寒，夏短而温暖。年平均气温3℃左右，7月17～19℃，无霜期为100～120天。年降水量为700～800mm。生长在榆科(ulmaceae)：大果榆(*Ulmus macrocarpa*)、裂叶榆(*Ulmus laciniata*)、春榆(*Ulmus japonica*)、光叶榆(*Ulmus japonica* var. *laevigata*)、栓皮春榆(*Ulmus japonica* var. *suberosa*)、榆树(*Ulmus pumila*)；槭树科(Aceraceae)：色木槭(*Acer mono*)；杨柳科(Salicaceae)：香杨(*Populus koreana*)、大青杨(*Populus ussuriensis*)和山杨(*Populus davidiana*)。

②榆干离褶伞在菌种采集和栽培中易混淆的种类有以下几种：

与斑玉蕈(*Hypsizygus marmoreus*)的主要区别为斑玉蕈菌盖中央有浅褐色至深褐色隐印斑纹(似大理石花纹)，菌柄等粗或基部变粗，且老后常中空。

斑玉蕈生长在杨柳科(Salicaceae)、槭树科(Aceraceae)死树木桩上、活树基部。菌种分离后呈毛绒状白色至灰色，老菌块和菌丝易产生多丛原基。

榆干离褶伞菌丝较粗白色，主枝呈多枝生长。

榆干离褶伞发生树种，均为亚温带常见树种，这为榆干离褶伞木段栽培、袋料合成培养基提供一个广泛的木屑来源。

③榆干离褶伞是白腐类型，菌丝能够分泌胞外氧化酶降解木质素，对木质素的降解能力较其他菇类强。

④榆干离褶伞是好氧菌，菌丝及子实体生长需要氧气。春、夏季榆干离褶伞在林木上半湿半干条件下生长，菌丝储存大量营养，秋后在温差和水分等因素条件下产生实体。

⑤榆干离褶伞是喜漫射光源菌类，在自然条件下林内郁闭度70％～80％条件下子实体正常发育生长。

⑥榆干离褶伞属中低温菌类，在长白山区8

月～9月末，白天温度18～20℃、夜间降至8～10℃时子实体正常发生。但生长在榆属（*Ulmus*）基物上的子实体洁白肥厚，具有怡人香气，是最佳搜集分离驯化的菌株。

(三)生长发育条件

榆干离褶伞子实体生长发育的条件包括营养、水分、温度、空气、光照、酸碱度（pH）等因子，在榆干离褶伞栽培管理中只有满足它的发育条件才能使榆干离褶伞优质、高产、高收益。

1. 营养

营养是榆干离褶伞子实体形成和发育的物质基础。榆干离褶伞是一种木腐菌，主要依靠菌丝分泌各种酶来分解木质纤维素，吸收糖类（碳水化合物）以及少量的无机盐、维生素等。

①碳源：碳源是榆干离褶伞生长发育的主要营养源，榆干离褶伞菌丝可广泛利用葡萄糖、果糖、麦芽糖和蔗糖，制备天然培养基时加马铃薯、玉米粉、可溶性淀粉作为碳源。

②氮源：氮源是合成细胞内蛋白质和核酸等生命物质不可缺少的营养成分，榆干离褶伞可吸收蛋白胨、*L*-氨基酸、尿酸、硫酸铵等氮源。

③矿物质元素：榆干离褶伞所需矿物质元素主要有磷、硫、镁、钾等。

④维生素类：榆干离褶伞本身不能合成维生素B_1，只能从培养基中吸收利用。适合榆干离褶伞菌丝生长的维生素B_1浓度为100mg/L。

2. 水分

水分是榆干离褶伞生命活动的物质基础，只有在适宜的水分条件下榆干离褶伞新陈代谢才能正常进行。在榆干离褶伞菌丝和子实体形成阶段，对水分的要求是不同的。

①水分对担孢子的影响：在室温为20～24℃条件下，孢子在水中适宜培养液中的萌发率为80%～95%。

②水分对菌丝生长影响：在木屑培养基中，菌丝体生长最适合水量是55%～60%。在菇木中适宜含水量是30%～40%。

③水分对子实体影响：子实体发生、生长都必须有适当水分，菇木缺水菌丝不能扭结形成菌蕾，在缺水条件下子实体生长缓慢瘦小。只有在适当水分条件，子实体才生长迅速，菌朵肥厚、洁白，商品价值高。

3. 温度

①温度是榆干离褶伞生长发育最重要的外界因子之一：榆干离褶伞属中温低温变温结实性菌类，适宜的温度和变温温差，是榆干离褶伞正常生长发育的重要条件之一。

②温度对榆干离褶伞生理变化的影响：榆干离褶伞在新陈代谢过程中所发生的物理和化学变化均受到温度变化的影响，榆干离褶伞在代谢中需要众多酶的参与，而不同酶类活化有其最适宜的温度范围。温度过高和过低会影响酶的活性。

③温度对孢子萌发的影响：在适宜水分状态下，担孢子萌发最适温度为20～24℃，在各种不同培养基上担孢子在18～26℃内萌发。榆干离孢子对低温抵抗力较强。

④温度对菌丝生长的影响：温度对榆干离褶伞菌丝生长十分关键，室温低于10℃时菌丝生长缓慢和停止生长，在菌种和栽培菌袋培养中易受杂菌污染。榆干离褶伞在菌丝培养时温度应控制在18～24℃的变温中，菌丝生长旺盛，洁白，菌丝易扭结，提早子实体出现菌蕾。

⑤温度对原基分化和子实体发育的影响：适宜榆干离褶伞分化的温度为10～18℃，以8～10℃为最佳温差。温度控制在15～18℃时子实体发育较慢且不易开伞，质地洁白，为优质商品菇。

⑥气温、菌温、堆温与菌丝生长的关系：室内温度和菌袋内温度是有差异的，菌袋内由于菌丝生化酶作用，菌袋内温度较气温高3～5℃，因此在菌袋堆温时堆内应留出小空间，注意“三温关系”，防止烧菌。

恒温和变温对子实体形成的作用。在恒温条件下榆干离褶伞菌丝不易扭结、产生菇蕾，采用变温刺激可促进菌丝扭结，达到理想的出菇效果。

4. 空气

榆干离褶伞属好气性菌类，足够的新鲜空气，是保证榆干离褶伞正常生长发育的重要环境条件之一。当室内空气不流通、不新鲜、氧气不足时，榆干离褶伞菌丝呼吸受到阻碍，导致新生菌蕾干缩枯萎。

5. 光线

光线是榆干离褶伞子实体分化的必要条件之一，在黑暗条件下子实体不能分化。

适宜的漫射光是榆干离褶伞子实体分化的重要环境条件之一。

在栽培菌蕾时期光线不可过强，在强光下可使菌盖迅速变大，造成菌柄过短，影响商品质量。

只有菌柄达到5～8mm时增加光照，菌室

内光照达到 200～600 lx，才能满足子实体生长需要。

6. 酸碱度(pH)

酸碱度是榆干离褶伞生长发育的重要环境因子之一。

①培养基的 pH 值对榆干离褶伞菌丝的影响

榆干离褶伞菌丝在 pH 为 5.5～7.5 均能生长，但最佳 pH 为 5.5～7，在最适 pH 值条件下菌丝生长粗壮，抗杂菌性强。

②菇木中的 pH 值随着高分子化合物，如纤维素、半纤维素、木质素的分解消耗，木材中可溶性的成分发生变化。菇木中 pH 值下降达到一定程度后，榆干离褶伞菌丝生长能力下降，最后死亡，而无法正常产生子实体。菇木会被其他木腐菌代替。

第三节　榆干离褶伞的栽培技术

一、段木栽培技术

榆干离褶伞段木栽培是仿段木木耳栽培形成的。由于榆干离褶伞独特的生态习性，目前产量较其他品种产量生物转化低，但商品质量高于其他栽培方法。如何提高木段栽培榆干离褶伞产量、质量是今后榆干离褶伞发展重点研究项目之一。

(一)菇木树种选择

榆干离褶伞顾名思义是生长在榆树上的蘑菇，生长在榆科(Ulmuceae)榆属(*Ulms*)子实体肥厚，香味纯正，颇受市场欢迎。其他槭树科(Aceraceae)、杨柳科(Salicaceae)次之，可为广泛栽培和袋料栽培提供原料来源。

(二)品种选择

选择优良品种是榆干离褶伞段木栽培获得优质、高产的关键条件。

目前长白山科学研究院科研人员已从野生榆干离褶伞驯化选育了长白山 1 号、长白山 2 号菌株，可供栽培生产。

榆干离褶伞的菌种选育，培养高品质、高产量、高标准的商品菌株类型是今后榆干离褶伞栽培事业的一项重要工作任务。

(三)栽培场地选择

榆干离褶伞段木栽培出菇场地可根据栽培生产实际情况而定，主要有 3 种形式：一是选择林区内的天然场地，二是选择林缘场地，三是天然人工结合型场地。

1. 天然场地

选择平缓的山腰处，要求东坡或菌坡向阳，坡度要平缓。

2. 林缘菇场

有较好的自然条件，交通、用电、运输方便，易于管理。

3. 天然人工结合菇场

在林区内选择一块空地，搭建遮荫棚，集中培养出菇。管理设施方便，节省资金和劳动力。

(四)菇树砍伐与截段

1. 适宜砍伐季节

榆干离褶伞段木栽培砍伐季节要求在入冬后至翌年 3 月份进行。随着天然林的保护，森林采伐量减少，尽可能利用林区采伐剩余物，如各种阔叶枝丫材。

2. 菇木选择与截段

菇木应选择小头 8～18cm 的阔叶枝丫和小圆木。截成 90～150cm 长，应注意保有树皮，避免木段失水和日后杂菌侵染。

(五)打穴接种

最适宜的接种时间在长白山区 3 月份～5 月中旬进行，打穴方法可参考木耳做法。

(六)培菌管理

菇木接种后，要集中堆叠发菌。盖好薄膜，7 天后每隔 3 天喷水保湿，堆内湿度在 75%左右。

(七)翻堆

翻堆是榆干离褶伞栽培管理阶段的主要技术措施，可使菇木内温湿度调整，菇木内菌丝发育一致，确保菇木高产。

(八)检查发菌情况

段木接种后15～20天要进行一次检查,如发现较大问题可及时补种。

(九)养菌与越夏管理

1. 养菌

在较适宜的温湿度条件下一般50～60天发菌,菌丝即可长满皮层,开始越夏管理。菇木越夏管理是主要任务。在高温、干燥季节要保护好树皮及内部菌丝,为秋季出菇积累养分。

2. 菇木排场

排场方法:在栽培场地将段木一端抬高30cm,平铺在栽培场地上,每周翻动一次,适当喷水保湿。

有条件的地方可采用埋桩法。木桩之间要保持适当距离,便于管理和采摘子实体。

(十)上架管理

菇木在7月下旬起架,早晚加大喷水量。进入8月后由于气温、温差的变化,有的菇木当年可采收少量子实体。

(十一)榆干离褶伞采收加工

当榆干离褶伞子实体长到六七分开伞时,菌盖中央发黄褐色,并散发香气,应及时采摘。采摘时用小刀切割,使子实体保持完整,保证商品价值。

采收后的子实体应小包装鲜品上市。其余部分,可自然晒干或烘干。榆干离褶伞干品,风味更加独特,美味爽口,价格更高,便于保存。干后子实体应尽快用塑料袋包装,放干燥库房保存。

(十二)菇木越冬管理

上冻前将菇木集中,叠堆不可过大,注意保护树皮。有条件的可以盖上草帘等使菇木安全过冬,菇木进入下一年高产期的到来。

二、袋料栽培技术

榆干离褶伞袋料栽培是指利用阔叶木屑、玉米芯、豆秸等为主料,与麦麸、糖、石膏等辅料配制成栽培基质,以代替木材栽培榆干离褶伞的生产方式。袋式菌棒是目前榆干离褶伞的主导栽培模式。

(一)培养料选择与配制

营养是榆干离褶伞整个生理过程的能源,也是产生大量子实体的物质基础。丰富而全面的营养是榆干离褶伞高产优质的保证。

1. 主料选择

用于榆干离褶伞栽培的主料包括两大类。

①木屑类:有各种混杂锯木屑(包括果树和林业采伐剩余物)。

②作物秸秆类:有黄豆秸、玉米芯等。

榆干离褶伞是一种白腐菌,要产生优质子实体必须用含木质素较高、质地坚硬的阔叶树木屑为主。

2. 常用配方

①配方1:(常规木屑麦麸配方)杂木屑78%,麦麸20%,蔗糖1%,石膏1%,含水量58%～60%。

②配方2:杂木屑80%,玉米粉18%,蔗糖1%,石膏1%。

③配方3:杂木屑50%,黄豆秸30%,玉米粉18%,蔗糖1%,石膏1%。

其中,配方3栽培榆干离褶伞生物转化率较理想。

3. 培养料的配制与测定

(1)备料

春季接种应在上一年12月份前备好材料,秋季接种需在7月份备好材料,秋季出菇掌握在8月初～9月末。

室内出菇避开6～8月份高温季节。

榆干离褶伞栽培采用高密度低压聚乙烯(HDPE)双幅宽度为150mm,厚度0.05～0.055cm(每千克55cm长袋可做120只)。

(2)配料

按制种计量标好各种原料数量堆放在一起。

①混合;②搅拌;③加水;④调节pH值,可加0.5%石灰。

(3)装料

早上配好,晚上装袋(晚上配料,翌日装袋,可使材料软化吃水柔和、防止碰伤栽培袋)。

(二)菌棒制作

榆干离褶伞菌棒制作包括装袋、灭菌、接种3道工序。

1. 装袋

采用15cm×5cm规格、两头结扎的筒袋。装袋要把握以下要点:

①装袋要坚实,不可过松或过紧;

②袋口要清理干净，扎紧；

③培养料中间打一直径1.5cm小洞，以利于菌丝快速生长。

2. 灭菌

榆干离褶伞培养料灭菌常采用常压灭菌灶和高压灭菌两种方法。

①常压灭菌灶蒸汽灭菌法，菌袋叠放要留空隙，每灶放置1 000～1 200袋为宜。

②灭菌温度：使温度在5小时内达到97～100℃，用温火保持8～10小时。在灶内放置一夜，可达到灭菌效果。

③出锅要注意轻拿轻放，避免碰伤菌袋，造成接种后期杂菌污染。

3. 接种步骤

菌袋冷却到28℃以下可进行接种，接种采用以下无菌接种方法。

①接种箱；

②超净工作台；

③负氧离子无菌接种器。

接种方法：菌袋两头接种法、菌袋打洞接种法。

接种后，菌棒培养室进行一次室内气雾消毒，通风换气1～2小时后用气雾消毒剂消毒一次。

(三)培菌管理

榆干离褶伞菌棒管理，可参照平菇管理方法。一般培养50～60天，菌丝可长满菌袋。

(四)出菇管理

榆干离褶伞出菇管理方法类似金针菇的搔菌过程。

①解开菌袋一头，用搔菌耙将老皮去掉，将其表面划破，伤后扭结，形成原基。

②温差刺激：利用8～10℃温差促使菌蕾形成，分化成菌柄、菌盖。

③湿度控制：调解菇棚内和室内湿度达到适合出菇的湿度。

④空气调节：榆干离褶伞形成子实体需要一定的新鲜空气，一旦造成通风不畅、缺氧，可造成菌蕾干缩死亡。

⑤光照：榆干离褶伞在菌蕾初期应采用散射光源。当菌柄长至8～10cm时调节光照，使之迅速生成菌盖，以达到理想商品化要求。

(五)病虫害防治

榆干离褶伞在生产过程中会遇到各种病虫危害。具体防治方法请参阅本书《食药用菌病虫害防治》一章。

第四节　榆干离褶伞的营养价值

榆干离褶伞是著名的食、药两用真菌，鲜品香味浓郁，质地脆嫩，味道鲜美。干品质地清脆爽口，风味独特。营养丰富，高蛋白，低脂肪，含多种维生素和多糖类物质，被誉为“假松茸”。Noble R.(1987)等研究发现，榆干离褶伞子实体中含有36种游离氨基酸及相似含氮化合物。

第五节　榆干离褶伞的药理和应用

作为一种著名的药、食两用真菌，榆干离褶伞是一种驯化栽培的新品种，具有滋补强壮、止痢的功能，用于治虚弱痿症，同时具有降低动物胆固醇、溶血栓、抗癌等功效。

一、基础研究

1. 化学结构和理化性质

榆干离褶伞子实体含两种新的氨基酸类化合物：DS-kry＋hro-2-amino-3，4-dihydroxybu＋ani-cacid和DS-ery＋hro-2-amino-3，4-hydroxybu＋anoicacid，尚含钾、磷、铁等多种矿物质元素及油酸、棕榈酸、苹果酸、焦谷氨酸等脂肪酸和多种氨基酸。

2. 免疫调节作用

经研究发现，榆干离褶伞对免疫系统具有广泛作用，对降低动物胆固醇有明显功效，可滋补强壮，调解机体，促进健康。

3. 抗肿瘤作用

以榆干离褶伞干品饲喂大白鼠，结果表明，本品具有降低动物胆固醇作用，菌丝体提取物以30mg/kg给药，对小白鼠移植肉瘤S-180的抑制率为60%。

4．溶栓作用

采用离子交换层析、凝胶过滤层析及快速蛋白液相色谱等蛋白质分离纯化技术，从榆干离褶伞菌丝体中分离纯化了一种溶栓酶。实验结果表明，其相对分子质量约为 50×10^3，比活性为750.6U/mg，活性得率为12.5%。该酶的最适pH为6.0，最适温度为35℃，并对tPA底物S-2288最敏感。Mn^{2+} 和 Mg^{2+} 激活酶活性，而 Cu^{2+}、EDTA对酶活有抑制作用。该酶不仅直接水解纤维蛋白，还可以水解纤维蛋白原。榆干离褶伞很有潜力成为治疗血栓的新的药物来源。

5．其他作用

榆干离褶伞性平，味甘，滋补强壮、止痢，用于治虚弱痿症、痢疾等。研末冲服用量6～15g或泡酒服，每天2次。

第六节　展　望

（一）榆干离褶伞发展现状

榆干离褶伞起源于亚洲和欧洲国家温带和亚热带地区。20世纪，日本首先对离褶伞属（*Lyophyllum*）一些种类进行了野生驯化栽培工作。我国科技工作者在20世纪80年代对榆干离褶伞开展了野生驯化栽培科学研究工作。开展的工作主要包括：菌种采集、驯化、木段栽培、袋料瓶栽、塑料袋菌棒栽培，取得了宝贵的栽培经验和科研成果。

近年来，有关榆干离褶伞菌丝的研究包括菌丝抗低温研究及原生质体分离和再生等方面。研究表明，榆干离褶伞的次生菌丝可以忍耐缓慢的低温，这种缓慢的低温可以使细胞外冻结。冷冻断裂研究表明，在这种非致死冷冻条件下，与对照相比，除了细胞的强烈紧缩外，次生菌丝的细胞膜没有任何超微结构的变化。三生菌丝在缓慢降低到－196℃的条件下，完全被破坏。由于细胞的变形导致质膜的直接接触，使明显的膜内质粒聚合。此结果表明，次生菌丝在逐渐低温条件下细胞膜未受破坏是因为其避免了严重的细胞变形。

（二）利用现代分子生物学手段，提高育种效率

面临日本"《种菌修正案》物种壁垒"的冲击，急待加强榆干离褶伞种质资源库的建设，重视榆干离褶伞种质资源库长白山区的保护和开发利用。

利用现代分子生物学手段，进行榆干离褶伞种质资源遗传多样性和亲缘关系评价、鉴定，选育出符合菇业升级发展需要的榆干离褶伞优良品种。

（三）建立榆干离褶伞精深加工和高效利用技术体系

现代科学研究证明，榆干离褶伞含有多种有效营养成分，具有提高人体免疫力、滋补强壮、抗肿瘤等作用。

目前我国榆干离褶伞产品以少量鲜品市场销售为主。产品形式单一，尚未开发提取多糖体等精深加工研究。

今后建立我国榆干离褶伞精深加工和高效利用技术体系，需加强以下几方面关键技术的攻关：

①超声波——生物酶——多级逆流萃取法高效提取榆干离褶伞多糖的工艺。

②多糖超滤——径向离子色谱分离纯化的新技术。

③榆干离褶伞多糖化学成分及结构表征技术的研究。

④榆干离褶伞蒸汽蒸馏提取的新工艺。

⑤榆干离褶伞核苷酸提取调料强化技术。

⑥纸型榆干离褶伞风味旅游休闲食品加工的新技术。

⑦榆干离褶伞新型发酵技术的研究。

⑧榆干离褶伞产后高效保鲜、干品保存技术的研究。

⑨榆干离褶伞功能成分提取为基源的保健食品、化妆品、畜禽免疫增强剂等新产品的研究开发技术研究。

参考文献

[1] 谢之锡,王云,王柏.长白山伞菌图志[M].长春:吉林科学技术出版社,1986.
[2] 严仲铠,李万林.中国长白山药用植物彩色图志[M].北京:人民卫生出版社,1997.
[3] 邓叔群.中国的真菌[M].北京:科学出版社,1963.
[4] 李玉,图力古尔.中国长白山蘑菇[M].北京:科学出版社,2003.
[5] 戴玉成,图力古尔.中国东北野生食药用真菌图志[M].北京:科学出版社,2007.
[6] 沈明花,金在城,朴世恩,等.榆干离褶伞菌丝体中溶栓酶的分离纯化[J].食品研究与开发,2007(28).
[7] 沈明花,沈寿东,全吉淑,等.榆干离褶伞菌丝体溶栓酶特性研究[J].食品科技,2008(3):57-59.
[8] FUJIKAWA S,MIURA K. Ultrastructural preservation of plasma membranes by non-lethal slow freezing to liquid nitrogen temperature[J]. Cell struct and funct,1987,12:63-72.

(王　柏、范宇光、于文杰)

第六十四章　银　耳

DILIUSHISIZHANG YINER

摘要：中国是银耳人工栽培的发源地，也是世界银耳生产和出口最多的国家。半个多世纪以来，中国菌物科学家从揭示银耳与香灰菌伴生的奥秘，到培育出银耳混合菌种应用于生产，经历了制种技术的历史性突破；从银耳段木栽培、到瓶栽和塑料袋代料栽培，直至HCCP有机栽培技术的发展，实现生产栽培的3次飞跃，有力地推动了中国银耳产业的快速发展。

本章全面、系统地阐述中国银耳发展历程和产业发展现状，介绍了银耳生物学特性、菌种繁育、典型栽培模式与栽培新技术，并对特殊出耳方式，如反季节栽培、塑料大棚多品种套栽、斜架与吊袋栽培等进行了全面介绍。全书在重点突出有推广价值、实用性强的新工艺、新设施、新材料，总结研究成果和生产经验的同时，剖析了银耳栽培失败的原因，说明了银耳营养与药用价值研究的新进展，并对中国银耳科技现状进行回顾与展望。

Tremella fuciformis

Abstract: China was the first country to artificially cultivate *Tremella fuciformis*, and is also the largest producer and exporter of this mushroom. Over the past half century, Chinese scientists have sought to unravel the mysterious relationship between *T. fuciformis* and its associated fungus, *Hypoxylon*, and have made a historic breakthrough by producing mixed spawn for cultivation. *T. fuciformis* production has experienced three major advances, from cultivation on wood, to bottle or plastic bag cultivation, and finally to HACCP organic cultivation, which have provided a powerful impetus to the development of the *T. fuciformis* industry in China. This chapter consists of seven sections describing in detail various aspects of *T. fuciformis* including a history of production, the present status of *T. fuciformis* in China, biological features, spawn production, typical cultivation models and more recently developed techniques including off-season cultivation, greenhouse cultivation, and slanted and suspended bag cultivation. This chapter emphasizes new techniques, materials and facilities with important promotional potential, summarizes research and practical achievements, introduces advances made in nutritional and medical research relating to *T. fuciformis*, explains the reasons for cultivation failures, and reviews the current technology and future prospects relating to *T. fuciformis* in China.

第一节　概　述

一、银耳学名及分类地位

银耳又名：白木耳、雪耳、白耳子等。

学名：*Tremella fuciformis* Berk.，*Hooker's J. Bot.* 8:277(1856)。

属名“*Tremella*”一词来自希腊语，其词干是“trema-”，意思是“洞穴、孔穴”，词尾“-ella”小形字尾，直译为“小空穴菌属”。中文早就有银耳的名称，所以称“银耳属”。种名加词“*fuciformis*”意思是“岩生地衣形的”，描述子实体的形状类似于一种岩石上生长的地衣。中文很早就称“银耳”。

分类地位：菌物界(Fungi)，担子菌门(Basidiomycota)，银耳纲(Tremellomycetes)，亚纲未划定(Incertae sedis)，银耳目(Tremellales)，银耳科(Tremellaceae)。

二、中国银耳发展历程

(一)古代对银耳的认识和记载

中国是银耳栽培的发祥地，也是世界上最早

认识和利用银耳的国家。很早以前，我国古代典籍中就有关于银耳的记载。宋代陶谷（公元902～970年）撰《清异录》中记载了“北方桑上生白耳，名桑鹅。富贵有力者嗜之，呼五鼎芝”。“桑鹅”即今日所说的银耳，自宋初以来，即被视为菌中上味。公元659年，我国第一部由国家颁布的药典《唐新修本草》中收录的菌物包括桑耳；公元1082～1098年间，唐慎微撰著《证类本草》，收集了宋以前菌类药性研究的药方，其中就有关于桑耳，即银耳的记载。明代（公元1578年）李时珍《本草纲目》记载了包括桑耳（银耳）在内的32种菌类药方；叶桂（公元1841年）著《本草再新》中银耳之名始见于本草学著作。其他的典籍如孙思邈的《千金翼方》等史书，对银耳均有详细的论述。《御香飘缈录·上方玉食》中还记载了通江银耳的相关内容。在地方志中，杨承禧编纂的《湖北通志》中记载了“来凤桑耳，白者尤珍异，志谓之五鼎芝”。据同治五年（1866年）杨延烈等纂《湖北房县志》记载了“木耳有红、白、黑三种，白者尤贵”；向承煜等纂写的《南漳县志》也有“白、赤者为世所珍，耳所产不多”的记载。“白”即指白木耳。刘子敬等修的《万源县志·实业篇》中也附有“制白耳要诀”。

银耳的食用和医疗方面，清代薛宝辰撰《素食说略》中载有白木耳烹调方法。历代医药学家认为，银耳不仅是餐桌上的珍品，也是久负盛名的良药。《本草从新》记载银耳可“润肺滋阴”；《本草问答》记载可“治口干肺痿，痰郁吐逆”；清代张仁安《本草诗解药性注》谓：白耳“有麦冬之润而无其寒，有玉竹之甘而无其腻，诚润肺滋阴之要品，足与人参、鹿茸、燕窝相媲美”。

以上的记载，表明了我国很早以前就对银耳的生产、加工以及食用、医疗有了一定的认识。

（二）银耳人工栽培3个主要阶段

中国银耳人工栽培，大体上经历了3个主要的阶段：即天然孢子播种阶段（清～1940年前后）；银耳孢子液，即酵母状分生孢子悬浮液人工接种阶段（1940～1970年前后）；银耳混合菌丝接种阶段（1957～今），这个阶段按照栽培基质和容器的不同，划分为段木栽培、瓶栽和袋料栽培3种方式。

1. 天然孢子接种栽培阶段

银耳人工栽培起源于川、鄂交界的大巴山东段的湖北房县、四川通江等地。以房县为最早。据《湖北房县志》记载，1866年以前，房县的银耳栽培已兴而复衰；四川通江涪阳玄祖庙碑的记载表明，清光绪二十年（1894年），四川通江开始银耳生产。但据吴世珍《续通江县志》（1926年）上称：“光绪庚辰（1880年）、辛己（1881年）间，小通江之涪阳、陈河一带突产白耳，以其色白似银，故称‘银耳’。”光绪末年，传至毗邻的南江，继而传入万源、巴中等县。

贵州等地的银耳栽培，据刘澍霖1937年报道，“贵州之银耳业，于1921年始于遵义团溪”，是首先在黑木耳段木上发现银耳生长，被四川通江一名姓何的商人所悉后，按照通江银耳栽培的方法进行试验，获得成功。之后栽培方法传入附近10余县，以黔西、平越，产量为最多。1933年前后，福建省龙海县程溪药商开始效仿通江方法试种银耳，获得成功，并由诏安烧炭工人传至诏安、云霄、和平、漳浦、长泰、华安、南靖等，其产品称为“漳州银耳”。

当时栽培方法，是从枯木自然发生银耳而得到启发。据《万源县志·实业》记载，在孢子天然接种栽培之初，曾采用第一年砍伐、截段、发汗，第二年将段木选择半阴半阳地点铺开，所谓“排山”，在“雨后生耳”的方法；后来发展了初春伐树，当年即能生耳的模式。又有的栽培模式采用在6月伐树，名“伏山”，因该时期是春耳大量生长的季节，有利于孢子天然接种，因“多产白耳”曾一度盛行，但由于此期砍伐，对树木的再生不利，后被禁止。

孢子天然接种栽培阶段，从18世纪中叶至19世纪40年代，大约经历了100年。该法由于受自然条件的影响较大，产量低、且不稳定，每100千克段木，产耳仅有500～1 000g。据裘维藩在《中国食用菌及其栽培》一书的记载，1937年，主产区四川银耳产量仅750千克，产品十分稀少，只有少数富贵者能享用。

2. 银耳孢子液接种栽培阶段

1932年，福建闽侯县三山农艺社潘志农从香港引入菌丝状银耳菌种，着手人工接种试验。

1941年，我国著名真菌分类学家杨新美，在贵州湄潭首次采用银耳子实体进行担孢子弹射分离，获得了银耳酵母状分生孢子的纯菌种。用这种纯菌种制成孢子悬浮液，在壳斗科细皮青冈、花栎等段木上，于1942～1944年进行3年的田间接种对比试验，取得了成效。1954年，在《生物学通报》上发表了《中国的银耳》一文，介绍了银耳芽孢菌种分离和接种技术，并观察到有58%的子实体，是在接种后的花疤处长出；并提出了香灰菌“可能在营养上与银耳有着密切的关系，但它们并非银耳的一个世代是可以肯定的”，这为银耳菌种制作技术的发展奠定了基础。

20 世纪 50 年代末至 60 年代初，华中农学院先后用银耳孢子悬浮液栽培银耳。1961 年，陈梅朋历经 4 年研究，“纯菌丝体菌种(银耳、香灰混合菌丝体菌种)”获得成功，并应用于生产。同年，上海师范学院与中央商业部菜果局合作在陕西西安、山西恒曲、江西黄岗推广银耳芽孢接种，银耳生长极密，但小如米粒，无应用价值。1962 年，上海市农业科学院食用菌研究所完成银耳菌种驯化和段木人工栽培的研究；1963 年，福建三明真菌研究所徐碧如从事银耳纯菌种研制和室内外栽培试验，首次提出“银耳与耳友菌的伴生关系”为制种提供了理论依据。

3. 银耳菌丝接种栽培阶段

银耳菌丝接种栽培，即采用银耳混合菌种接种栽培。按照栽培基质和栽培容器的不同，分为段木栽培、瓶栽和袋栽 3 种方式。这 3 个不同生产方式，实际是我国银耳栽培技术上的 3 大飞跃。

(1)银耳段木栽培

1959 年，上海农学院陈梅朋首先分离到银耳香灰菌丝混合种，并应用于段木接种栽培试验，长出了子实体。1962 年，上海市农业科学院园艺研究所完成了银耳菌种驯化和段木的人工栽培研究，先后在浙江、江西等省进行段木人工接种试验，获得成功。1962～1964 年，福建三明真菌试验站黄年来、吴经纶、徐碧如、黄兰妹等，系统地从事银耳菌种分离、菌种生产、防止银耳菌种退化方法和室内外段木栽培的研究，并撰写了《银耳人工栽培基础知识》。1968 年，四川通江人工分离获得银耳菌丝菌种，之后在 1974 年和 1981 年与苟文级等，筛选获得了优良银耳组合 7902 菌系，在通江生产和应用，有效提高了银耳的单产。段木接种栽培产区主要在四川、贵州、福建、河南等省。

(2)银耳玻璃瓶栽培

银耳瓶栽始于 1959 年，由上海市农科院园艺所进行木屑瓶栽银耳试验，获得重大突破。1964 年，三明真菌试验站徐碧如在福州仓山区进行银耳瓶栽试验，也获得成功。1974 年，古田县大桥乡苍岩村姚淑先、姚锦土等农民，应用三明真菌试验站的银耳菌种和瓶栽方法栽培银耳，至 1977 年春，试验成功把银耳瓶内开花，引出瓶外展片，产量猛增，商品性状一改旧观。比段木栽培增产 15～20 倍，生产周期 35～40 天，比段木栽培缩短 50～150 天，闯出了一条新的途径，使银耳生产出现一个新的飞跃。1979 年下半年起，瓶栽银耳在古田县迅速推广，千家万户农民院庭栽培银耳，成为“播金种银”的产业。

(3)银耳塑料袋栽培

塑料袋栽培银耳，简称袋栽银耳。1979 年，福建古田县吉巷乡青年农民戴维浩，进行罐头瓶栽培，1 瓶长 1 朵银耳改为塑料袋卧式排架栽培，1 袋长 4 朵银耳。该工艺不仅提高栽培房的利用率，而且成本降低，操作方便，促进了银耳的大批量生产，这是我国银耳生产技术上又一次新的飞跃。迅速在福建和山东、河南等地大面积推广，当时原料仍以木屑为主。20 世纪 80 年代中期，古田县回乡知识青年陈华贵，利用棉子壳试种银耳取得成功，拓宽了银耳生产原料，为银耳生产的可持续发展奠定了资源基础。90 年代后，福建古田等地建立银耳生产专用房，进入了专业化、规模化、工厂化栽培阶段，并由春秋顺应自然气温栽培发展到反季节夏季野外大棚架栽和地栽、冬季温室栽培，形成了多方位、周年制、集约化栽培的新格局。近年来又出现了应用 HACCP 系统控制，进行营养罐栽培和透明安全容器有机银耳生产，进一步提高了产品质量。

三、中国银耳产业发展现状

(一)产区布局

我国是世界银耳产量最大的国家，传统银耳产地以福建和四川通江为主。近年来山东、江苏、江西、河南、河北、安徽、河北、湖南、湖北等省，均有不同规模的发展。2009 年，我国银耳总产量达 31.27万吨。福建是我国银耳生产最大的省份，2009 年总产量达 29.07 万吨，占全国总产量的 93%。产地集中在闽中沿鹫峰山和戴云山脉中的山区古田、屏南、建阳、闽清等县、市，其中古田县誉为“中国银耳之乡”。“古田银耳”1995 年获第二届中国农业博览会金奖；2004 年被国家质监总局授予“中华人民共和国地理标志保护产品”。四川银耳产区，主要集中在大巴山地区的通江县涪阳、诺水河和沙溪等地 22 个乡镇生产。

(二)栽培模式

我国银耳生产方式，自 20 世纪 80 年代中期以后，段木栽培的规模明显减小，以棉子壳、木屑、甘蔗渣为主要培养料袋栽，普及推广发展极快。当前银耳生产以袋料栽培为主，成为我国银耳商品化生产的主要栽培模式。其投资小，见效快，适宜千家万户增收致富的产业，以 9m×4m×4m 的栽培房，内设层架栽培，一次可排放3 000袋，生产周期仅35～40天，一年可栽培5～6批。按照每袋产出银耳干品70～80g，投入与利润比为1：1左右。段木栽培虽然银耳产品的风味和品质仍被广大消费者认可，但由于耗材大、生产周期长、效益差，在当前保护生态资源新形势下受到制约，仅有四川、河南、湖北等地仍有保留生产，但规模不大。

（三）银耳产量

我国银耳生产近年来发展较快，2009年，全国总产量312 725吨。具体情况，请参阅表64－1。

表64－1 我国银耳主产区近5年鲜品产量一览表

（单位：吨）

省份＼年产量＼年份	2005年	2006年	2007年	2008年	2009年
年产量	184 130	219 262	251 414	305 692	312 725
福建	161 200	196 000	230 281	276 893	290 730
湖南	1 500	1 700	2 100	3 490	4 230
河南	3 820	5 556	6 058	12 685	3 660
山东	100	200	200	1 200	2 300
江苏	1 369	12 690	12 695	11 325	1 142
湖北	80	90	80	85	300

由表64－1可以看出，我国银耳主产区分布在福建省、湖南省、河南省、山东省、江苏省和湖北省6个省份。虽然年总量都在逐年增加，但福建省却占了全国总产量的93%之多。由此可见，我国银耳栽培区域的推广、栽培面积的扩大，以及优质高产、稳产品种品系繁育等诸多问题，有待各省市食药用菌科研工作者去攻克与完善。

（四）出口情况

银耳是我国食用菌产品出口中的一个特色品种，主要出口到马来西亚、泰国、新加坡、日本、加拿大等20多个国家和地区，积极为我创收大量外汇。

银耳子实体

（五）发展前景

随着人们对银耳认识的逐步深入和保健意识的加强，银耳产品的市场需求日益扩大。过去银耳限于广东、江苏、浙江南方诸省消费，如今遍及大江南北，成为全国城乡亿万百姓餐桌上的大众化菜肴，销量不断扩大。

当前我国银耳产品的精深加工深入开展，品种不断增加，银耳罐头、饮料、冲剂、饼干、果冻等食品以及部分化妆品；近年来各地又相继开发了银耳大曲、银耳软糖、压缩银耳、银耳茶、银耳羹、银耳冲剂、银耳香槟和银耳通便降脂胶囊等产品。

我国是银耳生产和出口大国，过去的100多年，主要是针对银耳制种技术和栽培技术的研究，对遗传学、生态学、育种技术和保藏方法等研究尚感薄弱。随着银耳产业的发展，研究与生产实践之间的矛盾日益明显，加强银耳基础研究力度，维持银耳产业的健康发展，已经成为我们迫切的任务。

第二节 银耳的生物学特性

一、银耳形态特征

银耳生活史中有芽孢、菌丝体和子实体3个阶段。

新鲜的银耳子实体纯白色或略带黄色，半透明，胶质，柔软，丛生或单生；由许多薄而波卷状褶的瓣片丛集成鸡冠状、牡丹状、菊花状或绣球形等。子实体形态见图64－1。

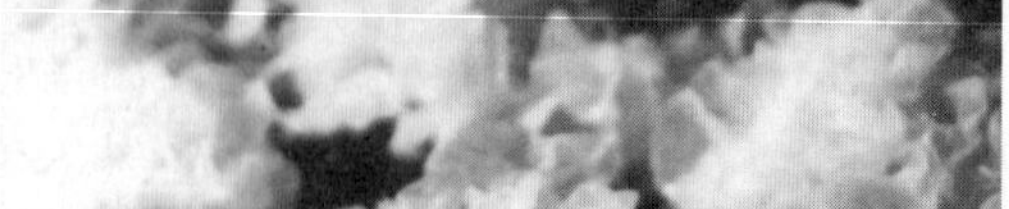

图64－1 人工栽培的银耳子实体形态

子实体瓣片不分叉或顶部分叉，表面光滑，富有弹性；直径 5～16cm 或更大，基蒂黄色至淡橘黄色或黄褐色；子实层遍生瓣片表面，干时收缩成角质，硬而脆，白色或米黄色。成熟子实体的瓣片表面有一层白色或米黄色的粉末，此为担孢子，大小为 5～7μm×4～6μm，呈卵圆形。担子卵球形或近球形，十字形垂直或稍斜分割成 4 个细胞（也称下担子），每个细胞上生一枚细长的柄（也称为上担子），每一枚上担子上生一枚担孢子梗，担孢子小梗上端再生一枚担孢子。担孢子成堆时白色，在显微镜下无色透明，卵球形或卵形，约 6～6.4μm×7.5～8μm，有小尖，担孢子产生芽管，萌发成菌丝或以出芽方式产生酵母状分生孢子。分生孢子越来越多，但孢子越来越小，条件适宜时，酵母状分生孢子便萌发成单核菌丝。

银耳孢子（担孢子和节孢子）在 PDA 培养基上为乳白色、半透明、黏糊状、边缘整齐、表面光滑的酵母状芽孢菌落，即银耳孢子菌落。随着培养时间的延长，其菌落不断扩展和加厚，从乳白色半透明变成淡黄色不透明以至成土黄色。在一般情况下，银耳担孢子繁殖而来的孢子，不易萌发生长出菌丝，而节孢子繁殖而来的孢子芽孢，较易萌发生长出菌丝。银耳担孢子瓜子形，中间无隔，大小较为均匀。银耳的芽孢，瓜子形、酵母形、鼓腿形、鸡蛋形，以酵母形占绝大多数，大与小相差颇大。

银耳菌丝为多细胞分枝分隔的菌丝，由担孢子萌发而来，或由菌丝无性繁殖而成。菌丝白色，极细，依靠伴生菌——香灰菌提供的营养繁殖生长，并在适宜的条件下形成子实体。菌丝分为单核菌丝、双核菌丝和结实性双核菌丝等，单核菌丝每个细胞中含有一个细胞核，双核菌丝每个细胞中含有两个细胞核，结实性双核菌丝可产生子实体并易胶质化。

二、银耳自然分布与生态习性

（一）银耳自然分布

银耳属于木腐生菌，野生分布于亚热带。也有分布于热带、温带和寒带地区。中国、日本、菲律宾、印度尼西亚、萨摩亚、泰国、印度、澳大利亚、斯里兰卡、南非、西非、圭亚那、牙买加、阿根廷、智利、巴西、毛里求斯、古巴、喀麦隆塔西提岛、玻利维亚、委内瑞拉、墨西哥和美国等也有分布。

我国银耳自然分布于内蒙古、陕西、四川、云南、贵州、湖南、湖北、安徽、江苏、浙江、江西、福建、广东、广西、甘肃、西藏及台湾等省、区，在晚春至秋末，子实体单生或群生于阔叶树腐木及栎树上。

（二）银耳生态习性

银耳的生态习性主要有以下 3 个方面：

1. 银耳是伴生菌协同完成生活史的典型代表

银耳几乎不具有分解纤维素、木质素的能力。在自然界中，银耳生活史的完成需要一种被称为“香灰菌”的子囊菌的协助。香灰菌也称羽毛状菌丝或耳友菌丝，属于伴生菌，具有分解纤维素的能力，借助香灰菌菌丝分解基质，把银耳菌丝无法直接利用的材料变为可利用的营养成分，提供营养物质，银耳才能完成生长和发育。它们之间互相依存的生态关系，具有明显的协同作用。

2. 银耳具有两型态现象

真菌的两型态现象（dimorphism）是指某些真菌在其生活史中，营养体可呈现出两种不同的细胞型态，银耳有丝状体相（mycelial form）和酵母相（yeast form）两相，是一种两型态食用担子菌，营养体能在环境或其他因素的影响下，在酵母型和菌丝型两种形态间发生可逆互变，无论单核菌丝或双核菌丝，只要受到环境条件的刺激，如受热、搅动、浸水都可以断裂成节孢子。据刘娟等研究结果显示，银耳节孢子直径略大于担孢子，担孢子为单核细胞，节孢子绝大多数为单核细胞，少数为双核细胞，菌丝体为双核细胞并具有典型的锁状联合结构。总蛋白及同工酶电泳分析表明：菌丝相总蛋白谱带多于酵母相，过氧化物及酯酶与酵母相存在一定差异，而多酚氧化酶基本相同。因此，伴随银耳两型态细胞两相形态的转变，细胞代谢水平发生了相应变化。

3. 银耳生态环境

银耳自然生长是从枯死的阔叶树的木材中分解吸收营养物质。它没有叶绿素，不能进行光合作用，是一种木腐菌，靠营腐生生活。银耳属于中温型菌类，但耐寒能力很强，自然气候春秋两季生长；整个生长发育过程，需要适宜的温度和湿润的环境，以及充足的氧气；菌丝生长和子实体发育都需要一定的散射光，属于好氧、喜光的食用菌。

（三）银耳生活史

银耳的生活史较为复杂，是一种早熟、生长期短的胶质菌，包含一个有性生活周期和若干个无性生活周期。

1. 有性繁殖

对于银耳极性问题，目前尚存在一定的争议。黄年来认为，银耳为异宗结合，是典型的四极性菌类，其担子能产生 4 种不同交配型的担孢子。Bandoni RJ 认为银耳既有同宗结合，又有异宗结合。Fox RD 研究了来源于不同地区的 9 个银耳菌株后发现，其中 3 个为异宗结合，另外 6 个为同宗结合。陈明的研究结果显示，福建银耳为双因子控制的四极性异宗结合担子菌，但由于研究样本仅 1 个，对于中国的银耳菌株，是否均为双因子异宗结合类型，还需进一步分析研究。盛桂华等对 8 个来源于不同地区的银耳菌株交配型 A 因子的测定结果显示，只有 2 个不同的 A 因子。但由于供试菌株数量的限制，不能确定我国银耳是否仅有 2 个交配型因子，有待在广泛收集各地银耳菌株的基础上进一步研究后确认。

子实体成熟后，在每一个担子上产生 4 个担孢子。担孢子在适宜的条件下，萌发成单核菌丝，或再生次生担孢子。在单核菌丝生长发育的同时，相邻的、可亲和的单核菌丝相互结合，经质配，形成具有锁状联合的双核菌丝。随着双核菌丝的生长发育，达到生理成熟的双核菌丝，在基质表面的扭结逐渐发育成"白毛团"并胶质化成银耳原基。原基在良好的营养和适宜的环境条件下，不断生长发育，最后开展为洁白的耳片。子实体成熟后，从子实层上弹射出担孢子，完成其生活史。

2. 无性繁殖

银耳子实体组织或耳木里面的菌丝，有很强的生命力，具有"无性"繁殖的性能。在一定条件下，银耳担孢子会反复芽殖，产生大量的酵母状分生孢子。分生孢子越来越多，孢子越来越小。条件适宜时，酵母状分生孢子便萌发成单核菌丝，并按上述方式完成它的生活史。

(四)银耳生长发育条件

1. 营养

银耳生长发育所需要的营养物质有碳源、氮源、矿质元素和维生素等。

(1)碳源

银耳菌丝和酵母状的分生孢子能直接利用简单的糖类(碳水化合物)，如单糖和双糖，但不能利用多糖；可同化葡萄糖、蔗糖、半乳糖、麦芽糖、甘露醇、木糖、纤维二糖、乙醇、醋酸钠等，而不能同化乳糖、纤维素、可溶性淀粉、乙二醇、丙三醇等。银耳菌丝不能直接利用纤维素、半纤维素、木质素和淀粉等大分子化合物，只有通过香灰菌菌丝，先将基质中的大分子化合物分解为简单的小分子化合物才能利用。在制备培养基时，一般需要添加葡萄糖、麦芽糖、酵母浸膏、马铃薯等作为碳源。

(2)氮源

氮源是供给银耳合成蛋白质和核酸的主要原料。银耳菌丝对氮源的利用，以有机态氮和铵态氮(硫酸铵)为最好，而硝态氮则难以利用。试验证实能同化的氮源为有机氮，如蛋白胨，铵态氮如硫酸铵，不能同化硝态氮如硝酸钾等。伴生的香灰菌，可利用硫酸铵和硝酸钙等，但在以酵母粉、蛋白胨和麦麸为氮源的培养基上，长势较好。生产栽培中常用麦麸、黄豆粉等辅助营养料作为氮源。

(3)矿质元素

无机盐在参与银耳细胞的合成、酶活调节、能量代谢，控制原生质胶体状态、维持细胞渗透性等方面，具有重要的意义。银耳生长发育需要的矿质元素有钙、硫、磷等，在培养料中加入适量的石膏粉、硫酸镁、过磷酸钙和磷酸二氢钾等，有助于菌丝和子实体的生长发育。但由于无机盐在水和常规天然培养物的木屑、棉子壳中均有一定含量，因此在添加时一定要适量，切忌浓度过大，否则影响银耳生长。段木栽培时，一般采用适生树种，能为银耳生长发育提供较全面的营养。此外，香灰菌浸出液对银耳菌丝体稳定生长、延缓其胶质化具有较好作用；添加了香灰菌浸出液的培养基，较适于银耳菌丝体的稳定生长，

2. 水分

水分包含培养基含水量和空间湿度两方面，是银耳生命活动首要条件，也是银耳菌丝细胞的重要成分，新鲜银耳子实体 90%以上为水。水可溶解培养料中的营养物质，输送养分，参与细胞内生化反应。在细胞新陈代谢过程中，外界的营养物质只有溶解在水中，才能被细胞吸收。银耳及香灰菌生长过程中，产生的代谢产物，也只有通过溶解在水中，才能排出细胞外。在生产栽培过程中，水能提供菌丝体正常生长和子实体发育所需的湿润环境。

(1)水分对菌丝的影响

银耳生长发育所需的水分，绝大部分来自培养料。菌丝生长阶段，在一定的范围内，培养基偏干，有利于菌丝的生长蔓延；形成原基后，要求大量的水分和较高的空气湿度。水分过少，菌丝体

生长受阻，影响对营养物质的分解和吸收，导致出耳不正常；水分过多，则造成培养料通风不良，菌丝呼吸困难，生长纤弱。

银耳与香灰菌丝抗旱能力差异较大，银耳菌丝抗旱的能力较强，长期干旱也不会死亡，但不耐水湿，长期浸水，部分银耳菌丝断裂为节孢子，（菌落形态和酵母状分生孢子很相似）。香灰菌不耐干旱，需在潮湿条件下生长，长期干燥的环境中易死亡。因此培养基含水量稍低些有利于银耳菌丝的蔓延。一般木屑等培养基含水量以55%～58%为宜；段木栽培时菇木含水量以40%～43%为宜。

（2）水分对担孢子的影响

试验证明，银耳担孢子在蒸馏水中就能萌发，但比例极少，在水中或培养液中，绝大多数担孢子以芽殖的方式，形成酵母状的分生孢子。

（3）水分对子实体的影响

子实体生长阶段，除依靠培养基内输给水分外，还需要潮湿的环境。按其不同生长期，空气相对湿度应保持在80%～95%。

3. 温度

银耳是一种中温型的食用菌，温度是银耳生长发育的重要环境条件之一。按其生长发育对自然气候的要求，一般地区春秋两季自然气候都适应。

（1）温度对孢子萌发的影响

银耳担孢子在15～32℃下均能萌发形成菌丝，但以22～25℃最为适宜。－17.7℃下2小时不会失去萌发能力。芽孢的抗寒能力强，在2～3℃下保存5年，仍具有活力。在0℃下2小时，不会失去发芽能力，但超过39℃死亡。

（2）温度对菌丝生长的影响

银耳包含银耳与香灰菌的混合体，两者在温度上略有差异。其中银耳纯菌丝生长温度范围为8～34℃，在12℃以上，随着气温的上升，生长逐渐加快。最适宜温度20～22℃，超过28℃不利于菌丝生长，白毛团量少；30℃以上生长缓慢，且易产生酵母状分生孢子；35℃以上停止生长。低于18℃菌丝细胞壁自然脱水加厚，形成芽孢，处于体眠状态；培养基出现白毛团集结加厚并光滑，气生菌丝薄弱。银耳纯菌丝能耐低温，3～5℃可微弱生长，2℃以下停止生长，在0℃也不会死亡，在－17.7℃经5小时就会死亡。而伴生菌的香灰菌丝耐高温，30℃条件下，其生长速度比22℃更快。38℃以下还能生长，适温为25～28℃，但低于10℃生长缓慢，甚至会出现退缩，即由灰黑色变成白色，俗称“退灰”，失去分解培养基能力，影响出耳。银耳混合的菌丝体，具有耐低温，不耐高温的特性。在6～32℃范围内均能生长，35℃停止生长，39℃以上死亡，在0℃下不死，在18～28℃范围内能正常生长，而以23～26℃为最适。

（3）温度对原基分化和子实体发育的影响

子实体分化发育的温度为15～30℃，以在23～25℃为最适。在适温范围内，子实体生长快，展片好，耳片厚，产量高；超过28℃生长快，耳片薄，质量差，产量低，易腐烂。在适温范围内，温度偏低，子实体发育虽然较缓慢，但耳片厚、质佳，朵形好，干重率高。子实体生长阶段，如果长时间高于25℃，接种穴口的白毛团分泌黄水珠；高于28℃会出现黑水珠，且基部变黑，影响出耳；长时间低于20℃，不利于子实体生长；低于18℃，穴口会吐出白色晶状液，也会导致耳基霉烂。

4. 空气

银耳是好氧性真菌，整个生育期都离不开氧气。菌丝生长需氧量较小，若培养基水分太多，氧气不足，原基分化迟；子实体发育期间呼吸旺盛，需要空气新鲜。如通风不良造成缺氧，子实体扭结成团不开片，闷湿的环境易造成烂耳及杂菌滋生。

5. 光线

银耳和香灰菌为喜光性菌类，菌丝生长和子实体发育需要一定散射光。据观察，耳友菌丝色素的形成与光线关系很大。光线强，色素形成快而多。在黑暗中培养15天香灰菌菌丝纤细，黑褐色分泌物很少；而有散射光时，菌丝粗壮，分泌物正常。50～600 lx的光照条件，可满足银耳和香灰菌生长发育。一般培养室及栽培场所，选择三阳七阴，光照度300～500 lx为宜。光线过暗，子实体分化迟缓，质量低劣；但光线过强，会直接杀死银耳的孢子和菌丝，而且也不利于子实体的分化。

6. 酸碱度

银耳为喜偏酸性的菌类，孢子萌发和菌丝生长适宜的pH范围为5.2～7.2，以pH 5～6为宜。

7. 伴生菌的协同作用

银耳不能直接利用纤维素、木质素和淀粉等大分子物质，在琼脂培养基上能正常生长，形成子实体；在段木和木屑上必须要有香灰菌的协同作用才能完成生活史。香灰菌可以帮助银耳分解木材，提供营养，把银耳菌丝无法直接利用的材料变成可被利用的营养成分，以利于银耳担孢子的萌发、菌丝的定植和子实体的生长发育。银耳与香灰菌胞外纤维素酶系中，各组分有明显的协同作用，它们之间构成了一种很密切的共生关系，这是长期自然选择进化的结果。

对于香灰菌与银耳相互作用机制及其分类地位等，还存在许多的争论。香灰菌可以使银耳菌丝稳定生长和延缓胶质化，且不同来源的香灰菌对营养物质的利用，存在显著的差异性。杨新美等认为，该菌是碳团菌属（*Hypoxylon*）的无性阶段，其学名初步鉴定为 *Gliocladium Virens*；臧穆将其发现的与银耳共同生长的香灰菌新种，定名为香灰拟锁担菌（*Filobasidiella xianghuijun* Zang）。但也有人认为香灰菌不是单一的物种，可能隶属于碳团属和碳豆属，有3～4个种，其中一种初步鉴定认为是阿尔碳团（*Hypoxylon archeri*）。谢宝贵等通过对1株香灰菌的ITS序列的分析，认为在DNA水平上，该香灰菌与（*Hypoxylon stygium*）很相似。香灰菌的分类地位，还有待进一步的研究。有人认为银耳是寄生在香灰菌上，臧穆认为香灰菌有吸器，为寄生菌，这些都有待进一步确认。

（五）银耳的木质纤维素生物降解规律

利用棉花纤维、滤纸崩解法测定，银耳菌丝几乎没有分解纤维素的能力。利用间苯三酚浓盐酸染色法测定，银耳几乎没有分解木质素的能力。用刘哥氏液（碘化钾-碘液）染色法发现，银耳菌丝几乎不利用淀粉。

王玉万等通过分别培养银耳、香灰和混合培养银耳、香灰菌菌株，测定培养物的羧甲基纤维素酶（CMC酶）、淀粉酶和β-葡萄糖苷酶和半纤维素酶活力，结果表明，银耳及伴生菌均不具有分解木质素的能力，但银耳与伴生菌混合培养，可能存在协同降解木质素的能力。伴生菌具有分解纤维素和半纤维素的能力，银耳纯菌种不具有分解纤维素和半纤维素的能力。两者混合培养，在分解纤维素过程中存在互补效应。同时认为，银耳子实体的生长发育，对伴生菌分解纤维素有促进作用。试验同时显示，伴生菌在纤维素废物上生长时，具有向培养基中释放胞外CMC酶、FP酶、β-葡萄糖苷酶、半纤维素酶和淀粉酶的能力。银耳仅能向培养基中释放纤维素酶系中的C1酶，不具有产生胞外CMC酶、β-葡萄糖苷酶、半纤维素酶的能力。试验还证实，银耳子实体生长发育对其伴生菌分解纤维素有促进作用。伴生菌具有分解纤维素与半纤维素积累营养的能力，在子实体生长阶段，混合菌种所需要的营养物质64.23%来自于纤维素的降解，并认为纤维素是银耳子实体发育阶段的主要碳源。银耳与伴生菌在分解纤维素过程中存在酶系互补效应。

据试验观察，伴生菌在木屑培养基上生长初期，分解强度大于后期。在菌丝体迅速生长期，主要利用基质中的非木质纤维素。在生长初期，伴生菌虽然具有较强的多酚氧化酶（参与木质素降解的重要酶类），但却不能分解木质素。认为香灰菌不属于木腐菌中的白腐菌，从其半纤维素酶和纤维素酶活性较高这一点看，应属于褐腐型木腐菌。香灰菌半纤维素酶系中的主要酶之一木聚糖酶活性，远高于纤维素酶活性。

第三节 银耳的菌种繁育

一、银耳菌种独特个性

通常所说的银耳菌种，实际是银耳纯菌丝和香灰菌丝（又称耳友菌）组成的混合体系。纯银耳菌丝是由芽孢萌发而来，芽孢因不含纤维素酶、半纤维素酶，不能分解纤维素、半纤维素和木质素等物质，只能利用简单的糖类，如单糖、双糖，所以银耳菌丝不能单独在木材或木屑及棉子壳等培养基上生长。而香灰菌含有较高的纤维素酶、半纤维素酶和多酚氧化酶活性，具有极强的分解木质纤维素的能力。这两种菌的孢外酶具有酶互补和协同增效作用。因此，只有将银耳菌丝或芽孢与香灰菌丝混合，借助香灰菌分解木材提供营养，才能在木屑培养基上生长。在自然条件下，银耳孢子若遇不到香灰菌丝，就不能萌发生长。香灰菌单独存在，也不可能形成银耳，它只能完成自己的生活周期。因此，在菌种分离和扩大繁育中，必须注意这两种菌丝合理的配比，而且需要搅拌均匀。如果混合体中银耳菌丝很少，香灰菌丝占优势，出耳率很低。黄年来（1982）认为：银耳菌丝与香灰菌丝两者比例应达到1 000∶1也不过分。研究人员认为不同品系、不同地区、不同耳木取来的银耳菌丝与香灰菌丝进行混合时，会出现不亲和，不能形成“白毛团”即不长耳。因此银耳菌种两种菌的分离选育有“专一性”之说。20世纪90年代中期，福建古田县兴达银耳研究所通过试验表明：不同产地、不同菌株的银耳菌丝与香灰菌丝有亲和和不亲和两种可能性；而不同菌株的香灰菌丝接种在同一培养基上，会形成明显的拮抗线。这些都说明银耳菌种之中奥秘很深，与其他菇耳菌种大不相同，有它的独特个性。

二、银耳菌种分级

银耳菌种共分三级：一级菌种，俗称母种；二级菌种，俗称原种；三级菌种，俗称栽培种或生产种。

(一)一级菌种(母种)

通常从子实体或耳木和基内分离选育出来的菌丝，称为一级菌种。它一般是接种在试管内的琼脂斜面培养基上培养，故又称为"试管母种"。母种数量很少，而且也较细弱，只能用作繁殖。一级菌种一般均用马铃薯琼脂培养基(PDA)制成的试管斜面培养，要求纯度比较高。

(二)二级菌种(原种)

把母种移接到菌种瓶内的木屑、麦麸等培养基上，所培育出来的菌丝体称为原种。原种是经过第2次扩大，所以又叫二级菌种。原种虽然可以用来栽培产生子实体，但因为数量少，用作栽培成本高，所以一般不用于生产栽培。因此，必须再扩繁成许多栽培种。每支试管(18mm×180mm)母种，一般带白毛团移接只能接1瓶，最多只能分割4块，接4瓶二级菌种。由于二级菌种还要再扩接成三级菌种，所以对其纯度要求也很高。生产过程中，要认真仔细检查，特别要注意后期染菌，以免造成三级种的大批染上杂菌。

(三)三级菌种(栽培种)

把原种再次扩接到同样的木屑培养基上，经过培育得到的菌丝体，作为生产银耳的栽培菌种，称为栽培种。栽培种经过第3次扩大，所以又叫三级菌种。银耳栽培种只能用玻璃菌种瓶，每瓶原种可扩接60瓶三级菌种。三级菌种在生产过程中要认真检查，及时淘汰污染杂菌的菌种，避免造成生产上的损失。

三、银耳菌种培养基配制

(一)母种培养基配制

母种培养基一般采用马铃薯、葡萄糖、琼脂等原料，加入适量的水配制而成。常用的配方有：

1. 母种培养基配方

①马铃薯200g(加水煮，取汁)，葡萄糖20g，琼脂20g，水1 000ml(统称PDA培养基)。

②马铃薯200g，葡萄糖20g，磷酸二氢钾2g，硫酸镁0.5g，琼脂20g，水1 000ml(统称CPDA培养基)。

③黄豆粉40g，葡萄糖20g，磷酸二氢钾3g，硫酸镁0.5g，琼脂20g，水1 000ml。

④黄豆粉40g，葡萄糖20g，琼脂20g，水1 000ml。

⑤麦麸100g，麦芽糖10g，葡萄糖10g，蛋白胨5g，磷酸二氢钾3g，硫酸镁0.5g，琼脂20g，水1 000ml。

⑥米粉50g，花生仁20g，蛋白胨10g，磷酸二氢钾1g，硫酸镁0.5g，琼脂20g，水1 000ml。

上述配方pH自然。

2. 试管斜面培养基制作

银耳菌种的分离和一级种(母种)的转管扩大，基本都采用PDA培养基。虽然培养基配方中的添加物有增减，但基本制作方法大同小异。

以PDA培养基制作为例：将去皮马铃薯200g切碎，置于锅中，加水1 000ml，煮沸约15分钟，用多层纱布过滤、去渣；取马铃薯汁再倒入锅中，加入琼脂20g，用文火加热，不断搅拌；待琼脂完全溶解后，再加入葡萄糖20g，搅拌至完全溶解。用量杯测量培养基的总量，若不足1 000ml，需加入清水，使其总量达1 000ml。

趁热把培养基用玻璃漏斗装入试管(18mm×180mm)，每支试管约10ml。在装培养基时，注意不要沾管口，以防黏住棉塞，感染杂菌。然后塞上棉塞，整齐地竖放在专用的试管框中，等待消毒灭菌。

(二)银耳原种和栽培种培养基配制

1. 原种和栽培种培养基配方

银耳二级菌种(原种)和三级菌种(栽培种)培养基，国内目前多数以阔叶树木屑为主料，适当添加麦麸等辅料作为补充营养。常用的配方有：木屑78%，麦麸20%，蔗糖1%，石膏粉1%，含水量调至60%；也可采用木屑70%，麦麸25%，蔗糖2%，石膏粉1.5%，蛋白胨0.5g，磷酸二氢钾0.5g，硫酸镁0.5g的配方，含水量调至60%。

2. 木屑培养基制作

银耳二三级菌种的培养基制作工艺，基本相同，培育容器均采用玻璃菌种瓶，不宜采用塑料袋。主要是防止表层白毛团被袋膜黏连。制作方法如下：要求木屑新鲜、干燥，用前过筛，然后加入麦麸、米糠、石膏粉等干拌均匀；再按每100千克干料加水120升的比例，将糖、硫酸镁、蛋白胨、磷酸二氢钾等分批溶于水中；再将水溶液缓慢倒入料中，边倒边搅拌，使料吸湿均匀。含水量掌握在60%，以手紧握培养料时，成团而不松散，指间有水痕溢出而又不滴下为宜。拌好的料应及时装入750ml的玻璃菌种瓶，装入时要边装边压实，容量以瓶高的1/2为度，最后将料面压平，将瓶内、外壁及瓶口擦净。也可以将瓶口向下倒入干净水中洗净，但应避免水接触瓶中培养料，否则料中含水分过量，最后用棉花塞口。

(三)培养基灭菌

1. 高压蒸汽灭菌

银耳菌种的培养基灭菌，常用高压灭菌锅。使用时必须将锅内冷空气排除干净，试管培养基在121℃下，一般只需保持30分钟就能达到完全灭菌的目的。然后打开灭菌锅门，取出培养基；略倾斜地排放在工作台上，使培养基在试管内形成一条斜面(约占试管长度1/2～2/3)。待培养基凝固后，即可收起备用。

木屑培养基为瓶装，体积较大，高压蒸汽灭菌必须保持2小时，才能达到彻底灭菌的目的。灭菌结束后，不要急于排气，以防止棉塞跳脱，应该让压力慢慢降至“0”后，再将灭菌锅门开一条缝慢慢排气即可。因为木屑培养基的数量一般都比较大，所以需让温度再降低一段时间(一般3～5小时)，然后再取出培养基。这样玻璃瓶一般不会爆裂，尤其在冬季外界气温较低的时候更应注意。

2. 常压蒸汽灭菌

这是利用自然压力下的蒸汽进行高温灭菌的方法。在我国广大农村栽培者自行制作三级种，由于没有高压灭菌锅，一般采用砖头砌成的常压灭菌灶进行灭菌。常压灭菌时，当温度达到100℃时，需保持8～10小时，中间不停火，才能达到灭菌的目的。由于加热时间长，要注意隔一段时间就要往锅中加一次热水。

四、银耳母种分离培养与检验

母种分离方法有孢子分离法、基内分离法、组织分离法和耳木分离法等。

(一)孢子分离法

孢子分离，又称孢子弹射。它是利用银耳成熟子实体的有性孢子，在适宜的培养基上萌发长成菌丝，来获得纯菌种的一种方法。其具体步骤与操作方法如下。

1. 种耳选择

种耳的选择有野生或人工栽培的，而大多数是从人工栽培中挑选生活力强、生长快、朵大、片厚、无病虫害的子实体1～2朵，编上号码，作为种耳。确定种耳后，一般是在子实体上有一层白色粉末时即可采集。这时若在种耳的底部铺上1张塑料薄膜，1天后用手抚摸，有滑腻的感觉，这就是担孢子，即可将其拿到接种室内进行分离。

2. 分离前消毒

种耳的表面带有大量杂菌，基部有时还混有线虫和螨类等虫害，因此必须进行消毒。将装种耳的袋或瓶，用75%乙醇擦洗2～3遍，移入装有敌敌畏或乐果的容器中，经8～10小时，杀死附在耳基底部和四周的害虫。但不可将种耳浸在药液中，以免孢子被杀死。分离前把烧杯、玻璃罩、培养皿、剪刀、不锈钢钩、接种针、镊子、无菌水、纱布等，一起置于高压灭菌器内灭菌。然后连同酒精灯、75%乙醇或0.1%升汞溶液和装有经过灭菌的琼脂培养基的三角瓶、试管，以及经过消毒后的种耳等，放入接种箱或接种室内。装有紫外线灯的，接种之前开灯照射30～60分钟；没有安装紫外线灯的，按每立方米用甲醛(福尔马林)10ml和高锰酸钾7g，混装在1个碗中，置于接种箱(室)内，熏蒸30分钟，或用6g气雾消毒盒点燃熏烟消毒，以达到灭菌消毒的目的。制种工作人员要戴上手术胶手套，并用75%乙醇擦洗消毒。

3. 孢子采集

在无菌室或接种箱内，把无菌水分装在3个烧杯中，再把75%乙醇或升汞溶液倒入另一烧杯；然后用剪刀在种耳上剪取拇指一样大小的耳片，用镊子夹住，在乙醇或升汞溶液中浸5～10秒钟；迅速移入第一只无菌水烧杯中浸洗1分钟，接着又在第二和第三只无菌水烧杯中各洗1分钟；再用无菌纱布把附在耳片表面的水分吸干，并挂在钢钩上，迅速移入装有培养基的三角瓶内。耳片距离培养基2～3cm，不可接触到瓶壁，随手把棉塞塞入瓶口。为了便于筛选，一次可以多挂几个瓶子。

种耳挂瓶后，打开接种箱，把三角瓶移入25℃的培养室培养24小时。当看到三角瓶培养基上有雾状的孢子后，再搬入接种箱内，取出钢钩和耳片，塞好棉塞；然后再放回恒温箱或培养室内培养2～3天。这时在三角瓶内培养基的表面上，就能看到白色糊状、边缘光滑的菌落；用接种针挑取少量孢子，接入装有琼脂培养基的试管中继续培养，即得到银耳菌丝或芽孢。这种分离法称为孢子分离法。

4. 提纯选育

孢子采集后，还必须进行提纯选育。也就是在采集到众多孢子后，再继续稀释来获得单孢子进行培育。

孢子极其微小，肉眼无法看清。孢子的选育是根据萌发出的菌丝体来选取的。操作方法：在接种箱内，用灭过菌的注射器，吸取 5ml 的无菌水，注入盛有孢子的培养皿内，轻轻搅动，使孢子均匀地悬浮于水中，即成孢子悬浮液。再将注射器插上长针头，吸入孢子悬浮液，让针头朝上，静放几分钟，使饱满的孢子沉于注射器的下部；推去上部的悬浮液，吸入无菌水将孢子稀释，再把装有培养基的试管棉塞拔松，针头从试管壁处插入，注入孢子悬浮液 1～2 滴，使其顺培养基斜面流下；然后抽出针头，塞紧棉塞，转动试管，使孢子悬浮液均匀分布于培养基表面。

另一种孢子的选育方法是：取 5 支试管，其中 1 支装 10ml 蒸馏水，另 4 支各装 9ml 蒸馏水，经高压灭菌即成无菌水。然后取一接种匙孢子粉或黏有孢子粉的无菌玻璃珠，置于 10ml 无菌水试管中，摇振使孢子分散成悬浮液。用无菌注射器或 1ml 的吸管，吸取 1ml 孢子悬液于第二支试管中，摇振使其分散；再从第二支试管中，吸取 1ml 注入第三支试管，如此依次进行，直至稀释到第五支试管。

把上述方法获得的单孢菌落注入试管后，及时移入恒温箱内，在 23～25℃ 的条件下培养 5～8 天。在培养基上可看到许多孢子堆，其边缘整齐、光滑，中间凸起呈乳白色的就是银耳纯孢子。获得纯孢子后，再接入新的试管培养基上进行扩大培养，逐一标上代号和日期，在适温条件下进行培养。当培养基上长满菌丝后，即可将其与香灰菌丝混合培养，就成为一级母种。

银耳是四极性异宗结合的菌类，单孢子是不能结耳的。如果不进行单孢杂交育种，不要挑取分散的单个菌落。为了确保芽孢菌落的纯净，移植培养后最好镜检。具体做法是：取载玻片 1 块，用接种环蘸上 1 环蒸馏水，涂在载玻片上；再挑取少量的芽孢，在水中稀释、涂匀，加入 1 滴美蓝染色液，加上盖片静置 1～2 分钟后，在高倍显微镜下观察。如有杆状、圆球状细胞，即为菌种不纯的表现，必须进一步纯化。

(二)基内分离法

基内分离法与组织分离法均属于无性繁殖。所不同的是，前者为直接从银耳子实体的基部分离出新菌丝。这种方法在银耳培养料栽培中应用较为广泛，且操作简便，一般初学者容易掌握。由于用这种方法分离出的银耳纯菌丝含有银耳菌丝和香灰菌丝，因而可直接培育成母种。另外，也可用单独分离出银耳纯白菌丝，然后与香灰菌丝混合培养成银耳母种。

1. 基内菌丝直接分离法

选无杂菌污染、无病虫害、出耳早而齐、长势良好的种龄健壮栽培袋(瓶)银耳，子实体直径4cm左右，用作分离的耳种。分离时，用刀割下子实体，把剩下的耳基连同培养基及接种工具一并放入接种箱内，用 70％乙醇棉球进行表面消毒。分离时先用消过毒的解剖刀在耳基正中位置垂直切成两半，切面可看到白色菌丝。再将切面上半部混杂的老菌丝去掉，选取耳基下半部约 3cm 内的菌丝块，移入装有培养基的瓶内，将菌丝块搅碎拌匀，然后分接于木屑培养基上。一般 1 个耳基可分接 20～30 瓶。接完后及时放入 23～25℃ 培养室，经 3 天培养后，检查生长情况，从中选优去劣。7 天后挑取培养基表面洁白、丰满、四周白色绒毛分布均匀的菌丝团(简称白毛团)，接入试管培养基表面中央进行培养。这种方法称为单团选育“一粒团”接种法。在 23～25℃ 条件下约经 10 天培养，即成为两种菌丝共存的一级母种。也可将白毛团直接接入木屑培养基上，培养 15～20 天后，待原基分化、子实体出现时即为一级母种。

用上述方法分离菌种，必须认真做好种耳的筛选和消毒工作，严格无菌操作，避免将杂菌带入母种。同时，由于香灰菌丝萌发在前，限制了银耳菌丝的生长，使其处于弱势，且混合比例难以达到理想要求。因此，这种直接分离的母种，必须经过出耳鉴定后，方可用于生产。否则，将只见满袋(瓶)长满黑色的香灰菌丝，而银耳子实体却长不出来。

2. 银耳纯菌丝与香灰菌丝单独分离法

从基内单独分离银耳纯菌丝和香灰菌丝的最佳方法，是根据两者之间抗旱能力的不同，从而将分离材料进行脱水干燥。由于香灰菌丝不耐干旱，在脱水过程中将会逐渐死亡；而银耳菌丝则较耐干旱，这样可以从中分离出银耳纯白菌丝；最后将银耳纯菌丝和香灰菌丝混合，就可获得性状稳定的高产母种。用这种方法获得的母种质量优良，但技术难度较大。下面介绍具体方法：

(1)银耳纯菌丝分离法

将挑选出来的标准种耳，齐耳基切掉，把耳基和培养基留下。再把耳基挖出，把耳基连同培养基切成火柴盒大小的方块菌丝团，作为分离材料。把所获得的分离材料用无菌纸包好，置于通风处15～20天，风干后把耳基周围疏松的木屑培养基清除掉。或把分离材料置于"玻璃干燥器"中，用浓硫酸或五氧化二磷置于干燥器底层，强迫脱水，经过10～20天后，再进行分离(图64—2)。

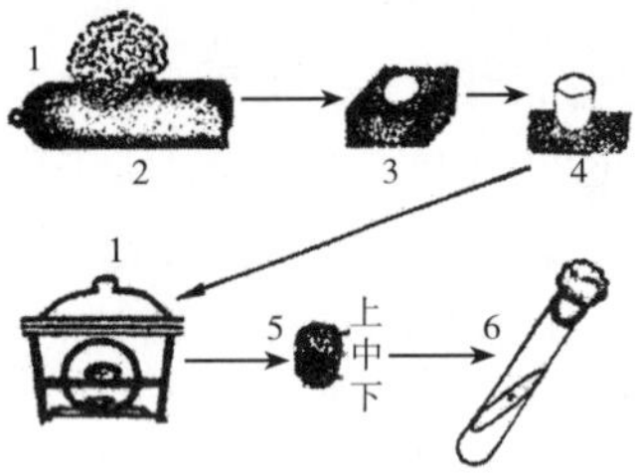

图64—2 银耳纯白菌丝分离法

1.袋栽银耳子实体，2.耳基处割掉子实体，3.取出分离材料，4.去掉疏松木屑的银耳菌丝团，5.干燥器强迫干燥，6.分离部位，7.移植于斜面培养基中央。

分离材料的部位选择，对银耳菌种的选育有重要作用。取浅层分离的菌丝，容易发黄，并在试管内很快展开耳片，菌株生活力较弱，朵形小，易烂耳；取深层分离的菌丝，生理成熟度低。为了得到生活力旺盛、并适合培养料栽培的菌株，必须取中层以下至深层的部位进行分离，所得到的是纯白的银耳菌丝。这种介于浅层和深层之间分离的银耳菌种，成熟度适中，产量稳定。操作方法：先把菌丝团剥开，在耳根内部，自上而下或从左至右，各取大头针大小含菌丝的木屑粉末，接种在琼脂培养基上，置于23℃恒温箱中。经7～10天培养，银耳菌丝可以恢复生长，而羽毛状的香灰菌已干死了。若分离培养后还出现羽毛状香灰菌丝，则说明原分离材料脱水区干度不足，香灰菌丝尚未干死，可继续脱水，这样就可获得银耳纯白菌丝。

(2)香灰菌丝分离法

获得银耳纯白菌丝后，还要分离羽毛状香灰菌丝。可在袋(瓶)栽的培养基深处，任取一小点木屑，接种在琼脂培养基上，置于25℃的恒温箱中培养，在23～26℃条件下培养3～4天。待接种边缘长出白色粗壮的菌丝，后转为黄绿色；随后分泌出黑色素，培养基逐渐变黑，并不断加深。此时选择长势旺盛、爬壁力强的香灰菌丝，采取先端分离法，挑出来进行移植，经数次提纯分离后，即可获得纯羽毛状香灰菌丝。

(3)两种菌丝的判别

分离的技术不同，分离的效果也不一样，大致可以得到下列几种结果：得到银耳菌丝；只得到羽毛状香灰菌丝；得到银耳菌丝和羽毛状香灰菌丝；得到酵母状分生孢子和羽毛状香灰菌丝。如果有杂菌干扰，情况就更复杂了。为了得到有生产价值的菌种，在分离的第一周内，要天天观察，把银耳菌丝和香灰菌丝单独分离出来，并掌握识别其特征。

银耳菌丝(双核菌丝)的特征：白色、淡黄色，以及白至黄的各种中间色。气生菌丝直立、斜立或平贴于培养基表面，基内菌丝生于培养基里面。菌丝直径1.5～3μm，有横隔膜，有明显的锁状联合(但不是每节都有)，生长速度比一般食用菌缓慢。在培养基表面会出现扭结的菌丝团，俗称"白毛团"，也就是子实体的胚胎，逐渐胶质化后长成小耳片。当双核菌丝开始胶质化时，在菌丝顶端可以发现若干担孢子样的膨大细胞——原担孢子，此时意味着菌丝已进入结实阶段。双核菌丝移植后，或继续长菌丝，或迅速胶质化，或变成酵母状分生孢子(取决于菌龄、发育程度、培养基表面的游离水和机械刺激等)。

香灰菌丝的特征：白色、羽毛状，常有特别细长的主干和侧生的、略呈羽毛状的分枝。老菌逐渐变成浅黄、浅棕色，培养基逐渐由淡褐色变为黑色或黑绿色。培养基表面的气生菌丝呈灰白色、细绒状，有时有碳质的黑疤。分生孢子梗呈扫帚状，分生孢子少见，若产生时为黄绿色至草绿色，近椭圆形，直径3～5μm。

(4)两种菌丝混合培养成母种

获得的纯白银耳菌丝是单一的菌丝体，必须与香灰菌丝混合才能成为母种。混合的方法有斜面试管中混合和木屑菌种瓶培养基上混合，两种方法均可。操作方法：先把孢子或纯白银耳菌丝接入试管培养基的中央，再把香灰菌丝挑取少许，接于离银耳菌丝的前或后1～2cm部位。通过混合后，待香灰菌丝恢复生长布满试管内全部培养基，且呈黑色；纯白银耳菌丝的接种块上，出现白毛团，并伴有黄红色水珠时就成为母种。银耳菌丝生长慢，香灰菌丝生长快，为此两者比例要恰当，通常以银耳菌丝为1 000，香灰菌丝只为1，即千分之一的比例。如果采用木屑菌种瓶混合时，先把银耳菌丝连同培养基少许从试管中挑取出来，放入木屑培养基上；然后取少许香灰菌丝，放入银耳菌丝旁边或菌丝上面，置于23～25℃的室温中培养。待接种块的白毛团上出现黄红色水珠时，即成母种。

(5)银耳“非专一性”分离，择优交合育种

长期以来，我国银耳制种分离方法强调“专一性”，即银耳菌丝和香灰菌丝的“专一性”。分离时必须在同一耳木或同一袋木屑培养基上，分别获得银耳纯菌丝(包括酵母状分生孢子)和香灰菌丝进行交合。而不同地区或同一地区的不同耳木或不同木屑培养基获得的两种菌丝，不能随意混合，否则就有失败的可能。因此这种“专一性”的分离制种，形成了传统方法。

福建省古田县每年制作银耳菌种 300 万瓶。20 世纪 70 年代以来，一直按照这种“专一性”的原理进行分离制种。1997 年，古田县兴达银耳研究所张汉文进行不同产地、不同培养基分离出两种菌丝，然后进行择优交合，育成母种，并逐级扩大，用于栽培获得成功。试验表明，不同产地或不同栽培袋，分离时两种菌丝错开交合，有亲和与不亲和的可能。银耳菌种分离材料，可以从野生或段木栽培的香灰菌丝与人工培养料袋栽的银耳纯菌丝择优交合，使菌种不断优化，为银耳制种拓宽途径。

“专一性”的分离交合，长期被视为难题的原因，主要是当时研究银耳菌种的部门和专业人员不多，银耳两种菌丝的发现历史不长；而且银耳纯菌丝亲和的能力弱，稍有疏忽，分离则失败。所以，这种“非专一性”的禁区，一直未被打破。随着银耳人工驯化栽培方式的演变，由段木→木屑瓶内开花→木屑瓶外展片→室内袋料栽培→野外荫棚栽培；由小面积，发展到千家万户专业化、商品化、基地化的大规模栽培。这使银耳菌丝的适应性不断增强，这也是生物进化过程的自然规律，为不同一择优交合提供了内因条件。但从野生不同耳木或不同产地采集分离获得的香灰菌丝，接种在同一培养基上，则又出现不亲和的拮抗线(图 64—3)。说明香灰菌丝品种之间有其特殊个性，还有待进一步探索。

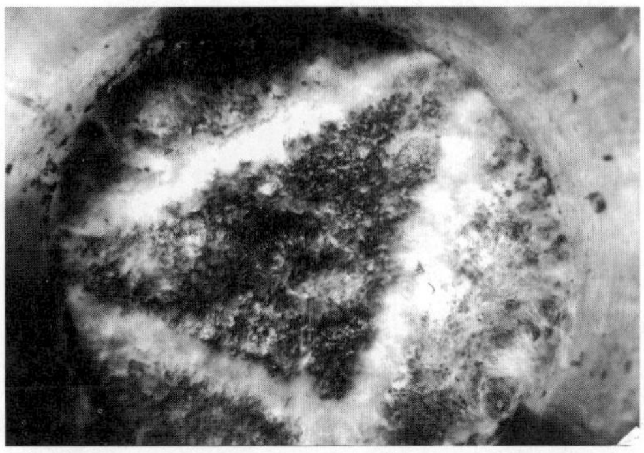

图 64—3 不同来源的香灰菌丝拮抗表现

(三)组织分离法

组织分离是采取银耳子实体组织分离纯菌丝的一种方法。首先，选择肥厚健壮、出耳早、朵形美的新鲜标准种耳，参照孢子分离法进行耳片消毒，用解剖刀切取耳片基部肉质较厚处的内部组织一小块，或切开耳片后，用接种针挑取其内部组织一小块。然后，接入斜面培养基上或菌瓶内的木屑培养基上，进行恒温培养。一般在 23～25℃条件下培养 5～7 天。当四周长出菌丝时，挑出菌丝体转入试管斜面，经几次转管纯化培育，即可得到母种。

组织分离是一种快速、而又简单易行的分离法，常能在短期内收到较好的效果。因此，银耳制种户常采用此法。耳片分离法是把精选的耳片经消毒后，直接放入木屑培养基表面，让孢子散落萌发菌丝。当木屑培养基出现白色米粒状菌丝，并稀薄蔓延四周时，取出耳片，经过 3～5 天认真观察，选优去劣，便可育成木屑母种。耳片分离法，由于耳片较薄，消毒比较困难。若消毒过度，会造成耳片组织死亡；若消毒不彻底，又可能带来杂菌。尤其是在栽培室群体中采集耳片，由于影响因素较多，所以采片分离大多采用菌种瓶内长出子实体后，从中选耳，这样就比较安全。

(四)耳木分离法

耳木分离法又称寄主分离法，是从已长过耳的、未发现杂菌生长的野生或人工段木栽培的木段中，分离菌丝而得到菌种的方法，属于无性繁殖，分离方法简单。操作时，选取菌丝生长旺盛、木材尚未腐烂、两年以内的耳木。把它截取一小段，用水冲洗后再用无菌水洗 2～3 次；将其浸在 75%乙醇内数秒钟，以排除附在耳木小块上的空气；再用无菌水洗去乙醇，放入 0.1%升汞溶液中浸泡 30～50 秒。如果没有升汞溶液，也可采用0.5%～1%的次氯酸钠溶液浸泡 2 分钟，或用1%～2%的含氯石灰(漂白粉)液浸泡 2～3 分钟，同样能达到杀灭表面杂菌的目的(有的不用任何杀菌剂，而只用无菌水冲洗 15～20 次，效果一般也可以)。浸泡 2～3 次后，用灭过菌的解剖刀切去表层。将靠表层的木质层切成0.5cm长的小块，迅速放入试管培养基斜面或盛有马铃薯培养基的培养皿中。然后置于恒温箱中培养 4～6 天，即可在小木块旁边挑取菌丝，接种于培养基上，即成母种。

(五)银耳母种的检验

银耳母种指的是斜面琼脂母种，优质母种要达到以下感观标准：

1. 菌龄

琼脂母种一般在适温下接种后培养 13～18 天，为适龄菌种，其菌丝生长力旺盛。

2. 香灰菌

呈黑褐色，布满琼脂培养基，气生菌丝灰白色、羽毛状爬向管壁，长势旺盛。

3. 白毛团

颗粒饱满，圆正，色泽洁白，气生菌丝直立或斜立，平贴培养基上，分泌无色或含黄色水珠。15 天后白毛团分化成碎米状的耳芽。

符合上述要求者，可以认为是优质母种。如果白毛团气生菌丝呈萎黄、倒伏状，无拌有水珠，或原基干枯萎缩；香灰菌气生菌丝在管壁收缩，培养基与管壁已脱离，这说明菌种已老化，生活力差，为不合格。

五、银耳原种接种培养与检验

将试管母种移接到瓶装木屑培养基上进行培养繁殖，所获得的菌种称为原种。为了生产的需要，必须将母种进一步培育成原种。

（一）接种

选用生理成熟度适中、无杂菌污染的母种进行接种。在试管中，适龄母种的表现是：菌丝在接种块四周形成白色菌落，有扭结团形成；香灰菌丝蔓延整个培育基表面成黑色。

银耳接种有两种方法：一种方法是用经过消毒的接种针，在母种的白毛团四周划 1 圈，将其与香灰菌丝分开；然后从中央钩起白毛团，迅速接入原种培养基上，接种时注意白毛菌丝朝上。1 支试管母种一般只能接 1 瓶原种。如果母种数量有限，也可用接种刀将银耳菌落分割成 2～4 块，分别接入 2～4 个原种瓶，但不可切得太小，以免降低原种质量。操作时，把经过灭菌的木屑原种培养基连同试管母种，搬入接种箱内消毒 30 分钟。而后打开棉塞，将接种铲在酒精灯火焰上消毒，冷却后伸入母种试管内，切取黄豆粒大小的菌丝体连同培养基迅速地放入原种培养基的中央。

另一种方法是取木屑培养基上混合培养的母种。其接种方法：选择已形成子实体的木屑培养基母种一瓶。用乙醇棉球擦拭母种瓶的外壁，并通过酒精灯火焰烧灼，用接种铲将母种瓶内表层长出的幼耳和菌丝刮掉，并清除黏附在瓶内壁的碎屑；然后挖松周围菌丝，露出白色菌丝块。再把原种培养基瓶口的棉塞拔出，横放于接种架上，让瓶口靠近酒精灯火焰；用接种匙把瓶内菌丝块周围 3cm 的菌丝体取下，迅速放入原种培养基瓶内；再把菌丝体同瓶内培养基一起搅拌均匀，从中取出一小匙集中接入原种瓶内培养基上。原种培养基含水量应控制在 60%左右，稍干些有利于银耳菌丝生长，且不易产生酵母状分生孢子，有利于扩大栽培种。一般每瓶木屑母种，可以扩接原种 30～40 瓶。

（二）培养

接种后的菌瓶要及时搬入已消毒过的培养室内，分层摆放于培养架上，瓶间留有一定的空隙。头 10 天室温控制在 23～25℃，空气相对湿度在 70%以下，每天注意通风 2～3 次，每次 30 分钟。从培养后的第二天开始，应逐日检查菌丝生长和杂菌污染的情况。如在培养基上发现有黄、绿、红、黑色等杂菌污染，要立即拣出淘汰。培养 10 天后可将室温降至 20～22℃，2～3 天检查一次，每天通风 4～5 次，每次 20 分钟。注意培养室保持干燥、清洁；不能有阳光直射，环境要暗些；并注意通风换气，以利于菌丝生长。

（三）检验

银耳原种是由试管母种或木屑母种移接育成的。优质原种必须符合以下标准：

1. 菌龄

在适温环境条件下，试管母种或木屑单粒母种接种后 25～30 天为适龄；木屑母种扩接的一般生长较快，15～20 天为适龄。菌龄太短，生理成熟度不够；菌龄太长，影响扩接栽培种后的出耳时间。

2. 菌丝体

培养基与瓶壁紧贴，菌丝状分布，黑褐色，长势健壮有力，接近瓶底；搬动后也出现墨绿色和黄褐色分泌物；无出现间断、杂斑和拮抗线。

3. 原基

生长于培养基表面，出现胶质化碎米状耳芽和小耳片，伴有酱油色或棕红色分泌物的粒状水珠。

符合上述特征者，可认定为优质原种。如培养基干缩，菌丝有衰退现象，长势不齐，有间断、斑点或拮抗线，夹有杂菌或在原基上布有一层白色棉絮状的菌膜或原基萎烂、收缩、霉烂等列为不合格，应予淘汰。

六、银耳栽培种接种培养与检验

(一)接种

用原种接种于同样的菌种瓶培养基上，培养出来的菌种称为栽培种，又叫生产种。

栽培种的培养基配制与灭菌同原种一样。但栽培种培养基的含水量比原种略高，以利于银耳酵母状分生孢子的形成。使孢子可渗入到培养基深层，和羽毛状香灰菌丝混合，弥补银耳菌丝吃料不深的缺陷，使出耳率更高、更稳定。

接种在消毒的接种箱内进行。先用乙醇棉球将原种瓶外壁擦拭消毒，再打开棉塞，用接种铲铲除银耳子实体原基并弃之，然后挖起原基下部约3cm处的较结实的菌丝体，在瓶的上半部内壁处碾碎。生长在原种木屑培养基中的银耳菌丝块较硬，碾压时一定要用劲，直至全部碾压成碎末状为止。之后，再将其周围疏松的含香灰菌丝的木屑培养基挖起反复搅碎，使其逐步与银耳菌丝混合均匀。挖取木屑培养基一般以挖深 3～4cm 为宜，不可过深，以免香灰菌丝混合过多影响银耳生长。最后用接种匙挖取蚕豆大小的原种，分别接入栽培种培养基瓶内，塞好棉塞，并用手在瓶壁不同方向轻拍振动，使菌种均匀分布于培养基表面。接种时应注意，原种瓶下部未经挖松混合的培养料不可取用，每瓶 750ml 的原种可接栽培种 50～60 瓶。

(二)培养

接种后及时移入培养架上，瓶与瓶之间要有距离。室内保持温度 23～25℃，每天逐瓶检查一次，并注意培养室的通风、避光、干燥和卫生。银耳菌种在培育过程中，由于呼吸作用放出热量，往往使瓶温比室温高 3～4℃，因此菌种瓶排放于架上不宜过密，并且要在保证所需室温的前提下，每天通风 1～2 次，每次 20～30 分钟，使室内空气新鲜；同时还可避免室温过高，这在培育后期更应注意。气温较高的地区，夏初或秋初制种时，必须安装空调设备，以保证菌种的质量。

(三)检验

栽培种感观标准为：

1. 菌龄

银耳栽培种的菌龄一般 6～12 天范围，最佳菌龄 6～9 天。菌龄太短萌发力弱，菌龄太长抗逆力差，这是银耳栽培种的一个独有特征。

2. 香灰菌丝体

香灰菌丝灰白色，分泌黑色素，瓶壁上现浅黑色花纹，长势健壮有力，分布均匀整齐，伸入培养基深层 4～5cm。无出现节斑、间断，无杂菌污染。

3. 银耳菌丝团

料面布满许多银耳菌丝扭结成的白毛团，色泽洁白，颗粒饱满；气生菌丝短，健壮；伴有少量无色或深黄色水珠。

符合上述者，可认定为优质菌种。若香灰菌丝稀薄纤弱，长势不齐；培养基出现绿、红、黑、黄等颜色斑点，表明杂菌污染。若表面出现灰白色小粒团，与白毛团比色，明显差异，表明为一种俗称“杨梅霉杆菌”混生，此类属于劣种，应淘汰处理。

菌种质量优与劣，除感观检测外，还有栽培经济指标，如接种后成活率、出耳快慢、商品性状、干燥率等。所以真正优与劣还是需要作栽培出耳试验，才能作出最终判断。

第四节 银耳的栽培技术

一、段木银耳栽培技术

段木银耳栽培是将适宜的耳木砍伐、截段、接种，在栽培场地进行出耳管理的生产模式。段木银耳产品具有耳基小、胶质丰富和耳片宽大肥厚的特点，是银耳中的上品。段木银耳栽培经历了天然孢子接种、孢子液人工接种和菌丝种人工接种 3 个发展阶段。生产程序分为：选树、砍伐、截断、接种、堆放、排堂、采收、加工。我国四川通江至今仍完整地保留利用青杠段木，进行银耳生产模式。

(一)耳木选择

适合段木银耳栽培的树种达 100 多种。根据生产经验，应选择材质疏松、含单宁较少；边材发达、心材小，树皮厚度适中，不易脱落，树径 5～15cm 的阔叶树(表 64－3)。树径不宜过大，过粗则树木表面积小，利用率低；而土地肥沃，植被茂密，不挡北风的地方生长的青杠树，是最理想的栽培材料。

表 64—3 常用耳树树种名称

属 名	主要树种名称
栲属(*Castanopisis*)	米槠,南岭栲,闽粤栲
栎属(*Quercus*)	麻栎,白栎,槲栎,栓皮栎
青冈属(*Cyclobanopsis*)	青冈栎
栗属(*Castanea*)	茅栗,锤栎,中国板栗
水青冈属(*Fagus*)	水青冈,巴山水青冈,棒梗水青冈等
石栎属(*Lithocarpus*)	石栎
枫香属(*Liquidambar*)	枫香
蕈树属(*Altingia*)	蕈树,薄叶蕈树,赤水蕈树,细青皮等
蚊母树属(*Istylium*)	蚊母树,杨梅叶蚊母树
水丝梨属(*Sycopsis*)	水丝梨,滇水丝梨,钝叶水丝梨等
杜英属(*Elaeocarpus*)	杜英,山杜英,中华杜英,薯豆
猴欢喜属(*Sloanea*)	猴欢喜
漆树属(*Rhus*)	盐肤木,山漆,木蜡树
化香树属(*Platycarya*)	化香树
鹅掌柴属(*Schefflera*)	鹅掌柴
鹅耳栎属(*Carpinus*)	鹅耳栎
黄檀属(*Dalbergia*)	藤黄檀
羊蹄甲属(*Bauhinia*)	羊蹄甲,红花羊蹄甲,洋紫荆
金合欢属(*Acacia*)	相思树
合欢属(*Albizia*)	阔荚合欢
安息香属(*Styrax*)	赛山梅
赤杨叶属(*Alniphyllum*)	赤杨叶拟赤杨
重阳木属(*Bischofia*)	重阳木
野桐属(*Mallotus*)	野桐
乌桕属(*Sapium*)	乌桕,山乌桕
油桐属(*Vernicia*)	千年桐
杨属(*Populus*)	胡杨,白杨,棉白杨等
柳属(*Salix*)	垂柳
芒果属(*Mangifera*)	芒果
赤杨属(*Alnus*)	赤杨
桦属(*Betula*)	黑桦
橄榄属(*Canarium*)	橄榄,乌榄
黄杞属(*Engelhardtia*)	黄杞
枫杨属(*Pterocarya*)	枫杨
朴属(*Celtis*)	朴树
桑属(*Morus*)	桑树,鸡桑
榕属(*Ficus*)	榕树
李属(*Prunus*)	福建山樱桃,桃,李,苹果
桉属(*Eucalyptus*)	大叶桉,柠檬桉

四川、贵州等老产区段木银耳,主要以栓皮栎(粗皮青杠)、麻栎(细皮青杠)树木,不但裂缝多,且裂口多深达形成层,有利于孢子的定植。也可以利用水青杠树、槐树、柳树、核桃树等作栽培材料。树种、树龄、树皮厚度和树径以及砍伐时间对出耳率、朵型、色泽、产量、品质等具有一定的影响。如枫杨段木银耳,采收批次多,耳片大,色泽白;朴树段木栽培银耳,采收批次少,朵型小,色泽较黄。

(二)适用菌种

段木栽培银耳产品,应具有如下特性:鲜银耳色泽雪白,耳片透明;干银耳色泽乳白至米黄,朵大,耳片宽大,肥厚,泡松率高,胶质丰富。要获得这样的产品,除了生产栽培管理技术外,更重要的是要选择适宜的菌种。

银耳段木栽培的银耳菌种,应选择菌龄小,继代培养次数少,生理成熟度低,白毛团旺盛,不易胶质化;菌丝吃料较深的菌株。菌丝应采用孢子萌发或耳木基质分离方法制备;香灰菌应选择爬壁能力强,羽毛状分支长,对木质素及纤维素分解能力强,易产生黑疤圈的菌种。同时银耳和香灰菌丝要相适应配对,混合菌丝要求可分解利用的树种多,有较广的适应性,生活力和抗病力强。一些地区反映袋料栽培的菌种应用到段木生产,效果还不错,表现为出耳早,朵形大,但生产后劲不足,总产量不高。目前,段木银耳栽培的菌株,较多是使用通江银耳科研所选育的"银科",其耳片厚,产量高,耳基小。

(三)栽培场地

排放段木栽培银耳的场所,俗称耳堂。应选择在山谷、林间、溪旁、池畔。要求地势平坦,水源充足,气候温和湿润,七分阴、三分阳,花花太阳照耳堂的环境。阴山应择阳处,热地应择阴处,寒地应择阳坡,早晨和黄昏有阳光透射。坡向以南坡、东坡、东南坡为佳,在山腰、山谷有一定平坦面积的阔叶林地,坡度 10~30 度,不宜太陡。林下长有苔藓、蕨类、禾本科和莎草科小草的地方最理想。好的耳堂应具备通风、透光、保温、保湿、清洁等条件。

耳堂大小,以排放段木多少而定,一般以每千克段木,占地 $8m^2$ 左右计算面积。耳堂四周用黏土筑起 180~200cm 高的土墙,墙上用竹竿或木条搭成人字形的屋架(角度小于 45 度),上面铺上农用薄膜,再放一些阔叶树枝桠遮荫。气温很高时,应在屋架上再搭荫棚,距薄膜 1m 以上,以便遮荫降温。为了便于管理,应在土墙上适当位置开一扇或两扇高 160cm、宽 70cm 的木制或竹制门。另外可根据堂内段木排放方向,选适当的位置,开若干个小地窗,通风换气;用薄膜作帘,可随时开关;地面铺一层 6~8cm 厚的小石片或砂石、四周挖好排水沟,除去污物,净化环境。

(四)砍伐截段

1. 树龄

青杠树一般生长 8～12 年即可砍伐。这时树木边材多、心材小,木质较松软,树径 5～15cm,适合银耳生长的要求。其他木质疏松的树种砍伐年龄应视其生长情况而定。

2. 砍伐

从树木进入冬季休眠期到翌年新芽吐前约 15 天,为最佳砍伐期,而以出芽 1 周前砍伐为好。在此期间,树木储藏养分丰富,集聚的养分开始转化,有利于银耳菌丝吸收,形成层不活动、树皮和木质部结合紧密;同时在此期间砍伐,有利于段木中水分的调节和青杠树再生。砍伐应选择在晴天进行,一般以择伐为好。砍伐时,两边下斧砍成“鸦雀口”,树应横山倒,忌顺山倒或立山倒,这有利于树木中养分分布均匀,防止养分流失。

3. 截段

耳树砍伐后,把枝梢全部剔去,可以立刻截段。为了加速水分的蒸发,促进组织死亡,砍伐后要放置 1～2 周。待树皮退绿,再进行剔枝和截段。要防止树木抽水过多,养分消耗。

剔枝要剔成俗称“铜钱疤”、“鱼眼睛”形。剔枝的伤疤宜平而小,勿伤树皮,可减少杂菌侵入。为了方便管理,应将树干截成 1m 长的段木,最小直径不得低于 5cm。段木截面要用新鲜石灰水涂刷,消毒伤口,防止杂菌生长和侵入。

4. 架晒

截好的段木及时运到阳光充足、通风干燥、便于管理的地方架晒。可根据具体情况在地势干燥、通风、向阳的地方架成三角形或井字形,使段木干燥。每隔 7 天左右翻堆一次,使堆内段木水分干燥均匀。晴天日晒,雨天覆盖塑料薄膜,防止雨淋。待段木横断面变为棕红色,并出现放射状裂纹,即达到架晒的目的,以待接种。

在传统段木银耳栽培中,需要进行段木的堆积发酵,使段木死亡,细胞消解,同时有益微生物,特别是香灰菌的定植。发酵过程中,段木的一些物质被微生物利用,同时发热,排出二氧化碳和水汽。水汽在段木上凝结成水珠,好像段木出汗,耳农俗称“发汗”。当前使用银耳和香灰混合菌种接种,段木发酵过程已逐步被简化。不经发酵也可以供栽培用。

(五)接种

1. 接种时间

接种的早晚与菌种成活率和出耳率有关。从清明至立夏期间,选择雨后初晴、气温较高、湿度较大的日子进行接种。一般掌握气温稳定在 15～18℃为宜。四川通江县为 3 月下旬至 4 月上旬。接种宜在晴天进行,下雨天相对湿度大,易感染杂菌,不宜接种。

2. 场所处理

接种场地为室内或室外阴蔽处,忌太阳光直射场所,地面坚实。接种场地要求干净卫生。接种人员先用肥皂水将手洗净,再用乙醇棉球擦洗,然后用乙醇棉球对接种工具进行擦洗,要树立无菌操作观念和意识。

3. 段木打孔

当前段木银耳接种多采用电钻钻孔,也有利用啄斧打孔,孔距 8～10cm,行距 4～5cm,孔深 2cm,树径小可稍浅;打第二行时,要与第一行呈丁字形排列。也可采用接种斧打孔,空穴应与段木垂直,不能歪斜。接种穴间排列及距离,应力求整齐、均匀。树径较粗、材质硬的树木,接种穴可以密一些;反之,则可稀一些。

4. 菌种搅拌

当前段木银耳采用的菌种,以木屑菌种为主。由于银耳菌丝和香灰菌菌丝生长的差异,在培养基中,银耳菌丝吃料的深度,远不及香灰菌。为了避免接种时两种菌的接种量失调,必须将培养基中两种菌丝拌匀,以保证出耳率。拌种前,先用 0.1%的高锰酸钾水擦洗菌种瓶(袋),然后将胶质化子实体去掉,保留耳根处白色的板块,把菌种倒入接种盆捣细、混合均匀。

5. 接种要求

接种应由专人负责,操作人员的双手、用具均需先用肥皂水洗净,再用0.1%的高锰酸钾或 75%乙醇消毒。接种时,将拌好的菌种,用接种勺或手接入接种孔内,种面与段木表面平贴,每一个接种穴中的菌种稍压实。接种后,为了防止菌种干枯或被雨水淋湿,应用预先准备的树皮盖把穴盖好;四周敲紧与树皮表面平贴。或采用石蜡封口的方式。

(六)发菌管理

保温发菌又称为困山。接种成活率及菌丝生长好坏均与保温发菌有密切关系。为了使银耳和香灰菌都生长较好,获得理想的栽培效果,要提供满足这两种菌生活的条件。生长时间不足,或菌丝量不足,或其中只有一种菌丝长得好,都不能获得高产。

1. 选地叠堆

发菌场地可根据气候变化的具体情况,选在耳堂内、树荫下、草地上、土院坝里。要求环境清洁,事先在地面上撒些石灰和其他杀虫剂灭菌、杀虫。然后将接种后的段木,以"井"字堆叠在树荫或有遮荫的棚下,既有太阳射入提高堆温,又能防止堆温过高。堆高一般不超过1.2m,长不限,下面垫棒、上盖薄膜,薄膜不能直接接触耳棒,可在段木与薄膜之间用树枝相隔。堆内放入干湿温度计,以便掌握温湿度变化情况。

2. 发菌培养

菌丝生长阶段,不需要良好的通风和光照,过多的水分会使银耳在菌丝没有生理成熟之前,提前扭结出耳,减弱银耳菌丝继续向纵深方向生长的趋势。发菌过程保持空气湿度 80%左右为宜。当堆内湿度过大时要排湿;若湿度不足,要适当喷水,薄膜内有凝聚水珠,是适度适宜的表现。翻堆时根据堆内湿度情况可适当喷水。发菌前期不要喷水,让菌丝深入木质部。第 2～3 次翻堆时,段木过于干燥时,才可适当喷水,每次喷水后,要在段木表面水分风干后再覆盖薄膜。需水量由少到多,喷水的时间、多少要灵活掌握,它关系到发菌的成败,因此要引起重视。

发菌期间,温度保持 22～26℃,不可超过 28℃,前期应尽量保持 25℃左右。若堆温过低,温度不够时要升温,白天应掀开覆盖物,利用阳光提高堆温,晚间覆盖。若堆温过高,则白天加盖或加厚覆盖物,或将薄膜掀开一角通风。温度过高时要降温,定期翻堆,使菌丝均匀生长。

3. 适时翻堆

为了使堆内温湿度平衡,要常翻堆。每隔 7～10 天将堆内段木上下内外轮换一次。重新堆叠时,覆盖的树叶也要更换一次,一般翻堆在晴天进行。前期 9～10 天翻堆一次,后期 3～4 天翻堆一次,上下内外互相掉换位置,使每根段木都得到相似的环境条件。翻堆时应小心轻放,防止碰伤树皮,碰掉封蜡。

4. 生长状况观察

在正常情况下木质松软的、段木直径小的,45 天可结束发菌工序,准备排堂。相反,木质硬、段木较粗的,则要两个多月才能达到发菌的效果。发菌期间若遇阴雨低温,则需要长一点时间。关键是要段木中菌丝基本上长透,达到生理成熟。即接种孔壁及附近组织有白色绒毛状菌丝和黑色斑线出观。接种后 35～40 天,即有耳芽发生。树径细、材质松的段木出耳较快。

(七)出耳管理

耳堂内备好木杆或竹竿和篱桩若干,顺着排放方向打两行篱桩,离地面高约 70cm,两桩相对间距 80cm,长短视耳堂大小而定。再顺着篱桩排两行木杆。耳堂内排放耳棒的木架之间要留 70cm 宽的过道。

1. 搭架排棒

一般堆内长出小银耳的段木达到 30%左右,应立即排堂。排棒时,先选一根较为端正的耳棒作横杆,再将其余耳棒竖直与地面成 80 度角,斜靠在横放的耳棒上。每根耳棒之间保持 5cm 的距离,第一排耳棒排列完毕之后,相距 8～10cm,再排列第二排耳棒,直至将所有耳棒排列完毕。

2. 出耳管理

出耳期的管理主要是水分、湿度、通气、光照的调节。

①水分调节:排进耳堂的段木较干燥,要用干净的河水或井水喷在段木上,以增加含水量,并相应地提高空气湿度。这期间应保持空气相对湿度达到 90%,耳木、树皮内含水量应达到 38%～45%。喷水次数的多少以及量的大小,要根据气候、段木、耳象等情况灵活掌握。以地面见湿不滴水,耳棒见水不流水为宜。一般晴天及较干燥的耳堂,每天早晨喷水 1 次,将段木喷湿;阴天或阴湿的耳堂,要根据水分蒸发的快慢,确定喷水的次数和喷水量。耳农在实践中总结出"五多五少喷水法"值得借鉴。即"晴天喷得多,阴天喷得少(雨天不喷);耳木上部喷得多,下部喷得少;耳干喷得多,耳湿喷得少;当风耳棒喷得多、背风耳棒喷得少;早上喷得多,下午喷得少"。喷水时以"地面见湿不见水,耳棒见水不淌水"为准。总之,管理中要使耳棒干干湿湿交替。"湿"是为了长出肥美饱满的耳片,"干"是为了菌丝进一步向纵深发展,扩

大吸收营养的范围，以利高产。如果水喷得过多易成黑棒，耳朵小如猫耳朵，寿命也不长。

②温度调节：出耳期间温度要控制在 20～28℃。老产区 4～5 月份气温变化一般在此范围内，7 月份以后气温上升，要采取降温措施。在出耳管理前、后期，温度不宜太高，遮荫物不宜太厚，要让一些阳光从缝隙射进耳堂以增加温度。出耳管理中期，在 7～8 月份，是一年中气温最高的季节，也是银耳出产最多的时候，堂内温度可达 35～36℃，此时应注意降温。主要方法是加厚遮荫物，早晚打开门窗换气。若长时间干旱、高温反常的情况下，水源好的地方，可多次向荫棚大量喷水；同时向堂内墙壁、地板上多次喷水，降温保湿，堂内温度要尽量控制在 30℃以下。否则，对银耳生长不利。

③光气协调：子实体分化和发育，需要一定的散射光和充足的氧气。耳农认为“七分阴，三分阳，花花阳光照耳堂”即是银耳生长最适宜的光照条件。生产中主要采用适时打开门窗，增减遮荫物等办法。堂内换气的时间，外界气温≤25℃时进行，每天换气 2 次，每次时间不宜过长。

(八)银耳采收与加工

1. 采收

适宜的条件下，新冒出耳基经过 7～10 天左右的生长，当七八分成熟，耳片完全展开，呈白色半透明，手感柔软而有弹性，并有黏液时，不论大朵、小朵都应及时采收。

子实体采收后，将耳棒上下掉转，重新排好。采收时尽量不要将遭受病害、虫害的耳掉在耳堂内，以防止感染。若接种穴的耳基生长不良，可用利刀将接种穴残留耳基刮去一层，让下部的菌丝生长上来，以促进新耳基的萌发。若有烂耳发生，应及时将烂耳刮除干净。

2. 加工

将采收的新鲜银耳，除去杂质，剪去发黑、发黄的蒂头或耳脚，在清凉干净的水中淘洗干净，沥去水，然后按朵片大小分级，用烘干机烘干或铺在涂有植物油的竹筛或铁丝上晒干，也可用炭火烘烤。有人认为采收后的银耳通过清水淘洗，会使胶质外溢，耳片变薄，晒烘干后，产量会降低，因此可免去洗涤这一步骤。商品银耳应具有色白(或微黄)、空松、干燥、无杂质、无霉烂、无耳脚等特点。

二、代料银耳栽培技术

银耳代料栽培指的是培养料栽培。它以杂木屑、棉子壳等为主要原料，辅以麦麸、蔗糖、石膏等混合配成培养基，装入塑料袋或罐、瓶内，作为长耳载体，形成一种新的栽培技术，取代传统的木材(原木或段木)栽培方式。目前我国银耳产量 90％均为培养料袋栽，每 100 千克棉子壳，可产干耳 16～18 千克，高产达 20 千克，单产提高 10 倍，生产周期从接种到采收 35～40 天。此项创新，有效地缓解了“林耳矛盾”，保护生态资源；同时种完银耳的菌糠返回山地农田作肥料，实现了循环经济。下面详细介绍袋栽银耳生产技术：

(一)银耳袋栽工艺流程

我国现行商业性生产的银耳，主要是采用培养料袋栽方式。为了便于读者了解这种栽培工艺全过程，下面用示意图介绍，见图 64－4。

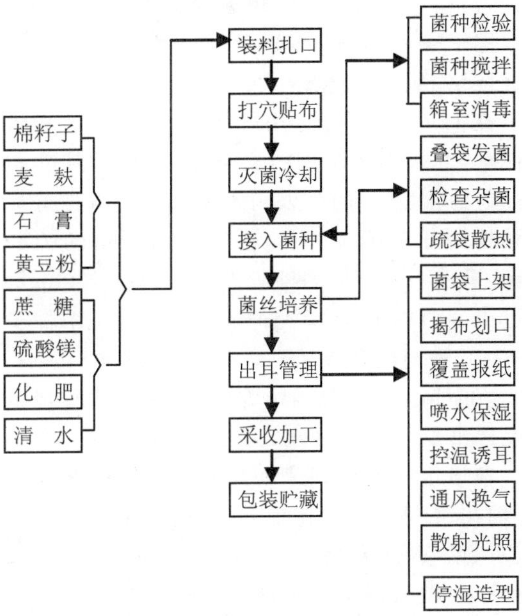

图 64－4 银耳袋栽工艺流程

(二)栽培季节安排

银耳代料栽培季节，以春、秋两季自然气温为适宜。但由于其生产周期短，从接种到采收只要 35～40 天；同时我国南北气候不同，春、秋季节差异甚大。因此各地在安排栽培季节时，必须掌握好银耳菌丝生长最适温度 22～26℃，子实体生长最适温度 23～25℃这两个温标，因地制宜地安排栽培季节。具体划分如下：

长江以南诸省、自治区：春栽 3～4 月份，秋栽 9～11 月份。低海拔地区春季可提前于 2 月份开始，秋季推迟到 10～12 月份。冬季无 0℃以下寒流的地区，则春、秋、冬季均适宜栽培；高海拔山区，夏季气温不超 28℃，春、夏、秋季均可栽培。

长城以南、淮河以北诸省、自治区：华北地区以河北中部气温为准。春栽4～6月份，秋栽9～10月份。东北、西北高寒地区春季解冻，气温回升后，以4～6月份较适宜，秋季8月中旬至9月份。若采用日光温室或配暖气设施条件的，秋冬可以多栽一季。近年来南方各省、区采取冬季火炕升温，夏季选择海拔800m以上山区栽培；而海拔400m的农村采取野外荫棚地栽降温，人为选择和创造适宜银耳生长的生态条件，形成春、夏、秋、冬周年生产。

(三)培养料选择与配制

1. 培养料选择与要求

(1)主要原料

银耳栽培的原料资源比较丰富，棉子壳、木屑、蔗渣、棉花秆、玉米秆、玉米芯、豆秸、花生壳及部分野草，如芦苇、类芦、斑茅等均可。

棉子壳，又叫棉子皮，是现行大面积生产银耳的最佳培养料。棉花生产中使用农药较多，又因棉子壳中又含有棉酚，用棉子壳作为栽培基质生产银耳，其子实体食用的安全性，包括农药残留物和棉酚的含量，一向为人们所关心。卢青达等对棉子壳栽培的食用菌产品，进行农药残留的棉酚分析，结果表明未处理的棉子壳中含棉酚230mg/kg，经过灭菌后棉子壳中含棉酚53mg/kg。用棉子壳栽培出的食用菌子实体中，棉酚的含量为23mg/kg，比联合国粮农组织(FAO)所规定的卫生标准低一个数量值，认定无公害。

栽培银耳的原料来源之广，但有些原料如树木、棉花、甘蔗、玉米在生产过程中富集有重金属镉、汞、铅、砷或农药。这些有害物通过生物链，不同程度地进入银耳菌丝体，从而转移到子实体中造成污染。因此在原料选择时必须按照国家农业部发布的NY5099-2002《无公害食品食用菌栽培基质安全技术要求》进行。具体做到“把四关”：

①采集质量关：原料要求新鲜、洁净、干燥、无虫、无霉烂变质、无异味；对棉子壳等必须进行重金属和农药残留检测。只有不超标的原料，才能用于栽培无公害银耳。

②入库灭害关：原料进仓前要采取烈日暴晒，杀灭病源菌和虫害、虫蛆。

③储存防潮关：堆放原料的仓库要求干燥、通风、防雨淋、防潮湿，才能确保原料不霉烂，不变质。

④基质处理：原料使用时，采取提前暴晒，有利杀灭潜伏在料中的杂菌与虫害。经灭菌处理后的基质需达到无菌状态，不允许加入农药。

(2)辅助原料

辅助原料又称辅料，是指能补充培养料中的氮源、无机盐和生长因子，及在培养料中添加量较少的营养物质等；辅料除能补充营养外，还可改善培养料的理化性状。常用补充营养的辅料是天然有机物质，如麦麸、米糠、玉米粉等，主要用于补充主料中的有机氮、水溶性糖类以及其他营养成分的不足。

银耳培养料配方中常采用石膏粉、碳酸钙、石灰，用于调节培养料化学性状，有的是用于调节培养料的酸碱度。常用化学添加剂的用量，应按照无公害栽培基质安全技术要求：石膏粉不超过2%，碳酸钙不超过1%，石灰不超过5%，磷酸二氧钾不超过2%这个指标。

(3)择优选取

目前常用的最理想的原料是棉子壳。要获得银耳高产优质，必须择优取料。优质棉子壳应具备以下条件：

①含棉子仁粉粒多：棉子仁含氮丰富，据化验分析，每100g棉子仁含蛋白质39%，脂肪33.2%，对银耳菌丝生长有利。

②色泽半黄带粉灰，子壳蓬松不结团，附着棉纤维适中，手感柔软。

③液汁较浓：将棉子壳泡水吸湿后，手握料时，挤下的泡液为绿色或浓白色，汁液较浓。

④无结块、无霉粒：未被雨水淋湿的当年新鲜棉子壳最好。新疆由于气候、土壤等原因，棉子壳质量比其他省、自治区好。

以杂木屑为原料，除含有松脂、醚等杀菌物质的针叶树，如松、杉、柏和含有挥发性芳香油的樟科树种外，其他杂木屑均可用于栽培。据试验表明，有利于优质高产的树种，主要有木油桐、山乌柏、青岗栎、米槠、栓皮栎、麻栎、盐肤木、野漆、杜英、相思树、大叶合欢、猴耳环、鹅掌枫、枫杨、枫香、赤杨、悬铃木以及桃、李、梨、梅、苹果、山楂、核桃等枝桠加工的木屑。其中，盐肤木、千年桐、山乌柏、悬铃木、相思树的木屑最佳，枫香果树等次之，米槠、栲类又次之。

(4)检测农残

主要原料是农林下脚料，如果培养料来自较多施用农药的，其残留有害成分，通过菌丝分解吸收基质营养时，积累到菌丝体，逐渐转移到子实体，必然造成产品污染，这是一种有害物质代谢积累的结果。尤其是棉子壳，重点检测的是农药残留。这些年常发生银耳接种后菌丝不萌发、不定植。经检测主要是棉花结蕾期喷洒棉萎灵农药，残留在棉子壳内，危害银耳菌丝生长，所以银耳培养料配方中忌用多菌灵农药。根据银耳产品无公害卫生要求检测项目和指标，在原料购进时应经过检测把住第一关，以避免农残转移到菌丝体，再转到银耳产品上。

2. 常用培养基配方

主产区的福建省古田县千家万户实践证明：棉子壳是栽培银耳最理想的原料。此外，杂木屑、玉米芯、甘蔗渣等也可利用。下面详细介绍各产区不同原料的8组培养基配方。栽培者可以就地取材，因地制宜采用。

(1)棉子壳培养基配方

①棉子壳85%，麦麸13%，石膏粉1.5%，蔗糖0.5%，料与水比例为1∶1.1～1∶1.2(以下同)。这是古田县湖滨乡极乐"银耳村"(海拔400m)秋、冬、春季栽培配方。

②棉子壳80%，麦麸17.5%，石膏粉1.8%，蔗糖0.5%，尿素0.2%。这是古田县大桥潘厝"银耳村"(海拔700m)春、夏、秋季栽培常用配方。

③棉子壳80%，麦麸15%，玉米粉3%，石膏粉1%，蔗糖1%。

④棉子壳78%，麦麸19.5%，石膏粉2%，硫酸镁0.5%。这是河南省新郑等产区常用配方。

⑤棉子壳76%，麦麸20%，黄豆粉1.3%，蔗糖1.2%，石膏粉1%，硫酸镁0.5%。这是山东省枣庄、梁山等地的常用配方。

(2)杂木屑培养基配方

①杂木屑75%，麦麸20%，石膏粉2%，蔗糖1.3%，硫酸镁0.4%，黄豆粉1%，尿素0.3%，料与水的比例为1∶1.15(以下同)。

②杂木屑77%，麦麸18%，石膏粉1.5%，蔗糖1%，黄豆粉1.5%，过磷酸钙1%。

③杂木屑76%，麦麸19%，黄豆粉1.5%，蔗糖1.5%，过磷酸钙1%，石膏粉1%。

④杂木屑74%，麦麸22%，石膏粉3%，尿素0.3%，石灰粉0.3%，硫酸镁0.4%。

⑤杂木屑73%，麦麸24.5%，石膏粉1%，蔗糖1%，磷酸二氢钾0.5%。

(3)混合培养基配方

①棉子壳50%，玉米芯26%，稻草粉18.5%，石膏粉2.5%，黄豆粉1.3%，蔗糖1.3%，硫酸镁0.4%，料与水的比例为1∶1.1～1∶1.2(以下同)

②棉子壳40%，杂木屑40%，麦麸17%，蔗糖1%，石膏粉1%，硫酸镁1%。

③杂木屑34%，玉米芯25%，棉子壳22%，麦麸16%，石膏粉1.5%，蔗糖1%，硫酸镁0.5%。

④棉子壳86%，稻谷壳8%，石膏粉2%，玉米粉2.5%，硫酸镁0.5%，蔗糖1%。

⑤杂木屑50%，甘蔗渣20%，玉米芯10%，麦麸18%，蔗糖1%，石膏粉1%。

(4)甘蔗渣培养基配方

甘蔗渣73%，麦麸20%，石膏粉2%，碳酸钙1.2%，蔗糖1%，黄豆粉2.2%，硫酸镁0.6%，料与水的比例为1∶1.2。

(5)玉米芯培养基配方

玉米芯40%，棉子壳40%，麦麸18%，石膏粉1.6%，混合肥0.4%，料与水的比例为1∶1.2～1∶1.25。

(6)向日葵秆、壳培养基配方

①向日葵秆70%，麦麸25%，石膏粉1%，蔗糖1%，黄豆粉2%，硫酸镁0.6%，磷酸二氢钾0.4%，料与水的比例为1∶1.5(以下同)。

②向日葵盘、壳50%，杂木屑27%，麦麸20%，石膏粉1%，尿素1%，过磷酸钙1%。

(7)高粱秆培养基配方

高粱秆粉50%，木屑30%，籽壳粉18%，石膏粉2%，料与水的比例为1∶1.2～1∶1.3。

(8)野草培养基配方

芦苇35%，芒萁30%，杂木屑12%，麦麸20%，蔗糖1.5%，硫酸镁0.5%，石膏粉1%，料与水的比例为1∶1.2～1∶1.3。

上述8组培养基计21种配方，其中第1组棉子壳培养基5种最为理想。第2组和3组杂木屑与混合培养基计10种也可。第4组至第8组秸秆及野草次之。作为商业性生产银耳的地区，应选择1、2、3组为好；秸秆及野草类培养基，从农作物下脚料再利用角度看，就地取材成本低廉，有一定价值。各地应当因地制宜选择为妥。

3. 配制程序

在确定选用配方比例后，进入制作工序，其具体操作方法：

(1)计量取料

按耳房大小，计算好生产数量，确定栽培袋数，按量取料。一般按9m×4m×4m的耳房，一次栽培3000袋，按照棉子壳配方之一的比例计算，其用料量见表64－4。

表64－4 栽培3000袋银耳用料量

名称	数量(kg)	占%比	要 求
棉子壳	1650	85	含水量在13%以内
麦 麸	252	13	足干，无霉变，无失水
石膏粉	29	1.5	白度好，无结块
蔗 糖	10	0.5	白砂糖，红糖
合计	1941	100	料与水比1∶1.1～1∶1.2

(2)过筛混合

按秤取的原辅料，首先进行过筛，剔除混入的砂石、金属、木块等物质。然后将棉子壳或木屑倒入拌料场上，堆成山形，再把麦麸从山尖均匀地往下撒开，并把石膏粉均匀地撒向四周。把上述干料先拌搅均匀，然后把可溶性的添加物，如蔗糖、硫酸镁、磷酸二氧钾等溶于水中，再加入干料中混合。

(3)加水搅拌

培养料配方中料与水比为 1∶1.1～1∶1.2 不等，在加水时应掌握"三多三少"：培养料颗粒松或偏干，吸水性强的宜多加水；颗粒硬和偏湿，吸水性差的应少加；晴天水分蒸发量大，应多加；阴天空气湿度大，水分不易蒸发应少加；拌料场是水泥地吸水性强，宜多加；木板地吸水性差，应少加。实际操作时，要根据棉子壳质量和栽培季节及当日气候掌握。棉纤维多的棉子壳，吸水量多，应加水 110%～120%；棉子壳多的吸水少而快，极易往下流，只需加水 100%。南方春季雨水多，湿度大，加水 100%～105%；秋高气爽水分蒸发快，加水量 110%～120%为宜。

4. 两项测定

(1)含水量计算与测定

培养基的含水量高低，对菌丝生长关系极大。水分过多渗出，会造成培养基营养流失，还会导致袋内积水过多，接种后菌丝缺氧而停止生长或窒息死亡；含水量高，料温随之上升，基质容易酸败，引致杂菌污染率也高。如果含水量少，培养基偏干，满足不了菌丝生长对水分的要求，也会造成菌丝纤弱、生长缓慢或停滞不前。

银耳培养基含水量要求严格，一般掌握 56%～58%为宜。由于各地原辅料粗细有别、干湿差异，而且各种原辅料本身都有固有含水率 10%～13%，这自身结合水也应加入计算才准确。含水量计算公式如下：

干物质＋水＝培养料总量

水＋干物质本身固有含水量 13%＝水总量

$$\frac{水总量}{培养料总量}\times 100\%=含水率\%$$

举例：棉子壳培养基按料水比 1∶1.1 计算。干物质 100 千克＋水 110 千克＝培养基总量 210 千克。水 110g＋干物质本身固有含水量 12 千克＝水总量 122 千克。水总量 122 千克÷培养基总量 210 千克×100%＝含水率 58%。

(2)酸碱度测定与调节

银耳菌丝生长喜欢微酸性，pH 在 5.2～5.8 之间生长正常。但在配料后，灭菌前培养料 pH 可掌握在 6.2～6.8，经过灭菌后其 pH 自然会下降 1 左右，刚好适合银耳菌丝生长。培养料配制后，其酸碱度的测定方法为：秤取 5g 培养料，加入 10ml 的中性水，然后搅拌澄清，用石蕊试纸醮澄清液，测定其 pH 值。也可取一小段广谱试纸，插入培养料中，1 分钟后取出与标准色版比色，从中查 pH 值。经过测定，如酸性强，可加入碱性溶液进行调整；若呈碱性反应，可加入酸性溶液进行中和，直至适度为止。生产实践中，为防止培养料内 pH 值的降低(酸性增加)，多用适量石灰粉或石灰水进行调节。一般以棉子壳或杂木屑等为原料，pH 在 6～7 范围内，按照配方比例进行配制的培养基，其 pH 在6.3～7，经灭菌降解后为5.3～6。

(四)菌袋制作

菌袋是银耳生产的载体，制作工艺流程分为装袋→打穴封口→灭菌冷却→接种 4 个环节。

1. 装袋

①备袋：银耳大规模商品化生产，采用低压聚乙烯(HDPE)成型折角袋，规格为：袋径折幅宽长为 12～12.3cm×50～55cm，厚度0.04cm。优质塑料袋要求达到 4 条标准：薄膜厚薄均匀，袋径扁宽大小一致；料面密度强，肉眼观察无砂眼，无针孔，无凹凸不平；抗张强度好，剪 2～4 圈拉不断；耐高温，装料后经常压 100℃灭菌，保持 16～24 小时，不膨胀、不破裂、不熔化。

②装袋方法：培养料配制后，转入装袋工序。装袋分为机械与手工操作。目前商业性生产采用装袋机装料比较普遍。银耳专用装袋机，出料口套筒直径6.6cm，适于 12cm 的塑料栽培袋。每台装袋机配备操作人员 7 人，其中上料 1 人，掌机 1 人，传袋 1 人，扎袋口 2 人，打穴 1 人，胶布封口 1 人。每台每小时可装1 000袋。

③质量要求：培养料配制后，如果装袋时间拖延，袋内高温微生物繁殖，造成基料酸变，使 pH 值变化，对菌丝生长不利。因此，时限性很强，即从培养料加水到拌料装袋结束，时间不应超过 5 小时，以防培养料发酵变酸。标准装料量为 12cm×53cm 的袋，装干料 600g，湿重 1 250～1 300g。如果是 12.3cm×55cm 的袋可装干料 650g，湿重1 350～1 400g。袋紧实度以手抓料袋，五指用中等力度捏住袋面，呈现微凹即可。培养料的配装量要与灭菌灶设备的吞吐量相衔接，当日配料，当日装完，当日灭菌。

2. 打穴

银耳料袋应采取先打穴、封口，后灭菌、接种。因为银耳菌丝比其他菇类“娇气”，抗逆、抗杂菌能力弱，为减少培养料在空间暴露的时间，防止杂菌入侵，因此要及时打穴、封口。打穴封口掌握以下技术：

①定量定位：料袋长短规格不同，接种穴数量也有别。料袋有两种规格：袋长 50cm 的，打 3 穴；袋长 55cm 的，打 4 穴。接种穴位置，按料袋长度等分距离。

②穴口深度：银耳接种后，是 1 穴只长 1 朵子实体，一次性收成。为此，接种穴的深浅，要求十分严格。如果接种穴太浅，会导致两个问题发生：一是菌种定植期遇高温干燥的不良环境时，菌种很快松散、萎缩，不定植；二是菌丝发育形成“白毛团”，紧贴在胶布上。当穴口揭布时，会把“白毛团”菌丝一起带走，影响出耳。标准接种穴为宽 1.2cm、深 2cm。料袋打穴如图 64－5。

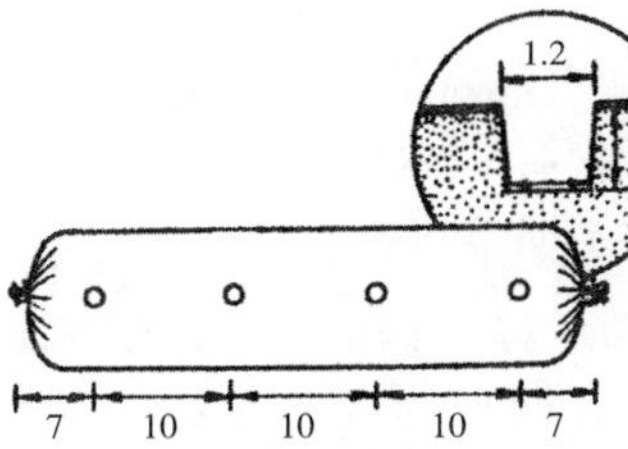

图 64－5 料袋打穴示意图(单位：cm)

③胶布封口：打穴后转入胶布封口工序。事先将银耳封口专用胶布剪成3.25cm×3.25cm 的小方块，斜面重叠成排的置于一侧，以备封口用，布边留 1cm，便于顺手揭布。打穴接种后，用毛巾擦去袋面残留物，随手将胶布贴封在穴口上，再用手指平压拉平胶布，使之紧贴袋膜上。如果封口胶布黏贴不紧，料袋灭菌时，会使水分渗透袋内，造成胶布受湿，黏度不好，易引起杂菌侵入。所以，胶布封口也是不可忽视的一个技术环节。

3. 灭菌

(1)灭菌灶设施

银耳料袋灭菌采用常压灭菌灶。福建省古田县近年来在大规模生产中设计的一种灭菌设备。是由砖砌成长方型的灶台，装配等同的钢板制成的平底锅。锅上安装 8 条木垫条，料袋重叠装在离锅底 20cm 垫条上，然后罩薄膜和蓬布，一次可灭菌0.6万～1.0万袋。其灶体规格不同，分别长 280～350cm、宽 270～250cm、高 60～80cm。燃料为木柴或蜂窝煤。钢板平底锅罩膜常压灭菌灶见图 64－6。

(2)灭菌方法

采用常压高温的物理灭菌方法，灭菌时注意掌握以下关键技术：

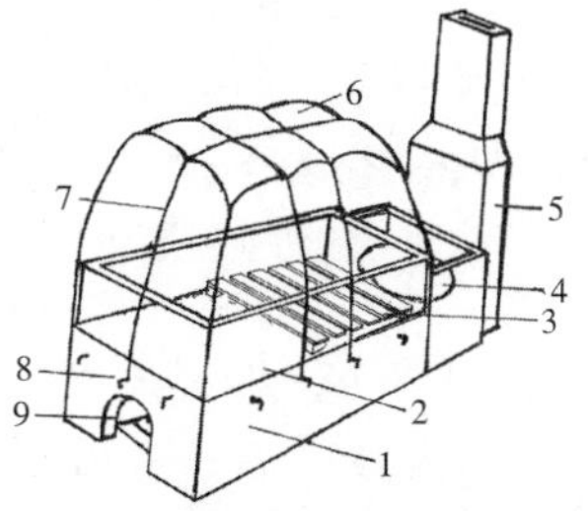

图 64－6 钢板平底锅罩膜常压灭菌灶

1. 灶台，2. 平底钢板锅，3. 叠袋垫木，4. 添水锅，5. 烟囱，6. 罩膜，7. 扎绳，8. 铁钩，9. 炉膛。

①及时进灶：装料后要立即进灶灭菌。通常要求的时限是装袋后 2 小时内进灶结束。

②合理叠袋：培养基进灶的叠袋方式，应采取一行接一行，自下而上重叠排放，上下袋形成直线；前后叠的中间要留空间，使气流自下而上畅通，蒸汽能均匀运行。叠好袋后罩紧薄膜，外加帆布或麻袋，然后用绳索缚扎于灶台的钢钩上，四周捆牢，上面加物重压，以防蒸汽冲力把罩物冲飞。

③掌握温度：料袋进蒸灶后，立即旺火猛攻，使温度在 5 小时内迅速上升到 100℃后，要持续 14～18 小时，中途不停火，不掺冷水，不降温。大型罩膜灭菌灶由于气体膨胀，膜内上温较快，从点火至 100℃不到 2 小时。但因容量大，所以上升到 100℃后，应保持 20～24 小时，才能达到彻底灭菌的目的。

④认真观察：在灭菌过程中，工作人员要坚守岗位，随时观察温度、水位和是否有漏气。

⑤卸袋冷却：达到灭菌要求后，待温度降至 60℃以下时，方可趁热卸袋。及时搬进室内，按“井”字形 4 袋交叉排叠，让袋温散热冷却。冷却时间，料袋进房后通常需 24 小时，直到手摸料袋无热感为止。

4. 接种

(1)适用菌株

我国现有银耳菌株较多，这里介绍适于袋料栽培的菌株代号、种性特征及生产单位。

沪耳 05：朵大形美，展片均匀，色白，接种后 15 天出耳，产量稳定。上海农业科学院食用菌研究所菌种厂选育。

TR20：朵中大，片厚，花形色白。15 天出耳，适应性强，产量高。福建三明真菌研究所选育。

TR01：耳片舒展，宽大肥厚，朵型大，较高、色白,15天左右出耳,每千克干料产干耳120～160g。湖南农业大学食用菌研究所选育。

川江银耳:菊花形,朵大,片粗,肥厚,色白,出耳快,产量高。四川省农科院食用菌开发中心选育。

TR29:朵大形美,色泽白,基小,15天出耳,产量稳定。福建省古田县日新食用菌研究所选育。

华耳97:牡丹花形,朵大,黄白色,抗杂菌力强,适应性广,高产。华中农业大学菌种实验中心选育。

TR9901:牡丹花形,朵大形美,产品自然白色,适于加工剪花雪耳。福建古田县金隆食用菌研究所选育。

(2)接种规程

银耳接种要求十分严格。

①接种前消毒:按每立方米空间用气雾消毒剂5～6g,点燃烟熏30分钟以上,就能达到消毒杀菌的效果;或按每立方米空间用40%标号的甲醛溶液10ml,配7g高锰酸钾,混合进行气体消毒,达到无菌状态。

②菌种搅拌:银耳接种与其他菌类不同,接种前菌种必须进行上下反复搅拌均匀后,方可用于接种,否则必然造成有的接种穴长耳,有的接种穴只长香灰菌丝不长耳。

搅拌后的菌种还要掌握其菌丝吃料深浅,决定用种时间。菌丝吃料深达4/5的菌种,当日上午拌种,当天晚上可以用于接种;菌丝吃料深达2/3的菌种,拌种后可安排次日晚上接种。拌种工序十分重要,两种菌丝搅拌均匀,出耳率高,且出耳时间快。如果银耳纯菌丝与香灰菌丝比例失调,香灰菌丝过量,偏面向往吃料,也会造成出耳时间推迟。若银耳纯菌丝没与香灰菌丝混合,其结果只长香灰菌丝,而不长子实体。

③接种操作:小批量生产可在接种箱内,大批量生产应在接种室内接种。一般$12m^2$的接种室,一次容纳1 500袋为适。每瓶栽培种可接3穴袋的45～50袋,若接4穴袋的为35～40袋。接种时一手掀起穴口胶布,一手提接种器对准穴口按压接入菌种,迅速将胶布复原封口。接种操作见图64—7。

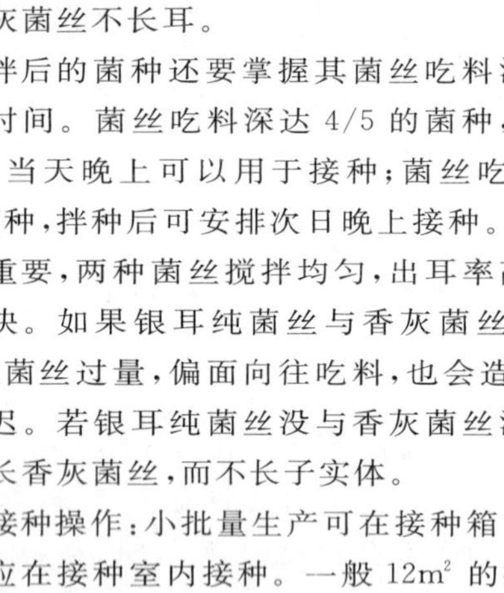

图64—7　银耳接种操作

1.拌种,2.取种,3.接种封口。

(五)发菌培养

1. 发菌室条件

作为无公害银耳菌袋培养室,应选择在无污染和生态良好的地区。选点应远离食品酿造工业、禽畜舍、医院和居民区。如靠近城市和工矿区,其有害微生物多,土壤中重金属含量较高,会导致重金属等有害物残留。培养室要求坐北朝南,环境清洁,空气流通,空间大气不污染;培养室要求既能保温,又能通风,有一定散射光。墙壁刷白灰,最好加刷防火涂料;地面用水泥抹平、磨光为好。室内建造培养架,用于排放栽培袋养菌;培养室门窗应安装防虫网,外盖遮阳网。选用无公害的药剂消毒,如用次氯酸钙药剂消毒,接触空气后迅速分解成对环境、人体及银耳生产无害的物质,并能消灭病源微生物。

2. 培养管理

菌袋接种后分成发菌期和菌丝生长期两个阶段,其管理技术如下:

(1)菌丝萌发期管理技术

料袋接种后称为菌袋,也叫菌棒、菌筒。接种后的菌袋,进入菌丝萌发阶段称为发菌。萌发期一般3～4天。为使菌种萌发定植正常生长,在管理上做到以下几点:

①菌室干燥:发菌室必须提前24小时进行消毒灭菌,空间相对湿度控制在70%以下,即完全处于干燥条件下培养。

②堆叠合理:采取每2袋穴口对穴口,重叠2～3层。若是平地叠袋,按每4袋并列,纵横交叉堆叠,层高不超过1.5m。早春或晚秋气温偏低。采取堆叠法,有助于提高袋温;若在气温稍高的秋季,宜3袋并列堆叠培养。

③保护盖物:发菌期间要适时检查接种穴上的胶布有无翘起,若发现翘起或脱落,应及时贴封好,防止病从"口"入。接种后,在菌丝未长满表层之前,不可打开穴口上的覆盖物,以免杂菌侵入。

④严格控温:接种后头3天的发菌期内,温度可调控在26～27℃,进行抢温发菌,促使菌丝萌发定植,但室温不得超过30℃。用棉子壳作培养基的菌袋,由于棉子壳的纤维素多,袋温上升快,发菌期应注意袋温变化,及时调整室温,避免造成高温。发菌期若室温超过30℃时,香灰菌丝生长过快,处于不正常状态,必须开窗通风,将温度调节到适宜的范围;若低于20℃时,则菌丝生长缓慢,

将延长发菌时间，这时需提高室温。有条件的可以利用暖气设备，农村则多采用煤炭火升温，但要注意排除二氧化碳等有害气体，以免损害菌丝体，引起后期烂耳。发菌期间管理工作的关键在于调温和防污染。因此，要根据气候的变化，准确地掌握好温度，尤其是南方诸省，在夏初及初秋栽培时，发菌期更应注意防止高温。

⑤弱光散射：银耳虽然是喜光菌类，但发菌期一般只需要微弱的散射光或黑暗的环境条件为适。发菌室玻璃窗常用黑布遮盖，避免阳光直射。

(2)菌丝生长发育期技术管理

菌袋经过3～4天的发菌培养，菌种块萌发新菌丝，向接种穴四周扩展，形成芒状白色菌圈，直径5～6cm。从此进入菌丝生长发育期，在气温25℃左右的适温环境条件下，菌丝日长速以0.3～0.5cm延伸料中。这阶段一般需培养6～8天，在管理上重点抓以下5个方面：

①翻堆检查：菌袋进行一次上下里外翻动，认真检查袋壁及袋口，以及接种穴四周表面。如有疑问应及时处理。

②疏袋散热：随着菌丝的逐渐伸展，料温日益上升。为了避免温度偏高，在检查的同时，应把菌袋排稀，以间距2～3cm排于培养架上。若是平地垒叠的，应改2～3袋井字型排袋，应扩大袋间距离，以利散热。室内进行通风更新空气，以适宜菌丝生长。

③调节温度：菌丝生长期间，由于袋温上升，室内温度要求比发菌期调低3～4℃，以24～25℃为好。调节的办法，主要是打开门窗通风降温。在气温高的秋季栽培时，更要特别注意通风降温，以免造成高温而伤害菌丝。

④宜干忌湿：无论发菌期还是生长期，室内空气相对湿度均要求在70%以下。多雨季节，室内空气湿度常在80%以上，杂菌孢子容易萌发，并会从接种穴口胶布的小缝隙中侵入而造成污染。因此，湿度高和多雨季节应注意通风，促进空气对流，降低空气湿度。

⑤防阳光直射：发菌室朝阳方向需挂遮阳网，窗口应安装网纱，外用草帘遮阳，防止阳光直射。但也不能为避强光而把门窗遮得不透气，这样也不利于菌丝生长。

(六)出耳管理

1. 耳房设施

银耳菌袋转入子实体生长发育的场所，常称为栽培房、耳房、耳棚。由于出耳要求环境有一定相对湿度，所以又称“湿房”。这种栽培房分为室内耳房与野外耳棚。应选择远离“三废”排放地，要求空气清新，周围无大气污染源，尤其是风口无污染、水质纯净，土壤未受污染，生态环境良好的区域。其空气质量、土壤质量、长耳管理、用水质量参照GB/T18407.1-2001《农产品安全质量 无公害蔬菜产地环境要求》的标准或符合国家农业行业标准NY/5358-391-2007《无公害食品 食用菌产地环境技术条件》的要求。

(1)银耳栽培专用房

作为工厂化、集约化生产的厂场和专业栽培大户，其耳房要求在5 000m以内无工矿企业污染源；3 000m之内无生活垃圾堆放和填埋物、工业固体废弃物和危险废弃物堆放和填埋物。同时能够人为调控适合银耳生长的温、湿、光、氧。

①场地土壤：要求土壤中无农药残留；不得含天然或人工合成的硝酸盐、磷酸盐、氯化物等物质，以及重金属元素。选用傍山近河、四周空旷、环境清洁、通风良好、光照适度的地方。耳房坐北朝南，冬暖夏凉。对场地土壤的要求严格，如果土壤中重金属含量高，就会被吸收，影响银耳产品质量。场地土壤必须选择符合质量要求的场地。

②建筑结构：耳房采用土木结构或砌砖混凝土结构；四周和屋顶采用膨体泡沫塑料板装修，保温保湿；屋顶设排气窗，安装电风扇和排气扇。耳房大小视场地而定。古田县极乐银耳村的耳房通常为9m×4m×4m(长×宽×高)，内搭11～13层架床，一次可栽培2 800～3 200袋。近年来古田县凤埔乡平沙银耳示范基地的耳房为12m×4.3m×4.2m(长×宽×高)，内搭17～18层培养架，一次可栽培5 500袋。其耳房宽向两端设有能关闭的2个门和4个通风窗；双向通风对流，安装玻璃窗采光。地面事先用3块立砖，砌成外径宽36cm、高2块砖24cm的通烟道，水泥抹面。房外开好燃烧口和炉膛，灶口宽26～28cm，炉膛80～100cm，便于冬季栽培时在房外燃烧，热气进房，提高房内温度。

③室内架层：耳房内设排放菌袋的多层培养架。一般为4m×4m的耳房，采用双列排架，床宽1m，排放2袋。11～13层的，层距30～25m。宽高4.2m×4.3m的耳房、18层的层距22cm。架床用竹片铺放，间距3～5cm。耳房中间通道1.8～2m，便于作业。采取3列排架的，其中间架宽1m，排放2袋，两边各一架，宽50cm，排放1袋；房内开两条作业道各1m。银耳多层培养架如图64－8

所示。

图 64－8　银耳多层培养架

(2)野外栽培草棚

近年来随着银耳生产规模的扩大,室内专用栽培房往往不能满足要求。古田、屏南等县菇农采取在野外搭建草棚,供银耳子实体生长发育。这种草棚采用竹木条作骨架,四周和棚顶用黑色塑料膜罩盖,形成塑料大棚式草棚。然后加盖10cm厚的茅草遮荫,成为简易草棚。棚长15～20m,宽4m,高4m,内设6～8层排袋架,一个棚一次可排放栽培袋3 000～5 000个。野外草棚空气新鲜,自然环境条件好,尤其是反季夏栽银耳展片好,色白,品质优,而且投入成本低廉,因此广为流行。安徽省淮北地区菇农张传锋,野外耳棚采用竹木条插成拱膜架,上罩塑料薄膜,外盖草帘。内搭架床5层,两头开通风门窗。2003年秋季栽培6个棚,共计3万袋,收银耳干品2 800千克,平均每袋产耳93g,获得较高产量。

(3)北方高寒耳棚

随着“南菇北移”战略的实现,银耳生产由南向北发展,但北方气候寒冷、风大。可以采用日光棚栽培。日光棚又叫日光温室,与一般蔬菜棚不同,它根据银耳生产过程所需的温、湿、光生态条件,同时又考虑北方寒冬气温低,雪、风负载等诸因素,需进行缜密科学设计。具体要求如下:

①场地选择:要求避风向阳,地势平坦,北高南低,排灌方便,地下水位低,四周无高大建筑物,光照和通风条件较好。棚位的朝向,应以东西向、坐北朝南方位偏西5度左右为好。

②棚体设计:棚宽6.5～8m,长度可掌握在30～50m。脊高与宽比为1∶2.5。同一场地可建造多个棚,前后两棚间距6m左右,以利采光通风和作业。后墙体厚37～61cm,空心结构,里外抹厚泥或用保温板建造,留好通风处。墙内高1.5m,外高2m,后坡仰角45度,前面呈拱形,东西山墙空心。东侧留缓冲间作为南门进出。拱梁采用钢筋结构,水泥拱架结构或竹木结构均可。钢筋水泥拱架间距1m,竹木拱架间距60～80cm,2～3道横杆固定,竹木结构,中间需设木柱。

③栽培架层:棚内南北向,用竹木或角铁搭成栽培架。架床一般4～5层,层距20cm,底层离地面20cm。

④盖膜草帘:棚顶盖膜采用宽幅的无滴防老化塑料膜,厚度0.09mm为适。采用单层草帘宽1.2～1.5m,长度视棚体而定,摆放时压边10～15cm。

(4)普通民房

银耳栽培已成为我国千家万户庭院经济,一般栽培户可利用现有住房进行栽培。对普通住房用于栽培银耳,要求门窗对流,有利通风换气,并有一定散射光,环境清洁。房内若是木板房,要洗刷干净,最好房顶和四周铺塑料薄膜,有利保温保湿。若是混凝土结构,四周应刷白灰,底层水泥抹面,按照民房大小设置排袋架层。普通15m^2、层高3m的民房,一次可排放1 000～1 300袋。

2. 菌袋转房排场

菌袋经过10天左右的培育,菌丝生长逐步旺盛,新陈代谢活力增强,产生的二氧化碳浓度也随之增加。此时需要吸收外界氧气,排除二氧化碳,同时释放出能量,以满足菌丝生长发育的需求。因此,菌袋必须由原来发菌室及时搬进出耳房棚,进行疏袋排放培养架上,生产上俗称“转房排场”。

(1)场所消毒

无论是室内耳房或是野外耳棚,在菌袋进房前3天,进行一次室内外消毒灭菌。房内消毒应选用经农业部发证农药生产合法企业的产品。常用66%二氯异氰尿酸钠烟剂(烟雾消毒)。施用时,空间相对湿度要求85%以上,明火点燃产生气雾杀菌,清除菇房四周环境杂草,并喷洒石灰粉消毒,然后开窗更新空气。

(2)掌握菌龄

菌袋转湿房的时间,一般从接种之日起,在适宜温度条件下经过10天左右的培育,菌丝已伸展至接种穴胶布边,菌丝圈直径达10cm,穴与穴的菌圈互相连接,达到这个标准时,把菌袋从菌丝培养室转入子实体生长房或耳棚内。即菌袋从发菌干燥房转入长耳湿房。如果培养期间气温低,菌丝生长没达标,还要延长1～2天;秋季气温稍高,菌丝生长快,可提前1～2天。

(3)排袋方式

菌袋进入耳房后,应及时排放于培养架上,采取卧式排放。袋与袋之间距离2～3cm,以利于散热;4.3m宽的耳房,靠房壁两旁的菌袋一端要离壁15cm,以利内边空气流动,耳片舒展,避免因通风不良，展片差，朵形变态。

3. 开口增氧诱耳

菌袋经过转房排场后，菌丝发育加快，大量吸收基内营养后开始分泌色素。黑色斑纹的菌丝舒展有力，不断驱赶浓白菌丝，逐渐由白色变为黑色云斑的菌丝体。此时菌丝呼吸旺盛，生理上需氧量加大，单靠穴口通气量小，不能满足要求。为此必须及时开口增氧，以满足幼耳生长发育对氧气的需求。在开口增氧这个环节上，曾历经着3次改革。最早是采取先把穴口胶布揭起一角，并折成半圆形小口，当穴内白毛团显现胶质化，形成原基时，再把胶布揭掉，然后进行割膜扩口。第2次改革是穴口不揭不撕胶布，采取割膜扩穴时一次性完成。近年来，又创新一种不割膜扩穴，而是采取袋旁划线增氧。下面分别介绍现有常用的割膜扩穴增氧和袋旁划线增氧两种方法：

(1)圈割扩穴增氧法

①掌握菌龄：即菌袋接种后经培养15天左右时进行。但在这道工序操作前，应注意观察菌丝长势，选择适宜气温，注意时限，不可误期，否则袋内缺氧，菌丝生长欠佳。秋季气候干燥，如延期扩穴，会出现白毛团疏松，致使出耳不齐，或因缺氧导致菌丝衰竭，出耳后将发生烂耳。

②衡量标准：割膜扩穴应掌握袋内菌丝发育占整个袋面2/3，表面菌丝呈黑色，底部菌丝白色；菌袋两旁的菌丝尖端已出现连接的走势。达到这个标准时，即可把穴口上的胶布在割膜扩穴时一起去掉。

③操作方法：扩穴时左手提菌袋，穴口朝上；右手提刀片，顺手沿着穴口的边缘，圈割去袋面的塑料薄膜，宽1cm左右，连同穴口胶布一次性去掉，使穴口直径达4～5cm。如果扩口过大，出耳后会引起耳基增大，影响品质；若扩口过小，影响袋内菌丝透气，对长耳不利。割膜扩口时，切勿割伤菌丝体。通过扩大穴口，使基内增加氧气，促进幼耳顺利生长。

(2)袋旁划线增氧法

划线增氧法即菌袋穴口旁边割破薄膜增氧，取代穴口圈割扩穴增氧的一种新工艺。这是近年来福建省古田县日新食用菌研究所钟冬季所长，总结当地菇农的实践经验，并通过试验对比研究成功的一项新技术，获得国家专利。划线增氧法的优点是：银耳子实体蒂头小，朵形美观，展耳耸松；子实体基部远离袋膜，不黏连，可避免绿霉侵染；同时操作方便，又省工。划线技术掌握3点：

①划线时期：以菌袋接种后正常温度条件下培养15～16天，揭去穴口胶布，覆盖报纸，喷水纸面，保湿5～7天后；穴口子实体已现示指大时进行划线。其菌龄也就是接种后20～23天，进行划线工序。如气温高，菌丝生长发育快，可适当提前1～2天进行划线。2008年秋季，古田县为民食用菌研究所生产基地栽培3万袋，接种后15～16天菌丝生长发育快，当时自然气温稍高，在穴口揭胶布的同时进行划线增氧；并采取排疏菌袋，保湿、通风，同样达到理想效果。因此，划线增氧的时期应灵活掌握。

②划线位置：对准菌袋穴口侧向，两旁居中位置，用刀片各划一条裂缝。

③划线标准：划线长度掌握3cm左右，深度以割破袋膜、而不伤菌丝为适。

4. 幼耳发育管理

菌袋经过割膜增气后，菌丝由营养生长转入生殖生长，也就是进入原基分化、幼耳生长发育阶段。在管理技术上主要掌握以下几点：

(1)盖纸喷水

扩口后要立即用整张旧报纸覆盖菌袋上面，并喷水保湿。目的是防止穴口白毛团露空，由小气候转入大气候培养后被风干，影响原基形成。操作时，注意把菌袋一袋挨一袋地侧势排放，使穴内多余黄水自动流出穴外，还可避免白毛团黏连在纸上。盖纸后用喷雾器喷水于纸面上，保持湿润，以不积水为度。每天必须掀动报纸1次，使空气新鲜；同时也防止"白毛团"黏在纸上，引起烂耳。当幼耳长至1.5～2cm时，把袋面覆盖的报纸取出，置于阳光下晒干，趁此时让幼耳露空，适应自然环境12～24小时，然后再覆盖喷水保湿。盖在袋面的报纸，应在幼耳长至直径4cm左右，子实体生长加快，需水量大时取掉，使水直接微喷在子实体上。

(2)处理黄水

开口后穴上出现黄水珠，这是菌丝新陈代谢、生理成熟过程中的分泌物，属于正常的现象。处理黄水珠的办法是把菌袋侧放，使穴口朝向一侧。这样，黄水会自然流出穴外。同时应把室内温度调至24～26℃，开窗通风，黄水量自然会减少。

(3)通风换气

每天开窗通风1～2次，保持房棚内空气新鲜，干湿交替，使原基在潮湿清爽的环境下，尽快分化成幼耳并逐步长大。通风还要根据栽培季节和出耳时间灵活掌握。气温极高时，采取白天关闭门窗，不让热风热气吹进耳房内。早晚打开门窗，长时间通风；低温季节通风，宜选择在上午 10 时至下午 4 时之间进行，但要缩短通风时间，每次控制 15 分钟左右即可。

（4）保湿养耳

子实体生长阶段所需的水分，除了靠基质所含水分输送外，大部分需靠喷水加湿来提供。扩口或划口后，即进入子实体发育长大期。要求空气相对湿度在 90%～95%，低于 80%，耳结、色黄，分化不良；高于 95%耳片舒展色白，朵形松散，且易烂耳。长耳期注意干湿交替，使子实体肥厚，朵形圆整美观。子实体生长阶段所需水分，以喷微粒状雾化水为好。

（5）控制室温

子实体生长期室内温度以23～25℃为佳。若低于 18℃，耳结蕊，展片不良；高于 30℃，耳片疏松肉薄，容易烂蒂。春、秋季节自然气温适宜时，培育室可以全天打开门窗，使气流顺畅，空气新鲜；晚上气温低于 18℃时，应关闭门窗保温。夏季气温高时，长耳期间也可把菌袋搬到林荫下、地下室、防空洞和地沟等荫凉环境中培养，使子实体正常生长。冬末、早春气温低，栽培时可用电炉、红外线或用煤炭火加温。采用煤炭火加温时，要注意通风，排除二氧化碳气体。

（6）增加光照

子实体发育成长阶段，室内必须有散射光照。一般光照度 300～500 lx，也可以在耳房内安装日光灯照射。这样展片快，耳片肥厚，色泽鲜白，产量高。如果室内黑暗，子实体发育将受到抑制。冬季栽培时，有些菇农为了保温，紧闭门窗甚至挂上棉帘，以致室内光照不足，影响子实体的正常发育。总之，冬季一定要增加适量光照时间，以利于子实体健康成长。

5. 成耳停湿造形

银耳进入成熟期，一般在接种 30 天后，子实体直径可长到 12cm 左右。从进入成熟期开始直至采收，通常需要 6～10 天，这期间对环境条件的要求与子实体生长发育期不同。要使子实体达到朵大，形圆正，展片整齐美观，需要人为进行科学操作，具体措施如下。

（1）停湿促衡

子实体进入成熟期并形成担孢子时，如果湿度过大，会引起霉菌发作而烂耳。因此，必须停止喷水，空气相对湿度保持 85%左右。停湿后，子实体所需的水分，主要靠菌丝体从培养基内吸收输送，使其基内养分、水分在短期内被吸收降解；同时，停湿后可使子实体尚未伸展的耳片继续向外发育；而已成熟的耳片，因外界水分缺乏而停止生长。这样促使耳片长势平衡，银耳朵形圆整美观，耳片肥厚、疏松。停湿后进入成熟期。通常在后期可停湿 8～10 天，以利于提高产量。

（2）加强通风

成熟期必须增加通风量，使室内空气保持新鲜，子实体有足量的氧气。特别是雨天，通风不良，湿度偏大，容易造成烂耳。春、秋季节自然气温恒定在 23～25℃时，应整天开窗通风；晚间气温下降时，要闭窗保温。早春、秋末气温较低，应在保温的前提下，每天通风 3～4 次，每次 30 分钟。

（3）引光增白

银耳子实体进入收获期时，除停湿通风外，还需要一定光照。光线可以促进耳片色泽增白，同时阳光中的紫外线对附着在耳片上的霉菌、细菌有杀灭作用。为此，每天上午 8～10 时应打开门窗，让阳光透进耳架，照射子实体，促进耳片色泽鲜白，耳片增厚，提高商品质量。

（4）控温防害

子实体停湿期温度保持 23～25℃为适。如果低于 22℃时，容易引起蒂头淤水腐烂。早春或晚秋气温低时，采取电热升温或在室外烧火，热源通过火坑使室内升温。注意不要在室内用煤、柴、炭明火加温，以免二氧化碳气体袭击子实体，引起产品污染。超过 25℃时，加强通风，保持耳房空气新鲜，确保停湿期不烂耳。

6. 规范化管理技术程控

为了便于栽培者一目了然，科学地掌握银耳栽培新技术，这里介绍高级农艺师丁湖广总结的菌袋接种后发菌培养、划线增氧诱耳及子实体生长发育管理新技术日程控制表（表 64—5）。

表 64—5　银耳袋栽规范化管理新技术日程控制表

培育天数	生长状况	作业内容	环境条件要求			注意事项
			温度（℃）	湿度（%）	每天通风	
1～3	接种后，菌丝萌发定植	菌袋重叠，室内发菌，保护接种口的封盖物	26～27	70 以下	不必通风	室温不超 30℃，干燥防湿、避光养菌
4～8	穴中凸起白毛团，菌丝伸长袋壁	翻袋检查杂菌，疏袋散热调整堆码	24～25	70	2 次，各 10 分钟	防止高温和阳光直晒，室内干燥

（续表）

培育天数	生长状况	作业内容	环境条件要求			注意事项
			温度(℃)	湿度(%)	每天通风	
9～10	菌圈直径8～10cm，色白带黑斑	空间消毒，转房上架排袋，喷药，做好开口前准备	20～23	75	3～4次，各30分钟	室温不超25℃，保湿，通风，增氧
11～14	菌丝雄壮现黑云色，逐层伸展	检查杂菌，疏袋散热，做好开口前准备	23	85	3～4次，各20分钟	室温不低于18℃，不高于28℃，空气新鲜
15～16	菌丝基本满袋，原基分化成碎米状耳芽，伴有棕色水珠	揭掉穴口胶布，侧袋覆盖报纸，喷水保湿	23～25	90	3～4次，各30分钟	菌袋穴口朝侧向，让黄水向穴外流泄
17～20	原基分化舌状耳片，出现伴红棕色水珠	喷水报纸保湿，每日掀动报纸1～2次增氧	23～25	90	3～4次，各30分钟	喷雾空间及菌袋底面，注意开窗通风，引光
21～23	幼耳丛呈示指大，现耳片伸展	穴口两旁侧面各划一道3cm长增氧口，覆盖报纸喷水保湿	23～25	90	3～4次，各20～30分钟	若气温偏高提前划口增氧，并喷水、通风、引光
21～30	朵大8～12cm，耳片松展，色白鲜艳美观	晒纸1次，重盖袋面，再喷水保湿，引光增加耳片白底与厚度	23～25	90	3～4次，各20～30分钟	保湿为主，干湿交替，通风更新空气，防过湿烂耳
31～38	朵形圆整高大，有弹性，耳片略有收缩，色白，基黄	停止喷水，控制湿度，成耳待收	23～25	80～85	3～4次，各30分钟	不低于22℃，防止蒂头腐烂，防止鼠害，35天后选择晴天采收

（七）HACCP控制银耳有机栽培

有机栽培倡导用自然、生态平衡的方法，从事农业生产和管理，禁止使用农用化学品，生产无污染的、安全的农产品。HACCP是一个国际认可的，保证农产品免受生物性、化学性及物理性危害的预防体系。它主要通过科学和系统的方法，分析和查找生产过程的危害，确定具体的预防措施和关键控制点（CCP）。采取有效的预防措施和监控手段，以防止危害公众健康的问题发生，并采取必要的保证措施，从而确保产品的安全卫生质量。

1. HACCP在银耳栽培中应用

HACCP是英文“hazard analysic critical control point”（即危害分析及关键控制点）的首字母缩写。它产生于20世纪60年代的美国宇航食品生产企业，已被联合国食品法典委员会采纳并向全球推广。“银耳之乡”的福建古田县在福建师范大学生命科学院黄祖新教授的指导下，将HACCP的方法和原理，应用于银耳有机栽培生产过程，建立有机栽培生产工艺的HACCP体系，确定HACCP质量控制参数和关键控制点，推动了银耳有机栽培生产的质量管理工作开展。古田县雪杉耳研究所姚锡耀的（PP）营养罐有机栽培雪杉耳，2004年获国家专利；古田县城关含头食用菌园区陈初旭的（HDPE）塑料袋安全罩封闭式袋栽洁净银耳，2007年获国家专利。2009年4月，古田县绿康食品公司倪桂锋等3人研究成功银耳安全容腔培育新技术，获国家2项专利。上述银耳产品，在特定的安全装置控制下，从接种到采收，全程不打水，不喷药，完全处于洁净的环境中生长；带罐、袋出售，消费者可以随吃随采，尝到原汁原味、安全卫生的鲜活银耳，深受欢迎。

2. 作业过程危害分析

危害分析（HA）主要是查找生产全过程的各个环节中存在和可能出现有害因素。

①原料质量：银耳有机栽培的原料必须有机化，如木屑应选择适于银耳生长的原次生杂木林，农作物秸秆的原料为有机农场生产。

②培养基灭菌：培养基灭菌不到位，会带来杂菌的污染；灭菌太过，会造成基质营养成分分解，有害物质产生，导致接种后子实体生长不良。一般采取高压灭菌，在蒸汽压力10.787×10^{4} kPa（121℃）下保持3小时；常压灭菌，100℃，保持16～20小时，达到杀灭潜藏在培养料中的病原菌。

③菌种纯度：菌种不得有杂菌污染，纯菌率要达到100%。用于栽培的菌种，其子实体洁白，胶质丰富，产量高，适应性广和抗逆性强；银耳与香灰菌两种比例恰当，菌丝生长快，生活力强；菌龄适中，继代扩繁次数少等。扩繁次数多菌种常会发生香灰菌丝退化，或潜伏俗称“杨梅霜杆菌”等稳性病害，也是造成银耳歉收的重要因素。

④菌丝体培养：接种后菌罐、袋排放架上培养，让菌丝迅速萌发定植生长。菌丝培养阶段的

危害：温度39℃以上死亡，高于28℃接种口吐黑水；低于18℃菌丝细胞吐出白色黏液。两者均会导致出耳后蒂头烂黑。应注意室内培养温度控制在23～25℃为适，避免营养罐或安全罩内温度失控，造成突然伤害。发现杂菌污染时，及时套袋隔离，另作处理，防止蔓延扩大。

⑤子实体培养：从白毛团原基到子实体分化，一般是子实体增加厚度和重量的关键时期。子实体培养阶段，真菌性侵染的病原菌主要有：绿色木霉（*Trichoderma uiride*）、黄曲霉（*Aspergillus flauus* Link）、黑曲霉（*A. niget V. Tiegh*）、浅江酵母菌（*Rhodotorula pallida*）引起红耳病，头胞霉（*Cephalosporium* sp）、链孢霉（*Neurospora sitophila*）。此外，不良的环境卫生和不适宜培养的环境条件，如通风和控制温、湿度不当，会引起生理性病害；在管理上注意观察接种口的白毛团原基或黄水的出现，黄水过多应排除，以免造成耳基腐烂。

⑥成耳管理：子实体发育后期，应围绕避免因环境条件的不适，引起生理性病害，如幼耳停止发育、烂耳、耳形变态、耳片污染霉菌等。烂耳常因分泌物积累过多，耳片上积水，栽培过程中空气湿度过大或通风不良引起，覆盖物受污染，害虫等也会造成耳片发育不良，品质下降。

3. 关键点的预防措施

关键控制点（CCP）是根据银耳生产过程的危害分析，采取相应的预防措施（表64－6）。

表64－6 银耳有机栽培关键点的预防措施

工艺流程	危害分析	预防危害的具体措施
原料质量	生物：病菌及毒素	拒收被病菌污染的原料，采用有机原料，符合有机（天然）食品生产和加工技术规范以及SSOP控制
培养基灭菌	生物：病菌及毒素	严格控制灭菌温度及时间
菌种纯度	生物：微生物污染	SSOP控制
菌丝体培养	生物：微生物污染 物理：湿度与温度	SSOP控制 注意通风和控制温、湿度，SSOP控制和GMP
子实体培养	生物：病菌、虫害	物理防范及SSOP控制 注意通风和调节温、湿度，SSOP控制和GMP
成耳管理	生物：微生物污染 物理：生理性病害	SSOP控制和GMP 注意通风和调节温、湿度，SSOP控制和GMP

说明：(1)SSOP指卫生标准操作程序。主要涉及生产用水的安全，与食品接触的清洁度，防止交叉污染。手的清洁与消毒，厕所设施的维护与卫生保持；防止食品被污染物污染，有毒化学物质的标记，储藏和使用；员工健康与卫生控制，虫害的防治。

(2)GMP指良好生产规范。政府强制性的食品生产、储藏卫生法规。该法规作为食品生产包装、储藏卫生品质管理体制的技术基础。具有专业特性的品质保证（QA）或制造管理体系。主要包括对食品生产加工包装储藏企业的厂房、建筑物与设施加工设备用具、人员的卫生要求，培训，仓储与分销以及环境与设备的卫生管理，加工过程的控制管理。

4. 实施生产全程监控

银耳有机栽培，按照危害分析和关键控制点，实行生产工艺全程限值和CCP进行检测和监控。

①关键限值（CL）：控制措施关键限值的确定，应以银耳有机栽培生产的有关技术、安全法规、国家标准及行业标准。工艺规程为依据，结合企业生产，科研及专家的科学分析后确定，以确保控制措施的有效性。具体关键限值见表64－7。

表64－7 银耳有机栽培实施程控内容

作业程序	原料选择	培养基灭菌	子实体培养	成耳管理
关键限值	符合进厂原料质量控制指标	按工艺条件掌握灭菌温度及时间	控制温度、湿度、通风和光照时间的工艺指标	掌握培养时间和预防烂耳及病害等措施
监　控	原料进厂检验，投料时检验质量	灭菌期间每半小时测试一次温度并记录	生产操作每天2次工艺质量检查	专人检查每批次成熟银耳质量
纠偏措施	拒收污染原料和不符合有机标准原料。停止投料	严格检验，SSOP控制	操作工艺质量控制和GMP操作	执行SSOP控制和GMP操作，及时去除不合格产品
记　录	质量检验记录	测温生产记录及检验结果质量检记录	工艺质量检验记录	生产记录
验　证	每次投料检查和纠偏措施	检查监测和纠偏措施	每2次检查监测和纠偏措施	跟随银耳收获检查和纠偏措施

②监控程序：监控人员快速对银耳有机栽培生产 CCP 进行测试或观察。将测试值与关键值进行比较，失控时及时调节。监控程序包括：内容、方法、频率、人员。

③纠偏措施：通过监控发现生产未达标时，必须立即采取纠偏措施。利用检测结果调整工艺与加工方法，以保持控制，如果失控，必须对不符合要求的产品进行处理，并且确认改正不符合要求的因素，以确保产品生产过程中重新受控制。

④原始记录：记录的监控信息，是显示关键控制点受控制状态的证据。每个关键控制点的监控，要形成相应的记录。

⑤严格验证：首先对各关键控制点的监控进行验证；其次有针对性地对栽培的原料、成品抽样分析检验；对监控设备的定期校正和对监控记录进行复查。验证阶段是由企业质检员、卫生监督员、有关技术人员和各级管理者对 HACCP 系统定期自检验证，分阶段请有关专家进行验证分析，提出整改建议。

5. 安全设置有机栽培方法

银耳营养罐、安全袋和安全容腔封闭式栽培的独特之处：一是无公害装置。采用透明塑料两接罐或塑料袋、安全容腔，下半部装置培养基接种培养菌丝体或菌袋，上半部为子实体生长发育的位空，设置过滤层过滤空气。银耳在这种培养罐或袋、容腔空间内，有超净的空气和营养供应生长发育，从接种到采收，全流程不洒水，不喷药，完全处在洁净的环境中生长，达到无公害有机食品的要求；二是鲜活性好。培养基连同看得见雪白、鲜活、洁净的子实体，整体进入超市货架出售，或放入酒楼、餐馆的橱窗。让顾客现点现取，每罐、袋割一朵银耳正好烹饪一盘佳肴，原汁原味，成为近代餐饮的一种天然享受；三是观赏性强。罐、袋内子实体像一朵晶莹剔透的牡丹花。置于 4℃低温商品橱展销，其货架期 30 天，28℃以内常温下，货架期 15 天，保持鲜活不变，消费者购回增添一种艺术观赏品，又可品尝保健有机食品。下面介绍 3 种不同安全设置栽培的方法。

(1)营养罐栽培方法

营养罐是近代银耳进入工厂化生产的一种新型栽培容器。以聚丙烯(PP)为原料，通过模具热注成型，且有透明、耐光、耐高压的特点。罐高 18cm，直径 8.5cm，罐中间螺纹旋合，下半部高 9cm，装载培养料。每罐装干料量 160g；上半部高 9cm，其罐顶中心设通气口高 1cm，口径 3.5cm，装有海绵过滤片，配有塑料口盖，每罐长耳 200g。营养罐栽培实际是 HACCP(即危害分析及关键控制点)体系在银耳有机栽培中的应用，达到产品安全(图 64－9)。

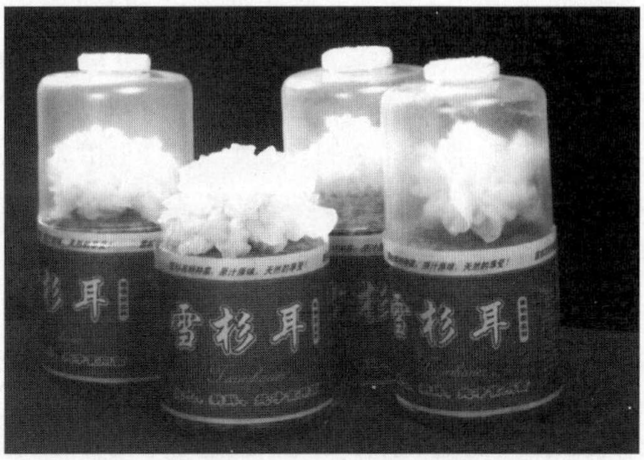

图 64－9 银耳营养罐栽培

①培养基要求：按照有机食品的要求，选择主要原料、辅助营养料和添加剂以及水等。事先通过检测砷、铅、镉、汞含量，以及农药残留量不超出规定的范围。原料再经暴晒等处理。具体配方：阔叶树杂木屑 78%，麦麸 18%，玉米粉 2%，蔗糖 1%，石膏粉 1%，水与料比为 1∶1～1∶1.15。将上述培养料搅拌均匀，含水量 60%左右，pH 为 6～7。由于营养罐内长子实体，自始至终不喷水，所以培养基含水量一次性配制达标。尤其夏季空调条件下培养，含水量要适当提高一些。

②装料灭菌：装料采用 GXZP-6000 型自动装料机。将营养罐装入周转罐内，装量 24 罐，罐口对准输料筒口，一次装成 24 罐。每台每小时生产 6 000瓶，是近代自动化程度较高的罐瓶装料机械设备。手工装罐时，先将罐集中排放，将料撒放于罐面，并用竹扫来回拖动，使料落罐，再提起在掌中揿实；同时填料至离罐口 2cm 左右，再压实。每罐装干料量 160g。然后在料中央打 1 个深 2～3cm 的接种穴，顺手封好罐盖，清理罐面残料。装料后置于高压灭菌锅内，在蒸汽压力 10.787×10^4 kPa (121℃)下保持 1.5 小时，或常压灭菌，100℃保持 16 小时，然后卸出冷却。

③接种发菌：待料温降至 28℃以下时，把罐搬进接菌箱内。接种时打开罐盖，将银耳菌种迅速通过酒精灯火焰接入罐内穴中，略向料面低 1cm，顺手封盖。然后搬进培养室内发菌培养 3 天，室温 24～28℃，空间相对湿度 70%以下，散射光照，适当通风。

④揭盖罩罐：经发菌培养 5 天，穴口白毛团涌现，将罐盖去掉，把上半部透明罐罩上，并顺螺纹旋紧。去盖换罩应在无菌环境条件下进行。

⑤控温培养：营养罐栽培银耳从接种到成耳出品，约需30天。管理上主要控制好温度。接种后菌丝萌发定植后，第5天揭盖时，以23～26℃为好。揭盖罩罐3天后，适当调低3℃刺激1～2天，有利诱发原基。10天之后掌握23～25℃，不超过28℃。一般接种后13～15天原基形成碎米状耳芽，伴有棕色水珠，逐日长大。空间相对湿度70%～75%，每天早晚通风换气，室内要求清洁、干燥、凉爽，光照度300～600 lx。

⑥成品运销：营养罐银耳成熟期，应掌握子实体直径6～7cm、色洁白、晶莹透亮、耳片舒展无结芯、朵形美观为标准。成品按每24罐或32罐纸箱包装，采取低温流通，冷藏起运，保鲜商品橱展销。食用时旋开罩盖，整朵割下，冷拌，炒煮，细嫩清脆，荤素皆宜。银耳采割后将罐底打洞，利用罐内废料栽种花卉，或取料作花肥施用，对环境又无污染。

（2）安全罩栽培方法

所谓“安全罩”是由聚丙烯塑料袋制成，分成上下袋。上袋作为安全罩，其下半部或底部开一个通气口2cm×3cm方块，用过滤纸封口，达到既能过滤空气，又防止灰尘和蚊虫进入。下袋为装培养料用。这是在无公害生产的基础上，按照绿色和有机栽培要求进行生产。其特点是菌袋接种培养生理成熟，进入子实体生长时，揭去袋盖，套上薄膜安全罩。每袋长银耳一朵250g，运输轻便，成本低。具体方法：

①料袋制作：采用棉子壳、麦麸、石膏粉为原料，按袋栽常规配方，加水拌匀，含水量55%～60%。选用15cm×25cm聚丙烯原料的成型折角袋，每袋装干料175g左右，袋口用塑料套圈加盖。装袋后置于高压锅内灭菌，在蒸汽压力10.787×10^4 kPa下保持2.5～3小时，取出冷却后，按常规无菌操作，接入银耳菌种；并盖好塑盖，移入培养室发菌培养。

②菌丝体培养：培养室保持清洁干净，室温控制23～25℃，每天通风1次，每次1小时左右。经过15天左右发菌培养，菌丝长满袋，料面出现“白毛团”即将形成原基时，揭去塑料盖。

③套捆安全罩：套罩时去掉袋口上的塑料盖，套上“安全罩”。在套罩与培养基袋连接处，用橡皮筋迫紧封闭。然后把菌袋摆上培养架，让其自然生长发育。

④控温管理长耳：子实体形成与发育阶段培养管理技术，主要掌握好室内温度，控制在23～25℃，不超过28℃，不低于18℃。随着菌丝生长发育，袋温升高，此时注意疏袋散热，袋与袋之间距离2～3cm空隙；每天通风1～2次，每次30分钟，保持室内空气清新，并引进散射光，促使展片良好，色泽鲜白。

⑤产品上市：套罩后一般培育20天左右，即菌袋接种后35天，子实体生长达到直径15cm左右，即可带袋包装上市。

（3）安全容腔栽培方法

采用安全容腔培育银耳，是银耳菌袋接种培养菌丝生理成熟，进入揭布扩穴增氧阶段，把菌袋放入安全空腔中培养出耳，直至采收。安全容腔采用聚丙稀为原料，通过模具热注成型，透明度强，耐光性好。容腔长50cm，分成两段对接，腔内直径16cm，中间螺旋衔接。容腔两端配有透气口，高0.5cm，口宽6cm，装有空气过滤材料。这一种安全容腔创新点，在于腔内体积比前两种安全设置较为宽敞，银耳子实体不受罐、袋壁的约束，所以耳片舒展，无畸形，朵大丰满，色泽洁白，品质好，外观美（图64—10）。

图64—10　银耳安全容腔栽培

①菌袋基质要求：生产基地按照NY/T391-200《绿色食品产地环境条件》的要求；培养基配制按照NY5099-2002《无公害食品：食用菌栽培基质安全技术要求》，生产用水应符合GB5749-85《生活饮用水标准》进行拌料、装袋、灭菌、接种培养，各个环节严格按照绿色食用菌栽培技术规程操作。银耳菌种栽培袋符合GB96987-1988《聚乙烯成型品卫生标准》，折角袋规格15cm×55cm，每袋装干料量650g，袋面打3～4个接种穴，采用本公司选育TR93菌株和TR96两个菌株，菌龄8～10天。菌袋生产工艺流程：选料→配料→装袋→灭菌→冷却→接种→培养。各个环节过程把握关键控制点（CCP），确保菌袋基质的安全性。

②进腔前严格把关：菌袋在23～25℃，干净卫生环境中培养15～16天，菌丝生理成熟；银耳芽孢胚胎进入分化原基阶段时，菌袋进行严格检验。

凡被杂菌污染或怀疑有病害的菌袋，一律淘汰，确保菌袋的质量纯度与安全。

③菌袋入腔操作：在经消毒洁净的培养室内，揭去菌袋穴口上的胶布，顺手用刀片在接种穴口上割膜 1cm 宽，扩大穴口，有利于袋内菌丝透气增氧。经过揭布扩口后的银耳菌袋，及时装入安全容腔内，顺手旋紧容腔对接的两端；并保持菌袋的接种口向上，使 3～4 个接种穴的银耳子实体在容腔内正常生长。

④培养管理措施：菌袋在安全容腔内，靠腔内的小气候环境自然生长，由原基分化成幼耳，并逐步发育形成子实体，整个生长时间 15～18 天。这期间不喷水，不打药，管理重点是观察室内温度，一般控制 23～25℃恒温培养。容腔内外温度基本接近，注意气温高时，扩口增氧，进腔后1～2天，菌丝代谢加强，菌温自身会升高 2℃，因此容腔外的室温应调低 2～3℃，控制 20～22℃，这样有利幼耳正常分化。还要注意门窗遮荫，早晚开窗通风；长耳阶段需要散射光照，有利容腔内子实体展片好，颜色白；室内要求环境卫生，干燥。

⑤产品保鲜运销：安全容腔培育的绿色银耳，在正常气温条件下 15 天，当耳片伸展、形似牡丹、色泽洁白、朵形丰满时，即可作为商品上市。产品包装采用塑料泡沫箱，内交叉重叠 3 层，每叠 4 袋计 12 袋，采用 4℃冷藏车运输。保鲜商品橱窗在 4～12℃条件下，货架期 10～20 天。可作为馈赠亲友的健康礼品。食用时旋开容腔接口，一袋 3～4 朵，可分批采摘，冷拌，炒煮荤素皆宜，塑料安全容腔回收再利用。如作为干品销售，可把子实体割下，置于专用脱水机烘干成品，产品包装袋贴绿色食品标志上市。

(八)多种形式出耳管理

银耳代料栽培在顺应自然气温生产的基础上，各地还发展了多种方式长耳，不断拓宽生产领域。下面介绍几种形式：

1. 高山反季节栽培

银耳传统生产季节以春、秋季自然气温为宜。而冬季气温低，夏季气温高，不适合银耳生长。然而每年夏季、冬季正是银耳产品市场旺销季节，往往产销不平衡。为了调节银耳产季，各地栽培者不断试验研究，积累了反季节栽培的技术，在酷暑和寒冬照样能生产银耳，实现春、夏、秋、冬四季周年生产。具体技术措施如下：

(1)夏季栽培

夏栽银耳菌袋接种常在 5～7 月份，长耳期为 6～8 月份，此期间气温较高。而银耳菌丝生长适宜温度最高不超过 32℃，子实体生长最高不超过 30℃。在南方古田、屏南等县，都选择在海拔 800m 以上的山区栽培。在管理上必须采取特殊技术处理，才能确保正常生长。

①改善基质：夏季气温高，采用棉子壳为原料需要区别处理：凡是棉子壳含纤维多，松软，呈粉状，浸水后挤压液汁呈乳状物的，应加入杂木屑 8%或谷壳 5%，配方中麦麸比例应比春秋季节减少 2%～3%，以防止营养过量，菌丝代谢过旺，袋温超高。夏季水分易蒸发，培养基水分适当多些，这样可使培养基疏松、透气、营养适当偏弱，含水量恰到好处，使菌丝正常生长。凡是棉子壳含子壳量多、纤维少，浸水后挤压没有乳状汁的，则为品质稍差，吸水性也差，这种原料不必添加辅料，应适当减少含水量。菌袋生产工艺按常规。总的要求是夏季培养基营养成分适当偏弱些为好。

②控温养菌：首先了解当地近期气温，回避高温期，选择阴天午夜 12 时至翌日凌晨 3 时气温最低时间，进行接种。发菌室内有条件的专业性厂、场，应设空调器降温。也可在海拔较高、气候稍凉的山村接种和发菌，或在当地傍山临水、环境荫凉的房间发菌培养。发菌期间遇高温，应把菌袋排稀，袋距 5cm。室内安装风扇，并开通门窗，使空气对流，降低温度，确保菌丝培育期室温不超过 30℃。发菌期禁忌喷水降温，以免造成高温、高湿，引起杂菌发作而污染银耳菌袋。

③荫棚出耳：选择树林荫蔽度好、太阳不西照、近水源、地整平坦、通风良好、环境卫生好的场地，搭建度夏耳棚，每年 6～9 月份进行银耳生产。通过特殊技术处理，在夏季空间温度 35℃时，而野外荫棚内一片荫凉，温度计显示 26℃，正适宜银耳子实体生长。在荫棚方面，各地因地制宜构建。福建屏南县菇房采用“荫棚套内棚”。荫棚用竹木条搭成“∧”形，中间高 4m，两边 3.2m。棚顶内衬固定塑料膜，外盖芒箕、茅草；四周围草帘，布防虫网，并安装日光灯。一般每荫棚内设 4 个内棚，内棚呈“∩”形，排放两个架床。架床外柱高2.5m，内柱高2.75m，分设 6 层，底层离地 15cm，顶层离棚顶 50cm，边离 25cm。床宽 90cm，排放两个菌袋。两架床之间设 60～80cm 走道。架顶用弓形竹片拱起，用塑料膜将两个架床覆盖，安装通风设备，内棚起调节温、湿度和通风作用；外棚防雨遮阳，创造良好的长耳环境条件。也可以采取畦床卧倒排放菌袋，穴口朝天，上搭竹片弓棚，再覆盖黑膜和遮阳网，露地畦床长耳。

④相关措施：清理场地残留物，四周撒石灰

粉，畦面喷药消毒。夏栽银耳菌袋在室内培养12天左右，就可搬到野外荫棚内，排放培养架上或露地摆放于畦床上。排袋时穴口朝天，袋与袋的距离为2～3cm。培养3天后揭去胶布，同时割膜扩穴或采用划线增氧，覆盖报纸并喷水增湿。下雨天注意用薄膜遮雨。通过野外荫棚20～25天管理，子实体生长良好。

(2)冬季栽培

这里指的冬季栽培，主要是南方省、区，12月份至翌年2月份，通常月平均气温在－2～－5℃的地区。在这些温区进行冬栽银耳时，发菌阶段温度不低于20℃，出耳阶段温度不低于18℃，才能确保银耳栽培达到理想效果。菌袋生产工艺按常规，特殊处理技术如下。

①选料优配：冬季气温低，菌丝代谢缓慢，要求提供较好养分的培养料，才能满足生长所需。为此，要选好主料，棉子壳应选取子粉仁多，易黏手，较新鲜，呈绿色、黄色或红褐色的子，带较多棉纤维，这种棉子壳含氮量高。在配方中加1%～5%蔗糖，3%玉米粉，含水率应掌握在60%。原料质好，配方营养成分高，有利于菌丝生长，其袋温比一般配方可提高3℃。

②增温设施：冬季耳房必须增加保温设施。如增设地下火坑道、采取室外燃烧、烟热进坑道等方法，提高耳房温度；同时在四周土墙、房顶上方加盖薄膜沥青纸、稻草和干泥土。室内四周用膨体塑料保温板作墙壁。屋内安装微型吊扇，设通风窗口，安装排气扇。北方气温较低，可采用太阳能温床、日光温棚或设有暖气设备的塑料大棚作出耳房。

③控温发菌：接种后进入发菌阶段，室内应加温，可采用保温灯、电热炉或煤炉加温。采用煤炉加温时，在炉口套上排气筒，伸向窗外，把有害气体排出室外。通过加温使室内温度达到20℃以上。冬季发菌长势缓慢，培养时间13～15天，一般比常温培养慢3～4天。为了保温，发菌期紧闭门窗，同时为防止室内二氧化碳过多积累，应选择晴天中午气温高时，打开门窗通风换气。

④出耳管理：在适温下，经过15天的培养，如果温度偏低，菌丝生长缓慢就得延长1～2天。然后将菌袋搬入出耳房内，上架排放；揭布敞口增氧，喷水保湿，引诱原基发生。再经2～3天培养后进行割膜扩穴，采取划线增氧。详见常规栽培划线增氧操作。进入幼耳期逐步转入成耳。出耳阶段室温控制不低于18℃，争取达到23℃，以适应子实体正常生长。冬季室内空气流动小，由于火坑加温和菌丝体代谢发出热量，使高温气体聚集到上层，低温气体沉落在下层，形成上下温差大，导致培养架上下层温度不匀。因此，必须经常打开室内上方的微型吊扇，使上下层气流均衡；中午短时间开窗通风换气，使空气流畅。防止片面追求保温而紧闭门窗不通风，造成菌丝缺氧窒息。但冬季开窗通风要防止西北风直吹子实体上，以免耳基受冻；通风的时间也不宜过长，否则会造成室温下降，重新增温又需加热，消耗很多能源。冬季室内外温差较大，如果长时间通风，会使菌丝体受剧烈的变温刺激，降低活力，影响正常生长。还要注意的是子实体生长期不宜采用燃烧煤炭直接保温，以免造成室内缺氧，影响银耳正常生长。

2. 大棚套栽多种耳菇

近年来，许多城市郊区大量蔬菜塑料大棚，被用于栽培食用菌或进行菇菜间种，提高了大棚的利用率和经济效益。大棚耳菇套栽具体技术如下：

①掌握棚温：塑料大棚内的气温和空气相对湿度与室外差别很大，栽培者应掌握棚内四季温度、湿度的变化。

②季节安排：大棚内适于银耳出耳的月份，据上海华漕乡塑料大棚显示的温度：5～6月份，18～24℃；9～10月份，19～25℃。而空气相对湿度，春、秋两季平均在93%～95%，正适宜子实体生长。按照这个长耳期，倒计时15～18天，进行银耳菌袋配制与接种，并进行室内发菌培养。

③进棚长耳：当菌袋培育13～15天，菌丝发育长到袋下部相连接时，搬进大棚内的培养架上排袋；同时进行揭布、割膜和扩穴一步到位，并盖纸喷湿。由于大棚内空气相对湿度较大，出耳阶段一般不需喷水。干燥天空间湿度低于80%时，应在盖纸上喷水增湿。注意通风换气，使棚内空气新鲜。棚顶需盖草帘或遮阳网，尤其秋季更要防止阳光照射。一般在大棚内长耳只需20～25天即可收获。采收后，继续将第二批发好菌的菌袋，搬入棚内上架出耳。这样，在春、秋4个月，棚内可连续栽培5批。

④套栽品种：大棚除栽培银耳外，还有8个月时间，可选择温型适合的菇耳进行交叉套种。上海华漕乡塑料大棚内1～3月份，月平均气温在4～12℃，适合栽培低温型的金针菇、真姬菇；7～8月份平均气温24～28℃，适于栽培高温型的金福菇、鲍鱼菇、白背毛木耳；11～12月份，适于栽培中低温型的秀珍菇、杏鲍菇、猴头菇。这样多品种交叉套栽，一年四季不断生产菇耳，形成周年制栽培，生产效益数倍增长。

⑤注意事项：塑料大棚栽培菇耳时，要及时掌握气温变化。上海地区棚内秋季9月份极高气温达29.17℃。如果银耳菌袋入棚开口扩穴时，袋温自身热量增加，又遇极高气温，必然造成菌丝受到严重危害，而使栽培失败。因此，必须注意天气预报，菌袋要回避极高气温进棚出耳，才能确保成功。大棚密罩，空气相对静止，为此必须设微型吊扇和开设通风口，安装排气扇，使棚内空气流畅，氧气充足，促使银耳子实体肥厚，朵大，产量稳定。

3. 罐头瓶栽培长耳

银耳瓶栽采用玻璃瓶或聚丙烯塑料瓶，可以连续使用，降低成本，1瓶长1朵，朵大形状好，产量高，品质优。但玻璃瓶不足之处是笨重，操作不便，架层设施要加固，管理上多费工时。小规模生产玻璃瓶较为适宜，而工厂化生产，应采用塑料瓶。

①选瓶洗净：采用500g水果罐头瓶或750g药瓶作栽培容器。这些玻璃瓶可向收购站购买，其成本低廉，购回后用含氯石灰（漂白粉）水进行洗刷，然后用清水多次冲洗，或用2%高锰酸钾溶液清洗消毒，使其无氯气味即可。聚丙烯塑料瓶用清水冲洗即可。

②装料灭菌：配方拌料按常规。将培养料装至离瓶口1cm后，用打洞棒在瓶内料中打1个直径1.2cm、深2～3cm的接种穴，擦去瓶壁残物。用与瓶口大些的塑料薄膜盖面，再用1张等同规格的牛皮纸覆盖在薄膜上面，然后用橡皮圈扎紧瓶口即可。每100千克棉子壳干料可装800瓶。装料后置于高压灭菌锅内，在蒸汽压力10.787×10^4 kPa下保持1.5小时灭菌。也可在常压灭菌灶内，经100℃保持10小时以上灭菌，然后趁热卸瓶散热。

③接种培养：接种时打开瓶口封盖物，在无菌条件下，将菌种接入穴中，顺手将封盖物包好扎牢。由于瓶壁厚散热差，发菌时室温一般比袋栽宜调低1～2℃为妥，即前3天不超过28℃，4天后不超过26℃。

④套高增氧：约经12天培养后，菌丝生长占瓶料2/3时，将瓶口上的塑料薄膜取掉，把原牛皮纸拉高，套在瓶口上，形成套筒式，使氧气在一定的空间内透入原基内，促使菌丝加快生长。此时室温应控制在20～23℃，保持2～3天，有利原基发生。

⑤出耳管理：瓶栽银耳由于重量较大，应加固栽培架，防止超负荷而倒塌。经过套高增氧后，每天向瓶口套纸上喷水4～5次，使套纸湿润。空间相对湿度保持在90%～95%。出耳后去掉套纸，用旧报纸盖住表面，并喷水保湿，室温保持在23～25℃。瓶栽银耳子实体的成熟，比袋栽慢2～3天，朵大形好，品质优。

4. 斜架与吊袋栽培

（1）斜架袋栽法

室内袋栽银耳是采用水平式床架。近年来有的地区菇农采用斜架栽培法，能明显减少烂耳，并可降低设施投资，空间利用率提高25%～30%。斜架栽培的床架为立式三角形。床架高2.2～2.5m，架顶夹角为30度左右。每层间距42～50cm，共4～6层。近墙处的单面架斜靠墙上，中间用“人”字形双面架。接种后的菌袋，从下层依次向上排放，上端用细小尼龙绳吊在上一层横放的竹竿上，下端斜放在下一层横放的竹竿上，接种穴口向外。每一层的上横杆，又是上一层菌袋斜放的支杆。菌袋排放结束后，形成排满袋的斜墙面。

室内管理基本上与常规层架袋栽相同。上架后培养室温保持在24～28℃，空气相对湿度为65%。培养5～7天后，菌丝伸展到4～5cm时，用消毒过的缝纫针，在穴位上下两侧扎针打孔通氧，并覆盖经过消毒的报纸或牛皮纸。当菌袋各穴孔菌丝基本连续时，掀动穴口覆盖薄膜进行通风，使薄膜成皱形。幼耳长到4～5cm时，去掉覆盖纸，喷水管理，至成熟采收。

（2）吊袋栽培法

银耳吊袋栽培设施简单，投资少，空气对流畅通，上下层温差较小，能避免因积水引起的烂耳。具体方法如下。

①搭架：栽培架由2根立柱和4根横杆组成。立柱长2.5m，直径5～8cm，埋在栽培室外的土中深20cm左右，间距0.9～1m。埋柱之前，在每根立柱的同一侧，距下端95cm、140cm、185cm、230cm处各钉1根10cm的铁钉，用于搁放横杆。横杆长1～1.05m，其粗以能承受20多千克的负荷为度。在每根横杆相对的两侧面，各钉1排6～8cm小铁钉，间距为9～10cm，每侧10个，用来悬挂菌袋，每杆可挂20袋。栽培架的数量，视栽培室大小而定，相邻两架间留60～70cm宽的操作道。一般3m×3m的栽培室，中间留0.9～1m宽的操作道，两边可设5架，能吊挂800袋。非专业性生产，只用几根竹竿，用支架架高75～80cm，挂袋后，用薄膜围护以保温保湿，便可成为简易栽培室。

②菌袋制作：培养料配制、灭菌、接种均按常规方法操作。为便于吊挂，在菌袋的一端留长10～15cm尼龙线。线头留扣结，以便吊袋。

③吊袋出耳：接种后将菌袋直接吊挂在事先

经过消毒、简易的栽培室内架上。1～5天保持室温28～30℃，5～12天降至25～26℃，空气相对湿度不超过65%。12天后至出耳前，温度调为23～25℃，湿度75%左右。若温、湿度适宜，12天后菌丝已在袋面长满，应揭开胶布，形成小孔增氧。孔口应向地面，待接种口吐黄水时，再把胶布缝隙揭大，用脱脂棉吸干。出耳后揭去胶布，空间相对湿度初期控制在85%～90%；随着幼耳长大，逐步增加到95%。室温控制在23～25℃。培养前期可轻微通风，以后逐渐加大通风量，增加氧气。子实体呈白色半透明时即可采收。

5. 银耳栽培失败原因

“银耳生产无常胜将军”，这是“银耳之乡”的古田菇民中流行的一句话。意思是银耳生产管理技术虽不是高科技，但相对而言，比其他食用菌生产的技术性强，难度大得多。因为银耳生产周期仅有35～40天，且属中温型恒温结实的菌类；两种菌丝混合体的生物学特征与众不同，在管理上只要在某一个环节上稍有疏忽，或在短期内技术性失误，遇大自然恶劣气候侵袭，都会导致不出耳，造成歉收或全部失败。从各地失败情况综合剖析，造成失败的原因如下。

(1)菌袋基质欠佳

表现在接种后，杂菌污染严重。主要原因是料袋灭菌不彻底，潜存杂菌；或塑料袋质次，有针孔，导致污染；有的因培养料配制时水分过高，也会引起杂菌污染；还有的因拌料装袋时间拖长，袋内温度高，微生物发作，使基料酸败，pH值上升，菌种无法吃料定植。

(2)栽培季节失误

银耳栽培季节，在自然气温条件下以春、秋季为宜。但有的栽培户没有很好地根据当地气候，因地制宜地确定最佳接种期，盲目提前或延迟接种，结果春遇寒流，秋遭高温，使菌丝处于逆境下生长，体质纤弱。尤其秋栽气温不稳定，往往高温危害，使菌丝受伤而影响出耳和产量。

(3)接种把关不严

接种室及工具在接种前消毒不彻底，接种室四周环境不卫生或靠近食品酿造厂房；加之操作人员个人卫生不符合要求，衣服带杂菌入室；接种时不按无菌操作要求进行，以致杂菌乘虚而入造成污染。

(4)发菌控温不好

银耳接种后1～12天属于菌丝生长期，其中头3天为萌发期，4天之后为发育期，前后期间对温度要求不一，萌发期温度应不超过30℃，发育期不越过28℃。有的栽培者秋栽发菌时，没有很好掌握这个极限温标，超温后又不采取疏袋散热等措施，致使菌丝受高温危害，穴口吐黑水，发生烂耳；春栽发菌时，遇到春寒没及时加温，使菌丝长时间处于低温，致使穴口吐白色黏液，这些都会直接影响出耳和产量。

(5)开口增氧误期

菌袋开口增氧方法有割膜扩穴和袋旁划线两种。常因没有掌握两种增氧方法的最适菌龄，过早或拖延了开口增氧时间；扩穴或划线后相应管理措施没跟上，致使袋内菌丝严重缺氧而生长衰弱，出耳困难或出耳不齐而减产。

(6)喷水增湿不当

菌袋开口增氧盖纸后，未及时喷水，袋内呼吸旺盛，水分蒸发快，穴口菌丝干枯，致使原基难以形成。有的栽培者一见原基形成，也依照黑木耳“疏基”一样，用喷枪直冲，把原基冲走。银耳长出原基只有1粒，之后分化成子实体1朵。幼耳期喷水过量，会造成僵耳；关门喷水通风不良，将造成霉菌发作而烂耳；培养架过高，喷水时高层喷不到，底层又过湿，造成高低层出耳不齐，甚至高层缺水，子实体发育不良。

(7)房棚结构不妥

民间常用住房栽培银耳，多为单门，缺窗口，空气不对流，因此靠门口一带通风好，长耳优；靠里面一批长耳较差，影响整体产量。有的栽培房上方不设通气孔，喷水增湿后水蒸气上升，水汽流滴在栽培架顶层的菌袋上，造成顶层子实体霉烂。

(8)菌种质量不良

因菌种造成栽培失败的有多种表现：有的菌种本身不纯，带有杂菌或病毒，尤其是俗称“杨梅霜”，也有人将其称为“恶性白霜菌”，肉眼不易辨认。它混在菌种内，接种后萌发力极强，压倒银耳菌丝，以致无法出耳；有的因香灰菌丝退化，接种后初期长势正常，呈黑色，中途逐渐退成白色而消失，以致整批不出耳；有的因夏季气温高，室内空调适温育种，但菌种出门，运输过程超温，银耳菌丝受到挫伤，造成无法出耳；也有的在制种过程中，两种菌丝配比失调，香灰菌丝过旺占了优势，而银耳菌丝受到制约，致使出耳缓慢或出耳率不高；也有的因菌龄过老，菌丝活性差，出耳慢，朵小，歉收。

(9)虫害防治疏忽

在菌袋开口揭开胶布前，环境没有喷洒农药灭害防患，开口后螨虫钻进穴口咬吃菌丝，造成无法出耳；也有的因门窗没安装网纱，蚊虫侵入，尤其是春季原基分化成幼耳时，成群瘿蚊从窗口飞入，聚集在穴口上咬食幼耳，破坏子实体生长。这些瘿蚊繁殖率极高，产卵于穴口，形成幼虫，钻进穴内咬食菌丝，造成成批败坏。

(10)岗位责任制不健全

特别是工厂化生产的厂、场，没有制订好银耳栽培管理全过程的岗位责任制，技术不到位，责任不到人。尤其是料袋灭菌时，擅离岗位，中途停火降温，造成灭菌不彻底，杂菌污染菌袋；开口增氧这一技术环节不够重视，胶布一揭，则穴口菌丝呼吸增强，需要喷水增湿。此时室温上升，如遇气温变化时，需午夜进房喷水，通风降温，以改善环境条件。但在这成败的关键时刻，有人管理马虎，结果白毛团损伤，甚致死亡，造成栽培失败。

(九)银耳采收与加工

1. 子实体成熟特征

银耳的采收与加工，是保证产品质量和经济效益的重要一环。适时采收，科学加工，可以获得高质量的产品和更高的经济效益。

银耳栽培从接种到采收全程为35～40天，这就是它的生产周期。成熟银耳的标准是：耳片全部伸展，表现为疏松状，生长停止，没有小耳蕊；形似牡丹花或菊花，颜色鲜白或米黄，稍有弹性。子实体直径可达10～15cm，鲜重150～250g，子实体成熟后，会散发出大量白色担孢子。此外，也可以根据菌袋的重量来判定；完全成熟的子实体，其菌袋握在手上很轻，表明养料已被分解消耗完。

2. 采收方法

银耳栽培，早先方法是提早采收子实体后，继续进行管理，然后在原有出耳口上，收一次“再生耳”。其结果，第一批银耳子实体尚未完全成熟，提前采收，朵小、片薄、产量低；而“再生耳”品质差，商品价值低。现在采取一次性采收，即让子实体充分伸展，达到完全成熟，符合上述标准时一次收割完毕。这样，不但提高了银耳产量，而且商品性好，还缩短了采收期，提高了耳房利用率。银耳采收时，应注意以下事项。

①选择晴天：晴天上午采收，有利于及时加工。若收获期遇雨天，可继续停湿延长管理时间5～7天，待天气晴朗后再采收。

②整朵收割：采用锋利刀片，从耳基部位沿着菌袋薄膜削平，整朵割下，并挖去蒂头的杂质。收割和挖蒂时，切勿损坏朵形。

③保持清洁：采收时，防止基内菌渣黏附在耳片上。采割下来的银耳放在干净的箩筐内，轻采轻放，切勿重压。

④采后清房：采收后及时清理残留物，打开门窗通风3～4天，让阳光直射房内，并进行1次消毒，以便再生产。

⑤菌渣处理：采后的废料可与其他原料适量混合用于栽培金针菇、竹荪等，或用作燃料、饲料和肥料。

3. 机械脱水烘干

银耳采收，经过清水洗净后，采取机械脱水烘干，温度50～60℃，时间5～6小时，烘干后的湿干比为10∶1。

市场货架上的银耳干品，按其形态分为整朵银耳和小朵形或片状剪花银耳两类。整朵银耳中，其商品名称有冰花银耳和干整银耳两种。冰花银耳是鲜耳削除耳基，经浸泡漂洗，脱水干燥后，保留自然色泽、朵形疏松的商品；而干整银耳，又称普通银耳，是鲜耳去掉耳基杂物、浸洗脱水干燥成商品。小朵形称为雪花银耳。它是将鲜耳削除耳基，剪切成小朵形或连片状，经过清洗晾晒、脱水干燥后，保持自然色泽、耳片疏松的商品。

三、银耳病虫害防治

银耳栽培过程中，常遭到侵染性的霉菌和虫害危害，以及非侵染生理性病害。具体防治方法请参阅本书《食药用菌病虫害防治》一章。

第五节 银耳的化学成分、药理作用与临床应用

一、银耳营养成分

银耳是一种经济价值较高的食、药用菌，营养丰富，含有蛋白质、脂肪、糖类、粗纤维、无机盐和多种维生素等营养成分(表64－8～表64－9)，是我国久负盛名的滋补品和筵席珍品。

表 64—8　银耳主要营养成分

成　分	野生银耳	栽培银耳	成分(mg)	野生银耳	栽培银耳
水　分(g)	14.0	13.6	磷	254.1	288.2
粗蛋白(g)	6.1	7.6	铁	20.1	11.1
氨基酸(g)	5.42	7.54	胡萝卜素	—	—
粗脂肪(g)	0.6	1.2	维生素 B_1	—	—
粗纤维(g)	1.1	1.3	维生素 B_2	1.1	1.6
灰　分(g)	5.9	7.2	维生素 C	—	—
钙(mg)	248	132	烟　酸	4.25	4.37

注：表中数据为每100g干银耳的含量，"—"表示未测定。

表 64—9　银耳氨基酸成分表

种　类	段木栽培的银耳		木屑栽培的银耳	
	游离氨基酸含量(%)	残基氨基酸含量(%)	游离氨基酸含量(%)	残基氨基酸含量(%)
异亮氨酸	0.23	0.19	0.52	0.45
亮氨酸	0.41	0.35	0.84	0.72
赖氨酸	0.39	0.35	0.93	0.82
蛋氨酸	0.09	0.35	0.16	0.14
苯丙氨酸	0.29	0.26	0.51	0.46
苏氨酸	0.27	0.23	0.698	0.59
缬氨酸	0.24	0.21	0.59	0.50
酪氨酸	0.26	——	——	——
色氨酸	1.16	1.06	0.24	0.22
丙氨酸	0.32	0.26	0.74	0.59
精氨酸	0.59	0.53	1.59	1.43
天冬氨酸	0.47	0.41	1.25	1.09
氨　酸	0.02	0.02	0.11	0.11
甘氨酸	0.26	0.19	0.67	0.51
组氨酸	0.21	0.19	0.298	0.26
脯氨酸	0.26	0.22	0.62	0.52
丝氨酸	0.31	0.26	0.64	0.53
谷氨酸	0.59	0.52	1.56	1.37
氨	0.47	0.47	0.58	0.58
半胱氨酸	0.016	0.014	0.009	0.008
羟脯氨酸	0.134	0.115	0.054	0.046
共　计	6.99	6.17	13.13	11.40

二、银耳有效药物成分

银耳是祖国医药宝库中的一味良药。据《中国药物大辞典》记载，有"强精补肾、强肺、生津止咳、降火、润肠益胃、补气和血、强壮身体、补脑提神、美容嫩肤、延年益寿"之功效。

银耳多糖(*Tremella polysaccharides*，TP)是银耳的主要有效成分，从银耳中可提取出多种多糖。

(一)酸性异多糖

从银耳子实体的水和碱性提取物中分离出3种相对分子质量不同的酸性异多糖(A、B、C)，它们主要由木糖(T1a)，甘露糖(T1b)和葡萄糖醛酸(T1c)组成，尚含有少量葡萄糖，岩藻糖，其分子中有典型的乙酰基结构。相对分子质量范围3万～72万。甲基化分析和部分酸水解表明，它们的主链是由1→3连接甘露糖组成，在主链的2、4或6位上具有分枝点，这些分枝点有的直接连接非还原末端葡萄糖醛酸，有的以1→6连接葡萄糖构成的侧链。它们的相对分子质量分别为5.3万、1.8万和1.2万，但它们可在水中发生分子自聚，相对分子质量大大增加(>200万)。

(二)中性异多糖

由银耳子实体的碱性提取物中分离出，主要由木糖、甘露糖、半乳糖和葡萄糖，按2∶4∶5∶35的摩尔比率组成，相对分子质量为8000。

(三)酸性低聚糖

用酸水解法从银耳子实体中分离出3种低聚糖(H1、H2、H3)，其结构分别为：H1：O-β-*D*-吡喃葡萄糖醛酸-(1→2)-O-α-*D*-吡喃甘露糖。H2：O-(β-*D*-吡喃葡萄糖醛酸)-(1→2)-O-α-*D*-吡喃甘露糖-(1→3)-*D*-吡喃甘露糖、H3：2-O-(β-*D*-吡喃葡萄糖醛酸)-*D*-吡喃甘露糖。

(四)胞壁多糖

从银耳的细胞壁中分离出两种多糖，胞壁外层产生的酸性多糖由*D*-葡萄糖醛酸、*D*-甘露糖和*D*-木糖组成，另一种碱不溶性多糖由*D*-葡萄糖、*D*-葡萄糖醛酸和*D*-甘露糖、*D*-木糖组成。

(五)孢子多糖

从银耳孢子热水提取液中分离纯化所获的3种白色粉末状多糖(TF-A、TF-B、TF-C)。TF-A由*L*-岩藻糖、*L*-阿拉伯糖、*D*-木糖、*D*-甘露糖、*D*-半乳糖和*D*-葡萄糖组成，摩尔比为0.29∶0.037∶0.33∶1.0∶0.75∶1.06；TF-B和TF-C均由葡萄糖、甘露糖、木糖、岩藻糖、阿拉伯糖、葡萄糖醛酸组成，摩尔比为0.16∶1.0∶0.28∶0.73∶0.036∶0.19和0.086∶1.0∶0.37∶0.75∶0.058∶0.37。

三、银耳药理作用

(一)抗肿瘤作用

腹腔注射银耳多糖A、B、C 1～2mg/只，共10天，可显著抑制ddy小鼠皮下接种的肉瘤S-180，抑瘤率为45.9%～97.7%，以多糖C(碱提取部分)

效果最佳。从中国福建产银耳子实体中提取的银耳多糖(100mg/kg,腹腔注射 9 天)可显著抑制艾氏腹水癌小鼠腹水增长,并显著抑制癌细胞 DNA 合成,但不能抑制体外培养的癌细胞。银耳孢子多糖对小鼠 U14 宫颈癌、H22 肝癌和S-180肉瘤,均有较好的抑制作用。接种肿瘤后 4、7 天,腹腔注射银耳孢子多糖 1mg/kg、6mg/kg、12mg/kg,对小鼠 U14 宫颈癌、H22 肝癌、S-180肉瘤均有抑制作用。对 U14 宫颈癌,在 1mg/kg 剂量时,间隔给药抑瘤效果最明显,抑瘤率为43.6%,与对照组相比差异显著;对 H22 肝癌,在 6mg/kg 剂量时,间隔给药抑瘤效果最明显,抑瘤率为 72.3%,与对照组相比差异显著;对S-180肉瘤,在 6mg/kg 剂量时,间隔给药抑瘤效果最明显,抑瘤率为 84.9%,与对照组相比差异显著。进一步研究发现,银耳孢子多糖在 3 个剂量下,对小鼠淋巴瘤和 U14 宫颈癌均有一定的抑制作用,6mg/kg 时抑制肿瘤的效果强于 24mg/kg。12mg/kg 对淋巴瘤的抑制作用明显,抑瘤率为 61.3%($P<0.01$);6mg/kg 时,与 γ 射线合用对肿瘤的抑制率为72.6%($P<0.001$)。对 U14 宫颈癌,在 6mg/kg 时,间隔给药抑瘤效果最明显,抑瘤率为 47.5%,与 γ 射线合用对肿瘤的抑制率提高到 71.2%($P<0.001$),与对照组相比差异显著。可见银耳孢子多糖对小鼠淋巴瘤、U14 宫颈癌有较好的抑制作用,与 γ 射线合用有明显的协同增效作用。采用氯磺酸 2 吡啶法合成了 3 个银耳多糖硫酸酯SⅠ、SⅡ、SⅢ,硫取代度分别为 0189、0195、0199,高效液相色谱测定,其相对分子质量分别为 8.4 万、9 万和 9.6 万。银耳多糖硫酸酯 SⅠ和 SⅢ 在 12mg/kg 时,对小鼠淋巴瘤的抑制率为 59.8%和69.9%,与对照组相比有显著差异。作者认为银耳多糖硫酸酯是具有较强抗肿瘤活性的新结构多糖。荷S-180肉瘤小鼠腹腔注射银耳芽孢糖(TSP)每天 200mg/kg,共 7 天。在停药后早期,脾重、脾有核细胞数明显增多,胸腺核苷酸自发掺入增加,显著提高 NK 细胞和 ADCC 活性以及脾细胞产生 IL-2 的能力,但不影响胸腺重量和胸腺细胞数。在停药后第 1、5、10 天抑瘤率分别为 56.29%、26.50%和 5.06%。结果表明,肿瘤生长抑制可能与 TSP 增强机体免疫功能密切相关。

(二)免疫增强作用

银耳孢糖在体外对脾细胞具有丝裂原作用,并明显促进 LPS 对小鼠脾细胞的增殖反应,还能明显增强 NK 细胞和 ADCC 活性。浓度为25～250μg/ml 时,可提高刀豆素 A(ConA)诱导脾细胞产生 IL-2;当浓度大于 25μg/ml 时,它可抑制 ConA 诱导的 T 淋巴细胞增殖反应及胸腺细胞^{3}H-TdR 自发掺入率,抑制程度随药量增加而更加明显。皮下注射银耳多糖(100mg/kg)共 7 天,可使正常小鼠静脉注射炭粒廓清速率明显增加,并能拮抗醋酸可的松对小鼠静脉注射炭粒廓清速率的抑制作用。表明银耳多糖能促进单核-巨噬细胞系统的吞噬功能。皮下或腹腔注射银耳多糖(50mg/kg,100mg/kg)5～7 天,可显著促进羊红细胞(SRBC)致敏小鼠的空斑形成细胞(PFC)反应和溶血素(IgM)生成,并能拮抗环磷酰胺对溶血素生成的抑制作用。用银耳制剂腹腔注射 4 天后,观察到小鼠腹腔巨噬细胞体积增大,形态上有明显的变化,胞浆中酸性磷酸酶活性和对鸡红细胞吞噬率增高,特别是与小鼠腹水型肝癌细胞共同培养 3 小时后,在透射电镜下可见巨噬细胞与肿瘤细胞接触后,肿瘤细胞肿胀变圆,肿瘤细胞内部细胞器溶解、核蛋白体消失,以及细胞核内染色质溶解、核仁消失,核膜分离等病变。用琼脂免疫扩散法也证明,腹腔注射银耳多糖(8mg/kg)可提高家兔体液免疫功能。给恒河猴连续腹腔注射银耳粗提物 93(含孢子粗多糖)(15mg/kg),共 3 天,可使免疫球蛋白 IgA、IgG 和 IgM 不同程度增加,并显著增加 E-玫瑰花结形成细胞,提高淋巴细胞转化率,增加血清总补体滴度。银耳多糖(TP)能剂量依赖性地促进 ConA 诱导的小鼠脾淋巴细胞增殖反应。银耳多糖(TP)的浓度为 1～50μg/ml 时,均可显著增加正常小鼠脾细胞白细胞介素 2(IL-2)产生,并可部分拮抗氢化可的松和环孢霉素 A 对脾细胞 IL-2 生成的抑制作用。银耳多糖(TP)可促进小鼠脾细胞中细胞因子 IL-2、IL-6、TNF-αmRNA 的表达量,并且具有一定的剂量反应关系和时效关系,最适剂量为 200mg/kg,给药 9 天,表达量最高。说明 TP 通过促进 IL-2、IL-6 和 TNF-αmRNA 表达,而促进上述细胞因子的生成。在用银耳多糖对白血病细胞系进行的干扰素促诱生试验中,发现以 125～1000μg/ml 多糖组干扰素效价比常规诱生组高10～25 倍,其中以 500μg/ml 浓度效果最佳。银耳多糖(TP)(200mg/kg、400mg/kg,灌胃 8～14 天)可使应激(强迫小鼠在冷水中游泳)明显抑制的小鼠抗 SRBC PFC 反应、迟发性皮肤超敏反应(DCH)和 ConA 诱导的淋巴细胞增殖反应恢复正常。取 40 只雄性 ICR 小鼠,分为 5 组,A-D 组每天腹腔注射 *D*-半乳糖 120mg/kg,连续 60 天,建立亚急性衰老模型,同时 A、B、C 3 组每天分别灌胃 800mg/kg、400mg/kg、200mg/kg 银耳多糖,D 组灌胃生理盐水,E 组为正常对照。实验结束后,MTT 法检测 ConA 诱导的小鼠脾淋巴细胞增殖反应，ELISA 法检测银耳多糖对小鼠血清 IL-2 和 IL-6 的影响。结果：银耳多糖能明显促进 ConA 诱导的小鼠淋巴细胞增殖反应，各银耳多糖干预组小鼠血清 IL-2 和 IL-6 均高于衰老对照组。结果指出：银耳多糖可以提高 *D*-半乳糖所致衰老小鼠的免疫功能。

应用反向离子对高效液相色谱法测定小鼠脾脏淋巴细胞蛋白激酶 C(PKC) 活性。银耳多糖 (TPS)(25、50、100、200mg/L) 能促进体外培养的小鼠脾脏淋巴细胞 PKC 活性。结果提示：TPS 可能与脾淋巴细胞表面的特异性受体结合，活化细胞膜 PKC，并引起级联反应，使细胞内一系列蛋白质级联磷酸化。因此，能调节免疫细胞的功能。用荧光指示剂 fura-2 测定小鼠脾淋巴细胞内钙 [Ca^{2+}]i，当细胞外液中银耳多糖的浓度为 8、24、80μg/ml 时，均可增加 [Ca^{2+}]i。由于在外钙为零的条件下，银耳多糖不能使 [Ca^{2+}]i 增加，似表明它使细胞内游离钙增加不是通过促进内钙释放，而是通过促进外钙内流而起作用。钙通道阻断剂维拉帕米 10μg/ml，可阻断银耳多糖 (TP) 升高脾细胞内游离钙离子浓度的作用。结果提示，银耳多糖的免疫增强作用可能与其使细胞内游离 Ca^{2+} 增加有关。

这些结果均指出，银耳多糖能增强细胞和体液免疫功能，并可不同程度拮抗免疫抑制剂、抗肿瘤药、应激和衰老所致免疫功能抑制。

(三)抗放射及促进造血

发酵生产的银耳粗提物 93 有抗放射作用。在 $^{60}Co\gamma$ 射线 (700～800R) 照射前腹腔注射银耳粗提物 932mg/只，共 3 次，能明显提高小鼠的 30 天存活率，并促进照射小鼠骨髓造血功能恢复。银耳粗提物 93 也可使 300×10^{-2} Gy 照射犬的存活率提高，死亡动物的存活时间明显延长，动物的出血、感染、拒食症状显著减轻，末梢白细胞计数在放射病初期和极期始终高于对照组。在亚致死剂量 (800R) 的 $^{60}Co\gamma$ 射线照射前，给小鼠皮下注射银耳孢子多糖 A(100mg/kg)8 天，可使小鼠的 30 天死亡率较对照组降低 39.4%，并使动物平均存活时间延长。银耳粗提物 93(15mg/kg，肌内注射) 预防或治疗给药均可提高 600×10^{-2} Gy $^{60}Co\gamma$ 射线照射的猕猴的 30 天存活率，减轻放射病症状，延长动物的平均存活天数，预防给药组优于治疗给药组。还发现银耳粗提物 93 对致死剂量 $^{60}Co\gamma$ 射线照射所致的大鼠骨髓细胞染色体畸变有防护作用，防护组 (照射前 3 天肌内注射银耳粗提物 9 320mg/kg，共 3 天)，畸变细胞百分数和染色体断裂数/细胞分别较未防护组降低了 31.7% 和 32.4%。显示银耳粗提物 93 有辐射细胞遗传学上的防护效果。给恒河猴肌内注射银耳粗提物 93(15mg/kg) 共 3 天，可见明显升高白细胞作用。尤以给药后第 1 天最为显著，白细胞增加 90.2%，第 6 天为 26.5%，第 11 天仅为 11.4%。结果指出，其主要作用可能是刺激白细胞由储存库释放入血。但淋巴细胞增多可持续达 10 天，也反映此药对淋巴细胞增殖有促进作用。给荷 S-180 肉瘤小鼠腹腔每天注射银耳制剂 (TFB)200mg/kg，共 7 天。在第 3、5 和 7 天注药后，40 分钟分别于荷 S-180 肉瘤局部照射 X 射线 5Gy。停药后早期，银耳制剂能明显增加受照射荷瘤鼠的脾重、脾有核细胞数和胸腺细胞 [^{3}H] TdR 自发掺入率；显著提高 NK 细胞和 ADCC 活性及增强脾细胞产生 IL-2 的能力，但不影响胸腺重量和胸腺细胞数。犬经 250×10^{-2} Gyγ 射线照射后，外周血 B 淋巴细胞百分数急剧降低，同时给予银耳制剂，可使 B 淋巴细胞明显回升，较快、较早地达到照射前水平，且与骨髓造血功能恢复一致，这也说明银耳制剂促进了照射动物骨髓造血功能的恢复。用内源性脾结节形成及股骨有核细胞计数及脾脏指数等方法，观察银耳多糖在 6mg/kg、12mg/kg、24mg/kg 3 个剂量时，对 ^{137}Cs 射线照射 7.5Gy 后小鼠造血功能的影响。结果：照射前连续给药 3 天，照后第 9 天受照小鼠的股骨有核细胞数、脾结节和脾指数与对照组相比有明显的增高，与对照组比较有显著性差异。结果表明，银耳多糖对辐射损伤小鼠造血系统具有保护作用。

骨髓不仅是造血器官，也是中枢免疫器官之一，参与制造 T 和 B 淋巴细胞、巨噬细胞等免疫细胞，因此银耳制剂对骨髓造血功能的影响也与其免疫增强作用有关。提示在肿瘤的放射治疗和化学治疗时，用银耳制剂增强抗肿瘤免疫力可提高机体对放射治疗和化学治疗的耐受能力。银耳制剂的这一作用也是其临床治疗白细胞减少症的根据。

(四)对蛋白质和核酸合成的影响

经放射性同位素标记前体掺入试验证明，皮下注射银耳多糖和银耳孢子多糖 (100mg/kg)，均能增加 [^{3}H] 亮氨酸 ([^{3}H] Leu) 掺入小鼠血清蛋白质，掺入量分别较对照组增加 23.9% 和 51.4%。但对血清蛋白质含量无明显影响，可能是这两种银耳多糖增加了血清蛋白更新率 (turn-over rate) 所致。血清蛋白是在肝脏合成的，其更新速率加快，反映肝脏合成蛋白质的能力增强。进一步研究证明，皮下注射银耳多糖 (200mg/kg)，使 [^{3}H] Leu 掺入肝脏蛋白质的掺入量较对照组增加13.4%,差异显著,表明它能促进肝脏蛋白质合成。银耳多糖还能促进[^{3}H]尿嘧啶核苷([^{3}H]UR)掺入肝脏RNA,掺入的放射性强度较对照组增加29.4%,但不促进[^{3}H]胸腺嘧啶核苷([^{3}H]TdR)掺入肝脏RNA,表明银耳多糖可能影响转录过程,加速RNA合成,并进而促进肝脏合成蛋白质。用部分切除肝脏的小鼠,观察银耳多糖对损伤肝脏的蛋白质、RNA和DNA合成的影响也获类似结果。银耳多糖不能促进[^{3}H]TdR掺入正常小鼠和部分肝切除小鼠肝脏DNA的合成,表明该药并不能促进肝细胞分裂增殖。用电子显微镜进行超微结构观察还发现,上述剂量的银耳多糖,可使小鼠肝细胞内粗面内质网从17%增加至26%,糖原由5%增加至13%,基质由48%降至30%。而且可以看出增加与减少的百分数大致相抵,这表明胞浆中部分空间被增多的粗面内质网及糖原所占据。粗面内质网主要合成并输出蛋白质,包括血浆蛋白、某些抗体等,因此给银耳多糖后小鼠肝细胞中粗面内质网的增多,说明肝细胞合成蛋白质功能活跃。而糖原增多表明增加能量供给与存储,这些变化可能是银耳多糖增强机体免疫功能及促进肝脏合成蛋白质作用的形态学基础。

(五)抗衰老作用

14～19月龄老年小鼠的PFC反应、ConA诱导的淋巴细胞增殖反应和IL-2产生分别较3月龄小鼠降低32.5%～47.9%、26.5%和20.3%,表明伴随增龄机体免疫功能,特别是T细胞依赖性免疫功能显著降低。灌胃(50～200mg/kg)或腹腔注射银耳多糖(50mg/kg)5天,可迅速恢复14～18月龄老年小鼠的抗SRBC PFC反应,并使之恢复至趋于正常水平。体外给药还证明,在最适剂量范围,银耳多糖可使14～19月龄老年小鼠ConA诱导的脾淋巴细胞增殖反应和IL-2产生能力恢复至接近正常或正常水平。以上结果指出,银耳多糖可恢复老年免疫功能障碍。银耳多糖(TF)(100mg/kg,腹腔注射)能使小鼠心肌脂褐质含量降低18%～27%,使脑和肝组织中超氧化物歧化酶(SOD)的活性分别增加40.17%和51.41%。TF(6.67mg/kg)对小鼠离体脑组织单胺氧化酶B(MAO-B)活性的抑制率为41.85%,尽管这一结果并非在衰老小鼠身上所获,但仍有参考价值。采用清除羟基自由基实验、清除超氧阴离子自由基实验、抗H_2O_2诱导的红细胞氧化溶血实验观察,从银耳孢子发酵物中用碱液提取得到4个多糖组分(TFFB-A、TFFB-B、TFFB-C和TFFB-D)的抗氧化活性。结果发现,在H_2O_2引起的红细胞溶血试验中,以蒸馏水溶血率为100%,TFFB-A、TFFB-B、TFFB-C、TFFB-D溶血率分别为21.4%、31.2%、28.5%和25.6%;在对超氧阴离子自由基(O_2^-)的清除作用实验中,TFFB-A、TFFB-B、TFFB-C和TFFB-D最大清除率分别为21.4%、28.4%、36.6%、53.0%;在清除羟基自由基实验中,TFFB-A、TFFB-B、TFFB-C和TFFB-D的EC_{50}分别为233.6mg/L、603mg/L、191mg/L和195mg/L。可见4个多糖组分均具有一定的清除·OH、O_2^-和抑制红细胞溶血的活性。

用邻苯三酚在碱性条件下自氧化产生的超氧阴离子自由基(O_2^-),对红细胞膜的过氧化损伤作用为研究模型,探讨银耳多糖对红细胞膜的保护作用。结果表明,银耳多糖对红细胞膜有抗氧化作用,表现为膜蛋白交联作用减少、膜流动性趋于正常、红细胞溶血率降低。

为研究银耳枸杞煎剂的抗衰老作用,用化学比色法测定了给药前后小鼠血清中超氧化物歧化酶(SOD)活力、丙二醛(MDA)含量,测定了给药前后小鼠耐缺氧存活时间、游泳存活时间。给药前SOD活力为81.83±16.16NU/ml,MDA含量为4.82±1.84nM/ml,耐缺氧存活时间为6.44±1.02分钟,游泳存活时间为1.91±0.66分钟;给药后SOD活力为108.85±21.52nmol/ml,MDA含量为3.05±1.21NU/ml,耐缺氧存活时间为7.68±1.09分钟,游泳存活时间为2.66±0.72分钟。各项指标给药前后进行t检验,均存在显著差别。

(六)降血脂和降血糖作用

银耳多糖和银耳孢子多糖均可明显降低高脂血症大鼠血清游离胆固醇、胆固醇酯、三酰甘油和β脂蛋白含量,降低高胆固醇血症小鼠血清总胆固醇含量,并防止饲喂高胆固醇所致小鼠高胆固醇血症的形成。分别以1%、2%和4%的银耳多糖掺入高脂饲料中喂养小白鼠和大白鼠,3天后银耳多糖明显抑制受试动物肠道对脂类的吸收。4周后检查受试动物的血浆三酰甘油和胆固醇,均明显下降。结果显示:银耳多糖抑制肠道对脂类的吸收,对因饲喂高脂饲料引起的高脂血症动物有降血脂效应。

正常小鼠灌胃银耳多糖300mg/kg后4和7小时,可见显著的降血糖作用。给四氧嘧啶糖尿病小鼠一次灌胃300mg/kg、800mg/kg有显著降血糖作用,尤以给四氧嘧啶前4小时给药效果最佳。每次给小鼠灌胃银耳多糖100mg/kg,每天2

次，共3天，可明显减少四氧嘧啶糖尿病小鼠的24～48、48～72小时饮水量。银耳多糖200mg/kg、100mg/kg、50mg/kg给大鼠或小鼠皮下注射，对肾上腺素、葡萄糖或四氧嘧啶所引起的高血糖均有明显的抑制作用，并能增加肾上腺素对肝糖原的分解。用银耳多糖对胰岛素进行化学修饰，经兔血糖测定其降血糖活性显示，修饰复合物可将胰岛素在体内的作用时间从通常的3～4小时延长到8～12小时。

(七)抗炎和抗溃疡

腹腔注射银耳孢子发酵液7.5～10ml/kg和银耳孢子多糖200mg/kg，均可明显减轻甲醛所致大鼠足跖肿胀，其抗炎作用随剂量增加而增强，一次给药抗炎作用可维持3小时。

预先给大鼠灌胃银耳多糖或银耳孢子多糖2天或造型后连续给药12天(剂量均为每天70mg/kg)，可明显抑制束缚应激引起的大鼠胃溃疡，对照组、银耳多糖和银耳孢子多糖组的溃疡等级分别为4.3±0.5、1.7±2.3和1.5±1.6。两药尚能促进醋酸型溃疡愈合，表明这两组多糖具有抗溃疡作用。但对正常大鼠的胃酸分泌和胃蛋白酶活性无明显影响。采用两种给药方式研究银耳多糖对应激型溃疡、吲哚美辛(消炎痛)型溃疡、慢性醋酸型胃溃疡和幽门结扎型胃溃疡的作用及其机制。同时检测胃液量、总酸、游离酸和胃蛋白酶活力。结果可见：银耳多糖主要通过局部作用抑制应激型溃疡的形成，末次给药1小时后做诱导溃疡试验，试验组溃疡分级为1.85±0.83，对照组为4.29±1.01，两组之间有非常显著差异($P<0.001$)。末次给药12小时后做诱导溃疡试验，试验组溃疡分级为3.32±0.97，对照组为4.23±0.81，两组之间无显著差异。对吲哚美辛型溃疡、慢性醋酸型溃疡和幽门结扎型溃疡均有显著抑制作用。银耳多糖的抗溃疡作用主要与其抑制胃酸分泌有关，其保护胃黏膜和抑制胃蛋白酶活力的作用也与其作用有关。

(八)抗血栓作用

分别用银耳多糖及银耳孢子多糖给家兔腹腔注射27.8mg/kg和41.7mg/kg，可明显延长特异性血栓及纤维蛋白血栓的形成时间。缩短血栓长度，减轻血栓湿重和干重，减少血小板数，降低血小板黏附率和血液黏度，并可明显缩短豚鼠优球蛋白溶解时间，降低血浆纤维蛋白原含量，升高纤溶酶活性。表明银耳多糖和银耳孢子多糖具有明显抗血栓作用。

(九)延长血液凝固时间

银耳多糖和银耳孢子多糖还能显著延长家兔部分凝血活酶时间，但对[凝血]因子Ⅱ时间无影响，体内外试验均显示出抗凝血作用。银耳多糖给小鼠灌胃有延长血液凝固时间的作用。在给药50mg/kg以上时，与对照组比较均有显著差异。而且显效缓慢，停药后药效逐渐消失，不影响[凝血]因子Ⅱ原时间，也不延长出血时间。其血液凝固作用机制可能是影响内源系统的某些因子活性，也可能是影响血小板的凝聚力和黏合力而发挥其抗血液凝固作用。

(十)其他作用

银耳多糖还能延长小鼠在水中的游泳时间，降低四氯化碳引起的大鼠血清氨基转移酶升高。体外试验表明，银耳提取物(TF)0.01～1μg/ml，能浓度依赖性促进PC 12小时细胞突触生长，0.1～1μg/ml时，作用最强。大鼠口服TF(100或400mg/kg)能明显改善东莨宕碱引起的学习与记忆障碍，这一作用可能部分与其增强中枢胆碱能活性有关。银耳多糖及其硫酸酯在0.2mg/ml时，具有抑制牛免疫缺陷病毒(BIV)引起的合胞体的作用。

仅有的一项银耳多糖在大鼠体内的吸收、分布和排泄的初步研究指出，银耳多糖(Tp)口服后仅有微量(约0.4%)通过胃肠道进入血液，被器官所吸收。进入血液中的Tp相对分子质量未见明显变化，口服给药和静脉给药的器官分布结果相似，绝大部分分布在肝、肾中。在肝脏中，主要为库普否细胞所摄取。静脉给药后，Tp在血中清除的速率较慢，绝大部分由肾脏排出体外，但排入尿中的Tp相对分子质量改变不明显。

(十一)毒性

银耳孢子及其所含多糖的毒性极低。银耳孢子多糖腹腔注射的LD_{50}为1629±236mg/kg；静脉注射银耳孢子发酵液(原液稀释1倍)和银耳孢子多糖A的LD_{50}分别为17.87±0.6mg/kg和380±13mg/kg。腹腔注射银耳孢子多糖(40mg/kg、80mg/kg)3或24天，对小鼠体重增长，心、肝、肺、脾、肾等器官系数、末梢血像、血清丙氨酸氨基转移酶等生理、生化指标均无不良影响。这些脏器的病理组织学检查均未见异常改变。大鼠灌胃银耳孢糖(300mg/kg)2～6个月，经血像，肝、肾功能及病理组织学检查，均未见异常。但给大鼠每天腹腔注射银孢多糖100mg/kg，连续60天，腹腔有程度不等地黏连。

四、银耳的临床应用

(一)慢性支气管炎

277例慢性支气管炎患者每天服用银孢糖浆(内含银耳孢子及其发酵液)50～100ml,20～60日后,按全国统一的诊断和疗效判断标准,平均总有效率83.4%,其中显效以上(包括临床控制和显效)55.5%。对咳、痰、喘3种症状均有效,其祛痰止咳疗效尤佳;对单纯型者的疗效优于喘息型者;对中医分型属肺虚、阴虚、肾虚和脾虚者均有效;疗程长、病情轻或年龄大者疗效较好。对慢性支气管炎患者尚有明显的扶正固本作用。如用药后食欲增加、睡眠转好、体力增强、感冒次数减少、耐寒力增强等。实验室检查见痰中溶菌酶活性显著增高,E-玫瑰花结细胞形成率和植物血凝素(PHA)刺激的淋巴细胞转化率也显著增加。可见银耳芽孢糖浆能使慢性支气管炎患者的免疫功能增强,增强了患者的抵抗力。

(二)肺源性心脏病

日服银孢糖浆40～50ml,用药1～3个月,对188例肺源性心脏病代偿期和失代偿期缓解阶段患者,具有巩固疗效的作用。其疗效特点除与慢性支气管炎扶正固本疗效类似外,尚可降低心肺功能衰竭的发生率。

(三)白细胞减少症

经中国医学科学院放射医学研究所等11个临床医学科学研究单位试用银耳孢糖(银耳的深层发酵提取物,主要含多糖和孢子)治疗因放射治疗、化学治疗或其他原因所致白细胞减少的患者226例。给药方法:第1周每次1g,每天3次;第2～4周每次1g,每天2次(少数患者始终日服3次),疗程平均为30天左右。疗效判断标准为:自身对照白细胞较用药前升高50%以上为显效,30%～50%为有效。结果146例因化疗或(和)放疗所致白细胞减少患者中,显效50例,总有效95例;其他原因所致白细胞减少患者80例中,显效28例,总有效52例。68例患者服药后,T及B淋巴细胞分别增加19.8%和16.5%;41例服药后免疫球蛋白IgG、IgA、IgM分别提高30.46%、30.76%和43.13%。20例患者服药前后做骨髓检查,10例骨髓似有好转。用银耳多糖胶囊(每个胶囊含银耳多糖0.5g)防治恶性肿瘤合并放射治疗、化学治疗患者40例,每次0.5g,每天3次(少数人每天用量3～4.5g),平均用药25.4天。疗效判断标准同前述标准者为第一标准;疗程结束后白细胞超过4000/mm³者为第二标准。结果:按第一标准38例次的总有效率为58.5%;按第二标准24例次的总有效率为58.5%。上述两种标准中,任何一种有效或两种均有效者共32例次,占治疗组41例次的78%。平均显效时间为2.7天,疗效持续时间为32.7～36.4天,延长服药时间并不提高有效率。对初发白细胞减少反复复发者疗效为佳。

(四)慢性活动性肝炎

慢性活动性肝炎患者121例,分为银耳孢糖肠溶胶囊(每次5粒,每天3次)治疗组(61例)和垂盆草冲剂(每次10g,每天3次)对照组(60例),观察症状、体征、乙型肝炎5项指标等变化,并观察银耳孢糖治疗组患者治疗前后的体液和细胞免疫情况的变化。结果:银耳孢糖肠溶胶囊可使患者的症状明显改善,肝功能好转,表现为黄疸消退,丙氨酸氨基转移酶下降。在HBeAg阴转方面,银耳孢糖组(16.4%)明显优于垂盆草冲剂对照组(0%,$P<0.05$)。提示该药具有一定的抗乙肝病毒作用。另外,研究还发现,该药能使IgG和补体C_3明显下降,抑制机体体液免疫功能,同时也发现其能使CD8明显回升,CD4/CD8接近正常,说明该药也能增加机体细胞免疫功能。

(五)十二指肠溃疡

124例均经纤维胃镜或上消化道钡餐证实患有十二指肠溃疡患者,其中男性93例,女性31例;年龄15～67岁,平均年龄44岁;病程6个月至5年不等;32例为住院患者,92例为门诊患者;按就诊顺序随机分为银耳多糖治疗组和雷尼替丁对照组,每组62例;治疗效果按《临床疾病诊断依据治疗好转标准》评判。治疗组:银耳多糖10g,用沸水冲成稀糊状,三餐前及晚睡前各服一次,6周为一个疗程,疗程结束后以相同的检查方法复查病变情况,治疗期间不食刺激性食物,禁服有损于胃肠黏膜的药物。对照组:雷尼替丁0.15g,每天2次,用药疗程、注意事项及复查方法同治疗组。结果显示:临床近期有效率:银耳多糖治疗组98.6%,雷尼替丁对照组90.1%,统计学比较两组有显著差异;近期愈合率治疗组79.03%,对照组80.56%,两组比较无显著差异。临床观察显示,银耳多糖可改善上腹痛、反酸、灼热感、腹胀、嗳气、口苦、便秘、食欲欠佳、恶心、大便潜血等症状。重复应用效果仍佳,且无不良反应,患者依从性良好。

(林志彬)

第六节 展望

一、银耳国内外科技发展现状

银耳的人工栽培起源于我国，银耳的生产和出口主要看中国表现。近百年来我国菌物科学家在银耳的生活史、纯菌种的分离培养、遗传育种、伴生菌及人工栽培和产品精深加工等方面，进行过富于创意的研究，揭示了银耳生命与生存的许多规律及生产的延伸，取得了卓越的科研成果。据检索《CAB》(1976～2003)和《中文期刊数据库》(1989～2003)统计，我国科学家在国内外期刊公开发表有关银耳研究的论文共386篇(含外文44篇)，为银耳的生物学写下了贡献性的新篇章。我国已授权的有关银耳的各类发明专利计有64项。表明银耳科研、生产与加工不断创新，引向纵深发展。

(一)遗传学与生理学的研究

银耳遗传学的研究离不开对香灰菌的研究，但对于香灰菌的作用、与银耳相互作用的机制及其分类地位等还存在许多的争论。一般认为，银耳与香灰菌胞外纤维素酶系中各组分有明显的协同作用；香灰菌可以促进银耳菌丝稳定生长和延缓胶质化。不同来源的香灰菌对营养物质的利用存在显著的差异性。对于香灰菌的分类地位，杨新美等认为其为碳团菌属(*Hypoxylon*)的无性阶段，其学名初步鉴定为 *Gliocladium virens*；而椿启介等则认为其为隐球酵母菌(*Cryptococcus*)；臧穆将其发现的与银耳共同生长的香灰菌新种定名为香灰拟锁担菌(*Filohasidiella xianghuijun* Zang)。但也有人认为香灰菌可能不是单一的物种，可能隶属于碳团属和碳豆属，有3～4种，其中一种经鉴定初步认为是阿尔碳团(Hypoxylon archeri)。

对于银耳极性问题，目前尚存在一定的争议。黄年来认为，银耳为异宗结合，是典型的四极性菌类，其担子能产生4种不同交配型的担孢子。Bandoni R J认为，银耳既有同宗结合，又有异宗结合。Fox R D研究了来源于不同地区的9个银耳菌株后发现，其中3个为异宗结合，另外6个为同宗结合。陈明等(2000)研究结果显示，福建银耳为双因子控制的四极性异宗结合担子菌，但中国的银耳菌株是否均为双因子异宗结合类型，还需进一步分析研究。盛桂华等对8个来源于不同地区的银耳菌株交配型A因子的测定结果显示，只有2个不同的A因子。但由于供试菌株数量的限制，不能确定我国银耳是否仅有2个交配型因子，有待在广泛收集各地银耳菌株的基础上，进一步研究后确认。除此之外，钟恒对银耳原基分化前双核菌丝的幼细胞和成熟细胞，以及双核菌丝上单生分生孢子中与质膜相关的两类膜结构边缘体和质膜体进行了观察比较，认为质膜体的出现和桶孔闭塞，是银耳原基细胞分化的两个重要特征。这些研究为银耳遗传育种奠定了理论基础。

谢宝贵(2004)对银耳遗传转化系统的建立及3个品质基因的转化进行了研究证明：银耳芽孢可用多种方法进行转化，且转化率高，是研究遗传转化的理想材料。在此基础上进一步完善银耳外源基因高效表达和调控技术之后，它可以作为一种生物反应器在基因药物生产上得到应用，从而为银耳分子生物学及菌物基因产品揭开了新的一页。

(二)生产栽培技术的创新

我国现有银耳生产方式，主要是培养料菌袋集约化架层式栽培，此项技术居国际领先地位。该方式提高了空间利用率，且方便管理。以此为基础，相继研发了“银耳无公害优质高产栽培技术”、“银耳标准化高效栽培技术”、“HACCP系统控制”，出现了营养罐有机雪杉耳、塑料安全罩栽培鲜活银耳。钟冬季(2007)研究成功银耳菌袋划线增氧高产优质技术；倪桂锋(2009)培育绿色品质银耳技术，均获国家专利。上述生产技术的创新，促使银耳生产由常规栽培，逐步走向无公害、绿色、有机方向发展，提升了产品档次。在栽培棚设计应用、反季节栽培等均有许多新的突破；原料的利用由现有木屑、棉子壳等为主，新开发的玉米芯、棉花秆、豆秸以及野草等原料，为银耳可持续发展拓宽了原料来源。

(三)银耳病虫害防治的研究

银耳生产中真菌病害的病原主要为绿色木霉(*Trichoderma viride*)、青霉(*Penicillium*)、黄曲霉(*Aspergillus flavus Link*)、黑曲霉(*A. niger V. Tiegh*)、总状毛霉(*Mucor racemosusFres*)、根霉[*Rhizopus stolonifer*(*Ehrenb. ex Fr.*)*Vuill.*]、链孢霉(*Neurospora sitophila Shear et Dadge*)、有害疵孢霉

(*Mycogone permiciosa*)、粉红单端孢霉菌(*Trichothecimn roseum Link. ex Fr.*)、浅红酵母菌(*Rhalotorula pallidaLodd*)、球黑孢菌(*Nigrospora sphaerica Mason*)。尤其俗称为"杨梅霜秆菌"的危害极大,至今尚未定名,也无有效防治办法。

在段木栽培中与银耳竞争的还有变孔卧孔菌(*Poria versipora*)、彩绒革盖菌(云芝)(*Coriolus versicolor*)、裂褶菌(*Schizophyllum commune*)等。除了真菌性病害外,细菌性病害和病毒性病害在银耳生产中也有发生,但与真菌性病害相比,危害程度相对较轻。

防治侵染性病害的研究,现有主要是选用抗病性较强的菌种,培养基灭菌彻底,同时注意栽培环境卫生,注意通风和控制温、湿度,及时清除杂菌和发病的子实体等,必要时可采用适度的化学防治。

生理性病害,主要是由环境条件的不适宜引起。表现烂耳、死菌、菌丝不定植、幼耳停止发育、耳形变态、吐黑水和香灰菌气生菌丝变色以及香灰菌丝中途停止生长等。目前对生理性病害也有较多的研究分析。如认为香灰菌菌丝中途停止生长的内因是菌种在继代过程中活力衰退,外因是菌种培育过程中遇到较长时间的低温,培养基偏酸或养分不足。烂耳常因分泌物积累过多、耳片上积水、栽培过程中空气湿度过大或通风不良造成,覆盖物受污染以及霉菌、害虫等也会造成烂耳。防治方法是根据银耳生理特性,采用正确的栽培措施,保证适宜的栽培环境,及时查找病因,并采取针对性的措施。

银耳生产过程中菇蚊、线虫以及黄斑脊胸露尾甲等均是主要害虫。目前,根据银耳生长发育特点,在温度、湿度、通风状况和消毒等方面创造适于银耳生长的环境条件,加强环境卫生,控制化学防治的无公害综合防治研究并应用于生产。

(四)菌种选育与保藏的研究

菌种选育是银耳生产的核心问题。近年来国内科研人员致力攻关。徐碧如(1996)以野生银耳子实体为材料,通过弹射孢子萌发出芽孢后,挑取单菌落进行配对通过出耳品比试验,获得 TR804 高产菌株,这是目前唯一的一篇杂交育种的报道。古田县陈金赠选育的 9901 新菌株有效地解决了银耳产品加工熏硫增白难解;张汉文(1997)"非专一"分离两种菌丝,择优错开交合育种等。这些新成果为银耳育种打开了新的路径。但银耳菌种的稳定性较差,仍存在许多隐性病害,未能很好排除,困扰了银耳菌种正常应用,需不断深入探索。

银耳菌种的保藏涉及到银耳菌株和香灰菌菌株保藏两个方面,与常规品种比较更具有其特殊性。有研究证实,银耳纯菌种长期单独保藏,子实体有变黄的趋势。而与香灰菌菌丝混合培养,长期保存后子实体也不易变黄。但也有人认为,银耳菌和香灰菌均需分别分离、培养和保藏;银耳和香灰菌一经混合培养,开始几代生长良好,但经数次继代培养,其长势越来越弱。对银耳和香灰菌是否需要分开保藏,还需要进一步的实验和分析。

目前许多优良的菌株未能得到有效的保藏,菌株优良性状丧失,形成耳基的能力减弱,这不仅是资源的浪费,也导致生产上的损失。探索有效保藏方法也是当前需要解决的难题之一。

二、银耳科技创新与展望

(一)规范栽培模式,推进产业化经营,提高产量与品质

我国的银耳以代料栽培为主,南方诸省采用室内架层栽培;北方常用的设施有坑道、窑洞、塑料棚及日光温室。为有利于控温控湿,较干燥的北方常建造半地下耳棚,充分利用空间、提高产量,有的产区实行层架式栽培方式。另外,多种反季节栽培银耳试验的成功,也为自然条件下延长银耳生产季节提供了有效的方法。根据目前银耳分散种植、规模小和耳农技术素质差等原因,要推行"公司+专业合作社+农户"等多种产业化模式,与农民连在一起,形成风险共担、利益共享的共同体。同时,要重视高新技术在银耳产业中的应用,及时有效地推广科技新成果,普及实用技术,促进传统栽培向规范栽培、单项技术向配套技术转变。

今后应加强以下几方面的研究:一是银耳营养生理及安全型配合高效培养料的开发;二是温、光、水、气、湿等环境因子,对银耳菌丝和子实体生长发育的影响与智能化调控;三是银耳重金属富集规律及控制技术;四是银耳无公害标准化栽培管理技术。用国际 ISO9000 标准和 HACCP 体系的管理理念和控制手段,对银耳生产全程中关键性环节进行有效控制和管理,达到高产、优质、安全之目的。

(二)采用传统手段和现代分子生物学手段并举的方式,提高育种效率

菌种的优劣直接影响银耳栽培效益的高低,影响银耳的品质。因此,针对目前银耳菌种混杂、良

莠不分和一些优良菌种遗失的实际，重点作好以下几个方面的工作：一是加强银耳种质资源库的建设，重视银耳种质资源的保护与开发利用；二是利用传统育种手段和现代分子生物学手段相结合的方式，进行银耳种质资源遗传多样性和亲缘关系评价鉴定，选育出适合银耳产业升级发展需要的优良品种，尤其是选育富含有效成分、高营养的加工型品种、优质高产耐藏品种、高抗性(抗病、抗虫、抗杂菌)广温型品种和工厂化栽培专用品种，以及高效发酵品种；三是搞好菌种的保藏繁育与利用。

(三)加强遗传、生理及分子生物学等基础研究，为高产银耳优质奠定基础

遗传学、生理学研究是认识物种的重要依据，也是生产栽培的基础内容之一。银耳的繁殖体制和交配系统，有性生殖中基因重组的遗传分析，细胞质遗传，杂种优势及其原理，原生质体融合及分子生物学技术在银耳遗传研究中的应用等，在当前我国银耳相关研究中均较为欠缺。

今后需加强以下几方面的研究：一是银耳原生质体的分离培养；二是菌株的分子标记技术；三是交配子的识别融合；四是外来基因导入与转化等。

(四)重视银耳储藏和加工，促进产业可持续发展

银耳干品储藏色泽变黄，常用硫磺熏蒸保质增白，延长储藏期，又可防止霉变；同时烹饪后的耳质有脆感，因此在国内外市场已得认可。但熏硫后，主要是二氧化硫超标，目前尚未研究有可以替代熏硫的工艺，有待科学家进一步研究。

经现代科学研究证实，银耳不仅具有较高的营养价值，而且富含多种生物活性成分，能增强机体对原子辐射的保护作用，并对提高免疫力、抗肿瘤、预防肝炎和心脏病、治疗慢性支气管炎和肺心病有显著效果。然而我国银耳产品仍以干制品为主，产品形式单一，精深加工的高附加值产品较少，加之缺乏龙头企业，生产和市场脱节；多数企业销售手段和能力不强，低价竞销现象较为突出。因此，搞好银耳深加工是促进银耳产业发展的必然之路。

今后应在以下几个方面加大研究力度：一是银耳多糖的分离纯化研究；二是银耳深层发酵技术研究；三是银耳保健品和药品等方面的加工开发；四是银耳方便食品开发；五是银耳美容制品的研制。

参考文献

[1] UKAI S. Isolations and characterizations of polgsaccharides from Tremella fuciformis Berk[J]. Chem pharm Bull(Tokyo), 1972,20(6):1347.
[2] UKAI S. Polysaccharides in fungi. I. Purification and Characterization of acidic heteroglycans from aqueous extract of Tremella fuciformis Berk[J]. Chem pharm Bull(Tokyo), 1974,22(5): 1102.
[3] 章云津，洪震. 银耳多糖的分离及理化特性的研究[J]. 北京医学院学报，1984，16(2)：83.
[4] 高其品. 银耳多糖的结构特征及其对单核细胞的激活作用[J]. 长白山中医药研究与开发，1995，4(2)：37.
[5] 王永奇. 银耳的化学成分[J]. 药学通报，1983，18(3)：168.
[6] 吴梧桐. 银耳孢子多糖 TF-A，TF-B，TF-C 的分离、纯化及组成单糖的鉴定[J]. 生物化学与生物物理学报，1984，16(4)：393.
[7] UKAI S. Antitumor activity on sarcoma 180 of the polysaccharides from Tremella fuciformis Berk [J]. Chem pharm Bull,1972,20(10): 2293.
[8] 周爱如. 银耳多糖抗肿瘤作用的研究[J]. 北京医科大学学报，1987，19(3)：150.
[9] 徐文清，高文远，沈秀，等. 银耳孢子多糖体内抑制肿瘤作用的研究[J]. 天津药学，2007，19(1)：7-10.
[10] 徐文清，高文远，沈秀，等. 银耳孢子多糖抑制肿瘤及放射增效作用的研究[J]. 中国生化药物杂志，2006，27(6)：351-354.
[11] 徐文清，高文远，王月英，等. 银耳多糖硫酸酯的合成及抗肿瘤作用的研究[J]. 中国药学杂志，2007，42(8)：630-632.
[12] 林志彬. 银耳的药理研究-银耳孢子发酵液及孢子多糖的初步研究[J]. 中医杂志，1981(3)：54.
[13] 郑仕中. 银耳孢糖对离体小鼠免疫细胞功能的影响[J]. 南京医学院学报，1994，14(1)：5.

[14] 林志彬. 银耳多糖对小鼠免疫功能和肝匀浆细胞色素 P-450 含量的影响[J]. 中国药理学报,1985,6(3):201.
[15] XIA D,LIN ZB. Effects of Tremella polysaccharides on immune function in mice[J]. Acta Pharmacol Sin,1989,10(5):453.
[16] 蒋铁男. 银耳对小鼠腹腔巨噬细胞功能和超微结构影响[J]. 电子显微学报,1990(3):104.
[17] 杭秉倩. 银耳芽孢多糖的实验药理研究[J]. 中药通报,1982,7(4):35.
[18] 李麟仙. 银耳制剂对恒河猴免疫和造血功能作用的研究[J]. 昆明医学院学报,1981(1):14.
[19] 马莉. 银耳多糖对小鼠脾细胞产生白细胞介素 2(IL-2)的影响[J]. 药学学报,1992,27(1):1.
[20] 崔金莺,林志彬. 银耳多糖对小鼠 IL-2、IL-6、TNF-α 活性及其 mRNA 表达的影响[J]. 北京医科大学学报,1996,28(4):244.
[21] 杨吉成. 银耳多糖对 S801 白血病细胞系干扰素促诱生作用[J]. 中华微生物学与免疫学杂志,1985,5(4):243.
[22] CUI JY,LIN ZB. Effects of Tremella polysaccharide on immune function of physically-stressed mice. J Chin Pharm Sci,1992,1(2):49.
[23] 胡庭俊,梁纪兰,程富胜,等. 银耳多糖对小鼠脾脏淋巴细胞蛋白激酶 C 活性的影响[J]. 中草药,2005,36(1):81-84.
[24] 崔金莺. 银耳多糖提高小鼠脾细胞内游离钙 Ca^{2+} 浓度的作用[J]. 中国药理通讯,1992,9(3):23.
[25] 崔金莺,林志彬. 银耳多糖对小鼠脾细胞内游离钙浓度的影响[J]. 药学学报,1997,32(8):561.
[26] 徐承熊. 银耳粗提物 93 对小鼠辐射保护作用的研究[J]. 放射医学,1978(2):9.
[27] 赵堂富. 银耳粗提物 93 治疗急性放射病犬的实验研究[J]. 放射医学,1978(2):4.
[28] 郑仕中. 银耳制剂对受照射荷瘤小鼠免疫功能保护作用的研究[J]. 中国肿瘤临床,1993,20(6):451.
[29] 王继先. 银耳制剂对急性照射犬 B 淋巴细胞和 IgG 水平的影响[J]. 中华放射医学和防护杂志,1983,3(6):37.
[30] 徐文清,高文远,沈秀,等. 银耳多糖注射剂保护辐射损伤小鼠造血功能的研究[J]. 国际核医学杂志,2006,30(2):114-116.
[31] 林志彬. 银耳多糖对巨噬细胞吞噬功能、骨髓造血功能及蛋白质、核酸合成的影响[J]. 中医杂志,1982(5):69.
[32] 林志彬. 银耳孢子多糖对血清蛋白质合成的影响[J]. 北京医学院学报,1982,14(1):14.
[33] 岳微,丛铮. 银耳多糖对小鼠正常肝和受体肝蛋白质合成及糖原合成的影响[J]. 中国药理学报,1986,7(4):364.
[34] 程时. 银耳多糖 TP 对小鼠肝细胞超微结构影响的定量电镜观察[J]. 北京医学院学报,1984,16(3):208.
[35] 林志彬,崔金莺. 银耳多糖对正常和免疫功能抑制小鼠脾脏空斑形成细胞反应的影响[J]. 中国药理通讯,1989,6(2):6.
[36] 周慧萍. 黑木耳多糖和银耳多糖的抗衰老作用[J]. 中国药科大学学报,1989,20(5):303.
[37] 刘培勋,高小荣,徐文清,等. 银耳碱多糖抗氧化活性的研究[J]. 中药药理与临床,2005,21(4):35-37.
[38] 曾昭晖. 银耳多糖对红细胞膜保护作用初探[J]. 首都医学院学报,1992,13(2):100.
[39] 薛永志,孟昭伦. 银耳枸杞煎剂抗衰老作用的实验研究[J]. 包头医学院学报,1996,12(1):13.
[40] 申健和,陈琼华. 木耳多糖、银耳多糖、银耳孢子多糖的降血脂作用[J]. 中国药科大学学报,1989,20(6):344.
[41] 侯建明,陈刚,蓝进. 银耳多糖对脂类代谢影响的实验报告[J]. 中国疗养医学,2008,17(4):234-236.
[42] 薛惟建. 银耳多糖对四氧嘧啶糖尿病小鼠高血糖的防治作用[J]. 中国药科大学学报,1988,19(4):303.
[43] 姜秀莲. 银耳多糖降血糖作用的研究[J]. 长百山中医药研究与开发,1995,4(4):40.
[44] 何执中. 银耳多糖等配基修饰对胰岛素降血糖活性的影响[J]. 药学进展,1997,21(4):231.
[45] 薛惟建. 银耳多糖、银耳孢子多糖及黑木耳多糖的抗溃疡作用[J]. 中国药科大学学报,1987,18(1):45.
[46] 侯建明,蓝进,高益槐. 银耳多糖抗溃疡作用的试验研究[J]. 中国疗养医学,2008,17(5):316-318.
[47] 申健和. 木耳多糖、银耳多糖和银耳孢子多糖对实验性血栓形成的影响[J]. 中国药科大学学报,

1990(1):39.
[48] 申健和,陈琼华.黑木耳多糖、银耳孢子多糖的抗凝血作用[J].中国药科大学学报,1987,18(2):137.
[49] 王树.银白木耳对大鼠凝血作用的影响[J].张家口医学院学报,1999,16(3):37.
[50] 薛惟建.银耳多糖的抗凝血作用[J].中国药科大学学报,1989,20(3):181.
[51] 贾汉卿.银耳多糖J1延凝作用的有效剂量[J].佳木斯医学院学报,1990(2):96.
[52] 贾汉卿.维生素K1、止血敏对银耳多糖J1延长凝血作用的对抗[J].佳木斯医学院学报,1990(2):95.
[53] 周慧萍.银耳多糖和黑木耳多糖地抗肝炎和抗突变作用[J].中国药科大学学报,1989,20(1):51.
[54] 林志彬,林树钱.银耳医学研究现状[J].食用菌,1982(1):43.
[55] KIM J H, HA H C, Lee M S, et al. Effect of Tremella fuciformis on the Neurite Outgrowth of PC12h Cells and the Improvement of Memory in Rats[J]. Biol Pharm Bull,2007,30(4):708-714.
[56] 徐文清,李美佳,陈木天.银耳多糖及其衍生物抑制牛免疫缺陷病毒的实验研究[J].中国性病爱滋病防治,2001,7(5):277-278.
[57] 高其品,陈慧群,王坤,等.银耳多糖在大鼠体内的吸收、分布和排除[J].中国药学杂志,2002,37(3):205-208.
[58]《中国药学杂志》编辑部.新药手册[M].天津:天津科学技术出版社,1991.
[59] 程广泽.银耳多糖防治肿瘤患者白细胞减少症40例临床观察[J].抗生素,1982(1):52.
[60] 李强忠,黄成君,矫立华,等.银耳孢糖肠溶胶囊治疗慢性活动性肝炎的临床研究[J].传染病信息,2006,19(4):201-202.
[61] 侯建明,翁维权.银耳多糖治疗十二指肠溃疡124例疗效观察[J].中国疗养医学,2008,17(10):613-614.
[62] 余永年.真菌分类学大纲[M].昆明:云南科学技术出版社,1980.
[63] 徐崇敬.英日汉食用菌词典[M].上海:上海科学技术文献出版社,2000.
[64] 杨新美.中国食用菌栽培学[M].北京:中国农业出版社,1998.
[65] 黄年来.中国食用菌百科[M].北京:农业出出版社,1993.
[66] 吕作舟.食用菌栽培学[M].北京:高等教育出版社,2006.
[67] 黄学馨.木耳与银耳[M].上海:上海科学技术出版社,1981.
[68] 黄年来.银耳栽培[M].北京:科学普及出版社,1982.
[69] 姚淑先,丁湖广.银耳瓶栽技术问答[M].福州:福建科学技术出版社,1982.
[70] 朱斗锡.银耳栽培[M].成都:四川科学技术出版社,1984.
[71] 张雪岳.银耳茯苓草菇[M](第2版).重庆:重庆大学出版社,1997.
[72] 黄年来.中国银耳生产[M].北京:中国农业出版社,2000.
[73] 蔡金波.银耳袋栽高产新技术[M].北京:中国农业出版社,2000.
[74] 丁湖广,丁荣辉.中国黑木耳银耳代料栽培与加工[M].北京:金盾出版社,2001.
[75] 丁湖广,丁荣辉.银耳生产关键技术百问百答[M].北京:中国农业出版社,2006.
[76] 彭卫红,王勇,黄忠乾,等.我国银耳研究现状与存在的问题[J].食用菌学报,2005,12(1):51-56.
[77] 徐碧如.银耳生活史的研究[J].微生物学通报,1980(6):241-242.
[78] 徐碧如.银耳生物学特性的研究[J].福建农学院学报,1986,15(2):141.
[79] 徐碧如.银耳混种的分离与培养[J].应用微生物,1984,3(3):16.
[80] 臧穆.与银耳生长的香灰菌新种[J],中国食用菌,1999,18(2):43-44.
[81] 徐碧如.耳友菌促进银耳生长的研究[J].微生物学通报,1983,10(6):7.
[82] 彭卫红.不同香灰菌株生长特性差异研究[J].西南农业学报(增刊),2003(16):161-163.
[83] 周玉磷.银耳段木高产菌株T9486的选育研究[J].中国食用菌,1996,15(3):18.
[84] 李林,张传锐,屈全飘,等.通江段木银耳适栽菌株的比较试验[J].食用菌,2004(2):16-17.
[85] 徐碧如.银耳优良菌株选育的研究[J].中国食用菌,1996,15(1):7-8.
[86] 周玉麟.银耳段木高产菌株T9486的选育研究[J].中国食用菌,1996,15(3):18.
[87] 林杰,黄轮,陈菲,等.银耳增白菌株"9901"的选育[J].福建农业科技,2002(2):12-14.

[88] 钟冬季，钟秀媚. 银耳栽培种生产用适宜菌龄初探[J]. 食用菌，2008(2)：50.

[89] 阮淑珊，张汉文，钟长科. 银耳菌种培养基不同配方试验[J]. 食用菌，2007(5)：23-24.

[90] 丁湖广. 银耳菌种失控病态及避免的技术措施[J]. 北京农业，2007(2)：30-31.

[91] 钟恒. 银耳原基分化前期双核菌丝细胞及分生孢子边缘体及质膜体[J]. 热带亚热带植物学报，1994，2(2)：41-46.

[92] 陈明，陈立国，汪国莲，等. 两性型银耳芽孢萌发的营养条件研究[J]. 食用菌，2002，24(2)：6-7.

[93] 汪国莲，陈立国，陈明. 银耳菌丝生长营养条件的初步研究[J]. 食用菌，2000，22(4)：12-14.

[94] 彭卫红. 不同香灰菌对碳源、氮源利用差异研究[J]. 西南农业学报，2003，16(增刊)：162-164.

[95] 刘娟，候丽华，杨双熙，等. 环境因子对二型态银耳节孢子形态转换的影响[J]. 武汉大学学报，2007，53(6)：737-740.

[96] TRUCKSES D M，AARRENTON L S，THORNER J. Jekyll and Hyde in the Microbial Worl[J]. Scierzce，2004，306(26)：1500-1511.

[97] NEMEC J C，WIITHRIC M，KLEIN B. Global Control of Dimorphism and Virulence in Fungi[J]. Sciiaeiace，2006，312(28)：583-588.

[98] FOX R D，WONE G J. Homothallism and HETEROTHALLISM：Tremella fuciformis[J]. Can J Bot，1990，68(1)：107-111.

[99] KOBAYASI Y，TUBAKI K. Studies on cultural charactersand asexual reproduction of heterobasidiomyc etes[J]. Trans Mycol Soc，1965，6(1)：29-36.

[100] BANDONI R J. Isolation of Tremerogens A-9291-I and A-9291-II，novel sex hormones of Tremella hrosiliensi. s[J]. Biochem Cell Biol，1982，61(7)：796-801.

[101] 刘娟，马爱民，卜水盛，等. 银耳两型态细胞差异性的初步研究[J]. 微生物学通报，2007，34(5)：880-882.

[102] 徐碧如. 银耳不同菌龄袋栽的研究[J]. 浙江食用菌，1994(6)：13-14.

[103] 徐碧如. 银耳袋栽及其注意事项[J]. 中国食用菌，1997(2)：26-27.

[104] 丁湖广. 银耳多层立体栽培实用技术[J]. 特种经济动植物，2003(3)：36.

[105] 丁湖广. 银耳袋栽高产优质技术[J]. 生物学通报，1998，33(2)：46-47.

[106] 李月梅. 北方地区袋栽银耳高产优质栽培技术[J]. 农业与技术，2007，27(5)：118-121.

[107] 黄祖新，姚锡耀. HACCP 体系在银耳有机栽培中的应用[J]. 食用菌，2006(4)：32-33.

[108] 丁湖广. 银耳无公害生产病虫害防治技术[J]. 食用菌，2005(5)：25-26.

[109] 雷银清. 银耳夏季栽培关键技术[J]. 食用菌，2007(3)：54.

[110] 丁湖广. 出口银耳规范化栽培与加工技术[J]. 特产研究，1995(3)：36-38.

[111] 汪国莲，陈立国，陈明. 银耳菌丝体生长营养条件初步研究[J]. 中国食用菌，2001，20(4)：12-14.

[112] 张汉文. 银耳菌种生理性变与生态失控所致病害的探讨[J]. 食用菌，2000，22(3)：36-37.

[113] 陈明，陈立国，汪国莲. 银耳极性测定的初步研究[J]. 华中农业大学学报，2000，19(2)：138-141.

[114] 盛桂华，陈立国，马爱民. 银耳交配型 A 因子的测定[J]. 华中农业大学学报，2002，21(5)：444-446.

[115] 曲绍轩，高山，黄晨阳. SRAP，ISSR 和 RAPD 分子标记技术在银耳菌株鉴别上的应用[J]. 食用菌学报，2007，14(3)：1-5.

[116] 谢宝贵，朱虎. 银耳原生质体分离与再生条件优化研究[J]. 菌物系统，2003，22(4)：574-578.

[117] 谢宝贵，卢启泉，饶永斌，等. 人胰岛素基因的人工合成及转化银耳的研究[J]. 食用菌学报，2007，14(2)：1-8.

[118] 谢宝贵，饶永斌，郑金贵. 银耳的超声波介导转化[J]. 农业生物技术学报，2005，13(1)：42-45.

[119] 谢宝贵，朱虎，江玉姬，等. 银耳遗传转化标记[J]. 农业生物技术学报，2004，12(5)：610-611.

[120] 章云津，洪震. 银耳多糖的分离及理化特性的研究[J]. 北京医学院学报，1984，16(8)：83-88.

[121] 邓文龙，廖渝英. 银耳多糖的免疫药理研究[J]. 中草药，1984，15(9)：23-26.

[122] 姜瑞芝，陈怀永，陈英红，等. 银耳孢糖的化学结构初步研究及其免疫活性[J]. 中国天然药物，2006，4(1)：73-75.

[123] 颜军，徐光域，郭晓强，等. 银耳粗多糖的纯化及抗氧化活性研究[J]. 食品科学，2005，26(9)：16-18.

[124] 吴梧桐,余品华,夏尔宁,等.银耳孢子多糖 TF-A、TF-B、TF-C 的分离、纯化及组成单糖的鉴定[J].生物化学与生物物理学报,1984,16(4):393-398.

[125] GAO QP,Rolf S,Chen HQ,et al. Characteris ationofaci dicheteroglycans from Tremella fuciformis Berk with cytokinestimu latingactivity[J]. Carbohydr Res,1996,288:135-142.

[126] GAO QP,JIANG RUIZHI,CHEN HUIQUN,et al. Characterisation and cytokine stimulating activitiesof heteroglycans from Tremella fuciformis[J]. Planta Medica,1996,64(4):297-302.

[127] GAO QP,KILLIE M K,CHENHC,et al. Characterisation and cytokine- stimulating activities of acidic heteroglycans from Tremellafuciformis[J]. Planta Medica,1997,63(5):457-460.

[128] GAO QP,JIANG RS,CHEN H Q,et al. Characterization of acidic heteroglycans from Tremella fucifomis Berk with cytokin estimulating activity[J]. Carbohydr Res,1996,288:135-142.

[129] BANDONI R J. Tremellales with a yeast phase(Sirobasidiaceae and Tremellaceae). Kreger van Rij N J W. The yeasts[M](3rd ed). Amsterdam:Elsevier Scientific Publication,1984.

[130] 聂伟,张永祥,周金黄.银耳多糖的药理学研究概况[J].中药药理与临床,2000,16(4):41-45.

[131] 夏尔宁,陈琼华.银耳子实体多糖的分离、分析及生物活性[J].真菌学报,1988,7(3):166.

[132] 周爱如.银耳多糖抗肿瘤作用研究[J].北京医科大学学报,1987,19(3):15.

[133] 夏而宁.银耳和银耳孢子多糖的生物活性比较[J].南京药学院学报,1984,15(3):49.

[134] 郑仕中.银耳的化学成分和药理研究进展[J].中国药学杂志,1993,28(5):264.

[135] 胡志和,戚忠利,吴芸芸.银耳产品的研究与开发[J].食品科学,1996,17(8):36-39.

(丁湖广、彭卫红、李月梅)

第六十五章 羊肚菌

DILIUSHIWUZHANG YANGDUJUN

摘要：羊肚菌是羊肚菌科羊肚菌属所有种类的总称，是一类经济价值很高的食药用真菌。羊肚菌人工栽培的研究已有近百年的历史，但由于人类对其生物学特性缺乏深入了解，加之生活史过程和营养特性复杂，使羊肚菌的人工栽培一直没得到很好解决。虽然已有几个人工栽培羊肚菌的专利，但重复性较差、产量不稳定，一直未实现商业化生产，目前市场上销售的产品几乎都来自野生。本章在参考国内外已有研究工作基础上，结合作者所在项目组的研究工作，较全面、系统地阐述了羊肚菌资源、贸易、生态特性、营养特性、生活特点、深层发酵、遗传育种与栽培技术。

Morchella esculenta

Abstract: Morel is the common term used to describe all *Morchella esculenta*. It is a special and highly prized wild edible and medicinal fungus, which mycologists have, for a long time, been trying to domesticate. Although studies on morel cultivation have been ongoing for more than one hundred years, and while several patents for the artificial cultivation of morels have been granted, attempts at reproducible and stable yields have not yet been achieved due to the complicated life cycle of the mushroom and a poor understanding of its nutritional requirements and other biological features. All morels sold in the markets are collected from the wild. This chapter, which is based on research data combined with the author's own results, describes in detail various aspects of morels including resource availability, trade, ecological features, nutritional attributes, life history, submerged fermentation, genetics, breeding and cultivation techniques.

第一节 概 述

羊肚菌是羊肚菌科羊肚菌属所有种类的总称，是世界公认的一种珍贵、稀有的食药用真菌，既是佳蔬，又是良药。在欧洲被认为是仅次于块菌的美味食用菌。由于对其生物学特性缺乏深入的了解，商业化人工栽培一直难于实现，为尚在驯化中的药食兼用菌。

一、羊肚菌的学名及分类地位

羊肚菌又名：美味羊肚菌、羊肚子、阳雀菌、蜂窝蘑、羊肚菜、羊肚蘑、编笠菌等。

学名：*Morchella esculenta* (L.) Pers., *Syn. meth. fung.* (Göttingen) 2:618(1801)。

属名"*Morchella*"一词来自希腊语，其词源是"morchel"，意思是"编笠菌"，词尾"-ella"小形字尾，直译为小编笠菌属，中文早就有羊肚菌的名称，所以称"羊肚菌属"。种名加词"*esculenta*"意思是"可吃的"。直译为"可食羊肚菌"。

同物异名：*Helvella esculenta* (L.) Sowerby, *Col. fig. Engl. Fung. Mushr.* 1: tab. 51 (1797); *Morchella esculenta* (L.) Pers., : 618 (1794) subsp. Esculenta; *Morchella esculenta* var. *rotunda* (Fr.) I. R. Hall, P. K. Buchanan, Wang & Cole, (1998); *Morchella esculenta* a rotunda Fr., *Syst. mycol.* (Lundae) 2 (1): 7 (1822); *Morchella rotunda* (Fr.) Boud.; *Morchella rotunda* var. *esculenta* (L.) Jacquet., in Jacquetant & Bon, *Docums Mycol.* 14 (no. 56): 1 (1985) [1984]; *Morellus esculentus* (L.) Eaton, *Manual of Botany for the Northern and Middle States 2 ed.*: 324 (1818); *Phallus esculentus* L., *Sp. pl.* 2: 1178 (1753); *Phallus esculentus* L., *Sp. pl.* 2: 1178 (1753) var. *esculentus*。

常见种类有：

Morchella ambigua Pers.

小顶羊肚菌：*Morchella angusticeps* Peck,

Bull. N. Y. St. Mus. 2:19(1887)。

尖顶羊肚菌:*Morchella costata*(Vent.)Pers.,*Syn. meth. fung.* (Göttingen)2:620(1801)。

粗柄羊肚菌:*Morchella crassipes*(Vent.)Pers.,*Syn. meth. fung.* (Göttingen)2:621(1801)。

小羊肚菌:*Morchella deliciosa* Fr.,*Syst. mycol.* (Lundae)2(1):8(1822)。

黑脉羊肚菌:*Morchella elata* Fr.,*Syst. mycol.* (Lundae)2(1):8(1822)。

Morchella hortensis Boud.,*Bull. Soc. mycol. Fr.* 13:145(1897)。

Morchella patula Pers.,*Syn. meth. fung.* (Göttingen)2:619(1801)。

离盖羊肚菌:*Morchella smithiana* Cooke,*Mycographia seu Icones Fungorum*,Vol. 1. Discomycetes(London):184(1878)。

Morchella vaporaria Brond.,:tab. 9(1830)。

Morchella vulgaris(Pers.)Boud.,(1897)。

分类地位:菌物界(Fungi),子囊菌门(Ascomycota),盘菌纲(Pezizomycetes),盘菌亚纲(Pezizomycetidae),盘菌目(Pezizales),羊肚菌科(Morchellaceae)。

二、羊肚菌属的种类及分布

(一)羊肚菌属的分类

羊肚菌有广义和狭义两个概念。狭义的概念仅指羊肚菌(*M. esculenta* Pers. et St. Amans),广义的概念包含羊肚菌属所有种类。羊肚菌科种级以上分类即属级分类不存在争议,羊肚菌科包括羊肚菌属(*Morchella*)、钟菌属(*Verpa*)和皱盘菌属(*Disciotis*),但羊肚菌属内种间分类一直存在较大争议,种的划分十分混乱。Jacqquetant(1984)在《羊肚菌》(*Le Morilles*)一书中记载羊肚菌有28个种,他认为目前所发表的许多种名是无效的。Kirk等在《真菌词典》第9版中也采用了Jacqquetant的观点,认为羊肚菌属仅包括28个种。根据Boudier的分类系统,羊肚菌属可分为4个组(真生组、开裂组、假直生组和纸质生组)、2个亚组(羊肉质亚组和肉质亚组)。在网络数据库"Index Fungorum"中罗列世界范围内的88种羊肚菌的210个名称(包括种、亚种、变种及变型)(CABI,2008)。Hallen等(2001)根据形态学划分的种估计在100个以上。然而,系统学研究结果与传统形态地理学研究结果之间常有很大差距。分子生物学研究结果认为羊肚菌属仅包括3~4个多态种,Bunyard等认为羊肚菌仅包括3个种或组(Bunyard et al,1994),即黑色羊肚菌(Black morels)、黄色羊肚菌(Yellow morels)和半开羊肚菌(Semifree capped morel),其中黄羊肚菌包括子囊果颜色较浅的所有种,如羊肚菌(*M. esculenta*)、小羊肚菌(*M. diliciosa*)、粗腿羊肚菌(*M. crassipes*)。黑羊肚菌包括子囊果颜色较深的所有种,如黑脉羊肚菌(*M. angusticepes*)、高羊肚菌(*M. elata*)和尖顶羊肚菌(*M. conica*)等;开裂羊肚菌仅包括半开羊肚菌*M. semilibera* 1种。Gaston的人提出了第4个组别,即红色羊肚菌(Blushing morels),该组别包括危地马拉羊肚菌(*M. guatemalensis*)和红褐羊肚菌(*M. rufobrunnea*),这两个种只分布于热带和亚热带地区(Gaston et al,1998)。同时提出了羊肚菌分类的几个重要依据:子囊盖的颜色和形状、脊的位置、囊状体的长度和染色反应,另外还有子囊、子囊孢子和侧丝特征。

传统形态地理学分类方法依据的是类群的地理分布及子囊果的形态特征,这些形态特征包括脊的颜色、子囊果上凹陷的深浅、菌柄、脊所构成的纹理、菌柄和菌体的质地,擦伤后色泽变化、菌柄壁厚度及层数,这些特征会随菌体年龄的增长而变化。形态学方法难于克服的困难是羊肚菌子囊果常表现出极高的多态性,而且外部形态特征在种间存在过度状况。羊肚菌子囊果在形态上所表现出的多态毫无疑问具有遗传的成分,但环境因素如水分状况及光照也会影响子囊果的生长、发育、形态、大小和颜色。如Jung等(1993)认为棕色、灰色和大个体羊肚菌实际上都是黄羊肚菌支的一个多态种。羊肚菌子囊果也会随光线的变化而改变颜色(Jacobs,1982)。Thompson认为羊肚菌受到其发生地所生长树种的影响。笔者所在项目组对滇西北地区黑羊肚菌支的黑脉羊肚菌、高羊肚菌、尖顶羊肚菌和黄羊肚菌支的羊肚菌、褐赭色羊肚菌和粗腿羊肚菌作了较为系统的形态学和生态学研究。研究结果显示,在黑羊肚菌支中,典型的黑脉羊肚菌、高羊肚菌和尖顶羊肚菌在形态上和生态上具有明显的区别,黑脉羊肚菌是产区产量最大、分布最广、生态适应幅度最大的一个种,其典型的形态特征是子囊果圆锥状,顶部较钝,成熟菌盖常为淡褐紫色;高羊肚菌子囊果宽圆锥状,与近缘种的显著区别特征是成熟菌盖为黑褐色,表面常有黑褐色绒毛;尖顶羊肚菌为狭圆锥状,其与近缘种的显著区别特征是菌柄较长,其上常有疣状凸起。虽然3个种生长的典型生态环境有所区别,但黑脉羊肚菌与尖顶羊肚菌常共同生活在同一地段上并进行杂交,杂交形成后代的形态特征,间于两个种之间。

(二)羊肚菌资源分布

羊肚菌主要分布在北半球温带、寒温带地区,主要出现在冬天寒冷、常有降雪的区域；南半球主要分布于智利、阿根廷、澳大利亚；此外在亚热带及地中海也有少量分布。资源量较大的国家有印度、巴基斯坦、美国、中国、加拿大、法国和德国。在众多的羊肚菌种类中，不同种的分区格局常有很大差异，有些种类是世界广布种，如羊肚菌（*M. esculenta*）及黑脉羊肚菌（*M. angusticeps*），而有的种类则为区域特有种，如危地马拉羊肚菌（*M. guatemalensis*）、西藏羊肚菌（*M. tibetica*）等。

三、羊肚菌开发利用研究历史

我国对羊肚菌的记载源于明代。明代潘之恒著的《广菌谱》中就有有关羊肚菌的记载，《本草纲木》蘑菇蕈条下记载："一种状如羊肚，有蜂巢眼者，名羊肚菜。"根据这一描述，并参考书中附图，羊肚菜即为羊肚菌科羊肚菌属真菌。此后至今，我国对羊肚菌的研究一直无大的进展，仅对其食药用价值进行了记载。近年来，我国对羊肚菌的研究逐渐增多，并且在有的研究领域里取得了一定进展。

在这期间，人们从一般的记载，采食，到对其分布、分类、生态和栽培做了不少研究。20 世纪末，主要探讨了种属问题。20 世纪 40～50 年代初，基本上掌握了羊肚菌营养要求等生理特性。50 年代末至 60 年代中期，美、法等国成功地进行了羊肚菌深层发酵培养，并发展为大规模菌丝发酵工业化生产。80 年代初，美国首先报道室内人工栽培羊肚菌成功，90 年代初，美国又报道了羊肚菌生活史细胞学研究的初步结果，首次提出了羊肚菌生活史的全面运行图，为对羊肚菌生物学特性的研究，进一步深入研究羊肚菌生活史提供了必要的参考。近百年来，人工栽培羊肚菌一直是生物学界最感兴趣的课题之一。早在 1889 年 Baron 即在用苹果渣和菊芋堆制而成的苗床上用羊肚菌子实体碎块作菌种栽培过羊肚菌。其后，Molliard（1904，1905）用苹果渣、Matruchat（1909，1910）用废纸浆和腐木混合物以类似的方法栽培羊肚菌，都获得了子实体。但迄今为止，羊肚菌子实体的商品化生产进展仍很缓慢。

第二节　羊肚菌的生物学特性

一、形态特征

在羊肚菌的生活史过程中，单倍体的子囊孢子萌发后形成单倍多核的初级菌丝，不同的初级菌丝通过融合后形成异核多核菌丝。异核菌丝构成了异核菌丝体，在环境条件不利于菌丝生长时（如低温、高温、干旱等），异核菌丝体聚集形成节状、球状、颗粒状的菌核，在适宜的水分及温度条件下，菌核萌发形成子囊果。在这个过程中，孢子、初级菌丝、次级菌丝、菌核及子囊果均具有自己独特的形态特征。任何生物体均具有一定的结构，通过不同的结构来完成不同的生理功能，并适应于其所生活的环境。同时，同一结构又表现出多样性，这种多样性一方面体现了生物对多样化环境的歧异性适应，另一方面也反应了在遗传上的多样性。以结构为对象的形态学研究，是认识物种、种群甚至个体的基础。目前，绝大多数大型真菌物种均是首先通过形态学标准建立的。此外，羊肚菌在微观及宏观结构上表现出极大的变异性，这对于羊肚菌的生态适应可能是重要的。羊肚菌经常发生在一些容易变化的环境中，并常受到一些灾难性事件（如山火、洪灾、人类伐木、森林的昆虫感染等）的影响，因此，对其形态多样性的研究，有助于深入了解羊肚菌的形态变异规律、种类多样性及物种生物学特性。

羊肚菌具有重要的经济价值，人们对其形态的研究也具有较悠久的历史。但 20 世纪以前的研究结果大多是片面的和不可靠的，对羊肚菌形态的深入研究几乎是近期的事。

（一）菌丝及细胞

在适宜条件下，羊肚菌孢子能很快萌发。萌发时，首先形成芽管，芽管继续生长形成单细胞丝状菌丝。菌丝细胞间有横隔，有分支，这种由孢子萌发形成的菌丝称为初生菌丝。通过不同的染料（如铁矾苏木精、吉姆萨、吖啶橙、光辉霉素和吖啶黄）使细胞核着色，或者利用相差显微镜可观察到初生菌丝为多核细胞（图 65－1），菌丝中细胞核的数目差异很大，新分出的顶端细胞中数量最少（1～2 个核），次顶端细胞具 10～15 个核，最多者可达 65 个。相连菌丝细胞间由多孔的横隔分开，横隔上的孔允许某些细胞器和细胞核通过，这可能是造成羊肚菌菌丝多核、且菌丝细胞间细胞核数目多少不同的原因（Volk & Leonard，1989）。初生菌丝向两个方向继续发育，如果没有发生菌丝融合及核配，则在休眠后继续发育为新的初生菌丝。如果发生菌丝融合和核配，在核配后形成次级菌丝。根据 Volk 等（Volk & Leonard，1989）对羊肚菌生活史的研究结果，羊肚菌孢子萌发后形成的菌丝为初级菌丝，初级菌丝不能形成子实体。只有相互亲合的初级菌丝融合后形成的次级菌丝才能形成子实体。在羊肚菌中，只有相互亲合的菌丝才能进行融合和核配。在种内，来源于同一子囊的不同孢子萌发形成的菌丝很少发生菌丝融合，而来源于单一孢子的菌丝几乎不发生融合。只有来源不同子实体的菌丝才易发生菌丝融合。羊肚菌菌丝不仅能够在种内发生亲和菌丝间的融合，不同种的菌丝也能发生融合。一般情况属于同一分支(种组)的种间可以发生融合，属于不同分支的种间不能发生菌丝融合，如同属于黄羊肚菌支的羊肚菌、小羊肚菌和粗腿羊肚菌间、同属于黑羊肚菌支的黑脉羊肚菌、高羊肚菌、尖顶羊肚菌间可发生菌丝融合，而羊肚菌和黑脉羊肚菌间不能发生菌丝融合。菌丝融合时，两个融合细胞间的细胞分隔消失，从而使细胞核及细胞质相互融合。

图 65－1　羊肚菌多核菌丝

发生融合后的菌丝形成次级菌丝，次级菌丝在不适宜于菌丝生长时形成菌核，菌核在适宜的条件下形成子囊果，从而完成羊肚菌的整个生活史。

Greis(1940)对高羊肚菌、羊肚菌和尖顶羊肚菌的细胞学作了一系列极其广泛和有意义的研究。他观察了这 3 种羊肚菌的细胞核在营养菌丝、不育细胞、子实体原基到子实体整个发育过程中的行为及变化规律。认为不同羊肚菌种类的交配系统有很大的不同，尖顶羊肚菌和羊肚菌通过子实体原基或子实体细胞间的质配而发生胞质配合，而高羊肚菌通过自核交配而发生胞质配合。在自核交配中，来自单一的多核细胞的两个核迁移到子实层的子囊母细胞中交配。但 Greis 没说明在高羊肚菌中是否发生质配以及核配是否需要质配的配合。

(二)菌丝体

在遗传上相同或者不同的菌丝相互连接，形成密集的多菌丝结构，称为菌丝体。菌丝体可以具有多种形态及结构，常见的菌丝为菌落。在羊肚菌中，菌丝体还包括菌根、菌套及菌索。

笔者在研究中，羊肚菌营养菌丝，无论是来自单孢子萌发还是组织块，均能在平板培养基上迅速形成菌落。在 22～25℃时，能在 5～6 天内长满 8.5cm的培养皿，平均生长率为每小时0.4～0.5mm；在 4℃时，能在 12～15 天内长满同样大小的培养皿。通常情况下，羊肚菌菌丝一旦在培养基上形成菌落，分泌出一种深褐色色素到培养基中。色素是由菌落中心较老的菌丝分泌，随着菌丝的老化，色素扩散到整个培养皿，从而使菌落在外观上呈浅褐色。

(三)菌根

在研究中发现，羊肚菌表现的特征更接近于腐生菌而不是共生菌。无论羊肚菌孢子或组织块都可以在简单培养基上很快萌发并且生长迅速，而共生菌(如松茸、牛肝菌等)在简单培养基上很难生长，生长速度很慢。此外，在人工控制条件下，即使完全没有植物存在也能诱导出羊肚菌子实体，而共生菌在缺乏植物时是不可能诱导出子实体的。

Moser(1949)认为，羊肚菌具有能与植物形成共生菌根的能力，或至少能形成菌根状结构。他推测认为，羊肚菌同时具有共生和腐生能力。因此，羊肚菌的共生是兼性共生，从而也是兼性菌根菌。Trappe(1996)讨论了羊肚菌菌根性质，指出共生菌根的结构和功能是羊肚菌的一个重要特征；共生关系的形成受到诸如羊肚菌种类、发育阶段、共生伙伴的营养状况、季节变化时的营养分配、土壤特殊条件等因素的影响。这些因素相互作用，为羊肚菌与植物形成共生关系产生了有利和不利的影响。虽然羊肚菌具有腐生菌所具有的一系列特征，然而仍然有不同羊肚菌种类能与几种较大的树根形成不同联系的例子。

Buscot 和 Kottke(1990)及 Buscot(1992)描述了圆顶羊肚菌、羊肚菌和高羊肚菌与挪威云杉间的关系。随后，Buscot(1994)描述了羊肚菌与挪威云杉形成的 7 种类型菌根。Buscot 观察到羊肚菌菌根的特点是哈丁网极不发育，并推测细菌和其他真菌参与了菌根的形成(Buscot，1992)，而在高羊肚菌中，羊肚菌只在其他真菌形成菌根的基础上才形成取代其他真菌菌根的次生菌根(Buscot，1992)。Harbin 和 Volk(1999)报道，羊肚菌及高羊肚菌与苹果、榆树及黑云杉兼性共生并形成菌根，他们报道了典型的外生菌根结构，并指出接种羊肚菌的幼苗要比没有接种羊肚菌的幼苗长势好。Dahlstrom 等(2000)报道，圆顶羊肚菌及黑羊肚菌能与美国黄松、花旗松、美国落叶松、黑松形成菌根结构(包括外生菌根和内生菌根)。但直到目前，没有人检验过羊肚菌纯菌丝与植物形成菌根的能力。Hobbie 等(2000)研究结果间接支持羊肚菌兼性腐生和共生的营养方式。一般而言，共生菌根真菌 N 含量较丰富，C 含量较少，而羊肚菌则刚好处于中间。

一种没有经过验证的假说认为，羊肚菌通过形成菌根可以使其在细根衰老或共生植物死亡时能迅速分解死亡的根系，因此，羊肚菌子实体在树木死亡后大量发生可能是由于此时有大量的营养可以利用。

(四)菌套

菌套一般仅在植物吸收水分与矿质营养的根尖形成，然而与菌根有很大不同，菌套在植物仅起支持及输导作用的老根上形成，有几种羊肚菌能够与一些植物形成菌套。Buscot 和 Roux(1987)首先用菌套一词来描述植物输导根外包围着羊肚菌菌丝，菌丝透过植物根部韧皮部并从中吸收营养，此时，羊肚菌菌丝与植物的关系看起来更像寄生。但菌套存在的时间不长，植物根的功能也未受到影响。菌套仅在羊肚菌子实体形成时存在，并且与子实体相连，在子实体成熟后菌套迅速消失。Buscot(1989)认为，菌套的功能与菌核相似，均是通过快速提供营养从而支持子实体的生长。Lakhanpal 等(1991)追踪了草莓、禾草及蕨类植物根外菌套与子实体间连接的菌索。Phillipoussis 和 Balis(1995)描述了羊肚菌在欧洲桤木、木本黑莓及洋槐细根外形成的菌丝鞘。Shad 等(1990)追踪了羊肚菌与草莓、禾草及蕨类植物吸收根间连接的菌索，但在该研究中并未观察到 Buscot 和 Roux(1987)描述的菌套。在以上这些研究中，只观察到羊肚菌菌丝进入韧皮部，没有进入木质部。

(五)菌核

形成菌核是羊肚菌的一个重要特征。虽然早在 1904 年 Molliard(1904)首次报道了在羊肚菌中有菌核存在，但他当时并未认识到菌核在羊肚菌生活史中的重要性。直到 Ower(1982)在特殊培养基中培养菌核并用菌核诱导出子实体，才首次正确认识到菌核在羊肚菌生活史中的意义。

菌核是一些毛状菌丝紧密结合在一起形成的节状构造，真菌的菌核是有组织分化的构造(如 *Sclerotina sclerotiorum* 的菌核)，而羊肚菌的菌核仅是一些结构紧密的菌丝团，没有组织的分化，因此被认为是假菌核(Volk & Leonard,1989)。羊肚菌菌核为直径 1～5cm，表面光滑的核桃状结构(Volk,1991,Leonard & Volk,1992)。Miller 等(1994)描述自然环境中的羊肚菌菌核为灰棕色、形状不规则、或大或小的聚集体。Philippoussis 和 Balis(1995)观察到羊肚菌菌核通常与土壤颗粒聚集在一起，且不同的种类形态上各不相同。Volk 和 Leonard(1990)认为菌核具有较厚的壁且对低温具有抗性。菌核在人工纯培养中很容易出现，并且 Ower 等(Ower et al,1986,1988,1989)的专利即是通过首先培养菌核，然后再用菌核来产生子实体。Stamets(2000)认为，黑羊肚菌支产生数量众多，但结构小型、金黄色或橘黄色的菌核，而黄羊肚菌支形成数量较少，但形态较大，核桃棕色的菌核。Buscot(1993)认为菌核的形态取决于菌株的遗传结构，即使是同一个种，不同菌株产生的菌核的形态也不一样。目前普遍认为羊肚菌菌核是营养储存器官，并对低温和干燥具有抵抗作用(Pliz et al,2007)。Volk 和 Leonard(1990)观察到，在条件适宜时，菌核可以重新萌发形成子实体或形成新的菌丝。

Buscot(1993)认为，羊肚菌在人工培养条件下能够产生两种菌核：一种形成时间早并簇集分布在培养皿边缘，称为簇集菌；另一种形成晚且分散分布，称为分散菌核。这两种菌核经 1℃左右的低温处理后，只有分散菌核能够继续形成菌丝，这些菌丝可继续形成簇集菌核。因此推测认为分散菌核主要起储存营养和抵御低温的作用，而簇集菌核可能与形成子实体有关。

(六)子实体

Ower(1982)首次在人工控制条件下观察了羊肚菌子囊果发育过程。随后，Volk 和 Leonard(1989,1990)利用球根秋海棠半人工栽培出羊肚菌，并以此为研究材料对羊肚菌个体发育过程中的细胞学进行了深入研究，从而总结出了羊肚菌的生活史过程。他们观察了子囊果从很小原基发育至成熟整个过程的形态变化，观察了菌核在琼脂糖培养基上萌发至形成盘状菌丝体阶段的形态变化，并推测盘状菌丝体可能是子囊果原基。但 Masaphy(2005)认为该结构不会发育成子囊果原基。Masaphy(2005)以全人工培养出的羊肚菌为研究材料，利用扫描电镜研究了羊肚菌子实体发生及发育早期的外部形态变化。他把原基形成分成 4 个时期：首先是在培养基质上出现直径为 0.5～1.5mm的盘状菌丝节，接着菌丝节膨胀并在中央形成子实体原基主干。然后，原基主干向上伸长并发育形成基部菌丝和主干菌丝，基部菌丝长而直、光滑，主干菌丝较短，其中一些主干菌丝膨胀，顶部从紧密、黏性的基部突出。最后，当原基基干长到 2～3mm 时，原子囊盘在顶部出现。

此时，在结构上可清晰辨别出突出的脊及凹坑，胞外黏液附着在脊上，从而保持脊的形态及硬度。

200年来，子实体外部形态一直是人们进行羊肚菌分类的基础。林奈首次描述羊肚菌为“形如阴茎，头如鸡蛋”并定名为“*Phallus esculentus*（现定名为 *Morchella esculenta*）”。子实体的形态特征包括菌体形状、菌盖上凹坑与脊的排列方式、菌盖与菌柄的连接方式、菌盖大小及形状、色泽、菌盖及菌柄上附属物的有无及类型、菌柄大小等。

不同种类的羊肚菌在外形上有较大的差异，如高羊肚菌菌盖为圆形或阔圆锥形，菌柄较短。而尖顶羊肚菌为长圆锥形，菌柄较长。黑脉羊肚菌则兼于上述两者之间。虽然不同种个体间的区别显著，可以容易区分，但几乎所有羊肚菌种类在外形上变异很大，常存在过渡形态。因此，单凭外部形态很难将各个不同的种区别开。

羊肚菌菌盖与菌柄的连接方式有3种：直生型、延生型和帽生型。在直生型中，菌盖较菌柄直径大，菌盖与菌柄相连处突出部分与菌柄近似直角相连，如羊肚菌、高羊肚菌；在延生型中，菌盖与菌柄在连接处大小几乎相等，且菌盖沿菌柄向下延生，如尖顶羊肚菌；在帽生型中，菌盖帽状，着生在菌柄上，如半开羊肚菌。

虽然不同的羊肚菌种类具有不同的菌盖色泽，如羊肚菌、小羊肚菌、粗腿羊肚菌的菌盖为黄色或淡黄白色，而高羊肚菌为深褐色，黑脉羊肚菌为红褐色至深褐色，但色泽容易受子实体生长环境的影响，变异较大，同一种类的个体间常有较大差异，而菌柄的色泽通常较稳定，变异不大，所有种类的菌柄通常均为白色或浅黄色。菌盖与菌柄上附属物的有无及类型也不同。有的种类在菌柄或菌盖上有附属物，如在尖顶羊肚菌的菌柄上具有疣状凸起，而在高羊肚菌的菌盖上具有绒毛，在其余的种类中未在菌柄及菌盖上观察到有附属物的存在。菌盖与菌柄的连接方式与子实体生活的具体环境有密切关系。

（七）孢子

在羊肚菌生活史中最常见、最显著的阶段是子囊果，它是羊肚菌的有性生殖结构。子囊果由中空管状的菌柄和圆形、圆锥形海绵状，表面有许多子囊孢子的菌盖构成。子囊果生于地面，在成熟时释放大量孢子，孢子随气流或由动物携带进行扩散。羊肚菌子囊果原基在刚开始时是一个微小的手指状白色菌丝团，随着原基不断生长并发育为成熟子囊果，子实层在最顶端分化、膨大而产生色素。子囊孢子壁形成后，成熟子囊各含8个子囊孢子，每个子囊孢子含有8个核。子囊为典型的单被囊有囊盖形子囊，其中所含的8个孢子在子囊成熟后子囊盖裂开弹射出，可传送至数米外。孢子在自然条件下或在简单的培养基上几天内可萌发形成单核菌丝。

二、羊肚菌的种类、分布和生态习性

（一）羊肚菌的种类及分布

羊肚菌的种类和分布见表65－1。

表65－1　中国羊肚菌属的种类及分布

种类名称	生态习性	分布地区
普通羊肚菌 *M. vugaris*(Pers.)Bound	砂地上	吉林等地
尖顶羊肚菌 *M. conica* Fr.	针阔混交林及潮湿地上	河北、山西、甘肃、新疆、江苏、浙江、云南、四川、西藏、辽宁等
粗腿羊肚菌 *M. crassipes*(Vent.)Pers.	生于阔叶林地上及林缘地上	新疆、山西、黑龙江、河北、云南、辽宁、西藏等
小羊肚菌 *M. deliciosa* Fr.	生于疏林地上	陕西、宁夏、新疆、四川、甘肃
半开羊肚菌 *M. semilibera* DC.:Fr	生于林地中及潮湿地上	四川、甘肃
高羊肚菌 *M. elata* Fr.	生于针、阔混交林地上及潮湿地上。	云南、甘肃、新疆等
羊肚菌 *M. esculenta*(L.)Pers.	阔叶林中地上林缘空旷处	河北、山西、陕西、甘肃、吉林、云南、青海、新疆、江苏、辽宁、四川、西藏等
薄棱羊肚菌 *M. miyabeana* Imai	林中草地	河南、云南等
淡褐羊肚菌 *M. smithiana* Cooke	群生或散生于林地上	甘肃等
宽圆羊肚菌 *M. robusta* Bound.	生于山林地上	甘肃等
褐赭色羊肚菌 *M. umbrina* Bound.	阔叶林中	四川、甘肃等

种类名称	生态习性	分布地区
紫褐羊肚菌 *M. purpurascwns* Jet.	生于杂木林灌木丛中	甘肃、四川等
黑脉羊肚菌 *M. angusticeps* Peck	生于云、冷杉林中	新疆、甘肃、西藏、山西、内蒙古、青海、四川、云南
肋脉羊肚菌 *M. costata*(Vent)Pers.	生于林地中	陕西、甘肃、四川
西藏羊肚菌 *M. tibetica* M. Zang	生于灌木丛或落叶林中	西藏
梅里羊肚菌 *M. meiliensis* Y. C. Zhao	生于针叶林及混交林中	云南
网孔羊肚菌 *M. cmerulius* Y. C. Zhao et Y. C. Zhao	单生于针叶林及阔叶林下	云南
细腿羊肚菌 *M. deqinense* S. H. Li et Y. C. Zhao	生于针叶林及混交林中	云南

(二)常见羊肚菌种类

1. 羊肚菌[*Morchella esculenta*(L.) Pers]

子实体较小或中等,高6~14.5cm。菌盖长4~6cm,宽4~6cm,不规则圆形、椭圆形,表面有许多凹坑,似羊肚状,淡黄褐色或浅黄色。菌柄长5~7cm,粗2~2.5cm,白色,有浅纵沟,基部稍膨大(图65-2)。子囊200~300μm×18~22μm;子囊孢子8个,单行排列,宽椭圆形,20~24μm×12~15μm。侧丝顶部膨大,有时有隔。

在我国陕西、甘肃、青海、西藏、云南、四川、山西、吉林、江苏、浙江、河北、北京等地均有分布。欧洲、北美洲也有分布。羊肚菌是羊肚菌属的代表种,为世界著名美味食用菌。生境较广泛,在阔叶林、针阔叶混交林、草丛中、水沟边等土质疏松的地段上均有分布,常单生,有时群生。

图65-2 羊肚菌

2. 褐赭色羊肚菌(*Morchella umbrina* Bound)

子实体较小,高5~8cm。菌盖2~4.5cm,近球形或卵状椭圆形,黑灰色或灰白色,顶部平或凹,脉棱多纵向排列,又有小横脉相连,脉棱为浅灰白色或黑灰色,凹坑深,色黑色或黑褐色,边缘与菌柄相连接。菌肉污白色或带褐色。菌柄长2~4cm,粗0.5~1.5cm,近白色,有时带褐色,表面光滑,膨大,中空(图65-3)。子囊圆柱形,325~380μm×16.9~23μm,含8个孢子。孢子无色,光滑,椭圆形,18~23μm×8.5~12μm。侧丝线形,顶部稍膨大,可达20μm,有分隔及分枝。分布于甘肃、四川、云南等地。

春季生于阔叶林下或草丛中。在滇西北地区,褐赭色羊肚菌常与羊肚菌发生于相同的环境中。

图65-3 褐赭色羊肚菌

3. 尖顶羊肚菌(*Morchella conica* Fr.)

子实体中等,高5~15cm,圆锥形,顶端尖。菌盖与柄等长或稍短,长3~7cm,粗2~4cm,具有发达的纵棱,棱黑色或红褐色,纵棱间有稍小的横棱相连,纵棱与横棱形成许多不规则或长条形凹坑,凹坑色较棱浅,红褐色或茶褐色。柄长3~10cm,粗2~5cm,不规则圆柱形或圆柱形,污白色，有不规则纵沟或棱状凸起，表面具疣状凸起，内部中空(图 65－4)。子囊 250～300μm×17～20μm。子囊孢子 8 个，单行排列，椭圆形，20～24μm×12～15μm。侧丝无色，细长，顶端稍膨大。分布于河北、山西、江苏、浙江、云南、西藏、四川、甘肃、新疆等地，欧洲及北美也有分布。常单生或群生于草丛中或灌木林下。可食用，味鲜美。

图 65－4　尖顶羊肚菌

图 65－5　高羊肚菌

4. 高羊肚菌(*Morchella elata* Fr.)

子实体中等或较大，高 4～15cm，菌盖长 3～8cm，粗 1.5～3cm，椭圆形、卵形或阔圆锥形，顶部较钝，下部边缘与菌柄连接，黑褐色至红褐色；有发达的纵棱，横棱较纵棱小，在纵棱及横棱上有短绒毛，纵棱与横棱形成许多不规则凹坑，坑色泽较棱浅，常为红褐色，内部呈耳状构造。柄较短，常较菌盖短，长1.5～6cm，粗 2～4cm，象牙白色，圆柱形，无疣状凸起，中空(图 65－5)。子囊近柱状，孢子 8 个，单行排列。孢子光滑，椭圆形，24～28μm×12～14μm。侧丝线形，细长，有分隔，顶部稍膨大，不明显。可食用，味鲜美。分布于云南、甘肃、新疆等地，欧洲、北美及日本也有分布。常单生于腐殖质较丰富的落叶阔叶林下。

5. 黑脉羊肚菌(*Morchella angusticeps* Peck)

子实体中等大小，高 3～12cm。菌盖高 2～6cm，粗 1～5.5cm，圆锥形或近圆柱形，顶端一般较尖，凹坑多呈长椭圆形，淡褐色至红褐色，棱纹黑色或红褐色，纵向排列，由横脉交织，边缘与菌柄连接一起。菌柄较菌盖短或近等长，长1.5～10cm，粗0.6～3cm，近圆柱形，乳白色，光滑(图 65－6)。子囊近圆柱形，128～280μm×15～23μm。子囊孢子单行排列，20～26μm×13～15.3μm。侧丝基部有的有分隔，顶端膨大，粗 8～13μm。分布于新疆、甘肃、西藏、山西、内蒙古、青海、四川、云南等地，欧洲及北美也有分布。生态适应广泛，荒坡草地、阔叶林、针阔叶混交林、灌木林等生境中均可出现；单生、群生或聚生。可食用，味道鲜美，属重要的野生食用菌。有助消化、益肠胃、理气的功效。黑脉羊肚菌是滇西北地区最常见的羊肚菌，构成野生羊肚菌 80%以上产量，在北美地区也是当地产量最大的一种。

图 65－6　黑脉羊肚菌

有关羊肚菌属的分类与鉴定一直是羊肚菌研究中亟待解决的问题。由于羊肚菌属分布广泛，生态适应也较广，且在属内存在广泛的杂交，遗传多样性极为丰富。丰富的遗传多样性与多样化的生态环境的作用，形成了羊肚菌属内的各个种形态变异较大，且在种间存在形态的连续，造成羊肚菌属分类上的困难。从滇西北地区分布的羊肚菌种类看，各个种典型个体间容易区别，如在黑羊肚菌支的 3 种羊肚菌（黑脉羊肚菌、高羊肚菌和尖顶羊肚菌）中，黑脉羊肚菌在外形上为圆锥形，顶部较尖或稍钝，菌盖较菌柄稍长或近等长，菌柄上无疣状凸起，棱上无短绒毛；尖顶羊肚菌外形为圆锥形，但菌柄一般较菌盖长，柄上有疣状凸起，棱上无绒毛；高羊肚菌外形为椭圆形或卵圆形，顶部较钝，菌盖长与宽近相等，柄较短，常较菌盖短，菌柄上无疣状凸起，棱上有短绒毛，但野外常观察到一些杂交个体，其形态特征常在这 3 个种之间。在黄羊肚菌支中，褐赭羊肚菌与羊肚菌虽然在外部形态上无显著差异，但褐赭羊肚菌凹坑色泽较棱深，而羊肚菌凹坑与棱色泽相同而易于区别，但也有一些个体，其形态特征间与两者之间。

（本节所有图片由昆明食用菌研究所羊肚菌项目组提供）

三、生物学特性

1. 生态环境

羊肚菌发生地生态环境复杂多样，而且不同种类也有生态上的分化，羊肚菌与植被类型也极为复杂。据资料记载及笔者所在项目组的大量野外调查，高羊肚菌生态适应幅度较为狭窄，资源量也较少，一般仅出现在腐殖质较丰富的落叶阔叶林下或针阔叶混交林下，乔木层常见的种类有杨属（如滇杨、青溪杨、云南枫杨），槭属（云南铁杉），云杉属、松属（如云南松，华山松）等，盖度在 10%～50%，灌木层常见种类有冷箭竹、杜鹃属、柳属等，盖度在 10%～70%；草本层常见种类有橐乌属、繁蒌属、鳞毛蕨等，盖度在 5%～50%；多发生在土壤湿度较高的北坡。尖顶羊肚菌的生态适应幅度较高羊肚菌大，常出现在草丛中。产地群众也称之为草菌，但有时也会出现在乔、灌木层及草本层均较稀疏的林下。与尖顶羊肚菌相伴生的植物常为一些草本植物，木本植物很少出现。但两者在野外很少在同一个地点出现。在同一山体上，高羊肚菌常出现在中部及上部，而尖顶羊肚菌则出现在平地、山体下部，偶尔达山体中部，尖顶羊肚菌资源量也较少。在黑羊肚菌支中，黑脉羊肚菌是资源量最大（占产区产量的 80%以上）、生态适应幅度最广的一个种。其生境涵盖了高羊肚菌及尖顶羊肚菌发生的所有生境类型，既可出现在林下，也可出现在草丛中，甚至出现在裸地上、耕地中、地埂上等生境中。与其相伴生的植物种类众多，最常见发生地为落叶阔叶林或针阔叶混交林。羊肚菌及褐赭羊肚菌发生地的环境十分相似，两者常出现在同一地点，这两者发生的地点湿度常较黑羊肚菌支高，有时也在同一地点与尖顶羊肚菌和黑脉羊肚菌混杂相生。最常出现在土壤湿度较大的草丛中、沟边等区域，有时也出现在林下。

对羊肚菌与植物关系的正确认识，对理解羊肚菌的营养方式具有重要作用。目前普遍认为羊肚菌是一种腐生菌，与植物没有共生关系，栽培羊肚菌不需要食用菌根化苗途径。也有很多作者持不同的意见，认为羊肚菌是一种共生真菌，栽培羊肚菌需要通过菌根化苗途径，如 Buscot（1990，1992，1994）认为高羊肚菌、圆顶羊肚菌（*M. rotunda*）等与欧洲云杉（*Pcea abies*）具有共生关系。他认为，在羊肚菌的生活史过程中必须经历一个共生阶段。Miller（2005）公布的人工栽培羊肚菌专利也是通过使用菌根化苗的方式来实现的。从已有的资料及笔者大量野外观察及人工栽培试验研究结果看，不同种羊肚菌的营养方式可能是有差别的，该属菌物可能正处在营养方式由共生向腐生的转化过程中，羊肚菌不是专一性共生真菌，共生也不是完成其生活史所必须经历的阶段，栽培羊肚菌可以不需要通过菌根化苗途径（该方法种植羊肚菌周期较长、效益低）。

2. 土壤

羊肚菌是一种土生菌，菌丝分布在土壤中，而且从野外观察的结果看，羊肚菌发生与土壤类型有密切的关系。羊肚菌可以在多种母岩形成的土壤上发生，如紫色砂岩、花岗岩、石灰岩等。Orsonk（1997）报道羊肚菌常生于石灰岩或白垩质土壤中。丁文奇（1983）报道羊肚菌生长于腐殖质土，黑、黄色壤土，砂泥混合土中。沙业雄（1990）认为羊肚菌发生在紫色页岩的砾质土壤及石灰岩的土壤中。主要土壤有森林腐殖质土、褐土、棕壤，土壤质地以砾石土和砂壤土为主，也有红黄胶泥夹砂、黑胶泥夹砂。

3. 发生时间

羊肚菌主要发生在两个季节：春末夏初及夏末秋初，这两个时段的典型特征是前后存在着温差的变化，或先低后高，或先高后低。任桂梅及张少刚（1999）总结报道，大兴安岭的羊肚菌发生在 5 月末至 7 月中旬，6 月中旬至 7 月上旬为最适生长期；甘肃迭部 5 月至 6 月份；秦岭山区 4 月下旬至

5月上旬为盛产期；山东羊肚菌出菇期为3月下旬至4月下旬，清明前后为集中期；云南保山3月下旬至4月上旬。王波(2005)认为，羊肚菌一般在3～6月份发生，其中仅有10～20天为发生高峰期；在青藏高原地区5～6月份发生，5月中旬为盛产期；云贵高原3月中旬至4月中旬；四川盆地在3月下旬至5月上旬，主要集中在4月中旬；江浙地区在4～5月份生长；山西地区为3～4月份，高寒地区推迟至7月份。桂明英等(2002)报道，羊肚菌在云南维西县，春季在3月底至6月底，秋季8月初至10月底；在高山地区，低海拔区域先出菇，高海拔区域后出菇。Kuo(2005)提供的地图显示，羊肚菌在美国北部及加拿大南部出现的时间段为2月末至6月中旬。

4. 温度

从羊肚菌分布的区域及发生的季节看，羊肚菌子实体的发生需要一个温凉及高低温交替、雨量适中的气候环境。王波(2005)报道，在四川羊肚菌发生期的气温为10～15℃，地温为17～18℃。赵永昌等(1997)报道，在云南西北部地区的气温为10～15℃。宋晓英等(2006)报道，在秦岭地区，在10～22℃均可生长，以15～18℃最为适宜。朱毅和华秀爱(2006)报道，在沂蒙山区，羊肚菌发生区的日均温度为14℃，昼夜温差在±10～±15℃、0～15cm地温在10℃以上时有利于子囊果生长，气温高于22℃限制子囊果生长。若温度过低，子囊果推迟发生；温度过高，子囊果提早出现，但持续发生期明显缩短。较大的昼夜温差有利于子囊果发生。Mihail等(2007)在密苏里州连续5年监测了羊肚菌子囊果发生的时空分布规律。结果显示，在同一地点，空气及土壤温度越高，子囊果发生的时间越早。资料显示，羊肚菌子囊果生长发育的温度因地区和种类的不同而有所不同，但子囊果的发生需要一定的温差刺激。

研究认为羊肚菌属低温型真菌。菌丝在3～28℃均能生长，最适温度18～22℃，低于3℃休眠，停止生长，高于28℃也停止生长或死亡。孢子萌发适宜温度为15～20℃。子实体在4.4～22℃范围内均能生长，最适宜温度为15～18℃。昼夜温差大，能促进子实体的形成，但温度低于或高于生长范围均不利于子实体的正常发育。

5. 水分和湿度

鲜羊肚菌中90%以上为水分。子囊果的发生必然与降水量、空气湿度、土壤含水量密切相关。从现有的资料看，在羊肚菌子囊果发生地，一般具有较高的土壤含水量和相对空气湿度。谈峰等(1998)通过对1993～1997年4年间逐月降水量与羊肚菌产量的相关性分析发现，上年11月份的降水量与次年羊肚菌子囊果产量具有密切的正相关性。赵永昌等(1997)认为，云南羊肚菌发生区的年降水量一般在700mm左右，相对湿度为45%～85%。侯振彪等(1995)认为，羊肚菌子囊果发生期的土壤含水量为26%～33%。王铁鹰(1995)认为，子囊果发生时土壤含水量在50%左右。罗凡(1995)报道，菌丝生长阶段土壤和基质含水量为50%～60%。杨新美(1988)认为，子囊果大量发生时，土壤含水量一般为40%～50%；土壤含水量低于40%不利于菌丝生长。朱毅和华秀爱(2006)报道，羊肚菌子囊果发生期月平均降水量在120mm左右，且降雨分次进行最适羊肚菌生长。若3月份降水量少于100mm，羊肚菌发生量严重受影响；上一年秋季降水量与次年羊肚菌发生量呈正相关。王波(2005)报道，羊肚菌生长基质的含水量与一般食用菌相似，最适含水量为60%～65%；在子囊果生长地土壤的含水量在20%以上；子囊果只有在空气相对湿度为75%～95%的条件下才能正常生长；羊肚菌在子囊果发生期间，需要较高的土壤含水量，以20%～30%为宜，相对空气湿度以85%～95%为宜。Stamets(2000)报道，当空气湿度在90%～100%时，有利于黑脉羊肚菌菌核形成，而原基分化和子囊果生长发育的最适相对空气湿度为85%～95%。刘红玉与陈惠群(1996)报道，羊肚菌生长地在子囊果发生前的含水量为9.1%～10.5%，在子囊果发生期间的含水量增加至17.8%～20.2%；空气相对湿度由发生前的20%～25%上升至54%～57%。陈惠群等(1997)认为，在羊肚菌子囊果发生前(2～3月份)的降水量、降水强度、降水时间都非常重要，以月降水40～50mm、且一次降水量为5～6mm，4～5天降水一次为宜。Mihail等(2007)报道，羊肚菌产量与子囊果发生前30天内大于10mm的降雨量呈显著的正相关。

6. 海拔

羊肚菌在东北及胶东半岛生于海拔200～600m的丘陵及山区。在海拔200m以下的平原地带也有发现。云南生长在海拔1 590～1 650m的地方。甘肃迭部羊肚菌生长在海拔2 700m的冷温地带。可见羊肚菌的发生不受海拔限制。羊肚菌的出菇时间与海拔高度有关，出菇先后从低海拔到高海拔地区。

7. 光照和空气

从调查的结果看，光照对尖顶羊肚菌子实体的形成具有一定影响。在全光照的裸露地段上和荫蔽很高的密林下很难见到羊肚菌，它一般需要散射光照射或一天中有部分时间光照的环境。尖顶羊肚菌子实体一般出现在东北坡或西北坡的山坡疏林或林缘。

羊肚菌菌丝体和菌核生长期不需要光照。光线过强会抑制菌丝生长，菌丝在暗处或微光条件下生长很快，光照或光线对子囊果的形成有一定的促进作用，子囊果的生长发育具有趋光性。在自然条件下，羊肚菌子囊果多发生在通风良好、有散射光照射的林间草地上。光照太强或过弱不利于子囊果的生长发育。光的强弱对子囊果的色泽也有一定的影响，光强色深，光弱色浅。杨绍斌等(2001)报道，羊肚菌大都分布在三分阳光七分阴影的二阴山地带，透光度为30%～50%。任桂梅等(1999)认为，羊肚菌属的不同种对光照的要求是不同的，普通羊肚菌多生长在散射光透入较多的林内，其余几种发生在散射光透入较少的环境中。刘都才等(1995)在调查湖南野生羊肚菌生态环境时采用FJ2型日照计，测得羊肚菌生长期所需的平均日照为2.1～3.0小时，日照率为16.4%～20.4%。

羊肚菌也是好氧真菌，足够的氧气和通风良好的场所是保证羊肚菌正常生长发育的必要条件。菌丝生长阶段对空气无明显要求，在子囊果形成和生长发育阶段对空气十分敏感，CO_2浓度超过0.3%时，子囊果瘦弱、畸形，甚至腐烂。足够的氧气和通风良好的场所是羊肚菌正常生长发育的必要条件。

8. 生活史

人们对羊肚菌生活史了解甚少，直到20世纪90年代初Volk(Volk，1990，1991)通过系统研究才提出了羊肚菌的生活史。羊肚菌的生活史即从孢子到孢子的发育全过程，包括有性生殖、无性生殖、菌核形成。子实体或子囊果的产生是羊肚菌有性生殖周期成熟的表现，含子囊孢子的成熟子囊果是生活周期的终极。其显著特征是两个单倍体核配对后形成双倍体核，再经减数分裂形成新的单倍体子囊孢子，孢子萌发形成菌丝。减数分裂前的配对可进行自体配对和异体配对。无性繁殖是由菌丝形成孢子囊梗，在顶端发育孢子囊，囊内生分生孢子。当孢子囊成熟，散出分生孢子，分生孢子遇适宜环境又萌发产生单倍体核的新菌丝。此外，在某些条件下营养菌丝或异核菌丝可直接形成菌核，菌核在不利情况下处于休眠状态；适宜条件下营养菌丝形成的菌核萌发成新的初生菌丝，进行营养生长；异核菌核萌发后，可形成次生菌丝，或形成子实体。Pilz等(2007)总结了最新的文献资料，在Volk的基础上补充了羊肚菌的生活史，Pilz等描述的羊肚菌生活史过程见图65—7。

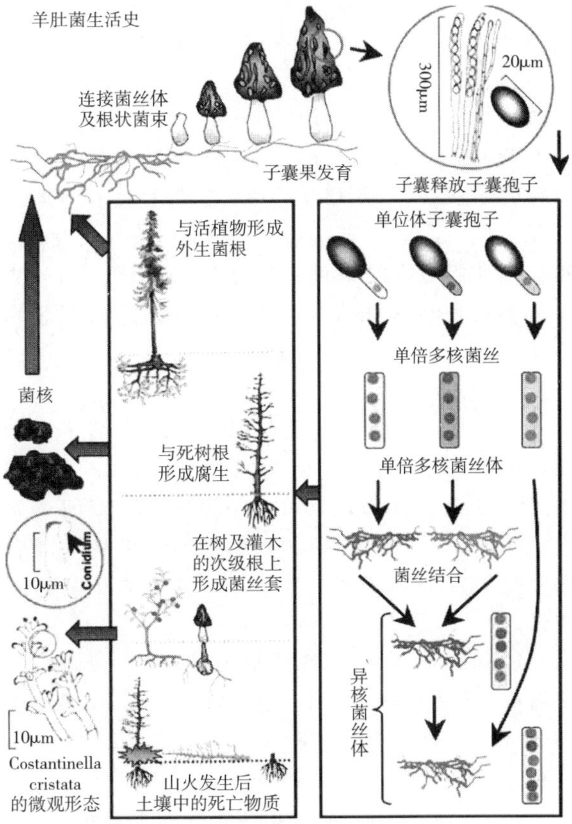

图65—7 羊肚菌生活史模式图

第三节 羊肚菌的栽培技术

羊肚菌为野生真菌，产量受季节、气候等因素的制约。100多年来，羊肚菌的人工栽培研究一直是真菌学家和业余爱好者最感兴趣的课题之一。虽有人工栽培成功的报道，但试验的重复性仍较差，大面积栽培还有待进一步研究。

(1)室外栽培

Baron dyvoire(1898)在5～6月份把羊肚菌子实体(组织块)接种到菊芋畦中，秋天在菊芋茎基四周施放苹果渣，1～2周后，再盖上枯枝落叶。翌年春天，除去枯枝落叶，在比较潮湿的条件下，羊肚菌菌丝体在这种基质中蔓延生长。其后年年产生子实体。

刘波(1953～1954)在4月中旬山西羊肚菌产区的自然条件下，进行了新鲜菌丝体人工栽培实验，并获得完全正常的第2代子实体。他的实验结论之一是子实体组织块分离到的菌丝体移到自然条件下可以产生子实体。

陈惠群(1995)采用层播、从1991年冬季开始播种、野外栽培尖顶羊肚菌，连续3年均获成功。试验面积由10m^{2}大到40m^2，单位产量最高达212朵/平方米。

罗凡(1995)报道，四川省青川县菇农从1990年起开始探索羊肚菌的人工栽培技术。通过模拟野生羊肚菌的生境，成功地培养出了子实体，有的单产达40朵/平方米。在清溪菌种场曾发现一特大型丛生羊肚菌，由64朵组成，鲜重达1.825千克，是采用山上熬过香樟油后的经自然堆制的樟木渣作栽培原料人工栽培而成的。

董淑凤(1995)野外栽培美味羊肚菌仅获8株硕大的子实体。她认为，菌核是转化为子实体的重要时期，也是营养阶段处于恶劣条件的标志。菌核在外界适宜的条件下转变为子实体。当外界条件不适宜时，菌核老化，致使羊肚菌的人工栽培不易成功。

(2)室内栽培

早在1889年，Baron在用苹果渣和菊芋堆制而成的菌床上，用羊肚菌子实体的碎块作菌种栽培过羊肚菌。其后，Molliard(1904、1905)用苹果渣，Matruchat(1909，1910)用废纸浆和腐木混合物以类似方法栽培羊肚菌，都获得了羊肚菌的子实体。

Ron Ower(1982)首次报道栽培 *M. esculenta* 获得成功，并与 G. M ills 及 J. M ala Chow sk i 于1986和1988申请并获得 *M. esculenta* 的栽培专利。

综上所述，羊肚菌已可以进行人工栽培，只是栽培的要点、关键技术尚未完全掌握，才导致人工栽培的时成时败。

一、菌种培养

母种培养基一般为PDA。较好的有葡萄糖、硝酸钠培养基，2%(或0.3%)麦芽汁提取液。

酵母膏提取液培养基及豆芽汁琼脂培养基均可做为分离羊肚菌母种用。采用孢子分离法或组织分离法获得纯菌丝，接种后置于22℃条件下避光培养，7天左右菌丝可长满斜面培养基。

二、原种、栽培种培养基

原种、栽培种培养基基本相同，常采用的培养基配方为：

①杂木屑75%，麦麸20%，葡萄糖(或蔗糖)1%，石膏粉1%，过磷酸钙1%，土壤2%。

②稻草粉70%，麦麸25%，过磷酸钙1%，石膏1%，土壤3%。

③棉子壳90%，木屑8%，土壤2%。

④农作物秸秆(玉米秸秆、豆秸秆)75%，米糠10%，麦麸10%，蔗糖1%，石膏1%，过磷酸钙1%，土壤2%。

按配方秤料，将配制好的培养料充分混合均匀，加水搅拌，使培养基含水量达65%左右。

三、培养方式

据刘作喜报道，一般采用瓶栽、箱栽、袋栽。大面积生产采用室内床栽和室外荫棚畦式栽培。前一种方法最好用熟料栽培；后一种方法采用生料栽培。以室外荫棚畦式栽培为例，栽培场地选择在树林下或人工荫棚内。栽培前，作畦，挖深30cm、宽80cm，长度不限，然后铺料，播菌种，可采用多层撒菌种法，覆土，以覆腐殖质土3～5cm为宜。邓春海试验表明，室内覆土驯化栽培，在木箱内培养的菌丝，覆土后1个月在土表长出许多扁圆形原基。经切片显微观察，有明显的子囊和子囊孢子，与野生羊肚菌子囊果切片相同。但这种原基未能形成菌柄和完全的子实体，表明是处于分化出菌柄和子囊果的模糊状态。使其能正常分化形成子实体，还有待进一步研究。

四、栽培季节

羊肚菌是一种低温型菌类。大多数在10月～11月份栽培，适宜菌丝生长发育。翌年3月～4月份气温回升，子实体开始形成。

五、病虫害防治

以预防为主，保持环境清洁卫生。播种前对场地进行杀菌杀虫处理。后期发生虫害，在子实体长出前可喷除虫菊或10%含氯石灰(石灰水)。具体防治方法与措施，请参阅本书《食药用菌病虫害防治》一章。

第四节　羊肚菌的营养价值

一、主要营养成分

羊肚菌营养丰富，味道鲜美，是一种珍贵的食用菌，在美国有“陆地鱼”之称。有较多的文献报道了羊肚菌的营养成分(表65－2)，但由于不同文献所用的试验方法不同，结果有较大的差异。

对粗柄羊肚菌的菌盖、菌柄及液体培养菌丝中的可溶性蛋白质组分及氨基酸含量进行测定和分析后发现，菌丝的可溶性蛋白含量最高，菌盖次之，菌柄居第3位，而蛋白质种类则正好相反。菌丝中必需氨基酸含量最高，鲜味氨基酸以菌盖中最高，尤其是谷氨酸含量明显高出菌柄和菌丝，而甜味氨基酸三者相差不大(表65－2)。

二、矿质元素

羊肚菌属所有种类对矿质元素均有很强的富集能力，矿质元素是羊肚菌的重要成分之一。例如，在羊肚菌中、Ca、Al、K、Mg、Na、Fe的含量均很高，分别为33786.9±706.6 mg/kg、1728.5±779.3mg/kg、24808.3±354.5 mg/kg、4254.9±18.4 mg/kg、4193.5±260.6 mg/kg、7858.9±188.3mg/kg。此外，Cu、Li、Mn、Ag、As、B、Cd、Cr的含量分别为12.7±5mg/kg、19.5±1.2mg/kg、157.7±6.5 mg/kg、0.4±0.4 mg/kg、9.3±0.0mg/kg、19.7±8.5 mg/kg、1.1±0.1 mg/kg、59.2±27.6mg/kg。羊肚菌子囊中矿质元素含量与其产地土壤中矿质元素含量存在显著的正相关性，而且不同种类、同一种类不同产地产品在矿质元素含量上差异极大(表65－3)。然而，有关羊肚菌子囊果矿质元素含量与土壤矿质元素含量的关系尚缺乏深入研究，有那些生物或非生物的因素影响羊肚菌对矿质元素的富集尚不是很清楚。由于羊肚菌对矿质元素富集能力很强，因此，来自重金属矿区和有害元素背景值较高产区的产品应慎用。

三、氨基酸和肽类

干羊肚菌中总氨基酸含量在15.12%～20.74%，其中人体必需的7种氨基酸占氨基酸重量的35.10%～37.99%。从表65－4中可看出，不同羊肚菌产品间总氨基酸含量略有差异，但差异不大。在所有羊肚菌产品中，谷氨酸含量均很高，远超过其他氨基酸含量，这可能是羊肚菌味道鲜美的原因之一。全人工栽培黑脉羊肚菌总氨基酸含量为18.70%，必需氨基酸含量为34.97%，谷氨酸含量3.40%；玉龙县产野生黑脉羊肚菌总氨基酸含量为17.61%，必需氨基酸含量为36.57%，谷氨酸含量3.06%；玉龙县产尖顶羊肚菌总氨基酸含量为15.12%，必需氨基酸含量为37.76%，谷氨酸含量2.29%；

表65－2　不同羊肚菌产品主要营养成分比较

种类及产品		成分组成(单位:g/100g)					
种　类	产地或产品	水分	粗蛋白	碳水化合物	粗纤维	灰分	粗脂肪
黑脉羊肚菌 *M. angusticeps*	全人工栽培	12.6	8.40	10.58	24.81	8.60	5.82
	野生(玉龙县)	13.4	7.87	10.52	18.05	8.18	5.94
	野生(维西县)	13.3	9.79	10.62	17.93	8.43	5.44
	林下栽培	12.3	7.94	10.51	23.49	10.17	6.30
羊肚菌 *M. esculenta*	野生(维西)	13.5	8.92	11.02	33.72	7.85	5.52
	野生(玉龙县)	13.3	8.87	10.66	12.19	8.37	6.80
尖顶羊肚菌 *M. conica*	野生(玉龙县)	14.7	9.94	11.10	30.60	11.11	6.69
	野生(维西县)	14.8	7.89	10.79	28.97	9.74	5.17
褐赭色羊肚菌	野生(维西县)	13.4	6.99	10.80	32.74	6.46	6.01

表 65-3 不同羊肚菌产品中矿质元素比较

种类及产地		含量(单位:mg/kg)										
		常量元素					微量元素					
		钾	钠	钙	镁	磷	铜	锰	锌	钼	钴	铁
黑脉羊肚菌 *M. angusticeps*	全人工栽培	28983	243	588	400	45553	7440	27.15	97.0	23.88	0.80	876
	野生(玉龙县)	44493	580	797	615	56994	340	35.92	107.61	109.73	0.58	833
	野生(维西县)	35502	284	734	471	60247	650	42.06	213.94	308.66	0.72	753
	林下栽培	31912	154	455	468	50874	5890	40.96	84.95	249.84	2.05	1892
羊肚菌 *M. esculenta*	野生(玉龙县)	29483	266	825	473	60247	3700	41.32	147.20	243.40	0.01	1038
	野生(维西县)	27196	202	708	376	55947	3490	29.04	226.56	110.79	0.54	575
尖顶羊肚菌 *M. conica*	野生(玉龙县)	35445	180	352	476	67876	0.000	18.46	99.14.	237.62	0.15	262
	野生(维西县)	31019	363	797	416	56728	3090	27.85	113.73	631.97	0.49	919
褐赭色羊肚菌	野生(维西县)	42701	238	788	595	66944	1180	36.42	90.19	235.52	0.59	593

表 65-4 不同羊肚菌种类及产品氨基酸含量比较

氨基酸含量 单位:g/100g	羊肚菌种类及产品								
	黑脉羊肚菌(全人工栽培)	黑脉羊肚菌野生(玉龙)	尖顶羊肚菌野生(玉龙)	羊肚菌野生(玉龙)	黑脉羊肚菌野生(维西)	尖顶羊肚菌野生(维西)	羊肚菌野生(维西)	褐赭色羊肚菌野生(维西)	黑脉羊肚菌(林下栽培)
天冬氨酸	1.97	1.74	1.46	2.00	1.83	1.90	1.68	1.78	1.64
苏氨酸*	1.05	0.96	0.83	1.09	1.04	1.10	1.00	1.04	1.07
丝氨酸	0.85	0.78	0.64	0.86	0.88	0.84	0.79	0.86	0.72
谷氨酸	3.40	3.06	2.29	3.47	3.73	3.35	3.23	3.73	2.44
甘氨酸	1.08	0.94	0.90	1.16	1.02	1.15	1.02	1.13	1.12
丙氨酸	1.28	1.11	1.09	1.60	1.23	1.34	1.21	1.30	1.18
胱氨酸	0.35	0.21	0.27	0.30	0.32	0.29	0.36	0.33	0.25
缬氨酸*	1.31	1.17	1.18	1.30	1.22	1.26	1.25	1.28	1.14
蛋氨酸*	0.36	0.29	0.28	0.39	0.48	0.34	0.33	0.53	0.34
异亮氨酸*	0.83	0.86	0.74	0.93	0.87	0.90	0.74	0.94	0.79
亮氨酸*	1.21	1.25	1.08	1.36	1.28	1.29	1.14	1.38	1.12
酪氨酸	0.49	0.53	0.44	0.71	0.70	0.62	0.48	0.63	0.51
苯丙氨酸*	0.72	0.75	0.68	0.91	0.79	0.83	0.67	0.84	0.76
赖氨酸*	1.06	1.16	0.92	1.30	1.25	1.18	1.09	1.31	0.93
组氨酸	0.59	0.36	0.50	0.55	0.23	0.18	0.22	0.17	0.11
精氨酸	1.56	1.75	1.05	1.72	2.08	1.64	1.62	1.59	1.19
脯氨酸	0.59	0.69	0.77	1.08	0.55	0.60	0.51	0.62	0.88
氨基酸总量	18.70	17.61	15.12	20.74	19.50	18.81	17.34	19.46	16.19
必需氨基酸	34.97	36.57	37.76	35.10	35.54	36.68	35.87	37.62	37.99

*:人体必需氨基酸(本节所有表均由昆明食用菌研究所羊肚菌项目组提供)。

此外,在羊肚菌中还含有几种特殊氨基酸,如顺-3-氨基-*L*-脯氨酸、2-氨基异丁酸、2,4-三氨基异丁酸。这些特殊氨基酸均有特殊风味。

四、维 生 素

据测定,每百克干品中含蛋白质25.34g,粗脂肪4.40g,糖类(碳水化合物)39.7g,热量1.17MJ,维生素 B_1 3.92mg,维生素 B_2 24.6mg,烟酸82.0mg,泛酸8.27mg,维生素 B_6 5.8mg,生物素0.75mg,叶酸3.48mg,维生素 B_{12} 0.00362mg,均优于其他食用菌。

1969 年,Shinichi Hatanaka 从羊肚菌和其相关种中分离到一种新的氨基酸。经元素分析、去氨基作用和 NMR 光谱表明,它的结构为顺-3-氨基-*L*-脯氨酸。该氨基酸在羊肚菌、尖顶羊肚菌和粗腿羊肚菌子实体中呈游离状态。菌丝中也呈游离状态，而且可能存在于整个属中。

1971 年，Tsubaki 等培养的羊肚菌菌丝经乙醇提取、离子交换处理得到一种结晶，分子式为 $C_5H_{10}N_2O_2 \cdot HCl$，是一种新的氨基酸，记为 Morchelline，$KMnO_4$ 氧化后的产物为 β-丙氨酸和天冬氨酸。1975 年，Buksowicz Iwona 报道，羊肚菌子实体中自由氨基酸和蛋白质的含量比菌丝中的高，尤其是丙氨酸、半胱氨酸和脯氨酸；而培养的羊肚菌菌丝和子实体中自由氨基酸的总量基本一致。1981 年，Bouillant 发现羊肚菌中有一种类似氨基酸的物质，即开链形式的 mycosporine-2。

1983 年，Moriguchi 将培养的羊肚菌的菌丝（2 千克）用 80%乙醇浸提，初步分离提纯后，进一步用 Sephadex G-10 柱进行离子交换、纸色谱（PC）、纤维素柱分析得出 138mg 该化合物，并确定最后物质为 γ-*L*-谷氨酰胺-顺-3-氨基-*L*-脯氨酸。

1991 年，Buscot F. 研究分析羊肚菌培养液时发现，该菌也产生一种类似 Mycosporin 的生化标识物，分别为 Mycosporin 谷氨酸、Mycosporin 谷氨酸盐和一种被称为 P. 295 的未知相关化合物。

五、多　糖

对羊肚菌的研究领域大多集中在形态学和生态学方面，国内外至今没有对羊肚菌多糖进行过系统研究。近几年，对羊肚菌多糖的研究取得了一定进展。1995 年，邹作华等对 EF-11 羊肚菌多糖进行了分离提纯与结构研究。采用超过滤法、超速离心法与乙醇沉淀法相结合提取多糖，凝胶渗透色谱法测定多糖的相对分子质量，用 ^1H 和 ^{13}C 核磁共振光谱（^1H-NMR 和 ^{13}C-NMR）和红外光谱（IR）对多糖结构进行初步研究，认为 EF-11 食用菌多糖是相对分子质量为 1.78×10^6 的杂多糖。1999～2000 年，魏云等从羊肚菌菌丝体深层发酵培养液中提取出 MEP-SP1、MEP-SP2 和 MEP-SP3 3 种多糖。实验表明，MEP-SP1 相对分子质量约为 1.15×10^4，是由木糖、葡萄糖、阿拉伯糖和半乳糖（摩尔比 29∶24∶61∶39）残基为重复单元组成的杂多糖，主链包括 β-吡喃糖苷键；MEP-SP2 分子量2.3万，由甘露糖、葡萄糖、阿拉伯糖和半乳糖（摩尔比1.75∶4.13∶0.71∶0.68）通过 α-吡喃糖苷键连接的杂多糖；MEP-SP3 相对分子质量4.4万，由木糖、葡萄糖、甘露糖、果糖、阿拉伯糖和半乳糖（摩尔比 3.58∶14.90∶3.85∶1.77∶51.30∶0.53）残基构成。

2001 年，贾建会等以深层发酵产生的羊肚菌菌丝体和发酵液为主要原料提取羊肚菌多糖，并分析了影响多糖提取率的几个因素。柱层析所得多糖纯度达 98%以上，该杂多糖由葡萄糖、甘露糖和果糖 3 种单糖和海藻糖组成，液谱（LC）、红外光谱（IR）和紫外光谱（UV）分析证明其为蛋白-多糖复合物。

2002 年，Duncan J. G. 用溶剂提取法处理羊肚菌子实体，经反相真空液谱（reversed-phase vacuum liquid chromatography，RPVLC）纯化后，Sephadex LH-20 进一步分馏，最后用高效液相色谱分子排阻色谱法（high performance liquid chromatography-size exclusion chromatography，HPLC-SEC）纯化得到一种高分子多糖—半乳甘露聚糖（galactomannan），相对分子质量为 100 万，由甘露糖和半乳糖残基构成。

2009 年，明建等用羊肚菌子实体为原料提取多糖，羊肚菌多糖分别经热水浸提、Sevag 法脱蛋白、透析、乙醇沉淀、DEAE-52 纤维素层析和 Sephadex G-100 凝胶层析等分离纯化过程，得到羊肚菌多糖组分 PMEP-1，经鉴定 PMEP-1 为均一组分，相对分子质量43 600，旋光度$[\alpha]^{22}D$ 为＋257.0（C＝0.001，H_2O）。采用多糖化学结构分析的化学方法（部分酸水解、甲基化分析、高碘酸氧化、smith 降解）和现代仪器分析方法（红外光谱、GC-MS、^1H 和 ^{13}C 核磁共振）对 PMEP-1 进行全面结构特征分析。结果发现，PMEP-1 是由阿拉伯糖、甘露糖、葡萄糖、半乳糖（摩尔比为 1∶2.37∶4.79∶3.09）构成，以 α-1，4-葡萄糖残基、α-1，6-半乳糖残基、α-1，2-甘露糖残基及 α-1，5-阿拉伯糖残基为主要连接，同时含有 α-1，2，6-甘露糖分支、α-1，4，6-葡萄糖分支和 β-1，2，6-半乳糖分支的高度分支杂多糖。

六、酶

1986 年 Moriguchi M. 等从羊肚菌菌丝中分离纯化到 3 个 γ-谷氨酰转肽酶，相对分子质量分别为1.15×10^5、2.19×10^5 和1.02×10^5。这 3 种酶催化不同的 γ-谷氨酰复合物的水解和转肽反应，水解的米氏常数（*Km*）在 10^{-5}～10^{-4}，转肽的 *Km*在 10^{-4}～10^{-12}，*L*-丝氨酸和硼酸盐抑制该酶的活性。

1994 年，Cavazzoni V 等在无机物培养基中加入纤维素粉作为基质来培养尖顶羊肚菌。在其菌丝体内可以得到一种分解纤维素的复合物（一种纤维素酶），发酵 8 小时生物量最高，测定指标有羧甲基纤维素酶（CMCase）、微晶纤维素酶（Avase）和 β-葡萄糖苷酶。其中，CMCase 最适活性状态为 pH5，温度 60℃；Avase 为 pH4.5，温度 40℃。这两种酶的半衰期在 45～50℃的条件下长于 96 小时。粗酶经超过滤和透析后，用 DEAE-Sepharose CL 6B 离子交换色谱法纯化。聚丙烯酰胺凝胶电泳和 SDS 电泳结合细胞酶特性将其分为 4 个馏分，从中确定了 3 个不同的内葡聚糖酶（endoglucanases，EndoⅠ、Ⅱ、Ⅲ）和 3 个不同的纤维二糖水解酶（cellobiohydrolases，Exo Ⅰ、Ⅱ、Ⅲ），其中 Exo Ⅰ 为 3 种同工酶的表达形式。

1997 年，Yu S. 等从尖顶羊肚菌和普通羊肚菌中纯化到一种 α-1，4-葡聚糖裂解酶，该酶能催化 α-1，4-葡糖苷键的葡萄糖寡聚物和多聚物，产生 1，5-脱水-*D*-果糖。该类酶的相对分子质量约为 2.21×10^5，等电点 pI 分别为 4.5 和 4.4，最适 pH为5.5～7.5，pH 在6.5时酶的活性最大，酶反应适温为 37～48℃。该酶的抑制剂为对氯汞苯甲酸（PCMB）、葡萄糖和麦芽糖。两种羊肚菌的该酶 35%的氨基酸序列中有 91%是相同的，显示免疫交叉反应。1999 年，Bojsen K. 和 Yu S. 等发现这两个种中的该酶在总的氨基酸水平上有 86%相同，它们各含有1 066和1 070个氨基酸。2000 年，Barbara Bisakowski 测定了羊肚菌中部分脂肪酸氧化酶活性的特征。2004 年，Kamal S. 测定了尖顶羊肚菌、粗腿羊肚菌和羊肚菌中 C_1 纤维素酶、CX 纤维素酶、木聚糖酶、β-葡（萄）糖苷酶、漆酶、多酚氧化酶和过氧化物酶的含量。在生殖菌丝阶段、菌核阶段和子囊果形成阶段酶的含量不同，子实体中各种酶的含量明显比生殖菌丝中的高，而菌核阶段所有酶的活性均显著下降。

七、吡喃酮抗生素

1986 年，Marie 等发现羊肚菌中葡萄酮（glucosone）可以向稀有的吡喃酮化合物 cortalcerone 转化，产生一种乙醇的同系物 microthecin（一种植物保护农用抗菌剂）。1987 年，Gérard 研究表明，个别盘菌纲的种在质壁分离条件下，碳水化合物可由酶作用产生吡喃酮抗生素 microthecin，并在普通羊肚菌的一个菌株中也分离得到了该化合物，经 X 射线照射对其分析鉴定为 1，5-*D*-脱水果糖。同年，Robert B. 提出真菌中 *D*-吡喃式葡聚糖的羰基形式 1，5-脱水-*D*-吡喃式果糖和 *D*-吡喃式木糖有一个 C_3 位点可被脱水酶作用，*D*-吡喃式果糖经脱水后得到直链的环化中间物后可产生外消旋的 cortalcerone 或 microthecin。

1988 年，Marie-Antoinette Baute 报道羊肚菌中 1，5-*D*-脱水果糖是吡喃酮抗生素 microthecin 的前体物质，在普通羊肚菌中由一种新发现的酶催化产生，可能是一种聚合酶。它可特殊地作用于开链的 1，4-*D*-葡聚糖，并且在该酶的作用下可以在体外由淀粉合成，产率为 40%～50%。2003 年，Morgan 揭示了吡喃酮脱水酶（pyranosone dehydratase，PD）的序列。纯化的 PD 具有热稳定性，是从真菌黄孢展齿革菌（*Phanerochaete chrysosporium*）中得到。研究表明，PD 的产物既可以是 1，5-脱水-*D*-果糖，也可以是葡萄酮，而且其产物为 microthecin。黄孢展齿革菌中编码 PD 的核苷酸序列包括 332 个氨基酸，占全长 37%。

八、脂肪酸类的化合物

羊肚菌之所以味美宜人，有人认为是该菌含有多种脂肪类化合物的缘故。1967 年，Ivanov 用 $CHCl_3$ 提取羊肚菌的菌丝体经 Al_2O_3 吸收色谱分离到甘油脂，收率为2.04%。GC 分析脂肪酸，亚油酸52.8%，油脂酸23.6%，棕榈酸14.1%，硬脂酸5.4%，十七烷酸0.4%（同棉子油）。1968 年，Ivanov 发现羊肚菌中含有 3 种类型的工业生产油，即 6 种饱和脂肪酸和 4 种不饱和脂肪酸及大量的生育酚。GC 分析脂肪酸为 C_{12}、C_{14}、C_{16}、C_{17} 和 C_{20}（属于半固体油）。

1990 年，Yokokawa H. 利用 GC 和 HPLC 研究了采自日本、德国和法国的 3 个羊肚菌样品的化学成分，3 个样品中水分、蛋白质和总脂量基本相同。日本样品中灰分含量少些，但脂肪酸化合物基本相同，主要有 $C_{16:0}$（13%）、$C_{18:1}$（10%）和 $C_{18:2}$（60%）。德国和法国样品中甾醇含量相同，麦角甾醇大约 35%，5，7-二烯麦角甾醇约 36%；日本样品中麦角甾醇含量为 15%。另外，还有许多未知的甾醇化合物。德国样品中 5′-GMP 含量是日本样品的 5 倍。1991 年，Endo S. 研究测定了羊肚菌和高羊肚菌中的脂类物质即中性脂、糖脂和磷酸脂及脂肪酸的含量。所有样品中主要脂肪酸化合物为 16：0，18：1 和 18：2。经 GC、UV、GC-MS 分析所得数据表明，它们的结构与标准品一致。

九、其他成分

羊肚菌中还含有许多其他成分，主要包括色素类、醇和皂苷类。1974 年，LeDuy A. 以 Mg_2SO_3、$(NH_4)_2SO_3$、$(NH_4)_2PO_4$ 和玉米浸液为培养基培养羊肚菌，GC 分析表明菌丝中含有酮、醛、苯酚和酯。1979 年，Czeczuga B 发现尖顶羊肚菌中含有 3 种胡萝卜素，包括 δ-胡萝卜素和 5 种叶黄素；羊肚菌中含有 3 种胡萝卜素和 4 种叶黄素，包括虾青素和玉米黄质。

1988 年，Stijve T. 应用酶法和薄层色谱法

(TLC)分析了羊肚菌中尿素及其他含氮化合物的含量,结果表明只含有痕量的含氮代谢物。1989年,Audouin P. 通过 GC 分析得出羊肚菌的挥发性香气成分主要为 1-辛烯-3-醇和沉香醇。1989年,Meier P. 测定了羊肚菌干品中苯芘 a 和苯芘 e (分别记为 Bap 和 Bep)的含量。环己烷提取、毛细管气相色谱联合质谱(capillary gas chromatogra2phy2mass spectrometry,CGC2MS)检测,苯芘的检测限为 20pg,回收率为 82%,同时给出了其他芳香族化合物的相关数据。1998 年,Zheng Shangzhen 从尖顶羊肚菌中分离到两种新的立体结构的皂苷:3-O-β2[{α-*L*-吡喃式鼠李糖基(1→2)-β-*D*-呋喃式芹菜糖基(1→6)}-β-*D*-吡喃式葡萄糖基]扶桑甾醇和 3-O-β-[{α-*L*-吡喃式鼠李糖基(1→2)-β-*D*-呋喃式木糖基}-β-*D*-吡喃式葡萄糖基]扶桑甾醇。1999 年,王小雄对尖顶羊肚菌菌丝体的化学成分进行了研究,分离出 13 个化合物,鉴定了 10 个,其中一个为新的化合物,命名为羊肚菌三醇(moreloriol),分子式为 $C_{20}H_{36}O_3$,并通过波谱及理化性质确定了其结构。

第五节 羊肚菌的药理与应用

20 世纪开始研究羊肚菌的药理活性。研究表明,羊肚菌具有多种药理功能,如抗菌活性、抗氧化活性、美容增白作用,特别具有免疫调节作用。

羊肚菌的提取物注入动物体内时,可引起严重的血红素尿,但是它们在体外没有溶血作用,作用机制同 AsH_3。羊肚菌具有抗埃希大肠肝菌、马铃薯芽孢杆菌和枯草芽孢杆菌的活性。Omita (1994)用 EtoH 提取羊肚菌子实体,乙酸乙酯萃取,经 Wacogel C-200 柱分离,得到一种血小板凝聚抑制剂,该抑制剂的 IC_{50} 为22.9μg/ml,其抑制效果为阿司匹林的2.57倍。

Iwahara(1995)从羊肚菌培养液中得到一种黑色素形成抑制剂,化妆品中含有 0.2%即可抑制黑色素形成。Mau Jeng Leun(2004)用甲醇提取羊肚菌菌丝体得到的粗提物具有抗氧化的特性,羊肚菌菌丝体的甲醇提取物 25g/L 时表现为高抗氧化特性(85.4%～94.7%),还原力为 0.97～1.02,10g/L,对铁离子的螯合力为 90.3%～94.4%,EC_{50}值为 10g/L。

贾建会(1996)对羊肚菌发酵制品进行了研究,表明羊肚菌发酵液能抑制小鼠肉瘤S-180的生长,可直接刺激小鼠脾淋巴细胞增殖,同时又可协同 ConA 增强小鼠 T 淋巴细胞转化,具有抗肿瘤、提高免疫力等作用。余群力(1997)发现,羊肚菌发酵液对小鼠的非特异性免疫(巨噬细胞的吞噬功能)、细胞免疫(迟发性超敏反应)、体液免疫(溶血素含量)及胸腺脾脏的增重均有显著增强作用。孙晓明(2001)通过二硝基氟(DNFB)诱导小鼠迟发性变态反应、血清溶血素测定(血凝法)、小鼠腹腔巨噬细胞吞噬红细胞试验表明,羊肚菌可以促进小鼠体内抗体产生,提高体液的免疫功能。Duncan(2002)得到的半乳甘露聚糖在 3μg/ml 浓度下,能增强 THP-1 人体单核白细胞内 NF-κ B 虫荧光素霉的直接表达,在脂多糖浓度 10μg/ml 时,直接表达水平达 50%,能增强巨噬细胞的活性。

明建等(2009)通过选用与血脂代谢及肥胖、肿瘤细胞增殖相关的 PPAR 模型对羊肚菌多糖 PMEP-1 的生物活性进行高通量药物筛选。结果发现,PMEP-1 对 PPARδ 模型有一定的激活作用,但作用很弱,效果不显著;对 PPARα 模型没有激活作用。对羊肚菌多糖 PMEP-1 降血脂作用进行动物实验。结果发现,各剂量组(每天低剂量 100mg/kg、每天中剂量 200mg/kg、每天高剂量 400mg/kg)大鼠血清三酰甘油(TG)显著地低于高脂模型组($P<0.05$),低、中剂量组大鼠血清低密度脂蛋白胆固醇(LDL-C)和动脉粥样硬化指数(AI)显著地低于高脂模型组($P<0.05$),而对大鼠血清总胆固醇(TC)和高密度脂蛋白胆固醇(HDL-C)没有显著影响,说明 PMEP-1 具有降血脂功能,对高脂血症的发生有一定的预防作用,同时对冠心病及动脉粥样硬化也有一定的预防作用。

第六节 展 望

虽然国内外对羊肚菌的研究已有 100 多年的历史,但在 20 世纪 50 年代以前相关的研究不是很多,且主要集中在种类记载、描述、生态及仿生栽培。20 世纪 50 年代至 80 年代间,有关羊肚菌研究的文献也不太多,此期间国外对羊肚菌的研究也主要集中在种类及生物学特性研究。具有代表的工作有 Aegerter(1955)研究了北美羊肚菌的种类；Robbins & Hervey(1957)研究了木材提取物对羊肚菌菌丝生长的影响；Kaul(1977)研究了羊肚菌的营养特性；Fustéd 等(1979)报道了羊肚菌的毒性；Moriguchi(1979)研究了羊肚菌的化学成分。

20 世纪 80 年代以后，有关羊肚菌研究的文献大量增加。1980～1989 年期间，有关羊肚生物学特性及人工栽培方面的研究取得了突破性进展。此期间有代表性的工作有 Ower(1982)报道的羊肚菌子囊果形成机制，首次明确指出羊肚菌子囊果形成需要经过菌核阶段，并利用菌核在人工条件下获得子囊果，该方法在 1986 申请了羊肚菌栽培专利(Ower et al,1986)；Jacquetant(1984)年出版了羊肚菌研究专著《Les morilles》，对世界范围内的羊肚菌种类进行了分类学和系统学研究；Apfelbaum 等(1984)报道了羊肚菌子囊果发生与山火的关系；Gessner 等(1987)利用等位酶研究了羊肚菌的遗传多样性组成；Volk & Leonard(1989)对影响羊肚菌菌核形成的条件及细胞学过程进行了研究。1990～1999 年间，羊肚菌研究在各个方面得到了进一步的深入和拓展。研究内容主要集中在种内及种间遗传多样性组成、营养特性，尤其是与植物的关系；利用分子生物学进行的系统发育研究。代表性工作有 Buscot 及其合作者对羊肚菌菌根形成的研究(Buscot,1990,1994)；Volk 和 Leonard(1990)对羊肚菌生活史过程的描述；Gessner 等(1993)、O'Donnell 等(1993)、Bunyard 等(1994,1995)、Gessner(1995)、Wipf 等(1996)利用分子生物学技术对羊肚菌进行大量的系统发育、遗传多样性研究。同时有关羊肚菌资源的可持续利用问题已开始得到关注，代表性工作有 Bettina(1999)。在此期间，Buscot(1992,1993)对羊肚菌的生物学特性进行了持续的研究。进入 21 世纪以后，国外对羊肚菌的研究基本与 20 世纪 90 年代持平，主要工作集中在羊肚菌的生物学特性研究、分子生物学研究、资源的可持续利用、次生代谢产物的开发利用等，具有代表性的工作有 Demirbas(2000,2001)研究了羊肚菌对重金属的累积效应；Kellner 等(2005)对欧洲羊肚菌遗传多样性及种类组成的研究；Kuo(2005)出版了羊肚菌专著；Masaphy(2005)对羊肚菌子囊果发育过程中的形态变化进行了研究；Miller(2005)申请了羊肚菌菌根化苗栽培的专利；Pilz 等(2007)对目前已有的羊肚菌资料进行了系统的总结；Kellner(2008)及 Kuo(2008)建立了羊肚菌研究专业网站；Mcfarlane 等(2005)、McLain 等(2005)、Wurz 等(2005)对美国野生羊肚菌资源的开发利用及保护状况进行了研究和报道。

与国外相比，我国羊肚菌研究起步较晚，在 20 世纪 80 年代以前专门报道羊肚菌研究的工作很少。杨新美(1988)对羊肚菌的栽培方法进行了报道；戴芳阑(1987)对羊肚菌的生物学特性及其中国的种类进行初步的描述。90 年代，我国羊肚菌研究得到了极大发展，具有代表性的工作有朱斗锡(1994)申请了羊肚菌栽培专利；赵永昌等(1997)对羊肚菌的生物学特性进行了较为系统的研究；王秀云(1997,1998)、王法渠(1993)对羊肚菌的生态学特性进行了研究。进入 21 世纪，中国的羊肚菌研究得到爆发式发展，几乎涉及了同期羊肚菌研究的各个方面。代表性的工作有沈红等(2007)、陈吉岳等(2004)对羊肚菌进行分子生物学研究；李素玲等(2000)进行羊肚菌人工栽培试验研究，王波(2005)出版了我国第一部羊肚菌专著；桂明英等(2002)对尖顶羊肚菌的生物学特性进行了研究；龙正海等(2006)对浙江羊肚菌资源及生物学特性进行了研究；高小朋(2002)对羊肚菌发生的土壤条件进行了研究；谢占玲等(2001)对青海祁连山羊肚菌生物学特性进行了研究。

参考文献

[1] 徐锦堂. 中国药用真菌学[M]. 北京：北京医科大学、中国协和医科大学联合出版社，1997.

[2] 国家中医药管理局《中华本草》编写组. 中华本草(第 3 卷)[M]. 上海：上海科学技术出版社，1999.

[3] 王波. 羊肚菌人工栽培新技术[M]. 上海：上海科学技术文献出版社，2005.

[4] 杨新美. 中国食用菌栽培学[M]. 北京：农业出版社，1988.

[5] 卯晓岚. 中国经济真菌[M]. 北京：科学出版社，1998.

[6] 戴芳阑. 真菌的形态及分类[M]. 北京：科学出版社，1987.

[7] 陈吉岳，刘培贵，付建国，等. 国产羊肚菌菌株的 RAPD 鉴别[J]. 云南植物研究，2004，26(4)：434-438.

[8] 陈向东，朱戎，兰进. 羊肚菌研究进展[J]. 食用菌学报，2002，9(2)：56-61.

[9] 高小朋，任桂梅，刘启瑞，等. 陕北野生羊肚菌产区与非产区土壤主要有效成分及酸碱度分析比较

[J]. 延安大学学报,2002,21(4):58-59.

[10] 桂明英,朱萍,郭永红,等. 尖顶羊肚菌生物学特性初步研究[J]. 中国野生植物资源,2002,21(3):7-10.

[11] 李素玲,尚春树,刘虹,等. 羊肚菌子实体培育研究初报[J]. 中国食用菌,2000,19(1):8-10.

[12] 龙正海,许建安,周惠燕,等. 浙江省羊肚菌属真菌资源调查初报[J]. 经济林研究,2006,24(4):55-60.

[13] 林晓民,李振歧,侯军. 中国大型真菌的多样性[M]. 北京:中国农业出版社,2005.

[14] 任桂梅,张少刚. 羊肚菌的研究进展[J]. 延安大学学报,1999,18(1):57-64.

[15] 李华,包海鹰,李玉. 羊肚菌的研究进展[J]. 菌物研究,2004,2(4):53-60.

[16] 宋晓英,石宗水,朱文华,等. 羊肚菌在泰山山系周围分布及生态习性的调查研究[J]. 山东林业科技,2006(4):51-52.

[17] 沈红,陈明杰,赵永昌,等. 云南羊肚菌 rDNA 的 ITS 序列与亲缘关系分析[J]. 食用菌学报,2007,14(2):15-22.

[18] 魏芸,张天佑,张姝,等. 羊肚菌多糖的分离纯化及组成结构分析[J]. 植物资源与环境学报,2000,9(2):14-17.

[19] 王法渠. 迭部县羊肚菌资源及其生态习性[J]. 中国食用菌,1993,12(4):28.

[20] 王秀云. 羊肚菌的生态学研究[J]. 食用菌,1998(1):73-74.

[21] 王秀云. 羊肚菌菌核形成初探[J]. 食用菌,1997(6):4-5.

[22] 谢占玲,牛小迎,叶成玉. 青海高原祁连山羊肚菌生态特性[J]. 食用菌,2001(4):3-4.

[23] 刘蓓,马绍宾,郭相,等. 滇西北地区羊肚菌子囊果形态多样性研究[J]. 中国食用菌,2009,28(3):10-14.

[24] 明建,曾凯芳,赵国华,等. 羊肚菌水溶性多糖 PMEP-1 的分离纯化与结构特征分析[J]. 食品科学,2009,30(15):104-108.

[25] 明建,曾凯芳,赵国华,等. 羊肚菌水溶性多糖 PMEP-1 降血脂作用研究[J]. 食品科学,2009,30(17):285-288.

[26] 赵永昌,王芳,吴毅歆. 羊肚菌菌核的形成研究[J]. 中国食用菌,1997,17(1):5-7.

[27] 朱毅,华秀爱. 沂蒙山区羊肚菌的资源状况与生境条件[J]. 中国食用菌,2006,25(1):11-13.

[28] APFELBAUM SL, HANEY A, DOLE RE. Ascocarp formation by Morchella angusticceps after wildfire[J]. Mich Botanist,1984,23(3):99-102.

[29] AEGERTER M. How many morel species[J]. Mushroom, The journal of Wild Mushroom, 1995 (50):3-6.

[30] BUSCOT F, KOTTKE I. The association of Morchella rotunda(Pers.) Boudier with roots of Picea abies(L.) Karst[J]. New Phytol,1990,116:425-430.

[31] READ DJ, LEWIS DH, FITTER AH, er al. eds. Mycorrhizas in ecosystems[M]. Wallingford, Oxon, United Kingdom: CAB International,1992.

[32] BUSCOT F. Strategies ecologiques et biologiques des morilles[J]. Cryptog Mycol, 1992, 13: 171-179.

[33] BUSCOT F. Ectomycorrhizal types and endobacteria associated with ectomycorrhizas of Morchella elata(Fr.) Bounder with Picea abies(L.) karst[J]. Mycorrhiza,1994,4:223-232.

[34] BUSCOT F, ROUX J. Association between living roots and ascocarps of Morchella rotunda(Pers.) Boudier[J]. Trans Br Mycol Soc,1987,89(2):249-252.

[35] BUSCOT F. Field observations on growth and development of Morchella rotunda and Mitrophora semilibera in relation to forest soil temperature[J]. Can J Bot,1989,67:589-593.

[36] BUSCOT F. Mycelia differentiation of Morchella esculenta in pure culture[J]. Mycol Res,1993, 97:136-140.

[37] BUSCOT F, BERNILLON J. Mycosporins and related compounds in field and cultured mycelial structures of Morchella esculenta[J]. Mycol Res,1991,95(6):752-754.

[38] BIRREN B,FINK G,LANDER E. Fungal genome initiative:a white paper for fungal comparative genomics[C]. Cambridge,MA:Whitehead Institute Center for Genome Research,2003.

[39] BUNYARD BA, NICHOLSON MS, ROYSE DJ. A systematic assessment of Morchella using RFLP analyisis of the 28S ribosomal RNA gene[J]. Mycologia,1994,86:762-772.

[40] DAHLSTROM JL,SMITH JE,WEBER NS. Mycorrhiza-like interaction by Morchella with species of the Pinaceae in pure culture synthesis[J]. Mycorrhiza,2000,9(5):279-285.

[41] DEMIRBAS A. Accumulation of heavy metals in some edible mushrooms from Turkey[J]. Food Chemistry,2000(68):415-419.

[42] DEMIRBAS A. Heavy metal bioaccumulation by mushrooms from artificially fortified soils[J]. Food Chem,2001,74:293-301.

[43] DUNCAN CJ,PUGH N,PASCO DS,et al. Isolation of a galactomannan that enhances macrophage activation from the edible fungus Morchella esculenta[J]. J Agric Food Chem, 2002, 50(20): 5683-5685.

[44] GALAGAN JE,HENN MR,MA LJ,et al. Genomics of the fungal kingdom: insights into eukaryotic biology[J]. Genome Res,2005(15):1620-1631.

[45] GASTON G,FIDEL T. The known morels in Mexico,a description of a new blushing species,Morchella rufobrunnea,and new data on M. guatemalensis[J]. Mycologia,1998,90(4):705-714.

[46] GESSNER RV,ROMANO MA,SCHULTZ WR. Allelic variation and segregation in Morchella deliciosa and M. esculenta[J]. Mycologia,1987(79):683-687.

[47] GESSNER RV. Genetics and systematics of North American populations of Morchella[J]. Can J Bot,1995,73(1):967-972.

[48] GESSNER RV,KEUDELL K C,ROMANO M A. Systematics of Morchella esculenta complex using enzyme-linked immunosorbent assay[J]. Mycologia,1993,85:677-684.

[49] HALLEN H,VOLK TJ,ADAMS G. May is morel month in Michigan[D]. MI:Michigan State University Extension,2001.

[50] HARBIN M,VOLK TJ. The relationship of Morchella with plant roots[C]. Abstracts XVI International Botanical Congress. St. Louis,MO,1999.

[51] HOBBIE EA,WEBER N S,TRAPPE J M. Mycorrhizal vs. saprotrophic status of fungi:the isotopic evidence[J]. New Phytol,2001,150:601-610.

[52] JACOBS ME. Beta-alamine and tanning polymorphisms[J]. Comp Biochem Physiol,1982,72(2): 173-177.

[53] JACQUETANT E. Les morilles. The morels[M]. Lausanne,Switzerland: Piantanida,1984.

[54] JUNG SW, GESSNER RV, KUEDELL KC, et al. Systematics of Morchella esculenta complex using enzyme-linked immunosorbent assay[J]. Mycologia,1993,85:677-684.

[55] KAUL T N. Physiological studies on Morchella spp. II. Nitrogen utilization[J]. Mushroom J, 1977,58:2-6.

[56] KELLNER H, RENKER C, BUSCOT F. Species diversity within the Morchella esculenta group (Ascomycota: Morchellaceae) in Germany and France[J]. Org Divers Evol,2005,5:101-107.

[57] KIRK PM, CANNON PE, DAVID JC, et al. eds Ainsworth and Bisby's dictionary of the fungi [M]9th ed. Wallingford, Oxon, United Kingdom: CABI Publishing,2001.

[58] KUO M. Morels[M]1st ed. Ann arbor, MI: University of Michigan Press, 2005.

[59] LAKHANPAL TN, SHAD OS, SAGAR A. Mycorrhiza: a possible deterrent in artificial cultivation of morels[J]. Curr Sci, 1991,60:375-377.

[60] LEONARD TJ, VOLK TJ. Production of specialty mushrooms in North America: Shiitake and morels[M]. New York: Chapman Hall,1992.

[61] MASAPHY S. External ultra-structure of fruit body initiation in Morchella[J]. Mycol Res, 2005,109(4):508-512.

[62] MCFARLANE EM, PILZ D, WEBER NS. High-elevation gray morels and other Morchella species harvested as non-timber forest products in Idaho and Montana[J]. Mycologist, 2005,19(2):62-68.

[63] MCLAIN RJ, MCFARLANE EM, ALEXANDER SJ. Commercial morel harvesters and buyers in western Montana: an exploratory study during the 2001 harvesting season[D]. General Technical Report PNW-GTR-643. 2005.

[64] MIHALL JD, BRUHN JH, BONELLO P. Spatial and temporal patterns of morel fruiting[J]. Mycol Res,2007,111:339-346

[65] MILLER SL, TORRES P, MCCLEAN T M. Persistence of basidiospores and sclerotia of ectomycorrhizal fungi and Morchella in soil[J]. Mycologia, 1994(86), 89-95.

[66] MILLER S C. Cultivation of Morchella[P]. U. S. Patent, 6951074 B2,2005.

[67] MOLLIARD MM. Forme conidienne et sclerotes de Morchella esculenta Pers. The form of conidia and sclerotia of Morchella esculenta pers. [J]. Rev Gen Bot, 1904,16: 209-218.

[68] MORIGUCHI M, SADA SI, HATANAKA SI. Isolation of cis-3-amino-l-proline from cultured mycelia of Morchella esculenta Fr. [J]. Appl Environ Microbiol, 1979,38(5):1018-1019.

[69] MORIGUCHI M, YAMADA M, SUENAGA S, et al. Partial purification and properties of gamma-glutamyltranspeptidase from mycelia of Morchella esculenta[J]. Arch Microbiol, 1986,144(1):15-9.

[70] O'DONNELL K, WEBER NS, REHNER S, et al. Molecular systematics and phylogenetics of Mochellaceae [Abstract] [J]. Inoculum, 1993, 44(2):51.

[71] O'DONNELL K, CIGELNIK E, WEBER N S, et al. Phylogenetic relationships among ascomycetous truffles and the true and false morels from 18S and 28S ribosomal DNA sequence analyses [J]. Mycologia, 1997,89 (1):48-65.

[72] OWER R. Notes on the development of the morel ascocarp: Morchella esculenta[J]. Mycologia, 1982(74):142-144.

[73] OWER RD, MILLS G L, MALACHOWSKI JA. Cultivation of Morchella[P]. U. S. Patent, 4594809. 1986.

[74] OWER RD, MILLS G L, MALACHOWSKI JA. Cultivation of Morchella[P]. U. S. Patent, 4757640. 1988.

[75] OWER RD, MILLS G L, MALACHOWSKI JA. Cultivation of Morchella[P]. U. S. Patent, 4866878. 1989.

[76] PHILIPPOUSSIS A, BALIS C. Studies on the morphogenesis of sclerotia and subterranean mycelial network of ascocarps in "Morchella" species[J]. Mush sci,1995(14):847- 855.

[77] SHAD O, SAGAR A, LAKHANPAL TN. The mycorrhizal association of morels in NW Himalyas. Current trends in mycorrhizal research: proceedings of the national conference on mycorrhiza [D]. Hisar, India: Haryana Agricultural University, 1990.

[78] STAMENTS P. Growing gourmet and medicinal mushrooms[M]3nd ed. California: Ten Speed Press, 2000.

[79] VOLK TJ, LEONARD TJ. Experimental studies on the morel, I. Heterokaryon formation between monoascosporous strains of Morchella[J]. Mycologia, 1989,81:523-531.

[80] VOLK TJ, LEONARD TJ. Cytology of the life-cycle of Morchella[J]. Mycol Res,1990,94: 399-406.

[81] VOLK TJ. Understanding the morel life cycle: Key to cultivation[J]. Mcllvainea. 1991(10): 76-81.

[82] WEBER NS. A Morel Hunter's Companion: A guide to the true and false morels[M]. Thunder Bay Press, Holt, MI, 1988.

[83] WIPF D, MUNCH JC, BOTTON B, et al. DNA polymorphism in morels: complete sequences of the internal transcribed spacer of genes coding for rRNA in Morchella esculenta (yellow morel) and Morchella conica (black morel)[J]. Appl Environ Microbiol,1996,62(9): 3541-3543.

[84] WURZ TL. Harvesting morels after wildfire in Alaska [C]. USDA: Research Note PNWRN,2005.

[85] YESIL OF, YILDIZ A, YAVUZ O. Level of heavy metals in some edible and poisonous macrofungi from Batman of South East Anatolia, Turkey[J]. J Environ Biol, 2004,25(3):263.

[86] YU S, CHRISTENSEN TM, KRAGH KM, et al. Efficient purification, characterization and partial amino acid sequencing of two alpha-1,4-glucan lyases from fungi[J]. Biochim Biophys Acta, 1997, 1339(2):311.

[87] KELLNER H. Morel Project. http://www. haraldkellner. com/html/morel _ project. html [DB]. 2008.

[88] PILZ D, MCLAIN R, ALEXANDER S, et al. Ecology and management of morels harvested from the forests of western North America[R]. Portland, Oregon: USDA General Technical Report. This publication is available online at the Forest Service: http:///www. fs. fed. us/pnw/publications/gtr710/2007,161.

（刘蓓、郭相、马绍宾、马明）

第六十六章　真姬菇

DILIUSHILIUZHANG ZHENJIGU

摘要：真姬菇是北温带一种珍稀名贵的食用真菌，味道鲜美，营养丰富，并且具有抗肿瘤、抗真菌、降血压和抑制爱滋病毒的活性，在国内外颇受欢迎。本章主要介绍真姬菇的分类地位、发展历程、生物学特性、栽培技术、营养价值与药用价值，突出实用性和可操作性，并系统总结了真姬菇的研究进展和已取得成绩，对科研和生产具有较高的参考价值。

Hypsizygus marmoreus

Abstract: *Hypsizygus marmoreus* is a special rare mushroom in north temperate regions with delicious taste and rich in nutrition. *H. marmoreus* has been found the ability of anti-tumor, anti-fungal, lowering blood pressure and anti-HIV, therefore it was gained much popular both in home and abroad. This chapter describes in detail various aspects *H. marmoreus* including taxonomy, development history, biological features, cultivation techniques, nutritional attributes and medicinal properties, and industry scale cultivation techniques. The chapter focuses attention on the introduction of practical and operability cultivation techniques, summarizes the research progress and achievements, and provides a good reference for further research and production of the *H. marmoreus* industry.

第一节　概　述

一、学名及分类地位

真姬菇是北温带一种珍稀名贵的大型木腐生食用真菌，其味比平菇鲜，肉比滑菇厚，质比香菇脆，口感极佳，还具有独特的蟹香味，在日本有“香在松口蘑、味在玉蕈”之说。真姬菇含有丰富的蛋白质、氨基酸和维生素，是一种高蛋白、低脂肪、低热量的保健食品。

真姬菇又名：玉蕈、假松茸、斑玉蕈、斑口蘑、珍珠菇、蟹味菇、海洋菇、鸿喜菇等。

学名：*Hypsizygus marmoreus*（Peck）H. E. Bigelow, *Mem. N. Y. bot. Gdn* 28(1)：15(1976)。

属名“*Hypsizygus*”一词来自希腊语，词干“hypsos-”意思是“高、高度”，词尾“-zygos”意思是“接合”，描述该菌的形态，中文文献称“玉蕈属”。种名加词“*marmorues*”意思是“大理石样的”，指菌盖表面的斑纹。直译为大理石斑纹玉蕈。中文常用真姬菇，来自日文。

同物异名：*Agaricus marmoreus* Peck，(1872)。

分类地位：菌物界（Fungi），担子菌门（Basidiomycota），伞菌纲（Agaricomycetes），伞菌亚纲（Agaricomycetidae），伞菌目（Agaricales），离褶伞科（Lyophyllaceae）。

二、发展历程

真姬菇的栽培最早开始于日本。日本宝酒造株式会社于1970年利用生物技术开发出“宝1号”品种，并于1973年在长野开始栽培。1987年改良成“宝2号”品种，1999年，又改良成“宝3号”品种。1987年，日本总产量突破1万吨，1990年增至2.2万吨，成为日本第四大宗人工栽培的食用菌产品。我国自1986年3月从日本引进真姬菇，现在辽宁、山东、山西、河北、河南、福建等省均有栽培。福建三明真菌研究所从1996年起进行真姬菇的相关研究，1998年由福建省科委立项，完成并通过省级专家鉴定。近年来，福建省发展较快，已形成商业性生产，经产品保鲜和盐渍，进入日本等国际市场和国内菜市，颇受欢迎。豫南地区于1998年立项试验，1999年少量出口，2001年在信阳、新蔡、遂平、确山、桐柏等县推广，形成了一定的生产规模。目前，真姬菇的生产在国内已经形成规模，并有多个企业进行工厂化生产。

第二节　真姬菇的生物学特性

一、形态特征

（一）菌丝体形态特征

在 PDA 改良培养基上，真姬菇菌丝白色、浓密，气生菌丝长势旺盛，具有较强的爬壁能力，不分泌色素、不产生菌皮，能产生节孢子和厚垣孢子。气生菌丝成熟后贴壁、倒伏，呈浅灰色。光学显微镜下观察到的真姬菇菌丝，单核菌丝纤细，直径 1.0～2.0μm，细胞狭长，有分隔，少分枝，无锁状联合。双核菌丝直径 2.0～3.0μm，细胞狭长，横隔相距较远，有明显锁状联合。菌丝上可见多个球状分生孢子，其孢子直径 2.0～2.5μm。木屑培养基上菌丝生长整齐，前端呈羽毛状，在培养基外层形成根状菌索。真姬菇为白腐菌，菌袋成熟后色转白，呈松软状。

适宜条件下，接种后 10 天左右菌丝即可长满试管斜面，维持 7 天后即可用于生产。如培养温度过高，在接种块较远处，如试管下端或斜面尖端易产生分生孢子，出现若干白色放射状圆形菌落，尽管培养后期菌落连接成片，但其菌丝纤细、气生菌丝稀疏、爬壁能力较弱，在温度过低环境下也有该现象发生。在棉子壳类培养基上，明显表现出菌丝生长速度快、基质间隙菌丝量大、浓密健壮的生长态势。由于棉子壳基质颗粒偏大、孔隙较大，培养后期尤其经高温过程的菌丝后熟培养和出菇前的放置阶段后，基质严重失水甚至脱水，使菌丝易于老化，从而影响出菇乃至产量水平。用木屑或以木屑为主料的基质培养，前期发菌速度较慢，菌丝不易老化，即使同样经后熟培养及置放处理，基质失水量小，菌丝活力不减。因此，在自然条件下避光放置一年后，进行扩大培养时仍很正常，并具直接出菇能力。

（二）子实体形态特征

真姬菇子实体丛生，每丛菇体 15～30 株不等，二潮菇可出现零星单生菌落，但数量较少，这一点与金针菇很相近。菌盖幼时呈大半球或半球形，逐渐发展呈少半球形、1/3 球形，成熟时平展。菌盖表面光滑，色泽由深褐、褐、浅褐渐变为黄褐色，其明显特征是菌盖边缘色浅，中部色泽深至茶色，并带有较清晰的大理石斑纹，边缘光滑并向下自然性弯曲，成熟后平展并稍具波浪；菌盖直径 1～13cm，一般 1～3cm，大小随其每丛菇的个株多少而明显不同。另外，子实体的熟化程度也对菌盖的大小发生影响。菌褶为片状，弯生或直生，呈密集排列，不等长，白色或略带米黄色。担子呈棒状，4.0～6.0μm×10.2～30μm，上着生 2～4 个担孢子，5.0～7.0μm×4.8～6.0μm，担孢子呈卵圆形，无色，光滑，内含颗粒。孢子印白色。孢子阔椭圆形至卵形，没有芽孔。菌丝无锁状联合。菌柄中生，极具伞形特征，呈圆柱形，一般长 2～12cm，同样因个株多少而异。菌柄肉质，白色或灰白色，手摸后变为近黄色。直径0.5～3.0cm，幼菇阶段柄基明显膨大，呈下粗上细状，充分生长至成菇阶段时不等粗现象自然消失，上下部粗细近乎相同，但多数菌柄稍弯曲，并有根状菌索固定于培养料中。与金针菇不同，真姬菇菌柄内实并具有黄褐色条纹，充分成熟时柄内松软呈棉状，具有一定的吸水持水能力。菌环以上最初有粉状至棉屑状小鳞片，后脱落成平滑，中空。菌环大，上位，膜质，初白色，后微褐色，膜下有带褐色棉屑状的附属物，见图 66－1。

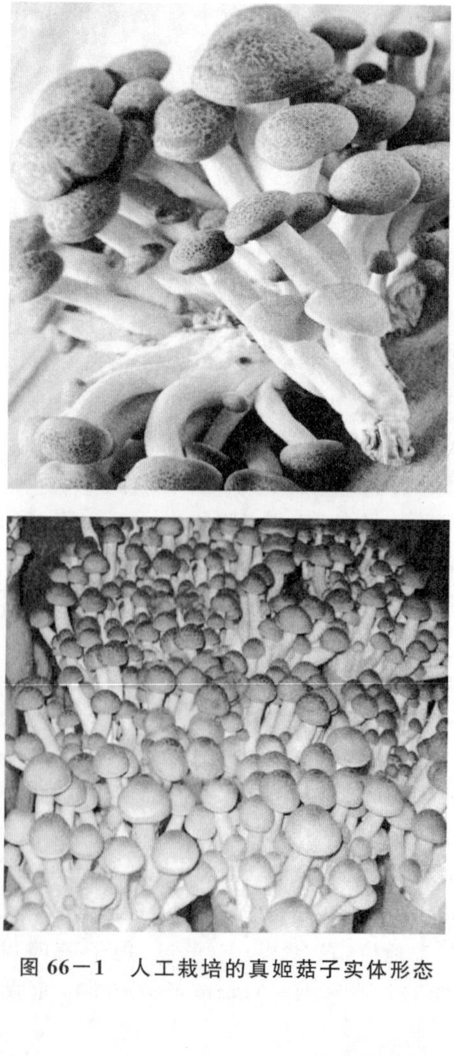

图 66－1　人工栽培的真姬菇子实体形态

真姬菇有苦味型和甜味型两类菌株(品种)。苦味型属微苦口味,甜味型是相对于苦味型而言。国际市场上,东南亚国家多喜食苦味型品种,而日本则喜食甜味型品种。

(三)子实体发育过程

根据子实体发育过程中不同阶段的特征,可将真姬菇子实体发育分为5个时期,即转色期、菌芽期、钉头期、扁球期和成熟期。

1. 菌丝转色期

转色期是真姬菇发育过程中较为特殊的时期,菌丝开始分化,由营养生长进入生殖生长,菌丝由白变灰,在培养料表面形成灰色绒毛。由于菌丝体长满培养容器达到生理成熟后才具有结实能力,因此,根据容器中这种短绒出现的时间、长相和色泽,可判断子实体分化的迟早、分化密度及子实体长大后的色泽和品质。

2. 菌芽期

一般3～5天。培养料面转色后3～4天,表面短绒层菌丝开始扭结形成疣状突起,进而发育成瓦灰色针状菌芽。在适宜条件下该期维持2～3天,菌芽长至0.5～1cm时进入钉头生育期。在高温或通气不良,光线不足的条件下,菌芽可长至10cm以上,且可维持数月而不死,再遇适宜条件仍能恢复其正常发育能力。

3. 钉头期

又称显白期,一般维持约3天。针头顶端细胞继续分裂形成直径1～3mm针头状白色菌盖,此为初生菇盖。

4. 扁球期

又称成盖期,维持3～5天。初生菇盖经2～3天的生长发育,逐渐长大,平面开始突起形成扁球状,色泽由白转深。3～4天后形成完整的菇盖,此时盖径3～5mm,菌盖表面出现网状斑纹,菌柄开始生长、增粗。

5. 成熟期

又称伸展期。子实体菇盖形成后生长速度加快,菇盖迅速平展,中部增厚,内菌幕破裂,露出片状菌褶,直径2～10cm,菇盖颜色随直径增大而变浅,菇柄也迅速伸长、加粗,代谢活力旺盛。此阶段对培养条件的反应较为敏感。若管理不当,往往会出现大脚菇(菌柄基部膨大)、菇盖畸形(盖面凹凸不平或成马鞍状等)、二次分化(菇上长菇)、菇柄徒长、盖发育不良、黄斑菇(盖面局部发黄)、黄化菇(盖褐色至浅黄色)。

二、分布和生态习性

真姬菇是北温带秋季和冬季发生的食用真菌,春秋冬季生于壳斗科树种,如山毛榉及其他阔叶树的枯木、风倒木、树桩上。主要分布在日本、北美和欧洲等北温带地区,是春秋冬季生木腐菌。据报道,我国云南省也有野生真姬菇。

三、生长发育条件

真姬菇是木腐菌,秋冬季节可发生于硬质阔叶树木的朽死木桩或树墩上,其生物学特性与金针菇、香菇等木腐菌类相似,但又有其自身的特点。全面了解其生物学特性,掌握其对生活条件的需求特点,对于搞好栽培和扩大生产,提高生产效益及产业化生产极其重要。

(一)营养

真姬菇是一种木腐菌,分解木质素、纤维素的能力很强。野生真姬菇可在山毛榉科等偏硬质阔叶树的枯木、朽桩甚至活立木上通过分解基质的营养成分,来完成它的整个生活史,并可继续传代下去。但并非所有硬质树木均可被利用,松、杉、柏类由于内含大量芳香类树脂、精油等成分对其菌丝有明显抑制作用而不可取用,国槐、刺槐类硬质阔叶树种也有类似的原因尽量不用。非用不可时,需经日晒雨淋使芳香类树脂、精油等成分分解、挥发后掺用,且使用比例限定在20%左右,不可过高。棉子壳由于质地较硬,木质素含量较高,可选用壳型细碎的作为主要原料之一。人工栽培时,可将纯阔叶树木屑、棉子壳、棉秆及其他作物秸秆粉碎物等按一定比例混合后使用,效果较好。在栽培过程中,为了提高产量和品质,在栽培原料中,仍需添加一些有机氮源、速效营养成分、矿质材料及缓冲剂等作为增壮菌丝、提高产量及质量的辅料,以增加培养料中的养分。另外,在一定浓度范围内添加米糠,可以提高真姬菇的产量和出菇的整齐度,提早出菇,缩短生产周期。真姬菇的菌丝体在PDA培养基上培养,菌丝长势较弱,且有较多的分生孢子产生。在远离菌落的地方可见许多呈芒状小菌落。如果加入1%的硫酸镁、2%的磷酸二氢钾和0.5%的蛋白胨或酵母膏,菌丝生长情况可大为改观。

真姬菇能利用葡萄糖、蔗糖、淀粉,不能利用乳糖。

(二)水分

真姬菇是喜湿性菌类，水是真姬菇一生中不可或缺的重要物质之一。培养基质内的含水量多少，不仅影响菌丝体的生长量、生理成熟的快慢，而且还影响子实体的分化发育进程、外观和营养成分的含量，从而直接影响真姬菇的产量及其子实体的商品质量。空间相对湿度的大小，对子实体的正常分化发育有着特殊的作用。真姬菇发菌时间较长，且需较长时间的菌丝后熟培养期，其基质水分消耗较其他菇类要高得多。为了获得高产、优质的子实体，育菇室应保持比其他菇类更高的空气湿度环境。人工栽培时应考虑适当提高基质含水率和空间空气相对湿度。实验证明，培养基质含水量在45%～75%范围内，真姬菇菌丝体的生长量随含水量的增加而增加，基质含水率低于45%时，真姬菇菌丝生长迟缓、稀疏纤细、发黄衰老等。调高至75%以上时，因基质含水量过高而导致通气严重不良，菌丝表现为发育困难、长速缓慢，严重者生长停滞，菌丝间断形成一道黄色界线，类似拮抗线。生产中，应将培养料含水率调至60%～70%，即达到较高的含水率，使其在发菌过程中消耗一定水分后，基质内仍可保持较合适的含水量，使之能正常出菇。为避免基质水分过多散失，发菌期间空气湿度应控制在75%左右，但不可过高，以免通气不良、湿度过大导致某些病害发生。子实体分化发育过程，也要求基质保持较高的含水量。在生长阶段要求空气湿度90%左右，出菇前基质的含水量降至50%以下时，子实体分化早而密集，长成的子实体皆为黄化菇，柄细长中空，盖小而薄，很快老熟放孢，产量低，质量差。尤其是原基分化至蕾期对空间湿度要求更高，催蕾期间空气湿度不足，子实体难以分化。蕾期空气干燥会导致菇蕾死亡。即使成盖后若空间湿度不足，也会使生长正常的幼菇变成黄化菇。但过高的湿度如超过95%甚至长期维持在95%～100%，菇蕾也难以正常生长发育，表现为长速缓慢、菌柄色暗、苦味过重，易受病虫害侵袭，出现菇上长菇的现象等。同时，过湿的环境必然伴随通风不良，某些病害极易滋生并形成危害。

真姬菇的发菌时间为60～100天。经过长时间的发菌后，培养基含水量降低，出菇时易出现细弱菇、黄化菇等。如果直接提高配料加水的比例会降低料内通透性，使菌丝生长受抑制；而在发菌结束、出菇前向菌袋内注水则易造成料与袋壁分离，出现“袋壁菇”现象，降低菇的商品性。注水不当还会出现烂袋现象。金群力等(2001)通过培养基中添加0.5%的高分子吸水材料的方法，能保持培养基中的水分，对真姬菇菌丝生长有明显的促进作用，可以较大幅度地缩短发菌期，提高发菌整齐度。

(三)温度

真姬菇属变温结实性真菌，对温度的要求较为苛刻，这也是造成栽培难度大、产品数量少的重要原因之一。菌丝适宜在较高的温度下生长，而子实体则需要相对较低的温度刺激才能发生。自然条件下真姬菇大多在秋末、春初发生。其菌丝生长温度范围为5～30℃，低于5℃或高于30℃均使生长受滞，菌丝生长期间温度达到35℃以上时即萎缩死亡，故发菌期间不得接受高温。最佳为22～25℃。生产中为了防止杂菌、病害的侵袭，应将培养温度调控在18～22℃，使真姬菇菌丝发育与防止杂菌侵入处于温度的边际界限，从而达到理想的发菌目的。真姬菇的菌丝有一个重要特性，即菌丝体对高、低温度的侵害有很强的抵抗能力，长成的菌丝培养物在－10～38℃的自然气温下放置1年以上，仍不失其生活力和出菇能力，这对菌种的保存极为有利，也为掌握栽培和出菇时间带来了方便。

真姬菇子实体分化不需要反复大幅度的昼夜温差刺激，只要菌丝体达到生理成熟，将培养温度降低8～10℃，足以刺激菌丝扭结分化长出子实体。真姬菇原基分化的温度范围为8～22℃，最适为12～16℃，在8℃以下、22℃以上难以分化并长出子实体。成菇期最适温度为14～16℃，在短暂的5℃低温或25℃高温条件下，仍可顽强、缓慢生长。如连续、长期处于该种环境下，子实体将会发生严重畸形，引发某些病害。长期低温时易形成粗柄菇、大脚菇或瘤盖菇等；长期高温易使菌柄徒长、菌盖薄而平展、边缘波形、菌柄严重弯曲、变软等，并因温度过高而导致某些杂菌高频率活动、繁殖等，造成危害。

(四)空气

真姬菇是好气性真菌，菌丝生长阶段尤其是子实体生长阶段需要大量的新鲜空气。菌丝生长阶段，培养容器内二氧化碳浓度必须低于0.4%，菌丝体在密闭的容器中培养，随着菌丝量的增加，容器内的CO_2浓度不断积累增高，氧气含量下降。生长速度逐渐减慢，最终停止生长。在高温培养条件下，这种情况更容易发生。因此，培养菌丝体的容器不能完全密封，要留一定的空隙，并有较好的通风换气空间，才能保证菌丝体在整个生长期内有充足的氧气供应。良好的通风换气,也有利于促进菌丝体的生理成熟。以栽培瓶为容器时,最好使用标准瓶盖,其内置有海绵状空气过滤层,既保持了良好的通气,又可防止杂菌孢子入内。以塑袋为栽培容器时,袋口套塑料颈圈后再将棉塞塞入,效果不错。通气较好,即可保证菌丝在生长期间对氧气的需求,又能使其健壮生长,缩短发菌时间,为出菇的优质、高产奠定基础。在后熟培养阶段,菌丝对氧分压的要求远不如培养前期那么重要。这一期间如果通风量过大,反而会造成料内水分大量蒸发,不利于子实体的正常分化发育。因此,操作过程中应十分注意通气的适度问题,较好地协调通气与培养基质水分散失的矛盾:一方面,大量通气为菌丝的发育提供有利条件;另一方面,随着通气量的增加,势必引起基质水分的大量散失。在生产中,必须根据培养季节、培养环境及菌丝生长速度,确定通气量的大小。在两者之间找出既能满足菌丝生长需要,又尽量少散失水分的通气失水最佳结合点。

子实体分化发育阶段,也需要有潮湿而空气清新的环境,其通气量随子实体的不断长大而增加。出菇期菇棚内二氧化碳浓度过高,轻则造成真姬菇的子实体生长缓慢,重则可使菇体畸形,形成长柄菇,严重时还会引发某些病害。一般认为,菇棚内二氧化碳浓度控制在0.1%以下,最佳为0.05%左右,人进入菇棚内感觉空气清新、无明显食用菌气味为佳。最好用二氧化碳测定仪进行测试,适时采取调控措施。我国北方气候较干燥,子实体培养期间通风换气会引起菇房内温度和湿度的急骤变化,因此要适当控制换气次数和换气量,灵活掌握换气时间。

(五)光线

真姬菇菌丝生长期间不需要光照条件,避光环境中生长的菌丝洁白、粗壮、抗衰老能力强。较强的光线对菌丝有一定的抑制作用,直射光对菌丝还有一定的杀伤性。光照对已停止生长的菌丝体具有促其老熟和转色(由白转为土灰色)作用。无论避光或是散光环境下,原基的形成及其分化均可正常进行,但子实体分化和发育需要光照。在黑暗条件下,即使菌丝体达到生理成熟也不能分化形成子实体,已分化长出的菌芽,再放回黑暗条件下,也不能正常发育。光线不足,菌芽发生少且不整齐,菌柄徒长,菌盖小而薄,色淡品质差。幼蕾的形成及分化需散射光条件,一般可调控至200 lx左右。随着菇体的发育,直至成菇生长阶段,可将光调控至500 lx,最大不超过1 000 lx,在此范围内,随着光照强度的增高,菇体色泽正常,形态周正,斑纹清晰,菌柄挺拔。光照不足,如低于200 lx,或因光照时间不足,菌柄会细而长,菌盖小而薄,菇体细弱,色泽趋淡,商品质量严重下降。生产中可在大棚上覆盖一层较薄的草毡。如大型拱棚,在四周也覆挂同种草毡,使棚内光线较充足。

(六)酸碱度

郑永标等(2001)实验数据表明,真姬菇的菌丝体适宜在偏酸性的环境中生长,在碱性基质中生长不良。真姬菇菌丝生长发育的适宜pH为5～7.5,最适为5.5～6.5。pH低于4或者高于8.5,接入的菌种块极难萌发、定植,且偏低的pH易致基质酸败。对培养料进行高压蒸汽灭菌处理会降低培养基的pH值,同时菌丝体在生长过程中会分泌一些酸性物质。因此在生产和栽培料拌料时,可将基质pH调至8左右。偏碱性条件下可在一定程度上防止或抑制杂菌污染,还有促进菌丝体生理成熟和提早分化子实体的作用。

第三节 真姬菇的栽培技术

一、优良菌种的选择与培养

真姬菇菌种分母种、原种和栽培种也称一级种、二级种和三级种。

可用孢子分离法和组织分离法得到纯培养母种。在实验室内经孢子萌发、菌丝配对、提纯而获得。由生产上栽培的种菇,经组织分离和提纯获得,均应该通过出菇试验,确定具有优良的生产性能,才能使用。也可从研究单位购置母种后自选转管扩培。

目前各地栽培的真姬菇都是从日本传入的,我国培育的真姬菇主要有ZJ-021(为上海市农业科学院食用菌研究所选育的工厂化生产专用工程菌株)、ZJ-01(中国林科院森林生态环境研究所)、ZJ-029(西北农林科技大学林学院)、ZJ-G0816(四川省绵阳市食用菌研究所)。白玉蕈是真姬菇的一个白色变种。

根据真姬菇母种培养约15天,原种和栽培种各约35天、栽培菌袋(菌瓶)发菌、养菌期3～5个月,往前推算制种的适宜时间。栽培种不易老化,可提前制种待播。

二、培养料的选择与处理

(一)适宜的培养料种类

人工栽培时,阔叶树木屑、碎木片、棉子壳、玉米芯、高粱壳、各种植物秸秆粉碎物、酒糟等工农业副产物和下脚料均可用作主要培养基质,这些原料的纤维素、半纤维素和木质素等有机物,是真姬菇生长的主要营养源。为了提高真姬菇的产量和品质,需添加少量含蛋白质高的物质,如黄豆粉、麦麸或米糠、大豆皮、玉米面、棉子仁粉提供氮源,添加过磷酸钙、石灰或石膏、糖、硫酸镁等辅料,有较明显的增产作用。

1. 主要原料

真姬菇栽培所用主要原料较广,如阔叶树的木屑和农产品废料棉子壳、玉米芯。

(1)木屑

选择适合真姬菇生长的软质阔叶树种,以山毛榉、七叶树、栲树、米槠、拟赤杨等阔叶树的木屑最好。针叶树如松、杉、柳杉木屑可用20%～30%用量与阔叶树木屑搭配使用。

(2)棉子壳

栽培真姬菇最适合且较高产的原料为棉子壳,其营养丰富,质地蓬松,通气性能好。要求原料新鲜、干燥,颗粒松散,色泽正常,无霉烂、无结团、未被雨淋、无异味,未受农药污染。在阳光下摊开暴晒1～2天。

(3)玉米芯

玉米芯粉含有相当多的糖质,且含水量稳定,保水性好。可与木屑搭配使用,也可单独使用。

2. 辅助材料

包括麦麸、玉米粉、米糠、高粱粒、大豆皮、糖等辅助材料,可为真姬菇的生长提供糖质、蛋白质、脂质、氨基酸、维生素、矿物质等营养。混合使用较单独使用有明显的增产效果。

(1)麦麸

即小麦加工中的下脚料。富含蛋白质、脂肪、粗纤维及钙、磷、B族维生素等。

(2)米糠

即大米加工中的细糠。含较丰富营养,提供碳源、氮源、生长因子。要求用新鲜细糠,不含谷壳。

(3)轻质碳酸钙

可中和培养料中的酸度,稳定培养料pH值。要求细度均匀,不结块(符合国家标准要求)。

(4)石膏

即硫酸钙,可分为生石膏和熟石膏。其钙离子可与培养料中的有机颗粒发生化学反应,产生絮凝作用,有助于培养料的脱脂,增加氧气和水的吸收,使培养料的物理性质得到改善。还可调节培养料的酸度,起到补钙作用。

石膏必须粉碎后使用,要求细度均匀(90～100目),色白,不结块(符合国家标准要求)。

(5)石灰

分为生石灰(氧化钙)和熟石灰(氢氧化钙)两种,可作为碱性物质提高培养料的pH值。

(6)水

可选用自然水、泉水、未受污染的河水和湖水、自来水,水质应符合GB5749规定。

(二)常用配方

真姬菇培养采用阔叶树木屑、棉子壳、玉米芯、麦稻草等提供碳源,麦麸、米糠、玉米粉提供氮源,最适碳氮比为20:1。选用培养料可据此要求,因地制宜,根据各地条件,结合实验结果选择各配方。可供选择的培养料配方较多,以下几种栽培袋参考配方:

①棉子壳85%,米糠(或麦麸)10%,糖1%,石灰3%,石膏粉1%,加水130%左右,pH为7.5。

制作:装料前一天下午,将经过翻晒的棉子壳和辅料按比例秤好,翻料均匀,再把3%的石灰秤好,放入容器内加水,搅拌,使石灰溶解,取其澄清液,按比例混入应加水中,然后一边拌料一边加水,将应加的水全部加进去后,打成圆堆,盖上塑料薄膜过夜。次日把堆摊开,撒入米糠、石膏继续翻料,以手握法试水分(即指缝有二三滴水为度),用广泛试纸测pH值,调到合适为止。

②木屑77%,米糠(或麦麸)20%,白糖1%,石膏粉1%,石灰1%,加水160%左右,pH为7.5。

③甘蔗渣(鲜)95%,石膏粉1%,石灰粉3%,过磷酸钙1%,加水110%左右,pH为8.0。

④酒糟(新)70%,木屑20%,玉米面6%,石灰3%,石膏粉1%,加水适量,pH为8.5。

⑤阔叶树木屑75%,麦麸15%,玉米粉3%,大豆粉3%,石膏2%,石灰1%,蔗糖1%,磷酸二氢钾0.2%,硫酸镁0.1%。

配制:先将木屑、麦麸、玉米粉和大豆粉按比例秤量后,倒在水泥场上混匀,再将石膏、石灰、蔗糖和磷酸二氢钾、硫酸镁溶于适量的清水中,搅匀与上述主料调配，使培养料含水量在65%～70%，pH调至6.5～7.5。

⑥棉子壳60%，木屑25%，麦麸（或米糠）13%，石膏粉1%，过磷酸钙1%，硫酸镁0.1%，加水150%，pH为7.5。

⑦棉子壳50%，木屑30%，麦麸17%，白糖1%，石膏粉1%，过磷酸钙1%，硫酸镁0.3%，加水160%，pH为7.5。

⑧木屑77%，麦麸20%，白糖1%，石膏粉1%，过磷酸钙1%，硫酸镁0.2%，加水160%，pH为7.5。

⑨阔叶、针叶树木屑79%、米糠或麦麸18%，白糖1%，石灰1%，石膏粉1%，含水量65%。（适用于木屑主产区）

⑩棉子壳98%，石膏粉1%，石灰1%，含水量65%。（适用于棉子壳主产区）

⑪棉子壳48%，木屑35%，麦麸10%，玉米粉5%，石灰1%，石膏粉1%，含水量65%。（适用于棉子壳、木屑较多的地区）

⑫玉米芯40%，木屑40%，麦麸12%，玉米粉5%，石膏粉1.5%，石灰1.5%，含水量65%。（适用于玉米芯、木屑较多的地区，玉米芯粉碎成直径3～4mm左右大小的颗粒）

⑬玉米芯30%，棉子壳46%，麦麸16%，玉米粉5%，石灰1.5%，石膏粉1.5%，含水量65%。（适用于棉子壳、玉米芯较多的地区）

⑭玉米芯65%，棉子壳15%，麦麸12%，玉米粉5%，石膏粉1.5%，石灰1.5%，含水量65%。（适用于玉米芯主产区）

⑮玉米芯80%，麦麸12%，玉米粉5%，石膏粉1.5%，石灰1.5%，含水量65%。（适用于玉米芯主产区）

（三）培养料处理

1. 预处理

堆制发酵：松木屑、柳树木屑经堆积发酵（3～6个月），定时淋雨翻堆，可除去对真姬菇生长不利的酚、树脂、精油等成分，且通过微生物分解发酵，促进木屑软化，以使木屑中保持适度水分利于拌料时与米糠、麦麸混合，可代替部分阔叶树木屑。

粉碎处理：木屑应当粗细搭配。细木屑会降低培养料的空隙度，影响菌丝生长，进而影响菇蕾的分化和菇体长大；而木屑过粗，培养料保水力差，易干掉。

翻晒拌料：将经过翻晒好的棉子壳、木屑等原料按比例秤好，充分翻拌均匀，再按比例边加水边翻拌，预湿吸水软化。拌匀后将料堆成圆堆，堆上打若干孔，盖上塑料薄膜发酵。待料温上升到65℃以上时，每天翻堆一次，至5～6天即可装袋。

2. 装袋（瓶）

一般用30cm×15cm×0.05cm的聚丙烯袋或33cm×17cm×0.05cm低压聚乙烯袋。每袋装干料400～500g。装料时要小心仔细，以防袋破损。可用人工或装袋机装袋。

装料要松紧适中，料装到袋长的3/5处，袋中央用直径2.0cm钢筋打一个圆柱形的孔道，距袋底3cm处（匀速打正，切勿打到袋底而刺破袋子）。袋装好后扎紧袋口，即可消毒灭菌。

装料时培养基的孔隙率（透气性）也很重要，决定了菌丝生长速度和健壮程度。打空洞可以使袋中央的料被充分分解利用，且有利于发菌时积累在料中的废气及时排出菌包。

3. 灭菌

高压灭菌（121℃）保持3～4小时或常压灭菌（100℃）保持8～10小时。栽培料量大，通常采用土蒸锅常压灭菌。当袋内料温下降至30℃以下时即可接种。

为了缩短真姬菇的转潮期，最好选用熟料袋栽方式。装袋与消毒的方式方法与平菇的栽培方法相同。

三、栽培季节、栽培场地与栽培方法

（一）栽培季节

需根据当地的气候条件、真姬菇生育期以及菇房控温条件合理安排生产季节。真姬菇出菇季节在深秋至春季较适宜，往前推算制种的适宜时间。

9月上旬到第二年5月中旬均为真姬菇的接种期。菌丝期经越夏管理后，10月上旬至11月中旬为出菇期。如果有空调菇房，主要根据市场需求考虑出菇期。秋播接袋播种期应该选当地气温稳定在15℃左右，往前推移100～120天接栽培袋（瓶）。春播期由于现蕾温度较菇体分化生长温度略高，为促使春季正常出菇，当气温稳定在15℃左右时，往前推移120～150天接种栽培。在季节安排上，可在6月中下旬制原种，7月中下旬制栽培种，8～9月份制栽培袋，10月至第二年4月份为最佳出菇期。

我国南方地区适宜在秋末（10月份）至来年春

初(3月份)出菇，一般在每年9月份气温稳定(最高气温28℃以下时)开始生产菌袋较适宜，9～11月份发菌及后熟培养，11～12月份(最高气温18℃以下)至次年3月中旬出菇较好。我国北方随着纬度的提高相应提前，适宜在春季(3～5月份)和秋季(9～11月份)出菇，在夏季8月至秋季生产菌袋。山东、河南、河北大部分地区一般在8月下旬开始制菌包，8～10月份发菌及后熟培养，11月中下旬～12月中下旬出菇。甘肃、宁夏等省一般在每年5月份以前接种，6月中旬开始制菌包，7～9月份发菌及后熟培养，9月下旬～10月中下旬出菇。东北地区相应更早些。

(二)栽培场地

塑料大棚、空房、地下室和防空洞等均可作为真姬菇的栽培场地。有条件的可利用专业菇房栽培，也可利用清洁、通风、明亮的房间为栽培场所。

(三)栽培方法

栽培方式与平菇相似，可采取瓶栽或袋栽法，在室内菇房或室外拱棚方式栽培。

塑料袋栽培真姬菇比瓶栽普遍，其工艺流程：配料→装袋(瓶)→套圈封口→灭菌→接种→发菌→催蕾→育菇。

采用瓶栽法便于实行机械化操作，出菇整齐，利于管理。此法是日本采用的生产方式，也是目前真姬菇实现工厂化栽培的方式，其工艺介绍详见工厂化栽培部分。

四、接种与发菌期管理

(一)接种

经过灭菌的菌袋，待温度降至60℃左右时及时移至冷却室冷却至25℃以下时接种。真姬菇发菌期较长，接种室必须严格消毒，必须在严格无菌的条件下接种。接种时先将圈口棉塞打开，用消毒镊子取出菌种，在料瓶(袋)内逐一接入1铲菌种。真姬菇的接菌量应多一些，750ml菌种瓶原种可接17cm×35cm×0.05cm 30袋，500ml菌种瓶原种可接25袋，250ml盐水瓶原种可接10～15袋。

接种期宜安排在9月上旬至来年5月中旬。原种可用木屑菌种或麦粒菌种，木屑菌种在菌丝满瓶到90天都可以使用。原种在菌丝长满后7～10天使用最合适。原种用麦粒菌种，用量少，定植快，每瓶栽培种可接30～50袋。

(二)发酵期管理

1. 菌丝培养

接种后的菌袋应及时搬到预先消过毒的发菌室发菌。将栽培袋(瓶)放置于发菌室的培养架上竖立排放。接种后室内温度保持22～25℃，空气相对湿度65%～70%，培养室的二氧化碳浓度应控制在0.4%以下。避光培养。7天后检查，发现有杂菌污染的菌袋，要取出室外处理。待发菌半袋时进行翻堆，翻2～3次。用排气扇进行短时间换气通风，降低二氧化碳浓度，有利于发菌。经过45～55天，菌丝可长满全袋。

发菌期间正值夏秋高温季节，发菌室应选在荫凉干燥地区，以双袋背靠成条堆放，每条堆高7～8层，不可乱放或堆得过多，以利通风养菌。

2. 菌丝成熟

菌袋生理成熟的标志是：菌袋菌丝由洁白转为土黄色，用柳杉木屑的栽培袋则带红色或淡褐色(完全成熟)；菌袋失水，重量变轻；基质收缩成凹凸不平的皱缩状；无病虫害。当达到生理成熟和储存足够的营养物质时才能出菇。

菌丝长满袋时，应将室内温度提高到25～27℃，空气相对湿度提高到70%～75%，通风次数可适当减少。再经过40天左右菌丝开始扭结，浓白，并分泌浅黄色素，菌丝即达到生理成熟。如空气过于干燥，可适当提高湿度至80%，通风量较前稍大。经30天左右，菌袋由洁白色转为土黄色时即达到生理成熟。

3. 越夏管理

9月上旬到来年5月上旬接种栽培袋。菌丝发透达到生理成熟时，正是来年夏季了，处于高温季节。气温高于真姬菇的出菇温度，不适宜出菇，需将菌袋移至较荫凉、干净、通风、避光处存放(越夏)，到气温适宜时(秋天)再出菇。

将生理成熟的菌丝袋移送到出菇房。在室内越夏，栽培袋(瓶)需单行起堆，立放于床架上，注意通风散热。

若在室外越夏，菌袋采用畦面排场或搭双层架排场，卧倒叠放于地沟两侧，分畦埋土越夏，需在室外搭棚。应选择地下水位较高的田块，除草整地后搭草棚，棚宽2.5m，分2畦，上部再搭塑料拱棚，高2.2m，草棚与塑料棚组成复式大棚。

越夏期间，栽培袋(瓶)不能开口，不能破损，必须将袋口扎好，避免杂菌、害虫入侵。

五、搔菌与催蕾管理

(一)搔菌

搔菌目的是刺激料面形成子实体,使原基从料面中间接种处成丛地形成,使以后长出的幼菇向四周发展,形成菌柄肥实、菌盖完整、菌肉肥厚的优质菇。

出菇季节来到后(菌丝达到生理成熟后),取出培养袋,立于地面或床架上,打开袋口,用铁丝耙耙除料面四周0.2cm的老菌丝和菌丝表层,使菌袋端面形成馒头形,耙起的残渣菌丝要倒去。搔菌速度要快,搔菌质量好坏直接影响子实体的形成、产量及质量。若在端面平搔,将使菌蕾细而多,质量差。

搔菌后,依次将 200~300ml 清水注入菌袋,也可直接浸入水池中自行吸水,2~3 小时后,倒去尚未被吸收的水,进行催蕾。

(二)催蕾

搔菌注水后的菌袋放整齐后(立放于菇架或卧倒叠放于地沟菇棚内),袋口覆盖潮湿无纺布(或地膜或粗白布)或报纸(喷水保湿),同时保持菇房温度 10~16℃(降温),空气相对湿度 90%~95%,增加通风量保持空气新鲜,并有一定的散射光(光照 50~100lx),促使菇蕾形成。弱光(光强 10~30 lx 左右)照射约 7 天后,袋口料面可长出一层浅白色气生菌丝,形成一层菌膜。这时,调控 8℃左右的昼夜温差,数天内菌膜渐由白色变为灰色,标志着原基即将形成。此时逐渐加大湿度,提高光照约 50~100 lx,3~5 天灰色菌膜表面出现细密原基,逐渐分化成菇蕾。经 10~15 天,料面上可以看见针头状的灰褐色菇蕾。菌蕾长出褐色球形小菌盖时,可将袋口卷起育菇。

六、出菇期管理

菌丝达到生理成熟后,再移入出菇房,打开袋口立式出菇。菇蕾出现后,揭去覆盖物,适当通风,降低二氧化碳浓度、增加透光度,促进原基分化。控制菇房温度为 13~18℃,空气相对湿度为 85%~90%,CO_2 浓度控制在0.1%,光照强度为 200~500 lx。5~7 天真姬菇即可育成。

为了培育盖厚、质硬、柄短且基部膨大的优质菇,菇房温度保持在 14~15℃,并向地面喷水保持相对湿度,切勿直接向菇蕾喷水,否则易造成烂蕾。加强通风,通风以勤、慢、小、常为主,每天通风 6~8 次,始终保持棚内空气新鲜。适当提高光照强度(500 lx 左右),以促使菇蕾发育长大,抑制菌柄徒长,促进菌盖颜色加深,让菇蕾发育长成商品菇(一般每袋可获 15~20 朵商品菇)。

出菇季节在深秋至春季较适宜,南方地区在 9 月份开始生产菌袋较适宜,而 12 月下旬至次年 3 月中旬室外排场出菇较好。

管理的总要求是:前期拉大温差,适量散射光,促原基大量分化;中期尽量减少温、湿差,保分化原基成熟。后期制造交替温湿差环境,促子实体肥厚。

七、采收与加工

(一)采收

1. 采收标准

采收基本标准是:菌盖上大理石斑纹清晰,色泽正常(颜色变成灰色或灰褐色),形态圆整,具旺盛的生长态势,菌盖未平展,孢子未喷射。

2. 采收时间及方法

真姬菇采收一定要及时,真姬菇自针状子实体形成到采收需 15~18 天(视温度而定,温度高则快,温度低则延期)。搔菌后 21~23 天,即 10 月下旬至 11 月上旬为采收期,11 月下旬采收结束。

真姬菇为丛生状,每丛可长菇 15~20 朵。当其中最大一朵菌盖直径达3.5cm(1.5~4cm),整丛柄长 5~6cm(4~8cm),粗细均匀,即应采收,将整丛菇采下来。采收偏晚,子实体易发苦。

宜在夜晚或清晨采收真姬菇,避免中午或午后采收。采收前 3 天,空气相对湿度应在 85%左右,以延长采收后的保鲜期。采收时,双手横抓菌袋并晃动菇筒,待菇丛松动脱离料面后,一手按住菌柄基部培养料,一手握住菌柄,轻轻地将整丛菇全部采下,取回分朵。采收时要小心,注意不要碰坏菌盖。采下的鲜菇逐丛排放于泡沫箱或塑料周转箱中,小心盛放,不得碰撞、挤压,以防菇体破损或变色。采收时不论大小,一次采完。

第一潮菇采收完后,及时清除料面上残留的菌柄、菌根、碎片和死菇,挖去表层 1cm 培养料,喷足水分后,用无纺布(报纸或塑料薄膜)覆盖菌袋,停水 2~3 天,让料面菌丝充分恢复发菌,再喷水保湿催蕾(补水管理),以便及早转潮,进行第二潮出菇管理。必要时可增喷氮、磷、钾混合营养液增加营养。经 15~20 天第二潮菇蕾就会形成,如前所述继续管理，可采收第3、4潮，有的可采收第5潮菇。一般采2～3潮菇，但产量主要集中在第一潮菇，头潮菇占总产量的70%～80%。真姬菇的管理应首攻头潮菇。

真姬菇产量不太高，一般可采收三潮菇，生物学效率达40%～80%（木屑培养基），最高达80%～100%（棉子培养基）。袋栽较瓶栽产量高。

3. 分级

采菇后剪去带培养料的菇脚及杂物，留菇柄长5cm，然后按菌盖大小分级放置（包装）。真姬菇可分为3个等级：

一级菇：菌盖直径1.5～2.5cm，菌柄长度4cm以下；

二级菇：菌盖直径2.6～3.5cm，菌柄长4cm以下；

三级菇：菌盖直径3.6～4.5cm，菌柄长6cm以下。

（二）加工

采收后的真姬菇以鲜菇或加工品形式供应市场。

1. 鲜菇

真姬菇分级包装后可在冷库存放，于当地市场鲜销（鲜菇装袋出售）或空运出口。可用冷藏技术（冷藏库、冰窖）、低温气调储藏（气调冷库）以及辐照储藏、减压储藏等方式储存。

2. 加工

加工方式很多，真姬菇可加工制作罐头（密封）、盐渍品（高渗透压，需及时煮熟，按每千克熟菇加0.4千克食盐的比例混匀装入大罐中盐渍，一般15天后即可出售）、干品（烘干、脱水干燥）、速冻品销售，也可开发可口的即食休闲食品。

八、工厂化栽培技术

瓶栽法工厂化栽培真姬菇生产工艺流程如下：

原辅材料选择→培养基制作→装料→灭菌→接种→发菌→搔菌、注水→催蕾→出菇→采收→加工。

（一）原辅材料选择

1. 原料

木屑以阔叶树的木屑为宜。采用针叶树木屑栽培时，应注意木屑堆积发酵的程度、木屑粗细的搭配，以及辅料的种类和用量。

2. 辅料

碳源：葡萄糖、淀粉、木糖、麦芽糖等，对真姬菇的营养生长较好，果糖和乳糖对真姬菇生长不利。

氮源：马铃薯提取液及啤酒酵母粉最好，酪蛋白氨基酸、麦芽浸膏、谷氨酸对菌丝生长极不好。

（二）培养基制作

1. 配方

棉子壳40千克，木屑38千克，麦麸10千克，玉米粉10千克，碳酸钙或硫酸钙1千克，石灰1千克，pH为7.5～8，含水量65%。

一般来说，营养添加剂增多后，每瓶真姬菇的产量会相应有所增加，但质量有下降的倾向。再者，如果营养过多，会破坏培养基中氮源和碳源的平衡，发生不良（出菇不好）的可能性明显增多。

2. 堆制与加工的方法：

初堆：堆高3～4m，淋水使木屑含水量达40%～45%，边堆边添加0.5%石灰粉（重量比），堆期20～25天。

首次翻堆：堆高3～4m，淋水使木屑含水量达45%，外层木屑翻至内层或底层，内层木屑翻至外层，续堆15～20天。

二次翻堆：堆高3～4m，淋水使木屑含水量达50%，边堆边添加0.5%熟石灰粉（初堆时的用量），外层木屑翻至内层或底层，内层木屑翻至外层，续堆10～15天。

三次翻堆：堆高同上，水含量50%～60%，续堆7～10天。

（三）装瓶

真姬菇工厂化生产，装料瓶采用800ml的聚乙烯塑料瓶，内容物的重量为550～600g，干料250g左右，培养料含水量为65%。搅拌好的培养料由提升机送至装瓶机的料斗，再由自动装瓶机组自动装料，调节装瓶机组中的打孔机，使孔穴能达到距瓶底2～3mm处，培养料基面距瓶口15mm左右，瓶肩与瓶颈不能有间隙，装料松紧度要均匀一致。菌瓶装好之后，最后由自动加盖机加盖。

(四)灭菌

灭菌的目的不仅杀死存在于培养基内部的微生物,而且还有通过加热加压把培养基变成菌丝易分解和吸收状态的作用。工厂化生产采用高压蒸汽灭菌,主要是依靠提高蒸汽的温度来灭菌的。灭菌时,先将锅内的冷空气全部排除,否则,即使压力表上的压力已达到要求,灭菌锅内的温度也达不到所需的温度。排除冷空气的方法是,加热后压力表上指针上升到 51kPa 时,打开排气阀,放气至指针仍回到“零”的位置。灭菌时间是以排除冷空气后,压力回升到 152kPa 时开始计算。此时温度可达到 121～128℃,在此温度下,维持 1 小时。

灭菌后所有的栽培瓶内部冷却至真姬菇菌丝的培养温度(30℃以下)才能接种。高温接种,真姬菇菌丝的成活很缓慢,还会引起菌丝老化和杂菌侵入。

(五)接种

培养料经高温灭菌后,容易再次感染杂菌,因此,要在无菌条件下进行接种。接种时仔细检查所使用的菌种是否有杂菌污染、生长不良,菌种的菌龄一般界定在发菌满瓶后再加 10～15 天,并伴有生理成熟迹象,菌丝体截面呈淡米色或淡粉油色。临近接种前,用高锰酸钾溶液洗涤原种瓶外壁,接种人员穿戴经过清洗并消毒的衣帽、鞋和口罩,通过风淋室洁净后进入接种室。用自动接种机进行接种。

真姬菇的子实体有先在菌种层上分化出菇的习性,由塑料瓶盖里侧凹下的部分将菌种压成馒头形,并将周围的菌种也由盖子里侧轻压一下。

(六)发菌

1. 调控好温度

真姬菇营养菌丝生长的最适温度,不同品种有所不同,一般为 22～25℃。菌丝生长最旺时,因代谢所产生的热量使培养基内部的温度比瓶子周围的外界温度高 1.5～3℃。同时,因旺盛代谢所产生的二氧化碳使局部的二氧化碳浓度上升。因此,要对培养室内的温度进行调整,降至 20～22℃。

2. 适当通风和黑暗培养

发菌过程中,从瓶中排出的二氧化碳浓度在接种后 17～20 天达到最高。培养室要用热交换式通风装置等,将室内二氧化碳浓度保持在0.4%以下。培养过程中,如室内有光照,馒头型的菌种部分容易发生菇蕾,因此培养过程中要尽力保持黑暗状态(图 66－2)。

图 66－2　真姬菇菌瓶培养(平时不开灯)

菌丝培养是不断增加营养菌丝生物量的过程,在工厂化栽培中,接种 35～40 天菌丝完全长满菌瓶,但真姬菇菌丝发满菌瓶后仍需继续培养 40～50 天,才完成生理成熟(后熟)。后熟期间,培养基的含水量上升变得很缓慢,菌种部分容易干掉,室内空气湿度要维持在 70%以上。

(七)搔菌

搔菌是促进菌床表面形成菇蕾的重要一环,搔菌的好坏影响子实体的形成和产量。搔菌实际上是促进培养料基面受到机械作用的刺激促使菌丝从营养生长向生殖生长转移的作业。用专用搔菌机,将培养料面中央用爪形刀刃旋转压下,将培养基料面四周搔除,形成环沟,环沟距瓶口的距离为 15～20mm,使料面成圆丘状。搔菌后,为了防止出菇初期培养料面过于干燥,向菌瓶内注水,约经 1 小时后倒干净,确保环沟内没有积水。否则,不仅会推迟菌丝的恢复与再生,还会增加受细菌等杂菌污染的概率。

(八)催蕾

催蕾是通过温度、湿度、通风、光线等调节,促使真姬菇尽快现蕾的一种出菇方法。搔菌、注水、排水结束后,把栽培瓶放在 14～16℃、相对湿度 90%以上的环境中,使菇蕾形成。从搔菌到催蕾这段时间,要用有孔的塑料薄膜等做覆盖材料,既能表面保湿,又能通风换气。室内二氧化碳浓度控制在0.1%～0.2%。控制光照,菇蕾发生初期需 1～10 lx,菇蕾发生中后期需 50～100 lx 的光照,进行间歇控制(图 66－3)。

图 66—3　真姬菇催蕾

(九)出菇

1. 温度

真姬菇子实体在 8～22℃的范围内均能生长，8～10℃的温差刺激有利于子实体的快速分化，增加菌芽密度。子实体分化发育的适宜温度为 12～18℃，最适为 14～16℃，在 8℃以下、22℃以上难以分化出子实体。成期以后，在 5～8℃的低温和 22～25℃的高温下，仍能够缓慢生长，但长期处于这种逆境下，子实体会出现变态现象。低温造成菇盖畸形、大脚菇；高温使菇柄徒长，菌盖下垂，菇盖开伞很快，盖的厚度变薄，颜色变淡变白。在管理中，当原基或菇蕾出现以后，栽培库房的温度应控制在 14～16℃。

2. 空气湿度

子实体分化发育期间空气相对湿度控制在 85%～95%。生产中发现真姬菇蕾期对空气湿度要求较子实体生长期高，将空气相对湿度提高到 90%～95%。如空气湿度不足，子实体难以分化，甚至导致菇蕾死亡，即使成盖后若空间湿度不足，也会使生长正常的幼菇变成黄化菇。但在子实体生长发育过程中，长期过湿的环境也影响子实体的正常发育，生长缓慢，菌柄发暗，苦味变重，易受病虫害侵袭，出现菇上长菇的现象。

3. 气体

二氧化碳浓度控制在0.3%以下。

4. 光照

真姬菇菇蕾的形成易受光线的影响。无光线条件下，不形成菇蕾，近黑暗条件下菇蕾出现缓慢并伴有气生菌丝出现，形成一层薄薄的菌丝层，由白色转至近灰色，其后再形成许多细小的原基。菇蕾形成的初、中期需要 50～100 lx 的光照，菇蕾出现的后期需要 100～200 lx 的光照。栽培房内应每天开灯 10～15 小时，白天关灯，晚上开灯或者间歇开关灯。要得到菇盖颜色较深、菇柄与菇盖比率适中、菇柄长度和粗度相宜的产品，栽培房的光照强度要求更高，至少在500 lx以上。

(十)采收

适时采收和认真细致的分级是提高真姬菇商品价值的重要环节。

1. 适时合理采收，保持真姬菇耐储性

真姬菇采收的基本要求是适时、无伤、无病虫害。采收太早，子实体未充分发育，影响风味和产量；采收太晚，子实体老化变质，丧失食用价值。采收时要求轻采、轻拿、轻放，尽可能减少机械伤害，同时剔除病菇、虫菇。

真姬菇长到一定标准时，即菌盖 1.5～4cm 时应及时采收。搔菌后20～23 天即进入采收适期(图 66—4)，一般一个栽培库房从零星采收到采收结束需 3 天时间。由于真姬菇的工厂化高效栽培讲究提高栽培库房的利用率，增加生产茬次，所以仅采收一潮菇。

图 66—4　适宜采收的真姬菇

2. 分级

商品真姬菇分级标准可分为 3 个等级。一级菇：菌盖直径1.5～2.5cm，菌柄长度 4cm 以下；二级菇：菌盖直径2.6～3.5cm，菌柄长 4cm 以下；三级菇：菌盖直径3.6～4.5cm，菌柄长 6cm 以下。

需要说明的是，目前的真姬菇大多是整丛菇包装鲜销。

(十一)加工

1. 降低呼吸强度，延缓真姬菇变色

真姬菇在储藏过程中，营养物质的损耗和菇

体变色是导致其品质劣变的主要原因。真姬菇采收后立即送进保鲜库中，在0～5℃条件下储藏，以降低呼吸强度，延缓变色过程，减少营养物质损耗，从而获得良好的保鲜质量。

2. 加工过程应严格消毒管理，严防病原菌侵染

采收前已经潜伏的病原菌在采摘后，往往由于环境条件的改变，菇体耐储性和抗病力的降低，使病害泛滥，导致保鲜失败。在采收前，要做好人员、器具及场所的消毒工作，严防病原菌侵染。

九、常见病虫害防治

（一）绿霉

真姬菇在下地排场催蕾时，一些菌袋表面会发生绿霉，应及时挖除并用手提式喷雾器喷600倍多菌灵药液，防止进一步扩展。还可用5%苯酚（石炭酸）或2%甲醛、50%多菌灵可湿性粉剂2 000倍液、70%甲基托布津可湿性粉剂100～140g或0.2%～3%高锰酸钾溶液喷雾。往污染处撒石灰粉，防治效果也很好。

（二）野蛞蝓

在田间畦栽时，蛞蝓发生较多。该虫白天躲藏于土层下，晚上出来取食菇体，造成缺刻，影响质量。防治方法：采用3%密达颗粒剂，散撒于畦面土壤上诱杀。

（三）菇蝇

当菇体采收时会吸引菇蝇成虫进入菇棚。成虫在菇体上产卵，孵化后形成虫蛆危害菇体，影响产量。防治方法：用0.5%敌敌畏喷杀或25%功夫菊酯1 000倍液、50%锌硫磷乳油1 000～1 500倍液对菇棚四周喷雾，杀死菇蝇成虫，减少虫量，控制危害；也可用菇虫净、锐劲特等农药防治；用黑光灯诱杀效果也不错。

（四）菇螨

用菊乐合酯1 500倍液、螨特500倍液、48%毒死蜱乳油1 000倍液喷雾杀螨或用洗衣粉400倍液连续喷雾2～3次。

其他的防治方法与措施，请参阅本书《食药用菌病虫害防治》一章。

第四节 真姬菇的营养与药用价值

一、营养价值

通过对真姬菇子实体中粗蛋白、粗脂肪、多糖、总糖、灰分等营养成分测定，表明真姬菇营养种类齐全，具有较高的营养价值。据报道，每100g新鲜子实体含水分89g、粗蛋白3.22g、粗脂肪0.22g、粗纤维1.68g、糖类（碳水化合物）4.56g、灰分1.32g、磷130mg、铁14.67 mg、锌6.73 mg、钙7.0mg、钾316.9mg、钠49.2mg；还含有维生素B_1 0.64mg、维生素B_2 5.84mg、维生素B_6 186.99mg、维生素C 13.8mg；含17种氨基酸，占干重13.27%，其中8种人体必需氨基酸占其氨基酸总量的38.80%。真姬菇菌盖中的天冬氨酸、天冬酰胺、谷氨酸等游离氨基酸含量高于菌柄，而菌柄中鸟氨酸、海藻糖、甘露糖醇多糖、蛋白质等含量高于菌盖。Akira Harada等研究发现，子实体开始分化后的第25天，天冬氨酸和谷氨酸含量最高。随着子实体的发育，在菌盖和菌柄中，谷氨酸最多分别能下降65%和70%。在子实体分化后的第27天，鸟氨酸的含量最大，与子实体的苦味有关的疏水氨基酸在子实体分化后第29天达到最大。可以通过调整子实体的采摘时间选择子实体的风味。

（一）蛋白质和氨基酸

干真姬菇子实体中的粗蛋白含量在25%左右，其中含有常见的17种氨基酸，氨基酸总量为14%左右，并含有8种人体必需氨基酸，总含量约为5.3%，10种非必需氨基酸含量约为8.7%；8种必需氨基酸占整个氨基酸总量的38%。真姬菇子实体中含量最高的氨基酸是谷氨酸（2.1%）和天冬氨酸（1.5%），这两种物质通常是食用菌的呈鲜物质，这也正是真姬菇之所以具有较强鲜味的原因。与其他常见食用菌相比，真姬菇子实体中的人体必需8种氨基酸占其氨基酸总量的比重稍偏低，但氨基酸的总含量与其他食用菌相比处于中等水平。

（二）不饱和脂肪酸

不饱和脂肪酸是脂肪中的“上品”，它不会像饱和脂肪酸那样造成人体发胖、血脂升高等，反而会显著降低人体内血脂的含量，并能有效控制人体胆固醇含量，对人体的新陈代谢有着良好的补

充作用。实验证明，用不饱和脂肪肪酸代替膳食中的饱和脂肪酸，血浆中的总胆固醇和低密度脂蛋白胆固醇含量会明显降低。在饮食中经常摄入不饱和脂肪酸，可以有效地预防心脑血管疾病、动脉粥样硬化、皮肤粗糙、高血压等。真姬菇所含的脂类包括脂肪、磷脂和甾醇等。脂肪类物质主要是油酸、亚油酸等一些不饱和脂肪酸。真姬菇中不饱和脂肪酸含量极为丰富，约占其干重的8.0%左右。

(三)矿物质与维生素

真姬菇子实体含有丰富的矿物质元素，子实体中所含对人体有益的大量元素包括 K、Ca、Na、P、Mg 等，这些大量元素的总量为28.3g/kg，其中K元素含量尤为突出；对人体正常生理生化代谢必不可少的微量元素 Se、Fe、Zn、Mn、Cu 的总量约为 458.7mg/kg。矿物质元素对人体的生命合成、细胞代谢及生理功能起着十分重要的作用。人体内的常量元素，如 C、H、O、N、Ca、Mg、K、Na、P、S、Cl 等，是生命活动和生长发育及维持体内正常生理功能所必需的元素，也是维系人体美和健康不可缺少的物质。除此之外，人体还需要 Fe、Zn、Se、Mn、Cu 等多种微量元素。它们在生物体内是各种激素、维生素、酶及核酸的重要组成部分，是许多酶系统的活化剂或辅助因子，甚至是组织的构成部分，参与生命物质的新陈代谢。一般 K、Na 等元素在食物中并不缺乏，而 P、Ca 特别是 Mn、Zn、Fe、Se、Cu 等元素在一般食物中不富足，真姬菇子实体中富含这些对人体新陈代谢和生长发育有重要作用的多种矿质元素，且其含量较其他常见食用菌中的含量要丰富。

在真姬菇子实体所含维生素中，B 族维生素种类包括维生素 B_2、维生素 B_6、叶酸、生物素、烟酸，总含量为 1935.8mg/kg。烟酸含量最大，达到1640.0mg/kg，较其他食用菌中的含量高很多；而脂溶性维生素 A、维生素 E 含量相对较低，分别为1140.0IU/kg 和 7.3IU/kg。B 族维生素是很多酶的辅酶，参与代谢，在人体正常代谢中起着重要作用。维生素 E 是细胞膜内重要的抗氧化物和膜稳定剂，在维持肌肉组织的正常机构和代谢，特别是在肌肉收缩期间的能量供给、钙离子摄取和释放过程中起着重要的作用。维生素 A 不但能保护皮肤、黏膜、骨骼、牙齿、毛发健康成长，而且能促进视力和生殖功能的良好发展。烟酸对维持皮肤、神经和消化系统正常功能起着重要作用，还有扩张血管和防治癞皮病的功效。真姬菇中所含维生素在食品营养上有着积极的意义。

二、药用价值

真姬菇还具有较高的药用价值。真姬菇中含有许多有重要生物活性的物质，如核糖体抑制蛋白、胶原质结合蛋白、多糖、木质素样物质和血管紧张素转换酶抑制剂等。

(一)多糖

真姬菇多糖多由子实体提取而得。子实体热水提取物和有机溶剂(甲醇和乙醇等)提取物具有清除体内自由基、防止便秘、抗癌防癌、降血压、提高免疫力和延缓衰老等功效。从真姬菇子实体中提取的真姬菇多糖 β-1,3-葡聚糖具有很高的抗肿瘤活性，热水提取物对肺癌的抑制率 100%，且分离得到的聚合糖酶的活性也比其他菇类高很多。

自由基被认为是人体衰老和某些疾病发生的重要原因。在各种自由基中，以超氧自由基(O_2^-)和羟自由基(-OH)对机体的危害最大。马晓华和连宾(2005)运用凝胶柱层析分离出的多糖组分对超氧自由基(O_2^-)和羟自由基(-OH)均有较好的清除作用。

真姬菇多糖对癌细胞具有抑制作用可能是由于它所具有的免疫调节活性或抗氧化活性。究竟是哪种成分起到清除羟自由基的作用，它们对人体内其他自由基(如超氧自由基、过氧化氢、单线态氧等)是否也有明显的清除作用，还需要从浸提液中将这些抗氧化物质提取、分离、纯化并进一步分析研究。

(二)核糖体抑制蛋白 hypsin

hypsin 是从真姬菇的子实体中分离出的一种热稳定的具有核糖体抑制作用的抗真菌蛋白质，SDS-聚丙烯酰胺凝胶电泳和 Superdex 75 凝胶层析测定结果都表明 hypsin 的相对分子质量为 2万，不含有二硫键连接的亚基，具有 *N*-糖基化、转译抑制性、抗肿瘤细胞增殖和抗真菌等生物活性。Lam 等发现，hypsin 能抑制老鼠白血病细胞、人白血病细胞和恶性肿瘤细胞的生长，也能抑制HIV-1反转录酶的活性和小鼠脾细胞的增殖。在微摩尔浓度下，hypsin 也表现出很好的抗肿瘤细胞增殖活性，与天花粉蛋白(植物核糖体抑制蛋白)相比，具有更强的抑制活性和更好的热稳定性。

(三)胶原质结合蛋白

HM23 是从真姬菇子实体中分离出来的一种胶原质蛋白。凝胶层析表明它的相对分子质量为

2.3万，不含二硫键连接的亚基，具有阻止癌细胞入侵和转移等生物活性。癌细胞和内皮基质膜的相互黏合在癌细胞的入侵、生长过程中是非常重要的一步。HM23之所以能够抑制癌细胞的生长正是它能和内皮基质膜结合，从而阻止癌细胞和内皮基质膜的结合，以此达到抑制癌细胞入侵和生长的目的。

另外，还从真姬菇子实体中分离出另外一种胶原质结合蛋白，相对分子质量为4.1万，具有阻止癌细胞的入侵和转移等生物活性，但其抑癌机制有待进一步研究。

(四)木质素样物质

从真姬菇热水提取物中分离到一种水溶性的木质素样物质，能抑制 HIV-1 蛋白酶活性。Maruyama 等发现，它的脱氢二聚体是木质素的模型化合物，按此合成木质素并将它水解成不同的片段，按照相对分子质量的大小将其分为4个不同组分：相对分子质量＞3万、3万～1万、1万～0.1万、500～1 000，这些组分对 HIV-1 蛋白酶都有抑制活性。

(五)麦角甾醇

用甲醇和乙酸乙酯作为提取溶剂，从真姬菇子实体中提取得到麦角甾醇和麦角甾醇过氧化物两种物质。这两种物质都能抑制由12-O-十四酰佛波醇-13-乙酸盐诱导的小鼠耳炎。另外，麦角甾醇能够显著抑制肿瘤生长，它可以作为有效的抗癌物质。

(六)血管紧张素转换酶抑制剂(ACEI)

血管紧张素转换酶抑制剂(ACEI)在高血压和心力衰竭的治疗中起了重要作用。它能有效降低血压，减慢高血压和糖尿病患者肾功能的衰退，并且代谢不良反应较少，对严重心力衰竭患者能缓解其症状，延长寿命。对轻中度心力衰竭患者能有效降低在心力衰竭治疗过程中由于应用利尿剂造成的死亡率和致残率。世界卫生组织将其推荐为抗高血压治疗的一线药物。Ikemizu 等(1996)用水作为提取剂从真姬菇子实体和菌丝体中提取到 ACEI，它可以作为安全的抗高血压药物使用，也可以开发为保健食品。

此外，真姬菇中含有较为丰富的维生素C、黄酮、皂苷、总酚、胆碱、SOD、CAT 等天然抗氧化活性物质，其中以维生素C和胆碱的含量尤为丰富。它不仅具有较高的营养价值，还具有重要的食疗和保健功能，可以用于开发真姬菇药物与功能性食品。

第五节 展 望

真姬菇原系北温带的优良食用菌，一般于秋季群生于山毛榉等阔叶树枯木或活立木上，自然分布于日本、欧洲、北美和西伯利亚等北温带地区，是一种著名的珍稀药食两用菌。真姬菇味道鲜美，口感鲜嫩，营养丰富，还具有一定的药用价值。真姬菇不但富含蛋白质、种类齐全的氨基酸和维生素，而且含有抗肿瘤成分，具有增强免疫力、预防衰老、延长寿命的功效，是高蛋白、低脂肪、低热量的保健食品，是食用菌中的珍品，风靡美、日、韩等国家。在我国，真姬菇也成为超市的高档菇。

20世纪70年代人工栽培获得成功。目前国内外对真姬菇的研究主要集中在生物学特性、营养与药理作用、工厂化生产、栽培育种、液体发酵等方面。

一、液体发酵条件

真姬菇具有良好的营养和药效价值，已经从真姬菇子实体中提取分离到多种类的生物活性物质，但真姬菇子实体培养时间长、成本高、难度大，因而严重制约了真姬菇活性物质的大规模开发利用。利用生物发酵工程获得菌丝体和发酵液为原料提取多糖等生物活性物质，条件可控、生产周期短、产量高、成本低、药效稳定。建立真姬菇液体发酵工艺，将有力地促进真姬菇的深加工。黄清荣等(2005)通过真姬菇摇瓶培养，筛选出最适合真姬菇生长的碳源、氮源、无机盐及碳氮比。结果表明，最适宜的碳源是可溶性淀粉，最适宜的氮源是麦麸，最适宜的无机盐是硫酸镁，最适宜的碳氮比是40∶1～60∶1。通过探讨真姬菇深层培养的最佳条件，筛选出真姬菇最适液体培养基为：马铃薯20%、红糖2%、酵母粉0.2%、$MgSO_4$ 0.05%、KH_2PO_4 0.15%。2006年他们又通过采用摇瓶培养方法对真姬菇深层培养的最佳条件进行了研究。结果表明，真姬菇深层培养的最佳条件是：转速120转/分钟，温度25℃，pH为4.0～7.0，接种量为15ml左右(500ml锥形瓶，150ml/瓶装量)，发酵终点为培养后7天。

二、生物活性物质的提取

真菌多糖提取通常采用热水浸提、溶剂提取和酶法浸提。热水浸提工艺简单，提取的主要是胞外多糖，得率较低。溶剂提取法多采用酸性或碱性物质，可能会对多糖的生物活性及其结构有一定的影响。而酶法浸提常采用纤维素酶、果胶酶和蛋白酶以除去胞壁和膜上的果胶、纤维素及蛋白质等成分，有利于胞内多糖的溶出，使多糖的提取率提高。但由于提取过程需要加酶，不仅生产成本高，同时也给产物的分离带来困难。姜华等(2007)先用超声波破壁，然后再用热水浸提的方法提取真姬菇多糖，不仅可显著提高多糖的得率，而且由于超声波破壁属于机械破壁，不但节省溶剂，而且操作简单。李顺峰等(2008)对真姬菇多糖提取工艺进行了研究，在浸提温度95℃、浸提时间2.84小时、液固比11.6∶1条件下，多糖得率达4.47%。

三、新品种选育

随着育种工作的进展，已经选育出许多栽培周期较短的真姬菇菌种，这对真姬菇的栽培十分有利。真姬菇真02菌株是福建省蚕桑研究所食药用菌研究室张惠珍等(2004)从国内外收集的8个真姬菇菌株中筛选出优良菌株，适宜生长发育温度13～18℃，在栽培过程中不易发生病虫害，采后的菌袋不易被绿色木霉等杂菌侵害，在形态、色泽、口感、产量等方面表现出明显的优势。真姬菇4号是由福建省三明市三真生物科技有限公司从真姬菇优良菌株选育，永安市食用菌站于2000年引进试种，经过3～4年的试验、示范栽培，该菌种的生物特性、产量及品质均优于其他真姬菇菌种，尤其是耐高温，出菇快、集中，效益高等方面表现突出，非常受菇农的欢迎。据不完全统计，2004年栽培86.5万袋，取得了相当高的经济效益。福建省三明真菌研究所建立了食用菌高温期栽培专用高温冷库，培育出了真姬菇4号菌株，适合高温期冷库栽培。

国内学者也选育出适合于液体发酵的真姬菇优良菌株。王萍和师俊玲(2008)从5株真姬菇菌种中筛选出1株在液体培养中生长良好、多糖产量高的菌株；朱国振与阎培生等(2009)通过对18个菌株的发酵性状分析，筛选出菌丝分泌多糖能力强、胞外多糖产量和总多糖产量都高的菌株，为进一步通过发酵工程制备真姬菇多糖打下了坚实的科学基础。

参 考 文 献

[1] KIRK P M, CANNON P F, DAVID J C, et al. Ainsworth & Bisby's Dictionary of the fungi[M]. 9th ed. Wallingford: CAB International, 2001.
[2] 郑宇，林兴生，陈福如. 真姬菇生物学特性研究初报[J]. 食用菌，2001(3)：12-13.
[3] 程继红，冯志勇，高君辉. 米糠添加量对真姬菇产量和品质的影响[J]. 食用菌学报，2004，11(1)：42-45.
[4] 金群力，孙培基. 高分子吸水材料对真姬菇发菌的影响[J]. 浙江农业科学，2001(4)：161-163.
[5] 郑永标，江枝和. 培养料pH对真姬菇生长的影响[J]. 食用菌，2001(1)：9-10.
[6] 暴增海，柳焕章，李月梅. 食用菌栽培原理与技术[M]. 北京：中国标准出版社，2006.
[7] 程继红，冯志勇，高君辉. 栽培种培养时间对真姬菇产量和质量的影响[J]. 食用菌学报，2003，10(2)：45-49.
[8] 林汝楷，魏仕春，上官舟建. 真姬菇的冷库栽培技术[J]. 三明农业科技，2003(2)：10-11.
[9] 杨敬先，高世海，于莹光. 真姬菇多潮高产栽培技术[J]. 中国食用菌，2005，24(1)：28-29.
[10] 王志强. 真姬菇高产优质栽培技术[J]. 食用菌，2006，28(3)：58-60.
[11] 赵斌清，龚凤萍，杨敏. 真姬菇高产栽培技术的研究[J]. 中国农村小康科技，2006(2)：48-50.
[12] 张义听. 真姬菇高产栽培技术[J]. 北方园艺，2005(6)：91.
[13] 沈淑平，覃江霞. 真姬菇母种培养基的筛选试验[J]. 植物医生，2004，17(2)：24-25.
[14] 黄清荣，杨立红，钟旭生，等. 真姬菇深层培养碳氮源及无机盐的优选[J]. 湖北农业科学，2005(6)：79-81.
[15] 王耀松，邢增涛，冯志勇. 真姬菇营养成分的测定与分析[J]. 菌物研究，2006，4(4)：33-37.
[16] 林友照，出小平. 蟹味菇生物学特性研究与最适培养料筛选[J]. 中国食用菌，2007，26(6)：29-31.
[17] 姜华，蔡德华，张华卫. 真姬菇子实体粗多糖提取条件试验[J]. 食用菌，2007`(3)：55-56.

[18] 李顺风,刘兴华,张丽华,等.真姬菇子实体多糖的提取工艺优化[J].农业工程学报,2008,24(2):281-284.

[19] LAM S K, NG T B. Hypsin. a novel thermostable ribosome-inactivating protein with antifungal and Antiproliferative Activities from fruiting Bodies of the Edible Mushroom Hypsizigus marmoreus[J]. Biochem Biophys Res Commun,2001,285(4):1071-1075.

[20] TSUCHIDA K, AOYAGI Y, ODANI S, et al. Isolation of a novel collagen-binding protein from the mushroom, Hypsizygus marmoreus, which inhibits the lewis lung carcinoma cell adhesion to type IV collagen[J]. J Biol Chem, 1995, 270(4): 1481-1484.

[21] LIOTTA L A, RAO C N. Biochemical interactions of tumor cells with the basement membrane [J]. Annu Rev Biochem, 1986,55:1037-1057.

[22] SHOJI Y, ISEMURA M, MUTO H, et al. Isolation of a 41-kDa protein with cell adhesion activity for animal cells from the mushroom hypsizygus marmoreus by affinity chromatography with IV collamobilized[J]. Biosci. Biotechnol. Biochem, 2000, 64(4): 775-780.

[23] IKEKAWA T, SAITOH H, FENG W, et al. Antitumor activity of Hypsizygus marmoreus I: Antitumor activity of extracts and polysaccharides[J]. Chem Pharm Bull,1992,40(7): 1954-1957.

[24] 王萍,师俊玲.真姬菇液体培养用菌种及其营养因子筛选[J].食品与发酵工业,2008,34(3):70-73.

[25] 朱国振,阎培生,曹立新,等.液体发酵真姬菇多糖高产菌株的筛选[J]. 食用菌,2009(4):22-23.

[26] 张惠珍,谢福泉,蒋陈军,等.真姬菇真 02 菌株的生物特性及栽培技术要点[J].食用菌,2004,26(4):12-13.

[27] MATSUZAWA T, SANO M, TOMITA I, et al. Studies on antioxidant effect of hypsizygus marmoreus I: effects of hypsizygus marmoreus for antioxidant activities of mice plasma[J]. Yakugaku Zasshi,1997,117(9):623-628.

[28] YASUKAWA K, AOKI T, TAKIDO M. et al. Inhibitory effects of ergosterol isolated from the edible mushroom Hypsizygus marmoreus on TPA induced inflammatory ear edema and tumor promotion in mice[J]. Phytother Res,1994,8(1):10-13.

[29] 上官舟建,林汝楷,张运茂.真姬菇生物学特性的研究[J].食用菌学报,2004,11(4):1-7.

[30] 江日仁,梁枝荣.某些外界因子对真姬菇菌丝体生长的影响[J].微生物学通报,1993,20(1):4-6.

[31] 陈福如,李开本.真姬菇生长发育条件研究[J].江西农业大学学报,1999,21(4):516-518.

[32] 周军,张利华,朱秀芳,等.真姬菇设施栽培技术[J].现代农业科技,2006(3):54-55.

[33] 郑峻,林友照,胡开辉.真姬菇工厂化栽培关键技术[J].福建农业,2006(8):18-19.

(阎培生、郭长禄、王俊沪、张炳照)

第六十七章 正红菇

DILIUSHIQIZHANG ZHENGHONGGU

摘要：正红菇（*Russula griseocarnosa*）是目前仅知分布在中国部分地区的红菇属新种。它不仅美味，更是营养保健的野生菇。由于其独特的营养价值和保健功能，正红菇的价值甚至超过了世界著名的松茸、美味牛肝菌和松乳菇。本章主要介绍正红菇的分类史、生态习性、林区增产技术、人工仿野生栽培及工厂化培育的研究与进展。

Russula griseocarnosa

Abstract: *Russula griseocarnosa* is a relatively newly recognized edible representative of the genus Russula found distributed only in some parts of China. It is a delicious and healthy wild mushroom. The market price of *R. griseocarnosa* is higher than many better known mushrooms such as *Tricholoma matsutake*, *Boletus edulis* and *Lactarius deliciosus* due to its special nutritional value and health-promoting functions. This chapter describing in detail various aspects of *R. griseocarnosa* including taxonomy, ecological habitats and enhancement, domestication, and industry-scale production.

第一节 概 述

一、神秘的正红菇

正红菇是一种在中国及东南亚部分地区深受人们喜爱的野生食用菌，其最大的特色是对妇女产后失血、恶露不尽等疾病有独特的食疗效果，被乡间村民视为奇宝，是产妇坐月子十分需要的营养品。现代科学研究也证实了正红菇不仅富含多种人体必需氨基酸、多糖、脂肪酸，而且确实对恢复大鼠失血性贫血有显著作用，还有降低胆固醇、护肝保健及抗癌等效果。《中华本草》记载正红菇具“养血、逐瘀、祛风。主血虚萎黄、产后恶露不尽、关节酸痛”等功能。

正红菇不仅有食疗效果，而且是美味菜肴。《八闽通志》将正红菇与香菇、木耳同列于“食贷”“蔬之属”中，说明正红菇作为菜肴已经有悠久的历史了。正红菇是一种与壳斗科树共生的外生菌根菌，仅在壳斗科阔叶纯林或针阔、竹阔混生林中可以采到，产量稀少。

正红菇与壳斗科的椎、栲细根共生，生长在热带、亚热带阔叶林独特的高温高湿环境下，延伸编织地下菌丝网，每年的端午节、“七月半”、“中秋节”，逢两场透雨或雷阵雨，温、湿条件适宜时冲土而出，遍地似小红伞。产期集中是正红菇成为珍贵野生食用菌的重要特征之一。

正红菇生长地呈现一定的区域性分布。产地百姓称每年出红菇的山为“红菇山”，出红菇的独特地点为“红菇窝”，在这些“红菇窝”每年出菇季节都可以采集到正红菇，产地稳定是正红菇珍贵的另一重要特征。与“红菇窝”紧密相关的树叫“红菇树”。砍了棵“红菇树”，次年就少了个红菇窝。但过几年砍倒的“红菇树”旁的椎栲树长成大树，又会形成新的“红菇窝”。只要是红菇山，就会有红菇窝，甚至经过一场山火或砍伐后，所有的椎栲树都没了，但只要新的椎栲树又长成大树，其林下又会出现“红菇窝”。甚至在这中间经历过一期十几年的纯杉树林占有，一旦又形成椎栲林，山上就又会有“红菇窝”。虽然无花无种，但却是传宗接代的始祖地。

正红菇的神秘还在于识别上的难度。红菇盛长期，满山遍野都是红菇，除了正红菇外，还有“大红菇”、“满山红”、“柯红”、“苦红”等，这些红菇形态上仅细微区别，几乎与正红菇同时出菇，且长在红菇窝附近甚至当中，与正红菇形态接近的菇有十几种，包括毒红菇。

二、正红菇的学名及分类地位

正红菇又名：大红菇、大朱菇、大红蕈、大红菌、红菇、真红菇、胭脂菇、红椎菌等。

学名：*Russula griseocarnosa* X. H. Wang, Zhu L. Yang, Y. C. Li, Knudsen & P. G. Liu, *Nova Hedwigia* 88(1-2)：269－282(2009)。

分类地位：菌物界(Fungi)，担子菌门(Basidiomycota)，伞菌纲(Agaricomycetes)，红菇目(Russulales)，红菇科(Russulaceae)。

红菇属是一个很大很难分类的属，有 2 239 个种名，剔除可疑及错误的名称后，估计有 750 个种。更为困难的是，由于生态条件的差异，同一菌的形态及颜色会出现差异，从而导致大量的错误命名。近年来，DNA 技术迅猛发展，尤其是 DNA 序列分析在分类学上的应用，大大改观了分类上的尴尬境况。

红菇属命名新种的重重困难，使正红菇在不同的历史阶段有着不同的种名。

1. 正红菇的形态与习性

正红菇子实体在壳斗科林下散生或群生。每年夏秋季有 3 次或 4 次集中出菇。幼时呈钢盔状，成熟后平展到中间浅凹，表面湿时稍黏，大红色或胭脂红色，中央暗黑红色，菌盖 2/3 处有较明显的同心皱纹，菌盖较不易纵裂。菌盖肉白色至浅灰色，近表皮处有时浅红色。菌褶洁白，平生，近缘端稍带浅红，脆但比绿红菇稍韧，不等长，少有分支。干后银灰色略带铁蓝色。菌柄圆柱形，白色或有红色斑，柄实心，菌肉白色或稍带浅灰。孢子印银白色至浅银灰色，孢子 7～8μm×8～13μm，表面有小疣，囊状体梭形，25～127μm×9～13μm。

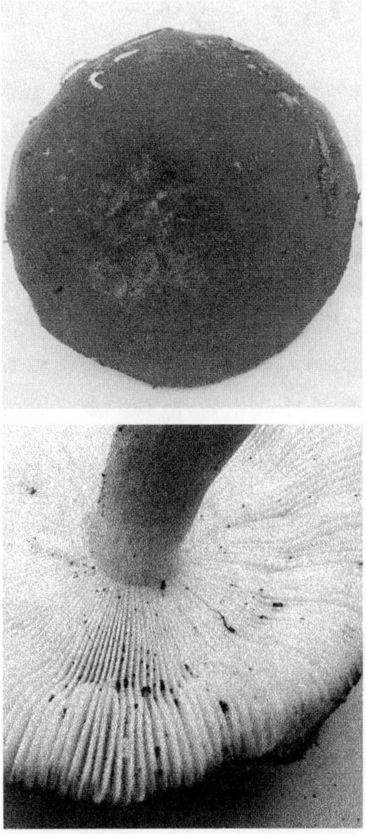

图 67－1 正红菇子实体腹面菌褶及其孢子的电子透镜照片

2. 正红菇的命名

①在 20 世纪 50 年代前后曾被定名为 *Russula rubra*(Krombh.)Bres(图 67－2)，中文名大红菇(*R. rubra*)，孢子印黄色，味辛，有追风、散寒、舒筋、活络作用，明显区别于正红菇。

图 67－2 *Russula rubra* (Krombh.)Bres 的子实体

②1979 年曾定名的 *Russula vinosa* lindbl，此后直至 2008 年，中国大陆发表的正红菇文章多数使用这一欧洲红菇种名。*Russula vinosa*(图 67－3)在形态上与正红菇十分接近，但该种与正红菇的最大区别有两点：一是该种并不好吃；二是 *Russula vinosa* 仅共生于针叶树上而不共生阔叶树，而正红菇却仅与壳斗科林共生，不与针叶林共生，且香甜美味。

③2008 年，王向华、杨祝良等人命名中国正红菇为一新种 *Russula griseocarnosa* X. H. Wang, Zhu L. Yang & Knudsen(图 67－1)，主要特征描述和 Russula vinosa 十分接近，区别是菌盖 2/3 处有同心细纹，(菌盖及柄的)菌肉为浅灰色，且 DNA 序列分析显示两者区别明显。

图 67－3 *Russula vinosa* Lindbl 欧洲种的子实体

上述3个为正红菇在不同历史阶段主要使用的学名，另有一些易混淆的种名列举如下。

图 67－4 *Russula alutacea* (Pers) Fr 大红菇、革质红菇

④*Russula alutacea* (Pers) Fr(图 67－4)，中文名大朱菇，又叫革质红菇，孢子印黄色。

⑤*R. lepida*(图 67－5)，中文名红菇、美丽红菇、满山红。菌盖珊瑚红色，边缘杏黄色，部分或全部退至粉肉桂色或淡白色，带辛辣味或薄荷味，孢子印黄色。在壳斗科林普遍发生。

图 67－5 Russula lepida Fr. 鳞盖红菇

⑥美红菇(*Russula puellaris* Pr)。广东封开县妇女用于坐月子用的补血品，李泰辉教授暂定为美红菇或红菇新种。菌褶白色，干后乳黄色，而正红菇干后灰褐至铁蓝色。担孢子大小也略有差异。

正红菇命名争议以中国一新种告一段落。这是对中国学者长期以来对正红菇价值研究及菌种开发活动的一种确认。

第二节 正红菇的生态习性与培养性状

正红菇以壳斗科阔叶林为依存林，包括以单种或多种壳斗科树为主的常绿阔叶林、松树与壳斗科树混交的针阔混交林、竹与壳斗科树混交的竹阔混交林。并非所有壳斗科林下均可采集到正红菇的子实体。

产量高的正红菇林一般为原生林或20～40年生天然次生林，分布于自然保护区、生态公益林区、风水林以及偏远山区。红菇山的海拔高度在70～1 100m，福建省内采集量高的红菇山海拔高度集中在180～350m范围内。正红菇的发生与坡向无关，春末夏初频繁的雷阵雨有利于提高正红菇产量。红菇采集量与坡度没有关系，但与坡位有一定关系。过干的山顶、过湿的山脚或山坳较少发生正红菇子实体，中下坡是发生正红菇子实体最多的地方，且单朵重也高。

从群落结构看，正红菇林的群落生长茂盛，外貌呈暗绿色，郁闭度0.7～0.85。生长正红菇的乔木层以壳斗科为主，其中柯、石栎、米槠、格氏栲、甜槠、苦槠、红椎、栲树、烟斗石栎、水青冈等较多，如以红菇质量好、产量高而著名的福建省邵武市金坑乡的栲树林；三明市莘口镇的格氏栲林；建瓯下坑乡的拉氏栲-罗浮栲-南岭栲林；永安洪田镇的甜槠-闽粤栲林；建阳小湖镇的甜槠林；安溪丰田乡的东南锥-丝栗栲；新罗区万安镇的米槠林；莆田大洋乡的红椎林、米槠林；广西省容县、浦北的稠锥-红锥林；广东省封开的柯-石栎林等。

对红菇林群落结构深层次的调查表明，壳斗科树一定是群落中的优势种群。涂育合等调查的供试林内共查到29个乔木树种，其中重要值在10%以上的种群有9个，栲(*Castanopsis fargesii* Franch.)的重要值最大，为86.54%，占绝对优势，其相对显著度高达55.11%，在群落中起主要作用。其次是罗浮锥(*Castanopsis fabric* Hance)，重要值为41.91%。乔木层平均树高10.6m，平均胸径19.4cm。从垂直结构上看，第1层为马尾松(*Pinus massoniana* Lamb.)，数量极少，高度17～18.5m；第2层栲、罗浮锥、樟树和米槠等，高度10～15m；第3层以黄瑞木(*Adinandra millettii* (Hook. etArn.) Benth)、绒毛润楠(*Machilus velutina* Champ. eBenth.)、弯蒴杜鹃、梨茶、木荚红豆(*Ormosi xylocarpa* Chunex L.

Chen)等为主,高3~10m。

灌木层植物中必然会有壳斗科植物,而且这些小树是红菇林自然更新的重要来源,其次常见的有蔷薇科、山茶科、樟科、豆科等植物。在涂育合的调查中,300株/千平方米以上的种类有17种,林内稀疏分布着灌木丛及幼树(个别郁闭度高的老林更为稀疏),构成湿度较大,温度相对比较稳定的林内环境。草本层稀少,主要有九节芒、黑莎草、芒萁、淡竹叶等。层外植物以藤本为主,包括木通、鸡血藤、菝葜、显齿蛇葡萄等。

从群落结构上看,壳斗科纯林或混交林对正红菇产量无显著影响。从层次上看,高产正红菇林均为天然林,林下灌木层及草本层种类丰富,生态多样性程度高。栲、柯、稠、栎林、壳斗科的不同属种类型林对正红菇的品质、产量的影响尚未看出明显差异。另有较大面积的人工板栗、锥栗经济林,但由于生态多样性低,郁闭度普遍低于0.7,林下较少出现菌根菌种类,故未见有正红菇。

图67—6 正红菇生态增产技术实施后第4年的丰收景况

正红菇主要发生在红棕壤坡地上,土质富含腐殖质、疏松、通气性和保水性都较好。土壤腐殖层厚度1.5~6cm,pH为4.5~6.5,表层由枯枝落叶及其降解物与土壤组合而成,有机质含量丰富,林木根系纵横交错。一般认为,腐殖质层厚的红菇林土壤,细根密度也大,这些地方的正红菇菌盖厚实,单朵重高,正红菇产量较高。韦仕岩对葡酒红菇采集点进行土壤有机质及速效肥含量测定,测得有机质含量为50.37~57.39g/kg,5点平均53.58g/kg;产菇林的速效磷含量比对照低,而速效钾含量比对照高。

采菇期正红菇菇柄基部着生多条丝状菌索,直径0.1~0.2mm,向下延伸分枝,与植物根部的共生菌根盘缠结合。该层土壤微生物数量也相当丰富。据测定,微生物的大致比例是细菌(88%)>真菌(11%)>放线菌(0.3%)。

气候对当年或当季红菇产量的影响较大。红菇子实体主要出现在5~9月份夏秋季。韦仕岩等报道,红菇林4~10月份的土壤表层(0cm)气温分别为:23.4℃、28.0℃、29.9℃、30.6℃、29.8℃、29.1℃、25℃,在葡酒红菇(正红菇)的采菇期土壤表层温度为27.8~31.5℃,10点平均28.9℃。在广西浦北(属南亚热带),一年最多可采到4期红菇,分别为农历4月8日、5月4日、7月14日、8月15日;尤以5月4日和7月14日2期较多。笔者在福建莆田(南亚热带北缘)菇农处了解到,除农历4月8日这一期外,其他3期菇期相当。一般说,生物都要经历较长营养生长期之后转入生殖生长期,红菇也不会例外。张振核观察到红菇从产生原基到子实体形成约3周,子实体形成到可采摘(七成熟)1~3天。说明温度对红菇的影响至少是原基出现至出菇的3周时间,甚至是整个生长周期而不仅是子实体出现到成熟期。Ohenoja E(1989)在11个点连续12年进行观察,冬季的严寒包括下雪对红菇年度产量起促进作用;冬季低温的持续天数长、下雪也促进次年红菇产量增加。但是笔者观察到,2008年早春雪灾,压断壳斗科乔木枝梢,福建省该年红菇产量极低,可见温度对红菇子实体的影响是个复杂的因子。

雨日被认为是影响红菇子实体形成并成熟的关键气候因素。在广东、广西和福建,主要红菇属种类均集中在夏秋雨季出菇。对正红菇的定点观察发现,子实体产量与夏秋持续出现雷阵雨的天数有很大关系。夏秋雷阵雨多,该年红菇产量高,否则就低。但雨量过多的年份红菇产量减少,易积水的坡底不容易出现红菇。韦士岩观察到出菇期红菇采集点的地表湿度为77%~85%,10点平均81.2%。雨量或土壤湿度与正红菇产量的更详尽报道尚未见,但高产红菇地带常靠近水库、溪流、水涧;或是猛然亘断的山脉的阳坡或阴坡,可能是因为这些地段在枯水年会获得较多雨日,或是春夏季早晚较厚的雾霭笼罩。所以尽管这些地段有些山势石壁陡峭,怪石嶙峋,却常常可以在石缝、树脚发现成片诱人的红菇。

第三节 正红菇仿生态栽培的理论与实践

正红菇是菌根菌,最重要的特征是必须与活体树木的细根共生来获取营养完成生活史。离开活体树木,很难长成子实体及其大量孢子。在活树细根上接种,进行可食用菌根菌的仿生栽培可视为增加商品正红菇的主要途径。

一、仿生栽培模式及选定

到目前为止，能够稳定地进行规模化、商业化仿生栽培的可食用菌根菌仅有块菌（Tuber sp.）。近几年，红须腹菌（*Rhizopogon rubescens* Tul.）、鸡油菌（*Cantharellus cibarius* Fr.）、松乳菇（*Lactarius deliciosus* （L:Fr.）Gra）等也先后获得仿生栽培的专利，这些菌均模仿块菌仿生栽培的技术路线。褐环黏盖牛肝菌（*Suillus lutus*）的仿生栽培是人工接种后在林木苗圃直接出菇，该技术已通过现场验收鉴定。这些仿生栽培的菌根食用菌的共同特征是在林木苗期实现菌根化。根据孟繁荣等人的研究，刚长出侧根的林木幼苗最容易菌根化接种，随着苗龄增加，菌根化难度加大。林木苗期菌根化比成林菌根化容易，不仅仅因为苗期细根的木质化程度低，还因为苗圃的有害微生物易于控制，直至可以采用组织培养菌根化技术，完全人工控制根际微生物群落以提高菌根化效率。成林菌根化非但没有上述优势，还得忍受其他已定殖的菌根菌的竞争或抑制。

以块菌为代表的菌根性食用菌果园定植法，即将目的菌根性食用菌的菌根苗按照一定株距行距栽培，辅以灌溉设施，形成类似果园的栽培区。黑孢块菌、勃良第块菌、松乳菇、光黑腹菌［*Alpova piceus*（Berk. et Curt.）Trappe］和西澳黏滑菇（*Hebeloma westraliense* Bougher，Tommerup et Malajczuk）均采用这种方法栽培成功。

菌根化苗加果园式定植法创建块菌或松乳菇的生产园是目前最为成功的菌根菌仿生栽培模式，但这个模式在松茸、美味牛肝菌和正红菇等多数菌根菌上还没有成功的报道。有报道接种美味牛肝菌的菌根化苗移植后不到一年，美味牛肝菌被其他种类的菌根菌所替代，而正红菇菌根化苗建园才 3 年，已出现多种非红菇类菌根菌。失败的原因及机制还不明朗，有一点是肯定的，就是菌根化苗移植到出菇的历期越长成功率越低。

在自然界不同种类菌根菌的子实体出现与乔木的大小有着极显著的相关。据此有人将菌根菌分为早期菌根菌与晚期菌根菌。进一步的研究认为，这种相关性更大程度上与森林的郁闭度有密切的关系。菌根类型随林冠郁闭度变化而变化，尽管供试的乔木种类与大小一致，森林的郁闭度直接影响土表的光照度、温度和湿度，结果是林下的菌根菌种类明显不同。块菌要求的郁闭度很低，在移植后 5 年可采收到商品；松乳菇菌根化辐射松（*Pinus radiate*）在移植 18 个月后可采到子实体，均属于森林生态中较早期出现的菌根菌。褐环黏盖牛肝菌也是早期菌根菌类型，在林业苗圃可培育出子实体。而正红菇的生长环境要求是林冠郁闭度 75 以上，林龄 20 年上下，属后期菌根菌特征。这类菌根菌使用块菌的菌根化苗加果园式定植法栽培模式实现难度很大，采用林区接种来获得仿生栽培林是比较合理的选择。

二、仿生栽培林及接种季节的选定

正红菇仿生栽培林选择以壳斗科纯林或混交林为首，其次是林龄和立地条件。只有在成熟林的林下才可以采集到正红菇，一般选择胸径 15cm 以上的壳斗科树林，而且冠木层郁闭度 75～85，林下灌木层稀疏，草本植物稀少的林地较为适宜。土壤 pH 为 4.5～6.5 的弱酸性红壤，且土表的落叶及有机质层较厚的林分成功率较大。对高产红菇林立地条件的调查还不完善，以现有红菇林周边林区或者曾经是红菇山的壳斗科林进行正红菇仿生栽培成功率较大。

根据正红菇菌丝的生物学特性，菌丝生长的适宜温度 30℃ 上下，适宜土壤湿度 60%±10%。从正红菇的物候期看，正红菇出菇时期也是该菌自然扩散和繁衍的时期。这时林区土壤表层温度为27.8～31.5℃，10 点平均28.9℃，土壤湿度也在 60%～90%，说明正红菇的接种时间应以自然界正红菇出菇时期最佳。根据笔者对红菇林细根共生率的观察，5～9 月份是一年中林木细根菌根率最高阶段，土表温度基本上适宜接种，唯需接种前后有场透雨，使林区土壤的湿度适宜菌丝延伸和乔木细根生长。

三、接种技术选择

（一）接种物的准备

菌根菌接种物包括菇窝土壤、孢子、菌丝及其制品。

1. 红菇窝土壤接种

在生长正红菇的地方（红菇窝）挖取表层 10cm×10cm、深 10～15cm 的菇窝土壤，连同根、土和白色菌索作为菌种使用。挖取时尽量不要散开，在接种点挖稍大些的坑将该菇窝土壤整个埋下，踩实。这种办法的缺点是即费劳力，又损坏原有菇窝，高成本低工效。而且这种移植除带上所需的正红菇菌丝外，也会带去大量有害的生物，故往往移植失败。成功的例子中仅在当年结菇，第二年不再继续出菇。分析其原因，生殖菌丝甚至菇原基移植到新林，这生殖菌丝及菇原基可以在新的适宜林地下吸取有机营养完成出菇过程，但这些生殖菌丝无法与新林的树根共生，菌丝无法获得扩大繁殖和越冬，结果仅当年出菇。

2．孢子接种

孢子是正红菇自然繁衍后代的媒体，也是仿生栽培中最佳接种物。用过度开伞甚至腐烂的红菇加水捏碎后撒播在红菇林地面，或者用蜡纸或塑料膜铺在成熟红菇子实体下收集孢子，加无菌水配制成 10^6～10^8 个孢子/升水的悬浮液喷雾，作为红菇山增产措施。苗期接种试验表明，正红菇孢子接种可获得最高的接种效率。Fries 指出，红菇属孢子在一般条件下，即使在能够组织分离红菇菌丝的培养基上均不能萌发。他揭示能引发孢子萌发的活化因子有 3 类：外源微生物如酵母（尤其是红酵母）、孢子自体、菌丝体，或宿主植物根系浸出物。

3．菌丝接种

正红菇菌丝可用“PDA-M 培养基”或“PDA-腐殖土培养基”通过正红菇子实体组织分离技术获得，并用该培养基扩大培养和保存。采用 RAPD 技术可鉴别组织分离菌株与野生红菇的同源性。

目前外生菌根菌的菌种制剂比较多，有使用孢子制作的孢子干粉悬浮液或孢子片剂（孢子与如黄心土等基质压制）、菌丝纯培养加海藻酸盐凝胶制成菌丸或加稻草等制成固体菌剂，并成功应用于铜绿红菇、小白菇、黑紫红菇、金红菇、短柄红菇、鳞盖红菇、美丽红菇、蓝黄红菇、毒红菇、绿红菇、玫瑰红菇的菌根苗制作。正红菇孢子萌发条件苛刻，主要采用营养菌丝制作菌种，如黄福常采用液体培养的菌液（正红菇液培技术见后面章节）制剂及加营养后的棉子壳固体菌种制剂应用于苗期接种，4 天后均可萌发，无昆虫干扰。采用更先进的菌种材料及制剂，接种后菌丝存活期、萌发率及菌根化率可大幅度提高。

（二）接种方法

正红菇的接种分为两大类。一是配制成孢子浓度为 10^7 液体制剂后，采用喷（直接喷洒在森林或苗床土表）、灌（用器械将液体接种剂注入土内根际附近）和沾根的方法接种。另一大类是配制成固体接种物，常见的接种物有泥炭土、蛭石、黄心土等，甚至制作成片剂，撒在森林或苗床的浮叶下，或埋入土表。笔者采用浅穴截根菌根化技术，在成林接种牛肝菌及正红菇增产菌均获得成功。

第四节　野生正红菇增产技术

正红菇必须与壳斗科林木共生，才形成子实体，其营养生长阶段到生殖生长阶段的转化必须依赖壳斗科树提供的特殊代谢物质才能完成。没有壳斗科林就没有正红菇。福建是中国少有的适宜壳斗科林生长的地域，也是正红菇的始祖地。壳斗科树又是香菇、灵芝、黑木耳、银耳等多种珍贵食用菌的培养用料，随着食用菌强省的崛起，福建的壳斗科林遭受近乎灭顶之灾，除少数保护区外，大部分壳斗林如今成松林或杉林。这也是近几年正红菇价格年年猛涨的原因之一。在正红菇仿生栽培技术还不成熟的今天，各地采取多种技术措施以增加野生红菇采收量。

施用化肥能使植物增产，但菌根菌主要以有机氮为氮源，施用无机氮非但不能提供菌根菌有效营养，还因为树木吸取人类提供的无机氮，对菌根菌提供营养的依赖下降，反而降低菌根菌的生产。相当多的试验数据表明，施用化肥如硫酸铵、尿素、硝酸铵及磷酸钙，菌根菌产量非但不能提高，包括多种红菇在内的菌根菌类的采收量反而明显减少。

多数菌根菌适宜于弱酸环境，采用灌溉措施以提高森林土壤湿度，也无法增加菌根菌类的干重，但干旱明显不利于多数红菇子实体的形成。间伐明显干扰森林生态，影响森林生态的健康发展，减少红菇产量，间伐时砍伐了正红菇共生的种子树，次年正红菇就会消失。此外，间伐改变了林区的光照环境，导致优势菌根菌种类的变化。减少人为干扰，维护生态平衡，是提高正红菇产量的要点。

土壤有机质对多数菌根菌的产出一般有促进作用，有机质含量高的林地，也促进林木细根生物量的增加。一份未发表的试验图片表明，红菇原基可在试验室内培养并获得比林下更好的产量，这或许是个特例。松口蘑的丰产栽培中要适当去除林下有机质。增加红菇林有机质的操作中，最重要的是不要引起土壤 pH 值的改变，pH 值变化可能导致林区优势菌根菌群变化。

提高正红菇产量的另一个有效途径是促进林下细根生物量的增加。正红菇以壳斗科林的细根为共生基质，细根量的增加有可能提高单位面积正红菇菌丝量，从而增加正红菇产量。Marx DH、Murphy M 等报道，施用马勃可以增加林下细根生物量并提高菌根率，但没有给出对林下其他共生菌的影响。笔者的试验表明，部分真菌确实能很好地促进壳斗科林细根生物量的增加和菌根率提高，进一步提高正红菇的出菇密度和产出量。尚未发表的试验结果表明，所提供的这些真菌能分泌有利于细根量增加的物质到培养基中，用这些培养基培养林木幼苗，细根的根数、总长及干重均显著高于对照(图 67—7)。这项技术目前已在福建省多个正红菇山应用，取得良好的效果。

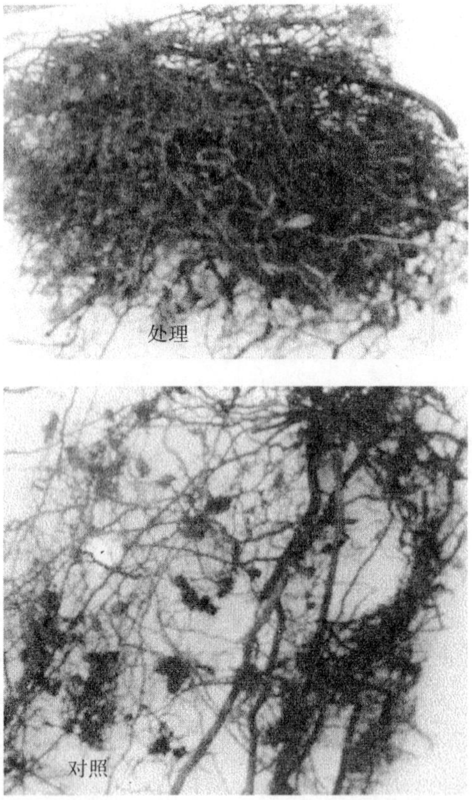

图 67—7 接种前后林区细根量比较

正红菇增产技术操作规程包括：①选红菇林：用该技术的前提是林内已有红菇窝，每年都有红菇采集。其次是林下操作权无争议。实施这一技术并非仅在红窝内操作，而是整片红菇林操作，多数红菇林属国有或集体生态林，这一权益需预先通过承包等办法得到明晰。②一围：用该技术前应将实施该技术的林区周边收集的废枝桠、竹片、藤条建个围篱，减少对该区的不必要干扰。③二查：接种前查现有细根生物量及土壤温湿度，确定接种的量及接种时间。④三项技术：使用该技术至少包含 3 项新技术，复合菌根接种物技术、截根菌根化技术和菌根多样性技术。⑤四次复查：接种后查菌根率、查细根生物量、查正红菇密度和查正红菇产量，确保接种成功。

这项技术能充分合理利用外生菌根菌群，增加乔木细根生物量。在正红菇保护地使用该菌可以大幅度提高壳斗科林的细根生物量，继而大幅度提高正红菇的采收量，并可促进林业发展。

这项技术主要依据生态学菌根多样性原理，通过正红菇增产菌及其分泌物，大幅度增加正红菇保护地的乔木细根生物量，进而大幅度提高共生在乔木细根上的外生菌根食用菌——正红菇的产量。

这项技术具有以下 4 大特色：一是生物性。正红菇增产菌中的各种菌在自然界常见，施用后在林内长期存活并扩增，可促进林区的细根生长量和菌根共生率，进而提高正红菇产量，纯绿色技术。二是长效性。一次施用正红菇增产菌后终身增产，所注入林区的正红菇增产菌就地繁衍，不断推动生态系统中林木细根的生长和正红菇的增产。三是高效性。技术实施可使正红菇的密度、产量大幅度提高，增产幅度可高达 200%。增产增收，大幅度提高农民收入。四是低成本。技术简单易学，实施后无须附加管理，技术成本与劳力成本十分低廉，显著提高正红菇的出菇量与质量，降低正红菇培植成本，具有显著的经济效益，适合大面积推广应用。

第五节 正红菇液体培养与有效成分分析

正红菇含有红菇多糖、脑苷脂类(cere-brosides)、麦角甾醇(ergosterol)和挥发油等脂类、酸类和杂环衍生物类有效成分。近几年研究还发现红菇中含有具有欣烷(shionane)构架的三萜烯族化合物(triterpenoids)、倍半萜烯(sesquiterpenes)和视力活性物质氯代氢醌四聚物(russuphelol)等新的活性物质，这些物质有降胆固醇、治疗失血性贫血、提高机体免疫力、抗癌、消炎、促进血小板凝聚、增强血管收缩等功效。

一、正红菇菌丝体基本培养基

正红菇菌丝分离一般取材于子实体的菇盖或

菇柄菌肉。分离培养基主要采用马铃薯培养基。也有报道添加牛肉汁会加速菌丝生长，采用 RAPD 技术鉴别其与子实体 DNA 的同源性。

正红菇菌丝体的培养条件：正红菇菌丝在 20～35℃范围内均能生长，最适温度 30.1℃，40℃时停止生长，试管菌种在常温下保藏 3 个月后菌丝仍具活力；喜弱酸性，pH 在3.4以下和8.5以上不能生长，最适 pH 为 5.85；能在完全黑暗的条件下正常生长，弱光下生长更好，最适光照度300 lx；含水量 60%时生长最好。菌丝培养的最适 C/N 比为 20/1，适宜碳源为葡萄糖或蔗糖，不能利用纤维多糖；矿质元素中 P 对菌丝生长影响最大，K、Mg 次之，而 Ca 和 Na 的影响小，肌醇对菌丝生长有明显促进作用。液体菌种培养基基本配方为：蔗糖 10g，酵母膏 2.5g，NaH_2PO_4 3g，$MgSO_4$ 6.5g，KCl 0.4g，肌醇 0.05mg，蒸馏水1 000ml，pH 为6.0。

二、人工培养菌丝体营养成分比较分析

正红菇菌丝体的粗蛋白、氮基酸以及 Mn、Zn、Fe 含量接近或略高于其子实体，水溶性粗多糖只有子实体的 1/10。进一步分析表明，人工培养菌丝体中含有 17 种氨基酸，氨基酸总量221.02mg/g，必需氨基酸占氨基酸总量的36.48%，苏氨酸的含量最高；野生子实体含有 16 种氨基酸，不含胱氨酸，氨基酸总量146.99mg/g，必需氨基酸占氨基酸总量的45.79%，苯丙氨酸的含量最高。人工培养菌丝体所含的脂肪酸种类比野生子实体更丰富，两者的油酸和亚油酸含量均较高，子实体不饱和脂肪酸总量明显地高于菌丝体。野生子实体的挥发性物质含有 38 个组分，明显多于人工培养菌丝体（仅 17 个组分），野生子实体的麦角固醇含量略高于人工培养菌丝体。可见人工培养菌丝中具备重要功能的多糖含量低于野生子实体，需要通过改变培养条件来提高多糖。此外，研究者比较感兴趣的挥发性物质及不饱和脂含量方面也低于野生子实体。

三、液体培养技术的改进

正红菇的液体培养以葡萄糖、蔗糖为最佳碳源，质量浓度为 40g/L。酵母膏为最适氮源，质量浓度为 9g/L 时，有利于菌体生长和胞内外多糖等代谢产物的积累，能获得最高的多糖产率。液体培养中所添加的无机盐组分为 KH_2PO_4 2g/L、$MgSO_4$ 1g/L，适量的锌离子及镨离子也有利于获得最佳的细胞生长及代谢产物累积。适宜的发酵条件为初始 pH 为5.5～6.5，发酵温度 28～30℃，250ml 三角瓶装液量为 50～60ml。在最优化培养基的条件下，细胞干重、胞外多糖可以从 20.94g/L 和 1.54g/L 分别提高到 22.34g/L 和 4.96g/L。到第 6 天，菌丝干重达到最大，NH、N、糖的含量变化不明显，是最适培养时间。发酵时间与菌丝干重的回归方程为：

$$Y=0.05x^4-0.773z-0.017$$

虽然正红菇液体培养技术在提高正红菇有效成分，尤其是红菇多糖、不饱和脂类、易挥发性物质的得率方面尚有些欠缺，但应该看到采用液体培养技术提取正红菇有效成分的前景仍十分诱人。

第六节　正红菇的腐生栽培

太田明于 1994 年首次在脱离共生植物的情况下，用腐生菌栽培设施栽培菌根性食用菌玉蕈，90 天后成功地获得子实体。这得益于玉蕈的腐生性倾向，在菌根性食用菌中较为罕见。对 45 个玉蕈菌株和同属的黑色离褶伞[*Lyophyllum semitale*(Fr.) Khn]、烟色离褶伞[*L. fumosum*(Pers.:Fr.) P. D. Orton)]、荷叶离褶伞[*L. decastes*(Fr.:Fr.) Sing]等 10 个菌株栽培特性的研究结果表明，玉蕈菌丝在黑麦粒培养基上，有 3 个玉蕈菌株在无共生植物的情况下有形成原基的能力。

高野吉用胡萝卜(*Daucus carota* L. var. sativus)热水提取物加入尊块菌菌丝培养基中，一定温度（5～20℃）下黑暗培养 2 个月，再置于 5～10℃下干燥处理，可获得尊块菌子实体。这是首次关于块菌属真菌在脱离共生植物的情况下获得子实体的报道。

Ohta A1998～2005 年，发表了包括真姬离褶伞、牛肝菌和滑锈伞在内的多份腐生培养获得菌根菌子实体的报道，其培养基主要成分为大、小麦汁加上阔叶树粉（应理解为木粉）。说明正红菇等菌根菌类并不像锈菌等专性寄生菌，其营养生长阶段是可以在一般的培养基上培养。根据笔者观察以及 Wang 等的报道，其生殖生长阶段可以离开寄主在腐殖土中独立完成。因此可以推测，菌根菌必须依赖其共生寄主的，需要获得某种物质或条件来完成由营养生长阶段到生殖生长阶段的转化。这个环节一旦破解，菌根菌的腐生栽培就会像香菇、白木耳一样唾手可得。

参考文献

[1] 张振核，郑维鹏，伊可儿，等. 葡酒红菇的生态学研究[J]. 生态学报，1996(2)：208-211.
[2] 李惠珍，黄德鑫，许旭萍，等. 正红菇的化学成分研究[J]. 菌物系统，1998，17(1)：68-74.
[3] 蔡小玲，胡春英. 红菇及其多糖对小鼠失血性贫血的影响[J]. 食用菌，2002，24(1)：40-41.
[4] 蔡小玲，章佩芬. 黑木耳多糖、红菇多糖的降胆固醇作用研究[J]. 深圳中西医结合杂志，2002，12(3)：137-139.
[5] 陈旭建，甘耀坤，吴慧慧，等. 红菇子实体对小鼠血糖血脂的影响[J]. 食品科技，2008(4)：237-239.
[6] 陈旭建，杨振德，阮家兴. 红菇对高糖高脂大鼠肝功能的影响[J]. 山东医药，2007，47(35)：21-22.
[7] 宋斌，李泰辉，吴兴亮，等. 中国红菇属种类及其分布[J]. 菌物研究，2007，5(5)：20-42.
[8] 黄年来. 中国大型真菌原色图鉴[M]. 北京：中国农业出版社，1998.
[9] 卯晓岚. 中国大型真菌[M]. 郑州：河南科学技术出版社，2000.
[10] 裘维蕃. The Russulaceae of Yunnan[J]. Iloydia，1945(8)：31-59.
[11] 戴芳澜. 中国真菌总汇[M]. 北京：科学出版社，1987.
[12] 王向华，杨祝良，Yan-Chun LI. Russula griseocarnosa sp. nov. (Russulaceae，Russulales)，a commercially important edible mushroom in tropical China[J]. Nova Hedwigia，2008，88(1～2)：369-282.
[13] 林平光，林富师. 德化戴云山脉红菇生长环境考察初报[J]. 食用菌，2005(5)：7.
[14] 钱建新，陈仁毅，张惠兰. 正红菇的生长环境研究[J]. 福建林业科技，2003，23(4)：52-54.
[15] 涂育合，陈永聪，郑肇快. 正红菇依存森林的群落学特征[J]. 植物资源与环境学报，2001，10(2)：26-30.
[16] 韦仕岩，莫天砚，刘斌，等. 广西浦北六万山椎林的红菇及其生态环境的调查研究[J]. 广西农业大学学报，1983，17(1).
[17] OHENOJA E. The effect of winter conditions on fungus production[J]. Memoranda Societatis pro Fauna et Flora Fennica，1989，65(2)：77-80.
[18] 范俐. 福建省红菇的地理分布及其依存林的植被类型[J]. 食用菌，2006(4)：4-6.
[19] 甘耀坤，赵良发，戴卢，等. 野生红菇研究综述[J]. 玉林师范学院学报，2005，26(3)：70-74.
[20] 谭著明，傅绍春，周小玲，等. 菌根性食用菌栽培研究进展[J]. 食用菌学报，2003，10(3)：56-63.
[21] 吕明亮. 牛肝菌人工栽培获成功[J]. 北京农业实用技术，2007(6).
[22] HALL I R，LYON A J E，WANG Y，et al. Ectomycorrhizal fungi with edible fruiting Bodies 2[J]. Boletus edulis，Economic Botany，1998，52(1)：44-56.
[23] WANG Y，HALL IR，DIXON C，et al. The cultivation of Lactarius deliciosus(saffron milk cap) and Rhizopogon rubescens (shoro) in New Zealand：Second International Conference on Edible Mycorrhizal Mushrooms[C]. Christchurch，New Zealand，2001.
[24] RAO C S，SHARMA G D，SHRKLA A K. Distribution of ectomycorrhizal fungi in pure stands of different age groups of Pinus kesiya，Can[J]. J. Microbiol，1971，43(1)：85-91.
[25] 孟繁荣，邵景文，曲绍义，等. 影响人工接种外生菌根效果的初步研究[J]. 东北林业大学学报，1995，23(6)：8-13.
[26] 周敏毅. 林冠郁闭度对美国北红橡幼苗外生菌根形态类型的影响[J]. 广西科学，1999，6(2)：135-141.
[27] FRIES N. The third benefactors，lecture ecological and evolutionary aspects of spore germination in the higher Basidiomyctes[J]. Trams Br. Mycol. Soc，1987，88 (10)：1-7.
[28] 刘斌，莫天砚. 红菇的分离及其培养特征观察[J]. 广西农业大学学报，1994 (4)：345-347.
[29] 蔡小玲，葛刚，郭勇，等. 野生红菇的分离纯化培养初探[J]. 广州食品工业科技，2003，19(2)：30-31.
[30] 孙文波，李海鹰，王桂文，等. 应用 RAPD 鉴定红菇组织分离菌株的探索试验[J]. 广西科学，2000，7(3)：222-224.
[31] 黄福常，莫天砚，刘斌. 环境因素对正红菇纯培养的影响及红菇菌剂制备研究[J]. 广西农业大学学

报，1998，17(3)：40-45.
[32] 陈宇航，陈政明，林国华. 远东疣柄牛肝菌仿生栽培[J]. 福建农林大学学报，2002，31(4)：532-535.
[33] 陈宇航，陈政明. 菌根多样性对红楮林细根生物量及红菇采收量的影响[J]. 中国生态农业学报，2007，15(5)：171-173.
[34] WIKLUND K, NILSSON LO, JACOBSSON S. Effect of irrigation, fertilization, and artificial drought on basidioma production in a Norway spruce stand[J]. canadian journal of botany, 1995, 73(2)：200-208.
[35] SALO K. Proceedings of the 3rd Finnish-Soviet congress on products gathered from nature[C]. Oulu, Finland, 1991.
[36] DAHNE J, KLINGELHOFER D, OTT M, et al. Liming induced stimulation of the amino acid metabolism in mycorrhizal roots of Norway spruce(Picea abies Karst.)[J]. Plant-and-Soil, 1995, 173(1): 67-77.
[37] MARX DH, MURPHY M, PARRISH T, et al. In Root response of mature live oaks in coastal South Carolina to root zone inoculations with ectomycorrhizal fungal inoculants[J]. Journal of Arboriculture, 1997, 23(6): 257-263.
[38] 黄福常，莫天砚，刘斌. 环境因素对正红菇纯培养的影响及红菇菌剂制备研究[J]. 广西农业大学学报，1998，17(1)：40-45.
[39] 李淑冰，李惠珍，许旭萍. 正红菇人工培养菌丝体与野生子实体有效成分比较[J]. 食用菌学报，2003，10 (1)：17-20.
[40] WANG Y, HALL IR, DIXON C, et al. The cultivation of Lactarius deliciosus(saffron milk cap) and Rhizopogon rubescens (shoro) in New Zealand[C]. Crop & Food Research, Christchurch, New Zealand, 2002.
[41] 傅伟杰，许广波，傅民杰，等. 松口蘑的自然属性及人工促繁[J]. 食用菌，2004(5)：3-5.
[42] 姚晓华，莫天砚，刘斌. 正红菇菌丝液体培养及其与子实体成分分析[J]. 广西农业大学学报，1998，17(1)：46-50.
[43] OHTA A. Fruit-body production of two ectomycorrhizal fungi in the genus Hebeloma in pure culture[J]. Mycoscience, 1998, 39(1)：15-19.
[44] OHTA A. Culture conditions for commercial production of Lyophyllum shimeji[J]. Nippon Kingakukai Kaiho, 1998, 39(1): 13-20.
[45] OHTA A, FUJIWARA N. Fruit-body production of an ectomycorrhizal fungus in genus Boletus in pure culture. Mycoscience[J]. Mycological Society of Japan, 2003, 44(4): 295-300.
[46] OHTA A, FUJIWARA N. Fruit-body production of an ectomycorrhizal fungus in genus Boletus in pure culture. Mycorrhiza[J]. Springer-Verlag GmbH, 2005, 15 (7)：505-512.

（陈宇航）

第六十八章　竹　荪

DILIUSHIBAZHANG ZHUSUN

摘要:竹荪是驰名世界的珍稀食用菌,早在一千多年前就已被中国人民认识,并名列山珍佳肴。近半个世纪以来,中国菌物科学家对竹荪的分类和生理生态等方面进行了研究,在野生变家种、人工驯化栽培技术方面作出了不懈努力,出现了一次又一次的突破,有力地推动了中国竹荪产业的快速发展。本章全面、系统地阐述了中国竹荪发展历程和产业现状及发展前景;介绍了竹荪生物学特性,独特的菌种繁育,商业性栽培模式与实用技术;竹林下无料栽培,粮、果园间套栽等方面内容。在总结科研成果和生产经验的同时,解剖了竹荪栽培中的疑难杂症与应采取的技术措施,以及竹荪营养与药理研究的进展,并对产业发展进行回顾和展望。

Phallus spp.

Abstract: The *Phallus* group of mushrooms comprises several well known and rare edible fungi. They have been recognized by the Chinese people for more than a millennium, and rank highly among mountain delicacies. The taxonomy, physiology and ecology of the *Phallus* have been studied unremittingly by Chinese mycologists since the 1950's. Many achievements, such as the domestication of wild species and artificial cultivation, have promoted the rapid expansion of the *Phallus* industry in China. This chapter consists of seven sections describing in detail various aspects of the *Phallus* including production history, biological features, spawn production, and commercial cultivation models (e. g. cultivation in bamboo groves without additional substrate material, inter－planting among field crops and orchards). This chapter summarizes research progress and production experiences, as well as analyzes problems and difficulties faced during cultivation, and provides solutions. It also reviews the research undertaken on the nutritional and pharmacological properties of this group, and summarizes the present status and future prospects of the *Phallus* industry in China.

第一节　概　述

一、竹荪学名及分类地位

竹荪又名:竹参、竹蓐、竹花、竹松、网纱菌、仙人笼、鬼打伞、僧笠蕈等。

长裙竹荪学名:*Phallus indusiatus* Vent.,:520 (1798)。

属名"*Phallus*"的词源"phallos"意思是"阴茎",指子实体的形状像阴茎,直译不雅,中文文献很早就有"竹荪"一词。种名加词"*indusiatus*"意思是"有囊状裙盖的",指竹荪子实体的多孔结构。中文学名根据竹荪裙的长度命名为"长裙竹荪"。

同物异名:*Dictyophora indusiata* (Vent.) Desv.,in Seaver & Chardón,*J. Bot.*,*Paris* 2:92 (1809),这是中文文献中常用的学名;*Hymenophallus indusiatus*(Vent.)Corda

短裙竹荪:*Phallus duplicatus* Bosc,*Mag. Gesell. Natur f. Freunde*,*Berlin* 5:86(1811)。同物异名:*Dictyophora duplicata* (Bosc) E. Fisch.,in Berlese,De Toni & Fischer,*Syll. fung.* (Abellini)7:6(1888)。"*duplicata*"的意思是"两倍的、重复的、双的、成对的",用于描述该菌顶部有 2 个类似菌盖的结构,头部是产孢组织,其下为一短裙状的网状结构。

红托竹荪(Phallus rubrovolatus(*M. Zang*,*D. G. Ji* & *X. X. Liu*) *Kreisd. Dictyophora rubrovoluata* Zang,Ji et Liou)。

棘托竹荪(*Dictyophora echinouloluata* Zang,Zheng. et Hu)。

黄裙竹荪(*Dictyophora multicolor* Berk. et. Br)。

朱红竹荪(*Dictyophora cinnabarina* Lee)。

皱盖竹荪(*Dictyophora merulina* Berk)。

分类地位：菌物界(Fungi)，担子菌门(Basidiomycota)，伞菌纲(Agaricomycetes)，鬼笔亚纲(Phallomycetidae)，鬼笔目(Phallales)，鬼笔科(Phallaceae)。

二、中国竹荪发展历程

(一)古代对竹荪的认识和记载

竹荪在我国古代典籍中，最早是唐朝段成式著的《酉阳杂俎》第十九卷中有如下记载："梁简文帝延香园，大同十年(公元 544 年)，竹林吐一芝，长八寸，头盖似鸡头实，黑色，其柄似藕柄，内通干空，皮质皆洁白，根下微红。鸡头实处似竹节，脱之得脱也。自节处别生一重如网，四面周可五、六寸，围绕周匝以罩柄双，相远不相著也。其似结网众目轻巧可爱，其与柄皆得相脱。验'仙书'与'威喜芝'相似。"这段文字，惟妙惟肖地描述了长裙竹荪的形态特征。

周书又载："成式修竹里竹私第书斋前，有枯紫荆数枝囊折；因伐之；余尺许。至(开成)三年(公元 838 年)秋，枯根上生菌，大如斗，下布五尺，顶黄白而晕绿，垂裙如鹅鞴，高尺余，至午变色而死，焚之气如麻香。"

古人指木栖型菇类为"菌"，土栖型菇类为"芝"。文中的"仙书"，即秦汉以来方士所著的《采芝经》之类。在晋人葛洪《抢扑子内篇》便有"木威喜芝"，即今日所指的茯苓。段成式把竹荪和茯苓列为同一类属，在一千多年前，能有这种见解是十分可贵的。我国近代著名的食用菌专家黄年来，根据段文的记述，参照现代真菌分类学知识，把段成式发现的蕈子定名为长裙竹荪。这一推断令人信服。

段成式为唐朝开成(836～840)，咸通(860～873)年间人，曾任秘书省校书郎，家中存书甚多，其笔记小说《酉阳杂俎》录秘籍、叙异事，大多有所依据。可见，我国人民对竹荪的认识，已有一千多年的历史。

竹荪入馔，最早记载见之于山东曲阜孔府《进贡册》。该书记载：清乾隆四十九年(公元 1784 年)二月初十日，乾隆皇帝(弘历)巡行到达孔府，孔府以"琼浆燕席"进献，其中便有"奶汤竹荪"。清廷的满汉全席中有"龙井竹荪汤"和以竹荪入馔的"燕窝八仙汤"等。清同治五年(公元 1866 年)成书的《筵款丰馐依样调鼎新录》中已有大量竹荪菜谱，诸如"竹参鸭子"、"凉拌竹松"、"酿竹参"、"清烩竹参"等。而中国南北各大菜系中，也普遍有竹荪入馔的菜谱。

与中国很早就开始食用竹荪的情况相对照，国外人士对竹荪是完全无知的。公元 1911 年，四川省的竹荪寄往日本推荐，日本才开始食用。而在欧洲，将竹荪称赞为"真菌之花"的高又曼竟然说："人们如果不是为了采集浸渍标本，是没有勇气去接触这种散发着令人不愉快气味的菌类"。反映了他们的偏见，这种偏见使他们失去了领略竹荪风味的机会，在这方面显示了中国人的智慧。

直到 1972 年，美国总统尼克松派遣特使基辛格来中国，受到了我国政府的盛宴款待。当时即有美国记者马文·卡布尔和伯纳德·卡布尔在《基辛格》一书中写道："当他从中东、中国等十国旅行二万五千里归来时，真好像是周恩来用三丝鱼翅和竹荪芙蓉汤喂胖了。"其艳羡之情，溢于言表。基辛格中国之行目的是打开美国和中华人民共和国建交的大门，的确是当时一件举世瞩目的大事，竹荪之名也因此很快传扬世界各地。随后，日本首相田中角荣、美国总统尼克松、英国女王伊丽莎白等相继访华，对国宴上的竹荪菜肴，都给予极高的赞赏。

(二)竹荪人工驯化栽培进展

中国竹荪人工栽培历经 3 个阶段：

1. 野生变家种驯化攻关阶段

长期以来，社会消费所需的竹荪，均有赖于天然采集，世界上年产量干品约 2 吨，主要来源于中国。物稀价昂，20 世纪 70 年代前在香港市场每千克竹荪干品4 000港币，相当于当时 1 两黄金的价位，因此就有价值重金的"真菌皇后"美誉。社会需求量日渐增大，过度采集的结果，使野生竹荪的自然采集量出现明显下降趋势。盛产竹荪的贵州，历史上年收购量约在2 000千克，至 90 年代末，每年只能收购 100 多千克；云南的收购量也明显下降。除加强自然资源保护外，人工引种驯化，变野生为家种的任务，已迫在眉睫。

早在 1923 年，我国真菌学先驱胡先骕先生在《农学杂志》第 1 卷第 1 号上发表了"说竹荪"一文，开竹荪研究之先河。1937 年，周建侯等也撰文在《农学月刊》发表，称竹荪为价格甚昂贵之佐餐珍品，并对竹荪所含成分进行了分析。竹荪的研究逐渐引起国人的重视。

1973 年，国内著名竹荪产地——云南昭通地区外贸局李植森，对人工栽培竹荪进行开拓性研究，拉开了野生竹荪人工驯化栽培的序幕。之后，国内不少科研单位相继投入研究，均取得突破性进展。广东省微生物研究所从多个竹荪菌株栽培试验中，发现一株适合人工栽培的短裙竹荪，并通过鉴定。这是该所重大科研成果之一。中国科学院昆明植物研究所、中国林科院亚热带林业研究所，对竹荪室内外栽培进行了新的探索；浙江农业大学、四川省农科院土肥所等单位，在菌丝压块栽培和室外栽培方面的研究，均获得突破性进展。

2. 成果应用推广阶段

竹荪驯化栽培，历经近10年的艰辛工作，已掌握种性特征及对生态条件的要求。20世纪80年代之后，进入成果应用推广阶段。贵州科学院生物所胡宁拙等在研究工作上另辟蹊径，采用阔叶树段木栽培竹荪，并推广至各地。棘托竹荪的栽培成功，为南方大面积普及生产提供了一个理想的菌株。贵州吴勇于1983年采用织金县城郊竹林中野生清香型红托竹荪，进行组织分离和制种及栽培试验，1985年取得成功。1986年与林朝中等共同组成竹荪研究课题组，承担"人工栽培竹荪技术的研究与推广"列为贵州省毕节地区"星火计划"项目。边研究，边推广，使千家万户通过种植竹荪脱贫致富。

我国首先进入商品化生产竹荪的是湖南省双牌县。该县农民潘世表，从1985年开始，在竹林地栽培竹荪获得成功，引起国内的轰动，《中外经济报》、《四川农村报》、《中国村镇百业信息报》等新闻媒体都作了专题报道。1989年迅速推广到会同、绥宁、靖州、东安、益阳、桃江、常德等10多个县(市)，栽培面积8万m^2。为了总结经验，1990年又在会同县召开了竹荪大面积商品生产现场观察会。而在贵州省织金县推广的"竹荪砂锅栽培法"，已被2 700多户农民采用，作为一门高效益的农村致富新产业。

3. 规模化生产发展阶段

福建省古田县是我国著名"银耳之乡"，富有创造精神的古田菇农，继室内袋栽银耳、田间袋栽香菇获得成功之后，又将竹荪列为第三代开发的新产品，成立了竹荪技术研究会。在群众性的竹荪栽培中，1989年春，大桥镇溪沙村菇农周永通通过不同竹荪品种，采用竹类枝叶、杂木片、芦苇、麦秸等多样化的试验，发现高温型棘托长裙竹荪品种，抗逆力强，菌丝分泌出一种胞外酶，能在短期内降解原料中的木质素和纤维素，加速菌丝吸收营养，适于仿原生态野外生料栽培；且菌丝生长旺盛，长速快，5月接种，60天收成，当年产出竹荪干品250～350g/m^2，超过国内最高水平。此项新突破，很快形成商业性生产，全县4 000多户的种植面积达15万m^2，当年夏秋季收成竹荪干品25吨，产值1 000万元左右，成为我国当时最大的竹荪生产和出口基地。1991年3月25日"全国竹荪产销信息与新技术交流会"在古田县召开，国内13个省市260名专家教授参加。"古田模式"的生料栽培竹荪新技术，迅速普及到大江南北诸省区。近年来福建顺昌县经多年实践，摸索总结出一套建堆发酵栽培法，2004年7月《竹荪高产栽培新技术》课题，通过省级专家鉴定，全县发展较快，并向周边县、市及江西省黎川、浙江省武义等县辐射。

三、中国竹荪产业发展现状

(一)产区布局

我国菌物科学家自20世纪70年代以来，历经艰辛的探索，终于揭开了竹荪人工驯化栽培的奥妙，逐步进入商品化栽培之后，产区布局发生了很大变化。原有野生采集时代产区集中在贵州、云南、四川等省；1987年贵州省毕节地区"星火科技项目"实施，人工栽培竹荪技术的研究推广之后，织金、大方等县成为重点产区。随着竹荪栽培技术的突破，福建省发展较快，2000年全省竹荪产量干品200吨，占全国总产量36.6%，2007年发展到6 294吨，占全国总产量80.99%。7年时间增长30倍，名列全国榜首。现有福建竹荪产区主要分布顺昌、邵武、沙县、建阳、南平、建瓯等县。其中顺昌县2007年栽培面积达733.7万m^2，注册"大历竹荪"商标，2008年5月，被中国食用菌协会授予"中国竹荪之乡"。

(二)栽培模式

我国竹荪栽培方式，自20世纪80年代后期以来，云南、湖南、四川采取培养料室内架层栽培和野外畦床栽培，以及菌丝体压块栽培或菌丝体脱袋埋土栽培，贵州还采取砂锅栽培。上述几种栽培方式，均是培养料必须经过高温灭菌处理冷却后，接入竹荪菌种，生产规模有一定约束，所以产量上不去。

目前规模化栽培的方式，仍是福建省生料或发酵料野外开放式畦床栽培。品种采用棘托长裙竹裙，接种后 60 天出菇，产量 100 千克/667 m^2，高产的达到 180 千克/667 m^2，创造了竹荪速生高产的典型。这种栽培模式具有 4 个特点。

1. 原料广泛、取材容易

各种竹类的杆、枝、叶，杂木枝桠、碎屑，棉子壳、甘蔗渣、豆秸、玉米芯、黄麻秆、芦苇等均可利用。

2. 污染少、出菇快

生料栽培，杂菌难定植，即使有霉菌混入，在竹荪菌丝混生培养料中，霉菌很快消失。因此杂菌污染率极低，养分破坏少；环境条件适宜，接种后 40 天即现蕾，60 天左右形成子实体。

3. 成本低、见效快

一次播种当年见效，一户只要种植 100m^2，当年可收竹荪干品 25 千克。生产用料每平方米 25 千克，竹荪原种 5 瓶，原料自采，栽培种自制，成本仅占10%～15%。

4. 管理方便，适于农家

田野、山场、林地均可栽培，技术难度不大，男女老少皆可参加管理，因此广为采用。南方诸省及河南、四川、陕西等 18 个省区已推广应用，成为当今我国竹荪规模化栽培行之有效的一种模式。

(三)竹荪产量

我国竹荪生产发展较快，2000 年全国总产量干品仅有 545 吨；2006 年发展到 4 042 吨，对比增长6.4倍；2007 年总产量上升到 7 771 吨，又比上年增长 92.23%。2009 年，全国竹荪总产量已达 5.28 万吨。从上升指数看，发展速度很快，但从竹荪的总产量与中国整个食用菌的总产量对比，仅占0.46%，仍属珍稀品种范围。

(四)发展前景

竹荪被誉为珍稀的“真菌皇后”，历史上列入“宫庭贡品”，在人们心目中已处于较高的位置。随着竹荪生产的深入发展，产量激增，价位已逐步走向大众化消费能接受的水平线；加之竹荪的营养价值和药理功能已被都市民众所认识，因此消费量日益扩大。从竹荪产品销售状况看，过去物稀价昂时 90%是豪富贵族享受和出口外销；现有 80%是国内超市商品橱架常见品。近年来外销也不断扩大，新加坡、日本、泰国、马来西亚、印尼、菲律宾、美国、法国和加拿大等大城市商场，均有中国竹荪一席之地。如今竹荪已成为民间婚庆筵席、酒楼、餐饮业的一道山珍美味和寻常百姓节日餐桌上的佳肴。同时，以竹荪为原料的精深加工食品，竹荪罐头、竹荪保健茶、竹荪银耳茶、竹荪美酒等也应运而生，越来越多的人对竹荪产生厚爱，市场将不断拓宽，发展前景十分可观。

第二节　竹荪的生物学特性

一、竹荪形态特征

(一)竹荪子实体外观

竹荪形态绚丽，为其他菌类所不及，引起世人称赞。瑞士著名真菌学家高又曼(Gaumann E.)将其称之为“真菌之花”；而巴西人则赋予“面纱女郎”之美誉。中国人将其称为“真菌皇后”、“竹林中君主”，还有人把它叫“仙人伞”、“网纱菌”、“穿着裙子的蘑菇”等。这些描述是十分逼真的。竹荪的形态奇特，它的菌幕是一围柔纱般的多形网状态，称为菌裙，十分潇洒。在大型真菌林中，有记录者在万种以上，而有如此秀丽菌裙的则为竹荪所独有。竹荪外观见图 68－1。

图 68－1　竹荪子实体外观
A. 长裙竹荪　　B. 短裙竹荪

(二)竹荪形态结构

竹荪的形态结构可分为菌丝体和子实体两个部分。

1. 菌丝体

菌丝体是由竹荪担孢子萌发而成，担孢子是竹荪的基本繁殖体。在显微镜下观察，孢子为无色透明、椭圆形、光滑，大小为 3～4.5μm×2.2～3.7μm。

菌丝体是竹荪的营养体。其功能是分泌胞外酶，分解、吸收、储存和运输养料。菌丝体由无数纤细的菌丝组成，发育初期呈白色绒毛状。生长期培养后具有不同的颜色，一般为粉红色、米色或淡紫红色。菌丝体在受到温度、光照机械刺激后，会立即产生色素。因此，产生或不产生色素是鉴别竹荪菌种的重要依据。长裙竹荪菌丝多为粉红色；短裙竹荪菌丝以紫红或紫色较多。菌丝发育的前期可分为两个阶段：一次菌丝和二次菌丝。一次菌丝是竹荪孢子萌发出来，芽管不断伸长分支形成的单核菌丝，较纤细、管状，无色透明。二次菌丝是由性别不同的两种一级菌丝，经过质配以后的双核菌丝，镜下观察比前者粗壮。

菌丝索仍属营养体，是由二次菌丝进一步发育形成特殊化的索状菌丝，也称为三次菌丝。这种由二次菌丝密集膨大而成的根状菌索，是形成子实体的外在表现。

2. 子实体

子实体是由菌托、菌柄、菌裙、菌盖 4 个部分组成。

(1)菌托

一个幼小的子实体，孕育于菌蕾中。当子实体成熟时，冲破菌蕾外的包被，整个子实体伸长外露，包被则遗留在菌柄基部，形成菌托。菌托有 3 层，外层(外包被)膜质，光滑，红托竹荪紫红色，棘托竹荪棕褐色；中层(中包被)为半透明胶质；内层(内包被)膜质、乳白色。

(2)菌柄

圆柱状，中空，基部钝尖，顶端有一穿孔，海棉质，白色，长 5～30cm，直径 2～4cm。它起着支撑菌盖和菌裙的作用，也是食用的主要部分。

(3)菌裙和菌幕

当子实体成熟后，菌裙从柄顶端向下撒开，长 6～20cm，白色，网状，网眼圆形、椭圆形或多角形。菌裙不仅是食用的主要部分，而且也是分类学上的重要依据。菌裙的有无，是竹荪属(*Dictyophora*)与鬼笔属(*Phallus*)的重要区别，菌裙的长短是长裙竹荪与短裙竹荪的区别之一。

(4)菌盖

钟形，高 2～4cm，表面有网纹或皱纹，子实层着生在菌盖表面上。当孢子成熟时，子实层则成黏液状，并具臭味。这种臭味可以招引昆虫舐食黏液，昆虫的足、口器就把孢子带到他处，起到传播孢子的作用。竹荪的担孢子单核、椭圆形、光滑、无色。

竹荪子实体为繁殖器官，分为两个明显的阶段：幼龄期和成熟开伞放裙期。子实体在很长一段时间里，外被包裹着卵状球形，称为菌蕾，又叫菌球，是由菌索顶端扭结发育而成的。菌蕾幼时为蚁卵状，逐步生长发育膨大为鸡蛋大小，也称竹蛋。菌蕾的中心部分由内包被、中包被、外包被所包裹，最后分化为白色圆筒状的菌柄，暗绿色的子实层菌盖和菌裙。其中子实体在竹蛋中孕育，在温、湿度适合的条件下，形成完整的子实体。菌球原为白色，后逐渐转为粉红色、土红色、深灰色、褐色，表面有龟裂纹，成熟的菌球直径 4～6cm。而棘托竹荪的菌球表面有许多棘毛。竹荪菌球和子实体解剖如图 68—2～图 68—3。

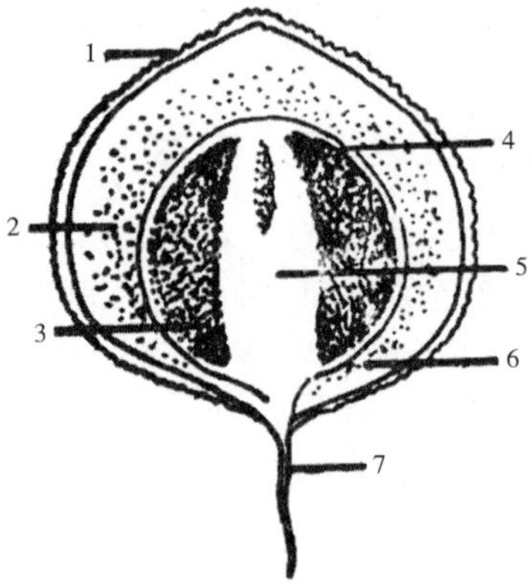

图 68—2 竹荪菌蕾纵剖面示意图

1.外包被，2.胶质层，3.孢体，4.内包被，5.菌柄，6.菌裙，7.菌索。

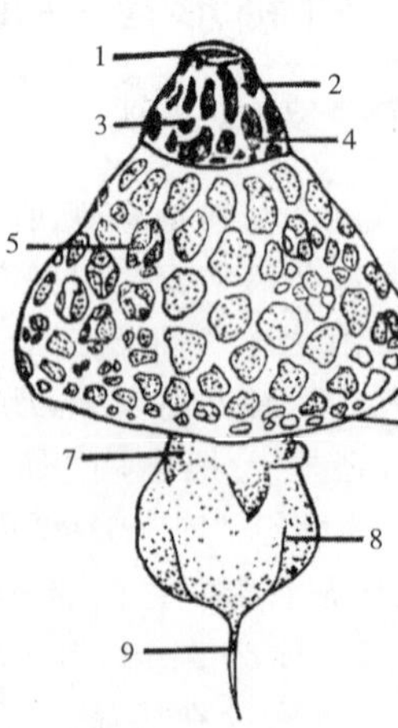

图 68—3 子实体形态示意图

1.孔口，2.菌盖，3.网格，4.孢体，5.网眼，6.菌裙，7.菌柄，8.菌托，9.菌索。

二、竹荪自然分布与生态习性

(一)竹荪自然分布

竹荪主要分布于北半球的温带到亚热带地区。在我国贵州、云南、江西、安徽、四川、福建、浙江、湖南、河南、陕西、河北、吉林、黑龙江、台湾等省区均有分布。在国外,日本、印度、爪哇、法国、英国、斯里兰卡、墨西哥等国家也有发现。有世人称道,当以我国西南地区产的清香型竹荪最为名贵;历史上云南昭通竹荪产量之多;四川锦阳、宜宾竹荪形态之大,品质之上。

(二)竹荪生态习性

竹荪的生态习性有以下 4 个方面。

1. 腐生菌

竹荪没有叶绿素,不能进行光合作用,靠分解纤维素、半纤维素、有机氮等吸收营养物质而生存,菌丝的生长可使培养基质腐朽,属于腐生生活的菌类。

2. 喜氮

氮素是竹荪合成蛋白质和核酸所必需的原料,主要利用有机氮,如尿素、氨基酸等。培养料中氮素的含量对竹荪的营养生长和生殖生长有很大影响。菌丝生长阶段,培养料的含氮量应比其他菌类相对高些。如含氮量过低,菌丝生长不粗壮,产量低。一般竹粉、木屑中氮源不足,作为培养竹荪的原料建堆发酵时,可适量添加尿素,增加培养料的养分,促使菌丝生长茁壮,有利提高产量。

3. 喜阴湿

在自然界,竹荪都生长在郁蔽度达 90%左右的竹林和森林地上。森林下腐殖层比较潮湿,基质含水量 60%~65%,表土层含水量都在 28%左右,15cm 深层处含水量在 24%左右。子实体生长期,林间的空气相对湿度 90%左右。

4. 好氧

野生竹荪大都生长在地表,土质砂壤性,腐殖层较疏松,其菌丝生长洁白粗壮;林地植被疏密适中,其菌球生长量多、且大,子实体形成正常。表明了竹荪为十分好氧的菌类,在氧气充足的条件下,发育良好、产量高、品质优。

(三)竹荪生活史

1. 竹荪生活史

竹荪的生活史,就是竹荪一生所经历的全过程,如图 68—4。

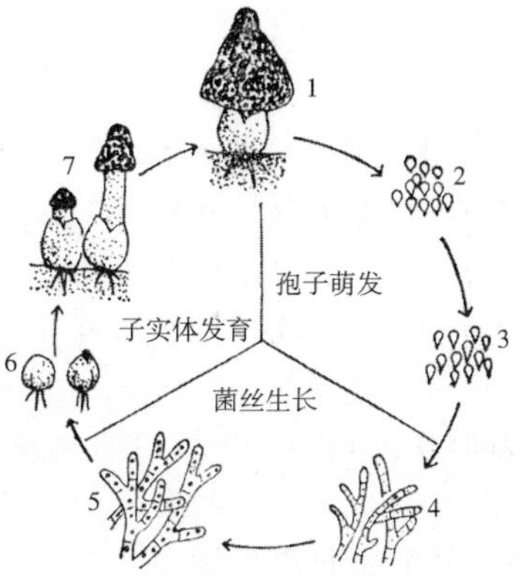

图 68—4 竹荪生活史

1. 子实体,2. 孢子,3. 孢子萌发,4. 初生菌丝,5. 双核菌丝,6. 菌蕾,7. 破口抽柄。

2. 完成生活史的时间

自然界中竹荪主要是靠昆虫传播来繁衍后代。成熟的孢子由昆虫带走或孢子黏液被雨水冲到适合竹荪生长的基物中,遇到适宜的生长温、湿度条件,便萌发为菌丝,菌丝不断生长形成庞大的菌丝体。经过一定的时间,菌丝体膨大分化成菌索,穿越覆土层或地面,其末端膨胀分化成菌蕾。菌蕾由小变大呈球状,成熟后破裂,长成子实体,子实层再形成担孢子。如此周而复始地循环生活,代代相传,在大自然中生长需要 1 年左右,而人工栽培仅需3~4 个月。竹荪的菌丝体可多年生长,在地下越冬,至于竹荪的交配型,目前尚未弄清楚其中的内涵。

竹荪子实体生长发育全过程,不同阶段所需时间见图 68—5。

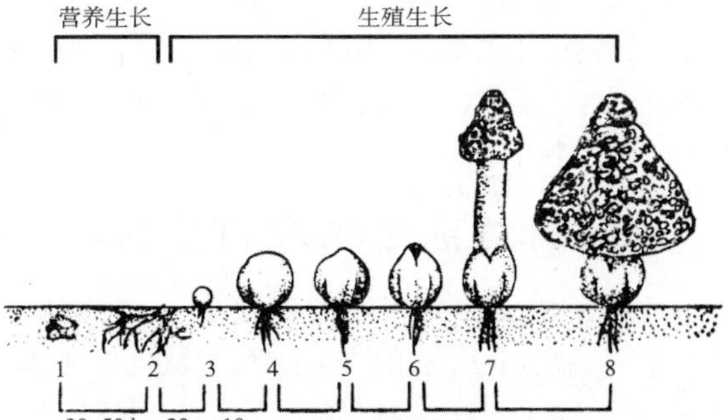

图 68—5 竹荪生长发育过程示意图

1. 接种,2. 形成结实性菌索,3. 菌索先端膨大并形成子实体原基,4. 竹荪球发育成熟,5. 顶端突起,6. 破口,7. 菌柄形成并露裙,8. 子实体最后形成。

3. 子实体形成历程

竹荪子实体形成过程分为以下 6 个阶段：

(1)原基分化期

菌丝在培养料表面形成大量菌索，不断向土层蔓延，吸收土壤养分，形成瘤状凸起，即子实体原基。

(2)球形期

当幼原基逐渐膨大，开始露出地面时，内部器官已分化完善，形成菌蕾。初期为卵圆形，俗称竹荪球，直径 3～6cm，白色；并逐步由小到大，顶端表面出现细小裂纹，外菌膜见光后开始产生色素。

(3)桃形期

随着菌蕾膨大，体内中部的菌柄逐渐向上生长，使顶端隆起形成桃形，表皮裂纹增多，其余部分变得松软，菌蕾表面出现皱褶。

(4)破口期

菌蕾达到生理成熟后，如果湿度适合，菌蕾吸足水分，从傍晚开始，经过一个夜晚的吸水膨胀。次日上午 8 时，外菌膜首先出现裂口，露出黏稠状胶体，透过胶质可见白色内菌膜，然后菌膜撑破，露出孔口。

(5)菌柄伸长期

菌蕾破裂后，菌柄迅速伸长，从裂缝中首先露出的是菌盖顶部的孔口，接着出现菌盖。菌柄伸长后，菌盖内的网状菌裙开始向下露出。当伸长 9～10cm 时，褶皱菌盖内的菌裙慢慢向下撒开。在内菌膜破裂后的2.5～3 小时内，散裙速度最快。从菌柄露出到停止伸长，一般为1.5～2 小时；从菌裙露出到完全撒开，只需0.5～1 小时，总共需要 2～3 小时。竹荪抽柄散裙在上午 8～12 点完成，也有的在下午 3～5 点完成。

(6)成熟自溶期

菌柄停止伸长，菌裙撒开达到最大限度，子实体完全成熟，随后萎缩，菌裙内卷，孢子自溶。野生竹荪的采集，若过了成熟期即躺倒霉烂，所以有人称之为“神出鬼没”。

(四)竹荪生长发育条件

竹荪生长发育的环境条件很多，最主要的是营养物质、温度、水分、空气、光照、酸碱度及土壤。

1. 营养

长期以来，人们把竹荪看成是与竹类共生的真菌。近代科学研究和实践证明，竹荪是一种腐生性真菌，对营养物质没有专一性，与一般腐生性真菌的要求大致相同，其营养包括碳源、氮源、无机盐和维生素。

(1)碳源

碳源是竹荪碳素营养的来源，它不仅能提供碳素用以合成糖类(碳水化合物)和氨基酸的骨架，同时又是竹荪生长发育所需要的能量来源。在自然界中的多种富含淀粉、纤维素、半纤维素、木质素的有机物质，如竹根、竹鞭、竹片、竹屑、木段、阔叶树木屑、棉子壳、麦秸、玉米秸、蔗渣等，都可被竹荪菌丝细胞所产生的胞外酶分解成葡萄糖、阿拉伯糖、木糖、果糖等简单糖类而吸收利用。因此，在配制培养基时，如能先加入适量葡萄糖等简单糖类，有助于诱导胞外酶的产生，加快菌丝对纤维素的分解。

(2)氮源

氮源是指能被竹荪菌丝细胞吸收利用的含氮化合物，是合成细胞蛋白质和核酸的必要元素。竹荪菌丝和其他腐生真菌一样，主要的氮源有蛋白质、氮基酸、尿素、铵盐等，其中氨基酸、尿素等可被竹荪菌丝体直接吸收，而大分子的蛋白质则必须借助于自身分泌的蛋白酶，分解成氨基酸后才能被吸收。因此在生产上常用尿素、氨基酸作为氮源。一般在菌丝生长阶段，培养基的含氮量以0.016%～0.064%为宜。

(3)无机盐

无机盐是构成竹荪细胞的成分和酶的组分，还具有调节细胞渗透压的作用。在无机盐中，称为宏量元素。在配制培养基时，常加入适量的磷酸二氢钾、磷酸氢二钾、硫酸钙、硫酸镁，来满足竹荪生长发育的需要。此外，还需少量的铁、钴、锰、钼、硼等元素，通常称为微量元素。不过这些元素在天然水中和有机物如秸秆等的含量中，已满足，不必另行添加。

(4)维生素

维生素是一组具有高度生物活性的有机物质，旧称维他命。它是生物生长和代谢过程中必不可少的物质。竹荪和其他腐生真菌一样，一般不能合成维生素 B_1，尽管其用量甚微，但缺乏它生长发育会受阻，因此需要补充。其他的维生素种类，如维生素 B_2、维生素 B_6、维生素 H、烟酰胺和叶酸等，也是竹荪必不可少的，但这种维生素在马铃薯、麦芽、豆芽、酵母、麦麸和米糠等植物性原料中含量丰富，一般也不必另行添加。

2. 温度

温度是竹荪生长发育的主要条件。尤其是子实体生长和开伞散裙，温度不适，不能形成，这主要是受体内酶的影响。

不同竹荪品种，对温度的要求不一样。短裙竹荪、长裙竹荪、红托竹荪属中温型，棘托竹荪属高温型。在营养生长阶段（即菌丝生长阶段）温度在5～30℃均可生长，最适生长温度为23～25℃。在10℃左右菌丝长满750ml瓶子需4个月，在23℃需50～60天。在适宜的温度下，菌丝孢外酶的活性高，分解吸收营养的能力强，致使菌丝生长旺盛。若温度突然变化，0℃以下或35℃以上，菌丝立即发生色素变化，即由白色变为红色或暗红色，且很快衰退或死亡，30℃以上菌丝体发黄老化。中温型的品种，子实体形成和分化适温范围为19～28℃，在低海拔气温较高的地区，人工栽培很难越夏，且对环境条件、培养料和覆土要求苛刻，不易形成菌球。有的虽然形成菌球，但不能分化散裙、形成完整的子实体。棘托竹荪菌丝生长温度范围为13～38℃，适宜温度为23～32℃，子实体在25～32℃气温范围内，能形成和分化散裙。如果高于35℃，畦床水分大量蒸发，湿度下降，菌裙黏结不易下垂或托膜增厚，破口抽柄困难。

3. 水分

水分是竹荪细胞的重要组成部分，也是竹荪新陈代谢和吸收营养必不可少的基本物质。水分包括培养基质含水量、空气相对湿度和土壤湿度。

（1）基质含水量

竹荪生长发育所需的水分，绝大部分是从培养基质来的。营养生长阶段的基质含水量以60%～65%为宜，低于30%菌丝脱水而死亡，高于75%培养基通透性差，菌丝会因缺氧窒息死亡。进入子实体发育期，培养基含水量要提高到70%，以利养分的吸收和运转。但长菇期含水量过高，也会造成菌丝淤水而霉烂，影响生殖生长。

（2）空气相对湿度

空气相对湿度是指空气中水蒸气含量的百分数。竹荪在营养生长阶段，因菌丝是在基质中蔓延生长，空气湿度对它没有直接的影响，不过空气相对湿度过低，会加速覆土层和培养基中水分的蒸发，也不利于菌丝的生长。在这个阶段的空气相对湿度以维持在65%～75%为宜。当进入生殖生长阶段，在菌蕾处于球形期和卵形期后，为了促使其分化，空气湿度要提高到80%；菌蕾成熟至破口期，空气湿度要提高到85%；破口到菌柄伸长期，空气湿度应在90%左右；菌裙张开期，空气湿度应达到95%以上。此时如果空气湿度偏低，菌裙难以张开，板结在一起，失去商品价值（表68—1）。

表68—1 空气相对湿度与菌裙张开的关系

空气相对湿度	菌裙张开度	菌裙饱满度	裙边完整度	裙面湿润度
>95%	完全张开	饱满	完整	湿润
90%～95%	完全张开	不饱满	不完整	湿润
80%～90%	半张开	半皱缩	完整	半湿润
75%～80%	下垂	皱缩	枯干	干燥
<75%	黏连菌柄	全皱缩	枯黄	枯干

（3）土壤含水量

竹荪菌丝体在地里生长，在一般湿润的土壤条件均能生长。表土层含水量为28%左右。人工栽培覆土时先要调节好覆土土粒的含水量，通常以手捏土粒扁而不碎、不黏手为宜。在栽培过程中，以保持土壤处于湿状态为好，含水量过高或过低都不利竹荪的生长发育。

4. 空气

竹荪属好气性真菌。在进行呼吸作用时，与绿色植物正好相反，它吸入的是氧气，而排出的是二氧化碳。在正常的空气中，氧的含量约21%，二氧化碳的含量是0.03%。当空气中二氧化碳含量增加时，氧的分压必然要降低，这时竹荪的呼吸代谢活动就会受到过高的二氧化碳浓度所影响。因此，无论是在菌丝体生存的培养基质和土壤中，还是在菌蕾和子实体生存的空间里，氧气都必须充足。如培养基质和土壤中的氧气充足，竹荪菌丝体长势就旺盛，生长速度就快，子实体原基形成也快；反之，菌丝生长缓慢。在严重缺氧的情况下，菌丝不仅生长受到抑制，而且会窒息死亡。一般来说，在竹林内栽培竹荪，竹荪和高等植物间进行了气体交换，氧的供应是充足的，但要注意培养基质和土壤的通气，这就要科学地进行水分管理，切勿使基质和土壤长时间处于淹水状态。室内栽培和野外塑料棚栽培竹荪，必须定时打开门窗或揭开覆盖的薄膜，进行通风换气。

5. 光照

竹荪在营养生长阶段不需要光照。在无光下培养的竹荪菌丝体呈白色绒毛状，菌丝见光后生长受抑制，很快变成紫红色，且容易衰老。在生殖生长阶段，子实体原基的形成一般也不需光照。菌蕾出土后则要求一定的散射光，微弱的散射光不会影响菌蕾破口和子实体的伸长、散裙。但强烈的光照，不仅难以保持较高的环境湿度，还有碍于子实体的正常生长发育。强光和空气干燥时，容易使菌球萎蔫，表皮出现裂斑，不开裙或变成畸形菇体。人工栽培竹荪场所的光照强度，以控制在15～200 lx为适宜。

6. 酸碱度

在自然界中竹荪生长在林下腐殖层和微酸性的土壤中。腐竹叶的pH为5.6，经竹荪菌丝体分解后pH下降到4.6。由此可知竹荪是在偏酸性的环境条件下生长发育。较适宜的pH为4.5～6.0，菌丝生长的pH以5.5～6.0为好，子实体发育的pH以4.6～5.0为适宜。

7. 土壤

土壤不仅可为竹荪菌丝提供一定的营养料、水分和热量等，还可提供适宜的pH。但是对竹荪菌丝体来说，土壤仅仅是一种提供所需条件的介质，如没有土壤这种介质，只要能满足上述这些必需条件，菌丝仍然可以正常生长。但由营养生长转入生殖生长阶段时，就离不开土壤。覆土的作用除了支撑子实体外，可能还与竹荪原基分化时，必须有土壤的物理作用所产生的机械刺激有关。其机制尚待进一步研究。

第三节　竹荪的菌种繁育

竹荪菌种分离培育与其他食用菌比较，难度较大，所以一直被人们认为是“神秘”的保密技术。其实竹荪菌种同样分为母种、原种和栽培种三级。竹荪菌种的类型，母种采用PDA培养基，原种为瓶装木屑培养基，栽培种培养基袋装。竹荪制种，在培养基配制和母种分离上，有其特殊个性。

（一）菌种培养基配方

1. 母种培养基配方

①鲜竹根100g，鲜厥根100g，葡萄糖10g，琼脂20g，磷酸二氧钾0.6g，维生素B_1 0.1g。

②鲜松针36g，马铃薯250g，葡萄糖20g，琼脂20g，磷酸二氧钾3g，蛋白胨3g。

③玉米粉60g，蔗糖10g，琼脂20g，硫酸镁0.5g。

以上配方加清水1 000ml，pH为5.5～6。配制方法按常规。

2. 原种、栽培种培养基配方

竹荪原种和栽培种，均采用固体培养基，常用以下配方：

①竹屑30％，杂木屑30％，豆秸粉12％，麦麸25％，蔗糖1.2％，磷酸二氧钾0.3％，石膏1.5％。

料水比:1∶1.4～1∶1.5，pH灭菌前为6.5～7。

②棉子壳40％，杂木屑20％，棉秆20％，麦麸18％，蔗糖1％，碳酸钙0.8％，磷酸二氧钾0.2％。

料水比1∶1.5～1∶1.6，pH同上。

③杂木枝条60％，豆秸粉14％，麦麸23％，蔗糖1.2％，磷酸二氧钾0.2％，石膏1.5％，硫酸镁0.1％。

料水比1∶1.3，pH同上。

固体培养基配制方法同常规。

（二）竹荪菌种分离方法

竹荪菌种分离方法有孢子分离、组织分离和基内菌丝分离3种。常用组织分离法，它是利用竹荪进入成熟期的菌球子实层中孕育的有性孢子，进行分离培育成母种。

竹荪的菌蕾，实际是菌丝体的扭结物、组织化的纯菌丝，具有很强的再生和保持种性的能力。因此只要在菌蕾孢体部位提取一小块组织，移植到琼脂培养基上，便能促使其进入营养生长，从而获得竹荪纯菌丝体。孢体提取部位如图68－6。

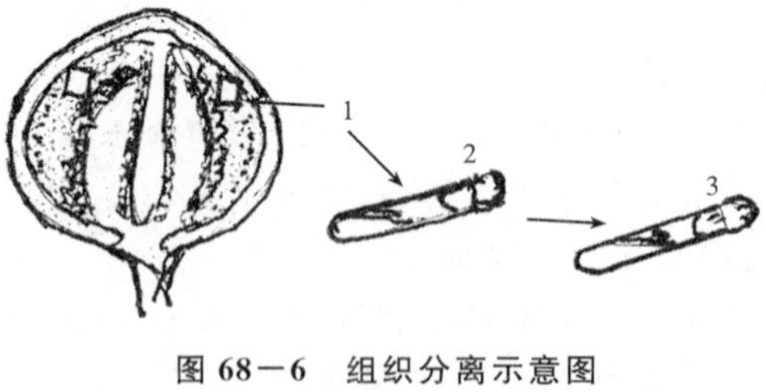

图68－6　组织分离示意图

1.外菌膜，2.胶质层，3.孢体，

4.接入PDA培养基，5.育成母种。

1. 选取菌蕾

选择颗粒肥大、结实，顶端没有出现突起，尚未开裂，无病虫害，有七八分成熟的适龄菌蕾作分离材料。

2. 表面消毒

用升汞溶液进行表面灭菌处理，或直接用棉

球蘸取75%乙醇，在菌蕾表面擦拭2～3遍，也可达到灭菌的目的。

3. 剖开蕾体

用经酒精灯火焰灭菌的手术刀，沿菌蕾纵轴方向，在中部切0.2～0.4cm深的切口，去掉外包被的菌膜，再用消毒过的手指将菌蕾沿切口撕开，将手术刀在酒精灯火焰上消毒，然后在露出的剖面孢体部位上，用刀切划成许多小方格，约0.3cm×0.5cm。

4. 接种萌发

将接种针在酒精灯火焰上消毒后，挑取白色孢体组织块，迅速地接种到斜面培养基的中央，接种物似黄豆粒大小。接种后的试管，放到25～28℃恒温箱内培养。组织块萌发时间与竹荪品种和菌丝生长速度有关，短裙竹荪接种后7天萌发，长裙竹荪在接种后的3～4天即可萌发，菌丝长满管后即为母种。

(三)菌种逐级扩繁

每支竹荪母种，一般扩接原种4～5瓶，接种后置于23～28℃室内，培养50～60天菌丝长到瓶底即可。原种每瓶扩接栽培种45～50袋，培养60～70天菌丝长满袋，即可用于栽培竹荪。

竹荪菌种逐级扩繁，与其他菇菌一样，可参照操作，这里不作细述。

(四)菌种质量检验

1. 优劣菌种标志

(1)优良菌种

菌丝色白，长势旺盛，雄壮均匀，无间断，气生菌丝浓密，尤其棘托长裙竹荪，气生菌丝呈扇形，丝条清晰，在试管内起卷状布满试管；在原种栽培瓶内，扇形气生菌丝爬壁力很强，菌丝不会变色。红托竹荪在试管中初期白色，受光照影响，菌丝会变红色。长裙竹荪多呈粉红色，间有紫色；短裙竹荪菌丝体呈紫色，在管或瓶中无间断，气生菌丝浓密。

(2)老化菌种

菌丝色泽乳黄、萎缩、消失、衰竭；线状菌索出现、稀疏无力、培养料与瓶(袋)壁脱离、瓶(袋)壁出现水珠，表明培养料已收缩干固。

(3)感染菌种

在培养基上可明显看到黄、黑、绿等点或块，即为杂菌污染，坚决淘汰。对前期受污染的原种或栽培种，虽经一般培养，竹荪菌丝可以覆盖料面，但也易于辨别。凡是此类菌种，菌丝较纤弱，木屑显露，菌丝形成条状，即菌索出现。凡是染杂菌的原种不宜取用。而栽培种可使用，但由于培养料受杂菌侵食，造成菌种先天不足，产量有影响，所以用种量要增加才能弥补。

2. 检验方法

菌种质量检验，掌握以下5个方面：

(1)直接观察

对引进的菌种，首先用肉眼观察包装是否合乎要求，即棉塞有无松动，试管、玻璃瓶或塑料袋有无破损，棉塞和管、瓶或袋中有无病虫侵染；菌丝色泽是否正常，有无发生老化；然后在瓶塞边作深吸气，闻其是否具该菌种特有的香味。

(2)显微镜检查

在载玻片上放一点蒸馏水，然后挑取少许竹荪菌丝置水滴上，盖好盖玻片，置于显微镜下观察。玻片也可通过普通染色进行镜检。若菌丝透明，呈分枝状，有横隔，锁状联合明显，可认为是合格菌种。

(3)观测菌丝长速

将菌种接入新配制的试管斜面培养基上，置于最适宜的温、湿度条件下进行培养。如果菌丝生长迅速，整齐浓密，健壮有力，表明是优良菌种；若菌丝生长缓慢，或长速特快，稀疏无力，参差不齐，易于衰老，表明是劣质菌种。

(4)吃料能力鉴定

将菌种接入最佳配方的培养料中，置于适宜条件下培养，1周后观察菌丝的生长情况。如果菌种块能很快萌发，并迅速向四周和培养料中生长伸展，说明该菌种的吃料能力强；反之，菌种块萌发后生长缓慢，迟迟不向四周和料层深处伸展，表明该菌种对培养料的适应能力差。对菌种吃料能力的测定，不仅用于对菌种本身的考核，同时还可以作为对培养料选择的一种手段。

(5)出菇试验

经以上几个方面考核后，认为是优良菌种，可进行扩大转管。然后取出一部分母种用于出菇试验，以鉴定菌种的实际生产能力。出菇试验常用的方法有瓶栽法和袋栽法及野外畦栽法，每个菌株要设4个重复，以避免试验的偶然性。

3. 菌种污染的原因

在各级菌种生产的全过程中，常会发生杂菌污染。这是竹荪制种中的一大难题。因此，必须高度重视，严格无菌操作，注意每个操作环节，尽可能不受或少受杂菌污染，使菌种成品率提高。杂菌污染的原因大致有以下几个方面：

(1)培养基污染

组成培养基的各种原料，本身不同程度混有杂菌和杂菌孢子。如果消毒灭菌不彻底，培养5天左右，在培养基表面和内部就会同时发现杂菌色斑。

(2)菌种本身污染

由于母种、原种本身不纯，污染上杂菌。转接时会造成大批污染，而且杂菌由转接块上开始蔓延，这样的菌种坚决不能用。选择菌种要十分小心，有一点怀疑宁弃勿取。

(3)操作污染

在确认母种或原种纯度高，而且在培养基灭菌彻底的情况下，发现被转接的培养基表面(包括种块周围)出现杂菌污染，说明接种室(箱)、用具、菌种瓶表面及操作人员的手和工作服等消毒处理不好，或者违反了接种操作规程。要严格执行消毒灭菌程序，避免杂菌污染。

(4)环境污染

由于培养室消毒不彻底，或者菌种瓶棉塞潮湿，或者瓶口洗得不干净，常常造成培养后的杂菌污染。这种污染现象是菌丝体已经长满料面或长满瓶后，在培养料表面出现杂菌，使接种后菌种发霉。

第四节　竹荪的栽培技术

一、竹荪生料栽培技术

(一)栽培原料选择与处理

1. 原料选择

竹荪原野生于竹木林地上。根据近年大面积生产实践经验，适合栽培竹荪的原材料有4大类：即竹类、农作物秸秆类、野草类、树木类。在选料时，要因地制宜，就地取材，任选一种或多种综合均可。

(1)竹类

用于栽培竹荪的竹类，不论“大小、新旧、生死”竹子的根、茎、枝叶，以及竹器加工厂的下脚料，竹屑、竹白、竹绒等均可利用。竹类品种繁多，常见有毛竹、麻竹、墨竹、斑竹、水竹、龙竹、石竹、发竹、锦竹、罗汉竹、秀竹、月月竹、楠竹、平竹、兹竹、孟宗竹、淡竹、绿竹、刚竹、黄竹、金竹、笔竹、凤尾竹、弓竹、萎竹、竿竹、紫竹等。资源广泛，只要合理采伐，科学管理，取之不尽，用之不竭。

(2)秸秆类

除了稻草、麦秸外，其他均可作栽培竹荪的原料(因稻草、麦秸纤维较弱易烂)。常用的有棉花秆、棉子壳、玉米秆、玉米芯、木薯秸、大豆秸、高粱秆、葵花秆、葵花子壳、黄麻秆、花生茎、花生壳、谷壳、地瓜蔓、油菜秸秆以及甘蔗渣等。充分利用秸秆，变废为宝，大有作为，值得提倡。为便于栽培者选用，这里介绍主要几种秸秆营养成分分析(表68—2)。

表68—2　适于栽培竹荪的农作物秸秆营养成分(%)

名称	粗蛋白	粗脂肪	粗纤维	可溶性糖类(碳水化合物)	粗灰分	钙	磷
大豆秸	13.5	2.4	28.7	34	7.6	1.4	0.36
玉米秸	3.4	0.8	33.4	42.7	8.4	0.39	
玉米芯	1.1	0.6	31.8	51.8	1.3	0.4	0.25
棉子壳	17.6	8.8	26	29.6	6.1	0.53	0.53
棉花秆	4.9	0.7	41.4	33.6	3.8	0.07	0.01
高粱秆	3.2	0.5	33	48.1	4.6	—	—
甘蔗渣	2.54	11.6	48.1	48.7	0.72	—	—
葵花子壳	5.29	2.96	49.8	9.14	1.9	1.17	0.07
花生壳	7.7	5.9	59.9	10.4	6.0	—	—

(3)野草类

常见的有类芦、芒萁、芦苇、斑茅、五节芒等10多种。其中芦苇纤维细长，营养丰富，栽培竹荪现蕾快，当年产量高，是取之不尽的好原料。野草营养成分十分丰富，这里介绍福建农林大学选择的几种野草成分(表68—3)。

表68—3　几种野草营养成分(%)

品名	蛋白质	脂肪	纤维	灰分	氮	磷	钾	钙	镁
芒萁	3.75	2.01	72.1	9.62	0.60	0.09	0.37	0.22	0.08
类芦	4.16	1.72	58.8	9.34	0.67	0.14	0.96	0.26	0.09
斑茅	2.75	0.99	62.5	9.56	0.44	0.12	0.76	0.17	0.09
芦苇	3.19	0.94	72.5	9.53	0.51	0.08	0.85	0.14	0.06
五节芒	3.56	1.44	55.1	9.42	0.57	0.08	0.90	0.30	0.10
菅	3.85	1.33	51.1	9.43	0.61	0.05	0.72	0.18	0.08

(4)树木类

适合栽培竹荪的树种,总的来说,除了含有杀菌和松脂酸、精油、醇、醚以及芳香性物质的树种,如松、杉、柏、樟、洋槐、夜恒树等不适用外,一般以材质坚实、边材发达的阔叶树,以及果树枝丫、桑枝等都适宜竹荪生理营养的需要。

2. 处理方法

栽培竹荪的原料处理,要求做到 3 点:一晒干、二切破、三浸泡。

(1)晒干

用作栽培竹荪的原料,不论是竹类、木类、野草,还是秸秆类,均要晒干。因为新鲜的竹、木类,本身含有生物碱,经过晒干,使材质内活组织破坏、死亡,同时生物碱也得到挥发消退。一些栽培者由于晒干这个环节没有做到,把砍下来的竹木,切片后即用于栽培,结果菌丝无法定植,主要是生物碱阻碍了菌丝的生长。

(2)切破

即原料的切断与破裂。主要是破坏其整体,使植物活组织易死。经切破的原料,容易被竹荪菌丝分解吸收其养分。切破办法有两种:一是采用菇木切削机或劈成小薄片,竹类或枝桠材切成 5～6cm 长的小段。竹类可采用整根平铺于公路上,让拖拉机或汽车来回碾压,使其破裂,不必切断也可。

(3)浸泡

原料浸泡通常采用碱化法和药浸法处理。可利用池塘等蓄水的地方作浸泡池。处理方法有以下 3 种,任选一种均可。

①碱化法:把整个竹类放入池中,木片或其他碎料可用麻袋或编织袋装好,放入池内。再按每 100 千克干料,加入 3% 的石灰。以水淹没料为度,浸泡 24～48 小时,起到消毒杀菌作用。滤后用清水反复冲洗,直至 pH 为 7 以下。捞起沥至含水量 60%～70%,即可用于生产。

②泡浸法:将原料浸入 0.5% 甲基托市津水溶液中,浸泡 3～4 小时,直至没有白心为止。

③堆焖法:采用蔗渣、棉子壳、玉米芯和谷壳等秸秆类栽培的,可采用上述比例的石灰水泼入料中,闷 8～12 小时后,即可使用。

(二)播种季节与适用品种

1. 最佳播种期

竹荪栽培一般分春、秋两季。我国南北气温不同,具体安排生产时,必须以竹荪菌丝生长和子实体发育所要求的温度为依据。通常掌握气温稳定在 8～30℃,均可播种栽培。具体掌握两点:一是播种期气温不超过 28℃,播种后适于菌丝生长发育;二是播种后 2 个月菌蕾发育期,气温不低于 16℃,使菌蕾健康生长成子实体。

室外栽培应以自然气温来确定。南方诸省通常春播以"惊蛰"开始,3～4 月份均可,当年夏秋季长菇收成;秋播"立秋"之后 9～11 月份播种,第 2 年夏季长菇收成。室内栽培可以人为调节温度,因此南方冬播可以在 11～12 月份播种,保温发菌 3～4 个月后,到来年春季,4 月份气温适于子实体生长。春播 2～4 月份,此时气温适宜菌丝生长,早春 2 月播种的,5 月份可现蕾长成子实体。

春播、秋播各有不同特点。春播见效快,棘托长裙竹荪接种后 60 天开采。但在农村来说,春季处于农忙,与农作物播种挤在一起,难免会出现顾此失彼现象;而且春季杂菌繁殖与活力强,在取用菌种过程中,遇高温和污染菌的机会多。秋播处于农闲,粮、菌劳力投放不矛盾,且气温转低,杂菌污染机会少;野外栽培,整地、作畦、播种、堆料,操作方便,同时,菌丝萌发生长期长,能更好地分解基料养分。秋季菌丝增殖一次,越冬时休眠,来年春暖菌丝再次增殖。经过 2 次增殖,菌丝较为旺盛粗壮,一到初夏气温适宜,菌蕾涌现量多,蕾体肥大。栽培季节的安排,可因地适时,灵活掌握。

竹荪栽培的最佳季节,受温度影响较大,而各地海拔的高低又与温度密切相关,所以对菌种也有严格的选择。一般而言,播种期,短裙红托竹荪以 3～4 月份和 9～10 月份为宜;长裙竹荪以 4～5 月份和9～10 月份为好;棘托竹荪在 3～4 月份为适。南方低海拔地区可提前 2 月播种,4～10 月份长菇;北方高寒地区清明 4 月解冻后,5 月份播种,7～9 月份出菇。这样才能达到当年收成见效益。从事竹荪栽培,最好能有一份本地近年来的气象资料,选择各个菌株菌丝生长最适温度的前一个月播种,使菌丝吃料后正好赶上最适温度的月份,然后提前 2 个月准备好栽培的原材料。

2. 适用栽培品种

目前用于人工栽培、形成商品化生产的竹荪品种,有长裙竹荪、短裙竹荪、红托竹荪、棘托长裙竹荪 4 个。为了便于掌握各个品种的特征,现介绍如下:

(1)长裙竹荪

散生或群生,子实体高 10～26cm,菌托白色,菌盖钟形或圆锥形,高、宽为 3～5cm,有明显网络,顶端平,有穿孔。菌裙白色,裙长为菌柄长的

1/2～2/3。从菌盖下垂达10cm，由管状组织组成，网眼多角形，直径为0.5～1cm。菌丝生长温度为8～30℃，最适温度为20～25℃；子实体形成温度为20～28℃，最适温度为23℃。属中温型。

（2）短裙竹荪

单生或群生，子实体幼时呈卵球形，直径3.5～4cm，具有明显网络，顶端平，有穿孔。菌柄呈圆柱至纺锤形，长10～15cm。菌盖下部至菌柄上部，均有白色的网状菌裙，下垂3～5cm，长度为菌柄的1/3～1/2，故称短裙竹荪。菌裙上部的网络，大多为圆形，下部则为多角形，直径1～5cm。菌托呈粉灰色至淡紫色，直径3～5cm。子实体高10～18cm。菌丝生长温度为12～33℃，最适温度为24℃左右；子实体形成温度为15～25℃，最适温度为22℃。属中温型。

（3）红托竹荪

散生或群生，子实体高20～23cm。幼蕾呈卵球形，颜色为红色，成熟时变为长椭圆形，由顶端伸出白色笔形菌柄。菌盖钟形，直径3.5～4.5cm，表面有明显网络，顶端平，有一孔，内含孢子。菌裙下垂7cm，边宽4～8cm，有网眼，呈多角形，直径0.5cm，子实体高11～20cm，粗3～5cm。野生多在秋季9～10月份形成。菌丝生长温度为5～30℃，25℃左右最适；子实体形成温度为17～28℃，最适温度为20℃。属于中温型。

（4）棘托长裙竹荪

菌丝呈白色索状，在基质表面呈放射性匍匐增殖。菌蕾呈球状或卵状、球形。菌托白色或浅灰色，表面有散生的白色棘毛，柔软，上端呈锥刺状。随着菌蕾成熟或受光度增大，棘毛短少，至萎缩退化成褐斑。菌蕾多为丛生，少数单生，一般单个重20g，子实体高20～30cm，宽30～40cm，肉薄，菌盖薄而脆，裙长落地，色白，有奇香。菌丝生长适宜的温度5～35℃，而以25～30℃最适；子实体生长温度为23～35℃，以25～32℃最适。属于高温型。

上述4个品种，栽培者可根据当时市场需求和生产效益而定。棘托长裙竹荪容易栽培，产量高，见效快，深受国内外市场欢迎。考虑到国外一些客户的要求，可因地制宜生产短裙竹荪或红托竹荪，虽产量低，但商品价值比棘托竹荪高。

（三）栽培场地要求

野生竹荪多生长于潮湿、凉爽、土壤肥沃的竹林或阔叶林地上。人工栽培时，要模仿它的生活习性来选择场地，人为创造适宜的环境条件，来满足其生长的需要。

（1）场地选择

栽培场地应选择山坡脚下或半山斜坡，坡向朝外；郁闭度70%的竹林或阔叶树林地；腐殖层厚，土壤肥沃，呈弱酸性砂质轻壤土，pH为6～6.5；靠近水源，排水良好；无白蚂蚁窝及虫害的场地最为理想。

在群众性商品化生产中，栽培场地除了有条件的地区按照上述要求选择外，还可以充分利用房前屋后的空闲地、瓜果棚下、旱地、稻田等作栽培场，但旱地要引进水源。如果其他条件适宜，土质不肥，可另取肥沃腐殖层高的竹木林表土或菜园土、塘泥等，作为铺底土和覆盖土壤，人为创造适宜的环境条件。

（2）整理畦床

先剔去山地上的石头，铲除杂草。若水稻冬闲田栽培，把田地整平，开好排水沟，整理好畦床。床宽1～1.3m，长度视场地而定，一般以10～15m为好。床与床之间设人行通道，宽40cm。畦床高度要距畦沟底25～30cm，畦面要整成“龟背形”，即中间高、四周低；畦沟人行道要两头倾斜，防止积水。也可在栽培前1个月，用尿素、过磷酸钙作基肥。尿素用量为10～15kg/667m²，过磷酸钙30～40kg/667m²。

（3）消毒杀虫

畦床内外用和四周撒石灰粉消毒杀虫。也可按200g/m²的茶籽饼浸水喷洒，杀死蚯蚓和蜗牛；林地、旱地栽培要注意防止白蚂蚁，可在蚁窝、蚁路上喷施灭蚂蚁农药。

（4）荫棚搭盖

野外菇场由于阳光直接照射，会引起水分蒸发。为了防止日光暴晒，棚顶铺设不易落叶的杉树枝或高粱秆、芦苇、茅草、芒萁草等遮荫。春季菇棚四周可种植瓜果、葡萄等，使其藤叶蔓延伸到棚架旁边和架顶上，达到遮荫的效果。山区日照短，秋季播种可暂时不遮荫，让阳光透进菌床，增加温度，促进菌丝加快增殖；到春暖时可在畦上盖遮荫物，保护出菇。平川地区日照长，气温高，荫棚使秋冬“五阳五阴”发菌，夏季“二阳八阴”。出菇时应避免光强过大，水分蒸发，以免造成缺水性萎蕾。

（四）培养料配方

栽培竹荪的原料，无论是竹类、木类、草类、秸秆类、单一原料或混合料都可以。竹木混合料不仅当年产量高，可连收2年。芦苇纤维易被竹荪菌丝分解，出菇快，当年产量高。因此配料时注意：“竹木草三结合，粗细长短搭配好”，常用配方有以下几组：

配方 1：杂木片 50%，竹类 40%，豆秸或芦苇 10%。

配方 2：竹类 50%，杂木竹 30%，芦苇 20%。

配方 3：芦苇 50%，杂木片 35%，竹类 15%。

配方 4：甘蔗渣 50%，竹类或花生壳 25%，杂木片 14%，豆秸 10%，过磷酸钙 1%。

配方 5：棉子壳 40%，棉花秆或高粱秆 40%，豆秸或玉米芯 19%，石膏粉 1%。

配方 6：芒萁 40%，杂木片 35%，竹类 24%，过磷酸钙 1%。

配方 7：葵花子壳 45%，玉米芯 25%，棉花秆或葵花秆 30%。

配方 8：黄麻秆 35%，黄豆秸 25%，木片 20%，花生壳 19.4%，复合肥 0.6%。

配方 9：种过菇耳的菌糠 70%，杂木片 18%，豆秸 10%，过磷酸钙 1%，石膏粉 1%。

配方 10：油菜子秸 60%，花生壳 20%，棉子壳 10%，果树枝桠 10%。

配方 11：谷壳 40%，花生壳 40%，杂木片 19%，过磷酸钙 1%。

(五)铺料播种与覆土

1. 铺料播种

目前竹荪大面积栽培的铺料播种方法，分为 3 层料夹两层菌种或两层料夹一层菌种，两种方法均可。

(1)铺料

培养料含水量掌握在 65%～70%，竹料从水中捞起稍凉即可使用；木片等碎料从水中捞起，让水从袋边流至不成串为适。铺料时从地面畦床起，采用竹木混合料“三料二菌种”铺料播种法的，其铺料厚度为第一层 5cm，第二层 10cm，第三层 5cm；若采用“二料一菌种”的，底层料占2/3，上层料占1/3。每平方用料20～25 千克；整个培养料厚度为 20cm。

(2)播种

采取“三料一菌种”的，每铺一层料后，把料踏实，在料面播一层菌种。菌种点播与撒播均可。其中第二层培养料、菌种量要比第一层增加 1 倍；铺料后再踏实，使料与菌种吻合，有利菌丝萌发。采取“二料一菌种”的，其菌种播在料上后，再铺一层料即可。菌种量为每平方米 4～5 瓶。注意：菌种要分成块状，有利菌丝萌发；料与种的比例为 5∶1。播种与铺料两道工序要密切配合，做到一边铺料、一边播种，防止因铺料时间过长，培养料被晒干或风干，造成播种后菌丝难以萌发。如果第 1 层播种后没及时铺放第 2 层料，会使料与种脱节，势必造成菌种干燥，菌丝萌发定植也困难。因此必须两环紧扣。如果铺料后播种来不及，可用薄膜把料覆盖保湿，避免水分蒸发。铺料后进行覆土，并在覆土表面撒一层竹叶保湿。竹荪“三料二菌种”播种法见图 68—7。

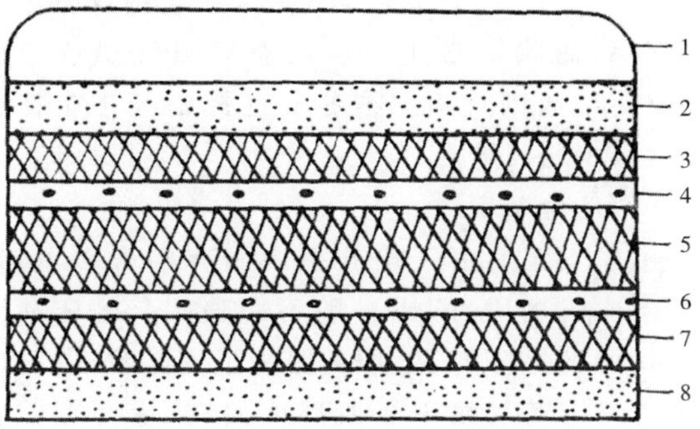

图 68—7 竹荪堆料播种示意图

1. 弓条罩膜，2. 覆土 3cm，3. 堆料 5cm，4. 菌种，5. 堆料 10cm，6. 菌种，7. 堆料 5cm，8. 地面畦床。

2. 畦床覆土

铺料播种后，在畦床表面覆盖一层 3cm 厚的腐殖土，腐殖土的含水量以 18%为宜。竹荪覆土机制跟蘑菇一样，是在土层中形成菌蕾。覆土不但起着改变培养基水分和通气条件的作用，而且土层中各种微生物的活动，也有利于子实体的生长。但土质好坏，与竹荪菌丝生长、菌索形成、出蕾快慢、产量高低，均有直接关系。

实践表明，腐殖土出菇最快，产量最高，菜园土次之，塘泥土较差，黄壤土最差。为此覆土的土质要求既肥沃，又疏松透气，保水性能好。以竹木和枥林中的表层腐殖土最好，剔除土中的石块、粗粒及树根。按每立方米体积用甲醛溶液 75ml，均匀地喷洒在腐殖土内，盖上地膜闷 2～3 天，然后揭去薄膜将土耙散，使药味散失，一星期后即可使用。一般菜地和稻田表土均可作覆盖土，覆土中也可掺入部分带土的稻根或草皮烧成的土肥，更有利于菌索的伸展粗壮。覆土不宜过厚，太厚会造成出菇慢。但覆土太薄，菌索根基不牢，子实体易于倾斜。

(六)发菌培养管理技术

1. 管理技术要点

竹荪野外栽培，覆土 10 天后，可用玉米秆、芒萁、芦苇、茅草等铺盖畦床上，防止雨水冲刷表土，也起到遮阳作用。因受自然气候影响，温、湿度随着季节而变化。管理工作很重要，具体抓好以下4项关键技术。

(1)通风换气

播种后保持每天上午将畦床上防雨膜揭开通风一次，时间1小时。春播后气温转高，一般晴暖天气薄膜可揭开，使畦床内空气新鲜。防止通风不良，罩膜内二氧化碳浓度过高，引起菌丝枯萎变黄、衰竭，影响正常生长。秋播常因气温逐渐降低，应缩短通风时间。越冬期选择晴天中午揭膜通风，减少通风量。

(2)保持湿度

菌丝发育期由于培养基内固有的含水量，足够菌丝生长所需，所以一般不必喷水。畦床薄膜内相对湿度保持85%，即盖膜内呈现雾状，并挂满水珠为适。若气候干燥或温度偏高，表面覆盖物干燥或覆土发白，应及时喷水，以免因培养基干燥而影响菌丝萌发生长。前期喷水宜少不宜多。过湿易导致菌丝霉烂。

(3)控温发菌

竹荪品种温型不同，发菌期温度要求也不一。中低温型的长裙和短裙及红托竹荪，23～25℃较为适；高温型棘托竹荪，25～30℃最适。秋末播种气温低，可采取覆盖薄膜，并缩短通风时间，同时拉稀荫棚覆盖物，露光增温，促进菌丝加快发育。若初夏播种气温高，注意早晚揭膜通风，并加厚荫棚覆盖物，防止因温度过高基内水分蒸发，影响菌丝正常生长。

(4)检查定植

播种10天左右，可抽样检查菌丝是否萌发定植。正常时菌种块呈现白色绒毛状，菌丝已萌发0.6～1cm。如果菌种块白色、菌丝不明显，且变黑，闻有臭味，说明菌种已霉烂，不能萌发，要及时补播菌种。菌丝生长阶段，一般不要轻易翻动基料和覆土及盖面物，以免扯断菌丝，毁坏菌索与原基，而影响竹荪生产。

2. 成活率低的补救措施

野外生料栽培竹荪，常出现播种后成活率低，直接影响菇农种植效益，成为竹荪栽培中的一个难题。这里综合福建武夷山市五夫农技站吕朝玉等多年的探索，阐述成活率低的原因，并提出促使提高成活率的有效措施。

(1)接种菌块过小

竹荪菌丝体白色、线状、粗壮，菌丝有横隔、呈管状，有锁状联合，接种损伤后会变红。如果在接种时，种块过小或弄碎了，菌丝破坏严重，造成接下去的菌种难以成活。

竹荪大田栽培接种时，接种块尽量成块完整，一般每块2cm×2cm，并加大接种量。一般菌种每平方米播(15cm×35cm)2～3袋为宜，促使加快萌发定植。

(2)原料处理欠妥

常因原料没晒干就用于栽培。竹屑、木屑本身含有生物碱，会阻碍菌丝生长，造成菌丝无法定植，影响接种的成活率。

用作栽培竹荪的原料，不论是竹屑或是木屑、谷壳、野草及农作物秸秆均应晒干，经过晒干使原料内活组织细胞破坏、死亡，生物碱挥发散失。原料采取发酵培养放线菌来抑制杂菌，消灭害虫；通过翻堆排出废气、氨气以及其他有害气体，并增加培养料中活性有益气体，从而防止杂菌繁殖，避免培养料霉变和污染。

(3)基料含水量偏低

常因培养料含水量偏干，播种时料层又没压实，料与菌种脱离，影响菌种萌发定植。因此堆料时培养料含水量要达到65%左右。

(4)发菌温度超标

竹荪播种时的温度，要根据季节的变化进行控制。常因播种季节延误，进入高温期，或是播种后气温突升，超过菌丝生长极限温标，致使发生烧菌，菌种失去活力不萌发。因此宜于早春2～3月份进行播种。播种覆土后床面铺茅草或草帘遮荫。气温超过35℃时，上面加遮阳网，畦沟内浅度灌水，降低地湿。

(七)菌蕾发育期的管理技术

菌丝经过培养不断增殖，吸收大量养分后形成索状，称为菌索，并爬上料面，由营养生长转入生殖生长。此时在菌索尖端开始扭结白色米粒状的小菌粒，称为原基，很快分化成菌蕾。菌蕾由米粒大，逐步长成乒乓球、小皮球大。出菇期培养基含水量以60%为宜，覆土含水量不低于20%。注意保持空气相对湿度。根据菌蕾生长不同阶段，采取不同形式、不同层次的科学喷水。

菌蕾由小到大长成球状时，水分要求逐日增多，必须早晚各喷水一次，保持相对湿度不低于90%。可从感观测定：畦床上的罩膜内雾状明显，水珠往盖膜两边溜滴。湿度适宜，菌蕾加快生长；湿度不够，覆土干燥，菌蕾生长缓慢，表面龟裂纹显露。如果畦内基料水分不足，会出现萎蕾，要增加喷水次数，每天早晚各一次，并保持空气新鲜。但要防止喷水过量，水分偏高，易引起烂蕾。湿度偏高时可采取揭膜通风，排除过高的湿度后再覆盖薄膜保湿。竹荪菌蕾生长发育期管理极为重要。这里介绍丁湖广(1992)研究的棘托长裙竹荪由原基发生至子实体形成阶段管理技术日程表(表 68—4),供栽培者在实践中对照。

表 68—4 竹荪子实体生长阶段管理技术日程表

培育时间(d)	生长状况	作业要点	环境要求			注意事项
			最适温度(℃)	相对湿度(%)	荫棚光照	
1～5	菌索尖端现米粒状白色原基	每天通风 1 次,30 分钟;喷头朝上,雾状喷水 1 次	22～25	80～83	四阳六阴	保持空气新鲜,防止二氧化碳沉积,阻碍原基分化
6～10	菌蕾直径 1～1.5cm 大,呈白色,有刺毛	直接轻喷水畦床,喷量稀薄均匀,通风	23～26	85	四阳六阴	观察,控制萎蕾、烂蕾
11～17	菌蕾乒乓球大,呈棕褐色,棘毛消失	勤喷,朝上向下巡回喷水;通风	25～28	85～90	三阳七阴	菇场空气流畅,畦床保湿控温
18～25	菌体由鸡蛋大,直径 4～5cm,表面龟裂	早晚喷水各 1 次,上下左右适量,结合通风换气	26～30	90	二阳八阴	干旱时,畦沟浅度灌水增湿,调节光源
26～30	菌体直径 5～6cm,尖端凸起,破口抽柄散裙	重喷,早晚各 1 次,增大喷量;结合通风、采收	28～32	95	二阳八阴	气温超过 35℃时,加盖荫棚,井水喷雾降温
31～35	蕾尖破口,上午 8～12 时抽柄散裙	采前重喷,促进加快抽柄散裙,采后清理残根	28～32	95	二阳八阴	防止高温,保持湿度,场内空气流畅

注:上述管理日程为高温型棘托长裙竹荪品种。

(八)抽柄散裙期管理技术

竹荪菌蕾膨大逐渐出现顶端凸起,继之在短时间内破口,尽快抽柄散裙。通常菌蕾从早上 8 时开始破口,迅速进入抽柄散裙,到中午 12 时前采收结束。此阶段水分要求较高,每天早晚喷水一次,增加喷水量,造成上下湿度增大,要求不低于 95%。此阶段水分不足,抽柄缓慢,时间拖延。而且菌裙悬于柄边,久久难垂,甚至黏连。应采取喷重水一次,罩紧薄膜,经 1 小时后即可散裙。抽柄散裙期具体掌握好以下 4 点:

(1)科学喷水

要求"四看",即一看盖面物。竹叶或秆草变干时,就要喷水;二看覆土。覆土发白,要多喷、勤喷;三看菌蕾。菌蕾小,轻喷、雾喷;菌蕾大多喷、重喷;四看天气。晴天、干燥天蒸发量大,多喷;阴雨天不喷。这样可确保长好蕾,出好菇,朵形美。

(2)创造最佳温度

竹荪品种温型不同,出菇盛期温度也有区别。应根据种性要求,创造最佳温度。

红托竹荪、长裙竹荪、短裙竹荪均属中温型品种,出菇中心温度 20～25℃,最高不超过 30℃。自然气温出菇期只能在春季至夏初或秋季。春季气温低,增加地温;初夏又常有寒流。可采取紧罩地膜,增加地温;拉稀荫棚覆盖物,引光增温;缩短通风时间,减少通风量。人工创造一种适宜的温度,使菌蕾顺利形成子实体。

棘托长裙竹荪属于高温型,出菇中心温度以 25～32℃最佳,出菇甚猛,菇潮集中。春季播种覆土后,畦床上方插竿箕或盖茅草。露天培养,在适宜的气候条件下,从菌蕾形成到子实体成熟只需 20 天,自然出菇期均在 6～9 月份高温季节。如果气温高于 35℃时,畦床内水分大量蒸发,湿度下降,菌裙黏结不易下垂,或托膜增厚破口抽柄困难,这时必须在荫棚上遮盖物加厚,或用 90%密度的遮阳网遮荫,创造"一阳九阴"条件;用井水或泉水早晚喷水一次;畦沟浅度灌水,降低地温。

(3)合理通风换气

从竹荪菌蕾发生到子实体形成,需要充足的氧气。若二氧化碳浓度高,子实体会变成鹿角状畸形。为此,出菇期应加强通风。红托短裙竹荪,畦床采用覆盖薄膜的应在每天上午通风 30 分钟,气温高,早晚揭膜通风各 1 次;中午气温极高,盖膜两头打开透气,午夜四周揭膜通风;荫棚南北向草帘,打开通风窗对流,使场内空气新鲜。

不少栽培场出现畦床长蕾少,畦旁两边长蕾多的现象。主要原因是畦床覆土厚,而且土质透气性不好,或由于喷水过急覆土表层板结,这些都会导致畦中基料缺氧,菌丝分解养分能力弱,菌索难以形成原基,现蕾稀而少,甚至不见蕾。发现这些现象可在畦中等距离打洞,使氧气透进基料;同时打洞也有利喷水时水分渗透吸收,使菌丝更好生长发育,菌蕾均匀焕发。

(4)适当调节光源

从菌蕾到子实体成熟,生长阶段不同,自然气温也有变化,必须因地因时调节光照。幼蕾期或春季气温低时,荫棚上遮盖物应稀,形成"四阳六阴",让阳光散射场内,增加温度。菌蕾生长期或气温略高、日照短的山区,荫棚应调节为"三阳七阴";日照长的平原地区为"二阳八阴"。子实体形成期阴多阳少,适于散裙,也减少水分蒸发,避免基料干涸。

二、竹荪多种形式栽培技术

(一)棘托竹荪发酵料栽培

竹荪发酵料栽培在福建顺昌县大历镇菇农已普遍推广,获得高产效果,每亩(667m²)可产竹荪产品100千克,高产的可达170千克。这里介绍发酵料野外畦栽高产关键技术。

(1)原料准备

原料为加工厂下脚料的竹丝、竹粉以及杂木屑、黄豆秸、芝麻秆、芦苇及其他野草。备料量为每667m² 地备竹丝、竹粉4 000千克,杂木屑2 000千克,麦麸50千克,尿素15千克,轻质碳酸钙或过磷酸钙50千克,石膏50千克。

(2)建堆发酵

每年11月底开始建堆发酵。操作时,按一层原料撒一层尿素、轻质碳酸钙,并浇清水,使培养料含水量达60%。然后再加原料、撒尿素、轻质碳酸钙,如此反复,使料堆约1.2m高。每隔半个月翻堆一次,根据培养料干湿情况加水。翻堆应选择天晴温度较高时进行,此时翻堆热量散失少,有利于料堆再次升温发酵,前后共翻3～4次,最后一次加入麦麸均匀拌料。建堆发酵需50～60天(指的是竹木原料时间,秸秆料不适宜),直到散尽培养料中的废气。

(3)选地整畦

场地要求土质疏松、腐殖质含量高、透气性强、土壤不易板结的作物田地。当年种过地瓜、玉米等作物的田地,土质缺肥,不理想。栽培前一个月选择阴雨天,施基肥,按667m² 面积,施尿素15千克,过磷酸钙50千克,以增加土质养分。竹荪是好氧性菌类,且具有边际效应特点,即子实体多长在畦边,畦中部现蕾较少。在整理畦床时,畦面不宜过宽,畦床宽60～80cm、畦高20～25cm。四周开设排水沟。

(4)铺料播种

当温度稳定在10℃以上即可播种。南方省区每年1月中旬～2月份最适宜。播种后60～70天,进入菌蕾和子实体发育期,温度在20℃以上就会出菇,4月下旬可开采,9月中下旬结束,一般采4～6潮。

铺料播种前,先将发酵料堆放在畦床上,畦呈龟背状。同时检查基料中是否还有氨气,如有需把基料凉晒几天再播种。凉晒期间要防止大雨冲刷基料的养分。如料太干需浇水,使之含水量达60%。播种时,采用"一"字双排播种法,播下块状菌种,覆盖培养料。然后覆土厚4～5cm,上面铺一层稻草。1～2天后稻草吸湿变软时,再盖上地膜,起到保温防雨作用。菌种采用棘托长裙D1、D42、D89菌株,每亩(667m²)用600袋菌种(每袋500g)。

(5)发菌培养

播种后温度达15℃以上,菌丝不断生长形成菌索。当出现小菇蕾时,即可遮荫。早春遮荫物宜薄些,随着气温上升,可渐渐加厚,调节到"三分阳,七分阴"。立夏期间如棚内过荫、畦床淤水,极易发生褐腐菌,因此要注意通风,保持空气新鲜。

菌丝经过培养由营养生长转入生殖生长,基质含水量必须保持在60%,覆土含水量保持在20%。干旱时采用灌"跑马水"和喷水等方式;通过掀、盖薄膜调整畦床温度。若气温超过30℃时,要掀膜降温;若低于16℃时,除了透气外,还要把薄膜盖好,防雨保温。若畦面出现菌丝徒长,可掀膜通风。

(6)出菇管理

出菇阶段主要做好场地的保温、防涝工作。竹荪在生长过程中水分与温度的要求十分严格。具体要求"四看":即一看盖面物。若物料变干,就要喷水;二要覆土。覆土发白,要多喷、勤喷;三看菌蕾。菌蕾小,轻喷、雾喷,菌蕾大,多喷、重喷;四看天气。晴天、干燥天蒸发量大,多喷;阴雨天不喷。这样才能育好蕾,长好菇。出菇期要保持培养料含水量适宜,检测时用手捏料能成团,而无水挤出即可;土壤湿度一般控制在手捏土粒能扁、黏为适。喷水不能过急,防止菌丝冲刷萎缩。

(二)红托竹荪大田栽培

红托竹荪大田搭棚栽培,适合气候暖和、温差大、湿度高的山区。一般可产竹荪干品100g/m²。

(1)搭棚整畦

选荫凉、避风、近水源、地势平坦、土质疏松的地块或田块。搭好荫棚,荫棚高2m,以便作业时进出方便;柱与柱间距2.5m。棚顶用杉木枝条或竹枝条搭盖遮阳。畦宽1m,高25～30cm,中间作业沟宽30cm,长度10～12m,四周距畦30cm开一条深 25cm 的保护沟，用原土填实。

（2）原料处理

栽培原料主要为竹片。把干竹片放在 5%的石灰澄清液中浸泡 7～10 天，捞起再放入清水中，浸泡发酵 7～10 天，调 pH 为 5.5～6.0。

（3）播种发菌

播种期以 2～4 月份为宜。把经过处理的竹片铺入畦内，用料 7.5～10kg/m²。整平后菌种全部播在料面，用种量每平方米用 10 瓶。播后覆 3cm 厚竹叶，再覆土 3～5cm，上面再盖 2～3cm 厚竹叶。播种后浇透水，竹片拱架上覆薄膜，四周用泥土压好。温度控制在 22～25℃，超过 26℃要掀膜降温。检查发菌情况，发现污染要及时处理，局部污染可用石灰粉控制。

（4）出菇管理

菌丝经 2 个多月培养后，进入生殖阶段。菌索顶端渐渐膨胀形成小菌蕾，开始仅米粒大小，生长缓慢，此时要求温度为 20～25℃，湿度 70%～75%。温度过高，要及时揭膜降温。干旱要及时补水保湿，但不能用大水浇灌。揭膜要视气候情况合理掀盖，使畦面保持一个荫凉适温的小气候环境，促使菌蕾迅速正常生长。若发现小菌蕾暴露在表面，要用竹叶覆盖保湿、保温、避光。当菌蕾生长到鸡蛋大小时，子实体即将破壳成熟散裙，一般需 2 个月左右。此时温度最好是 24℃、空气湿度 85%～95%，要有一定的散射光。一般只要有 40～50 lx 的光照就能正常抽柄散裙，保持形态完整。

（三）室内架层及箱筐栽培

竹荪室内栽培可采用生料或发酵料，有架床栽培和箱筐栽培两种。

（1）室内架床栽培法

①菇房条件：普通民房或搭盖简易菇房均可。要求坐北朝南，通风良好，冬暖夏凉，保温、保湿性能好。

②床架设置：床架一般采用木架，分 4 层（不包括地面一层）。如果是专用菇房，层数视房间高度而定。菇床长度可依场地而定，床宽 80～90cm，层间距至少 50cm 左右。床架底铺垫木条或竹子，四周框围高 25cm 左右。床架建成后，用石灰水或波尔多液喷洒，杀灭杂菌，又可使材料经久耐用。

③铺料播种：床架底铺好塑料薄膜后，打几个小洞，以利排水。铺料播种时，先在床架上铺入一层厚 5cm 的腐殖肥土；培养料铺排于床架内，料厚度 5～6cm，压实；然后播入竹荪菌种，点播或撒播均可。再以同样方法铺上第 2 层培养料，播入菌种。第 2 层的料与种的用量，要比第 1 层多 1 倍。最后一层培养料，只需盖住菌种即可。用料量20～25kg/m²，菌种 3～4 瓶。播种后盖茅草保温、保湿发菌，6～10 天后菌丝布满培养料时，进行覆土。

④出菇管理：菌丝生长阶段温度控制在 23～28℃为好，低于 10℃或高于 30℃，要采用升温或降温措施。其他管理方法参考野外栽培。但不同之处是室内通风条件差，必须加强通风换气。长菇期注意适度喷水，保持空间相对湿度 85%～95%，适度引进光源，促使子实体正常分化。

（2）室内箱筐栽培法

室内栽培竹荪，还可以采用箱筐栽培。培养箱可用塑料转运箱或木板箱，也可利用商品包装的木箱、竹筐。规格一般以 50cm×35cm×25cm（长×宽×高）为好。箱底打几个排水孔，箱内铺薄膜，并打几个小洞，以利排水。然后铺一层肥土，厚 5cm 左右，随即铺入培养料，厚度为7～10cm，播上菌种。再以同样的方法铺料播种，最后撒上一层薄料。播种量为每平方米 3～4 瓶菌种。待菌丝长满培养料，即可盖上一层厚约3cm的覆土。经常浇水保持湿润。在低温干燥的秋天播种时，箱面应覆盖薄膜保湿，每天掀开薄膜通风换气 1～2 次。箱子可放在室内架上或室外荫凉棚下，根据气候和菇房条件自行选择。管理时要注意保温保湿。温度依品种不同而不同，红托竹荪 20～28℃，棘托长裙竹荪 28～32℃为适。培养料干燥及时喷水，但不要直接喷入覆土层，水质要清洁，防止虫、鼠危害。覆土后 40 多天可长出竹荪。

（四）野外仿原生态栽培

1. 壳类免棚仿生栽培

以谷壳、花生壳为原料，野外免棚仿原生态栽培竹荪。丁湖广（2003）在湖北省广水市吉阳食品公司主持竹荪生产示范基地实验获得成功，召开现场会，《湖北科技报》2003 年 7 月 28 日报道《谷壳、花生壳变成“真菌皇后”》。主要技术如下：

（1）选地整畦

仿原生态栽培场地，应选土质疏松肥沃、腐殖质含量高、透气性好、土壤不板结的田地。2 月底前翻土晒白，按坐北朝南方向开畦，使阳光从畦沟直射。整地时按每隔 1m 划线，其中畦宽 60cm，沟宽 40cm；开挖时用洋镐向左边沟位 60cm 床位，挖 30cm 宽、5cm 深的土层，把挖出的泥土往左边 40cm 的沟位上堆放；另一床挖土时，同样将挖出的泥土，向右边沟位上堆放。这些沟上的堆土，供播种时作为表层覆土用。

(2)原料配比

谷壳50%,花生壳50%;或花生壳50%,谷壳30%,油菜秸或玉米芯20%;也可按谷壳40%,花生壳30%,竹料或木制品下脚料30%;或谷壳50%,芦苇或玉米秆20%,废竹材30%。配料时原料基质要紧松结合,软硬搭配。所有原料都要晒干,花生壳必须辗压。最好提前1个月把培养料堆放于畦床上,让日晒雨淋,或提前7~10天集堆发酵,这样更有利于菌丝分解吸收。

(3)栽培季节

3月下旬堆料播种。南方低海拔地区可提前至2月份播种,高海拔山区及北方省区,延长至4月中下旬播种。从播种至出菇一般60~70天。

(4)堆料播种

采取两层料、一层菌种播种法。先将原料混合,加水110%,堆成料堆,让水分渗透物料基质,1~2天后打开散热排气,含水量调至60%~65%。堆料时,先将培养料堆进畦床上,并把料踏实,逐层堆料,形成下大上小的料垅。播种时,先在料垅中把料挖向两边,形成垅沟;再将菌种分成2cm×2cm块状,播放于垅沟内,顺手把两边料合拢并按压,使菌种处于料中吻合。用干料15kg/m^2,棘托长裙竹荪菌种2~3瓶。最后将畦沟上的泥土敲碎,覆盖料面,覆土厚度3~4cm。10天后用玉米秆或芒箕、芦苇等盖面,防止雨水冲刷表土,也起遮阳作用。同时在畦床下旁,按间距2m套种1穴玉米,中间再套种2株大豆或辣椒,用以遮荫。

(5)出菇管理

仿原生态栽培竹荪,其出菇主要靠基内养分、水分及自然环境生长。播种后南方由于春季雨水多,要注意开沟排水,防止积水侵害菌丝。发菌期有时黑色烟霉菌从畦旁土缝中出现,可撒施石灰粉杀灭。正常温度下经过40天后培养,菌丝形成菌索,爬上土层,很快出现菇蕾,逐步长大形成菌球,并出现顶端突起,继之在短时间内破口抽柄,散裙,形成子实体。若气温过高时,可在畦床上方用95%遮阳网避光防热。出菇期覆土含水量不低于20%。菌球生长期,除阴雨天外,每天上午用喷雾器喷水一次,保持相对湿度不低于90%。竹荪长菇期处于气温较高季节,且常遇干旱,要注意水分管理。干旱天采取夜间灌水满沟,清早排泄,保留沟底浅度蓄水。平常喷水时掌握覆土发白,要多喷、勤喷;菌蕾小,轻喷、雾喷,菌蕾大,多喷、重喷;晴天、干燥天蒸发量大,多喷;阴雨天不喷,使子实体在适宜的湿度下正常生长。

2. 竹林下无料栽培

选择砍伐2年以上的毛竹,在其旁边上坡方向,挖一个穴位,大小宽5~6cm、深20~25cm,穴位填入腐竹叶,厚5cm。播一层竹荪菌种后,再填一层腐竹叶10cm厚,再播种一层菌种。照此填播2~3层。最后用腐竹叶和挖出来的土壤覆盖2~3cm厚,轻轻踩实。若土壤干燥,要浇水增湿,上盖杂草、枝叶遮阳挡风,保湿保温。菌种下播时,注意下层少播,上层多播,使菌丝恢复后更好地分解林中的死竹鞭。也可以采取在竹林里从高向低,每隔25~30cm挖一条小沟,深7~10cm,沟底垫上少许腐竹或竹鞭,撒上菌种,然后覆土。一般每667m^{2}的毛竹林有旧竹180~200株,占竹林面积10%,有碍新鞭生长,挖蔸花工费钱,留着又难腐烂。竹林就地利用栽培竹荪,可以进行竹蔸分解,两全其美。

林地栽培竹荪,完全靠自然环境条件。春季在3~4月播种为宜。此时春回大地,温度、湿度适宜竹荪生长。秋播因气温逐渐下降,菌丝越冬受到影响,较为不利。林地栽培竹荪,水管极为重要。竹荪不耐旱,也不耐渍,竹叶、竹屑含水量高于75%,菌丝将窒息死亡。因此穴位四周排水沟要疏通。干旱时要浇水保湿,培养料含水量以不低于60%为好。冬季每隔15~20天浇水一次,夏季3~5天一次。浇水不宜过急,防止冲散表面盖叶层。土壤含水量要经常保持20%。检验方法:抓一把土壤,捏之能成团,放之会松散,水分含量恰好。严防人、畜、兽踩踏翻动。发现覆土被水冲变薄、料露面时,应补充覆土。每年必须砍伐一定数量的竹子,增加竹鞭腐殖质,使菌丝每年有新的营养源。每年冬季必须清理一次,除掉杂草,疏松土壤,使菌丝得到一定的氧气,有利子实体正常发生。

3. 菌床第二连作栽培

竹荪畦栽一般是当年春播,夏秋收成,即结束生产周期。福建清流县良种场兰伯福(2006)作了试验研究,利用上年竹荪畦床内的基物和菌丝体,于3月间进行合理添料补菌,第二年连获高产。

(1)原料配制

杂木片70%,芦苇30%;杂木片50%,芦苇30%,豆秸壳20%;杂竹类50%,豆秸壳25%,干牛粪25%;玉米秆60%,棉花秆40%。杂竹类切成4~6cm的碎段,芦苇、玉米秆可压破或辗裂,装入编织袋内,浸泡于河塘、池水中,浸泡3~5天以透心为准。捞出后调入过磷酸钙1%、尿素0.5%,或单独拌入干牛粪混合堆放,上面盖上薄膜,使其升温发酵。在发酵过程中，每天持续浇水 1～2 次，3 天翻堆 1 次，发酵要均匀，6～10 天后可使用。

(2)添料补菌

将原有竹荪畦床的表层覆土挖去，堆积于两边沟内或运离菇场，露出白色菌丝即可。检查畦床内的菌丝体活力，如发现局部菌丝较弱，可按每平方米补播菌种 1 瓶；也可从其他畦床菌丝生长活力强的移菌弱处。然后再在面上添补所需原料。按原畦床已长过竹荪干品 100～150g/m² 的，应添料 8～10 千克；若已产出竹荪干品 150～200g 的，应补料 10～13 千克，在畦面撒料成拱形，再用手或木板稍压实。将原挖出的表层土，拌些冷却后的火烧土，浇上人畜尿，混合后重新覆盖畦面 3～5cm 厚。因表层土有氮、磷、钾等有机质肥料，有利于促进菌丝发育旺盛，出菇快，产量高。

(3)保湿出菇

培养料含水量要求保持在 60%，覆土的湿度 18%～20%，空气相对湿度 75%～80%。菌蕾出土后，相对湿度适当提高到 90%，促使破蕾、菌裙开张撒放。长裙竹荪 D1 号品种属中高温型菌株，长菇期温度超过 25℃以上时，要打开薄膜、通气、喷水、降温；低于 18℃时，注意盖膜保温。视天气和畦床干湿状况，隔 2～3 天通气或喷水 1 次，保持畦床表土湿润。

(五)粮果间套栽培

1. 葡萄园地套栽竹荪

利用葡萄荫棚地面栽培竹荪，可节省野外栽培竹荪搭棚的投资，为集约化经营、开辟庭园经济和加快发展竹荪生产提供了广阔的场地。贵州省农科院作了试验研究，取得满意效果。

(1)培养料配方

小树枝 60%，竹料 15%，黄豆秸 15%，菜子饼 5%，玉米芯 4%，过磷酸钙 1%。堆料发酵 25 天(按 6、5、5、5 翻堆)，料水比为1∶1.3。

(2)园间整理

葡萄树荫棚宽 3m，每棚栽培两畦，畦宽 80cm，畦间留 50cm 走道。

(3)铺料播种

4 月上旬播种，采取 4 层料 3 层菌种，覆土 4cm，上面盖竹叶厚 3cm。用料 18kg/m²，菌种 5 瓶。菌种分别采用棘托长裙竹荪、短裙竹荪、红托竹荪和长裙竹荪 4 个品种。

(4)出菇管理

竹荪出菇管理按常规。不同品种表现见表68—5。

表 68—5 不同竹荪品种的菌丝长势及产量

竹荪品种	菌丝长势及吃透料天数	播种期(月/日)	出荪期(月/日)	出荪天数	干品产量(g/m²)
棘托	旺盛，64	4/19	8/21	124	247
短裙	稍弱，108	4/19	10/25	189	96
红托	稍弱，97	4/19	10/7	171	105
长裙	较强，86	4/19	9/17	151	128

试验表明，葡萄园间栽培竹荪，荫棚环境良好，可改善竹荪生长条件。长完竹荪后的废菌料，回到葡萄园作肥料，实现以果养荪，以荪促果的效果。在竹荪品种上，棘托长裙竹荪抗逆力强，易栽培管理，适宜间作。其他 3 个品种表现较差，不宜在葡萄间套种。

2. 玉米、大豆间作竹荪

竹荪畦床旁边间套高秆作物玉米、葵花、高粱，用于遮阳，同时在高秆作物之间栽培短秆作物的大豆、辣椒等，起到固氮作用。这种栽培模式，有效地提高了竹荪产量和综合效益。

(1)栽培季节

春季播种，夏季长菇。南方通常 3 月下旬至“清明”前播种；北方省区可掌握在地温 10℃以上时播种为宜。播种后 60 天左右，正值夏季 6～9 月份最佳长菇期，整个生产周期 5 个月。

(2)铺料播种

栽培原料为生料或发酵料。采取两层料、一层菌种的播种法。先把培养料混合，加清水 110%，集成料堆，让水分渗透物料基质，1～2 天后打开散热排气，含水量掌握在 60%～65%。以竹木为原料的发酵料，建堆发酵 60 天，中间翻堆 3～4 次。堆料播种时，先把 2/3 的培养料铺放在畦床上，并把料踏实；再把竹荪菌种掰成块状，撒播于培养料上并按压，使菌种与料吻合；然后再把1/3 的料铺放上面，并按压料面。整个料层高 15cm，形成底层宽，上层稍缩。用干料 12～15kg/m²，菌种 2～3 瓶。最后把畦沟上的泥土敲碎，覆盖料面，覆土厚度 3～4cm。北方春季气温低，播种覆土后，可采取畦面覆盖地膜保温发菌，10 天后揭膜，用玉米秆或芦苇等盖面，防止雨水冲刷表土。

(3)间套作物

竹荪播种 7～10 天后，在畦床旁边，按每间距 2m 套种 1 穴玉米或葵花等高秆作物；在高秆作物之间再套种 2 穴大豆或辣椒，形成高矮秆作物配合，起遮阳和固氮作用。在作物挖穴播种时，不可伤及竹荪菌丝和培养料。

(4)出菇管理

长菇期正处于夏季气温高的季节。干旱时，

可在夜间畦沟灌水，清晨排泄，并保留沟底浅度蓄水，土层含水量不低于20%。经过50～60天培养畦床出现菌球，逐步长大成子实体。此时，玉米、大豆枝叶繁茂自然遮荫。如果玉米叶或葵花叶过于茂盛，会影响透光，要进行摘叶疏间。大豆枝叶过茂也需割去部分。一般播种后60～70天竹荪采收，直至9月底结束。此时玉米、大豆等间套作物也进入结实期。

3. 竹荪畦床多种菇耳套栽

竹荪畦床可以套种黑木耳、猴头菇、香菇，形成立体栽菇，一地多用，提高效益。

(1)季节安排

竹荪畦床套种其他菇、耳。竹荪本身的栽培季节，应选择在秋季10～11月份，袋栽香菇脱袋下田前15天，进行堆料播种。香菇脱袋后排放在竹荪畦床上，从11月到来年4月底，香菇采收基本结束。到5月份就可以把室内发菌培育好的黑木耳菌袋，排放入竹荪畦床上开口出耳，1个月就可采收结束。紧接着6～9月份竹荪开始现蕾采收。凡是4月底香菇采收没结束的地区，5月份不宜套种黑木耳；海拔较低的地区，5月份竹荪已开始现蕾的畦床，也不宜套种黑木耳。竹荪9月底基本采收结束，此时可把接种发好菌的猴头菇菌袋，排放在竹荪畦床上出菇，这样形成周年套种布局(表68－6)。

表68－6 竹荪畦床多品种周年制套种布局

品种	竹荪	猴头菇	香菇	黑木耳
长菇月份	6～9	10	11～4	5
所需天数	120	180	25～30	30

(2)配套品种

要衔接好荪、菇长菇季节，竹荪品种应选择高温型棘托竹荪菌株，如D-古优1号、GD-710、D-89，产菇均在6～9月份。香菇品种必须根据海拔高低，因地制宜选择配合的菌株。南方诸省海拔在300m以上、600m以下的地区，应选择中温偏低的香菇菌株，如087、农7、856、Cr-66、Cr-62。其子实体在4月底基本上采收结束。海拔在300m以下的地区，常用中温偏高的香菇菌株，如Cr-04、Cr-20、L-26等菌株，4月底基本上也采收结束。

(3)栽培管理

凡套种的竹荪畦床，应整理成中间高、四角低的龟背形，以利排水，并在畦床上搭好排筒架，并在畦床上铺放塑料薄膜，防止因香菇喷水过湿，导致竹荪菌丝霉烂。同时在畦床四周，每隔1m，用15～20cm的空心竹管，直插畦床内，供给氧气，促进菌丝正常生长。香菇、黑木耳采收结束，菌筒离场时，畦床上应进行一次清理残质、疏松覆盖土，促进通风透气，有利竹荪菌丝生长，子实体正常发生。

(六)栽培中常见难症的处理

竹荪子实体生长过程常出现一些难症。

1. 菇蕾萎烂

(1)缺水性萎蕾

表现：菌蕾色泽变浅黄，外膜收缩皱折；手抓菌蕾内外滑脱，撕开肉质呈白色，质地柔软；闻无味道。检测：翻开培养料，菌丝萎黄，基料干松，含水量40%～45%。原因：堆料播种时水分不足，或料被晾干、晒干；通风过量或覆盖薄膜不密有破洞；光照过强，水分蒸发量大。

挽救措施：夜间在畦沟内灌“跑马水”，清早排除，以补充基料水分；喷雾增湿，喷头朝上雾状喷水，制造空气相对湿度，然后覆盖薄膜保湿；调节荫棚遮盖物，避免强光照晒。

(2)渍水性萎蕾

表现：菌蕾褐色或深褐色，外膜皱纹清晰；手抓菌蕾内外滑脱，撕开肉质呈褐色或紫黑色，质地脆断；闻有沤水味道。检测：基料黄色，菌丝雪白雄壮，下层基料黑色，菌丝甚少。折断竹木基料明显渍水，含水量70%以上。原因：场地整理欠妥，畦面四周高于中间，畦沟超过料底；喷水过量，基料积水；覆土过厚或土质板结，透气性差，水分蒸发难。

挽救措施：挖深畦沟，排除淤水；挖去畦床两旁外沿覆土，将竹管插进畦床料内，让氧气透进基料、蒸发水分，然后再覆土；增加通风次数，适当延长通风时间；畦床凹陷积水难排出的，应采取“剖腹开沟”，让淤水流出后复原。

(3)病毒性烂蕾

表现：菌蕾黑褐色，外膜收缩脱节，摇动即断；手捏肉质呈豆腐渣状，色极黑；闻有氨水味道。检测：去表层覆土，见菌索发霉，基料2cm以下菌丝正常。原因：放线菌或其他杂菌侵害菌蕾。

挽救措施：受害地及四周5cm处，撒上石灰粉，2天后清除残余，并用百菌清800倍药液涂刷，然后覆上新土。

2. 菌裙黏连

菌裙黏连不下垂。竹荪子实体发育阶段，常发生菌球破口，抽柄正常，但菌裙紧黏在菌盖的边沿，难以散裙下垂的现象。多因覆盖薄膜不严、保湿差，畦床内干燥，空气相对湿度低于75%，致使菌蕾收缩，裙体分化不正常，无法伸张而黏连。

控制措施：重水喷洒后罩紧盖膜1～2小时，

再揭膜通风；畦沟浅度灌水，增加地湿；荫棚光照调整稍弱。

3. 菇体变形

子实体呈现鹿角形。常出现菌柄正常抽出，菌裙2/3收缩贴黏，另1/3直垂或翘上，形成鹿角状态。原因：多因缺氧，没有进行常规通风；二氧化碳浓度过高。据测定每朵竹荪每小时能排出二氧化碳0.05g。当二氧化碳浓度高于0.1%时，菌裙难以形成，甚至溃烂。

控制措施：增加通风次数，适当延长时间；荫棚南北向打开草帘通风窗，使空气流畅；用井水、泉水喷雾畦床及菌球增湿。

(七)竹荪采收与加工

1. 掌握成熟期

竹荪子实体成熟时限短，大部分在每天上午10～12时，少量在下午2～3时成熟。当菌裙散至离菌柄1/3时，就要采摘。如果菌裙全散后1～2小时，子实体整朵倾倒地上自溶，造成损失。如果采收来不及，可提前在菌球破口后采摘，然后将菌球排放于桌面湿纱布上，也可正常散裙，其产品更为洁净。

2. 间歇式烘干方法

竹荪当天采收，当天烘干，隔夜变质。鲜品机械脱水烘干，采取"间歇式捆把"烘干法。即鲜菇排筛重叠3～4层，烘房控温50～60℃，烘至八成干时出房，间歇10～15分钟。然后将半干品卷捆成小把，再进房烘至足干。这一点与其他菇品完全不同。

三、竹荪病虫害防治

竹荪栽培过程中，常遭到侵染性的霉菌和虫害侵害，以及非侵染性病害，具体防治方法与措施，请参阅本书《食药用菌病虫害防治》一章。

第五节 竹荪的化学成分、药理作用与应用

一、化学成分

竹荪是一种优质的植物蛋白和营养源，菌体含有丰富的营养成分，植物蛋白含量为20.2%，粗脂肪为2.6%，糖类(碳水化合物)为38.1%，粗纤维为9.4%，还含有21种氨基酸，8种为人体所必需，占氨基酸总量的1/3，其中谷氨酸含量高达1.76%，占氨基酸总量的17%以上。

檀东飞等应用GC-MS检测棘托竹荪菌盖挥发油和石油醚提取物的化学成分。检测结果发现：棘托竹荪菌盖挥发油含芳香烃31.44%、醇类27.38%、脂肪酸10.96%、酮类5.21%、萜类4.49%、醛类3.87%、烷烃2.76%、酚类1.16%和少量的酯类等。石油醚提取物的主要化学成分为脂肪酸73.62%、醇类6.11%、酯类5.44%、芳香烃2.42%、酮类1.04%、酚类、萜类、醛类等含量都在1%以下，未检测出烷烃类化合物。

车宗伶等经过柱分离及四大光谱测定，在竹荪的非极性和弱极性组分中发现，除了含有通常植物中常见的萜烯类、脂肪酸及其酯类(特别是三甘油酯)、酚类及麦甾醇类化合物之外，还有一种新的化合物—十八碳烯酸(油酸)萜烯醇酯。

林玉满等将竹荪子实体经热水提取，乙醇沉淀，蛋白酶法和Sevag法相结合去蛋白，再通过DEAE-Sephadex A-25和Sephadex G200柱层析纯化，得到竹荪多糖(简称Dd)纯品，经凝胶过滤法和聚丙烯酸胺凝胶电泳法测定，表明Dd多糖为均一物质，经紫外扫描，Dd无核酸和蛋白质的特征吸收峰，IR-400扫描表明有典型多糖吸收峰，Dd的相对分子质量约为19.6万。

林玉满等又报道，短裙竹荪子实体经3%三氯乙酸溶液提取，提取液用4N NaOH调至中性后，离心去除不溶物，其水溶性多糖经乙醇分步沉淀，取收率大、醇浓度达75%的级分经蛋白酶法和Sevag法联合脱蛋白，进一步用DEAE-纤维素(Cl^-)型柱层析纯化，用0.01mol/L，pH6.95 Tris-HCl缓冲液洗脱，洗脱液分部收集，苯酚-硫酸法测多糖分布，得到一个洗脱峰，合并洗脱液，经浓缩、透析、冻干得到多糖，命名为Dd-2DE，其得率约1.3%。Dd-2DE经Sepharose 4B柱层析，洗脱峰为单一对称峰，紫外光谱在260nm和280nm处无吸收，表明该多糖中不含游离或结合的核酸、蛋白质物质。经聚丙烯酰胺凝胶电泳，结果为单一的泳动区带，所得的样品为均一多糖。红外光谱测定结果表明，Dd-2DE具有典型的多糖吸收峰，分别在3 375cm^{-1}、2 930cm^{-1}、1 730cm^{-1}、1 640cm^{-1}、1 375cm^{-1}、1 250cm^{-1}、1 040cm^{-1}、890cm^{-1}和800cm^{-1}。800cm^{-1}处有吸收峰，表明存在着甘露糖，840cm^{-1}

处无吸收峰，说明该多糖不具有A2型连接糖苷键，而在890cm^{-1}处有吸收峰，表明Dd-2DE是以B2连接的糖苷键。多糖纯品Dd-2DE水解物经纸层析分析，结果表明，其单糖的组成为*D*-葡萄糖、*D*-半乳糖、*D*-甘露糖、*L*-岩藻糖和*D*-木糖。若以*D*-甘露糖的*Rf*值为1，它们的相对*Rf*值之比为*D*-葡萄糖：*D*-半乳糖：*D*-甘露糖：*L*-岩藻糖：*D*-木糖＝0.70：0.74：1.00：1.32：1.14。气相色谱分析的结果与之一致，表明DE-2DE的组成单糖摩尔比为*D*-葡萄糖：*D*-半乳糖：*D*-甘露糖：*L*-岩藻糖：*D*-木糖＝0.47：1.72：1.00：0.18：0.21。

柯伙钊等对竹荪的另一生物活性物质——竹荪糖蛋白进行了研究。在DiGP-2分离、纯化的基础上，对氨基酸组分、单糖组成、糖肽键进行了研究。结果表明，糖蛋白DiGP-2含有6种氨基酸，其中缬氨酸和天冬氨酸含量最高，其次为苏氨酸、丝氨酸、谷氨酸和脯氨酸。DiGP-2水解物还原乙酰化产物的气相层析分析结果表明，该糖蛋白的单糖组成为半乳糖、葡萄糖和甘露糖。根据DiGP-2得到各个单糖的峰面积计算其摩尔比，结果*D*-半乳糖：*D*-甘露糖：*D*-葡萄糖＝0.78：1.00：2.13。该研究还检测到该糖蛋白中存在着*O*-型糖苷键。

二、药理作用

（一）降血脂

林海红等选用60只成年雄性SD大鼠，分设5组，包括基础饲料对照组（CK1）、基础饲料处理组（T，每天按每千克基础饲料添加0.40g长裙竹荪粉）、高脂饲料对照组（CK2）和高脂饲料处理组1（t1）、高脂饲料处理组2（t2），后两组每天按每千克高脂饲料分别添加0.30g和0.50g长裙竹荪粉。实验周期为6周。结果表明：长裙竹荪对正常血脂大鼠无显著影响；添加长裙竹荪粉能使实验性高脂血症大鼠的总胆固醇（TC）、低密度脂蛋白胆固醇（LDL-C）上升值显著降低，高密度脂蛋白胆固醇（HDL-C）/TC比值升高，其中t2组的效果更为显著；t1组的三酰甘油（TG）值与CK2组的差别不显著，而t2组的TG上升值显著低于CK2组。说明大鼠食入一定剂量长裙竹荪后有预防TC、TG、LDL-C值升高和HDL-C值下降的作用。

（二）抗肿瘤及免疫恢复作用

杜昱光等用深层发酵技术获得竹荪营养菌丝体，经真空干燥、粉碎后将竹荪菌粉25g热水（100℃）抽提2次，过滤收集滤液共50ml，浓度相当于每毫升0.5g菌粉。小鼠常规接种S-180实体瘤后，按每千克体重相当于6g菌粉的剂量，用上述竹荪水提液灌胃，每天1次，连续9天，停药次日处死小鼠，剖取瘤块，计算瘤重及抑瘤率。结果表明，竹荪菌粉提取液抑瘤率达43.6%，具有明显抑制S-180实体瘤的作用。竹荪深层发酵菌粉提取液还能明显提高巨噬细胞的吞噬功能，明显增加小鼠胸腺、脾脏的重量。提示发酵竹荪菌粉提取液可增强小鼠的免疫力。

林玉满等从短裙竹荪子实体中提取Dd-S3P多糖，发现该多糖对小鼠S-180肿瘤有一定的抑制作用，抑瘤率约31.3%。日本研究人员研究发现，竹荪细胞中提取的含氮多糖体，对鼷鼠腹腔癌的抑癌率达70%。

王赟等以As_2O_3急性砷中毒模型小鼠为对象，观察竹荪提取液对小鼠体重、脏器系数、总补体溶血活性、淋巴细胞增殖、巨噬细胞吞噬功能的影响。结果发现，与正常对照组相比，砷中毒组小鼠体重、脏器指数无明显改变；总补体溶血活性、淋巴细胞增殖、巨噬细胞吞噬率及吞噬指数明显降低。与砷中毒组相比，竹荪治疗低剂量组小鼠体重、脏器指数、总补体溶血活性、淋巴细胞增殖、巨噬细胞吞噬率及吞噬指数无明显改变；竹荪治疗高剂量组除小鼠体重、脏器指数无明显改变外，总补体溶血活性、淋巴细胞增殖、巨噬细胞吞噬率及吞噬指数显著升高。提示：竹荪提取液对As_2O_3引起砷中毒小鼠的免疫毒性有一定保护作用。

郭渝南等观察了长裙竹荪托盖液修复辐射损伤大鼠免疫功能的作用。以$^{60}Co\gamma$线300CGY（55CGY/分钟6′6″）一次性全身照射大鼠60只，随机分为5组，即竹荪托盖液（大、中、小剂量）组、贞芪对照组、空白对照组，照射后第2天开始灌胃给药，30天后处死实验大鼠，采血作免疫指标检测。结果发现，竹荪托盖液组与对照组比较其免疫球蛋白、T细胞亚群、白细胞介素2、NK细胞有显著差异，$CD3^+$则无差异，$CD4^+/CD8^+$比值竹荪托盖液组1.60，贞芪组1.29，空白组1.37。提示竹荪托盖液能修复辐射损伤最敏感的免疫活性T细胞，显著增加T淋巴细胞数量，提高白细胞介素2水平，明显激活免疫调节细胞（NK细胞）。

熊彬等也采取了同样的照射方法，造成大鼠辐射损伤。实验大鼠分为大、中、小剂量组和空白对照组。照射后第2天开始灌喂竹荪托盖液，30天后处死实验大鼠，采血测免疫指标，取胸腺、脾脏作指数测定。结果表明，服用竹荪托盖液各组大鼠胸腺、脾脏明显增大，与空白组比较差异显著。免疫球蛋白 IgG 组间比较无差异。IgA、IgM 组间有较大差异（$P<0.05$ 或 $P<0.01$）；IL-2 组间比较有明显差异，空白组为29.73±1.45pg/ml，大剂量给药组为 33.14±2.23pg/ml，差异具有统计学意义（$P<0.05$）；NK 细胞组间比较差异明显，从空白组为 14.00±1.14（%），升高为大剂量给药组的 21.42±3.60（%）（$P<0.01$）。

（三）抗突变作用

何作顺等采用微核试验方法，观察了竹荪提取液对环磷酰胺诱发小鼠胸骨、股骨骨髓嗜多染红细胞微核的作用。结果发现，不论是胸骨，还是股骨，环磷酰胺阳性组微核率 7.071%±0.393%、6.414%±0.3%与阴性对照组的微核率0.290%±0.158%、0.140%±0.111%比较有显著性差异（$P<0.001$）。竹荪提取液 2.5g/kg、5.0g/kg、10.0g/kg（灌胃）剂量组与阳性对照组及阴性对照组之间的微核率，均有显著性差异（$P<0.001$）。且随竹荪提取液剂量的增加微核率逐渐降低，微核抑制率逐渐升高，相关系数 $r=-0.98$。结果提示，竹荪提取液具有一定的抗诱变作用。

（四）抑菌作用

竹荪有特殊的防腐效果，这在烹饪行业中使用已久，且在谭敬军等的实验中首次得到验证，可望获得一种极有开发前途的食用防腐剂。谭敬军研究了竹荪提取液的抑菌特性，包括竹荪对食品中主要致病致腐细菌的最低抑菌浓度（MIC）和最低杀菌浓度（MBC）及作用 pH 值范围，试验了提取成分对热和压力的稳定性，并选择有代表性的食品进行实物试验。结果发现，竹荪对 8 种受试菌均有较低的 MIC 和 MBC，分别为：蜡样芽孢杆菌 MIC 5.0%、MBC 5.0%，枯草芽孢杆菌 MIC 5.0%、MBC 10.0%，金黄色葡萄球菌 MIC 2.5%、MBC 2.5%，白色葡萄球菌 MIC 1.25%、MBC 1.25%，大肠杆菌 MIC 5.0%、MBC 5.0%，沙门菌 MIC 10.0%、MBC 10.0%，志贺菌 MIC 2.5%、MBC 5.0%、苏云金杆菌 MIC 2.5%、MBC 2.5%。竹荪提取液发挥抑菌作用的 pH 范围为5.0～8.5，抑菌成分对高温高压稳定，且实物试验效果良好。结果为竹荪防腐剂的开发奠定了基础，为食品保藏开辟了一条新途径。

杨威等观察了棘托竹荪菌丝体 4 种提取法（直接水提法、微波水提法、酶解水提法、超声水提法）所获原液的抑菌作用。棘托竹荪菌丝体的 4 种提取原液对 6 种试验菌都有较强的抑制作用，其中对细菌、酵母和青霉菌的抑菌效力更为显著，对黑曲霉的抑制作用相对较弱。4 种提取原液中，酶提取原液抑菌效力最为显著，直接水提液对大肠杆菌、金黄色葡萄球菌和枯草芽孢杆菌的 MIC 为 6.25mg/L，对酿酒酵母、青霉菌和黑曲霉菌的 MIC 为 12.5mg/L；微波水提液对大肠杆菌、枯草芽孢杆菌和酿酒酵母的 MIC 为 3.125mg/L，对金黄色葡萄球菌和青霉菌的 MIC 为6.25mg/L，对黑曲霉菌的 MIC 为 12.5mg/L；酶解水提液对大肠杆菌、金黄色葡萄球菌、枯草芽孢杆菌、酿酒酵母和青霉菌的 MIC 都为 3.125 mg/L，对黑曲霉菌的 MIC 为 6.25mg/L；超声水提液对枯草芽孢杆菌、酿酒酵母和青霉菌的 MIC 为 3.125mg/L，对大肠杆菌和金黄色葡萄球菌的 MIC 为 6.25mg/L，对黑曲霉菌的 MIC 为 12.5mg/L。对大多数试验菌，棘托竹荪菌丝体酶解水提液的 MIC 均低于其他 3 种提取液。杨威等还对 pH 对提取液抑菌活性的影响进行了观察，发现棘托竹荪菌丝体直接水提取液的抑菌活性 pH 为4～6（黑曲霉菌为 4～5），其微波水提取液、酶解水提取液及超声水提取液的抑菌活性 pH 都为 4～7，其中酶解水提取液的抑菌效果更好，且其热稳定性良好，经 80℃、95℃水浴处理 15 分钟后，仍能保持原有的抗菌效力。

（五）抗炎作用

Hara 等研究了长裙竹荪碱性提取物的抗炎活性。A（1→6）分支（1→3）-β-*D*-葡聚糖（T-5-N）为长裙竹荪碱性提取物，对大鼠的角叉菜胶诱导的水肿和过敏性烫伤性水肿，表现出显著的抗炎作用。T-5-N（25mg/kg，腹腔注射×2）的抗炎效果高于保泰松（25～50mg/kg，腹腔注射×2）。

（六）抗氧化清除自由基作用

杨海龙等研究了从短裙竹荪子实体中提取多糖组分 PS 清除超氧阴离子自由基O_2^-及对人红细胞膜脂质过氧化的保护作用，以探讨多糖的保健机制。该研究发现，在体外产生超氧阴离子自由基O_2^-的反应体系中，分别加入短裙竹荪多糖组分 PS，使体系中的多糖浓度分别为 0、50、100、150、200、300、400mg/L。短裙竹荪多糖组分 PS 对O_2^-的清除作用在较低浓度下（<200mg/L）较为明显，对O_2^-的平均抑制率达 32%～62%；而在较高浓度下（>200mg/L）作用不显著，平均抑制率<10%。这可能是由于在有自由基引发剂存在的条件下，像单糖那样，多糖分子也可以自动氧化，产生新的有机自由基，使多糖本身产生的有机自由基与它清除的自由基达到平衡。而在低浓度下，减少了

多糖分子与自由基引发剂的反应概率，表现出多糖清除超氧自由基的作用。作者还观察了不同浓度竹荪多糖对人红细胞膜脂质过氧化的影响，结果表明：多糖对人红细胞膜脂质过氧化有一定的抑制作用。竹荪多糖具有抑制人红细胞膜脂质过氧化的作用，相对氧化率在31%～75%，这可能是多糖分子对 H_2O_2 的亲和力较大，阻碍了 H_2O_2 对人红细胞膜的过氧化作用。但多糖对人红细胞膜过氧化的保护作用未与浓度成正比，对于其机制还需进一步研究。

Mau 等比较了竹荪、灰树花、猴头菌和白松茸甲醇提取物的抗氧化作用，在 1.2mg/ml 浓度下，竹荪具有明显的抗氧化作用，强于其他 3 种菌类。

（六）保肝作用

罗鹏等采用三氧化二砷（As_2O_3）制备砷中毒肝脏脂质过氧化损伤的动物模型，通过亚慢性实验，研究了竹荪提取液对小鼠肝脏脂质过氧化（LPO）水平的影响。结果发现，在亚慢性实验中，竹荪提取液（5、10g/kg）组与正常对照组相比，其 SOD、GSH-Px 活力、-SH 含量显著增高，而 MDA 含量未观察到明显变化；砷＋竹荪（5、10g/kg）组与砷中毒模型组相比，其 SOD、GSH-Px 活力、-SH 含量增高，MDA 含量显著下降。因此认为，竹荪具有诱导抗氧化酶活力增高的作用，对 As_2O_3 所致小鼠肝脏脂质过氧化损伤，具有一定的保护作用。

（七）降血压作用

刘虎成等观察了竹荪饮料降血压作用。以铃声及喇叭声作复合刺激，分别建立防御性条件反射。待条件反射基本形成和稍加巩固后，延长其作用时间至 30～60 秒，此时间内给予较强的电刺激 50V 左右，使动物处于窜叫不安的紧张状态，间隔 1～2 分钟，重复刺激，每天 1～2 次，每次给予 12～30 个刺激，共刺激两周，以建立高血压模型。实验组饮竹荪饮料，连续 30 天，之后每 4 天测 1 次血压，共测 4 次。结果发现，竹荪饮料可使大鼠血压降到 108.75±1.5mmHg，与模型组129.00±4.5mmHg 相比，差异显著（$P<0.05$）。

三、临床应用

杨金梅对竹荪冲剂治疗妊娠高血压的疗效进行了系统观察，患者 50 例。治疗组 30 例，年龄 20～35 岁，孕周 26～39 周；对照组 20 例，年龄 22～32 岁，孕周 26～38 周。治疗组：给予口服“竹荪冲剂”，每天 3 次，每次 10g，连服 7 天为一个疗程；对照组：单纯应用一般降压药：罗布麻、利血平、桂利嗪（脑益嗪）等，一个疗程 7 天。结果：治疗组 30 例，有效率达93.3%，显效率为6.7%。（注：无血压数据）

（李卫东、林志彬）

第六节　展　望

一、国内外研究现状

（一）分类学与资源的研究

100 多年来我国菌物科学家，在竹荪属的认定和驯化栽培及产品加工上，呕心沥血，作出了巨大贡献。著名菌物专家臧穆（1991）为《中国竹荪驯化栽培大观》写的《序》中，阐述了竹荪属是鬼笔属（Phallus）分出。因竹荪属的柄部悬垂一网状的裙，故易与鬼笔属相区别，这一特征明显而有代表性，广为真菌学家采纳和接受。虽然 Dring（1964）又提出大属的概念把竹荪又归入鬼笔属，但多数人仍认为以裙网之有无来划分两属，是言之以理的。尤其该属盛产地热带亚洲，沿用竹荪属早已顺理成章了（如 Ed. Fischer、G. H. Cunninggham、戴芳澜、邓叔群、小林义雄等）。从竹荪属的区系分布而言，这是一个分布于热带和亚热带为主的属，其早期的记录多见于热带亚洲。由于热带菌类标本难保存，模式标本大多已损坏或丢失，故造成命名和考证的困难。以长裙竹荪为例，与之有关的下列名称，如棒状竹荪（*Dictyophora phoalloides* Desv.），钟状竹荪（*Dictyophora campanulata* Nees），双钟状竹荪（*Dictyophora bicampanulata* Mont.），放射状竹荪（*Dictyophoraradicata* Mont.），法氏竹荪（*Dictyophora farlowii* Fisch.），冠环竹荪（*Dictyophora callichroa* Moell.），黎氏竹荪（*Dictyophora lilloi* Speg.），巴氏竹荪（*Dictyophorabaileyi* Ulbr.）均被认为是长裙竹荪的相近种或异名。但理解为异名者，又缺少原模式的核实。以我国而论，刘慎谔、黄逢源的模式于 1936 年已于抗战中遗失，迄今尚无人在原产地采到同种标本。看来本属的种级确认的分类工作困难不少，且亟待加强。

从我国近年来竹荪栽培实践来看，黄河以北

唯短裙竹荪[*Dictyophora dulicata* (Bosc.) Fisch.)],常在每年夏季零星出现,产量也不大。而产量较大的还是长江以南的长裙竹荪[*Dictyophora indusiata* (Vent.:Pers.)Desv.],其次为长江流域的湿热低地的棘托竹荪(*Dictyophoraechino-uoluata* Zang,Zheng et Hu),后者是我国的一个特有种。与其形态相似的属种,有刺须竹荪(*Dictyophora echinata* P. Henn.)(裙网橙色,产自爪哇);另一个是刺鬼笔(*Echinophallus lauterbachii* Henn.)(无裙网,也产自爪哇)。至于红托竹荪(*Dictyophora rubro-uoluata* Zang,Ji et Liou),是适于滇中的高原的高海拔低纬度的具朱红色菌托的种,在低海拔的湿热地区引种难以适应。我国台湾曾发现朱红竹荪(*Dictyophora chnnabarina* Lee)和台湾竹荪[*Dictyophoraformosana* (Lee)Zang],尚未闻是否栽培推广。菲律宾记载的棒状竹荪(*Dictyophora phalloidea* Desvaux)传说有毒,不可食,主要是指具孢子的菌盖部分。Desvaux发表此种在1938年,但早在1908年Petch已发表了同名异物的*Dictyophora phalloidea* Petch产于我国台湾省和斯里兰卡及日本。这一名称的引用,因Petch取名早于Desvaux,似应以早者有效。

长江以南的黄裙竹荪(*Dictyophora multicolor* Berk et. Br.),因菌体的色泽随成长的阶段多变,且孢子形态又常具不稳定的变异,故分布面较广。除江南外,东北和华北尚报道有:黄裙竹荪艳色变型[*Dictyophora multicolor* Berk. et Br., *forma callichroa* (A. Moeller)Kobayasi]和欧洲的黄裙竹荪悦色变种(*Dictyophora multicolor* Berk. et Br., *var laeticolor* Reid.)似均为该属由热带、亚热带延伸到温带的派生种。北温带和亚热带的高山地区带,也分布有该属和其相近的属种。北美地区的雷氏竹荪[*Dictyophora rauenelii* (Berk. et Curt.)Burt.],其菌托呈粉红色,菌柄粗壮,裙网短而易落,这与我国滇、藏在冬季低温季节现蕾的香笔菌(*Phallus fragrans* Zang)都是适于低温的菌种。后者无明显裙网,只在菌盖的内向近柄处,具有极不发达的残膜宿存。裙网的有无是竹荪属和鬼笔属的区别点,但属与属的亲缘关系的疏密程度,是理解进化关系的钥匙。自然界中的千万种属种,在不停地变异、分化,而我们还需要去准确地理解,有力地保护和合理运用,让其更好地造福人类。

(二)遗传育种与生理生化的研究

在遗传育种方面各科研单位作了深入探索,取得了突破性进展。南京林业大学竹类研究所根据遗传与变异的理论,采取多种方法和手段,促使竹荪菌种转向有利经济性状方面变异。研究认为竹荪属于异宗结合型的菌类,杂交育种手段比较复杂,通过采用标记物质或利用营养缺陷型来标记,把2个不同品种的营养缺陷型混合接种在基本PDA培养基上进行杂交选育。这一研究,为我国竹荪菌种的选育,提了一套理论和实践的依据。

竹荪液体培养产物,可供作液体菌种或食品添加剂。近年来,国内对竹荪发酵生产的研究,已有良好的开端,掌握到以下技术参数和适宜配方:

斜面母种(22℃,15天)→摇瓶菌种(250ml三角瓶,23～25℃,200转/分钟,168小时。初始pH为6.0～7.0,中后期pH为4.5～6.0)→玻璃小发酵罐(23±1℃,60～600转/分钟,通气量为0.25～2.5升/分钟,6天。初始pH为6～7,中后期pH为6.0～6.2)。

发酵初期菌液呈微红色,菌龄100小时后颜色渐退,而出现菌球。144小时后,菌液呈白色;菌龄166小时后,菌丝出现空泡。若继续发酵,菌液转为褐色,菌丝中空泡增多。

斜面培养基:马铃薯10%,麦麸5%,葡萄糖2%,蛋白胨0.3%,酵母膏0.2%,KH_2PO_4 0.3%,$MgSO_4 \cdot 7H_2O$ 0.15%,琼脂2%,pH自然。KH_2PO_4 0.15%,$MgSO_4 \cdot 7H_2O$ 0.15%,生长素微量。这一研究成果为竹荪液体菌种生产和深层发酵培养菌丝体打下了基础。

(三)产品功能与开发的研究

现代科学研究证明,竹荪含有多种有效多糖和氨基酸成分,具有提高免疫力、抗肿瘤、降血脂,促进人体生理正常运行和预防动脉硬化、心脏病及防肿瘤等作用。特别是竹荪对人体降脂减肥和食物防腐有其特异性。中国医学科学院药物研究所洪震研究员(1992)发现竹荪子实体多糖,以β(1→3)糖苷键相连为主链,以每7分子与a的比率,在6位上有β结合的葡萄糖分为侧链,具有抗炎效果。这一发现为竹荪多糖产品的开发利用,提供了一个很好的启示。

在竹荪抑菌防腐功能方面的研究,近年有新进展。昆明理工大学化学工程院杨威等(2008)研究发现,棘托长裙竹荪菌丝体4种提取液对细菌、酵母菌和青霉菌的抑菌效果更为明显,对黑曲霉的抑制较弱,酶解水提液对大肠杆菌、金黄色葡萄球菌、枯草芽孢杆菌等抑菌效力最为显著。这一研究成果将为我国利用竹荪作为医药抗菌和食物防腐剂产品的开发提供了科学依据。

竹荪鲜品的菌托和菌盖部分，其重量为整个子实体的1/2，然而这些菌托和菌盖，在采收时全被废弃掉。2001年，福建师范大学实验中心生化室林玉满，将这些菌托、菌盖通过复合酶处理，提取菌托蛋白多糖，与传统的热水提取法比较，酶解对总氨基酸提取率提高189.22%，对多糖的提取率提高225.96%。这一研究成果为竹荪菌托、菌盖的开发利用提供一条有效路径。

二、科技创新与展望

(一)用科学发展观去看待产业增长

我国竹荪生产从产量看发展速度较快，2007年全国总产量比2000年增长13倍。从数量上看，大幅度上升，但品种中80%以上是棘托长裙竹荪，其商品价位较低，在福建省古田食用菌批发市场，最低时仅50～60元/千克；而清香型红托竹荪在贵阳市乌当区市场价位200～300元/千克，相差3～4倍。价格的竞争使贵州省竹荪产量(干品)由2001年300吨，下降到2006年的50吨。随着市场消费视线向质转变后，贵州省有关部门把竹荪作为西部特色产业深入发动生产，2007年竹荪产量上升至1 211吨。既满足市场需求，又提高菇农种植效益。市场消费在不断变化，特别是国际市场清香型红托竹荪受到青睐。为此应以发展的眼光，去调整产业内部结构，在品种上进行变换。尤其是主产区的福建，以及新开发的河南、山东、湖南等省，应适度调整现有单一的棘托长裙竹荪品种，转向品质优、价值高的红托竹荪、短裙竹荪品种发展，促使在同样的条件下，创造更高的经济效益。竹荪产业要发展，必须建立健全的科研和新技术推广体系，重点抓好优良品种的选育，栽培技术的创新，病虫害的消长规律和综合防治，大力推广应用新技术，促使科技转化生产力，实现产业可持续发展。

(二)适应经济全球化，生产转向安全型发展

在经济全球化的今天，竹荪产业必须按照市场规则去发展，才能与国际接轨。为此，应由传统粗放型栽培方式，尽快向安全型方向转轨。在栽培场地、原辅材料，应进行重金属、农产品残留物和病原微生物的检测；生产过程按照无公害、绿色标准化栽培管理技术规程进行操作。有些产区为了提高竹荪单产，盲目采取增加化肥用量，这使土壤污染，影响产品质量。在新形势下，竹荪生产发展趋势，必须深入挖掘开发产业链中的各个环节，包括菌种、原料、生产设施、栽培技术，逐步朝向绿色、有机产品方向发展。采用国际ISO9000标准和HACCP体系的管理理念和控制手段，对生产全过程中关键性环节，进行有效控制和管理，达到高效安全之目的，促使竹荪产品顺利跨进世贸市场。

(三)加强生物工程研究，开发特殊功能型终端产品

经现代医药学家研究，竹荪所含的各种营养成分，尤其是多糖类，对提高人体免疫力、抗肿瘤、减肥、降血脂、防止动脉硬化有很好的医疗功效。特别是竹荪的防腐功能，可作为食品天然防腐添加剂。但从现有用途看，95%以上均以干品烹饪佳肴为主，而以竹荪为原料的精深加工产品为数不多，竹荪保健食品、医疗药品的开发比较薄弱，加工技术水平仍处于落后状况，附加值低。特别是功能活性物质、产业化提取纯化、结构改性、质检监控等方面，仍处于低水平重复，关键技术没有新的突破。竹荪功能型产品是国内外市场消费者的期望，尤其是竹荪的"刮脂"、"防腐"这两大独特功能，至今没有研发出终端产品。这些都急待医药保健和食品工业部门科技工作者，深入研究竹荪生物工程，尽快开发诸如竹荪口服液、竹荪减肥胶囊、竹荪营养蛋白粉等特殊功能型产品，拓宽竹荪消费领域。

参考文献

[1] 檀东飞，黄儒珠，卢真，等. 棘托竹荪菌盖的化学成分及抑菌作用研究[J]. 微生物学杂志，2007，27(6)：8-12.

[2] 车宗伶，维达里·G，薇达菲因茨·P. 竹荪中弱极性及非极性有机物的提取、分离和鉴定[J]. 天然产物研究与开发，1996，8(4)：51-56.

[3] 林玉满，陈利永，余萍. 短裙竹荪多糖的研究[J]. 福建师范大学学报，1995，11(1)：75-78.

[4] 林玉满，鄢春生，余萍. 短裙竹荪子实体酸提水溶性多糖的研究[J]. 福建师范大学学报，1998，14(2)：62-66.

[5] 柯伙钊，林玉满. 长裙竹荪菌丝体糖蛋白 DiGP-2 的组成分析和抑瘤作用的研究[J]. 海峡药学，2001，13(4)：120-122.
[6] 林海红，林浪，陈碧. 长裙竹荪对大鼠血脂的影响[J]. 福建农业大学学报，2000，29(2)：238-241.
[7] 杜昱光，白雪芳，卜宗式，等. 竹荪深层发酵菌丝体对小鼠免疫功能的影响及其抗肿瘤作用[J]. 中国生化药物杂志，1997，18(5)：244-245.
[8] 林玉满. 短裙竹荪多糖 Dd 的组成单糖鉴定和抑瘤作用[J]. 海峡药学，1995，7(1)：120-122.
[9] 王赟，罗鹏，张爱华，等. 竹荪提取液对砷中毒小鼠免疫功能的保护作用[J]. 贵阳医学院学报，2008，33(6)：674-677.
[10] 郭渝南，唐礴，熊彬，等. 长裙竹荪托盖液修复大鼠免疫损伤的实验研究[J]. 中药材，2006，29(2)：174-175.
[11] 熊彬，郭渝南，唐礴. 不同剂量竹荪托盖液对大鼠免疫功能的影响[J]. 现代医药卫生，2005，21(22)：3041-3042.
[12] 何作顺，宋正蕊，杨廷仕，等. 竹荪提取液抗环磷酰胺诱发小鼠的微核效应[J]. 中国公共卫生，2004，20(1)：59-60.
[13] 谭敬军，胡亚平，吴晗晗. 竹荪抑菌作用研究[J]. 食品科学，2000，21(10)：54-56.
[14] 谭敬军. 竹荪抑菌特性研究[J]. 食品科学，2001，22(9)：73-75.
[15] 杨威，吴素蕊，樊建，等. 棘托竹荪菌丝体抑菌作用研究[J]. 中国食用菌，2008，27(6)：34-37.
[16] HARA C，KIHO T，TANAKA T，et al. Anti-inflammatory activity and conformational behavior of a branched (1→3)-β-D-glucan from an alkaline extract of Dictyophora indusiata fisch[J]. Carbohydrate Research，1982，110(1)：77-87.
[17] 杨海龙，李伟. 短裙竹荪多糖清除 O^2 及对人红细胞膜自由基氧化的影响[J]. 科技通报，2000，16(5)：371-374.
[18] MAU JL，LIN HC，SONG SF. Antioxidant properties of several specialty mushrooms[J]. Food Res Int，2002，35(6)：519-526.
[19] 罗鹏，张爱华，汪希兰，等. 竹荪提取液对抗砷致小鼠肝脏氧化损伤的影响[J]. 中国地方病学杂志，2002(1)：14-16.
[20] 刘虎成，齐东梅，宋大安. 竹荪饮料降血压功能的初步实验[J]. 广州食品工业科技，2002，16(2)：40-41.
[21] 杨金梅. 竹荪冲剂治疗妊娠高血压 50 例疗效观察[J]. 心血管康复医学杂志，1999，8(4)：134-135.
[22] 余永年. 真菌分类大纲[M]. 昆明：云南科学技术出版社，1980.
[23] 徐崇敬. 英日汉食用菌词典[M]. 上海：上海科学技术文献出版社，2000.
[24] 黄年来. 中国食用菌栽培学[M]. 北京：中国农业出版社，1993.
[25] 戴贤才，李泰辉. 四川省甘孜州菌类志[M]. 成都：四川科学技术出版社，1994.
[26] 童万亨. 福建食用菌[M]. 北京：中国农业出版社，2000.
[27] 中国食用菌年鉴[G]. 北京：中国食用菌年鉴编辑委员会，2008.
[28] 姜守忠，林朝忠，吴勇，等. 竹荪栽培与制种技术[M]. 贵阳：贵州科学技术出版社，1992.
[29] 丁湖广，丁荣辉. 真菌皇后——竹荪制种与栽培新技术[M]. 北京：农业出版社，1992.
[30] 高益槐. 竹荪及高产栽培技术[M]. 上海：上海科学技术出版社，1992.
[31] 张甫安，蒋筱仙. 中国竹荪驯化栽培大观[M]. 上海：上海科学普及出版社，1992.
[32] 吴勇，林朝中，姜守忠. 竹荪栽培与加工技术[M]. 贵阳：贵州科学技术出版社，1997.
[33] 胡守拙. 竹荪人工栽培技术研究[J]. 中国食用菌，1986.
[34] 丁湖广. 植物鸡—竹荪[J]. 农业科学实验，1986(3)：18.
[35] 胡昭庚. 竹荪人工栽培法[J]. 浙江食用菌，1986(4)：26-27.
[36] 王伟平. 长裙竹荪失败原因浅析[J]. 中国食用菌，1990(3)：30-31.
[37] NAKAMURA N，KUSUNOKI Y，AKIYAMA M. Radiosensitivity of CD4 or CD8 positvehuman Thocytes by an in vitro volonyformation assay[J]. Diat Res，1990，123(2)：224.
[38] 丁湖广. 竹荪生料栽培速生高产新技术[J]. 中国食用菌，1991(4-5)：21-22.
[39] 丁湖广. 真菌皇后——竹荪人工栽培技术[J]. 农业科技通讯，1992(10)：15-16.

[40] 丁湖广. 竹荪栽培[J]. 北京:生物学通报,1993(1):40-41.
[41] 暴增海,马桂珍. 我国的竹荪资源及其开发利用[J]. 资源科学,1994,(3):68-71.
[42] 谭敬军,胡亚平,吴晗晗. 竹荪抑菌作用研究[J]. 食品科学,2000,21(10):54-56.
[43] 吴传茂,吴周和,曾莹,等. 从植物中提取天然防腐剂的研究[J]. 食品科学,2000(5):24-27.
[44] 吴勇. 红托竹荪中棚栽培技术[J]. 食用菌,2001(增刊):259-260.
[45] 林玉满. 酶法提取竹荪菌托蛋白多糖的研究[J]. 食用菌,2001(增刊):166-167.
[46] 林玉满,苏爱华. 长裙竹荪凝集素的分离纯化与部分生化性质[J]. 中国生物化学与分子生物学报,2003,19(2):261-263.
[47] 丁湖广. 花生壳、谷壳栽培竹荪试验报告[J]. 中国农村小康科技,2004(5):15.
[48] 丁湖广. 农林下脚料露天生料仿野生栽培竹荪技术[J]. 西南园艺,2006,34(5):38-39.
[49] 徐雪玲. 竹林套种竹荪生态栽培模式[J]. 食用菌,2006(增刊):59.
[50] 兰伯福. 竹荪畦床连年高产技术[J]. 食用菌,2006(增刊):63.
[51] WEI LY, WANG JH, ZHENG XD. Studies on the extracting technical conditions of inulin form Jerusalem artichoke tubers[J]. J Food Eng,2007,79:1087-1093.
[52] 黄纯灿. 发酵料栽培竹荪技术[J]. 浙江食用菌,2008(5):40-41.

（丁荣峰、陈夏娇、高允旺、丁湖广）

第六十九章　安络小皮伞

DILIUSHIJIUZHANG ANLUO XIAOPISAN

摘要： 安络小皮伞是中国民间传统的药用真菌，用于治疗神经系统疾病。本章主要介绍了安络小皮伞概述、生物学特性、液体和固体培养生产菌丝体的技术、主要化学成分、药理作用与临床应用。

Marasmius androsaceus

Abstract: *Marasmius androsaceus* is a traditional medicinal mushroom that has been used in China to treat diseases of the nervous system. This chapter consists of four sections describing in detail various aspects of *M. androsaceus* including a brief introduction, biological features, biomass production in liquid and solid medium, primary chemical components, pharmacological effects and clinical applications.

第一节　概　述

安络小皮伞又名盾盖小皮伞、点地梅皮伞、茶褐小皮伞、鬼毛针、树头发，是一种生长于密林中的真菌。因为其有黑色、密生的针状菌索，所以又称其为鬼毛针，民间常用其治疗跌打损伤、刀伤和麻风性神经痛、风湿痛、坐骨神经痛等疾病。根据民间应用的经验，药物科研工作者对安络小皮伞进行了一系列的药物化学、药理、疗效试验和安全性试验。结果证明，安络小皮伞具有良好的镇痛、抗风湿效果，对人体安全，无不良反应。国内已研制出“安络痛”药物，有止痛等作用，用于治疗跌打损伤、三叉神经痛、偏头痛、眶上神经痛、骨折疼痛、麻风性神经痛、坐骨神经痛及风湿性关节炎。

第二节　安络小皮伞的生物学特性

一、分类地位、形态特征及其分布

1. 分类地位

安络小皮伞又名：质盖小皮伞、点地梅皮伞、茶褐小皮伞、鬼毛针、树头发等。

学名：*Marasmius androsaceus* (L.) Fr., *Epicr. syst. mycol.* (Upsaliae): 385(1838)[1836-1838]。

属名“*Marasmius*”一词来自希腊语，其词源是“marasmos”，意思是“瘦弱”，用于描述该属真菌的子实体很瘦弱、细小。由于菌盖的近皮革质地，中文翻译成“小皮伞属”。种名加词“*androsaceus*”是人名“Anderson”的拉丁语化。

同物异名：*Agaricus androsaceus* L., *Sp. pl.* 2: 1175(1753)；*Agaricus pineti* Batsch, *Elench. fung.* (Halle): 73, tab. 3: 9(1783)；*Androsaceus androsaceus* (L.) Rea, *Brit. basidiomyc.* (Cambridge): 531 (1922)；*Chamaeceras androsaceus* (L.) Kuntze, *Revis. gen. pl.* (Leipzig) 3: 478(1898)；*Gymnopus androsaceus* (L.) J. L. Mata & R. H. Petersen, in Mata, Hughes & Petersen, *Mycoscience* 45(3): 220(2004)；*Merulius androsaceus* (L.) With., *Nat. Arr. Brit. Pl.* (London) 4: 148(1796)；*Setulipes androsaceus* (L.) Antonín, *Česká Mykol.* 41(2): 86(1987)。

分类地位：菌物界(Fungi)，担子菌门(Basidiomycota)，伞菌纲(Agaricomycetes)，伞菌亚纲(Agaricomycetidae)，伞菌目(Agaricales)，小皮伞科(Marasmiaceae)。

2. 形态特征

子实体小，群生或散生，长在基物上或根状菌索上。菌盖初近半球形，后平展，中部脐状，具放射状条纹，直径 0.5～2cm，膜质，光滑，质韧，干时缩小，遇湿即能回复原状，灰褐色，红褐色或茶褐色至深紫色，边缘色浅，中间色深，幼时色深，成熟时变浅。菌褶白色，直生，不等长，长条 13～14 条。菌柄中生，光滑无毛，中空，脆骨质，黑褐色至黑色，上部色浅，为淡黄色，柄长 0.3～4cm，长在基物上的柄长，长在菌索上的柄短，粗 0.5～1.0mm。根状菌索特别发达，脆骨质，栗黑色至黑色，顶部色浅，为淡黄色，光滑无毛，粗 0.5～1.0 mm，长可达 150cm 以上，极似细铁丝或马鬃，分枝或不分枝。孢子无色透明，光滑，近卵形，长 6～7.5μm，宽 3～4.5μm。褶缘囊状体呈长棍棒形。

3. 分布

分布在我国吉林、湖南、广东、福建、云南、台湾等地以及北美、欧洲。

二、生态习性

安络小皮伞生于深山密林、荫凉潮湿处、近水溪、酸性土上面的枯枝、枯木或竹枝上，在老树树皮上也有生长。安络小皮伞菌需要高湿度和较高温度的环境，在南方的自然环境条件下，产生根状菌索的时间为每年的 5～10 月份，期间林下温度为 15～28℃。以 6～8 月份产生子实体较多，温度为 22～26℃。子实体和根状菌索的形成和生长发育均需很高的湿度，特别是空气湿度需要饱和或近饱和。在我国北方，于夏秋季群生至丛生在阔叶林地落叶层上。在自然界往往在下雨时或刚下完雨后形成，在此条件下继续生长发育。空气湿度低，子实体和根状菌索不能形成，已形成的也会停止生长。当空气湿度饱和时，又恢复生长或菌索产生分枝。长期低湿度，生长受阻，易感染霉菌。在空气条件差的情况下，子实体和菌索也容易被杂菌感染。在完全黑暗的地方，菌丝体可以生长，但不能形成子实体和菌索。已形成的，遇长期黑暗，生长也会受到抑制。断续的光照，生长不受影响。所需光照度不高，10～20 lx 即可。

在 75%麦麸加 25%谷壳的培养基里，容易产生根状菌索，但不易产生子实体。在适合的温度和湿度条件下，24 小时根状菌索可长 3cm 以上。根状菌索生长时，如被折断，可从断口长出白色菌丝，以后菌丝变褐色，长出新的菌索，继续生长，菌丝具锁状联合。菌索与菌索相遇，有时也会长出菌丝，使彼此相连。

安络小皮伞菌是一种腐生菌，但其根状菌索在生长过程中，如遇适合的活植物，也可在其上长出白色菌丝，不久菌丝变成褐色，菌索继续生长，攀援该植物的茎、枝或叶而往上生长。如活植物上缠绕菌索较多，可引起该植物发生病害。

三、影响安络小皮伞菌丝生长的因素

在液体培养生产安络小皮伞菌丝体的过程中，影响菌丝生长的因素主要是培养基的成分和培养条件。

1. 培养基成分

安络小皮伞不仅能利用单糖和双糖，而且也能利用多糖。通常在生产中用 3%的葡萄糖作为碳源，此时糖的利用较为充分，菌丝得率也较高。菌丝在有机氮中生长良好。通过比较发现，菌丝在玉米浆中生长最好，在酵母粉和花生饼粉中生长次之，黄豆饼粉居三，蛋白胨最差。在无机氮的氨态氮，如硫酸铵中生长较差，在硝态氮如硝酸钠中不能生长。

2. 培养条件

菌丝在 5～34℃ 温度下均能生长，以 18～28℃较适，22～26℃最适，在 28℃开始老化，超过 40℃易于死亡，-4℃保存 5 个月生长活力仍不丧失。在液体培养过程中，菌丝能在 pH 2.3～7.5 范围内生长，最适于菌丝生长的 pH 为4.5～6.0。此时菌丝产量最高。在培养过程中菌丝会产酸，添加适量的碳酸钙可中和产生的酸。通气条件良好有利于菌丝生长。在有光或无光的环境中菌丝均能生长。

在安络小皮伞液体发酵过程中还原糖的变化呈一定规律性。随着总糖的逐渐消耗，还原糖含量呈下降趋势，且与 pH 值的变化呈正相关，与菌丝干重及产量的增加呈负相关。

第三节　安络小皮伞菌丝体的培养技术

通过固体培养可以获得安络小皮伞的子实体，但难度较大，且获得的子实体小而少。1972 年，广东省微生物研究所对安络小皮伞进行深层培养获得成功。通过毒性试验证明，培养的菌丝体无毒，并且与野生的安络小皮伞具有相同的药效。在实际生产中，一般以安络小皮伞菌丝体作为药源，通过抽提制成各种安络痛制剂。菌丝体可通过液体深层发酵或固体培养获得。

一、液体深层发酵

1. 斜面培养

培养基组成：麦麸15%，麦芽糖（或葡萄糖）3%，蛋白胨0.2%，硫酸镁0.05%，磷酸二氢钾0.1%，琼脂2%。麦麸加水煎煮15分钟，过滤，滤液加琼脂，溶化后加入其余组分，补足水分，调pH至6.0，装入试管，高压灭菌（0.1MPa）30分钟后摆成斜面，冷却后接种。在22～26℃温度下培养12天左右，菌丝长满斜面备用。

2. 摇瓶培养

培养基组成：麦麸5%，葡萄糖3%，酵母膏0.2%，硫酸镁0.05%，磷酸二氢钾0.1%，pH为6.0。培养基的配制方法同上。配好后分装于500ml的三角瓶内，每瓶装150ml，高压灭菌（0.1MPa）30分钟。每支斜面接2～3个摇瓶，接种后于摇床上培养，旋转摇床转速150转/分钟，往复式摇床80次/分钟，温度22～26℃，培养时间5～6天。此时菌丝体呈细颗粒状，菌液稍黏稠，糊状，培养液颜色变成淡黄色。镜检：菌丝粗壮，分枝多，明显可见锁状联合。

3. 种子罐培养

培养基组成：葡萄糖3%，玉米浆0.5%，酵母膏0.2%，硫酸镁0.05%，磷酸二氢钾0.1%，消泡油0.1%，pH为6.5。投料量为罐容积的70%左右。121℃实罐蒸汽灭菌30分钟，保压，冷却至26℃接种。接种量为1.5%～2.0%，于24～26℃下通气培养4～5天，通气量每分钟0.5～1.0V/V，罐压2.94～4.9×10^{4}Pa。接种第2天后菌丝开始生长，至第3天菌丝量明显增加。随着培养时间的延长，菌液的pH、残糖、氨基氮随之下降，黏稠度增大。当pH下降至4.5左右，菌丝体稠密，镜检同摇瓶菌种。无杂菌污染时即可压入发酵罐。

4. 发酵罐培养

培养基组成及灭菌方法与种子罐相同。接种量为8%～10%，培养温度22～26℃，通气量每分钟0.6～0.8V/V，罐压2.94～4.9×10^{4}Pa。接种16小时后，pH开始下降，72小时后pH降至3.6～4.0，还原糖降至0.9%以下。菌丝体稠密，培养液黏度增大，菌丝量不再增加或稍有下降时即可放罐。100L的深层培养液可得1～1.5千克干菌丝。

5. 培养液的处理

培养液黏度大，呈胶体状态，过滤困难。采用盐析法，加入硫酸铵，使菌丝电势降低并脱水，以达到分离菌丝的目的。操作方法如下：培养液放于缸中，搅拌加入50%（W/V）工业用的硫酸铵，培养液的黏稠度很快降低，菌丝上浮，捞出菌丝体，于70℃烘干，得到含盐的干菌丝体。含盐干菌丝体加水浸泡2小时，再用冷水渗漉至渗出液中无硫酸铵，于70℃烘干、密封保存。

二、固体培养

培养基配方为麦麸70%～75%，谷壳25%～30%，葡萄糖3%，磷酸二氢钾0.1%，硫酸镁0.05%。配料用水拌匀，培养料的含水量为65%左右，以用手捏紧培养料时指缝间有水渗出但不滴下为宜。拌匀后装瓶，稍压紧培养料，并于瓶中央打一圆柱形孔道，有利于培养料消毒更为彻底，并且在接种后便于菌种分散并快速生长，0.13～0.15MPa压力灭菌70分钟。冷却后即可接种，固体种或液体种均可。在23～25℃下培养20小时后，菌丝开始生长，40～50天后全瓶长满白色菌丝体。取出长满菌丝体的培养基，于70℃下烘干、密封保存。如瓶内长满菌丝体后，打开瓶盖通气，待菌丝表面变成灰黑色时，给以一定的散射光，可长出根状菌索。

第四节 安络小皮伞化学成分、药理作用与临床应用

一、化学成分

安络小皮伞的化学成分有甘露醇、胆甾醇醋酸酯、氨基酸、对羟基肉桂酸、麦角甾醇、多糖、多肽。

二、药理作用

（一）镇痛作用

电刺激-钾离子透入-甩尾法实验表明，大鼠腹

腔注射安络小皮伞菌丝体水提醇沉物(ANA)溶液后第2天起,500mg/kg组、100mg/kg组的痛阈提高;第3天起,50mg/kg组的痛阈提高。ANA的药效能持续较长的时间,50mg/kg组维持7天,500mg/kg组、100mg/kg组维持9～10天。痛阈的高峰出现在停药2天之后,即第6天。500mg/kg组、100mg/kg组的痛阈在停药后第6天依然与生理盐水组有极显著性差异($P<0.01$)。结果指出,ANA的镇痛效果与临床结果一致,即起效慢、时效长,并呈量效关系。ANA中相对分子质量<1万的多肽可能与镇痛有关。

大、小鼠自然戒断和注射纳络酮催促戒断试验证明,由安络小皮伞有效成分制成的安络镇痛胶囊大、中、小剂量(0.5、1.5和15mg/g饲料)饲喂动物7天,安络镇痛胶囊各组的戒断指标与空白对照组比较,均无显著性差异,表明安络镇痛胶囊无身体依赖性。而吗啡对照组则表现出明显的戒断症状,呈现出身体依赖性。

(二)降血压作用

Zhang等观察从安络小皮伞中提取的新化合物3,3,5,5-4甲基-4-哌啶酮(3,3,5,5-tetramethyl-4-piperidone,TMP)对自发性高血压(SHR)和肾性高血压大鼠(2K1C)的抗高血压作用、用麻醉犬用来评价血液动力学作用、猫瞬膜反应用来评价TMP的神经节阻断作用。结果发现,TMP(2.5mg/kg,5mg/kg和10mg/kg)口服3分钟,即显著降低SHR血压。同样剂量TMP连续给药两周,还明显降低2K1C大鼠血压。TMP(30mg/kg,静脉注射)阻断节前刺激引起的猫瞬膜反应。麻醉犬的血液动力学研究显示,除降低血压和左心室作功外,未检测到其他变化。心率变异性分析指出,在TMP治疗后,交感神经和迷走神经的平衡仍属正常。结果提示:TMP是一种新抗高血压化合物,其作用部分与神经节阻断有关。

(三)抗氧化清除自由基作用

从液体深层发酵培养的安络小皮伞发酵液和菌丝中提取的安络小皮伞胞外、胞内多糖,分别稀释成0.005、0.01、0.04、0.10、0.20g/L,采用亚铁离子催化过氧化氢产生·OH的方法,进行·OH的清除实验。结果:胞外胞内多糖均具有较强的清除·OH的作用,清除作用随浓度的增加而显著增强。多糖浓度为0.20g/L时,胞内多糖清除率为92.4%,胞外多糖清除率为88.14%。采用邻苯三酚自氧化法观察安络小皮伞胞外胞内多糖对$\cdot O^{2-}$的清除作用,结果两者均具有良好的清除$\cdot O^{2-}$的作用。多糖浓度为4mg/L时,胞外和胞内多糖清除率分别为63.16%和73.68%,胞外、胞内多糖均具有良好的清除DPPH自由基的作用。多糖浓度为0.6g/L时,胞外和胞内多糖清除率分别为36.42%和59.54%。以上结果指出,胞内多糖清除·OH、$\cdot O^{2-}$和DPPH自由基的作用均强于胞外多糖。此外,安络小皮伞胞外和胞内多糖对H_2O_2诱导的红细胞氧化溶血的抑制作用较弱,浓度为0.8g/L时,胞内多糖抑制率为15.53%,高于胞外多糖的11.42%。安络小皮伞胞外和胞内多糖对于EDTANa2-Fe(Ⅱ)-H_2O_2体系造成的大鼠肝匀浆脂质过氧化也具有抑制作用。在浓度为0.04g/L时,胞外多糖的抑制率为56.18%,胞内多糖的抑制率为56.74%。

(四)免疫增强作用

小鼠每天腹腔注射鬼毛针(安络小皮伞)多糖5mg/kg、10mg/kg、20mg/kg。14天后,测定淋巴细胞转化率、血清IL-2水平、小鼠脾脏T淋巴细胞增殖能力,结果均高于阴性对照组。其中以中、高剂量组升高尤为明显,差异具有统计学意义($P<0.05$)。研究还发现,相同剂量鬼毛针多糖的免疫促进作用与香菇多糖相似。

三、临床应用

用安络小皮伞菌丝体经提取制成的安络解痛片,治疗血管神经痛、坐骨神经痛、三叉神经痛、偏头痛、关节炎、脑外伤头痛、颈椎病、腰肌劳损等324例,每次3片(部分患者每次5片),每天3次,一个月为一个疗程。疗效标准:治愈:自觉疼痛消失,功能无障碍;显效:疼痛基本消失,但仍有微痛感,功能基本无障碍;有效:症状好转,疼痛减轻;无效:服药一个疗程未见疗效。结果:治愈25例(7.8%),显效119例(37.3%),有效141例(42.6%),无效39例(12.2%)。一般在服药3天起效,最长者5～7天。除少数患者有头晕、嗜睡外,无其他反应。用安络小皮伞的制剂——安络痛治疗各种神经痛(包括三叉神经痛、坐骨神经痛、神经性头痛、面神经痉挛、面神经麻痹、关节炎、肩周炎等)153例,服药1月后,总有效率为86.9%,治愈和显效率为60.1%。个别患者出现嗜睡、头晕、口干、鼻出血等症状,继续用药后症状自行消失。

(林志彬)

参考文献

[1] 陈英红,姜瑞芝,高其品.安络小皮伞醇提物中镇痛成分麦角甾醇和肉桂酸的含量测定[J].中成药,2005,27(5):583-585.

[2] 崔本连,宋海韬,齐放.3,5-二硝基水杨酸法测定安络小皮伞菌中多糖的含量[J].长春中医药大学学报,2007,23(4):25-26.

[3] 叶文博,杨晓彤,陈莹.安络小皮伞对大鼠的长时效镇痛作用[J].中药药理与临床,2002,18(4):19-21.

[4] 唐正平,高守泉.安络镇痛胶囊依赖性试验研究[J].湖南中医杂志,2001,17(3):51-52

[5] ZHANG LING, YANG MING, SONG YAN, et al. Antihypertensive effect of 3,3,5,5-tetramethyl-4-piperidone, a new compound extracted from Marasmius androsaceus[J]. J Ethnopharmacol, 2009,123(1): 34-39.

[6] 董媛,高翔,李婷婷,等.安络小皮伞胞外及胞内多糖体外抗氧化性的研究[J]. 食品研究与开发,2008,29(4):45-48.

[7] 王惠国,关洪全,赵依娜,等.鬼毛针多糖对小鼠细胞免疫功能影响的实验研究[J].中国真菌学杂志,2007,2(3):152-153.

[8] 王凯良,朱振岳. 安络解痛片的临床药理研究[J].中成药研究,1981(12):25-26.

[9] 奚恩锡,王荣三. 安络痛治疗 153 例神经痛疗效观察[J].河南医药,1980,5(2):58-59.

[10] 广东省微生物研究所,广州第一制药厂. 安络小皮伞的研究[J]. 微生物学报,1975,15(3):188-190.

[11] 广东省微生物研究所,广州第一制药厂. 安络小皮伞深层培养的研究[J]. 微生物学报,1976,16(1):28-32.

[12] 应建浙,卯晓岚,马启明,等. 中国药用真菌图鉴[M]. 北京:科学出版社,1987.

[13] 江苏省植物研究所,中国医学科学院药用植物资源开发研究所,中国科学院昆明植物研究所,等. 新华本草纲要(第 3 册)[M]. 上海:上海科学技术出版社,1990.

[14] 国家中医药管理局《中华本草》编委会.中华本草[M].上海:上海科学技术出版社,1999.

[15] 全国中草药汇编组. 全国中草药汇编[M]. 北京:人民卫生出版社,1996.

[16] 李学梅,李用芳,李培睿,等. 安络小皮伞液体发酵过程中还原糖与 pH 值、菌丝干重及产量的关系[J]. 中国食用菌,2002,21(2):37-39.

[17] MC FARLAND K P, RIMMER C C. Horsehair fungus, Marasmius androsaceus, used as nest lining by birds of the subalpine spruce-fir community in the Northeastern United States[J]. Canadian Field Naturalist,1996,110:541-543.

[18] WILSON A W, DESJARDIN D E. Phylogenetic relationships in the gymnopoid and marasmioid fungi(Basidiomycetes, euagarics clade)[J]. Mycologia, 2005,97(3):667-679.

(章卫民)

第七十章　白耙齿菌

DIQISHIZHANG BAIBA CHIJUN

摘要：白耙齿菌是在吉林省长白山林区真菌中分离、筛选出的新药用真菌。采用组织分离法而得到的白耙齿菌(CZ-81菌株)，经液体深层发酵提取出的"白耙齿菌多糖"制成胶囊制剂，用于治疗慢性肾小球肾炎，疗效确切。白耙齿菌液体深层发酵粗提物除含有"白耙齿菌多糖"外，还含有蛋白质、多肽、氨基酸、皂苷、内酯、有机酸和生物碱等。"白耙齿菌多糖"通过免疫药理试验结果证明，它对小鼠抗体的产生有明显的抑制作用，即在体液免疫和细胞免疫方面有非常显著的抑制作用。对免疫复合物在肾小球的沉积有较强的清除作用，能提高巨噬细胞的吞噬功能。同时，加强机体对免疫复合物从血液中被清除的能力，而且在脾指数提高的情况下，也提高了酸性磷酸酶的活力。

Irpex lacteus

Abstract: *Irpex lacteus*, also known as *Hirschioporus lacteus* (Fr.) Teng was isolated from the Chang-Bai mountain forest in Jilin Province. Polysaccharide extracted from submerged cultures of an I. lacteus strain (CZ-81) obtained by tissue isolation has been used to produce capsules that have been used to treat glomerulonephritis. Crude extracts of mycelium produced in submerged culture also contain protein, polypeptides, amino acids, saponins, lactones, organic acids and alkaloids. Tests have shown that "*I. lacteus* polysaccharide" inhibits antibody production in the mouse and has an inhibitory effect on humoral and cellular immunity. Research has shown that inhibition of antibody formation results in a stronger clearance of immunocomplexes from the glomerulus, which is the main pharmacological action involved in the treatment of glomerulonephritis. Experimental research has also shown that "*I. lacteus* polysaccharide" increased the phagocytic function of macrophages, improved the ability of the body to remove immunocomplexes from the blood and, in the case of increased spleen indices, enhanced splenic acid phosphatase activity.

第一节　概　述

白耙齿菌(*Irpex lacteus* Fr.)属于皱孔菌科、耙齿菌属中的一种真菌。别名：白囊孔 *Hirschioporus lacteus*(Fr.)Teng。白耙齿菌是20世纪80～90年代我国研究开发应用于治疗慢性肾小球肾炎的一种药用真菌。由于白耙齿菌在自然界中存量较少，为保证药源，防止破坏资源，利于环境保护，保护生态平衡，也有利于可持续发展，在长白山林区枯立木上白耙齿菌子实体的组织中，经分离、纯化、筛选，并经多年选育出生长发育速度快(发酵培养40小时左右可达到放罐标准要求)、生产性能稳定、抗杂菌和抗老化能力强(连续传代试验20代均未见退化现象)，适合生产标准要求的"CZ-81"的白耙齿菌菌株，作为发酵生产时的出发菌种。应用该菌种，采用生物工程液体深层发酵技术，对其发酵代谢产物经提取加工处理得到"白耙齿菌粗多糖"，经提纯后，对其水解产物经纸层析、薄层层析、气相色谱仪检出甘露糖。凝胶过滤法测得相对分子质量约为8万。白耙齿菌粗多糖具有明显的对"特异性免疫系统"(体液免疫和细胞免疫)的免疫抑制作用和对"非特异性免疫系统"免疫增强的"双向免疫"调节作用，临床应用于治疗慢性肾小球肾炎(中医辨证湿热型)。临床病理研究表明，肾小球肾炎的发病机制主要是因免疫功能亢进，导致免疫复合物在肾小球的沉积，通过激活补体系统而引起一系列炎性(或变性)反应，称之为"肾小球肾炎"。白耙齿菌粗多糖对抗体产生有明显的抑制作用，抑制抗体的形成，对免疫复合物在肾小球的沉积有抑制作用，同时药物又提高了巨噬细胞的吞噬功能，加强了机体对免疫复合物从血液中被清除的能力，在脾指数提高的情况下，提高全脾酸性磷酸酶的活力。

第二节 白耙齿菌的学名、分类学地位、形态特征与分布

一、学名与分类学地位

白耙齿菌又名：白囊孔等。

学名：*Irpex lacteus*（Fr.）Fr.，*Elench. fung.*（Greifswald）1：142（1828）。

属名"*Irpex*"意思是"铁齿、大耙、耙子"，直接翻译成"齿耙菌属"。种名加词"*lacteus*"意思是"乳色的、乳白色的、乳状的"。直译为"白齿耙菌"。

同物异名：*Boletus cinerascens* Schwein.，*Schr. naturf. Ges. Leipzig* 1：99（1822）；*Boletus tulipiferae* Schwein.，*Schr. naturf. Ges. Leipzig* 1：100（1822）；*Coriolus lacteus*（Fr.）Pat.，*Essai Tax. Hyménomyc.*（Lons-le-Saunier）：94（1900）；*Coriolus tulipiferae*（Schwein.）Pat.，*Essai Tax. Hyménomyc.*（Lons-le-Saunier）：94（1900）；*Daedalea diabolica* Speg.，*Fungi Fuegiani* 11：441（1889）；*Hirschioporus lacteus*（Fr.）Teng，*Chung-kuo Ti Chen-chun*，[Fungi of China]：761（1963）；*Hydnum lacteum*（Fr.）Fr.，*Syst. mycol.*（Lundae）2（2）：412（1823）；*Irpex bresadolae* Schulzer，*Hedwigia* 24：146（1885）；*Irpex cinerascens*（Schwein.）Schwein.，*Trans. Am. phil. Soc.*，New Series 4（2）：164（1832）；*Irpex diabolicus*（Speg.）Bres.，*Boln Acad. nac. Cienc. Córdoba* 23：428（1919）；*Irpex hirsutus* Kalchbr.，*Értek. termész. Köréb. Magy. tudom. Akad.* 8：17（1878）；*Irpex lacteus* f. *sinuosus*（Fr.）Nikol.，*Trudy Bot. Inst. Akad. Nauk SSSR*，ser. 2，Sporov. Rast. 8：186（1953）；*Irpex pallescens* Fr.，*Epicr. syst. mycol.*（Upsaliae）：522（1838）[1836-1838]；*Irpex sinuosus* Fr.，*Elench. fung.*（Greifswald）1：145（1828）；*Irpiciporus lacteus*（Fr.）Murrill，*N. Amer. Fl.*（New York）9（1）：15（1907）；*Irpiciporus tulipiferae*（Schwein.）Murrill，*Bull. Torrey bot. Club* 32（9）：472（1905）；*Microporus chartaceus*（Berk. & M. A. Curtis）Kuntze，*Revis. gen. pl.*（Leipzig）3（2）：495（1898）；*Microporus cinerascens*（Schwein.）Kuntze，*Revis. gen. pl.*（Leipzig）3（2）：495（1898）；*Microporus cinerescens*（Schwein.）Kuntze，*Revis. gen. pl.*（Leipzig）3：495（1898）；*Polyporus chartaceus* Berk. & M. A. Curtis，*Hooker's J. Bot. Kew Gard. Misc.* 1：103（1849）；*Polyporus corticola* f. *tulipiferae*（Schwein.）Fr.，*Elench. fung.*（Greifswald）1：124（1828）；*Polyporus tulipiferae*（Schwein.）Overh. [as '*tulipiferus*']，*Wash. Univ. Stud.* 1：29（1915）；*Polystictus bresadolae*（Schulzer）Sacc.，*Syll. fung.*（Abellini）6：257（1888）；*Polystictus chartaceus*（Berk. & M. A. Curtis）Cooke，*Grevillea* 14（no. 71）：84（1886）；*Polystictus cinerascens*（Schwein.）Cooke，*Grevillea* 14（no. 71）：86（1886）；*Polystictus cinerescens*（Schwein.）Cooke，（1886）；*Polystictus tulipiferae*（Schwein.）Cooke，（1886）；*Poria cincinnati* Berk. ex Cooke，*Grevillea* 15（no. 73）：27（1886）；*Poria tulipiferae*（Schwein.）Cooke，*Syll. fung.*（Abellini）6：312（1888）；*Sistotrema lacteum* Fr.，*Observ. mycol.*（Havniae）2：266（1818）；*Steccherinum lacteum*（Fr.）Krieglst.，*Beitr. Kenntn. Pilze Mitteleur.* 12：45（1999）；*Trametes lactea*（Fr.）Pilát，*Atlas des Champignons de l'Europe*，Ser. B 3：322（1940）；*Xylodon bresadolae*（Schulzer）Kuntze，*Revis. gen. pl.*（Leipzig）3（2）：541（1898）；*Xylodon hirsutus*（Kalchbr.）Kuntze，Revis. gen. pl.（Leipzig）3（2）：541（1898）；*Xylodon lacteus*（Fr.）Kuntze，*Revis. gen. pl.*（Leipzig）3（2）：541（1898）；*Xylodon pallescens*（Fr.）Kuntze，*Revis. gen. pl.*（Leipzig）3（2）：541（1898）；*Xylodon sinuosus*（Fr.）Kuntze，*Revis. gen. pl.*（Leipzig）3（2）：541（1898）。

分类地位：菌物界（Fungi），担子菌门（Basidiomycota），伞菌纲（Agaricomycetes），多孔菌目（Polyporales），干朽菌（Meruliaceae）。

二、形态特征

白耙齿菌子实体乳白色，软革质，平伏或半平伏而反卷，反卷部分 8～15mm×10～20mm。盖面乳白色，有短细绒毛，有绢丝状光泽，厚 1mm 左右。菌管白色，呈耙齿状，长短不齐，长 1～1.5mm。孢子椭圆形，平滑，无色，4～5μm×2～3μm。囊状体棒形或纺锤形，有时被有结晶。

生于阔叶树的枯立木、枯枝上；引起木材白色腐朽，腐朽力强。

分布于我国吉林、黑龙江、河北、河南、山西、陕西、甘肃、安徽、浙江、江西、福建、贵州、云南、西藏等省区（图 70－1～图 70－4）。

图 70－1　寄生在树干上的白耙齿菌

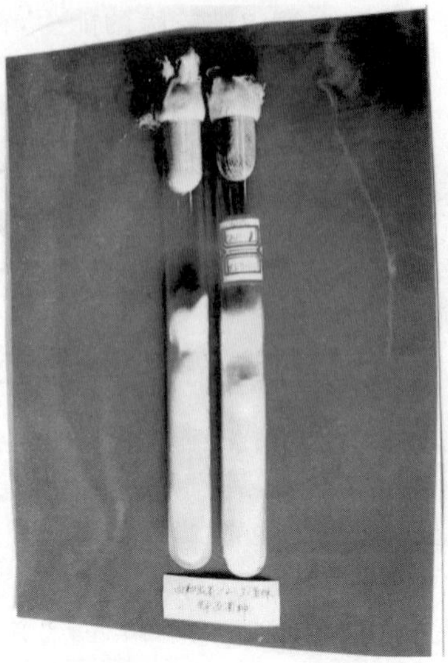

图 70－2　白耙齿菌 CZ-81 菌株(生产菌种)

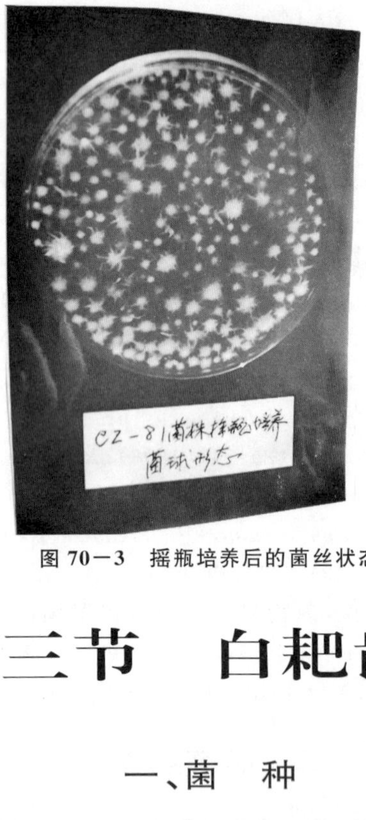

图 70－3　摇瓶培养后的菌丝状态

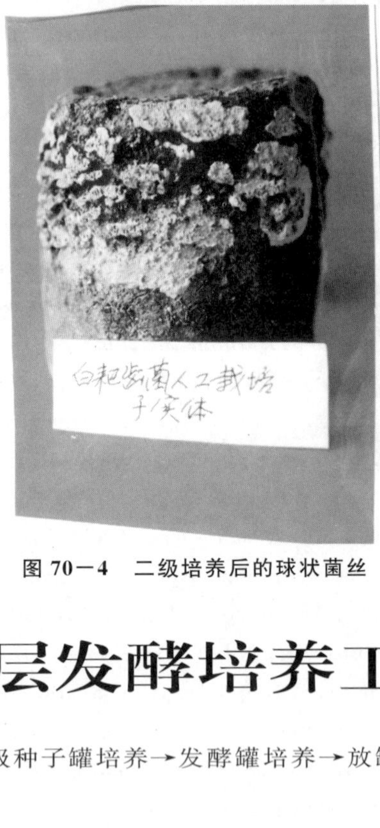

图 70－4　二级培养后的球状菌丝

第三节　白耙齿菌的深层发酵培养工艺

一、菌　种

白耙齿菌 CZ-81 菌株系长春中医药大学“药用真菌研究所”在吉林省长白山林区的朽木上分离、纯化而得到的。经固体栽培试验，长出白耙齿菌子实体，从而证明本菌种可靠无误。通过 20 余罐批次(1.5 吨)的深层发酵中间试验结果表明，本菌株性能稳定、抗老化、抗杂菌能力均较强，对营养和培养条件要求不苛刻，适合工业化生产的需要。

二、深层发酵工艺流程

斜面菌种培养→摇瓶培养→一级种子罐培养→二级种子罐培养→发酵罐培养→放罐→发酵产物。

发酵产物离心机分离
滤液(1)　　菌丝体
↓
热水提取两次
↓
分次过滤
↓
滤液(2)(3)　　滤渣(弃去第 2 次提取过滤后的菌丝体)

合并(1)、(2)、(3)滤液→减压浓缩→浓缩液→加乙醇→醇析物→干燥后粉碎→半成品→检测合格→装胶囊。

三、发酵工艺

1. 菌种的培养条件

本菌种在半合成培养基，如马铃薯综合培养基上，26℃即可萌发生长。26±1℃培养5天，白色茂密絮状菌丝长满斜面，无杂菌污染，即可做种用。

2. 摇瓶种子培养

培养基：葡萄糖、蛋白胨、酵母粉等，加适量微量元素，pH为6.5(消前)。

培养条件：250ml摇瓶装量100ml，接种量1∶3～1∶4(斜面菌种∶摇瓶)，旋转式摇床震荡培养，转速160转/分钟，温度26±1℃，培养时间96小时左右。镜检：菌丝分枝多、粗壮、锁状联合明显，菌球体积占培养液的40%左右，无杂菌污染，即可接入种子罐。

3. 种子罐培养

培养基：葡萄糖、酵母粉、豆饼粉等，加适量微量元素及消沫油(豆油)，pH为6.5(消前)。

培养条件和移种指标：接种量0.4%(二级种子罐培养为10%)、罐压0.04MPa，罐温26±1℃，通气搅拌，空气流量每分钟0.4～0.5V/V范围内。培养时间：一级种子罐72小时，二级培养56小时，菌球体积占60%以上。镜检：菌丝着色均匀，粗壮，分枝呈网状，锁状联合明显，pH由6.25降至5.5～6，无杂菌污染，即可转入发酵罐。

4. 发酵罐培养

培养基：豆饼粉(工业)、葡萄糖(工业)、酵母粉(工业)等，加适量微量元素和消沫油(豆油)，pH为6.5(消前)。

培养条件和放罐指标：接种量10%，罐温、罐压、搅拌及通气量等均同种子罐。发酵液pH降至4.5～5，水果香味减小，菌球增加缓慢或不增加，发酵液中菌球体积在80%左右，镜检菌丝变细，分枝渐少，且着色浅，锁状联合少见，出现空泡，还原糖在1%左右，培养时间40小时左右，即可放罐。此时白耙齿菌多糖(发酵液)含量为1.5mg/ml左右。

四、成分鉴别

采用系统预试法，分别用水、乙醇、酸性乙醇和乙醚提取等4种方法进行鉴别。呈阳性反应的有：蛋白质、氨基酸、皂苷(为三萜皂苷)、糖、多糖(碘试验阴性证明没有地衣糖、糊精、淀粉)、鞣质、酚类、内脂、香豆精及其苷类、酸性树脂、生物碱、有机酸、挥发油以及油脂、植物甾醇、三萜成分等。

采用"日立-535"型氨基酸分析仪，测定氨基酸种类及含量。含有天冬氨酸、苏氨酸、丝氨酸、谷氨酸、甘氨酸、丙氨酸、胱氨酸、缬氨酸、蛋(甲硫)氨酸、异亮氨酸、亮氨酸、酪氨酸、苯丙氨酸、赖氨酸、组氨酸和精氨酸等。其中必需氨基酸中以赖氨酸、苏氨酸、缬氨酸、亮氨酸含量较高。

五、粗多糖分析

白耙齿菌CZ-81菌株深层发酵后的粗提物，以热水抽提，经除蛋白、乙醇沉淀得灰白色粉末P1S。P1S经Sevag法操作得P2S。P2S再经上述方法操作，通过DEAE-纤维素柱层析和DEAE-Sephadex A-50柱层析后得到淡白色粉末P3S。P3S经醋酸纤维薄膜电泳和葡聚糖凝胶柱层析，证明为均一组分。P3S不含氮，其水解产物经柱层析、薄层层析、气相色谱仪检出甘露糖。凝胶过滤法得到相对分子质量接近8万道尔顿。

杨真威等对白耙齿菌 *Irpex lacteus* 糖蛋白 $I_{1\text{-}2\text{-}1}$ 的化学研究结果表明，$I_{1\text{-}2\text{-}1}$ 由阿拉伯糖、木糖、半乳糖、葡萄糖和甘露糖组成。经甲基化分析表明，$I_{1\text{-}2\text{-}1}$ 的主链以1→2·1→6的连接为主。$I_{1\text{-}2\text{-}1}$ 的 ^{13}C-NMR(碳谱)中，表明糖苷链为β构型。$I_{1\text{-}2\text{-}1}$ 为结构复杂的糖蛋白。

第四节 白耙齿菌粗多糖安全性试验

一、急性毒性试验

①取白耙齿菌CZ-81菌株的液体深层发酵产物的提取物——"白耙齿菌多糖"，用蒸馏水配成混悬液，备用。

②灌胃：取10只小白鼠，秤重，给药量20g/kg，给药后小白鼠稍有活动和精神抑制状态，24小时后逐渐恢复。经继续观察72小时，小白鼠状态良好，无一死亡，可认为其最大耐受量为20g/kg以上。

③腹腔注射：按寇氏法，取小白鼠50只，体重20±2g，雌雄各半，随机均分为5组，腹腔注射给药，观察3天内各组死亡数。半数致死量为：LD_{50}＝3269mg/kg，LD_{50}可信限＝3269±270.27mg/kg。

二、亚急性毒性试验

①配成50%白耙齿菌粗多糖混悬液。

②取体重 100～120g 大白鼠 72 只，雌雄各半，随机分成 4 组，实验组 3 组，对照组 1 组。试验组分别按小鼠最大耐受量的 1/2、1/5、1/20 给药，即高剂量 10g/kg、中剂量 4g/kg、低剂量 1g/kg，对照组按 0.5ml/100g 给生理盐水。每天灌胃一次，连续 21 天，给药期间每 3 天秤体重一次，21 天后处死一半，另一半停药 7 天后处死。处死前采血，测肝功能（ALT）、肾功能（BUN）、血像，随后取心、肝、脾、肺、肾做病理切片检查。结果表明均无异常。提示本品在连服最大耐受量的 1/20 剂量，即 1g/kg，连服 3 周对大白鼠是安全的。

③白耙齿菌粗多糖对家犬的亚急性毒性实验观察：取家犬 6 只，分成 3 组，每组 2 只，给药组分别按 1.6kg/kg 及 0.4kg/kg 给药（装在香肠内，每天一次）；对照组给等量香肠，每天一次，连续 4 周。给药期间，观察动物状态、进食、粪便及其他反应；在犬圈内常规饲养。空气栓塞处死，剖检内脏，同时取心、肝、脾、肺、肾、肾上腺、胃、脊髓等进行组织切片检查。处死前静脉采血进行常规化验。结果表明均无异常。提示白耙齿菌粗多糖在所用剂量下，即高剂量组 1.6kg/kg（相当于人用量的 48 倍），对家犬是安全的。

三、致突变试验

按药典规定，将白耙齿菌粗多糖配制成 5%浓度的水溶液，在水浴中 100℃煮沸 20 分钟，在无菌条件下过滤，取滤液。本实验采用鼠伤寒沙门菌营养缺陷型回复突变试验（Ames 试验）。即应用菌株为鼠伤寒沙门不同组氨酸缺陷型突变株，根据致突变物能灵敏而特异地使组氨酸缺陷型突变株变成原型的特点，故在缺乏组氨酸的培养基上，只有少数自发回变菌落生长，而能诱发细菌回变的致突变物可使细菌生长增多，因而可判断被试物是否具有突变性。

试验菌株：TA1535、TA1537、TA1538、TA98、TA100。微粒体来源：取 150～200g 雄性健康大白鼠（Wastar 种），用 Aroclor1254（德国进口）的玉米油溶液，一次腹腔注射诱导，5 天后处死，取肝，匀浆，然后离心取上清液，最后加 NADP（烟酰胺腺嘌呤二核苷磷酸）和辅酶Ⅱ等辅助因子制成 S-9 混合液。

试验步骤：先用上述 5 个试验菌株进行点试，其中 TA98/TA100 同时做加 S-9M 体外激活系统的检测。实验时，平时做阳性对照、空白对照，加 S-9M 和不加 S-9M 的对照试验，每组做 3 个平皿，在点试的基础上，再进行掺入试验，分组同点试，每个试验重复 3 次。

阳性对照组：迭氮钠（solum azide）1 毫克/皿，阿的平（atebrine）20 毫克/皿，狄克松（dexon）50 毫克/皿。

试验结果表明："白耙齿菌多糖"试样经点试，在设有试样的滤纸片周围均未发现大量密集的回变菌落，即为阴性。平板掺入法检测，也未见回变菌落数超过自发回变数 2 倍以上的阳性标志。说明本品经 Ames 试验，均未发现致突变性。

四、粗多糖免疫药理试验

白耙齿菌粗多糖对机体免疫功能的影响，采用对机体的特异性免疫功能，即体液免疫和细胞免疫两方面进行分析观察；另外，又对非特异性免疫方面也进行系统的观察分析。

在体液免疫方面，用血清凝集素的测定，血清溶血素的测定和溶血空斑试验 3 项指标进行检测。结果表明，药物对小鼠体液抗体的产生有明显的抑制作用。

在细胞免疫方面，通过对小鼠特异性玫瑰花形成的实验，表明药物对免疫早期阶段的抗原结合细胞的生成有抑制作用。又进行了以羊红细胞为抗原的足垫肿胀试验。结果表明，药物对小鼠迟发性超敏反应（DTH）有非常显著的抑制作用。

关于药物对机体非特异性免疫功能的影响，观察了小鼠巨噬细胞的吞噬功能、^{125}I 标记免疫复合物从血液中清除的速度及脾脏细胞内酸性磷酸酶活 3 个指标。实验表明，药物提高了巨噬细胞的吞噬功能，加强了机体对免疫复合物从血液中被清除的功能。而且在脾指数提高的情况下，提高了全脾酸性磷酸酶的活力。

第五节　白耙齿菌多糖的临床应用

用白耙齿菌 CZ-81 菌株深层发酵产物提取白耙齿菌粗多糖，经长春中医药大学附属医院、吉林大学第一临床医院、吉林省人民医院、空军 462 医院等 10 余家医疗单位的临床试用，对慢性肾小球肾炎 362 例的临床疗效，结果如下。

一、对慢性肾小球肾炎患者症状、体征的影响

①尿少：经治疗后恢复正常者为 67%，改善者为 20%，有效率为 87%，无效者为 13%。

②水肿：经治疗消失者为 60%，减轻者为 33%，有效率为 93%，无效者为 7%。

③腰痛：经治疗消失者为 51%，好转者为 33%，有效率为 84%，无效者为 16%。

④高血压：经治疗血压恢复正常者为 50%，治疗后血压下降，但尚未下降至正常范围者为 30%，有效率为 80%，无效者 20%。

从以上结果可以看出，白耙齿菌多糖对慢性肾小球肾炎患者的尿少、水肿、腰痛、高血压均有明显的改善作用，有效率均在 80%以上。其中完全恢复正常者 50%以上。

二、对慢性肾小球肾炎患者尿常规与临床疗效

白耙齿菌多糖对治疗慢性肾炎患者尿蛋白有效率为88.3%，对红细胞有效率为 74%，对管型有效率为 81.3%。说明该药对以上 3 项指标均有明显消除和减少作用。

疗效评定按 1984 年中华医学会内分泌代谢及肾脏病学术会议提出的标准。白耙齿菌多糖对慢性肾小球肾炎的疗效较好，其中有效率为 88.2%，显效率（完全缓解及基本缓解）为 39%。362 例患者服用白耙齿菌多糖后只有 3 例患者有胃部不适感，其他无不良反应。

白耙齿菌多糖经药理实验表明，对实验动物抗体的产生有明显的抑制作用，对免疫复合物在肾小球沉积也有抑制作用。通过对 362 例慢性肾小球肾炎的治疗，结果证实白耙齿菌多糖对慢性肾小球肾炎确有较高的疗效，对临床治愈后的患者进行 3 年追访表明，反跳少，愈后稳定，未见明显不良反应。

第六节 展 望

据斯洛文尼亚 Mateja Tavčar 等报道，用在静态和液体发酵培养中，白耙齿菌能有效地吸附染料，特别是对蒽醌、偶甲烷一酞菁染料脱色尤为明显。试验结果表明，不仅对染料和纺织工业废水起到脱色吸附作用，对具有生理活性的难溶于水的有机物及其废水，也有降解作用。

尽管该项研究还存在性能、效率较低，培养条件需要进一步优化以及对木质素分解酶的生产等尚待深入研究探讨。但是，应用白耙齿菌对治理环境污染，特别是对纺织和染料行业的合成染料污染环境的治理，已显现出它的潜在优势，对环境保护工作是一件值得重视的问题。

参考文献

[1] 李茹光. 吉林省有用和有害真菌[M]. 长春：吉林人民出版社，1980.

[2] 李茹光，曾宪录. 东北地区大型经济真菌[M]. 长春：东北师范大学出版社，1998.

[3] SONG QIYIN. Study on the treatment of chronic nephritis with Irpex Lacteus Fr. : the second meeting for Japan—China collaboration on edible fungi research proceedings[C]. 1998.

[4] 杨真威. 耙齿菌糖蛋白 $I_{1\text{-}2\text{-}1}$ 的化学研究[J]. 中草药，2005(8)：1130-1132.

[5] TAVČAR M. Biodegradation of azo dye RO16 in different reactors by immobilized irpex lacteus [J]. Acta Chim Slov，2006，53(3)：338-343.

[6] SVOBODOVA K. Mechanism of Reactive Orange 16 degradation with the white rot fungus Irpex lacteus[J]. Process Biochem，2007，42(9)：1279-1284.

（宋启印）

第七十一章　白僵菌

DIQISHIYIZHANG BAIJIANGJUN

摘要：我国是发现、利用白僵菌最早的国家之一，近 20 年来，不论是基础研究还是应用研究都取得了令人瞩目的成果。本章介绍了白僵菌在国内外的研究历史，以及现阶段国内外研究的重点，对白僵菌的形态分类和生物学特性，以及药理作用进行了阐述；对白僵菌的培养技术，以及在生物防治上的应用也作了简要叙述，并对白僵菌生物资源的发展提出了展望。

Beauveria bassiana

Abstract: China was one of the first countries to recognize and utilize *Beauveria* spp. and, during the last twenty years, has made considerable advances in terms of basic and applied research on *Beauveria bassiana*. This chapter gives a detailed description of *B. bassiana* including the history and present status of research on the fungus, taxonomy, biological features, pharmacological effects, cultivation techniques, application in biocontrol, and the future development potential of *B. bassiana* bioresources.

第一节　概　述

在我国的传统中医药文献中对僵蚕入药的记载历史很悠久，例如公元前的《神农本草经》对僵蚕的药用价值进行了描述，僵蚕具熄风止痉、活血通络、化痰散结等功效。僵蚕就是指家蚕在幼虫阶段被白僵菌感染致死后形成的虫菌复合体。在《本草纲目》的虫部记载了僵蚕具有治风痰、结核瘰病、治头风、风虫齿痛、皮肤风疮、丹毒作痒、痰疟症结、妇人乳汁不通等功能。由于僵蚕具有以上诸多药效，并且食药同源理念已在我国群众中深入人心，因此，白僵菌经常作为民间的验方而食用。近年来，对中药重新认识的浪潮也使得人们对僵蚕这味传统中药的研究热情大幅度增加，从中发现很多生物活性物质和一些治疗功能。

关于白僵菌的生物学基础研究源自近代的欧洲，白僵菌属（*Beauveria*）I 最早被 Vuillemin 为纪念法国真菌学家 Beauverie 而建立，并确定 *Botrytis bassiana* 为模式种，是世界性分布土壤传播的虫生真菌，是最先被发现的虫生真菌种类之一。在 18～19 世纪由白僵菌所引起的蚕僵化病，曾对欧洲的蚕工业造成毁灭性打击。因此，引起了对家蚕僵化病的深入研究，这为微生物病原学说奠定了基础。

目前，国内外对白僵菌的研究主要集中在生物防治、药源活性产物开发、系统发育学与遗传学等方面。

第二节　白僵菌的生物学特性

一、分类学、系统学研究概况

白僵菌又名：僵蚕菌、球孢白僵菌等。

学名：*Beauveria bassiana* (Bals.-Criv.) Vuill., *Bull. Soc. bot. Fr.* 12:40(1912)。

属名“*Beauveria*”是法国人名“J. Beauverie”，中文依据形态称白僵菌属。种名加词源自人名“F. Bassi”。中文依据孢子为球形而称“球孢白僵菌”。

同物异名：*Beauveria densa* (Link) F. Picard, *Amtl. Ber. Versamml. Deutsch. Naturf. Aerzte* 13: 200(1914); *Beauveria doryphorae* R. A. Poiss. & Patay, (1935); Beauveria effusa (Beauverie) Vuill., *Bull. Soc. bot. Fr.* 59:40(1912); *Beauveria globulifera* (Speg.) F. Picard, *Ann. Ecole Nat. Agr. Mont-*

pell. (1914); *Beauveria shiotae* (Kuru) Langeron, in Brumpt, *Magyar. Tud. Akad. Értes.*: 1839 (1936); *Beauveria stephanoderis* (Bally) Petch, *Trans. Br. mycol. Soc.* 10(4): 249 (1926); Beauveria *sulfurescens* (J. F. H. Beyma) J. J. Taylor, *Mycologia* 62(4): 823 (1970); *Botrytis bassiana* Bals.-Criv., *Arch. Triennale Lab. Bot. Crittog.* 79: 127 (1836); *Botrytis effusa* Beauverie, in Rappaz 14: 25 (1911); *Botrytis stephanoderis* Bally, in Friederichs & Bally 6: 106 (1923); Isaria densa (Link) Giard, *C. r. hebd. Séanc. Acad. Sci.*, *Paris* 113: 270 (1891); *Isaria shiotae* Kuru, *J. Taihoku Soc. Agric.* 2: 351 (1932); *Penicillium bassianum* (Bals.-Criv.) Biourge, *La Cellule* 33(1): 101 (1923); *Penicillium densum* (Link) Biourge, *La Cellule* 33 (1): 102 (1923); *Spicaria bassiana* (Bals.-Criv.) Vuill.,: 153 (1910); *Spicaria densa* (Link) Vuill., *Bull. Séanc. Soc. Sci. Nancy* 11: 153 (1910); *Sporotrichum densum* Link, *Mag. Gesell. naturf. Freunde*, *Berlin* 8: 13 (1816); *Sporotrichum epigaeum* var. terrestre Dasz., *Bull. Soc. bot. Genève*, 2 sér. 4: 291 (1912); *Sporotrichum globuliferum* Speg., *Anal. Soc. cient. argent.* 10(2-3): 278 (1880); *Sporotrichum sulfurescens* J. F. H. Beyma, *Verh. K. Akad. Wet.*, tweede sect. 62: 16 (1928); *Tritirachium shiotae* (Kuru) Langeron, *Annls Parasit. hum. comp.* 22: 98 (1947)。

分类地位：菌物界（Fungi），子囊菌门（Ascomycota），粪壳菌纲（Sordariomycetes），肉座菌亚纲（Hypocreomycetidae），肉座菌目（Hypocreales），虫草菌科（Cordycipitaceae）。

白僵菌在虫体上具有蔓延的白色菌丝，生长后期呈淡黄色，有的快速形成粉状孢子层或者继续保持絮状菌丝。在培养基上菌落成毛绒状、粉状或绳索状，很少形成孢梗束，菌丝颜色通常为白色或淡黄，气生菌丝透明、光滑、薄壁、疏松，有时成簇生长。产孢细胞常着生在较短的、稍膨大的柄细胞上，或散生、轮生于未分化的菌丝上。产孢细胞的基部多为球形或梭形膨大，上部变细抽长成连续的"之"字形。分生孢子透明、单孢、薄壁、球形，似椭圆形或柱状。

白僵菌主要通过分生孢子繁殖，对其相应的有性世代缺乏了解，传统的经典分类学把白僵菌属定为半知菌类。随着分子生物学技术在分类学和系统发育学上的广泛应用，为早先白僵菌属分类鉴定和命名上一些遗留问题的解决提供了新的方法。白僵菌在微观形态上很容易辨认。它具有球形或瓶形的、簇生的产孢细胞，逐渐延长的、合轴的顶部，以及在其上着生的单核、无柄透明的、有丝分裂的分生孢子。有一些相近的属，例如棒束孢属 *Isaria*、弯颈霉属 *Tolypocladium*、麦穗霉属 *Tritirachium*、齿霉属 *Acrodontium* 与白僵菌属有相似的产孢细胞，不太容易区分。随着 ITS（internal transcribed spacer，内转录间隔区）序列分析的应用使得这些问题得到了解决。

在培养基上白僵菌的一些种类产生典型的白色菌丝和分生孢子，但有的种类在培养后期会在菌落中间产生色素。例如，*B. amorpha*，*B. velata* 一些菌株的菌丝会分泌红色素。菌丝生长迅速，质地絮状，分生孢子数量大，通常在菌落表面形成白色粉末状。在低倍放大镜下观察正在生长的白僵菌菌落，通常可以看到数量庞大的孢子团，它们由球状的产孢细胞和密集着生的分生孢子组成。由于形态变化方面的信息量不足，使得直接辨认、鉴定白僵菌种类存在一些问题。分生孢子的形状仅仅是白僵菌形态上的一个特点，能为种的鉴定提供一些帮助。它们的形状多样，有球形、椭球形、柱状、肾形、蠕虫状，长度 1.8～6.0μm 不等。所有被描述的白僵菌的分生孢子都是薄壁、光滑，但在南美发现了表面具疣的种 *B. velata*。

整个 20 世纪对白僵菌种类的描述比较固定，这些种的命名和鉴定比较复杂。在全部已分类的 49 个种中，差不多有 22 个种是无效的。分生孢子大小形状上的交叉重叠增加了它们无效命名的概率，也使得常规种类的鉴定变得更加复杂。对白僵菌属专门研究的学者，有 Petch（1926）、MacLeod（1954）、de Hoog（1972）。Petch（1926）详细描述了当时白僵菌公开发表的 8 个种的形态和培养特征，但对孢子形状，他能准确区分的仅仅只有两个种，分别是球孢白僵菌 *B. bassiana* 和 *B. densa*。后来 Petch（1926）认为培养特征随培养条件的不同而发生变化，因此它们作为分类依据是不可靠的。MacLeod（1954）在他的专著里验证了 16 个种，但是结果像 Petch 一样也只是两个种，球孢白僵菌（*B. bassiana*）和纤细白僵菌（*B. tenella*）。它们分别与 Petch 报道的 B. bassiana 和 B. densa 相符合。de Hoog（1972）也得到类似的结论，但是他用 *B. brongniartii* 代替了 *B. densa* 和 *B. tenella*。他新增加了一个种 *B. alba*，但随后他把这个种转移到了齿霉属（*Engyodontium*）。自从 de Hoog 的研究以后，又陆续发现了一些白僵菌新种，de Hoog and Rao（1975）发表了具有短镰刀状分生孢子的蠕孢白僵菌（*B. vermiconia*）；Samson and Evans 1982 年报道了具疣分生孢子的具疣白僵菌（*B. velata*），Samson and Evans 发现的具有较大柱状孢子的多形白僵菌(*B. amorpha*)。在亚洲和北美产生柱状孢子的白僵菌都被命名为 *B. amorpha*(Humber, 1997), Bissett and Widden(1986)在苏格兰也发现了类似的种:加里东白僵菌(*B. caledonica*)。一共有 6 个白僵菌种类通过了形态鉴定,它们是 *B. bassiana*、*B. amorpha*、*B. brongniartii*、*B. vermiconia*、*B. velata*、*B. caledonica*。在白僵菌分类上最大的混乱来自于很多的形态相近种都被描述了,后来 Kirk(2003)把 7 个种的白僵菌合并为一个种球孢白僵菌(*B. bassiana*)。这 7 个种为 *B. densa*、*B. doryphorae*、*B. effusa*、*B. globulifera*、*B. shiotae*、*B. stephanoderis*、*B. sulfurescens*。对于白僵菌分类学,目前较为学界接受的方法是在形态鉴定的基础上辅之以分子生物学手段来判定。这似乎是一个两全的方法,如果单纯依靠形态学分类可能会对一些种的划分产生争议,如果仅依靠分子生物学进行分类也会对一些种的划分产生错误。

白僵菌的系统发育主要关注几个问题:①白僵菌的进化支点在哪里?②白僵菌是否是单一起源的?③谁是白僵菌的姐妹群?④广泛分布的地理种是否含有隐含种?⑤白僵菌形态学意义的种是否是单起源的以及它们之间的关系如何?⑥白僵菌与有性型虫草的关系如何?解决这些问题,Sung(2001)采用 SSUrRNA(核糖体小亚基 RNA)的分子序列建立系统树,推测白僵菌在丝孢菌纲,麦角菌目。后来白僵菌属于一个单源的群也被 Eriksson(2003)证实。在白僵菌的系统发育树里有两个种的争议比较大,它们是球孢白僵菌和加里东白僵菌(*B. caledonica*)。它们之间进化距离(<1%)相当近,但它们的孢子却很不同。用分子做进化树的争议在于真菌缺乏有力的化石证据,只能是一个估计的数值。文献显示,白僵菌起源在7 500万年到 1 亿年之间,而球孢白僵菌保守估计起源于2 500万年前,此判断是基于琥珀化石中保存的白僵菌(Poinar,1984)。关于白僵菌系统学的争议可能会随着内含子、非编码序列以及编码同源蛋白质的基因序列的准确分析而得到解决,甚至新化石的发现也值得期待。近年来关于白僵菌系统学最具有意义的进展莫过于发现了它与有性型真菌虫草属的直接联系。Shimazu(1988)发现了布氏虫草的无性型为布氏白僵菌,Li,et al,(2001)报道了球孢白僵菌的有性型为球孢虫草,并且通过从虫草子座上分离子囊孢子进行培养无性型而得到确证。Huang et al,(2002)基于 ITS 序列分析,进一步确证了球孢虫草和球孢白僵菌共同处于一个进化分支。同样 Sung(2001)按照核糖体小亚基 RNA 序列系统发育关系推断 *Cordyceps scarabaeicola* 起源于白僵菌,它的姐妹种应该是加里东白僵菌。以上 3 个种与它们有性型的关系通过分子系统发育分析得到了确证,同时这 3 个种都产生相似的黄色子座。关于它们有性型的形态比较却没有被研究,通过对有性型形态特征的研究可以为这个属及其他未知种的分类学和系统学提供更好的理解(表 71-1)。

表 71-1 常用于白僵菌系统发育和分类的一些常用方法、工具和文献

方 法	文 献
酶学分析	Rabi et al. (1986)
血清学	Shimizu and Aizava(1988)
RFLP(线粒体 DNA)	Hedegus et al. (1993b)
大亚基核糖体 DNA 序列分析	Neuveglise et al. (1994)
核型的电泳分析	Pfeifer and Khachatourians(1993)
DNA 随机扩增多态性	Bidochka et al. (1994)
限定引物单链 PCR	Hedegus and Khachatourians(1996)
形态学综合 RAPD	Glare and Inwood(1998)
ITS/RFLP	Coates et al. (2002)
BLAST/PHYLIP/Clustal	李军,张莉娜,温珍昌(2008)

二、白僵菌的遗传研究

由于白僵菌主要以无性繁殖为主,使采用有性生殖的经典遗传学研究方法不能应用到白僵菌上。对于白僵菌的遗传学研究主要依靠准性生殖周期,准性生殖包括 4 个阶段:不同核型的菌丝融合、形成异核体、基因组的有丝分裂交换、单倍体或非整倍体形成。准性生殖在自然界发生的概率极低,而且是不可控制的。

最先对白僵菌准性生殖进行描述的是 Paccola-Meirelles(1991),他发现了两个缺陷性亲本的后代中出现了一个原养型的繁殖体。他也用营养缺陷性的几个菌株和一个突变产生的抗苯菌株进行两两杂交来分析准性生殖后代。营养缺陷性的原生质体融合也用于了白僵菌准性生殖的研究,这种方法提高了准性生殖的概率(Paccola-Meirelles,(1994)。Couteaudier(1996)利用原生质体融合研究了白僵菌种间的准性生殖。同时他也发展了白僵菌的标记方法,利用 RFLP 标记亲本,在子代中发现了亲本的标记。Couteaudier(1997)利用这种方法对白僵菌菌种进行选育,得到了有较高致病力的菌株。在将来的白僵菌准性研究中分子标记会越来越受到关注,而且对有丝分裂 DNA 重组方面的信息分析提供帮助。值得关注的是营养亲和现象 Glass and Kaudal,1992、Glass and saupe,2002。由于种间隔离在丝状真菌中普遍存在,使营养不亲和与有性真菌的不能自交繁殖同时被保留下来。

在 M. Shimazu 和 J. M. Sung(个人通讯)都提到了球孢白僵菌的有性型是一种虫草。这些证据为白僵菌的经典遗传分析提供了一些可能,他们的纯培养体来自于发育成熟的虫草子座,也因此可能具有发育出成熟子实体的完备基因。系统研究白僵菌从无性型到有性型的发育过程,大量获得有性型样本中的子囊孢子至关重要。

对白僵菌基因组数量和大小的测定工作在 20 世纪 90 年代已经完成。Pfeifer and Khachatourians(1993)测定了球孢白僵菌的染色体数量为 8,基因组容量为 40.6Mb。Viaud, et al,(1996)测定结果显示:染色体数量为 7～8 条,每条独立的染色体信息容量为 1～7Mb,整个基因组大小为 30.1～44.1Mb。

三、白僵菌的寄主与分布

白僵菌为世界性分布。据不完全统计,有白僵菌记载的国家有北美的美国、加拿大,南美的巴西、哥伦比亚,欧洲的法国、意大利、英国、匈牙利、希腊、罗马尼亚、比利时等,非洲的摩洛哥,大洋洲的澳大利亚,亚洲的日本、泰国。在中国,从东北到西南不同纬度下均有白僵菌的分布。蒲蛰龙(1994)总结白僵菌的寄主范围,可以寄生 15 个目 149 科 700 多种昆虫以及皮螨类。

四、白僵菌的生活史

在自然界,白僵菌属真菌感染昆虫,一般经过以下几个阶段:①孢子附着于虫体。②孢子萌发阶段,一般孢子萌发需要高湿度(>90%),在有露水或所在微环境较适宜时,天气干燥也可以萌发。③萌发形成芽管穿透昆虫体壁。④形成酵母状菌丝体在血淋巴中生长。⑤形成毒素或者菌丝大量生长使昆虫致死。⑥菌丝侵入昆虫全身器官,在此过程中由于菌丝生长使死亡的虫体僵硬变干。⑦僵硬的虫体可以抵御不良环境或者在合适的条件下菌丝在穿出昆虫体壁形成新的感染源继续侵染别的昆虫。有些白僵菌也可能形成子实体。

在培养基中,白僵菌分生孢子首先吸水膨胀,细胞核分裂,在接近细胞核的地方形成牙管,一个核进入牙管,另一个核留在细胞中。在牙管中的核不断分裂形成多核菌丝,菌丝中的核也不断分裂形成多个牙管。在环境条件允许下,萌发的菌丝可以形成异核体进行准性生殖。同时在菌丝生长过程中也会产生新的繁殖体,如圆形或椭圆形的分生孢子,液体培养的状态下形成芽孢子,在特殊情况下形成节孢子等繁殖体。

五、白僵菌营养需求特点

1. 湿度

白僵菌孢子萌发和菌丝的生长均需要较高的空气湿度。分生孢子在空气湿度低于 90%时很难萌发。湿度决定着白僵菌孢子的发芽和生长,而且影响着孢子的传播。白僵菌孢子的形成至少需要 75%以上的空气湿度,湿度同时影响孢子的寿命,低湿度保存下的孢子寿命较长。如果用孢子粉做接种体,在其储藏时需注意湿度。

2. 温度

白僵菌对温度的适应范围较广,在 5～30℃均可以发芽生长。温度可以影响菌丝的生长速度和孢子萌发。菌丝生长和孢子萌发的温度为 18～28℃,最适温度 25℃。5～15℃或者 30～32℃都有利于分生孢子形成,当温度低于 5℃或者高于 34℃时会抑制孢子形成、萌发和菌丝的生长。但是分生孢子抗低温的能力很强,在−20℃下处理 400 小时仍然可以萌发。这也是白僵菌分布广泛的原因。

3. 光照

光照对白僵菌的生长发育有一定的影响。在阳光暴晒下 150 小时以上可使孢子完全丧失活力,但是如果照射时间小于 90 小时,对白僵菌孢子活力有刺激作用。由于阳光中的紫外线对绝大多数生物体有杀伤作用,对白僵菌的孢子也不例外,但是菌株不同,抗紫外线能力也不同。同时白僵菌形成大量孢子却需要一定的光照,例如在黑暗下培养的白僵菌菌落会以营养生长为主,菌落很厚却很少形成孢子。当给予一定的光照,可以形成大量的分生孢子。表明白僵菌对光照的需求是在一定的范围内,并且在生长的不同时期有不同的需求。营养生长需光很少,进入生殖生长就需要一定的光照。根据资料显示,光波较短的蓝绿光比光波较长的黄红光更有利于分生孢子的产生(邓庄,1962)。

4. 通气量

白僵菌是好气性寄生真菌,在缺氧条件下发育不良。氧气能促进孢子萌发和菌丝生长。在开放培养中氧气对形成孢子显得更加重要。如果用容器培养白僵菌,要尽量使料层薄,有利于通风。用液体培养也要根据生产菌丝体和生产芽孢子的目的不同控制好通气参数。

5. pH 值

白僵菌对 pH 的适应范围较广。孢子在 pH

3.0～9.4范围内都可以萌发，pH 在4.4时萌发效率最高。菌丝生长最适宜 pH 为4.5～5.0，而形成分生孢子的最佳 pH 在6.0左右。由此可见，白僵菌对 pH 的需要随着生理阶段的不同而有所改变。

6. 白僵菌对氮源和碳源的需求

各种含有淀粉和糖的农副产品均可以被白僵菌利用，对氮源要求也比较粗放。碳源对白僵菌的菌丝生长和孢子形成有促进作用，而且不论在黑暗还是光照条件下，影响效果都很明显。但是氮源对其影响只有在光照下才表现出来（Smith，1981）。

白僵菌虽然对碳源要求不甚严格，但是利用效果却不尽相同。单糖中对葡萄糖利用效果最好，对鼠李糖、木糖利用很差。在双糖类中，对蔗糖和麦芽糖利用很好，对乳糖利用差。利用三碳糖甘油比六碳糖山梨醇效率高。在多糖类中，对淀粉的利用率较高，对橘糖利用不佳，几乎不利用纤维素。白僵菌对有机氮和无机氮都能很好应用。在无机氮类，对硝态氮利用比铵态氮好。在铵态氮中利用酒石酸铵比氯化铵和硫酸铵的效果好。相比较而言，白僵菌还是喜欢有机氮特别是动物源氮化合物。白僵菌对碳源和对氮源的偏好，可以从它的生活史中得到解释。它是寄生节肢动物的病原真菌，在寄生阶段利用的是寄生的氮源和碳源，长期的协同进化产生了偏好。但它的生活史中也有非寄生阶段，即腐生阶段，它也必须适应这个过程并利用自然界中相对容易得到和利用的资源。从本质上说，白僵菌更喜欢昆虫体内的营养源，对其他营养源的利用属于适应性偏好。

7. 微量元素

资料显示，锰、铁对白僵菌孢子产生有促进作用，镍、铜、锌、钴对孢子产生有抑制作用。从生化角度看，这些微量元素是生物体内不可或缺的元素，但它们的需求有一个量的范围，过多过少都起反作用，而且需求量在不同物种之间有差别，甚至同种之间的不同个体也会有所差异。因此微量元素对白僵菌的影响仍需进一步研究。

第三节　白僵菌的培养技术

白僵菌根据用途，可分为以下几类：第一，生产分生孢子用于生物防治。第二，生产食药用僵蚕。第三，生产菌丝体用于生物活性物质的提取。

一、用于生物防治的固液两相快速产孢生产工艺

在我国，白僵菌孢子生产最初是以防治林业害虫为主的，而且也在林业部门建设了很多小型白僵菌生产工厂。我国的科技工作者创造了很多适合我国国情的生产方法。例如，采用曲盘、竹帘、塑料袋等培养工具小规模生产，也有采用大池通风发酵和露天发酵的较大规模生产。这些方法大大增加了白僵菌的使用面积。此类生产方法也存在明显的缺点，工效低、杂菌污染、质量不稳定、操作工人易过敏、产品质量不稳定和剂型使用不便等。在20世纪90年代后期，我国科技工作者研制出了很多新工艺，如平板机械化生产工艺、纱窗式机械化生产工艺。黑龙江应用微生物研究所成功研究出深层芽孢子生产工艺，接着又成功研发出固液两相快速产孢新工艺。

生产原理是在发酵罐中生产菌丝体接种于固体菌料上直接快速形成分生孢子，使两相生产衔接起来，突破了传统分级扩大的生产方法。优点是生产量大、杂菌污染少、成品率高、载体无需灭菌、生产时间缩短，大大降低了生产成本。

（一）生产工艺流程

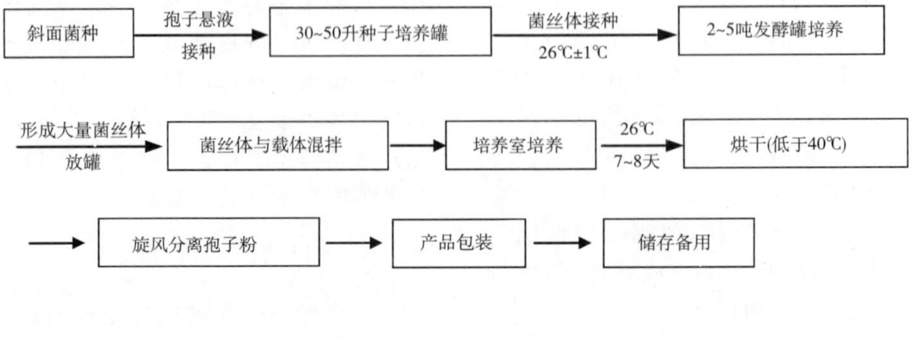

工艺说明，种子罐 30～50L 装液量 22～40L，接种量 2%，罐压 5kPa，搅拌速度 180 转/分钟。培养好的菌丝体与载体重量比约为 3.5∶1～4∶1，以 5～6cm 的厚度平铺于尼龙纱网柜上，每个柜间距 5～6cm，在 22～29℃的培养室内培养 7～8 天，移入 35℃左右的烘房内烘干 48 小时以上，旋风分离收集孢子粉。

(二)培养基和生产工艺

①斜面培养基：马铃薯 20%，蔗糖 2%，蛋白胨 0.3%，琼脂 2%，水 100%

②种子罐培养基：淀粉 3%，蔗糖 2%，豆粕粉 0.5%，酵母粉 0.5%，磷酸二氢钾 0.1%，消泡剂 0.05%。

③发酵罐用培养基：豆饼粉 2%，蔗糖 1%，酵母粉 0.5%，KH_2PO_4 0.1%，糖蜜 5%，玉米浸液 1%，K_2HPO_4 0.1%，麦麸浸出液 5%，$MgSO_4$ 0.03%，蛋白胨 0.5%，蔗糖 2%。上述是培养基组成，其余组分为水。

(三)产能与工艺特点

通过工厂的实际观察，如果用两个容量1 500L 的发酵罐生产，每天可生产 90 千克高孢粉(含量大于 10^{11} 个孢子/克)，月产能约为2 600 千克高孢粉，需要载体培养柜 200 个左右，空间占用90～100m^3，每平方米产量为 500g 高孢粉。如扩大生产，可按照上述比例扩大发酵罐及相应的培养设备。

该工艺有特点：孢子产量大，纯度高。培养物料结构松散，使得孢子与物料容易分离。采用旋风分离器分离量大，符合工业生产需要。另外旋风分离器通过气流输送，输送过程中物料碰撞使孢子分离出来，从而减少粉碎过程中对孢子的损伤，提高孢子粉质量。孢子粉的分离率大于 90%，孢子的萌发率也大于 90%。分离收集过程在封闭系统中进行，防止了车间粉尘污染和工人的过敏反应。该法的适应性比较广泛。

二、药用僵蚕的人工培养

在人工可控的条件下，大量感染家蚕造成白僵菌流行病，从而获得大量的僵蚕。在获得大量僵蚕的基础上，通过传统的中药炮制生产出具有药用价值的僵蚕。具体过程可分为成蚕的培养、白僵菌菌种的制备、接种培养、加工炮制等。

(一)成蚕的培养

用于生产僵蚕的成蚕在饲养上与生产使用的家蚕并无太大差异。药用蚕无季节限制，春养、秋养均可，但是春茧一般品质好，价格高，所以将药用僵蚕的培养放在秋季更为经济一些。在选择蚕种方面，一般以高产品种为第一要素。为提高产量，可选择春种秋养的方式。在饲养区可以用月见草、白三叶、剑蚕草、串叶松香草来补充桑叶的不足。

(二)白僵菌菌种制备

白僵菌菌种来源有多种选择。可以将自然发病的白僵蚕收集起来，经过菌种鉴定确定为白僵菌，即可用于感染。用僵虫做感染源来感染健康家蚕，这种方法需要僵蚕量比较大，并且接种效率不高。另外，可以对白僵菌感染的家蚕进行菌种分离，将白僵菌的菌种纯培养到试管斜面中，根据用量随时可以放大培养，方法参照固液两相快速产孢工艺。另外，也可以到市场上直接购买白僵菌制剂作为接种源。

(三)接种培养

1. 接种时期和方法

一般选择 4 龄眠起、开叶前接种白僵菌。此时蚕体虚弱，表皮皱缩，体表保护性蜡质尚未形成，易感僵菌。早则蚕体小影响僵蚕产量，晚则感染致死率低，一部分蚕仍能结茧，也会影响产量。4 龄眠蚕以新鲜熟石灰粉保护蚕座，可有效防止蚕遭受病毒、细菌感染，又可营造一个弱碱性环境，利于僵菌生长。接种的方法一般有体喷和添食。白僵菌主要是通过体壁侵染蚕体，以体喷为主。为了强化效果，也可两者并用。体喷以蚕体见湿而不滴落为佳。添食是将桑叶切碎，将菌液喷入拌均后饲喂。感染期间不宜通风。

2. 培养温度

温度过高或过低都会使白僵菌的生长受到抑制，一般将温度控制在 25～30℃最为适宜。如气温过高，可将蚕床搬入地下室或有浓荫遮蔽的房间以利降温。

3. 家蚕的饲喂和防病

可通过降低饲叶质量的方式使家蚕的免疫力下降，可多给以老硬或乔木桑叶，做到少食多次，以便及时发现僵蚕。由于白僵病的拮抗作用，蚕座一般不再需要蚕药防止家蚕感染其他蚕病。及时捡蚕。一般在接种后 1 天，蚕就会有所反应，表现为少动、厌食，体表渐呈青褐色，出现黑斑点，3 天后开始死蚕。这时应将死蚕及时捡出，摊放于同样环境下使其白僵菌充分生长。

(四)僵蚕的加工炮制

传统的僵蚕加工分净制和炮制两种。净制是将僵蚕去杂洗净,用石灰粉拌均吸干水分,充分晒干。炮制是在铁锅中倒入麦麸炒烫,加入僵蚕,慢火炒至微黄时出锅过筛,冷却包装即为成品。一般合格品呈圆柱形,多弯曲皱缩,体表微黄,质硬而脆,易折断,断面平呈棕黑色,多光亮,有4个褐色亮圈,微有腐臭气,味微咸。仪器检测,蛋白质67.47%以上,脂肪4.38%左右,粗灰分6.34%左右,白僵菌素(白僵菌毒素)19.98%以上。

三、白僵菌菌丝生产

规模化生产技术成熟、处理工艺方便的当属于液体发酵。白僵菌的液体发酵可参照固液两相快速产孢部分的液体发酵部分。

第四节　僵蚕的化学成分与生理活性

一、微量元素和氨基酸组成

白僵蚕中含有18种微量元素,其中Fe、Zn、Cu、Cr、Mn、Ni等6种元素为人体所必需。Zn作为体内多种酶的成分,参与糖类的代谢过程。锌对维持皮肤、黏膜的正常结构和功能、促进蛋白质的合成和利用、身体的生长发育、伤口的愈合等方面具有重要作用。铁是血红素和肌红蛋白所必需的成分,作为氧的载体保证组织细胞所需氧的正常运输,作为细胞色素酶类和多种氧化酶的成分,跟细胞内的生物氧化过程有密切联系,可用于预防和治疗贫血,增强骨髓的造血功能。锰在三羧酸循环中作为多种酶的活化剂和组成成分与糖类和脂肪代谢有关,为骨骼的正常发育所必需。其他许多金属元素可与有机成分形成络合物,具有明显药理活性。从表71—2中可以看出,白僵蚕含有17种氨基酸,包括人体必需的氨基酸。例如,赖氨酸能改善营养不良和蛋白质代谢障碍,促进生长发育,并有促进愈后机体恢复等特殊功效;精氨酸可用于治疗昏迷等症;组氨酸用于治疗十二指肠溃疡及肝炎等;酪氨酸对神经功能障碍有影响。在对僵蚕蛋白质作用研究中,发现其蛋白质有刺激肾上腺皮质的作用。

表71—2　僵蚕和蚕蛹的微量元素和氨基酸含量

微量元素 trace element	含　量(μg/g)		氨基酸 amino acid	含　量(μg/g)	
	僵　蚕	蚕　蛹		僵　蚕	蚕　蛹
铝(Al)	74.8	—	天冬氨酸(Asp)	3.76	6.03
铁(Fe)	70.535	28.5	丝氨酸(Ser)	7.56	2.62
钙(Ca)	5484.25	161.1	甘氨酸(Gly)	16.01	3.05
镁(Mg)	2800	240.5	缬氨酸(Val)	1.84	3.77
磷(P)	6011	—	异亮氨酸(Ile)	0.96	3.14
硼(B)	19.57	—	酪氨酸(Tyr)	4.96	0.334
钡(Ba)	3.39	—	赖氨酸(Lys)	1.74	3.28
铜(Cu)	7.52	10.0	精氨酸(Arg)	0.18	4.27
铬(Cr)	0.755	—	苏氨酸(Thr)	1.68	2.94
镧(La)	26.635	—	谷氨酸(Glu)	3.02	6.86
锰(Mn)	15.87	6.2	丙氨酸(Ala)	12.36	1.90
镍(Ni)	0.45	—	蛋氨酸(Met)	0.78	2.27
铅(Pb)	3.81	—	亮氨酸(Leu)	1.31	5.18
锶(Sr)	6.9	—	苯丙氨酸(Phe)	1.35	4.4
钛(Ti)	351	—	组氨酸(His)	0.52	4.4
铀(U)	0.005	—	脯氨酸(Pro)	0.99	1.82
铱(Y)	0.255	—	色氨酸(Trp)	1.76	—
锌(Zn)	28.215	71.3			

白僵蚕中也富含维生素,均是其他动物类食品所不含或含量极少的维生素,如每克中含有胡萝卜素、维生素B_2、维生素E和视黄素分别为5.20mg、63.24mg、43.44mg和11.5IU,它们都数倍甚至数十倍地高于谷物类食物。这些维生素有显著的润肤、软化血管、延缓衰老、抗疲劳、促进毛发再生作用。

二、白僵菌毒素及其功能

白僵菌素是白僵菌在生长过程中分泌的毒素,目前已发现有数种(Logrieco,1998),其中有的毒性较大，具有与阳离子络合的特性和胆固醇酰基转移酶的抑制剂（klaric MS，2005）。Hamil 首次从球孢白僵菌的菌丝体中提取了白僵菌素（beauvericin），它是一个环状三羧酸肽，含有甲基苯丙氨酸和（D）-α-羟基异戊酸，分子式为 $C_{45}H_{57}N_3O_9$，相对分子质量 783，其结构见图 71—1。随后 Suzuki 又从该菌中分离得到另一种白僵菌素，是一种环状四羧酸肽，含有甲基亮氨酸和（D）-α-羟基异戊酸，分子式为 $C_{48}H_{84}N_4O_{12}$，相对分子质量为 908。这些白僵菌的毒素是一系列环状羧酸肽。Zhan（2007）报道，这类白僵菌毒素展现了抗细菌、抗真菌、毒杀昆虫、阻止癌细胞增生和转移等功能。白僵菌毒素也可以诱导人类淋巴细胞白血病的细胞死亡（Chen，2006）。K. Kouri（2003）研究结果显示，该毒素可以干扰肌细胞细胞膜离子通道的开关，影响细胞内的离子平衡。当它诱导细胞内钾离子浓度降低，而钙离子和钠离子浓度升高时可以使细胞裂解。由于白僵菌素有这样多的功能，Xu（2008）对其合成的生物学途径在基因水平上做了一些解释。

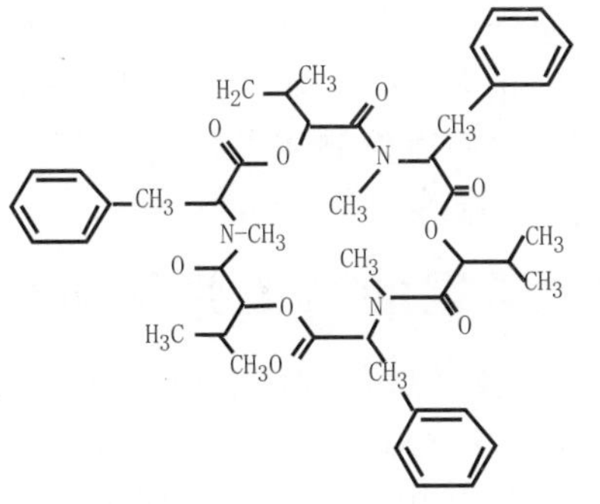

图 71—1　白僵菌素的结构

三、僵蚕中草酸盐及其生物学功能

据彭新君（2005）报道，僵蚕提取物中的草酸铵含量占提取液中固形物的9.98%，其中未包括含量为2.3%左右的其他草酸盐。草酸铵是白僵菌感染昆虫并使昆虫死亡的一种重要代谢产物。当白僵菌菌丝侵入昆虫体腔后，首先菌丝分泌的毒素（白僵菌素）抑制血球对菌丝的防御作用。同时白僵菌代谢产物草酸铵结晶析出，使昆虫体液酸性化干扰昆虫正常生理活动。现代药理研究发现，草酸铵对人体有一定的药理作用，至今发现的功能有抗凝血、抗惊厥的活性。

四、僵蚕中其他活性物质

僵蚕中富含不饱和脂肪酸（油酸、亚油酸和亚麻酸），占总脂肪含量的82.22%。白僵蚕中还含有对老、弱、病、幼有突出的健身强体作用的核苷酸。此外，白僵菌还含有一些如麦角甾三醇、棕榈酸、赤藓酸、甘露醇、尿嘧啶、β-谷甾醇、胡萝卜苷等生理活性物质。现今，也有用白僵菌来转化化合物，利用白僵菌的代谢途径得到新的化合物。殷志奇（2008）利用白僵菌转化大黄酸葡萄糖得到一个新的大黄酸糖基化衍生物，结构鉴定为 7-*O*-（4′-甲氧基-β-*D*-葡萄糖）。

第五节　白僵菌的药理作用

一、僵蚕对凝血系统的影响

彭延古等（2001）在对僵蚕抗实验性静脉血栓及作用机制的研究中发现，僵蚕能明显延长大鼠血浆 APTT（活化部分凝血酶时间）、PT（凝血酶原时间）及 TT（凝血酶时间），与盐水对照组比有显著性意义（$P<0.01$），说明僵蚕对外源性凝血系统及内源性凝血系统均有抑制作用，而 TT 延长说明了僵蚕对凝血酶—纤维蛋白原反应的直接抑制作用。彭新君（2005）发现，僵蚕提取液中草酸铵浓度在 1.8～21.3mg/ml范围内，对固形物含量15.8～31.6mg/ml的提取液和 14.6～29.1mg/ml 的凝胶分离液的 TT 值增加成正相关。说明草酸铵对僵蚕提取液、凝胶分离样品的抗凝作用均有增强作用。许光明等（2007）报道，僵蚕注射液可以明显抑制凝血酶诱导的内皮细胞释放作用。

李安国（1992）在对僵蚕提取液和肝素抗凝机制的比较时发现，僵蚕提取液与肝素不同点是与抗凝血酶-Ⅲ（AT-Ⅲ）的关系。AT-Ⅲ是丝氨酸蛋白酶抑制物，能够灭活凝血因子Ⅱa、凝血因子 Xa、凝血因子Ⅸa 和因子Ⅷa。肝素的抗凝血酶活性依赖于 AT-Ⅲ的存在，故在 AT-Ⅲ含量减弱或消失的情况下，肝素的抗凝活性减弱甚至消失。但在对僵蚕提取液与肝素抗凝机制的比较中发现，无论 AT-Ⅲ是否存在于血浆，僵蚕提取液均可抑制凝血酶水解纤维蛋白原转变为纤维蛋白，表明其抗凝血酶活性不依赖于 AT-Ⅲ的存在。对于缺乏 AT-Ⅲ或分子异常或过分耗竭的疾病，僵蚕较肝素有更强的临床应用价值。

纤溶系统主要由纤溶酶原（Plg）、纤溶酶原激活物（PA）和激活物抑制剂（PAI）、纤溶酶和纤溶酶抑制剂组成。纤溶活性低下或纤溶抑制物活性增高是血栓形成的一个促进因素。彭延古(2001)研究发现,对模型动物注射僵蚕液后,其血栓重量明显减轻,Plg含量、纤维蛋白原含量均减少,优球蛋白溶解时间明显缩短,表明僵蚕具有较强的促纤溶活性。推测其抗凝成分可能与水蛭素一样,系一种肽类或其他含氨基化合物。

彭延古(2007)发现,ACIBB(僵蚕抗凝成分)对大鼠DIC(内毒素休克伴弥散性血管内凝血)有保护作用。模型组的MAP(平均动脉压)显著下降,PLT(血小板计数)、Fbg(纤维蛋白原)、AT-Ⅲ均显著降低,D-二聚体、3P(测定血浆副凝实验)实验阳性率均明显升高,各指标比较差异均有显著性(P均<0.01)。彭延古同年又发现,僵蚕抗凝成分对血小板聚集有抑制效应。

二、白僵蚕的抗病毒、抗肿瘤作用

白僵蚕中含有免疫活性物质,用该物质治疗鸭乙型肝炎试验表明,它能显著地抑制鸭体内乙肝病毒的复制和增殖,降低鸭血清中病毒。僵蚕醇提物对小鼠ECA实体型抑制率为36%;对小鼠S-180也有抑制作用,体外可抑制人体肝癌细胞的呼吸,可用于直肠腺癌型息肉的治疗等(李军衡,1992)。韩献萍(1995)报道,柞蚕等昆虫在某些因素诱导下可产生杀菌肽。该物质不但具有广谱抗菌作用,且对某些原虫和癌细胞有抑制作用。研究表明,柞蚕杀菌肽D对肿瘤细胞有杀伤作用,并认为杀菌肽有望成为新一代抗炎抗肿瘤药物。僵蚕中的过氧麦角固醇及羟基胆固醇还有体外抗肿瘤的活性。在现代抗肿瘤中药组方中,经常会用白僵蚕入药,在互联网上此类信息和验方均很多,但很少见到正规的学术期刊上公开发表。在外文文献中,主要探讨了白僵菌毒素的抗肿瘤效果,研究领域是促使癌细胞凋亡的分子机制。

三、白僵菌的代谢产物抗抑郁的功能

周兰兰(2003)发现,一种白僵菌代谢产物提取物(BCEF0083)具有抗实验性抑郁的作用。采用小鼠获得性绝望模型(小鼠强迫游泳实验、小鼠悬尾实验)及慢性不可预见性应激、孤养模型来研究BCEF0083抗实验性抑郁作用及可能的作用机制。结果显示,在小鼠获得性绝望模型中BCEF0083的不同剂量组均可明显缩短小鼠的不动时间;对慢性应激模型小鼠脑组织重线粒体MAO-A,B活性均有明显的抑制作用;对慢性应激模型小鼠脑组织NE、5-HT、5-HIAA、DA的含量有不同程度的提高。其作用机制可能与抑制动物脑组织单胺氧化酶活性、升高单胺递质含量有关。

四、抗惊厥作用

关于僵蚕抗惊厥作用的文献较多。严铸云(2006)用100%僵蚕煎剂小鼠灌肠能降低士的宁所致惊厥的死亡数,用僵蚕水煎剂22.5g/kg灌胃能对抗士的宁诱发的小鼠强直惊厥,10~20g/kg时对电休克、戊四氮和咖啡因引起的惊厥无明显作用。研究表明,僵蚕及僵蛹所含大量草酸铵是其抗惊厥作用的主要成分,除去草酸铵,抗惊厥作用消失。临床上也证实草酸铵对癫痫大发作有效。另有实验表明,僵蚕与氯化铵具有同样对抗士的宁所引起的小鼠惊厥作用。

五、降血糖、降血脂作用

僵蚕对糖尿病及高脂血症有治疗作用,白僵蚕代用家蚕复方蛹油治疗20例轻度高脂血症的结果表明,血清胆固醇平均下降22.4mg%,三酰甘油平均下降47.14mg%。其疗效机制可能与其他高度不饱和脂肪酸一样,有抑制体内胆固醇合成、促进胆固醇的排泄、提高磷脂合成功能的作用。

六、僵蚕的其他要用功能

我国的中医传统药方以及近代中药方中有很多应用僵蚕的复方来治疗疾病。如魏明刚在其用药心得中提到,利用僵蚕组方治疗慢性肾小球肾炎、小儿遗尿、糖尿病,病情都得到了治疗并且效果良好;冯云天利用僵蚕治疗血管神经性头痛;邓永军利用含有僵蚕的药方治疗咽喉发痒剧烈咳嗽;顾继昌利用僵蚕治疗风疹和带状疱疹;朱晨利用僵蚕治疗腮腺炎。以上专家利用僵蚕这味古老的中药取得了很好的治疗效果。还有很多验方应用僵蚕来治疗各种疾病,如僵黄饮治疗小儿毛细支气管肺炎、二黄散治疗失眠等。

七、使用僵蚕的一些注意事项

由于僵蚕有抗凝作用,能使血小板减少,故凝血机制障碍或有出血倾向者应慎用。僵蚕大剂量时易引起腹胀,可能与其解痉缓解支气管平滑肌痉挛作用有关。僵蚕中含有大量的草酸铵,其代谢易产生氨,肝性脑病患者应慎用,防止加重肝昏迷。

僵蚕是一味常用中药,但使用不当也会引起不良反应。有些患者在服用僵蚕散后出现呕吐、四肢震颤、嗜睡等症状,后经检验确定为僵蚕中的霉菌导致。经过毒理检验,变质僵蚕会引起中毒及毒性作用。变质僵蚕对实验小鼠产生明显的中毒表现，并导致部分小鼠死亡。病理切片发现，小鼠的肝、肾等有明显的病理改变。

白僵蚕也有引起过敏反应的报道。服后出现恶心、呕吐、口唇发麻、血压下降、低钙性四肢抽搐，经激素、调节血管药、镇静药、大量补钙后治愈。白僵蚕何以引起血清钙下降和四肢抽搐，原因不明。服僵蚕发生过敏反应可能是由白僵菌中的异性蛋白引起，故对虫类药物过敏者慎用。

第六节 展 望

白僵菌作为一种世界性分布生物资源，在生物防治和医疗卫生领域有着重要的应用价值。白僵菌的开发利用也逐渐从实体（孢子、僵蚕）应用，上升到对其基因资源和活性物质的开发利用。尽管对白僵菌发现研究的历史很长，但在当今仍然是人们研究的热点。研究热点涉及白僵菌的遗传学、生物多样性、系统学、活性成分、药理功能以及临床应用等方面。

在白僵菌的基础研究领域，对遗传学背景的全面了解无疑是非常有前景和重要的工作。体现在通过分子系统学分析白僵菌种的发生、发展、变化的历史，以更可靠地认识和鉴定该种，该方法在理解生物多样性和生态地理种方面的经验也可以用到其他虫生真菌类群。国内的一些研究机构已经将白僵菌作为一个模式真菌进行基因改造来提高毒力和对环境的抵抗力，这也给白僵菌在生物防治上的应用建立了良好的平台。还有些研究机构对白僵菌的流行病学进行了全面深入的研究。值得一提的是利用基因芯片技术来分析基因表达与虫生真菌致病力的关系，这可能是目前基因分析最快最直接的方式。

僵蚕也从传统的全蚕入药发展到注重特定活性分子和药理功能的研究，符合中药现代化的发展趋势。僵蚕活性成分的分离纯化及其药理作用是白僵蚕这味古老中药的发展方向。同时开发出合适的剂型也是僵蚕产业化的一个需要解决的问题。另外，值得关注是白僵菌对一些化合物的生物转化。这些研究都为白僵菌的利用提供了新的思路。

参考文献

[1] DE HONG G S, RAO V. Some new Hyphomycetes[S]. Persoonia, 1975.
[2] 李军，张莉娜，温珍昌. 生物软件选择与使用指南[M]. 北京：化学工业出版社，2008.
[3] 包建中，古德祥. 中国生物防治[M]. 太原：山西科学技术出版社，1998.
[4] 蒲蛰龙. 昆虫病理学[M]. 广州：广东科学技术出版社，1994.
[5] 邓庄. 白僵菌的生物学[J]. 植物学报，1962(10)：210-229.
[6] SMITH RJ, GRULA EA. Nutritional requirements for conidial germination and hyphal growth of Beauveria bassiana[J]. Journal of Invertebrate Pathology (Estados Unidos), 1981(37)：222-230.
[7] 朱天辉，杨世璋，李远翔. 球孢白僵菌液体制剂研究[J]. 四川农业大学学报，2001，19(1)：31-33.
[8] 顾荣邦，孙薇，王有方，等. 白僵菌生产工艺研究及应用[J]. 浙江林业科技，1995，15(5)：54-59.
[9] 彭延古，李露丹，邓奕辉. 僵蚕抗实验性静脉血栓及作用机制的研究[J]. 血栓与止血学，2001，7(3).
[10] 彭延古，李露丹. 僵蚕抗实验性静脉血栓及作用机制的研究[J]. 湖南中医学院学报，2001，20(4)：17-18.
[11] 李安国，彭延古，邓常青，等. 僵蚕提取液抗凝活性初步研究[J]. 湖南中医学院学报，1992，12(3).
[12] 彭新君，赵建国，彭延古. 僵蚕提取液中蛋白质和草酸铵等成分的定量分析[J]. 中国中医药信息杂志，2005，12(9)：38-40.
[13] 彭延古，曾序求，雷田香，等. 中国中西医结合急救杂志[J]. 2007，14(2)：80-81.
[14] 许光明，张前燕，彭延古. 中西医结合心脑血管病杂志[J]. 2007，5(9)：837-839.
[15] XU YUQUAN, OROZCO ROUSEL, WIJERATNE E M, et al. Biosynthesis of the Cyclooligomer Depsipeptide Beauvericin, Virulence Factor of the Entomopathogenic Fungus Beauveria bassiana[J]. Chemistry and Biology, 2008(15)：898-907.
[16] ZHAN JIXUN, BURNS ANNA M, MANPING X, et al. Search for Cell Motility and Angiogene-

sis Inhibitors with Potential Anticancer Activity: Beauvericin and Other Constituents of Two Endophytic Strains of Fusarium oxysporum[J]. Nat. Prod,2007,70(2):227 -232,

[17] CHEN BINGFANG, TSAI MENGCHAO, JOW GUEYMEI. Induction of calcium influx from extracellular fluid by beauvericin in human leukemia cells[J]. Biochemical and Biophysical Research Communications,2006,340(3):134-139.

[18] 武艺,黄秀梨,邓继先,等.球孢白僵菌毒素的分离、毒力检测及结构鉴定[J].微生物学报,1998,38(6):468-474.

[19] 方志刚,张立钦,刘 军.主要虫生真菌的分子生物学研究进展[J].南京林业大学学报,2001,25(2):63-67.

[20] LOGRIECO A, MORETTI A, CASTELLA G,et al. Beauvericin production by Fusariam species [J]. Appl. Environ,Microbiol,1998(8):3084-3088.

[21] KLARIC MS, PEPELJNJAK S. Beauvericin: chemical and biological aspects and occurrence[J]. Arh Hig Rada Toksikol,2005,56(4):343-350.

[22] 王金华. 白僵蚕及白僵蛹活性物质的研究与应用[J]. 时珍国医国药,2003,14(8):492-494.

[23] 卫功庆,鞠贵春,李慧萍. 白僵蚕化学成分的分析. 吉林农业大学学报[J]. 1995,17(3):46-49.

[24] 李军德.我国抗癌药概述[J].中成药,1992,14(2):40.

[25] 韩献萍,彭朝晖.柞蚕杀菌肽 D 对宫颈癌 SiHa 细胞生成的损伤作用[J].肿瘤,1995,15(6):472.

[26] 周兰兰,明亮,程燕,等. 一种白僵菌代谢产物提取物抗实验性抑郁的研究[J]. 国药理学通报,2003,19(5):568-571.

[27] 李国均.中国药材学[M].北京:中国医药科技出版社,1997.

（邹　晓）

第七十二章　蝉　花

DIQISHIERZHANG CHANHUA

摘要：蝉花是麦角菌科大蝉草寄生在蝉科昆虫山蝉若虫上的子座和若虫尸体的复合体。蝉花具有极高的食用、营养和药用价值，被认为是和冬虫夏草相近的最具开发利用前景的珍贵菌类之一。本章在引用近年来国内外有关蝉花研究报道的基础上，阐述了蝉花的分类地位、生物学特性、菌种的发酵培养、活性成分及药理作用等方面内容。

Cordyceps sobolifera

Abstract: *Cordyceps sobolifera* is parasitic on the larvae of *Cicada flammata* Dist. Not only is the fungus edible with a high nutritional value, it also exhibits various medicinal properties. *C. sobolifera* is considered to have a developmental potential similar to that of the highly-valued fungus, *Cordyceps sinensis*. This chapter describes the taxonomic status and biological features of *C. sobolifera*, fungal growth in submerged culture, and associated bioactive compounds and medicinal properties, based on recently published research data.

第一节　概　述

蝉花学名及分类地位

蝉花又名：虫花、金蝉花、大蝉草菌、蝉蛹草、蝉茸、冠蝉、胡蝉、蝮虫育虫草等。

学名：*Cordyceps sobolifera* (Hill ex Watson) Berk. & Broome[as '*Cordiceps*'], *J. Linn. Soc.*, Bot. 14(2):110(1875)。

属名"*Cordyceps*"的词干"kordyle-"意思是"棒、块"，词尾"-ceps"意思是"头"，译为"虫草菌属"。种名加词"sobolifera"意思是"生有根出茎的"。由于宿主是蝉，长出多个分支似花的子座，中文就称蝉花。

同物异名：*Sphaeria sobolifera* Hill ex Watson 1843。

分类学地位：菌物界(Fungi)，子囊菌门(Ascomycota)，粪壳菌纲(Sordariomycetes)，肉座菌亚纲(Hypocreomycetidae)，肉座菌目(Hypocreales)，虫草菌科(Cordycipitaceae)。

第二节　蝉花的生物学特性

一、蝉花的本草学考证

(一)名称考证

蝉花之名始载南北朝刘宋的《雷公炮炙论》，距今已有一千多年的历史。李时珍在《本草纲目》中引《礼记》、《毛诗》曰："蝉花，又名冠蝉、胡蝉、螗蜩。花、冠，以象名也。胡，其状如胡也。唐，黑色也。古俗谓之胡蝉，江南谓之螗，蜀人谓之蝉花。"《辞源》"螗蜩"项下载：螗蜩-蝉属。《注》："《夏小正》《传》曰：'螗蜩者，螺。俗呼为胡蝉。江南谓之螗蛦。'"清代郝懿行《义疏》："《方言》云：'蝉，宋卫之间谓之螗蜩。'郭《注》：'今胡蝉也。似蝉而小，鸣声清亮。江南呼螗蛦。'……按今螗蜩小于马蜩，背青绿色，头有花冠，喜鸣，其声清圆若言乌有。乌有与胡蛦之声相转，蛦螺又声相转也。"

此外，蝉花也有很多地方别名，如"虫花"(《四川中药志》)、"蝉菌、土虫草"(《云南中药资源名录》)、"蝘花"(《新华本草纲要》)、"蝉蜕花"(《广东中药志》)、"蝉蛹草、蝉茸"(《中药辞海》)，民间又叫"知了花、嗓哑花"。浙江、山东地区产者通常称为金蝉花，寄主昆虫为山蝉，因虫体部分色泽金黄而得名。广东、福建所产的"小蝉花"或称"土蝉花"，与药用蝉花的寄主真菌不同，同作蝉花入药。

(二)品种考证

蝉花是菌虫复合体药材。幸兴球搜集到主要蝉花产地浙江、四川的"蝉花"、广东的"小蝉花"、福建的"土蝉花"以及浙江宁波产的另一种"蝉花"(当地称"独角龙"或"乌角尖")，共5批样品。经研究可区别为虫草属的两个不同的种：广东的"小蝉花"和福建的"土蝉花"经鉴定为小蝉草[*Sobolifera*(Hil1) Berk. Et Br.]，其分生孢子阶段是待定名棒束孢菌[*Isaria* sp.]。浙江、四川产的蝉花是蝉棒束孢菌[*Isaria* Miq.]，其子囊壳阶段是大蝉草[*Cordyceps cicadae* sp. nov]。另有一种蝉草或称蝉生虫草(*C. cicadicola* Teng)，其子座聚生至近丛生，从成虫寄主的整个腹部长出，子囊壳斜埋在子座内；《重庆中药》中还记载了一种蜂蝉花，子座从虫体腰部长出，此种蝉花不作药用。

(三)寄主昆虫

《证类本草》有对蝉花生境的描写："所在皆有，七月采。生苦竹林者良。"山蝉(*Cicada flammate* Dist.)的羽化期为6～7月，多栖息于山区竹林中，这些均与产地的生境较为一致。《浙江药用植物志》中记载的金蝉花也以山蝉若虫为寄主昆虫。陈祝安等从竹蝉(*Platylomia pieli koto*)若虫寄生物中分离出蝉棒束孢菌(*Isaria cicadae*)，证明竹蝉也是蝉花的寄主昆虫。陈守常报道一种蝉花是小蝉草*C. sobolifera*(Hi11) Berk. Et Br. 寄生在鸣蝉*Oncotympana maculaticollis*的若虫体上的复合物。幸兴球所搜集到的小蝉花，其寄主昆虫经鉴定为蝉科昆虫蟪蛄(*Platypleure kaempferi* Fabr.)。《中国药用动物志》记载了蚱蝉、蟪蛄、鸣蝉3种蝉花的寄主昆虫。但据《广东中药志》记载，小蝉草以蟪蛄为寄主，食后会引起呕吐，不能入药用。

至此，蝉花的寄主昆虫我国已报道的有5种，分别是蚱蝉*Cryptotympana pastulata*(Fabricius)、山蝉*Cicada flammate* Dist、鸣蝉*Oncotympana maculaticollis* Motseh、竹蝉*Platylomia pieli koto*和蟪蛄*Platypleure kaempferi*(Fabricius)。除蟪蛄外，其余4种均可作为蝉花的寄主昆虫入药，且这4种蝉体长均在35mm以上，基本符合本草中药用蝉类"体大而黑"的形象，羽化期都在6～8月份。

二、蝉花的由来及分类

(一)蝉花的以往命名情况

1883年，由Miquel定名为*Isaria cicadae*，以后出现的异名有：*Sphacria sinclarii* Berk；*Cordyceps sinclarii*(Berk.) Sacc.；*Isaria sinclarii*(Berk.) Llord；*Cordeceps cicadae*(Miq.) Mass.；*Torrubia caespirose* Tul.；*Cordyceps caepisosa*(Tul.) Sacc.；*Isaria cosmopsalrride* Yasuda；*Isaria arbuscula* Hariot；*Isaria hariorri* Arnaud；*Isaria mokanshawii* Llord。

1974年，Samson将其归入*Paecilomyces*属，并命名为*Paecilomyces cicadae*(Miquel) Samson。该菌的有性世代，Petch(1942)和Mains(1958)均认为和小蝉茸*Cordyceps sobolifera*相关联；而幸兴球(1957)认为蝉花(*P. cicadae*)的有性世代为大蝉草(*Cordyceps cicadae*)，笔者比较赞同此观点。

(二)蝉花分类

从中国传统观念上认为，蝉花包含了大蝉草(*C. cicadae* Shing)和蝉拟青霉(*Paecilomyces cicadae*(Miq.) Samson)。在国内与大蝉草常混淆的有2个种，一个是小蝉草，另一个是蝉草或蝉生虫草(*C. cicadicola* Teng)。

经研究证实，小蝉草的分生孢子阶段是待定名棒束孢菌(*Isaria* sp.)，大蝉草分生孢子阶段是蝉棒束孢菌(*IsaHa cicadae*)。大蝉草的分生孢子阶段称为无性型，子囊壳阶段称为有性型。在自然界中有性型很稀少，常采到的是无性型，所以在产销地常将两者统称蝉花，一起收购与销用。蝉棒束孢菌(*Isaria cicadae*)是蝉拟青霉(*Paecilomyces cicadae*)的同物异名。

1. 大蝉草(*Cordyceps cicadae*)

浙江、四川产的蝉花是蝉棒束孢菌，其子囊壳阶段就是大蝉草。大蝉草又名金蝉花，其子座单生、2个或多个，不分枝，棒状褐色；可孕部顶生棒状，柄柱状；子囊壳埋生，似卵形；子囊孢子断裂，次生子囊孢子柱状，寄生的蝉若虫较大。

2. 蝉拟青霉(*Paecilomyces cicadae*)

又名雌蝉花，属半知菌类或有丝分裂孢子真菌。其孢梗束自虫体头部丛聚成束长出，浅黄色，长1.5～6.0cm，前端膨大，呈纺锤形。它的主要鉴别特征是分生孢子梗上的分枝多局限于顶部，孢梗粗而短，密集，分生孢子较大，常弯曲。

3. 小蝉草(*Cordyceps sobolifera*)

广东的“小蝉花”和福建的“土蝉花”经鉴定就是小蝉草，其分生孢子阶段是待定名的棒束孢菌。其子座从寄主前端长出，单生或2～3个成丛，高2.5～6cm。中空，柄肉桂色，干后深肉桂色，粗1.5～4mm；头部棒形，肉桂色至茶褐色，干后浅朽叶色，子囊壳埋生，长卵形。

4. 蝉生虫草(*C. cicadicola* Teng)

其子座聚生至近丛生，从成虫寄主的整个腹部长出，子囊壳斜埋在子座内。

三、蝉花的形态特征

子座单个或2～3个，成束地从寄主体前端生出，长2.5～6cm，中空，柄部呈肉桂色，干燥后成深肉桂色，直径1.5～4mm，有时具有不孕的小分枝，头部呈棒状，肉桂色，干燥后呈浅腐叶色，长7～28mm，直径2～7mm。子囊壳埋生在子囊座内，孔口稍凸出，呈长卵形，约600μm×200μm。子囊长圆柱状，200～380μm×6～7μm。子囊孢子线性，具有多横分隔，后断裂成8～16μm×1～1.5μm大的单细胞节段。

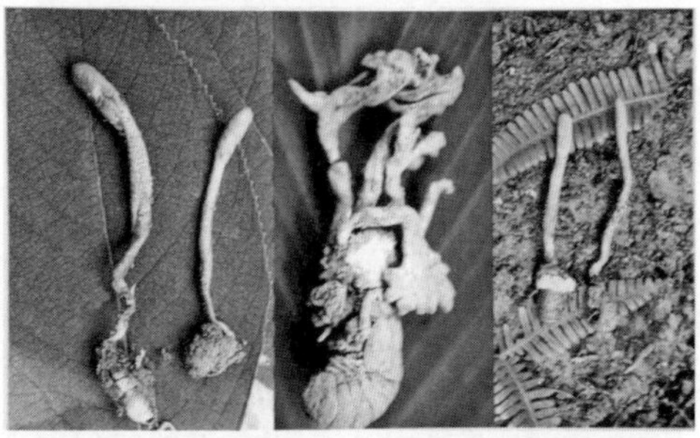

图72—1 蝉花浙江产地的子实体形态

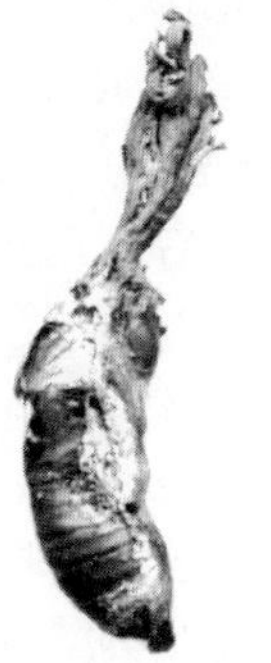

图72—2 台湾产蝉花子实体形态

四、蝉花的分布和生态习性

(一)分布

蝉花多分布在海拔200～400m山地的竹林下，每年4～8月份已感染虫草菌的山蝉幼虫头部开始抽生子实体，20天左右子实体冒出土面(王文元，1991)。主要分布在浙江、江苏、安徽、湖北、湖南、广东、四川、云南、福建和台湾等地(张兰昌，1981)，也见于南亚、欧洲、北美等地。

(二)生态习性

子囊菌类麦角菌科真菌大蝉草(*Cordyceps cicadae*)的分生孢子阶段——蝉棒束孢菌(*Isa-Ha cicadae*)之子实体与寄主山蝉(*Cicada flammate* Dist.)幼虫虫体的干燥体，即是虫菌复合物。孢梗束由幼虫的前端发出，新鲜时白色，高1.5cm，柄有分枝和不分枝，顶部的分枝有粉末状分生孢子(张兰昌，1981)；寄主虫体周身白色、质硬，剖开检查见体内布满白色菌丝(王文元，1991)。

第三节 蝉花的人工培养

蝉花是真菌寄生于竹蝉等若虫体内形成的复合体。由于蝉花生长需要特定的生态环境和寄主昆虫，资源稀少，再加上长期采挖，所以资源日趋枯竭，产量下降，目前已不能满足临床需求。近年来，虫草类似物的应用通过深层发酵而获得，该法生长周期短、污染少、产量较高，应用有生理活性物质的培养物具有很多优点，可以克服化学合成中可能存在的高成本及对环境污染等问题，也避免了人工栽培过程周期长、易受气候、土壤和病虫害等的影响。有研究表明，蝉花及其人工培养物具有同样的特点，因此通过人工驯化培养，进行工业化生产，为这一名贵药材的开发利用开辟了广阔的前景。

一、蝉花菌种的分离方法

(一)分离培养基

土豆15%，葡萄糖2%，蛋白胨0.2%，酵母膏0.2%，KH_2PO_4 0.1%，$MgSO_4 \cdot 7H_2O$ 0.1%，琼脂2%，pH自然。121℃灭菌20分钟。

(二)分离方法

取蝉花洗去泥土，70%乙醇表面消毒，折断蝉体部分，钩取内部菌丝块，置平板培养基表面。室温培养数日后，从菌丝生长前端切取小块移入斜面，室温培养；也可用孢梗束上的无性孢子在平板上轻抖，室温培养数日后挑取单菌落移入斜面，室温培养。

（三）形态观察

在培养基里，子座芽和孢子在分离培养基上均容易生长，生长48小时左右即可见菌落。起初呈星状、放射生长、菌丝平伏，以后菌丝逐渐呈白色绒毛状，菌落白色、圆形隆起，表面有细小水珠，再以后中间颜色加深，呈紫色（图72－3）。转接同样的平皿培养基，持续培养至15天后，形成的菌落形态清晰可见，直径约5.5cm，白色菌丝呈致密的绒毛状，匍匐生长在培养基表面（图72－4）。

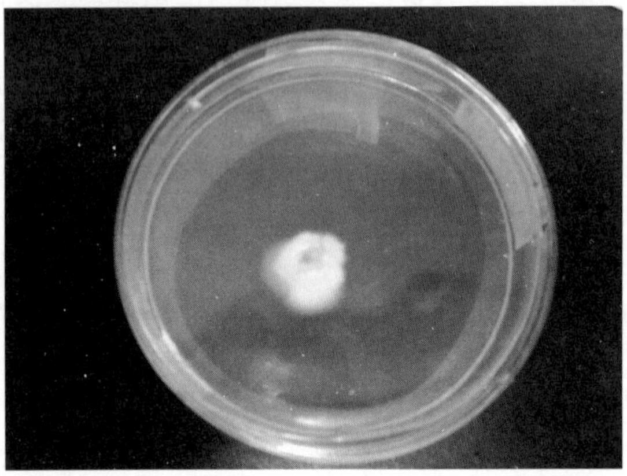

图72－3 培养2天后

图72－4 培养15天后

二、液体培养

蝉花能利用多种碳源，对于产孢子而言，蔗糖最理想。该菌对碳源量的要求比较敏感，当碳源量维持在2%时生长发育正常，提高或降低氮源对孢梗束生长和产孢量影响不大。但将氮源固定在正常生长水平上，将碳源从2%降低到0.5%，孢梗束不产生或极少产生。反之，将碳源提高至20%，则孢梗束多而不易老化。此菌生长最适温度为24～26℃，而孢梗束形成要求较低的温度。此菌生长最适pH为5～6。蝉花能在多种培养基上生长，尤以玉米粉琼脂、萨氏麦芽糖琼脂和酵母蔗糖琼脂更佳。液体振荡培养和静置培养常用的液体培养基是马铃薯-蔗糖液。

程东庆等人对蝉花的液体培养基进行了筛选，以培养基中含有蚕蛹粉、鸡蛋等动物源成分效果较好，可能与提供了真菌寄主体内类似的激素等促进因子有关。此外，他还研究了该菌种的发酵工艺，前36小时耗糖速度快，接着速度减缓；前72小时耗氮速度快，后减慢。前24小时pH降低，接着缓慢升高；96小时后培养基所含糖氮量有所回升；84小时后，菌丝湿重、菌浓（100ml发酵液3 000转/分钟离心15分钟后，沉淀菌体体积），增加不明显；菌浓96小时后略有下降。陈祝安等人选用了马铃薯-蔗糖、Richard、Czapek、蛋白胨-葡萄糖-酵母膏、麦麸-豆饼、玉米-豆饼等培养基，发现前3种较适合蝉拟青霉的初期发酵培养，菌丝体集结成团，无色透明，有弹性，悬浮在培养液中。随着菌丝体增殖，培养液变稠，14天成胶冻状，不产生分生孢子。其中Richard培养基在液面形成孢梗束多而生长好，孢子层厚达12mm，100ml发酵液干物质重2.3g，分生孢子总产量为3.9×10^{11}。若以分生孢子为利用目的，Richard培养基是一种十分合适的培养基。

安徽农大李瑞雪等人通过对蝉拟青霉RCEF1081菌株发酵的工艺研究，确立了高产虫草素的液体培养工艺，即麦麸3%，酵母粉4%，丝氨酸0.15%，KH_2PO_4 0.05%，$MgSO_4\cdot7H_2O$ 0.01%，$CaCl_2$ 0.02%；最佳培养条件为：起始pH6.0，装液量80/250ml（V/V），接种量5%（V/V），培养温度25℃，摇床转速130转/分钟，培养时间为4天。在此条件下培养的虫草素含量最高，可达2.7720 mg/g，比优化前提高了144%。谭爱娟等人筛选了不同的碳源、氮源和盐组成，通过正交实验，确定蝉拟青霉的最佳培养条件为：葡萄糖20g/L、酵母提取物5g/L、KH_2PO_4 1g/L，其中碳源是促进菌丝生长的最重要因素。

浙江省林业科学研究院生物所吴学谦等人不仅摸索了浙江产蝉拟青霉的液体发酵工艺，还采用新型气升式发酵，用10L种子罐和100L发酵罐分别进行了中试放大培养（图72－5）。研究发现，经过4天左右，*Paecilomyces cicadae*（Miquel）Samson可产菌丝体5.6g/L。

图 72－5 GUQS-5 10L/100L 气升式发酵罐

三、固体培养

蝉花固体培养物是将蝉花菌接种到固体培养基上培养而获得的，是蝉花菌丝体、蝉花代谢产物和剩余培养基的混合物，与人工蝉花的纯子实体不同(含有剩余培养基)，也不同于野生蝉花的虫菌复合体。培养蝉花可采用煮熟的小麦、大麦以及玉米、豆饼、麦麸、谷壳(3∶1∶4∶5)为培养基，湿热灭菌 40 分钟，接种量为 1%～3%，置聚乙烯薄膜或浅盘中培养。接种后第 3 天，基物表面出现灰白色绒毛状菌丝体。由于分生孢子的聚积，出现枯草黄色粉质状的外貌。10 天后开始产生孢梗束。初期孢梗束乳黄或浅黄色，多头，成块状或珊瑚状，逐渐伸长成柱状、掌状，近顶端多次分支。孢梗束成丝或单生，有明显趋光现象，通常收集期为 40 天。

陈祝安等人对编号为 20 的蝉花菌种进行固体培养。发现接种后第 3 天，基物表面出现灰白色茸毛状菌丝体。由于分生孢子的聚积，出现枯草黄色粉质状的外貌。10 天后，开始产生孢梗束。初期孢梗束乳黄或浅黄色，多头，成块状或珊瑚状，逐渐伸长成柱状、掌状，近顶端多次分枝。孢梗束成丛或单生，20～80mm×3～5mm，有明显趋光现象，通常采收期为 40 天。老培养物孢梗束倒伏，产生大量成堆的分生孢子。在固体培养基上生出类似寄主体上的孢梗束。

第四节 蝉花的活性成分

蝉花是我国传统的药材之一。根据陈祝安等对蝉花历史产区浙江 1467 个样品的研究，药材蝉花主要是蝉拟青霉。蝉拟青霉含有糖原、甘露醇、多种生物碱及麦角甾醇等。对蝉拟青霉中营养成分的研究表明，蝉拟青霉含甘露糖 2.18%、多糖 21.73%。俞滢等测定了麦角菌科真菌大蝉草成分，结果显示其含蛋白质总量为 39.35%，含有 16 种氨基酸，其中主要是谷氨酸、天冬氨酸、多糖、脂肪，并含有多种微量元素，其中以 Mg 元素最高。宋玉良等应用高效液相色谱法测定蝉花中腺苷的含量，平均含量为 129mg/g。朱英等应用分光光度法测量蝉花中的多糖含量为 24.16mg/g，平均回收率为 93.97%。由此可见，蝉花中含有糖原、甘露醇、多种生物碱、蛋白质、多种氨基酸、多种微量元素等有效成分。温鲁等通过蝉拟青霉与冬虫夏草的成分比较(表 72－1～表 72－4)，可以看出蝉拟青霉与冬虫夏草具有相似的活性成分，蝉拟青霉很有可能具有与冬虫夏草相似的药用价值，为蝉拟青霉今后作为冬虫夏草的替代品提供了理论基础。

1982 年，日本学者 Shigeo Ukai 等从蝉花子实体中分离出半乳甘露聚糖，编号为 c-3，它是一种水溶性多糖，相对分子量 2.7×10^4，由 *D*-甘露糖和 *D*-半乳糖构成，两者比例为 4∶3。具体结构是主链上甘露糖以 *α-D*-(1→2)和 *α-D*-(1→6)连接，支链中 *β-D*-半乳糖以 o-6 连接，*α-D*-甘露糖以 o-2连接。以 20mg/kg 的剂量对小鼠有抗肿瘤作用，抑制率为 47%。1988 年，Tadashi Kiho 等人从蝉花的虫体部分分离得到两个水溶性半乳甘露聚糖，即 CI-P 和 CI-A。其中 CI-P 由半乳糖和甘露糖以 1∶0.85 组成，CI-A 以 1∶0.57 组成，并有少量葡萄糖和蛋白质，分子量大约 2.5×10^4。

表 72－1 蝉花的粗成分组成(%)

菌种名	粗蛋白	粗脂肪	粗纤维	灰分	水分
蝉 花	19.65±0.71	8.41±0.25	3.12±0.18	7.84±0.21	9.81±0.33

表 72－2 蝉花的矿物质元素含量(μg/g,dry wt)

菌种名	Ca	Fe	Zn	Cu	Mn	Se	Mg
蝉 花	403.03	197.37	40.56	0.51	104.41	0.042	1768.59

表 72－3 蝉花的活性成分含量(mg/g,dry wt)

菌种名	多糖	甘露醇	麦角甾醇	尿嘧啶	鸟嘌呤	腺苷
蝉 花	28.5±0.95	53.6±1.16	0.5743±0.0018	1.01±0.0258	1.70±0.0157	0.74±0.0124

表 72－4　蝉花和冬虫夏草的氨基酸含量(%)

氨基酸名称	氨基酸含量	
	蝉拟青霉	冬虫夏草
天冬氨酸(ASP)	2.0769	1.7122
苏氨酸(THR*)	0.8864	0.8063
丝氨酸(SER)	0.7395	0.7985
谷氨酸(GLU)	2.4011	2.0521
脯氨酸(PRO)	1.0337	0.9509
甘氨酸(GLY)	1.3374	1.0624
丙氨酸(ALA)	1.7587	1.2176
半胱氨酸(CYS)	0.1703	0.1521
缬氨酸(VAL*)	1.4763	1.2544
异亮氨酸(ILE*)	0.7877	0.7241
亮氨酸(LEU*)	1.2373	1.0591
酪氨酸(TYR	1.0713)	0.2061
苯丙氨酸(PHE*)	0.8047	0.6189
组氨酸(HIS	0.4959)	0.8093
赖氨酸(LYS*)	1.2111	0.8301
精氨酸(ARG)	1.5655	1.4025
总量	19.0978	15.7215

上标*的为必需氨基酸。

1989年，藤多哲朗从蝉花培养滤液中提取分离到抗生素成分ISP-1(myriocin/thermozy mocidin)，相对分子量为4.01×10^4，内有α-氨基酸部分和不饱和脂肪链部分。ISP-1具有显著的免疫抑制作用，但相对于环孢菌素(CsA)，对肾不良反应较小，因此，ISP-1将有望开发为免疫抑制药物。柴宜群等人通过40%乙醇、二氯甲烷、乙酸乙酯、正丁醇、大孔吸附树脂、HPLC、Sephadex LH20等分离步骤，获得一种活性杀虫成分，10mg/ml在24小时后可对小菜蛾死亡率达到95.1%±1.8%。

台湾大学的翁淑珍等探讨了蝉花有效成分2-1-U-(3)-6A过氧麦角醇(ergosterol peroxide)对人类单核细胞(human mononuclear cells)的增生、细胞激素基因表现与产生以及细胞周期的影响。结果显示：过氧麦角固醇可以抑制由植物凝集素刺激所引起的单核细胞增生，抑制细胞激素IL-2mRNA人类单核细胞；使细胞周期休止于G0/G1阶段；可降低细胞因子，如白介素-2(IL-2)、甲种肿瘤坏死因子(TNF-α)、干挠素IFN-γ等的产生；可降低细胞周期素(cyclin)E在单核细胞的表现，增加40kd磷酸化蛋白质。杨明静等人采用茚三酮比色法建立蝉花ISP类活性成分的快速测定法，该方法准确可靠，检测线性范围为6～30μg/ml，相关系数为0.9997，平均回收率为101.20%，RSD为0.79%。

第五节　蝉花的药理作用

蝉花性寒、味甘、无毒(张兰昌，1981；李冰岚，1993)，主治夜啼、心悸、止瘧(张兰昌，1981；王文元，1991)，具散风热等功能(李冰岚，1993)，可补肺益肾，止血化痰，也能增强人体免疫功能，并有抗癌的效果。子实体有滋补强壮的效果(陈万群，1994)。

一、增强免疫力

蝉拟青霉多糖能减少Ch、TG的含量，增强老龄大鼠腹腔、肺泡巨噬细胞吞噬功能和脾细胞免疫功能及增殖反应能力，使老龄大鼠低下的免疫功能得以改善。说明蝉拟青霉多糖能增强老龄大鼠的免疫功能和减少老龄大鼠体内脂质的含量，可能具有滋补强壮作用。

二、抗疲劳、抗应激、抗衰老

蝉花水煎剂能明显延长实验小鼠的游泳时间，明显提高常压缺氧状态下的存活时间及在高温下的存活时间，表明蝉花水煎剂有抗应激、抗疲劳的作用。当机体处在不良环境下，蝉花水煎剂能促进内环境保持相对稳定，从而增强机体对有害刺激的抵抗力。蝉花水煎剂高剂量组对雄性果蝇能显著地延长寿命，表明其有一定的抗衰老作用。王砚等实验表明，蝉花水煎剂能明显延长实验小鼠的游泳时间，显著提高常压缺氧状态下及在高温条件下的存活时间，证明蝉花具有抗疲劳、抗应激作用。

三、镇静催眠

蝉花组小鼠给药1小时后测定，10分钟内自主活动次数显著少于对照组；蝉花还能明显延长小鼠睡眠时间，缩短戊巴比妥钠的翻正反射消失时间；蝉花也能增加小鼠在单位时间内的入睡率。由此表明，蝉花有较好的镇静催眠作用。同时研究表明，人工培养品与天然蝉花作用相近。

四、免疫调节

蝉拟青霉能使PP细胞(胰腺内分泌胰多肽的

细胞)中的CD3细胞微量升高,且有一定意义。蝉拟青霉多糖能阻遏由环磷酰胺所致的免疫抑制作用,改善并调节大鼠营养状况和造血功能,从而增强机体的免疫功能,使大鼠体重、胸腺湿重指数、外周血白细胞数、血红蛋白含量、总蛋白和球蛋白水平等显著提高,同时不同剂量蝉拟青霉多糖能提高大鼠外周血白细胞数,激活肺泡巨噬细胞,并具有剂量依赖性。也有报道称蝉拟青霉具有类似刀豆素A(Con A)的作用。

浙江大学医学院的王砚等通过对小白鼠作游泳实验、耐缺氧实验、耐热实验,表明蝉花水煎剂能明显延长实验小鼠的游泳时间,明显提高常压缺氧状态下的存活时间及在高温下的存活时间,表明蝉花水煎剂有抗应激、抗疲劳的作用。杨介钻等探讨了不同剂量蝉拟青霉多糖对大鼠免疫功能的调节作用,结果显示PCPS组大鼠脾脏、胸腺湿重指数及白细胞计数显著高于对照组;PEPS组大鼠肝、肾、脾、胸腺内ACP、LDH活力显著升高,巨噬细胞(AMΦ)吞噬功能显著增强,AMΦ内ACP、LDH、arginase活力显著提高,具有一定的抗衰老作用。金丽琴等观察了蝉拟青霉总多糖对免疫抑制大鼠组织器官免疫功能调节和自由基代谢的影响,结果显示其总糖能增强大鼠组织器官的免疫功能和加速自由基的消除。

五、改善肾功能

通过分离人胚胎肾小球系膜细胞,进行体外培养,观察人工培育蝉花菌丝对人肾小球系膜细胞(HMc)增殖和细胞外基质(ECM)合成的影响。人工蝉花菌丝组能显著抑制HMC增殖,与正常对照组相比,人工蝉花菌丝组能显著抑制FN的合成,其作用与贝那普利(洛汀新)组相近。说明人工蝉花菌丝可有效减缓肾小球硬化及肾纤维化。

上海医药工业研究院药理研究室的闵曦等人通过对蝉花菌丝体抗肾功能衰竭药效研究发现,不同剂量的蝉花菌丝体对BUN的升高也有抑制作用,但与阴性组相比无显著性差异($P<0.05$),表明蝉花菌丝体能明显延缓慢性肾功能衰竭大鼠的病情进展,提示对慢性肾衰具有治疗作用。朱戎等探讨了人工固体培养法培育的蝉花菌丝延缓实验大鼠肾小球硬化作用的机制,观察和评价其对肾小球硬化的疗效,结果显示天然、固体培养蝉花菌丝体能明显减少大鼠血肌酐、尿素氮上升程度($P<0.05$)。天然、大剂量固体培养蝉花菌丝组血白蛋白显著升高($P<0.05$),24小时尿蛋白量不同程度减少;HE染色、PAS染色肾组织病理片检查和免疫组化染色显示,固体培养蝉花菌丝体能明显减轻大鼠肾小球硬化程度,减少肾小球内Col-IV、FN、LN、TIMP-2的表达。

六、促进造血功能

民间常将蝉花作为补肝明目、安神食品、常与其他食品一起食用。中医学认为"肝藏血"、"目得血则能视",血与肝、目的生理、病理有着密切的关系。蝉花能降低四氧嘧啶造成的糖尿病小鼠和正常小鼠的血糖。蝉花能明显对抗失血性贫血和对抗盐酸苯肼贫血。且高剂量组的作用与阿胶组相似。

七、抗肿瘤

真菌多糖特别是galactomannan,是潜在的巨噬细胞激活器并且能够刺激TNF-α的释放。研究发现,虫草多糖对小鼠体内的白血病细胞株U937细胞有抑制作用,一定浓度的蝉拟青霉多糖能使外周血单个核细胞的增殖率升高,较高浓度多糖能抑制白血病细胞株U937、K562的增殖。同时蝉拟青霉多糖能提高外周血单个核细胞表达hTNF-α、hIFN-γ(详见活性成分内容)。

浙江肿瘤医院的芦柏震等人研究了蝉花的粗提物对肺癌细胞的作用。用不同浓度粗提物以及联合DDP处理PAA细胞48小时,用MTF法检测细胞活性;粗提物处理PAA细胞不同时间,用流式细胞仪检测细胞周期的变化。结果显示,随粗提物浓度升高,PAA细胞活性受抑制,但是与DDP联合未见效果提高;粗提物能使PAA细胞G0/G1期比例逐渐增加,而S期和G0/M期比例下降。

徐州工程学院陈安徽以单胺氧化酶(MAO)为靶标,研究了蝉拟青霉(RCF0947)菌株发酵液和菌丝体甲醇提取物体外抑制MAO活性。结果发现,对MAO-A有较强抑制活性,IC_{50}为272.97μg/ml;且对中国仓鼠卵巢(CHO)细胞株有较强抗肿瘤活性,IC_{50}分别为122.35μg/ml和171.93μg/ml。

八、杀虫及抑菌

蝉拟青霉在害虫防治上有很大的优越性,是一种有潜力开发成为生物农药的真菌。用蝉拟青霉孢子粉处理小菜蛾幼虫,表明,蝉拟青霉可以在小菜蛾幼虫和蛹上寄生,并导致小菜蛾死亡。蝉拟青霉分生孢子、菌丝、发酵代谢产物均对蚜虫有一定的杀菌效果。已经有人将蝉拟青霉子实体用40%乙醇提取,提取物经二氯甲烷、乙酸乙酯、正丁醇溶剂依次萃取(剩余溶液为水溶组分),再经过大孔树脂、HPLC和Sephadex LH-20分离纯化得到一个对酸稳定和胃蛋白酶不敏感的白色粉末状杀虫活性化合物。此外，台湾省侯丰男(1986)也报道过此菌对防治甘蔗害虫有效。陈安徽等人用二苯代苦味肼基自由基(DPPH)-TLC法和酶标仪法对一株蝉拟青霉P3菌丝体和发酵液甲醇提取物的清除自由基活性进行了定性和定量测定，发现两种提取物具有较强的清除自由基活性，在浓度为5.0mg/ml，在37℃下保温10分钟时，两种样品对0.4mg/ml的DPPH自由基的清除率分别可达55.52%和74.86%。以一种黑曲霉菌为指示菌，其抑菌圈直径可达11.23mm。

参考文献

[1] CHEN ZA. Study on entomoeenoua fungus Paecilomyces cicadae[J]. Acta Mycol Sin, 1991, 10(4): 280-287.

[2] TAKANO F, YAHAGI N, YAHAGI R, et al. The liquid culture filtrates of Paecilomyces tenuipes (Peck) Samson(=Isaria japonica Yasuda) and Paecilomyces cicadae (Miquel) Samson (=Isaria sinclaifii (Berk.) Llond) regulate Th l and Th2 cytokine response in murine Peyerg patch cells in vitro and ex vivo[J]. Int Immunopharmacol, 2005, 5(5): 903-916.

[3] FUJITA T, INOUE K, YAMAMOTO S, et al. Fungal metabolites. Part 11. A potent Immunosuppressive activity found in isavia sinclair metabolite[J]. J Antibiot, 1994, 47(2): 208-215.

[4] GAO ZP. Study on nutrient components of Paecilomyces cicadae[J]. Nat Prod Res Dev, 1993, 5(1): 86-90.

[5] MAJTAN J, KOGAN G, KOVACOVA E, et al. Stimulation of TNF-alpha release by fungaJ cell wall polysaccharides[J]. Z Naturforsch, 2005, 60(11-12): 921-926.

[6] Katsuhiko Y. Paecilomyces cicadae samson isolated from soil and cicada, and its virulence to the peach fruit moth, carposinasasakii matsumura[J]. Zool, 2002, 46(4): 225-231.

[7] KIHO NAGAI K, MIYAMOTO I, Watana Ukai S. Polysaccharides in fungi. XXV. Biological activities of two galactomarmans from the insect-body portion of chan hua(fungus: Cordyceps cicadae)[J]. Yakugaku Zasshi, 1990, 104(4): 286-288.

[8] LIU JJ, HUANG TS, HSU ML, et al. Antitumor effects of the partially purified polysaccharides from A Antmdiacamphorata and the mechanism of its action[J]. Toxicol Appl Phannacol, 2004, 201 (2): 186-193.

[9] RAHAM BG, BERGER RG. High fungi for generating aroma components through novel biotechnologies[J]. J Aric Food Chem, 1994(42): 2344-2348.

[10] UKAI S, MATSUURA S, HARA C, et al. Structure of a new galactomannan from the ascocarps of Cordyceps cicadae[J]. Carbohydr Res., 1982, 101(1): 109-116.

[11] SMITH J E, ROWAM M, SULLIVAN R. Medicinal mushrooms: a rapidly developing ares of biotechnology for cancer therapy and other bioactivities[J]. Biotechnol Lett, 2002, 24: 1839-1845.

[12] KIHO T, MIYAMOTO I, NAGAI K, et al. Minor, protein-containing galactomannans from the insect-body portion of the fungal preparation Chan Hua(Cordyceps cicadae)[J]. Carbohydr Res., 1988, 181: 207-215.

[13] WASSER S P. Medicinal mushrooms as a source of antitumor and immunomodulating polysaccharides [J]. Appl Microbiol Biotechnol, 2002, 60: 258-274.

[14] XING X Q. The trend of study on active compounds of Paecilomyces[J]. EntomMo Knowl, 1993 (4): 251.

[15] 柴一秋，金铁伟，刘又高，等. 蝉拟青霉杀虫活性成分的分离[J]. 中国农业科学，2007，40(9)：1952-1958.

[16] 柴一秋. 蝉拟青霉J-Pc菌株的固体发酵及对菜青虫的病原性测定[J]. 中国生物防治，1995，11(4)：168-170.

[17] 陈柏坤,杨介钻,卓佳,等.蝉拟青霉多糖对人外周血单个核细胞及白血病细胞株 U937、K562 增殖的调节作用[J].温州医学院学报,2006,36(4):341-344.
[18] 陈万群,陈古荣.冬虫夏草代用品研究进展[J].中草药,1994,25(5):269.
[19] 陈祝安,刘广玉,胡菽英.蝉花的人工培养及其药理作用研究[J].真菌学报,1993,12(2):138-144.
[20] 陈祝安.虫草真菌蝉拟青霉的研究[J].真菌学报,1991,10(4):280.
[21] 程东庆,丁志山,林美爱,等.蝉花真菌的分离及液体发酵培养[J].中药材,2006,29(2):99-100.
[22] 迟秋阳,陈宝骥,杨晓华,等.蝉花多糖的提取及其免疫药理作用的研究[J].军队医药杂志,1996,6(5):4.
[23] 戴芳澜.中国真菌总汇[M].北京:科学出版社,1979.
[24] 杜一宪.浙江省中药炮制规范[M].杭州:浙江科学技术出版社,1986.
[25] 范崔生.中药采集收购鉴别手册[M].南昌:江西科学技术出版社,1985.
[26] 广东中药志编辑委员会.广东中药志[M](第 2 卷).广州:广东科学技术出版社,1996.
[27] 郝燕,林汉华,唐锦辉,等.多球壳菌素对激活的大鼠肾小球系膜细胞增生的抑制作用[J].华中科技大学学报,2007,36(3):389.
[28] 华巍巍,赵岚.苏新.冬虫夏草和蝉花的多糖成分比较[J].现代应用药学,1989,6(5):13.
[29] 金周慧,陈以平,邓跃毅.蝉花菌丝延缓肾小球硬化的作用机制研究[J].中国中西医结合肾病杂志,2005(3):132-136.
[30] 李冰岚.蝉药的本草学考证[J].现代应用药学,1993,10(2):22.
[31] 李忠,金道超,邹晓.蝉拟青霉对蚜虫的致病性研究[J].农业科学,2007,35(25):7882-7883.
[32] 刘波.中国药用真菌[M](第 2 版).太原:山西人民出版社,1978.
[33] 刘广玉,胡菽英.天然蝉花和人工培养品镇静镇痛作用比较[J].现代应用药学,1991,8(2):5.
[34] 刘森琴,温鲁,夏敏.人工培育蝉花的活性成分含量测定[J].安徽农业科学,2008,36(2):429-467.
[35] 刘又高,王根锷,厉晓腊,等.蝉拟青霉孢子粉对小菜蛾的致病性试验[J].昆虫知识,2007,4(2):256-258.
[36] 芦柏震,姜志明,牟翰舟,等.蝉花粗提物对肺癌细胞作用的实验研究[J].中国中医药科技,2006,13(5):328.
[37] 难波恒雄.和汉药百科图鉴(Ⅱ)[M].北京:中国医药科技出版社,2001.
[38] 宋捷民,陈玲,陈纬,等.蝉花对免疫功能影响的实验研究[J].中国中医药科技,2007,14(1):37.
[39] 宋捷民,忻家础,朱英.蝉花对小鼠血糖及造血功能影响[J].中华中医药学刊,2007,25(6):114.
[40] 宋玉良,宋捷民,严建伟.高压液相色谱法测定蝉花中腺苷的含量[J].中药新药与临床药理,2000,11(6):367.
[41] 王海颖,陈以平.陈以平教授巧用蝉花经验[J].中国中医药信息杂志,2000,7(10):71.
[42] 王琳,陈以平.人工培育蝉花菌丝对人系膜细胞增殖及细胞外基质合成的影响[J].中医研究,2006,19(10):9-11.
[43] 王琪,刘作易.药用真菌蝉花的研究进展[J].中草药,2004,35(4):469-471.
[44] 王文元,刘晓光.杭州产中药材蝉花原植物大蝉草的研究[J].现代应用药学,1991,8(3):116.
[45] 王砚,赵小京,唐法娣.蝉花药理作用的初步探讨[J].浙江中医杂志,2001,36(9):219-220.
[46] 温鲁,唐玉玲,张平.蝉花与有关虫草活性成分检测比较[J].江苏中医药,2006,27(1):45-46.
[47] 幸兴球.大蝉草和小蝉草的分类[J].微生物学报,1975,15(1):21-26.
[48] 杨介钻,金丽琴,吕建新,等.蝉拟青霉多糖对大鼠免疫功能的调节作用[J].中国病理生理杂志,2005,21(3):588-591.
[49] 杨介钻,金丽琴,吕建新,等.蝉拟青霉多糖抗衰老作用的实验研究[J].中国老年学杂志,2007,4(24):343-344.
[50] 杨介钻,金丽琴,吕建新,等.多糖对环磷酰胺处理大鼠生长及外周血的影响[J].贵阳医学院学报,2003,8(5):389-392.
[51] 陈安徽,樊美珍,邵颖,等.蝉拟青霉代谢产物抑制单胺氧化酶和抗肿瘤活性研究[J].食品科学,2009,30(11):216-218.

(贺 亮)

第七十三章　冬虫夏草

DIQISHISANZHANG DONGCHONG XIACAO

摘要：冬虫夏草是一种名贵滋补的传统中药材，它具有养心、肾，补肝、肺等功效。冬虫夏草与它的无性型具有许多生物活性代谢物，如腺苷、虫草素、多糖、*D*-甘露醇、环孢菌素、生物碱类等，这些生物有效成分对临床有较大作用。本章主要介绍概论、生物学特性、分类学、栽培技术、药理与临床应用等方面内容。

Ophiocordyceps sinensis

Abstract: *Ophiocordyceps sinensis* is a well-known traditional Chinese medicine that is considered to nourish the heart, kidney, liver and lungs, and to restore body strength. Several metabolites exhibiting biological activity and clinical effects, including adenosine, cordycepin, polysaccharide, *D*-mannitol, cyclosporine and various alkaloids, have been detected in *C. sinensis* and its anamorph. This chapter consists of a general introduction and five sections that describe in detail various aspects of *C. sinensis* including the biological features, taxonomy, cultivation techniques, pharmacological effects and clinical applications.

第一节　概　述

冬虫夏草(*Ophiocordyceps sinensis* Berk.) Sacc. 简称虫草(不少资料提及的"虫草"广指虫草属)，具有益肾肺、补精髓、止咳化痰的作用，畅销于世界各地，闻名于全球，声誉极高。冬虫夏草作为药用已年代久远，最早记载冬虫夏草的文献是唐代(863 年)段成式随笔集《酉阳杂俎》，随后在中医药名著《本草备要》(1694)、《本草从新》(1757)、《药性考》等中都有记载。中医药古书，如东晋的王嘉著《拾遗记》、宋代的江休复著《嘉佑杂志》及周密著《祭新杂识・续集》等书中记述的雪蚕(冰蚕)和雪蛆(冰蛆)，经考证都是今日冬虫夏草的古名或别名，表明冬虫夏草的发现已有 1000 多年的历史。日本学者小林義雄认为，中国在 3000 年以前对冬虫夏草已有一定的认识。冬虫夏草作为一种珍贵的中药材，由我国传到西方国家已有 270 余年的历史。西藏的冬虫夏草在 1723 年作为药材运到法国，1726 年，巴黎科学院院士会上学术界首次见到中国冬虫夏草的珍品，1727 年被收入会议纪要。1728 年，冬虫夏草传到日本，随后又相续传到欧洲和意大利等地区和国家，引起西方生物学者们极大的兴趣与热情，从此开创了在世界不同地区进行虫草的采集调查和分类研究的新历程。英国真菌学家 Berkeley，1843 年将冬虫夏草学名定名为 *Sphaeria sinensis*，并在1843～1883 年之间发表了 21 种虫草。直至 1878 年，意大利真菌学家 Saccardo 将我国的冬虫夏草学名定名为 *Cordyceps sinensis* (Berk.) Sacc.，该学名一直沿用至今。法国学者 Quelet 在 1877 年发表了 9 种虫草；英国真菌学家 Cooke 在 1892 年出版了《冬虫夏草志》(Vegetable wasps and plant worms)；德国学者 Henning 在 1892～1902 年发表了 33 种虫草；巴西学者 Möler. A 在 1901 年详细记载了 13 种虫草的形态和生态特征。进入 20 世纪以后，各国学者对虫草的分类研究转向地区性。新西兰真菌学家 Cunningham 专门对新西兰的虫草进行调查研究；英国真菌学家 Petch 在锡兰岛(斯里兰卡)进行了虫草菌的研究，从 1902～1948 年共发表了 35 篇论文与 12 个新种；英国的 Mains 在 1934～1959 年发表了 19 篇虫草论文与 20 个新种；比利时的 Moureau 研究了刚果地区的虫草。我国真菌学家邓叔群在 1963 年出版了《中国的真菌》，书中记载了 24 种虫草，其中有 4 个新种。前苏联学者 Koval 研究了俄罗斯地区的虫草，1974 年出版了《虫生菌》，记述了 6 个新种；荷兰学者 Samson 在 70 年代研究和发表了厄瓜多尔产的虫草；日本真菌学家小林義雄在 1983 年出版了《冬虫夏草菌图谱》，记载了虫草菌共285种，日本有138种分布。据小林義雄和清水大典(1983)的统计，全世界发表报道的虫草有350种以上。根据国际真菌名录数据库2008年列出的虫草种名已达到536种以上，加上国内外近年来发表的新种，全世界已报道记载的虫草种名已多达600种左右。除去同物异名或不合法的废弃名及移至其他属的种名外，现有虫草400种左右。我国现已报道的虫草约120种。除冬虫夏草外，还有蛹虫草(*Cordyceps militaris*)、蝉花(*Cordyceps cicadicola*)、亚香棒虫草(*Cordyceps haukesii*)、古尼虫草(*Cordyceps gunnii*)、甘肃虫草(*Cordyceps gansuensis*)、新疆虫草(*Cordyceps gracilis*)等，我国大量的虫草资源还有待发现和开发研究。

在20世纪80年代以前，国内外对冬虫夏草的药理及临床研究报道较少。80年代以后研究逐渐深入与增多，发掘了冬虫夏草一些新的药理功能和临床疗效，如降血脂、防治动脉硬化、保护心脑组织、镇静、催眠、雄激素样作用、增进巨噬细胞的吞噬功能，对细胞免疫有促进作用，抗肿瘤作用，抗菌、抗炎、抗疲劳与耐缺氧、抗衰老、升白细胞和血小板等多方面的功效。近代中医药与临床研究表明，冬虫夏草可用于气短、咳喘、自汗盗汗、养心益肾、阳痿遗精、滋肝补肺、失眠与记忆力减退等病症。从80年代开始，由于对生物资源开发利用的重视，对冬虫夏草的药用研究开启了一个崭新篇章。研究的内容和技术涉及到较广的学科领域，涵盖了微生物学、动物及植物分类学、生物化学、生物技术、药理、药化及临床医学等。在冬虫夏草药用研发中，无性型研究是最大的一个课题。由于天然冬虫夏草被盲目采挖，导致产量急剧下降，而国内外市场的需求量与日俱增，寻求冬虫夏草代用品已呈必然趋势。冬虫夏草是子囊菌，在生活史中具有分生孢子阶段(无性型)和子囊孢子阶段(有性型)，无性型能被人工发酵培养，有性型生长在高寒草甸中难以人工培养。用冬虫夏草的无性型来代替有性型进行人工培养、液体发酵，常年生产，以满足市场对冬虫夏草的需求。冬虫夏草无性型研究中发现一些新活性物质，该项研究提高了冬虫夏草的开发利用价值，丰富了真菌分类学内容，无论在学术水平上，还是生物技术上都具有开创性和实用性价值。全国数十个研究单位投入了大量资金和人力进行冬虫夏草的无性型研究，研究人员从冬虫夏草不同产区采集冬虫夏草子实体，通过组织分离或子囊孢子分离，分离到的无性型菌种非常多，名称也不尽相同。蒋毅和姚一健(2003)通过文献调查表明，与冬虫夏草有关的无性型菌种已报道有22个学名，涉及13个属；在22个名称中有12个是新种，5个已记录种，5个只有属名而无种名。赵锦(1999)采用分子生物学手段，以rDNA ITS区(核糖体基因转录间隔区)为分子标记，对冬虫夏草的有性型和无性型的ITS系列进行比较分析，从分子水平证明，冬虫夏草的无性型是中国被毛孢(*Hirsutella sinensis*)。李增智(2000)应用RAPD(随机扩增多态性)分子标记技术，筛选出8种引物，在以冬虫夏草和中国被毛孢DNA为模板的反应中，获得相应的基因组DNA指纹图谱，冬虫夏草和中国被毛孢的DNA指纹图谱相似率高达96%，足以证明中国被毛孢是冬虫夏草的无性型。其他无性型与冬虫夏草的关系有待验证。

国内外学者对冬虫夏草及无性型菌丝的化学成分研究取得较大进展，分离和测定到多种生物活性物质，大致可分为核苷类、多糖类、甾醇类、甘露醇、环肽、脂肪酸、氨基酸、维生素、微量元素等。这些生物活性物质对冬虫夏草的药理功效和临床疗效起着重要作用。

一、核苷类

吕瑞绵(1981)、徐文豪(1988)、邢振荣(1989)对冬虫夏草子实体的核苷化合物进行了研究，共分离到9个核苷化合物，分别是腺嘌呤核苷(腺苷)、次黄嘌呤核苷、尿苷、鸟苷等；嘌呤碱有腺嘌呤、鸟嘌呤、次黄嘌呤等；嘧呤碱有尿嘧啶、胸腺嘧啶等。核苷和碱基的种类随不同产区的冬虫夏草而有所不同。徐文豪(1988)等报道，西藏产冬虫夏草核苷类成分主要集中在子座部分，虫体部分含量甚低。吕瑞绵(1981)和徐文豪(1988)从蝙蝠蛾拟青霉(*Paecilomyces hepiali*)测得的核苷、碱基和天然冬虫夏草测得的相一致，但是蝙蝠蛾拟青霉不含有鸟苷，而比冬虫夏草多2个核苷(胸腺嘧啶脱氧核苷、尿嘧啶脱氧核苷)。在核苷类化合物中，腺苷是一个很重要的活性物质，具有广阔的生理活性，还有抗凝血、扩张冠状动脉、松弛支气管平滑肌、镇静中枢神经和抗心率不齐的作用。Shiao等(1994)从冬虫夏草中测得的腺苷含量可达到0.247%。

在核苷类化合物中特别引起学术界关注的是虫草素，即3'-脱氧腺苷，分子式$C_{10}H_{13}N_5O_3$，相对分子质量为251。虫草素是第一个被分离出的核苷类抗生素，它是从蛹虫草和无冠构巢曲霉(*Aspergillus nidulans*)的培养滤液中分离出来的。它能抑制枯草杆菌、鸟结核杆菌和艾氏腹水瘤细胞，并对KB细胞培养有细胞毒性作用，它在肿瘤细胞中以5′-二和三磷酸酯形式积累，不抑制DNA的合成，但却是RNA合成的强烈抑制剂。柴建国(1985)首次报道，从冬虫夏草子实体中分离到虫草素，采用高效液相色谱法(HPLC)对冬虫夏草和蝙蝠蛾被孢霉(*Mortierella hepiali*)进行分离制备得到虫草素结晶，经质谱分析，相对分子质量为251，经紫外光谱、红外光谱和核磁共振氢谱分析，其化学结构为3′-脱氧腺苷。

二、多糖类

日本学者Miyazaki(1977)报道了对冬虫夏草子实体多糖的研究结果：冬虫夏草多糖是由甘露糖和半乳糖组成的杂聚糖(CS-1)，摩尔比为1∶1，主链由甘露聚糖组成，糖苷键1→2连接，支链由半乳寡糖组成，分支较多，糖苷键为1→4连接，糖苷键为α型。Kiho et al.(1986)对冬虫夏草子实体多糖进行研究。龚敏等(1990)从蝙蝠蛾拟青霉的发酵液分离出的多糖，由甘露糖、半乳糖、葡萄糖组成，摩尔比为10.3∶3.6∶1，主链由甘露糖组成，1→6连接，支链由甘露糖、半乳糖、少量葡萄糖组成，连接方式为1→3、1→2和1→4连接，糖苷键为α型。冬虫夏草多糖还具有调节与抗肿瘤、降糖、抗肝纤维化等作用。冬虫夏草多糖能有效治疗肝病，尤其是肝纤维化疾病。

三、环肽类

李兆兰(1994)从中国弯颈霉(*Tolypocladium sinense*)的发酵液用乙酸乙酯萃取、硅胶柱层析分离、葡聚糖凝胶LH-20纯化，得到环孢菌素A。环孢菌素A是由11个氨基酸组成的环寡肽，是一种较理想的抗排异药物，用于肾脏、肝、心、肺和骨髓等人体器官移植手术后的免疫抑制治疗，疗效显著。医治自身免疫疾病，如治疗风湿性关节炎、全身红斑狼疮、慢性活动性肝炎等自身免疫疾病。

四、其他化学成分

杨跃雄等(1988)对不同产地(云南、四川、青海、西藏)的冬虫夏草的多糖、甘露醇、麦角甾醇、蛋白质、氨基酸的含量进行了比较。结果表明，多糖是青海产的含量高，甘露醇是四川产的含量高，麦角甾醇、蛋白质、氨基酸的含量是云南产的冬虫夏草含量高。

冯孝章(1990)、张力(1988)从冬虫夏草和蝙蝠蛾拟青霉菌丝中分离出9个甾醇及其衍生物，其中麦角甾醇、麦角甾醇过氧化物、胆甾醇、β-谷甾醇两者都含有；胆甾醇棕榈酸脂、菜油甾醇、二氢菜籽甾醇唯冬虫夏草含有。黄银妹、孙云汉(1983)分析了不同产地冬虫夏草的甘露醇含量，青海虫草为11.63%，西藏虫草为6.87%，同时还分析无性型蝙蝠蛾柱霉(*Scytalidium hepiali*)的甘露醇含量为6.35%。詹松(1990)报道冬虫夏草的甘露醇含量为11.41%。归筱铭等(1982)对冬虫夏草和中国拟青霉(*Paecilomyces Sinenisis*)的化学成分进行分析比较，通过提取分别得到甘露醇、麦角甾醇、18种氨基酸、26种无机元素等，两者所含主要成分基本一致，仅个别成分含量有所差异。汪宝琪等(1995)测得西藏虫草中的甘露醇含量为8.4%。沈晓云、李兆兰(1998)测得中国弯颈霉菌丝甘露醇含量为8%～11%。黄起鹏等(1991)从冬虫夏草中分离得麦角甾醇-β-葡萄糖苷和2,2-二羟基麦角甾醇。肖永庆(1983)从冬虫夏草中分离到胆甾醇软脂酸酯、软脂酸、麦角甾醇过氧化物、D-甘露醇。何玲(1983)采用气相色谱一质谱联用分析了冬虫夏草的乙醚提取物，表明含有软脂酸、油酸、β-亚油酸、软脂酸乙酯及硬脂酸乙酯等。杨跃雄等(1987)对云南产冬虫夏草的微量元素进行了分析和比较，所含微量元素中，以磷的含量最高，其次是钠、钾、钙、镁、锰、铁、铜、锌，子座所含微量元素钴、铬、硒、锌的含量高于僵虫(菌核)，冬虫夏草不同部位所含微量元素有所不同。马冰如(1994)研究了冬虫夏草与蚕蛹虫草的化学成分，并进行了比较。结果表明，冬虫夏草的甘露醇含量(6.49%)高于柞蚕蛹虫草(5.70%)与桑蚕蛹虫草(4.71%)；冬虫夏草的总糖含量(24.44%)高于柞蚕蛹虫草(12.15%)与桑蚕蛹虫草(14.99%)；冬虫夏草粗脂肪含量(10.56%)，高于柞蚕蛹虫草(3.14%)与桑蚕蛹虫草(7.22%)；冬虫夏草氨基酸总量、粗蛋白量(20.22%、28.45%)低于柞蚕蛹虫草(34.36%、71.14%)与桑蚕蛹虫草(41.36%、68.29%)；3′-脱氧腺苷的含量柞蚕与桑蚕蛹虫草的含量高于冬虫夏草。3种虫草都含有30种无机元素，三者的硒(Se)含量(冬虫夏草为0.340μg、柞蚕蛹虫草为0.540μg、桑蚕蛹虫草为0.210μg)都高于富硒抗癌中药黄芪的含量(0.08μg)。程显好等(1995)对无性型虫花棒束孢(*Isaria farinosa* 是 *Paecilomyces farinosus* 粉拟青霉的异名)的菌丝体与发酵液中的抗菌活性物质进行研究。结果证明，菌丝体与发酵液中都含有抗菌活性物质，为广谱性，对革兰阴性与阳性菌、对芽孢菌和非芽孢菌、对放线菌中的链霉菌都有拮抗作用，且耐热，对酵母菌与丝状真菌没有抗菌活性。其抗菌谱与虫草素的抗菌谱不同。

冬虫夏草子实体人工培养生产，虽在国内一些单位进行了较长时间的研究，但尚有一些关键的科学和技术问题未能解决，如虫草菌侵染寄主昆虫的机制和途径、高毒力菌株的选育等问题。

有些虽不是冬虫夏草菌——中华被毛孢，但也是从冬虫夏草虫体上分离到的菌，其无性型菌丝体的化学成分、理化性质、药理作用及临床疗效与冬虫夏草相似，在国内已有几种菌丝体制剂进行了大规模的工业化生产，并取得了良好的经济效益。由于菌丝体人工培养容易、产量高、周期短、成本低，今后可作为天然冬虫夏草的代用品，开发应用前景非常广阔。

五、冬虫夏草药品

目前利用无性型菌丝及发酵产物制成的药品及保健品主要有以下几种：

1. 金水宝胶囊

生产菌株为蝙蝠蛾拟青霉，由中国医学科学院药物研究所与江西国药厂共同研制和开发。主要治疗高脂血症、性功能减退、慢性肾炎和肾衰、慢性支气管炎和肺虚等疾病。

2. 宁心宝胶囊

菌株为虫草头孢菌(中国头孢霉 *Cephalosporium sinensis*)，由浙江中药研究所和杭州第二中药厂共同研发的产品。治疗各种心律失常和房室传导阻滞等疾病。

3. 至灵胶囊

菌种为蝙蝠蛾被孢霉，由山西医药研究所与山西大同利群制药厂合作研制。主要用于防治肿瘤，治疗慢性肾功能衰竭、生殖系统疾病、慢性乙型病毒性肝炎等疾病。

4. 百令胶囊

菌种为冬虫夏草头孢(*Cephalosporium dongchongxiacae*)，由青海省畜牧兽医科学院与浙江中美华东制药厂合作研发。主要用于由肺肾二虚引起的咳嗽、气喘、咯血，慢性支气管炎辅助治疗等。

5. 虫草菌胶囊与冬虫夏草口服液

由上海海军医学研究所研制与生产，主要治疗慢性阻塞性肺病、原发性血小板减少症、恶性肿瘤辅助治疗。

6. 心肝宝胶囊

由河北保定制药厂生产，主要治疗慢性肝炎。

7. 冬虫夏草精胶囊

该药由昆明康福制药厂生产，主要治疗中老年心率失常。

8. 其他

以下药品或保健品有单方制剂，也有以人工菌丝或冬虫夏草为主要原料辅以其他营养成分而制成的复方制剂。

福州洪山制药厂生产的虫草胶囊；南京大学生物科学技术系与江苏金湖制药厂合作研发的博奥虫草口服液及虫草菌丝精粉，对慢性气管炎、口腔溃疡、抗感染、助睡眠有较好的疗效；青海中药制药厂生产的虫草精；四川中药制药厂生产的虫草蜂王浆；沈阳沙锶保健品公司生产的雪莲虫草液；四川重庆中药厂三分厂生产的虫草鸭精口服液；福建大光公司开发的冬虫夏草口服液；福建省食用菌总公司生产的东星牌虫草精粉；江西神田制药有限公司生产的奥匹神胶囊；兰州科技生物制品厂生产的补王虫草精；浙江中药研究所制药厂生产的系列虫草口服液；广州高新保健食品有限公司生产的虫草灵芝茶、市场上销售的各种虫草补酒(如虫草鹿茸酒、虫草大枣酒、虫草雪莲酒、虫草人参酒、虫草田七酒)等。

冬虫夏草自古以来受到国内外人士的极大兴趣，中国对冬虫夏草的研究取得举世注目的成果。冬虫夏草近似种无性型作为代用品提高了冬虫夏草的开发利用价值和扩大冬虫夏草的应用范围。国内外将冬虫夏草近似种作为功能食品开发倍受人们青睐，进一步扩大虫草开发应用范围和开发类群的新动态和发展趋势值得人们关注。

第二节 冬虫夏草的生物学特性

一、形态特征

子座单个，偶有2～3个从寄主前端发出，全长4～11cm，长棒形或圆柱形，基部粗0.15～0.4cm，向上渐粗。头部近圆柱形，褐色，初期内部充实，后变中空，长1～4.5cm，粗0.25～0.6cm，尖端有0.15～0.55cm的不孕顶部。子囊壳近表面生，基部稍陷于子座内，椭圆形至卵形，350～550μm×

120～240μm。子囊细长，240～485μm×12～16μm，子囊孢子2个，透明无色，长线形，有多数横隔，不断裂为小段，160～470μm×5～6.5μm。在寄主体内的菌丝体在冬季形成菌核，翌年初夏从菌核的前端产生出子座。

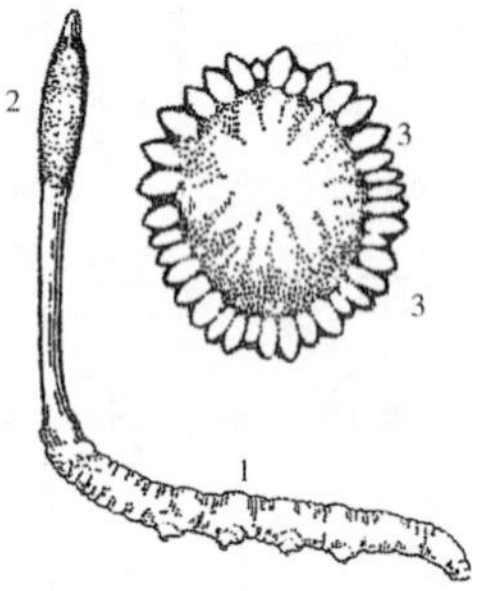

图 73－1　冬虫夏草子实体

1.菌核，2.子座，3.子座横切。

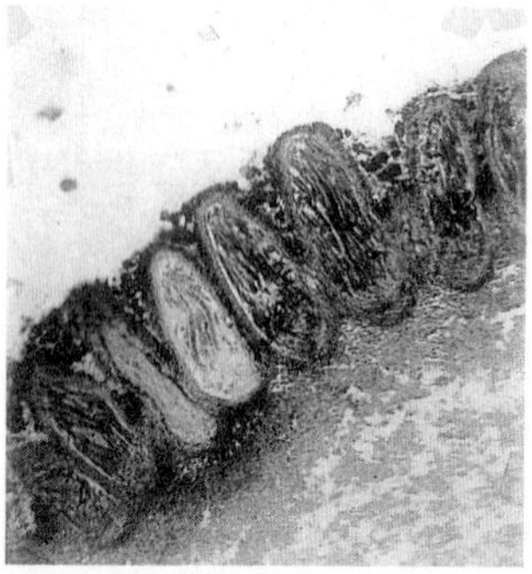

图 73－2　子座的表面生有许多子囊壳

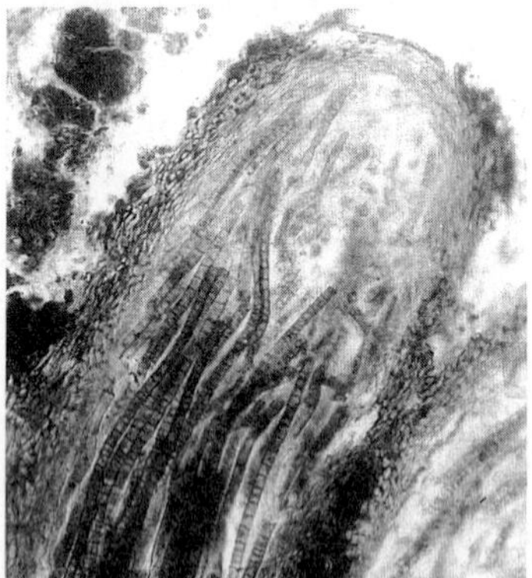

图 73－3　一个子囊壳内许多长线形子囊孢子

二、生态分布

（一）生态环境

冬虫夏草的生态环境比较复杂，与寄主昆虫的生态环境密切有关，会受到气候、温度、湿度、光照、土壤、植被等自然因素的影响。了解冬虫夏草的生态环境对进一步进行人工栽培冬虫夏草和开发利用有很重要的意义。

1. 地形、地貌和海拔高度

冬虫夏草的生态分布呈明显的地带性与垂直分布规律。不同产区虫草垂直分布的高低限幅会有变化，而且与寄主虫草蝙蝠蛾垂直分布相一致。总的来看，冬虫夏草垂直分布在海拔3 500～4 500m，最佳分布为海拔3 500～4 000m，在海拔4 800m以上为低密度区，冬虫夏草分布较少。冬虫夏草分布区的地形为丘状高原、高山地区，土壤排水良好的向阳坡地或山脊，或在丘顶之上。坡度在15～30度之间，西北、东南和西坡向虫草分布较多，东北、正东、正南坡向分布较少。

2. 气候条件

冬虫夏草分布区总的气候特点是气温低、气候寒冷、多风、多雪，常年积雪、冻土时间较长；气候多变，时雨、时雪，雨雪过后，烈日当头；潮湿寒冷，昼夜温差大，日照充足，紫外线强；局部存在现代冰川，小气候差异较大，属于青藏高原气候型。

（1）冬虫夏草与温度的关系

冬虫夏草最适宜生长温度是7～12℃，其子座生长的适宜温度为2～16℃。以青海玉树为例（刁治民，1996）：5月中旬是虫草子座开始露土季节，最低气温为2.6℃，最高气温11.5℃，月平均气温为7.14℃；6月初至7月上旬是虫草生长的繁盛期，约有40%的虫草露出地面，此时最低温度为5.6℃，最高温度为16.1℃，月平均温度为11.0℃；7月中下旬是虫草生长的最旺盛期，约98%的虫草长出地面，此时最低温度为7.5℃，最高为18.2℃，月平均温度为12.08℃；8月中下旬是虫草衰退期，大部分虫草子座顶端开裂，子座干枯或倒伏、腐烂。此时最低气温是7.6℃，最高达18.3℃，月平均气温为11.6℃。5～6月份是虫草子座适宜的生长季节，7～8月份是子囊孢子成熟和感染土中幼虫的时期，也是子囊孢子萌发的菌丝在幼虫体内生长繁殖的时期。

（2）冬虫夏草与湿度的关系

在高寒草甸，大气相对湿度对冬虫夏草生长发育有明显影响，雨量充足，大气相对湿度80%～90%，土壤湿度在40%～60%时，最适宜冬虫夏草的生长发育，子座生长快，肥而大。反之，气候干燥，大气相对湿度低于70%，不利于虫草的生长和发育，子座生长很慢或干枯。虫草菌核由于处在近土壤表层，易受干旱影响，因此，早春降雨量直接影响当年虫草的产量。在早春3～4月份降雪量较大的年份，冬虫夏草产量高。相反，在降雪量较少的干旱年份和空气相对湿度低于50%时，虫草的生长发育欠佳，子实体瘦小，虫草的产量明显下降。提示降水量对虫草的生长繁殖是一个重要的限制因子(郭相等，2008)。在虫草产区，冬春降水少，气候干燥。夏季为雨季，气候湿润，3～5月份的降水形式为降雪。若在早春降雪量少，导致虫草菌丝缺水，菌核的发育受到影响，造成子座生长不良而减产。调查中曾发现，在4 500m以下段生长的虫草，因湿度低，色泽黄，子座畸形，产量下降。但在4 500m以上的高海拔地段，生长的虫草由于温度低，子座发育晚，5月份后降水量增加，湿度较大，虫草生长较佳，品质优良。

(3)光照

光照促进虫草子座的形成，在完全黑暗的条件下，只形成菌核，不会长出子座。虫草子座有较强的趋光性，遮挡住虫草子座任何方向的光线，子座会明显产生向光源方向弯曲的现象。光照强度对子座的生长速度有一定相关性，光照强、时间长，子座的生长速度慢，子座短；反之，光照弱、时间短，子座生长速度快，子座就长一些，但光照对子座的直径影响不大。光照充足，子座直立、健壮，子座内的子囊壳生长密集。无光照处理的子座内，子囊壳稀疏、零乱。表明在缺光照情况下，子座的生长和发育都不正常。紫外线对子座的生长有抑制作用。

3. 土壤

冬虫夏草分布区的土壤为高山或高原草甸土，呈深黑色，腐殖质含量较高，土层厚15～40cm。在0～10cm的土壤层中有一层具弹性的草皮层(草根盘结层)。蝙蝠蛾幼虫一般分布于5～25cm的土层中，以10～20cm处较多。土壤一般呈细团粒状而不板结，水分的通透性和排水性很好。大多为酸性土，pH为5.3～5.8，质地为砂壤土或轻壤土。冬虫夏草分布在排水良好、迎风向阳面的山腰坡地、山脊或丘顶之上，背风与杂草丛生的地方较少。山体坡度在15～30度之间。

4. 植被

在冬虫夏草分布区，植被有高山灌丛和高山草甸两种类型：高山灌丛主要分布在海拔3 800～4 200m，高山草甸主要分布于海拔4 200～4 600m之间。在不同的分布区，其上限和下限的幅度可能有差别，两种植被类型之间没有明显的分界线。

(1)高山灌丛

高山灌丛的植被主要由落叶阔叶灌木组成，建群树种在南方以杜鹃花科的杜鹃属为优势种，常见的种类有雪层杜鹃(*Rhododendron nivale*)、紫花小杜鹃(*R. rupicola*)、滇藏杜鹃(*R. temenium*)等。在北方高山灌丛的建群树种以金露梅(*Potentiua froticosa*)、鬼箭锦鸡儿(*Caragana jubata*)占优势，伴生的灌木有山生柳(*Salix oritrepha*)、西藏沙棘(*Hippophae tibetica*)毛花忍冬(*Lonicera trichosantha*)、金果小蘗(*Berberis tsarongensis*)、网叶小蘗(*Berberis dictyophylla*)等。灌木层高30～110cm，群落总盖度达70%～90%。

在灌木层下散布着草本层，草本层的优势种为蓼科的蓼属(*Polygonum*)、莎草科的嵩草属(*Kobresia*)，常见的伴生草本植物有苔草(*Carex moorcroftii*)、矮龙胆(*Gentiana wardii*)、委陵菜(*Potentila anserine*)等。冬虫夏草主要生长在草本层中。

(2)高山草甸

高山草甸层是冬虫夏草的主要分布区域，密度较大。该区域建群的草本植物以蓼属、嵩草属和黄芪属占优势，有珠芽蓼(*Polygonum viviparum*)、圆穗蓼(*Polygonum Sphaerosta*)、头花蓼(*Polygonum capitatum*)等。嵩草属的种类有高山嵩草(*Kobresia pygmaea*)、矮嵩草(*K. humilis*)、喜马拉雅山嵩草(*K. royleana*)、小嵩草(*K. royle*)、甘肃嵩草(*K. kansuensis*)等。在4 500m以上，分布着黄芪属(*Astragalus*)的雪山黄芪(*A. balfourianus*)、白马雪山黄芪(*A. craipianus*)、打箭炉黄芪(*A. tatsiensis*)、云南长茎黄芪(*A. yunnanensis f. elougatus*)等。小大黄(*Rheum pumilum*)也是该层重要的草本植物。常见伴生的草本植物有高原毛茛(*Ranunculus tanguticus*)、短柄虎耳草(*Saxifraga brachypoda*)、垂穗披碱草(*Elymus nutans*)、高山唐松草(*Thalictrum alpinum*)、西藏早熟禾(*Poa tibetica*)、青藏苔草(*Carex moorcroftii*)、禾叶风毛菊(*Saussurea graminea*)、多裂委陵菜(*Potentilla multifida*)、川西小黄菊(*Pyretherum tatsienense*)、大花龙胆(*Gentiana szechenyii*)、黄花棘豆(*Oxytropis ochrocephala*)等。高山草甸层群落高3～25cm，覆盖度80%～90%。

(二)冬虫夏草的地理分布

冬虫夏草分布在我国青海、西藏、四川、云南、甘肃等5个省区，分布范围北起祁连山，南至滇西北高山，东至川西高原山地，西达喜马拉雅山的大部分地区。分布地域局限在海拔3 000m以上。

西藏自治区56%以上的县均有野生虫草分布。拉萨市辖区内的林周县等6个县，那曲地区的那曲县等6个县，昌都地区的昌都县等9个县，山南地区的乃东县等9个县，林芝地区的林芝县等5个县，日喀则地区的日喀则市等7个县。云南的冬虫夏草主要分布在滇西北的高山草甸和垫状灌丛之中，由北向南逐渐减少至消失。冬虫夏草密集区为德钦、丽江、中甸、维西、大理等地。青海冬虫夏草主要分布在玉树、果洛两州，尤以玉树州虫草产量最高，玉树州所辖6县均产虫草。果洛州所辖6县有5县产虫草。该省海南藏族自治州、黄南藏族自治州、海东地区虽有分布，但数量较少。四川省除东部外，南部、西部、北部、中部的广大地区都有天然冬虫夏草大面积分布，分布区域为甘孜藏族自治州的康定县等18个县、阿坝藏族羌族自治州的12个县，这两个州几乎所有的县都有天然冬虫夏草分布。此外，德阳市、绵阳市、乐山市、雅安市等地区内的少数县也有分布。甘肃冬虫夏草主要产于甘南、临夏，陇南山区海拔由3 000m以上。

冬虫夏草在国内分布的5个省区，以青海、西藏两省区的冬虫夏草为虫草中的珍品，产于青海玉树州杂多县境内的冬虫夏草以其体大质优而闻名。在西藏许多县，目前的主要收入来源是冬虫夏草，西藏昌都地区的丁青县所创造的年收入占该县国内生产总值的60%以上，年产冬虫夏草约8吨。

冬虫夏草在世界范围的分布除中国外，还有尼泊尔、印度等。

(三)虫草蝙蝠蛾的生态分布

虫草蝙蝠蛾的分布具有明显的地带性、区域性和垂直分布的规律。

1. 地带分布

滇西北迪庆州、丽江地区、怒江州一带是地势最高的地带，海拔3 000～4 000m，这里是虫草蝙蝠蛾密度最高的分布区。在滇中高原海拔2 300～2 600m地带，虫草蝙蝠蛾零星分布，滇西南、南、东南主要由1 200～1 400m的低山丘陵组成，未见有虫草蝙蝠蛾的分布。

2. 区域分布

由于地貌形态不同而组合成不同的区域性。在云南，以元江谷地为界可划为两大类型区域，元江东侧为滇东高原类型的区域，是云贵高原的组成部分，该地区的地貌主要是中低山和丘陵地带，该区大部分地区无虫草蝙蝠蛾分布。仅滇东北部区域有零星虫草蝙蝠蛾分布。在元江西侧为滇西纵谷区(横断山系纵谷类型区域)，属青藏高原向南延伸部分，有高大山体和深大河谷相间排列的地貌特色，该区域的云岭山系高山草甸是虫草蝙蝠蛾分布密度最高的区域。

3. 垂直分布

虫草蝙蝠蛾在不同山系具有不同的垂直分布范围。在云岭山系虫草蝙蝠蛾的垂直分布范围为海拔3 850～5 080m，在怒山山系为海拔3 600～4 500m，在高黎贡山山系为4 200～4 500m，在乌蒙山系为3 950～4 247m。以上山系最适合分布范围为4 200～4 600m，分布下限为3 600m，上限为5 080m。虫草蝙蝠蛾在不同的自然界产区垂直分布的范围也不相同，西藏垂直分布的范围最大，从海拔2 200m到5 000m都有分布，垂直分布的距离约3 000m。四川的垂直分布范围从海拔3 000m至5 000m，垂直分布距离约2 000m。青海的垂直分布范围从海拔3 400～5 100m，云南从海拔3 600～5 000m，甘肃的垂直分布范围较窄，从海拔3 000～3 600m。海拔4 000～4 700m为虫草蝙蝠蛾高密度分布区。

4. 影响虫草蝙蝠蛾分布的生态因子

虫草蝙蝠蛾的生态分布受植物、土壤结构、气候的温湿度及高山草甸分布等生态因子的影响较大。

(1)植物影响

寄主虫草蝙蝠蛾幼虫是多食性昆虫，喜食高寒草甸植物的地下嫩根、嫩茎。该区域无高大林木及灌木林，以草本植物群体占优势，种类和数量繁多，生长旺盛，在土表的覆盖度达70%～95%。虫草蝙蝠蛾主要集中分布在这种生态环境中，依靠草甸植物的地下新鲜幼嫩根和块茎为主要食物。常见的重要植物种类有蓼科蓼属的珠芽蓼、圆穗蓼、头花蓼，黄芪属的雪山黄芪，酸模属的小大黄，蒿草属的蒿草，无心属的澜沧雪灵芝，莎草科 Cyperaceae 的青藏苔草，禾本科 Gramineae 的羊芽等草本植物。虫草蝙蝠蛾幼虫在自然环境下最喜食的植物是蓼属、黄芪属、小大黄等，次为无心属的雪灵芝和虎耳草属。近年来研究发现，幼虫能取食的植物种类很多，对雪山草甸中的莎草科、禾本科、龙胆科、报春花科、豆科、灯心草科、蔷薇科、十字花科、百合科、堇莱科等科中的许多种植物都能取食。

在海拔4 700m以上地区，由于草甸植物减少，虫草蝙蝠蛾分布的数量也减少。海拔5 100m以上的地区，没有草甸植物的分布，也没有虫草蝙蝠蛾的分布。在海拔4 200m以下的区域，以高大林木和灌木植被为主分布和占优势，草本植物数量少，有少量虫草蝙蝠蛾分布。高山草甸植物垂直分布的范围明显制约着虫草蝙蝠蛾幼虫的垂直分布。

(2)土壤结构

虫草蝙蝠蛾在高山草甸土中分布最多，高山寒漠土次之，高山棕色针叶林土更次之，其他类型的土壤中未发现有分布。虫草蝙蝠蛾栖息的土壤呈黑褐色或黄褐色。土壤结构比较疏松，孔隙性好。腐殖质层厚 10～30cm，有机质含量达 8%～25%。pH 为 5～6.5，土体多为盐基所饱和的高山草甸土。在温度方面，冬季大多分布在 −2～−1℃的土层中，其他季节在 3～15℃的土层中。土壤含水量在 32%～45%之间最适宜幼虫生活，土壤的湿度以 40%～60%为宜。山体坡向与虫体分布的密度有密切关系，虫体密度呈西北＞东南＞西＞东北及东＞南向坡。

三、冬虫夏草及虫草蝙蝠蛾的生活史

(一)冬虫夏草生活史

冬虫夏草的生活史包括无性世代和有性世代。无性世代又称无性型，即菌丝和分生孢子；有性世代称有性型，即子座、子囊壳、子囊与子囊孢子。

1. 无性世代

7 月中旬至 8 月中下旬，冬虫夏草子囊孢子成熟，从子囊壳的孔口弹射出来，借助风力或雨水传播。子囊孢子线形，在适宜的环境条件下，子囊孢子萌发长出芽管，遇到虫草蝙蝠蛾幼虫，以芽管或菌丝侵入到幼虫的体内，菌丝不断生长和繁殖。菌丝在虫体表面形成大量的分生孢子，由风传播出去的分生孢子侵染健康的幼虫，被分生孢子感染的幼虫身体内，有大量的菌丝产生，体表也形成许多菌丝及分生孢子，继续传播和侵染健康幼虫。在整个无性时期中，分生孢子不断产生和重复侵染，扩大了寄主范围。分生孢子感染幼虫的数量和范围远远超过子囊孢子，说明分生孢子是重要的侵染源，分生孢子对幼虫感染的程度与冬虫夏草来年的产量密切相关。幼虫被虫草菌感染后，染病幼虫钻入土中，呈头向上、尾向下的僵虫。此时虫体内的器官组织被虫草菌全部分解吸收，虫体逐渐死亡，但虫体的表皮却完好无损，外观上仍然保持着幼虫的形态，即谓“冬虫”。当温度降至零度以下，虫体内菌丝停止生长，菌丝扭结在一起形成坚硬的组织，称作菌核，冬虫夏草以菌核的形式休眠越冬。

2. 有性世代

待到翌年 4～5 月份，冰雪融化解冻，从虫形菌核头部长出的子座(子实体)开始露出地面，并继续生长。子座长 4～11cm，形似小草，即谓“夏草”，冬虫夏草由此而得名。到 6 月中下旬，子座顶端逐渐膨大成棒状，在子座内部形成子囊壳，呈椭圆形或卵形，在子囊壳内形成子囊及子囊孢子。从 7 月中旬至 8 月中、下旬，子囊孢子成熟，并弹射出来，此时子座空心，菌核腐烂。放射出来的子囊孢子借助风和雨水的传播，每年侵染虫草蝙蝠蛾幼虫(图 73—4)。

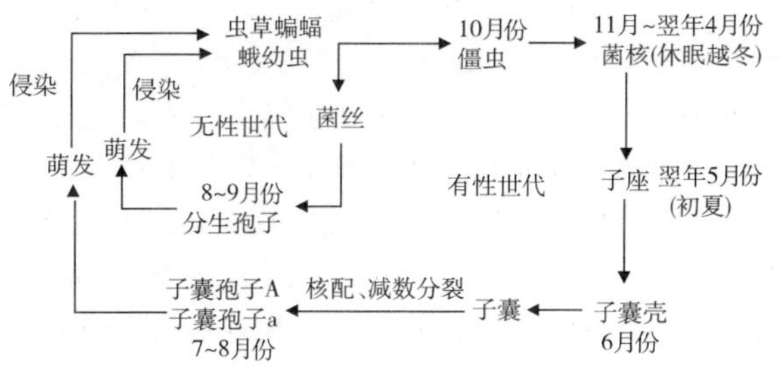

图 73—4 冬虫夏草生活史

(二)虫草蝙蝠蛾幼虫生活史

虫草蝙蝠蛾是完全变态昆虫，整个生活史分为卵、幼虫、蛹、成虫 4 个生态阶段。虫草蝙蝠蛾的发育周期以幼虫期最长，蛹、成虫、卵总共只有 4 个月。幼虫期在自然界是其主要的表现虫体。

1. 幼虫期

幼虫期长短各地有差异，有的需 2 年以上，也有报道幼虫期需 4 年之多。这种差异主要是虫草蝙蝠蛾的不同种和地区不同所致。幼虫主要分布在高山草甸型的土壤层，在土壤内因取食与活动的需要，建有深 20cm 左右的隧道，其壁面光滑，直径略大于虫体，呈垂直、斜形或弯曲等，形成纵横相连的通道。幼虫一般在 5～20cm 的土层内生活，大多在 10～15cm 范围内活动，1～5cm 和 20cm 以下的土壤中不适宜幼虫生长。隧道中 95%以上幼虫的头部朝上，在隧道中活动自如，1～2龄幼虫较接近地面，不会爬出地面生活。幼虫从卵孵化到蛹羽化前，全都在土壤中生活。取食草本植物的地下茎与根。冬季多数幼虫在冻土层以下，有的幼虫也可在冻土层内越冬。幼虫对土壤温度的变化较为敏感。春秋季，幼虫大多在 12cm 较浅土内生活，夏季地温高，幼虫大多在 15cm 较深处土中生活。高寒草甸植物在不同季节与虫草蝙蝠蛾幼虫的数量有一定的关系，每年 8 月份虫草蝙蝠蛾幼虫的数量最多。虫草蝙蝠蛾幼虫具有很强的耐涝和耐旱性，幼虫对土壤的干湿度适应范围很广，土壤含水量达60%时，幼虫仍能平安生活，含水量达70%～80%时，幼虫会钻出土层。幼虫体表有一层致密的绒毛，不黏泥水，不与泥水接触，能在含水量很高的土壤中很好地生存。土壤含水量40%对幼虫最为适宜，10%～30%时幼虫也能生存。在土壤非常干燥的条件下，幼虫能吐出大量的丝状物黏着土粒，将虫体包围住，以防止虫体内水分丧失，以此度过干燥期。虫草蝙蝠蛾由于长期生活在高寒草甸地带，具有很强的耐寒性，幼虫在0℃时，放置6天不会冻死，甚至降至－3℃时，经过5个小时也不会冻死。在自然状态下，虫草蝙蝠蛾仅以幼虫越冬。在严寒的冬季，幼虫逐渐向土层深处移动，隧道的洞口被幼虫用土严密塞住。由于地温不断下降，虫体产生了相应的生理反应，体温逐渐下降，渐呈冬眠或半冬眠状态，并且出现不取食和少活动现象，能够顺利越冬。翌年4月份土壤解冻，幼虫复苏恢复活动。幼虫主要以蓼科植物或嵩草属植物的地下根、茎为食，这些植物的多年生根、茎长约5cm，鲜嫩易食，且富含营养。在青藏高原地区，幼虫还啃食豆科植物黄芪、蔷薇科植物金露梅和莎草科蒿草属10余种植物的嫩根和地下茎。幼虫的耐饥力也特别强，在腐殖质土中可耐饥8个月，在饥饿状态下也可取食腐殖质，如不在土中，也不提供食物，耐饥力可长达119天。在实验室60天不供给食物，幼虫仍能存活。幼虫由于长期生存在高寒环境中，每年11月份到翌年4月份，近半年时间在冻土层中越冬，处于半休眠状态，虽然生活周期有2～4年，但实际取食和生长时间，也仅仅近于2年时间。幼虫耐高温能力差，在20℃以上即大批死亡。

2. 蛹

幼虫化蛹前躯体缩成老熟的幼虫，然后蜕皮化蛹。起初蛹为白色，渐变成黄褐色，最后变成棕黑色。蛹能在原隧道中借助背腹面的几排棘状突起，自由地上下活动，以抵御不良环境。在自然界，5月初可见初蛹，6月中下旬幼虫化蛹达高峰，6月底即可羽化变蛾，8月初绝大多数蛹已羽化成蛾。从化蛹到羽化成蛾需35～40天。

3. 成虫(蛾)

蛹从6月下旬开始羽化，7月底羽化达到高潮。快要羽化的蛹，都会尽力将虫体上升到接近地面，利用中午强日光照射，地面温度升高，蜕皮羽化成蛾，钻出地表，蛹壳也随之被带到地面。成虫无趋光性，无趋化性，白天成虫躲藏在灌木丛中或在阔叶植物下面，爬到背风背光处，直到黄昏或晚上飞出来，雄蛾在离地面1m左右高度快速飞翔，雌蛾飞行能力较弱，飞行距离短、高度低，雌蛾释放信息素，引诱雄蛾交配。雌蛾一生交配一次，雄蛾少数交配2次，雌雄蛾交配后，雄蛾死亡，雌蛾产卵后也死亡。成虫(蛾)个体生存期较短，一般只有3～7天。成虫群体延续期也较短，前后仅25～28天，自然界只在7月份才有成虫出现。

4. 卵

雌蛾(雌成虫)产卵方式很特殊。雌蛾在飞翔过程中，是间隙分多次产卵，每产一堆卵其配偶雄蛾即以翅和腹部将卵扫开混入土中，造成嵌式空间分布。虫草蝙蝠蛾幼虫自然种群呈聚集分布状态，幼虫的空间分布型与卵的空间分布一致。一只雌蛾一般产卵100～300粒，卵有变色习性，新产出的卵为白色，不久即变成深黑色。卵的孵化率高低与卵期温湿度有密切关系，如卵期保温、保湿良好，孵化率高，否则孵化率低，甚至不能孵化。一般孵化率在75%左右，最高可达93%以上。卵期的长短与温度有关，卵在室内人工孵化，室温17.8℃，卵经22～30天孵化成幼虫。室温降低至11.4℃，卵期延长至32～47天。在自然条件下，温度较低，卵期可长达2个月以上。在自然界有卵的时期为6月下旬至9月上旬。

目前，我国已发现的蝙蝠蛾属 *Hepialus* 种类达62种，均可被冬虫夏草菌感染形成菌核及子座。其中，虫草蝙蝠蛾 *Hepialus armoricans* 是冬虫夏草的主要寄主，该昆虫是中国的特产。不同种类的蝙蝠蛾幼虫受感染后，所形成的冬虫夏草在形态上有一定差异。

四、冬虫夏草的营养

冬虫夏草是寄生于昆虫动物的虫生真菌，它的营养条件有一定的特殊性，不同于一般的木腐真菌和土生真菌。

(一)碳源

葡萄糖是虫草菌丝生长、繁殖的良好碳源。虫草菌丝对葡萄糖的利用率较高，能促进菌丝生长旺盛，菌体得率高。在冬虫夏草的人工培养中，葡萄糖是最常用的碳源，使用浓度为1%～2%。蔗糖、淀粉、琼脂等都可作虫草的碳源。

(二)氮源

蛋白胨、酵母膏是虫草培养中经常使用的良

好氮源。在培养基配方中两者配伍使用，效果很好，蛋白胨含量为1%，酵母膏为0.5%。天然氮源玉米粉是一种优良氮源，能促进菌丝生长，缩短发酵周期。此外，玉米浆、麦麸、麦芽汁、黄豆粉、奶粉、蚕蛹粉都可用作氮源。冬虫夏草菌丝的人工培养 $C:N$ 的比值为3.33∶1，而一般真菌菌丝培养基的 $C:N$ 为16∶1～24∶1。这可能是虫草菌分解吸收昆虫体蛋白质营养的特殊性所致，即重于氮源的吸取与利用。

（三）无机盐

无机盐也称矿质元素，是冬虫夏草生命活动中不可缺少的营养物质，如磷、钾、硫、镁、钙、铁等。它们之中，有的是细胞组成成分，有的作为酶的组成部分，有的参与能量代谢。例如，磷是核酸和能量代谢的组成元素，没有磷，其碳和氮就不能很好被利用。经常使用的无机盐有磷酸二氢钾、磷酸氢二钾、硫酸镁、氯化钾、硫酸铁等。

（四）生长素

生长素能刺激和调节生长，对菌丝生长及子实体的形成有刺激作用和增产效果。在作菌种分离用的培养基中常加入复合维生素B（维生素 B_1、维生素 B_2、维生素 B_5、维生素 B_6、维生素 B_{11}），在虫草菌丝培养中常使用生物素（B_7），以促进生长。

五、影响冬虫夏草生长和发育的理化因素

（一）温度

冬虫夏草属嗜低温的真菌。在自然界，冬虫夏草产于高寒地带，一年中土壤最高温度为11.8℃，气温最高为18.3℃。冬虫夏草生长的适宜气温在5～20℃之间，最适生长温度为7～12℃，15℃生长良好，5℃生长缓慢，20℃以上生长不良，25℃以上会抑制生长。菌核形成温度为10～20℃，子座生长适宜温度为2～16℃，虫草子座露出地面的温度为5.6～18.2℃。冬虫夏草无性型中国被毛孢进行人工培养时，温度为15～20℃时，菌丝生长缓慢。适宜菌丝生长的温度为0～10℃（王淑芳，2003）。

（二）湿度

在自然界子座形成、出土生长及放射孢子需要空气相对湿度在80%～90%。低于70%，子座生长很慢或干枯。虫草菌丝体在幼虫体内生长，需要空气相对湿度60%～80%，土壤湿度40%～60%。

（三）空气（O_2、CO_2）

虫草对空气的要求介于好气性与嫌气性之间，需要空气，但需求量较少。虫草菌丝体对氧气的要求不太严格。

（四）光照

不同生长发育阶段对光照的要求不同。菌丝生长、菌核形成、孢子萌发时期几乎不需要阳光，在完全黑暗条件下只形成菌核，不形成子座。子座的生长发育与光照强度关系密切，光照强、光照时间长，子座短，发育健壮；反之，光照弱、光照时间短，或无光照，子座就长，甚至子座弯曲，发育不正常，子囊壳的数量减少。

（五）pH 值

虫草需要偏酸性的条件，pH 在5～6.5范围内均能生长，pH 为6～6.3菌丝生长旺盛。

第三节 冬虫夏草的分类学

一、冬虫夏草有性型的分类

学名：*Ophiocordyceps sinensis*（Berk.）G. H. Sung，J. M. Sung，Hywel-Jones & Spatafora，in Sung，Hywel-Jones，Sung，Luangsa-ard，Shrestha & Spatafora，*Stud. Mycol.* 57：46（2007）。

属名“*Ophiocordyceps*”的词干“ophis-”意思是“蛇”，“-kordyle-”意思是“棒、块”，词尾“-ceps”意思是“头”，“*cordyceps*”是虫草属的属名，现译为“蛇头虫草菌属”。种名加词“*sinensis*”是“中国的”一词的拉丁文。

同物异名：*Cordyceps sinensis*（Berk.）Sacc.，*Michelia* 1（no. 3）：320（1878），这是中文文献中常用的学名；*Sphaeria sinensis* Berk.，*Hooker's J. Bot.*：207（1843）。

细虫草 *Ophiocordyceps gracilis*（Grev.）G. H. Sung，J. M. Sung，Hywel-Jones & Spatafora，in Sung，Hywel-Jones，Sung，Luangsa-ard，Shrestha & Spatafora（2007）；同物异名：Cordyceps gracilis（Grev.）Dur. & Mont.。

Ophiocordyceps aphodii (Mathieson) G. H. Sung, J. M. Sung, Hywel-Jones & Spatafora, in Sung, Hywel-Jones, Sung, Luangsa-ard, Shrestha & Spatafora, Stud. Mycol. 57: 40(2007)。同物异名：*Cordyceps aphodii* Mathieson 1949。

Ophiocordyceps sphecocephala (Klotzsch ex Berk.) G. H. Sung, J. M. Sung, Hywel-Jones & Spatafora, in Sung, Hywel-Jones, Sung, Luangsa-ard, Shrestha & Spatafora, Stud. Mycol. 57: 47 (2007)。同物异名：*Ceratonema crabronis* Pers., Mycol. eur. (Erlanga) 1: 48 (1822); *Cordyceps sphecocephala* (Klotzsch ex Berk.) Berk. & M. A. Curtis, in Berkeley, J. Linn. Soc., Bot. 10 (no. 46): 376(1868)[1869]; *Cordyceps sphecocephala* (Klotzsch ex Berk.) Berk. & M. A. Curtis [as 'Cordyceps sphecocephila f. sphecocephila'], in Berkeley, J. Linn. Soc., Bot. 10 (no. 46): 376 (1868)[1869] f. *sphecocephala*; *Hirsutella sphecophila* (Ditmar) van vooren, in van vooren & Audibert, Bull. mens. Soc. linn. Lyon 74 (7-8): 225 (2005); *Hymenostilbe sphecophila* (Ditmar) Petch, Trans. Br. mycol. Soc. 21 (1): 55 (1937); *Isaria sphecophila* Ditmar [as 'sphaecophila'], in Sturm, Deutschl. Fl., 3 Abt. (Pilze Deutschl.) 1: 115(1817); *Sphaeria sphecocephala* Klotzsch ex Berk., J. Bot., London 2: 206 (1843); *Torrubia sphecocephala* (Klotzsch ex Berk.) Tul. & C. Tul., Select. fung. carpol. (Paris) 3: 16(1865)。

分类地位：菌物界(Fungi)，子囊菌门(Ascomycota)，粪壳菌纲(Sordariomycetes)，肉座菌亚纲(Hypocreomycetidae)，肉座菌目(Hypocreales)，蛇头虫草菌科(Ophiocordycipitaceae)。

Metacordyceps 后生虫草属

戴氏虫草：*Metacordyceps taii* (Z. Q. Liang & A. Y. Liu) G. H. Sung, J. M. Sung, Hywel-Jones & Spatafora, in Sung, Hywel-Jones, Sung, Luangsa-ard, Shrestha & Spatafora 2007。= Cordyceps taii Z. Q. Liang & A. Y. Liu, in Liang, Liu & Liu, *Acta Mycol. Sin.* 10(4): 257(1991)。

Metacordyceps brittlebankisoides (Zuo Y. Liu, Z. Q. Liang, Whalley, Y. J. Yao & A. Y. Liu) G. H. Sung, J. M. Sung, Hywel-Jones & Spatafora, in Sung, Hywel-Jones, Sung, Luangsa-ard, Shrestha & Spatafora, *Stud. Mycol.* 57: 35 (2007)。

凉山虫草：*Metacordyceps liangshanensis* (M. Zang, D. Liu & R. Hu) G. H. Sung, J. M. Sung, Hywel-Jones & Spatafora, in Sung, Hywel-Jones, Sung, Luangsa-ard, Shrestha & Spatafora, *Stud. Mycol.* 57: 35 (2007); = Cordyceps liangshanensis M. Zang, D. Liu & R. Hu, *Acta bot. Yunn.* 4(2): 174(1982)。

Metacordyceps yongmunensis G. H. Sung, J. M. Sung & Spatafora, in Sung, Hywel-Jones, Sung, Luangsa-ard, Shrestha & Spatafora, *Stud. Mycol.* 57: 27(2007)

分类地位：菌物界(Fungi)，子囊菌门(Ascomycota)，粪壳菌纲(Sordariomycetes)，肉座菌亚纲(Hypocreomycetidae)，肉座菌目(Hypocreales)，麦角菌科(Clavicipitaceae)。

二、冬虫夏草有关种的无性型

(一)无性型名称

梁佩琼(1991)报道，与冬虫夏草有关的无性型菌种有 13 个学名，其中新种 9 个、记录种 1 个、有 3 个只有属名而无种名。王伟(1998)报道，与冬虫夏草有关的无性型新种为 10 种。梁宗琦(2001)记载了从冬虫夏草中分离到的无性型新种有 9 个。蒋毅和姚一健(2003)对文献进行了调查，结果表明与冬虫夏草有关的无性型菌种已报道了 22 个学名，涉及 13 个属，其中无性型新种 12 个，已记录种 5 个，还有 5 个只有学名而无种名(表 73—1)。

表 73—1　与冬虫夏草无性型有关的菌种名称

学名及中文名	来源地	作者(发表年代)	研究单位
1. *Cephalosporium dongchongxiacae* N. Y. Shen(新种) 冬虫夏草头孢	青海玉树和化隆	沈南英等(1985)	青海畜牧兽医科学院
2. *Cephalosporium sinensis* C. T. Chen(新种) 虫草头孢(中国头孢)		史美瑶(1985) 金爱华(1987) 王勤、赵一(1987)	浙江中药研究所 杭州第二中药厂 广西浦北县制药厂

（续表）

学名及中文名	来源地	作者(发表年代)	研究单位
3. *Chrysosporium sinense* N. Q. Liang(新种) 中国金孢霉	四川理县	梁宗琦(1991)	贵州农学院
4. *Hirsutella hepiali* C. T. Chen(新种) 蝙蝠蛾被毛孢	青海玉树 和化隆	张显耻等(1995) 李育玲(1996)	青海畜牧兽医科学院
5. *Hirsutella sinensis* X. T. Liu, Y. L. Guo(新种) 中国被毛孢	四川康定	刘锡琎等(1989)	中科院北京微生物研究所
6. *Mortierella hepiali* C. T. Chen & B. Liu(新种) 蝙蝠蛾被孢霉	四川汶县	陈庆涛等(1986)	山西医药研究所
7. *Paecilomyces hepiali* C. T. Chen, &R. Q. Dai(新种) 蝙蝠蛾拟青霉	云南迪庆	戴如琴等(1989)	中医研究院中药所
Paecilomyces hepiali Cs-4	青海化隆	杨云鹏等(1985)	中国医学科学院药物所 江西国药厂
8. *Paecilomyces sinensis* C. T. Chen, S. R. Xiao(新种) 中国拟青霉	四川甘孜州 康定县	陈庆涛等(1984)	福建清流县医院 福建中医药所
9. *Scytalidium hepiali* C. L. Li(新种) 蝙蝠蛾柱霉	青海化隆	李兆兰等(1988)	上海海军医学研究所 南京大学
10. *Synnematium sinense* X. C. Yin & N. Y. Shen(新种) 中华束丝孢	青海玉树 和化隆	印象初及沈南英(1990)	青海畜牧兽医科学院
11. *Tolypocladium sinense* C. L. Li(新种) 中国弯颈霉	云南迪庆	李兆兰(1988)	南京大学
12. *Verticillium sinensis* Wei Wang(新种) 中国轮枝孢	云南丽江	王伟等(1998)	山东大学
13. *Cephalosporium acremonium Corda* 顶头孢	云南德钦	宋士良等(1988)	上海食用菌研究所
14. *Isaria farinosa* (Holmsk.)Fr. 虫花棒束孢	青海玉树	程显好等(1998)	山东大学
15. *Meterhizium anisopliae* (Metschn.)Sorokin 绿僵菌	四川康定	郭素萍等(1998)	
16. *Paecilomyces lingi Anon* 西藏林芝拟青霉		方焕谋(1991)	
17. *Sporothrix insectorum* de Hoog & H. C. Evans 虫生簇孢		李增智(2000)	
18. *Cephalosporium* sp. 头孢属		刘杰麟(1990)	
19. *lsaria* sp. 棒束孢属	青海玉树州的巴塘山	张长铠等(1992)	山东大学
20. *Scydalium* sp. 柱霉属		梁佩琼等(1990) 林树钱等(1997)	上海海军医学研究所 南京大学
21. *Stachybotrys* sp. 葡萄穗霉属		Kobayasi(1982)	
22. *Verticillium* sp. 轮枝孢属		刘杰麟(1990) 梁佩琼(1991)	四川中药所

中国被毛孢已被DNA分子标记确证为冬虫夏草的真正无性型(赵锦,1999;李增智,2000),所以中国被毛孢的异名:冬虫夏草头孢、虫草头孢、蝙蝠蛾被毛孢、中华束丝孢等异名的正确名称应该是中国被毛孢,是冬虫夏草的真正无性型。这些不合格的名称在今后的学术交流、文章发表、刊物编排时应除去和废止,否则在国际学术界得不到承认,继续使用对信息交流非常不利,而且会引起菌种名称的混乱(蒋和姚,2003)。

(二)冬虫夏草无性型——中国被毛孢

中国科学院北京微生物研究所刘锡琎等(1989),从四川康定采集的新鲜冬虫夏草标本进行组织分离和子囊孢子分离,分离物90%以上是同一种分生孢子阶段的真菌。经过形态鉴定,定名为中国被毛孢新种(文献 Hirsutella sinensis Liu,Guo,Yu et Zeng,sp. nov. 文献)。李增智应用新的遗传标记RAPD(随机扩增多态性)技术对中国被毛孢进行菌种鉴定,结果表明,中国被毛孢与冬虫夏草的DNA指纹图相似率高达96%,表明两者的DNA基本是一致的,这充分证明中国被毛孢是冬虫夏草的无性型。

把中国被毛孢的菌丝体放在1%PDA上稀疏发生、表生,较少基生,无色,有隔膜,分枝、平滑或具微疣,宽2.2~4.3μm。分生孢子梗无色,单生或2~8个簇生在无色球形细胞组成的小子座上,不分枝至分枝,但不形成孢梗束,最简单的仅为无柄产孢细胞单生在营养菌丝的顶端或作为侧枝,几乎呈直角伸出,或为1个产孢细胞和1~6个支撑细胞组成,有的还在主梗顶部第1~3隔膜下轮生出产孢细胞或分枝,每隔膜下2~6个,直立或向外强烈弯曲,56.0~103.0μm×4.8~8.7μm。产孢细胞系瓶形小梗,无色,单点内壁产孢,平滑或具微疣,针形或钻形,长17.3~47.6μm,基宽3.2~5.4μm,逐渐向上尖削成一狭窄的颈部,颈顶宽1.0~2.0μm。分生孢子无色,无隔膜,平滑,肾形或长椭圆形,5.4~14.0μm×3.2~4.3μm,大多2~4个一群被一黏被膜所包围。黏被膜柠檬形,6.5~19.5μm×4.3~16.2μm。

(三)冬虫夏草无性型的确证方法

1980年,Bostein提出DNA限制性片段长度多态性(RFLP)可作为遗传标记,从此开创了DNA分子标记检测和利用的分子生物技术。目前以DNA序列多态性为基础的遗传标记主要有限制性片段长度多态性(RFLP)、随机扩增多态性(RAPD)、简单系列长度多态性(SSLP)、扩增片段长度多态性(AFLP)、简单重复系列(SSR)及简单系列重复区间扩增多态(ISSR)、序列标记位点(STS)、核苷酸系列分析、单核苷酸多态性(SNP)等。RAPD技术因其简便、快速而得到了广泛应用,是一种新的遗传标记,广泛应用于菌种鉴定、杂交育种、遗传多样性分析等研究中。

(1)应用RAPD分子生物学技术鉴定无性型

RAPD分子生物学方法的核心技术是用随机的寡聚脱氧核苷酸序列作为PCR反应的引物,一般采用10个核苷酸的随机引物组进行扩增而获得一系列长度不同的多态性DNA片段。由于不同基因组DNA系列存在着差异,其不同区段上可与引物同源互补的位点不同,扩增产物的数量、大小也不同,因而表现出多态性。扩增的产物通过凝胶电泳分离、溴化乙锭染色,可在紫外光线下显色,形成区别明显的谱带。用一系列随机引物对不同基因组进行体外扩增时,可得到覆盖整个物种的RAPD图谱。借助聚类分析等相关统计学方法分析这些谱带,可以得到相应的遗传学信息、不同亲缘物种间的分类、系统发育、亲缘关系等信息。RAPD的分子生物学方法对确定虫草无性型能够提供可靠的分子生物学证据。其程序是:首先分别提取虫草子座和假定无性型的DNA,再筛选出合适的引物进行PCR扩增,得到相应的基因组DNA指纹图谱。如果两者的指纹图谱相似率很高,在90%以上,就可以确定分离获得的假定无性型是实际的无性型。李增智等(2000)运用RAPD技术筛选了8种引物,获得了冬虫夏草和中国被毛孢两个种的RAPD图谱,两者的DNA指纹图谱相似率高达96%,从而鉴定冬虫夏草的真正无性型是中国被毛孢,为冬虫夏草的无性型鉴定提供了分子学证据。RAPD分析可以在物种DNA序列文库不清楚的情况下扩充足够的DNA多态性,可以预见、无须事先了解目的基因的序列,无须使用同位素,所需样品量少,引物具有普遍适用性、适用于自动化操作和分析等优点。然而,RAPD技术也存在一定的缺点。RAPD是一种显性标记,不能区分从一个位点扩增的DNA片段是纯合的还是杂合的,不能进行等位分析,重复性和稳定性差等问题。目前解决的主要办法是,通过把RAPD标记中混合片段转化为等位特异性PCR(AS-PCR)或序列特异性扩增区SCAR标记,或将其中的单拷贝序列转化为RFLP标记的一个探针或STS标记,这样就能把显性标记转化为共显性标记AS-PCR、SC-PCR、RFLP或STS标记,从而大大增加RAPD标记的稳定性和重复性。

(2)应用 rDNA 的 ITS 序列的分子生物学技术鉴定无性型

核苷酸是所有生物物种遗传信息的基本组成单位，同时也是遗传信息的携带者。核苷酸序列的分析能为物种提供丰富、准确的信息，通过核苷酸系列分析的应用，可直接观察到碱基的变化，如转换与颠换、核苷酸的变化趋势等。在大型真菌研究中，系列分析主要分析核糖体 DNA、RNA 及基因间隔区(IGR)的系列。基因间隔区(IGR)是 rDNA 中基因进化速度最快的区域，在真菌遗传研究中已被广泛应用。核糖体基因转录间隔区(ITS)是虫草无性型鉴定的良好分子指标，ITS 区序列在各个种之间的变化体现了种间差异的大小。ITS 序列的分子生物学方法采用保守的引物 ITS_1、ITS_4 对 rDNA 的 ITS 区域进行 PCR 扩增，产物经纯化后，对 ITS 进行测序，比较两者碱基序列的相似性，可以确定虫草的无性型。赵锦等(1999)以 rDNA 18s 和 25s 之间的 ITS 区为分子指标，通过对冬虫夏草及相关种类有性和无性阶段材料的 ITS 区序列进行比较分析，从基因水平对冬虫夏草的无性阶段进行了分子鉴定，证明冬虫夏草的无性型为中国被毛孢。

(四)冬虫夏草无性型的多型性问题

不同研究人员从冬虫夏草子实体上分离到的无性型菌种不尽相同，有学者提出冬虫夏草可能具有 2 种或多种无性型可能，也称复无性型，即一种菌物的生活史中具有 2 种或 2 种以上形态不同的分生孢子类型。这种菌物学特性在真菌界并不鲜见，如果冬虫夏草具有复无性型的可能性，它除了中国被毛孢无性型外，至少还有另一种无性型等待确证，那么现有一些假定的无性型与冬虫夏草的遗传关系不可轻易地被否定与排除。

(五)冬虫夏草无性型的生态性问题

冬虫夏草菌虫复合体中的菌不是一种而是复杂的真菌系，它们的差异常常取决于不同的地域环境条件和寄主昆虫的种群特性。在自然界的不同地区，不同土壤、气候、植被等环境条件下的不同生物种群，包括寄主和菌系，常常发生特异的寄生、互生或共生关系，形成独特的生态系统。因此，冬虫夏草可能有生态无性型，不同地区有不同的寄主种类，也可能有不同的菌物寄生，所以在同一个地区环境是同一种无性型，在不同地区可能是不同的无性型，这主要是由不同的生态环境所造成的，冬虫夏草的无性型还有待进一步深入研究。

(六)虫草属真菌的系统发育分类

目前，一些研究学者已用多基因对虫草属的系统发育进行了研究。Sung 等(2007)使用了核糖体小亚基(nrssu)、大亚基(nrlsu)、延长因子 1d (tefl)、RNA 多聚酶 II 大亚基和次大亚基(rpb1 和 rpb2)、β 微管蛋白(β-tubulin＝tub)、线粒体 ATP6 (Mitochondrial ATP6＝atp6)等多个基因对 162 个虫草分类单元进行了系统发育关系研究。其结果表明，这些分类单元分别属于 3 个进化分枝中，经多基因分析的结果，Sung 等人(2007)修订了虫草属 *Cordyceps* 及麦角菌科 Clavicipitaceae 的分类系统。建立一个新科：蛇头虫草科 *Ophiocordycipitaceae*，3 个新属：大团囊虫草属 Elaphocordyceps，蛇头虫草属 Ophiocordyceps，后生虫草属 Metacordyceps。其中大团囊属、蛇头虫草属归于蛇头虫草科、冬虫夏草放在蛇头虫草属内，学名 Ophiocordyceps sinensis(*Berk.*)G. H. Sung. 后生虫草属归于麦角菌科。

第四节　冬虫夏草的栽培技术

一、菌种分离

(一)组织分离

1. 分离用培养基

①蛋白胨 10g，葡萄糖 30g，酵母膏 1g，磷酸二氢钾 1g，硫酸镁 0.5g，复合维生素 B 10mg，琼脂 20g，蒸馏水 1 000ml。

②蛋白胨 5g，葡萄糖 10g，磷酸二氢钾 1g，硫酸镁 0.5，孟加拉红(1%)3.3ml，链霉素 30mg，琼脂 20g，蒸馏水 1 000ml。

③马铃薯葡萄糖琼脂培养(PDA)

马铃薯 200g，葡萄糖 20g，琼脂 20g，蒸馏水 1 000ml。

2. 分离材料的选择

用于分离的冬虫夏草材料，外形必须正常，菌核饱满，子座健壮，无病变、虫蛀或霉变。

3. 分离材料的表面消毒

用升汞进行表面消毒，将分离材料菌核或子座放在 0.1% 升汞溶液中消毒 1～2 分钟。取出后，用无菌水反复冲洗数次，洗去表面残留升汞。用75%乙醇进行表面消毒时，先将药棉在75%乙醇溶液里浸湿，用湿药棉擦拭虫草菌核、子座2～3次，然后用无菌水反复冲洗表面残留的乙醇。最后用无菌纱布或无菌滤纸吸干材料表面的水分。

4. 组织分离的步骤

(1)虫草菌核组织的分离

取新鲜冬虫夏草的菌核，经表面消毒后，在无菌条件下，用无菌解剖刀剖开菌核组织，切取菌核最中央部位0.1～0.2cm的菌丝组织块，接种在分离培养基上(试管斜面培养基或琼脂平板培养基)，放在15～20℃的恒温培养箱中培养。

(2)子座组织的分离

取未成熟的冬虫夏草子座(子囊孢子未形成之前的子座)，经表面消毒后，用无菌刀片切开，用无菌镊子取子座内的白色菌丝束，接种在分离培养基上，放在15～20℃的培养箱中培养。

(3)虫体外菌丝的分离

用接种针挑取虫体表面的菌丝少许，接种在分离培养基上，放在15～20℃的培养箱中培养。

(二)子囊孢子的分离

1. 分离用培养基

①燕麦片30g，琼脂20g，蒸馏水1 000ml。

配制方法：燕麦片30g，加水1 000ml，在沸水浴中加热1小时，过滤，加水补足至1 000ml，加琼脂溶化，分装后放在121℃下灭菌20分钟。

②葡萄糖10g，蛋白胨10g，蚕蛹10g，全脂奶粉10g，磷酸二氢钾1.5g，磷酸氢二钾1g，琼脂20g，蒸馏水1 000ml。

③麦芽膏25g，琼脂18g，蒸馏水1 000ml。麦芽膏的主要成分是麦芽糖、葡萄糖、果糖、蔗糖、糊精、蛋白质、矿质元素等。

2. 子囊孢子的收集

(1)套纸袋收集子囊孢子

选择尚未成熟而健壮的子座，用硫酸纸或不透水的无菌小纸袋套在子座上，待子囊孢子成熟后，即弹射到纸袋上，保存在冰箱中。这些子囊孢子供分离时使用。

(2)玻璃容器收集子囊孢子

取未成熟的子座放在无菌培养皿中央，上面加盖无菌玻璃钟罩，或用无菌玻璃漏斗代替玻璃钟罩。也可将子座放在无菌三角瓶的中央，瓶口用棉塞或多层纱布包扎，待孢子成熟后，直接弹射在三角瓶内，供分离时使用。

3. 子囊孢子的洗涤、净化

取附有子囊孢子的纸袋，浸在已灭菌的土壤浸出液中(1∶10)。浸2小时后，用无菌小刀将子囊孢子从纸袋上刮下，收集在无菌容器中，加入土壤浸出液(1∶10)制成孢子悬浮液。移入到无菌的离心管中，离心10分钟，弃去上清液，用土壤浸出液洗涤5次，用10%、20%的蔗糖溶液分别洗涤3次，再用50%的蔗糖溶液离心30分钟，收集浮在液面的子囊孢子，放入冰箱中保藏，备用。

4. 子囊孢子的发芽

取少许净化的子囊孢子，放入到1∶1的土壤浸出液中(含庆大霉素100IU/ml)，或接种在分离用培养液中，放在15～20℃温度下，培养3～6天，子囊孢子便可发芽。

5. 单个子囊孢子的分离

取无菌试管5支，每管装有9ml无菌水或生理盐水，用笔分别标记1、2、3、4、5号，用无菌吸管吸取1ml已发芽的子囊孢子悬浮液，注入1号试管内，充分摇动，使悬浮液均匀。另取一支无菌吸管，从1号管中吸取1ml悬浮液注入2号管中，充分振摇，使悬浮液中的子囊孢子均匀分布。同样由2号管至3号管，依此类推，直到5号管。注意：每稀释一管必须更换一支无菌吸管(第5号管已稀释10万倍)。用两支无菌吸管分别从4号、5号试管中各取1ml孢子悬浮液，分别注入两个无菌培养皿中，再加入熔化后冷至45℃的分离用培养基约15ml，轻轻在桌面上摇转，使孢子悬浮液与培养基充分混合均匀，静置，制成平板。放在15～20℃培养箱中培养。

移植到分离培养基上的组织块及子囊孢子必须经常在显微镜下观察其生长情况，及时检查和剔除受霉菌和细菌污染的培养物。一旦菌丝正常长出，应及时用接种针挑取纯菌丝移植到新鲜培养基上纯化培养，以获得纯菌种。经过科学验证和鉴定，得到确认后，才可作为冬虫夏草菌种。为防止菌种老化和退化，必须定期移植、活化和复壮。采用真空、冷冻、干燥保藏方法保藏在安瓿管内。

二、冬虫夏草菌丝发酵生产技术

在天然冬虫夏草药源紧缺和价格昂贵的情况下，利用冬虫夏草的菌丝，或其他真菌的菌丝作为天然冬虫夏草的代用品取得了成功。经实践证明，优点是生产周期短、不受季节限制、产量高、成本低、价格低廉、质量稳定，药用效果得到广大医生和患者的肯定和认可。目前，应用这种生物技术而研制和开发的代用品有金水宝、百令胶囊、宁心宝、至灵胶囊等，其他还有各种保健品、营养食品等。

(一)发酵生产工艺流程

斜面母种(保藏菌种)→新鲜斜面培养基活化→一级种子摇瓶培养→二级种子摇瓶培养→种子罐培养→发酵罐培养→发酵终点、放罐→发酵菌液(菌丝体和发酵液)。

(二)培养基

1. 斜面母种培养基

①马铃薯葡萄糖琼脂培养基(PDA)。

②综合马铃薯培养基：20%马铃薯汁1 000ml，葡萄糖20g，KH_2PO_4 3g，$MgSO_4 \cdot 7H_2O$ 1.5g，维生素B_1 10mg，琼脂20g。

③蛋白胨10g，葡萄糖20g，酵母膏5g，牛肉膏5g，琼脂20g，蒸馏水1 000ml。

④蛋白胨5.0g，葡萄糖20g，KH_2PO_4 1g，$MgSO_4 \cdot 7H_2O$ 0.5g，琼脂20g，细米糠50g加水煮沸20分钟，取汁1 000ml。

⑤蛋白胨1g，酵母膏1g，葡萄糖20g，麦麸50g，KH_2PO_4 1g，$MgSO_4 \cdot 7H_2O$ 0.5g，琼脂18g。50g麦麸，加1 000ml水煮沸30分钟，过滤，取汁用水补足1 000ml。

2. 摇瓶种子培养基

蛋白胨5g，葡萄糖20g，KH_2PO_4 1g，$MgSO_4 \cdot 7H_2O$ 0.5g，麦麸50g，加1 000ml水煮沸30分钟，过滤取汁，加水补足至1 000ml。

3. 发酵生产培养基

蛋白胨5g，酵母膏1g，葡萄糖20g，KH_2PO_4 1g，$MgSO_4 \cdot 7H_2O$ 0.5g，水1 000ml。

(三)发酵过程

1. 斜面母种培养

将保藏母种接种在新鲜斜面培养基上，进行活化，每1管斜面母种可以转接5管斜面培养基。将新接好的斜面菌种放在26℃恒温箱中培养，一般7～10天菌丝布满斜面，而中国被毛孢菌丝生长极为缓慢，菌丝长好后及时从培养箱取出，提供摇瓶培养接种用。如暂时不用，必须保存在4℃冰箱中备用。

2. 摇瓶种子培养

(1)一级种子摇瓶培养

将新鲜斜面菌种1支，接种在装有100ml种子培养液的500ml三角瓶中放在旋转式摇床培养，转速140转/分钟，温度为25～26℃，培养3天，菌液变稠、变浓。一级种子摇瓶生长好后，放在26℃静置培养2天，证实确无其他杂菌污染后，用牛皮纸包扎瓶口，放入0～4℃冰箱中，保存备用。一级种子摇瓶使用前，需在肉汤琼脂平板上划线，观察有无杂菌生长。

(2)二级种子摇瓶培养

用5%～10%接种量接种在装有1 000ml种子培养液的5 000ml三角瓶中，放在旋转式摇床振荡培养2～3天，转速120转/分钟，温度为25～26℃。生长好的二级种子摇瓶，需放在25～28℃静置培养2天，观察有无杂菌污染，然后用牛皮纸包扎好瓶口，放在4℃下保存备用，使用期不得超过一个月。二级种子摇瓶在进罐前，需在肉汤平板上划线，观察有无细菌污染，保存至进罐。接种后的大摇瓶，倒入肉汤，放在26℃静置培养观察是否有杂菌生长，直至发酵罐放罐为止。

3. 种子罐培养

接种量5%～10%，温度为24～26℃，通气量每分钟为1∶0.3～0.5(V/V)，过滤器压力表及罐体压力为表压0.2～0.3kg/cm²，培养2～3天。接种方法采用差压法，先将种子罐降低压力至0.1～0.2kg/cm²，然后用75%乙醇棉球将罐的接种口擦拭、消毒，将摇瓶上的接种橡皮管在火焰的保护下插在接种口上，升压至0.4～0.5kg/cm²，再降低压力到0.15～0.12kg/cm²，反复数次，把全部种子液接入罐内。接完后拔出橡皮管，用75%乙醇棉球塞在接种口上，用消毒过的纱布包扎好接种管口。移种标准是发酵液浓稠，菌球或菌丝生长旺盛，无杂菌污染。

4. 发酵罐培养

接种量5%～10%，温度为25～26℃，罐压0.3kg/cm²，搅拌速度150～180转/分钟(气升式发酵罐没有搅拌器)，通气量每分钟1∶0.5(V/V)，培养时间3～4天。

5. 发酵过程的中间分析项目

发酵过程的中间分析是生产控制的依据，它显示发酵过程中微生物的主要代谢变化。

(1)pH 值

产生菌在培养过程中各个时期都有它合适的 pH 范围，而 pH 的变化又是微生物代谢状况的综合反应。在发酵过程中定期取样测 pH 值是中间分析的一个重要项目。一般采用酸度计（pH 计）测定 pH 值，方法简便精确。如没有 pH 计，可改用精密试纸来测定。

(2)糖含量

在发酵过程中定期取样测定糖含量有特殊意义。糖的消耗，一方面反映产生菌生长繁殖代谢的情况，另一方面反映次生代谢产物的生物合成能力。糖的有节制地供给和消耗，往往是达到高产的重要手段。通过定期测糖可准确认识和了解发酵的一般趋势。糖量测定包括总糖和还原糖。总糖是发酵液中各种糖的总量，是分析和计算发酵过程中糖消耗的主要数据，总糖的测定大多采用蒽酮法。还原糖是指培养液内含有自由醛基的单糖，通常指葡萄糖。葡萄糖可以直接被微生物吸收利用，参与发酵代谢活动，反映产生菌直接利用糖的情况，与发酵关系较为密切。还原糖的测定可用 3，5-二硝基水杨酸法（DNS 法）。发酵液中的糖含量一般以 g/100ml表示。

(3)氨基氮(NH_2-N)

含氮化合物的代谢也是微生物生化代谢中的重要环节。发酵初期，培养基中营养物质含量较高，此时氨基氮数值较高。随着微生物生长代谢，蛋白质被分解，氨基氮数值迅速下降而达到某种平衡，这种平衡可以维持到发酵后期。当部分菌体开始自溶，菌体内含氮物释放到培养基中去，该数值又会上升。发酵液中氨基氮的含量一般以 mg/100ml或 μg/1ml 表示，氨基氮含量测定采用甲醛滴定法。

(4)菌丝浓度测定

菌丝浓度测定方法有 3 种：①菌丝湿重。取一定量发酵液样品，过滤后菌体再用水充分洗净，将湿菌丝体用吸水纸挤干，直接秤量得湿重。②菌丝干重。取上述一定体积的湿菌丝用真空干燥法在真空烘箱内 80℃烘干至恒重。③菌丝湿体积。取样品 10ml，放在有刻度的离心管内，用 3 000转/分钟离心机约离心 10 分钟。根据水分，计算菌丝体积百分数（V/V），此法比较简便。

(5)无菌试验及无菌检查

无菌试验，即对生产菌种斜面或平板培养物、摇瓶种子、各级种子罐和发酵罐培养液定期取样培养，定期检查，观察有无杂菌生长。无菌试验培养方法通常有两种：①以斜面培养为主，配合肉汤培养为辅；②平板划线培养为主，配合肉汤培养。培养杂菌温度有 37℃与 27℃两种，以适应嗜中温菌及嗜低温菌的生长。无菌检查方法以涂片染色、高倍显微镜观察为主，肉眼检查杂菌菌落为辅。各罐培养过程中每隔 8 小时需取样涂片，用低倍镜检查霉菌，用高倍镜检查细菌，并与样品无菌培养的结果相互参考。

(四)发酵菌液的分离、提取、浓缩、干燥

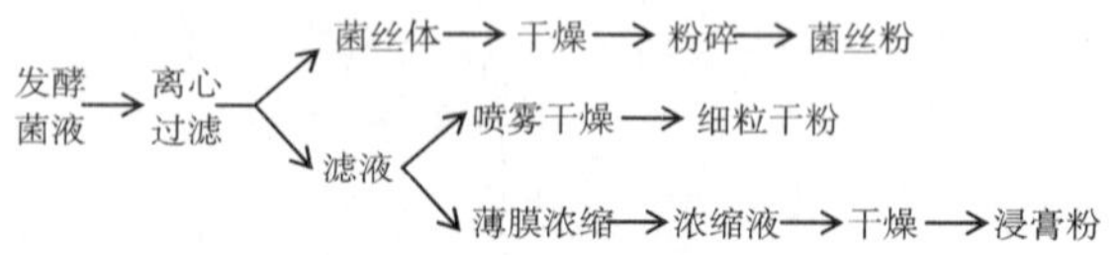

由菌丝和滤液制备成粉剂是原料药，菌丝粉单独或两者混合制成胶囊和片剂；滤液宜制作口服液；滤液干粉宜制成颗粒冲剂。

(1)浓缩

有真空浓缩与薄膜浓缩两种。真空减压浓缩时间长，速度慢，浓缩液颜色深。薄膜浓缩时间短，气液二相接触均匀、充分，传热效果好，能提高效率，并可实现连续化操作。

(2)干燥

物料干燥方法很多，有真空干燥、喷雾干燥、微波干燥、红外线干燥、冷冻干燥等。干燥方法对原料和制剂的质量有很大的影响，生产厂家必须重视浓缩和干燥的工艺技术，以保证药品质量。

①喷雾干燥：该干燥方法速度迅速，料液经过离心喷雾后，瞬间就可蒸发 95%～98%的水分，完成干燥仅需几秒钟。适宜热敏性的物料干燥，产成品具有良好的分散性、流动性、溶解性。集浓缩、干燥、粉碎为一体，减少生产工序，简化工艺流程，提高产品的纯度。

②微波干燥：该干燥方法干燥速度快，产品质量高，可以保存加工物的色、香、味，维生素的破坏也减少。加热均匀，从物料内部加热，可避免加热中易引起的表面硬化及不均匀现象。设备占地面积小，热效率高，可避免环境高温，改善劳动条件。微波干燥缺点是造价高，投资费用大，电功率消耗大。

③红外线干燥：应用物料吸收红外线的能量，使物料温度升高而进行干燥的一种方法。干燥速度快、干燥设备紧凑，使用灵活，占地面积小，便于连续化、自动化，节约能源，适用范围广。

④冷冻干燥：方法是将湿物料先冻结至冰点以下，使水分变为固态冰，然后在较高的真空度下，使冰直接转化为蒸汽而被除去，物料即被干燥。优点是干燥时温度很低，且处缺氧状态下，特别适用于热敏及易氧化物料的干燥，可以保留新

鲜物料的色、香、味，维生素C等营养物质不被破坏。干燥物品的原有结构基本不变，仍保持原有形状，其制品复水后易于恢复原有的性质和形状，便于储藏、携带和运输，有很好的发展前景。缺点是成本高，需要有制冷和真空设备。

⑤真空干燥：是常用的干燥方法，用于热敏物料的干燥，干燥程度较高，应用范围较广，结构简单。缺点是装卸物料的劳动强度大，操作条件差。有的型号噪音大，有粉尘飞扬，占地面积大，干燥时间长，影响原料的品质。

(五)菌粉(原料药)及制剂的质量标准

天然冬虫夏草的主要有效成分是腺苷、虫草多糖、甘露醇等。在虫草菌粉、浸膏粉及制剂的质量标准中应根据这3种有效成分作为质量控制的主要指标。在质量标准中，虫草多糖测定大多采用蒽酮法，腺苷测定大多采用高效液相色谱法(HPLC法)，甘露醇的测定应按照国家药典规定的方法。多糖的提取、分离、纯化技术如下：

菌丝体→热水提取→提取液

↓

滤液→浓缩→浓缩液→95%乙醇沉淀→沉淀物→热水溶解→粗多糖溶液→脱蛋白→多糖半纯品→凝胶柱层析纯化→分部收集→合并相同组分的收集液→冷冻干燥→多糖纯品。

三、虫草多糖的测定方法

虫草多糖含量测定，包括总糖的测定与还原糖的测定，总糖量减去还原糖量即为多糖的含量。总糖测定方法为蒽酮法，还原糖的测定方法为3,5-二硝基水杨酸法(DNS法)。

1. 总糖含量测定

(1)原理

蒽酮比色法是一种快速而简便的定糖方法。蒽酮可以和游离的己糖或多糖的己糖基戊醛糖及己糖醛起反应，反应后溶液呈蓝绿色，在620nm处有最大吸收。

(2)试剂与仪器

蒽酮试制：取2g蒽酮溶于1 000ml 80%硫酸中，当日配制使用。标准葡萄糖：100mg无水葡萄糖用蒸馏水定容至1 000ml(0.1mg/ml)。

(3)样品处理

取样品1g放在烧杯中，加入一定量水，在沸水中提取2小时，离心，上清液留用，滤渣重复浸提一次，离心过滤，将第二次上清液与第一次上清液合并，定容至1 000ml。

(4)制作葡萄糖标准曲线

精密秤取分析纯葡萄糖(105℃干燥2小时)0.1g，加少量蒸馏水溶解，移至1 000ml常量瓶，用水稀释定容至刻度，即得0.1mg/ml葡萄糖溶液。用吸管吸取0.10、0.20、0.30、0.40、0.50、0.60、0.70、0.80、0.90ml加入到试管中，用蒸馏水补足到1.0ml，分别加入4.0ml蒽酮试剂，迅速浸入水中冷却。各管加完后一起浸于沸水浴中。为防止水分蒸发，应在试管口加盖一个玻璃球，从重新沸腾起记时间，准确煮沸10分钟，煮完取出，用自来水冲冷。然后在室温中平衡片刻(约10分钟)，再在721型分光光度计上，波长620nm，用0.5cm厚度的比色杯以重蒸水为空白，进行比色。以糖的含量微克数为横坐标，光密度为纵坐标，制作标准曲线(表73—2)。

表73—2 制作葡萄糖标准曲线溶剂含量

	单位	0	1	2	3	4	5	6	7	8	9	样品
标准糖溶液	ml	0	0.1	0.2	0.3	0.4	0.5	0.6	0.7	0.8	0.9	1
蒸馏水	ml	1	0.9	0.8	0.7	0.6	0.5	0.4	0.3	0.2	0.1	0
蒽酮试剂	ml	4	4	4	4	4	4	4	4	4	4	4
		沸水浴中准确煮沸10分钟；自来水冷却，室温放置10分钟										
OD620												

(5)样品总糖含量计算

$$总糖含量(\%)=\frac{A\times C}{W}\times 100$$

A：样品稀释倍数；

C：从标准曲线上查出的样品液含糖量；

W：样品重量。

2. 还原糖含量测定-3,5二硝基水杨酸法

(1)原理

在碱性溶液中，3,5-二硝基水杨酸与还原糖烘热后，还原成棕红色氨基化合物，在一定范围内

还原糖的量与反应液的颜色强度呈比例关系。利用比色法可测定样品中的还原糖含量。

(2)试剂

3,5-二硝基水杨酸试剂(DNS试剂)配法如下:

3,5-二硝基水杨酸	1%;
苯酚	0.2%;
亚硫酸钠	0.05%;
氢氧化钠	1%;
酒石酸钾钠	20%。

配好后存棕色瓶中一周后稳定。

(3)标准曲线

取分析纯葡萄糖100±1℃,烘至恒重,精确秤重100mg溶于蒸馏水,定容至100ml,配制1.0mg/ml的标准糖液,准确吸取0.10、0.20、0.30、0.40、0.50、0.60、0.70、0.80、0.90、1.0ml,用蒸馏水补足到1ml,分别加入3ml的DNS试剂,沸水浴煮沸15分钟显色。冷却后用蒸馏水稀释至25ml,用72型分光光度计比色(550nm),以对照液调零点。用葡萄糖毫克数作横坐标,*OD*值纵坐标,制成葡萄糖标准曲线。吸取样品液1ml放入100ml容量瓶中稀释至刻度,从中吸取0.5ml进行测定。方法与上述相同,测得的光密度值由标准曲线查出样品液的还原糖含量。

(4)样品还原糖含量计算

$$还原糖含量(\%)=\frac{A\times C}{W}\times 100$$

A:样品液稀释倍数;

C:从标准曲线上查出的样品液中还原糖含量;

C:样品重量。

四、冬虫夏草中的腺苷含量测定

(1)原理

对虫草样品中的腺苷进行超声提取,采用反相HPLC法,磷酸二氢钾缓冲液加甲醇作流动相,在254nm波长下检测腺苷。分离效果好且快速,回收率及精密度均较高。

(2)试剂与仪器

①试剂

无水乙醇:分析纯;

甲醇:HPLC级;

磷酸二氢钾:分析纯;

腺苷标准储备液:精确秤取腺苷标准品(由Sigma公司提供)50mg,加入超纯水定容为50ml,放在4℃冰箱内储存,有效期为1~2个月。

②仪器设备

LC-10A高效液相色谱仪(带LC-10AD溶剂泵、SPD-10A检测器和C-R6A积分仪),日本岛津公司产品;

Miuipore Plus 2150型超纯水器;

溶剂微孔过滤器:带0.45μm微孔过滤膜。

(3)试样预处理

秤取0.1~0.5g(液体2~5ml)试样,放入25ml比色管中,加无水乙醇15ml、水10ml,超声提取10分钟,取出加水定容25.0ml,摇匀,用0.45μm微孔过滤膜过滤,滤液用作HPLC分析。

色谱条件

色谱柱:C_{18}柱,4.6mm×250mm;

柱温:室温;

检测波长:254nm,灵敏度 0.02AV;

流动相:0.01mol/L,磷酸二氢钾+甲醇=90+10;

流速:1.5ml/min,进样量10μL。

(4)检测浓度的线性范围

分别配制浓度为5、10、20、30、40、50μg/ml的腺苷标准溶液,在给定仪器条件下进行HPLC分析。以浓度为横坐标,以峰面积作纵坐标,做校正曲线,得线性回归方程和相关系数分别为:

$$y=1246.68x-212.35,r=0.9997。$$

(5)计算

将腺苷标准储备液用超纯水配成20μg/ml标准使用液,在给定仪器条件下进行试样测定,以保留时间定性,峰面积以标法定量,计算试样含量

$$X=\frac{V\times C}{m}\times\frac{1}{1000}$$

式中:*X*—试样中腺苷的含量,mg/g;

V—定容后的体积,ml;

C—测定液中腺苷的含量(在校正曲线上查得),μg/ml;

m—试样的重量,g。

五、腺苷的鉴别及含量测定

(一)腺苷的鉴别

取腺嘌呤核苷(腺苷)对照品,加50%乙醇制成每毫升中含2mg的溶液作为对照品溶液。按照薄层层析法试验,吸取含量测定项下的供试品溶液20μl,对照品溶液1μl,分别点在同一硅胶GF_{254}薄层板上,以氯仿—醋酸乙酯—异丙醇—水(8:2:6:0.3)的混合液(每10ml混合液加浓氨试液2~4滴)为展开剂,展开取出、晾干,置紫外光灯(254nm)下检视。供试品色谱在与对照品色谱相应的位置上,显相同的暗色斑点。

(二)腺苷的含量测定薄层层析

1. 样品制备

取样品2g,精密秤定,放在50ml圆底烧瓶中,精密加50%乙醇20ml,密塞,秤定重量(准确至0.01g)。放在水浴上回流2小时,冷却后,取下烧瓶,秤定重量,用50%乙醇补足减失重量,摇匀,用干燥滤纸滤过,弃去初滤液,取续滤液作为供试品溶液。

2. 样品测定

(1)薄层板的制备

取硅胶GF_{254} 2g,加0.4%羧甲基纤维素钠溶液和3.85%磷酸氢二钠溶液等量混合液7ml,调匀,涂布成厚0.5mm的薄层板(20cm×5cm)1块,放置过夜,烘干。

(2)测定及含量计算

取供试品溶液80μl按薄层层析法试验,点在上述薄层板上,吹干,在供试品斑侧1.5cm处点对照品溶液1μl,作为对照。用鉴别项的展开剂展开,晾干,紫外灯(254nm)下检视,以与腺苷对照品色谱相应位置上显示的暗斑定位。小心剖取暗色条斑,放入10ml具塞试管中,同时剖取同一块层析板上与供试品条斑等面积的GF_{254},作为空白,放入另一10ml具塞试管中。每管各加入盐酸液(0.1mol/L)5ml,剧烈振摇2分钟,离心。小心吸取上清液,置0.5cm×1cm吸收池中,按分光光度法在260nm波长处测定吸收度,所得吸收度值A,按下式计算,即得。

$$\text{腺苷}(\%)=\frac{23.4\times A}{\text{样品重}\times 1000}\times 100$$

样品含腺苷不得少于0.14%。

第五节 冬虫夏草的药理作用与临床应用

一、药理作用

(一)免疫调节作用

冬虫夏草菌丝体糖蛋白能显著增强刀豆球蛋白A(ConA)和卵清蛋白(ovalbumin,OVA)刺激的小鼠脾淋巴细胞增殖,但一个纯多糖组分PS对细胞免疫功能的影响不明显。但两者均能显著增强小鼠体内血清OVA特异性IgG,IgG1,IgG2b等免疫球蛋白抗体的水平(Wu et al)。另有报道,冬虫夏草菌丝体的多个层析多糖组分,对细胞免疫有促进作用,能增强单核-巨噬细胞的吞噬能力和提高脾脏指数与胸腺指数(俞丽霞等)。虫草提取物对抗大鼠佐剂型炎症与抗疲劳方面效果佳(张立臣等)。用生理盐水和100%冬虫夏草水浸出液定期给小鼠灌胃,与对照组相比,冬虫夏草增强小鼠淋巴细胞增殖反应和IL-2的产生,并能提高血清IgG,有明显促进抗体形成细胞的作用(宓伟等,姜涛等)。高浓度虫草可明显提高小鼠体内IL-1、IL-10、TNF-α的浓度(赵九洲等)。

(二)抗肿瘤作用

冬虫夏草子实体多糖(PSCS)作用于人外周血单核细胞制备的条件培养基能显著抑制人白血病U937细胞增殖,并促进其分化为表达非特异性酯酶,以及表面抗原CD11b、CD14和CD68的成熟单核细胞/巨噬细胞。PSCS诱导外周血单核细胞产生了大量IFN-γ、TNF-α细胞因子,IFN-γ、TNF-α协同抑制肿瘤细胞增殖,并促进肿瘤细胞分化,发挥抗肿瘤效应。Zhang等发现:冬虫夏草胞外多糖(EPSF)能明显增强B16荷瘤小鼠脾和胸腺淋巴细胞增殖,以及腹腔巨噬细胞的吞噬能力,延长小鼠生存期。EPSF给药组小鼠的肝、肺脏器官组织中的转移灶数量明显少于对照组,且肝、肺脏组织器官中与肿瘤发生密切相关的bcl-2、c-myc、c-fos等原癌蛋白和VEGF血管生成关键因子的表达显著下降(Zhang et al,Yang et al),提示:EPSF具有抗侵袭和抗转移作用。Nakamura等观察到,冬虫夏草水提物(WECS)对LLC和B16瘤株均有细胞毒效应,荷瘤小鼠的相对肝重明显增加,有抗转移作用。WECS还能明显诱导B16细胞凋亡,与氨甲喋呤联合用药,明显延长B16荷瘤小鼠的生存期。Leung等发现,冬虫夏草假定无性型弯颈霉的菌丝体水提物能抑制B16细胞增殖,呈低细胞毒作用(25%抑制率),但能明显抑制B16荷瘤小鼠肿瘤生长(50%抑瘤率)。

(三)对心血管系统的作用

1. 抗心律失常

天然冬虫夏草醇提液对心律失常有较好的作用,可以对抗乌头碱、氯化钡、哇巴因诱发的心律失常，并能明显降低离体心肌收缩力，且呈明显的剂量依赖关系（龚晓健等，梅其炳等）。冬虫夏草水溶液使 I_{k1} 降低而增加 I_k 和 I_{to}，使心律失常发生时的离子紊乱趋近于正常，多通道间维持平常，符合抗心律失常药物最佳靶点学说（王赫等）。同时，冬虫夏草还可以促进钙内流，尤其是 KCl 诱导的外钙内流，以钙介导钙释放的形式使细胞内钙增加，说明冬虫夏草可在细胞兴奋状态下起作用，激动了 *L*-型钙通道，进而触发心肌兴奋和收缩，兴奋窦房节和房室节细胞，发挥其正性肌力作用（王赫等）。

2. 降血压作用

有研究表明，人工培养的虫草菌丝体对麻醉犬的血管有扩张作用，虫草菌丝体中的腺苷被认为是其扩张心脏和外周血管的活性成分之一。虫草菌丝提取液中的大分子物质可显著降低大鼠的平均动脉压，其降压幅度比腺苷更大，作用时间更长，而在离体实验中发现，该提取液具有内皮细胞依赖的扩血管作用，提示：虫草菌丝中可能存在新的降压物质（Chiou et al）。在肾性高血压大鼠模型中，使用 12.5% 冬虫夏草煎剂，按生药1g/kg，2 次/天，灌胃，能明显降低肾性高血压大鼠的血压，并能逆转肾性高血压时所发生的心肌肥大（吴秀香等）。

3. 心脏保护作用

冬虫夏草水提液能够降低心肌细胞脂质过氧化物丙二醛含量，有效减轻细胞脂质过氧化反应，同时提高超氧化物歧化酶的活性（何建新等）。通过大鼠的缺血再灌注动物模型和离体心脏灌流标本试验发现，冬虫夏草醇提物可以降低心肌组织中丙二醛的水平，同时可以提高损伤心肌 ATP、ADP 和 AMP 的水平，改善心肌能量代谢以减少缺血再灌注损伤（刘凤芝等）。进一步研究发现：冬虫夏草可以抑制垂体后叶素引起的大鼠心电图 T波的高耸，减轻第 2 期的 T 波低平或倒置程度，结果表明，冬虫夏草对抗 T 波改变的效果与对照维拉帕米相当（李雪芹等）。在对大鼠肾性高血压的研究中发现，冬虫夏草能逆转肾性高血压时所发生的心肌肥大（吴秀香等）。

4. 降血脂作用

人工虫草子实体 4g/kg（日内灌胃 2 次），有明显降低蛋黄致高脂血清胆固醇作用的作用。

（四）对肾脏的保护作用

Lin 等研究发现，虫草子实体中分离出的粗甲醇提取物 F2 成分，可以明显抑制系膜细胞的增殖。建立 IgA 肾病的动物模型，并对其饲以 1% 的多糖 F2 组分后，可以明显减少大鼠的蛋白尿及血尿，显著改善其组织病理学损伤；将 F2 组分通过凝胶柱层析法及高效液相层析，进一步分离纯化而得到的 H1-A 组分，可以显著抑制系膜细胞的激活，并且改善 IgA 肾病在临床及组织学方面的改变。王莜霞等对体外培养的肾小球系膜细胞，利用 ^{3}H 胸腺嘧啶掺入的方法，研究虫草对 LDL 引起的系膜细胞增殖的影响，结果表明：虫草明显抑制 LDL 引起的系膜细胞增殖，其机制可能是抑制 mRNA 合成，从而间接抑制了 DNA 合成。在缺血再灌注小鼠肾脏中，虫草提取物能显著下调致凋亡细胞因子 TNF-α 及炎症因子 MCP-1 的表达。同时，虫草组也下调 Caspase3（天冬氨酸脱氢酶-3）的活性，该酶被认为是凋亡路径的终止酶。虫草提取物能明显改善肾功能，在缺血 60 分钟及再灌注 3 小时时，显著下调致炎症及致凋亡基因的表达（Shahed et al.）。胡杨青等对糖尿病肾病大鼠模型的研究中发现，肾组织中 TGF-β、c-myc 皆高表达，共同参与肾小球肥大、细胞外基质增多及肾小球纤维化，应用虫草干预后，尿蛋白排泄量、SCr、肾组织中 TGF-β、c-myc 的表达明显减少，从而延缓糖尿病肾病的进展。

（五）降血糖作用

冬虫夏草菌丝体粗多糖 CS-OHEP 以及纯多糖组分 $CS\text{-}F_{30}$ 均有降血糖活性。腹腔注射 50mg/kg的 $CS\text{-}F_{30}$ 和 CS-OHEP，6 小时后正常鼠和链脲佐菌素（STZ）诱导的糖尿病鼠的血糖水平分别降低到原来的 47% 和 33.9%。$CS\text{-}F_{30}$ 使肝糖原含量减少，但能显著增强小鼠肝脏中葡萄糖激酶、己糖激酶和葡萄糖-6-磷酸脱氢酶活性，降低小鼠血浆三酰甘油和胆固醇的水平。另外，还发现正常小鼠、STZ-糖尿病小鼠模型和肾上腺素-高血糖模型小鼠腹腔注射 50mg/kg 冬虫夏草杂多糖 $CS\text{-}F_{10}$ 后，能显著降低血糖水平。后续研究提示，$CS\text{-}F_{10}$ 能显著提高 STZ-糖尿病小鼠肝脏的葡萄糖激酶活性，明显降低肝葡萄糖排出量，并减少促进小鼠肝脏葡萄糖转运载体 2（GLUT2）的蛋白含量（Kiho et al.）。冬虫夏草菌丝体杂多糖组分 CSP-1具有降血糖活性，Li 等分别给予四氧嘧啶及链唑霉素诱导的糖尿病大鼠，虫草多糖 CSP-1（CSP-1 200mg/kg和 400mg/kg，连续 7 天）后发现，CSP-1可明显降低各组别的血糖水平，明显增加糖尿病鼠血浆胰岛素水平，与甲苯磺丁脲降糖作用相类似。

(六)保肝作用

虫草多糖对小鼠急性化学性肝损伤具有保护作用,明显降低 CCl_4 和 *D*-GaLN 诱导的化学性肝损伤后,小鼠血清中升高的 ALT 和 AST 水平,升高过低的 SOD 活性。冬虫夏草对乙型慢性病毒性肝炎具有一定的治疗作用。冬虫夏草主要是通过升高 $CD4^+$、NK 细胞,提高 $CD4^+/CD8^+$ 比值,同时降低 IgM 水平,从而起到调整细胞免疫功能的作用。Liu 等通过建立 CCl_4 加乙醇诱导肝纤维化小鼠模型研究发现,实验第 9 周处死小鼠,取其血液及组织标本进行研究,虫草处理组血液中 ALT、AST、HA 和 LN 的表达较对照组明显降低。TGF-β,PDGF 及Ⅰ、Ⅲ型胶原 mRNA 的表达也明显降低,表明虫草可以阻止因慢性肝损害而引起的肝纤维化形成,延迟肝硬化的进展,并且显著改善肝脏功能。其可能的机制包括抑制 TGF-β 的表达,从而下调 PDGF,阻止造血干细胞的激活及Ⅰ、Ⅲ型前胶原的沉积。Zhang 等发现:虫草能抑制 CCl_4 所致的肝细胞损伤,阻止肝纤维化发生,但对肝脏胰岛素酶的活性没有影响。

(七)抗氧化作用

冬虫夏草菌丝体多糖 PS 能明显增强荷 H22 肝癌小鼠的肝、脑器官组织中 SOD、GSH-Px 酶活性,降低丙二醛(MDA)水平(Chen et al.)。冬虫夏草水提物和乙醇粗提物均呈现较强的抗氧化活性。两者均能抑制由 SIN 诱导的 MDA 形成,水提物有更强的清除氧自由基能力和抗脂质过氧化能力,且通过抑制低密度脂蛋白(LDL)氧化,限制巨噬细胞积累胆固醇酯以及动脉胆固醇沉积(Yanmaguchi et al.)。但 Li 等利用黄嘌呤氧化酶测定法、溶血诱导法和脂质过氧化法等 3 种方法,测定了天然冬虫夏草水提物抗氧化活性,发现其抗氧化能力都很强,而抑制脂质过氧化能力一般。分离纯化水提物所获得的部分精制多糖,抗氧化活性提高 10~30 倍。Li 等从冬虫夏草分离到的一个相对分子量 210kD 的杂多糖,能显著抑制 H_2O_2 诱导 PC-12 细胞生成 MDA 和降低 GSH-Px 和 SOD 酶活的变化,保护细胞免受 H_2O_2 损伤。利用超临界二氧化碳萃取技术(SC-CO_2),获得的冬虫夏草多个富含多糖的级分 R、F1 和 E 清除自由基 1,1-二苯基-2-苦味肼基团(DPPH)率均高于 60%(Wang et al.)。

(八)对呼吸系统的作用

冬虫夏草制剂能扩张离体豚鼠气管,用发酵的虫草菌丝或发酵液灌胃,能延长氨雾致咳小鼠模型的咳嗽潜伏期,减少咳嗽次数,降低肾上腺素引起的小鼠急性水肿死亡率,能使组织胺致病的离体豚鼠气管松弛。冬虫夏草能防治老年反复呼吸道感染,同时还能辅助治疗肺心病,其作用机制是:使支链氨基酸/芳香氨基酸比值升高,减少β-羟酪胺等假神经介质的产生,使呼吸中枢兴奋增强,改善缺氧和二氧化碳潴留,使呼吸好转(屈统友等)。

(九)抗疲劳作用

小鼠灌胃给药人工虫草菌丝体 2g/kg,每日 1 次,连续 7 日,具有抗疲劳、协调运动的功能(杨毅等)。

二、临床应用

杨朝宽等用宁心宝胶囊(主要成分为冬虫夏草头孢菌粉)口服 500mg,每天 3 次,治疗 54 例心律失常患者,用药前、后通过心电监测,显示该药总有效率达 81%,显效率达 67%,尤以室上性心律失常为显著,同时具有加快传导、调节心律、改善心功能的作用,未见任何不良反应。徐济民等采用随机双盲方法进行了 64 例心律失常的对照观察,治疗组服用宁心宝胶囊,对照组服用安慰剂,服药前均停用其他抗心律失常药物。在服药前和疗程结束后观察症状,结果表明:治疗组显效率及总有效率均明显高于对照组。其中,治疗组对室性早搏总有效率为 84.6%,对房性早搏总有效率为 82.4%。西药抗心律失常药物常具有致心律失常的不良反应,联合使用宁心宝胶囊可以部分对抗西药的副反应。于军会等使用美托洛尔与宁心宝合用治疗复杂性室性早搏,取得了良好疗效,观察组心动过缓和低血压的发生率显著低于对照组,提示:宁心宝胶囊能部分对抗美托洛尔的不良反应。王竹香观察了胺碘酮联合宁心宝治疗频发性室性早搏的效果,患者在服用胺碘酮的同时,口服宁心宝胶囊,每日 6 粒,分 3 次口服,20 天为 1 个疗程。疗程结束后,单用宁心宝胶囊巩固疗效。结果表明:两药合用,互相配合发挥作用,既减少了胺碘酮长期服用带来的不良反应,又达到了治疗及预防室性早搏的目的。

钟灵等用宁心宝胶囊治疗高脂血症 73 例,取得了较好的效果。治疗组服用宁心宝胶囊,60 天为 1 个疗程,结果表明,服用宁心宝胶囊后,临床症状好转,总有效率为 82.2%,治疗后血清总胆固醇(TC)、三酰甘油(TG)均显著下降,高密度脂蛋白胆固醇(HDL-C)明显升高。蔡九英等联合应用黄芪和冬虫夏草，观察其对冠心病患者血脂的影响，其中冬虫夏草组治疗前后 TG 水平有显著差异。表明：宁心宝胶囊在降低血脂方面具有一定的作用。

宋立群等观察了慢性肾衰竭（CRF）44 例，对照组和治疗组各 22 例，虫草肾茶方能缓解患者的临床症状，改善 CRF 患者的肾功能及微炎症状态，保护健存肾单位，降低尿毒症的发生率，减少并发症，延缓 CRF 病程进展，提高患者生活质量。尹继明等通过临床实验证明，冬虫夏草可促进单纯性血尿转阴，有显著效果而且疗效持久。长期大剂量应用冬虫夏草没有发现明显毒性作用。

王宁群等以支气管哮喘患者 60 例为观察对象，与对照组比较，观察组服用冬虫夏草软胶囊，能改善支气管哮喘患者的生存质量。

（祝晓玲、林志彬）

参考文献

[1] 王国栋，房定亚，赵锡嘉，等. 冬虫夏草生态、培植、应用[M]. 北京：科学技术文献出版社，1995.

[2] 吕瑞绵，杨永春，杨云鹏. 冬虫夏草的化学成分的研究[J]. 药学通报，1981，16(9)：55.

[3] 徐文豪，薛智，马建民. 冬虫夏草的水溶性成分—核苷类化合物的研究[J]. 中药通报，1988，13(4)：34-36.

[4] 李晓明，戴如琴，兰江丽，等. 冬虫夏草菌丝体中腺苷的提取[J]. 中国中药杂志，1990，15(1)：40-41.

[5] 邢振荣，沈雁书，赵岚. 冬虫夏草及虫草头孢菌丝体营养成分的测定[J]. 中国现代应用药学，1989，6(2)：18.

[6] 小林義雄，清水大典. 冬虫夏草图谱[M]. 日本大版：保育社，1983.

[7] 柴建国，张喜财，李雪琴. 冬虫夏草菌丝与生药冬虫夏草化学成分的对比[J]. 山西医药研究，1985(1)：13-16.

[8] MIYAZAKI T，OIKAWA N，YAMADA H. Studies of Fungal Polysaccharides. XX. Galactomannan Cordyceps sinensis [J]. Chem. Pharm. Bull，1977，25(12)：3324-3328.

[9] KIHO T，TABATA H，UKAI S. A minor Protein cotaining galactomannan from a sodium carbonate extract of cordyceps sinensis. [J]. Carbohydrate Research，1986(156)：189-197.

[10] 龚敏，朱勤，王彤，等. 冬虫夏草多糖的分子结构与免疫活性[J]. 生物化学杂志，1990，6(6)：486-492.

[11] R.J. 苏哈道尼克. 核苷类抗生素[M]. 北京：科学出版社，1982.

[12] 李兆兰. 环孢菌素 8562 的研究[J]. 真菌学报，1994，13(2)：127-138.

[13] 杨跃雄，杨大荣，董大志，等. 几种虫草成分比较研究[J]. 云南中医杂志，1988，9(1)：33-35.

[14] 黄银妹，孙云汉. 冬虫夏草及其菌丝体的部分成分分析比较[J]. 中成药研究，1983(5)：25.

[15] 冯孝章. 冬虫夏草菌丝体有效成分的化学研究[J]. 中国医学科学学院、中国协和医科大学年鉴，1990(5)：53-59.

[16] 张力，张士善. 冬虫夏草的药理学研究进展[J]. 药学通报，1988，23(9)：521-525.

[17] 归筱铭，陈晓亮. 冬虫夏草和冬虫夏草菌丝体的化学成分比较[J]. 福建中医药，1982，2(2)：32-36.

[18] 沈晓云，李兆兰. 冬虫夏草与虫草菌丝有效成分分析比较[J]. 山西大学学报，1998，21(1)：80-85.

[19] 焦彦朝，梁宗琦，刘爱英，等. 虫草生物活性物质研究概况[J]. 贵州农业科学，1990(3)：53-58.

[20] 肖永庆，刘静明，屠呦呦，等. 冬虫夏草化学成分 I[J]. 中药通报，1983，8(2)：32.

[21] 何玲，马冰如，马甲生，等. 蚕蛹虫草和冬虫夏草化学成分的研究[J]. 中国药学杂志，1983，28(5)：279-280.

[22] 方焕谋，谭树明，詹松. 中国弯颈霉培养物的化学成分分析[J]. 菌物系统，1998，17(1)：46-50.

[23] 傅智宏，白霜. 天然及发酵虫草中甘露醇、腺苷含量测定研究[J]. 中草药，1997，28(增刊)：141-142.

[24] 毛丽珍，阙沛红. 虫草-中华束丝孢中腺苷的含量测定[J]. 中草药，1993，24(9)：467-468.

[25] 杨跃雄，杨大荣. 冬虫夏草及其寄主昆虫、人工培养虫草中菌丝体微量元素的分析[J]. 中草药，1987，18(6)：19-20.

[26] 马冰如，何玲，张甲生，等. 蚕蛹虫草与冬虫夏草化学成分的比较[J]. 中国食用菌，1994，13(1)：34-37.

[27] 赵余庆,于明,陈立君,等.冬虫夏草属真菌化学研究概况[J].中草药,1999,30(12):950-953.
[28] 程显好,白毓谦.冬虫夏草菌丝体及发酵液中抗菌活性物质的初步研究[J].中国食用菌,1995,14(3):37-38.
[29] 陈万群,陈古荣.冬虫夏草代用品研究进展[J].中草药,1994,25(5):269-271.
[30] 徐海峰.青海杂多县冬虫夏草的生态调查[J].草地与畜牧,2007(2):30-34.
[31] 刁治民.青海冬虫夏草资源及生物学特性的初步研究[J].生物学杂志,1996(2):20-22.
[32] 李泉森,曹正权.冬虫夏草的生态调查[J].中药材,1990,13(4):3-7.
[33] 陈仕江,尹定华,丹增,等.中国西藏那曲冬虫夏草的生态调查[J].西南农业大学学报,2001,23(4):289-296.
[34] 肖生荣,施至用,陈庆涛.虫草的研究Ⅰ.生境考察和形态描述[J].微生物通报,1983,10(1):5-6.
[35] 暴增海,马桂珍,张昌兆.我国虫草资源及其开发利用现状与展望[J].自然资源,1994(5):49-53.
[36] 王宏生,肖辉,徐海峰.冬虫夏草生长地环境因子变化规律的研究[J].青海畜牧兽医杂志,2006,36(3):9-10.
[37] 胡清秀,寥超子,王欣.我国冬虫夏草及其资源保护、开发利用对策[J].中国农业资源与区划,2005,26(5):43-47.
[38] 张三元,胡丽云,万战国.虫草蝠蛾生物学研究[J].昆虫学报,1988,31(4):395-399.
[39] 蒋冬花.冬虫夏草[J].生物学杂志,1996(5):24-25.
[40] 董应才,罗都强.我国的冬虫夏草研究[J].国土与自然资源的研究,1996(3):47-51.
[41] 刘飞,伍晓丽,尹定华.冬虫夏草寄主昆虫的种类和分布研究概况[J].重庆中草药研究,2006(1):47-51.
[42] 杨大荣,龙勇诚,沈发荣,等.云南虫草蝠蛾生态学的研究Ⅰ.区域分布和生态地理分布[J].动物学研究,1987,8(1):1-11.
[43] 杨大荣,李朝达,舒畅,等.虫草蝠蛾分布与高寒草甸植物的关系[J].西南农业学报,1992,5(2):68-73.
[44] 尹定华,曾纬,叶代峻.冬虫夏草菌寄主虫草蝠蛾的研究进展[J].特产研究,1991(3):28-31.
[45] 沈发荣,杨跃雄,杨大荣,等.云南的冬虫夏草初步研究[J].微生物学通报,1988,15(2):49-51.
[46] 郭相,刘蓓,马绐宾,等.云南冬虫夏草生态环境调查及生物学特性分析[J].中国食用菌,2008,27(6):8-11.
[47] 张生民.冬虫夏草研究概况[J].中国食用菌,2001,20(5):37-38.
[48] 罗信昌.冬虫夏草研究进展[J].中国食用菌,1994,13(4):3-5.
[49] 杨世海,张红兵,赵英,等.冬虫夏草研究的新进展[J].中草药,1994,25(9):488-492.
[50] 车振明.虫草多糖生物活性研究进展及其应用前景[J].食用菌,2004(6):3-5.
[51] 梁佩琼,陆大京.冬虫夏草生物学研究新进展[J].食用菌,1990(3):2-3.
[52] 李育玲.冬虫夏草研究进展概况[J].青海畜牧兽医杂志,1996,26(6):37-39.
[53] 李廷宝,肖志明,陈华荣,等.关于虫草的研究[J].中草药,1981,12(11):45-48.
[54] 王伟,陈特灿,李琼英,等.中国虫草研究Ⅱ.无性型问题及无性型检索表的建立[J].食用菌学报,1998,5(4):17-22.
[55] 董洪新,吕作舟.冬虫夏草的研究概况[J].中国食用菌,2002,21(2):5-7.
[56] 岑明.冬虫夏草综述[J].食用菌科技,1984(2):1-4.
[57] 罗敏.冬虫夏草的研究概况[J].中国医院药学杂志,1989(9):361-362.
[58] 林树钱,余美兰.人工虫草的研究和开发现状[J].中国食用菌,1997,16(1):5-7.
[59] 梁宗琦.我国虫草属真菌研究开发的现状及思考[J].食用菌学报,2001,8(2):53-62.
[60] 张三元,胡丽云,万战国.冬虫夏草生长条件的初步研究[J].微生物学报,1986,13(2):56-58.
[61] 张长铠,赵友春,吴志红,等.冬虫夏草生长的营养要求[J].微生物学通报,1992,19(3):129-133.
[62] 李黎,尹定华,汤国华,等.冬虫夏草子座生长发育与光照的关系[J].中国中药杂志,1993,18(2):81-82.
[63] 李用芳.影响虫草子实体生长的因素探讨[J].微生物学杂志,2000,20(4):51-54.

[64] 刘锡琎，郭英兰，俞永信，等. 冬虫夏草无性阶段的分离和鉴定[J]. 真菌学报，1989，8(1)：35-40.
[65] 沈南英，曾璐，张显耻，等. 冬虫夏草真菌的分离[J]. 食用菌，1983(5)：1-3.
[66] 沈南英，张生民，曾璐，等. 中国冬虫夏草的人工培养方法[P]. 中国：专利申请号 85101971. 公开号 1009132，1985.
[67] 陈庆涛，王琪，刘波. 蝙蝠蛾被孢霉(新种)的形态学研究[J]. 山西大学学报，1986(4)：70-74.
[68] 陈庆涛，肖生荣，施至用. 中国拟青霉新种及其与虫草的关系[J]. 真菌学报，1984，3(1)：24-28.
[69] 戴如琴，兰红丽，李伟华，等. 蝙蝠蛾拟青霉新种的研究[J]. 北京农业大学学报，1989(15)：221-224.
[70] 李兆兰，孙云汉. 柱霉属一新种-蝙蝠蛾柱霉[J]. 真菌学报，1988，7(1)：23-28.
[71] 李兆兰. 中国弯颈霉新种及产环孢菌素的研究[J]. 真菌学报，1988，7(2)：93-98.
[72] 李兆兰，郑涛. 中国虫生真菌研究与应用[M]，北京：中国农业科技出版社，1993.
[73] 梁宗琦. 一个分离自冬虫夏草的金孢霉新种[J]. 真菌学报，1991(10)：50-56.
[74] 梁宗琦. 虫草的无性型及其确定[J]. 西南农业学报，1991，4(4)：1-8.
[75] 梁宗琦. 虫草一新种及其绿僵菌无性型[J]. 真菌学报，1991(10)：257-262.
[76] 梁宗琦. 虫草及其人工培养[J]. 贵州农学院丛刊，1994(增刊)：1-21.
[77] 印象初，沈南英. 冬虫夏草菌 Cordyceps sinensis(Berk.) Sacc. 的无性世代-中华束丝孢 Synnematium sinensis Yin，Shen sp. Nov[J]. 高原生物学集刊，1990(9)：1-5.
[78] 莫明和，迟胜起，张克勤. 冬虫夏草的微循环产孢及其无性型的分离[J]. 菌物系统，2001，20：482-485.
[79] 于洪飞. 冬虫夏草无性型鉴定的几种方法[J]. 安徽农业科学，2006，34(12)：2763.
[80] 蒋毅，姚一建. 冬虫夏草无性型研究概况[J]. 菌物系统，2003，22(1)：161-176.
[81] 赵锦，王宁，陈月琴，等. 冬虫夏草无性型的分子鉴别[J]. 中山大学学报，1999，38(1)：121-123.
[82] 李增智，黄勃，李春如，等. 确证冬虫夏草无性型的分子生物学证据[J]. 菌物系统，2000，19(1)：60-64.
[83] 方焕谋. 中国虫生真菌研究与应用[M]. 北京：中国农业科技出版社，1991.
[84] CEHAN YJ，ZHANG YP，YANG YX，et al. Genetic diversity and taxonomic implication of Cordyceps sinensis as revealed by RAPD markers. [J]. Biochemical Genetics，1999(37)：201-213.
[85] CHEN YQ，WANG N，QU LH. et al. Determination of the anamorph of Cordyceps sinensis inferred from the analysis of the ribosomal DNA internal transcribed spacers and 5.8s rDNA. [J]. Biochemical systematics and Ecology，2001(29)：597-607.
[86] EVANS HC，SAMSON RA. Cordyceps species and their anamorphs pathogenic on ants in tropical forest ecosystems 1. The Cephalotes (Myrmicinae) complex. [J]. Transactions of the British Mycological society，1982(79)：431-453.
[87] GAMS W. Cephalosporium-artige schimmelpilze. G. Fischer[M]，Stuttgart，1971.
[88] HAWKSWORTH DL，KIRK PM，SUTTON BC，et al. Dictionary of the Fnngi Eighth edition. [M]. Wallingford：CAB International, 1995.
[89] KIRK PM，CANNON PF，DAVID JC，et al. Dictionary of the Fungi. 9th edition. [M]. Wallingford：CAB international, 2001.
[90] KOBAYASI Y. Key to the taxa of the genera cordyceps and Torrubiella [J]. Transactions of the Mycological society of Japan，1982(23)：329-364.
[91] JIANG Y，YAO YJ. Names related to Cordyceps sinensis anamorph. [J]. Mycotaxon，2002(84)：245-253.
[92] 尹定华，唐雪梅. 冬虫夏草人工培植研究的进展[J]. 中国中药杂志，1995，20(12)：707-709.
[93] 王淑芳，朱慧新，朱平. 中国被毛孢的初步培养与生活力的观察[J]. 中国食用菌，2003，22(6)：4-6.
[94] 张显耻，何道珍. 中国冬虫夏草菌液体发酵工艺初探[J]. 食用菌，1995(6)：5-6.
[95] 姜文侠，孙武岳，马琳，等. 蝙蝠蛾拟青霉菌丝体发酵的研究[J]. 微生物学通报，1999，26(3)：192-194.
[96] 俞永信，许炫玉，王文元，等. 中华被毛孢及其完成有性阶段冬虫夏草的技术[P]. 中国：专利申请号

88103453. 公开号 1031393，1988.
[97] 杨大荣，杨跃雄，沈发荣，等. 中国虫生真菌研究与应用[M]. 北京：中国农业科技出版社，1988.
[98] 廖志勇. 冬虫夏草的染菌技术研究[J]. 食用菌，2005(6)：18.
[99] 涂永勤，张德利，曾纬，等. 蝠蛾属幼虫感染冬虫夏草菌的实验研究[J]. 食用菌，2010(3)：16-17.
[100] SUNG G. H，JONES N，et al. Phylogenetic classification of Cordyceps and Clavicipitaceous fungi [J]. Studies in Mycology，2007(57)：5-59.
[101] 石岩，王钢力. 冬虫夏草的化学成分综述[J]. 中医研究，2006，19(7)：55.
[102] 李楠，宋建国，刘金云，等. 蛹虫草与冬虫夏草化学成分比较[J]. 吉林农业大学学报，1995，17(增刊)：801.
[103] 董方霆，廖杰. HPLC 分析天然及人工培植冬虫夏草菌丝体中的甘露醇[J]. 药物分析杂志，1998(18)：1241.
[104] 常泓，张鹏. 香棒虫草和冬虫夏草中虫草素的比较分析[J]. 山西农业大学学报，2003，23(4)：3461.
[105] 黄兰芳，郭方遒，梁逸曾. HPLC-ESI-MS 测定冬虫夏草和蚕蛹虫草中腺苷和虫草素含量[J]. 中国中药杂志，2004，29(8)：762.
[106] 郦皆秀，李进，徐丽珍，等. 西藏产冬虫夏草化学成分研究[J]. 中国药学杂志，2003，38(7)：499.
[107] 白云娥，王毅，刘许媛，等. 冬虫夏草、亚香棒虫草中多糖的含量测定[J]. 中国医院药学杂志，2001，21(1)：19.
[108] 宋秀环. 蚕蛹虫草与冬虫夏草中无机元素的比较[J]. 中国食用菌，1991，20(10)：3.
[109] WU Y，SUN H，QIN F，et al. Effect of various extracts and a polysaccharide from the ediblemycelia of Cordyceps sinensis on cellular and humoral immune response against oval bumin in mice. Phytother Res，2006，20(8)：646.
[110] 俞丽霞，张冰冰，阮叶萍，等. 虫草多糖不同组分的免疫活性研究[J]. 浙江中医学院学报，2004，28(1)：49.
[111] 张玉臣，熊成文，吕东，等. 虫草提取物抗炎及免疫作用实验研究[J]. 中药材，2007，30(10)：1289.
[112] 宓伟，李琳，于振海. 冬虫夏草对小鼠淋巴细胞增殖和 IL-2 产生的作用[J]. 滨州医学院学报，2008，31(3)：196.
[113] 姜涛，刘蛟，杜镇镇，等. 冬虫夏草对抗体形成细胞的作用研究[J]. 时珍国医国药，2008，19(5)：1121.
[114] 赵九洲，杨晶. 冬虫夏草对小鼠免疫因子 IL-1，IL-10 及 TNF-α 作用的初探[J]. 中外健康文摘，2008，5(8)：1074.
[115] ZHANG W，YANG J，CHEN J，et al. Immunomodulatory and antitumour effects of an exopolysaccharide fraction from cultivated Cordyceps sinensis (Chinese caterpillar fungus) on tumourbearingmice. Biotechnol Appl Biochem，2005，42(1)：9.
[116] YANG J，ZHANG W，SHI P，et al. Effects of exopolysaccharide fraction (EPSF) from a cultivated Cordyceps sinensis fungus on c-Myc，c-Fos，and VEGF expression in B16 melanoma-bearingmice. Pathol Res Prac，2005，201(11)：745.
[117] NAKAMURA K，KONOHA K，YAMAGUCHI Y，et al. Combined effects of Cordyceps sinensis and methotrexate on hematogenic lung metastasis in mice. Recept Chan，2003，9(5)：329.
[118] LEUNG PH，ZHANG QX，WU JY. Mycelium cultivation，chemical composition and antitumour activity of aTolypocladium sp. fungus isolated from wild Cordyceps sinensis. J Appl Microbio，2006，101(2)：275.
[119] 龚晓健，季晖，曹祺，等. 人工虫草提取物抗心律失常作用的研究[J]. 中国药科大学学报，2001，32(3)：221.
[120] 梅其炳，陶静仪，高双武，等. 天然冬虫夏草的抗实验性心律失常作用[J]. 中国中药杂志，1989，14(10)：616
[121] 王赫，周宇宏，单宏丽，等. 冬虫夏草水提液对单个心室肌细胞钾通道的影响[J]. 中国药理学通

报,2004,20(5):536.

[122] 王赫,单宏丽,周宇宏,等. 冬虫夏草对豚鼠心室肌细胞浆钙离子浓度及L-型钙内流的影响[J]. 中草药,2004,35(8):895.

[123] 冯鸣国,周前贵,冯高阖,等. 人工培养虫草菌丝体对麻醉犬血管的扩张作用[J]. 中药通报,2003,12(12):41.

[124] CHIOU WF,CHANG PC,CHOU CJ,et al. Protein constituent contributes to the hypotensive and vasorelaxant activities of corfyceps sinensis. Life Sci,2000,66(14):1369.

[125] 吴秀香,马克玲,李淑云,等. 冬虫夏草降压作用实验研究[J]. 锦州医学院学报,2001,22(2):10.

[126] 何建新. 冬虫夏草水提液抗脂质过氧化损伤的实验研究[J]. 中医药研究,1998,14(1):51.

[127] 刘凤芝,李延平,黄明莉,等. 冬虫夏草醇提物对大鼠缺血再灌注过程心肌保护作用的研究[J]. 中国病理生理杂志,1999,15(3):240.

[128] 李雪芹,刘建云. 冬虫夏草对垂体后叶素致大鼠急性心肌缺血的研究[J]. 中国中西医结合急救杂志,2003,10(1):6.

[129] 吴秀香,王国秋,马克玲,等. 冬虫夏草对肾性高血压大鼠心血管功能的影响[J]. 中西医结合心脑血管病杂志,2005,3(2):137.

[130] LIN CY,KU FM,KUO YC,et al. Inhibition of activated human mesangial cell proliferation by the natural product of cordyceps sinensis (H1-A): an implication for treatment of IgA mesangial nephropathy. J Lab Cli Med,1999,133(1):55.

[131] 王莜霞,吴兆龙. 冬虫夏草对离体人肾小球系膜增殖的影响[J]. 中国临床药学杂志,2001,10(1):24.

[132] SHAHED AR, KIM SI, SHOSKES DA,et al. Down-regulation of apoptotic and inflammatory genes by cordyceps sinensis extract in ratkidney following ischemia/reperfusion. Transplantation Proceedings,2001,33(6):2986.

[133] 胡杨青,周巧玲,刘抗寒,等. 冬虫夏草对糖尿病肾病鼠肾组织转化生长因子β/c-myc表达的影响[J]. 肾脏病与透析肾移植杂志,2005,14(5):413.

[134] KIHO T, HUI J, YAMANE A, et al. S. Polysaccharides in fungi. XXXII. Hypoglycemic activity and chemical properties of a polysaccharide from the cultural mycelium of Cordyceps sinensis. Biol Pharm Bull,1993,16(12):1291.

[135] LI SP, ZHANG GH, ZENG Q, et al. Hypoglycemic activity of polysaccharide, with antioxidation, isolated from cultured cordyceps mycelia. Phytomedicine,2006,13(6):428.

[136] CHEN J, ZHANG W, Lu T, et al. Morphological and genetic characterization of a cultivated Cordyceps sinensis fungus and its polysaccharide componentpossessing antioxidantproperty inH22 tumor-bearingmice. Life Sci, 2006, 78(23): 2742.

[137] YAMAGUCHI Y, KAGOTA S, NAKAMURA K, et al. Antioxidant Activity of the extracts from fruiting bodies of cultured cordyceps sinensis. Phytother Res, 2000, 14(8): 647.

[138] YAMAGUCHI Y, KAGOTA S, NAKAMURA K, et al. Inhibitory effects of water extracts from fruiting bodies of cultured Cordyceps sinensison raised serum lipid peroxide levels and aortic cholesterol deposition in atheroscle-rotic mice. Phytother Res, 2000, 14(8): 650.

[139] LI SP, LI P, DONG TTX, et al. Anti-oxidation activity of different types of natural Cordyceps sinensisand cultured Cordyceps mycelia. Phytomed, 2001, 8(3): 207.

[140] LI SP, ZHAO KJ, JI ZN, et al. A polysaccharide isolated from Cordyceps sinensis, a traditional Chinese medicine, protects PC12 cells against hydrogen peroxide-induced injury. Life Sci, 2003, 73(19): 2503.

[141] WANG BJ, WON SJ, YU ZR, et al. Free radical scavenging and apoptotic effects of Cordyceps sinensis fractionated by supercritical carbon dioxide. Food Chem Toxico, 2005, 43(4): 543.

[142] 王雨秾,张玮. 冬虫夏草菌丝对乙型慢性病毒性肝炎免疫功能的影响[J]. 辽宁中医药杂志,2006,33(5) : 513

[143] LIU YK, SHEN W. Inhibitive effect of cordyceps sinensis on experimental hepatic fibrosis and its possible mechanism. World J Gastroenterol, 2003, 9(3): 529.

[144] ZHANG X, LIU YK, SHEN W, et al. Dynamical influence of cordyceps sinensis on the activity of hepatic insulinase of experimental liver cirrhosis. Hepatobiliary Pancreatic Diseases International, 2004, 3(1): 99.

[145] 屈统友,金小辉. 冬虫夏草在呼吸系统疾病中的应用[J]. 海峡药学, 2005,17(6): 141.

[146] 杨毅,贾力莉,武玉鹏,等. 人工冬虫夏草抗疲劳、降血脂作用实验研究[J]. 山西中医,2008,24(10):46.

[147] 杨朝宽,侯淑彦,于静,等. 宁心宝胶囊治疗心律失常[J]. 新药与临床,1990,3(5):279.

[148] 徐济民,郑慧君. 宁心宝胶囊治疗心律失常 64 例的随即双盲对照观察[J]. 上海中医药杂志,1992,(4):4.

[149] 于军会,邱玉英,张进. 美托洛尔与宁心宝合用治疗复杂性室性早搏 64 例[J]. 实用中西医结合杂志,1997,10(15):1457.

[150] 王竹香. 宁心宝胶囊配合西药治疗频发性早搏 36 例[J]. 河南中医,2004,24(12):72.

[151] 钟灵,钟毅,周红. 宁心宝胶囊治疗高脂血症的临床研究[J]. 中医药研究,2000,16(3):8.

[152] 蔡九英,翟桂兰,高薇,等. 黄芪和冬虫夏草联合应用对血脂的影响[J]. 中国临床医生,2004,32(1):37.

[153] 宋立群,代丽娟. 虫草肾茶方对慢性肾衰竭非透析患者微炎症状态的改善作用[J]. 中国中西医结合肾病杂志,2008,9(9):829.

[154] 尹继明,方建新,等. 冬虫夏草治疗单纯性血尿的疗效观察[J]. 中国中西医结合肾病杂志, 2001,5(2): 269.

[155] 王宁群,姜良铎,张晓梅,等. 冬虫夏草软胶囊改善支气管哮喘患者生存质量临床研究[J]. 中国中医药信息杂志,2007,14(12):55.

(李兆兰、杨睿倩)

第七十四章　茯　苓

DIQISHISIZHANG FULING

摘要：茯苓在中国作为药用菌已有 2000 多年的历史，人工栽培也有 1000 多年的历史，是中国药用菌人工栽培产量最大的品种之一。本章较详细介绍了茯苓的学名与分类学地位、生物学特性、菌种选育、商业化栽培技术、加工技术、菌丝体发酵技术、菌核化学成分、营养与药用价值等方面内容。

Wolfiporia extensa

Abstract: *Wolfiporia extensa*, also called Fuling (in Chinese) and Tuckahoe, has been recognized as a medicinal fungus in China for two millenia, and has been cultivated for a millenium. It is the most widely cultivated medicinal fungus in China. This chapter gives a detailed description of *W. extensa* including taxonomic status, biological features, strain selection, cultivation techniques including commercial-scale production, submerged culture, chemical components of sclerotia, nutritional attributes and medicinal properties.

第一节　概　述

一、茯苓的拉丁学名

茯苓是一种常用的药用菌，医药行业及日常生活中所说茯苓均指其地下菌核，中药药农栽培茯苓也主要是获得其菌核。

茯苓又名：茯菟、茯灵、伏苓、松腴、绛晨伏胎、云苓、茯兔、松薯、松苓等。

学名：*Wolfiporia extensa*(Peck)Ginns, *Mycotaxon* 21:332(1984)。这是 Ginus J. 在 1984 年修订的学名。

属名"*Wolfiporia*"一词中，"wolf"来自人名"Wolf"，词尾"-poros"，意思是"孔"，直译为"沃尔夫卧孔菌属"。种名加词"*extensa*"意思是"伸长的、伸展的、延长的"，描述菌核的生长情况。中文古代就称"茯苓"。

同物异名：*Daedalea extensa* Peck, *Ann. Rep. N. Y. St. Mus.* 44:21(1891); *Macrohyporia cocos* (Schwein.) I. Johans. & Ryvarden, *Trans. Br. Mycol. Soc.* 72:192(1979); *Macrohyporia extensa* (Peck)Ginns & J. Lowe, *Can. J. Bot.* 61(6):1673(1983); *Pachyma cocos* Fr., *Syst. mycol.* (Lundae)2(1):242(1822); *Poria cocos* F. A. Wolf, *J. Elisha Mitchell scient. Soc.* 38:134(1922); *Sclerotium cocos* Schwein., *Schr. naturf. Ges. Leipzig* 1:56(1822); *Wolfiporia cocos* (F. A. Wolf) Ryvarden & Gilb., *Mycotaxon* 19:141(1984)。

分类地位：菌物界(Fungi)，担子菌门(Basidiomycota)，伞菌纲(Agaricomycetes)，多孔菌目(Polyporales)，多孔菌科(Polyporaceae)。

茯苓在我国已有 2000 多年的药用历史，是传统大宗药材，年用量在 15 万吨左右。茯苓为利水渗湿、健脾和胃、宁心安神良药。用于小便不利、水肿胀满、痰饮咳逆、呕吐、脾虚食少、泄泻、心悸不安、失眠健忘、遗精白浊等症。据统计，用茯苓为原料生产的中成药品种达几百种。同时在保健、营养、药膳等领域，茯苓的用量也很大。茯苓还是我国传统的药用菌产品和出口商品，唐宋时代就已远销印度、西亚、亚欧、东南亚、日本等许多国家和地区。2009 年，我国茯苓总产量已达 29.33 多万吨，每年出口达4 000～5 000吨。

二、中国古代文献有关茯苓的记载

据记载，我国人工栽培茯苓已有 1000 多年的历史。《癸辛杂识》较详细记载了宋代种植茯苓的方法："以大松根破而系于其中，紧束之，使脂液渗入其内，然后择地之沃者，坎而瘗之，三年乃取，则成大苓矣"。南北朝期间已经有人工栽培的茯苓，但所产菌核很小，质量也差。到了宋朝栽培技术明显改进，始用“肉引”种等，使产量和品质大有提高，“肉引”种等技术一直沿用至现在一些老茯苓产区。

陶弘景云：“今出郁州，彼土人乃假研松作之，形多小虚赤不佳。”说明梁代时就有人工栽培的茯苓。明代卢之颐云：“亦可人力为之，就斫伐松林，根则听其自腐，取新苓之有自根者，名茯苓缆，截作寸许长，排种根旁，久之发香如马勃，则茯苓生矣。”这里所说的“茯苓缆”显然是指茯苓的菌丝，其种植方法完全科学。

清代《本草从新》云：“近今茯苓颇多种者。”种植方法在《增订伪药条辨》载：“种苓亦多，其法用本地产鲜茯苓捣碎如泥，种于肥土山叶茂松根上，先将松根旁离根二尺处掘去泥土至见松根，将茯苓屑每株约一两，以竹箬裹附松之支根上，越半年，施肥料一次，至三年掘，则成二三斤重之茯苓。然其结不在原种根上，随气息止而结苓，往往有种于西杈根而结苓在东杈根，间有种有不结苓者。且松根下结苓，而叶必萎黄，或发红色，此即松之精气，收聚凝结为苓也。故土人望而知其为苓。”茯苓的菌丝是营寄生和腐生生活，主要分解松树的木质素和纤维素为葡萄糖而吸收。

传统的栽培方式在产量和质量方面都不太稳定，没有形成规模。大面积、高质量的栽培是近几十年科技发展的结果，一些科研机构结合生产企业应用现代理论技术，在引种驯化、良种选育、栽培管理技术、采收加工、炮制等方面进行了多学科的综合研究，取得了丰富的经验和很大的经济效益，并制成许多中成药和滋补强壮药在市场销售。

第二节 茯苓的生物学特性

一、茯苓的形态特性

茯苓在不同的发育阶段，表现出菌丝体、菌核、子实体3种不同的形态特征。

（一）菌丝与菌丝体

菌丝是指单细胞连接成的管状、透明的丝状体。在光学显微镜下观察，茯苓菌丝由2种菌丝及小囊状体组成，其中生殖菌丝透明，薄壁到厚壁，具简单隔膜，少分枝，直径3～5μm，有少量膨大菌丝直径达13～15μm或更宽；骨架菌丝无色或微带黄褐色，厚壁到实心，少分枝，直径3～6μm或更宽。

普通光学显微镜下品红染色观察，茯苓菌丝同其他担子菌菌丝相比，粗壮，分枝少，无锁状联合。菌丝一般分为两种类型：一类直径为3～6μm，细胞壁较薄，可见细胞质，两条平行的菌丝间常常有长短不一的横向连接菌丝形成菌丝连桥，该种菌丝占大多数；另一类菌丝直径为5～8μm，细胞壁厚，纤维化程度高，未见细胞质，未见两条菌丝间有菌丝连桥。

荧光显微镜下茯苓菌丝体为有隔膜、无锁状联合的多核菌丝，核数目不定，一般为6～30个，同一细胞中往往表现为两个核较为靠近。

宁平和程水明（2006）对茯苓菌菌丝的核相及染色技术进行研究。以茯苓菌为材料，用Giemsa、番红O-KOH、结晶紫、石炭酸碱性复红以及Hoechest 332585种染料对茯苓菌丝进行染色，研究其核相及锁状联合现象。结果显示：Giemsa染色效果最好，番红O-KOH和Hoechest 33258次之，结晶紫和石炭酸碱性复红最差。在普通光学显微镜以及荧光显微镜下，用Giemsa和Hoechest 33258染色可见茯苓菌丝为多核菌丝体，但难以辨别茯苓是否具有锁状联合。经Giemsa、番红O-KOH、结晶紫、石炭酸碱性复红以及Hoechest 33258这5种染料的染色效果后发现，Giemsa染色效果最好，细胞核清晰可数。该结论与李霜等的结果不同。番红O-KOH和Hoechest33258的染色效果次之。在番红O-KOH染色过程中，看到某些菌丝的2个细胞之间的隔膜处有1个小小的突起，难以判断茯苓是否为锁状联合，这或许是单毅生等认为茯苓是具有锁状联合，而富永保人等认为茯苓是不产生锁状联合的原因。茯苓是否具有锁状联合还有待进一步研究。

菌丝体是指许多单根菌丝组成的群体。茯苓菌丝体均为白色，绒毛状，气生菌丝较多。用试管或平板分离、扩大培养时，可见菌丝体初期菌落呈现多个同心环纹特征，该特征随着菌丝的迅速繁衍，逐渐消失。蔓延生长的气生菌丝“爬瓶”现象明显。

28℃条件下茯苓菌丝体在培养皿中生长迅速，在PDA培养基上接种0.5cm见方的小块，5～6天菌丝可长满Φ9cm培养皿。菌丝洁白，粗壮浓密，气生菌丝旺盛。在试管中气生菌丝还有向试管口生长的趋势。

菌丝体是茯苓的营养器官，包括单核菌丝体

和双核菌丝体两种形态。菌丝体幼嫩时呈白色绒毛状，衰老时为棕褐色。

菌丝体不断分解木材，茯苓聚糖积累日益增多，结果袋囊越来越大，形成菌核。

茯苓的生长从孢子在适宜条件下开始萌发。孢子萌发后产生菌丝，此时菌丝内仅有1个细胞核，称为单核菌丝。菌丝进行分裂，不断延伸，历时较短，很快两菌丝细胞壁融合，但细胞核仍保持独立，形成双核菌丝。双核菌丝洁白粗壮，通过锁状联合方式进行分裂，生长更为迅速。这些双核菌丝交织在一起形成白色棉绒状的菌丝体，分解和利用营养物质的能力更强，同时菌丝不断产生分枝，以增强与寄主的接触面，提高吸收能力。这种菌丝体在朽木组织和活的组织中迅速生长，继续侵入松根的木质部。当温度为26～32℃、湿度为80%～95%、通气条件良好时，菌丝体依靠自己所具有的酶将木材中的纤维素、半纤维素等分解为相对分子质量低的化合物，通过进一步转化为所需要的营养物质，并繁殖出大量的营养菌丝体。营养菌丝体在呼吸过程中产生水分，有些水分凝成水珠滴入周围松软的砂土中，形成潮湿的小穴，菌丝沿着小穴生长，形成环状的小袋囊。

在原种和人工琼脂培养基上，茯苓菌丝生长旺盛而均匀，能够分泌乳白色乳珠。气生菌丝绒毛状，分枝浓密而粗壮，菌丝色泽洁白，老后变成淡黄色，具有浓厚茯苓聚糖香味。

（二）菌核

菌丝体生长发育成菌核和子实体。菌核是茯苓的储藏器官，由无数菌丝及储藏物聚集而成。茯苓菌核球形扁圆形或不规则块状，大小不一，直径10～30cm，重2～3千克，甚至达10～60千克，是真菌中最大的菌核。刚挖出不久的潮苓表面浅棕褐色，粗糙多皱，内部为白色粉末状至颗粒状菌肉，质地较松，容易剖开，有淡淡的中药气味。

茯苓菌核表面黑褐色或棕褐色，外皮薄而粗糙，有明显隆起的皱纹，常附有泥土。茯苓菌核体重，质坚硬，不易破开；断面不平坦，呈颗粒状或粉状，外层淡棕色或淡红色，内层全部为白色，少数为淡棕色，细腻，可见裂隙或棕色松根与白色绒状块片嵌镶在中间。气味无，嚼之黏牙。以体重坚实、外皮呈褐色而略带光泽、皱纹深、断面白色细腻、黏牙力强者为佳。

菌核有特殊臭味，剖开时为白色，渐变为粉红色，最终则变成深褐色、黑色。菌膜由初始的柔韧状态变成坚硬的皮壳，其内部的糊状物逐渐浓稠，变得黏密坚实，最后变成白色或淡红色的粉状物。这时菌核渐渐破土而出。气温达到22～26.5℃、湿度为70%～85%，菌核暴露于空气中时，在菌核向地一侧产生蜂巢状的繁殖器官，即为子实体。

（三）子实体

茯苓子实体很难采集到，很多研究者、生产者也没有见到过。

子实体无柄，平铺于菌核表面，往往较薄，厚3～8mm。最初由圆形小块逐渐扩展成片状，初为白色，老后或干后变成浅褐色，管孔不规则形或多角形，深2～3mm，直径0.5～2mm，孔壁薄，孔缘起初呈迷宫状，以后变成齿状。管口多角形或不规则形，直径0.5～2mm。菌管壁薄，长2～3mm。菌丝层厚1～2mm。管孔周围产生许多棍棒状的担子，构成子实层。每个担子上有小梗，上面各带一个长椭圆形，有时略呈弯曲的担孢子。孢子非常小，只有借助显微镜才能观察到，孢子壁表面光滑，无色透明。春末夏初，温暖多雨，在露出土的段木上也会长出由菌丝直接形成的子实体。子实体依靠菌核或菌丝体获得的营养物质生长发育。

新鲜的大菌核在有良好的空气条件下较易形成子实体，干缩的小菌核不易形成子实体。在室温20～26℃、空气湿度85%以上条件下，将8～9千克的鲜菌核置于盛水容器中，离水2cm，或将菌核放在地面的细砂上，经常洒水，保持足够的湿度，室内光线明亮，通气良好，1～2天以后菌核上会出现白色蜂窝状子实体。子实体由无数的“菌管”组成。在菌管内侧子实层上产生孢子，10～20天后可大量弹射孢子，用肉眼可观察到从子实层散发出来的缕缕轻烟，3天内每平方厘米子实体可弹射出2亿～3亿个孢子。

茯苓菌核组织分离所得白色正常菌丝体在28℃条件下，用PDA培养基，在试管、培养皿或三角瓶中培养20天以上，开始形成灰白色子实体。子实体大小不一，直径0.5～1.5cm，一般平铺群生，呈小迷宫状，或呈小菊花状，单生或群生。将子实体悬挂弹射孢子，未见明显孢子印。子实体出现7～10天后开始变黄发褐，最后萎缩。

挖出不久的茯苓菌核用毛刷刷去泥沙，放置于荫凉通风处，盖上编织袋或干稻草，7天左右菌核表面开始大面积出现平铺群生的子实体，并有浅黄色露珠状液体出现，在生产实践中称为潮苓“发汗”。

孢子在普通光学显微镜下呈瓜子形或椭圆形，大小为$6～11\mu m \times 2.5～3.5\mu m$，其中一端有弯曲的尖嘴。

电镜扫描可观察到担孢子无色、透明、近球形或类球形，壁薄，孢纹瘤状，表面凹凸不平，有一歪尖，大小为1.9～2.3μm×2.4～2.8μm。

荧光显微镜下茯苓担孢子呈一端较细且稍微弯曲的不规则瓜子型或椭球型，大小为2～3μm×4～5μm。统计发现，双核孢子占87.2%，单核孢子占4.7%，无核孢子占8.1%。担孢子萌发从一端开始形成芽管，从芽管上出现分枝，菌丝比较细，分枝多，为有隔膜的多核菌丝。

子实体成熟时，在管孔内侧的子实层上产生数以万计的担孢子，担孢子从管孔中喷射出来。个体很轻，随风飘扬到处安家落户。小部分落到适合它萌发的环境中，孢子才能获得生存，孢子在温度、湿度、营养、空气等条件成熟时开始新的生命周期。

原生质体：普通光学显微镜下，孢子原生质体呈圆球形，荧光染色后的孢子原生质体在荧光显微镜下难以发出足够明亮的荧光，偶尔能观察到原生质体，但是不能清晰分辨原生质体内细胞核数目。原生质体悬液放置2～3天后，染色观察，偶尔能观察到原生质体再生情况。

二、茯苓的生态习性

（一）地理分布

茯苓适应能力强，野生茯苓分布广泛。

分布于中国、日本、韩国、印度、东南亚、北美洲、澳大利亚、新西兰等国家和地区。

我国茯苓资源丰富，分布较为广泛，黄河以南大部分省区均有分布，主要分布在河北、山西、陕西、山东、安徽、江西、江苏、浙江、福建、河南、湖北、湖南、广东、广西、四川、云南、贵州、西藏等省区。家种、野生均有，以家种产量大，商品多。其中以云南的产品——“云苓”质量最佳，主要产于丽江地区。安徽的产品——“徽苓”产量最大。家种茯苓历史产区集中在湖北、安徽、河南三省接壤的大别山区，主产于安徽金寨、霍山、岳西、太湖，湖北罗田、英山、麻城，河南商城、新县、固始等地。新产区主要在广东信宜、高州、新丰，广西岑溪、苍梧、玉林，福建尤溪、三明、沙县，云南禄功、武定等县。

（二）寄生植物

茯苓为兼性寄生菌，野生在马尾松、黄山松、赤松、云南松、黑松等树种的根际。

茯苓多生活在松科松属植物的根部，以生长在马尾松根部的茯苓品质最好；其他植物如杉、柏、桑树、垂柳等偶见生长，但多数不结核，有的即使结核也很小。茯苓既可寄生在活的松树根上，也可在伐下的腐木段上生长。菌核中储藏的茯苓聚糖是段木纤维素转化而来。段木的质和量影响茯苓的产量，一般以20～40年生、胸径10～40cm的中龄松树为好。老龄树木心大松脂多，幼龄树木质疏松，不适宜培育茯苓。

（三）海拔

野生茯苓通常腐生或寄生在海拔500m以上，地下20cm左右的腐朽或活的松科植物赤松和马尾松根部或树干上，人工栽培腐生于埋在土中的松木段或松枝上。

产区大多选海拔600～900m的山坡地。张大成报道，在四川海拔2 400m苓场种植茯苓，产量稳定，质量好，无白蚁虫害，单个苓产量达1 000g。这说明茯苓对环境的适应范围较广。

茯苓除了在高海拔地区引种成功外，还曾在小兴安岭地区引种成功。当地寒冷，植物生长期短，山场以600m低矮土山为佳，选择南坡，坡度宜陡，最好有较高的山头作为天然挡风屏障，以排水良好的砂土和黄砂土为好。忌用洼地和含松土较多、排水不良的平地。为适应茯苓的生长，采取塑料薄膜覆盖以提高温度。当年可收获茯苓15千克以上，最大的可收获2.9千克，菌核椭圆，浆汁充沛，菌粉洁白细腻，符合药用标准。

（四）土壤环境

野生茯苓生长于排水良好、疏松通气、土层30～90cm、弱酸性反应的土壤内，或生长于干燥向阳的松木根上。

茯苓菌丝在pH3～7的酸性土壤环境下均能正常生长，以pH5～6.5为最好。茯苓是一种好气性腐生真菌。栽培茯苓时，土壤以含砂量70%左右的砂质土壤为佳，还必须注意保持土壤中适宜的湿度。土壤中含水量保持50%～60%，既能满足茯苓对水分的要求，也能满足茯苓对氧气的要求。

茯苓菌丝生长阶段和菌核生长阶段对温度要求有所不同。菌丝在18～25℃均可生长发育；在28～30℃生长快而健壮；10℃以下生长缓慢；在35℃仍能存活，但易衰老。据报道，菌核生长白天必须有高温（32～36℃），夜间气温必须在26℃以下。昼夜温差大有利于松木的分解和茯苓聚糖的积累，便于菌核形成。但有关昼夜温差大有利于菌核的形成和发育的观点尚需进一步证实。茯苓菌核的形成须有黑暗刺激、温度刺激，否则不易形成正常和坚实的菌核。

孢子22～28℃萌发，菌丝18～35℃生长，在

25～30℃生长迅速，子实体18～26℃分化生长并能产生孢子。段木含水量以50%～60%、土壤含水量20%、pH为3～7、坡度10～35度的山地砂性土较适宜。在昼夜温差大的条件下有利茯苓的生长。

茯苓栽培一定要将菌丝体埋入砂土中，经土砂机械刺激，才会形成正常的坚实的菌核。

（五）季节

在四川凉山州海拔1 600m以下多为水稻、小麦轮作的农耕地，在4～5月将大麦、小麦收割后，即可种植茯苓，到11～12月份收干苓。收茯苓后，可再种植毛大麦、小麦、油菜、洋芋等作物，长势和产量都很理想。

（六）地形地貌

产区大多选在海拔600～900m的山坡地，坡度15～30度，以背风向阳的南坡为好，土质以中性及酸性砂土为好，切不可选凹陷谷地。种过茯苓的场地需隔5～10年才可再作苓场。

（七）茯苓的采集

野生茯苓一般在7月至次年3月间到马尾松林中采取。生有茯苓的地面，一般具有以下特征：①松林中树桩周围地面有裂隙，敲之发出空响；②松树附近地面有白色菌丝（呈粉白膜或粉白灰状）；③树桩头烂后，有黑红色的横线裂口；④小雨后树桩周围干燥快，或有不长草的地方。栽培的茯苓一般在接种后第二、三年采收，以立秋后采收的质量最好，过早采收会影响质量和产量。加工：茯苓出土后洗净泥土，堆于屋角不通风处，也可储放于瓦缸内，下面先铺一层松毛或稻草，将茯苓与稻草逐层铺叠，最上面盖厚麻袋，使其发汗，析出水分。然后取出，将水珠擦去，摊放荫凉处，待表面干燥后再发汗。如此反复3～4次，至表面皱缩，皮色变为褐色，再置荫凉干燥处晾至全干，即为个茯苓。切制：发汗后趁湿切制，也可取干燥茯苓以水浸润后切制。将茯苓菌核内部的白色部分切成薄片或小方块，即为白茯苓；削下来的黑色外皮部即为茯苓皮；茯苓皮层下的赤色部分，即为赤茯苓；带有松根的白色部分，切成正方形的薄片，即为茯神。切制后的各种成品，均需阴干，不可炕晒，宜放置在荫凉处，不能过于干燥或通风，以免失去黏性或发生裂隙。

在一些山区除了人工栽培茯苓外，尚有一些完全野生的茯苓。野生茯苓一年中均可采挖，以7月至次年3月间采挖较好，4～7月份的茯苓质松，最好不采。野生茯苓喜生长于海拔400～1 000m的肥沃、干燥、阳光充足的坡地，寄生于死亡但尚未腐烂的松树根部，深入地下达20～30cm，8年左右成熟，到12年后又逐渐腐烂消失。因此，较适宜在死亡3～4年后的松树间寻找采挖。寻找时首先看松树的残蔸，有下列现象，可能有茯苓寄生：

①残蔸的断面呈暗红色，用手捏可将其成粉末，有脆性；

②残蔸有黑红色的横线裂口，敲打后多成方形小块；

③残蔸附近地面有浅白色膜状物或丝状物，从地面缠系到枝干上；

④松根皮内有黄白浆流出，松脆而无松油气味。

其次看残蔸附近的地面，有以下特征者会有茯苓生长：

①地面有裂隙，敲打发出空响；

②小雨后树桩周围干得很快，或草木生长不旺盛。在这些地方先用铁制探试器伸进地面20～40cm深，可发现土中有芋状物，或铁器较难拔出，拔出后顶端带有白色粉浆。采挖时要顺着树桩向阳向下的主根采挖。如遇到菌核抱根生长，可用刀砍断树根，挖出茯苓，但切不要将根抽出，它可作为茯神入药。附有少许茯苓的松根或挖破茯神脱下的松根，称为茯神木或黄松节，也可入药，不可丢弃。挖掘出的茯苓表面有自然圆空，圆空朝向的地方，即指示还有其他茯苓。在树桩附近其他植物根部，如黄茅草、蕨根上，也可能会被接引而生长茯苓，也需仔细寻找。成熟的茯苓个大，形如鸟兽、龟鳖状，内有黄色浆汁。未成熟的茯苓个小，有白浆，应仍埋于原处，使其继续生长，以后再采。

三、茯苓的生理

（一）营养条件

1. 碳源

茯苓菌丝体在不同碳源条件下的生长速度、形态及密度差异显著。茯苓利用松木屑、葡萄糖、果糖的效率高，菌丝体洁白，浓密粗壮，生命力强；在可溶性淀粉、玉米粉为碳源的培养基上，菌丝扩展速度较快，但菌丝稀疏、纤弱；对麦芽糖的利用效果也较差；分解微晶纤维素、乳糖、苹果酸以及山梨醇的能力很弱，生长速度与葡萄糖相比，差异显著；草酸严重抑制茯苓菌丝体生长，接种块不能萌动。从总体上来看，对单糖、双糖、多糖、糖醇及部分有机酸类有一定利用能力。

2. 氮源

茯苓对氨态氮、硝态氮、有机氮和氨基酸均可利用，但在利用程度上存在较大差异。以玉米浆为氮源最好，菌丝浓密，洁白，粗壮，菌丝生长速度显著高于$(NH_4)_2SO_4$，且菌丝不分泌色素。无机氮中对$(NH_4)_2SO_4$利用较好，其次为KNO_3，对$(NH_4)_2HPO_4$、酒石酸铵、$Ca(NO_3)_2$的利用能力差，但所有无机态氮源均未使菌丝产生色素，菌丝洁白。以豆粉、蛋白胨作氮源，菌丝密度较大，生长速度较快；利用酵母膏、酪氨酸的能力差。有机氮中除了玉米浆外，均有色素产生，使菌丝发黑，培养基质也发黑。

以有机态氮作氮源易使菌丝分泌黑色素，以无机态氮作为氮源均未出现菌丝发黑现象，可能是有机态氮源中普遍含有酪氨酸。所有供试氮源中玉米浆是最适宜的氮源，不但生长速度快，菌丝密度大，且无黑色素产生，可能在玉米浆加工过程中酪氨酸遭到了破坏，使黑色素形成受阻。

3. 碳氮比

碳氮比对茯苓菌丝生长的影响很大。茯苓菌株在碳氮比5:1～50:1范围内都可以生长，碳氮比为25:1～35:1时，菌丝生长速度快，菌丝密度大，分枝多，生命力强。碳氮比10:1以下及50:1时，不但菌丝生长速度慢，而且菌丝稀疏，长势较差。碳氮比5:1～50:1范围内，茯苓菌丝都没有分泌黑色素。

5. 矿质元素

不同矿质元素对茯苓菌丝生长的影响很大。与对照相比，茯苓菌丝体显著需要KH_2PO_4；不加$MgSO_4$，菌丝生长速度比对照慢，菌丝密度减小。加入$CuSO_4$可使菌丝生长速度加快，NaCl对茯苓菌丝有促进作用，$Fe_2(SO_4)_3$、$MnCl_2$、$ZnCl_2$对生长有抑制作用。这些常用矿质盐均未使菌丝产生色素。

矿质元素钾、镁是必需的。钠、铜可促进菌丝体生长。其他矿质元素则抑制茯苓菌丝生长，可能是本身不需要，或者是加入浓度太大的原因。这些常用矿质元素与菌丝发黑无关，高浓度的碘会抑制菌丝生长，且诱发菌丝分泌大量色素。

5. 生长因子

不加维生素B_1，影响菌丝生长，菌丝密度小，生长速度慢；加入对氨基苯甲酸显著抑制菌丝生长；加入肌醇抑制菌丝体生长；生物素、维生素B_2、叶酸、维生素B_6、维生素C可以促进菌丝生长。但与对照相比，菌丝生长速度差异不显著，菌丝密度没有差异。所有供试生长因子均不刺激菌丝产生色素。

(二)环境条件

1. 温度

温度是影响茯苓生长和结苓的一个重要因素，对孢子、菌丝、菌核、子实体的影响都很明显。菌种培养中孢子在22～28℃下经24小时就会萌发，经48小时肉眼可见到菌丝。菌丝在15～35℃下均能生长发育，以20～32℃时生长较快。

温度降至10℃或上升到35℃以上时，菌丝发育受到抑制，生长十分缓慢，在0℃以下处于休眠状态。菌核的形成要求昼夜温差大的变温条件，如持续高温或温差小，菌丝生长缓慢，分解木纤维的能力弱，不利于茯苓聚糖的积累，菌核难以长大。只有白天高温(32～36℃)、夜间低温的条件，才有利于菌核的形成。在北方，菌核在－3℃条件下窖存也可越冬。窖存后，菌核经组织分离得母种，扩展成原种已栽培成功。东北有些地区用塑料薄膜覆盖提高地温，窖下气温要求在25℃以上，土温23～25℃，每年6～7月份接种，次年6～7月份收获。由于冬季采用了在窖上覆土防冻的方法，在高寒的小兴安岭引种也获成功。但北方生长期比南方短，产量不如在南方高。子实体在26℃左右分化发育迅速，能产生大量的担孢子；20℃以下子实体生长受限制，产生的孢子也不能散落。

在28℃条件下，分别在PDA、CM、PDPA培养基上接种大小相同的茯苓菌丝体接种块，测定平均生长速度。结果表明，PDPA培养基上菌丝生长最快，为1.47cm/d，菌丝洁白，气生菌丝也最为浓密。

孢子在PDA培养基上，22～28℃下即可萌发，菌丝在25～30℃时生长较快。菌核的形成要求昼夜温差大的变温条件，有利于松木的分解和茯苓聚糖的积累。在适宜温度下，茯苓接种20～30天，菌丝可长满木段，100～120天开始结苓。

2. 水分与空气湿度

茯苓生长的段木要求含水50%～60%，土壤湿度以25%左右为好。段木含水50%～60%，茯苓菌丝生长快，分解纤维素能力强，在呼吸过程中产生的水分可变为菌丝生长发育所需的水分。土壤湿度维持为25%。如遇秋天天气干燥，土壤湿度低于15%，或菌核已龟裂时，应加强培土，并浇水抗旱，维持土壤湿度25%。水分过多也会将茯苓淹死，雨水过多时要注意排水。在无琼脂条件下，用松木屑培养茯苓母种也可获得成功。在气温24～26℃、空气湿度70%～85%时，孢子易大量散出。

3. 空气

分别在普通棉塞、脱脂棉塞、硅胶塞封口的试管PDA斜面培养基上，接种大小相同的茯苓菌丝体接种块，测定平均生长速度。结果表明，透气性最好的普通棉塞封口的试管中菌丝生长最快，为1.36cm/d，菌丝洁白，气生菌丝也最为浓密；透气性最差的硅胶塞封口的试管中菌丝生长最慢，为0.93cm/d。

茯苓是好气性真菌，在生长过程中要不断进行呼吸作用。茯苓场应选择空气流通、排水良好的砂土壤，覆土不能过厚，土壤板结时要及时松土，才能满足菌丝正常发育的要求。下雨天或雨后茯苓场地未干时不能接种。

4. 光照

茯苓子实体的形成必须在有散射光的条件下才能完成，菌核在土中是不能形成子实体的。茯苓菌丝在完全黑暗条件下可以正常生长，被阳光照射反而容易老化甚至焦枯死亡。一般栽培茯苓的目的是收获菌核，不需光照。要结出较大的茯苓应适当地增加一些光照，光照与温度的提高有密切关系。充足的阳光可通过土壤来调节温度和湿度。因此，茯苓场地要选择全日照或至少半日照的阳坡，白天利用太阳的热量，加热苓场的砂砾土，使菌丝得到适宜的温度，促进其生长发育；夜间砂砾土降温快，形成较大的温差，有利于茯苓聚糖的积累和菌核的增大。完全没有阳光，地势荫蔽，苓场温度低，湿度大，通风不良，菌丝不易蔓延。

5. pH值

茯苓菌丝体在pH 2.38～7.10范围内均可生长，适宜pH为3.17～6.05。pH高于6.05，菌丝生长受到抑制，菌丝生长速度慢，菌丝密度小，但没有分泌黑色素；pH为7.1时，出现菌丝发黑现象，菌丝黄褐色，接种块黑色，菌丝生长速度受到明显的抑制；pH高于8.13时，接种块不能萌动，分泌大量的黑色素，接种块及其周围培养基变黑。

6. 土壤

培育茯苓的土壤虽然不直接提供养分，但它对于茯苓的生长发育却有着很大影响。茯苓生长发育所需要的温度、湿度、空气、光线等条件，靠土壤来调节。宜选择含砾砂多、含泥砂少的砂壤土，如红砂土、黄砂土、下黄泥等，一般含砾砂约70%左右。含砾砂多，土壤通透性好，晚间散热快，才能形成昼夜温差大的良好条件，有利于结苓。土壤过黏，通透性差，易发生积水瘟窖。土壤厚度应选1m以上，最薄不得少于0.5m。土壤过薄，保温、保湿能力差，不利于结苓。最好是土壤上层疏松，下层较紧实，这样既利于通气排水，又利于保温、保湿和采挖。土壤板结时应经常松土，才能满足菌丝正常发育对水、气的要求。茯苓菌丝适宜在微酸性或中性的土壤中生长，以pH3～7为宜，pH在4～6范围内生长最好（在配制琼脂培养基时pH要调至5～7之间，pH在4以下灭菌后不易凝固）。此时，茯苓分泌出的纤维素酶能发挥出最大的活性。土壤酸度过高或过低，都会影响茯苓菌生长。

7. 外源刺激

茯苓菌丝体比较容易培养，但形成菌核需要一定条件。据报道，菌丝体需经受一定压力与机械刺激作用，如在土中经土砂的机械刺激，才能形成正常的外皮棕褐色的坚实菌核。

8. 地势

栽培茯苓宜选择通风、向阳、排水良好的坡地，以东、南、西向为好，北向较差。坡度以10～25度为宜。海拔高度多数产区在600～1 000m。一般说来，凡是能生长马尾松、云南松、赤松、黄山松的地方，都能栽培茯苓。此外，茯苓忌连作，栽培过茯苓的土壤在2～4年内不宜再种植茯苓，连作易发生瘟窖，而且白蚁危害严重。白蚁危害严重的土壤也不宜栽培茯苓。

9. 茯苓担孢子萌发的适宜条件

用悬挂法收集茯苓担孢子，涂布于PDA培养基上，分别置于24℃、26℃、28℃、30℃、32℃条件下培养。8天后26℃、28℃条件下的培养皿中开始出现肉眼可见的细小的星芒状小菌落，10天后其他3种温度下的培养皿中也开始出现单个小菌落。26℃条件下孢子萌发率最高，为47.2%。担孢子萌发形成的菌丝较为浓密，呈白色短绒状，气生菌丝不明显，生长缓慢。单孢萌发菌丝形成的菌落形态差异明显，菌丝生长速度、气生菌丝浓密程度均有明显差异。

（三）菌丝体分泌黑色素

菌丝体分泌黑色素是一种特殊的生理现象。

有黑色素产生的菌株一般不要使用。

从生长不正常的泡松菌核分离得到的菌株易产生黑色素，并且生长速度缓慢。连续进行5次菌丝尖端培养，第5次有一皿没有出现菌丝发黑现象，说明菌丝尖端培养可以部分抑制菌丝发黑，但效果不明显。据黄为一（1988）研究，感染病毒的凤尾菇（*Pleurotus plumonarius*）菌丝体经尖端培养后，未能消除病毒。茯苓菌丝体是否含有病毒，病毒与菌丝发黑的关系有待进一步研究。

菌丝发黑与氮源、高浓度碘、pH值、温度及菌种来源有关。另外，在试验过程中发现，转接菌种时，如果接种块被灼烧，周围分泌大量黑色素，难以萌动。由此推测生长条件不适宜可诱发黑色素产生，菌丝发黑也可能是菌种退化的表现。茯苓的褐色菌丝有时可恢复为白色正常菌丝（梁平彦，陈开英1982）。在试验中也观察到这种现象，即茯苓菌丝发黑是一种不稳定现象。有时，尽管已经具备产生褐变反应的条件，但仍能保持白色。可能是由于酪氨酸和酪氨酸酶都被分隔在菌丝的亚细胞组织中，菌丝老化时，出现自溶现象，从而产生色素。也可能是酪氨酸酶的表达符合诱导型表达机制，即酪氨酸酶仅以一种半活性状态存在，激活它需要一种特定的化学信号，生长条件不适宜，或者有大量病毒粒子存在，或者菌种老化时，可以激活酪氨酸酶。菌丝发黑程度不一，可能与酪氨酸酶的酶活性有关。

四、茯苓遗传

余元广等认为茯苓担孢子也有正负性表现。单孢菌株的初生菌丝，细胞核不一定是单个，可能是多个，茯苓为异宗结合担子菌（余元广等，1980）。单毅生和王鸣歧认为，茯苓菌菌丝体为有锁状联合结构的双核菌丝，是一种二极性异宗结合真菌。

杨新美在《中国食用菌栽培学》中提出，茯苓是具有锁状联合的异宗结合真菌，国内学者大多认同该说法。日本菌物学者富永保人通过实验观察，认为茯苓菌菌丝体为无隔膜、无锁状联合结构的双核菌丝，担孢子为单核，是一种异宗结合真菌。富永保人将茯苓的生活史归结如下：茯苓子实体的菌褶上形成孢子，孢子萌发形成单核菌丝，两个异性的单核菌丝相融合形成双核菌丝，双核菌丝在松根表皮与老枯死皮层间繁殖生成形成菌核，菌核长大后在其上面长出子实体。另外，也可培养菌丝直接形成子实体。

李霜等（2000）认为，茯苓菌菌丝体为具有明显隔膜无锁状联合的多核菌丝。担孢子中双核孢子占75.3%，单核孢子占2.4%，无核孢子占22.3%，且有约18%的单孢菌株具单孢结实现象，故为同宗结合真菌。

许多学者认为茯苓为有锁状联合的异宗结合真菌，但是未给出实物照片等有力证据。李霜在荧光染色的基础上首次提出茯苓为无锁状联合的真菌，并根据茯苓担孢子中多数有两个细胞核的现象及单孢结实实验结果推测茯苓为同宗结合真菌，但未进一步研究茯苓为初级同宗结合菌还是次级同宗结合菌。

熊杰（2006）对茯苓的性模式进行了系统研究。单孢配对试验结果表明，同一菌株及不同菌株原生质体分离株间的配对均能和谐生长，同一菌株担孢子间的配对均产生拮抗线，但其中有少数配对在交接区形成扇形区域，拮抗线随后消失，而不同菌株担孢子间的配对全部形成稳定的栅栏型菌落。暗示茯苓担孢子中的两个细胞核具有遗传互补性，能形成独立个体的异双核，茯苓可能是一种次级同宗结合菌。

熊杰（2006）报道，分别对茯苓单孢菌株间、原生质体单个分离株间、单孢菌株和原生质体单个分离株间配对观察，并根据配对结果对茯苓性模式进行了初步确定。从实验室条件下培养收集到的11个菌株菌丝体以获得子实体和担孢子，结果YS1菌株、HLJ菌株和GZ1菌株形成了子实体，收集担孢子稀释涂皿后获得了数目不一的单孢菌落。

将获得的YS1菌株的17个单孢菌株依次编号，取第9号分别与其他孢子萌发的菌丝配对，10天后两接种块萌发菌丝开始接触。15天后观察发现，16个配对之间都出现明显拮抗线，第19天观察到其中与5号、7号、8号和16号配对的组合中，两接种块中线上出现扇型菌丝区域。该菌丝与接种块菌丝有明显差异。第25天观察，出现扇型区域的4个培养皿内拮抗线消失，培养基表面菌丝白色均一，浓密且气生菌丝稀少，但外观形态上与出发菌丝有很大差异。将5号、7号、8号、16号单孢菌株两两配对，结果发现两接种块中线上出现不能和谐生长的界线。

从获得的GZ1菌株的单孢菌株中随机挑选10株，分别进行两两配对。试验结果显示，在所有45组配对中，均在两接种块中线上出现不能和谐生长的界线。

从获得的YS1单孢菌株、GZ1单孢菌株、HLJ单孢菌株中各随机选取4个单孢菌株，每一菌株的4个单孢菌株分别与其他两种菌株的单孢菌株进行配对，结果所有配对间均在中线处出现明显不能和谐生长的拮抗线。

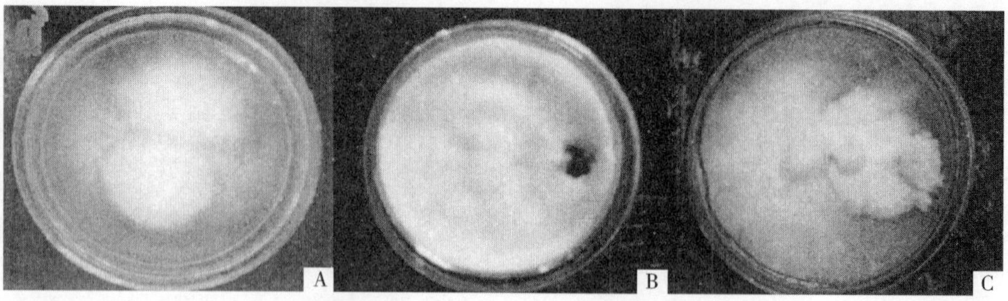

图 74—1 茯苓单孢交配的反应

利用原生质体分离与再生技术，对收集到的11个菌株菌丝体进行原生质体分离，稀释再生后获得原生质体再生菌株。试验中，菌株 SL1、GZ1、864、SC1、YL1、TRT、876 和 478 获得了原生质体再生菌株。

从 SL1 菌株获得的原生质分离株中随机选取10株进行种内两两配对。结果显示，在所有的45组配对当中，所有配对交互生长，融为一体，生长良好，气生菌丝明显，外观形态上同 SL1 菌株相近。从获得的8个不同菌株的原生质体分离株中分别随机挑选2株，每一菌株的2个原生质体分离株分别与其他菌株的2个原生质体分离株进行两两相互配对。结果表明，在所有不同菌株原生质体分离株之间的配对相互和谐生长，形成统一无明显差异的菌落。

随机选取 GZ1 菌株的原生质体分离株4株与单孢菌株4株，进行4×4配对。结果表明，所有16组配对均表现为不能和谐生长，两接种块间出现差异明显的分界线。

在获得单孢菌株的3个菌株中各随机挑选1个单孢菌株，在除 GZ1 外的获得原生质体再生菌株的7个菌株中各分别随机挑选1个原生质体分离株，进行3×7配对。结果表明，在所有21组配对中，均表现为不能和谐生长，两接种块者间出现差异明显的分界线。

茯苓同其他食药用菌相比，基本生物学特性研究较为落后。对茯苓菌丝有无锁状联合及菌丝核相一直存在分歧。双重荧光染色既能够清晰观察到细胞核，又能明显观察到菌丝隔膜，是确证菌丝核相及有无锁状联合的有力手段。

熊杰(2006)报道，对菌丝体和担孢子的荧光染色观察表明，茯苓菌丝为有隔膜无锁状联合的多核菌丝，担孢子多数为双核，与李霜等(2002)的报道一致。与无照片和其他实验结果支持的情况下作出的茯苓为有锁状联合的双核菌丝的异宗结合菌之类的表述大有出入。

第三节　茯苓菌种的选育与生产技术

一、茯苓育种技术

茯苓与其他药用真菌繁殖方式相同，分无性繁殖和有性繁殖两种。无性繁殖是指不经过两性细胞结合而产生新的个体。在自然状况下生长的野生茯苓的菌丝体，只要在适宜的条件下，可以不断地蔓延生长，每年长出新的菌核，这就是茯苓的无性繁殖。目前人工栽培茯苓绝大多数利用无性繁殖，即通过无菌操作，在活的菌核上切下一小块菌丝体接在培养基上，给予适合的生长条件，使菌丝体分化再生，长出新的菌丝，向培养基的纵深发展，纠结成核，不断扩大，长出成熟的可入药的菌核——茯苓。这样获得的菌核体，可放在特制的培养基中低温长期保存，随时可取出，恢复菌丝生长，进行人工栽培成苓。无性繁殖简单易行，成本低廉，适合大批量生产商品茯苓。

茯苓也可进行有性繁殖。其菌丝的异性细胞核通过核配产生有性孢子——担孢子，成熟后从子实体的菌管中喷出，随空气、风飘动，落在合适的环境中即可萌发，形成菌丝体，然后纠结成菌核，即成茯苓，再继续发育长出子实体，这样完成了一个生活周期。茯苓的有性繁殖可在自然状况下成苓并繁殖后代，还可通过人工培养担孢子进行繁殖。有关茯苓优良菌种选育的研究报道较少，而物理化学诱变育种等新技术选育茯苓优良菌种的报道尚未见到。用原生质体融合、物理化学诱变育种等新技术选育茯苓优良菌种，仍是大有可为的，并有望成为未来茯苓研究的一个热点。

(一)单孢杂交育种技术

1. 材料选择

育种过程中要选择地缘关系尽量远的优质菌核，菌株数量在5个以上，带回实验室。在人工条件下培养子实体。

2. 单孢分离

用悬挂法收集担孢子。用无菌的铁丝把子实体悬挂于灭菌的小三角瓶中，放置于适宜温度和湿度条件下弹射孢子。弹射得到的孢子印加入无菌水和玻璃珠，充分振荡分散孢子。将制得的孢子悬液稀释到适当的浓度，取0.10～0.20ml 用灭菌的玻璃棒均匀涂布在平板培养基上使其萌发。

3. 配对

将所有的单孢分离物进行全配对试验。在试管培养基上或 Φ9cm 培养皿中分别接入相同大小的两块单孢菌种块，两接种块间相距 2cm 左右，28℃恒温培养，观察记录菌丝生长情况，鉴别两菌种接触面有无明显界限。

4. 栽培试验

在接触带上无明显界限的配对中，在试管中部挑取菌丝体，转接到新培养基上培养，获得杂交新菌株。用新菌株进行栽培试验，选择菌核形成早、产量高的菌株进行扩大试验，确认其菌艺性状优良的作为生产用菌株。

(二)紫外线诱变育种技术

1. 茯苓诱变育种培养基

①麦芽汁琼脂培养基：5～6 波美度麦芽汁 1L，pH 约 6.4，琼脂 20g。

②基本培养基(MM 培养基)：$(NH_4)_2SO_4$ 1g，K_2HPO_4 7g，KH_2PO_4 3g，$MgSO_4 \cdot 7H_2O$ 0.1g，葡萄糖 5g，蒸馏水 1L。在 0.1MPa、121.6℃下，灭菌 20 分钟。

③完全培养基(TYEG 培养基)：胰蛋白胨 10g，酵母浸膏 5g，K_2HPO_4 3g，葡萄糖 1g，琼脂 15～20g，蒸馏水 1L，pH 7.0。在 0.1MPa、121.6℃下灭菌 20 分钟。

④液体种子培养基 A：葡萄糖 20g，酵母浸膏 4g，蛋白胨 5g，K_2HPO_4 1g，$MgSO_4 \cdot 7H_2O$ 0.5g，水 1L。在 0.1MPa、121.6℃下灭菌 20 分钟。

⑤液体发酵培养基 B：葡萄糖 30g，酵母浸膏 3.9g，蛋白胨 5.1g，K_2HPO_4 1g，$MgSO_4 \cdot 7H_2O$ 0.5g，初始 pH 值 5.5，水 1L。在0.1MPa、121.6℃下灭菌 20 分钟。

⑥马铃薯斜面培养基：马铃薯(去皮)200g，葡萄糖 20g，琼脂 15～20g，蒸馏水 1L，pH 自然。在 0.1MPa、121.6℃下灭菌 20 分钟。

2. 紫外线诱变育种

①紫外线处理：制备孢子悬液，选择致死率为 80%的紫外线照射 77 秒照射剂量。

②诱变后处理：红灯下，取诱变后的孢子悬液 2ml 加入 18ml 基本培养基中。振荡培养 3 小时，然后在 58℃水浴加热 2 分钟，过滤除去菌丝。重复上述操作 2 次。

③涂平板：在红灯下，取 3 个稀释度 10^{-1}、10^{-2}、10^{-3}的 0.1ml 孢子悬液涂在含 2mg/ml 茯苓完全培养基平板上，用无菌玻璃刮棒涂匀。剩余稀释孢子悬液放冰箱储藏。将上述涂匀的平板，用黑布包好，置 28℃恒温培养箱倒置培养 2 天。

④计数：将培养 2 天的平板取出进行菌落计数。根据对照平板上菌落数，计算出每毫升菌液中的活菌数。同样计算出紫外线处理 30 秒、60 秒、90 秒、120 秒和 150 秒的存活细胞数及其致死率。以紫外线照射时间为横坐标，以计算出的茯苓成活率为纵坐标绘制紫外线致死率曲线图。由公式(致死率＋成活率＝100)可将致死率和成活率进行相互转换。

茯苓适合在偏酸性环境下生长，碳源丰富容易造成生理酸性的营养环境。选择麦芽汁琼脂培养基作为生孢培养基。制作斜面培养基时应注意斜面坡度相近，斜面厚度大体以 3～5mm 为宜。斜面培养基制备好后，应在适当温度放置若干天，使表面冷却水蒸发后再用。紫外线的作用光谱与核酸的吸收光谱相一致，DNA 最容易受紫外线的影响。紫外线的生物学效应主要由它引起 DNA 变化而造成的。紫外线诱变是使两个嘧啶之间聚合，形成嘧啶二聚体和嘧啶水合物，造成 DNA 复制异常。紫外线穿透力不强，照射不宜太深，孢子悬液宜薄不宜厚；同时要用电磁搅拌，使紫外线照射均匀。由于紫外线照射再见光后会发生光复活效应，因而提高存活率，降低突变率。所以紫外光处理后的操作，应在红灯下进行。

诱变后的孢子在基本培养基中摇瓶培养一段时间(3 小时)，然后 58℃加热 2 分钟，过滤除去菌丝。野生型孢子因萌发而被杀死，用菌丝过滤法除去菌丝；缺陷型孢子因不能萌发而不被杀死，从而得以进一步浓缩。诱变后存活菌中营养缺陷型突变株很少，而野生及非营养缺陷型菌株却大量存在，通过差别杀菌法和菌丝过滤法，营养缺陷型富集之后，营养缺陷型突变体得以大大提高。

一个菌株产生代谢产物的水平与耐自身产物能力大小有关。野生菌株总比高产菌株耐自身代谢产物能力差，也就是说，菌株产生代谢产物水平受到它自身所产代谢产物的抑制，耐受性越强，代谢产物量越高。因此，在诱变分离突变体时，加入提取自茯苓液体发酵液的茯苓胞外多糖，用双层法制成浓度梯度平板。诱变浓缩后的孢子悬液稀释液0.1ml涂在浓度梯度平板上，由于培养皿内的茯苓胞外多糖按浓度梯度分布，所以培养后长出菌落的生长情况有很大差异。浓度低的一边，菌落较多。随着浓度逐渐增加，由于受到抑制，菌落生长数量逐渐减少。

用诱变得到的单孢菌株进行配对试验，在能够形成菌核的配对中，挑取结合部位的菌丝体，转接到新培养基上培养，获得诱变杂交的新菌株。用新菌株进行栽培试验，选择菌核形成早、产量高的菌株进行扩大试验，确认其菌艺性状优良的作为生产用的菌株。

二、茯苓有性繁殖育种技术

用无性繁殖法栽培茯苓过程中，常发现利用“肉引”和“菌引”所制备的菌种在栽培过程中都有迅速退化或发生品种混杂、良莠不齐的现象，严重影响了茯苓的产量和质量。为了克服这些现象，最好采用茯苓孢子制种，即利用茯苓的孢子，使其在无菌条件下弹射在适合生长的培养基上萌发菌丝体获得纯菌种的方法。

(一)多孢分离法

真菌类有性孢子——担孢子的产生有两种类型：由同一个担孢子萌发的两条初生菌丝细胞间通过自体结合(质配与核配)能再产生有性世代的现象称为同宗结合，即为自交可孕型；由同一个担孢子萌发的两条初生菌丝细胞间不能结合，只有不同担孢子萌发的菌丝细胞间才能结合并再产生有性世代的现象称为异宗结合，即为自交不孕型。

①涂抹法：将接种针插入菌孔内，抹在培养基上。

②孢子印法：大量孢子散落在无菌有色纸或玻璃片上，形成孢子印或孢子堆，再从中挑取移植于培养基上。

③空中孢子捕捉法：孢子大量弹射时可形成云雾状，将孢子云上方置培养基，使孢子逆向飞动时正好落在上面。

④弹射法：将分离材料置于培养基上方，使孢子直接落到培养基上。具体操作方法有以下两种：

A. 钩悬法：在孢子尚未飞走之前，将成熟子实体切成1cm^3小块，用灭菌后的挂钩悬挂于试管内，待孢子成熟后弹射到培养基上。

B. 贴附法：将1cm^3的子实体小块贴附于试管壁上，待孢子成熟后弹射到培养基上。将收集孢子的培养基置于28～32℃适温下培养3～5天，孢子即可萌发成菌丝。

多孢分离法的优点是无不孕现象，操作简便。缺点是无法控制孢子间的交配。

(二)单孢分离法

操作较复杂，普遍用菌液连续稀释法，使每滴水中只含1～2个孢子。然后取孢子悬浮液滴在培养基上培养，选优良菌落纯化。此法多用于杂交育种。

(三)茯苓孢子繁殖

以无菌操作切取1cm^3左右子实体，用钩悬法或贴附法将子实体置于有培养基的试管中，放在28℃培养2小时后，培养基上就可出现淡白色粉状孢子印，2～3天后孢子萌发成白色菌丝，整齐地沿培养基表面生长。当长至培养基末端后再回头生长，直至长满试管，即得茯苓母种。若菌丝稀弱，粗短，分枝明显，或出现棕黄褐色及杂菌污染，应立即淘汰。母种可按照前面介绍过的常规制种方法扩大培养为原种和栽培种，然后进行段木栽培或树蔸栽培、活立木栽培、代用料栽培等。

一般说来，有性繁殖的菌种比无性繁殖的菌种菌丝传引力强，成活率高。用有性繁殖的菌种接种后空窖少，产量高，平均结苓率达85%左右，而用无性繁殖菌种结苓率低于80%；有性繁殖的茯苓菌核质地优良，粉红色，浆水多，孢子萌发的菌种在试管里经多次转移不易衰老退化，可连续使用3～5年，优良性状可较长期保存下来。菌核分离的菌种在试管内转移几次后容易衰老退化。

三、组织分离技术

(一)菌核分离法

菌核是某些茯苓的储藏器官。不良环境条件下，菌丝体常形成为块状或粒状的休眠体。如分离时，先将菌核表面洗净，再用75%乙醇表面消毒。接着用无菌刀将菌核切开，挖取中间0.5cm大小的组织块，接种在试管斜面培养基上，于25℃恒温下培养，即可得到纯菌丝。

(二)苓木分离法

苓木必须在茯苓繁殖盛期采集。在已经长过菌核的苓木上，选择菌丝生长旺盛、周围无杂菌的部分，截取一小段，把苓木表面的杂物洗净，然后风干或充分晾干,使苓木干燥。分离之前,把苓木通过酒精灯火焰,重复燎过多次,烧去表面的杂菌孢子,再用75%乙醇表面消毒。菌木块必须从苓木中菌丝蔓延生长部位选取,用无菌解剖刀挑取一小块菇木组织,接入母种培养基上。挑取的组织块越小越好,杂菌污染少,可提高菌种纯度。为了防止细菌侵害,可在分离时添加少许广谱抗生素(每1 000 ml 加链霉素 30～40mg 或青霉素20mg)。抗生素不耐高温,应在培养基高压灭菌后加入,以免影响效果。

接种后培养基的组织块,快者7天左右可发生菌丝,慢者需要20余天。一般情况下,较早出现的菌丝,往往是杂菌,应认真检查。当组织块菌丝生长至一定范围时,尽早挑取菌落边缘尖端的菌丝,接种到新的培养基上,重新培养。待菌丝长满斜面后,可转接母种,做菌核培养试验,菌种符合要求者,才可用于生产。

(三)代料基质分离法

分离前,先选择一批菌核发生早、产量高、菇体尚幼嫩而且生活力强、无病虫害的菌种瓶或菌种袋,放在1℃的冰箱内待用。为了防止害虫的侵染,也可放在盛有敌敌畏或乐果的容器中(切勿与药物接触),熏蒸24小时。然后用75%乙醇揩净整个栽培瓶(或袋),同时将接种工具和待接培养基一起放人接种箱内,用气雾消毒剂熏蒸灭菌。分离时,如系菌种瓶,可将瓶口上部打掉,然后将料面上层1.5cm厚的老菌丝挖去,用接种针挑取0.3cm大小的一块,迅速接入试管内。为了保证成功率,一次可分离100～200支,培养菌丝后再选取纯正优良的作为分离转管用。

四、茯苓原种和栽培种的生产

将母种菌丝体移植到由木屑、棉子壳或麦粒等原料配制成的培养基上,制成的菌种称为原种。一般一支试管母种可以转接5～10瓶原种。将原种再扩大繁殖制成的菌种,称为栽培种或生产种,一瓶750ml体积的原种可以转接50～80瓶栽培种。原种和栽培种的培养基与制作方法基本相同。

常用配方:

①棉子壳培养基:棉子壳78%,米糠或麦麸20%,石膏1%,石灰1%,料水比1∶1.1～1∶1.3,pH为7.5～8.5。

②麦粒培养基:小麦粒95%,石膏1.5%,过磷酸钙1.5%,石灰2%,pH为7.5～8.5。

③木屑培养基:松木屑或杂木屑71.5%,麦麸或米糠25%,蔗糖1%,石膏1%,$MgSO_4 \cdot 7H_2O$ 0.5%,黄豆粉或玉米粉1%,料水比1∶1.2～1∶1.4,pH为7.2～7.8。

培养基按上述比例配制好后,搅拌均匀,然后分装入菌种瓶(齐瓶肩),每瓶装干料175～250g。压紧后在瓶口用一尖木棒打一孔到瓶中下部,洗净瓶口和外壁,晾干水后塞上棉塞,用牛皮纸将瓶口扎好,准备灭菌。

制作麦粒菌种时,先将麦粒浸泡8～16小时(夏天时间短,冬天时间长),沥干水后拌入其他料,用石灰调节pH。装瓶前先在瓶底垫0.5cm厚的干棉子壳、谷壳或草粉(防止积水),再装麦粒,一边装一边振动,齐瓶口下4cm左右。将米糠加1.2～1.5倍的水拌匀,装入瓶中齐瓶口下3cm处。尽量装填紧,用尖木棒打一孔,孔可至瓶中下部,并呈固定形状。然后清洗、上塞、包扎、灭菌、接种、培养。

原种及栽培种接种后置于25℃左右培养室内培养。为了充分利用空间,菌种瓶或菌种袋宜放在培养架上,摆放层数和摆放方式可根据室温而定。低温季节,室温低时摆放层次可多。数量多时,每4天左右需将菌种瓶上下调换一次,以保持瓶间温度均匀一致。高温季节,菌种瓶(或袋)最好单层摆放,以利瓶(袋)间通风降温,避免高温障碍。

菌种瓶(或袋)中菌丝体伸入培养基1/3时,培养室内的温度可降低2～3℃,以免随菌丝生长代谢加强,料温上升而阻碍菌丝生长。培养室内保持60%～70%的空气相对湿度。自始至终切忌直射光,保持暗光状态。同时加强通风换气,经常保持洁净,防止杂菌滋生。在适宜的环境条件下,经过20～40天培养,菌丝即可扩散蔓延整个培养基,形成一个整体。再经过7～10天,让菌丝继续生长,增加菌丝量。同时,使培养料营养得到充分转化,能培养出优质菌种。制备的菌种应存放在凉爽干燥、通风、避光、清洁的室内,以确保菌种的活力。

第四节 茯苓的栽培技术

茯苓栽培方式较多,用木段、树根及松针均可。目前,生产区主要利用茯苓菌丝引种到松木上,菌丝在松木中生长一段时间后,便结成菌核。随着松木资源日渐枯竭,菌木矛盾日益突出，如何缓和菌木矛盾成为当务之急。在松木资源丰富的地方可利用间伐后的废松树蔸种茯苓，以有利于资源的有效利用。福建省清流县利用松树头不断根栽培茯苓的新技术，并已大面积栽培推广。利用该新技术栽培出的茯苓，产量高达每个树头92千克，单苓重量最大重70千克。人工培育茯苓目前常用的栽培方法为窖栽法。

一、原料选择

茯苓为兼性寄生真菌。其菌丝既能靠侵害活的树根，又能吸取死树的营养而生存。喜欢寄生于松树的根部，依靠其菌丝在树根和树干中蔓延生长，分解、吸收松木养分和水分作为营养来源。茯苓为好气性真菌，只有在通气良好的情况下，才能很好生长。

（一）树种

马尾松、黄土松、赤松、黑松等松树的全身，包括树枝、树干、松针及树桩/树蔸等，都是栽培茯苓的良好材料，以马尾松最好。

还可在一些壳斗科植物、枫、柳、桑、栎、柏、柑橘、枫香、漆树、杉树、桉树、玉兰、桑、毛竹、玉米等植物的根或段木上结苓，但结苓少而差。

（二）树龄

一般选择7～20年生的树木。

（三）备料

选用胸径12～14cm的中龄树为宜。

初冬进九后砍树，即农历腊月。

砍树后及时剔枝，截成1.3～1.5m长的段，下料时再锯成65～75cm长段，以保持断面新鲜。要削平节疤，截段时应错开节疤。

“去皮留筋”，即每相隔3cm纵向削去一道树皮，深0.5～0.8cm，以见木质为度。树干呈多面形，每面之间留2～3cm宽树皮，使油脂水分提前散发，留皮部分为传菌线。

将已去皮留筋的段木在通风向阳处晾干，地面用石块垫上，呈“井”字形堆码，上盖树皮或茅草等物遮雨，让其日晒干燥，防止雨淋生霉。约40天后，无松脂分泌，木心干燥后即可接种。

也可以于头年秋冬，砍伐马尾松，砍后剃枝并依松木大小将树皮相间纵削3～10条，俗称“剥皮留筋”。削面宽3cm，深入木质部0.5cm，使松木易于干燥并流出松脂。削好的松木就地架起，使其充分干燥。苓木至少达到半干，视之有细小裂纹，击之有铛铛清脆响声，触之无黏连感觉时方能栽种。切忌用树皮与木质部已经或即将分离的材料栽培茯苓。

二、场地选择

（一）海拔高度

茯苓适应能力强，野生茯苓分布较广，海拔50～2 800m均可生长，但以海拔600～900m栽培较为适宜。

（二）地形地貌

多生长在干燥、向阳、坡度10～35度、有松林分布的微酸性砂壤土层中，一般埋土深度为50～80cm。场地要求背西北朝南或背西北朝东南，通风向阳。

场地要向阳、利水，以土层厚、土质肥并且略含黏土的壤土、红石骨子土最好。在茯苓生长旺季，茯苓浆的加剧积累有时会胀破皮膜层，如果栽培场阻挡力差、渗透力强的细砂土，茯苓浆会渗入其中，裹卷泥沙而成为沙苓。细砂土通气性差，不能选用。忌选北风口、白蚁生长的地方栽培茯苓。地势以20～30度的缓坡利于排水。

（三）土壤及其处理

茯苓栽培对土壤种类的选择性不强。一般选择土层深厚疏松、排水良好的砂质壤土、石骨子土、黄壤土，未种过任何作物的生荒地、林地；退耕还林的耕地宜佳，土质肥沃。要求土质疏松透气，以含砂量达七成的黏壤土为宜，以pH4～6的略酸性土壤为佳。

春节前后进行挖场翻耕，不得浅于50cm，除去杂草、石块、树根等杂物，然后暴晒使其干燥。接种前1个月左右进行第二次翻晒，四周挖人字形排水沟。接种前1周用15g/m^{2}白蚁粉遍撒或细沙拌3%呋喃丹铺撒在窖底及上面覆土层，以防治白蚁危害。

场地面积以小块为宜，最大面积以333m^2（半亩）左右，每666m^2（亩）约种植300窖。

三、季节安排

（一）备料时间

据老苓农经验，“要想茯苓发，备料十冬腊，正月只能扫尾巴”。一年四季均可，以8月至翌年2月份最好。南方最迟不超过农历正月，北方不超过清明。

(二)挖窖时间

春节前后挖场翻耕,做茯苓栽培窖。

(三)接种时间

一般在3月下旬至7月下旬下窖。选择晴天下窖。

海拔800m以下在3~7月份。

海拔800~1 000m在4~6月份下种。

(四)采收时间

栽培当年11~12月份第1次采收,于翌年4~5月份第2次采收。

四、松木栽培技术

(一)挖窖

冬季将窖挖好,窖长80cm、宽45cm、深30cm,窖与窖的间距为30cm,开好排水沟。窖沟深30cm、宽30cm、长80cm,窖底呈20~30度斜坡。

每窖下松木段15~20千克。

(二)接种

1. 接种下窖

接种时间一般选在5~6月份,下窖时将2条或3条段木并排靠拢放入窖沟内。

也可5根段木1窖,粗细搭配,将两根段木排成V形以利传菌,用消毒镊子将栽培种松木片取出顺V形缝1块接1块平铺在上面,铺3~6片,再撒上木屑等材料,菌丝长入细段木内部蔓延到邻近段木。接种后立即覆土,松紧适度,厚7~10cm。窖顶呈龟背形以利排水。

每窖用菌种一袋。选择无杂菌、未老化的优质菌种,将其分成两半(严禁捏成细块或粉末),放于窖内不同两点的木质部之间。放好菌种后,用小松枝盖在菌种上,以利菌丝生长,每窖苓木之间用一根50cm左右的小苓木连接底层苓木的木质部。必须单窖种植,切忌一窖紧靠一窖连作。然后将平地行间打沟挖出的泥土或坡地挖窖而成的泥土盖在苓木上,厚度以10cm为宜,呈梳背形,起利水作用。栽培场行间、周围打好排水沟。窖面前盖上草,起防雨淋和起保温作用。

也可用肉引法接种,即用茯苓菌核作菌种接种。根据木段粗细采取上二下三或上一下二分层放置。接种时用干净刀剖开菌核,将苓肉面紧贴木段,苓皮朝外,边接边剖。接种量根据地区、气候等条件而定,一般50千克段木用250~1 000g种苓。选1~2代种苓,种苓皮色紫红,肉色白,浆气足,质结实,个重2~3千克的鲜苓作种引。种苓要切成小块或小片放于段木之间,覆土,窖顶成龟背形。每一窖需500g左右鲜苓。

也可用木引接种,即用带有菌丝的木段作菌种。将选作种用的木段挖出锯成2节,一般窖用木引1~2节。接种时把木引和松木段头对头接拢即可。

(三)田间管理

接种后10天左右,于晨露未干之前检查苓场。若窖面表土较干燥,表示接种成活,否则要补换新菌引。接种后40~50天,茯苓菌丝已生长到段木下端并往回生长,料筒表面也因茯苓菌丝蔓延生长出现网状或膜状连接现象,俗称"捆窖"。70~100天表土龟裂,开始形成菌核,此时要防止窖面溜沙,料筒外露,应及时培土。若遇干旱需培土保墒,雨后要清沟排水。若长时间降雨,窖内积水,应及时将窖下端砂土扒开,露出料筒,日晒半天再覆土,防止烂窖。进入结苓期后,应培土掩裂,应掌握少而勤。一般春秋培土较薄,以提高窖温;夏季增厚,需降温保湿;雨后应耙松表土,以利换气。当年10月份前后及翌年3~5月份茯苓发育较快,更应及时培土。茯苓菌丝香味易招引白蚂蚁危害料筒,造成减产,甚至绝收。为此应在挖窖、下料前1周结合翻土撒放防白蚂蚁药(主要成分是亚砒霜和滑石粉),沟内撒石灰。

接种后及时检查每一窖茯苓的生长情况,发现杂菌污染,及时清理,重新接种。同时防止人畜进窖场践踏。及时除草排水,防止窖场被水淹,下大雨,及时将积水排掉。窖顶干裂,及时浇水和培土。及时防治病虫害,主要有腐烂病。生产过程中每一个环节都要注意消毒,保持清洁。窖内一旦有腐烂病,及时清理,防止传染周围木段。另外,白蚁蛀食窖内的段木,一旦发现要彻底清除,否则会造成减产。

下种后30天,小心挖取窖内1根苓木进行检查。其上有大量菌丝,先白色后黄色或部分已成菌膜,变成棕褐色或黑色,属于正常现象。如果窖内苓木全未接上菌或接菌较差,可换1根已接菌窖中的苓木,放在中间补救。

下种后60天开始结苓,3~6月份下种的当年12月份后开始收获,7月份下种的第2年4月份后收获。下种后注意窖内不要积水,防人畜禽践踏,防止破土、动苓木。在茯苓生长旺盛的9~11

月份每天检查，如茯苓长出地面，要及时培土，防止茯苓破土而出（俗称“冒风”）而降低产量和质量，三九天要加厚薄膜防止霜冻烂苓。

（四）采收

窖顶土龟裂，说明地下茯苓正在生长，用土将裂缝填好。经过一段时间不再裂缝，说明地下茯苓已成熟即可挖窖采收。不同栽培方法茯苓采收期不同，应随熟随采。

五、松树蔸栽培技术

（一）场地选择

一般有松树蔸的山地皆可，只是产量略有差异。最好选背风、向阳、坡度在 10～30 度的山场，一定的坡度不易造成积水，又利结苓。缓坡地、陡坡地也可。易排水的砂壤土平地也有规模生产的成功例子。实践表明，60%～70%的含砂量且呈弱酸性的土壤，对茯苓的生长非常有益，所以选场不可忽视土壤的质量。

（二）菌种选择

菌种分粒种和木条种，前者适用于蚁害少的山地，后者适用于蚁害多的山地。

福建省大力推广的“川杰 1 号”茯苓菌株表现最佳。其主要优良特性是：遗传性状稳定，抗逆性强，结苓早，“不跑苓”，高产优质，有时可收获到个重达 50 千克以上的特大茯苓。“川杰 1 号”茯苓菌株可作为松树蔸栽培茯苓的当家品种。茯苓栽培种的优劣直接影响茯苓生产的产量和质量，以菌龄20～30 天的茯苓栽培种接种效果最佳。此时茯苓菌丝已长入木片，菌丝均匀布满木片且洁白致密，菌片稍呈腐木状，不易折断，断面呈淡黄色，生命力最强。如果菌片呈腐木状，较易折断，但菌丝旺盛，但应速用。如果菌片高度腐朽，极易折断，菌丝萎缩呈棕黄色，表明菌种已老化，应淘汰不用。

（三）选蔸

选无腐烂、少松脂、树皮尚未脱落的松树蔸，直径 12cm 以上均可引种栽培，直径 20cm 以上的松树蔸最佳。树蔸密度越大越省工，蔸径越大产量越高。一般用头年秋天或当年春砍伐的树蔸，要求树皮没有脱落，木质无虫蚁蛀蚀，不腐朽。树蔸不像段木那样能任意移动，所以要选择向阳背风、土质疏松、排水良好的地方进行松蔸接种栽培。

（四）挖地

将树蔸周围 1m 内的土挖松，深 40cm 以上，捡净杂草根、石头，使树蔸主根及侧根露出地面，并把直径 3cm 以下的支根砍除。留下的支根在 0.7～1m 处砍断，以防菌种向外传行。应将距松树蔸中心 1m 范围内的杂草、灌木等杂物清除，铲去树蔸周围的表土（俗称“剥山皮”），并撒施灭蚁灵等药物防治白蚁，最好翻土深至 30～50cm，让树蔸尽量多露出地面。

（五）削皮

对树桩和粗侧根进行“削皮留筋”、“削条”，有利于树蔸干燥和排掉松脂，“留条”有利于结苓。树蔸茯苓具有“不跑苓”的优良特性，无须进行松蔸断根处理。根据苓场实际情况开挖必要的排洪沟和排水沟。若旱季接种，清场和接种可同时进行。在树蔸上削去大部分树皮，只剩下间距相等的 4 条 1 指宽树皮，直径 3cm 以上支根也削去大部分树皮，只留一条树皮与树蔸留皮相连，以便传到菌种。

（六）接种

茯苓喜温暖，菌丝生长最适温度为 24～32℃，气温稳定在 20～35℃时都可接种栽培。每年清明至霜降，只要避开连续低温阴雨天气及特高温、干旱天气均可接种栽培。只要当地日气温在 20～28℃均可引种，以 5～9 月份为种植适期。茯苓从引种到结苓需 90～180 天（幼龄小径树蔸先结苓，老龄大径树蔸迟结苓），这个阶段要求较高的温度（日平均气温不低于 20℃）。10 月～翌年 4 月份不适宜种植茯苓。

选择晴天午后或阴天接种，直接在树蔸平土面上方砍一个深 8～10cm 的“∠”形缺口，将适龄菌种放入缺口内，稍加压实，用新砍松木碎屑封好菌种，盖上薄膜后覆土 15～20cm 做成龟背形，开好排水沟，预防根桩处积水。接种量视树蔸大小而定，直径 25cm 以下的松蔸接 1 个点，30cm 左右的接 2 个点，40cm 以上的接 3～4 个点，木条制菌种每蔸用0.5千克，玉米制菌种每蔸用0.7千克。

在树蔸树根周围撒防白蚁药粉，盖一层薄土，再接菌种。接种方法有两种：①高桩接种法：松树蔸较高，在树蔸近根处锯一个深 10cm 的缺口，将菌种木片紧放在缺口内，捆紧，用湿草纸包住后盖土。②矮桩接种法：适于矮树蔸，在粗根基部侧面削去树皮，并将一根松段木（直径 10cm，长 80cm，留一条一指宽树皮，其余削皮至木质部）晒干后靠在此处，然后把菌种木片紧靠粗根的去皮处和松段木上，用松木片覆盖，压紧。如松蔸粗，接3～4个种点。

1. 蔸顶接种法

在树蔸顶部开缺口，将菌种袋撕开一条缝，整袋菌种倒靠在新劈口上，使菌种从缝中露出部分紧贴树蔸新劈口。然后覆土5～10cm，呈龟背状，矮桩树蔸适宜此法。

2. 蔸侧接种法

在树蔸地势较高的侧面劈开缺口，将菌种袋撕开一条缝，整袋菌种倒靠在新劈口内，使菌种从缝中露出部分紧贴新劈口。菌种固定后，覆土5～10cm，树桩上部可露出地面，高桩树蔸适宜此法。

3. 侧根接种法

将树蔸的较粗侧根劈开缺口，将菌种袋撕开一条缝，整袋菌种缝朝下卧放于新劈缺口上，使菌种从缝中露出部分紧贴新劈口。注意袋底高于袋口，然后覆土5～10cm，侧根较粗的树蔸适宜此法。

以上是主要的接种方法，可根据实际情况灵活掌握。通常一个15～20cm的树蔸接一袋菌种，超过25cm的大树蔸可接2袋菌种。若接种量过多，松木比例太少，营养不足可能导致只长菌丝不结苓；若接种量过少，菌丝难以长满松木，在适宜结苓的生态条件下，菌丝仍处于营养生长阶段，来不及结苓，进入冬季菌丝停止生长，从而小苓不易长大，反而降低产量。

接种时需要注意以下事项：严防"烧菌"，菌种堆置不能太高、太挤，应确保通风，更不能让阳光直接暴晒菌种或将菌种长时间放于被阳光晒热的地面。

（七）管理

接种后7～10天，菌丝开始长入松根，这时进行第一次检查，以后每隔10天检查一次。如接种不成活，重新修劈新缺口补种，有其他杂菌要立即清除。接种后4～6个月茯苓膨大，要经常巡查，及时对露出的茯苓覆土，雨后应排净根蔸积水。

茯苓的病害较少，虫害主要是蚁害。蚂蚁偷食菌种，吸食菌丝汁液，严重的蛀烂整个树桩。因此，接种前做好蚁害的防治工作，及时清除树蔸周边的枯枝败叶，在蚁害严重的地方接种，树蔸周围喷杀蚁药。

茯苓在含水量为20%～25%的土壤中生长良好，水分超过40%时茯苓将被溺死。接种后，遇雨天要勤检查，清沟排水，确保苓窖内不积水。

秋冬干冷季节应适当培土。若土层含水量低于15%，茯苓菌丝生长会受到明显抑制，应依旱情状况适当加厚覆土层。旱情严重时还应考虑喷洒清水或1%的尿素溶液。如果覆土层土质流失，天晴后应及时覆土。覆土时注意保持土堆疏松，便于通气，以满足茯苓长苓时对氧的需求。茯苓菌核外露见光，表面容易生长蜂窝状子实体，影响茯苓菌核继续生长。高温季节强烈阳光有时还会烧伤菌核，造成烂苓。为收获到更大、更优的茯苓菌核，不能让菌核外露。随着结苓和茯苓菌核不断膨大，土层不断开裂，需多次覆土掩裂。另一方面，土壤中的含砂量的多寡与茯苓的生长也密切相关。随着菌核增大，其表面菌丝因与土壤中砂砾摩擦受损使内含物溢出，溢物与表面菌丝黏结形成壳状茯苓皮，对菌核会起保护作用。菌核的不断增大而将茯苓皮胀破，使之表面形成许多裂痕。这些裂痕又与新产生的菌丝和分泌物弥合，不断循环而扩增菌核表面积以适应内部增长的需要。

（八）收获

接种60天后开始结苓。随着茯苓的膨大，土壤出现裂缝，这时要及时加盖薄土保苓。9个月后，可开始采挖。挖时采大留小，覆上土再过4～5个月又可采挖一批。直径20cm以上树蔸可采鲜苓7.5千克左右，能连采2年。

一般接种后7～8个月，当茯苓表皮变黑、变硬后即可分批采收，一般每隔3个月采收一次，可连采3次。采收时注意不能锄断支根，以免影响后批产量。

六、茯苓熟料栽培技术

梁学金等以松木枝为培养基的塑料袋茯苓栽培种，生产茯苓效果良好。袋装生产茯苓的优点是：生产工艺简单，减少成本费85%以上，方便运输和携带。要获得茯苓的优质高产，种苓很重要。种苓要个大，质地坚实，形态好，此为发育健壮、生命力强的表现。反之，松泡、小而形状怪异的很可能是菌丝衰退的表现。苓种内肉色应白而细润（色泽白而显些天蓝色更好），乳汁多。乳汁是菌丝分解营养物质所转化的茯苓聚糖，乳汁多说明菌丝分解转化能力强。苓期要短，选生长期7～8个月的幼苓，这时生长旺盛，龟裂多（龟裂处即生长点），接种后成活率高，12小时即可萌发菌丝。在栽培条件相同的情况下，选结苓早、结苓率高的茯苓。

(一)原料配方

①松木屑79%,麦麸或米糠20%,石膏1%,含水量60%～62%。

②松木颗粒48%,松木屑30%,麦麸21%,石膏1%,含水量60%～62%。松颗粒最大直径<1cm。

③松木屑89%,粗米糠10%,石膏1%。

(二)装袋灭菌接种

拌料后堆放2～4小时,检测水分和pH。装入18～25cm×18～30cm的聚乙烯袋或聚丙烯塑料袋,扎紧袋口进行灭菌。常压或高压灭菌,当气压降至零时需等5～10分钟再开锅取袋。否则排气速度太快易出现破袋及变形。接入菌种后马上扎紧袋口,适温培养。

(三)菌丝体培养

移入培养室培养,前期10天,温度控制在28℃;后期10天,温度在22℃。当乳白色菌丝长满袋壁,有特殊香气时,可供埋土出苓。

(四)出苓管理

在地温18℃以上的2～3月挖窖,深40～50cm,宽30～40cm,长80～100cm,底斜度20～30度,各窖相距20cm,铺上一些松针或松枝条,厚10cm左右。将菌袋脱掉,再盖上一层5～10cm厚的松针和细松枝条,压实,覆土2～4cm。上盖新鲜松枝,再覆塑料薄膜3～5天,保温保湿,促菌丝生长。

蔡得华等报道,用棉子壳辅助松木栽培,发菌成功率40天为90%,木片种引与棉子壳种引接种结果差异不显著。以2根松木加棉子壳栽培模式产量最佳,以8千克松木加24千克棉子壳栽培模式的平均生物转化率最高,为14.71%。这些方法可以根据本地区的资源状况选择采用。

七、病虫害防治技术

茯苓在生长过程中主要会遭到菌核腐烂病和白蚁危害。防治方法请参阅本书《食药用菌病虫害防治》一章。

第五节　茯苓的加工技术

茯苓的具体加工技术,请参阅本书《食药用菌保鲜与加工》一章。

第六节　茯苓菌丝体的发酵技术

液体发酵所获得的菌丝体,其营养成分可与子实体、菌核相媲美。Narui等(1980)报道从茯苓菌丝体中分离出的多糖与天然菌核中的多糖结构几乎相同,主要为β-(1-3)-*D*-葡聚糖,带少量支链。茯苓菌丝体多糖化学组成和结构与茯苓菌核多糖基本相同(丁琼 2000)。Japan Synthetic Rubber Co. Ltd.(1992)研究发现,从茯苓菌丝体中以水或碱液提取的多糖对S-180腹水瘤有抗肿瘤活性。通过液体发酵培养菌丝体代替野生菌核,用来加工成各种营养保健品及开发生物药物是切实可行的。

Kanayama等探讨了适宜液体发酵培养的组成为:葡萄糖25g,酵母浸膏3.5g,玉米浆1.8g(7ml),K_2HPO_4 1g,$MgSO_4\cdot7H_2O$ 0.5g,$CaCl_2$ 0.06g,$ZnSO_4$ 4mg,$MnSO_4$ 5mg,柠檬酸亚铁5mg,维生素B_1 5mg,水1L。他们认为碳氮比为20时,最适合茯苓菌丝的培养。为获取大量菌丝体,用50L容量的发酵罐探讨搅拌速度和菌丝体收量的关系。发现在搅拌速度为200转/分钟,菌丝体的收量经4天的培养可达到最大值。邵伟等用液体摇瓶培养探讨了茯苓液体发酵培养的最适培养条件,表明茯苓液体发酵的最适温度、摇瓶装量、摇瓶转速、培养基初始pH分别为26℃、150ml/500ml三角瓶、100～150转/分钟、pH为5.0～5.5。同时,他们认为茯苓菌丝球直径在0.75～0.80mm时,菌丝体收率较高。王谦等用100L及1 000L不锈钢通用型发酵罐对茯苓液体发酵进行了研究。发酵培养基的组成为:玉米粉0.5%,豆饼粉0.5%,葡萄糖2.5%,酵母膏0.3%,磷酸二氢钾0.1%,硫酸镁0.1%,pH自然。发酵罐培养120小时后生物量可达到30g/100ml(鲜重)以上。茯苓发酵醪液经细胞破壁处理、低温提取等工艺后得营养浓缩液,多糖含量≥5.0mg/ml,氨基酸含量≥480mg/100ml(其中44%为必需氨基酸),总酸含量5.36%,重金属及细菌检验均符合国家标准。经动物试验证明,浓缩液具有显著提高机体免疫力的作用。

有关发酵培养基的优化、发酵培养条件的优化和控制、发酵产物纯化条件的优化和控制及适合发酵的发酵罐的设计等方面的相关报道很少，这些方面的工作有待进一步地深入研究。虽然茯苓液体发酵的产业化道路仍较漫长，但从长远来看，液体深层发酵代表着茯苓生产的发展方向，有着巨大的商业前景。

近年来，有些人缺乏自然保护意识，无限制地砍伐松树，直径很小的幼树都被用来栽培茯苓。因此，探索其他途径来生产茯苓显得极其重要。深层发酵技术直接生产菌丝体，同时获得富含多糖、氨基酸等营养成分的发酵液，可以降低生产周期和成本，为进一步研究和综合开发茯苓保健品及药用品奠定了基础。

一、培养基配方

①玉米浆培养基：葡萄糖25g，玉米浆7ml，酵母膏3.2g，KH_2PO_4 1g，$MgSO_4$ 0.5g，$CaCl_2$ 60mg，ZnCl 4mg，MnCl 5mg，$Fe_2(SO_4)_3$ 5mg，维生素 B_1 0.1mg，琼脂24g，蒸馏水1 000ml。

②葡萄糖玉米浆培养基：葡萄糖25g，玉米浆10ml，KH_2PO_4 1.5g，$MgSO_4$ 0.75g，维生素 B_1 5mg，水1 000ml。

③摇瓶培养基：葡萄糖20g，酵母浸膏3.5g，蛋白胨4.5g，K_2HPO_4 1g，$MgSO_4 7H_2O$ 0.5g，水0.9L，0.1MPa，放在121.3℃下灭菌20分钟。

④摇瓶补料培养基：葡萄糖20g，蒸馏水100ml，在0.1MPa下灭菌30分钟。

⑤发酵罐培养基：葡萄糖100g，酵母浸膏17.5g，蛋白胨22.5g，K_2HPO_4 0.5g，$MgSO_4 7H_2O$ 2.5g，初始pH为5.5，蒸馏水4.05L。在0.1MPa下灭菌20分钟。

⑥发酵罐补料培养基：葡萄糖100g，蒸馏水600ml，在0.1MPa下灭菌30分钟。

二、摇瓶发酵工艺条件

（一）营养条件

1. 碳源试验种类与浓度

玉米粉为碳源的培养基，菌丝扩展速度较快，但菌丝稀疏、纤弱；对麦芽糖的利用效果也较差；分解微晶纤维素、乳糖、苹果酸以及山梨醇的能力很弱，其生长速度与葡萄糖相比，差异显著；草酸严重抑制茯苓菌丝体生长，接种块不能萌动。总体上来看，单糖、双糖、多糖、糖醇及部分有机酸类都有一定利用。

李羿（2005）报道，以等量酵母浸膏和蛋白胨作为氮源，当氮源浓度在1%时，菌丝体在甘油、葡萄糖、果糖、可溶性淀粉上生长良好。考虑到生产成本等综合因素，宜选取葡萄糖作碳源。

以酵母浸膏3.9g、蛋白胨5.1g（氮源浓度0.10%），K_2HPO_4 1g，$MgSO_4 \cdot 7H_2O$ 0.5g为碳源浓度试验的基础培养基，加入1.5%、2.0%、2.5%、3.0%、3.5%、4.0%、4.5%和5.0%等不同浓度的葡萄糖，摇瓶发酵测试。结果表明，葡萄糖浓度过低或过高都不利于菌丝生长；葡萄糖浓度为3%时，菌丝体产量最高。

2. 氮源种类与浓度

李羿（2005）报道，在1L含有25g葡萄糖的摇瓶发酵培养基中，分别单独加入酵母浸膏、蛋白胨、NH_4Cl、$(NH_4)_2SO_4$、KNO_3 为氮源，氮源浓度为0.10%。通过液体摇瓶培养，比较其生成的菌丝体重量来确定最佳氮源。菌丝体的生长以有机氮酵母浸膏和蛋白胨为好，无机氮稍差。如果用混合的2种氮源，则以等量酵母浸膏和蛋白胨为最好。显示适宜氮源为等量酵母浸膏和蛋白胨。

茯苓菌丝对氨态氮、硝态氮、有机氮和氨基酸均可利用，但在利用程度上存在较大差异。以玉米浆为氮源最好，菌丝浓密、洁白、粗壮，菌丝生长速度显著高于 $(NH_4)_2SO_4$，且菌丝不分泌色素。无机氮中 $(NH_4)_2SO_4$ 利用较好，其次为 KNO_3、$(NH_4)_2HPO_4$、酒石酸铵。对 $Ca(NO_3)_2$ 的利用能力差。所有无机态氮源均未使菌丝产生色素，菌丝洁白。以豆粉、蛋白胨作氮源，菌丝密度较大，生长速度较快；利用酵母膏、酪氨酸的能力差。有机氮中除了玉米浆外，均有色素产生，使菌丝发黑，培养基质也发黑。

用葡萄糖30g、K_2HPO_4 1g、$MgSO_4 \cdot 7H_2O$ 0.5g为氮源浓度试验的基础培养基，加入0.025%、0.05%、0.075%、0.10%、0.125%、0.15%、0.175%和0.2%等不同浓度的最佳氮源，摇瓶发酵测试。结果表明，氮源浓度过低或过高都不利于菌丝的生长；氮源浓度为0.10%时，菌丝体产量达到最高。

3. 矿质元素

矿质盐对茯苓菌丝生长的影响试验结果表明，与对照相比，茯苓菌丝显著需要 KH_2PO_4。不加 $MgSO_4$，菌丝生长速度比对照组慢，菌丝密度减小。加入 $CuSO_4$ 可使菌丝生长速度加快，NaCl对菌丝有促进作用，但与对照相比，菌丝生长速度差异不显著。$Fe_2(SO_4)_3$、$MnCl_2$、$ZnCl_2$ 对生长有抑制作用。这些常用矿质盐均未使菌丝产生色素。

4. 生长因子

不同生长因子对茯苓菌丝生长有一定的影响。不加维生素B_1会影响菌丝生长，菌丝密度小，生长速度慢；加入对氨基苯甲酸显著抑制菌丝生长；加入肌醇抑制菌丝体生长；生物素、维生素B_2、叶酸、维生素B_6、维生素C可促进菌丝生长，与对照相比，菌丝生长速度差异不显著，菌丝密度没有差异。并且，所有供试生长因子均未刺激菌丝产生色素。

5. 碳氮比

不同碳氮比对茯苓菌丝生长的影响显著。茯苓菌株在碳氮比5∶1～50∶1范围内都可以生长。碳氮比为25∶1～35∶1时，菌丝生长速度快，菌丝密度大，分枝多，生命力强。碳氮比在10∶1以下及50∶1时，不但菌丝生长速度慢，而且菌丝稀疏，长势较差。在碳氮比5∶1～50∶1范围内，茯苓菌丝都没有分泌黑色素。

6. 培养基配方

王伟霞(2003)报道，经单因子试验筛选出适宜碳源为葡萄糖和松木屑，氮源为玉米浆，矿质盐为KH_2PO_4、$MgSO_4$，生长因子为维生素B_1。设葡萄糖为A因子，玉米浆为B因子，KH_2PO_4、$MgSO_4$为C因子，生长因子维生素B_1为D因子，四因子三水平，按正交表$L_9(3^4)$进行正交试验，其他条件同上。葡萄糖、玉米浆、KH_2PO_4、$MgSO_4$、维生素B_1以不同浓度的正交试验结果表明，由极差值R可知，菌丝体生物量最大的组合为$A_2B_2C_2D_2$这一组合，培养基配方为葡萄糖25g、玉米浆10ml、KH_2PO_4 1.5g、$MgSO_4$ 0.75g、维生素B_1 5mg、水1 000ml。在适宜的培养条件下，培养8天时，生物量最大，胞内多糖含量也最大。培养13天后胞外多糖浓度最大。

钾离子、镁离子、磷酸盐与糖代谢有关。缺乏钾离子、镁离子和磷酸盐，会抑制真菌的代谢，影响菌丝的生长。但过多的钾离子、镁离子和磷酸盐使菌丝新陈代谢过于旺盛，很快衰老，从而影响菌丝的产量。综合考虑，茯苓液体发酵的最适发酵培养基为：葡萄糖30g，酵母浸膏3.9g，蛋白胨5.1g，K_2PO_4 1g，$MgSO_4\cdot 7H_2O$ 0.5g，水1L。

由pH值、胞外多糖浓度及胞内多糖含量的变化曲线可知，发酵过程中产生的各种物质的变化趋势并不一致。发酵初期，由于代谢过程中不断产酸，导致发酵液pH值随之下降。随着菌丝体生长减慢，代谢活动减弱，pH值下降减少。且随着发酵时间的延长，菌体自溶，pH值又稍微回升至一定值，并保持不变。随着培养时间的延长，胞外多糖浓度达到峰值后，开始下降。发酵培养的前7天，菌丝体处于旺盛生长时期，体内干物质迅速积累，胞内多糖含量和菌丝体生物量急剧增加。

如果以获得菌丝体和胞内多糖为生产目标，应综合考虑发酵过程中菌丝体生物量、胞内多糖含量的变化趋势，培养8天时，生物量最大，胞内多糖含量也最大。发酵培养的前8天，随着菌丝体生物量增加，pH值呈下降趋势，生物量最大时的pH为2.41。该值可作为发酵终点的判断依据之一。但是，此时的胞外多糖含量较小，所以应该根据不同的生产要求，判断具体的发酵终点，即如果为了生产胞外多糖，培养13天后才能终止发酵。

(二)工艺参数

1. 接种量

李羿(2005)报道，将菌龄为2天的液体菌种分别以2%、4%、6%、8%、10%和12%等6个不同比例，接种于盛有60ml液体摇瓶发酵培养基的三角瓶中，26℃摇瓶振荡培养。随着茯苓种子液接种量的增大，菌丝体产量也增大。种子液接种量为4%～6%时，菌丝体产量较高。综合考虑发酵时间长短和生产成本等因素，6%的种子液接种量为最适种子液接种量。

2. 装液量

容量为150ml的三角瓶进行装液量试验，分别盛玉米浆液体培养基30ml、50ml、70ml、90ml和120ml进行试验，其他条件同上。不同装液量的试验结果表明，随着装液量的增加，生物量也增加。装液量少，生物量也少。但是，超过50ml时，生物量反而减少。容量为150ml的三角瓶盛液体培养基50ml时，菌丝体生物量最多，为0.29g/50ml。

3. 发酵时间

李羿(2005)报道，在250ml三角瓶装入50ml液体摇瓶发酵培养基，培养温度为25℃，培养基初始pH为5.5，摇瓶转速为150转/分钟的培养条件下进行摇瓶培养。

摇瓶发酵试验结果表明，0～48小时为适应期，菌丝体生长缓慢；48～144小时为快速生长期，菌丝体生长速率加快；144小时后进入稳定生长期，生物量基本保持在稳定的水平上。

4. 温度

在 250ml 三角瓶装入 60ml 液体摇瓶发酵培养基，将其置于 18℃、20℃、22℃、24℃、26℃、28℃和 30℃等 7 个不同的温度下进行摇瓶振荡培养。发酵温度对菌丝体产量有较大的影响，随着温度的升高，菌丝体产量不断增加。在 26℃后继续升温，菌丝体产量反而降低，表明 26℃为其最适发酵温度。

5. 转速

李羿(2005)报道，在 2L、250ml 三角瓶装入 60ml 液体摇瓶发酵培养基，培养温度为 26℃，将其分别置于 60 转/分钟、90 转/分钟、120 转/分钟、150 转/分钟、180 转/分钟和 210 转/分钟的转速下进行摇瓶振荡培养。随着转速增加，通气量和溶解氧增大，菌丝体产量增大。转速达 150 转/分钟时，菌丝体产量最高，表明 150 转/分钟为其最适摇瓶转速。

6. 培养基初始 pH

在 2L、250ml 三角瓶装入 60ml 液体摇瓶发酵培养基，用盐酸和氢氧化钠溶液。将各液体培养基分别调成4.0、4.5、5.0、5.5、6.0、6.5和7.0等 7 个不同的 pH 值，灭菌后接种，26℃摇瓶振荡培养。随着培养基初始 pH 值增大，菌丝体产量增大，培养基初始 pH 达5.5时，菌丝体产量最高。表明 pH 5.5为其最适培养基初始 pH 值。

7. 种子液菌龄

种子液菌龄为 2～4 天时，茯苓菌丝体产量较高。综合考虑发酵时间长短和生产成本，确定菌龄 2 天为其最适种子液菌龄。

茯苓放大培养的最适培养条件为：培养温度 26℃，摇瓶装量 400ml/2L 三角瓶，转速 150 转/分钟，培养基初始 pH 为 5.5，液体菌种菌龄 2 天，液体菌种接种量 6%。

茯苓的摇瓶液体发酵和摇瓶液体发酵放大培养，都采用相同的液体发酵培养基，培养条件也基本相同。7 天后结束发酵，离心收获菌体，60℃烘干秤重。茯苓的摇瓶液体发酵的菌丝干重为 12.16g/L，摇瓶液体发酵放大培养的菌丝干重为 11.62g/L，菌丝体产量下降率达4.44%。

8. 摇瓶补料发酵

李羿(2005)报道，在 2L 三角瓶装入 360ml 液体摇瓶发酵培养基，以 7%的比例接种液体菌种，培养温度为 26℃，培养基初始 pH 为5.5，摇瓶转速为 150 转/分钟的培养条件下进行摇瓶培养，摇瓶培养时间为 7 天。同时，在葡萄糖总浓度为 4%的情况下，在不同的时间以 1%葡萄糖(20ml 补料培养基)分两次补糖或以 2%葡萄糖 40ml 补料培养基一次补糖。

在葡萄糖总浓度为 4%的情况下，不同时间补糖和不同补糖方式对菌体产量提高率有较大的影响。茯苓的摇瓶补料发酵结果表明，在发酵培养第 60 小时和第 72 小时，分别以 1%的浓度补糖效果最佳。

茯苓进入快速生长期后，适当补糖可提高茯苓发酵产量。值得关注的是，在补糖总量相同的情况下，采用不同的补糖方式，如一次性补糖和两次分开补糖对茯苓的发酵水平有一定的影响。另外，在不同的时间补糖对茯苓的发酵水平也有一定的影响。以初始葡萄糖浓度为 4%，不补糖发酵为对照。

从实验结果可知，在发酵培养第 60 小时和第 72 小时，分别以 1%的浓度补糖效果最佳。在不同的培养时间补糖对茯苓生长有一定的影响。补料时间太早，碳源未很好地消耗，不利于茯苓的生长；补料时间太晚，未能及时满足茯苓生长对碳源的需求。另外，不同的补糖方式对茯苓生长也有一定的影响，相对于一次以 2%浓度补糖而言，分二次以 1%浓度补糖效果更佳。提示发酵培养基营养成分的相对稳定有利于茯苓的生长。最优的补糖方式应根据茯苓发酵过程中碳源消耗速率进行连续的滴加补料。

第七节 茯苓的化学成分、药理作用与临床应用

一、化学成分

茯苓的主要生物活性成分有茯苓酸、β-茯苓聚糖、麦角甾醇、胆碱、组氨酸、腺嘌呤、卵磷脂、蛋白质、脂肪等。茯苓糖，含量约为84.2%，含茯苓聚糖、葡萄糖、蔗糖及果糖，硬烷含0.68%，纤维素含

2.84%。茯苓聚糖的结构是50个β(1→3)结合的葡萄糖单位中有1个β(1→6)结合的葡萄糖基支链和1～2个β(1→6)结合的葡萄糖基间隔。(茯苓聚糖无抗肿瘤活性，但切除β(1→6)支链后，即可得到茯苓多糖。茯苓多糖经羧甲基化得到溶于水的羧甲基茯苓多糖。

用水、醇、醚等提取，再经层析方法，如高效液相色谱分离，可从茯苓干燥菌核、茯苓皮或菌株培养液提取并分离到34个三萜成分，根据化学结构的差异，分为3种类型：即羊毛甾-8-烯型三萜(lanosta-8-ene type triterpenes)、羊毛甾-7,9(11)-二烯型三萜(lanosta-7,9(11)-diene type triter-penes)、3,4-开环-羊毛甾-7,9(11)二烯型三萜(3,4-seco-lanostan-7,9(11)-diene type triterpenes)。

二、药理作用

1. 免疫调节作用

羧甲基茯苓多糖(CMP)具有显著的免疫增强功能，明显增强荷瘤小鼠腹腔巨噬细胞的吞噬功能、小鼠对牛血清白蛋白诱导的迟发型超敏反应以及小鼠脾T细胞生长因子产生，明显增加小鼠脾抗体分泌细胞数、特异的抗原细胞结合数。茯苓多糖能促进小鼠腹腔巨噬细胞代谢，使其数量、形态、细胞膜酶活性均发生明显改变，吞饮、吞噬功能、溶酶体酶含量及其释放均显著提高。CMP能诱导人血淋巴细胞产生干扰素-α(IFN-α)、干扰素-γ(IFN-γ)、白细胞介素-2(IL-2)、白细胞介素-6(IL-6)、肿瘤坏死因子-α(TNF-α)与粒-巨噬细胞集落刺激因子(GM-CSF)。CMP体外给药浓度在0.1～50μg/ml时，对小鼠脾淋巴细胞增殖有直接促进作用。对小鼠混合淋巴细胞反应也有明显的促进作用，CMP还显著增强ConA及LPS活化小鼠脾淋巴细胞的增殖反应及小鼠腹腔巨噬细胞吞噬中性粒细胞的作用。环磷酰胺引起小鼠白细胞减少，但茯苓多糖能促进其回升，可能是茯苓多糖在一定程度上加快了造血功能的恢复。徐琳本等报道，CMP口服液能明显提高免疫低下小鼠的胸腺、脾脏重量及溶血素抗体含量，增强巨噬细胞的吞噬功能和NK细胞活性，明显恢复IL-2至正常水平。若将CMP浓度增至200mg/kg，可使荷瘤小鼠TNF含量明显增高，对S-180、EAC瘤株呈明显抑制作用。

茯苓三萜类化合物1,12,15及它们的衍生物对小鼠T淋巴细胞增殖影响的实验。结果表明，三萜类化合物1的酯化衍生物和三萜类化合物12促进小鼠T细胞增殖，三萜化合物12的酯化衍生物和三萜化合物1为抑制增殖，三萜化合物15具有免疫调节作用。国产茯苓菌核提取的茯苓素(poriatin，三萜的混合物)5～80μg/ml浓度，对PHA、LPS和ConA诱导的淋巴细胞转化均有显著的抑制作用，显著抑制小鼠血清抗体及脾细胞抗体产生。对于迟发型超敏反应和宿主抗移植物排斥反应，茯苓素也有显著的抑制作用。茯苓素在体内外对IL-2的产生均呈剂量依赖性抑制作用。茯苓素在体内外均有明显增强巨噬细胞诱生TNF的能力。茯苓素小剂量时为免疫促进剂，而大剂量为免疫抑制剂，可使动物整体水平免疫功能下降，甚至造成死亡。

林晓明等报道，茯苓12g/kg给小鼠灌胃21天，能够增强脾淋巴细胞对ConA刺激的增殖反应，显著增强小鼠脾脏IL-2的活性、特异性细胞免疫功能，对小鼠的特异性体液免疫作用不明显。

2. 抗肿瘤作用

羧甲基茯苓多糖(CMP)不仅是低浓度干扰素的诱生剂，而且是理想的干扰素促生剂，可提高单位细胞干扰素的产量，并诱生TNF-α，表明CMP是一种抗肿瘤免疫增强剂。茯苓多糖与羧甲基茯苓多糖具有较强的抗癌活性，能减轻癌症患者放、化疗的不良反应，并使患者的免疫功能得到改善。CMP注射液25～500mg/kg腹腔注射，对ICR/JCL品系的小鼠肿瘤U-14有较强的抑制作用；CMP灌胃与静脉注射给药，对小鼠S-180肉瘤与小鼠肝癌H22均有抑制作用。小鼠灌胃给药的最适剂量为50～200mg/kg，小鼠静脉注射给药的最适剂量为5～100mg/kg。体外实验结果表明，当CMP浓度为0.25%与0.5%时，对小鼠艾氏腹水癌细胞的生长有较强的抑制作用；CMP浓度0.1～50μg/ml时，对小鼠S-180肉瘤细胞的生长有一定的抑制作用；CMP浓度0.1～10μg/ml时，对小鼠H22肝癌细胞的生长有一定的抑制作用。吕苏成等报道，茯苓多糖每天250mg/kg连续用药7天，抑瘤作用最佳。超过此剂量，抑瘤作用反而减弱。

仲兆金等从茯苓中分离得到的三萜类及其衍生物，对K562细胞抑制作用明显；对肝癌细胞也具有细胞毒作用。茯苓(日本产)的部分三萜化合物甲酯已作为癌预防剂；茯苓聚糖经过碘酸氧化、硼氢化钠还原、硫酸水解后得到的直链葡聚糖有抗肿瘤作用，对S-180抑制率高达96%左右。Kwon MS等发现，茯苓三萜对多种肿瘤，如肺癌、卵巢癌、皮肤癌、中枢神经癌、直肠癌等具有抑制活性。

茯苓素体外对小鼠白血病 L1210 细胞的 DNA 合成有明显不可逆的抑制作用，对抗癌药有增效作用，与丝裂霉素合用抑瘤（小鼠肉瘤S-180）率为 48.0%（丝裂霉素为 35.0%）；与放线菌素 D（更生霉素）合用抑瘤率为 38.9%（放线菌素 D 为 19.6%）；与环磷酰胺合用抑瘤率为69.0%（环磷酰胺为 32.3%）；与 5-氟尿嘧啶合用抑瘤率为 59.1%（5-氟尿嘧啶为38.6%）。对小鼠白血病 L1210，单独用环磷酰胺的生命延长率为70.0%，与茯苓素合用为 168.1%。与环磷酰胺合用，茯苓素的增效最适剂量为 1/40 LD_{50}；茯苓素在体内对小鼠移植性肿瘤S-180细胞有明显的抑制生长作用，其作用强弱与肿瘤坏死因子的水平呈正相关。

3. 抗炎作用

茯苓多糖对棉球所致大鼠皮下肉芽肿形成有抑制作用，同时小剂量也能抑制二甲苯所致的小鼠耳肿。提示茯苓多糖具有抑制急慢性炎症反应作用。

茯苓三萜 1 和 12 可作为蛇毒液的磷脂酶 A2（PLA2）的抑制剂，PLA2 可控制多种炎症过程。由于与酶的作用使其成为天然潜在的抗炎剂，化合物 12 的 IC_{50} 为 0.845mmol。茯苓三萜可作为抗炎剂，对 TPA 引起的雌鼠炎症有抑制活性。茯苓及茯苓皮的乙醇和乙醚提取物与氢化可的松有同样的抑制效果。

4. 止吐作用

茯苓三萜及其衍生物能够抑制蛙口服五水硫酸铜引起的呕吐。茯苓三萜化合物 1、11、15 和 26 作为止吐药物在日本已有专利报道。化合物 15 最小剂量（10mg/kg）时，可延长50%以上的镇吐潜伏；化合物 1、11 和 26 在剂量 30mg/kg 时，潜伏期延长50%，而在剂量 50mg/kg 时，镇吐潜伏期延长 2 倍。

5. 利尿作用

茯苓素是利尿消肿药的主要成分。茯苓素能激活细胞膜上 Na^{+}-K^{+}-ATP 酶和细胞中总 ATP 酶。提示其可能具有改进心肌运动和促进机体水盐代谢的功能。茯苓素体外可竞争醛固酮受体，体内逆转醛固酮效应，不影响醛固酮的合成。说明茯苓素可能是新的醛固酮受体拮抗剂，有利于尿液排出，恢复肾功能。

6. 抗氧化清除自由基作用

茯苓多糖不同程度地增加血清中 T-SOD 和 Cu-SOD 活性，降低 MDA 含量，而对 MAO 活性无明显影响。安文林等将茯苓水提液与新生大鼠海马原代神经细胞预孵育 24 小时，再将细胞与叠氮钠孵育培养，与未进行预孵育对照组比较后发现，茯苓组能明显抵抗叠氮钠引起的神经细胞线粒体还原 MTT 的能力和微管结构紊乱，维持细胞线粒体的功能及微管结构，减缓衰老。提示其可能有防治神经退行性疾病，如老年性痴呆、血管性痴呆及帕金森病等的作用。2g/kg、4g/kg、8g/kg 茯苓水提液能够提高老年大鼠羟脯氨酸含量，而对红细胞及皮肤中 SOD 活性影响不显著。表明茯苓水提液可能通过提高皮肤中羟脯氨酸的含量来延缓衰老。

7. 抗病毒作用

张信岳等观察到 CMP 钠体外抗单纯疱疹病毒 I 型的作用。用 100～1 000μg/ml 浓度的 CMP 预处理人胚肺细胞，24 小时后弃上清液，再加不同浓度的滤泡性口腔炎病毒（VSV-Indiana 株），在 37℃下培养 24 小时。结果表明，100μg/ml 为有效间接抗病毒浓度，1 000μg/ml抗病毒效果更显著，在人胚肌皮细胞与人胚肺细胞上所呈现的间接抗病毒作用是一致的。羧甲基茯苓多糖在 2.2.15细胞株培养中，对 HBsAg 和 HBeAg 分泌有较好的抑制作用。提示其具有在 2.2.15 细胞株培养中抗乙型肝炎病毒（HBV）的作用。

8. 预防结石作用

陈焱等比较了茯苓多糖与消石素、五淋化石丹预防结石的作用。将 120 只雄性 Wister 成年大鼠分为茯苓多糖、消石素、五淋化石丹和结石对照等 4 组，每天喂乙二醇形成结石的同时，分别以茯苓多糖、消石素、五淋化石丹和自来水灌胃 4 周。结果显示，茯苓多糖、消石素及五淋化石丹均能抑制大鼠肾内草酸钙结晶的形成和沉积，以茯苓多糖作用最强。

9. 保肝

CMP 100mg/kg 与 200mg/kg 每天给药一次，连续腹腔给药 5 天，显著降低小鼠血清丙氨酸氨基转移，分别降低27.32%与41.03%。在大鼠肝部分切除手术前，按 100mg/kg 每天给药一次，连续腹腔给药 4 天，手术后再连续腹腔给药 3 天。大鼠的肝再生度与再生肝重/体重分别较对照组显著增加73.29%与18.95%。茯苓对四氯化碳所致大鼠肝损伤有明显的保护作用，使丙氨酸氨基转移活性明显降低，防止肝细胞坏死，使肝硬化动物模型肝脏胶原蛋白降解，使肝内纤维组织重吸收。提示羧甲基茯苓多糖体外有抗乙型肝炎病毒(HBV)作用。

10. 镇静作用

CMP 100mg/kg 每天给药一次，连续腹腔给药 7 天，能增强硫喷妥钠对小鼠中枢的抑制，小鼠翻正反射消失持续的时间是硫喷妥钠对照组的 4.69倍，差异显著。

11. 其他作用

茯苓三萜化合物使胰岛素的分化诱导活性增强，三萜化合物本身也有分化诱导活性。

三、临床应用

康爱秋等报道，大剂量茯苓治疗 55 例心源性水肿，有明显的利尿作用，100g/d剂量时作用最强。水肿患者服用茯苓饼干，成人每次服 8 片(每片含生药 3.5g)，每日 3 次，儿童量减半。1 周为 1 个疗程，服用时停用一切利尿药物。30 例水肿患者，显效 23 例，水肿全部消退，体重恢复正常；有效 7 例，水肿减轻，体重也有所下降。茯苓临床应用十分广泛，一般用饮片 10～15g，可与多种中药配伍，发挥疗效。如治疗各种水肿的五苓散，以茯苓与白术、猪苓、泽泻、桂枝配伍。周欣等用茯苓导水方治疗水肿，取得良好治疗效果。谭畅等用防己茯苓汤加味治疗类风湿关节炎，有增强免疫、利水消肿之功。茯苓大剂量，一般是指用茯苓 30g 以上，用后利水效果显著增强。高福泰在苓桂术甘汤中大剂量茯苓治疗多涎症，疗效显著。张丽等大剂量茯苓治疗慢性肺心病、心衰水肿，消肿利尿效果明显。当茯苓用量达到每日 100g 时，未见不良反应。应用苓桂术甘汤加味治疗尿路感染 6 例，均获佳效。方中白茯苓用至 30g，服 10 剂后，尿频、尿急、尿痛症状消除。

以茯苓 35g 为主，配伍瓜蒌根、麦冬、生地、浮小麦、玉竹的茯苓汤，治疗糖尿病(均为 Ⅰ 型)80 例，总有效率90.02%，明显改善糖尿病的临床症状，尤其是口燥咽干，烦渴多饮、尿频量多等症。治疗组血糖明显下降。

林熙然等用大剂量复方茯苓汤，治疗急性、亚急性和慢性湿疹，治愈率达 75%以上。复方茯苓汤能显著抑制小鼠变态反应性接触性皮炎。服用复方茯苓汤 4 周，治疗急性、亚急性和慢性湿疹，汤剂组和冲剂组临床治愈率分别为 80% 和 77.78%，皮损完全消退，症状消失。

羧甲基茯苓多糖配合化疗，治疗胃癌及肝癌 30 例，患者食欲增加，病状改善，体质增强，化疗不良反应减轻，同时对患者的骨髓有一定的保护作用。羧甲基茯苓多糖对肝硬化、慢性迁延性肝炎有较好的疗效。95 例患者用药后，88%的肝功能得到改善，对急性黄疸性肝炎近期治愈率 30%以上，能提高血清 IgA 的含量，降低 IgG 及 IgM 含量。

单味中药茯苓治疗慢性精神分裂症，每人每天 60g 水煎服，连续服用 1 个月后采血，测定免疫球蛋白的 IgA 及血清铜蓝蛋白的含量(慢性精神分裂症者血清铜蓝蛋白活性高于正常人)，再继续服药，3 个月后用同样方法再采血、测定、比较。治疗组前后对照表明，不仅使慢性精神分裂症患者血清铜蓝蛋白与免疫球蛋白有明显下降，而且还使其磷酸肌酸激酶也明显下降，使临床症状明显缓解，总有效率为 56.60%。

用桂枝茯苓丸治辨证属血瘀湿滞的疾病，如子宫内膜异位症、慢性盆腔炎、卵巢囊肿、子宫肌瘤、功能失调性子宫出血、风心病房颤伴血栓、男科慢性前列腺炎等疾患，均获良好疗效。

(祝晓玲、林志彬)

参考文献

[1] 陈文东，安文林，楚晋，等. 茯苓水提液对新生大鼠神经细胞内钙离子浓度的影响[J]. 中西医结合杂志，1998，18(5)：293.

[2] GAO XUEJUN. The pharmacological research of Fuling analyze and its beginnings explore on clinical application[J]. Chin Med Herb，1985，16(4)：40.

[3] 仲兆金，许先栋. 茯苓三萜化学成分及其光谱特征研究进展[J]. 中国药物化学杂志，1997，7(1)：71.

[4] TAI T，SHINGU T，KIKUCHI T，et al. Isolation of lanostane-type triterpene acid having an acetoxyl group from sclearotia of poria cocos[J]. Phytochemistry，1995，40(1)：225-231.

[5] TAI T，AKITA Y，KINOSHITA K，et al. Antiemetic principles of Poria cocos[J]. Planta Med，1995，61(6)：527.

[6] 迁邦郎,中村辉夫,稻冈靖规,等. 三萜及三萜有效成分含有癌促进抑制剂[J]. 日本公开特许公报,1997(9):176-184.

[7] NUKAYA H, YAMASHIRO H, FUKAZAWA H, et al. Isolation of inhibitor of TPA-induced mouse ear edema from hoelen, poria cocos[J]. Chem Pharm Bull, 1996, 44(4): 847.

[8] YASUKAWA K, KAMINAGA K, KITANAKA S, et al. 3β-p-Hydroxybenzoyldehydrotumulosic acid from Poria cocos, and its anti-inflammatory effect [J]. Phytochemistry, 1998, 48 (8): 1357HIROKAZU 1360.

[9] 王利亚,万惠杰. 茯苓化学成分的研究[J]. 中草药,1998(3):145.

[10] 仲兆金,许先栋,周京华,等. 茯苓三萜成分的结构及其衍生物的生物活性[J]. 中国药物化学杂志,1998,8(4):239.

[11] 沈芊,许先栋,顾慧儿,等. 茯苓三萜成分及其衍生物的构效关系[J]. 中国药物化学杂志,1999,9(4):271.

[12] CUELLAR MJ, GINER RM, RECIO MC, et al. Two fungal lanostane derivatives as phospholipase A2 inhibitors[J]. J Nat Prod, 1996,59: 977.

[13] 柴宝玲, 林志彬, 曹似兰. 羧甲基茯苓多糖对巨噬细胞吞噬功能的影响[J]. 北京医学报,1983,15(1):9.

[14] 龙振洲, 谢蜀生, 朱读章,等. 羧甲基茯苓多糖刺激小鼠免疫功能的实验研究[J]. 中华微生物学和免疫学杂志,1985,5(5):280.

[15.] 杨吉成,盛伟华,张云,等. 羧甲基茯苓多糖对 HPBL 分泌 IL-2、TNF、IL-6、IFN-γ 的调节作用[J]. 中国免疫学杂志,1997,13(5):293.

[16] 张秀军,徐俭,林志彬. 羧甲基茯苓多糖对小鼠免疫功能的影响[J]. 中国药学杂志,2002,37(12):913.

[17] 陈定南. 茯苓多糖抗肿瘤及其有关药理作用[J]. 中药通报, 1987, 12(9): 553.

[18] 徐琳本, 肖梅英, 樊湘红. 羧甲基茯苓多糖口服液的免疫作用及抗肿瘤作用研究[J]. 中成药, 2000, 22(3): 222.

[19] 仲兆金,许先栋,周京华,等. 茯苓三萜成分的结构及其衍生物的生物活性[J]. 中国药物化学杂志,1998,8(4): 239.

[20] 王国军,李嗣英,许津,等. 茯苓素对小鼠免疫系统功能的影响[J]. 中国抗生素杂志,1992,17(1):42.

[21] 周立,张炜,许津. 茯苓素体内诱生肿瘤坏死因子(TNF)的机制[J]. 中国抗生素杂志,1995,20(1):31.

[22] 周立,张玮,蔺惠颜,等. 茯苓素诱生肿瘤坏死因子(TNF)的作用[J]. 中国抗生素杂志,1994,19(5):376.

[23] 林晓明,冯建英,龙珠,等. 银耳、茯苓、绞股蓝对小鼠免疫功能和清除自由基的作用[J]. 北京医科大学学报,1995, 27(6): 455.

[24] 高学军, 孙亚荣, 李艳波. 茯苓多糖体的抗肿瘤作用及药理研究[J]. 中医药学报,1996(1):45.

[25] 柴宝玲, 林志彬. 羧甲基茯苓多糖的抗肿瘤作用[J]. 生理科学,1983,3(1):62.

[26] 陈春霞. 羧甲基茯苓多糖的抗肿瘤活性与免疫效应[J]. 食用菌学报,2001,8(3):39.

[27] 赵大明,张秀军,林志彬. 羧甲基茯苓多糖的抗肿瘤实验[J]. 福建中医药,2002,33(3):38.

[28] 吕苏成,曹巧俐,张力,等. 茯苓多糖对正常及荷瘤小鼠免疫功能的影响[J]. 第一军医大学学报,1990, 10(3):267.

[29] 赵吉福,陈英杰,姚新生. 茯苓的抗肿瘤研究[J]. 中国药物化学杂志, 1993, 3(6): 62.

[30] KWON MS, CHUNG SK, CHOI JU, et al. Antimicrobial and an-titumor activity of triterpenoids fraction from Poria cocos Wolf[J]. Hanpguk Sikppum Yongyang Kwahak Hoechi, 1999, 28(5): 1029.

[31] 许津,吕丁,钟启平,等. 茯苓素对小鼠 L1210 细胞的抑制作用[J]. 中国医学科学院学报,1988,10(1):45.

[32] 李电东，明秀英，甄永苏，等. 茯苓素对抗癌药的增效作用[J]. 中国抗生素杂志，1990，15(1)：63.
[33] 侯安继，彭施萍，项荣. 茯苓多糖抗炎作用研究[J]. 中药药理与临，2003，19(3)：15.
[34] KEN Y，TAI T. 茯苓提取物含抗炎症剂[J]. 日本公开特许公报，1998，102237，093.
[35] 高桥邦夫，田井孝明. 止吐药[J]. 日本公开特许公报，1996(8)：119864.
[36] 邓刚民，许津. 茯苓素：一种潜在的醛固酮拮抗剂[J]. 中国抗生素杂志，1992，17(1)：34.
[37] 金琦，曹静，王淑华. 大剂量茯苓的药理作用及临床应用概况[J]. 浙江中医杂志，2003，38(9)：410.
[38] 侯安继，陈腾云，彭施萍，等. 茯苓多糖抗衰老作用研究[J]. 中药药理与临床，2004，20(3)：10.
[39] 安文林，张兰，李雅莉，等. 茯苓水提液对叠氮钠致原代培养的新生大鼠海马神经细胞线粒体损伤的影响[J]. 中国药学杂志，2001，36(7)：450.
[40] 于凌，徐小东，吴警东，等. 茯苓延缓大鼠皮肤衰老作用的实验研究[J]. 辽宁中医学院学报，2003，5(1)：52.
[41] 张信岳，杨根元，梁丽坚. 羧甲基茯苓多糖钠体外抗单纯疱疹病毒 I 型的作用[J]. 中药新药与临床药理，2003，14(3)：161.
[42] 杨吉成、田季德、刘静山，等. 羧甲基茶苓多糖(CMP) 的抗病毒试验[J]. 苏州医学，1986，9(1)：4.
[43] 段会平，侯安继，陆付耳，等. 羧甲基茯苓多糖对 HBV 转染细胞表达功能影响的实验研究[J]. 中华实验和临床病毒学杂志，2005，19(3)：290.
[44] 陈焱，刘春晓，张积仁. 茯苓多糖防石作用的实验研究[J]. 中华泌尿外科杂志，1999，20(2)：114.
[45] 陈春霞. 羧甲基茯苓多糖的保肝与催眠作用[J]. 中国食用菌，2003(1)：46.
[46] 尹镭，赵元昌，许瑞龄，等. 茯苓对实验性肝硬变的治疗作用[J]. 山西医学院学报，1992，23(2)：101.
[47] 左藤真友美，田井孝明. 胰岛素作用增强活性组成物[J]. 日本公开特许公报，1998，10-330266.
[48] 康爱秋，张忠心. 重用云苓治疗心源性水肿临床观察[J]. 天津中医学院学报，1989(1)：14.
[49] 陈建南. 茯苓饼干利水消肿[J]. 上海中医杂志，1986(8)：25.
[50] 周欣，周颖. 茯苓导水汤化裁治疗水肿 22 例[J]. 实用中医内科杂志，2007，21(2)：65.
[51] 谭畅，韦志辉. 防己茯苓汤加味治疗类风湿关节炎疗效观察[J]. 现代中西医结合杂志，2007，16(7)：906.
[52] 高福泰. 苓桂术甘汤临证举隅[J]. 时珍国医国药，2002，13(11)：675.
[53] 张丽，王淑丽. 重用茯苓治疗慢性肺心病心衰水肿 54 例[J]. 实用中医内科杂志，2004，18(2)：164.
[54] 黄玉成. 苓桂术甘汤加味治疗尿路感染[J]. 浙江中医杂志，1997，32(9)：426.
[55] 杨红. 茯苓汤治疗糖尿病 80 例临床观察[J]. 云南中医中药杂志，1990，20(1)：13.
[56] 林熙然，涂彩霞，杨春梅，等. 复方茯苓汤及冲剂治疗湿疹的临床疗效观察[J]. 中华皮肤科杂志，2001，34(1)：66.
[57] 潘明继，李永辉，陈莲舫. 羧甲基茯苓多糖的临床试用及抗癌实验研究[J]. 福建医药杂志，1983(5)：38.
[58] 陈春霞. 羧甲基茯苓多糖的药用[J]. 食用菌，1994(3)：38.
[59] 张亦钦，罗凯临，赵恩和，等. 中药茯苓治疗慢性精神分裂症的免疫球蛋白的 IgA 及血清铜蓝蛋白的变化[J]. 山西医药杂志，1982，11(5)：14.
[60] 王强，陈曦. 桂枝茯苓丸临床应用概况[J]. 甘肃中医学院学报，2007，24(1)：42.
[61] AKIHISA T，MIZUSHINA Y，UKIYA M，et al. Dehydrotrametenonic acidand dehydroeburiconic acid from Poria cocos and theirinhibitory effects on eukaryotic DNA polymerase α and β [J]. Biosci Biotechnol Biochem，2004，68(2)：448-450.
[62] CHEN YY，CHANG HM. Antiproliferative and differentiating effects of polysaccharide fraction from fuling(Poria cocos) on human leukemic U937 and HL-60 cells[J]. Food Chem Toxicol，2004，42(5)：759-769.
[63] DING Q，ZHANG L，XU X，et al. Solution properties of pachyman from Poria cocos mycelia in

dimethyl sulfoxide[J]. J Macromol Sciphys, 2001,40(2), 147-156.

[64] KANAYAMA H, ADACHI N, TOGAMI M. A new antitumor polysaccharide from the mycelia of Poria cocos Wolf[J]. Chem Pharm Bull, 1983,31: 11-15.

[65] KANAYAMA H, ADACHI N. Studies on the antitumor active polysaccharides from the mycelia of Poria cocos: II. Structural of antitumor polysaccharides H_{11}[J]. Yakugaku Zasshi, 1986,106: 206-211.

[66] KANAYMA H, TOGAMI M, ADACHI N, et al. Studies on the antitumor active polysaccharides from the mycelia of Poria cocos: III. Antitumor activity against mouse tumors[J]. Yakugaku Zasshi, 1986,106:307-312.

[67] JIN Y, ZHANG LN,TAO YZ,et al. Solution propertiesof awater-insoluble(1,3)-D-glucan isolated from Poria cocos mycelia [J]. Carbohydr Polym,2004,57(2):205-209.

[68] KANAYAMA H,ADACHI N,TOGAMI M. A new antitumor polysaccha-ride from the mycelia of Poria cocos Wolf[J]. Chem Pharm Bull,1983,31(3):1115-1118.

[69] KANAYAMA H, ADACHI N, FULCAI, Y. Studies on the antitumor active polysaccharides from the mycelia of Poria cocos Wolf. Yasgaku Zasshi, 1986,106(3):199-205.

[70] LEE KY, JEON YJ. Polysaccharide isolated from Poria cocos sclerotium induces NF-kappa B/Rel activation and its expression enmarine macrophages[J]. Int Immunopharmacol, 2003,3(10):1353-1362.

[71] LIN Y, ZHANG L, JIN Y, et al. Isolation, chemical components and molecular weights of polysaccharides from Poria cocos mycelia with cultivated strain[J]. Acta Polym Sin, 2003(1):97-103.

[72] MOON SK, MIN TJ. Study on the isolation and structure determination of the triterpenoids from Korean white Poria cocos (Schw.)Wolf[J]. Han'guk Saenghwa Hakhoe chi,1987,20(2):178-184.

[73] MOON SK, PARK SS, MIN TJ. Studies on the fatty acids in the white Poria cocos [J]. Han'guk Kyunhakhoe chi, 1987 ,15(1):9-13.

[74] NUKAYA H,YAMASHIRO H,FUKAZAWA H,et al. Isolation of inhibitors of TPA-induced mouseear edema from Hoelen Poria cocos[J]. Chem Pharm Bull,1996,44(4):847-849.

[75] RHEE SD, CHO SM, PARK JS,et al. Chemical composition and biological activities of immunostimulants purified from alkali ex-tract of Poria cocos sclerotium[J]. Hanguk Kyunhakhoe chi, 1999,27(4):293-298.

[76] CHANG ST. Global impact of edible and medicinal mushrooms on human welfare in the 21st century: nongreen revolution[J]. Int J Med Mushr, 1999(1):1-7.

[77] NARUI T. K, TAKAKASHI M, KABOYASHI S, et al. A polysaccharide produced by laboratory cultivation of Poria cocos Wolf[J]. Carbohydr Res, 1980,87:161-163.

[78] TAI T,AKAHORI A,SHINGU T. Triterpenes of Poria cocos[J]. Phytochemistry,1993,32(5): 1239-1244.

[79] TAI T,SHINGU T,KIKUCHI T,et al. Isolation of lanostane-type triter-pene acids having an acetoxyl group from sclerotia of Poria cocos[J]. Phytochemistry,1995,40(1):225-231.

[80] TAI T,SHINGU T,KIKUCHI T,et al. Triterpenes fromthe surface layer of Poria cocos [J]. Phytochemistry, 1995, 39(5): 1165-1169.

[81] TAI T, AKAHORI A, SHINGU T. Triterpenes of Poria cocos[J]. Phytochemistry, 1993,32(5): 1239-1244.

[82] KUBO T. Indoor Cultivation and Cultural Characteristics of Wolfiporia cocos Sclerotia Using Mushroom Culture Bottles[J]. Biol Pharm Bull, 2006, 29(6) : 1191-1196.

[83] WANG YF, ZHANG M, RUAN D, et al. Chemical components andmolecular mass of six polysaccharides isolated from the sclerotium of Poria cocos[J]. Carbohydr Res,2004,339(2):327-334.

[84] WANG SX, WEN YY, HU CX. Immunoactivities of the polysaccharides from Morus alba, Chlamydomonas mexicana and Poria cocos[J]. Phytother Res, 1995,9(6)448-451.

[85] WANG Y, ZHANG M, RUAN D, et al. Chemical components and molecular mass of six polysaccharides isolated from the sclerotium of Poria cocos[J], Carbohydr Res, 2004, 339(2): 327-334.
[86] YASUKAWA K, KAMINAGA T, KITANAKA S, et al. 3-p-hydroxybenzoylde hydrotumulosic acid from Poria cocos and its antiinflammatory effect[J]. Phytochemistry, 1998, 48(8): 1357-1360.
[87] YASUKAWA KEN, TAKAAKI TAI. 茯苓提取物含抗炎症剂[P]. 日本公开特许公报, 1998, 10(237): 093.
[88] JIN YONG, ZHANG LINA, CHEN LI, et al. Effect of culture media on the chemical and physical characteristics of polysaccharides isolated from Poria cocos mycelia[J]. Carbo-hydr Res, 2003(338): 1507-1515.
[89] JIN YONG, ZHANG LINA, ZHANG MEI, et al. Antitumor activities of heteropolysaccharides of Poria cocos mycelia from different strains and culture media[J]. Carbohydr Res, 2003(338): 1517-1521.
[90] ZHANG L N, DING Q, ZHANG PY, et al. Molecularweight and aggregation behavior in solution of β-D-glucan from Poria cocos sclerotium[J]. Carbohydr Res, 1997, 303(2): 193-197.
[91] ZHANG L, CHEN L, JIN Y, et al. Comparison of polysaccharides isolated from the mycelia of a cultivated strain of Poria cocos grown in different liquid culture media[J]. Chin J. Polym Sci, 2003, 21(4): 21-28.
[92] ZHANG L, DING Q, MENG D, et al. Investigation of molecular masses and aggregation of β-D-glucan from Poria cocos sclerotium by size-exclution chromatography[J]. J Chromatogr A, 1999, 839: 49-55.
[93] ZHANG L, DING Q, ZHANG P, et al. Isolation and structural analysis of polysaccharidesfrom the sclerotium of Poria cocos Wolf[J]. Chem J Chinese Univ, 1997(6): 990-993.
[94] ZHANG L, LI X, ZHOU Q. Transition from helix to coil of lentinan in aqueous solution measured by SEC, viscometry, and 13C NMR[J]. Polym J, 2002, 34(6): 1-7.
[95] 蔡缨,沈忠松. 茯苓对2型糖尿病患者的降糖作用[J]. 解放军医学杂志, 2001, 26(5): 371-372.
[96] 陈春霞. 茯苓多糖体的药理药化研究及其临床应用初探[J]. 中草药, 1985, 16(4): 40-44.
[97] 陈春霞. 羧甲基茯苓多糖研究进展[J]. 中国食用菌, 2005, 24(1): 17-20.
[98] 陈文东,安文林,楚晋,等. 茯苓水提液对新生大鼠神经细胞内钙离子浓度的影响[J]. 中国中西医结合杂志, 1998, 18(5): 293-295.
[99] 单毅生,王鸣歧. 中药茯苓菌的研究[J]. 中国食用菌, 1987, 6(5): 5-7.
[100] 淡新提,王艺峰. 化学修饰的茯苓多糖抗肿瘤效应的组织学观察[J]. 武汉大学学报(医学版), 2004, 25(6): 652-654.
[101] 邓芳席. 茯苓菌生态因子的研究[J]. 湖南农业大学学报, 1988(2): 135-140.
[102] 丁岗,王振中,章晨峰,等. 茯苓中三萜酸类成分 HPLC 指纹图谱的初步研究[J]. 中国中药杂志, 2002, 10(10): 27.
[103] 丁琼,张俐娜,张志强. 茯苓菌丝体多糖的分离及结构分析[J]. 高分子学报, 2000(2): 224-227.
[104] 段启,王少军,曹君,等. 茯苓皮中茯苓聚糖的含量测定及提取工艺优选[J]. 河南中医学院学报, 2004, 19(6): 32.
[105] 范勇,杜德林,李秀森,等. 茯苓素对人白血病细胞系 HL-60 的诱导分化作用[J]. 细胞生物学杂志, 1990, 12(1): 27-30.
[106] 丰朝霞,张鸿. 分光光度法测定茯苓多糖总糖含量[J]. 时珍国医国药, 2000, 11(2): 109.
[108] 傅杰,王克勤,方红,等. 茯苓药源及生产栽培现状[J]. 中药研究与信息, 2002, 4(2): 24-25.
[108] 富永保人. 茯苓生活史研究[J]. 王波,译. 国外食用菌, 1991, 29(1): 40-42.
[109] 高敦理. 茯苓松段木"菌引法"丰产栽培技术[J]. 福建农业科技, 2004(2): 27-28.
[110] 郭信芳,韩正洲. 茯苓中茯苓聚糖含量的测定[J]. 时珍国药研究, 1993, 4(1): 15-16.
[111] 国家药典委员会. 中华人民共和国药典(2000年版一部)[M]. 北京:化学工业出版社, 2000.

[112] 吴波. 茯苓多糖抗肿瘤作用与机制的实验研究[J]. 中国药理学报,1994,10(4):300.
[113] 何华奇,时维静,宋子兰,等. 3 种制作茯苓菌种材料对比试验[J]. 中药材,1997,20(1):1-2.
[114] 侯安继,陈腾云,彭施萍,等. 茯苓多糖抗衰老作用研究[J]. 中药药理与临床,2004,20(3):10-11.
[115] 胡坷,梁益敏,周建理. 药用动植物种养加工技术茯苓猪苓[M]. 北京:中国中医药出版社,2001.
[116] 黄才欢. 茯苓多糖的提取方法及其改性研究[D]. 广州:暨南大学,2002.
[117] 纪芳,李鹏飞,徐胜元,等. 羧甲基茯苓多糖的制备及体内抗肿瘤作用的实验研究[J]. 中国微生态学杂志, 2003, 15(6):333.
[118] 蒋先亮,石清东. 茯苓多糖与羧甲基茯苓多糖的结构表征[J]. 广西师范大学学报,1996,14(3):40-45.
[119] 金勇. 不同茯苓菌丝体的多糖结构和生物活性[D]. 武汉:武汉大学,2004.
[120] 李典鹏,梁小燕,陈海珊,等. 云南茯苓皮的化学成分研究[J]. 广西植物,1998,18(3):267-270.
[121] 李洪武,朱文元,夏明玉,等. 白术及茯苓提取物对豚鼠皮肤酪氨酸酶 mR-NA 基因表达水平的影响[J]. 中华皮肤科杂志,2001,34(2):134-135.
[122] 李静,黎红,许津,等. 茯苓中集落刺激因子诱生剂的分离鉴定[J]. 中国药学杂志,1997,32(7):401-403.
[123] 李俊,韩向晖,李仲洪,等. 茯苓多糖的提取及含量测定[J]. 中国现代应用药学杂志,2000,17(1):39-40.
[124] 李萍,何俊蓉. 茯苓药化药理研究概况[J]. 山地学报,2004,22(S1):140-142.
[125] 李日长. 不断根茯苓栽培丰产技术[J]. 食用菌,2001(3):32-33.
[126] 李霜,刘志斌,陈国广,等. 茯苓交配型的初步研究[J]. 南京工业大学学报,2002,24(6):81-83.
[127] 李霜. 茯苓的生物特性及良种选育初步研究[D]. 武汉:华中农业大学,2000.
[128] 李羿. 茯苓优良菌种的选育、保藏和液体发酵的研究[D]. 成都:成都中医药大学,2005.
[129] 李益健,黄克勤. 茯苓栽培[M]. 北京:农业出版社. 1982.
[130] 林晓明,冯建英,龙珠,等. 银耳、茯苓、绞股蓝对小鼠免疫功能和清除自由基的作用. 北京中医药大学学报[J], 1995,27(6):455.
[131] 刘本洪,郑林用. 茯苓的特性及段木栽培技术[J]. 四川农业科技,2002(4):32-35.
[132] 刘会理,胡卫东,郑国纯,等. 茯苓旱田栽培双引接种试验研究[J]. 安徽农业科学,2006,34(3):500-506.
[133] 刘茵华. 茯苓的药用、食用及保健作用[J]. 中国食用菌,1994,13(2):37.
[134] 刘儒林,金成文,程秀臻,等. 茯苓可增加小鼠心肌对哇巴因的敏感性和 K^+ 含量[J]. 中医药研究,1997,13(3):47-48.
[135] 刘振武,游平,裴朝阳,等. 茯苓旱田栽培双引接种试验研究[J]. 安徽农业科学,2006,34(3):500-506.
[136] 刘振武,游平,郑威,等. 2 种长度料筒旱田栽培茯苓的比较试验[J]. 长江大学学报,2006(2):122-125.
[137] 刘忠义,曾虹燕. 茯苓液体培养研究初探[[J]. 湘潭大学自然科学学报,2002,24(4):49-51.
[138] 柳勇. 茯苓纯菌种速生高产栽培技术[J]. 生物学通报,1994,29(12):41-42.
[139] 吕丁,许津,蒋景宜,等. 茯苓素对小鼠腹腔巨嗜细胞的作用[J]. 中国医学科学院学报,1987,9(6):433-438.
[140] 吕苏成,曹玛莉,曹巧莉. 茯苓多糖对肺癌患者细胞免疫功能及临床疗效的观察[J]. 上海免疫学杂志,1994,14(2):109.
[141] 吕苏成,孔玮. 茯苓多糖对荷瘤小鼠及老年人和肿瘤患者免疫功能影响的探讨[J]. 中国医师杂志,1996, 1(9):11.
[142] 罗光炎,姚俊,张先梅,等,常用治疗慢性肝炎的中草药中微量金属元素的测定[J]. 吉林大学学报,1990, 11(6):85.
[143] 罗田县地方志编纂委员会. 罗田县志[M]. 北京:中华书局,1998.
[144] 缪竞诚. 羧甲基茯苓多糖对淋巴细胞产生细胞因子的促诱生作用[J]. 中成药,1999,21(12):639.

[145] 聂金媛,吴成岩,吴世容,等.微波辅助提取茯苓中茯苓多糖的研究[J].中草药,2004,35(12):1346-1348.
[146] 潘琦,何兰茜.茯苓多糖的结构改造及分析测定[J].云南中医学院学报,1998,21(4):20-21.
[147] 潘琦,贾向云,罗天诰,等.茯苓皮提取茯苓多糖实验方法研究[J].云南中医学院学报,1997,20(3):13.
[148] 彭卫红,甘炳成,郑林用,等.茯苓与凤尾菇目间原生质体融合研究初报[J].菌物学报,2005,24(1):42-47.
[149] 任建平,陈蔓芙.茯苓对消化系统疾病影响的研究概述[J].中国中医药科技,1996(1):63-64.
[150] 邵伟,乐超银,熊泽,等.茯苓液体发酵条件的研究[J].食用菌,1999(4):2-3.
[151] 神长知宏.茯苓对促进致癌过程的抑制作用[J].国外医学中医中药分册,1996,18(2):35.
[152] 沈芊,许先栋,顾慧儿,等.茯苓三萜成分及其衍生物的构效关系[J].中国药物化学杂志,1999,9(4):271-276.
[153] 盛伟华,杨吉成,张云,等.羧甲基茯苓多糖和PHA诱导人外周血淋巴细胞产生GM-CSF的研究[J].中国生化药物杂志,1997,18(1):22-23.
[154] 宋智琦.中药黄柏、茯苓及栀子抗迟发型超敏反应作用的实验研究[J].中国皮肤性病学杂志,1997,11(3),143.
[155] 苏德龙,史红波,裴福成,等.正交试验法研究猪苓多糖提取工艺[J].基层中药杂志,2002,16(1):27-28.
[156] 孙博光,邱世翠,李波清,等.茯苓的体外抑菌作用研究[J].时珍国医国药,2003,14(7):394.
[157] 孙文瑚,刘小刚.茯苓菌优良菌株筛选和酯酶同工酶分析[J].安徽农学院学报,1989(1):32-38.
[158] 谈新提,王艺峰,张俐娜,等.化学修饰的茯苓多糖抗肿瘤效应的组织学观察[J].武汉大学学报(医学版),2004(6).
[159] 汤建平,杨吉成,盛伟华,等.羧甲基茯苓多糖对人外周血淋巴细胞分泌IFN-α和IFN-γ的调节作用及中间体制备[J].中国生化药物杂志,1998,19(2):69-73.
[160] 王德淑,张敏.茯苓中微量金属元素的测定[J].现代中药研究与实践,2003,17(4):30-31.
[161] 王克勤,方红.茯苓规范化种植及产业化发展对策[J].世界科学技术,2002,4(3):69-73.
[162] 王少军,段启,曹君,等.茯苓皮中三萜酸类成分HPLC指纹图谱的方法学研究[J].中药新药与临床药理,2005,16(1):53-55.
[163] 王伟霞.茯苓菌丝体培养条件及其富集钙和碘的研究[D].武汉:华中农业大学,2003.
[164] 王新平.火焰原子吸收光谱法测定中草药剑花中的8种微量元素[J].光谱学与光谱分析,2005,25(2):293-295.
[165] 王秀芬.茯苓与不同水提液中多糖的研究[J].中医药研究,2000,16(1):48.
[166] 王艺峰.茯苓菌核多糖及其衍生物的结构及生物活性[D].武汉:武汉大学,2004.
[167] 吴波,茯苓多糖抗肿瘤作用与机理的实验研究[J].中国药理学通报,1994(10):300-304.
[168] 吴普,孙星衍.神农本草经[M].北京:人民卫生出版社,1963.
[169] 熊杰.茯苓基本生物学特性研究[J].菌物学报,2006,25(3):446-453.
[170] 熊杰.茯苓性模式的研究[D].武汉:华中农业大学,2006.
[171] 徐锦堂.中国药用真菌学[M].北京:北京医科大学、中国协和医科大学联合出版社,1997.
[172] 许先栋,许津,顾惠儿,等.茯苓环酮双烯三萜酸的晶体结构和分子结构研究[J].中国药物化学杂志,1994,4(1):23-27.
[173] 薛正莲,潘文洁.采用He2Ne激光诱变选育速生高产茯苓菌[J].食品与发酵工业,2005,31(2):51-54.
[174] 严泽湘,严奉伟,刘云.名贵珍稀菇菌栽培新法——银耳、茯苓、鸡纵菌[M].北京:科学技术文献出版社,2002.
[175] 颜新泰.茯苓有性繁殖研究初报[J].食用菌,1992,14(1):8.
[176] 晏海云,赵和清,居学锋.教你种茯苓[M].武汉:湖北科学技术出版社,2003.
[177] 杨海龙.中药提取液对灵芝深层发酵的影响[J].微生物学报,2003,43(4):519-522.

[178] 杨冉,李建军,屈凌波,等. 茯苓萜类的高效液相色谱指纹图谱研究[J],中草药,2004,35(3):273-275.

[179] 杨天星,张学莉. 茯苓沿革及现代化发展[J]. 中国民族民间医药杂志,2004(5).

[180] 杨新美. 食用菌研究法[M]. 北京,中国农业出版社,1998.

[181] 杨新美. 食用菌栽培学[M]. 北京:中国农业出版社,1995.

[182] 叶聚荣,林建峰,林大杰,等. 羧甲基茯苓多糖的安全性实验[J]. 福建中医药,2003,34(3):27-31.

[183] 易中宏. 茯苓药材质量标准研究[D]. 重庆:重庆大学,2005.

[184] 尹镭. 茯苓对实验性肝硬变的治疗作用[J]. 山西医学学报,1992,23(2):101.

[185] 于凌,徐晓东,吴景东,等. 茯苓延缓大鼠皮肤衰老作用的实验研究[J]. 辽宁中医学院学报,2003,5(1):52-53.

[186] 余元广,胡廷松,梁小苏,等. 茯苓单个担孢子培养和配对试验[J]. 微生物学通报,1980,9(1):97-99.

[187] 张俐娜,丁琼,张平义,等. 茯苓菌核多糖的分离和结构分析[J]. 高等学校化学学报,1997,18(6):990-993.

[188] 张璐,刘强. 茯苓多糖制备工艺及药理作用研究进展[J]. 中国实验方剂学杂志,2006,12(4):61-64.

[189] 张淑萍,李雅玲,王毅军,等. 茯苓对家兔模型 SIL-2R、IL-2、TNF-α 的影响[J]. 中草药,2000,31(5):363-364.

[190] 张树庭,林芳灿. 蕈菌遗传与育种[M]. 北京:中国农业出版社,1997.

[191] 张思访,刘静涵,蒋建勤,等. 茯苓的化学成分和药理作用及开发利用[J]. 中华实用中西医杂志,2005,18(2):227-230.

[192] 赵吉福,何爱民,陈英杰. 茯苓抗肿瘤成分研究[J]. 中国药物化学杂志,1993,3(2):128-129.

[193] 赵吉福,么雅娟,陈英杰,等. 磺酰化新茯苓多糖的制备及抗肿瘤作用[J]. 沈阳药科大学学报,1996,13(2):125-128.

[194] 郑汉光,陈金林. 生态环境对茯苓优质高产的影响[J]. 时珍国药研究,1992,3(2):81-82.

[195] 周燕霞,唐明林,殷辉安,等. 茯苓多糖的提取及含量测定[J]. 天然产物研究与开发,2003,15(3):332-333.

[196] 朱泉娣,唐荣华,程晓星. 茯苓原生质体融合种栽培实验初报[J]. 中草药,1995,25(5):261-262.

(郑林用、贺新生)

第七十五章　桦褐孔菌

DIQISHIWUZHANG HUAHE KONGJUN

摘要：本章主要对桦褐孔菌分类地位、学名、形态结构与分布、菌丝体生长的营养条件和环境影响因子作了介绍。阐明了桦褐孔菌生物学特性，并指明桦褐孔菌菌丝体生长具有“限氧”的生长特性。较全面地阐述了桦褐孔菌（菌核）的化学成分构成，总结了桦褐孔菌在抗肿瘤、防治糖尿病、增强机体免疫力、抗氧化、抗衰老、抗心血管疾病、抗病毒、抗血小板凝聚、消炎止痛、护肝等方面开展的药理研究实验及药效作用。重点报道了桦褐孔菌多糖和三萜类有效成分的实验室提取工艺，介绍了桦褐孔菌“菌核”的人工栽培技术与方法。

Inonotus obliquus

Abstract: This chapter provides an introduction to various aspects of *Inonotus obliquus* including taxonomic status and scientific nomenclature, morphology, distribution, biological features, nutritional requirements and environmental factors (e. g. low oxygen concentrations) affecting mycelia growth. It also describes in detail the chemical components of *I. obliquus* sclerotia and summarizes research achievements in terms of assigned medicinal properties including antitumour, hypoglycemic, immunoenhancing, antioxidative, anti-ageing, cardiovascular protective, antiviral, antiplatelet aggregation, antiphlogistic, analgesic and hepatoprotective effects. The chapter focuses attention on the methods used to extract polysaccharide and triterpenoid materials from *I. obliquus*.

桦褐孔菌是近十年来逐渐引起越来越多国内学者关注的珍贵药用真菌。国内学术界对其研究与开发遵循与其他已经商业化应用的食、药用真菌同样的，由“生物学⟶功能学⟶栽培学⟶深加工技术”构成的认识轨迹。黄年来发表在《中国食用菌》上的“俄罗斯神秘的药用真菌——桦褐孔菌”一文，标志着我国菌物工作者对桦褐孔菌研究的新开端。早期对桦褐孔菌的研究比较多地集中在药理作用和临床药用价值的分析上；其后的研究以桦褐孔菌的生物学特性、人工培养及深加工产品技术为主要内容。然而，从相关技术的成熟度和商业化规模看，我国对桦褐孔菌的研究与开发仍处于起步阶段。

第一节　桦褐孔菌的生物学特性

一、生态学研究

（一）分类地位、学名和俗名

桦褐孔菌又名：白桦菌、黑桦菌、西伯利亚灵芝等。

学名：*Inonotus obliquus* (Ach. ex Pers.) Pilát, *Atlas des Champignons de l'Europe*, Polyporaceae 3 (1)：572(1942)。

属名“*Inonotus*”一词来自希腊语，词干“is-”意思是“纤维、肌”，词尾“-notos”意思是“背部”，描述子实体的背部有纤毛，中文称“纤孔菌属”。种名加词“*obliquus*”意思是“斜的、歪的”。中文学名为“斜生纤孔菌”。

同物异名：*Boletus obliquus* Ach. ex Pers., *Syn. meth. fung.* (Göttingen) 2：548 (1801)；*Fomes obliquus* (Ach. ex Pers.) Cooke, *Grevillea* 14(no. 69)：21(1885)；*Fuscoporia obliqua* (Ach. ex Pers.) Aoshima, *Bull. Tokyo Univ. Forests* 39：200 (1951)；*Mucronoporus obliqua* (Ach. ex Pers.) Ellis & Everh., *J. Mycol.* 5(1)：29(1889)；*Phaeoporus obliquus* (Ach. ex Pers.) J. Schröt., *Kryptogamenflora der Schweiz* 3：489 (1888) [1889]；*Phellinus obliquus* (Ach. ex Pers.) Pat.,

Essai Tax. Hyménomyc. (Lons-le-Saunier): 97 (1900); *Physisporus obliquus* (Ach. ex Pers.) Chevall., *Fl. gén. env. Paris*(Paris)1:261(1826); *Polyporus obliquus* (Ach. ex Pers.) Fr., *Syst. mycol.* (Lundae) 1:378(1821); *Poria obliqua* (Ach. ex Pers.) P. Karst., *Revue mycol.*, Toulouse 3:19(1881); *Scindalma obliquum* (Ach. ex Pers.) Kuntze, *Revis. gen. pl.* (Leipzig) 3(2):519(1898); *Xanthochrous obliquus* (Ach. ex Pers.) Bourdot & Galzin, *Hyménomyc. de France*:642(1928)。

分类学地位:菌物界(Fungi),担子菌门(Basidiomycota),伞菌纲(Agaricomycetes),锈革孔菌目(Hymenochaetales),锈革孔菌科(Hymenochaetaceae)。

(二)形态特征与分布

1. 形态结构

桦褐孔菌子实体一年生,少见,完全平伏,菌肉浅黄褐色,木栓质,通常很薄,厚1～5mm,皮壳状,暗褐色,通常发生在树皮下,不容易从生长基质上分离(戴玉成,1997)。菌管黑褐色,孔口表面褐色至暗红褐色,有强烈折光反应。菌孔近角状,每毫米6～8个,孔口边缘初期完整,后期开裂。孢子椭圆状,浅褐色,光滑,8～10μm×6～8μm,有刚毛(setae),担子具4小梗(卯晓岚,2000)。桦褐孔菌子实体不易观察,通常发现的是其不育性块状物——菌核。菌核呈现瘤状,无柄,一般直径10～20cm,外表黑褐色或黑色,内部黄褐色,菌肉新鲜时木栓质至硬木栓质,干后硬木质,有轻微的、模糊不清的环纹,鲜(明亮)淡黄褐色。老后表面深裂,很硬,干时脆。

桦褐孔菌子实体与菌核是完全不同的发育结构,虽然两者均为组织化了的菌丝体,但是无性结构的菌核与有性结构的子实体有本质区别,后者具有完整的子实层和发育完全的菌孔与成熟的担孢子。从国内外报道来看,即使在野生条件下,桦褐孔菌也大多只形成菌核,很少观察到子实体,因此,人们对其生活史了解甚少。在实际研究和应用中作为原料使用的基本是桦褐孔菌的"菌核"组织部分。

2. 菌丝特征

桦褐孔菌菌丝为二系菌丝系统,具有生殖菌丝和骨架菌丝。气生菌丝多为骨架菌丝,内部原生质缺乏,分支少,黄褐色,宽2.0～5.5μm,具有刚毛状菌丝和稀少刚毛。基内菌丝多为生殖菌丝,分支较气生菌丝多,呈树杈状分支,有大量液泡,淡黄褐色,宽1.5～7.0μm,有隔,无锁状联合(Li Y X, et al, 2003)。新生菌丝壁薄,简单分隔,树枝状分枝,直径2.0～3.0μm。

菌落生长特性:于完全培养基(CYM)上培养,生长速度中等,条件适宜,2～3周内覆盖平皿培养基(直径9cm)表面。培养皿内菌丝生长新区均匀、升高的绒毛状气生菌丝体延伸到生长区的边缘。菌落呈明显环状生长圈,初期白色,渐变黄色到黄褐色,茸毛状,培养基背面变为黑褐色,无气味,愈疮木酚反应(漆酶反应),一天内滴定区域变成枣红色。

3. 生长环境

桦褐孔菌属木腐菌,引起木材白色腐朽。主要生于白桦树、银桦、赤杨等活立木的树干或树皮下,形成不育性块状物——菌核。桦褐孔菌菌核为多年生。菌核常见生于树木疤痕处,可以在砍伐后的枯干上生存6年之久。

4. 分布

桦褐孔菌的菌丝体极其耐寒,生活在木材中的菌丝体能耐−40℃的低温。在北半球北纬45～50度的地区,如北美(北部)、芬兰、波兰、俄罗斯(西西伯利亚、远东部分地区、勘察加半岛)、中国(黑龙江大兴安岭、吉林省长白山地区)、日本(北海道)等国家为其主要分布地带。戴玉成等(1997)首次报道了桦褐孔菌在我国的分布。

二、营养生理学研究

药用真菌是异养型生物,细胞中不含有叶绿素和其他光合色素,不能直接利用太阳光能、CO_2为自身制造食物,生长发育所需的各种营养物质均来自于其生长的基质。桦褐孔菌(菌丝体、菌核)生长发育的生理活动除了与营养条件有关外,还需要温度、水分、空气、光线和酸碱度等各种理化条件,并且菌丝体和菌核生长发育过程有明显的"限氧"生长特征(冀宏,2005)。

(一)营养

学者对桦褐孔菌生长的碳源、氮源、微量元素和生长因子等重要营养元素的研究均有报道,然而由于研究采用的菌株、选取的测定指标(如生物量或者代谢物产量)和实验方法上存在差异,研究报道的结论有所不同。

1. 碳源和氮源

冀宏等(2005)采用摇瓶"深层培养法"考查了葡萄糖、果糖、麦芽糖、蔗糖、玉米芯、半纤维素、乳糖、糊精、玉米粉、甘露醇、羧甲基纤维素钠、可溶性淀粉等不同碳源对桦褐孔菌菌丝体生长(生物量)的影响。结果显示,桦褐孔菌生长最适碳源为葡萄糖,最适添加量为1.5%。以同样方法考查了硝酸钾、硫酸铵、尿素、胰蛋白胨、酵母浸出汁、酪蛋白胨、牛肉浸膏、干酪素、甘氨酸、豆饼粉等氮源的影响。结果显示,桦褐孔菌生长最适氮源为酪蛋白胨,最适添加量为1.0%。

江玉姬等(2004)对桦褐孔菌菌丝生长的营养需求研究表明,菌丝生长的适宜氮源为麦麸,不能利用硝态氮;碳源为米粉,合适的碳氮比为15∶1～50∶1。陈艳秋等(2006)进行了不同碳源、氮源、微量元素对桦褐孔菌菌丝生长及多糖含量影响的试验。结果表明,桦褐孔菌菌丝生长的碳源为麦芽糖和葡萄糖,不同氮源和微量元素对菌丝生长均无明显影响;选用麦芽糖、蛋白胨的培养基菌丝多糖含量最高。王振河等(2006)分别选取葡萄糖、蔗糖、乳糖、麦芽糖、可溶性淀粉、小麦淀粉水解糖为碳源进行试验。结果看出,桦褐孔菌能利用试验的各种碳源,以小麦淀粉水解糖为碳源时生物量最高;以蛋白胨、酵母粉、玉米浆、豆饼粉、尿素、硫酸铵、硝酸钾为氮源进行试验,表明,桦褐孔菌对有机氮的利用明显优于无机氮,其中以酵母粉和玉米浆最佳。张力秋(2006)实验发现,桦褐孔菌菌丝体纯培养的模式是:葡萄糖26.4～28g/L、黄豆粉 12～13.6g/L、硫酸钙3.4～4g/L、磷酸二氢钾1.5g/L、维生素 B_1 10mg/L;pH 为5～7、碳氮比为 40∶1。

据韩国国立农业学院张玄酉教授等人的研究发现,桦褐孔菌在 BDA(Birch dextrose Agar)桦木屑提取液汁、葡萄糖、琼脂培养基上生长最快,每 10 天生长68.3mm,其生长速度和菌丝浓密度依次为 GDA、PDA、CDA、PODA、ODA、YM、MCM、MEA(pH 为 4.7)、CHM 和 MED(pH 为 4.7)培养基。

2. 生长因子

药用真菌对生长因子有一定要求。维生素 B_1、生物素作为细胞生命活动中的辅酶或辅酶组分,具有重要的催化功能。冀宏等(2005)实验显示,在液体培养基中分别添加不同质量浓度的维生素 B_1 对桦褐孔菌的生长有一定影响。当维生素 B_1 浓度为 20mg/L 时,生物量最高,达22.4g/L,继续提高维生素 B_1 浓度,生物量有所下降;生物素浓度处于0.1mg/L时,生物量最高,达20.8g/L,此后增加生物素的浓度,生物量有减无增。王振河等(2006)研究也表明,维生素 B_1 和生物素作为桦褐孔菌的生长因子,在一定质量浓度范围内可以促进菌丝的生长,但过量的维生素 B_1 和生物素反而不利于菌丝的生长。

(二)温度

桦褐孔菌的菌丝体极其耐寒,生活在木材中的菌丝体能耐零下 40℃ 的低温。据韩国张玄酉等的研究,桦褐孔菌菌丝生长的最适温度是 30℃,高于 40℃就会死亡。韩国国立农业学院的 KNAC3005 菌株,菌丝生长最适温度为 30℃,随着温度的升高生长速率逐渐减缓,45℃ 菌丝死亡。陈艳秋等采用单因素试验设计研究了温度对桦褐孔菌菌丝纯培养性状的影响,也得到相同的结论。

(三)水分

作为生理代谢的介质,水是桦褐孔菌生长发育的基本条件,然而,针对桦褐孔菌菌丝培养基质水分特性研究的报道较少。基质水分大小不仅影响菌丝体生长的速度和长势,而且对菌核的发生与发育也有重要影响。冀宏等(2005)考查了固体培养料含水量与菌丝生长的关系,在不计原料固有含水量的条件下,含水量 57% 为最佳。

(四)氧气和二氧化碳

冀宏等(2005)通过菌丝体摇瓶发酵和 PDA 培养基培养试验,在不同的通气条件下观测菌丝生物量及生长速率。发现在其他生长条件相同的情况下,摇瓶装液量增多,通气量变小,发酵生物量升高。橡皮胶塞封口的斜面试管内,菌丝生长速度和长势优于棉塞封口的对照组。同时发现,若较长时间处于缺氧环境中,菌丝停止生长直至死亡。说明桦褐孔菌菌丝具有"限氧"生长的生物学特征。其生理机制有待于进一步研究,但是了解这一特性对于桦褐孔菌菌丝体培养及驯化栽培具有十分重要的作用。

(五)酸碱度

酸碱度(pH)也是影响桦褐孔菌新陈代谢的重要因素。木腐菌一般适于在偏酸性的基质中生长。冀宏等(2005)通过摇瓶培养实验发现,pH 在 3～10 范围桦褐孔菌菌丝均能生长,以 pH 6.5 为最适。

(六)光照

光照对于桦褐孔菌菌丝萌发与生长有显著影响。冀宏等(2005)发现,在连续黑暗条件下桦褐孔菌菌丝生长最快,明显高于连续光照和光暗交替条件下的生长速度。江玉姬等(2004)也证实,光照对菌种的萌发有显著的抑制作用。菌丝长速测定结果表明,暗萌发暗培养的菌丝生长速度最快。

第二节 桦褐孔菌的功能学研究

国内外对桦褐孔菌化学成分和临床疗效的分析研究较早，报道也较多。这方面研究以俄罗斯、美、日、韩等国学者成果最多。近年来，国内学者在这方面也取得了丰硕成果，大有后来居上之势。

一、桦褐孔菌的化学成分

早在 1864 年，Dragendorff 研究了桦褐孔菌的化学成分。然而由于他没有找到预期的活性物质（糖苷和生物碱），失去了对桦褐孔菌研究的兴趣。大约 100 年前，一些俄罗斯研究人员对桦褐孔菌及其提取物进行了全面分析，研究证实桦褐孔菌的化学成分显著不同于其他的多孔真菌。桦褐孔菌的灰分含量比其他菌高2～3 倍，氮和纤维素含量为其他菌的 1/12～1/4。灰分含量为 12%～15%，占主导地位的元素为钾（50%）、钠（9%～13%）和镁（12%），另外还包括钙、硅、铁、锌、铜、铝、磷、硫。统计显示，桦褐孔菌中氧含量大约为 40%～45%，暗示桦褐孔菌中含氧化合物占主导地位。桦褐孔菌中含有 15 种氨基酸，主要有氨基乙酸、天冬氨酸、谷氨酸、酪氨酸、丝氨酸、苏氨酸等；含有类黄酮（黄酮、黄烷醇、儿茶酚和花色糖苷）、三萜、类固醇、耐酸性木质素、纤维素、半纤维素、多糖和一些有机酸。数据显示黄酮和单宁含量达 15%。

目前发现桦褐孔菌菌核至少含有 225 种化学成分，其中报道最多的是各种三萜类化学成分。Lovyagina 等最早报道桦褐孔菌含有碟酰谷氨酸、芳香草酸、丁香酸和 γ-羟基苯甲酸等芳香物质；Ludwiczalkt 与 Wrzclono 从桦褐孔菌中得到桦褐孔菌醇（Inooidiol）和多种氧化三萜类化合物；继而 Kempska 等从中分离出多种羊镏醇型三萜类化合物；Askowski 分离出类固醇和生物碱类化合物；Kohlos 分离得到栓菌酸 3β-22-didyhroxy-lanosta-7,9(11)24-triene。2001 年，韩国国立农业学院的张炫酉等人又分离出一种新的三萜类化合物-3-β-羟基-8,24 二烯-羊毛甾醇-21,23 内脂（3-βhydroxy-8,24dien Lanosta-21.23-lactone）。

国内何坚等（2001）在桦褐孔菌中发现了桦褐孔菌素（fuscoporine），相对分子质量为 398，分子式为 $C_{20}H_{14}O_9$（图 75－1），为黄褐色，与 $FeCl_3$ 反应阳性。项小燕等（2006）对桦褐孔菌的化合物进行了系统研究，在桦褐孔菌的野生子实体、桦褐孔菌基本培养基和桦树汁培养基发酵产物中，检测出 53 种化合物，其中甾体类 11 种、芳香族 4 种、脂肪族 36 种和其他类化合物 2 种。在野生子实体桦褐孔菌检出的 25 种化合物中，甾体类化合物最多，占69.04%（7 种），2 种芳香族化合物占2.96%，14 种脂肪族化合物占 28%。桦褐孔菌的野生子实体中，含量最大的是羊毛甾醇（61.38%），桦褐孔菌基本培养基的发酵产物是麦角甾醇（21.53%），桦树汁培养基的发酵产物是桦褐孔菌醇（25.04%）和麦角甾醇（27.35%）。

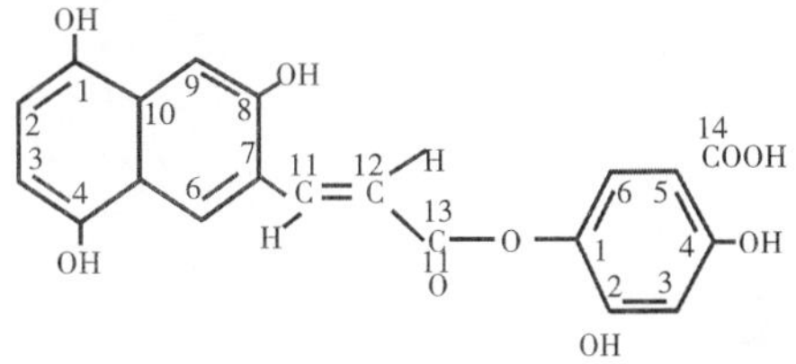

图 75－1 桦褐孔菌素（fuscoporine）的化学结构式

赵芬琴等（2006）通过有机溶剂梯度萃取对桦褐孔菌中的成分进行初步分离，采用反复的硅胶柱色谱分离纯化桦褐孔菌醋酸乙酯萃取物中的化学成分（图 75－2），并根据理化性质以及 1H-NMR、13C-NMR、MS 和 DEPT 等波谱数据分析鉴定了化合物的结构。从桦褐孔菌醋酸乙酯萃取物中分离得到了 5 个化合物，它们的结构分别鉴定为：羊毛甾二烯二醇（Ⅰ）、羊毛甾烷-24 烯-3β,21-二醇（Ⅱ）（图 75－3）、麦角甾醇过氧化物（Ⅲ）、熊果醇（Ⅳ）、trametenolic acid（Ⅴ）。羊毛甾烷-24-烯-3β,21-二醇（Ⅱ）为新化合物，麦角甾醇过氧化物（Ⅲ）是首次从桦褐孔菌的子实体中分离得到。

季峰等（2007）采用石油醚回流萃取的方法提取出桦褐孔菌中的挥发性成分，并采用气相色谱-质谱联用技术对其进行分析。结果分析出了 34 种化学成分，并鉴定出其中 25 种，占总重量95.6%。成分分析表明，桦褐孔菌挥发油中主要成分为甾族化合物，其中以桦褐孔菌醇（35.5%）和羊毛甾醇（49.7%）为主。杨丹等（2006）对桦褐孔菌人工培养菌丝体、菌核及野生菌核成分比较结果表明，人工培养菌丝体的粗蛋白、灰分、粗多糖等一般营养成分，明显高于人工培养菌核和野生菌核；人工培养菌丝体、菌核的矿质元素含量均明显高于野生菌核，其中人工培养菌核的 Ca、Cu、Zn 含量高于人工培养菌丝体，而 Mg、P 含量却相对较低。

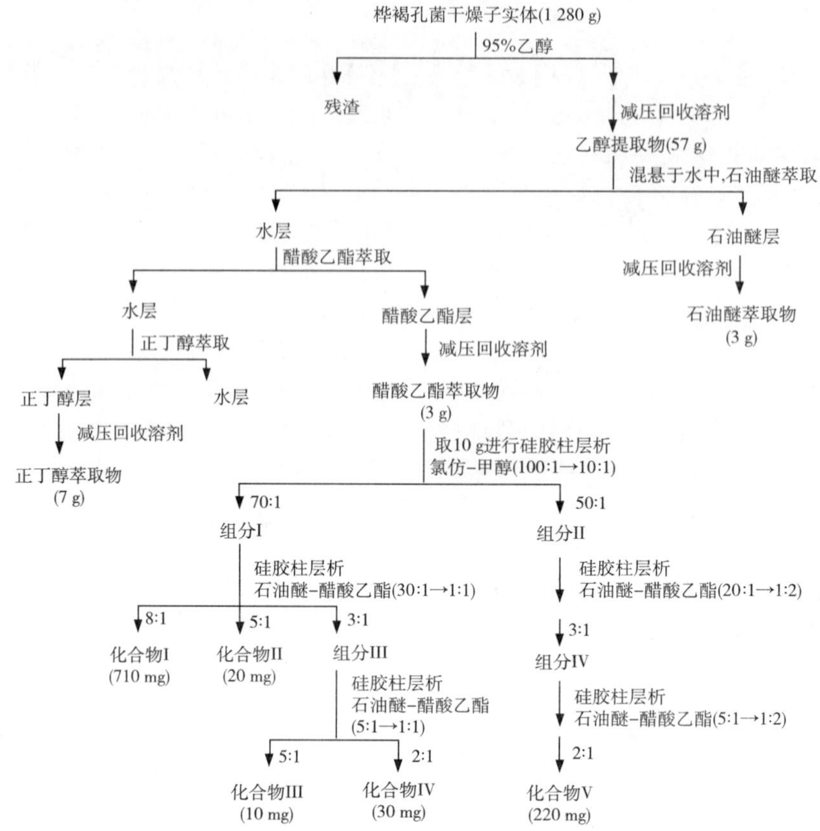

图 75—2　桦褐孔菌化学成分的提取与分离流程图

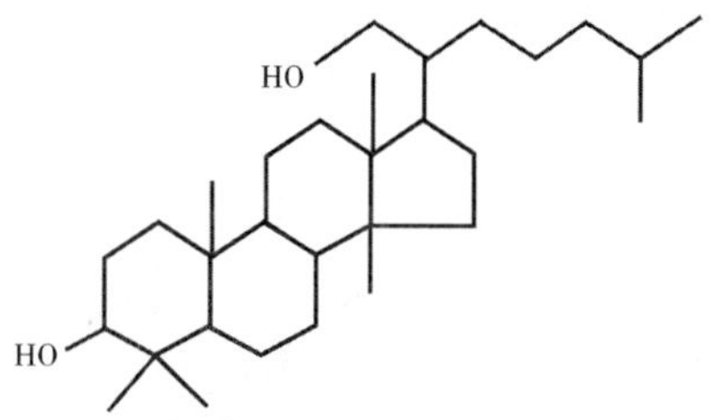

图 75—3　羊毛甾烷-24-烯-3β,21-二醇(Ⅱ)的结构

综合国内外的文献报道,桦褐孔菌的化学组成主要有羊毛脂烷型三萜类化合物、木质素类、黑色素类、多酚类、生物碱类、单宁化合物、叶酸衍生物以及芳香的香草酸、丁香酸和 γ-羟基苯甲酸等。对于桦褐孔菌的化学成分中具体的药用成分和结构还不清楚。梁丽雅认为(2007)有药理作用的主要成分为:①羊毛甾醇型和氧化三萜类两类化合物。国外许多学者发现桦褐孔菌中的三萜类化合物具有多种药物作用,大都是几种羊毛甾醇型和氧化三萜类化合物的混合作用,还没有证明某一种单体的作用;②多糖类化合物。在体内实验中,桦褐孔菌多糖对 BDF1 鼠黑色素瘤生长有明显抑制作用;金光等采用水提醇沉法所得到的桦褐孔菌多糖对小鼠S-180肉瘤具有较强的抑制作用,桦褐孔菌多糖大、小剂量组的肿瘤抑制率分别为56.31%和44.34%;回晶等(2006)研究证实从桦褐孔菌子实体得到的多糖粗提物具有清除·OH、抑制自发性和 Fe^{2+}-Cys 诱导过氧化脂质生成和减轻肝线粒体肿胀的效果。③Ichinura 认为桦褐孔菌的水提物中含有一种水溶性的高分子的木质素类衍生物,有抑制 HIV-1 蛋白酶活性的作用。④桦褐孔菌醇和桦褐孔菌素。桦褐孔菌醇中含有抗癌特效成分 betulinic 酸。⑤黑色素类和单宁化合物具有清除自由基和抗氧化的作用。

二、桦褐孔菌的药理及药效研究

桦褐孔菌的药理作用研究一直受到各国学者重视,也是研究较早、研究成果较丰富的领域。研究发现(冀宏,2005),桦褐孔菌中总三萜和总多糖含量较赤灵芝子实体分别高 38.8%和 42.4%;桦褐孔菌醇(inotodiol)不但具有明显的抗癌作用,还能预防中毒、增加食欲和减轻疼痛,尤其是能够增强肌体的免疫功能,抵抗各种病原微生物侵袭,对防治各种流行性传染病的泛滥和传播具有重要作用。桦褐孔菌在恶性肿瘤、糖尿病、心血管疾病、肝病及爱滋病等的预防和治疗方面具有广泛的药理作用。

(一)抗肿瘤活性

桦褐孔菌在抗癌方面的研究证实,桦褐孔菌

提取物对肝癌、肺癌、胃癌、宫颈癌等均有疗效。

1955 年，莫斯科医科院宣布桦褐孔菌为抗癌物质，政府批准桦褐孔菌可用于医药品开发。Kahlos(1987)等研究了桦褐孔菌正己烷提取物的抗癌活性。Mizuno(1999)等对桦褐孔菌菌丝体和菌核多糖的抗癌和抗低血糖症活性进行了研究。Burczyk(1996)和 Rzymowska(1998)等发现桦褐孔菌的水提物能使人宫颈癌细胞(HeLaS3)的蛋白数量和有丝分裂指数下降。Nakata 等在鼠的皮肤上作致癌试验，然后给予桦褐孔菌三萜类化合物，发现其能抑制肿瘤生长。

李秀英等(2003)报道，桦褐孔菌提取物对胃癌 MGC-803 细胞株有抗增殖与诱导凋亡作用。钟秀宏等(2004)报道，桦褐孔菌提取物对人胃癌 BGC-823 细胞株具有抑制增殖作用，诱导肿瘤细胞凋亡。金光等(2004)采用水提醇沉法所得到的桦褐孔菌多糖对小鼠S-180肉瘤具有较强的抑制作用，且能降低血清一氧化氮合酶异型(iNOS)、一氧化氮(NO)含量及唾液酸浓度。桦褐孔菌提取液中的三萜类化合物，特别是桦褐孔菌醇提物在对 Walker256 癌肉瘤、巨噬细胞趋化因子MCF-7，人乳腺癌和白血病 P388 细胞的体内实验中，醇提物均具有很强的抑制肿瘤生长活性的作用。

张慧丽等(2007)用超声提取的桦褐孔菌多糖在体外对肝癌 HEPG2 细胞株具有明显的抑制作用，对小鼠S-180肉瘤瘤株体也有抑制作用，并可诱导肿瘤细胞凋亡，而且随着多糖浓度的增加呈现出作用增强的趋势。同时研究发现，桦褐孔菌多糖浓度在 1.0～16.0μg/ml 内对肝癌 SMMC7721 细胞株的增殖均有抑制作用，并表现出浓度依赖性。不同浓度间的抑制率存在显著性差异。

宋高臣等(2005)观察了桦褐孔菌多糖对肝癌小鼠的作用。发现桦褐孔菌多糖提取物对小鼠 HepA 瘤抑制率达 39.39%，能提高小鼠的免疫功能，明显增加免疫器官重量和血清 L22 的活性，增强单核细胞吞噬功能。桦褐孔菌的提取液能抑制人类母体外子宫颈肿瘤细胞的生长，降低肿瘤细胞蛋白质数量和有丝分裂指数值，干扰肿瘤细胞新陈代谢，还影响细胞周期中的 8/G 阶段。

季峰等(2007)探讨了桦褐孔菌石油醚提取物(IOPE)抗肿瘤作用。在体外，IOPE 对 HeLa 肿瘤细胞具有毒性作用。增殖实验表明当给药浓度为 50g/ml 时，IOPE 就具有直接杀死肿瘤细胞的细胞毒作用，并且呈现剂量依赖关系。同时实验还表明，IOPE 对正常细胞的增殖无抑制作用，大浓度时甚至能明显促进细胞生长。体内实验表明，中大剂量(＞120mg/kg)IOPE 对荷瘤小鼠肿瘤生长具有抑制作用，可增加脾指数及胸腺指数，对体外淋巴细胞转化功能和 NK 细胞活性也有增强作用。张基荣等(2005)观察桦褐孔菌水煎剂对肺癌患者肠道菌群的影响，发现桦褐孔菌组比单纯化疗组的肠道内双歧杆菌数量明显多，球菌数量少。孙玉清等(1998)用桦褐孔菌和黄芪等 10 味中药组成桦褐孔菌中药合剂进行试验，结果荷瘤小鼠的细胞免疫与体液免疫和巨细胞的活性均较对照组明显增强，其抑瘤率和生存率也明显增高。

桦褐孔菌的抗肿瘤作用机制还不十分清楚，目前认为主要是通过抑制蛋白质的生物合成和抗有丝分裂来影响肿瘤细胞的分裂生长；通过 β-葡聚糖等多糖类物质激活机体免疫系统，增强机体的抗肿瘤免疫作用。还有报道称通过诱导肿瘤细胞凋亡而引起抗肿瘤作用。

Galasinsk 等(1996)认为，从桦褐孔菌中分离的组分对癌细胞的蛋白质合成起抑制作用。桦褐孔菌的菌丝和菌核中的多糖有抑制细胞周期，调节酶 cdc25 和 cdc2/cyclin B 的作用。桦褐孔菌的菌丝体和培养基中的成分能对 HeLa 细胞的 M、G1 和 G2 期有阻碍作用，同时有激活过氧化氢酶活性的作用。Kim 等(2005)认为，桦褐孔菌菌丝体多糖和菌核多糖的抗癌作用机制不同，菌核多糖直接通过抑制肿瘤细胞生长和蛋白质合成而产生抗癌作用，而菌丝体多糖除对少数癌细胞有直接细胞毒作用外，对大多数癌细胞无影响，主要是通过激活免疫细胞间接产生抗癌作用。另有研究发现，10～2 000μg/ml 的桦褐孔菌的水提取液可抑制母体外的人类子宫颈肿瘤细胞的生长，降低肿瘤细胞蛋白质数量和有丝分裂指数值。李英秀(2003)通过显微镜观察、MTT 快速比色法、TUNEL 法及免疫细胞化学染色法等实验技术，研究了桦褐孔菌提取物对胃癌 MGC-803 细胞株的抗增殖、诱导凋亡的作用及对凋亡相关基因蛋白在细胞凋亡前后表达的影响。研究结果表明，桦褐孔菌对胃癌 MGC-803 细胞株有抗增殖作用和诱导凋亡作用，而凋亡的分子生物学机制可能与凋亡抑制基因蛋白 Bcl-2 的表达有一定的关系。

(二)防治糖尿病

在桦褐孔菌菌核中含有 1 种糖蛋白和 1 种水溶性多糖，均有明显的降血糖作用，尤其是桦褐孔菌多糖提取液，其降血糖作用时间可持续 48 小时。桦褐孔菌的菌丝、菌核中的多糖有降低血糖的作用，活性成分主要是其中的 β-葡聚糖、杂多糖和蛋白复合物，在给小鼠注射了桦褐孔菌的菌丝体和菌核中提纯的多糖后，降低血糖的作用可维持3～48小时。陈艳秋等(2006)采用四氧嘧啶腹腔注射复制小鼠高血糖模型，探讨了桦褐孔菌人工培养菌丝体、菌核与野生菌核多糖的降血糖作用。结果表明，各实验组对高血糖模型小鼠的血糖均有抑制作用，对正常小鼠无明显降血糖作用。据报道(黄年来，2000)，俄罗斯的堪索莫乐斯基(Komsomlski)制药公司生产的桦褐孔菌精粉对糖尿病的治愈率达93%。

(三)增强机体免疫力

Kim等(2005)研究发现，通过深层培养的桦褐孔菌产生的多糖可强烈激活与B淋巴细胞和巨噬细胞有关的体液免疫。认为高分子量β-葡聚糖较低分子量更有活性，桦褐孔菌菌丝体多糖相对分子质量为1.1×10^6时活性高。桦褐孔菌菌丝体多糖经蛋白水解酶处理后，其活性无变化，提示多糖中蛋白质不影响免疫活性。桦褐孔菌菌丝体多糖通过使B淋巴细胞增殖率、免疫球蛋白M(IgM)水平提高而激活B细胞，在巨噬细胞中白细胞介素-1β(IL-1β)、IL-6、肿瘤坏死因子-α(TNF-α)、iNOS表达提高，但没有影响T细胞增殖及辅助性T细胞IL-2或IL-4的表达。

张慧丽等(2007)对桦褐孔菌不同提取成分的小鼠免疫功能比较研究结果显示，水提醇沉法得到的桦褐孔菌有效成分可显著提高正常小鼠腹腔巨噬细胞的吞噬功能，提高免疫力，同时也证明了桦褐孔菌多糖能通过提高超氧化物歧化酶活性，增强老龄大鼠机体的抗氧化能力。

季峰等(2007)在证实桦褐孔菌石油醚提取物(inonotus obliquus petroleum ether extracts，IOPE)具有良好抗肿瘤效果的基础上，探讨了IOPE对小鼠S-180肉瘤的免疫调节作用及可能机制。实验表明，IOPE对两个主要免疫学器官脾脏和胸腺均有增重作用，并呈剂量依赖性。与阳性对照组相比，中大剂量组IOPE可促进ConA诱导的体外小鼠淋巴细胞转化。同时，各剂量组IOPE对荷瘤小鼠体内NK细胞活性均有明显促进作用。以上结果显示，IOPE的抗肿瘤作用可能是通过其细胞毒作用及调节机体的免疫力，刺激T细胞、NK细胞等功能来实现的。

王伟等(2008)的实验结果显示，桦褐孔菌多糖对正常小鼠溶血空斑的实验中，可以增强小鼠脾脏对绵羊红细胞的特异性抗体生成，对正常小鼠体液免疫功能具有促进作用。对小鼠的腹腔巨噬细胞吞噬功能实验结果表明，桦褐孔菌多糖能够增强小鼠体内的巨噬细胞对鸡红细胞的吞噬功能，具有明显的促进作用，说明桦褐孔菌多糖对小鼠的非特异性免疫功能具有明显增强作用。

(四)抗氧化、抗衰老作用

桦褐孔菌具有很强的清除体内自由基和抗氧化的作用，可延长传代细胞的分裂时间，延长细胞寿命。

Babitskaia等(2000)发现，来自桦褐孔菌的黑素复合体(儿茶酚)具有很强的抗氧化作用和对基因保护作用。Rasina等(2002)发现桦褐孔菌子实体乙醇提取物能使连续2个月受0.025G转/分钟射线体外照射的小鼠平均寿命延长。崔基成等报道，桦褐孔菌(采自长白山山区)提取物对1,1-二苯基-2苦肼基自由基(DPPH)、超氧阴离子自由基(O_2^-)和过氧自由基(ROO·)具有很强的清除活性。回晶等(2006)研究了桦褐孔菌多糖的体外抗氧化性，结果表明从桦褐孔菌子实体得到的多糖粗提物具有清除·OH、抑制自发性和Fe^{2+}-Cys诱导过氧化脂质生成和减轻肝线粒体肿胀的效果。桦褐孔菌的水提物能引起过氧化氢酶活性的升高，过氧化氢酶的活性增强，可清除体内的自由基，保护细胞，延长传代细胞的分裂代数，增进细胞寿命，促进代谢，因而能有效地延缓衰老。

(五)对心血管系统的作用

三萜类化合物有改善血液循环、调整血压、降低血胆固醇的作用。临床研究发现，桦褐孔菌对预防、治疗高血压有一定的作用。

东星月(1999)观察了54例原发性高脂血症患者，发现应用桦褐孔菌水煎剂的患者4周后血清总胆固醇(TC)和三酰甘油(TG)明显低于对照组，证明其具有调节血脂的作用。桦褐孔菌具有降低高血压病患者的血压并减轻症状的作用，与常规应用的降压药合用有协调作用，使血压更易控制且平稳。此外，还可使高血压患者的自觉症状得到改善。

崔鹤松等(2007)探讨了桦褐孔菌多糖对实验性高脂血症模型大鼠血脂的影响。结果显示，桦褐孔菌多糖可显著降低高脂血症大鼠血清三酰甘油、总胆固醇、低密度脂蛋白胆固醇及丙二醛含量，能够显著提高血清高密度脂蛋白胆固醇含量及超氧化物歧化酶活性，桦褐孔菌多糖对高脂血症模型大鼠有明显的降血脂作用。梁丽雅等(2008)报道，桦褐孔菌的三萜类化合物和类固醇有改善血液循环、调整血压、降低血胆固醇的作用。

(六)抗病毒作用

美国学者(Kahlos K,1986;Golovko V A 1999)研究发现,桦褐孔菌提取物 Beta1、3-D Giucan 对预防 SARS 病毒有作用,还有极高的抗HIV病毒的作用,可有效抑制传染性病毒,还可以和抗爱滋病的AZT、DDT 等混用。日本学者 Ichimura 等(1998)研究发现,桦褐孔菌水提取物可抑制 HIV-1 蛋白酶,已确定的活性成分是一种水溶性的高分子量木质素衍生物,其他相对低分子质量的多酚类和木质素的单体成分不抑制 HIV-1 蛋白酶。实验中还发现,桦褐孔菌水提取物片段 23 抑制 HIV-1 蛋白酶活性很强,片段 23 包含大部分水溶性的木质素衍生物。木质素衍生物首先通过吸附在蛋白酶上,然后抑制 HIV-1 逆转录酶的机制来抑制 HIV-1的繁殖。随着桦褐孔菌水提取物进一步提纯,其抑制 HIV-1 蛋白酶活性上升。从桦褐孔菌菌核中分离出来的水溶性木质素能抑制 HIV 蛋白质生长,其半数致死量(LD_{50})为 2.5μg/ml。此外,日本学者报道,桦褐孔菌对 0～157 大肠杆菌中毒有很好的治疗作用。

(七)抗血小板聚集作用

Hyun 等(2006)首次报道了有关桦褐孔菌的抗血小板作用。在 55 种蘑菇菌菌丝体或子实体的水、乙醇提取物中,桦褐孔菌 ASI74006 菌丝体乙醇提取物抑制血小板聚集活性最高(81.2%),水提取物抑制血小板聚集活性为26.2%。乙醇提取物进一步提纯后得到的血小板聚集抑制因子是一个相对分子质量为 3.65×10^5 的三肽,序列是色氨酸一甘氨酸一半胱氨酸,肠道吸收更有效。是一种抗血栓的功能食品。利用白桦茸超细粉(主分是桦褐孔菌)对糖尿病患者进行临床研究,结果表明,治疗后患者的全血黏度、血浆黏度较治疗前降低,纤维蛋白原、血细胞比容、红细胞聚集指数较治疗前明显降低。

(八)抗炎、止痛作用

据日本报道(1983),桦褐孔菌还是血液的清洁剂和疼痛的缓解剂,能改善并预防过敏性体质,对肝炎、胃炎、十二指肠溃疡、肾炎有明显的治疗作用,并对呕吐、腹泻、胃肠功能紊乱有治疗作用。Park 等(2005)通过乙酸诱导腹部收缩实验和热板实验,发现在脂多糖(LPS)刺激鼠 RAW26417 巨噬细胞后,桦褐孔菌甲醇提取物(MEIO)可强烈抑制 NO 生成,显著抑制前列腺素 E_2(PGE_2)和TNF-α 释放;还发现 MEIO 抑制 LPS 和诱导核因子-κB(NF-κB)的脱氧核糖核酸(DNA)结合活性,这与 P65 蛋白水平降低有关。MEIO 具有抗炎、止痛作用;MEIO 的作用是通过下调核因子 NF-κB,抑制 iNOS、环氧化酶 2(COX-2)表达而实现的。

(九)其他作用

吴艳玲等(2008)通过腹腔注射四氯化碳豆油溶液制作急性肝损伤小鼠模型,以肝脏及脾脏质量比、血清中天冬氨酸氨基转移酶(AST)及丙氨酸氨转移酶(ALT)为指标,观察桦褐孔菌乙醇提取物对小鼠肝脏的保护作用。结果显示,桦褐孔菌乙醇提取物组小鼠血清中 ALT、AST 值明显低于模型组,说明桦褐孔菌乙醇提取物对小鼠肝脏具有保护作用。高雪丽等(2006)报道,恶性肿瘤患者进行放疗、化疗过程中服用含有桦褐孔菌有效成分的药物,可增强患者的耐受性,削弱因放疗、化疗而引起的毒性不良反应。

刘迎秋等(2009)采用纸片法研究了桦褐孔菌菌核的水、甲醇、丙酮、氯仿、石油醚提取物对大肠杆菌 E^{R}_{cat}、$E^{nR}_{\pounds}$、ATCC25 923 和金黄色葡萄球菌 ATCC25 923、O_{41} ermc 的抑制作用。结果表明,桦褐孔菌各提取物对大肠杆菌 E^{R}_{ca}、ATCC25 923 和金黄色葡萄球菌 O_{41} ermc 均有不同程度的抑制作用。

第三节　桦褐孔菌的人工培养技术

日本有研究者认为,每 2 万棵桦树上大约只有一棵生长着桦褐孔菌,因此桦褐孔菌越显珍贵,价格不非(陈艳秋,2005)。虽然桦褐孔菌的人工驯化和栽培已为国内外许多学者所关注,但是由于人们对于桦褐孔菌子实体生长发育机制认识不足,使人工驯化和栽培的难度加大,到目前为止还未有公开发表的成功报道。研究较为成功的主要是液体发酵培养菌丝体(包括初级和次级代谢产物)以及桦褐孔菌菌核的人工驯化栽培。

一、液体发酵培养

近年来,关于桦褐孔菌液体发酵的规模化生产技术少有报道,而在实验室内的研究成果逐渐增多,内容主要集中在菌丝体生物量和有效物质代谢产物的提高与工艺优化方面。

申进文等(2007)以生物量为指标，研究了桦褐孔菌液体深层发酵的温度、发酵时间、初始 pH、接种量、摇床转速等适宜条件。试验表明，5 个因子对生物量的影响由大到小依次为初始 pH、发酵时间、接种量、摇床转速、温度。当温度、发酵时间、初始 pH、接种量和摇床转速分别为28.6℃，125 小时，5.9，10.5%和 135 转/分钟时，获得的生物量(干重)最大，为 22.91g/L。

王振河等(2006)采用“二次回归正交组合设计”对桦褐孔菌液体深层培养基进行优化后发现，当培养基配方为小麦淀粉水解糖 100.83g/L(还原糖含量为24%)、酵母粉18.70g/L、玉米浆11.01g/L、KH_2PO_4 4.59g/L、$MgSO_4 \cdot 7H_2O$ 1.5g/L、pH 6.0，在 30℃、160 转/分钟的恒温培养振荡器上振荡培养 120 小时，生物量(干重)可达19.80g/L。

陈艳秋(2006)考查桦褐孔菌菌丝体液体培养的优化模式发现，营养因素对桦褐孔菌液体培养菌丝体干重的简单效应大小顺序是：葡萄糖＞硫酸镁＞蛋白胨；葡萄糖与蛋白胨、蛋白胨与硫酸镁有交互作用，各项对菌丝干重的影响大小顺序是：葡萄糖与蛋白胨＞蛋白胨与硫酸镁；桦褐孔菌菌丝体液体培养的最佳模式为葡萄糖23.00g/L、蛋白胨 1.50g/L、硫酸镁 1.00g/L、磷酸二氢钾 1.50g/L、维生素 B_1 10mg/L、250ml 三角瓶中装液量 140ml、培养温度为 25℃、起始 pH 值为7.0、摇床转速为 170 转/分钟、接种量一块，振荡培养10～12 天菌丝体干重最大可达 1.156g/L。

冀宏等(2005)采用“1.5%葡萄糖、1.0%酪蛋白胨”摇瓶发酵培养基进行桦褐孔菌菌丝体培养，最高生物量(干重)可达24.5g/L。同时得到产多糖优化配方和工艺条件为：葡萄糖 1.5%，MHB 1.0%，KH_2PO_4 0.3%，$MgSO_4$ 0.15%，维生素 B_1 20mg/L，pH 7.0，装液量 60ml/250ml，摇床 150 转/分钟，25℃恒温培养 120 小时。此条件下，发酵液总多糖含量为 219mg/L。

杨士钊等(2007)对不同碳源、氮源、pH 以及不同金属离子作用下的水解鞣质的量进行测定。试验表明，最适合桦褐孔菌积累水解鞣质的碳、氮源是葡萄糖和蛋白胨，最佳 pH 是 5.5，Cu^{2+} 在0.8mmol/L，Co^{2+} 在 1.6mmol/L，Zn^{2+} 在 1.6mmol/L，Mn^{2+} 在 1.0mmol/L，NH^{4+} 在 4.0mmol/L 时明显促进水解鞣质的合成。

陈才发等(2007)采用深层发酵法培养桦褐孔菌，通过添加不同的碳、氮源和改变 pH 值观察胞外多糖的积累。结果说明，有利于胞外多糖合成的最佳碳源为 2%的麦芽糖，氮源为0.4%的蛋白胨，最适 pH 为5.5，组合后的发酵体系中胞外多糖的量达7.8g/L。

二、菌核的人工栽培技术

药用真菌菌丝体的发酵培养周期短，可进行规模化生产并可以获得高含量的代谢产物，但是有些有效物质子实体或菌核含有而菌丝体中不含有，不能完全以菌丝体代替，因而子实体或菌核进行人工驯化栽培具有必要性。药用真菌的人工驯化栽培是实现药用真菌产业化的必由之路。野生环境下，桦褐孔菌子实体形成也少，难以观察和了解子实体形成与发育的过程和机制，从而给人工驯化造成困难。目前对子实体人工栽培尚处于生态学和生理学的基础研究阶段。而桦褐孔菌菌核较易观察和研究，人工驯化与栽培已经获得了初步成功。国内河北省微生物研究所、吉林农业大学、延边农业大学和徐州师范大学在人工栽培桦褐孔菌菌核技术研究方面起步较早。现将成果报道如下：

(一)生产菌株

郭晓帆等(2007)对 8 株桦褐孔菌间的拮抗性、菌丝生长特性及菌核形成条件进行了比较研究。发现各菌株间存在种内或地理分布差异。

(二)栽培工艺

沿用常规的“代料栽培”和“塑料棚架式出菇”栽培方式。

冀宏等(2005)认为，由于发菌袋内桦褐孔菌菌丝生长较为缓慢，较适用“二级培养”的工艺流程，即：

斜面母种──→栽培原种──→栽培料袋──→发菌管理──→出菇(菌核)管理。

选用 17cm×22cm～33cm×0.04cm 聚丙烯料折角袋装培养料；栽培出菇场地为常规塑料大棚；制备过程中灭菌操作等工艺参数与其他食、药用真菌栽培相同。

也有研究者用原木栽培获得成功。陈艳秋等(2006)曾试验选用桦树原木栽培桦褐孔菌菌核。方法是将原木截成 17cm 的木段，劈开缝隙浸水后装入栽培袋内，封口，灭菌、接种。虽然此方法证明桦褐孔菌菌核木段栽培可行，但是由于生物学效率低及对木材资源的浪费，研究者建议以代料栽培取代木段栽培。

(三)菌种制备

1. 母种制备

可选用不同培养基配方制备母种试管。

孙勇等(2007)通过观察桦褐孔菌菌丝在8种不同培养基上的生长速度认为，在PDA培养基和玉米粉综合培养基上生长最差；在麦芽培养基上生长速度最快，但萌发较慢；在马铃薯蛋白胨综合培养基和加富PDA综合培养基上生长最优，更适合在生产实验上应用。

陈艳秋等(2006)实验结果也表明，不同母种培养基配方对桦褐孔菌菌丝生长速度影响达显著差异，以1 000ml培养基葡萄糖20g、黄豆粉10g、磷酸二氢钾1g、硫酸镁0.5g、pH自然时，菌丝生长最快，长势旺，颜色正。

冀宏等(2005)报道，采用加富PDA培养基(马铃薯100g，麦麸50g，葡萄糖20g，琼脂15g水1 000ml，pH自然)取得良好效果。

2. 原种制备

经过培养基筛选实验，郭晓帆(2005)等认为玉米粒培养基制作的菌种，桦褐孔菌菌丝的生长势强，显著优于木屑培养基。制备方法为：将玉米粒用温水浸泡20～30小时，煮沸15分钟，至玉米粒熟而不烂，且无硬心，捞出沥干，装入体积为750ml的原种瓶，聚丙烯膜封口，置于121℃高压灭菌锅中灭菌90分钟。同时指出，玉米培养基容易老化，不易储存，应现制现用。冀宏等(2005)在原种制备中选用的培养基配方为：棉子壳83%，麦麸15%，石灰1%，石膏1%，料水比1∶1.3，pH自然。

(四)栽培料配方

基于桦褐孔菌的营养生理需求和野生菌核生于立木的特点，同时考虑到原料是否易得等因素，研究者多选择木屑、棉子壳、玉米芯等农、林作物下脚料为主料，辅以麦麸、石膏等配料作为培养基。

蒋继宏等(2007)以发菌速度(满袋时间)、菌核(干)产量和菌核抗肿瘤活性(MTT法)为考查指标开展配方实验。结果显示，菌丝在棉子壳培养基(棉子壳80%、麦麸18%、蔗糖1%、石膏粉1%)中发菌最快，平均较桦木屑培养基快13天；各培养基间菌核产量平均干重相差不大，差异不显著。各不同培养基获得的菌核醇提物(剂量：100μg/ml)对肺癌细胞NCI-H460的抑制率以桦木屑培养基(桦木屑83%、麦麸15%、蔗糖1%、石膏粉1%)得到的菌核最高，达到54.5%。

陈艳秋等(2007)筛选实验结果认为，人工培养料不同配方对菌核产量影响不同。桦褐孔菌菌丝适应性较强，但菌核形成以桦木屑52%、玉米芯26%、麦麸20%、白糖1%、石膏1%为最好，生物学效率达30%。差异显著性分析显示，培养料含水量为60%的菌袋菌核形成的时间最早，长速最快，菌丝整齐、粗壮且致密，无污染，发菌水平最优，菌核个大，数量多。出现菌核天数、菌核个数均显著优于其他处理。

冀宏等(2005)筛选结果显示，当选择配方为棉子壳88%、麦麸10%、1%石膏、1%石灰、pH自然的栽培料时，菌丝粗壮、吃料快、发菌期短、菌核形成早，表现最优。培养料含水量与菌丝生长关系实验说明，在不计原料固有含水量的条件下，料水比以1∶1.3(含水量57%)为宜。

(五)发菌管理

在桦褐孔菌的人工驯化与栽培过程中冀宏等(2005)研究发现，桦褐孔菌菌丝在培养料中萌发生长速度较其他食用菌缓慢，不仅发菌时间长，而且完整的发菌过程还要经过“后熟期”和“转色期”。发菌培养料中菌丝的后熟培养与转色对结实(菌核)效果有很大影响。桦褐孔菌菌丝体营养生长后期会分泌黄褐色色素，色素沉淀造成培养基变色，这既是菌丝营养生长成熟的标志，也是菌丝体健壮的表现。实验结果表明，转色与否及转色程度直接影响桦褐孔菌结实能力及菌核质量，试验数据证明转色以黄褐色略带光泽为最佳。转色阶段需经历15～20天。转色后出菇棒抗杂菌能力和保水性能显著提高，不易发生病理及生理性病害。培养料水分也不易散失，常温放置180天，不腐败。从菌丝满袋到进入转色阶段需20～25天，出菇袋表层菌丝体由丰盈洁白逐渐变得干缩暗淡，整个菌棒体积略显收缩，这一阶段为“后熟期”。实验发现，后熟过程菌棒极易感染杂菌和招致各种病害的侵染，因此应尽量选择洁净、恒温的环境安全度过。冀宏等的实验结果说明，后熟期和转色环节是桦褐孔菌菌丝生理发育的自然过程，也是保证人工栽培菌核成功的关键环节。

(六)出菇管理

出菇管理是指桦褐孔菌菌核形成过程中温度、通风、光照等理化、环境条件及参数的控制与管理技术。

1. 温度控制

陈艳秋等(2007)的实验结果表明，10～15℃条件下出现菌核极少；15～22℃条件下可生成少量菌核；22～28℃条件下各配方均出现大量菌核，并且长势旺盛，数量较多。说明较高的温度有利于桦褐孔菌菌核的发生。

冀宏等(2005)发现,菌核的发生受温差刺激的影响,而菌核的形态与温度有明显的关系。桦褐孔菌菌丝扭结现蕾(显核期)的温度范围为15～25℃,最适温度25℃;温度低于10℃或高于30℃,菌丝体难以扭结现蕾。菌核形成以后,在5～35℃内均能够生长,最适温度20～25℃。35℃以上会生成"针状"畸形。观察发现,菌核的发生必须经过变温刺激。温差试验显示,温差越大,菌核出现越早;恒温不结菌核。以温差控制在10℃以上为好。

2. 通风控制

桦褐孔菌菌核的形成对通风有着特殊的需求,桦褐孔菌丝体"限氧"生长的生物学特性(冀宏,2005)同样体现在菌核的发育过程中。冀宏等在(2005)"通风对菌核的形成影响"实验中发现:①开口的出菇袋不现蕾,不结实;②密闭状态的出菇袋反而能正常结实和生长;③若将菌核正在生长的出菇袋打开或划口通气,菌核开始变得僵硬,干裂并停止生长。多次重复试验结果都验证了这种现象。说明桦褐孔菌子实体的形成和生长同样需要"限氧"的环境,并认为此特性是影响人工栽培桦褐孔菌菌核成败的关键因素。根据这一特性,栽培桦褐孔菌菌核时,应采取"扎口出核"的办法。陈艳秋等(2007)的研究也表现出相同的结果。在"不同开口处理方式对桦褐孔菌菌核形成的影响"实验中,只有栽培袋不开口处理的可以形成菌核,表明"限氧"环境可以促进菌核的形成。桦褐孔菌菌核"限氧"发育的特性与野生桦褐孔菌菌核从树皮下开始形成及与逆境胁迫有关的特性相符。

3. 光照控制

陈艳秋等(2007)实验结果显示,当零光照时出现大量菌核,长势也旺盛。经差异显著性分析,此条件下出现菌核天数、菌核个数均显著优于其他处理。在300 lx条件下生成少量的菌核,且长势十分缓慢;在500 lx的条件下菌核出现最少,菌核出现所需时间最长。在一定光照范围内随着光照增强,菌核形成数量随之减少,说明黑暗条件有利于桦褐孔菌菌核的发生。而冀宏等(2005)开展的光照对结实影响实验则表现出不同的结果。试验数据显示,一定的散射光有利于菌核的形成和生长,但随着光照增强,子实体个体变小,形状趋于畸形。考虑到菌核品质和生长速度双重因素,建议菌核发育阶段光照强度以300～500 lx为宜。

(七)栽培示例

以冀宏等(2005)开展的扩大(中试)栽培试验为例,说明桦褐孔菌菌核人工栽培的工艺与管理技术。

生产菌株:JS-1(采自俄罗斯西伯利亚地区野生桦褐孔菌分离)。

原种培养基:棉子壳83%,麦麸15%,石灰1%,石膏1%,料水比1:1.3,pH自然。

出菇料棒配方:棉子壳88%,麦麸10%,石灰1%,石膏1%,料水比1:1.3,pH自然。

选用17cm×22cm聚丙烯料袋装料。考虑到桦褐孔菌发育的限氧特性和防止因菌核胀破料袋而影响生长,选用"双套袋"法装料,即装料时在内袋外再套一层18cm×25cm聚丙烯料袋。每袋装干料400g,打孔,塑料绳扎口。120～150kPa,1.5小时高压灭菌。

采用一端接种法。每瓶原种转接料袋20～25袋。在菌种培养室内发菌管理,20℃恒温培养,光照强度100 lx左右;定期检验发菌情况,剔除污染菌袋。菌袋发满转入塑料大棚进行管理;料袋层架式排放;按要求控制适宜的后熟期、转色、温度、光照和通风等条件。桦褐孔菌菌核为多年生,在适宜的条件下不断生长,人工栽培应控制在核体5～10cm,或者培养料开始收缩变软时采收。结果见表75－1,栽培工艺流程如下:

母种试管 —(14天,25℃)→ 原种 —(32天,25℃)→ 栽培袋 —(57天,20℃)→

入棚 —(后熟,转色,温差刺激;30～35天)→ 现蕾 —(光照,控制通风;25～30天)→ 采收

表75－1　扩大(中试)栽培试验结果

吃料天数(天)	满袋天数(天)	现蕾天数(天)	平均单产(克/袋)	生物学效率%(w/w)
6	57	86	188(鲜)	47(鲜)
			32(干)	8(干)

注:产量以一潮菇计算。

以棉子皮为主料的固体培养基可满足桦褐孔菌菌株JS-1营养生长的要求,控制适宜条件可以诱使菌丝体转化,产生菌核。此过程需要经过后熟、转色等生理阶段,并且给予温差刺激。以棉子皮为主料,一茬菇生物学效率(鲜品)可达到47%左右,干品得率8%,生产周期160～170天。

三、发酵菌丝体、人工栽培菌核的成分分析与比较

桦褐孔菌菌丝体发酵培养及菌核驯化栽培的成功,对解决桦褐孔菌野生资源的严重不足、保护利用这一宝贵资源具有现实意义。然而,人工培养桦褐孔菌菌丝体、菌核能否完全代替野生菌核的药理作用还有待研究证实。关于桦褐孔菌人工

培养菌丝体及栽培菌核的活性成分分析和药效学比较研究已经引起研究者的关注。

陈艳秋等(2007)研究桦褐孔菌人工培养菌丝体的一般营养成分普遍高于人工培养菌核和野生菌核,其中粗蛋白、粗多糖、灰分含量均明显高于人工培养菌核和野生菌核,而粗脂肪、粗纤维含量相对低一些。陈艳秋等进行的多糖含量分析表明,桦褐孔菌人工培养菌丝体的多糖含量明显高于人工培养菌核,而人工培养菌核的多糖含量又明显高于野生菌核。这是由于人工配制的培养基营养成分可以使培养物得到充分的营养从而促进代谢产物的合成。从三萜类活性成分 HPLC 指纹图谱分析与比较看出,桦褐孔菌人工培养菌丝体中羊毛甾烯三萜类成分含量高于人工培养菌核,两者均高于野生菌核。

陈艳秋(2006)采用四氧嘧啶(200mg/kg)腹腔注射复制小鼠高血糖模型,开展了桦褐孔菌人工培养菌丝体、菌核与野生菌核降血糖试验与比较研究。结果说明,桦褐孔菌人工培养菌丝体多糖粗提物对四氧嘧啶糖尿病小鼠有明显的降血糖作用,但无剂量依赖性;桦褐孔菌人工培养菌丝体多糖粗提物对正常小鼠的血糖无明显影响;桦褐孔菌人工培养菌丝体、菌核、野生菌核的多糖粗提物对四氧嘧啶所致的小鼠血糖升高均有明显的抑制作用,三者降血糖效果无显著性差异。

第四节 桦褐孔菌的活性成分

基于桦褐孔菌药效学和功能研究方面的成果,关于桦褐孔菌活性成分的提取研究报道较多,但规模和水平大多限于实验室研究。提取物主要为多糖和三萜类化合物,原料来源分为菌核和发酵菌丝体,且提取物多为粗品混合物。

一、桦褐孔菌多糖类成分提取

根据提取原料来源分为菌核多糖和发酵菌丝体多糖,提取方法基本为“水提醇沉法”且多为提取物粗品。桦褐孔菌多糖的定量测定,用国内学术界公认的“苯酚-硫酸比色法”。

李浩飞等(2008)采用水提醇沉法提取桦褐孔菌菌核多糖,并应用正交设计优化提取工艺。结果显示,各因素对桦褐孔菌多糖提取率的影响程度为提取时间>固液比>提取次数。最佳提取工艺为固液比 10,提取时间 3 小时,提取次数 1 次,提取率为 0.9023%。

殷涌光等(2008)针对高压脉冲电场(PEF)对桦褐孔菌菌核多糖提取率的影响进行了单因素和正交试验,并与热碱法、微波辅助提取法、超声波辅助提取法进行了对比试验。结果表明,当电场强度为 30kV/cm、脉冲数为 6、液料比为 25ml/g、pH 值为 10 时,桦褐孔菌多糖的提取率达到 49.8%,是热碱提取法(0.1% NaOH,沸水浴 1 小时)的 1.67 倍,是微波辅助提取法(微波功率 500W,加热时间 1 分钟)的 1.12 倍。用 PEF 技术提取桦褐孔菌中的多糖,提取时间短(12μs),提取率高,提取物中杂质少。具体方法为:试验采用指数波形的高压脉冲电场。高压直流电源由 220V 交流电通过变压器成几十千伏的交流电,然后再经过整流而成,充、放电过程由开关控制。高压脉冲电场设备适用于工业化连续生产,图 75—4 为高压脉冲电场试验装置简图。

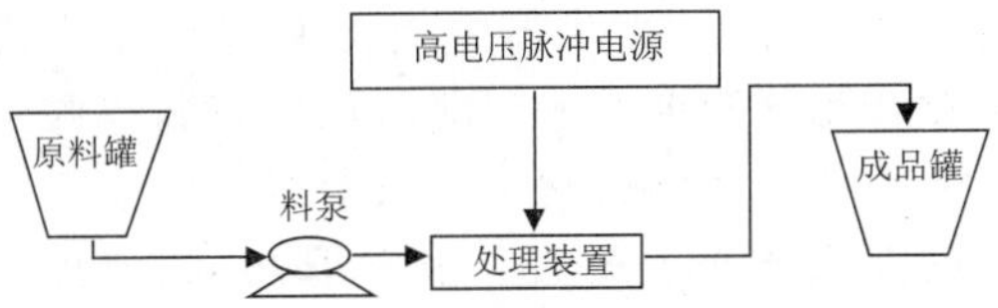

图 75—4 高压脉冲电场装置

张慧丽等(2007)采用正交试验优化桦褐孔菌菌核多糖的超声提取工艺条件,并对提取多糖的抗肿瘤活性进行研究。结果表明,桦褐孔菌多糖超声提取的工艺条件为超声时间 70 分钟,温度 80℃,频率 20kHz,添加 12 倍水。其多糖在体外对肝癌 HEPG2 细胞株具有明显的抑制作用,并可诱导肿瘤细胞凋亡。体内实验发现,多糖可显著抑制小鼠 S-180 肉瘤的生长,并具有增强免疫作用。

陈艳秋等(2007)采用正交试验法,对影响桦褐孔菌菌丝体粗多糖提取的浸提时间、浸提温度、乙醇沉淀浓度等因素进行了试验。结果表明,桦褐孔菌菌丝体多糖的适宜提取条件为:浸提温度 80℃,浸提时间2.5小时,85%乙醇沉淀。

冀宏等报道(2005),采用“葡萄糖-蛋白胨”培养基进行桦褐孔菌的液体深层培养,将 168 小时发酵醪液处理提取粗多糖,得率为0.6%(w/v),多糖含量(苯酚-硫酸法)5.34%。提取工艺如下:

发酵液⟶匀浆处理(3 分钟)⟶超声波破碎(10 分钟,60～65℃)⟶薄膜浓缩(10 倍)⟶乙醇沉淀(95%,3 倍)⟶低温静置(5～10℃,24 小时)⟶过滤⟶真空干燥⟶粉碎,过筛⟶粗品。

从桦褐孔菌菌核中提取的粗多糖,得率为0.9(w/v),多糖含量(苯酚-硫酸法)21.9%。提取工艺如下:

菌核⟶机械粉碎(120目)⟶高压浸提(20分钟,121℃)⟶酶处理(纤维素酶,45~50℃,5小时)⟶离心过滤⟶薄膜浓缩⟶乙醇沉淀⟶低温静置(5~10℃,24小时)⟶过滤⟶真空干燥⟶粉碎,过筛⟶粗品。

许泓瑜等(2009)基于Box-Benhnken的中心组合实验设计原理,研究确定:温度为83℃,提取时间为2.2小时,液料比为33.3∶1时,桦褐孔菌菌粉多糖的提取率达到24.578%。同时,气相色谱分析该工艺条件下提取的桦褐孔菌菌粉多糖,各主要单糖组成及质量分数分别为:阿拉伯单糖0.53%,甘露糖0.48%,葡萄糖10.75%,半乳糖2.44%。

二、桦褐孔菌三萜类成分提取

我国对于桦褐孔菌总三萜的定量测定迄今尚未建立统一标准,多借鉴灵芝等其他药用真菌三萜类化合物的测定方法。即采用以齐敦果酸为标准品的香草醛比色法测定。目前报道的三萜类化合物的提取方法主要有反复萃取法、超声提取法和溶剂回流法。采用的溶剂主要为氯仿、甲醇、二氯甲烷、正己烷、异丙醇、石油醚等。

潘春丽等(2008)为了提高桦褐孔菌三萜化合物的产量,对三萜化合物的提取工艺进行了初步优选。试验以桦褐孔菌发酵菌丝体为材料,齐墩果酸为标准品,用香草醛比色法测定。通过实验考察了不同提取剂、提取剂用量、提取温度、提取时间对桦褐孔菌三萜化合物提取的影响。结果表明,浸提温度对桦褐孔菌三萜提取率的影响较为显著,其次是浸提时间和溶剂用量。提取的工艺为:以异丙醇为提取溶剂,用量为7倍,提取温度为80℃,提取时间2小时,在此条件下三萜化合物占菌丝体干质量的9.03%。

殷涌光等(2008)等通过单因素试验和正交试验研究了超声波技术对桦褐孔菌菌核中白桦脂醇提取影响。当提取时间20分钟、温度40℃、液料比20ml/g、溶剂为丙酮时,采用气相色谱——质谱检测白桦脂醇的质量比可达9.868g/kg。在相同的试验条件下,采用超声波辅助提取法,白桦脂醇的提取质量比是传统的溶剂浸提法的1.47倍,而且大大缩短了提取时间。认为超声波辅助提取是一种有效的桦褐孔菌白桦脂醇提取方法。

林庚申等(2007)以桦褐孔菌发酵菌丝体为材料,通过对乙醇(95%)、甲醇、乙酸乙酯、丙酮、异丙醇、正己烷和氯仿的提取表明,提取三萜类化合物的最佳溶剂为异丙醇,提取时间为24小时,每个样品所需溶剂量(6ml)和菌丝体样品量(100mg)较少,并可同时对大量样品进行有效提取。以白桦脂醇为标准品,对香草醛-冰醋酸-高氯酸分光光度法进行评价,证明该方法简单快速、准确度高、试验误差小、重复性好。利用此方法对桦褐孔菌的野生菌核和发酵菌丝体内三萜类化合物含量进行测定,结果表明野生菌核(59.86mg/g)和发酵菌丝体(94.92mg/g)中都含有很高的三萜类化合物,且发酵菌丝体中三萜类化合物含量高于野生菌核。从而为利用桦褐孔菌的发酵菌丝体代替有限的野生菌核资源提供了理论基础。同时,林庚申等的研究还表明,桦褐孔菌菌核和发酵菌丝体的三萜类化合物含量明显高于其他药用真菌,如牛樟芝发酵菌丝体为30mg/g(Shih, et al, 2006)、茯苓菌核为9.67mg/g(徐榕、许津,2005)、灵芝子实体14.8mg/g(黄书铭等,2004)、灵芝发酵菌丝体为0.1mg/g~2mg/g(马林等,2003)。提示桦褐孔菌具有重要药用开发价值。

王婷(2007)以桦褐孔菌为试验材料进行了高压脉冲电场技术提取三萜类化合物研究。通过单因素试验、正交试验和二次通用旋转组合试验,得出了高压脉冲电场技术(PEF)提取桦褐孔菌三萜类化合物的最佳工艺条件。结果显示:①电场强度、脉冲数和料液比均是影响提取效果的显著因素,其影响顺序为电场强度>脉冲数>料液比。最优水平分别为60kV/cm,10,1∶15,在此条件下,三萜类化合物提取率为57.12%。在此基础上,通过二次通用旋转组合,得出最佳的参数组合:脉冲数为10,场强为60kV/cm,料液比为1∶16,对该条件进行验证实验,三萜类化合物的提取率为57.21%。②比较显示,PEF法提取率是乙醇静置浸提法的1.23倍,微波提取法的1.08倍,三萜类化合物超声波提取率最高为58.02%,PEF法所得提取率57.21%,与超声提取相差<1%,基本可以认为与超声波具有相同的提取效果。但PEF法提取时间是超声提取时间的10^{-8},极大的节省了处理时间和试验成本,更为经济适用。③对PEF法提取的三萜类化合物进行气-质色谱分析,可知三萜类化合物的主要成分为白桦脂醇和羊毛甾醇。

第五节 桦褐孔菌的开发与应用

桦褐孔菌在以俄罗斯为代表的东欧地区具有悠久的民间利用历史，其地位不亚于灵芝对汉文化地区人们的影响力。神奇的桦褐孔菌是俄罗斯民间治疗癌病的药用菌，用于不能手术治疗的乳房癌、唇癌、胃癌、耳下腺癌、肺癌、皮肤癌、直肠癌和霍金斯淋巴癌，俄国人还用桦褐孔菌治疗溃疡、胃炎、生殖器官和腺体的增生和结肠癌。桦褐孔菌已被制成一种“茶煎剂、提取物、糖浆、注射（针剂）、坐浴剂、气雾剂”。茶煎剂的制法是把一小块桦褐孔菌菌核放在水中煮沸几分钟，3cm^{2}的桦褐孔菌可煮 2.5L 茶水，每天饮 3 杯，饭前饮用，服用 12 周至 12 个月。据 Hutchens 报道，茶煎剂只能用桦褐孔菌核中间的部分，这部分是颗粒状，有别于较粗糙的外部以及与寄生树木相邻柔软的部分。她指出，茶是用温水 5 份对 1 份桦褐孔菌浸泡 48 小时的汤，这样做是为了不破坏其活性。据俄罗斯民间经验和实验室研究结果似乎都表明，把桦褐孔菌切碎煎煮制成茶或乙醇提取物，对抗肿瘤都有疗效，但是患者必须长期服用，癌病患者至少要服用 1 年。桦褐孔菌在俄罗斯还被人们用作疼痛缓解剂。西伯利亚的鞑靼人用桦褐孔菌来治疗结核病、胃病、肝病、心脏病、蛔虫病或作为一种外部的清洗剂。这种真菌被妇女用来清洗生殖器外部或月经期的外阴，或作为新生婴儿清洗仪式和代替肥皂洗脚、洗手或洗全身或当作日常的“肥皂水”。“肥皂水”是把烧焦的桦褐孔菌烧到发红，然后浸到热水中，搅动直到桦褐孔菌泡散，水变黑色。过去，人们一直饮用由桦褐孔菌特制的茶和药用酒。随着科技的发展，人们不断地改进技术，提高其药用价值，并研制开发出了蘑菇茶、保健饮料。另外，它的提取物放在烟丝中，对预防肺癌有显著作用。

1955 年，莫斯科医科院宣布桦褐孔菌为抗癌物质，政府批准桦褐孔菌可用于医药品开发（Christopher H，1995）。俄罗斯的堪索莫乐斯基（Komsomlski）制药公司生产的桦褐孔菌精粉治糖尿病，治愈率达 93%。美国十分关注桦褐孔菌的免疫增强效果，并将其制成健康辅助食品。1961 年以来波兰已经广泛用桦褐孔菌抗癌。1960 年美国国立癌症研究所收到一篇来自澳大利亚的报告，利用桦褐孔菌煎剂已经成功地治愈癌症。1983 年，日本 Grzybek 等报道，桦褐孔菌也是一种补药、血液的清洁剂和疼痛的缓和剂；在日本，研究人员高度评价这种民间的药物，把桦褐孔菌菌核作为肝癌、爱滋病和 O2157 大肠杆菌中毒的治疗剂，并申请多项有关桦褐孔菌的专利，（Panacea）（李英秀，2003）。除了在民间广泛应用预防各种病症外，随着人们对桦褐孔菌化学成分和药理作用的逐步认识，桦褐孔菌已被用作生产各种饮料、调味品、饼干等的辅助原料，也是颜色深的食用色素原料。桦褐孔菌茶剂、面条制品、酸奶、保健饮料、胶囊以及针剂等产品相继问世。在普通小麦粉和荞麦粉中添加桦褐孔菌提取物可以制成日本面条和通心面，此技术已经申请了日本专利。在日本，人们还将桦褐孔菌粉和绿豆粉复配制成袋茶来浸泡饮用。在韩国，以发芽全麦粉、未抛光米粉和桦褐孔菌粉为主要成分，采用常规工艺制成了面包、饼干和糖果等食品，并申请了专利（2004）。桦褐孔菌在罐头和果蔬汁中使用能起到防腐的作用。我国延边真菌研究所（2002 年）也申请了桦褐孔菌多糖提取方法的专利，并将其制成胶囊产品，还将灵芝、猴头、桦褐孔菌和两种中草药复配制成了具有增强人体免疫力的“OK”茶可饮料。由我国河北省微生物研究所与俄罗斯细胞与遗传研究所共同研制开发的桦褐孔菌提取物和灵芝复配的生物制剂——“鹤灵康”胶囊（已申请专利），经检测，氨基酸总量 3.21%、多糖含量 4.54%、总三萜 1.75%，动物实验结果显示，“鹤灵康”胶囊在治疗高血压症和治疗长期效果方面作用显著；在肿瘤的 XT 治疗（嵌入治疗法）中，“鹤灵康”胶囊可以增强 TsF 的药效；张慧丽等对桦褐孔菌酸奶的加工工艺及药用功效进行了系统地研究，报道桦褐孔菌保健酸奶能提高 T-cell 的免疫能力，酸奶中添加桦褐孔菌不但含丰富的蛋白质、维生素和微量元素，而且还具有调整胃肠功能、抗菌、降血脂、抗癌等保健及药用功能。

鉴于桦褐孔菌在医疗和食品保健方面的突出功效，俄罗斯人一直把它奉为“上帝赐给苦难人类的一种神奇的礼物”；日本的研究人员高度评价它为一种“万能药”；美国则把它列入“特殊的天然物质”，作为宇宙人的未来饮品。

第六节 展望

虽然目前人们在桦褐孔菌有效成分的药理作用、临床应用等方面开展了大量工作，但是还缺乏系统和深入的研究，人们对桦褐孔菌的了解仍处于认识“幼稚期”。

首先，需要加强桦褐孔菌基础研究及应用研究。①全面开展对桦褐孔菌野生资源的勘查与研究。掌握桦褐孔菌的生态分布状况；借助现代分子生物学技术(RAPD和ITS分子标记技术等)进行桦褐孔菌遗传多态性研究；筛选具有开发潜力的优良菌株。②进一步加强桦褐孔菌有效物质成分分析与药效学研究。关注对三萜类物质以外的其他有效物质成分的分析和检测，开展有效成分单体高级结构、构效与量效关系、作用机制的研究。③深入开展桦褐孔菌产品的临床应用研究。加强与临床医学和药理学结合的多领域的综合研究；提倡与中药理论结合的复合组方配伍研究；同时注重原料与产品的安全性检测与毒理学研究。

其次，桦褐孔菌技术产品的开发领域尚需拓展。桦褐孔菌在我国食品工业中的研究和应用几乎为空白，桦褐孔菌应用技术的开发不应仅限于医药行业。需要进一步优化和提高有效成分提取与纯化的技术水平，积极探索诸如超声波技术、超微粉碎技术、超临界萃取等现代技术手段在工业化高效生产工艺中的应用。

第三，桦褐孔菌人工培养技术亟待完善和提高。重视生产菌株的育种技术研究，提升工业发酵生产效率；采用新的实验手段和方法，加深对桦褐孔菌发育、生长特性的认识和了解，不断完善(子实体、菌核)人工驯化与栽培技术体系，提高栽培的生物学效率；开展桦褐孔菌人工培养期限与有效物质成分含量之间的相关性比较研究，为开发和利用提供可靠依据。

参考文献

[1] 黄年来. 俄罗斯神秘的民间药用真菌——桦褐孔菌[J]. 中国食用菌，2002，21(4)：7-8.
[2] 卯晓岚. 中国大型真菌[M]. 郑州：河南科学技术出版社，2000.
[3] 陈艳秋. 桦褐孔菌遗传多样性及人工培养条件优化模式研究[D]. 长春：吉林农业大学，2007.
[4] 冀宏，Shkelevich Nikodim，霍红，等. 桦褐孔菌驯化栽培及其功能研究与开发(摘要)[C]. 中国菌物学会首届药用真菌产业发展及学术研讨会论文集，2005.
[5] 王婷. 高压脉冲电场提取桦褐孔菌三萜类化合物的研究[D]. 长春：吉林大学，2007.
[6] 殷涌光，崔彦如，王婷. 高压脉冲电场提取桦褐孔菌多糖的试验[J]. 农业机械学报，2008，39(2)：89-92.
[7] 陈才法，项小燕，顾琪. 桦褐孔菌胞外多糖合成的深层发酵条件研究[J]. 中草药，2007，38(3)：358-361.
[8] 郭晓帆，陈艳秋. 桦褐孔菌不同菌株的生物学特性研究[J]. 食用菌，2007(1)：14-16.
[9] 张慧丽，杨松，宋雅娜. 桦褐孔菌不同提取成分对小鼠免疫功能比较研究[J]. 微生物学杂志，2007，27(6)：20-23.
[10] 孙勇，蒋继宏，陈凤美. 桦褐孔菌袋料栽培初探[J]. 食用菌，2007(4)：44-45.
[11] 赵芬琴，朴惠善. 桦褐孔菌的化学成分研究[J]. 时珍国医国药，2006，17(7)：1178-1181.
[12] 曾小龙. 桦褐孔菌的化学成分与药理作用研究[J]. 广东教育学院学报，2007，27(3)：76-80.
[13] 江玉姬，吕华珍，谢宝贵. 桦褐孔菌的培养特性研究[J]. 福建农业学报，2004，19(2)：92-95.
[14] 陈艳秋，张立秋，郭晓帆. 桦褐孔菌的人工驯化栽培[J]. 东北林业大学学报，2006，34(3)：9-10.
[15] 梁丽雅，张泽生，杨海延. 桦褐孔菌的生物活性研究及应用现状[J]. 食品科技，2008(7)：125-127.
[16] 李秀英，崔基成，孙东植，等. 桦褐孔菌提取物对胃癌MGC-803细胞株的抗增殖与诱导凋亡作用[J]. 菌物研究，2003，1(1)：17-23.
[17] 刘迎秋，熊红霞，包海鹰，等. 桦褐孔菌菌核提取物对细菌抑菌活性研究[J]. 中国食用菌，2009，28(2)：31-35.

[18] 冀宏，陈文杰，马允莉，等. 野生桦褐孔菌菌株 JS-1 驯化栽培研究[J]. 北方园艺，2009(2)：229-232.
[19] 梁清乐，王秋颖，樊锦燕. 桦褐孔菌的研究概况[J]. 中草药，2005，36(4)：623-625.
[20] 冀宏，Shkelevich Nikodim，陈文杰等. 桦褐孔菌 JS-1 菌株营养生理与生物学特性初探[J]. 食用菌，2008(3)：20-21.
[21] 赵芬琴，朴惠善. 桦褐孔菌的研究进展[J]. 中国中医药信息杂志，2005，12 2)：96-97.
[22] 钟秀宏，孙东植. 桦褐孔菌的研究现状[J]. 延边大学医学学报，2004，27(4)：319-321.
[23] 钟秀宏，杨淑艳，孙东植. 桦褐孔菌的药理作用研究进展[J]. 中国药房，2007，18(25)：1983-1984.
[24] 张慧丽，杨松，李玉，等. 桦褐孔菌多糖的提取及对肝癌细胞 SMMC7721 的抗增殖的研究[J]. 中国食用菌，2006，25(2)：31-32.
[25] 回晶，宋雅娜，孙秀娟，等. 桦褐孔菌多糖的体外抗氧化作用研究[J]. 食用菌学报，2006，13(2)：29-31.
[26] 王伟，景少巍，张庆镐. 桦褐孔菌多糖对小鼠免疫功能的影响[J]. 时珍国医国药，2008，19(7)：1739.
[27] 高雪丽，高愿军，吴广辉. 桦褐孔菌功能特性的研究进展[J]. 食品与机械，2006，22(5)：126-131.
[28] 何坚，冯孝章. 桦褐孔菌化学成分的研究[J]. 中草药，2001，32(1)：4-6.
[29] 季峰，郑维发，魏贤勇，等. 桦褐孔菌挥发油的气相色谱-质谱联用分析[J]. 时珍国医国药，2007，18(10)：2469-2470.
[30] 郭晓帆，陈艳秋，杜萍. 桦褐孔菌菌丝体过氧化物酶同工酶提取剂筛选试验[J]. 食用菌，2006(6)：9-10.
[31] 禚同友，周丽洁，陈艳秋. 桦褐孔菌菌丝体水溶性多糖提取条件试验[J]. 食用菌，2007(4)：59-62.
[32] 郭晓帆，陈艳秋，杜萍，等. 桦褐孔菌菌株过氧化物酶同工酶酶谱及其模糊聚类分析[J]. 食用菌，2006(1)：4-5.
[33] 高愿军，高雪丽，吴广辉，等. 桦褐孔菌抗氧化活性物的稳定性研究[J]. 食品研究与开发，2007，28(4)：77-79.
[34] 陈艳秋，李玉. 桦褐孔菌的研究进展[J]. 微生物学通报，2005，32(2)：124-127.
[35] 吕作舟. 食用菌栽培学[M]] 北京：高等教育出版社，2006.
[36] 潘春丽，查勇，张鑫等. 桦褐孔菌三萜化合物提取工艺的优选[J]. 生物加工过程，2008，6(4)：36-39.
[37] 林庚申，张小青，魏铁铮. 桦褐孔菌三萜类物质的提取与含量测定[J]. 菌物学报，2007，26(3)：396-403.
[38] 季峰，郑维发，魏贤勇. 桦褐孔菌石油醚提取物的抗肿瘤作用研究[J]. 时珍国医国药，2007，18(6)：1377-1378.
[39] 张慧丽，靳宝峰，李辉，等. 桦褐孔菌酸奶的工艺及药用功能的研究[J]. 试验报告与理论研究，2006，9(5)：24-25.
[40] 李建光，司俊娜，高愿军. 桦褐孔菌研究综述[J]. 安徽农业科学，2008，36(2)：571-572.
[41] 郑维发，刘彤，项小燕，等. 桦褐孔菌野生菌丝体和培养菌丝体的甾体类化合物组成[J]. 药学学报，2007，42(7)：750-756.
[42] 申进文，李燕，王振河，等. 桦褐孔菌液体深层发酵条件优化研究[J]. 河南农业科学，2007(8)：88-92.
[43] 王振河，霍云凤，王斌，等. 桦褐孔菌液体深层培养研究[J]. 菌物学报，2006，25(3)：461-467.
[44] 吴艳玲，南极星，朴惠善. 桦褐孔菌乙醇提取物对急性肝损伤小鼠肝脏的保护作用[J]. 延边大学医学学报，2008，31(1)：25-27.
[45] 周丽洁，陈艳秋，霍玉财，等. 桦褐孔菌诱变菌株过氧化物同工酶研究[J]. 食用菌，2008(1)：14-15.
[46] 果德安. 生物技术在中药现代化研究中的作用[J]. 国外医药(植物药分册)，1998，13(6)：257-260.
[47] 史先振. 现代发酵工程技术在食品领域的应用研究进展[J]. 中国酿造，2005，12(153)：1-4.
[48] 周丽洁，金玉兰，陈艳秋. 营养条件对桦褐孔菌菌丝生长及多糖含量的影响[J]. 延边大学农学学报，2006，28(2)：96-101.
[49] 郭晓帆，陈艳秋. 玉米粒、木屑培养基制作桦褐孔菌原种的对比试验[J]. 延边大学报，2005，27(4)：265-266.
[50] 李浩飞，邓丽颖，杨灿宇. 正交设计优化桦褐孔菌多糖的水提取工艺[J]. 医药论坛杂志，2008，29

(2):54-55.

[51] 许泓瑜,孙军恩,陆震鸣,等. 桦褐孔菌菌粉多糖提取工艺的优化[J]. 食品与发酵工业,2009,34(11):175-179.

[52] 游明乐.中国食药用真菌发酵工程研究进展[J].微生物学通报,2007,34(2):327-331.

[53] 黄书铭,杨新林,黄健,等.紫外分光光度法快速测定灵芝样品中三萜类化合物的含量[J].北京理工大学学报,2004,24(6):555-558.

[54] 周丽洁,陈艳秋.紫外线诱变筛选桦褐孔菌多糖高产菌株初报[J].食用菌,2007(4):15-16.

[55] 张春凤,陈艳秋,郭晓帆. 8个桦褐孔菌菌株比较试验[J].特产研究,2007(2):47-50.

[56] 殷涌光,崔彦如,丁宏伟.超声波辅助提取桦褐孔菌中白桦脂醇的研究[J].农业机械报,2008,39(4):204-206.

[57] 张慧丽,杨松,寇巍,等.超声提取桦褐孔菌子实体多糖及多糖对癌细胞作用的研究[J]. 食用菌学报,2007,14(4): 51-54.

[58] 姬德衡,钱方,高学明.发酵工程在功能食品开发中的应用[J].食品科技,2002(7):9-10.

[59] 孙勇,蒋继宏,陈凤美,等. 桦褐孔菌液体发酵及保健饮料的研制[J]. 食品科学,2009,30(5):190-193.

[60] AIKEN C, CHEN CH. Betulinic acid derivatives as HIV-1 antiviral[J]. Trendsin Molecular Medicine, 2005(11):31-36.

[61] ALI NAA, MOTHANA RAA, LESNAU A, et al. Antiviral activity of Inonotus obliquus[J]. Fitoterapia, 2003(74): 483-485.

[62] LI Y X, CUI J C, SUN D Z, et al. Effect of extractions from edible fungus Inonotus obliquus (Fr.) on anti- proliferation and apoptosis inducement of M GC. 803 cells of gastric cancer[J]. Fung Res,2003,1(1):17-231.

[63] BABITSKAIA VG, SHCHERBA VV. The nature of melanin pigments from some micro- and macromycetes[J]. Prikl Biokhim Mikrobiol,2002,38(3):286-291.

[64] BABITSKAIA VG, SHCHERBA VV, IKONNIKOVA NV. Melanin complex of the fungus Inonotus obliquus[J]. Prikl Biokhim Mikrobiol, 2000,36(4):439-444.

[65] BALDRIAN P, GABRIEL J. Effect of heavy metals on the growth of selected wood-rooting basidiomycetes [J]. Folia Microbiol, 1997, 42(5): 521-523.

[66] BURCZYK J, GAWRON A, SLOTWINSKA M, et al. Antimitotic activity of aqueous extracts of Inonotus obliquus[J]. Boll Chim Farm ,1996,135(5):306.

[67] CAMPBELL W A, DAVIDSON R W. A Poria as the fruiting stage of the fungus causing the sterile conks on birch[J]. Mycologia, 1938(30):553-560.

[68] CHEMLER J A, LOCK L T, KOFFAS M A G, et al. Standardized biosynthesis of flavan-3-ols with effects on pancreatic beta-cell insulin secretion[J]. Applied Microbiology and Biotechnology, 2007(77): 797-807.

[69] CHEN CF, ZHENG W, GAO X, et al. Aqueous extract of Inonotus obliquus (Fr.) Pil t(Hymenochaetaceae) significantly inhibits the growth of sarcoma 180 by inducing apoptosis[J]. American Journal of Pharmacology and Toxicology, 2007(2):10-27.

[70] CHIMURAI T, WATANATE O. Inhibition of HIV-1 protease by water-sduble lignin-like substance from an edible mushroom, Fuscoporia obligue[J]. BiotechnologyBiochemistry, 1998, 62(3): 575-577.

[71] DING PING, ZHANG Danyan, Xu Honghua. Determination of ganodericacid B indifferent parts of Ganoderma lucidum[J]. Chinese Traditional and Herbal Drug, 2001, 52(4): 214.

[72] CUI YONG, KIM DONG SEOK, PARK KYOUNG CHAN. Antioxidant effect of Inonotus obliquus [J]. Journal of Ethnopharmacology. 2005(96):79.

[73] EL-MEKKAWY S, MESELHY M R, NAKAMURA N, et al. Anti-HIV-1 and anti-HIV-1 protease substances from Ganoderma lucidum[J]. Phytochem,1998,49(6):1651-1657.

[74] FUJIMIYA Y, SUZUKI Y, OSHIMAN K, et al. Selective tumoricidal effect of soluble proteoglucan extracted from the basidiomycete, agaricus blazei murill, mediated via natural killer cell activation and apoptosis[J]. Anticancer Res,1999,19(1 A):113.
[75] GOLOVKO V A. Bulletin of Experimental Biology and Medicine, 1999, 128(9): 888-889.
[76] KIM YONG OOK, HAN SANG BAE, LEE HONG WOEN,et al. Immuno-stimulating effect of the endo-polysaccharide produced by submerged culture of inonotus obliquus [J]. Life Sciences, 2005, 77(19): 2438-2456.
[77] YAN Y, KOHLI A, KOFFAS MAG. Biosynthesis of natural flavanones in Saccharomyces cerevisiae[J]. Applied and Environmental Microbiology, 2005(71):5610-5613.
[78] WASSER S P, WEIS A L. Therapeutic effect of substances occurring in higher Basidiomyceles mush rooms:a modern perspective [J]. CriticalReview in Immunology,1999, 19(1):65-77.
[79] BABITSKAYA VALENTINA G, BISKO NINA A, MITROPOLSKAYA NADEZDA YU, et al. Melanin Comp lex from Medicinal Mushroom Inonotus obliquus (Pers. : Fr.) Pilat (Chaga) (Aphyllophoromycetideae) [J]. International Journal of Medicinal Mushrooms, 2002(4):139.
[80] GOLOVKO VA. Effects of bioglycans from birch fungus Inonotus obliquuon the electrical activity of cells from the cardiac venous sinus of the frog [J]. Biull Eksp Biol Med, 1999, 128(90): 264-266.
[81] GE XC, WU JY. Tanshinone production and isoprenoid pathways in Salvia miltiorrhiza hairy roots induced by Ag^+ and yeast elicitor [J]. Plant Sci, 2005(168): 487-491.
[82] GRAF E. Antioxidant potential of ferulic acid[J]. Free Radical Biology and Medicine, 1992(13): 435-448.
[83] GRIFFITHS KM, BACIC A, HOWLETT BJ. Sterol composition of mycelia of the plant pathogenic ascomycete Leptosphaeria maculans [J]. Phytochemistry, 2003(62): 147-153.
[84] GRIFFITH TS, WILE SR, KUBIN MZ, et al. Monocyte-mediated tumoricidal activity via the tumor necrosis factor-related cytokine, TRAIL[J]. Journal of Experimental Medicine, 1999(8): 1343-1353.
[85] HANS A, DIETER F. Constituents of tropical medicinal plants. Part 54. Cycloartanes and other terpenoids and phenylpropanoids from Monocyclanthus vignei [J]. Phytochemistry, 1992, 31 (12):4263.
[86] MIZUNO T, ZHUANG C, ABE K, et al. Antitumor and hypoglycemicactivities of polysaccharides from the sclerotia and mycelia of Inonotus obliquus (Per. :Fr.) Pil, (Aphyllophoromycetideae) [J]. International Journal of MedicinalMushrooms , 1999(1): 301.
[87] HE J, FENG X Z. Studies on chemical constituents of Fuscoporia oblique[J]. Chinese TraditionalHerb Drugs , 2002, 32(1): 4-6.
[88] HYUN K W,JEONG S C,LEE D H, et al. Isolation and characterization of a novel platelet aggregation inhibitory peptide from the medicinal mushroom, Inonotus obliquus [J]. Peptides,2006,27 (6):1173.
[89] ICHIMURA T, WATANABE O, MARUYAMA S. Inhibition of HIV-I protease by water-soluble lignin-like substance from an edible mushroom, Fuscoporia obliqua[J]. Biosci Biotechnol Biochem, 1998, 62(3): 575.
[90] ISMAIL S. Biotechnology and food security in the 21st century [J]. Science, 1999(285):387-389.
[91] JAROSZ A, SKORSKA M, RZYMOWSKA J,et al. Effect of the extracts from fungus Inonotus obliquuson catalase level in Hela and Nocardia cells [J]. Acta Biochem Pol, 1990, 37(1): 149-152.
[92] JIANG HX, WOOD KV, MORGAN JA. Metabolic engineering of the phenylpropanoid pathway in Saccharomyces cerevisiae[J]. Applied and Environmental Microbiology,2005(71): 2962-2969.
[93] JORDAN K Z. Biologically active compounds from aphyllophorales (polypore) fungi [J]. Journal

of Natural Products, 2004,67(2): 300-310.

[94] KAHLOS K, KANGAS L, HILTUNEN R. Antitumor-activity of triterpenes in znonotus obliquus[J]. Planta medica , DEC, 1986(6): 554-554.

[95] KAHLOS K. Antitumor activity of some compounds and fractions from annhexane extract of Inonotus obliquus[J]. Acta Pharm. Fenn. , 1987, 96(1): 33.

[96] KAHLOS K, VARES T, HILTUNEN R. Effects of garlic (A lliumsativum) products on fungal growth and the production of some lipids in vitro [J]. Planta Medica , 1993, 59(7): 676.

[97] KAHLOS K KANGAS L. Antitumor tests of inotodiol from the fungus Inonotus obliquus[J]. Acta Pharm. Fenn. , 1986, 95(4): 173.

[98] KAHLOS K, HILTUNEN R. 3β-Hydroxy-lanosta-8, 24-dien-21-al, a New Triterpene from Inonotus obliquus [J]. Planta Medica, 1984, 50(2): 197.

[99] KAHLOS K. The effects of some am ino acids on growth and lipid production in Inonotus obliquus grown in vitro [J]. Acta Biotechnooglogy, 1994, 14(2): 169-179.

[100] TRKOLA A, KUSTER H, LEENMANN C, et al. Humoral immunity to HIV-1: kinetics of antibody responses in chronic infection reflects capacity of immune system to improve viral set point [J]. Blood, 2004(104):1784-1792.

[101] KASHIWADA Y, SEKIYA M, IKESHIRO Y, et al. 3-O-Glutaryl-dihydrobetulin and related monoacyl derivatives as potent anti-HIV agents. Bioorganic & Medicinal Chemistry Letters, 2004(14): 5851-5853.

[102] KAHLOS K, HILTUNEN R. 3-beta, 22-dihydroxylanosta-7, 9(11), 24-triene-a new, minor compound from Inonotus obliquus[J]. Planta Medica, 1986(6): 495-496.

[103] KAHLOS K, TIKKA V H. Anti fungal activity of cysteine, its effect on C-21 oxygenated lanosterol derivatives and other lipids in Inonotus obliquus, in-vitro[J]. Applited Microbiology and Biotechnology, 1994, 42(2-3): 385-390.

[104] KIM YO, PARK HW, KIM J H, et al. 1Anti - cancer effect and structural characterization of endo-polysaccharide from cultivated mycelia of Inonotus obliquus[J]. Life Sciences, 2006,79(1): 72.

[105] KIM YO, HAN SB, LEE HW, et al. Immuno-stimulating effect of the endo-polysaccharide produced by submerged culture of Inonotus obliquus[J]. Life Sciences, 2005(77): 2438-2456.

[106] LIU WK, HO JC, CHEUNG FW, et al. Apoptotic activity of betulinic acid derivatives on murine melanoma B16 cell line[J]. European Journal of Pharmacology,2004(498): 71-78.

[107] LEE IK, KIM YS, JANG YW, et al. New antioxidant polyphenols from the medicinal mushroom Inonotus obliquus[J]. Bioorganic & Medicinal Chemistry Letters,2007(17): 6678-6681.

[108] LEE IK, YUN BS. Highly oxygenated and unsaturated metabolites providing a diversity of hispidin class antioxidants inthe medicinal mushrooms Inonotus and Phellinus[J]. Bioorganic & Medicinal Chemistry, 2007(15): 3309-3314.

[109] MAYR U, BUTSCH A, SCHNEIDER S. Validation of two in vitro test systems for estrogenic activities with zearalenone, phytoestrogens and cereal extracts [J]. Toxicology, 1992(74): 135-149.

[110] MIZUNO T, ZHUANG C, A BE K, et al. Studies on the hostmediated antitum or polysaccharides. Part X X Ⅷ[J]. Mushroom Sci Biotechnology, 1996, 3(2): 53-60.

[111] SHASHKINA M Y, SHASHKIN P N, SERGEEV A V. Chemical and Medicobiological Properties of Chaga[J]. Pharmaceutical Chemistry Journal,2006,40(10):560-568.

[112] NAKAJIMA Y, SATO Y, KONISHI T. Antioxidant small phenolic ingredients in Inonotus obliquus (Persoon) Pil t (Chaga). Chemical and Pharmaceutical Bulletin, 2007(55): 1222-1226.

[113] PARK YK,LEE HB,JEON EJ,et al. Chaga mushroom extract inhibit s oxidative DNA damage in human lymp hocytes as assessed by cometassay [J]. Biofactors,2004,21(1-4):109.

[114] PEGLER D N. Useful fungi of the world: Amadou and chaga[J]. Mycologist, 2001, 15(4): 153-154.

[115] RASINA LN. Effect of cryosubstance Chagi on deposition or isolation of 90Sr and on the effect of prolonged external exposure to gamma-radiation[J]. Radiatsionnaia Biologiia Radioecologiia, 2002(42):399-403.

[116] SHIN Y, TAMAI Y, TERAZAWA M. Chemical constituents of Inontus obliquus Ⅱ:A new triterpene,21,24-cyclopentalanosta-3beta,21,25-triol-8-ene from sclerotium[J]. Journal of Wood Science,2001,47(4):313-316.

[117] SHIN Y, TAMAI Y, TERAZAWA M. Chemical constituents of Inonotus obliquus I: a new triterpene, 3beta-hydroxy-8, 24-dien-lanosta-21, 23-lactone from sclerotium [J]. Eurasian Forest Res, 2000(1): 43-50.

[118] SHWAB EK, KELLER NP. Regulation of secondary metabolite production in filamentous ascomycetes[J]. Mycological Research, 2008(112): 225-230.

[119] SHIH IL, PAN K, HSIEH C. Influence of nutritional components and oxygen supply on the mycelial growth and bioactive metabolites production in submerged culture of Antrodia cinnamomea[J]. Process Biochemistry, 2006(41): 1129-1135.

（冀 宏）

第七十六章　槐　耳

DIQISHILIUZHANG HUAIER

摘要：槐耳是生长在槐树上的槐栓菌，主要用于各类肿瘤的治疗，目前大多采用固体发酵法得到"槐耳菌质"来代替子实体以供药用。本章较详细地介绍了槐耳的发展历史、生物学特性、生产技术、化学成分、质量分析、药理作用及临床应用，对槐耳的发展现状及未来前景进行了分析和展望。

Trametes robiniophila

Abstract: *Trametes robiniophila* traditionally grew on the Chinese tree, *Sophora japonica*, and has been used for the treatment of various types of cancer. Recently, fungal mycelium obtained by solid fermentation has also been for medicinal purposes instead of mushroom fruit bodies. This chapter consists of ten sections describing in detail various aspects of *T. robiniophila* including a history of development, biological features, cultivation techniques and chemical components. The present status of *T. robiniophila* and the prospects for future development are analyzed and summarized.

第一节　概　述

槐耳（槐栓菌）来源于多孔菌科栓菌属真菌槐耳（*Trametes robiniophila* Murr.），子实体入药，是中医药常用的药用真菌。味苦辛、平、无毒；主治痔疮、便血、脱肛和崩漏。民间用它治疗各类肿瘤和炎症。槐耳属于木腐菌类，可导致树木心材腐朽，是林业生产中的有害真菌。

经查阅我国古代有关本草发现，自唐代至明代均有槐耳药用的记载。《本草纲目》记载：槐耳味苦、辛、无毒，能"治风"、"破血"、"益力"。虽然"槐耳"的药用记载可追溯到1600年前，东晋道教学者、著名炼丹家、医药学家葛洪（284～364）在其所著的《肘后备急方》曰："肠痔下血，槐树上木耳为末，饮服方寸匕，日三服。"但其名称"槐耳"的出现最早见于唐代的《新修本草》，谓其："此槐树上菌也，主治五痔、脱肛、下血"，这与上述《肘后备急方》中的提法是完全一致的。由于槐耳主要生活在槐树（*Sophora japonica* Linn.）的树干上，因此至今仍然有人坚持认为它是寄生于槐树上的黑木耳，即木耳科木耳属真菌木耳（*Auricularia auricula* (L. ex Hook.) Underw）。然而，据《新修本草》云："槐耳，当取坚如桑耳者良"；"桑、槐、楮、榆、柳，此为五耳，软者并堪啖，楮耳人常食，槐耳治痔。"由此看来，坚硬的、作为药用的槐耳可能并非是胶质的、软的作为食用的木耳。近年，对从产地有关单位及民间收集到的槐耳标本进行种类鉴定，认为槐耳属于多孔菌科真菌槐栓菌，无论从槐栓菌的形态还是从生长基物来看，均与古代槐耳相吻合。槐栓菌菌盖半圆形，呈耳状，生长于老龄中国槐上，故称"槐耳"；而它的整个子实体像一只昆虫蛾，并且又是木生菌，故又名"槐菌"、"槐蛾"。据此，历代本草所记述的"槐耳"，应是生长在古老中国槐上的槐栓菌。

自唐代以后，"槐耳"这个名称一直被历代本草所沿用，不过关于槐耳的异名历代还有"槐菌"（《新修本草》）、"槐糯"（《千金要方》）、"槐鸡"（《蜀本草》）、"槐鹅"《太平圣惠方》、"槐蛾"、"赤鸡"（《本草纲目》等。自300年前的清代起，槐耳就很少被人提及，其药用价值也渐渐淹没。究其原因，主要是因为槐耳的宿主古中国槐等树种日趋稀少；即使有少量这类树种的存在，也不一定都会生长槐耳。

野生的槐耳在我国少部分风景名胜区和保护区内偶有采得，它已被列为药材收购的"冷背品种"。目前人工培养槐耳（子实体）虽获成功，但其生长条件还不清楚，生长周期很长，生物效应较低，难以满足临床用药的需要。近年来，有人用固体发酵法得到"槐耳菌质"代替子实体以供药用；并经提取成分后制成"槐耳颗粒（冲剂）"。两者经临床试验，对肝癌及慢性乙肝等具较好疗效，已作为中药一类新药通过卫生部新药审评上市生产销售。槐耳菌质作为法定中药材（国药准字 Z 20000108）、槐耳颗粒（冲剂）作为法定中药制剂（国药准字 Z 20000109）均收录于中华人民共和国卫生部颁发的《新药转正标准第 30 册》中。同时，近几年深入研究还发现，槐耳菌质所含的有效成分能调节人体功能，增强免疫力，抵抗和治疗多种疾病，尤其在防治肝脏疾病、消化系统的恶性肿瘤等方面有显著疗效。槐耳颗粒（冲剂）投放市场以来也很受欢迎，有着良好的社会与经济效益，也将扩大试用于其他癌症。

槐耳又名：槐栓菌、槐檽、槐菌、槐鸡、槐鹅、槐蛾、赤鸡等。

学名：*Trametes robiniophila* Murrill, *N. Amer. Fl.* (New York) 9(1): 42(1907)。

属名"*Trametes*"的词干"trama-"意思是"洞穴、孔穴"，据该菌的木材质地译为"栓孔菌属"。种名加词"*robiniophila*"的词干"robinio-"意思是"如刺槐的"，词尾"-philos"意思是"喜爱"，描述该菌常常发生在刺槐树上。中文学名直译为"刺槐栓菌"。

同物异名：*Perenniporia robiniophila* (Murrill) Ryvarden, *Mycotaxon* 17: 517(1983); *Polyporus robiniophilus* (Murrill) Lloyd, *Mycol. Writ.* 4 (*Letter* 42): 12(1912); *Poria robiniophila* (Murrill) Ginns, *Mycotaxon* 21: 331(1984)。

分类地位：菌物界(Fungi)，担子菌门(Basidiomycota)，伞菌纲(Agaricomycetes)，多孔菌目(Polyporales)，多孔菌科(Polyporaceae)。

第二节 槐耳的生物学特性

一、形态特征

人工栽培的槐耳子实体色泽、形状、大小比较统一，有规则，菌盖肾形、半圆形或近圆形；盖面黄褐色至红褐色，盖缘为淡黄褐色，有同心环带和环沟，并有纵皱纹，表面有光泽。而野生槐耳子实体在色泽上不统一，形状大小不一，表面没有明显光泽（图 76－1～图 76－2）。

图 76－1 槐树上生长的槐耳子实体

二、生态分布

槐耳一般生长于槐、洋槐（*Robinia pseudoacacia* L.）及青檀（*Pteroceltis tatarinowii* Maxim.）等阔叶树等树干上。夏、秋季采集，摘下洗净，晒干。主要分布于河北、陕西、辽宁、湖南、广西、福建等地。由于野生槐耳资源严重稀缺，加之人工培育子实体相对比较困难，且耗费大量宝贵的木材资源，近年来国内主要采用固体发酵法培养的槐耳菌丝体替代子实体入药。

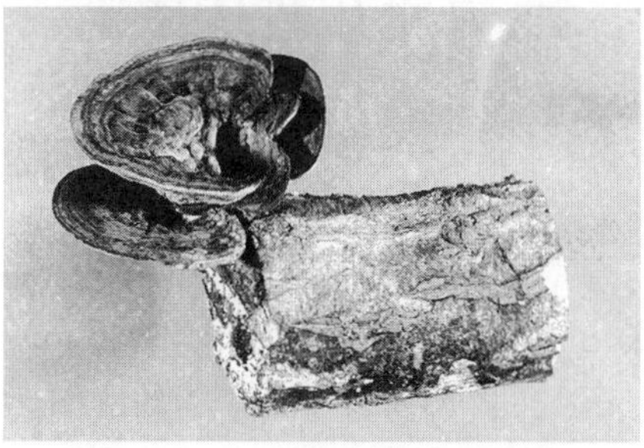

图 76－2 段木培育的槐耳子实体

第三节 槐耳的栽培技术

一、菌丝平板培养研究

1. 培养基

①马铃薯琼脂培养基：马铃薯（去皮）200g，蔗糖 20g，琼脂粉 20g，$MgSO_4$ 1g，KH_2PO_4 2g，水 1 000ml，pH 自然。

②葡萄糖酵母膏培养基：酵母膏 0.5%，KH_2PO_4 0.2%，$MgSO_4 \cdot 7H_2O$ 0.2%，再加入葡萄糖 2.5%，蔗糖 2.4%，麦芽糖 2.4%，可溶性淀粉2.3%或玉米淀粉 2.3%，琼脂 2%，pH 自然。

③葡萄糖酵母膏蛋白胨培养基：葡萄糖 2%，KH_2PO_4 0.2%，$MgSO_4 \cdot 7H_2O$ 0.2%，再加入酵母膏 2.8%，蛋白胨 1.7%，牛肉膏 1.5%，尿素0.43%

或$(NH_4)_2SO_4$ 0.94%，琼脂2%，pH 自然。

2. 最佳生长条件

(1)温度

槐耳菌丝在15～35℃范围内均能生长。菌丝生长最适宜温度为25℃。在此条件下，菌丝生长速度最快，颜色浓白，生长旺盛。温度在35℃时虽然能生长，但是生长速度明显较慢，菌丝比较稀疏。

(2)pH 值

槐耳菌丝 pH 在5.5～7.5范围内均能生长，pH 为6.0时，菌丝生长速度最快，长势最好，菌丝浓白。当培养基 pH 为5.5时，菌丝生长明显迟缓，菌丝较稀疏。

(3)碳源

不同碳源对槐耳菌丝生长有明显影响，以蔗糖和麦芽糖作为碳源，菌丝生长较显著。以蔗糖作为碳源物质时菌丝生长速度最快，颜色浓白，为最佳碳源。

(4)氮源

槐耳菌丝体能够利用牛肉膏、蛋白胨、酵母膏、$(NH_4)_2SO_4$ 作为其氮源，不能利用尿素。以酵母膏为氮源时，菌丝生长最快，并且菌丝颜色浓白，为最佳氮源；$(NH_4)_2SO_4$ 作为氮源时，菌丝虽能生长，但生长明显缓慢。

综上所述，槐耳菌丝最适生长温度为25℃；最适 pH 为6.0；最佳碳源为蔗糖；最佳氮源为酵母膏。

二、子实体栽培技术

将新鲜黑槐树放在荫凉处自然风干。注意雨季时不能浸泡在水里，以防止树内有益物质被浸出，同时将硫化煤(即含硫黄较高的煤)铺设在树干下面，厚10cm左右，构成槐耳菌的培养基。注意不能将黑槐本身的阴阳面改变，阳面仍然向阳，因向阳面含有益物质较多，槐耳是向阳生真菌。待2～3年自然风化期过后，树木微有腐化，可以接种。将槐耳菌接种在黑槐树培养基向阳的一面，接种1周后进行培养，每日早晚喷洒水各一次，水温控制在10～25℃，每次洒水10分钟左右。连续喷4～5天后，间隔1周后重复洒水，同上操作。待出现菌点后，每天可洒水3～4次。注意夏天中午温度高于30℃，不可洒水，经10～20天即可采摘成熟的槐耳。

三、菌质固体发酵工程

1. 固体发酵方法

通过固体发酵得到槐耳菌质，可代替子实体药用。固体发酵方法如下：将玉米芯、麦麸混合装瓶作为营养基质，进行灭菌处理。接种液体菌种培养槐耳菌种，在27℃恒温环境下发酵45～50天，即得到药用"槐耳菌质"。

2. 适宜生产条件

研究表明，如果营养基质是以玉米芯、麦麸为主，菌丝体生长最低温5℃，最高温37℃，适温30℃；最适 pH 5.5。又据它的生长情况和菌质的抑瘤、增强免疫功能等药效试验结果，可确定基质成分配比及含水量合理。

随着发酵时间的增加，营养基质转化为槐耳菌质，其淀粉类、纤维素含量逐步下降，而蛋白质含量却逐渐上升，两者间存在此消彼长的关系。当达到一定发酵周期(约45天)，多糖与蛋白质均趋稳定。这时期从槐耳菌质所提取得到的浸膏抑瘤率最高。药理试验证实，多糖蛋白类物质(proteoglycan)是槐耳菌质的主要有效成分。可根据它的指标来判定菌质的发酵终点，同时也是判定槐耳菌质的药品质量的重要依据。槐耳菌质具有扶正固本、活血消癥之功效。适用于正气虚弱，瘀血阻滞，可作为原发性肝癌不宜于手术和化疗治疗者的辅助治疗用药，有改善肝区疼痛、腹胀、乏力等症状的作用。槐耳菌质用热水、乙醇提取清膏后制成制剂颗粒(冲剂)呈棕黄色，气腥，味甘，微香。

四、菌丝液体发酵

1. 影响槐耳菌丝球形成的液体发酵条件

(1)菌种活化

用培养真菌常用的PDA斜面培养基，121℃、1×10^5 Pa 灭菌30分钟。将保存菌种转接，27±1℃斜面培养4天。

(2)种子液制备

摇瓶基础培养基为每500ml培养基含葡萄糖3g、麦麸3g、酵母粉0.2g、KH_2PO_4 0.1g、$MgSO_4\cdot7H_2O$ 0.05g，自来水配制。500ml摇瓶装量，把一块0.5cm^2 的菌块放入往复式摇床，转速80转/分钟，27±1℃培养7天后，得到种子培养液。

(3)摇瓶培养条件的优选

将上述一级种子接入各组正交试验培养基中(接种量按体积比为10%)，放置于摇床在27±1℃下按规定转速培养7天。槐耳培养的最佳液体培养条件为：温度27℃，pH6，接种量为10%，麦麸3g/100ml，葡萄糖2g/100ml，酵母粉0.2g/100ml，摇瓶装量为200ml/500ml，摇床转速140转/分钟。麦麸加入量是影响槐耳菌丝球形成的最重要因素。

2. 正交设计法筛选槐耳菌丝体液体培养基研究

以槐耳菌丝体生物量为主要指标，采用不同碳源和氮源进行单因素初选试验，然后以不同比例的混合碳氮源进行正交试验。结果表明，槐耳菌丝体液体最佳培养基是玉米渣 200g/L、蔗糖 20g/L、酵母膏 30g/L、麦麸 35g/L、KH_2PO_4 2.0g/L、$MgSO_4 \cdot 7H_2O$ 1.0g/L和维生素 B_1 6mg/L，温度 28℃，pH 自然。其菌丝体生物量得率为 21.6g/L。

第四节 槐耳的化学成分、药理作用与临床应用

一、化学成分

(一)槐耳多糖及其理化性质

槐耳菌质提取清膏含有多种有机成分、10 余种矿质元素。动物试验证明，主要活性成分是槐耳多糖(PS-T)，为棕褐色粉末，没有明显熔点，280℃时变黑，易溶于热水，稍溶于低浓度乙醇，不溶于高浓度乙醇、丙酮、乙醚、乙酸乙酯、正丁醇等有机溶剂。水溶液透明，呈黏稠状，pH 为 5～6，无旋光性。在浓硫酸存在下与 α-萘酚作用，于界面处呈紫色环。与费林试剂呈阴性反应，但其经 2mol 硫酸加热水解后的溶液可与费林试剂作用，产生棕红色氧化亚铜沉淀；与茚三酮试剂反应产生蓝紫色。表明 PS-T 可能为蛋白结合多糖。

经纸层析与气相层析、高效液相、聚丙酰胺凝胶电泳、紫外与红外光谱、核磁共振等分析，证明 PS-T 为单一成分，是由 6 种单糖：*L*-岩藻糖、*L*-阿拉伯糖、*D*-木糖、*D*-甘露糖、*D*-半乳糖、*D*-葡萄糖(摩尔比为 0.51∶1.51∶1.48∶1.39∶1∶3.24)组成的杂多糖(多糖蛋白)，结合的蛋白质由 18 种氨基酸构成(表 76－1)。

表 76－1 槐耳多糖结合蛋白质的 18 种氨基酸构成

氨基酸	含量(%)	氨基酸	含量(%)
天冬氨酸(Asp)	1.418	甲硫氨酸(Mel)	0.12
苏氨酸(Thr)	0.731	异亮氨酸(He)	0.398
丝氨酸(Ser)	0.626	亮氨酸(Leu)	0.569
谷氨酸(Glu)	3.525	酪氨酸(Tyr)	0.249
脯氨酸(Pro)	0.74	苯丙氨酸(Phe)	0.347
甘氨酸(Gly)	1.073	赖氨酸(Lys)	0.689
丙氨酸(Ala)	0.6624	组氨酸(His)	0.267
胱氨酸(Cys)	0.160	色氨酸(Try)	0.097
缬氨酸(Vai)	0.652	精氨酸(Arg)	0.645
总量(%)	12.97		

氨基酸总量 12.97%，水分 8.72%，相对分子质量 3 万，其多糖分子键糖苷构型为 β 型。

(二)槐耳多糖光谱分析

1. 紫外光谱

槐耳多糖 $UV\lambda_{max}^{CH_3OH}$ nm：在 280nm 处有一肩峰，这是蛋白结合多糖的特征吸收。

2. 红外光谱

槐耳多糖 IR υ_{max}^{KBr} cm^{-1}：3350(-OH 拉伸振动)，2900(-NH 拉伸振动)，3100～2600[-NH(NH_3^+)拉伸振动]，1610～1580(O-C＝O 伸缩振动)，1665～1585(-NH 面外伸缩振动)，1025(-C-O-拉伸振动)，表明 PS-T 确实系蛋白结合多糖。PS-T 具 890 cm^{-1} 的吸收峰，说明多糖分子的糖苷键构型为 β 型。在 810、890 cm^{-1} 两个小峰吸收，这是多糖中具甘露糖组分的特征吸收。

3. 氢谱

槐耳多糖氢谱中各主要峰^1H($\delta 10^{-6}$)解析归属如下：δ0～3，为 PS-T 蛋白部分氨基酸残基上 CH、CH_2、CH_3 的质子信号；δ3～6 为 PS-T 多糖部分单糖残基上 CH、CH_2 质子以及氨基酸残基上 α-CH 质子信号，其中 δ3～4.5区域为氨基酸残基上 α-CH 质子信号，δ4.4～5.5区域为多糖分单糖残基上端基碳上的质子信号。化学位移值大于 5.0的几个峰(δ5.0～5.38)表明多糖中有 α 苷键，δ值小于5.0的信号(δ 4.4～4.5)提示多糖中有 β 苷键。

4. 碳谱

槐耳多糖的碳谱信号^{13}C($\delta 10^{-6}$)集中在两个区域：δ98～106 6 个峰为多糖内单糖残基端碳的信号，这表明组成多糖的单糖有 6 个，其中 δ 值大于 100 的信号提示多糖有 β 苷键；δ 值小于 100 信

号提示多糖有 α 苷键，这与氢谱分析是一致的。另外在 δ60～80 有很多峰为多糖内单残基上 C_2-C_6(C_5)的信号。氨基酸残基上 CH_2、CH_3 等碳的信号本应出现在 δ20～40 范围，但由于这些取代基含量较少，又由于多糖的信噪比不大，一般要累加数万次才得到较清晰光谱。而 PS-T 由于在高温测定，不能过长时间累加，故这些氨基酸残基上的 CH_2、CH_3 碳的信号被噪声掩埋，难以分辨、剖析。

二、质量分析

(一)槐耳子实体及菌质性状鉴别

典型的槐耳子实体中等至较大，木栓质，无柄。菌盖半圆形，常呈覆瓦状，木栓质，淡黄色或深褐色，表面近光滑，有少数环纹，长3.5～8cm、宽4～13.5cm，厚 1～3.5cm。菌肉黄白色，干后常具香气，厚 5～30mm。菌管长 3～19mm，壁厚完整，管口白色，圆形至多角形，每毫米 4～6 个。孢子无色，光滑；孢子印白色，常有囊状体(图 76－3)。

图 76－3　槐耳药材(野生子实体)外观

槐耳菌质为槐耳在玉米芯轴、麦麸等发酵基质上，在一定条件下经培养后所得的干燥菌质。呈淡黄色或浅棕色、大小不规则的块状或粒状；气微腥，味微苦(图 76－4)。

图 76－4　槐耳菌质(药材)外观

(二)槐耳子实体显微鉴别

槐耳子实体的粉末呈浅棕色、棕褐色至紫褐色。显微镜下可见菌丝散在或黏结成团，无色或淡棕色，细长，稍弯曲，有分枝，直径 2.5～6.5μm。孢子无色或褐色、光滑，卵圆形至球形，长 7～8.5μm、宽 5.5～6.5μm，顶端平截，外壁无色，内壁有疣状突起。

(三)多糖的含量测定

对照品溶液的制备：精密秤取在 105℃干燥至恒重的无水葡萄糖对照品，加水溶解，制成每 1ml 含0.1mg的溶液，摇匀，即得。

取本品细粉 0.2g，精密秤定，加水 60ml，加热回流 2 小时，趁热滤过，滤渣加水 50ml，继续回流 1.5 小时，趁热滤过，合并滤液，浓缩至约 15ml，放冷，加 10 倍量乙醇，搅匀，静置过夜，滤过。沉淀加热水使溶解，并定量转移至 100ml 量瓶中，放冷，加水至刻度，摇匀。精密量取 1ml，分别加硫酸蒽酮溶液 4.0ml，摇匀，置水浴加热 7 分钟，放冷至室温。以相应的试剂作空白，照分光光度法，在 630nm 处测定吸收度。以0.1mg/ml无水葡萄糖水溶液为对照品，标准曲线法上读出其重量(mg)，计算。本品含多糖以无水葡萄糖($C_6H_{12}O_6$)计算，应为 1.3%～3.0%。

三、药理作用

(一)抗肿瘤作用

1. 对荷瘤动物体内抑瘤试验

经中国人民解放军肿瘤研究中心、中国科学院上海药物研究所等单位对荷瘤动物体内进行抑瘤试验，证实在一定剂量范围内槐耳菌质(以下简称槐耳)浸膏灌胃对小鼠肉瘤S-180的抑瘤率为25%～46%，腹水型S-180生命延长率为 38%。槐耳多糖腹腔给药，抑瘤率37.1%～48%，生命延长率 50%。PS-T 灌胃，抑瘤率 38%，腹腔给药为38%～40.1%。说明槐耳浸膏、多糖及 PS-T 对小鼠肉瘤S-180、腹水型S-180有抑瘤作用，并可显著延长荷瘤动物的生命。

2. 对实验性肝癌槐耳抗癌作用的研究

槐耳能促进小鼠脾细胞 DNA 的合成，提高血清中血红蛋白的含量，说明它对造血细胞有一定的促进作用。有人从病理角度在细胞水平上观察槐耳浸膏的防癌与抑癌作用。联合应用二乙基亚硝胺(DENA)、四氯化碳复制鼠肝癌模型，在不同阶段灌服槐耳浸膏进行干预癌形成，20 周后处死小鼠，进行病理观察。结果发现，鼠肝癌模型早期灌服槐耳浸膏，发现具有显著的防癌作用，癌变率显著性降低(癌变率从62.5%降低至10%)。在癌形成与发展过程中灌服槐耳浸膏也有显著的抑癌效应,可减轻癌症的病理变化。15周疗程癌变率40%,治愈率40%;9周疗程,癌变率、治愈率分别为81.8%、0%。表明在鼠肝癌模型制备中灌服槐耳浸膏具有确切的防癌抑癌作用的辅助治疗药物。

3. 抑制肿瘤血管生成

有人观察了槐耳浸膏对血管内皮生长因子(VEGF)诱导的人脐静脉内皮细胞增殖和分化成血管能力的影响。结果发现,槐耳浸膏在浓度为0.1～10g/L时能明显抑制VEGF诱导的内皮细胞增殖并呈量效关系。它阻止内皮细胞由S期进入G2/M期。在浓度为1g/L时可抑制内皮细胞体外分化成管样结构,浓度为10g/L时完全阻断内皮细胞体外分化成管样结构的能力。说明槐耳浸膏对血管内皮细胞体外构建新生血管具有抑制作用。

4. 抑制肿瘤细胞转移

为探索槐耳浸膏抑制肝癌细胞转移的机制,有人将高转移潜能人肝癌细胞(MHCC97H)分别与槐耳浸膏(1.0mg/ml、3.0mg/ml、5.0mg/ml、10.0mg/ml)DMEM(含10%胎牛血清)作用24小时,测定其肿瘤细胞黏附率、运动抑制率及侵袭抑制率。结果各组细胞黏附率明显下降,而运动抑制率及侵袭抑制率明显上升,与对照组相比差别均有统计学意义。且槐耳浸膏浓度与肿瘤细胞黏附率、运动抑制率及侵袭抑制率均有相关性。槐耳浸膏能明显抑制肝癌细胞的黏附、运动及侵袭能力,提示能阻抑肝癌细胞的转移。他们还将裸鼠平均分成槐耳浸膏治疗组和生理盐水对照组,每组12只裸鼠,雌雄对半。将等量的LCI-D20瘤块接种于裸鼠的肝包膜下。槐耳浸膏组每天按2g/kg剂量灌胃,对照组每天灌生理盐水。灌胃给药体积均为0.2毫升/只。饲养裸鼠4周后处死,取出瘤体,秤取瘤体重量,查看腹腔淋巴结转移情况;取出裸鼠的肝和肺作病理切片以了解转移情况。解剖及病理学检查的结果提示,治疗组中肿瘤的肺转移灶、肝内播散灶及腹腔淋巴结转移数均明显少于对照组,两者差异有显著性,说明槐耳浸膏确能阻抑肝癌细胞的增殖和转移。对于两组肿瘤组织中基质金属蛋白酶活性的测定表明,经槐耳浸膏作用的荷瘤裸鼠,其肿瘤组织中的基质金属蛋白酶活性(MMP-2,MMP-9)明显低于对照组,两者差异有显著性。

5. 诱导肿瘤细胞凋亡

槐耳浸膏能抑制多种肿瘤细胞的增殖、诱导肿瘤细胞的凋亡可能是其发挥这一作用的途径之一。

有人用不同浓度的槐耳浸膏与人胰腺癌细胞Panc-1共同培养。发现槐耳浸膏能抑制Panc-1的生长,细胞周期阻滞主要在G1期。槐耳浸膏浓度为3.0mg/ml、作用时间36小时时达到凋亡高峰,凋亡率为15%～20%。细胞免疫组进一步证实槐耳浸膏能上调凋亡基因胱冬裂酶(Caspase)-3的表达。

另将不同浓度的槐耳浸膏与人直肠癌HR8348细胞共同培养36小时,结果显示细胞凋亡指数随槐耳浸膏浓度的增加而增加。浓度为4.0mg/ml时达到最大。槐耳浸膏组bcl-2、bcl-xl、bak、P53蛋白表达较空白对照组增强,而bax变化不明显。槐耳浸膏bak/bcl-2和bak/bcl-xl比值显著大于空白对照组。

此外,分别观察槐耳浸膏诱导人肺腺癌细胞A549、食管癌细胞、Molt-4细胞的凋亡作用,表明槐耳浸膏对这些肿瘤细胞有诱导凋亡的作用。

有人将MHCC97H肝癌细胞株分别与DMEM、槐耳浸膏(1mg/ml、3mg/ml、5mg/ml、10mg/ml)及5-FU(10mg/ml)作用24小时、48小时、72小时,在流式细胞仪上分别测定其细胞凋亡率。结果:不同浓度槐耳浸膏组在每一时段上诱导肝癌细胞凋亡率明显高于对照组。凋亡率的升高有明显的剂量相关性。槐耳浸膏高浓度10mg/ml组的凋亡率与5-FU组相当。槐耳浸膏诱导肝癌细胞凋亡的作用随时间的延长而增加。说明槐耳浸膏能明显诱导肝癌细胞凋亡,从而抑制肝癌细胞的增殖。

有人探讨了槐耳浸膏对骨髓瘤细胞株PRMI8226细胞增殖和凋亡的影响。取PRMI8226细胞与1.5mg/ml、3mg/ml、5mg/ml的不同浓度槐耳浸膏在体外孵育,分别在24小时、36小时、和48小时时用CCK-8法检测细胞增殖抑制率,并用流式细胞术(FCM)检测早期细胞凋亡情况。结果:槐耳浸膏可抑制PRMI8226细胞增殖。不同浓度的槐耳浸膏对多发性骨髓瘤细胞增殖的抑制效果不同,以5mg/ml抑制增殖效果最好。浓度为5mg/ml的槐耳颗粒诱导多发性骨髓瘤细胞48小时抑制率达到高峰,为84%。FCM检测表明,槐耳浸膏可诱导PRMI8226细胞早期凋亡,用5mg/ml槐耳浸膏处理48小时后,25.9% PRMI 8226细胞凋亡。这两种作用均随槐耳浸膏浓度和作用时间的延长而增强。说明槐耳浸膏可在体外抑制 PRMI 8226细胞增殖，并促进其凋亡。

6. 逆转耐药细胞株和增强化疗敏感性

槐耳浸膏能逆转部分耐药细胞株，同时对化疗也有增敏作用。有人观察了槐耳颗粒在乳腺癌综合治疗中的作用并探讨了其相应机制。结果提示：0.01mg/ml 剂量的槐耳颗粒能显著降低化疗药物 ADM 对人乳腺癌耐药细胞株 MCF-7/A 的 IC_{50}(3.95μg/ml)，与逆转前耐药细胞株 MCF-7/A 的 IC_{50}(17.67μg/ml)相比有显著性差异，其逆转倍数为4.5，耐药倍数为21.7。人乳腺癌敏感细胞株 MCF-7/S 无 MDR-1 mRNA 表达，低毒剂量和非细胞毒性剂量的槐耳颗粒可下调 MCF-7/A 细胞的耐药基因 MDR-1 表达水平。说明槐耳颗粒逆转 MCF-7/A 耐药性的机制是通过下调耐药基因 MDR-1 的表达水平实现的。

有人探讨了槐耳浸膏对耐顺铂的人肺腺癌细胞 A_{549}^{DDP}化疗敏感性的逆转作用及其机制，结果表明槐耳浸膏对 A_{549} 和 A_{549}^{DDP} 的细胞毒性作用相似，并可致凋亡。经槐耳浸膏作用后 A_{549} 及 A_{549}^{DDP} 的顺铂 IC_{50} 均呈下降趋势，并与槐耳浸膏有剂量依赖性。给予 1mg/ml 槐耳浸膏作用 40 小时后再经相应顺铂作用，A_{549} 和 A_{549}^{DDP} 发生细胞凋亡。

应用 MTT 法、流式细胞仪及克隆形成试验，检测槐耳清膏对 H_{1299} 生长的影响及对化疗药物(DDP 和 ADM)敏感性的变化。槐耳清膏能使 H_{1299} 细胞体外生长速度明显减慢，其抑制生长的作用具有剂量依赖性。MTT 实验提示，槐耳清膏使顺铂和多柔比星(阿霉素)的 IC_{50} 值分别减少了 4 倍和 45 倍，槐耳清膏(1.0g/L)联合原本没有明显抑制和杀伤作用的化疗药物(1.25μmol/L 的顺铂或0.25μmol/L 的多柔比星)使 H_{1299} 细胞生长明显受到抑制。流式细胞术显示槐耳清膏使顺铂诱导的细胞凋亡率从12.8%升高到 33%，多柔比星诱导的细胞凋亡率从22.7%升高到 51%。克隆形成实验显示槐耳清膏能明显降低化疗后细胞的克隆形成数，对顺铂和多柔比星的化疗增效倍数分别为1.9和1.6倍。提示槐耳清膏可以抑制人肺腺癌细胞 H_{1299}体外生长并提高其对多柔比星、顺铂等化疗药的敏感性，且这种作用不依赖于 P_{53} 基因。

(二)增强免疫功能

1. 促进巨噬细胞功能

槐耳多糖能激活巨噬细胞、增强巨噬细胞的吞噬功能，使之直接杀伤肿瘤细胞并处理、递呈肿瘤抗原，进而激活 T 细胞产生抗肿瘤效应。巨噬细胞还可释放 TNF-α、IL-1、IFN-α 等细胞因子来调节抗肿瘤效应。经槐耳多糖作用后的小鼠，血清中溶菌酶活性也明显增加。

2. 诱导细胞因子

槐耳多糖能明显诱生 α、γ 干扰素，对 α 干扰素促进 NK 细胞活性有协同作用，后者又可产生 IFN-γ、IL-2 等。IL-2 可刺激 T、B 淋巴细胞增殖活化。活化的巨噬细胞也可产生 IFN-α、IL-1、CSF 等细胞因子。在这些细胞因子的协同作用下增强 T 细胞、巨噬细胞、NK 细胞等对肿瘤细胞的杀伤能力。

3. 促进细胞免疫功能

槐耳多糖对脐血 EaRF(活性花环)及 GVHR(移植物抗宿主反应)有增强作用。另外，在干扰素尤其是 IFN-γ 的协同作用下可使 NK 细胞活性增强，提高 CTL 对肿瘤的杀伤作用。用槐耳多糖给小鼠腹腔注射，10 天后取血测定淋巴细胞转化率。结果均高于生理盐水对照组；而应用二乙基亚硝胺制备大鼠肝癌模型，同时给大鼠灌服槐耳浸膏，20 周后取肝用免疫组化检测 IL-2R 阳性细胞。表明槐耳浸膏能增加肝内 IL-2R 阳性细胞数，从而增强体内细胞免疫功能。

4. 提高体液免疫作用

通过动物实验表明，槐耳多糖可明显提高机体产生抗体的水平。在特异性抗体作用下，可增加吞噬细胞的吞噬作用及发挥 ADCC 作用，进而杀伤、吞噬或溶解肿瘤细胞。

5. 联合用药

有人探讨阿苯达唑脂质体(L-ABZ)及槐耳浸膏对小鼠肝细胞粒棘球蚴病术后感染的抑制作用，了解增强宿主免疫功能对本病术后复发的影响。两药单用均可恢复宿主的机体免疫功能、T 淋巴细胞的增殖反应及抑制棘球蚴生长，且恢复作用相近；联合用药能明显增强小鼠免疫功能，治疗效果明显。槐耳浸膏协同 L-ABZ 增加小鼠免疫功能，抑制囊型肝棘球蚴再感染，进一步证明宿主免疫功能与棘球蚴生长密切相关，增强宿主免疫可抑制棘球蚴生长。棘球蚴的免疫逃逸作用是引起肝棘球蚴术后复发的主要原因，在棘球蚴形成之前进行有效地药物干预，恢复和增加宿主的免疫功能，对于残留原头蚴的生长可起到一定的抑制作用，减少或避免肝棘球蚴术后复发。

有人探讨胰腺癌切除术后吉西他滨(GEM)化疗结合槐耳颗粒综合治疗对病人免疫功能的影响。胰腺癌切除术后病人66例，IgA、IgG、IgM值方面，GEM组治疗前后的变化差异无统计学意义，综合治疗组(GEM化疗＋槐耳治疗)治疗结束后的IgG、IgM值显著高于治疗前；治疗结束后，综合治疗组和空白组IgA、IgG、IgM值高于GEM组。淋巴细胞亚群值方面，GEM组和综合治疗组治疗前的组内变化差异均无统计学意义；治疗结束后，GEM组各淋巴细胞亚群值均低于C组，而NK细胞、CD^{3+} T细胞亚群百分比及CD^{4+}/CD^{8+}比值低于综合治疗组。槐耳颗粒辅助治疗可提高胰腺癌术后GEM化疗病人的体液及细胞免疫功能指标。

对进展期胃癌根治术患者40例，随机分为手术化疗组(5-Fμ)和手术实验组(槐耳颗粒)各20例，进行治疗，分别于术前、术后2周，术后6周、术后10周进行T细胞亚群、NK细胞检测。胃癌患者术前其细胞免疫功能即存在不同程度的障碍，手术化疗组在术后可加重此种损害，术后6周、10周细胞免疫功能仍然未见恢复好转。手术实验组手术后6周、10周细胞免疫功能CD^{3+}、CD^{3+}CD^{4+}、CD^{3+}CD^{4+}/CD^{3+}CD^{8+}，NK与术后2周比有好转及回升。提示槐耳颗粒可提高胃癌患者的细胞免疫功能，具有扶正抗癌作用。

(三)毒理学研究

动物急性毒性试验表明，槐耳浸膏对小鼠的最大给药剂量相当于人临床剂量的126.6倍；大鼠按95倍灌胃，均未能测出LD$_{50}$。长期毒性试验，大鼠按临床剂量的95倍灌胃3个月，家犬小剂量组为临床等效剂量，大剂量组为其24.7倍，连续灌胃6个月。结果：动物生长正常，经血象、生化等检查分析，各组动物都未发生异常，也未发现由药物引起的病理性改变。特殊毒理，如小鼠微核及染色体畸变试验等均为阴性反应。

四、临床应用

(一)槐耳颗粒治疗消化系统肿瘤

用槐耳颗粒(冲剂)治疗，每次用温开水冲服1包，每日3次，Ⅰ、Ⅱ期病人服药3个月为1个疗程，Ⅲ期病人服药1个月为1个疗程。服药前后定期测定肿瘤大小及AFP、肝肾功能、血常规的变化，并密切观察患者的临床症状。275例服槐耳颗粒患者，服药后主要临床症状得到显著改善，73.1％的患者肝区疼痛减轻或消失，65.4％的患者食欲增强，体重增加，80.2％的患者精神好转。肿瘤缩小＞50％者11例(4.0％)，肿瘤大小稳定者170例(61.8％)，肿瘤发展、增大＞25％者94例(34.2％)。本组275例中161例(58.5％)AFP＞400μg/L，治疗后AFP下降者占49.7％(80/161)，其中17例(10.6％)AFP下降＞50％，但无1例AFP转阴；治疗后AFP升高＜25％者36例(22.4％)，升高＜25％者45例(27.9％)。综合治疗前后肿瘤大小及AFP的变化情况，本组病例槐耳颗粒治疗的显效率为4.0％，有效率为65.8％，总有效率69.8％。275例中随访超过半年者202例，超过1年者73例，半年、1年生存率分别为41.6％(84/202)和27.3％(20/73)。服药过程中，少数病例出现恶心等不适反应，无明显肝、肾功能损害及骨髓抑制作用。

有人观察槐耳颗粒配合化疗治疗76例原发性肝癌，槐耳颗粒配合化疗治疗与单纯化疗治疗后症状缓解率相比较，有显著性差异。经影像检查，综合治疗组肿瘤稳定或缩小者19例，单纯化疗组10例。随访结果，综合治疗组半年生存率47.6％(2/42)，1年生存率21.4％(9/42)，2年生存率9.5％(4/42)。单纯化疗组半年生存率32.3％(11/34)，1年生存率11.7％(4/34)，2年生存率5.8％(2/34)。

服用槐耳颗粒后，患者症状改善，其中肝区疼痛缓解率71.4％(15/21)，乏力缓解率76.2％(16/21)，腹胀缓解率61.1％(11/18)，腹水减少、消退率45.4％(5/11)。经影像检查，服药后肿瘤稳定或缩小者21例，其中4例缩小超过50％。18例AFP阳性者，10例下降，5例稳定，有7例AFP下降超过50％。30例中，半年生存率70％(21/30)，1年生存率13.3％(4/30)。在服用槐耳颗粒过程中，有少数病例出现恶心等不适反应，无明显肝、肾功能损害及骨髓抑制等不良反应。

经槐耳颗粒治疗一个疗程后，20例晚期肝癌患者中症状基本消失者3例，显效3例，有效11例，无效3例。

应用槐耳颗粒治疗中晚期原发性肝癌98例，所有病例均服药1个月以上，最长服药时间38个月。治疗期间停用其他抗癌药物。结果显示，肿瘤完全缓解0例，部分缓解2例，无变化24例，病变进展72例。瘤体稳定率为24.49％。Ⅱ期患者中6个月、1年和3年生存率分别为94.74％、73.68％和10.53％。Ⅲ期患者中6个月、1年和3年生存率分别为68.66％、16.67％和1.67％。AFP阳性病例中稳定及下降率为37.97％。槐耳颗粒对患者的疼痛、纳呆、失眠症状均有不同程度的改善。

比较槐耳颗粒联合肝动脉化疗栓塞术及单用

肝动脉化疗栓塞术治疗原发性肝癌的近期疗效，发现两者差异无显著性。联合组在肝功能改善、人体功能状况评分改善、减少粒细胞下降率、改善食欲下降较单纯组好。

将74例有化疗指征的消化道恶性肿瘤患者随机分为两组，分别给予槐耳颗粒联合化疗（羟基喜树碱10mg/m^2、亚叶酸钙100mg、5-Fμ 500mg）和单用化疗。观察患者在治疗后的疗效和生活质量的改变。结果：前者治疗后总有效率为60.5%，生活质量状况Karnofsky评分提高及稳定者占86.6%；后者总有效率为33.3%，生活质量状况Karnofsky评分提高及稳定者占69.5%，两者差异有显著性。

观察槐耳颗粒联用MF（丝裂霉素＋呋喃尿嘧啶），可降低胃癌根治术后MF化疗的骨髓抑制和肝功能损伤等不良反应，促进术后化疗后机体免疫功能的恢复，并显著提高患者的生存率。槐耳颗粒联合化疗治疗大肠癌术后患者，同样具有减轻不良反应、提高生存率的作用，并能促进机体的细胞免疫功能。

槐耳颗粒治疗（用药期间不进行化疗、热疗及其他抗肿瘤中药治疗）的47例老年晚期胃癌患者的癌灶稳定率为78.7%，肿瘤标志物CEA值降低，且能很好地改善患者临床症状，改善生活质量，增强患者的免疫功能。围手术期应用槐耳颗粒能够引起肿瘤细胞凋亡，对食管癌患者术后的免疫功能有一定的调节作用，且无明显骨髓抑制作用。此外，槐耳颗粒在其他消化系统肿瘤如胰腺癌和肠癌的治疗中与化疗药物联合应用能达到提高疗效、减轻化疗毒性、改善造血功能、提高患者免疫功能从而改善患者生活质量的效果。

（二）槐耳颗粒治疗呼吸系统肿瘤

有人发现槐耳颗粒冲剂能保护非小细胞肺癌患者的免疫功能免受化疗的冲击，对患者的远期生存是有益的。用槐耳颗粒配合对症支持治疗的老年晚期非小细胞肺癌患者在食欲、精神、睡眠、疼痛、治疗的态度等近期疗效方面明显优于仅有对症支持治疗的患者。表明槐耳颗粒具有改善生活质量及明显的抑制肿瘤生长的作用。

（三）槐耳颗粒治疗血液系统肿瘤及其他部位肿瘤

有人单用槐耳颗粒治疗30例慢性粒细胞性白血病，总有效率可达80%。

应用槐耳颗粒联合CHOP（环磷酰胺＋表柔比星＋长春新碱＋泼尼松）方案和单用CHOP方案治疗36例复发性非霍奇金淋巴瘤（NHL）。结果显示，联合治疗组化疗后完全缓解率、总缓解率、CD3、CD4水平均高于CHOP组，而Ⅲ度以上的消化道反应和骨髓抑制发生率则低于CHOP组，提示槐耳颗粒能增强复发性、难治性NHL化疗患者的机体免疫功能和提高白细胞作用，取得较好的近期疗效，且不增加机体毒性反应。

此外，槐耳颗粒对骨髓瘤、乳腺癌等肿瘤也有良好的疗效。在化疗开始前5天加服，可对骨髓瘤围手术期化疗具有增效及减毒作用。

将62例Ⅳ期乳腺癌患者分为两组：治疗组29例，连服槐耳颗粒3个月。对照组33例，以CTX＋THP＋5-Fμ化疗，每3周为1个疗程，共4个疗程。结果表明，治疗组不仅在中医证候、生存质量的改善方面优于对照组，在中位生存时间上也优于后者。槐耳浸膏联合化疗治疗乳腺癌不仅可以提高化疗疗效、减轻不良反应（白细胞、血红蛋白下降等），还可提高乳腺癌患者的IgG、IgA、IgM水平，促进机体的免疫功能。

（四）槐耳颗粒治疗慢性乙肝

槐耳浸膏对小鼠血清干扰素诱生作用非常明显，对鸭肝炎病毒DHBV在用药后使鸭血清HBV-DNA水平显著下降。有人用槐耳颗粒治疗慢性乙肝病毒感染者20例。结果发现HBeAg阴转占30%，其中3例HBeAb转为阳性，1例在HBeAg转为HBeAb时HBsAg阴转。提示它对慢性乙肝有较好疗效。

（林志彬）

第五节　展　望

综上所述，槐耳作为中医习用的大型真菌类药材，虽然原药用部位子实体因药源紧张难以推广应用，但目前现代生物工程技术的产物——“槐耳菌质”及其制剂“槐耳颗粒”（尤其是后者）完全可替代子实体用于临床。槐耳菌质和槐耳颗粒具有抑瘤、增强免疫的双重作用，且有协同化疗、减轻化疗患者不良反应，改善全身症状，提高生存质量，使用安全、方便、可靠等，是一类不可多得的抗癌新药。

槐耳颗粒新药在临床上的应用涉及以肿瘤疾

病为主的多个领域，并取得了许多独到的疗效。现有的医药基础研究也为它抑制肿瘤作用提供很多理论依据。随着实验研究的不断深入，特别是细胞生物学及分子生物学技术的介入，槐耳颗粒抑制肿瘤的分子机制必将会被人们揭开，同时在其他领域的临床应用也将得到极大拓展。

参 考 文 献

[1] 邓叔群. 中国的真菌[M]. 北京：科学技术出版社，1963.
[2] 李时珍. 槐耳 本草纲目(菜部)二十八卷[M]. 北京：人民卫生出版社，1982.
[3] 庄毅. 槐耳菌及其入药应用[P]. 中国专利：96116920.6，1996.
[4] 庄毅. 槐耳的鉴定与考证[J]. 中国食用菌，1993，13(6)：22-23.
[5] 李翠翠，郭立忠，徐丽丽，等. 不同生长条件对槐耳菌丝生长的影响[J]. 食用菌学报，2006，1(4)：81-83.
[6] 甄兆玄. 槐耳的培植方法[P]. 中国专利：97112276.8，1997.
[7] 庄毅. 药用真菌的固体发酵[J]. 中国药学杂志，1991，26(2)：80-82.
[8] 庄毅. 真菌抗癌药物槐耳颗粒的研制[J]. 中国肿瘤，1999，8(12)：540-543.
[9] 于瑞莲，许金国. 槐耳液体发酵菌丝球形成影响条件的研究[J]. 现代中医药，2006，26(2)：54-56.
[10] 杨子美，郭成金. 正交设计法筛选槐耳菌丝体液体培养基的研究[J]. 天津师范大学学报，2009，29(3)：66-68.
[11] 郭跃伟，程培元，陈玉俊，等. 槐耳菌丝体多糖的分离和分析[J]. 中国生化药物杂志，1992(1)：56-60.
[12] 庄毅. 抗癌新药槐耳冲剂的研究[J]. 中国药学杂志，1998，33(5)：273-275.
[13] 张蕴玉，陆艳沈，叶帆. 槐耳冲剂主要成分的含量测定[J]. 江苏药学与临床研究，1999，7(2)：39-40.
[14] 国家中医药管理局《中华本草》编委会. 中华本草[M]. 上海：上海科学技术出版社，1999.
[15] CHEN LI，LU ZHENGXIN，LU PENG，et al. Anticancer effect of PS-T on the experimental hepatocellular carcinoma[J]. Chinese-German J Clin Oncol，2004，3(1)：55-59.
[16] 许戈良，荚卫东，马金良，等. 槐耳浸膏体外抑制血管生成的实验研究[J]. 中国药理学通报，2003，19(12)：1410-1412.
[17] 陈大兴，陈孝平，张万广. 槐耳浸膏治疗肝癌的实验研究[J]. 中国普通外科杂志，2004，13(8)：578-582.
[18] 李立新，叶胜龙，王艳红，等. 槐耳浸膏对人肝癌高转移细胞系转移的抑制作用研究[J]. 中国肿瘤，2006，15(4)：265-268.
[19] 李立新，叶胜龙，王艳红，等. 槐耳浸膏干预荷瘤裸鼠肝癌转移的实验研究[J]. 肝脏，2006，11(6)：404-406.
[20] 周进，李德春，匡玉庭. 金克(槐耳浸膏)抑制胰腺癌细胞 Panc-1 生长转移的实验研究[J]. 苏州大学学报，2005，25(2)：226-228.
[21] 程若川，汤礼贵，兰丽琴，等. 槐耳浸膏诱导人直肠癌 HR8348 细胞凋亡的实验研究[J]. 中国普外基础与临床杂志，2003，10(6)：568-571.
[22] 黄涛，孔庆志，卢宏达，等. 槐耳浸膏诱导人肺腺癌细胞 A549 凋亡的实验研究[J]. 中华结核和呼吸杂志，2001，24(8)：487-488.
[23] 李保庆，李勇，王其彰，等. 槐耳颗粒对食管癌细胞凋亡及免疫功能的影响[J]. 中国肿瘤，2003，12(12)：752-753.
[24] 王家顿，谢大兴，陈金明，等. 抗癌药物诱导 Molt-4 细胞凋亡的周期时相性分析[J]. 中国肿瘤，2002，11(9)：533-534.
[25] 李立新，叶胜龙，王艳红，等. 槐耳浸膏诱导肝癌细胞凋亡的实验研究[J]. 中国临床医学，2005，12(6)：1152-1153.
[26] 钱红兰，胡倩，胡旭东，等. 槐耳浸膏对骨髓瘤细胞增殖和凋亡的影响[J]. 中国热带医学，2007，7(6)：889-890.

[27] 张玉宝，张国强，王劲松，等. 槐耳颗粒在乳腺癌综合治疗中的作用[J]. 中国肿瘤临床与康复，2004，11(6)：512-515.
[28] 黄涛，孔庆志，卢宏达，等. 槐耳浸膏对耐顺铂人肺腺癌细胞系 A549DDP 逆转的实验研究[J]. 中国药师，2002，5(9)：517-521.
[29] 何勇，胡义杰，范士志，等. 槐耳浸膏对人肺腺癌细胞 H1299 化疗敏感性的影响[J]. 中国肿瘤，2008，17(12)：1053-1056.
[30] 陈慎宝，丁如宁. 槐耳菌质成分对小鼠免疫功能的影响[J]. 食用菌学报，1995，2(1)：21-25.
[31] 李凯，陶京，李豉，等. 槐耳对胰腺癌切除术后化疗患者免疫功能的影响[J]. 腹部外科，2007，20(2)：123-124.
[32] 段体德，毕品端，杨策尧. 槐耳多糖对胃癌患者术后细胞免疫功能影响的研究[J]. 云南医药，2007，28(2)：92-95.
[33] 吕海龙，彭心宇，张士杰，等. 阿苯达唑脂质体及槐耳浸膏对小鼠肝细粒棘球蚴感染率影响的实验观察[J]. 中国寄生虫学与寄生虫病杂志，2008，26(5)：361-365.
[34] 陆鹏，陈莉，陆正鑫. 实验性肝癌中比较槐耳与 IL-2 对 PTEN 和 IL-2R 阳性细胞的影响[J]. 现代中西医结合杂志，2004，13(15)：1982-1985.
[35] 邱仲川，陈佩，胡琦. 金克对慢性粒细胞性白血病细胞因子的影响[J]. 中国肿瘤，2000，9(12)：577-578.
[36] 庄毅. 真菌抗癌药物槐耳冲剂的研制[J]. 中国肿瘤，1999，8(12)：540-543.
[37] 中国人民解放军第二军医大学东方肝胆外科医院. 槐耳冲剂治疗 275 例原发性肝癌的临床观察[J]. 上海中医药杂志，1995(3)：30-31.
[38] 陈乃杰，金源. 槐耳冲剂配合化疗治疗 76 例原发性肝癌的临床观察[J]. 海峡药学，1995，7(2)：43-44.
[39] 周启康. 槐耳冲剂治疗原发性肝癌 30 例临床报告[J]. 上海中医药杂志，1995(2)：25.
[40] 陈丽月，潘兆雄. 槐耳冲剂治疗晚期肝癌的初步临床观察[J]. 学会月刊，2001(9)：43-44.
[41] 蒋梅，周岱翰. 槐耳冲剂治疗中晚期原发性肝癌 98 例[J]. 上海中医药杂志，2004，38(6)：21-22.
[42] 郭添胜，黄福喜，曹小龙. 槐耳颗粒联合介入治疗原发性肝癌的疗效观察[J]. 实用医学杂志，2005，21(16)：1846-1847.
[43] 邓艾平，毛德莉. 槐耳颗粒治疗消化系统恶性肿瘤 74 例临床观察[J]. 中国医药学杂志，2005，25(5)：453-454.
[44] 姚建高，韩少良，朱冠宝，等. Ⅲ期胃癌术后联合化疗与金克的疗效[J]. 中国肿瘤，2003，12(10)：606-608.
[45] 袁明，黄桂林，李志刚，等. 槐耳颗粒配合化疗对大肠癌患者术后免疫功能的影响[J]. 中国肿瘤，2005，14(7)：487-488.
[46] 唐求，詹喜炎，柳己海，等. 槐耳颗粒治疗老年晚期胃癌 47 例疗效观察[J]. 中国肿瘤，2006，15(2)：137-138.
[47] 姚亚民，马智勇，赵艳秋. 金克冲剂合并化疗治疗非小细胞肺癌 41 例[J]. 中国肿瘤，2001，10(3)：184-185.
[48] 刘兰芳，李青山，高东奇，等. 槐耳颗粒对老年晚期非小细胞肺癌生活质量的影响[J]. 肿瘤学杂志，2006，12(1)：70-71.
[49] 赵文生. 金克联合化疗对复发性非何杰金淋巴瘤的疗效[J]. 中国肿瘤，1999，8(5)：237-238.
[50] 修忠标，朱夏. 金克对骨肉瘤的化疗增效及减毒作用的临床观察[J]. 福建中医学院学报，2004，14(1)：30-31.
[51] 钟少文，江慧玲，刘鑫，等. 金克槐耳颗粒治疗 IV 期乳腺癌[J]. 中国肿瘤，2003，12(12)：754-755.
[52] 付美兰，郭丽英，玛依怒尔，等. 槐耳颗粒对 43 例晚期乳腺癌化疗患者造血及免疫功能的影响[J]. 肿瘤学杂志，2005，11(4)：318.
[53] 杜兰宁，杜建丽，任莲芳. 槐耳颗粒对 56 例放疗患者造血及免疫功能的影响[J]. 肿瘤学杂志，2003，9(5)：305.

（潘　扬）

第七十七章　红栓菌

DIQISHIQIZHANG HONGSHUANJUN

摘要： 红栓菌是一种具有多种药用价值的真菌，可用于痢疾、咽喉炎、疮疖、伤口出血、肿瘤等多种疾病的治疗，已引起国内外的广泛关注。本章重点介绍红栓菌的生物学特性、菌种制备、栽培技术、多糖提取、药理作用、临床应用及其开发前景。

Pycnoporus sanguineus

Abstract: *Pycnoporus sanguineus*(L.)Murrill, Bull is a fungus with various medicinal properties, and has attracted attention due to its use in the treatment of dysentery, pharyngitis, boils, wound bleeding, cancer and other diseases. This chapter consists of nine sections that describe in detail various aspects of *P. cinnabarinus* including biological features, spawn production, cultivation techniques, polysaccharide extraction, pharmacological functions, clinical applications and prospects for future development.

红栓菌是分布较广的一类药用真菌，色泽鲜红，具有多种药用价值。民间多用于治疗痢疾、咽喉肿痛、跌打损伤、痈疽疮疖、痒疹、伤口出血、多种肿瘤等。明末清初吴林所著《吴蕈谱》载："橘皮蕈，红如橘皮，味亦带辣。"即指红栓菌。目前，国内外学者对其形态特点、分类地位、培养方式、有效成分的提取分离、分析、药理药效等方面进行了一系列的研究。为其开发利用提供了理论根据。

第一节　红栓菌的生物学特性

一、形态特征

红栓菌子实体小至中等，单生、群生或叠生。木栓质，无柄或近无柄，菌盖直径 30～100mm，厚 2～6mm。扁平半圆形至肾形，基部狭小，木栓质，无柄，表面平滑或有细微绒毛，稍有皱纹。初期血红色，后期退色。菌管与菌肉同色，一层，长 1～2mm，管口红色细小，圆形或多角形，每 1mm 间 2～4 个。孢子短，圆柱形，光滑，无色，5～7μm×2～3μm。

二、生态分布

(一)基质

红栓菌为木腐菌，多生于栎、槭、杨、柳、枫香、桂花等阔叶树枯立木、倒木、伐木桩或多年存放的伐枝上，使其腐朽。有时也生于松、云杉、冷杉木上。作为生态系统中的分解者，分解上述木材组织，吸收其营养作为自身生长发育的成分，实现自然界中的物质循环。

(二)地理分布

红栓菌分布广泛，目前国内发现有野生红栓菌的省区有山东、吉林、河北、河南、陕西、江西、福建、台湾、贵州、四川、云南、湖南、湖北、广东、广西、海南、安徽、新疆、西藏等。

三、影响红栓菌生长和繁殖的条件

1. 营养

红栓菌是木腐菌，以纤维素、半纤维素、木质素、果胶质、淀粉等作为生长发育的碳源，经菌丝体产生相应的酶分解为单糖后才能吸收利用。红栓菌以多种有机氮和无机氮作为氮源，小分子的氨基酸、尿素、铵等可以直接吸收，大分子的蛋白质、蛋白胨需降解后吸收。红栓菌菌丝生长还需要多种矿质元素，以磷、钾、镁最为重要。红栓菌也需要生长素，包括多种维生素、核酸和激素，这些多数能自我满足。

红栓菌营养生长和生殖生长阶段需要合适的

碳氮比，菌丝体生长阶段，碳氮比为 10∶1～30∶1 均可正常生长。子实体形成阶段，合适的碳氮比为 20∶1。

2. 温度

红栓菌的菌丝体在 5～36℃的范围内均可生长，最适温度为 27℃左右。生长于基质内的菌丝体在野外可忍受－30℃左右的严寒不致死亡。超过 45℃后短期内即可死亡。

子实体分化及生长的温度范围为 20～30℃，最适温度为 27℃。

3. 水分

红栓菌所需的水分包括两方面：一是菌丝生长时培养基内的含水量；二是子实体发生及生长时的空气相对湿度。适宜量因代料栽培与段木栽培方式的不同而有所区别。

代料栽培：菌丝体生长阶段培养料含水量以 60%～65%为宜，空气相对湿度为 55%～65%；子实体生长阶段培养料含水量为 45%～60%，空气相对湿度 85%～95%。

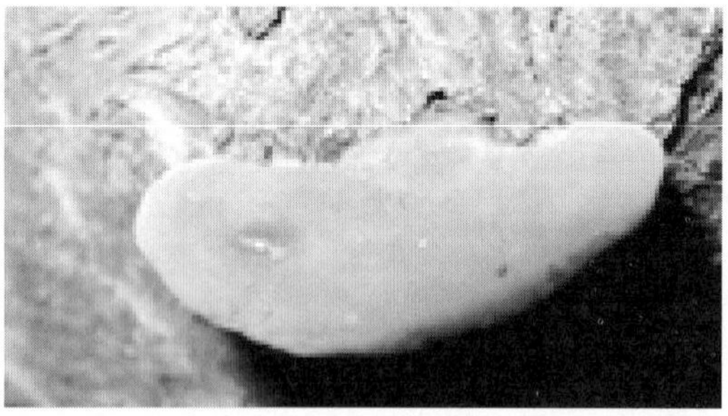

图 77－1　野生红栓菌子实体

段木栽培：菌丝体培养阶段段木含水量为 40%～50%，空气相对湿度为 60%～70%；子实体发生和生长阶段段木中含水量为 45%～50%，空气相对湿度 85%～95%。

4. 氧与二氧化碳

红栓菌是好气性真菌。在生长环境中，必须有充足的氧气，才能保证生长代谢所需的能量。如果培育环境通气不良、二氧化碳浓度过高、氧气不足，子实体易产生畸形，也易于杂菌的滋生。新鲜的空气是保证红栓菌正常生长发育的必要条件。

5. 酸碱度

红栓菌是适于偏酸性条件生长的药用菌。代料培养时，培养料的 pH 在 3～7 都能生长，以 5 最适宜，超过 7.5 生长极慢或停止生长。子实体发生、发育的最适 pH 为3.5～4.5。在生产中可将栽培料的 pH 调到 6.5 左右。高温灭菌会使培养料的 pH 下降0.3～0.5，菌丝生长中所产生的有机酸也会使栽培料的酸碱度下降。

6. 光照

菌丝体的生长阶段不需要光线，在完全黑暗的条件下菌丝生长良好，强光能抑制菌丝生长。子实体生长阶段要有散射光，光线太弱，形成的子实体原基少，朵形小，颜色浅，质量差。但也不宜阳光直射，直射光对红栓菌子实体的形成和生长有害。一般1 000 lx的散射光对子实体的形成和发育最为合适。

第二节　红栓菌的分类地位

红栓菌又名：血红密孔菌、红栓菌小孔变种、朱血菌等。

学名：*Pycnoporus sanguineus* (L.) Murrill, *Bull. Torrey bot. Club* 31(8)：421(1904)。

属名"Pycnoporus"一词来自希腊语，其词干"pycno-"意思是"浓密的、强壮的"，词尾"-poros"意思是"孔"，直译为"密孔菌属"。种名加词"sanguineus"意思是"血红色的"，描述子实体的颜色。中文称"血红密孔菌"。中文早期文献引用的分类系统是栓菌属 *Trametes*，所以称红栓菌。

同物异名：*Boletus ruber* Lam., *Encycl. Méth. Bot.* (Paris) 1：50(1783)；*Boletus sanguineus* L., *Sp. pl.*, Edn 2 2：1646(1763)；*Coriolus sanguineus* (L.) G. Cunn., *Bull. N. Z. Dept. Sci. Industr. Res.*, *Pl. Dis. Div.* 81：17(1949)；*Fabisporus sanguineus*(L.) Zmitr., *Mycena* 1(1)：93(2001)；*Microporus sanguineus* (L.) Pat., *Essai Tax. Hyménomyc.* (Lons-le-Saunier)：83 (1900)；*Polyporus sanguineus*(L.) Fr., *Syst. mycol.* (Lundae) 1：371(1821)；*Polystictus sanguineus*(L.) G. Mey., *Nova Acta R. Soc. Scient. upsal.*, Ser. 1 1：75 (1818)；*Trametes cinnabarina* var. *sanguinea*(L.) Pilát, *Atlas des Champignons de l'Europe*, Ser. B 3：319(1936)；*Trametes sanguinea*(L.) Lloyd, *Mycol. Writ.* 7：1291(1924)；*Trametes sanguinea*(L.) Lloyd, (1924) var. sanguinea。

分类地位：菌物界(Fungi)，担子菌门(Basidiomycota)，伞菌纲(Agaricomycetes)，(多孔菌目)Polyporales，多孔菌科(Polyporaceae)。

红栓菌 *Pycnoporus cinnabarinus*(Jacp.：Fr.)Karst(图 77—1)子实体侧生无柄，木栓质，单生至覆瓦状叠生，偶有半平伏而反卷。菌盖半圆形至扇形，4～10cm×4～15cm，厚0.5～0.2cm，干后变硬，盖面朱红色，有细软之短绒毛至无毛，粗糙，无环纹，后期稍平滑，橙红色、污红渐退至淡红色或淡红褐色；盖缘薄或稍钝，全缘。菌肉淡红色至橙红色，木栓质，厚 1～1.5mm。菌管与菌肉同色，菌管长4～9mm；管口面朱红色、橙红色或暗红色，后期呈黑色，管口圆形至多角形，每 1mm 间2～4 个。孢子圆筒形，无色至淡黄色，平滑，5～7μm×2～4μm。

第三节 红栓菌的菌种制作

红栓菌菌种的生产

制作过程

1. 母种的制作

配方：马铃薯 200g，柞木屑 20g，葡萄糖 20g，琼脂 20g，硫酸镁 1g，磷酸二氢钾 1g，水1 000ml。

把上述配方中的马铃薯切片后与柞木屑一起加水1 000ml，煮沸 10 分钟取滤汁，将滤汁补足1 000ml后，加入其他成分，融化后分装试管，灭菌备用。

接种培养：在无菌条件下，采用组织分离或转管的方式获得母种。在 27℃条件下，7 天左右培养基表面可布满菌丝(图 77—2)。

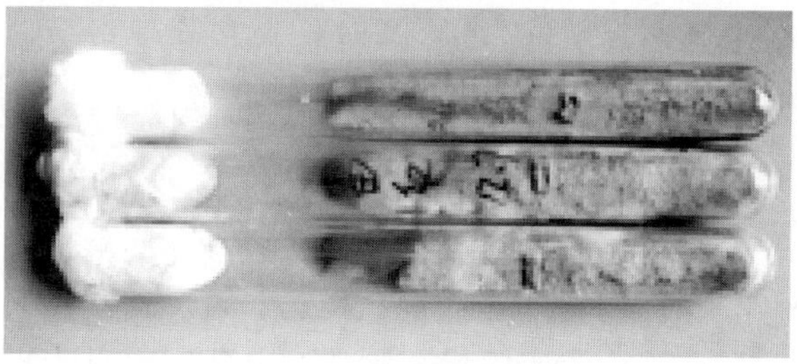

图 77—2 红栓菌母种

2. 原种的制作

培养基配方：

①柞木屑 80%，麦麸 18%，石膏和糖各 1%，料水比 1∶1.1。

②柞木屑 40%，棉子壳 40%，麦麸 18%，石膏和糖各 1%，料水比 1∶1.1。

选 750ml 菌种瓶，按上述培养基配方加水拌匀，装瓶、灭菌、接种。在 27℃温度下培养，25 天左右菌丝可布满菌种瓶。待菌丝体分泌红色色素，使菌种逐渐变红时可用于扩接栽培。

第四节 红栓菌的栽培技术

自然界中野生红栓菌资源稀少，为红栓菌的开发带来较大困难。解决这一矛盾的关键是进行人工培育。目前进行人工培育的方式有段木栽培、代料栽培、液体发酵和双态发酵培养等几种。

一、红栓菌的段木栽培

野生红栓菌子实体均腐生于段木上，进行段木栽培，是人工干预下的仿野生生长的一种方式，栽培容易取得成功。

(一)树种选择

大多数红栓菌的生长树种为阔叶树，且树种广泛，也有极少发生于针叶树上。在选择段木树种时，尽量选择阔叶树。为保护森林，可利用秋、冬季整理修剪树木时剪下的枝丫进行截段栽培。

(二)截段装袋

段木栽培的枝丫选择直径在 5～15cm 为宜，截成 25cm 的木段，细木段要用绳子扎成把，总直径不要超过 16cm。段木的截面和侧壁要光滑，以防扎破塑料袋。

鲜枝丫可直接截段，干枝丫截段后要在水中浸泡 24 小时后方可装袋。

截段处理后可装袋，塑料袋以 20cm×45cm 为宜。将段木块装入塑料袋后，在断木块的周围及两端填满含水量 65%左右的木屑、麦麸混合填充料。塑料袋扎口后进行灭菌。

(三)灭菌接种

灭菌方式有高压灭菌和常压灭菌两种。高压灭菌在 0.15MPa 的压力下灭菌 1.5 小时，常压灭菌，待温度升至 100℃保持 16 小时以上。常压灭菌达到时间后，焖一段时间，待料温降至 60℃以下时出灶。

栽培袋出灶后，待料温降至 30℃以下时，在接种室或接种箱内，按无菌操作技术，在栽培袋的一端或两端接入红栓菌原种。一瓶原种可扩接 60 个菌袋。

(四)发菌培养

接种后的菌袋放入发菌室。调节室内温度至 27℃左右，空气相对湿度 65%，在无光或弱光下发菌，每天通风 1～2 次。及时检查并处理污染菌袋。50～60 天后菌丝长满菌袋。

(五)出菇管理

待菌袋表面的菌丝转为浅红色，并有褐色水珠出现时，表明菌丝体已发育成熟，可将菌袋转入出菇棚，进行子实体培育管理。出菇棚内事先做好摆放菌袋的畦，畦深 20cm、宽 50cm、长 2 000～3 000cm。将菌袋脱去表面的塑料膜，纵、横向各间隔 10cm 直立摆放菌棒。在菌棒周围用土压实，菌棒在畦内埋入土中 10cm，空气中暴露 15cm。浇透水后增加空气湿度至 90%，温度降至 25℃，光线调至1 000 lx，逐渐加大通风换气量。一周左右，在菌棒表面出现红色原基，以后原基逐渐增大，生长成片状子实体。

继续上述管理措施，可收获红栓菌子实体 4 潮以上。段木栽培的红栓菌子实体产量低，但朵形整齐，质量好。

(六)采收干燥

片状子实体生长 2～3 周后，下面出现菌孔并开始弹射孢子时，表明子实体已发育成熟，即可采收。采收时可用锋利小刀从子实体基部割下。

采收后的子实体要及时放在阳光下晒干，或在 65℃下的烘箱内烘干。干燥后的子实体放入塑料袋内扎紧袋口，避光保存。

二、红栓菌的代料袋栽技术

红栓菌的代料栽培是以木屑、棉子皮、麦麸等为培养基质而接种培养的方式。由于在培养基中添加了麦麸、石膏等物质，培养基的营养更加均衡、全面，更利于菌丝体对营养物质的吸收积累，子实体产量也比段木栽培高。

(一)栽培季节

红栓菌属中高温型菌类，在以培养子实体为目的时，要设计好合适的栽培季节，使出菇时的气温正好是子实体形成和生长的适宜温度，以获得较高的栽培产量和生产效益。

(二)培养料配制

代料栽培以下面的配方为好：阔叶木屑 78%，麦麸 15%，豆粉 5%，石膏 1%，糖 1%，料水比 1∶1.1。

(三)拌料装袋

将木屑、麦麸、豆粉、石膏混合，将糖溶于水中，喷洒于培养料上，将其拌匀。焖半个小时，待水分全部渗入培养料后装袋。

用宽 17cm、长 30cm、厚0.05cm 的聚丙烯袋，装料 15cm 左右，袋口套直径 3cm、高 3cm 的双套环。或用长 35cm、宽 17cm、厚0.05cm 的聚丙烯筒袋，装料 15～18cm，两端扎口。

(四)灭菌

采用常压灭菌，要保持 100℃ 16 小时以上，高压灭菌 0.15MPa/cm 1.5 小时。

常压灭菌灶的规格及灭菌方式：灭菌灶直径 1.8m，高 1.6m 或长宽高各 1.6m，有 6 层承料板的砖沙水泥灶。每次蒸料1 300～1 500袋。采用一端接种的菌袋，在灶内要单层直立摆放。两端接种的菌袋，可横卧排放，每层承料板上摆放的菌袋不要超过 3 层。灭菌时在 2～4 小时灶内料温达到 100℃。并要连续保持 16 小时以上。停火焖一夜后，第二天趁热出锅。

拌料、装袋、灭菌一定要当天完成，要随拌随装，以防培养料变酸，影响接种后菌丝的生长。

(五)接种发菌

灭菌袋移入冷却室后，当料温降至 30℃以下时接种。接种方式有接种箱接种和接种室接种两种方式。

1. 接种箱接种

此方式适于两端接种的菌袋。方法是：在长 1.2m、宽0.65m、高0.7m的接种箱内，放入菌袋、原种及接种耙、乙醇棉球等接种消毒用品。在接种箱放一空罐头瓶，采用气雾消毒剂点燃气化后，盖紧箱门，30 分钟后，开始接种。每瓶原种可接 60 个栽培袋。

2. 接种室接种

此方式适于一端接种的菌袋。一间 $12m^2$ 的接种室，一次摆放1 300～1 500个菌袋。接种室消毒前，将接种所需的各种物品放入接种室内一起进行消毒。消毒方法一般采用气雾消毒剂气化熏蒸和紫外线消毒相结合的方式。消毒 2 小时后开始接种，每瓶原种接 50 袋左右。3 人配合，1 300～1 500个菌袋，2 个小时左右即可接完，然后将菌袋移入发菌室。

菌袋放入发菌室前，对发菌室进行严格消毒。一端接种的菌袋，在菌架上单层直立摆放。采用两端接种的菌袋可横卧多层摆放，但堆积高度不得超过 3 层。

发菌室保持黑暗，控制温度 27℃左右，空气相对湿度 65%以下，每天通风 1～2 次。及时检查并处理污染菌袋。20 天后增加散射光，加强通风，调节温度至 25℃左右，30～40 天后菌丝长满菌袋(图 77－3)。

图 77－3　布满红菌菌丝的培养基

(六)出菇管理

将菌丝发育成熟的菌袋移入出菇室，剪去菌袋两端的薄膜，按高 60cm、间距 80cm 的间距码好菌袋。保持温度 20～22℃、空气湿度 90%、光照 200～500 lx，常通风，保持良好空气。约 1 周袋口出现红色原基，20～25 天后，子实体发育成熟(图 77－4～图 77－5)。

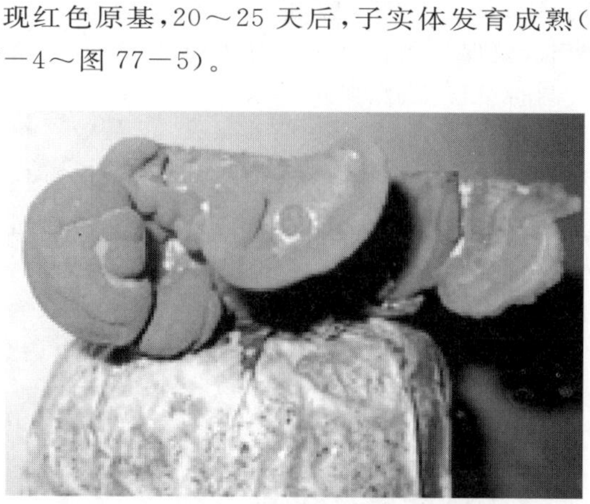

图 77－4　代料培育的红栓菌子实体

图 77－5　生长中的红栓菌子实体

(七)采收干燥

待红栓菌子实体完全平展即可采收。采收后的子实体要及时干燥，晒干或烘干的方法均可。干燥后的子实体要及时装袋储存。

三、红栓菌的液体发酵培养

液体发酵培养具有占地面积小、培养时间短、容易质量控制，大大降低工作量和劳动强度，适于工厂化、规模化生产等优点。

1. 制备液体菌种

菌种配方：葡萄糖 20g，酵母膏 6g，蛋白胨 5g，磷酸二氢钾 2g，硫酸镁0.5g，蒸馏水1 000ml。

将秤量好的蒸馏水及培养基其他组分加入不锈钢锅中，边加热边用玻璃棒搅拌，使其全部融化混合均匀后，分装于 500ml 三角烧瓶中，每瓶 100ml。用棉塞封口灭菌。培养基冷却后，在无菌条件下接种。接种后三角烧瓶置于摇床中。调节温度为 27℃，转速为 150 转/分钟，培养 72 小时左右。待红栓菌菌丝球布满培养基、长至小米粒大小时，即可作为菌种，扩接至发酵罐(图 77－6)。

图 77－6　红栓菌液体菌种

2. 发酵罐培养

①液体培养基配制：按上述菌种培养基配方制备液体发酵培养基，培养基装入量为发酵罐容积的70%即可。

②灭菌接种：培养基在0.15MPa/cm² 压力下灭菌0.5小时，冷却后无菌接入液体菌种。接种量为发酵罐发酵液的10%。

3. 菌丝体培养

菌种接入发酵罐后，调节发酵罐内温度、压力、通气量等外界因素，以满足红栓菌菌丝生长发育所需的条件。

①温度：红栓菌菌丝体的生长所需温度为中等偏高，实验证明27℃的温度最适于其生长。

发酵培育的温度控制在27℃左右。

②罐压：在液体发酵培养时，如果罐内外压力相同，外界杂菌会进入罐内造成培养基污染；罐压太大，影响菌丝生长发育。培养过程中罐压控制在0.02MPa/cm² 为宜。

③泡沫控制：在液体发酵培养中期，菌体进入旺盛生长期，呼吸代谢旺盛，会出现泡沫。为防止CO_2中毒和杂菌感染，要进行消泡。方法是在灭菌前向培养液内加少量消泡剂。也可采用葵花油或食用油，以降低表面张力，减少泡沫形成。

④通气量：在其他因素确定的情况下，通气量与溶氧系数成正比，不同的生长时期对溶氧要求不同。液体发酵培养过程中，通气量一般控制在1∶0.5～1∶1为好，即1分钟通入发酵罐的空气量是培养液体积的50%～100%。在液体发酵培养时，不断向发酵罐内鼓气，可使液体培养基中各种营养成分混合均匀而不致沉淀，同时促进气体与液体接触和交换，以满足菌丝生长发育过程中对氧气的需要。

⑤发酵周期：发酵周期一般为72～90小时。超过90小时，菌丝生长缓慢或停止生长发育，并出现菌丝自溶现象。

⑥质量监控：为确保发酵质量，掌握菌丝发酵培养情况，必须在发酵过程中进行质量监控。简易做法是，每隔12小时，打开出料口，把200 ml菌液放入烧杯内，轻轻旋转样品，静置5分钟。如果菌丝体悬浮力好，表明生活力强；若极易沉淀，说明菌丝老化、活力降低。同时通过看颜色、嗅气味、测pH值等方法判断发酵质量。然后将菌液制片，在显微镜下检查菌丝纯度。若无杂菌，可继续培养。当菌丝球密集布满培养液时，停止发酵，进行培养产物的收获。

四、红栓菌双态发酵培养

苏延友、吴敏等采用双态发酵技术，培养红栓菌菌质体提取多糖取得了很好的效果。

双态发酵是通过液体发酵制备液态菌种，再接种在固体培养基上进行菌丝体培育，最后直接从菌质体（发酵完毕后含有大量菌丝体的固体产物）中提取有效成分的方式。该发酵方式生产设备及操作工艺简易，生产周期较短（约40天）；不产生孢子，有效成分不流失；投资少、收益高，适于机械化、工厂化生产。污染率低，污染产品易于剔除，产品质量容易控制，有很高的推广应用价值。

该培养方式的最大优点是，按照培养目的，可在固体培养基中添加味性相似的中草药，通过红栓菌酶系统的生物转化，增加有效成分的含量，或有新物质转化形成，提高培养产物的功能。

1. 液态菌种制备

按上述液体发酵的方法，生产液体菌种。若培养量少，可制备摇床种子。培养量较大时，制备发酵罐种子，一个容积为100L的发酵罐生产的液态菌种，可接种7 000袋。

2. 固态培养基配制

阔叶木屑或玉米芯屑70%，麦麸17%，玉米粉12%，蔗糖1%，料水比1∶1.2。上述原料拌匀焖半个小时，水分渗入培养基后装袋。

菌袋采用宽17cm、长30cm、厚0.05cm的聚丙烯袋，装料15cm左右。中间打一直径2cm左右的洞后，袋口套双套环，以利接种便捷和发菌时菌袋内外的气体交换。

3. 灭菌接种

将装好培养基的菌袋放入高压灭菌器内，在0.15MPa/cm²、127℃温度下灭菌1.5小时。常温灭菌时，要保持料温100℃下维持16小时。菌袋在灭菌时单层排放，避免挤压。

菌袋从灭菌锅内取出后，移入接种室。料温冷却至30℃以下时方能接种。规模化生产时，接种室要建在液体菌种室的隔壁，液体菌种通过无菌橡皮管导入栽培袋接种室。接种时，将发酵罐、菌种管与接种枪连接，发酵罐压力保持在0.01～0.02MPa。通过接种枪将液体菌种接入栽培袋。每袋接种液体菌种8～10ml，人工接种每分钟40袋，平均每小时接种2 000袋以上。

4. 固体菌质体培养

接种后菌袋移入发菌室进行菌丝体培养。发

菌室要保持无光或弱光，室温控制在26～28℃，空气相对湿度保持在55%～65%。及时通风换气，保持光线阴暗。定期开启消毒设备，进行空气消毒。

接种3天后检查菌袋，对有杂菌污染的菌袋要及时挑出处理。在上述条件下，15～18天可发菌完毕。试验发现，再经10天左右的菌丝巩固期，待培养基表面转色变红，即将现蕾时，停止培养，此时进行多糖提取，收率最高。

五、红栓菌对有益微量元素的富集培育

微量元素是人体中酶、激素、维生素等活性物质的重要组成成分，对人体的正常代谢和健康起着重要作用。现代医学证明，人体所含微量元素的多少与癌症、心血管疾病及人类的寿命有着密切的关系，被誉为是量微功奇的元素。

实验证明，由于红栓菌菌丝体生命力强、生长快速，对微量元素有很好的富集能力。下面简述红栓菌菌丝体对铬、硒的富集培养技术。

(一)富铬培育

铬(Cr)是人体必需微量元素之一，是一种多价元素，自然界中主要有三价铬和五价铬。三价铬广泛存在于动植物体体内，有重要的生理功能。三价铬参与机体糖类、脂肪的代谢。机体缺铬将引起糖、脂肪的代谢异常。实验证明，缺铬动物出现高血糖症，同时血清胆固醇升高，大动脉出现硬化斑块、角膜出现混浊。此类动物通过饲料中添加铬后可使血糖和胆固醇恢复正常。在临床研究中，用含铬丰富的酵母和含铬很低的酵母分别治疗轻度糖尿病患者。结果为前者改善糖的耐受量，提高了胰岛素的敏感性和胆固醇水平，而后者则不能。Schroeder等提出冠状动脉硬化患者的血清铬低于正常人，在大动脉内的铬也低。这一学说认为糖尿病和动脉硬化与低铬有关。但是，现在由于食品的过度精细加工以及人们不注意膳食营养的平衡等因素，造成了部分人群铬的摄入量不足，导致某些与铬代谢有关的疾病发生。三价铬有无机铬和有机铬之分。人体对无机铬吸收利用率很低，只有1%左右，而对有机铬的吸收可达10%～25%。怎样将无机铬转变成易被人体吸收利用的有机铬呢？研究发现，红栓菌具有很强的将无机铬转变成有机铬的能力，富集能力达数百甚至数千倍。富铬菌丝体可制备成胶囊、片剂或添加于食品中，按人体每天的需要量服用。

1. 铬源及其培养液基本配方

自然界中的铬主要以Cr^{3+}和Cr^{6+}的形式存在，其中Cr^{6+}对人体有害，而Cr^{3+}是人体必需的微量元素。为此，应选择吡啶甲酸铬、$CrCI_3$和$Cr\text{-}NO_3$ 3种三价铬源进行试验。实验证明，以$CrCI_3$为铬源，200 μg/ml的铬浓度时，菌丝体内铬的富集量和生物量最高。

红栓菌富铬培育的液体培养基的基本配方以下述组合最好：马铃薯200g，葡萄糖20g，KH_2PO_4 2g，$MgSO_4$ 5g、酵母膏2g，蛋白胨3g，$CrCl_3$ 200mg，水1 000ml。该配方取材方便，富集效果最好。

2. 培养条件的控制

培养方式有摇床培养和发酵罐培养两种，培养量少时采用前者。

①摇床培养：调节温度至27℃，摇床转速150转/分钟。避光培养80小时后，菌丝球成小米粒状，布满培养液，即可停止培养、收获菌丝体。

②发酵罐培养：控制培养温度27℃，通气量1∶5～1，罐压0.01～0.02MPa，培养80～90小时后即可收获富铬菌丝体。

3. 富铬菌粉的制备

培养完毕的红栓菌菌丝体，可通过离心或过滤的方法与培养液分离。分离后的菌丝体表面因附着较多的铬离子，用蒸馏水冲洗3遍后，进行干燥，然后粉碎成富铬菌粉。

富铬菌粉可制备成胶囊、片剂或其他剂型按人体需要量服用。

(二)富硒培育

硒是人体必需生命元素之一。研究证明，硒具有强抗氧化性，清除体内自由基，参与损伤心肌的修复，维持白血球及泪液内溶菌酶的活性，刺激抗体产生，增强人体免疫力，明显防止肿瘤的扩展的作用。硒作为多种重金属元素的天然解毒剂，可拮抗环境中的多种有害物质的毒性。据研究分析，我国大部分地区的土壤缺硒，有些地区的大骨节病就是严重缺硒造成的。

补硒是预防和治疗某些疾病必不可少。以红栓菌菌丝体为富硒载体，将无机硒转化为有机硒，制备成富硒产品，是人体补硒的有效手段。

1. 培养液基本配方

红栓菌富硒培育的培养基基本配方：葡萄糖2.5%，磷酸二氢钾0.15%，硫酸镁0.04%，酵母

粉0.6%。

2. 硒源及其浓度

经比较，硒源以亚硒酸钠为好。在基本培养基中添加硒时，硒离子浓度在30μg/ml时，菌丝生长快速，生物量大，硒的富集量是对照组的1 500倍。

3. 培养条件的控制

培养基灭菌、冷却、接种后，培养温度控制在27℃，罐压0.01～0.02 MPa，通气量1∶0.5～1∶1.0。培养80小时即可收获。

4. 富硒产品的制备提取

①富硒菌粉的制备：发酵产物经离心或过滤后得菌丝体，菌丝体用蒸馏水清洗3次。在烘箱内调节温度至60℃以下烘干，或进行冷冻干燥，收集干燥产品。

②硒蛋白的提取：干燥菌粉用Sevage除蛋白法收集其粗蛋白部分，加热使其氯仿成分挥发得粗蛋白。

在培养基中硒浓度为30μg/ml的条件下，所得蛋白质中硒的含量为1230μg/ml。此法由于有很高的富硒率，可进行规模化生产，制备硒蛋白产品。

③硒多糖的提取：分离、洗涤后的菌丝体，加入10倍的蒸馏水超声波破碎(60℃、100hz、20分钟)，离心，5 000转/分钟，20分钟。其上清液浓缩至原体积的1/4，添加1∶1.5的乙醇(95%)。搅拌均匀，静置12小时后。将沉淀离心。在60℃烘箱内干燥24小时。菌丝体产量最高的硒浓度为30μg/ml，富硒率最高的硒浓度为5μg/ml，富硒率为22.868%。

第五节　红栓菌的多糖提取

红栓菌有多种药效作用。研究证明，红栓菌与大多数真菌一样，主要的有效成分是多糖。根据培养红栓菌产物的不同，采用不同方法提取。

一、红栓菌子实体多糖的提取

红栓菌的子实体为木栓质。实验证明，采用热水浸提的方法，多糖的得率较高。提取工艺如下：

1. 粉碎

将红栓菌子实体烘至含水量5%以下，粉碎，过30目筛。

2. 浸泡

取粉碎后的红栓菌粉，在浸提罐中按1∶20的料液比，浸泡于蒸馏水中，浸泡时间为6～8小时。

3. 提取

浸提罐温度设置为95℃，浸提时间2小时，用过滤或离心的方式进行固液分离。分离出的残渣如上再浸提一次。将两次浸提液合并。

4. 上清液浓缩

上清液移入浓缩罐，开启真空泵，设置真空度0.09MPa，上清液温度60℃，浓缩至原体积的1/4。

5. 醇沉

将浓缩液放入醇沉罐内，取95%乙醇，按乙醇∶浓缩液为3∶1的比例，不断搅动浓缩液，缓缓加入乙醇，由于多糖不溶于乙醇而沉于罐底。

6. 多糖干燥收集

静置一昼夜后，轻轻倒去醇沉罐内上部液体，下部沉淀物经离心后收集，在60℃下烘干(图77—7)。

采用此法提取红栓菌子实体粗多糖，得率1.5%左右。

图77—7　红栓菌多糖

二、红栓菌液体发酵产物多糖的提取

红栓菌液体发酵产生的多糖一部分存在于细胞内，称为胞内多糖；一部分分泌到细胞外，称为胞外多糖。这两部分多糖尽管在结构组成及生物活性上有一定差别，但都是要提取的目的产物。

在提取时仅对菌丝细胞进行处理,使胞内多糖渗出即可。

1.培养产物的提取方式

红栓菌液体发酵产物多糖的提取方式有两种。

(1)热水浸提

发酵完毕后,将罐内温度升至95℃,维持1.5小时。期间要多次通气搅动,加速死亡细胞胞内多糖的渗出。

(2)超声波提取

超声提取技术已经广泛应用于中药材中有效成分的提取。该技术的优点是可以显著地缩短提取时间,提高工作效率和得率,节省溶剂,简化提取操作步骤。该法提取的参数如下:

将发酵物移入超声波提取罐,调节罐温60℃,在80Hz下超声处理30分钟。

2.固液分离

采用上述提取方法提取后的发酵产物,用过滤或离心的方式进行固液分离。弃残渣,保留上清液。

3.上清液浓缩

分离出的上清液移入浓缩罐内,在真空度0.09MPa、60℃温度条件下,浓缩至原体积的1/4。

4.醇沉

浓缩液移入醇沉罐,缓缓加入1.5倍体积的95%乙醇。由于多糖不溶于乙醇而沉于罐底。

5.多糖干燥收集

醇沉罐内混合物静置一昼夜后,倒去上部液体,下部沉淀物经离心收集,在烘干箱内于60℃温度下烘干、保存。

红栓菌液体发酵胞内外多糖得率为3.0g/L。

三、红栓菌菌质体多糖的提取

固态发酵完毕的红栓菌菌质体,要及时进行多糖的提取。

1.烘干、粉碎

发酵完毕的菌质体要及时烘干,烘干温度控制在65℃左右。烘干后的菌质体粉碎粒度以60目为宜。

2.浸泡、提取

红栓菌菌质体的提取方式,经试验以热水浸提法较好。在浸提罐内按料水比1∶30的比例添加蒸馏水,浸泡12小时。浸提温度为95～100℃,浸提时间2小时。

3.固液分离

采用离心或过滤的方式分离出固体菌质,保留上清液。固体菌质再浸提一遍,合并两次上清液。

4.上清液浓缩

上清液移入浓缩罐,按前面所述方法,将其浓缩至原体积的1/4。

5.醇沉

浓缩液在醇沉罐内,按浓缩液与乙醇1∶3的比例,缓缓加入95%的食用乙醇,使多糖沉淀。

6.干燥收集

醇沉12小时后,轻轻倒去罐内上部液体,收取底部多糖。经离心后弃上清液,收集沉淀物,烘干储存。

第六节 红栓菌的药理与临床应用

一、免疫调节作用

红栓菌中对免疫作用起主要作用的是红栓菌多糖。南京大学周颖、沈萍萍采用深层发酵方式制备红栓菌多糖,从发酵培养的红栓菌菌丝体中制备红栓菌多糖,并对它的免疫增强作用进行了初探讨。实验结果表明,红栓菌多糖对小鼠的非特异性、特异性免疫功能具有明显的改善作用。能增加小鼠免疫器官胸腺和脾脏的重量,促进T细胞体外增殖及炎症反应,增强机体抗体生成的能力,给药剂量与生理作用之间呈现出明显的量效关系。说明红栓菌多糖是一种具有免疫调节功能的天然活性成分。

二、抗肿瘤作用

苏延友等采用双态发酵方式,制备红栓菌固体菌质体,用超声提取方式制备红栓菌菌质体水提物,以S-180肉瘤细胞为瘤源进行小鼠抗肿瘤试验。实验抑瘤率达56%，与阳性对照环磷酰胺(56.6%)基本相当。

陈俊威、徐旭东用红栓菌多糖对实验小鼠体内肉瘤S-180的抑制效果的研究。结果表明，红栓菌胞外多糖对S-180的抑制率达到52.6%～72.4%。

三、对放射线损伤及化疗中对动物造血系统的保护作用

由于环境污染和生活压力的加大，恶性肿瘤已成为目前危害人类健康的第二大杀手。手术、放疗、化疗仍然是肿瘤治疗的3种重要手段。放疗、化疗因其选择性不高，安全范围不大，有效剂量与中毒剂量较接近，在消灭癌性病灶、杀伤癌细胞和争取根治的同时，对正常组织，特别是处于迅速增殖的细胞群如造血组织等损伤极大，以致患者不能顺利完成放、化疗全程，影响疗效的发挥。在肿瘤治疗过程中，加强对抗肿瘤减毒增效，提高机体免疫功能，对提高患者的生存质量和延长患者生存期，从而为肿瘤放、化疗顺利完成，减少患者病痛，提高临床治愈率具有重要意义。陈俊威、徐旭东利用CTX和^{60}Coγ射线处理小鼠和犬，导致小鼠和犬造血系统抑制，如外周血WBC、RBC和HB明显减少，骨髓DNA含量和有核细胞数降低等。通过给小鼠和犬灌胃(或喂饲)红栓菌多糖可明显对抗CTX和^{60}Coγ射线引起的造血系统抑制，红栓菌多糖对放射损伤小鼠造血功能具有保护作用。临床研究表明，多糖具有提高机体免疫功能，抗癌、抗辐射等作用。红栓菌多糖作为一种生物效应调节剂，可以提高动物造血功能，具有一定的应用前景。

四、抗炎作用

苏延友等利用红栓菌固态发酵的水提物，进行二甲苯所致小鼠耳廓肿胀的影响研究发现，红栓菌固体发酵的水提物大剂量组(30ml/kg)表现出对二甲苯所致的耳廓肿胀有明显的抑制作用(P<0.01)。

五、临床应用

红栓菌性微辛、涩、温，具有清热除湿、消炎解毒、止血功用。可用于风湿性关节炎、气管炎、外伤出血的治疗。子实体含有对革兰阴、阳性菌有抑制作用的多孔蕈素(polyporin)。民间用于消炎，用火烧研粉敷于疮伤处即可。

据有关研究，红栓菌含有朱红菌酸(cnnabarinic acid)、朱红菌素(cinnabarine)、朱红栓菌素(tramesanguin)和4个吩噁嗪-3-酮类(phenoxazin-3-ones)、4-羟甲基喹啉(4-hydroxymethylquinoline)、游离糖、糖醇及有机酸等。

应用方式：内服：煎汤，9～15g；外用：适量，研末，外敷。

实用方剂：

①红栓菌9～15g，水煎，加红糖适量服用。可治风湿性关节炎、气管炎。

②红栓菌、地肤子各9g，水煎服，每天2次，可治荨麻疹。

③红栓菌9g，紫藤根15g，水煎，分2次服用，治痛风。

④红栓菌、灵芝、糯米等量，共研细末，每服3～6g，开水送服，治放疗后白细胞减少症。

⑤红栓菌12g，线叶蓟根、千里光各30g，水煎，每天一剂，分3次服。连服10剂以上。另取苦参煎水，外洗患处，治神经性皮炎。

⑥红栓菌15g，地金钱、青麻仁各6g，竹蒿草头30g，红花1.5g，水煎，分2次服，连服数日，治荨麻疹。

⑦红栓菌焙干，研末，过筛，敷于伤口，止外伤出血。

⑧红栓菌、筋骨草各等份，晒干研末，外敷创口。止血生肌。

⑨红栓菌9～15g，煎服，治小儿口腔炎。

⑩红栓菌3g，放茶杯内，开水冲泡，当茶饮。治疗咽喉炎和牙疼。

第七节　展　望

国内外学者的研究表明，红栓菌具有清热、解毒、抗炎、杀菌、提高人体免疫力和抑制肿瘤生长等多种生物学活性。目前红栓菌的子实体培育、菌丝体发酵、对人体有益微量元素的富集也已逐渐展开。尽管一定剂型的产品还未面世，但由于红栓菌具有生长周期短、抗逆性强、培育方法简便、有效成分得率高等优点，同时随着研究学者的不断增多和研究手段的不断深入，以红栓菌为原料、旨在提高人们健康水平和解除疾病痛苦的保健产品和药品会很快面世，有很好的开发应用前景。

参考文献

[1] 黄年来.中国大型野生真菌原色图鉴[M].北京:中国农业出版社,1998.
[2] 陈士瑜.蕈菌医方集成[M].上海:上海科学技术文献出版社,1999.
[3] 杨新美.中国实用菌栽培学[M].北京:农业出版社,1988.
[4] 卯晓岚.中国大型真菌[M].郑州:河南科学技术出版社,1999.
[5] 周莹.红栓菌多糖的免疫增强效应研究[J].药物生物杂志,2001,9(3):153-156.
[6] 江曙,刑艾莉.红栓菌多糖对无机硒的生物转化[J].中国食用菌,2005,24(5):56-58.
[7] 傅庭治,曹幼琴.富锗红栓菌锗多糖的研究[J].广东微量元素科学,1998,5(1):36-40.
[8] 秦晓琼,傅庭治.红栓菌胞外漆酶的诱导、纯化及部分特性研究[J].微生物学报,1996,36(5):360-366.
[9] 沈萍萍,傅庭治,曹幼琴.红栓菌多糖的分离、纯化与分析[J].生物化学杂志,1996,12(6):740-743.
[10] 徐旭东,阮期平,徐有斌.红栓菌胞外多糖分离、纯化和性质研究[J].中国天然药物,2003,1(4):243-245.
[11] 苏延友,王西龙.红栓菌双态发酵及其多糖提取工艺的研究[J].食用菌,2006,28(4):14-15.
[12] 王俊英,苏延友.红栓菌粗多糖抗肿瘤及对荷瘤小鼠免疫功能影响的研究[J].社区医学杂志,2006(11):4-7.
[13] 周颖,沈萍萍.红栓菌多糖的免疫增强效应研究[J].药物生物技术,2001,9(3):153-156.
[14] 徐旭东,尹鸿萍.红栓菌深层培养的研究[J].药物生物技术,1999,6(3):144-146.
[15] 陈俊威,徐旭东.红栓菌多糖对环磷酰胺和$^{60}Co\gamma$射线所致小白鼠和犬造血系统抑制的影响[J].广东药学院学报,2005,21(5):591-593.
[16] 钟卫鸿,傅庭治,曹幼琴.深层培养红栓菌NJ8701的富锗转化[J].科技通报,1995,11(5):292-296.
[17] 徐锦堂.中国药用真菌学[M].北京:北京医科大学、中国协和医科大学联合出版社,1997.
[18] MARK A J, ANGELA R P, DAVID A O. Liquid-culture production of blastospores of the bioinsecticidal fungus Paecilomyces fumosoroseususing portable fermentation equipment[J]. J Ind Microbiol Biotechnol. 2004(31):149-154.

(苏延友)

第七十八章 假蜜环菌

DIQISHIBAZHANG JIAMIHUANJUN

摘要：本章主要介绍假蜜环菌的生物学特征、培养方法和药效等方面内容。

Armillariella tabescens

Abstract: This chapter describes in detail various aspects of *Armillariella tabescens* including biological features, cultivation methods and medicinal properties.

假蜜环菌是一种食药两用菌，现在大多作为药物应用，有治疗胆囊炎和改善慢性肝炎体症和生化指标的作用。目前已有用液体发酵物制成药品——“亮菌片”。假蜜环菌的幼嫩菌丝能产生荧光，在完全黑暗条件下，荧光明亮。

第一节 假蜜环菌的分类地位

假蜜环菌又名：亮菌、发光小蜜环菌等。

学名：*Armillaria tabescens* (Scop.) Emel, *Le Genre Armillaria* (Strasbourg)：50(1921)。

属名“*Armillaria*”一词来自拉丁语，其词源是“armilla”，意思是“环、镯”，词尾“-aria”意思是“相似”，因其颜色似蜂蜜，中文称为“蜜环菌属”。种名加词“*tabescens*”意思是“败育的、凋落的”。该菌的中文学名译成“假蜜环菌”。

同物异名：*Agaricus gymnopodius* sensu Quelét fide Pearson &; Dennis (1948); fide Checklist of Basidiomycota of Great Britain and Ireland (2005); *Agaricus monadelphus* Morgan, *J. Cincinnati Soc. Nat. Hist.* 6：69(1883)；*Agaricus tabescens* Scop., *Fl. carniol.*, Edn 2 (Wien) 2：446 (1772)；*Armillaria mellea* var. tabescens (Scop.) Rea & Ramsb., *Trans. Br. mycol. Soc.* 5：352 (1917)；*Armillariella tabescens* (Scop.) Singer, *Annls mycol.* 41(1/3)：19(1943)；*Clitocybe gymnopodia* sensu Kühner & Romagnesi(1953)；*Clitocybe monadelpha* (Morgan) Sacc., *Syll. fung.* (Abellini) 5：164 (1887)；*Clitocybe tabescens* (Scop.) Bres., *Fung. trident.* 2：85(1900)；*Collybia tabescens* (Scop.) Sacc., *Syll. fung.* (Abellini) 5：206 (1887)；*Fungus tabescens* (Scop.) Kuntze, *Revis. gen. pl.* (Leipzig) 3：480 (1898)；*Lentinus caespitosus* Berk., *J. Bot.*, London 6：317(1847)；*Monodelphus caespitosus* (Berk.) Murrill, *Mycologia* 3(4)：192(1911)；*Omphalia gymnopodia* sensu Quélet[Fl. Mycol. France：251(1888)]；*Pleurotus caespitosus* (Berk.) Sacc., *Syll. fung.* (Abellini) 5：352(1887)；*Pocillaria caespitosa* (Berk.) Kuntze, *Revis. gen. pl.* (Leipzig) 2：865(1891)。

分类地位：菌物界(Fungi)，担子菌门(Basidiomycota)，伞菌纲(Agaricomycetes)，伞菌亚纲(Agaricomycetidae)，伞菌目(Agaricales)，膨瑚菌科(Physalacriaceae)。

第二节 假蜜环菌的生物学特性

子实体肉质，中等大小；蜜黄色或黄褐色，老后呈锈褐色，中部色深、不黏；有柄、似伞状。菌盖直径2.5～9.5cm，上面有毛状小鳞片。幼时，呈扁半球形；成熟后平展；老熟时，边缘往往上翻。菌肉白色或淡乳黄色。菌褶白色或浅粉肉色，菌褶延生，不等长，无菌环。菌柄纤维质。空气中氧含量低时，菌柄细、长；氧分压高时，菌柄粗短。菌柄长 3～12cm，粗0.3～0.8cm，上部色淡、污白色，下部色深、灰色至褐色，微扭曲，上有纤毛，髓部疏松或呈管状。孢子印白色，孢子壁光滑，宽椭圆形至卵形，7.0～11μm×4.25～7.2μm。

第三节 假蜜环菌的生态环境

假蜜环菌生于枯死的树桩或倒木上，常成丛生长。秋季气温适宜时子实体大量发生，含水量高的树桩或树干上有粗线条状菌索。菌索外层是髓鞘，光滑，里面是菌髓。菌髓由多根上下平行菌丝构成。菌髓菌丝白色。菌索生长于基质表面和基质中。

假蜜环菌是一种弱寄生、中低温型真菌。水分充足，菌索发达；水分不足，不长菌索，菌丝也仅在基质表面生长。菌丝幼嫩时，发荧光能力较强。气候干燥时，菌丝生长慢、荧光弱。

假蜜环菌生长的水、气、温条件：菌丝适宜生长温度为22～25℃，子实体适宜生长温度为14～18℃。

(1)水分

木屑培养基含水量要求70%左右。玉米培养基要求85%含水量，段木菌种埋于土中长菌索时，土壤含水量要求22%～25%。

(2)空气

菌索生长需要较高的二氧化碳分压。氧分压高，只长菌丝不长菌索，已长的菌索容易老化。

(3)光

菌丝生长要求无光。有光时菌索生长减缓。

第四节 假蜜环菌的培育

假蜜环菌培养分菌种分离、菌丝体培养、菌丝体液体发酵几个过程。

(一)菌种分离

菌种分离分孢子分离、基质分离、菌索分离和组织分离几种。孢子分离、菌索分离、组织分离和基质分离方法与其他食用菌方法相同，具体技术与方法，请参阅本书《食药用菌制种技术》一章。

(二)液体发酵

假蜜环菌液体发酵培养方法，也分三角瓶摇瓶培养、一级种子罐培养、二级种子罐培养、发酵罐发酵培养几个过程。培养方法与香菇、平菇等普通食用菌同。不同之处是，斜面菌种接摇瓶种时，要用接种铲把菌索尽量铲碎成短小段，以增加接种后的生长点，加速菌丝生长速度。摇瓶时转速应比一般菌种转速慢，每分钟90～100转即可。种子罐培养时搅拌速度较慢，每分钟90～100转。

发酵结束后，用压滤机压滤，分离菌丝和发酵液。发酵液进行薄膜浓缩，浓缩至相对密度(比重)1∶1.04左右后喷雾干燥，得干粉；菌丝体减压烘干，再用粉碎机粉碎。将菌丝体干粉和发酵液干燥粉混合，压片，制成假蜜环菌片。

第五节 假蜜环菌的有效成分与药效

(1)假蜜环菌有效成分

有假蜜环菌甲素、假蜜环菌乙素、假蜜环菌丙素、多糖等多种。假蜜环菌甲素的分子式为$C_{12}H_{10}O_5$，化学结构式为3-乙酰基-5-羟甲基-7-羟基香豆素；假蜜环菌乙素分子式为$C_9H_{10}N_2O_3$，化学结构式为α-羟基-α-苯基丙二酰胺。治疗胆囊炎和慢性肝炎的有效成分是假蜜环菌甲素。

(2)假蜜环菌药理作用

有平肝、解痉、增强免疫力、抑制肿瘤的作用。用假蜜环菌热水抽提再醇沉的提取物做动物S-180抑制肿瘤试验，抑瘤率达81%。子实体的热水提取物，再醇沉物有明显提高小鼠血廓清效率，明显提高巨噬细胞吞噬功能，提高巨噬细胞分泌超阳阴离子(SOA)，提高受$^{60}Co\gamma$射线照射小鼠的成活率，提高辐照小鼠白细胞数量，降低造血系统的伤害程度。临床上，治疗慢性胆囊炎有效率76.3%，还有缓解痉痛作用。治疗迁延性肝炎、慢性肝炎，疗程1个月，有效率89.4%；治疗2个月，有效率96.96%，乏力、食欲下降、肝区痛、腹痛症状好转达80%～90%。

第七十九章　胶陀螺

DIQISHIJIUZHANG JIAOTUOLUO

摘要：胶陀螺是近几年来刚刚驯化、选育、栽培成功的珍稀药用真菌，主要用于治疗银屑病等疾病。自20世纪90年代末至今，国内相继对胶陀螺的药效成分、菌种驯化选育、生物学特性、人工栽培做了大量研究，并取得了一定的成果。本章较全面、系统地对胶陀螺的生物学特性、菌种制作、人工段木栽培、人工代料栽培、胶陀螺药理作用进行了阐述，并对今后的发展提出了展望。

Bulgaria inquinans

Abstract: *Bulgaria inquinans* is rare medicinal fungus used in the treatment of psoriasis, and has been domesticated, bred and cultivated in recent few years. Since the late 1990s, Chinese researchers have conducted many studies on the biological features, medicinal properties, strain selection, strain domestication and artificial cultivation of this mushroom and have made great achievements. This chapter consists of eight sections that describe in detail various aspects of *B. inquinans* including biological features, spawn production, wood log cultivation techniques, artificial cultivation, pharmacological functions, and prospects for future development.

第一节　概　述

胶陀螺 *Bulgaria inquinans*(pers.)Fr，俗称拱嘴蘑、猪嘴蘑，又称胶鼓菌、污胶鼓菌。国内最早见载于邓叔群先生编著的《中国的真菌》中，李茹光《东北地区大型真菌》、黄年来《中国大型真菌原色图鉴》中也均有记载。

胶陀螺又名：拱嘴蘑、猪咀蘑、胶鼓菌、污胶鼓菌等。

学名：*Bulgaria inquinans*(Pers.)Fr.，*Syst. mycol.*(Lundae)2(1)：167(1822)。

属名“*Bulgaria*”一词来自“bulga”，意思是“革囊”，中文称陀螺属。种名加词“*inquinans*”意思是“淡黑色的”。直译为黑胶鼓菌。常用“胶陀螺”的名称，是因为该菌的子实体质地和形状。

同物异名：*Ascobolus inquinans*(Pers.)Nees，*Syst. Pilze*(Würzburg)：268，tab. 39：296(1816)[1816-17]；*Bulgaria polymorpha* Oeder ex Wettst.；*Lichen fungosus* With.；*Peziza inquinans* Pers.，*Neues Mag. Bot.* 1：113(1794)；*Peziza polymorpha* With.；*Peziza turbinata* Relhan，*Fl. cantab.*：467(1785)；*Peziza vesiculosa* var. turbinata(Pers.)Pers.，*Mycol. eur.*(Erlanga)1：229(1822)；*Phaeobulgaria inquinans*(Pers.)Nannf.，*Nova Acta R. Soc. Scient. upsal.*，Ser. 4 8(2)：311(1932)；*Phaeobulgaria polymorpha* (Oeder) Ferd. & Jorgensen，(1938)；*Tremella turbinata* Huds.，*Fl. Angl.*，Edn 2 2：563(1778)。

分类地位：菌物界(Fungi)，子囊菌门(Ascomycota)，锤舌菌纲(Leotiomycetes)，锤舌菌亚纲(Leotiomycetidae)，锤舌菌目(Leotiales)，胶陀螺菌科(Bulgariaceae)。

胶陀螺被称为长白山特产一怪，是长在柞树上手指盖大小的黑蘑菇，这种蘑菇人们叫拱嘴蘑，不但味道鲜美无比，营养价值高，是产区人们普遍食用的美味真菌，但处理不好容易中毒。中毒主要症状是四肢皮肤疼痒、灼烧感，黏膜肿胀、从嘴的四周开始红肿，并伴有恶心、呕吐、腹痛等症状，如见日光及吹风时症状加重。对中毒者可采用脱敏疗法及暂居暗室中以减轻病疼，加速痊愈。如用草木灰或碱水浸泡后再食之可避免中毒现象。

从20世纪80年代迄今，国内外学者对胶陀螺的生物学特性、化学成分、药理作用及应用进行了研究，尤其是发现胶陀螺具有光敏活性及抗菌抗癌等药理活性。利用胶陀螺子实体有效成分研制的“陀螺银屑胶囊”是一种治疗银屑病的药物。鉴于野生胶陀螺资源十分有限，满足不了制药行业的需求，人工栽培显得极为重要。目前胶陀螺人工栽培研究已取得了一定的进展，有关技术成果已通过吉林省科技厅的鉴定。为胶陀螺人工栽培的继续研究打下了良好的基础。

第二节　胶陀螺的生物学特性

一、形态特征

胶陀螺(子囊盘)子实体散生、群生或丛生，有短柄，陀螺形伸展后呈浅杯状，直径 1～3cm，外部黄褐色至黑褐色，有成簇的绒毛，干时多皱。子实体黑色，平滑，干时稍皱。菌肉韧胶质，子囊近棒形，有长柄，120～170μm×10～11μm，有孢子部分长45～68μm，子囊孢子光滑、褐色、无隔、肾形或不等边，椭圆形 11～14μm×6～7μm，有一个大油滴。每个子囊内含有 8 个孢子，单行排列或在子囊上端近双行排列，侧丝线形，顶端淡褐色并弯曲，粗 1μm。

二、生态分布

(一)寄主

胶陀螺一般在夏秋季群生、散生或丛生于栎、桦等阔叶树倒木上或近旁地上，以新倒木居多。也是一种经常发生在菇木上的大型木腐性真菌，与香菇、木耳等争夺营养与水分，危害菇木，大多发生于半阴半阳山坡地。从树木受害状况来看，湿润常引起边材腐朽(主要生长于树木表皮，很少波及木质部)。先有深橘黄色菌丝侵润表皮沟部，后继续发育成黄褐色小子实体，逐渐长大成子实体。

(二)地理分布

胶陀螺在我国主要分布于吉林、辽宁、黑龙江、河北、内蒙古、甘肃、福建、云南等地，以吉林省长白山区数量最多。

(三)胶陀螺的生活史

胶陀螺的系统发育史，至今尚不完全了解，但个体的发育过程已经比较清楚，发育过程如下：

①分布在胶陀螺子囊盘上的成熟子囊孢子弹射出去。

②子囊孢子萌发形成单核(或多核)细胞的菌丝体，产生横隔。

③单核体菌丝扭结，形成子实体的原基，再经过体细胞的接合，细胞核通过隔膜上小孔而转移形成双核化的产囊丝。

④双核化的产囊丝发育成含子囊和子囊孢子的子囊果。

(四)胶陀螺生长的营养要求

胶陀螺母种在 PDA 培养基上生长初期，组织块周围先萌发出浅白色菌丝。随着生长发育逐渐变黄，后变成褐色，进而颜色加深，最后呈明显的三色，边缘呈白色，向里是浅黄色，中间呈黄褐色。在人工栽培的柞树皮、柞树叶的基质上菌丝生长良好，子实体发育正常。在选择代料时，一定要根据胶陀螺对营养物质的要求，尽量选择适宜胶陀螺生长的原料，通过对木屑、稻草、黄豆秸、玉米芯、大米、小麦粒等不同原料栽培试验，证明木屑加一定量的麦麸、玉米面等辅料，菌丝生长不良，生长缓慢，不易现原基。适宜的 C/N 对菌丝生长及子实体形成极为重要，适宜的 C/N 应为20:1～30:1。配方中添加石膏、过磷酸钙、硫酸镁、磷酸二氢钾等无机盐能明显提高菌丝生长速度，有利于原基大量发生。

(五)影响胶陀螺生长和繁殖的理化因素

胶陀螺菌丝体及子实体生长期的生理活动除与营养条件有关之外，还受湿度、水分、空气、光线、酸碱度等各种理化因素的影响。

1. 温度

胶陀螺属中温偏低型菌类，对10～30℃下菌丝生长研究表明，低于 13℃生长极其缓慢，甚至不长，高于 30℃也不能生长，甚至出现菌丝自溶，以 18～24℃生长较好。在 22℃长势最佳，在这一温度下菌丝萌动快，发育速度快，菌落厚、菌丝粗壮、三色现象明显。菌丝在 41～42℃下 10 分钟即可死亡。但菌丝较抗低温，在－29℃长时间不易死亡。

胶陀螺子实体生长阶段需偏低的温度，范围为 10～25℃，以 10～18℃ 现原基多，产量高。高于 25℃以上子实体易自溶。10～12℃持续一周以上的低温刺激有利于大量原基形成。

2. 水分

培养基最适含水量为 60%～65%，超过该范围，菌丝生长慢。子实体发育期空气相对湿度在85%～95%，以90%最佳。湿度不足，子实体瘦小干硬，现原基较难。湿度过高，已现的原基易自溶，流出黑色液体。干湿刺激有利于原基大量发生。

3. 光照

胶陀螺菌丝适宜在暗光下生长。在菌丝培养后期，加大光照刺激，有利于原基发生。在子实体生长阶段，适宜的散射光可提高产量，子实体品质优良。

4. 氧气与二氧化碳

菌丝生长和子实体发育过程中都需要新鲜空气，尤其是在子实体生长过程中，如果通风不良，不易现原基，原基也难以转化出成型的子实体。

5. 酸碱度

胶陀螺 pH 在 4～9 之间均可生长，最适 pH 在 6～6.5 之间。

第三节　胶陀螺的菌种制作

人工栽培时，将胶陀螺的双核菌丝接种于适宜的基质上，菌丝可发育成菌丝体，以便发育成子实体。这种双核菌丝便是一种“菌种”，它是人工栽培的前提。纯度高、活力强、稳定性好的胶陀螺菌种是取得优质丰产的先决条件。

斜面菌种（母种、一级种）⟶原种（二级种）⟶生产种（栽培种、三级种）。

一、母种菌种标准及生产技术规范

1. 应用菌种

胶陀螺选育菌株。

2. 菌种质量标准及检验方法

（1）外观标准

①菌丝萌动初期为白色，随着生长发育逐渐变黄，后变黄褐色，进而颜色加深，最后呈明显的“三色”：外缘呈灰白色，向里呈浅黄色，中间呈黄褐色。斜面菌丝连接紧密，无断条状；菌落边缘整齐均匀。

②菌丝呈短绒毛状、毡状，菌苔厚，气生菌丝不发达。

③菌种保藏时间超过3个月后，菌落颜色加深，呈深褐色，边缘变黑，有黑色代谢产物，部分呈瘤状物出现。

（2）镜检

挑取少许菌丝体，放在载玻片上，用亚甲蓝（美蓝）染色，在1 600倍镜头下观察，菌丝透明、粗壮、分枝较多，无锁状联合，单染色着色深，有大量生长点，无空泡，无杂菌污染。

（3）生理生化特征

①生长最佳 pH 为 6.0～6.5。

②生长最适合温度为 22℃±1～2℃。

③对氧的要求为好氧性。

（4）测定菌丝生长速度

将经分离获得的菌丝体块，放在 PDA 培养皿中央，置 22℃±2℃培养。待菌丝向四周边缘辐射蔓延时，用测微尺每隔 24 小时测定菌落直径，直至覆盖全皿为止，求出菌丝平均生长速度。如果菌丝生长迅速、整齐浓密、健壮有力，表明为优良菌种；若菌丝生长缓慢或长速特快、稀疏无力、参差不齐、易于衰老，表明为劣质菌种。

（5）吃料能力测定

将菌种接入人工配置的原种培养料中，置于适宜的温湿度下培养。1 周后，如果菌种块能很快萌发，并迅速向四周和培养料中生长伸展，说明该品种的吃料能力强；反之，菌种块萌发后生长缓慢，迟迟不向四周和料层深处伸展，表明该菌种对培养料的适应能力差。

（6）胶陀螺菌种均一性检测

将母钟接种于普通 PDA 培养基上，在最适宜培养条件下培养。如长相和长速差异不大，几乎无肉眼可见的区别，表明种性较好。

（7）胶陀螺菌种稳定性检测

将母种接种于同一培养基上，在同等条件下培养，连续转管 7 次无明显变化，表明稳定性较好。

3. 母种生产技术规程

①生产母种之前必须做出菇鉴定，不符合母种质量标准的不准投入生产。

②母种转试管培养基次数不超过 5～7 次，否则必须进行提纯复壮。

③培养基配制

A. 配方：马铃薯 200g，柞树木屑（或柞树皮）50g，葡萄糖 10g，麦芽糖 10g，琼脂 25g，蛋白胨 1g，酵母膏 1g，磷酸二氢钾 3g，硫酸镁 3g，复合维生素 B_2 片，每片含维生素 B_1 3mg，维生素 B_2 1.5mg，维生素 B_6 0.2mg，水1 000ml，pH 值自然。

B.配制方法：按配方精确秤量各种营养物质，将马铃薯去皮、挖眼、洗净，切成小方块（约1～1.5cm），柞树木屑按规定量定量秤取，马铃薯片和木屑一起放入锅内，加水1 000ml，进行煎煮，煮到熟而不烂，用 4 层纱布过滤取汁，再放入琼脂，边加热边搅拌。待琼脂完全溶化后，用湿纱布（2 层）迅速过滤，取滤汁补足至1 000ml。再加其他营养物质煮沸，充分溶解后分装。分装试管时，要用玻璃漏斗分装，尽量避免培养基黏附管口。如培养基不慎黏着管口，要用纱布擦净，以免培养基黏住棉塞而引起污染，斜面装量为试管（20ml × 200ml）长度的1/4。培养基分装好后，塞上棉塞，棉花用普通棉花制作，不宜使用脱脂棉，棉塞的大小、松紧要与试管口径相称，塞入试管的棉塞要紧贴管壁，不留缝隙，松紧度以提起棉塞而试管不脱落，拨出棉塞有轻微的声音为适宜。标准棉塞应是塞头略大，不易变形，入管的部分占塞总长的 2/3，外露 1/3 为宜。然后以 5 支试管为一捆捆住，棉塞外包扎牛皮纸或双层报纸，以防棉塞受潮。

4. 灭菌

将装培养基的试管置于高压灭菌锅中进行灭菌。装锅时，试管均要立放，切勿倾斜或平置，蒸汽压力为0.10MPa，温度达 121℃，保持 30 分钟。灭菌后，让其压力和温度自然下降以后，取出培养基，按要求摆斜面。斜面长度以不超过空白管的 2/3 为宜，培养基冷却凝固，即成斜面培养基，放在 25～28℃条件下，空白培养 1～2 天，检查无污染后备用。

5. 接种

接种的具体方法，请参阅本书《食药用菌制种技术》一章。

6. 培养

母种一般在恒温箱内培养，培养温度为 22℃±2℃，湿度为 50%～60%，光线黑暗，经 7～10 天，菌丝可布满整个斜面。接种后必须每 3 天检查一次，有杂菌污染或菌丝生长表现异常的要淘汰，达到母种质量标准的即可生产使用。若不立即使用，应放在冰箱中在 4℃保存备用。每隔3～4 个月转管一次或采用其他有效方法储存。

二、原种菌种标准及生产技术规程

1. 应用菌种

胶陀螺选育的母种。

2. 原种质量标准及检验方法

（1）外观形态标准

有茂密的灰白色菌丝，在瓶壁边缘有少量的浅黄色菌丝，培养后期有黑色疣状物。无溶菌现象，无杂菌表现，无明显积水，菌种与瓶壁紧贴，菌种柱上部无明显干缩。

（2）镜检

①菌丝无锁状联合。

②菌丝着色深、粗壮、分枝多及大量椭圆形胶陀螺孢子，偶见空泡。

（3）内观标准（破瓶检查）

具有胶陀螺特有的菇香味，菌种柱具有弹性，上下内外发育一致，用手将半瓶菌种掰成0.5～1cm³ 体积大小时不散不碎。

（4）菌种生物学标准

①取菌种柱上、中、下各部位菌种，培养在 2% 葡萄糖液体培养基中，22℃±2℃下 5～7 天无细菌等生长。

②取菌种柱上、中、下各部位菌种，置于常规培养基上培养，22℃±2℃下 7 天无各种霉菌生长。

③采取②测定法，胶陀螺菌种必须在 24～36 小时内恢复生长，在 48～60 小时内吃料。

3. 原种生产技术规程

（1）原种必须由母种转接

（2）原种所用容器为 750ml 菌种瓶

（3）培养基配制

①配方：小麦粒（或高粱粒）77%，石膏 2%，过磷酸钙 0.5%，硫酸镁 0.2%，磷酸二氢钾0.3%，柞树木屑 20%。

②配制方法：取干净无霉变的小麦（或高粱粒）用清水浸泡 12 小时后，用清水煮到熟而不烂、不开花，捞出沥干水分，加入石膏等其他辅料拌匀，即可装瓶。装瓶要求上紧下松，装至瓶肩处即可。然后用干净抹布擦拭瓶口内外壁，使之不黏原料，然后在瓶口处塞上棉花，棉塞上用牛皮纸或双层报纸扎紧。

（4）灭菌

高压灭菌，在1.5kg/cm² 下保持2.5～3 小时（冷空气全部排除）。

(5)接种

必须在超净工作台或接种箱内进行接种，每支母种接5～6瓶原种。原种也必须严格按无菌操作规程进行接种。具体操作如下：双手用75%乙醇棉球擦拭，用右手拔去灭过菌的菌种料瓶棉塞，将瓶固定在瓶架上，靠近火焰1cm左右的无菌区，取斜面母种试管，用乙醇棉球擦拭管壁，拔出棉塞后在火焰上烧灼管口，接种铲经过火焰灭菌，迅速插入试管内，冷却后取2cm大小一块母种，送入菌种瓶内，固定在培养基的接种孔中，火燎棉塞后迅速塞好菌种瓶。

(6)培养

原种可在恒温箱中培养，数量大也可在培养室的培养架上培养。最初应竖立放置，待菌种萌发生长，向四周蔓延，菌丝封住培养基表面后，应倒架，改竖放为横放。横放时要经常转动菌种瓶，调节瓶内上下水分，有利于菌丝生长。菌种培养条件为22℃±2℃，但必须注意，随着菌丝生长量的增加，菌丝自身发热程度将逐步增强。另外菌丝繁衍生长过程中进行呼吸作用而产生热量，一般室温与瓶内温度往往相差1～4℃。因此，室温应控制在比胶陀螺菌最适温度低2～3℃，即20℃±2℃为宜。胶陀螺菌属好气性真菌，培养时应注意通风透气，除装瓶时不宜过满，瓶上部留有一定空间有利于该菌生长外，在菌种培养室内也要有适当的通风口或排风扇等机械设备进行通风，以保持培养室内空气清新无异味。菌种在固定容器内培养生长菌丝体，只要培养基水分适宜，培养室的湿度很容易调控，一般培养室空气相对湿度保持在65%～60%为宜。另外，在菌种培养期间，无须光线，以保持黑暗为佳。

(7)原种

原种在22℃±2℃下20～25天长满瓶。

原种满瓶后在5～15天内用完，否则应放在低温(3～6℃)、避光、干燥处保藏。

三、生产种菌种标准及生产技术规程

1. 应用菌种

胶陀螺选育的原种。

2. 生产种质量标准及检验方法:

①外观标准：菌袋无破裂，袋内全部长满菌丝，菌丝灰白至黄褐色，无杂菌，无明显积水，菌种袋壁紧贴，菌种柱上部无明显干缩，培养后期出现多量黄褐色至黑褐色疣状物(原基)。

②镜检：菌丝着色深、粗壮、分枝多、分枝角度大、无锁状联合，明显见到侧丝，并可见多量椭圆形的胶陀螺分生孢子，无杂菌污染。

③菌种重量标准：每袋350～420g(15cm×30cm高压聚丙烯袋)。

④内观检查同原种。

⑤菌种生物学标准同原种。

3. 生产种生产技术规程

①生产种必须由原种转接。

②生产种所用容器为15cm×30cm×0.06cm高压聚丙烯袋。

③培养料配制

A. 配方：柞树木屑40%，农作物秸秆糠(黄豆秸粉或玉米芯)27%，玉米面15%，麦麸15%，石膏1%，白灰0.5%，过磷酸钙1%，硫酸镁0.2%，磷酸二氢钾0.3%，含水量60%～65%，pH为7.0～7.5。

B. 配制方法：根据配方要求，先把木屑、玉米芯糠、石膏等拌匀，然后加水，充分搅拌，力求拌匀，严格掌握含水量60%～65%，堆闷2小时，让水分充分吸收后即可装袋。装袋要上下松紧一致，一般装至袋高10～12cm(干料300～350g)。将袋面压平，用直径3cm木棍垂直打一中心洞，以便菌丝生长到培养料下层也可得到氧气，认真清理袋口黏着物，然后封口。封口用颈圈(直径2cm)加棉塞，棉塞上扎牛皮纸或报纸。

④灭菌：常压蒸汽灭菌100℃维持10～12小时，高压蒸汽灭菌1.5kg/cm^{2}下，保持2～2.5小时。无论采用何种方法灭菌，必须灭菌彻底。

⑤接种：要确保无菌操作。

A. 接种前净化和消毒接种室。消毒措施为每立方米空间用甲醛10ml加高锰酸钾7g熏蒸，并用3%甲酚(来苏儿)喷雾，用紫外线灯照射1小时。

B. 接种前对工具，包括接种针、铲要进行消毒。

C. 严格挑选原种和处理好原种，挑选符合优质菌种标准的适龄的胶陀螺原种，进接种室前用0.1%含氯石灰(漂白粉)或0.1%高锰酸钾消毒液清洗，然后移入接种室内。每瓶原种扩接20～30袋生产种。

D. 充分利用酒精灯，接种时做到火焰封口。操作时，不能离开灯火，细心快速，不能粗心大意，整个过程要做到无菌操作。

⑥培养：接种后培养对菌种非常重要，要保证平衡发菌，防止菌种污染、老化和早衰。

A. 及时拣出杂菌污染袋。

B. 创造一个良好的发菌环境，保持温度22℃±

2℃、湿度50%～60%，经常通风，保持黑暗。

⑦在22℃±2℃条件下，菌丝30～40天可满袋，5～7天后即可使用。

⑧菌种长满袋后暂不使用时，应移到低温、黑暗、通风处保藏。

四、胶陀螺液体菌种标准及生产技术规程

1. 液体摇瓶菌种标准及生产技术规程

（1）菌种

胶陀螺选育的斜面菌种作为待接菌种。

（2）摇瓶菌种标准

①外观形态：菌液澄清、棕黄色液体，菌丝呈放射状，"菌球"味感有水果香味、稍酸，菌球量占30%以上。

②镜检形态：亚甲蓝单染色后观察，菌丝着色深、均匀、粗壮、分枝呈树枝状。侧丝线形、顶端稍弯曲、生长点多见，可见大量椭圆形分生孢子，无杂菌污染，无明显空泡，无锁状联合。

（3）液体摇瓶生产技术规程

①工艺流程：母种——→一级摇瓶种子——→二级摇瓶发酵。

②培养基配方：蛋白胨1.5%，酵母膏0.1%，麦芽糖1%，葡萄糖2%，柞木屑5%，硫酸镁0.075%，磷酸二氢钾0.15%，维生素B_1 0.01%，pH为6.5（灭菌前）。

③制法：按配方规定量准确秤取各药品，加一定量水加热溶解，定容至规定量。柞木屑加水浸煮烧沸后保持30～40分钟，用8层纱布过滤取滤汁，充分拌匀后分装于三角瓶中（500ml三角瓶装量至120ml），塞上棉塞（棉塞包扎纱布），上覆牛皮纸，置高压蒸汽灭菌锅灭菌（1kg/cm^2）30分钟，取出检验无杂菌污染备用。

④接种：在无菌条件下，按斜面菌种与摇瓶之比为1∶3（斜面比摇瓶）的比例接种。一般一支斜面母种可接500 ml三角瓶2～3瓶。取一支带长把的铁环，环上缠绕纱布后，吸足95%乙醇，点燃后套在大三角瓶瓶口上，形成一道"火圈"，阻止杂菌侵入。将斜面母种挖块后，经"火圈"中心接入瓶内。

⑤培养：要求培养温度22℃±2℃，旋转式摇床的转速为170～200转/分钟，光线以黑暗为佳。

⑥培养终止时间为7～10天。

2. 液体种子罐培养菌种及生产技术规程

（1）菌种

摇瓶培养的液体菌种，菌龄不超过3天，菌球不能中空，不能有太多空泡。

（2）种子罐培养菌种标准

①外观形态：基本同摇瓶种子，只是菌球量要占50%以上，pH为6.5。若菌丝已经中空，表明菌球中部菌丝已老化，部分菌丝自溶。菌丝在培养中呈絮状，菌球表面有刺，说明菌种旺盛。

②镜检：同摇瓶菌种。

（3）液体种子罐生产技术规程

①培养基配方：葡萄糖2%，麦芽糖1%，玉米浆0.5%，柞木屑（柞树皮）5%（加水煮，过滤取汁用），酵母膏0.2%，硫酸镁0.05%，磷酸二氢钾0.1%，消沫油0.1%，pH为6.5（灭菌前）。

②制法：按规定量准确秤取各药品及柞木屑或柞树皮，加水，在温火下煮30～40分钟，用8层纱布过滤取滤汁。葡萄糖等原料中加入适量水，再加热溶解，搅匀，放入种子罐，投料量（加水后）约占罐容积的70%（经视窗口加液）。扭紧封严视窗，加温至121℃，实罐蒸汽灭菌40分钟，保压冷却至26℃接种。

③接种与培养：接种量为10%。接种方法：将视窗盖取下，在视窗基部套上火焰圈，点燃火焰圈，迅速经视窗口将三角瓶液体种子倒入种子罐中，及时扭紧封严视窗，熄灭火焰圈。然后通入无菌过滤空气，空气流量每分钟1∶1～1∶1.5（V/V），罐内温度为22℃±2℃，罐压0.5kg/cm^2，培养3～4天。

④放罐指标：有水果香味，pH降至3.6～4.0，还原糖降至0.9%以下，残糖0.5%～0.4%，菌丝体稠密，培养液黏度增大，菌丝量不再增加或稍有下降，镜检无空泡或空泡较少时，这时应及时放罐，可留作菌种用。

第四节 胶陀螺的栽培技术

2002年，人工段木栽培胶陀螺成功，2004年，人工代料栽培获得成功。目前可以用这两种模式栽培。

一、段木栽培

胶陀螺段木栽培生产工艺流程，包括场地的

选择、整理和段木的菌种准备。段木的人工接种、培菌、起架管理、采收加工及病虫害防治等。

准备菌种
准备段木 →人工接种→上堆定植培菌→起架出菇、采收与加工
选择栽培场地

(一)栽培场地的选择和准备

栽培场地是摆放已接菌的段木并进行出子实体的场所，选择的标准是能最大限度地满足胶陀螺对生长环境的要求。应选择海拔500～1 000m的林区，适合胶陀螺生长的柞树资源丰富、避风、向阳、遮荫率在70%以上，温度适宜，湿度较大，水源充足，排水良好的地方。也可用河沟沿岸的沙滩作为出菇场地，沙滩地下水位高，既滤水又保湿，且杂菌少，是较理想的出菇场地，但要防止山洪冲击。选好场地后，清理场地，清除枯枝落叶及有碍卫生的杂物，建立排水灌溉系统，保留地面上的草皮、苔藓等植物，或在地面上铺一层细砂石，以防泥水溅污出子实体的段木。场地及四周应喷洒杀虫和杀菌药物，具体为喷洒5%含氯石灰(漂白粉)溶液或者2%苯酚(来苏儿)溶液，撒上石灰粉，还应撒放灭蚁灵等防止蚁害。为保证荫蔽度，在场地上搭盖人工荫棚，以满足胶陀螺生长需求。若遮阳率在70%以上，可不必搭棚(图79－1～图79－7)。

图 79－1　胶陀螺段木栽培出菇

图 79－2　胶陀螺段木栽培出菇

图 79－3　胶陀螺段木栽培出菇

图 79－4　胶陀螺段木栽培出菇

图 79－5　胶陀螺段木栽培出菇

图 79－6　胶陀螺段木栽培出菇

图 79－7 胶陀螺段木栽培出菇

(二)树种选择与准备

选择树种的原则是凡适合胶陀螺生长的各种树木均可用来栽培胶陀螺。试验证明，柞树是最佳树种，这种树分布广、萌蘖更新能力强，同时栓皮层有调温调湿作用，且边材发达、营养丰富。

1. 树径与树龄

栽培胶陀螺的柞树可选用直径较小的径木(也就是常称的枝桠材)，取材方便，价格低廉，是林场取材后的废材物，往往弃之山林，只能当作烧柴。但作为段木栽培，树的胸径也不宜小于 5cm。胸径过小，树皮薄而嫩，保湿及吸水能力差，营养有限，不利于高产。当然有条件可采用胸径大的柞树，从试验中观察，胸径大、皮层厚的营养丰富，更能获得高产。

2. 砍树

①一般在树老叶发黄脱落之后到翌年新叶萌发之间的春季这段时间砍伐，即所谓的“进九开伐”、“六九停伐”。这段时间树木处于冬眠状态，汁液凝滞，树干内储藏的养分丰富，含水量低，皮层和木质部结合较紧密，砍伐之后皮层不易爆裂脱落，有利于胶陀螺菌丝生长。②砍口部位要低，且砍口整齐，莫伤树蔸，以利于抽芽再生，继续利用。

3. 去枝断木

树木砍倒后，不要急于整枝，应留有一定的树叶，有利于水分迅速蒸发，促进树木组织早日死亡。经 10～15 天后，将树枝桠自下而上砍掉(过细的枝桠材、树叶可收集作胶陀螺代料栽培用)，留 1cm 长的枝座，不能留得过长，也不能从基部砍平，更不要砍伤树皮，而给病原菌侵染提供通路。然后把树干锯成 1～2cm 的木段，粗的可锯短一点，细的可锯长一些。

树木砍伐后最好不放在阳光下暴晒，应放入荫凉处，为防止杂菌侵入。砍伐后最好用 3%的生石灰水将木段浸泡一下，一般下水后 1～2 小时即可，然后用黏糊状的生石灰抹于木段两端和修去枝丫的伤口，这样使其形成一个完整的生石灰保护层，以防止杂菌先期侵入。此法是防止杂菌很有效的方法之一。如果菇木砍伐后，即使用此法处理、但超过 20 天尚未种上，最好在种植前再用同样的方法浸泡一遍，但必须要等菇木表面的白灰液干后再打眼种植。

(三)人工接种

将菌种种植于段木，即所谓人工接种(点菌)，是胶陀螺生产成败的关键工序。接种质量好坏直接影响胶陀螺的产量。

1. 接种时间

接种日期主要取决于菇场的气温和空气湿度。在气温 5℃以上，即可进行人工接种。我国南北方气候差异较大，应因地制宜，灵活掌握。南方接种日期一般可安排在 2～3 月份，北方可安排在 3 月 10 日～4 月 10 日。胶陀螺菌种具较强的可逆性。接种时间稍早，气温稍低，易定植和发育并早出菇，同时由于提早接种，胶陀螺菌丝体占据菇木，使杂菌无法乘虚而入，还可以与农忙季节错开。接种时最好在雨后放晴、风速不大的天气进行，既有利于菌种发育，又不致损坏树皮。切勿选在风雨天或烈日下接种，防止影响接种质量。

2. 接种工具

段木接种，常用 2 千克重的锤式打孔器打接种穴，接固体菌种。宜用内径 12.5mm 的锤式打孔器与 14mm 的皮带冲(取树皮盖)配套使用。如果使用电钻钻孔，既可以减轻劳动强度，更有利于保证接种穴深浅度。

3. 接种密度

接种密度一般是穴距 6～8cm、行距 4～6cm、深度 1.5cm，交叉打孔，成菱角形或梅花形。接种密度没有统一规格，与树径粗细、气温高低等因素有直接关系。树径粗的可以密点，细的可稀些；气温高的地方可以稀，气温低的可以密。段木两端可以密，中间可以稀。总之，要灵活掌握，尽量做到“稀”而不浪费材料，“密”而不影响发育，合理密植。

4. 接种方式

人工段木栽培胶陀螺的接种包括打接种穴、

放菌种、封口3道工序。

人工接种时，先将经挑选的菌种(瓶)袋，用0.1%$KMnO_4$浸泡30秒钟，捞出沥干水分，然后破瓶(袋)，轻轻挖出菌种放到器皿内。尽量保持块状，若菌种干燥可加少许凉开水润湿。经试验，用玉米面、木屑综合培养基制作的固体种接种效果最佳，这是因为大米本身营养丰富，不易使菌种成散末状，十分方便。

在无风无雨天接种，要本着"菌块状、填满孔、按紧种、不漏孔、不空穴、不日晒、不漏种"的原则，实行"边打眼、边下种、边封穴"的流水作业。

接种方法：先用锤式打孔器或电钻在段木上打接种穴，若用电钻可用口径1.7cm打穴，穴深1.5cm，株距6～8cm，行距4～6cm，交叉打孔，打完接种穴后，应及时装填菌种，做到逐穴装填、松紧适中，菌种以装满洞穴稍凸为准。点菌后，尽快用直径大于接种穴1.5～2.0mm的树皮盖盖在菌种上，锤平密封，即不高出也不凹入，防止脱落或积水而造成腐烂。段木接种的各项工作最好专人操作，实行流水作业，全部工序当天必须结束。

盖穴：传统的方法是用树皮盖，但容易脱落，穴口易失水影响菌丝定殖，也易在穴口上污染杂菌。笔者在试验中作了改良，取得了满意效果。方法是选黏性黄泥，拣去杂质，用水调成泥浆，另将新鲜木屑用水煮沸后加多菌灵，倒入泥浆中，用2份木屑、1份泥浆、0.01份多菌灵调成膏状。接种后，将膏状物涂入接种穴封口，不但方法简单，还有利于菌丝恢复生长，能有效防止杂菌侵入。

4. 接种注意事项

①接种用的段木如果过于干燥，须在接种前喷足水晾晒一天，使段木表面吹干，使之达到内湿外干。

②选择适宜的天气接种。最好选择在雨后晴天进行。接种时如果阳光过强，应转到有荫蔽的地方，切忌在雨天或阳光直射条件下接种。

③接种工作要求采取流水作业，边打洞边接种，打好的洞必须接上种，以防杂菌侵染及接种穴内壁干燥。菌种用多少挖多少，挖多了暴露在空气中，容易感染杂菌，使水分蒸发，降低菌种湿度，影响菌种成活。所用的固体菌种，取出后不要捣碎，以块状物接入洞内，保持菌丝完整，提高菌种成活率。

④选用优良菌种。所用的菌种应是适合本地气候条件的优良品种，同时又是健壮菌种。

(四)上堆定殖发菌

接种后，为使菌丝迅速恢复生长，更好地定殖，应将段木堆放在干净、背风、向阳、干燥的地方。堆垛前要打扫地面，用横木或石块作垫脚，然后将已接种的段木，按树径的粗细、长短，分别排放在垫木上，堆成"#"字型，堆高1m左右。段木之间要留一些空隙，勿紧靠，保持适宜的温度、湿度。堆内温度应保持在16～28℃之间，相对湿度保持在60%～70%，不宜太干，也不宜太湿。在晴天的中午，堆内温度较高时，掀膜通风降温。上堆一周后进行翻堆，即将每堆菇木上下左右内外调换位置，使菌丝发育均匀。翻堆时要注意防止损坏树皮或碰掉封口物。经15～20天再翻第2次堆。注意检查菌丝定植情况以及杂菌污染情况，可揭开封口物抽样检查。若接种穴口表面已有黄白色菌膜，菌丝向四周伸长，说明菌种已定植；如果穴内菌种变化不大，菌丝向菇木上延伸缓慢，说明温度和湿度不适宜，应采取增温和喷水保湿措施；如果穴内菌种干掉或发黑，是由于过干或过湿造成的，这样的菇木应及时重新补接菌种；若穴内菌种污染，则要在太阳下翻晒或剔除病根，再用75%乙醇与50%多菌灵，按2∶1比例，调成膏状抹擦穴口。

上堆后，发菌前期不要喷水，让菌丝快速生长。过早喷水，菌丝尚未深入，影响菌丝生长及以后的出菇。在翻堆时，可视段木的干湿程度，适当喷水。喷水时，把遮盖物揭开，使其均匀接受水分。喷水后要在段木表面水分风干后再盖覆盖物。若塑料大棚发菌，可以加设微喷管调节水分。

上堆发菌时间的长短，取决于接种季节及接种后的气温。在20℃时需30～40天，20℃以下需要更长的时间。时间过长，温度高、湿度大，容易长杂菌。

(五)起架出菇

菌丝经过40～50天发菌，即可达到生理成熟。发菌结束的标志是：①接种穴颜色变黄褐色，剖开树皮有大量黄褐色菌丝蔓延至段木形成层；②段木上部分胶陀螺原基形成。此时应及时散堆起架，起架的形式有许多种，一般多采用"人"字型起架。优点是：采菇极为方便，也便于管理。用四根长约1.5cm的木杆交叉地扎成两个"人"字形木架，把横木放在交叉处的上面，或者用分叉、长约1.5cm的木桩埋在地上，然后将横木架在分叉处。横木离地面50～70cm，菇木斜放在横木的两侧，成"人"字形。菇木斜靠的角度为45度，菇木之间需要留有5cm左右的间隔。为了防止杂菌，在使用木桩或横木前，砍口需要用白灰水涂抹或用火焰烫焦。起架的场地应选择地势平坦、向阳避风、雨后不积水、水源方便的地方。若林荫地遮阳率70%以上,可不必搭棚。若无树荫,则采用搭简易荫棚的方法,即用树枝杆搭成高1.7～2cm的棚架,上面放枝叶或草帘,创造一个保湿、无直射光照射的环境。

菇木起架后,管理最为关键,它关系到胶陀螺的产量和质量。温度、湿度、光照和通气都影响胶陀螺的生长发育,但主导原因是水分管理。胶陀螺的生长需要干干湿湿、干湿交替的外界条件。在出菇期间,如有三晴两雨的天气,一定能丰产。在干旱的情况下,必须采取人工喷水。据试验,用微喷管喷菇木是较科学的方法。在晴天,可每天上、下午各喷一次,每次30分钟,将菇木充分浸湿、浇透,使空气相对湿度保持在80%以上。尽量避开中午高温时间喷水,每次喷水要喷细、喷全、喷足,另外喷头应对空中喷射,这样可提高空气的相对湿度,同时也喷湿了菇木。待大部分胶陀螺子实体成熟时,采收前减少喷水。采摘后,停止喷水3～5天,让菌丝充分休养,吸收更多的营养。待新的菇蕾形成,再进行浇水管理。第一次要喷足,使菇木充分湿透,以后再连续喷水,使段木始终处于湿湿干干交替的环境中,大约7～10天可采收。操作过程中,必须根据胶陀螺生长的规律和当时当地的雨量、湿度、温度、光照等条件,灵活掌握。一般晴天多喷、阴天少喷、雨天不喷,气温高时应避开中午,宜在早晚喷。

多雨时期的管理:在胶陀螺生长期间,尤其是6～9月份多雨季节,连续阴雨天,气温超过30℃时,成熟的胶陀螺很容易腐烂,腐烂的汁液如果黏在健康或幼小菇蕾上,致使其感染,造成大批霉烂或延缓新生菇蕾生长周期。在高温多雨期间要及时采收,加强通风。如有简易棚架,盖上塑料薄膜遮雨,避免雨淋。烂菇严重的段木要用水清洗,清除烂菇黏液,以利长出新的菇蕾。人工喷水时,要注意水的质量,使用洁净的井水、河水、泉水,不用废水、污水。

(六)采收与加工

在正常情况下,胶陀螺从原基出现到子实体成熟仅为7～10天。待子实体伸展至浅杯状,外部锈褐色至黑褐色时即可采收。要做到勤采、细采。采收过晚子实体会自融,造成损失。应在雨后初晴子实体稍干时采菇。如果遇到连续雨天,更应及时采收。胶陀螺出菇潮次不明显,菇生长成熟度差异较大,采收时一定要采大留小,让菇继续生长。采收方法:用手指掐胶陀螺子实体基部,将整朵子实体连同基部一起采摘下来,勿留菇基,以免残基溃烂,引起病虫害发生或蔓延。每次采菇后,将菇木翻面,即阴面转向阳面,上下翻转,使菇木均匀地接受温度、湿度和光照,促使多出菇,增加产量。

若管理得当,每立方米木材可出鲜品胶陀螺25千克以上,高产可达30～35千克,周期3～4个月。采收完胶陀螺的木段不影响其他使用。

鲜品胶陀螺的含水量为干品胶陀螺的8～10倍。如不及时干制会腐烂变质,干制方法一般有晾晒法、烘干法两种。

1. 晾晒法

采收胶陀螺子实体后,除去杂物,薄薄地摊在晒席上,在烈日暴晒3天即可晒干。若遇到阴雨天,应将采回的胶陀螺暂时放在室内席子上晾(席子最好架空),待天晴时再搬到室外阳光下晒干。

2. 烘干法

烘干室根据生产的规模和菇场的条件来设计。可选用炭火、蒸汽、电、远红外线等作热源,用烘箱或烤房把胶陀螺烘干,但必须易于调节温度和通风换气。烘烤时要摊得薄,温度应由低至高,经常通风换气,排除湿热空气,使鲜菇的水分很快蒸发掉。烘干温度最高不可超过65℃,一般55℃左右为宜。烘烤时温度过低,菇不能很快烘干会烂掉。温度过高,菇体会被烘焦或自融,影响质量。

一般干胶陀螺的含水量以13%为宜,过湿不易储藏。胶陀螺干品在湿润的空气中会吸收水分,在干燥的空气中会失去水分。因此,在不同的季节,干度应稍有变化。在梅雨季节,空气潮湿晾晒或烘干时含水量以12%为好;在干燥的秋季可稍湿一点,含水量以14%为宜。

二、胶陀螺的代料栽培

工艺流程:柞树皮、柞树叶⟶粉碎⟶培养料配置⟶装袋⟶灭菌⟶接种⟶菌丝培养⟶子实体培育⟶采收与加工。

(一)栽培场地选择及厂房要求

胶陀螺栽培场地选择主要依据生产企业的具体条件和该菌的生物学特性来决定。

①胶陀螺生产企业必须有整洁的生产环境,厂区的路面、地面及运输等不应对胶陀螺生产造成污染,生产、行政、生活和辅助区的总体布局应合理,不得相互妨碍。

图 79—8　胶陀螺代料栽培出菇

图 79—9　胶陀螺代料栽培出菇

图 79—10　胶陀螺代料栽培出菇

图 79—11　胶陀螺代料栽培出菇

图 79—12　胶陀螺代料栽培出菇

②胶陀螺生产厂房应按生产工艺流程及所要求的空气洁净级别进行合理布局。

③胶陀螺生产厂房有防止昆虫和其他动物进入的设施。

④在设计和建设厂房时，应考虑便于进行清洁工作，洁净室（区）的内表面应平整光滑，无裂缝，接口严密，无颗粒物脱落，并能耐受清洗和消毒，墙壁与地面的交界处宜成弧形或采取其他措施，以减少灰尘积聚和便于清洁。

⑤生产区和储存区应有与生产规模相适应的面积和空间，用以安置设备、物料，便于生产操作，存放物料、成品，应最大限度地减少差错和交叉污染。

⑥洁净室（区）内各种管道、灯具以及其他公用设施，应避免出现不易清洁的部位。

⑦进入洁净室（区）的空气必须净化，根据生产工艺要求划分空气洁净度级别。

⑧洁净室（区）的窗户、天棚及进入室内的管道、风口、灯具与墙壁或天棚的连接部位均应密封，空气洁净度级别不同的相邻房间之间的静压差应大于 5Pa，洁净室（区）与室外大气的静压差应大于 10Pa，并应有指示压差的装置。

⑨不同空气洁净度级别的洁净室（区）之间的人员及物料出入应有防止交叉污染的措施。

⑩为使胶陀螺生产获得优质高产，栽培场地应安装调温、调湿、控光、通风设施，以满足胶陀螺菌丝生长、子实体培育所需的理化条件。

⑪由于菌丝培育阶段和子实体生长阶段对条件要求不一，菌丝培养场与子实体发生场加以分开。

⑫栽培场地必须保证水电供应。

（二）代料栽培原料选择

胶陀螺代料栽培主要原料为新鲜柞树皮和柞树叶。

①经试验，一年四季采集的柞树皮或叶均可出菇，但最佳采集季节应是在树叶老黄脱落之后到翌年新叶萌发之间的春季这段时间，即所谓的“进九开伐”、“六九停伐”。这段时间树木处于冬眠状态，汁液凝滞，树皮内储藏养分丰富，含水量低，皮层和木质部结合较紧密，砍伐之后皮层不易脱落，有利于菌丝生长。

②柞树（栎树）树种很多，生产中以蒙栎（*Q. mogolica*）辽东栎（*Q · Liaotungensis*）较佳。

③用鲜柞树皮、柞树叶代料栽培胶陀螺，克服了胶陀螺栽培受资源限制的局限性。利用山区采伐或丘陵、平原地区树木修剪下的柞树皮和叶栽培胶陀螺，减少了森林的消耗，解决了林菇矛盾，保护生态平衡，符合林业政策，是一个可持续发展的项目。

④柞树资源丰富，是我国分布最广的树种。柞树的树皮尤其是柞树叶取之不尽，用之不竭，且价格低廉，能明显提高胶陀螺的生产效率。

(三)培养料配料

柞树皮 40%，柞树叶 28%，麦粒 30%，石膏 1%，白糖 1%，混拌均匀(小麦粒事先用清水浸泡 12 小时，水煮 20 分钟，捞出沥干水)，含水量 60%。

(四)装袋、灭菌与接种方法

胶陀螺的具体装袋、灭菌与接种方法，请参阅本书《食药用菌制种技术》一章。

(五)菌袋培养

接种后，胶陀螺菌丝在菌袋中蔓延生长的过程称为菌袋发菌，菌袋发菌宜在培养室中进行，培养室内的各种条件应满足胶陀螺菌丝生长发育的要求。对培养室的要求如下：

①有良好的控温、调湿、通风设施。

②有控光措施。

③经严格的消毒杀虫处理。

④环境卫生良好，远离污染源。

⑤与出菇室相隔。

⑥根据生产实际情况进行搭架，以充分利用空间。

接完菌的袋竖立排放在培养架上。这个期间的技术管理规程如下：

1. 温度的适宜指标及调节

温度对胶陀螺菌发育至关重要，关系到菌丝生长的速度、菌丝对培养基分解能力的强弱、菌丝分泌酶的活性高低和菌丝生长的强壮程度。经多次考核验证，胶陀螺菌丝生长的温度范围为 15～28℃，最佳温度为 22℃±2℃。小型工厂可用空调机调控温度。中大型工厂需由热水炉(60～80℃)及冷水机(8～10℃)产生冷水，通过循环泵和管道，分别进入发菌室空气综合调节室中的热交换器进行温度调控。在温度调控时要注意：

①随着培养室内菌丝生长量的增加，菌丝发热程度将逐步加强，通常以最适培养温度为基准，每 5 天降 1℃。

②菌丝在袋内小气候生长，温度一般比外部空间高 2～3℃，因此，室内温度应掌握在最适温度之下 2～3℃为宜。

2. 湿度的适宜指标及调控技术

胶陀螺菌丝体是在袋内生长，只要培养基水分适宜，湿度控制比较容易。为了有效地防止杂菌侵入，培养室空气相对湿度应宜干不宜湿，空气相对湿度以 65%～60%为宜。在梅雨季节自然气候下湿度较大，培养室内应多撒石灰粉吸潮。工厂化生产应有除湿系统设施，除湿系统由一组除湿机与干湿球电接点温度计组成(由电子湿度仪控制更好)，把干球温度计定于 12～16℃之间与空调机相连。湿球电接点温度计与除湿机相连，根据湿度要求和干球温度确定好湿球温度，使空气相对湿度始终在 65%以下。

3. 空气的适宜指标和调控技术

胶陀螺菌属好氧菌，培养室内要注意通风换气。另外注意空气的对流，尽可能使培养室不气闷、无异味。要有适当的通风设施，最简单的方式是在培养室两头设两台方向相反的排风扇。工厂化生产可采取连续循环通风方式，内循环由设于空气综合调节室内可调速的风机和菇房上的风管组成，新鲜空气补给由外气风机及装于房顶的进气管组成。

4. 光照控制

胶陀螺菌丝生长阶段不需要光线，在黑暗条件下，菌丝生长速度要比有光条件下快 20%～30%。因此，培养室要有适当的遮光设施。

5. 菌袋检查

菌袋培养 3～5 天，需对菌袋进行第一次粗检，主要检查菌种是否萌发成活；经 7～10 天再检查一次，主要检查菌丝长势及污染情况；15 天左右全面仔细检查，对轻度污染的污染处注射 30ml 甲醛加 50ml 75%乙醇混合液或 2%克霉灵或者 10%氢氧化钠溶液，注射面大于污染面，注射口贴上胶布，对污染严重的需重新灭菌接种。

在适宜的条件下，胶陀螺液固结合接种栽培发菌期为 30 天，再继续培养 20 天，即可出菇。优质菌袋标准为：菌袋无破裂，袋内全部长满菌丝，菌丝灰白色——黄褐色，无杂菌表现，无明显积水。

(六)子实体发育

菌袋发满菌后即可进入出菇管理。出菇场所可选择标准化日光温室、太阳能温室、现代化出菇房，出菇场地要远离污染区，环境卫生，水流干净。胶陀螺子实体发育阶段同菌丝体生长阶段对温度、湿度、通风、光照等理化条件的要求差别很大。出菇场地要充分满足胶陀螺子实体生长发育对环境条件的要求，有控温、调湿、调光、通风设施，菇房使用前经严格的消毒杀虫处理。具体措施是喷 2%石灰水，再用0.3%敌敌畏与0.1%敌杀死混合液杀虫，再用硫黄或甲醛熏蒸，最后用 10%氢氧化钠喷洒。

菇房消毒后，即可将菌袋移入出菇房，将袋脱掉，脱掉袋的菌袋叫菌柱，把菌柱竖立排放于菇房床架上，菌柱与菌柱之间留有 5cm 距离，每平方米床架可摆放 60 袋。管理具体技术规程如下：

1. 温度调控

在影响胶陀螺生长的各种物理因素中，温度是最重要的因素。经多次考核验证，胶陀螺属典型的中温型菌类。胶陀螺子实体分化和生长的温度同菌丝体生长有一定的差别。子实体生长温度范围为 15～30℃，以 18～26℃ 为最佳，属不严格的变温结实型菇类，即恒温能出菇，而变温出菇更整齐，产量更高。生产中一般以 20℃为基点，给予 5～6℃ 温差效果更佳。工厂化生产需有调温系统，小工厂由空调设备和控温仪组成，中大型工厂温度由热水炉（60～80℃）及冷水机（8～10℃）产生热冷水，再通过循环泵和管道分别进入菇房空气综合调节室中的热交换器进行调节。

2. 湿度调控

水分对于胶陀螺营养物质的吸收和胞外酶的扩散是必需的，胶陀螺在潮湿的环境中生长，同时胶陀螺的细胞壁对水有渗透性，因此生长的胶陀螺对干燥特别敏感。胶陀螺子实体含水量达 90%，每生产 1 千克胶陀螺需 900ml 的水。第一潮菇产量基本与前期的需水量相等，即生产 1 千克胶陀螺需水 1L。在温度适宜、水分满足的条件下，菌丝才会扭结形成原基，这是水分的敏感期，也是成菇的关键期。要保持料表层湿润，空气相对湿度 80%～90%。随着子实体的长大，逐渐加大喷水量，但要防止子实体积水，影响其生长，同时还要防止过高的空气相对湿度（长时期在 95% 以上），防止静置高湿，否则会降低菇的蒸腾速度，妨碍营养物质从菌丝体向子实体的输送和转移，从而影响子实体的发育，同时也会引起病虫害的滋生蔓延。应采取“干湿交替、促控用水”的方法，这样有利于胶陀螺的高产丰产。

胶陀螺菌属喜湿性很强的菌类，子实体生长阶段需水量较大。只有水分管理得当方能有较高的产量，出菇阶段可以往子实体上直接浇水，菇体不会死亡。同时子实体耐干旱能力也较强，干旱不会使菇蕾死亡，只要恢复水分管理，仍能正常生长，给人工栽培管理带来极大的方便。

工厂化生产应有增湿系统设施，有加压泵、喷雾头、微孔性喷水板及风机等组成增湿系统。加压泵由电子湿度仪自动控制。

3. 通风调控

胶陀螺属好氧性菌类，通风不良很难出菇，即使现原基也迟迟不分化，难以成形。呼吸产生的二氧化碳浓度高会抑制子实体的形成，还有一些挥发性代谢产物，如乙烯或氨都可能对出菇有抑制作用。在足够的供氧条件下，胶陀螺才能吸收利用氮和碳素化合物，正常生长，提高产量，尤其是喷水后要加大通风次数，否则由于湿度大，造成病虫害侵染。但通风要注意科学，通风不要太急，缓慢通风，既要有进风口也要有出风口。一般情况下，$1m^2/h$ 培养料给0.5～$1cm^3$ 的通风量可以使二氧化碳浓度控制在0.08%以下，从而不影响胶陀螺的正常生长。

工厂化生产可采取连续循环通风方式。内循环由设于空气综合调节室内可调速的风机和出菇房上的风管组成，新鲜空气补给由外气风机及装于房顶的进气管组成。

4. 光线调控

胶陀螺在菌丝长满后适当给予散射光，可促使菌丝由浅黄色转化黄褐色，可增加原基数量。光线刺激可促使原基分化成子实体，一般光照强度在 600～800 lx，每天 8 小时以上，夜晚可保持黑暗。光照的强弱影响子实体颜色的深浅，一般在光弱的情况下为黄褐色，而光强的情况下呈黑褐色。切忌直射光，否则料面失水严重，保持不了胶陀螺生长所需的潮湿环境，严重影响产量。

（七）采收与加工

胶陀螺菌同其他真菌相比，子实体生长发育较缓慢。在正常情况下，菌袋生理成熟至现原基需7～10天，从原基分化到子实体成熟需10～15天。待子实体伸展至浅杯状，直径1～3cm，外部锈褐色至黑褐色、有成簇绒毛时即可采收。要做到勤采、细采，采收过晚子实体会自融，造成损失，采收要及时。胶陀螺出菇潮次极不明显，菇生长成熟度差异较大，采收时一定要采大留小，让小菇继续生长。采收方法：用手指掐胶陀螺基部，将整朵子实体连同基部一起采摘下来，勿留菇基，以免残基溃烂，引起病虫害发生或蔓延。采收后，整理料面，停止喷水几天，适当通风，使菌丝恢复生长，吸收、积累养分。重复上述温度、湿度、光照、通风管理，可出二茬菇。

管理得当，每袋干料0.25～0.3千克，可出鲜品胶陀螺0.125～0.15千克，生物转化率为50%～60%。

每平方米床架可放置60袋胶陀螺，出鲜菇7.5～9千克，周期100～110天。采收后的胶陀螺含水量80～90%，如不及时干制会腐烂变质。干制方法一般有晾晒法、烘干法两种。无论何种干制方法，均要求含水量在12%～13%，易于储藏。

第五节 胶陀螺的药理作用

一、抗肿瘤作用

胶陀螺多糖2.08、1.04g/kg（相当于10、5g生药/千克）灌胃给药，对移植S-180和H_{22}小鼠的肿瘤的生长有明显抑制作用。

实验方法：无菌下取生长7天的S-180和H_{22}瘤株，按1∶4稀释，接种在小鼠右侧腋下0.2ml，第二天分组。对照组，灌胃10ml/kg蒸馏水；阳性药组，腹腔注射20mg/kg环磷酰胺；胶陀螺多糖组，分别灌胃4.16、2.08、1.04、0.52g/kg胶陀螺多糖。每天一次，连续10天。末次给药后1小时，秤体重后，拉颈处死小鼠。取瘤秤重。

二、治疗银屑病作用

胶陀螺乙醇提取物和氯仿提取物中含有治疗银屑病的有效成分。用胶陀螺粉末悬浮液、胶陀螺粉末水提物、胶陀螺粉末石油醚、乙醚、乙醇、丙酮、氯仿提取物，胶陀螺色素混合物（14mg/kg），液体培养的胶陀螺菌丝球和培养液浓缩物分别进行光敏活性试验。结果表明，胶陀螺色素混合物无活性，胶陀螺粉末悬浮液，菌丝球和培养液浓缩物有轻度活性，而胶陀螺粉末石油醚、氯仿、丙酮和95%乙醇提物有明显的光敏活性。

第六节 展 望

目前对胶陀螺人工栽培研究甚少。胶陀螺属子囊菌，子囊菌的最大特征是通过有性过程产生子囊和子囊孢子，子囊果才是含子囊孢子和子囊的结构。胶陀螺子实体必然是经过有性过程的结果，产生的子囊孢子通常是单核，萌发形成单核（或多核）细胞的菌丝体，子囊菌的这种单核菌丝体发达，生活期也长。当菌丝体上产生子实体时，先由单元体菌丝扭结形成子实体原基，再经体细胞的结合，细胞核通过隔膜上的小孔而转移形成双核化的产囊丝，才能发育成含子囊和子囊孢子的子实体。也就是说，要顺利地产生子实体，不仅要满足营养生理上的条件，还得激发性过程的产生，即体细胞的结合。正因为有这双重困难，人工栽培子囊菌难度性极大，胶陀螺人工栽培的研究，国内外均无成功的报道，也无其他经验可供借鉴。中国高科集团吉林生态开发公司与长春中医药大学药用真菌研究所合作，组织有关研究人员历经3年时间终于栽培成功，但生产中还存在一些值得重视问题：

①我国林木资源生态效益巨大，储量不足，大量采伐会导致生态严重不平衡，因此我国政府实施“天保工程”、“退耕还林”等一系列重大举措。需要在非成材木上下功夫，如枝桠材等，以求段木栽培的可持续发展。

②胶陀螺段木栽培不同试验组，甚至同一批试验组，不同段木上胶陀螺子实体的长势相差相当大，即使同一根木段上不同表面子实体的长势也相差悬殊，这可能是接种量、水分含量、受光量差异所致。需进一步探索，以获取更高的产量。

③为了保证栽培胶陀螺后木材材质不受任何

破坏，不影响木材的正常销售，提高效益，应考虑采用液体种子，需加大这方面的研究力度。

④在袋料人工栽培胶陀螺方面，时间不长，只有短短几年，有许多研究工作尚待深入探讨，使人工代料栽培胶陀螺的开发工作持续、深入、有序的开展起来。

⑤应尽快用现代科学手段分析柞树所含的营养成分，尤其是某些生理活性物质，这可能就是胶陀螺生长所需的特殊营养素。笔者在大量试验中用了几百个配方组合，如玉米芯、棉子壳、稻草、黄豆秸、小麦粒、大米、玉米粒及各种微量元素、维生素、生长素等均发现菌丝体生长良好，生长环境也没有问题，原基长势良好，有的配方基料已长满了原基，但原基迟迟不能成形。问题可能出现在特殊营养成分（生长素）上，仅在柞树枝、柞树叶、柞树皮为主体的基质上现原基容易，能正常成形，获得成功。因此应着手做柞树营养成分，尤其是生理活性物质的研究，以求有所突破，使代料栽培原料尽可能广泛一些，使代料栽培彻底摆脱山林依托。

⑥人工代料栽培的胶陀螺子实体，从外观看与野生胶陀螺无任何差异，但其化学成分尤其是药理作用有否差异，需做深入的对比研究。

⑦针对胶陀螺菌丝生长纤细、代料栽培极易遭受污染这一问题，应加强对抑菌药物的研究，同时也加强对理化指标的研究，从生态上预防杂菌侵染。

⑧胶陀螺袋料栽培以柞树皮、柞树叶、小麦粒为基质的配方，生物转化率仅为 50%～60%，还有待提高。应在菌种优化、培养料的配方选择、栽培方式栽培管理上需加大研究力度，力争有所突破，使其达到 60%～80%。

参考文献

[1] 李茹光. 吉林省有用和有害真菌[M]. 长春：吉林人民出版社，1980.
[2] 邢来君. 李明春. 普通真菌学[M]. 北京：高等教育出版社，1999.
[3] 李玉. 图力古尔. 中国长白山蘑菇[M]. 北京. 科学出版社，2003.
[4] 徐锦堂. 中国药用真菌学[M]. 北京. 中国协和医科大学、北京医科大学联合出版社，1997.
[5] 杨新美. 食用菌研究法[M]. 北京：中国农业出版社，1998.
[6] 卯晓岚. 中国大型真菌[M]. 郑州：河南科学技术出版社，2000.
[7] 黄年来. 中国食用菌百科[M]. 北京：中国农业出版社，1993.
[8] 包海鹰，李玉. 胶陀螺营养成分的研究[J]. 中国食用菌，2000，20(4)：41.
[9] 张鹏. 胶陀螺化学成分及生物活性研究[D]. 沈阳：沈阳药科大学，2007.

（毛玉帮）

第八十章　雷　丸

DIBASHIZHANG LEIWAN

摘要：雷丸是一种菌核，其入药始载于《神农本草经》，是一种著名的传统中药。雷丸素具有驱虫作用，雷丸多糖具有明显的抗炎症作用。本章主要介绍了雷丸的概述、生物学特性、分类学、栽培技术、化学与生理活性以及展望等方面内容。

Laccocephalum mylittae

Abstract: *Laccocephalum mylittae* produces sclerotia which, when dried, constitute a famous Chinese traditional medicine that was first recorded in "Shen Nong Ben Cao Jing". Omphalin is an active compound isolated from *Laccocephalum mylittae* that exhibits antihelminthic effects, and polysaccharide material from this fungus has anti-inflammatory properties. This chapter consists of six sections describing in detail various aspects of *Laccocephalum mylittae* including a brief introduction, biological features, taxonomy, cultivation techniques, chemical and physiological activity, and prospects for future development.

第一节　概　述

雷丸又名：竹铃芝、雷实、竹苓、竹兜菌。

学名：*Laccocephalum mylittae*（Cooke & Massee）Núñez & Ryvarden, *Syn. Fung.*（Oslo）10：31（1995）。

属名"*Laccocephalum*"的词干"lacca-"意思是"漆"，词尾"-cephale"意思是"头"，文献直译为"漆头菌属"。中文很早就有雷丸的名称。

同物异名：*Polyporus mylittae* Cooke & Massee, *Grevillea* 21(no. 98)：37(1892)；*Polyporus mylittae* Sacc.，*Hedwigia* 32：56(1893)。

分类学地位：菌物界（Fungi），担子菌门（Basidiomycota），伞菌纲（Agaricomycetes），多孔菌目（Polyporales），多孔菌科（Polyporaceae）。

雷丸的主要成分是一种称为雷丸素的蛋白酶和雷丸多糖。其中雷丸素含量约3%，为驱虫的有效成分，棕灰色，无臭无味，易溶于水和甘油，不溶于甲醇、乙醇、氯仿、乙醚等有机溶剂，加热失效。此酶在pH8的溶液中作用最强，在酸性溶液中失活。0.06μg雷丸素在10ml弱碱性（pH8）溶液中即有分解蛋白质的作用。雷丸多糖是一种以β(1→3)葡萄糖为主链，带有(1→6)支链的葡聚糖，相对分子量为118.3万。此外，雷丸中还含有灰分3.96%（以铁盐为主）、有机质89%、水分6.5%及钙、铝、镁等无机盐。通常以菌核供药用，味苦、性微寒、有小毒，能消积、杀虫、除热、逐毒气、解胃中热。近来有研究报道，雷丸发酵菌丝与菌核蛋白体外对肿瘤细胞HepG2的抑制作用。结果显示，两种提取蛋白在体外对HepG2肿瘤细胞的抑制作用相近，最高可达80%左右。且经药理实验研究表明，雷丸菌发酵方法所获得的雷丸蛋白酶与天然雷丸蛋白酶之间没有明显差别。发酵菌丝蛋白具有显著的抑瘤作用，在深入研究药理、毒理的基础上可替代菌核入药。

在我国蕈菌医方中含有雷丸的实用方剂有140多个，但至今药源仍以野生为主。为扩大药源，曾试过人工培养，有的学者还从雷丸菌核中分离得到的雷丸菌种用于阔叶林、竹园等场所的坑栽或箱栽并获成功。2006年，浙江大学李永泉等公开了一种雷丸菌液体深层发酵生产雷丸菌丝的工艺，此项专利所述适合于雷丸菌发酵培养的大规模生产，对于该菌以后的工业化生产有很大的指导意义。

第二节　雷丸的生物学特性

一、形态特征

干燥的菌核为球形或不规则的块状，大小不等，直径2～2.5cm，表面呈紫褐色、褐色、暗黑色，有细皱纹，干燥后，质地坚硬，有时在凹处具有菌索。剖面不平坦，粉白或灰黄色，呈颗粒状或粉质。

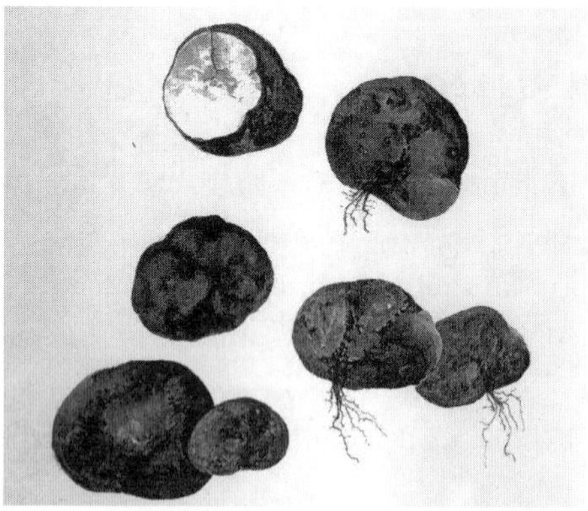

二、生态分布

（一）寄主

雷丸常生于衰败的杂竹林、桐、胡颓子、柏、枫香等腐根旁通透性良好的砂砾性土壤中，兼性寄生真菌。

（二）地理分布

雷丸主产于我国的四川、贵州、云南、安徽、湖南、湖北、广东、广西、陕西、浙江、福建等地。

（三）生活史

雷丸生活史中的菌丝体有单核菌丝体和双核菌丝体。单核菌丝体又叫初生菌丝体，双核菌丝体又叫次生菌丝体。单核菌丝由担孢子萌发而成，双核菌丝由两条单核菌丝质配而成，并通过锁状联合进行细胞分裂。单核菌丝体在生活史中很短暂，双核菌丝体是生活史中的主要菌丝体。只有双核菌丝体才能形成子实体。

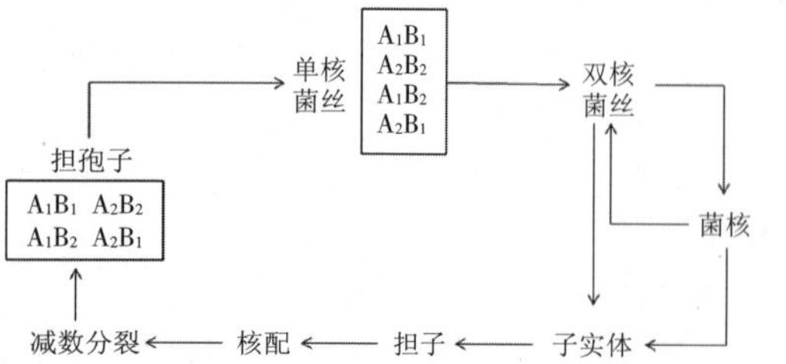

雷丸生活史

1. 子实体的形成

腐木内的双核菌丝体在条件适宜时于腐木表面形成子实体，子实体为伞形，在菌褶表面形成担子，经核配和减数分裂形成4个担孢子。在基质中每个担孢子生出芽管，每个芽管萌发成一条单核菌丝，两条单核菌丝两两配合。雷丸属于四极性异宗配合，两条配合的菌丝必须基因型不同，才能配合成功，可配率只有25%。经过两条单核菌丝质配后形成双核菌丝，再通过菌丝上的锁状联合进行细胞分裂形成双核菌丝体。

菌核也可以直接萌发，露出地面，菌核内的菌丝会利用菌核内储存的养分生长到菌核表面，然后进行组织化的生长和分化形成子实体。

2. 菌核的形成

双核菌丝在段木内大量生长繁殖，完全布满基质后在木材适宜的四周聚集形成菌核。由于菌丝体对木材的不断分解与吸收，并将养分输送到菌核中，使菌核逐渐增大，木材中可利用的物质耗尽，菌核即停止生长。

在人工栽培时，雷丸菌核可被用来做种，在新的基质中重新长出双核菌丝，由双核菌丝再次形成新的雷丸菌核。这是无性小循环。

（四）菌丝生长的营养与代谢特点

王淑芳等，对雷丸菌丝的生物学特性进行了研究。结果表明，葡萄糖和豆饼粉加麦麸均可制成培养基；在以2%葡萄糖为基础的培养基上，分别添加0.5%蛋白胨、鱼粉、硫酸铵、硝酸铵，在25℃条件下培养菌丝生长良好。对于菌丝的生长，有机氮源明显优于无机氮。

（五）影响雷丸菌丝生长的理化因素

1. 温度

雷丸菌丝在寄主腐木内可经受0℃以下低温，菌核抗寒力较强。人工培养菌丝的最适温度为25～30℃，30℃更有利于菌丝生长。

2. 水分

雷丸菌丝的生长对基质含水量的要求较高。如在锯木屑及麦麸（3∶1）的基质中，料与水的比为1∶1.5～1∶1.8；在25℃用麦麸培养时，麦麸含水量低于60%不易生长。

3. 酸碱度

菌丝培养期间的酸碱度，以pH为5.8较适宜。

4. 光照

雷丸菌核在地下生长，不需要光照。人工培养的菌丝，有光、无光均正常生长。

第三节 雷丸的栽培技术

雷丸药用商品主要靠采集野生雷丸。人工栽培方法有两种：①采集野生的菌核为材料，分离出纯菌种，再用菌丝在一定条件下栽培出菌核；②也有直接利用野生雷丸为引子栽培雷丸。

一、菌种的分离

选择健壮、个大的雷丸菌核，用水冲洗干净，用75%乙醇表面灭菌，然后在无菌条件下用解剖刀切开菌核，取3～5mm的内部组织块，置PDA平面培养基上，25℃恒温培养。培养7天后，小组织块周围即长出白色菌丝体，挑取先端的幼嫩菌丝转入新的PDA斜面培养基中即获得母种。

二、室内培养

母种用PDA培养基，二级及三级菌种均用木屑培养基，其组成为杂木屑75%、麦麸22%、蔗糖1.0%、碳酸钙2%左右。接母种于装有木屑培养基的瓶中，25℃条件下培养。待菌丝长满瓶之后，在室温下培养。4～5个月后将木屑挖出，可看到木屑中有2～3个雷丸，新生的正在生长的雷丸多结在一根细长的白色菌索顶端，老熟时脱落。菌核呈淡黄色。每个有拇指大小。剖开后内呈白色至淡黄色，质地粗，呈细的粒状。

三、室外栽培

(一)选地

选排水良好、土质疏松、干燥的土壤，山林或林边熟地或田边、房前、房后均可种植。黏土或易积水处不宜种植。

(二)备料

可选用马桑、栗树、青冈、枫香、杨树或其他藤本和竹蔸根，以胡颓子、桂树为好。将选好的树砍成0.7～1.0m长的木段，鲜料及干料各一半，再收集枯枝落叶和部分半腐烂的木材备用。

(三)挖坑放料

选好地后，挖坑，坑长0.7～1.0m，深0.5m，坑底先铺放一层腐殖质土和半腐烂木材，2～3cm厚。然后每坑放木料6～8根12cm粗的段木，细的10根左右，共2～3层。垫上枯枝烂叶，将空隙填满，盖上一层腐殖质土，约2cm厚。

(四)栽培

栽培季节春秋均可，以夏初为好，这是雷丸生活力较强的生理时期，也是前一年种植的雷丸采挖期，容易解决种源问题。选用新鲜的小雷丸作繁殖材料，每坑用250g左右，分层均匀放置，最好将雷丸打碎，分一层或两层撒在段木上接种。段木之间及坑内空隙，用枯枝落叶填满，盖一层约20cm厚腐殖质，上边盖细泥，略高于地面，呈瓦背形，以免积水。

(五)管理

种后10天检查，菌丝挂满半节木料，呈白色丝状。20天后，木料上布满菌丝。30天后，呈现许多白点和较大的红色雷丸。播种的雷丸已经开始腐烂。40天后，有的小雷丸如算盘珠大，颜色淡红。接种雷丸切勿在竹林边种植。否则，将影响竹林生长，败坏竹林。

四、采收与加工

一般在栽培后的翌年夏初采挖，大的选出作药，拣净杂质，去净泥沙，晾干即可。每1千克鲜雷丸可得干品0.5千克。一般播1千克可收5～9千克鲜雷丸。栽雷丸的原材料在采收后加锯木屑、碎木块掩埋后还可继续长雷丸。

第四节　雷丸的化学与生理活性

雷丸的主要药理作用是驱绦虫，该药对人感染有钩及无钩绦虫、犬绦虫均有驱虫作用。其驱绦虫作用不是麻痹虫体，而是由于雷丸中的蛋白酶对蛋白质的分解，致虫节破坏所致。对人体无腐蚀性或其他不良反应。由于其含镁，有导泄作用，故驱绦虫时不必加服泻剂。对脑囊虫病、丝虫病均有一定的疗效。其次是驱蛔虫作用，体外实验对猪蛔虫有效，而对蛔虫感染者无效。但民间有用雷丸与其他药配合治疗蛔虫病的报道。雷丸还有抗阴道毛滴虫作用，10%的雷丸煎剂、药液与培养基成 1∶1 的浓度，5 分钟后大部分虫体颗粒化变形，个别虫体仍有活动。此外，据报道，雷丸多糖(S-4001)对多种动物实验模型具有明显的抗炎症作用，用后血浆皮质酮含量明显增高，但肾上腺中抗坏血酸含量却无改变，可能 S-4001 不影响肾上腺皮质激素的合成，而是促进皮质激素的释放或阻止其代谢。小鼠皮下注射 S-4001，能明显增加刚果红染料在血中的廓清，对绵羊红细胞免疫的小鼠能明显增加其血清半数溶血值。表明 S-4001 能增强小鼠网状内皮系统的吞噬功能和体液免疫功能。

第五节　展　望

陕西爱民药业股份有限公司与陕西唐宇药业股份有限公司生产、用于辅助治疗癌症的药品——雷丸胶囊，已于 2005 年上市，形成了产业化。此外，有关雷丸另一种有效成分雷丸多糖，北京理德斯普企业管理咨询有限责任公司撰写了一篇《2008 年度国内外雷丸多糖产品市场分析及预测报告》，该报告对雷丸多糖产业的发展现状和趋势、雷丸多糖市场的供需现状、市场规模和发展潜力、雷丸多糖技术与研发状况、雷丸多糖产业供应链系统，包括生产商、供应商、服务商和终端用户等进行了系统、全面地调查、分析和预测。预示不久的将来，雷丸多糖产品也将在市场上出现。

参考文献

[1] 黄年来．中国最有开发前景的主要药用真菌[J]．食用菌，2005(1)：3-4．
[2] 陈宜涛，施美芬，姚金晶，等．雷丸菌核与发酵菌丝蛋白体外抑瘤对比分析[J]．现代生物医学进展，2008，8(7)：1250-1252．
[3] 王淑芳，王瑞芳，朱彗新，等．雷丸菌人工培养形成菌核试验[J]．中药材，2005，28(8)：647-648．
[4] 林强，葛喜珍．中药材概论[M]．北京：化学工业出版社，2007．
[5] 赵国平，戴慎，陈仁寿．中药大辞典(下册)[M]．上海：上海科学技术出版社，2006．
[6] 刘波．中国药用真菌[M]．太原：山西人民出版社，1978．
[7] 李庆典．药用真菌高效生产新技术[M]．北京：中国农业出版社，2006．

（孙东平）

第八十一章　裂褶菌

DIBASHIYIZHANG LIEZHEJUN

摘要：裂褶菌是一种分布全球的真菌，也是一种著名的食药用菌，它含有多种生物有效成分与营养成分。裂褶多糖是一种具有抗肿瘤作用的生物活性物质，具有较大的开发前景，得到国内外普遍重视。裂褶菌多糖由裂褶菌深层发酵培养产生，是由β-1.3和β-1.6糖苷键组成的葡聚糖，是一种四极性的两对等位基因的异宗配合真菌，是研究担子菌遗传的好材料。本章主要阐述了裂褶菌的概述、生物学特性、分类学、栽培技术、化学成分、药理作用、临床治疗等方面内容。

Schizophyllum commune

Abstract: *Schizophyllum commune* is a well-known, widely distributed edible and medicinal mushroom. The fungus is rich in nutrients and contains numerous bioactive components including schizophyllan, which has attracted considerable attention due to its anti-tumor effect and potential for future development. Schizophyllan, a relatively simple glucan consisting of β-1, 3 and β-1, 6 glycosidic linkages, is produced by fermentation in submerged culture. *S. commune* is a typical tetrapolar, heterothallic fungus, and is a model fungus for research on basidiomycete genetics. This chapter gives a detailed description of *S. commune* including a brief introduction, biological features, taxonomy, cultivation techniques, chemical components, pharmacological functions, use in clinical treatments, and prospects for future development.

第一节　概　述

裂褶菌又名：白参、树花、鸡毛菌子、鸡冠菌、小柴菰等。

学名：*Schizophyllum commune* Fr. [as '*Schizophyllus communis*'], *Observ. mycol.* (Havniae) 1: 103 (1815)。

属名"*Schizophyllum*"的词干"schizo-"意思是"切割、裂开"，描述菌褶开裂；词尾"-phyllon"意思是"叶子、菌褶"，文献直译为"裂褶菌属"。种名加词"*commune*"意思是"共同的、一般的、共有的"。

同物异名：*Agaricus alneus* L., *Fl. Suec.*: 1242(1755); *Agaricus alneus* Reichard, *Sp. pl.*, Edn 4: 605(1780); *Agaricus multifidus* Batsch, *Elench. fung.*, cont. prim. (Halle): 173(1786); *Apus alneus* (L.) Gray, *Nat. Arr. Brit. Pl.* (London) 1: 617(1821); *Daedalea commune* (Fr.) P. Kumm., *Führ. Pilzk.* (Zwickau): 53(1871); *Merulius alneus* (L.) J. F. Gmel., *Syst. Nat.* 2(2): 1431(1792); *Merulius alneus* (Reichard) Schumach., *Enum. pl.* (Kjbenhavn) 2: 370(1803); *Merulius communis* (Fr.) Spirin & Zmitr., *Nov. sist. Niz. Rast.* 37: 182(2004); *Schizophyllum alneum* J. Schröt., (1889); *Schizophyllum alneum* (Reichard) Kuntze, *Revis. gen. pl.* (Leipzig) 3(2): 516(1898); *Schizophyllum alneus* (L.) Kuntze, *Revis. gen. pl.* (Leipzig) 3: 478(1898); *Schizophyllum commune* var. *multifidum* (Batsch) Cooke,: 101(1892); *Schizophyllum multifidum* (Batsch) Fr., *J. Linn. Soc.*, Bot. 14: 46(1875)[1873]。

分类地位：菌物界(Fungi)，担子菌门(Basidiomycota)，伞菌纲(Agaricomycetes)，伞菌亚纲(Agaricomycetidae)，伞菌目(Agaricales)，裂褶菌科(Schizophyllaceae)。

裂褶菌在中国民间食用、药用已较久。始载于《新华本草纲要》，后来《中国药用真菌》、《云南食用菌》、《福建菌类图鉴》等书对裂褶菌都有详细记载。裂褶菌幼时质地柔嫩可食，裂褶菌气香、味鲜，依据当地民众的采集经验，认为在栓皮栎和核桃树木材上生长的裂褶菌味道最好。裂褶菌在云南民间叫作“白参”，性平，味甘，可作滋补剂，滋补强身，补肾益精，内服煎汤，6～15g，用于肾气不足、阳痿早泄、清肝明目等。云南民间将裂褶菌与鸡蛋炖食或与肉炒食用来治疗妇科疾病、神经衰弱、头昏、耳鸣、虚汗等。国外食用菌专著书都记载野生裂褶菌可以食用。国外在遗传学研究方面常用裂褶菌作为基因研究的重要材料，这是由于裂褶菌的子实体在实验室里容易培养。裂褶菌子实体小型，繁殖生长快，数量多，可人工大量栽培子实体。

裂褶菌深层发酵培养产生 *L*-苹果酸、纤维素酶、酯酶、纤维二糖脱氢酶、吲哚乙酸等生化产品。从裂褶菌发酵滤液中分离出一种抗肿瘤活性较高的多糖即裂褶菌多糖（Schizophyllan，SPG），对小白鼠内瘤S-180、小白鼠艾氏癌、大白鼠吉田肉瘤、小白鼠肉瘤 37 的抑制率达 70%～100%，在医药界受到普遍的重视和关注。

自 20 世纪 70 年代至今，国内外学者在裂褶菌的深层发酵培养、生物有效成分、裂褶多糖的分离纯化、化学结构、药理及临床应用等方面进行了全面深入的试验研究，尤其是裂褶多糖成为裂褶菌研究的一个非常活跃的领域。它的生物活性主要是免疫调节活性，作为一种优良免疫调节剂的裂褶多糖引起了广大医药研究者的浓厚兴趣。一种治疗恶性肿瘤子宫颈癌的裂褶多糖注射剂在日本问世并已商品化，商品名西佐糖（Sizofilan、sonifilan、sizofiran），目前在临床上已广泛应用。同样，在我国对裂褶多糖的基础应用研究和药物的开发利用也有较大进展，非常令人鼓舞。北京医科大学林志彬等（1994）在国内领先研究了裂褶菌多糖的免疫药理，报道了裂褶菌胞内和胞外多糖可增加正常小鼠和老年小鼠细胞中抗体形成细胞的数目，可恢复老年动物低下的细胞免疫及体液免疫功能，对延缓衰老、延长生命有一定意义。南京大学生物科学技术系和山东济南第二制药厂合作研发了裂褶多糖口服液，商品名微力达口服液，作为肿瘤的辅助治疗新药。经山东省卫生厅批准[（94）鲁卫药便字 129 号]组织了多家知名医院（南京军区八一医院全军肿瘤治疗中心、山东医科大学附属医院、山东济南市中心医院、安徽马鞍山市肿瘤医院）联合进行临床研究，共观察病例 233 例。研究结果表明，微力达口服液对多种肿瘤化疗所致白细胞减少症的临床治疗总有效率为 96.7%，显效率63.3%，在临床研究过程中未见不良反应。近年来，国内外的研究还发现裂褶多糖对肺癌具有明显抑制作用，对治疗慢性肝炎也有一定疗效。显然，裂褶菌多糖在临床应用前景及市场发展前景具有相当希望和前途。

我国裂褶菌的人工驯化始于 20 世纪 80 年代。1986 年，上海农科院食用菌所采用组织分离法，将生长在乌桕树倒木上的野生裂褶菌菌丝接种在 PDA 培养基上进行培养，并对菌丝生长条件进行了优化试验，菌丝长满后又将其接种到栽培种培养基上，菌丝生长良好，并培养出裂褶菌子实体。1990 年，曹素芳通过组织分离法获得裂褶菌菌种，并在液体培养基上培养获得子实体。1996 年，云南农业大学食用菌研究所进行了万袋规模的栽培试验，对云南野生裂褶菌资源的菌种进行筛选和驯化研究，并获得成功，得到适合大规模人工栽培的裂褶菌品种，用木屑-麦麸培养基栽培裂褶菌，可采收 3 茬菇，生物学效率在 35%～50%之间。2000 年，云南昆明云蕈科技开发有限责任公司罗星野等利用野生的裂褶菌菌种也实现了引种驯化和人工培养裂褶菌子实体，并申请了专利。近几年，先后在山东省、福建省古田县、云南省的昆明、玉溪等地进行商品化批量栽培，均获得理想的效果。

我国利用液体培养基培养裂褶菌菌丝体的研究也开始于 20 世纪 80 年代。1985 年，南京大学的李兆兰对裂褶菌进行深层培养，对培养基配方、发酵时间和菌株进行了研究，得到的最适培养基为黄豆粉葡萄糖液体培养基，能产生丰富的多糖。这为裂褶菌多糖的研究奠定了良好的基础，并申请了裂褶菌的培养工艺及其利用技术专利。之后，对裂褶菌发酵生产的培养物研究越来越多，通过对液体培养基的条件进行优化，从中提取大量具有生物活性的裂褶菌多糖、有机酸、各种降解纤维素和木质素的酶类。

第二节　裂褶菌的生物学特性

一、形态特征

子实体小型，菌盖宽0.6～4.2cm，质韧、薄、韧革质。白色至灰白色，上有绒毛或粗毛，扇形或肾形，边缘内卷，具多数裂瓣。菌褶狭窄，从基部辐射而出，白色或灰白色，有时淡紫色，沿褶缘纵裂而反卷。柄短或无。孢子印白色，孢子透明无色，圆柱状，有一斜尖，壁表平滑，5～5.5μm×2μm（图 81—1）。

图 81－1　裂褶菌子实体外形

二、生态分布

(一)生态习性

生于多种阔叶树及针叶树的腐木、树桩、枯枝上。子实体散生、群生、簇生。柄短侧生或无柄，从背面一点附着于基物上。一年四季都能生长和采集到子实体，在严寒的冬天生长缓慢甚至停止生长。裂褶菌的一个重要生态习性是耐干燥，在气候极其干燥的环境里，能长期存活而不会死亡。这是由于裂褶菌的菌褶在褶缘处纵裂为两片，各自弯向左右两侧。当天气干燥时，褶缘处很容易反卷，以遮盖和保护子实层。美国曾报道一个1911 年密封于试管里的裂褶菌干标本，经过 50 年之后，当它回到潮湿条件下时褶缘就不反卷，而且还能散发孢子。裂褶菌的生命力如此顽强，简直是一个奇迹。这与菌褶的纵裂并反卷有关，是形态结构和功能的统一。

(二)地理分布

裂褶菌分布广泛，遍及全球。国内分布于云南、贵州、四川、江苏、安徽、山东、浙江、江西、福建、台湾、湖南、湖北、河南、河北、山西、陕西、黑龙江、吉林、辽宁、广东、广西、海南、甘肃、西藏、内蒙古。

三、裂褶菌的生活史

裂褶菌的子实体生长在腐木表面，菌丝体生长在腐木内，每年春季开始腐木中的双核菌丝体往腐木表面长出子实体原基，继之发育成子实体。在成熟的子实体的菌褶表面长有子实层，其上产生担子，在担子内进行核配和减数分裂后，从担子上长出 4 个担孢子。成熟后担孢子弹射出去，附着到其他腐木上，萌发 1 个至多个芽管。每个芽管萌发成 1 条菌丝，每个菌丝细胞单核，从担孢子萌发的菌丝叫作单核菌丝，又称初生菌丝，它在生活史中生命周期较短，单核菌丝不能发育成子实体。两条性基因有差别的单核菌丝进行细胞质融合完成质配，裂褶菌为四极性的生理异宗结合。经质配后的菌丝变成双核菌丝，其细胞通过锁状联合的方式进行细胞分裂，双核菌丝在生活史中生命周期较长，是主要的菌丝体，又称次生菌丝体。只有双核菌丝体才能发育成子实体。裂褶菌生活史中的核相交替是质配在单核菌丝的细胞里，核配和减数分裂在担子内。担孢子和单核菌丝为单倍体，担子为双倍体，双核菌丝体为双核体。

裂褶菌是担子菌中标准的四极性异宗结合的真菌，在配合时其亲和性由两对等位基因 A_1A_2 与 B_1B_2 控制。担子进行减数分裂以后形成 4 种不同基因型的担孢子，即 A_1B_1、A_1B_2、A_2B_1、A_2B_2。由担孢子萌发成的单核菌丝也具有这 4 种不同的基因型。在两对等位基因中，一对 A_1A_2 控制着锁状联合锁状细胞的形成，另一对 B_1B_2 控制着核的迁移。只有同时具有两对基因 A_1A_2、B_1B_2 时才能完成有性生殖。4 种不同基因型的单核菌丝 A_1B_1、A_1B_2、A_2B_1、A_2B_2 进行配对实验时，其结果出现 4 种不同的反应情况，见表 81－1。

表 81－1 四极性裂褶菌的基因配对生育情况

基因型	A_1B_1	A_1B_2	A_2B_1	A_2B_2
A_1B_1	－	F	B	＋
A_1B_2	F	－	＋	B
A_2B_1	B	＋	－	F
A_2B_2	＋	B	F	－

“＋”代表基因可以配合，为 $A_1B_1 \times A_2B_2$、$A_1B_2 \times A_2B_1$ 的反应，即具有不同 A 等位基因和不同 B 等位基因的反应。菌丝能交配形成双核体，且有锁状联合现象，可以形成子实体。

“－”代表基因不配对，为 $A_1B_1 \times A_1B_1$、$A_1B_2 \times A_1B_2$、$A_2B_1 \times A_2B_1$、$A_2B_2 \times A_2B_2$，具有相同的 A 等位基因及相同的 B 等位基因的反应。菌丝不能杂交形成双核体，无锁状联合，实际上相同单核菌丝长在一起，但核不能移动，不产生子实体。

“F”代表基因不配对，为 $A_1B_1 \times A_1B_2$、$A_2B_2 \times A_2B_1$，具有相同的 A 等位基因，而 B 等位基因不相同的反应。菌丝细胞具多个核，没有锁状联合，不产生子实体。

“B”代表基因不配对，为 $A_1B_1 \times A_2B_1$、$A_1B_2 \times A_2B_2$ 具有相同的 B 等位基因，而 A 等位基因不相同的反应。两种菌丝互相排斥，不结合，中间有一道沟。由于 A 基因作用形成锁状联合但无核的迁移，称为假锁状联合。由于核迁移受阻，不能形成子实体。

综上所述，标准四极性的配对反应中，“＋”代表 A不同、B 不同(A≠、B≠)，“－”代表 A 相同、B 相同(A=、B=),“F”代表 A 相同、B 不同(A=、B≠),B 代表 A 不同、B 相同(A≠、B=)。4 种反应的比例为 1:1:1:1,只有其中 A≠、B≠的反应才能形成子实体,这说明后代中只有 25%形成子实体。

裂褶菌的生活史属于单倍体——双核体——二倍体的循环,二倍体阶段短,双核体阶段长,双核体和单倍体基本参半。裂褶菌的生活史:异宗配合,四极性(图 81-2)。

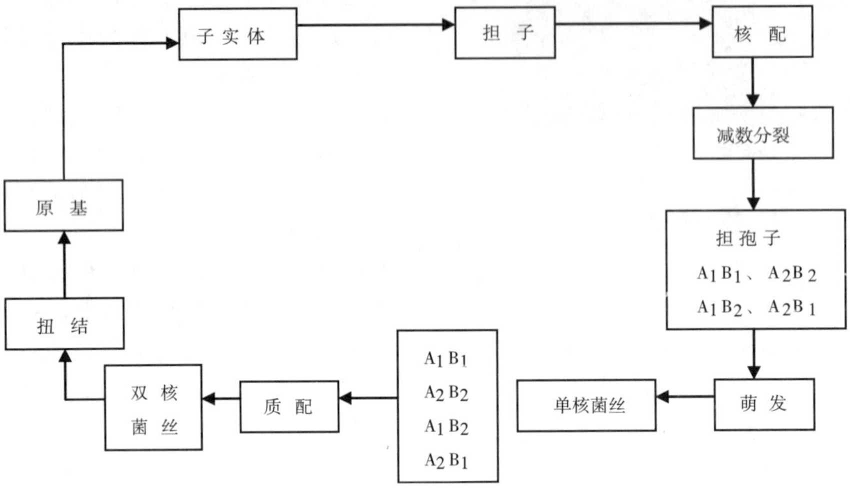

图 81-2　裂褶菌生活史

四、裂褶菌的营养

(一)碳源

裂褶菌能适应各种不同的碳源如各种单糖、双糖、低聚糖、淀粉、纤维素、半纤维素、木质素等,但是不同的碳源对菌丝生长的效果不尽相同。某些糖可以作为优良碳源,而某些糖对菌丝的生长效果是居中状态,某些糖却不能很好地被利用。即使是同一种碳源在不同条件的培养实验中,往往效果也不完全相同。在裂褶菌的深层发酵培养中葡萄糖、蔗糖是培养基中常用的廉价碳源,也是裂褶菌子实体栽培培养料的重要辅料。其他单糖、双糖,如甘露糖、果糖、麦芽糖、淀粉对促进裂褶菌菌丝的生长有较好的效果,有的却因价格较贵而不常用。日本在裂褶菌的培养中发现半乳糖、乳糖、木糖、阿拉伯糖,不能被菌丝吸收利用。碳源中的纤维素、半纤维素,以及木质素等是裂褶菌子实体栽培培养料中的重要碳源,可以很好促进菌丝体生长和子实体的形成。

(二)氮源

裂褶菌的菌丝生长能利用的氮源种类较多,天然含氮化合物如黄豆粉、米糠、麦麸等,有机氮源如蛋白胨、酵母膏、氨基酸、尿素等,无机氮源如铵态氮(铵盐)、硫酸铵[$(NH_4)_2SO_4$],碳酸铵[$(NH_4)_2CO_3$]、氯化铵(NH_4Cl)、硝酸铵(NH_4NO_3)、磷酸二氢铵($NH_4H_2PO_4$)等。不同的氮源对菌丝生长的利用效果也不一样。总的看来,天然氮源优于有机氮源(因在天然氮化合物中含有维生素和微量元素,能促进菌丝生长的需要),有机氮源优于无机氮源,在无机氮源中铵态氮比硝态氮容易被菌丝吸收利用,铵态氮中的磷酸二氢铵优于其他铵盐。以硝态氮为唯一氮源时,菌丝生长很慢,几乎不出菇,这可能是由于裂褶菌不能合成硝酸盐还原酶的缘故。蛋白胨、酵母膏是裂褶菌培养常用的有机氮源,也是裂褶菌子实体栽培中培养料的重要辅料。在培养基中添加适量的谷氨酸或甘氨酸能促进菌丝的生长和多糖的形成。

(三)无机盐(矿质元素)

无机盐也叫矿质元素(金属元素),又称矿质营养,如磷(P)、钾(K)、镁(Mg)、硫(S)、钙(Ca)、铁(Fe)、铜(Cu)、锌(Zn)、钴(Co)、锰(Mn)、钼(Mo)等。磷酸二氢钾(KH_2PO_4)、磷酸氢二钾(K_2HPO_4)、硫酸镁($MgSO_4 \cdot 7H_2O$)、硫酸钙($CaSO_4 \cdot 2H_2O$),硫酸锌($ZnSO_4$)、硫酸亚铁($FeSO_4$)、硫酸铜($CuSO_4$)、氯化钴($CoCl_2$)、氯化锰($MnCl_2$)等化合物都是无机盐的来源。在这些无机盐中以磷、钾、镁三元素为最重要。磷是核酸和能量代谢的组成元素,如果没有磷,碳和氮就不能很好被利用。在培养基中配制的最适浓度为0.02%~0.05%,在裂褶菌的培养配方中均含有 KH_2PO_4 或 K_2HPO_4 以及 $MgSO_4 \cdot 7H_2O$ 的成分。其他元素,如铁、锌、钴、锰、钼、铜的需要量极少,称微量元素,以 1μg/L 为最适宜浓度,在普通自来水和天然培养料中均有充足含量，一般在配制时可不用添加。

（四）生长素

生长素是一种刺激生长和调节生长的有机物质，又称生长因子，如维生素、α-萘乙酸（NAA）、吲哚乙酸（IAA）、赤霉素、三十烷醇等。维生素在各种天然培养料中都有丰富的含量，因此用天然培养基时无须再添加维生素。国内报道，在裂褶菌的培养液中加入生长调节剂——三十烷醇（直链饱和脂肪醇）$10\sim20\times10^{-6}$与对照相比较，提高菌丝产量分别为21.43%与26.19%。它的作用机制是三十烷醇可以改善细胞通透性，提高菌丝细胞的酶活力，促进菌丝代谢。据日本报道，在裂褶菌培养液中添加维生素 B_1，有利于裂褶多糖的形成。与对照相比较，可提高多糖产量 1 倍。最适宜浓度是每升培养液中含 0.01～0.1mg。

五、影响裂褶菌生长和发育的理化因素

（一）温度

裂褶菌子实体生长发育的温度比菌丝体生长发育的温度要低，属于低温型。菌丝体生长发育的温度偏高，属于中高温型。子实体在 8～22℃都能生长，最适温度为 14～17℃。在 8℃以下，22℃以上生长缓慢，甚至停止生长。菌丝体在 10～33℃都能生长，最适温度为 22～28℃。在 15℃以下、33℃以上生长缓慢，5℃以下、36℃以上停止生长，40℃以上便会很快死亡。但裂褶菌菌丝非常耐低温，木材内的菌丝在北方能忍受两个月的严冬天气而不会被冻死。

孢子萌发的最适温度为 21～26℃，以 24℃时萌发最好。孢子对低温的抵抗力较强，但不耐高温。

（二）水分、空气相对湿度

水分是裂褶菌生长发育的重要条件。水分赋予子实体一定的形态特征，原生质的含水量在90%以上，菌丝细胞的营养物质必须溶解到水中才能被菌丝细胞吸收利用。细胞内的一切生化反应都是在水溶液中进行的。水分有利于代谢过程中热量吸收和散发，从而调节细胞内外的温度。裂褶菌人工栽培中分为菌丝体生长发育阶段和子实体生长发育阶段。两个阶段生长发育所需的水分主要是依靠培养料中的含水量来供给的，其次是从空气湿度来获得。培养料中充足的含水量是保证裂褶菌菌丝体和子实体正常生长和发育的基础，而一定的空气湿度是保证子实体品质的关键。培养料的水分在菌丝体生长发育期控制在 60%～65%，培养料的料水比一般控制在 1∶1.2～1∶1.4。菌丝体生长阶段适宜的空气相对湿度为65%～70%。子实体形成后，栽培场空气的相对湿度要求在 85%～95%。空气湿度大，子实体发育快，质嫩；湿度低，原基易于干枯死亡，子实体生长缓慢，质地较韧。喷水是补充培养料含水量和调节空气相对湿度的一项重要管理措施。

（三）酸碱度

裂褶菌菌丝适宜在偏酸的环境中生长，菌丝生长的最适 pH 为 5～6，pH 在 4～8 的范围均能生长，在这范围之外生长缓慢，甚至停止生长。子实体生长最适 pH 为 4～5。在裂褶菌子实体栽培中，由于固体发酵培养周期长，菌丝分解培养料产生中间代谢产物，如各种有机酸使 pH 下降。在过酸的培养基中，会抑制维生素 B_1 合成酶的活性，从而影响菌丝和子实体正常生长发育。因此，在配制培养料时必须添加 1%～2%的石膏或碳酸钙进行调节，中和下降 pH 值。在裂褶菌液体发酵培养中，为了让菌丝生长稳定在最适的 pH 范围内，在配制培养基时常加入磷酸二氢钾和磷酸氢二钾等缓冲剂调节下降的 pH，用量约 0.05%～0.1%。

（四）光照

裂褶菌的菌丝体在生长和发育阶段不需要光线，日光中的紫外线（260～265nm）对菌丝有杀伤作用。日光下培养基内的水分迅速蒸发而脱水，不利于菌丝生长；还有可能由于光毒作用抑制生长，特别是直射光对菌丝有致死作用，蓝光（380～540nm）对菌丝生长有抑制作用。所以在裂褶菌菌丝体的生长发育阶段完全处于黑暗的条件下可以正常生长发育。在裂褶菌子实体生长发育阶段需要散射光线照射，给予一定的光照刺激才能促进原基分化和子实体的形成，否则会一直停留在菌丝体阶段，不进入繁殖期。裂褶菌的子实体需要在有散射光照进的菇棚或菇房内栽培。但是，光线对裂褶菌的孢子萌发有抑制作用。因此，在人工培养裂褶菌时，如用孢子悬浮液进行播种，必须在避光条件下操作。用孢子分离法获得裂褶菌的菌种或进行菌种复壮的实验时必须防止光线对孢子萌发的影响。

（五）氧气、二氧化碳

裂褶菌子实体的发育需新鲜和充足的空气，才有利于菌丝达到生理上的成熟和进入子实体阶段。在缺氧条件下，菌丝易衰老死亡。通风不良、二氧化碳积累过多不但抑制菇体生长，而且使菇体畸

形，形成菌盖小、肉薄的畸形菇。在裂褶菌的子实体栽培中，增大通风量是管理中特别需要注意的问题。在发育阶段，必须早晚揭塑料膜以及开启门窗增加通风换气，使栽培场所有徐徐清风。当菌丝体生长到一定的成熟阶段，需要进行开放式的管理，床栽的裂褶菌要逐渐揭去覆盖塑料膜，袋栽的要在袋上进行开口划破塑料袋，瓶栽的要脱去瓶口的棉塞，否则原基的形成受阻，影响子实体的形成。错过了这个通风时期，即使再给予通风，原基也不会形成，从而使子实体的产量受到损失。在子实体形成后呼吸作用旺盛，对氧的需要急剧增加，管理上必须增大通风量。在裂褶菌的深层发酵培养中，通气量每分钟以1：0.5～1：0.8，(V/V)为宜，即每分钟通入发酵罐的空气量是培养液体积量的50%～80%。裂褶菌菌球的大小、多少、形状都与通气量的大小有密切关系，发酵时间的长短也与通风量有一定关系。如果通风量充足，菌丝体呈球形易过滤。当通气量不足时，菌丝体作扩散性状的生长，不形成菌球，结果发酵液黏稠，不易过滤。国内报道，裂褶菌在50L的发酵罐进行深层发酵培养，通气量达到每分钟1：0.9(V/V)，菌丝和多糖产量都明显提高。

第三节　裂褶菌的栽培技术

一、裂褶菌子实体的栽培

裂褶菌子实体的人工栽培采用代料栽培，包括袋栽和瓶栽，以袋栽最为普遍。袋栽主要采用菌墙式两头出菇袋栽或床架式划口全袋出菇袋栽。裂褶菌菌丝生长很快，抗杂菌能力强，适宜栽培的原料广，裂褶菌适于大面积栽培，并能取得成功，且成本低廉。

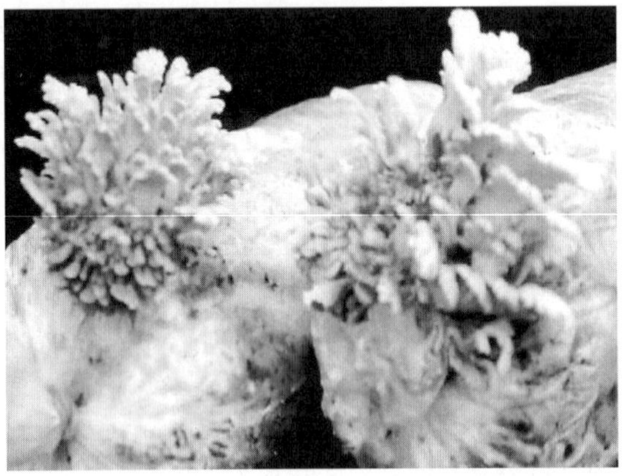

图 81—3　裂褶子实体

(一)栽培季节及播种时间

裂褶菌大面积栽培必须选择适合其生长发育的气候条件，通常一年可以栽培两季，即秋季与春季。秋季9～11月份是最佳栽培季节，春季是3～5月，秋季是裂褶菌主要栽培季节。裂褶菌秋天栽培的主要原因是顺其自然气温，秋天气温的特点是由高逐渐降低，符合于裂褶菌高温发菌、低温结菇的生物学特性。自然界温度变化与裂褶菌栽培的温度变化相吻合，并且节约了能源和劳力。栽培的播种时间是指栽培种的接种时间。我国地域辽阔，南北气候差异很大，因此播种的具体时间要根据当地的气候情况来确定。原则上要求适合于菌丝体生长的自然气温，即30℃以下、22℃以上。南方播种时间宜在9月中、下旬，北方可提前于南方1个月，在8月中、下旬。南方于10月中下旬进入产菇期，此时自然气温已降至22℃以下，适宜于裂褶菌子实体的生长发育。云南、贵州地区可以全年栽培。

裂褶菌的栽培场所除了菇房外还可选择大棚栽培。菇棚四周环境应清洁无污染，通风良好，四周开阔，地势平坦，棚高2.5m，每棚250～300m²。竹木作骨架，棚顶盖黑色薄膜加草帘，四周茅草或草帘围护。棚内搭摆袋架，架宽90～100cm，分设3～4层，层距50cm。地面整平夯实，铺上细沙。每个架床用塑料薄膜覆盖成保湿棚。保湿性能好的专用菇棚不必盖膜。

(二)菌种分离

1. 子实体组织分离

组织分离操作简便，遗传性状比较稳定，种性纯，菌肉组织萌发快。组织分离是一种无性繁殖过程。组织分离的步序：选择种菇、种菇表面消毒，切取组织块接种，培养纯化，纯化后即为纯菌种。

2. 孢子分离

孢子分离是一种有性繁殖法，它具备双亲的遗传性，变异的机会多，能有效防止菌种衰老和退化。孢子分离法是选育优良新菌株的基本方法。孢子分离有单孢分离与多孢分离，生产上多采用多孢分离。多孢分离的方法是先收集担孢子，收集孢子方法有孢子弹射法、菌褶贴附法、菌褶抹孢法，落在琼脂培养基上的众多担孢子呈现白色孢子粉的外观。用接种针蘸取极少孢子粉接入到母种培养基上，或者用无菌水制成孢子悬浮液移入到母种培养基上，由担孢子萌发成单核菌丝，再由单核菌丝自由交配形成双核菌丝。挑选健壮的菌丝转管纯化，获得纯菌种。

生产中一般交替使用组织分离法与孢子分离法作为繁殖优良菌株的重要措施。无论用什么方法获得纯菌种，在大面积栽培之前必须通过结菇试验，证实菌种的种性纯、品质优良，分离的菌种才能投入生产。

3. 基质分离

基质分离法就是从裂褶菌生长的菇木内分离得到的纯菌丝体。分离时按无菌操作要求将基质内部的白色菌丝挑取一小块，移植到母种培养基上，再放在适温下培养。待长出菌丝后，再从中挑取目测认为好的菌丝转管培养即可。基质分离所获得的纯菌种必须经显微镜观察和作出菇试验后才能在生产上应用。原因是基质中的白色菌丝不一定都是裂褶菌菌丝，基质中菌丝的种类复杂。此法感染杂菌率较高，并带有一定程度的盲目性，一般不采用。

(三)培养基及其配方

1. 母种培养基

分离菌种的培养基一般用马铃薯葡萄糖琼脂(PDA)培养基，在培养基中不宜添加蛋白质含量高的成分，蛋白质含量高，营养丰富，分离时易发生细菌污染。

(1)马铃薯葡萄糖琼脂(PDA)

取去皮马铃薯 200g，切成小块，加水1 000ml，煮沸 10 分钟，纱布过滤，加 20g 琼脂，加热使其完全熔化，加 20g 葡萄糖，最后使其体积为1 000ml。

(2)马铃薯综合培养基

马铃薯 200g，葡萄糖 20g，磷酸二氢钾 3g，硫酸镁 1.5g，维生素 B_1 10mg，水1 000ml。

(3)葡萄糖蛋白胨培养基(CYM)

葡萄糖 20g，蛋白胨 2g，磷酸二氢钾0.5g，磷酸氢二钾0.48g，硫酸镁 1g，水 1 000ml。

2. 原种、栽培种培养料

裂褶菌是好气性菇类，要有一定的湿度，但含水量也不能过高。湿度太大会引起通气不良，影响原基分化和子实体的形成。裂褶菌栽培能利用的天然原料种类很广泛，用作培养料的主料有棉子壳、木屑、玉米秆、玉米芯、甘蔗渣、麦秸、麦麸、米糠等。在主料中添加一定量的辅料以补充氮源以及无机盐。碳源常用蔗糖、葡萄糖，用量为1%～2%。补充氮源常用的有蛋白胨，用量为0.05%～0.20%，酵母膏用量为0.05%～0.1%，酵母粉用量0.5%～1%，麦芽浸膏用量0.5%～2.5%，尿素用量为0.1%～0.2%。无机盐有过磷酸钙，补充培养料中磷和钙的不足，常用量为1%～2%。石膏(硫酸钙)提供钙素，改善培养料的蓄水和通气性能，缓冲培养料的 pH，用量 1%。碳酸钙是钙素养分的添加剂，对培养料的酸碱度起中和作用，用量 0.5%～1%。常用的培养料配方有以下几种：

(1)棉子壳培养基

棉子壳 78%，米糠或麦麸 20%，蔗糖 1%，石膏 1%，含水量 62%。

(2)木屑培养基

杂木屑 78%，米糠或麦麸 20%，蔗糖 1%，石膏 1%，含水量 62%。

(3)木屑棉子壳培养基

杂木屑 60%，棉子壳 20%，麦麸 10%，玉米粉 8%，葡萄糖 1%，石膏 1%，含水量 62%。

(四)拌料和装袋

可机械拌料，也可手工拌料。拌料时，按配方准确秤好培养料，先将干料混合，再加水拌湿，润透，做到混合均匀、吸水均匀、酸碱度均匀。含水量调至 62%左右，pH 为 6～6.5。培养料的含水量可通过手握法来估测：抓一大把培养料，紧握，如果指缝中有水渗出但不滴下，表示含水量合适。拌料后可直接装瓶或装袋。瓶栽选用 500ml 的玻璃罐头瓶。袋栽的菌袋为聚乙烯或聚丙烯塑料袋，厚0.045～0.05cm，规格为 17cm×33cm，每袋装干料 300～400g；长袋 12cm×55cm，每袋装干料 500g。装好瓶或袋后用一根长 30cm、直径 1cm 的圆木棍在料中间打一个深 10cm 左右的洞穴。打洞的目的是减少培养基厚度、增加通气量、便于彻底灭菌。接种时，让菌种接入洞内，使菌种萌发的菌丝能向四周同时生长，以缩短栽培种的培养周期。菌袋内的菌丝菌龄相接近，有利于发菌后期菌丝快速生长。

菌袋的袋口封扎常采用两种方法：一种是套环法或叫颈圈法；另一种是直接封扎法。套环法是指菌袋的袋口用塑料套环套在袋口外，再将袋口翻卷，包住套环，最后用2层报纸或单层牛皮纸包住套环进行封口，再用绳扎牢。直接封扎法是将袋口收拢捏紧，直接用绳或橡皮筋扎紧即可。

（五）灭菌与接种

灭菌可采用常压蒸汽灭菌。当灭菌温度达到100℃时开始计时，保持10～12小时。若采用较粗、较长的塑料袋灭菌，应延长灭菌时间。灭菌时多袋并放。灭菌熄火后自然冷却8～10小时，出锅。

接种是关系到裂褶菌栽培成败和效益高低的主要环节。料袋灭菌后需冷却至28℃以下时方可接种。严格按照无菌操作做到"四消毒"：接种箱或接种室使用前用紫外线或气雾消毒，料袋和工具搬入后进行消毒，操作人员手消毒，接种时接种用具经酒精灯火焰消毒。接种时长袋在袋身侧面打孔接种，打6个接种孔，接入菌种后胶布封口。短袋采用两端接种，接种时解开扎口，接入菌种后再扎住袋口。每瓶750ml的菌种可接30袋（两端接种）。

（六）栽培管理

接种后的栽培袋即将搬进栽培室之前必须做好菇房、菇棚内外的消毒、灭菌工作，四周要打扫清洁，然后用石灰水喷洒。菇房、菇棚内要密闭，用甲醛溶液和高锰酸钾熏24小时，然后打开窗子，让残留的甲醛气体消失，再将栽培袋移入，摆放于床架上或平地上进行发菌。

1. 菌丝体阶段的管理

裂褶菌菌丝体的生长阶段是封闭式的管理阶段，菌丝生长所需的水分和空气主要由塑料袋内的培养料提供，在发菌阶段管理的重点是保持适温、避光、通风换气。室温保持24～26℃，以利于种块的萌发、定植和菌丝生长。室温不得超过30℃，长期处于33℃以上会抑制菌丝的生长。由于菌丝新陈代谢作用所产生的生物热使菇袋内的料温要比室内的气温高出3℃左右，如果气温26℃，料温升到29℃，再高会影响菌丝的生长，所以发菌期的温度管理应重视影响发菌的实际温度即料温。如果室温高，需在早、晚或夜间打开门窗进行通风换气，以利散热和降低室温。发菌期间进行通风换气对发菌室的温度和湿度的变化可起调节和平衡作用，发菌室内要经常通风换气，保持室内空气新鲜。通风换气时注意不可过急、过猛，以免造成室内温度变化较大，以及发菌期间稳定的环境因子发生剧烈变化。发菌室内空气相对湿度不超过70%，保持适当的干燥。过于潮湿，易引起霉菌污染。如果室内过于潮湿可采取加强通风换气、室内墙角放置生石灰块除湿等措施。在发菌期间，保持室内黑暗，可有微弱的散射光照，不能使阳光直射菌袋。室内养菌20～25天，袋壁上菌丝浓白密集，发菌结束。

2. 催蕾

裂褶菌栽培有两种方法：一种是袋壁开孔立体栽培；另一种是脱袋填料床栽。两者催蕾方法不同。

（1）袋壁开孔催蕾

松开栽培袋的扎口，如短袋，直接拉直袋口进行两头出菇管理。也可在袋壁四周每隔8cm用锋利的小刀划1～2cm的长菇口，然后倒置于地面或预先铺好薄膜的菇床上，袋间距1cm左右。如长袋，菌袋进棚后，横排于架层上适应环境2天后，把穴口上的胶布揭掉，穴口向上以便于长菇。然后向空间喷雾状水，保持空气相对湿度为80%，并在栽培袋上用薄膜覆盖，使之形成有利于原基分化的小环境。覆盖的薄膜每隔3小时轻轻抖动1次，排除过多的二氧化碳，促进菇蕾形成。菌袋开口后培养4～6天，乳白色的珊瑚状原基形成，菇蕾形成并开始分化时，揭去覆盖的薄膜，加大栽培袋的距离，袋距保持在4～5cm，以利于子实体的生长。加大空气湿度，干燥天气每天早、晚各喷雾1次。但水分不宜过多，并结合通风换气，否则容易滋生青霉菌，引起子实体腐烂发黏。

（2）脱袋填料床栽催蕾

将培养成熟的栽培袋脱去塑料袋，然后将菌种分成蚕豆粒大小的菌块，铺在预先铺有薄膜的菇床上，厚约7～8cm。铺好后用木板轻轻拍平，盖上薄膜。每隔3小时抖动薄膜1次，以补充料面的氧气。7～8天后，料面有菇蕾出现。菇蕾出现后，用小竹片将覆盖薄膜撑起，使之与料面有1～2cm距离。在进入分化期后揭去覆盖的薄膜，以利子实体的形成。

不论采用哪种方法催蕾，在进行催蕾时，室温应保持16～22℃，空气相对湿度在90%左右，光照强度约50 lx，空气中二氧化碳含量在0.03%～0.1%。

3. 产菇期的管理

在产菇阶段，当原基发生后，由于原基幼嫩，对环境因子特别敏感，所以菇房的通风换气应缓慢。如果通风过急、风量过大，会造成原基干枯。原基期的水分管理主要是提高空气的相对湿度，相对湿度控制在90%左右。不要对原基直接喷水，否则原基会大批死亡。自然散射光可以促进原基的形成。产菇期栽培管理的重点是保证适宜温度、通风供氧、补水调湿、散射光照等4个方面。室内气温保持14～20℃，不要超过22℃，气温过高会引起菇体早熟早衰。气温高时，白天关闭门窗，早、晚或夜间打开门窗，加强通风降温。气温低时，白天开南窗通风换气，喷热水提高室温。通风换气为子实体生长发育需充足的氧气提供了保证，通风换气不足造成室内缺氧、二氧化碳积累，容易导致畸形菇的发生和引起霉菌的污染。每天开启门窗，保持室内不断有新鲜空气进来，但通风换气过强会引起温度和湿度的过度降低，所以要调节和平衡好通风和温度、湿度的相互依存及相互制约的关系。产菇阶段菇袋及菇床处于敞开和通风的环境条件下，培养料中的水分蒸发和消耗都较快，必须补水调湿，否则菇体会因缺水而枯萎。在菇体形成后的早期阶段，补水调湿的重点是提高菇房空气相对湿度，此时宜向地面、墙壁及空间喷水，保持空气相对湿度在85%～95%之间，不宜直接向菇床喷水。当菇体发育至成熟期后，菇体吸水量增大，培养料的含水量减少，此时水分管理的重点是加强菇袋和菇床的补水，培养料含水量保持在65%～75%。要求每天对菇床、菇袋进行喷水，晴天空气湿度低每天喷2～3次，雨天空气湿度大每天喷1次或不喷，气温低时要少喷。喷水要轻、雾滴要细，喷头向上，位置抬高，让雾滴慢慢落下。喷水后菇袋培养料湿润而不积水，喷水量以喷水两小时后子实体上无水珠为宜。切忌喷水过多造成料面积水，导致菇体腐烂或杂菌污染。产菇期需要适量的散射光，室内光照强度控制在100～200 lx。光照强度超过500 lx，菇体生长速度缓慢，颜色变深，品质变差。低于50 lx，菇体肉薄、轻，产量低。

4. 采收加工

(1)采收

人工栽培的裂褶菌单生或重叠生长，无柄，子实体较菇木生长的子实体朵大，平均直径达3cm。菌袋的菌丝长势越好，菌盖越大。当子实体平展并尚未散发孢子时，应及时采收。推迟采收时间，子实体重量不会增加，反而会减轻，还会影响下一茬菌蕾形成，产量降低。采收前停止喷水，用利刀从基部切下子实体，并修净基部培养基。采收后，停水1～2天，再按前述方法催蕾，进行下一潮子实体培养。补水是裂褶菌栽培后期管理的重要环节，主要采取注水法和浸水法。注水法指采用注水器将水注入菌袋。浸水法是将菌袋浸入水中，使菌料自然吸水。补水后进行催蕾和菇体成长管理，方法同上。管理得当，可长三潮菇，生物转化率40%～50%。长袋的单产200～500g，短袋的单产150～200g。

(2)加工

裂褶菌子实体白色、扇形，幼时质嫩，有清香味。是一种高营养价值的风味食品、保健食品和抗癌食品。利用价值较高，是食用菌、药用菌的一枝新秀。

鲜品：高档蔬菜营养食品，采用真空包装可运往全国大、中城市销售。

罐头：盐渍、糖渍、醋渍、酱渍，因子实体小，无须切片。渍制菇罐头，形态美观，可远销国内外食品市场。

干制：子实体晒干或烘干，分级密封包装，销向国内外药材市场。

加工食品：裂褶菌茶、冲剂、裂褶菌饮料、裂褶菌蜜饯、调味品、休闲食品。

(七)春季袋栽

裂褶菌于春季在菇房或菇棚内栽培，采用熟料袋栽或瓶栽。菌丝体生长阶段，培养温度22～25℃，空气相对湿度65%，黑暗或弱光下培养。20天左右菌丝发满全袋。进入出菇阶段后供给充足新鲜空气，空气相对湿度90%，给予适宜的散射光照。25天后可以出菇。生物学效率在35%～50%。春季栽培最大的缺点是菌丝体生长阶段气温较低，必须采取保温措施。

二、裂褶菌的深层发酵培养

发酵培养工艺流程：

菌种分离⟶分离菌种的生物学鉴定⟶斜面母种⟶新鲜斜面活化⟶摇瓶种子培养⟶种子罐⟶生产发酵罐⟶发酵终点⟶放罐⟶收集发酵菌液。

(一)菌种

液体发酵需选择菌丝生长快、多糖得率高的菌种。

在三角瓶的液体培养基中分别接种评比的菌

株，在相同的温度下进行液体发酵培养，72小时以后，发酵终止。将发酵菌液进行离心，收集菌丝体秤湿重，于80℃烘干至恒重，秤取干重。取发酵液体积三倍量的95%乙醇进行沉淀，将沉淀物于60℃烘至恒重，即为粗多糖，或用蒽酮法对发酵液进行总糖测定。经测出菌丝产量多、多糖产量高的菌株为优秀菌株。

菌种繁育具体方法，请参阅本书《食药用菌制种技术》一章。

(二)培养基

1. 母种斜面培养基

马铃薯葡萄糖琼脂培养基(PDA)

取去皮马铃薯200g，切成小块，加水1L，煮沸10分钟，纱布过滤，取滤汁，加琼脂20g、葡萄糖20g，再加热使其熔化，最后使其体积为1L。

2. 液体发酵培养基

(1)葡萄糖黄豆粉培养基

葡萄糖30g，黄豆粉5g，酵母膏0.2g，KH_2PO_4 1g，$MgSO_4 \cdot 7H_2O$ 0.5g，水1L。

(2)葡萄糖蛋白胨培养基

葡萄糖30g，蛋白胨5g，KH_2PO_4 1g，$MgSO_4 \cdot 7H_2O$ 0.5g，水1L。

(3)葡萄糖酵母膏培养基

葡萄糖45g，酵母膏3g，KH_2PO_4 0.5g，$MgSO_4 \cdot 7H_2O$ 0.5g，水1L。

(三)培养条件

培养温度26～28℃，培养周期72小时，旋转摇床转速130～140转/分钟，初始pH为5.5～6，摇瓶装液量1/4～1/5，接种量5%～10%。用差压法接种，发酵罐的装料系数为0.7，发酵罐通气量每分钟以1∶0.5～1∶0.8为宜，罐压40～50kPa，灭菌蒸汽压(表压)0.1MPa，培养基灭菌温度121℃，维持20～30分钟。发酵终点，摇瓶72小时，种子罐48小时，生产罐72～96小时。移种标准：菌丝长分枝，菌丝壁上见锁状联合，菌球稍密，发酵液稍黏稠，清澈，菌丝湿重占发酵液体积10%～15%。放罐标准：菌丝分枝繁茂，菌球密集，发酵液黏稠，形成拉丝，还原糖降至0.2%以下，pH降至5.0以下，菌丝湿重占发酵液重的15%～20%。

生产发酵用的摇瓶为500ml、1 000 ml和5 000ml。种子罐体积为200～500L，生产罐的体积一般为3吨(3 000L)和5吨(5 000L)。

李兆兰报道，用黄豆粉葡萄糖液体培养基(黄豆粉0.5%，葡萄糖3.0%，酵母膏0.2%，磷酸二氢钾0.1%，硫酸镁0.05%)在pH5～5.5、温度26～28℃、100～110转/分钟条件下培养裂褶菌，有利于裂褶多糖的形成，每升发酵液产多糖5g。钱秀萍应用裂褶菌的液体发酵进行产*L*-苹果酸的研究，培养液的组成为葡萄糖5g、硝酸铵0.1g、磷酸二氢钾0.1g、硫酸镁0.05g、氯化钾0.05g、碳酸钙3g、水100ml。产*L*-苹果酸最佳碳源为葡萄糖，产*L*-苹果酸为10.48mg/ml，其次是果糖和麦芽糖，分别产6.28mg/ml和5.05mg/ml。产*L*-苹果酸最佳氮源为牛肉浸膏，其次为草酸铵和硝酸铵，*L*-苹果酸的产量分别为6.65mg/ml、6.05mg/ml、5.98mg/ml，以尿素为氮源产*L*-苹果酸效果较差。

贾思儒研究了在裂褶菌液态深层培养中的通风量以及控制溶氧量对裂褶菌菌丝体生长和胞外多糖产量的影响。通过在发酵过程中的不同时期改变通风量和将溶氧浓度维持在20%以上，均能有效地控制罐内氧传递速率，增加菌体对碳源的利用率，且还原糖消耗速率和菌体得率明显提高。在不同时期改变通气量时，菌丝体得率和胞外多糖产量分别为14.83g/L和2.12g/L。溶氧浓度维持在20%以上时，菌体得率为15.56g/L，但是多糖产量仅有1.00g/L，提示高溶氧量不利于多糖的形成。黄皓研究了裂褶菌的放大培养条件。以裂褶菌菌丝体和胞外多糖为目标产物，研究了裂褶菌从摇瓶、7L发酵罐至50L发酵罐的放大培养条件。在7L发酵罐进行的以搅拌转速、通风量、接种量为实验因素的正交实验中发现，各因素对裂褶菌胞外多糖产量的影响顺序为：搅拌转速>通气量>接种量，其中搅拌转速为影响裂褶菌菌丝产量的显著性因素。在50L发酵罐中，前期采用理论搅拌转速，即150转/分钟，在发酵中后期采用阶梯式提高搅拌转速的发酵工艺，每隔8小时搅拌转速提高50转/分钟，直至500转/分钟的搅拌转速至发酵终点。结果显示，菌丝体和胞外多糖的产率分别由原来的13.25g/L和3.14g/L，提高至17.0g/L和7.74g/L。冀颐之研究了裂褶菌胞外多糖的发酵条件，通过单因子实验和正交试验确定了裂褶菌产多糖的最优培养基配方，为葡萄糖45g/L，酵母膏3g/L，KH_2PO_4 0.5g/L，$MgSO_4 \cdot 7H_2O$ 0.5g/L，最适发酵条件为接种菌龄66小时，接种量10%，培养温度27℃，装液量20%，初始pH为6，菌体最大得率20.75g/L，胞外粗多糖最大得率2.71g/L。方靖等研究了裂褶菌菌丝液体培养产生纤维二糖脱氢酶的条件。结果表明，培养液中加入琥珀酸钠缓冲液和土温80有利于酶的合成。黄维的研究表明，在裂褶菌的培养液中分别加入中药酸枣仁、黄芪或两者合剂，经25℃、7天发酵培养，酸枣仁和黄芪的有效成分多糖及皂苷向菌丝体中转移和蓄积，裂褶菌经过深层发酵使酸枣仁和黄芪的功能因子在菌丝体中体现和表达。酸枣仁有助于睡眠作用，复配黄芪可增进功效。提示利用裂褶菌的液体发酵可大量生产中药的有效成分，这是一个新动向和新方法。

第四节 裂褶菌的化学成分、药理作用与临床应用

一、化学成分

(一)裂褶多糖

裂褶多糖是裂褶菌发酵的重要代谢产物，又称裂褶菌素，裂褶多糖。外文名 Schizophyllan，简称 SPG，又名 Sonifilan、Sizofilan、Sizofiran，译名为西佐糖、施佐非兰。该品是恶性肿瘤的重要辅助治疗药物，与化疗、放疗并用能增强疗效，减少不良反应。又由于裂褶多糖特有的黏性，也被广泛应用于医药、食品、化妆品、水产、畜牧等产业中，国内外学者对它的研究至今方兴未艾。

裂褶多糖为白色、纤维状，溶于冷水，热水则加速溶解。冷冻干燥的 SPG 呈白色海绵状，喷雾干燥后呈粉末状。SPG 水溶液黏稠，pH 中性，无臭、无味，不溶于乙醇、乙醚、丙酮、乙酸、乙酯、异丙醇、氯仿等有机溶剂。蒽酮反应呈蓝绿色，苯酚-硫酸试剂反应呈红色，α-萘酚试剂反应呈紫红色。

裂褶多糖是由无数个葡萄糖分子缩合而成的多糖，以葡萄糖为单一组分，为同聚多糖，分子量大，在水中不能成真溶液，只能成胶体溶液。

裂褶多糖是高分子聚合物，不同的测定方法及不同的纯化方法制成的多糖样品，其相对分子质量都不一样，国内报道的有 4×10^4，1.58×10^5，7×10^4，5.4×10^5 等。测定裂褶多糖的方法有凝胶过滤法、高效液相色谱法(又称做凝胶渗透色谱法，简称 GPC)。用 GPC 法可以测出裂褶多糖的相对分子质量分布、重均相对分子质量($\overline{M}_W$)和数均相对分子质量($\overline{M}_N$)。裂褶多糖的性质和功能与相对分子质量的大小有密切关系。例如，裂褶多糖作为肿瘤辅助治疗药，最好选择中等相对分子质量，因为其活性高；治疗某些血栓性疾患可选用相对分子质量较小的裂褶多糖。

裂褶多糖的糖苷键类型为β-糖苷键，相邻单糖之间糖苷键的连接方式主链为β-(1→3)位连接的葡聚糖，在主链上每隔3个葡萄糖基含有一个葡萄糖的支链，支链和主链之间是通过β-(1→6)位连接。

裂褶多糖的生物活性与其化学结构有着密切关系。β-(1→3)键位连接的葡聚糖具有活性，带有β-(1→6)连接的β-(1→3)葡聚糖具有更大的生物活性。另外，裂褶多糖二级及三级结构经X衍射及黏度分析，是一具β-三股绳状螺旋型立体构型的多糖，其活性很高。裂褶多糖的二级结构和三级结构比一级结构在活性方面起更大的作用。β-(1→3)葡聚糖就是能形成β-螺旋型立体构型的多糖(图81－4)。相反，α-(1→3)位葡聚糖活性很低，因为它形成带状立体构型。

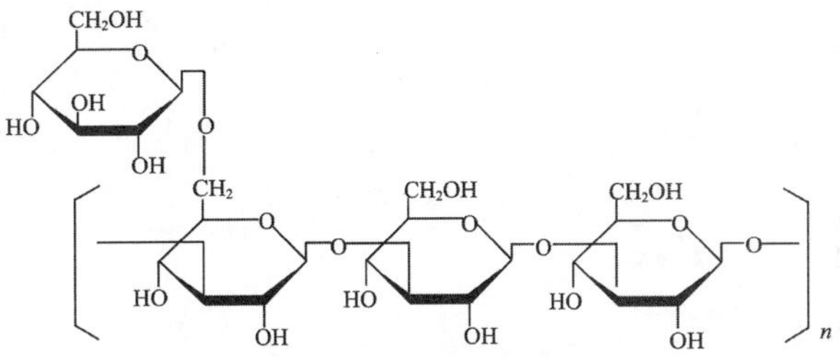

图 81－4 裂褶多糖的化学结构

(二)氨基酸

裂褶菌菌丝体和发酵液含有18种氨基酸，其中包括8种人体必需氨基酸(缬氨酸、赖氨酸、苏氨酸、蛋氨酸、苯丙氨酸、色氨酸、亮氨酸、异亮氨酸)。根据世界卫生组织(WHO)与国际粮农组织(FAO)提出的配比模式规定，必需氨基酸总量应占氨基酸总量的40%左右，必需氨基酸总量(E)与非必需氨基总量(N)的比值(E/N)应在0.6以上。经分析，裂褶菌菌丝体8种必需氨基酸占氨基酸总量的42.0%，超过大豆球蛋白(39.73%)和α-酪蛋白(38.10%)。必需氨基酸总量与非必需氨基酸总量的比值(E/N)为0.70。说明裂褶菌菌丝有较高的营养价值(表81－2～表81－3)。

表 81－2　人工裂褶菌子实体的氨基酸含量

必需氨基酸	含量(g/100g 干重)	非必需氨基酸	含量(g/100g 干重)
缬氨酸(VAL)	0.42	天冬氨酸(ASP)	0.61
苏氨酸(THR)	0.28	谷氨酸(GLN)	0.89
异亮氨酸(ILE)	0.30	甘氨酸(GLY)	0.37
亮氨酸(LEU)	0.49	丝氨酸(SER)	0.24
蛋氨酸(MET)	0.11	丙氨酸(ALA)	0.47
苯丙氨酸(PHE)	0.29	酪氨酸(TYR)	0.09
赖氨酸(LYS)	0.36	精氨酸(ARG)	0.37
色氨酸(TRP)	未检测	组氨酸(HIS)	0.14
		脯氨酸(PRO)	0.11
		半胱氨酸(CYS)	0.07
必需氨基酸总量	2.25	必需氨基酸/氨基酸总量	40.83

表 81－3　裂褶菌菌丝体和发酵液的氨基酸含量

氨基酸	菌丝体氨基酸(g/100g)	发酵液氨基酸(mg/100ml)
天冬氨酸(ASP)	2.33	8.99
苏氨酸(Thr)	1.22	3.94
丝氨酸(Ser)	1.29	2.62
谷氨酸(Glu)	3.82	11.0
甘氨酸(Gly)	1.13	2.72
丙氨酸(Ala)	1.65	2.07
胱氨酸(Cys)	0.238	1.26
缬氨酸(Val)	1.37	4.59
蛋氨酸(Met)	0.396	0.252
异亮氨酸(Ile)	2.35	4.02
亮氨酸(Leu)	1.98	6.01
酪氨酸(Tyr)	0.856	2.40
苯丙氨酸(Phe)	1.01	2.50
赖氨酸(Lys)	1.70	2.56
组氨酸(His)	0.828	1.19
精氨酸(Arg)	1.69	2.08
脯氨酸(Pro)	0.769	2.45
色氨酸(Try)	0.22	0.27

临床发现，肝病患者包括慢性肝病、肝硬化、重症肝炎，白血病及一些癌症患者的血浆氨基酸型式发生异常，主要是血浆支链氨基酸(缬氨酸，亮氨酸，异亮氨酸)含量降低，芳香族氨基酸(苯丙氨酸、酪氨酸)含量升高，后者升高可达正常的 3 倍，故支链氨基酸/芳香氨基酸的比值降低。进入脑中的色氨酸和 5-羟色胺是受血浆中支链氨基酸所调节的，由于血浆中支链氨基酸含量较低，故导致大量色氨酸和 5-羟色胺进入脑中，两者在脑内的浓度增加而导致肝性脑病。鉴于这种血浆氨基酸型式的异常和紊乱现象，有关专家提出输注特别的高支链氨基酸和低芳香族氨基酸的混合液，使血浆氨基酸水平正常化，以改善精神症状、缓解病情和增加存活率。裂褶菌的菌丝体含有高量的支链氨基酸和低量的芳香族氨基酸，支链氨基酸/芳香族氨基酸的比值高达 3.0。因此，从裂褶菌菌丝体中提取氨基酸制成注射液，可用以临床治疗肝硬化、重症肝炎及一些癌症患者。

(三)微量元素

经等离子发射光谱分析，裂褶菌菌丝体含 24 种微量元素，其中含有 9 种必需微量元素：钙 Ca、锌 Zn、镁 Mg、钼 Mo、铁 Fe、钴 Co、铬 Cr、铜 Cu、锰 Mn 等。在 9 种必需微量元素中，以 Zn、Fe、Mg、Ca 含量最为丰富，有毒元素镉的含量很低。裂褶菌每克菌丝体含锌量174.75μg，是一含锌量非常丰富的食品。锌是生命的重要元素，锌参与碳酸酐酶、碱性磷酸酶、羧肽酶和若干脱氢酶的组成。当人体缺锌时会导致心脏病，儿童发育迟滞，老年性白内障等疾病，慢性肝病及肝硬化患者都发生严重缺锌现象，尤其是老年人及儿童缺锌令人关注。裂褶菌菌丝体是一个很理想的锌补充品，裂褶菌可以作为添加剂的形式追加到食物或食品中去，以补充锌的不足。

美国医学博士 H. A. Schroeder 发现镉在组织中能干扰某些需锌的酶系统，镉改变了依靠锌的那些反应，镉比锌对肾组织存在更大的亲和力，因而镉能置换锌。如果食物中的锌低于常量，而镉高于常量的话，会慢慢导致镉在体内累积，然而充足的锌可以阻止镉在体内的积累和对锌的置换。因此食物中的锌/镉比值很重要。笔者发现裂褶菌菌丝体的锌/镉比值竟高达1 028，实为罕见。这个比值是全麦或麦麸的8.4倍，肉的29.3倍，坚果的1.5倍，蔬菜的3.3倍，奶制品的 257 倍，白面包的856.6倍。

一些研究资料表明缺铬是导致动脉粥样硬化的重要原因，一些学者提出避免和减轻动脉粥样硬化的最有效办法应是在食物中补充足量的铬。分析发现，裂褶菌菌丝体中的含铬量也相当丰富，每克菌丝体含铬6.61μg，是小麦含铬量的4.77倍、肉的5.08倍、奶制品的66.1倍、水果的330.5倍、白面包的47.14倍、上等粉的28.7倍、低档粉的 3 倍、麦麸的 3 倍。因此裂褶菌又是一种补充铬的优良天然食品(表 81－4～表 81－5)。

表 81－4　裂褶菌菌丝体的微量元素含量

元素	含量（μg/g）	元素	含量（μg/g）	元素	含量（μg/g）
铝(Al)	941.25	铁(Fe)	835.0	磷(P)	1.90
钡(Ba)	12.87	钾(K)	2.17%	铅(Pb)	24.75
铍(Be)	0.05	锂(Li)	0.27	硅(Si)	215.6
钙(Ca)	2245.0	镁(Mg)	2657.5	锶(Sr)	8.0
镉(Cd)	0.17	锰(Mn)	15.9	钛(Ti)	45.0
钴(Co)	1.82	钼(Mo)	1.92	钒(V)	2.32
铬(Cr)	6.61	钠(Na)	384.0	钨(W)	5.50
铜(Cu)	59.87	镍(Ni)	1.49	锌(Zn)	174.75

表 81－5　裂褶菌子实体的矿物质含量

矿质元素	含量(mg/100g 干重)	矿质元素	含量(mg/100g 干重)
钠	12.27	铁	18.00
钾	781.20	铜	0.23
钙	186.60	锰	2.70
镁	14.20	铅	0.63
锌	4.50	硒	0.003

铁是血红蛋白和肌血红蛋白的组成成分，参与 O_2 和 CO_2 的运输，又是细胞色素系统和过氧化氢酶及过氧化物酶的组成成分，在生物呼吸及氧化过程中起着重要作用。我国儿童和孕妇患缺铁性贫血的比例很大。按中国营养学会的建议，我国膳食标准中的铁规定含量为：10 岁以下的儿童每日需铁为 10mg，需铁量最高的是孕妇，每日为 18mg。一般食物中含铁量较低，而裂褶菌菌丝体含铁比动物血还要丰富，每 100g 菌丝体含铁 83.5mg，是动物血的 1 倍。儿童每天摄入 13g 菌丝体，孕妇平均每天摄入 25g 菌丝体，就可以完全满足对铁的需要。另外用含铁的基质去培养裂褶菌，可提取出含铁的葡聚糖，临床用以治疗缺铁性贫血。

野生裂褶子实体含有 31 种元素，有益元素硒(Se)含量为 3μg/100g，可作为硒源加以利用。

(四)蛋白质、粗纤维和粗多糖

经研究发现，每 100g 人工栽培的干裂褶菌中，蛋白质含量达21.6g，粗纤维含量也较高，达 11.7g，大大超过一般绿色食品。野生的裂褶菌中蛋白质和粗纤维含量较低，分别为 6.2% 和 4.8%，但粗多糖含量高达38.1%（表 81－6～表 81－7）。

表 81－6　人工栽培及野生裂褶菌子实体的营养成分

营养成分	人工质量分数(%)	野生质量分数(%)
水分	12.0	27.0
蛋白质	21.6	6.2
脂肪	0.6	0.6
灰分	7.1	7.8
粗纤维	11.7	4.8
粗多糖	0.3	38.1

* 数据来自郭孟璧等，2006。

表 81－7　人工裂褶菌子实体的维生素含量

维生素	含量(mg/100g 干重)
维生素 B_1	0.06
维生素 B_2	1.01
烟酸	9.80
β-胡萝卜素	0.08
黄酮	530

裂褶菌中的维生素种类和含量都十分丰富，维生素 B_1、维生素 B_2、烟酸和黄酮的含量分别为 0.06mg/100g、1.01mg/100g、9.80mg/100g 和 530mg/100g。裂褶菌中 β-胡萝卜素的含量较低，只有 0.08mg/100g。

(五)挥发油成分

裂褶菌中含有多种挥发油成分，包括：十一烷、十四烷、十六烷、十七烷、十八烷、二十烷、丁基羟基苯甲醚、丁基羟基甲苯、邻苯二甲酸二丁酯、(Z,Z)-9,12-十八二烯酸、甲基乙基环戊烯、2-甲基十五烷、3-硝基邻苯二甲酸等约 20 种成分，占挥发油总组分的94.94%。人工栽培的裂褶菌中还含有 1-(1,5-二甲基-4-己烯基)-4-甲基苯、7,11-二甲基-3-亚甲基-1,6,10-十二碳三烯、1,2,3,4-四氢-7-甲氧基-2-甲基-8-苯甲氧基异喹啉、双(2-乙基己基)邻苯二甲酸酯、cis-2-氧杂萘烷酮等成分，并且还特有 α-姜黄酮和 β-姜黄酮。

(六)酶类

裂褶菌能产生多种酶，如培养液中含有酯酶，可水解基质中木质素、纤维素和半纤维素的酯键；纤维二糖脱氢酶(cellobiase)，可氧化纤维二糖、纤维寡糖和纤维素，并可以还原多种电子受体；木质素降解酶如木质素过氧化物酶、锰过氧化物酶(manganese peroxidase)和漆酶(laccase)，主要降解木质素、木质素衍生物以及各种有机污染物；还含有 β-甘露聚糖酶(β-mannanase)、海藻糖磷酸化酶(trehalose phosphorylase)、木聚糖内切酶(endoxylanase)、羧基蛋白酶(carboxyl proteinase),β-葡萄糖苷酶(β-glucosidase);菌体中含有己糖激酶(hexokiase)等。

二、药理作用

(一)抗肿瘤作用

叶惠珍报道,裂褶多糖化学名:聚{3-[O-β-*D*-吡喃葡萄糖基-(1→3)-*O*-[β-*D*-吡喃葡萄糖基(1→6)]-*O*-β-*D*-吡喃葡萄糖基-(1→3)-*O*-β-*D*-吡喃葡萄糖基]→1}具有抗恶性肿瘤作用。日本科研制药株式会社上市厂商、Pfizer(日本)科研制药株式会社台糖株式会社于1986年8月得到本品,系担子菌类裂褶菌属(*Schizophyllum commune* Fries),菌丝体培养液经超声波照射及高速喷射处理,得到的平均相对分子质量约45万的抗肿瘤多糖。研究发现其对动物(小鼠、大鼠、仓鼠、犬)同系肿瘤及自发肿瘤有抑制作用。

当裂褶菌多糖剂量为1.25~1.5mg/kg时,对大鼠移植性肉瘤S-37及肉瘤S-180的抑制率可达87%;当剂量为0.7mg/kg时,对艾氏腹水癌的抑制率可达74%;剂量为0.5mg/kg时,对动物(小鼠、大鼠、仓鼠、犬)同系肿瘤,如MM-46乳癌、腺癌775等小鼠移植性肿瘤、BC-47膀胱癌、SMT-5纤维肉瘤等大鼠移植性肿瘤,以及ENN G(N-乙基-N′-硝基-N-亚硝基胍)诱发的犬胃癌,具有一定的抑制作用。此外,裂褶菌多糖与α、β、γ射线并用后,经组织检查发现,肿瘤部位淋巴细胞高度浸润,纤维化间质增强。用裂褶菌多糖进行肌肉、腹腔或静脉注射均可发挥其免疫作用,并表现出高度的抗肿瘤活性。

Gorazd Krosl等报道,以免疫刺激剂裂褶多糖(SPG)处理荷鳞状细胞癌(SCCVII)小鼠,可升高Mac-1阳性宿主细胞浸润肿瘤的相对量,并增加光敏剂存留肿瘤内的量。光敏剂光动力疗法(PDT)发现,经SPG前处理组可更多地杀死肿瘤细胞。PDT之前采用SPG治疗,肿瘤治愈率增加约3倍。但与此相反的是,在PDT应用之后再给予SPG,对肿瘤控制无任何好处。Arika等给C_3H小鼠后肢皮下接种鳞状上皮癌细胞NR-S1,待肿瘤生长至直径4mm时,局部用55GY照射。在照射后合并肌注SPG(5mg/kg)组较单独放射组显著抑制肿瘤生长。SPG还抑制放射治疗后的NR-S1肿瘤的肺转移。

裂褶菌凝集素(Schizophyllum commune lectin,SCL)对大鼠红细胞有高亲和力。Inomata等通过糖抑制实验表明,SCL是一种乳糖和N-乙酰-*D*-半乳糖胺特异性的凝集素,该凝集素糖蛋白对人表皮样癌细胞表现出细胞毒活性。

(二)免疫调节作用

裂褶菌多糖具有促进网状内皮系统功能的作用,可增强巨噬细胞的吞噬活性,对巨噬细胞、自然杀伤性T细胞有激活作用,能提高白细胞介素产生能力。夏冬等的药理实验表明,胞内多糖能促进ConA诱导的小鼠淋巴细胞增殖反应,还显著地对抗氢化可的松对淋巴细胞增殖反应的抑制作用。胞内多糖可恢复14月龄老年小鼠低下的脾淋巴细胞的增殖反应,能明显增强二硝基氯苯(DNCB)所致小鼠迟发型皮肤过敏反应(DCH)。可显著增强绵羊红细胞(SRBC)诱导的小鼠脾脏空斑形成细胞(PFC)反应,胞内多糖还可使老年小鼠的PFC反应恢复到成年小鼠的水平。SPG可恢复老年动物低下的细胞免疫及体液免疫功能,提高老年小鼠抗体形成细胞的数目,提示对延缓衰老有一定的意义。

张昕探讨了从裂褶菌子实体中提取的裂褶菌多糖(300mg/kg,ig×6)可显著提高四氯化碳中毒小鼠腹腔巨噬细胞吞噬鸡红细胞的能力,表明裂褶菌多糖可激活小鼠巨噬细胞。

Naohito等在前期在体实验中观察到,三重螺旋裂褶菌多糖(SPG)和单螺旋裂褶菌多糖(经碱性处理的SPG,SPG-OH)对一氧化氮活性影响存在差异性,并发现三重螺旋裂褶菌多糖介导一氧化氮合成,可增强IFN-γ等相关基因的表达。在这基础上,他们通过离体实验,进一步分析了SPG同时使用γ-干扰素介导一氧化氮产生的结果。收集雄性C3H/HeJ小鼠的腹腔巨噬细胞(PM)与SPG或SPG-OH共培养(有或无IFN-γ存在)24小时,结果发现:SPG-OH,而非SPG,在体外可增强一氧化氮的合成,特别是同时有IFN-γ存在时更是如此。SPG-OH作用后的细胞培养上清液中,白细胞介素-1α、白细胞介素-6和TNF-α的浓度均显著高于SPG作用后的浓度。膜相关的白细胞介素-1α也是SPG-OH作用强。这些事实表明,单螺旋构象的裂褶菌多糖(SPG-OH)对细胞因子的产生及继后发生的一氧化氮合成起主导作用。

(三)抗菌作用

裂褶菌子实体和菌丝体提取液对金黄色葡萄球菌(Staphylococcus aureus)、大肠杆菌(Escherichia coli)、痢疾杆菌(dysentery bacilli)、枯草杆菌(Bacillus subtilis)以及乙型副伤寒沙门菌(Salmonella paratyphi B)具有明显的抑制作用(王凤仙,1992;王岳,1994)。日本学者发现:SPG对动物的急慢性感染有防御作用,能防御葡萄球菌、大肠杆菌、铜绿假单胞菌等多种细菌引起的感染。小松信彦(1973)证实,裂褶多糖与抗生素联合使用,比两药各自单独使用时疗效更高。它与链霉素、庆大霉素或利福平联合使用能起到提高抗生素效价,降低抗生素不良反应的作用。SPG的体内抗菌作用可能与其增强机体抗感染免疫力有关。

(四)抗疲劳作用

郝瑞芳等以裂褶菌子实体干粉(试验Ⅰ组和试验Ⅱ组)和裂褶菌发酵液(试验Ⅲ组)饲喂小鼠,检测裂褶菌子实体干粉和发酵液对小鼠肝糖原含量、肌糖原含量、琥珀酸脱氢酶(SDH)活力、乳酸脱氢酶(LDH)活力、血清尿素氮(BUN)含量及血乳酸(LD)含量的影响。结果表明:试验Ⅰ组、试验Ⅱ组和试验Ⅲ组小鼠的肝糖原含量、SDH活力及LDH活力极显著高于对照组(饲喂100基础饲料)($P<0.01$);试验Ⅰ组和试验Ⅱ组的肌糖原含量显著高于对照组;运动后试验Ⅰ组、试验Ⅱ组和试验Ⅲ组小鼠的BUN增量和LD的水平显著低于对照组,说明裂褶菌具有明显解除运动疲劳的作用。

(五)其他作用

裂褶菌的液体发酵物含有活性较强的纤维素酶,并能产生苹果酸,菌丝深层发酵时产生的大量有机酸均广泛应用于食品工业、生物化学和医药卫生等领域。

Tatsuo等发现了裂褶菌代谢物—schizostatin,对鲨烯合酶表现出极强的竞争性抑制活性。它作为有效的鲨烯合酶抑制剂已被分离出来。

三、临床应用

裂褶菌多糖主要用于一些肿瘤,特别是胃癌的辅助免疫治疗。

Kimura等用SPG辅助免疫治疗15例头颈肿瘤患者。SPG处理组5年存活率是86.7%,对照组为73.4%。SPG还可迅速恢复放疗、化疗和手术所致细胞免疫损伤。Fujimoto用SPG对手术或非手术胃癌患者进行免疫治疗。在非手术病例,SPG与喃氟啶(tegafur-F)或与5-氟脲嘧啶(5-FU)及丝裂霉素(MMC)联合应用组的存活时间,均长于单独化疗的对照组。在手术病例,所有患者在手术当天和第2天分别给与MMC 0.4mg/kg和0.2mg/kg,从开始直至术后14天或更长时间口服喃氟啶,与此同时SPG组每周肌肉注射40mg SPG。尽管两组患者的5年存活率没有区别,但SPG组Ⅲ期的5年存活率高于对照组。Fujimoto等随机观察SPG对326例手术切除的胃癌患者的辅助免疫治疗。SPG组与对照组的3年存活率无区别,而62例Ⅰ期和67例Ⅱ期患者3年存活率有微小区别。100例III期患者的3年存活率明显增加。97例Ⅳ期患者完全相同。结果证明:SPG可进一步用于手术切除胃癌患者的辅助免疫治疗。Nakao等为澄清SPG与丝裂霉素(MMC)+5-氟脲嘧啶(5-FU)(MF方案)或与喃氟啶(tegafur)(F方案)并用的临床效果进行了随机对比的研究。总计514例不能手术或复发的胃癌患者,随机分为SPG组和对照组,最终完成临床评价者367例。肌肉注射SPG 20mg,每周两次或40mg,每周一次。尽管SPG与上述两种化疗方案联合应用未能证明其抗肿瘤作用,但能显著延长生存时间。在检测的免疫学参数中,SPG组植物血凝素(PHA)皮肤试验持续阳性,在MF方案组淋巴细胞计数减少,可被SPG抑制。少数(6/258)SPG治疗的病例可见不良反应。研究指出,SPG与化疗药并用于不能手术的或复发的胃癌是有益的。Fujimoto等报道,由43家医院合作评价SPG对手术后胃癌患者的辅助免疫化疗临床疗效。手术当日和次日,患者分别静脉注射丝裂霉素(MMC)0.4mg/kg和0.2mg/kg,然后随机分成SPG组或对照组。手术后10～20天,SPG组肌内注射SPG20mg,每周2次或40mg,每周一次,并合用喃氟啶;对照组单用喃氟啶。结果:SPG显著延长Ⅲ期的生存时间,不良反应发生率仅2.6%(5/190)。

Kakumu等观察SPG是否提高免疫细胞对乙型肝炎病毒(HBV)核衣壳抗原的免疫反应。他们以6例慢性乙型肝炎患者和4名对照为对象,研究了SPG体外应用对γ-干扰素(IFN-γ)、抗乙肝核心抗原抗体(抗-HBc)和抗e抗原抗体(抗-HBe)产生及外周血单个核细胞(PBMC)增殖的影响。结果:SPG单独培养或与乙肝病毒抗原共同培养,与相应的患者或与乙型肝炎病毒抗原单独培养相比,能够增强γ-干扰素的产生和外周血单个核细胞的增殖反应。与此相反,SPG并不会引起抗体的产生。这些结果表明,SPG能够调节慢性B型肝炎患者对核衣壳抗原的特异性细胞免疫和体液免疫两种应答反应。

(李伟东、林志彬)

第五节　展　望

国内裂褶菌的研究起步于20世纪80年代初，获得了很大的进展。一些学者对裂褶菌深层培养产菌丝和多糖的最佳发酵条件做了较多的研究。裂褶多糖的化学结构国内于1994年就已报道，药理、临床也见报道，利用分子靶向技术研究裂褶多糖对肺癌的作用机制正在进行中。总的看来，裂褶菌的研究还处于实验阶段，需进一步向工业化商品化大力开拓和发展。从实验阶段迈入到工业化生产阶段，还有不少技术难题有待解决，如裂褶多糖，相对分子质量大、黏度大、过滤困难、溶解度小，这些问题，实验室容易解决，但在工业化生产中却是很棘手问题，影响了裂褶多糖的工业化和商品化进程。又如，在裂褶多糖分离纯化过程中的脱蛋白问题。实验室常用的方法是Sevag法，即在多糖溶液中加入0.2倍体积的氯仿正丁醇混合液（氯仿：正丁醇＝5：1），剧烈振荡30分钟，蛋白质在混合液中发生沉淀，离心除去沉淀。此法在工化生产中不可行，一方面是该法脱蛋白的效率不高，重复此过程需若干次，另一方面是氯仿对人体有毒，特别对肝有损伤。对于裂褶多糖的研发，今后要侧重于发酵工程下游技术，即提取、分离、纯化、浓缩、干燥等技术方面。如过滤设备的选型，制定工业化生产规模的分离纯化技术方法，相对分子质量分布及重均相对分子质量的测定，确定裂褶多糖质量标准的指纹图谱，通过化学结构的改性来增大裂褶多糖溶解度，裂褶多糖的纯品的纯度要达到95%以上。探索裂褶多糖高级结构与其生物活性关系（因高级结构比一级结构在活性方面起更大的决定作用，至今裂褶多糖的高级结构与生物活性的关系尚不十分清楚）。裂褶菌的应用涉及医药、食品、日化、农业、水产、畜牧等领域。裂褶菌菌丝体早在几年前就在台湾市场大量销售，从裂褶菌生产的β-葡聚糖，目前在化妆品市场正在热销中，有抗过敏、抗辐射、消炎、祛皱和保湿作用。裂褶菌的推广应用，裂褶多糖的工业化和商品化的任务任重而道远，在生产中必须做到生产技术先进性，生产工艺可行性，经济成本合理性。

参考文献

[1] HAWKSWORTH D L, SUTTON B C, AINSWORTH G C. Ainsworth & Bisby's Dictionary of the Fungi [M]. 7 th. Commonwealth Mycological institute. Kew. Surrey, 1983.
[2] 张光亚. 云南食用菌[M]. 昆明：云南人民出版社，1984.
[3] ORSON K, MILLER JR. Mushrooms of North American[M]. New York: Chanticleer Press, 1984.
[4] 覃拥灵. 裂褶菌酯酶的分离纯化及酶学性质的研究[J]. 食品研究与开发，2007，128(8)：29-32.
[5] 方靖，高培基. 裂褶菌纤维二糖脱氢酶吸附纤维素性质[J]. 生物化学与生物物理学报，1994，31(6)：715-717.
[6] 王凤仙. 三十烷醇提高裂褶菌深层培养菌丝产量的研究[J]. 中国食用菌，1990，9(6)：17.
[7] 应建浙. 卯晓岚. 中国药用真菌图鉴[M]. 北京：科学出版社，1987.
[8] 夏冬. 林志彬. 裂褶菌胞内和胞外多糖对小鼠免疫功能的影响[J]. 药学学报，1990，25(3)：161-166.
[9] 赖晓莺. 彭大为. 裂褶多糖治疗恶性肿瘤放、化疗后白细胞减少30例[J]. 实用中西医结合杂志，1996，9(4)：242.
[10] 刘波. 中国药用真菌[M]. 太原：山西人民出版社，1984.
[11] ARORA DAVID. Mushrooms Demystified [M]. Berkley: Ten Speed Press, 1986.
[12] 戴芳澜. 中国真菌总汇[M]. 北京：科学出版社，1979.
[13] AINSWORTH G C. The Fungi (Vol. 4B)[M]. New York and London: Academic Press, 1973.
[14] 李兆兰. 裂褶菌深层培养及多糖测定[J]. 真菌学报，1987，6(3)：170-177.
[15] 钱秀萍，杨庆尧. 几种营养条件对裂褶菌生长及产*L*-苹果酸的影响[J]. 食用菌学报，1996，3(3)：18-24.
[16] 贾思儒，殷海松. 裂褶菌液态深层培养条件的研究[J]. 中国食品学报，2006，6(2)：46-49.

[17] 黄皓，贾士儒. 裂褶菌放大培养条件的研究[J]. 食品工业科技，2008，29(3)：79-82.

[18] 冀颐之，迟文鹤. 裂褶菌胞外多糖发酵条件的研究[J]. 药物生物技术，2003，10(1)：7-21.

[19] 方靖，刘稳. 裂褶菌产纤维二糖脱氢酶条件优化及部分酶学性质研究[J]. 菌物系统，2000，19(1)：107-110.

[20] 邹忠梅，喻长远. 人体生命之源——氨基酸[M]. 北京：中国医药科技出版社，2000.

[21] 张立名，王贤舜. 现代生物化学分析原理[M]. 合肥：中国科学技术大学出版社，1999.

[22] 陈国良. 裂褶菌的驯化培养[J]. 食用菌，1986(2)：8.

[23] 陈慧方. 植物活性成分辞典(第一册)[M]. 北京：中国医药科技出版社，2000.

[24] 陈士瑜，陈惠. 菇菌栽培手册——220 种食、药用菌的驯化状况及栽培方法[M]. 北京：科学技术文献出版社，2003.

[25] 邓百万，陈文强，李志洲. 裂褶菌营养菌丝蛋白质成分的分析[J]. 氨基酸和生物资源，2003，25(4)：1-2.

[26] 方靖，高培基. 纤维二糖脱氢酶在纤维素降解中的作用研究[J]. 微生物学通报，2000，27(1)：15-18.

[27] 方靖，刘稳，高培基. 纤维二糖脱氢酶抑制酚型化合物聚合及促进木素降解的研究[J]. 生物化学与生物物理学报，1999，31(4)：415-419.

[28] FURUE H，UCHINO H，ORITA K，et al. Clinical evaluation of Schizophyllan (SPG) in advanced gastric cancer (the second report)-a randomized controlled study [J]. Cancer & chemotherapy，1985，12(6)：1272-1277.

[29] 郭孟璧，田茂军，李聪，等. 人工培养裂褶菌营养成分分析研究[J]. 现代仪器，2006(1)：22-24.

[30] 郝瑞芳. 裂褶菌栽培及部分营养效应的研究[D]. 昆明：云南农业大学，2006.

[31] 郝瑞芳，李荣春. 裂褶菌对小鼠抗疲劳作用的研究[J]. 食用菌学报，2006，13(3)：41-44.

[32] 郝瑞芳，李荣春. 不同配方培养料栽培裂褶菌的试验[J]. 食用菌，2007(2)：25-26.

[33] 黄年来. 中国食用菌百科[M]. 北京：中国农业出版社，1993.

[34] 黄亦存. 高等担子菌的性非亲和性系统和体细胞非亲和性系统在遗传多样性保存中的作用[J]. 生物多样性，1996，4(1)：41-44.

[35] KIMURA Y，TOJIMA H，FUKASE S，et al. Clinical evaluation of scizofilan an assistant immunotherapy in treatment of head and neck cancer [J]. Acta oto-laryngologica (Supplementum)，1994(511)：192-195.

[36] KOMATSU N，OKUBO S，KIKUMOTO S，et al. Host-mediated antitumor action of schizophyllan，a glucan produced by Schizophyllum commune [J]. Gann，1969，60(2)：137-144.

[37] 李兆兰. 裂褶多糖的结构研究[J]. 南京大学学报，1994，30(3)：482-487.

[38] 李兆兰，李学信. 裂褶菌胞内和胞外多糖的组成及其几种理化性质的分析[J]. 南京大学学报，1991，27(1)：143-152.

[39] 卯晓岚. 中国大型真菌[M]. 郑州：河南科学技术出版社，2000.

[40] MASHIBA H，MATSUNAGA K. In vitro activation of human adherent cells by a glucan，Schizophyllan [J]. The Japanese journal of experimental medicine，1983，53(4)：195-198.

[41] MIYAZAKI K，MIZUTANI H，KATABUCHI H，et al. Activated (HLA-DR+) T-Lymphocyte subsets in cervical carcinoma and effects of radiotherapy and immunotherapy with sizofiran on cell mediated immunity and survival [J]. Gynecol oncol，1995，56(3)：412-420.

[42] RENGANATHAN S，GAUTAM P，KARTHIK V，et al. A comparative study on the accumulation of azo dyes using Schizophyllum commune and Tramites Versicolor in different inorganic acids containing a growth medium [J]. Asia-Pacific J Chem Eng，2008，3(4)：400-407.

[43] ROBERTSON C L，BARTHOLOMEW K A，NOVOTNY C P. et al. Deletion of the Schizophyllum commune Aα locus：The roles of Aα Y and Z mating-type genes [J]. Genetics，1996，144(4)：1437-1444.

[44] 邵伟. 从野生担子菌筛选抗肿瘤多糖的试验研究[J]. 天津师大学报，1996，16(4)：44-49.

[45] SUZUKI M，KOMATSU N. Effect of schizophyllan on delayed hypersensitivity in the mouse

[J]. Jpn J Antiboit,1977,30(6):355-361.

[46] 王凤仙,张吟秋. 3种药食用真菌抗菌作用的研究[J]. 浙江省医学科学院学报,1992,3(1):6-8.

[47] 王岳，于文喜. 常见腐朽菌对几种防腐剂耐药性和敏感性的试验[J]. 林业科技，1994,19(4):22-24.

[48] 张昕. 裂褶菌多糖对小白鼠巨噬细胞吞噬活性影响的实验研究[J]. 天津教育学院学报,1997(1):18-19.

[49] 赵琪，袁理春，李荣春. 裂褶菌研究进展[J]. 食用菌学报，2004，11(1):59-63.

[50] 朱泉娣. 裂褶菌子实体无机元素分析[J]. 中草药,1986,17(8):17-18.

[51] 李兆兰. 裂褶菌的发酵产物[J]. 食品与发酵工业,1988(6):1-8.

[52] 李兆兰,李学信. 裂褶菌胞内多糖的分离纯化鉴定及其性质[J]. 真菌学报,1994,13(4):267-272.

[53] 叶惠珍. 抗肿瘤药裂褶多糖(Schizophyllan)[J]. 世界临床药物,1988,6:361-362.

[54] KROSL G, KORBELIK M. Potentiation of photodynamic therapy by immunotherapy: the effect of schizophyllan (SPG)[J]. Cancer Lett, 1994,84(1):43-49.

[55] ARIKA T, AMEMIYA K, NOMOTO K. Combination therapy of radiation and Sizofiran (SPG) on the tumor growth and metastasis on squamous-cell carcinoma NR-S1 in syngeneic C3H/He mice[J]. Biotherapy, 1992,4(2):165-170.

[56] INOMATA T, OGAWA Y, MAEDA T, et al. An experimental study on the anti-tumor effects induced by radiation therapy and sonifilan (SPG)[J]. Int J Immunopharmacol,1988,10:90.

[57] OHNO N,HASHIMOTO T,ADACHI Y, et al. Conformation dependency of nitric oxide synthesis of murine peritoneal macrophages by β-glucans in vitro[J]. Immunol Lett,1996,52(1):1-7.

[58] KOMATSU N, EGAWA K, MEGUMO N. Effect of schizophyllan, a polysaccharide of Schizophyllum commune, on enzyme activity of mouse peritoneal cells[J]. Jpn J Antibiot, 1973 ,26(1):61-67.

[59] TANIMOTO T,TSUJITA Y,HAMANO K. Schizostatin,a potent squalene synthase inhibitor from Schizophyllum commune : isolation,structure elucidation,and total synthesist[J]. Tetrahedron Lett,1995, 36(35):6301-6304.

[60] FUJIMOTO S. Clinical efficacies of schizophyllan (SPG) on advanced gastric cancer[J]. Nippon Geka Gakkai Zasshi, 1989, 90(9):1447-1450.

[61] NAKAO I, UCHINO H, ORITA K, et al. Clinical evaluation of schizophyllan (SPG) in advanced gastric cancer-a randomized comparative study by an envelope method[J]. Gan To Kagaku Ryoho, 1983, 10(4):1146-1159.

[62] FUJIMOTO S, FURUE H, KIMURA T, et al. Clinical evaluation of schizophyllan adjuvant immunochemotherapy for patients with resectable gastric cancer-a randomized controlled trial[J]. Jpn J Surg, 1984, 14(4):286-292.

[63] FUJIMOTO S, ORITA K, KIMURA T, et al. Clinical evaluation of SPG (schizophyllan) as a therapeutic adjuvant after surgery of gastric cancer-controlled study by an envelope method[J]. Gan To Kagaku Ryoho, 1983, 10(4):1135-1145.

[64] KAKUMU S, ISHIKAWA T, WAKITA T, et al. Effect of sizofiran, a polysaccharide, on interferon gamma, antibody production and lymphocyte proliferation specific for hepatitis B virus antigen in patients with chronic hepatitis B[J]. Int J Immunopharmacol, 1991, 13(7):969-975.

[65] 小松信彦. 實驗的結核症して対するSchizophyllanの効果[J]. Jap. J. Antiobiotics, 1973, 26(5):459-469.

(李兆兰、李荣春)

第八十二章　灵　芝

DIBASHIERZHANG LINGZHI

摘要：灵芝是我国最著名的药用真菌，作为贵重的中药材已有 2 000 多年的使用历史。现代研究已经发现灵芝含有多种活性成分，并证实具有多方面的治疗作用。本章主要概述了灵芝的栽培历史、生产状况和产业情况，系统地阐述了灵芝的生物学特性和栽培技术，较全面地总结了灵芝的活性成分、药理作用与临床应用等方面的进展。

Ganoderma lucidum

Abstract: *Ganoderma lucidum* is the best known medicinal mushroom in China where it has been used as a valuable traditional medicine for 2 000 years. Modern research has shown that *G. lucidum* contains many bioactive substances, which have been shown to exhibit different medicinal functions. This chapter consists of nine sections describing in detail various aspects of *G. lucidum* including cultivation history, current production status, biological features, and cultivation techniques. Research progress relating to the bioactive components of *G. lucidum*, and their pharmacological functions and clinical applications, has been comprehensively reviewed.

第一节　概　述

1881 年，灵芝首先被英国真菌学家 Peter Adolf Karsten 命名。当时该属只有一个种 *Polyporus lucidus*（以 16 世纪英国植物学家 Williams Curtis 的名字而命名），这个种自然成为模式种。遗憾的是没有真正的灵芝标本材料保存下来。1889 年，Patouillard 确立了 *Ganoderma* 属的概念。

我国的一些古文献，如《神农本草经》、《抱朴子》、《本草经集注》和《本草纲目》中也有许多关于灵芝的记载。在《神农本草经》中，依据颜色的不同把灵芝分为赤芝、青芝、黑芝、白芝、黄芝和紫芝等 6 种，并对它们的性味、功效进行了描述（灵芝属真菌中实际没有青芝、白芝与黑芝这 3 个种。根据其描述，青芝可能是现在的云芝，白芝可能是白肉齿菌，黑芝可能是假芝）。在《抱朴子 · 仙药》篇中，葛洪按质地把灵芝分为“五芝”，即石芝、木芝、肉芝、菌芝和草芝，绘制了 5 种芝草图，具体记载的“五芝”的生态习性、采集及其药用价值。其文曰：“五芝者，有石芝，有木芝，有草芝，有肉芝，有菌芝，各有百许种也”，“赤者如珊瑚，白者如截肪，黑者如泽漆，青者如翠羽，黄者如紫金，皆光明洞察，如坚冰也”。明代李时珍所著《本草纲目》沿用了《神农本草经》对“六芝”的分类，书中记载了灵芝、香菇等真菌有 30 余种。

赤芝和紫芝是我国分布较广、医药价值较大的灵芝种类，也是古代民间用之已久的中草药。《中华人民共和国药典》在灵芝的条目下将赤芝和紫芝收录其中，规定“多孔菌科真菌赤芝 *Ganoderma lucidum*（Leyss. Ex Fr.）Karst. 或紫芝 *Ganoderma sinense* Zhao，Xu et Zhang 的干燥子实体”作为法定的中药材。

灵芝又名：赤芝、红芝、木灵芝、菌灵芝、万年蕈、灵芝草。

学名：*Ganoderma lucidum*（Curtis）P. Karst.，*Revue mycol.*，Toulouse 3(9)：17(1881)。

属名“*Ganoderma*”的词干“ganos-”意思是“美丽的、有光泽的”，用于描述菌盖的漆样光泽，词尾“-derma”意思是“皮革”，描述子实体的质地。种名加词“*lucidum*”意思是“光亮的、透明的”，进一步描述菌盖的光泽和颜色。

同物异名：*Agarico-igniarium trulla* Paulet，*Traité Champ.*，Atlas 2：95(1793)；*Agaricus lignosus* Lam.，*Encycl. Méth. Bot.*（Paris）1：51(1783)；*Agaricus pseudoboletus* Jacq.，*Miscell.*

austriac. 1: 26, tab. 41(1778); Boletus castaneus Weber, Suppl. Fl. hols.: 13(1787); Boletus crustatus J. J. Planer, Ind. Pl. erfurt. Fung. add.: 23(1788); Boletus dimidiatus Thunb., Flora japonica(1784); Boletus flabelliformis Leyss., Florae halensis: 219(1761); Boletus laccatus Timm, Fl. Megapol. Prodr.: 269(1788); Boletus lucidus Curtis, Fl. Londin. 1: 72(1781); Boletus ramulosum var. flabelliformis(Leyss.) J. F. Gmel., Systema Naturae, Edn 13 2: 1435(1792); Boletus rugosus Jacq., Fl. austriac. 2: 44(1774); Boletus supinus var. castaneus(Weber) J. F. Gmel., Systema Naturae, Edn 13 2: 1433(1792); Boletus verniceus Brot., Fl. lusit. 2: 468(1804); Boletus vernicosus Bergeret,(1783); Fomes japonicus(Fr.) Sacc., Syll. fung.(Abellini) 6: 156(1888); Fomes lucidus(Curtis) Cooke, Nov. Symb. Myc.: 61(1851); Ganoderma japonicum(Fr.) Sawada, Rep. Govt Res. Inst. Dep. Agric. Formosa 51: 76(1931); Ganoderma mongolicum Pilát, Annls mycol. 38(1): 78(1940); Ganoderma nitens Lázaro Ibiza, Revta R. Acad. Cienc. exact. fis. nat. Madr. 14: 104(1916); Ganoderma ostreatum Lázaro Ibiza, Revta R. Acad. Cienc. exact. fis. nat. Madr. 14: 110(1916); Ganoderma pseudoboletus(Jacq.) Murrill, Bull. Torrey bot. Club 29: 602(1902); Grifola lucida(Curtis) Gray, Nat. Arr. Brit. Pl.(London) 1: 644(1821); Phaeoporus lucidus(Curtis) J. Schröt., Kryptogamenflora der Schweiz 3: 491(1888)[1889]; Placodes lucidus(Curtis) Quél., Fl. mycol.(Paris): 399(1888); Polyporus japonicus Fr., Epicr. syst. mycol.(Upsaliae): 442(1838)[1836-1838]; Polyporus laccatus(Timm) Pers., Mycol. eur.(Erlanga) 2: 54(1825); Polyporus laccatus(Timm) Pers., Mycol. eur.(Erlanga) 2: 54(1825) subsp. Laccatus; Polyporus lucidus(Curtis) Fr., Syst. mycol.(Lundae) 1: 353(1821); Polyporus lucidus var. japonicus(Fr.) Cleland & Cheel,(1917); Scindalma japonicum(Fr.) Kuntze, Revis. gen. pl.(Leipzig) 3(2): 518(1898)。

树舌灵芝：Ganoderma applanatum(Pers.) Pat., Hyménomyc. Eur.(Paris): 143(1887)。

黑灵芝：Ganoderma atrum J. D. Zhao。

紫光灵芝：Ganoderma valesiacum Boud. Sect.。

拟鹿角灵芝：Ganoderma amboinense(Lam.: Fr.) Pat。

紫芝：Ganoderma sinense Zhao, Xu et Zhang。

分类地位：菌物界(Fungi)，担子菌门(Basidiomycota)，伞菌纲(Agaricomycetes)，多孔菌目(Polyporales)，灵芝科(Ganodermataceae)。

从20世纪70年代迄今，国内外学者对灵芝属的生物学特性、生化成分、药理作用及应用进行了大量研究，其药用价值也受到广泛的重视，已有许多灵芝类药品和保健品用于防病治病。

第二节 灵芝的生物学特性

一、形态特征

灵芝子实体由于生长条件和种性的差异，子实体的形状、颜色有很大差异。一般灵芝属的子实体为一年生，少数多年生，木栓质或木质，个别种是硬革质，菌盖为半圆形、近圆形或近肾形，有漆样的光泽，具有同心环纹、环沟、环带，或放射状纵皱，菌柄带有光泽。

赤芝子实体为一年生，有柄，木栓质，有漆样光泽，外形呈伞状，菌盖肾形、半圆形或近圆形，直径为3～32cm，厚2～6cm，表面褐黄色至红褐色，幼嫩时边缘呈黄色，有同心辐射环纹，边缘锐或稍钝。菌肉淡白色或淡褐色，接近菌管处常呈淡褐色或近褐色，菌管浅褐色、淡褐色至褐色，长0.4～1cm。孔面初期白色，后变淡褐色或褐色，有时呈污黄褐色，管口近圆形，每毫米有菌管4～5个。菌柄近圆柱形，侧生、偏生，罕见近中生，长3～10cm，直径1～3.5cm，与菌盖同色，有光泽。皮壳构造呈拟子实层型，淡褐色，组成菌丝棍棒状。孢子卵形或顶端平截，双层壁，内壁有小刺，有时中间有油滴，气微香，味苦涩。

紫芝子实体一年生，木栓质或木质。菌盖半圆形、近圆形或近匙形，直径2.5～8cm，厚0.4～1.2cm，表面紫黑色、近黑色或紫褐色，有似漆样光泽，有明显或不明显的环带或纵皱，边缘薄或近似截形，与中间同色或较淡。菌肉均匀褐色或深褐色，厚0.1～0.3cm。菌管长0.3～1cm，深褐色或灰褐色，孔面污白色或深褐色，管口略呈圆形，每毫米有菌管5～6个。菌柄侧生、背侧生或中生，圆柱形或略偏平，长3～19cm，粗0.5～1cm，与菌盖同色或更深，有光泽。皮壳构造呈较典型的子实层型。孢子褐色，卵形，顶端平截，孢子壁双层，外壁无色，内壁有明显小刺，长 8～12μm，宽 5～8μm。

二、生态分布

（一）生长基质

灵芝一般单生或丛生于枯树干或木桩上，能分解木材中的木质素，作为养分而生长，灵芝属真菌大多生长在有散射阳光、树林较稀疏的地方或空旷地带。其多数种生长在阔叶树的腐木上或土下枯死的树根上，如槭树属、赤杨属、栗属、山毛榉属、白蜡树属、杨属、洋槐属、栎属、柳属、茶属、榆属等植物上。只有少数种类对基质的要求比较专一，如闽南灵芝（*G. austrofujianense*）生长在松树桩上；橡胶灵芝（*G. philippii*）生于橡胶属（*Hevea*）的植物和棕榈科植物上；热带灵芝（*G. trppicum*）生于相思树或合欢树上；松杉灵芝（*G. tsugae*）生长在落叶松属（*Larix*）和铁杉属（*Tsuga*）植物上；奇异灵芝（*G. mirabile*）可以生长在活的大树干高处。有些灵芝的种兼有寄生的习性，既能生长在活树上，也能生长在死树上，如灵芝（*G. lucidum*）和树舌灵芝（*G. applanatum*）等。灵芝也能从土下朽树根上长出。

（二）地理分布

灵芝属在全世界各大洲均有分布，已有 250 多个种被描述，其中绝大部分生长在热带、亚热带、温带区。中国灵芝科 98 个种分布情况见表 82—1。

表 82—1　中国灵芝科 98 个种分布表

省及自治区	灵芝属				假芝属	鸡冠孢芝属	网孢芝属	合计
	灵芝亚属		树舌亚属	粗皮灵芝亚属				
	灵芝组	紫芝组						
海　南	16	20	16		10	1	1	64
云　南	18	8	11	1	9	1		48
福　建	8	9	6		8			31
广　西	6	8	8		7		1	30
广　东	6	10	1		2		1	20
贵　州	9	6	1	1	1		1	19
四　川	4	3	5				1	12
河　北	7		4					11
台　湾	5	2	3	1				11
香　港	4	3	3					10
浙　江	3	3	4					10
湖　北	5	1	3					9
江　西	3	2	3		1			9
湖　南	4	2	2					8
西　藏	1	1	4				1	7
江　苏	3		3					6
北　京	3		2					5
安　徽	4							4
黑龙江	3		1					4
河　南	2		1					3
山　东	3							3
山　西	2		1					3
内蒙古	2		1					3
吉　林	1							2
宁　夏	1		1					2
甘　肃	1		1					2
陕　西	1							1
辽　宁			1					1
天　津	1							1

赤芝（*G. lucidum*）分布较广，主产于热带和亚热带林区，生于多种阔叶树朽木干基部及其周围地上，菌柄着生于地下朽树根和腐木上。在我国主要分布在河北、山西、辽宁、吉林、江苏、福建、河南、河北、广东、广西、四川、海南等地的山林中。

紫芝（*G. senisis*）主要分布在我国新疆（天山）、四川（西昌、德昌、凉水、木里）、云南（墨江、临沧、澜沧、红河等）、广东、广西等地。生于常绿阔叶林地的干基、伐桩及其周围。

在我国，依据南北气候的变化可划分为热带区、亚热带区和温带区，各区灵芝的种有相同的，也有不同的。

热带区大致在南岭以南的两广、福建、台湾南部以及海南、香港地区。该区代表性的灵芝是热带灵芝（*Ganoderma tropicum*）、喜热灵芝（*G. calidophlum*）、弯柄灵芝（*G. flexipes*）、无柄灵芝（*G. resinaecum*）、薄树芝（*G. capense*）、背柄灵芝（*G. cochlear*）、胶纹灵芝（*G. koningsbergil*）、黄孔灵芝（*G. oroflavum*）、紫光灵芝（*G. valesiaum*）、黑肉假芝（*Amauroderma niger*）、皱盖灵芝（*A. ruda*）等，共 66 种，占我国已知总种数的 66%。此外，在该地区还发现了大量灵芝新种，表明南岭以南地区是我国灵芝真菌种类分布最密集、数量最多的区域。

亚热带区为南岭以北至秦岭之间的长江中下游地区，该区代表性的灵芝是紫芝（*Ganoderma sinensis*）、长孢灵芝（*G. boinense*）、灵芝（*G. lucidum*）、四川灵芝（*G. sichuanense*）、江西假芝，共 25 种，占总种数的 25%。该区灵芝种类虽不及热带地区，但仍然是我国灵芝的重要分布区。

温带区为秦岭向东北至大小兴安岭，以辽宁

南部及华北落叶阔叶林属温带，辽宁以北属中温带，大兴安岭区属寒温带针叶林，仅分布有松杉灵芝(*G. tsugae*)、灵芝(*G. lucidum*)、树舌(*G. applanatum*)、伞状灵芝(*G. subumbraeumlum*)和蒙古灵芝(*G. mongolicum*)。树舌和灵芝是我国分布最广泛的两个种，前者在我国27个省区有分布，后者在19个省区有分布。

(三)灵芝的生活史

灵芝的发育史，人们至今尚不完全了解，而对个体的发育过程已经比较清楚，发育过程如下：

①灵芝管壁上的担子将成熟的担孢子弹射出去；

②担孢子萌发产生1至多条芽管，每条芽管内含有多个细胞核。随后产生横隔，每个细胞内只保留一个核，形成初级菌丝。

③两条异质的初级菌丝相互融合、完成质配，形成双核次级菌丝。

④次级菌丝在基质内生长，形成菌丝体。

⑤菌丝体出现分化，形成子实体原基，由原基发育成子实体。

⑥子实体的子实层上的担子内完成核配、减数分裂，最后产生4个担孢子。

(四)影响灵芝生长和繁殖的理化因素

灵芝菌丝体及子实体在生长期的生理活动除与营养条件有关之外，还受温度、水分、空气、光线、酸碱度等各种理化因素的影响。

1. 温度

灵芝菌丝可在5～35℃范围内生长，超出这个温度范围，菌丝停止生长，或出现异常生长及死亡。暴露在空气中的菌丝可耐受0℃的低温，此时虽不能继续生长，但可保持生理上的最低活动，待温度升高到适宜时又能正常生长。生长在朽木中的菌丝或其他基质中的菌丝，都可以安全度过零下20～40℃的严冬季节。但遇到高低温度剧烈变化，时冻时融，会导致菌丝因失水而死亡。在35℃以上高温时，菌丝的呼吸作用大于同化作用，体内营养的消耗大于合成，造成代谢活动异常，也会死亡。在高温高湿的条件下，更易引起死亡。灵芝菌丝在基质中最适宜生长温度为25±2℃。

灵芝子实体在5～30℃之间生长，但对高温的适应能力较弱。子实体分化及生长的较适温度是20～28℃，最适宜温度为24～26℃。温度偏低，子实体质地较好，菌肉致密，皮壳色泽深，光泽好；反之，虽也能较快生长，但质量稍差。

2. 水分

基质含水量与基质密度有关。密度高的基质，含水量稍低；密度低的基质，含水量稍高。坚实的木材，含水量以37%左右为宜；材质松的木材，含量应在37%～40%。坚硬木屑配制的代料，适宜含水量为55%～58%，疏松木屑配制的培养料，适宜含水量为58%～60%，掺有甘蔗渣等疏松原料配制的培养料，含水量需70%左右。培养基中含水量高于80%时，由于基质中氧气含量过低，易导致菌丝死亡。

菌丝生长时所需要的水分来自基质，只要空气中相对湿度维持在65%～70%，就能确保基质中水分不因空气干燥而蒸发。相对湿度低于65%～70%时，在自然条件下会影响菌丝的生长速度。

子实体生长期间，要求空气相对湿度保持在85%～90%。如果相对湿度低于60%，由于基质水分及菌丝中水分会蒸发严重，将造成缺水，因此向子实体中输送的营养减少，造成子实体生长停滞。长期干燥，会引起子实体干缩，不再生长。若相对湿度低于45%，菌丝的生长也停止，不再发生分化，已形成的幼小子实体，也会干死。但相对湿度高于95%，因空气中氧气含量降低，会导致菌丝与子实体呼吸作用受阻，引起菌丝自溶和子实体腐烂而死亡。

3. 氧与二氧化碳

在自然条件下，空气中二氧化碳的浓度为0.03%，灵芝菌丝可正常生长。增加二氧化碳浓度，可促进灵芝菌丝的生长。实验证明，如温度条件不变，二氧化碳浓度增加到0.1%～10%，灵芝菌丝生长速度可加快2～3倍以上。子实体形成和长大，对空气中的CO_2很敏感，适宜子实体分化、长大的空气CO_2含量为0.03%～0.1%。CO_2高于上述浓度，子实体外形发生变化，生长受到抑制，可能只长柄或鹿角状分枝；严重时完全不形成子实体。

4. 酸碱度

灵芝是一种适宜偏酸性条件生长的药用菌，菌丝可以在pH 3～9范围内生长，最适于菌丝生长的pH为4～6，最佳pH为5～5.5。当pH为8时，菌丝生长速度减慢；pH>9时，菌丝将会停止生长。在碱性条件下，钙、镁等无机离子的溶解度增大，会抑制各种酶的活性、维生素合成和正常的代谢活动。因在菌丝生长过程中不断有中间代谢产物产生，其中包括各种有机酸，因此培养基的酸性随培养时间的延长而逐渐增加。

5. 光照

灵芝是异养性植物，不能进行光合作用。灵芝菌丝体可以在完全黑暗的条件下正常生长。可见光中的蓝紫光对菌丝生长均有明显的抑制作用。260～265nm 的紫外光能破坏菌丝中 RNA、DNA 和核蛋白，因此经这种紫外光照射 30 分钟，便可杀死菌丝。直射的太阳光，对菌丝有害，光线越强对菌丝的危害也越大。570～920nm 的红光，对菌丝生长无害。菌丝分化时需要 400～500nm 的蓝光诱导。在黑暗或弱光（照度数 20～1 000 lx）的条件下，只长菌柄，不会形成菌盖。当光照强度达到 1 500 lx 以上时，菌蕾生长速度快，能形成正常的菌盖。菌柄具有趋光性，单方向的光能促使菌柄生长过长，且向光源强的方向生长。灵芝子实体内对光的感受器与维生素 B_2（核黄素）及类胡萝卜素有关。子实体内这些感光物质偏多或偏少，均会使子实体畸型发育。担子生长畏光，特别是紫光及紫外光对其生长有害，但菌丝分化出担子时，需要有紫光的诱导。蓝光和紫光对担孢子的发育也有害。

第三节　灵芝的分类学

一、经典分类学

（一）对古代灵芝分类的研究

《神农本草经》等古文献对灵芝的分类是一种生态种的概念，它除指灵芝及近缘种外，有的还包括多孔菌目和伞菌目的其他菌类，很难用现代真菌分类学方法对古代每一种冠以准确的拉丁学名。中国科学院微生物研究所赵继鼎根据《本草纲目》和《别录》中六芝的记载，认为这 6 种灵芝中有些并不是现代分类学的灵芝。

青芝：可能是云芝。此种真菌菌盖革质，表面有绒毛，青褐色，与《抱朴子》中讲的青芝极为相似，具有药用价值。

赤芝：又名丹芝。认为赤芝便是目前熟悉的灵芝（*Ganoderma lucidum*），类似赤芝的还有松杉灵芝（*G. tsugae*）等。

黄芝：又名金芝。根据《抱朴子》黄者入紫金，大者十余斤，小者三四斤的叙述，很可能是硫黄多孔菌，此菌肉质黄色，老后变硬而脆。

白芝：可能是苦白蹄，此种真菌形如马蹄，可达数斤，生于松树等针叶树上，也可药用。

黑芝：可能是假芝。

紫芝：认为是紫灵芝，此种真菌菌盖紫褐色，紫黑色至近黑色。

（二）现代灵芝分类研究

1. 宏观特征

受地理环境、气候、温度和湿度等自然条件影响，自然界中的灵芝外观形态会差异很大，这些差异对灵芝精确分类造成了较大的困难。

菌盖漆样光泽是分泌的树脂形成，光泽的特征在分类学上被广泛采用。根据传统的观点，灵芝属菌盖表面具有漆样光泽，树舌亚属则无；灵芝属中（*G. mongolicum*）也有无漆样光泽的；而假芝（*A. austrofujianense*，*A. leptopus*）属中也有漆样光泽。赵继鼎认为，虽然漆样光泽在组和属的分类中没有重要的作用，但可作为种间鉴定的一个分类指标。

灵芝子实体的菌肉一般白色或深褐色，赵继鼎认为它在鉴定中有参考价值。1979 年，赵继鼎根据菌肉的颜色，将灵芝属分为灵芝组和紫芝组。灵芝组菌肉颜色分为上下两层，上层呈淡白色至木材色，下层呈淡褐色至褐色；紫芝组菌肉呈均匀的褐色、深褐色、肉桂色或栗褐色。Steyaert 认为，菌肉的颜色因纬度和海拔的不同而有差异。1983 年，Corner 强调在新鲜灵芝和活样本中，观察灵芝菌肉颜色对鉴定有特殊的重要性，每毫米菌孔的个数，也可作为一个种的特征。

2. 微观特征

灵芝在自然界中生长期较长，形态变化较大，因此在分类研究中，内部微观特征对分类就显得特别重要。因这种特性不受外界条件的影响，或受外界条件影响很小，具有相当稳定的特点，所以是分类上可信的依据。

Haddow 是第一个应用皮壳构造来鉴定灵芝属灵芝种类的，但并未提出任何描述性名词。Furtado 认为，菌盖的表皮结构在灵芝科的分类中具有重要性。Corner 1983 年建议，将灵芝属区分为皮壳具拟子实层型的灵芝亚属和不具拟子实层型的树舌亚属。

菌丝系统是由 Corner 在 1932 年提出的。Cunningham 在 1954 年提出，将菌丝系统作为鉴定属和种的依据之一。赵继鼎认为，菌丝系统是灵芝科的稳定性状，是区分种间的重要依据之一。1983 年，Corner 指出，居间骨架菌丝是区分灵芝和假芝两属菌丝系统的重要依据。

担子是一种产孢结构，灵芝科的担子较大，呈棍棒状至梨形。Corner 记载了粗壮梨形是灵芝和假芝两属的特点，他认为宽梨形担子似乎不经常存在于紧密的子实层中。这种紧密的子实层常常导致担子变得狭窄。赵继鼎也认同 Corner 这个观点。

1948 年，Donk 基于担孢子的特殊构造建立了灵芝科。灵芝科担孢子的纹饰是不寻常的，其他多孔菌还未发现这种纹饰。1889 年，Patouillard 记载了这种纹饰：粗糙，有疣或有小刺。Atkison 第一个证实，孢壁包含一个透明外层，覆盖在纹饰上，纹饰不超越外层，这种孢子构造已被 Furtado 和 Heim 利用电子显微镜研究所充分肯定。依据 Heim 和 Steyaert 关于孢子纹饰范围的研究，归纳为 4 种：①简单的疣或小刺，它们之间缺乏联系，如 *G. applanatum* 和大多数北温带种类。②加粗的小刺，由较细的连接线连接在一起，如 *G. alluaudi Har*. et Pat.。③不规则的网纹沿着纵轴发育显著，如若干假芝属的种类，特别如 *Amauroderma longipes*。④完整而规则的六角形网纹，如 *G. eminii*(Henn.)。有时发现孢子明显缺乏纹饰，至少在光学显微镜下是这样。Steyaert 指出，这种平滑类型孢子在热带东南亚的标本种是很普通的。Humphery 和 Simeona Leus(1931)描述，采自菲律宾的 *G. applanatum* var. laevisporum Humphery，即是无纹饰孢子。Corner 关于孢子的构造研究也接受 Heim 的 5 层概念，但为了简化起见，Corner 应用 exospore 和 endospore 两层概念，他认为应用这两个名词是恰当的。必须指出，Furtado、Heim、Pegler 和 Young 以及 Corner 都承认灵芝属和假芝属的孢壁都由 5 层壁组成。但是，在应用时他们所指的部分概念并不一致。传统都应用孢壁两层概念，如 Ryvarden 应用透明外孢层和有色厚壁上孢层，但他在描述 *G. pfeifferi* 孢子时，又用透明外孢层和内孢层。而 Corner 应用外孢壁和内孢壁的概念。其实早在 1889 年，Patouillard 注意到灵芝有双层壁特征，并将具有灵芝典型双层壁结构的种类归入灵芝属。

(三)分子生物学分类研究

20 世纪 80 年代，分子生物学为物种分类开辟了一个新途径。目前常用核糖体 RNA 基因作为分子生物学分类的指标，这是由于其复制数目高，并且每一单位的核糖体 RNA 基因具有不同进化速率，而且有交替分布的保守区(conserved region)和可变区(variable region)。保守区的核苷酸序列往往具有区别科或属的专一功能，可变区的核苷酸序列有助于种间的区分。利用特殊引物和聚合酶联反应(polymerase chain reaction，PCR)来大量复制特定 DNA 片段，可以比较样本和标本之间的亲缘关系，克服了形态学分类上的缺陷，从而为真菌的分类和种质资源的研究开辟了一个新领域。

1995 年，Moncalvo 等对灵芝属的 25SrDNA 序列进行了系统发育分析，结果支持灵芝和树舌两个亚属的划分，不支持 *Steyaert*4 个亚属的划分。他们通过对 internal transcribed spacers (ITS)和 25SrDNA 的 D_2 可变区序列的分析，发现用于区分灵芝属的种，无论是单独使用还是联合使用，这些数据组都能产生典型的相似树，而且它们在拓扑学上是相似的。同时，他们鉴定了有漆样光泽灵芝属种的 4 个系统发育学上的相关族(cluster)，其中有两个种代表了灵芝复合种的成员。非漆样光泽的种形成了一个单型群(monophyletic group)。在灵芝亚属内，基于皮壳结构和菌肉颜色建立属下(infragenic)的群组(groups)不被上述分子分类方法支持。虽然来自印度、台湾和菲律宾等地区分离培养的 *G. lucidum* 菌株似乎是同种，却和来自阿根廷的 *G. oerstedii* 菌株也似乎相近，但它们明显不同于来自欧洲的 *G. resinaecum*，这个 *G. resinaecum* 菌株却和来自北美的 *G. lucidum* 同种。Moncalvo 等在研究中使用的 *G. tsugae* 菌株来源不同，那些来自日本和中国台湾的商业菌株和来自北美的菌株不是同种，与中国内地的松杉灵芝菌株似乎有近缘关系。后来利用序列对一大组菌株进行了分析，发现松杉灵芝不会发生在中国台湾，也不可能发生在中国大陆和日本，尽管在这些国家和地区有关于这个种的频繁的记录。随后关于灵芝复合种的研究发现，北美和亚洲的 *G. lucidum* 与来自欧洲的不是同一个种，这个研究暗示 *G. lucidum*. sens. str. 可能不会发生在亚洲。Moncalvo 等鉴定了灵芝属具有漆样光泽种的 6 个单型群(monophyletic groups)，其中 5 个含有至少一个 *G. lucidum* 菌株。在这 6 个群种，一个被认为是 *G. lucidum*. sens. str.，它代表两个来自欧洲和一个来自中国的松杉灵芝菌株以及来自阿根廷的 *G. oersteddi* (Fr.)菌株。对(*G. oersteddi*(Fr.)、Gottlieb 和

Wright 有不同地解释，后者认为它是一个非漆样光泽的种且和南方树舌 *G. australe* 是同物。从这个研究可以看出，*G. lucidum* 存在地理分布限制[包括欧洲的北部到南部、非洲中部、中国的西北和南美，如 *G. oersteddi*(Fr.)]，这个种不可能出现在北美、日本、中国台湾。注意，中国菌株与欧洲的 *G. lucidum* 菌株在核酸序列和在生长速率上是不同的。

1991 年，通过比较智利的种和欧洲树舌以及南方树舌菌株的脂肪酸构成，Martinez 等把智利的种鉴定为南方树舌，这是"树舌不是一个世界性的种"的又一个证据。但更确切地说，可能局限于北半球的温带，然而，Martinez 等接受了南方树舌是世界性分布的观点，因为南方树舌这个"种"现在被认为是个复合种，在复杂性上，它可以与 *G. lucidum* 的复合种相比。8 个分化单位(clade)已经被全球性鉴定，尽管这些分化单位没有和已经存在的种简单地匹配。

Gottieb 等把南美南部的 *G. lucidum* sens. Lat. 当作灵芝亚属的同义。利用同工酶分析和形态学，特别是孢子和皮壳的形态学，他们区分来自这个地区的 9 个种，包括 *G. lucidum* var *lucidum*，并建立了它们的检索表。他们发现，形态学图谱和同工酶分析图谱之间的一致性水平较低。1996 年，王惠芳对灵芝属菌株的 Mn-SOD 基因进行了研究，发现在灵芝属分类上，Mn-SOD 基因比一般常用的核糖体 RNA 基因更为合适。前者还可以作为灵芝属和非灵芝属、灵芝属内异种间与灵芝属同种但不同品系间分类的指标。

近年来，随着分子生物学技术的发展，同时也是真菌学自身发展的客观要求，分子生物学技术在真菌学研究中得到了广泛而深入地应用。许多分类学家也将分子生物学方法应用到灵芝属系统发育和分类研究中。

1. 利用 rDNA 分类的研究

与受环境影响较大的形态学特征相比，核苷酸序列能反映真菌进化的信息。近年来，DNA 序列分析已被真菌学家广泛用于各类真菌的系统发育学研究。

在灵芝属的分类研究中，Moncalvo 利用 ITS 和 25SrDNA 的 D2 可变区序列的分析，对代表 14 个种(划分到 5 个亚属和组)的 19 株灵芝属菌株系统发育关系进行了研究。发现不同区域在灵芝属种间的 rDNA 变异率是不同的；证实树舌亚属是单元群(monophyletic)；将具有漆状光泽的灵芝属菌株分为 4 个相关族(cluster)。同时证明，灵芝属 ITS 序列种间的差异＞6%，种内在 0%～2%，种间有显著差异，符合灵芝属属下关系的研究。Smith 对澳大利亚灵芝属的 5 个种 ITS 序列进行了分析，把澳大利亚灵芝菌株分为 5 个末枝(terminal clade)。研究认为，分类单元中种间和种内的变异是不同的。系统发育分析比统计序列分析更科学合理。

在菌株鉴定方面，根据 ITS 区设计高特异性引物，利用高特异性 PCR 进行鉴定显得更具应用潜力。Utomo 等根据与油椰子树茎腐病(oil palm basal stem rot)相关的灵芝属菌株和灵芝属其他种的 ITS 序列的比对结果，设计了两对特异性引物，均能特异性地扩增寄生在油椰子树上，而其他灵芝属菌株没有扩增产物。这两对引物可对寄生在油椰子树上的病原灵芝属菌株进行快速鉴定。

2. RAPD

Hseu, et al. (1996 年)应用 ITS 序列分析技术和 RAPD 技术对"灵芝复合种"菌株进行聚类研究。结果发现，RAPD 的聚类结果和 ITS 序列并不完全相同；RAPD 的聚类结果对聚类方法很敏感，而且聚类群的置信度一般比较低。通过研究，Hseu 等认为 ITS 序列可用来识别"灵芝复合种"的菌株，而 RAPD 可以用来区别具有相同 ITS 序列的菌株。

3. 利用线粒体 ssrDNA 序列的分类研究

Hibbett & Donghue 利用部分线粒体 ssrDNA 序列，对多孔菌科系统发育进行了研究。结果表明，*G. lucidum* 被聚集在两系菌丝系统或三系菌丝系统的多孔菌组中，但是两个 *G. lucidum* 菌株并没有形成单元群。

近年来，扩增近线粒体ss rDNA序列全长引物，已经设计成功并且证实，在灵芝属各种间线粒体 rDNA 序列的信息位点数比 ITS 序列多3.3倍。

Hong & Jung 应用近全长线粒体ss rDNA序列，对灵芝属的系统发育关系进行了研究。研究结果发现，信息位点主要集中在可变区 V1、V4、V5、V6 和 V9，但在保守区的信息位点对解决灵芝属系统发育关系同样有着很重要的作用。根据线粒体 ss rDNA 序列的分析结果，*G. colossus* 与其他的灵芝属菌株有显著的差异，提示 *G. colossus* 建立的 *Tomophagus* 可能是一个新属。树舌亚属的*G. applanatum* 和 *G. lobatum* 聚在一起，形成一个单元群，来自北美的 *G. tsugae* 和欧洲的

*G. valesiacum*聚成一组，它们都是寄生在针叶树上；来自美国和台湾的菌株和 *G. resinaceum*，*G. pfeifferi*，*G. subamboinense* var. laevisporum 聚在一起，它们都能产生厚垣孢子。因此，Hong & Jung 认为，在灵芝属的分类学研究中，菌株寄主关系、培养物中厚垣孢子的有无和系统发育分析一样重要。

4. 利用 SRAP 分类的研究

Sun 等运用 SRAP 分子标记技术，研究了 31 株灵芝属菌株的遗传多样性。结果表明，灵芝组的菌株和紫芝组的菌株间有着明显的差异。中国的 *G. lucidum* 菌株和南斯拉夫的 *G. lucidum* 菌株也存在着差异。研究还认为，灵芝属菌株间的遗传多样性和地理环境有关。证实 SRAP 分子标记技术，可以用于真菌的分类研究。

5. 其他

可以利用 ERIC-PCR 进行分类研究；可以利用 β-tublin 基因序列进行分类研究。

第四节　灵芝菌种的制作

一、灵芝菌种生产

菌种的优劣是栽培成败的关键因素之一，灵芝菌种质量的好坏与灵芝的产量和品质都有着极大的关系。优质的灵芝菌种是保证灵芝产量和质量的前题。

(一)菌种的几个基本概念

母种：母种是利用菌类的孢子或组织（包括子实体、菌索和菌核）在培养基中培育萌发，分纯后得到具有良好生长特性的纯菌丝体。常用的培养基是 PDA。

原种：原种是母种菌丝体（连同培养基）扩大到瓶或塑料袋的培养料中培育的纯菌丝体，是母种的扩大过程。培养料可用多种材料制成。

栽培种：把原种在相同的培养基上再扩大一次，直接供栽培用的纯菌丝体。

(二)菌种制作过程

生产中，菌种的生产分为母种生产、原种生产和栽培种生产 3 个阶段。

1. 母种的制作

母种常用的培养基是以马铃薯、葡萄糖、琼脂为主，添加其他成分制成。

(1)母种常用培养基配方

配方 1：马铃薯 200g，葡萄糖 20g，琼脂 18～20g，水1 000ml，pH 值自然（简称 PDA 培养基）。

配方 2：马铃薯 200g，葡萄糖 20g，磷酸二氢钾 3g，硫酸镁 1.5g，琼脂 18～20g，水1 000ml，pH 值自然。

配方 3：马铃薯 200g，葡萄糖 20g，蛋白胨 5g，琼脂 18～20g，水1 000ml，pH 值自然。

配方 4：马铃薯 200g，葡萄糖 20g，蛋白胨 5g，磷酸二氢钾 3g，硫酸镁 1.5g，琼脂 18～20g，水 1 000ml，pH 值自然。

配方 5：马铃薯 200g，麦麸 50g，葡萄糖 20g，琼脂 18～20g，水1 000ml，pH 值自然。

配方 6：麦麸 50g，葡萄糖 20g，蛋白胨 5g，磷酸二氢钾 3g，硫酸镁 1.5g，琼脂 18～20g，水 1 000ml，pH 值自然。

配方 7：糯米粉 50g，葡萄糖 15g，琼脂 18～20g，水1 000ml，pH 值自然。用于分离菌种。

配方 8：麦麸或玉米粉 100g（煮沸 30 分钟，取汁），磷酸二氢钾 2g，硫酸镁0.5g，维生素 B_1 10～20mg，琼脂 18～20g，水1 000ml，pH 值自然。

配方 9：培养好的木屑灵芝菌丝体 200g（用水浸泡20 小时，过滤得滤液），米糠 100g，麦麸 100g（置于灵芝菌丝滤液中加热，煮沸 15 分钟后取滤液），葡萄糖 20g，琼脂 18～20g，水1 000ml，pH 为 5.0～5.5。

配方 10：木屑浸出液 100ml，（每 100ml 水加 50g 杂木屑煮沸 30 分钟后过滤取滤液），马铃薯 200g，白糖 20g，磷酸二氢钾 0.6g，硫酸镁 0.6g，琼脂 18～20g，水1 000ml，pH 值自然。

(2)母种培养基的制作方法

灵芝母种的培养基配方有多种，以下以 PDA 培养基的制作过程为例叙述制作过程，其他配方可按实际需要增减成分。

①把马铃薯去皮（发芽薯块应挖去芽眼），切成薄片，洗净秤取 200g，加水1 000ml 煮沸，煮至酥而不烂，用预湿拧干的 8 层纱布过滤，取其滤液。

②秤取 18～20g 琼脂浸于水中漂洗，挤干后放入上述滤液中，加热至琼脂全部溶化，再用 8 层纱布过滤。如滤液量不足，可加水补足至1 000ml。然后

加葡萄糖20g,搅拌溶化。

③培养基要趁热分装,可用医用分液杯分装。一般选用21mm×200mm的试管,每支试管注入培养基12ml左右,约占试管的1/4。分装时应注意,试管口内壁不能黏有培养基,如不小心黏上,用干净的纱布把它擦干净,否则,空气中的杂菌会沿着管壁钻入试管内部。

④塞棉塞:棉花塞应不紧不松,大小适宜。做棉塞的棉花要无病害、无霉变,弹过以后才能使用。现在也可使用商用硅胶塞。

⑤灭菌:分装后的试管在1.0～1.1kg/cm^{2}的压力下,维持30分钟。试管培养基灭菌后放置片刻,使其稍冷后再排放斜面。培养基在试管里的斜面为试管长度的3/5,放置的斜面在培养基未凝固前不能移动,移动后会造成培养基断裂或表面不平。培养基凝固后,即可收藏在4℃备用。在制好的试管中,随机抽取3支放在温箱或温室中保持28～30℃培养2天。如发现培养基表面有点点糊状菌落出现,说明灭菌不彻底,应重新灭菌并检测设备性能。培养后若基质表面光滑无变化,说明灭菌彻底,可以应用。

(3)母种的制备

①孢子分离:选择种芝,用孢子分离获得纯菌种,需选择种芝作为分离材料。种芝应在生长发育正常、出芝均匀、无病虫害菇房或栽培区中选择,选择发育正常、健壮、保持原品种特性,或具有人们所需的特异性状,已开始弹射孢子的灵芝子实体。

A.收集孢子:用整芝插种法来获得孢子。方法是将成熟、已开始散落孢子的子实体放在无菌条件下,用0.1%升汞水进行表面消毒,再用无菌水冲洗掉残留药液,用灭过菌的吸水纸吸干表面水分后,再插入预先灭菌的孢子收集器内。收集器盘中的纱布上倒些无菌水,以满足种芝落孢子所需湿度。放在25～28℃的温度下培养。孢子收集器内滤纸上有褐色孢子时,在无菌条件下将培养皿取出,用玻璃胶封好备用(所有操作均在灭菌条件下进行)。

B.培养孢子菌丝:在无菌条件下把培养皿打开,用接种针(或铲)挑取少许孢子,稀释在5～10ml注射用的无菌水中,直至孢子悬浮液呈浅咖啡色为止。再用灭过菌的医用注射器,装上长针头吸取孢子悬浮液,将1～2滴孢子悬浮液滴在PDA培养基斜面上,放在26℃左右的培养室(或恒温箱中)培养。几天后肉眼可看到星芒状的菌落,对萌发生长的菌丝必须进行显微镜检测,有锁状联合、经过出菇试验后,可作生产用种。

②组织分离:灵芝子实体的不同成熟阶段及子实体的不同部位上,其细胞大小、内含物(原生质、细胞器)多少及分化程度是不同的。幼小的子实体和长大的子实体,细胞数量相差很小,而细胞大小相差很大,成熟的子实体细胞明显大于幼小子实体的细胞。子实体长孢子前,细胞大,细胞器、原生质含量也多。这种细胞萌发的菌丝生命力强,种性也好。灵芝菌丝和子实体很容易纤维化,纤维化的细胞空腔很大,细胞质、细胞器含量比幼嫩子实体细胞还少。所以灵芝种芝的选择,应挑选形态正常、菌蕾大,刚开始开片,无病、无虫,子实体刚出现橘黄色(开始纤维化)时分离。未分化菌盖的幼嫩菌芽也能作分离材料。

组织分离方法:把选出的子实体先切去带泥的菌柄,用75%乙醇进行表面消毒后,用无菌刀自菌柄处或子实体的任何一端切开少许,再用镊子或手将子实体掰开,不能用刀切开。掰开的子实体剖面不能接触任何物体,在菌柄和菌盖交界处,切取一小块组织(米粒大小)放到PDA培养基上。

把接好组织块的试管放在25～28℃温度下避光培养,1～2天后就能从组织块上长出新菌丝来,7～8天后可长满斜面。待菌落长到1.0～1.5cm时就可开始挑选。组织分离是一种无性繁殖,可保持其种性。

③基质分离:基质分离应选择出芝早、长势好、芝形完整,刚出芝,还未严重腐朽的菌棒。把挑选好的菌棒上长的灵芝去掉,用75%的乙醇进行表面消毒、用消过毒的小刀和接种针在灵芝根基部下约1cm处,切取2mm见方的菌木,接在试管培养基的中央。把接好的试管放在25～28℃下培养,1～2天后就能长出新菌丝,7～8天后便可长满斜面。待菌落长到1.0～1.5cm时就可开始挑选。基质分离是无性繁殖,可保持其种性。

菌种提纯:菌种提纯是对从孢子分离、组织分离和基质分离获得的菌丝进行纯度的鉴别。可取所分离的菌种再接种在PDA培养基中进行再次培养。如果是纯种菌丝,培养后的菌落菌丝会逐渐向四周呈辐射状生长,外缘整齐一致。反之,菌丝生长速度不一、菌落边缘参差不齐,或出现黏液状物,或呈其他形态的菌丝。这样的菌种,必须再提纯。即取菌丝生长整齐、单纯的菌落,以作繁殖扩大应用。最后还要做出芝试验。经出芝鉴定,子实体生长良好的菌种才能作生产用菌种。

母种的扩大:经出芝鉴定最后确定母种,菌丝长满试管斜面后,移植到新的斜面培养基上培养生长,这叫扩大繁殖。扩大繁殖要在严格的无菌条件下操作。接种箱(室)需进行严格消毒,千万不能把种源放进去(种源在药剂、紫外灯照光下易发生变异)。分移接种时,可用接种针把菌丝连同培养基一起移到新的斜面培养基上,每支试管可分20～30支。然后放在25～28℃下培养,当菌丝长满试管后,可用同样方法再次分移。分移试管应选择生长旺盛、菌龄短、菌丝层尚未出现色素分泌物的试管用于转管。菌龄较长,已产生韧质菌皮,不宜钩取转管。一般以扩大2～3次为宜。如是购买的试管,最多只能转分一次。传代次数太多,会引起变异,降低生活力。在接种过程中,动作要快,试管口始终要用酒精灯封口,塞瓶口的棉塞也要过火焰消毒,以免感染杂菌。

母种分移接入斜面培养基后,应立即贴上标签,避光培养。培养室温度需控制在25～28℃,空气相对湿度在60%～70%。如用电热加温,可在地面泼水或在电热器上放盛满水的容器,以保持空气湿度。培养室还要一定的通气量,以保持空气新鲜。温度过高,菌丝虽然长得快,但培养基易失水,菌丝易老化发黄;如空气不新鲜,菌丝软弱无力,易倒伏。在适宜的条件下,2～3天后,接种块上就会长出白色绒毛状菌丝。待菌丝长满整个培养基表面即可应用。

2. 原种的制作

(1)原种培养基常用材料

原种培养基原料来源比较广泛,只要含有木质素、纤维素、蛋白质和矿物质,不含有害菌种生长的物质、危害人体健康的重金属和农药残留物都可,如各种阔叶树木屑、作物秸秆、粮食加工下脚料(米糠、麦麸、玉米粉、黄豆粉和小麦全粉)等。

能制作原种培养基的材料很多,对用作培养基的材料要求是:

木屑:阔叶树木屑,无霉变,含水量在15%以下,粗细度在2mm以下。严禁用混入松、杉、柏、樟等含有芳香气味和有杀菌物质的树种木屑,木屑必须手握无结块,无霉烂感,无霉味和异味。

麦麸:新鲜,无霉变,含水量在11%～14%,粗细度在4mm以下。

棉子壳:灰白色,无霉变、无虫害,含水量在11%～14%,粗细度在4mm以下。

米糠:新鲜,无霉变,含水量在11%～14%。

玉米芯:无霉变,含水量在11%～13%,粉碎后粗细度在4mm以下。

玉米粉:新鲜,无杂质,含水量在10%～14%,粗细度宜细。

(2)原种培养基常用配方

配方1:木屑74%,玉米粉24%,蔗糖1%,石膏粉1%。含水量58%～60%。

配方2:木屑73%,玉米粉5%,麦麸20%,蔗糖1%,石膏粉1%。含水量58%～60%。

配方3:木屑73%,玉米粉7%,麦麸13%,蔗糖1%,石膏粉1%。含水量58%～60%。

配方4:木屑80%,麦麸18%,蔗糖1%,石膏1%。含水量58%～60%。

配方5:木屑39%,棉子壳39%,玉米粉20%,蔗糖1%,石膏粉1%。含水量60%～62%。

配方6:木屑44%,棉子壳44%,玉米粉10%,蔗糖1%,石膏粉1%。含水量60%～62%。

配方7:木屑40%,棉子壳40%,麦麸18%,蔗糖1%,石膏粉1%。含水量60%～62%。

配方8:木屑10%,棉子壳70%,麦麸18%,蔗糖1%石膏粉1%。含水量60%～62%。

配方9:木屑15%,棉子壳60%,麦麸15%,玉米粉7%,蔗糖1%,碳酸钙2%。含水量60%～62%。

配方10:棉子壳83%,玉米粉(或麦麸)15%,石膏粉1%,蔗糖1%。含水量60%～62%。

配方11:花生壳(或砻糠、或棉秆、或豆秸)78%,麦麸(或玉米粉)20%,蔗糖1%,石膏粉1%。含水量58%～62%。

配方12:花生壳74.5%,麦麸(或米糠)24.5%,石膏粉0.5%,草木炭0.5%。含水量62%～65%。

原种培养料的装瓶、灭菌、接种方法与香菇等食用菌相同。方法请参阅本书《食药用菌制种技术》一章。

(3)培养

菌种料瓶灭菌接种后,贴上标签,应立即放入弱光或无光的培养室内避光培养,培养温度为25～28℃,空气相对湿度为60%～70%。接种后3～5天菌丝恢复生长,5～7天后菌丝长入料内。接种后每隔3天检查一次,一直到菌丝布满料面,也称菌丝封面。以后每隔一星期检查一次。如有杂菌,应立即淘汰或处理,直至菌丝长到瓶底。

3. 栽培种制作

(1)配方

与原种基本相同。

(2)拌料

与制做原种拌料相同。

(3)培养料的装袋和灭菌

生产中一般用聚丙烯和聚乙烯塑料袋装培养基。

塑料袋规格:袋膜厚度一般为0.045～

0.055cm。袋膜过厚，灭菌后会发脆，搬动时易折裂、产生微孔；袋膜过薄，容易被培养料的尖角扎破。

塑料袋尺寸：长袋直径9.0～9.5cm（压扁后，幅宽在15cm以内），短袋直径11cm（压扁后，幅宽在17cm以内）。直径太大，袋中心的料灭菌不易彻底，易感染杂菌，袋长28～40cm之间。

装袋：装袋有机械装袋和手工装袋两种。机械装袋有专用装袋机。常用的装袋机有两种：圆盘转动冲压式和螺旋管式装袋机。可根据不同的生产规模选择。手工装袋即用手工将培养料装入袋内，边装边振动。装袋过松，前期菌丝生长快，易老化；装袋过紧，透气性差，菌丝生长慢。盛料袋的容器必须平滑、无角、无棱，以防止刺破塑料袋，搬动时要小心，装袋后需将袋口附着的料渣擦干净，用橡皮筋或塑料绳将袋口扎紧，或用塑料颈圈塞上棉花封口。里外袋口都不要扎得太紧，只要达到灭菌时冷空气容易逸出，灭菌后又能阻止袋外空气直接进入袋内即可。

灭菌：分高压灭菌和常压灭菌两种。高压灭菌时，升温和降温要缓慢。切忌猛火燃烧或蒸汽压力上升太快。保温期间压力要稳定。高压灭菌从排冷空气到规定的蒸汽压需1.5～2小时，降温时要自然降温，蒸汽压接近0点时再放气。生产上常用常压灭菌。从装袋开始计时，2小时内必须进行灭菌。常压灭菌开始升温要快，力求在5小时内使消毒灶内的温度达102℃。当灶内温度达到100℃时，菌棒内中心温度应在93℃左右。经过4～5小时，湿热蒸汽才能穿透到料袋中心，这样才能达到热平衡。灭菌时间以温度达到102℃时开始计算，持续保温14～16小时，才能达到彻底灭菌的效果。在此期间，温度不能忽高忽低。到规定时间后才能停止加温，自然冷却后取出。消毒灭菌必须由专人负责。灭菌后，锅内温度降至40～45℃时，趁热将灭好菌的袋搬入冷却室。冷却室应干燥清洁，等到袋温降至30～32℃左右时，搬入接种箱（室）接种。这样杂菌感染率较低。

（4）接种与培养

接种：原种瓶用高锰酸钾溶液或5%苯扎溴铵（新洁尔灭）溶液擦拭消毒，棉塞用药液浸湿挤干后，放入消毒灭菌后的接种箱，接种时，在酒精灯火焰旁操作，用长柄镊子取拇指大小原种菌丝块，接在培养料上端，一瓶原种可接30瓶左右栽培种。

培养：栽培种数量较大，一般在自然温度下培养。下雨天为了降低室内相对湿度，宜在床架、地面上放些石灰及杀虫杀菌药粉。高温季节应做好降温工作。菌种袋不要叠得太高，并要加强室内通气。可在门窗上挂些草帘，既可通气，又能适当降温。栽培种在接种后，一星期检查一次，待菌丝封面后，每半个月检查一次。如有杂菌或虫害，应立即淘汰或及时处理，直到菌丝长满。在转接到栽培筒料前还应全面普查一次，确保栽培种无虫无杂菌。

液体菌种：液体菌种与固体菌种相比，具有发菌快（当天发菌）、吃料快（第二天吃料）、生长迅速（10～15天菌丝可长满全袋）、成本低、接种易操作、效率高（每天400袋/人）、菌种生长周期短（3～4天）等特点。通常用PDA培养基生产试管斜面菌种，经2～3次纯化确定无杂菌污染，可作生产用液体原种。

液体菌种配方：马铃薯200g，葡萄糖20g，蛋白胨2g，水1 000ml。具体做法：先将马铃薯去皮、挖去芽眼，切成2cm见方的小块，加水，煮约40分钟，过滤取汁，加入葡萄糖和蛋白胨溶化，补充水到所需定量，分装入三角瓶（500ml/瓶）内，瓶口塞上棉塞后高压蒸汽灭菌。温度达到121℃时计时，再保持45分钟。灭菌后温度降到30℃时，加入青霉素、链霉素（均为10mg/150ml），防止细菌生长。在无菌操作技术下，每瓶接入2～3块黄豆大小的斜面母种，放在摇床振荡培养72小时，当菌球长大至2mm、白色、菌液清澈透明、液体中的菌球数量大于或等于3个/毫升时，进行扩大繁殖栽培种。

栽培种的培养是在液体菌种培养罐中进行，培养液的制备方法与原种相同。培养罐灭菌后，罐内温度降至30℃时加入青霉素、链霉素，搅拌均匀，接入液体原种，通入无菌空气，空气压力维持在0.05MPa，在26℃保温培养69～72小时。当菌球浓度达到5～6个/毫升、pH降至4左右、菌球直径达到2～3mm，菌液清澈、无混浊、无异味时便可接种。

栽培用液体菌种培养成功后要及时接种，不能久置，也不能停止通气，否则会因培养液中氧气不足、营养缺乏导致菌球生活力降低，甚至死亡。接种需在无菌环境下完成。接种时需两人配合，一人手托菌袋，一人先把培养罐的压力提高到0.08MPa，然后拔去棉塞，手持喷枪将喷头插入袋内，向袋内喷射菌球悬浮液10～12ml，即完成接种。接种后按常规方法进行管理。

液体菌种质量检测：一看外观。培养液内菌丝应清晰可辨，没有混浊。二闻气味。没有酸、臭特殊异味，应有一股灵芝香味。三测样品。平板测试是否污染，显微镜观察菌丝生长情况，取样秤重和黏度检查，生长力测定和出菇试验，测培养基 pH 值，糖含量和氧含量等。

（三）灵芝菌种的保藏

灵芝菌种保藏与其他食药用菌基本相同。方法请参阅本书《菌种保藏技术》一章。

第五节　灵芝的栽培技术

1960 年，上海市农业科学院食用菌研究所人工栽培灵芝成功。目前，我国灵芝生产主要采用段木栽培和袋料栽培两种模式。

一、灵芝的段木栽培

我国灵芝段木栽培主要有熟段木栽培和生段木栽培。段木经过高压灭菌，灵芝菌丝更容易在熟段木上定植和生长，可缩短了灵芝生长周期，提高产量。熟段木栽培法比生段木栽培法更具有节约原料、周期短、产量高的特点，在生产上已广泛应用。

生产上常用的熟段木栽培方法有两种：原木段木栽培（浙江、福建）法和细木、树枝加木屑配料栽培法（安徽、江苏和东北地区）。福建和浙江采用覆土横埋方法，段木长 28～30cm。安徽、江苏和东北地区用覆土竖埋方法，段木长度为 15～18cm。不管采用什么栽培方法，基本操作流程都是选择树种→适时砍伐→截段捆扎→装袋→灭菌→接种→发菌→排场埋土→出芝管理→采收干燥→分级包装。

最适宜灵芝生长发育的温度为 25～28℃。超过 31℃，菌丝生长快，但长势弱，所形成的子实体小；低于 20℃，菌丝粗壮，生长慢，但表面菌丝易纤维化，而阻止菌蕾的形成。生产季节要根据出芝最佳的自然温度来定。砍伐树木的时间一般在树木储存营养较丰富的冬季，海拔较高及纬度较高地区，砍伐期还可以早些。短段木接种培养 60～75 天后，可覆土，再经过 30～45 天，芝蕾才会产生，从芝蕾产生到成熟采收还需 40～50 天。接种到采收整个过程需 4～6 个月。

（一）选择树种、适时伐木

大多数阔叶树种都适宜栽培灵芝。我国南方有 20 个种，42 个属，70 余种树种适宜栽培灵芝，主要有壳斗科的栲属、栎属、栗属；金楼梅科的阿丁枫属、枫香属；杜英科的杜英属等，如苦槠、山樱桃、锥栗、麻栎、枫香、泡桐、相思树、木麻黄等。北方地区大多用柞木、千金鹅掌等树种。树木韧皮较厚、不易脱落、材质较硬、心材少、木射线发达、不含芳香酊类物质、导管丰富的树种比较适合栽培灵芝。灵芝的营养和水分均来自菇木，灵芝产量高低取决于菌材中的菌丝体总量，而菌丝体总量又与木材的体积和其营养成分有关。采伐时间对提高菇木质量关系极大。一般以在冬天落叶后到春季发芽期前为宜。此时树木处于休眠期，树木储藏营养最丰富，树液流动不快，含水量适宜，树皮和木质部结合紧密，树皮不易脱落。一般在立冬后至立春前（11 月中上旬到 2 月 20 日前）应完成伐木工作。各地可根据当地的栽培时间，提早一个月砍伐树木。海拔较高或纬度较高的地区采伐期宜适当提前，可从立冬到惊蛰时砍伐，以小寒前砍伐最好。最好选在晴天砍伐，避免雨天砍树。树木直径不宜小于 6cm，也不大于 22cm，以 8～18cm 为宜。砍伐运输过程中，尽可能不使树皮受损。树木采伐后，运到灭菌接种地附近，堆放在荫凉处，严防暴晒开裂。

（二）截段装袋

装袋、灭菌前 1～2 天截段木材。覆土横埋方式栽培的段木需长 28～30cm，而竖埋方式的段木需长 15～18cm。截段时段面要平，可用刮刀刮掉截段周边的毛刺，以防装袋时刺破薄膜袋而被杂菌感染。新采伐的段木和含水量较高的树种，可以在锯断扎捆后晾晒 2～3 天，段木段面中心有 1～2mm 小裂痕时再装袋，此时段木含水量大致为 35%～45%。段木过干，需浸水 1～2 小时后再装袋。直径 18～22cm 的段木，每段装一个塑料袋。直径6～10cm 段木，可以用竹条或锦纶绳把数根小段木捆扎在一起。捆扎时，段面要平整，不能扎破塑料袋。也可把树杈和枝条截成 20cm 长，捆扎成20～25cm 的圆形“段木捆”后装袋，但中间孔隙宜用硬木屑等辅料填充。如段木偏干，可适当浸水后装袋。硬木屑等辅料填充物配方：杂木屑 78%，麦麸 15%，玉米粉 5%，糖和石膏各 1%。含水量根据不同的段木含水量有所不同，然后填充在捆扎的木段空隙中。用0.07cm厚的聚乙烯袋，先在袋底铺一层拌匀的木屑培养料，再装入捆成桶状的枝杈和枝条，然后用木屑培养料填充间隙及表面，注意勿让段木切口外露，以免刺破培养料袋。装袋后清理袋口，用颈圈和棉塞封口，或用绳子扎口。

(三)灭菌

熟料段木栽培在生产上常用常压灭菌法灭菌。常压灭菌在100℃以上需维持10～12小时，温度切忌忽高忽低，应保持稳定。常压灭菌结束时，不能马上将灶门打开，应闷一段时间，待温度自然降到40～50℃后，才能出灶。灭菌过程中，灶内加水应添加热水。出灶后，菌袋在运输过程中运输工具要事先清洗，菌袋上要用干净的无纺布或塑料薄膜覆盖。菌袋应放在干净、干燥、四周无有机垃圾、无化工气味、无杂菌、无螨虫、无灰尘的房间或塑料大棚内冷却。

(四)接种

待袋棒温度降到30℃左右时可接种，不宜过冷接种。应选择天气晴朗的日子接种，接种前把已灭菌的袋棒搬入接种室内，用气雾消毒剂对现场消毒。1小时后，接种人员要更换上干净的衣服和鞋子，戴上口罩和手套进入接种室接种。接种方式：30cm长的段木需两端接种，15cm长的段木可一端接种。所接菌种应确保无杂菌、无虫和无菌被，把整个菌种袋放在高锰酸钾溶液(或苯扎溴铵溶液)中清洗消毒。接种时拔去栽培种棉塞，袋口用75%乙醇棉花擦拭，用灭过菌的镊子剥去表面老菌皮，把下面的菌种捣碎成谷粒或黄豆大小，然后解开料棒袋口，用汤匙掏取菌种倒入装段木的袋中，使每根段木都接触到菌种，稍加压实，使菌种紧贴于段木表面。每根段木接种量为5～10g，接种后仍需扎紧袋口。在接种时如发现袋内有积水，应立即倒掉；棒袋如破损，应及时套上灭过菌的备用袋或贴上胶布。用于段木接种的菌种，含水量可适当高些。

(五)菌袋室内培养

接种后的菌棒应放在通风、保温、遮光和干净卫生的室内避光培养，培养棒袋的堆放可根据气候和培养条件而定。低温季节接种的，栽培袋密度要高，以利于加温；高温季节接种的栽培袋，密度要低，以利于散热。气温低时接种，短袋应立体墙式排列堆放，堆袋8～10袋层高。放袋的地面先用砖垫高20cm。长袋立体墙式排列堆放时，地面也要用砖垫高20cm，把菌棒袋从地面起向上堆叠横放，袋口向走道，叠10～12袋层高，两行菌墙间留70cm左右走道。菌袋叠好后上面需覆盖塑料薄膜，但需留一定的通气空间。高温时接的种，长棒袋用井字形堆放，叠放8～10层高。

接种后，棚内最低温度应控制在20～22℃，2～3天菌种菌丝开始萌动，一周内把温度逐渐提高到22～26℃，有利于菌丝生长，7天左右菌丝会联结成片。发菌室初期湿度应维持在60%～65%，7天后控制在65%～70%。菌丝生长首先在段木的表层形成明显的菌丝圈，然后逐渐进入木质层和髓部，沿维管束生长。一般接种15天，随着菌丝生长，呼吸量逐渐加大，袋内会有大量水珠产生，这时需加强通风或降温。每天午后开门窗通风换气1～2小时。培养20～30天后，菌丝可长满整个段木表面。由于菌丝大量生长产生热量，室内温度也会随之升高，这时应采取各种措施控制温湿度的变化。通过打开门窗换气，可增加袋内氧气，促进菌丝向木质层生长。在培养过程中，菌棒位置需上下、内外翻堆。这样既可以在轮换中及时发现处理已被感染杂菌的菌棒，又可在菌棒搬动时，促使菌丝断裂，加速菌丝向木质层渗透定植。同时进行扎孔增氧放水，经过60～70天培养菌木，发菌阶段可完成。这时段木之间连接紧密，难以分开，表面有少量黄褐色菌被出现，用手重压段木时感觉有弹性，段木重量减轻，劈开段木，会发现木质部已有淡米黄色菌丝。

(六)栽培场地

在南方，宜选择海拔300～700m的山谷开阔地(夏季最高气温在36℃以下，平均气温在24℃左右)，应避开山洪可能流经的地带，以坐北向南或东南向阳谷地为好。四周最好有成片的树林，绿树成林，且临溪水，以减轻夏季的热辐射和增加灵芝栽培场周围空气的含氧量和湿度。也可选择水库库区周围。场地应选择远离村庄、排水良好、地势开阔、土质疏松、偏酸性、水电方便的地方。场地土质和水中对人类有害的重金属(铅、砷、汞和镉)和农药残留均应低于国家卫生标准。

在理土前一个月，应选择晴天翻耕菌床，以清除杂草、石块和消毒土壤，经日光暴晒数日后建畦。方法：翻土20cm，畦高10～15cm，畦宽1.5～1.8m，畦长按地形决定，畦面四周开排水沟，沟深30cm(如有山洪之处应开好排洪沟)。每两畦上建1.6～1.8m高的塑料大棚，用6m宽的农用薄膜，既可遮阳，又可调节温湿度。棚上还需覆盖黑色遮阳网。

菌材排场注意要点：①根据段木直径大小、菌丝生长好坏、品种不同而分开排放菌木，以保证出芝整齐，便于管理和采收。②选择气温20℃以上的晴天排场覆土，场地需预先进行清理，注意白蚁的防治。在白蚁易发生的地方，菇棚四周挖20cm深的沟，在沟底撒上灭白蚁的药物（灭蚁灵诱杀），撒少许细土后再把菌材脱袋按序排列。根据不同的菌材，采用不同的间距，既要充分利用床面，又不让相邻两菌材的子实体相互接触。一般间距为5cm，行距为10cm。

排放菌材后，覆盖2cm厚的土，以菌木不露为标准。覆土深浅厚薄应视栽培场地湿度酌情处理。可覆3～4cm厚的疏松砂壤土。然后在土层上再覆以5～10cm厚的干稻草或芦苇等。覆土后，喷一次重水，使土壤填满菌包之间的空隙。土壤的湿度为“手握成团，甩手能撒”为度。

（七）出芝管理

1. 出芝期的大棚管理

灵芝生长对光照较敏感，所搭的荫棚，应有漫射光。控制光线的原则是前阴后阳。前期光照强度要低，有利于菌丝恢复和子实体的形成；后期要提高光照度，有利于菌盖增厚、子实体干物质积累和孢子粉的形成。

灵芝属恒温结实型，正常生长温度为20～32℃，最适温度为26～28℃。菌材埋土后，如气温达24～32℃，通常7～15天可形成菌蕾芽。菌柄长到一定程度后，温度、空间湿度、光照度适宜时，即可分化菌盖。气温较高时，要观察芝盖外缘白边色泽的变化，防止子实体因温度过高、湿度过低而变成灰色，这时再增加湿度也难以恢复生长。如中午气温偏高，应揭膜通风。

灵芝生长需要较高的湿度。灵芝子实体的生长会经过菌蕾、菌盖分化、菌盖成熟、孢子产生几个过程。从菌蕾发生到菌盖成熟前，空气相对湿度保持在85%～95%，以促进菌蕾表面细胞分化，土壤也要保持湿润状态。晴天多喷水，阴天少喷水，下雨天不喷水，不宜采用菌棒浸水催芽方法。

灵芝属好气性真菌，在良好的通气条件下，可形成正常的肾形芝盖。空气中二氧化碳浓度高于0.3%，会只长菌柄，不分化菌盖。为了减少杂菌危害，在高温高湿时要加强通风换气管理，把畦四周的塑料布揭起，揭膜高度应与菌柄持平，有利于菌盖分化；中午高温时，需揭开整幅薄膜，但需注意防雨淋。

在出菇管理时需做到“三防”，以确保菌盖的质量。一防连体子实体发生，排场埋土时，菌材要有一定间隔，以减少子实体相连的机会。控制段木上灵芝的朵数，一般直径15cm以上的段木，以生长3朵为宜，15cm以下的段木，以生长2朵为宜，过多朵数会使灵芝品质下降。因此在子实体生长初期，需进行疏蕾处理。二防雨淋或喷水时泥沙溅到菌盖上降低产品质量。三防冻害。高海拔地区出芝后，应在霜降前用5～10cm的稻草覆盖菌木畦面，清明过后清除覆盖的稻草。

2. 出芝期的大田管理

大田管理要依照灵芝固有的生长特点，调控好光照、温度、湿度、空气的关系以及病虫害的防治。

出芝前，对光照要求不严，原基形成后需200～300 lx的光照。早春、初夏时半阴半阳，盛夏时八阴二阳，其他时间七阴三阳。灵芝子实体有向光生长的倾向，光照不均匀，易形成畸形芝。

空气温度达到25℃左右时，菌丝成熟的段木埋土后7～15天便可出芝。菌芽出土时，顶点生长为白色，基部褐色，菌柄长到一定长度后，通风、温度、光照条件具备时，即可分化为菌盖。出芝后及子实体生长期间，最适温度维持在25～28℃。子实体长大时，最低温度不得低于22℃，最高不能超过30℃，高温会导致子实体停止生长。棚内温度在28℃以上时，需向棚内喷雾增湿，加大通风以降温。必要时，除大棚两端揭开薄膜外，还需把大棚两侧揭起，减少棚内二氧化碳含量，防止出现畸形芝。

出芝前需保持覆土湿而不黏手，否则菌丝会萎缩，甚至死亡。原基形成后，要及时处理过多的原基，遵循去弱留强的原则，每根段木上留1～2个（短段木），或2～3个（长段木）粗壮的原基，其余均应剔除。原基大，柄粗、伞大、产品质量好。此时棚内相对湿度要维持在90%左右，晴天每天喷水雾一次，阴天隔天喷一次，下雨天不喷，关键需视土壤干湿情况而定。子实体长大时，棚内相对湿度应维持在85%～90%，每天向子实体喷水2～3次，以确保子实体迅速吸收所必需的水分。采收前2～3天应停止喷水，所使用的水必须符合饮用水的卫生标准。喷水时，宜选择细喷点向空间喷雾，让雾点自然落下。避免水直接淋入畦面，影响灵芝产品质量。

出芝前，每天通气一次，时间0.5小时，宜在中午通气；出芝后，每天通风换气2～3次，每次0.5小时。温度高，通气时间稍延长。下雨天，通风时间需缩短。

灵芝菌段木上常会遭裂褶菌、桦褶孔菌、截头炭团鳞皮扇菌及树舌等危害。一旦发现，应及时用利器刮除并集中烧毁，并在受害部位涂抹波尔多液等稀释液，以防蔓延。如有害虫危害子实体或柄，应及时组织人工捕捉，彻底杀灭。

(八)孢子粉的收集

灵芝子实体菌盖白色生长圈消失，周围有卷边圈，菌盖不再增大变为增厚，菌盖表面颜色一致，由黄色变成棕褐色，表明子实体已基本成熟。这时孢子粉渐渐弹射释放。在生产上收集孢子粉有多种方法，主要有套袋收集法和塑料小环棚收集法。

1. 套袋收集法

套袋制作：取油光卡纸，或白纸(若用报纸，重金属会超标)，做成周长 36cm、高 25cm 的圆纸筒(和子实体大小相仿)，上口加盖 12cm 见方的白纸。

套筒时间：一是在灵芝白色生长圈消失、停止向外扩张、转向增厚生长时套筒，过早套筒会形成畸形芝；二是孢子粉弹射 4～5 天后，开始进入孢子喷射旺盛期套筒，这时采集的孢子粉质量好。套筒前，把栽灵芝的地面抹平、压实，向灵芝菌盖和柄喷水，冲洗掉积在上面的泥沙和杂质，防止采粉时混入。

套筒方法：在抹平的地面上，铺上塑料薄膜，与地面上的泥沙隔开，在垫底薄膜上铺上接粉薄膜，接粉薄膜要比套筒口大 2～3cm，便于取粉。然后逐个用筒将灵芝套住，下面与接粉薄膜相接，上面盖上纸板。在封闭条件下，接收弹射的孢子粉。

套袋后管理：套筒盖板后，分畦罩上塑料薄膜，薄膜不能漏水，水不能滴进套筒，否则孢子粉会结块。除气温偏高时需揭开薄膜两端通风降温外，其他时间不能掀开薄膜，防止风吹掉盖板。

采粉时机与方法：采粉与灵芝采收应同时进行。时间早了，会影响灵芝和孢子产量，迟了灵芝生长进入衰退期，孢子颗粒不饱满，灵芝底色也会变差，影响质量。套筒采集孢子粉：一是在菌盖上，二是在地面接粉膜上，三是在套筒边上和盖板下面。采粉时，先把盖板和套筒上的粉刷下，然后一手握住灵芝柄，把灵芝剪下，刷下菌盖上的积粉，再把灵芝倒放在筛子上，准备烘干。采收时需十分注意，不能让孢子粉沾染灵芝腹面，以免影响灵芝菌盖底部色泽。最后小心提起地面上的接粉薄膜，把孢子粉刷下，千万注意不能让泥沙等杂质混入。

2. 小环棚孢子收集法

在抹平的地面上，铺上塑料薄膜，与地面上的泥沙隔开，在垫底薄膜上铺上接粉薄膜，上面盖上搭建的塑料小环棚。在封闭条件下，接收弹射出的孢子粉。具体管理方法与套袋法一样，但孢子粉产量低得多。

干燥存储：把已收获的孢子粉及时干燥，放在 50～60℃温度下烘干，再用 300 目筛过筛。没有烘干条件的，可放在太阳下摊晒；天阴下雨应及时晾干。摊晒时下面需垫 300 目以上的过滤塑料网，千万不能垫报纸，以免报纸上的铅污染孢子。未干燥的孢子粉，绝不能用塑料袋长时间存放，否则会发酵变质。干燥后的孢子粉，应放在干燥低温或暗室荫凉处保存。

(九)子实体采收和干燥

灵芝菌盖停止增大、菌盖色泽同柄、菌盖边缘有与盖色泽一致的卷边圈，即 2～3 层的增厚线，并有褐色孢子飞散、盖背面呈米黄色至黄色时便可采收。采收时，可用果树剪把灵芝子实体从柄基部剪下，采下的灵芝不能用手接触菌盖下方，也不要让子实体相互碰撞。子实体不能用水洗。剪去过长的菌柄后，除去泥沙和杂质，单个灵芝盖面向上排列在筛上置烘房中烘干。烘烤时应注意温度的控制，采收当天在 30～40℃下烘 4～5 小时，然后再放在 55～60℃下烘烤 1～2 小时。这样可确保灵芝菌盖背面呈米黄或金黄色，获得外观品质好的灵芝。如以晒干为主，晴天连续晒 3～4 天，遇阴雨天改用烘干法继续干燥，但菌盖背面的光泽会发白或变暗。待子实体含水量达到 11%～12%时，可装入薄膜袋中密封保存。

(十)子实体分级

灵芝晒干或烘干后，应分级储藏和销售。

特级：菌柄长 1.2～1.5cm，菌盖中心厚1.8cm 以上，菌盖直径 15～25cm，菌盖背面呈金黄色或淡黄色，含水量在 12%以下，无虫蛀，无霉变，单生。

一级：菌柄长2.0cm 以下，菌盖直径8.0cm 以上，含水量 12%以下。质地坚硬，盖缘整齐有光泽，菌盖中心厚 1.5cm 以上，菌盖背面呈金黄色或淡黄色，无虫蛀，无霉变，单生。

二级：菌柄长3.0cm 以下，菌盖直径5.0cm 以上，含水量在 12%以下。质地坚硬，有光泽，菌盖中心厚 1cm 以上，菌盖背面呈金黄色或淡黄色，无虫蛀，无霉变，单生或有少许并生。

等外级：菌盖直径 5.0cm 以下或无菌盖的畸形灵芝，含水量在 12%以下。无虫蛀，无霉变。凡大量弹射过孢子粉的灵芝也属等外级灵芝。该级灵芝特点：菌体比较轻，很容易用手掰开，菌盖背面呈米黄色或灰白色，易见到菌孔。有的地区也把菌盖 3～5cm、菌柄不规则的灵芝定为三级灵芝，分级后应迅速密封干燥包装。

二、灵芝的袋栽技术

代料栽培是用人工配制的培养料代替木材培养灵芝子实体。代料栽培灵芝时，由于培养料营养成分丰富（氮源养分增加），培养基比木材疏松，灵芝菌丝、子实体生长快，生长周期短，从接种到采收仅需 3 个月。灵芝产量高，生物效率（50 千克原料产干灵芝的量）可达 8%，但子实体质地较疏松。

灵芝的代料栽培在 20 世纪 80 年代前期均用瓶栽，即利用瓶装的菌种培养灵芝子实体，灵芝子实体从拔去瓶塞后的瓶口长出。瓶栽的子实体朵形小、产量低，生产上已很少使用。只是在研究和育种时应用。80 年代后，由瓶栽改为塑料袋栽。

塑料袋栽培灵芝有室内栽培和室外仿野生栽培两种。这两种栽培方法，配料、制种及菌种培养要求完全相同，但子实体培养方法不同。室内栽培把菌种袋放在室内菇床上或叠放在室内地上；仿野生栽培把菌种袋埋在室外荫棚下的土中，像野生灵芝一样，从土层中长出。室外栽培产量较高。无论是室内栽培还是室外仿野生栽培，栽培方式上分长袋仿段木栽培和短袋栽培。长袋仿段木栽培和短袋栽培的培养料、制种及菌种培养要求完全相同。

代料栽培的基本步骤为：选材→配料→装袋→灭菌→接种→菌丝培养→子实体培养→采收干燥→分级包装。

（一）栽培季节

灵芝菌丝和子实体对温度的要求相同，最适灵芝生长发育的温度为 25～28℃。因此，需根据出芝最佳的自然温度来制订生产季节。从接种到采收整个过程仅需 3 个月时间，一般在 4 月初便可生产栽培袋。

（二）培养料配制

代料栽培灵芝的培养基原料来源比较广泛，只要含有木质素、纤维素、蛋白质和矿物质，不含有害菌种生长的物质成分和危害人体健康的重金属和农药残留物即可。如各种阔叶树木屑、作物秸秆（棉花秆、豆秸、麦秸、玉米芯）、甘蔗渣、芦苇秆、果壳（花生壳、棉子壳、栎果壳）中加适当比例的粮食和粮食加工下脚料（米糠、麦麸、玉米粉、黄豆粉和小麦全粉等）均可。针叶树和芳香属树种的木屑不能用来栽培灵芝。为了获得高产或质量好的灵芝，对原料要进行适当的选择。栎树、苦槠、米槠、柞木、桦木、悬玲木等材质致密的木屑中，加玉米粉，栽培出的灵芝子实体坚实，质量较好。用棉子壳栽培的灵芝，产量较高，但质量较差，子实体疏松，子实体中灵芝多糖和灵芝酸的含量较低。因此，在配制培养料时要适当地配合，以克服某些材料固有的不足。

①常用原材料：见原种培养基常用材料。

②常用栽培料配方：见原种培养基配方。

（三）栽培料袋的制作

塑料袋规格：要求袋膜耐高温，灭菌冷却后薄膜不发脆，透明度高。目前普遍用聚丙烯和聚乙烯塑料袋。袋膜厚 0.045～0.055cm。袋膜过厚，灭菌后发脆，搬动时易折裂、产生微孔；袋膜过薄，容易被培养料的尖角扎破。

生产上常用的塑料袋有两种规格：长袋长 60cm、宽 15cm；短袋长 35cm、宽 15cm～17cm。塑料袋直径太大，袋中心的料灭菌不易彻底，易感染杂菌；袋直径过小，装料量少，产量低。袋的长短没有固定要求，只要操作方便即行。制成的长袋长 45～55cm，短袋长 28～30cm。长袋培养料装好后，菌袋成棒状，子实体从袋两端的袋口长出或从向上一面袋身的接种穴长出。短袋培养料装好后，菌袋成圆柱状，子实体从一侧的袋口长出。

拌料：拌料场地最好选水泥地。先把主料、辅料分别按比例秤好后混合在一起，再把石膏等添加物均匀地搅拌在原料中，把糖放在水中溶化后加入。可用拌料机搅拌，也可人工搅拌。麦麸和米糠在装袋前再均匀拌入。含水量控制在58%～62%。

原料的含水量因不能保持恒定，因此加水量不能绝对保持一致，也不可能测定原料水分后再计算加水量。一般都是用手测试，用手紧握一把拌好的料，手指间有水印即可。

培养料加水拌匀后，应及时装入塑料袋中。培养料中有了足够水分后，各种细菌、真菌会在里面很快繁殖，时间稍长，培养料会变质，影响灵芝的正常生长。高温季节，当天拌好的料，应当天装袋，当天灭菌。

装袋：装袋有机械装袋和手工装袋两种。机械装袋有专门的装袋机，常用的装袋机有两种、圆盘转动冲压式和螺旋管式装袋机。手工装袋，即用手工方法把培养料装入袋内，边装袋边振动。袋装培养料有一定松紧度，装袋过松，前期菌丝生长快，易老化；装袋过紧，透气性差，菌丝生长慢，出芝晚。放料袋的容器必须平滑、无角、无棱，以防止刺破塑料袋，搬动时要小心。装袋后需把料袋口上附着的料渣擦干净，短袋在袋的一端，长袋在袋的两端用橡皮筋或塑料绳把袋口扎紧。袋口的包扎没有固定的样子和方式，只要达到在灭菌时冷空气容易逸出，灭菌后又能阻止袋外空气直接进入袋内就行。

短袋可用塑料颈圈套在塑料袋口外，再把袋口翻出袋外，用线或橡皮筋固定，使之成瓶口状，然后塞上棉花。也可把袋口折转，贴于袋身一侧，用橡皮筋把袋口捆在袋身上，这样灭菌时袋内空气膨胀时，橡皮筋能弹开，袋中的冷空气可泄出，灭菌后橡皮筋可恢复原样，袋口仍被扎住。

长袋在袋的两端用橡皮筋或绳子扎口，也可在袋口处放2～3g干净、无霉、经太阳暴晒过的棉花，然后把袋口扎紧。也可把袋口两端都扎紧，袋身上开2～3个直径1.2cm左右的小孔（以后可作接种口用），孔上贴医用胶布（胶布上有微孔，灭菌时膨胀的热空气可从微孔中散出）。如果袋身上不打洞，也可用双袋法，即先用一个塑料袋装好培养料，然后在袋外再套个薄型塑料袋，里外袋口都不要扎得很紧，灭菌时袋内冷空气完全能从袋口的缝隙中跑出，但升温要慢，否则袋膜会胀破。

（四）灭菌

从装袋开始计时，6小时内必须上灶灭菌，也可采取边装袋边上灶的方法。灭菌方法同段木栽培灭菌。

出灶冷却：宜在料温40～50℃时出灶，这时袋内温度比外界温度高，空气也由内向外，温度稍高，不易感染杂菌。

灭过菌的菌袋从灶中取出后应随即送到冷却室冷却，运输工具预先也需清洗。运输过程中菌袋上要用清洁的无纺布或塑料薄膜覆盖，防止灰尘、垃圾沾上。冷却室必须干燥清洁，无杂菌、无螨虫。四周空气无化工污染。

（五）接种

袋出灶后，待温度降到30℃左右时趁热搬入接种室接种，灵芝菌种不宜过冷接种。接种方法、步骤与段木制种一样。接种时，短袋是从一端袋口接种，长棒形菌袋袋身长，需在袋口两端接种，或在菌袋的一侧，用1.2cm粗、消毒干净的锥形木棒打2～3个孔，孔距10cm左右，把菌种揿入孔中，要上紧下松，然后再用专用胶布封住孔口。

（六）菌丝培养

接种后菌袋应放在通风、保温、保湿和干净卫生的培养室避光培养。培养菌袋的堆放可根据气候和培养条件而定。低温季节接种的栽培袋，堆放密度要高，以利加温；高温季节接种的栽培袋，堆放密度要低，以利散热。气温低时接种的瓶子和短袋，可直立放在床架上（菌袋间应有1cm距离），也可菌墙式堆放，瓶装高度8～10层，袋装10～12层高。放瓶和袋的地面应用砖垫高20cm。长袋作墙式堆放，地面也要用砖垫高20cm，把菌袋从地面起向上横放堆叠，袋口向着走道，叠8～10袋层高，两行菌墙间留70cm左右走道。菌袋叠放好后，上方覆盖塑料薄膜，应留一定的通气空间。高温时接的种，长袋用井字形堆放，叠放8～10袋层高。短袋可直立放在床架上，菌袋之间应有1cm的距离。

培养温度：接种后到菌丝封面，温度不能太高，宜控制在22～25℃，最低温度控制在20～22℃，温度太高易感染杂菌。菌丝封面后，需适当提高温度，一周内逐渐加温到22～26℃培养。由于菌丝生长时会产生热量，堆叠中的菌袋间温度高于室温3～4℃，应经常检查，料温控制在25～30℃。培养场所的小气候不能超过28℃，若气温太高，早晚需增加通风，或拉开袋的距离，或降低菌袋的高度。

培养湿度：发菌室初期湿度宜维持在60%～65%，7天后控制在65%～70%。湿度过高需及时排湿（可用排湿机，或在地面放置干石灰）；湿度过低，需及时补湿（可在地面泼水，不能长期积水）。

空气：菌丝生长比子实体生长可耐受稍高的二氧化碳浓度。袋内二氧化碳含量超过3%，菌丝生长会受抑制，生长速度变慢，菌丝生长细弱，甚至停止生长。接种10天后，随着菌丝量的增加，生长速度加快，菌丝呼吸作用消耗的氧和放出的二氧化碳会迅速增加，袋口扎紧的塑料袋内二氧化碳的浓度高于其承受量，菌丝生长就会受到抑制。这时需增加袋内外空气交换的速度，加快袋外空气进入袋内。增加空气渗入方法：一在袋口处用消过毒的细针轻扎7～8小孔；二是把扎袋口的绳子轻轻松开（不解开袋口，也不振动袋壁），袋口自会稍稍张开，开出微缝，空气随即进入。空气进入量的增加，菌丝生长速度加快，自身散发的热量增加，导致室温上升。室温较高时，必须先把菌袋疏松排放，然后再扎孔或松开扎绳。

光照：灵芝菌丝生长不需要光照，光照会降低菌丝生长速度，使子实体提早形成。在菌丝长满袋之前，应避光培养。菌丝萌发定植生长后，应定期翻垛：每隔7天左右翻垛检查杂菌一次，上下、内外调换位置，保持温度一致。如发现杂菌，应及时清除。同时进行扎孔增氧放积水。30天左右菌棒袋培养便可成熟。气温在22℃以上时，按出芝模式放置。增加光照，松开袋口增加氧气，促进子实体形成。

（七）出芝管理

菇棚建造：按东西向搭棚，长10m左右，宽3～5m，上盖遮荫网或草帘，造成半阴半阳状。畦上搭塑料环棚，棚的四周搭成简单地墙，有利通风。畦宽1m，畦间开浅排水沟。出芝方式有袋两端出芝和覆土出芝。

袋两端出芝法：放袋前1天在沟内润水，提高棚内湿度。每畦用砖铺砌，这样喷水时泥土不会溅在灵芝上，而后把芝袋排放在畦床的砖上，两头朝外，堆高6层，每卧放两层间放小竹子或芦苇两根，使上下两层菌包间要有一定的距离。当袋两端表面转色、出现白色芝蕾时，把袋两端的口解开，让空气进入袋内，促进芝蕾生长。芝袋口开启以2cm为好，芝袋口开小些，出芝少而大；芝袋口开大些，出芝多而小。芝袋口不能全张开，否则会造成芝袋内失水，影响灵芝的生长。子实体生长阶段，温度宜控制在26～28℃，空气相对湿度在85%～90%，可在地面上洒水，向空中喷雾，每天3～4次。光线以散射光为宜，避免直射光照。为了使子实体正常发育，每天需开通风窗通风4次，每次30分钟。灵芝生长需要新鲜氧气，空气、光照的变化会造成灵芝的畸形生长。覆土栽培：可参考段木栽培中（六）栽培场所和（七）出芝管理。

（八）采收

当灵芝菌盖停止增大，菌盖色泽同柄，菌盖边缘有与盖色泽一致的卷边圈，即2～3层增厚线，并有褐色孢子飞散、盖背面呈米黄色至黄色时便可采收。采收时用果树剪把灵芝子实体从柄基部剪下，留柄蒂0.5～1.0cm。采收后的子实体不能用水洗。剪去过长的菌柄后，除去泥沙和杂质，单个灵芝盖面向上排列在筛子上，放入烘房中烘干。烘烤需注意温度的控制，采收当天用30～40℃烘4～5小时，然后再在55～60℃中烘烤1～2小时。这样烘烤出来的灵芝可保持菌盖背面颜色呈米黄或金黄色，可得到外观品质好的灵芝。如以晒干为主，需在晴天连续晒3～4天。碰到阴雨天宜用烘干法继续干燥，但菌背的光泽会发白或变暗。子实体含水量达到11%～12%时，可装入薄膜袋中密封保存。

第六节　灵芝的药理作用

一、灵芝的抗肿瘤作用

自20世纪80年代开始，大量药理研究证明，灵芝水提取物或灵芝多糖对小鼠S-180肉瘤、Lewis肺癌、肌纤维瘤（fibrosarcoma），以及由致癌物azoxymethane所诱发的结肠癌等均有抑制作用。然而，把灵芝水提取物或灵芝多糖直接与S-180肉瘤或HL-60细胞株一起培养，却无直接细胞毒作用。进一步研究发现，给小鼠灌胃（或注射）灵芝水提取物或灵芝多糖，可促进巨噬细胞产生肿瘤坏死因子α（TNF-α）以及T淋巴细胞产生干扰素γ（IFN-γ），因而抑制肿瘤细胞生长或促进其凋亡。把灵芝多糖分别加入到体外培养的巨噬细胞和T细胞中，发现灵芝多糖浓度越高，TNF-α和IFN-γ的mRNA及蛋白表达越多。灵芝多糖还可促进树突细胞（DC）成熟、分化，增强DC诱导的细胞毒T细胞的直接或间接细胞毒性而发挥抗肿瘤作用。灵芝水提取物或多糖还可增强巨噬细胞以及自然杀伤（NK）细胞的细胞毒性。

多糖是灵芝抗肿瘤的主要成分。用不同方式提取出的活性多糖，其中有些不单纯是多糖，而是糖与蛋白质的组合物，如糖蛋白或多糖肽。由于化学组成、化学结构与物理性质各不相同，不同多糖的抗肿瘤活性有较大差异。大部分具有抗肿瘤活性的灵芝多糖，结构上都以（β-1，3）为主链，（β-1，6）为侧链；以β-1，6为主链的灵芝多糖，抗肿瘤活性不明显。此外，高相对分子质量灵芝多糖的抗肿瘤活性明显强于低相对分子质量灵芝多糖。

灵芝孢子和子实体提取物能有效抑制体外培养的乳癌细胞（MDA-MB-231）和前列腺癌细胞（PC-3）增殖，其机制可能与灵芝抑制此两种细胞中的转录因子——AP-1和NF-κB的活性有关。灵芝还能抑制癌细胞分泌尿激酶型血浆素原激活因子（urokinase-type plasminogen activator，uPA），干扰uPA与uPA受体的结合，从而影响转化生长因子（TGF-β）和成纤维细胞生长因子（FGF）的活化，阻止癌细胞转移。

Wu等（2006）报道，不同灵芝孢子制剂抑制体外培养的人恶性乳腺癌（MT-1）细胞黏附的程度不同，活性强弱是：酶解法破壁灵芝孢子>物理法破壁灵芝孢子＞未破壁孢子＞对照。同样，不同来源的灵芝提取物(含粗多糖)也可抑制 MT-1 细胞黏附。段木栽培的灵芝子实体提取物，对癌细胞黏附具有最强的抑制作用，进一步纯化的多糖也具有此作用。灵芝通过抑制黏附分子 β_1-integrin 的表达，抑制癌细胞的黏附作用。

曹其珍等(2007)发现，灵芝多糖肽(*Ganoderma lucidum* polysaccharides peptide，*Gl*-PP)对体外培养的人肺癌细胞(PG)增殖无直接抑制作用，但 *Gl*-PP 作用后的 PG 细胞，其运动性明显受抑，并呈一定的量效关系，其黏附性受不同程度的抑制。金属蛋白酶 MMP-9 活性呈剂量依赖性下降，100μg/ml*Gl*-PP 对 MMP-9 活性抑制率可达 41.53%，MMP-9 mRNA 的表达也受到不同程度的抑制。表明 *Gl*-PP 可作用于肿瘤细胞侵袭过程中运动、黏附、基质金属蛋白酶等多个环节，对肿瘤细胞的侵袭有一定的抑制效应。

Cao and Lin(2004、2006)发现，灵芝多糖肽(*Gl*-PP)可抑制裸鼠的移植型肿瘤——人肺癌(PG)的生长，但无直接细胞毒作用。*Gl*-PP 直接加到培养的鸡胚绒毛尿囊膜上，可显著抑制鸡胚绒毛尿囊膜的血管增生。1、10 和 100mg/L 浓度的 *Gl*-PP 无细胞毒性，可直接抑制人脐静脉内皮细胞(HUVEC)增生。10 和 100mg/L 的 *Gl*-PP，还能诱导 HUVEC 凋亡。同时，*Gl*-PP 抑制抗凋亡基因 Bcl-2 表达，促进凋亡基因 *Bax* 表达。人肺癌细胞(PG)在缺氧条件下，可分泌血管内皮细胞生长因子(VEGF)，*Gl*-PP 抑制缺氧 PG 细胞培养上清液中 VEGF 表达，抑制血管内皮细胞生长因子(VEGF)表达，抑制血管内皮细胞增殖，调节凋亡/抗凋亡基因表达。诱导血管内皮细胞凋亡，可能是 *Gl*-PP 抑制肿瘤血管新生的重要机制。

药理研究还发现，灵芝具有抗放射、增强化学治疗药，如环磷酰胺、氟尿嘧啶、多柔比星、顺铂、阿糖胞苷等的抗肿瘤作用。拮抗它们的免疫抑制或骨髓抑制作用，这与临床观察对肿瘤放、化疗增效减毒作用是一致的。

近年来研究发现，灵芝乙醇提取物或三萜类成分也能抗肿瘤，可能与直接毒杀肿瘤细胞有关。松杉灵芝(*Ganoderma tsugae*)的三萜类成分能诱导体外培养的人类肝癌细胞(Hep3B)凋亡，并且干扰其细胞周期(cell cycle)，使其无法顺利生长分裂。从灵芝菌丝体提取的三萜类 WEES-G6，能有效抑制体外人肝肉瘤细胞(Huh-7)的生长。它能降低蛋白激酶 C(PKC)活性，活化 JNK 和 p38 MAPK，抑制癌细胞生长。灵芝乙醇提取物能提高抑癌基因 *p21/Waf1* 的表达，并抑制过度活化的癌变基因 *cyclin* D1。此外，乙醇提取物能活化促凋亡基因 *Bax*，诱导 MCF-7 乳腺癌细胞凋亡。

从灵芝子实体分离出的三萜类化合物也能抑制 Matrigel(一种肿瘤细胞的胶质组织，能促使血管内皮细胞增生)所诱发的血管新生。

综上所述，灵芝水提取物或多糖，虽在荷瘤动物体内有显著的抗肿瘤活性，但均无直接细胞毒作用，其抗肿瘤作用主要是通过免疫调节作用在体内的实现。灵芝乙醇提取物和三萜类成分能直接抑制体外培养的肿瘤细胞，但还缺乏足够的体内抗肿瘤试验的证据。

二、免疫调节作用

(一)增强树突细胞、单核巨噬细胞系、中性粒细胞与自然杀伤细胞(NK)功能

大量研究证明，灵芝子实体与菌丝体、灵芝孢子粉提取物和灵芝多糖类均能增强小鼠腹腔巨噬细胞吞噬功能。灵芝多糖还能促进小鼠腹腔巨噬细胞白介素 1(IL-1)、肿瘤坏死因子-α(TNF-α)生成及其 mRNA 表达。灵芝多糖(GLB_7)通过细胞外钙内流和细胞内钙释放，可使小鼠腹腔巨噬细胞内钙($[Ca^{2+}]i$)增加；促进小鼠腹腔巨噬细胞中蛋白激酶 C(PKC)活力升高；GLB_7 还能减少巨噬细胞内活性氧自由基的生成，具有清除活性氧的作用。灵芝多糖肽(*Gl*-PP)对氧化剂引起的巨噬细胞氧化损伤有明显的保护作用。

Cao and Lin(2002、2003)首次发现，灵芝多糖促进 DC 的成熟、分化和功能。灵芝多糖通过促进 DC 成熟，促进 CTL 细胞的 IFN-γ 和颗粒酶 B 的 mRNA 和蛋白表达，促进 DC 诱导细胞毒 T 细胞(CTL)的细胞毒性，进而杀伤肿瘤细胞。

Lin YL 等(2005)报道，(1→6)-β-*D*-葡聚糖分枝结构的灵芝多糖(PS-G)通过 NF-κB 和 P38 MAPK 信号通路，能快速而有效地诱导人 DC 细胞的活化和成熟。

Kohguchi 等(2004)给 BALC/c 小鼠灌胃鹿角灵芝[(*Ganoderma lucidum* (Rokkaku-Reishi，RR)]500mg/kg，3 天后显著增加 LPS 诱导的脾细胞产生 IFN-γ 水平，刺激 LPS 诱导脾黏附细胞分泌 IL-12。灌胃给药 500mg/kg RR，14 天后明显升高 LPS 或 ConA 诱导的脾细胞分泌 IFN-γ 水平。

Chien 等(2004)报道，从灵芝水提取物中分离得到含岩藻糖的多糖肽组分(F3)(10～100μg/ml)，体外作用于人脐血单个核细胞(mononuclear cells，MNC)。培养 7 天后，$CD14^+$ $CD26^+$ 单核/巨

噬细胞、CD83$^+$ CD1a$^+$ 树突细胞和 CD16$^+$ CD56$^+$ NK 细胞，较对照分别增加了2.9、2.3和1.5倍，并且 NK 细胞的细胞毒活性提高了31.7%，而 B 细胞没有明显变化。

Zhu and Lin（2006）给小鼠一次性腹腔注射免疫抑制药环磷酰胺（cyclophosphamide，Cy）300mg/kg，制作免疫抑制动物模型，腹腔注射灵芝多糖（*Gl*-PS）2.5mg/kg，每天一次，连续 7 天。与生理盐水对照组比较，*Gl*-PS 组免疫抑制模型小鼠，其骨髓细胞、红细胞、白细胞、脾自然杀伤细胞（natural killer，NK）以及自然杀伤 T（natural killer T，NKT）细胞数的恢复时间明显缩短。造模后第 5 天，*Gl*-PS 组的细胞毒性 T 淋巴细胞（CTL）活性、第 7 至第 9 天 NK 细胞、淋巴因子激活的杀伤细胞（lymphokine activated killer，LAK）活性以及第 12 天巨噬细胞吞噬和细胞毒活性均显著升高。

Hsu MJ 等（2002、2003）报道，灵芝多糖体外作用促进人原代中性粒细胞吞噬和迁移活性。通过激活磷脂酰肌醇 3-激酶（phosphatidylinositol 3 kinase，PI$_3$K）/Akt 信号通路，抑制自发性 Fas 介导的中性粒细胞凋亡；呈时间依赖性地增强人中性粒细胞蛋白激酶 C（protein kinasec，PKC）、p38 丝裂原激活的蛋白激酶（mitogen-activated protein kinase，MAPK）以及酪氨酸激酶 Lyn 活性，这可能与其促进非特异性免疫功能相关。

灵芝促进 DC 成熟并增强 DC 激发的免疫反应，促进 DC 功能，增强单核巨噬细胞系和 NK 细胞功能，不仅与其抗肿瘤、抗感染作用有关，而且还可间接影响免疫系统的其他成分，如 T、B 细胞，进而参与免疫调节。

（二）增强体液免疫功能

许多研究发现，灵芝（赤芝）多糖、松杉灵芝子实体多糖，均能使羊红细胞 SRBC 免疫的正常小鼠空斑形成细胞（PFC）反应显著增加，表明灵芝多糖能促进正常小鼠 IgM 抗体产生。灵芝多糖还能使应激或免疫抑制剂诱发的免疫功能抑制，恢复至正常或接近正常水平。

每日给小鼠腹腔注射灵芝多糖 GL-B（25～100mg/kg），共 4 天，可明显增强小鼠脾细胞对 LPS 刺激的增殖反应。GL-B 为 100mg/kg 时，脾细胞增殖反应较对照组增加 84.8%。Bao 等（2002）从灵芝子实体中提取的灵芝多糖（PL-1）腹腔注射 PL-1（25mg/kg），连续 4 天，明显促进小鼠脾细胞经 LPS（20μg/ml）诱导的 B 淋巴细胞增殖，并产生抗体。

腹腔注射灵芝蛋白 LZ-8 12mg/kg，每周 2 次，共 4 周，可抑制乙肝表面抗原（HbsAg）免疫小鼠的 HbsAg 抗体的产生。

Cao 和 Lin（2003）比较了段木灵芝多糖和菌草袋栽灵芝多糖的生物活性。结果显示，两种多糖离体给药，在一定剂量范围内（0.8～12.8μg/ml），均可显著促进 LPS 诱导小鼠脾淋巴细胞增殖，两者的最高效应之间无显著差别。

张劲松等（2002）报道，从灵芝子实体中分离得到具有生物活性的糖肽（GLIS），能够使 B 淋巴细胞活化、增殖。B 细胞膜表面表达 CD71 和 CD25 增加，免疫球蛋白 IgM、IgG 分泌增加，并且 GLIS 活化 B 淋巴细胞不依赖于 T 淋巴细胞的活化，GLIS 可直接促进 B 淋巴细胞表达蛋白激酶 C（PKC）α 和 PKCβ。研究表明，GLIS 可作为 B 淋巴细胞的刺激剂。

（三）增强细胞免疫功能

用 2，4-二硝基氟苯（DNFB）或二硝基氯苯（DNCB）诱发小鼠迟发型变态反应（DTH），灵芝多糖、松杉树芝多糖和树舌多糖均可增强 DNFB 或 DNCB 所致小鼠迟发型 DCH，松杉树芝多糖还能拮抗免疫抑制剂环磷酰胺或应激对 DCH 的抑制作用。Cao and Lin（2002）证实在段木灵芝多糖（*Gl*-PS-WC）中、高剂量组（80 或 160mg/kg）及菌草袋栽灵芝多糖（*Gl*-PS-BC）高剂量组（160mg/kg）均可显著增强 DTH 反应，两者效应之间并无显著差别。两种多糖离体给药（终浓度 0.2μg/ml、0.8μg/ml、3.2μg/ml或12.8μg/ml）可显著增强小鼠混合淋巴细胞培养反应（MLC）；对“刀豆素 A”（Con A）诱导的小鼠脾淋巴细胞增殖也有显著促进作用；一定剂量范围内（0.8～12.8μg/ml）还可显著促进 LPS 诱导小鼠脾淋巴细胞增殖；两种多糖均可功能性拮抗并扭转环孢素 A（CsA）、丝裂霉素（Mit）或依托泊苷（VP-16）对小鼠 MLC 的抑制；一定剂量范围内的 *Gl*-PS-WC（0.8～12.8μg/ml）或 *Gl*-PS-BC（0.2～12.8μg/ml）也可显著促进小鼠腹腔渗出细胞吞噬中性红活性。表明用同样方法提取的段木灵芝子实体多糖和菌草袋栽灵芝子实体多糖的免疫调节作用基本相同。

灵芝多糖、树舌多糖均可显著促进刀豆素 A 诱导小鼠的脾淋巴细胞增殖反应。灵芝多糖还可部分拮抗氢化可的松对淋巴细胞增殖反应的抑制作用。

灵芝蛋白 LZ-8 在体外对小鼠脾细胞有明显促有丝分裂作用，最适刺激浓度为 3.3μg/ml。LZ-8还可增强 ConA 的促有丝分裂作用。

腹腔注射小剂量灵芝多糖 GLP(0.05mg、0.1mg)共 5 天,可明显增强 ConA 诱导脾细胞增殖及 IL-2 生成,脾淋巴细胞 Thy-1、L_3T_4 抗原表达显著增加;而大剂量 GLP(2.4 毫克/只)反而明显抑制 ConA 诱导脾细胞增殖和 IL-2 生成,脾淋巴细胞 Thy-1、L_3T_4 抗原表达也明显降低,各剂量组 Lyt2 的表达均无明显变化。结果显示,适当剂量的灵芝多糖 GLP 可明显促进淋巴细胞增殖,使总 T 淋巴细胞(Thy-1)和 Th 细胞(L_3T_4)增加,而 Ts 细胞(Lyt2)无明显变化。灵芝多糖 GL-B 还可显著增强细胞毒 T 细胞(CTL)的功能,在浓度为 200μg/ml 时,其杀伤活性增加 100%。

Wang YY 等(2002)发现,灵芝水提取物中分离得到含岩藻糖的多糖肽组分(F3)(0.01～0.1μg/ml),能够浓度依赖性地促进 Con A 诱导小鼠脾淋巴细胞增殖。

Bao 等(2002)腹腔注射从灵芝子实体中提取的灵芝多糖(PL-1)(25mg/kg),连续 4 天,明显促进小鼠脾细胞经 ConA(5.0μg/ml)诱导 T 淋巴细胞增殖。Lai 等(2004)发现,灵芝多糖体内给药能够升高马外周血淋巴细胞中 $CD5^+$、$CD4^+$ 和 $CD8^+$ T 淋巴细胞百分率。

李明春等(2001)用激光扫描共聚焦显微镜(LSCM)技术研究发现,灵芝多糖 GLB 均一体组分 GLB7(20mg/L),通过外钙内流及三磷酸肌醇(IP_3)敏感和 IP_3 非敏感钙池释放 Ca^{2+},引起小鼠 T 细胞中[Ca^{2+}]升高,通过 Na^+/H^+ 交换系统及其他调节途径,引起小鼠 T 细胞[pH]i 升高,从而激活 T 细胞。进一步研究发现,GLB7 还能引起小鼠 T 细胞中 IP_3 和二酰基甘油(DAG)浓度升高。提示 IP_3/Ca^{2+} 和 DAG/PKC 两条信息途径,均参与了灵芝多糖对 T 细胞的免疫调节。

GL-B(50～200μg/ml)与脾细胞共同培养 24 小时,可明显增加脾细胞的线粒体、ATP 酶、DNA 和 RNA 的含量。在 *GL*-B 作用下,脾细胞核变大,胞质更为丰富,且胞质增多的程度大于胞核变大的程度。研究指出,*GL*-B 可能通过促进能量代谢,从而促进 RNA 和蛋白质合成,继而促进 DNA 合成,促进细胞分裂增殖。

Zhu 和 Lin(2005)报道,在淋巴因子激活杀伤细胞(LAK)(lymphokine activated killer cell)增殖培养过程中,灵芝多糖(*GL*-PS)400μg/ml 或 100μg/ml 与 IL-2 75U/ml 有协同作用,能降低 IL-2 用量 75%,不影响 LAK 细胞增殖力、细胞毒活性和细胞表型。上述浓度的 *GL*-PS 和细胞因子具有协同作用,能够促进细胞因子诱导杀伤细胞(CIK)(cytokine-induced killer cell)的增殖以及杀伤靶细胞活性,其作用机制可能与 *GL*-PS 刺激 CIK 细胞合成分泌 IL-2、TNF,增强 CIK 细胞颗粒酶、穿孔素蛋白及 mRNA 表达有关,似乎和 NO 无关。抗补体 III 型受体(complement receptor type 3,CR3)抗体部分(60%～70%)阻断灵芝多糖的作用。提示 *GL*-PS 的作用可能部分经由 CR3 介导。

(四)促进免疫细胞因子的产生

用 3 种不同分子量的灵芝多糖 BN_3A、BN_3B 和 BN_3C(0.05～1μg/ml),均可显著增加 ConA 诱导小鼠脾细胞 IL-2,并可部分拮抗环孢素 A 和氢化可的松对小鼠脾细胞产生 IL-2 的抑制作用。

在混合淋巴细胞培养中,T 辅助细胞(Th)受到同种异型抗原刺激后,在巨噬细胞分泌 IL-1 协同下,发生增殖反应并合成分泌 IL-2。在反应体系中加入终浓度为 200μg/ml 的 *GL*-B,其作用呈双向反应,即在培养前 24 小时,*GL*-B 可促进脾细胞合成分泌 IL-2,24 小时以后逐渐减少合成分泌 IL-2。固定培养 12 小时,可见 *GL*-B 呈浓度依赖性地促进脾细胞合成分泌 IL-2。

给小鼠灌胃 *GL*-B(100mg/kg)7 天,可明显促进脾细胞中细胞因子 IL-2、IL-6 和肿瘤坏死因子(TNF)的 mRNA 表达。

树舌多糖(20mg/kg)皮下注射,可提高荷瘤小鼠脾细胞产生 IL-2 和干扰素(IFN)的能力;薄芝液对 ConA 诱导小鼠脾细胞 IL-2 的产生呈现双向作用,小剂量(1.5μg/ml)促进,大剂量(25μg/ml)抑制。

张群等(2006)发现,前列腺素 E_2(PGE_2)浓度>10μmol/L,连续作用 4 小时后,脾细胞 IFN-γmRNA 的表达比对照组明显受到抑制。灵芝多糖(>100mg/L)可部分拮抗 PGE_2(20μmol/L)对小鼠脾细胞 IFN-γ 和 TNF-γmRNA 的表达。

用灵芝粗提物(GLE)5g/kg、10g/kg、20g/kg 灌胃给药,共 10 天,能明显促进小鼠腹腔巨噬细胞 TNFγ mRNA 和脾细胞 IFN-γ mRNA 的表达。灵芝多糖 GLB(25～400μg/ml)体外作用,浓度依赖性地促进 ConA 诱导小鼠脾细胞 IFN-γ 蛋白和 mRNA 表达,以及小鼠腹腔巨噬细胞 TNFγ 蛋白和 mRNA 的表达。

Chen 等(2004)报道,灵芝多糖(F3)能刺激小鼠脾细胞 IL-1、IL-6、IL-12、IFN-γ、TNF-α、GM-CSF、G-CSF 及 M-CSF mRNA 的表达;灵芝粗提物、F3 及其亚组分(100μg/ml)均能明显升高小鼠脾细胞培养上清中 CM-CSF、IFN-γ、TNF-α 的水平,但 F3 刺激作用更强,说明 F3 是灵芝的主要活性成分。F3与巨噬细胞的TLR4受体结合，能激活细胞外信号调节激酶(extracellular signal-regulated kinase,ERK)、c-Jun N-末端激酶(c-Jun N-terminal kinase,JNK)和p38,从而诱导IL-1表达。

Chen等(2004)还发现，巨噬细胞上的TLR4分子参与灵芝多糖对巨噬细胞的活化过程。灵芝多糖(F3)结合到巨噬细胞膜上TLR受体后，信号转导途径如下：蛋白酪氨酸激酶PTK(Sac)(PTK：protein-tyrosine kinase)/PLCγ1/蛋白激酶C(PKC：protein kinase C)/丝裂原激活的蛋白激酶1(MEK1：mitogen-activated protein kinase/extracellular signal-regulated kinase)/胞外信号调节激酶(ERK：extracellular signal-regulated kinase),PTK(Src)/Rac1/PAK(PAK：pp21-activated kinase)/p38(p38：p38-mitogen activated protein kinase)和PIK/Rac1/PAK/JNK(JUK：c-Jun N-terminal kinase),从而诱导细胞因子IL-1产生，而F3刺激活化巨噬细胞产生IL-1的作用，不能被内毒素拮抗剂，如多黏菌素B(polymyxin B)所抑制，提示该过程并非因LPS的污染所造成。

(五)改善衰老所致的免疫功能衰退

林志彬等发现，用灵芝多糖BN_3A、BN_3B和BN_3C(5mg/kg),连续腹腔注射5天，可使14月龄小鼠降低的PFC反应明显恢复。与3月龄小鼠相比，14月龄小鼠ConA诱导的淋巴细胞增殖反应降低26.5%,灵芝多糖BN_3A、BN_3B和BN_3C在浓度为1～10μg/ml时，均可使之明显恢复。与3月龄小鼠比较，19月龄小鼠ConA诱导的脾细胞IL-2产生减少17.6%～20.3%,3种多糖均可使19月龄小鼠恢复至3月龄小鼠的正常水平。24月龄小鼠的MLR较3月龄小鼠降低57.3%,灵芝多糖GL-B可使之得以明显恢复。

此外还发现，每天给老年小鼠腹腔注射GL-B 25mg/kg,50mg/kg,连续给药4天，可显著增强老年小鼠自身混合淋巴细胞培养反应和IL-2分泌，以及脾细胞的DNA多聚酶α活性，并使之趋于正常，

三、对放射线损伤及化疗药损伤的保护作用

林志彬等(1980)发现灵芝有抗放射线损伤作用。在^{60}Coγ射线照射前给小鼠灌胃灵芝液(10g生药/kg)20天，照射后继续给药2周，能显著降低动物死亡率，延长动物的平均存活时间。每日给小鼠腹腔注射灵芝多糖D_6(74mg/kg),7天后可使^3H-亮氨酸、^3H-胸腺嘧啶核苷和^3H-尿嘧啶核苷渗入骨髓细胞蛋白质、DNA和RNA的渗入量分别较对照组增加了28.5%、43.3%和48.7%。说明灵芝多糖能促进骨髓细胞蛋白质、核酸的合成，加速骨髓细胞的分裂增殖，从而发挥抗放射线损伤作用。

Chen等(1995)报道，灵芝提取物(400 mg/kg)连续给药35天，对4Gy γ射线照射小鼠所致损伤有明显的保护作用。在照射后7天或28天，灵芝提取物能明显拮抗因照射引起的白细胞减少，PHA、ConA和LPS诱导脾淋巴细胞增殖反应降低，恢复照射引起的CD4和CD8细胞的减少。

Kubo等(2005)报道，在X线照射前，给B6C3F1小鼠饲喂含灵芝菌丝体水提取物(MAK)5%、2.5%和1.25%的基础饲料1周，在剂量率为2Gy/min X线7Gy照射后，与仅给基础饲料的对照组比较，5% MAK可显著延长小鼠的存活时间。在剂量率为4Gy/min X线8、10、12Gy照射后，5% MAK可显著增加小肠隐窝腺的活率。研究表明，MAK对B6C3F1小鼠X线照射损伤具有保护作用。

季修庆等(2001)提前24小时给体外培养的NIH_3T_3成纤维细胞加剂量为50～150mg/L的灵芝多糖后，用15Gy^{60}Coγ射线照射12小时，再收集细胞。结果发现，15Gy^{60}Coγ射线照射，能促进NIH_3T_3细胞增殖，灵芝多糖对辐射所致NIH_3T_3成纤维细胞增殖有明显抑制作用，阻止其组织纤维化，从而实现抗辐射作用。

给异食癖大鼠腹腔注射顺铂24、48、72和96小时后，异食癖大鼠摄食高岭土明显增加，反映出顺铂会引起恶心与呕吐作用。给异食癖大鼠注射1mg/kg、3mg/kg和10mg/kg灵芝提取物，可剂量依赖性地减少顺铂引起的摄食高岭土增加。此外，灵芝提取物还可剂量依赖性改善顺铂引起的大鼠摄食减少，改善机体状态。

四、抗氧化、清除自由基作用

灵芝具有抗氧化与清除自由基作用，这一作用与灵芝防治衰老、肿瘤、心血管疾病、炎症及自身免疫性疾病等有关，也是灵芝不同药理作用的共同靶点。

邵红霞等(1994)报道，灵芝水煎剂(1g/kg)连续灌胃3周，能显著降低大鼠心肌、脑、血浆MDA的含量，并显著增加脑和血的SOD活性。灵芝还可显著降低大鼠脑组织脂褐素含量。

给小鼠静脉注射四氧嘧啶(75mg/kg)引发氧自由基损伤后，腹腔注射灵芝多糖肽(GLPP)50mg/kg、100mg/kg、200mg/kg和400mg/kg,共

20天，可使血清和心肌匀浆的脂质过氧化产物丙二醛（MDA）水平下降，谷胱甘肽过氧化物酶（GSHpx）升高。GLPP会使LDL氧化修饰减少，氧化产物的REM降低。表明GLPP具有体内外抗氧化作用，抗氧化作用与清除氧自由基或提高GSHpx水平有关。

游育红和林志彬（2002）发现，灵芝多糖肽在体内外对叔丁基氢过氧化物（ter-butylhydroperoxide；tBOOH）和四氧嘧啶（alloxan）所致小鼠腹腔巨噬细胞氧化损伤有保护作用。光镜和电镜结果可见，注射灵芝多糖肽可提高细胞存活率，抑制巨噬细胞膜样变性和坏死，保护细胞膜微绒毛和细胞器（如线粒体）免遭tBOOH损伤，并使因自由基损伤而降低的巨噬细胞线粒体膜电位恢复。另外，静脉注射四氧嘧啶（75mg/kg）或体外加入tBOOH（7.76×10^{-5} mol/L），均可造成小鼠腹腔巨噬细胞的氧化损伤，使巨噬细胞的荧光密度增加。给小鼠灌胃灵芝多糖肽或将其加入体外培养巨噬细胞中，均可使巨噬细胞荧光密度减少，损伤减轻。共聚焦显微镜时间系列扫描显示，随时间改变，灵芝多糖肽可减少静息状态下小鼠腹腔巨噬细胞荧光密度，也可减少由PMA（50nmol/L）诱导呼吸爆发状态下小鼠腹腔巨噬细胞荧光密度。

李明春（2000）采用激光扫描共聚焦显微镜动态监测灵芝多糖GLB 7，对小鼠腹腔巨噬细胞活性氧自由基含量的影响。发现以20μg/ml GLB 7刺激体外培养巨噬细胞，抑制体外培养的巨噬细胞内的活性氧自由基生成，具有清除活性氧自由基作用。

Mau等（2005）分别制备松杉灵芝成熟子实体（形成1～2月）和新生的子实体（形成2～3周）、菌丝体及发酵滤液热水提取物或甲醇提取物，并观察提取物的抗氧化活性。在水提取物浓度为20mg/ml时，清除羟自由基的能力顺序是成熟灵芝＞新生灵芝＞菌丝体＞发酵滤液。在热水提取物中，天然产生的抗氧化成分总酚类范围是40.86～42.34mg/g。根据EC_{50}值比较结果，除去对铁离子的螯合能力较弱外，松杉灵芝成熟子实体和新生子实体水提取物具有明显的抗氧化特性。在甲醇提取物浓度为20mg/ml时，松杉灵芝成熟子实体和新生子实体表现出强大的抗氧化活性（96.8%和93.6%）。松杉灵芝的甲醇提取物均有明显的抗氧化作用。

陈奕等（2006）观察了从黑灵芝（*Ganoderma atrum*）中提取有效活性成分清除二苯基苦味酰基苯肼自由基（DPPH·）的作用，并与合成抗氧化剂BHT和抗坏血酸进行对照。黑灵芝提取物均具有清除DPPH自由基的作用，95%乙醇提取物的抗氧化能力最强，以下依次为丙酮、去离子水、氯仿提取物。黑灵芝丙酮提取物浓度达到1mg/ml时，已超过10g/L BHT的抗氧化作用，相当于0.5g/L抗坏血酸的抗氧化作用。在石油醚、乙酸乙酯和正丁醇3个萃取部分中，清除DPPH自由基能力最大是乙酸乙酯萃取。

张晓峰等（2006）报道，不同溶剂灵芝提取物对DPPH自由基均有清除作用，对邻苯三酚自氧化也均有抑制作用。不同溶剂提取物抗氧化活性强弱为：95%乙醇＞丙酮＞去离子水＞氯仿，提取物用量与抗氧化性成正相关，而黑灵芝抗氧化作用相对比赤灵芝要强。与对照抗氧化剂BHT和抗坏血酸进行比较，结果显示，黑灵芝丙酮提取物浓度达到1mg/ml时，已超过10mg/ml BHT的抗氧化效果，相当于0.5mg/ml浓度抗坏血酸的抗氧化效果。

张骐等（2006）发现，灵芝多糖肽和神经生长因子相似，均可显著提高过氧化氢（H_2O_2）应激损伤大鼠嗜铬细胞瘤细胞系PC12细胞的细胞存活率。H_2O_2氧化应激使半胱氨酸天冬氨酸蛋白酶3 P20（Caspase-3 P20）活性片段表达增加，而灵芝多糖肽和神经生长因子均可使Caspase-3片段明显减少。因此，适量灵芝多糖肽对H_2O_2氧化损伤的PC12细胞具有保护作用，可抑制H_2O_2诱导的PC12细胞凋亡。

谢韶琼等（2006）报道，经400μg/ml灵芝多糖作用细胞30分钟后，再用过氧化氢处理细胞，共作用3次后，与H_2O_2对照组相比，细胞碎片、胞质内空泡形成明显减少。与正常组相比，H_2O_2组的超氧化物歧化酶（SOD）和谷胱甘肽过氧化物酶（GSH-PX）活性明显降低，MDA含量显著增高，灵芝多糖＋H_2O_2组与H_2O_2组相比，SOD和GSH-PX活性显著升高，MDA含量明显减少，可见灵芝多糖对H_2O_2诱导的人角质形成细胞氧化应激损伤有明显的保护作用。

五、对神经系统的作用

（一）镇静、催眠作用

灵芝水提取液、灵芝酊、灵芝发酵浓缩液、菌丝液、薄盖灵芝发酵液、树舌灵芝深层发酵菌丝体的乙醇提取物和赤芝孢子等均有镇静作用，表现为能使小鼠自发性活动明显减少、肌张力降低，增强催眠药戊巴比妥钠的麻醉作用。

Chu等（2007）研究结果表明，灵芝的镇静、催眠作用可被苯二氮䓬（benzodiazepine）受体拮抗剂氟马西尼(flumazenil)拮抗。灵芝提取物80mg/kg能够明显缩短戊巴比妥钠诱导的小鼠睡眠潜伏期，延长睡眠时间。氟马西尼(3.5mg/kg)能明显拮抗灵芝提取物的上述作用，阳性对照药地西泮的这种作用也被氟马西尼所拮抗。氟马西尼还能对抗灵芝提取物的镇静作用，故灵芝镇静催眠作用可能与苯二氮䓬受体有关。进一步对大鼠戊巴比妥钠诱导的睡眠进行时相分析，发现灵芝提取物80mg/kg能够明显缩短戊巴比妥钠(35mg/kg)诱导大鼠睡眠的潜伏期，延长总睡眠时间和非快眼动睡眠(NREM)，其中主要是延长浅睡眠(light)时间，而对快眼动睡眠(REMs)和深睡眠(deep)没有显著性的影响，这一作用可以被氟马西尼所拮抗。灵芝提取物80mg/kg还能增加戊巴比妥钠诱导睡眠的NREM睡眠时期δ脑电波活动度，在10～20分钟、20～30分钟和30～40分钟时，与空白对照组有显著差异。氟马西尼3.5mg/kg对灵芝提取物的上述作用没有表现出明显的拮抗效应，说明灵芝提取物可以增加睡眠深度，改善睡眠的质量，而且这种作用不能被氟马西尼所拮抗。

(二)改善学习与记忆的作用

郭燕君等(2006)给双侧大脑海马注射β淀粉样蛋白(Aβ25～35)诱发老年型痴呆模型。给大鼠连续7天腹腔注射灵芝多糖(GLP)50mg/kg，结果表明，灵芝多糖可改善老年痴呆大鼠的学习记忆障碍，并对模型大鼠脑组织内海马退行性改变神经元有一定的保护作用，并能降低脑组织神经炎症反应。同时能显著提高模型大鼠海马组织超氧化物歧化酶(SOD)活性、降低丙二醛(MDA)含量。

邵邻相等(2002)发现，灵芝灌胃14天后，能明显增强小鼠学习记忆能力，显著提高小鼠大脑中5-羟色胺和多巴胺神经递质的含量，而且这两种作用有一定的相关性。

Wang(2004)报道，灵芝能改善6月龄衰老加速小鼠(SAMP8)的学习与记忆能力，并能提高抗氧化活性。

(三)脑保护作用

大量研究表明，灵芝有效成分对脑有保护作用，对缺血性脑损伤、老年痴呆和帕金森病的神经元变性、糖尿病的脑病变等都有一定的保护作用。

赵洪波和林志彬(200)从灵芝子实体中分离出灵芝总甾醇(*Ganoderma* total sterol，GS)及其有效成分GS_1，给大鼠灌胃GS 50mg/kg和100mg/kg，发现能明显降低大鼠脑梗死体积、脑水肿和神经行为学评分，减轻受损大鼠皮层脑组织的病理改变，抑制脑组织中脂质过氧化产物丙二醛(MDA)的生成，提高超氧化物歧化酶(SOD)的活性，提示其作用机制可能与抗氧化损伤有关。

进一步研究发现，加入GS和GS_1，对大鼠大脑皮层神经元缺氧再复氧(H/R)损伤具有明显的保护作用。GS(0.1μg/ml、1μg/ml)和GS_1(0.01μg/ml、0.1μg/ml、1μg/ml)能显著增加神经元的存活率；GS显著降低MDA，增加总SOD和Mn-SOD的水平。GS还能阻断H/R时皮层神经元NF-κB转位进入细胞核，即抑制其活化。用Western检测皮层神经元细胞质中IκB蛋白水平，证明这一作用可能与GS抑制IκB降解有关。

灵芝多糖(10μg/ml、100μg/ml)也能显著增加损伤神经元的存活率，减少MDA的水平，增加超氧化物歧化酶和锰-超氧化物歧化酶(Mn-SOD)的水平。灵芝多糖可显著降低H/R引起的荧光密度增加，抑制ROS的产生。同时，灵芝多糖可阻断在H/R时大鼠皮层神经元NF-κB的活化。

杨海华等(2006)报道，脂多糖立体定向注射到大鼠脑黑质中，每天灌胃灵芝孢子粉400mg/kg，共给药14天，灵芝孢子粉能有效改善脂多糖(LPS)所致大鼠的旋转行为，增加中脑黑质酪氨酸羟化酶阳性细胞的数量和酪氨酸羟化酶mRNA的表达，减少黑质多巴胺能神经元的损伤。谢安木等(2004)发现，灵芝孢子粉对6-羟多巴诱发的实验性帕金森病大鼠的黑质病变有保护作用，减少黑质神经细胞的凋亡。

赵晓莲等(2006)发现，灵芝孢子粉通过减轻线粒体钙超载，对实验性糖尿病大鼠脑损伤有一定的保护作用。

(四)促进神经再生的作用

张伟等(2005、2006)发现，灵芝孢子和云芝能提高大鼠脊髓受损伤运动神经元存活率，萌动激活灵芝孢子能够促进大鼠坐骨神经切断再吻合后的脊髓受损伤运动神经元轴突再生。

马钦桃等(2005)发现，在脊髓半横断后，应用灵芝孢子对受损伤的脊髓背核神经元和脑干红核神经元存活及其轴突再生有促进作用。同时还发现，灵芝孢子和一氧化氮合酶(NOS)抑制剂*N*-硝基左旋精氨酸甲酯(*L*-NNA)联合应用，对脊髓半横断损伤的修复有协同作用。

六、对心血管系统的作用

(一)强心作用

灵芝酊、灵芝菌丝体乙醇提取液、灵芝发酵浓缩液和G. sp发酵液对正常离体蟾蜍心脏和戊巴比妥钠中毒的离体蟾蜍心脏均有明显的强心作用,对后者作用尤为显著。腹腔注射灵芝酊或菌丝体乙醇提取液可增强在位兔心的收缩力,但对心率无明显影响。麻醉猫静脉滴注灵芝热醇提取液,也有见强心作用,能使心脏收缩幅度增强,同时也能使心率减慢。

(二)对心肌缺血的保护作用

研究发现,预先静脉注射灵芝液(3g/kg),对给正常清醒家兔静脉注射脑垂体后叶素引起的急性心肌缺血有一定的保护作用,使心电图(V_5导联)高耸的T波显著降低。在用大白鼠进行的类似研究中,灵芝子实体注射液也有类似的作用。陈奇等(1979)报道,静脉注射发酵灵芝总碱,能使麻醉犬冠状动脉流量增加62%,作用持续15分钟以上。同时能明显降低冠脉阻力、动脉静脉氧差、心肌耗氧量和心肌氧利用率,改善缺血心肌的心电图变化。结扎豚鼠冠状动脉左旋支,可诱发实验性急性心肌梗死,心电图呈现S-T段明显抬高,T波倒置等异常变化。静脉注射发酵灵芝总碱后,抬高的ST段明显下降而接近正常,T波倒置的深度减少,心率明显减慢。

用同位素^{86}Rb示踪法测定小鼠心肌营养性血流量(毛细血流量)证明,腹腔注射灵芝液、菌丝体乙醇提取液和G. sp发酵液均能剂量依赖性地增加小鼠心肌摄取^{86}Rb的能力,表明它们均能增加小鼠心肌营养性血流量。野生紫芝的酒剂、酒水制剂及人工培养紫芝酒剂也有类似增加心肌营养性血流量作用。

(三)降压作用

Kabir(1988)用自发性高血压大鼠进行实验,在饲料中加入5%灵芝菌丝体粉,对照组不加。4周后,给药组血压较对照组明显降低,血浆及肝脏中的胆固醇含量也下降。Morigwa等(1986)从灵芝70%甲醇提取物中获得5个三萜类化合物,对血管紧张素转换酶(angiotensin converting enzyme)均具有抑制作用,其半数抑制浓度(IC_{50})在10～4×10^{-6}之间,这也可能与灵芝的降压作用有关。

(四)抑制实验性动脉粥样硬化斑块形成及降血脂作用

Shiao等(1986)在大鼠的高胆固醇饲料中加入灵芝菌丝体,可显著降低血清和肝脏中胆固醇和三酰甘油的含量,并指出其有效成分是三萜类,主要是ganodermic acid,可抑制食物中的胆固醇吸收。Komoda等(1989)指出,从灵芝中分离出具有7-氧代和5-α-羟基的类固醇,在浓度为18μmol/L时,可抑制(24,25-^{3}H)24,25-双氢羊毛甾醇合成胆固醇。

陈伟强等(2005)给高脂血症大鼠每天灌胃灵芝多糖(200mg/kg、400mg/kg、800mg/kg),共30天,能明显降低大鼠血清总胆固醇(TC)、三酰甘油(TG)和低密度脂蛋白胆固醇(LDL-C)的浓度,使高密度脂蛋白胆固醇(HDL-C)浓度升高,并明显提高血清谷胱甘肽过氧化物酶(GSH-Px)和超氧化物歧化酶的活性,降低血清脂质过氧化物(LPO)的浓度。证明灵芝多糖能调节大鼠高脂血症的脂代谢和增强抗脂质过氧化作用。

目前认为,灵芝中所含氧化三萜类化学结构与哺乳动物胆固醇生物合成途径中羊毛甾醇后的中间体类似,可抑制胃肠道吸收食物中的胆固醇。这些氧化三萜类还可抑制胆固醇合成过程中的限速酶-3-羟-3-甲戊二酸单酰辅酶A(HMG-CoA)还原酶。在体内给药时,一些灵芝所含的氧化三萜类与HMG-CoA还原酶抑制剂相似,可抑制HMG-CoA还原酶,从而抑制胆固醇的合成。体外试验表明,在考来烯胺(cholesteramine)预处理的大鼠肝切片培养中,加入灵芝所含的氧化三萜类,可使[2-3 H]醋酸盐和[2-14 C]羟基戊酸参入胆固醇合成减少。可见这些氧化三萜类还影响胆固醇生物合成过程中羟基戊酸后的环节。现已证实,一些15α-羟基取代的氧化三萜类可抑制羊毛甾醇14α-甲基脱甲基酶,因而可抑制胆固醇的合成。

Hajjaj等(2005)发现,在体外培养的人肝细胞T9A4中,加入从灵芝中提取的26-氧化固醇类ganoderol A、ganoderol B、ganoderal A和ganoderic acid Y,可抑制醋酸盐或3-甲(基)-3,5-二羟(基)戊酸盐转化为胆固醇,因此可抑制胆固醇的生物合成。同时还发现,Ganoderol A可抑制放射性同位素标记的胆固醇合成前体24,25-双氢-[24,25-$^3H_2$]羊毛甾醇掺入T9A4细胞,但不抑制[3-^{3}H]7-烯胆(甾)烷醇参与胆固醇合成。认为Ganoderol A抑制胆固醇合成的作用点是在羊毛甾醇和7-烯胆(甾)烷醇之间。已知羊毛甾醇14a

脱甲基酶转化24,25双氢羊毛甾醇为胆固醇,从灵芝中得到的26-氧化固醇类通过抑制该酶而抑制胆固醇的合成。

(五)抑制血管平滑肌细胞的脂质过氧化反应

杜先华等(2003)用体外培养的大鼠胸主动脉血管平滑肌细胞(VSMC),观察灵芝注射液(生药0.2g/ml)的抗脂质过氧化作用。结果显示,灵芝注射液能显著降低LPO含量,增强SOD活性。表明灵芝对VSMC有抗脂质过氧化作用,提示其抗动脉粥样硬化作用的机制可能与其拮抗脂质过氧化反应、增强抗氧化酶的活性有关。

张红梅等(2002)用血清药理学的方法研究发现,灵芝胶囊(含灵芝提取物70%+灵芝孢子20%)含药血清可降低糖化白蛋白和氧化型低密度脂蛋白(ox LDL)诱导的内皮细胞表面黏附分子的表达。每天灌胃灵芝胶囊0.12g/kg、0.24g/kg、0.72g/kg,10天后,取血分离得到的含药血清均可降低LDL的氧化作用。每天灌胃灵芝胶囊0.24g/kg、0.72g/kg,1天后,取血分离得到的含药血清可抑制由ox LDL和晚期糖基化产物(AGE)诱导的单核细胞对内皮细胞的黏附作用。表明灵芝胶囊含药血清能显著降低LDL的氧化作用,减轻由ox-LDL和AGE诱导的单核细胞对内皮细胞的黏附作用。

七、对呼吸系统的作用

(一)镇咳和平喘作用

腹腔注射灵芝水提液、乙醇提取液A和恒温渗滤液、灵芝菌丝醇提液、灵芝发酵浓缩液及*G*. sp.发酵液均有明显镇咳作用,使氨水刺激小鼠引咳的潜伏期延长,或使咳嗽次数显著减少。

灵芝酊、灵芝液、灵芝菌丝体乙醇提取液及浓缩发酵液,能抑制组胺引起的豚鼠离体气管平滑肌收缩。*G*. sp发酵液除拮抗组织胺外,还能拮抗乙酰胆碱和氯化钡引起的豚鼠离体气管平滑肌收缩。

预先给哮喘豚鼠模型腹腔注射灵芝酊或灵芝液(5~10g/kg)、灵芝菌丝体乙醇提取液(3.75g/kg)及灵芝发酵浓缩液(5ml/kg),可使豚鼠喘息发作的潜伏期显著延长,并减轻或抑制组胺诱发的喘息。

在赤芝发酵浓缩液能显著抑制卵蛋白抗血清及破伤风抗血清被动致过敏皮肤反应的基础上,进一步发现赤芝发酵浓缩液能显著抑制卵蛋白及破伤风类毒素,主动致敏豚鼠肺组织释放组胺及过敏的慢反应物质(SRS-A)。从灵芝发酵浓缩液中提取的灵芝酸性物Ⅰ和Ⅱ,可能是这一作用的有效组分。*G*. sp.发酵液也能显著抑制卵蛋白主动致敏豚鼠肺组织释放组胺。因此认为,灵芝的平喘作用与其抑制组胺和过敏的慢反应物质释放有关。灵芝的其他成分,如灵芝蛋白(LZ-8)可预防但不能治疗小牛血清(BSA)加佐剂致敏小鼠的速发型过敏反应。Kino等(1989)预防给予LZ-8,可抑制由BSA致敏而引起的Arthus反应。Kohda等(1985)报道,从赤芝中提取的三萜类化合物ganoderic acid C和D(0.4μg/ml),对肥大细胞释放组胺有抑制作用。Tasaka等(1988)发现,从灵芝发酵液中提取的油酸具有稳定肥大细胞膜作用,可抑制组胺释放和^{45}Ca摄取。随后从赤芝培养物中分离出一种环八硫(cyclooctasulfur),可抑制大鼠腹腔肥大细胞释放组胺,并阻止肥大细胞摄取^{45}Ca,这可能与其抑制组胺释放有关。

(二)对动物呼吸系统疾病模型的疗效研究

1. 大鼠慢性气管炎模型

大鼠每天用杂木锯末和烟丝燃烟熏一次,共6周,可诱发慢性气管炎,该模型大鼠均有典型的慢性气管炎病理改变。用复方灵芝(内含灵芝菌丝体和银耳孢子)治疗慢性气管炎大鼠,4周后,可减轻大鼠气管炎病理改变。

2. 小鼠过敏性气管肺泡炎

Lin等(2006)观察了松杉灵芝补充剂YK01和Yk07对小鼠过敏性气管肺泡炎的影响。YK01(2.0g/kg、4.0g/kg)和YK07(3.3g/kg、6.6g/kg)均加在补充剂中供动物食用。在给予YK01和YK07 1周后,BALB/c小鼠腹腔注射卵清蛋白(OVA)8μg和氢氧化铝[$Al(OH)_3$]2mg致敏,在第7天与第14天再加强一次,1周后用50mg OVA喷雾吸入攻击2次。在给予松杉灵芝补充剂YK01和Yk07 5周后,可减轻炎症细胞渗出及减少炎症介质分泌,防止它们进入肺的局部组织和气道,从而减轻支气管肺泡炎症。

3. 小鼠气道高反应性模型

Liu等(2003)给Balb/c小鼠腹腔注射重组屋尘表皮螨(dermatophagoides pteronyssinus group 2,rDp2)免疫。随后,每天鼻内给予天然的Dp2(Dp2NT)1.8μg/6ml或口服灵芝(LZ)1mg/100μl;或两者并用。在免疫后28和35天,

用 rDp2 气管内攻击。在第二次攻击后 30 分钟和 24 小时，检测对氨甲胆碱诱发的气道高反应性。在免疫后 37 天检测末梢血中 CD4 细胞以及气管肺泡灌洗液中 IFN-γ 的浓度。结果显示，Dp2 NT 和 LZ 均可减少气道中的炎症细胞渗出，Dp2 NT 使 IL-5⁺/CD4⁺ 细胞减少，IFN-γ/CD4⁺ 细胞增加。LZ 可增加 IL-5⁺/CD4⁺ 细胞和 IFN-g/CD4⁺ 细胞。Dp2 NT 对血清 IgG1 和 IgG2a 产生均无明显影响，而 LZ 可使血清 IgG1 产生明显减少，而 IgG2a 产生明显增加。治疗后检测肺功能，可见 Dp2 NT 能明显抑制氨甲胆碱诱发早期气道高反应性，但对晚期气道高反应性无显著抑制。LZ 与 Dp2 NT 合用时，对晚期气道高反应性有显著抑制作用。

八、对消化系统的作用

(一)对消化性溃疡的作用

Gao YH 等(2002)发现灌胃给予灵芝多糖 GLPS(250mg/kg，500mg/kg)，可使吲哚美辛(indomethacin)所致大鼠溃疡损伤修复，并能显著抑制TNF-α基因表达，从而使鸟氨酸脱羧酶(ODC)活性增加。GLPS 在 0.05 mg/ml、0.25 mg/ml、1.0mg/ml浓度范围内，剂量依赖性显著增加大鼠胃黏膜上皮细胞(RGM-1)[3H] TdR 掺入量和 ODC 活性。但上述效应可被 ODC 抑制剂 DL-a-二氟甲基-鸟氨酸(DFMO)所消除。GLPS 在 0.25～1.0mg/ml 剂量还通过增加 RGM-1 细胞 D-[6-^{3}H]葡糖胺生成，从而增加黏液合成。GLPS 增加 RGM-1 细胞中 *c-Myc* mRNA 表达及升高其蛋白水平，也可延长 *c-Myc* 蛋白的半衰期。提示 GLPS 通过影响 RGM-1 细胞中 *c-myc* 和 ODC 基因表达，引起细胞增殖。GLPS 对胃黏膜局部具有直接的保护效应。当实验动物灌胃给予 GLPS 后，可在胃内形成一层黏液膜，对胃黏膜损伤产生暂时性保护作用。

杨明等(2005)发现，经灌胃给予树舌多糖(250～1 000mg/kg)后，大鼠胃黏膜 PGE_2 含量、胃黏膜血流量、胃内游离黏液和胃壁黏液的分泌均呈显著性增加，提示这也可能是其保护胃黏膜损伤作用机制之一。

(二)对肝损伤的保护作用

1. 对化学性肝损伤的保护作用

自 20 世纪 70 年代以来，大量研究证实，灵芝粗提物及其多糖类、糖蛋白或三萜类等多种活性有效成分，均有不同程度减轻四氯化碳(CCl_4)引起的肝功能损害，加强肝脏代谢药物(毒物)的功能，降低血清丙氨酸氨基转移酶(ALT)，减轻肝小叶炎症细胞浸润，促进肝细胞再生。紫芝和松杉树芝也有保肝作用。

X. J. Yang 等(2006)分析研究了灵芝菌丝体中提取的水溶性蛋白多糖(GLPG)对CCl_4 肝损伤的影响。发现分别以每天 300mg/kg、600mg/kg，或 900mg/kg 的剂量，连续 20 天口服给予 GLPG 后，小鼠血清中丙氨酸氨基转移酶(ALT)和天冬氨酸氨基转移酶(AST)水平可被 GLPG 呈剂量依赖性地降低，体外培养的 L-10 肝癌细胞株中也可见 ALT 和 AST 水平降低。进一步发现，连续 20 天口服给予上述 3 剂量 GLPG，最后一次给药后 48 小时，TNF-α 水平也呈剂量依赖性地降低。而大鼠血清中 SOD 水平则明显升高，在口服给予 1 000mg/kg 和3 000mg/kg GLPG 后，SOD 活性分别增加了57.2%和70.6%。口服给予 GLPG 24 和 72 小时后，600mg/kg 和 900mg/kg 剂量组可见肝组织损伤得到了一定的恢复，部分肝细胞内出现了双核结构，说明 GLPG 可促进肝细胞损伤后的再生。该研究提示，GLPG 拮抗 CCl_4 所致肝损伤的机制可能有两种途径：一是清除氧化自由基，减轻肝细胞膜脂质过氧化造成的损伤；二是抑制 CCl_4 所诱导肝细胞内炎性细胞因子 TNF-α 的生成，进而减轻炎性介质所致肝毒性。

张庆萍等(1997)报道，腹腔注射灵芝孢子粉 200mg/kg、500mg/kg，共 10 天，可降低 *D*-氨基半乳糖所致肝损伤小鼠的死亡率，降低 ALT 和 AST，改善肝功能，减轻肝细胞肿胀和坏死。

王明宇等发现，从灵芝子实体提取的总三萜(GT)和三萜组分(GT_2)对 CCl_4 和氨基半乳糖诱发的肝损伤有明显保护作用，可使因肝损伤升高的血清丙氨酸氨基转移酶(ALT)和肝脏三酰甘油(TG)显著降低。GT 还可使肝损伤时降低的肝脏超氧化物歧化酶活性和还原型谷胱甘肽(GSH)含量显著增高，使升高的脂质过氧化产物丙二醛(MDA)显著降低。GT 和 GT_2 还能显著降低 BCG+LPS 诱发肝损伤小鼠的 ALT 和 TG 值。

2. 对免疫性肝损伤的作用

在 BCG 或 BCG+LPS 刺激的小鼠，分别给予灵芝菌丝体中提取的多糖成分(GLP)25mg/kg、50mg/kg、100mg/kg，200 mg/kg，每天 1 次连续灌胃，1 周后，肝组织病理形态学变化得以改善，血清和肝细胞培养上清液中 ALT 或乳酸脱氢酶(LDH)水平也明显下降。还观察到 GLP 可显著减少 BCG 或 BCG+LPS 刺激所致诱导型一氧化氮合成酶表达，并降低血清亚硝酸盐的含量。说明 GLP 还可通过抑制肝脏 iNOS 表达及 NO 的生成，产生肝保护作用。

(三)对动物实验性肝纤维化的作用

肝纤维化大多是慢性肝病晚期阶段的病理表现，常演变发展为肝硬化或肝癌。Park 等(1997)报道，在结扎并切断胆管诱发肝纤维化的大鼠，灵芝多糖可降低其血清天冬氨酸氨基转移酶(AST)、碱性磷酸酶(ALT)和总胆红素(ALP)，还能减少肝脏的胶原含量，使肝纤维化的形态学改变获得改善，表明灵芝多糖具有抗大鼠肝纤维化作用。

Lin WC 等(2006)在 CCl_4 诱导的大鼠慢性肝毒性和肝纤维化模型基础上，口服灌胃给予灵芝提取物(GLE，每天1 600mg/kg、600mg/kg)，连续给予 8 周。结果显示，GLE 使 CCl_4 刺激的血浆中 AST 及 ALT 值明显下降，逆转 CCl_4 所致蛋氨酸-腺苷转移酶(MAT)两种亚型表达，显著升高肝脏和血浆白蛋白/球蛋白比值(A/G)，改善 CCl_4 所致肝纤维化时肝合成蛋白质的功能，减少羟脯氨酸(hydroxyproline，HP)含量，减轻 CCl_4 所致肝纤维化程度，并改善组织病理形态学变化。此外，GLE 还可减少 TGF-β_1 表达，提示它可能是通过减少 TGF-β_1 的分泌而改善肝纤维化。

(四)体外抑制肝炎病毒的作用

张正等(1986)发现，灵芝类真菌在体外对乙肝病毒 DNA 聚合酶(HBV-DNA)的抑制率分别为：树舌 80%，黑灵芝 60%～70%，薄树芝50%～60%。HBV-DNA 拷贝减少分别为：树舌40.0%，黑灵芝28.1%。树舌(10mg/ml)抑制 PLC/PRF/5 细胞分泌乙肝表面抗原(HBsAg)的抑制率为 59.7%。每天口服树舌(50mg/kg)2 次，连续用药 10 天，能降低感染鸭乙肝病毒(DHBV)、幼鸭 DDNAP 和 DDNA 的作用，表明树舌对体内的 DHBV 有抑制作用。

Li YQ 等(2006)分析研究了灵芝培养液中提取的灵芝酸(GA)体外抗乙肝病毒(HBV)活性。研究所采用的 HepG2215 细胞株，来源于转染了 HBV DNA 的人肝癌 HepG2 细胞株。结果显示，GA 剂量依赖性(1～8μg/ml)和时间依赖性(4 天、8 天)抑制 HbsAg(20%)和 HBV e(44%)的表达和产生，提示 GA 抑制了肝细胞中 HBV 的复制。同时还发现，GA 能降低 CCl_4 和 BCG+LPS 所致小鼠肝脏病理模型中血清 ALT 和 AST 水平，提示 GA 对肝损伤具有肝保护效应。

(五)对肝脏药物代谢酶系的作用

关洪昌和丛铮(1982)研究了灵芝多糖 D6 对小鼠蛋白质核酸合成和肝匀浆细胞色素 P450 含量的影响。结果发现，灵芝多糖 D6(74mg/kg，每天腹腔注射一次，共 7 天)能促进^{3}H-亮氨酸(^{3}H-Leu)掺入小鼠血清蛋白质和肝脏蛋白质，还能促进^{3}H-尿嘧啶核苷(^{3}H-UR)掺入肝脏 RNA，但对^{3}H-胸腺嘧啶核苷(^{3}H-TdR)掺入肝脏 RNA 无明显影响。灵芝多糖还能增加小鼠肝匀浆细胞色素 P450 含量。

Kim D. H. 等(1999)发现，口服灵芝酸 A 后，其各组分均可显著抑制肝微粒体 β-葡萄糖苷酶活性，同时 CCl_4 所致的血清 ALT、AST 和 TG 水平升高也见显著降低，其中以灵芝酸A-P4对 β-葡萄糖苷酶活性的抑制作用最强。在口服给予 50～100mg/kg 剂量范围内，灵芝酸 A-P4 还可剂量依赖性地降低血清中肝损伤生物标志酶 ALT、AST 和 LDH 水平，减轻 CCl_4 所致肝损伤程度。进一步研究提示，灵芝酸 A 对 β-葡萄糖苷酶活性的抑制作用，可能是其抗 CCl_4 化学性肝损伤机制之一。

Lakshmi 等(2006)报道，灵芝甲醇提取物在体外可剂量依赖性地抑制叠氮钠(NaN_3)、N-甲硝基-亚硝基胍(MNNG)、4-硝基苯二胺(NPD)和 B[a]P等致癌物刺激的体外沙门菌 TA98、TA100 和 TA102 的基因突变活性。预先给予灵芝甲醇提取物具有抗 B[a]P 所致基因突变作用。灵芝甲醇提取物还能降低 B[a]P 所致血清中肝损伤标志酶水平，升高还原型谷胱甘肽(GSH)水平；增强谷胱甘肽过氧化物酶(GPx)、谷胱甘肽-S-转移酶(GST)、超氧化物歧化酶(SOD)以及过氧化物酶(CAT)活性。灵芝甲醇提取物还可显著抑制 B[a]P所致脂质过氧化。该研究结果提示，灵芝甲醇提取物可恢复机体抗氧化防御能力，预防 B[a]P所致的肝损伤。

王昕等研究发现，给予小鼠口服 50mg/kg、200mg/kg 剂量的灵芝多糖(*GL*-PS)，可显著抑制 BCG 所致的血清 ALT 或 NO 水平升高。进一步将 *GL*-PS 与大鼠肝微粒体在体外共孵育后，*GL*-PS 可呈剂量依赖性地抑制细胞色素 P4502E1(CYP2E1)、CYP1A2 以及 CYP3A 的代谢活性。由于 CYP2E1、CYP1A2 和 CYP3A 酶亚型均在肝脏固有表达，且已有证据表明前两者参与某些前致癌物或毒物的代谢活化，可导致肝毒性和肝肿瘤的发生。该研究提示，*GL*-PS 对肝损伤的保护作用，可能是通过抑制 CYP450 上述亚型氧化代谢活性机制所产生的。但 *GL*-PS 对肝微粒体蛋白和 CYP450 总含量未见显著抑制性影响，甚至略有增高。灵芝对药物氧化代谢酶系的抑制作用提示，它可能是通过抑制肝脏 CYP450 活性，产生药物一药物间相互作用，从而使作为该酶相应代谢底物的同服药物的体内过程发生改变，使其血药浓度升高，药理学活性或毒性增强，在临床用药时应加以注意。

九、对内分泌系统的作用

（一）对性腺功能的影响

Liu 等（2007）和 Rumi Fujita 等（2005）报道，灵芝三萜类提取物对去势大鼠Ⅰ型和Ⅱ型 5β-还原酶的同工酶有剂量依赖性抑制作用，同时对由睾酮诱导的前列腺增生有一定抑制作用，但对双氢睾酮所诱导的前列腺增生没有影响。

（二）对实验性糖尿病及其合并症的影响

Kimura 等（1988）报道，给葡萄糖负荷大鼠灌胃灵芝子实体水提物（5 毫克/只），可降低大鼠血糖。Hikino 等（1985）发现，给正常小鼠腹腔注射灵芝水提物 10g/kg，能使血糖明显降低，给药 7 小时和 24 小时，其血糖分别是对照组的 62% 和 69%。从灵芝中分离出灵芝多糖 ganoderan A、ganoderan B 和 ganoderan C，均具有降血糖作用，ganoderan A 的降血糖作用最强。

给小鼠注射四氧嘧啶，通过破坏胰岛 β 细胞可诱发类似人类 1 型糖尿病的实验性高血糖，上述剂量灵芝多糖对此仍有降血糖作用。

Hikino 等（1989）从灵芝子实体提取、分离出含 15 种蛋白质的异多糖 FA-16-FIII-3a。其中，除 FII-1 无降血糖作用、FIII-1b 降血糖作用较弱外，其余各种对正常小鼠均有明显降血糖作用。进一步试验还证明，肽多糖 ganoderan B 能提高正常小鼠和糖负荷小鼠血浆胰岛素水平，而对胰岛素与脂肪细胞的结合过程无影响。ganoderan B 可明显促进肝脏葡萄糖激酶、磷酸果糖激酶、葡萄糖-6-磷酸酶和糖原合成酶活性，降低肝脏葡萄糖-6-磷酸脱氢酶活性。在不影响血浆总胆固醇和三酰甘油水平的情况下，可降低肝糖原含量。ganoderan B 降血糖的作用可能是由于提高了血浆胰岛素水平，加快了葡萄糖的代谢，促进外周组织和肝脏对葡萄糖的利用。

孙颉等（2002）采用四氧嘧啶诱导小鼠糖尿病模型，比较了连续口服灵芝肽对四氧嘧啶糖尿病小鼠及正常小鼠血糖的影响。四氧嘧啶糖尿病小鼠血糖明显升高，而给予灵芝肽及灵芝肽与茶多糖的混合品，可显著降低小鼠血糖，且发现灵芝肽对糖尿病小鼠的体重降低有一定的抑制作用。

何敏等（2004）同样探讨了灵芝多糖对小鼠糖耐量的影响。实验采用腹腔注射四氧嘧啶（200mg/kg）诱导小鼠实验性糖尿病，发现单次给予灵芝多糖0.5g/kg 能显著降低糖尿病小鼠餐后 1 小时和 2 小时血糖，灵芝多糖 1.5g/kg 对正常和糖尿病小鼠餐后 1 小时和 2 小时血糖均有显著降低作用。

梁荣能等（1998）发现，灵芝孢子粉乙醇提取物的水溶部分（*Ganoderma lucidum* Spore extract）（生药 6.25g/kg）对链脲佐菌素（STZ）糖尿病大鼠有明显的降低血糖作用，可升高糖尿病大鼠降低的血清胰岛素（Ins）水平，使升高的生长激素（GH）水平和降低的皮质醇（Cor）水平恢复至正常。

近年来，Zhang and Lin（2004）系统观察灵芝多糖（*Gl*-PS）对正常动物和实验性糖尿病动物的血糖、血清胰岛素水平的影响及其调节机制。在禁食的正常小鼠，灌胃 *Gl*-PS 50mg/kg、100mg/kg 3 和 6 小时后，明显降低血清葡萄糖水平。*Gl*-PS 100mg/kg 在给药 1 小时后，可显著升高血清胰岛素水平。

Gl-PS 能直接促进体外培养胰岛 B 细胞分泌胰岛素。若预先加 L2 型 Ca^{2+} 通道阻断剂维拉帕米，由于抑制 Ca^{2+} 内流而导致胰岛素的分泌量明显抑制，*Gl*-PS 能部分拮抗维拉帕米抑制胰岛素分泌的作用。联合应用 Ca^{2+} 螯合剂 EGTA 和维拉帕米，*Gl*-PS 促胰岛素分泌的作用会被完全抑制。这些研究结果表明，*Gl*-PS 促进胰岛素释放可能是通过促进胰岛细胞外 Ca^{2+} 内流而实现的（张慧娜等，2003）。

为探索灵芝对实验性糖尿病的防治作用是否与其免疫调节作用有关，张慧娜等（2003）研究了灵芝多糖（*Gl*-PS）对多次小剂量注射链脲佐菌素（MLD-STZ）诱导的自身免疫性糖尿病小鼠的作用。研究发现，MLD-STZ 小鼠血糖在第 8 天时已达到 11.6±2.1mmol/L，以后逐渐升高，到第 19 天时为 18.7±5.1mmol/L，显著高于正常对照组。*Gl*-PS 50mg/kg 组及 100mg/kg 组第 8 和 19 天血糖均较 MLD-STZ 模型组显著降低。

连续 5 天注射 MLD-STZ 后，小鼠糖尿病形成率在第 8、12、15 和 19 天分别为33.33%（3/9）、

83.33%(10/12)、83.33%(10/12)和91.67%(11/12)。*Gl*-PS 50mg/kg 和 100mg/kg 组小鼠糖尿病形成率较同时间 MLD-STZ 小鼠均有不同程度的降低。

研究结果显示，MLD-STZ 第 5 次注射后血糖明显升高。病理组织学显示胰腺及胰岛周围可见到大量的炎症细胞浸润。预先给予 *Gl*-PS 可降低 MLD-STZ 小鼠的血糖水平和糖尿病的形成率。但是病理组织学却未发现 *Gl*-PS 能明显减轻胰腺炎症。

给小鼠静脉注射四氧嘧啶 60mg/kg 诱发实验性糖尿病，预先灌胃灵芝多糖（*Gl*-PS）50mg/kg、100mg/kg、200mg/kg，可明显降低糖尿病小鼠的血糖，并升高血清胰岛素。与此同时，四氧嘧啶糖尿病小鼠胰脏的脂质过氧化产物 MDA 显著升高，*Gl*-PS 可使之明显降低。在四氧嘧啶损伤下胰岛 β 细胞坏死、数目显著减少，而 *Gl*-PS 能显著予以保护，使之增加。结果指出，灵芝多糖对小鼠四氧嘧啶糖尿病的保护作用与其抗氧化清除自由基作用有关。进一步研究证明，*Gl*-PS（100mg/kg、200 mg/kg）可明显抑制四氧嘧啶对核转录因子 NF-κB 的活化，这可能是灵芝多糖对四氧嘧啶糖尿病保护作用机制之一（Zhang HN 等，2003）。

张玲芝等(2004)报道，每天灌胃灵芝多糖0.1～0.4g/kg，对四氧嘧啶糖尿病大鼠有明显降低血糖和升高胰岛素的作用。随着剂量的增加，血糖降低和胰岛素升高的幅度也显著增大。灵芝多糖还能使四氧嘧啶糖尿病大鼠降低的肝脏葡萄糖激酶活性明显升高。中剂量组每天 0.2g/kg、高剂量组每天 0.4g/kg 灌胃灵芝多糖，对四氧嘧啶诱导的糖尿病大鼠胰岛形态学损伤具有一定的修复作用，胰岛内免疫反应糖尿病细胞的数目明显增多，且糖尿病反应颗粒着色深。提示灵芝多糖可能是通过不同程度修复胰岛细胞，从而促进胰岛素分泌，直接加强葡萄糖在体内的有氧氧化过程。

K. Kino(1990)报道，灵芝-8(LZ-8)每周小鼠灌胃 2 次(10.3～12.6mg/kg)，共 4 周，可预防胰岛炎。在未处理的 1 型非肥胖型糖尿病小鼠可见有严重胰岛炎发生。而 LZ-8 处理过的小鼠，未见糖尿病加重的倾向。

Jung 等(2006)观察了灵芝提取物对 L6 鼠骨骼肌细胞糖摄取的影响。灵芝提取物能增加糖摄取量 2 倍于对照组。灵芝提取物刺激糖摄取通路中主要调节分子磷脂酰肌醇(PI_3-激酶的活性，较对照组增加 7 倍。蛋白激酶 B(PI_3 激酶的下游介质)活性也可被灵芝提取物活化。实验进一步观察了灵芝提取物对 AMP 活化的蛋白激酶(AMPK，为糖摄取通路另一调节分子)的作用，发现灵芝提取物能增强 AMPKα1 和 α2 的磷酸化水平，还增加 AMPK 下游介质 p38 MAPK 的活性。表明灵芝提取物刺激骨骼肌细胞糖摄取既通过 PI_3 激酶系统，也通过 AMPK 通路，从而保持糖的稳态。

王尧等(2003)用链脲佐菌素诱导建立糖尿病大鼠模型，再给予灵芝每天 600mg/kg，灌胃 12 周。用灵芝后大鼠血糖、糖化血红蛋白、三酰甘油和低密度脂蛋白均明显下降，尿微量白蛋白排泄率明显降低。灵芝对糖尿病大鼠糖、脂代谢紊乱均有明显的调节作用，可明显降低早期糖尿病肾病大鼠的尿微量白蛋白排泄率。

He 等（2006）给 C57BL/6J 小鼠每天注射链脲佐菌素后，给予灵芝多糖(*Gl*-PS)(125mg/kg、250 mg/kg)8 周，发现 *Gl*-PS 剂量依赖性地明显减少血肌酐水平、血尿素氮水平及尿白蛋白排泄，显著降低糖尿病鼠增高的血糖和三酰甘油水平。*Gl*-PS(125mg/kg)还可改变糖尿病小鼠肾组织形态学和氧化应激反应。给予 250mg/kg 的 *Gl*-PS，使病变明显改善，仅存在轻度的肾小球、肾小管改变。

Gl-PS 可以降低糖尿病模型肾小球内系膜基质指数，缩小肿胀增生的肾小球面积，同时系膜指数也降低，显著降低糖尿病小鼠肾脏内过高表达的 TGF-β_1。提示 *Gl*-PS 可改善糖尿病鼠的代谢异常，延迟糖尿病鼠肾脏并发症的发生。

糖尿病伴性功能与生殖功能障碍，无论在人还是在实验动物都有报道，发病率高达 35%～75%。仲丽丽等(2006)采用经大鼠尾静脉一次性注射 2%链脲佐菌素(STZ)25mg/kg 糖尿病造模。正常饮食喂养 2 周后进行糖耐量试验，糖耐量异常者，分为模型组和灵芝组，并改喂高脂高糖饮食，灵芝组另加灵芝孢子粉每天 250mg/kg 持续 10 周。实验结束前 1 天检测结果显示，糖尿病组与正常对照组比较，T 水平、SOD、GSH-Px 活性显著降低，MDA 含量明显升高。而灵芝孢子组与糖尿病组比较，睾酮(T)水平、SOD、GSH-Px 活性显著升高，MDA 含量明显降低。结果提示，灵芝孢子粉能增强抗氧化酶活性，降低 MDA 的含量，减轻活性氧自由基对糖尿病大鼠睾丸的损害，从而对睾丸细胞起保护作用。

王柏欣等(2006)用链尿佐菌素(STZ)加高脂高糖饮食制备型糖尿病模型，给予灵芝孢子粉(每日 250mg/kg)，持续 10 周，12 周后检测睾丸组织血清糖基化终产物(AGE)变化。结果发现，模型组睾丸组织 AGE 显著高于正常组，而给予灵芝孢子粉可使升高的 AGE 明显降低。提示灵芝孢子粉对 AGEs 所致糖尿病大鼠睾丸组织的损伤有保护作用。

Jung 等(2005)报道,平盖灵芝的甲醇和水提取物在体外可明显抑制糖尿病大鼠晶状体醛糖还原酶。除明显抑制血糖水平外,灵芝的甲醇和水提取物减少山梨醇在链脲霉素诱导的糖尿病大鼠晶状体、红细胞和坐骨神经中的堆积。醛糖还原酶(PLAR)是多元醇通路的关键酶系,在糖尿病并发症中起着重要作用。提示平盖灵芝的甲醇和水提取物可能具有抗糖尿病和抑制糖尿病并发症的作用。

十、其他作用

(一)对化学性和免疫性肌损伤的保护作用

刘耕陶等(1980)及顾欣等(1993)分析研究了灵芝及其有效成分对除草剂 2,4-二氯苯氧乙酸(简称 2,4-D)化学性和免疫性肌损伤的影响。灵芝及其有效成分可使 2,4-D 所致升高的小鼠血清醛缩酶、血清磷酸肌酸激酶(SCPK)降低,使降低的肌肉磷酸肌酸激酶(MCPK)明显升高;肌细胞变性和坏死等病理变化也减轻。在体外可明显抑制肌肉的自发性脂质过氧化反应,使 MDA 生成量呈剂量依赖性减少。实验也证明,灵芝孢子粉水提物有捕获 O^{2-} 自由基的作用,抑制活性氧自由基引起的肌胞膜脂质过氧化作用。可能与其抗实验性肌损伤作用有关。

(二)体外抑制获得性免疫缺陷综合征病毒(HIV)作用

Kim 等(1996)、Min 等(1998)及 El-Mekkawy 等(1998)报道,灵芝子实体水提取物的低分子量部分、甲醇提取物的中性和碱性部分、三萜类化合物能抑制 HIV 增殖、抑制 HIV 逆转录酶和蛋白酶的活性。

第七节 灵芝的临床应用

一、治疗慢性支气管炎与哮喘

灵芝制剂治疗慢性支气管炎和哮喘有较好疗效。根据 11 个医疗单位1 810例临床报告,灵芝制剂的疗效特点如下:对慢性支气管炎的咳、痰、喘 3 种症状均有一定疗效,总有效率为 60%~97.6%,显效率为75.0%~20.0%,对哮喘的疗效尤著;疗效出现慢,大多在用药后 1~2 周生效,延长疗程可使灵芝的疗效提高;对中医分型属于虚寒型及痰湿型患者疗效较好,肺热型及肺燥型疗效较差;灵芝制剂无抗菌作用,对于慢性支气管炎的急性发作期或合并其他严重感染时,应加用抗菌药物;有明显强壮作用,多数患者用药后体质增强,主要表现为睡眠改善、食欲增加、抗寒能力增强、精力充沛、较少感冒等。随访停药半年到一年的病例可见,经灵芝制剂治疗后,疗效稳定,冬季较少急性发作或发作较轻,一部分患者达到临床治愈。

灵芝对慢性支气管炎患者的疗效主要是通过增加机体免疫功能,减轻一些诱因引起的气管、支气管的慢性炎症变化而达到的。

在临床试验中,仅有极少数患者在服用灵芝制剂后,可出现口干、舌苦、咽干、便秘等不良反应,一般不需停药,在用药过程中自行消失。临床检验也表明,灵芝对心、肝、肾等重要脏器无明显毒性作用。

二、治疗冠心病与高脂血症

据 6 个医疗单位 601 例临床报告指出,灵芝制剂对冠心病高脂血症的疗效有以下特点:缓解或减轻心绞痛症状,减少抗心绞痛药的用量,甚至可停用;患者心电图的心肌缺血性变化,因使用灵芝制剂而好转或改善,且与心绞痛症状疗效有一定的平行关系;同时具有降血脂作用,能程度不等地降低血清胆固醇、三酰甘油和低密度脂蛋白;灵芝制剂还能降低全血黏度和血浆黏度,使心脑血管疾病时的血液流变学障碍得以改善。患者用药后,除原有的心悸、气紧、头痛、头晕、水肿等症状减轻或缓解外,大多数患者的食欲、睡眠和体力也有明显的改善,不良反应少。灵芝制剂治疗冠心病高脂血症的疗效还与病情轻重、用药剂量及疗程长短等有关。一般病情轻、中度患者疗效高,剂量较大、疗程较长者疗效较好。与化学合成降血脂药合用可提高疗效,能减轻这些药物引起的肝损伤。

灵芝对冠心病、心绞痛的疗效是灵芝能增强心脏功能,提高心肌对缺血的抵抗力;增加冠脉流量,改善心肌微循环;抑制血小板聚集,防止血栓形成;抗氧化和清除氧自由基作用;抑制血管内皮细胞生长因子(VEGF)的表达,抑制血管内皮细胞增殖,减轻血管内皮细胞的损伤;调节血脂,减轻动脉粥样硬化的程度。灵芝的镇静、镇痛作用以及提高机体对缺氧的耐受力等也发挥了一定作用。

三、治疗高血压病

灵芝制剂对高血压病有一定疗效，特别是与常规应用的降压药合用时有协同作用，使血压更易控制。此外，灵芝制剂还能改善高血压病患者的自觉症状。

日本 Kanmatsuse 等（1985）分析研究了灵芝对原发性高血压病的疗效。将 53 例患者分为两组。甲组为原发性高血压病患者，乙组为血压正常或轻度高血压患者。所有患者均每日口服冻干灵芝提取物片 6 片（240mg/片），共服药 180 天。结果：甲组患者的血压显著降低，治疗前平均血压（收缩压/舒张压）为20.9/13.8kPa（156.6/103.5mmHg），治疗 6 个月后，降至18.2/12.4kPa（136.6/92.8mmHg）。乙组患者服用灵芝 6 个月，未见明显降压作用。此外，服用灵芝后，血清总胆固醇、低密度脂蛋白（LDL）降低，但高密度脂蛋白（HDL）无改变。

Jin 等（1996）报道，54 例按 WHO 诊断标准为原发性高血压病患者，采用卡托普利（25mg，每天 3 次）或尼莫地平（20mg，每天 3 次）常规治疗无效后，再服用灵芝片治疗。灵芝片系灵芝热水提取物冻干制成，每片含提取物 55mg，相当于灵芝子实体1.375g。患者在原治疗基础上，服用灵芝片或安慰剂片 2 片，每日 3 次。54 例患者中 40 例服灵芝片，14 例服安慰剂片作为对照。按双盲法进行临床试验，每日上午 9 时进行血压和微循环检查。结果如下：在加服灵芝前，患者的血压均高于18.67/12.00kPa（140/90mmHg），加用灵芝片 2 周，血压开始显著降低，直至加药后 4 周，血压均在18.67/12.00kPa 以下。加用灵芝片前患者的指动脉压（收缩压/舒张压）和毛细血管压分别为16.95±2.11/9.96±1.38kPa 和7.61±1.11kPa，加用灵芝 2 周后，25 例患者的指动脉压和毛细血管压显著降低；加用灵芝 4 周时，指动脉压和毛细血管压分别为13.31±1.82/8.54±0.99kPa 和4.83±0.68kPa，与加药前比较有显著差异。加服灵芝片还使患者的甲皱微循环出现明显变化，加服灵芝片 2 周，导致毛细血管襻密度、直径和红细胞流速较用药前显著改善。动脉压或小动脉压降低与毛细血管襻密度、毛细血管襻传出支直径的改善之间呈正相关。安慰剂组 14 例患者用药前后，上述指标均无明显改变。结果指出，灵芝片与降压药之间有协同作用，可增强降压药的疗效。这一作用可能与灵芝能增加毛细血管襻密度、直径和红细胞流速，膈微循环灌流增加有关。

Jin（1998）进一步分析研究灵芝和降压药对 40 例 WHO 分类为 II 期原发型高血压病患者的血糖、血浆 NO、微循环和血液流变学的影响。所有患者虽经过 1 个月以上的常规治疗（卡托普利加尼莫地平）无效，血压仍高于18.6/12.0kPa（140/90mmHg）。27 名患者加用灵芝片（制备方法、含量及用法同前）3 个月后，在动脉压、小动脉压和毛细血管压降低以及甲皱微循环明显改善的同时，5 种血液黏滞性参数（高切变率和低切变率血液黏滞性、血浆黏度、血球容积、血沉）均显著降低，且与服安慰剂的对照组有显著差异。加用灵芝片治疗组患者的血糖显著降低，血浆 NO 水平显著增加，且 NO 水平升高与毛细血管压降低之间成正相关。结果指出，灵芝与降压药长期合用能显著降低难治性高血压患者的血压，并减少并发症，如糖尿病。灵芝引起的血浆 NO 增加，可能是其改善微循环的原因之一。

龙建军等（2001）报道，灵芝片与降压药合用，可协同降压并改善原发性高血压患者的微循环，增加毛细血管密度、降低血浆黏度。同时能降低空腹血糖，升高血清胰岛素水平，改善胰岛素抵抗。

四、治疗糖尿病

灵芝制剂可降低部分糖尿病患者的血糖，增强降血糖药的降血糖作用。

Zhang and Li（2002）报道，130 例符合 WHO 糖尿病诊断标准的 2 型糖尿病患者随机分为试验组（100 例）和对照组（30 例）。两组患者均给予常规的降血糖治疗，试验组加服灵芝胶囊（含灵芝提取物 70%、灵芝孢子 20%），每次 3 粒，一天 3 次，共 2 个月。结果显示，治疗前对照组和试验组空腹血糖（mmol/L）和胰岛素（U/ml）水平分别为9.74±1.84、9.00±1.98和9.37±1.02，8.77±2.72；治疗后分别为7.18±2.30、8.71±1.65和6.24±1.18，8.43±2.26。试验组空腹血糖降低程度较对照组有显著差异，但两组间胰岛素水平无明显差异。此外，试验组改善头晕、口渴、乏力、腰酸、腿软等症状优于对照组。指出灵芝胶囊可辅助治疗 2 型糖尿病。

Gao 等（2004）分析研究了灵芝提取物治疗 71 例 2 型糖尿病患者的疗效。71 例 2 型糖尿病患者均符合 2 型糖尿病诊断标准，空腹血糖（FPG）为8.9～16.7mmol/L。患者随机分为灵芝组和安慰剂组，分别口服灵芝提取物1 800mg，每天 3 次，共服12周。安慰剂组按同法服安慰剂。两组均测空腹和餐后的糖化血红蛋周时的7.6%。空腹血糖和餐后血糖(PPG)的变化与糖化血红蛋白的变化相平行，服药前空腹血糖和餐后血糖分别为12.0mmol/L和13.6mmol/L，服药12周后餐后血糖降至11.8mmol/L。而安慰剂组患者的上述指标无改变或略增加。空腹和餐后2小时胰岛素及C-肽水平的变化，两组间也有明显差异。结果显示：灵芝提取物可有效降低2型糖尿病患者的血糖。

五、治疗神经衰弱

灵芝制剂对神经衰弱有显著疗效。用药后1～2周出现明显疗效，表现为睡眠改善，食欲、体重增加，心悸、头痛、头晕症状减轻或消失，精神振奋，记忆力、体力增强，其他合并症状也有不同程度的改善。灵芝制剂对神经衰弱的疗效与所用剂量和疗程有关，剂量大、疗程长者疗效高。

北京医学院附属第三医院精神科中西医结合小组(1977)分析研究灵芝治疗100例神经衰弱与神经衰弱综合征的临床疗效。在100例患者中，神经衰弱50例，精神分裂症恢复期残余神经衰弱综合征50例。灵芝(糖衣)片系由液体发酵所获赤芝粉加工制成，每片含赤芝粉0.25g。每次口服4片，每天3次。疗程均在1个月以上，最长者6个月。疗效评定标准：主要症状消失或基本消失者定为显著好转，部分症状好转者定为好转，治疗一个月症状无变化者定为无效。结果显示：经过一个月以上治疗，显著好转者61例，占61%；好转者35例，占35%；无效者4例，占4%。总有效率为96%。患者的主要症状，如失眠、多梦、食欲差、全身乏力、精神不振、嗜睡、记忆力差、头痛、头晕、心慌、消化不良、耳鸣、阳痿等消失或明显改善。

中医分型中属气血两虚型者疗效较好。灵芝片的不良反应小，100例中有8例便秘，7例口干、舌苦，3例咽干、口唇起疱，3例食欲差，3例腹胀、腹泻，2例胃反酸，1例胃痛。这些症状在持续用药过程中自行消失。

王祥礼等(2001)按照中国精神疾病分类方案与诊断标准(CCMD-2-R)中的失眠症诊断标准和中医心脾两虚证的辨证标准，选择了18～65岁失眠患者120例，并同时符合匹兹堡睡眠质量指数(PSQI)＞7分。采用随机双盲平行对照试验，试验组和对照组各60例，两组性别、年龄、病程、病情轻重、匹兹堡睡眠质量指数均无明显差异。治疗组口服灵芝菌液，每次40ml，一天3次；对照组口服灵芝菌片，每次4片，一天3次。治疗组和对照组同时服同等剂量的安慰片剂和液体，均4周为一个疗程。服药期间不加服其他镇静安神药物。分别在试验前后观测患者的睡眠质量(匹兹堡睡眠质量指数PSQI)、睡眠时间和睡眠觉醒程度，觉醒后的精神状态，并检查心率、血压等。失眠疗效及中医证候疗效参照《中药新药治疗失眠的临床研究指导原则》，睡眠质量用PSQI评分，减分率＝(治疗前评分－治疗后评分)/治疗后评分×100%。减分率达76%～100%为临床控制；达51%～75%为显效；达25%～50%为有效；＜25%为无效。

结果：①失眠症疗效治疗组优于对照组：治疗组临床控制15例，显效24例(控显率65%)，有效18例(总有效率为95%)，无效3例。对照组临床控制7例，显效19例(控显率43.3%，有效26例(总有效率为86.7%)，无效8例。②治疗组睡眠质量优于对照组：治疗组临床控制10例，显效19例(控显率48.3%)，有效27例(总有效率为93.3%)，无效3例。对照组临床控制3例，显效20例(控显率38.3%)，有效25例(总有效率为80%)，无效12例。③治疗组中医证候疗效优于对照组：治疗组临床控制10例，显效27例(控显率61.7%)，有效21例(总有效率为96.7%)，无效2例。对照组临床控制5例，显效17例(控显率36.7%)，有效27例(总有效率为81.7%)，无效11例。④治疗4周后PSQI各成分，总分评定两组自身前后对比差异均非常显著。治疗组在睡眠质量和日间功能评定方面优于对照组。全部患者在用药过程中未见不良反应。结果指出，灵芝菌液对心脾两虚型失眠症有效。

胡国灿(2003)分析研究了灵芝改善记忆的作用。选择身体健康，年龄30～60岁，高中文化，未接受过类似的测试，1年内未服用过与改善记忆有关的药品或保健食品者为受试对象。受试样品：灵芝1号为灵芝提取物，灵芝2号为淀粉及焦糖色素混合物。摄入量为每天1.6～3.2g。第一次测试受试者60例，按记忆商高低排队，经检验两组记忆商均衡后，随机分为试验组30例和对照组30例。试验组服用灵芝1号，对照组服用灵芝2号，服药时采用盲法。每次0.8～1.6g，每天2次。连续服用30天后，两组进行第二次测试。按卫生部《保健食品功能学评价程序和检验方法》中“改善记忆人体试验”规定，采用临床记忆量表来评价受试者的记忆能力。测试内容：指向记忆、联想学习、图像自由回忆、无意义图形再认、人像特点联系回忆。将测得的分数(原始分)换算成量表分。比较两组之间各项内容的量表分，计算总量表分，查得记忆商后比较两组之间的差异。用自身对照和组间对照两种方式进行统计分析。为排除有关影响因素，特别是迁移学习和心理暗示作用的影响，两组测试前后各测验量表分和记忆商，在进行自身比较的同时，将服用样品后测得的量表分和记忆商与对照组进行比较，以反映灵芝的改善记忆作用。结果表明，服用灵芝后能明显提高联想学习、无意义图形再认、人像特点联系回忆水平，明显提高记忆商值。说明灵芝确有较好的改善记忆作用。

一些伴有失眠的慢性支气管炎、冠心病、肝炎、高血压病等患者，经灵芝治疗后，睡眠转好，也有助于原发病的治疗。

六、治疗肝炎

20 世纪 70 年代，国内曾有 4 个医疗单位用灵芝制剂治疗病毒性肝炎 209 例，总有效率为73.1%～97.0%，显效（包括临床治愈率）为 44.0%～76.5%。疗效主要表现为主观症状，如乏力、食欲不振、腹胀及肝区疼痛减轻或消失。肝功能检查，如血清丙氨酸氨基转移酶（ALT）恢复正常或有不同程度的降低。肿大的肝脾恢复正常或有不同程度的缩小。对急性肝炎的效果较慢性或迁延性肝炎为好。

胡娟（2001）报道 86 例慢性乙型肝炎患者，治疗期间不用其他抗病毒药及免疫调节药。灵芝胶囊治疗组 86 例口服灵芝胶囊（每粒含天然灵芝 1.5g），每次 2 粒，一天 3 次；对照组 50 例口服小柴胡汤冲剂，每次 1 包，一天 3 次。共用药 1～2 月。疗效指标：包括临床症状和体征、丙氨酸氨基转氨酶（ALT）、血清胆红素（SB）、乙肝表面抗原（HBsAg）、乙肝 e 抗原（HBeAg）、乙型肝炎病毒核心抗体（HBcAb）。结果：治疗组纳差缓解94.2%（81/86）、乏力减轻 93.0%（80/86）、腹胀消失 92.3%（48/52）、肝肿大回缩45.8%（22/48）、脾肿大回缩42.9%（12/28）；对照组上述指标改善分别为 78.0%（39/50）、80.0%（40/50）、70.0%（28/40）、24.2%（8/33）、26.3%（5/19），两组间有显著差异。治疗组 ALT 及 SB 恢复正常百分率和 HBsAg、HBeAg、HBcAb 转阴率均显著高于对照组。结果指出，灵芝胶囊治疗慢性乙型肝炎疗效较好。

钟建平、李水法（2006）用抗病毒药拉米夫定（LAM）联合灵芝与单用 LAM 治疗慢性乙型肝炎的疗效。诊断符合 2000 年 9 月中华医学会第 10 次全国病毒性肝炎及肝病学术会议修订的病毒性肝炎防治方案中的诊断标准，并符合乙型肝炎病毒 e 抗原（HBeAg）、乙型肝炎病毒相关 DNA 聚合酶（HBV DNA）阳性，丙氨酸氨基转氨酶（ALT）较正常上限升高 2～3 倍、总胆红素（TBil）<3 倍正常上限者。按 1：1 比例，随机将 126 例患者分为 LAM 组和联合组。LAM 组 63 例，每天口服 LAM 100mg；联合组 63 例，每天口服 LAM 100mg，并加中药灵芝 50g、红枣 10g。治疗 18 个月后，联合组 ALT 为 63±17U，明显好于 LAM 组的 83±21U（$P<0.01$）；联合组 TBil 为 21.5±8.3μmol/L，LAM 组为25.9±10.3μmol/L，两组比较有显著差异（$P<0.01$）；治疗 18 个月后，联合组 HBeAg 转阴率及 HBeAg/HBcAb 血清转换率均高于 LAM 组；联合组 HBVDNA 转阴率 3、6、12、18 个月分别为 50/63、56/63、59/63 和 57/63，LAM 组分别为43/63、50/63、48/63 和 42/63，联合组均明显优于 LAM 组（均 $P<0.01$）。LAM 组病毒 DNA 编码的 DNA 聚合酶基因序列 YMDD 变异发生率 6、12、18 个月分别为 11.59%、23.81%、33.33%，联合组 6、12、18 个月分别为 0%、6.35%、9.52%，明显比单用 LAM 组低（均 $P<0.05$）。结果指出，灵芝联合拉米夫定治疗慢性乙型肝炎比单用拉米夫定疗效好，且能延缓和减少在拉米夫定治疗中易出现的 YMDD 变异及因此产生的病毒株对拉米夫定的耐药性，阻止乙肝病毒复制，并有明显改善肝功能作用。

七、治疗肿瘤

灵芝制剂与化学治疗或放射治疗合用时，对一些肿瘤，如胃癌、食管癌、肺癌、肝癌、膀胱癌、肾癌、大肠癌、前列腺癌、子宫癌等有较好的辅助治疗效果。疗效特点：提高肿瘤患者对化学治疗和放射治疗的耐受性；减轻化学治疗和放射治疗引起的白细胞减少、食欲不振、体重减轻、抗感染免疫力降低等严重不良反应；提高肿瘤患者的免疫功能，增强机体的抗肿瘤免疫力；提高肿瘤患者的生活质量，使体质增强。结果表明，灵芝可作为肿瘤化学治疗或放射治疗的辅助治疗药，发挥增效减毒作用。

齐元富等（1999）报道，200 例住院肿瘤患者经细胞学或病理学诊断为消化系统肿瘤（肝癌为临床诊断）。卡氏（karnofsky）生活质量评分>60 分，治疗前 1 个月内未经过抗癌治疗，且无心、肝、肾、脑功能异常和骨髓造血功能障碍。试验组 100 例患者中，胃癌 34 例，食管癌 25 例，肝癌 21 例，大肠癌 13 例，其他（胰腺癌、胆囊癌、胆管癌、胃恶性淋巴瘤）7 例。对照组 100 例，其中胃癌 32 例，食管癌 28 例，肝癌 26 例，大肠癌 9 例，其他（胰腺癌、胆囊癌、壶腹周围癌)5例。试验组口服灵芝孢子粉胶囊(0.25克/粒),每次4粒,每天3次。对照组口服贞芪扶正冲剂(15g/包),每次1包,每天3次。两组病例均服药4周为1个疗程,每例用药不少于2个疗程。两组患者均在每个疗程开始当日进行常规化疗。胃癌、肝癌及大肠癌等用FAM方案,食管癌用CFP方案。4周为1个周期,连续2个周期。疗程结束后判定疗效。治疗过程中,除化疗期间适当给予静脉营养支持外,均未给升白细胞、升血小板及止吐药物。结果:①近期客观疗效:按1979 WHO疗效标准评定,分完全缓解(CR)、部分缓解(PR)、不变(NC)、进展(PD),其中CR+PR为有效率。试验组CR 3例、PR 40例、NC 45例、PD 12例,有效率为43%,;对照组CR 2例、PR 1例、NC 48例、PD 19例,有效率为33%,两组间有显著差异($P<0.05$)。②生活质量变化:治疗后卡氏评分提高≥10分为上升,减低>10分为下降,上、下波动在10分以内为稳定。试验组生活质量上升66例,稳定23例,下降11例;对照组生活质量上升49例,稳定19例,下降32例。两组比较有显著性差异($P<0.05$)。③体重变化:治疗后体重增加≥1.5千克为上升,减少>1.5千克为下降,上、下波动在1.5千克以内为稳定。试验组体重上升68例,稳定21例,下降11例;对照组体重上升45例,稳定26例,下降29例。两组比较有显著性差异($P<0.05$)。④外周血象变化:试验组治疗白细胞未恢复正常者89例,低于正常者11例;对照组恢复正常者93例,低于正常者7例。两组比较无显著差异($P>0.05$)。试验组血小板恢复正常者92例,低于正常者8例;对照组恢复正常者95例,低于正常者5例。两组比较无显著差异($P>0.05$)。⑤免疫功能变化:治疗后与治疗前比较,试验组CD3(%)从55.35±7.30增至67.23±6.61($P<0.01$);CD4/CD8从1.35±0.67增至1.58±0.44($P<0.05$);T淋巴细胞转化率(%)从60.19±8.05增至65.02±9.64($P<0.05$)。对照组上述免疫指标治疗前后均无显著变化,而试验组治疗后与对照组治疗后比较,上述细胞免疫学指标的改善均有显著性差异($P<0.05$)。试验组服药期间未见明显不良反应。结果表明,灵芝孢子粉胶囊可作为肿瘤化疗的辅助治疗药,具有增效、减毒作用。

焉本魁等(1998)分析研究了灵芝口服液配合化疗治疗中晚期非小细胞性肺癌56例的临床疗效。56例均为Ⅱ~Ⅳ期肺癌患者,其中肺腺癌32例、鳞癌15例、鳞腺癌7例、大细胞癌2例。均具有高度怀疑的肺癌临床表现和流行病学特点,经胸片和肺CT证实,又经病理组织学或细胞学检查,确诊为原发性非小细胞性肺癌患者;不能或不愿手术或术后肺内复发、扩散;一般情况较好,Karnofsky评分>60分,预计生存时间>3个月;具有影像学检查(X线摄片、CT或MRI)可以测量的病灶以供客观评价。把56例患者随机分为治疗组(灵芝口服液+化疗组)35例,对照组(单用化疗)21例。治疗前,治疗组和对照组平均Karnofsky评分分别为60.5分和70分,两组患者治疗前病情无显著性差异。灵芝口服液每次20ml,一天3次,1个月为1个疗程。化疗应用顺铂(DDP)加西艾克(VDS)方案。治疗组:在化疗的同时口服灵芝口服液,每例患者用药2个疗程以上进行疗效评价;对照组:化疗方案同治疗组,但不加服灵芝口服液。疗效判断:近期疗效:连续用药2个疗程后,按照WHO实体瘤客观疗效标准评定。生活质量:按WHO Karnofsky体力状况评分标准,用药2个疗程后,增加<10分者为改善,无变化为稳定,减少>10分为下降,观察红细胞(RBC)、白细胞(WBC)、血红蛋白、血小板(PLT)、T淋巴细胞及其亚群的变化。所统计的患者必须完成2个疗程治疗,未完成治疗或中途中止或死亡的都判为无效(PD)。结果:治疗2个疗程后,治疗组35例中CR为2例(5.7%),PR为21例(60%),NC为9例(25.71%),PD为3例(8.57%),CR+PR(缓解率)为23例(65.71%);对照组21例中CR为1例(4.76%),PR为8例(38.14%),NC为10例(47.62%),PD为2例(9.52%),CR+PR为9例(42.85%),两组缓解率比较,有显著性差异($P<0.01$)。治疗组(35例)Karnofsky评分增加为24例(68.57%),稳定的为7例(20%),下降的为4例(11.43%);对照组(21例)评分增加的为9例(42.85%),稳定的为8例(38.10%),下降的为4例(19.05%),治疗组生活质量改善率(68.57%)与对照组(42.85%)比较有显著差异。治疗组生活质量改善率>临床缓解率,表明治疗组有些病例虽未达到CR或PR标准,但其生活质量明显改善。治疗组治疗前后的各种血象指标无明显变化,而对照组治疗前后RBC、WBC、HGB、PLT均有明显下降(P均<0.05),表明灵芝口服液能减轻化疗对骨髓造血功能的抑制。治疗组T_3、T_4和T_8治疗后均有明显升高,对照组患者治疗后,T_3、T_4和T_8各有不同程度的降低,提示灵芝口服液能增强肿瘤患者的细胞免疫功能。

林能俤等(2004)按《中国常见恶性肿瘤诊治规范》要求,且经病理学、细胞学和CT检查证实的114例癌症(胃癌、食管癌、肺癌、肝癌、宫颈癌、结肠癌和膀胱癌）患者，随机分为化疗＋灵芝组（66例）和单纯化疗组（48例）进行治疗前后对照和组间比较，观察灵芝提取物配合化疗治疗癌症的疗效。对照组：选用FAM（5-氟尿嘧啶＋阿霉素）化疗方案治疗。治疗组：除用对照组治疗方法外，从化疗开始包括化疗以后，服用灵芝提取物胶囊，每次4粒，每天4次，40天为1个疗程。结果显示，灵芝提取物胶囊配合化疗可明显改善癌症患者的细胞免疫功能。治疗前后化疗加灵芝组和NK细胞活性为51.24±7.9和48.10±7.90（$P>0.05$）；单纯化疗组为51.40±6.62和44.43±7.19（$P<0.05$）；化疗＋灵芝组治疗前后CD3、CD4、CD8细胞亚型（％）无显著改变，单纯化疗组治疗后CD3、CD4、CD8细胞亚型（％）明显降低。治疗组患者的中医临床症状、生活质量也获改善。

宋诸臣等（2006）分析研究了薄树芝制剂联合化疗治疗中、晚期恶性肿瘤的疗效。把中、晚期恶性肿瘤78例随机分成两组。治疗组：40例肿瘤患者用薄树芝制剂联合化疗药治疗。对照组：38例患者单纯化疗。两组化疗用药基本相似。结果显示：治疗组化疗前后WBC无明显变化，分别为5.8±1.1和6.1±1.3（10^9/L），其他外周血象改变也不明显；而对照组化疗前后WBC明显下降，分别为6.0±1.2和4.9±1.2（10^9/L），其他外周血象也明显下降。治疗组患者治疗后神疲、乏力、食欲下降、恶心、呕吐，腹胀、便秘等全身不适症状明显改善，生活质量明显提高。表明薄树芝制剂具有良好的稳定化疗患者血象、改善患者全身状况、提高患者生活质量的疗效。

周建等（2001）分析研究了灵芝袋泡剂在肿瘤辅助治疗中的作用。309例临床明确诊断为恶性肿瘤的中晚期患者，其中治疗组155例，对照组154例。两组患者入院时全身状态、白细胞计数总数、粒细胞计数、食欲状况及化疗方案基本相似，化疗前白细胞总数比较，经统计学处理，无显著性差异。两组病例均以基本相同化疗方案、化疗程序及类似止吐药和升白细胞药物辅助（利血生和鲨肝醇片）。治疗组在化疗前3天开始泡饮灵芝袋泡剂，每次2～4g，一天2次，连用15～20日。疗效指标：①恶心呕吐分级：0级为无恶心呕吐，Ⅰ级为每天呕吐1～2次，Ⅱ级为每天呕吐3～4次，Ⅲ级为每天呕吐≥5次。②进食情况分度：Ⅰ度为几乎不能进食或食量少于正常一半，Ⅱ度为正常食量的一半，Ⅲ度为正常进食。③周围血象变化：化疗前及化疗后每隔3天，连测3～4次。结果：化疗后，治疗组呕吐反应分别为0度59例、Ⅰ度77例、Ⅱ度16例、Ⅲ度3例，而对照组分别为31例、92例、25例、6例。治疗组进食量Ⅰ度17例、Ⅱ度81例、Ⅲ度57例，对照组分别为39例、74例、41例。治疗组较对照组白细胞计数总数下降例数也少。结果表明，灵芝袋泡剂能减轻化疗后呕吐反应，促进食欲，具有辅助治疗作用。

八、治疗解救毒菌中毒

误食野生毒菌，如鹅膏菌科（Amanitaceae），白毒鹅膏菌［*Amanita verna*（Bull.：Fr.）Pers. ex Vitt］、亚鳞白鹅膏蕈［*Amanita solitaria*（Bull. ex Fr.）Karst.］、斑豹鹅膏菌［*Amanita Pantherina*（Dc.：Fr.）Schrmm.］及红菇科（Russulaceae）亚稀褶黑菇（*Russula subnigricans* Hongo）等可致中毒，严重者会致死。误采误食野生蕈中毒事件中，95％由鹅膏蕈所致。鹅膏毒肽（amanitin）是鹅膏蕈所含的最严重致死毒素，它属双环八肽，天然鹅膏肽有α-鹅膏毒肽（α-amanitin，也称鹅膏蕈碱）等9种。鹅膏毒肽能溶于水，化学性质稳定，耐高温和酸碱。食入后，会迅速被消化道吸收进入肝脏，迅速与肝细胞RNA聚合酶结合抑制mRNA的生成，造成肝细胞坏死而致急性肝功能衰竭。

何介元（1978）最早报道了用紫芝煎剂（30％，每次50ml，每天3次）抢救白毒鹅膏菌（又名白毒伞、白帽菌等）中毒11例，除1例不治死亡外，其余10例均治愈出院。紫芝煎剂对白毒鹅膏菌中毒所致的中枢神经系统损害和急性肾功能衰竭有显著效果。紫芝还用于治疗斑豹鹅膏菌（斑豹毒菌）（*Amanita pantherina*）及亚鳞白鹅膏蕈（角鳞白伞）［*Amanita solitaria*（Bull. Ex Fr.）Karst.］中毒的解救，疗效也明显。

李铁文等（2003）给25例鹅膏菌中毒患者口服灵芝煎剂（灵芝200g，加水煎成600ml液体），每天3次，每次200ml，7天为1个疗程，服1～2个疗程。治疗后所有患者临床症状均全部消失，血总胆红素（STB）、胆汁酸（BA）、丙氨酸氨基转移酶（ALT），门冬氨酸氨基转移酶（AST）等检测指标，均恢复正常或接近正常。入院时患者血中均检出鹅膏毒肽，治疗后第3天再检测，发现其量甚微，第5天血中已测不出鹅膏毒肽。肖桂林等（2003）报道了灵芝煎剂对鹅膏蕈中毒患者的治疗作用。把鹅膏蕈中毒患者23例随机分为治疗组和对照组。对照组给予常规治疗（青霉素、阿拓莫兰），治疗组在常规治疗基础上，加服灵芝煎剂（灵芝200g，加水煎取600ml液体），每天3次，每次服200ml，连服7天。比较两组的临床疗效。结果：治疗组临床疗效明显优于对照组；两组总胆红素（STB）、胆汁酸（BA）、丙氨酸氨基转移酶（ALT）

门冬氨酸氨基转移酶(AST)4项指标均上升。治疗组在第3天4项指标上升达高峰,以后显著下降;对照组4项指标呈持续进行性上升。两组4项指标在相同时间比较,治疗组明显低于对照组。结果表明,灵芝煎剂对鹅膏蕈中毒有较好的治疗作用,能明显降低鹅膏蕈中毒的病死率。

肖桂林等(2003)报道,14例亚稀褶黑菇(*Russula subnigricans*)中毒患者,在常规治疗基础上,加服灵芝煎剂(灵芝100g,加水煎取600ml,分3次口服或鼻饲),连续服用7天为1个疗程,根据病情服用1～2个疗程。结果指出,经灵芝治疗后,患者病情迅速好转,无死亡病例。绝大部分病例尿红细胞在治疗24小时后完全消失,尿蛋白也明显减少,*N*-乙酰-β-*D*葡萄糖酐酶(NAG)、ALT和AST等3项酶学指标第3天上升达高峰,以后逐渐下降。结果表明,灵芝煎剂对亚稀褶黑菇中毒有较好的治疗作用,能明显降低亚稀褶黑菇中毒的病死率。

九、保健作用

陶思祥和叶传书(1993)分析研究了赤芝孢子粉对30例老年人细胞免疫功能的影响。30例门诊健康查体者(男19例,女11例),平均年龄65.1岁。其中血脂增高者(血清胆固醇>6.0mmol/L,三酰甘油>1.25mmol/L,低密度脂蛋白-胆固醇>5.8mmol/L)13例,符合脑动脉硬化者21例。半年内未用过中草药、糖皮质激素及其他能影响免疫功能的药物。口服赤灵芝粉,每次1.5g,每天3次,共服30天。在服药10、20、30天和停药10天后,静脉采血,分离出周围血单核细胞(PBMC),测IL-2、IFN-γ及NK细胞活性。结果:服药后IL-2、IFN-γ及NK细胞活性均增高,服药20天达高峰,停药10天后仍维持在高水平。

曾广翘等(2004)通过分析研究血睾酮、红细胞超氧化物歧化酶(SOD)与丙二醛(MDA)水平的变化及心理症状评分,评价破壁灵芝孢子治疗老年更年期综合征患者的疗效。选择具有男性更年期综合征症状(乏力、失眠、血管收缩、精神心理症状及性功能障碍)为主的患者138例,病情持续6个月～2年,平均12.3个月,经血睾酮水平测定低于正常值(140mg/L)。年龄55～76岁,平均66岁,单身患者61例(占52.9%),均未合并严重的心脑血管疾病、传染性疾病及恶性肿瘤。经SRS中老年男子部分雄激素缺乏自我评分>16分,Zung抑郁量表标准分≥50分作为发现更年期综合征状态依据。将患者随机分两组,观察组80例,经询问病史及作Zung量表评分、SRS评分后,抽取空腹动脉血测血睾酮水平、SOD、MDA后,统一服用破壁灵芝孢子胶囊600mg,每天3次,疗程为3周,不再服用其他治疗精神症状的药物。每周进行1次Zung、SRS评分及症状观察,3周后再次抽血测血睾酮、SOD及MDA水平。另58例患者给予外观相同的安慰剂,同样做症状观察及Zung、SRS评分,疗前及治疗3周后测血睾酮、SOD及MDA水平。结果:80例治疗组患者和58例对照组患者经服药3周后症状、评分均有改善,治疗组总有效率为74.3%,对照组总有效率为28.16%,治疗组明显高于对照组。3周后80例治疗组患者血睾酮、SOD水平明显比对照组58例患者高,MDA水平明显比对照组患者下降。使用全破壁灵芝孢子治疗男性更年期综合征患者无明显不良反应,无水、钠潴留及排尿困难等症状发生及肝、肾功能受损。

Noguchi等(2005)在可控的Ⅰ期临床试验中,评价灵芝甲醇提取物对中度男性膀胱出口阻塞(BOO)患者的效果和安全性。按随机双盲法试验进行8周。入组男性志愿者(≥50岁)的国际前列腺症状分级(I-PSS;问卷1—7)≥8,前列腺特异性抗原(PSA)值<4ng/ml。一些良性前列腺肥大者曾用过α受体阻断剂或其他药,试验前有2周清洗期。志愿者随机分为安慰剂组(12例)、灵芝甲醇提取物0.6mg组(12例)、6mg组(12例)及60mg组(14例)。每天给药一次。检测给药前后的I-PSS和峰尿流率(Q_{max}),并由超声波扫描术评估前列腺体积和残留尿量,还进行血液检查和PSA水平测定,均与安慰剂组比较。结果显示,全部患者对给药均有很好耐受,未见不良反应。与安慰剂组比较,6mg和60mg剂量组在第4周和第8周I-PSS明显降低。未观察到Q_{max}、残留尿量、前列腺体积以及PSA水平的变化。结果指出,灵芝提取物易于耐受并明显改善BOO患者I-PSS,推荐Ⅱ期临床用于中度男性BOO的剂量为6mg。

灵芝对运动员也有保健作用。张安民等(1997)分析研究了灵芝液对运动员的抗疲劳作用及对血中SOD、CAT、LPO的影响。平均年龄16.37±1.7岁的男性运动员分为试验组和对照组,每组各13人。试验组口服灵芝液,每次服10ml,每天2次,共30天;对照组服色泽、包装完全相同的可口可乐。结果显示,试验组运动员的递增负荷运动时间和作功值明显高于服药前和对照组。试验组运动员的血红蛋白由用药前的14.43g(%)±0.49g(%)上升至15.73g(%)±0.54g(%)。而对照组无显著变化。试验组运动后5分钟的血乳酸为9.32±1.21mmol/L,运动后

15分钟降至6.34±1.31mmol/L，两者有显著差异。对照组运动后5、15分钟的血乳酸分别为9.88±0.56mmol/L和8.47±0.79mmol/L，两者无显著差别。此外，服用灵芝液还明显降低血清过氧化脂质（LPO），增加全血超氧化物歧化酶（SOD）的含量，增强血红蛋白过氧化氢酶（CAT）和活性。结果提示，灵芝液可通过增加血红蛋白含量，加速血乳酸清除、增强SOD和CAT活性，抑制体内LPO产生，从而提高运动耐力。

罗琳、张缨（2006）通过4周观察2 500m高住低训过程中，人体红细胞CD 35数量和活性变化，探讨灵芝多糖对高住低训中人体红细CD 35的影响。以16名北京体育大学体育教育学院足球专项运动员为受试对象，所有受试者均无肝、肾、内分泌疾病史及世居高原史，未服用过影响机体红细胞代谢的药物。将受试者随机分为给药组和对照组，各8名，均为高住低训。入住低氧房前，给药组每日服灵芝胶囊5g，共2周，对照组服安慰剂。两组每晚入住低氧房（O_2浓度15.4%，相当于海拔2 500m）10小时，每周2次低氧房72%最大摄氧量蹬功率自行车训练30分钟，并且两组每周有3次由同一教练执导的专项训练。取给药前、暴露前，入住10小时、入住2周、3周、4周时清晨静脉血，与相应的荧光标记抗体反应，用流式细胞仪记录平均荧光强度、阳性细胞率。结果：实验4周后，给药组和对照组红细胞CD 35的表达，较实验前分别升高了7.9%和下降了12.8%（$P<0.05$）；给药组和对照组红细胞C3b受体花环率，较给药前分别升高了45.9%（$P<0.05$）和下降了49.0%（$P<0.05$）。两组相比有显著性差异。给药组和对照组红细胞免疫复合物（IC）花环率，较实验前分别升高了99.7%（$P<0.01$）和19.5%。结果指出，灵芝多糖可以明显增加红细胞CD 35的表达，并且可以调节高住低训实验中出现的运动员红细胞继发性免疫低下的现象。

此外，用灵芝（赤芝）菌片和灵芝舒心片防治高原不适应证469人。结果：可使由平原进入海拔4 000～5 000m高原人员的急性高原反应（头痛、呕吐等）发病率显著下降，两药预防有效率分别为98.6%和97.5%。

十、治疗其他疾病

北京友谊医院神经科应用灵芝制剂（赤芝孢子注射液400mg，肌注，每天1次）治疗多发性硬化5例；富慧谛应用赤芝孢子注射液（每天肌注400mg）治疗萎缩性肌强直10例均呈现一定疗效。

曹仁烈等总结4所医院用薄盖灵芝制剂治疗斑秃232例的结果。患者每天肌注增肌注射液（薄盖灵芝注射液的商品名）2支或每天服3次薄盖灵芝片，每次4片。两种制剂可单用也可交替用。疗程2～4个月。治疗结果：治愈70人（30.17%），显效51人（21.98%），好转62人（26.72%），无效49人（21.12%），总有效率78.88%。多数患者用药后食欲增加，睡眠好转，头痛、头晕消失，体重及体力增加。

李尚珠等（2000）报道，用薄树芝注射液局部注射治疗局限性硬皮病。52例硬皮病患者均符合美国风湿病学会推荐的诊断标准，并经病理活检确诊。52例中男性4例，女48例，龄7～54岁，病程3个月～7年，平均36.8±17.5个月。主要发病部位为头面部、下肢和躯体，上肢发病少见。少数患者在多个部位发病。发病部位主要表现为皮肤硬化、萎缩、光亮、色素沉着、毛发脱落，部分患者局部皮肤萎缩凹陷，关节功能障碍。薄芝注射液每支2ml，含薄芝粉0.5g。视病变大小不同，每次局部注射2～4ml。如有多个病变，每次选两个病变部位注射，用药总量每次不超过8ml。每周1～2次，轻者每周同一部位注射1次，重者每周同一部位注射2次，如系多部位发病，可多部位交叉注射。连续用药12周为1个疗程。在52例患者中，最短者用药1个疗程，最长者3个疗程，每一部位平均注射32.4次。治疗结果：近期治愈14例（26.9%），表现为硬化、萎缩的皮肤恢复正常，病变局部皮肤颜色恢复正常或基本正常，有功能障碍者恢复正常或基本恢复正常，脱落的毛发重新生长；显效29例（55.8%），表现为皮肤硬化、萎缩、色泽沉着、功能障碍整体改善60%以上；有效9例（17.3%），表现为皮肤硬化、萎缩、色泽沉着、功能障碍整体改善20%以上。按病变部位统计，共计治疗87个部位，近期治愈18个部位（20.7%），显效56个部位（64.4%），有效13个部位（14.9%）。病理活检结果：增厚的表皮变薄，角化减轻，血管周围炎细胞浸润消失，胶原纤维变细疏松化，胶原形成细胞减少。有4例患者开始注射时，局部皮肤发生潮红、轻度瘙痒，未作任何处理，均在24小时内消失。有2例患者每次注射2个部位后，有头晕、心悸，减少注射药量后，反应即明显减轻或消失。未见其他不良反应。

近年来，一些研究者尝试用灵芝治疗获得性免疫缺陷综合征（爱滋病，AIDS）。Mshigeni等（2005）报道，用灵芝提取物辅助治疗HIV/AIDS，初步结果：46例HIV/AIDS患者分为两组，一组用抗逆转录酶药治疗（24例），另一组在用抗逆转录酶药治疗的基础上，加灵芝提取物治疗。结果显示：加用灵芝可改善 HIV/AIDS 患者的健康状态，使体重增加、CD4 细胞数和血红蛋白增加。这一结果提示，灵芝与抗逆转录酶药联合应用可能有协同作用。

第八节 展 望

灵芝的研究仍是国内外学术界瞩目的课题。1979～2008 年 5 月期间，中国知网(cnki)中国期刊全文数据库收录有关灵芝研究的论文2 313篇，其中医药卫生方面的论文1 497篇。同一期间，美国国家医学图书馆 PubMed 资料库收录有关灵芝研究的论文有 593 篇。论文涉及灵芝的生物学特性、分类学、栽培技术、工业发酵技术、化学成分、药理作用和临床应用等诸多方面。作为药食兼用的法定中药材，灵芝在我国已被开发研制成中成药制剂或保健食品，用于防治各种疾病，国外也把灵芝用作保健食品广泛服用。然而，灵芝的研究、开发与应用中还存在一些值得重视问题：

①灵芝的段木栽培需消耗大量木材，会破坏森林资源。如何使用代用栽培料栽培高品质灵芝，还需进一步研究、推广与探讨。

②如何控制灵芝原料和产品中的重金属残留量；建立灵芝生产的 GAP 标准；为保证产品质量，无论食用或药用，均应制定灵芝原料、中间产品和终产品的质控标准。

③目前市场上销售的灵芝产品几乎均是粗提取物，远未达到中药现代制剂的要求。应在化学成分和药理研究的基础上，开发出有效组分或成分明确的现代灵芝制剂；重视灵芝与其他中药配伍组成复方中药制剂的研究；灵芝的临床试验应加强，除观察灵芝直接防治疾病的疗效外，还要观察灵芝与其他药物或疗法联合使用时的协同作用。

参 考 文 献

[1] HEPTTING G H. Diseases of forest and shade trees of the United States[M]. Washington，DC：US Department of Agriculture，Agricultural Handbook，1971.

[2] BLANCHETTE R A. Screening wood decayed by white rot fungi for preferential lignin degradation [J]. Applied and Environmental Microbiology，1984，48：647-653.

[3] ADASKVEG J E，OGAWA J M. Wood decay pathology of fruit and nut trees incalifornia[J]. Plant Disease，1990，74：341-352.

[4] ADASKVEG J E，BLANCHETTE R A，GILBERTSON R L. Decay of date palm wood by white-rot and brown-rot fungi[J]. Canadian Journal of Botany，1991，69：615-629.

[5] ADASKAVEG J E，MILLLER R W，GILBERTSON R L. Wood decay lignicolous fungi and decline of peach trees in South California[J]. Plant Disease，1993，77：707-711.

[6] ZHAO J D，ZHANG X Q. Importance，distribution and taxonomy of Ganodermataceae in China. In：Buchnanan，P. K.，Hseu，R. S. and Moncalvo，J. M. (eds)Ganoderma-sysematics. Phytopathology and Pharmacology[C]. Proceedings of Contributed Symposta 59A，B，Fifth International Mycological Congress. Vancouver. 1994.

[7] 中华人民共和国药典委员会. 中华人民共和国药典(一部)[M]. 北京：化学工业出版社，2000.

[8] SHIN G C，SEO G S. Classification of strains of Ganoderma lucidum[J]，Korean Journal of Mycology，1988，16：235-241.

[9] ZHAO J D. The Ganodermataceae inChina[M]. Bibliotheca Mycologica，1989.

[10] WILLARD T. Reishi Mushroom：'Herb of spiritual potency and medical wonder[M]. Issaquch，Washington：sylvan press，1990.

[11] 赵继鼎. 中国灵芝新编[M]. 北京：科学出版社，1989.

[12] 邵立平，沈瑞祥，张素页，等. 真菌分类学[M]. 北京：中国林业出版社.

[13] MONCALVO J M，WANG H H，HSEU R S. Phylogenetic relationships in Ganoderma inferred from the internal transcribed spacers and 25S ribosomal DNA sequences[J]. Mycologia，1995，87：

223-238.

[14] 林志彬. 灵芝的现代研究(第 2 版)[M]. 北京:北京医科大学出版社,2001.

[15] MONCALVO J M, WANG H F, HSEU R S. Gene phylogeny of the Ganoderma lucidum complex based on ribosomal DNA sequences[J]. Mycological Research,1995, 99: 1489-1499.

[16] PATOUILLARD N. Le genre Ganoderma[J]. Bulletin Trimestriel de la Société Mycologique de France,1889, 5: 64-80.

[17] STEYAERT R L. Species of Ganoderma and related genera mainly of the Bogor and Leiden Herbaria[J], Persoonia,1972, 7(1):55-118.

[18] CORNER E J H. Ad Polyporaceas I. Amauroderma and Ganoderma[J]. Beihefte zur Nova Hedwigia,1983,75: 1-182.

[19] STAMETS P. The polypore mushrooms of the genera Ganoderma. Gorifola and Polyporus in: Growing Gourmet and Medical Mushrooms[M]. Berkey, California: Ten Speed Press, 1993.

[20] HEMMI T, TANAKA I. Experiments for developing sporophores of Ganoderma japonicum[J]. Botany and Zoomlogy,1936, 4:13-23.

[21] STAMETS P. Evaluating a mushroom strain: Phytosensivity. In:Growing Gourmet and Medical Mushrooms[M]. Berkey, California: Ten Speed Press, 1993.

[22] HADDOW W R. Studies in Ganoderma[J]. Journal of the Aandd Arboretum,1931, 12:25-46.

[23] FURTADO J S. Taxonomy of Ganoderma[J]. Memoirs of the New York Botanical Garden,1965, 34:1-109.

[24] CORNER E J H. Fruitbody of Polystictus xanthopus[J]. Fr Ann Bot,1932, 46:71-111.

[25] CUNNINGHAM G H. Hyphal system as aids in identification of species and genera of the Polyporaceae[J]. Trans Brit Mycol Soc,1954, 37:44-50.

[26] BAZZALO M E, WRIGHT J E. Survey of the Argentine species of the Ganoderma lucidum complex[J]. Mycotaxon,1982,16:293-325.

[27] FURTADO J S. Taxonomy of Amauroderma(Basidiomycets,Polyporaceae)[M]. Memoirs of the New York Botanical Garden,1981.

[28] ATIKSON G F. On the identity of Polyporus applanatum of Europe and North America[J]. Ann Mycol,1908,6:179-191.

[29] FURTADO J S. Structure of the spore of Ganodermoideae[J]. Donk Rickial,1981, 1:227-241.

[30] HEMMI R. L'organisation architecural des spores de Ganoderma[J]. Rev Mycol Paris,1962, 27: 199-212.

[31] STEYAERT R L. Consideration generales sur Le genera Ganoderma et plus specilement sur les especes Europeennes[J]. Bull soc Roy Bot Bleg,1967,100:189-211.

[32] HUMPHERY C J, SIMEONA LEUS. A partial revison of the Ganoderma applanatum group with particular reference to its oriental variants[J]. Pholipp J Sci,1931,45:483-489.

[33] PEGLER D N, YOUNG T W K. Basidiospores form in the British species of Ganoderma Karst [J]. Kew Bulletin,1973,28(3):351.

[34] RYVARDEN L. Type studies in the Polyporaceae 7 species described by J M Berkeley from 1836 to 1843[J]. Kew Bull,1976,31.

[35] RYVARDEN L. The Polyporaceae of North Europe[M]. Oslo:Fungiflora,1976.

[36] STEYAERT R L. Study of some Ganoderma species[J]. Bulletin Jardin Botanique National de Belgique,1980,50: 135-186.

[37] ADASKAVEG J E, GILBERTSON R L. Cultural studies and genetics of sexuality of Ganoderma lucidum and G. tsugae in relation to the taxonomy of the G. lucidum complex[J]. Mycologia, 1986,78: 694-705.

[38] GOTTLIEB A M, WRIGHT J E. Taxonomy of Ganoderma from southern South America: subgenus Elfvingia[J]. Mycological Research,1999, 103:1289-1298.

[39] MONCALVO J M, WANG H F, WANG H H, et al. The use of ribosomal DNA sequence data for species identification and phylogeny in the Ganodermataceae. In: Buchanan PK, Hseu R S and Moncalvo J M ed. Ganoderma, systematics, phytopathology and pharmacology[C]. Proceedings of Contributed Symposium 59 A,B, 5th International Mycological Congress, Vancouver, 1995.
[40] MARTINEZ A T, BARRASA J M, PRIETO A, et al. Fatty acid composition and taxonomic status of Ganoderma australe from Southern Chile[J]. Mycological Research,1991,95: 782-784.
[41] RYVARDEN L, JOHANSEN I. A preliminary polypore flora of East Africa[M]. Oslo: Fungiflora,1980.
[42] YEH Z Y, CHEN Z C. Preliminary investigations of Ganoderma australe (subgen. Elfvingia) in Taiwan[J]. Taiwania,1990,35: 127-141.
[43] CHEN Z C. On speciation in the genus Ganoderma. In:Nishimura K. Ascomycetes and Basidiomycetes Studies Now[C]. International Minisymposium of the Research Center for Pathogenic Fungi and Microbial Toxicoses, Chiba University, 1991.
[44] YEH Z Y, CHEN Z C, KIMBROUGH J W. Ganoderma australe from Florida[J]. Mycotaxon, 2000,75: 233-240.
[45] GOTTLIEB A M, SAIDMAN B O, WRIGHT J E. Isozymes of Ganoderma species from southern South America[J]. Mycological Research,1998,102: 415-426.
[46] GOTTLIEB A M, WRIGHT J E. Taxonomy of Ganoderma from southern South America: subgenus Ganoderma[J]. Mycological Research,1999,104: 661-673.
[47] SMITH B J, SIVASITHAMPARAM K. Internal transcribed spacer ribosomal DNA sequence of five species of Ganoderma from Australia[J]. Mycological Research,2000,104: 943-951.
[48] SMITH B J, SIVASITHAMPARAM K. Isozymes of Ganoderma species from Australia[J]. Mycological Research,2000,104: 952-961.
[49] HSEU R S. An identification system for cultures of Ganoderma species[D]. Taipei: National Taiwan University,1990.
[50] MONCALVO J M, RYVARDEN L. Ganoderma hildebrandii, a forgotten species[J]. Mycotaxon,1995,56: 175-180.
[51] 王惠芳. 灵芝属含锰超氧歧化酶基因之研究[D]. 台北:台湾大学农业化学研究所,1996.
[52] RYHVARDEN L. Can we trust morphology in Ganoderma? In: Buchanan P K, Hseu R S and Moncalvo J M ed. Ganoderma, systematics, phytopathology and pharmacology[C]. Proceedings of Contributed Symposium 59 A,B, 5th International Mycological Congress, Vancouver,1995,14-21.
[53] RYVARDEN L. Genera of polypores, nomenclature and taxonomy[J]. Synopsis Fungorum,1991, 5: 1-363.
[54] GILBERTSON R L,RYVARDEN L. North Americal Polypores. Part 1[M]. Oslo:Fungiflora,1986.
[55] ZHAO J D, ZHANG X Q. Ganodermataceae[M]. Flora,2000.
[56] HSEU R S, WANG H H, WANG H F,et al. Differentiation and grouping of isolates of the Ganoderma lucidum complex by random amplified polymorphic DNA-PCR compared with grouping on the basis of internal transcribed spacer sequences[J]. Applied and Environmental Microbiology, 1996,62: 1354-1363.
[57] STAMETS P, YAO C D W. Mycomedicinals: an informational booklet on medicinal mushrooms [M]. Olympia, WA:MycoMedia, 1999.
[58] BUCHANAN PK. A taxonomic overview of the genus Ganoderma with special reference to species of medicinal and neutriceutical importance[C]. Auckland: Proc Int Symposium Ganoderma Sci,2001.
[59] CHEN X, ROMAINE C P, Ospina-Giraldo M D, et al. A polymerase chain reaction-based test for the identification of Trichoderma harzianum biotypes 2 and 4, responsible for the worldwide green

mold epidemic in cultivated Agaricus bisporus[J]. Appl Microcrobio Biotech,1999,52:246-250.
[60] VERSALOVIC J, KOEUTH T, LUPSKI J R. Distributoin of repetitive DNA sequences in eubacteria and application to fingerprinting of bacterial genomes[J]. Nucleic Acids Res, 1991, 19: 6823-6831.
[61] LOWS F J, RADEMAKER J L W, BRUIJIN F J. The three Ds of PCR-based genomic analysis of phytobacteria: diversity, detection and disease diagnosis[J]. Annu Rev Phytopathol, 1999, 37: 81-125.
[62] GILLINGS M, Holley M. Repetitive element PCR fingerprinting(rep-PCR) using enterobacterial repetitive intergenic concensus(ERIC) primers is not necessarily directed at ERIC elements[J]. Lett Appl Microbiol,1997,25:17-21.
[63] Meth A, METH Y R, ROSATO Y. ERIC- and REP- PCR amplify non-repetitive fragments from the genome of Drechslera avenae and Stemphylium solani[J]. Microbiology Letters,2002,211: 51-55.
[64] 张海娟,曹隆枢,叶少青.段木灵芝优质高产栽培技术[J]. 浙江农业科学,2004(3):136-138.
[65] 阮长兵,叶青,陈张晴. 灵芝段木熟料埋土栽培实用技术[J]. 江西农业科技,2003(8):16-18.
[66] 林志彬. 灵芝的现代研究(第 3 版)[M]. 北京:北京大学医学出版社,2007.
[67] 陈国良. 灵芝与猴头菇高产栽培技术[M]. 北京:金盾出版社,2000.
[68] 杨华义. 段木灵芝高产栽培技术[J]. 现代园艺,2005(5):40-41.
[69] 曹隆枢. 段木灵芝栽培及孢子粉采集技术[J]. 食用菌, 2003(增刊):39-40.
[70] 李纪中. 灵芝短段木熟料高产栽培新技术[J]. 食用菌, 1994(1):23-24.
[71] 蔡敦辉,徐丽华. 段木灵芝高产栽培技术[J]. 食用菌, 2000(1):32-33.
[72] LIN Z B, ZHANG H N. Antitumor and immunoregulatory activities of Ganoderma lucidum and its possible mechanisms[J]. Acta Pharmacol Sin, 2004, 25(11):1387-1395.
[73] 张群豪, 林志彬. 灵芝多糖 GL-B 的抑瘤作用和机制研究[J]. 中国中西医结合杂志, 1999,19(9): 544-547.
[74] ZHANG Q H, LIN Z B. The Antitumor Activity of Ganoderma Lucidum (Curt. :Fr) P. Karst. (LingZhi) (Aphyllophormycetideae) Polysaccharides Is Related to Tumor Necrosis Factor-α and Interferon-γ[J]. International Journal of Medicinal Mushroom, 1999, 1: 207-215.
[75] 胡映辉,林志彬. 灵芝菌丝体多糖对 HL-60 细胞凋亡的影响[J]. 药学学报,1999,34:264-268.
[76] 胡映辉,林志彬, 何云庆,等. 灵芝菌丝体多糖通过增强小鼠巨噬细胞功能诱导 HL-60 细胞凋亡[J]. 中国药理学通报,1999(15):27.
[77] CAO Q Z, LIN Z B. Antitumor and anti-angiogenic activity of Ganoderma lucidum polysaccharides peptide[J]. Acta Pharmacol Sin, 2004, 25(6): 833-838.
[78] NONAK Y, SHIBATA H, NAKAI M, et al. Ant-itumor activities of antered of Ganoderma licidum in allogenic and syneneic tumor-berning mice[J]. Biosci Biotechnol Biochem, 2006, 70(9): 2028-2034.
[79] 张群豪,林志彬. 灵芝多糖(GL-B)对肿瘤坏死因子和干扰素产生及其 mRNA 表达的影响[J]. 北京医科大学学报,1999(31):179-182.
[80] WANG S Y, HSU M L, HSU H C, et al. The anti-tumor effect of Ganoderma lucidum is mediated by cytokines released from activated macrophages and lymphocytes[J]. Int J Cancer, 1997, 70:699-705.
[81] YUE G G, FUNG K P, TSE G M, et al. Comparative studies of various ganoderma species and their different parts with regard to their antitumor and immunomodulating activities in vitro[J]. 2006, 12(8):777-789.
[82] XIE J T, WANG C Z, WICKS S, et al. Ganoderma lucidum extract inhibits proliferation of SW 480 human colorectal cancer cells[J]. Exp Oncol, 2006, 28(1):25-29.
[83] CHUNG W T, LEE S H, KIM J D, et al. Effect of mycelial culture broth of Ganoderma lucidum

on the growth characteristics of human cell lines[J]. J Biosci Bioenginer, 2001, 92(6): 550-555.
[84] GAO J J, MIN B S, AHN E M, et al. New triterpene aldehydes, lucialdehydes A-C, from Ganoderma lucidum and their cytotoxicity against murine and human tumor cells[J]. Chem Pharm Bull, 2002, 50(6):837-840.
[85] MIN B S, GAO J J, NAKAMURA N, et al. Triterpenes from the spores of Ganoderma lucidum and their cytotoxicity against meth-A and LLC tumor cells[J]. Chem Pharm Bull, 2000, 48(7): 1026-1033.
[86] SU H J, FANN Y F, CHUNG M I, et al. New lanostanoids of Ganoderma tsugae[J]. J Nat Prod, 2000, 63(4):514-516.
[87] MULLER C I, KUMAGAI T, O'KELLY J, et al. Ganoderma lucidum causes apoptosis in leukemia, lymphoma and multiple myeloma cells[J]. Leukemia Research, 2006, 30:841-848.
[88] CAO L Z, LIN Z B. Regulation on maturation and function of dendritic cells by Ganoderma lucidum polysaccharides[J]. Immunol Lett, 2002, 83:163-169.
[89] CAO L Z, LIN Z B. Regulatory effect of Ganoderma lucidum polysaccharides on cytotoxic T lymphocytes induced by dendritic cells in vitro[J]. Acta Pharmacol Sin, 2003,24(4):321-326.
[90] ZHU X L, LIN Z B. Effects of Ganoderma lucidum polysaccharides on proliferation and cytotoxicity of cytokine-induced killer cells[J]. Acta Pharmacologica Sinica, 2005, 26(9):1130-1137.
[91] ZHU X L, LIN Z B. Modulation of cytokines production, granzyme B and perforin in murine CIK cells by Ganoderma lucidum polysaccharides[J]. Carbohydrate Polymers, 2006,63: 188-197.
[92] WU Q P, XIE Y Z, LI S Z, et al. Tumour cell adhesion and integrin expressionaffected by Ganoderma lucidum[J]. Enzyme and Microbial Technology, 2006, 40:32-41.
[93] SLIVA D, SEDLAK M, SLIVOVA V, et al. Biologic activity of spores and dried powder from Ganoderma lucidum for the inhibition of highly invasive human breast and prostate cancer cells [J]. J Altern Complement Med, 2003, 9:491-497.
[94] SLIVA D, LABARRERE C, SLIVOVA V, et al. Ganoderma lucidum suppresses motility of highly invasive breast and prostate cancer cells[J]. Biochem Biophys Res Commun, 2002, 298: 603-612.
[95] THYAGARAJAN A, JIANG J, HOPF A, et al. Inhibition of oxidative stress-induced invasiveness of cancer cells by Ganoderma lucidum is mediated through the suppression of interleukin-8 secretion[J]. Int J Mol Med, 2006, 18(4):657-64.
[96] CAO Q Z, LIN Z B. Ganoderma lucidum polysaccharides peptide inhibits the growth of vascular endothelial cell and the induction of VEGF in human lung cancer cell[J]. Life Sciences,2006, 78: 1457-1463.
[97] KIMURA Y, TANIGUCHI M, BABA K. Antitumor and antimetastatic effects on liver of triterpenoid fractions of Ganoderma lucidum: mechanism of action and isolation of an active substance [J]. Anticancer Res, 2002, 22: 3309-3318.
[98] YUN S S, KIM S H, SA J H, et al. Antiangiogenic and inhibitory activity on inducible nitric oxide production of the mushroom Ganoderma lucidum[J]. J Ethnopharmacol, 2004, 90: 17-20.
[99] 张晓春,陈赣玲,马兵,等.灵芝多糖抑制鸡胚尿囊膜模型中的血管生成及细胞黏附[J].基础医学与临床,2005,25(9):825-828.
[100] 王筱婧,徐江平,程玉芳.灵芝孢子粉对裸鼠移植性人肝肿瘤血管生成的抑制作用[J].徐州医学院学报,2006,26(2):115-119.
[101] ZHU H S, YANG X L, WANG L B, et al. Effects of extracts from sporoderm-broken spores of Ganoderma lucidum on HeLa cells[J]. Cell Biol Toxicol, 2000, 16(3): 201-206.
[102] LIN S B, LI C H, LEE S S, et al. Triterpene-enriched extracts from Ganoderma lucidum inhibit growth of hepatoma cells via suppressing protein kinase C, activating mitogen-activated protein kinases and G2-phase cell cycle arrest[J]. Life Sci, 2003, 72(21):2381-2390.

[103] HU H, AHN N S, YANG X, et al. Ganoderma lucidum extract induces cell cycle arrest and apoptosis in MCF-7 human breast cancer cell[J]. Int J Cancer, 2002, 102(3):250-253.

[104] CHANG U M, LI CH, LIN LI, et al. Ganoderiol F, a ganoderma triterpene, induces senescence in hepatoma HepG2 cells[J]. Life Sciences, 2006, 79:1129-1139.

[105] LI C H, CHEN P Y, CHANG U M. Ganoderic acid X, a lanostanoid triterpene, inhibits topoisomerases and induces apoptosis of cancer cells[J]. Life Sciences, 2005, 77: 252-265.

[106] LIAO C H, HSIAO Y M, HSU C P, et al. Transcriptionally-mediated inhibition of telomerase of fungal immunomodulatory protein from Ganoderma tsugae in A549 human lung adenocarcinoma cell line[J]. Mol Carcinog, 2006, 45(4):220-9.

[107] LIN Z B. In: Zhou JH, Liu GZ. Ed. Recent advances in Chinese herbal drugs[M]. Beijing Belgium: Science Press and S. A. T. A. S, 1991.

[108] KIM B K, CHUNG H S, CHUNG K S, et al. Studies on antineoplastic components of Korean basidiomycetes[J]. Hanguk Kyunhakhoe Chi, 1980, 8:107-113.

[109] MIZUNO T, HAZAMA T. Studies on the host-mediated antitumor polysaccharides. X. Fractionation, formolysis and antitumor activity of fibrous polysaccharides (nonceilulos) from Reishi, the fruiting body of Ganoderma lucidum[J]. Shizuka Daigaku Nogakubu Kenkyu Hokoku, 1986, 36: 77-83.

[110] WON S J, LEE S S, KE Y H, et al. Enhancement of splenic NK cytotoxic activity by extracts of Ganoderma lucidum mycelium in mice[J]. J Biomed Lab Sci, 1989, 2: 201-213.

[111] 李明春,雷林生,梁东升,等. 灵芝多糖对小鼠腹腔巨噬细胞胞浆游离 Ca^{2+} 浓度的影响[J]. 中国药学杂志, 1999, 34:805-807.

[112] 李明春,雷林生,梁东升,等. 灵芝多糖对小鼠腹腔巨噬细胞蛋白激酶 C 活性的影响[J]. 中国药理学通报, 2000, 16:361-362.

[113] 林志彬. 灵芝多糖的免疫药理学研究及其意义[J]. 北京医科大学学报, 1992(24):271-273.

[114] XIA D, LIN Z B, LI R Z, et al. Effects of Ganoderma Polysaccharides on immune function in mice[J]. J Beijing Med Univ, 1989(21):533-537.

[115] 雷林生,林志彬. 灵芝多糖对老年小鼠脾细胞 DNA 多聚酶 α 活性及免疫功能的影响[J]. 药学学报, 1993(28):577-582.

1666

[116] KINO K, SONE T, WATANABE J, et al. Immunomodulator, LZ-8, prevents antibody production in mice[J]. Int J Immunopharmacol, 1991, 13:1109-1115.

[117] 雷林生,林志彬,陈琪,等. 灵芝多糖拮抗环胞素 A,氢化考的松及抗肿瘤药的免疫抑制作用[J]. 中国药理学与毒理学杂志, 1993, 7:183-185.

[118] LEI L S, LIN Z B. Effect of Ganoderma polysaccharides on T cell subpopulations and production of interleukin2 in mixed lymphocyte response[J]. Acta Pharm Sin, 1992, 27:331.

[119] LEI L S, LIN Z B. Effects of Ganoderma polysaccharides on the activity of DNA polymeraseα in spleen cells stimulated by alloantigens in mice in vitro[J]. J Beijing Med Univ, 1991, 23:329-333.

[120] 肖军军,雷林生,赵翔,等. 灵芝多糖引起的小鼠脾细胞核 DNA,RNA 含量及核质比的变化[J]. 中国药理学与毒理学杂志, 1994(8):196-198.

[121] 刘景田,党小军,张洁. 中药多糖增强淋巴细胞免疫与机制研究[J]. 中国药学杂志, 1999(34):807-809.

[122] TASAKA K, AKAGI M, MIYOSHI K, et al. Anti-allergic constituents in the culture medium of Ganoderma lucidum. (I). Inhibitory effect of oleic acid on histamine release[J]. Agents Actions, 1988, 23:153-156.

[123] TASAKA K, MIO M, IZUSHI K, et al. Anti-allergic constituents in the culture medium of Ganoderma lucidum (II). The inhibitory effect of cyclooctasulfur on histamine release[J]. Agents Actions, 1988, 23:157-160.

[124] 陆正武,林志彬. 灵芝多糖肽拮抗吗啡的免疫抑制作用的体外试验[J]. 中国药物依赖性杂志, 1999

(8):260-262.

[125] HSU H Y, LIAN S L, LIN C C. Radioprotective effect of Ganoderma lucidum (Leyss. ex. Fr.) Karst after X-ray irradiation in mice[J]. Am J Chin Med, 1990,18: 61-69.

[126] CHEN W C, HAU D M, LEE S S. Effects of Ganoderma lucidum and krestin on cellular immunocompetence in gamma-ray-irradiated mice[J]. Am J Chin Med, 1995,23:71-80.

[127] 余素清,吴树勋,刘京生,等.灵芝孢子粉对小鼠免疫功能的影响及抗^{60}Coγ辐射效应[J].中国中药杂志,1997(22):625-626.

[128] 雷林生.灵芝多糖对混合淋巴细胞培养的影响[J].基础医学与临床,1992(12):59.

[129] CAO L Z, LIN Z B. Comparison of the effects of polysaccharides from wood-cultured and bag-cultured Ganoderma lucidum on murine spleen lymphocyte proliferation in vitro. Acta Pharmacol Sin, 2003,38:92-97.

[130] LIN Y L, LIANG Y C, LEE S S, et al. Polysaccharide purified from Ganoderma lucidum induced activiation and maturation of human monocyte-derived dendritic cells by the NF-κB and P38 mitogen-activated protein kinase pathways[J]. J Leukoc Biol, 2005,78:533-543.

[131] KOHGUCHI M, KUNIKATA T, WATANABE H, et al. Immuno-potentiating effects of the antler-shaped fruiting body of Ganoderma lucidum (RokkaKu-Reish)[J]. Biosci Biotechno Biochem, 2004,68:881-887.

[132] 李明春,雷林生,梁东升,等.灵芝多糖对小鼠巨噬细胞白介素1α和肿瘤坏死因子αmRNA表达的影响[J].中国药理学与毒理学杂志,2000(14):227-229.

[133] YOU Y H, LIN Z B. Protective effects of Ganoderma lucidum polysaccharides peptide on injury of macrophages induced by reactive oxygen species[J]. Acta Pharmacologica Sinica, 2002,23: 787-791.

[134] 游育红,林志彬.灵芝多糖肽对小鼠巨噬细胞自由基的清除作用[J].中国临床药理学与治疗学,2004(9):52-55.

[135] 游育红,林志彬.灵芝多糖肽对自由基所致的腹腔巨噬细胞早期损伤的影响[J].中国药理学与毒理学杂志,2005(19):137-139.

[136] 游育红,林志彬.灵芝多糖肽对小鼠腹腔巨噬细胞一氧化氮产生的影响[J].中国药理学通报,2004(20):1398-1401.

[137] CHIEN C M, CHENG J L, CHANG W T, et al. Polysaccharides of Ganoderma lucidum alter cell immunophenotypic expression and enhance CD56+ NK-cell cytotoxicity in cord cell blood [J]. Bioorganic & Medicinal Chemistry, 2004. 12:5603-5609.

[138] WON S J, LIN M T, WU W L. Ganoderma tsugae mycelium enhances splenic natural killer cell activity and serum interferon production in mice[J]. Japanese journal of pharmacology, 1992,59: 171-176.

[139] 宁安红,曹婧,黄敏,等.灵芝多糖对荷瘤小鼠肿瘤免疫系统的影响[J].中国微生态学杂志,2004(16):13-14.

[140] 唐庆九,张劲松,潘迎捷,等.灵芝孢子粉碱提多糖对小鼠巨噬细胞的免疫调节作用[J].细胞与分子免疫学杂志,2004(20):142-144.

[141] 唐庆九,张劲松,潘迎捷,等.灵芝活性多糖GLIS对正常和荷瘤小鼠骨髓巨噬细胞的激活作用[J].现代免疫学,2005.

[142] ZHU X L, CHEN A F, LIN Z B. Ganoderma lucidum plolysaccharides enhance the function of immunological effector cells in immunosuppressed mice[J]. Journal of Ethnopharmacology, 2006,10:1016.

[143] 李明春,雷林生,梁东升,等.灵芝多糖对小鼠腹腔巨噬细胞活性氧自由基的影响[J].中国药理学与毒理学杂志,2000(14):65-68.

[144] 李明春,梁东升,许自明,等.灵芝多糖对小鼠腹腔巨噬细胞蛋白激酶A活性的影响[J].中草药,2000(31):353-355.

[145] 李明春,梁东升,许自明,等.灵芝多糖对小鼠巨噬细胞 cAMP 含量的影响[J].中国中药杂志,2000(25):41-43.

[146] HSU M J, LEE S S, LEE S T, et al. Signaling mechanisms of enhanced neutrophil phagocytosis and chemotaxis by the polysaccharide purified from Ganoderma lucidum[J]. Br J Pharmacol, 2003, 139:289-298.

[147] HSU M J, LEE S S, LIN W W. Polysaccharide purified from Ganoderma lucidum inhibits spontaneous and Fas-mediated apoptosis in human neutrophils through activation of the phosphatidylinositol 3 kinase/Akt signaling pathway[J]. J Leukocyte Biol, 2002, 72:207-216.

[148] BAO X F, WANG X S, DONG Q, et al. Structural features of immunologically active polysaccharides from Ganoderma lucidum[J]. Phytochem, 2002, 59:175-181.

[149] LIU Y H, TSAI C F, KAO M C, et al. Effectiveness of Dp2 nasal therapy for Dp2- induced airway inflammation in mice: using oral Ganoderma lucidum as an immunomodulator[J]. J Microbiol Immunol Infect, 2003, 36:236-242.

[150] BAO X, WANG X S, DONG Q, et al. Structure features of immunologically active polysaccharides from Ganoderma lucidum[J]. Phytochemistry, 2002, 59:175-181.

[151] LAI S W, LIN J H, LAI S S, et al. Influence of Ganoderma lucidum on blood biochemistry and immune competence in horses[J]. American Journal of Chinese Medicine, 2004, 32:931-940.

[152] HA C L. The inhibitory effect of the Chinese herb Ganoderma lucidum mycelium on gut immunoglobulin A response to cholera toxin in mice[J]. Nutrition Research, 2003, 23:691-701.

[153] ZHANG J, TANG Q, ZIMMERMAN-KORDMANN M, et al. Activation of B lymphocytes by GLIS, a bioactive proteoglycan from Ganoderma lucidum[J]. Life Science, 2002, 71:623-638.

[154] SHAO B M, DAI H, XU W, et al. Immune receptor for polysaccharides from Ganoderma lucidum[J]. Biochemical and Biophysical Research Communications, 2004, 323:133-141.

[155] WANG Y Y, KHOO K H, CHEN S T, et al. Studies on the immuno-modulating and antitumor activities of Ganoderma lucidum (Reishi) polysaccharides: functional and protewmic analyses of a fucose-containing glycoprotein fraction responsible for the activities[J]. Bioorg Med Chem, 2002, 10:1057-1062.

[156] 李明春,雷林生,王庆彪,等.灵芝多糖对小鼠 T 细胞胞浆游离 Ca～(2+)浓度和胞内 pH 的影响[J].中国药理学通报,2001(17):167-170.

[157] 李明春,雷林生,王庆彪,等.灵芝多糖对小鼠 T 细胞三磷酸肌醇和二酰基甘油体外作用的研究[J].中国药学杂志,2001(36):526-528.

[158] 张群,雷林生,朱正光,等.灵芝多糖拮抗前列腺素 E2 对小鼠脾细胞 IFN-γ 和 TNF-α mRNA 表达的抑制作用[J].南方医科大学学报,2006(26):780-783.

[159] BEROVIC M, HABIJANIC J, ZORE I, et al. Submerged cultivation of Ganoderma lucidum biomass and immunostimulatory effects of fungal polysaccharides[J]. J Biotechnol, 2003, 103:77-86.

[160] CHEN H S, TSAI Y F, STEVEN L, et al. Studies on the immuno-modulating and anti-tumor activities of Ganoderma lucidum (Reishi) polysaccharides[J]. Bioorganic & Medicinal Chemistry, 2004, 12:5595-5601.

[161] GAO Y, TANG W, DAI X, et al. Effects of water-soluble Ganoderma lucidum polysaccharides on the immune function of patients with advanced lung cancer[J]. Jounal of Medicinal Food, 2005, 8:159-168.

[162] CHEN X, HU Z P, YANG X X, et al. Monitoring of immune responss to a herbal immuno-modulator in patients with advanced colorectal cancer[J]. International Immunopharmacology, 2006, 6:499-508.

[163] BROWN G D, GORDON S. A new receptor for β-glucans[J]. Nature, 2001, 413:36-37.

[164] BROWN G D, HERRE J, WILLIAMS D L, et al. Dectin-1 mediates the biological effects of beta-glucans. Journal Experimental Medicine, 2003, 197:1119-1124.

[165] SUNG S K, KIM M J, LEE D H, et al. β-Glucan of Ganoderma lucidum (W. Curt. :Fr.) Lloyd (Aphyllophoromycetideae) Cooperatively Induces Tumor Necrosis Factor-α and Interleukin-6 with Lipopolysaccharide by Binding to Dectin-1[J]. International Journal of Medicinal Mushrooms, 2005,7:193-200.

[166] HSU H J, HUA K F, LIN C C, et al. Extract of Reishi polysaccharides induces cytokine expression via TLR4-modulated protein kinase signaling pathway[J]. J Immunol, 2004, 173: 5989-5999.

[167] KUBO N, MYOJIN Y, SHIMAMOTO F, et al. Protective effects of a water-soluble extract from cultured medium of Ganoderma lucidum (Rei-shi) mycelia and Agaricus blazei murill against X-irradiation in B6C3F1 mice: increased small intestinal crypt survival and prolongation of average time to animal death[J]. International Journal of Molecular Medicine, 2005,15:401-406.

[168] 季修庆,吴士良,周迎会,等.灵芝多糖对γ射线照射后 NIH3T3 成纤维细胞细胞周期及细胞增殖的影响[J].苏州医学院学报, 2001,21(4):379-380.

[169] 王丹花,翁新楚.灵芝抗癌活性及放化疗对 HL27702 细胞的保护作用[J].中国中药杂志, 2006,31(19):1618-1621.

[170] WANG C Z, BASILA D, AUNG H H, et al. Effects of ganoderma lucidum extract on chemotherapy-induced nausea and vomiting in a rat model[J]. Am J Chin Med, 2005,33(5):807-815.

[171] 桂兴芬.灵芝注射液清除自由基保护肾皮质细胞的实验研究[J].中国生化药物杂志,1996(17):188.

[172] 游育红,林志彬.灵芝多糖肽的抗氧化作用[J].药学学报, 2003,38(2):85-88.

[173] MAU J L, TSAI S Y, TSENG Y H, et al. Antioxidant properties of hot water extracts from Ganoderma tsugae Murrill[J]. LWT, 2005,38:589-597.

[174] MAU J L, TSAI S Y, TSENG Y H, et al. Antioxidant properties of methanolic extracts from Ganoderma tsugae[J]. Food Chemistry, 2005,93:641-649.

[175] YEN G C, WU J Y. Antioxidant and radical scavenging properties of extracts from Ganoderma tsugae[J]. Food Chemistry, 1999,65:375-379.

[176] 陈奕,谢明勇,弓晓峰.黑灵芝提取物清除 DPPH 自由基的作用[J].天然产物研究与开发, 2006(18):917-921.

[177] 弓晓峰,谢明勇,陈奕.黑灵芝与赤灵芝提取物的抗氧化作用比较[J].食品科学, 2006,27(4):44-47.

[178] 邵邻相.灵芝对小鼠 SOD 活性、丙二醛和脂褐素含量的影响[J].现代中药研究与实践, 2003,17(4):42-43.

[179] 张珏,章克昌.灵芝菌丝体多糖的超滤提取及其抗氧化活性的研究[J].化学世界,2006(1):33-35.

[180] 张骐,阎志勇,贾学江,等.灵芝多糖肽对氧化应激损伤 PC12 细胞的保护作用与神经生长因子的比较[J].中国临床康复,2005,9(32):138-140.

[181] 谢韶琼,廖万清.探讨灵芝多糖对 H_2O_2 诱导的角质形成细胞氧化应激性损伤的保护作用[J].中国皮肤性病学杂志,2006.

[182] CHU Q P, WANG L E, ZANG Y H, et al. Extract of Ganoderma lucidum potentiates pentobarbital-induced sleep via a GABAergic mechanism[J]. Pharmacology, Biochemistry and Behavior, 2007,86(4):693-698.

[183] 陈伟,陈美华,刘晓鹏,等.灵芝提取物镇痛抗炎作用研究[J].泰山医学院学报,2006(27):102-103.

[184] 郭燕君,袁华,甘胜伟,等.灵芝多糖对 Aβ25-35 诱导阿尔茨海默病模型大鼠脑组织的保护作用[J].中国组织化学与细胞化学杂志,2006(15):447-451.

[185] 郭燕君,袁华,张俐娜,等.灵芝多糖对阿尔茨海默病大鼠海马组织形态学及抗氧化能力的影响[J].解剖学报,2006,37(5):509-513.

[186] WANG M F, CHAN Y C, WU C L, et al. Effects of Ganoderma on aging and learning and memory ability in senescence accelerated mice[J]. International Congress Series, 2004,1260:399-

404.
[187] 王竞，张震宇，江明华，等. 灵芝对小鼠空间分辨学习与记忆的影响[J]. 天然产物研究与开发，1996(8)：25-28.
[188] 李亚萍，白淑芳，景绣绒. 灵芝对小鼠学习记忆作用的影响[J]. 实验研究，2005(1)：33.
[189] 邵邻相，徐丽珊，王丹. 灵芝对小鼠学习记忆和单胺类神经递质的影响[J]. 时珍国医国药，2002(13)：68-69.
[190] 赵洪波，娇黎东，王赛贞，等. 灵芝甾醇对大鼠局灶性脑缺血再灌注损伤的保护作用[J]. 中国神经免疫学和神经病学杂志，2005(12)：114-116.
[191] ZHAO H B，WANG S Z，HE Q H，et al. Ganoderma total sterol (GS) and GS1 protect rat cerebral cortical neurons from hypoxia/reoxygenation injury[J]. Life Sciences，2005，76：1027-1037.
[192] ZHAO H B，LIN S Q，LIU J H，et al. Polysaccharide Extract Isolated From*Ganoderma lucidum* Protects Rat Cerebral Cortical Neurons From Hypoxia/Reoxygenation Injury[J]. J Pharmacol Sci，2004，95：294-298.
[193] 杨海华，徐评议，刘焯霖，等. 灵芝孢子粉对脂多糖诱导多巴胺能神经元变性的影响[J]. 中国神经精神疾病杂志，2006(32)：262-264.
[194] 谢安木，刘焯霖，陈玲，等. 实验性帕金森病黑质的超微结构变化及灵芝孢子粉的影响研究[J]. 中国神经精神疾病杂志，2004(30)：11-13.
[195] 赵晓莲，王淑秋，王柏欣，等. 灵芝孢子对糖尿病大鼠脑组织的保护作用[J]. 中成药，2006(28)：884-886.
[196] 张伟，曾园山，陈小君，等. 萌动激活灵芝孢子促进大鼠受损伤的脊髓运动神经元轴突再生的作用[J]. 中草药，2006(37)：734-737.
[197] 张伟，曾园山，陈穗君. 灵芝孢子对大鼠脊神经腹根切断后脊髓运动神经元存活及其 NT-3 、NOS 表达的影响[J]. 解剖学报，2005(36)：471-476.
[198] 张伟，曾园山. 灵芝孢子和云芝对大鼠脊髓受损伤运动神经元存活的影响[J]. 解剖学报，2005(27)：161-163.
[199] 马钦桃，曾园山. 灵芝孢子和一氧化氮合酶抑制剂对大鼠脊髓损伤后背核、红核神经元存活及轴突再生的影响[J]. 解剖学报，2005(36)：597-603.
[200] 马钦桃，曾园山，张伟，等. 灵芝孢子和 L2NNA 对脊髓损伤后背核线粒体细胞色素氧化酶活性的影响[J]. 中国组织化学与细胞化学杂志，2005，14(4)：399-402.
[201] 陈伟强，罗少洪，李红枝，等. 灵芝多糖对高脂血症大鼠血脂及脂质过氧化的影响[J]. 中国中药杂志，2005，30(17)：1358-1360.
[202] HAJJAJ H，MACE C，ROBERTS M，et al. Effect of 26-oxygenosterols from Ganoderma lucidum and their activity as cholesterol synthesis inhibitors[J]. Appl Environ Microbiol，2005，71(7)：3653-3658.
[203] 杜先华，王卫民，龚新荣，等. 灵芝对体外培养的大鼠主动脉平滑肌细胞的抗脂质过氧化作用[J]. 中药新药与临床药理，2003，14(4)：240-242.
[204] 张红梅，田辉凯，姚小皓，等. 绿谷灵芝对人脐静脉内皮细胞 ICAM-1 和 VCAM-1 表达的影响[J]. 中国药理学通报，2002，18(4)：460-464.
[205] 张红梅，姚伟娟，田辉凯，等. 绿谷灵芝抑制低密度脂蛋白的氧化及单核细胞对内皮细胞的黏附作用[J]. 中国中西医结合杂志，2002，22(7)：534-537.
[206] 杨瑛，肖桂林，杨宁，等. 赤灵芝煎剂对鹅膏毒菌所致兔心肌损伤的保护作用[J]. 中南药学，2006，4(3)：172-174.
[207] LIN J Y，CHEN M L，CHIANG B L，et al. Ganoderma tsugae supplementation alleviates bronchoalveolar inflammation in an airway sensitization andchallenge mouse model[J]. International Immunopharmacology，2006，6：241-251.
[208] LIU Y H，TSAI C F，KAO M C，et al. Effectiveness of Dp2 nasal therapy for Dp2-induced airway inflammation in mice：using oral Ganoderma lucidum as an immunomodulator[J]. J Microbi-

ol Immunol Infect,2003,36:236-242.

[209] GAO Y, ZHOU S, WEN J, et al. Mechanism of the antiulcerogenic effect of Ganoderma lucidum polysaccharides on indomethacin-induced lesions in the rat[J]. Life Sciences, 2002,72: 731-745.

[210] 杨明,孙红,于德伟,等. 树舌多糖对胃黏膜损伤大鼠胃黏膜 PGE2 含量及血流量和黏液分泌的影响[J]. 中国中药杂志,2005,30(15):1176-1178.

[211] 王明宇,刘强,车庆明,等. 灵芝三萜类化合物对 3 种小鼠肝损伤模型的影响[J]. 药学学报,2000,35(5):326-329.

[212] 王明宇,林志彬. 灵芝三萜类成分在体内外对小鼠免疫性肝损伤的影响[J]. 中国药学杂志,2000(35):809.

[213] PARK E J, KO G, KIM J, et al. Antifibrotic effects of a polysaccharide extracted from Ganoderma lucidum, glycorrhizin, and pentoxifylline in rats with cirrhosis induced bybiliaryobstruction[J]. Biol Pharm Bull,1997,20:417-420.

[214] LIN J M, LIN C C, CHEN M F, et al. A. Radical scavenger and antihepatotoxic activity of Ganoderma formosanum, Ganoderma lucidum and Ganoderma neo-japonicum[J]. J Ethnopharmacology,1995,47:33-41.

[215] KIM D H, SHIM S B, KIM N J, et al. Beta-glucuronidaseinhibitory activity and hepatoprotective effect of Ganoderma lucidum. Biol. Pharm. Bull,1999,22:162-164.

[216] YANG X J, LIU J, YE L B, et al. In vitro and in vivo protective effects of proteoglycan isolated from mycelia of Ganoderma lucidum on carbon tetrachlorideinduced liver injury[J]. World J Gastroenterol,2006,12(9):1379-1385.

[217] 杨宁,肖桂林. 灵芝煎剂对鹅膏毒蕈中毒兔肝细胞保护作用的实验研究[J]. 中国中西医结合急救杂志,2006,13(5):273-275.

[218] LIN W C, LIN W L. Ameliorative effect of Ganoderma lucidum on carbon tetrachloride-induced liver fibrosis in rats[J]. World J Gastroenterol,2006,12(2):265-270.

[219] ZHANG G L, WANG Y H, NI W, et al. Hepatoprotective role of ganoderma lucidum polysaccharide against BCG-induced immune liver injury in mice[J]. World J Gastroenterol,2002,8(4):728-733.

[220] YUEN M F, PHILIP Ip, Ng W K, et al. Hepatotoxicity due to a formulation of Ganoderma lucidum (lingzhi)[J]. Journal of Hepatology,2004,41:685-690.

[221] LI Y Q, WANG S F. Anti-hepatitis B activities of ganoderic acid from Ganoderma lucidum[J]. 2006,28(11):837-841.

[222] LAKSHMI B, AJITH T A, JOSE N, et al. Antimutagenic activity of methanolic extract of Ganoderma lucidum and its effect on hepatic damage caused by benzo[J]pyrene Journal of Ethnopharmacology,2006,107(2):297-303.

[223] LIU J, SHIMIZUA K, KONISHI F, et al. Anti-androgenic activities of the triterpenoids fraction of Ganoderma lucidum[J]. Food Chemistry,2007,100:1691-1696.

[224] FUJITA R, LIU J, SHIMIZU K, et al. Anti-androgenic activities of Ganoderma lucidum[J]. Journal of Ethnopharmacology,2005,102(1):107-112.

[225] HIROSHI H. Mechanisms of hypoglycemic activity of ganoderan B: Aglycan of Ganoderma lucidum fruit bodies[J]. Planta Medica,1989,55:423.

[226] 孙颉,何慧. 灵芝肽对实验性糖尿病小鼠的治疗作用[J]. 食品科学,2002,23(11):133-135.

[227] 何敏,吴锋. 灵芝多糖对小鼠糖耐量的影响[J]. 南通医学院学报,2004,24(4)369-372.

[228] 梁荣能,彭康. 灵芝孢子提取物降血糖作用及机制的实验研究[J]. 中药药理与临床,1998,14(5):17-19.

[229] ZHANG H N, LIN Z B. Hypoglycemic effect of Ganoderma lucidum polysaccharides[J]. Acta Pharmacol Sin, 2004,25(2):191-195.

[230] 张慧娜,林志彬. 灵芝多糖对大鼠胰岛细胞分泌胰岛素功能的影响[J]. 中国临床药理学与治疗学,

2003,8(3):265 - 268.

[231] 齐淑芳,王淑秋,王柏欣,等.灵芝孢子对2型糖尿病模型大鼠胰腺细胞色素C、线粒体Ca^{2+}的影响[J].中国老年学杂志,2006,26(5):679-680.

[232] 张慧娜,林志彬.灵芝多糖对自身免疫性糖尿病小鼠的作用及其机制[J].中华医学杂志,2003,83(22):1999-2000.

[233] ZHANG H N, HE J H, YUAN L, et al, In vitro and in vivo protective effect of Ganoderma lucidum polysaccharides on alloxan-induced pancreatic islets damage[J]. Life Sciences,2003,73(18):2307-2319.

[234] 张玲芝,冯磊.灵芝多糖降血糖的机制探讨[J].福建医药杂志,2004,26(3):138-140.

[235] KINO K, MIZUMOTO K, SONE T, et al. An immunomodulating protein, Ling Zhi-8 (LZ-8) prevents insulitis in non-obese diabetic mice[J]. Diabetologia,1990,33(12):713-718.

[236] JUNG K H, HA E, KIM M J, et al. Ganoderma lucidum extract stimulates glucose uptake in L6 rat skeletal muscle cells[J]. Acta Biochim Pol,2006,53(3):597-601.

[237] 陈伟强,黄际薇,罗利琼,等.灵芝多糖调节糖尿病大鼠血糖、血脂的实验研究[J].中国老年学杂志,2005,25(8):957-958.

[238] 王尧,石凤英.灵芝对糖尿病大鼠代谢紊乱及早期蛋白尿的作用[J].东南大学学报,2003,22(3):163-166.

[239] 王尧,石凤英.灵芝对大鼠糖尿病肾病的保护作用[J].中国糖尿病杂志.2003(5):327-331.

[240] HE C Y, LI W D, GUO S X, et al. Effect of polysaccharides from Ganoderma lucidum on streptozotocin-induced diabetic nephropathy in mice[J]. J Asian Nat Prod Res,2006,8(8):705-711.

[241] 仲丽丽,王淑秋,张维嘉.灵芝孢子粉对2型糖尿病大鼠睾丸损伤活性氧机制的探讨[J].黑龙江医药科学,2006(4):1-3.

[242] 王柏欣,王淑秋,王景涛.灵芝孢子对雄性糖尿病大鼠睾丸A GEs的影响[J].黑龙江医药科学,2006,29(3):8-9.

[243] WANG B X, WANG S Q, QIN W B, et al. Effects of ganoderma lucidum spores on cytochrome C and mitochondrial calcium in the testis of NIDDM rats[J]. Zhonghua Nan Ke Xue,2006,12(12):1072-1075.

[244] JUNG S H, LEE Y S, SHIM S H, et al. Inhibitory effects of Ganoderma applanatum on rat lens aldose reductase and sorbitol accumulation in streptozotocin-induced diabetic rat tissues[J]. Phytother Res,2005,19(6):477-480.

[245] E1-MEKKAWY S, MESELHY M R, NAKAMURA N, et al. Anti-HIV-1 and anti-HIV-1-protease substances from Ganoderma lucidum[J]. Phytochemistry,1998,49(60):1651-1657.

[246] MIN B S,NAKAMURA N, MIYASHIRO H, et al. Triterpenes from the spores of Ganoderma lucidum and their inhibitory activity against HIV-1 protease[J]. Chem Pharm Bull,1998,46:1607-1612.

[247] JIN H M, ZHANG G P, CAO X, et al. Treatment of hypertension by Lingzhi combined with hypotensor and its effects on arterial, arteriolar and capillary pressure and microcirculation. In: Niimi H, et al. ed, Microcirculatory approach to Asian traditional medicine: Strategy for the scientific evaluation[M]. Elsevier Science B. V,1996.

[248] JIN H M, ZHANG G P, LON J J, et al. Effects of Ganoderma lucidum(lingzhi) combined with anti-hypertensive therapy on blood sugar, plasma NO, microcirculation and hemorheology in treatment of refractory hypertension. In: Niimi H, et al, ed. Microcirculatory aspect of Asian traditional medicine[M]. Bologna,Italy:Monduzzi Editore S p A, 1998.

[249] ZHANG C Y, LI Y M. Clinical Investigation of Green Valley Lingzhi capsule on type 2 diabetes mellitus. In: Zhi-Bin Lin ed. Genetics, Chemistry,Ganoderma: Pharmacology and Therapeutics[M]. Beijing: Beijing Medical University Press, 2002.

[250] GAO Y, LAN J, DAI X, et al. Phase I/II Study of Ling Zhi Mushroom Ganoderma lucidum

(W. Curt. :Fr.)Lloyd (Aphyllophoromycetideae) Extract in Patients with Type II Diabetes Mellitus[J]. International Journal of Medicinal Mushrooms,2004,6(1):98.

[251] 周法根,徐红,叶远玲.灵芝颗粒治疗失眠症 100 例临床观察[J].中国中医药科技,2004,11(5):309-311.

[252] 王祥礼,孟朝阳,王翠萍.灵芝菌液治疗失眠症 60 例[J].中国医药学报,2001,16(1):47-49.

[253] 胡国灿.灵芝改善记忆作用的观察[J].浙江中医杂志,2003(8):362-362.

[254] TANG W,GAO Y,CHEN G,et al. A Randomized, Double-Blind and Placebo-Controlled Study of a Ganoderma lucidumb Polysaccharide Extract (Ganopoly) in Neurasthenia[J]. Journal of Medicinal Food, 2005,8:53-58.

[255] 胡娟.灵芝胶囊治疗慢性乙型肝炎 86 例分析[J].职业于健康, 2003,19(3):103-104.

[256] 钟建平,李水法.拉米夫定联合灵芝治疗慢性乙型肝炎的疗效观察[J].现代实用医学,2006,18(7):466-467.

[257] 齐元富,李秀荣,阎明,等.灵芝孢子粉辅助化疗治疗消化系统肿瘤的临床观察[J].中国中西医结合杂志,1999,19(9):554-555.

[258] 焉本魁,魏延菊,李育强.老君仙灵芝口服液配合化疗治疗中晚期非小细胞性肺癌临床观察[J].中药新药与临床药理,1998,9(2):78-80.

[259] 林能弟,苏晋南,高益槐,等.灵芝提取物配合化疗治疗癌症 66 例分析[J].实用中医内科杂志,2004,18(5):457-458.

[260] CHEN X, HU Z P, YANG X X, et al. Monitoring of immune responses to a herbal immunomodulator in patients with advanced colorectal cancer[J]. International Immunopharmacology, 2006,6:499- 508.

[261] 宋诸臣,丛智荣,魏金芝.扶尔泰联合化疗治疗中、晚期恶性肿瘤临床观察[J].南通大学学报(医学版)2006,26(6):474-475.

[262] 林志彬.中医药传统理论指导灵芝的中西医结合研究[J].中国中西医结合杂志, 2001,21(12):883-884.

[263] 李铁文,肖桂林,金益强.灵芝煎剂治疗鹅膏毒蕈中毒 25 例总结[J].湖南中医杂志, 2003,19(3):17-28.

[264] 肖桂林,刘发益,陈作红,等.灵芝煎剂治疗鹅膏毒蕈中毒的临床研究[J].湖南中医学院学报,2003,23(1):43-45.

[265] 肖桂林,刘发益,陈作红,等.灵芝煎剂治疗亚稀褶黑菇中毒患者的临床观察[J].中国中西医结合杂志,2003,23(4):278-280.

[266] 曾广翘,钟惟德,Petter C K,等.全破壁灵芝孢子治疗男性更年期综合征[J].广州医学院学报,2004,32(1):46-48.

[267] NOGUCHI M, KAKUMA T, TOMIYASU K, et al. Phase I study of a methanol extract of Ganoderma lucidum, and medicinal mushroom, in men with mild symptoms of bladder outlet obstruction[J]. Urology,2005,66 (S3A):21.

[268] 罗琳,张缨.灵芝胶囊对高住低训中运动员红细胞 CD_{35} 数量及活性的调节作用[J].山西体育科技,2006,26(4):38-41.

(林志彬、张劲松)

第八十三章 硫黄菌

DIBASHISANZHANG LIUHUANGJU

摘要：硫黄菌是近年来我国人工驯化栽培的珍稀食药用菌新品种，在我国部分地区已开始规模化栽培和产品开发。本章较详细阐述了硫黄菌的分类、生物学特性、药用价值和营养价值、代料栽培技术以及应用前景。

Laetiporus sulphureus

Abstract: *Laetiporus sulphureus* is a new variety of rare mushroom that has now been cultivated and developed on a commercial scale in parts of China. This chapter consists of five sections describing in detail various aspects of *L. sulphureus* including taxonomic status, biological features, nutritional attributes and medicinal properties, artificial cultivation modes, and potential for future applications.

第一节 概述

硫黄菌又名：硫黄菌硫磺多孔菌、硫色多孔菌、硫黄干酪菌、树花菌、鸡冠菌、鲑鱼菌、硫鱼菌、黄芝等。

学名：*Laetiporus sulphureus* (Bull.) Murrill, *Annls mycol*. 18(1/3): 51 (1920)。

属名"*Laetiporus*"的词干"laetus-"意思是"愉快的、可喜的"，词尾"-porus"意思是"孔"，文献直译为"炯孔菌属"。种名加词"*sulphureus*"意思是"硫黄色的"。中文学名直译为"硫色炯孔菌"。

同物异名：*Agarico-carnis* flammula Paulet, Traité Champ., Atlas 2:100(1793)；*Agarico-pulpa* styptica Paulet, Traité Champ., Atlas 2: 101 (1793)；*Agaricus speciosus* Battarra, Fung. arim. Hist.: 68 (1755)；*Boletus caudicinus* Scop., Fl. carniol., Edn 2(Wien) 2: 469(1772)；*Boletus caudicinus* Schaeff., Fung. Bavar. Palat. 2: tab. 131, 132(1763)；*Boletus citrinus* Lumn., Fl. poson.: 525(1791)；*Boletus coriaceus* Huds., Fl. Angl., Edn 2 2: 625 (1778)；*Boletus imbricatus* Bull., Herb. Fr. 8: 366 (1788)；*Boletus lingua-cervina* Schrank, Baier. Fl. 2: 618(1789)；*Boletus ramosus* Bull., Hist. Champ. France(Paris) 9: 349(1791)；*Boletus sulphureus* Mérat, (1821)；*Boletus sulphureus* Bull., Herb. Fr. 9: tab. 429(1789)；*Boletus tenax* Bolton, Hist. fung. Halifax (Huddersfield) 2: 75 (1788)；*Boletus tenax* Lightf., Fl. Scot. 2: 1031 (1777)；*Calvatia versispora* Lloyd [as'versipora'], Mycol. Writ. 4(no. 40): 7(1915)；*Ceriomyces aurantiacus* (Pat.) Sacc., Syll. fung. (Abellini) 6: 386 (1888)；*Ceriomyces neumanii* Bres., Annls mycol. 18(1/3): 41(1920)；*Cladomeris casearius* (Fr.) Quél., Enchir. fung. (Paris): 168(1886)；*Cladomeris imbricatus* (Bull.) Quél., Enchir. fung. (Paris): 169(1886)；*Cladomeris sulphurea* (Bull.) Bigeard & H. Guill., (1909)；*Cladoporus ramosus* (Bull.) Pers., Traité sur les Champignons Comestibles (Paris): 43 (1818)；*Cladoporus sulphureus* (Bull.) Teixeira, Revista Brasileira de Botânica 9(1): 43(1986)；*Daedalea imbricata* (Bull.) Purton, Appendix Midl. Fl.: 251 (1821)；*Grifola sulphurea* (Bull.) Pilát, Beih. bot. Zbl., Abt. 2 52: 39(1934)；*Grifola sulphurea* f. *conglobata* Pilát, Beih. bot. Zbl., Abt. 2 56: 53 (1936)；*Laetiporus cincinnatus* (Morgan) Burds., Banik & T. J. Volk, in Banik, Burdsall & Volk, Folia cryptog. Estonica 33: 13(1998)；*Laetiporus speciosus* Battarra ex Murrill, Bull. Torrey bot. Club 31(11): 607(1904)；*Laetiporus sulphureus* f. *albolabyrinthiporus* (Rea) Bondartsev,: 185 (1953)；*Laetiporus sulphureus* f. *aporus* (Bourdot & Galzin) Bondartsev,: 185 (1953)；*Laetiporus sulphureus* f. *aurantiacus* (Pat.) Bondartsev, Trutovfe Grib Evropeiskoi Chasti SSSR i Kavkaza [Bracket Fungi of the European part of the U. S. S. R. and of the Caucasus]; Moscow-Leningrad): 185(1953); *Laetiporus sulphureus* f. *conglobatus* (Pilát) Bondartsev, : 185(1953); *Laetiporus sulphureus* f. *imbricatus* Domański, The Bracket Fungi of the European Part of the U. S. S. R. and the Caucasus: 185(1953); *Laetiporus sulphureus* f. *ramosus* (Quél.) Bondartsev, Trutovfe Grib Evropeiskoi Chasti SSSR i Kavkaza [Bracket Fungi of the European part of the U. S. S. R. and of the Caucasus] (Moscow-Leningrad): 185 (1953); *Laetiporus sulphureus* (Bull.) Murrill, Annls mycol. 18(1/3): 51(1920) f. *sulphureus*; *Laetiporus sulphureus* f. *zerovae* Bondartseva, Nov. sist. Niz. Rast. 9: 137(1972); *Laetiporus sulphureus* (Bull.) Murrill, Annls mycol. 18(1/3): 51 (1920) var. *sulphureus*; *Laetiporus versisporus* (Lloyd) Imazeki, Bull. Tokyo Sci. Mus. 6: 88 (1943); *Leptoporus casearius* (Fr.) Quél., Fl. mycol. (Paris): 387 (1888); *Leptoporus imbricatus* (Bull.) Quél., Fl. mycol. (Paris): 387 (1888); *Leptoporus ramosus* (Bull.) Quél., Fl. mycol. (Paris): 387 (1888); *Leptoporus sulphureus* (Bull.) Quél., Fl. mycol. (Paris): 386(1888); *Merisma imbricatum* (Bull.) Gillet, Hyménomycètes (Alençon): 690 (1878); *Merisma sulphureum* (Bull.) Gillet, Hyménomycètes (Alençon): 691 (1878); *Polypilus casearius* (Fr.) P. Karst., Bidr. Känn. Finl. Nat. Folk 37: 26(1882); *Polypilus caudicinus* (Schaeff.) P. Karst., Bidr. Känn. Finl. Nat. Folk 48: 289(1889); *Polypilus imbricatus* (Bull.) P. Karst., Bidr. Känn. Finl. Nat. Folk 37: 27 (1882); *Polypilus sulphureus* (Bull.) P. Karst., Acta Soc. Fauna Flora fenn. 2(1): 29 (1881); *Polyporellus caudicinus* (Scop.) P. Karst. ex Sacc., Syll. fung. (Abellini) 21: 267 (1912); *Polyporellus rubricus* (Berk.) P. Karst., Meddn Soc. Fauna Flora fenn. 5: 38(1879); *Polyporus casearius* Fr., Epicr. syst. mycol. (Upsaliae): 449(1838)[1836-1838]; *Polyporus caudicinus* (Schaeff.) J. Schröt., in Cohn, Krypt.-Fl. Schlesien(Breslau) 3. 1(25 - 32): 471 (1888) [1889]; *Polyporus cincinnatus* Morgan, J. Cincinnati Soc. Nat. Hist. 8: 97(1885); *Polyporus imbricatus* (Bull.) Fr., Syst. mycol. (Lundae) 1: 357 (1821); *Polyporus ramosus* (Bull.) Gray, Nat. Arr. Brit. Pl. (London) 1: 645(1821); *Polyporus rostafinskii* Błoński, Hedwigia 27(1888); *Polyporus rubricus* Berk., Hooker's J. Bot. Kew Gard. Misc. 3: 81(1851); *Polyporus sulphureus* (Bull.) Fr., Syst. mycol. (Lundae) 1: 357(1821); *Polyporus sulphureus* f. *aporus* Bourdot & Galzin; *Polyporus sulphureus* var. *albolabyrinthiporus* Rea, Brit. basidiomyc. (Cambridge): 581 (1922); *Polyporus todari* Inzenga, Giorn. Sci. nat. econ. Palermo 2: 98(1866); *Ptychogaster aurantiacus* Pat., Revue mycol., Toulouse 7: 28 (1885); *Ptychogaster aureus* Lloyd, Mycol. Writ. 6: 1063(1921); *Ptychogaster versisporus* (Lloyd) Lloyd, Mycol. Writ. 6: 1005 (1920); *Sistotrema sulphureum* (Bull.) Rebent., Prodr. fl. neomarch.: 376 (1804); *Sporotrichum versisporum* (Lloyd) Stalpers, Stud. Mycol. 24: 25 (1984); *Stereum speciosum* Fr., Giorn. Sci. nat. econ. Palermo 7: 158 (1871); *Sulphurina sulphurea* (Quél.) Pilát, Atlas des Champignons de l'Europe, Polyporaceae 3(1): 473(1942); *Tyromyces sulphureus* (Bull.) Donk, Meded. Bot. Mus. Herb. Rijks Univ. Utrecht 9: 145(1933)。

分类地位：菌物界(Fungi)，担子菌门(Basidiomycota)，伞菌纲(Agaricomycetes)，多孔菌目(Polyporales)，拟层孔菌科(Fomitopsidaceae)。

硫黄菌是硫黄菌属的一个种。与之相近的种还有朱红硫黄菌和杂色硫黄菌等。硫黄菌已经河北平泉县食用菌研究所等单位驯化成功，初步实现规模化人工栽培；朱红硫黄菌已经由成都市农林科学院园艺所驯化成功，正在实现规模化生产。

第二节 硫黄菌的生物学特性

一、形态特征

该菌子实体大型，初期瘤状或脑髓状，以后长出一层层覆瓦状的菌盖。菌盖直接着生于基质上，无菌柄。菌盖直径 8～30cm，厚 1～6cm，有放射状条棱和皱纹，菌盖表面为朱红色或鲜橙黄色，背面和菌盖边缘为白色或淡硫黄色，菌盖边缘波浪状至瓣裂，菌肉白色或肉色，管孔面硫黄色，干后退色，孔口多角形，平均每毫米3～4个。孢子无色，光滑，卵形或近球形，4.5～7μm×4～5μm。子实体发生季节一般为5～7月份。

二、生态分布

(一)寄主

野生硫黄菌主要生活在杉木林或青冈林(以杉木林最多)枯立木或倒木树桩基部或树干上。

(二)地理分布

该菌主要分布于我国吉林、内蒙古、河北、河南、山西、陕西、甘肃、新疆、江苏、安徽、浙江、江西、福建、广东、广西、四川、贵州、云南、西藏等省区海拔1 200m以上山区的针阔林中(以针叶林为多)，子实体发生季节一般为5～7月份。经测定，生长硫黄菌子实体的地点气温白天最高为15～25℃，晚上最低为12℃左右，林间空气相对湿度85%～90%，生长基质含水量62%～65%，生长基质pH为2.8～3.2，着生木上覆10mm的苔藓，周围落叶层厚10cm左右，林区遮荫度达80%～85%。菌丝体一般沿树木木质部与韧皮部之间形成层向树木枯立木基部生长，之后菌丝布满整个木块，树木被腐朽，温度适合时长出子实体。

(三)硫黄菌生活史

硫黄菌生活史与多孔菌中的大多数品种类似。由子实层产生担子和担孢子，担孢子在一定条件下萌发初生菌丝，初生菌丝经配对成异核的双核菌丝，具有锁状联合。在适宜的环境条件下，双核菌丝发育成结实性菌丝并扭结产生子实体。在条件不适宜时，双核菌丝常产生大量的粉孢子。

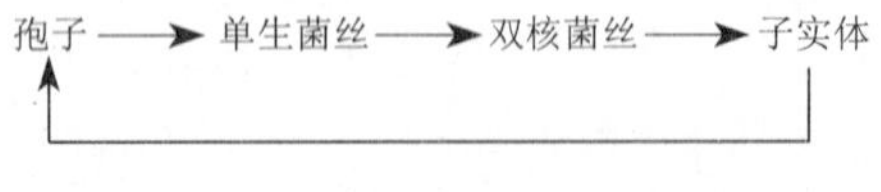

(四)菌丝和子实体生长期的营养与代谢特点

硫黄菌菌丝体对纤维素和木质素都有很强的分解能力。野生状态下，生长基质碳氮比较高，达到69∶1以上，但菌丝生长慢，生活周期长。研究表明，硫黄菌菌丝在碳氮比为17.2∶1～36.7∶1的培养基中生长迅速、健壮，营养物质积累多，有利于高产。考虑经济和制袋成功率的因素，适宜碳氮比以20∶1～26∶1为好。在人工栽培时，应在基质中加入米糠、玉米粉或麦麸等精料，使碳氮比达到硫黄菌生长发育的最适要求。

另外，棉子壳、锯木屑、高粱壳、玉米芯均可以栽培硫黄菌。试验表明，以锯木屑为主，搭配30%～40%的棉子壳或玉米芯为主料栽培硫黄菌，效果最理想。

(五)影响硫黄菌生长和繁殖的理化因素

1. 温度

硫黄菌菌丝体生长的适宜温度范围为15～32℃，最适温度范围为22～28℃。菌丝体耐低温不耐高温，温度超过30℃，菌丝体淡而纤弱，营养吸收明显受限。高于35℃，菌丝生长受到抑制，甚至死亡；温度低于15℃，菌丝体生长虽然明显缓慢，但菌丝体健壮。菌丝体可耐0℃左右的低温。

子实体原基分化和发育的温度范围为12～25℃，最适温度18～22℃。环境温度高于25℃，子实体原基不能正常分化，即使分化，原基也色淡，子实体极薄。环境温度低于15℃，子实体分化缓慢，但子实体大而厚实；低于12℃，子实体原基不能分化。

另外，硫黄菌属变温结实型菌类，子实体分化发育需要有5～10℃的温差刺激。温差越大，菇体质量越好。

2. 水分与湿度

配制硫黄菌的培养料，含水量以60%～62%为宜。春季气温较低时制袋，以粗颗粒材料为主的培养料含水量以62%为宜；以细颗粒材料为主的培养料含水量以60%为宜。秋季气温较高时制袋，以细颗粒材料为主的培养料含水量以60%为宜；以粗颗粒材料为主的培养料含水量以61%～62%为宜。如果培养料含水量过高，容易引起基质氧气含量过低，导致菌丝体生长不良，含水量过高菌丝体还容易腐烂死亡。

菌丝体培养期间，要求空气相对湿度为60%～70%。环境相对湿度低于60%，容易导致培养基内部的水分蒸发，对菌袋后期出菇不利。环境相对湿度高于75%，空气又不流通，极易造成菌袋感染。

子实体的分化和发育期间，要求菇房内相对湿度达到80%～90%。出菇期间相对湿度低于80%，子实体菌盖干燥，色泽变淡，商品性较差；低于60%，培养基和菌丝体水分会严重蒸发，造成养分输送障碍，子实体生长停止。相对湿度高于90%，空气中的氧含量降低，呼吸作用受阻，会引起菌丝自溶并导致子实体腐烂而死亡。如果湿度高于90%，同时温度超过22℃，子实体极容易感染霉菌。

3. 光照

菌丝生长阶段不需要光线，但在黑暗条件下不形成子实体。子实体的发生和发育需要 200 lx 以上的散射光和极少量的直射光刺激。散射光越强，子实体色泽愈深。但光照强弱与产量的关系不大。

4. 氧气与二氧化碳

与绝大多数食用菌一样，硫黄菌菌丝体生长和子实体的发生都需要充足的氧气。菇房二氧化碳浓度过大，会影响子实体的发育，生长畸形子实体。

5. 酸碱度

硫黄菌菌丝体在分解培养料过程中会产生大量的齿孔酸，生长基质酸碱度达到2.8时，菌丝生长仍然强劲。菌丝体 pH 在2.0～8.0范围内均可生长，最适酸碱度为4.0～6.5。在培养料配制过程中，考虑到污染防治的需要和灭菌过程中酸碱度会下降等因素，要将培养料 pH 调至7.5～8，灭菌后 pH 达到6.5～7 为宜。

第三节　硫黄菌的食药用价值

硫黄菌是一种珍稀食药用菌。该菌含有 18 种氨基酸，每 100g 干品中蛋白质含量24.48g，维生素 C 含量232.16mg。子实体幼嫩至刚成熟时味道鲜美，似鲑鱼，味道上佳，可做西餐配菜。老后呈干酪状，不宜食用，但可入药。硫黄菌性温，味甘，能调节肌体，补气补血，治气血不足，对防治乳腺癌、前列腺癌等有一定的功效，对小白鼠肉瘤 S-180和艾氏癌抑制率分别为 80%和 90%。该菌子实体产生齿孔菌酸（eburicoic acid）和甜菜碱（betaine）、胡芦巴碱（trigionelline）和 γ-hutyro-betarine）等生物碱。据《中国药用真菌》报道：硫黄菌子实体所产生的齿孔酸可用于合成甾体药物（类固醇化合物），这种药物对机体可起重要的调节作用。例如，属甾体药物的肾上腺皮激素，是治疗爱迪森病等内分泌病的重要药物，又能使腺厚性疾病及过敏性休克度过危险期和缩短疗程。肾上腺皮激素是口服避孕药物的主要成分，也是治疗雄性器官衰退以及某些妇科疾病的主要药物。另外硫黄菌老熟子实体还可用于焚烧，是一种驱蚊的好材料。

硫黄菌是进入植物药典的一种珍稀食药用真菌。以下是《新华本草纲要》对硫黄菌的记载。

【名称考证】硫色干酪菌，硫黄多孔菌，鲑鱼菌，硫鱼菌，黄芝。

【药用部位】硫黄菌的子实体。

【性味归经】甘，温。入脾、胃二经。

【功效主治】补益气血，治气血不足。

【用法用量】内服：煎汤，9～15g。

【资源分布】分布于吉林、内蒙古、河北、河南、山西、陕西、甘肃、新疆、江苏、安徽、浙江、江西、福建、广东、广西、四川、贵州、云南、西藏等省区。

【古籍考证】始载于《新华本草纲要》。

【化学成分】子实体含木聚糖酶、3-B-羟基羊毛甾-8，24-二烯-21-烷酸（3-B-hydroxylanosta-8，24-dien-21 oic acid）、葫芦巴碱、龙虾肌碱（homarine）。

第四节　硫黄菌的栽培技术

硫黄菌是 20 世纪初由多家单位驯化栽培成功的珍稀食用菌。在我国的吉林、河北、浙江等地有栽培，但由于技术转化和子实体的制药利用研发相对滞后等原因，目前在生产上栽培面积还比较小。

一、硫黄菌的菌种制作

（一）母种制作

硫黄菌母种的培养方法与其他食用菌基本一致，但也有一定的差别。常用的母种培养基是以马铃薯、葡萄糖、琼脂为主，再添加其他成分。

1. 常用配方

配方 1：马铃薯 200g，葡萄糖 20g，琼脂 20g，水1 000ml，pH 自然。

配方 2：马铃薯 200g，葡萄糖 20g，琼脂 20g，磷酸二氢钾 1.5g，硫酸镁 0.5g，水 1 000ml，pH 自然。

配方 3：马铃薯 200g，葡萄糖 20g，蛋白胨 2g，磷酸二氢钾1.5g，硫酸镁0.5g，琼脂20g，水1 000ml，pH自然。

配方4：马铃薯200g，杉木屑100g，葡萄糖20g，蛋白胨3g，磷酸二氢钾1.5g，硫酸镁0.5g，琼脂20g，水1 000ml，pH自然。

配方6：麦麸20g，玉米粉20g，葡萄糖10g，琼脂20g，磷酸二氢钾1.5g，硫酸镁0.5g，水1 000ml，pH自然。

配方7：棉子壳200g煮汁，葡萄糖20g，蛋白胨3g，琼脂20g，磷酸二氢钾1.5g，硫酸镁0.5g，水1 000ml，pH自然。

配方8：小麦粒100g煮汁，葡萄糖20g，蛋白胨1g，琼脂20g，水1 000ml，pH自然。

2. 母种培养

硫黄菌母种的培养基配方还有很多，其制作方法与其他木腐菌的方法一样，本节不作详述。母种分移接入斜面培养基以后，应立即贴上标签，于培养室或恒温箱中保温培养。培养室或恒温箱的温度要控制在22～25℃的范围内，同时空气相对湿度控制在60%～70%，培养空间还要保持一定的通风换气。如果培养环境温度高于28℃，母种长期不用，菌丝体就会变成淡硫黄色，也不易形成子实体。只有在适宜的培养温度条件下，菌丝体才会生长旺盛，培养好的母种应及时使用。

（二）原种与栽培种制作

1. 常用配方

配方1：棉子壳85%，麦麸和米糠12%，石膏1%，蔗糖1%，石灰1%。

配方2：棉子壳61%，杉木屑21%，麦麸和米糠15%，石膏1%，蔗糖1%，石灰1%。

配方3：棉子壳87%，玉米粉10%，蔗糖1%，石膏1%，石灰1%。

配方4：木屑77%，麦麸或米糠20%，蔗糖1%，石膏1%，石灰1%。

配方5：木屑39%，棉子壳40%，麦麸或米糠18%，蔗糖1%，石膏1%，石灰1%。

硫黄菌的原种或栽培种配方还有很多，各地可结合本地的实际情况，因地制宜地采用最合适的配方进行制种。

2. 原种与栽培种的制作与培养

接好种的原种或栽培种应立即放入弱光或无光的培养室进行保温培养。与母种的培养条件一样，培养室温度控制在22～26℃，空气湿度控制在60%～70%。同时保持培养室换气良好。一般接种2天后菌丝恢复生长，4～5天后菌丝长入料内，25～30天菌丝满瓶。在菌种培养过程中，应经常对菌种的培养状态、室内温度等进行检查，采用适当的措施保障菌种的培养条件。如发现有杂菌，应及时淘汰或处理。

在硫黄菌原种或栽培种的培养过程中，如果温度高于26℃，菌丝生长很快，25天左右就会长满瓶，但菌丝非常纤弱，营养吸收严重不足。将这样的菌种接入栽培袋，会影响栽培产量。

二、栽培季节

硫黄菌是典型的中低温食用菌，其菌丝生长最适温度为22～26℃，子实体发生发育最适温度为12～25℃。实际栽培中，要将自然条件下的适宜温度季节用于硫黄菌的出菇管理，才有利于降低生产成本。因此，菌种的制作与菌袋的生产放到冬、春季低温或秋季中高温季节进行。各地应根据硫黄菌的最佳自然温度要求来确定硫黄菌的生产计划。一般来说，南方广大地区，春季制种和制袋时间可放到11月至次年1月中旬进行，2月中旬至4月底为出菇季节；秋季制种和制袋时间可以放到7月初至9月底，出菇时间为10月中旬至12月中旬。北方广大地区的制种制袋时间为1月初至3月中旬，出菇时间安排在3月初至5月底。工厂化生产则不受时间限制。

三、培养料的配制

栽培硫黄菌的原材料比较广泛。各种木屑（特别是松杉木屑）、棉子壳、棉渣、高粱壳、花生壳、玉米芯、中药渣、甘蔗渣、油菜壳等均可单独或搭配作为主料，添加适当比例的粮食或粮食加工副产物精料（米糠、麦麸、玉米粉等）。培养料配方中还应添加石灰、石膏等肥料作为培养料的酸碱调节剂，使菌丝在培养和出菇期间，菌袋免遭杂菌的侵扰。实践证明，以杉木屑、棉子壳和中药渣为主料栽培的硫黄菌，产量高、品质好。

培养料参考配方

配方1：棉子壳50%，杂木屑33%，玉米粉3%，米糠12%，石膏1%，石灰1%。

配方2：棉子壳26%，杂木屑30%，玉米芯24%，玉米粉3%，麦麸15%，石膏1%，石灰1%。

配方3：棉子壳27%，杉木屑33%，高粱壳23%，玉米粉3%，麦麸12%，石膏1%，石灰1%。

配方4：玉米芯28%，高粱壳20%，杂木屑32%，玉米粉3%，米糠或麦麸15%，石膏1%，石灰1%。

配方 5：甘蔗渣 25%，棉子壳 25%，杉木屑 30%，米糠或麦麸 18%，石膏 1%，石灰 1%。

配方 6：花生壳（粉碎）30%，棉子壳 25%，玉米芯 28%，米糠或麦麸 15%，石膏 1%，石灰 1%。

配方 7：中药渣 30%，棉子壳 25%，杂木屑 28%，玉米粉 3%，米糠或麦麸 12%，石膏 1%，石灰 1%。

配方 8：棉子壳 93%，玉米粉 5%，石膏 1%，石灰 1%。

配方 9：杉木屑 80%，玉米粉 2%，麦麸或米糠 18%，石膏 1%，石灰 1%。

配方 10：玉米芯 46%，豆秸粉 36%，米糠或麦麸 15%，过磷酸钙 1%，石膏 1%，石灰 1%。

配方 11：棉渣 42%，玉米芯 30%，粗木屑 10%，米糠或麦麸 15%，过磷酸钙 1%，石膏 1%，石灰 1%。

四、菌袋生产

（一）菌袋的选择

生产上使用的菌袋有两种，一种是能够耐高温高压的聚丙烯菌袋，规格为长 33cm、宽 17cm、厚0.04～0.05cm。这种菌袋的好处是能够采用高压灭菌，缩短灭菌时间。缺点是在低温季节装袋或搬动时容易破裂，灭菌后易发脆，造成菌袋损耗。另一种是低压聚丙烯袋，生产上常用菌袋为 22～23cm×42～43cm×0.03cm 和 17～18cm×55cm×0.04cm，以后一种使用得较多。

（二）拌料

拌料场地应选择在有雨棚的水泥地上。先将主料、辅料和石膏按比例混合，再将石灰溶于水中加入。培养料可采用人工搅拌，也可以采用拌料机搅拌。随着国内劳动力成本的逐步升高，使用机械设备拌料已成为培养料的主要拌料方式。无论哪种方式，拌料都要均匀一致，严禁料中出现发霉块料或干块料。培养料应尽量当天拌好，当天装完，当天灭菌，否则容易发酸，滋生大量杂菌，给下一步的灭菌造成困难。

一般培养料的含水量控制在 60%～62%。以木屑为主的培养料因为颗粒小，含水量达到 60%左右就行了。含水量过高，容易造成菌袋内部氧含量不足，导致菌丝体窒息死亡。其他颗粒度较大的培养料含水量甚至可以达到 62%。检验培养料含水量的方法是用手紧握料，指缝间有 1～2 滴水滴下为宜（以木屑为主的培养料，手捏料指缝间见水印为宜）。培养料拌料均匀后，应及时装袋，灭菌。

（三）装袋

培养料装袋有人工和机械两种，机械装袋已经成为菌袋生产的主要方式。目前常用的机械装袋设备有圆盘转动冲压式装袋机和螺旋管式装袋机，可根据生产规模的大小进行选择。将菌袋的一头用撕裂绳或颈圈扎死（标准折角袋一头已封死，不需要这个环节），用人工或机械的方式装料，装袋时注意松紧一致。装袋完成后，用撕裂绳直接扎口，或者用塑料颈圈套口，翻出袋口，用封口纸和橡胶圈扎口，菌袋打包完成后装入容器移入灭菌灶。用于装菌袋的容器要平滑，不能刺破塑菌袋。刺破的菌袋应及时用黏胶带补好，再移入灭菌灶。

采用高压灭菌的菌袋，应选用规格为17cm×33cm×0.04cm 的聚丙烯袋装料，且扎口不能过紧（扎口过紧容易导致灭菌升温过程中菌袋胀破），最好采用颈圈或套口圈。采用常压灭菌的菌袋，可选用多种规格的菌袋装料。使用机械装袋应配用相应的装袋机套筒。

（四）上灶、灭菌

硫黄菌菌袋的灭菌方法有高压灭菌和常压灭菌两种。

高压灭菌是将菌袋用塑料筐或铁框装后移入高压锅内加温，排除冷空气，短期内使灶内蒸汽压达到0.15MPa，灭菌 2.5～3 小时。高压灭菌效率高，灭菌的成败取决于灶内菌袋的码放方法和灶内冷空气是否排尽。为了让蒸汽迅速穿透菌袋，菌袋不能采用层叠的方式码放，必须使用框装。在灭菌锅加温的同时，须将排气阀一直打开，直至排气阀排出的蒸汽具有一定的压力，锅内的冷空气才能排尽。灭菌完成后，要等到锅内压力降到 0.1MPa 时，才能开灶。待锅内温度降到 80℃左右，取出菌袋冷却接种。

常压灭菌灶有两种。一种是开放式灭菌灶。在船形灶内或普通水泥地面（加 5～10cm 的砖块垫层）码放菌袋（装框和直接层叠），用一层塑料膜和一层帆布盖住灭菌物并用绳索捆牢，通过管道通入蒸汽。另一种是密闭式砖混灶或钢板灶。菌袋码放方法与开放式灭菌灶相同，直接加热或通入蒸汽。常压灭菌灶开始加温时，也要排除灶内冷空气，封灶后 4～6 小时使灶内中心温度达到 100℃，保持 16～20 小时。然后闷一夜，次日取出冷却接种。常压灭菌灶灭菌成功的关键在于攻头和保温。所谓攻头，就是开始加温一定要猛火，使灶内中心温度在 4～6 小时内达到 100℃。只有这样，培养料内各种杂菌萌发的数量最少，灭菌才容易彻底。保温指的是灶内温度升到100℃以后，要一直保持，中途不能停火或降温。

（五）冷却、接种

1. 菌袋冷却

待灶内温度降到70～80℃时，取出菌袋，置于经过消毒的干净房内进行预冷。待袋温降至60℃以下时，可开启空调进行强制冷却，也可开启排风扇进行冷却，或敞开门窗进行自然冷却。一般来说，强制冷却时间短，空间杂菌极少，效果好，但能耗较高。自然冷却时间长，冷却过程中空间易滋生杂菌，后期接种需要较大的消毒空间。

灭菌后的菌袋从灶内移出应立即送到冷却室冷却，所有容器和运输工具也需事先清洗消毒。冷却室必须无虫害，干燥清洁，使用前应使用消毒药剂或臭氧机进行空间消毒杀菌。

2. 菌袋接种

待菌袋冷却到25℃左右时，就地密闭门窗接种或移入专门的接种室接种，也可用接种箱接种。接种前，首先要将接种室或接种箱清洁消毒，移入菌袋后，将符合质量要求的栽培种、封口圈、封口纸、橡筋圈、接种工具等放入接种室或接种箱，然后按每立方米用1小袋烟雾剂熏蒸接种室2～4小时，或熏蒸接种箱30分钟。待烟雾基本散尽时，在室内或箱内接种。工作人员进入接种室，须戴上头套，换上经消毒的工作服和拖鞋。接种前用75%乙醇擦拭手臂和双手所有部位。

接种时，先用75%乙醇擦拭栽培种瓶内外，然后去掉瓶口的老菌皮或菌块。接种方式有两种，一是短菌袋（长43cm以内的菌袋）两头接种，打开袋口，接入菌种，接种量以一头或两头封住袋口料面为宜。接种后，套上封口圈和无菌纸，也可用无菌撕裂绳扎口，但一定要留有空隙，不可扎死，否则种块萌发后不吃料甚至窒息死亡。二是长菌袋打孔接种，用75%乙醇擦拭长菌袋，在菌袋一侧用打孔器呈"一"字形打孔4个，依次接入块状菌种，然后套上外袋，轻松扎口。接种完毕，将菌袋移入培养室进行菌丝培养。

（六）菌袋培养

1. 培养室消毒与菌袋码放

培养室应具备通风、保温、保湿、无虫害和干净卫生的条件，应去除培养室周围的杂草和污水沟。同时培养室内地面和墙壁应用低浓度烧碱或漂白粉消毒。培养室内可直接墙式码袋，也可搭成层架，多层"井"字形码袋。培养室菌袋码放层数要根据室温和培养阶段来定。一般来说，春季气温偏低，菌袋码袋层数要多，密度要大，以利于加温；夏季5～7月气温高，码袋层数要少，密度要低，以利于散热。在菌袋培养中后期，由于菌丝分解培养料，产生和吸收小分子糖类，会产生大量的热量，菌袋间的温度会升高，高出室温3～4℃。要注意散热，不能产生"烧袋"现象。菌袋码放时还应注意留出操作走道，以便观察管理。

2. 培养温度和湿度调节

菌袋接种到菌丝长至菌袋的肩部或直径6～8cm时，培养室温度控制在22～26℃，最低温度不能低于20℃，以利于菌丝萌发与生长。以后由于菌丝生长自身产热，菌袋之间的温度会逐渐上升，应将室温降低2～4℃，以免局部温度过高，造成"烧袋"。温度管理的主要措施包括室内加温、通风换气、翻袋等，要结合室内外的气温情况灵活处理，保障硫黄菌生长过程对温度的需求。

培养室的相对湿度应控制在60%～70%。相对湿度不足，应在室内洒水或用加湿机加湿。相对湿度高于70%，应采取降湿措施，如在地面放置干石灰或直接开启除湿机。

3. 培养室空气与光线调节

在菌丝生长阶段，虽然可以忍耐3%的二氧化碳浓度，但当袋内二氧化碳含量超过5%时，菌丝生长会受到抑制，生长速度明显变慢。在硫黄菌菌丝生长的中后期，随着菌丝量的增加，菌丝呼吸作用会消耗大量的氧气，释放出大量的二氧化碳，增大了袋内和室内的二氧化碳浓度，很可能造成二氧化碳浓度超过3%。如果不及时进行通风换气，菌丝生长就会受到影响。在管理措施上，应视室内外气温情况，采取培养室换气措施。在接种后7天内，以保温为主，不通风。7天以后，气温较低时可少量通风，气温较高，应加大通风量。菌丝生长后期，气温偏低时可每天通风一次，每次30分钟左右。气温高时应敞开培养室，自然通风。硫黄菌菌丝生长阶段不需要光线，暗光和弱的散射光都适合菌丝培养。培养室应避免直射光。

打孔接种的菌袋，待菌落生长直径达到6～8cm时，应去掉一头套袋的扎口，使其自然松开，透入更多的氧气供菌丝生长的需要。必要时，还可采用在已经长满菌丝的部位扎针孔，通入更多的氧气，缩短菌袋生长时间。

4. 菌袋培养检查

在菌丝培养过程中，应定期对菌袋生长情况进行检查。发现污染菌袋应及时清理并经高温灭菌后处理，避免杂菌散发污染场地。在菌袋培养中后期，应经常检查室内和袋间温度情况。一旦温度过高，应及时翻袋。菌袋长满后，应及时移入菇房或棚内进行出菇管理。

五、出菇管理

(一)菇棚建造

硫黄菌子实体发生和发育需要充足的空间通气条件。菇棚通风不好，会严重影响菇体质量，硫黄菌会发育成卷曲的畸形子实体。利用闲置房屋作为出菇场所尤其要注意。最简单的菇棚就是选择泥土地面，搭建空间高度 2.2m 左右的菌棚，上盖塑料膜加双层遮阳网或直接盖草帘，四周挂草帘，保湿又通风。菌棚大小根据地势地形而定。一般一个菌棚的面积最好在 100～200m^2 之间。

(二)排袋方法

排袋前 1 周左右，将棚内地面整平，地势低洼的菇棚还应在菇棚四周开好排水沟。在地面撒上石灰，提高地面酸碱度，或遍洒含氯石灰(漂白粉)液消毒杀虫。

长菌袋排袋法：在地面开畦，畦高 5～10cm，宽1.2m。畦与畦之间留 50～60cm 宽的操作走道。在畦面用竹竿和木桩搭建 30cm 高的香菇式栽培架。在畦面撒干石灰，然后灌注足够的清水，次日按“人”字形立式排袋。排袋完成后在畦面盖上塑料薄膜。

短菌袋排袋法：可直接采用菌墙式排袋。菌袋之间留 0.5～1cm 的空隙，每层菌袋用直径 2cm 的竹竿隔开。码袋以 4～5 层为宜。排袋完成后，在菌墙上盖上塑料薄膜。

(三)出菇管理

排袋完成后，不去掉袋口封口纸和套袋。保持菇棚的通风换气，同时保持菌墙及菌袋厢面80%～90%的空间湿度，尽一切可能拉大昼夜温差。具体方法是白天(上午 9 时～下午 5 时)气温高，应将菌墙或畦面塑料薄膜盖上，在室内出菇还应关闭门窗，其余时间(下午 5 时～次日早上 9 时)温度低，去掉塑料薄膜，打开门窗，人为制造5～10℃或更大的温差，促使硫黄菌子实体原基的形成。

待袋口或长袋中间接种孔子实体有白色瘤状原基形成时，去掉封口纸或套袋，加大空间湿度至 85%～90%，每天通风 2 次，每次 20～30 分钟，并增加光照强度。随着子实体逐渐长大，颜色逐渐变黄，最后变成硫黄色，7～10 天就能采收第一批子实体。采收后，应停止加湿，并用两层封口纸将袋口重新封好或套好外套袋，但不扎口。过7～10 天开始加大空间湿度，同时人为拉大昼夜温差，刺激第二批子实体的发生与发育。

硫黄菌不同于其他食药用菌之处在于不能敞开袋口或接种孔出菇。因为敞开袋口或接种孔易使培养基水分散失，料面与空间湿度低不利于子实体发生和发育。

六、子实体采收

当硫黄菌子实体幼嫩呈覆瓦状，而且菌盖边缘刚刚呈现波浪状时及时采收。如果药用，采收期可适当后延。采收后停水养菌 7～10 天。再进行出菇管理，就可以出下一潮菇，一共可采菇 3～4 潮，生物转化率可达 70%以上。

第五节 展 望

硫黄菌是被收入药典的食药用真菌，具有调节肌体、补益气血等重要药理作用。被业界列为国内拟开发成药品和功能食品的十大真菌之一，市场前景十分喜人。目前，国内已有制药企业开始生产硫黄菌超微粉，产品已有少量面世。可以预见的是，随着硫黄菌药理成分研究的深入，硫黄菌保健药品或功能食品必将像灵芝产品一样被广大消费者所欢迎。

参考文献

[1] 袁明生，孙佩琼. 四川蕈菌[M]. 成都：四川科学技术出版社，1995.
[2] 卯晓岚. 中国大型真菌[M]. 郑州：河南科学技术出版社，2000.

[3] 戴贤才. 甘孜州菌类资源志[M]. 成都:四川科学技术出版社,2000.
[4] 刘波. 中国药用真菌[M]. 太原:山西人民出版社,1978.
[5] 姜涛,吴兵,付坤. 珍稀硫黄菌全熟料袋栽[J]. 新农业,2008(2): 55-55.
[6] 曾先富,廖志勇,张军.野生朱红硫黄菌驯化栽培研究[J].中国食用菌,2005(6).
[7] 吴征镒,周太炎,肖培根,等.新华本草纲要[M]. 上海:上海科学技术出版社,1989.
[8] 吴锡鹏. 硫黄菌的栽培[J]. 浙江食用菌,1995(6):22-23.
[9] 吴锡鹏. 硫黄菌驯化初报[J]. 中国食用菌,1993(1).
[10] 陶文新,敖宗华,许泓瑜,等. 药食用真菌生物技术[M]. 北京:化学工业出版社,2007.
[11] 李艳秋,庞玉芬,赵丛发. 野生梨树鸡蘑菇品种培养基筛选初报[J]. 特种经济动植物,2009(1):44.

(曾先富)

第八十四章　马　勃

DIBASHISIZHANG MABO

摘要：马勃是食药用真菌，子实体幼嫩时白色，圆球形，鲜美可食。子实体成熟后呈褐色、柔软，触之有粉尘飞出，可供药用。本章主要介绍马勃的本草考证、生物学特性、菌种繁育、栽培技术、营养与药用价值、药理作用与临床应用，并对马勃产业发展现状及未来前景进行了分析和展望。

Lycoperdon Polymorphum

Abstract: *Lycoperdon Polymorphum* is an edible and medicinal fungus. Fruit bodies are white, round-shaped and tasty when young but, when mature, turn brown, soften, release a powder when touched, and can be used as a medicine. This chapter consists of six sections describing in detail various aspects of *Lycoperdon Polymorphum* including its use as a traditional herbal remedy, biological features, spawn production, cultivation techniques, nutritional attributes, medicinal properties, pharmacological effects and clinical applications. The current status and future development potential of *Lycoperdon Polymorphum* industry are analyzed and prospected.

第一节　概　述

马勃又名：灰菰、牛屎菰、马屁包、地烟、药苞等。

学名：*Lycoperdon polymorphum* Scop., Fl. carniol., Edn 2(Wien) 2:487(1772)。

属名“*Lycoperdon*”一词来自希腊语，词干“lykos-”意思是“狼”，词尾“-perdon”意思是“放屁”，描述孢子释放的状态。中文古文献称马勃，所以称“马勃属”。种名加词“*polymorphum*”意思是“多形的、多型的”，描述子实体形态多变。

分类地位：菌物界（Fungi），担子菌门（Basidiomycota），伞菌纲（Agaricomycetes），伞菌亚纲（Agaricomycetidae），伞菌目（Agaricales），伞菌科（Agaricaceae）。

马勃为较常用中药，别名灰菰、牛屎菰、马屁包、地烟、药苞等。始载于《名医别录》，载其“味辛平无毒，主治恶疮马疥”，生长环境为“园中久腐处”。梁·陶弘景在《本草经集注》中关于马勃药材性状的描述曰：“马勃……，紫色虚软，状如狗肺，弹之粉出，敷诸疮用之甚良也。”此后的历代本草如《千金翼方》、《新修本草》及《蜀本草》等均列有马勃条，其性状描述为“如紫絮”、“紫尘出”等，进一步描绘了紫色秃马勃的性状特征。到宋代马勃的品种有了变化，出现了别名，即灰菰（《经验良方·走马喉痹方》称马勃即灰菰）、牛屎菰、牛溲（《本草衍义》）。《本草衍义》记载，“马勃，此唐韩退之所谓牛溲马勃，俱收并蓄者也。有大如斗者，小亦如升杓……去膜，以蜜拌揉，并加少许水调呷，治喉痹咽痛”。牛溲马勃即牛屎菰。从个体大小和服用方法说明马勃入药不止一种，大如斗者应为脱皮马勃属和秃马勃属大型真菌。去膜取粉应该是静灰球属和硬皮马勃属真菌，因这两属菌类成熟子实体有膜包被，膜内是粉状孢子。明·李时珍《本草纲目》曰：“凡用以生布张开，将马勃于上摩擦，下以盘承取末用。”“马勃轻虚，上焦肺经药也。故能清肺热、咳嗽、喉痹、失音诸痛。”应该是脱皮马勃属和秃马勃属菌类，因为这两属真菌个体大，孢体絮状。马勃具有清肺、利咽、解毒、止血之功效。参照丁永辉对马勃的本草考证，认为我国不同历史阶段应用马勃种类不同，大致分 3 个阶段：①汉至唐，主流为秃马勃属（*Calvatia*）紫色秃马勃［*Calvatia lilacina*（Mont. et Berk.）Lloyd.］；②宋元时代为秃马勃属（Calvatia）紫色秃马勃［*Calvatia lilacina*（Mont. et Berk.）Lloyd.］，静灰球菌属（Bovistella）大口静灰球（*Bovistella sinensis* Lloyd.）和长根静灰球［*Bovistella radicata*（Mont.）Pat.］，硬皮马勃属（Scleroderma）大孢硬皮马勃（*Scleroder-*

ma bovista Fr.)、光硬皮马勃(*Scleroderma bovista* Pers.)、星裂硬皮马勃(*Scleroderma polyrhizum* Pers.)等多种入药;③明清以来在宋元时代种类的基础上又有所增多,如秃马勃属(*Calvatia*)大秃马勃[*Calvatia gigantea* (Batsch ex Pers.)Lloy]和脱皮马勃属(*Lasiosphaera*)脱皮马勃(*Lasiosphaera fenzlii* Reich.)等也作马勃入药。

目前市场调查发现,除上述种类外还有秃马勃属(*Calvatia*)杯形秃马勃[*Calvatia cyathiformis*(Bosc) Morg.]、白马勃(*Calvatia candida* Hollos.)、头状秃马勃[*Calvatia craniiformis* (Schw.)]浮雕秃马勃[*Calvatia caelata* (Bull. et DC.)Morgan];静灰球菌属(*Bovistella*)绒毛静灰球(*Bovistella echinella*.);灰球菌属(*Bovista*)铅色灰球菌(*Bovista plumbea* Pers.);马勃属(*Lycoperdon*)小马勃(*Lycopedon pusillum* Bastch.)、梨形马勃(*Lycopedon pyriforme* Schaeff.)、网纹马勃(*Lycopedon perlatum* Pers.)、粗皮马勃[*Lycoperdon asperum*(Lev.)de Toni.]褐皮马勃(*Lycoperdon fuseum* Bon.);豆马勃属(Pisolithus)彩色豆马勃[*Pisolithus tinctorius* (Pers.)Coker et Couch];栓皮马勃属(*Mycenastrum*)栓皮马勃[*Mycenastrum corium*(Guers.)Desv.]等十几种大型马勃。

马勃种类繁多。为保证其安全性和有效性,建议目前在药用上应以《中国药典》规定为准,其他种类入药应在科学实验研究基础上证明其等效性,才可列入《中国药典》进行使用。

第二节 马勃的生物学特性

一、形态特征

(1)大马勃

子实体球形至近球形,直径 15～25cm 或更大,无不孕基部或很小,由粗菌索与地面相连。包被白色,老后变成淡黄色或淡青黄色,由膜状外包被和厚的内包被组成,质脆,成熟后为碎片脱落露出内部淡青褐色的孢体。孢子呈球形,壁表平滑或有时布以细微的小疣,淡青黄色,直径3.8～6μm;孢丝长,稍有分枝以及稀少的横隔,直径2.3～7μm(图 84—1)。

图 84—1 大马勃(上:近成熟的子实体;下:成熟的子实体药材)

(2)紫色马勃

子实体为球形、近球形或陀螺形,直径 5～25cm。包被薄,两层,紫褐色,粗皱,有圆形凹陷,外翻,上部裂成小块或部分脱落,孢体紫色。不孕基部发达。无柄,由粗菌索与地面相连。子实体幼嫩时外壁及内部均为白色,肉质,稍带黏性,外表平滑。显微镜下观察,孢子呈球形,淡紫色,一端具短柄,表面布以小刺,直径 4～5.5μm;孢丝褐色,长而有分枝,具横隔,与孢子相互交织在一起,颜色较孢子稍淡,直径 2～5μm。

(3)脱皮马勃

子实体扁球形或类球形,直径15～18cm 或更大。无不孕基部。孢被灰棕色或灰褐色,两层,纸质,薄而易破碎呈块片状,外包被初乳白色,后转灰褐色、污灰色;外包被成熟后易与内包被分离。内包被纸质,浅烟色,成熟后与外包被逐渐剥落,仅余一团孢体,孢体灰褐色至烟褐色,紧密,有弹性,用手撕之,内有灰褐色棉絮状丝状物。触之,孢子呈尘土样飞扬,手捻有细腻感。孢子褐色,球形,壁具小刺突,直径4.5～5μm。孢丝长,分枝,相互交织,菌丝直径 2～4.5μm,浅褐色。

二、马勃的分布和生态习性

(一)分布

马勃分布较广泛,世界上大部分地区均有记载,分布遍及欧洲、亚洲、非洲及美洲的许多地区。我国各地均有分布。主要产于我国的内蒙、吉林、辽宁、安徽、甘肃、江苏、云南、河北、新疆、青海等地区。《菌物词典》第9版记载马勃科18属158种。1949年以来，我国真菌工作者对全国不同地区的马勃资源进行了调查，共记载37种。

(二)生态习性

马勃一般在夏末、深秋雨后单生、散生或群生于灌木丛、旷野湿草地、砂质土壤或腐朽树木落叶、粪草、腐植质等有机质上。其子实体幼嫩时内部纯白，味美可口，脆香味浓，且所含赖氨酸和甲硫氨酸比一般食用菌高1～2倍，是一种优质的氨基酸资源；老熟时子实体内部变黄，味道变差，可作中药材。

(三)生长发育条件

1. 温度

马勃是嗜温性真菌，子实体的形成及发育需要较高的温度。菌丝生长的温度范围是5～35℃，最适温度在22～28℃。温度低于10℃时，菌丝体发育受到抑制；温度高于28℃，菌丝生长速度加快。子实体在16～32℃都能形成，适温为24～32℃。低于15℃时，子实体不易形成或生长受到抑制；高于35℃时，子实体生长缓慢或停止生长。孢子萌发温度为8～22℃。

2. 湿度

培养料的含水量65%～70%较好，即料水比1∶1.3～1∶1.4。马勃在瓶栽时，菌丝体繁殖阶段不需要特别控制湿度条件，但在子实体生长分化及形成过程中，空气相对湿度应保持在80%～95%。

3. 光照

马勃在菌丝繁殖阶段不需要光照，子实体形成需要500～1 400 lx的光照。野生马勃子实体的形成膨大，需要较强的半日照阳光。每当雷阵雨过后，温湿度差及砂土的刺激，子实体迅速膨大。

4. 空气

马勃菌丝体发育及子实体形成的整个生长过程中，空气必须畅通。菌丝体生长阶段CO_2浓度不得高于10%，子实体形成阶段CO_2浓度不得高于25%。野生马勃子实体的形成全过程都是在地面进行的。

5. 营养

马勃的主要营养是糖类(碳水化合物)、氮素物质、矿物质及部分微量元素。马勃菌丝体形成及子实体分化膨大不耐肥，在有机质较高的肥土中只长菌丝或很少形成子实体，基质的有机质含量不得高于3%。马勃属腐生性真菌，生长发育主要靠分解有机物进行。

6. 酸碱度

马勃菌偏酸忌碱，pH范围在3～5.5，培养基中的pH为5较为适宜。

(四)生活史

马勃担子果球形、梨形、陀螺形、扁圆形；外包被常有小疣或小刺等纹饰，成熟时脱落，纸质或膜质；顶端不规则开口或闭合；假根明显或无，成熟时固定于着生处或与地面脱离；孢体粉末状，成熟时孢子随风扩散至外界；孢丝无隔或有隔；孢子表面有不明显纹饰。

马勃的孢子从子实体中弹放出来，形成雾状的担孢子尘。担孢子随风飘落土中，至翌年春暖，遇温度、湿度条件适宜，孢子萌发产生单核菌丝。单核菌丝再经双核化后形成锁状联合。锁状联合的双核菌丝在适宜的环境下生长发育，形成菌丝。缠绕扭结的菌丝体进一步发育而形成菌蕾，菌蕾伸出地面，在砂土及阳光刺激下，很快形成子实体。子实体成熟后开始爆裂又散发出担孢子，形成整个生活循环。马勃的生活史，实质上是一个马勃孢子到孢子的过程。

第三节 马勃的菌种繁育与栽培技术

(一)菌种制备

1. 母种的分离与驯化

马勃的母种配方采用PDA培养基。采集幼嫩的野生马勃子实体，先置于阳光照不到的通风荫凉处3～5小时，使子实体外表水分阴干，然后将子实体用75%乙醇棉揩擦表面消毒。在无菌条件下，用经火焰灭菌过的解剖刀削去外皮，将内部组织切成小块，迅速用接种铲接入PDA斜面培养基上。在无菌条件下接种后移入22～25℃恒温箱中培养。2天后，组织块即会长出洁白浓密的呈棉絮状的菌丝体，但这时的菌丝体不会伸入培养基内，也不会继续向四周蔓延，需及时采取诱导培养。

诱导培养办法：取用事先堆沤过的干牛粪粉75%，稻草粉25%，加水适量，混拌均匀后装入瓶中，置高压灭菌器中0.13～0.15kPa灭菌70分钟。然后在无菌操作条件下用镊子夹取少许放在组织块上，用镊子稍压实。塞好棉塞继续培养，约3～5天，马勃菌丝伸入培养基内，25天左右菌丝可长至3cm。此时初筛母种即告成功。

罗惟希等对头状秃马勃母种进行分离与驯化。将采集到的野生头状秃马勃子实体采用组织分离法接入PDA加富斜面培养基中，26～30℃下暗光培养，5天后始见萌发，初期只生长较粗菌丝，中后期逐渐长出细匀菌丝，约1个月布满斜面。采用正交设计实验筛选出培养配方为：木屑75g，麦粒50g，可溶性淀粉20g，酵母浸膏2g，KH_2PO_4 1g，$MgSO_4 \cdot 7H_2O$ 0.5g，维生素B_1 10mg，琼脂20g，水1L，pH自然。用该配方接种后，在25℃下暗光培养，约12天菌丝可长满斜面，生长速度每天达6.33mm/d，菌丝粗细均匀，生长致密。

2. 原种制备

大马勃配方：干牛粪(细碎状)55%，稻草粉22%，木屑15%，菜园土(细土)5%，水适量。或发酵的干牛粪20%，粉碎的稻草27%，尿素2%，腐质土50%，磷肥1%。把上述培养料调匀，再加水搅拌，含水量60%，以手握培养料指缝间有水渗出但不下滴为宜。分装于广口瓶中，稍压实。料占瓶的2/3处塞上棉塞，扎上牛皮纸后，置灭菌器中在0.13～0.15MPa下灭菌70分钟。灭菌后的培养料待冷却后，即可按常规方法接种，每支母种接2～3瓶。接种后把种瓶移入25～28℃条件下培养，20天左右菌丝可长满全瓶。

罗惟希等人对头状秃马勃原种与栽培种培养基试验结果：原种与栽培种配方相同，配方为杏鲍菇废料60%，木屑18%，麦麸10%，土壤5%，可溶性淀粉3%，葡萄糖2.5%，酵母浸膏0.2%，KH_2PO_4 0.3g，石膏1%。把上述培养料调匀，再加水搅拌使含水量达60%～65%，分装于15cm×30cm×0.05cm聚丙烯发酵菌袋中，料高12cm，封口，置灭菌器中在0.13～0.15MPa灭菌70分钟。灭菌后的培养料待冷却后，即可按常规方法接种。接种后移入25～28℃条件下培养，62天可长满菌袋。

(二)栽培方法

大马勃瓶栽配料：栽培过香菇的废料(经粉碎晒干处理)30%，干牛粪粉(经发酵)28%，稻草粉或玉米芯粉25%，碳酸钙2%，菜园土(细颗粒)5%。含水量60%～65%，pH值自然。把上述培养料充分搅拌后，分装于广口瓶中。将料装至近瓶肩，稍压实，洗净瓶壁内外黏附物，用一层尼龙纸和一层牛皮纸相叠封口，经高压灭菌备用。

瓶栽接种在无菌操作条件下进行。用镊子夹取原种一块接入瓶内，接种后放到25～28℃条件下培养，45～50天后，瓶中料面可见圆白色菌蕾出现。待菌蕾继续膨大接近瓶口时，取去覆盖物。子实体接触空气后，生长迅速。

头状秃马勃熟料脱袋覆土荫棚栽培：先在荫棚内畦面挖出深13cm土坑，将栽培种菌棒脱袋分两行排于其中，然后覆土约5cm，畦面支架塑料薄膜，进行适当的温湿度和通气管理，定期通风喷湿。一般可采收4潮，生物学效率可达47.7%～80.3%。5月中旬进行栽培，有利于延长适栽期，提高产量。

野外埋袋接种栽培应选择地面覆盖有机质丰富、并不需中耕翻土的地点，使头状秃马勃菌丝系统不被损伤而在土壤中充分延续生长和扩展。将栽培种菌棒脱袋埋入林下，方法同荫棚栽培，不支架塑料薄膜，不进行管理，完全处于自然条件下生长，以实现一年播种多年采收的效果。

(三)出菇管理

此时管理应保持空气相对湿度在85%～95%，温度在28～32℃，开大门窗，加强光照及保持空气畅通，5～7天子实体即可长成。待子实体表皮变黄、部分皱裂，即可采收。采收后停止喷水1～2天，再继续向空间喷雾状水，使空间湿度增高，瓶内料面子实体又会很快出现，每瓶可收2次。

(四)采收加工

成熟的马勃以色棕黄、表皮稍开裂者为佳。将其采收后放到平地上晾晒成熟干燥即可。也可采回后洗净泥砂切成2cm见方的小块，晒干即为中药生药马勃。

第四节　马勃的营养与药用价值

1. 氨基酸和蛋白质

马勃含有18种氨基酸，人体必需的8种氨基酸含量较高，特别是赖氨酸、甲硫氨酸的含量很高。大秃马勃[*Calvatia giantean*(Batsch:Pers.)Lloyd.]幼子实体含氨基酸总量为34.26g，人体必需氨基酸14.16g，占总量的41.33%。谷氨酸最高达5.23%，赖氨酸达2.04%。

2. 甾体化合物

金向群等人从大马勃子实体中分离得麦角甾-7,22-二烯-3-酮、β-谷甾醇。Nobuo Kawahara 从马勃属杯形秃马勃(*Calvatia cyathiformis*)分离得到14α-羟基-麦角甾-4,7,9,22-四烯-3,6-二酮和9α,14α-二羟基-麦角甾-4,7,22-三烯-3,6-二酮两种甾类化合物。也有人从硬皮马勃属真菌星裂硬皮马勃(*Scleroderma polyrhizum*)的子实体中分离得麦角甾-4,6,8(14),22-四烯-3-酮和麦角甾-5α,8α-环二氧-6,22-二烯-3β-醇。王晨英等从黄硬皮马勃(*Sclerodermacitrinum* Per.)中分离得到(22E,24R)一麦角甾-5,7,22-三烯-3β-醇。国外从马勃属梨形马勃(*Lycopedon pyriforme* Schaeff.)中分离得麦角固醇、霉菌甾醇、麦角甾-7,22-二烯-3β-醇等一系列甾体化合物。

3. 萜类化合物

Falk Rasser 等从马勃(*Bovista sp.*)96042分离出苯乙酮缩二羟孕酮、补身素-2,11-二醇等萜类化合物。Alfred Baumert 等从彩色豆马勃菌丝体中分离得24-乙基羊毛甾烷-8,24(24′)-双烯-3β,22ξ-二醇和(22S)-24,25-二甲基羊毛甾烷-8-烯-22,24′-环氧-3β-醇-24′-酮。也有从硬皮马勃(*S. auranlium*)中分离得具有抗癌活性的23-hydroxylatedlanosterol 三萜类化合物。

4. 小分子含氮化合物

龚先玲等从马勃中分离得2-N-二甲基苯丙氨酸和2-N-三甲基苯丙氨酸盐及2-N-三甲基-3-(3′-吲哚基)丙氨酸盐。Yoshihisa Takaishi 等从秃马勃属头状秃马勃[*Calvatia craniiformis* (Schw.)]中离分得4-羟苯基-1-偶氮甲酰胺和4-羟苯基-1-ONN-甲酰胺。

5. 马勃多糖

将马勃用热水提取所得的粗品经溴代十六烷基三甲胺配位后，通过DEAE-纤维素和Sephadex G-75柱层析得马勃多糖，进一步纯化依次得马勃多糖PS[I]～PS[V]。药理实验表明，该组多糖具有抗肿瘤作用。

6. 蛋白质、肽类

从浮雕秃马勃[*C. caelata*(Bull. et DC.)]的新鲜子实体中提取分离出一种新蛋白质 Calcaelin，应用SDS聚丙烯酰胺凝胶电泳可将其离解成相对分子质量1.9万和2万两个亚单位，具有抗肿瘤细胞增殖和有丝分裂的活性。Lani Y W 等运用快速蛋白液相色谱法和凝胶过滤法从浮雕秃马勃 *C. caelata*(Bull. et DC.)中分离出一种类似泛激素的肽，其相对分子质量为8000，具有泛激素的氨基末端序列特征。

7. 其他成分

马勃含有极为丰富的Cu、Zn、Fe、Ca、Mg等金属微量元素。子实体中还含尿素、类脂质、磷酸钠、棕榈酸、油酸、过氧化酶、辅酶Q、马勃素、马勃酸、马勃酸甲酯、类固醇二聚体抗坏血酸、脱氢抗坏血酸等。

第五节 马勃的药理作用与临床应用

一、药理作用

1. 抑菌作用

孙菊英等实验发现，10种马勃均有不同程度的体外抑菌作用。现代药理研究显示，马勃对金黄色葡萄球菌、肺炎球菌、铜绿假单胞菌及真菌均有抑制作用。其中紫色秃马勃对金黄色葡萄球菌的作用较强。国外发现马勃化学成分中的麦角甾醇过氧化物具有抗分支杆菌的作用。脱皮马勃的水浸液对奥杜盎氏小芽胞癣菌和铁锈色小芽胞癣菌有抑制作用。

2. 抗炎作用

左文英等通过炎症模型实验发现，脱皮马勃能显著抑制二甲苯所致小鼠耳壳肿胀，起到抗炎作用。

3. 止咳作用

左文英等通过机械刺激致咳实验模型证明，脱皮马勃有不同程度地延长豚鼠咳嗽潜伏期，起到止咳作用。

4. 止血作用

陶文洲等发现复方马勃液(由马勃、大黄组

成)可显著减少家兔胃黏膜创伤性溃疡出血量和缩短出血时间。

5. 杀虫作用

魏艳等发现黄硬皮马勃子实体的甲醇-氯仿总浸膏的石油醚萃取部分对3龄黏虫具有较强的杀虫活性。

6. 抗肿瘤细胞作用

马勃素是一种具有抗癌作用的碱性黏蛋白，对小鼠肉瘤S-180和艾氏腹水癌有一定的抑制效果。马勃多糖PS[Ⅲ]在(100g/ml)对移植S-180肉瘤细胞具有明显的抑制作用。有报道称麦角甾-5α,8α-环二氧、22-二烯-3β-醇不仅对MCF-7和Walker256肿瘤细胞有抑制作用，还具有将其杀死的作用。麦角甾-4,6,8(14)、22-四烯-3-酮对HT-29、Hela229、Hep3B和AGS肿瘤细胞均有抑制作用。

7. 抗增殖和抗细胞分裂活性

马勃新鲜子实体中分离的新蛋白质Calcaelin，对小鼠脾细胞具有抗促细胞分裂剂的活性，能减少乳腺癌细胞的生存能力。从马勃中分离得一种类似泛激素的肽，对乳腺癌细胞有较强的抗增殖活性。

二、临床应用

1. 剂型

①马勃粉(马勃孢子)：将马勃剥去顶部包被，挖出内容物，筛出孢子，或置锥形瓶内摇动，使孢子落下，收集孢子，高压消毒备用。用于止血。

②马勃菌丝海绵(马勃絮垫)：将马勃除去包被，切成不同厚薄、不同大小的块状，高压消毒备用。

③马勃绷带及马勃纱布：用45%乙醇加入适量马勃粉，使之成为4%马勃混悬液，随即将绷带或纱布浸入，浸透后取出挤去液体，干热消毒。

2. 止血功能

和其他中药材结合治疗吐血、外伤手术止血、鼻血、呼吸道出血疗效显著。马勃止血，主要因其具有清热、凉血、解毒功能，能促进黏膜的生长，从而达到止血目的。刘同德将马勃制成牙槽窝大小的规格，高压消毒后将其填压牙槽窝出血处，1分钟即止血。用马勃作为肛肠病术后止血剂。将消毒棉球蘸上适量马勃子粉做成止血棉球，然后直接敷于手术创面，止血效果极佳。

3. 抗溃疡病

①胃溃疡：胃溃疡病处方(马勃、浙贝母等)治疗消化性溃疡患者，治愈率达83%。临床实践发现，马勃不仅可以治疗溃疡病，而且还可以治疗急、慢性胃炎，尤其是胃痛兼伴有咳嗽、咽痛时，使用马勃有一举两得之奇效。

②压疮、烧伤、烫伤、冻疮：较多报道用中药马勃细粉外敷治疗压疮、烧伤、烫伤、冻伤，效果极佳。

4. 足癣病

临床采用马勃治疗足癣，经治疗后治疗组的总有效率94.4%，对照组的总有效率63.6%。治疗组临床治愈率明显高于对照组($P<0.05$)。

5. 抗炎

马勃可治疗急性扁桃体炎、咽炎、喉炎、腮腺炎、颜面丹毒等。

6. 中毒现象

国外报道，偶然吸入马勃孢子可使患者出现恶心、呕吐、呼吸困难等症状，严重可导致传染性肺炎，用类固醇和抗真菌药可治愈。

第六节 展 望

我国中药马勃资源丰富，临床用途广泛，从皮肤外用药发展到内服治疗呼吸系统和消化系统炎症、出血等症。加之近年来人们发现马勃制剂在抗菌和抗癌方面的特殊作用，已经越来越受到医药工作者的广泛关注。人工栽培和利用深层培养技术，研究马勃的发酵条件及其发酵产物的工作也有开展，开发利用的潜力巨大，可能成为中国有开发前景的药用真菌之一。但从丁永辉等人对甘肃省药材市场马勃的品种调查情况看，入药品种隶属2目3科8属17种真菌，市售马勃药材的品种复杂，各地使用习惯各不相同。目前《中国药典》规定的正品药材只有3种，其他品种的药用依据尚缺乏充分的科学证明。由于对马勃的质量控制研究滞后，特别是对马勃的有效成分、药理作用研究的广度与深度尚不深入，具体药理作用机制尚不明确。因此，积极开展真菌马勃的基础研究工作，搞清我国马勃资源，建立可控的质量标准，对其化学、药理进行深入研究，为其临床利用和开发提供科学的支撑显得尤为重要。

参考文献

[1] 邓志鹏，孙隆儒. 中药马勃的研究进展[J]. 中药材，2006，29(9)：966-998.
[2] 丁永辉. 中药马勃的本草考证[J]. 中药材，1995，18(9)：476-477.
[3] 胥艳艳，赵会珍，刘磊，等. 脱盖马勃属两个中国新记录种[J]. 菌物学报，2007，26(2)：179-181.
[4] 罗惟希，万伍华，彭瑜. 头状秃马勃分离驯化初步研究[J]. 江西农业学报，2007，19(6)：84-86.
[5] 丁永辉，常克俭，宋平顺，等. 商品马勃的品种调查和鉴定[J]. 中国中药杂志，1991，16(6)：323-326.
[6] 崔波，王法云，古奕庆，等. 河南的马勃目资源研究[J]. 河南科学，1995，13(4)：343-348.
[7] 李建宗. 中国硬皮马勃属研究[J]. 河南师范大学自然科学学报，2003，26(4)：60-64.
[8] 赵会珍，胥艳艳，付晓燕，等. 马勃的食药用价值及其研究进展[J]. 微生物学通报，2007，34(2)：367-369.
[9] 陈丽，李晓明，张鞍灵，等. 黄硬皮马勃提取物抑菌活性初步研究[J]. 西北农业学报，2006，15(3)：87-90.
[10] 刘淑芬，甄攀. 中药马勃中多糖含量测定[J]. 张家口医学院学报，2001，18(5)：32-34.
[11] 崔磊，宋淑亮，孙隆儒. 脱皮马勃化学成分研究及抗肿瘤活性的初筛[J]. 中药材，2006，29(7)：703-705.
[12] 龚先玲，曾任森，骆世明，等. 多根硬皮马勃中子实体的化学成分[J]. 天然产物研究与开发，2005，17(4)：431-433.
[13] 孟延发，杨国玲，周秀芳. 马勃多糖的研究[J]. 兰州大学学报，1990，26(2)：99-102.
[14] 张庆康，丁永辉. 10 种马勃的氨基酸含量测定及聚类分析[J]. 中成药，1996，18(8)：35-37.
[15] 花晓梅. 外生菌根真菌彩色豆马勃优良菌株营养源的研究[J]. 林业科学研究，1995，8(6)，597-604.
[16] 张华山，余响华，李亚芳. 土豆粉在白马勃液体培养中的应用研究[J]. 武汉工业学院学报，2006，25(1)：39-41.
[17] 张华山，肖加福. 白马勃液体深层培养工艺条件初探[J]. 湖北农业科学，2006，45(2)：205-207.
[18] 李慧珍，李水福，胡清宇，等. 马勃类 18 种真菌显微特征的聚类分析[J]. 基层中药杂志，1996，10(3)：8-9.
[19] 刘雪峰，冯志伟，刘永刚. 黄硬皮马勃培养特性的研究[J]. 云南林业科技，2001(4)：50-52.
[20] 林捷，曾任森，石木标，等. 彩色豆马勃发酵液和菌丝体提取液对几种植物的化感作用[J]. 华南农业大学学报，2003，24(3)：50-52.
[21] 徐锦堂. 中国药用真菌学[M]. 北京：北京医科大学、中国协和医科大学联合出版社，1997.
[22] 罗惟希，万伍华. 头状秃马勃驯化栽培研究初报[J]. 食用菌，2008(5)：18-20.

（宋启印、王淑敏、翁丽丽）

第八十五章 桑 黄

DIBASHIWUZHANG SANGHUANG

摘要：桑黄是一种具有良好药效的药用多孔菌，在我国中医中应用历史悠久，目前已逐渐成为国内外研究的热点。"桑黄"为俗称，学名是鲍氏针层孔菌(*Phellinus baumii* Pilat)。本章介绍了桑黄的营养与药用价值，系统地阐述了桑黄的生物学特性、分类学研究、高产栽培技术及药理作用的研究现状。

Phellinus baumii

Abstract: Sang Huang is a medicinal polypore with a long history of usage as a traditional medicine in China. Sang Huang, *Phellinus baumii* Pilat. This chapter consists of five sections describing in detail various aspects of Sang Huang including nutritional attributes, medicinal properties, biological features, taxonomy, high yield cultivation techniques, and pharmacological effects. It provides a good reference for future research and development of Sang Huang.

第一节 概 述

桑黄又叫：鲍氏层孔菌。

学名：*Phellinus baumii* Pilát, *Bull. trimest. Soc. mycol. Fr.* 48(1):25(1932)。桑黄、桑耳、针裂蹄、裂蹄针层孔菌等其他名称均为鲍氏层孔菌的异名。

属名"*Phellinus*"一词来自希腊语，词源"phellos"意思是"软木"，中文称"木层孔菌属"(种加词)"baumii"意思是人名)。

同物异名：*Inonotus baumii* (Pilát) T. Wagner & M. Fisch., *Mycologia* 94(6):1009(2002)。

分类地位：菌物界(Fungi)，担子菌门(Basidiomycota)，伞菌纲(Agaricomycetes)，锈革孔菌目(Hymenochaetales)，锈革孔菌科(Hymenochaetaceae)。

桑黄为俗称，药用最早收载于李时珍《本草纲目》中。《药性论》中称为桑臣、桑耳，《酉阳杂俎》中称为胡孙眼，《纂要奇方》中又称为桑黄菇。因该菌在我国中南地区通常生长在桑属植物上，且子实体为黄褐色而得名。据《药性论》记载：桑黄味微苦，性寒，在我国传统中药中用于治疗痢疾、盗汗、血崩、血淋、脐腹涩痛、脱肛泻血、带下、闭经。日本《原色日本菌类图鉴》记载桑黄可治偏瘫一类中风病及腹痛、淋病。《神农木草经》将桑黄描述为"久服轻身不老延年"，还有解毒、提高消化系统功能的作用。

20 世纪末桑黄多糖的研究在国内外逐渐兴起，其中韩国和日本对桑黄研究较多，美国和西欧对桑黄也略有研究。国内外对桑黄研究多集中在桑黄深层液体发酵条件优化和多糖提取方面，也有桑黄多糖分子结构及抗癌免疫学机制的研究等。日本及韩国已开始人工栽培和批量生产。

第二节 桑黄的生物学特性

一、形态特征

Phellinus igniarius 与 *Phellinus baumii* 在宏观和微观形态上有很大的相同和相似之处：子实体多年生，无柄，木质化，蹄形或半球形，颜色黄褐色或咖啡色，老熟后龟裂。子实层中通常有大量的锥形刚毛存在。菌丝均为二体型菌丝系统，其中 *Phellinus baumii* 的骨架菌丝平行于菌管排列，是其与 *Phellinus igniarius* 区分的特征之一。两者间的形态比较见表 85－1。

表 85－1 *Phellinus igniarius* 与 *Phellinus baumii* 的形态比较

项 目 Item	火木针层孔菌 *Phellinus igniarius*	鲍氏针层孔菌 *Phellinus baumii*
子实体形态 Fruitbody's shape	菌盖木质，扁半球形或马蹄形，无柄，长径 3～21cm，短径 2～12cm，厚 1.5～10.0cm，浅肝褐色、暗灰色以至黑色，早期表面布以细微绒毛，后变光滑，老熟后往往龟裂，无皮壳，有同心棱纹，边缘钝而下侧没有菌管层，深肉桂色至浅咖啡色。菌肉呈深咖啡色，木质，坚硬。菌管和菌肉近同色，多层，但层次不明显	菌盖硬木栓质，通常为蹄形或半球形，无柄，单生，长 10cm，宽 7cm，厚 5cm。初期为黄褐色，随年龄的增加变为黑褐色至栗褐色。初期上表面有微细绒毛，后期光滑，老熟后往往龟裂，有同心环沟。菌肉褐色，厚 1cm
菌丝形态 mycelium shape	菌丝为二体型菌丝系统，具有生殖菌丝和骨架菌丝。气生菌丝多为骨架菌丝，黄色，微螺旋状，直径 1.5～2.5μm。基内菌丝多为生殖菌丝，透明，多分支，直径 1.5～2.5μm×5～9μm，部分菌丝多短分支，分支端部膨大呈球形。骨架菌丝很少，厚壁，直径 5.0～5.5μm	菌丝为二体型菌丝系统，菌丝无锁状联合。生殖菌丝无色，薄壁至稍厚壁，浅黄色，常有简单分隔，偶尔分支，直径为 1.8～4.5μm；骨架菌丝黄褐色，厚壁且有一窄或宽的空腔，有时分隔，很少分支，在菌肉中规则排列，在菌管中平行于菌管排列，直径为 2.1～6.0μm，生殖菌丝和骨架菌丝均比在菌管中粗
孢子 spore	担孢子球形至卵圆形，4.5～6.2μm×3.9～5.8μm。少量厚垣孢子，卵圆形或椭圆形，厚壁，大小为 8.5～9.1μm×10.0～11.7μm。大量粉孢子，梭形，大小为 2.5～3.0μm×5.0～13.0μm	担孢子广椭圆形，黄色，厚壁，光滑，大小为 3.3～4.5μm×2.4～3.5μm
特殊结构 special structure	大量表皮细胞，透明，圆形或不规则圆形，6.5～14.5μm×6.5～14.5μm，刚毛顶尖锐，基部膨大，10～25μm×5～7μm	子实层中通常有大量的锥形刚毛存在，黑褐色，厚壁，大小为 14～24μm×5～9μm

二、生态分布

（一）寄主

火木针层孔菌生于杨、桦、柳、栎、榉树、杜鹃、花楸、山楂、桑等阔叶树活立木干上，引起树干心材白色海绵状腐朽，为多年生。鲍氏针层孔菌生于丁香属植物，特别是暴马丁香，偶尔也生长在白蜡树属、李属等植物上，造成心材白色腐朽。

（二）地理分布

国内分布于许多省区，如河北、山西、内蒙古、黑龙江、吉林、台湾、河南、广东、陕西、宁夏、甘肃、青海、新疆、四川、云南等地。集中分布区在黑龙江省东部乌苏里江与兴凯湖之间；西北地区陕西与甘肃交界的"子午岭"自然保护区；东北的长白山林区、哈尔滨与吉林市之间的老爷岭、张广才岭等地。另外，西南各省区也出产少量的桑树生"桑黄"。

在国外主要分布在韩国、日本、朝鲜、俄罗斯远东地区、菲律宾、澳大利亚、北美、中南美等地。

（三）桑黄的生活史

桑黄属多年生种类，产生马蹄形的担子果，能够存活 80 年之久，并在每个生长季节形成一层新的子实层体。

桑黄比较容易分离培养，但由于菌丝不产生锁状联合，研究他们的交配性是非常困难的。Fischer(1987)对火木针层孔菌的性循环史进行了研究，发现其为异宗配合且二极性。其他方面的研究尚未见报道。

（四）子实体生长期的营养与代谢特点

研究发现，桑黄在原基形成阶段对不同的碳源有明显的区别反应：棉子壳为主要碳源的菌袋，会生成大量原基（黑色小突起）；棉子壳与木屑掺半作为主要碳源的菌袋，在同一时期只有少量的原基生成；而木屑作为主要碳源的菌袋没有产生原基。随着子实体的形成成熟，不同碳源对其影响的差别日益显现。在棉子壳培养基上子实体生长最快。

桑黄在原基形成阶段对不同的氮源有明显的不同反应。在子实体刚刚形成时，对不同氮源的反应最为明显。在添加 20％麦麸的培养基上的子实体大小均匀，表面光滑，颜色更正（黄），生长速度更快；在添加 10％麦麸的培养基上子实体大小参差不齐，表面有凹陷，颜色浅（鹅黄），生长速度相对较慢。

（五）影响桑黄生长和繁殖的理化因素

桑黄菌丝体及子实体生长期的生理活动除与营养条件有关之外，还受温度、水分、空气、光线、酸碱度等各种理化因素的影响。

1. 温度

桑黄菌丝体在 13～38℃的范围内均能生长，

但对温度的变化很敏感。菌丝生长速度随温度的升高而加快，28～32℃时最快，随后逐渐降低。最适生长温度为28～32℃。

桑黄属于高温菌，比其他大型真菌需要更高的培养温度。桑黄子实体形成和发育适合的温度为27～30℃。

2. 水分

桑黄菌丝体在培养料含水量55%～65%时均能侵入培养料生长，但不同含水量对菌丝体吃料速度的影响明显不同。以棉子壳为培养料时，培养料含水量为55%时，菌丝吃料速度较慢；含水量增加到65%时，菌丝吃料速度最快；含水量大于65%时，随着培养料含水量的增加，菌丝吃料速度逐渐减慢；料含水量为85%时，菌丝吃料速度最慢。差异显著性测验结果表明，培养料含水量为65%时的菌丝吃料深度和其他处理间有着显著的差异。表明培养料含水量为65%时最适合桑黄菌丝生长。

桑黄子实体形成最适合的湿度是90%～95%。湿度对子实体的形成和生长起着至关重要的作用。湿度越低，子实体形成天数和成熟天数明显延长，子实体较小且生长不整齐。低于70%明显抑制其形成和生长。但湿度太大容易滋生杂菌，湿度控制在90%～95%为宜。

3. 通气

桑黄子实体形成时期需要足量的通气，每天通气1次与每天3次相比，子实体形成和成熟时间均延长近一半时间，子实体体积偏小，相差较大。每天通气3次能够保证桑黄子实体正常形成和发育。

4. 酸碱度

桑黄菌丝体在pH 4.5～9.0均可生长，不同的pH对菌丝生长的影响明显不同。pH在4.5～6.0时，随着pH值的升高，菌丝生长速度逐步加快；到pH 6.0时，菌丝生长速度最快，且菌落菌丝生长浓密，生长势旺盛；pH>6.0时，随着pH的增高，菌丝生长速度逐渐减慢，生长势也逐渐减弱；到pH 9.0时，菌丝生长速度最慢。表明桑黄喜欢在偏酸性的环境中生长，且菌丝生长的适宜pH在6.0左右。

5. 光照

一般来说，菇菌对光线的敏感性变化极大，总的倾向是光线抑制菌丝的生长。研究发现，一定的光照促进桑黄菌丝体颜色加深，菌落加厚，但不会抑制菌丝的生长；持续的光照虽然使菌落菌丝稀疏、生长势变弱，加速菌丝老化，但对菌丝的菌落直径无显著影响。由此可判断，桑黄菌丝对光线的敏感性变化并不像其他菇菌那么大。

桑黄子实体分化阶段，光照非常重要。菌丝只有在有光的条件下才能发生分化，进而形成子实体。桑黄子实体形成时期需要散射光，强度为1 000 lx的散射光比较适合桑黄子实体的形成和发育。在几乎无光照的条件下(10 lx)，桑黄不能够正常形成子实体。

第三节 桑黄的分类学

一、经典分类学

(一)古代对桑黄分类的认识

“桑黄”这一名称最早出现在李时珍《本草纲目》中，是指那些通常生长在桑属(*Morus* spp.)树木上、担子果硬、黄褐色的真菌。

(二)现代桑黄分类研究

对于桑黄的分类研究，学术界存在一定的分歧。在开发利用过程中，也出现了名称混乱和误用物种等不规范现象。据不完全统计，在文献中作为桑黄使用的学名出现7个，中文名称多达42个。在文献中和已经作为产品提供的鉴定标本中当作桑黄使用的物种有12个。国内桑黄的异名有多个，与其有关的拉丁学名包括*Phellinus igniarius*、*Phellinus linteus*和*Phellinus baumii*。邓淑群在《中国的真菌》一书中称为针裂蹄，应建浙等在《中国药用真菌图鉴》中称为裂蹄针层孔菌。刘艳芳等人认为针层孔菌属(*Phellinus*)属内又分为火木层孔菌[*P. igniarus* (L. ex. Fr) Quel.]、鲍氏层孔菌(*P. baumii* Pilat)和裂蹄木层孔菌[*P. linteus*(Berk. et Cart.) Teng]。而刘正南等认为，*Phellinus linteus*为针裂蹄菌，桑黄属火木层孔菌，学名应该是*Phellinus igniarius*。

戴玉成等通过比较*Phellinus linteus*与*Phellinus baumii*的模式标本，认为“桑黄”拉丁学名为*Phellinus baumii* Pilat，中文名称为鲍氏针层孔菌。但在中国及东亚地区，学者们均将“桑黄"的拉丁学名称为 *Phellinus linteus*，实际上东亚地区的 *Phellinus linteus* 是 *Phellinus baumii*，而 *Phellinus linteus* 被描述于中美洲的尼加拉瓜等地，是 *Phellinus baumii* 的近似种。

张小青、戴玉成在《中国真菌志·锈革孔菌科》中认为，可以称为桑黄的有 2 种：火木针层孔菌（*Phellinus igniarius*）和鲍氏针层孔菌（*Phellinus baumii*）。

1. 宏观特征

火木针层孔菌与鲍氏针层孔菌在宏观特征上，有很大的相同和相似之处：子实体多年生，无柄，木质化，蹄形或半球形，颜色黄褐色或咖啡色，老熟后龟裂。子实层中通常有大量的锥形刚毛存在。

P. baumii 孔口多角形至圆形，每毫米 6～11 个，管口边缘薄，*P. igniarius* 孔口圆形，每毫米 4～7 个，管口边缘厚，是区分的特征之一。

2. 微观特征

P. igniarius 与 *P. baumii* 菌丝均为二体型菌丝系统，所有隔膜无锁状联合；担孢子在 Melzer 试剂中无变色反应。

其中 *P. baumii* 的骨架菌丝平行于菌管排列是其与 *P. igniarius* 区分的特征之一。*P. baumii* 的担孢子广椭圆形，大小为 2.8～4.5μm×2.4～4.2μm，而 *P. igniarius* 的担孢子近球形至卵圆形，大小为 4.5～6.2μm×3.9～5.8μm，明显比前者大，是两者的本质区别。

（三）分子生物学分类研究

传统的药用真菌分类主要以形态特征为依据，容易出现同物异名或同名异物现象。近年来分子生物学作为新的分类指标已应用于真菌分类鉴定中，一定程度上弥补了以子实体形态等特征分类方法的不足。

1. 同工酶分析

同工酶是功能相同、结构不同的一组酶，由不同等位基因或不同基因位点编码的蛋白质。与其结构中氨基酸序列或组成差异相关，电泳迁移率的差异能够反映出它们在分子大小上的差异。由于底物及诱导物的组成或浓度不同，菌丝代谢活动差异，代谢产物和反应速度不同，诱导酶结构不同，使酶的活性也不同，使酯酶同工酶带数和酶带深浅出现差异。

同工酶作为基因表达的产物，能反映出物种间或个体间在 DNA 分子水平上的某些差异。同工酶技术能在一定程度上克服以菌落形态、子实体形态、子实体颜色和孢子形态等感官性状作为分类标志易受环境因素干扰的缺陷。

陈艳秋等(2007)选取 7 个均称为桑黄的不同形态的子实体，对子实体分离后得到的纯化菌丝体进行了酯酶同工酶和过氧化物酶同工酶电泳研究。同工酶结果表明，它们的酶谱具有相似的酶带，但其酶带数目、宽窄及颜色的深浅存在差异。通过对各品种间相似系数的分析，比较了它们之间的亲缘关系。

蔡林君等(2007)对吉林、黑龙江、河南、云南、青海、甘肃等地的桑黄药材进行同工酶聚丙烯酰胺凝胶电泳（PAGE）指纹图谱研究表明，桑黄 EST-PAGE 图谱可用于桑黄与其他相近中药的鉴别，也可用于鉴别 *P. igniarius* 和 *P. baumii*。桑黄样 POD-PAGE 图谱可用于桑黄与其他相近中药的鉴别，但不能用于鉴别 *P. igniarius* 和 *P. baumii*。桑黄 EST-PAGF 指纹图谱和 POD-PAGE 指纹图谱相似度分析表明，在酯酶和过氧化物酶上种间的差异大于产地的差异。

秦俊哲等(2006)对国内市场上 4 个不同来源的桑黄菌株进行菌丝培养观察、拮抗试验和酯酶同工酶分析，酯酶同工酶分析结果与菌丝培养观察和拮抗试验结果基本一致。说明采用酯酶同工酶谱带分析方法具有一定的稳定性和可靠性，是一种比较科学的种性鉴定方法。

酯酶同工酶谱之间差异的大小由于缺乏标准菌株的对照，很难确定它们为不同的种还是不同的品种。另外，酯酶同工酶谱受菌株不同生育时期、不同培养条件等的影响也比较大，存在很大的不确定性，这在一定程度上限制了该方法的应用。但作为初级分类，酯酶同工酶电泳的方法还是具有很大的应用价值。

2. RAPD

杜萍等(2007)的研究发现，采用改良的 CTAB 法，提取的 DNA 质量较高，适宜于 RAPD 分析。用 20 个随机引物对不同来源的桑黄菌株进行了 RAPD 分析。结果表明，20 个随机引物中，有 17 个引物的扩增产物 DNA 片段表现出明显的多态性，不同引物对供试菌株扩增出现的 DNA 条带数目少则 10 条，多达 33 条，DNA 片段的长度从 250～2 000bp；17 个引物对供试桑黄菌株共扩增出 DNA 条带 377 条，不同引物扩增出的 DNA 片段谱带存在较大差异，能比较直观准确地揭示菌株间的差异并加以鉴别。

3. RFLP

Young 等(2003)通过直接扩增和限制性酶消化 ITS 片段,发现所有的 *P. baumii* 没有多态性。但是 *P. linteus* 被 DraI and HpaII 消化后形成独特的限制性片段,利用 RFLP 分析 ITS 序列可以作为一个有效的分类方法来区分 *Phellinus baumii* 和 *Phellinus literius* 这两种看起来相似的菌株。

Tomoyuk 等(2002)通过进行线粒体 DNA 的 RFLP 分析,研究了 9 个日本野生 *Phellinus literius* 分离种的遗传多样性。用 BamHI 和 EcoRI 切割 mtDNA,分别产生 4～5 个独特的 RFLP 型。通过组合利用这两种内切酶得到的 RFLP 型带,9 种菌种的 mtDNA 可被分为 5 种不同基因型,但是从小区域内收集到的菌种 mtDNA 没有变化。结果表明,此方法在 *Phellinus literius* 遗传差异性的分析方面获得了良好的效果。

(四)其他

蔡林君等(2006)对吉林、黑龙江、河南、云南、青海、甘肃等地的桑黄药材进行薄层色谱(TLC)指纹图谱、高效液相色谱(HPLC)指纹图谱、红外光谱(IR)指纹图谱等的研究,取得了较好的结果。

第四节　桑黄的栽培技术

一、桑黄的段木栽培

王秋颖等(2005)进行了比较系统的桑黄段木栽培的研究,并获得了成功。

(一)选择树种、适时采伐

杨树、桦树、柞树、桑树等阔叶树均为栽培桑黄的良好树种,以桑树上生长的桑黄子实体入药最佳,因为桑树自身也是中药材的一种。桑黄在利用桑树上的营养进行生长发育时,可以吸收桑树中的有效成分,这是桑树桑黄好于其他树种栽培桑黄的原因所在。

树木休眠后和第二年萌发前,树干的营养最丰富,为最佳采伐期。采伐树木主要采用砍伐枝桠材或间伐两种方式,将采伐的树木放在通风荫凉处,以免长杂菌。在用之前,将采伐下的树木和枝桠材截成 15～20cm 长的木段,并对木段表面进行修理。有树结的地方易长杂菌,且易扎破塑料袋,应将其修平,去掉毛刺,避免造成生产中不必要的损失和浪费。

(二)菌棒的制备

选用直径 17～25cm×40～45cm 的塑料菌种袋,将锯好的木段用水浸泡后,装入高压菌种袋中,细的枝桠材扎成直径为 16～24cm 的捆,扎实以免刺破菌种袋;粗木段直接装入塑料袋中,木段的两头填充一些麦麸和木屑的混合物,这样既利于发菌,又可避免木段断面的木刺刺破菌种袋。菌棒经灭菌后,接入优良的二级菌种。将接种后的菌棒置于 25℃恒温的培养室中发菌。桑黄的菌棒发菌阶段,应放在黑暗条件下。若有光,菌丝将会很快变黄老化。

(三)栽培场地

栽培场地应选在易管理,水、电比较方便的地方,地势平坦及缓坡地均可。栽培场地选择好后,拣去土中的石块。为了减少病虫害的发生,在菌棒下地前土中应撒些生石灰。

(四)栽培管理

桑黄栽培主要采用塑料大棚,大棚上覆盖遮阳网或者覆盖草席,有利于温度的控制。如果条件允许,最好采用可以控温的大棚。大棚搭建好后,将菌棒成品字形或正方形埋在处理好的土中,一半埋在土中,一半露在土面上。菌袋可采用全脱袋或环割两种方式。全脱袋菌棒易干,应在菌棒上方盖一些保湿效果好的湿沙;环割一般保湿效果好。桑黄菌的出菇管理主要包括温度、湿度、光照、通气、除草、防杂菌等几个方面:

1. 温度

桑黄属于高温型药用真菌,其出菇温度在 25～30℃。温度低于 25℃、高于 30℃子实体生长缓慢甚至停止。子实体最佳生长期在春秋两季,夏季需要人工控制温度,子实体才可正常生长。变温处理,如昼夜温差刺激有利于子实体的发生和生长。

2. 湿度

桑黄子实体的形成需要高湿的条件。土壤湿度控制在 50%～60%、空气湿度控制在 90%以上,有利于子实体的形成和生长。

3. 光照

桑黄子实体的发生需有一定的光照，子实体发生期的光照不应太强。光照太强，子实体的形成受到抑制，一般棚内光的透射率以 10%左右为佳。

4. 通气

通气是桑黄子实体形成的重要环节。氧气不足，子实体生长受到抑制，子实体颜色由亮黄色变暗黄色。每天通风换气至少 2 次以上，早晚各 1 次。

二、桑黄的袋栽技术

桑黄是喜温型真菌，在生长发育过程中，要求较高的温度。菌丝生长温度以 24～28℃为最佳，子实体在 18～26℃之间长势最好。

(一)栽培季节及桑黄棚的建造

种植模式采取室内层架结构，建造合理的桑黄棚是取得桑黄高产的重要条件。根据桑黄的生物学特性，选择保温、保湿、通风良好、光线适量、排水顺畅、方便管理操作的桑黄大棚，要求桑黄棚地面清洁，墙壁光洁耐潮湿。桑黄棚大小应根据培养料多少而定，把桑黄棚建在有树荫处、靠近水源的位置最合适。接种好的菌袋入棚前要严格消毒，空间用甲醛 $5ml/m^3$ 和高锰酸钾 $10g/m^3$ 密封熏蒸 24 小时之后才能使用。东北地区利用自然温度栽培，春种以 4～5 月份最佳，夏种以 9～10 月份最好。

(二)培养料配制

桑黄在生长发育过程中需要各种营养物质，可因地制宜就地取材，选用适合本地区的配方，如柞树锯末 77%，麦麸 15%，玉米粉 5%，糖、磷肥和石膏各 1%，每 100 千克栽培料加 JTD802 生长素 50mg。

(三)栽培料袋的制作

在配制栽培料时先将棉子壳、木屑、麦麸、石膏粉等料拌均匀，培养料含水量 60%～65%，以用手握紧料成团，指缝间似滴不滴水为好。拌好料后即可装袋。塑料袋规格可选用 15cm×35cm 或 17cm×33cm 的聚丙烯或聚乙烯筒袋，每袋装料 400～450g，聚乙烯料袋采用常压灭菌10～12 小时，聚丙烯塑料袋采用高压灭菌，保持 2 小时。待料冷却到 30℃以下时移入无菌室内接种。一瓶栽培种可接种料袋 25～35 袋。将已接种的菌袋移入消毒好的培养室内，分层排放，一般每排放 6～8 层高，排架之间留有人行通道，每周上下翻倒一次。这样做一是可以平衡温度，二是经过翻动可增加袋内氧气，使发菌更快。

(四)菌丝培养

发菌期间，培养室内保持 22～28℃，空气相对湿度应控制在 50%～60%，每天通风半小时。当菌丝体发满 2/3 时，移入培养棚内，松开料袋口，用手轻轻一提，留一点缝隙。棚内以散光为宜，避免强光直射。一般经 25～32 天，菌丝便可长满料袋。个别料袋菌丝发育不匀，可挑出单放。

(五)出黄管理

菌丝长满后，可用刀片把两端割成 5 分硬币大小的圆形口，以利出黄。出黄时棚温保持在 18～26℃，空气相对湿度提高到 90%～95%，并提供散射光和充足的氧气。每天向墙壁四周及空间喷水 3～4 次。每天上午 8 时以前及下午 4 时以后打开门及通风口换气，气温低时在中午 12 时至下午 2 时通风换气。原基膨大 3～5 天，逐渐形成菌盖，应增加喷水保湿，气温过高要喷水控温。通风不良易出畸形桑黄。出现畸蕾应及时割掉。菌盖颜色由白变浅黄再变成黄褐色，菌盖边缘白色基本消失，边缘变黄，菌盖开始革质化，背面弹射出黄褐色的雾状型孢子时，表明桑黄子实体已成熟，即可采收(从割口到采收需 50 天左右)。

(六)采收及采收后管理

桑黄采收前一周停止喷水，关闭通风口，通道地面铺上塑料薄膜，以便把散发的孢子粉收集起来。采收桑黄时从柄基部用剪刀切下或用手轻摘。采收后烘干或晒干至含水量 12%，装袋置于干燥的室内保存或出售。

采收桑黄后，除去料袋口部的老菌皮，培养袋重新排放于棚内，提高湿度至 90%～95%，温度仍保持在 25℃左右。一周后，又可在原来菌柄上继续生长出子实体。按照前一阶段的方法培养管理，25～30 天又可采收第二茬，一般可采收 3～4 茬。每 100 千克干料可生产干桑黄成品 3 千克以上。

第五节　桑黄的药理作用

桑黄是目前国际公认的抗癌效果最好的真菌，具有抗肿瘤、抗纤维化、抗氧化、抗突变等多种药理活性。抗癌效果比灵芝、姬松茸好,已成为药用真菌研究领域的一个热点。中医认为桑黄性甘、平,味苦、味辛,归肝、膀胱经。在古代就有“如果得到附生于桑树上的黄色疙瘩(桑黄),死人也可复活”的传说,民间把它作为一种治疗肝病、癌症的奇药。中国《中药大辞典》也有它的药用记载。近年来,日本、韩国相继对其进行开发,我国也已开始对桑黄进行药理研究。

一、抗癌和抗肿瘤作用

桑黄是已知高等真菌中抗癌效果最好的菌类,其抗癌机制也渐渐被人们所认识,加上深层培养的成功报道,市场前景非常乐观。在韩国桑黄的子实体一直作为名贵药材出售;在日本桑黄药用也开始进入市场。尽管我国应用桑黄治病已经有2000多年的历史,但市场化发展较慢,最主要的原因可能是对其药理作用研究深度不够。要使桑黄尽快市场化,在继承和发扬我国桑黄应用和生产的丰富经验的同时,加强其化学、药理学研究,开发新产品,开拓新市场,使我国桑黄产品走向世界。

自20世纪90年代以来,药用真菌逐渐成为国内外研究的热点。由于桑黄具有较强的抗肿瘤作用,更受到广泛关注,已有数以百计的研究论文发表在相关刊物上。

桑黄的抗肿瘤作用研究得较早的是日本的Ikekawa。经他研究发现,桑黄野生子实体的提取物对小鼠肉瘤S-180的抑制率为95.7%,表现出了较高的抑制肿瘤的效果。

郝瑞霞等(2008)研究了桑黄醇提物体外抑制L1210肿瘤细胞的试验。结果表明,桑黄醇提物各样品对肿瘤细胞L1210的体外抑制率随着样品浓度的增加而增强。其中人工鲍氏桑黄Sh2浓度为10μg/ml时,对肿瘤细胞L1210的抑制率为37%。当浓度提高到20μg/ml时和40μg/ml时,对肿瘤细胞L1210的抑制率分别提高到63%和81%。野生桑黄Sh5醇提物也表现出良好的抗肿瘤细胞效果,浓度分别为10μg/ml、20μg/ml和40μg/ml时,对肿瘤细胞L1210的抑制率分别为47%、66%和86%。

杨全等(2007)研究了桑黄胞外多糖对小鼠S-180实体瘤和腹水瘤的生长抑制作用。用灌胃方法,桑黄胞外多糖的灌胃剂量分别为每天100mg/kg、200mg/kg、400mg/kg,分别灌胃生理盐水和环磷酰胺为空白对照组和阳性对照组。实验发现3个剂量的桑黄胞外多糖对S-180实体瘤的抑瘤率分别为31.25%、36.86%和44.38%,可以降低S-180腹水瘤细胞的分裂指数,延长腹水型荷瘤小鼠的存活时间。表明桑黄胞外多糖具有较强的抗肿瘤作用。

对桑黄药理作用的研究主要集中在子实体多糖上,而对其胞内多糖的抗癌活性研究较少。为了进一步探讨其抗肿瘤活性,史新强等(2007)研究桑黄胞内多糖(*phellinus linteus* intracellular polysaccharide,PLIP)对体外培养的人白血病细胞K562的增殖抑制作用,并初步探讨其作用机制。试验采用MTT法及台盼蓝拒染法测定细胞增殖抑制率和生长曲线,采用Hoechst-PI双荧光染色、流式细胞术和DNA琼脂糖凝胶电泳检测细胞凋亡。研究结果表明PLIP对体外培养的人白血病细胞K562生长增殖具有明显的抑制作用,其作用机制可能与诱导K562细胞凋亡和影响细胞周期有关。PLIP在25μg/ml、50μg/ml、100μg/ml、200μg/ml、400μg/ml和800μg/ml剂量时均能显著抑制K562细胞增殖($P<0.05$),其中400μg/ml剂量时抑制率最高,达52.55%,半数抑制浓度(IC50)为262.36μg/ml。流式细胞仪检测PLIP在100μg/ml、200μg/ml和400μg/ml剂量时,K562细胞凋亡率分别为5.72%、13.57%和19.39%,并能诱导K562细胞出现凋亡所具有的形态学及生化学的特征。

郑立军等(2007)研究了桑黄胞外多糖的体外抗肿瘤活性。试验利用MTT法测定桑黄胞外多糖对肿瘤细胞增殖反应的影响。采用小鼠骨髓嗜多染红细胞微核实验和小鼠精子畸形实验,研究桑黄胞外多糖抗环磷酰胺(CP)致突变作用。研究发现,桑黄胞外多糖可以明显抑制肿瘤细胞的增殖,对肝癌细胞HepG-2、乳腺癌细胞MCF-7的半数抑制浓度(IC50)分别为194.42μg/ml、261.56μg/ml;300mg/kg、600mg/kg,桑黄胞外多糖的微核抑制率可达44.78%和49.63%,各剂量组对CP诱发的精子畸形率也有显著抑制作用($P<0.01$)。

王清等(2006)采用体外抑瘤实验研究人工栽培的桑黄子实体水提物(PSW)对肝癌细胞HepG-2、乳腺癌细胞MCF-7生长的抑制作用;选用小鼠骨髓嗜多染红细胞微核试验和小鼠精子畸形试验,研究了PSW的抗环磷酰胺致突变作用。PSW的制备:秤取子实体250g,加水750ml,75℃水浴提取2小时,离心取上清液,重复3次。合并上清液,减压浓缩,透析,冷冻干燥后即得。MTT法测定桑黄胞外多糖对肿瘤细胞增殖反应的影响,计算细胞存活率、细胞生长抑制率(*IR*)、半数抑制浓度等。*IR*>70%为高度敏感,*IR*>50%为中度敏感，$IR<50\%$为不敏感。结果表明，人工栽培的桑黄子实体提取物PSW对肝癌细胞HepG-2、乳腺癌细胞MCF-7有很好的生长抑制作用，且两个细胞株对子实体提取物800μg/ml、400μg/ml、200μg/ml 3个剂量表现为中度敏感。对环磷酰胺诱发的微核率和精子畸形率有着显著的抑制作用（$P<0.01$），明显增强小鼠血清和肝组织中SOD活性，降低MDA含量。

沈业寿等（2007年）研究了桑黄胞内多糖的抗肿瘤效果。桑黄胞内多糖利用液体发酵的方法获取。试验动物采用S-180荷瘤小鼠，小鼠随机分为正常对照组，荷瘤对照组，环磷酰胺组，桑黄胞内多糖低、中、高剂量组（50mg/kg、100mg/kg、200mg/kg）和环磷酰胺与桑黄胞内多糖低、中、高剂量联合用药组共9组，每组10只。结果显示，200mg/kg、100mg/kg剂量的桑黄胞内多糖对S-180的抑制率分别为57.02%和61.40%；与环磷酰胺联合使用后，100mg/kg的剂量抑制率可达79.51%，显示出桑黄胞内多糖明显的抗肿瘤作用。

郑立军等（2006）研究了桑黄胞内多糖的抗突变效果。采用小鼠嗜多染红细胞微核实验和小鼠精子畸变实验表明，不同剂量桑黄胞内多糖均能有效抑制环磷酰胺诱发的骨髓细胞微核率，且存在剂量效应关系。当剂量为600mg/kg时对微核的抑制率可达63.43%，说明桑黄胞内多糖可抑制环磷酰胺引起的体细胞基因突变。精子畸形实验表明，高、中、低剂量的桑黄胞内多糖作用后，精子畸形率均较单纯环磷酰胺作用组显著下降，说明桑黄胞内多糖能抑制生殖细胞的基因突变。微核和精子畸形实验结果的一致性，进一步证明了桑黄胞内多糖具有明显的拮抗环磷酰胺致突变作用。

赵澜等（2008）研究了桑黄粗多糖（PL）对高转移卵巢癌细胞（HO-8910PM）和乳腺癌细胞（Bcap-37）增殖和转移相关能力的影响及其作用的机制。桑黄子实体在蒸馏水中（1：25）100℃10小时，过滤去渣，90%乙醇沉淀3次（1：4），离心干燥所得粗多糖。分别进行了裸鼠瘤移植试验、MTT比色法检测细胞增殖能力和黏附能力、流式细胞术检测细胞周期和细胞凋亡。研究结果表明，桑黄粗多糖能有效抑制裸鼠移植肿瘤的生长，抑制率为65.37%；对离体培养的卵巢癌细胞（HO-8910PM）和乳腺癌细胞（Bcap-37）的抑制率分别达到15.53%和23.81%；500μg/ml PL作用于HO-8910 PM细胞96小时后可诱导其凋亡。研究发现，桑黄对肿瘤的抑制作用是通过细胞周期G0/G1阻滞而抑制细胞增殖和诱导细胞凋亡；PL能显著抑制HO-8910 PM细胞的黏附、侵袭和迁移等肿瘤转移相关能力。桑黄多糖具有抑制肿瘤增殖和转移的作用。

李宜明等（2006）采用MTT法研究了桑黄固态发酵菌质多糖（PISPS）对肝癌细胞（HepG22）、乳腺癌细胞（MCF27）生长的抑制作用，测定出多糖对细胞生长的最高抑制率为59.18%、55.39%，半数抑制浓度为196.9μg/ml、162.5μg/ml，且随药物浓度的增加抑制率有增大的趋势，与正常组比较作用较为显著（$P<0.05$）；选用小鼠骨髓嗜多染红细胞微核试验和小鼠精子畸形试验，对多糖的抗环磷酰胺（CP）致突变作用进行评价，结果表明桑黄多糖使环磷酰胺诱发的细胞微核率和精子畸形率明显降低（$P<0.01$）。显示具有显著的抗突变功效。

车会莲等（2005）研究了桑黄提取物对肿瘤生长和细胞免疫功能的影响，探讨桑黄提取物对荷瘤小鼠肿瘤生长和细胞免疫功能的影响及抗肿瘤作用最佳剂量的筛选。试验方法：将小鼠按体重随机分成5组，分别为空白对照组、阴性对照组、高剂量组、中剂量组和低剂量组。建立肝癌H22皮下移植瘤模型，在普通饲料饲喂的基础上采用灌胃法，空白对照组和阴性对照组给以生理盐水，高、中、低剂量组分别给以不同剂量桑黄提取物，观察其对肿瘤生长的影响，同时利用小鼠腹腔巨噬细胞吞噬鸡红细胞试验，检测巨噬细胞功能，乳酸脱氢酶法检测自然杀伤细胞（natural killer cell，NK）活性，噻唑蓝（MTT）法检测LAK细胞（lymphokine activated killer cell）活性等细胞免疫功能的变化，并观察其对脑、胸腺、肝、脾组织脏器指数的影响。结果得出：桑黄提取物干预组与对照组相比，在瘤体比、抑瘤率及细胞免疫功能方面均有差异，有统计学意义，对主要脏器的影响差异，无统计学意义，其抗肿瘤作用的最佳剂量为200mg/kg体重。结论：桑黄提取物对肿瘤生长具有抑制作用，并可显著增强荷瘤小鼠的细胞免疫功能，其抗肿瘤作用的最佳剂量为成人日常推荐摄入量3克/天的4倍。

Ajith等（2003）研究了桑黄乙酸乙酯、甲醇和水的提取物抗肿瘤活性。结果发现，乙酸乙酯、甲醇提取物均能抑制Dalton淋巴腹水癌（Daltons lymphoma ascites，DLA）和Ehrlich腹水癌（Ehrlich's ascites carcinoma，EAC）细胞系，而水提物作用不明显。体内实验表明，3种提取物对DLA引起的小鼠肿瘤细胞有显著的生长抑制作用，以乙酸乙酯提取物效果最好。口服给药剂量为

50mg/kg 时，和临床标准参考药顺铂(cisplatin)4mg/kg 的静脉注射效果相当。这进一步表明桑黄作为抗肿瘤药物有很大的潜在用途。

Han SB. 等(1999)进一步研究了桑黄多糖是如何作用于肿瘤细胞的。发现多糖给药对移植B16FlO黑素瘤试验鼠成活率有显著的提高作用，还能够抑制 NCI-H23 细胞的生长，降低肺 B16FlO 黑素瘤的转移，并和抗癌药多柔比星(阿霉素)的抗肿瘤效果作了比较，发现多柔比星的防止癌细胞转移效果较桑黄多糖差。最终结果表明，桑黄多糖能有效抑制癌细胞生长和防止其转移是通过细胞调节和体液免疫而起作用的，并且对正常成纤维细胞没有细胞毒作用。因此，可以说桑黄多糖可能是化学方法抗癌的又一个理想药物。

2006 年，Kim 等更深入地研究桑黄多糖抗癌的机制，做了多糖对吞噬作用和腹腔巨噬细胞产生一氧化氮、肿瘤坏死因子及活性氧自由基的影响，用升硫氰酸荧光素-葡聚糖作为示踪。分析了加多糖与不加多糖对腹腔巨噬细胞的影响，发现提高了吞噬作用，并且一氧化氮和肿瘤坏死因子的产生和多糖的添加量有一定的浓度依赖性，但对活性氧自由基没有影响。因此，可以推断其抗癌的机制可能是通过提高抗原与各种免疫识别所需的共刺激分子以及组织相容性复合体分子间的作用，影响呈现抗原表达过程中所必需的一些细胞表面活性分子，间接调控 T-cell 调节免疫来对抗癌细胞而达到抗癌效果。

吴卫卫等(2007)对桑黄多糖对S-180的直接抑制作用进行了研究。采用 MTT 比色法检测桑黄多糖对肿瘤细胞S-180的增殖活性，用流式细胞仪检测其作用机制是否与凋亡有关及用药后细胞周期的变化。结果表明，在肿瘤细胞增殖实验中，用药一定时间后，各剂量实验组瘤细胞的增殖数与相应的空白对照组相比，P 值均＜0.05，有显著性差异，提示桑黄多糖有较强的直接抑瘤作用。实验表明，用药剂量为 1mg/ml 时，实验组几乎已经抑制了肿瘤细胞的增殖，作用时间分别为 24 小时、48 小时、72 小时和 96 小时时，抑瘤率分别为37.62％、72.09％、84.09％和74.09％。凋亡实验结果表明，用药 48 小时后，各实验组的细胞凋亡率均高于对照组。桑黄最高剂量组的凋亡率有下降趋势，但是坏死率高达60.58％，说明药物剂量较大时，可直接杀死细胞，促其凋亡的相对较少。流式细胞分析显示，桑黄多糖主要通过促进肿瘤细胞凋亡，使瘤细胞增殖周期停滞于 G2/M 期来抑制肿瘤细胞增殖。这表明桑黄多糖通过直接诱导肿瘤细胞S-180凋亡发挥直接抑制肿瘤作用。

二、免疫调节作用

据报道，桑黄的抗癌效果机制是通过细胞调节和体液免疫来提高免疫力而抑制肿瘤细胞生长和转移。

沈业寿等(2007)研究了桑黄胞内多糖对S-180荷瘤小鼠免疫功能的影响。桑黄胞内多糖利用液体发酵方法获取。试验动物采用S-180荷瘤小鼠。用 MTT 法测定桑黄胞内多糖对S-180荷瘤小鼠脾淋巴细胞转化能力的影响，同时测定了胸腺指数和脾脏指数。试验结果表明，桑黄胞内多糖各实验组小鼠的胸腺指数、脾脏指数较高，然而环磷酰胺组小鼠的胸腺指数和脾脏指数明显降低，表明小鼠免疫功能受到抑制，导致小鼠存活数下降。结果还显示桑黄胞内多糖能明显增加荷瘤小鼠的白细胞数，促进白细胞生成，并对环磷酰胺引起的小鼠白细胞数下降有明显的拮抗作用。同时，桑黄胞内多糖还能增强小鼠脾淋巴细胞增殖能力，对环磷酰胺造成的脾淋巴细胞转化能力的下降有明显的拮抗作用。可见桑黄胞内多糖具有较强的免疫增强活性。

杨全等(2006)研究了桑黄菌丝体多糖对荷瘤小鼠免疫调节作用。采用灌胃的方法给药，灌胃剂量分别为每天 100mg/kg、200mg/kg、400mg/kg，以生理盐水和环磷酰胺为空白对照组和阳性对照组，连续 8 天。停药后第一天处死荷瘤小鼠，检测药物对荷瘤小鼠脾脏指数和胸腺指数的影响。结果发现，桑黄胞外多糖组小鼠机体的胸腺指数和脾脏指数均有不同程度的提高，表明桑黄胞外多糖组提高了荷瘤小鼠的免疫力。试验还发现环磷酰胺的抑瘤率虽然最高，但对小鼠的胸腺和脾脏等免疫器官抑制作用较大，胸腺指数和脾脏指数均低于空白对照组(P＜0.05)，表明桑黄菌丝体多糖具有较强的抗肿瘤作用和免疫调节活性。

刘海燕等(2006)进行了桑黄粗多糖抗肿瘤及对荷瘤小鼠免疫功能影响的研究。采用灌胃方法，剂量分别为 100mg/kg、200mg/kg、300mg/kg，以蒸馏水为对照组。连续灌胃 12 天。停药 5 小时后处死小鼠。观察计算抑瘤率、腹腔巨噬细胞吞噬指数及吞噬率、外周血淋巴细胞转化率、血清溶血素水平，以及血清中细胞因子 TNF-α、IL-4 含量。结果表明，桑黄粗多糖高、中、低剂量组对小鼠肉瘤均有抑制作用，抑瘤率分别为41.54％、45.38％、46.92％，均大于 30％。与蒸馏水组比较，效果显著(P＜0.01)，高剂量多糖抗肿瘤效果高于低剂量组。能明显提高荷瘤小鼠的腹腔巨噬细胞吞噬指数与吞噬率、外周血淋巴细胞转化率及血清溶血素水平，并能提高血清中细胞因子 TNF-α 含量，对血清中细胞因子 IL-4 含量的影响作用不显著。表明桑黄粗多糖具有抗肿瘤以及增强荷瘤小鼠免疫功能的作用。

三、抗纤维化作用

张万国等(2003)研究桑黄对肝损伤的保护作用。以四氯化碳诱导大鼠肝损伤的方法，观察桑黄对血清学和组织学指标的影响。结果表明，桑黄治疗组大鼠肝细胞变性和炎细胞浸润现象明显减轻，纤维组织增生明显减少，肝组织结构完好，未见有假小叶形成；血清氨基酸转移酶水平显著降低，蛋白合成能力增强；血清活性氧显著减少，肝组织超氧化物歧化酶活力提高；血清白细胞介素-4 水平降低，γ-干扰素显著增高。桑黄能显著降低肝纤维化大鼠血清氨基转移酶水平和胶原含量，显著降低肝纤维化大鼠的全血黏度、血细胞比容和红细胞刚性指数($P<0.01$，$P<0.05$)，血浆黏度和红细胞聚集指数也有一定程度的降低。实验表明桑黄具有保护肝细胞功能，抗脂质过氧化和调节炎症因子水平为其作用机制。

四、抗氧化作用

郑立军等(2006)研究了桑黄胞内多糖的抗氧化作用。结果显示桑黄胞内多糖能显著增强机体 SOD 活性，降低 MDA 水平，而 SOD 活性反映了机体清除氧自由基的能力，MDA 含量则间接反映机体细胞受自由基损伤的程度。因此，郑立军等认为桑黄胞内多糖有可能通过增强机体抗氧化酶活性，降低组织中脂质过氧化产物水平，从而增强机体抗氧化防御系统的功能，减轻 CP 代谢产生的自由基可能引起的对细胞 DNA 的损伤，发挥抗突变作用。本实验结果也表明，血清和肝组织中的 MDA 含量均随 SOD 活性增强而降低，MDA 含量与 SOD 活性之间存在显著负相关，验证了过氧化物浓度与抗氧化活性呈反比的规律。

韩国学者 Ajith，TA 等，研究了桑黄乙酸乙酯浸提物的抗氧化作用。结果发现，对超氧阴离子的清除、抗坏血酸引起油脂氧化的抑制、过氧化物和一氧化氮的清除有很好的效果。同时，Mi-Yae Shon 等分别用甲醇和热水浸提从桑黄中提取了酚类化合物，得率分别33.3mg/100ml 和20.7mg/100ml，利用β-胡萝卜素—亚油酸酯模型和活性氧反应产生系统测定抗氧化作用和自由基清除能力，测得羟基自由基、过氧化氢的清除率为 80%～90%。

五、抗衰老作用

郑媛和沈业寿(2006)研究了桑黄胞内多糖的抗衰老作用，试验以果蝇作为供试动物，共分 5 组。第 1 组为正常组，饲养中添加基本培养基；第 2 组为阳性对照组，饲养中添加 2%(*W*/*W*)香菇多糖；第 3～5 组为不同剂量的给药组，饲养中分别添加 2%、4%、8%桑黄胞内多糖。统计果蝇的死亡数，计算每组平均寿命、半数存活期和最长寿命。结果表明，添加香菇多糖的阳性对照组和分别添加 2%、4%桑黄胞内多糖的药物组均表现出较好的抗衰老作用。其中饲养在含 4%桑黄胞内多糖培养基中的果蝇与不添加多糖的正常组相比，平均寿命延长了27.5%，最长寿命延长了29.6%。高剂量桑黄多糖组(添加 8%桑黄胞内多糖)的抗衰老作用不明显。这说明在适当剂量下桑黄胞内多糖可以延长果蝇平均寿命和最长寿命，具有抗衰老作用的潜力。

六、其他作用

王中喜等(2006)进行了桑黄多糖对小鼠骨髓造血功能损伤的保护作用的研究。结果表明，桑黄多糖灌胃给药后，受 X 线照射小鼠造血功能得到不同程度的改善。表明桑黄对动物骨髓损伤有较好的改善作用。由于桑黄多糖的组分复杂，加上多糖活性受剂量因素的影响，其量效关系还有待于进一步研究。

参 考 文 献

[1] 刘春辉，陈体强，林跃鑫. 药用真菌桑黄的研究进展[J]. 菌物研究，2004，2(2)：53-59.

[2] 刘波. 中国药用真菌[M]. 太原：山西人民出版社，1974.

[3] DAI YU CHENG, XU MEI QING. Studies on the medicinal polypore, Phellinus baumii and its kin, P. linteus [J]. Mycotaxon, 1998(67)：191-200.

[4] 王志娟，潘学仁，周传艳，等. 刺革菌科 10 种主要木材腐朽菌的培养特性[J]. 林业科技，2001，26(3)：21-25.

[5] 池玉杰，潘学仁. 7 种木层菌属真菌的培养特性[J]. 菌物学报，2001，20(3)：378-380.

[6] 郑立军,王清.药用真菌——桑黄的研究进展[J].现代中药研究与实践,2005,19(3):61-64.
[7] 骆冬青,郑红鹰,汪维云.珍稀药用真菌桑黄的研究进展[J].药物生物技术,2008,15(1)76-78.
[8] 张万国.桑黄抗肝纤维化及其作用机制的研究[D].第二军医大学博士论文,2002.
[9] 孙淑静,江玉姬,朱虎,等.药用真菌桑黄的研究进展[J].药物生物技术,2005,12(2):138-140.
[10] KONG W S, KIM D H, YOU C H, et al. Identification of Phellinus linteus by Comparison of Colony Shapes and Using PCR techniques [J]. The Korean Journal of Mycology, 1998,26 (4):466.
[11] SONG K S, CHO S M, KO K S, et al. Secondary metabolitesfrom t he mycelial culture broth of Phellinus linteus[J]. Agricultural Chemistry and Biotechnology,1994,37(2):100.
[12] 卯晓岚.中国大型真菌[M].郑州:河南科学技术出版社,2000.
[13] 邓叔群.中国的真菌[M].北京:科学出版社, 1963.
[14] 应建浙,卯晓岚.中国药用真菌图鉴[M].北京:科学出版社,1987.
[15] 陈柳萌,肖婧,李菁,等.桑黄菌的研究进展[J].江西农业学报,2007,19(5): 88-90.
[16] 卯晓岚.中国经济真菌[M]. 北京:科学出版社,1998.
[17] 刘波.中国药用真菌[M].太原:山西人民出版社, 1984.
[18] 胡文彬,马海乐,周存山.桑黄菌的研究与开发[J]. 食品研究与开发,2006,27(3):80-82.
[19] 国家卫生部和国家中医药管理局.中华本草[M]. 上海:上海科学技术出版社,1999.
[20] 张小青,戴玉成.中国真菌志(第二十九卷)[M].北京:科学出版社, 2005.
[21] 秦俊哲,王雪莲,姚艳芳.桑黄菌子实体分化发育条件初探[J].食用菌,2008,29(1):31-32.
[22] 秦俊哲,姚艳芳. 桑黄菌丝的最适培养条件研究[J].食用菌,2007, 29(1):6-9.
[23] 雷萍,孙悦迎,张文隽,等.野生桑黄菌种分离与培养特性研究初报[J].食用菌学报,2007,14(2):71-75.
[24] DAI YC. Phellinus sensu lato(Aphyllophorales Hymenochaetaceae) in East [J]. Acta Bot Fennici, 1999(166):111-115.
[25] 宋力,孙培龙,郭彬彬,等. 桑黄的研究进展[J].中国食用菌,2005(3):7-10.
[26] 江苏新医学院.中药大辞典[M].上海:上海科学技术出版社,1995.
[27] 曾念开,王秋颖,苏明声,等.营养及环境因素对鲍氏针层孔菌菌丝生长的影响[J].食用菌,2007(4):6-8.
[28] 王秋颖,陈邦国,秦绍新. 桑黄菌人工栽培技术研究[J].食用菌,2005(5): 32.
[29] 张小青.什么是桑黄.中国菌物学会首届药用真菌产业发展暨学术研讨会论文集[C].江苏:中国菌物学会药用真菌专业委员会,2005.
[30] 杜萍. 桑黄菌株亲缘关系的研究[D].延边大学硕士学位论文,2007.
[31] 刘艳芳,杨众,贾薇.药用真菌桑黄总黄酮测定方法研究[J].食用菌学报,2006, 13(2): 454.
[32] 宋力,孙培龙,郭彬彬,等.桑黄的研究进展[J].中国食用菌,2007,24(3):7-11.
[33] 刘正南,郑淑芳.中国药用真菌的现状和种质资源[J].中国食用菌, 1996,17(6):22-24.
[34] 戴玉成.药用担子菌——鲍氏层孔菌(桑黄)的新认识[J].中草药,2003,34(1):94.
[35] 秦俊哲,姚艳芳.桑黄菌的酯酶同工酶分析[J].食用菌,2006(6):7-8.
[36] LEE S Y. Characterization and production of antitumor polysaccharide from besidiomycetes[J]. Biotech. News,1996(3):399-403.
[37] MIZINU T, WSAA T. Anti-tuuor active polysaccharide isolated from the fruiting body of Hercium erinaceum, an edible and medicinal mushroom called yamabushitake or houtou. Biosci. Biotech. Biochem. ,1992(56):347-348.
[38] 秦俊哲,谷申睿,陈合. 14 个灵芝菌株的酯酶同工酶分析[J].微生物学通报,2005,32(4):20-24.
[39] 杜萍,陈艳秋.7 个桑黄菌株酯酶同工酶的研究[J]. 中国食用菌,2006,25(2):40-42.
[40] 方晓翠,杨志雷,梁旭清,等.双孢蘑菇、野蘑菇和姬松茸的过氧化物酶和酯酶的同工酶分析[J].中国食用菌,2002,21(4):34-36.
[41] 方杨,彭卫红,甘炳成,等. 灵芝属菌株的酯酶同工酶酶谱分析[J].西南农业学报,2001(14):72-74.
[42] 杜萍,陈艳秋,郭晓帆.桑黄近缘种过氧化物同工酶比较分析[J].食用菌,2006(6):6-8.

[43] 陈国良，高小鹏，任桂梅. 羊肚菌菌丝体酯酶同工酶的分析[J]. 中国食用菌，2003,22 (4)：41-42.
[44] 蔡林君. 药用真菌——桑黄指纹图谱分析[D]. 长春：长春理工大学硕士论文，2007.
[45] LIM YOUNG WOON. Type studies on Phellinus baumii and Phellinus linteus. Mycotaxon[J]. 2003(3)：201-210.
[46] NAKAMURA TOMOYUKI，FUKUDA MASAKI，MATSUGO SEIICHI，et al. Analysis of mitochondrial DNA restriction fragment length polymorphisms for examining genetic variability among isolates of Phellinus linteus[J]. Mycoscience，2002(43)：443-445.
[47] 王秋颖，陈邦国，秦绍新. 桑黄菌人工栽培技术研究[J]. 食用菌，2005(5)：32.
[48] 佘红，岳文辉，方建龙，等. 桑黄母种培养基筛选试验[J]. 食用菌，2005(4)：30.
[49] 刘利，刘冰，刘明才，等. 长白山野生桑黄菌人工栽培初探[J]. 食用菌，2005(3)：32.
[50] 杨宏伟，丁伟，杨永顺. 桑黄人工栽培技术及经济效益分析[J]. 黑龙江农业科学，2006(4)：70-71.
[51] 郝瑞霞，周帅，杨焱，等. 不同来源的桑黄子实体醇提物中黄酮含量及生物活性的比较[J]. 食用菌学报，2008，15(2)：23-26.
[52] 杨全，张卉，王琦，等. 桑黄胞外多糖抗肿瘤活性研究[J]. 北京中医药大学学报，2007，30(3)：188-190.
[53] 史新强，沈业寿，卫自，等. 桑黄胞内多糖对白血病细胞 K562 的增殖抑制效应研究[J]. 癌变畸变突变论著，2007，19(6)：440-441.
[54] 郑立军，沈业寿，季俊虬，等. 桑黄胞外多糖药理活性的初步研究[J]. 食品科学，2007，28(1)：318-321.
[55] 王清，沈业寿，赵浩如. 桑黄子实体水提物抗肿瘤和抗环磷酰胺致突变作用研究[J]. 食用菌，2006(5)：57-59.
[56] 赵澜，张红峰. 桑黄粗多糖对肿瘤细胞增殖及转移相关能力的抑制作用[J]. 华东师范大学学报，2008，3(2)：79-83.
[57] 李宜明，沈业寿，季俊虬，等. 桑黄菌质多糖体外抑瘤及抗环磷酰胺致突变的作用[J]. 中国科学技术大学学报，2006，36(7)：700-703.
[58] 车会莲，孟繁岳，杜杰，等. 桑黄提取物对肿瘤生长和细胞免疫功能的影响[J]. 中国公共卫生，2005，21(1)：79-81.
[59] AJITH T A，JANARDHANAN K K. Cytotoxic and antitumor activities of a polypore macrofungus，Phellinus rimosus (Berk) Pilat[J]. Journal of Ethnopharmacol，2003，84(2)：157-162.
[60] HAN S B，LEE C W，JEON Y J，et al. The inhibitory effect polysaccharides isolated from Phellinus linteus on tumor growth and metastasis[J]. Immunopharmacology，1999，41(2)：157-164.
[61] KIM G Y，LEE J Y，LEE J O，et al. Partial characterization and immunostimulatory effect of a novel polysaccharide-protein complex extracted from Phellinus linteus[J]. Biosci Biotechnol Biochem 2006，70(5)：1218-1226.
[62] 吴卫卫，张佩，李淑华，等. 桑黄多糖对S-180的直接抑制作用[J]. 辽宁医学院学报，2007，28(2)：18-20.
[63] 杨全，胡旭光，王琦，等. 药用真菌桑黄菌丝体多糖抗肿瘤作用的研究[J]. 中国中药杂志，2006，31(20)：1713-1715.
[64] 刘海燕，张艳英，苏延友，等. 桑黄粗多糖抗肿瘤及对荷瘤小鼠免疫功能影响的研究[J]. 泰山医学院学报，2006，27(3)：211-213.
[65] 张万国，胡晋红，蔡溱，等. 桑黄对四氯化碳致大鼠肝损伤的保护作用[J]. 中国药房，2003，14(5)：267-269.
[66] SHON MI YAE，KIM TAE HUN，SUNG NAK JU. Antioxidants and free radical scavenging activity of Phellinus baumii (Phellinus of Hymenochaetaceae) extracts[J]. Food Chemistry，2003(82)：593-597.
[67] 郑媛，沈业寿. 桑黄胞内多糖抗衰老作用的研究[J]. 2006，25(3)：38-41.
[68] 王中喜，王晓娟，田玉菊. 桑黄多糖对小鼠骨髓造血功能损伤的保护作用[J]. 长春中医药大学学报，2006，22(2)：67.

（宋爱荣、田雪梅、王光远、催基成）

第八十六章　乌灵参

DIBASHILIUZHANG WULINGSHEN

摘要：乌灵参生长在白蚁废弃蚁巢中。生态条件特殊，资源稀少，现已采用深层培养技术，按 GMP 规范要求，工业化生产乌灵菌粉（乌灵参菌丝体干粉）为乌灵参的研究和开发提供了条件。本章较系统地介绍了乌灵参的发展史、药用价值、生物学特性、深层培养的营养条件、工艺技术及乌灵菌粉制剂的药理和临床疗效等方面内容，并对乌灵参产业的前景进行了展望。

Xylaria nigripes

Abstract: *Xylaria nigripes* grows in abandoned ant nests and, due to this special ecological requirement for growth, the fungal resource is rare. *Xylaria nigripes* fungal powders (Wuling dry mycelium powder) are produced on an industrial scale using submerged culture fermentation technology in accordance with GMP standards, and have been used for Wulingshen research and development. This chapter describes in detail various aspects of *Xylaria nigripes* including production history, biological features, submerged culture conditions, medicinal properties, pharmacological effects and clinical applications of Wuling dry mycelium powder, and the prospects for the future development of the *Xylaria nigripes* industry.

第一节　概　述

乌灵参在四川、云南等地为著名补气、固肾中药，但在历代本草中还未收载。清朝光绪版四川《灌县志》卷 12 物产志中已有“益肾气”的记述。在《四川中药志》等药籍中记载：乌灵参性平、味甘、淡，无毒；入心、肾、膀胱三经。能除湿镇惊、补心肾、利小便、止心悸、催乳；治心悸失眠、脾虚食少、产后失血、产后乏乳、小儿惊风、吐血等症。广东民间用于治疗跌打损伤。

乌灵参在四川有较长的使用历史，但因生长于土栖白蚁废弃蚁巢菌圃（comb）的特定环境，子实体（子座）生长在地表，而菌核（乌灵参）生长在离地表 1.5～3m 深的蚁穴中，两者又不在同一季节形成，因此采获乌灵参很不容易，多为冬季农田水利施工时偶尔挖得，药农多凭经验才能挖取。挖取菌核时，子座往往已干枯、消失，很难根据单一菌核形态来定种名。因此，20 世纪 60 年代《四川中药志》等地方药籍中均记述“乌灵参为菌类植物的一种，其来源未明”。

19 世纪末至 20 世纪初期，Berkeley、Petch 和 Jumella 等对废弃蚁巢的炭角菌（*Xylaria*）属真菌进行采集、描述和研究。Petch 发现白蚁遗弃的圃菌上所生长的 *Xylaria* 属有两种真菌，即 *X. nigripes*（黑柄炭角菌）和 *X. furcata*，并称唯有 *X. nigripes* 能形成菌核。20 世纪 40 年代周家炽在研究鸡纵菌与白蚁的同时，曾报道有土栖白蚁生活的白蚁的菌苔（comb）上生长鸡纵菌、小白球菌，而白蚁遗弃的菌台上生长出 *X. nigripes*、*X. furcata* 等 3 种炭角菌真菌。其子实体长条形，黑色，似供佛之香，俗称“鸡纵香”；菌核圆形，黑色，农人称之“鸡纵蛋”，常用来治疗小儿惊风。邬家林（1984）对乌灵参进行多年的实地采挖和研究，发现乌灵参来源于炭角菌科炭角菌属（*Xylaria*）地炭棍（黑柄炭角菌）*X. nigripes* 或燃香棍 *X.* sp，并描述这两种真菌子座和菌核的形态结构和异同点，但未能冠以准确的拉丁文学名，因此，1987 年版的《四川中药材标准》载述乌灵参时，仍认为乌灵参为炭角菌科炭角属黑柄炭角菌的菌核，将燃香棍（*Xylaria* sp.）形成的菌核归入黑柄炭角菌。笔者于 1987 年对多个白蚁废弃蚁巢进行调查和采挖，获得两种真菌的子座和菌核。从宏观和微观特征观察比较，与邬家林对这两种真菌的描述一致，一种为黑柄炭角菌，另一种为燃香棍。

乌灵参又名：黑柄炭角菌等。

学名：*Xylaria nigripes* (Klotzsch)Sacc.，(1891)。

属名“*Xylaria*”一词来自希腊语，词干“xyle-，xylon”意思是“木炭”，词尾“-aria”意思是“相似”，描述子实体的颜色和形状。中文称“炭角菌属”。种名加词“*nigripes*”意思是“黑柄的”。中文学名为黑柄炭角菌。

同物异名：*Sphaeria nigripes* Klotzsch 1832。

分类地位：菌物界(Fungi)，子囊菌门(Ascomycota)，肉座菌纲(Sordariomycetes)，炭角菌亚纲(Xylariomycetidae)，炭角菌目(Xylariales)，炭角菌科(Xylariaceae)。

1978年，笔者对白蚁巢菌圃上小白球菌和炭角菌的生态生物学进行了研究，并揭示了小白球菌、炭角菌与白蚁的特殊生态关系，同时开始分离、纯化获得乌灵参菌种，建立了乌灵参深层发酵工艺。研究表明，乌灵参发酵菌体除了具有《四川中药志》所记载的天然乌灵参的镇静安眠等药用功效之外，还具有抗焦虑、抗抑郁功效和提高机体免疫功能及调节内分泌代谢平衡。表现在临床上，对神经衰弱症、焦虑症、青春期及更年期内分泌失调患者有明显的疗效。1992年，乌灵菌粉(乌灵参发酵菌体干粉)研制成特种营养食品；1994年2月又研制成保健药品——护龄神胶囊。1995年，乌灵参科研成果走出校门与企业合作，研制新药，并使之产业化。1999年4月，由浙江佐力药业股份有限公司研制成国家中药一类新药——乌灵胶囊，现收载于《中国药典》2005年版一部。

第二节 乌灵参的生物学特性

一、形态特征

黑柄炭角菌子实体(子座)单生，偶尔从柄的基部分枝，散生或群生于地上，连柄高3.5～18cm。头部圆柱形，顶端圆钝，无不孕部分，外表早期灰白色后变黑色。柄长1～7cm，粗1～5mm，有纵皱，基部有向土中延伸的长(假)根，其末端有时连接菌核。子囊壳长方椭圆形，700～800μm×300～400μm，孔口疣状，黑色。子囊圆筒形，子囊孢子类球形，4～5μm×2～3μm，成熟时黑褐色。菌核球形、椭圆形或卵圆形，直径2～10cm，菌核与菌丝连接处，有圆形凹陷，菌核成熟后与菌丝脱离联系，此处呈“肚脐”状，菌核外表黑色，内部白色，肉质绵软，有类似鸡坳菌的香气。

二、生态分布

(一)寄主

乌灵参生长于土栖白蚁废弃的蚁巢菌圃上。有白蚁和小白球生长的蚁巢菌圃经野外和实验室分离出51种真菌，59种细菌，鉴定出32种：属担子菌2种：鸡坳菌、小白球菌；属子囊菌5种：主要是炭角菌属的种类；属半知菌26种：常见有木霉、青霉、曲霉、芽枝霉、拟青霉等属种类；属藻菌2种：为毛霉属种类。在不同环境条件下，菌圃上微生物优势种类有着显著不同，小白球菌仅在有白蚁活动的巢腔(简称活巢)菌圃上为优势种类，鸡坳菌也是在这种条件下才能生长。因此，鸡坳菌有作为活巢的标志，在野外采集到鸡坳菌的地下必有白蚁生活的巢腔存在。而在白蚁废弃的蚁巢(简称废巢)中，炭角菌成为优势真菌种类。周家炽(1945)曾提出“为什么菌台(圃)被遗弃之后才长鸡坳香(炭角菌)，现在还没有很好的解释。”经陈宛如等实验证实，白蚁巢中由于白蚁活动产生的蚁酸和高浓度CO_2把菌圃维持在一个特定的偏酸性环境(pH在3.8～4.0)内，从而使白蚁对其所培育的真菌具有选择性，使小白球菌成为活巢菌圃的优势真菌，炭角菌等其他真菌皆被淘汰。

一旦白蚁死亡或搬迁，废巢里有机酸与CO_2浓度降低，菌圃酸性环境发生变化。潜伏在菌圃上的炭角菌，由于自身代谢活动分泌的某些碱性物质，有可能改变菌圃的pH值(测得废巢中菌圃pH为5.0～6.3)，符合炭角菌生长对pH值的要求。当菌圃pH值升高后，小白球菌因pH值不适宜而死亡解体，从而丰富了菌圃有机氮的成分，为炭角菌提供了丰富的有机氮源。废巢的高湿度又满足了炭角菌对高湿度的要求。正是废巢的这些条件，为炭角菌创造了适宜的环境，而炭角菌具有惊人的生长速度：在25℃下培养40小时，菌落直径达6.5cm。炭角菌能优于其他真菌，在废巢菌圃上迅速而旺盛生长，3～4天之内遍布整个菌圃，成为废巢菌圃上的优势真菌种类。因此，炭角菌常被白蚁防治工作者作为白蚁“废弃”蚁巢的标志。

(二)地理分布

乌灵参是温带、亚热带及热带地区的菌类，生长于温暖山丘坡地或河堤土坡上的土栖白蚁死亡或搬迁后的蚁穴中。我国分布于四川、云南、广东、浙江、福建、江西、江苏、台湾等地，罕见于黄河以北。

(三)乌灵参的生活史

在自然界里，当环境条件能充分满足该菌要求时，乌灵参能完成由子囊孢子到子囊孢子的完整生活史(图 86—1)。

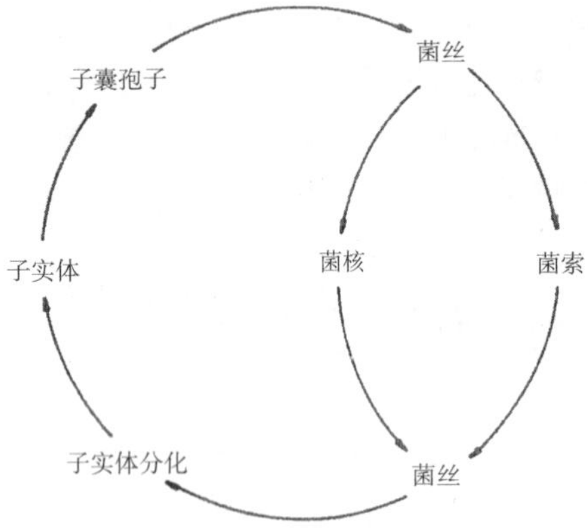

图 86—1 乌灵参生活史

(四)乌灵参生长期的营养条件

乌灵参是一种腐生菌，它在自然条件下生长发育的基质是位于土栖白蚁巢腔中的菌圃。据黄年来报道，菌圃是由白蚁工蚁消化或半消化的食物及其他一些成分，以及生长于这基质上无数小白球菌及鸡纵菌菌丝组成的一种特殊结构，其主要成分是木质素和纤维素，它们占干物质的 50%以上。此外，还含有多缩戊糖、可溶性糖、矿物质及含氮物质(表 86—1～表 86—2)。

表 86—1 菌圃的化学成分

成　分	三明—台溪		三明—台江	
	湿菌圃(%)	干菌圃(%)	湿菌圃(%)	干菌圃(%)
干物质	41.63	100	49.18	100
总氮量	1.02	2.45	0.77	1.56
可溶性有机氮总量	0.57	1.36	0.08	0.16
粗脂肪	0.44	1.05	0.11	0.22
可溶性糖	1.65	3.69	1.23	2.51
多缩戊糖	4.79	11.50	6.32	12.85
灰分	5.68	13.64	4.51	9.16
纤维素	8.09	19.43	10.40	21.14
木质素(盐酸法)	14.26	34.27	19.55	39.75
木质素(硫酸法)	14.23	34.43	19.65	40.59

表 86—2 菌圃灰分的化学成分

成　分	占湿菌的%		占干菌圃的%		占灰分的%	
	台溪	台江	台溪	台江	台溪	台江
二氧化硅	2.602	1.809	6.252	3.678	45.68	40.15
铁	0.140	0.104	0.337	0.211	2.468	2.307
磷	0.453	0.672	1.089	1.366	7.986	14.91
钙	0.887	0.777	2.130	1.58	15.64	17.23
锰	0.064	0.068	0.154	0.141	1.125	1.543

1. 碳源

以合成培养基[g]：($FeSO_4 \cdot 7H_2O$ 0.005，$MnSO_4 \cdot 4H_2O$ 0.001，$CaCO_3$ 0.25，$ZnSO_4 \cdot 7H_2O$ 0.01，NaCl 0.20，$CuSO_4 \cdot 5H_2O$ 0.001，$MgSO_4$ 0.20，KH_2PO_4 1.00，Na_2HPO_4 1.00，葡萄糖30.00，天冬氨酸4.00，蒸馏水1 000ml)中不加葡萄糖为基本培养基，加入不同碳源，比较菌丝体的干重产量。结果以葡萄糖为最好，其次为淀粉、果糖、麦芽糖，而对蔗糖作为碳源利用效果最差。

2. 氮源

铵盐和硝酸盐均可作为菌丝体的氮源，铵盐效果优于硝酸盐，有机氮效果又优于无机氮，有机氮中花生粉、黄豆粉、蛋白胨作为氮源效果较好，而酵母浸膏作为氮源效果较差。

3. 无机盐

在合成培养基中缺镁，菌丝体不能生长；缺磷、钾对菌丝体生长不利，说明镁是该菌菌丝体生长所必需的元素。缺钠，菌丝体生长优于合成培养基，说明钠离子不是菌丝体生长所必需的元素(表 86—3)。

微量元素中，锌对菌丝体生长的影响最大，菌丝体生长也需要铁、硼、锰等元素(表 86—4)。

表 86—3 微量元素对菌丝体产量的影响

缺元素	Na	K	P	Ca	Mg	合成培养基
菌丝体干重(g/L)	7.60	3.40	3.67	4.00	0	4.93

表 86—4 微量元素对菌丝体产量的影响

缺素	Zn	Fe	Mn	Cu	B	Mo	合成培养基
菌丝体干重(g/L)	2.63	3.67	3.50	4.80	3.40	4.13	4.13

4. 有机酸

柠檬酸对菌丝体生长有一定的促进作用，而蚁酸对菌丝体生长有抑制作用。用蚁酸调节培养基 pH 为 4.0 时，菌丝体不能生长。这与有白蚁活动的蚁巢菌圃 pH 为3.8～4.0，炭角菌不能生长的情况相吻合。

（五）影响乌灵参菌丝体生长的理化因素

1. 温度

蚁巢中温度较稳定，一般在 25～26℃。人工培养菌丝体，在 20～30℃下，均能生长，以 25℃时生长最快，这与该菌生长的生态环境——土栖白蚁巢中温度相吻合。在 40℃下处理 1 天后，置于 25℃下培养，菌丝仍能生长；处理 2 天的菌丝，不能萌发新的菌丝，这说明乌灵参菌丝只能耐受 1 天左右时间的高温处理。

2. 湿度

把野外蚁巢中采集的新鲜菌圃，置于相对湿度 95%～100%和 70%～80%的密封钟罩内培养。结果：在高湿度（95%～100%）条件下，乌灵参菌丝体生长良好，并很快形成菌索；而在相对湿度较低（70%～80%）的条件下，菌丝体生长很差，菌索也不能形成，说明该菌生长需要高湿度条件。乌灵参生长的基质——菌圃，位于空间湿度高达 96%～100%的白蚁巢腔中，巢壁结构致密，土质黏稠，与周围的土壤有明显差异，这显然有利于保持巢腔内的高湿度。另外，巢壁含水量明显高于同水平的巢外泥土的含水量（表 86－5），而质地疏松的菌圃含水量高达51.4%。蚁巢、菌圃的特殊结构，为乌灵参菌丝体生长提供了特定要求的湿度条件。

表 86－5　蚁巢有关组分的含水量比较

样　品	平均测定值(%)		平均含水量(%)
	样品(1)	样品(2)	
泥骨架	19.4	20.4	19.9
巢壁内侧	21.8	21.6	21.7
巢壁外侧	17.6	17.2	17.4
表土	16.2	17.2	16.7
菌圃	52.8	50.4	51.4

3. 光照

实验研究表明，在黑暗和室内光照条件下，菌丝均能生长。在全暗条件下，菌丝生长密又粗壮，长满菌丝体的试管在黑暗条件下继续培养 2 个月，菌丝仍很旺盛，直到 3 个月后才形成菌索。而处在明亮条件下的斜面上，菌丝 1 周后就形成菌索，半个月后开始衰老。地下蚁巢中的菌丝，必须长出地面见了光才能形成子实体。

4. pH

蚁巢中“活巢”菌圃 pH 为3.84～4.2，废巢菌圃 pH 为 5.5～5.8。

在人工培养条件下，乌灵参菌丝体 pH 在 4.5～7.0均能生长。最适 pH 为5.0～6.3，菌丝长势旺盛、健壮，菌落呈纯白色。当 pH 为4.5时，前期生长速度慢，后期菌丝长势加快。如培养 50 小时，菌丝生长速率为0.25cm/h；培养 68 小时为 0.4cm/h；培养到 74 小时时，为0.46cm/h，与 pH 为5.0时的生长速率相接近（0.47cm/h）。pH 低于 4 时，菌丝生长缓慢，甚至死亡；pH 为7.0以上时，前期生长缓慢，后期停止生长。

5. 空气

在有白蚁活动的蚁巢中，CO_2浓度较高，一般为 3%～5%，几乎为大气中通常含量的 100 倍。这是由于巢腔内白蚁个体密度大，蚁巢深栖地下数米（1.5～3m），相对密度较大的 CO_2 较易滞留，蚁道幽细弯曲，对流换气效率很低所造成。此时菌圃基质 pH 为3.84～4.0，在菌圃上只能生长小白球菌，不长黑柄炭角菌等炭角菌属真菌种类。

将刚从蚁巢中取回实验室的新鲜菌圃（pH 4.0）分别置于 3 个密封的钟罩内培养。根据 CO_2 发生反应式：$CaCO_3+2HCl \rightarrow CaCl_2+CO_2+H_2O$，在过量的 $CaCO_3$ 中加入一定量不同浓度的盐酸所产生的 CO_2，使钟罩内试验的 CO_2 浓度分别为 3%、5%，以空气正常 CO_2 浓度 0.03%为对照，培养结果与蚁巢观察到的现象一致。炭角菌属真菌种类只能在对照组中生长，在 3%、5%CO_2浓度条件下，不能生长。表明炭角菌属真菌在基质 pH 为4.0时，不能忍耐高浓度 CO_2。

采用综合马铃薯培养基，进行斜面培养。设 pH 为3.0～7.0 8 个组，CO_2浓度0.03%和 5% 2 个组，5%CO_2浓度试验在 CO_2气体培养箱内进行。培养结果表明，培养基 pH 为4.0时，炭角菌属真菌在 5%CO_2 浓度下不能生长，而在培养基 pH 为5.6～6.3时，菌丝体在 5%CO_2浓度下能很好生长。说明炭角菌属真菌对 CO_2浓度适应能力随基质 pH 值不同而有所改变化。

第三节　乌灵参的深层培养技术

乌灵参深层培养工艺技术如下：

斜面母种（22～26℃，4～5天）→一级摇瓶种子（500ml三角瓶，22～26℃，3～4天）→二级摇瓶种子（5L三角瓶，24～28℃，3～4天）→种子罐（500L罐，25～28℃，3～4天）→发酵罐（10吨罐，25～28℃，2～2.5天）。

根据乌灵参菌丝生长的营养要求，筛选出最佳培养基，在适宜生长条件下，10吨发酵罐深层培养45～55小时，产菌丝体干重18～25g/L。此时，菌液已由混浊变为透明，由稀变稠，颜色由深变浅。发酵生产时，接种量、通气量等因素不同，不能单纯用培养时间来确定发酵终点。通常用镜检菌丝形态，测定菌丝体干重，滤液中还原糖、氨基氮的值等综合因素来判断发酵终点。

发酵完成后，发酵液过滤，得菌丝体和滤液。将菌丝体烘干，粉碎，制成乌灵菌粉。

第四节　乌灵菌粉的药理作用

一、对神经系统的作用

（一）镇静安眠作用及机制探讨

多项药理和机制试验证实，乌灵菌粉具有明显的镇静安眠功效。

镇静、安眠作用采用药物对自主活动影响实验以及与戊巴比妥钠的协同作用实验。结果显示，给小鼠灌服中、高剂量乌灵菌粉（0.8g/kg和1.3g/kg）8天，其自主活动明显减少；这样的剂量也能使小鼠在戊巴比妥钠（50mg/kg）协同下显著地延长睡眠时间和缩短睡眠诱导时间；同时使接受阈下剂量的戊巴比妥钠（30mg/kg）小鼠进入睡眠的百分率也明显增加。另外，给予睡眠剂量的戊巴比妥钠小鼠，醒来后立即灌服乌灵菌粉，小鼠则能重新进入睡眠状态。以上4种实验均显示有量效关系，证明乌灵菌粉有良好的镇静安眠作用。但乌灵菌粉药效的发挥要在连续服用7～8天以后，可见其作用温和，有累加现象。

在对乌灵菌粉上述作用机制探讨中，考虑到该菌粉含有丰富的谷氨酸（Glu）和少量的γ-氨基丁酸（GABA），以及各种生物营养物质和维生素，可能是其发挥中枢镇静安眠作用的物质基础。GABA是脑内含量最高的抑制性神经递质，GABA受体是抑制性受体，而Glu在谷氨酸脱羧酶（GAD）的作用下可生成GABA。据此，左萍萍等采用同位素示踪法观察乌灵菌粉对^{3}H-Glu、^{3}H-GABA摄取入脑的影响、对GAD活性的影响以及对GABA受体活性的影响3项试验。小鼠脑内摄取Glu和GABA试验，采用给小鼠口服药物6天后禁食16小时，于最后1次服药3小时后，将小鼠固定，尾静脉注入^{3}H-Glu（33μmol）。另设相同处置后的小鼠注入^{3}H-GABA（38μmol），注入量为0.1ml。30分钟后断头处死，迅速取脑秤取湿重，放入测试杯中，加70%过氯酸和29%过氧化氢摇匀，于70℃水浴中硝化60分钟，加入甲苯闪烁液和适量无水乙醇，用液闪计数仪测每克脑组织所含同位素的放射活性，另设未注射同位素的一只小鼠作空白对照。结果显示（表86－6），各组小鼠脑内^{3}H-Glu含量均比对照组明显升高（$P<0.05$），其中高剂量组升高最明显，但高剂量组对^{3}H-GABA摄取未见明显改变，而中、低剂量组^{3}H-GABA摄取量明显增多（$P<0.01$）。表明在一般条件下认为单一的外周性Glu和GABA不被脑所直接摄入的情况下，在乌灵菌粉多种成分的作用下，可改变脑组织对Glu和GABA的通透性，有选择性地增加对其摄取量，从而起到调节中枢神经系统功能的作用。

表86－6　乌灵参菌粉对^{3}H-Glu、^{3}H-GABA摄取的影响

组　别	剂量（g/kg）	^{3}-Glu（nmol/g）	动物数（只）	^{3}-GABA（nmol/g）	动物数（只）
乌灵参菌粉	0.4	262±27*	6	10.29±1.00**	6
乌灵参菌粉	0.8	284±13*	6	10.47±1.31**	6
乌灵参菌粉	1.3	660±213*	6	5.78±1.10	6
对照	等量CMC-Na	168±34	6	5.33±0.99	6
空白对照	——	4	1	0.15	1

*$P<0.05$，**$P<0.01$，与对照相比。

GAD活性在一个特别的微量孵育装置的反应瓶内进行测定。反应瓶内加入反应液50μl（含磷酸钾缓冲液、磷酸吡多醛和10mmol的^{14}C-Glu

等），加入脑组织匀浆和50%乙醇提取的乌灵菌粉稀释液各40μl，通氮气1分钟，于37℃水浴中振荡孵育90分钟，以稀硫酸终止反应，再继续孵育30分钟，将收集反应产生的$^{14}CO_2$滤纸取出放入甲苯闪烁液中测其放射活性。实验显示（表86－7），乌灵菌粉1mg/ml和0.5mg/ml浓度可明显增加GAD活性（$P<0.05$），使Glu向GABA的转化增多，且具明显量效关系。GAD活化尚需维生素B_6作为辅酶，而该菌粉中维生素B_6含量较高，这可能是增强GAD活性的原因。

表86－7 乌灵参菌粉对小鼠脑匀浆GAD活性的影响

组 别	剂量(g/kg)	例数(只)	GAD活性 nmolCO₂/mg
乌灵参菌粉	0.25	6	48.6±5.3
乌灵参菌粉	0.50	6	50.2±5.1*
乌灵参菌粉	1.00	6	55.3±7.6*
对照	等量缓冲液	6	44.9±9.4

*$P<0.05$，与对照相比。

GABA受体活性影响试验。以各组动物给药7天后断头取脑，迅速分离大脑皮层，用Tris-citrate缓冲液（pH7.4）匀浆，于48 000g离心20分钟，再次悬浮、离心，反复洗涤3次，将沉淀的受体蛋白置在－20℃冷冻保存待用。用GABA受体的特异性激动剂^{3}H-uscimol为配基，与受体蛋白（蛋白含量100～200μg）在2℃反应30分钟。非特异性结合管加入10^{-5}MGABA 0.1ml。反应后的样品用负压抽滤于纤维膜上，用冷缓冲液冲洗3次。将滤膜置闪烁杯中，加甲苯闪烁液后测放射活性。GABA受体的特异性结合是以每管毫克蛋白所结合的配基克分子数表示。结果显示（表86－8），小鼠连续服用乌灵菌粉高剂量（1.3g/kg）7天后，大脑皮层受体蛋白与GABA配基的结合明显增高（$P<0.05$），乌灵菌粉中剂量（0.8g/kg）、低剂量（0.4g/kg）虽未见明显差异，但呈增加趋势。提示乌灵菌粉镇静安眠作用可能与其激活脑内GABA受体有关。

表86－8 乌灵参菌粉对小鼠脑内GABA受体结合活性的影响

组 别	剂量(g/kg)	动物数(只)	GABA活性 pmol/mg蛋白质
乌灵参菌粉	0.4	10	13.40±0.40
乌灵参菌粉	0.8	10	13.80±0.50
乌灵参菌粉	1.3	10	14.80±0.65*
灵芝	3.0	10	13.15±0.28
对照	等量CMC-Na	10	13.33±0.27

*$P<0.05$，与对照相比。

（二）抗焦虑作用

小鼠有探究习性，放入迷宫后会主动探究开臂，但又恐怕开臂中高悬敞开的环境，抗焦虑药可增加其开臂探究活动。高架十字迷宫实验中，试验组服用高、中、低3种剂量乌灵菌粉，对照组服用生理盐水，连续给药7天。结果表明，小鼠进入十字迷宫中的开臂次数和时间明显延长（与对照组比较，$P<0.05$），与阳性药丁螺环酮效果相似。

抗焦虑药可预防或对抗戊四唑（PTZ）致惊厥作用。小鼠口服给药60分钟后腹腔注射戊四唑（60mg/kg），记录10分钟内出现惊厥的潜伏期及惊厥评分。乌灵菌粉组明显延长惊厥发作潜伏期和减少戊四唑致惊厥评分（与对照组比较，$P<0.01$），但作用强度不如地西泮。表明乌灵菌粉与地西泮抗焦虑的作用机制有所不同，其作用靶点可能更广泛而缓和。

啮齿类动物进入新异环境时感到紧张不安，表现为警觉和行为活动增加。本实验中爬梯反映动物的探究和运动活性，而站立行为则是反映焦虑状态的一个指标。在小鼠爬梯实验中，服用乌灵菌粉高、中、低3种剂量的小鼠爬梯次数基本不变，与对照组比较，$P<0.05$。而反映焦虑指标的站立次数明显减少，与对照组比较，$P<0.01$，作用与地西泮相当。

以上实验表明乌灵菌粉具有改善小鼠焦虑的作用。

（三）抗抑郁作用

采用慢性轻度应激（CSM）小鼠模型实验和利血平耗竭脑内单胺类递质引起动物自发活动减少的模型，观察乌灵菌粉的作用及对脑内单胺氧化酶（MAO-A）活性的影响。实验结果显示，连续服用乌灵菌粉7天后，各组动物在注射利血平前，走动与活动无明显区别，在注射利血平后，各组动物的自发活动均有不同程度的减少，以对照组的减少最明显（$P<0.01$），乌灵菌粉高、中剂量组均有明显抗利血平的作用，直立活动与对照组比有明显差别（$P<0.05$）。乌灵菌粉对小鼠脑MAO-A的影响试验表明，中、高剂量组和巴吉林组能明显抑制脑内MAO-A的活性（$P<0.01$）。对体外MAO-A活性的影响研究显示，乌灵菌粉1mg/ml、0.5mg/ml的浓度可明显抑制MAO-A活性（$P<0.01$），并呈一定量效关系。乌灵菌粉粗多糖（>30%）1mg/ml也可明显抑制MAO-A活性（$P<0.01$）。表明乌灵菌粉有加强脑内单胺类递质功能和抗抑郁作用。

在乌灵菌粉对抑郁模型——慢性轻度应激

(CSM)小鼠的影响研究中,应激鼠单笼饲养,应激源随机组合,每天实施两种应激处理。应激处理2周后,对应激小鼠先行2%蔗糖饮水实验,然后根据蔗糖溶液饮用量将所有动物进行分组,继续进行慢性轻度应激,同时给药治疗共8周,在应激的第10周进行行为学测定。结果发现,乌灵菌粉可显著增加慢性轻度应激小鼠的蔗糖饮水量,增加自发运动量,减少强迫游泳绝望反应时间和寻找平台的时间,增加体温。显示乌灵菌粉的作用与氟西汀(百优解)相当,具有明显的抗抑郁作用。

(四)益智健脑作用

采用回避条件反射——明暗箱法。试验装置由明、暗两室组成,两室间有一圆洞可容小鼠通过。两室底部铺有铜栅,暗室铜栅可通25V直流电。明室外置100W灯泡照明。试验时,先将小鼠放入箱内自由活动2分钟以熟悉环境。由于其喜暗性,通常愿钻入暗室内,在接通暗室铜栅电源后,因受电击刺激又返回明室,使其获得一次学习训练。24小时后再将小鼠放入明室,记录5分钟内钻入暗室被电击的次数作为学习记忆能力的指标。数据由光电管监测装置采集后传入计算机处理。

记忆获得障碍模型:采用向脑室内一次性注射内源性神经毒物质——喹啉酸(QA)的方法。各组动物灌胃给药7天后,进行初次电击训练,24小时后进入暗室被电击次数,作为注射QA前的获得记忆能力。然后各组小鼠进行QA脑室内注射,以乙醚麻醉小鼠,向侧脑室注入QA20nmol(溶于3μl 10.01MPH 7.4的磷酸缓冲生理盐水中)。48小时后测定电击次数,观察药物对记忆获得障碍的影响。各组动物灌胃给药7天进行试验。结果显示,在注射QA前测其学习记忆能力,乌灵菌粉高剂量组(1.3g/kg)与对照组比显示弱阳性,在注射QA48小时后再测试结果,乌灵菌粉高剂量组和都可喜组(0.0133g/kg)被电击次数均明显低于对照组($P<0.05$)。

记忆巩固障碍模型:动物经一次性回避条件反射训练获得记忆之后开始灌服所试药物,于给药第3天和第6天再次加强训练一次。于24小时后即给药后第4天和第7天,各组动物皮下注射亚硝酸钠($NaNO_2$)2.5mg/只(120mg/kg),以造成脑部缺氧而破坏记忆保持。3小时后观察进入暗室后被电击次数。给药第4天试验结果表明,乌灵菌粉高剂量组和都可喜组均可拮抗$NaNO_2$的作用,被电击次数明显低于对照组($P<0.05$)。给药第7天试验结果表明,除上述3个组外,乌灵菌粉中剂量组也有拮抗$NaNO_2$的作用($P<0.01$或$P<0.05$),并有明显的剂量效应关系。

记忆再现缺失模型:各组动物经灌胃给药7天之后,进行一次性回避条件反射训练,于24小时后测试进入暗室被电击次数。然后各组动物经口灌服30%乙醇0.16mg/10g体重,以干扰动物记忆再现过程。0.5小时后测试进入暗室被电击次数。结果表明,各组动物在灌胃给药7小时后进行训练,24小时后测试学习记忆能力,各组间未见明显差异。当每组动物灌服30%乙醇后0.5小时再测试电击次数,可见乌灵菌粉高剂量组和都可喜组被电击次数明显低于对照组($P<0.05$)。乌灵菌粉中、低剂量组(0.4g/kg)呈弱阳性,并有一定的量效关系。

此外,进行了小鼠断头喘息试验。给各组动物连续灌服被试药7天,于最后一次灌药后30分钟逐只断头,即刻计时,按小鼠断头后至张口喘气停止时间作为耐缺氧时间指标,比较各组间差异。结果显示,服用乌灵菌粉7天后小鼠从断头到最后喘息停止时间比对照组明显延长。表明乌灵菌粉能增加脑内能量储存或减少消耗,起到脑保护作用。

二、增强细胞免疫功能

(一)乌灵菌粉粗多糖能增强巨噬细胞(Mϕ)功能

小鼠腹腔注射乌灵菌粉粗多糖液200mg/kg和400mg/kg,连续7天,对照组注射生理盐水。停药后次日,腹腔注射1%鸡红蛋白1ml,2小时后取腹腔渗出细胞,戊二醛固定后染色,计数MΦ细胞吞噬百分率和吞噬指数。结果显示,乌灵菌粉粗多糖对小鼠腹腔内MΦ的吞噬功能有明显的促进作用,表现在它能促进MΦ对鸡红细胞的吞噬,提高吞噬百分率和吞噬指数,但剂量依赖关系不明显。

(二)乌灵菌粉粗多糖诱导MΦ细胞产生白细胞介素I-(IL-1)

在24孔细胞培养板上加入腹腔渗出细胞,2小时后(MΦ贴壁)洗去未贴壁细胞,加入药物100μg/ml和200μg/ml,1ml/孔,4小时后吸取药液并洗涤细胞2次,最后加1640培养液,1ml/孔,48小时后取孔内液体,离心后取上清液测定IL-1活性。结果显示,乌灵菌粉粗多糖在体外诱导巨噬细胞产生淋巴因子——IL-1。

(三)乌灵菌粉粗多糖促进ConA诱导的小鼠淋巴细胞转化

制备小鼠脾细胞悬液,加入到96孔板中,1×

10^5个/100μl/孔，然后加入不同浓度的乌灵菌粉多糖液，最后加入ConA，终浓度为8μg/ml。脾细胞加刀豆球蛋白(ConA)但不加乌灵菌粉多糖液作为对照。每种处理均设3份。结果显示，乌灵菌粉粗多糖不能直接促进脾淋巴细胞转化，但它能增强ConA诱导的小鼠淋巴细胞转化。

(四)乌灵菌粉粗多糖对细胞毒细胞(LICC)活性的影响

正常BALB/c小鼠腹腔每天注射乌灵菌粉粗多糖溶液4mg/只，共5次，然后抽取腹腔单核细胞使其悬浮于0.3%琼脂糖中，待其凝固，每1.5×10^6个腹腔单核细胞加入吲哚美辛(消炎痛)RPMI1640完全培养液10ml。培养24小时后，离心，取上清液为XP-PE-CCDF。进一步进行LICC的诱生及其对艾氏腹水瘤细胞(EAC)细胞毒活性检测。结果显示，小鼠经乌灵菌粉粗多糖(20mg)处理的腹腔渗出细胞所诱生的细胞毒细胞分化因子(CCDF)，与IL-2协同诱导LICC的细胞毒指数均比未经处理的正常对照小鼠来源的CCDF为高，其促进率为44.1%，具有显著的差异($P<0.05$)。

以上结果均证明乌灵菌粉能提高机体的免疫功能，主要是细胞免疫。曾经用凝血试验(绵羊红细胞免疫)和抗体分泌细胞试验测试抗体产生状况，未获阳性结果，表明乌灵菌粉多糖对体液免疫反应无明显增强作用。

三、乌灵菌粉对果蝇寿命的影响

用乌灵菌粉的胞内多糖和胞外多糖对果蝇寿命的影响作了研究。试验组在果蝇基础培养基中分别加入0.25%、0.5%、1%胞内多糖或胞外多糖，对照组则仅用基础培养基，试验各组及对照组均用100只果蝇，雌雄各半。结果表明，乌灵菌粉的胞外多糖各种浓度均能明显地延长雌果蝇的寿命，这种延寿作用并不随浓度的增高而继续增加。果蝇已被公认为研究抗衰老药物的优良动物模型之一。有的学者认为，能延长平均寿命的药物可归于抗衰老药物的范畴，乌灵菌粉胞外多糖的延寿作用是值得重视的。

第五节 乌灵胶囊的临床应用

乌灵胶囊(乌灵菌粉的胶囊制剂)是国家一类新药，经Ⅱ期与Ⅲ期临床试验，结果显示该药具有补肾健脑、养心安神之功效，适用于神经衰弱的心肾不交证，症见失眠、健忘、神疲乏力、腰膝酸软、脉细或沉无力等，有安全有效、质量可控的特点。目前，乌灵胶囊被广泛应用于失眠、抑郁症、焦虑症等神经系统疾病的治疗。

一、治疗心肾不交证(神经衰弱症等)

乌灵胶囊Ⅱ期临床试验于1997年11月至1998年2月，在北京中医药大学东直门医院、浙江医科大学第二附属医院、浙江省人民医院、杭州市第一人民医院、杭州市中医院等临床基地进行。根据卫生部药政局(97)ZL-88号文件，乌灵胶囊的功能主治及《中药新药临床指导原则》制订了“乌灵胶囊治疗心肾不交证(神经衰弱症等)的试验方案”。治疗组：口服乌灵胶囊，每次3粒，每天3次；3周为一个疗程，随访两周。本临床试验共治疗心肾不交证(神经衰弱症等)患者467例(住院病例166例，占35.55%)，以乌灵胶囊为试验治疗组316例(其中双盲对照100例，单盲对照98例，开放治疗118例)。灵芝胶囊为对照组151例(双盲对照99例，单盲对照52例)。两组病例的性别、年龄、病程分布、病情轻重、主要临床症状分布情况相似，经X^2检验分析，差异无显著性，具有可比性。临床结果显示，试验治疗组(治疗组和开放组)临床治愈48例(15.19%)，显效141例(44.62%)，有效106例(33.54%)，总有效295例(93.35%)，总显效189例(59.81%)。试验对照组临床治愈18例(11.92%)，显效58例(38.41%)，有效56例(37.09%)，总有效132例(87.42%)，总显效76例(50.33%)。两组总有效率对比，经Ridit检验，差异有显著性($P<0.05$)，治疗组优于对照组。总显效率疗效近似，差异无显著性。疗程结束后，随访两周，两组病例的总有效率和总显效率均有不同程度的下降。试验治疗组和对照组的总有效分别为272例(86.08%)和125例(82.78%)，经Ridit检验，$P<0.05$，差异有显著性。总显效分别为177例(56.01%)和66例(43.71%)，经U检验，差异有显著性($P<0.05$)。

乌灵胶囊Ⅲ期临床试验，根据卫生部药政局(98)卫试字Z-006号文件，于1998年10月至1999年5月在北京中医药大学东直门医院、北京医科大学第三附属医院、广东省人民医院、浙江医科大学第二附属医院、上海医科大学附属华山医院、江苏省中医医院等16家医院进行。本临床试验共治疗心肾不交证(神经衰弱症等)患者1 905例(住院病例552例,占28.98%),以乌灵胶囊为治疗药,全部为开放治疗组。临床结果显示,临床治愈332例(17.43%),总有效为1 729例(90.76%),总显效为1 093例(57.38%)。随访两周,临床治愈减少21例,总显效减少70例,但与随访前对比,其总显效、总有效差异无显著性。

Ⅱ期、Ⅲ期临床试验均表明,乌灵胶囊治疗心肾不交失眠证具有疗效确切、药效时间长,改善失眠症状、心悸、心烦、神疲乏力、腰膝酸软、头晕耳鸣、少气懒言等全身症状明显,以适应各年龄组、病情病程适应面广的特点。从病情与疗效的关系分析,乌灵胶囊对轻、中、重3种类型的失眠均有效。病情轻者较病情重者疗效好。病程与疗效的关系,各组之间疗后对比,病程短者较病程长者疗效更好。年龄与疗效的关系,乌灵胶囊对各年龄组均有效,但年轻者较年长者疗效好。在治疗过程中和治疗后全部观察病例均未出现任何不良反应。全部2 221例患者中,有1 036例于治疗前后进行血常规、尿常规、便常规检查,分别有701例、736例、788例患者于治疗前后分别检查肝功能ALT、肾功能(BUN、Cr)及心电图,结果显示用药后所有病例均未发生异常改变。

二、用脑电波记录技术观察乌灵胶囊对失眠患者睡眠状态影响的临床验证

大脑皮层连续的节律性电位变化称为自发脑电运动,脑电波的记录称为脑电图。人睡眠时,脑电图的变化可分为几个阶段:觉醒期、入睡期、浅睡期、中度睡眠期和深度睡眠期。各期脑电图各有明显的特征。通常的睡眠,脑电图主要呈现大而缓慢的δ波。

对于以失眠为主要症状的神经衰弱病患者,用脑电波记录技术,定时测量患者入睡前后的脑电活动进行分析,可以成为衡量患者睡眠状态的客观指标。

Ⅱ期临床试验表明,乌灵胶囊对失眠患者有一定疗效。本项研究用脑电波记录与分析技术,通过对被试者服药前后睡眠时脑电活动的连续测量和功率谱分析,为此药物的疗效情况提供了客观的电生理实验数据。

(一)实验方案

1. 实验对象

服药组11名,未服药组11名。不分性别;年龄(均值±标准离差)为38.2岁±14.8岁。

2. 实验仪器

MB 8000激光动态脑电图系统。用BI 8000-8A动态脑电图记录器,分8个导程,连续采集并记录16个小时。服药前和服药20天后,各采集一次。将动态脑电数据回放到MB 8000专用主机系统,备分析。

3. 动态脑电图的分析

应用MB 8000激光动态脑电图系统软件,可动态描记脑波和进行频谱分析,自动生成压缩谱阵及优势频率、边界频率曲线,直观反映脑功能变化过程。以15分钟为单位,逐一测量平均优势频率,并相对于时间作图。

4. 数理统计分析

用t-检验法,对服药前及后的平均优势频率作平均差检验,选择显著性水平5%。凡服药后优势频率明显低于服药前优势频率的被试者,称为"有显效"者;反之,称为"无显效"者。统计每组有显效人数与无显效人数,列出四格列联表,作χ^2值测验,选择显著性水平5%。

(二)实验结果

1. 服药前、后的平均优势频率曲线的比较

图86-2为有显效的被试者服药前、后动态脑电图平均优势频率曲线图。平均优势频率从服药前的7.55～9.0下降到服药后的6.3～7.4。统计量t值范围为2.7～14.1($P<0.01$)(样本数$n=10$),即服药后动态脑电图的平均优势频率显著低于服药前优势频率。他们的脑电优势频率超过8Hz的平均时间从60.5%下降到8.8%,表明这些人在服药后失眠时间明显缩短。

图86-3为无显效的被试者服药前、后动态脑电图平均优势频率曲线图。统计量t值范围为0.13～1.46($P>0.05$)(样本数$n=12$),即服药后动态脑电图平均优势频率与服药前平均优势频率之间没有显著差异。

2. 服药对睡眠的影响

据临床观察,服这种药能治疗以失眠为主要症状的神经衰弱病患者。22名患者中,有的服了这种药,有的没有服这种药。通过对他们睡眠期间脑电活动的动态检测和分析,发现有的患者服药前与服药后脑电图平均优势频率之间有显著性

差异，有的没有将所发生的频数列成二行二列的四格列联表（表 86—9）。

表 86—9 乌灵胶囊服用效果四格列联表

	服药，A	未服，A'	总计
显效，B	10(5)	0(5)	10
无显效，B'	1(6)	11(6)	12
总 计	11	11	22

循四格列联表有关公式算出四格内的预计数表示在括弧内。算出 X^2 值：$X^2=(5-0.5)^2(1/5+1/6+1/5+1/6)=14.85$

由于在 $df=1$ 时，$X^2_{0.05}=3.84$，$X^2 \gg \chi^2_{0.05}$，甚至比 $X^2_{0.01}=6.64$ 还大很多，说明很有把握地把两类属性无关联的假设否定掉。显示乌灵胶囊的服用是有很大的显著性效果的。

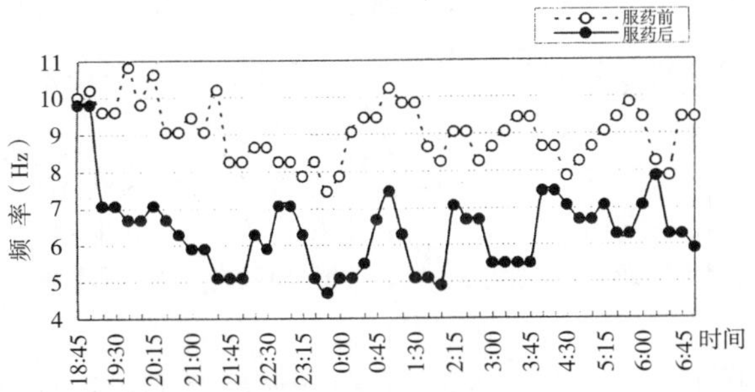

图 86—2 动态脑电图平均优势频详细曲线(崔××，男，65)

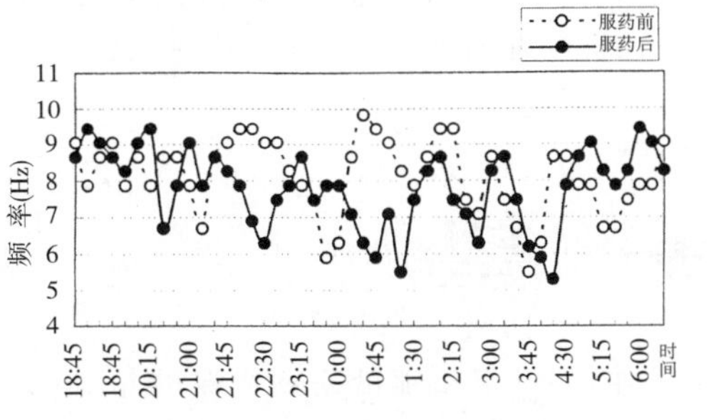

图 86—3 动态脑电图平均优势频率曲线(沈××，女，35)

三、治疗抑郁症或焦虑症

史丽丽等（2008）观察了乌灵胶囊治疗焦虑或抑郁状态的疗效和安全性。选择 18～65 岁，临床表现符合焦虑或抑郁症状，汉密尔顿焦虑量表（HAMA）≥17 分或汉密尔顿抑郁量表（HAMD）≥14 分的门诊患者 139 例。采用多中心（中国医学科学院北京协和医院、卫生部北京医院、首都医科大学附属北京中医医院、上海市精神卫生中心、上海交通大学医学院附属瑞金医院、浙江省立同德医院）随机双盲双模拟平行对照非劣效性研究方法。入选者随机分为 2 组：乌灵胶囊组（治疗组）口服乌灵胶囊每日 3 次，每次 3 粒；对照组口服氟哌噻吨/美利曲辛每日 2 次（早、午各 1 次），每次 1 粒；治疗 6 周。随机分组：采用分层区组随机的方法，每个中心为一层，每个区组 4 例。双盲双模拟：A 药为乌灵胶囊或安慰剂，B 药为氟哌噻吨/美利曲辛或安慰剂；所有入组患者均服用A＋B药。治疗组 A 药为乌灵胶囊，B 药为安慰剂；对照组 A 药为安慰剂，B 药为氟哌噻吨/美利曲辛。2 组用药由统计员按每个中心区随机分配，将全部药物给予唯一编号，研究者及研究对象均不知晓分组情况。受试者入组时按照先后顺序从小到大发放不同编号药物，研究结束时统计人员按照 A、B 2 组进行统计学分析，进行揭晓。疗效评定使用 HAMD17 项、HAMA14 项、匹兹堡睡眠质量指数（PSQI）调查表。在患者用药前及治疗第 1、2、4、6 周时分别进行评分。用药前及用药结束时分别进行血常规、血生化、尿常规、心电图检查。育龄妇女用药检查尿绒毛膜促性腺激素。用药前及治疗第 1、2、4、6 周时使用治疗时出现的症状量表（TESS）观察不良事件。采用 SAS9.1 统计软件进行分析。

结果：乌灵胶囊组 67 例，对照组 73 例，2 组患者在性别、年龄和焦虑、抑郁症状严重程度方面差异无统计学意义。治疗 1 周后 2 组 HAMA 和 HAMD 评分均较基线时改善。6 周末 HAMA 评分：乌灵胶囊组（9.0±5.4）分、对照组（10.3±5.4）分；HAMD 评分：乌灵胶囊组（9.1±5.6）分、对照组（10.5±5.7）分，2 组比较差异均无统计学意义（分别 $F=2.11$，$P=0.148$；$F=1.61$，$P=0.207$）。乌灵胶囊组和对照组治疗抑郁或焦虑的临床显效率和临床治愈率差异也无统计学意义。在治疗后 PSQI 评分：乌灵胶囊组（4.1±4.5）分、对照组（5.0±4.2）分，2 组间差异无统计学意义（$F=0.72$，$P=0.192$）。常见不良反应为消化和神经系统症状，多数为轻中度、一过性，停药或给予对症处理后可很快缓解。结果显示，乌灵胶囊治疗轻度焦虑或抑郁状态具有肯定的疗效，安全性良好。

张炎、王万华（2004～2005）采用乌灵胶囊联合氟西汀治疗脑卒中后抑郁障碍。将 120 例脑卒中患者随机分为对照组（$n=60$），单纯氟西汀治疗；研究组（$n=60$），在氟西汀治疗基础上加服乌灵胶囊。6 周为 1 个疗程，观察比较两组治疗前后症状改善情况。结果：经 6 周治疗，两组症状均有显著改善，与治疗前比较有显著差异（$P<0.05$ 或 $P<0.01$）；研究组抑郁心境、失眠、焦虑、自知力、工作和活动疗效优于对照组（$P<0.05$ 或 $P<0.01$）。表明乌灵胶囊联合氟西汀治疗脑卒中后抑郁障碍疗效确切。

张凯娜(2003～2004)观察了左旋多巴与乌灵胶囊治疗帕金森病伴发抑郁的临床疗效。将65例帕金森病伴发抑郁患者随机分为两组,两组都给予左旋多巴常规药物治疗(左旋多巴1天3～6g,分4～6次口服),治疗组在此基础上加用乌灵胶囊3粒/次,3次/天,连服2个月,而对照组不予任何抗抑郁治疗。结果治疗组在治疗后2个月HAMD评分从19±6变为14±4,治疗组抗抑郁有效率为85%,而对照组为59%($P<0.05$)。治疗组治疗后2个月UPDRS从39±5变为31±5,治疗组总疗效61%,而对照组为38%($P<0.05$)。不良反应8例(24%),但均较轻微,不影响治疗。乌灵胶囊不但能改善帕金森患者伴有的抑郁症状,同时能辅助左旋多巴对运动功能障碍的治疗,对运动功能的恢复有一定的帮助。

肖桂荣、孙新芳(2003～2004)对56例轻中度脑卒中后焦虑、抑郁患者,给予乌灵胶囊治疗,取得了一定的疗效。治疗组与对照组每组28例。治疗组年龄45～82岁,平均62.3岁;脑出血10例,脑梗死18例。对照组年龄54～84岁。平均64.2岁;脑出血8例,脑梗死20例。治疗前,两组患者的神经功能缺损评分,焦虑、抑郁评分经统计学检验均无显著性差异。两组患者根据病情均常规使用治疗脑血管病的药物、神经营养剂、针灸、康复等治疗。治疗组加用乌灵胶囊3粒,每日3次,口服。对照组选用帕罗西汀(赛乐特),10mg晨顿服,3～5天后改20mg,晨顿服。两组患者疗程均为4周。结果表明,乌灵胶囊对卒中后焦虑、抑郁状态有显著改善,同时也能改善神经功能缺损的症状,且不良反应少。

王瑛、张海音观察了乌灵胶囊对广泛性焦虑症的疗效与安全性。采用平行对照研究方法,治疗组30例患者给予口服乌灵胶囊每次3粒,每日3次;对照组30例患者给予口服黛力新1片,每日2次。于治疗前及治疗后第1周、2周、4周、6周分别以汉密顿焦虑量表(HAMA)、汉密顿抑郁量表(HAMD)、治疗时出现的症状量表(TESS)及实验室检查评估疗效与安全性。结果:治疗组、对照组总有效率分别为73%、77%,两组之间疗效无显著差异。治疗组未见明显不良反应,对照组不良反应发生率为11%,主要为口干、过度镇静和头痛。表明乌灵胶囊是治疗广泛性焦虑症疗效可靠、安全的药物。

四、其　他

刘志新研究乌灵胶囊对慢性疲劳综合征的临床疗效。两组病例均给予适时的心理辅导及对症支持疗法等。同时乌灵组56例用乌灵胶囊治疗,七叶神安组55例用七叶神安片治疗。结果:乌灵组总有效率为80.36%,七叶神安组总有效率为60%。两组总有效率间的差别经统计学处理有显著性意义($P<0.01$)。表明乌灵胶囊对慢性疲劳综合征有较好的辅佐治疗作用,且起效快,未发现有明显不良反应。李品贵、苏太(2001)应用乌灵胶囊治疗心脏神经官能症86例,取得较满意疗效。

第六节　展　望

根据乌灵菌粉具有调节内分泌代谢平衡和临床上对妇女更年期综合征和抗前列腺增生的功效,已将乌灵菌粉与其他中药配伍组成复方中药制剂,研制中药新药——灵莲花颗粒(治疗妇女更年期综合征)和灵泽片(治疗前列腺增生)。

对于乌灵参研究开发还有一些值得重视的问题:

首先,乌灵参在发酵培养过程中发酵滤液的利用。20世纪80年代末,由发酵滤液提取的胞外多糖,经中国医科院药物研究所试验,具有明显的脑保护作用;滤液浓缩液研制成保健品,也具有良好的治疗失眠功效。随着乌灵菌粉生产量的增加,滤液如不加以充分利用,既浪费资源,又需花费大量经费用于废液的处理。

其次,乌灵胶囊等制剂,不是采用乌灵菌粉原料药,就是其粗提取物。如何进一步开展化学成分分析,在化学成分和药理研究基础上,开发出有效成分明确的现代乌灵参制剂,应是今后努力的方向。

参考文献

[1] 邬家林.真菌中药——乌灵参[J].成都中医院学报,1984(2):33-35.
[2] 应建浙,卯晓岚.中国药用真菌图鉴[M].北京:科学出版社,1987.

[3] 周家炽.鸡纵与白蚁[J].科学,1945,27(1):25-51.
[4] 陈宛如,杨焕明.白蚁巢中小白球菌生态因子研究初报[J].杭州大学学报,1983,10(3):353-359.
[5] 陈宛如.白蚁菌圃上小白球菌和炭角菌的生态关系初报[J].杭州大学学报,1990,17(2):201-207.
[6] 陈宛如,杨焕明.白蚁巢内生态环境与真菌优势种类[J].杭州大学学报,1986,13(1):69-73.
[7] 陈宛如,胡银忠.白蚁巢上生长的子囊菌——黑柄炭角菌的深层培养及生态研究[J].真菌学报,1995,4(14):269-276.
[8] 马志章.黑柄炭角菌多糖对小鼠巨噬细胞功能的影响[J].免疫学杂志,1989,5(2):13-16.
[9] 陆小兰.硒及黑柄炭角菌多糖对 LICC 的调节研究[J].免疫学杂志,1993,9(1):13-16.
[10] 左萍萍,马志章.乌灵菌粉的镇静作用及其机制研究[J].中国药学杂志,1999,34(6):374-377.
[11] 史丽丽.乌灵胶囊治疗焦虑、抑郁状态的随机双盲对照研究[J].中华神经科杂志,2009,42(11).
[12] 张炎,王万华.乌灵胶囊联合氟西汀治疗脑卒中后抑郁障碍疗效观察[J].中国血液流变学杂志,2005,15(4):574-576.
[13] 张凯娜.左旋多巴与乌灵胶囊治疗帕金森病伴发抑郁的临床研究[J].新医学,2005,36(3):154-155.
[14] 肖桂荣,孙新芳.乌灵胶囊治疗卒中后焦虑、抑郁状态的疗效分析[J].北京医学,2006,28(2):125.
[15] 王瑛,张海音.乌灵胶囊和黛力新治疗广泛性焦虑症对照研究[J].上海精神医学,2005,17(3):158-159.

(陈宛如、董调雅)

第八十七章　绣球菌

DIBASHIQIZHANG XIUQIUJUN

摘要：绣球菌野生分布较广，中国也是其野生菌分布地区之一。由于绣球菌的生长发育、营养生理、生态条件的特殊性，人工栽培难度较大。我国经近30年的探索与研究，已实现了绣球菌商业化人工栽培。本章较全面、系统地阐述了绣球菌发展历程、现状、生物学特性、菌种繁育技术、栽培技术及绣球菌的营养与药用价值。重点围绕绣球菌原基形成与发育的生物学特性，阐述塑造颈口微生态生长模式。这种方法能正常地诱导绣球菌原基形成与分化，并完成整个生长周期。在总结研究成果和实践经验的同时，突出介绍与其他食用菌不尽相同的新技术、新工艺，并对中国绣球菌研究进展进行全面回顾、总结与展望。

Sparassis crispa

Abstract: Wild populations of *Sparassis crispa* are widely distributed in China and other regions of the world. Artificial cultivation is very difficult because the mushroom requires special nutritional, physiological and ecological conditions for growth and development. However, research undertaken during the past 30 years has led to commercial scale production in China. This chapter gives a detailed description of *S. crispa* including the history and present status of development, biological features associated with spawn production, cultivation techniques, nutritional attributes and medicinal properties. The microbial composition of the substrate at the mouth of the culture bag, and how it affects primordium formation and development, is described. Primordium formation and differentiation is induced, and the full growth cycle is completed, using this method. The new technology is different from that used with other edible fungi and is based on experience and research data. Progress in research on *S. crispa* in China and the prospects for the future are reviewed and summarized.

第一节　概　述

绣球菌又名：对花菌、马牙菌、绣球蕈、绣球蘑、地花蘑、白地花、白绣球花、花椰菜菌等。

学名：*Sparassis crispa* (Wulfen) Fr., *Syst. mycol.* (Lundae) 1: 465 (1821)。

属名"*Sparassis*"一词来自希腊语，词源"sparasso"意思是"撕裂成碎片"，描述子实体的形状，中文称"绣球菌属"。种名加词"*crispa*"意思是"皱波状的"。

同物异名：*Clavaria crispa* Wulfen, in Jacquin, *Miscell. austriac.* 2: 100 (1781); *Clavaria crispa* (Scop.) Sacc., *Syll. fung.* (Abellini) 19: 331(1910); *Manina crispa* Scop., *Diss. sci. nat.*, Edn 1 2: 99 (1772); *Masseeola crispa* (Wulfen) Kuntze, *Revis. gen. pl.* (Leipzig) 2: 859 (1891); *Sparassis crispa* (Wulfen) Fr., *Syst. mycol.* (Lundae) 1: 465 (1821) var. crispa; *Sparassis radicata* Weir, *Phytopathology* 7: 166 (1917)。

分类地位：菌物界(Fungi)，担子菌门(Basidiomycota)，伞菌纲(Agaricomycetes)，多孔菌目(Polyporales)，绣球菌科(Sparassidaceae)。

幼嫩时，子实体洁白细嫩，食味鲜美可口。原为野生菌，是一种珍贵的食药用菌。野生分布较广，我国主要分布在黑龙江、吉林、西藏、云南、河北、陕西、福建、广东等林区中的云杉、冷杉或松林及混交林中；国外分布在日本的本州、四国、北海道，英国南部松林，美国、加拿大和澳大利亚。但是其自然资源蕴藏量少，且着生于老熟松林地或松树干基地交际部，柄基与腐朽树根相连，分解纤维素，属明显的褐腐类型。20世纪90年代在日本首获栽培成功，被誉为梦幻神奇的菇，并进入商业性生产；韩国是第二个人工栽培成功的国家；我国是继韩国之后，第三个掌握绣球菌栽培技术的国家。

目前，国际上正在掀起一股绣球菌热，如日本、韩国、美国都非常重视绣球菌的研究、开发和应用。其药用价值也受到广泛的重视，有不少与绣球菌相关的药品、保健品及化妆品已经面世。

第二节　绣球菌的生物学特性

一、形态特征

绣球菌子实体一年生，肉质，从柄上分化出不规则、边缘弯曲的扁平叶瓣，瓣片似银杏叶状或扇形，相互交错，密集成丛，形如绣球，故而得名。人工栽培的子实体直径10～30cm，白色至污白或乳白色，单朵重80～250g。菇肉白色，子实层生在瓣片下侧。干后色深，质硬而脆。孢子无色、光滑，卵圆形至球形，4～5μm×4～4.6μm。双型菌丝系，有锁状联合。

二、生态分布

（一）寄主

绣球菌常于夏末秋初生于树径较大的针叶林内。寄主树木直径一般在40cm以上，主要着生在靠近树干基部的裸露根上，引起树根褐腐。能分解木材组织中的木质素、纤维素和半纤维素，吸收其养分而生长。绣球菌对腐生树木有专一的要求，一般针叶树都能寄生，常见的有云南松、马尾松、红松、落叶松及冷杉等。只有少数种类对寄主要求比较专一。例如，广叶绣球菌（*Sparassis brevipes* Kromnh.）寄生在落叶松根基。一般单生，少丛生。

（二）地理分布

绣球菌属分布较广，中国、日本、英国、美国、加拿大和澳大利亚等均发现其分布。中国绣球菌品种有10多个品种，主要分布在黑龙江、吉林、河北、四川、云南、西藏、陕西、甘肃、福建、广东等地，生长在相对海拔较高的山地，大约3 000m左右，年平均气温6.6～9.2℃，生长季节7～9月份，平均温度12.7～14.6℃，降水量为148.3～228.9mm，属山地寒温带。

（三）绣球菌的生活史

绣球菌的子实体采收后菌柄留在土中，次年可再生新的担子果，为产孢组织。担子果借助雨水滴溅和风力等作用释放担孢子。担孢子以芽殖方式形成芽生孢子，通过核分裂、孢子膨胀和芽管形成双型菌丝系统。生殖菌丝粗，有锁状联合。菌丝生理成熟后在足够的光、氧、温度下形成原基，原基逐步分化成子实体。子实体成熟后再释放出担孢子，周而复始，完成生活的全过程。

（四）子实体生长期的营养与代谢特点

子实体生长期的主要生理特点：菌丝吸收氮素营养的能力逐渐减弱，对营养成分变化的适应能力降低。其营养由碳源、氮源和无机盐等元素构成，人工配制培养基质可以满足子实体生长需求。根据绣球菌的营养生理特性，*C/N*在85～90，才能保证生长发育中不同阶段营养分配输送的平衡，使子实体发育良好。绣球菌是属于高碳、低氮营养生理的食用菌。

（五）影响绣球菌生长和繁殖的理化因素

与大多数食用菌一样，绣球菌营养生长及生殖生长的生理活动除与营养条件有关外，还受温度、湿度、光照、空气及酸碱度等各种理化因素的影响。

1. 温度

绣球菌菌丝生长温度10～30℃，最适温度为24～26℃，上限制温度为30℃，致死温度为40℃；原基形成适温20～22℃，子实体发育15～20℃，以17～19℃最为适宜。

2. 湿度

绣球菌在袋内生长周期较长，从制袋接种至子实体采收大约需要120天。基质内含水量的调节与基质密度有关。密度高的基质，含水量稍低；密度低的基质，含水量稍高。基质适宜含水量为55%～62%，原基形成期空间适宜相对湿度85%～90%，子实体发育期空间适宜相对湿度95%以上。

3. 空气

绣球菌的菌丝生长阶段需新鲜空气，培养房

空间 CO_2 浓度保持在 0.3%以下。原基形成与分化阶段对空气中 CO_2 浓度极其敏感，具有独特的原基发育生理现象，称之为“兼性嫌氧微生态”或“兼性需氧”生理现象。

4. 光照

绣球菌的菌丝生长适宜弱光、暗光或无光。子实体生长阶段需要光诱导。试验表明，光强控制在 500～800 lx，能维持绣球菌子实体正常发育；有时空间光强达到 1 000 lx 左右，子实体发育也未受阻。据野外调查，林地疏密度大于0.6或小于0.2，没有发现绣球菌生长。

5. 酸碱度

绣球菌是一种适宜偏酸性条件下生长的药用菌，培养基 pH 在 3.5～7 范围内菌丝可正常生长，最适 pH 为 4～5，超过7.5时菌丝生长受阻，pH 低于 3 时菌丝难以生长。

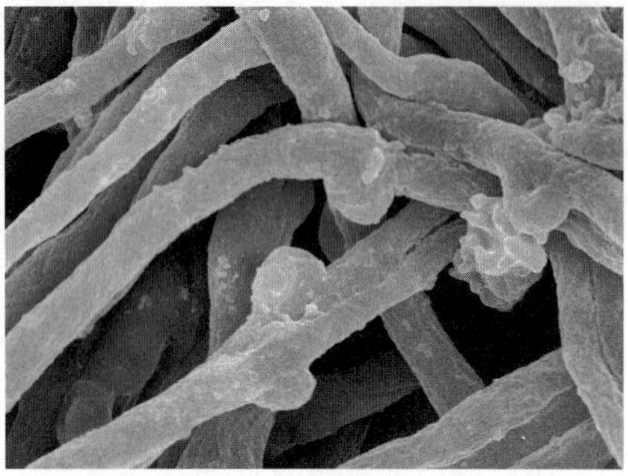

图 87－1　绣球菌菌丝显微形态

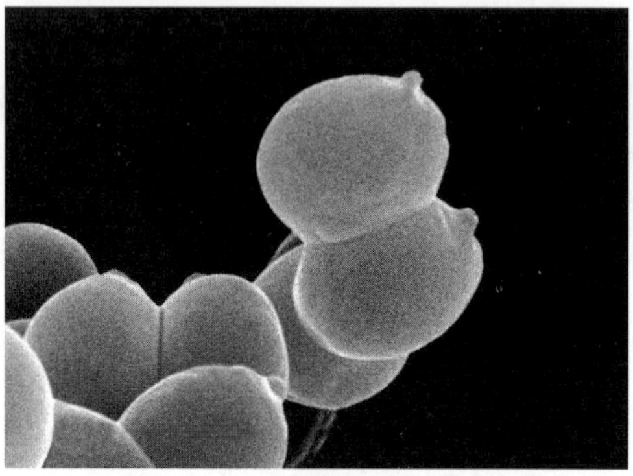

图 87－2　绣球菌孢子显微形态

第三节　绣球菌的菌种制作

一、绣球菌菌种生产

菌种的优劣是栽培成败的关键。绣球菌菌种质量的好坏与绣球菌产量及品质有着极大的关系，是保证绣球菌产量和质量的重要因素。

(一)菌种生产时间的安排

绣球菌子实体发育温度为 15～20℃，最适温度 17～19℃，温度太高或太低都难以形成子实体。从制袋接种到菇采收结束，生长周期需 120 天左右。根据这些习性，各地按照当地自然气候条件，选择最适宜的栽培季节。在制袋生产前 150 天，培育母种，母种生长期 30 天左右；制袋生产前 120 天，培育原种，原种生长期 60 天左右；制袋生产前 60 天，培育栽培种，栽培种培养 60 天即可长满。长满后 15 天内用完栽培种。否则，栽培种菌菌龄过长，严重影响绣球菌产量。

(二)菌种制作

菌种的生产分为母种生产，原种生产，和栽培种生产 3 个阶段。

1. 母种的制作

母种是指经规范方法选育获得的具有结实性的菌丝体纯培养物及其继代培养物，以玻璃试管为培养容器和使用单位，通常又称为一级种、试管种。

(1)母种常用培养基配方

配方 1：PDA 培养基：马铃薯(去皮)200g，葡萄糖 20g，琼脂 20g，水 1 000ml，pH 自然。

配方 2：PSA 培养基：马铃薯(去皮)200g，蔗糖 20g，琼脂 20g，水 1 000ml，pH 自然。

配方 3：PDPYA 培养基：马铃薯(去皮)200g，葡萄糖 20g，蛋白胨 2g，酵母粉 2g，琼脂 20g，水 1 000ml，pH 自然。

(2)母种培养基的制作方法

以 PDA 培养基为例介绍培养基的制作方法。

①材料准备：用没有发芽、变青、新鲜的马铃薯，洗净去皮、挖去芽眼，切成薄片。同时准确秤取葡萄糖和琼脂(剪成 2～3cm 长的的小段，用清水漂洗，除去杂质)等。

②热浸提：将切好的马铃薯放入锅内，加入 1 200ml左右的水，加热煮沸并文火保持 25～30 分钟(煮至马铃薯熟而不烂)。然后用 4 层纱布过滤，去掉薯渣，取滤液备用。

③琼脂、葡萄糖溶化：将滤液装入铝锅内，加入琼脂，加热煮沸并不断搅拌，直至琼脂完全溶化。然后加入葡萄糖，加热并搅拌使其完全溶解。

④定容：加热过程中，水量因蒸发而减少，不

足时加水定容至1 000ml，搅拌均匀。

⑤分装：利用分液漏斗进行分装。将分液漏斗固定在带有铁环的分装架上，漏斗下端用乳胶管和细玻璃管连接，用止水夹夹住乳胶管。在漏斗内装入配制好的液体培养基，然后将培养基分装入洁净、完好的试管内。分装时，试管垂直桌面，注意不要使培养基残留在近试管口壁上，每支试管培养基装量为试管长度的1/5～1/4。

分装完毕后，塞上棉塞。棉塞可预先制作好，经灭菌固型后使用。棉塞长3～3.5cm，塞入试管内1.5～2cm，外露部分1.5cm左右，松紧度以手提外露部分棉塞试管不脱落为准。然后10支捆扎成一捆，用牛皮纸将管口一端扎紧包好，直立放入灭菌锅的桶内。

⑥灭菌：分装好的培养基要及时灭菌。灭菌前，应检查锅内水分是否适量，如不足，需加足水分，然后将包扎好的试管直立放入灭菌锅的桶内，盖上锅盖，拧紧螺帽，关闭排气阀，开始加热。当压力上升至0.05kPa时，停止加热，缓慢打开排气阀，放出锅内气体。当锅内冷空气排尽后再关上排气阀，继续加热。压力上升至0.14kPa时，维持在此压力下30分钟后停止加热，缓慢打开排气阀排出气体。排气切莫过急，否则会出现减压过快，造成培养基喷出试管，打湿棉塞。气体被完全排尽，压力表指针降至“0”时，打开锅盖。

⑦试管斜面培养基制作：培养基自然冷却至60℃左右、尚未凝固之前，趁热摆放成斜面。温度过高，试管内外温差过大，试管内壁容易产生过多的冷凝水；温度过低，一旦凝固无法制成斜面。斜面的长度以斜面顶端距棉塞约50mm，下端刚至试管底部为宜。切勿让培养基与棉花塞接触，否则棉花塞会受潮生长霉菌。斜面摆好后，在培养基凝固之前，不要移动试管，以免斜面培养基变形。

⑧灭菌效果检查：制作好的斜面培养基，随机抽20～30支放在培养箱内，25℃恒温培养48小时，检查灭菌效果。培养基上无细菌发生，表明灭菌成功可以使用。

(3)接种

母种接种是将种接入试管斜面的过程。在完全无菌的接种箱、接种室或超净工作台内接种。

①接种前准备与消毒：接种室地面要定期清洁，接种人员接种前先用肥皂清洗双手和手腕部位，进入接种室后再用75%乙醇棉球擦拭双手和操作台面。消毒前先将接种的物品，如斜面培养基试管，接种用具如酒精灯、接种铲等一起放入接种室或接种箱。使用前一天用熏蒸（气雾点燃熏蒸或甲醛与高锰酸钾混合熏蒸）消毒进行杀菌处理。如用紫外灯照射消毒，必须在使用前30分钟开灯进行照射杀菌。

②接种操作：点燃酒精灯，将接种钩、母种试管表面和手用75%乙醇棉球擦洗消毒，拔下母种试管的棉塞，将试管口在酒精灯火焰上转动2～3圈，再将接种钩放在酒精灯火焰上反复灼烧灭菌处理。左手平托母种试管和培养基试管，菌种试管在外，培养基试管在内。右手握接种钩，接种钩先在乙醇中浸蘸一下，然后在火焰上方灼烧片刻。在酒精灯火焰上方轻轻拨掉试管棉塞，夹在右手指缝间，将冷却后的接种钩伸入菌种试管中，切取3～4mm×3～4mm大小的一块母种，迅速转移至待接试管培养基斜面中部，稍压一下让菌种块与培养基充分接触。在火焰上方同时塞好母种试管和新接种试管的棉塞，把接好的试管轻放在接种箱旁边，换上另一支待接试管接种。如此反复，一支母种试管可转40～50支一级种试管。

(4)培养

将接种后的试管，贴上标签移入培养室或恒温箱内培养。培养温度23～25℃。要求培养室尽量避光，空气相对湿度75%以下，避免高温、高湿，以免造成菌丝活力下降和引起污染。培养期间每天需进行检查，发现不良个体，及时剔除。培养30天左右，菌丝可长满试管斜面，即可用生产原种。不能及时使用的，放入冰箱保藏。

2. 原种制作技术

原种是指用母种移植、扩大培养而成的菌丝体纯培养物，一般用650～750mm玻璃瓶为容器，又称为二级种。

(1)培养基配方

①原木屑70%，玉米粉28%，碳酸钙2%。

②原木屑78%，面粉10%，玉米粉10%，糖1%，碳酸钙1%。

③玉米芯70%，麦麸28%，糖1%，碳酸钙1%。

④玉米芯70%，米糠28%，糖1%，碳酸钙1%。

⑤原木屑78%，马铃薯20%，KH_2PO_4 0.5%，糖1.5%。

⑥原木屑76%，麦麸18%，玉米粉2%，蔗糖1.5%，石膏1.5%，过磷酸钙1%。

(2)培养基制作

①配料：选择没有发霉、生虫、杂质的主、辅材料。按配方秤取原料，主料混合后，将辅料均匀拌入主料内。糖及碳酸钙需溶在水中，再拌入培养料，加水至适宜的含水量拌匀，加水量按料水比为1∶1.2～1∶1.3。含水量标准：用手握紧培养料，

以手指缝中有水外渗而不往下滴为准。有水珠连续滴下表明过湿,没有水渍渗出为太干,可用加水、加料、摊晒等方法进行调整。拌匀后培养料务必及时装瓶消毒灭菌,否则培养料会发酸,有利细菌繁殖,影响灭菌效果。

②装料:将配制好的培养料装入原种培养容器(750ml 的无色玻璃瓶)中,装料时要用力压实,瓶子中下部可稍松些,料装至瓶颈部即可。然后用一根打孔棒在培养料中央位置打孔至瓶底,料层中央形成一个通气道,以增加培养料的通透性,有利菌丝生长。最后,清洁瓶口,塞上棉塞,包上牛皮纸封口。

③灭菌:装瓶完毕,将瓶装入锅内灭菌。装锅时,原种瓶要直立放置或平放,切不可倒放(瓶口朝下)。加压灭菌时,压力上升至0.14kPa 时,维持1.5～2 小时后停止加热,让压力和温度自然下降。

(3)接种

将原种料瓶固定在接种架上,取下棉塞,让瓶口靠近火焰旁,左手握母种试管,右手握在酒精灯火焰上方轻轻拔掉试管棉塞,把试管内母种分割成 5～6 块,钩出一块母种,迅速转移至待接原种瓶内,稍压一下让菌种块与培养料充分接触,在火焰上方塞好母种试管和原种瓶的棉塞,把接好的原种瓶轻放在旁边,换上另一瓶待接原种瓶接种。如此反复接种,一支母种试管可转 5～6 瓶原种。

(4)培养

接种后将原种瓶移入培养室直立排放进行培养。培养温度前期(3～5 天)25～28℃,15 天后22～25℃。要求培养室尽量避光,空气相对湿度80%以下。避免高温、高湿,以免造成菌丝活力下降和引起污染。培养期间定期检查,及时淘汰劣质菌种和污染瓶。培养 60 天左右,菌丝就可长满瓶,即可用于生产栽培种或生产栽培袋。

(四)栽培种制作技术

栽培种是由原种扩大培养而成的菌丝纯体培养物,一般用 650～750ml 玻璃瓶或塑料袋为容器。栽培种又称三级种。

栽培种配方及制作工艺与原种相同。绣球菌丝生长缓慢,培养时间长,建议生产上直接利用原种接栽培袋。

(五)菌种质量鉴别

1. 母种

正常的母种菌丝体洁白、健壮、浓密、均匀、绒毛状、生长整齐,菌落舒展,边缘整齐,无色素,无肉眼可看到的污染物。镜检菌丝有锁状联合。试管完好无破裂,棉塞干燥、无霉变。反之,菌丝体灰白、暗淡、稀疏、生长不整齐,菌落紧皱,边缘不整齐,有黄色分泌、培养基内有色斑沉淀,有肉眼可观察到的污染物,试管有破损等均为劣质种。

2. 原种和栽培种

优良的绣球菌原种或栽培种的特征是:生长整齐,同一菌株在相同的培养基和培养条件下,生长速度、形态应基本相同;菌丝浓密、洁白、粗壮有活力,边缘生长整齐,上下生长均匀一致,无黄水、无菌皮、无原基或子实体形成,无肉眼可观察到的污染物,容器完好、无破裂,棉塞干燥、无霉变。

(六)菌种保藏方法

菌种保藏具体方法,请参阅本书《食药用菌菌种保藏》一章。

第四节 绣球菌的栽培技术

我国绣球菌人工栽培起步较晚。近年来,福建、四川、山东、吉林、浙江等省先后进行栽培试验研究,取得突破性进展,现已可进入商业化生产。

目前栽培方式有袋栽和瓶(广口塑料瓶)栽两种,后者适宜自动化程度较高的工厂化设施栽培。以袋栽为例介绍如下:

一、栽培季节

合理安排栽培季节,菌丝生长最适温度 25℃左右,子实体生长发育最适温度 18℃左右。空间温度超过 22℃或低于 14℃都会影响绣球菌原基分化及子实体正常发育。从原基形成、分化至子实体发育成熟需 35～40 天。根据这一特性,各地在制订生产计划时,要考虑保证满足该阶段生长对温度的需求。这是栽培成功与否至关重要的因素之一。该阶段时间较长,自然气候条件下难以满足绣球菌生长对环境因素的要求。因此,各地根据实际情况,出菇房要配备增、降温设施、设备。从接种到采收整个生长期需 120 天左右,我国南方地区一般在秋末可生产栽培袋。

二、培养料配制

凡含有纤维素、矿物质、蛋白质，不含对菌种生长有害的物质成分和对人体健康有害的重金属及农药残留物质均可利用。如针叶林木屑、作物秸秆（玉米秆、棉花秆、大豆秸、玉米芯等）、甘蔗渣、棉子壳、花生壳等，辅料有麦麸、米糠、玉米粉、白糖、蛋白胨、石膏、轻质碳酸钙、磷酸二氢钾、硫酸镁等。常用栽培料配方见原种培养基配方（①、②、⑤、⑥）。根据所备原料，任选一种培养料配方，按配方比例秤取各种原料，加水拌匀。配制培养料时，应以满足绣球菌生长对养分需求，降低生产成本为原则进行配制。木屑中往往会混杂有尖而长的杂质，要筛去，以防刺破塑料袋，造成杂菌污染。

三、栽培袋的制作

要求栽培袋袋膜耐热性好，质地柔软，灭菌冷却后袋膜不发脆，透明度高。常用的有聚乙烯和聚丙烯两种塑料袋，聚丙烯塑料膜更耐高温。如用高压锅灭菌，要选用聚丙烯塑料袋，不能用聚乙烯塑料袋。采用常压灭菌时，两种塑料袋均可用。

生产上常用的塑料袋规格为 33×17cm 或 30×15cm、厚0.04～0.05cm。塑料袋直径太大，袋中心料灭菌往往不易彻底，易形成包心，导致杂菌污染；塑料袋直径太小，装料量少，养分不足，产量低。塑料袋膜太厚，灭菌后发脆易破裂；塑料袋膜太薄，易被刺破。

拌料：拌料场所最好选择干净的水泥地。根据生产计划，先把主料、辅料分别计量后按比例混合在一起。再在混合料中加入水，立即进行拌料，力求其含水量和养分均匀一致。拌料方法有两种。一种是人工拌料，用锄头、铁铲等工具铲料翻动拌料，从料堆一侧开始翻料，边翻动边加水，将成团的料敲散混合均匀，使含水量一致。另一种是用机械进行拌料，将原料加入拌料机槽内，加入适量的水，开动机器搅拌培养料。含水量控制在60%～65%。

装袋：培养料加水拌匀后，应及时装入袋中。装袋方法有手工装袋和机械装袋两种。手工装袋方法是：将塑料袋张开，用手工向袋内装入培养料，边装料边压紧，使袋内培养料上下松紧一致且松紧要适宜。装袋过松，菌丝生长时菌袋中间培养料易断裂且菌筒与塑料袋壁之间形成空隙，在菌袋周身容易形成大量的原基，不便于管理；装袋过紧，通透性差，菌丝生长慢，影响出菇时间。装袋完毕要压实表面培养料，然后用一根打孔棒在培养料中央位置打孔至袋底，最后，套上塑料套环，塞上棉塞封口。机械装袋方法通常有圆盘转动冲压式和螺旋管式两种，可根据生产实际情况加以选择。放料袋的容器必须平滑、无棱角，防止尖硬杂物把菌袋刺破。若发现菌袋上有被刺破的小孔，要用不干胶胶布封住。装好的料袋应及时进行灭菌。

四、上灶、灭菌

装袋完毕，即时灭菌。从装袋开始计时，5小时内必须灭菌。灭菌分常压灭菌和高压灭菌菌两种。栽培袋数量较大，通常用常压灭菌。将栽培袋整齐、有规则地装入灭菌灶内，每排之间及灶箱内四周应留有通气道，以便蒸汽流通。关好灶门，猛火升温，在3小时内使温度上升到100℃左右。在此温度下保持12～14小时。灭菌时间长短因灶的容量大小而定。灭菌结束，退火降温，让温度自然下降。不可强制排气降温，否则，栽培袋会因温度剧变而破裂。待温度降至40℃左右，缓慢打开灶门，取出栽培袋，移入预先除尘、消毒处理过的洁净冷却室。

五、接　种

待栽培袋料温降到30℃左右时趁热移入接种箱，将接种用具放入接种箱进行消毒杀菌。把原种瓶固定在接种架上，取下棉塞，让瓶口靠近火焰旁，左手握着栽培袋，右手握接种铲，将灼烧冷却后的接种铲伸入原种瓶内，把原种搅碎，铲出一块原种，迅速转移至待接栽培袋内，稍压一下让菌种块与培养料充分接触，在火焰上方塞好栽培袋和原种瓶的棉塞，把接好的栽培袋轻放在接种箱旁边，换上另一袋待接栽培袋接种。如此反复，一瓶原种可接25～30袋。

六、菌丝培养

将接上菌种的菌袋移入发菌室，进行保温、控湿管理，让菌种萌发生长。培养袋排放量视气候及培养条件而定。低温季节接种的栽培袋，堆放密度可高些，以利加温。高温季节接种的栽培袋，堆放密度应低些，以利散热。菌丝培养阶段无须光照设备，只要照明灯光，方便室内工作。培养菌丝体，主要是保持培养室内空气新鲜。如有条件，增设通风换气设备。培菌室不宜过大。菌袋在层架上直立排放。

培养温度：绣球菌菌丝生长的最适温度24～26℃，接种后至菌丝盖面，室温控制在25℃左右，以利接种菌块萌发生长。菌丝生长盖面后，会产生生物热，使菌袋内温度比袋外空间温度高2～

3℃，因此，袋外空间温度保持 22～24℃为宜。高于 28℃，及时通风散热；低于 20℃，应关闭门窗保温发菌。绣球菌菌丝生长较缓慢，培养室温度保持适温状态，对加速菌丝生长至关重要。

培养湿度：发菌室要保持相对干燥，空气相对湿度 60%～65%为宜。

空气：菌丝生长阶段需保持空气新鲜，培养房空间 CO_2 浓度保持在 0.3%以下，经常开启门窗通风换气，有利菌丝生长。

光照：菌丝培养前 30 天左右无须光线或在弱光下生长。35 天后菌丝吃料 6～7cm，料面菌丝开始向上爬壁，此时需要散射光照射，以诱导原基分化，促进菌丝从营养生长向生殖生长转化。黑暗条件下菌丝难以完成生长转化，强光直射菌丝生长也会受到抑制。一般保持 300～500 lx 散射光有利生长。

七、出菇管理

(一)诱发原基

绣球菌栽培袋经过 30～40 天培养后，移入育蕊室进行原基诱导。此时温度控制在 21～23℃，空间相对湿度 80%，光强 500～800 lx。在这种环境下继续培养 30 天左右，菌袋颈口周围可见菌丝聚集扭结，发育快的已有原基块出现。原基随着原基块的发育而不断增大，表面会吐出水珠，出现突起组织，即原基进入分化阶段，随后分化出小叶片，至此原基分化完成。原基形成至分化结束需 20 天左右。

(二)保养花球

绣球菌在育蕊室完成原基形成及分化后，立即移入育花室进行开袋。开袋时，根据原基叶片分化大小及原基着生部位来决定开袋方式。如果原基着生料面且叶片已伸展较大，要剪去靠近叶片周围多余的塑料，称为短袋口栽培方式；如果原基着生料面且叶片已展开，但未触及袋壁，可直接拉直袋口，称为长袋口栽培方式；如果原基着生在底部及四周袋壁，要割开 2～3cm 长塑料袋膜，让原基从割口长出，称为割袋栽培方式。较为理想的开袋方式是长袋口开袋栽培方式。管理上要改善料面原基发育的生态环境，尽量使原基从袋口正中伸长。无论何种开袋，都要注意原基保湿管理。增湿时，应避免水喷到原基块上，只能向空间增湿且雾点要小，特别对割口菌袋原基的保护。育花室的“温、湿、光”三要素协同作用，是影响绣球菌产量、质量的关键。管理上必须满足原基分化及子实体发育对生态环境的要求。此时温度控制在 16～20℃，空间相对湿度 90%～95%，光强 800～1 000 lx。在此环境条件下培养 20～30 天，子实体发育成熟。

八、采　收

绣球菌子实体发育成熟期无明显标志，只要生长环境适宜，子实体的枝、叶会不断地伸展。但从商品价值、外观、营养成分及生产成本等综合考虑，不能无限期地延长栽培时间。暂定采收标准：①根据朵形判断：叶片展开、边缘波浪状，背面略现白色“绒毛”，整朵白色健壮美观。②根据颜色判断：子实体叶片颜色由白色转向淡黄色即可采收。采收前 12 小时，停止喷水。

绣球菌采收后可直接上市鲜销，鲜品耐储藏性好，一般在温度 3～5℃条件下可保鲜 15 天左右。如果制成干品，子实体采收后先经热风或阳光下暴晒脱水再烘干。菇体含水量较高，烘烤初期要严格控制温度，掌握先低后高的原则。从 35℃开始，逐渐升高且结合通风排气，但温度不得超过 60℃。温度过高，菇体易烤焦。烘烤正常的菇体颜色黄褐色、香气浓郁。

图 87—3　绣球菌子实体形态

图 87—4　绣球菌人工栽培场景

第五节 绣球菌的药理作用

一、抗肿瘤作用

日本食品分析化验所采用酶法测定绣球菌的β-葡聚糖含量为43.6%。Ohno N 等(2000)通过化学、酶和 NMR 分析，主要多糖组分的一级结构为 6-分支、1,3-β-葡聚糖(SCG)，大约每 3 个主链单元有一个分支，β-葡聚糖的生物效应由它的一级结构、构象和相对分子质量决定。Tada R 等(2007)通过比较 SCG 和裂褶菌的 SPG 比较表明，是 SCG 而不是 SPG 诱导骨髓来源树突细胞产生细胞因子。Ohno N 等(2000)研究表明，所有这些组分对 ICR 老鼠的肉瘤S-180表现抗肿瘤活性并有血管扩张和出血反应。Hasegawa A 等(2004)给荷肉瘤S-180的老鼠喂食 35 天后，肿瘤比对照组要小，并且生命延长；口服绣球菌，在未增加 NK 细胞数量的情况下，人 NK 细胞毒性加强，并且激活 Th1 细胞，抑制 Th2 细胞活性，促使Th1/Th2 的平衡向 Th1 主导的免疫转换。

二、免疫调节作用

Harada T 等(2002)研究表明，在活体外 DBA/2 小鼠脾细胞中，SCG 能诱导 γ 干扰素，在贴壁脾细胞和非贴壁脾细胞共存的情况下，SCG 使 γ 干扰素合成显著提高。此外，在 DBA/2 小鼠中，SCG 也诱导 IL-12p70。Harada T 等(2004)发现，SCG 诱导的细胞因子是 γ 干扰素、TNF-α、GM-CSF 和 IL-12p70，SCG 和重组小鼠 GM-CSF (rMuGM-CSF)能够协同增强不同菌株的小鼠脾细胞的 γ 干扰素、TNF-α 和 IL-12p70。在活体外实验中，在含有 100μg/ml SCG 的培养基中分别加入 0ng/ml、0.01ng/ml、0.1ng/ml、1.5ng/ml 的 rMuGM-CSF 培养 C57BL/6 小鼠的脾细胞，用来收集上清液，SCG 使 γ 干扰素、TNF-α、GM-CSF、IL-12p70 和 GM-CSF 的浓度增加并呈剂量依赖性。添加入培养基中的最小 GM-CSF 剂量为 0.1ng/ml，能使 SCG 诱导细胞因子。用抗 GM-CSF 单克隆抗体中和 GM-CSF 明显抑制 SCG 诱导的 IFN-r、TNF-α 和 IL-12P70，认为 GM-CSF 是 β-葡聚糖诱导的细胞因子诱导的一个关键分子，SCG 诱导 GM-CSF 是活体外 DBA/2 小鼠实验的特定步骤。Harada T 等(2008)研究了 SCG 对活体外 DBA/2 小鼠骨髓来源树突细胞的作用。结果表明，SCG 提高了 BMDC 细胞膜 CD80、MHC Ⅰ类分子和 MHC Ⅱ类分子的表达。SCG 诱导 BMDCs 产生 IL-12p70、IL-6 和 TNF-α。DBA/2 小鼠中 SCG 诱导的细胞因子数量高于 C57BL/6、BALB/c、C3H/HeN 和 C3H/HeJ 小鼠。在这些小鼠中，DBA/2 小鼠 BMDC 的 β-葡聚糖受体和 dectin-1 表达水平也是最高，阻止 dection-1 表达，明显抑制 SCG 诱导 TNF-α 产生。

三、抗化学药物对白细胞免疫介质的抑制作用

Harada T 等(2002)在绣球菌的 SCG 对环磷酰胺(CY)诱导的白细胞(WBC)减少的小鼠造血功能的作用的研究中发现，小鼠腹腔注射 200mg/kg CY 后，立即给每只小鼠分别腹腔注射 125μg、250μg、500μg、1 000μg 和2 000μg 的 SCG，观察 3 周。结果表明，CY 处理后的 3 天内 WBC 数明显减少，CY 组和 SCG2 000μg 组的 WBC 高峰出现在第 9 天，其余剂量的 SCG 组的 WBC 高峰出现在第 7 天，SCG 1 000μg组的 WBC 数在 5～25 天中明显高于 CY 组，最有效的 SCG 给以剂量为 250～1 000μg。在造模前 1 天或 3 天给以 SCG 250μg，或在造模后 1、3、5、7 和 9 天给以 SCG 250μg。结果显示，CY 处理前 1 天给以 SCG，WBC 高峰出现在第 5 天左右，早于同时给以 CY 和 SCG 组出现。CY 处理后 5 天或 7 天给以 SCG，WBC 高峰出现在第 9 天左右，高峰出现较晚。小鼠 CY 处理后，立即腹腔注射 SCG 250μg，在第 5 天、7 天和 9 天，脾及肝中的 WBC 数，SCG 组均高于 CY 组；在第 5 天和 7 天，BM 中 WBC 数，SCG 组高于 CY 组；在第 7 天和 9 天，腹腔渗出液细胞(PEC)中 WBC，SCG 组高于 CY 组；相反，胸腺中 WBC 数，SCG 组低于 CY 组。用流式细胞术检测不同器官的白细胞表面抗原，研究 SCG 对 CY 处理小鼠细胞种群的作用，小鼠 CY 处理后，立即腹腔注射 SCG 250μg。显示在第 5 天或 7 天，脾、PEC、肝及 BM 中增加的巨噬细胞和粒细胞数，SCG 组高于 CY 组；在第 5 天、7 天和 9 天，脾中增加的 NK 细胞数，SCG 组高于 CY 组；在第 5 天，肝、PEC 和脾中增加的 γδT 细胞数，SCG 组也高于 CY 组；然而 SCG 组胸腺中的 $CD4^+CD8^+$ 细胞短暂地、明显地减少，在第 9 天恢复到正常水平。研究 SCG 对 CY 处理的小鼠 IL-6 合成的作用表明，小鼠经 CY

处理后，立即腹腔注射 SCG 250μg。在第 5 天、7 天和 9 天，准备好脾细胞、PEC 和 BMC 并体外培养。结果显示，SCG 处理的小鼠 PEC、脾及 BM 细胞中的 IL-6 含量高于 CY 处理组；在 CY-处理的 PEC 和脾细胞的体外培养液中加入 100μg/ml SCG，IL-6 合成得到加强。提示 IL-6 是 SCG 增强造血功能的一个关键细胞因子。Harada T 等（2005）研究发现，给 CY 处理的小鼠同时口服大豆异黄酮（IFA）和 SCG，能协同增加白细胞的数量、提高脾重量和脾中的单核细胞与粒细胞；对于增强造血功能，IFA 和 SCG 混合给药比各自给药强。

四、促进伤口愈合作用

Kwon AH 等（2009）研究了绣球菌对链脲佐菌素诱导的糖尿病老鼠伤口愈合作用。在对链脲佐菌素诱导的糖尿病小鼠全层皮肤缺损创面研究中，糖尿病小鼠分为两组，每天口服绣球菌，剂量 1 000mg/kg 体重为一组，连续 28 天；另外一组是没有给以绣球菌的对照组。在手术后第 3 天和第 5 天，口服绣球菌促进提高浸润中性粒细胞数量；手术后第 3 天，口服绣球菌组的巨噬细胞迁移明显大于对照组；手术后第 3 天和第 5 天，口服绣球菌组的皮下层中表达 TGF-β1 迁移成纤维细胞数量明显大于对照组；手术后第 7 天，口服绣球菌组的胶原蛋白再生面积明显大于对照组；手术后第 14 天，口服绣球菌组的上皮形成面积比对照组显著增加。在正常人真皮成纤维细胞培养研究中，加入的 β-葡聚糖提高Ⅰ型前胶原羧基端肽（PIP）浓度，并呈剂量依赖关系。β-葡聚糖浓度在 100μg/ml 以上，有极显著差异（$P<0.01$）。以上结果表明，口服绣球菌的伤口愈合明显加快，显著提高了伤口的巨噬细胞和成纤维细胞迁移、胶原蛋白再生和上皮形成。比较培养的人真皮成纤维细胞合成Ⅰ型胶原蛋白的水平，给以绣球菌组显著高于对照组，绣球菌的 β-葡聚糖能够直接提高Ⅰ型胶原蛋白合成。

第六节 展 望

绣球菌是新近人工开发、极具市场潜力的一种食药用菌，其化学成分与药理作用早已被人们所认识。绣球菌野生的数量稀少，生长区域极为有限，采集十分困难，加之栽培条件要求苛刻，生长缓慢，有与其他食用菌不尽相同的生理特性和生态环境要求，产品较难获得，未能广泛应用。

近年来，随着人工栽培绣球菌子实体的成功，全球正掀起了绣球菌的开发、应用和研究热潮，以日本和韩国为甚。不少与其相关的产品已经面世，专利已达到 50 多项，其中日本占大多数，其次是韩国与美国。我国对绣球菌的相关研究起步较晚，仅涉及绣球菌的生物学特性、人工栽培技术方面的研究，进展显著。然而，绣球菌的诸多研究、开发、应用尚属空白，今后，急需加强如下几方面研究：

首先，进一步加强菌株选育和高产栽培技术研究，为市场提供优质高产的绣球菌。

其次，加强深层发酵生产工艺和技术的研究。人工栽培子实体生产周期长，劳动强度大，受季节与气候影响大，从而限制了绣球菌产业化生产。同时由于因栽培基质及生态环境因子等原因，造成重金属富集，致使产品缺乏安全保障。利用液体发酵进行产业化生产，可以避免以上不足。

参考文献

[1] 卯晓岚. 中国经济真菌[M]. 北京：科学出版社，1998.
[2] 邓叔群. 中国的真菌[M]. 北京：科学出版社，1964.
[3] 黄年来. 中国大型真菌原色图鉴[M]. 北京：中国农业出版社，1998.
[4] 卯晓岚. 中国大型真菌[M]. 郑州：河南科学技术出版社，2000.
[5] 刘正南. 一种珍贵的食用菌——绣球菌[J]. 食用菌，1986(5)：6-7.
[6] 林衍铨，李开本，余应瑞，等. 绣球菌菌丝生长营养生理研究[J]. 菌物学报，2005，24(增刊)：170-171.
[7] 林衍铨，林兴生，余应瑞，等. 绣球菌生物学特性若干问题的研究[J]. 菌物研究，2007(4)：237-239.
[8] 张金霞，谢宝贵，上官舟建，等. 食用菌菌种生产规范技术[M]. 北京：中国农业出版社，2008.
[9] 薛道帆，周立平，何传俊，等. 绣球菌的保健、药效功能及其研究开发概况[J]. 浙江食用菌，2008，16

(1):54-56.

[10] 丁湖广.绣球菌生物学特性及栽培技术[J].特种经济动植物,2006(4):36-37.

[11] 何荣华.中国首次绣球菌研究栽培成功[J].中国食用菌,2006,25(1):45.

[12] 丁湖广.绣球菌生物学特性及驯化栽培[J].食用菌,2006(增刊):35-36.

[13] BURDSALL HH, MILLER OK. Type studies and nomenclatural considerations in the genus Sparassis[J]. Mycotaxon,1988(31):199-206.

[14] WANG Z, BINDER M, DAI YC, et al. Phylogenetic relationships of Sparassis inferred from nuclear and mitochondrial ribosomal DNA and RNA polymerase sequences[J]. Mycologia,2004,96: 1015-1029.

[15] TADA R,HARADA T,NAGI-MIURA N,et al. NMR characterization of the structure of a beta-(1→3)-D-glucan isolate from cultured fruit bodies of Sparassis crispa. Carbohydr Res,2007, 342 (17):2611-2618.

[16] OHNO N,MIURA NN,NAKAJIMA M,et al. Antitumor 1,3-beta-glucan from cultured fruit body of Sparassis crispa[J]. Biol Pharm Bull,2000, 23(7):866-872.

[17] HASEGAWA A,YAMADA M,DOMBO M,et al. Sparassis crispa as biological response modifier [J]. Cancer Chemother,2004,31(11):1761-1763.

[18] HARADA T,MIURA NN,ADACHI Y,et al. IFN-gamma induction by SCG, 1,3-beta-D-glucan from Sparassis crispa, in DBA/2 mice in vitro[J]. J Interferon Cytokine Res,2002, 22(12):1227-1239.

[19] HARADA T,MIURA NN,ADACHI Y,et al. Granulocyte-macrophage colony-stimulating factor (GM-CSF) regulates cytokine induction by 1,3-beta-D-glucan SCG in DBA/2 mice in vitro[J]. J Interfero Cytokine Res,2004, 24(8):478-489.

[20] HARADA T, MIURA NN, ADACHI Y, et al. Highly expressed dectin-1 on bone marrow-derived dendritic cells regulates the sensitivity to beta-glucan in DBA/2 mice[J]. J Interfero Cytokine Res,2008, 28(8):477-486.

[21] HARADA T, MIURA N, ADACHI Y, et al. Effect of SCG, 1,3-beta-D-glucan from Sparassis crispa on the hematopoietic response in cyclophosphamide induced leukopenic mice[J]. Biol Pharm Bull,2002, 25(7):931-939.

[22] HARADA T, MASUDA S, ARII M, et al. Soy isoflavone aglycone modulates a hematopoietic response in combination with soluble beta-glucan: SCG. Biol Pharm Bull, 2005, 28(12):2342-2345.

[23] KWON AH, QIU Z, HASHIMOTO M, et al. Effects of medicinal mushroom (Sparassis crispa) on wound healing in streptozotocin-induced diabetic rats[J]. Am J Surg,2009,197(4):503-509.

(林衍铨、应正河)

第八十八章　云　芝

DIBASHIBAZHANG YUNZHI

摘要：云芝是得到深入和广泛研究、临床效果得到验证的少数几种药用菌之一。从云芝菌丝体中获得的免疫调节剂——云芝糖肽(PSP)已成为我国国家二类新药，并与日本的 PSK 齐名。云芝子实体、菌丝体以及多糖及糖肽提取物还作为保健食品在世界范围内得到广泛应用。本章较全面、系统地介绍了云芝的生物学特性、固体发酵、代料、段木栽培技术、有效成分和化学结构，重点介绍了云芝的液体发酵技术、免疫增强、抗肿瘤、抗氧化、抗衰老和对心血管、中枢、消化、代谢及内分泌系统的影响等药理学研究结果和临床应用情况。

Trametes versicolor

Abstract: *Trametes versicolor* has been subjected to intensive study, and is one of a few medicinal mushrooms to have had its clinical effects extensively validated. Polysaccharopeptide(PSP), derived from the fungal mycelium, has been ratified as a Type II medicine in China for use as an immunomodulator in adjuvant therapy for cancer patients, and is equally popular worldwide as Japanese PSK. *T. versicolor* fruit bodies and mycelium, and polysaccharide and polysaccharopeptide extracts, are also popular as health food supplements. This chapter, consisting of five sections, provides a comprehensive introduction to *T. versicolor*, and includes a description of its biological features, solid fermentation techniques, bag and log cultivation technologies, and structural information relating to bioactive components. In addition, an in-depth coverage of submerged fermentation culture techniques, pharmacological activities, including immuno-enhancement, antitumor, antioxidative, anti-ageing, and the regulatory effects on the cardiovascular, central nervous, digestive, and endocrine systems and on general metabolism, as well as clinical applications, are also summarized and presented.

第一节　概　述

云芝又名：彩绒革盖菌、彩纹云芝、多色云芝、杂色云芝、白变黑云芝等。

学名：*Trametes versicolor*(L.)Lloyd, Mycol. Notes(Cincinnati)65:1045(1921)[1920]。

属名"*Trametes*"的词干"trama-"意思是"洞穴、孔穴"。根据该菌的木材质地，译为"栓孔菌属"。种名加词"*versicolor*"意思是"具有不同颜色的、会变色的"。中文学名直译为"变色栓孔菌"。

同物异名：*Agarico-suber versicolor*(L.)Paulet, *Traité Champ.*, Atlas 2(1793); *Agaricus versicolor*(L.)Lam., *Encycl. Méth. Bot.* (Paris)1:50(1783); *Bjerkandera versicolor* (L.) P. Karst., *Acta Soc. Fauna Flora fenn.* 2(1):30(1881); *Boletus versicolor* Kuntze; *Boletus versicolor* L., *Sp. pl.* 2:1176(1753); *Boletus versicolor* L., *Sp. pl.*:1176(1753) var. versicolor; *Coriolus versicolor*(L.)Quél., *Enchir. fung.* (Paris):175(1886); *Hansenia versicolor* (L.) P. Karst., *Meddn Soc. Fauna Flora fenn.* 5:40(1879); *Microporus fuscatus*(Fr.)Kuntze, *Revis. gen. pl.* (Leipzig)3(2):496(1898); *Microporus nigricans*(Lasch)Kuntze, *Revis. gen. pl.* (Leipzig)3(2):496(1898); *Microporus versicolor* (L.) Kuntze, *Revis. gen. pl.* (Leipzig)3(2):497(1898); *Ochroporus nigricans* (Fr.) Fiasson & Niemelä, *Karstenia* 24(1):26(1984); *Polyporus fuscatus* Fr., *Observ. mycol.* (Havniae) 2: 259 (1818); *Polyporus nigricans* Lasch, *Fungi europ. exsicc.* 4: no. 15(1859); *Polyporus versicolor* (L.) Fr., *Observ. mycol.* (Havniae) 2: 260 (1818); *Polyporus versicolor* var. *fuscatus*(Fr.)Fr., *Syst. mycol.* (Lundae) 1: 369(1821); *Polyporus versicolor* var. *nigricans* Fr., *Hymenomyc. eur.* (Upsaliae): 568(1874); *Polystictus fuscatus* (Fr.) Cooke, *Grevillea* 14 (no. 71):83(1886); *Polystictus nigricans*(Lasch) Cooke, *Grevillea* 11(no. 59): 92(1883); *Polystictus versicolor* (L.) Fr., *Nov. Symb. Myc.*: 86 (1851); *Polystictus versicolor* var. fuscatus(Fr.) Rea, *Brit. basidiomyc.* (Cambridge): 609(1922); *Polystictus versicolor* var. *nigricans*(Lasch) Rea, *Brit. basidiomyc.* (Cambridge): 609(1922); *Poria versicolor*(L.)Scop., *Fl. carniol.*, Edn 2 (Wien) 2: 468, 592(1783); *Sistotrema versicolor* (L.) Tratt., *Fungi austr.* 2:55(1830); *Trametes versicolor* f. *fuscata*(Fr.)Domański, Orlos & Skirg., *Flora Polska. Grzyby, II*: 221(1967); *Xerocomus versicolor*(Kuntze)E.-J. Gilbert, *Skrifter udgivet af Videskabsselskabet i Christiania*:138(1931)。

分类地位：菌物界(Fungi)，担子菌门(Basidiomycota)，伞菌纲(Agaricomycetes)，多孔菌目(Polyporales)，多孔菌科(Polyporaceae)。

云芝及其所产的漆酶、纤维素酶等在煤矿业、造纸、废水处理、印染加工等方面都有经济应用价值，但最为人熟悉的是云芝的药用功能。中国《神农本草经》中记载的青芝被认为可能是云芝入药的最早描述，中国民间也流传用云芝子实体治疗肿瘤的验方。20 世纪 70 年代以后，云芝的医疗保健作用得到充分研究和肯定。从云芝子实体及发酵菌丝体内发现了多糖及多糖肽等多种具有免疫调节活性的化合物，临床上已用云芝子实体多糖提取物用于慢性乙型肝炎的治疗，从菌丝体内得到的云芝糖肽 PSP 和 PSK 通过临床试验，表明可用于癌症辅助治疗。云芝所产的 Coriolin($C_{15}H_{20}O_5$)具有抑制革兰阳性菌和阴道滴虫的活性。

云芝子实体虽能够进行人工栽培，但目前主要利用自然生长的云芝，而云芝菌丝体主要用液体发酵的方法获得。

第二节 云芝的生物学特性

一、形态特征

(一)形态结构及类型

云芝的子实体担子果为半圆形、扇形或贝壳形，无柄，有时平伏而反卷，常呈覆瓦状叠生于植树枝、枯立木之上。每个担子果 1～6cm×1～10cm，厚 1～3mm。如果生于树枝、树干或伐桩的断面上，可左右相连，围成莲座状。

菌盖革质，很薄，表面呈蓝灰色，或灰白色、灰黄色、灰褐色、黄褐色乃至蓝黑色，密生有长短不等(具 2～3 种以上的长度)的绒毛或细绒毛，盖面上有明显的云纹状环带，每条环带的颜色不同、且相间排列。成熟后，常见到颜色较深、绒毛脱落的环带，每条环带宽 1～2mm，盖缘处多呈浅色，如灰色、灰白色、淡黄褐色、白色等，无绒毛，或有稀疏的短绒毛，边缘完整，或成波状。菌肉半纤维质至近木栓质，白色，厚 0.5～1mm。子实层托呈管状，菌管面幼小时呈白色，渐变成浅黄色、黄褐色至黑褐色，管口圆形至多角形，每毫米间有 3～5 个，菌管长0.5～2mm。管壁薄，初期全缘，后期自外向内渐裂成齿片状，外缘处常不生菌管。

由于云芝生长环境的不同，菌盖表面的颜色变化很大。据文献报道，生长在前苏联境内的云芝可分作 9 个型。据赵大明报道，生长在吉林省长白山区的云芝，依据标本可分为 14 个型(Forma)。即白边型、蓝灰色型、蓝灰色细纹型、蓝灰色环带型、灰黄色边缘型、灰黄色环带型、紫铜色环带型、棕色环带型、灰白色边缘型、粗毛束型、蓝黑色型、蓝黑色细纹型、蓝黑色环带型及多色型。其中白边型、蓝灰色型、灰白色边缘型和蓝黑色环带型比较常见。

这 14 个型除盖面上环带的颜色、绒毛的长短粗细和菌盖的厚薄有较大差异之外，在光学显微镜下观察其微细结构，未发现有明显的差异，故可将其看作生态型。

产生如此多型的主要原因是生态环境的差异，如营养条件、水分等，影响子实体的大小、厚薄及数量。盖面上颜色变化，主要是受光线强弱所决定，如生长在林缘、林间空地、储木场等光照较强的云芝子实体，盖面的颜色较深(像白边型、蓝黑色型、蓝黑色环带型)，而生长在光线较弱，或遮光的环境里，则颜色较浅(如灰黄色、蓝灰色、棕色等型)。有一标本，见光部分的子实体盖面呈棕色，被遮住光的另一半，呈淡黄褐色至淡黄色、黄白色。栽培在光线较弱条件下的云芝子实体，呈淡黄褐色。据文献记载，生长在地窖中的云芝，不仅个体小，而且近白色。

多孔菌科的真菌，因腐主和生境的不同，子实体大小、形状及色泽在同种内个体差异较大。云芝生药的鉴定可将盖面的多色云纹状环带、具天鹅绒感的绒毛、白色菌肉、菌管的直径等作为主要依据。

图 88—1　云芝子实体

(二)显微特征

1. 断面的微细结构

在光学显微镜下，可以观察到云芝断面的微细结构如下：

(1)绒毛层

绒毛无色、透明。300～800μm×3～6μm，稀或密，不分枝、无横隔；或有密集成束状至丛毛状无绒毛，不平滑。

(2)致密层

菌丝排列紧密，30～50μm，有色素沉积，但颜色与深浅不尽相同，致密上层的色素少于致密下层。

(3)疏松层

菌丝排列松散，无色或淡色，厚 30～50μm。

(4)菌髓

菌丝排列较致密并交织在一起，400～900μm，包括生殖、骨架及联络 3 种菌丝。

(5)子实层

无色至灰白色、灰黄色，30μm；担子圆棒状，25～30μm×8～10μm；孢子圆筒状或香蕉状，5～7μm×2～3μm，着生点呈鸟缘状。担子间杂生有不孕的菌丝束，并突出子实层 30～40μm；但数量不多。

2. 菌丝和细胞核的形态

在显微镜下云芝菌丝体呈长条形，有横隔和分支，菌丝直径0.4～3.8μm，多数有锁状联合。

云芝菌丝的生长一般以顶端生长为主，也有一定的侧枝生长。顶端生长时，先是菌丝顶端的细胞壁形成突起，一核略膨大并随胞质进入突起，另一核开始分裂。生长较快的顶端菌丝一般无分枝。侧枝生长时，先是在侧枝形成部位形成侧突。侧突形成有两种方式：一种是先以锁状联合的形式形成侧突，即先由锁状联合形成小突起，然后菌丝细胞中的一核随胞质进入锁状联合，另一核则进行分裂，最终由锁状联合形成侧枝；另一种方式是直接在胞壁的一侧形成侧枝，即先由核靠近菌丝侧壁，然后侧壁弯曲呈一突起，核进入并开始分裂，而后侧突伸长成侧枝，核也随胞质向前运动。

经染色后可观察到菌丝内的细胞核，有些为双核，有些为多核。处于间期的细胞核为圆形，直径较菌丝小，菌丝尖端及分枝处核最活跃。

云芝细胞核的分裂主要是有丝分裂。在间期时核较小，随着分裂前期的到来，核的体积逐渐增大，形成较大的核。核内染色质线开始出现，交织成网，以后染色质线逐渐缩短加粗，核膜消失，出现纺锤体，染色体分散在纺锤丝上，核分裂进入中期。染色体在纺锤丝的牵引下分别向两极移动，分裂进入后期，染色体解旋，变成细长而盘曲的染色丝，纺锤丝也消失，子核膜重新出现，形成两个子核，分裂结束。细胞分裂有两种方式：一种是核分裂后产生核膜，一核变为两核；另一种是当两异核相邻时，同时开始分裂，分裂过程为锁状联合方式。细胞核的分裂方向一般与菌丝长轴平行。

细胞分裂中期可明显看到其染色体数目为 4 条。

3. 超微结构

电子显微镜下观察到组成子实体的菌丝。根据细胞壁厚度差异可分为3种类型：特别厚的称为骨架菌丝细胞，壁中等厚度的称为联络菌丝细胞，壁薄的称为生殖菌丝细胞。菌丝的细胞壁由两层结构组成。担子和担孢子的细胞壁由多层结构组成，至少有3层。菌丝顶端细胞的细胞质中有顶泡复合体和顶体，使菌丝顶端生长。菌丝细胞都有桶状隔膜，在细胞质中有丰富的糖原储存。担孢子与担子的小梗连接处出现初生壁溶化现象，这与担孢子被弹射有关。

二、生态环境及分布

云芝子实体成熟后，孢子借风力散布到枯木、伐桩或衰弱的活树上，在较潮湿的条件下，孢子开始萌发，形成菌丝，菌丝侵入木材，迅速繁殖。适宜的外界温度、湿度下，可在树木表面长出子实体。若所需营养没有枯竭，会连续数年长出新的子实体。云芝子实体为一年生，自夏季到秋天皆有发生。其菌丝体可以在腐木内生存多年。由于云芝菌丝体的生长，使木材逐渐腐朽：首先是边材，然后是心材的细胞遭到破坏，木质素及一些小分子的营养成分被菌丝体消化、吸收。造成木材内部发生白色腐朽，使木材丧失使用价值。

在我国各地林区见到的云芝，多数生长在阔叶树上，如杨、柳、桦、栎、槐、椴、槭等属树种的枯木、倒木、伐桩、原木及或树的枯枝上；在柿、朴、银杏、胡桃、苹果、李等树种上也能采集到云芝子实体。偶尔也生于落叶松、油杉等针叶树种的腐木上。

在我国的黑龙江、辽宁、吉林、云南、四川、贵州、西藏、青海、甘肃、陕西、山西、河南、河北、内蒙古、山东、江苏、安徽、浙江、江西、福建、台湾、广西、广东、香港、海南、湖南、湖北都有分布。

三、生活史

云芝的个体发育过程如下：

①担孢子成熟后，被担子弹射出去。

②温度、湿度适宜时，孢子开始萌发形成一条新生菌丝，初期是多核的细胞，然后菌丝中出现横隔，成为单核的初生菌丝。

③两条异质的单核初生菌丝发生细胞质融合，完成质配，形成双核次生菌丝。云芝的交配型为四极性，一个担子上产生的担孢子间的结合率为25%。

④次生菌丝在基质内生长，发生锁状联合。

⑤菌丝体出现分化，形成原基，原基发育成子实体。

⑥子实体的子实层上生殖菌丝分化出担子，担子内两个细胞核，成为受精核，完成核配，受精核连续二次分裂，其中一次为减数分裂，形成4个细胞核，继而形成4个担孢子。

四、影响云芝生长和繁殖的理化因素

在云芝的不同生长发育阶段中，温度、水分与湿度、氧与二氧化碳、光照等对其有不同的影响。

(一)温度

云芝属中温偏高性真菌类，菌丝生长温度范围5～33℃。暴露在空气中的菌丝可耐受0℃的低温。而生长在腐木中的菌丝，能安全地度过−20℃～−40℃的严寒。但当温度变化剧烈，或遇高湿的条件时，耐受低温或高温的能力均很弱。在35℃以上的条件下，菌丝也能生长，但生理代谢活动大于吸收速度，菌丝生长速度减低，或停止生长。50℃以上的高温导致菌丝死亡。菌丝生长以25～28℃最适合。如菌丝生长环境中营养条件发生变化，也会改变其最适合的温度范围。子实体生长阶段对温度的适应能力低于菌丝生长阶段。子实体分化的温度为5～26℃，最适温度约16℃，在8～20℃的变温条件，更有利于子实体分化。子实体生长的最适温度约18℃。

(二)水分与湿度

在不同生长时期，云芝对水分要求不同。菌丝可以在基质含水量为30%～80%的范围内正常生长，最适含水量为60%～70%。人工培养条件下，培养料中的含水量为60%～65%。基质中含水量低于30%，菌丝停止生长，不能分化出子实体，新形成的子实体也会停止生长。如短时间内恢复含水量，菌丝或子实体能继续生长。基质中含水量高于80%，菌丝停止生长或死亡，子实体死亡或腐烂。

菌丝生长时期，要求空气中相对湿度约为70%。相对湿度低于70%时，基质中水分蒸发量大于补充量，菌丝的蒸腾作用快，营养消耗大于合成，菌丝生长受到抑制。相对湿度高于85%时，影响基质中氧气的含量、菌丝的蒸腾作用，也会导致菌丝不能生长。

子实体生长发育阶段，空气相对湿度在85%～90%。相对湿度低于60%，菌丝不能分化，新生子实体停止生长或死亡。相对湿度高于95%,影响空气中氧的浓度和子实体的蒸腾作用,导致子实体死亡或腐烂。短时间的湿度变化对云芝菌丝或子实体的影响较小。

(三)氧和二氧化碳

空气中氧和二氧化碳的浓度直接影响云芝的生理活动。自然条件下,二氧化碳的浓度为0.03%,云芝菌丝正常生长。如二氧化碳浓度稍高于0.03%,对菌丝生长有促进作用;高于10%,会抑制菌丝生长。

云芝属好气性真菌,空气中CO_2浓度对子实体的影响较大。CO_2浓度为0.034%~0.1%时,有利于子实体分化,但不利于子实体生长。

子实体发生初期通气不良,子实体呈球状(或桑葚形),不开伞;生长后期通气不良,子实体停止生长。

菌丝生长对氧浓度要求不严,氧分压2.67~5.33kPa时,菌丝正常生长。高于正常浓度时,菌丝生长受到抑制。

(四)光照

在完全无光的条件下,云芝菌丝可正常生长。400~800nm的可见光对菌丝生长有明显的抑制作用。260~265nm的紫外光可破坏核蛋白的代谢活动,连续照射30分钟,可以杀死菌丝。293~313nm的紫外光对单核菌丝有较强的诱变作用。330~340nm的光波可抵消紫外光线的破坏作用,436nm的光波使受到紫外光线伤害的菌丝复活。红光对菌丝的生长无影响。

子实体分化及生长、菌管形成、孢子形成等皆需要有一定的散射光及紫外光。293~313nm的紫外光会引起孢子的变异。若无光照,子实体难以形成,即使形成发生了,速度也非常慢,且容易变为畸形云芝,即菌盖不开伞,并向光源方向扭曲。实践证明0.3万~1万lx的光照对云芝子实体的正常生长有利。红光不利于子实体生长,影响菌盖的分化及色素沉积,导致菌盖的颜色偏淡。子实体中的感光物质为类胡萝卜素和核黄素,对紫外光的感受物质为蝶啶。无光条件下,子实体蒸腾作用减慢,子实体个体小。

(五)酸碱度

云芝生长过程中pH范围为3~9,最适pH为5~5.5。pH在8以上的碱性条件下,菌丝生长缓慢,pH在9以上菌丝不再生长。原因在于增加了碱性酶系统的活性,改变了正常的代谢活动。孢子只有在中性条件才能分化、成熟。

五、云芝生长的营养成分

云芝生长的不同时期对营养成分的需求不尽相同。

(一)碳源

可利用的碳源主要是有机碳,如木质素、纤维素、半纤维素、淀粉、糖类等,无机碳基本不能利用。云芝优先吸收利用小分子的含(糖类)碳化合物,如单糖、有机酸、醇类。云芝对木质素、纤维素、半纤维素等复杂的有机物有较强的分解和吸收能力,主要依靠云芝本身含有许多酶类,纤维素酶、半纤维素酶、多糖酶及氧化酶等,能把复杂的有机物质分解为自身可以吸收利用的简单营养物质。如木屑、农作物秸秆、棉子壳、玉米芯、米糠和麦糠等都是栽培云芝的主要原料。

(二)氮源

云芝菌丝体能直接吸收利用的氮源是氨基酸、蛋白胨、尿素等小分子有机氮和铵盐、硝酸盐等无机氮,有机氮的利用率高于无机氮。蛋白质需经蛋白酶消化后降解为氨基酸、肽类时才能被吸收。

在基质中含氮量<0.016%时,菌丝将停止生长;含氮量>0.032%时,可抑制子实体生长。氮源充足只利于菌丝生长,不利于子实体的分化与生长。菌丝生长期碳氮比为20∶1,子实体生长期碳氮比为30∶1~40∶1。

自然界中各种树木及其加工中的废弃物,都有丰富的氮元素可供利用。麦麸、米糠、棉子饼、酵母、豆类制品、黄豆饼粉、蚕蛹等均可作为栽培云芝的氮源原料。

(三)无机盐

云芝生长需要磷、钾和镁等无机盐类。自然生长的云芝可从树木中获得足够的各种无机盐类。在配制的培养基中,如利用木屑、麦麸等天然原料,可保证云芝生长所需的各种元素;如合成培养基中,需要钾0.001~0.004mol/L、磷0.004mol/L、镁0.001mol/L和0.1×10^{-3} mg/L~0.5×10^{-3} mg/L硫、铁等。

云芝对无机盐的需要量与碳氮比及营养成分的含量有关。

(四)生长激素

维生素、核酸、生长素等是云芝生长中需要量不多但不可缺少的营养成分。

1. 维生素

维生素 B_1、维生素 B_2 和维生素 B_6 是云芝生长过程中必需的营养成分。在生长过程中，云芝菌丝能自体合成维生素 B_1 和维生素 B_2，但菌丝在新的基质上生长初期，要由基质提供。基质中有 10～100mg/kg 维生素 B_1 和0.01%维生素 B_2 即可满足云芝生长初期的需要。绿色的叶片和种皮等天然原料中含有维生素 B_6，完全能保证云芝生长的需要。

其他维生素的需要量更少。

2. 生物素

广泛存在于各种天然原料中，云芝生长只需要 5μg/L。

3. 核酸

10^{-5}～10^{-7} mol/L 的浓度可促进子实体的分化和生长，主要来源是天然原料。

第三节 云芝的液体与固体发酵

一、概 况

云芝的药用部位可以取自菌丝体和子实体。现在云芝菌丝体的培育有固体发酵和液体发酵两种，固体发酵虽然也有个别达到商业化规模的报道，而得到临床检验的云芝糖肽(PSP)和日本的 PSK 都是从液体发酵菌丝体内获得的，液体发酵培养菌丝体也是云芝当前生产的主要模式。

二、液体发酵条件

用于云芝菌丝体培养的液体培养基成分与其他药用真菌的液体培养基没有很大差别，一般包含碳源、氮源和无机盐。适宜的碳氮比为 15:1～25:1，最佳为 20:1左右。常用的碳源有葡萄糖、蔗糖、麦芽糖、糖蜜、淀粉、土豆粉、玉米粉等，常用的氮源有蛋白胨、花生饼粉、黄豆粉、酵母粉、酵母浸出粉等。一般简单糖类碳源和富含复合氨基酸的有机氮源更有利于菌丝生长，菌丝对有机氮的利用远好于对硫酸铵、硝酸铵等无机氮源。有机氮源中蛋白胨和酵母粉明显优于黄豆粉、麦麸等。

钾、磷、镁等元素是云芝菌丝体生长所必需的营养因子。液体培养基中一般都需要添加、KH_2PO_4 和 $MgSO_4$ 以提供所需的无机盐成分，并有稳定 pH 的作用。除此之外，培养基中还往往添加维生素 B_1 作为营养因子。

云芝菌丝体生长的 pH 适宜范围为3.5～7.5，偏酸性。pH<3.5时，菌丝生长细弱甚至死亡，pH>8.0时，菌丝易老化甚至发生自溶。在发酵过程中，虽然培养基中的磷酸二氢钾等成分可以起到缓冲作用，但一般 pH 会随着菌丝体的生长逐渐下降，可从6.5左右降低到2.5以下。因此 pH 是发酵终点判断的一个重要指标。值得注意的是，菌丝体生长的最适 pH 与产物最大生成的最佳 pH 可能不同。有研究报道，pH 在 4 时菌丝生长良好，而多糖的合成量 pH 却在 5 时最高。发酵过程中针对利用产物的不同，可分阶段对 pH 进行调整。

云芝的液体发酵温度一般在 23～28℃，摇瓶培养的培养基装量为锥形瓶体积的 10%～20%，接种量体积为培养基体积的 5%～20%，摇瓶机转速在 140～250 转/分钟。如果进行深层液体培养还需要通气，增加溶氧量。

发酵时间对菌丝体生物量和代谢产物的生成影响很大。摇瓶培养时间一般在 24～96 小时，偶见长达 10～14 天。工业化大规模发酵的时间常在 36～96 小时。一般而言，菌丝的生物量会随培养时间延长而逐渐增加到某一定值。培养基条件合适时可获得超过 18g/L 干菌丝的生物量。但发酵时间过长，菌丝体会发生老化甚至自溶，这时生物量非但不增加反而减少。如果培养菌丝的目的为制种，培养时间应控制在菌丝体老化发生前生长旺盛、健壮的阶段。此时镜检可见菌丝粗壮呈网状，菌丝边缘及锁状联合清晰明显，菌丝内无空泡。若发酵是为获取菌丝的代谢产物，发酵时间应兼顾代谢产物的产量和活性。Lee 等用摇瓶培养云芝获取云芝糖肽，发现得率在培养 2 天后已达一较高值(约 90mg/g 菌丝)，且至 10 天时不再明显增加。但提取到的云芝糖肽对外周血单个核细胞生长刺激和 TNF-α、IL-1β 和 IFN-γ 分泌的促进活性，以及抑制白血病 Molt-4 细胞的活性随时间延长而有增强的趋势。

云芝菌丝在液体培养基中会形成菌丝球或分散的糊状菌丝。菌丝球的大小，或是否形成糊状菌丝与培养基成分和培养体系的流变特性有关。较大的塑性黏度和剪切力会使菌丝更趋向形成糊状，因此可通过控制搅拌速度或培养基的黏度来达到控制菌丝体形态的目的。不过过高的黏度会影响培养基中营养物质的传质，甚至更易使菌丝老化自溶。有报道显示，特性呈牛顿型液体的培养基可获得较高的菌丝生物量。

（一）原种培养

储存的云芝母种需要定时（每 3～6 个月）翻接。低温保藏或矿油保藏的菌种在液体发酵前也需要进行翻接活化。

母种及原种常用的培养基配方有：

配方 1：马铃薯 200g，葡萄糖 20g，琼脂 18～20g，水1 000ml，pH 自然（PDA 培养基）。

配方 2：马铃薯 200g，葡萄糖 20g，琼脂 20g，KH_2PO_4 1g，$MgSO_4 \cdot 7H_2O$ 0.5g，维生素 B_1 0.01g，琼脂 20g，水1 000ml，pH 自然。

配方 3：葡萄糖 10g，酵母膏 4g，麦芽汁 110ml，琼脂 18～20g，补水至1 000ml，pH 自然（GMY 培养基）。

配方 4：玉米粉 40g，葡萄糖 20g，蛋白胨 20g，KH_2PO_4 1g，$MgSO_4$ 0.75g，琼脂 20g，水1 000ml，pH 自然。

配方 5：葡萄糖 20g，蛋白胨 20，KH_2PO_4 0.46g，K_2HPO_4 1g，$MgSO_4$ 0.5g，蛋白胨 2g，琼脂 20g，水1 000ml，pH 自然。

将云芝母种或原种接种在上述培养基上，置恒温培养箱（25～28℃）培养 1 周左右，至白色菌丝长满整个培养基表面，并经过镜检无杂菌时即可移入液体培养基。

（二）摇瓶菌种培养

母种培养基配方中去除琼脂成分后可作为摇瓶培养基。其他摇瓶培养基配方有：

配方 1：葡萄糖 50g，蛋白胨 2g，酵母浸出粉 3g，KH_2PO_4 1g，$MgSO_4 \cdot 7H_2O$ 2g，水 1 000 ml（PSK 发酵专利配方）。

配方 2：糖蜜 40g，黄豆饼粉 20g，K_2HPO_4 1g，$MgSO_4$ 1g，$CaCO_3$ 5g，维生素 B_1 0.01g，水1 000ml（PSP 发酵专利配方）。

配方 3：糖蜜 30g，葡萄糖 10g，花生饼粉 20g，K_2HPO_4 1g，KH_2PO_4 1g，$MgSO_4$ 1g，水 1 000 ml（PSP 发酵专利配方）。

配方 4：葡萄糖 20g，玉米粉 10g，麦麸 5g，蛋白胨 3g，磷酸二氢钾 1.5g、硫酸镁 0.2g，水1 000ml。

配方 5：葡萄糖 30g，蛋白胨 10g，KH_2PO_4 1.5g，$MgSO_4 \cdot 7H_2O$ 7.5g，NaCl 0.1g，维生素 B_1 3×10^{-6}g，水1 000ml。

配方 6：葡萄糖 20g，酒石酸钠 4.6g，酒石酸铵 0.94g，KH_2PO_4 1g，维生素 B_1 1×10^{-4}g，$ZnSO_4 \cdot 7H_2O$ 1×10^{-5}g，K_2HPO_4 0.2g，$CuSO_4 \cdot 7H_2O$ 0.5g，$CaCl_2$ 1×10^{-4} g，$FePO_4 \cdot 7H_2O$ 1×10^{-4} g，水1 000ml。

配方 7：葡萄糖 30g，豆粉 30g，蛋白胨 1g，$MgSO_4 \cdot 7H_2O$ 1.5g，KH_2PO_4 3g，维生素微量，水1 000ml。

配方 8：葡萄糖 30g，蛋白胨 10g，NaCl 0.1g，$MgSO_4 \cdot 7H_2O$ 5g，KH_2PO_4 1.5g，维生素微量，水1 000ml。

配方 9：葡萄糖 40g，花生饼粉 10g，KH_2PO_4 1.5g，$MgSO_4 \cdot 7H_2O$ 0.5g，维生素 B_1 0.05g，水1 000ml。

配方 10：玉米粉 25g，豆饼粉 10g，KH_2PO_4 1g，$MgSO_4 \cdot 7H_2O$ 0.5g，水1 000ml。

配方 11：葡萄糖 30g，豆饼粉 20g，玉米粉 15g，蛋白胨 3g，麦麸 5g，KH_2PO_4 1.5g，$MgSO_4 \cdot 7H_2O$ 1g，水1 000ml。

配方 12：葡萄糖 10g，黄豆饼粉 20g，蛋白胨 4g，$(NH_4)_2SO_4$ 1g，$MgSO_4$ 0.5g，KH_2PO_4 1g，水1 000ml，pH 为5.5。

配方 13：葡萄糖 20g，蔗糖 5g，酵母粉 2g，蛋白胨 2g，KH_2PO_4 2.5g，$MgSO_4 \cdot 7H_2O$ 1.5g，维生素 B_1 8×10^{-3}g，水1 000ml。

配方 14：土豆汁 200ml，葡萄糖 20g，蛋白胨 4g，KH_2PO_4 3g，$MgSO_4$ 1.5g，$ZnSO_4$ 0.05g，$MnSO_4$ 0.05g，水1 000ml。

配方 15：葡萄糖1.1g，麦芽糖1.1g，玉米皮 1.1g，豆饼粉 1.429 g，NaH_2PO_4 0.2 g，$MgSO_4 \cdot 7H_2O$ 1.5g，微量元素 20g，水1 000ml。培养基的起始 pH 为4.5。其中微量元素中各组分的质量浓度为：维生素 B_1 0.1g，$CaCl_2$ 0.1g，$FeSO_4 \cdot 7H_2O$ 0.1g，$MnSO_4 \cdot 7H_2O$ 0.005g，$ZnSO_4 \cdot 7H_2O$ 0.01g，$CuSO_4 \cdot 7H_2O$ 0.02g。

配方 16：马铃薯 200g，淀粉 20g，KH_2PO_4 3g，$MgSO_4$ 1.5g，干酪素 5g，水1 000ml。

配方 17：葡萄糖 10，酵母粉 1g，Mandels 营养盐浓缩液 100ml，Mandels 微量元素浓缩液 1ml，$CuSO_4 \cdot 5H_2O$ 0.004g，1mol/L 柠檬酸缓冲液 50ml。

配方 18：葡萄糖 30g，玉米粉 15g，豆饼粉 20g，蛋白胨 1g，麦麸 7.5g，KH_2PO_4 3g，$MgSO_4$ 0.2g，水1 000ml。

液体培养基配制完后立即按装量比例分装入锥形瓶中，然后按常规高压灭菌方法进行灭菌。等培养基温度冷却至 40℃ 以下时，从固体斜面种上将云芝接入液体培养基。这一过程又叫作驯化，目的是使云芝菌从固体培养状态适应到液体培养状态。方法是从原菌种斜面上切取0.5～1cm大小的菌块放入灭菌后的液体培养基中，置于摇床上振荡培养，培养温度为20～28℃，时间为3～14天。当培养基中出现大量菌丝或菌丝球，黏度增加，有水果味散发时即可。镜检无杂菌，无异常气味、异常颜色后即可进行扩大培养。

除用原种接入液体培养基外，也可直接从摇瓶菌种接入，接种量为锥形瓶内培养基体积的10%～30%，常用10%或20%。此外还有报道称，将原种菌种块用粉碎机粉碎或加玻璃珠振荡，可增加菌丝片段数量，使摇瓶种的培养时间缩短。不过过度粉碎会使大部分菌丝断裂，反而减少活菌丝片段数。

（三）种子罐和发酵罐培养

云芝菌种经过液体摇瓶培养驯化、扩大后，可接入种子罐进行进一步扩增，最后转入发酵罐大规模发酵培养。种子罐和发酵罐所用的培养基可和摇瓶培养基相同，但考虑到生产成本，发酵罐中所用的培养基可以选择成本更加低廉易得的材料，或增加这些材料的比例，减少葡萄糖、蛋白胨、酵母提取物等价格较高成分的比例。

在种子罐和发酵罐培养过程中要进行通气和搅拌处理，目的是增加培养基中溶氧供菌丝生长需要。同时使罐中各部分的培养基成分和菌丝体分布均匀，同时，搅拌可促进热传递和调节pH而加入的酸和碱均匀分散。空气进入发酵罐前需先经空气过滤器除去杂菌，制成无菌空气，而后由罐底部进入，再通过搅拌将空气分散成微小气泡。为了延长气泡滞留时间，可在罐内装挡板产生涡流。

提高搅拌速度可在一定程度上加强通气效果，但是过度地剧烈搅拌会使菌丝大量断裂，反而影响生长。剧烈搅拌还会使过多的空气窜入培养基形成大量产泡，一方面占据有效罐内空间影响设备利用率；另一方面，泡沫从罐的出口涌出会导致跑料损失，还可使罐内外连通形成一个营养通道，容易增加杂菌污染的机会，甚至造成倒罐的巨大损失。此外，过多的泡沫也不利于代谢产生的二氧化碳的排除，并使液膜表层的酶容易氧化变性。因此，在发酵过程中需要添加消泡剂。发酵工业常用的消泡剂都可添加入云芝发酵液中，如各种天然的动植物油及石油化工生产的矿物油、改性油、表面活性剂等，还可使用消泡效率高、用量省、无毒性、无代谢性的新型有机硅聚合物如硅油、硅树脂等。最常用的消泡剂是豆油或菜子油，添加量为培养基体积的0.2%左右。

种子罐和发酵罐内的培养基一般用蒸汽高压灭菌法进行灭菌。当罐内培养基冷却至30℃时，可进行接种。

摇瓶种接入种子罐的接种量占种子罐培养基体积的0.5%～1%，种子罐接入发酵罐的接种量占发酵罐培养基体积的10%左右。接种后，在25～28℃进行通气培养。通气量控制在每分钟0.3～0.8m^3，搅拌速度120～180转/分钟，罐内维持正压(49kPa)，培养时间为24～72小时。在发酵过程中，培养醪液可有稠一稀一稠的黏度变化，并随着玉米粉、豆饼粉等被利用，可由浑浊变透明，颜色也变浅，并散发出云芝液体发酵时特有的果香味。发酵过程中应对罐内菌丝进行镜检，菌丝锁状联合应该明显，无杂菌检出。

发酵罐培养至菌丝生物量不再大量增加，或产物（如胞内外多糖及酶）的产量趋向最高点时即可放罐。此时醪液pH一般从开始时的6.5降到4以下，残糖（还原糖）含量低于1%。有报道称液体发酵的菌丝体生物量可达近25kg/m^3。

整个液体发酵流程如下：

云芝母种→斜面培养（1～2周）→摇瓶培养（3～14天）→一级种子罐（接种量5%，24～72小时）→二级种子罐（接种量5%～10%，24～72小时）→发酵罐（接种量10%，24～72小时）

实例1：

云芝Cov－1茄子瓶斜面菌种→摇瓶种→0.05～0.10m^3一级种子罐→0.5～1m^3二级种子罐→5～10m^3发酵罐

云芝液氮保存菌种接于PDA斜面上，25℃培养10天，将菌丝体移入装有100ml液体培养基（摇瓶培养基配方2）的500ml锥形瓶中，25℃往复振荡培养10天，冲程4cm，频率100转/分钟。摇瓶培养物合并后用压差法移接入一级种子罐中，种子罐投料量为罐体积的70%，接种量为10%，罐温24～30℃，通气量1:0.5～1:1.0(V/V)，搅拌速度为100～200转/分钟。发酵48小时后将醪液移入二级种子罐中培养。当菌丝长浓后再按10%接种量移入发酵罐中。发酵罐投料量同为罐体积的70%，罐温、通气量、搅拌速度不变，发酵时间60～72小时。

实例2：

云芝斜面菌种接入摇瓶培养基（每升培养基含20g葡萄糖，3g蛋白胨，5g麦麸及无机盐等），121℃灭菌25分钟，冷却，接种，28℃，150转/分钟，摇瓶发酵5天。摇瓶种移入30L发酵罐中，培养基装量22L（每升培养基含30g葡萄糖，20g豆饼粉，15g 玉米粉，3g 蛋白胨，5g 麦麸及无机盐等）。接种量 10%，搅拌转速 150～200 转/分钟，通风量为每米 0.8V/V，温度 26～28℃；罐压 51kPa，培养 70 小时。此时菌丝体干重达到最大(24.9g/L)，pH 为4.85。

三、其他液体培养模式

除液体深层培养外，也有用液体静置培养和浅层培养的报道。如 Hotta 等将云芝原种接种在含 5%葡萄糖、0.2%蛋白胨、0.3%酵母浸出粉、0.1%KH_2PO_4 和0.1% $MgSO_4 \cdot 7H_2O$ 的培养基中，装量为 200ml 锥形瓶装 30ml。经过 10 天25～27℃ 的培养，再翻接到 1L 的锥形瓶中（装量 200ml）。再经过 25 天的培养可获得4.3g 在培养基表面形成的菌膜。不过该法同液体深层培养的效率相比，显然不适合进行商业化。

四、云芝的固态发酵

相比云芝的液体深层培养，云芝的固态发酵培养研究和应用相当少。有报道称，用麦麸和麦秸培养云芝菌丝体，培养基中添加了过磷酸石灰（1%）、尿素（1.5%）。最佳发酵条件是：55%空气湿度，pH 为5.5，温度 30℃，培养时间为 21 天。也有报道称，用沸石等多孔性材料吸附含有葡萄糖或淀粉及氮源的培养基用来培养云芝菌丝体。还有用固态发酵获得云芝所产漆酶的研究。但总的来说，固态发酵的条件难以控制、易污染、劳动力消耗大，并不是云芝发酵的主要模式。

常用于云芝固体发酵的培养基材料有麦麸、麦秸、稻草秸秆、棉子壳、玉米皮、玉米芯等。

实例：

云芝原种先制成液体菌种，然后接入固态发酵培养基中。固态培养基配方为：木质纤维废弃物（玉米皮、玉米芯、稻草、木屑、甘蔗渣、木糖渣）55%，葡萄糖 1%，$(NH_4)_2SO_4$ 2.5%，$MgSO_4$ 0.5%，KH_2PO_4 0.5%，$CaCl_2$ 0.48%，$CuSO_4$ 0.02%。在 1 000ml 三角瓶中装入 50g（干重）固态培养基，厚度约 5cm，接入 10%(v/w)液体菌种，在 92%相对空气湿度、30℃条件静置培养。最佳含水量为 65%。

第四节　云芝的栽培技术

如前所述，云芝的子实体商品目前主要还是来自野生或半野生，也有部分地区开始人工栽培。栽培模式多为将云芝原种接种在段木上，袋料栽培、室内瓶袋架层栽培和野外畦床覆土栽培也越来越常见。这些方法与其他食用菌栽培方法无特别差异，可借鉴其他食用菌栽培方法。

一、栽培季节

云芝菌丝生长的温度范围为 4～35℃，最适为 25～28℃。云芝的栽培一般在春季开始，在 3～4 月份制作菌袋，并提前 2～3 个月准备原种扩大和栽培种制作。

二、袋料栽培

自然界中，云芝多发生在阔叶树弱活立木、枯立木上，针叶树腐树上也偶见发生。云芝能产生较强活性的纤维素酶、半纤维素酶等分解酶，可降解木质素、纤维素、半纤维素等复杂的有机物而为自身所利用。因此，阔叶树，如杨、柳、柞、榆、椴树等的木屑，农作物秸秆，如棉子壳、玉米芯、玉米皮、麦麸、米糠等都可以作为栽培云芝的主要原料。

常用配方有：

配方 1：杂木屑 75%，麦麸 24%，石膏 1%。

配方 2：棉子壳 99%，石膏 1%。

配方 3：棉子壳 40%，木屑 40%，麦麸 19%，石膏 1%。

配方 4：杂木屑 60%，玉米芯 30%，麦麸 9%，石膏 1%。

上述配方的含水量为 60%～65%，pH 自然。如果采用液体菌种接种或直接用液体发酵醪液拌料，要根据液体菌种的体积减少配制培养基时的含水量。配方中的麦麸可用米糠或玉米粉代替，但玉米粉的使用量要减少到 10%～15%为好。

配制后培养基装入栽培袋中，可选用 17cm×33cm 或 20cm×38cm 的筒形袋，也有用约 70cm（长）×40cm（宽）×15cm（高）的长方形菌包袋。袋的材质普遍采用聚丙烯和聚乙烯，袋膜厚0.45～0.55μm。栽培袋的大小没有严格限制，但不宜太厚或太粗，一般控制在 20cm 以内，否则袋中心部位的培养基不容易达到彻底灭菌，发菌后也会因透气性不良不利生长。

如果使用安装有透气孔的栽培袋，装料后可直接封口，不过该种栽培袋价格略高。普通栽培袋装料后如果采用打孔法接种，袋口也可封闭。采用常规方法在袋口接种，需要在袋一端套上塑料颈圈，把袋从圈内翻出、固定，形成一个空心透气颈口，也便于灭菌后接种。颈口再用棉花塞或透气硅胶塞塞住后灭菌。

装料后的栽培袋放入蒸灶内100℃灭菌，时间为8小时。尺寸较大的栽培袋需要适当延长灭菌时间。有条件时也可采取高压蒸汽灭菌。

当料温下降到30℃以下时开始接种。1瓶栽培种接10袋左右，或根据袋的大小在袋身多处打孔接入1～2cm的栽培种块。接种后的栽培袋移入培养室内，保持温度在25～28℃。光照对菌丝的生长有抑制作用，培养室要避免强光照射，空气相对湿度保持在65%～70%。一般25～30天菌丝可长满袋。接种1周后开始翻堆，及时清除污染袋，以防杂菌蔓延。2周后即可松口通气，以利菌丝向纵深生长。菌丝长满袋后移入出菇场地。

三、段木栽培

与袋料栽培所用的树种相同，也应选取阔叶无芳香性的树种，如榆、桦、枫、杨、柳、柞等。树皮厚的种类优于“纸样”树皮的种类（如白桦）。芳香性的树种，如松、樟不适合用来栽培。

段木的直径可选在2～5cm甚至更粗，长度也无严格限制，常用50～100cm。接种前3个月左右准备段木。一年中任意季节都可砍伐，但最好在入冬后或早春季节。此时段木内储存了较多的糖分和其他营养成分，有利于菌丝生长。砍伐时应尽量保留树皮，弃用树皮已完全丢失的段木。

刚砍伐的段木内存在天然抗真菌物质，不可立即接种。可堆垛起来，用透气遮荫布或茅草、麦秸、草袋等遮蔽，一方面保持段木内的水分，另一方面待段木内的抗生素在2～3周内自然降解。遮蔽材料不可使用不透气的塑料布，否则容易滋长霉菌。北方寒冷地区，对有些厚皮树种的段木还可采取横置半埋于土内方式堆垛。

接种前，在段木上间隔5～10cm钻孔，孔的直径根据段木直径和接种块/钉的大小控制在0.5～1.5cm，深度1.5cm以上（以钻透树皮为准）。孔的排列最好呈“※”（所谓钻石形）分布，可以缩短菌丝长满段木所需的时间。约1m长的段木上可打多至50个以上的孔。每根段木上接种孔越多，接种后发育位点越多，菌丝长满段木需要的时间越短。

接种时，在钻出的孔内放入固体菌种，或将已长有菌丝的锥形木钉菌种打入孔内，再用蜡封闭孔口或盖上树皮。如果是粗短的“砧木”，接种位置应在截面处的树皮内侧。

接种后的段木以覆瓦式、蜈蚣式、合掌式、井字形、牌坊式等形式起架（堆叠排开），继续用堆垛时的覆盖材料覆盖。南方地区菌丝生长阶段无需特别管理。在北方，严寒季节可将段木用麦秸等材料覆盖保温，或移入室内。待菌丝长满段木后（时间可长达1年）与袋料栽培一样进行出菇管理。

四、出菇管理

菌丝长满栽培袋或段木后，即可安排出菇。和其他食用菌、药用菌出菇相比，云芝子实体容易形成，出菇管理可以比较粗放。管理重点在于控制温度、湿度、光照和通风。云芝子实体发生的适宜温度和菌丝体生长阶段类似，都在25～28℃，低于22℃发育停止，高于33℃易死亡。在4月下旬至10月中旬温度适宜的季节都可以出菇。菌丝代谢产生的二氧化碳对子实体发育有显著影响，高浓度时（超过0.1%）子实体会发生畸形，需要通风控制二氧化碳浓度。

云芝菌丝生长阶段不需要光照，但子实体的发生需要一定的漫散射光，在完全黑暗的条件下云芝子实体很难形成，即使形成，发育速度也极其缓慢，或形成不开伞的畸形。研究表明，0.3万～1万lx的光照对云芝子实体的正常生长有利。一般有遮荫的菇棚或有透光窗口的菇房以及树林中的漫散射光都能满足子实体生长的光照需要。

子实体发育阶段，空气相对湿度适宜保持在85%～90%，低于80%或高于95%均不利生长。

出菇时，在有光线和经常通风的条件下，栽培用的段木只需每天早、中、晚，或早晚各喷水一次，还可向段木周围的地面洒水增加湿度。喷水时用喷雾器向空中和段木周围喷洒，避免段木和菌蕾表面积水以免霉变污染。

若采用袋料栽培，需要在出菇前脱袋。据丁湖广报道的方法，出菇袋需移入菇棚，棚内预先做好80cm左右宽度的畦床，菌袋移入后脱除栽培袋覆土。除袋时不能全脱，应在一头留2～3cm的菌袋，然后该端向上进行覆土。覆土不能高过袋口下0.5cm，以防芝片黏土，影响质量。栽培袋的密度每平方米50袋左右，间距2cm左右。覆土后洒水，冲掉袋头的余土，2天后除去袋口出芝。此时应对温度、湿度进行控制，并增加光线和通风，使菌蕾早形成，快分化。菌蕾显现后，在早、中、晚各喷水一次，喷水时用喷雾器向空中喷洒，增加湿度，又不使菌袋和菌蕾表面积水。室内通气早晚各一次，中午时禁闭门窗。开伞后水分管理可稍粗放些，每天注意用洒水壶向地面和菌袋周围洒水2～3次保持湿度。

五、采收加工

当云芝子实体菌盖不再增大，由薄变厚，且开始散发出少量孢子粉时表明已发育成熟，此时应及时采收。否则在较高的温、湿度环境下易感染杂菌霉变。采收时可用利刀从芝柄根部割下，或用手直接拧断芝柄。采下的云芝应及时放在干净的场地晾晒并防止杂物黏附，有条件的可置于40～60℃的烘箱内烘干。水分降至12%以下后收藏保存，含水量高的子实体在保藏过程中易发生虫蛀霉变。

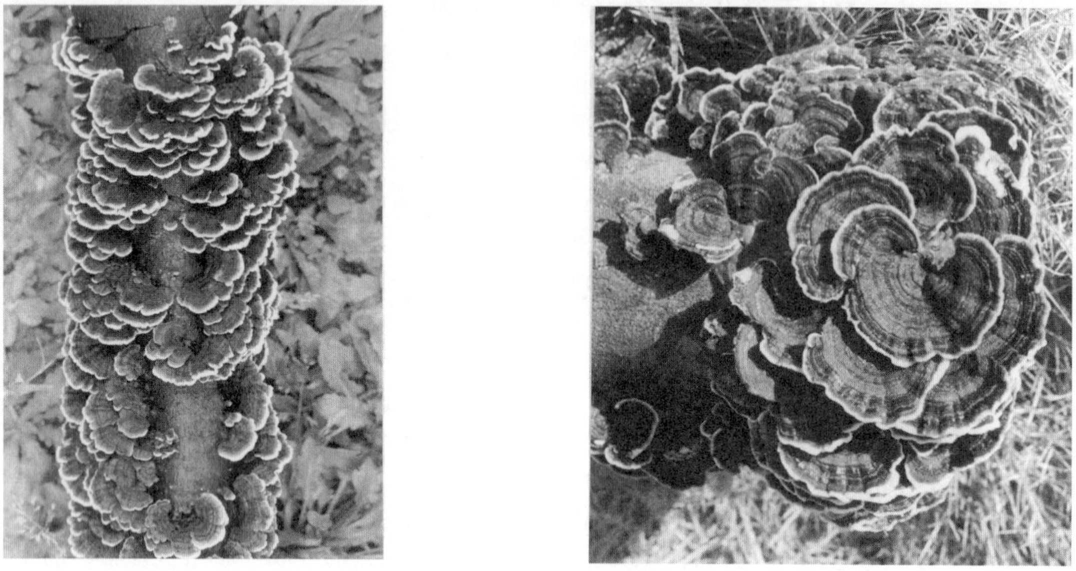

图88－2　云芝段木子实体

第五节　云芝的化学成分、药理作用与临床应用

一、化学成分

云芝含丰富的蛋白质、脂肪、多糖、多糖肽、葡聚糖、木质素、氨基酸和多种无机盐等。

(1) *云芝多糖*(*Coriolus versicolor* Polysaccharides，CVP)：*是云芝的主要活性成分*

云芝子实体、菌丝体内和体外发酵液均可产生云芝多糖。云芝发酵液中提取的胞外多糖为不含肽的葡聚糖，含有β(1→3)主链和β(1→4)及β(1→6)支链，含*D*-葡萄糖99.2%；其单糖组成主要是葡萄糖，其次为甘露糖，有少量半乳糖、木糖和岩藻糖。有学者采用高效液相色谱(HPLC)、氢及碳核磁共振谱(^{1}H及^{13}C-NMR)等分析方法，对云芝子实体多糖(CVP)的化学结构进行了研究。结果显示，通过完全水解、甲基化、一维和二维^{1}H及^{13}C-NMR解析，证实CVP多糖相对分子质量约为3.16×10^5，其组分为由β-D-1,4-Glc和β-D-1,3-Glc和β-D-1,6-Glc残基构成β(1→3)糖苷键作为主链的葡聚糖，同时在β-D-1,3,6-Glc及β-D-1,4,6-Glc处产生分枝，构成β(1→6)糖苷键为侧链分子的支链。

(2) *云芝糖肽*(Polysaccharide peptides，PSP)

从云芝菌丝体中提取的一种结合蛋白多糖(Proteoglycan)，如图88－1所示，其多糖成分均以β(1→3)主链，侧链上有β(1→4)或β(1→6)结合的分枝。

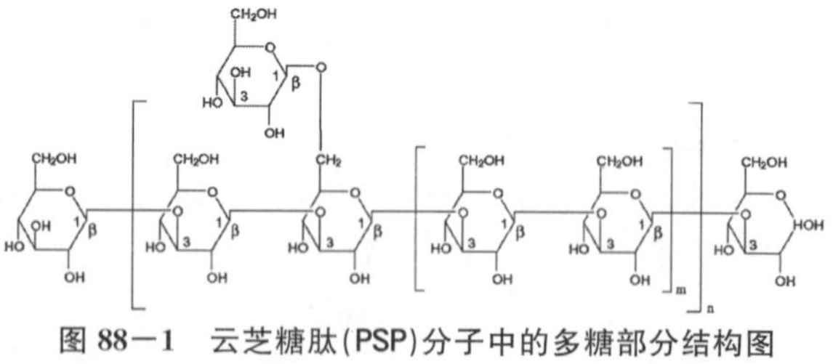

图88－1　云芝糖肽(PSP)分子中的多糖部分结构图

目前，较为常用的提取方法是水提醇沉法。将原料放在90～95℃的水浴条件下，溶解出云芝多糖等水溶性成分，过滤，滤液浓缩至一定容积后，利用多糖溶于水而不溶于醇的特点，将糖肽沉淀出来。进一步采用还原衍生化气相色谱法、紫外、核磁、高碘酸氧化、Smith降解、琼脂糖凝胶电泳等检测方法，对云芝糖肽的结构与组成进行了分析。结果显示，云芝糖肽的单糖成分由葡萄糖、半乳糖、岩藻糖、甘露糖、木糖和鼠李糖6种单糖

组成，其中葡萄糖的含量超过 50%。云芝糖肽具有α、β型糖苷键，其糖苷键的连接方式主要是β(1→3)连接，也有(1→4)、(1→6)连接方式。云芝糖肽中多糖含量为 30%～60%，蛋白质含量10%～30%，包括游离态和结合态两种，后者即结合态蛋白形式可与多糖组成蛋白多糖体。采用Sevag 法、高效凝胶渗透色谱法(HPGPC)除去游离态蛋白，对云芝糖肽进行纯化和精制，所得多糖纯度可达 96%以上，其蛋白含量为 4%～8%。云芝糖肽中单糖与氨基酸的连接方式为 *N*-连接，通过天冬酰胺的侧链酰胺与糖形成 *N*-糖肽键。*N*-糖蛋白的特点是肽链序列中天冬酰胺之后，第 2 个氨基酸残基为丝氨酸或苏氨酸，糖肽中的 *N*-糖苷键相当于缩醛结构，因此具有缩醛的化学敏感性，遇酸会被切断或端基异构化，强亲核试剂也会切断糖苷键或使其异构化。

(3) 其他成分

云芝干品中含有丰富的氨基酸和微量元素，云芝子实体、菌丝体及发酵液中还含有多种多肽类、生物碱、酚类、植物固醇类、二萜及三萜类化合物，氨基酸类，包括必需氨基酸 7 种，占总量的40.18%，其他氨基酸 9 种，占总量的 59.82%。还含有各种维生素和维生素 B_1、维生素 B_2、维生素 B_6 等 10 多种人体所需的微量元素。但云芝干品质硬，味苦，不能做菜，只能熬汤或药用。云芝中各种氨基酸、常量元素、微量元素含量见表 88－1。

表 88－1 云芝干品中各种氨基酸及微量元素的含量

氨基酸名称	含量(%)	氨基酸名称	含量(%)
赖氨酸	0.53	异亮氨酸	0.76
亮氨酸	0.90	蛋氨酸	0.31
苯丙氨酸	0.67	苏氨酸	0.56
缬氨酸	0.73	组氨酸	0.22
精氨酸	0.69	酪氨酸	0.33
脯氨酸	0.44	丙氨酸	0.96
甘氨酸	0.59	谷氨酸	1.94
天冬氨酸	0.96	丝氨酸	0.51
钾	984.72	钠	21.98
钙	7.79	镁	16.45
钴	270	钼	370

二、药理作用

我国古代中医药典籍对云芝的临床疗效早有记载，如东汉时期的《神农本草经》、明朝李时珍的《本草纲目》等均记载和描述云芝有消肿痛、去湿、化痰、疗肺疾、利关节、坚筋骨、治耳聋等作用，云芝可加强人体抵抗力，抗癌症，并对慢性支气管炎症及气管扩张、迁延性慢性肝炎等具有一定疗效。现代医药学研究表明，从云芝子实体、菌丝体、发酵液中提取的多糖，均具有清热、解毒、消炎、抗癌、保肝等功效。云芝中主要活性成分为云芝糖肽，云芝糖肽具有免疫调节功能，是良好的免疫增强剂，具有增强免疫细胞功能和识别能力，提高IgM 的量等作用；云芝多糖同时具有保肝护肝作用，可显著降低血清氨基转移酶，对肝组织病变和肝坏死有明显的修复作用。日本学者从云芝菌丝体中提取的云芝多糖肽，作为抗癌药已在日本上市销售了 20 余年。我国也把云芝多糖收录入2005 版《中国药典》II 部，将其作为一种重要的免疫反应调节剂，用以增强机体免疫功能，使失去平衡的机体恢复正常，从而达到中医“固本培元，扶正祛邪”、辅助治疗肿瘤等疾病的目的。药用真菌云芝作为抗肿瘤生物治疗药物具有良好的开发前景，其抗炎抗氧化、免疫调节、保护缺血心肌及肝脏、降血糖、降血脂、镇痛镇静、改善学习与记忆等药理学作用，深受人们的关注。

1. 免疫增强作用

(1)刺激和激活免疫反应细胞

云芝菌丝体多糖可加强小鼠腹腔巨噬细胞吞噬作用，对环磷酰胺引起的脾脏萎缩具有对抗作用。云芝菌丝体多糖及滤液多糖能使胸腺缩小、脾重增加。国产云芝胞内多糖能明显增加网状内皮细胞的吞噬活性，明显增加小鼠对金黄色葡萄球菌、大肠杆菌、宋氏痢疾杆菌及铜绿假单胞菌感染的非特异性抵抗力。云芝多糖肽(PSP)100～800μg/ml 能使淋巴细胞明显增殖，小鼠腹腔内注射环磷酰胺25mg/kg抑制活化 T 细胞产生白介素 2 (IL-2)和 T 细胞中介的迟发型超敏反应(DTH)。如同时给予 PSP 25mg/kg，连续 5 天，可对抗上述免疫抑制效应。云芝多糖肽(PSP)10～100μg/ml浓度时，可使人外周白细胞产生 α-和 γ-干扰素(IFN)的能力较对照组提高 8 倍和 4 倍。此外，PSP 还能增强网状内皮系统的吞噬功能。云芝多糖(PSK)对用 ^{60}Co 200γ 全身一次照射，造成小鼠免疫功能低下，具有一定的治疗作用。能明显增加被照射小鼠血清溶菌酶含量和脾指数，认为：对巨噬细胞的非特异性免疫功能具有促进作用。云芝多糖可提高正常小鼠及环磷酰胺造成免疫抑制小鼠淋巴细胞转化率、绵羊红细胞血凝抗体效价、脾细胞产生溶血抗体能力和 NK 细胞及巨噬细胞抗肿瘤活性。云芝多糖可提高小鼠集落刺激因子活性，并使集落刺激因子 mRNA 含量升高。云芝多糖可加强一氧化氮诱导的巨噬细胞凋亡，诱导一氧化氮合酶基因表达，并可增强干扰素γ和脂多糖的诱导作用。经云芝多糖处理过的小鼠腹腔巨噬细胞与O-LDL共同培养24小时后，细胞形态未见有较大改变，用脂多糖刺激后，肿瘤坏死因子和一氧化氮产生量比对照组高。云芝多糖对T总细胞和辅助性或诱导性T细胞有扩增作用。云芝多糖可使小鼠内毒素清除系数 k 为对照组的2倍以上，提示：云芝多糖具有明显增强机体网状内皮系统的功能，对肝病防治有积极意义。

(2)诱导细胞因子生成和表达

干扰素诱生和促诱生的试验结果表明，云芝多糖肽的抗肿瘤和免疫调节作用可能与它具有干扰素诱生和促诱生能力有关。大鼠连续口服云芝多糖肽每天20g/kg，可促进淋巴细胞转化，血清IgG滴度明显升高，还可取消大鼠隔日服环磷酰胺400mg/kg对自然杀伤细胞功能的抑制。服用云芝多糖的恶性肿瘤患者，其 T_3、T_4 淋巴细胞亚群及白细胞计数，均较服药前显著增加，认为云芝多糖是一种较好的生物反应调节剂。云芝多糖对受氧化低密度脂蛋白（oxLDL）损害小鼠巨噬细胞造成的脂肪堆积有保护作用，并能抑制巨噬细胞泡沫样变性，提高巨噬细胞反应能力。对环磷酰胺造成的小鼠白细胞减少有明显的回升作用，能激活网状内皮系统的功能。可显著提高脾细胞产生的IL-2、淋巴毒素和干扰素-γ的水平，显著促进腹腔巨噬细胞分泌肿瘤坏死因子和IL-1的能力。

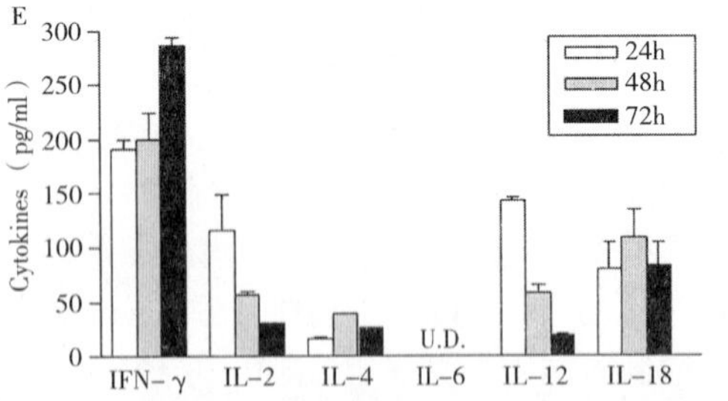

图 88－2　云芝水提物对小鼠脾淋巴细胞体外培养条件下，细胞因子生成的影响

有学者研究了云芝多糖对乳腺癌术后化疗患者免疫功能的影响。结果表明，云芝多糖在乳腺癌患者化疗中有拮抗化疗药物对骨髓的抑制作用和提升白细胞（WBC）、血小板计数（PLT）及免疫功能的作用。进一步考察云芝多糖对辐射引起的红细胞免疫低下的影响，结果表明，云芝多糖对辐射损伤红细胞免疫功能有明显的保护作用，能使红细胞免疫黏附功能得以恢复和加强。把云芝多糖添加到饲料中给鸡饲喂后，观察机体对疫苗的应答水平，发现云芝多糖具有促进抗体生成、增强鸡新城疫（ND）和传染性法氏囊病（IBD）2个疫苗免疫能力的功能。云芝多糖（CVPS）对正常小鼠也具有增强其免疫应答的作用，如增强机体免疫功能，刺激T淋巴细胞转化等。当CVPS在体外给药浓度为31.25～500μg/ml时，可明显促进小鼠T、B淋巴细胞的增殖，明显增强TNF吞噬中性红的能力，明显提高细胞因子IL-1的活性。CVPS给药组小鼠IL-2、IFN-γ的活力值明显高于空白对照组，且呈良好剂量依赖关系。提示，CVPS对小鼠T、B淋巴细胞及细胞因子IL-1、IL-2、IFN-γ及TNF功能均有增强作用。机体免疫器官、各类免疫活性细胞及分泌产物（抗体和细胞因子等）具有维持机体正常生存和自身稳定的作用。T细胞通过细胞介导的免疫应答，可保护机体免受真菌、病毒及外来物的侵害，B细胞通过体液免疫应答可保护机体免受病菌和病毒抗原的侵害。试验证明，机体免疫功能随年龄的增加而下降，其中包括胸腺退化后机体辅助性T细胞（Th）数目和功能下降，从而影响B细胞的功能。当机体发生重大疾病后，在痊愈过程中，其免疫力异常低下，如果这时服用云芝多糖，可保护WBC和PLT，增强T淋巴细胞活性，降低抗原杀伤性效应细胞（CD_8）抑制细胞活性，恢复免疫调节功能。

云芝多糖具有良好的抗肿瘤活性，已证明云芝多糖也具有一定的免疫调节作用，云芝多糖对环磷酰胺（每天40mg/kg）所导致的小鼠NK细胞功能降低、IgG与IL-2水平低下、白细胞计数减少有明显的抑制和改善作用。目前认为，CVP可增强机体IFN-γ、IL-2的产生，促进T细胞增殖，激活NK细胞，提高巨噬细胞的活性，可明显增强小鼠腹腔巨噬细胞分泌肿瘤坏死因子和白细胞介素-2的能力。有学者报道，云芝多糖250mg/kg或500mg/kg可显著提高正常小鼠经植物血球凝集素途径刺激的淋巴细胞转化率、血清绵羊红细胞血凝抗体效价、脾细胞产生溶血抗体能力、自然杀伤细胞及吞噬细胞抗肿瘤活性。这些结果表明，云芝多糖对小鼠免疫功能有明显的增强作用。另外，口服云芝糖肽（PSP）能显著降低小鼠结肠C-26模型血浆中转化生长因子-β（TGF-β）的含量，增加IFN-γ的水平，提示：云芝糖肽能够提高 CD_4^+ T细胞的功能。云芝糖肽还可促进植物血凝素途径诱导人外周血白细胞介素-6（IL-6）的高表达，同时IL-6的mRNA转录也表现出明显促进效应，这可能是其促进IL-6高表达的原因。因此，可推测云芝糖肽之所以具有提高机体免疫力的功能，可能是由于其具有诱导细胞因子产生的效应，而这一效应又与其促进CK相关基因的转录有密切关系。CVP有可能是通过上调受体促进细胞因子相关 mRNA 的高表达，但其具体作用机制以及其作用的对象尚有待进一步研究。

2. 抗肿瘤作用

云芝多糖被证明是具有抗肿瘤活性的真菌多糖之一，是一种免疫增强剂。抗肿瘤的机制研究表明，云芝多糖通过激活宿主免疫细胞——辅助性 T 细胞和巨噬细胞，间接抑制肿瘤生长。目前，多数研究认为，云芝多糖抑制肿瘤的机制主要表现在通过增强机体免疫功能而起到抗肿瘤的作用，包括增强 T 细胞、巨噬细胞、NK 细胞和体液免疫的功能。对肿瘤组织的直接抑制作用，云芝多糖与抗癌活性肽协同给药，可明显提高肉瘤小鼠外周血的 CD_4^+ 值，同时 CD19 值明显高于生理盐水对照组。有学者研究云芝多糖对小鼠 NK 细胞和单核巨噬细胞系统功能的影响，结果表明，云芝多糖体内外给药均可显著增强小鼠 NK 细胞和单核巨噬细胞系统功能。云芝多糖还具有抑制 7,12-二甲基苯并蒽（DMBA）诱导乳腺上皮细胞的增生，特别是中、重度不典型增生的作用，其机制可能与抑制乳腺增生组织中乳腺组织血管内皮生长因子（VEGF）及 ras 癌基因的表达，减少血管生成，从而抑制乳腺不典型增生的进展有关。给小鼠接种艾氏腹水癌细胞前服用云芝多糖，效果最佳，寿命接近正常小鼠，说明云芝多糖不仅对癌症有治疗作用，还具有预防作用，预防比治疗更具有重要意义。

云芝多糖对肉瘤S-180、白血病 L1210 和腺癌 755 荷瘤动物的肿瘤生长均有抑制作用。肿瘤移植前 10 天，给小鼠服用云芝提取物对小鼠移植后 12 天的腹水型肉瘤S-180有明显的抑制作用，移植后 22 天抑瘤作用减弱。对不同地区的野生云芝提取物进行比较，无论陕西云芝或长白山云芝，对 S-180都有明显的抑瘤作用。云芝菌株在真菌体内积累多糖，还向培养液分泌胞外多糖，前者是葡聚糖，能抑制小鼠S-180，并对巨噬细胞有激活作用；后者为多种单糖组成的杂多糖，有一定程度的免疫活化作用，但无明显抑瘤作用。粗制品，如云芝菌丝热水提取物，对S-180抑制率为77.5%，精制品活性加大，对S-180抑制率达99.3%。由于云芝多糖能明显抑制动物多种肿瘤，抗瘤谱较广，具有一定的临床疗效，已引起广泛的注意，许多资料证明其抗肿瘤作用是确定的。PSP 由于提取方法不同，抑瘤率有所差别。实验表明，氧化还原及部分水解法提取的多糖，抑瘤作用较强。经气化、还原提取的多糖能显著延长生存率。

云芝提取物对皮下移植的腹水肝癌小鼠腹腔巨噬细胞没有激发增强作用，吞噬活性较低，但对 S-180，巨噬细胞受到激活，吞噬功能增强，说明对不同肿瘤可能具有不同的作用。许多研究表明，云芝糖肽（PSK）提高机体免疫功能和抗肿瘤作用有一定的关系。云芝多糖肽（PSP）可使小鼠血清溶血素、IgG、补体 C3 明显提高，对S-180的抑瘤率为 35%～69%，抑瘤率比 PSK 低。连续给予 PSP 1～2g/kg，15～20 天后对裸鼠人肺腺癌有明显的抑制作用，抑制率为 50%～70%。在抑制肿瘤生长的同时，未见血液和体重变化等不良反应。从 PSP 粗浸膏中分离到新的小分子肽，相对分子质量 1 万较 PSP（10 万）为小，对人的白血病细胞 HL60、直肠瘤细胞 LS174-T、肝癌细胞 SMMU7721 和胃癌细胞 SCG7901 具有强大的细胞毒作用。对 HL60 的 IC_{50} 为 30μg/ml，小分子肽对白血病细胞和 SCG7901 的抑制率明显高于 PSP 和 PSK 组，在增加白细胞数和 IgG 水平上，也具有增强免疫的效果，在接种前 2 星期使用，可减轻接种癌细胞裸鼠瘤块的发生。PSK 作为化学预防剂，可作用于肿瘤细胞的生长过程，加强 T 细胞和自然杀伤（NK）细胞的作用，有抗畸变、预防染色体损伤和免疫调节作用。

实验证实云芝糖肽（PSP）具有明显的扶正祛邪作用，能增强正常机体和荷瘤动物的免疫功能，能抑制体外培养动物和人癌细胞的生长，能改善肿瘤患者的临床症状，总有效率为82.96%。研究证明，PSP 能有效抑制S-180肉瘤生长，口服 PSP 500～1000mg/kg，抑瘤率达 31.96%～32.99%（$P<0.05$）。PSP 对腹腔接种S-180A 细胞小鼠的生存率有延长作用，以 25mg/kg 较好，生命延长率为44.62%。PSP 还可使荷瘤小鼠脾脏和胸腺的重量有所增加，提示 PSP 对机体非特异性免疫功能具有增强作用。

在体外实验中，云芝多糖（CVP）对腹水肝癌 AH-13 细胞、吉田肉瘤细胞和艾利腹水癌细胞有效。动物体内实验对S-180肉瘤、艾利腹水癌细胞、白血病 P338、MC-肉瘤、腺癌-755、腹水肝癌 AH-13、AH-7974、AH-66F 和吉田肉瘤等瘤株有效。将同基因的黑素瘤 B16 细胞接种至 C57BL/6 小鼠，CVP 可明显抑制肿瘤的发生，延长荷瘤鼠的存活期，并表现出量-效关系。用黄曲霉毒素 B1（AFB1）饲喂大鼠，两年内肝癌发生率为61.9%，如果同时给以 CVP，则发生率仅为 34%。同时进一步证实，即使癌长期病变，CVP 也可有效地阻断肝癌发生。这说明 CVP 不仅在治疗肿瘤中发挥着积极作用，也在预防肿瘤的产生，即防止细胞癌变的过程中起着重要的作用。另外，CVP 对由 N-甲基-N-亚硝基脲诱导的小鼠乳腺癌和由5-azacytidine诱导的大鼠脚趾的畸形也有很好的抑制作用。云芝多糖还可抑制乳腺癌增生组织的血管生成作用及肿瘤血管的生成。恶性肿瘤患者服用云芝糖肽后，T淋巴细胞亚群及其计数均显著提高，而B淋巴细胞计数无明显提高，这说明云芝糖肽的抗肿瘤作用、抑制畸变的活性很可能是与增强人体免疫系统（尤其是细胞免疫）的活性密不可分的。CVP可增强人结肠癌细胞Colo205与表面肿瘤抗原的表达，通过增强肿瘤抗原的免疫原性而促进机体对肿瘤细胞的识别与杀灭。

体外实验显示，云芝多糖对黑素瘤B16的抑瘤率达84.4%。对人体急性T淋巴白血病细胞株Jurkat增殖的抑制作用稍弱，抑制率为70%；而对人体大肠腺癌细胞株S-180增殖的抑制率为58%；对人体乳腺癌细胞MCF7在实验浓度内无明显抑制作用。云芝多糖对人体慢性骨髓性白血病细胞株K562和人体大肠腺癌细胞株SW620有明显抑制作用，在药物浓度为200μg/ml时，抑制率超过60%；500μg/ml时，抑制率达90%。

3. 抗氧化和抗衰老作用

机体在正常代谢状态下产生的超氧自由基和过氧化氢等活性还原氧类物质，对生物大分子起着交联剂的作用。这些物质如果与生物膜磷脂的多种不饱和脂肪酸在有氧时发生连锁反应，形成脂类过氧化物，对细胞膜的流动性和功能造成严重影响。但机体内相应存在的防御性还原氧类酶系统，如超氧化物歧化酶（SOD）能与机体代谢所产生的超氧阴离子自由基（O_2^-）进行歧化反应，将还原氧类物质清除。谷胱甘肽过氧化物酶（GSH-Px）也能清除细胞内的有害氧化代谢产物，如H_2O_2、OH^-、O_2^-和RO等。有学者考察了云芝多糖对小鼠的抗衰老作用，在饮用云芝多糖水溶液90天后，试验组小鼠的血红细胞SOD活性、皮肤和尾腱的羟脯氨酸含量、胸腺系数及血清免疫球蛋白均比对照组有所增加。试验组心肌脂褐素含量和大脑脂质过氧化物含量比对照组含量明显降低，说明云芝多糖具有提高机体免疫应答和增强机体清除脂质过氧化物的抗衰老作用。通过测定小鼠心、肝、脾、肾和红细胞脂质过氧化物含量及硒谷胱甘肽过氧化物酶活性，观察云芝多糖对机体各组织及红细胞抗氧化能力的影响。结果表明，云芝多糖能提高机体各组织的硒谷胱甘肽过氧化物酶（SeGPx）活性及降低脂质过氧化物含量。此外，硒云芝多糖能提高机体各组织的GSH-Px酶和SOD活性，降低脂质过氧化物含量，从而有效提高机体抗氧化能力，防止或减轻脂质过氧化物损伤。

也有学者给昆明种小鼠腹腔注射云芝多糖（每天0.02ml/g）连续3天，停药2天处死，取小鼠大脑皮质、肝组织，用硫酸亚铁-过氧化氢系统诱发组织脂质过氧化反应，并测定组织中的脂质过氧化产物丙二醛（MDA）的含量，发现CVP可降低小鼠大脑皮质组织遭受H_2O_2诱导的脂过氧化物反应，其对肝组织也有相似的作用。提示云芝多糖可提高小鼠大脑皮质组织SOD与GPx酶活性。进一步的研究发现：云芝多糖可明显促进SD大鼠脑组织SeGPx的mRNA的转录量，同时，腹腔注射云芝多糖可诱导小鼠腹腔巨噬细胞的SeGPx活性增高，使其mRNA的表达也会增加。不仅如此，在联氨氧化体系中观察发现，云芝多糖有清除自由基的作用。进一步通过定量分析H_2O_2（作为氧自由基歧化反应的产物）和对黄嘌呤一黄嘌呤氧化酶体系中的电子自旋共振检测，证实云芝多糖具有SOD的作用，云芝多糖增强SOD活力，加速对O_2^-的清除，使机体免遭活性氧的损伤而利于维持正常的结构和功能。在研究云芝多糖增强抗癌药物顺铂抗肿瘤作用的体外试验过程中发现，云芝多糖能使肿瘤细胞内被顺铂降低的SOD水平降得更低。这一试验说明，云芝多糖的抗氧化作用是具有细胞选择性，对于正常细胞，云芝多糖增强其内SOD活性和含量，而对于肿瘤细胞则相反，但其确切的机制尚不明了。另有试验证明，云芝多糖对锰超氧化物歧化酶（Mn-SOD）也有诱导作用，MnSOD在细胞内催化O_2^-生成H_2O_2与过氧化物酶联合细胞内活性氧，提示云芝多糖可提高巨噬细胞的抗氧化能力。此外，云芝多糖可通过其抗氧化作用，对抗中毒剂量乙酰氨基酚引起的肝细胞毒性。

给小鼠腹腔注射1.5%云芝多糖0.2毫升/只，连续4天，能提高小鼠机体各组织的硒谷胱甘肽过氧化物酶的活性，提高机体防御活性氧损伤能力，其对活性氧酶促清除机制的增强作用与其抗肿瘤免疫调节作用密切相关，具有重要意义。进一步的研究发现，云芝多糖对硒谷胱甘肽过氧化物酶和非硒谷胱甘肽过氧化物酶表达的影响，均发生在转录水平，且某种新蛋白质的合成可能参与了诱导过程。云芝多糖对氧化修饰低密度脂蛋白引起的损伤有明显保护作用。小剂量叔丁基氢过氧化物体外对云芝多糖处理的小鼠腹腔硒谷胱甘肽过氧化物酶mRNA水平无明显影响，但能诱导正常小鼠腹腔巨噬细胞硒谷胱甘肽过氧化物酶mRNA表达。云芝多糖可增强巨噬细胞呼吸爆发时，对叔丁基氢过氧化物损伤的抵抗力。

衰老主要是细胞氧化所致，研究还发现云芝多糖肽(PSP)通过抗氧化作用，明显增加果蝇的吃食次数、交配次数和第一子代的仔蝇数，并延长雌蝇的平均寿命、最高寿命和半数死亡时间。但对雄蝇作用较差，并不延长平均寿命和半数死亡时间。PSP具有防止氧化损伤和抗伤害作用。对巴豆油、烟雾和内毒素等物质的致炎性也有对抗作用，对氯化钡致心律失常、肾上腺素诱发急性肺水肿小鼠，能显著延长其存活时间和存活率。

4. 对心血管系统的作用

(1)对缺血再灌注心肌的保护作用

有学者考察了云芝多糖对冠心病患者血清氧化型低密度脂蛋白(OxLDL)和NO含量的影响。结果发现，口服云芝多糖30天后，冠心病患者血清OxLDL含量明显下降($P<0.01$)，而NO含量显著提高($P<0.01$)，说明云芝多糖对冠心病具有一定的治疗作用。采用犬心肌缺血再灌注损伤模型，探讨了云芝多糖对心肌缺血再灌注损伤的预防作用。云芝多糖组手术前2天，每天口服云芝多糖150mg/kg，在缺血再灌注过程的不同时间点，测定左心室舒张压、超声心功能和冠状静脉窦血浆丙二醛(MDA)浓度，心肌标本进行透射电镜检查。结果显示，云芝多糖对缺血再灌注早期心肌有显著保护作用。进一步考察云芝多糖对试验性缺血再灌注损伤(顿抑)——心肌的形态学改变的作用，发现顿抑心肌有明显的功能障碍和超微结构改变，而云芝多糖对顿抑心肌的功能和超微结构有显著保护作用。

(2)抗动脉粥样硬化(AS)作用

实验证明，云芝多糖能有效地抑制动脉粥样硬化斑块的形成和发展。PSK组主动脉粥样斑块表面积明显小于对照组，心壁内冠状动脉大、中分支的狭窄程度也轻于对照组。PSK对实验性动脉粥样硬化家兔脂质过氧化损伤有保护作用，能有效地抑制脂质过氧化损伤，增强巨噬细胞硒谷胱苷肽过氧化物酶的基因表达，提高巨噬细胞免疫反应能力和抑制其泡沫样变性，对抑制动脉硬化有促进作用，可减轻家兔动脉粥样硬化形成，对已形成粥样硬化的家兔，也有治疗作用。实验证明，PSK能提高腹腔巨噬细胞对乙酰低密度脂蛋白(ac LDL)的结合、内移和降解，整体发挥降脂、抗动脉硬化作用。

5. 对消化系统的作用

(1)肝保护作用

给小鼠灌胃云芝子实体多糖1g/kg，在4小时、10小时、26小时分别用0.13% CCl_4各染毒1次，可显著降低小鼠血清丙氨酸氨基转移酶(ALT)。给小鼠灌胃云芝子实体多糖250mg/kg，连续7天，可显著降低亚急性肝炎小鼠血清ALT和肝匀浆ALT。给小鼠灌胃云芝子实体多糖300mg/kg，连续14天，可明显延长腹水型肝癌小鼠的存活期，明显减少腹水中癌细胞数目，显著抑制癌细胞的有丝分裂指数。对150例慢性乙肝患者，分别给予云芝多糖和肝冲剂治疗3个月，进行疗效观察分析。结果显示，云芝多糖组显效36例，有效47例，无效15例，总有效率为84.16%，优于对照组($P<0.05$)，说明云芝多糖是治疗慢性乙肝疗效较好而无不良反应的中药制剂。研究云芝多糖胶囊治疗乙型肝炎108例，总有效率为79.6%。云芝多糖能在治疗乙型肝炎中发挥作用，促进清除血清病毒抗原，抑制肝内病毒复制，并减轻肝细胞免疫损伤。对云芝糖肽对肝炎的治疗作用进行临床观察时发现，患者经用云芝糖肽治疗后，HBsAg、HBeAg阴转率分别为16.7%和26.7%。对HBV复制标志物阴转率明显高于对照组，说明云芝糖肽胶囊对HBV复制有明显抑制作用，对消除HBV携带者具有较好疗效。虽然治疗组HBeAg阴转率较干扰素治疗慢性乙型肝炎HBeAg阴转率45%为低，但干扰素不良反应较高，且价格昂贵，部分患者因不能耐受不得不中途停药，给治疗带来一定困难。云芝糖肽所致ALT复常率为80.39%，与对照组相比，有显著性差异，且价格较低，无明显不良反应，值得推广使用。

(2)抗溃疡作用

给大鼠灌胃云芝糖肽4.5g/kg，连续2天，可明显抑制大鼠应激型、幽门结扎型、醋酸型和吲哚美辛(消炎痛)型等实验性胃溃疡，并能显著降低幽门结扎型溃疡的胃液总酸度，但对胃液分泌量、胃蛋白酶活性、游离酸度和胃液中PEG_2的含量未见明显影响。

6. 对中枢神经系统的作用

(1)改善学习记忆的作用

通过Morris水迷宫法观察小鼠空间学习能力和空间记忆能力。结果发现，云芝多糖可明显缩短小鼠水迷宫法试验平均训练潜伏期，证明云芝多糖对慢性应激型引起的学习和记忆障碍有明显的改善作用。用一次性训练避暗法、穿梭法和Y型迷宫法观察云芝多糖对学习记忆功能的影响，发现给小鼠和大鼠灌胃云芝多糖500mg/kg，连续6天，可明显改善小鼠和大鼠的学习记忆功能，对东莨菪碱造成的学习记忆障碍有很好的保护作用。推测云芝多糖能提高记忆力，可能与其活性成分提供大脑活动所需的能量及促进神经递质的合成有关，但其详细机制还需进一步研究。

云芝多糖能改善小鼠和大鼠学习记忆功能，对东莨菪碱所致大鼠学习记忆障碍，有明显的改善作用。PSK能增强戊巴比妥的催眠作用，云芝多糖肽（PSP）也有一定的镇静作用，可抑制小鼠的痛反应，持续时间长，但起效慢。

（2）镇痛及镇静作用

给小鼠灌胃（ig）云芝糖肽0.5g/kg、1g/kg，连续7天，能明显提高小鼠痛阈；而大剂量（5～8g/kg）不仅不能提高镇痛效应，镇痛效应反而有所下降。给小鼠腹腔注射（ip）云芝多糖肽（PSP）后，用醋酸扭体法观察其镇痛作用，PSP组10分钟扭体次数显著下降（$P<0.05$），同时观察到小鼠自发活动明显减少，表现出镇痛镇静作用，但大剂量PSP灌胃不仅不能提高镇痛效应，反而使痛阈有所下降，其机制尚不清楚。另外，连续6天灌胃给药（ig）PSP每天1g/kg，能提高大鼠电刺激鼠尾引起的嘶叫阈，PSP引起的这种镇痛作用能被IL-2抗血清所翻转，但ip方式无用。电解损毁大鼠下丘脑内侧基底部（MBC）后，该镇痛作用消失，证明PSP能激活IL-2，后者进入脑内作用于MBH的IL-2受体而发挥镇痛作用，这说明PSP的镇痛作用不同于一般中枢神经系统镇静药，其作用方式具有非中枢神经系统依赖性，这也为以后镇静类新药的研究与开发提供了方法与思路。云芝多糖对甲醛溶液致炎、角叉菜胶致炎（急性）和佐剂性关节炎（慢性）的炎症疼痛也有明显镇痛作用，并呈明显的量效关系，用药后2小时左右镇痛作用消退，与哌替啶比较，其镇痛作用较弱，持续时间较短。推测其作用机制可能是通过云芝多糖激活IL-2，后者进入脑内作用于下丘脑基质神经的IL-2受体而发挥镇痛作用。

7. 对代谢及内分泌系统的作用

（1）降血糖作用

经尾静脉注射四氧嘧啶所致糖尿病模型小鼠，血糖可高达362.4mg/100ml，给小鼠灌胃云芝多糖0.5g/kg，连续6天后，血糖可降至126.6mg/100ml，云芝多糖对正常血糖无影响。对正常小鼠注射四氧嘧啶后，血糖升高355.6mg/100ml，如预先给予云芝多糖，血糖仅上升至209mg/100ml水平，提示云芝多糖可对四氧嘧啶所致血糖升高有预防作用。

（2）降脂作用

将小鼠腹腔巨噬细胞与含有云芝多糖100μg/ml的细胞培养液置37℃孵育48小时，发现：云芝多糖可增加巨噬细胞表面结合标记（^{125}I）低密度脂蛋白，并促进后者内移和降解。云芝多糖可使实验性动脉粥样硬化家兔的主动脉斑块面积百分数明显小于对照组（$P<0.01$），TC、LDL-C、CPK、T-LPO和LDL-LPO明显低于对照组，SeGSHPx明显高于对照组。

用高胆固醇饲料喂养新西兰白兔，历时100天，分别在0、20、35天于耳中央动脉采血，测定血浆总胆固醇（TC），低密度脂蛋白胆固醇（LDL-C）等值标。结果发现，PSP组TC与LDL-C迅速下降，至第35天，TC与LDL-C都明显低于对照组。巨噬细胞可摄取脂质，降低血中胆固醇，如果单核一巨噬细胞系统功能下降，将会出现高胆固醇血症。此外，当低密度脂蛋白受到氧化修饰后，也会使其代谢脂质能力下降，产生泡沫样变性。PSP能提高巨噬细胞的免疫吞噬力，抑制巨噬细胞转变为泡沫细胞，从而防止动脉粥样硬化症（AS）的发生发展。

三、毒性试验

下述云芝及其提取物的毒性反应数据来源于动物实验，除云芝糖肽已通过Ⅲ期临床试验外，其余提取物对人体的毒性及不良反应尚不明确。

（1）急性毒性实验

给予小鼠口服云芝糖肽后，其半数致死量（LD_{50}）为300.36mg/kg，最大耐受量达20g/kg，尚未见小鼠死亡。说明其最小致死量（MLD）>20g/kg，故口服毒性极小。

（2）慢性毒性实验

大鼠和猴分别灌服高于临床剂量200倍和100倍的PSP（1.5g/kg），每天1次，连续6个月。结果：各剂量组生长发育、血常规、血液生化及心电图均无明显影响，组织病理学检查未见明显异常。表明口服用药无长期毒性反应。

（3）致突变实验

小鼠腹腔注射云芝糖肽后，骨髓微核实验、染色体畸变实验。结果均为阴性，以真核和原核细胞分别检测，表明云芝糖肽没有显示致突变作用，且云芝糖肽和我国提取的PV-1对致突变剂环磷酰胺引起的染色体损伤有对抗作用。对香烟烟雾染毒致突变，也有对抗作用。云芝糖肽对内源性细胞因子的产生有促进作用。

四、药物相互作用

有研究证实，对大鼠连续3天经口灌服云芝糖肽（0.5～4μmol/kg）后，可剂量依赖性及时间依赖性地抑制大鼠肝脏细胞色素 P450(CYP450)药物氧化代谢酶活性,与生理盐水对照组及苯巴比妥诱导的阳性对照组相比,CYP450 酶蛋白总含量均显著降低(图 88—3)。结果提示:云芝或其提取物与经肝脏 CYP450 代谢的底物类药物联合应用时,可显著影响后者的药物代谢动力学过程,使其在体内的代谢清除速率降低,血药浓度蓄积,药效或毒性增强。

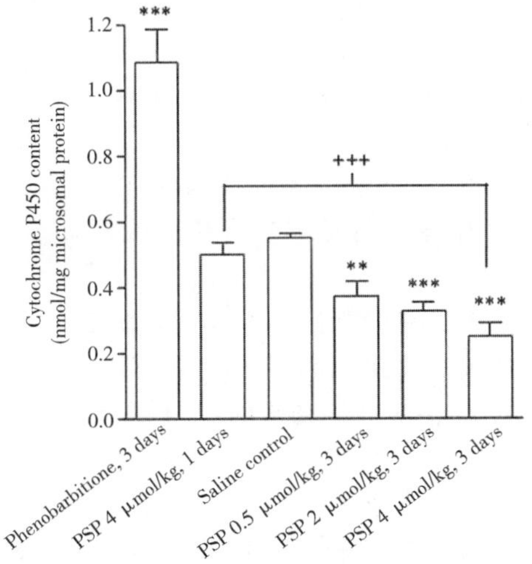

图 88—3 云芝糖肽对大鼠肝脏细胞色素 P450 总含量的影响

该研究进一步证实,云芝糖肽可使安替比林在大鼠体内的药动学过程显著延长,使其血浆半衰期(1/2t)增加 55%,药时曲线下面积(AUC)增加 61%,而清除率减少 30%~35%。

此外,云芝多糖也可显著抑制抗恶性肿瘤药环磷酰胺的 4-羟化反应、抗糖尿病药甲苯磺丁脲 3-或 4-羟化代谢反应。提示采用云芝及其提取物与其他药物联合应用治疗疾病时,应注意其可能通过对药物代谢酶系的抑制,而产生药物一药物间相互作用,以避免发生药物蓄积所致不良反应及毒性。

五、临床应用

(1)恶性肿瘤的辅助治疗

用于胃癌、食管癌、结肠癌、直肠癌、肺癌、乳腺癌等,有改善症状的效果,如改善食欲,体重增加,疼痛减轻,有时可见胸、腹水减少。对食管癌、肺癌、子宫癌、乳腺癌等术后复发有一定预防效果。与丝裂霉素、环磷酰胺、阿糖胞苷、5-氟尿嘧啶等化疗药物合用时,能增强其抗肿瘤作用。与小剂量局部放射线合用于治疗子宫颈癌,其效果近似于大剂量放射线照射治疗效果。

(2)支气管炎

单用云芝治疗慢性气管炎 529 例,经 20 天治疗,显效以上占39.1%,总有效率82.8%,对咳、痰、喘均有较好疗效。治疗小儿痉挛性支气管炎 124 例,近期治愈率为48.4%,显效率31.5%,总有效率87.1%。

(3)迁延性、慢性肝炎

用云芝或云芝多糖治疗迁延性、慢性肝炎数百例,用药 2~6 个月,显效率在 50%,总有效率在 66%~80%。治疗后细胞免疫功能增强,复查原 HbsAg 阳性者 68 例,转阴 26 例,占 38.2%。

(4)其他

用云芝多糖治疗 100 例甲胎蛋白低浓度持续阳性者,服药 2~8 个月,半年内阴转 64 例,1 年内阴转 55/79 例(69.6%),阴转者 85%在一个月出现疗效。随访 1 年的 79 例,2 例发生肝癌。用云芝多糖注射治疗慢性肾炎 15 例,有效 7 例,无效 8 例。用云芝提取液治疗银屑病 36 例,与用氨蝶呤(白血宁)治疗的 70 例比较,疗效近似,治疗后细胞免疫增强,IgA、IgG 上升。

六、用法与用量

口服,一日 3g,1 次或 3 次分服,连服数月,剂量可视症状增减。

①煎剂:20~50g,捣碎,久煎。

②云芝(干膏)片:每片0.5g,每次 3 片,每天 3 次。

③云芝多糖注射液:每支 40mg。治肿瘤,肌注,每次 1 支,每天 2 次,用 4 周,停 2 周,再用 4 周为一个疗程。若静脉滴注,每次 3~4 支,加 10% 葡萄糖液 300ml,每天 1 次,用药 10 天,停 7~10 天,再用 10 天为一个疗程。注意事项:注射部位可见轻度疼痛。

④PS-K 片:每次 1~2g,每天 3 次。

⑤每次 1~2g,每天 3 次,溶于 50~100ml 开水中,搅匀服用。

规格:1 千克/袋、5 千克/袋、10 千克/袋(或制成胶囊、颗粒冲剂、片剂等)。

(章国良)

参考文献

[1] 丁湖广．云芝的特性及人工栽培技术[J]．食用菌，2004(7)：39.
[2] 李俊峰．云芝的生物学特征，药理作用及应用前景[J]．安徽农业科学，2003，31(3)：509-510.
[3] IIMURA Y, TATSUMI K. Isolation of mRNAs induced by a hazardous chemical in white-rot fungus, Coriolus versicolor, by differential display[J]. FEBS Lett, 1997, 412(2): 370-374.
[4] WANG L, YAN W, CHEN J, et al. Function of the iron-binding chelator produced by Coriolus versicolor in lignin biodegradation[J]. Sci China C Life Sci, 2008, 51(3): 214-221.
[5] 熊军，张晋文．关于 2005 版《中国药典》部分中药材和饮片的修订内容[J]．中国中医药信息杂志，2006，13(7)：8-9.
[6] 刘怡，任斌，吴爱琴，等．广东省抗肿瘤植物药用药分析[J]．广东药学，2005，15(2)：51-54.
[7] 王勇，杜东兵，陈杭，等．几种高等真菌菌丝及发酵产物对有害疣孢霉菌丝作用研究[J]．食用菌，2009(1)：57-59.
[8] 张劲松，韩炜炜，潘迎捷．云芝子实体多糖化学结构的研究[J]．药学学报，2001，36(9)：664-667.
[9] 张劲松，韩炜炜．云芝子实体多糖(CVP))化学结构的研究[J]．食用菌学报，1999，3(2)：28-30.
[10] 刘尚喜，石益民，李静，等．云芝多糖组分的分离、鉴定及生物学活性的初步研究[J]．第一军医大学学报，1997，17(4)：317-319.
[11] 滕海艳，张旭，王博，等．单色云芝多糖的结构研究[J]．中国药学杂志，2007，42(14)：1059-1062.
[12] 郑炯，张甫生，黄明发．云芝多糖生物活性及其提取纯化研究进展[J]．粮食与油脂，2007(2)：44-46.
[13] RAU U, KUENZ A, WRAY V, et al. Production and structural analysis of the polysaccharide secreted by Trametes (Coriolus) versicolor ATCC 200801[J]. Appl Microbiol Biotechnol, 2009, 81(5): 827-37.
[14] UHIZI T, COMA V, GRELIER S. Synthesis and evaluation of N-alkyl-beta-D-glucosylamines on the growth of two wood fungi, Coriolus versicolor and Poria placenta[J]. Carbohydr Res, 2008, 343(14): 2369-2375.
[15] SHIMOKAWA K, MASHIMA I, ASAI A, et al. Biological activity, structural features, and synthetic studies of (-)-ternatin, a potent fat-accumulation inhibitor of 3T3-L1 adipocytes[J]. Chem Asian J, 2008, 3(2): 438-446.
[16] CUI J, GOH KK, ARCHER R, et al. Characterisation and bioactivity of protein-bound polysaccharides from submerged-culture fermentation of Coriolus versicolor Wr-74 and ATCC-20545 strains[J]. J Ind Microbiol Biotechnol, 2007, 34(5): 393-402.
[17] 邹巧根，王伟，宋吉，等．云芝糖肽的结构组成分析[J]．中国药科大学学报，2004，35(4)：371-373.
[18] 翟志武，李成文，韩春英，等．云芝糖肽研究进展[J]．山东医药工业，2003，22(1)：30-31.
[19] 邹巧根，朱玲，王伟，等．云芝糖肽的研究进展[J]．中成药，2003，25(7)：578-580.
[20] 朱丽玢，洪筱坤，王智华，等．毛细管区带电泳分离云芝糖肽的方法学研究及其在市售糖肽类药物中的应用[J]．中国药学杂志，2001，36(11)：756-757.
[21] 张向荣，琚小龙，于世春．苯酚-硫酸法测定云芝肝泰颗粒云芝多糖含量[J]．基层中药杂志，2002，16(4)：8-10.
[22] 陈广东，刘江，赵正保，等．高锰酸钾滴定法快速测定肝速康胶囊中云芝多糖的含量[J]．中国药房，2006，17(17)：1338-1339.
[23] 刘松根．云芝肝泰软胶囊工艺研究及质量控制[J]．海峡药学，2007，19(6)：29-30.
[24] 徐晓红，冯梅，魏桂林．云芝糖肽中内毒素的同体系模型法定量[J]．中国现代药物应用，2008，2(23)：82-83.
[25] SANGHI R, VERMA P. Biomimetic synthesis and characterisation of protein capped silver nano-

particles[J]. Bioresour Technol, 2009,100(1):501-4.

[26] DIORIO LA, MERCURI AA, NAHABEDIAN DE, et al. Development of a bioreactor system for the decolorization of dyes by Coriolus versicolor f. antarcticus[J]. Chemosphere, 2008,72(2):150-156.

[27] ROSÁRIO FREIXO M, KARMALI A, ARTEIRO JM. Production of polygalacturonase from Coriolus versicolor grown on tomato pomace and its chromatographic behaviour on immobilized metal chelates[J]. J Ind Microbiol Biotechnol, 2008,35(6):475-484.

[28] SANGHI R, SANKARARAMAKRISHNAN N, DAVE BC. Fungal bioremediation of chromates: conformational changes of biomass during sequestration, binding, and reduction ofhexavalent chromium ions[J]. J Hazard Mater, 2009,169(1-3):1074-1080.

[29] 祁永清,刁治民,刘涛. 药用真菌云芝的研究概况[J]. 青海草业, 2008,17(3):26-29.

[30] GILL K, ARORA S. Effect of culture conditions on manganese peroxidase production and activity by some white rot fung[J]. J Ind Microbiol Biotechnol, 2003,30(1):28-33.

[31] ADAMS P, LYNCH JM, DE LEIJ FA. Desorption of zinc by extracellularly produced metabolites of Trichoderma harzianum, Trichoderma reesei and Coriolus versicolor[J]. J Appl Microbiol, 2007,103(6):2240-2247.

[32] 牛晓晖,纪凤兰,张伟,等. 云芝多糖药理作用研究进展[J]. 特产研究, 2004(2): 57-60.

[33] 雷鹏程,洪纯,余聪,等. 云芝多糖药理作用的研究进展[J]. 微量元素与健康研究, 2006,23(2):53-55.

[34] 张宏,徐惠波,丁涛,等. 云芝多糖的药理作用研究[J]. 长春中医药大学学报, 2008,24(1):24-25.

[35] LEE CL, SIT WH, JIANG PP, et al. Polysaccharopeptide mimics ciclosporin-mediated Th1/Th2 cytokine balance for suppression of activated human Tcell proliferation by MAPKp38 and STAT5 pathways[J]. J Pharm Pharmacol, 2008,60(11):1491-1499.

[36] MARUYAMA S, AKASAKA T, YAMADA K, et al. Protein-bound polysaccharide-K (PSK) directly enhanced IgM production in the human B cell line BALL-1[J]. Biomed Pharmacother, 2009,63(6):409-412.

[37] JEONG SC, YANG BK, KIM GN, et al. Macrophage-stimulating activity of polysaccharides extracted from fruiting bodies of Coriolus versicolor (Turkey Tail Mushroom)[J]. J Med Food, 2006,9(2):175-181.

[38] KANAZAWA M, MORI Y, YOSHIHARA K, et al. Effect of PSK on the maturation of dendritic cells derived from human peripheral blood monocytes[J]. Immunol Lett, 2004, 91(2-3):229-238.

[39] WANG H X, NG T B, LIU W K, et al. Polysaccharide-peptide complexes from the cultured mycelia of the mushroom Coriolus versicolor and their culture medium activate mouse lymphocytes and macrophages[J]. Int J Biochem Cell Biol, 1996,28(5):601-607.

[40] 宋烈昌,陈海生,娄宁,等. 云芝多糖 B 对大鼠单核细胞趋化蛋白-1 基因表达的影响[J]. 中国药理学报, 2002,23(6):540-543.

[41] 徐惠波,牛晓晖,纪凤兰,等. 云芝多糖对小鼠 NK 细胞与单核吞噬细胞系统的影响[J]. 中药药理与临床, 2006,22(5):25-26.

[42] 李进,鲍依稀,祝绚,等. 基因芯片研究云芝糖肽对健康成人外周血单个核细胞 Toll 样蛋白受体信号传导通路的影响[J]. 免疫学杂志, 2008,24(2):219-222.

[43] 娄宁,马刚,汪道峰,等. 云芝多糖 B 抑制 ox-LDL 诱导巨噬细胞株单核细胞趋化蛋白-mRNA 表达的调控机制[J]. 中国病理生理杂志, 2008,24(7):1436-1438.

[44] 牛晓晖,纪凤兰,张伟,等. 云芝多糖对小鼠细胞因子的影响[J]. 中国免疫学杂志, 2006,22(12):1124-1127.

[45] HO CY, LAU CB, KIM CF, et al. Differential effect of Coriolus versicolor (Yunzhi) extract on cytokine production by murine lymphocytes in vitro[J]. Int Immunopharmacol, 2004,4(12):1549-

1557.
[46] HSIEH TC, KUNICKI J, DARZYNKIEWICZ Z, et al. Effects of extracts of Coriolus versicolor (I'm-Yunity) on cell-cycle progression and expression of interleukins-1 beta,-6, and -8 in promyelocytic HL-60 leukemic cells and mitogenically stimulated and nonstimulated human lymphocytes [J]. J Altern Complement Med, 2002,8(5):591-602.
[47] 耿建芳,肖月升. 食用菌多糖抗肿瘤的免疫调节作用探讨[J]. 时珍国医国药, 2006,17(5): 855-856.
[48] 刘瑞,侯亚义,张伟云,等. 云芝子实体提取物的抗肿瘤作用研究[J]. 医学研究院学报, 2004,17:(5):413-419.
[49] 刘燕,林瑞超,李波. 云芝多糖抗肿瘤作用研究进展[J]. 中成药, 2001,23(10):755-757.
[50] 沈旭华,陈长勋. 新云芝糖肽对S-180荷瘤小鼠环磷酰胺化疗的增效减毒作用[J]. 肿瘤, 2008,28(7):572-576.
[51] 祝绚,鲍依稀,李进,等. 云芝,丹参对 EAC 荷瘤小鼠的抗肿瘤及免疫调节的作用[J]. 免疫学杂志, 2008,24(3):275-278.
[52] 祝绚,鲍依稀,李进,等. 云芝糖肽,丹参酮 IIA 对荷瘤小鼠的抗肿瘤及免疫调节作用[J]. 中国免疫学杂志, 2008,24(6):526-529.
[53] 唐庆九,张劲松,潘迎捷,等. 几种药用真菌粗提物免疫调节和肿瘤抑制作用的筛选[J]. 食用菌学报, 2003,10(3):1-6.
[54] KIM H S, KACEW S, LEE B M. In vitro chemopreventive effects of plant polysaccharides (Aloe barbadensis miller, Lentinus edodes, Ganoderma lucidum and Coriolus versicolor)[J]. Carcinogenesis, 1999,20(8):1637-1640.
[55] ITOH K, KITADE Y, YATOME C. Oxidative biodegradation of an anthraquinone dye, pigment violet 12, by Coriolus versicolor[J]. Bull Environ Contam Toxicol, 1998,60(5):786-790.
[56] DONG Y, YANG MM, KWAN CY. In vitro inhibition of proliferation of HL-60 cells by tetrandrine and Coriolus versicolor peptide derived from Chinese medicinal herbs[J]. Life Sci, 1997,60(8):135-140.
[57] 张劲松,樊华,李玉祥,等. 几种药用真菌粗提物对多种人体肿瘤细胞株增殖的抑制作用[J]. 天然产物研究与开发, 2001,12(2):27-31.
[58] 娄佳宁,周曾同. 云芝糖肽对金地鼠峡颊囊白斑癌变过程中端粒酶活性化学预防作用研究[J]. 临床口腔医学杂志, 2008,24(6):372-375.
[59] WAN JM, SIT WH, LOUIE JC. Polysaccharopeptide enhances the anticancer activity of doxorubicin and etoposide on human breast cancer cells ZR-75-30[J]. Int J Oncol, 2008,32(3):689-699.
[60] 张宏莲,蒋一方,傅中滇,等. 硒云芝多糖对巨噬细胞一氧化氮的影响[J]. 中草药, 2001,32(9): 820-823.
[61] 黄志立,黄彦君,张丽君,等. 药用真菌菌丝体产 SOD 的研究初探[J]. 中国食用菌, 2006,25(3): 46-48.
[62] 王瑾文,陈瑗,王勋章. 云芝多糖在 NO 诱导的巨噬细胞凋亡中的分子基础[J]. 中山大学学报(自然科学版), 2001,40(2):69-71.
[63] 李丽美,杨晓彤,糜可,等. Fas 在云芝糖肽诱导 HL-60 细胞凋亡中的作用[J]. 上海师范大学学报(自然科学版), 2007,36(1):60-64.
[64] 莫永炎,陈瑗,周玫,等. 云芝多糖对脑肝组织的抗氧化作用研究[J]. 中国药理学通报, 2001,17(6):628-631.
[65] 张宏莲,傅中滇,陈婉容. 硒云芝多糖对小鼠脏器组织及全血抗氧化能力的影响[J]. 上海医科大学学报, 2001,19(3):192-194.
[66] 周海华,马海乐. 云芝多糖的体外抗氧化活性研究[J]. 食品研究与开发, 2008,29(3):44-48.
[67] HSIEH TC, WU P, PARK S, et al. Induction of cell cycle changes and modulation of apoptogenic/anti-apoptotic and extracellular signaling regulatory protein expression by water extracts of I'm-

Yunity (PSP)[J]. BMC Complement Altern Med, 2006(6):30.
[68] JIMÉNEZ-MEDINA E, BERRUGUILLA E, ROMERO I, et al. The immunomodulator PSK induces in vitro cytotoxic activity in tumour cell lines via arrest of cell cycle and induction of apoptosis[J]. BMC Cancer, 2008(8):78.
[69] HO C Y, KIM C F, LEUNG K N, et al. Coriolus versicolor (Yunzhi) extract attenuates growth of human leukemia xenografts and induces apoptosis through the mitochondrial pathway[J]. Oncol Rep, 2006,16(3):609-616.
[70] HUI KP, SIT WH, WAN JM. Induction of S phase cell arrest and caspase activation by polysaccharide peptide isolated from Coriolus versicolor enhanced the cell cycle dependent activity and apoptotic cell death of doxorubicin and etoposide, but not cytarabine in HL-60 cells[J]. Oncol Rep, 2005,14(1):145-155.
[71] HO C Y, KIM C F, LEUNG K N, et al. Differential anti-tumor activity of Coriolus versicolor (Yunzhi) extract through p53- and/or Bcl-2-dependent apoptotic pathway in human breast cancer cells[J]. Cancer Biol Ther, 2005,4(6):638-644.
[72] 吴凯南,林辉,孔令泉,等. 云芝多糖对乳腺不典型增生及血管生成的影响[J]. 中华实验外科杂志,2001,18(4):372.
[73] 吴凯南,林辉,孔令泉,等. 云芝胞内多糖抑制肿瘤血管生成和移植性乳腺癌生长的实验研究[J]. 中华普通外科杂志,2001,16(2):124.
[74] 汪波,谭敏,张维斌,等. 中药组方抑制 Lewis 肺癌细胞转移及机制研究[J]. 中国自然医学杂志,2001,3(3):130-133.
[75] 娄宁,马刚,汪道峰,等. 云芝多糖 B 对血管紧张素 II 诱导的巨噬细胞膜糖胺聚糖和细胞内谷胱甘肽含量变化的影响[J]. 南方医科大学学报,2007,27(12):1824-1826.
[76] 娄宁,马刚,汪道峰,等. 云芝多糖 B 抑制血管紧张素 II 诱导的巨噬细胞骨调素基因上调表达[J]. 中国药理学通报,2008,24(10):1284-1288.
[77] HO JC, KONERDING MA, GAUMANN A, et al. Fungal polysaccharopeptide inhibits tumor angiogenesis and tumor growth in mice[J]. Life Sci, 2004,75(11):1343-1356.
[78] LOU N, MA G, WANG DF, et al. Effect of Coriolus versicolor polysaccharide B on membrane glycosaminoglycans and cellular glutathione changes in RAW264.7 macrophages exposed to angiotensin II[J]. Nan Fang Yi Ke Da Xue Xue Bao, 2007,27(12):1824-1826.
[79] YEUNG J H, OR P M. Effects of polysaccharide peptides from COV-1 strain of Coriolus versicolor on glutathione and glutathione-related enzymes in the mouse[J]. Food Chem Toxicol, 2007,45(6):953-961.
[80] MAU J L, LING H C, CHEN C C. Antioxidant properties of several medicinal mushrooms[J]. J Agric Food Chem, 2002,50(21):6072-6077.
[81] YUAN C, MEI Z, LIU S, et al. PSK protects macrophages from lipoperoxide accumulation and foam cell formation caused by oxidatively modified low-density lipoprotein[J]. Atherosclerosis, 1996,124(2):171-181.
[82] WEI W S, TAN J Q, GUO F, et al. Effects of Coriolus versicolor polysaccharides on superoxide dismutase activities in mice[J]. Zhongguo Yao Li Xue Bao, 1996,17(2):174-178.
[83] 罗义,刘伊丽,陈瑗,等. 云芝多糖防止缺血再灌注心肌早期损伤[J]. 中国动脉硬化杂志, 2002,10(2):125-128.
[84] 姚中磊,孟庆平,汪以真. 云芝多糖的生物学功能及应用前景[J]. 饲料研究, 2008(7):20-22.
[85] 饶刚,唐学文. 云芝胞内多糖治疗高脂血症作用的临床观察[J]. 重庆医学, 2007,36(13):1306-1307.
[86] 孙设宗,卢娟,官守涛,等. 云芝多糖对实验性肝损伤抗氧化酶、自由基及一氧化氮含量的影响[J]. 时珍国医国药, 2008,19(6):1439-1440.
[87] 孙设宗,唐微,张红梅,等. 云芝多糖对小鼠实验性肝损伤保护作用的研究[J]. 中国现代医学杂志,

2008,18(9):1217-1220.
[88] 宋子贤,梁世文,武学泉,等. 云芝糖肽胶囊治疗慢性乙型肝炎临床观察[J]. 广西医学,2001,22(6):1424-1425.
[89] 陈维. 苦参素联合云芝多糖治疗慢性乙肝 52 例[J]. 中西医结合肝病杂志, 2001,12(1):35-36.
[90] 周昌艳,贾薇,杨焱,等. 几种真菌多糖预防乙醇性肝损伤的实验研究[J]. 食用菌, 2002(2):36-37.
[91] 罗勇. 联苯双酯加云芝多糖治疗慢性迁延型乙型肝炎 49 例报告[J]. 实用临床医学, 2002,3(3):79-80.
[92] 曾蜀,刘慧. 云芝菌胶囊联合 a-干扰素治疗慢性乙型肝炎疗效观察[J]. 临床内科杂志, 2005,22(5):354.
[93] 符孔周,王清江,杨海平. 云芝菌胶囊联合双嘧达莫片治疗儿童慢性乙型肝炎的疗效分析[J]. 时珍国医国药, 2005,16(8):804-815.
[94] 罗小瑾,王如伟. 拉米夫定联合植物多糖片对慢性乙型肝炎纤维化指标的影响[J]. 中国药业, 2007,16(15):49.
[95] 文东,张艳君. 阿德福韦酯联合云芝菌胶囊治疗拉米夫定耐药患者的近期疗效观察[J]. 肝脏, 2008,13(6):530-531.
[96] 刘琦,田亚平. 云芝发酵产胃蛋白酶抑制剂的反应机制探讨[J]. 生物技术, 2009,19(1):21-24.
[97] 胡旺平,李雪梅,李立中,等. 云芝多糖对应激大鼠学习记忆障碍的影响[J]. 中国中医药科技, 2003,10(1):32-33.
[98] 殷伟平,龚珊,蒋星红,等. 云芝糖肽的镇痛作用及其机制的初步分析[J]. 中成药, 2002,24(1):41-43.
[99] 张玉英,龚珊,张惠琴. 云芝糖肽镇痛抗炎作用的实验研究[J]. 苏州大学学报(医学版), 2004,24(5):652-653.
[100] 刘远嵘. 云芝糖肽镇痛作用研究进展[J]. 卫生职业教育, 2008,26(12):129-130.
[101] 张伟,曾园山,陈穗君. 灵芝孢子和云芝对大鼠脊髓受损伤运动神经元存活的影响[J]. 解剖学研究, 2005,27(3):161-175.
[102] CHAN S L, YEUNG J H. Polysaccharide peptides from COV-1 strain of Coriolus versicolor induce hyperalgesia via inflammatory mediator release in the mouse[J]. Life Sci, 2006,78(21):2463-2470.

[103] NG T B, CHAN W Y. Polysaccharopeptide from the mushroom Coriolus versicolor possesses analgesic activity but does not produce adverse effects on female reproductive or embryonic development in mice[J]. Gen Pharmacol, 1997,29(2):269-273.
[104] 刘金庆,张松,梅晓灯,等. 5 种食药用真菌复合提取物抗衰老的研究[J]. 华南师范大学学报(自然科学版), 2007(4): 110-113.
[105] 张峰源,张松,曾剑锋,等. 云芝、灵芝和柱状田头菇胞外多糖对果蝇寿命的影响[J]. 生命科学研究, 2007,11(2):130-133.
[106] 南凤仙,邵伟. 云芝多糖对小鼠抗衰老作用的研究[J]. 宁夏大学学报, 2005,26(3):264-267.
[107] WU D, HAN S N, BRONSON R T, et al. Dietary supplementation with mushroom-derived protein-bound glucan does not enhance immune function in young and old mice[J]. J Nutr, 1998,128(2):193-197.
[108] WANG H X, NG T B. Examination of lectins, polysaccharopeptide, polysaccharide, alkaloid, coumarin and trypsin inhibitors for inhibitory activity against human immunodeficiency virus reverse transcriptase and glycohydrolases[J]. Planta Med, 2001,67(7):669-672.
[109] COLLINS R A, NG T B. Polysaccharopeptide from Coriolus versicolor has potential for use against human immunodeficiency virus type 1 infection[J]. Life Sci, 1997,60(25):383-387.
[110] NG T B, LING J M, WANG Z T, et al. Examination of coumarins, flavonoids and polysaccharopeptide for antibacterial activity[J]. Gen Pharmacol, 1996,27(7):1237-1240.
[111] 郭随章. 中药多糖的抗癌研究与临床应用进展[J]. 医药导报, 2004,23(11):847-848.

[112] 鲍依稀，黄振国，李进，等. 云芝丹参的体外促增殖试验及其临床应用研究[J]. 免疫学杂志，2007，23(1)：77-83.

[113] 徐舒，宋雨鸿，李洪，等. 云芝多糖联合 XELOX 方案在晚期大肠癌治疗中的疗效观察[J]. 南京医科大学学报(自然科学版)，2008，28(12)：1616-1618.

[114] 鲍依稀，黄振国，李进，等. 应用基因芯片技术观察云芝丹参对鼻咽癌患者的免疫调节作用[J]. 免疫学杂志，2006，22(5)：523-526.

[115] 祝亚军，严伟，孙廷尉. 云芝糖肽配合化疗对卵巢和子宫体癌患者免疫功能及生活质量的影响[J]. 中国临床康复，2006，10(47)：212-214.

[116] CHU K K，HO S S，CHOW A H. Coriolus versicolor：a medicinal mushroom with promising immunotherapeutic values[J]. J Clin Pharmacol，2002，42(9)：976-984.

[117] FISHER M，YANG L X. Anticancer effects and mechanisms of polysaccharide-K (PSK)：implications of cancer immunotherapy[J]. Anticancer Res，2002，22(3)：1737.

[118] TSANG K W，LAM C L，YAN C，et al. Coriolus versicolor polysaccharide peptide slows progression of advanced non-small cell lung cancer[J]. Respir Med，2003，97(6)：618-624.

[119] OOOI V E，LIU F. Immunomodulation and anti-cancer activity of polysaccharide-protein complexes[J]. Curr Med Chem，2000，7(7)：715.

[120] KIDD P M. The use of mushroom glucans and proteoglycans in cancer treatment[J]. Altern Med Rev，2000，5(1)：4-27.

[121] NG T B. A review of research on the protein-bound polysaccharide (polysaccharopeptide，PSP) from the mushroom Coriolus versicolor (Basidiomycetes：Polyporaceae)[J]. Gen Pharmacol，1998，30(1)：1-4.

[122] SUGIMACHI K，MAEHARA Y，OGAWA M，et al. Dose intensity ofuracil and tegafur in postoperative chemotherapy for patients with poorly differentiated gastric cancer[J]. Cancer Chemother Pharmacol，1997，40(3)：233-238.

[123] QIAN Z M，XU M F，TANG P L. Polysaccharide peptide (PSP) restores immunosuppression induced by cyclophosphamide in rats[J]. Am J Chin Med，1997，25(1)：27-35.

[124] MAO X W，ARCHAMBEAU J O，GRIDLEY D S. Immunotherapy with low-dose interleukin-2 and a polysaccharopeptide derived from Coriolus versicolor[J]. Cancer Biother Radiopharm，1996，11(6)：393-403.

[125] ZHOU L Q，KOO WH，ANG P T. Effect of polysaccharide-peptide (PSP)，an extract from yun-zhi，on chemotherapy-induced cytopenias[J]. Ann Acad Med Singapore，1996，25(1)：143-146.

[126] RAGUPATHI G，YEUNG K S，LEUNG P C，et al. Evaluation of widely consumed botanicals as immunological adjuvants[J]. Vaccine，2008，26(37)：4860-4865.

[127] SPELMAN K，BURNS J，NICHOLS D，et al. Modulation of cytokine expression by traditional medicines：a review of herbal immunomodulators[J]. Altern Med Rev，2006，11(2)：128.

[128] MONG J A. Treatment of cancer with mushroom products[J]. Arch Environ Health，2003，58(8)：533-537.

[129] WONG C K，TSE P S，WONG E L，et al. Immunomodulatory effects of yun zhi and danshen capsules in health subjects-a randomized，double-blind，placebo-controlled，crossover study[J]. Int Immunopharmacol，2004，4(2)：201-211.

[130] CUI J，CHISTI Y. Polysaccharopeptides of Coriolus versicolor：physiological activity，uses，and production[J]. Biotechnol Adv，2003，21(2)：109-122.

[131] COLES M，TOTH B. Lack of prevention of large intestinal cancer by VPS，an extract of Coriolus versicolor mushroom[J]. In Vivo，2005，19(5)：867-871.

[132] WONG C K，BAO Y X，WONG E L，et al. Immunomodulatory activities of Yunzhi and Danshen in post-treatment breast cancer patients[J]. Am J Chin Med，2005，33(3)：381-395.

[133] ICHINOSE H, WARIISHI H, TANAKA H. Identification and heterologous expression of the cytochrome P450 oxidoreductase from the white-rot basidiomycete Coriolus versicolor[J]. Appl Microbiol Biotechnol, 2002,59(6):658-664.

[134] ICHINOSE H, WARIISHI H, TANAKA H. Identification and characterization of novel cytochrome P450 genes from the white-rot basidiomycete, Coriolus versicolor[J]. Appl Microbiol Biotechnol, 2002,58(1):97-105.

[135] NICANDRO J P, TSOUROUNIS C, FRASSETTO L, et al. In vivo effect of I'm-Yunity on hepatic cytochrome P450 3A4[J]. J Herb Pharmacother, 2007,7(1):39-56.

[136] CHAN S L, YEUNG J H. Modulation of antipyrine clearance by polysaccharide peptide (PSP) isolated from Coriolus versicolor in the rat[J]. Food Chem Toxicol, 2006,44(9):1607-1612.

[137] YEUNG J H, CHAN S L, OR P M. Polysaccharide peptides from COV-1 strain of Coriolus versicolor inhibit tolbutamide 4-hydroxylation in the rat in vitro and in vivo[J]. Food Chem Toxicol, 2006,44(8):1414-1423.

[138] CHAN S L, YEUNG J H. Effects of polysaccharide peptide (PSP) from Coriolus versicolor on the pharmacokinetics of cyclophosphamide in the rat and cytotoxicity in HepG2 cells[J]. Food Chem Toxicol, 2006,44(5):689-694.

[139] CHEN Y, CHANG P, YANG Y, et al. Preparation of polysaccharides from Polystictus versicolor by submerged culture [J]. Chung Ts'ao Yao,1981(12):18-9.

[140] HOTTA T, ENOMOTO A, YOSHIKUMI C, et al. Protein-bound polysaccharides[P]. US Patent 4,271,151. 1981.

[141] JING D, LI P, STAGNITTI F, et al. Optimization of laccase production from Trametes versicolor by solid fermentation [J]. Can J Microbiol, 2007, 53(2):245-251.

[142] LEE CL, YANG XT, WAN JMF. The culture duration affects the immunomodulatory and anticancer effect of polysaccharopeptide derived from Coriolus versicolor [J]. Enzyme and Microbial Technology, 2006(38):14-21.

[143] PARK KS, PARK S, JUNG IC, et al. Production of protein-bound polysaccharides by solid state fermentation of Coriolus versicolor[J]. Han'guk Kyunhakhoechi,1994(22):184-189.

[144] RIOJA R, GARCA MT, PEÑA M, et al. Biological decolourisation of wastewater from molasses fermentation by Trametes versicolor in an airlift reactor [J]. J Environ Sci Health A Tox Hazard Subst Environ Eng, 2008, 43(7):772-778.

[145] UENO S, YOSHIKUMI C, HIROSE F, et al. -Method of producing nitrogen-containing polysaccharides[P]. US Patent 4,202,969,1980.

[146] UENO S, YOSHIKUMI C, HIROSE F, et al. Method of producing nitrogen-containing polysaccharides[P]. US Patent 4,229,570,1980.

[147] WANG HX, NG TB, LIU WK, et al. Polysaccharide - peptide complexes from the cultured mycelia of the mushroom Coriolus versicolor and their culture medium activate mouse lymphocytes and macrophages[J]. Int J Biochem Cell Biol, 1996(28):601-607.

[148] YADAV JS, TRIPATHI JP. Optimization of cultivation and nutrition conditions and substrate pretreatment for solidsubstrate fermentation of wheat straw by Coriolus versicolor [J]. Folia Microbiol, 1991(36):249-301.

[149] YOSHIKUMI C, MATSUNAGA K, TOYOTA N. Cultivation of Basidiomycetes. Japanese Patent JP 53,029,987[P]. 1978.

[150] 陈胜兰,吴国荣,程光宇,等. 云芝菌丝体液体培养周期的研究[J]. 江苏食用菌,1993, 14(3):12-13.

[151] 崔黎,赵岩. 云芝深层培养生产木质素降解酶的研究[J]. 生物工程学报,1994, 10(2):190-193.

[152] 丁湖广. 云芝的特性及人工栽培技术[J]. 特种经济动植物,2004,7(7):39.

[153] 丁湖广. 云芝栽培技术[J]. 农村新技术,2006(2):12.

[154] 方华，黄俊，陈嬰，等．培养条件对 Coriolus Versicolor 菌分泌漆酶的影响[J]．武汉理工大学学报，2008，30(7)：25-28.

[155] 高恩丽，仲伟佳，付小兰．云芝菌固态发酵产漆酶及其对二氮酚脱氯作用的研究[J]．食品工业与发酵，2007，34(6)：32-36.

[156] 高恩丽，仲伟佳，肖国光．三相鼓泡塔生物反应器培养云芝菌合成漆酶[J]．中国生物工程杂志，2008，28(3)：95-99.

[157] 胡卫珍，沈伟桥，余晓斌．云芝糖肽的液体发酵研究[J]．食品科技，2007，32(5)：139-142.

[158] 华启洪，华巍巍，李蕾．彩绒革盖菌超微结构的研究[J]．真菌学报，1993，12(3)：214-218.

[159] 黄志立，黄彦君，张丽君，等．梁世中两种接种方式对云芝菌丝体生物量及 SOD 活性的影响[J]．深圳职业技术学院学报，2008(1)：29-31.

[160] 黄志立，张丽君，刘冬，等．pH 值对云芝菌丝体生物量及 SOD 活性的影响[J]．深圳职业技术学院学报，2006，5(1)：29-36.

[161] 贾凌云，冯朴荪．云芝菌丝体悬浮液的流变特性及其在培养过程中的变化[J]．生物工程学报，1993，9(1)：96-100.

[162] 林晓霞，熊 强，陆利霞，等．云芝糖肽的液体发酵培养基的研究[J]．生物加工过程，2004，4(2)：64-68.

[163] 马海燕，郭成金．云芝菌丝体液体培养基的筛选[J]．中国食用菌，2007，26(4)：34-36.

[164] 潘继红，王登，查晓红，等．云芝深层培养及发酵液的应用研究[J]．中国野生植物资源，2000，19(1)：19-21.

[165] 裘维蕃．菌物学大全[M]．北京：科学出版社，1998.

[166] 孙向红，李占伟，潘璨，等．云芝的生药学研究[J]．中医药信息，1996(4)：16-17.

[167] 徐锦堂．中国药用真菌学[M]．北京：北京医科大学、中国协和医科大学联合出版社，1997.

[168] 杨道彩．碳、氮源对云芝胞外漆酶分泌的影响[J]．菏泽师专学报，1999，21(4)：42-44.

[169] 杨庆尧，胡月娟，李晓玉，等．一种新的生物效应调节剂—PSP-II. PSP 的临床学研究[J]．上海师范大学学报(自然科学版)，1994，23(4)：71-77.

[170] 杨庆尧，胡月娟，李晓玉，等．一种新的生物效应调节剂—PSP-I. PSP 的药理学研究[J]．上海师范大学学报(自然科学版)，1994，23(3)：73-81.

[171] 杨庆尧．一种云芝糖肽(PSP)的生产方法[P]．中国 89105471.5，1989.

[172] 尤蓉，余晓斌，李正华．控制 pH 值对云芝发酵罐液态培养的影响[J]．食品与发酵与工业，2001，27(12)：20-23.

[173] 余晓斌，胡卫珍，濮文林．液体发酵法生产云芝胞内糖肽[J]．食品与生物技术学报，2006，25(1)：65-69.

[174] 余晓斌，缪静，胡卫珍，等．液态发酵法生产云芝胞内糖肽[J]．食品与发酵工业，2004，30(11)：46-50.

[175] 张培玉，郑恒河．云芝菌丝体生长的营养需求及液体发酵研究[J]．曲阜师范大学学报(自然科学版)，1998，24(3)：65-68.

[176] 赵大明．云芝的生物学研究——形态学及分型问题[J]．东北师大学报(自然科学版)，1985(1)：73-80.

[177] 赵继鼎．中国真菌志：第 3 卷(多孔菌科)[M]．北京：科学出版社，1998.

[178] 周少奇．流变学在云芝发酵培养基优选中的应用[J]．力学与实践，1997，19(3)：18-21.

[179] 周选围，林娟．云芝的生物学特性与栽培技术[J]．中国林副特产，1999，51(4)：23-24.

[180] 周选围，林娟．云芝母种培养基的筛选[J]．四川大学学报(自然科学版)，2000，37(5)：785-788.

[181] 周选围．云芝细胞核的研究[J]．食用菌学报，2000，7 (2)：55-57.

[182] 朱雄伟，胡道伟，梅运军，等．通过碳源与氮源研究白腐菌产漆酶和菌丝体生长的相关性[J]．微生物学杂志，2003，23(3)：12-14.

（杨晓彤）

第八十九章 杨 黄

DIBASHIJIUZHANG YANGHUANG

摘要：杨黄具有重要的药用价值，经过多次驯化，选择最佳配方，栽培成功，工艺比较稳定。本章主要对杨黄菌木分离、深层发酵、畦床栽培、药理等方面较系统地进行了描述，阐述了杨黄新技术、新工艺、新模式和新措施，为杨黄开发生产带来美好的远景。

Phellinus vaninii

Abstract: *Phellinus vaninii* is called Yang Huang in China, has a very high medical value. It was successfully cultivated after many attempts at domestication and at formulating an optimal cultivation medium. There are few reports in China and elsewhere relating to the cultivation of this mushroom, and cultivation procedures have changed very little from the original methods. This chapter describes in detail various aspects of Yang Huang including the isolation of fungal mycelium from the woody substrate, submerged fermentation culture, ridged-bed cultivation, and pharmacological properties. The chapter also emphasizes innovative techniques, materials and facilities, and provides an excellent reference for the further development of the Yang Huang industry.

第一节 概 述

杨黄又名：杨桑黄、瓦尼木层孔菌等。

学名：*Phellinus vaninii* Ljub.，*Botanicheskie Materialy* 15:115(1962)。

属名"*Phellinus*"一词来自希腊语，词源"phellos"意思是"软木"，中文称"木层孔菌属"。种名加词"*vaninij*"意思是人名。

分类地位：菌物界(Fungi)，担子菌门(Basidiomycota)，伞菌纲(Agaricomycetes)，锈革孔菌目(Hymenochaetales)，锈革孔菌科(Hymenochaetaceae)。

杨黄在20世纪60年代发现于俄罗斯远东地区(Bodartser. 1962)，并作过描述。据(Dai、Viemela，1995)报道，杨黄菌在中国最早发现于1993年长白山自然保护区，之后又在黑龙江的小兴安岭发现该菌。到目前为止，杨黄只在中国东北地区吉林、黑龙江、辽宁东部山区的天然林中见到。此外，在陕西、河南、山西、内蒙、华北等地也有分布。杨黄菌主要寄生在杨属(*Populus* spp.)，如 *Populus davidiana*、*Populus koreana* 等活立木、树桩或倒木上及其他阔叶树干上，属木腐菌或兼性腐生菌。当地市场上称这种木层孔菌为杨黄，因子实体的孔口表面呈淡黄或黄色而得名。杨黄是一种新的药用真菌，对肿瘤及艾氏癌的抑制率为70%～96.7%。*Phellinus linteusi*，对治疗神经衰弱综合征等有显著的疗效。韩国、日本及国内市场走俏，价格昂贵，有积极开发应用的远景。

据文献报道，生长在 *Populus* spp. 活立木、伐桩或枯朽倒木上的木层孔菌属的杨黄菌类还有以下几种：①*Phellinus linteus*(Berk. & M. A. Curtis) Teng(裂蹄木层孔菌)、②*Phellinus hartigii*(Allesch. & schnabl) Pat.(哈尔蒂木层孔菌)、③*Phellinus gilvus*(Sehw.) Pat.(淡黄木层孔菌)、④*Phellinus igniarius*(L.) Quél.(火木层孔菌)、⑤*Phellinus tremulae*(Bondartsev) Bondartsev & P. N. Borisov(窄盖木层孔菌)、⑥缝裂木层孔菌 *Phellinus rimosus*(Berk) Pila L.。

据戴玉成(2007)报道，广义上的"杨黄"包括生长在杨树上的7种真菌，它们分属于担子菌纲，锈革孔菌目：①辐射纤孔菌(*Inonotusradiatus*)、②肿红皮孔菌(*Pyrrhoderma scaura*)、③光核纤孔菌(*Inocatis Levis*)、④团核纤孔菌(*Inocatis rheades*)、⑤窄盖木层孔菌(*Phellinus tremulae*)、⑥华木层孔菌(*Phellinus chinensis*)、⑦瓦尼木层孔菌(*Phellinus Vaninii*)。

它们共同特征为：子实体一年生或多年生，蹄盖形，木质化坚硬，子实层表面为黄色或黄褐色。这些种类在自然界生长在杨属（*Populus* spp.）活立木或倒木上，具有相似外观形态，在宏观上很难区别它们。但是这些种类具有不同的显微特征，可通过光学显微镜将它们区别开来。

木层孔菌属中几个典型真菌的主要特征综述如下：

①稀硬木层孔菌[*Phellinus rabastas*（Karst.）Bond. etsing.]子实体中等至较大，宽马蹄形，木质硬。菌盖5～12cm、半圆形，表面有疏而宽的同心环棱，灰黄褐，后期渐变黑褐色，龟裂，边缘钝而宽，生长期有细绒毛呈现褐色。菌肉浅褐色至密黄色，有光泽及同心环带，菌管与菌肉同色、多层，管孔面土黄色至深褐色，孔圆形每毫米5～6个，刚毛稀或无，大小为35～40μm×4～55μm。孢子无色，光滑球形，直径6～8μm，寄生在Populus spp.的活立木或伐桩、倒朽木上，是木腐菌或兼性腐生菌，多年生。分布广泛，分布在中国吉林、黑龙江小兴安岭、辽宁东部，内蒙古、山西、陕西、新疆等地。该菌可药用，报道对小白鼠肉瘤S-180及艾氏癌抑制率分别为60%、70%，可以人工驯化进行栽培。

②裂蹄木层孔菌[*Phelinus linteus*（Berk. et Cart.）Teng]子实体中等至较大。菌盖呈半圆形或马蹄形，盖面呈浅黄至深黑褐色，厚1.7～7cm，有同心环和环棱，初期有细绒毛，后变光滑和龟裂。菌肉锈褐黄色或淡咖啡色，厚2～7mm，菌肉同管口颜色相似，多层，每层2～5mm，管口同色、圆形、每毫米6～8个，有刚毛呈圆锥形，其大小13～35μm×5～10μm。孢子黄褐色，光滑、近球形，大小为3.5μm×4.5μm×3μm，生长在*Papulus eaphratica*、*Populus davidiana*立木、枯朽木伐桩上，是一种木腐菌，对树木有危害，可药用。对小白鼠肉癌S-180抑制率为96.7%，可人工栽培。分布在中国吉林长白山、黑龙江小兴安岭、宁夏、内蒙大兴安岭、陕西秦岭、山西等，在向阳潮湿地生长良好。

③瓦尼木层孔菌（*Phellinus vaninii* Ljub.）子实体多年生，平伏至无柄，常为蹄形，硬木栓质，盖面红褐色至灰褐色，有不明显的同心环带，边缘钝。孔口表面黄褐色或暗褐色，管口每毫米6～8个。菌盖上表面后期形成一层黑色的薄壳。菌管多层，且分层明显。二系菌丝系统（dimitic）菌丝无锁状联合，生殖菌丝不常见，骨骼菌丝占多数，黄色至黄褐色，厚壁。子实层中有大量刚毛，呈锥形，黑褐色。担孢子呈卵圆形淡黄色，厚壁、光滑，大小为3.8～4.5μm×2.8～3.7μm。该菌在天然林中寄生在山杨、香杨活立木伐桩上或倒木上。分布在吉林东部的长白山、内蒙大兴安岭、黑龙江的小兴安岭、陕西秦岭、河南的伏牛山。该菌是一种兼性腐生菌，在天然林中缓坡地域生长。目前已能人工栽培，在市场上有产品出售。

第二节 杨黄的生物学特性

一、形态特征

子实体或担子果多年生，小至中等大，平伏至有菌盖（扁平），无菌柄，菌盖半圆形或为蹄形。厚0.8～2.3cm，有较宽的同心环带或环棱边缘，盖表面淡黄色，锈红色至灰褐色，木栓质，有绒毛、糙硬毛至光滑至深裂。菌肉带黄褐色、锈褐色至琥珀褐色。菌管多层，每层2～3mm，孔口淡黄褐色至褐色。管口近圆形，罕不规则形至多角形；管口每毫米5～6个。双型菌丝，生殖菌丝无色，薄壁，无锁状联合。骨骼菌丝带黄色至锈红色厚壁。子实层中多刚毛或刚毛状菌丝，刚毛披针形至锥形，黑褐色或淡灰褐色，大小20～30μm×5～6μm。孢子圆柱形至近球形，淡黄色，厚壁，光滑，大小为4～4.5μm×3～4μm。

二、杨黄菌生活史

生活史从孢子萌发开始经过营养菌丝阶段，至形成新一代孢子。①杨黄子实层管壁上的担子将成熟的担孢子弹射出去。②担孢子萌发多条芽管（或一条芽管），每条芽管内含有多个细胞核，随后产生横隔，每个菌丝细胞中只有一个单独的细胞核，形成初级菌丝。③两条不同极性的初级菌丝相互质配融合，完成质配形成次生菌丝，横隔处常有锁状联合，又称双核菌丝。④次生菌丝在基质内生长，形成菌丝体，在适宜的生态条件下，菌丝体出现分化，形成子实体原基。生理成熟后，形成子实体，故又称结实性双核菌丝。⑤子实体的子实层上的担子内完成核配，减数分裂，最后产生4个担孢子。

三、杨黄的生长发育条件

杨黄在天然林中阳坡地域中的各种杨树、桦树等阔叶林中，靠树桩和枯朽木、活立木提供的各类营养物质生长。每年夏、秋季菌丝体迅速生长，形成子实体完成个体发育。杨黄以树木中的各种成分作为它的营养，需要一定的温度、湿度、空气和光照等生态条件。

1. 营养

杨黄属木腐菌，杨黄菌丝体能分泌多种酶，如纤维素酶、氧化酶以及多种糖解酶等，在生长过程中能很好地分解和利用杂木屑及各种秸秆中的各类营养物质。从树木（赤杨、山杨、枫杨、胡杨、桦木等）中分解吸收各种糖类（碳水化合物）、含氮物质和无机盐类。主料有杂木屑（杨树、桦树、柞树等），玉米芯、豆秸秆等。辅料有麦麸、玉米粉、豆饼粉、玉米糠、高粱糠等。适当增加氮源和维生素，无机盐类（P、Mg、Ca、K、Fe、Zn、Co 等），满足杨黄的生殖菌丝、骨骼菌丝、联络菌丝的生长需要，碳氮比例为 20：1。

在杨黄子实体即担子果形成阶段，菌丝体内部积累了大量的营养物质，为子实体的生长提供足够的营养。繁殖生长期的最后结果是形成子实体，由子实体（担子果）产生成熟的担孢子。在繁殖生长阶段，必须由基质为菌丝提供充足的营养，对碳源需要多于氮源。氮源多，有利于菌丝生长，不利担子果的生长。人工栽培杨黄，培养基碳、氮比为 30：1～40：1，最适于子实体的分化与生长。同时要求提供各种维生素等成分，在人工栽培杨黄条件下，适当加入杂木屑浸出液、0.01%醋酸纳、谷氨酸、环磷酸腺苷、镍、锌（硫酸锌）、萘乙酸、硼酸、淀粉等混合的添加剂对子实体（担子果）的生长有促进作用，提高产量 10%～12%。

2. 温度

杨黄的菌丝体可在 5～35℃的范围内生长。环境温度低于 4℃，菌丝体基本处于停止生长状态，维持最低代谢水平。在 0℃以下的环境中，菌丝体处于休眠状态。生存在活立木等基物中可以耐 －40℃的低温。在空气中菌丝没有这种耐受力。处在－40℃或更低些条件下的菌丝体，当温度缓慢升高时，逐渐复苏，仍具有继续生长的活力。但是温度骤升，菌丝将因失水太多、太快而导致死亡。当环境在 40℃以上的高温条件下，能量消耗过快，水分与营养不能及时得到补充，菌丝也会死亡。在营养充足的条件下，菌丝生长的最适温度为20～26℃。繁殖生长期对外界温度的变化反应敏感，其适应能力相对减弱。在菌丝扭结、原基分化时期的适合温度为18～30℃，最适宜温度为 23℃±1℃。子实体形成生长期温度需偏低些，为15～25℃。环境温度高，子实体代谢消耗多，不利生长。

3. 湿度

杨黄与其他生物一样，生命活动都离不开水，水是菌丝体中的重要组成物质，但不同发育阶段对湿度要求不同。新鲜菌丝体含水量在 90%以上。由此可见水对菌丝生长的重要性。菌丝可以在含水量 40%的培养料（基物）中生长，含水量在60%～65%时，菌丝生长最好。含水量过低，导致菌丝休眠至死亡；含水量过高，造成培养料空气中的氧气含量降低，导致菌丝因缺氧而代谢不正常，从而引起自身中毒和窒息。空气中的相对湿度对菌丝生长也有很大影响，最适宜的相对湿度为 60%～70%。相对湿度过低，导致培养料中水分蒸发过快，如得不到及时补充，将使菌丝因干燥而死亡。相对湿度过高，培养料中含氧量降低，培养料中水分蒸发速度降低，影响菌丝内的代谢活动，并对一些兼氧性杂菌活动有利，其结果也影响菌丝的生长，甚至造成死亡。在子实体生长阶段，以水为运输载体，培养料中水分不足或湿度过低，影响营养供应，不利于子实体的生长；但若培养料水分过多，也不利于菌丝生长，影响营养物质的输送，也不利于子实体生长。培养料中最适宜含水量在 60%左右，空气中相对湿度控制在 85%～95%，有利子实体中代谢活动以及蒸腾速度和营养运输速度。

4. 空气质量

杨黄属好气性真菌。在生长发育过程中，要求空间空气新鲜，不断排除二氧化碳和其他有害气体。每天早上 7～8 时通风 40～60 分钟，晚上通风 50～80 分钟，秋冬中午 11～12 时通风 40 分钟，以满足杨黄新陈代谢中对氧的需求，使菌丝健壮成长。正常情况下，空气中含氧量为 20%～21%，最适宜杨黄菌丝生长。二氧化碳浓度对菌丝生长的影响也很大。二氧化碳含量超过正常含量（0.03%）的 10%～19%（0.033%～0.036%）时，对菌丝的生长有促进作用。如果二氧化碳含量达 3%以上时，可抑制菌丝的生长。在子实体原基形成初期，空气中二氧化碳浓度为0.034%时，有利菌丝的扭结。子实体形成后，要降低二氧化碳浓度，以0.023%～0.033%为宜。保证充足的氧气是子实体正常生长的必需条件。在棚室栽培杨黄，相对层架要高些，在1.6～2.0m，袋行间距10～15cm，袋间距 6～8cm 为好，保证通风换气和空气平稳流动，相对污染较少，有利于杨黄子实体生长发育。

5. 光照

杨黄为异养性生物，在其菌丝生长发育过程中，不能进行光合作用。在无光的黑暗条件下，菌丝仍可正常性生长。在强光下，会抑制菌丝生长。

波长为380～530nm的蓝光照射下，抑制比较明显，若连续照射25分钟以上，可杀死菌丝体。而波长570～920nm的红光照射下，对菌丝的生长无影响。在杨黄子实体生长时期，需要一定的散射光照射，而黑暗无光的条件对其子实体生长发育不利。光照对子实体盖面上的颜色深浅，起决定作用。光照强，盖面颜色深，反之则淡；在黑暗条件下，呈灰白至淡黄色。

6. 酸碱度

杨黄在偏酸性的条件下，分解木质纤维素的能力最大，菌丝体pH在4～7的范围均能生长，以pH为5.5～6.5的条件下最适宜生长。pH为7时，菌丝生长缓慢。pH在8以上时，菌丝生长停止，同时对子实体形成也带来不利的影响。袋栽杨黄，应注意调节pH值。以杂木屑(杨树等)为主的培养料，需添加少量的硫酸钙，以调节pH值至微酸性，有利杨黄菌丝和子实体生长发育的需要。总之，在栽培杨黄的过程中，根据其生物学的特性，综合考虑各种因素对杨黄的影响，创造最佳的生态条件，满足杨黄生长发育条件的需求，进行科学管理，才能获得优质高产。

第三节 杨黄的袋栽技术

一、环 境

根据国内和国际(欧盟)的有关食药用菌生产标准，结合生产实际，在杨黄生产过程中防止环境污染，做到无害化生产。环境大体包括土壤、空气、水质等。杨黄在室外空间土壤上摆袋或高畦床栽培，必须对土壤及其表面进行消毒杀菌灭虫。覆盖物等也应按标准处理，不能使有害物质和重金属残留超标。

1. 土壤质量指标

按照《中华人发共和国农药管理条例》要求，不能有剧毒高毒农药残留物混杂在土壤中及土壤表面，土壤pH≤7.5。杨黄栽培场应远离人口密集区、禽畜场、垃圾堆、厕所，距离为500～1 000m。保持杨黄栽培场地干净卫生，防止杂菌污染。

2. 空气质量指标

杨黄栽培场地空气要新鲜，没有灰尘、油污及有害气体氮氧化合物的污染，重金属离子保持在≤0.10～0.30mg/m^3(日平均)；氟化合物(F)≤3.0μg/m^3、硫化氢(HS)≤0.5μg/m^3。

3. 水源质量指标

杨黄的栽培生产用水，要达到饮用水的标准(GB5749)pH≤7.0，总(Hg)≤0.001mg/L，总镉(Cd)≤0.05mg/L、总铅(Pb)≤0.01mg/L，水源中不含杂菌菌落。

二、原材料标准

袋栽杨黄原材料来源比较广泛，如阔叶树木屑(杂木屑)、作物秸秆(玉米芯、豆秸秆、粮食加工的下脚料)、麦麸、米糠、玉米粉、黄豆粉等国家标准要求：杂木屑、玉米芯、豆秸秆粉等。要新鲜、无霉、无螨虫、无杂质、无异味、无杂质；储存期间通风良好，防止雨淋和雨水冲洗，干燥卫生(含水量12%～13%)。

辅料：麦麸(红色片大)、米糠、玉米粉、黄豆粉等要求标准：有异味酸臭味立刻除掉，无霉变，洁净干燥(含水量11%～12%)，无异味，不能有虫蛀和螨虫滋长，对使用的覆盖物，如草帘、草袋等物无农药残留。

三、杨黄菌种制作技术要点

1. 菌种分离

(1)子实体分离法

在担孢子没有完全成熟时，选无病害子实体健壮幼嫩部分(子实层浅黄色)，表面消毒之后，在无菌的条件下从其菌髓中挑取少许菌丝，置于培养料中培养，从中选用生长好、无杂菌的作菌种。

(2)菌木分离法

截取生长有杨黄子实体，最好是活立木，不用枯朽的树木，经表面消毒后，在无菌条件下从段木中心部位取带有菌丝的小木块，置于PDA斜面培养基上，把接好的试管放在24～26℃下培养3～4天就能长出新的菌丝，8～10天便可长满斜面。

2. 孢子分离法

在杨黄子实体8～9分成熟时，用专门孢子收集器(在无菌条件下)收集担孢子，从中选取优质成熟的杨黄担孢子，用无菌水冲洗或漂洗干净，弃去水上层不够成熟的担孢子。挑取下层担孢子，在无菌条件下，用装上长针头的注射器吸取已做好的孢子悬浮液，将1～2滴孢子悬浮液恰当地滴在 PDA 斜面上，放在 25～27℃的恒温箱中培养。经 4～5 天可以看到菌丝生长。经 8～9 天可长满斜面。对子实体分离、菌木分离、孢子分离法所获得的菌丝体（菌种）质量必须鉴别。然后再接到 PDA 培养基中再次培养观察好坏。如是纯菌种，菌丝会向四周呈辐射状生长，外缘整齐一致。否则生长速度不一，菌落边缘不整齐或出现其他形状黏液状物。对这样的菌种，必须再提纯，即取菌丝生长整齐、单纯的菌种，以作繁殖扩大应用，最后经杨黄子实体栽培，并鉴定。子实体生长良好的菌丝体才能作生产用菌——母种。母种扩大繁殖，一定要在无菌条件下选择菌丝体生长旺盛、菌龄短、菌丝体无色素分泌物的斜面菌种用于转管，每支试管可分移 20～30 支。对菌龄较长，已产生韧质菌皮，不宜钩取转管，一般只能转管一次。传代次数多，会引起菌丝老化、变异、降低生活能力。在接种过程中，动作要快，试管口不能离开燃烧的酒精灯。用酒精灯封口，塞瓶口的棉塞也要通过火焰消毒，以免感染杂菌。培养室温度应控制在 24～26℃，空气相对湿度为 60%～70%。培养室内应通风换气，保持空气新鲜，保证有氧气。温度不能过高，否则培养基失水，菌丝易老化变黄；如空气不新鲜，菌丝生长软弱无力，易倒伏。在适宜的生态条件下，3～4 天接种块上会长出白色绒毛状菌丝，待菌丝长满整个培养基表面即可使用。分离菌种的培养基及具体培养方法，可参考本书有关章节。

3．原种配方

配方 1：阔叶树杂木屑（杨树为主）76%，麦麸（米糠）19%，玉米粉 1.5%，$Ca(H_2PO_3)$，H_2O＋$CaSO_4$ 0.3%，CaO 0.9%。调 pH 为 6.0～7.0，海藻酸钠溶液 500ml。含水量 60%～65%。

配方 2：玉米粒（大粒）98%，麦麸 0.5%（调节干湿度），$Ca(H_2PO_3)\cdot H_2O$＋$CaSO_4$ 0.2%。pH 为 6.5，含水量 55%～60%。

4．原种制作

配方 1：把过磷酸钙和蔗糖先溶解在少量水里，再与水混合均匀，倒入料中，搅拌均匀，湿度调节至 60%～65%，装瓶灭菌。高压灭菌，温度 128～130℃，灭菌 1.5 小时。常压灭菌时间为 6～8 小时。灭菌结束后，闷 30～40 分钟，出锅后及时送入接种室，冷却至 30℃以下，在无菌条件下用斜面母种接菌。接种后的原种瓶送入培养室培养，温度控制在 20～26℃、空气相对湿度 60%～70%的黑暗或暗光下培养。注意观察，如有杂菌污染，及时清除。一般在 25 小时左右菌丝可长满全瓶，即可使用。

配方 2：玉米粒要用水煮，有一点白芯或无白芯为主，其拌料灭菌、接种、培养、管理与前一种方法相同。

四、袋式栽培技术要点

1．培养料配方

配方 1：阔叶树杂木屑 86%（其中杨木屑 43%），麦麸 10%，$CaSO_4\cdot 2H_2O$ 1%，$Ca(H_2PO_3)\cdot H_2O$＋$CaSO_4$ 1%，CaO 0.5%，单宁酸（$C_{76}H_{52}O_{46}$）1.5×10^{-6}（海藻酸钠溶液＋$C_{12}H_{10}O_2$）1/2 500ml，灭菌前调 pH 为 8～9。灭菌后 pH 为 6.0～6.5，料水之比 1∶1.2～1∶1.3，含水量 60%～65%。

配方 2：阔叶杂木屑 66%，玉米芯 10%，麦麸 13%，稻糠 6%，$Ca(H_2PO_3)_2\cdot H_2O$＋$CaSO_4$ 1%，CaO 0.6%，豆饼粉 1.5%，料水之比 1∶1.2～1∶1.3，灭菌后调 pH 为 6.5

配方 3：杂木屑 57%，豆秸秆粉 22%，（麦麸与稻糠）混合物 16%，玉米粉 3%，$CaSO_4\cdot 2H_2O$ 1%，CaO 0.7%。$Ca(H_2PO_3)_2\cdot H_2O$＋$CaSO_4$ 1%（H_3BO_3＋$C_{31}O_{61}OH$）混合剂 0.25×10^{-6}，料水之比 1∶1.2～1∶1.3，含水量 60%～65%，灭菌前 pH 为 8～9，灭菌后 pH 调至 6.0～6.5。

2．菌袋制作

根据配方，选择原材料。配制时，先干拌，后湿拌，各种原材料混合均匀一致，湿度均匀一致，含水量在 60%～65%，pH 调至 6.0～7.0（可用石灰水调节）。培养料拌均匀后装袋，装袋要做到上紧下松，料面要平整，每袋装 0.95～1.0 千克为好。在料袋中间打好孔洞。封袋口，常压灭菌 8 小时或高压灭菌 2 小时。灭菌结束后，闷 30～50 分钟，取出料袋送进接种室冷却至 30℃以下，在无菌条件下接菌，接种时做到快速准确，以减少杂菌污染。首先在孔洞内放入一部分菌种，然后在料面再撒上一层菌种（菌种不能集堆），然后封口。接种完毕，及时送到培养室培养。培养室温度控制在 20～25℃，湿度控制在 60%～70%，不要让阳光直射，最好是散射光或黑暗条件养菌。经过 40～50 天，菌丝体长满袋后，可以送到栽培室进行培养。

3．管理

当菌丝长满袋，料袋表面或袋壁会出现疙瘩状，即原基形成。这时打开袋口约 2cm，不要全打开，防止水分过多失去；或在袋壁上打孔洞，深度以 0.6～0.8cm 为佳，直径 1.2cm，在菌袋（17cm×34cm）的割口部位侧面开 4 条，即前后左右各开一条(长度为2.6～2.8cm),呈半弧状,让子实体生长发育。袋壁开孔以6～8个为好,间距3～5cm。或根据菌袋的大小,适当控制开口的数量。同时,栽培空间温度控制在16～20℃,保证空气新鲜,经常通风换气。冬季在中午、春秋两季早晚通风换气,每次通风换气30～40分钟,增加光照,不要直射光,适当增加红外线照射有利杨黄子实体生长发育。在原基形成以及子实体逐渐长大时,向空间喷雾状水,保持空间相对湿度80%～85%,不超过95%,不要把水直接浇到幼小子实体上,防止幼蕾上出现积水而造成幼蕾腐烂。随着幼小子实不断长大和分化,应增加空气相对湿度至80%～90%,适当往子实体喷雾状水或浇细水,加快子实体的新陈代谢,促进子实体生长发育。当子实体长至八九分成熟时,菌盖边缘有与盖色泽一致的卷边圈即2～3层增棱线,并有浅白褐色担孢子飞扬,盖背面呈现浅黄色或深黄褐时即可采收。采收时可用专用的剪刀从柄基部轻轻地剪下,采收后的子实体不能用水冲洗,因为杨黄子实体是木栓质化的,容易增加湿度而膨胀,颜色受损改变,影响商品价值。可用毛刷等专用工具除掉子实体的泥沙、杂质等异物。把杨黄盖面向上有序排列在筛子上和拱形晒盘上,放入烘干室,进行梯度增温法,在30℃下烘2小时,提升温度40℃,再烘2小时后再提升温度至50～60℃烘1小时左右。这样,杨黄子实体(盖的表面)呈黄色或浅黄色或深黄褐。

在天气清朗有阳光普照时,把采收的杨黄子实体摆放在搭建的标准凉晒网上、棚式凉晒台,斜面阳光,顶上有遮荫网,光线透过位移形成花花阳光照射在子实体上。这样连续晒3～5小时子实体盖的光泽会更好。这时子实体含水量达到11%～13%,符合国际标准,便可装入带微孔的符合安全卫生标准的编织袋中。密封后,放在干燥、通风良好、温度在4℃左右、无强光、无杂菌、干净卫生、无化学有毒药品地方保存,待销售和应用。

五、畦床栽培技术要点

选择排水良好、空气新鲜、背风向阳、地势平缓的地方,靠近阔叶混交林、郁闭度0.5～0.6的地方。平整地面,清除杂物和碎石等,挖宽80cm、高15cm、长50m或不限的畦床,做成高畦床,离地表面10～15cm。畦床做成龟背形,就地取土壤与石灰1∶1比例拌匀,在畦床底部薄薄地撒上一层,防止病虫害发生蔓延。把配制好的培养料(经过消毒灭菌),撒在畦床底部,厚约3cm,用手和平板稍压实,然后撒上一层菌种(以杂木屑为主的培养料制作的原种),菌种厚1cm,在菌种上再撒上一层培养料,厚2.5cm,稍压实、打孔洞。孔洞呈品字形,孔洞直径1～1.5cm,深0.8cm。然后,再铺一层菌种,菌种厚1cm,在菌种上面撒一层培养料,厚3cm,稍微压实,在其上面覆盖枯枝落叶,以保持湿度。为了防止畦床受暴风雨袭击,要搭荫棚,高度距地面80～180cm,有利于保持和控制拱棚内温度和湿度的相对稳定,有利于子实体的生长发育。畦床温度控制在20～24℃,培养料湿度60%～65%,经常通风换气,有充足的氧气、散射光或暗光。为了促进子实体的生长发育,菌丝体长满培养料的表面原基形成时,空气相对湿度增至75%～85%,给一定变温(6℃)刺激。子实体逐渐形成和分化开始时,相对湿度调至85%～95%,温度控制在18～20℃。在子实体生长的同时,增加散射光,同时防止光线过强。如光线过强,可用遮荫物遮阳。每天通风换气2次,每次40分钟,以保证充足的氧气供给。子实体生长到八九分成熟时,及时采收。

第四节 杨黄的液体深层发酵技术

一、工艺流程

初始母种→斜面菌种培养→一级摇瓶种子培养→二级摇瓶种子培养→种子罐菌丝培养→发酵罐菌丝培养→过滤、浓缩。

二、斜面菌种

①培养基:马铃薯20%(去皮切块1cm³,加水1 000ml煮沸30分钟,过滤取其汁液),蔗糖2%,蛋白胨0.2%,酵母粉2%,琼脂2%,pH值自然。

②培养条件:温度控制在22～26℃、培养7～8天,空气相对湿度60%～70%,菌丝长满斜面,无杂菌即可使用。斜面制作与常规法相同。

三、摇瓶种子培养

(1)一级摇瓶种子振荡培养

①培养基:马铃薯20%,蔗糖2%,维生素B_1 0.01%,$(NH_4)_2SO_4$ 0.2%,pH值自然。

②制法:将马铃薯去皮切成1cm³块状,加水煮沸30分钟,取其汁液再与其他成分混合均匀配成培养液。将液体培养液装入锥形瓶中,一级种子瓶容

积为500ml，装量100ml；二级种子瓶为1 000ml，装量为150～200ml。塞上纱布棉塞，外包牛皮纸，置于灭菌锅以0.12MPa灭菌30分钟。

③培养方法：在无菌室内或超净工作台，取斜面菌种一小块（蚕豆粒大小），放入锥形瓶培养液中，菌丝面朝上。接过菌的种子瓶放在往复式振荡器上，振幅调至6～7cm，往复振动频率为80～120次/分钟，温度控制在22～25℃，空间相对湿度60%～70%，黑暗或弱光下培养4～7天。当培养液中有浅黄白色菌丝体或菌丝片断，短时间放置呈透明状，培养液pH在5.0左右，镜检无杂菌，并有一种芳香气味，表明菌种已长好，可作为二级摇瓶培养种子用。

（2）二级摇瓶种子振荡培养

培养基：玉米粉1%（煮沸30分钟），蔗糖2%，蛋白胨0.2%，酵母粉0.3%～0.5%，KH_2PO_4 0.1%，$MgSO_4·2H_2O$ 0.6%，pH自然。二级摇瓶培养方法和一级摇瓶种子振荡培养方法相同。用一级摇瓶种子接种于二级摇瓶培养基内，接种量10%。发酵条件：温度28℃，120转/分钟旋转振荡器培养72小时，pH为4.5～5.0，至菌丝体呈细颗粒状，菌液稍黏稠，培养液颜色渐变浅黄色，无杂菌污染，在无菌条件下接种于种子罐培养。

四、种子罐培养

①培养基：玉米粉2%，蔗糖2%，$(NH_4)_2SO_4$ 0.25%，碳酸钙0.2%，$MgSO_4·2H_2O$ 0.075%，pH值自然。发酵条件：采用50～200L不锈钢种子罐，投70%培养液按罐温控制在26～28℃，搅拌速度180～200转/分钟，罐压0.4～0.5MPa，通气量每分钟1∶0.5～1∶1.0 V/V，接种量5%～10%，培养48～72小时。种子罐培养可采用一级种子罐和二级种子罐，方法基本相同。

②移种标准：A.菌丝长势旺盛，有分枝，发酵液中含菌丝球较多，约占85%。发酵液清香黏稠，菌丝可见锁状联合结构。B.菌丝体湿重为10%～15%。C.镜检无杂菌污染。D.发酵液的pH在4.0左右。

五、发酵罐培养

（1）培养基

玉米粉1%，蔗糖2%，酵母粉0.2%，$(NH_4)_2SO_4$ 0.2%，豆油少量（作消泡剂用），磷酸二氢钾0.01%；pH值自然。

（2）发酵条件

采用500～1 000L不锈钢发酵罐，投料300～600L，接种量10%～15%。罐温26～28℃，罐压0.3～0.5MPa，通气量每分钟1∶0.5～1∶1.0V/V，搅拌速度180转/分钟，培养时间96～120小时。

（3）放罐标准

①杨黄菌丝壁上无明显"芽头"与锁状联合现象。菌丝变细，原生质体凝集，少量菌丝自溶。②菌丝体湿重为15%～20%。③pH为2.8～3.0终止发酵为好。④通过油镜镜检，平面培养无杂菌检出。⑤氨基酸0.18～0.60mg/ml。

六、放罐后处理

（1）提取

放罐后将菌丝体和发酵提取液分离（采用离心或板框压缩），菌丝用90～100℃热水提取3次，与发酵液混合，用真空方法减压浓缩，浓缩至原液的1/5～1/10，制成糖浆供药用。也可用3倍量的95%乙醇沉淀提取多糖的粗制品。

（2）浓缩

发酵液置于真空浓缩罐进行真空减压，浓缩至一定的体积（浓缩至原液的1/5～1/7），再进行烘干制成干物质即可作为制药原料。

七、杨黄菌丝深层培养需要注意的几个因素

温度、氧气、酸碱度对菌丝体产量或有效物质的积累具有重要作用。

①温度：杨黄菌丝深层培养的温度范围为22～35℃，以26～28℃为最适宜。低于26℃，菌丝生长缓慢；高于30℃，菌丝容易老化，随时间的延长菌丝趋于自溶，发酵液的颜色变深；温度超过36℃菌丝停止生长。

②通气：在杨黄菌丝发酵培养最初12～29小时，由于菌丝量显著增加，菌丝摄氧率达到高峰。这时如停止供气，一次性大量加入消泡油或补充培养液，都会引起发酵异常，出现菌丝自溶现象，产量下降，直至发酵失败。在通气效果差的情况下，可增加搅拌次数加以补偿。改变搅拌形式，加长搅拌叶直径，也可改善通气。搅拌90～180转/分钟，转速快会把菌丝打成碎片，对菌丝恢复生长不利。根据杨黄菌丝深层培养基黏度的性质，为了达到良好的通气效果和搅拌效果，用两档搅拌器为好。目前开始用细长的无机械搅拌发酵罐（H∶D＝12～16），罐身高，氧的利用率高。细长罐要求空气量大，才能使发酵液上下充分翻动。用无机械搅拌，罐体容易保持密封，染菌率低，一般在0.2%以下。

③消泡沫：杨黄深层培养液中含有蛋白质类、玉米粉、酵母粉等物质，在通气和搅拌下，易形成

泡沫，致使培养液上升。若不采取控制措施，会造成大量逃液，增加染菌机会。同时，由于泡沫过多，还会影响通气和搅拌的正常进行。实践证明，机械消沫效果不如消泡剂迅速可靠。杨黄深层培养的消泡剂为植物油，用量0.03%～0.035%。加油过量对菌丝体生长和代谢有一定的影响。一般在培养基灭菌之前加适量植物油。在培养过程中若有泡沫上升可予少量多次添加，尽量少加或不加油，其他合成消沫剂不宜采用。

④pH：杨黄深层培养要求一定的 pH 范围。杨黄菌丝最适生长 pH 为5.6～6.0。此时菌丝生长速度和密度均好，菌丝干重达1.10%～1.20%。杨黄菌丝发酵初期 pH 在4.0～5.0，到中期菌丝体生长旺盛，菌丝体的干物质及其有效成分积累。当 pH 急剧下降到2.5～3.5时，进入发酵后期菌丝生长缓慢，出现菌丝体自溶，pH 又回升。pH 值变化和培养液的组分有密切的关系。如用玉米粉、蔗糖、酵母粉培养基，到发酵中后期 pH 会急剧下降。而用花生米粉、蔗糖培养基，pH 值变化不明显。在发酵过程中，如 pH 值下降或上升，可进行调节：A. 选择适宜的培养液成分。B. 用酸碱度测定仪控制加入碱（氨水）或酸调节适宜的 pH 值。C. 加入磷酸盐、碳酸钙等缓冲物质可以达到缓冲的目的。调节到 pH 为2.5～3.5可终止发酵。

⑤菌龄与接种量：杨黄深层培养接种的菌龄一般为 72 小时，接种量在 10%。接种量过少会延长发酵期，接种量过多可引起菌丝体老化快，降低有效物质的积累，对后续过滤和板框压缩带来困难。

第五节　杨黄的应用研究

一、化学成分

据有关文献报道和综合实验分析，杨黄多糖体中除含有葡萄糖外，还含有阿拉伯糖、木糖、半乳糖、岩藻糖、甘露糖等其他单糖。单糖间苷键连接有（1→3）（1→4）（1→6）数种，大多数为 β 型结构，少数为 α 型结构，α 型结构者多没有活性。从发酵液中还提取出杨黄多糖蛋白（PSK）。此外，还含有蛋白质、多肽、酸性物质、有机酸、生物碱、内酯、三萜类及灰分、各种氨基酸、硬脂肪酸和甘露醇、无机元素等。

二、药理作用

①有抑制癌细胞作用：经动物移植性肿瘤实验证明，杨黄多糖的粗提取物或其精制品，对肿瘤细胞的增长皆有明显的抑制作用，其抑制率可达到 40%～95%。抑制率的大小，与提取原料、提取方法、精制方法以及其中活性成分的含量、剂量、剂型、给药途径等因素有关。

②对肝病的防治作用：通过动物实验研究证明，杨黄多糖具有减轻中毒后肝细胞的病理变化、促进肝细胞再生作用。

③抗放射作用：据动物实验及临床试用报道，杨黄多糖可以提高机体抗放射物质伤害能力。在临床治疗癌症患者时，用杨黄多糖配合放射疗法，可以提高疗效，减轻射线对人体的伤害。

④免疫调节作用：Cao. L. Z. Lin，Z. B.（2002～2008）首次发现，杨黄多糖促进 DC 的成熟、分化功能。通过促进 DC 成熟，杨黄多糖通过促进 CTL 细胞的 IFN-γ 和颗粒酶 B 的 mRNA 和蛋白表达，促进 DC 诱导细胞毒 T 细胞（CTL）的细胞毒性，进而杀伤肿瘤细胞。综合有关报道，杨黄多糖可以促使受损伤的肝细胞得到修复，可提高免疫系统功能；活化腹膜渗出巨噬细胞的吞噬活性，减轻乙型肝炎病毒的破坏作用，还通过活化 B 细胞，提高机体体液免疫功能，消除病毒对肝细胞的持续性浸染，以起到保肝作用。有人通过实验证明杨黄糖肽可以诱导机体内白细胞产生 α-干扰素及 γ-干扰素的能力提高 2～8 倍以及白细胞介素-2 的合成量，从而增强机体抗肿瘤的作用。

三、临床应用

在肿瘤手术治疗或放射治疗的同时，每天服杨黄多糖 2g×3 次，3 个月为一个疗程，对比服药前后的白细胞的数目。结果发现，白细胞平均数由3 798个/毫升提高到5 483个/毫升（病例中包括肺癌、乳腺癌、肝癌等），没服用杨黄多糖、仅化疗的 60 例患者中，有 21 例患者因为白细胞数目少于4 000个/毫升而中断化疗，其他患者的白细胞数平均值也低于实验组。此外，杨黄多糖对肺部及慢性老年支气管也有一定疗效。同时对冠心病、心绞痛、高胆固醇病症，临床验证也有一定疗效。

除从杨黄的子实体或菌丝体及发酵液提取药物之外，还可以直接用杨黄子实体入药。用子实体加工成杨黄饮片、水煎剂、自制杨黄酒、杨黄茶、杨黄酊剂、杨黄速溶茶、杨黄冲剂等。

四、杨黄多糖的提取工艺流程

用 Sevag 法脱去粗提物中的蛋白质（重复2～3 次）可得到不含蛋白质的杨黄多糖。再经无水乙醇、乙醚（或丙酮）冲洗，抽滤后，可以得到淡黄白色的精制品。如杨黄糖肽、杨黄胶囊等都是采用粗多糖干燥成黄褐色粉末后，制成胶囊的口服剂。下图是杨黄发酵液提取工艺流程示意图。

杨黄发酵液（含有菌丝球）—（加热 95～100℃）不断搅拌，提取 4 小时→过滤—离心或板框分离 提取液（含菌球）→滤液①——→

取含菌丝球之药渣—加水 3～4 倍 提取 2 小时→过滤——→滤液②——→药渣（弃去）

五、杨黄冲剂制备

采用热水提取、微型过滤、真空浓缩及喷雾干燥等工序而获得杨黄精粉。取其适量精粉，加入糊精（15°Bix）与糖粉混合拌均，用颗粒制粒丸，在50～60℃温度下烘干过筛（12～14 目），自动装袋。每袋装量 1.5～2g。

六、杨 黄 茶

取杨黄液浸膏1 000g，加茶叶片（或茶叶末）1 000g 拌和均匀，放 60℃烘干，再揉搓成碎木粒大小，用茶叶装袋机装袋（每袋装量为 2g），置干燥处储存。

七、杨 黄 酒

自制杨黄酒可用子实体 100g，经洗净、切碎，用1 000ml 白酒（30～50 度）浸泡 16～20 天，至酒呈淡棕褐色便可饮用，每次饮量 25ml 左右。

八、杨黄饮料

杨黄子实体提取液或发酵液，过滤后取清液经薄膜浓缩至密度 1.1，取浓缩液加入柠檬酸 0.2%、蜂蜜适量，或加入 β-CD 0.8%（可掩盖其苦味）、苯甲酸钠0.04%，加无离子水至 100%。所用细口瓶用水冲洗干净后，再用蒸馏水清洗，甩干、烘干、灭菌。分装、灭菌、荫凉处储存待饮用。

第六节 展 望

近年来，国内外对杨黄的研究较多，然而，杨黄的开发与应用中还有一些值得进一步研究思考的问题：

①杨黄菌种生产是子实体与菌丝体发酵生产的关键性工序，一定要筛选优质高产的菌种，可用子实体分离法、菌木分离和孢子分离法进行分离，用菌木分离法效果比较好。获得的菌种，必须做到提纯复栽，使菌种品质纯，具有抗逆性、抗杂菌力强，菌丝萌发力强。掌握好菌种脱毒技术，切实做到制菌过程标准化，为杨黄菌类持续稳定发展打好有利的基础。

②重视深加工：杨黄菌类含有多糖体，其多糖组分除含有 *L*-葡萄糖、*D*-半乳糖、*D*-甘露糖、*L*-木糖、*L*-岩藻糖 5 种单糖外，另含其他单糖组成，如阿拉伯糖。它们的结构连接链型大多数为 β(1-3)，也有少数为 α(1-6)类型为主链。这种多糖、单糖具有免疫调节作用、抗肿瘤作用、降血脂作用和降血糖作用。杨黄三萜类化合物能止痛、镇静，可抑制组织胺释放，具有解毒、保肝等功效。这些研究作为改进生产工艺、深层发酵提取工艺及制订质量标准提供了理论依据。

③当前在国内外市场上销售产品多为子实体或粗提取物，远未达到中药现代制剂的标准。应在开发杨黄与其他中药配伍组成的复方中药剂等方面进行深入研究。除研究杨黄本身防治疾病的疗效外，还要研究杨黄与其他药物综合使用的效果。

参 考 文 献

[1] 黄年来. 中国食用菌百科[M]. 北京：农业出版社，1993.
[2] 刘作喜. 食用菌栽培学[M]. 哈尔滨：黑龙江科学技术出版社，1996.
[3] 刘作喜，王汉生，刘珊红，等. 杨黄栽培与管理技术[J]. 中国食用菌，2005，24(5)：28-29.
[4] 徐锦堂. 中国药用真菌学[M]. 北京：北京医科大学、中国协和医科大学联合出版社，1997.

[5] 戴玉成. 一种新的药用真菌——瓦尼木层孔菌(杨黄)[J]. 中国食用菌，2003,22(5):7-8.
[6] 戴玉成,秦问敏. 对药用真菌杨黄种类的再认识[J]. 菌物学报，2007,26(增刊):1-6.
[7] 胡伟,王春生,张晶. 杨黄代料栽培初探[J]. 中国林副特产，2007(86):12-13.
[8] 卯晓岚. 中国大型真菌[M]. 郑州:河南科学技术出版社,1999.
[9] 温克,陈劲,李红. 桑黄等4种抗癌活性比较[J]. 吉林大学学报,2002,28(3):246-249.
[10] 宋力,孙培光,郭彬彬. 桑黄的研究进展[J]. 中国食用菌,2004,24(3):7-8.
[11] 林树钱. 中国药用菌生产与产品开发[M]. 北京:中国农业出版社，2000.
[12] 曹德宾,孙庆温,王世东. 绿色食用菌标准化生产与营销[M]. 北京:化学工业出版，2004.
[13] 李茹光. 吉林省真菌志[M]. 长春:东北师范大学出版社，1991.
[14] 林志彬. 灵芝多糖的免疫药理研究及其意义[J]. 北京医科大学学报，1992,24(4):270.
[15] 邵力平,沈瑞祥,张素耳. 真菌分类学[M]. 北京:中国林业出版社，1984.
[16] 秦俊哲,陈明,陈合. 食药用真菌多糖的研究现状与展望[J]. 中国食用菌，2003,23(2):6-9.
[17] 胡文彬,马海乐,周存山. 桑黄菌液体发酵培养基及发酵条件研究[J]. 中国食用菌，2005,25(3):49-51.
[18] 李茹光. 东北地区大型经济真菌[M]. 长春:东北师范大学生出版社，1998.
[19] 邓淑群. 中国的真菌[M]. 北京:科学出版社,1963.
[20] 刘祖国,罗信昌. 食用蕈菌生物技术及应用[M]. 北京:清华大学出版社，2002.
[21] 杨新美. 中国食用菌栽培学[M]. 北京:农业出版社,1988.
[22] 张惟杰. 复合多糖生化研究技术[M]. 上海:上海科学技术出版社,1987.
[23] 张树庭,Miles P G. 食用蕈菌及其栽培[M]. 杨国良,译. 保定:河北大学出版社,1992.
[24] 邢来君,李明春. 普通真菌学[M]. 北京:高等教育出版社，1999.
[25] 戴芳澜. 中国真菌总汇[M]. 北京:科学出版社,1979.
[26] 余永平. 余永年菌物学论文集[M]. 北京:化学工业出版社,1993.
[27] 裘维蕃. 菌物学大全[M]. 北京:科学出版社,1998.
[28] 魏江春. 面向21世纪的菌物学[J]. 吉林:吉林农业大学学报,1998,20(增刊).
[29] 杨云鹏. 中国药用真菌[M]. 哈尔滨:黑龙江科学技术出版社,1981.
[30] 郝光荣. 实验动物学[M]. 上海:第二军医大学出版社,1999.
[31] 魏泓. 医学实验动物学[M]. 成都:四川科学技术出版社,1998.
[32] 阿历索保罗 C J,明斯 C W,布莱克韦尔 M. 菌物学概论[M]. 姚一建,李玉,译. 北京:中国农业出版，2002.
[33] 黄年来. 中国大型真菌原色图鉴[M]. 北京:中国农业出版社,1998.
[34] 李玉. 药用菌物学[M]. 长春:吉林科学技术出版社,1996.
[35] 杨庆尧. 食用菌生物学基础[M]. 上海:上海科学技术出版社,1981.
[36] 应建浙. 食用蘑菇[M]. 北京:科学出版社,1982.
[37] 张树庭,卯晓岚. 香港蕈菌[M]. 香港:中文大学出版社,1995.
[38] 周与良,邢来君. 真菌学[M]. 北京:高等教育出版社,1986.
[39] 林晓民,李振岐,侯军,等. 中国菌物[M]. 北京:中国农业出版社,2007.
[40] 张树庭,林芳灿. 蕈菌遗传与育种[M]. 北京:中国农业出版社，1995.
[41] 赵淑芳. 松口蘑(松茸)[M]. 长春:吉林科学技术出版社,1986.
[42] 刘作喜,黄庭芳. 香菇菌深层发酵及多糖提取工艺研究[J]. 食用菌,1996(2):6-7.
[43] 刘作喜,王章维,王永吉. Morchella eulenta(L.)Pers 栽培新技术及深层发酵技术[J]. 中国野生植物资源,1996(4):29-33.
[44] 刘作喜,程玉债. 块根菌深层培养及多糖产量测定[J]. 黑龙江大学自然科学学报，1996,13(2) 126-128.
[45] 刘作喜,郭砚翠. 阔叶树培养基中辅料含量对栽培香菇影响[J]. 食用菌学报,1997,4(1):15-19.
[46] 刘作喜,刘恩举,赵华. 磁场处理对香菇菌的影响[J]. 哈尔滨:东北林业大学学报，1997,25(2):87-89.
[47] 刘作喜,王永吉,刘威. 5个香菇菌株比较研究[J]. 植物研究,1997(1):119-122.

[48] 刘作喜，赵华，王永吉．微生物电极快速测定菌类浓度的研究[J]．黑龙江大学自然科学学报，1997，14(2)：113-118.

[49] 刘作喜，郝振军，刘威，等．用原生质体融合进行冬菇育种的研究[J]．中国食用菌，1999，18(5)：6-9.

[50] KEELING PJ. Congruent evidence from α-tubulin and β-tubulin gene phylogenies for a Zygomycete origin of microsporidia[J]. Fungal Genet Biol, 2003, 38(3): 298-309.

[51] WINDER R S. Cultural studies of Morchella elata[J]. Mycol Res, 2006, 110(5): 596-616.

[52] PILZ D, NANCYLLS. WEBER M, et al. Productivity and diversity of morel mushrooms in healthy burned, and insect damaged forests of north eastem Oregon[J]. For Ecol Manage, 2004, 198(1-3): 367-376.

[53] CHANG S T, BUSWELL J A, CHIU S W. Mushroom biology and mushroom products[M]. Hong Kong: The chinese University Press, 1993.

（刘作喜）

第九十章　蛹虫草

DIJIUSHIZHANG YONGCHONGCAO

摘要：蛹虫草是虫草属的模式种，是中国最近 20 年才开始人工栽培的食药用真菌，具有较高滋补保健作用，特别受到国内外华人的喜爱。本章较详细地介绍了蛹虫草的栽培历史、生物学特性、分类研究、液体菌种制备、接种栽培技术以及化学成分、药理作用与应用，并对我国蛹虫草的产业发展现状及未来前景进行了分析和展望。

Cordyceps militaris

Abstract: *Cordyceps militaris* is the type species of Cordyceps and has been cultivated by the Chinese for the past 20 years. It is an edible and medicinal fungus with high tonic and health－care functions, and is held in high regard by Chinese people everywhere. This chapter consists of seven sections describing in detail various aspects of *C. militaris* including production history, biological features, taxonomy, liquid spawn preparation, inoculation and cultivation techniques, chemical components, pharmacological effects and applications. The current status and potential for future development of the *C. militaris* industry in China are reviewed and analyzed.

第一节　概　述

蛹虫草又名：北虫草、北冬虫夏草等。

学名：*Cordyceps militaris*（L.）Link，*Handbuck zur Erkennung der Nutzbarsten und am Häufigsten Vorkommenden Gewächse* 3:347(1833)。

属名“Cordyceps”的词干“kordyle-”意思是“棒、块”，词尾“-ceps”意思是“头”，描述该属菌物的子座形态，中文早由“虫草”的称谓，常译为“虫草菌属”。种名加词“*militaris*”意思是“好战的、属于兵的”，用于描述该菌的子座似一种棒状、头部有刺的兵器。由于宿主是昆虫的蛹，长出单个或多个似兵器的子座，中文称蛹虫草。

分类地位：菌物界（Fungi），子囊菌门（Ascomycota），粪壳菌纲（Sordariomycetes），肉座菌亚纲（Hypocreomycetidae），肉座菌目（Hypocreales），虫草菌科（Cordycipitaceae）。

到目前为止，全世界已报道的虫草属真菌近 400 种，而我国已报道的有 108 种。

虫草属中常见的种类有冬虫夏草、蛹虫草、蝉花、霍克斯虫草等，冬虫夏草和蛹虫草是虫草属中最重要的 2 个种。冬虫夏草最为珍贵，与人参、鹿茸并称为中药宝库中的 3 大补品，目前尚不能人工栽培，而野生冬虫夏草资源在逐年下降，无法满足日益增长的市场需求。因此，作为冬虫夏草的替代品，蛹虫草的商品化生产应运而生。

蛹虫草是一种具有食用和药用价值的大型真菌。研究表明，人工栽培的蛹虫草与野生的冬虫夏草相比，主要的营养及药用成分与冬虫夏草接近，有的成分甚至远高于冬虫夏草。蛹虫草子实体中具有丰富的蛋白质、氨基酸等营养成分，含有磷、锌、铜、铁等人体必需的微量元素以及具有药用价值的虫草酸、虫草多糖、虫草素等，具有镇静安神、抗菌消炎、化痰平喘、防癌抗癌、益肝壮肾、补虚损、增免疫、抗衰老等作用。据《全国中草药汇编》记载：“蛹虫草子实体及虫体可作为冬虫夏草入药。”

1986～1987 年，吉林省蚕业科学研究所梁曼逸、谷恒生从野生蛹虫草子座中分离出蛹虫草菌，人工接种到桑蚕、柞蚕蛹以及粳米（大米）等培养基上培育蛹虫草获得成功。1988～1994 年，沈阳市农科所（院）的李春艳、陈国卿，辽宁省食用菌协会的李鸿湘，沈阳农业大学的姜明兰、俞孕珍等将蛹虫草的人工栽培进一步深化，形成一套先进的产业化栽培技术，以沈阳市为中心在辽宁省乃至全国推广。至今，在辽宁省形成年产 4 000～5 000 吨的产业规模。

蛹虫草产业化栽培技术的推广应用与开发，满足了国内外对虫草日益增长的需求。到目前为止，以蛹虫草为原料生产的各类药品、保健食品已逾30种。随着科学技术的进步和人工栽培规模的不断扩大，将为人类的健康事业做出更大的贡献。

第二节　蛹虫草的生物学特性

一、蛹虫草的形态特征

蛹虫草属子囊菌，它的无性世代为虫草拟青霉(*Paecilomyces militaris* Liang)。其菌丝有隔管状、无色透明，菌丝顶端可形成分生孢子梗，分生孢子球形或椭圆形，链状排列，分生孢子梗单生或轮生，菌落白色，见光后转色呈淡黄色或橙黄色。菌丝转色后，菌丝体扭结形成原基，原基继续生长形成子座，进入有性生殖阶段。子座长而直立，有柄，棍棒状，单生，少数丛生，长0.8～8cm，粗0.2～0.9cm，明显分为柄部和上部可孕部。子座上部可孕部分埋生或半埋生子囊壳。子囊壳的孔口突出子座表面，呈毛刺状；柄部没有子囊壳，光滑，柄长1.5～6.0cm；子囊壳中有多个圆柱形子囊，每个子囊中有3～8个线状子囊孢子在子囊内并排排列，大多数为8个，成熟的线状子囊孢子在子囊中断裂成小段，形成次生子囊孢子。野生的子座可孕部为橘黄至橘红色，柄的颜色浅，灰白色至浅黄色。寄生的蛹体长0.8～3.0cm，粗0.5～1.3cm，为深褐色或土褐色。用大米、小麦、玉米等培养料进行人工栽培时，基质为浅黄色或橘黄色，子座单生或分枝状发生，子座通体橘黄色或橘红色，长3～16cm，粗0.2～0.6cm。子座上部具有细毛刺，下部(柄)光滑，柄长2～8cm，粗0.15～0.5cm，基部料面有气生菌丝蔓延性生长。

二、蛹虫草的生态分布

虫草属真菌为兼性寄生，寄主范围很窄，往往只限于一种或近缘的数种昆虫，而蛹虫草的寄主专化性不强，可以侵染鳞翅目、鞘翅目、同翅目以及双翅目昆虫的幼虫、成虫和蛹，以寄生于鳞翅目昆虫的蛹上最多。目前已经报道的寄主昆虫共有4目12科21种。

蛹虫草的寄主昆虫多，自然界的分布也十分广泛，是一种世界性的广布种。种群分布及密度主要受光照、温度、湿度、寄主种类、人类活动及气候因子等多方面的影响。国外主要分布在亚洲的日本、印度，欧洲的俄罗斯、英国、法国、德国，北美洲的美国、加拿大等地。在我国，野生蛹虫草主要分布在东北、华北、西北等地区，在辽宁、吉林、黑龙江、河北、云南、福建、广西、陕西、四川、广东、广西等16个省区都有发现，以东北地区发生较多。野生蛹虫草大多生长在中低海拔地区和中温季节，在海拔100～2 500m的地区均有发现。6月到9月份从地面长出子座，多发生在含水量20%～25%、pH为6.5微酸性土壤，环境温度15～25℃，空气湿度为60%～85%，郁闭度60%的针阔混交林地。

自然界中蛹虫草真菌存在2个阶段：产生子实体及子囊孢子的有性型阶段和只产生菌丝、菌核及分生孢子的无性型阶段。实验室研究证明，蛹虫草的子囊孢子、分生孢子和菌丝都具有侵染桑蚕、柞蚕的蛹和幼虫的能力。在自然界中到底哪种是主要的侵染因子，现在还没有直接的证据。

较多的研究者认为，子囊孢子在自然界中是主要的侵染因子。蛹虫草的子实体成熟后，其子囊孢子借助风雨自然力或其他媒介传播到寄主昆虫体上，在适宜的温度和湿度下，孢子萌发产生芽管，芽管可能分泌几丁质酶等胞外水解酶以及产生的机械压力，穿透昆虫体壁，或者经昆虫的体壁上的气孔等自然孔口或微小伤口等进入昆虫体内，在寄主体内菌丝大量生长并与虫体组织共同形成菌核。菌核在地下越冬后次年春末夏初从虫体自然孔口处或体壁薄弱处长出棒状子实体，子实体成熟再释放子囊孢子，再度进行侵染循环。有的学者认为，侵染昆虫的蛹虫草菌丝在野外形成分生孢子梗，顶端产分生孢子，分生孢子借助外力传播感染寄主昆虫。

人工栽培实践表明，蛹虫草真菌可以营完全腐生生活。这使自然界中蛹虫草的生活史更加复杂多样成为可能。

三、影响蛹虫草真菌生长的营养因子

1. 碳源

蛹虫草真菌可利用的主要碳源物质是葡萄糖、蔗糖、麦芽糖、淀粉、果胶等，单糖或双糖的速效碳源的利用效果明显好于淀粉等缓效碳源。生产栽培的最终目的是获得子实体产量，同时兼顾成本，因此多以速效碳源与缓效碳源混合使用。

2. 氮源

蛹虫草真菌既可利用有机氮源又可利用无机氮源，有机氮源如蛋白胨、豆饼粉、酵母膏、蛹粉等的效果明显好于无机氮源的硝态氮和铵态氮。

3. 矿质元素

蛹虫草菌丝及其子实体生长中，必不可少的营养还有矿质元素，如磷、镁、硫等元素，培养基中应酌量添加。

4. 生长因子

大多数真菌属于营养缺陷型，蛹虫草真菌也不例外。适量添加生长素等生长因子能有效刺激和促进蛹虫草菌丝及子实体的生长发育，提高生物产量。培养基中大多采用天然有机物质，如酵母膏、麦麸等以保证虫草菌对生长因子的需求。

5. 碳氮比

合理的基质碳氮比是人工栽培蛹虫草的必需条件，否则，将导致或者菌丝生长缓慢，或者气生菌丝生长过旺，难以发生子实体。即使有子实体生长，子实体的产量和质量均有不同程度的下降。在实际生产中碳氮比以 4∶1～5∶1之间为宜。

四、影响蛹虫草真菌生长的环境条件

1. 水分

水分是生命的重要基础。作为菌丝及子实体生命过程中必不可少的溶剂，蛹虫草所需水分的绝大多数来自培养料。因此，调节培养料中适宜的含水量十分重要，它直接关系到蛹虫草的生长发育。实际生产中，基质含水量宜调制在 60%～65%，菌丝培养阶段空气相对湿度保持在 70%～90%，形成原基后空气相对湿度应加大，调制80%～95%为宜。

2. 温度

蛹虫草菌丝生长温度为 5～30℃，最适生长温度为 18～23℃，原基分化温度在 15～25℃。蛹虫草栽培实践证明，恒温条件下可以形成原基，但适当的温差（不一定很大，一般 3～5℃即可）有利于刺激原基形成。子实体生长温度为 10～25℃，最适温度为 20～23℃。在蛹虫草栽培过程中，10℃以上的较低温度，对菌丝和子实体生长的影响仅表现在生产周期延长。25℃以上的较高温度，虽然生产周期缩短，但污染率上升，虫草品质下降，最高温度应严格控制在 26℃以下。

3. 氧气

蛹虫草与其他食用菌一样，生长发育同样需要氧气，尤其原基分化后蛹虫草需氧量明显增多。因此，栽培环境保持空气流通，以保证氧气的供应，在原基形成后要破膜打孔通气。

4. 光照

蛹虫草栽培的前期即菌丝发菌阶段，强光照对菌丝生长有抑制作用，通常在弱光照条件下发菌。栽培实践证明，在完全黑暗的条件发菌，虽然菌丝生长快速，但气生菌丝过度发达，菌丝层厚，消耗营养多，不利于后期虫草原基发生。在发菌结束后需要 200～800 lx 光照刺激、转色。在转色期间，每天光照时间 10 小时以上，菌丝转色好，出现原基早。

5. pH

蛹虫草的菌丝生长阶段适应的 pH 为5.0～7.0，最适 pH 为 5.5～6.5。子实体生长阶段最适宜 pH 为 6.0 左右。人工栽培生产时，基质 pH 可调制至 6.5～7.5。灭菌后，pH 会下降0.2～0.4，后期菌丝大量生长至子实体生长阶段，pH 会降至6.0 左右。

第三节 蛹虫草的分类学

蛹虫草最早是由 Linnaeus 于 1753 命名的，原名为 *Clavaria militaris*。1833 年，Link 将其归类为虫草属，定名为蛹虫草（*Cordyceps militaris*）。按照新的真菌分类系统，蛹虫草隶属子囊菌门（Ascomycota），子囊菌亚门（Ascomycotina），粪壳菌纲（Sordariomycetes），肉座菌亚纲（Hypocreomycetidae），肉座菌目（Hypocreales），虫草科（Cordycipitaceae），虫草属（*Cordyceps*）。是由真菌的菌丝或孢子通过各种方式侵染鳞翅目、双翅目、鞘翅目等昆虫的成虫、蛹及幼虫，以寄主体内物质进行寄生生活，经过不断的发育和分解后，最终伸出昆虫体表，形成的一种由子座（真菌部分）

和菌核（虫的尸体部分）两部分共存的虫草菌生物体。冬季菌丝侵入蛰居于土中的虫体内，吸取虫体养分，使虫体充满菌丝而亡，形成菌核。至夏季虫草菌发育，从寄主尸体头部长出子座，露出土外形成草状。

蛹虫草的传统分类主要依据采集的虫草的子实体外观性状，子囊壳、子囊、子囊孢子的性状，寄主的分类地位等。

外观形态：主要寄生在埋藏在地下的昆虫的幼虫、成虫和蛹中，单独或群体生长，主要分布在温带、亚热带的大陆地区。子（座）实体长 2～8cm，棒状的子实体上半部分比基部宽，上半部分呈橘黄至橘红色，有毛刺状小突起，基部光滑呈灰橙色；子实体多弯曲，从埋藏的蛹或幼虫上长出。

显微形态：毛刺状小突起为子囊壳，瓶状或圆锥形，350～600μm×180～300μm，嵌入或半嵌入埋生于子座组织；子囊细圆柱形 220～350μm×3～6μm，有明显顶盖；每个子囊有 8 个子囊孢子，孢子丝状，多隔膜不规则，160～320μm×1.0～1.5μm，孢子释放后断裂成为 2.0～4.5μm×1.0～1.5μm单细胞小段，称为次生子囊孢子。

蛹虫草的现代分类是在传统分类基础上，增加了分子生物学手段，对大部分能够在人工条件下形成子实体的蛹虫草真菌来说，是对传统形态分类鉴定的补充或验证。而对在人工条件下不能形成子实体的无性培养物，采用分子生物学技术，研究其亲缘关系，确定其分类地位。

Gi Ho Sung 等利用聚合酶联反应（PCR）扩增 rDNA 小亚基（SSU）1150 碱基对、rDNA 大亚基（LSU）950 碱基对，通过分子生物学上的对比与其相似的 *C. militaris* 等虫草属其他种，确定了在东亚和北美分布的一株虫草属新种 *C. cardinalis* sp. nov.。

Suparp Artjariyasripong 等利用分子生物学的方法研究了虫草属的几个亚种，分析了 18S、28S 核糖体 RNA 的进化树，确定了 4 个分支，分别为 *C. militaris*/*C. pseudomilitaris*、*C. irangiensis*/*C. sphecocephala*、*C. intermedia*/*C. capitata* 和 *C. cylindrica*/*Nom. atypicola*。

凌建亚等报道，应用核糖体 DNA ITS 区开展虫草属无性型鉴定的研究，采用相关软件构建进化树，研究无性型虫草菌株的同源性是完全可行的。

高新华报道了两株蛹虫草的单孢分离物的研究结果，表明蛹虫草为典型的二极性异宗配合。

李美娜等应用 PCR-RELP 和 RAPD 技术，解释了蛹虫草菌种退化的菌株较野生驯化菌株在 DNA 分子水平上发生了频率较高的突变。

第四节　蛹虫草的液体菌种与接种

我国是食用菌生产大国，长期以来，主要依靠固体菌种进行栽培。尽管液态菌种具有接种方便、发菌快速、生产期短、易于控制等诸多优点，是食用菌现代化生产必然的发展方向，但仅在双孢蘑菇、黑木耳、金针菇等少数食用菌的栽培中有一定的应用。

蛹虫草的人工栽培至今已近 20 年，从当初的固态菌种到现在，已经完全达到液态菌种化。液体菌种及其接种技术，为蛹虫草产业化栽培生产和快速发展奠定基础。介绍蛹虫草液体菌种的摇床生产和接种技术如下：

1. 培养基配方

配方 1：新鲜土豆（去皮，去芽眼）100g（切成大小为 1cm 块，沸水煮 30 分钟，过滤取汁），葡萄糖 15g，蔗糖 10g，淀粉 5g，蛋白胨 5g，酵母膏 3g，磷酸二氢钾 1g，磷酸氢二钾 1g，硫酸镁 1g，自来水 1 000ml。

配方 2：新鲜麦麸 50g（沸水煮 30 分钟，过滤取汁），葡萄糖 15g，蔗糖 10g，淀粉 5g，磷酸二氢钾 1g，磷酸氢二钾 1g，硫酸镁 1g，蛋白胨 5g，酵母膏 3g，自来水 1 000ml。

配方 3：葡萄糖 20g，蔗糖 10g，淀粉 5g，蛋白胨 5g，酵母膏 3g，磷酸二氢钾 1g，磷酸氢二钾 1g，硫酸镁 1g，自来水 1 000ml。

2. 培养基配制与菌种检验

①约 800ml 水（或汁）加热至沸，加入事先用少量温水（如 100ml）溶化的淀粉浆。

②加入酵母膏、蛋白胨，搅拌溶化；按照剂量大小依次加入其他试剂，搅拌溶化，定容至 1 000ml。

③分装入 250ml 的瓶内，每瓶装 100～120ml；用2 层聚乙烯膜、2 根橡皮筋封扎。

④放在 121℃ 高压蒸汽下灭菌 25～30 分钟。待高压蒸汽灭菌器压力降为零时，取出放置在无菌室冷却至室温。

⑤无菌条件下，接种斜面菌种 $1cm^2$ 左右。

⑥自制往复摇床，50～80 转/分钟，温度 23℃，培养 5～6 天。

⑦每天检查 2 次。如泡沫过多，菌液浑浊，菌球异常，则予淘汰。

⑧选择菌球数量多、小而密、均匀分布、菌液澄清的菌种，在 5～10℃、200 lx 光照条件下放置 2～4 天，观察菌液上沿菌丝的转色情况，选择转色快而深的菌种。

⑨菌种的无菌检验和转色观察是关键，在没有经验的情况下，可进行预备实验或预接种观察。

3. 接种技术

①用接种枪进行接种。接种枪用沸水煮 30 分钟灭菌处理，当天灭菌当天使用。换菌种时，接种枪吸射 75%的乙醇 2～3 分钟（为节约乙醇，可将吸射的乙醇射到接收容器内，隔天可作为制乙醇棉球的乙醇用）后，吸射无菌水除去乙醇。

②将液体菌种稀释 5～10 倍作接种的菌液（一般用带胶塞的 500ml 滴流瓶装），稀释液配方为上述 3 个配方（除去淀粉）中的任意一个的无菌营养液。需在无菌条件下稀释菌种。

③接种的无菌室或接种间事先用药剂熏蒸；接种枪吸收的剂量可以在0.1～2.0ml 调节；一般为1.0～1.5ml，连续接种 2～3 枪。尽量使接种的菌液在料面均匀分散。

④接种枪的吸液针头插入菌种瓶胶塞，同时插入 16＃针头（此针头的一端包扎无菌棉花纱布进行过滤除菌）保持通气。接种枪的注射针头要钢化淬火，保持锋利。接种要熟练，尽量减少接种操作的时间，一般每人每小时可接种 2 000～2 500 瓶（不计搬运）。

⑤接种后的栽培瓶平放保持 24 小时，使菌种渗透到培养料中尽快定植；24 小时后可以上架发菌。注意上架过程尽量做到清洁操作、轻拿轻放。

⑥也可在灭菌后直接上架，在架上进行接种操作，但要注意接种点在瓶底部的上方，接种菌液靠重力作用流向下方的料面。除非场地限制，一般不采用先上架后接种的方式。

用自制摇床生产液体菌种，既能够实现菌种液态化，同时避免发酵罐生产液态菌种的设备投资大、技术要求高的难题，适合中、小规模栽培者的菌种生产自用。栽培实践证明，完全可以通过增加摇床数量实现大规模栽培或液体菌种批量生产销售。

第五节 蛹虫草的栽培技术

1911 年，Olsen-Sopp 首次在人工培养基上成功地获得挪威虫草（*Cordyceps norvegica* Olsen-Sopp）的菌核和子座。尽管目前再也难以找到相关文献，甚至主要虫草图鉴或 CABI Bioscience 数据库都未收录该虫草。但此后国内外大力开展了人工栽培虫草的研究，只是主要限于少数几种虫草，如冬虫夏草和蛹虫草的菌种筛选及人工栽培研究。其他种类虫草多为实验室栽培试验，成功得到虫草子实体的种类约 36 种。但到目前为止，真正实现商业栽培的虫草仅是蛹虫草。

1936 年，Shanor L. 用菌丝或分生孢子感染普罗米修天蚕蛾的活蛹，在潮湿的苔藓中培养，长出了蛹虫草子座。1986～1987 年，吉林省蚕业科学研究所的梁曼逸、谷恒生从野生蛹虫草子座中分离出蛹虫草菌，人工接种到桑蚕、柞蚕蛹和大米等培养基上培育蛹虫草获得成功。1988～1994 年，以辽宁省为主的食用菌研究专家学者们，将蛹虫草的人工栽培进一步深化，形成一套先进的产业化栽培技术，在全国推广。

按照蛹虫草人工栽培的原料，分为接种蚕蛹栽培和代用原料栽培；按照不同的栽培容器分为玻璃瓶栽培和浅盘栽培；按照栽培瓶放置方式；分为床架立体平位栽培和床架立体卧位栽培。不同的栽培方式尽管有差异，但原理相同。现以沈阳地区最流行的代用原料床架立体卧位栽培简要介绍。

1. 培养料配制

栽培配方应该根据各地的资源条件灵活选用原料。下面几个是常用的蛹虫草栽培经典配方，以 750ml 罐头瓶作栽培容器，供生产者参考：

配方 1：大米（或碎大米）30g，自来水 55ml。

配方 2：小麦 30g，自来水 55ml。

配方 3：高粱米 30g，自来水 55ml。

配方 4：玉米碴 30g，自来水 55ml。

上述配方中的原料均为干燥、洁净、无杂物、无霉变；也可用营养液取代自来水，对提高产量和品质有一定好处。常用的营养液配方为：①1 000g 大豆磨豆浆，加 500g 葡萄糖或蔗糖，用作 1 000 瓶的营养液（即 55 千克）；②蛋白胨 200g，酵母膏 200g，葡萄糖 500g，用作 1 000 瓶的营养液（即 55

千克)；③葡萄糖500g，蔗糖500g，用作1 000瓶的营养液(即55千克)

2. 分装与灭菌

定制原料定量盛装容器，要求误差在1～2g以下；制做定量装水(或营养液)的容器，要求误差2～3ml。用特制容器快速分装，用透明的聚乙烯薄膜和皮筋封扎。熟练工每小时装200～300瓶。

用高压蒸汽灭菌，0.15MPa，45分钟。压力自然降至零时，打开灭菌器，取出栽培瓶，放置到接种房间自然冷却至28℃以下。用蒸锅常压灭菌，需要在100℃下连续灭菌8～10小时，自然冷却至50℃以下，取出灭菌栽培瓶，其他操作同高压蒸汽灭菌。

3. 接种与发菌

接种枪液态菌种接种时，应将菌液适当稀释，每瓶接种2～3枪，接种量3～5ml。注意尽量使料面接触菌液的面积大且均匀，以使发菌一致。

接种后的栽培瓶尽可能平放一段时间，以利于菌液渗透进培养料内。培养室用前应彻底清理，喷撒生石灰或密闭培养室熏蒸消毒。现在普遍采用的立体框架栽培瓶卧位栽培，栽培瓶上架时应尽量保证清洁、轻拿轻放。发菌最初3天，培养室不通风，从第4天开始，每天通风1～2次，每次20～30分钟。发菌阶段初期温度尽量保持低些，一般在15～18℃以下最佳。发菌中后期，温度保持在21℃左右，不要超过26℃或低于6℃，湿度60%～80%。无须遮光培养，但应避免直射光或较强的散射光。

4. 污染检查与处理

接种后4天，间隔2～3天逐瓶检查一次发菌及污染情况，及时发现有污染菌斑的栽培瓶。将污染严重的栽培瓶进行彻底灭菌处理。仅有1～2处小的污染菌斑的栽培瓶，可集中一处观察，待菌丝已长满料面，对污染菌斑仍然较小的栽培瓶，移到培养室外打开封膜，用接种铲(每次蘸戊二醛消毒液或75%乙醇)将杂菌斑点小心清除，重新封瓶集中一处上架继续培养。

5. 转色与通气

在适宜的温度和湿度条件下，10～15天后，浅黄色菌丝发至瓶底。此时，应及时进行转色培养，温度调控在22℃左右，光照强度为200～800 lx，每天见光时间不少于10小时。如光照不足，早晚开灯补充光照，湿度保持在85%左右。7天左右，料面由白色、浅黄色逐渐转为深黄色至橘黄色，在料面上发生小米粒状原基突起，说明转色成功。

转色成功后，要在封口膜上打孔，以增加瓶内氧气。具体方法是用锥子在封口膜上打3～4个孔，每天通风2～3次，每次30分钟。每天光照6～8小时，利用室内自然散射光即可。保持室内温度至22℃左右，空气湿度为80%～90%。

6. 子实体发育管理

原基发生后生长速度加快，此时需要氧气量大。用纸刀在封口膜上垂直划2～4cm的口子，加大氧气供应。每天通风3次，每次30～40分钟。严格控制温度，保持在20～25℃，湿度维持在85%～95%，每天向地面、墙壁及空中喷清水雾保湿。在子实体生长后期，适当提高光照强度和时间，以保证子实体金黄颜色。

7. 采收与干制

当蛹虫草子实体长到9～12cm、上半部分出现细毛刺状突起，说明子实体已经开始成熟，可以采收。具体方法：打开封口膜，将子实体连同培养基一起取出，用纸刀或剪刀从子实体基部割下，注意不要将原料带下。按照长度、粗细、色泽分不同等级，整齐摆放在烘盘内，50～55℃烘箱或烘干室通风排湿干燥，干燥过程不要翻动。用手可以掰断子实体时，说明含水量已经达到13%左右，干燥结束。此时子实体容易折断，需要在房间放置4～6小时回潮，事先在房间地面洒点水。回潮的虫草既干燥又柔软，易于包装。

8. 包装与保藏

将子实体按照经销商的要求分等级包装，采用食品级塑料袋，每袋盛装500～1 000g。包装好的虫草子实体，应放在干燥通风、避光洁净的储存架上保藏，子实体袋不要互相挤压。长期存放应当在每袋中放食品级干燥剂袋，定期检查，如回潮立即换干燥的干燥剂或进行避光干燥。保藏过程中一定要避免光照，长时间光照，那怕是散射光，都会使子实体褪色，影响外观质量。

第六节 蛹虫草的化学成分、药理作用与临床应用

一、化学成分

1. 虫草菌素

Cunningham 等分离得到一种腺苷类活性物质，这种物质定名为虫草菌素。虫草菌素又称虫草素、蛹虫草菌素、3′-脱氧腺苷，蛹虫草是目前报道的 300 多种虫草中唯一能大量产生虫草素的虫草。宾文等以人工培养的蛹虫草为原料，分离纯化得到蛹虫草多糖，相对分子质量 3 万，糖链中单糖有鼠李糖、木糖、甘露糖、葡萄糖和半乳糖，其摩尔比为1.00∶0.50∶51.99∶2.38∶36.50，糖含量分析得纯糖含量为55.84％，糖醛酸含量为17.84％，结合蛋白含量24.17％。

2. 虫草酸

D-甘露醇，又名旱草酸，分子式为 $C_6H_{14}O_6$。

3. 麦角甾醇

麦角甾醇又称麦角固醇，是脂溶性维生素 D_2 的前体，甾醇是真菌细胞膜的重要组分，是真菌的特征醇。

4. 超氧化物歧化酶(SOD)

保护细胞免遭有氧代谢物的损伤，在维护机体活性氧代谢的平衡中起重要作用。

5. 硒

是谷胱甘肽过氧化物酶(GSH-Px)的必需组分，GSH-Px 可清除由活性氧诱发的脂质过氧化物，保护细胞膜结构和功能的完整性。

6. 核苷类

天然蛹虫草核苷含量为1.39％，人工培养的蛹虫草发酵菌丝为1.42％。麻兵继等分离鉴定了 4 个核苷类化学成分，分别是尿嘧啶核苷、腺嘌呤核苷、鸟嘌呤核苷和酪氨酸。

7. 肽类

从人工蛹虫草子实体中分离出虫草环肽 A (cordycepetide A)。

8. 维生素

维生素 E 和维生素 B_6 含量最高，维生素 B_1 和维生素 B_{12} 也较高。

二、药理作用

(1)免疫增强作用

蛹虫草水提物体外能够促进诱导小鼠骨髓树突状细胞的成熟作用。分别以41.7、83.3、166.6mg/kg 体重剂量的虫草多肽，给小鼠连续灌胃 30 天，虫草多肽能提高小鼠抗体生成细胞数和血清溶血素水平，促进小鼠单核-巨噬细胞碳廓清功能及腹腔巨噬细胞的吞噬能力；促进小鼠迟发型变态反应，显著提高小鼠 NK 细胞活性。蛹虫草多糖可显著提高小鼠腹腔巨噬细胞吞噬功能，增强血清溶菌酶活力，提高小鼠肝、红细胞 SOD 活力，并可对抗环磷酰胺引起的外周血白细胞数目下降；对小鼠迟发型超敏反应与溶血空斑实验都有促进作用，提示其对特异性与非特异性免疫有增强作用；能够明显拮抗由环磷酰胺所致免疫抑制作用。

(2)抗肿瘤作用

虫草素对小鼠S-180瘤的抑瘤率为 49.11％，与阳性对照环磷酰胺组的抑瘤率(55.91％)比较，治疗效果无显著性差异。蚕蛹虫草水煎剂具有明显抑制小白鼠S-180瘤块的生长，延长荷瘤小鼠寿命，降低小鼠荷瘤率，对 Lewis 肺癌瘤细胞转移抑制率达75.88％。蛹虫草人工子实体同样具有显著抗肿瘤作用。人工蛹虫草子实体对荷肝癌(H22)小鼠也具有抑瘤作用。体外实验研究表明，喉癌细胞对蚕蛹虫草及与其作对比的冬虫夏草都很敏感，且蚕蛹虫草对癌细胞的杀伤具有浓度和时间依赖性。两种药物作用的喉癌克隆形成率，随药浓度的增加有明显下降。Yoo 等也证明，蚕蛹虫草提取物能抑制 B16-F10 黑素瘤生长。麦角甾醇过氧化物糖基化形式，以 10g/L 的浓度可抑制 K562、WM-1341、HL-60 和 RPMI-8226 等肿瘤细胞的增殖，抑制率为 10％～40％。

人工蛹虫草子实体可显著增强荷肝癌小鼠 NK 细胞活性，且能促进小鼠淋巴因子 IL-2 产生。IL-2 能够诱导原始 NK 细胞的增殖分化，并使前体 NK 细胞分化成熟，发挥杀伤肿瘤细胞的能力。

有报道认为，虫草素的磷酸化形式3'-脱氧腺苷酸能增加人NK细胞破坏肿瘤的活性。人工蛹虫草子实体300mg/kg、600mg/kg，均对S-180荷瘤小鼠网状内皮系统和单核-巨噬细胞吞噬活性有明显提高，且有显著的量效关系；促进脾中T细胞等分泌TNF和IL-2，显著提高B细胞分泌抗体的能力。通过提高机体免疫力、促进小鼠脾淋巴细胞转化率、激活腹腔巨噬细胞吞噬活性是蛹虫草抗肿瘤的作用机制之一。

虫草素低剂量组、虫草素高剂量组、环磷酰胺组的抑瘤率分别为45.72%、49.11%和55.91%，虫草素与环磷酰胺的联合用药组，其抑瘤率达到88.55%。人工蛹虫草胞外多糖与治疗剂量的广谱抗恶性肿瘤药新一代铂类化合物——碳铂(carboplatin，CBP)合用，呈剂量依赖性地增强CBP对H22实体瘤的抑制作用，并延长H22腹水瘤小鼠的存活时间，与CBP组比较，差异显著。人工蛹虫草胞外多糖与毒性剂量CBP合用，可对抗CBP引起的血小板数量减少，并且可呈剂量依赖性地对抗CBP引起的骨髓细胞谷胱苷肽过氧化物酶(GSH-Px)活性降低和丙二醛(MDA)生成增加，起到增效减毒作用。

富硒蛹虫草硒蛋白多糖对荷瘤小鼠具有显著的抑瘤作用，抑瘤率高达46.92%，且提高荷瘤小鼠的免疫功能，抑制由环磷酰胺造成的荷瘤小鼠肝脏系数和脾脏系数的下降，增强机体的抗氧化能力。

Ioannidis等证实，虫草素可选择性抑制L5178细胞mRNA，继而影响蛋白质合成，其对L5178细胞增殖的IC_{50}为0.27μmol/L。虫草素与腺苷竞争核苷磷酸酶，抑制作用可被腺苷取消。对多种癌细胞的研究表明，虫草素影响核酸生物合成有从头合成和补救两种途径，干扰癌细胞RNA的代谢。5～10mg/L的虫草素浓度可显著抑制C型RNA致肿瘤病毒的复制。在DNA肿瘤病毒牛痘病毒感染的细胞中，虫草素能有效抑制病毒mRNA和多聚腺苷酸的合成。

Yoo HS等在体外试验研究表明，蚕蛹虫草提取物(CME)呈剂量依赖性地抑制人脐静脉内皮细胞(HUVEC)生长。同时也能抑制HT1080的生长，可减少HUVEC中bFGF、MMP-2的表达及下调eNOS的表达，作用18小时，可抑制内皮细胞血管形成，这可能是CME抗肿瘤作用机制之一。

(3)抗菌作用

对蛹虫草摇瓶发酵的乙酸乙酯和正丁醇提取物进行抗菌实验。结果表明，乙酸乙酯提取物对细菌中的金黄色葡萄球菌、蜡状芽孢杆菌、变形杆菌、巨大芽孢杆菌、北京棒状杆菌和霉菌中的绿色木霉、黄曲霉有明显的抑菌作用；正丁醇提取物对细菌中的马铃薯芽孢杆菌、变形杆菌、枯草芽孢杆菌、灵杆菌和霉菌中的绿色木霉以及黄曲霉有明显的抑菌作用，且提取物的抑菌作用随浓度增大而增强，而水相则没有抑菌活性。国外研究表明，虫草菌素具有抑菌和杀虫的生物活性。虫草多糖具有抗炎作用。戴瑛等应用内毒素急性损伤小鼠肺病理模型研究，发现蛹虫草提取物可以降低肺灌洗液中白细胞、粒细胞的含量和蛋白酶活性，增加淋巴细胞和单核细胞的数量。由此说明，蛹虫草提取物可通过调节机体组织的免疫功能，缓解由内毒素或类似物质造成的肺部炎症，对肺有一定的保护作用。

(4)抗氧化、抗衰老作用

Li等报道，虫草多糖处理肾上腺髓质瘤PC12细胞对由于H_2O_2所造成的损害具有保护作用，100g/L的虫草多糖可延长PC12细胞成活率达60%以上，可使由H_2O_2所诱导产生的丙二醛水平显著降低，并恢复降低的GSH-Px和SOD活性，且有剂量依赖性。蛹虫草产生的胞外多糖也具有抗氧化活性。

蛹虫草具有明显抗衰老作用，对抑制老年性痴呆的有效率达37.14%，明显优于维生素E，同时能提高老龄大鼠GSH-Px活性和明显降低过氧化脂质(LPO)含量。提示蛹虫草的抗衰老作用是通过抗氧化作用而实现的。蛹虫草中的虫草酸能清除人体自由基，明显拮抗组织匀浆产生LPO，降低血压，扩张心脑血管，调节血液黏稠度，抑制脂质在血液及血管壁上的沉积，对心肌也有保护作用。沈齐英等采用正己烷急性吸入模型，通过体内实验研究表明，北虫草具有拮抗由急性吸入正己烷引起的机体活性氧自由基的损伤反应。经口给予老龄小鼠不同剂量的家蚕蛹虫草50天，与空白对照组相比，小鼠心肌脂褐素含量明显下降，肝脏SOD活力显著提高，但谷胱甘肽过氧化物酶活力无显著变化。不同剂量的家蚕蛹虫草喂饲果蝇表明，雄、雌性果蝇平均寿命、最高寿命、半数死亡时间都有明显延长。提示家蚕蛹虫草有较好延缓衰老作用。王琦等报道，蛹虫草能明显降低老龄大鼠体内的LPO含量和自由基水平，进而保护细胞免受O_2损害，延缓器官和整个机体的衰老。

(5)镇静作用

蛹虫草能明显减少小鼠自主活动能力，可对抗戊四氮诱发小鼠的惊厥，并且在一定程度上协同戊巴比妥钠诱发小鼠睡眠，作用强度与冬虫夏草相似，表明蛹虫草具有镇静作用。陈桂宝等报道，蛹虫草水煎液具有明显的镇静、增强戊巴比妥的睡眠作用。

(6)对雄性内分泌系统的作用

蛹虫草能增加睾丸的生精与内分泌功能，并能修复腺嘌呤引起的睾丸功能障碍，增加大鼠血清睾酮含量，同时显著增加其体重及包皮腺、精囊和前列腺的重量，增强去势大鼠的重量，有明显的雄性激素样作用。人工栽培的北虫草细粉及复合粉可以不同程度地通过提高睾丸间质细胞酶的活性，以促进雄性激素的合成和分泌，从而促进睾丸生精细胞的生长发育与精子的形成。

(7)降血糖与降血脂作用

虫草菌丝粉、蛹虫草粉、灵芝超细粉和苦瓜粉能显著抵抗或减缓机体吸收外源性葡萄糖的作用，其中虫草菌丝粉和蛹虫草粉能显著降低四氧嘧啶糖尿病小鼠的空腹血糖，但对糖尿病小鼠的糖耐量未见有明显的改善作用。人工虫草菌丝多糖具有降糖活性。

热蛹虫草菌丝液能显著降低高血脂小鼠血清胆固醇和三酰甘油水平。蛹虫草提取物可溶解血栓，控制血胆固醇升高，并在血管中穿透堵塞，防治血栓引起的疾病。

(8)抗辐射作用

蛹虫草子实体水提物对小鼠 γ 射线辐照引起的体液免疫损伤和遗传物质染色体的损伤都有较好的保护作用。

三、临床应用

杨企震等将蛹虫草试用于 49 例不同癌症患者，每日服蛹虫草 4 只(约 5g)，水煎或研末，分 2 次服用，30 天为 1 个疗程，一般用药 2 疗程，最长达 9 个疗程。服药期间不再服用其他抗肿瘤药物，结果 49 例癌症患者中有效 13 例，显效 23 例，无效 13 例，总有效率为73.5%。初步表明，蛹虫草在临床上对鼻咽癌、贲门癌、胃癌、肺癌等确有一定疗效。坚持服用 2～3 个疗程后，患者的症状和体征都有改善，特别对脾胃阳虚者疗效更佳，未见明显不良反应。

用蛹虫草胶囊联合双嘧达量(潘生丁)治疗紫癜性肾炎患者 42 例，治疗组 22 例，治愈率为 54.5%，显著高于对照组。表明蛹虫草、冬虫夏草、双嘧达量在治疗过敏性紫癜性肾炎中效果显著，可明显改善微循环障碍，加速组织的修复和再生。

对 65 例中医辨证属肺气虚和肾阳(肾气)虚的慢性支气管炎患者，临床观察结果表明，蛹虫草菌粉胶囊(虫草一号)具有良好的补益肺肾、化痰镇咳止喘作用，有良好的治疗作用，能明显改善咳嗽、咳痰、喘息和哮鸣音等症状和体征，临床也未发现其他明显不良反应。临床控制率为50.8%，显效率为 9.2%，好转率为 32.3%，总有效率为92.3%。

沈均等报道，用蛹虫草治疗老年性痴呆，观察组以单一蛹虫草治疗，6g/d，分 3 次服用，对照组以单一维生素 E 治疗，30mg/d，分 3 次服用，疗程为 16 周，期间不服用其他健脑益智药。对照组显效率为11.43%，总有效率为34.28%；观察组显效率为25.72%，总有效率为57.14%，较对照组差异显著。

(祝晓玲、林志彬)

第七节 展 望

蛹虫草的研究与开发已成为国内外学术界和产业界的热点。作为新兴的具有较高保健价值的食用真菌，随着栽培技术的不断完善，蛹虫草已从昔日帝王贵族的特权消费走向寻常百姓，具有广阔的发展前景。

由于市场的需求动力，以追求产量为目的的蛹虫草的栽培技术获得很大的发展。从原料利用率上看，750ml 罐头瓶栽培(每瓶 30g 小麦)，平均产量可以达到 25～30g(鲜重)，生物学产率达到 80%～100%，处于较高水平。与栽培技术相比，在基础理论与产品深加工方面的研究开发严重滞后，成为虫草产业进一步发展的瓶颈问题。笔者认为，今后应当在以下几方面加大研究开发：

①搞清蛹虫草菌种退化的分子机制，建立品种资源库，选育高产稳定以及具有特定功能(如高虫草素)的优良品种，建立液体菌种质量评价标准与监控体系。

②成立蛹虫草专业协作组织，建立健全蛹虫草原草生产工艺规范和质量标准，在菌种、生产、销售等环节进行有效指导，保护广大种植业户的利益，促进蛹虫草产业健康快速发展。

③加快蛹虫草的深加工与产品开发，加大宣传蛹虫草的保健作用，加强蛹虫草的保健机制和临床应用研究，进一步提高蛹虫草的食用药用价值和拓宽应用领域。

参考文献

[1] CUNNINGHAM KG, MANSON W, SPRING FS, et al. Cordycepin, a metabolic product isolated from cultures of Cordyceps Militaris(Linn.) Link[J]. Nature,1950,166(4231):949.

[2] 宾文,于荣敏,白秀峰.人工培养蛹虫草多糖的研究[J].沈阳药科大学学报,2000,17(5):361.

[3] 张显科,王玉柱,刘文霞.蛹虫草与冬虫夏草化学成分比较[J].辽宁大学学报,1996,23(4):79.

[4] 马冰如,何玲,张甲生,等.蚕蛹虫草与冬虫夏草化学成分的比较[J].中国食用菌,1994,13(1):34.

[5] 江晓路,孙月.蛹虫草活性成分的测定[J].食用菌学报,1999,6(1):47.

[6] 麻兵继,阮元,刘吉开.人工蛹虫草中核苷类化学成分的研究[J].中药材.2007,30(8):957.

[7] 姜泓,刘珂,孟舒,等.人工蛹虫草子实体化学成分[J].药学学报,2000,35(9):641.

[8] 张显科,刘文霞.蛹虫草化学成分测定[J].菌物系统,1997,16(1):78.

[9] KIM GY, KO WS, LEE JY, et al. Water extract of Cordyceps militaris enhances maturation of murine bone marrow-derived dendritic cells in vitro[J]. Biol Pharm Bull, 2006, 29(2): 354.

[10] 梁坚,何励,傅伟忠,等.虫草多肽对小鼠免疫功能的影响[J].中国热带医学,2007(7):1104.

[11] 江晓路,葛蓓蕾,胡晓珂.蛹虫草(Cordyceps militaris)对药物引起免疫抑制的拮抗作用[J].青岛海洋大学学报,2002,32(1):46.

[12] 江晓路,葛蓓蕾.北虫草菌 Y3 胞内与胞外多糖的免疫药理研究[J].青岛海洋大学学报,1998,28(2): 192.

[13] 徐廷万,王丽波,段文健,等.人工蛹虫草胞外多糖对受抑制的免疫功能的影响及抗疲劳作用[J].中药药理与临床,2002,18(6):17.

[14] 吴洪臻,江伟,马德恩.虫草素对小鼠S-180瘤抑制作用研究[J].时珍国医国药,2000,11 (10):873.

[15] 刘洁,杨世杰,杨旭,等.蚕蛹虫草的抗肿瘤及激素样作用[J].中国中药杂志,1997,22(2):111.

[16] 刘凤安,郑效.蚕蛹虫草与冬虫夏草抗癌作用对比研究[J].白求恩医科大学学报,1995,21(1):39.

[17] YOO H S, SHIN J W, CHO J H, et al. Effects of Cordyceps Militaris extract on angiogenesis and tumor growth[J]. Acta Pharmacol Sin, 2004,25(5): 657-665.

[18] BOK J W, LERMER L, CHILTON J, et al. Antitumor sterols from the mycelia of cordyceps sinensis[J]. Phytochemistry, 1999,51(7):891.

[19] BLACK P L, HENDERSON E E, PFLEIDERER W, et al. 2',5'-oligoadenylate primer core and the cordycepin analog argument the tumoricidal activity of human natural killer cells[J]. J Immunol, 1984,133(5):2773.

[20] 刘民培,马世英,安天义,等.人工蛹虫草子实体对荷瘤小鼠免疫功能的影响[J].中国医药学报,1999,14(1):25.

[21] 刘洁,陈正,杨旭,等.蚕蛹虫草抗肿瘤作用的研究[J].白求恩医科大学学报,1992,18(5):423.

[22] 孙科峰,古伟,刘丽,等.蛹虫草子实体抗肿瘤作用的实验研究[J].辽宁中医杂志,2004,31(6):520.

[23] 汤新强,杨彤,李传勋,等.人工蛹虫草胞外多糖对卡铂抗癌和骨髓抑制作用的影响[J].中医药学刊,2004,22(3):403.

[24] 钟鸣,王丽贺,马慧,等.富硒蛹虫草提取物硒蛋白多糖对荷瘤小鼠的影响[J].中国中药杂志,2008,33(9):2120.

[25] IOANNIDIS P, COURTIS N, HAVREDAKI M, et al. The polyadenylation inhibitor cordycepin (32dA) cause a decline in c-MYC mRNA levels without effecting c-Myc protein levels[J]. Oncogene, 1999,18(1):117.

[26] SIEV M, WEINBERG R, PENMAN S. The selective interruption of nucleolar RNA synthesis in the Hela cells by cordycepin[J]. J Cell Biol, 1969(41),510-520.

[27] GLAZER R I, LOTT T J, Peale A L. Potentiation by 2'-deoxycoformycin of the inhibitory effect

by 3'-deoxyadenosine(cordycepin) on nuclear RNA synthesis in L1210 cells in vitro[J]. Cancer Res, 1978,38(8):2233.
[28] PENMAN S, ROSBASH M, PENMAN M. Messenger and heterogeneous nuclear RNA in Hela cells: differential inhibition by cordycepin[J]. Nati Acad Sci, 1970,67(4):1878.
[29] DESROSIERS R C, ROTTMAN F M, BOEZI J A, et al. The Sensitivity of RNA polymerases I and II from novikoff hepatoma (N1S1) cells to 3'-deoxyadenosine 5'-triphosphate[J]. Nucleic Acids Res, 1976,3(2):325-342.
[30] SHIGEURA H T, GORDON C N. The Effects of 3'-deoxyadenosine on the synthesis of ribonucleic acid[J]. J Biol Chem, 1965,240(2):806.
[31] Mendecki J, Lee S Y, Brawerman G. Characteristics of the polyadenylic acid segment associated with messenger ribonucleic acid in mouse sarcoma 180 ascites cells[J]. Biochemistry,1972,11(5):792.
[32] PERSON A, BEAUD G. Inhibition of host protein synthesis in vaccinia virus-infected cells in the presence of cordycepin(3'-deoxyadenosine)[J]. Virol, 1978, 25(1):8.
[33] 秦建春,李晓明,张鞍灵,等. 蛹虫草发酵液抗菌活性初步研究[J]. 西北植物学报,2006,26:402.
[34] AHN Y J, PARK S J, LEE S G, et al. Cordycepin: selective growth inhibitor derived from liquid culture of cordyceps militaris against clostridium[J]. Agric Food Chem,2000,48(7):2744.
[35] SUGAR A M, MCCAFFREY R P. Antifungal activity of 3'-deoxyadenosine (cordycepin)[J]. Antimicrob Agents Chemother, 1998,42(6):1424-1427.
[36] KIM J R, YEON S H, KIM H S, et al. Larvicidal activity against plutella xylostella of cordycepin from the fruiting body of Cordyceps militaris[J]. Pest Manag Sci, 2002,58 (7):713-717.
[37] 宾文,宋丽艳,于荣敏,等. 人工培养蛹虫草多糖的抗炎及免疫作用研究[J]. 时珍国医国药,2003,14(1):1.
[38] YU R, SONG L, ZHAO Y, et al. Isolation and biological properties of polysaccharide CPS21 from cultured Cordyceps militaris[J]. Fitoterapia, 2004,75(5):465.
[39] 戴瑛,张斌,周勇,等. 蛹虫草提取物对内毒素引起小鼠急性肺损伤的保护作用[J]. 中国临床药理与治疗,2004,9(4):386.
[40] LI S P, ZHAO K J, JI Z N, et al. A polysaccharide isolated from Cordyceps sinensis, a traditional chinese medicine, protects PC12 cells against hydrogen peroxide-induced injury[J]. Life Sci, 2003,73(19):2503-2513.
[41] 李信,许雷. 蛹虫草产生的胞外多糖及其理化性能和抗氧化活性的初步研究[J]. 微生物学杂志,1997,17(3):12.
[42] 张桂英,王宝贵,赵林伊,等. 柞蚕蛹虫草对老龄大鼠 LPO 含量和 SOD、GSH-Px 活性的影响[J]. 中国老年杂志,2001(2):137.
[43] 沈齐英,沈秋英. 北虫草抗氧化自由基和羟基自由基作用的研究[J]. 广西植物,2001,21(3):252.
[44] 齐英,陈顺志. 北虫草对正己烷所致大鼠损伤的保护作用[J]. 中药材,2001,24(2):112.
[45] 贡成良,潘中华,郑小坚,等. 家蚕蛹虫草的延缓衰老作用研究[J]. 苏州大学学报,2005,25(2):24.
[46] 王琦,韩晓龙. 蛹虫草对老年大鼠自由基代谢影响的研究[J]. 辽宁师专学报,2002,4(4):104.
[47] 陈敬民,李友娣,疗驱,等. 蛹虫草的镇静催眠作用[J]. 中药药理与临床,1997,13(6):44.
[48] 陈桂宝,罗梅初,刘实晶,等. 蛹虫草的药理作用研究[J]. 中草药,1997,28(7):415.
[49] 刘洁,杨旭,陈亚,等. 蚕蛹虫草镇静及性激素作用的研究[J]. 白求恩医科大学学报,1994,20(1):14.
[50] 徐维蓉,王奕,叶其明,等. 北冬虫夏草子实体对大鼠睾丸功能的影响[J]. 上海中医药大学学报,2001,15(4):50.
[51] 阮芳铭,赵岚,周昌艳,等. 食药两用菌及植物对实验性糖尿病小鼠血糖的影响[J]. 解放军预防医学杂志,2005,23(5):327.
[52] 季晖,涂红. 人工虫草菌丝多糖的分离提取及降血糖作用研究[J]. 中国药科大学学报,1993,24(1):39.

[53] 吴艳明，黄文芳，林湘，蛹虫草菌丝对高血脂调节作用的研究[J]. 华南师范大学学报，2008(2)：111.
[54] 李欣，王京滨，莫艳玲，等. 蛹虫草子实体水提取物对辐射损伤的保护作用研究[J]. 华南预防医学，2006，32(3)：58.
[55] 杨企震，郭用庄. 蛹虫草治疗癌症疗效初探[J]. 中成药，1995，17(5)：22.
[56] 王锐艳，臧静，赵江. 蛹虫草菌粉治疗紫癜性肾炎疗效观察[J]. 黑龙江医药，2007(20)：524.
[57] 张英平，朱铁英. 蛹虫草菌粉胶囊治疗慢性支气管炎虚寒症 65 例临床观察报告[J]. 中国社区医师，2006(7)：39.
[58] 沈均，陶荣芬. 蛹虫草治疗老年性痴呆疗效观察[J]. 现代中西医结合杂志，1999，8(12)：1958.
[59] Kirk PM, Cannon PF, Minter DW, et al. Dictionary of the fungi [M]. 10th, CAB international, Wallingford, UK, 2008.
[60] 韦会平，肖波，胡开始. 蛹虫草药用价值考[J]. 中药材，2004，27(3)：215-217.
[61] 彭国平，李红阳，袁永泰. 冬虫夏草与人工北虫草的成分比较[J]. 南京中医药大学学报，1996，12(5)：26-27.
[62] 陈桂宝，罗梅初，刘实晶，等. 蛹虫草的药理作用研究[J]. 中草药，1997，28(7)：415-417.
[63] 全国中草药汇编编写组. 全国中草药汇编(上)[M]. 北京：人民卫生出版社，1982.
[64] 梁曼逸，谷桓生. 蛹虫草人工培育获得成功[J]. 沈阳农业大学学报，1987，18(3)：103-104.
[65] SUNG J H, SPATAFORA J W. Spatafora. Cordyceps cardinalis sp. nov., a new species of Cordyceps with an east Asian-eastern North American distribution[J]. Mycologia, 2004, 96(3): 658-666.
[66] Artjariyasripong S, MITCHELL JI, JYWEL JONES NL, et al. Relationship of the genus Cordyceps and related genera, based parsimony and spectral analysis of partial 18S and 28S ribosomal gene sequences[J]. Mycoscience, 2001, 42(6): 503-517.
[67] 凌建亚，彭俊峰，张含星，等. 核糖体 DNA ITS 区应用于虫草属无性型鉴定的初步研究[J]. 山东大学学报，2003，38(3)：117-122.
[68] 高新华. 蛹虫草的交配型研究[J]. 食用菌学报，2008，15(1)：1-5.
[69] 李美娜，吴谢军，李春燕，等. 人工栽培蛹虫草退化现象的分子分析[J]. 菌物学报，2003，22(2)：277-282.
[70] 沈南英，曾璐，张显耻，等. 冬虫夏草真菌的分离[J]. 食用菌，1983(5)：1-3.
[71] 李翠新，张国庆. 野生蛹虫草的分离与高产菌株的筛选[J]. 中国食用菌，2007，26(2)：20-21.
[72] 李春如，南盛姬，耿德贵，等. 17 种虫草的子实体培育研究[J]. 菌物学报，2006，25(4)：639-645.
[73] 梁宗琦，刘杰麟，刘爱英. 尼古虫草子实体的人工培养[J]. 西南农业学报，1990，3(4)：6-10.
[74] 梁宗琦. 虫草及人工培养[J]. 贵州农学院丛刊，1994，26(增刊)：1-18.
[75] SATO H, SHIMAZU M. Stromata production for Cordyceps militaris(Clavicipitales: Clavicipitaceae) by injection of hyphal bodies to alternative host insects[J]. Appl Entomol Zool, 2002, 37(1): 85-92.
[76] SUNG JM, LEE JO, HUMBER RA, et al. Cordyceps bassiana and production of stromata in vitro showing Beauveria anamorph in Korea. Mycobiology, 2006, 34(1): 1-6.
[77] 王国栋. 冬虫夏草类生态培植应用[M]. 北京：科学技术文献出版社，1995.

（孙军德）

第九十一章　朱红硫黄菌

DIJIUSHIYIZHANG ZHUHONG LIUHUANGJUN

摘要：本章主要介绍了朱红硫黄菌的形态特征、生态习性、成分与功效等生物学特性以及栽培技术，对朱红硫黄菌的研究开发具有参考价值。

Laetiporus miniatus

Abstract: This chapter provides a detailed description of *Laetiporus miniatus* including morphological characters, ecological habitats, bioactive components and their effects, and cultivation, and also provides an excellent reference for further development of the *L. sulphureus* industry.

第一节　概　述

朱红硫黄菌又名：硫色孔菌朱红色变种、鸡冠菌、鲑鱼菌、树花菌、硫色珣孔菌等。

学名：*Laetiporus miniatus* (Jungh.) Overeem, *Icon. Fung. Malay.* 12：1(1925)。

属名"*Laetiporus*"的词干"laetus-"意思是"愉快的、可喜的"，词尾"-porus"意思是"孔"，文献直译为"绚孔菌属"。种名加词"*miniatus*"意思是"朱红色的、土红色的、焰火色的"。中文学名直译为"朱红绚孔菌"。

同物异名：*Laetiporus sulphureus* var. *miniatus* (Jungh.) Imazeki, *Bull. Tokyo Sci. Mus.* 6：88(1943)；*Polyporellus miniatus* (Jungh.) P. Karst., *Meddn Soc. Fauna Flora fenn.* 5：38(1879)；*Polyporus miniatus* Jungh., *Praemissa in floram cryptogamicam Javae insulae* (Batavia)：68(1838)；*Trametes miniatus* (Jungh.) Teng, *Chung-kuo Ti Chen-chun*, [Fungi of China]：763(1963)；*Tyromyces miniatus* (Jungh.) Teng, *Chung-kuo Ti Chen-chun*, [Fungi of China]：763(1963)。

分类地位：菌物界(Fungi)，担子菌门(Basidiomycota)，伞菌纲(Agaricomycetes)，多孔菌目(Polyporales)，拟层孔菌科(Fomitopsidaceae)。

第二节　朱红硫黄菌的生物学特性

一、形态特征

朱红硫黄菌子实体大，菌盖肉质，无柄或基部狭窄似短柄，覆瓦状叠生。菌盖幼时扇形至半圆形，有放射状起伏条纹，多数重叠生长，直径可达 30～40cm，单个菌盖 5～20cm，厚 1～2cm，表面鲜朱红色或带黄的朱红色。菌肉带肉色，幼时肉质有弹性，干后变白且酥脆。下面淡肉色至淡黄褐色。管孔长 2～10mm，管口圆形至不正形。担子短棒状，具 4 小梗。孢子椭圆形，无色，光滑，6～8μm×4～5μm(图 91－1)。

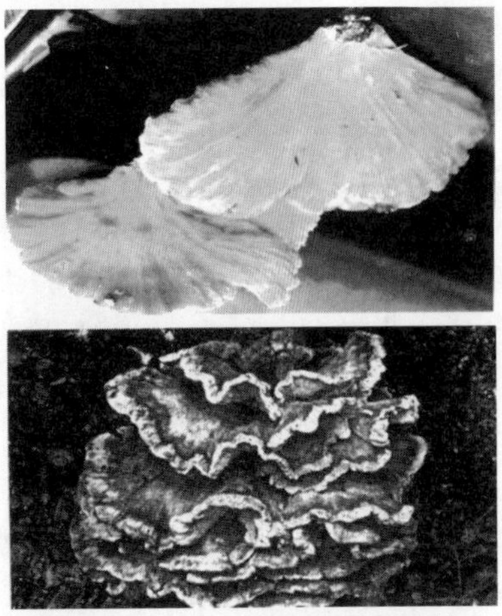

图 91－1　朱红硫黄菌的子实体

二、生态习性

朱红硫黄菌生活在海拔600～1 200m的杉木林或青冈林(以杉木林最多)活立木或倒木树桩基部或树干上,子实体发生季节一般在5～7月份。经测定,生长子实体的地点气温白天最高为20～25℃,晚上最低为12℃左右。林间空气相对湿度85%～90%,生长基质含水量60%～65%,生长基质的pH为4～6.5,周围落叶层厚10cm左右,林区遮荫度达80%～85%。菌丝体一般沿树木木质部与韧皮部之间的形成层向树木基部生长,之后菌丝布满整个木材,树木被腐朽。温度适合时长出子实体。

三、成分及功效

含有丰富的齿孔酸(eburicoic acid),这种物质是合成甾体类药物的主要原料,是合成口服避孕药和治疗雄性器官功能衰退及某些妇科疾病药物的重要原料。该菌对小白鼠肉瘤S-180及艾氏腹水癌的抑制率分别为80%和90%。入药具有滋补强壮作用。

第三节　朱红硫黄菌的栽培技术

一、栽培状况

幼嫩时可食,有药用价值,与硫黄菌相同。日本铃木敏彦(1992)曾进行段木栽培试验,栽培方法大致与灰树花栽培法相同。

二、栽培方法

供栽培用原木为袍栎等壳斗科树种,树径9～12cm。3月份将原木截成长9～16cm的短段木。然后将短段木装入汽油桶改制的灭菌桶,加水后再用营养添加剂处理,通入蒸汽,灭菌4个半小时。灭菌后,立即将短段木装入供食用菌栽培专用的带有滤纸的聚丙烯袋内(容积2 500g),每袋装一根短段木,折好袋口,不让外部空气进入,放置在无菌室内。冷至20℃时接种,每袋接种木屑菌种50g,分散地撒入袋内。然后折好袋口,用钉书机钉好。

接种后的料袋,排放在室内床架上,在室温20℃±2℃、相对湿度65℃±5%的培养室,避光培养120天。朱红硫黄菌的菌丝生长速度稍比灰树花快,但在前60天有部分料袋生长速度比灰树花菌丝生长慢,到100天时,两者生长速度几乎相同。菌丝生长最适温度为27～28℃。菌丝的颜色与子实体肉质部色泽相同,均为鲜鲑肉色,随着逐渐成熟而加深。菌丝培养初期有少量青霉发生,随朱红硫黄菌菌丝的生长而被消灭。未见木霉类为害,也未出现因杂菌污染而失败。

将已发好菌的短段木放置到树龄约25年的袍栎林内。先将林内地面落叶全部清除,然后从袋中取出短段木,依次排放在地面,浇足水后盖上厚约2～3cm的新落叶。如林内透光度过大,在段木上加小拱棚,盖上遮光率为70%～80%的遮光幕罩。子实体在6～9月份发生,第一年9月份在小径段木上有零星子实体发生,集中发生在第二年仲夏(6月)与秋季(9月)。每根段木平均产鲜菇205g,子实体平均单重67g。

菌盖顶端由乳白色变为淡红色后2～3天即可采收。若不及时采收,超过1～2天,子实体变硬变脆,品质明显下降,且易遭害虫侵害。适时采收,产品为鲜艳淡红色,香味好,且富有弹性。

该菌还未有生产性栽培,这里介绍的栽培方法仅是实验室用的栽培方法。

三、栽培技术要点

曾先富等对野生朱红硫黄菌的驯化栽培进行了研究后认为,朱红硫黄菌的菌丝体适宜生长的温度范围为15～32℃,最适温度为22～28℃。子实体发生的最适温度为16～25℃。气温低于16℃,子实体色泽淡橙色;16℃以上,子实体呈鲜橙红色。培养基适宜碳氮比为20∶1～26∶1,适宜酸碱度范围为3～8,最适酸碱度为4～6.5。朱红硫黄菌的产量与光照条件无关,但光照强度影响子实体的发生时间和色泽。朱红硫黄菌栽培原料广泛,凡栽培木腐菌的培养料均可用于栽培朱红硫黄菌。

(1)培养料配方

棉子壳47%,杂木屑30%,麦麸20%,红糖1%,磷酸二氢钾0.1%,硫酸镁0.05%,石膏1%,石灰1%。

(2)制袋

按60%～62%的含水量,将栽培原料拌匀,用宽17cm、长33cm、厚0.04cm的菌袋装料,100℃条件下,灭菌10～12小时。冷却后一头接种,双层报纸封口。22～26℃培养30天左右，菌袋长满。

(3)出菇管理

待菌袋菌丝长满后，将其移入出菇棚，不去掉封口纸，保湿(85%～90%)，一般散射光刺激。20天后，子实体会陆续发生。待子实体边缘变成白色带时即可采收。

参考文献

[1] 卯晓岚. 中国大型真菌[M]. 郑州：河南科学技术出版社，2000.

[2] 曾先富，廖志勇，张军. 野生朱红硫黄菌驯化栽培研究[J]. 中国食用菌，2005，24(6)：18.

（潘　扬）

第九十二章　猪　苓

DIJIUSHIERZHANG ZHULING

摘要：中国是全球最大的猪苓生产与消费大国。20 世纪 60 年代以来，我国进行了人工栽培猪苓研究并获得成功，并在理论上初步阐明了猪苓和蜜环菌的相互关系，推动了猪苓人工栽培技术的快速发展。本章较为全面、系统地阐述了猪苓研究的历史现状，猪苓的生物学特性、分类、栽培技术、营养及其药用价值，并对其未来发展与应用进行了展望。

Polyporus umbellatus

Abstract: China is the world's largest producer and consumer of *Polyporus umbellatus*. The mushroom has been successfully cultivated, and the relationship between *Polyporus umbellatus* and *Armillaria* has been explained. There has been a rapid expansion of *Polyporus umbellatus* cultivation since the 1960's. This chapter consists of seven sections describing in detail various aspects of *Polyporus umbellatus* including production history, the present status relating to *Polyporus umbellatus* in China, biological features, taxonomy, cultivation techniques, nutritional attributes and medicinal properties, and the prospects for future development.

第一节　概　述

猪苓又名：猪粪菌、猪灵芝等。

学名：*Polyporus umbellatus* (Pers.) Fr., *Syst. mycol.* (Lundae) 1:354(1821)。

属名"*Polyporus*"的词干"polys-"意思是"多的"，词尾"-porus"意思是"孔"，文献直译为"多孔菌属"。种名加词"*umbellatus*"意思是"伞形的"。中文学名直译为"伞形多孔菌"。中文文献早就有"猪苓"一词。

同物异名：*Boletus ramosissimus* Scop., *Fl. carniol.*, Edn 2 (Wien) 2: 470 (1772); *Boletus ramosus* Vahl, *Fl. Danic.* (1797); *Boletus umbellatus* Pers., *Syn. meth. fung.* (Göttingen) 2: 519 (1801); *Cerioporus umbellatus* (Pers.) Quél., *Fl. mycol.* (Paris): 409 (1888); *Cladodendron umbellatum* (Pers.) Lázaro Ibiza, *Revta R. Acad. Cienc. exact. fis. nat. Madr.* 14: 865 (1916); Cladomeris umbellata (Pers.) Quél., *Enchir. fung.* (Paris): 167 (1886); *Dendropolyporus umbellatus* (Pers.) Jülich, *Biblthca Mycol.* 85(6): 400 (1982) [1981]; *Fungus ramosissimus* (Scop.) Paulet, *Traité Champ.*, Atlas 2: 120 (1793); *Grifola ramosissima* (Scop.) Murrill, *Bull. Torrey bot. Club* 31 (6): 336 (1904); *Grifola umbellata* (Pers.) Pilát, *Beih. bot. Zbl.*, Abt. 2 52: 25 (1934); *Merisma umbellatum* (Pers.) Gillet, *Hyménomycètes* (Alençon): 691 (1878); *Pocillaria umbellata* (Pers.) Kuntze, *Revis. gen. pl.* (Leipzig) 2: 866 (1891); *Polypilus ramosissimus* (Scop.) Bondartsev & Singer, *Annls mycol.* 39 (1): 47 (1941); *Polypilus umbellatus* (Pers.) P. Karst., *Bidr. Känn. Finl. Nat. Folk* 37: 24 (1882); *Polyporus chuling* Shirai, *Bot. Mag.*, Tokyo 19: 92 (1905); *Polyporus ramosissimus* (Scop.) J. Schröt., *Kryptogamenflora der Schweiz* 3: 481 (1889) [1888]

分类地位：菌物界(Fungi)，担子菌门(Basidiomycota)，伞菌纲(Agaricomycetes)，多孔菌目(Polyporales)，多孔菌科(Polyporaceae)。

我国古文献中有许多关于猪苓的记载。《本经》记载其主痃疟，利水道。《药性论》记载其解伤寒温疫大热，发汗，主肿胀，满腹急痛。《纲目》记载其开腠理，治淋、肿、脚气、白浊、带下，妊娠子淋、小便不利。《本草衍义》记载其行水之功多，久服必损肾气，昏人目。《纲目》记载猪苓淡渗，气升而又能降，故能开腠理，利小便，与茯苓同功，但入补药不如茯苓也。在《本草求真》一书中名为“豕零”。并对其性味、功效进行了描述。其文曰“猪苓，凡四苓、五苓等方，并皆用此，性虽有类泽泻，同人膀胱肾经，解热除湿，行窍利水，然水消则脾必燥，水尽则气必走；泽泻虽同利水，性亦类燥，然咸性居多，尚有润存，泽虽治火，性亦损气，然润能滋阴，尚有补在。故猪必合泽泻以同用，则润燥适均，而无偏陂之患矣。至于茯苓虽属渗剂，有湿自可以去，然在则入气而上行，此则入血而下降，且与泽泻利水消肿，治疟止痢等药，审属暑邪湿热内闭，无不惜此以为宣导之需，古人已云清利小便，无若此缺，以故滋阴药中，止有泽泻，而不用及猪苓，正谓此耳。但此专司引水，津液易耗，久服多致损目”。《神农本草经》将猪苓列为上品，是利水渗湿的常用药。用于小便不利、水肿、泄泻、淋浊、带下等症，药用已有 2000 多年的历史。现代药理证明，猪苓多糖具有抗肿瘤作用，对血红细胞免疫功能的恢复有明显的促进作用。

第二节　猪苓的生物学特性

一、形态特征

猪苓子实体多数从地下菌核生出，俗称“猪苓花”。菌体白色，较软，有短的主柄，主柄多次分枝而呈丛生状，每丛可达 10～100 枝，分枝顶端着生菌盖。菌盖肉质，圆形，中部脐状，近白色至浅褐色，有淡黄褐色纤维状鳞片，边缘薄而锐，常内卷。菌肉薄，白色。菌管与菌肉同色。孢子印白色；孢子无色，光滑，圆筒形，一端圆形，一端具歪尖，7～10μm×3～4.2μm。通常所说的“猪苓”，一般是指猪苓的菌核。菌核埋生于地下，呈不规则块状，表面有凹凸不平的皱纹，并有许多瘤状突起，黑褐色，有油漆样光泽，干后带淡褐色，坚硬，略有弹性。其上有绿色“芽眼”，并带有蜜环菌菌索。内部白色，干后淡褐色。

猪苓的子实体显微观察表明，它由典型的三系菌丝组成，即生殖菌丝、骨架菌丝、联络菌丝。生殖菌丝有丰富的细胞内含物，细胞质浓，可观察到细胞核、内质网、线粒体，并含有大小不等的液泡，线粒体数量多、脊丰富是其特点，与生殖菌丝生殖分化能力相适应。生殖菌丝在菌柄、菌盖和管孔间的隔离膜组织中均有分布，具有繁殖和分化骨架菌丝、联络菌丝的功能。骨架菌丝是一种有狭窄细胞腔的厚壁菌丝，腔中有液泡，内有少量脂类颗粒，细胞器一般不存在。骨架菌丝由生殖菌丝分化而来，不分枝，在菌柄、管孔间隔中有少量分布，而在菌盖中数量较多，其主要作用是支持子实体，保持其形态。联络菌丝在子实体中广泛存在，多分枝，多液泡，内壁常内折形成不规则形态，自身互相交错连接或穿插于其他两类菌丝之间。在子实体结构中，生殖菌丝具生殖及分化能力，骨架菌丝是子实体结构的骨架，而联络菌丝把这些骨架固定在一起。

二、生态分布

(一)共生

猪苓以菌核入药，同时猪苓又是一种很特殊的药用真菌。猪苓不能自养，也不能直接寄生于活的绿色植物体上或腐生于已死亡的绿色植物体上，常寄生于枫、桦、柞、槭、杨等乔、灌树木为主的树根上。猪苓菌与蜜环菌是一种十分特殊的菌内共生关系。在自然条件下猪苓的菌核在没有蜜环菌伴生的情况下呈休眠状态，只有当蜜环菌侵入猪苓菌核时才能生长发育。当蜜环菌的菌索在猪苓附近的植物体上寄生并接近猪苓菌核时，蜜环菌的菌丝侵染猪苓的菌核，在核内形成有很多分枝的蜜环菌菌索。猪苓菌核由于自身的免疫作用形成一颜色非常深的立体隔离腔，其颜色、结构与猪苓菌核的外皮相似。蜜环菌消化隔离腔中的猪苓菌丝作为营养物质继续向深层侵入，并在菌核内穿插侵染，形成侵染带。猪苓菌核很快生出菌丝反侵染入蜜环菌的菌索，深入皮层下的 1～3 层细胞，从中获取营养。后期猪苓的菌核菌丝主要是靠附着和部分插入蜜环菌菌索皮层及侵染带细胞间隙吸收蜜环菌的代谢产物。由于得到营养，蜜环菌浸染区周围菌丝开始繁殖。

(二)地理分布

猪苓生于阔叶林或混交林中地上，菌核埋生于地下树根旁。主产于陕西、云南、山西、河南、甘肃、吉林、四川等省，以云南产量最大，传统上认为陕西出产的品质最佳。在国外，猪苓主要分布于欧洲和北美洲国家，亚洲的日本也有分布。

(三)猪苓生长的生态环境

1. 猪苓生长与地势、地形的关系

野生猪苓多分布于海拔1 000～2 000m的山区，以1 200～1 600m地区生长较多，阳坡、阴坡均有分布，以半阴半阳的二阳坡生长最多。

20～25度缓坡地猪苓分布较多。超过50度陡坡，野生猪苓呈直线或斜线状分布，平缓地则呈单穴或梅花状分布。

猪苓属好气性真菌，喜生长于富含腐殖质的表层土壤，深度一般在0～40cm处，向上和两侧方向生长。

2. 猪苓生长与植被的关系

原始森林或林木过于密集的地方少有猪苓生长。而原始森林采伐十余年后的亮脚林，隐蔽度为七阴三阳处的地方猪苓生长较多。除松林外的阔叶林、混交林、次生林、竹林等均有野生猪苓分布，以次生林砂壤土质生长较多。杂木林中，常可在树旁挖到猪苓，以桦树、杨树、柳树、椴树、槭树等树旁最多。森林土壤中的大量枯枝落叶，腐烂后形成营养丰富的腐殖质，其中各种树根、毛细根纵横交错，极有利于蜜环菌生长，而蜜环菌又是猪苓的主要营养来源，因而猪苓喜生长于这些树根中。

3. 猪苓生长与蜜环菌的关系

采挖野生猪苓时可发现，猪苓生长的穴中及猪苓体上有蜜环菌索的存在，部分菌索已侵入到猪苓体内，无蜜环菌的土壤不生长猪苓。另外，猪苓喜生长于疏松、透气的腐殖质土层，是否直接分解利用腐殖土层中的营养，目前尚不清楚。但腐殖土中一般都有蜜环菌生长，蜜环菌的主要营养来源是林间枯枝落叶，同时也寄生于活树根上。因此，猪苓与蜜环菌属特殊的真菌与真菌的共生关系。

(四)影响猪苓生长和繁殖的理化因素

1. 温度

地温在9.5℃时，猪苓开始萌动，12℃左右新苓生长膨大，14℃左右新苓萌发增多，22～25℃时生长最快。超过28℃时，生长受到抑制。

2. 湿度

土壤含水量在50%～60%时猪苓最适于生长。每年7～8月份，降雨量在240mm左右、空气相对湿度在70%～90%时是猪苓的生长旺季。土壤水分低于30%，猪苓即停止生长；土壤水分长期处于饱和状态，会引起猪苓腐烂。

3. 酸碱度

腐殖土和黄土都有猪苓生长，以颗粒状团粒结构、疏松的腐殖土易于其生长。尤以黑沙腐殖土生长最好，产量最高，土壤pH为5.0～6.7。

第三节　猪苓的分类学

一、经典分类学

野生和人工栽培的猪苓菌核通常呈现“3种”形态：一种为分枝少呈长形块状，体形大，表面较光滑，俗称“猪屎苓”，质量较优；一种呈不规则球形，俗称“铁蛋猪屎苓”；另一种分枝多，凹陷深，体形小，如姜状，形似鸡爪，俗称“鸡屎苓”，质量较次。

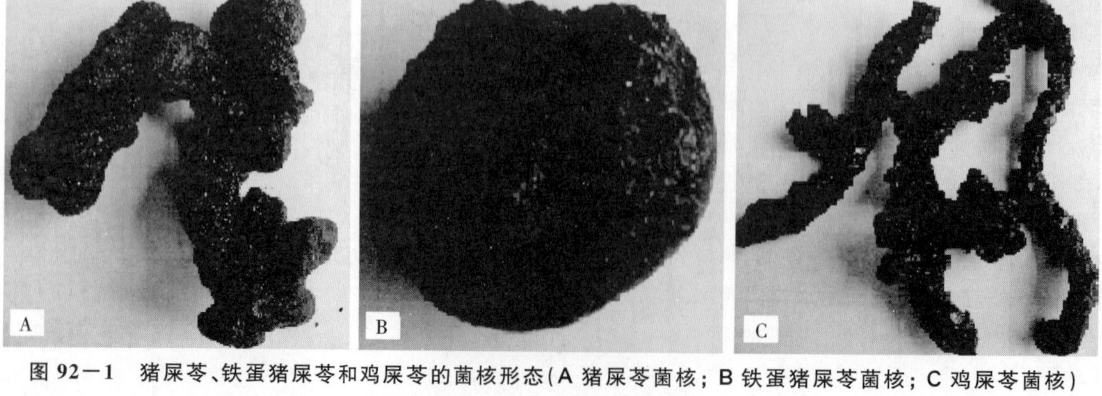

图92－1　猪屎苓、铁蛋猪屎苓和鸡屎苓的菌核形态(A 猪屎苓菌核；B 铁蛋猪屎苓菌核；C 鸡屎苓菌核)

二、现代猪苓分类研究

(一)利用猪苓营养菌丝中的酯酶(EST)与过氧化物酶(POD)的同工酶进行分类研究

陈文强、邓百万等对陕西留坝3种不同猪苓菌核(猪屎苓 *P. umbellata* LBZ、鸡屎苓 *P. umbellata* LBJ、铁蛋屎苓 *P. umbellata* LBT)中分离得到的营养菌丝,采用聚丙烯酰胺凝胶垂直板电泳(PAGE)对其酯酶(EST)与过氧化物酶(POD)的同工酶(图92-1~图92-5)进行了分析。

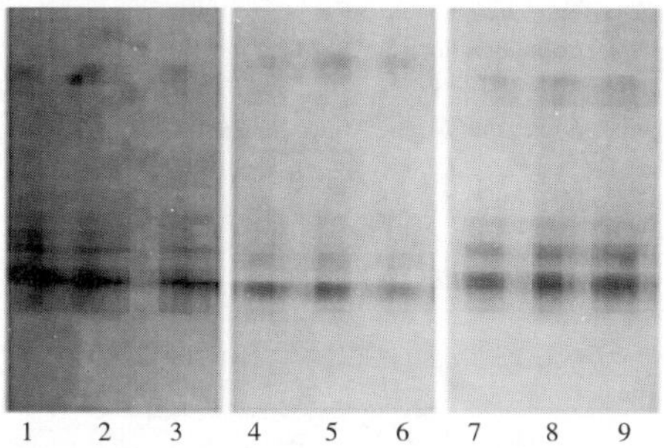

图92-2 3种猪苓菌丝酯酶同工酶电泳图谱

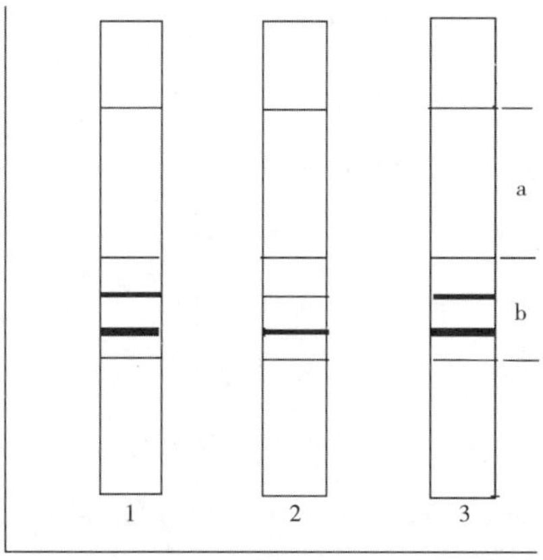

图92-3 3种猪苓菌丝酯酶同工酶电泳谱带模式图

注:一表示弱线 ━表示中强带 ▬表示强带

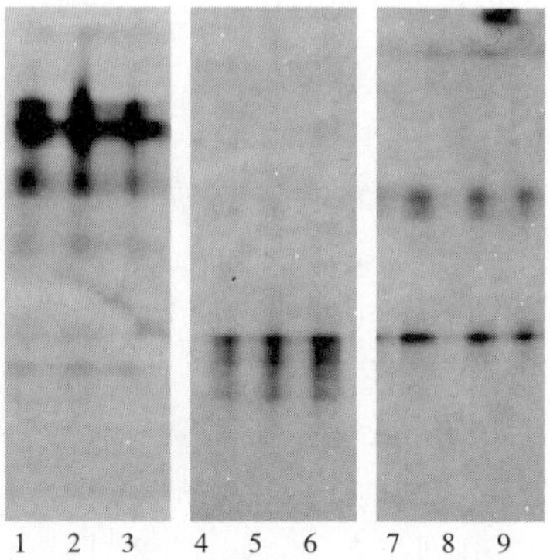

图92-4 3种猪苓菌丝过氧化物酶同工酶电泳图谱

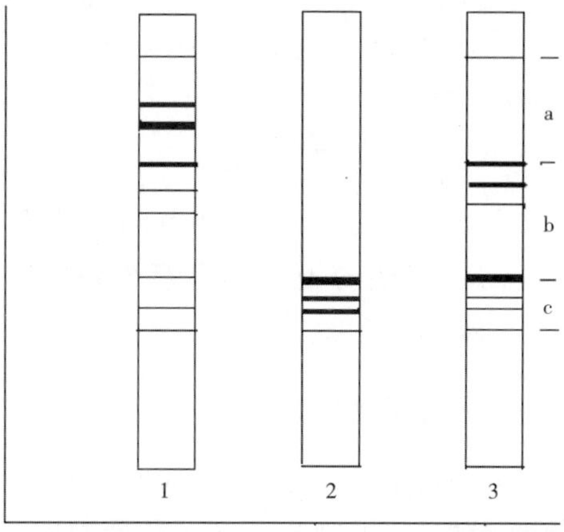

图92-5 3种猪苓菌丝过氧化物酶同工酶电泳谱带模式图

注:一表示弱线 ━表示中强带 ▬表示强带

结果表明,3种猪苓营养菌丝的酯酶同工酶和过氧化物酶同工酶活性相近。酯酶同工酶共显1种谱型,5条谱带,Rf值集中在0.22~0.78;过氧化物酶同工酶共显3种谱型,酶谱条带数在4~9条间,*P. umbellata* LBZ、*P. umbellata* LBJ、*P. umbellata* LBT的过氧化物酶酶谱条带数依次为8条、4条和9条,Rf值集中在0.08~0.69。

同时,利用过氧化物酶酶谱谱带的相似度指数作为指标,对3种不同猪苓菌核的营养菌丝进行聚类分析(图92-6)。

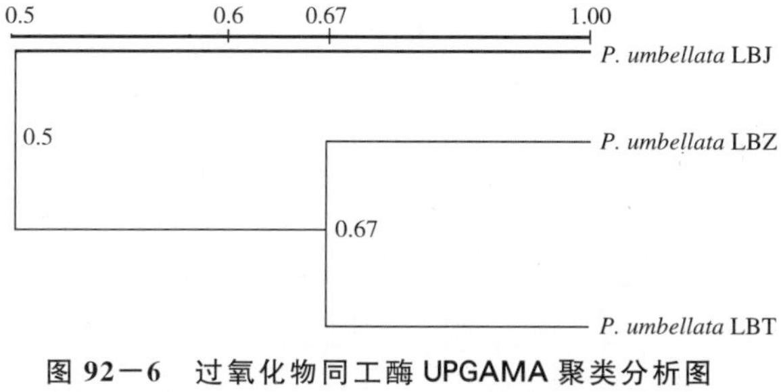

图92-6 过氧化物同工酶UPGAMA聚类分析图

通过过氧化物同工酶UPGAMA聚类分析显示,在阈值为0.5处,将3种猪苓分为两组,其中*P. umbellata* LBJ单独成为一组,*P. umbellata* LBZ和*P. umbellata* LBT为一组,*P. umbellata* LBZ和*P. umbellata* LBJ在阈值为0.67处又被分为*P. umbellata* LBZ和*P. umbellata* LBT两小组。聚类分析显示,*P. umbellata* LBJ相对*P. umbellata* LBZ、*P. umbellata* LBT亲缘关系相对较远,*P. umbellata* LBZ和*P. umbellata* LBT的亲缘关系较近。

过氧化物同工酶UPGAMA聚类分析图还显示*P. umbellata* LBZ、*P. umbellata* LBJ、*P. umbellata* LBT这3种不同菌核间的亲缘关系较近,它们的相似系数超过0.5,*P. umbellata* LBJ与其

他2种菌核间的亲缘关系相对较远，但在大的范围（图上所示结点处）还可与 *P. umbellata* LBZ、*P. umbellata* LBT 分为一类，再次证明这3种不同菌核形态的猪苓属同种。

（二）基于 rDNA 和 β-tub1 序列对不同形态猪苓菌核间亲缘关系分析确定

1. 序列比对

邢晓科、郭顺星等从 ITS 序列探讨了猪苓与其伴生菌的亲缘关系。刘开辉、邓百万等利用 PCR 分别扩增猪屎苓、铁蛋猪屎苓和鸡屎苓菌丝体的 rDNA（ITS1-5.8S rDNA-ITS2）和 β-tub1 片段，所得片段序列比对结果表明，不同猪苓菌丝体的 rDNA（ITS1-5.8S rDNA-ITS2）序列长度均为537bp，所得的部分18S rDNA 序列长度均为882bp，所测的不同猪苓菌丝体的 β-tub1 序列长度均为480bp。经比对分析发现，不同猪苓菌丝体的 rDNA 和 β-tub1 同源性为100%。结果表明，尽管供试猪苓菌核形态差异很大，但在进化地位上仍为同一物种。猪屎苓、铁蛋猪屎苓和鸡屎苓18S rDNA 和 β-tub1 序列已提交 GenBanK，收录号依次为：EU442272、EU442275、EU442268 和 EU442271、EU442274、EU442269。

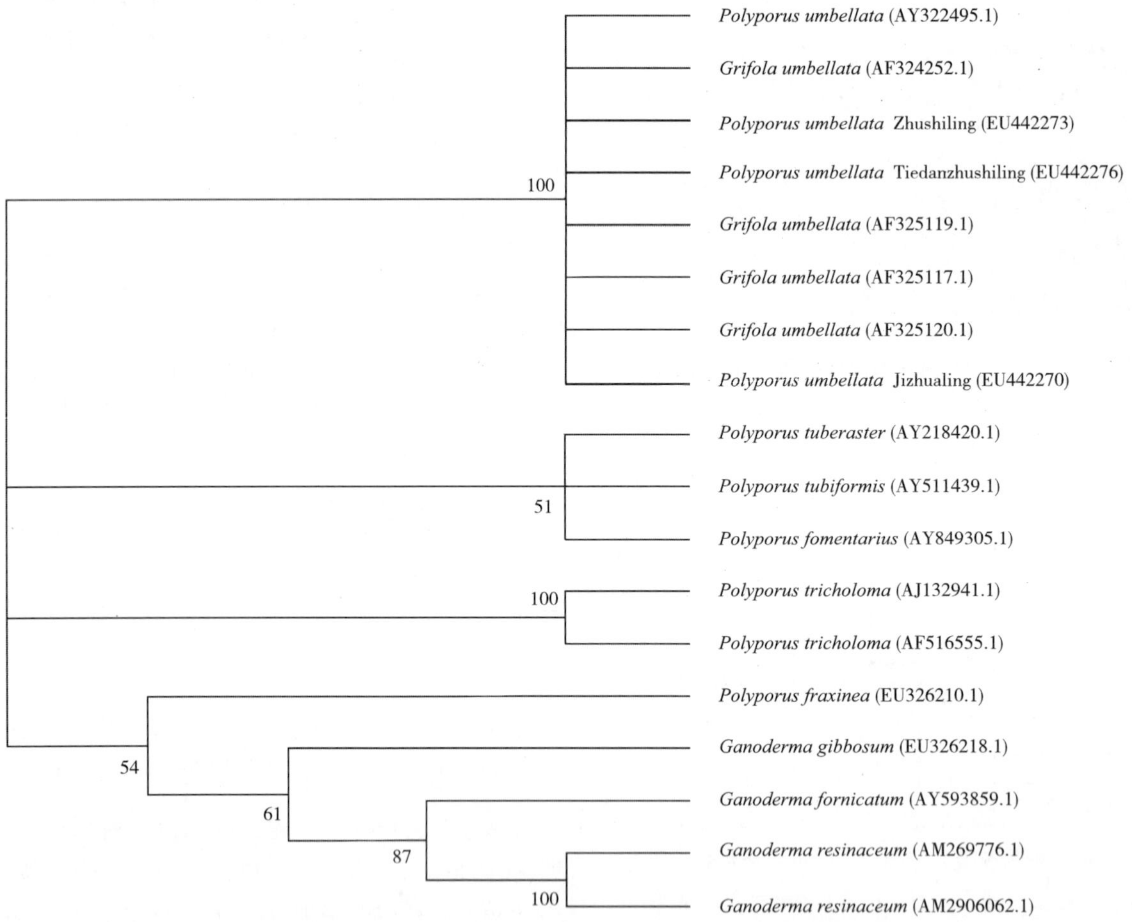

图92－7 基于 ITS 序列分析不同菌核猪苓间的亲源关系

2. 系统发育分析

用 Clusta-X 软件对不同猪苓菌丝体的 ITS1、5.8S rDNA 和 ITS2 序列进行人工校正，从 GenBanK 上下载的相应数据，按照 N-J 法聚类，经自举法检验（1 000次重复），得到进化树（图92－7）。不同菌核猪苓菌丝体的 ITS 序列和 GenBanK 上收录猪苓的 ITS 进行比对分析，其同源性为100%，和已知猪苓（*P. umbellata*）菌株类聚于同一分支。此外，供试菌株18S rDNA 序列和 GenBank 上收录的多孔菌属真菌的18S rDNA 序列同源性为97%～98%；β-tub1 序列同 GenBank 上已收录的多孔菌属真菌 β-tub1 序列同源性均大于80%，其中和粗糙革孔菌（*Coriolopsis aspera*，GenBank 收录号：EU030104.1）的 β-tub1 序列同源性为88%，同云芝（*Trametes versicolor*，GenBank 收录号：AY944858.1）序列的同源性为89%和裂褶菌（*Schizophyllum commune*，GenBank 收录号：X63372.1）β-tub1 序列的同源性为91%。

第四节　猪苓的栽培技术

猪苓栽培成功与否，关键取决于猪苓菌种的质量。采用综合马铃薯培养基和蛋白胨培养基，温度在25～28℃，pH自然的条件下，不同猪苓菌核均能分离出营养菌丝。菌丝洁白粗壮，培养基表面有大小不等的球形菌核，最初白色，10～20天由白变灰，质地致密，有猪苓气味，干后坚硬。菌丝萌发力强，成活率高，地温15℃以上点播3天菌丝定植，15～20天菌丝向土中延伸呈根网状，40～60天开始在树叶及土层中形成白色球形幼苓。假冒或采用常规法组织分离，或多次扩繁而生产的猪苓菌种，菌丝细弱，灰白，无网状菌根，培养基表面没有球形菌核，或菌核极小，易老化，菌丝不向土中延伸。猪苓生长靠蜜环菌，而蜜环菌生长具有兼性寄生的特点，即在分解枯枝落叶的同时，可寄生在活树根上。因此，将猪苓种于活树根旁，将活树根作为蜜环菌的长效营养源，这样既可降低生产成本，又可提高猪苓产量。

一、蜜环菌种的选择

蜜环菌种类很多，有些菌种易衰老，营养供给不足，造成减产或无产量。蜜环菌种质量直接影响猪苓的产量。目前，经栽培试验的“京234”号蜜环菌种，自然存放40～60天后菌丝色泽呈浅黑色，菌丝生长旺盛、粗壮均匀。一般每瓶蜜环菌种能扩大培养50～60cm长的菌材10～15根，培养菌枝2.5～4.0千克。根据培养量选择蜜环菌种。

二、种苓的栽培与选择

目前，利用猪苓纯菌丝菌种进行人工栽培技术尚未完全突破，只能依靠猪苓菌核做种。野生或人工栽培的猪苓，只要用带潮湿的砂土一层一层堆埋于荫凉通风处，皆能存放2～3个月不腐烂。

从猪苓菌核表皮颜色可以判断其菌龄：3年以上为黑褐色；2～3年为灰黄色；当年新生苓为清白色。猪苓同其他真菌一样，产生子实体及孢子，孢子形成锁状联合菌丝，以自身分解吸收木质素等营养，菌丝扭结而形成小白苓，白苓停止生长即转为灰色，逐渐变成黑色，与原营养源脱离，蜜环菌侵入后，开始继续生长。蜜环菌不侵入当年生长的白苓，只侵染灰苓和黑苓并形成共生关系。白色猪苓是膨大期的幼苓，无经济价值。黑、灰苓既是商品药材，也可用作种苓。灰苓断面菌丝白色，含水量大，萌发新苓多，是最佳的种苓。黑苓也可作种，但应选择具有弹性、断面菌丝为白色或微黄色、新鲜无霉变的苓块。菌核无弹性、断面菌丝黄色、体内有许多空腔的老苓不能做种苓。种苓大小不限，从离层处或细腰处掰开即可，切忌刀切。

三、栽培林地选择

（一）海拔高度

海拔600～1 500m林地均可栽培。林相以杂灌林、次生阔叶林、混交林和竹林为宜。树种以桦树、马桑和板栗等不含油质树种为好。木质越疏松，发菌越快，猪苓早期接菌越多，产量越高。

（二）山势山向

以朝北阴坡沟槽处最宜。顶风山、滚坡梁和向阳干坡不宜栽培。山势在千米以下宜栽阴坡，1300m左右宜栽二阳山，1400m山上可栽向阳林下。要求林内光照七阴三阳，原始密林不宜栽培。

（三）土壤土质

猪苓栽培要求土壤湿润，疏松透气，且腐殖质含量高的砂壤土，其次为黑砂土、石渣土和油质土。土壤pH为5.0～6.7。

四、猪苓种子培养

选择海拔800m左右、相对湿度80%～90%、遮阳度80%～100%的坡地培养猪苓种子。用直径5.0cm以下树枝，截成15～20cm小段，挖坑撒播，种植2层为宜。每平方米用阔叶树叶及段木40～50千克，猪苓菌种和蜜环菌各1～2瓶（包）。猪苓菌丝应洁白粗壮，表面有网状菌根，培养基内有大小不等的球形菌核，初为白色，10～20天由白变灰，质地致密，干后坚硬。地温15℃以上点播定植，15～20天菌丝向土中延伸呈根网状，40～60天开始在树叶及土层中形成白色球形幼苓。一年培养即成猪苓种子。

五、蜜环菌菌枝培育

（一）树种

以青冈、桦树等树种制作枝条，除去带油脂、芳香的树种。

（二）截段

取1.5～2.0cm粗细的青冈和桦树枝条，斜砍成

5.0～8.0cm长的节段，暴晒2～3天后，用0.25%硝酸铵或0.25%尿素水溶液中浸泡12～24小时后备用。

（三）培育方法

挖长80～100cm、宽50～60cm、深20～30cm的坑。铲平坑底，先用清水浸透土坑。待水渗干后，先在坑底铺一层厚约2.0cm的树叶，将树枝依次摆在树叶上，后将蜜环菌种放在树枝间的截口处，盖一层薄土并填实空隙。依次做第2层、第3层直至4～5层，最后坑顶覆土5～8cm，用树叶覆盖坑表面。经常浇水（一个培育坑，一次浇水30～40L），使坑内湿度维持在70%～80%，2～3个月后树枝即可长满蜜环菌。长有蜜环菌的树枝节，称为菌枝。

六、蜜环菌菌材培育

（一）树种

以青冈、桦树等阔叶树种作培养蜜环菌的菌材。

（二）截段

取4～8cm粗细的青冈和桦树等，截成长50cm的短棒，在树棒2～3面砍成鱼鳞口并深入至木质层。晾晒20～30天备用，树棒过干时可用0.25%的硝酸铵溶液浸泡1天后使用。

（三）培育方法

选用干净砂土地或生地培育。挖长60～70cm、深20～25cm的坑。将坑底土壤挖松并整平，铺3cm厚的湿树叶，其上摆树棒5根。棒间距1～3cm，回填半沟砂土。在树棒两端和两棒间放蜜环菌菌枝，每隔5cm放一个菌枝，洒清水并浇湿树棒，后用砂土填实棒间空隙，以盖住树棒为止。再放第2层树棒，回填半沟砂土，放菌枝盖土（同第1层操作一样）。依此做第3层，最后盖砂土约10cm。每10天浇水一次，3～4个月可长好蜜环菌菌丝，菌棒培养时间在每年3～10月份。

七、猪苓林地栽培方法

（一）挖坑

挖长70cm、宽60cm、深20～30cm的坑，在林间须根处栽培。也可开挖长沟槽栽培，根据地形而定，坑底挖松并整平。

（二）放棒下种

坑内填腐质土4～5cm，中间放一根稍大的树棒，树棒两面各放一根带蜜环菌的菌材。菌材与中间树棒间距4～5cm，然后再在两根菌材两面各放一根树棒，树棒与菌材间距4～5cm。在两根蜜环菌菌材两边分别均匀放入350～500g灰苓或黑苓菌种，新树棒处不放种苓。将细土均匀填入菌棒与树棒空隙间压实，后放入2～3根树枝，树枝需单个平放，不能重叠，最后用腐质土或砂土覆盖15～20cm，坑面成平顶，便于保水保墒，也可呈“井”字型栽培两层。

八、栽培时间

猪苓一年四季均可栽培，以春夏2～5月份和秋冬10～12月份栽培最好。低山应避开夏季7～8月份高温时节。

九、猪苓栽后管理

猪苓栽后的管理一是要注意防旱，在遇到连续干旱的年份，应设法浇水，使土壤保持一定的湿度。二是要保温，每年冬春季在栽培穴上覆盖5～10cm厚的枯枝落叶以保温。从第3年起，早春结合培土将坑面挖开，在栽培层上加蜜环菌材3根和粗树枝一层，使猪苓获得充分的营养供应，以利继续生长。三是防止人畜践踏。

第五节　猪苓的化学成分、药理作用与临床应用

一、化学成分

猪苓含麦角固醇（ergosterol）、α-羟基-二十四碳酸、生物素（biotin）、猪苓酸A.C.（polyporenic acid A.C.）、猪苓多糖、土莫酸、猪苓酮A.B.（polyporusterone A.B.）、乙酰丁香酮、外源性凝集素，猪苓多糖是猪苓抗肿瘤作用的主要有效成分。最近，从猪苓菌核的乙酸乙酯提取物中分离出8种具有抗炎活性的麦角甾烷-型蜕皮固醇，其中3种

为新化合物，命名为 polyporoid A、B、C。从猪苓甲醇提取物中分离的三萜羧基酸 polyporusterone A 和 polyporusterone B 具有抑制抗溶血活性。

二、药理作用

(一)抗肿瘤作用

一系列体内给药实验证明，猪苓提取物及其所含多糖对小鼠肉瘤S-180、宫颈癌 14(U14)、肝癌 22(H22)等动物移植性肿瘤有明显抑瘤作用。静脉注射和腹腔注射较灌胃效果好，接种肿瘤同时给药优于预防性给药或延后给药。但猪苓提取物"757"(主要含多糖)浓度为 1mg/ml 时，对体外培养的S-180细胞无直接杀伤作用。

猪苓多糖与化疗药，如顺铂、喃氟啶合用可增强其抗肿瘤作用。猪苓多糖还能增强抗肿瘤细胞因子的抗肿瘤作用，如单用猪苓多糖(2 毫克/只，腹腔注射，共 9 天)对小鼠黑素瘤 16(B16)的抑瘤率为 12%，单用 rIL-2(5 万单位，腹腔注射，共 9 天)的抑瘤率为 34.95%，而两者合用，可增至 65.85%。猪苓多糖(50mg/kg，肌内注射，共 12 天)可抑制小鼠 Lewis 肺癌转移。

猪苓多糖 20mg/L，可抑制体外培养的 HL-60 细胞的细胞质和细胞膜的酪氨酸蛋白激酶(TPK)的活性，使磷酸酪氨酸蛋白磷酸酶(PTPP)活性增强，提示猪苓多糖抗肿瘤作用可能与其降低肿瘤细胞酪氨酸蛋白磷酸化水平有关。

姚仁南等观察了猪苓多糖对 HL-60、K562 癌细胞株的体外诱导分化作用。当猪苓多糖浓度为 30μg/ml 时，与 HL-60 共同培养 72 小时后，细胞明显贴壁，形成丝状突起，吞噬墨汁能力和 NBT 还原能力增强；电镜下呈现单核细胞特征。表明在此浓度下，猪苓多糖能诱导 HL-60 细胞分化。但低于 30μg/ml 浓度时，猪苓多糖无诱导 HL-60 细胞分化作用。研究还发现：3μg/ml 猪苓多糖与维甲酸联合体外诱导 HL-60 细胞株时，全反式维甲酸浓度为 10^{8} mol/L 与 10^{6} mol/L 时的诱导效果相近，表明猪苓多糖与全反式维甲酸联合有相互增强诱导作用。30μg/ml 浓度的猪苓多糖对 K562 细胞无明显诱导分化作用。

曾星等应用细胞计数形态学和流式细胞分析技术观察猪苓多糖(PPS)对膀胱癌 T24 细胞形态、细胞增殖、凋亡及细胞周期的影响。结果：PPS 5mg/ml 组细胞数量减少，细胞形态改变，较多细胞伸出伪足。PPS 100μg/ml 和 2mg/ml 组，凋亡细胞与对照组比较差异无显著性。但 PPS 5mg/ml 组细胞周期分布中 S 期细胞增加，G2 期细胞减少。结果指出，PPS 有抑制 T24 细胞增殖作用，可能是通过阻止 T24 细胞由 S 期进入 G2 期所致。

杜肖娜等发现，接种小鼠肉瘤S-180肿瘤细胞后 24 小时，对照组和实验组小鼠分别腹腔注射生理盐水0.2ml 和猪苓多糖注射液 20mg/kg，每天 1 次，连续 15 天。在第 5、10、15 天注射 24 小时后，每组随机取 5 只小鼠脱颈处死，检测其脾细胞淋转能力、NK 细胞活性及脾组织 IL-15 mRNA 水平，同时检测肿瘤重量。另外，每组中随机取 5 只小鼠观察生存期。结果表明，对照组小鼠的平均生存期为15.1±1.7天；实验组小鼠平均生存期延长为20.8±3.2天(两组比较，$P<0.05$)。实验第 5 天，两组小鼠肿瘤重量差异无显著性，而第 10 天和第 15 天，实验组小鼠的肿瘤重量分别为0.850±0.212g 和0.670±0.207g，明显低于对照组的1.316±0.597g 和1.650±0.341g(两组比较，$P<0.05$)。此外，猪苓多糖还可使荷瘤所致淋巴细胞转化率、NK 细胞活力和 IL-15 mRNA 表达水平降低明显恢复。结果指出，猪苓多糖能抑制小鼠肉瘤S-180生长并延长荷瘤小鼠的生存期，这可能与其提高荷瘤小鼠的免疫功能、促进抗肿瘤细胞因子产生有关。

曾星等探讨了猪苓多糖(PPS)对重组绿色荧光蛋白的卡介苗(rBCG)在人膀胱癌细胞株 T24 作用部位的影响。将 rBCG 表达的绿色荧光蛋白作为报告基因，用激光共聚焦显微镜和流式细胞术分析 rBCG 单用以及与 PPS 协同刺激培养 T24 细胞的变化。结果表明，rBCG 与 T24 细胞相互作用 24 小时后，rBCG 能够透过 T24 细胞膜直接进入细胞质，胞内绿色荧光的荧光强度增大，提示可以直接进入肿瘤细胞，细胞质是 rBCG 作用于膀胱癌细胞的主要部位。流式细胞术检测显示，rBCG组 24、48 小时细胞，SS 侧向散射光和 FS 前向散射光信号强于对照组，提示肿瘤细胞可能因吞噬 rBCG 而肿胀变大。rBCG 联合 PPS 组 T24 细胞核内绿色荧光(72.603±1.165)增强，细胞质荧光(93.06±0.958)减弱，核/质荧光强度比(0.78±0.005)增大，与 rBCG 组(62.832±2.909，105.306±6.393，0.597±0.012)相比，差异有统计学意义($P<0.05$)。

章国来等将体外培养人膀胱癌 T24 细胞经钙荧光指示剂(calciumcrimson2AM)负载后，用激光扫描共聚焦显微镜测定猪苓多糖作用前后细胞内 Ca^{2+} 随时间的变化。结果表明，猪苓多糖低剂量(0.2mg/L)使 T24 细胞内 Ca^{2+} 降低，高剂量(>1mg/L)使 T24 细胞内 Ca^{2+} 升高，最后维持在高钙水平上。猪苓多糖主要促进细胞核内 Ca^{2+} 升高，细胞质 Ca^{2+} 无明显改变。

（二）免疫调节作用

药理实验证明，猪苓水煎剂、乙醇提取物可明显增加小鼠脾重和吞噬功能。猪苓多糖（浓度为100mg/kg）腹腔注射，可增强小鼠腹腔巨噬细胞吞噬功能，这一作用可因与乙肝疫苗、卡介苗和双嘧达莫（潘生丁）合用而增强。在体外培养的巨噬细胞，猪苓多糖（浓度为 100μg/ml，200μg/ml，500μg/ml）可诱导其产生白细胞介素 1（IL-1）。猪苓多糖还可使体外培养的巨噬细胞中 NO 含量增加，谷胱甘肽含量降低。

侯敢等发现，猪苓多糖（PPS）10mg/L、100mg/L 对体外培养的小鼠腹腔巨噬细胞一氧化氮（NO）生成，具有明显的促进作用。与此同时，细胞内还原型谷胱甘肽（GSH）浓度随 NO 生成增加而减少；这些作用能被 NO 生成抑制剂 *L*-NMMA所抑制。结果表明，PPS 能促进小鼠腹腔巨噬细胞 NO 生成，并同时消耗细胞内 GSH。结果指出，细胞内 GSH 可能起到调节巨噬细胞 NO 生成和保护宿主细胞免受 NO 介导的细胞毒作用。

曾星等应用流式细胞术检测猪苓多糖（PPS）协同卡介苗刺激巨噬细胞（J774 A.1）0.5小时、1 小时、3 小时、6 小时、12 小时、24 小时及 48 小时后，观察其 CD11b、CD18 及协同刺激分子 CD86、CD40 表达的变化。结果表明，BCG（50mg/L）组作用 1 小时后，J774 A.1 的 CD11b、CD18 的表达高于空白组；联合应用 PPS（50mg/L）组刺激 12 小时，其 CD11b、CD18 的表达明显高于单用 BCG 组。BCG 组0.5小时、3 小时、12 小时、24 小时、48 小时，J774 A.1 的协同刺激分子 CD86、CD40 的表达增高；联合应用 PPS 协同卡介苗刺激 J774 A.1 0.5小时、1 小时、3 小时、6 小时，上述协同刺激分子的表达高于单用 BCG 组。结果指出，卡介苗能提高巨噬细胞 CD11b、CD18 及协同刺激分子的表达，联合应用猪苓多糖可使其作用增强。

曾星等应用流式细胞术检测 PPS 联合 BCG 体内刺激 2、12、24 小时后，小鼠腹腔巨噬细胞表面CD14、Toll 样受体（Toll-like-receptors，TLR）及黏附分子 CD11b 的表达。结果发现，PPS 组在作用的 3 个时间点内，小鼠腹腔巨噬细胞 TLR2、TLR4 分子表达无明显变化，联合 BCG 作用 2 小时后，TLR2、TLR4 表达高于 BCG 和 PPS 单用组；PPS 组作用 12 小时后，CD11b 表达高于对照组，24 小时后下降，联合 BCG 作用 2 小时和 12 小时，CD11b 表达高于 BCG 和 PPS 单用组。结果指出，PPS 体内单独刺激不能促进 TLR 分子的表达，联合 BCG 可促进 TLR 分子和黏附分子 CD11b 的表达。

猪苓多糖（浓度为 200mg/ml、500mg/L）与外周血单个核细胞（PBMC）共同孵育 24、72 小时，可明显提高其对 K562、HepG2 肿瘤细胞的杀伤作用。经猪苓多糖诱导的 PBMC 白细胞介素 2（IL-2）分泌增加，细胞表面 IL-2 受体表达增加。猪苓多糖还能与 IL-2 协同诱导 PBMC 产生肿瘤坏死因子（TNF）及干扰素（INF）活性。猪苓多糖与 IL-2 协同诱导的 PBMC 对 NK 抵抗的 HeLa 细胞、HL-60 细胞及 NK 敏感的 K562 具有显著的杀伤活性。猪苓多糖还可协同 IL-2 产生 LAK 细胞。猪苓多糖浓度为 500μg/ml 时，可减少 IL-2 用量 50%。每天给小鼠腹腔注射猪苓多糖 20mg/kg，连续 10 天，可促进 B 细胞对抗原刺激的反应，使抗体形成增加。接种 HBsAg 血清的豚鼠，每天腹腔注射猪苓多糖 30mg/kg，连续 12 天，可使血清中乙型肝炎病毒表面抗体（HBsAb）产生增多。值得注意的是，也有猪苓多糖抑制抗体产生的报道。

许文、李心群从小鼠骨髓中分离单个核细胞（MNC），用 rmGM-CSF、IL-培养 5 天后，实验组加入猪苓多糖（浓度为 50μg/ml），空白对照组加等量 RPMI 1640，阳性对照组加 LPS（1μg/ml），3 组分别同时作用 48 小时。扫描电镜观察其体外培养过程中的形态特征，流式细胞仪（FACS）分析其表型特征，混合淋巴细胞反应（MLR）检测其功能。与阴性对照组比较，猪苓多糖刺激的小鼠骨髓 MNC 具典型的 DC 形态；细胞表达 I-A/I-E、CD11c 和分泌 IL-12 能力比空白对照组增加，具有极强的激发 MLR 的能力，显示成熟 DC 的特征。猪苓多糖可以促进体外培养的小鼠骨髓 DC 的成熟，促进 DC 诱导的免疫应答启动。

黄羽等观察猪苓多糖/卡介苗诱导 T24 膀胱癌细胞产生的细胞外热休克蛋白对 J774A.1 巨噬细胞 TLR、共刺激分子、黏附分子、活化分子表达的影响，探讨猪苓多糖、卡介苗及两者联合灌注治疗膀胱癌的天然免疫启动机制。用 ELISA 法检测猪苓多糖/卡介苗与 T24 膀胱癌细胞共培养上清中 HSP90、HSP70、HSP60、HSP27 的表达。用流式细胞术检测含 HSP 共培养上清（eHSP）对小鼠 J774 A.1 巨噬细胞表面分子 CD14、TLR2/4、MHCⅠ/Ⅱ，活化分子 CD25 共刺激分子 CD80、CD86、CD40，黏附分子 CD44、CD62L、CD11b、CD18 表达的影响。用流式细胞术检测 TLR4/

MD2 抗体复合物阻断 J774 A.1 巨噬细胞表面 TLR4 后，eHSP 对其表面分子 MHC Ⅰ/Ⅱ、CD25、CD80、CD86、CD40、CD44、CD62L、CD11b、CD18 的表达。结果表明，猪苓多糖/卡介苗诱导 T24 膀胱癌细胞产生的热休克蛋白呈剂量和时间依赖性，猪苓多糖（浓度为 2mg/ml）和卡介苗（浓度为 250μg/ml）共同作用 48 小时，HSP 的表达至峰值，其中 HSP70 呈优势表达。含 HSP 的共培养上清可上调 J774 A.1 巨噬细胞 TLR4、MHCⅠ、CD86、CD40、CD25 分子的表达，增强黏附分子 CD44、CD62L 荧光强度。含 HSP 的共培养上清作用于 TLR4/MD2 阻断后的巨噬细胞，其表面分子 CD86、MHC Ⅰ、CD40、CD25 的表达降低。结果指出，猪苓多糖/卡介苗可诱导 T24 膀胱癌细胞产生危险信号热休克蛋白，并且热休克蛋白可通过激活小鼠 J774 A.1 巨噬细胞 TLR4 信号通路，上调其表面分子的表达，启动抗膀胱癌天然免疫应答。

张皖东等观察人参多糖和猪苓多糖对Ⅱ型胶原诱导性关节炎（CIA）大鼠肠道黏膜淋巴细胞功能的影响。采用皮内注射Ⅱ型胶原（COL-Ⅱ）建立胶原诱导性关节炎（CIA）大鼠模型，分离模型大鼠派伊尔结淋巴细胞（PPL）、肠道上皮内淋巴细胞（IEL）和固有层淋巴细胞（LPL），分别与不同浓度的人参多糖（浓度为 0.5g/L、1.0g/L 和2.0g/L）和猪苓多糖（浓度为 0.15g/L、0.30g/L、0.60g/L）各 50μl 共培养 48 小时后，检测培养上清中 TNF-α 和 IFN-γ 含量的变化。结果发现，与加入 RPMI 1640 培养液的空白对照组比较，上述不同浓度的人参多糖和猪苓多糖，均可使 PPL 分泌 TNF-α 减少，但可让 IFN-γ 的分泌增加；而 IEL 和 LPL 分泌 TNF-α 和 IFN-γ 的水平均有不同程度的降低。可见人参多糖和猪苓多糖对 CIA 大鼠肠道黏膜淋巴细胞功能具有不同的免疫调节作用。

（三）辐射保护作用

致死剂量（0.8Gy）辐照雌性小鼠前 2 和 48 小时，腹腔注射猪苓多糖分别可使小鼠存活率提高 33%～40%和 50%～70%。每天腹腔注射猪苓多糖 10mg/kg，共 7 天，对 ^{60}Co（6Gy）辐照大鼠的放射损伤有保护作用，可使降低的外周血白细胞鼠升高，降低的 NK 细胞活性及脾指数恢复。

（四）抗实验性肝炎作用

猪苓多糖（浓度为 100mg/kg、200mg/kg，腹腔注射）可降低四氯化碳、*D*-半乳糖胺肝损伤小鼠的血清丙氨酸氨基转氨酶（SALT）活性，具有保肝作用。在 HBV 转基因小鼠，猪苓多糖（0.25毫克/只），隔天腹腔注射一次，共计 20 天，可使小鼠血清中 HBsAg 水平明显降低，肝组织中 HBVmRNA 明显减少。在感染 DHBV DNA 的麻鸭，猪苓多糖（浓度为 40mg/kg）腹腔注射，每周 3 次，共 6 周，具有抑制 HBV 作用，与乙肝疫苗合用，可使猪苓多糖的抗肝炎作用增强。体外试验，猪苓多糖（浓度为 0.04～0.16mg/ml）可促进体外培养的人肝癌细胞 PLC/PRF/5 产生 HBsAg。

（五）利尿作用

冯启荣采用代谢笼法观察猪苓水煮醇提物对大鼠尿量的影响；透射电镜观察猪苓对大鼠肾脏集合管主细胞超微结构的改变。结果表明，每天给大鼠灌胃 2% 猪苓水煮醇提物 0.5 g/kg、1.0g/kg，共 10 天，末次给药后检测尿量。与对照组比较，仅大剂量组大鼠尿量明显增加，在用药后 1 小时出现利尿作用，2～4 小时作用最显著，维持时间＞6 小时。电镜下观察到大剂量的猪苓水煮醇提物可造成大鼠肾脏集合管主细胞超微结构发生退行性改变，表现为细胞质电子密度降低，细胞质胞质成分以及细胞骨架明显减少，大多数线粒体受到损害，有的线粒体出现空泡样变，基质深染，粗面内质网有脱颗粒现象。细胞核内物质与空白对照组比较，密度降低。但小剂量组与空白对照组无明显改变。结果指出，猪苓虽利尿作用强，但长期用药可造成大鼠肾脏集合管主细胞超微结构的退行性改变。

Yuan 等研究猪苓的活性成分 ergosta-4,6,8(14),22-tetraen-3-one(ergone) 的利尿作用，发现 ergone（每只鼠 10mg，皮下注射）和阳性对照药螺内酯（spironolactone），均可显著增加醋酸去氧皮质酮（DOCA）处理的切除肾上腺大鼠尿 Na 排泄和 Na/K 比例，但对正常大鼠和未给与 DOCA 的切除肾上腺大鼠，它们对 Na 或 K 含量和 Na/K 比值无影响。这些数据指出，ergone 具有抗醛固酮性利尿作用。口服给药后，ergone 的特征峰可在血和胆汁中保留30.8分钟。

王平、刘诗侫观察猪苓不同溶剂的提取物对大鼠尿草酸钙结石形成的抑制作用。取 Wistar 雄性大鼠 64 只，随机分为对照组、模型组、高低剂量正丁醇浸膏组、乙酸乙酯浸膏组和水浸膏组 8 组，每组 8 只。除对照组以外，其他 7 组大鼠每天灌胃 10g/L 乙二醇和 20g/L 氯化铵 2ml，诱导大鼠肾草酸钙结石模型。正丁醇浸膏组每天灌胃猪苓正丁醇浸膏0.5、1.0g；乙酸乙酯浸膏组每天灌胃猪苓乙酸乙酯浸膏0.5、1.0g；水浸膏组每天灌胃猪苓水浸膏0.5、1.0g；其他2组灌胃等剂量生理盐水。均饲养5周。实验结束前1天收集24小时尿，测定尿草酸盐结石、Ca^{2+}和Mg^{2+}含量；然后处死大鼠，取血测定血清肌酐和尿素氮水平；取肾观察肾组织病理变化，并检测肾组织Ca^{2+}、Mg^{2+}含量。结果表明，对照组血清尿素氮和肌酐水平明显低于其他组；乙酸乙酯浸膏1.0g组血清尿素氮水平明显低于模型组，分别为8.12±1.32、10.84±0.78mmol/L($P<0.01$)；正丁醇浸膏0.5g组，乙酸乙酯浸膏0.5、1.0g组血肌酐水平明显低于模型组，分别为99.18±16.46、97.58±15.16、87.03±15.82、112.11±10.16μmol/L($P<0.05$, 0.01)。对照组24小时尿草酸盐结石和Ca^{2+}分泌量明显低于其他各组；正丁醇浸膏1.0g组和乙酸乙酯浸膏0.5、1.0g组24小时尿Ca^{2+}分泌量低于模型组，分别为53.06±11.21、44.08±10.34、39.84±13.01)、64.42±15.32μmol/24小时($P<0.05$或0.01)。对照组肾Ca^{2+}含量明显低于其他各组；正丁醇浸1.0g组和乙酸乙酯浸膏0.5、1.0g组肾Ca^{2+}含量低于模型组，分别为8.52±2.41、8.13±2.18、6.21±0.73、12.01±0.87μmol/g($P<0.05$或0.01)。乙酸乙酯浸膏组肾草酸钙结晶明显少于模型组，肾组织病理变化也轻于模型组。结果指出，猪苓乙酸乙酯浸膏能抑制实验性高草酸尿症大鼠尿草酸钙晶体的形成，明显降低血清尿素氮和肌酐的浓度，对肾功能具有明显的保护作用。

三、其他作用

体外试验证明，猪苓可保护2,2-azo-bis(2-amidinopropane)dihydrochloride(AAPH)引起的红细胞溶血。在浓度为50～1000μg/ml时，表现为剂量依赖性的抑制作用。从猪苓甲醇提取物中分离获得三萜羧基酸，其中polyporusterone A和polyporusterone B是抑制AAPH引起溶血活性的主要成分。polyporusterone B的抗溶血作用显著强于polyporusterone A。此外，口服150、75mg猪苓与对照比较，显著增加大鼠血浆的自由基清除作用，3组的超氧化物阴离子和羟自由基清除率(%)分别为31.0±0.6,30.3±1.0,28.0±0.9和51.5±4.0,46.0±6.7,35.7±9.3(与对照比较，$P<0.01$)。

在小鼠微核试验，猪苓多糖(浓度为0.8mg/kg、1.2mg/kg、1.6mg/kg、2.0mg/kg和4.0mg/kg，腹腔注射)对环磷酰胺所致微核率升高有抑制作用，抑制率分别为17.34%、25.22%、37.03%、42.51%和5.12%。

四、应　用

(一)病毒性肝炎

20世纪90年代以来，大量临床研究证明，猪苓多糖对乙型病毒性肝炎有效。猪苓多糖常规治疗乙型病毒性肝炎，每天肌肉注射40mg(儿童20mg)，连续20天，停药10天，3个月为一个疗程。有效率可达69.4%～78.0%，ALT复常率为41.7%～89.5%，HBeAg阴转率为25.0%～51.1%，HBV-DNA阴转率为18.7%～48.6%，乙型肝炎核心抗体(HBcAb)阴转率为50%，抗-HBs阳转率为4%，乙型肝炎病毒e抗体(HBcAb)阳转率为44%。

猪苓多糖也可与乙肝疫苗、干扰素、卡介苗、胸腺肽、免疫核糖核酸、无环鸟苷、乙肝免疫球蛋白、病毒唑、华蟾素合用治疗乙型病毒性肝炎。

付小义等观察口服猪苓多糖联合恩替卡韦治疗慢性乙型肝炎(CHB)的近期疗效。将120例CHB患者随机分成两组：对照组单纯用恩替卡韦治疗(每天1次，每次0.5mg，连续1年)；治疗组在恩替卡韦治疗的基础上，同时加服猪苓多糖胶囊每天3次，每次0.5mg，连续1年。观察治疗前后各组患者丙氨酸氨基转移酶(ALT)、乙肝病毒血清学指标HBeAg及乙肝病毒核酸指标HBV DNA的变化。结果表明，治疗组与对照组相比，ALT复常率、HBV DNA的阴转率差异无显著性意义。但HBeAg阴转率治疗组明显优于对照组。

李佩文等观察口服猪苓多糖联合，或序贯拉米夫定治疗慢性乙型肝炎的近期疗效。将109例慢性乙型肝炎患者随机分成3组：单纯拉米夫定组，每天100mg，口服；猪苓多糖序贯加拉米夫定组，前8周，单用猪苓多糖胶囊，每天3次，每次0.5mg，口服，以后开始加用拉米夫定片，用法同单用组；猪苓多糖同时联合用拉米夫定组，两种药同时服用，用法同前。所有患者都同时服用维生素C及葡醛内酯(肝泰乐)等一般保肝药。疗程36周末序贯组、联用组同时停用猪苓多糖胶囊。所有患者继续服用拉米夫定78周以上。治疗前及治疗后第4、8、12、24、36周观察ALT、乙肝病毒血清学指标HBeAg及乙肝病毒核酸指标HBV DNA的变化。结果发现，各组在4、8、12周时，HBeAg阴转率、HBV DNA阴转率差异不显著，而在24、36周时，联用组、序贯组在HBeAg阴转率、HBV DNA阴转率方面明显优于单用组。而联用组、序贯组两者之间差异无统计学意义。36周时，ALT复常率差异不显著。结果指出，猪苓多糖联合或序贯拉米夫定治疗慢性乙型肝炎，可显著提高近期 HBeAg 阴转率和 HBV DNA 阴转率，改善肝功能。

程元桥等将 130 例确诊为慢性乙型病毒性肝炎轻、中型患者，随机分成 3 组，每组患者的年龄、性别、病情的轻重等指标基本一致。治疗Ⅰ组采用猪苓多糖0.5克/次，3 次/日，乙肝疫苗 20μg 皮下注射，1 次/月，拉米夫定 100 毫克/日，疗程 12 个月。治疗Ⅱ组采用猪苓多糖和乙肝疫苗，方法相同，再加双嘧达莫（潘生丁）75 毫克/日，每晚睡前顿服，疗程 12 个月。治疗Ⅲ组采用拉米夫定 100 毫克/日，疗程 12 个月。结果表明，治疗Ⅰ组和Ⅲ组患者的 HBV-DNA 在开始治疗后迅速转阴，其转阴率都明显高于治疗Ⅱ组，两组差异极其显著。治疗Ⅰ组 HBV-DNA 转阴率高于治疗Ⅲ组，在疗程结束时显著升高，两组差异显著。HBeAg/HBeAb 血清转换率，治疗Ⅰ组和治疗Ⅲ组明显高于治疗Ⅱ组，两组差异显著。治疗Ⅰ组比治疗Ⅲ组 HBeAg/HBeAb 血清转换率高出近 12%。在治疗Ⅲ组 YMDD 变异率最高，为 14.3%；治疗Ⅱ组为 9.3%，治疗Ⅰ组最低，为 6.7%。结果指出，猪苓多糖联合乙肝疫苗与拉米夫定治疗慢性乙型病毒性肝炎，可明显提高 HBV DNA 转阴率和 HBeAg/HBeAb 血清转换率，并可降低乙肝病毒 YMDD 变异的发生率。服用猪苓多糖的患者中，有 2 例出现尿频，其 1 例因尿频而停用。

陈焱生等以基因工程干扰素（IFN-2b）为对照，观察猪苓多糖治疗慢性乙型肝炎的临床疗效。治疗组 25 例单用猪苓多糖 40mg 肌注，1 次/日连续治疗 20 天，停药 10 天，连用 3 个月。对照组 25 例用 IFNα-2b，300 万 IU 肌肉注射，1 次/日，连续 10 日，后改为每天 2 次，连用 3 个月。结果表明，治疗组和对照组的总有效率分别为 78.25% 与 88%，ALT 复常率分别为52.17%与48%，HBeAg 阴转率为 48%与 44%，HBV-DNA 阴转率分别为 40%与 44%，HBeAb 阳转率分别为 44%与 48%，两组间各项指标比较无统计学差异。表明猪苓多糖在改善慢性乙型肝炎患者的血清学、病毒学及免疫学指标方面与 IFN-2b 疗效相近。治疗期间两组均未见心、肝、肾及造血系统损害。治疗组注射猪苓多糖后，有 2 例在疗程第 10 天左右出现腹股沟淋巴结肿大并有压痛，持续 1 周后未做特殊处理自行消失。3 例在用药后第 2 天出现轻度皮肤瘙痒，其中 1 例四肢出现散在点状充血性皮疹，均在 1 周后缓解。对照组注射干扰素后有 20 例出现过一过性发热反应（37.8～39.2℃），同时伴有头痛、关节疼痛等不适感冒样症状，未经特殊处理，均在 1 周内自行消失。

（二）肿瘤

曾有用猪苓多糖治疗肺癌和猪苓煎剂预防膀胱癌术后复发有效的临床疗效报道。在 22 例保留膀胱术式的膀胱肿瘤（膀胱移形细胞癌）患者，术后 2 周开始采用丝裂霉素（MMC）20mg，加生理盐水 40ml 进行膀胱灌注，每周 1 次，共 6 次，2 周 1 次共 4 次，4 周 1 次共 10 次，持续 1～2 年或更长时间。同时在术后 3～7 天开始用猪苓 30g，水煎成 600～800ml，分早晚 2 次服用，长期坚持。术后每 3 个月进行膀胱镜和（或）B 超检查 1 次。随访 2～5 年，平均 2.6 年，复发 7 例（31.8%）。24 个月无瘤生存 15 例（54.5%）。用 MMC 膀胱灌注，联合猪苓煎剂口服预防膀胱肿瘤术后复发有较好疗效。

（三）其他

猪苓多糖还可用于治疗银屑病；与自身菌苗合用治疗慢性耐药菌株感染。

五、不良反应

毒理学研究证明，猪苓多糖给小鼠腹腔注射，未见急性和长期毒性作用，也未见致畸和致癌作用。

临床上猪苓多糖注射液的主要不良反应是过敏反应。曾聪彦、梅全喜采用回顾性研究方法，对 1994 年 1 月至 2004 年 6 月国内报道的 25 例猪苓多糖注射液不良反应进行分析，结果表明，猪苓多糖注射液所致不良反应在 18～49 岁间发生率高，男性多于女性。9 例（占 36%）发生在用药后 10 分钟内，主要表现为较严重的过敏性休克、全身过敏反应及血管神经性水肿等速发型变态反应。余下 16 例分别发生在用药后 11 分钟到 11 天内，主要表现为皮疹、关节痛等迟发型过敏反应。不良反应的主要症状有皮肤红肿、皮疹、关节痛、关节炎、过敏性休克、血管神经性水肿、过敏性紫癜、系统性红斑狼疮、阴道出血，伴随症状有淋巴结肿大、发热、结膜充血、一过性耳鸣、荨麻疹、疱疹。

（李敏、林志彬）

第六节 展 望

猪苓依然是国内外学术界研究的重要课题，大量的研究论文涉及猪苓的生物学特性、分类学、栽培技术、发酵技术、药理作用和临床应用等诸多方面。作为重要的中药材，猪苓在我国已被开发研制成中成药制剂，用于防治各种疾病。然而，猪苓的研究、开发与应用中还存在着一些值得重视的问题。

首先，猪苓的林地栽培需要消耗大量木材，会破坏森林资源。如何用代用栽培料栽培高品质的猪苓，仍需要进一步研究与探讨。同时，猪苓在栽培过程中易发生各类不同的病虫害感染，或感染病毒病菌，或失去活性，栽培后其营养被蜜环菌吸收殆尽。

其次，在猪苓栽培和应用开发中，普遍存在规范化程度低，产业化程度不高。为了控制猪苓原料和产品中的重金属和农残留量，保证产品质量，应制订猪苓原料、中间产品和终产品的质量控制标准。

最后，目前在市场上销售的猪苓产品几乎均是粗提物，未达中药现代制剂的基本要求。应在药理研究基础上，开发出有效成分明确的现代猪苓制剂，同时重视猪苓与其他中药配伍组成复方中药制剂的研究。

参 考 文 献

[1] 王本祥. 现代中药药理与临床[M]. 天津:天津科技翻译出版公司，2004.
[2] SEKIYA N, HIKIAM H, NAKAI Y, et al. Inhibitory effects of triterpenes isolated from chuling (Polyporus umbellatus FRIES) on free radical-induced lysis of red blood cells[J]. Biol Pharm Bull, 2005, 28:(5) 817-821.
[3] 姚仁南，黄晓静，徐开林. 猪苓多糖对 HL 260 和 K562 癌细胞株的诱导分化作用[J]. 山东医药，2005,45(14): 26-27.
[4] 曾星，梅玉屏，黄羽，等. 猪苓多糖对膀胱癌 T24 细胞凋亡及细胞周期分布的影响[J]. 中国中西医结合杂志，2003,23(基础理论研究特集):137-139.
[5] 杜肖娜，王润田，刘殿武，等. 中药猪苓多糖抑瘤作用机制的初探[J]. 中华微生物学和免疫学杂志，2001,21(3): 296-297.
[6] 曾星，杨明，王镓，等. 猪苓多糖对重组卡介苗在膀胱癌细胞株 T24 作用部位的影响[J]. 细胞与分子免疫学杂志，2007, 23(11):1001-1003.
[7] 章国来，曾星，梅玉屏等. 猪苓多糖对膀胱癌细胞钙离子浓度的影响[J]. 中国临床药理学与治疗学，2001,6(3):204-206.
[8] 侯敢，黄迪南，祝其锋. 猪苓多糖对巨噬细胞一氧化氮生成和细胞内还原型谷胱甘肽的影响[J]. 上海免疫学杂志，2001,21(2):98-99.
[9] 曾星，蔡萃，王镓，等. 猪苓多糖协同卡介苗对巨噬细胞表达 CD11b、CD18 以及协同刺激分子的影响[J]. 细胞与分子免疫学杂志，2006, 22(3): 406-407.
[10] 曾星，连绘，欧润妹，等. 猪苓多糖协同卡介苗对小鼠巨噬细胞 TLRs 表达的影响[J]. 中国免疫学杂志，2008, 24(4):341-344.
[11] 许文，李心群. 猪苓多糖刺激/诱导小鼠树突状细胞成熟[J]. 现代免疫学，2008,28(4):318-320.
[12] 黄羽，曾星，张娴，等. 猪苓多糖/卡介苗诱导的热休克蛋白对巨噬细胞表面分子的影响[J]. 中国免疫学杂志，2009,25(2):136-139.
[13] 张皖东，吕诚，赵宏艳，等. 人参多糖和猪苓多糖对 CIA 大鼠肠道黏膜免疫细胞功能的影响[J]. 细胞与分子免疫学杂志，2007, 23(9):867-868.
[14] 冯启荣. 猪苓对大鼠肾髓质集合管主细胞超微结构的影响[J]. 中医研究，2007,20(4):25-28.
[15] YUAN D, MORI J, KOMATSU K, et al. An anti-aldosteronic diuretic component (Drain dampness) in polyporus sclerotium[J]. Biol Pharm Bull, 2004, 27(6):867-870.

[16] 王平，刘诗佞. 猪苓提取物对大鼠尿草酸钙结石形成的抑制作用[J]. 中国临床康复，2006，10(43)：73-75.
[17] 付小义，彭雁忠，聂广，等. 口服猪苓多糖联合恩替卡韦治疗慢性乙型肝炎 60 例[J]. 中西医结合肝病杂志，2008，18(1)：51-52.
[18] 李佩文，刘韶辉，罗劲华，等. 口服猪苓多糖联合或序贯拉米夫定治疗慢性乙型肝炎的疗效[J]. 广东医学，2005，26(9)：1278-1280.
[19] 程元桥，董伟，王文琦，等. 猪苓多糖联合乙肝疫苗及拉米夫定治疗慢性乙型肝炎的疗效观察[J]. 广东医学，2005，26(6)：843-845.
[20] 陈焱生，周庭雄，左建华. 猪苓多糖与重组干扰素治疗慢性乙肝对比观察[J]. 时珍国医国药，2000，11(10)：941-942.
[21] 张宇政. 丝裂霉素 C 膀胱灌注联合猪苓煎剂口服预防膀胱肿瘤术后复发的疗效分析[J]. 交通医学，2007，21(4)：438-438.
[22] 曾聪彦，梅全喜. 25 例猪苓多糖注射液不良反应回顾性分析[J]. 中国医院用药评价与分析，2004，4(6)：364-366.
[23] 连豫苞，欧文湖，吴春晓. 猪苓多糖注射液致过敏性休克 1 例[J]. 中国基层医药，2001，8(2)：139-139.
[24] SUN Y, YASUKAWA K. New anti-inflammatory ergostane-type ecdysteroids from the sclerotium of Polyporus umbellatus[J]. Bioorg Med Chem Lett, 2008, 18(11): 3417-3420.
[25] YOU JS, HAU DM, CHEN KT, et al. Combined effects of chuling (Polyporus umbellatus) extract and mitomycin C on experimental liver cancer[J]. Am J Chin Med, 1994, 22(1): 19-28.
[26] YUAN D, MORI J, KOMATSU KI, et al. An anti-aldosteronic diuretic component (drain dampness) in Polyporus sclerotium[J]. Biol Pharm Bull, 2004, 27(6): 867-870
[27] WANG Q Y, GUO S X, FAN J Y. Characterization of sclerotial formation from hyphae of Grifola umbellate[J]. Aeta Botanica Siniea, 2004, 46(3): 328-331.
[28] 黄年来. 中国食用菌百科[M]. 北京：中国农业出版社，1993.
[29] 牛西午. 北方食用菌栽培[M]. 北京：中国科学技术出版社，1994.
[30] 中国科学院微生物研究所. 真菌名词及名称[M]. 北京：科学出版社，1967.
[31] 应建浙，卯晓岚，马启明. 中国药用真菌图谱[M]. 北京：科学出版社，1987.
[32] 徐锦堂. 中国药用真菌学[M]. 中国医科大学，中国协和医科大学联合出版社，1997.
[33] 国家药典委员会. 中华人民共和国药典〔一部〕[M]. 北京：化学工业出版社，2000.
[34] 郭顺星，徐锦堂. 猪苓菌核结构性质的研究[J]. 真菌学报，1991，10(4)：312.
[35] 郭顺星，徐锦堂. 猪苓菌核结晶及厚壁细胞的起源与发育[J]. 真菌学报，1992，11(1)：49.
[36] 郭顺星，徐锦堂，肖培根. 猪苓子实体发育的细胞学研究[J]. 中国医学科学院学报，1998，20(1)：58.
[37] 徐锦堂，郭顺星. 猪苓菌核生长发育规律的研究[J]. 中国药学杂志，1991，26(12)：714.
[38] 郭顺星，徐锦堂，肖培根. 猪苓生物学特性的研究进展[J]. 中国中药杂志，1996，21(9)：515.
[39] 夏洪燕，郭顺星. 猪苓菌丝细胞活性氧的产生及其种类[J]. 菌物系统，2000，19(4)：576.
[40] 夏洪燕，郭顺星. 蜜环菌激发子诱导猪苓活性氧产生及相关酶的变化[J]. 微生物学通报，2001，28(3)：22.
[41] 郭顺星，徐锦堂. 蜜环菌侵染猪苓菌核的细胞学研究[J]. 植物学报，1993，35(1)：44.
[42] 郭顺星，徐锦堂. 蜜环菌侵染后猪苓菌核防御结构的发生及功能[J]. 真菌学报，1993，2(4)：283.
[43] 郭顺星，徐锦堂. 猪苓菌核的营养来源及其与蜜环菌的关系[J]. 植物学报，1992，34(8)：576.
[44] 徐锦堂，郭顺星. 猪苓与蜜环菌的关系[J]. 真菌学报，1992，11(2)：142.
[45] 郭顺星，徐锦堂. 不同年龄的野生与家种猪苓菌核糖类等成分含量测定[J]. 中国中药杂志，1992，17(2)：77.
[46] 郭顺星，徐锦堂，王春兰，等. 不同年龄的野生与家种猪苓菌核氨基酸及微量元素分析[J]. 中国中药杂志，1993，18(4)：204.
[47] 于建国. 现代实用仪器分析方法[M]. 北京：中国林业出版社，1994.

[48] 陈晓梅,郭顺星,高强,等.3种灵芝多糖的研究[J].中国药学杂志,2001,36(4):237.
[49] 夏洪燕,郭顺星.蜜环菌激发子诱导猪苓细胞活性氧产生的信号途径[J].中草药,2003,34(3):249-251.
[50] 邢晓科,郭顺星.从ITS序列探讨猪苓与其伴生菌的亲缘关系[J].生物学通报,2004,31(2):34-36.
[51] 郭顺星,徐锦堂,肖培根.蜜环菌隔膜发育的超微结构研究[J].中国医学科学院学报,1996,18(5):363-365.
[52] 郭顺星,曹文琴,王秋颖,等.与蜜环菌共生过程中猪苓菌核不同部位糖类成分的含量研究[J].中国药学杂志,2002,37(7):493-495.
[53] 许广波,李太元,李艳茹,等.液体浅层培养对猪苓菌丝体生长及其多糖含量的影响[J].吉林农业大学学报,2004,26(3):287-290.
[54] 殷红,顾芳红,叶军宏.几种环境因素对猪苓菌丝生长的影响[J].陕西中医学院学报,2001,24(4):7.
[55] 周文璞.中药猪苓的生药学研究[J].中国中药杂志,1990,15(8):10-13.
[56] 高梅,谢蜀生,秦风华.猪苓多糖对小鼠免疫功能的增强作用[J].中国免疫学杂志,1991(3):185-187.
[57] 李举奉,陈晔,陈鸳.猪苓多糖的抗肿瘤活性研究[J].齐齐哈尔师院学报,1995,15(2):24-25.
[58] 王和楼,张秋香,梁钢.正交试验探讨猪苓水溶物提取工艺[J].西北药学杂志,1997,12(6):260.
[59] 周选围,徐明龙.天然抗癌植物资源与开发利用[M].西安:西北大学出版社,1999.
[60] 王凯平,张玉,张俊.猪苓多糖长循环脂质体的制备[J].中草药,2005,36(3):368-369.
[61] 苏德龙,史红波,裴福成.正交试验法研究猪苓多糖提取工艺[J].基层中药杂志,2002,16(1):27-28.
[62] 朱建华,杨晓泉.真菌多糖研究进展——结构、特性及制备方法[J].中国食品添加剂,2005(6):75-80.
[63] 周小燕,顾顺明.发酵法生产猪苓菌丝体及猪苓多糖的研究[J].工业微生物,2001,31(4):1-4.
[64] 陈金生,林树钱.药用真菌化学成分及其生物活性研究的概况[J].中华医药杂志,2006,6(3):34-46.
[65] 王林丽.猪苓的药理作用及临床应用[J].中国药业,2000,9(10):58-59.
[66] 谭自春,陶长友.猪苓有性繁殖栽培技术[J].中国食用菌.2004,24(1):31-32.
[67] 陈文强,邓百万,张娟.猪苓液体培养基筛选研究[J].氨基酸和生物资源,2002,24(3):23-24.
[68] 陈文强,邓百万.液体培养猪苓菌丝的富硒研究[J].食用菌学报,2003,10(1):25-27.
[69] 陈文强,邓百万,郑彩虹,等.秦巴山区野生猪苓菌核的品质分析[J].中国食用菌,2003,22(6):47-48.
[70] 陈文强,邓百万.秦巴山区野生与栽培猪苓菌核主要成分的测定[J].无锡轻工大学学报,2003,22(6):96-98.
[71] 邓百万,陈文强,王存连,等.猪苓菌核矿物元素测定及开发利用[J].山西大学师范学院学报,2003,16(2):177-178.
[72] 邓百万,陈文强.猪苓液体培养及富锌研究[J].中国食用菌,2003,22(1):33-34.
[73] 周选围,陈文强,邓百万,等.猪苓母种培养基筛选研究[J].汉中师范学院学报,2003,21(1):69-72.
[74] 陈文强,邓百万.猪苓营养菌丝与栽培菌核蛋白质成分的分析[J].氨基酸和生物资源,2004,25(2):42-43.
[75] 陈文强,邓百万,胥成浩,等.猪苓野生菌核与营养菌丝蛋白质成分的测定[J].食用菌学报,2004,11(2):16-19.
[76] 陈文强,邓百万,陈永刚,等.碳、氮营养对猪苓菌丝生长的影响[J].江苏农业科学,2005(4):103-104.
[77] 胥成浩,陈文强,邓百万.葡萄糖、蛋白胨对猪苓不同菌株菌丝生长影响的研究[J].乐山师范学院学报,2006,21(5):51-53.
[78] 陈文强,邓百万,刘开辉,等.中低海拔地区猪苓人工栽培技术[J].江苏农业科学,2007(4):167-169.

[79] 陈永刚，邓百万，陈文强，等.不同猪苓菌核分离营养菌丝的研究[J]. 安徽农业科学，2007，35(28)：8840-8841.
[80] 陈文强，邓百万，刘开辉，等. 猪苓多糖超声提取工艺条件优化[J]. 食品与生物技术学报，2008，27(4)：53-57.
[81] 彭浩，邓百万，陈文强，等. 猪苓原生质体制备及细胞再生研究[J]. 江苏农业科学，2008(3)：167-169.
[82] 陈文强，邓百万，丁锐，等. 3种猪苓营养菌丝脂酶和过氧化物酶的同工酶分析[J]. 食品与生物技术学报，2009，28(2)：234-239.
[83] 刘开辉，邓百万，陈文强，等. 比较DNA序列分析不同猪苓菌种的亲缘关系[J]. 食用菌学报，2009，16(3)：11-13.

（陈文强、邓百万）

第九十三章　竹　黄

DIJIUSHISANZHANG ZHUHUANG

摘要：竹黄是一种寄生于竹子上的真菌，是一种名贵的传统中药，民间常用它治疗风湿性关节炎，效果非常好。竹黄含有竹红菌素，这是一种新型有效的光化疗药物，可治疗顽固性皮肤疾病。竹黄深层发酵培养可产生生物活性多糖。本章主要介绍了概述、生物学特性、分类学特性、栽培技术、化学成分、药理作用与展望等方面内容。

Shiraia bambusicola

Abstract: *Shiraia bambusicola* is a parasitic fungus on bamboo, and also a well-known traditional Chinese medicine used to treat rheumatoid arthritis. It contains the active component, hypocrellin, which is a new type of photochemotherapeutic agent that has been used in the clinical treatment of some obstinate skin diseases. *S. bambusicola* polysaccharide, extracted from fungal mycelium grown in submerged culture, has also been shown to be bioactive. This chapter consists of seven sections describing in detail various aspects of *S. bambusicola* including a brief introduction, biological features, taxonomy, cultivation techniques, chemical components, medicinal properties, and developmental potential.

第一节　概　述

竹黄（*Shraia bambusicola* P. Henn.）是由真菌学家 Paul Hennings 于 1900 年首先命名，是一传统的名贵中药材，一种寄生于竹幼枝上的真菌，通常生长在将衰败的或已衰败的竹林中。每年 4 月下旬至 6 月上旬是竹黄适宜的生长发育期，也是最适的采集期。竹黄在历代本草书上均未记载。近代的《中药大辞典》上记载了竹黄，阐明在竹嫩枝上长出的肉质瘤状物是竹黄的子座。功用主治：镇咳化痰、中风、小儿惊风、胃气痛。《中华人民共和国药典》、《中药大辞典》上还记载了另一竹黄，别名天竺黄、天竹黄，属禾本科植物青皮竹等因被寄生的竹黄蜂咬洞后，而于竹节间储积的伤流液，经干涸凝结而成的块状物质。该竹黄与真菌竹黄是异物同名，两者形态构造不一样，真菌竹黄粉红色，其内产生子囊壳、子囊与子囊孢子，而非真菌竹黄为灰白色，不规则多角形的块状物或片状物，内部不产生子囊壳、子囊，两者在功用上也不相同。

传统中医认为，竹黄具有祛风、益气散瘀、补血活血、化痰定惊、镇痛、舒筋活络等功效。民间常用以治疗风湿性关节炎、坐骨神经痛、腰肌劳损、筋骨酸痛、跌打损伤、胃痛、慢性气管炎、百日咳、小儿惊风、大人中风、牙痛、贫血、头痛等。

从 20 世纪 70 年代迄今，国内学者对竹黄的生态习性、分布、寄主竹子品种的鉴定，人工野外栽培、生活史中无性世代的分离、鉴定、化学成分、竹红菌素的化学构造、作用机制、药效、临床等做了深入的研究。新发现竹黄的主要有效成分——竹红菌素，属于北醌类化学物质，是一种光敏色素，是一种新型有效的光疗药物，对肿瘤细胞和爱滋病毒具有光敏杀伤的光毒作用。竹红菌素已被应用于临床，对一些皮肤病如肥厚性瘢痕、妇女外阴白色病、牛皮癣、白癜风已获得满意的治疗效果。以竹黄和提取的竹红菌素为原料制成的药品已投放于市场，治疗一些顽固性疾病。如竹黄胶囊治疗风湿性关节炎，由江西云山制药厂生产。竹黄颗粒制剂治疗银屑病，由湖南中医学院二附院研发。竹红素软膏治疗外阴白色病变，由昆明振华制药厂生产。竹红菌素作为一种新的光敏药物，展示了治疗疾病的新途径。上海药物研究所首次从竹黄液体培养的菌丝体中分离纯化到竹黄多糖，测定了化学结构为一种新的杂多糖。对小白鼠的四氯化碳急性损伤具有保护作用，免疫组织重量测定能使脾脏增加重量，展望对肝炎有一定疗效。

由于竹黄分布范围较窄，生长季节又短，产量低，进一步推广应用和商品化生产受到限制。又由于竹黄是一种寄生菌，其生物学特性和生活习性的复杂性、人工繁殖天然竹黄有一定困难。人工培养竹黄菌丝，生长周期短，产量大，避免了人工繁殖天然竹黄危害健康竹林之弊端。一些研究单位从野生竹黄分离了竹黄菌丝进行人工发酵培养，但菌种都未经确证。南京大学生命科学学院竹黄科题组从江苏宜兴丁山竹林区，以及南京江浦老山林区多次采集新鲜竹黄，分离出竹黄菌丝，经筛选和纯化，获得了纯菌种。菌丝呈红色，在固体培养基上生长能产生红色色素，经分离纯化，获得纯品。经质谱分析，分子量与天然竹黄产的竹红菌素相同。经红外光谱和核磁共振氢谱、碳谱的分析其化学结构，与天然竹红菌素相同，证实竹黄菌种被分离成功。显微镜下观察，竹黄菌丝上长出很多分生孢子器，器中分泌出无数密集的分生孢子。竹黄无性世代被揭示具有一定生物学意义和应用价值，从理论上对完善竹黄的生活史提供了实验依据。人工培育竹黄无性型可以代替天然竹黄，为竹黄的工业化生产提供了可信和稳定的种源。根据竹黄无性世代分生孢子器和分生孢子的特征，它的分类地位应归入半知菌类(Fungi lmperfecti)，腔孢纲(Coelomycetes)，球壳孢目(Sphaeropsidales)，在该目中建立成一个新属新种。

竹黄又名：竹花、竹茧、赤团子、天竹花、淡竹花、淡菊花、竹赤团子、竹赤斑菌、竹参、竹三七、血三七等。

学名：*Shiraia bambusicola* Henn.，*Bot. Jb.* 28(1900)。

属名“*Shiraia*”中文称“竹黄菌属”。种名加词“*bambusicola*”意思是“竹生的、竹上生的”。

分类地位：菌物界(Fungi)，子囊菌门(Ascomycota)，座囊菌纲(Dothideomycetes)，格孢腔菌目(Pleosporomycetidae)，格孢腔菌科(Pleosporales)。

第二节　竹黄的生物学特性

一、形态特征

竹黄(*Shraia bambusicola* P. Henn.)别名天竹花、淡竹花、竹花、淡菊花、赤团子、竹赤团子、竹赤斑菌、竹茧、竹参、竹三七、血三七。子座粉红色，不规则瘤状，初期表面平滑，后龟裂，肉质，渐变为木栓质，长1.5～4cm，宽1～2.5cm。子囊近球形，埋生于子座内，直径480～580μm。子囊长圆柱形，280～340μm×22～35μm，内含6个子囊孢子，侧丝线形。子囊孢子单行排列在子囊内，长方形至长纺锤形，两端稍尖锐，有纵横隔膜，砖格状，42～92μm×13～35μm，无色或近无色，成堆时柿黄色。分生孢子形成在同一子座的内层基部，分生孢子梗短，形态与子囊孢子相似，但较大。在春季时随着黄色的胶状物从子座基部排出(图93－1～图93－2)。

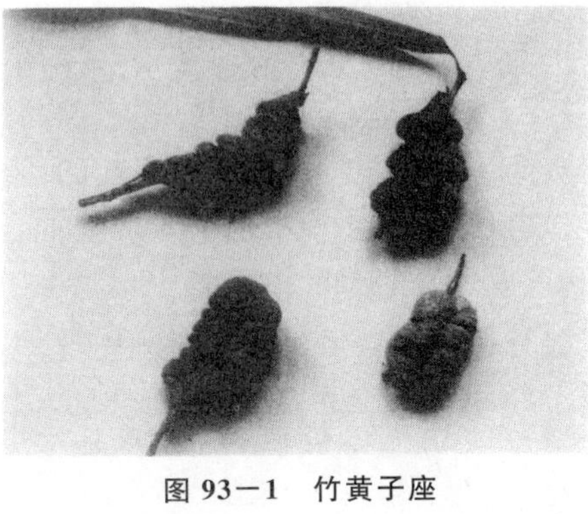

图93－1　竹黄子座

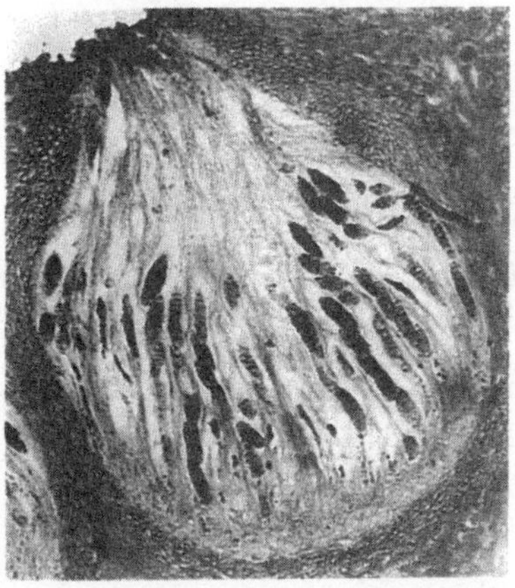

图93－2　竹黄子囊壳、子囊与子囊孢子

二、生态分布

(一)寄主

根据赖广晖在安徽、江苏、浙江的调查研究发现，短穗竹属(*Brachystachyum*)中的短穗竹(*B. desiflorum*)(土名通称苦竹)及其变种毛环短穗竹(*B. densiflorum* var. villosum)是竹黄的重要寄主，寄生率最高，产量最大。短穗竹及其变种毛环短穗竹土名通称苦竹，分布于江苏、浙江、安徽、江西、福建等华东地区。另一新发现的重要寄主为白纹短穗竹(*B. albostriatum*)。竹黄还有4种次要寄主，即宜兴短穗竹(*B. yixingensis*)，以及另外3种，归隶于短穗竹属，但目前分类等级尚未明确之竹种，暂称为中间短穗竹、微耳短穗竹、无耳短穗竹。竹黄在上述不同竹种上的寄生率有很大差别。根据野外调查，竹黄主要寄生在短穗竹竹种上。在苏、浙、皖等5个不同地点竹林中短穗竹的平均寄生率达1.89%，白纹短穗竹的寄生率为0.44%，其他竹种平均寄生率一般不足0.15%。产量很低，几乎没有采收和利用价值。竹黄在不同生境竹林中的寄生状况并不一样，地处湿润荫凉环境中的短穗竹林寄生率最高，其次为阴坡竹林，而阳坡、半阳坡竹林寄生率较低。不同短穗竹竹林类型导致竹黄的寄生率也有明显的差别，短穗竹纯林中的寄生率明显高于混交林中的寄生率，前者高于后者近30倍。雨水作为竹黄孢子传播的媒介，在阴湿环境中的短穗竹竹林，由于林内的空气湿度较大，有利于孢子的大量发生和扩散，所以寄生率较高。纯短穗竹林对孢子的传播和发育有利。混交林中寄主的个体数量偏少，其他树种对孢子的传播和发育可能起到阻碍作用。

过去文献上竹黄的寄主一直被记载为簕竹属(*Bambusa*)、箭竹属(*Fargesia*)或刚竹属(*Phyllostachys*)。经赖广辉考证后，确认为短穗竹属。

(二)地理分布

竹黄主要分布在中国，国外仅日本有分布。国内主要分布在长江中下游地区，即江苏、安徽、浙江、江西、福建、湖南、湖北、四川、云南、贵州等地。

根据采集调查，竹黄在江苏的生长地点有宜兴丁山、南京栖霞山、江浦老山。安徽有广德、宁国、黄山、休宁、泽县。浙江有天目山、安吉、衢县，以及江西云山、湖北靳州。

三、生活史

竹黄的生活史分为有性阶段和无性阶段。在有性阶段内进行有性生殖，包括质配、核配、减数分裂3个过程，通过有性生殖形成子囊和子囊孢子。无性阶段进行无性生殖，通过无性生殖形成分生孢子(图93—3)。

(一)有性生殖及子囊和子囊孢子的形成

竹黄是高等子囊菌，有性生殖中产生的二性生殖器官形态上有区别，为异形配子囊。雌配子囊特称产囊体，呈圆形，较大，其顶端有受精丝，为长形细胞。雄性配子囊称为雄器，形状较小，圆柱形。雄器与产囊体接触后，雄器中的原生质与细胞核通过受精丝而进入产囊体中进行质配，雌雄核在产囊体中并不结合而是两两成对排列。竹黄雌雄器官分别在携带雌核或雄核的菌丝体上形成，即雌雄异体，雄器与产囊体的配合叫作形态上的异宗配合。

质配后的产囊体上长出多根具有分枝的短菌丝，称为产囊丝。产囊体中成对的核移入产囊丝中，产囊丝形成横隔，隔成多细胞，每个细胞内含有一核或双核，但是产囊丝的顶端细胞一定是双核的，双核中一为雄核，一为雌核。然后产囊丝的顶端细胞弯曲成钩，称为产囊丝钩，产囊丝钩的双核同时分裂，成为4个核，随之形成2个横隔膜，构成3个细胞。钩尖和基部的细胞都是单核的，其中一个细胞含雄器的核，另一个细胞含产囊体的核，中间弯曲部分的细胞是双核的，一为雄核，一为雌核，称为亚顶细胞。它进一步发育为子囊，因此该细胞又称为子囊母细胞。产囊丝钩的钩尖细胞向下弯曲，与基部细胞融合，并继续生长形成一个新的产囊丝钩。重复上述过程，又形成子囊母细胞(由于其重复发育，结果形成一丛子囊)。子囊母细胞中的2个核先配合成双倍体的核，这是生活史中的唯一的双倍体阶段，然后进行减数分裂形成4个单倍体的核，再进行一次有丝分裂形成8个单倍体的核。在双倍体的核进行分裂的同时，子囊母细胞便膨大，伸长成为子囊。在子囊发育过程中，子囊内开始出现许多双层膜的泡囊，然后泡囊沿子囊周围排列，最后连接成一个下端开口具双层膜的圆筒形囊状物，称为子囊孢子膜。将子囊内大部分原生质及所有的细胞核包围在里边，以后这个子囊孢子膜向核间缢缩，从而隔离出一个内含细胞质和一个细胞核的双层膜的子囊孢子，最后在双层膜之间形成孢子壁。竹黄的子囊孢子一般只有6个，因为子囊中8个单倍体核有2个核发生解体，所以只形成6个子囊孢子。

(二)无性生殖

竹黄无性生殖产生分生孢子，分生孢子在竹黄子座的基部形成，砖格状，有纵横隔、多细胞，形状较大。近年来发现竹黄产生的另一种分生孢子，形成于分生孢子器中，形状较小，单细胞，椭圆形，分生孢子器从菌丝上长出。

竹黄的生活史是单倍体阶段长、双倍体阶段很短。由于质配和核配在时间、空间上分开(质配在产囊体中，核配在子囊中)，所以竹黄生活史中出现较短的双核阶段。竹黄的菌丝体、分生孢子、子囊孢子、雄器、产囊体都是单倍体，子囊是唯一的双倍体阶段，产囊丝是唯一的双核体阶段。

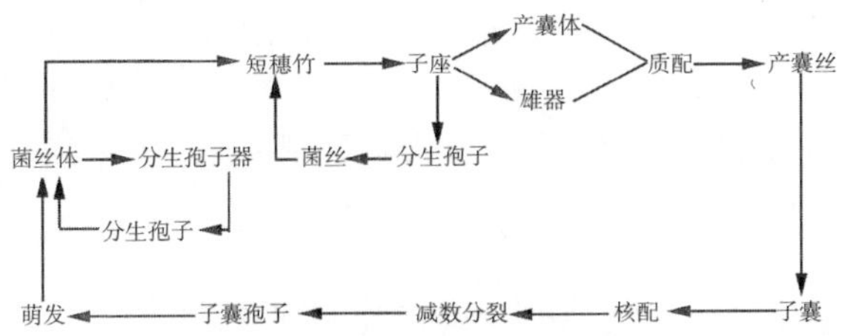

图 93—3　竹黄生活史

(三)竹黄菌在自然界的侵染循环

在每年春季 4 月份，短穗竹内寄生的竹黄菌丝体在竹的嫩枝上开始形成子座，在子座的表层下形成子囊壳，其内形成子囊和子囊孢子。在子座的基部(与寄主相连的一端)形成砖格状的分生孢子，5 月份成熟后，以黄色胶状物排出。随水流传播至健康竹枝上，萌发，以萌发管侵入竹内，发育成菌丝体。菌丝体在竹内不断生长和蔓延，扩大竹感染部位，但不形成砖格状分生孢子。所以砖格状分生孢子每年只形成一次，而且是在子座内形成，砖格状分生孢子每年作为竹黄的首次侵染源。至 6 月份子囊内的子囊孢子逐渐成熟，从子囊壳的孔口排出。子囊孢子随风传播至健竹上，萌发，生萌发管侵入竹内，在竹内发育成菌丝体。从子囊孢子萌发的菌丝体上形成许多分生孢子器，其内产生无数的分生孢子，从分生孢器孔口释放出去。它随风传播至健竹上，萌发，侵染，在竹内又形成新菌丝体，从新菌丝上又发生分生孢子器，器内又形成分生孢子，释放后又继续侵染。如此，周而复始在整个夏至秋季反复产生和反复侵染，所以器分生孢子是重要的侵染源。直至气温下降，天气转冷，竹内菌丝生长缓慢，逐渐停止形成分生孢子器，竹内菌丝休眠越冬。翌年春天，竹内菌丝复苏，恢复生长。从 4 月份开始，竹内的菌丝即由分生孢子器来源和由砖格状分生孢子来源的二种菌丝共同在竹的嫩枝上形成竹黄子座。(图 93—4)

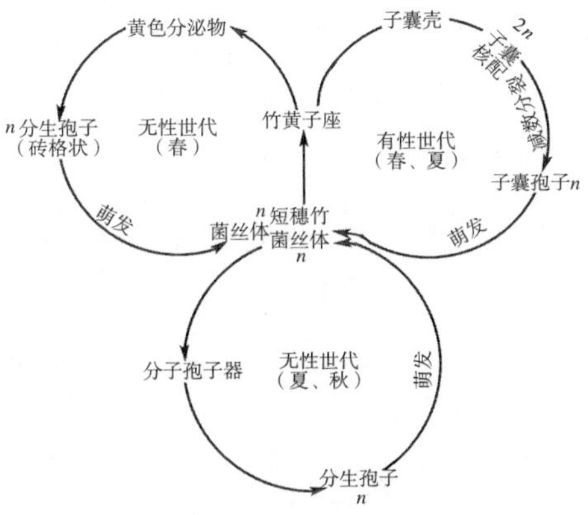

图 93—4　竹黄侵染循环

(四)竹黄的第二型分生孢子

据资料记载，竹黄仅有一种分生孢子，即形成于子座内的形状较大、有纵横隔膜、砖格状多细胞的分生孢子。这个分生孢子每年于春季在子座基部形成，每年只形成一次，是竹黄的首次侵染源，由砖格状分生孢子萌发成的新菌丝当年不会再形成砖格状分生孢子，所以它不会重复形成，重复侵染。

近年来，李兆兰从野生竹黄子座分离到竹黄的无性型菌株，经人工培养，在培养基上长出红色和无色两种菌丝。红色菌丝贴紧基质生长，产生红色色素，即竹红菌素。无色菌丝偏于气生生长，菌丝上长出许多瓶形的分生孢子器，器中产生无数密集、小型的分生孢子。红色菌丝细胞短而膨大，菌丝紧密缠绕在一起，很像假薄壁组织。无色菌丝分枝繁茂，有分隔，直径2.5～2.9μm，薄壁。分生孢子器初期球形或近球形，成熟后成瓶形至长瓶形，54.45～72.60μm×29.04～54.0μm，瓶颈长 32.67μm，宽 16.33～29.04μm，其壁具瘤状突起。分生孢子梗缺失，内壁芽生瓶梗式产孢，分生孢子单细胞、透明、椭圆形或短杆状，壁平滑，4.3～5.5μm×1.8～2.9μm。

对于红色菌丝与无色菌丝的关系，研究者开始有些质疑，两种形态和功能不同的菌丝是同一个种，还是两个种？为了澄清两种菌丝的关系，将小形分生孢子用无菌水制成分生孢子纯悬浮液，经显微镜检验没有菌丝混入孢子悬浮液中。将孢子悬浮液接种于试管斜面或培养皿培养基上，数天后在培养基表面萌发出红色菌丝与无色菌丝。提示红色菌丝与无色菌丝是同一个种所产生。小形分生孢子内就含有竹红菌素的基因，否则由无色菌丝所形成的小形分生孢子只能萌发成无色菌丝。以上结果证明了红色与无色菌丝是竹黄的两种形态和功能不同的菌丝，提示竹黄有第二型分生孢子也就是分生孢子器所产生的分生孢子。这是首次发现和报道。它和砖格状分生孢子在形态、来源、习性、形成的时间、空间都不相同。表93—1表示两者的区别。

表 93—1　竹黄的 2 种分生孢子比较

	砖格状的大分生孢子	单细胞的小分生孢子
形态	形状较大，有纵横隔，多细胞	形状较小，单细胞，椭圆形
来源	于春季形成于子座中	在夏季形成于菌丝上的分生孢子器中
习性	在人工培养基上不能生长，寄生性强	在人工培养基上能生长寄生兼腐生
孢子萌发	萌发的菌丝是无色菌丝	萌发成无色和红色两种菌丝
侵染	每年春季只形成一次，是竹黄每年的首次侵染源	每年夏秋季重复发生，重复侵染

从无性型菌株的无色菌丝上发生的分生孢子器和分生孢子可联系到在自然界竹黄的生活史中分生孢子器和分生孢子的发生情况。它们应该于夏季在子囊孢子萌发而成的菌丝上首次产生和形成，然后分生孢子侵染健竹和萌发新菌丝，在新菌丝上又产生分生孢子器和分生孢子。如此重复发生，重复侵染，在漫长的夏秋季周而复始地重复无性生殖循环。所以第二型分生孢子危害性较大。砖格状的分生孢子每年4月成熟后进行首次侵染，子囊孢子6月成熟后进行再次侵染，它们每年只形成一次，侵染的时间较短，所以从分生孢子器所产生的分生孢子是竹黄的重要侵染源。它是继有性生殖子囊、子囊孢子之后而发生的无性生殖孢子，分生孢子器和分生孢子的发现完善了竹黄的生活史。

四、竹黄的营养与代谢

竹黄是一种寄生真菌，能利用竹子的纤维素、半纤维素、木质素、糖类(碳水化合物)、无机盐等。竹黄的液体发酵培养中，利用麦芽糖为碳源时菌丝产量、竹红菌素量最高，菌体35g/L，竹红菌素25mg/L。葡萄糖次之，再其次是果糖、蔗糖，而淀粉、木糖最差。其中葡萄糖廉价，来源容易，为最适宜的碳源，浓度为30g/L。竹黄对天然含氮化合物及有机氮源的利用优于无机氮源，其中马铃薯抽出液有利于菌丝体生长和竹红菌素的形成。以马铃薯汁为氮源，浓度为20%，菌体量32g/L，竹红菌素量27mg/L。在竹黄的固体发酵培养基中，玉米粉是优良培养基，有利于竹红菌素的形成，每千克培养基质含40mg竹红菌素。花生粉、土豆粉的效果与玉米粉相近似，大米粉、甘薯粉，黄豆粉差于上述3种培养基。在固体培养基中添加碳源辅料以麦芽糖最佳，氮源辅料以硝酸铵(NH_4NO_3)为最佳。每千克大米培养基中添加50g麦芽糖、20g硝酸铵有利于竹红菌素的生成。固体甘蔗渣培养基、市售的玉米片培养基对促进竹红菌素的生成，优于玉米粉培养基。在甘蔗渣培养基中，每千克干培养物可获0.45g竹红菌素。在玉米片培养基中可获0.5g竹红菌素。这两种培养基所萃取出的竹红菌素溶液颜色鲜红，透明，稳定。从黄豆粉培养基萃取出的竹红菌素溶液颜色暗红，久置变黑。从玉米粉、燕麦片培养基萃取到的竹红菌素颜色暗红或鲜红，溶液微现浑浊。

五、影响竹黄生长和繁殖的理化因素

(一)温度

竹黄是中温性真菌，子座发育温度最低15℃，最适温度20～25℃，菌丝体最适温度22～28℃。人工发酵培养适宜菌丝生长及竹红菌素形成的最适温度为26℃。菌丝体生长温度要高于子座形成和发育的温度。

(二)湿度

湿度是竹黄菌生长发育的重要条件。竹黄菌丝生长的湿度在65%～70%，子实体生长发育要求的空气相对湿度为85%～90%。空气湿度低于50%，子实体生长缓慢，个小质硬。每年5～6月份间，雨水丰沛，为竹黄适宜的生长发育期。在5月中、下旬至6月上旬，是砖格状分生孢子大量发生时期。竹黄孢子的发生和传播与降水，空气相对湿度等因素密切相关，孢子传播需要充沛的雨水为媒介。在空气相对湿度较低的竹林中，竹黄的产率较低。

(三)阳光

竹黄生长发育需要散射光，直射光处子实体发生少。阳光强、温度高、湿度小，不利于子实体的发育和菌丝生长，日照时间每天不能超过8小时。

(四)酸碱度

竹黄菌丝生长发育适宜偏酸的条件，pH为5～6。

(五)空气

竹黄是一种好气性真菌，生长发育需要充足的氧气。在通气不良的竹林，子实体的生长发育受阻碍。

第三节　竹黄的分类学

竹黄属(*Shiraia* P. Henn)是由真菌学家Paul Hennings于1900年建立和命名。该属只有一个种即竹黄(*Shiraia bambusicola* P. Henn.)，当时竹黄隶属于子囊菌的赤壳菌科(Nectriaceae)。Saccardo(1902)根据竹黄的子囊壳是埋生于子座内(赤壳菌科的子囊着生于子座的表层上)以及子座是肉质的特点，将竹黄归入到子囊菌的肉座菌目（Hypocreaceae），肉座菌科（Hypocreaceae）。1973年在（Ainsworth G C）的《*The Fungi*》专著中，将肉座菌目废除，将该目所有科并入到球壳目（Sphaeriales）中，因此，竹黄隶属于子囊菌的球壳目（Sphaeriales），肉座菌科（Hypocreaceae）。竹黄在子囊菌中的分类地位一直沿用至今。1980年，由于日本学者Amano对竹黄的模式标本进行重新检验，指出Hennings所描述的竹黄子囊孢子是双层壁而不是单层壁。因此，他根据Luttrell E S所建立的子囊菌分类系统将竹黄属从子囊菌的核菌纲（Pyrenomycetes）转移到子囊菌的腔菌纲（Loculoascomycetes），假球壳目[Pseudosphaeriales（格孢菌目Pleosporales）]，假球壳科（Pseudosphaeriaceae）中。但是在一本权威性真菌分类专著《*The Fungi*》（1973）中，Luttrell E S将假球壳目（Pseudosphaeriales）学名废弃，改为格孢菌目（Pleosporales），而将假球壳科（Pseudosphaeriaceae）放到腔菌纲的座囊菌目（Dothideales）中。在1983和1995年的真菌词典《*Dictionary of Fungi*》中根据Luttrell E S的分类法，将竹黄属（*Shiraia*）隶属于腔菌纲（Loculoascomycetes），座囊菌目（Dothideales）。2004年，T. F. Cheng等将rDNA信息引入到竹黄分类中，根据rDNA序列构建的系统发育树结合竹黄的形态、结构特征，提出竹黄属应归属于腔菌纲（Loculoascomycetes）。由于竹黄菌的子囊通常产生6个子囊孢子，这和假球壳科真菌的子囊产生8个子囊孢子的特征不相一致，所以竹黄菌隶属于假球壳科的分类地位受到质疑。

第四节　竹黄的菌种制作技术

一、子实体栽培

竹黄子实体室内人工栽培尚未见成功的报道，野外竹林人工接种半天然栽培尚在试验中。竹黄子实体的人工栽培要取得很好的进展有3个关键技术必须解决。①菌种必须是真正的竹黄无性型，而不是假定的无性型；菌种必须经过科学鉴定，能产生有效成分——竹红菌素。②寄主是短穗竹，处于生长衰败时期。③被接种的短穗竹林必须是地处荫凉潮湿的环境。

（一）菌种分离

1. 组织分离

（1）选择子座

采集竹黄子座，挑选外观典型、新鲜、个大、健壮、颜色正常的优良个体，作为分离的材料。

（2）消毒

将材料放入已经过灭菌的接种箱内，用无菌水冲洗数次，取无菌纸吸干，用75%乙醇进行表面消毒。

（3）切块分离

用消过毒的解剖刀，对竹黄子座纵切，用无菌的镊子在子座中部镊取米粒大小组织块，转接到PDA培养基上。

（4）培养纯化

在适温下，培养数天，可见组织块上长出白色绒毛状菌丝，再移接到新鲜斜面培养基上。经1周适温培养，长满试管斜面后即为纯菌种。

2. 多孢分离

（1）子囊孢子接种

取新鲜、饱满的竹黄子座，用75%乙醇表面消毒，用无菌解剖刀纵切子座，在子座纵剖面表层下见有排列整齐小孔，即子囊壳。用无菌尖镊子镊取子囊壳中的子囊孢子，放入小三角瓶的无菌水中，制成孢子悬浮液。以无菌注射器或无菌滴管吸取孢子悬浮液滴在斜面或平板培养基上涂布接种。

（2）恒温培养

将接种孢子的试管或平板置于适宜孢子萌发的温度下培养，即在22～25℃下培养。2天左右，孢子萌发长出菌丝。

（3）挑选菌落

在培养基上出现星芒状菌落后，用接种针挑取菌落边缘的菌丝进行转管纯化，并且要多转接几支试管，以备筛选用。

（二）培养基

1. 母种斜面培养基

（1）马铃薯葡萄糖琼脂（PDA）

取去皮马铃薯200g，切成小块，加水1 000ml，煮沸10分钟，纱布过滤，加20g琼脂、20g葡萄糖。再加热使其融化，最后体积为1 000ml。

（2）竹煎汁培养基

竹枝叶200g，煎煮30分钟，取汁1 000ml，加琼脂20g，加热使其完全融化。再加蔗糖20g，使其完全溶解。

2. 原种、栽培种培养基

短穗竹屑80%，玉米粉10%，米糠5%，蔗糖2%，磷酸二氢钾0.5%，硫酸镁0.5%，碳酸钙2%，料水比为1∶1.2。

(三)菌种制作

1. 原种制作

将主料和辅料按配方秤取。先将主料加水充分拌匀，再将辅料同时溶于水，与主料拌和均匀。含水量以手握培养料，指缝间有水渗出，但不下滴为宜。将培养料分装于750ml的菌种瓶，装至瓶颈处，采用罐头瓶装料，料表面距瓶口6cm以上。培养料表面用手指揿一凹穴，以便接种时置放菌种块。装好后用清水洗净瓶身及瓶口内壁。瓶口用耐高温的薄膜或牛皮纸封口扎紧。应及时高温灭菌。灭菌时间高压为1.5千克(1千克$=9.8\times10^4$Pa)，1～1.5小时，常压6～8小时。经灭菌后及时移入到接种室或接种箱内，按无菌操作接种，每支斜面母种接3瓶原种。接种后移入25℃左右的培养室或培养箱中，进行菌丝体培养。一般30天左右菌丝长满全瓶，获得原种。

2. 栽培种制作

制作方法与原种相同，每瓶原种可接30～40瓶栽培种。

第五节 竹黄的化学成分

一、竹黄的化学成分

(一)竹黄子实体的有效成分——竹红菌素

竹红菌素甲素(hypocrellin A，HA)是我国首次发现并应用于临床的一种新型光疗药物，首先由万象义等确定了它的化学结构，它是光敏的主要成分，其次要成分为竹红菌乙素(hypocrellin B，HB)。两者都是一种新的苝醌类化合物，其中竹红菌甲素占95%。

1. 竹红菌素的萃取和分离纯化

目前文献报道的竹红菌素大都从野生竹黄子座经有机溶剂萃取获得，对有机溶剂的选取有所差异，有乙醇、乙酸乙酯、甲醇、氯仿、丙酮、石油醚等。不同溶剂的萃取液颜色有些不同，用乙酸乙酯所获的萃取液颜色特别鲜艳和透明。萃取液经薄膜浓缩、干燥后获得竹红菌素粗品。粗品经硅胶吸附柱柱层析或制备性薄层层析获竹红菌素纯品。现代对生物分子物质多采用凝胶柱层析进行分离纯化。由于竹红菌素不是亲水性而是疏水性物质，对它用凝胶柱层析进行分离纯化，必须采用有机溶剂的凝胶。其商品名称Pharmacia公司为：Sepharose C L，Sephadex L H，Bio-Bad公司为：Bio-Beads S，Dow Chemical公司为：Styragel。李兆兰采用Sephadex LH-20有机溶剂凝胶，对竹红菌素粗品进行分离纯化，乙醇或甲醇溶液作为洗脱剂进行洗脱，分部收集，收集液薄膜浓缩、干燥，获竹红菌素纯品，其纯度及色泽优于硅胶吸附柱层析。

2. 竹红菌素的化学结构及理化性质

(1)化学结构

竹红菌甲素的分子式$C_{30}H_{26}O_{10}$，相对分子质量为546。竹红菌乙素的分子式$C_{30}H_{24}O_9$，相对分子质量为528。竹红菌甲素失去1分子水就成为竹红菌乙素。酸和碱的催化都能使甲素转化为乙素。竹红菌甲素元素分析为C：65.81%，H：4.73%(图93—5)。

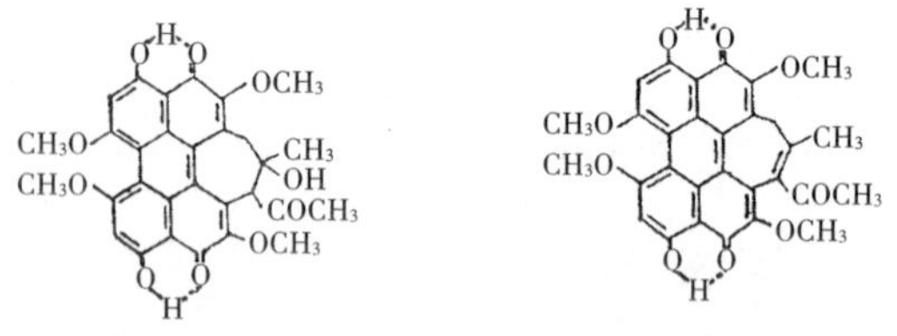

图93—5 竹红菌甲素、乙素的化学结构

(2)理化性质

竹红菌素可溶于大多数有机溶剂，如氯仿、甲醇、乙醇、丙酮，微溶于石油醚，不溶于水。熔点为209～210℃。与三氯化铁反应由红变紫红色。在酸性和中性溶液中呈红色，加入碱液，则由红色变成鲜绿色，这些表明有酚基的存在。吸收光谱HA：338、465、539、580nm(在环己烷或甲醇中)，HB：340、462、554、590nm(在二氯甲烷中)。荧光光谱HA：600、650nm(中性溶液)，HB：623、650nm(在乙腈、乙醇或苯中)。红外光谱吸收峰：1 610cm^{-1}强吸收峰，显示化合物是一多环的醌，3 600～3 300cm^{-1}宽峰示有羟基，1 710cm^{-1}显有酮羰基的存在。

3. 竹红菌素光敏反应的分子机制

竹红菌素光敏反应两个条件。一是必须有氧分子的存在。竹红菌素是一种光敏剂，光动力作用是指光敏剂在光照和分子氧存在下吸收了光，而处于激发状态，将能量传递给氧分子，而后被激活的氧分子攻击癌细胞和病毒，使细胞膜和 DNA 受损伤，从而导致癌细胞和病毒的死亡。实验证实，分子氧的存在是实现光动力作用的必要条件。二是作用光谱。激活竹红菌素光敏反应的作用光谱应是在竹红菌素吸收光谱的范围之内，竹红菌素的吸收光谱是在 400～630nm 可见光的波段内，这个波段内的吸收光谱就是竹红菌素的作用光谱。其中在 465nm 波长是竹红菌素最大吸收峰，也就是最大作用光谱，光敏效果最好。

根据竹红菌素的光敏反应，其光敏作用的靶位点为肿瘤细胞膜的膜脂和膜蛋白，使膜蛋白-SH 基含量下降，-SH 基氧化成-S-S-键，导致膜蛋白发生光交联，膜蛋白的组氨酸、半胱氨酸和色氨酸含量明显降低。膜类脂质过氧化作用增强，破坏了膜脂质和膜蛋白的结构，影响了膜的结构与功能。竹红菌素光敏作用的强度与细胞膜的脂质过氧化程度有密切关系。光敏作用越强，脂质过氧化程度越厉害。膜脂质过氧化就是膜脂质中的不饱和脂肪酸氧化降解产生一系列的自由基及非自由基小分子产物如丙二醛等，这些过氧化产物具有相当的反应活性，可扩散较长的距离，是攻击细胞 DNA 造成 DNA 损伤突变的重要因素。竹红菌素另一光敏损伤是对 Na^+/K^+ ATP 酶基因具有致突变作用。Na^+/K^+ ATP 酶基因是一种必需基因，在维持细胞内外 Na^+/K^+ 梯度及细胞正常的生命活动方面起着极其重要的作用。

4. 竹红菌素的含量测定——分光光度法

竹黄中的竹红菌素含量是衡量竹黄品质的重要指标。掌握竹红菌素含量的测定方法为竹黄品质鉴定、优良菌株选育和人工培养等研究和生产奠定了基础。含量测定有 6 个步骤：

(1)确定含量测定的波长

取竹红菌素粗品0.1g 溶于 250ml 95％乙醇中，再从中取 1ml 稀释 10 倍，取一定量稀释液在 350～600nm 波长范围内，每隔 50nm 测一次吸光度(OD)。以波长为横坐标，吸光度为纵坐标，制作吸收曲线，寻找最大吸收峰的波长位置，以此为竹红菌素含量测定的波长。从文献报道与实验结果都证实，波长 465nm 是竹红菌素的最大吸收峰，确定 465nm 为测定波长。同时经测定表明，在此波长下竹红菌素的含量与吸光度(OD_{465nm})成线性关系。竹红菌素溶液在弱酸性至中性的条件下，最大吸收峰都为 465nm 波长，不发生改变。竹红菌素溶液在 pH 碱性的条件下最大吸收峰的波长发生改变，在 pH8 为 430nm，在 pH9～13 为 480nm(图 93－6)。

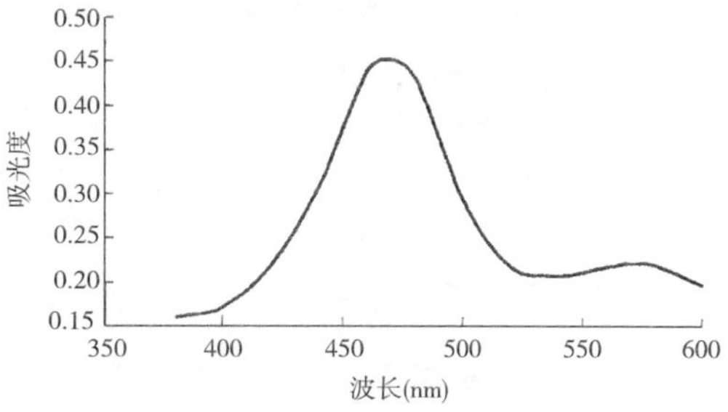

图 93－6 竹红菌素的吸收光谱

(2)竹红菌素标准品制备

取 20g 竹黄子实体，放入 200ml 无水乙醇中，萃取 24 小时，离心过滤，收集滤液。经有机溶剂凝胶 Sephadex LH-20 柱层析分离纯化，分别收集。收集液薄膜浓缩，红外干燥，得到红色粉末状的竹红菌素纯品。经薄层层析纯度检验为一个斑点，以此纯品作为竹红菌素的标准品。

(3)标准溶液配制

精密秤取 10mg 竹红菌素标准品，用无水乙醇溶解，200ml 容量瓶定容，配制成浓度为0.05mg/ml 的竹红菌素标准液。分别取2.5ml、5ml、7.5ml、10ml、12.5ml、15ml、17.5ml、20ml 原液，均用无水乙醇定容至 25ml，配制成 5μg/ml、10μg/ml、15μg/ml、20μg/ml、25μg/ml、30μg/ml、35μg/ml、40μg/ml 的标准系列浓度。

(4)标准曲线绘制

以乙醇作空白，标准系列浓度在 465nm 下测定其吸光度。以系列浓度为横坐标，吸光度(OD_{465nm})为纵坐标绘制标准曲线。得回归方程 $y=0.0362x+0.0156$，$R=0.9984$。

(5)待测样品的制备

秤取 1g 竹黄子实体，用 50ml 无水乙醇浸提 24 小时，离心，取离心后的浸提液于 50ml 的容量瓶中定容，从中取 1ml 稀释 10 倍，待测。

(6)竹红菌素含量测定和计算

样品液在 465nm 处测定吸光度(OD)代入回归方程，根据吸光度的值从标准曲线上查出竹红菌素的含量代入下列公式，计算出样品的竹红菌素含量。

$$\text{样品竹红菌素含量(\%)}=\frac{C\times V}{M}100$$

式中：*C*：从标准曲线上查出的样品液竹红菌素含量；

V：样品稀释倍数；

M：样品重量。

5. 竹红菌素的色价测定

色价是指单位重量或单位体积内含色素的量。色价是衡量竹红菌素质量的一个指标。

精确秤取竹红菌素纯品5mg，溶于无水乙醇中，在容量瓶中定容至50ml，取一定量在465nm波长处测吸光度（OD）。

竹红菌素色价（U/g）＝吸光度（OD_{465nm}）×*V*

式中：*V*：稀释倍数。

6. 竹红菌素的稳定性

（1）pH值对竹红菌素稳定性的影响

在pH为1～7.5范围内，竹红菌素乙醇溶液为鲜红色，pH为8为浅绿，9为绿色，10～14为深绿。在酸性条件下颜色较稳定，在碱性条件下不稳定，其颜色的变化是因竹红菌素的结构性质发生变化所致。不同的pH值范围对竹红菌素最大吸收峰的波长发生一定的改变，在pH 5.5～7.5最大吸收峰长为465nm，在pH1～5为470nm，pH8为430nm，9～14为480nm。为了稳定竹红菌素的鲜红色及最大吸收峰的波长在465nm处，竹红菌素溶液的pH应控制5.5～7的范围内（表93－2）。

（2）光照对竹红菌素稳定性的影响

竹红菌素乙醇溶液在自然光照射的室内放置一个月，其颜色无变化，保色率为100%。在紫外光下照射6小时保色率不受影响。在日光直射下暴晒6小时保色率为95%，直射的强光有较小的影响。竹红菌素乙醇溶液长期（数年）在室内避光保存，无任何影响，颜色依然透明、鲜红。总的看来，光照对竹红菌素的稳定性影响不大。

表93－2　pH值对竹红菌素稳定性的影响

pH	1～5	6	7	8	9	11	13
颜色变化	鲜红	鲜红	鲜红	浅绿	翠绿	深绿	深绿
波长（nm）	470	465	465	430	480	480	480
吸光度	0.506	0.512	0.512	0.335	0.537	0.537	0.538

（3）温度对竹红菌素稳定性的影响

竹红菌素乙醇溶液于水溶液中分别加热至40℃、60℃、80℃、100℃，维持60分钟，保色率为100%～97%，表明温度的变化对竹红菌素没有明显影响。

（二）竹黄无性型0258产竹红菌素的研究

李兆兰经多年的研究，从野生竹黄子实体分离到竹黄无性型0258，对0258所产的红色色素进行质谱和光谱分析，证实为竹红菌甲素。

1. 对无性型0258竹红菌素进行质谱和光谱分析

竹红菌素是竹黄的重要标识物，也是竹黄的指纹图谱。所以对红色菌丝产的红色色素进行竹红菌素的鉴定，对确定无性型菌丝、分生孢子器和分生孢子是竹黄的无性世代将是一个有力的证据。

红色基质菌丝产生的红色色素纯品经元素分析、质谱、红外光谱、核磁共振氢谱、碳谱的分析证实为竹红菌甲素。

（1）质谱分析（MS）

红色菌丝所产红色色素经提取分离纯化后进行质谱分析，其分子相关离子峰为546[M]。表明相对分子质量为546，与天然竹黄所产的竹红菌甲素相对分子质量（546）相同，且与文献报道的竹红菌甲素的相对分子质量也相同。

（2）元素分析（EA）

红色色素纯品经元素分析，结果如下：

计算值（%）：C：65.99，H：4.80

实验值（%）：C：65.995，H：4.731

红色菌丝的红色色素通过质谱分析及元素分析可推算出红色色素的化学分子式为$C_{30}H_{26}O_{10}$。这与天然竹黄的竹红菌甲素的化学分子式完全相同（图93－7）。

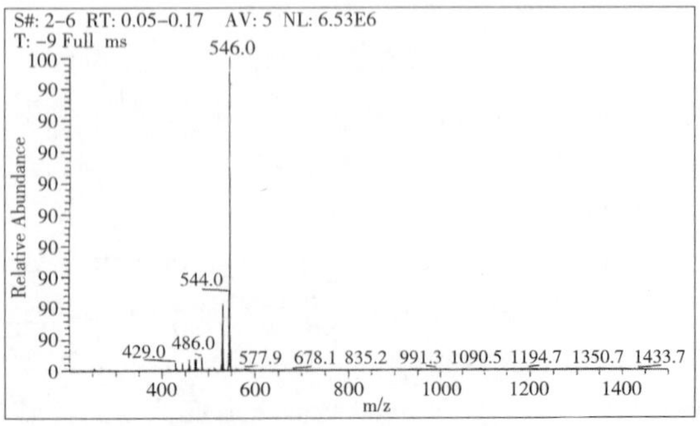

图93－7　红色色素的质谱分析

（3）红外光谱分析（IR）

红外光谱显示在3 600～3 300cm^{-1}处的宽峰，

表明有羟基。1 614cm^{-1}处的强吸收峰表明有羰基，显示此化合物是一多环的醌。1 736cm^{-1}处还显示有酮羰基的存在(表 93—3)。

表 93—3　红色色素的红外光谱吸收基团

基团	实验值	文献值	基团	实验值	文献值
-OH	3 425	3 451	C=C	1 614	1 605
	2 929	2 933	Ar-	1 516	1 521
$-CH_3$	2 855	2 853		1 460	1 453
C=O	1 736	1 714	$-OCH_3$	1 262	1 282

(4)核磁共振氢谱分析(^{1}H-NMR)

将红色色素纯品进行^{1}H-NMR 分析，得出的化学位移 δ($\times 10^{-6}$)实验值与天然竹红菌甲素氢谱分析的文献值进行比较，两者的化学位移相一致。氢谱的羰基峰 δ15.97 表明这是苝醌化合物的特征。

(5)核磁共振的碳谱分析(^{13}C-NMR)

红色菌丝的红色素纯品进行核磁共振碳谱分析，得到的化学位移 δ(PPM)实验值与天然竹红菌甲素碳谱分析的文献值进行比较，两者的化学位移近于一致(表 93—4～表 93—5)。

(6)紫外——可见光谱分析(UV-VIS)

实验值(nm)：262、462、540、580(天然竹黄的竹红菌甲素)

实验值(nm)：262、450、554、584(红色菌丝的红色素)

天然竹黄中的竹红菌甲素与红色菌丝中的红色色素经紫外扫描测得的吸收峰相一致。

(7)红色菌丝的红色色素的理化性质

红色色素的粗品与纯品均为紫红色的粉末，易溶于乙醇、乙酸乙酯、甲醇、氯仿、丙酮、乙醚等有机溶剂中，微溶于石油醚，不溶于水。在紫外灯下呈樱红色荧光。与三氯化铁呈阳性反应，由红变暗紫红色，加入碱液由红变鲜绿色，加入酸又变红色，这是苝醌类化合物的特异性颜色反应，表示有酚基存在。

表 93—4　红色色素核磁共振氢谱(^{1}H-NMR)分析

基　团	实验值	文献值	基　团	实验值	文献值
1H,s,Ar-OH	15.97	15.88	3H,s7 或 6-OCH3	4.09	4.07
1H,s,Ar-OH	15.93	15.84	1H,s,15-CH	3.46	3.44
1H,s5-和 8-ArH	6.57	6.50	1H,d,13-CHb-	2.63	2.62
3H,s,2 或 11-OCH3	4.19	4.17	3H,s,18-CH3	1.90	1.91
3H,s,11 或 2-OCH3	4.16	4.12	3H,s,16-CH3	1.71	1.70
3H,s,6 或 7-OCH3	4.12	4.11			

表 93—5　红色色素核磁共振碳谱(^{13}C-NMR)分析

基　团	实验值	文献值	基　团	实验值	文献值
17-C=O	205.3	207.2	C-3a 和 C-9a	108.1	106.7
C-4 或 C-9	180.3	180.2	C-5 或 C-8	102.9	102.0
C-9 或 C-4	179.9	179.7	C-8 或 C-5	102.7	102.0
C-6 或 C-7	167.9	167.4	C-14	77.7	78.7
C-2 和 C-11	150.5	150.6	2-或 11-OCH3	61.6	61.6
C-12	130.7	133.9	11-或 2-OCH3	61.4	60.7
C-3b 或 C-7b	123.2	124.9	6-或 7-OCH3	56.9	56.5
C-6a	122.0	118.1	C-13	42.8	41.8
C-7a	119.0	117.6	C-18	30.1	30.0

红色菌丝所形成的红色色素经质谱分析，其相对分子质量为 546，与天然竹红菌甲素相同。另外，红色色素的红外光谱、核磁共振氢谱、碳谱分析，其吸收峰和化学位移与天然竹红菌甲素相一致。经元素分析，化学颜色反应也与天然竹红菌甲素相同。证实红色色素就是竹红菌甲素，该色素不但在竹黄子座内产生，而且在竹黄的无性型红色菌丝内也形成。实质上组成竹黄子座的菌丝主要是红色菌丝。

从野生天然竹黄分离获得无性型菌株，在一优良组合的培养基上长出红色的基质菌丝与无色的气生菌丝。红色的基质菌丝产生红色色素，红色色素经波谱分析和鉴定为竹红菌甲素。无色的气生菌丝形成分生孢子器与分生孢子。揭示了竹黄具有第二型分生孢子，它的发现有重大意义：①完善了竹黄的生活史；②该分生孢子是竹黄生活史中的重要侵染源；③提示竹黄无性型的多型性；④为天然栽培竹黄子实体与人工培养竹黄菌丝提供了种源；⑤无性型红色菌丝体在人工培养的条件下，可以代替天然竹黄子实体产生竹红菌素，以进行工厂化和全年化的生产，为竹黄资源向产业化和商业化转化提供了前提和保证；⑥将竹黄的种质优势转化为产业优势

至今，已发现有3种真菌，而且都是子囊菌，能产生竹红菌甲素。这3种子囊菌是竹红菌(hypocrella bambusae)、竹黄(shiraia bambusicola)和砖红菌寄生菌(hypomyces lateritius)，三者在形态上、地理分布、生态习性都有不同。竹红菌的子座半球形、粉红色，表面有不规则的喙状突起。围生于箭竹属(*Sinarundinaria*)的节间或近节处，子囊壳生于子座外围，子囊孢子蠕虫形，8个，右旋扭曲，成熟后断裂。分布于云南、西藏等地。竹黄子座不规则瘤状、粉红色。生于短穗竹属(*Brachystachyum*)的小枝上，子囊壳埋生于子座内，子囊孢子长方形至长纺锤形，两端稍尖锐，有纵横隔膜(多细胞)，一般6个。分布于安徽、江苏、浙江、江西、福建等华东地区。砖红菌寄生菌无子座，子囊壳生于菌丝层上，菌丝砖红色。分布在云南西部山区。竹红菌甲素是由中国学者万象义首先从竹红菌的子座中分离到的一种新的苝醌类化合物，因源于竹红菌而起名为竹红菌素。后来从竹黄子座中不但分离到竹红菌甲素(HA)，而且还分离到竹红菌乙素(HB)、竹红菌丙素(HC)，其中主要是竹红菌甲素，含量占95%。中国学者李聪从云南西部山区采集到一株丝状真菌，经鉴定为菌寄生菌(hypomyces)，经实验室人工培养，从该菌的固体发酵培养物中分离到竹红菌甲素。

2. 不同培养基对菌丝竹红菌素产量及质量的影响

陈佳佳、李兆兰利用6种不同的天然培养基对竹黄无性型菌株进行固体发酵培养，在26℃下培养14天后，测定了不同培养基的红色菌丝产竹红菌素量、色泽、透明度和颜色稳定性。实验结果显示，玉米片、甘蔗渣、黄豆培养基的竹红菌素产量较高，燕麦片、玉米粉次之，黄豆渣最差。在3种竹红菌素含量较高的培养基中，玉米片、甘蔗渣培养基的竹红菌素溶液呈鲜红色，玉米片的竹红菌素溶液透明、澄清，而甘蔗渣的竹红菌素溶液微浊。黄豆培养基的竹红菌素溶液呈暗红色，放置10天后颜色变黑，可能因为黄豆中含有较多的脂类物质，容易引起氧化变质。燕麦片的竹红菌素溶液呈暗红色，略有混浊。玉米粉的竹红菌素溶液为鲜红色，但是混浊。除了黄豆和黄豆渣的竹红菌素久置变黑外，其他培养基的竹红菌素溶液的颜色非常稳定。在6种培养基中以玉米片培养基所提取的竹红菌素产量最高，质量最好。因玉米片质地较硬，经过高压灭菌后质地不会黏糊，具有基质的空隙和疏松度，有利于发酵过程的通气、散热、传氧。引起竹红菌素溶液混浊的主要原因是有些天然培养基如玉米粉、黄豆渣、甘蔗渣等杂质、碎屑较多，在乙醇萃取竹红菌素时夹带了杂质和碎屑，造成竹红菌素溶液混浊。如用500目或600目的金属筛网进行过滤，溶液的混浊度可以得到改善(表93-6)。

表93-6 不同培养基的竹红菌素含量及质量

培养基	玉米片	甘蔗渣	燕麦片	玉米粉	黄豆	黄豆渣
竹红菌素纯含量(g/kg干培养物)	0.497	0.441	0.309	0.294	0.426	0.191
竹红菌素溶液						
色泽	鲜红	鲜红	暗红	鲜红	暗红	暗红
透明度	透明、澄清	微浊	微浊	混浊	澄清	混浊
稳定性	颜色稳定	稳定	稳定	稳定	久置变黑	久置变黑

(三)竹黄菌丝体深层发酵培养产竹黄多糖

1. 20世纪80年代竹黄多糖的研究

20世纪80年代初方积年(1982)研究了竹黄菌丝体多糖，从竹黄子实体分离到的竹黄菌种进行液体发酵培养。培养基为葡萄糖、黄豆饼粉、酵母浸汁，28℃，通气搅拌发酵4天。发酵液过滤，除菌液，菌丝体用热水浸提，乙醇沉淀，Sevag法脱蛋白，逆向流水透析得到竹黄粗多糖。粗多糖经DEAE-纤维素柱层析两次，用水作洗脱剂，得到白色粉末的两个多糖组分SB1和SB2。SB1的单糖组成为*D*-葡萄糖、*D*-半乳糖、*L*-阿拉伯糖，摩尔比为0.37：1：0.07。SB2的单糖组成为*D*-葡萄糖、*D*-半乳糖、*D*-甘露糖、*L*-阿拉伯糖，摩尔比为1.25：1：0.4：70.12。经高碘酸氧化、Smith降解，甲基化分析证明SB1的重复结构中含8种类型的单糖连接方式，主要键的连接方式为1,3-和1,3,6-葡萄糖及1,4-,1,6-和1,3,6-半乳糖。SB2的重复结构中含7种类型的单糖连接方式，主要键的连接方式为1,2-和1,3,6-甘露糖及1,4-,1,6-和1,3,6-半乳糖。上述结果表明，该竹黄菌

株产生的菌丝体多糖是一种杂多糖。

初步药理实验表明，两种杂多糖对小白鼠的四氯化碳急性肝损伤具保护作用。免疫组织重量测定，表明能使脾脏重量增加。

2. 近年来对竹黄多糖的研究

近年来李兆兰、陈佳佳对竹黄菌丝体多糖进行了深入的研究，包括竹黄菌种的液体发酵培养、竹黄多糖的提取分离纯化及化学结构的研究，特别在竹黄多糖的分子量测定方面取得了新的进展。

(1) 菌种来源

2002年5月，李兆兰在江苏宜兴丁山竹林区采集野生竹黄子实体，分别在现场和实验室进行了菌种分离，获得了竹黄无性型菌种0258。

(2) 液体发酵培养及培养条件

竹黄0258菌种进行液体发酵培养，选用察氏培养基：$NaNO_3$ 3g，蔗糖20g，KH_2PO_4 1g，KCl 0.5g，$MgSO_4 \cdot 7H_2O$ 0.5g，水1 000ml。培养温度28℃，摇床转速120转/分钟，pH自然，发酵终点72小时。发酵液清澈，其中布满了白色、密集、黏滑的小菌球，发酵液产菌丝体为20g/L干重，转化率为65%。

(3) 竹黄多糖的提取分离纯化

发酵菌液离心过滤，去除发酵液，菌丝体用热水提取2小时，把提取液浓缩至1/2～1/3体积。加2～3倍浓缩液体积的95%乙醇，对浓缩液进行醇析，使竹黄多糖在乙醇溶液中沉淀下来。沉淀物热水溶解，多糖溶解液再用95%乙醇醇析一次，醇析物(沉淀物)用纯乙醇冲洗数次，用蒽酮液检查冲洗液直至无还原糖反应为止。物理方法脱蛋白，用Sephadex G-25脱盐及小分子杂质。Sepharose 6B柱层析纯化，重蒸馏水洗脱，自动分布收集器进行分部收集。收集液用苯酚—硫酸法检测，乙醇醇析，去离子水溶解，制成纯多糖溶液，进行冷冻干燥，获白色粉末状竹黄多糖纯品。每千克菌丝体产粗多糖43.5g，粗多糖纯度为78.2%，纯多糖的纯度达95%以上。

(4) 竹黄多糖的单糖组成

通过气相色谱(GC)-糖腈乙酰化的方法分析多糖的单糖组成。多糖样品用三氟乙酸进行水解，水解样品加入盐酸羟胺和吡啶，90℃水浴反应30分钟并振荡，取出后冷却至室温，加入醋酸酐，90℃水浴继续反应30分钟，糖腈乙酰化完成，反应物直接用于气相色谱分析。以*D*-葡萄糖、*D*-甘露糖、*D*-半乳糖、*D*-木糖为标准单糖作对照。气相色谱分析表明，竹黄多糖由*D*-葡萄糖和*D*-甘露糖组成，摩尔比为2.46∶1。

薄层层析(TLC)也表明竹黄多糖由葡萄糖和甘露糖组成。竹黄多糖水解液在硅胶层析板上的*Rf*值与标准品*D*-葡萄糖和*D*-甘露糖的*Rf*值相同。

(5) 竹黄多糖的分子量测定

采用高效液相色谱法测定多糖分子量，利用凝胶孔度来排阻特定大小分子的方法，被称为凝胶渗透色谱法，简称GPC。按这种方法分离样品时，样品分子与固定相表面之间无相互作用，完全根据溶质分子能否渗透进入GPC柱填料颗粒的网孔，而达到筛分大小分子的目的，因此，也叫分子筛。

用高效凝胶渗透色谱法(HPGPC)测定竹黄多糖的重均相对分子质量($\overline{M}w$)及相对分子质量分布。它具有快速、高分辨和重显性好的优点。这一方法在国外已得到越来越多的应用。

高效液相色谱仪：Angilent 100 Series

凝胶色谱柱：Shodex OHpaK SB-803(相对分子质量范围(0.4万～10万)，SB-805(0.4万～400万)，φ×L 8.0×300mm。

洗脱剂：重蒸馏水

流速：0.4ml/分钟

检测器：示差折光检测器

温度：环境温度

进样量：100μl

标准品：葡聚糖(dextrin)重均相对分子质量($\overline{M}w$)为T-10.4、T-68.4、T-267、T-450、T-670、T-1 400。

已知相对分子质量的葡聚糖标准品溶液的制备：精确秤取不同相对分子质量的葡聚糖标准品2mg，分别用重蒸馏水溶解，制成每1ml含1mg的溶液。

标准曲线的绘制：分别取5个已知相对分子质量的葡聚糖溶液100μl，注入色谱仪，记录色谱图，输入各葡聚糖标准品的重均相对分子质量及*K*、*α*值(葡聚糖的*K*值为0.580，*α*值为0.338)，采用GPC专用软件处理，绘制标准曲线。

多糖样品的测定：精密秤取竹黄多糖纯品2mg，用重蒸馏水溶解至2.0ml，摇匀，微孔过滤膜(φ13×0.45μm)过滤，用微量注射器吸取100μl注入高效液相色谱仪，记录色谱图。采用GPC专用软件处理，计算。

根据竹黄多糖样品的最高峰保留时间，通过GPC专用软件计算得竹黄多糖重均相对分子质量及相对分子质量分布。重均相对分子质量($\overline{M}w$)22.29万，数均相对分子质量(Mn)15万，黏均相对分子质量(Mz)33.59万。相对分子质量分布如下:相对分子质量8.2万以下为10%、8.2万~12.3万20%、12.3万~17.1万20%、17.1万~25.0万20%、25.0万~44.1万20%、44.1万以上占10%,相对分子质量>8万的占90%。

（6）竹黄多糖的糖苷键构型

红外光谱分析显示竹黄多糖在895cm^{-1}处有一吸收峰,这是吡喃糖β-型C-H变角振动的特征吸收峰,表明竹黄多糖的糖苷键构型为β-型。

（7）竹黄多糖糖苷键连接方式(相邻单糖间糖苷键的连接方式)的分析

高碘酸氧化和Smith降解是分析相邻单糖间糖苷键连接方式的经典的化学方法。通过测定高碘酸消耗量及甲酸的释放量,可以判断糖苷键的位置、支链多糖的分枝数且等。根据高碘酸氧化的原则,以1→2或1→4位键合的糖基经高碘酸氧化,平均每摩尔糖基仅消耗1摩尔高碘酸,并且无甲酸释放。以1→3位键合的糖基不被高碘酸氧化。以1→6位键合的糖基或非还原末端经高碘酸氧化,每摩尔糖基消耗两摩尔高碘酸,同时释放-摩尔甲酸。在竹黄多糖的高碘酸氧化中有甲酸的形成,所以该多糖中一定含有1→6位糖苷键或非还原性末端。由于每个摩尔糖基在消耗高碘酸后生成了0.2395摩尔的甲酸,同时消耗了0.4790摩尔的高碘酸,所以1→6位糖苷键或非还原性末端在竹黄多糖中的比例为23.95%,剩下的高碘酸消耗量一定是1→2位和1→4位键消耗的,即高碘酸的总消耗量0.5941－0.479＝0.1151,所以1→2位和1→4位糖苷键在竹黄多糖中的比例为11.51%。竹黄多糖中1→3位键比例为1－0.2395－0.1151＝64.54%。

多糖高碘酸氧化后的产物经Smith降解,产生的特征性终产物是由多糖的糖苷键键型所决定,因此,通过特征性终产物的分析和检测可以提示多糖的糖苷键键型。凡是具1→2位或1→6位键型的多糖,其特征终产物中有甘油被检出。具1→3位键型的多糖,其特征终产物中有单糖(如葡萄糖、甘露糖、半乳糖等)被检出。具1→4位键型的多糖,其特征终产物中有赤藓醇被检出。Smith降解产物的气相色谱结果表明,降解产物含有大量单糖(葡萄糖、甘露糖),占67.54%,并有少量甘油和赤藓醇。大量单糖的检出,说明多糖链中存在大量1→3位糖苷键,而少量甘油生成,则提示有1→6和1→2位糖苷键。赤藓醇被检出说明,样品中含有少量的1→4位糖苷键。

从以上分析表明,竹黄多糖是由葡萄糖和甘露糖组成,摩尔比为2.46∶1。竹黄多糖中1→3位糖苷键所占摩尔比例最大,占65%,同时也含有1→6位糖苷键,占23%,仅含有少量1→4、1→2位糖苷键。竹黄多糖主链为β1→3位糖苷键连接,支链为β1→6位糖苷键连接。主链上每2~3个葡萄糖之间有一个甘露糖,每隔5个单糖有一个支链。

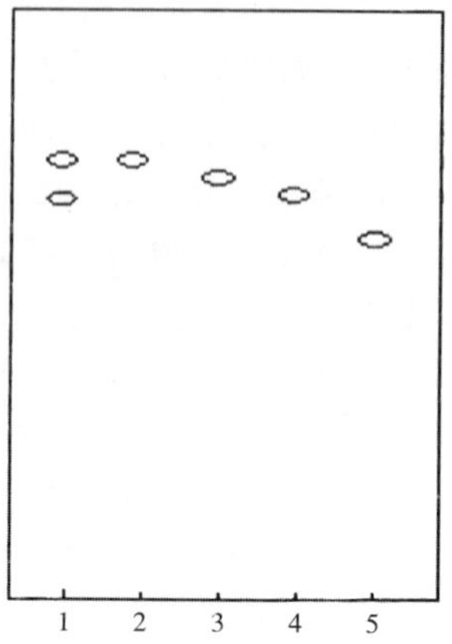

图93－8　竹黄多糖薄层层析

1.样品,2.甘露糖,3.果糖,4.葡萄糖,5.半乳糖。

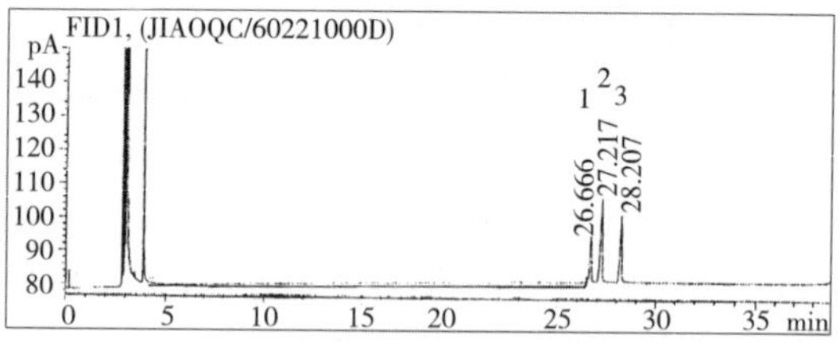

图93－9　标准单糖气相色谱

1.甘露糖,2.葡萄糖,3.半乳糖。

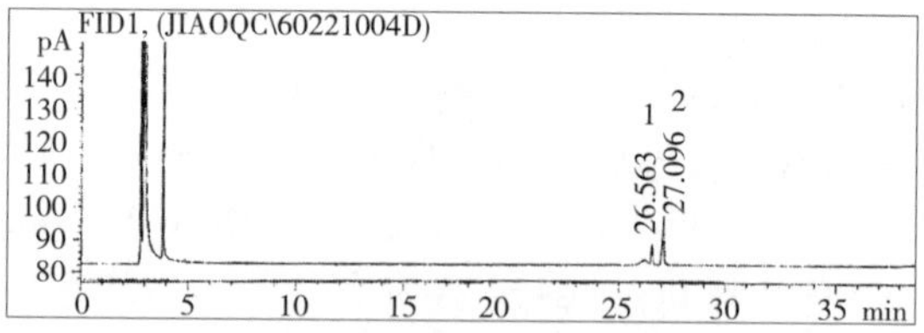

图93－10　竹黄多糖气相色谱

1.甘露糖,2.葡萄糖。

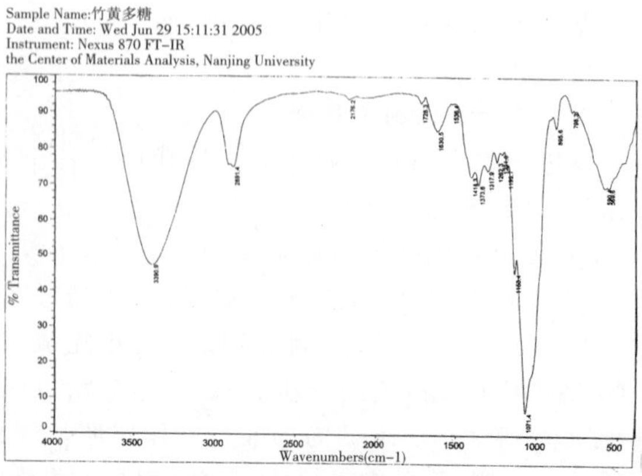

图93－11　竹黄多糖红外光谱

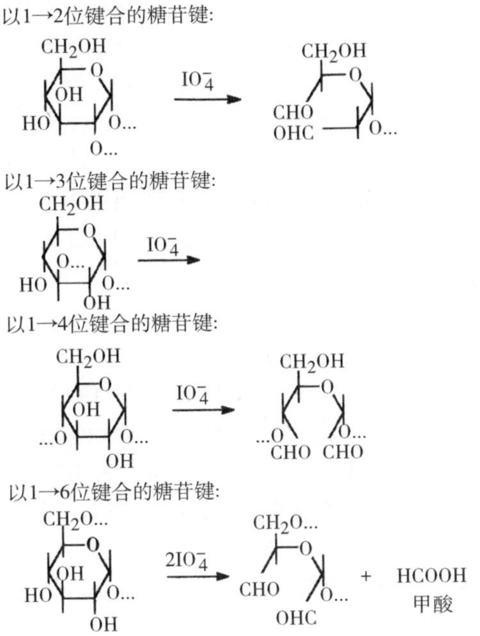

图 93-12　高碘酸氧化反应

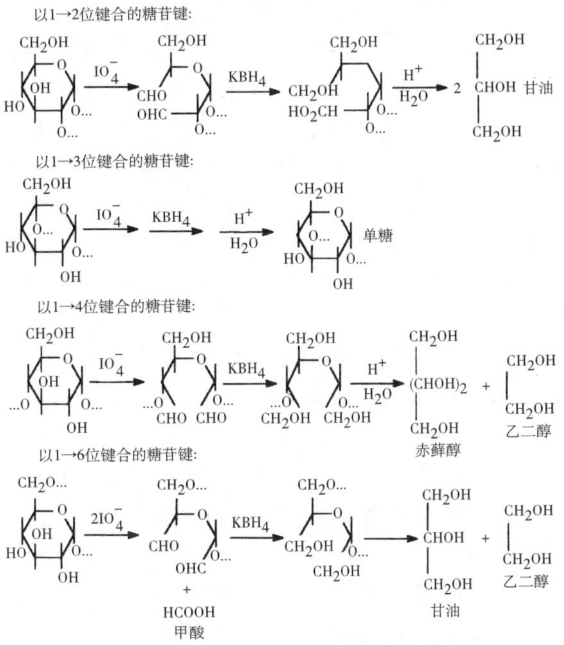

图 93-13　Smtih 降解化学反应

（李兆兰、陈佳佳）

第六节　竹黄的药理作用与应用

竹黄子座中含有多种化合物，目前已经分离出并报道的有竹红菌素、甘露醇、硬脂酸、硬脂酸乙酯、麦角甾醇、过氧麦角甾醇、六孢素、hypomycin A，1，8-二羟基蒽醌、1，5-二羟基-3-甲氧基-7-甲基蒽醌（1，5-dihydroxy-3-methoxy-7-methylanthracene-9，10-di-one）、11，11′-去氧沃替西林（11，11′-dideoxyver-ticillin）等。此外，竹黄还含有竹黄多糖。市售竹黄干品的含水量为 9.29%，灰分 3.46%，脂肪 3.81%，蛋白质 14.40%，还原糖 1.77%，总糖37.97%，甘露醇6.68%，水溶性物质 51.98%，游离氨基酸2.98%，总糖类69.04%。

另有报道，竹黄子座中甘露醇为1.5%。每100g 竹黄子座含天冬氨酸 4.62mg、谷氨酸 8.77mg、丝氨酸14.71mg、甘氨酸21.02mg、脯氨酸31.17mg、酪氨酸295.28mg。

竹红菌素（hypocrellin）A-D、竹黄多糖、11，11′-去氧沃替西林、蒽醌类均为竹黄的主要活性成分。

竹红菌素具有光敏作用，在一定波长的光照下（510nm 左右）可以产生单线态氧和超氧阴离子和羟自由基，其中单线态氧在生物体中具有很强的细胞杀伤能力。竹红菌素光敏靶点为肿瘤细胞的膜脂和膜蛋白，使膜质的过氧化作用增强，膜蛋白巯基减少引发膜蛋白交联，从而破坏膜脂和膜蛋白的结构。竹红菌素的光敏作用还可以抑制蛋白酶 C 活力，造成 Na^{+}/K^{+} ATP 酶基因发生点突变，DNA 分子损伤（包括 DNA 链的断裂、氢键的断裂以及碱基堆积力的破坏，竹红菌素 B 的作用强于竹红菌素 A），诱导肿瘤细胞凋亡等效果。竹红菌素 A25μg/ml 合并光照（光照强度 $105mW/cm^{3}$）能明显抑制肝癌细胞线粒体 ATP 酶和微粒体葡萄糖-6-磷酸酶，线粒体和微粒体膜蛋白巯基含量显著减少。

从竹黄子实体中提取出的竹黄菌素 D 显著抑制 Bel-7721、A-549 和 Anip-973 肿瘤细胞生长，IC50 值分别为 1.8、8.8、38.4μg/ml。

Chen 等发现，竹黄菌子实体中的 11，11′-二去氧沃替西林具有抗肿瘤作用。研究表明，该物质可抑制人脐静脉内皮细胞（HUVEC）增殖，对血管内皮生长因子（VEGF）刺激细胞和血清刺激内皮细胞的 IC_{50} 分别为（0.17±0.05）μmol/L、（0.39±0.08）μmol，且可诱导细胞凋亡，抑制 HUVEC 迁移和类血管形成，阻止 Matrigel 大鼠动脉环“出芽”和小鼠体内的 Matrigel plug 模型血管生成。此外，11，11′-二去氧沃替西林还可以抑制 MDA-MB-468 乳腺癌细胞分泌 VEGF 及其受体 Flt-1 以及 KDR/Flk-1 磷酸化，受体磷酸化抑制作用与其减少磷酸化细胞外信号调节激酸（PERK）和增加 p38 丝裂原活化蛋白激酶（p38MAPK）激活有关。上述研究表明，11，11′-二去氧沃替西林是一个有效的血管生成抑制剂。Zhang 等报道，从竹黄中提取出的 11,11′-去氧沃替西林具有很强的酪胺酸激酶抑制活性及抗肿瘤作用。在无细胞的 ELISA 酪胺酸激酶试验，11,11′-去氧沃替西林显著抑制表皮生长因子受体(EGFR)、血管内皮生长因子受体-1/fms-样酪胺酸激酶-1(VEGFR-1/Flt-1)以及人表皮生长因子受体-2(HER2/ErbB-2)，对 EGFR 和 VEGFR-1 的 IC_{50} 分别为0.136±0.109和1.645±0.885nm。与 11,11′-去氧沃替西林作用 1 小时，人乳腺癌细胞 MDA-MB-468 超表达 EGFR，人卵巢腺癌细胞 SK-OV-3 超表达 HER2，结果导致 EGF 诱导的 EGFR 和 HER2 磷酸化显著抑制。此外，11,11′-去氧沃替西林还抑制 EGF 诱导的 Erk1/2 的磷酸化，但对两种肿瘤细胞 AKT 磷酸化无影响。提示它具有很强的抗肿瘤活性。体外细胞毒性试验显示，11,11′-去氧沃替西林很强地抑制人乳腺肿瘤细胞增殖，其平均 IC_{50} 值为0.2mm。在体内它对S-180肉瘤和 H22 肝肉瘤具有显著抑制活性，每天腹腔注射0.5mg/kg、0.75mg/kg，抑瘤率45.0%～72.4%。用 11,11′-去氧沃替西林0.5～2.0mg/ml 处理 MB-MB-468 细胞 36 小时，细胞呈现明显的凋亡形态学改变。低浓度(0.062 5～0.5mM)处理 24 小时，11,11′-去氧沃替西林引起 MB-MB-468 细胞剂量依赖性的停滞在细胞周期的 G2/M 相。结果 11,11′-去氧沃替西林是一种天然的生长因子受体酪胺酸激酶抑制剂。

一、抗炎、镇痛作用

据有关报道，竹黄水煎剂和结晶物Ⅲ号具有抗炎作用，均能减轻大鼠蛋清性足肿胀及二甲苯引起的小鼠耳肿胀。竹黄水煎醇提物对组胺所致皮肤毛细血管通透性增加有显著抑制作用。结晶物Ⅲ(100mg/kg，灌胃)能明显提高小鼠热板法痛阈，显著减少醋酸所致小鼠扭体次数，具有镇痛作用。竹黄的水溶性成分尚可增加电刺激坐骨神经的阈值，似有局麻作用。经研究发现，竹黄起镇痛和局麻作用的主要化学成分是竹红菌素。

血管新生在肿瘤、类风湿性关节炎发疾病中具重要作用。最近发现，从竹黄中分离出的化合物 Shiraiachrome A，并研究其抗血管新生特性。Shiraiachrome A 剂量依赖地显著抑制人微血管上皮细胞(HMEC)增长、迁移和管的形成，平均 IC_{50} 值分别为2.1±0.36、1.97±0.44和1.65±0.59mM。此外，在大鼠主动脉培养模型与在鸡胚尿囊膜试验一样，Shiraiachrome A 抑制新的微血管形成。作用机制研究证明，此化合物抑制受体酪胺酸激酶(RTK)自磷酸化作用，其 IC_{50} 范围为2.2～4.3mM。结果指出，Shiraiachrome A 通过阻断生长因子刺激的 RKT 自磷酸化作用而抑制血管新生。这一发现还提示，Shiraiachrome A 可能是潜在的血管新生疾病如肿瘤、类风湿关节炎的治疗药。

二、抗菌活性

从野生竹黄菌分离得到竹黄菌无性型 3 株，并经摇瓶发酵培养，发酵液的乙酸乙酯萃取物体外抗菌试验表明，对大肠杆菌和金黄色葡萄球菌的最低抑菌浓度(MIC)为0.4mg/ml，最低杀菌浓度(MBC)为3.19mg/ml。对白地霉和黑曲霉的 MIC 和 MBC 均为0.024mg/ml。

三、临床应用

在中国民间医学中竹黄长期用于治疗类风湿性关节炎。竹黄提取物或竹红菌素制成的软膏配合光疗局部应用于治疗外阴白色病变 312 例，有效率97.12%；肥厚性瘢痕 62 例，显效率61.29%，有效率98.4%；皮肤瘢痕疙瘩 229 例，显效率46.3%，总有效率95.2%。

(林志彬)

第七节 展 望

竹黄研究如何进一步深入和发展，有几方面的问题需要研究，即：菌种问题、人工培养问题、竹红菌素的光化学目的、竹黄多糖的开发应用等。

(一)竹红菌素研究的方向和目的

①探索竹红菌素对生物组织内蛋白质、类脂、核酸(DNA、RNA)的碱基的光敏氧化机制，研究竹红菌素和生物物质反应的活性部位，了解竹红菌素对皮肤病和癌细胞的作用机制。

②从分子水平弄清竹红菌素主要成分的结构特征、性质、光敏(氧化)特性和反应过程。通过对生物组织内活性物质的光动力作用研究，提出竹红菌素的光疗模式。

(二)竹黄多糖是一新型多糖

竹黄多糖是继竹红菌甲素之后竹黄的第二

个有效成分。现已证明它具β-糖苷键，主链为β(1→3)连接，支链为β(1→6)连接，从化学结构上表明它是一个有效多糖。长期以来，竹黄多糖并未引起竹黄研究者的关注，注意力集中在竹红菌素的作用机制。近年来越来越多地发现竹黄的许多新功能和新药效，使有些研究者联系到是竹黄多糖所起的作用。此外，竹黄多糖是真菌中的子囊菌所产生的多糖，该类多糖报道较少，许多食用菌和药用菌都属于担子菌，对它们产生的多糖报道较多，子囊菌多糖的相对分子质量比担子菌多糖的相对分子质量要低得多，所以溶解性较好。而担子菌一类多糖分子量偏大，溶解性较差。这两大类真菌所产生的多糖在功效和活性上有所差别。竹黄多糖具有新颖性，是一种新型多糖。今后可从药理、药效、临床等方面加强开发与利用。

参考文献

[1] HAWKSWORTH D L, SUTTON B C, AINSWORTH G C. Ainsworth and Bisby's Dictionary of the Fungi[M]. 7th. commonwealth Mycological Institute. Kew. Surrey, 1983.
[2] 刘波. 中国药用真菌[M]. 太原：山西人民出版社，1984.
[3] 万象义，陈远腾. 一种新的光化学疗法药物—竹红菌甲素 [J]. 科学通报，1980，25(24)：1148-1149.
[4] 梁睿媛，杨正中. 竹红菌素光化治疗肥厚性瘢痕 62 例报告 [J]. 中华皮肤科杂志，1982，15(2)：87-88.
[5] 于兰馥，张胜泉. 竹红菌软膏加光治疗外阴白色病变及其组织变化的治疗 [J]. 中华妇产科杂志，1984，19(1)：29-31.
[6] 杨志波，王军文. 竹黄颗粒制剂对人角朊细胞增殖的影响 [J]. 中国医师杂志，2001，3(3)：229-239.
[7] 赖广辉，博乐意. 竹黄主要寄主植物的研究 [J]. 中国野生植物资源，2000，9(1)：8-11.
[8] 张中义，冷怀琼. 植物病原真菌学 [M]. 成都：四川科学技术出版社，1986.
[9] 李聪，谢金伦. 肉座菌科 3 种药用真菌的化学成分分析比较 [J]. 中草药，2000，31(4)：250-251.
[10] AMANOo N. Bull. Natn. Sci. mus[J]. Tokyo, Ser B, 1980(6)：55-60.
[11] AINSWORTH G C, SPARROW F K, SUSSMAN A S. The Fungi an Advanced Treaties[M]. Vol. IV A, New, Academic press, 1973.
[12] HAWKSWORTH D L, KIRK P M, SUTTON B C, et al. Ainsworth & Bisby's Diction of The Fungi[M]. 8th. CAB international, 1995.
[13] 郑建华，程龙生. 竹红菌甲素对红细胞膜光敏作用机制的研究 [J]. 生物生理学报，1986，2(4)：312-317.
[14] 程龙生，刘萱. 类脂过氧化对竹红菌甲素引起膜蛋白光敏交联的影响 [J]. 实验生物学报，1987，20(3)：373-379.
[15] 许娜飞，曹恩华. 竹红菌甲素(HA)光敏致突作用的研究 [J]. 生物物理学报，1995，11(4)：604-608.
[16] 方积年，叶淳渠. 竹黄多糖的化学研究 [J]. 化学学报，1982，40(4)：325-329.
[17] 张惟杰. 复合多糖生化技术研究 [M]. 上海：上海科学技术出版社，1987.
[18] 王凤芳. 药用真菌—竹黄成分的分析测定[J]. 食品工业，2007(3)：17-19.
[19] 梁晓辉，蔡宇杰，廖祥儒，等. 药用真菌竹黄的研究进展[J]. 食品与生物技术学报，2008，27(5)：21-25.
[20] 王浴生，邓文龙，薛春生. 中药药理与临床[M](第 2 版). 北京：人民卫生出版社，1998.
[21] FANG L Z, QING C, SHAO H J, et al. Hypocrellin D, a cytotoxic fungal pigment from fruiting bodies of the ascomycete Shiraia bambusicola[J]. J Antibiot (Tokyo), 2006, 59(6)：351-354.
[22] CHEN Y, ZHANG Y X, LI M H, et al. Antiangiogenic activity of 11, 11'- dideoxyverticillin, a natural product isolated from the fungus Shiraia bambusicola[J]. Biochemical and Biophysical Research Communications, 2005(329)：1334-1342.
[23] 李加友，李兆兰，焦庆才，等. 竹黄菌发酵液萃取物的抗菌活性研究[J]. 南京中医药大学学报，2003，19(3)：159-160.

（李兆兰）

第九十四章　竹生肉球菌

DIJIUSHISIZHANG ZHUSHENG ROUQIUJUN

摘要：竹生肉球菌因其子座呈不规则圆球形，包围竹竿节间生长而得名。近年来，竹生肉球菌因对癌症有一定的抑制作用而被人们所关注。目前对于竹生肉球菌的研究主要集中在药用成分上，从竹菌中提取出的松胞菌素 D 和竹菌素都具有较高的药用价值。本章主要介绍了概述、生物学特性、药用价值与展望等方面内容。

Engleromyces goetzii

Abstract: *Engleromyces goetzii* grows around bamboo stem nodes to produce an irregular round-shaped stroma. *E. goetzii* has been the subject of attention recently due to reported cancer-inhibiting properties, and most studies have focused on medicinal components of the mushroom. Two bioactive components, cytochalasin D and engleromycin, have been isolated. This chapter consists of four sections describing in detail various aspects of *E. goetzii* including a brief introduction, biological features, medicinal properties and future prospects for development.

第一节　概　述

竹生肉球菌又名：戈茨肉球菌、竹菌、肉球菌、竹生、竹球菌、竹荷包、竹包、竹宝、竹寄生、竹生肉球等。

学名：*Engleromyces goetzei* Henn.，*Bot. Jb.* 28：327(1900)。

属名“*Engleromyces*”的词干“Engler”是德国的人名，词尾“-mykes”意思是“真菌”。根据形态，中文称“肉球菌属”。种名加词“*goetzei*”也是人名。生长在竹枝条上，中文称竹生肉球菌。

同物异名：*Stromne goetzei* (Henn.) Clem.，*Gen. fung.* (Minneapolis)：44，173 (1909)。

分类地位：菌物界(Fungi)，子囊菌门(Ascomycota)，肉座菌纲(Sordariomycetes)，炭角菌亚纲(Xylariomycetidae)，炭角菌目(Xylariales)，炭角菌科(Xylariaceae)。

目前对于竹生肉球菌的研究主要集中在其成分上。研究表明，从竹菌中提取出的松胞菌素 D 和竹菌素都具有较高的药用价值。然而对于竹菌栽培技术的研究尚未见报道，若能将其进行人工培养，其药用价值将可以被人们充分利用。

第二节　竹生肉球菌的生物学特性

一、形态特征

竹生肉球菌子座呈不规则圆球形，包围竹竿节间。新鲜时粉红色或浅肉色，后期变为乳白色、灰白色至灰褐色，直径 2～10cm；内部淡红色至灰白色，肉质。子囊壳 2～4 层排列，全部埋生于子座内，卵形，椭圆形或近球形，500～780μm×250～590μm，壁呈肉桂色。子囊近圆柱形，有孢子部分 120～150μm×14～19μm。子囊孢子 8 个，单行排列，广椭圆形，初期无色，后变为浅紫色，最后褐色，15～21μm×11～15μm。侧丝很多，呈线形，顶端膨大，略比子囊长。

三、生态分布

(一)寄主

该菌为寄生兼腐生真菌。常生于衰败或即将衰败的箭竹林中(图 93－1)。

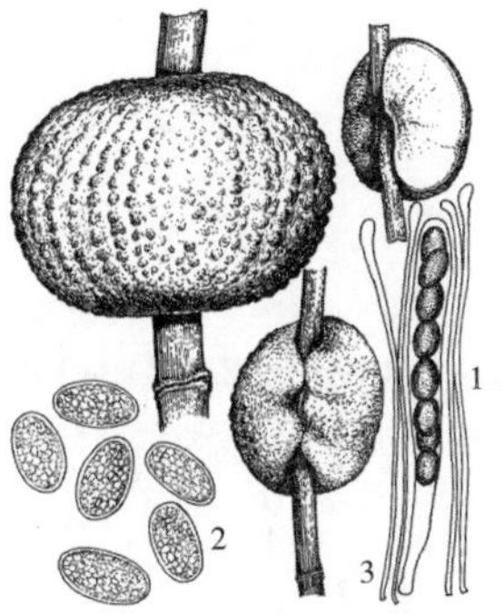

图 94－1 竹生肉球菌

1. 子座，2. 孢子，3. 子囊。

(二)地理分布

此菌在国内主要分布于云南、川西南、藏东南、黔西南等地，在沿怒江、澜沧江、金沙江及其支流的谷地，海拔约2 000～3 500m 的竹林中，以云南西南部产量最大。

(三)生活史

竹生肉球菌寄生于竹杆内，每年春季竹杆内的菌丝于竹杆表面生出子座（子实体），子座内的菌丝生出雄器和产囊器，两者都是多核。雄器内的原生质和核通过受精丝进入产囊器内，两个性别的核在产囊器中并不结合，只是两两成对地靠近，此时只进行质配。质配后产囊器生出许多短菌丝，称为产囊丝。成对的核移入产囊丝中，产囊丝生出横隔，分隔成多细胞，每个细胞含一核或双核，但是顶端的细胞皆为双核。双核中一个为雌核，另一个为雄核。此时，顶端的双核细胞弯曲成钩，双核同时分裂一次，形成 4 个核，双核细胞形成两个隔膜，把双核细胞隔成 3 个细胞，即钩尖细胞、钩头细胞、钩柄细胞。钩尖和钩柄细胞各有一核，钩头细胞有两核。钩头细胞为子囊母细胞，由它延长形成子囊，子囊内双核进行核配，形成双倍体核，再进行一次减数分裂形成 8 个核。子囊内的原生质分别包围了 8 个核，形成 8 个子囊孢子。成熟后，从子囊壳顶端的孔口排除，随风落到健康竹上继续侵染健康竹。在夏秋季，竹内的菌丝形成分生孢子的情况以及分生孢子的形态尚不清楚。

竹生肉球菌的生活史是单倍体阶段长，双倍体、双核体阶段短。菌丝体、子囊孢子为单倍体，子囊为双倍体，产囊丝为双核体(图 94－2)。

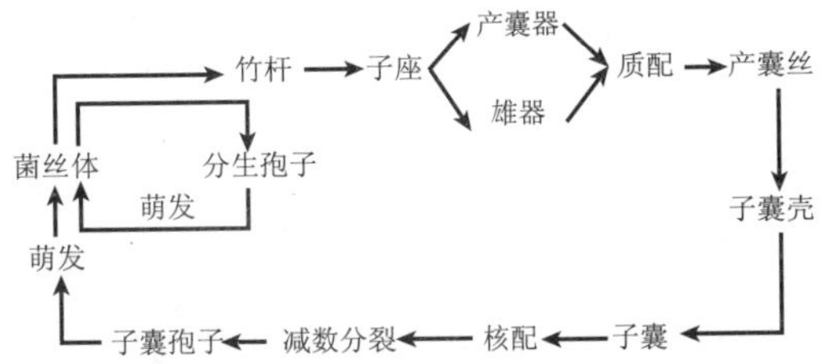

图 94－2 竹生肉球菌生活史

(四)影响肉球菌生长的理化因素

竹生肉球菌子座发育最适温度为 10～15℃。喜阴湿，多于每年 5～6 月份雨后发生。

第三节 竹生肉球菌的药用价值

竹菌（竹生肉球菌）其主要化学成分为子座部分所含的松胞菌素 D（cytochalasin D）和竹菌素（engleromycin）。松胞菌素 D 能专一性地影响哺乳动物细胞的微丝系统排列，抵抗病毒对细胞的感染，并具有有效地杀灭阴道滴虫的作用。有报道称，松胞菌素为一类新型的细胞毒素物质，它能抑制细胞分裂，高浓度时能使细胞核从细胞中脱出。竹菌醚提取物对小鼠肉瘤和小鼠宫颈癌有抑制作用。人们经过研究，发现该提取物中的一个组分有明显的细胞毒性。小鼠腹腔一次注射 5mg/kg 剂量可导致立即死亡。在利用竹菌菌粉治疗肝癌、肺癌、胃癌、直肠癌中，少数病例表现出一定的缓解作用，除胃肠道反应外，未见对造血系统等有明显的影响。另据民间传，竹菌有抗菌、消炎、解毒消肿作用，竹菌素 3～6g，水煎服，日服 2 次。用以治疗无名肿毒、咽喉炎、腮腺炎等，少数人可能产生恶心、腹泻等反应。

第四节 展 望

目前对于竹生肉球菌的研究主要集中在其药用成分上，而对于该菌栽培技术的研究还很少见。今后如对这方面进行深入地研究，并能够实现竹菌的人工栽培，将有利于竹菌的进一步研究以及其有效成分的利用。

参考文献

[1] 刘波. 中国药用真菌[M]. 太原:山西人民出版社,1978.
[2] 占扎君,孙汉董,吴厚铭,等. 竹菌化学成分的研究[J]. 植物学报,2003,45(2):248-252.
[3] 丁恒山. 中国药用孢子植物[M]. 上海:上海科学技术出版社,1982.
[4] 宋立人. 中华本草[M]. 上海:上海科学技术出版社,2002.
[5] 吴平. 松胞菌素D在制备抗肿瘤活性药物中的用途[P]. 中国:CN1568974, 2005.
[6] 陈迪华,岳德超. 竹菌菌丝体的化学成分[J]. 中草药,1987,18(11):508.
[7] 卢济台. 竹黄菌、竹红菌与竹生肉球菌生药学研究[J]. 药用真菌,1986(1):10-13.

(孙东平、李兆兰)

第九十五章　牛樟芝

DIJIUSHIWUZHANG NIUZHANGZHI

摘要：牛樟芝是我国特有的珍贵菌种。本章主要介绍了牛樟芝的概述、生物学特性、化学成分、药理作用、新药研发等方面内容。

Taiwano fungus

Abstract: *Taiwano fungus* is a rare fungus indigenous to China. This chapter gives a brief introduction to *Taiwano fungus* and addresses various aspects of the fungus including biological features, chemical components, pharmacological effects, and the development of new drugs.

第一节　概　述

牛樟芝又名：樟芝、牛樟菇、樟菰、樟内菇、牛樟心材褐腐病、红樟等。

学名：*Taiwanofungus comphoratus*（M. Zang & C. H. Su）Sheng H. Wu，Z. H. Yu，Y. C. Dai & Su[as '*Taiwanofungus camphoratus*']，in Wu，Yu，Dai，Chen，Su，Chen，Hsu & Hwang 2004。

同物异名：*Antrodia camphorata*（M. Zang & C. H. Su）Sheng H. Wu，Ryvarden & T. T. Chang，*Bot. Bull. Acad. sin.*，Taipei 38（4）：273（1997）；*Ganoderma camphoratum* M. Zang & C. H. Su[as '*comphoratum*']，*Acta bot. Yunn.* 12（4）：395（1990）。

鲜红牛樟芝：*Taiwanofungus salmoneus*（T. T. Chang & W. N. Chou）Sheng H. Wu，Z. H. Yu，Y. C. Dai & C. H. Su，in Wu，Yu，Dai，Chen，Su，Chen，Hsu & Hwang，*Fungal Science*，Taipei 19(3,4)：111(2004)。

同物异名：*Antrodia salmonea* T. T. Chang & W. N. Chou，*Bot. Bull. Acad. sin.*，Taipei 45(4)：348(2004)。

属名“*Taiwanofungus*”是新合成的词，意思“台湾产的真菌”。“*comphoratus*”是植物香樟 *Cinnamomum comphora*（L.）Presl. 的种名加词，描述生长在香樟树枝上的一种大型真菌。“*salmoneus*”的意思是“鲜肉质粉红色的”，描述子实体的质地和颜色。这两种真菌仅发生在我国台湾。对于着生的植物 M. Zang & C. H. Su(1990)，当时定名为 *Ganoderma camphoratum* 时认为是 *Cinnamomum comphora*（L.）Presl.。后来 Sheng H. Wu、Z. H. Yu、Y. C. Dai & C. H. Su(2004)修订学名时，发现寄主植物是牛樟树 *Cinnamomum kanehirai*。

分类地位：菌物界（Fungi），担子菌门（Basidiomycota），伞菌纲（Agaricomycetes），多孔菌目（Polyporales），科的地位未确定。

牛樟芝乃多年生蕈菌类，因其只生长于台湾特有樟科植物牛樟树（*Cinnamomum kanehirai*）的中空心材内壁上而得名。樟芝有强烈的芳香味，新鲜子实体含于口中，久之，舌尖有辛味感觉；干子实体含于口中，味辛、苦。牛樟芝为台湾特有的珍贵真菌，早期的传说缘起于原住民的饮酒文化。原住民因喝酒过多导致肝病变的比率居高不下，但是许多饮过樟芝酒的原住民却没有肝病变，身体还更强壮，于是樟芝可以治疗肝病、强壮身体效果逐渐被人发现，并得以传播，自此，樟芝成为原住民的传统珍贵药材。另外，民间流传的樟芝还有祛风行气、活血化瘀、温中消积、解毒消肿、镇静止痛、抗菌、抗病毒及抗肿瘤、治骨脘疼痛、腹泻呕吐、食物中毒、毒菇中毒、糖尿病、肾脏炎、尿蛋白过高、尿毒症、肝硬化、肝癌、流行性感冒、中暑和晕车等作用。长久以来，樟芝广泛应用于民间传统医疗中。近年来，有越来越多的科学证据证实樟芝确有相当高的药用潜能。

首次文献报道牛樟芝是在 1990 年，由云南植物研究所臧穆与台北医学院苏庆华共同在《云南植物研究》上所发表的论文，并命名为 *Ganoderma* comphoratum，但当时牛樟芝标本黏染了灵芝孢子或其他担子菌孢子，根据标本的形态、构造特征、将其定为灵芝属（*Ganoderma*）之一的一个新种。1995 年，张东柱等在不知悉有所谓牛樟芝为灵芝成员之一的状况下，依据牛樟芝子实体形态特征的观察，鉴定牛樟芝应属于多孔菌科薄孔菌属（*Antrodia*）的一种，因而将其命名为 *Antrodia cinnamomea*。1997 年，吴声华等认为应依据国际植物命名法规（International Code of Botanical Nomenclature）将前两次的命名依照“新组合”（new combination）的分类处理方式，更名为 *Antrodia camphorata*。此名发表后普遍为学术界及产业界所采用，但在 2004 年，张东柱等认为牛樟芝的寄主植物为牛樟树（*C. kanehirai*），而非樟树（*C. camphora*），并且对 *G. comphoratum* 所描写的特征皆在描写灵芝而非牛樟芝，故提议恢复 *A. cinnamomea* 的学名。

黄仁彰与王伯彻收集了不同来源 5 株樟芝菌株，并且对樟芝菌种核糖体 DNA 基因 ITS 片段做了定序分析，方法如下：

①抽取樟芝菌种 DNA。

②针对 ITS 片段进行 DNA 扩增。

③选用 NS7、NS8、ITS1、ITS2、ITS3 和 ITS4 等 6 个引子，分别进行循环定序（cycle sequencing）反应。

④利用数据分析软件进行核苷酸序列的辨识和排序，并建构类缘关系树形图。

定序分析结果发现，5 株樟芝菌株 ITS 片段的核苷酸序列几乎相同，并能和 *Antrodia malicola*、*Ganoderma lucidum* 的序列进行明显的区分。

许瑞祥与张益轩研发出一套利用分子生物技术鉴定牛樟芝的方法。利用 18S 核糖体（18S rRNA）基因序列，internal transcribed spacer（ITS）和 5.8S rRNA 基因序列及超氧化物歧化酶（superoxide dismutase）基因序列，由不同牛樟芝样品及香杉树上的香杉芝萃取脱氧核糖核酸，利用 PCR 扩增技术放大 18S 核糖体基因序列 ITS 基因序列及超氧化物歧化酶基因序列。将 PCR 扩增技术放大的序列定序后和基因库的序列做比对，发现牛樟芝的 18S 核糖体基因序列、ITS 基因序列及超氧化物歧化酶基因序列都具有特殊片段。利用此三段序列可确定牛樟芝种的演化地位。超氧化物歧化酶基因序列演算结果显示牛樟芝中具有不同品系。

2004 年，吴声华又依据 28S rDNA 之序列，设立 *Taiwanofungus* 新属，内含牛樟芝 *A. cinnamomea* 和香杉芝 *A. salmonea* 两种，也就是此两种菇再也不隶属于 *Antrodia* 属，直至目前牛樟芝命名仍呈现混乱，但大多采用 *A. cinnamomea* 及 *A. camphorata* 为主。

台湾大学植物病理与微生物学系曾显雄则以 RNase 与牛樟芝（*Autrodia cinnamomea*）之子实体或菌丝之 CTAB 萃取溶液作用，作为聚合酶连反应（polymerase chain reaction，PCR）的模板（template），利用源自于比较分析 47 个隶属于担子菌门（Basidiomycota）多孔菌目（Polyporales）之 47 物种之专一性引子对，进行 PCR 扩增，再将增幅 rDNA 产物进行胶体电泳，由所出现之专一性条带，即可鉴别出牛樟芝。此法可发展成生物芯片，能方便地鉴定牛樟芝，避免牛樟芝被误用混用。

下图为应用上述方法，实际应用于检测牛樟芝之实例

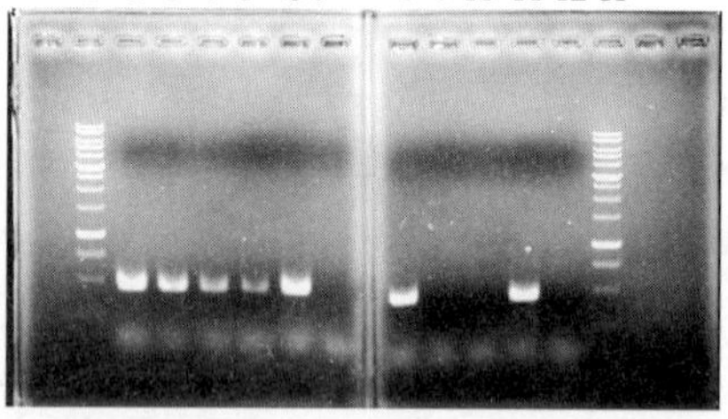

第 1、13 行：1 kb 标识。第 2～9 行：取自牛樟芝子实体（*Autrodia cinnamomea*）之样品；第 10 行：香杉芝（*Autrodia salmomea*）（负对照组）；第 11 行：牛樟芝菌丝体（正对照组）；第 12 行：水（负对照组）。

第二节　牛樟芝的生物学特性

一、形态特性

牛樟芝子实体具有强烈的樟树香味，气芳香、味辛苦，新鲜子实体含于口中久之则舌尖有辛麻感，干品含于口中久之则有辛苦感。其外型多变，为板状、钟形、马蹄形或不规则状，无柄，附着于牛樟心材的基部，宽且紧密，子实体的边缘木栓化至木质化，味道极苦，菇体表面孔状，出生时鲜红色，渐变为乳白色、橘红色、橘褐色至肉桂色，老化后则变为褐色或黑色，光滑且具轮状纹

路，边缘钝、向下弯曲、呈波浪状，波浪状处能再长，长至成不规则形，多年生的子实体常呈钟状、马蹄状。菌孔为圆形至角形，每毫米有4～6个。年轻子实体的菌孔呈橘红色、橘褐色至淡肉桂色，老化后则呈米色或浅黄色。菌孔内部没有菌肉层或是很薄，颜色与菌孔相同。菌管长达4mm且无分层。子实体具有两型菌丝：一为生殖菌丝(generative hyphae)，每2～3.5μm具有一个扣子体(clamp connections)；另一为骨骼菌丝(skeletal hyphae)。担子梗(basidia)呈棍棒状(clavate)，12～14μm×3.0～5.0μm。担孢子(spores)透明、平滑、呈圆筒状，有些会稍微弯曲，呈泪滴状，不具淀粉质，大小为3.5～5.0μm×1.5～2.0μm。

二、生　态

分布于台湾山区海拔450～2 000m的牛樟树(*Cinnamomum kanehirai Hay*)树干腐朽的心材内壁、或枯死倒伏的牛樟木材阴暗潮湿的表面，但只生长在台湾本土的老龄牛樟树上，不会生长在一般的樟树、冇樟、阴阳木等类似的树种。目前主要分布于桃园(复兴角板山)、苗栗(南庄乡、三湾乡)、南投(竹山、水里乡)、高雄县(六龟)、花莲、台东山区等，生长期为6～10个月。樟芝是造成牛樟木材腐朽、中心空洞的元凶，但病源性不强，不易造成活树死亡。生长环境均属于幽暗、潮湿且温度稍低之中海拔地区，而其生长缓慢，因此要产生子实体的时间相当长。

第三节　牛樟芝的培养

一、制　种

(1)斜面菌种

培养基：PDA培养基

培养条件：25℃左右，无光培养。

(2)液体菌种

培养基：麦麸2%，蛋白胨0.2%，磷酸二钾(KH_2PO_4)0.3%，硫酸镁($MgSO_4$)0.05%，维生素B_1 10mg/L，三角瓶装量240ml/500ml。

接种：用斜面菌种接种，每一试管种接一只三角瓶液体培养基，接种时需先将斜面菌种割成小块。液体菌种接液体培养基，接种量为20%。

摇瓶发酵条件：25℃、无光，摇床转速150转/分钟，发酵5天，菌丝干重1%左右，发酵好的菌液呈木材色。

(3)固体菌种培养

培养基原料基本与灵芝、香菇相同，其中可能还会加入牛樟树木屑。

二、液体发酵

牛樟芝液体发酵培养基与灵芝、香菇等食药用菌相同。培养温度20～22℃，无光。发酵时间7～10天。发酵结束后，发酵液呈浅白的木材色，有樟芝菌特有的辛辣味。发酵结束后真空减压蒸发干燥制成保健食品，或做液体菌种培养樟芝子实体。

三、子实体培养

①樟芝子实体培养有液体菌种接种和固体菌种接种两种，液体菌种培养与其他食用菌液体发酵相同。

樟芝的固体菌种培养：培养基与灵芝、香菇培养基相同。容器：17cm×35cm的塑丙烯塑料袋，放在128℃下进行2小时灭菌，培养温度20～22℃，无光培养2个月。

②接种培养子实体：将清洁、无杂菌生长的牛樟树锯成厚约 2cm 的木片，装入塑料袋中，放入128℃高温下，灭菌 2 小时，在无菌箱或接种室中接入液体菌种或固体菌种，菌种要平铺在木片面上，放在 14～16℃下无光培养，2～3 个月后，菌丝长满木片，脱去塑料袋，将长好菌丝的木片置于用黑布遮光的木框或塑料框中，保持 14～16℃，95%左右空气湿度，光线很弱的环境中，20～30 天后，牛樟树上长出一层血红色的卧伏在木片上、具有孔的组织（子实体），用刀铲下子实体。停止保湿 2～3 天，使菌丝恢复生长，然后再如以前那样培养，1 个月左右后，木片上又长出卧伏的子实体，继续采收，再按上述方法培养。

第四节　牛樟芝的化学成分

目前有关樟芝的成分研究多集中于三萜类的化学成分分析和结构式的建立。

1995 年，沈雅敬等发现樟芝子实体萃取物中含有 3 种以 ergostane 为骨架之新三萜类化合物，分别命名为 antcin A、antcin B、antcin C。其中 antcin A 药理研究证实具有抑制小鼠血癌（P-388 murine leukemia）细胞毒素的活性，anticin B 具有抗胆碱能作用（anticholinergic）及抗 5-羟色胺（antiserotonin）活性。姜宏哲等于 1995 年也从子实体萃取物中找到 3 种新的三萜类化合物，分别是 antrocin、4，7-dimethoxy-5-methyl-1，3-benzodioxole 和 2，2’，5，5 -tetramethoxy-3，4，3’，4’-bimethyl-enedioxy-6，6 ’-dimethylbiphenyl。1996 年，沈雅敬等再度发现樟芝子实体中含有 4 种新的三萜类化合物，分别是 antcin E、antcin F、methyl antcinate G 和 methyl antcinate H。同年，杨书威等也发现 2 种以 ergostane 为骨架的新化合物，分别命名为 zhankuic acid D 和 zhankuic acid E，以及发现 3 种以 lanostane 为骨架的新化合物，其中分别是 15á-acetyl-dehydro-sulphurenic acid、dehydroeburicoic acid 和 dehydro-sulphurenic acid。

沈雅敬从台湾产特有种樟芝子实体中分离出 5 个新的固醇类化合物，命名为樟菇酸（zhankuic acid）A，B，C，D 和 E，以及 3 个新的三萜类化合物 15-acetyl-dehydrosulfurenic acid，dehydroeburicoic acid，dehydrosulfurenic acid。药理研究显示樟菇酸 A 对 p-388 小鼠淋巴癌细胞有明显的抑制作用；而樟菇酸 B 具有微弱的抗胆碱及抗5-羟色胺活性。

有关对于樟芝成分及活性之研究，杨书威、高晓薇、程一华及吴德鹏等共有 4 篇硕士论文。其中台湾大学医学院药学系杨书威的硕士论文针对具有抗胆碱活性的部分进行分离，得到 9 种类三萜，其中 6 个是新化合物，而两个主要成分（ZK-1，CI-6）经药理活性测试皆没有抗胆碱的活性，其他成分则因为含量较少而没有做药理测试。

台北医学院天然药物研究所高晓薇的硕士论文是先以丙酮室温萃取樟芝粉末，得到的萃取物以少量甲醇溶解后滤去沉淀，取滤液（中极性部分）进行分离，得到 6 种结晶固体，但只解出 3 个结构为新化合物，但根据光谱，认为其结构解析有错误，不过其药理试验上，证实其化合物 B 具有降低以四氯化碳诱发急性肝障碍小鼠之血清丙氨酸氨基转移酶（ALT）值的作用。

樟芝的甲醇萃取量高达 30%，远超过一般灵芝 3%的萃取量，且樟芝尝起来也比一般灵芝苦，预计其中的多氧化型类三萜及固醇类含量极丰富。而根据杨书威硕士论文显示，萃取之成分以乙酸乙酯和水分配萃取后，乙酸乙酯层抗胆碱及抗 5-羟色胺活性最强。

依据吴德鹏的硕士论文研究，樟芝子实体粉碎后以甲醇加回流萃取，冷却后得到沉淀物及甲醇液两部分。经硅胶管柱层析及 HPLC 等方法分离，得到 13 个成分，其中两种成分为木质素，推测可能为樟芝所含之樟树木材部分成分，因为市售的野生樟芝常是带有牛樟木材成分。其他 3 种成分是未发表于文献上的新类三萜化合物，由樟芝所得到的类三萜成分中，支链上均具有 24(28)-en 的架构，而其他灵芝属的类三萜成分则少见此种支链架构，显示樟芝的类三萜代谢途径与其他的灵芝种类有很大的不同，这种支链架构应可以当作樟芝的特征成分。

第五节 牛樟芝的药理作用

牛樟芝最早开始使用纪录，大概在1945年前后，那时还是属于民众口中的仙丹。在世界上，牛樟树为台湾特有植物，因此受到极度的重视，并列为国宝级保育类，而牛樟芝又只长于牛樟树，其他树木无法长出牛樟芝，所以在政府大力支持研究下，完成了许许多多的研究报告，陆续以科学的方式验证牛樟芝流传的疗效是真的，且又具广效性。

一、抗氧化作用

沈立言发现，樟芝菌丝体发酵滤液具有提升SD大鼠初代肝细胞之抗氧化酶及抑制脂质过氧化能力。也有研究证实樟芝子实体与菌丝体均有降低乙醇所诱发之急性肝损伤的功能，而其保护机制应与其所具有的抗氧化与清除自由基能力有关，但对四氯化碳诱导的慢性肝损伤则无显著的保护能力，而沈立言的研究则发现，樟芝菌丝体发酵滤液对四氯化碳诱发大鼠慢性肝损伤有保护作用，其保护机制应与其提升抗氧化酶与抑制脂质过氧化能力有关。

颜国钦以樟芝菌丝体深层培养液（SCAM）为材料，并将培养液干燥物（DMF）和不同溶剂的菌丝体萃取物进行抗氧化及自由基清除能力测试与活性成分分析。结果发现在不同的抗氧化测试系统中，SCAM之抗氧化能力与其总多酚类含量呈现正相关性。因此，SCAM中之总多酚含量应为提供其抗氧化能力的主要成分。菌丝体甲醇及乙酸乙酯萃取物之抑制脂质过氧化能力与其三萜类含量呈正相关，显示三萜类可能有提供菌丝体甲醇及乙酸乙酯萃取物抗氧化的能力。此外，也发现DMF及WEM之清除超氧阴离子能力与其粗多糖体含量无关，而与其粗多糖体中所含有的蛋白质比率有关。综合评估，DMF是SCAM中最具抗氧化潜力的部分，此可能与其含有较多量的总多酚类及三萜类有关。因此，DMF具有潜在的预防自由基诱导相关疾病的作用，因此针对DMF在活体内的抗氧化能力做更进一步的探讨。

首先以DMF（100，250及500mg/kg）连续喂食SD大鼠5天后，再一次注射CCl_4（1ml40%CCl_4/kg，腹腔注射）以诱导大鼠肝脏急性损伤。结果证实DMF能显著降低肝脏、血清的炎症指标——AST及ALT之生化值，且在肝脏组织病理切片中观察到，DMF也能降低CCl_4引起的大鼠肝细胞炎症、混浊肿胀、中性粒细胞浸润及坏死等肝脏损伤现象。推测DMF因具有显著抑制CCl_4诱导肝脏组织在初期时所造成脂质过氧化的病变，且又可提升大鼠肝组织之抗氧化酶（glutathione peroxidase，glutathione reductase）活性，而使细胞中GSH/GSSH比率能维持恒定。此外，DMF具有活化解毒酶（glutathione s-transferase）的能力，故推测其也能提升对CCl_4代谢的能力，以减少CCl_4对肝脏组织的氧化损伤。

刘翠玲的研究发现樟芝发酵液与菌丝体均可显著提升血清总抗氧化状态，An5发酵液与GK101菌丝体可延长2，2'-Azobis（2-amidinopropane）dihydrochloride（AAPH）诱导红细胞溶血时间；两种发酵液可增加LDL的氧化迟滞期。对于抗氧化酶而言，发酵液与菌丝体均可显著提升肝脏中谷胱甘肽过氧化酶（GSH-Px）活性，An5发酵液且可提升葡萄糖-6-磷酸脱氢酶（G-6-PDH）和超氧化物歧化酶（SOD）活性。

严贵荣的研究发现，filtrate-GK101可减少STZ诱发高血糖鼠肝脏脂质过氧化物的生成，测定LDL氧化迟滞期、50%红细胞溶血时间及总抗氧化状态，发现各组间均无差异。

刘千球研究樟芝对树突状细胞的免疫调控作用与对巨噬细胞的抗发炎反应，樟芝的抗炎作用中，小鼠喂食樟芝后以腹腔注射脂多糖（LPS）的方式使小鼠产生炎症反应，经流式细胞仪测定分析Trem-1表现，发现长期喂食樟芝会使Trem-1表现受到抑制而下降，证实樟芝具有抗炎的效果。

许游章研究樟芝水萃取液保护人红细胞的氧化损伤。红细胞与自由基作用，会产生红细胞膜蛋白质氧化、脂质过氧化，最后造成溶血。樟芝发酵液可以清除血液中过多的自由基，抑制2，2'-Azobis（2-amidinopropane）dihydrochloride（AAPH；自由基诱发剂）的攻击，延缓溶血作用。

宋祖莹及颜国钦研究樟芝深层培养萃取物滤液干燥物（DMF）及菌丝体水萃取物具有较强的自由基清除能力，有良好的抑制脂质过氧化能力，且抑制能力随着浓度增加而有上升的趋势，具有浓度效应地抑制脂质过氧化能力。

综合以上结果提示，樟芝发酵液或菌丝体具有抗氧化清除自由基作用，但不同菌株发酵产品，其生理功能会略有不同。

二、保肝作用

沈立言以牛樟芝菌丝体发酵过滤液（FFMA）为实验材料，采用大鼠原代培养肝细胞为实验模型，探讨 FFMA 对大鼠原代培养肝细胞的生存力、抗氧化及解毒代谢能力的影响。结果发现，大鼠原代培养肝细胞以 20μl/ml FFMA 处理，肝细胞乳酸脱氢酶渗漏率与对照组并无显著性差异。但是，肝细胞以 40μl/ml 或 60μl/ml FFMA 处理 8 小时后，其 LDH 渗漏率皆显著高于对照组。利用倒置位相差显微镜观察肝细胞之生长状况及细胞形态变化，可发现大鼠肝细胞以 20μl/ml FFMA 处理过程中其肝细胞形态与对照组并无明显差异。然而，肝细胞以 60μl/ml FFMA 处理 24 小时后，发生细胞变形与单层细胞破坏的现象。大鼠原代肝细胞以 20μl/ml FFMA处理，其 TBARS 值与对照组并无显著性差异。但是，当以 60μl/ml FFMA 处理 4 小时后，其 TBARS 值均显著高于对照组。由肝细胞内谷胱甘肽含量之变化可见，20μl/ml FFMA 处理组培养 24 小时其谷胱甘肽含量均显著高于对照组。60μl/ml FFMA 处理组在培养 8 小时后其含量均显著高于对照组。另外在谷胱甘肽过氧化酶(GPx)活性分析可见肝细胞以 20 或 40μl/ml FFMA 处理 48 小时，其 GPx活性显著高于对照组。当肝细胞以 20μl/mlFFMA 处理 24 小时后，谷胱甘肽还原脢(GRd)活性虽有增加，但未达显著性差异水平。然而，肝细胞以 40 或 60μl/ml FFMA 处理 24 小时，GRd 活性显著高于对照组。而且大鼠原代肝细胞以 20 与 40μl/ml FFMA 处理 24 小时，其谷胱甘肽硫转移酶(GST)均显著高于对照组。总之，20μl/ml FFMA 对于大鼠原代肝细胞的生存力、抗氧化及解毒代谢能力有较好的效果。

沈立言还探讨牛樟芝菌丝体发酵过滤液(FF-MA)对大鼠四氯化碳慢性肝损伤之影响。大鼠于四氯化碳投予前一周每天一次经口投予 FFMA (3ml/kg、12.4ml/kg 及 24.8ml/kg)，直到实验终了。实验结果显示，在第 8 周时，正常对照组肝脏重/体重比值方面，皆明显低于其他经四氯化碳处理组别。不同剂量 FFMA 实验组及正常对照组的血清门冬氨酸转移酶(AST)、丙氨酸氨基转移酶(ALT)值均较四氯化碳模型组显著性降低。经四氯化碳诱发慢性肝损伤处理组的血三酰甘油(TG)、胆固醇(Chol)皆低于正常对照组；而每日口服12.4ml/kg、24.8ml/kg FFMA 实验组与正常对照组则皆较模型对照组有显著性的上升($P<0.05$)。在肝脏脂质过氧化方面，3 组投予 FFMA 的实验组与正常对照组皆较模型对照组有显著性下降的现象。在肝脏抗氧化及解毒代谢能力方面，每天口服 12.4ml/kg和24.8ml/kg 剂量 FF-MA，实验组 GPx、GRd 及 GST 活性均显著较模型对照组高。每天口服24.8ml/kg 剂量 FFMA，实验组 GSH、SOD 活性与模型对照组比较均显著性的上升。FFMA 实验组 3 种不同剂量的肝脏 TG 值较模型对照组显著性下降，Chol 值虽也有所下降，但与模型对照组比较无显著性差异。在第 8 周经四氯化碳诱发慢性肝损伤大鼠的羟脯氨酸(HYP)值皆显著性高于正常对照组，3 组不同剂量 FFMA 实验组 HYP 值皆较模型对照组有显著性降低。血液脂质过氧化方面，每天24.8ml/kg 的剂量较对照组有显著性差异($P<0.05$)。24.8ml/kg剂量的 FFMA 实验组血液 GPx、GRd、GST 及 GSH 活性皆较模型对照组显著上升。而 24.8ml/kg 剂量 FFMA 实验组 SOD 及过氧化氢酶(catalase)活性与模型对照组比较皆显著上升的。结果提示，牛樟芝菌丝体发酵过滤液对四氯化碳中毒大鼠有保肝作用。

三、增强免疫力/抗肿瘤作用

赖宏亮以樟芝原菌液做体外实验，发现樟芝原菌液可以显著地增加 RPMI 溶液中培养的脾脏细胞 IL-2(1.34×10^5 copies/2×10^6 cells *vs.* 3.9×10^4 copies/2×10^6 cells)及 INF-γ 基因表达(8.2×10^6 copies/2×10^6 cells *vs.* 9.8×10^3 copies/2×10^6 cells)，而以 LPS(lipopolysaccharides)刺激下的脾脏细胞，樟芝原菌液处理组 IL-2(1.84×10^5 copies/2×10^6cells *vs.* 4.9×10^4 copies/2×10^6 cells)及 INF-γ 基因表达也有显著增加(11.9×10^6 copies/2×10^6 cells *vs.* 9.1×10^3 copies/2×10^6 cells)。此结果显示，牛樟芝原菌液确实会促进 T 细胞 IL-2 及 INF-γ 基因表达，并因此增强免疫活性。

吕峰洲则对樟芝的生物活性做过一些初步的试探，见到其多糖确有活化免疫功能之作用。此外，对樟芝粗提物的乙醇可溶部分进行初步测试，发现了一个新的樟芝组分，AC-HS-ES，其与已知的灵芝完全不同，且抑瘤活性比灵芝高出许多，仍需进行深入的探讨。

黄仁彰与王伯彻利用 5L 和 250L 发酵罐进行樟芝菌种发酵培养。结果显示，在特定的搅拌、碳源种类和特定 pH 调控范围的培养条件下，An5 樟芝菌株培养第 144 小时后的发酵滤液对 HeLa、AGS、MCF-7、HepG2 等肿瘤细胞有 80%以上之细胞毒杀能力。

沈雅敬于 1995 年从台湾产的特有种樟芝子实体分离出 5 个新的固醇类化合物，命名为樟菇酸(zhankuic acid)A、B、C、D 和 E，以及 3 个新的三萜类化合物 15-acetyl-dehydrosulfurenic acid，dehydroeburicoic acid，dehydrosulfurenic acid。药理研究显示樟菇酸 A 对 p-388 老鼠淋巴癌细胞有明显的抑制作用；而樟菇酸 B 具有微弱的抗胆碱及抗 5-羟色胺活性。

黄婉婷自樟芝菌丝体发酵液纯化出免疫调节蛋白 ACA1，利用 15μg/mL frACA1 处理小鼠腹腔巨噬细胞(peritoneal macrophage，pMΦ)可增进其活性和 CD86/B7-2 的表达，实时聚合酶连锁反应(Real-time PCR)结果显示 ACA1 可正调节 IL-1β、TNF-α、IL-6 和 iNOS 等细胞激素。

四、其他作用

杨新玲研究樟芝菌丝体水萃取液对人类红细胞的作用，发现它可以减少溶血现象(hemolysis)、降低 ATP 消耗和 GPX 活性下降、减少脂质过氧化作用——MDA 量减少、减少蛋白质过氧化作用。因此，樟芝菌丝体水萃取液可以保护人类红细胞，降低 AAPH(自由基诱发剂)致红细胞之过氧化作用。另外，她们也从事樟芝菌丝体水萃取液作用血管内皮细胞(HUVEC)之实验，结果发现，低浓度之樟芝菌丝体水萃取液会促进细胞生长；然而高浓度下会抑制细胞生长。同样也具有保护以 AAPH(自由基诱发剂)过氧化之内皮细胞，而可减少细胞死亡。在樟芝菌丝体水萃取液对 HL-60 的实验时发现，低浓度樟芝菌丝体水萃取液会抑制 HL-60 细胞生长。

五、安全与毒理

依据目前文献与已进行的研究显示，灵芝与樟芝在体细胞与生殖细胞致突变性与致畸性上均不具统计学上意义。根据急性毒性试验，大鼠口服灵芝水萃取物半数致死量(LD_{50})>10g/kg，大鼠口服樟芝发酵液 LD_{50} 也>10g/kg。灵芝与樟芝对大鼠主要内脏器官形态学、组织病理学均无影响、无明显脏器毒性作用。血液学、血液生化学、尿液及组织病理学指标均无明显影响，无明显毒性作用，临床服用量和服药期限均为安全范围，说明樟芝安全性大。

第六节　牛樟芝的新药研发

牛樟芝的研究在这 20 年中虽快速且多方向的进行，但因材料的稀少，牛樟芝的药理机制始终无法突破。近期，刘胜勇领导的研发团队从固态发酵的牛樟芝菌丝体萃取物中分离出 3 个新化合物安卓奎诺尔 A、B、C(Antroquinonol A、B、C)，其中安卓奎诺尔 A(Antroquinonol A)经人体癌细胞株体外试验对 13 种人体癌细胞皆有抑制作用(表 95—1)。

顾记华以数种肝癌细胞试验，发现安卓奎诺尔 A 能使癌细胞周期停滞在 G_1 期，继而造成细胞凋亡，数据显示安卓奎诺尔 A 系能抑制癌细胞蛋白质合成的数种酶(包括 cyclin A，cyclin D，cyclin E，cdk2，cdk4，Rb，p53，Akt and AMPK)使癌细胞无法分裂及复制，并在癌症细胞成长周期初阶段即产生影响，更深入分析显示安卓奎诺尔 A 通过抑制 AMPK 活化及抑制蛋白质讯息传导途径中 4E-BP1 和 eIF4E，使癌细胞周期停滞在 G_1 期，继而造成细胞凋亡。

杨泮池的研究结果发现，安卓奎诺尔 A 对肺癌细胞株 A549 及 CL1-0 和 CL1-5 细胞具有：①明显抑制生长作用(包括：抑制细胞生长与促进细胞凋亡)。②降低肺癌细胞的迁移及侵入的能力。③抑制肺癌细胞在 NOD-SCID 小鼠皮下所形成肿瘤的生长。进一步使用 Affymatrix cDNA Chip 分析安卓奎诺尔 A 可能调控的基因，研究结果发现，主要的靶标应该是在 EGFR/AKT/MAPK 信号通路(EGFR/AKT/MAPKsignaling pathway)。

表 95—1　13 种人体癌细胞体外试验之 IC50

Antroquinonol ® MTT ASSAY 人体癌细胞体外试验		IC50 (μg/ml)
colorectal adenocarcinoma 大肠癌	WiDr	0.92
osteosarcoma 骨髓癌	MG-63	2.09
pancreatic cancer 胰脏癌	BxPC-3	1.44
squamous cell carcinoma 口腔癌	SCC-25	1.05
bladder cancer 膀胱癌	TSGH 8301	1.05
gastric cancer 胃癌	TSGH 9201	1.32
histiocytic lymphoma 淋巴癌	U937	9.71
serous cystaden carcinoma 卵巢癌	ES-2	0.80
epidermoid carcinoma 皮肤癌	A431	0.18
hormone sensitive hepatoma 肝癌	Hep 3B	0.13
non-hormone sensitive hepatoma 肝癌	Hep G2	4.3
non small cell lung cancer 肺癌	A549	0.45
hormone sensitive prostate cancer 前列腺癌	LNCaP	6.09
prostate epithelial cancer 前列腺上皮癌	PZ-HPV-7	0.97
non-hormone sensitive prostate cancer 前列腺癌	DU145	4.64
hormone sensitive breast cancer 乳癌	MCF-7	2.19
non-hormone sensitive breast cancer 乳癌	MDA-MB-231	2.64

翁庆丰实验证明，口服安卓奎诺尔A具抗肿瘤能力。以diethylnitrosamine（DEN）诱导动物肝癌模型，同样发现安卓奎诺尔A具抗肝癌且延长罹癌大鼠存活力。

肝脏星状细胞扮演肝纤维化的主要角色，翁庆丰研究也证实安卓奎诺尔A可抑制星状细胞而阻止肝纤维化。另外的实验也发现安卓奎诺尔A可调降α-平滑肌肌动蛋白（α-SMA）及基质金属蛋白酶（MMP）的表现。

张嘉铭利用LPS诱发RAW 264.7细胞分泌细胞因子TNF-α及IL-1β，测试安卓奎诺尔A对炎症因子的抑制作用。结果显示，安卓奎诺尔A可以抑制TNF-α及IL-1β的产生。此炎症因子的抑制作用可以解释安卓奎诺尔抑制肝脏发炎及保护肝脏可能的机制。

张嘉铭也以可自发性产生类似红斑性狼疮（SLE）的NZB/W F_1小鼠来验证安卓奎诺尔A的抗红斑性狼疮功效。NZB/W F_1小鼠可自发性产生类似红斑性狼疮（SLE）的症状，包括抗ds-DNA抗体的产生及肾脏的病变，导致寿命减短。结果显示，安卓奎诺尔A具有显著改善其血清抗ds-DNA的潜力。SLE动物多因自身免疫被活化，因此造成肾功能下降，造成蛋白尿及血清尿素氮（BUN）的增加，安卓奎诺尔A显著降低血清尿素氮（BUN）浓度，也能降低血清肌酐至正常值。组织病理的分析显示，安卓奎诺尔A能降低SLE动物肾小球体壁的厚度，而抑制SLE动物的肾病变。

林俊宏进行樟芝对小鼠单次衰竭运动疲劳作用的影响，小鼠在鼠用跑步机上进行衰竭运动，最终跑步机速度为30米/分钟，坡度为10%，运动强度为70%～75%最大摄氧量。研究结果表示，樟芝能够提高肌酸激酶活性及乳酸脱氢酶活性，有抗疲劳的效用。

汪国麟以性成熟之SD雄性大鼠为实验对象，比较樟芝菌丝体在试验前后对氧化压力、肝肾功能器官含汞量等的变化来探讨二氯化汞（$HgCl_2$）的生理伤害机制。结果显示：$HgCl_2$的氧化压力会造成组织的伤害，而樟芝菌丝体可明显降低氧化压力，作用应与其抗氧化能力有关。

药物动力学试验结果指出，口服安卓奎诺尔A后测其在各主要器官分布，以脑、肺、心脏及肾脏为最高，其次为肝脏。可通过血-脑屏障达到脑部组织且为有效浓度，心电图试验也证明对心脏无不良反应。口服餵食大鼠，血液达峰时间（T_{max}）为0.25小时，$T1/2$为2.52小时。

在英国爱丁堡优良规范程序实验室（GLP）进行毒性毒理试验，该实验室为英国政府、欧洲国家、日本及美国食品及药物管理局所承认，为国际知名优良规范程序实验室。急性毒性分析报道，大鼠最高耐受剂量（MTD）为每天100～125mg/kg，未发现系统性毒性，而对拉不拉多犬的剂量分析，雄犬＞1 000mg/kg及雌犬＞500mg/kg，也未发现系统性毒性；大鼠分别以15mg/kg、30mg/kg、100mg/kg（n=50）剂量连服28天进行试验。结果没有动物发生不良反应及死亡，表示此药安全，无不良反应，犬以每天20mg/kg、60mg/kg及200mg/kg（n=24）试验，也无不良反应。财团法人生物技术开发中心进行的致畸胎试验，各试验组及对照组织怀孕大鼠均存活。80mg/kg处理的怀孕雌鼠，在投药期体重变化与饲料消耗量均明显低于对照组，肉眼检查母鼠之内脏并未发现任何与试验物质处理相关之病变，且并未对大鼠胚胎发育造成任何不良影响。

安卓奎诺尔A即将完成临床前试验，正规划进行人体临床试验，将牛樟芝推进新药研发的新纪元。

参考文献

[1] 邱年永，张光雄．樟芝 Chang-chih（台湾），台湾原色药用植物图鉴（6）[M]．台北：南天书局出版社，2000.

[2] 潘子明．樟芝的生产应用与国内研发现况[J].生物产业，2006(17)：4.

[3] 仇明金．森林中的红宝石——樟芝[J]．食物探源，2007，(7)：48.

[4] 臧穆，苏庆华．我国台湾产灵芝属新种樟芝[J].云南植物研究，1990(12)：395-396.

[5] 许瑞祥，张益轩．牛樟芝分子生物鉴定系统之研究[D]．台北：台湾大学，2002.

[6] 陈良坤．牛樟芝萜.类生合成基因之选殖及其特性界定[D]．台北：台湾大学，2006.

[7] 刘宇真．牛樟芝的抗氧化酶相关基因选殖及其生理活性分析[D]．台北：台湾大学，2007.

[8] 张东柱．牛樟之病害[J]．林业丛刊，1997(72)：127-131.

[9] CHIANG H C，WU DP，CHERNG I W，et al. A sesquiterpene lactone，phenyl and biphenyl compounds from Antrodia cinnamomea[J]. Phytochemistry，1995，39：613-616.

[10] CHERNG IH, WU DP, CHIANG HC. Trierpenoids from Antrodia. cinnamomea[j]. Phytochemistry, 1996(4):263-267.

[11] YANG S W, SHEN Y C, CHEN C H. Steroids and triterpenoids Antrodia cinnamomea-a fungus parasutuc on Cinnamomum micranthum[J]. Phytochemistry, 1996(41):1389-1392.

[12] 杨书威. 中药樟芝活性成分之研究[D]. 台北:台湾大学药学研究所,1991.

[13] 高晓薇. 台湾灵芝属新种樟芝之三萜类成分研究[D]. 台北:台北医学院天然物医学,1992.

[14] 吴德鹏. 樟芝微量成分的研究[D]. 台北:台湾师范大学化学研究所, 1995.

[15] 刘翠玲. 樟芝对仓鼠体内脂质代谢与抗氧化状态之影响[D]. 台北:辅仁大学食品营养学研究所,2002.

[16] 严贵荣. 樟芝对 STZ 诱发高血糖鼠血糖调节与抗氧化之影响[D]. 台北:辅仁大学食品营养学研究所,2002.

[17] 刘千琛. 樟芝对树突状细胞之免疫调控作用与对巨噬细胞之抗发炎反应[D]. 台北:阳明大学热带医学研究所,2006.

[18] 王伯彻,黄仁彰. 灵芝与樟芝之研发与市场面面观[J]. 食品工业,2002,35(5),3-17.

[19] GAU R J, YANG HL, SUEN J L, et al. ,Induction of Oxidative stress by Humic acid through increasing to atherothrombotic vascular disorder in Blackfoot disease[J]. Biochem Biophys Res Commun, 2001, 4(283):743-749.

（郭茂田）

附录　食药用菌的营养成分

FULU SHIYAOYONGJUN DE YINGYANG CHENGFEN

附录－1　食药用菌的营养成分(%)

种类＼成分	蛋白质	脂　肪	灰　分	粗纤维	糖类(碳水化合物)	资料来源
美味牛肝菌(*Boletus edulis*)	17.89	8.41	9.06	9.37	—	邓百万等,2004
黄靛牛肝菌(*B. appendiculatus*)	23.80	2.33	4.46	2.32	—	吴学谦等,2005
黄褐牛肝菌(*B. subsplendidus*)	24.67	4.41	10.46	8.31	—	李涛等,2006
灰褐牛肝菌(*B. griseus*)	30.26	2.76	14.28	9.46	—	李兴奎等,2007
小美牛肝菌(*B. speciosus*)	32.79	3.55	8.91	6.90	—	黄谚谚等,1999
松口蘑1(*Tricholoma matsutake*)	16.84	2.50	6.34	9.04	—	全雪丽等,2007
松口蘑2(*T. matsutake*)	10.88～13.61	2.19～3.64	6.24～7.52	6.07～8.58	—	周选围等,2002
松口蘑3(*T. matsutake*)	9.06～14.46	5.47～8.42	5.27～6.25	5.72～8.89	—	张涪平等,2007
紫陀螺菌(*Gomphus purpuraceus*)	26.14	2.20	8.74	3.67	49.16	谭爱华等,2001
翘鳞肉齿菌(*Sarcodon imbricatus*)	25.55	3.23	7.86	6.39	—	冯颖等,1998
小刺猴头菌(*Hericium erinaceus*)	29.30	4.91	9.45	7.12	—	宋慧,2003
四川块菌(*Tuber* sp.)	32.44	2.61	6.40	31.17	31.17	刘洪玉等,1997
黑孢块菌(*T. melanosporum*)	33.1	2.2	8.3	27.9	27.9	刘洪玉等,1997
糙皮侧耳1(*Pleurotus ostreatus*)	25.00～39.53	1.70～1.71	5.45～10.56	5.88～10.12	45.11～57.66	柳琪等,1997
糙皮侧耳2(*P. ostreatus*)	20.60～25.10	2.35～2.99	6.70～7.30	20.40～34.20	—	朱晓琴等,2007
糙皮侧耳3(*P. ostreatus*)	21.94～22.10	1.54～1.66	6.82～7.58	12.07～14.15	45.5～48.1	申进文等,2007
糙皮侧耳4(*P. ostreatus*)	26.30	6.60	8.10	—	33.5	王钊等,1999
紫孢侧耳(*P. sapidus*)	38.09	1.65	7.44	13.4	—	陈体强等,1997
金顶侧耳(*P. citrinopileatus*)	42.3～47.9	0.8～1.9	—	10.7～14.9	—	谢福泉等,2007
菌核香菇(*Lentinus tuberregium*)	15.60	2.50	7.30	6.30	34.60	陈传红等,2006
白灵菇(*P. nebrodensis*)	25.6	0.77	3.69	6.7	49.7	宫志远等,2003
杏鲍菇1(*P. eryngii var. eryngii*)	15.4	0.55	4.51	5.4	52.1	宫志远等,2003
杏鲍菇2(*P. eryngii var. eryngii*)	21.44	1.88	7.83	—	57.35	王凤芳,2003
杏鲍菇3(*P. eryngii var. eryngii*)	15.4	0.55	5.2	5.4	52.1	刘鸿高等,2007
杏鲍菇4(*P. eryngii var. eryngii*)	20.0	3.50	6.10	13.28	—	颜明娟等,2002
杏鲍菇5(*P. eryngii var. eryngii*)	27.30	2.16	6.30	14.90	31.20	俞苓等,2003
鲍鱼菇(*P. cystidiosus*)	22.12	—	—	11.4	—	刘振文等,2007
红平菇(*P. djamor*)	24.69	2.63	9.43	—	—	刘智会,2006
粉红平菇(*Pleurotus rhodophyllus*)	23.4	3.2	8.4	—	66.7	张其昌等,1995
姬菇(*P. cornucopiae*)	30.58	2.00	6.84	8.99	56.44	柳琪等,1997
香菇1(*Lentinula edodes*)	18.82～30.25	1.20～2.07	3.48～7.03	3.43～11.11	43.83～59.21	柳琪等,1997
香菇2(*L. edodes*)	17.01～17.53	1.79～1.89	4.47～5.68	5.53～6.01	51.85～53.18	何晋浙等,1999
香菇3(*L. edodes*)	22.22	1.99	6.04	29.6	—	盛清等,1999
双孢蘑菇1(*Agaricus bisporus*)	26.84～46.78	1.21～2.39	7.66～10.95	4.35～11.57	32.21～53.65	柳琪等,1997
双孢蘑菇2(*A. bisporus*)	37.86	1.5	3.98	7.86	—	吴素玲等,2006

（续表）

种类 \ 成分	蛋白质	脂 肪	灰 分	粗纤维	糖类（碳水化合物）	资料来源
巴西蘑菇 1(*A. brasiliensis*)	38.8	2.05	—	5.6	8.23	黄谚谚等，2002
巴西蘑菇 2(*A. brasiliensis*)	36.8	2.40	7.40	6.50	40.20	种藏文等，1999
巴西蘑菇 3(*A. brasiliensis*)	29.95	2.88	5.46	8.54	43.35	沈爱英，2002
巴西蘑菇 4(*A. brasiliensis*)	43.19	3.73	5.54	6.73	41.56	黄年来，1994
棕色蘑菇(*A. bisporus*)	34.81	1.88	10.52	—	45.77	刘莹，2007
金针菇 1(*Flammulina velutipes*)	17.71～21.95	1.82～3.04	6.89～12.31	12.77～16.46	42.66～44.33	柳琪等，1997
金针菇 2(*F. velutipes*)	31.33	5.78	7.58	3.34	52.7	赵建英，2001
真姬菇 1(*Hypsizygus marmoreus*)	22.3	3.4	7.8	3.2	—	王耀松等，2006
真姬菇 2(*H. marmoreus*)	26.81	2.37	6.23	16.41	60.44	陶明煊等，2007
大白口蘑(*Tricholoma giganteum*)	35.28	2.91	7.97	8.76	53.74	刘鸿高等，2007
鸡腿菇(*Coprinus comatus*)	24.45	2.82	10.8	2.78	57.65	吴巧凤等，2005
茶树菇(*Agrocybe cylindracea*)	26.2	2.0	4.2	10.7	46.7	邓超等，2007
大球盖菇(*Stropharia rugosoannulata*)	25.75	2.19	8.72	7.99	45.93	王晓炜等，2007
黑木耳 1(*Auricularia auriculajudae*)	11.66～14.13	0.79～2.31	3.41～5.84	3.72～14.50	60.27～65.98	柳琪等，1997
黑木耳 2(*A. auriculajudae*)	17.74	2.59	5.99	6.12	43.96	梁英等，2000
白背毛木耳(*A. polytricha*)	8.20	0.43	1.82	15.28	68.50	柳琪等，1997
琥珀木耳(*A. fuscosuccinea*)	10.67	1.20	3.01	18.36	64.83	柳琪等，1997
银耳(*Tremella fuciformis*)	11.20	0.67	6.24	0.11	72.94	柳琪等，1997
猴头 1(*Hericium erinaceus*)	26.88	2.38	13.07	9.93	45.16	白岚等，2008
猴头 2(*H. erinaceus*)	24.3～28.4	3.1～4.3	7.9～10.8	5.4～6.8	—	王明霞等，1992
裂褶菌(*Schizophyllum commune*)	21.6	0.6	7.1	11.7	—	郭孟璧等，2006
长裙竹荪(*Phallus indusiatus*)	35.97	2.09	11.14	9.05	40.54	白岚等，2008

注："—"表示未测定；* 蛋白质含量＝N×6.25。

附录－2 食药用菌中必需氨基酸含量(mg/100g 干重)

种 类	苏氨酸(Thr)	缬氨酸(Val)	蛋氨酸(Met)	异亮氨酸(Ile)	亮氨酸(Leu)	苯丙氨酸(Phe)	赖氨酸(Lys)	色氨酸(Trp)	资料来源
美味牛肝菌 1 (*Boletus edulis*)	580.64	758.11	206.08	558.22	678.43	464.78	273.95	—	邓百万等，2004
美味牛肝菌 2 (*B. edulis*)	610	660	960	460	840	280	520	—	姜林，1998
黄靛牛肝菌 (*B. appendiculatus*)	810	2 840	250	730	1 090	1 150	1 230	—	吴学谦等，2005
黄褐牛肝菌 (*B. subsplendidus*)	830	2 130	630	1 420	960	870	1 760	170	李涛等，2006
灰褐牛肝菌 (*B. griseus*)	520	1 240	670	880	1 330	1 250	1 680	440	李兴奎等，2007
小美牛肝菌 (*B. speciosus*)	648.43	136.71	31.34	40.53	57.62	48.27	94.27	19.49	黄谚谚等，1999
黄皮疣柄牛肝菌 (*Leccinum crocipodium*)	970	1 580	320	600	1 070	690	880	—	梅文泉等，2005
松口蘑 (*Tricholoma matsutake*)	318	506	279	1 068	660	403	—	—	王波，1995

（续表）

种类	苏氨酸（Thr）	缬氨酸（Val）	蛋氨酸（Met）	异亮氨酸（Ile）	亮氨酸（Leu）	苯丙氨酸（Phe）	赖氨酸（Lys）	色氨酸（Trp）	资料来源
青冈蕈（*T. quercicola*）	338	664	未检出	1 038	816	553	—	—	王波，1995
革质红菇（*Russula alutacea*）	1 400	1 580	220	1 250	2 220	1 000	1 900	—	刘云派等，2001
假大白菇（*R. pseudodelica*）	969.2	1 100	258.2	549.4	967.8	664.2	695.6	—	王俊明，2004
鳞盖红菇（*R. lepida*）	1 440	1 410	630	4 740	2 430	1 010	1 250	—	姚晓华等，1998
正红菇（*R. vinosa*）	1 040	1 270	540	3 430	1 870	850	1 220	—	姚晓华等，1998
红汁乳菇（*Lactarius hatsudake*）	969.61	1 338.20	769.60	1 148.54	1 445.08	560.61	2 362.07	—	邓百万等，2004
松乳菇 1（*L. deliciosus*）	1032.55	713.25	167.22	461.27	793.37	1 986.26	1 125.41	—	敖常伟等，2003
松乳菇 2（*L. deliciosus*）	5 650～6 240	8 470～9 130	1 560～2 270	6 010～6 120	9 910～9 960	5 230～5 490	6 430～6 570	—	李倩茹，2002
稀褶乳菇（*L. hygrophroides*）	1 022.74	1 228.39	667.58	978.65	1 356.31	456.11	2 134.78	1 332.84	李兴奎等，2006
冬小包脚菇（*Volvariella brumalis*）	—	—	2 130.27	1 320.16	2 147.79	1 527.71	1 523.17	—	连宾等，1998
黄绿蜜环菌（*Floccularia luteovirens*）	718.3～1 238.5	935.8～1 148.1	241.5～2 565.7	546.3～842.8	1 289.4～1 684.1	883.6～1 252.8	1 374.2～1 465.1	736.5～838.4	刁治民等，1997
鸡油菌（*Cantharellus cibarius*）	360	1220	1220	550	未检出	640	2 860	—	王茂胜等，2008
裂褶菌（*Schizophyllum commune*）	281	315	—	447	—	199	275	—	郭孟璧等，2006
紫陀螺菌（*Gomphus purpuraceus*）	990	1 320	1 960	840	1 230	880	660	—	谭爱华等，2001
翘鳞肉齿菌（*Sarcodon imbricatus*）	1 060	1 080	540	1 750	2 790	750	890	—	冯颖等，1998
小刺猴头菌（*Hericium erinaceus*）	1 040	3 210	190	—	1 370	440	920	4 010	宋慧，2003
玉髯（*H. coralloides*）	805.7	944.5	419.7	1 900.0	1 420.0	747.2	932.2	—	郭蔚华，1998
猴头（*H. erinaceus*）	542.8	669.2	313.4	2 148.0	1 083.9	507.7	425.2	—	郭蔚华，1998
四川块菌（*Tuber* sp.）	790～870	970～1 120	150～240	870～1 750	840～1 070	630～1 320	840～1 030	—	刘洪玉等，1997
黑孢块菌（*T. melanosporum*）	380	250	—	160	400	190	490	220	刘洪玉等，1997
羊肚菌（*Morchella esculenta*）	1 150～1 210	1 390～1 450	570～580	1 290～1 500	1 920～2 560	1 010～1 060	960～1 020	—	朱斗锡等，2002
白柄马鞍菌（*Helvella albella*）	780～1 080	1 440～2 390	450～590	690～1 120	1 730～2 080	650～950	670～1 050	—	朱铭莪等，1999
皱柄白马鞍菌（*H. crispa*）	1 008	1 030	195.7	665.7	888.4	764.8	393.2	—	王俊明，2004
*糙皮侧耳 1（*Pleurotus ostreatus*）	177～188	204～210	138～153	155～165	259～269	302～320	208～227	66～763	柳琪等，1997
糙皮侧耳 2（*P. ostreatus*）	380	420	260	1 020	1 230	250	1 180	300	史琦云等，2003
糙皮侧耳 3（*P. ostreatus*）	847.5	1 129.7	258.3	800.3	1 287.6	752.9	373.3	—	马国瑞等，1994

（续表）

种　类	苏氨酸（Thr）	缬氨酸（Val）	蛋氨酸（Met）	异亮氨酸（Ile）	亮氨酸（Leu）	苯丙氨酸（Phe）	赖氨酸（Lys）	色氨酸（Trp）	资料来源
糙皮侧耳 4（*P. ostreatus*）	1 210	720	120	1 610	1 230	320	690	—	郁建强，1998
糙皮侧耳 5（*P. ostreatus*）	3 560～3 720	3 680～3 720	840～1 020	2 900～2 920	5 130～5 430	2 810～2 840	4 190～4 310	—	李宗义等，2002
糙皮侧耳 6（*P. ostreatus*）	4 380～4 640	3 940～4 030	1 720～2 120	3 240～3 840	9 940～11 490	4 310～4 600	4 790～5 460	—	白志明等，1995
糙皮侧耳 7（*P. ostreatus*）	780	860～880	250～280	700	1 220～1 240	830～860	1 000～1 020	150～190	申进文等，2007
紫孢侧耳 1（*P. sapidus*）	420	910	90	1 720	1 310	570	620	—	郁建强，1998
紫孢侧耳 2（*P. sapidus*）	2 780～3 080	2 660～2 960	700～720	2 390～2 400	4 600～5 830	2 580～2 620	2 630～3 600	—	李宗义等，2002
紫孢侧耳 3（*P. sapidus*）	1 246	1 296	1 248	1 150	1 918	1 104	1 560	—	陈体强等，1997
佛州侧耳 1（*P. f lorida*）	490	690	100	1 480	1 210	430	380	—	郁建强，1998
佛州侧耳 2（*P. f loridanus*）	2 300～2 400	2 280～2 360	450～760	1 910～1 950	3 440～4 470	1 880～1 930	2 230～2 630	—	李宗义等，2002
凤尾菇（*Lentinus sajor-caju*）	3 090	3 860	1 270	2 450	4 520	2 760	3 250	—	李宗义等，2002
金顶侧耳（*P. citrinopileatus*）	190～590	1 190～1 260	320～390	760～1 040	1 530～1 840	850～1 200	930～1 200	—	谢福泉等，2007
菌核侧耳 1（*Lentinus tuber-regium*）	640	780	700	910	1 150	760	1 140	—	陈传红等，2006
菌核侧耳 2（*Lentinus tuber-regium*）	640	780	700	910	1 150	760	1 140	—	冯雪凤等，2007
菌核侧耳 3（*Lentinus tuber-regium*，菌核）	523.0	514.7	195.5	2 862.1	1 622.8	494.1	101.1	—	冯雪凤等，2007
白灵菇 1（*P. nebrodensis*）	450.4	674.6	154.8	470.1	790.2	447.8	569.0	—	陈文良，1990
白灵菇 2（*P. nebrodensis*）	995	1 048	246	741	1 603	785	0	—	佘冬芳等，2007
白灵菇 3（*P. nebrodensis*）	800	1 180	360	1 180	2 260	870	1 360	—	宫志远等，2003
阿魏蘑（*P. eryngii var. ferulae*）	620	780	490	1 140	880	370	700	300	史琦云等，2003
杏鲍菇 1（*P. eryngii var. eryngii*）	390	890	540	1 200	790	420	820	170	史琦云等，2003
杏鲍菇 2（*P. eryngii var. eryngii*）	620	790	300	860	1530	590	810	—	宫志远等，2003
杏鲍菇 3（*P. eryngii var. eryngii*）	620	790	300	860	1530	580	610	210	刘鸿高等，2007
杏鲍菇 4（*P. eryngii var. eryngii*）	780.0	801.7	191.1	1 657.9	1 532.3	687.1	1 001.9	—	颜明娟等，2002
杏鲍菇 5（*P. eryngii var. eryngii*）	670	940	250	700	1 090	700	950	—	俞苓等，2003
鲍鱼菇（*P. cystidiosus*）	—	1 080	—	—	1 130	—	1 200	—	刘振文等，2007
红平菇（*P. djamor*）	910	690	460	620	1 270	860	810	—	刘智会，2006
粉红平菇（*Phyllotopsis rhodophyllus*）	740	570	760	1 220	820	530	720	640	张其昌等，1995

（续表）

种　类	苏氨酸（Thr）	缬氨酸（Val）	蛋氨酸（Met）	异亮氨酸（Ile）	亮氨酸（Leu）	苯丙氨酸（Phe）	赖氨酸（Lys）	色氨酸（Trp）	资料来源
* 姬菇（*P. cornucopiae*）	162	200	125	157	233	317	200	61	柳琪等，1997
* 香菇 1（*Lentinula edodes*）	183～206	388～447	160～179	108～125	173～202	294～307	127～155	57～82	柳琪等，1997
香菇 2（*L. edodes*）	400	800	290	480	720	180	560	280	史琦云等，2003
香菇 3（*L. edodes*）	632.2	681.3	109.4	—	744.9	547.2	535.4	—	马国瑞等，1994
香菇 4（*L. edodes*）	1 015	1 091	424	803	1 508	1 016	315	327	杨革，2000
香菇 5（*L. edodes*）	930～1 270	940～1 090	210～290	490～1 450	1 070～1 520	310～810	970～1 070	—	何晋浙等，1999
香菇 6（*L. edodes*）	276.1～610.7	465.9～631.0	228.9～270.6	212.7～453.0	305.8～678.4	154.7～645.0	200.9～465.3	—	盛清等，1999
香菇 7（*L. edodes*）	783	729	204	671	1 016	623	808	—	梁英等，2000
香菇 8（*L. edodes*）	173～356	219～437	47～132	130～288	297～640	141～316	131～274	—	章卫东等，1994
香菇 9（*L. edodes*）	309	361	350	255	478	295	337	—	陆宁等，2002
* 双孢蘑菇 1（*Agaricus bisporus*）	159～185	201～234	107～116	162～170	251～265	237～356	181～213	55～62	柳琪等，1997
双孢蘑菇 2（*A. bisporus*）	360	680	220	1 370	1 200	1 190	1 090	270	史琦云等，2003
双孢蘑菇 3（*A. bisporus*）	887.1	1 350.1	64.7	969.9	1 420.6	872.4	1 177.9	—	马国瑞等，1994
双孢蘑菇 4（*Agaricus bisporus*）	990	1 120	450	1 410	2 310	980	910	100	吴素玲等，2006
巴西蘑菇 1（*A. brasiliensis*）	1 038.9	1 063.4	2 115.5	1 073.9	1 569.5	976.5	1 172.3	174.3	黄谚谚等，2002
巴西蘑菇 2（*A. brasiliensis*）	1 460～1 511	1 427～1 503	1 798～1 857	1 596～1 698	2 124～2 290	1 142～1 264	1 641～1 773	381～385	种藏文等，1999
巴西蘑菇 3（*A. brasiliensis*）	906.5	1 077.3	2 884.1	915.4	1 483.5	873.0	957.6	—	林炎金等，2002
巴西蘑菇 4（*A. brasiliensis*）	1 390	1 510	980	1 300	1 960	1 180	1 530	—	沈爱英，2002
巴西蘑菇 5（*A. brasiliensis*）	1 090	1 120	330	3 270	2 020	990	1 230	—	贾薇等，2002
* 金针菇 1（*Flammulina velutipes*）	199～201	449～468	184～188	159～165	283～285	397～403	256～271	91～102	柳琪等，1997
金针菇 2（*F. velutipes*）	880	810	580	1 350	1 290	820	1 750	390	史琦云等，2003
金针菇 3（*F. velutipes*）	408.8	736.5	99.4	502.5	740.3	411.2	423.6	—	马国瑞等，1994
金针菇 4（*F. velutipes*）	1 421	1 703	848	920	1 534	813	1 761	1 242	杨革，2000
金针菇 5（*F. velutipes*）	1 348	1 621	816	874	1 457	775	1 583	1 432	白岚等，2008
金针菇 6（*F. velutipes*）	320～490	520～720	130～180	870～1 390	640～980	390～520	450～680	—	申进文等，1997
草菇（*Volvariella volvacea*）	1 090.9	169.1	188.0	1 098.7	1 447.8	855.2	1019.2	—	马国瑞等，1994

（续表）

种　类	苏氨酸（Thr）	缬氨酸（Val）	蛋氨酸（Met）	异亮氨酸（Ile）	亮氨酸（Leu）	苯丙氨酸（Phe）	赖氨酸（Lys）	色氨酸（Trp）	资料来源
*黑木耳 1（*Auricularia auricula-judae*）	210～274	272～330	167～187	177～190	272～340	348～405	179～221	55～70	001 柳琪等，1997
黑木耳 2（*A. auricula-judae*）	490	380	220	510	1040	470	640	290	史琦云等，2003
黑木耳 3（*A. auricula-judae*）	491.8	570.3	140.9	361.5	652.1	358.5	455.0	—	马国瑞等，1994
黑木耳 4（*A. auricula-judae*）	551	431	119	219	913	412	474	—	梁英等，2000
黑木耳 5（*A. auricula-judae*）	356～592	612～784	31～35	341～376	493～628	438～614	438～610	—	钟雪美等，1992
*白背毛木耳（*A. polytricha*）	244	275	115	176	313	366	237	46	柳琪等，1997
*黄背毛木耳（*A. fuscosuccinea*）	193	281	152	193	263	386	205	58	柳琪等，1997
*银耳（*Tremella fuciformis*）	196	263	246	134	223	391	196	61	柳琪等，1997
金耳（*T. aurantialba*）	303	674	274	454	58	256	298	817	杨革，2000
鸡腿菇（*Coprinus comatus*）	1 120	—	580	1 560	—	860	—	—	吴巧凤等，2005
猴头 1（*Hericium erinaceus*）	1 002.3	1 604.2	—	1 013.8	1 664.8	880.0	1 500.5	—	马国瑞等，1994
猴头 2（*H. erinaceus*）	748	786	1 157	439	828	476	882	1 012	杨革，2000
猴头 3（*H. erinaceus*）	726	752	1 099	418	823	547	842	726	白岚等，2008
茶树菇（*Agrocybe cylindracea*）	1 000	1 210	247	969	1 470	808	1 160	—	邓超等，2007
茶薪菇 1（*A. chaxingu*）	788	650	2 490	1 268	959	738	650	590	郑毅等，1999
茶薪菇 2（*A. chaxingu*）	1 250	550	70	430	750	720	840	—	党建章等，1999
大球盖菇 1（*Stropharia rugosoannulata*）	954	1 038	383	829	1 254	1 315	2 746	—	佘冬芳等，2007
大球盖菇 2（*S. rugosoannulata*）	830	1 170	440	1 130	1 130	840	880	120	王晓炜等，2007
真姬菇（*Hypsizygus marmoreus*）	682	795	178	603	1 240	745	938	110	王耀松等，2006
大白口蘑（*Tricholoma giganteum*）	1 770	1 300	360	1 140	1 630	740	1 270	280	刘鸿高等，2007
灵芝（*Ganoderma lucidum*）	897	1 045	308	583	987	612	1 031	548	杨革，2000
茯苓（*Wolfiporia extensa*）	979	1 113	469	679	1 269	788	1 179	303	杨革，2000
猪苓（*Polyporus umbellatus*）	813	868	155	712	733	423	403	686	杨革，2000
裂褶菌（*Schizophyllum commune*）	902	1 031	210	1 520	—	740	1 183	—	郭孟璧等，2006
长裙竹荪 1（*Phallus indusiatus*）	547.4	958.4	63.3	670.5	933.0	562.2	407.6	—	马国瑞等，1994
长裙竹荪 2（*Phallus indusiatus*）	1 405	1 481	507	2 078	1 914	1 229	924	787	杨革，2000
长裙竹荪 3（*Phallus indusiatus*）	1 354	1 387	619	2 087	1 894	1 089	926	1 504	白岚等，2008

注："—"表示未测定；*氨基酸含量的单位为 mg/g。

附录－3　食药用菌中非必需氨基酸含量(mg/100g 干重)

种　类	天冬氨酸(Asp)	丝氨酸(Ser)	谷氨酸(Glu)	脯氨酸(Pro)	甘氨酸(Gly)	丙氨酸(Ala)	胱氨酸(Cys)	酪氨酸(Tyr)	组氨酸(His)	精氨酸(Arg)	资料来源
美味牛肝菌 1 (*Boletus edulis*)	786.72	352.95	1 004.87	749.94	1 358.16	980.77	90.58	135.54	571.18	923.33	邓百万等，2004
美味牛肝菌 2 (*B. edulis*)	1 100	690	2 120	450	300	560	30	350	210	560	姜林，1998
黄靛牛肝菌 (*B. appendiculatus*)	1 420	770	2 150	720	870	1 050	130	480	510	900	吴学谦等，2005
黄褐牛肝菌 (*B. subsplendidus*)	1 980	990	2 760	740	860	1 260	10	580	530	1 160	李涛等，2006
灰褐牛肝菌 (*B. griseus*)	1 710	860	2 740	70	2 190	2 070	170	470	1 170	740	李兴奎等，2007
小美牛肝菌 (*B. speciosus*)	144.87	412.74	254.76	39.48	364.36	681.36	130.36	77.14	49.32	132.11	黄谤谤等，1999
黄皮疣柄牛肝菌 (*Leccinellum crocipodium*)	1 940	1 350	3 800	250	2 500	2 210	840	360	560	970	梅文泉等，2005
松口蘑 (*Tricholoma matsutake*)	727	270	1 111	—	400	479	220	303	246	409	王波，1995
青冈蕈 (*T. quercicola*)	939	377	1 785	—	467	681	144	263	410	510	王波，1995
革质红菇 (*Russula alutacea*)	2 910	2 020	4 710	940	1 110	1 610	30	1 050	800	1 780	刘云派等，2001
假大白菇 (*R. pseudodelica*)	1 449	785.1	2 442	718.3	721.3	970.8	111.7	3 386	342.5	798.7	王俊明，2004
鳞盖红菇 (*R. rosea*)	2 150	1 220	3 270	1 080	1 170	1 690	200	760	500	1 280	姚晓华等，1998
正红菇 (*R. vinosa*)	1 650	930	3 740	950	1 060	1 230	250	530	400	1 050	姚晓华等，1998
红汁乳菇 (*Lactarius hatsudake*)	2 050.62	853.88	2 682.41	1 112.09	1 030.02	1 300.87	47.50	1 222.62	855.09	1 429.41	邓百万等，2004
松乳菇 1 (*L. deliciosus*)	1 142.56	702.52	2 930.21	501.82	1 035.64	682.41	110.42	96.38	921.54	745.25	敖常伟等，2003
松乳菇 2 (*L. deliciosus*)	6 900～7 020	4 860～5 230	6 200～6 460	7 020～7 530	3 450～4 000	11 140～12 140	—	3 230～4 000	2 780～2 820	8 020～8 160	李倩茹，2002
稀褶乳菇 (*L. hygrophoroides*)	1 798.34	799.81	2 746.23	1 635.41	1 197.04	1 428.76	58.36	1 557.56	805.17	1 279.83	李兴奎等，2006
多汁乳菇 (*L. volemus*)	2 144.12	733.82	2 511.76	—	1 241.18	663.24	—	254.41	1 519.12	848.53	周庆珍等，2003
冬小包脚菇 (*Volvariella brumalis*)	3 007.18	1 146.95	4 747.05	—	2 699.32	504.63	—	—	1 173.53	3 723.98	连宾等，1998
黄绿蜜环菌 (*Floccularia luteovirens*)	2 018.4～2 385.8	1 088.9～1 335.3	3 284.2～5 692.1	714.6～842.7	818.5～1 647.5	1 378.4～1 463.5	315.2～1 351.2	585.1～793.9	234.4～748.3	644.8～1 642.7	刁治民等，1997
鸡油菌 (*Cantharellus cibarius*)	1 070	450	1 940	未检出	650	1 100	未检出	360	670	1 040	王茂胜等，2008
裂褶菌 (*Schizophyllum commune*)	535	258	637	291	289	337	—	182	106	372	郭孟璧等，2006
紫陀螺菌 (*Gomphus purpuraceus*)	1 870	930	2 520	1 060	880	970	320	330	260	900	谭爱华等，2001

（续表）

种　类	天冬氨酸（Asp）	丝氨酸（Ser）	谷氨酸（Glu）	脯氨酸（Pro）	甘氨酸（Gly）	丙氨酸（Ala）	胱氨酸（Cys）	酪氨酸（Tyr）	组氨酸（His）	精氨酸（Arg）	资料来源
翘鳞肉齿菌（*Sarcodon imbricatus*）	1 810	1 010	3 920	0	970	1 580	0	560	370	1 140	冯颖等，1998
小刺猴头菌（*Hericium erinaceus*）	1 730	1 120	3 610	860	1 010	1 290	100	740	460	1 450	宋慧，2003
玉髯（*H. coralloides*）	1 524.0	791.6	2 625.0	706.2	797.5	1 104.8	334.5	484.3	479.3	1 033.7	郭蔚华，1998
猴头（*H. erinaceus*）	1 013.8	526.8	1 233.8	504.4	494.9	675.0	225.0	309.1	288.3	586.5	郭蔚华，1998
四川块菌（*Tuber* sp）	1 330～1 670	580～740	2 660～3 410	540～550	720～890	870～930	120～170	400～530	300～370	820～870	刘洪玉等，1997
羊肚菌（*Morchella esculenta*）	2 030～2 190	950～1 070	2 340～2 730	890～940	1 080～1 160	1 480～1 520	330～400	750～840	370～410	1 400～1 440	朱斗锡等，2002
白柄马鞍菌（*Helvella albella*）	1 120～1 750	600～850	1 250～1 850	940～1 260	620～1 030	720～1 190	40～110	450～610	340～500	650～1 050	朱铭莪等，1999
皱柄白马鞍菌（*H. crispa*）	1 523	830.6	2 011	841.2	731.9	545.0	342.8	2 580	318.6	449.5	王俊明，2004
糙皮侧耳 1（*Pleurotus ostreatus*）	870	260	980	540	470	620	180	650	270	230	史琦云等，2003
糙皮侧耳 2（*P. ostreatus*）	1 510	370	2 980	320	380	600	70	420	170	810	郗建强，1998
糙皮侧耳 3（*P. ostreatus*）	7 150～7 760	4 600～4 910	12 740～13 810	4 480～4 590	3 740～4 030	5 600～6 310	740～840	3 230～3 550	2 120～2 220	4 070～4 790	白志明等，1995
糙皮侧耳 4（*P. ostreatus*）	1 680	770～780	3 160～3 200	600～610	820～830	960～1 010	160	510～520	410	1 020～1 060	申进文等，2007
紫孢侧耳 1（*P. sapidus*）	1 670	350	3 920	320	510	910	90	320	190	1 120	郗建强，1998
紫孢侧耳 2（*P. sapidus*）	2 485	1 328	4 246	492	1 198	1 598	145	727	658	1 626	陈体强等，1997
佛州侧耳（*P. floridanus*）	1 350	530	3 040	290	410	750	100	560	90	590	郗建强，1998
金顶侧耳（*P. citrinipileatus*）	2 320～2 710	760～1 550	4 240～7 880	930～1 120	1 170～1 270	2 120～2 640	680～870	490～580	640～760	1 360～1 610	谢福泉等，2007
菌核侧耳 1（*Leutinus tuber-regium*）	1 520	500	2 730	800	740	910	20	200	570	820	陈传红等，2006
菌核侧耳 2（*Leutinus tuber-regium*）	1 520	500	2 730	800	740	910	20	200	570	820	冯雪风等，2007
菌核侧耳 3（*Leutinus tuber-regium*，菌核）	1 321	449.1	1 160.7	432.8	462.4	447.5	191.8	217.4	242.7	434.9	冯雪风等，2007
白灵菇 1（*P. nebrodensis*）	1 174.9	450.2	1 707.0	699.6	555.7	562.3	47.5	241.3	213.5	1 002.3	陈文良，1990
白灵菇 2（*P. nebrodensis*）	1 416	983	1 695	1 116	1 893	1 211	116	566	807	—	佘冬芳等，2007
白灵菇 3（*P. nebrodensis*）	2 150	870	3 290	550	960	1 290	250	480	450	1 250	宫志远等，2003
阿魏蘑（*P. eryngii var. ferulae*）	1 060	380	1 110	810	420	690	200	290	220	920	史琦云等，2003
杏鲍菇 1（*P. eryngii var. eryngii*）	940	240	1620	970	490	740	120	330	300	760	史琦云等，2003

（续表）

种类	天冬氨酸（Asp）	丝氨酸（Ser）	谷氨酸（Glu）	脯氨酸（Pro）	甘氨酸（Gly）	丙氨酸（Ala）	胱氨酸（Cys）	酪氨酸（Tyr）	组氨酸（His）	精氨酸（Arg）	资料来源
杏鲍菇 2（*P. eryngii var. eryngii*）	1 390	640	1 770	360	610	820	260	370	290	710	宫志远等，2003
杏鲍菇 3（*P. eryngii var. eryngii*）	1 390	640	1 770	360	610	820	260	370	290	710	刘鸿高等，2007
杏鲍菇 4（*P. eryngii var. eryngii*）	1 628.7	757.9	2 519.5	268.8	769.0	1 079.0	162.9	437.2	353.5	1 203.1	颜明娟等，2002
杏鲍菇 5（*P. eryngii var. eryngii*）	1 550	530	2 620	550	830	980	130	400	370	1 140	俞苓等，2003
鲍鱼菇（*P. cystidiosus*）	1 820	1 010	1 620	—	1 010	1 870	—	—	—	—	刘振文等，2007
红平菇（*P. djamor*）	1 850	1 010	3 610	1 160	860	1 170	100	640	310	1 240	刘智会，2006
粉红平菇（*Phyllotopsis rhodophyllus*）	1 640	1 350	1 820	920	1 340	1 100	600	450	460	1 470	张其昌等，1995
香菇 1（*Lentinula edodes*）	1 560	350	1 290	470	600	840	210	310	260	270	史琦云等，2003
香菇 2（*L. edodes*）	1 923	1 054	4 737	1 211	1 200	1 442	376	489	492	1 023	杨革，2000
香菇 3（*L. edodes*）	1 780～2 070	950～1 060	3 340～4 270	100	800～930	950～1 120	100	340～550	290～600	1 000～1 090	何晋浙等，1999
香菇 4（*L. edodes*）	482.7～779.2	102.5～1 021.5	1267.6～2 639.4	328.7～595.8	335.5～600.5	392.6～773.5	106.8～221.5	354.1～485.6	137.7～193.7	159.9～664.4	盛清等，1999
香菇 5（*L. edodes*）	1 512	843	3 371	549	741	0	256	515	356	836	梁英等，2000
香菇 6（*L. edodes*）	76.0	1.0	64.0	51.0	150.0	80.0	0	39.0	40.0	560.0	阮海星，2005
香菇 7（*L. edodes*）	370～752	224～490	511～903	—	306～622	153～367	—	63～220	71～155	140～298	章卫东等，1994
香菇 8（*L. edodes*）	548	332	935	312	228	119	—	205	108	384	陆宁等，2002
双孢蘑菇 1（*Agaricus bisporus*）	1 920	620	1 060	690	560	770	140	280	170	740	史琦云等，2003
双孢蘑菇 2（*A. bisporus*）	1 820	910	2 910	1 620	930	1 510	330	—	320	900	吴素玲等，2006
巴西蘑菇 1（*A. brasiliensis*）	2 079.4	1 030.9	3 087.8	845.4	1 087.6	1 598.7	296.3	774.5	405.5	1 678.2	黄谚谚等，2002
巴西蘑菇 2（*A. brasiliensis*）	2 806～2 839	1 358～1 470	6 571～7 041	653～742	1 450～1 587	2 102～2 416	183～340	962～1 079	593～723	1 844～2 190	种藏文等，1999
巴西蘑菇 3（*A. brasiliensis*）	1 510.1	908.3	2 623.3	581.3	941.8	1 564.3	193.3	549.1	259.4	993.3	林炎金等，2002
巴西蘑菇 4（*A. brasiliensis*）	2 510	1 060	550	1 810	1 580	2 320	140	700	570	1 560	沈爱英，2002
巴西蘑菇 5（*A. brasiliensis*）	1 470	1 020	6 280	1 300	1 170	1 550	—	660	530	1 340	贾薇等，2002
金针菇 1（*Flammulina velutipes*）	1 910	790	3 150	1 380	910	1 190	230	730	620	1 450	史琦云等，2003
金针菇 2（*F. velutipes*）	2 512	1 507	3 795	1 167	1 538	1 628	579	719	958	2 281	杨革，2000

（续表）

种　类	天冬氨酸（Asp）	丝氨酸（Ser）	谷氨酸（Glu）	脯氨酸（Pro）	甘氨酸（Gly）	丙氨酸（Ala）	胱氨酸（Cys）	酪氨酸（Tyr）	组氨酸（His）	精氨酸（Arg）	资料来源
金针菇 3（*F. velutipes*）	2 387	1 432	3 614	1 109	1 463	1 548	547	689	916	1 589	白岚等，2008
金针菇 4（*F. velutipes*）	640～940	350～530	1 340～2 340	300～430	350～500	530～780	250～280	150～270	160～260	330～550	申进文等，1997
黑木耳 1（*Auricularia auricula-judae*）	970	430	1 200	960	520	760	130	360	360	680	史琦云等，2003
黑木耳 2（*A. auricula-judae*）	986	570	926	379	395		89	288	277	502	梁英等，2000
黑木耳 3（*A. auricula-judae*）	982～1 443	346～521	685～1 052	303～482	328～402	528～663	微量	279～306	188～303	447～575	钟雪美等，1992
金耳（*Tremella aurantialba*）	569	282	614	281	577	332	547	232	99	365	杨革，2000
鸡腿菇（*Coprinus comatus*）	1 920	860	3 060	920	—	1 280	—	—	—	1 260	吴巧凤等，2005
猴头 1（*Hericium erinaceus*）	1 431	759	2 448	823	646	809	336	568	749	1 345	杨革，2000
猴头 2（*H. erinaceus*）	1 402	726	2 346	804	625	783	326	561	723	1 278	白岚等，2008
茶树菇 1（*Agrocybe cylindracea*）	1 420	850	2 020	230	1 110	1 020	320	550	280	560	史琦云等，2003
茶树菇 2（*A. cylindracea*）	1 810	822	2 970	428	984	1 230	189	517	477	1 220	邓超等，2007
茶薪菇 1（*A. chaxingu*）	1 418	852	2 020	628	1 110	1 017	304	553	275	558	郑毅等，1999
茶薪菇 2（*A. chaxingu*）	1 330	1 610	2 550	950	820	960	30	590	380	1 020	党建章等，1999
大球盖菇 1（*Stropharia rugosoannulata*）	1 830	1 085	2 740	1 124	1 209	1 238	145	746	950	—	佘冬芳等，2007
大球盖菇 2（*S. rugosoannulata*）	1 720	740	2 880	880	850	1 170	330	610	310	690	王晓炜等，2007
真姬菇（*Hypsizygus marmoreus*）	1 460	782	2 080	700	749	1 040	64	422	465	922	王耀松等，2006
大白口蘑（*Tricholoma giganteum*）	1 190	910	2 640	820	1 040	1 180	20	690	670	1 020	刘鸿高等，2007
灵芝（*Ganoderma lucidum*）	2 210	1 108	2 376	971	1 261	1 148	439	624	1 147	2 314	杨革，2000
茯苓（*Wolfiporia extensa*）	1 947	1 103	2 963	1 089	2 419	1 285	411	588	664	1 476	杨革，2000
猪苓（*Polyporus umbellatus*）	1 812	841	2 671	832	215	1 250	288	271	177	410	杨革，2000
裂褶菌（*Schizophyllum commune*）	1 869	859	2 604	737	957	1 208	141	611	418	1 427	郭孟璧等，2006
长裙竹荪 1（*Phallus indusiatus*）	3 831	1 363	9 346	1 608	1 624	3 077	548	843	735	1 809	杨革，2000
长裙竹荪 2（*Phallus indusiatus*）	3 102	1 504	4 317	1 345	1 782	2 231	748	653	734	1 615	白岚等，2008

注："—"表示未测定。

附录－4　食药用菌中主要矿质元素含量(mg/100g 干重)

名　称	钙 (Ca)	磷 (P)	钾 (K)	钠 (Na)	镁 (Mg)	铁 (Fe)	锌 (Zn)	硒 (Se)	铜 (Cu)	锰 (Mn)	资料来源
美味牛肝菌 1 (*Boletus edulis*)	1 491.03	—	2 618.85	—	71.97	577.21	55.48	—	154.43	227.90	邓百万等,2004
美味牛肝菌 2 (*B. edulis*)	129	530	—	—	100	410	65.7	—	21.6	10.4	姜林,1998
黄靛牛肝菌 (*B. appendiculatus*)	0.40	290.63	1 630.00	—	49.34	5.10	6.83	—	—	—	吴学谦等,2005
黄褐牛肝菌 (*B. subsplendidus*)	17.80	128.73	765.44	164.43	90.93	17.15	10.20	—	18.41	0.39	李涛等,2006
灰褐牛肝菌 (*B. griseus*)	41.88	—	857.10	64.27	17.41	35.20	15.63	—	—	8.53	李兴奎等,2007
小美牛肝菌 (*B. speciosus*)	358.0	516.0	789.0	103.0	125.0	72.8	23.8	0.17	8.11	9.82	黄谚谚等,1999
黄皮疣柄牛肝菌 (*Leccinellum crocipodium*)	12.6	439.0	1935	—	67	23.2	6.6	—	3.6	1.5	梅文泉等,2005
松口蘑 1 (*Tricholoma matsutake*)	81.35	—	2 840	136.9	42.72	32.98	11.69	—	2.48	0.92	全雪丽等,2007
松口蘑 2 (*T. matsutake*)	120～173		1 990～3 230	—	25.7～63.2	2.56～6.23	2.87～3.65	—	1.96～5.28	0.17～0.61	周选围等,2002
松口蘑 3 (*T. matsutake*)	35.81～53.06	468.6～632.4	2 286.4～2 493.7	—	26.34～34.61	30.97～61.82	44.09～64.67	—	2.06～6.16	—	张涪平等,2007
栎松口蘑 (*T. bakamatsutake*)	110.97	—	3 140	227.4	56.87	29.75	14.71	—	5.71	1.59	全雪丽等,2007
革质红菇 (*Russula alutacea*)	1.04	119.4	2 347	—	14.87	80.87	84.92	—	22.90	4.14	刘云派等,2001
假大白菇 (*R. pseudodelica*)	123.75	510	4 400	—	104.38	102.25	6.75	—	4.30	2.80	王俊明,2004
鳞盖红菇 (*R. rosea*)	—	—	—	—	—	12.02	9.81	—	6.71	1.26	姚晓华等,1998
正红菇 (*R. vinosa*)	—	—	—	—	—	10.93	9.78	—	6.43	0.65	姚晓华等,1998
红汁乳菇 (*Lactarius hatsudake*)	22.70	—	2 435.55	158.71	26.92	226.12	17.34	—	3.90	4.02	邓百万等,2004
松乳菇 1 (*L. deliciosus*)	10.15	—	—	—	11.01	1.73	1.02	—	0.18	0.12	敖常伟等,2003
松乳菇 2 (*L. deliciosus*)	14 682.54～17 380.95	276.79～647.20	3 148.22～6 121.03	—	3269.84～3 582.84	39.80～86.64	22.13～39.37	—	0.69～1.79	1.69～2.08	李倩茹,2002
稀褶乳菇 (*L. hygrophoroides*)	17.79	—	2 345.62	164.48	90.96	17.14	10.21	—	18.41	3.08	李兴奎等,2006
多汁乳菇 (*Lactarius volemus*)	—	360	2880	133.2	5.0	56.0	9.8	—	3.60	4.8	周庆珍等,2003
冬小包脚菇 (*Volvariella brumalis*)	119.5	2.59	3400	24.5	145.9	35.1	9.39	—	4.85	1.53	连宾等,1998
黄绿蜜环菌 1 (*Floccularia luteovirens*)	130	640	—	—	—	32.9	—	—	—	—	刁治民等,1997
黄绿蜜环菌 2 (*F. luteovirens*)	130	526	—	—	—	12	7.22	0.038	1.52	—	边世平,2005
鸡油菌 (*Cantharellus cibarius*)	11 000	0.05	100 000	2 000	13 000	170	7.64	—	4.64	8.02	王茂胜等,2008
裂褶菌 (*Schizophyllum commune*)	104	—	177	—	7 910	39.1	1.32	—	—	2.82	郭孟璧等,2006
紫陀螺菌 (*Gomphus purpuraceus*)	45.51	400	2 580	9.01	160	140	8.61	0.085	5.32	2.61	谭爱华等,2001

（续表）

名　称	钙(Ca)	磷(P)	钾(K)	钠(Na)	镁(Mg)	铁(Fe)	锌(Zn)	硒(Se)	铜(Cu)	锰(Mn)	资料来源
小刺猴头菌(*Hericum erinaceus*)	3.6	955	1 640	40	31	8.5	3.5	—	0.5	0.63	宋慧，2003
翘鳞肉齿菌(*Sarcodon imbricatus*)	139.31	454.01	3 666.42	52.46	95.03	41.22	17.99	—	11.01	1.58	冯颖等，1998
四川块菌(*Tuber sp.*)	—	484.0	320.4	14.3	105.8	83.57	—	0.009	7.42	2.86	刘洪玉等，1997
羊肚菌 1(*Morchella esculenta*)	78.51～95.24	1 200～1 240	3 340～3 580	—	—	—	10.10～10.55	—	—	—	朱斗锡等，2002
白柄马鞍菌(*Helvella albella*)	200.50～416.67	356.67～461.87	474.33～777.00	124.00～131.50	141.00～229.50	13.40～39.17	71.60～93.00	—	1.80～2.32	0.31～0.89	朱铭莪等，1999
皱柄白马鞍菌(*H. crispa*)	143.75	660	3 820		93.95	41.38	29.47	—	1.76	2.86	王俊明，2004
糙皮侧耳 1(*Pleurotus ostreatus*)	12.96～24.40	436.00～847.99	—	—	—	78.07～145.67	—	—	—	—	柳琪等，1997
糙皮侧耳 2(*P. ostreatus*)	4.96	—	—	—	—	8.07	8. 92	—	—	—	史琦云等，2003
糙皮侧耳 3(*P. ostreatus*)	40	900	3 360	26.6	160	29.1	6.5	—	1.5	1.2	马国瑞等，1994
糙皮侧耳 4(*P. ostreatus*)	76～78	1 050～1 410	1 490～1 640	—	170～210	7.67～10.9	4.88～8.51	—	1.21～1.53	1.21～1.37	朱晓琴等，2007
糙皮侧耳 5(*P. ostreatus*)	19.0～19.8	1 000～1 100	2 780	—	—	4.76～11.7	3.61～4.32	0.0034～0.0049	0.79～0.87	—	申进文等，2007
糙皮侧耳 6(*P. ostreatus*)	12.67	330.40	—	—	10.40	11.65	6.34	—	1.17	—	王钊等，1999
紫孢侧耳 1(*P. sapidus*)	78.4	504.3	—	—	117.6	—	—	—	—	—	陈体强等，1997
紫孢侧耳 2(*P. sapidus*)	—	1 016.13	—	—	217.01	22.74	8.03	—	9.09	0.09	张崇禧，1995
菌核侧耳(*Leutinus tuber-regium*)	76.8	—	2 240	10.5	140	15.7	5.8	0.005	1.24	0.82	陈传红等，2006
白灵菇 1(*P. nebrodensis*)	9.8	519.0	1 639.8	19.0	59.7		1.75	0.007	0.32	0.22	陈文良，1990
白灵菇 2(*P. nebrodensis*)	6.9	—	—	—	—	3.3	7.8	0.004	—	—	宫志远等，2003
阿魏蘑(*P. eryngii var. ferulae*)	9.68	—	—	—	—	88.72	18.96	—	—	—	史琦云等，2003
杏鲍菇 1(*P. eryngii var. eryngii*)	10.47	—	—	—	—	116.24	97.20	—	—	—	史琦云等，2003
杏鲍菇 2(*P. eryngii var. eryngii*)	14.2	—	—	—	—	2.9	3.8	0.002	—	—	宫志远等，2003
杏鲍菇 3(*P. eryngii var. eryngii*)	14.2	—	—	—	—	2.9	38.01	0.023	—	—	刘鸿高等，2007
杏鲍菇 4(*P. eryngii var. eryngii*)	14.24	1450	1810	—	121.4	10.18	7.96	—	1.15	1.34	颜明娟等，2002
杏鲍菇 5(*P. eryngii var. eryngii*)	—	—	—	—	—	0.683	1.456	0.045	0.393	0.155	常青，2005
鲍鱼菇(*P. cystidiosus*)	—	—	1 890	74.2	184.7	8.32	—	—	—	—	刘振文等，2007

（续表）

名　称	钙(Ca)	磷(P)	钾(K)	钠(Na)	镁(Mg)	铁(Fe)	锌(Zn)	硒(Se)	铜(Cu)	锰(Mn)	资料来源
红平菇(*P. djamor*)	151.44	1206	1292	338.06	262.25	10.89	16.1	—	1.53	1.46	刘智会,2006
粉红平菇(*Phyllotopsis rhodophyllus*)	142	778	1 300	38.0	110	47.8	20.0	—	4.6	3.2	张其昌等,1995
姬菇(*P. cornucopiae*)	74.44	305.50	—	—	—	56.89	—	—	—	—	柳琪等,1997
香菇1(*Lentinula edodes*)	20.65~41.48	48.08~510.63	—	—	—	51.12~100.32	—	—	—	—	柳琪等,1997
香菇2(*L. edodes*)	29.24	—	—	—	—	76.13	30.26	—	—	—	史琦云等,2003
香菇3(*L. edodes*)	80	770	2590	14.3	150	103.3	9.5		1.1	3.3	马国瑞等,1994
香菇4(*L. edodes*)	316.46	—	—	—	82.73	32.79	61.23	0.015	0.93	0.61	杨革,2000
香菇5(*L. edodes*)	40.4~45.1	737.65~778.06	9.5~11.3	—	—	—	—	—	—	—	何晋浙等,1999
香菇6(*L. edodes*)	38.21~47.81	—	1 404.89~5 429.67	52.42~64.13	144.61~180.81	17.86~21.60	3.57~6.16	—	—	1.20~1.84	盛清等,1999
香菇7(*L. edodes*)	11.42	41.50	—	—	4.81	4.18	3.27	0.02	0.67	1.06	阮海星,2005
双孢蘑菇1(*Agaricus bisporus*)	23.24~33.26	933.97~1 339.85	—	—	—	204.10~291.73	—	—	—	—	柳琪等,1997
双孢蘑菇2(*A. bisporus*)	30.62	—	—	—	—	268.58	28.63	—	—	—	史琦云等,2003
双孢蘑菇3(*A. bisporus*)	80	1 140	4 310	84.5	130	50.9	8.6	—	5.4	1.6	马国瑞等,1994
双孢蘑菇4(*A. bisporus*)	150	700	2 370	138	67.68	42.06	3.33	0.08	5.63	67.68	吴素玲等,2006
巴西蘑菇1(*A. brasiliensis*)	27.8	499.9	2 690	33.35	89.3	9.65	13.9	—	—	7.77	黄谚谚等,2002
巴西蘑菇2(*A. brasiliensis*)	14.6	1 000	—	—	116.0	23.8	14.3	—	0.19	2.05	种藏文等,1999
巴西蘑菇3(*A. brasiliensis*)	2.14	1 042	2 646	—	54.66	11.65	13.98	—	3.97	0.74	林炎金等,2002
金针菇1(*F. velutipes*)	8.10~14.47	727.10~1 311.48	—	—	—	95.40~170.46	—	—	—	—	柳琪等,1997
金针菇2(*F. velutipes*)	14.47	—	—	—	—	170.46	14.65	—	—	—	史琦云等,2003
金针菇3(*F. velutipes*)	80	810	3 720	29.9	150	14.9	4.5	—	0.7	1.3	马国瑞等,1994
金针菇4(*F. velutipes*)	134.78	—	—	—	100.04	40.45	103.03	0.013	1.15	0.58	杨革,2000
金针菇5(*F. velutipes*)	—	—	—	—	—	39.73	56.45	—	10.87	—	白岚等,2008
金针菇6(*F. velutipes*)	11.39~16.62	704.17~877.98	—	—	87.92~92.42	10.57~13.69	3.36~5.62	—	0.35~0.56	0.44~0.47	申进文等,1997
草菇(*Volvariella volvacea*)	50	1 440	4210	57.4	150	25.6	10.9	—	5.8	1.6	马国瑞等,1994
黑木耳1(*Auricularia auricula-judae*)	449.34~706.10	122.64~1 309.30	—	—	—	57.61~101.80	—	—	—	—	柳琪等,1997

（续表）

名　称	钙(Ca)	磷(P)	钾(K)	钠(Na)	镁(Mg)	铁(Fe)	锌(Zn)	硒(Se)	铜(Cu)	锰(Mn)	资料来源
黑木耳 2 (*A. auricula-judae*)	520.79	—	—	—	—	68.55	46.12	—	—	—	史琦云等,2003
黑木耳 3 (*A. auricula-judae*)	20	400	2 000	31.2	160	21.0	2.3	—	0.3	3.7	马国瑞等,1994
黑木耳 4 (*A. auricula-judae*)	395.53	—	1 080.00	68.81	270.37	82.73	3.74	—	0.78	2.75	吕文英,2007
白背毛木耳 (*A. polytricha*)	274.79	106.93	—	—	—	54.30	—	—	—	—	柳琪等,1997
毛木耳 (*A. polytricha*)	97.51	—	222.03	27.23	1 192.3	26.35	0.87	—	0.88	0.37	吕文英,2007
黄背毛木耳 (*A. fuscosuccinea*)	431.24	176.76	—	—	—	84.20	—	—	—	—	柳琪等,1997
银耳 (*Tremella fuciformis*)	80.86	270.59	—	—	—	45.73	—	—	—	—	柳琪等,1997
金耳 (*T. aurantialba*)	101.33	—	—	—	68.97	99.86	11.42	0.022	0.84	0.73	杨革,2000
鸡腿菇 (*Coprinus comatus*)	16.37	64.52	175.6	—	18.37	14.23	9.02	0.009	4.54	28.32	吴巧凤等,2005
猴头 1 (*Hericium erinaceus*)	30	990	4 820	10.0	130	17.8	8.1	—	2.1	1.7	马国瑞等,1994
猴头 2 (*H. erinaceus*)	112.37	—	—	—	86.33	46.75	21.54	0.017	1.67	1.49	杨革,2000
猴头 3 (*H. erinaceus*)		—	—	—	—	45.67	21.39	—	15.96	—	白岚等,2008
茶树菇 1 (*Agrocybe cylindracea*)	11.58	—	—	—	—	86.64	16.8/2	—	—	—	史琦云等,2003
茶树菇 2 (*A. cylindracea*,子实体)	96.80	—	—	—	163.50	9.38	10.75	—	3.74	0.76	邓超等,2007
茶薪菇 (*A. chaxingu*)	11.5	—	466.2	83.5	85.2	16.8	16.8	—	1.8	—	郑毅等,1999
大球盖菇 (*Stropharia rugosoannulata*)	15.19	816.84	3 475.00	25.76	—	24.41	5.44	—	1.60	4.06	王晓炜等,2007
真姬菇 (*Hypsizygus marmoreus*)	46.66	57.10	2 572.38	16.97	130.80	23.79	9.80	6.57	1.18	4.53	王耀松等,2006
大白口蘑 (*Tricholoma giganteum*)	49.34	—	—	—	—	33.21	37.08	0.051	—	—	刘鸿高等,2007
灵芝 (*Ganoderma lucidum*)	218.57	—	—	—	110.32	36.89	41.82	0.021	1.81	1.38	杨革,2000
茯苓 (*Wolfiporia extensa*)	184.37	—	—	—	91.52	31.23	37.89	0.018	1.73	1.00	杨革,2000
猪苓 (*Polyporus umbellatus*)	176.35	—	—	—	103.45	30.40	30.79	0.019	1.95	0.91	杨革,2000
裂褶菌 (*Schizophyllum commune*)	25.7	—	1 470	—	309	12.6	5.09	—	—	0.73	郭孟璧等,2006
长裙竹荪 1 (*Phallus indusiatus*)	20	510	3 500	11.8	120	101.7	5.2	—	3.2	14.4	马国瑞等,1994
长裙竹荪 2 (*Phallus indusiatus*)	143.16	—	—	—	76.34	29.80	32.33	0.020	1.00	0.73	杨革,2000
长裙竹荪 3 (*Phallus indusiatus*)	—	—	—	—	—	28.97	31.74	—	10.01	—	白岚等,2008

注:“—”表示未测定。

附录－5　食药用菌主要维生素含量(mg/100g 干重)

名　称	维生素 B_1	维生素 B_2	维生素 B_6	维生素 B_{12}	叶酸	烟酸	维生素 C	维生素 D	维生素 E	资料来源
黄靛牛肝菌(*B. appendiculatus*)	7.60	0.69	—	—	—	8.60	131.00	1.40	7.80	吴学谦等,2005
黄褐牛肝菌 (*B. subsplendidus*)	6.93	1.72	—	—	—	10.47	136.74	—	6.78	李涛等,2006
松口蘑 1(*Tricholoma matsutake*)	0.554	1.14	—	—	—	—	—	—	—	全雪丽等,2007
松口蘑 2(*T. matsutake*)	0.108～0.313	2.810～4.500	—	—	—	—	—	—	—	周选围等,2002
栎松口蘑(*T. bakamatsutake*)	0.521	1.22	—	—	—	—	—	—	—	全雪丽等,2007
黄绿蜜环菌 1 (*Floccularia luteovirens*)	1.84	8.25	—	—	—	—	12.81	—	—	刁治民等,1997
黄绿蜜环菌 2 (*Floccularia luteovirens*)	0.10	1.10	—	—	—	—	4.50	—	6.20	边世平,2005
白灵菇 1(*P. nebrodensis*)			—	—	—	—	26.4	—	20	陈文良,1990
白灵菇 2(*P. nebrodensis*)	0.248	2.12	—	—	—	—	24.5	—	—	宫志远等,2003
杏鲍菇 1(*P. eryngii var. eryngii*)	0.193	1.43	—	—	—	—	25.3	—	—	宫志远等,2003
杏鲍菇 2(*P. eryngii var. eryngii*)	0.193	1.43	—	—	—	—	—	—	—	刘鸿高等,2007
红平菇 (*P. djamor*)	0.032	0.469	—	—	—	—	0.20	—	701.16	刘智会,2006
粉红平菇(*Phyllotopsis rhodophyllus*)	0.34	0.90	—	—	—	75.2	450	—	2.9	张其昌等,1995
香菇 1(*Lentinula edodes*)	6.74	29.85	13.21	0.014			微量	—	24.67	杨革,2000
香菇 2(*L. edodes*)	0.21～0.42	1.49～4.78	—	—	—	9.9～25.2	—	—	—	何晋浙等,1999
巴西蘑菇 1(*Agaricus brasliensis*)	0.2	12.3	—	—	—	—	63.6	—	—	黄谤谤等,2002
巴西蘑菇 2(*A. brasliensis*)	0.32	3.16	—	—	—	18.9	—	117	—	种藏文等,1999
巴西蘑菇 3(*A. brasliensis*)	0.3	3.2	—	—	—	49.2		—	—	黄年来,1994
金针菇 1(*Flammulia velutipes*)	3.78	32.33	11.99	0.012	—	—	微量	—	16.88	杨革,2000
金针菇 2(*F. velutipes*)	0.29	0.21			—	—	2.27	—		赵建英,2001
金耳(*Tremella aurantialba*)	2.19	8.32	1.05	0.001	—	—	微量	—	6.78	杨革,2000
茶树菇(*Agrccybe cylindracea*)	0.101	0.872	—	—	—	—	—	—	—	郑毅等,1999
真姬菇(*Hypsizygus marmoreus*)	—	1.58	9.20	—	18.80	164.00	—	—	—	王耀松等,2006
大白口蘑(*Tricholoma giganteum*)	0.248	2.12	—	—	—	—	25.3	0.14	—	刘鸿高等,2007
灵芝(*Ganoderma lucidum*)	3.27	21.67	3.72	0.012	—	—	微量	—	17.95	杨革,2000
猴头(*Hericium erinaceus*)	4.01	28.78	5.81	0.005	—	—	微量	—	20.15	杨革,2000
茯苓(*Wdfiporia extensa*)	4.25	18.67	4.98	0.009	—	—	微量	—	16.88	杨革,2000
猪苓(*Polyporus umbellatus*)	3.47	18.89	4.25	0.012	—	—	微量	—	17.78	杨革,2000
长裙竹荪(*Phallus indusiatus*)	5.45	14.67	2.37	0.004	—	—	微量	—	18.65	杨革,2000

注:"—"表示未测定。

(何培新、王振河、杜爱玲)